SACHREGISTER

Teil Ib: Ch 17–Harnanalyse

CHEMISCHES ZENTRALBLATT

1830 gegründet
1897–1945 von der Deutschen Chemischen Gesellschaft fortgeführt

Herausgegeben im Auftrage
der Deutschen Akademie der Wissenschaften zu Berlin,
der Chemischen Gesellschaft in der DDR,
der Akademie der Wissenschaften zu Göttingen
und der Gesellschaft Deutscher Chemiker
von Prof. Dr. HEINRICH BERTSCH und Prof. Dr. Dr. h. c. WILHELM KLEMM

Chefredakteure
Dr. HELGA VÖLZ und Dr.-Ing. CHRISTIAN WEISKE

AKADEMIE-VERLAG GMBH · BERLIN · VERLAG CHEMIE GMBH · WEINHEIM/BERGSTRASSE

138. JAHRGANG
1967

Chem Zbl. 138. Jg. Sachregister 1967 - Teil Ib: Ch 17–Harnanalyse Berlin 1970

SACHREGISTER

Teil Ib: Ch 17–Harnanalyse

CHEMISCHES ZENTRALBLATT

1830 gegründet
1897—1945 von der Deutschen Chemischen Gesellschaft fortgeführt

Herausgegeben im Auftrage
der Deutschen Akademie der Wissenschaften zu Berlin,
der Chemischen Gesellschaft in der DDR,
der Akademie der Wissenschaften zu Göttingen
und der Gesellschaft Deutscher Chemiker
von Prof. Dr. HEINRICH BERTSCH und Prof. Dr. Dr. h. c. WILHELM KLEMM

Chefredakteure
Dr. HELGA VÖLZ und Dr.-Ing. CHRISTIAN WEISKE

138. JAHRGANG
1967

AKADEMIE-VERLAG GMBH · BERLIN · VERLAG CHEMIE GMBH · WEINHEIM/BERGSTRASSE

Herausgeber: Prof. Dr. Heinrich Bertsch, Berlin, und Prof. Dr. Dr. h. c. Wilhelm Klemm, Münster
Stellvertretende Herausgeber: Prof. Dr.-Ing. Dr. rer. nat. h. c. Eberhard Leibnitz, 104 Berlin, Schiffbauerdamm 19, Fernsprecher: 42 55 71
und Prof. Dr.-Ing. Bertold Reuter, 1 Berlin 30, Geisbergstraße 39, Fernsprecher: 2 11 90 91
Chefredakteure und verantwortlich für den Inhalt: Dr. Helga Völz, 104 Berlin, Schiffbauerdamm 19, Fernsprecher: 42 55 71
und Dr.-Ing. Christian Weiske, 1 Berlin 30, Geisbergstraße 39, Fernsprecher: 2 11 90 91
Stellvertretender Chefredakteur: Dr.-Ing. Günter Pötzscher, 1 Berlin 30, Geisbergstraße 39, Fernsprecher: 2 11 90 91

Akademie-Verlag GmbH, 108 Berlin, Leipziger Str. 3–4 (Fernsprecher: 22 04 41, Telex-Nr. 011 2020) und Verlag Chemie GmbH, 6940 Weinheim/Bergstr., Pappelallee 3 (Fernsprecher: (0 62 01) 36 35; Fernschreiber: 4 655 16 vchwh d). Bestellnummer: 1 007/138.
Preis des 138. Jahrganges einschl. Autoren-, Patent-, Sach- u. Formelregister: 2 400,– ; einseitig bedruckte Ausgabe: 2 700,–.
Abgabe der Zeitschrift nur mit sämtlichen Registern.

Satz u. Druck: Leipziger Druckhaus · Grafischer Großbetrieb · III/18/203
Veröffentlicht unter der Lizenznummer 1273 des Presseamtes beim Vorsitzenden des Ministerrates
Printed in Germany

Vorwort

zum Sachregister 1967

Im Vergleich zu früheren Sachregistern wurde folgendes geändert:

Organische Verbindungen, deren Summenformeln zur Zeit der Bearbeitung bekannt waren, wurden im Formelregister registriert. Definierte Verbindungen mit einem Trivial- bzw. Handelsnamen erhielten im Alphabet des Sachregisters einen Hinweis auf die entsprechenden Formeln. Trivial- bzw. Handelsnamen von Gemischen aus definierten Verbindungen wurden im Sachregister geführt.

Neu aufgenommen wurden die Stichwörter: Aerosole; Anregungsvorgänge in Atomen; Auger-Effekt; Elektrodialyse; Elektronen, solvatisierte (bisher Polaronen); Elektronenspinresonanz; Elektron-Kern-Doppelresonanz; Ferroelektrika; Gegenstromelektrolyse; Haarpflegemittel; Hanle-Effekt; Kernmagnetische Resonanz; Kernpolarisation; Korngrenzen; Magnetische Resonanz; Magnetische Werkstoffe; Magnetoakustische Erscheinungen (bisher Magnetoakustischer Effekt); Magnetoelastische Erscheinungen; Magnetoelektrischer Effekt; Magnetokalorischer Effekt; Matteucci-Effekt; Oleophobiermittel; Optisches Pumpen; Ordnungs-Unordnungs-Erscheinungen; Osmose, umgekehrte; Procopiu-Effekt; Reibung, innere; Sake; Schreibmaterialien.

Weiterhin wurde die Anzahl der Verbindungsklassenstichwörter erheblich vergrößert.

Gestrichen wurden die Stichwörter: Faserstoffe (umgelegt nach Fasern bzw. Textilstoffe); Filz (umgelegt nach Textilstoffe bzw. Wolle); Schrift.

Umbenannt wurden die Stichwörter: Bleichen (und Bleichmittel) in Bleichmittel (und optische Aufheller); Briketts in Brikettierung; Narkose in Anästhesie; Parfümerie und Riechstoffe in Riechstoffe und Parfüms; Petroleum (Kerosin) in Kerosin (Petroleum); Wasserdichtmachen (bzw. Wasserabstoßendmachen) in Hydrophobiermittel.

Aufgegliedert wurde das Stichwort Schaum und (Anti-) Schaummittel in die Stichwörter Antischaummittel; Schaum; Schaummittel.

Stichwortbearbeitung: Die Anordnung der Stichwörter erfolgte wie bisher nach sachlichen Gesichtspunkten. Bei Stichwörtern mit größerem Umfang wurden die Sachverhalte durch Absätze bzw. Unterüberschriften kenntich gemacht.

Abkürzungen: Im Sachregister wurden die in den Referateheften zugelassenen Abkürzungen angewandt. Außerdem wurden die Wortendungen ...ung (ausgenommen Atmung, Streuung, Verdauung), ...ich, ...ig und ...ion durch einen Punkt, die Endsilben keit(en) und heit(en) durch k. bzw. h. ersetzt. Ferner wurden folgende Abkürzungen benutzt:

d. = der, die, das, dem, den
v. = vom, von

Manuskriptbearbeitung: Dr. Else Arnold, Dr. Willi Barz, Dr. Else Brandt, Dipl.-Chem. Sigrid Dehmlow, Dr. Irmgard Delius, cand. rer. nat. Jutta Dikau, Dipl.-Ing. Ingrid Froelich, Dipl.-Chem. Udo Geisler, Chem.-Ing. Marlis Ihme, Dr. Armin Jungblut, Dr. Hermien Kartono, Dr. Werner Krietsch, Dipl.-Chem. Edith Kronacher, Dipl.-Chem. Eva Krüger, Apotheker Christa Leppin, Dr. Ruth Levi, Dipl.-Ing. Gisela Maier, Dipl.-Ing. Zbigniew Mika, Dipl.-Chem. Herbert Müller, Dipl.-Chem. Sylvia Oelsner, Dipl.-Chem. Vera Prill, Margarete Reiff, Dipl.-Ing. Joachim Richter, Margret Rodegast, Dipl.-Chem. Ingrid Schmidt, Dipl.-Phys. Hans-Dietrich Schwartz, Dipl.-Ing. Galip Sertcan, Dr. Klaus Steiner, Dipl.-Phys. Dorle Streubel, Dipl.-Chem. Joseph Stumbek, Dr. Edit Ulbrich, Dr.-Ing. Nikolaus Ullmann, Dipl.-Chem. Rosemarie Werner, Dr. Maria Winter.

An der **Vorbereitung des Manuskripts** waren außerdem beteiligt:

Chem.-Ing. Gerda Aalburg, Dipl.-Ing. Nikolaus Barkow, Dipl.-Chem. Marianne Bautze, Dr. Kurt Becker, Dipl.-Chem. Wolfgang Betcke, Dipl.-Ing. Ingeborg Buchta, Dipl.-Chem. Lisa Bürger, Dipl.-Chem. Hugo Christen, Dr. Viktor Dobrusskin, Dr. Helene Fröhlich, Chem.-Ing. Dorothea Garbe, Beate Geffe, Dipl.-Chem. Karla Gottwald, Dipl.-Chem. Achim Günther, Dr. Margret Hänel, Dipl.-Chem. Inge Hahnefeld, Dipl.-Chem. Hildegard Heckner, Chem.-Ing. Ingrid Heidrich, Dipl.-Chem. Gertraut Herper, Dipl.-Lebensmittelchem. Eckhard Hollstein, Stud.-Ass. Renate Hünnebeck, Dipl.-Chem. Eva Hunger, Chem.-Ing. Heinz Jablokoff, Dr. Dieter Jäkel, Hannelore Jehne, Dipl.-Chem. Renate John-Bilal, Dipl.-Phys. Klaus Kaffanke, Dipl.-Chem. Christel Kahler, Dr. Hellmut Karge, Dr. Barbara Keil, Bärbel Kirkorowicz, Dipl.-Phys. Günther Klotz, Dipl.-Ing. Uta Knappe, Christine Kodkani, Dipl.-Chem. Margarete Koppe, Dipl.-Phys. Wolfgang Kunath, Dipl.-Lebensmittelchem. Christa Lehmann, Dr. Horst Liepack, Dipl.-Chem. Winfried Luft, Dipl.-Ing. Ruth Mattner, Dr. Jörg Melsheimer, Dipl.-Ing. Marietta Moldenschardt, Dipl.-Chem. Hildegard Neumann, Anneliese Nuck, Dr. Evelyn Otto, Hans-Georg Peter, Dipl.-Chem. Wolfgang Räck, Dr. Rosemarie Reinhardt, Chem.-Ing. Ilse Sarow, Chem.-Ing. Eva Schmidt, Dr. Dieter Schmitt, Dipl.-Chem. Hans-Jürgen Schönherr, Dipl.-Chem. Isadora Schreiber, Dr. Werner Senf, Dr. Horst Sternberg, Dipl.-Chem. Siglinde Stiehl, Dr. Ingeborg Störig, Dietmar Strauch, Dipl.-Chem. Gert Teska, Dipl.-Chem. Ursula Venzke, Dipl.-Phys. Dieter Vetterkind, Gisela Völter, Dipl.-Chem. Irmela Wendlandt, Dr. Wolfgang Werner, Dr. Peter Westermann, Dr. Harry Wielgosch, Dr. Irma Wilke, Lebensmittelchem. Marianne Willgallis, Dipl.-Chem. Manfred Windt, Dipl.-Lebensmittelchem. Edeltraud Witke, Dipl.-Chem. Dieter Wolke, Dipl.-Ing. Fritz Wolter, Chem.-Ing. Armin Wosche, Dr. Ilse Zoll.

Berlin, Februar 1970

Dr. Helga Völz **Dr.-Ing. Christian Weiske**

Ch 17 s. unter *Eisen, Schmiedeeisen und Stahl (Sondermarken)*.
20 Ch s. unter *Eisen, Schmiedeeisen und Stahl (Sondermarken)*.
Ch 30 s. unter *Eisen, Schmiedeeisen und Stahl (Sondermarken)*.
30 Ch s. unter *Eisen, Schmiedeeisen und Stahl (Sondermarken)*.
35 Ch s. unter *Eisen, Schmiedeeisen und Stahl (Sondermarken)*.
40 Ch s. unter *Eisen, Schmiedeeisen und Stahl (Sondermarken)*.
45 Ch s. unter *Eisen, Schmiedeeisen und Stahl (Sondermarken)*.
1 Ch 13 s. unter *Eisen, Schmiedeeisen und Stahl (Sondermarken)*.
2 Ch 13 s. unter *Eisen, Schmiedeeisen und Stahl (Sondermarken)*.
3 Ch 13 s. unter *Eisen, Schmiedeeisen und Stahl (Sondermarken)*.
4 Ch 13 s. unter *Eisen, Schmiedeeisen und Stahl (Sondermarken)*.
38 ChA s. unter *Eisen, Schmiedeeisen und Stahl (Sondermarken)*.
Chabasit, zonare Anordn. v. sek. --Anreicher. in Tavua Goldfield, Fiji 8-0860; Mineralassoziat. v. – in Alkaligesteinen 21-0856; Sintern v. – für Feststoffelektrolyte 17-2264*; ^{1}H-NMR-Spektren v. H_2O in – 22-0151; ultrarotspektroskop. Unters. an ionenausgetauschtem – 12-0671; Adsorpt. v. n- u. iso-Paraffinen (n = *1–10*) am – 14-0733; Elektrochemie d. Grenzfläche zwischen – u. Elektrolytlsg. 38-0617, 38-0618; Verteil. v. Alkali- u. Erdalkalimetallionen zwischen – u. geschmolzenem $LiNO_3$, $NaNO_3$ u. KNO_3 45-0606.
Chace AE-55 Indicator, Verw. verschiedener Alkohole im – zur Best. d. Luftgeh. plast. Betone 11-2448.
0Ch 12 AG 10 s. unter *Eisen, Schmiedeeisen und Stahl (Sondermarken)*.
0Ch 14 AG 10 s. unter *Eisen, Schmiedeeisen und Stahl (Sondermarken)*.
0Ch 15 AG 10 s. unter *Eisen, Schmiedeeisen und Stahl (Sondermarken)*.
Ch 17 AG 14 s. unter *Eisen, Schmiedeeisen und Stahl (Sondermarken)*.
1 Ch 16 AG 14 s. unter *Eisen, Schmiedeeisen und Stahl (Sondermarken)*.
Chaksin s. unter $C_{11}H_{19}N_3O_2$.
Chalcedon s. unter *Siliciumoxide*: SiO_2.
Chalcomycin s. unter $C_{35}H_{56}O_{14}$.
Chalkocit s. unter *Kupfersulfide*: Cu_2S.

Chalkogene

Absorpt.-Spektren v. TlCl mit --Zusatz 42-0341; Termlage gitterneutraler --Ionen in AgBr 5-0731; Phasengleichgew. u. Krist.-Chemie d. Syst. Seltenerdmetalle/Elemente d. Gruppe VI 29-0557; therm. Konst. v. – 7-0042; Dissoziat.-Energien v. zweiatom. Mol. d. Gruppe VIA 39-0521; Rk. v. Elementen d. VI. Hauptgruppe mit Acetylenmetallcarbonylen 9-2756*.

Chalkogenverbindungen

Chalkogenite 47-0261; Photolyse v. Hydriden d. *6*. Gruppe 30-0632.

Chalkogenide

Antimon-, Blei-, Cadmium-, Chrom-, Europium-, Germanium-, Hafnium-, Lanthan-, Mangan-, Molybdän-, Seltenerdmetall-, Silicium-, Titan-, Uran-, Vanadin-, Zinn- u. *Zirkoniumchalkogenide* s. dort.

Tern. – 7-0283.

Neue, bei hohem Druck hergestellte Übergangs-– 35-0445.

Infrarotdurchläss. --Gläser zwischen *1* u. *20* µm (Stand der Technik) 26-2406; kristallchem. Besonderh. d. – 13-0816; Ermittl. d. Struktur v. – u. in Mischkrist. auf ihrer Grundlage 21-0203; nichtoxid. IV A-, V A-, VI A-Chalkogenid-Gläser (Glasbldg.-Bereiche u. Änder. d. physikal. Eig., Infrarotabsorpt. durch oxid. Verunreinig., strukturelle Unters.) 24-2267 bis 24-2269; Struktur d. --Gläser (Berichte d. VII. Internationalen Glaskongresses, Bruxelles *1965*) 26-2396; Phasenübergänge in Übergangsmetall-– 33-0251; Bind.-Verhältnisse in d. Mono-– v. Übergangsmetallen 45-0200; Analyse u. Ermittl. v. Mol.-Konst. zweiatom. Mol. v. – d. Gruppe IV b u. V 48-0096; Supraleitfähigk. v. Dichalkogeniden d. Gruppe V a 26-0444; Gesetzmäßigk. d. elektr. Eig. v. Übergangsmetall-– 27-0456; Wärmeleit. halbleitender --Gläser 10-0280; thermodynam. Eig. d. gasf. – d. *5*. Gruppe 21-0512; Enthalpie- u. Entropiewerte gasf. – 33-0556; thermograph. Unters. v. halbleitenden – 35-0523; Gesetzmäßigk. d. Veränder. d. Thermo-EMK beim Schmelzen v. – v. Elementen d. IV. u. V. Gruppe d. Periodensyst. 37-0430.

Nichtoxid. --Gläser als opt. IR-Materialien 37-2090.

Bibl.: Chalkogenide (Eigenschaften, Herstellungsmethoden und Anwendung) [russ.] B 86.

Chalkol s. unter $C_{15}H_{14}O$.
Chalkon s. unter $C_{15}H_{12}O$.
Chalkone, – u. verwandte Verb. 31-0986; Darst.: v. halogensubstituierten – 6-1062; u. UV-Spektren v. Bromhydroxy-– 10-0901; durch Spalt. v. Fluorderiv. v. β-Arylaminoketonen 13-1074; v. Iminen u. – v. Ferrocenaldehyd u. Acetylferrocen 15-0826; v. polycycl. Chalkonanalogen 23-1040; v. Chalkon-Analoga mit Pyrrolringen 31-0994; u. Spalt. v. Hydroxy-– 46-0974, 46-0975; v. O- u. N-Aminoalkyl(acyl)-Deriv. v. Hydroxy- u. Amino-– (Antispasmodika u. Antihistaminika) 48-0973; Absorpt.-Spektren: u. Halochromie d. Furananaloga v. Methoxy-– u. ihren Vinylogen 5-0939; v. heterocycl. Chalkonanalogen mit Chinolinkern 30-0820; Polarographie v. o-Hydroxy-– 51/52-0862; Rk. mit Indolen 8-1120; Ox. 17-1096; Michael-Addit. v. akt. Rk.-Komponenten an – v. Cinnamoylferrocen-Typ 26-0771; Isomerisier. v. cis-– in H_2SO_4 27-0974; Rk. mit β-Ketoaldehyden 40-1060; – als anorgan. analyt. Reagenzien 4-1916; Farbrk. auf – 5-2132; – als anorgan. analyt. Reagenzien 8-2016.
Chalkopyrit (Kupferkies), Pyritknollen in – d. Cu–Ni-Lagerstätte v. Timagami 2-0843; Paragenese v. – im Alkaligesteinsmassiv v. Ditrău, Rumänien 4-0781; Verteil. v. – in Graniten d. Tigerek-Massivs (Altai-Gebirge) 4-0789; --Vererz. im Cu-Gürtel v. Khetri in d. Distrikten Jhunjhunu u. Sikar in Rajastan 4-0793; --Lagerstätten d. Apuseniberge, Rumänien 4-0820; --Kontrolle in d. Coronation Mine, Saskatchewan 4-0822; Vork. v. – in d. Sulfidlagerstätten d. krist. Schiefer zwischen d. Flüssen Muncela u. Ciocîrla (Bukowina) 5-0908; – in Eklogiten d. Südurals 7-0846; --Vork. in d. Grube S. Valentino v. Predoi (Alta Valle Aurina) 7-0863; Vork. v. Molybdänit in enger Verwachs. mit – in d. Cu–Mo-Lagerstätten d. kleinen Kaukasus 7-0878; früher K-Typ d. Wandgesteinsveränder. bei d. Pyrit-–-Lagerstätte v. Butte, Montana 8-0827; Verteil. v. – auf d. Ilmenitlagerstätte v. Abu-Ghalaga, Ägypten 8-0852; Vork. v. – in d. Cu-Vererz. v. Deva 8-0857; Au in – d. Beregow-Hügel 9-0872; Vork. v. kub. Cubanit in Assoziat. mit kub. – 11-0832; Bldg. v. Malachit u. Chrysokoll aus – in Gesteinen d. Bushman-Minen d. nördl. Bechuana Protektorats 11-0842; Vork. v. Kostovit mit – in d. Cu-Erzlagerstätte v. Chelopech 13-0864; Verteil. v. Se in – 14-0858; Se- u. Te-Geh. in – verschiedener Typen d. Sulfidmineralisat. Grusiniens 14-0859; Akkumulat.-Beding. d. Ge bei hydrothermalen Erzbldg.-Prozessen am Beispiel d. Lagerstätten v. --Typ Bulgariens 14-0874; Vork. v. –: in d. Erzgängen in Olovi u. Rotava 16-0755; in d. sulfid. Cu–Ni-Vererz. in bas. Gesteinen d. Sobi-Flußbassins 16-0764; Fraktionier. d. S-Isotopen zwischen – u. koexistierenden Sulfidmineralien aus japan. Erzlagerstätten 19-0860; Punktzähl. als Unters.-Meth. für – in d. Storys Creek Mine, Tasmania 21-0829; Vork. v. – in bas. Gesteinen 21-0843; --Vererz. in d. Zone d. Böhm. Quarzpfahls bei Ujezd Sv. Kříže 21-0850; – im Boqueiaro Pegmatit in Rio Grande do Norte 21-0868; Vork. v. – in d. Cu-Lagerstätte v. Vigonzano 21-0897; Stell. v. – in d. Mineralisat.-Folge in Au-halt. Sandstein v. Salsigne (Aude) 22-0768; Vork. v. –: in Stör.-Zonen-Sulfiden, Broken Hill 22-0776; in kataklast. u. rekristallisiertem Pyrrhotin bei Sa Lilla (Cagliari) 22-0792; in d. Pyrit–Kupfer-Erzlagerstätte v. Fabbriche bei Alagna im oberen Valsesiatal (Piemont) 22-0795; im Åmmeberg-Gebiet (Zn-Minen), Schweden 22-0797; – u. Cobaltin aus d. Kolba-Lagerstätte bei L'ûbietová 23-0798; Bldg.-Temp. v. – in Trapp-Intrus. 24-0854; Wrkg. v. physikal.-chem. Faktoren auf d. Struktur v. --Gängen in d. vorsudet. Cu-Lagerstätte 26-0860; Vork. v. – im Meteorit Barwell 27-0794; mkr. Unters. d. --Bldg. v. Salsigne, Aude 28-0840; Vork. v. – in d. Faseraggregaten v. kohl. Substanz („Thucholith") aus d. Witwatersrand-Konglomeraten 29-0815; Geologie u. Mineralisier. d. --halt. Lagerstätte d. Salsigne-Au-Mine, Frankreich 33-0888; Texturunters. an – d. Lagerstätte bei Mount Isa, Queensland 33-0890; Vork. v. – in d. Marbridge-Ni-Lagerstätte, Malartic, Quebec 33-0891; seltene Elemente in – v. Kieslagerstätten 34-0848; Vork. v. –: in d. Orlando-Mine, Tennant Creek, Australien 34-0853; in d. Sb-Lagerstätten d. Niederen Tatra 36-0851; Verteil. v. seltenen Elementen in – d. Bassins Baia Mare 37-0804; opaker – in d. ultrabas. Gesteinen d. Pyrenäen 37-0822; Vork.: v. – mit Pechblende v. Liauzun, bei Olloix, (Puy-de-Dôme) 37-0846; v. Tetraedrit in Begleit. v. – in Špania Dolina 38-0849; v. – im Tutchunsker Au-Erzgebiet (Zentralteil d. kleinen Kaukasus) 39-0817; neugebildeter – an antiken Münzen u. Metallgegenständen in d. Thermalquellen v. Bourbonne-les-Bains 39-0832; Vork. v. – als Haupterzmineral im Almalyk-Erzgebiet (Uzbek. SSR) 41-0804; Se- u. Te-Verteil. in – d. Sulfiderzlagerstätten d. Altai-Sajan-Gebietes 41-0828; Entsteh. v. – durch hydrothermale Mineralisat. im Liegenden d. Kreideablager. in Doubravice (Bohr. MJ-*3*) 42-0764; Bldg. v. Pyrrhotin in Assoziat. mit – in d. Gangerzen v. Noril'sk u. Talnach 42-0783; --Verteil. in d. Kreideablager. d. südl. Hanges d. Altaigebirgszuges 43-0773; Vork. v. – in Bauxiten 43-0781; Geochemie d. Pt in – 44-0791; Vork.: v. akzessor. – in paläozoischem Granit in d. südöstl. Distrikt v. Yan-Pian 44-0801; v. – im Pb-halt. Tonschiefer im Zechstein 46-0774; Hg-Dispers.-Höfe als Hinweise auf --Ablager., West Distrikt, Californien 46-0802; Paragenese v. Pyrrhotin mit – in Sulfiderzgängen v. Moke Creek, Wakatipu-Gebiet 48-0756; Vork. v. –: in d. Ag–Pb-Lagerstätte Nordwest-Bulgariens 48-0758; im Durbachit v. Pisek 49/50-0744.

Hydrothermalsynth. v. – 28-0844; Flotat.-Aufbereit. v. --Erzen 5-2409; Flotat.: v. – mit kationenakt. Sammlern 8-2116; v. --Erzen d. Ural 13-2481; autogenes Mahlen u. Ausbringen v. Cu aus – in Outokumpus Kerretti-Anlage 17-2330; Cu-Flotat. aus – 21-2625*; Einfl. v. $K_2Cr_2O_7$ u. Na_2S bei d. --Flotat. 25-2157; Änder. d. Flotat.-Fähigk. v. – bei Einw. v. O_2 42-2245; bei d. Raffinat. v. – anfallende Cu-Schlacke als Bodenverbesser.-Mittel 7-3313*.

Verteil. d. Thermolumineszenz um eine --Pyrit-Lagerstätte 33-0871; kristallchem. Besonderh. v. – 13-0816; Aufheizen u. Dilatat. v. – 4-0288.

Best. v. Re in – 51/52-1882.

Chalkopyrrhotin s. *Cubanit*.
Chalkose s. unter $C_7H_{14}O_4$.
Chalkosin s. unter *Kupfersulfide*: Cu_2S.
Chalkostibit (Wolfsbergit), Vork. v. – in d. Sb-Lagerstätten d. Niederen Tatra 36-0851; Vork. v. – im Tutchunsker Au-Erzgebiet (Zentralteil d. kleinen Kaukasus) 39-0817; Anwend. v. Sättig.-(Löslichk.)-Diagrammen auf Probleme d. Vork. v. – in Erzlagerstätten 5-0862.
Chamäleonlösung s. *Kaliummanganat(VI)*: K_2MnO_4.
Chamazulen s. unter $C_{14}H_{16}$.
Chamissonin s. unter $C_{15}H_{20}O_4$.
Chamosit, – aus d. rezenten Sedimenten im Küstenbereich d. Halbinsel Koloum, Guinea 3-0833; Vork.: v. – in d. Wabana-Lagerstätte 11-0862; v. --Oolithen in brit., lias. Eisensteinen 18-0773; v. – in Schiefer am SE-Rand d. Schwarzburger Sattels 29-0800; --Siderit-Grauwacke v. Brzeziny in d. Swietokrzyskie Bergen (Mittelpolen) 38-0800.

Rk.-Fähigk. v. – gegenüber d. Angriff v. Säure (*3*n HCl) 41-0836.

Champagner s. unter *Wein*.
Chanoclavin s. unter $C_{16}H_{20}N_2O$.
Chanoclavin-I s. unter $C_{16}H_{20}N_2O$.
Chanoclavin-II s. unter $C_{16}H_{20}N_2O$.
Chaparrin s. unter $C_{20}H_{28}O_7$.
Chaparrinon s. unter $C_{20}H_{26}O_7$.
Chaparrol s. unter $C_{20}H_{24}O_5$.
Charakteristische Temperatur s. unter *Wärme, spezifische*.
Charge 22 B-218-1 s. unter $C_{40}H_{80}NO_8P$.
Charnockit, Wechselbezieh. v. – zu Anorthositen d. Kalar-Massivs (Olekama-Witim-Hochland) 7-0839; Antiperthite u. Mantel-Feldspat-Texturen in – (Enderbite) aus SW-Nigeria 9-0841; Feldspate u. Pyroxene d. --Format. v. Visakhapatnam, Andhra Pradesh, Indien 17-0853; orthopyroxenführende charnockit. Gesteine im South Savanna-Kanuku-Gebiet v. Britisch Guiana 21-0866; Regionalmetamorphose u. Charnockitisier. im Staat Mysore, Indien 26-0850; Spessartitschichten in – v. Halaguru, Staat Mysore 26-0851; – v. Baffin Island, Brasilien, Britisch-Guayana, Kongo, Madras u. Uganda 26-0853; Myrmekit im – v. Südwestnigeria 32-0831; – d. Salto Necuima (Sierra de Imataca-Venezuelan. Guayana) 33-0882; Isotopenalter v. – Indiens 34-0803; – in Nord-Karelien 44-0797.
Chartreusin s. unter $C_{32}H_{32}O_{14}$.
Chasmanin s. unter $C_{25}H_{41}NO_6$.
Chatillon s. unter *Chemiefasern, Acetatfasern*.
Chaulmoograperoxid s. unter $C_{18}H_{32}O_4$.

Chaulmoograsäure s. unter $C_{18}H_{32}O_2$.
Chavibetol s. unter $C_{10}H_{12}O_2$.
Chavicol s. unter $C_9H_{10}O$.
Ch 2 CrNi 18 9 s. unter *Eisen, Schmiedeeisen und Stahl* (*Sondermarken*).
Chelamidin s. unter $C_{21}H_{23}NO_6$.
Chelamin s. unter $C_{21}H_{23}NO_5$.
Chelate s. unter *Komplex- und Molekülverbindungen (und Komplexbildner)*.
Chelerythrin s. unter $C_{21}H_{19}NO_5$.
Chelex-100-Harz, Wrkg. d. K^+-Form eines Bio-Rad – auf d. relaxierenden Partikel d. Skelettmuskels 18-1579.

Chelidamsäure s. unter $C_7H_5NO_5$.
Chelidonin s. unter $C_{20}H_{19}NO_5$.
Chelidonsäure s. unter $C_7H_4O_6$.
Chelilutin s. unter $C_{23}H_{25}NO_6$.
Chelirubin s. unter $C_{20}H_{19}NO_6$.
Chemagro 25 141 s. unter $C_{11}H_{17}O_4PS_2$.
Chemagro 37 289 s. unter $C_{10}H_{12}Cl_3O_2PS$.

Chemie

Agrikulturchemie; *Biochemie*; *Forensische Chemie*; *Kernumwandlung*; *Kolloidchemie*; *Laboratorium*; *Laboratoriumsgeräte*; *Makromolekulare Chemie*; *Mikrochemie*; *Pharmazie*; *Photochemie und Strahlenchemie*; *Physikalische Chemie*; *Physiologische Chemie* s. dort. Analyt. – s. unter *Analyse*. Krist.-– u. Struktur-– s. unter *Kristallstruktur*. Chem. Technologie s. unter *Reaktionen*; *Technologie*. Klin. – s. unter *Medizin*. Petrochemie s. unter *Erdöl*.

Fortschritte d. chem. Forsch. 1-0703; Anwend. v. Oxidkeramik-Werkstoffen in d. – 1-2410; Stand u. Zukunft d. Mikroskopie in d. – 2-1974, 2-1976; Robert Burns Woodward, Nobelpreisträger für – *1965* 3-0002, 3-0003; theoret. – heute (Übersicht) 8-0095; Grundricht. u. Tendenzen in d. Entw. d. – 10-0001; Gesetz in d. – 14-0001; Datenverarbeit.-Anlagen in d. – 16-0001; Verw. einheitl. Formelzeichen, ein Mittel zur Rationalisier. geist. Arbeit 16-0002; Zusammenhang d. Kenntnisse über eine chem. Spezies mit d. Gruppentheorie 21-0464; R. S. Mulliken, Nobelpreisträger für – *1966* 25-0002; Fortschritte: in d. angewandten – 25-1909; d. chem. Forsch. 26-1976; in d. angewandten – 26-2163; Überblick über Fortschritte in d. – 27-1180; Jahresberichte über d. Fortschritt d. – für *1965* 28-0001; – unter hohem oder niedrigem Druck, bei hoher Temp. u. unter Strahl.-Einw. 28-0004; gegenwärt. chem. Kenntnisse unter Berücksichtig. d. Periodensyst. 28-0005; Anwend. d. Stoßwellenrohres in d. – 28-2092; Ausblick für d. theoret. – 30-0001; Nobelpreis für – *1966* an R. S. Mulliken 37-0002; Bedeut. d. Massenspektrometrie in d. Hochtemp.-– 47-0182; Ion-Mol.-Rk. in d. Gasphase, Fortschritte in d. – 51/52-0582.

Kinetik u. Mechanismen in d. anorgan. – (Übersicht) 7-0678; Fortschritte in d. anorgan. u. Radio-– 9-0747; Interpretat. d. Photo-– in d. organ. – (Übersicht) 12-0985; Fortschritte in d. anorgan. – 16-0685; – seltener Elemente 17-0810; Halbleiter-– als Teil d. anorgan. – 20-0354; – d. selteneren Elemente 41-0543; Ordn.–Unordn.-Erschein. in d. anorgan. – (Übersicht) 42-0248.

Moderne Richt. d. organ.-chem. Forsch. (Wichtigk. d. Aufklär. v. Rk.-Mechanismen) 2-0989; opt. Rotat.-Dispers. u. Zirkulardichroismus sowie ihre Anwend. in d. organ. – 4-0837; Lsgm.-Einfl. in d. organ. – 6-0925; was bietet d. Kunststoffchemie d. Restaurator v. Altertümern? 9-0879; Solvenseffekt in d. organ. – 19-0568; Bezieh. zwischen Rotat.-Isomerie, H-Brückenbind. u. Substituenteneffekten d. organ. – 25-0914; allg. Meth. in d. organ. – (Jahresbericht) 28-0001; thermodynam. Gleichgew. u. d. anorgan. Entsteh. organ. Verb. 35-0755.

Bibliographie

Chemisches Praktikum für Mediziner und Studierende sonstiger an Chemie interessierter Wissenschaften B 1; Die Bedeutung quantentheoretischer Modelle für die Chemie (Sitzungsberichte) B 2; Tabellenbuch Chemie B 2; Anorganische Chemie B 2; Chemie und elektrischer Strom B 2; Chemiker-Kalender B 2; Standardmethoden der praktischen Chemie. Lfg. *1*b: Allgemeine Arbeitstechnik II. Lfg. *1*c: Allgemeine Arbeitstechnik III. B 5; Beilsteins Handbuch der organischen Chemie. Erg. Werk *3*, Bd. *6*, Teil *3* B 9; Komplexe Hydride und ihre Anwendung in der organischen Chemie (= Organisch-präparative Methoden. Bd. *4*) B 9; Aufgabensammlung Chemie B 17; Versuch einer allgemeinen Geschichte der Chemie B 17; Chemisches Wörterbuch in *6* Sprachen: Anglo, nemecko, ispansko, francuzsko, pol'sko, russkij B 18; Optische Anregung organischer Systeme. *2.* Internationales Farbensymposium *1964* auf Schloß Elmau B 19; Grundlagen der Chemie für Biologen und Mediziner B 25; Die Entwicklung der Chemie in der neueren Zeit B 25; Organische Chemie B 27; Chemie B 33; Chemisch-technisches Praktikum B 33; Anorganische Chemie B 33; Chemie-Lexikon. *4* Bde. B 33; Einführung in die Chemie B 41; Fortschritte der chemischen Forschung. Bd. *5*, Teil *2*: Edelgas-Chemie. Teil *3*: Neuere Methoden. Teil 4: Anorganische Chemie. Bd. *6*, Teil *1*: Naturstoffe B 42; Einführung in die organische Chemie B 43; Gmelins Handbuch der anorganischen Chemie. System-Nr. *21*. Natrium. Erg.-Bd. Lfg. *3*. Verbindungen mit Stickstoff bis Kohlenstoff (bis einschließlich Natriumamidocarbonat), ohne Natrium-Halogenverbindungen B 43; Gmelins Handbuch der anorganischen Chemie. System-Nr. *60*. Kupfer. Teil B. Lfg. *4*: Koordinationsverbindungen mit neutralen und innerkomplexbildenden Liganden B 43; Die Wunder der Chemie in Text, Bild und Experiment B 49; Beilsteins Handbuch der organischen Chemie. Erg. Werk *3*. Bd. *6*, Teil *4*: Systemnummer 534–538a B 59; Chemie. Lehrbuch für Ingenieur- und Fachschulen B 65; Grundlagen des chemischen Rechnens B 65; Chemie, Gesetze, Formeln, Übersichten B 65; Bauchemie für Schule und Baupraxis B 65; Sinnbild der Chemie B 65; Organikum. Organisch-chemisches Grundpraktikum B 65; Fortschritte der chemischen Forschung. Bd. *7* B 66; Gmelins Handbuch der anorganischen Chemie. System-Nr. 57. Nickel. Teil B. Lfg. *3*. Schluß der Verbindungen B 66; Organische Chemie B 67; Neuere Methoden der präparativen organischen Chemie. Bd. *4* B 67; Beilsteins Handbuch der organischen Chemie. Erg.-Werk *3*. Bd. *6*. Teil *5*. Systemnummer 539–547 B 67; Praktische Chemie für Mediziner B 68; Qualitative Analyse und Präparate in den chemischen Arbeitsgemeinschaften B 69; Technische Chemie für Ingenieure B 70; Lehrbuch der Chemie. Für den technischen Unterricht B 73; Lehrbuch der analytischen und präparativen anorganischen Chemie. (Mit Ausnahme der quantitativen Analyse) B 73; Lehrbuch der organischen Chemie. *3* Bdn. Bd. *3*: Sondergebiete B 73; Organische Chemie im Probierglas. Eine Einführung durch viele gefahrlose Versuche mit einfachen Mitteln B 73; Gmelins Handbuch der anorganischen Chemie. System-Nr. *3*. Sauerstoff. Lfg. *7*. Wasserstoffperoxid B 75; Einführung in die theoretische organische Chemie B 75; Symmetrie in der Chemie. Anwendungen der Gruppentheorie auf chemische Probleme B 81; Gmelins Handbuch der anorganischen Chemie. System-Nr. 21. Natrium. Erg.-Bd. Lfg. *4*. Verbindungen von Natrium und Kohlenstoff (ab Natriumcyanid) bis Natrium und Wismut B 82; Gmelins Handbuch der anorganischen Chemie. System-Nr. 57. Nickel. Teil A. *1*. Geschichtliches. Vorkommen. Darstellung B 82; Zahlenwerte und Funktionen aus Physik, Chemie, Astronomie, Geophysik und Technik. Bd. *4*: Technik. Teil *4*: Wärmetechnik. Bd.-T. Wärmetechnische Meßverfahren, thermodynamische Eigenschaften homogener Stoffe B 89; Chemie heute, Chemie morgen B 89; Der Chemiker B 89; Chemie. Bd. *1*: Grundbegriffe, wichtige Elemente. Bd. *2*: Gewinnung und Verarbeitung von Naturstoffen B 89; Gmelins Handbuch der anorganischen Chemie. System Nr. *57*. Nickel. Teil A *2*. Lfg. *1*. Physikalische Eigenschaften des Elements B 90; Neuere Methoden der präparativen organischen Chemie. Bd. *5* B 91; Synthetic methods of organic chemistry. Yearbook, *21*, *1967*. Mit deutschem Register-Schlüssel B 91.

Russisch: Physikalische Eigenschaften und Struktur einiger organischer und anorganischer Stoffe (Mitteilungssammlung) B 3; Reaktionen und Untersuchungsmethoden organischer Verbindungen. Bd. *16*: Reaktion der Phosphorig- und Phosphinigsäureester mit α-Halogencarbonyl-Verbindungen B 9; Chemie und chemische Technologie organischer Stoffe. (Mitteilungssammlung) Lfg. *1* B 14; Lehrbuch der allgemeinen und anorganischen Chemie B 17; Handbuch der Chemie. Bd. *1*: Allgemeine Kenntnisse. Struktur der Stoffe. Eigenschaften der wichtigsten Stoffe. Laboratoriumstechnik B 18; Korrelationsanalyse in der organischen Chemie B 22; Praktikum der anorganischen Chemie B 25; Organische Chemie (Lehrbuch für medizinische Institute) B 25; Allgemeine Chemie B 25; Handbuch für die Praxis der allgemeinen und anorganischen Chemie B 26; Chemie und Technologie von Produkten der organischen Synthese (Mitteilungssammlung) B 31; Vorlesungen über Allgemeine Chemie. Teil *1*. *2*. Ausg. B 33; Lehrbuch der organischen Chemie B 33; Kurzes Praktikum der organischen Chemie B 33; Aufgaben und Übungen der allgemeinen Chemie B 33; Chemie der seltenen Elemente (Mitteilungssammlung) B 35; Laboriumstechnik der organischen Chemie B 38; Herstellung und Analyse von Stoffen besonderer Reinheit B 47; Praktikum der allgemeinen Chemie B 49; Fragen und Aufgaben der allgemeinen Chemie B 49; Chemie und Technologie von Produkten der organischen Synthese. Acetylen und seine Verarbeitung (Mitteilungssammlung) B 55; Organische Chemie und die Grundlagen der biologischen Chemie B 57; Untersuchungen zur Chemie der seltenen Elemente und der sie begleitenden Elemente (Mitteilungssammlung) B 58; Praktikum der organischen Synthese B 59; Untersuchungen auf dem Gebiet der Chemie und Technologie anorganischer Stoffe, Prozesse und Apparate (Mitteilungssammlung) B 62; Handbuch der Chemie. Bd. *5*: Rohstoffe und Industrieprodukte anorganischer Stoffe. Prozesse und Apparate. Korrosion. Galvanotechnik. Chemische Stromquellen B 62; Anorganische Chemie. Teil *3* B 65; Organische Chemie B 65; Deutsch-russisches chemisches Wörterbuch B 66; Ergebnisse der Wissenschaft. Chemische Wissenschaft. *8*. Chemie und Technologie synthetischer hochmolekularer Verbindungen. Polymere mit Heteroketten. Literaturübersicht (*1959–1963*) B 67; Laboratoriumsarbeiten der organischen Chemie B 69; Chemische Reagenzien und Präparate (Mitteilungssammlung) B 69; Arbeiten zur Chemie und chemischen Technologie. Lfg. *1* (Mitteilungssammlung) B 70; Kurze chemische Enzyklopädie. Bd. *5*. T–Ja B 81; Sammlung von Fragen und Übungen der anorganischen Chemie B 89; Lehrbuch der anorganischen Chemie B 89; Arbeiten zur Chemie und chemischen Technologie. Lfg. *2*. (Mitteilungssammlung) B 94; Untersuchungen auf dem Gebiete der Chemie und Technologie organischer Verbindungen (Mitteilungssammlung) B 95; Probleme der Gewinnung von Zwischenprodukten der Industrie der organischen Synthese (Mitteilungssammlung) B 95.

Rumänisch: Resonanztheorie in der Chemie B 50; Organische Chemie. Bd. *1* B 51.

Tschechisch: Wie die chemischen Formelzeichen entstanden B 81.

Ungarisch: Allgemeine und anorganische Chemie B 50.

Elementary physical science: a modern course for Certificate physics and Certificate chemistry B 1; Physical science: a modern approach. Includes one chapter on chemistry B 1; A new Certificate chemistry B 1; The chemist at work: foundations of analysis and laboratory techniques B 1; Science for the C.S.E. year: physics and chemistry B 1; Chemical studies B 1; Advances in inorganic chemistry and radiochemistry. Vol. *8* B 2; General and inorganic chemistry for university students B 2; General chemistry B 2; Inorganic chemistry B 2; Fundamentals of chemical calculations B 2; Chemistry and physics of carbon: a series of advances. Vol. *1* B 4; Modern chemistry: applied and social aspects B 6; The elements and their order: foundations of inorganic chemistry B 9; The giant molecules: foundations of organic chemistry B 9; Organic chemistry B 9; Chemicals from C_4 hydrocarbons (= Chemical process monograph no. *19*) B 9; Elementary practical organic chemistry. Part *1*: Small scale preparations B 9; Dictionary of organic compounds; the constitution and physical, chemical and other properties of the principal carbon compounds and their derivatives, together with relevant literature references B 9; Chemistry and physics of carbon; a series of advances; vol. *2* B 9; Concise Certificate chemistry B 17; A textbook of chemistry: basic concepts of chemistry, the chemistry of carbon compounds, applied biological chemistry. With a special chapter on the chemistry of the cell B 17; Chymia; annual studies in the history of chemistry; vol. *11* B 17; Chemistry B 17; Practical chemistry for preuniveristy and first year B.Sc. B 17; Chemical data book B 17; Chemistry. Introduction and guide B 17; Organic and biological chemistry B 17; Problems for general chemistry and qualitative analysis B 17; Survey of progress in chemistry. Vol. *3* B 17; Chemistry: principles and properties B 18; A concise organic chemistry B 20; Chemistry. Stage *1* A. Stage *1* B. Stage *2*: Laboratory investigations B 21; Introduction to laboratory chemistry B 21; Laboratory techniques in chemistry and biochemistry B 21; Buyers' guide of chemicals, chemical plant, laboratory equipment. *1962, 1966* B 22; Modern approach to inorganic chemistry: a textbook for Higher National Certificate and General Degree students B 25; A guide to answering advanced level chemistry questions B 25; Chemistry takes shape: a complete course in chemistry for secondary schools in four volumes. Book *3* B 25; Essentials of chemistry B 25; German chemical abbreviations B 25; Basic chemistry: a programmed presentation B 25; Progress in inorganic chemistry. Vol. *7* B 25; Technique of inorganic chemistry; vol. *6* B 25; Chemical principles B 25; General chemistry B 25; Organic chemistry B 27; Concise organic chemistry B 27; The alchemists, fathers of practical chemistry B 33; The cautionary scientists: Priestley, Lavoisier, and the founding of modern chemistry B 33; Atoms, molecules and the mole: a mole approach to chemical arithmetic B 33; Organic and physical chemistry B 33; Elementary chemical arithmetic B 33; Handbook of chemistry and physics B 33; General chemistry B 33; Deductive organic chemistry; a short course B 35; Elements of organic chemistry, as revealed by the scientific method B 35; Textbook of organic chemistry B 35; Programmed review of organic chemistry; reactions; part II B 35; Inorganic syntheses. Vol. *3* B 35; Elementary practical organic chemistry. Part *2*: Qualitative organic analysis B 38; Students' guide to inorganic chemistry B 41; Milestones of modern chemistry; original reports of the discoveries B 41; Experiments in applied chemistry B 41; Chemistry B 41; Chemical study of some Indian archeological antiquities B 41; Prelude to chemistry; an outline of alchemy, its literature and relationships B 41; Teach yourself organic chemistry B 41; College chemistry: a systematic approach B 41; Chemistry calculations B 41; Basic chemical research in Government laboratories; report B 41; The encyclopedia of chemistry B 41; Advanced inorganic chemistry: a comprehensive test B 41; General inorganic chemistry B 42; International review of general and experimental chemistry; vol. *2* B 42; Formulae of compounds, ionic and covalent, with summaries, tests and appendices B 42; Concepts of general chemistry B 42; Organic chemistry; an introduction B 43; Modern principles of organic chemistry: an introduction B 43; Organic chemistry B 43; Chemistry and physics of carbon: a series of advances. Vol. *2* B 43; Inorganic syntheses. Vol. *8* B 43; Laboratory manual for experimental general chemistry B 45; A laboratory manual of general chemistry B 45; Laboratory manual for college chemistry. Semimicro qualitative analysis B 45; Excursions into chemistry B 49; How to pass chemical engineer: questions and answers; new dynamic home study course B 49; Principles of chemistry B 49; Chemistry. Vol. *2* B 49; Graphic handbook of chemistry and metallurgy B 49; Introductory college chemistry; workbook B 49; Substance and function and Einstein's theory of relativity B 49; College chemistry B 49; General college chemistry B 49; Chemical guide to the United States, *1966* B 49; Exercises in general organic and biological chemistry B 49; Chemistry B 49; Mechanisms of inorganic reactions (= Advances in chemical series, *49*) B 51; Principles of modern organic chemistry B 51; Organic syntheses; an annual publication of satisfactory methods for the preparation of organic chemicals (vol. *45*) B 51; (vol. *46*) B 51; Index to reviews, symposia volumes and monographs in organic chemistry for the period *1963–1964* B 51; Organic chemistry B 51; A course in modern techniques of organic chemistry B 55; Reading chemical formulae B 57; Foundations of chemistry: a laboratory manual B 57; Prerequisites for college chemistry B 57; A secondary book of chemistry B 57; Experimental chemistry B 57; Chemistry; a new look; a survey of recent chemical research and its relationship to national needs B 57; Tables of physical and chemical constants and some mathematical functions B 57; Chemical principles in calculations of ionic equilibria: solution theory for general chemistry, qualitative analysis, and quantitative analysis B 57; The condensed chemical dictionary B 57; Chemistry; structure and reactions B 57; Chemistry. Vol. *1* B 57; International Congress of Pure and Applied Chemistry. Proceedings. Congress in Moscow, *1965* B 57; Organic chemistry B 59; Experiments in organic chemistry B 59; Chemical principles in the laboratory, with report forms B 61; Advances in inorganic chemistry and radiochemistry. Vol. *9* B 65; A modern introduction to chemistry B 65; General college chemistry B 65; Chemistry in the laboratory B 65; Basics of college chemistry; laboratory manual and problem assignments B 65; Introduction to organic chemistry B 67; Basic organic chemistry B 67; Practical organic chemistry for Sixth Forms B 67; The chemical formulary; a collection of valuable, timely, practical, commercial formulae and recipes for making thousands of products in many fields of industry. Vol. *13*. B 73; Organic chemistry problems B 73; Concepts in chemistry B 73; Chemistry made simple B 73; Chemistry for colleges and schools B 73; Chemistry for secondary schools: the atomic structure approach B 73; The origins of chemistry B 73; What chemists do; introductory experiments and problems B 73; Introduction to chemistry for biology students B 73; Questions and problems in inorganic chemistry B 73; A reference book of chemistry B 73; Chemical guide to the United States *1967* B 73; Basic tables in chemistry B 73; Basic exercises on Advanced Level chemistry B 73; Inorganic synthesis Vol. *9* B 75; Fundamentals of theoretical organic chemistry B 75; Chemistry, medicine and nutrition: papers delivered at the symposium held in Bristol *1966*, during the Annual Conference of the Royal Institute of Chemistry B 77; Practical inorganic chemistry B 81; College chemistry B 81; Centennial; a symposium co-sponsored by the Divison of Inorganic Chemistry and the Division of the History of Chemistry at New York, *1966* B 81; Inorganic chemistry. A guide to advanced study B 81; Principles of chemistry B 81; The science of salt; an informal introduction to some of the fundamentals of chemistry and the chemical industry B 81; General chemistry B 81; Chemistry B 81; Elementary chemistry through investigation B 81; Progress in physical organic chemistry. Vol. *4* B 83; Laboratory experiments in general chemistry B 84; Progress in high temperature physics and chemistry. Vol. *1* B 89; A comprehensive treatise in inorganic and theoretical chemistry. Vol. *8*. Supplement *2*: Nitrogen. Part *2* B 89; Handbook of chemistry: a reference volume for all requiring ready acess chemical and physical data used in laboratory work and manufacturing B 89; Comparative inorganic chemistry B 89; Chemistry. Collected experiments, The sample scheme: Stage *3*: A course of options. *20* s. London: Longmans; Harmondsworth: Penguin *1967* B 89; Chemistry: a conceptual approach B 89; Understanding chemistry. *1*. Chemical quantities. *2*. Chemical bonding. *3*. Chemical reactions. *4*. Chemical equilibria. *5*. Chemical systems B 89.

Laboratorieteknik og apparatloere B 6; Øvelser i kemi B 17; Kemisk formelsamling B 41; Organisk kemi for·laboranter. Bd. *1, 2* B 43; Loerebog i kemi for maskinmestre B 65; Kemiske og fysiske Tabeller B 66; Vejledning til øvelser i kemi M. og B B 73; Håndbog i fysik og kemi B 81.

Chimie générale pour la préparation au brevet de technicien chimiste B 1; Guide de travaux pratiques de physique et de chimie B 1; Chimie générale B 2; Chimie minérale B 4; Physique et chimie B 9; Chimie, avec exercices et problèmes et compléments. Chimie des métaux et chimie organique B 9; Traité de chimie appliquée. Tome V: Chimie organique, *1re* partie B 9; Cours de chimie B 17; Chimie B 17; Histoire brève de la chimie B 17; Chimie. Classe de *2e* C.T. B 25; Cours de chimie organique B 27; Chimie, classes de *2e* A.C.T. B 33; Chimie, classes de *1re* C et T B 33; Chimie générale, classes de mathématiques supérieures, mathématiques spéciales et préparatoires aux grandes écoles. *1*. L'Atome, la liaison chimique, classes de mathématiques supérieures B 33; Chimie générale. Tome II: La réaction chimique: les solutions B 33; Chimie B 33; Chimie minérale B 33; Physique et chimie, classe de *1re* AB. B 41; Chimie. Classes de *1re* CT. B 41; Chimie *2e* CT. Programme du *13* juin *1966* B 41; Chimie. Classe de *1re* D. B 41; *1300* Questions et exercices de chimie organique avec réponses et solutions B 41; Chimie générale: thermodynamique et cinétique chimique B 42; Annales de l'Université de Lyon. Section B: Sciences physiques et chimiques. Fasc. XIV B 42; Chimie. *1*. Les matières plastiques B 48; Chimie, classe de *1re* D. Nouveau programme B 49; Dictionnaire chimique allemand-français. Mots et locutions fréquemment rencontrés dans les textes de langue allemande B 65; Le guide du pétrole, gaz et chimie. Annuaire *1966* B 65; La chimie en classes terminales B 65; Cours de chimie générale et minérale B 65; La chimie au Collège d'enseignement technique. Tome III. B 65; La physique et la chimie au B.E.P.C. B 73; Chimie B 73; Cours de chimie, classes de seconde C et T B 81; Chimie B 81; Chimie, classes terminales C, D, T B 81; Cours de chimie B 81; Chimie générale B 81; Nouveau traité de chimie minérale Tome XVII B 82; Traité de chimie appliquée. Tome VI: Chimie organique. *2*[e] partie B 83; La Grande industrie chimique minérale B 86; Chimie. Classes terminales C.D.T. B 89; Chimie minérale B 89; Traité de chimie organique B 91.

Chimica B 17; Guida alle esercitazioni di laboratorio chimico B 17; Chimica organica B 20; Principi di chimica organica. Con ampi riferimenti al campo applicato, biologico e abiologico e guida per numerosi esperimenti B 20; Chimica inorganica. Reazioni e struttura B 25; Chimica teorica. VIII Corso estivo di chimica, Milano *1963* B 26; Trattato di chimica organica B 67; La chimica per gli istituti tecnici secondo i nuovi programmi ministeriali B 73; Chimica (generale, inorganica, cenni d'organica) B 73; Chimica generale ed applicata B 73.

Chemie. *2*. B 1; Scheikunde B 1; Eenvoudige scheikunde voor uloscholen en andere inrichtingen van voortgezet onderwijs. Deel A B 1; Scheikunde voor de kweekschool B 1; Toetsnaald der chemie B 1; Scheikunde. (Deel *2* A) B 1; (Deel M en E) B 1; Scheikunde in theorie en praktijk. Inleiding B 1; Repetitieboekje voor scheikunde B 1; Leidraad bij het onderwijs in de scheikunde. Deel *2* B 1; Inleiding tot de scheikunde en natuurkunde voor verplegenden B 1; Scheikunde B. Anorganische scheikunde B 2; Scheikunde. Deel II b B 9; Eenvoudige scheikunde. Deel I B 17; Scheikunde B 17; Stoffen en reacties. Scheikunde. Deel I B 17; Scheikunde. Deel *3 B* B 17; Scheikundige vraagstukken B 17; Eenvoudige scheikunde B 17; Beginselen der scheikunde. Deel I. Anorganische scheikunde B 17; Leerboek der scheikunde. Deel *2* B. Systematische scheikunde B 25; Scheikunde. Deel I B 25; Scheikunde voor het voortgezet technisch onderwijs B 25; Elementaire scheikunde voor scholen en cursussen met beperkt scheikunde-programma B 25; Leidraad bij het onderwijs in de scheikunde. Deel I: Inleidende ronde B 33; Scheikunde. Deel *2* B 41; Scheikunde B 42; Elementaire anorganische chemie B 57; Nieuw repetitorium der elementaire scheikunde B 65; Nieuwe inleiding in de organische chemie B 67; Scheikunde voor analisten. Deel *3*: Organische scheikunde B 67; Beweging in de anorganische chemie B 81; Scheikunde. Deel I B 81; Inleiding tot de scheikunde B 89.

Chemiefasern

Die Hinweise mit *) beziehen sich auf Stichwörter außerhalb dieses Stichworts.

Glasfasern s. unter *Glas**).

Chemiefasern im allgemeinen

Allgemeines und Übersichtsarbeiten. —: d. DDR (Übersicht) 1-3201; in Polen (Überblick) 2-3053; Überblick über Herst.-Verf., chem. Struktur u. Eig. v. — 31-2875; — aus d. DDR (Überblick) 31-2877; synthet. Fasern in d. Textilindustrie (Übersicht) 35-2656; Rohstoffe für — 38-2878; synthet. Fasern u. Polymerwissenschaft 42-1074; Rohstoffbasis für Synth.-Fasern in Jugoslawien 48-2990; Korros.-Schutzmittel in d. Kunstfaserindustrie 51/52-2892.

Eigenschaften und Reaktionen. Bedeut. d. Becke-Linien als Refrakt.-Indices bei synthet. Fasern 3-3048; Ultraschallwrkg. auf d. — 3-3049, 3-3050; Einfl. d. Orientier. d. Mol.-Ketten auf d. dielektr. Anisotropie v. — 5-3120; Filzbark. v. Misch. aus Wolle u. — (Filzmechanismus) 7-3235; Mess. d. Opazität v. — 16-3013; elektronenmkr. Strukturunters. v. Polymerfasern 16-3014; Wachstum d. krist. Bereiche in synthet. Fasern 18-1084; Strukturuneinheitlichk. v. — („Transkristallisat.“-Zone) 20-1106; Einfl. d. Frequenz v. Ultraschall auf d. mechan. Eig. v. — 20-3104; übermol. Struktur v. — (Strukturbedingth. d. mechan. Eig.) 23-2993; Selbstsegregat. v. Fasern u. Garn eines Gemisches aus Wolle u. synthet. Fasern 24-3107; Zugfestigk.-Modul v. gestreckten Polymerfäden 29-2999; Haltbark. polymerer Fasern im Spann.-Zustand bei Einw. v. UV-Bestrahl. 36-2767; Durchlässigk. v. synthet. Geweben für UV-Strahlen bei Sonnen- u. künstl. Belicht. 38-2881; Veränder. d. Eig. v. synthet. Fasern durch Hitze u. Licht 39-2827; Berücksichtig. d. Anisotropie bei d. Unters. d. Thermodynamik d. Deformat. orientierter Polymeren-Fasern 43-1050; Spann.-Relaxat. in — (Einfl. v.

W. u. Temp.) 43-1089; Temp.-Abhängigk. d. Zugfestigk. v. – 43-2698; Wärmebeständigk. synthet. Fasern 43-2699; übermol. Ordn. in – u. Erhöh. ihrer Festigk. 47-2744; Temp.-Einfl. auf d. mechan. Eig. synthet. Fasern 48-2992.

Herstellung. Fäden aus zwei verschiedenen Spinnlsg. (Schmelz- oder Fäll.-Spinnen) 2-3045*; rheolog. Unters. an Spinnlsg. 2-3064; partiell abgebaute synthet. Fasern 6-3071*; Herst. v. – (mit schupp. Oberfläche) 9-3249*; (mit einem Ni-Überzug) 12-3059*; (automat. Regel. mit Hilfe d. Titrat.) 18-2104; Spinnen v. Kunststoff-Fäden (Entfern. v. Spinnresten v. d. Spulen) 22-2932*; Kräuseln v. synthet. Fäden 22-2942*; Einfl. rheolog. Faktoren auf d. Länge v. fl. Fäden (Spinnbark.) 33-1151; Strecken synthet. Fasern 34-1138; Herst.: v. synthet. Stapelfasern (halb- u. vollkontinuierl. Verf.) 38-2892; v. faserbildenden Polymeren mit Aquagelstruktur u. Ionenaustauschereig. 40-2024*; v. Hochbauschfäden u. -garnen aus – (Übersicht) 42-2805; Reckprozeß synthet. Fäden 42-2809; krit. Geschw. d. Austritts viskoser Fl. aus Öffn. kleinen Durchmessers (Bedeut. für d. Fasererzeug.) 44-1160; Bldg.-Mechanismus v. Kügelchen aus einer Polymerlsg. mit fadenbildenden Eig. 46-1064; MoS_2 enthaltende Spinnlsg. 47-2767*.

Verarbeitung, Veredlung. Technologie d. Veredl.-Maschinen für – 6-3049; Färben u. Ausrüsten v. – (Patent-Übersicht) 28-3028.

Waschverf. für synthet. Textilien (Übersicht) 1-2981; Schlichten v. Filamentgarnen 1-3169; Vorübergehende Aufheb. v. Verform. an – 3-3038*; Pfropfpolymerisat. v. synthet. Fasern mit Acrylonitril 3-3047; synthet. Textilfasern mit mikrobizider Aktivität 3-3079*; gleichmäß. viskose u. nichtgelierende Schlichte für Synth.-Garne 5-3109*; Schrumpf. v. Geweben aus synthet. Fasern (Verw. als Diaphragmen) 7-2281*; Finish für Strümpfe, Netze, Siebe aus nichtporösen Synth.-Garnen 7-3207*; Schutz- u. Farbtön.-Mittel für synthet. Fasern 9-2987*; Vernetz. bei – 12-2809; Entschlicht.-Mittel für – (Überblick) 12-3031; Stabilisieren d. Flors bei Geweben, Gewirken oder Vliesstoffen aus Synth.-Fasern 12-3040*; Knitterfestausrüst. v. Gewebe aus Synth.-Fasern 20-3086*; Dicarboxamide u. Dithiocarboxamide als Lichtstabilisatoren für mit Azofarbstoffen gefärbte synthet. Fasern 21-3000*; verstärkte Textilien oder Netze aus – 22-2936*; antimikrobielle Behandl. v. – 22-2945*; Behandl. offengewebter, endloser Gewebe aus Synth.-Garnen mit Phenolaldehydharz u. Aminoplast 22-2972*; Antiklebmittel für – aus Carbonsäureanhydriden 24-2893*; Schlichten v. Garnen aus – 24-3093; Verbesser. d. W.-Absorpt.-Fähigk. u. d. Färbbark. v. Synth.-Fasern 25-2927; synthet. Fasern bei „Durable Press" 32-2966; öl- u. wasserabweisende Ausrüst. v. Geweben aus – 32-2968; Wollfettappretur für Damenstrümpfe aus Synth.-Fäden 32-2973*; Verbinden v. Butylkautschuk mit Kunstfasern 33-2964*; feuerfeste – durch Behandl. mit Tetra-[hydroxymethyl]-phosphoniumchlorid 35-2681*; Erhöhen d. Festigk. v. nichtgewebten Faseranordn. aus synthet. Fasern 36-2793*; W. u. Säuren abstoßende Imprägnier. v. – u. deren Misch. 39-2818*; säurebeständ. u. säureabweisende Imprägnier. v. Textilmaterialien aus – 39-2819*; Umhüllen v. synthet. Fasern mit $Ca(OCl)_2$ 44-2870*; Entschlichten v. – (Überblick) 46-2832.

Antistat. Ausrüst. u. Kunstharzbehandl. für – 1-2927; Spinnpräparat. u. Avivage für Synth.-Fasern 9-3222*; waschbeständ. Antistatischmachen v. Textilien aus – 9-3223*; Herst. v. Thioharnstoffdioxidabkömmlingen als Zusätze beim Spinnen v. synthet. Fasern 15-2616*; Antistatischmachen v. – mit 2-Alkyl-1-dialkylimidazoliniumsalzen v. anorgan. Säuren 24-2896*; Herst. v. N.N-Dimethylasparaginsäurediestern als Weichmacher u. Antistatika für – 24-2898*; schmutzabweisende u. antistat. Ausrüst. für Gewebe aus hydrophoben synthet. Fasern 24-3102*; Avivagemittel für synthet. Fasern 29-2995*; Antistatika u. Avivagen beim Verarbeiten v. synthet. Fasern 32-2967.

Opt. Aufheller für synthet. Fasern (aus 3-[5-Methylbenzoxazolyl-(2)]-cumarin) 4-2938*; (aus $\alpha.\beta$-Di-[5.6-dimethylbenzoxazolyl-(2)]-äthylen) 4-2939*; (Thiophenderiv.) 7-3200*; (aus 3-(p-Triazinylaminophenyl)-cumarin-Verb.) 7-3206*; chlorithalt. Bleichflotten für synthet. Fasern 20-3078*.

Färben, Drucken. Färbeverf. für – 1-2927; Bedrucken v. (halb)synthet. Fasergut 1-2943*; kontinuierl. Färben v. synthet. Faserstoffen (auf HT-Dämpfern) 4-2728; (Dämpfen unter Druck) 5-2926; Färben u./oder Bedrucken v. – (mit Phthalocyaninfarbstoffen) 6-2801*; (Kontinuefärben nach d. Klotz-Dämpffixiermeth.) 12-2735; (Verbesser. d. Farbstoffe u. Farbflotten) 13-2917; (histor. Entw.) 14-2927; (mit Azo- oder Anthrachinonfarbstoffen) 14-2935*; (mit Anthrachinonfarbstoffen) 14-2939*, 15-2864*; (Kammzug) 16-2746; (Teppiche) 16-2748; (Ergebnisse u. Ausblicke) 17-2699; (mit bisulfitgruppenhalt. Farbstoffen) 17-2703*; (nach Auflad. mit stat. Elektrizität) 19-2881*; (kontinuierl. Färb. in Europa, Übersicht) 20-2814; (mit Dispers.-Farbstoffen) 20-2821*; (Baumfärb., Übersicht) 21-2998; (in Ungarn) 27-2775; (Verbesser. d. Echth. bei Pigmentfärb.) 29-2703*; (mit Anthrachinonfarbstoffen) 31-2634*; (Druckpasten) 40-2651*; (in Ggw. eines in W. wenig lösl. Lsgm.) 43-2449*; (Thermofixier.) 47-2445; (Färben u. Naßbearbeit. v. Stretchgeweben) 48-2830; (Kontinueverf. für Stückware) 49/50-2616; (Dämpfen v. Dispersionsfarbstoffen bei extrem hohen Drücken) 49/50-2617.

Standardfarbtöne auf Wolle u. synthet. Fasern (Musterkarte) 24-2814; neue Farbstoffe für synthet. Fasern 24-2817; fl. Celliton-, Palanil- u. Perlitonfarbstoffe im Druck auf Celluloseacetat u. synthet. Fasern (Musterkarte) 46-2621.

Anthrachinonfarbstoffe für synthet. Fasern 2-2870*, 10-2942*, 11-2993*, 11-2995*, 11-2996*, 14-2945*, 17-2727*, 26-2910*, 28-2796*, 32-2734*, 34-2834*, 43-2454.

Azofarbstoffe für synthet. Fasern 1-2963*, 1-2964*; (metallhalt.) 9-3010*; Azofarbstoffe 13-2937*, 13-2939*, 14-2941*, 15-2882*, 15-2885*, 16-2755*; Azopigmente 16-2768*; Azofarbstoffe 19-2908*, 25-2628*, 25-2634*, 28-2791*, 32-2723*, 32-2729*, 33-2794*, 36-2569*; (für Spinnmassen) 40-2672*.

Phthaloylacridonfarbstoffe für – 3-2842*; Methinfarbstoffe 3-2843*; Farbpigmente 5-2951*; Anthrapyridonfarbstoffe 8-2889*; Farbstoffe für – durch N-Alkylier. v. Pyrazolonpigmenten 20-2847; Propenfarbstoffe 35-2456*; metallhalt. Formacylfarbstoffe 42-2648*.

Verwendung. Verw. zur Herst.: v. verstärktem Papier (Kunstseidegarn) 1-3348*; v. papierähnl. Gebilden 4-3081*; v. Faservliesen 5-3076*; v. hochwert. Papieren 10-3307; Chirurgie u. Synthesefasern (Mess. d. elektrostat. Auflad.) 11-1850; Verw. zur Konservier. v. Papier 11-3358; Verw. zur Herst.: v. nichtgewebten Textilstoffen 11-3245*; v. Drucktuch (Mischgarn–Wolle–synthet. Fasern) 14-3321*; v. Phenolharzschichtstoffen 15-3080*; zur Vliesstoffbldg. vorbereitete Synth.-Fasern 20-3116*; Einfl. d. Zusatzes v. Synth.-Fasern auf d. Eig. halbwollener Anzugstoffe 23-3007; Vgl. v. – für Reifenkord 32-2808; Verw.: zum Verstärken v. Kunststoffen 33-2887; zur Herst. v. Papieren u. nichtgewebten Stoffen 40-3135*.

Analytisches. Trenn.-Vorgang zur Identifizier. v. synthet. Textilfasern 4-1994; isometr. Meth. zur Prüf. v. – 12-3048; Identifizier. synthet. Fasern (gaschromatograph.) 19-2127; (mkr.) 25-1886; kontinuierl. Konz.-Mess. v. Fl.-Gemischen auf photoelektr. Grundlage zur Kontrolle v. Spinnbädern 42-2792; Identifizier. v. synthet. Fasern bei d. Chemischreinig. 43-2489; Konz.-Best. v. Leukanol im Fäll.-Bad bei d. Herst. synthet. Fasern 46-2831; Schnellprüf. auf Faserart bei synthet. Fasern 48-2991.

Bibliographie. Chemiefaser-Lexikon B 55; Die Technologie der Kunstfasern. Teil *2*. Die Technologie der synthetischen Fasern [rumän.] B 55.

Russ.: Chemische Fasern (Untersuchung und Eigenschaften) B 48; Unterscheidung von Kunst- und Naturfasern B 55; Technologische Berechnungen in der Kunstfaserindustrie B 55; Herstellung neuer chemischer Fasern B 95.

Synthetic fibers for papermaking B 8; Encyclopedia of polymer science and technology; plastics, resins, rubbers, fibers. Vol. *4* B 8; Man-made fibres B 40; Man-made fiber processing (= Chemical process monograph no. *25*) B 48; Cotton and man-made fibres year book *1966–1967* B 48; Cotton and man-made fibres directory of the world, *1967* B 48; Encyclopedia of polymer science and technology: plastics, resins, rubbers, fibers; (Vol. *3*) B 55; (Vol. *5*: Dielectric heating to Emulsion) B 63; Thermoanalysis of fibers and fiber-forming polymers, Amer. Chem. Soc. symp., held at Atlantic City, N.J. (= Applied polymer symp., no. *2*) B 64; Natural and man-made textile fibers; raw material to finished fabric B 72; Synthetic fibers from petroleum B 80; An introduction to man-made fibres B 80; Man-made fibres B 95; Index to man-made fibres of the world B 95.

Caoutchoucs et textiles synthétiques B 72.

Tecnologia della tintura delle fibre tessili. Tecnologia della tintura delle fibre naturali, artificiali e sintetiche, e delle miste B 71.

Chemiefasern aus Cellulose und Cellulosederivaten (Celluloseregeneratfasern)

Allgemeines und Übersichtsarbeiten. Polynos. Fasern (Überblick d. Herst. in Europa, Japan u. USA) 3-3058; – -Industrie u. W. 10-3164; Verhüt. d. Hg-Verunreinig. d. Luft in d. Umgeb. v. – -Kombinaten 40-2086.

Eigenschaften. Nachw. d. Beweglichk. d. Segmente in Reyon-Fasern durch NMR bei hoher Temp. 11-3235; elektronenmkr. Längsschnitt-, Querschnitt- u. Oberflächenaufnahmen v. Polynosics (Strukturunters.) 16-3014; Morphologie u. Feinstruktur strahlungsinduzierter Reyon-Styrol-Pfropf-Copolymerer 16-3015; Kettenlängenfraktionier. v. Cellulosenitraten aus Regeneratfasern 16-3183; Strukturunters. an Cellulosekordtypen durch Sorpt. v. quatern. Ammoniumbasen 23-3008; Veränder. d. Oberfläche u. d. Glanzvermögens bei Bügeltemp. v. *130°* v. Polynosic 35-2657; Struktur u. Eig. v. Polynosic-Fasern 39-2831; Abhängigk. d. Entspann. v. d. Belast. u. d. Spann.-Zeit an – 45-2569; Kraftdehn.-Diagramme v. Reyon 48-2979; elektronenmkr. Strukturunters. v. Polynosicfasern 48-2998.

Herstellung. Zellstoff aus Bambusstaub für Reyon 2-3193; Kunstfaserzellstoff aus Bambus (Verw. v. Alkali zur Vorhydrolyse) 51/52-3071.

Herst. v. – (Stapelfasern hoher γ-Zahl) 3-3077*; (partiell abgebaute Fasern) 6-3071*; (Zusatz v. Polyäthersulfonen zur Spinnlsg.) 6-3072*; (mit ungelapptem Querschnitt) 10-3188*; (mit geringem Quellwert) 13-3352*; (Nachbehandl. mit d. Lsg. eines Aldehyds) 20-3132*; (mit Geh. an As- oder Sb-Verb.) 20-3133*; (gefärbte Fasern) 20-3134*; (Regenerationsverzöger.) 25-2927; Flüssigmachen v. Cellulosederiv.-Spinnlsg. unter Zusatz v. Säure 29-3031*; Spinnfäden aus Cellulosematerial aus entkaustizierten Lsg. 32-3163*; – mit hoher Naßfestigk. 33-3070*; Herst.: v. Polynosefasern (3-Stufen-Verf.) 34-3045; (homogene Mikrofibrillenstruktur) 38-2915*; v. – (Durchleiten v. Luft durch d. Ziehbad) 39-2849*; $ZnSO_4$-Regenerier. aus d. Fäll.- u. Plastifikat.-Bad 45-2572; – mit erhöhtem Modul in nassem Zustand u. starker Knotfestigk. 51/52-2938*.

Kräuselfäh. – 9-3254*; Herst.: v. gekräuselten – mit verbesserter Festigk. 9-3255*; v. chem. texturierten Stretch-Textilien aus – 32-2972; gekräuselte – 38-2913*; Kräuseln v. Garnen aus – 51/52-2935*.

Pfropfpolymerisat. auf –: v. wasserlösl. Vinylverb. 1-3217*; v. anorgan. Salzen v. Vinylpolymeren (Bestrahl. mit ionisierenden Strahlen) 14-3195*; v. Styrol (Einfl. v. Kationlsg. unter gleichzeit. γ-Bestrahl.) 16-1130; v. Comonomerengemischen (strahlungsinduziert) 18-1131; v. Glycidylmethacrylat 18-1132; Herst. vernetzter – durch Zusatz v. N-Methylol(meth)acrylamid 29-3028*; Umsetz. v. – mit Formaldehyd in Ggw. v. $MgCl_2 \cdot 6\,H_2O$ 29-3030*; Vernetz. v. Reyon mit Divinylsulfon 42-2815; Pfropfpolymerisat. v. Reyon mit Methylmethacrylat 46-2879*; Pfropfcopolymere v. – mit Polyacrylonitril in Ggw. v. Fe^{2+} u. H_2O_2 47-2748.

Verarbeitung, Veredlung. Ausrüsten v. Orlon/Reyongarnen mit Lycrakern 6-2796; Veredeln: v. – 14-3192*; v. Zellwolle mit Acrylpolymeren 20-3089*; Überziehen v. – 22-2978*; Ausrüst. v. Zellwolle 27-3064; Eig. u. Bearbeit. v. – mit hohem Naßmodul 28-3037; Appretieren u. ggf. gleichzeit. Färben v. – 39-2848*; Ausrüst.-Folge v. Zellwolle–Polyesterfasern-Mischgeweben 42-2807.

Avivagemittel für Zellwollen d. W- u. B-Typs 2-3054; Rauhen v. Gewebe aus Zellwolle 4-2956; Verbesser. d. Waschechth. v. Reyon 6-2788; Nachbehandl. v. – zur Vermeid. v. Vergilb. 14-3194*; wasch- u. trockenreinigungsbeständ. Ausrüst. v. Zellwollvlies mit Acrylnitrilpolymeren 16-2991*; chlorithalt. Bleichflotten für – 20-3078*; farbstabile – (Verhindern v. Vergilben) 20-3135*; opt. Aufheller für – (Dibenzimidazole) 24-3098*; schmutzabweisende Ausrüst. d. Pols v. Zellwoll-Teppichen 24-3100*; Füll- oder Steifappretur für – 31-2898*; Verbesser.:

d. Gebrauchseig. v. – 36-2773*; d. Qualität v. Zellwollgeweben durch Halb-Daueruppreturen 38-2903; Weiß- u. Buntätzen v. gefärbten Textilien aus – 39-2535*; Nichtentflammbarmachen v. – 42-2833*; Behandl. v. Reyon-Fasern mit NH_3 (Erhöh. d. Trocken- u. Naßfestigk.) 44-2860.

Einfl. v. Vernetz.-Mitteln auf Mischgewebe aus – u. Polyester 1-3172; Knitterfest-Ausrüsten v. Geweben aus – 1-3181*; Ausrüst. v. Zellwolle u. deren Misch. (Permanent-Preß-Verf.) 4-2936; Knitterarmausrüsten v. Textilgut aus – mit Carbamidharz 9-3256*; Einfl. d. D. u. Ausrüst. auf d. Eig. v. Zellwoll-Anzuggeweben bei Knitterverform. 10-3165; Knitterarmausrüst. v. Textilgut aus – mit Prod. auf Basis wasserlösl. Carbamid- oder Acrylharze 10-3187*; Herabsetz. d. Quellwertes v. – 10-3189*; Faltenausrüst. v. Reyon bei hohem Druck u. hoher Temp. 11-3237; Verbesser. d. Bügelfestigk., Schrumpffestigk. u. Hitzebeständigk. v. Rayon 12-3038*; naßknitterechte Kunstseidegewebe mit Aminoplastbildner (Verw. v. substituierten Dimethyloltriazinen) 20-3084*; naßknitterfeste Textilien aus – (Behandeln mit NaOH u. einem Glycidyläther) 20-3129*; Veredeln v. Textilien aus – (Behandeln mit warmhärtbarem Aminoplast-HCHO-Vorkondensat) 20-3130*; schrumpffreie u. naßknitterechte Reyon-Futterseiden 24-3128*; naß- u. trockenknitterechte Textilien aus Cellulosederiv. mit quellend wirkenden Salzen u. Vernetz.-Mitteln 25-2942*; schmutz- u. knitterfreie Gewebe aus – 40-2923*.

Färben, Drucken. Färben: v. Orlon/Reyongarnen mit Lycrakern 6-2796; v. Polyamid/Reyon (Übersicht) 8-2865; v. Kunstseide aus – mit Direktblau *80* 12-2742*; v. Zellwolle mit Küpenfarbstoffen 12-2743*; chem. Fixier. v. Farbstoffen aus – 14-2934*; Vgl. d. Färbens v. Hochmodulfasern u. Zellwolle 19-2875; Bedrucken v. Cellulosetriacetat/Reyon mit Säurefarbstoffen 20-2816; Färben v. –: mit Azofarbstoffen (Kuppl. auf d. Faser) 21-3009*; mit Reaktivfarbstoffen 21-3012*; Wander.-Verh. v. Direktfarbstoffen beim Pad-Jig-Verf. auf Reyongewebe 29-2691; Bedrucken v. –: mit anion. Farbstoffen 33-2764*; mit Reaktivfarbstoffen 37-2465; Färben: v. – für Teppiche 39-2524; v. Acrilan/Reyon 39-2525; v. – in Ggw. v. Arylamiden v. o-Hydroxycarbonsäuren 41-2573*; v. Zellwolle mit Reaktivfarbstoffen 44-2641*; Färben, Bedrucken u. opt. Aufhellen v. – 44-2644*; Färben v. Zellwolle mit Azo- u. Phthalocyaninfarbstoffen 44-2645*; Färben u. Bedrucken v. – mit Reaktivfarbstoffen 47-2454*.

Musterkarten: Modenuancen uni u. bicolor auf Polyester-Zellwoll-Stück *70/30* 46-2619; Farbstoffe zum Färben v. Geweben aus Polyamidkräuselgarn-Kette u. Woll-, Zellwoll- oder Polyacrylonitrilschuß 46-2622.

Neue Farbstoffe: für Polyester/– 7-2941; für – 24-2815, 24-2817, 26-2887, 35-2443, 35-2446, 46-2621.

Anthrachinonfarbstoffe für – 25-2637*, 26-2908* 27-2820*, 32-2733*, 33-2799*.

Azofarbstoffe: für – 2-2864*; für Reyon 3-2836*, 3-2838*, 5-2940*; für – 5-2941*, 7-2958*, 8-2884*; (metallhalt.) 9-3010*; für – 9-3011*, 11-2982*; (metallhalt.) 12-2751*; für – 13-2936*; (metallhalt.) 14-2948*; für Zellwolle 17-2721*; für – 18-2909*; für Zellwolle 18-2914*, 21-3023*; für – 22-2708*, 23-2753*, 24-2831*, 25-2633*, 25-2634*, 27-2813*, 28-2795*, 29-2711* bis 29-2713*; (Cu-halt.) 32-2730*; für – 32-2733*, 34-2831*, 35-2448*, 35-2449*; (u. Tetrazaporphinfarbstoffe) 36-2574*; für – 40-2670*, 44-2651*; für Reyon 45-2394*; für – 45-2396*; (Cr-halt.) 46-2642*, 47-2469*.

Küpenfarbstoffe für – 4-2748*; hochpolymere Farbstoffe für Reyon 4-2750*; bas. Farbstoffe für – 9-3008*; Reaktivfarbstoffe 12-2761*; hydrazingruppenhalt. Farbstoffe 13-2930*; Reaktivfarbstoffe 23-2763*; Küpenfarbstoffe 30-2660*; Reaktivfarbstoffe 36-2576*, 37-2468*; Farbstoffe für Reyon mit reaktionsfäh. Methylol- oder Alkoxymethylgruppen 37-2469*; Küpenfarbstoffe für – 39-2570*; aminoäthylsulfonylaminogruppenhalt. Farbstoffe 42-2647*; Leukoküpenfarbstoffe 45-2401*; wasserlösl. Farbstoffe 47-2473*; Phthalocyaninfarbstoffé für Reyon 51/52-2705.

Verwendung. Verw. zur Herst.: v. Reifen-Kordeinlagen (Reyon) 5-3103*; v. Kohlegewebe (Karbonisat.) 8-3157*; v. hochwert. Papieren 10-3307; v. Kohlefasern 23-3013*; v. Verpack.-Band (aus nichtgewebten, verdrillten –) 30-2841*; v. Schwämmen 40-2925*.

Analytisches. Einfl. d. NaOH auf Quell. d. Schnittfaserenden u. deren Identifizier. bei polynos. Fasern 2-3065; frakt. Extrakt. v. – mit FeNa–Tartrat-Lsg. (Schlüsse auf DP-Werte u. Verteil. d. seitl. Ordn.) 18-1133; Identifizier. v. Reyon in Herzgewebe 23-2016; Best. d. Fluidität in Cupriäthylendiaminhydroxid v. Reyon 26-3158; Identifizier. v. Reyon durch Dispers.-Färb. 27-2108; Vgl.-Bewert. v. Avivage-Präp. an Hand d. Schubmodul-Mess. an – 43-2710.

Acetatfasern

Eigenschaften. Mess. d. elast. Erhol. 6-3047; Eig. 14-3175; Einfl. v. Ultraschall auf d. mechan. Eig. 20-3104; Vgl. d. Eig. d. – u. Triacetatfasern 20-3110; Zus. u. Struktur v. acetylierten Viskosefasern 20-3111, 20-3112; Dehn.-Eig. v. mit Styrol gepfropften – 31-2880; Veränder. d. Oberfläche u. d. Glanzvermögens bei Bügeltemp. v. *130°* 35-2657; Ausbleichen v. Acetatdrucken durch Gaseinwrkg. 42-2629; Spann.-Relaxat. in – (Einfl. v. W. u. Temp.) 43-1089; Kraftdehn.-Diagramm v. – 48-2979.

Herstellung. Bei d. Erzeug. v. – verwendete Öle 2-3063; Herst.: v. – (Spinnbad mit Geh. an Glykolen) 2-3077*; v. Fasern aus Celluloseacetat u. Mischpolymerisat aus Vinylidenchlorid u. Acrylnitril oder Polyester 8-3156*; Unters. v. Gelteilchen in Celluloseacetatspinnlsg. (opt. u. elektronenmkr. Meth.) 22-2955; Herst.: v. – (Übersicht) 23-3012; v. Sulfoniumverb. (Verbesser. d. Eig. u. Anfärbbark. v. –) 24-3103; v. Fäden aus mit Chelatverb. vernetzten Celluloseacetaten 29-3006; Acetylier. v. Viskose-Stapelfaser in d. Dampfphase 33-3056; Acetylierbark. v. Holzcellulosefasern 34-3046, 34-3047; Verspinnen v. Halogenessigsäureester v. 1.4-Bis-[hydroxymethyl]-benzole enthaltendem Celluloseacetat (flammfeste –) 35-2705*; Acetylier. v. Regeneratcellulosefasern (bes. v. Polynosefasern) 39-2834; Modifizier. d. Eig. v. Fasern v. Viskosetypus bei Acetylier. 45-2598; Veränder. d. Eig. v. Cellulosefasern durch Acetylier. 45-2599.

Verarbeitung, Veredlung. Schlichtemittel für – 1-3169; – mit mikrobizider Aktivität 3-3079*; opt. Bleichen v. – mit 2-Styryloxazolen 7-3210*; Herst. wss., emulgatorfreier Polymerisatdispers. zum Appretieren v. – 22-2979*; Bleiche d. – mit Peressigsäure 33-3057; Pyrazolochinolinverb. als opt. Aufheller für – 35-2663*; opt. Aufhell. mit Alkoxy-1.8-naphthalindicarbonsäure 45-2578*; Cumarinderiv. mit Azolringen als opt. Aufhellmittel für – 48-2981.

Färben, Drucken. Bedeut. d. H-Brückenbind. beim Färben v. – mit Aminoanthrachinonfarbstoffen 2-2859; Färben v. Acetatseide mit wasserlösl. Farbstoffen 4-2731; Verschießeig. v. – 17-2702; Färben bzw. Bedrucken: mit Säure- u. Metallkomplexfarbstoffen 20-2816; mit sauren Wollfarbstoffen 21-3013*; mit Dispersions-, Küpen- u. Säurefarbstoffen 23-2726; in Ggw. v. Tris-aziridinylverb. 25-2603*; mit dispersen Farbstoffen (Einfl. d. Struktur d. –) 36-2564; mit stabilisierten Diazoverb. u. Kuppl.-Komponente (kontinuierl.) 36-2804*; mit Azofarbstoffen 40-2655*; Färben, Bedrucken u. opt. Aufhellen v. – 44-2644*; Lichtbeständigk. v. Bis-[β-hydroxyäthyl]-aminoazofarbstoffen auf – 48-2836.

Fl. Celliton-, Palanil- u. Perlitonfarbstoffe im Druck auf – (Musterkarte) 46-2621.

Neue Farbstoffe für – 35-2445, 35-2446, 46-2619.

Anthrachinonfarbstoffe für – 2-2870*, 16-2762*, 22-2711*, 28-2796*, 43-2455.

Azofarbstoffe: für – 1-2963*, 1-2964*, 3-2835*, 3-2836*, 5-2940*; für Acetatkunstseide 6-2823*, 6-2826*, 7-2957*, 9-3009*, 10-2933*, 11-2987*; Azoaminofarbstoffe für – 12-2746*; Azofarbstoffe für – 13-2938*, 14-2942*; Azopigmente für – 16-2768*; Azofarbstoffe für Acetatseide 17-2716*, 17-2718*; elektrolytarme Azofarbstoffpräp. für Acetatseide 20-2849*; Azofarbstoffe: für Acetatkunstseiden 21-3019*, 22-2708*; für – 24-2822*, 25-2628*, 25-2631*, 25-2634*; für Acetatseide (Co-halt.) 28-2789*; für Acetatseide 28-2791*; für – 28-2793*, 28-2795*; für Acetatkunstseide 29-2711*, 29-2714*, 29-2718*; für – 31-2638*; für Acetatseide 32-2723*, 32-2724*; für – 33-2795*; für Acetatseide 33-2796*; für – 36-2569*, 36-2572*, 39-2562*, 40-2673*; für Acetatkunstseide 41-2580* für – 43-2453, 43-2458*; für Acetatkunstseide 43-2459*; für – 43-2460*, 45-2397*; für Acetatkunstseide 47-2468*.

Küpenfarbstoffe für Acetatkunstseide 4-2738*; Pigmentfarbstoffe für Celluloseacetatspinnmasse 5-2951*; Maleinimidfarbstoffe für – 5-2952*; Tetrazapolymethinfarbstoffe 11-2991*; Dispersionsfarbstoffe 13-2942*; metallhalt. Formazanfarbstoffe 19-2915*; Cyanmethylidenchinolinfarbstoffe 31-2642*; Reaktivfarbstoffe 37-2468*; Cyanomethylidenchinolinfarbstoffe 40-2678*; aminoäthylsulfonylaminogruppenhalt. Farbstoffe 42-2647*; metallhalt. Formacylfarbstoffe (in d. Spinnmasse) 42-2648*; Azoreaktivfarbstoffe für – 51/52-2707*.

Verwendung. Verw. als Einlagegewebe für Verbundgewebe 7-3211*.

Analytisches. Identifizier. v. – (neuer Trenn.-Gang) 4-1994; (durch Dispers.-Färb.) 27-2108.

Bibliographie. Chemie und Technologie der Acetatfaserproduktion [russ.] B 95.

Triacetatfasern

Mess. d. elast. Erhol. an – 6-3047; UV-Strahlenschädig. v. Gewebe aus – 8-3134; Eig. 14-3175; (Vgl. mit Acetatfasern) 20-3110; Ausbleichen v. Triacetatdrucken durch Gaseinw. 42-2629; Strukturunters. mit Hilfe d. Verseif.-Technik 47-2755; übermol. Struktur 47-2756.

– durch Spinnen in Bad aus Lsgm. u. Nichtlsgm. 7-3245*; Naßspinnen v. Cellulosetriacetat mit Methylenchlorid/Methanol als Lsgm. 9-3237; leicht anfärbbare u. bügelechte Textilien aus – (Behandl. mit Äthylencarbonat oder Lactonitril) 34-3068*; Herst. v. – 49/50-2778*; (mit hoher Zugfestigk.) 49/50-2779*.

Schlichtemittel für – 1-3169; Bedrucken u. Ausrüsten 20-2816; Oberflächenverseif. v. – zur Verbesser. d. Anfärbbark. (Zusatz v. kation. Netzmitteln) 20-3136*; γ-strahleninduzierte Pfropfcopolymerisat. v. Styrol auf – 24-1189, 24-1190.

Färben v. – (mit Dispersionsfarbstoffen) 5-2925, 5-2926; (Irgatril-Verf.) 5-2930; Verschießeig. v. – 17-2702; Bedrucken u. Ausrüsten 20-2816; Färben: v. –-Gewebe mit Anthrachinonfarbstoffen 20-2826*; u. Hydrophobieren v. – u. –/Polyester 20-2827*; Baumfärb. v. – 21-2998; Färben: u. Bedrucken v. – 21-3010*; v. –-Garnen mit Naphthochinonfarbstoffen 25-2604*; v. – mit Anthrachinonfarbstoffen 33-2762*; mit stabilisierten Diazoverb. u. Kuppl.-Komponente (kontinuierl.) 36-2804*; Bilderabziehpapier zum Bedrucken v. – 39-2534*.

Druck v. – nach d. Irgatrilverf. mit Irgalan- u. Säurefarbstoffen (Musterkarte) 46-2622.

Neue Farbstoffe für – 28-2770, 35-2445, 35-2446, 46-2619.

Azofarbstoffe für – 7-2957*, 13-2932*, 19-2908*, 28-2793*, 29-2718*.

Best. d. D. v. – nach d. Schwebemeth. 45-2600.

Spezielle Acetatfasern

Arnel

Färben u. Ausrüsten: v. Geweben aus – mit Dispersionsfarbstoffen 5-2924; v. – 8-2866; Spann.-Relaxat. in – (Einfl. v. W. u. Temp.) 43-1089.

Fortisan

Elektronenmkr. Strukturunters. 16-3014; Röntgenstrukturunters. 36-2778.

Fasern aus Celluloseäthern

Verbesser. d. Anfärbbark. v. Cyanäthylcellulosefasern durch Behandl. mit 1.2-Alkylendiamin in Ggw. v. S 32-2996*; Herst. v. – 32-3147*.

Azofarbstoffe für – 9-3012*, 10-2934*, 11-2986*, 12-2755*, 13-2933*; (zum Spinnfärben) 13-2934*, 13-2937*; Azofarbstoffe für – 14-2942*, 16-2761*, 17-2719*; (zum Spinnfärben) 17-2722*; Azofarbstoffe für – 33-2793*; Azo- u. Azomethinfarbstoffe für Celluloseätherspinnnslg. 38-2712*; Azofarbstoffe für Celluloseätherspinnmassen 45-2394*.

Fasern aus Celluloseestern

Naßverspinnen einer Celluloseesterlsg. 2-3076*; farbbeständ. – 12-3069*; leicht anfärbbare u. bügelechte Textilien aus hochveresterter Cellulose 34-3068*; thermoplast. Misch. für Fasern aus einem Celluloseester einer organ. aliphat. Säure u. Olefinpolymeren 34-3069*; Herst. v. – 35-2704*; Senk. d. Viskosität v. Celluloseester-Spinnlsg. durch

Komplexverb. 35-2706*; Polyaminosäure-Celluloseestermisch. für Fäden 46-2881*.

Schwarzfärben v. – 1-2940*; Färben: mit Anthrachinonfarbstoffen 33-2762*; u. Klotzen v. – 41-2571*; u. Bedrucken mit Azofarbstoffen 42-2637*.

Indandionfarbstoffe für – 1-2961*; Methinfarbstoffe 2-2865*; Anthrachinonfarbstoffe 10-2942*, 26-2910*, 39-2572*.

Azofarbstoffe für – 3-2832*, 6-2823*, 9-3012*, 10-2934*, 11-2986*, 12-2755*, 13-2933*; (zum Spinnfärben) 13-2934*, 13-2937*; Azofarbstoffe für – 14-2942*, 14-2943*, 16-2761*, 17-2719*; (zum Spinnfärben) 17-2722*; Azofarbstoffe für – 20-2850*; Azodispersionsfarbstoffe 21-3019*; Azofarbstoffe 24-2822*, 33-2793*, 34-2830*, 34-2831*, 36-2571*; Azo- u. Azomethinfarbstoffe (für Spinnlsg.) 38-2712*; Azofarbstoffe für – 39-2560*, 39-2562*, 43-2459*; (für Spinnmassen) 45-2394*.

Kupferfasern

Identifizier. v. Kupferseide (Trenn.-Gang) 4-1994; Erhöh. d. Festigk. v. – 22-2954; neue Farbstoffe für Kupferreyon u. -zellwolle 26-2889; Gewinn. v. Cu aus –-Spinnlsg. 26-3187*, 37-2747*; elektrolyt. Entkupfer. v. Waschwässern d. –-Produkt. 38-2141.

Viskosefasern

Allgemeines, Übersichtsarbeiten. Vergangenh., Ggw. u. Zukunftsaussichten v. – 18-3182; Überblick: über Herst.-Verf., Eig. u. Verw. v. – 44-2856; über d. Entw. 45-2596.

Eigenschaften. Einfl. v. Zusätzen beim Reifeprozeß v. Viskose auf d. Fasereig. 8-3139; Eig. v. im Vakuum metallisierten Viskoseseidengeweben 9-3236; Eig.-Veränder.: d. – 20-3111, 20-3112; v. Viskosekord bei Naßbehandl. u. nachfolgender Trockn. 23-3010; Einfl. d. Kapillarfadenzahl auf d. Eig. v. nach d. Kontinue-Verf. hergestellter Viskoseseide 23-3011; Qualitätskontrolle v. Viskose-Stapelfaser 32-2986; Einfl. niedrigmol. Frakt. u. d. Polydispersität d. Cellulose auf d. Eig. v. hochfestem Kord aus – 38-2898; Qualitätseig. v. Viskoseseide (Verh. bei d. Verarbeit.) 42-2813; Einfl. v. Aldehyden auf d. Eig. d. – 48-3000.

Strukturuneinheitlichk. v. – 20-1106; Unters. d. Struktur: durch magnet. Kernresonanz 20-3106; durch Best. d. Schubmoduls 20-3107; mkr. Unters. gefärbter Querschnitte (Nachw. v. Mantel-Kern-Struktur) 24-3113; Röntgenstrukturunters. 36-2778; Grad d. einheitl. Struktur v. – 38-2901; Ursache d. strukturellen Uneinheitlichk. 39-2835; Struktur (physikal.-chem. Merkmale) 46-2852; (Unters. mittels IR-Spektroskopie) 47-2753.

Deformat. v. – 3-3057; Mess. d. elast. Erhol. 6-3047; Pillingbldg. v. Viskosereyon 12-3047; mechan. Eig. u. Doppelbrech. v. – 18-3179; Einfl. v. Ultraschall auf d. mechan. Eig. 20-3104; Veränder. d. Eig. während d. dynam. u. stat. Ermüd. v. Viskose-Kord 44-2857; Reißfestigk. v. Zweistoff-Garn aus Baumwolle, Kapron u. – 47-2727; Schrumpf. v. – in NaOH 47-2754.

Einfl. v. Ultraschallschwing. auf Viskosekord 3-3049; wärmephysikal. Eig. 20-3105; opt. Eig. v. hochfestem Kord aus – 24-3112; Veränder. d. Oberfläche u. d. Glanzvermögens bei Bügeltemp. v. *130°* 35-2657; Adhäs. v. –-Filmen an Polymere 40-2906; elektr. Leitfähigk. metallisierter Viskosegewebe 42-2806; Charakterisier. v. – durch ihr Quell.-Verh. in EWNN u. Marschall-Lsg. 42-2814; Eindringen v. Metallionen in – 43-1929; Lichtleitfähigk. v. mit Procion Scarlet GS u. Direktfarbstoffen gefärbtem Viskosegewebe 44-2637.

Herstellung. Bei d. Erzeug. v. – verwendete Öle 2-3063; Einsatz v. Tensiden bei d. Herst. v. – 4-2955; mechan.-chem. Abwasserreinig. v. –-Fabriken 10-2291; Adsorpt. v. CS_2 u. H_2S durch Aktivkohle bei d. Herst. v. – 14-3173; Wiedergewinnen v. wasserfreiem Na_2SO_4 aus Viskose-Fällbädern 23-3027*; Regenerieren: v. Viskose-Spinnbädern 41-2863*; v. CS_2 beim Verspinnen v. Viskosekord auf Maschinen d. Typs PN-*300*-I 44-2858; neue Meth. in d. Erzeug. v. – 48-2997.

Zellstoff zur Herst. v. Viskosereyon 6-3054; Cellulosexanthogensäure als Zwischenprod. d. Viskosespinnprozesses 8-3140; Verarbeit. v. dekrist. Zellstoffen zu – 13-3444; Rohstoffe für – v. Typ Polynosic 38-2878; Veränder. d. Zellstoffe im Lauf d. Herst. v. – 45-2595; Rk. zwischen CS_2 u. Lauge bei d. Viskoseherst. für – 49/50-2763.

Einfl. kleiner Zn-Salzmengen auf d. Regenerier.-Verlauf beim Spinnen v. Viskose 1-3204; vergleichende rheolog. Unters. an Spinnlsg. v. Viskose u. Polyacrylnitril 2-3064; kinet. Unters. an Zinksulfid im Hinblick auf d. Viskosespinnprozeß 19-0704; Kinetik d. Bldg. d. – 20-3109; autoradiograph. Unters. d. Bldg.-Mechanismus v. – 22-1887; Bldg. d. – 22-2950; Spinnprozeß v. Viskoseseide (Einfl. v. Fällbadgeschw. u. Düsenverzug) 22-2951; Unters. v. Gelteilchen in Viskosespinnlsg. (opt. u. elektronenmkr. Meth.) 22-2955; Anschwemmfiltrat. v. Viskose bei d. Herst. v. – 28-3036; Beständigk. d. Bldg. d. – an Spinndüsen mit Öffn. verschiedenen Durchmessers 34-3044; Klunkerneig. im Viskosespinnbad u. ihre Beheb. 36-2787; Abhängigk. d. Viskosität d. Viskose v. d. Cellulosekonz. bei Viskosespinnlsg. 38-2897; UV-Unters. v. Metall-Cellulosexanthogenaten im Spinnbad 42-2816; Tropfenbldg. beim Ausfließen d. Viskose in d. wss. Medium beim Spinnen 43-2713.

Verspinnen v. Viskose mit Geh.: an Thiodiglykol-Polymeren 2-3075*; an Gemisch aus Blut, W., Alkali u. ggf. H_2O_2 6-3073*; an Phenolpolyoxyalkylenglykoläther 6-3075*; an phosphororgan. Verb. 7-3244*; an quatern. Ammoniumverb. 9-3253*; an Protein 18-3215*; Verspinnen v. Viskose (Wrkg. v. Modifikatoren) 22-2952; (Erhöh. d. Spinnsicherh.) 23-3009; (u. Recken) 23-3024*; (mit Geh. an Küpenfarbstoff) 23-3025*; $Al_2(SO_4)_3$-halt. Viskosefällbäder 25-2940*; Koagulat. v. Viskose bei d. Faserherst. 29-3004; Herst. v. Sulfonsäuresalzen zur Verw. in Viskosespinnbädern 30-2550*; Rk. unter chem.-techn. Gesichtspunkten beim Viskoseseide-Spinnprozeß 30-2856; Verspinnen v. Viskose mit Geh.: an Dipolyätheraminoxid-Verb. 33-3071*; an Epichlorhydrin u. Protein 33-3073*; an Polyglutaminsäure 33-3074*; Alter. u. Stabilisier. v. – 35-2655; Verspinnen v. Viskose mit Geh.: an Polyäthersulfonen 35-2702*; an Polyäthersulfoniumverb. 35-2703*; an Polyoxyalkylenglykol 37-2773*; theoret. Grundlagen d. Formier. v. – 40-2908; Ursache d. Fadenbruchs beim Spinnen v. – 43-2712; Verspinnen v. Bis-polyäthylenglykolamin enthaltender Viskose 46-2880*; kontinuierl. Xanthogenier. bei d. Viskoseherst. (Spinnvers.) 47-2751, 47-2752; Verspinnen v. Viskose mit Geh.: an Zn-Verb. 47-2765*; an Polyoxyalkylen 47-2766*; an MoS_2 47-2767*; Verspinnen v. Viskose u. anschließendes Strecken 47-2768*.

Herst. v. – mit hoher Zugfestigk. u. wasserabstoßenden Eig. 6-3076*; Verbesser. d. Festigk.-Eig. v. – 12-3068*; spinngefärbte – 23-3026*, 28-3071*; vollere u. abriebfeste Textilien aus – (Behandl. mit Acrylnitrilpolymeren) 29-2996*; – mit hoher Zugfestigk. (Zusatz v. Alkylenoxidpolymeren oder Amin–Alkylenoxid-Addit.-Prod.) 31-2899*; Herst.: v. Viskose-Stapelfaser mit geringer D. 33-3072*; v. nichtbrennbaren – (Rk. d. OH-Gruppen mit Dimethylphosphit) 38-2900; v. mit sauren Farbstoffen anfärbbaren – (Zusatz v. Celluloseaminoäthyläthern) 38-2914*; v. – mit großer Naß- u. Trockenfestigk., dicker Haut u. geringer Quell. 38-2916*; v. angefärbten – (Zugabe v. „Thiobasen") 40-2924*; Verbesser. d. Anfärbbark. v. – 41-2865*; flache Viskosehohlfaser 51/52-2936*.

Aufpfropf. v. linearen u. v. räuml. Polymeren auf – (Einfl. auf d. Eig.) 12-1214; Polymerisat. v. Acrolein auf Viskosereyon 14-3174; Modifizieren v. – mit Dimethyloläthylenharnstoff 14-3193*; Pfropf-Copolymerisat. v. Styrol auf Viskose-Kunstseide 16-3016 bis 16-3018; Herst. vernetzter – 16-3049*; Modifizier. v. – mit Rk.-Prod. v. Stärke, Harnstoff u. CH_2O 24-3005*; Aufpfropfen v. Polystyrol auf Viskosestapelfaser 28-3038, 29-3007; Pfropfpolymerisat. v. Acrylsäure u. 2-Vinylpyridin mit – 32-2980; Acetylier. d. Viskose-Stapelfaser in d. Dampfphase 33-3056; Pfropfpolymerisat. v. Butadien u. Acrylonitril an – in CH_3OH durch Bestrahl. 34-2067*; Bind. d. Cr-Komplexes d. Stearinsäure mit – 39-2832; Synth. gepfropfter Copolymere v. – u. Polyacrylonitril 41-2845; Pfropfpolymerisat. v. Viskosereyon mit Methylacrylat 46-2867*.

Verarbeitung, Veredlung. Schlichten v. Viskosestapelfaser mit Lovosa TS *20* 1-3170; Knitterarm- u. Krumpfechtausrüst. v. Modestoffen aus – mit Melaminkondensaten 1-3205; Verbesser. v. – 2-3066; Bindemittel für nichtgewebte Nylon-–-Bahn 3-3039*; Knitterfest- u. Schrumpffestausrüst. v. Viskosegeweben 7-3198*; Erhöh. d. Abriebfestigk. v. kintterfest ausgerüsteten Viskoseseidegeweben 8-3126*; Knitterfestmachen v. Viskosegewebe mit 1.4-Bis-(vinylsulfonyl)-butan 16-3047*; Erzeug. v. thermofixierten Stapelfasern aus – 29-3029*; Veredl. v. – mit Glyoxal u. Cr-Komplexen d. Stearinsäure (hydrophobierende Wrkg.) 40-2907; naßknitterechte verformte Textilien aus Viskoseseide 40-2921*; opt. Aufhell. v. – mit Alkoxy-1.8-naphthalindicarbonsäure 45-2578*; Einfl. d. Gewebespann. bei d. Knitterfreiausrüst. v. – 46-2836; Schlichten v. Garnketten aus –/Polyester mit Lovosa TS *20* 49/50-2748.

Färben, Drucken. Färben: v. Polyester/– (Thermosolverf.) 3-2815; v. polynos. Fasern u. Mischfasern mit Siriuslicht- u. Levafixfarbstoffen 5-2923; v. – (mit Direkt- u. Reaktivfarbstoffen) 5-2926; (mit Küpenfarbstoffen) 5-2936*; v. ––Vinol-Kapronmischgeweben 10-2915; chem. Fixier. v. Farbstoffen an Viskosekunstseide 14-2934*; Färben v. Teppichen aus – 16-2748; Bedrucken mit Küpenfarbstoffen 16-2749; Verh. chem. modifizierter Viskoseseide zur Adsorpt. v. Entw.-Farbstoffen 17-2694; Färben: v. Hochmodulfasern 19-2875; v. Viskosereyon mit Reaktivfarbstoffen 22-2701; v. Futterstoffen aus Viscosekunstseide (Übersicht) 25-2596; v. Viskosespinnmassen (mit Pigmentdispers.) 39-2850*; (Scheibenzentrifugenmeth.) 43-2445; v. – mit Reaktivfarbstoffen 44-2641*.

Musterkarten: Foulard-Jigger-Färb. auf Viskose-Futterstoff 6-2790, 46-2620.

Neue Farbstoffe für – 12-2729, 26-2889, 28-2770, 35-2447.

Azofarbstoffe: für – 3-2832*, 3-2833*, 6-2823*; für Kunstseide aus Viskose 9-3012*; für – 10-2934*, 10-2935*; für Viskosekunstseide 11-2986*, 11-2987*, 13-2934*, 13-2937*; für – 16-2756*; Azopigmente 16-2768*; Azofarbstoffe: für – 17-2715*, 17-2721*, 17-2722*; für Viskosereyon 18-2909*; für – 20-2850*, 21-3023*, 25-2631*; für Viskosespinnfärb. 31-2639*; für Viskosekunstseide 33-2795*, 40-2670*; für – 45-2394*, 45-2397*, 47-2468*.

Indandionfarbstoffe für – 1-2961*; hochpolymere Farbstoffe 4-2750*; substantive Farbstoffe 7-2968*; Reaktivfarbstoffe 17-2709*; bas. Farbstoffe 37-2467*; aminoäthylsulfonylaminogruppenhalt. Farbstoffe 42-2647*; Isothiuroniumsalze v. Bromhydrinsulfidfarbstoffen 44-2653*; Phthalocyaninfarbstoffe 47-2473*, 51/52-2705.

Verwendung. Verw. v. – zur Papierherst. 2-3197; Verbesser. d. Eig. v. C-Fasern (hergestellt durch Pyrolyse v. – 32-2815.

Analytisches. Best. d. Haftvermögens v. Harzen an – (Schubmeth.) 4-2806; Schnellbest. d. Polymerisat.-Grades v. Alkalicellulose bei d. Herst. v. – 6-3053; Best. v. Zinkxanthogenat in frisch gebildeten – 14-2107; Trenn. v. Mischfasern aus –/Polyacrylonitril u. –/Polyester 24-3105; physikal. u. strukturelle Meth. zur Bewert. neuer Typen v. Viskosestapelfasern 29-3005; röntgenograph. Unters. v. Viskosekordfasern v. hoher Festigk. 38-2902; Beurteil. v. Viskosekordseiden durch Quell.-Unters. 40-2904; Partikelrechn. in hochviskosen Polynosic-Viskose-Spinnlsg. 47-2749.

Bibliographie. Chemiefasern nach dem Viskoseverfahren. Bd. *1*; Bd. *2* B 95.

Spezielle Viskosefasern

Chatillon

Elektronenmkr. Strukturunters. 16-3014; Röntgenstrukturunters. 36-2778.

Colvera

Polynos. Fasern aus – u. Misch. v. – mit Baumwolle 30-2854.

Corval

Eig. u. Einsatz 40-2902.

Duraflox

Krist. Struktur 47-2753.

Evlan

Färben mit Direktfarbstoffen 39-2524.

Fabelta

Strukturunters. 16-3014, 36-2778.

Fibro

Färben mit Direktfarbstoffen 39-2524.

M 66

Färben mit Direktfarbstoffen 39-2524.

Meryl

Elektronenmkr. Strukturunters. 16-3014; Röntgenstrukturunters. 36-2778.

Vincel

Produkt. u. Eig. d. —-Garne u. —-Baumwolle-Mischgarne 30-2855.

Vollsynthetische Fasern

Vollsynthetische Fasern im allgemeinen

Entw. d. — (Übersicht) 48-2993; Synth. u. Unters. farb. Hochpolymerer u. d. auf ihnen basierenden Fasern 51/52-2911.

Physikal.-hygien. Eig. v. Erzeugnissen aus synthet. Hochbauschgarn 8-3137; Querkompress. anisotroper Einzelfasern aus synthet. Polymeren 9-3233.

Herst. v. knot. Fasern durch Verspinnen eines Polymerengemisches 3-3063*; Schmelzspinnen v. Harzmisch. verschiedener Polymerer 5-3132*; Herst. v. — aus linearen Hochpolymeren u. Präparat. 10-3173*; Verstreck.-Prozeß v. — 14-3170; Herst. v. gekräuselten — 18-3200*; Spinnlsg. v. Polymeren in $SbCl_3$ 22-2965*; Herst. v. Fäden aus Polymerengemischen 23-3019*; Regenerieren v. faser- u. fadenförm. Abfällen aus schmelzbaren synthet. Polymeren 24-3097*; Lösen geformter Polykondensate unter Einführen v. BF_3 u. Verspinnen d. Lsg. 29-3015*; Schmelzspinnen (Gleich. für d. Dynamik) 36-2768; Herst.: v. Polymerfasern aus alternierend klar u. stumpfmetall. erscheinenden Zonen 36-2794*; v. Spaltfasern mit Zweiphasenstruktur durch Mischen eines synthet. hydrophoben mit einem hydrophilen Polymeren 37-2748*; elast. Fasern mit hoher Beständigk. gegen Öl u. kochendes W. aus einem Elastomeren u. Monomeren mit polaren Gruppen 37-2774*; Herst. v. — mit teilweise verklebter Innenwand (Auspressen d. Schmelze in Kühlfl.) 38-2906*; Mikrospinnapp. zur Ermittl. d. Fadenbldg.-Vermögens neuer Polymerer 43-2697; Spinnen v. Fäden aus schmelzbaren oder thermoplast. Polymeren 44-2835*; Herst. v. Fäden aus Polymerisaten aus organ. Polymeren u. äthylen. ungesätt. Monomeren 48-2921*; antistat., spinnbares Polymerisatgemisch 51/52-2918*; Herst. v. — durch Spinnen aus d. Schmelze 51/52-2919*.

Färben u. Bedrucken v. — mit Triphendioxazinen 6-2802*; Antistatika für Kunstharzfasern 26-3153*; Behandl. geschnittener Kabel aus — für d. elektrostat. Beflock. 31-2865*; Hydrophilier. u. antistat. Ausrüst. v. — 32-2977*; Verbesser. d. Anfärbbark. v. schmelzgesponnenen Synth.-Textilien 32-2994*; Stärkederiv. als Behandl.-Mittel für Harzfasern 33-3042*.

Herst. v. Vliesstoffen durch thermoplast. Verfestig. v. thermoplast., bes. hitzeschrumpfenden Fasern 3-3040*; Verw. v. Filz aus synthet. Fasern 49/50-2198*.

Identifizier. synthet. Thermoplastfasern durch IR-Analyse 1-2173; Verw. d. Monofaser eines hitzeschrumpfenden Polymeren zum Bestätigen eines Temp.-Anzeigegerätes 6-1952*; Prüfapp. für d. elektrostat. Auflad.-Verh. v. Kunststoffgeweben 42-2707.

Polyacrylfasern

Pfropfpolymere aus isotakt. Polypropylen, Methylacrylat u. -methacrylat für Fäden 5-3136*; Formmassen aus Polyacrylamid u. Celluloseacetat für Fäden 14-3077*; Fäden aus Polyvinylalkohol, Glutaminsäure u. Acrylsäureamid 22-2971*; hochmol. Copolymere aus Acrolein u. Vinyl- oder Vinylidenverb. für Fäden 25-2774*; bas. Farbstoffe für Methylacrylat- u. Methylmethacrylat-Mischgewebe 27-2808*; gut färbbare Fäden aus Vinylidencyanidmischpolymeren mit N.N-Dimethylacrylamid–Vinylacetat-Mischpolymeren 30-2872*; Spinnlsg. aus Poly-[acrylsäureanhydrid] oder Poly-[methacrylsäureanhydrid] mit Harnstoff- oder anderen N-Deriv. 37-2762*; Cyanomethylidenchinolinfarbstoffe für Acrylsäurefasern 40-2678*.

Polyacrylnitrilfasern

Allgemeines, Eigenschaften. Entw. bei — (Verbesser. d. Eig.) 13-3330; Techniken, Hilfsmittel u. Farbstoffe für — 17-2698; Überblick: über Definit., histor. Entw., Eig. u. Bedeut. 18-3181; über neue Typen 49/50-2760.

Einfl.: v. UV-Bestrahl. auf d. Eig. 2-1209; v. DMF-Resten auf d. dynamometr. Eig. 4-2951; d. Zeit auf d. elast. Erhol. 6-3047; Dehn.-Kriechverh. 7-3227; Sorpt.-Isothermen bei *20°* v. — 7-3229; Einfl. d. Frequenz bei zykl. Beanspruch. auf d. Lebensdauer 13-3326; Kriech- u. Ermüd.-Erschein. an — 13-3327; Kraft–Dehn.-Verh. v. ermüdeten u. nicht ermüdeten — 13-3328; Pyrolyse 14-3168; Ursachen d. Vergrauung u. Vergilb. 24-3092; elektrostat. Auflad. 24-3095; Abhängigk. d. Schallmoduls u. d. momentanen Elastizitätsmoduls v. d. Struktur d. — 32-2982; Karbonisat. v. — (Veränder. v. mechan. Eig., Feuchtigk.-Aufnahme u. Struktur) 34-3039, 34-3040; Veränder. d. Oberfläche u. d. Glanzvermögens bei Bügeltemp. v. *130°* 35-2657; Einfl. v. Elektrolyten auf d. elektrokinet. Potential v. — 35-2671; Spann.-Relaxat. in Nytril-Fasern (Einfl. v. W. u. Temp.) 43-1089; Dehn.-Eig. v. Acrylonitril–Methylacrylat-Copolymerfasern (Zeit- u. Temp.-Abhängigk.) 44-2841, 44-2842; chem. Eig. v. vernetzten — 44-2846; Einfl. v. Spinnbadlsg. auf d. Eig. v. — 44-2847; Kraftdehn.-Diagramm v. — 48-2979.

Herstellung. Herst. (Übersicht) 1-2931; biolog. Reinig. v. Abwässern d. —-Herst. (Abbau v. DMF) 10-2295; akt. Komponenten d. chem. Hilfsmittel bei d. Verarbeit. v. — 38-2878; korrosionsfeste Materialien bei d. Herst. d. — 47-2746.

Rohstoffe: Herst. für Fasern: v. reinem Acrylonitril 8-3136; v. Polyacrylonitril 16-3036*; v. Acrylonitrilhomo- oder -mischpolymerisatlsg. 35-2686*; v. hellfarb. Acrylonitrilpolymerisaten u. -mischpolymerisaten 35-2691*; v. Lsg. v. Acrylonitrilpolymerisaten 35-2692*; v. farb. Polyacrylonitril 51/52-2911.

(Misch)-Polymerisat. v. Acrylonitril für Fasern: in DMSO in Ggw. v. SO_2 u. *β*-Styrolsulfonsäure 3-3071*; in Ggw. v. Hydroxynitrilosulfonsäuresalzen u. Sulfiten 3-3072*; in DMF mit anion. Katalysatoren 9-3242*; in Ggw. einer aromat. Carbonsäure (verbesserte Färbbark.) 18-3202*; in Ggw. v. Na_2SO_4, K_2SO_4 oder $MgSO_4$ (verbesserter Weißgrad u. Beständigk. gegen Hitze) 31-2892*; in Ggw. v. Peroxid u. Metall-Dicarbonverb. 35-2693*.

Herst. spinnbarer (Pfropf)-Mischpolymerisate d. Acrylnitrils: mit N-substituierten Acrylamiden 1-3211*; mit anderen Vinylverb. (gut färbbare Fasern) 4-2970*; mit p-[Methacrylamido]-benzolsulfonsäure 5-3147*; mit heterocycl., vinylsubstituierten tert. Aminen (gut färbbare Fasern) 5-3148*; mit Vinylchlorid (Verbesser. d. Anfärbbark. durch sulfonatgruppenhalt. Emulgatoren) 9-3238*; mit Na-Itaconsäurediestern (gut färbbare Fäden) 11-3248*, 11-3249*; mit ungesätt. Sulfonsäurebetain 13-3091*; mit Na-Allylsulfonat 13-3344*; mit Na-6-Acrylyloxynaphthalin-2-sulfonat 14-3185*; mit einem Acrylsäureester 14-3187*; mit Itaconsäurediamid 16-3039*; mit Vinylchlorid (in DMSO, Verspinnen in n-Butanol) 16-3045*; mit einem ungesätt. „verkappten" Isocyanat u. Monomeren mit prim. oder sek. Hydroxylgruppe 22-2969*; mit Olefinen 26-3053*; mit N-Alkylderiv. d. Amide d. Citracon- u. Maleinsäure 34-3042; mit Ureidoestern 35-2602*; mit Acrolein 35-2604*; mit einem N-Vinylmorpholinon-(3) 36-2799*; mit Vinyllactamen 38-2890; mit olefin. ungesätt. Semicarbaziden (verbesserte Thermostabilität u. Anfärbbark.) 39-2845*; mit N-Phenylmaleinsäureimid u. Isobuten 42-2735*; mit Pyridinderiv. 43-2590*; mit Vinylacetat u. Methylstyrol 43-2727*; mit Acrolein 44-2776*; mit (Meth)-Acrylaten (verbesserte Anfärbbark.) 44-2874*; mit 4-Vinylsulfonyl-2-aminoanisol 47-2745.

Acrylnitrilmischpolymerisate v. verbesserter Färbbark. für Fasern 12-3063*; bakteriostat. Mittel für faserbildendes Acrylonitrilpolymeres (2.2′-Thio-bis-[4.5-dichlorphenol]) 40-2919*; (2.3.4.6-Tetrachlorphenol oder Pentachlorphenol) 40-2920*.

Spinnverfahren, Herstellung von Fasern: vergleichende rheolog. Unters. an Spinnlsg. v. Viskose u. Polyacrylnitril 2-3064; Aufarbeiten v. Polyacrylnitril-Fällbädern 2-3071*; Lsgm. für Acrylonitrilpolymerisat-Spinnlsg. 3-3070*; nasses Spinnen v. Acrylnitril u. olefin. ungesätt. KW-Stoff-Comonomere enthaltenden Polymeren 9-3243*; Verspinnen v. mit NaN_3 versetztem Acrylnitril–Methylacrylat-Mischpolymerisat in wss. HNO_3 (verbesserte Wärmebeständigk. u. verringerte Verfärb.) 11-3250*; durch gelben P stabilisierte Spinnlsg. aus Acrylnitril-Vinylacetat 11-3251*; Spinnlsg. aus Polyacrylnitril HNO_3, Harnstoff u. Formamid (verbesserte Licht- u. Wärmestabilität) 11-3252*; Verspinnen v. Polyacrylnitril in konz. HNO_3 (Zusatz v. Hydrazinverb.) 11-3253*; Trockenspinnen v. Polyacrylnitril 18-3201*; Spinnlsg. aus Abfällen d. Herst. v. — 18-3203*; Herst. u. Entlüft. v. Spinnlsg. v. Polyacrylonitril in DMF 22-2946; Schmelzspinnen v. Gemischen aus Polyacrylonitril u. Polyglykol 23-3020*; Spinnlsg. aus Acrylonitrilmischpolymerisat u. Fluorborsäure 23-3021*; Spinnen v. —: in ein Bad aus organ. Lsgm. u. W. 25-2937*; in wss. $ZnCl_2$-Lsg. 27-3113*; Naßverspinnen v. — 27-3114*; anorgan. Salze enthaltende Spinnlsg. 28-3064*; Regenerieren d. Fällbäder d. —-Herst. 31-2893*; Reifen v. Spinnlsg. 34-3062*; Spinnlsg. für —: durch Zumischen v. Polyäthylenglykol 35-2685*; mit hohem Schrumpfvermögen u. großer Dehn. (Zusatz v. Ammoniumallylsulfonaten) 35-2687*; mit Zusatz v. K-Formiat 35-2689*; mit Zusatz v. tert. Alkohol (gut färbbare —) 37-2765*; Fäden aus einer Polyacrylnitrilsuspens. 41-2855*; — mit guten Färbeeig. durch Zugabe eines Proteins zur Spinnlsg. 43-2725*; D. v. verd. Lsg. v. faserbildendem Polyacrylonitril in DMF (Abhängigk. v. Konz. u. Molgew.) 44-2840; Wiedergewinnen v. organ. Lsgm. aus Polyacrylonitrilspinnbädern 46-2874*; Spinnen in NH_4-Salze enthaltende wss. Lsg. 46-2875*; Naßspinnen v. — 46-2876*; Strukturbldg. beim Naßspinnen 49/50-2759.

Herst.: v. färbbaren Fasern aus Gemisch v. Acrylonitril-Polymeren mit modifizierten Polymeren 5-3149*; v. — mit Geh. an Mischpolymeren aus Acrylnitril u. einem vinylsubstituierten, heterocycl. Amin 6-3066*; v. mit Amid modifizierten — 7-3239*; v. Fasern aus Vinylidenchlorid–Acrylnitril-Mischpolymerisat 8-3156*; v. — 14-3186*; v. stark schrumpfenden Fasern aus Copolymerisaten aus Acrylonitril mit Vinylacetat u. Methylvinylpyridin 18-3204*; stabile Spinnlsg. niedr. Viskosität aus Polyacrylnitril–Polyamid-Misch. 26-3181*; Stapelfasern aus Polyacrylnitril u. polymerem Glykol 28-3065*; Herst. v. Fasern: aus Gemischen v. Polyacrylonitrilen, wss. Salzlsg. u. Polyoxyalkylenglykol 33-3062*; aus d. Copolymer v. Acrylnitril mit Diketen 34-3038; aus isotakt. Polypropylen u. Styrol–Acrylnitril-Mischpolymeren 37-2756*; aus Gemischen v. Polyacrylonitril u. Estern einer mit Br oder Cl substituierten aliphat. Säure 37-2763*; aus sulfoniertem Polystyrol 41-2854*; Polymerisatspinnlsg. hoher Konz. u. niedr. Viskosität aus Acrylnitril–Vinylacetat-Mischpolymerisat 43-2726*; Herst. v. Fasern: aus Pfropfcopolymeren v. Polyacrylonitril u. Methacrolein 51/52-2910; aus einer Lsg. eines tern. Acrylnitril-Mischpolymeren mit Methallylsulfonsäure u. Itaconsäure 51/52-2930*.

Recken v. — 16-3035*; (ohne Entfern. d. Lsgm.) 23-3018*; Entwässern v. — 31-2894*; Behandl. v. — mit oberflächenakt. Verb. nach d. Spinnen 38-2912*; Herst. gefärbter verstreckter — 40-2918*.

Fasern aus Mischpolymerisat v. Vinylidenchlorid u. Acrylonitril mit mikrobizider Aktivität 3-3079*; Herst. spinngefärbter — 24-3122*; Verbesser. d. Anfärbbark.: durch Zusatz eines Alkylarylsulfonats 24-3123*; durch Behandl. mit 1.2-Alkylendiamin in Ggw. v. S 32-2996*; Polyacrylonitrilspinnlsg. mit flammfestmachendem Zusatz 33-3063*, 33-3064*; Herst.: v. stark entsalzenen — 35-2690*; v. nichtbrennbaren — 38-2900; Verbesser. d. färber. Eig. durch Zusatz eines Red.-Mittels 39-2531*; Herst. v. Pigmentdispers. in Spinnlsg. v. Polyacrylonitril 39-2532*; — mit besserem Weißgrad u. günst. Farbstoffixier. für bas. Farbstoffe 41-2853*; flammfestmachende P-Verb. enthaltende Polyacrylonitril-Spinnlsg. 41-2856*; Kräuselfäden aus Mischpolymeren aus Acrylonitril mit Vinylacetat u. Styrol 42-2827*; Herst.: v. — hoher D. (Waschen in kaskadenförm. angeordneten Wäschern) 45-2611*; v. hohlräum. — 47-2762*; v. stark schrumpfenden — 49/50-2773*; v. gekräuselten — 51/52-2929* v. schaumhalt. — 51/52-2931*.

Verarbeitung, Veredlung. Stabilisieren v. —-Mischgeweben 12-3040*; Fixier. v. Geweben, Vliesstoffen u. Wirkwaren aus — 16-3037*; Ausrüst.-Folge v. ——Polyesterfaser-Mischgewebe 42-2807; chem. Modifizier. v. — 42-2808.

Herst. bzw. Verw. als opt. Aufheller für —: v. Phenylpyrazolincarbonsäureestern 2-3072*; v. *α.β*-Bis-[5-pyridinomethyl-6-methylbenzoxazolyl-(2)]-äthylen 3-3033*; v. Chinoxalinen 7-3195; v. 2-Styryloxazolen 7-3210*; v. Pyrazolinderiv. 10-3149*; v. Dibenzimidazolen 24-3098*; auf mindestens *80* % Weißgeh. aufgehellte — 33-3065*; opt. Bleichen v. — 35-2688*; (2.5-Bis-benzoxazolylfuranpyridiniumsalze) 38-2884*; (mit Alkoxy-1.8-naphthalindicarbonsäure) 45-2578*.

Antistat. Ausrüst. v. – 1-3188*; (mit einem H_3PO_4-Ester u. nichtion. Netzmittel) 16-3038*; antielektrostat. Mittel für – 22-2935*; Überziehen v. – mit Antistatikum 31-2894*; antistat. Ausrüst. mit Ester aus N-Hydroxyalkylpyrrolidon 32-2976*.

Schlichtemittel für – 1-3169; Verhinder. d. Noppenzerstör. beim Waschen genoppter Gewebe, Gewirke oder Vliesstoffe aus – 8-3129*; Überziehen mit Organopolysiloxanen 10-3059*; Knitterarmausrüst. v. –/Cellulose-Mischtextilien 10-3187*; schmutzabweisende Teppichfasern aus – 11-3230*; Stabilisieren v. Polgeweben aus – 12-3062*; Flammfestmachen v. Textilien aus Polyacrylnitril-Polyvinylacetat 16-3003*; Verhinder. d. „Pilling" bei gerauhten Decken aus – 25-2938*; flammfeste – 29-3022*, 34-3028*.

Färben, Drucken. Färben v. – (bei konst. Temp.) 1-2925; (Übersicht) 1-2931; (Colorthek) 9-2982; (histor. Entw.) 14-2927; (Automatisier.) 15-2837; Färbemeth. für homogene u. mit Vinylacetat modifizierte – 16-2747; Färben v. – u. deren Misch. 17-2696; Verschießeig. v. – 17-2702; Probleme d. Färb. v. – in Ungarn 27-2775; Färben: v. Copolymerenfasern aus Acrylonitril 36-2563; v. – (Probleme) 39-2520; Verbesser. d. Färbbark. 39-2522; Struktur bas. Farbstoffe u. d. Lichtechth. auf – 43-2444.

Färben v. Teppichen aus – 16-2748; Kontinuefärbemöglichk. für – (Überblick) 17-2696; Baumfärb. 21-2998; Färben naßgesponnener – (Verstreck. im Färbebad) 21-3005*; Kontinuefärb. v. Teppichen, Plüschen u. Nadelfilzen aus – 29-2690; Färb. v. – (für Teppiche) 39-2524; (in Gelform) 39-2846*.

Einfl. organ. Trägerverb. beim Färben v. – 14-2929; (Absorpt. v. Carriern auf d. Faser) 14-2930; (Mechanismus d. Carrierwrkg.) 14-2931; Egalisiermittel für d. Färben v. – 15-2850*; Färben v. –: nach elektr. Auflad. (Gewebe) 19-2881*; in Ggw. v. Kresolen u. mehrwert. Alkoholen 20-2828*; in Ggw. v. Trisaziridinylverb. 25-2603*; Herst. v. komplexen Verb. d. einwert. Cu als Hilfsmittel zum Färben oder Bedrucken v. –-Geweben 39-2423*; Färben u. Bedrucken v. –: in Ggw. alkal. wirkender Mittel 44-2644*; in Ggw. v. Polyglykoläthern 47-2456*.

Schwarzfärben v. – 1-2940*; Färben v. –: mit Aminoanthrachinonfarbstoffen (Mechanismus) 2-2859; mit kation. Farbstoffen (Eindringvermögen) 3-2808; mit Anthrachinonfarbstoffen 3-2820*; mit bas. Farbstoffen (Computerprogramm) 4-2726; durch Erzeugen v. Azofarbstoffen auf d. Faser 5-2921; mit kation. Farbstoffen 5-2926; (Bedeut. d. Aufziehkurven) 6-2793; mit Fluorubinderiv. (Bedrucken) 7-2952*; mit kation. Farbstoffen (in Ggw. v. Sb-Verb.) 10-2921*; (Überblick) 11-2963; mit Rk.-Prod. aus Tetracyanäthylen, Pyrrol u. S oder S-Verb. 14-2935*; mit bas. Farbstoffen 15-2835, 17-2697; (Zusatz v. Mg-Salz zur Spinnmasse) 19-2889*; (Färben, Klotzen u. Bedrucken) 19-2890*; mit Azofarbstoffen 20-2825*; mit kation. Farbstoffen (Kinetik) 21-2996; mit bas. u. kation. Farbstoffen 21-3006*; mit sauren Wollfarbstoffen 21-3013*; mit Astra- u. Astrazonfarbstoffen (kontinuierl.) 25-2597; mit Anthrachinonfarbstoffen 33-2762*; mit Azofarbstoffen 40-2655*; mit Chinonverb. u. Rk.-Prod. aus Aminen u. Aldehyden 41-2571*; mit Anthrachinonfarbstoffen 46-2631*; mit bas. Farbstoffen (Übersicht) 47-2450.

Färben: v. –-halt. Mischgarnen 1-2933; v. Polyester/– (mit Küpenfarbstoffen) 8-2863; (Thermosolverf.) 11-2961; Einbadfärb. v. mit – verschnittenen Textilien 15-2853*; Färben: v. Polyamid-/–-Geweben 15-2855*; v. –/Wolle 46-2626*; (Reservagefärb.) 46-2627*; Foulardfärben u. Bedrucken v. Polyamid/– 47-2456*.

Musterkarten: Sandocryl-B-Farbstoffe auf – 26-2888; Druck auf Polyacrylnitrilgewebe 28-2768; Farbstoffe zum Färben v. Geweben aus Polyamidkräuselgarn-Kette u. Woll-, Zellwoll- oder Polyacrylonitrilschuß 46-2622.

Neue Farbstoffe für – 1-2924, 6-2790, 6-2791, 7-2941, 12-2730, 24-2814, 24-2817, 26-2888, 28-2770, 35-2443, 46-2620.

Anthrachinonfarbstoffe für – 2-2870*, 3-2846*, 10-2942*, 14-2946*; (für Gewebe) 28-2796*; Azoanthrachinonfarbstoffe 37-2479*; Anthrachinonfarbstoffe 39-2572*, 40-2680*.

Azofarbstoffe für – 3-2832*, 3-2833*, 3-2835*, 3-2836*, 5-2942*, 9-3009*, 10-2937*, 12-2755*, 13-2935*, 16-2757*, 16-2761*, 17-2719*; Azodispers.-Farbstoffe 21-3019*, Azofarbstoffe 24-2822*, 24-2830*, 25-2634*, 26-2905*; (Co-halt.) 28-2789*; Azofarbstoffe 28-2792*, 28-2795*, 29-2711*, 33-2793*, 33-2794*, 36-2572*, 37-2475*, 37-2480*; (metallhalt.) 37-2482*; Azofarbstoffe 40-2671*, 43-2459*, 43-2463*; (Cr-halt.) 46-2642*; Azofarbstoffe 47-2467*, 47-2486*.

Bas. Farbstoffe für – 9-3008*; (Übersicht) 20-2843; kation. Farbstoffe 24-2821*, 26-2906*, 27-2808*, 37-2467*.

Pigmentfarbstoffe für – 4-2738*; Pyrazoliumfarbstoffe 11-2989*; Triphenylmethanfarbstoffe 17-2723*; Formazanfarbstoffe 27-2816*; Cyanmethylidenchinolinfarbstoffe 31-2642*; quatern. Coeramidoninfarbstoffe 35-2452*; aminoäthylsulfonylaminogruppenhalt. Farbstoffe 42-2647*; Pyridiniumsalze v. Halogenpyrimidinfarbstoffen 44-2657*; 1.3-Dithioliumderiv. 45-2610*.

Verwendung, Herst. v. nicht gewebten Textilstoffen aus – 11-3245*; Verw.: v. hydrolysierten u. aminierten Vinylchlorid-Acrylnitril-Copolymerfasern als Ionenaustauscher 47-2507; v. – zur Papierherst. 48-3194*.

Analytisches, Identifizier. v. – (neuer Trenn.-Gang) 4-1994; quant. Best. v. – in Misch. mit Polyesterfasern 8-2094; Best. kleiner Mengen v. Carboxylgruppen in Copolymeren v. Acrylnitril in Na-Thiocyanatspinnlsg. 13-2188; Trenn. v. Misch. aus – mit anderen Fasern 24-3105; Identifizier. v. – durch Dispers.-Färb. 27-2108; Analytik d. – (konduktometr. Partikelzähl. v. Polyacrylnitril) 36-2784; (Titrat. saurer Gruppen) 46-1089.

Spezielle Polyacrylnitrilfasern

Acrilan

Methinfarbstoffe für – 3-2843*; Färben: v. Teppichen aus – *16* 16-2748; v. – *N* u. *16* mit sauren u. bas. Farbstoffen 20-2820*; v. –, –/Kunstseide u. –/Wolle 39-2525; Eig. (Auswrkg. auf d. Färben u. Ausrüsten) 42-2625; Färben: v. – *16*-Teppichfasern 42-2627; u. Ausrüsten v. –/Spandex 43-2443.

Cashmilon

Färbeeig. nach Behandl. mit Carriern 14-2930; Antistatischmachen 14-3180*; ferrocenylgruppenhalt. Monoazofarbstoffe für – F 45-2388.

Courtelle

Temp.-Abhängigk. bei d. Wiedergewinn. d. Elastizität in – 32-2983; Färben v. –-Teppichfasern mit bas. Farbstoffen 39-2524.

Dralon

Unters. d. Alter. 12-3051; neue Farbstoffe für – 24-2817, 35-2443.

Kanekalon

Sulfonier. mit Na_2SO_3 24-3109.

Leacril

Unters. d. Alter. 12-3051; Färben v. – N u. – N/Wolle 16-2747; kontinuierl. Färben v. – N-Kammzügen (Pad-Steam-Verf.) 25-2599; (mit kation. Farbstoffen) 37-2462; Verarbeit. mit Wolle 39-2839; Färben v. –-*16*-Geweben mit kation. Farbstoffen 47-2448.

Nitron

Färben v. –: mit bas. Farbstoffen 17-2697; (kontinuierl. Ström.-Verf.) 21-2994; mit Küpenfarbstoffen 21-2995; Herst. nichtgewebter Filterstoffe aus – 22-2964; Färben mit sauren Farbstoffen 36-2563; physiolog.-hygien. Beurteil. v. Schutzkleid. aus – 45-2570.

Orlon

Färben: v. – 1-2932; v. –/Wolle u. – *42*/Antron 1-2933; Methinfarbstoffe für – 3-2843*; Azofarbstoffe 5-2942*; Färben u. Ausrüsten v. –-Garnen mit Lycrakern 6-2796; Hydrophobier.-Mittel für – 7-3213*; für ein angenehmes Tragegefühl wesentl. Eig. v. Gestricken aus – *42* 8-3137; Färben u. Ausrüsten v. – *33* 11-2960; Nachw. d. Beweglichk. d. Segmente in – durch NMR bei hoher Temp. 11-3235; Färben: v. – *42* (mit Deorlinfarbstoffen) 15-2835; v. – *42* u. – *44* (mit sauren u. bas. Farbstoffen) 20-2820*; Hydrophobieren v. ––Dainel-Pelzen 26-3512; kontinuierl. Färben v. –/Cellulose mit Sevron-T-Pasten 39-2523; Färben v. – in Abwesenh. v. Verzögerern 41-2563; indigoide Farbstoffe für – 45-2402*.

Prelana

Austausch v. Wolle u. Viskosefaser durch – 23-3007.

Verel

Identifizier. durch IR-Spektroskopie 1-2173; Entw. beim Färben 19-2874; Färben v. –-Teppichfasern 42-2627.

Polyäthylenfasern

s. *Polyolefinfasern*.

Polyamidfasern

Techniken, Hilfsmittel u. Farbstoffe für – 17-2698; Fasern aus aromat. Polyamiden 26-3160.

Eigenschaften, Verhalten, Eig.-Beeinfluss. v. – durch energiereiche Strahlen 5-3123; Einfl. v. Spinnbeding. auf Molgew. u. Viskosität v. – 6-3052; mathemat.-theoret. Ableit. für Auftreten u. Lage d. im polarisiertem Licht sichtbaren Interferenzstreifen v. – 11-3236; Festigk.-Eig. v. mit CH_2O vernetzten – 15-1172; Photoabbau u. Vergilben 27-3094; Einfl. v. UV-Bestrahl. auf d. Festigk. v. – 31-1093; Veränder. d. Oberfläche u. d. Glanzvermögens bei Bügeltemp. v. *130°* 35-2657; strukturmechan. Eig. u. Morphologie 38-2893; Eig.-Änder. (bei längerer natürl. Insolat.) 44-2850; (während d. dynam. u. stat. Ermüd. v. Polyamidkord) 44-2857; Wrkg. v. oberflächenakt. Mitteln, Salz u. pH auf d. Quell. v. – 45-2584.

Herstellung

Rohstoffe: Herst. v. stabilisierten, UV- u. wetterbeständ. Linearpolyamiden für Fasern 6-3068*; Verbesser. d. Pigmentverteil. in faserbildenden Polyamiden 9-3245*; Stabilisier.-Mittel für verspinnbare Polyamide (Phosphonsäureester) 25-2939*; Polymerisat. v. Polyamiden in Ggw. einer Dicarbonsäure u. deren Mn-Salz (lichtstabile Garne) 27-3115*; Herst. v. kaolingefüllten linearen Polyamiden für Schmelzspinnfasern 41-2751*; Extrakt. v. faserbildenden linearen Polyamiden (Entfern. v. Monomeren) 41-2753*; hochmol. thermoplast. Masse aus Lsg. v. Polyamiden in Harzen für Fäden 49/50-2774*.

Herst. für Fasern: v. schrumpffäh. Polyamiden aus Diaminen u. Dicarbonsäuren 1-3092*; v. Polycarbonatamiden u. Polyesteramiden 3-2955*; v. aromat. linearen Polyamiden 5-3092*; v. opt.-akt. Polyglutaminsäure-γ-methylesterspinnlsg. 5-3151*; v. γ-Alkylglutamatpolymeren 5-3153*; v. linearen Polycarbonamiden (verbesserte Aufnahmefähigk. für bas. Farbstoffe) 7-3113*; v. linearen aromat. Polyamiden 9-3246*; v. Polyterephthalamiden 9-3251*; eines gut färbbaren Polyamid–Polyolefin-Komplexes 10-3174*; v. Hochpolymeren aus N-Carboxy-α-aminosäureanhydriden 13-3347*; v. Polyamiden aus Hexamethylendiamin u. N.N'-Bis-[3-carboxyphenyl]-harnstoff) 13-3348*; (mit Geh. an Poly-[2.5-dimethyl-p-phenyl-bis-β-äthylsebacinsäureamid]) 14-3188*; v. Polyaminosäuren 14-3189*, 15-3028*; v. Polyamidpolyanhydriden 16-3041*; v. Valerolacton–Aminoönanthsäure-Mischpolymeren 16-3043*; v. Polymerisaten aus N-Carboxy-α-aminosäureanhydriden 18-3030*; v. Polyamiden mit Aminobenzoyleinh. 18-3206*; v. gut färbbaren Polyaminosäuren 18-3208*, 18-3209*; v. gut färbbarem Poly-β-[2-chloräthyl]-L-aspartat 18-3210*; v. polymerem γ-Methylglutamat-N-carboxyanhydrid 19-3079*; v. Polyoxamid 22-2970*; v. Polymeren aus 2-Amino-4.6-di-p-carboxyphenyltriazin, Hexamethylendiamin u. Caprolactam 22-2974*; v. Misch. aus Polyacrylnitril u. Polyamiden (stabile Spinnlsg. niedr. Viskosität) 26-3181*; v. viskosen Lsg. aus opt.-akt. Poly-γ-methylglutamat (Verspinnen in Aceton) 26-3183*; v. Polyamiden (aus Misch. v. m- u. p-Xylylendiamin, Adipinsäure u. ε-Caprolactam) 26-3184*; (aus Terephthalsäure u. einer Misch. aliphat. Diamine) 26-3185*; v. β-Methyl-β-butyrolactam u. $Ca(SCN)_2$ enthaltender Polyamidspinnlsg. 27-3116*; v. Polymeren (aus N'-Aminopropyl-α-aminosäuren) 28-2922*; (aus Glutaminsäure-N-carboxyanhydrid-γ-methylester) 29-2856*; (aus Polyhexamethylenadipamid u. Poly-m-phenylenadipamid) 30-2873*; (aus Hexamethylendiaminterephthalat) 30-2874*; (aus einem Diamin u. Adipinsäure) 34-3064*; v. Polyamiden (mit Sulfamidgruppen) 36-1147; (aus Polymethylendiammoniumsalzen aliphat. $\alpha.\omega$-Dicarbonsäuren) 36-2695*; (durch Kondens. v. m-Xylylendiamin u. Adipinsäure unter Zusatz v. $\alpha^1.\alpha^5$-Diaminodurol) 36-2800*; (aus Diaminen u. Tetracarbonsäureanhydriden) 37-2634*; (aus Diaminen u. einer Lactondicarbonsäure) 37-2766*; (mit Alkylaminoalkyleinh.) 41-2859*; v. Lsg. aromat. Polyamide 43-2708; v. Polyamiden aus alicycl. Bis-phenylenoxydicarbonsäuren 45-2517*; v. Mischpolymerem aus ω-Aminopelargonsäure u. δ-Valerolacton 46-2877*; v. Polyaminosäure–Celluloseester-Misch. 46-2881*; v. aromat. Diamiden (hitzewiderstandsfäh. –) 47-2763*.

Spezielle Polyamidfasern

Polyamid-4-fasern

Polyamid-6-fasern (Nylon 6)

2825*; Verspinnen v. Polyurethanen in aminhalt. Bad 23-3023*; Herst.: v. linearen Polyurethanen für Fäden 28-2918*; v. faserbildenden Polyurethanen 29-2861*; v. elastomeren Polyurethanen für Fäden 29-3024*; v. Polyurethanfäden (Verspinnen in ein wss. Bad mit aliphat. diprim. Diaminen) 29-3025*; v. Schaumschichtstoffen auf Polyurethanbasis 30-2852; v. elast. Fäden aus Polyurethanen 33-3067*; v. Fasern auf Polyesterurethanbasis 34-2947*; v. elast. Polyurethanen für Fasern 34-2949*; (aus Polyhydroxylverb., Polyisocyanaten u. Diaminen) 35-2614*; v. gegen Licht u. Wärme stabilisierten Fäden aus Polyätherurethanen 35-2697*; v. Fäden aus Polyurethanen (Verw. v. einwert. Alkohol oder Glykol im Spinnbad) 35-2698*; v. hochelast. Fäden aus Polyurethanen 38-2808*; Rohstoffe für Polyurethanfasern 38-2878; Fäden aus Rk.-Prod. eines OH-Gruppen enthaltenden Polyesters u. aromat. Diisocyanat mit Dihydroxyalkyläther 41-2860*; Herst.: v. Polyurethanen für Fäden 42-2748*, 43-2595*, 46-2735*; u. Eig. v. Spandexfasern 48-2993; v. elast. Fasern aus polymerem Diol u. organ. Diisocyanat 51/52-2933*.

Härten v. Polyurethanfäden mit aliphat. prim. Diaminen 16-3042*; Behandl. v. Polyurethanschaumkleid.-Stücken (Verbesser. d. antistat. Eig. u. Weichh.) 26-3186*; Verformen u. Fixieren v. Fasern oder Geweben aus Polyurethanen 44-2877*; opt. Aufhell. v. Fasern aus Polyurethan 45-2578*.

Färben: u. Ausrüsten v. Spandexfasern 2-3061; v. Superpolyurethantextilien mit Azofarbstoffen 5-2937*, 5-2938*; u. Drucken v. Polyurethantextilien 7-2955*, 15-2846*; v. Spandexgarnen u. -stoffen 39-2525; u. Klotzen v. Polyurethanfasern 41-2571*; u. Ausrüsten v. kernumsponnenen Spandexgeweben 42-2626; v. Polyurethanen mit Azofarbstoffen 42-2637*; u. Ausrüsten v. Spandexgeweben u. d. Misch. mit Acrilan u. Wolle 43-2443; u. Bedrucken v. Polyurethantextilien mit Reaktivfarbstoffen 47-2454*.

Methinfarbstoffe für Polyurethanfasern 2-2865*; Pigmentfarbstoffe 4-2738*; azinringhalt. Farbstoffe 4-2739*; Reaktivfarbstoffe 4-2740*; Azofarbstoffe 6-2827*; (metallhalt.) 7-2964*; Azofarbstoffe 9-3012*, 10-2934*, 11-2982*, 11-2986*, 12-2746*, 12-2747*; (metallhalt.) 12-2753*; (Cr-halt.) 12-2754*; Azofarbstoffe 12-2755*, 13-2933*, 13-2934*, 13-2936*, 13-2937*, 14-2942*, 14-2943*, 16-2757*, 16-2761*; Azofarbstoffe für Polyurethanfasern 17-2719*, 17-2722*, 18-2913*; metallhalt. Formazanfarbstoffe 19-2915*; Azofarbstoffe 20-2851*; wasserlösl. organ. Farbstoffe 23-2752*; Anthrachinonfarbstoffe 26-2908*, 26-2910*; Reaktivfarbstoffe 28-2798*; Cr-halt. Azofarbstoffe 29-2717*; Azofarbstoffe 33-2793*; (u. Azomethinfarbstoffe) 33-2797*; Disazofarbstoffe 34-2832*; Azo- u. Tetrazaporphinfarbstoffe 36-2574*; metallhalt. Disazofarbstoffe 37-2482*; Azofarbstoffe 40-2671*, 45-2396*.

Textile Anwend.-Möglichk. d. Spandexfasern 28-3035; Verw. v. Polyurethanfasern zur Herst. v. Faservliesen 31-2895*.

Identifizier. (v. Polyurethanfasern) 4-1994; (v. Polyurethanelastomerengarnen) 24-2011.

Dorlastan

— in d. Textilindustrie (Herst. u. Verarbeit.) 22-2949; Färben u. Ausrüsten v. —-Wirkwaren 38-2698.

Lycra

Zus. u. Veredl. 2-3060; Verh. unter verschiedenen Bleichbeding. 5-3124; Färben u. Ausrüsten v. Garnen mit —-Kernen 6-2796; Färben: v. Nylon/— mit Säure- u. Metallkomplexfarbstoffen 37-2461; v. Misch. v. Dacron–Polyester- u. —-Spandex-Fasern 38-2700; Eig. v. therm. u. hydrotherm. vorbehandeltem — 41-2844.

Vyren

Zus. u. Veredl. 2-3060.

Polybutadienfasern

s. unter *Polyolefinfasern*.

Polyesterfasern

Fasern: aus Polyesteramiden s. unter *Polyamidfasern*; aus Polyesterurethanen s. unter *Polytriazol-, Polyharnstoff- und Polyurethanfasern*.

Allgemeines, Chemie u. Eig. d. Copolyätheresterfaser 10-3162; Techniken, Hilfsmittel u. Farbstoffe für — 17-2698; Eig., Verw.-Zwecke u. Ausrüst. v. — u. —-Mischtextilien 28-3032; akt. Komponenten d. chem. Hilfsmittel bei d. Verarbeit. v. — 38-2878; Verarbeit. u. Anwend. in d. tschechoslowak. Wollindustrie 39-2828.

Eigenschaften, Verhalten, Kräusel. bei —/Spandex-Fäden (Mechanismus für Stretchgewebe) 13-3325; Kriech- u. Ermüd.-Erschein. 13-3327; elektrostat. Auflad. 24-3095; Endschrumpf.-Faktoren erschöpfter — als Funkt. d. Temp. 27-3092; Einfl. d. Temp. auf d. Knittererhol.-Eig. 30-2848; Abhängigk. d. Schallmoduls u. d. momentanen Elastizitätsmoduls v. d. Struktur d. — 32-2982; Veränder. d. Oberfläche u. d. Glanzvermögens bei Bügeltemp. v. *130°* 35-2657; Kristallinität u. Orientier. v. Co-— 38-1150; Spann.-Relaxat. in — (Einfl. v. W. u. Temp.) 43-1089.

Herstellung

Rohstoffe: Herst. für Fasern: v. Polymeren (aus Dicarbonsäuren, deren Deriv. u. Diolen oder umesterungsfäh. Diolkomponenten) 5-3140*; (aus Bis-[2-methyl-4-carboxyphenoxy]-äthan u. Glykol) 5-3142*; v. aromat. Polyesteräthern mit guter Verstreckbark. u. Färbbark. 5-3144*; v. polymerisiertem β-Propiolacton 5-3146*; v. Polyestern 6-3065*; (mit Geh. an Cl) 8-3012*; (mit Geh. an Polypropylen) 9-3240*; Verbesser. d. Färbbark. v. faserbildenden Polyestern durch Zusetzen: v. Sulfonen oder Sulfonderiv. 9-3241*; v. Sultonen 10-2920*; v. Verb. mit polaren Gruppen 10-3181*; Herst. für Fasern: v. polymerem α.α-Diphenyl-β-propiolacton 11-3247*; v. hochmol. Polyestern 12-2915*; v. Poly-[methylen-4.4′-bis-(2-chlor-1-naphthylen)-sebacat] u. -isophthalat 12-3064*; v. aromat. Polyestern 13-3340*; v. linearen thermoplast. Polyestern 17-2847*; v. Polyätherestern 24-2964*; v. α.α-Bis-(chlormethyl)-β-propiolactonpolymeren 24-2991*; v. färbbaren Polyestern (Einmischen v. aliphat. tert. Amin enthaltenden Copolymeren) 26-3180*; v. modifizierten Polyestern 28-2898*; v. Diisocyanat–Polyester-Addit.-Prod. 28-3060*; v. Gemischen linearer Polyester mit Sulfonsäurerest 28-3061*; v. hochmol. Polyäthylenoxalat 29-2839*; v. wärmestabilen u. gut färbbaren phosphorhalt. Polyestern 30-2870*; v. Mischpolyestern (aus Hydrochinon mit Hexahydroisophthalsäure u. Hexahydroterephthalsäure) 33-3061*; (mit Geh. an organ. polymeren Zn-Verb.) 37-2761*; v. Polyestern (aus Octadecandicarbonsäureestern) 38-2907*; (mit Geh. an Phosphorigsäureester) 38-2909*; v. Polyestern 38-2910*; v. Norcamphandiolpolyestern 41-2717*; v. linearen Polyestern 41-2726*; v. Polyestern (in *2* Stufen) 43-2724*; (in Ggw. einer komplexen Metallverb.) 47-2760*; (mit Geh. an cycl. Vinylverb.) 51/52-2925*.

Herstellung von Fasern: Faserbldg. bei — 4-1154; Herst.: v. Polyestergarnen (Zusatz eines fl. Organopolysiloxans vor d. Spinnen) 10-3180*; v. gekräuselten — 13-3341*; v. antistat. — 13-3342*; v. — (Behandl. mit Mineralölemuls. im unverstreckten Zustand) 18-3194*; (Verbesser. d. Färbbark. durch Behandl. mit Diaminopolyglykolen) 27-2784*; (Zusatz v. Si-organ. Verb.) 27-3110*; v. Polyglykolidfäden (hohe Beständigk. gegen W.) 31-2891*; v. — (unregelmäß. Verform.) 38-2906*; Lsgm. für Spinnlsg. v. Polyestern aus aromat. Dicarbonsäuren, Octadecandicarbonsäure u. Glykol 38-2908*; verstärkte — durch Recken, Thermostabilisier. u. Beschicht. 43-2704; Erspinnen v. Fäden aus polymeren Alkylenäther enthaltenden Polyestermassen 43-2722*; Strecken v. — 44-2872*; Spinnpräparat. aus Iminen, tert. Aminen u. quatern. NH_4-Salzen 46-2872*; Strecken v. —-Garnen 51/52-2926*.

Pfropfpolymerisat. v. Styrol oder Vinylacetat auf mit Katalysatoren getränkte — 3-3046.

Verarbeitung, Veredlung, Einfl. v. Vernetz.-Mitteln auf Baumwoll/Polyester-Mischgewebe 1-3172; Behandl. v. — mit Alkohol u. Phosphorsäureester 7-3237*; Färben u. Ausrüsten v. — u. d. Misch. (Übersicht) 31-2621; Ausrüst.-Schema v. Mischgeweben aus — u. Leinenfasern 42-2797; Ausrüst.-Folge v. —-Mischgewebe 42-2807; Appretur v. gewebten u. gewirkten, elast. —-Garne enthaltenden Erzeugnissen 43-2687.

Überziehen: v. — mit Organopolysiloxanen 10-3059*; v. Polyesterkord mit Phenol-CH_2O-Harz (Verbesser. d. Haft. an Kautschuk) 13-3141*; Haftfähigmachen v. — an PVC-Harze 14-3184*; Behandl. v. — zwecks Bind. an Kautschuk 26-3177*, 28-2952*, 31-2811*, 37-2760*, 39-2738*.

Fixier.: v. — (mit chlorierten aliphat. KW-Stoffen) 22-2968*; v. —-Geweben 28-3033; Trockengeschw. v. —-Textilien 33-3053; Alter. u. Stabilisier. v. — 35-2655.

Herst. u./oder Verw. als opt. Aufheller für —: v. α.β-Bis-[5.6-dimethylbenzoxazolyl-(2)]-äthylen 4-2939*; v. Chinoxalinen 7-3195; v. 1.2.3-Triazolyl-3-phenylcumarinen 7-3203*; v. 2-Styryloxazolen 7-3210*; chem. u. opt. Bleichen v. —/Baumwolle 15-2838; opt. Aufheller für — (Pyrazolochinolinverb.) 35-2663*; (7-[1.2.3-Triazolyl-(1)]-3-arylcumarinverb.) 42-2803*; opt. Aufhellen v. — (in Ggw. alkal. wirkender Mittel) 44-2644; (mit Alkoxy-1.8-naphthalindicarbonsäure) 45-2578*.

Antistat. Ausrüst. für Polyestergewebe 8-3132*; (Behandl. mit Polyacrylsäurelsg. u. einem Polyester v. Toluol-2.4-diisocyanat) 11-3225*; (mit Ester aus N-Hydroxyalkylpyrrolidon u. Fettsäuren) 32 2976*; (mit Bis-β-hydroxyäthylsulfon u. Polyvinylalkohol) 32-2977*.

Lovosova TS *20* zum Schlichten v. Viskosestapelfaser/—-Gemischen 1-3170; schlupffreie bzw. nichtrutschende Textilien aus — 4-2941*; Metallisieren v. Polyestergeweben 7-3214*; Behandl. v. — mit Si-organ. Verb. (Bewahr. d. Ausgangsfestigk. nach längerem Kontakt mit W.) 9-3239*; Knitterarmausrüst. v. Textilgut aus Misch. v. — mit Cellulose 10-3187*; schmutzabweisende Ausrüst. v. Polyestergewebe 11-3225*; hydrophobe Oberflächenbehandl. v. — 18-3160*; gleichzeit. Färben u. Hydrophobieren v. — 20-2827*; gegenüber wiederholtem Netzen beständ. Avivage für Kordeln u. Seile aus — 20-3125*; Aufbringen v. Epoxyüberzügen auf mit Polyisocyanat behandelte — 25-2145*; modifizierte Stärke für d. Schlichten v. Ketten aus —/Baumwolle 28-3026; Reinig. gefärbter — 45-2386*; Schlichten v. —/Viskose mit Lovosova TS *20* 49/50-2748.

Färben, Drucken. Standardfärbeschema für — 7-2943; histor. Entw. d. Färb. v. — 14-2927; Farbechth. v. — gegen Verunreinig. in d. Luft 16-2751; Verschießeig. 17-2702; Meth. u. Farbstoffgruppen beim Färben v. — 21-2992; Probleme d. Färb. v. — in Ungarn 27-2775; Färben u. Ausrüsten v. — u. d. Misch. (Übersicht) 31-2621; reservierende Eig. v. Farbstoffen auf — 31-2624; Verbesser.: d. Färbbark. v. — 39-2522; d. Färbens d. — 48-2830.

Färben: v. —-Kammzügen in Ggw. v. Primasol KW 6-2797; v. — u. d. Misch. (Thermosolverf.) 8-2864, 11-2961; v. — (nach Wäsche u. Hitzebehandl.) 14-2925; (Echtfärben u. Bedrucken) 18-2898*; (Farbstoffwander. beim Thermosolfärben) 19-2869; (nach elektr. Auflad. d. Gewebes) 19-2881*; (in Ggw. lösl. Metallverb.) 19-2894*; (gleichzeit. Färben u. Hydrophobieren) 20-2827*; (Baumfärb.) 21-2998; (in Ggw. v. Tris-aziridinylverb.) 25-2603*; (in Cl-KW-Stoffen) 29-2701*; (Thermosolfärb.) 31-2623; Bilderabziehpapier zum Bedrucken v. — 39-2534*; Färben v. — (nach d. Pad-Roll-Verf.) 40-2648; (u. Klotzen) 41-2571*; Färben, Bedrucken u. opt. Aufhellen in Ggw. alkal. wirkender Mittel 44-2644*; Selbstfärb. linearer Polyester durch Polymerisat. in Ggw. v. Farbstoffen 45-2384*; Färben v. linearen Polyestern in d. Masse (anschließende Herst. v. Fasern) 45-2385*; Foulardfärben u. Bedrucken v. — 47-2456*; Kontinueverf. zum Färben v. — 49/50-2616.

Trockenhitzefixier. v. Dispers.-Farbstoffen auf — 1-2928; Schwarzfärben v. — 1-2940*; Färben u./oder Bedrucken v. —: mit Azofarbstoffen 1-2944*; mit Dispers.-Farbstoffen (Garne) 5-2922; (kontinuierl.) 5-2926; mit Anthrachinonfarbstoffen 6-2804*; mit Azofarbstoffen 8-2868*, 8-2869*; mit Dispers.-Farbstoffen 9-2990*, 10-2920*, 14-2926; mit Rk.-Prod. aus Tetracyanäthylen, Pyrrol u. S oder S-Verb. 14-2935*; mit Anthrachinonfarbstoffen 14-2939*; mit Dispers.-Farbstoffen 15-2859*; mit Anthrachinonfarbstoffen 15-2866*; mit bas. Farbstoffen 17-2699; mit Anthrachinonfarbstoffen 18-2894*, 19-2885*; 19-2896*; mit Dispers.-Farbstoffen 20-2821*, mit Anthrachinonfarbstoffen 20-2826*; mit dispergierten Farbstoffen 21-2991; mit Naphthochinonfarbstoffen 25-2604*; mit Azofarbstoffen 25-2607*; mit Dispers.-Farbstoffen (Einfl. d. spezif. Oberfläche auf d. Färb.) 27-2777; mit Azofarbstoffen 27-2788*; mit Anthrachinonfarbstoffen 31-2628*; mit Küpenfarbstoffen 31-2633*; mit Anthrachinonfarbstoffen 31-2634*; mit Anthrachinonfarbstoffen 42-2635*; mit Azofarbstoffen 42-2637*; mit Anthrachinonfarbstoffen 42-2638*; mit Küpenfarbstoffen 51/52-2690.

Färben v. Misch. aus —: u. Cellulose (Thermosolfärb.) 1-2929; u. Wolle 1-2930; u. Polyacrylnitrilfasern 1-2933; u. Baumwolle (mit Reaktivfarbstoffen) 1-2935; u. Viskose (Thermosolverf.) 3-2815; u. Cellulose (mit Dispers.- u. Küpenfarbstoffen, Garne) 5-2922; u. Cellulose u. Polyacrylfasern (mit Küpenfarbstoffen) 8-2863; u. anderen Fasern (mit

als Rohstoffbasis d. tschechoslowak. Wollindustrie 39-2828.

Tetoron

Pfropfpolymerisat. v. Styrol auf — 3-3046; Bedrucken v. —/Baumwolle mit polymeren Farbstoffen 8-2871*; Antistatischmachen 14-3180*; Anthrachinonfarbstoffe für — 43-2455; Cumarinderiv. als opt. Aufhellmittel für — 48-2981.

Trevira

Entfernbark. v. Pigmentschmutz v. —/Wolle 5-3117; Unters. d. Alter. 12-3051; Continue-Färb. v. —/Baumwolle 21-2997; Betriebsprüf. nach d. Fixieren an — 28-3033; — *WA* (Faser mit geringem Reib.-, Falt- u. Reißwiderstand) 42-2807.

Polyolefinfasern

Siehe auch *Polyacrylfasern*; *Polystyrolfasern*; *Polyvinylfasern*; *Weitere vollsynthetische Fasern.*

Thermodynam. u. mechan. Unters. d. Fest—Fest-Überganges *1.* Ordn. d. transtakt. orientierten 1.4-Polybutadienfaser 45-2586, 45-2587.

Herstellung. Eign. v. Polyolefinen zur Faserherst. 7-3226; Herst. bzw. Verw. für Fasern: v. gut färbbaren Polyolefinpräp. 10-3174*; (aus Polyolefin u. Copolymeren aus Äthylen u. N-Hydrocarbyl-N-vinylacetamid) 16-2914*; v. mit Organosulfonaziden modifizierten KW-Stoff-Polymeren 18-3055*; v. Polyolefinpräp. mit verbesserter Färbbark. (Zumischen v. Metallsalzen d. Polyacryl- oder -methacrylsäure oder deren teilverseiften Estern) 20-3120*; v. Polybutenlsg. 21-3123*; v. hydrierten Blockmischpolymerisaten aus Dienen u. vinylaromat. Verb. 26-3016*; v. Mischpolymerisaten aus Acrylonitril u. Olefinen 26-3053*; v. gut färbbaren Polyolefinen (Zumischen v. Polyamid u. Carbonsäurederiv.) 27-3104*; (Zusatz v. Polyamiden oder Polyestern u. Polyalkylenglykol) 28-3054*; (mit Geh. an Polyamiden) 29-3016*; v. Olefinpolymeren (in Ggw. v. Py.-Komplexen) 32-2831*; (mit guter Anfärbbark.) 34-3057*; v. Polymeren aus 2-Vinyl-6.6-dimethylnorpinan u. α-Olefinen 34-3058*; v. elastomeren Prod. aus Olefinen u. Di- oder Polyalkenylcycloalkanen 44-2742*; v. modifizierten Polyolefinen mit verbesserter Färbbark. u. Druckfarbenabsorpt. 46-2868*; v. Poly-p-xylylenen 47-2607*.

Herst.: v. färbbaren Fasern aus Polyolefinen (u. Polyalkencarbonsäureestern) 4-2966*; (u. Rk.-Prod. v. sek. Aminen mit Epichlorhydrin u. Chlor-KW-Stoffen) 8-3151*; (Modifizier. d. Oberflächeneig. mit Methacrylsäure oder Vinylpyridin) 8-3152*; (Modifizier. mit Azidoformiaten) 9-3100*; (Behandl. mit 1.1.1-Trimethylolpropandiallyläther) 10-2919*; v. — verbesserter Lichtfestigk. (Zusatz eines Monoesters d. 4.4'-Dicarboxydiphenoxyäthans) 10-3175*; Verbesser. d. Färbbark. v. — durch Behandl. mit Carbonsäuren 11-2965*; färbbare Fasern aus höheren α-Olefinen u. N-halt. Polykondensat 14-3181*; Schmelzspinnen v. Gemischen aus krist. Polyolefinen u. bas. Stickstoffpolykondensaten 16-3030*; Modifizier. v. — mit aliphat. Monoazidoformiaten 17-2805*; Herst. v. — mit erhöhter Beständigk. gegen oxydativen Wärme- u. Lichtabbau 18-3195*; Verbesser. d. Anfärbbark. v. — (Modifizieren mit Polytriazolen, Polyäthyleniminen, Polyamiden u. Epoxidharzen) 19-2879*; (Behandl. mit N-Glycidylverb. v. Aminen) 20-2819*; Fäden: aus Poly-α-olefinen u. a. Polymeren (Verbesser. d. Anfärbbark.) 20-3117*; aus polymeren α-Olefingemischen 22-2966*; Schmelzspinnen v. Polyolefingemischen in Lsg. aus Polyvinylalkohol u. einem Aldehyd 23-3014*; Verbesser. d. Anfärb. (Behandl. mit Glycidylderiv. v. Aminen) 24-2818*; Herst. v. — in Ggw. v. S_2Cl_2 u. Bestrahl. 25-2929; Fluorier. v. — (Verbesser. d. Färbbark. u. d. Wärme- u. Lsgm.-Festigk.) 26-2999*; Herst.: v. Fäden aus Polyolefinen (u. metallhalt. anderen Polymeren) 27-3100*; v. gut anfärbbaren Fasern aus krist. Olefinpolymerisat (Gemisch mit einem bas. N-halt. Polykondensat) 27-3101*; v. Fäden aus polymerem 2-Methylbuten-(1) 28-3053*; Verbesser. d. Anfärbbark. v. — (Behandl. mit Trimethylpropandiallyläther) 28-3056*; Herst.: v. — (Zusatz v. Metall enthaltenden Polymeren) 33-2897*; (Nachbehandl. mit wss. Lsg. v. Polyvinylalkohol u. Aldehyden) 35-2677*; (Zusatz v. oxalkylierten Polymeren) 36-2795*; (Zusatz v. Metallsalzen) 37-2749*; v. leicht färbbaren — 46-2869*; v. vielfäd. Polyolefingarnen 48-3006*; v. geschäumten — 51/52-2920*; Pfropf. v. Vinylmonomeren auf — (Einfl. v. Antioxydantien) 51/52-2907.

Verarbeitung, Veredlung. Schlupffreie bzw. nichtrutschende Textilien aus — 4-2941*; Verbesser. d. Eig. v. — durch Behandl. mit F-Verb. 5-3133*; — mit verbesserter Färbbark. u. verringerter stat. Auflad. durch Behandl. mit $TiCl_4$ 5-3134*; opt. Bleichen mit 2-Styryloxazolen 7-3210*; Dibenzimidazole als opt. Aufheller für — 24-3098; antistat. Avivage 24-3121*; Herst. v. gekräuselten Garnen aus — durch Behandl. mit Quellmittel 27-3105*; Bleichen v. — 27-3108*.

Färben, Drucken. Schwarzfärben v. — 1-2940*; Färben: v. — mit Anthrachinonfarbstoffen 7-2953*; v. metallhalt. — 12-2741*; v. — (histor. Entw.) 14-2927; (oxydierende Vorbehandl.) 15-2847*; Verbesser. d. Lichtechth. gefärbter — durch Behandl. mit J_2 oder HJ 15-2848*; Färben: v. — (in Ggw. lösl. Metallverb.) 19-2894*; (Vorbehandl. mit Chelatverb.) 19-2897*; (mit Azo- u. Azomethinfarbstoffen 20-2822*; v. — aus 4-Methyl-1-penten oder 3-Methylbuten 20-2823*; v. — (nach Imprägnier. mit Cr-Komplexen) 21-3003*; (in Ggw. metallhalt. Polymerer) 21-3004*; verbesserte Lichtechth. v. Färb. metallhalt. — mit metallisierbaren Farbstoffen 27-2783*; Vorbereit. v. — für d. Färb. (Behandl. mit Aziridinophosphoroxiden) 29-2697*; Färben v. — (mit Benzoxazol- u. Benzthiazolfarbstoffen) 31-2629*; (u. Klotzen) 41-2571*; (nach Behandl. mit bas. N-Verb.) 45-2380*.

Azofarbstoffe für — 24-2822*, 41-2581*, 41-2582*; Azoreaktivfarbstoffe 51/52-2707*.

Analytisches. Identifizier. durch Dispers.-Färb. 27-2108.

Bibliographie. Polyolefinfaser [russ.] B 15; Handbook of polyolefin fibres B 64.

Polyäthylenfasern

Parakrist. Fibrillarstruktur v. verstreckten u. getemperten — 5-3121; mechan. Eig. 14-3166; Einfl. v. Temp. u. Feuchtigk. auf d. Biege-Modul 31-2878; Struktur u. Eig. in Abhängigk. v. Verstreck.-Grad 41-1107.

Verbesser. d. Anfärbbark. v. Polyäthylen für Fasern (Zusatz v. S-Verb. u. Aminen) 4-2963*; Herst.-Verf. für thermoplast. Spaltfasern aus Polyäthylen 7-3225; färbbare — (Zusatz v. N-halt. Polykondensat aus Dihalogenverb. u. Di-sek.-amin) 14-3181*; Trenn. v. Emuls. durch eine Schicht v. — 19-2825*; färbbare — (Zumischen v. Al-Polyacrylatpulver zur Schmelze) 20-3120*; (Zusatz v. Polyäthylenoxybenzoatpulver) 20-3121*; Mischpolymerisate aus Äthylen u. Monoolefinen für Fasern 21-3104*; Viskositätsbeding. d. Faserbldg. bei Polyäthylenschmelzen 26-1153; Eign. zum Verspinnen u. Verstrecken u. Verträglichk. v. Polyäthylen–Polypropylen-Gemischen 27-1130; Herst.: v. Äthylen–Olefin-Mischpolymeren für Fasern 29-2812*; v. — 29-3017*; v. Fäden aus Misch. v. Polyäthylen u. Polyterpenharz 31-2745*; Spinnfaser aus krist. Polyäthylen aus dreidimensionalem, zusammenhängendem Netzwerk 31-2890*; Pfropf. v. Polyacrylsäure auf — 49/50-2758; Herst. v. schrumpffäh. Bändern aus glänzendem Polyäthylengewebe 49/50-2769*.

Aufbringen v. Ornamenten auf Textilien aus — 14-2937*; Polyazofarbstoffe für — 18-2911*; Färben v. — (mit Azo- u. Azomethinfarbstoffen) 20-2822*; (in Ggw. hydrierter aromat. Verb.) 20-2823*; Azodispers.-Farbstoffe 21-3019*; Azofarbstoffe 34-2831*, 41-2581*, 41-2582*.

Identifizier. v. — (durch IR-Spektroskopie) 1-2173; (neuer Trenn.-Gang) 4-1994.

Polypropylenfasern

Zukunftsaussichten 7-3226; Techniken, Hilfsmittel u. Farbstoffe 17-2698; — u. ihre Anwend. 28-3031; Entw. v. — (techn. Qualitäten, chem. u. physikal. Eig.) 33-3054.

Einfl. v. Ultraschallschwing. auf — 3-3050; Struktur u. Eig. modifizierter — 4-2950; Einfl. d. Zeit auf d. elast. Erhol. v. — 6-3047; theolog. Eig. 6-3051; mechan. Eig. 14-3166; (u. Doppelbrech.) 18-3179; oxydativer Abbau v. unstabilisierten — 18-3180; Einfl.: v. Temp. u. Feuchtigk. auf d. Biege-Modul 31-2878; v. γ-Strahl. auf d. elektrokinet. Eig. d. Oberfläche v. — in Kontakt mit oberflächenakt. Fl. 34-1149; Veränder. d. Oberfläche u. d. Glanzvermögens bei Bügeltemp. v. *130°* 35-2657; Bezieh. zwischen d. Heißspann-Beding. v. — u. deren therm. Beanspruch. 36-2779; Strukturparameter u. Festigk. v. Polypropylen-Monofilamenten 37-2733; Scheuerverh. v. Garnen aus — 38-2889; Abhängigk. d. Spann. v. Temp. u. Verstreck.-Geschw. v. — 43-2700; Wrkg. v. oberflächenakt. Mitteln, Salz u. pH auf d. Quell. v. — 45-2584; Oberflächen-Adsorpt.-Eig. u. ζ-Potential v. — in wss. Lsg. eines anion. oberflächenakt. Mittels 45-2585; Einfl. d. Molgew.-Verteil. d. Polypropylens auf d. Fasereig. 46-2841; Witter.-Einfl. auf — u. deren Gewebe sowie Mischgewebe 47-2743; Randbenetz.-Winkel v. — 48-2980.

Herst. für Fasern: v. Polypropylen [$TiCl_3$ u. $Sb(C_2H_5)_4J \cdot Al(C_2H_5)_3$ als Katalysator] 5-3135*; v. Pfropfpolymeren aus isotakt. Polypropylenharzpulver, Methylacrylat u. Methylmethacrylat 5-3136*; v. ster. regelmäß. Polypropylen 5-3138*; Verringer. d. Molgew. v. krist., linearem Polypropylen zwecks Verbesser. d. Verarbeitbark. 18-3196*; Herst. bzw. Verw. für Fasern: v. modifizierten Polypropylenen 19-3015*; v. Polypropylenen 20-2965*; (mit verbesserter Wetterfestigk.) 20-3119*, 20-3120*; v. stereoregulärem Polypropylen (mit Mischpolymeren aus Äthylen u. einem ungesätt. Ester) 20-3122*; v. Polypropylen (Zusatz v. Ca-Stearat, Polyoxymethylen u. Polyäthylen) 27-3106*; v. Blockpolymeren aus Propylen u. Äthylen 28-2871; v. Polypropylenpulver mit *5%* Polyacrylatharz 37-2757*.

— mit Geh. an Acryl- oder Vinylverb. 2-3070*; Strangpressen v. Gemischen aus Propylenpolymerisaten, Polyolefinen, Epoxyharzen oder Polyalkyleniminen (Herst. v. voluminösem Garn) 3-3066*; Herst.-Verf. für thermoplast. Spaltfasern aus Polypropylen 7-3225; Verspinnen einer Misch. aus Polypropylen u. Polymethylmethacrylat (Verringer. d. stat. Auflad.) 10-3176*; Viskositätsbeding. d. Faserbldg. bei Polypropylenschmelzen 26-1153; Verspinnen u. Verstrecken u. Verträglichk. v. Polyäthylen–Polypropylen-Gemischen 27-1130; Herst.: v. — (mit Geh. an metallhalt. Verb.) 27-3100*; v. feinpor. — (Einmischen v. wasserlösl. Salzen in d. Schmelze) 27-3103*; v. — 28-3057*; (Schmelzspinnen unter Zusatz v. polymeren Säureamiden) 28-3058*; (Schmelzspinnen v. isotakt. Polyisopropylen) 29-3018*; v. hitze- u. lichtbeständ. farblosen — (Chlormethylsytrol-Pfropf.) 32-2995*; v. — (in einer für andere synthet. Fasern verwendeten Anlage) 34-3035; (Schmelzspinnen in Ggw. v. 3-Amino-1.2.4-triazolsalzen) 35-2678*; (Schmelzspinnen in Ggw. v. Dithiocarbamaten) 35-2679*; v. Fäden (aus isotakt. Polypropylen u. Polystyrol) 37-2756*; (aus Niederdruckpolypropylen) 49/50-2770*.

— mit verringerter stat. Auflad. (Behandl. mit $TiCl_4$) 5-3134*; Pfropfen v. Chlormethylstyrol auf — durch ionisierende Strahl. 10-1218; Licht- u. Wärmestabilisatoren für — 20-3123*; Kardierfähigmachen v. — (durch Lsg. v. organ. Phosphaten) 20-3124*; chem. Modifizier. an — 24-3108; Herst. v. gekräuselten Garnen aus — (Behandl. mit Quellmittel) 27-3105*; Alter. u. Stabilisier. v. — 35-2655; Licht- u. O_2-Stabilisier. v. — 37-2751*; Stabilisieren v. — gegen Licht-, Wärme- oder O_2-Einw. (Zusatz v. 2.6-Di-[tert.-butyl]-kresol u. 2-Hydroxy-4-n-octoxybenzophenon zur Spinnschmelze) 37-2752*; — mit verbesserter Abriebfestigk. (Überziehen mit Polytrifluorchloräthylen) 37-2754*; Thermostabilisier. mit Dian–Thioharnstoff-Gemischen 43-2701; erhöhte Bügelfestigk. durch Vernetz. mit polymerisierbaren Monomeren 44-2871*; gegen Licht, Wärme u. O_2 stabilisiertes Polypropylen für Fasern 46-2870*.

Verbesser. d. Anfärbbark. v. — oder v. spinnfäh. Polypropylen (Zumischen v. Polystyrol u. Polymethylmethacrylat) 2-3055; (durch Polytriazol-Mischpolykondens.-Prod.) 3-3064*; (durch Polyätherester aus ω-Hydroxyäthoxybenzoesäure-ω-hydroxäthylester u. Bis-[β-hydroxyäthyl]-terephthalat) 3-3065*; (durch Polyalkylenaminotriazol) 4-2964*; (durch Olefin–Vinylalkohol-Mischpolymere, deren Acetale, Urethanverb. oder Cyanäthylverb.) 4-2965*; (durch Polyvinylformiat) 4-2966*; (Behandl. mit $TiCl_4$) 5-3134*; (durch Zusatz eines niedermol. araliphat. prim. Amins) 5-3137*; (mit Polykondens.-Prod. aus n-Octadecylamin, Epichlorhydrin u. Piperazin) 6-3062*; (mit Trimethylolpropandiallyläther) 10-2919*; (Mischen mit Polymethylmethacrylat) 10-3176*; (mit Stearinsäuremethylenbis-amid) 10-3177*; (Behandl. mit Carbonsäuren 11-2965*; (Rk. mit Säureamiden) 11-2966*; (Rk. mit Phenol- u. Tanninsäuren) 11-2967*; (Behandl. mit O_3 u. Pfropfpolymerisat.) 12-3060*; (Behandl. mit $SiCl_4$) 13-2912; (mit Hypochloriten) 19-2880*; (Zusatz v. Copolymeren aus Styrol oder Acrylsäure- oder Methacrylsäureester u. organ. Sulfonsäure-, Phosphonsäure- oder Sulfonamid-Verb.) 19-3022*; (Behandl. mit N-Glycidylverb. v.

Aminen) 20-2819*; (Zusatz v. gefälltem Al-Polyacrylat) 20-3120*; (mit Glycidylderiv. v. Aminen) 24-2818*; (Zusatz v. bas. N-halt. Polykondensat) 27-3102*; (Zumischen v. Nylon *6* u. Stearylbenzamid) 27-3104*; (Zusatz v. Mischpolymeren aus N-Vinylpyrrolidon u. Acrylsäureester) 27-3107*; (Zusatz v. Al-Monoisopropoxiddistearat) 28-3055*; (Nachbehandl. mit Mono-, Diglycidylamin oder Chlorhydroxypropylamin) 32-2994*; (Mischen mit oxäthyliertem Polycaprolactam) 36-2795*; (Zusatz v. anionenaustauschenden Kunstharzen) 36-2796*; (Zumischen eines Polyamids) 37-2750*; (Zumischen v. Polyoctamethylenaminotriazol) 37-2753*; (Zusatz v. Mischpolymeren aus Styrol u. 2-Methyl-5-vinylpyridin) 37-2755*; (Mischen mit Polyamid u. Mischpolyamid) 38-2779*; (mit aliphat. Aminen, Diaminen u./oder Diurethanen) 39-2843*; (mit Prod. aus Laurinsäure u. Maleinsäureanhydrid-Vinylacetat-Mischpolymerisat) 45-2605*; (durch Zusatz v. Polyisobutenoxidpulver zur Schmelze) 45-2606*; (Behandl. d. Spinnlsg. mit Di-[äthoxyamino]-Al-Monoisopropoxid) 45-2607*; (Zusatz d. Copolyätheresters aus Dimethylterephthalat, p-[β-Hydroxyäthoxy]-methylbenzoat u. Äthylenglykol zur Spinnschmelze) 45-2608*; (Mischen mit Styrol-Glycidylmethacrylatcopolymerisat) 46-2868*; (Mischen mit Styrol-Acrylnitril) 46-2869*; (Zumischen v. Poly-ε-caprolactampulver u. N-Äthyl-p-toluolsulfonamid) 46-2871*.

Schlichtemittel für — 1-3169; Schlichten v. —-Misch. mit Lovosa TS *20* u. Polyvinylalkohol 1-3170; Verkleben v. — mit Äthylen-α-Olefin-Mischpolymeren (Herst. v. Reifen, Schläuchen, Riemen) 3-3067*; gegen (UV-)Licht beständ. Polypropylengewebe 6-2912*; antimikrobielle Polypropylengewebe 36-2771; Cumarinderiv. als opt. Aufhellmittel für — 48-2981.

Vorbehandl. v. — zur Erhöh. d. Färbbark. 1-2927; Färben v. —: mit Azofarbstoffen 2-2862; mit Beizenfarbstoffen 3-2811; (Ni-modifizierte —) 3-2812; mit Azofarbstoffen (stereoreguläre —) 7-2954*; Meth. zum Färben v. — 11-2978; Färben: v. — (Vorbehandl. mit O_3) 12-2740*; (oxydierende Vorbehandl.) 15-2847*; (Nachbehandl. mit J_2 oder HJ) 15-2848*; (mit Küpenfarbstoffen) 15-2862*; (Teppiche) 16-2748; v. modifizierten — 19-2879*; v. — (mit kation. Farbstoffen nach Behandl. mit Hypochloriten) 19-2880*; (mit Anthrachinonfarbstoffen) 19-2891*; (mit Beizenfarbstoffen) 19-2893*; (mit Acridonfarbstoffen) 19-2898*; (Übersicht) 20-2815; (mit Azo- u. Azomethinfarbstoffen) 20-2822*; (in Ggw. hydrierter aromat. Verb.) 20-2823*; (mit Azofarbstoffen) 20-2824*; (mit Metallkomplexverb.) 20-3118*; Färbemöglichk. für — 21-2993; Färben: v. — (mit Azofarbstoffen) 21-3007*; (Beschicht. mit Farbstoffpulver, -paste oder -Lsg.) 24-2929*; (in Ungarn) 27-2775; v. Zn-Stearat-halt. — mit metallisierbaren Farbstoffen 27-2783*; v. — (mit Benzoxazol- u. Benzthiazolfarbstoffen) 31-2629*; (Übersicht) 33-2758; v. bas. — mit Azo- u. Azomethinfarbstoffen 33-2766*; v. metallmodifizierten — (u. Bedrucken) 35-2680*; Verbesser. d. Färbbark. v. — (Übersicht) 39-2522; Pigmentier. v. — 40-2649; Fortschritte beim Färben v. — 41-2561; Rk.-Wärme zwischen anion. Farbstoffen u. desaminierten Amino-— 44-2635; japan. Verf. zum Färben v. — 44-2636; Pigmentier. v. — 47-2449.

Azofarbstoff für — 4-2741*; Polyazofarbstoffe 18-2911*; Azodispers.-Farbstoffe 21-3019*; Azofarbstoffe 34-2831*, 41-2581*, 41-2582*.

Herst. v. Vliesstoffen aus Niederdruckpolypropylen 3-3040*; Verw. v. — zur Herst.: v. papierart., naßfesten Vliesstoffen 8-3302*; v. Ionenaustauscherfolie 12-2096*; v. Schichtstoffen für Brandsohlen 13-3153*; Verw. v. Polypropylennetzen beim Färben v. Kammzug 16-2746; Herst. v. faser., nichtgewebten Blattmaterialien aus schrumpfbaren — 22-2941*.

Identifizier. v. — (neuer Trenn.-Gang) 4-1994; Best. d. Haftvermögens v. Harzen an — (Schubmeth.) 4-2806; Einfl. d. Montier.-Technik auf d. Bewitter. v. Polypropylenmonofilfasern im Labor. (Prüfmeth.) 37-2734; Unters. v. Hitzebehandl. u. Verstreck. an — durch Differentialthermoanalyse 49/50-2757.

Polypropylenfasern

s. *Polyolefinfasern.*

Polystyrolfasern

Identifizier. durch IR-Spektroskopie 1-2173; Herst. v. Fäden aus isotakt. Polystyrol 3-3068*; Identifizier. v. — (neuer Tenn.-Gang) 4-1994; Herst. v. Fasern: aus Vinylpyrrolidon-Styrol-Mischpolymeren mittels Spritzpistole in W. 5-3132*; aus Polystyrol nach d. Trockenspinnverf. 21-3132*; aus Polyvinylformal u. Poly-α-methylstyrol (Spinnen in Luft bei *170°*) 26-3175*; aus d. Copolymerisat Cellulose-Polystyrol 28-3038; aus d. Polymerisatgemisch Styrol, Vinyltoluol oder Methylstyrol u. Butadienpolymerisat 30-2869*; aus Polydichlorstyrol u. PVC 37-2771*; Herst. v. isotakt. — 40-2917*; Poly-α-methylstyrol u. PVC enthaltende Spinnmisch. 49/50-2777*; Herst. v. Fasern aus krist., isotakt. Polystyrol 51/52-2921*; Fasern aus Polydichlorstyrol u. Polyvinylchlorid 51/52-2934*.

Polyurethanfasern

s. unter *Polyamidfasern.*

Polyvinylfasern

Herst.: v. hochpolymeren krist. Polyvinylalkyläthern für Fasern 4-2969*; v. Fasern (aus Vinylpyrrolidon-Styrol-Mischpolymeren mittels Spritzpistole in W.) 5-3132*; (aus Vinyliden-Vinylcyanidacetat-Mischpolymeren 7-3240*; (aus Polyvinyläthern) 14-3050*; v. elast. Fäden durch Verspinnen v. Äthylen-Vinylacetat-Mischpolymeren 16-3032*; v. Fasern aus Schmelzen mit Geh. an Verseif.-Prod. v. Vinylestern organ. Säuren 27-3109*; v. Fasern aus d. Polymerengemisch einer aromat. Monovinylverb. eines Alkylenhalogenids u./oder einem aliphat. Polyen 30-2869*; v. Polymeren aus 2-Vinyl-6.6-dimethylnorpinan u. α-Olefinen für Fasern 34-3058*; v. Polymeren eines 2-Allylnorbornylans 36-2669*; v. Fäden aus S-halt. Vinylblockpolymerisaten 37-2665*; v. N-Vinylpyrrolidinonpolymeren für Fasern 41-2748*; Polymerisatspinnlsg. hoher Konz. u. niedr. Viskosität aus Acrylnitril-Vinylacetat-Mischpolymerisat 43-2726*; Pfropfpolymerisate v. Vinylbenzylpolyglykoläthern für Fäden 44-2873*; Herst. v. Fasern aus Vinylalkoholderiv. u. cycl. Vinylverb. 49/50-2771*.

Opt. Bleichen v. — mit 2-Styryloxazolen 7-3210*; Flammfestmachen v. Textilien aus Polyacrylnitril-Polyvinylacetat 16-3003*.

Schwarzfärben v. — 1-2940*; Färben: v. metallhalt. Polyacetalfasern 12-2741*; v. — (histor. Entw.) 14-2927; (mit Azofarbstoffen) 20-2825*; verbesserte Lichtechth. v. Färb. metallhalt. Polyacetalfasern mit metallisierbaren Farbstoffen 27-2783*; Färben v. — mit Anthrachinonfarbstoffen 33-2762*; Herst. v. Pigmentdispers. in Spinnlsg. v. polymeren Vinylverb. 39-2532*.

Azofarbstoffe für — 3-2832*, 10-2935*, 21-3019*, 24-2822*; bas. Farbstoffe für Vinylacetat- u. Vinylpyridin-Mischgewebe 27-2808*; Azofarbstoffe für — 28-2793*, 34-2830*, 36-2571*; Azoreaktivfarbstoffe für Polyvinylacetatfasern 51/52-2707*.

Verw. v. Vinylacetatfasern als Füllstoff in Polyesterharzen 24-2010*.

Polyvinylalkoholfasern

Herst. u. Eig. 15-1151; (therm. Behandl.) 44-2844; lösl. — u. ihre Anwend. 51/52-2909.

Struktur v. Polyvinylalkohol-Lsg. zur Herst. v. Fasern 3-3051; Elastizität v. — im Quell.-Gleichgew. mit W. 17-1171; thermomechan. Eig. hochfester — 18-1098; Einfl. d. Komponenten d. Acetalisier.-Bäder auf d. Acetalisier.-Grad v. — 31-1070; Korrelat. d. strukturellen u. mechan. Kennwerte 34-3037; Veränder. d. Oberfläche u. d. Glanzvermögens bei Bügeltemp. v. *130°* 35-2657; elektronenmkr. Unters. v. — (Einteil. nach supermol. Struktur) 41-2842; Morphologie d. nach d. Trockenmeth. gesponnenen — 43-2702; D. verd. Lsg. v. faserbildendem Polyvinylalkohol in W. 44-2840; Einfl. rheolog. Faktoren auf d. Struktur v. — 47-2744.

Herst.: v. — (aus polymerer Vinylacetat-Lsg.) 4-2967*; (aus Dispers. mit Geh. an zusätzl. Mono- oder Copolymerem mit Cyangruppen) 5-3139*; (mit großer Elastizität u. guter Färbbark.) 6-3064*; v. wasserbeständ. — (Verester. mit Maleinsäureanhydrid) 8-3135; v. — mit guter W.-Festigk. u. geringem Schrumpf.-Grad (Zusatz v. Bentonit) 10-3178*; v. Spinnfl. aus d. Gemisch eines lösl. Polyvinylalkohols u. eines unlösl. Polymeren 11-3246*; Stabilisier. v. Spinnlsg. aus Polyvinylalkohol 13-2998; Spinnlsg. aus Polyvinylalkohol u. Vinylacetat-Vinylidencyanid-*1:1*-Mischpolymerem 16-3034*; Fasern aus Polyvinylalkohol-Lsg. mit Geh. an Na-Carboxymethylcellulose, Na-Alginat oder Gummi arabicum 18-3198*; Herst.: u. Entlüft. v. PVA-Spinnlsg. 22-2946; v. — (Polymerisat. u. Verspinnen v. Polyvinylformal) 22-2967*; v. Fäden aus Polyvinylalkohol, Glutaminsäure u. Acrylsäureamid 22-2971*; v. — (mit guter Festigk. gegen heißes W. u. trockene Wärme u. guter Elastizität) 26-3175*; (Zusatz v. Harnstoffderiv.) 26-3176*; v. wss. Spinnlsg. aus Polyvinylalkohol, Glucose, Glucosederiv. oder β-Glucosan 34-3059*; v. — (Zusatz v. $B(OH)_3$ zur Polymerenlsg. u. Nachbehandl. mit Ox.-Mitteln) 34-3060*; Erspinnen v. — (in Ggw. v. Rk.-Prod. aus Polyvinylalkohol u. Harnstoff) 36-2797*; (zur Verbesser. d. Anfärbbark.) 37-2758*; Herst. v. Fäden aus mit Dimethylaminoacetaldehyd acetyliertem Polyvinylalkohol 37-2764*; Eig. konz. wss. NaCNS- u. $ZnCl_2$-halt. Polyvinylalkohol-Spinnlsg. 40-2898; —: aus Thioharnstoff, Thioharnstoffderiv. oder Triazinderiv. enthaltender Spinnlsg. 42-2824*; aus PVA u. Polymeren mit Sulfonsäuregruppen 42-2825*; aus Vinylalkoholderiv. u. cycl. Vinylverb. mit hydrophoben Eig. 49/50-2771*; Gewinn. v. faserbildendem Polyvinylalkohol 51/52-2908; Herst.: v. dimens.- u. feuchtigkeitsstabilen, elast. — (Trockenspinnverf. oder Halbschmelzspinnverf.) 51/52-2922*; v. — mit verbesserten Färbeeig. 51/52-2923*.

Strecken v. — nach d. Spinnen 28-3059*; Alter. u. Stabilisier. v. — 35-2655; Herst. v. — (Nachbehandl. mit HJO_4) 35-2683*; Verstrecken v. — 36-2781; Orientier.-Verstreck. v. — 44-2843; Verbesser. d. Anfärbbark. v. — durch Behandl. mit Sulfoniumsalzen 45-2582*.

Strahl.-induzierte Pfropfpolymerisat. v. Polyvinylalkoholfasern mit Comonomerengemischen 18-1131; Darst. v. gepfropften — 41-1116; Modifizier. v. (teilweise dehydratisierten) — durch Diensynth. 43-1065; Phosphorylier. u. Aminier. v. — (Verw. als Ionenaustauscher) 47-2507; Acetalisier. v. — durch höhere Aldehyde 48-2994.

Verbesser. d. Bügelfestigk., Schrumpffestigk. u. Hitzebeständigk. v. — 12-3038*; antibakterielle Wrkg. v. — mit Geh. an Hg-, Ag-Ionen u. 5-Nitrofurylacrolein 25-2930; Flammfestmachen mit Tetra-[hydroxymethyl]-phosphoniumchlorid 35-2681*; antistat. — durch Behandl. mit Benzaldehyd-2.4-disulfonsäure 35-2682*; antimikrobielle — (chem. Anlager. verschiedener Präp.) 36-2771; opt. Aufhell. mit Alkoxy-1.8-naphthalindicarbonsäure 45-2678*.

Azofarbstoffe für — 1-2963*, 1-2964*, 10-2933*, 13-2938*, 13-2940*; Färben mit Anthrachinonfarbstoffen 51/52-2689.

Verw.: für chirurg. Zwecke 7-1891; für koch- u. waschfeste u. gegen Chlorbleichmittel beständ. Vliesstoffe 18-3197*; zur Herst. v. Geweben mit elektronen-austauschenden Eig. 18-3199*; für Papier 20-3303; zur Verzier. v. Spitzen 26-3156*; als Filtereinsätze in Verbrenn.-Kraftmaschinen 39-2027*.

Identifizier. v. — (neuer Trenn.-Gang) 4-1994.

Bibl.: Production of polyvinyl alcohol and its continuous fibres B 15.

Biolan

Antitrichomonas-Aktivität 14-1484; mikrobiolog. Beständigk. v. — SS 35-2669.

Eranit

Präparat.-Mittel gegen d. elektrostat. Auflad. v. — 36-2780.

Jodin

Mikrobiolog. Beständigk. v. — N 35-2669.

Letilan

Antitrichomonas-Aktivität 14-1484; mikrobiolog. Beständigk. 35-2669.

Vinol

Einfl. d. Größe d. Düsenverstreck. auf d. physikal.-mechan. Eig. 3-3052; Wiedergewinn. v. CH_2O bei d. —-Herst. 3-3053; Färben: v. Viscose-—-Kapronmischgeweben u. —/Cellulose 10-2915; Verw. oberflächenakt. Stoffe bei d. Herst. 34-3036; Präparat.-Mittel gegen d. elektrostat. Auflad. v. — 36-2780; Phosphorylier. in Ggw. tert. Basen 43-2703.

Vinylon

Darst. v. Kationenaustauschgeweben durch Phosphorylier. v. — 11-2197; Antistatischmachen 14-3180*; Metallkomplexfarbstoffe für — 33-2792; ferrocenylgruppenhalt. Monoazofarbstoffe 45-2388; Cumarinderiv. als opt, Aufhellmittel für — 48-2981.

Polychlortrifluoräthylenfasern

Ftorlon

Best. d. Randbenetz.-Winkels 48-2980.

Polytetrafluoräthylenfasern

Identifizier. v. — (neuer Trenn.-Gang) 4-1994; Herst. v. — 20-3127*; hochfluorhalt. thermoplast. Copolymere aus Tetrafluoräthylen u. 1.2.3.3.3-Pentafluorpropylen für Fasern 37-2769*.

Polifen

Unters. durch IR-Spektroskopie 3-3055; chem.-hygien. Charakteristik d. flücht. Prod. bei d. therm. Bearbeit. v. — 26-3162; Herst. 44-2852.

Polyvinylchloridfasern

Einfl.: d. therm. Behandl. auf d. Eig. 2-3062; v. Ultraschallschwing. auf — 3-3049; Sorpt.-Isothermen bei *20°* 7-3229; Sulfonier. v. Fasern aus Vinylchlorid–Acrylonitril-Copolymeren mit Na_2SO_3 24-3109.

Pfropfpolymerisat. v. Styrol oder Vinylacetat auf mit Katalysatoren getränkte — 3-3045; Naßspinnen v. PVC 7-3242*; Trockenspinnen 7-3243*; Verbesser. d. Anfärbbark. v. Acryl-/Vinylchloridfasern (sulfonatgruppenhalt Emulgatoren bei d. Copolymerisat.) 9-3238*; Verw. v. PVC-Perlpolymeren für Fasern 15-3054*; Polymerisat. v. Vinylchlorid mit Vinylacetat in Ggw. v. Butylalkohol u. Trichloräthylen für Fäden 16-3044*; in DMSO pfropfpolymerisiertes Gemisch aus Vinylchlorid–Acrylnitril (Verspinnen in n-Butanol) 16-3045*; Verbesser. d. Anfärbbark. v. — (Zusatz v. Benzol-1.3-disulfonsäurephenylester zum Polymeren u. Verspinnen) 22-2976*; Fasern aus Polydichlorstyrol u. PVC 37-2771*; Verarbeit. v. weichgemachtem PVC zu Fasern mit Maschinen v. Schneckentyp 38-2895; Spinnlsg. aus PVC u. Alkohol 41-2861*; Herst. v. geschrumpften — 42-2830*; Polymerisat. v. Vinylchlorid für Fasern mit hoher Umwandl.-Temp. u. geringem Quellvermögen 43-2729*; — mit erhöhter Farbstoffaffinität 44-2879*; wärmefestes Vinylchloridmischpolymerisat für Fäden 46-2878*; Poly-α-methylstyrol u. PVC enthaltende Spinnmisch. 49/50-2777*; Fasern aus PVC u. isotakt. krist. Polystyrol 51/52-2921*; Herst. v. Fasern aus PVC u. einem Polymeren einer cycl. Vinylverb. 51/52-2934*.

Dibenzimidazole als opt. Aufheller für — 24-3098*; antistat. Ausrüst. 34-3043; opt. Aufhell. mit Alkoxy-1.8-naphthalindicarbonsäure 45-2578*.

Pigmentfarbstoffe für — 4-2738*; Anthrachinonfarbstoffe 10-2942*; Azofarbstoffe 34-2831*; Anthrachinonfarbstoffe 39-2572*; Färben v. — (u. Klotzen) 41-2571*; (unter Druck) 45-2382*; Azoreaktivfarbstoffe 51/52-2707*.

Verschweiß. v. PVC-Mischgeweben mit PVC-Schaumstoff zu Schichtstoffen 13-3148*; Verw. v. kurzen, zähen — als Verhinder.-Mittel d. Nagelverletz. v. Autoreifen 15-3069*.

Identifizier. v. — (neuer Trenn.-Gang) 4-1994.

Clevyl T

Eig. 26-3163.

Teviron

Antistatischmachen 14-3180*; Sulfonier. mit Na_2SO_3 24-3109.

Polyvinylidenchloridfasern

Herst. v. Fäden aus Vinylidenchlorid-Mischpolymerisat 1-3215*; (mit Acrylonitril, mikrobizide Aktivität) 3-3079*; Identifizier. v. — (neuer Trenn.-Gang) 4-1994; Fasern aus Vinylidenchlorid–Acrylnitril-Mischpolymerisat 8-3156*; (Verbesser. d. Anfärbbark. durch sulfonatgruppenhalt. Emulgatoren) 9-3238*; Verw. v. — bei Herst. v. selektivdurchläss. Kationaustauschermembran 32-2122*; Fäden aus chloriertem PVC 37-2770*, 43-2728*.

Chlorin

Einfl. v. Ultraschallschwing. auf — 3-3049; Verw. v. — -Gewebe bei d. Viskosefiltrat. 22-2953; Herst. nichtgewebter Filterstoffe aus — 22-2964.

Saran

Sulfonier. mit Na_2SO_3 24-3109; Einfl. v. Temp. u. Feuchtigkeit auf d. Biege-Modul 31-2878.

Polyvinylidendinitrilfasern

Verspinnen: einer Lsg. v. Polyvinylalkohol u. Copolymeren aus Vinylacetat u. Vinylidencyanid (elast. u. färbbare Fasern) 6-3064*; v. Mischpolymeren aus Vinylidencyanid, Vinylacetat u. Vinylphosphonsäure in DMF-Bad 6-3067*; Spinnlsg. aus Polyvinylalkohol u. Vinylacetat–Vinylidencyanid-*1:1*-Mischpolymerem 16-3034*; Herst. v. Stapelfasern aus Copolymerisaten d. Vinylidencyanids 16-3040*; Spinnlsg. für Fasern aus Vinylidencyanid–Vinylacetat-Copolymeren 27-3112*; Fasern aus vinylidencyanidhalt. Mischpolymerisaten 28-3066*; gut färbbare Fäden aus Vinylidencyanidmischpolymeren mit N.N-Dimethylacrylamid – Vinylacetat - Mischpolymeren 30-2872*; Darst. v. Copolymerengeweben aus Vinylacetat, Vinylidencyanid u. Styrolsulfonsäure 31-2631*; Monoazofarbstoffe für — 33-2794*; Herst. v. Vinylidencyanidmischpolymeren für Fasern 33-3068*; leicht anfärbbare hydrophobe Copolymere aus Vinylidencyanid u. Vinylacetat für Fasern 35-2694*; Fasern aus Sulfonsäurereste enthaltenden Polymerisaten in Misch. mit Vinylidencyanid–Vinylacetat - Mischpolymerisaten 35-2700*; Verbesser. d. Anfärbbark. v. Mischpolymerisatfasern aus Vinylidencyanid u. Vinylacetat 45-2612*.

Darvan

Monoazofarbstoffe für — 33-2794*.

Weitere vollsynthetische Fasern

Herst. bzw. Verw. für Fasern: v. hochmol. Polyoxymethylenen aus CH_2O u. o-Alkylphenolen 5-3145*; v. Polymeren aus cycl. Acetalen u. gesätt. cycl. Äthern 6-2933*; v. krist. Polyketonen 7-3238*; v. neuen Oxymethylenpolymeren 12-2970*; Verspinnen: d. Copolymeren aus Trioxan u. Dioxolan oder Äthylenoxid 12-3061*; v. Polyäthylenoxidfasern 14-3167; Herst. bzw. Verw. für Fasern: v. polymeren cycl. Oxiden 17-2837*; v. Blockcopolymeren aus CH_2O u. Polytetramethylenglykol 17-2838*; v. Copolymeren d. Trioxans 19-3050*, 21-3138*, 21-3140*; v. Polyoxymethylenen 23-3017*, 27-3109*; v. Misch. aus *20* Nylon *6* u. *80* Polypropylenglykol (gut färbbare Fäden) 28-3054*; v. Polyoxymethylenspinnlsg. (Benzylvinyläther als Lsgm.) 28-3062*; v. Polyoxymethylendimethyläther (in n-Hexylalkohollsg.) 28-3063*; v. Polyäthern 29-2825*; v. aromat. Dialdehydpolymerisaten 29-2827*; v. vernetzten Oxymethylenpolymeren 30-2871*, 31-2890*; v. red. Polyketonen 32-2859*; v. Trioxanpolymeren u. Polyepoxid 34-2904*; v. Oxymethylenpolymeren (Temper.) 35-2684*; v. Polyformaldehydschmelzen (Einfl. d. Weichmachers auf Viskosität u. Fließvermögen) 36-2783; Herst. v. kurzen Polyoxymethylenfasern (Verw. als Verdick.-Mittel) 37-2598*; Herst. bzw. Verw. für Fasern: v. Polyoxymethylen 37-2600*; v. festen aminierten Oxymethylenpolymerisaten 38-2815*; v. Misch. aus Propylenoxid u. 1.2-Epoxycycloocten-(5) 38-2911*; v. Polyoxymethylen 39-2844*; v. Poly-[2.6-dimethyl-1.4-phenylen]-äther 44-2756*; v. Trioxanmischpolymerisaten 44-2762*; Azofarbstoffe für Polyätherspinnmassen 45-2394*; Fäden: aus hochpolymeren Polyisobutenoxid 46-2873*; aus Pfropfpolymerisaten v. Vinylverb. an Polyoxymethylen 47-2572*; Polymerisieren v. Epoxyverb. für Fasern 51/52-2928*.

Verw. v. Polysulfonen für Fäden 4-2869*; Eig. v. Fasern aus Poly-2-tetramethylen-4-phenylenthiazol 5-1242; Herst. bzw. Verw. für Fasern: v. aromat. linearen Polysulfonamiden 5-3092*; v. Pyrrolpolymeren 10-3002*; v. Polymeren aus Diisocyanat u. Deriv. v. Säuren d. P 12-2973*; v. Polybenzimidazolen 13-3349*; v. Polymeren aus Piperidindionderiv. 14-3190*; v. Vinylisothiuroniumsalzen 25-2805*; v. cycl. Polymeren v. Trimethylendiisocyanaten 27-2977*; v. phosphathalt. Polymeren 27-3000*; v. Hochpolymeren aus 2.2-Bis-[4'-hydroxyphenyl]-propan u. Naphthalin-1.5-disulfochlorid 27-3118*; v. Silalkylenen 28-2628*; v. Polysilylharnstoffen 28-2936*; v. Polymeren $[-N(CF_3)-O-CH_2-]_n$ 29-2867*; v. linearen Sulfonamidpolymeren 29-3026*; v. Polykondensaten aus Aminen, Epichlorhydrin u. Halogen-KW-Stoffen 31-2896*; v. Polymeren aus Diazomethan u. Nitrosoverb. 33-2941*; v. thermoplast., linearen Polysulfonaten 35-2699*; v. Polymeren aus N-Heterobicycloalkanen 36-2705*; Fasereig. v. aromat. Polyhydraziden 45-1080; Darst. v. Poly-1.3.4-oxadiazolfasern (hohe therm. Stabilität) 45-1083; Herst. für Fasern: v. Polythiosemicarbazidchelaten 47-2343*; v. polymeren Alkylendicyanamiden 51/52-2816*.

Sonstige Kunstfasern

Herst.: v. C-Fasern durch Erhitzen v. Cellulosefasern 3-3081*; v. Kohlegewebe 8-3157*; v. Kohlefasern 23-3013*; v. Garnen aus Graphit 38-2917*; v. Kohlenstoffasern aus Erdölasphalt 51/52-2914.

Verarbeit. v. Gummifäden auf Textilmaschinen 13-3354*.

Proteinfasern

Herst.: v. Caseinfäden 1-3218*; v. Fäden (aus Protein u. Viskose) 18-3215*; (aus Casein u. Harnstoff) 20-3137*; Proteinlsg. mit Alanin als Hauptbestandteil für Fäden 22-2971*; Gewinn.: v. Fasern aus Kollagen 27-3122*; v. synthet. Polypeptidfäden 47-2764*.

Azofarbstoffe für Caseinfasern 3-2839*; Reaktivfarbstoffe 17-2709*, 37-2468*; Pyridiniumsalze v. Halogenpyrimidinfarbstoffen für regenerierte — 44-2657*.

Chemigum N 6 B s. unter *Kautschuk, Butadien–Acryl-Elastomere.*

Chemikalien, Herst.: v. cycl. Äthern als Zwischenprod. für — 41-2438*; hochreiner — 43-2258; Gewinn. v. — aus sauren Industriewässern (Bldg. v. unlösl. Metallammoniumphosphaten) 48-2180*.

Hygroskopizität v. wasserlösl., krist. — 9-0582.

Antagonismus d. Ureasetoxizität durch — u. Antisera 9-1405.

Gaschromatographie landwirtschaftl. — 6-2056; papierchromatograph. Verf. zur Prüf. flücht. — auf ihr Rk.-Vermögen mit Bestandteilen d. Lebensmittel 9-2186; Dünnschichtchromatographie v. landwirtschaftl. — (Best. v. Kelthan in — unterschiedl. Herst.-Form) 22-2015.

Bibl.: Purification of laboratory chemicals B 29; Domestic and industrial chemical specialities B 29; Organic syntheses; an annual publication of satisfactory methods for the preparation of organic chemicals; (vol. *45*) B 51; (vol. *46*) B 51; Buyers' guide of chemicals, chemical plant, laboratory equipment. *1967* B 62; Chemicals for the rubber, leather, and match-making industries B 69; Classification of chemicals in the Brussels nomenclature B 70; Residue reviews; residues of pesticides and other foreign chemicals in foods and feeds. Vol. *16* B 72; The care, handling, and disposal of dangerous chemicals B 85; Heavy organic chemicals B 87; Residue Reviews. Residues of pesticides and other foreign chemicals in foods and feeds. Vol. *17* B 96.

Chemilumineszenz s. unter *Lumineszenz.*
Chemisorption s. unter *Adsorption.*
Chemotherapeutika s. unter *Arzneimittel.*
Chemotherapie s. unter *Therapie.*
Chenodesoxycholsäure s. unter $C_{24}H_{40}O_4$.
Cheralith, — aus Granitpegmatiten v. Peräseinäjoki-Alavus-Gebiet, Süd-Pohjanmaa, Finnland 49/50-0748.
Cherkascol, Verw. zur Herst. v. Salben 7-1858.
Ch G s. unter *Eisen, Schmiedeeisen und Stahl (Sondermarken).*
20 Ch G s. unter *Eisen, Schmiedeeisen und Stahl (Sondermarken).*
0Ch17G10 s. unter *Eisen, Schmiedeeisen und Stahl (Sondermarken).*
Ch18G14 s. unter *Eisen, Schmiedeeisen und Stahl (Sondermarken).*
47Ch10G8 s. unter *Eisen, Schmiedeeisen und Stahl (Sondermarken).*
25Ch14G12 s. unter *Eisen, Schmiedeeisen und Stahl (Sondermarken).*
30Ch10G10 s. unter *Eisen, Schmiedeeisen und Stahl (Sondermarken).*
ChG14AN4 s. unter *Eisen, Schmiedeeisen und Stahl (Sondermarken).*
12ChGN s. unter *Eisen, Schmiedeeisen und Stahl (Sondermarken).*
38ChGN s. unter *Eisen, Schmiedeeisen und Stahl (Sondermarken).*
20Ch16G14N3AV s. unter *Eisen, Schmiedeeisen und Stahl (Sondermarken).*
Ch14G14N3T s. unter *Eisen, Schmiedeeisen und Stahl (Sondermarken).*
Ch17G21N14T s. unter *Eisen, Schmiedeeisen und Stahl (Sondermarken).*
55ChGR s. unter *Eisen, Schmiedeeisen und Stahl (Sondermarken).*
14ChGS s. unter *Eisen, Schmiedeeisen und Stahl (Sondermarken).*
30ChGS s. unter *Eisen, Schmiedeeisen und Stahl (Sondermarken).*
30ChG2S s. unter *Eisen, Schmiedeeisen und Stahl (Sondermarken).*
30ChGSA s. unter *Eisen, Schmiedeeisen und Stahl (Sondermarken).*
38ChG2SM s. unter *Eisen, Schmiedeeisen und Stahl (Sondermarken).*
40ChGSNMI s. unter *Eisen, Schmiedeeisen und Stahl (Sondermarken).*
45ChGSNT s. unter *Eisen, Schmiedeeisen und Stahl (Sondermarken).*
20ChGSWT s. unter *Eisen, Schmiedeeisen und Stahl (Sondermarken).*

5ChGSWV s. unter *Eisen, Schmiedeeisen und Stahl* (*Sondermarken*).
18ChGT s. unter *Eisen, Schmiedeeisen und Stahl* (*Sondermarken*).
30ChGT s. unter *Eisen, Schmiedeeisen und Stahl* (*Sondermarken*).
30Ch14G6T s. unter *Eisen, Schmiedeeisen und Stahl* (*Sondermarken*).
Childrenit, Charakterisier. v. — aus Granitpegmatiten v. Peräseinäjoki-Alavus-Gebiet, Süd-Pohjanmaa, Finnland 49/50-0748.

Chimylalkohol s. unter $C_{19}H_{40}O_3$.
Chinaalkohol s. unter $C_7H_{14}O_5$.
Chinacridon s. unter $C_{20}H_{12}N_2O_2$.
Chinacridonfarbstoffe s. unter *Farbstoffe, organische.*

Chinacrin s. unter $C_{23}H_{30}ClN_3O$.
Chinakohl s. unter *Kohl.*
Chinaldin s. unter $C_{10}H_9N$.
Chinaldinsäure s. unter $C_{10}H_7NO_2$.
Chinalizarin s. unter $C_{14}H_8O_6$.
Chinasäure s. unter $C_7H_{12}O_6$.
Chinazolin s. unter $C_8H_6N_2$.
Chinazoline, — u. 1.4-Benzodiazepine 3-1105; Chinazolinreihe 7-1161; — u. 1.4-Benzodiazepine 14-1723; Chemie d. Chinazolinreihe 41-1064; — u. Benzodiazepine 46-1032; — 47-0994; — u. 1.4-Benzodiazepine 51/52-1021, 51/52-1022; Darst.: v. 1-[Chinazolyl-(4)]-thiosemicarbaziden 9-1132; v. 2-Halogen-(Amino)-4-phenyl-— 45-2336; v. 4-Phenyl-— (Muskelrelaxantia) 46-1684*; Rk. v. Chinazolinthiolen-(4) mit Alkylhalogeniden 6-1080.

Hydrierte Chinazoline

Chinazolone; *Chinazolthione* s. dort.

Darst.: v. 4- u. 2.4-substituierten 5.6-Tetramethylenpyrimidinen 34-1099; v. 2-Benzyl-3.4-dihydrochinazolinen (Therapeutika) 48-1635*.

Chinazolone, Vork. v. 1.2-Dialkyl-3H-chinazolinonen-(4) im Verteidig.-Sekret v. Glomeris marginata 44-1468.

Darst.: v. 2-Alkyl-3-aryl-3H-chinazolonen-(4) 1-2754*; v. 2.3-disubstituierten Chinazolonen-(4) 2-2710*; v. 1H.3H-Chinazolindionen-(2.4), 2-Thiono-2.3-dihydro-1H-chinazolinonen-(4) u. 2.3-Dihydro-1H-chinazolinonen-(4) (pharmakolog. Wrkg.) 3-1093; v. 2-Methyl- oder 2-Äthyl-3H-chinazolonen-(4) 3-2681*; v. Jodalkylaten v. Alkyldihydrochinazolon-(4) 5-1177; v. 2.3-disubstituierten Chinazolonen-(4) (potentielle Antikonvulsantien) 5-1178; v. 2-Aminoalkenyl-1.3-benzdiazinonen-(4) (Fungizide) 6-3167; v. 1.2.3.4-Tetrahydro-7-halogen-6-sulfamylchinazolonen-(4) 7-2779*; u. färber. Verw. v. 2.4-Dioxo-1.2.3.4-tetrahydro-6-[1′-phenylazo-2′-hydroxynaphthyl-(3′)-′carbonylamino]-chinazolinen 7-2963*; N-substituierte 1.4-Dihydrochinazolinonen-(4) 11-1115; v. 3-[Pyrrolidyl-(3)-methyl]-chinazolonen-(4) (Heilmittel) 13-1905*; u. Verw. v. 2-[2′-Hydroxyphenyl]-3H-chinazolon-(4)-Deriv. 19-2914*; v. 2.6.8-trisubstituierten Chinazolonen-(4) 22-1016; v. 3-Alkyl- oder 3-Alkenyl-1.2.3.4-tetrahydrochinazolindionen-(2.4) (Herbizide) 22-3056*; v. Chinazolon-(4)-Deriv. (entzündungshemmende Mittel) 23-1761*; v. 2-[α-Hydroxyalkyl]-1H-chinazolonen-(4) (Heilmittel) 26-1830*; v. 2-Alkyl-3-[halogen(alkyl)-pyridyl-(2)]-3.4-dihydrochinazolonen-(4) (Heilmittel) 26-1831*; u. Rk. v. 1-Phenacyl-2-mercapto-1.4-dihydrochinazolinonen-(4) 27-1084; v. 2-Hydroxymethyl-3H-chinazolon-(4)-deriv. (Heilmittel) 32-1759*; v. 2-Methyl- u. 2-Phenyl-6(7)-chlorchinazolonen-(4) 35-1113; v. Tetrahydro-4-oxo-2-thionochinazolinen 37-1077; v. Chinazolon-(4)-Deriv. 43-1009; v. 2-Methyl-3-[(alkyl)aminophenyl]-chinazolonen-(4) (Heilmittel) 43-1656*.

Chlorsulfonier. v. 2-Alkyl-7-halogen-2.3-dihydro-[1H]-chinazolonen-(4) 1-2755*.

Antimitot. Eig. v. Chinazolonderiv. 6-1164 bis 6-1166; Pharmakologie v. 3H-Chinazolon-(4)-deriv. 22-1588; Zusammenhang zwischen chem. Konstit. u. Antiacetylcholinesteraseaktivität v. 2-Methyl-3-pyridyl-(2) [bzw. (4)]-chinazolon-(4)-n-alkyljodiden 41-1620; lokalanästhet. Aktivität v. Chinazolon-(4)-Deriv. 46-1614.

Verw.: als Herbizide (3-substituierte 2.4-Dioxotetrahydrochinazoline) 9-3308*; in Herbiziden (1.3-disubstituierte 2.4-Dioxotetrahydrochinazoline) 39-2872*.

Chinazolthione, Darst.: v. 2-Thiono-2.3-dihydro-1H-chinazolinonen-(4) (pharmakolog. Wrkg.) 3-1093; v. 1.2-disubstituierten 5.6.7.8-Tetrahydrochinazolinthionen-(4) 4-1103; v. 2.3-disubstituierten Chinazolthionen-(4) (potentielle Antikonvulsantien) 5-1178; v. 3.4-Dihydrochinazolinthionen-(4) 32-1116; v. Tetrahydro-4-oxo-2-thionochinazolinen 37-1077.
Chinhydron s. unter $C_{12}H_{10}O_4$.
Chinicin s. unter $C_{20}H_{24}N_2O_2$.
Chinid s. unter $C_7H_{10}O_5$.
Chinidin s. unter $C_{20}H_{24}N_2O_2$.
Chinidin-Duriles s. unter $C_{20}H_{24}N_2O_2$.
Chinin s. unter $C_{20}H_{24}N_2O_2$.
Chininsäure s. unter $C_{11}H_9NO_3$.
Chiniofon s. unter $C_9H_6JNO_4S$.
Chinit s. unter $C_6H_{12}O_2$.
Chinizarin s. unter $C_{14}H_8O_4$.
Chinodimethan s. unter C_8H_8.
Chinol s. unter $C_6H_6O_2$.
Chinolin s. unter C_9H_7N.
Chinolinblau s. unter $C_{29}H_{38}N_2O$.

Chinoline

Siehe auch *Farbstoffe, organische* (*Chinolinfarbstoffe*).

Chinolinderiv. 3-1084; 8-Mercapto-— 11-0942; 8-Hydroxy-— u. ihre Ni(II)-Chelate 14-0963; Chinolinderiv. 22-1004, 42-1019; Chinaldinol-(4)-Deriv. 51/52-1010.

Darst.: v. N-Lostverb. v. 8-Aminochinolin 3-1094; v. 2.4-Dichlorchinolin-3-carbonsäurealkylestern 4-2563*; v. Polymethylenbis-[4-styrylchinoliniumsalzen] 6-1073; v. 2-[2′-Methylchinolyl-(6′)]-6-methylbenzthiazolen 6-2822*; v. 3-[Chinolyl-(2)]-indolen 7-1150; v. 4-Hydroxycarbostyrilen 8-1100; v. 4-Phenyl-3.4-dihydrocarbostyrilen 8-1103; v. 8-Amino-— 8-2705*; v. 2-Amino-— 9-1118; v. Chinolin-3-carbonsäurederiv. 9-1124; v. Chinolin- u. Chinoxalinderiv. 9-1140; v. — 10-1128, 10-1130, 11-1108; v. Oxinderiv. 13-1141; v. 8-[N′-Alkylpiperazinoalkylamino]-— 14-1845*; v. Chinolin-3-carbonsäurealkylestern 14-2766*; v. Chinaldylketonen 14-2769*; v. Bis-[7-chlorchinolyl-(4)-amino]-diaza- bzw. -azaalkanen 15-1837*; v. 4-Aminocarbostyrilderiv. 15-1838*; v. 2.3-Polymethylen-— (Wrkg. auf d. Nervensyst.) 32-1678; v. N-Äthoxychinoliniumsalzen 17-1100; v. 3.4-Dialkyl-— 17-1101; v. 1-[(7-Chlorchinolyl-(4)-amino)-alkyl]-piperazinen 17-1773*; v. Spiranen d. Chinolinreihe 18-1031; v. Bis-[N′-benzyliden]-β-[2-methyl-4-hydrazinocarbonylchinolyl-(3)]-propionsäurehydraziden 20-1075; v. 2.2′-Bichinolylderiv. 20-1076; v. 4-Chinolylaminoalkylpiperazinen 21-1892*; v. Chinolyl-8-oxyessigsäureestern 21-3395*; v. Chinolinderiv. 22-1003; v. 1-Aryllepidiniumsalzen 24-1089; v. 1-Alkyl-2-chlorchinoliniumchloriden 24-1094; v. Tetra- u. Trifluor-— 26-1101; v. 4.6-disubstituierten — 26-1103; v. 2-[Pyridyl]-chinolin-4-carbonsäurehydraziden (antituberkulöse Wirksamk.) 26-1372; v. 1-Alkyl-2-chlorchinoliniumchloriden 28-2788*; v. 2- u. 4-substituierten — 31-1008; v. Bis-benzylchinolinalkaloiden 31-1029; v. 2-[Benzofuryl-(2)]-cinchoninsäuren 32-1073; v. Aminosäureantagonisten d. Chinolinreihe 32-1109; v. 4.4′-disubstituierten 2.2′-Bichinolinen 32-1112; v. 6.7-Dialkoxy-4-hydroxy-3-chinolincarbonsäurealkylestern 33-1859*; v. N-Oxiden v. — 34-1092; v. 7-Chlor-4-aminochinolin-N-oxiden 35-1101; v. 1.4-Bis-[7-chlorchinolyl-(4)-aminoalkyl]-piperazinen 35-1814*; v. 8-Aminoalkylamino-— 36-1688*; u. physikal.-chem. Eig. v. 2-Alkoxychinolin-4-carbonsäuren u. -4-carbonsäureestern 39-1688; v. quart. Ammoniumsalzen v. 8-Hydroxy-— 39-1772*; v. Mannich-Basen v. 4-Hydroxy-— 42-1018; v. 2-Halogennitromethyl-— 42-1020; v. 8-Alkoxy-— u. N-Methyl-8-alkoxychinoliniumnitraten 44-1071; v. 1.1′-Dialkyl-bischinolin-(2.2′)-monomethincyaninen 44-3199*; v. 2-[5′-Nitrofurfurylidenmethyl]-— 45-1723*; v. Chinolincarbonsäuren 46-1018; v. 2.3-Alkylen-4-aminoalkoxy-— (Heilmittel) 47-1656*; v. Chinolyl-(2)-phosphamethincyaninen 48-0979; v. 1.4-Bis-[chinolyl-(4)-aminoalkyl]-piperazinen 48-1628*.

Absorpt.-Vermögen d. Tetralylderiv. v. Chinolin im sichtbaren u. UV-Licht 19-0882; Massenspektren v. O-halt. — 19-0900; Lsgm.-Extrakt.-Gleichgew. v. 8-Hydroxychinolinen u. ihren Zn(II)-Chelaten 24-1931; Fluoreszenz v. 8-Hydroxy-— 33-0899; elektrokapillare Eig. (Einfl. d. Substituenten) 48-0859.

N.N-Disubstitut. v. 4-Amino-— (ster. Effekte) 4-1093; Methoxydechlorier. (Kinetik) 10-1003, 10-1004; Rk. v. 1-Alkyl-2-sulfochinoliniumbetainen 10-1131; Polymerisat. v. Bis-(halogenmethyl)-— 33-2913*; Umlager. d. Allylgruppe im 4-Allyloxy-2-alkylchinolin 39-1034; Komplexbldg. v. Cu(II)-Halogeniden mit Chinolin-N-oxiden 45-0733; Reaktivität (elektr. Effekte d. o-Substituenten) 46-0890; Red. v. Chinolin-N-Oxiden mit Na-Borhydrid 46-1017.

Antibakterielle Aktivität: v. 8-Alkoxychinoliniumsalzen 3-1399; v. — mit cycl. Hydroxamsäuregruppen 3-1400; v. 6-Amidino-4-aminochinaldinen 3-1401; v. 4-Aminochinaldiniumverb. 8-1488; Hemm. d. Hefe-Alkohol-Dehydrogenase durch — 9-1346; Einfl. v. 2-Alkyl-4-hydroxychinolin-N-oxid auf d. NADH-Ox. durch Partikelfrakt. v. Azotobacter vinelandii 34-1306; Cu(II)-Komplexe v. 5-Halogen- u. 5-Nitrochinolin-8-olen als potentielle antifungale Stoffe 41-1338; antimykot. u. antibakterielle Wirksamk. v. 8-Hydroxy-— 49/50-1284.

Therapeut. Verw. v. α-[2-Methyl-1.5-substituierten-3-indolyl]-carbonsäuren 2-1850*; Verw.: als schwärzungserhöhende Zusätze zu photograph. Entwicklern (Hydroxy-—) 11-3526*; als Stabilisatoren für Polyoxymethylene (8-Mercapto-—) 26-3025*.

Papierchromatographie 20-1674; Dünnschichtchromatographie 24-1722, 41-1433; fluorimetr. Best. 49/50-1814.

Hydrierte Chinoline, Ox. v. hydrierten 2.2.4-Trimethylchinolinen 16-0922.

Dihydrochinoline

Reissert-Verbindungen s. dort.

Darst. v. — 5-3096*; v. 6-substituierten — 14-3105*; v. 2.2.4-Trimethyl-1.2-— 15-0896; v. 2.2-Dialkyl-1.2-— 15-3191*; v. 1-Aryl-2-{β-[thiazolidon-(4)-thion-(2)-yliden-(5)]-äthyliden}-1.2-— 20-1074; v. 7-Carbalkoxymethoxy-1-alkyl-2-oxo-1.2-— 27-1842*; v. 3-[β-tert.-Aminoäthyl]-4-methyl-2-oxo-— 35-1815*; v. 2-[Buten-(3)-yl]-1H-chinolonen-(4) 39-1034; v. 3-Amino-4-phenyl-2-[1H]-chinolonen 44-1685*; v. 1-Alkyl(bzw. Alkenyl)-4-[γ-amino-β-hydroxypropoxy]-1.2-dihydro-2-chinolonen 47-1657*; v. 2.2.4-Trimethyl-1.2-— 49/50-2446*; Einw. v. Phosgen auf 1-Alkyldihydrochinolone-(2) 24-1094; Cyclisier. v. 2-Carbomethoxy-1H-chinolonen-(4) 44-1070; Verw.: in Geflügelfuttermitteln (2.2.4-Trimethyl-—) 27-3239*; zur Herst. photograph. Farbmasken (1.4-Dialkyl-2-chinolon-n-alkylsulfonylhydrazone) 32-3318*; als Alter.-Schutzmittel für Kautschuk 38-2826*; als Geflügelfutter (2.2.4-Trimethyl-—) 44-3127*.

1.2.3.4-Tetrahydrochinoline, Darst.: v. Alkylhalogen-2-oxo- bzw. -4-alkyl-2-oxo-— 8-1790*; v. 3-Dimethylamino-— 11-1111; v. 4-Alkoxy-— 19-1114; v. 1-Phenyl-— 46-1019; ^{1}H-NMR 49/50-0791.

Dekahydrochinoline, Dekahydrochinolole 14-1151, 14-1152; Darst.: v. 4.6-disubstituierten — 26-1103; u. Stereochemie v. N-Oxiden d. —-Reihe 44-1072; Basizität 40-0922; Debenzoylier. v. N-Benzoyl-— 2-1143; Pharmakologie 34-1747.
Chinolinfarbstoffe s. unter *Farbstoffe, organische.*
Chinolingelb s. unter $C_{18}H_{11}NO_2$.
Chinolinol s. unter C_9H_7NO.
Chinolinsäure s. unter $C_7H_5NO_4$.
Chinolizidin s. unter $C_9H_{17}N$.
Chinolizin s. unter C_9H_9N.
Chinolizine, über — 51/52-1011; Darst. v. — (Übersicht) 46-0993; Red. v. Chinoliziniumsalzen 46-0925.

Hydrierte Chinolizine, Chinolizinone 5-1172; Chinolizone 31-1010; Bldg. v. 1-Acylchinolizinonen-(4) neben Indolizinen 5-1172; Darst.: v. Chinolizidinverb. 9-1120; u. Struktur v. 1-Hydroxychinolizidinonen-(4) 27-1081; Dehydrier. v. phenylsubstituierten Chinolizidinen 19-1115; Addit.-Rk. v. hydrierten — 46-0925.

Chinomycin A s. unter $C_{50}H_{60}N_{12}O_{12}S_2$.
Chinomycin B s. unter $C_{52}H_{64}N_{12}O_{12}S_2$.
Chinomycin B$_0$ s. unter $C_{52}H_{64}N_{12}O_{12}S_2$.
Chinomycin C s. unter $C_{54}H_{68}N_{12}O_{12}S_2$.
Chinomycin D s. unter $C_{51}H_{62}N_{12}O_{12}S_2$.
Chinomycin E s. unter $C_{53}H_{66}N_{12}O_{12}S_2$.
Chinomycine, strukturelle Verwandtschaft mit anderen Peptidantibiotika 33-1405; Vgl. d. Wrkg. v. — u. anderen Antibiotika auf d. Wachstum v. Mycoplasma pneumoniae 10-1479.

Chinon s. unter $C_6H_4O_2$.
Chinondiazide, ster. gehinderte — 34-1050; Gleichgew. zwischen Hydroxyphenyldiazoniumsalzen u. — (Einfl. d. ster. Hemm. d. phenol. Hydroxyls) 8-0950; Rk. v. o-— mit Dimethylketen 12-1112; Verw. in photograph. Diazoschichten (Naphtho-—) 13-3655*.
Chinone

Anthrachinone; *Benzochinone*; *Chinondiazide*; *Chinonmethide*; *Naphthochinone*; *Ubichinone* s. dort; Semichinone s. unter *Radikale.*

Chinonthioäther 6-1243, 6-1244; Chemie d. thioäthersubstituierten Hydrochinone u. — 7-1068; Unters. an — 10-1006; — 10-1096; natürl. — 12-1146; — 35-1080; natürl. — 37-1121; zur Kenntnis d. o-— 48-0972.

Isolier. aus d. Kernholz v. Dalbergia nigra (Dalbergione) 6-1031; jahreszeitl. Veränder. v. Bio-— in Eichenblättern 10-1504; Chinonzus. d. Hydrogenase in Chlorella 14-1338.

Regenerier. v. — 4-2533*; Synth. u. kernmagnet. Resonanzspektren v. Dalbergionen 6-1033; —-Bldg.: im γ-bestrahlten pflanzl. Gewebe 6-1394; bei d. Ox. v. Toluol 7-2671; Darst.: v. N-substituierten 2.8-D hydroxy-1.4.6.9-tetraoxo-1.4.6.9-tetrahydrophenoxazinen 11-1122; v. Acylaminoderiv. v. Pyrenchinon-(3.8) 13-1093; v. Chinacridin-— 15-2681*, 22-2700; v. 1.4.6.9-Tetraoxo-1.4.6.9-tetrahydrophenoxazinen 28-1127; Einbau v. Shikimat u. p-Hydroxybenzoat in Phyto-— 29-1397; Darst.: v. 3-Amino-9-alkyl-6.7-phthaloylcarbazolen 32-1083; v. 3-[α-Alkoxy(Phenoxy)-carbonyloxyalkyl]-4.7-indolo-— (antibakterielle Mittel) 38-1817*; v. 3-Formyl- u. 3-Alkanoyl-4.7-indolo-— 41-2445*; v. 3-[α-Hydroxyalkyl]-4.7-indolo-— 41-2446*; u. Eig. v. Diphenyldi-o-— 48-0972.

Struktur v. Methyl-1.2-benzanthra-— 1-0901; H-Bind.-Energie 2-0963; Polarographie v. — in Dimethylformamid (Einfl. d. Ionenassoziat.) 4-0944; Bind.-Verhältnisse in Amino-— 7-0968; Mol.-Schwing. v. — 10-0932 bis 10-0936; ESR- u. IR-Unters. v. mit Catechin verwandten biolog. Hydroxy-— 10-1494; Elektronenspektren v. Acen-— 14-0922; Molekularschwing. v. — 29-0850; Konstit. v. Phosphin–Chinon-Addukten 33-0963; elektr. Widerstand v. Lad.-Übertrag.-Komplexen v. — (Druckeinfl.) 36-0920; polarograph. Eig. u. spektrale Charakteristiken v. Benzimidazol-— 40-0847; Best. v. Chinongleichgew. mit Hilfe d. Wechselstrompolarographie 40-0931.

Rk. v. enzymat. gebildeten — mit Aminosäuren 1-1281; Sulfonier. 2-2861; Photork. mit Chloroplasten u. Chlorophyll a 3-1443; Red.: v. polycycl. aromat. — 3-2662*; v. p-— an d. Hg-Tropfelektrode (Kinetik) 4-0945; Addit. v. Mercaptanen an chinoide Syst. (Übersicht) 4-1009; Einw. v. — auf Benzaldehydphenylhydrazon 5-1110; Hydrier. v. — mit komplizierter ster. Struktur (Kinetik) 8-0975; Verdräng. d. Halogene in — durch Sulfit (Kinetik) 9-0968; Bromier. v. Nitrophenanthra-— 10-1006; anomale Diels-Alder-Rk. zwischen Acyl-— u. Furanen 10-1111; Rk. v. p-— mit Enaminen 11-2830*; lichtinduzierte u. verwandte Rk. v. — 18-0973; Rk.: mit Phenalenen 21-1146; v. im Tee vorkommenden — mit Aminosäuren 29-1392; Dehydrier. v. Phenolen mit Dipheno-— 31-0985; Red. v. Tetrazoliumblau mit — 32-1909; Cycloaddit.-Rk. 40-1024; Red.-Unters. mit natürl. — im Hinblick auf d. oxydative Phosphorylier. 40-1297; Umsetz. v. 1.4-— mit Sydnonen 43-0991; Umwandl. in d. Reihe Chinon–Semichinon–Hydrochinon im alkal. Medium 48-0876.

Wrkg.: v. synthet. — auf d. Hill-Rk. in Spinatchloroplasten 2-1497; v. — auf d. Elektronentransportsyst. in Chloroplasten (Übersicht) 7-1534; Stoffwechsel v. o-— bei Insekten 12-1616; Rolle d. — bei d. oxydativen Phosphorylier. 14-1192 bis 14-1194; Beteilig. v. o-— an d. Toxinbldg. im bestrahlten Kartoffelgewebe 22-1309; Rolle d. o-Phenol- u. o-Chinonsyst. bei d. Wrkg. v. ionisierenden Strahlen auf d. Organismus 22-1578, 23-1623; Wrkg. v. cytostat. Äthylenimino-— auf wachsende Bakterienkulturen 34-1292; Antitumorwrkg. v. Polyporsäurederiv. 41-1235; Natur u. Funkt. v. — in Bakterienwänden 42-1194; Verh. v. durch Strahl. gebildeten — in Baumwollpflanzen 45-1319.

Verw.: zur Behandl. v. Kollagenfasern für medizin. Zwecke 1-3116*; zur Herst. v. photopolymerisierbaren Misch. (polymere mehrkern. —) 12-2882*; in Sonnenschutzmittel 37-2527*.

Mikrobest. v. — 3-2045; Dünnschichtchromatographie an acetyliertem Polyamid 5-2125; spektrophotometr. Best. v. monocycl. p-— 14-2052; Dünnschichtchromatographie v. Lipo-— auf Polyamid 15-2056; präparative u. analyt. Trenn. v. — durch Chromatographie an Polyamid 25-0912; spektrophotometr. Best. 26-2131; lineare Elut.–Adsorpt.-Chromatographie 29-2067; Identifizier. u. Best. 36-1941; Dünnschichtchromatographie 45-1908, 46-1830.

Bibl.: Enzyme and metabolic inhibitors. Vol. *3*: Iodoacetate, maleate, N-ethylmaleimide, alloxan, quinones, arsenicals B 27.

Chinonfarbstoffe s. unter *Farbstoffe, organische.*

Chinonmethide, substituierte — 13-1085, 23-1159; natürl. — (Übersicht) 47-1330; Darst. 2-1086; mögl. Rolle v. — bei Phosphorylier.-Rk. in Rhodospirillum rubrum u. Lebermitochondrien 19-1347.

Chinosol s. unter C_9H_7NO.

Chinotoxin s. unter $C_{20}H_{24}N_2O_2$.

Chinovosamin s. unter $C_6H_{13}NO_4$.

Chinovose s. unter $C_6H_{12}O_5$.

Chinoxalin s. unter $C_8H_6N_2$.

Chinoxaline, Chinoxalinantibiotika 9-1333; Chinoxalinunters. 20-1079; Chinoxalin-N-oxide 31-1016; Chinoxalinderiv. 39-1044.

Darst.: v. Chinoxalinderiv. durch Austauschrk. in Dimethylformamid 9-1140; v. 2-Halogen-3-mercapto- oder 2.3-Dimercapto-— (Schädlingsbekämpf.-Mittel) 15-3192*; v. 2-Äthylenimino-3-halogennitro-— (tumorunterdrückende Mittel) 18-1801*; v. 2.3-Dimercapto-— (Schädlingsbekämpf.-Mittel) 22-3066*; v. 3-Arylaminochinoxalin-2-carbonsäuren 33-1107; v. Mono- oder Dinitro-2.3-dihalogen-— (Fungizide, Bakterizide, Antimykotika) 33-3110*; v. Chinoxalyl- u. Bis-[chinoxalyl]-diaminen 34-1103; v. Chinoxalin-bis-[N-oxiden] 39-1043; v. 2.3-Bis-[iminomethylmercapto]-— (Pflanzenschutzmittel) 45-2654*.

Methoxydechlorier. v. 2-Chlor-— (Kinetik) 10-1004.

Verw.: für Azofarbstoffe (5-Amino-—) 12-2751*; zur Herst. v. Reaktivfarbstoffen (Dihalogen-—) 17-2709*; therapeut. Verw. v. Amino-— 40-1733*.

Indirekte polarograph. Best. v. α-Ketosäuren als — 18-2033.

Hydrierte Chinoxaline, Darst.: v. 1.2-Dihydro-2-oxochinoxalin-4-oxiden 5-1175; v. 3-Aryl-1.2-dihydrochinoxalinen 6-1081; v. Di-, Tetra- u. Hexahydrochinoxalonen-(2) (Analgetika) 36-1691*; v. 1.2-Dihydrochinoxalonen-(2) 48-1014; v. 1-[Aminoalkyl]-3-arylmethyl-1.2-dihydrochinoxalonen (Heilmittel) 49/50-1605*.

Chinuclidin s. unter $C_7H_{13}N$.

Chinuclidine, — 16-1043, 16-1044; Synth. 5-1173, 14-1154, 35-1104; — als Inhibitoren d. Acetylcholinesterase 2-1298.

Chinuclidon s. unter $C_7H_{11}NO$.

Chirurgie

Blutersatzmittel s. unter *Physiologische Lösungen*; *Anästhesie*; *Chirurgisches Nähmaterial*; *Prothesen*; *Sterilisation*; *Verbandmaterial* s. dort.

Plaste im Körper 2-1787; Abdichten v. künstl. Blutgefäßen aus Kunstfasern 17-1845*; Herst. v. Kollagenschwämmen für chirurg. Zwecke 19-1852*; Zus. v. Puder für chirurg. Zwecke 31-1793*; Korros.-Verh. v. Leg. in Cl^--Lsg. für chirurg. Implantate 43-2171.

Bibl.: Chemische, physikalische und radiologische Probleme in der Neurochirurgie (Tagung der Neurochirurgen in der DDR *1965*) B 84.

Chirurgisches Nähmaterial, Chirurgie u. Synth.-Fasern 11-1850; Herst. v. Kollagenfasern für chirurg. Zwecke 1-3116*; Verw. synthet. Fasern aus Polyvinylalkohol für chirurg. Zwecke 7-1891; Herst.: v. resorbierbarem — durch Verform. v. Poly-[β-hydroxycarbonsäureestern] 13-1948*; v. nicht absorbierbarem Silicon-beschichtetem — 41-1765*; automat. Bestrahl.-Anlage zur Sterilisat. v. *Katgut* 23-1720.

Chitin (Poly-*N*-acetylglucosamin), Bezieh. zwischen d. —-Anteil d. Neurospora crassa-Zellwand u. Wildtyp- u. Kolonienmorphologie 22-1242; Geh. in d. Zellwand d. S- bzw. R-Form v. Candida guilliermondii 38-1203; —-Protein-Komplexe im Skelett bei Insekten 12-1503; Bldg. bei Insekten 12-1615; — u. Phylogenese 36-1332; Extrakt. v. —-Sulfat mit Vinylmischpolymerisaten aus Tierorganen 15-1790; Aufbau v. α- u. β-— 17-1448; Struktur d. — aus Fusarium solani 48-1236; Abbau durch d. Chitinasesyst. v. Aspergillus niger 25-1257; Einfl. auf d. Actinomycetenanzahl im Boden 44-2930; Blockier. d. Verkalk. v. $CaCl_2$-behandelten Sehnenstücken nach Behandl. mit — 13-1603; Verw. als Bindemittel für Faserschichtstoffe 11-3163*; Faserbeug.-Photographie v. — 32-1942; Nachw. v. Oligosacchariden d. — auf Papierchromatogrammen 13-2135.

Chitobiose s. unter $C_{12}H_{24}N_2O_9$.

Chitohexaose s. unter $C_{36}H_{68}N_6O_{25}$.

Chitopentaose s. unter $C_{30}H_{57}N_5O_{21}$.

Chitosan, Einfl. auf d. Dissoziat. v. Enzymen bei hohen Verdünn. 48-1256; Verw.: in Materialien für d. Hydrotypiedruck 40-3255; v. —-Lsg. für d. photograph. Hydrotypieverf. 51/52-3224*.

Chitotetraose s. unter $C_4H_8O_3$.

Chitotriose s. unter $C_{18}H_{35}N_3O_{13}$.

Chiviatit, diffrakt. u. kristallchem. Besonderh. v. — 37-0853.

35ChJuA s. unter *Eisen, Schmiedeeisen und Stahl* (*Sondermarken*).

Ch21L s. unter *Eisen, Schmiedeeisen und Stahl* (*Sondermarken*).

Chloanthit s. unter *Nickelarsenide*: $NiAs_3$.

Chlomizol s. unter $C_4H_4ClN_3O_2$.

Chlor

Vorkommen

Abhängigk. zwischen Se u. — in vulkan. Exhalat.- u. S-Ablager. 3-0821; vertikale Verteil. v. — in einem Lavastrom d. O-Sima-Vulkans auf d. Izu-Inseln 5-0849; Zunahme d. ^{36}Cl-Aktivität durch extraterrestr. Staub in Tiefseesedimenten 9-0812; Absorpt.-Linien v. — im Stern HD *96446* 20-0761; — in Aerosolen (aus Cambridge, Massachusetts) 20-0795; Best. d. Cl^--Geh.: im Hydrothermalgebiet v. Ngawha 22-0749; in hydrothermalen Wässern d. vulkan. Erupt. auf d. Raoul-Insel im November *1964* 22-0750; Ergebnisse einjähr. systemat. Unters. über d. Cl^--Anteil v. Alpen- u. Seerhein (mit Einzelunters. an weiteren Bodensee-Zuflüssen) 23-0786; — in Sternatmosphären 25-0773; Erklär. für d. irreguläre Cl^-/Br^--Verhältnis in atmosphär. Nd. 30-0807; Fraktionier. v. F, — u. anderen Spurenelementen während d. Differentiat. eines tholeiit. Magmas 32-0800; Häufigk. v. — in d. kosm. Strahl. 35-0736; Verteil. v. seltenen Elementen (Li, Rb, Mo, Sn, Nb) u. F u. — in Biotiten d. Dzidinsker Granitoidkomplexes (West-Transbaikal) 36-0830; Prod.-Raten v. ^{36}Cl u. ^{39}Ar in Metall- u. Steinphase d. Chondriten Leedey 37-0786; — u. F-Geh. tert. Sedimente d. Miura-Halbinsel 39-0783; Häufigk. v. Cl^- in Sternen d. späten Typs 40-0776; — in Chondriten 42-0735; Lsg.-Transport v. — durch einen Fluß d. Elfenbeinküste 43-0754; Berechn. d. Gleichgew.-Konz. v. Mol., Atomen, positiven u. negativen Ionen v. — u. anderen Elementen für Modelle v. K- u. M-Sternen 51/52-0727; ungefähre Häufigk. v. — aus Mol.-Spektren v. M- u. S-Sternen 51/52-0728.

Vork. v. Cl^- in Dolichocarpus chilensis 44-1428.

— als Bestandteil menschl. Zähne u. Knochen 1-1476; —-Geh.: v. Granulat.-Gewebe bei normalen skorbut. u. Thyroxinbehandelten Meerschweinchen 1-1630; d. Milch beim Mastitisgrobtest unter normalen Beding. u. nach d. Auslassen eines Melkvorgangs 2-1532; Vgl. d. Konz. v. Cl^- v. Blutplasma u. Zahnpulpafl. 2-1602; chloruret. Wrkg. einiger substituierter Sydnone 3-1740; Einfl. v. Reserpin, Hydrochlorothiazid u. Theophyllin auf d. Ausscheid. v. Cl^- beim Huhn 3-1742; Cl^--Geh.: d. Blutes d. Schnecke Strophocheilus 4-1525; d. Milch, Veränder. bei Mastitis 5-1480; im Blut d. Skorpions Heterometrus fulvipes 5-1534; Einfl.: v. K-Strophanthin-β auf d. Cl^--Ausscheid. bei experimenteller Myokarditis 5-1763; v. Ethacrynsäure auf d. Cl^--Ausscheid. bei d. Maus 5-1769; Cl^--Geh.: d. Muskeln normaler u. hypophysektomierter Ratten 7-1630; im Blutserum bei Hypertonie 7-1685; Wrkg. v. Allacil auf d. Chloridausscheid. 7-1841; intrazellulare Chloridaktivität d. Riesenaxone d. Krebses 8-1670; Einfl. v. Acetylcholin auf d. renale —-Ausscheid. 9-1591; Cl^--Geh. d. perikardialen u. periviszeralen Fl. im Stachelrochen Dasyatis americana 9-1635; Einfl.: v. Hypophysenhinterlappenhormonen auf d. Cl^--Ausscheid. bei Ratten 10-1565; d. neuen Diuretikums Äthacrynsäure auf d. Cl^--Ausscheid. 17-1708; v. Ethacrynsäure auf d. Cl^--Ausscheid. beim Menschen 17-1710; v. Arecolinhydrochlorid auf d. Chloridausscheid. nach Infus. in d. linke Nierenarterie v. Hunden 11-1730; Potenzier. d. Wrkg. v. Methylxanthinen u. Pyrimidinen auf d. —-Harnausscheid. durch Carboanhydrasehemmer 11-1779; v. Trichlormethiazid auf d. Cl^--Ausscheid. bei Tieren 14-1770; hoher —-Konz.-Gradient im Kernplasma d. Rattenleber 16-1168; Cl^-- u. Glucosegeh. d. Leber bei d. Rk. auf Adrenalin 17-1475; Wrkg. v. Cortisol auf d. Hämatokritwerte u. d. Serum-Cl^--Konz. d. ausgewachsenen u. d. fetalen Ratte 18-1468; Vork. v. Cl^- im Mantelmuskelgewebe v. Cephalopoden 18-1575; Verteil. v. Cl^- im Gewebe bei experimenteller Hyper- u. Hypoparathyreoidie 19-1544; Einfl.: v. Monomycin u. Neomycin auf d. Cl^--Geh. d. Magens bei verschiedenem Zustand d. Zentralnervensyst. 21-1753; v. Sulfonamiden auf d. Cl^--Konz. d. Galle bei Ratten u. Hunden 23-1304; v. 5.5-Dimethyl-2.4-oxazolidindion (DMO) auf d. Cl^--Konz. im Rattenplasma 26-1480; Sekret. v. Cl^- durch d. Parotis 27-1455; Schweiß-Cl^--Konz. 31-1414; Einfl. v. 2.2′-Bipyridyl auf d. Cl^--Konz. im Magensekret 31-1604; Cl^--Geh.: im Fruchtwasser 33-1624; im Plasma bei Delphinen, Pferd u. Hund 37-1462; im menschl. Serum 38-1550; Einfl.: v. Acetazolamid auf d. Cl^--Konz. im Gallen- u. Pankreassekret 39-1389; v. Ethacrynsäure auf d. Cl^--Ausscheid. 41-1654; v. Benzothiadiazindiuretika auf d. renale Cl^--Ausscheid. 41-1658; geringer Konz. v. Valeriansäuredämpfen auf d. Cl^--Geh. im Blut 43-1606; Cl^--Geh.: im Plasma v. normalen u. neutronenbestrahlten Eseln 44-1608; im Gesamtblut u. Plasma nach akuter CO_2-Retent. in vivo 45-1446; Einfl. v. 3-Methylamino-2.1-benzisothiazol auf d. Cl^--Konz. im Magen 46-1637; direkte Wrkg. v. Angiotensin auf d. Cl^--

Ausscheid. beim Kaninchen 47-1436; Oxyhämoglobinbldg. in Bezieh. zum --Geh. 48-1425; Einfl.: v. Neutronen- u. γ-Ganzkörperbestrahl. auf d. Cl^--Geh. d. Kuhmilch 48-1513; v. Adrenalin auf d. Cl^--Geh. im glatten Muskel d. Taenia coli d. Meerschweinchens 49/50-1382.

Einfl. v. Temp. u. Feuchtigk. auf kurzfrist. Veränder. d. Cl_2-Geh. v. Mehlen 13-3494.

Abhängigk. d. H_2-Geh. d. --Gases v. Hg-Geh. d. Zelle 18-2251.

Bildung, Darstellung

Kinetik d. Rk. zwischen reinem u. Fe_2O_3-halt. NaCl oder $CaCl_2$ mit einer Gasphase aus SO_2, O_2 oder SO_3 (chlorierende Röst. v. Erzen) unter prim. Bldg. v. Cl_2 1-0657; Bldg. v. Cl_2 an d. passiven Cr-Elektrode 2-0652; Kinetik d. Rk. zwischen V(II) u. $NaClO_3$ in wss. Perchlorsäure unter Bldg. v. V(III) u. Cl^- 7-0685; Bldg. v. – bei d. Rk. v. NO_2Cl mit HSO_3Cl 8-0734; Rk. zwischen d. Cu(II)-Chelat mit *l*-Ephedrin u. CCl_4 unter Bldg. v. Cl^- 9-0715; Fraktionier. v. – durch Verdampf. u. Subl. aus vulkan. Gesteinen durch Erhitz. 9-0873; Ausb. an Cl_2 bei d. Radiolyse wss. Chlorwasserstofflsg. durch Einw. ionisierender Strahl. in Ggw. v. N_2, H_2, O_2 12-0742; Bldg.-Enthalpie v. gasf. Cl^- 13-0553; Bldg.: v. – bei d. Zers. v. $MnOV_2O_3$ in Ggw. v. NaCl u. O_2 13-2370; v. Cl_2 14-0794; Beweis für d. Bldg. v. Cl_2-Atomen durch ^{60}Co-γ-Bestrahl. v. neutraler wss., chloridhalt. Lsg. 16-0659; EPR- u. massenspektroskop. Nachw. d. Bldg. v. Cl_2^+ u. Cl_2^- bei d. Radiolyse v. CCl_4, $SiCl_4$, $GeCl_4$ u. $SnCl_4$ 16-0660; --Bldg. bei d. Ox. v. KCl, Pyrit u. S 16-2154; Radiolyse wss. $HClO_4$-Lsg. durch ^{60}Co-γ-Strahlen unter Bldg. v. ClO_3^- u. Cl^- 18-0668; Bldg. v. – aus OH u. Cl^- mittels Pulsradiolyse in Na-Chloridlsg. 19-0725; Rk. v. $CaCl_2$ mit SO_3 unter Bldg. v. $CaSO_4$ u. Cl_2 29-0693; Bldg.: v. Cl^- bei d. Glimmentlad.-Elektrolyse alkal. Hypochlorit- u. Chloritlsg. 35-0579; v. Cl_2 bei d. Elektrolyse einer NaCl-Lsg. 35-0580; v. – u. $COCl_2$ bei d. therm. Zers. v. Sc-Chloracetaten 44-0720; Bldg. v. – bei d. Rk. v. VF_5 mit BCl_3 47-0690; sonochem. Zers. v. CCl_4 unter Bldg. v. Cl_2 als Test zur Mess. d. Kavitat.-Aktivität in Ultraschallreinig.-Anlagen 49/50-0654.

Herst.: v. – 1-2309*; v. – durch Elektrolyse 1-2318*; v. – nach Kreisverf. 7-2336*; Anode zur elektrolyt. --Herst. 11-2319*; Herst. v. – durch Rk. v. NH_4Cl u. CuCl 11-2320*; elektrolyt. Gewinn.: v. Cl_2 11-2635*; v. – aus $CuCl_2$ 12-2250; Herst.: v. – aus NH_4Cl 13-2347*; v. – in Diaphragmazellen 14-2266*; quant. Red. v. Perchlorat zu Chlorid mit Mo als Katalysator 15-0773; elektrolyt. Herst. v. – 18-2263*; Herst. v. – durch Elektrolyse v. HCl 18-2264*; Technologie u. App. d. --Gasgewinn. durch Chloralkalielektrolyse 19-2199; Elektrolysezelle zur Herst. v. – aus wss. Lsg. 21-2302*; Herst. v. – durch Elektrolyse v. HCl 22-2186; Kreislaufverf. zur Herst. v. – (CuCl, NH_4Cl, O_2) 23-2121*; --Gewinn. durch Rk. v. Alkalimetallchloriden mit O_2 in Ggw. v. geglühtem Kaolinit 24-0741; Herst.: v. – aus geschmolzenem NaCl durch Elektrolyse in Ggw. v. Aktivkohle 24-2185*; v. – durch Schmelzelektrolyse v. NaCl in getrennten Elektrodenräumen 24-2186*; katalyt. Ox. v. HCl zu – 24-2581*; Darst. v. reinstem Cl_2 durch frakt. Kondens. (Beschreib. d. App.) 26-0716; Herst.: v. – aus NH_4Cl 26-2311*; v. – aus NH_4Cl oder HCl durch Ox. 32-2212*; v. – aus $FeCl_2$ u. $FeCl_3$ 37-2036*; Gewinn. v. techn. – aus HCl 40-2103; Anode für d. elektrolyt. Herst. v. – 41-2123*; Gewinn. v. – aus $MgCl_2$ 43-2001*; Anode zur Abscheid. v. – 46-2144*; Herst.: v. – aus HCl oder NH_4Cl 46-2145*; v. – aus NH_4Cl 46-2146*; Beding. d. --Gewinn. bei d. Elektrolyse v. Cr-, Mn- u. NH_4-Salzen 47-2024; Kreisverf. zur Erzeug. v. – aus NH_4Cl 47-2053*; elektrolyt. --Gewinn. (Hg-Regenerier. aus sich bildenden „Emuls." u. „Quecksilberbutter") 48-0680; Herst.: v. – durch Ox. v. HCl u./oder NH_4Cl 49/50-1966*; v. – aus NH_4Cl durch Rk. mit CuCl u. NH_3 in Ggw. v. Luft 49/50-1997*.

Stabilisieren v. – in wss. Lsg. durch Zusatz v. Sulfamationen 1-2282*; Reinig. v. feuchtem – 5-2297*; Reinigen u. Trocknen v. --Gas 9-2349*; Trockn. v. --Gas mit H_2SO_4 27-2216*; Absorpt. v. – aus einem Gasgemisch 31-2139*; Reinig. u. weitgehende Kondens. v. – 31-2140*; Absorpt. v. – aus einem Gasgemisch 32-2213*; Entfern. v. – aus BCl_3 32-2214*; Reinig.: v. techn. Cl_2 durch Absorpt. 33-2201; Charakteristika d. fl.–fl.-Extrakt. v. – aus mineralsaurem Medium mit CCl_4 u. Ae. 37-0568; v. fl. – mit hydratisiertem SiO_2 oder Ca-Silicat 49/50-1998*; Wiedergewinn. v. – aus d. Rückständen d. Chlorier. v. KW-Stoffen 51/52-2489*.

Physikalisches und physikalisch-chemisches Verhalten

Kerneigenschaften: Partielle Halbwertszeit für d. β-Zerfall v. ^{36}Cl 4-0050; Einfang v. therm. u. Resonanzneutronen in – 5-0109; $^{34}S(p, \gamma)^{35}Cl$ bei d. Protonenresonanzenergien *1904* u. *2008* keV 6-0067; angeregte Zustände d. ^{37}Cl-Kerns 6-0068; statist. Charakter d. Rk. $^{37}Cl(p, \alpha)^{34}S$ bei *21–22* MeV u. Anreg.-Energie d. Compoundkerns 9-0093; Auswert. v. Mess. zur Auffind. d. Koh-Anomalie im Spektrum d. inneren Bremsstrahl. beim Elektroneneinfangzerfall v. ^{36}Cl 10-0048; Bezieh. zwischen d. maximal zuläss. Aktivität v. ^{36}Cl bei offener Verw. u. d. Klassifizier. v. Labor. 11-1980; Kernresonanzstreuung in – unter Benutz. v. Neutroneneinfang-Gammastrahlen mit – neben anderen Elementen als Quelle 13-0092; Coulomb-Streuung v. Myonen u. Elektronen an – 14-0005; elast. Streuung v. *12*-MeV-Tritonen an $^{35,37}Cl$ 14-0018; Neutronen-Absorpt.-Querschnitte für – 16-0028; nucleare Matrixelemente v. zweitverbotenen β-Übergängen in ^{36}Cl u. d. j–j-Koppl.-Modell 17-0091; totale Wrkg.-Querschnitte nach d. Aktivier.-Meth. für d. Rk. $^{37}Cl(n, \alpha)^{34}P$ 19-0077; abs. Wert d. Querschnitts d. Rk. $^{35}Cl(n, \alpha)^{32}P$ für *14*-MeV-Neutronen 19-0078; (n, p)-Querschnitte v. ^{37}Cl für *14,8*-MeV-Neutronen 19-0079; *M1*-Übergänge bei $^{35}Cl(n, \gamma)^{36}Cl$ 19-0083; Analyse d. (p, α)-Rk. an ^{37}Cl nach d. statist. Modell 23-0092; Stripping-Analyse d. (d, p)-Winkelverteil. aus d. Rk. $^{37}Cl(d, p)^{38}Cl$ 24-0081; γ-Winkelkorrelat.- u. Polarisat.-Mess. in d. Rk. $^{35}Cl(p, \gamma)^{36}Ar$ 26-0073; Masse v. ^{33}Cl 29-0070; Grundzustands-Q-Wert für $^{37}Cl(p, n)^{37}Ar$ 30-0054; Energetik v. $^{27}Al(^{11}B, p\,3n)^{34m}Cl$ aus Rückstoßunters. 30-0067; Wrkg.-Querschnitte v. $^{35,37}Cl(n, n'\gamma)$-Rk. 32-0048; Mess. d. (n, 2n)-Rk.-Querschnitts für ^{35}Cl bei *14,8* MeV 33-0074; Resonanzvernicht. v. Positronen in – 34-0011; Unters. an – mit *14*-MeV-Neutronen 34-0015; Theorie d. Streuung kalter Neutronen an – 34-0020, 34-0021; $^{34}S(p, \gamma)^{35}Cl$ 36-0069; ^{37}Ar-Niveaus mittels d. Rk. $^{35}Cl(^3He, p)^{37}Ar$ 37-0103; Rk. $^{35}Cl(\gamma, \alpha)^{32}S$ u. $^{37}Cl(p, \alpha)^{34}S$ u. elast. Streuung v. Protonen an – 40-0037; Wrkg.-Querschnitte für (n, 2n)-Rk. an ^{35}Cl u. (n, p)-Rk. an ^{37}Cl bei *14,7* MeV 40-0066; T-verbotene Anreg. v. Isobarenanalogzuständen in d. Rk. $^{37}Cl(p, \alpha_0)$-^{34}S 40-0077; Best. d. Temp. im Sonneninneren aus d. Größe d. Neutrinoeffekts nach $^{37}Cl(\nu, e^-)^{37}Ar$ 40-0782; Absolutmess. d. kohärenten Neutronen-Streulängen v. – 42-0002; Zweiteilchenzustand in ^{34}Cl 42-0021; Kernresonanzstreuung d. Bremsstrahl. an tiefliegenden Niveaus in ^{35}Cl 44-0026; Bremsquerschnitt v. ^{35}Cl in C 45-0292; Isomeren-Wrkg.-Querschnittsverhältnisse für (n, 2n)-Rk. bei *14,8* MeV für d. Isomerenpaar $^{34m,34}Cl$ 47-0070; Lad.-Dichten am Kern 48-0081; chem. Effekte d. Kernumwandl. $^{35}Cl(n, p)^{35}S$ in AgCl (Ausheilmechanismen) 48-0651; Berechn. d. ft-Werte für hypererlaubte β^+-Übergänge $0^+ - 0^+$ mit $T = 1$, $\Delta T = 0$ u. d. Wert d. Vektor-Wechselwrkg.-Konst. G_V beim β-Zerfall v. ^{34}Cl 51/52-0059.

Optische Eigenschaften: Emiss.- u. Absorpt.-Spektren zur Best. d. Schwing.-Anreg.-Verh. v. mit Ar gemischtem – während d. Dissoziat. 1-0104; UV-Absorpt.-Spektren v. --Ionen in verschiedenen Lsgm. 9-0153; Einfl.: v. Cl^- auf d. HF-Raman-Bande v. W. 9-0175; d. Parameter einer Niederspann.-Funken-Entlad. auf d. Intensität d. Spektrallinien v. – 10-0098; v. Verunreinig. bei Anreg. v. --Spektren in einer Funkenentlad. 10-0099; Vgl. d. durch einen kontinuierl. Bogen in kontrollierter Atmosphäre u. im Plasmabogen erhaltenen Emiss.-Spektren v. – 12-0125; Einfl. v. – auf d. Spektren d. Seltenerdmetalle in einer Flamme 13-0140; verbotene Übergangswahrscheinlichk. für --Ionen 14-0113; KLL-Auger-Spektrum v. – (angeregte Linien u. Mehrfachionisat. in Auger-Spektren) 16-0109; KLL-Auger-Spektrum 22-0116; Einfl. d. Cl^--Kontinuumsabsorpt. auf d. UV-Spektren v. M-Sternen 25-0774; IR-Spektren v. fl., techn. u. hochreinem Cl_2 26-0337; „innere Schalen"-Resonanzlinien in hochionisiertem – 27-0142; Schwing.-Spektren d. Cl_3^--Ions u. Beweis d. Existenz v. Cl_5^- 28-0141; Einfl. v. Cl^- auf d. Bandenkonturen d. W.-Absorpt. (*3420* u. *1640* cm^{-1}) 30-0125; IR-Absorpt.-Spektren v. Mol.-Krist. aus Cl_2 30-0286; Mikrowellenspektrum v. ^{35}Cl in Mol-Verb. d. $SbCl_3$ u. $SbBr_3$ 34-0154; Auswahl d. Fraunhofer-Linien v. – für Unters. d. Photosphäre 45-0770; Einfl. d. chem. Bind. auf d. Kβ-Bande v. – 47-0121; IR-Absorpt.-Spektrum v. KJ-Gitter aus Lücken- u. Resonanzscheitelwerten bei --Verunreinig. 47-0343.

Emiss.-Mess. an mit Cl^- koaktivierten sauerstoffhalt. ZnS-Phosphoren 1-0351; opt. Absorpt. v. AgCl-Krist. unter --Atmosphäre 7-0353; fundamentale Abhängigk. d. Elektrolumineszenz u. Vgl. mit experimentellen Daten v. ZnS : Cu(Al, Cl) 11-0371; Niederspann.-Elektrolumineszenz sublimierter Filme v. ZnS : Cu(Mn, Cl) im konst. Feld 12-0394; Emiss.-Unters. v. grünen Flammen ausgewählter pyro-techn. Sätze in Ggw. v. – 16-0636; Absorpt. im Vakuum-UV v. durch Zonenschmelzen erhaltenen LiF : Cl-Krist. 17-0355; Strahl.-Lösch. d. Radiolumineszenz v. ZnS : Cl-Phosphoren 18-0312; Unters. d. Thermolumineszenz u. Leitfähigk. v. ZnS-Cu(Cl) mit zwei Emiss.-Banden 21-0331; Identifizier. einiger v. Cheo u. Cooper beobachteter --Laser-Linien 22-0140; Einfl. v. – auf d. anomale grüne Kantenlumineszenz in CdS 24-0365; Niederspann.-Elektrolumineszenz v. ZnS : Cu(Cl)-Filmen 24-0369; Energieausb. d. Elektrolumineszenz v. Luminophoren v. Typ ZnS : Cu(Cl) 28-0340; Polarisat. d. v. Cl_2 gestreuten Laser-Lichtes 32-0123; Aufklär. d. Natur d. grünen Cu-Lumineszenzübergangs durch Mess. d. zeitlichen Änder. d. Spektren v. ZnS : Cu(Cl)-Phosphoren 32-0361; Einfangmechanismus u. IR-Empfindlichk. eines „blaugrünen" ZnS : Cu(Cl)-Leuchtstoffs 33-0408; Lumineszenz v. selbstaktiviertem ZnSe : Cl 33-0411; Photolumineszenz u. Rekombinat.-Strahl. in CdS : Cl 34-0390; Verstärk. d. sichtbaren u. IR-Elektrolumineszenz v. ZnS : Cu(Cl)-Krist. durch IR-Bestrahl. 34-0394; Photoelektrolumineszenz - Leuchtwellenmess. an ZnS : Cu(Cl)-Leuchtpulvern 34-0395; Übersicht über d. Phosphor ZnS : Cl 34-0396; neue sichtbare kontinuierl. Laserlinien in einfach ionisiertem – 40-0121; Strahl.-Lösch. v. Strahl.- u. Strahl.-Thermolumineszenz v. ZnS : Cu(Cl)-Phosphoren (Einfangprozesse) 46-0387; Gleichfeld-Elektrolumineszenz in dünnen ZnS : Cu(Mn, Cl)-Filmen 49/50-0356.

Struktureigenschaften: Berechn. d. Bind.- u. Mol.-Polarisierbark. v. Cl_2 2-0094; Wellenfunkt. u. Übergangswahrscheinlichk. in maßstäbl. Thomas-Fermi-Ionenpotentialen v. ClVII 3-0118; reduzierte Potentialkurven v. Cl_2 5-0135; Berechn. u. Korrelat. d. Elektronegativität v. – aus spektroskop. Daten 8-0099; --Diffus. in PbSe-Einkrist. 10-0289; Elektronen- u. Löcherhaft. in ZnS : Cu(Cl, Cr)-Leuchtstoffen 12-0392; Berechn. d. Elektronenaffinitäten v. – aus d. Gaußschen Form d. Potentialfunkt. d. Abstoß.-Terms 14-0096; Selbstdiffus. v. --Ionen in AgCl-Einkrist. (Meth. d. „Ablsg. in Schritten") 15-0350; Elektronenbind.-Energien d. K-, L_I-, L_{II}- u. L_{III}-Schale für – 16-0107; magnet. Dipolübergänge zwischen sp^2-Termen d. isoelektron. Reihen BI, CII, NIII, OIV, FV, NeVI, NaVII, MgVIII, AlIX, SiX, PXI, SXII, ClXIII u. ArXIV bzw. AlI, SiII, PIII, SIV, ClV, ArVI, KVII, CaVIII, SiIX, TiX, VXI, CrXII, MnXIII, Fe XIV, CoXV, NiXVI 17-0122, Krist.-Gitterverzerr. in NaF : Cl 17-0387; Berechn. d. Austauschbeitrags in d. Streuung v. Elektronen durch ClIV 19-0182; elektr. Feldgradienten u. Kernquadrupol-Koppl.-Konst. für – u. --Ionen 20-0092; Verschieb. d. K-Niveaus u. d. K_α-Energien 21-0114; Schwing.-Relaxat. für reines Cl_2 22-0171; Einfl. v. Cl^--Verunreinig. auf d. Morphologie v. Seignettesalz-Einkrist. 22-0233; Wrkg. elektrostat. Felder auf interatomare Bind. zwischen Hg u. Cl^- 22-0610; Ionenradius v. Cl^- bei Anwend. d. Meth. d. unbestimmten Parameters 23-0228; Einbau v. Cl^--Beimeng. in Seignettesalz-Einkrist. bei d. Kristallisat. aus Lsg. 23-0250; Zustandsfunkt. u. Energiewerte für – 24-0096; Zerfall v. in F^--dotiertem KCl unter Bestrahl. gebildeten FCl^--Zentren in ein Substitut.-Cl^- u. F^0-Atom 24-0333; kohärente Hartree-Fock-Slater-Formfaktoren für Cl^- 27-0229; Czochralski-Wachstum v. Se-Einkrist. aus --dotierten Schmelzen 30-0173; Berechn. d. radialen Wellenfunkt. im Feld eines neutralen --Atoms u. d. Koeff. d. frei-frei Absorpt. v. Cl^- 30-0731; Hartree-Fock-Parameter für d. --Atom 31-0122; Rotat.-Relaxat. in CO im Vgl. mit u. a. Cl_2 aus Meßwerten d. Schallabsorpt. 32-0512; Unters. d. Elektroneneinfangs in ZnS : Cu(Cl, Cr) mit Hilfe v. IR-induzierter Lichtstimulat. u. EPR-Meth. 33-0409; radiochem. Unters. über d. Einbau v. – in ZnS 35-0237; tiefe Diffus. v. P u. – in Si bei Neutronenbestrahl. 35-0277; effektive Atomlad. v. – in Chloraten u. Perchloraten

36-0112; Quadrupol-Polarisierbark. u. Abschirmfaktoren v. Cl^- u. Cl^{5+} im S-Zustand im homogenen elektr. Feld 36-0128; Einfl. v. Cl^- auf d. Beweglichk. v. W.-Mol. 38-0579; Wechselwrkg. v. Cl^- mit d. nächstbenachbarten W.-Mol. in Lsg. 39-0574; atomare Energieterme für – 41-0123; Computerberechn. d. Gesamt-Gitterenergien mit Anwend. auf d. Krist.-Struktur v. – 41-0297; Bedeut. d. Migrat.-Formen v. Cl^- 43-0746; genaue analyt. Hartree-Fock-Wellenfunkt. d. selbstkonsistenten Feldes v. – 46-0084; Berechn. nach einer neuen empir. Formel zur Ermittl. d. Radien v. Kationen mit Edelgasschale für – 48-0088; Hartree-Fock-Parameter v. ClXII 49/50-0100; Zücht. hochdotierter n-PbTe-Einkrist. u. Best. d. Verteil.-Koeff. v. – 49/50-0222; Einfl. v. Cl^- auf d. Bindevermögen d. Na-Polyphosphates $(NaPO_3)_x \cdot H_2O$ für Ca- u. Mg-Ionen 49/50-0554.

Elektrische und magnetische Eigenschaften: Analyt. Berechn. d. elektr. Dipolpolarisierbark. v. Cl^{15+} nach d. Hartree-Fock-Meth. 1-0118; Sekundärelektronenemiss. v. Metallen durch $^{35}Cl^+$ bzw. $^{37}Cl^+$ bei einer Energie v. *25* keV 2-0415; Einfl.: einer Cu- u. –-Dotier. auf d. Photoleit. v. CdS-Sinterschichten 5-0468; v. Zusätzen v. ZnS : Ag, CdSe u. ZnSe bzw. ZnS : Cu auf d. Anreg.-Spektren d. Photoleitfähigk. u. d. Bandverbreiter. v. (Cd, Zn)S : Ag, Cu, Cl u. (Cd, Zn)(S, Se) : Ag, Cu, Cl 6-0440; Kinetik d. Starts u. d. Entw. d. Joshi-Effekts in –-Gas 7-0224; Laserinduzierter Durchschlag in – 7-0229; Ionisat.-Potentiale v. Valenzzuständen 11-0101; Photoionisat.-Querschnitte für Cl^- 13-0193; induzierte Photoleitfähigk. in mit – u. zusätzl. mit In dotierten ZnS-Einkrist. 13-0467; Einfl. v. –-Beimeng. auf d. elektr. Leitfähigk. v. hexagonalem fl. Se 14-0448; durch Elektronenbeschuß erzeugte Leitfähigk. in geschmolzenem Quarz mit – als Verunreinig. 14-0489; theoret. u. experimentelle Ionisier.-Querschnitte für – 18-0184; partielle molale Ionenvolumina u. Elektrostrikt. in wss. Lsg. v. Cl^- 19-0464; Ionenquelle zur Erzeug. v. Cl^- aus HCl u. CCl_2F_2 22-0180; Einfl. v. β- u. γ-Strahlen auf d. Entlad.-Strom in – unter Ozonisatoranreg. 22-0191; Erzeug. eines Cl^+-Ionenstroms in einer HF-Ionenquelle 29-1925; Einfl. v. – auf d. Austrittsarbeit eines Metalls 30-0590; Lad.-Austausch zwischen Cl^--Ionen u. SO_2 31-0195; Ausbreit. elektromagnet. Wellen in einem –-Plasma mit schweren positiven u. negativen Ionen 33-0216; Elektronegativität v. Gruppen mit Mehrfachbind. d. – 34-0116; Einw. einer O_2-Atmosphäre auf mit Cu u. – doppelt dotierte u. mit In-Kammelektroden versehene mikrokrist. CdS-Photoleiter 37-0464; Einfl. d. Dotier. mit In u. Ga sowie mit In + Cl u. Ga + Cl auf d. Photoleitfähigk. v. CdS-Sinterschichten 37-0465; zweifach negativ geladene Ionen v. – 38-0182; Joshi-Effekt bei Außenelektrodenentlad. in Cl_2 38-0218; Energieverlust v. –-Ionen in Festkörpern 39-0333; doppelt geladene negative Ionen v. – 47-0180; Natur d. Lad.-Träger in fl. Se mit –-Beimeng. 47-0409; Spektralanalyse d. Impulshöhen einer Ozonisatorenentlad. u. d. damit verbundene Joshi-Effekt in – 48-0193.

^{35}Cl-NMR in Einkrist. v. $CuCl_2 \cdot 2\,H_2O$ 1-0370; NMR im reinen Quadrupolgebiet durch Zeeman-Aufspalt. d. Energieniveaus u. Anwend. auf ^{35}Cl in $K_2[ReCl_6]$ 4-0323; ^{35}Cl in $NaClO_3$ als NQR-Thermometer 5-2002; Einfrieren ganzzahl. Spins durch d. Kerndipolfeld durch Mess. d. Spin-Echo-Doppelresonanz d. ^{35}Cl in $BaClO_3 \cdot D_2O$ 8-0351; Kerndoppelresonanz v. ^{23}Na–^{37}Cl in NaCl im rotierenden Bezugsrahmen 8-0365; ^{35}Cl-NMR in para- u. antiferromagnet. $FeCl_2$ 9-0397; NQR-Koppl.-Konst. d. Cl^- im $TiCl_2$ u. $CrCl_2$ 10-0373; kernmagnet. Abschirm.-Konst. für alle positiven Ionen, neutralen Atome u. negativen Ionen v. – 18-0089; diamagnet. Suszeptibilität für alle positiven Ionen, neutralen Atome u. negativen Ionen v. – 18-0090; anion. u. kation. Verschieb. v. δ(OH) v. W., CH_3OH u. A. für $(Cl^-)_2$ aus kernmagnet. Resonanzunters. 22-0562; Zeeman-Effekt d. ^{35}Cl-NQR im $HgCl_2$-Einkrist. 28-0359; ^{35}Cl-NQR an röntgen- u. γ-bestrahltem $NaClO_3$ bei *78* °K 28-0360; kernmagnet. Resonanz v. ^{35}Cl in wss. salzsauren Lsg. v. Fe(III) 31-0172; ESR v. ZnSe : Cl 33-0411; Linien v. ^{35}Cl u. ^{37}Cl im kub. ESR-Spektrum v. Fe^{2+} in AgCl mit ENDOR-Technik 36-0354; Zeeman-Effekt d. reinen ^{35}Cl-Quadrupol-Resonanz v. $HgCl_2$ 37-0406; Hyperfeinstruktur im ESR-Spektrum v. $[CrOCl_5]^{2-}$ durch ^{35}Cl u. ^{37}Cl 38-0167; NQR v. ^{45}Cl in $HgCl_2$ 39-0384; Berechn. d. diamagnet. Suszeptibilität v. Cl^- 43-0162; Modell d. NQR für d. Kern v. ^{35}Cl 51/52-0332.

Elektrochemische Eigenschaften: Beweglichk. v. Cl^- in HCl/Maleinsäure-Misch. 3-0638; Aktivitätskoeff. v. Cl^- für verschiedene NaCl-Konz. 8-0616; Einfl. v. Al_2O_3 auf d. Überführ.-Zahl v. Cl^- 9-0644; Cl^--Gegenionen-Aktivität in Lsg. v. Polyäthyleniminhydrochlorid 10-0603; Berechn. d. Grenzäquivalenzleitfähigk. v. Cl^- in W. 10-0606; potentiometr. Unters. v. geschmolzenen AgJ + KJ-Misch. im Vgl. mit d. Cl^--Syst. 12-0610; relative Aktivitätskoeff. v. Cl^- in wss. H_2SO_4 19-0613; Best. d. Anionenaktivitäten v. Elektrolytlsg. durch Austausch v. Cl^- in d. Membranen aus denaturiertem Ovalbumin durch KNO_3, KJ bzw. KBr 25-0584; Einzelionen-Aktivitätskoeff. v. Cl^- 27-0602; Ionenleitfähigk. v. Cl^- in wss. Saccharose-, Glycerin- u. Harnstoff-Lsg. 29-0593; Best. d. Verhältnisses d. Äquivalent-Grenzleitfähigk. durch Kombinat. mit Überführ.-Zahlen für Cl^- 33-0647; Ionenbeweglichk. für Cl^- bei verschiedener Temp. 37-0602; Best. d. Verschieb. d. pH- u. pwH-Werte in Säuren bei Salzzusatz in Abhängigk. v. Cl^- 41-0572; Kationenüberführ.-Zahlen v. Cl^- bei verschiedenen Temp. 41-0583; Vgl. d. katalyt. Wirksamk. v. N_3^-- u. Cl^--Ionen bei Elektronenübergang in Metall–Metallion-Austauschrk. 46-0619; auf Dimethylformamid bezogene Aktivitätskoeff. v. Cl^- in Methanol 47-0561.

Einfl. v. Cl^-: auf d. Fe-Auflsg. u. d. H_2-Abscheid. 2-0654; auf d. elektrolyt. Abscheid. v. H_2 aus sauren Lsg. an Hg 5-0658; auf d. potentiostat. Verh. v. niedr. legiertem Stahl in alkal. Lsg. 6-0652; als Anion d. Trägerelektrolyten auf d. elektrochem. Doppelschicht u. Kinetik v. Elektrodenrk. 8-0627; auf d. O_2-Red. an einer Hg-Elektrode 10-0626; Bldg. einer submonoatomaren Pb-Schicht auf Ag-Elektroden in Ggw. v. Cl^- 10-0650; Einfl. v. Cl^-: auf d. Red. v. O_2 an Pt in $HClO_4$ 12-0627; auf d. Red. v. Pt-Oxiden 12-0629; Einfl. v. PO_4^{3-} auf d. Ox.-Kinetik v. Cl^- 14-0706; elektrochem. Kinetik v. In + Sulfat–Chlorid-Elektrolyt 17-0663; Bldg. v. Hg_2Cl_2 auf Hg-Elektroden in Ggw. v. Cl^- 19-0637; anod. u. kathod. Verh. d. Fe in Cl^--halt. Lsg. 19-0640; Überspann. v. – 20-0586; Mechanismus d. elektrochem. –-Abscheid. an A-Kohle 20-2273; Einfl. v. Cl^-: auf d. Kinetik d. unvollständ. Red. v. Chromsäure 21-0614; auf d. Potential d. gesätt. Kalomelektrode 22-0568; Vgl. v. nach verschiedenen thermodynam. Meth. ber. Standardelektrodenpotentialen d. Syst. AgCl + $e^- \rightarrow$ Ag + Cl^-; $Hg_2Cl_2 + 2e^- \rightarrow 2\,Hg + 2\,Cl^-$ u. $Cl_2 + 2e^- \rightarrow 2\,Cl^-$ 24-0603; Einfl. v. Cl^-: auf d. Potential v. Sb 25-0585; auf d. Geschw. d. Elektrodenrk. an d. Bi-Amalgamelektrode 26-0600; Auflsg. v. Fe in Cl^--Ionen enthaltenden Elektrolyten an einer rotierenden, kreisförm. Ringelektrode 27-0636; Anodenverh. v. Ti u. Beständigk. einer Pt/Ti-Anode in Cl^--halt. wss. Methanollsg. 28-0583; elektrolyt. Red. v. H_2CrO_4 in Ggw. v. Cl^- 31-0619; Einfl. v. – auf d. Stromausb. in bezug auf d. Metall bei d. Red. v. H_2CrO_4 32-0602; Kurzimpulsmeth. zur Unters. d. „Störzeiten" im Syst. Alkalimetallhalogenide/Cl_2 an d. Pt-Elektrode 33-0660; Einfl. d. Temp. auf d. anod. Ox. v. Cl^- an Pt in schwefelsauren Lsg. 33-0670; Red. v. H_2CrO_4 in Ggw. hoher Konzentrat. v. Cl^- 33-0679; Einfl. v. – als zusätzl. Liganden auf d. Elektrodenpotential v. Os(III)/Os(II)-Komplexen mit dipy u. terpy als Liganden 39-0596; elektrochem. Verh. v. Ozon an Pt- u. Ag-Elektroden in Ggw. v. Cl^- 43-0580; Einfl. d. Krist.-Orientier. auf d. Verh. v. Cu als Elektrode in Cl^--Lsg. 45-0579; Einfl. v. Cl^- auf d. anod. Verh. v. Cu in luftgesätt. Lsg. 45-0580; Abscheid.-Arten v. Co aus Sulfat/Chlorid-Lsg. 46-0599; Verschleißtheorie d. porösen Graphitelektrode bei d. –-Elektrolyse 47-0568; Kinetik u. Mechanismus d. Anodenvorganges bei d. Ox. v. Cl^--Ionen an Pt in schwefelsauren Lsg. 47-0578; Verw. v. Pt-Kathoden zur anod. Ox. v. Cl^- zu ClO_3^- 49/50-0590; Einfl. v. Cl^- auf d. Polarisat. d. Hg-Tropfelektrode durch $S_2O_8^{2-}$-Ionen 51/52-0556.

Polarograph. Verh. v. Ni(II) in Acetonitril in Ggw. v. Cl^- 15-0694; Polarographie v. Ni in konz. –-Lsg. 28-0590.

Einfl. v. Cl^- auf Ca/Al-Oxidhydratkomplexe als Korros.-Inhibitoren für Fe 4-0618; thermodynam. Theorie zur Lochfraßkorros. einer porenfreien Salzdeckschicht v. Cl^- 6-0648; Einfl. v. Cl^-: auf d. Korros.-Strom v. bin. Al/Mg-Leg. 22-0578; auf d. radiochem. Unters. d. anod. Korros. v. Ru 41-0599; Einfl.: d. Struktur v. Elektrolyt-Co u. d. Einbaus v. Cl^- Ionen in seine Nd. auf d. elektrochem. Eig. u. d. Korros.-Verh. in schwefelsaurer Lsg. 47-0589; v. Cl^- auf d. Geschw. d. anod. Auflsg. v. korrosionsbeständ. Stahl in Säuren mittlerer Stärke 51/52-0552.

Thermodynamische Eigenschaften: Molwärme v. gebundenem – bei additiver Berechn. d. Molwärme organ. Fl. 3-0575; Diffus.-Koeff. v. in geschmolzenen Chloriden gelöstem – 3-0636; thermodynam. Eig. v. – (Berechn. d. Enthalpien u. Entropien bis zu *2200* atm u. *1500* °K) 4-0526; D. v. gesätt. Dampf u. v. Fl. d. reinen Substanz Cl_2 4-0536; Gasgleichgew. in d. Syst. Ga/Cl_2 u. GaAs/Cl_2 8-0570; Selbstdiffus.-Koeff. v. Cl^- in geschmolzenem $PbCl_2$ u. TlCl 9-0640; Syst. H^+/Na^+/K^+/Cl^-/PO_4^{3-}/H_2O (allg. Beobacht.) 11-0598; (Lsg.-Löslichk.-Diagramm d. Syst. Na^+/K^+/Cl^-/$H_2PO_4^-$/H_2O) 11-0599; Entropie v. wss. Cl^- 16-0569; Berechn. d. Atomisier.-Energie v. Cl_2 durch Anwend. v. Populat.-Analysen auf d. Wellenfunkt. nach Hückel 17-0559; partielle molale Ionenvolumina v. Cl^- in wss. Lsg. 19-0464; Schmelzen v. J_2 bei hohen Drücken u. Vgl. mit d. Schmelzverh. v. – 19-0545; thermodynam. Funkt. u. spezif. Wärme v. Cl^- 21-0511; Anwend. d. Prinzips d. übereinstimmenden Zustände v. Gasen auf thermodynam. Eig. v. – im Vgl. mit Ar-Werten 23-0510; Berechn. d. Verdampf.-Wärme v. – 28-0491; Best. d. partiellen molalen Ionenvolumina v. Cl^- aus Ionenschwing.-Potentialen 29-0586; mögl. Bezieh. zwischen d. Potentialparametern u. d. Konst. d. krit. oder Siedepunkts für Cl_2 31-0526; Dissoziat. v. Cl_2 in CO–O_2–Ar-Flammen beim Probeneinlaß für d. Massenspektrometrie 31-1904; thermodynam. Gleichgew. im Syst. C/H/O/N/S/Cl u. d. anorgan. Entsteh. organ. Verb. 35-0755; Selbstdiffus.-Koeff. v. Cl^- in konz. Polyelektrolytlsg. 39-0579; Einfl. d. Cl^--Ionenstärke auf d. Gleichgew.-Konst. u. d. Dissoziat.-Geschw. d. Cd-Komplexes mit Äthylendiamintetraessigsäure 42-0528; Ergebnisse über d. Einfl. geladener u. neutraler Störstellen auf d. Wärmeleitfähigk. v. mit – dotiertem Bi_2Te_3 43-0315; Berechn. d. *2*. Virialkoeff. v. Cl_2 für verschiedene Elektronenzustände d. Mol. bei *2000 – 6000* °K 44-0517; Cl_2-Zers.-Drücke über festem $IrCl_3$ 44-0543; Selbstentzünd. v. CH_4–Cl_2-Gemischen 44-3156; Diffus. v. $AgNO_3$ in fl. Gelatinelsg. mit Cl^- 48-0587; Änder. d. Verdampf.-Wärme mit d. Temp. v. Cl_2 48-0846.

Grenzflächen- und Lösungseigenschaften: OH^-/Cl^--Austausch an Pb-Ionen enthaltenden Hydroxylapatiten 1-0640; Anionenaustausch an Dowex-*1* u. Dowex-*4* in konz. Cl^--Lsg. 3-0697; Selektivität d. Austausches OH^-–Cl^- an Anionenaustauscher Dowex-*1* 4-0642; spezif. Adsorpt. v. Cl^- in d. elektr. Doppelschicht 7-0635; Einfl. v. Cl^-: auf koll. Suspens. v. Chrysotil-Asbest 7-0651; auf d. Gleichgew. d. Ionenaustausches Na–K in Alkalimetallfeldspaten unter Druck 7-0673; auf d. Adsorpt. v. U durch AV-*17* 7-0674; Austauschgeschw. v. Cl^- u. J^- im Adsorpt.-Gleichgew. d. Syst. Kohle/Elektrolyt 11-0684; Chemisorpt. v. – an schwerschmelzendem W u. Hf 16-0616; Austausch v. Cl^-/NO_3^- an makroporösen Ionenaustauschharzen 16-0625; Chlorid–Sulfat-Gleichgew. u. Transportvorgänge in Benzidin–Formaldehyd- u. anderen aniondurchläss. Membranen 17-0704; Kinetik u. Rk.-Geschw. d. Absorpt. v. – durch NaBr-Lsg. aus Br_2–Luft- sowie Cl_2–Luft-Gemischen am Füllkörper 18-0490; chronopotentiometr. u. chronocoulometr. Mess. d. Adsorpt. v. Pb(II) an Hg-Elektroden aus Cl^--halt. Lsg. 18-0577; elektrochem. Best. d. –-Adsorpt. an Kohle 20-0588; Abhängigk. d. DK v. –-Geh. chlormethylierter Perlpolymerisate als Ionenaustauscher 20-0625; Trenn. v. Cl^-, Br^- u. J^- an Dowex *1*-X*2* in $NaNO_3$-Lsg. 20-0629; Feldemiss.-Unters. d. Adsorpt. u. Desorpt. v. – auf W 21-0374; Biionenpotentiale u. Membranleitfähigk. v. Anionenaustauschmembranen im Kontakt mit Cl^- 21-0596; Sorpt. v. Cd aus Cl^--halt. Lsg. an Anionenaustauschharzen 21-0663; Durchlässigk. v. mit Pergament verstärkten Fe-Oxidmembranen gegenüber Cl^- 22-0603; AgCl–Cl^--Austausch 22-0614; zirkularpapierchromatograph. Verh., R_F-Wert v. Cl^- 22-1895; Adsorpt. Eig. unlösl. Oxide vier-, fünf- u. sechswert. Metalle gegenüber Cl^- 23-0645; Zusammenhang d. Adsorpt. v. Kationen u. Cl^- auf Pt aus sauren Lsg. bei verschiedenen Potentialen 27-0622; Adsorpt. u. Desorpt. v. – an Aminoplastharze (Rk.-Kinetik) 28-2830; Kinetik d. Austausches v. Nd-, Ga- u. Er-Komplexen gegen Cl^- am Anionit AB-*17* 29-0652; Eluier. v. Chromaten v. Ionenaustauscher in Ggw. v. Cl^- 29-0654; relative Affinität v. Cl^- zum WOFATIT SBW 29-1997; Einfl. v. Cl^- auf d. O_2-Adsorpt. an Pt, Rh u. Ir 31-0605; Einfl. d. pH-Wertes: auf d. Ionenaustausch-Eig. v. hydratisiertem Al_2O_3 gegenüber Cl^- 32-0663; auf d. Ionenaustausch Cl^-/OH^- an hydratisiertem Al_2O_3 32-0664; Kinetik d. Austausches d. Lanthan–Äthylendiamintetraessigsäure-Komplexes gegen Cl^- am Anionenaustauscher

AV-*17* 32-0666; multipulspotentiodynam. Unters. d. konkurrierenden Adsorpt. neutraler organ. Mol. u. Cl^- an Pt-Elektroden 33-0667; Berechn. d. relativen Oberflächenüberschüsse v. Cl^- bei d. Unters. d. elektr. Doppelschicht an d. Grenzfläche Hg/Formamid 34-0618; Adsorpt.: v. $^{36}Cl^-$ an Quarz 35-0614; v. Cl^- an Erdalkalimetallhydroxylapatiten 36-0640; Absorpt. v. — durch Ionenaustauscherharze unter dynam. Beding. 39-2000; Wechselwrkg. v. Rußen mit gasförm. — 43-0601; Polyionaustausch im Syst. (SO_4^{2-}, Cl^-)/NO_3^- an KU-*1* u. EDE-*10*P 43-0614; Adsorpt. v. Cl^-: an einer Pt-Elektrode 45-0570; an Pt bei anod. Potentialen 51/52-0554.

Berechn. d. Freien Hydratat.-Energie v. Cl^- 2-0582; radiometr. Unters. d. Verteil. v. Cl_2 zwischen fl. u. gasförm. Phase in konz. HNO_3 5-0605; Assoziat. zwischen cis- u. trans-Dichloro-bis-(äthylendiamin)-kobalt(III)-Kationen, $[Co(en)_2Cl_2]^+$ u. Cl^-- u. Br^--Ionen in d. Lsgm. DMF, DMS u. N.N-Dimethylacetamid 7-0621, 7-0622; relative Solvatat.-Zahlen für Mg^{2+} u. Cl^- 8-0619; Abhängigk. d. Extrakt.- u. Trennfaktoren für Am u. Lanthaniden v. Lsgm. u. Vergrößer. d. Am- u. Lanthaniden-Extrakt.-Koeff. bei Zusatz v. Cl^- 9-0616; auswählende Solvatat. v. Cl^--Ionen in Lsgm.-Gemischen 10-0602; Entropiecharakteristik d. Nah- u. Fernhydratat. v. Cl^- 11-0628; Löslichk. v. — in Hexochlorbutadien 13-0949; Best. d. Änder. d. Ionensolvatat. v. Cl^- mit d. Temp. in wss. Lsg. aus Leitfähigk.-Daten 19-0610; Dissoziat.-Konst., Grenzleitfähigk. u. Radien d. solvatisierten Cl^- in dipolaren Lsgm. 19-0734; Assoziat.-Wärmen v. wss. Cu-, Ni- u. Co-Ionen mit —-Ionen 22-0500; Löslichk. v. — in äquimolaren Gemischen aus NaCl u. KCl 28-0520; Einfl. d. Temp. auf d. Absorpt.-Geschw. v. — in W. 30-2097; Abhängigk. d. Löslichk. v. $(C_2H_5)_3 \cdot PbCl$ v. d. Cl^--Konz. 32-0551; Extrakt. v. Metallen aus Chloridlsg. durch Amine 35-0501; Löslichk.: v. — in einigen Nitroverb. (Lsg.-Wärme, Änder. d. Freien Enthalpie u. Lsg.-Entropie) 40-0485; u. Lsg.-Wärme in Carnallitschmelzen 45-0497.

Chemisches Verhalten und technische Reaktionen

Verw.: zur ***Halogenierung*** s. dort; zur Sulfochlorierung s. unter *Sulfohalogenierung*.

Mechanismus d. Cl^--Ionenox. (mit Ionen d. dreiwert. Tl in d. eutekt. Schmelze v. LiCl u. KCl) 2-0699; Ox. v. Cl^- (durch Cu^{2+}-Ionen in Schmelzen v. KCl u. $ZnCl_2$) 2-0700; (mit Tl^{3+} in Schmelzen eines Gemisches v. KCl u. $ZnCl_2$ bzw. v. KCl + LiCl) 18-0622; durch NO katalysierte Rekombinat. v. Cl-Atomen 19-0687; Photodissoziat. v. Cl u. Rekombinat. d. Cl-Atome im krit. Punkt d. Gleichgew. Fl.–Gas 24-0735; Bldg. d. freien Radikals ClCO bei d. UV-Photolyse v. Cl_2 in Ar oder CO 27-0704; Photodissoziat. v. Cl u. Rekombinat. v. Cl-Atomen im krit. Punkt d. Fl.–Gas-Gleichgew. 33-0720; lichtemittierende u. Rekombinat.-Rk. v. atomarem Cl 37-0670; Rk.-Fähigk. v. hydratisierten Elektronen gegenüber Cl^- in wss. Hexacyanoferrat(II)-Lsg. 37-0710; Bestrahl. v. — mit UV-Licht zur $SiCl_4$-Herst. 49/50-2020*; Rk. v. Xe mit — (wahrscheinl. Bldg. v. $XeCl_2$)2 6-0714; Syst. H/Cl im mm-Druckbereich (Energieverteil. zwischen schwing.-angeregten Zuständen d. durch Rk. v. H u. H_2 mit — gebildeten HCl) 10-0687; (durch IR-Selbstabsorpt. untersuchter Schwing.-Grundzustand v. HCl) 10-0688; abs. Wrkg.-Grad d. Umwandl. d. Wärme d. Rk. $H + Cl_2 \rightarrow HCl_v^* + Cl$ in Schwing.-Energie 10-0689; Rk. v. D-Atomen mit —, $Cl_2 + H_2$, $Cl_2 + H_2 + Ar$ 12-0675; Kinetik v. H–Cl-Flammen (Einfl. v. CH_4, CH_2Cl_2, $CHCl_3$ u. CCl_4 sowie $SnCl_4$ auf d. Verbrenn.-Geschw.) 12-0682; kinet. Isotopeneffekte bei d. Rk. zwischen atomarem Cl u. mol. H (Tunnel.-Koeff. d. H-Atoms durch eine asymm. Potentialbarriere) 13-0691; Geschw.-Konst. zwischen *1000* u. *4000* °K für d. H-Atomübertrag. zwischen HCl u. — 26-0668; verschiedene Zus. d. Chlorclathrathydrate 1-0686; Kinetik d. Rk. v. atomarem O mit Cl in einer Entlad.-Ström.-App. 19-0685; thermodynam. Daten für Rk. v. — mit H_2O bzw. gelösten OH^- bei verschiedenen Temp. 17-0561; Ausb. an O im Singulett-Zustand bei d. Rk. v. Cl mit Wasserstoffperoxid 34-0714; Rk.: v. Difluordiazen, N_2F_2, mit — 24-0740; mit SF_4 3-2237*; Ox. v. Se(IV) zu Se(VI) mit — 27-0548; Rk. mit H_3BO_3 u. C 23-2124*; Rk.-Wärme v. BP mit — zu $BCl_3 \cdot PCl_5$ 28-0488; Rk.: mit HCN 38-2585*; mit HCN zu tetramerem Chlorcyan (Verf.-Schema) 47-2317*; mit Si-Verb. 23-2128*; Ox. v. PCl_3-Spuren zu $POCl_3$ in Methyltrichlorsilan in Ggw. v. $FeCl_3$ unter Verw. ozonhalt. Luft oder mit Luft, d. — enthält 23-0728; Rk. v. — mit phosphinsubstituierten Carbonylen v. Metallen d. Gruppe VIb 23-0761; Ox. einer Reihe v. Metallen durch — 25-0763; Rk. mit NaOH 23-2122*; Geschw. u. Mechanismus v. — mit Cl_2, H_2, J_2, Br_2, F_2, HJ, HBr, HCl, Na_2, NaH, NaCl (Voraussagen u. Vgl. mit experimentellen Daten) 29-0665; statist. Theorie d. chem. Kinetik: Anwend. auf Rk. zwischen — u. KH bzw. Na_2 2-0692; Keimbldg. bei d. Rk. v. KBr-Einkrist. mit — (Einfl. einer mechan. Verform. bei gleichzeit. Verunreinig. d. Krist.-Oberfläche auf d. Keimbldg.-Geschw.) 7-0691; Bedeut. v. C bei d. Chlorier. v. MgO 21-0698; Rk. mit $BaSO_4$ in d. Chloridschmelze 44-2087; Umsetz. v. CdO mit — oder einem Cl–CO-Gemisch 13-0777; d. Komplexe v. Hg mit Cl^- in geschmolzenem N-Methylacetamid 18-0575; Glühen eines Gemisches v. Xenotim u. C bei *700°* in einem —-Strom (Herst. v. YCl_3) 49/50-0678; Kinetik d. Chlorier. v. TiO_2 unter Verw. v. — (in Ggw. v. Holzkohle), in einem CO–Cl_2-Gemisch u. v. $COCl_2$ 38-0663; Kinetik u. Mechanismus d. Chlorier. v. Loparit, Pyrochlor, Zirkon u. Euxenit 34-2289; Kinetik d. Chlorier. komplexer Pyrochlorkonzentrate in Ggw. v. C 21-0699; Rk. mit V_2O_5 u. $VOCl_3$ 35-2137; Komplexbldg. v. Nb(IV) mit Chloridionen (Instabilitätskonst.) 35-0554; Stöchiometrie d. Rk. zwischen Cr(II) u. ClO_3^-, ClO_2, ClO_2^-, ClO^- u. Cl_2 in wss. $HClO_4$ unter Bldg. v. $[Cr(H_2O)_6]^{3+}$ u. $[Cr(H_2O]_5Cl]^{2+}$ 7-0686; Kinetik d. Rk. zwischen Cr^{2+} u. ClO_2, ClO_2^-, ClO^-, Cl_2 als Ox.-Mittel in wss. $HClO_4$ 7-0687; radiochromatograph. Unters. d. Bldg. mehrkern. bas. μ-Hydroxo-Komplexe d. Cr mit Cl^- 21-0687; Chlorier. v. bestrahlten UO_2/Mo-Sintertabletten mit — u. Trenn. d. UCl_4 v. $MoCl_5$ u. d. Spaltprod.-Chloriden durch Vakuumsublimat. 32-0766; Kinetik d. Rk. v. Permanganat- mit Chloridionen 45-0632; Rk. mit Ilmenit 23-2138*; Kinetik d. Chlorier. v. Fe_2O_3 mit Cl_2 28-2371; Ox. v. Co^{2+} mit durchgeleitetem Cl_2 u. Neutralisat. d. gebildeten Säure mit Na_2CO_3 25-0694; Kinetik d. Substitut. v. Thiosulfat in $[Co(NH_3)_5(S_2O_3)]^+$ durch Cl^- 34-0687; Rk. v. — u. $AgN(SO_2F)_2$ (Bldg. v. $ClN(SO_2F)_2$) 24-0743; Komplexbldg. zwischen Pd(II) u. EDTA in Cl^--halt. Medium 48-1916; Geschw. d. ^{36}Cl-Isotopenaustauschs an $[Ir(NH_3)_5Cl]^{2+}$ u. $[Rh(NH_3)_5Cl]^{2+}$ 14-0763; Chlorier. v. Rh mit — 26-0785; Kinetik u. Mechanismus d. Rk. d. Chloridions mit d. Hexaquorhodium(III)-Ion in saurer wss. Lsg. unter Bldg. v. $[RhCl_2(H_2O)_4]^+$ 41-0660; Geschw. d. Substitut. v. Br^- in $K_2[IrBr_6]$ u. $K_2[OsBr_6]$ durch Cl^- 41-0661; Abspalt. v. Cl^- bei d. Aquotisier. v. $[PtCl_6]^{2-}$ 32-0579.

Zur Kenntnis d. Prod. d. gemeinsamen Einw. v. Schwefeldioxid u. Cl auf aliphat. KW-Stoffe im UV-Licht 23-0973; Rk. v. Acetylen mit — u. W. 37-1002; Behandl. v. Polyolefinformkörpern mit — 40-3202*; Rk.: einiger Chromene u. Naphthopyrane mit — 14-1141; mit Tetraphenylfuran 20-1052; Wrkg. v. — auf 3.4-Benzpyren bei d. Chlorier. v. W. 51/52-2055; Rk.: mit 10-Jod-9.9′-biphenanthryl 26-1071; Kinetik d. photochem. Chlorier. v. 1.1-Difluoräthylen 32-0994; Rk. mit 2-Diazoperfluorpropan 11-1035; Kinetik d. Austauschrk. v. Cl^- gegen SCN^- u. N_3^- am trans- u. cis-Chloronitro-bis-[äthylendiamin]-kobalt(III)-Ion u. trans-Dichloro-[äthylendiamin]-kobalt(II)-Ion in Methanol u. A. 13-0723; Kinetik u. Mechanismus d. Substitut. v. Cl^- durch H_2O in Chloro-n-propylamin- u. Chloroisopropylamin-bis-[äthylendiamin]-kobalt(III)-Kationen 16-0648; direkte Substitut. d. Nitrogruppe in aromat. Nitroverb. durch Cl 16-0927; log K-, ΔH^0-, ΔG^0- u. ΔS^0-Werte für d. schrittweisen Ersatz v. Cl^- in $HgCl_2$ durch Äthylendiamin, Glycinat-Ion u. Methylamin bei *25°* 19-0585; Trenn. v. $[Pt(en)(Py.)Cl(NH_3)Cl]Cl_2$ in d. Spiegelisomeren u. Unters. ihrer Chloramidier. mit — 21-0811; ^{36}Cl-Isotopenaustausch in festen Co- u. Rh-Dihalogeno-bis-[äthylendiamin]-halogeniden u. d. Einfl. v. Röntgen- u. γ-Strahlen 23-0706; Rk. v. langkett. Alkylaminen mit — 33-1047; Mechanismus d. Ersatzes heterocycl. Amine aus einigen Trichloroamingold-Komplexen durch Cl^- 44-0658; Rk.: v. Alkoholen mit — u. PCl_3 23-2551*; mit tert.-Butylalkohol 49/50-2369*; mit Trifluormethylmercapto - bis - [trifluormethyl]-amidoquecksilber 5-0778; Einw. v. — auf 5-Aryl-1.2-dithiolthione-(3) 6-1050; Rk. mit Dimethylsulfid- bzw. Dimethylsulfoxid-$SbCl_5$-Addukt 27-1001; Substitut.-Geschw. v. Cl^- in $\{Pt(hal)[(C_6H_5C_6H_4AsC_6H_5)_3As]\}^+$ 14-0765; Substitut.-Geschw. v. Cl^- in trans-$[Pt(C_5H_{11}N) \cdot P(C_2H_5)_3Cl_2]$ durch Br, J, SCN, SeCN, $NH_2 \cdot CSNH_2$ 14-0764; sek. kinet. H–D-Isotopeneffekt bei Substitut. d. Cl^- in trans-$\{PtH[P \cdot (C_2H_5)_3]_2Cl\}$ durch Py. 26-0689; Substitut. d. Cl-Atome in trans-$[PtCl_2\{(C_2H_5)_3P\}_2]$ bzw. trans-$[PtCl_2(Piperidin)_2]$ durch $^{36}Cl^-$ 26-0690; Monohalogenidersetz. in trans-$\{Pt[P(C_2H_5)_3]_2Cl_2\}$ durch Cl^- 28-0633; Addit. v. — an Tris-[dimethylamino]-phosphin 31-0715; stereochem. Unters. d. Rk. v. (—)-α-Naphthylphenylmethylsilan mit — u. Pyrrolidin u. Rk. d. entstandenen Prod. mit $LiAlH_4$, $NaNH_2$, NaH, C_4H_9Li, iso-$C_4H_9NH_2$ u. einem H_3O^+/H_2O-Gemisch 23-0721; Rk. mit Acetylenmetallcarbonylen 9-2756*; Kinetik d. Substitut. v. Cl^- in $(C_5H_5)_2TiCl_2$ durch SCN^- in Aceton 16-0643; geringe Komplexbldg. d. Ferriciniumions mit Cl^--Ionen 19-0540; Rk. mit sulfonyliminodithiokohlensauren Salzen 44-2520*; Photolyse v. Hexafluoraceton mit — (Kinetik) 1:1019; Rk.: mit 2-Mercapto-5-n-propyl-7-methyl-symm.-triazolo-[2.3:c]-pyrimidin 2-1156; mit o-[Selenocyanato]-thiobenzoesäure-S-phenylester 19-1058; mit Aryläthylenphosphoramiden 18-0993; mit Gluconsäurehydrazid in Ggw. v. HCl 15-1094; v. Büffelmilch mit wss. —-Lsg. 44-3078.

Indukt.-Periode d. chloridkatalysierten Zers. v. Ammoniumnitrat 3-0713; —-Korros. bei d. Erzeug. u. Weiterverarbeit. v. LURGI-Druckvergas.-Gas aus Steinkohle 18-2547; Deut. d. Chloridionenkatalyse bei d. Austauschrk. Tl(I)–Tl(III) 40-0644; katalyt. Einfl. v. Cl^- auf d. Red. v. Pu(IV) mit U(IV) 47-0629.

Durch —-Atome initiierte Polymerisat. v. Tetrafluoräthylen 1-1188; Bind. v. Indolanalogen an entfettetes Humanserum-Albumin bei verschiedenen Chloridkonz. 9-1609; Reformieren v. Schwerbenzin an einem aus Pt u. — bestehenden Katalysator 15-2812*; Einfl.: v. Chlorid auf durch Wärme wiederhergestelltes Kollagen 16-1405; v. koordiniertem Cl^- auf d. Dissoziat.-Geschw. v. 1.2-Diaminocyclohexantetraacetatomercurat(II) 24-0700; durch Rk. v. Al-Alkylen mit — initiierte Tieftemp.-Polymerisat. v. Vinylverb. 24-1182; Einfl. v. Cl^-: auf d. Kinetik d. Nitrosier. sek. aromat. Amine 25-0993; auf d. Geschw. d. Ox. v. Äthylen durch Pd-Chlorid in wss. Lsg. 29-0924; Pyrolyse v. Äthylenchlorid in Ggw. v. — 42-2481*; Geschw. u. Mechanismen: d. Substitut. v. Acetylaceton in Acetylacetonatonickel(II)-Komplexen (Einfl. v. Cl^- auf d. Aquotisier.-Geschw. d. Ni-Komplexes) 42-0623; d. Hydrolyserk. v. $VO(acac)_2$ u. $Be(acac)_2$ (acac = Acetylaceton) (Einfl. v. Cl^- auf d. Hydrolysegeschw.) 42-0624; therm. Zers. v. Benzolhexachlorid in Ggw. v. — 44-2494; durch Licht katalysierte Ox. v. Stärke mit wss. — 48-1079.

Biochemisches und physiologisches Verhalten

Rolle v. Cl^- bei d. Mitochondrienschwell. u. -kontrakt. 27-1190; Bind.-Stellen v. Cl^- auf isolierten Kutikularmembranoberflächen 49/50-1335; Permeabilität d. Mitochondrienmembran für Cl^- in Zusammenhang mit d. Verteil. v. Enzymen in Zellen 32-1232; Einfl. v. Cl^-: auf d. Aktivität v. Triosephosphatisomerase v. Erbsensamen 2-1357; auf Saliva-α-Amylasen 3-1335; auf d. Kohlensäureanhydrase aus Erythrozyten 4-1346; Hemm. v. Monoaminoxydase durch Cl^- 6-1253; Einfl. v. Cl^-: auf d. Aktivität d. Chlorperoxydase aus Caldariomyces fumago 8-1366; auf d. Phosphoglucomutase-Syst. 16-1266; auf d. saure Hefephosphatase 16-1294; Aktivier. d. Formyltetrahydrofolat-Synthetase durch Cl^- 19-1345; Einfl.: v. Cl^- auf d. decarboxylierende Malatdehydrogenase aus Mycobacterium 23-1251; v. pH u. Chlorid auf d. Peroxydasewrkg. v. Cytochrom c 24-1286; Hybridität v. Milchsäuredehydrogenasen in vitro in Ggw. v. Na-Phosphat mit Cl^- 24-1292; Einfl. v. Cl^- auf d. Kälteinaktivier. d. ATPase in d. Mitochondrien 32-1414; Hemmwrkg. v. Cl^- auf die d. Austausch zwischen Orthophosphat u. terminalem Phosphat v. Nucleosiddiphosphaten katalysierende ADP-Sulfurylase d. Hefe 34-1337; Einfl. v. Cl^-: auf d. Ox. v. Malat durch FAD-gebundene Äpfelsäuredehydrogenase 40-1261; auf Glutaminase v. Schweineniere 42-1242; auf Glutaminsäuredecarboxylase aus Kalbshirnrinde 42-1246; auf d. Co-Carbonatanhydrase d. Rindes 42-1250; Hemm. d. Asparagat-Transcarbamylase aus E. coli durch Cl^- 43-1177; Einfl. v. Cl^-: auf d. durch Alkalikationen aktivierte AMP-Desaminase d. menschl. Erythrozyten 43-1199; auf d. enzymat. Spalt. d. C–F-Bind. im Fluoracetat 48-1226; auf d. ATPase-Aktivität v. Actomyosin 49/50-1225.

Einfl. auf d. Wrkg. transformierender DNS gegenüber f_2-Phagen 12-1265; Stimulier. d.

Bldg. v. Schleim-Polysacchariden bei Enterobacteriaceae durch Cl^- 20-1372; Wrkg. auf einige biolog. Eig. v. Vibrio cholerae 28-1408; Abschwäch. d. keimtötenden Wirksamk. v. gasförm. — durch neutrale Alkalisalze 36-1667.

Hemm. d. Cl^--Aufnahme in Pflanzenwurzeln durch Oligomycin 4-1430; Determinier. d. Resorpt. v. Cl^- durch Gatt. u. Art d. Pflanzen (Einfl. d. Lokalisat. d. N-Stoffwechsels) 11-1444; Chloridresorpt. durch Gerstenwurzeln 13-1515; Beeinfluss. d. Chloridaufnahme v. Hordeum vulgare durch Hemmstoffe, Transpirat. u. Nährstoffzus. d. Mediums 13-1516; Chloridaufnahme sowie Verteil. in d. Pflanze während d. Ontogenese v. Hordeum vulgare 13-1518; Komplexität d. Chlorid-Resorpt.-Isotherme im Pflanzengewebe 15-1423; ^{36}Cl-Aufnahme durch d. Wurzelsyst. d. Sonnenblume 17-1422; ATP-Einfl. auf d. Aufnahme v. ^{36}Cl bei Scheiben v. Roten Rüben 35-1436; Resorpt. v. Chlorid durch Gerstenwurzeln 41-1419; Einfl.: v. Ca auf d. Aufnahme v. — durch d. Wurzelsyst. d. Weizens 51/52-1291; v. Harnstoff auf d. Cl^--Penetrat. durch isolierte Kutikularmembranen u. d. Cl^--Aufnahme durch Blattzellen 7-1528; Chloridregulat. in d. einzelnen Organen v. Hordeum vulgare während d. Behandl. mit NaCl 13-1517; akt. Transport v. Cl^- durch Wurzeln v. Ricinus communis 14-1511; vergleichende Unters. d. Verschwindens v. ^{36}Cl u. ^{32}P aus d. Bast v. Tradescantia viridis 20-1415; Chloridaufnahme u. -transport in Wurzeln mit verschiedenem Cl^--Geh. 25-1410; — als phytotox. Luftverunreinig.-Stoff 19-1462; Einfl. v. Cl^- auf Wachstum, Resorpt.-Fähigk. u. synthetisierende Tätigk. d. Wurzelsyst. 33-1471; photochem. Aktivität d. isolierten Chloroplasten v. durch — vergifteten Kartoffelpflanzen 33-1477.

Resorpt. u. Sekret. v. ^{36}Cl im Magen d. Kälber v. Milchkühen 7-1703; Rückresorpt. v. Bromid im Vgl. zu Chlorid durch d. Nierentubuli 15-1570; renale Tubulusrückresorpt. v. Jodid im Vgl. zu Chlorid 33-1664; Resorpt. u. Elut. v. — im menschl. Haar 36-1461; Einfl.: v. Angiotensin II auf d. renale Rückresorpt. v. Cl^- bei normotensiven Personen 49/50-1403; v. Diisopropylfluorphosphat auf d. Cl^--Transport in d. Magenschleimhaut 2-1623; einiger Metallionen auf d. Chloridpermeabilität d. Froschskelettmuskels 3-1601; v. Merallurid auf d. Transport v. Chlorid im distalen Nephron 10-1767; v. Aldosteron auf d. Cl^--Retent. d. gesunden Menschen 11-1520; akt. Chloridtransport durch d. Kornea 16-1569; Permeabilität im Bereich d. Hornhaut d. Kröte Bufo 22-1371; Wrkg. v. Bendroflumethiazid auf d. Transport v. Chlorid im distalen Bereich d. Nephrons 22-1649; Mechanismus d. Chloridaufnahme durch d. Kiemen d. Süßwasserfisches Carassius auratus (Hinweise auf einen NH_4^+/Na^+- u. einen HCO_3^-/Cl^--Austausch) 26-1605; Nieren-Hämodynamik u. Verh. v. Cl^- nach einmal. Verabreich. v. 2-[2.6-Dichlorphenylamino]-Δ^2-imidazolinhydrochlorid 30-1676; Wrkg. v. Amphotericin B auf d. Permeabilität d. Krötenharnblase gegenüber Cl^- 33-1667; Änder. d. Chloridhaushaltes in Herz- u. Skelettmuskulatur v. Katzen bei spätem hämorrhag. Schock 40-1580; Chloridpermeabilität durch isolierte Rinderherzmitochondrien 44-1197; Wrkg. v. Noradrenalin auf d. Permeabilität d. depolarisierten glatten Darmmuskels für Cl^- 47-1421; Hemm. d. Chloridmembrandurchlässigk. durch Cu bei d. Molluskenneuron 48-1506; Einfl.: v. Xanthinen u. Histamin in Chloridlsg. auf d. Ionentransport u. d. Atmung d. Magenschleimhaut d. Frosches 3-1523; v. Chlorid auf d. Aminosäurenbldg. durch Rattenlebermitochondrien u. a. subzellulare Frakt. 4-1195; Stimulat. dreier Rezeptoren d. chemosensiblen labellaren Haare v. Calliphora erythrocephala Mg. durch Cl^- 7-1752; Wrkg. v. Chloriden auf d. Fluoridaufnahme durch intakte menschl. Zahnschmelzflächen in vitro 10-1769; Schwank bei d. atmungsgebundenen Wander. v. Ca^{2+} u. H^+ in Rattenlebermitochondrien in einem Cl^--halt. Medium 16-1160; Einfl. auf Muskelinsulinrk. 16-1486; Wrkg. v. γ-Aminobuttersäure auf d. Permeabilität d. praesynapt. Endes d. neuromuskulären Verb. d. Krebses während synapt. Hemm. in Ggw. v. Cl^- 23-1616; Depolarisat. d. Froschskelettmuskels in Ca-freien Ringer-Lsg. bei wechselnden Na^+-, K^+- u. Cl^--Konz. d. Mediums 24-1636; Einfl. v. Cl^- auf Struktur u. Spektrum v. Hämerythrin 27-1521; langsame Rk. d. Nervenfaser d. Krustazeen in einem chloridfreien Medium 28-1646; Dissoziat. v. adultem Mäuselebergewebe durch Cl^- 30-1561; Einfl. v. Cl^-: auf d. Pankreassekret. in vitro 35-1537; auf d. Solvenaffinität u. Oberflächen-anästhet. Wrkg. v. Dibucain 39-1618.

Vergift. durch —-Dämpfe 27-1755; höchstzuläss. Konz. im Trinkwasser 48-2129; Wrkg. v. Oligomycin u. einigen Nitrophenolen auf d. —-Sekret. durch d. Magenschleimhaut d. Frosches 33-1637; Bezieh. zwischen d. Synth. v. Histamin im Magen u. d. Magensäurehypersekret. nach portakavalem Shunt 34-1535; Einfl. einiger Anästhetika auf d. pharmakolog. angeregte —-Sekret. d. Magens bei d. Ratte 46-1607.

Technische Verwendung

Aufbewahr. v. Hg in chem. Labor. unter —-halt. W. 18-1909; Verw.: eines —-Luftstroms zur Verflüchtig. v. Ir aus sd. Perchlorsäure 29-2042; zur Entkeim. v. W. (kombiniertes Verf. mit O_3) 16-2112*; Entkeimen v. Abwasser durch — 32-2187*; Verw. zur W.-Aufbereit. 40-2054; Chloren d. CNS-halt. W. (Unters. d. Rk. u. Best. d. Rk.-Prod.) 40-2055; unterschwell. Chlorier. im Zulauf einer städt. Kläranlage 42-2027; Verw. zur Herst. v. Trinkwasser aus Rohwasser 48-2143*; Zukunft d. W.-Chlorier. 51/52-2053; Verw.: zur Herst. v. $SiCl_4$ im Fließbett 17-2193*; zur Gewinn. v. Cl_2O 46-2107; Herst. v. wasserfreiem $AlCl_3$ durch Umsetz. v. Al mit — 47-2029; aktivierte Sinter. unter Verw. v. — (Überblick) 16-2309; Entgasen v. Mg-Leg.-Schmelze im —-Strom 23-2395*; Chlorier. v. Erzen schwerschmelzbarer Metalle im —-Gasstrom 24-2506*; Chlorieren v. Fe-Erzen mit — u. Kohle 25-2254*; Raffinat. v. Al-Schmelzen mittels —-Gas 32-2374; Regenerier. v. Al-Pt-Reformier.-Katalysatoren durch — 30-2611; Bewert. v. Tomatenprod. an Hand d. Cl^--Geh. 9-3401; mikrobiolog. Überwach. in Brauereien durch Anwend. v. — (Übersicht) 44-3106; Chlorieren v. Pelzfellen mit — 9-3447*.

Analyse, Prüfverfahren

Argentometr. Best. unter Anwend. asymm. Phthaleine d. 2-Acetyl-3.4.5.6-tetrachlorbenzoesäure als Adsorpt.-Indikatoren 2-1945; automat.-potentiometr. Titrat. v. Chlorid mit Hg(II)-nitrat 2-2029; Best.: v. Cl^- (Unopette®-Syst. im klin. Labor.) 2-2098; v. Cl^- durch „potential scan"-Coulometrie 9-2033; Best.: nach Wurzschmitt 12-1720; zur coulometr. Best. v. Cl_2 18-1944; Titrat.-Fehler bei d. Best. v. Chlorid nach Fajans 25-1765; Best. v. Cl^- nach d. Ringofentitrat.-Meth. 25-1766; Verbrenn.-Verf. im O-Kolben zur Best. v. — 25-1802; indirekte Best. v. ClO_4^- nach Red. zu Cl^- 29-2010; Küvetten für d. IR-spektrometr. Analyse v. fl. — 30-1970; mercurimetr. u. argentometr. Titrat. v. Cl^- 37-1795; Cl_2-Best. mit d. Anfärbetechnik u. Berechn. d. Reaktivitätsverhältnisses r_1 d. Polymerisat. 40-1112; Neutronenabsorpt.-Analyse v. Cl^- 40-1840; Best.: durch Neutronenbestrahl. 40-1841; kleiner —-Mengen durch Röntgenfluoreszenzspektroskopie 40-1933; gaschromatograph. Best. mit hochselektivem Halogendetektor 41-1912; flammenphotometr. Best. v. Cl_2 über d. Bandenemiss. v. InCl 41-1926; Nachw. geringer Cl-36-Aktivität mit Fl.-Szintillat.-Meth. 43-1815; Unters. v. Cl^- nach d. JPDR-Verf. 51/52-1800.

Best.: v. Cl_2 in Abwässern 1-2150; v. — in Steinmeteoriten durch Neutronen-Aktivier.-Analyse 2-0779; Computer-Programme für d. Neutronenaktivier.-Analyse v. Cl in Schmierölen 2-2131; Best. d. Chloridgeh. in Fleisch- u. Hefeextrakten u. in Brüherzeugnissen 2-2146; Analyse v. Gasgemischen mit Cl_2 an Hand d. Beweglichk. v. Li-Ionen 4-1850; Best. v. Cl_2-ClO_2 u. $NaClO_2$ nebeneinander 4-1969; amperometr. Titrat. v. in W. gelöstem Cl 5-2064; Testsubstanzen für d. Mikrobest. in organ. Verb. 5-2110; neutronenaktivier.-analyt. Best. in As 8-2005; Best. v. Cl^- durch dünnschichtchromatograph. Fäll. mit $AgNO_3$ 9-2081; nephelometr. Schnellbest. v. Cl in Urantetrafluorid 9-2095; Titrat.-Fehler bei d. Chloridbest. in Meerwasser 9-2110; Feldnachw. in Mineralien 10-2113; Mikrobest. v. Spurenmengen organ. Chloride durch Verbrenn.: u. Mikrocoulometrie (Anwend. auf niedr.-sd. Fl.) 15-2032; u. direkte coulometr. Titrat. in einer modifizierten O-Flasche 15-2033; radiometr. Best. v. — in Lsg. 17-1969; maßanalyt. Mikrobest. v. Cl^- im Harn 17-2061; Best.: in wasserfreiem Titantrichlorid 18-2000; v. Chlorid in ppm-Bereich in Elektrolytfl. 18-2084; Beschleunig. d. Best. d. Cl-Geh. im Zusatz ZIATIM-*339* 19-2094; Chloridbest. in Serum u. Harn durch eine modifizierte Quecksilberrhodanid-Meth. 20-1968; Best. in getrocknetem Blutplasma durch Massenspektrometrie mit Funkenanreg. 22-1964; Mikrobest. v. Cl^- in Ta, Zr, Ti u. U-Oxidkonzentrat mit p-Dimethylaminobenzylidenrhodanin-Testpapier 22-2007; Best. v. — in Selen durch Neutronenaktivier.-Analyse 23-1943; gaschromatograph. Analyse im Syst. —, NOCl, NO_2Cl, NO_2 24-1925; Best.: v. Cl^- in Blutserum mit einem automat. Analysengerät 27-2065; in d. klin. Analyse (automat.) 27-2066; in Punktat.-Proben v. Muskeln durch Neutronen-Aktivier.-Analyse 28-2053; chem. Nachw. v. Cl^--Teilchen in natürl. industriellen Aerosolen 28-2061; flammenphotometr. Cl^--Best. in Wein 29-2124; extrakt.-fluorimetr. Best. v. Cl^- 30-1918; Anwend. d. Dünnschichtchromatographie auf d. Best. d. totalen u. d. labilen — in handelsübl. Misch. v. HCH u. DDT 32-2089; Best.: in Terphenylen durch Aktivier. 33-1991; v. Cl-Spuren in Ti (polarograph.) 34-2053; Mikrobest. in hochhalogenierten organ. Verb. 36-1940; photometr. Cl^--Best. in biolog. Material 36-1963; Verbrenn. v. Geweben für d. —-Analyse 36-1970; gravimetr. Best. d. Gesamtchlors in Toluylendiisocyanat 37-1937; Anwend. d. Chronopotentiometrie mit Stromunterbrech. am Syst. Fe(II)/Cl^- zur quant. Analyse 38-1891; Abtrenn. v. Cl^- durch Dünnschichtchromatographie 39-1888; Best. als Schmierölzusatz durch 14-MeV-Neutronen-Aktivier. 40-1949; Hypo-Zahl; Cl-Zahl v. Papier unter Verw. v. Natriumhypochloritlsg. 40-1960; quant. Best. v. Cl^- neben J^- durch fraktionierte Fäll. 41-1928; flammenspektrophotometr. Meth. zur Serum-Chlorid-Best. mit d. Ag-Linie *338,3* nm 43-1848; Best.: v. Cl^- in d. Dampfkesselflugasche bei d. Gewinn. v. V_2O_5 44-1924; v. — in Verbrenn.-Rückständen v. Kraftfahrzeugen 44-1938; v. Chloridionen in Zellstoff u. Papier 45-1956; Schnellmeth. zur Best. im Tabak u. im W. v. Bewässer.-Anlagen 46-1997; neutronenaktivier.-analyt. Best. v. — in As u. GaAs 47-1826; Chloridbest. in Eindickersolen durch Hochfrequenztitrat. 48-1965; quant. Best. v. — u. S u. ihre gleichzeit. Best. in organ. Stoffen 49/50-1804; photometr. Mikrobest. in W. 49/50-1848.

Einfl. v. Chloridionen auf d. Rk. v. Diphenylamin mit DNS 13-2140; spezif. Best. v. Ozon im W. in Ggw. v. — 26-2057; Einfl.: v. Cl_2 in Ggw. v. Na auf d. Heißextrakt. v. Mg- u. AlMg-Leg. zur H-Best. durch Entgasen 27-2426; v. Cl^- auf d. Leuchtkäfer-Biolumineszenzbest. v. ATP aus roten Blutzellen 43-1844; direkte potentiometr. Titrat. v. ClO_2^- in Ggw. v. Cl^- 51/52-1823.

Verw.: zum Aufschluß v. Ca-halt. Zirkon 18-2001; zum Nachw. v. Phenolen mit o-Tolidin-Reagenz 18-2035; coulometr. Titrat. v. Fe(II) mit Cl_2 21-2050; Landolt-Syst. ClO_3^-–Cl^-–Sn(II) zum Nachw. u. zur Best. katalyt. wirksamer Spurenelemente 26-2091.

Geolog. Alterbest. mit ^{36}Cl 33-0816.

Bibliographie

Anwendung von Chlor in der Metallurgie der seltenen Metalle und Buntmetalle [russ.] B 39; Produktion von Chlor und kaustischer Soda. Handbuch [russ.] B 47; Tabellen der Spektrallinien neutraler und inonisierter Atome (Cl u. a.) [russ.] B 58; Herstellung von Chlor, kaustischer Soda und Wasserstoff [russ.] B 86.

Chlorsauerstoffsäuren

HClO, Hypochlorige Säure

Elektronenkonfig., Mol.-Polarisierbark. mittlere Schwing.-Amplituden u. thermodynam. Funkt. v. — 26-0112; Einfl. v. ClO^- auf d. stationäre Bi-Elektrode u. rotierende Elektrode mit kontinuierl. Wiederherst. d. Bi-Oberfläche durch Abwischen 25-0586; Glimmentlad.-Elektrolyse alkal. Hypochloritlsg. 35-0579; Säuredissoziat.-Konst. v. — 41-0575.

Stöchiometrie d. Rk. zwischen Cr(II) u. ClO_3^-, ClO_2, ClO_2^-, ClO^- u. Cl_2 in wss. $HClO_4$ unter Bldg. v. $[Cr(H_2O)_6]^{3+}$ u. $[Cr(H_2O)_5Cl]^{2+}$ 7-0686; Kinetik d. Rk. zwischen Cr^{2+} u. ClO_2, ClO_2^-, ClO^-, Cl_2 als Ox.-Mittel in wss. $HClO_4$ 7-0687; thermodynam. Daten für Rk. v. H_2O_2 mit ClO^- in wss. Lsg. 17-0561; katalyt. Umsetz. v. OCl^- in Cl^- 39-2074*; Rk. v. — mit Allylhalogeniden (Stör. durch Ag-Ionen) 19-1031; lichtkatalysierte Rk. zwischen Hypochlorit u. organ. Verb. (Abbau v. oberflächenakt. Stoffen) 51/52-2078.

Herst. v. hellfarb. Sulfofettsäuren, deren Estern u. Nitrilen mit Hilfe v. — 17-2574*.

Verw. zur Best. v. NH_3 im Blut 18-2062; reversible Indikatoren für Titrat. mit ClO^- 38-1882.

Salze (**Hypochlorite**)

Alkalimetall-, *Barium-*, *Calcium-*, *Kalium-*, *Kupfer-*, *Lithium-*, *Natrium-* u. *Silicium-hypochlorit* s. dort.

Ester, Zers. v. tert. Alkylhypochloriten 23-1107.

$HClO_2$. Chlorige Säure

Glimmentlad.-Elektrolyse alkal. Chloritlsg. 35-0579; thermodynam. Charakteristik v. Gleichgew. in Lsg. v. ClO_2 u. ClO_2^- bei verschiedenen Temp. 40-0556; polarograph. Strom/Zeit-Mess. in ClO_2^--Lsg. 45-0584; Polarographie v. ClO_2^- 48-0575.

Kinetik u. Mechanismus d. Red. v. Chlorit mit Jodid 5-0716; Kinetik d. Rk. zwischen Cr^{2+} u. ClO_2, ClO_2^-, ClO^-, Cl_2 als Ox.-Mittel in wss. $HClO_4$ 7-0687; Stöchiometrie d. Rk. zwischen Cr(II) u. ClO_3^-, ClO_2, ClO_2^-, ClO^- u. Cl_2 in wss. $HClO_4$ unter Bldg. v. $[Cr(H_2O)_6]^{3+}$ u. $[Cr(H_2O)_5Cl]^{2+}$ 7-0686.

Herst. v. hellfarb. Sulfofettsäuren, deren Estern u. Nitrilen mit Hilfe v. – 17-2574*.

Dünnschichtchromatograph. Abtrenn. u. Best. v. ClO_2^- 5-2065; direkte potentiometr. Titrat. v. ClO_2^- in Ggw. v. Chlorat, Chlordioxid u. Chlorid 51/52-1823.

Salze (**Chlorite**)

Lanthan- u. *Natriumchlorite* s. dort.

Chloritherst., Eig. u. Verw. 12-3032; Löslichk. v. Chloriten in wss. Salzsyst. 14-0624, 14-0625.

$HClO_3$. Chlorsäure

Radiolyse wss. $HClO_4$-Lsg. durch ^{60}Co-γ-Strahlen unter Bldg. v. ClO_3^- u. Cl^- 18-0668; Bldg. v. ClO_3^-: bei d. Glimmentlad.-Elektrolyse alkal. Chloritlsg. 35-0579; bei d. Ox. v. Chloridionen an Pt in schwefelsauren Lsg. 47-0578; Verw. v. Pt-Kathoden zur anod. Ox. v. Cl^- zu ClO_3^- 49/50-0590.

IR-Spektren v. festen Lsg. v. ClO_3^- in KJ- u. KBr-Gittern 6-0135; spezif. Adsorpt. v. ClO_3^- in d. elektr. Doppelschicht 7-0635; Einfl. v. ClO_3^- als Anion d. Trägerelektrolyten auf d. elektrochem. Doppelschicht u. Kinetik v. Elektrodenrk. 8-0627; Äquivalentleitfähigk. bei unendl. Verdünn. v. ClO_3^- in wss. Lsg. 10-0605; Verh. d. Hg-Tropf- u. Pt-Elektrode in – 10-0629; Vgl. v. nach verschiedenen thermodynam. Meth. ber. Standardelektrodenpotentialen d. Syst. $ClO_4^- + 2\,H^+ + 2\,e^- \rightarrow ClO_3^- + H_2O$ 24-0603; kathod. u. anod. Leist.-Verluste bei d. Chloratelektrolyse 15-0655; Bldg.-Konst., elektr. Leitfähigk., Brech.-Index u. Viskosität in d. Syst. v. Essigsäure mit – 16-0504; zirkularpapierchromatograph. Verh., R_F-Wert v. ClO_3^- 22-1895.

Kein H-Atomeinfang durch ClO_3^--Ionen bei d. ^{60}Co-γ-Radiolyse d. eingefrorenen wss. Lsg. 3-0739; Stöchiometrie d. Rk. zwischen Cr(II) u. ClO_3^-, ClO_2, ClO_2^-, ClO^- u. Cl_2 in wss. $HClO_4$ unter Bldg. v. $[Cr(H_2O)_6]^{3+}$ u. $[Cr(H_2O)_5Cl]^{2+}$ 7-0686; Geschw.-Konst. u. Temp.-Koeff. d. Rk. v. durch Elektronenpulsradiolyse erzeugten hydratisierten Elektronen mit ClO_3^- in wss. Lsg. 23-0701; Kinetik d. Ox. v. anorgan. Pt(II)-Komplexen durch ClO_3^- 24-0701; Polymerisat. v. Acrylnitril mit anderen copolymerisierbaren Verb. in Ggw. eines Redoxkatalysators aus ClO_3-Ionen u. schwefl. u. hydroschwefl. Säure sowie Allylsulfonsäure 6-2941*; Mechanismus d. H_2O_2-Zers. in Ggw. v. ClO_3^- mit Hilfe v. ^{18}O-markiertem H_2O_2 17-0724; Mechanismus d. katalyt. Ox. v. p-Phenetidin u. einiger Phenole mit Chlorat in Ggw. v. V(V) als Katalysator 26-2129; Kinetik d. katalyt. Ox. v. p-Phenetidin mit Chlorat 26-2130.

Einfl. v. ClO_3^-: auf Moos–Oxalsäure-Oxydase 15-1260; auf d. Indukt. v. Nitratreduktase u. Nitritreduktase bei Bacillus cereus 27-1247; Mechanismus d. Chlorattoxizität bei Weizen 18-1428; Einfl. v. ClO_3^- auf d. J-Stoffwechsel d. Schilddrüse 39-1433.

Herst. v. hellfarb. Sulfofettsäuren, deren Estern u. Nitrilen mit Hilfe v. – 17-2574*.

Mikronachw. v. ClO_3^- 47-1864; reduktometr. Chloratbest. 4-1876; potentiometr. Chloratbest. mit Arsenit 39-1890; dünnschichtchromatograph. Abtrenn. u. Best. v. ClO_3^- 5-2065; photometr. Best. v. Pt-Spuren in Elektrolyten für d. Chloratelektrolyse 9-2101; polarograph. Best. v. Tetracen u. Nitroresorcinaten in beide Stoffe enthaltenden Zündhütchen in Ggw. v. – 15-2133; Ionenwrkg. auf d. Leuchtkäfer-Biolumineszenzbest. v. ATP aus roten Blutzellen 43-1844; Einfl. v. ClO_3^- auf d. photometr. Best. d. Pt-Metalle mit Nitroso-R-Salz 46-1872; direkte potentiometr. Titrat. v. ClO_2^- in Ggw. v. ClO_3^- 51/52-1823; Landolt-Syst. ClO_3^-–Cl^-–Sn(II) zum Nachw. u. zur Best. katalyt. wirksamer Spurenelemente 26-2091.

Bibl.: Chemie der wasserfreien Chlorsäure [russ.] B 7.

Salze (**Chlorate**)

Alkalimetall-*, *Aluminium-*, *Ammonium-*, *Barium-*, *Blei-*, *Calcium-*, *Erdalkalimetall-*, *Kalium-*, *Kobalt-*, *Kupfer-*, *Lithium-*, *Magnesium-*, *Natrium-*, *Quecksilber-* u. *Strontiumchlorate s. dort.

Anwend. v. PbO_2-Anoden auf Graphitunterlagen bei d. Gewinn. v. Chloraten 37-2006; Bldg. v. Chloraten bei ihrer elektrochem. Darst. 49/50-0560; effektive Atomlad. v. Cl in Chloraten 36-0112; Quadrupolrelaxat. in d. Reihe d. Chlorate mit *1*- u. *2*wert. Kationen 10-0374; Wechselstrompolarographie bei d. katalyt. Red. v. Ti(IV) zu Ti(III) in Ggw. v. Chlorat 14-0708; Anwend. d. Chlorat–BSB-Meth. zur Ermittl. v. Abwasserkonz. 40-2066.

Bibl.: Untersuchung der Chlorate und Chromate der Elemente der ersten Gruppe des Periodensystems [russ.] B 35.

$HClO_4$. Perchlorsäure

Berichte über – 9-0747; Handhab. v. – in Labor. u. Abzügen 10-1964; Werkstoffe für d. gefahrlosen Umgang (korrosive u. explosive Eig. v. –) 48-2192; Perchlorsäure u. ihre Verb. als Katalysatoren in d. organ. Synth. 35-1089; elektrolyt. Bldg. v. – (Isotopenunters. d. Mechanismus) 11-0653; Bldg. bei d. therm. Zers. v. $[VO(H_2O)_5](ClO_4)_2$ 17-0804.

IR-Spektren v. festen Lsg. v. ClO_4^- in KJ- u. KBr-Gittern 6-0135; Verbreiter. v. Raman-Linien u. Geschw. d. Protonenübertrag. in – 19-0615; Valenzschwing.-Frequenzen d. an ClO_4^- gebundenen W.-Mol. 23-0154; IR-Spektren v. ClO_4^- 31-0160; mittlere Schwing.-Amplituden v. – 45-0132, 48-0130; Brech.-Index wss. – 46-1837.

Faktoren, d. d. durch Elektronenemiss. bewirkten Photoströme in d. wss. Syst. N_2O–gesätt. – beeinflussen 32-0605; massenspektroskop. Unters. v. Zwischenprod. bei d. therm. Zers. v. – (Ionisat.-Potentiale) 47-0185; paramagnet. Resonanz v. Wasserstoffatomen, d. in erstarrter, bei *77* °K bestrahlter – gebildet wurden 10-0390; Verschieb. d. ESR-Spektralparameter v. atomarem Wasserstoff u. Deuterium in gefrorener – 22-0352; Elektronenspinresonanzspektrum v. in γ-bestrahltem $KClO_4$ fixiertem ClO_4 31-0405.

Aciditätsfunkt. H_0, v. – in Essigsäure/W.-Misch. 4-0576; Best. d. elektrolyt. Leitfähigk. v. – in *60* %ig. wss. Essigsäure 10-0604; Dissoziat.-Konst. v. – in Nitrilen 11-0943; Best. d. ersten Auftretens nichtdissoziierter – in wss. Lsg. aus Säurefunkt.-Werten 18-0544; Unters. einer ClO_4^--Lsg. ergab: $E_0 = 0{,}4035$ V 21-0593; Mess. d. Ionenleitfähigk. v. – in wss. Saccharose-, Glycerin- u. Harnstofflsg. 29-0593; H_0-Werte als Funkt. v. aH_2O für – 33-0625; Best. d. Aktivität v. W. in konz. wss. –-Lsg. 39-0575; Acidität konz. –-Lsg. 41-0572; Unters. d. Wrkg. v. – auf d. OH-Bande d. W. durch d. Raman-Effekt 46-0573; Aktivität v. HCl im Syst. $HCl/HClO_4/H_2O$ 49/50-0555; Leitfähigk. v. – in Essigsäure/W.-Misch. 49/50-0556; pK in THF/W. 49/50-0814.

H_2-Ox. an rotierenden Pt-Scheibenelektroden in – 3-0651; stationäre Meth. zur Unters. d. geschwindigkeitsbestimmenden Vorgänge v. Fe(II)/Fe(III) u. Chinon/Hydrochinon in – 4-0603; Elektrodenkinetik v. V(III)/V(II) in – an d. unbelasteten strömenden Hg-Elektrode 4-0607; Unters. d. Dissoziat. v. HSCN u. NaSCN in – mit Hilfe einer Lsgm.-Extrakt.-Meth. 8-0618; Einfl. v. ClO_4^- als Anion d. Trägerelektrolyten auf d. elektrochem. Doppelschicht u. Kinetik v. Elektrodenrk. 8-0627; H_2-Überspann. an Fe in –-Lsg. 10-0624; Einfl. v. ClO_4^- auf d. O_2-Red. an einer Hg-Elektrode 10-0626; Mess. d. Differentialkapazität v. Elektrodendoppelschichten an d. Hg-Tropfelektrode in – 10-0644; Abnahme d. Sättig.-Werte d. Stromintegrale in d. Reihenfolge F^-, $NH_2SO_3^-$, $ClO_4^- > J^- > SCN^- > Br^-$ auf Grund d. Einfl. d. Leitelektrolyten auf d. submonoatomare Pb-Bedeck. v. Ag-Elektroden 10-0650; Einfl. d. Elektrodenvorbehandl. auf d. Red. v. O_2 an Pt in – 12-0627, 12-0628; elektrochem. Red. v. Pt-Oxiden in – 12-0629; Rk. v. Triäthylamin an Pt-Anoden in Acetonitril mit Perchlorat als Leitelektrolyt 12-0630; Eich. d. Glaselektrode in Acetonitril mit – 13-0620; Polarographie v. Se(IV) in – 15-0685; Best. d. Assoziat.-Konst. v. Ionentripletts ABC mit $B = [(C_4H_9)_4]N^+$ u. $C = ClO_4^-$ 18-0545; Einfl. v. ClO_4^- auf d. partiellen Lad.-Übergangskoeff. d. Adsorpt. v. Br^-, J^-, SCN^- u. N_3^- an Hg-Elektroden 18-0571; Bldg. v. reduzierbaren Polysulfidanionen u. -kationen S_8X^- u. S_8M^+ aus mol. S u. d. Ionen d. Grundelektrolyten [$X^- = ClO_4^-$; $M^+ = (C_4H_9)_4N^+$] 18-0670; Einfl. v. – auf d. Abscheid. v. Pb an Graphitelektroden 19-0649; Biionenpotentiale u. Membranleitfähigk. v. Anionenaustauschmembranen im Kontakt mit ClO_4^- 21-0596; Einfl. v. – auf d. Kinetik d. O_2-Entw. u. -Auflsg. an Pt-Elektroden 21-0606; Best. d. Dissoziat.-Konst. v. – in Dioxan/W.-Gemischen 23-0599; Vgl. v. nach verschiedenen thermodynam. Meth. ber. Standardelektrodenpotentialen d. Syst. $ClO_4^- + 2\,H^+ + 2\,e^- \rightarrow ClO_3^- + H_2O$ 24-0603; Zweiwertigk. d. bei anod. Auflsg. gebildeten Sn-Ionen aus Sn-Amalgam in wss. Lsg. v. – 25-0624; Beteilig. v. Oxid bei anod. Ox. v. KW-Stoffen in – 26-0599; Unters. d. Kinetik d. Elektronenübergangs im Syst. Fe(II)/V(V), Fe(III)/V(IV) in wss. Perchloratlsg. durch Polarographie an Pt-Elektroden 26-0611; Einfl. v. ClO_4^- auf d. Potentialverteil. an d. Oberfläche v. Ge-Elektroden 27-0607; Bldg.-Kinetik v. In/Bi-Leg. in – 27-0610; Einfl. v. ClO_4^- auf d. Best. d. Nullad.-Punkte v. Ga durch Differentialkapazitätsmess. in verd. Lsg. 27-0619; Mess. d. differentiellen Kapazität v. Pt-Elektroden in – 27-0621; Kinetik d. anod. O_2-Abscheid. an Graphit in ClO_4^--Lsg. 27-0625; Auflsg. v. In in ClO_4^--Ionen enthaltenden Elektrolyten an einer rotierenden, kreisförm. Ringelektrode 27-0636; chronoamperometr. Unters. d. Red. v. Hexachloroplatinat in Perchloratlsg. an Pt 28-0592; Einfl. v. ClO_4^- auf d. chronopotentiometr. Unters. d. Red. v. Chromat(VI) in Na_2CO_3-Lsg. 32-0612; katalyt. H_2-Stufe v. Ru in – 32-0614; Nullad.-Potential v. In-Amalgamen in – 33-0663; Doppelschichtkapazität v. Ag in –-Lsg. 33-0666; Einfl. v. – auf d. elektrolyt. Red. v. O_2 zum Hyperoxidion in aprot. Lsgm. 34-0622; Einfl. v. ClO_4^- auf d. Kinetik d. anod. Ox. v. Graphit 34-0626; Differentialkapazitätsmess. an – mit Hilfe d. oszillograph. Polarographie 36-0604; Einfl. v. ClO_4^- auf d. Beweglichk. v. W.-Mol. 38-0579; Struktur elektr. Doppelschichten an d. Hg-Elektrode in Ggw. v. adsorbierten ClO_4^--Ionen 38-0592; Einfl. v. – auf d. Überspann. v. H_2 an d. Hg-Tropfelektrode 39-0605; EMK-Werte v. Ketten $In/In_2(SO_4)_3 + HClO_4$/gesätt. Kalomelelektrode 40-0565; elektrolyt. Abscheid. v. Np aus $HClO_4/HCOO \cdot NH_4$-Lsg. 42-0561; Protonisier. d. Molybdations in –-Lsg. 43-0565; Mechanismus d. Umsetz. v. CO mit platiniertem Pt in – 46-0622; Einfl. v. – auf d. polarograph., kinet. kontrollierten Ströme in Syst. Peroxodisulfat, Cu(II) u. einem Agens, d. mit d. freien Sulfatradikal reagiert 48-0584.

Einfl. einer plast. Verform. auf d. anod. Auflsg. v. Fe in – 13-0652; anod. Korros. v. Ru in – 20-0596; Passivier. v. Ru in – 20-0597; Einfl. d. erhöhten H^+-Aktivität v. – durch Zugabe neutraler Salze auf d. Korros. v. Metallen 23-0623; Korros. v. Flußstahl in – mit u. ohne Ggw. v. Diamylamin, n-Decylamin u. Propargylalkohol 24-0622; Einfl. v. ClO_4^- auf d. anod. Aktivier. v. Ti in methanol. Lsg. 38-0594; elektrochem. Verh. v. Ni u. Fe in – 38-0596; Korros.- u. anod. Verh. v. – 46-0613.

Nachw. d. Existenz v. *2* allotropen Formen v. $4\,HClO_4 \cdot H_2O$ mit einem Umwandl.-Punkt $\alpha\beta$ durch Unters. d. Gleichgew.-Diagramms d. Syst. $HClO_4/H_2O$ zwischen d. Monohydrat u. d. Anhydrid 10-0567; quant. Best. d. Gleichgew.-Konst. in wasserfreier – (Best. d. Dampfdrucks über *100* %ig. –) 31-0560; Phasengleichgew., D., Dampfdruck u. Verdampf.-Enthalpie d. wasserfreien – u. ihrer wss. Lsg. 43-0534.

Grenzflächenspann. v. In-Amalgamen in – 2-0677; Einfl. v. ClO_4^- auf koll. Suspens. v. Chrysotil-Asbest 7-0651; Sorpt. v. Po durch Fluorplast-4 aus –-Lsg. 15-0724; Oberflächenspann. verd. –-Lsg. 28-0607; Adsorpt. v. ClO_4^- an Au 28-0616; Instabilitätskonst. v. Dodekawolframatophosphorsäure in –-Lsg. 29-0659; Adsorpt. v. Tc aus wss. –-Lsg. an Anionenaustauschern 40-0613; Kationenaustausch v. Ga^{3+} u. In^{3+} an KU-*2x8* in Ggw. v. – 44-0631.

Extrakt. verschiedener Mengen – aus wss. Lsg. mit Tri-n-octylamin 8-0581; Hydratat. u. Solvatat. bei d. Extrakt. v. – mit organ. Lsgm. 8-0582; Extrakt. v. U(VI) mit Bis-[2-äthylhexyl]- u. Monolaurylphosphorsäureester aus –-Lsg. 12-0563; Verw. zur Extrakt. v. Polyphosphaten aus Bäckerhefe 15-2131; Extrakt.: v. Salpetersäure durch Tri-n-butylphosphat in o-Xylol in Ggw. v. – 17-0579; v. Borsäure durch Tri-n-butylphosphat mit Alkoholen u. Äthern als organ. Phase in Ggw. v. – 17-0580; Löslichk. in d. Syst. $Cd(ClO_4)_2/NaClO_4/H_2O$ u. $Ca(ClO_4)_2/NaClO_4/H_2O$ bei *25*° u. Vgl. mit Syst., in denen – an d. Stelle v. $NaClO_4$ tritt 19-0569; Best. d. Dissoziat.-Konst., d. Grenzleitfähigk. u. d. Radien d. solvatisierten ClO_4^- in dipolaren Lsgm. 19-0734; Dissoziat.-Konst., Verteil.-Koeff. u. Dimerisat.-Konst. (in d. organ. Phase) v. Dibutyl-, Dihexyl- u. Dioctylphosphat im Syst. n-Octan/*0,1* m $NaClO_4$/–-Lsg. 20-0538; Löslichk. v. Äthylen, Propylen u. Buten-(1) in wss. $PdCl_2$-Leg. in

Anwesenh. v. – 22-0518; Phänomen d. „dritten Phase" bei d. Extrakt. v. – mit Methyldioctylamin 24-0525; in d. organ. Phase auftretende Spezies bei d. Extrakt. v. – mit Methyldioctylamin in Chloroform 24-0524; Protonier. v. Arsenazo III-Reagens in konz. –-Lsg. nach Mess. d. Absorpt.-Spektren 25-0574; Extrakt. v. Pu mit N-Benzoylphenylhydroxylamin aus –/Citronensäure-Lsg. 27-0550; Löslichk.-Daten v. Äthylen u. Buten-(1) in –-halt. $PdCl_2$-Lsg. sowie Hydrolysekonst. 27-0600; Ermittl. d. Aquokomplexbldg. v. ClO_4^- in wss. Lsg. aus deren D. 29-0587; Einfl. v. ClO_4^- auf d. Bandenkonturen d. W.-Absorpt. (*3420* u. *1640* cm^{-1}) 30-0125; Verteil. v. Ga im Syst. 8-Hydroxychinolin/$CHCl_3$/W./– 35-0550; Extrakt. v. U aus wss. – + $NaClO_4$-Lsg. mit Bis-[2-äthylhexyl]-phosphorsäureester in n-Octan 37-0572; Unters. v. Aquokomplexen d. Zn^{2+}-, Cd^{2+}-, Hg^{2+}-Ionen mittels d. Meth. d. scheinbaren Mol-Vol. v. $ZnSO_4$, $CdCl_2$, $Cd(ClO_4)_2$ u. HgO in $HClO_4$ 38-0575; Extrakt.: v. Pa durch langkett. Amine aua salzsauren Lsg. u. Einfl. v. – 39-0553; d. Bi–Thioharnstoff-Komplexes mit Tributylphosphat aus –-Lsg. 40-1870; Unters. d. Austauschgeschw. d. Hf(IV) in Abhängigk. v. d. –-Molarität bei d. Extrakt. mit TTA 43-0538; Lsg.-Wärme d. V_2O_5 in wss. – bei unendl. Verdünn. 44-0537; Extrakt. v. Sc(III) mit Tributylphosphat aus Perchlorat- u. Perchlorat/Nitrat-Lsg. 45-0499; IR-spektroskop. Unters. d. Hydratat. v. ClO_4^- in wss. Lsg. 47-0560; gemischte Ionenassoziat. in Syst. mit – 48-0535; Unters. d. Verh. (Bldg. koll. Aggregate) v. Pa(V) in perchlorsaurer Lsg. mittels TTA–Bzl.-Extrakt., Ionenaustausch u. Filtrat.-Meth. 49/50-0531.

Mechanismus d. Säurehydrolyse v. $[Cr\cdot(H_2O)_5J]^{2+}$ durch Verw. v. $H_2{}^{18}O$ in perchlorsaurer Lsg. 2-0707; H-Atomeinfang durch ClO_4^--Ionen bei d. ^{60}Co-γ-Radiolyse d. eingefrorenen wss. Lsg. 3-0739; Einfl. d. Konz. d. – auf ihre therm. Zers. 6-0726; Ox. v. U(IV) durch Tl(III) über einen größeren Konz.-Bereich in wss. –-halt. Lsg. 14-0755; quant. Red. v. Perchlorat zu Chlorid mit Mo als Katalysator 15-0773; Hydrolysekonst. d. Zr^{4+}-Ions in perchlorsaurem Medium 16-0561; Umsetz. v. Hg_2Cl_2 mit – 18-0572; Ox. v. Ru(II) mit ClO_4^- oder Co(III) bzw. d. Red. v. $[Ru(NH_3)_6]^{3+}$ u. $[Ru(NH_3)_5Cl]^{2+}$ mit Cr^{2+} 18-0641; Radiolyse wss. $HClO_4$-Lsg. durch ^{60}Co-γ-Strahlen unter Bldg. v. ClO_3^- u. Cl^- 18-0668; Fe(II)–Fe(III)-Austauschrk. in konz. –-Lsg. in fl. u. festem (gefrorenem) Zustand 19-0697; Geschw.-Konst. d. Disproportionier. v. U(V) in – 24-0628; Konz.-Verlauf bzw. Zerfallskinetik v. H-Atomen u. OH- u. ClO_3-Radikalen in gefrorenen wss. $NaClO_4$- u. –-Lsg. nach γ-Bestrahl. 32-0707; Rk.-Fähigk. v. hydratisierten Elektronen gegenüber ClO_4^- in wss. Hexacyanoferrat(II)-Lsg. 37-0710; Kinetik u. Mechanismus d. Säurespalt. d. drei Pentaquo-[pyridiomethyl]-chrom(III)-perchlorate in Ggw. v. Luft mit – mit u. ohne Zusatz v. $LiClO_4$ 2-0706; Best. d. Geschw.-Konst. für d. Red. v. Azobenzol zu Hydrazobenzol in – 13-0635; Einfl. d. äußeren Anions ClO_4^- auf d. Stabilität v. $[Co(DH)_2\cdot(Base)_2]ClO_4$ (DH_2 = Dimethylglyoxim, Base = organ. Base) 15-0829; Rk. mit 1.2-Diphenylcyclopropencarbonsäure-(3) 16-1008; Anlager. v. – an $IrH_3[P(C_6H_5)_3]_2$ zu $IrH_2[P(C_6H_5)_3]_2ClO_4$ 17-0830; Unters. d. Komplexbldg. im Syst. $UO_2(ClO_4)_2$/Itaconsäure/–/$NaClO_4$ durch pH-Titrat. mit NaOH (Stabilitätskonst.) 36-0570; Rk. v. – mit Triphenylphosphin- oder 1.2-Bis-[diphenylphosphino]-äthanverb. v. nullwert. Pt, Pd u. Ni (Komplexbldg.) 38-0791; Komplexbldg. zwischen Pd(II) u. EDTA in ClO_4^--halt. Medium 48-1916.

Verw. in Polymerisat.-Katalysatoren für Trioxan 3-1171; Bldg. v. verschiedenen Pd-organ. Verb. bei d. Umsetz. v. Acetylen mit $Pd(ClO_4)_2$ in Ggw. v. – 8-0707; Wrkg. v. – u. Zinkchlorid auf tert.-Amylphenylketon 8-1013; homogen katalysierte Hydratisier. v. Acetylenen durch Quecksilberperchlorat-–: Beweis für einen Bis-[acetylen]–Quecksilberion-Komplex als Zwischenprod. 9-0945; Wrkg. v. – auf $^{14}C_{(CO)}$-markiertes Pivalophenon 14-1041; Acylier. aromat. KW-Stoffe, ihrer Alkylderiv. oder v. Phenoläthern in Ggw. v. – 22-2567*; Einfl. v. hohem Druck auf d. durch wasserfreie – initiierte Styrolpolymerisat. 29-1111; Kinetik u. Mechanismus d. Ox. v. Tl^+ durch Ce^{4+} (katalyt. Einfl. v. –) 37-0684; Unters. d. Komplexbldg. v. Cu^{2+} mit Glycylglycylglycin durch Titrat. in Ggw. v. – 42-0547; Geschw. u. Mechanismus d. Substitut. v. Acetylaceton in Acetylacetonatonickel(II)-komplexen (Einfl. v. ClO_4^-) 42-0623; Geschw. u. Mechanismen d. Hydrolyserk. v. $VO(acac)_2$ u. $Be(acac)_2$ (Einfl. v. ClO_4^- auf d. Hydrolysegeschw.) 42-0624; Rk. v. Butadien-(1.3) mit Hg-Salzen in wss. Lsg. in Ggw. v. – (Eig. d. C=C-Doppelbind.) 44-0711.

Nitrat u. Chlorat als Substrat bei d. Best. d. H_2-Verbrauchs einer assimilierenden Nitratreduktase einer Hefe in Ggw. v. Hydrogenase aus Desulfovibrio desulfuricans 34-1325; Einfl. v. ClO_4^- auf d. Phosphoglucomutasesyst. 16-1266; Indukt. v. Nitratreduktase bei Bacillus cereus durch ClO_4^- 27-1247; Red. v. Perchlorat durch Bakterien (Identität d. Nitratreduktase u. d. Perchlorat reduzierenden Enzyms aus B. cereus) 43-1170; Jodidaufnahme d. Schilddrüse u. d. Trachea d. Meerschweinchens während u. nach chron. Perchloratbehandl. 14-1582; Wrkg. v. 1-Methyl-2-mercaptoimidazol u. Perchlorat auf d. durch Insulin hervorgerufene Steiger. d. ^{131}J-Einbaus in Jodaminosäuren durch fetale Schilddrüsen in Organkulturen 15-1496; quant. Gesamtkörperunters. zur Dekorporier. d. intestinal resorbierten ^{131}J durch ClO_4^- 18-1481; Bezieh. zwischen Transport, kropf- u. nichtkropfbildenden Eig. verschiedener Anionen u. v. ClO_4^- 21-1553; Dissoziat. v. adultem Mäuselebergewebe durch Perchlorat 30-1561; Einfl. v. Perchlorat auf d. J-Stoffwechsel d. Schilddrüse 39-1433.

Verflüchtig. v. Ir aus siedender – 29-2042; Verw.: bei d. Herst. v. Pb-Anoden 26-2347; zur Titrat. v. organ. Basen in nichtwss. Medium 8-1944; Herst. v. hellfarb. Sulfofettsäuren, deren Estern u. Nitrilen mit Hilfe v. – 17-2574*; Naßverbrenn. v. Kohle mit –/Perjodsäure-Misch. 34-2139.

V(III)-Sulfat als Red.-Mittel für d. Best. v. Perchlorat 29-2010; Indikatoren zur Titrat. v. – in Py. 33-1949; amperometr. Titrat. v. Perchlorat mit Tetraphenylstiboniumsulfat 35-1967; schnelle chronokonduktometr. Meth. zur Best. v. – 38-1883; titrimetr. Best. v. Perchlorat 51/52-1824.

Dünnschichtchromatograph. Abtrenn. u. Best. v. ClO_4^- 5-2065; gleichzeit. Best. v. – u. H_2SO_4 in techn. Lsg. bei d. Gewinn. v. Celluloseacetobutyrat 7-2209; konduktometr. Titrat. in methanol. u. essigsaurem Medium 36-1835; Best. v. Perchlorat neben anderen Halogensäuren mit einem farb. fl. Anionenaustauscher 45-1851.

Komplexometr. Titrat. v. Zr in Perchlorsäurelsg. 12-2020.

Best. d. Ribonucleaseaktivität in biolog. Fl. durch Best. d. Uridinderiv. mit Hilfe v. – 10-1366; Perchlorsäureextrakt. als eine histochem. Technik 13-1283; Verw. zur potentiometr. Best. v. Na-Aminoäthylthiosulfat u. Aminäthylthioschwefelsäure 15-1998; Verw. zum dünnschichtchromatograph. Nachw. v. Sterinen auf Kieselgel 22-1943; Komplexbldg.-Rk. v. Arsenazo III-Reagens mit Zr in konz. –-Lsg. 25-0575; Verw. zur Best. d. Durchschnittssubstitut.-Grades v. Carboxymethylcellulosen 26-1786; Herst. als analyt. Reagenz 26-1979; Verw. zur direkten Titrat. v. Amiden als Basen 26-2124; Eign. verschiedener Fixier.-Meth. u. perchlorsäurehalt. Lsg. für autoradiograph. Unters. d. RNS-, DNS- u. Proteinstoffwechsels 31-1140; Verw.: zur potentiometr. Titrat. v. Metallacetaten in nichtwss. Lsg. 33-1950; als Ox.-Mittel in d. Best. d. S-Geh. v. Wolle 40-1955.

Salze **(Perchlorate)**

Spezielle – s. unter d. entsprechenden Verbindungen.

Bldg. v. Methyldioctylammoniumperchlorat in d. organ. Phase bei d. Extrakt. v. $HClO_4$ mit Methyldioctylamin in Chloroform 24-0524; einige Eig. v. Zuckroniumperchloraten 26-1113; Einfl. d. chem. Bind. auf weiche Röntgen-K- u. -L-Emiss.-Spektren d. Metallions in Chloraten 46-0352; effektive Atomlad. v. Cl in Perchloraten 36-0112; geschätzte Stabilität v. $[NF_4]ClO_4$ 37-0547; Leitfähigk. v. Perchloraten u. Nitraten, d, getrennt in prim. u. sek. aliphat. Alkoholen gelöst wurden 46-0586; Ionenassoziat.-Konst. v. Oxoniumperchlorat 10-0982; Lsg.-Wärmen einiger Perchlorate in Alkoholen 21-0520; gemischte Ionenassoziat. in Syst. mit Diäthylaniliniumperchlorat 48-0535.

Polymerisieren v. Trioxan in Ggw. v. Perchloraten v. Metallen 19-3049*; Herst. d. quart. Ammoniumsalzes v. – als antistat. Mittel 16-2998*; Verw. v. Perchloraten in Sprengstoff 3-3291*.

Derivate

ClO_3F (Perchlorylfluorid) s. *Chlorfluoride.*

Chlorverbindungen

Siehe auch *Chlorsauerstoffsäuren. Organochlorverbindungen* s. dort.

^{35}Cl–NQR in – 40-0117; Einfl. d. chem. Bind. auf weiche Röntgen-K- u. -L-Emiss.-Spektren in verschiedenen – 46-0352.

Chlorverb. d. IV. Gruppe 21-0789, 32-0744, 32-0745; Bldg. d. freien Radikals ClCO bei d. UV-Photolyse v. HCl, Cl_2, $COCl_2$ u. $(COCl)_2$ in Ar oder CO 27-0704; Herst. v. höheren P–Cl–O-Verb. 35-2161*; Schwing.-Spektren v. Hydrogendihalogenidionen ($ClHCl^-$ u. $ClDCl^-$) 13-0157; ($ClHBr^-$ u. $ClDBr^-$) 13-0158; ($FHCl^-$) 24-0126; Cl-Kernquadrupolresonanz in $ClHCl^-$-Ionen 31-0162; IR-Spektren d. Anionen $HClNO_3^-$, $DClNO_3^-$, $DBrCl^-$, $DClJ^-$ u. DCl_2^- 42-0126; mittlere Schwing.-Amplituden für HCl_2^- 46-0095; Krist.-Struktur v. Chlorothiodiazylchlorid $S_3N_2Cl_2$ 30-0199; Geometrie d. Hydrogendichloridions (Darst. u. Krist.-Struktur v. Cäsiumchlorid·$^1/_3$ Oxoniumhydrogendichlorid $CsCl\cdot{}^1/_3\,OHCl_2$ 51/52-0199; thermodynam. Daten d. Umsetz. v. H_2O_2 mit Chlorsauerstoffverb. bei verschiedenen Temp. 17-0561; Adsorpt. v. J in Form v. J_2Cl^-- u. $J_2CN\cdot S^-$-Komplexen an einem Anionenaustauscherharz 17-0706; Stabilität d. Si–Cl-Bind. gegenüber heterolyt. Aufspalt. 25-0689.

Chloramine s. unter *Stickstoffverbindungen.*

Chlorazid: ClN_3, Rk. mit Metallcarbonylen 16-0733.

Chlorfluoride und -fluorokomplexe

$\langle 111\rangle$-orientiertes FCl^--Zentrum in Alkalimetallhalogeniden (opt. Absorpt.- u. ESR-Spektren u. Vgl. mit Cl-, Br- u. J-Zentren) 24-0333.

ClF, Rotat.-Analyse d. sichtbaren Absorpt.-Banden d. – u. endgült. Festleg. d. v′-Zähl. 48-0111; Bind.-Energien 29-0121; Berechn. effektiver Atomlad. für – 20-0103; Interpretat. d. chem. Verschieb. v. – 16-0133; Berechn. d. Atomisier.-Energie v. – durch Anwend. v. Populat.-Analysen auf d. Wellenfunkt. nach Hückel 17-0559; Umsetz. v. $TiCl_4$ mit – bei *0°* 4-0709; Anlager. v. – an fluorierte Nitrile 12-0754; Geschw. u. Mechanismus v. – mit H_2, HCl (Voraussagen u. Vgl. mit experimentellen Daten) 29-0665.

ClF_3, Elektronenstruktur v. –: eine angenäherte MO-LCAO-SCF-Berechn. 43-0111; elektr. Leitfähigk.: v. BF_3 in – 33-0652; v. festem – 40-0553; Berechn. d. Atomisier.-Energie v. – durch Anwend. v. Populat.-Analysen auf d. Wellenfunkt. nach Hückel 17-0559; Fluorier. organ. Verb. mit – 5-2611; Verbrenn. v. Perfluoräthan, Perfluorpropan u. Perfluorcyclobutan mit – 11-0710; Umsetz. v. Mg_3N_2 mit – 41-0698; Rk.: mit PtF_6 47-0728; mit Hexachlorbenzol 49/50-0921; gaschromatograph. Analyse v. – 21-2099.

ClF_5, Bldg. u. Zers. v. – 47-0728; physikal. Eig., (F., Kp., Trouton-Konst., UV- u. IR-Spektren) 11-0752.

ClO_3F (Perchlorylfluorid), Linienstärke-, Linienbreite- u. Dipolmomentmess. an – bei *4,2* cm^{-1} 27-0170; mittlere Schwing.-Amplituden v. – 45-0132; Rk. (Darst.) 11-1153; Rk.: mit Malonsäurediäthylester (erneute Unters. d. Rk.) 20-0984; mit Toluol 41-1021; mit 3.11-Diketo-$\Delta^{4.17,20}$-cis-pregnadien-21-säuremethylesterderiv. 45-1044; mit Dialkoxy- oder Chloralkoxyphenol 49/50-2403*.

Fluorochlor(III)-säure

$H[ClF_4]$, Struktur d. $[ClF_4]^-$ 26-0146.

Salze

Alkalimetall-, Cäsium-, Nitrosyl- u. *Rubidiumfluorochlorate(III)* s. dort.

Chlorfluorosulfat: $ClSO_3F$, chem. Verschieb. im ^{19}F–NMR-Spektrum v. – 24-0144.

Chlornitrat s. *Nitroxychlorid: NO_3Cl.*

Chloroxide: Rk. v. Chloroxidradikalen 19-0685.

Cl_2O, Herst. aus HgO u. Cl_2 46-2107; IR-Spektroskopie v. – (Kraftfelder) 41-0166; Bind.-Energien 29-0121; Berechn. d. Atomisier.-Energie v. – durch Anwend. v. Populat.-Analysen auf d. Wellenfunkt. nach Hückel 17-0559; thermodynam. Daten für Rk. v. H_2O_2 mit – (in CCl_4) in wss. Lsg. bei verschiedenen Temp. 17-0561; Umsetz. v. AsF_3Cl_2, SbF_3Cl_2 bzw. SbF_4Cl mit – 1-0702; Bezieh. zwischen Lsg.- u. Gasphasenrk. am Beispiel d. homogenen Gasrk. v. NOCl mit – 4-0646; Rk.: mit Halogenalkenen 35-1024; v. Tl-Halogeniden mit – u. Ozon 51/52-0648.

ClO, Bldg.-Kinetik d. ClO-Radikals aus Cl- u. O-Atomen 5-0713; Berechn. d. Atomisier.-Energie v. – durch Anwend. v. Populat.-Analysen auf d. Wellenfunkt. nach Hückel 17-0559; Elektronenresonanzunters. freier Ra-

polarograph. Unters. d. Bldg. v. Kalomel in — 18-0572; Polarisat.-Kapazität u. -widerstand in verd. —-Lsg. 20-0600; Biionenpotentiale u. Membranleitfähigk. v. Anionenaustauschmembran im Kontakt mit — 21-0596; Temp.-Abhängigk. d. Spitzenhöhe in d. Wechselstrompolarographie v. Cd^{2+} in KCl + HCl 21-0625; Einfl. v. Cl^- auf d. kathod. u. anod. Polarisat. v. hochreinem Al in wss. SO_4-Lsg. 22-2472; Volta-Effekt u. Acidität v. HCl/W. 24-0583; Änder. d. Kinetik d. H_2-Entlad. an Ag, Cu u. Au-Elektroden in — in Abhängigk. v. d. Zeit 25-0615; Polarisat.-Unters. v. Ni in — 25-0626; Dissoziat.-Konst. v. — unter stellaren Beding. 25-0773; stationäre Potentiale v. Amalgamen in —, d. Mo enthält 26-0613; Best. d. Nullad.-Punkte v. Ga durch Differenzialkapazitätsmess. in verd. — + KCl-Lsg. 27-0619; elektrochem. Red. v. $ReCl_6^{2-}$-in Ggw. v. — + KCl 27-0642; Strom–Spann.-Unters. v. Re-Verb. an rotierenden Elektroden in — 28-0578; elektromotor. Kraft d. Zelle Pt, H_2; —(m); AgCl/Ag in N-Methylacetamid/Dioxan-Misch. 29-0608; Aktivitätskoeff. v. — in HCl/$BaCl_2$-Gemischen 29-0609; Einfl. d. Temp. u. erzwungenen Konvekt. auf d. Geschw. d. elektrolyt. Ox. im Syst. KJ/J_2/HCl 31-0611; katalyt. H-Stufe v. Ru in — 32-0614; Best. d. Aktivitätskoeff. v. — in Formamid aus EMK-Mess. 33-0627; Kurzimpulsmeth. zur Unters. d. „Störzeiten" in HCl/Cl_2 33-0660; Elektrolyse v. — mit einer *2*-pol. Elektrode 33-2282; Anwend. d. photomikrograph. Meth. auf d. Syst. Hg/wss. HCl-Lsg. 36-0597; Differentialkapazitätsmess. an — mit Hilfe d. oszillograph. Polarographie 36-0604; Elektrodenpotential aufgedampfter Al-Filme in KCl- + —-Lsg. 37-0608; EMK-Wert 37-0918; Einfl. v. — auf d. Überspann. v. H_2 an d. Hg-Tropfelektrode 39-0605; EMK-Werte v. Ketten In/$In_2(SO_4)_3$ + HCl/gesätt. Kalomelelektrode 40-0565; Acidität konz. —-Lsg. 41-0572; Veränder. d. äußeren Beschaffenh. durch — bei d. elektrolyt. Abscheid. v. Cu auf (*100*)-Cu-Oberflächen 41-0590; galvanostat. Umschaltmeth. zur Unterscheid. prim. u. sek. Grenzflächeninhibit. im Syst. Fe/HCl 41-0594; polarograph. Diffus.-Grenzstrom, experimentelle Best. seiner abs. Größe für wss. $CdSO_4$/HCl- u. $CdCl_2$/HCl-Lsg. 42-0574; EMK-Mess. an Kationit-Membranelektroden mit — 43-0574; Aktivität v. — im Syst. HCl/$HClO_4$/H_2O 49/50-0555; Differentialkapazitätskurven d. Hg-Elektrode in Anilin- u. —-Lsg. (Vgl.) 49/50-0579; Zellenspann. d. —-Elektrolyse mit O_2 depolarisierter Kathode 51/52-2105.

Anod. Verh. v. Hg in — 8-0632; Korros. v. vollständ. polarisiertem Cu/Zn in HCl/NaCl und Fe in NaCl unter Einw. v. Wechselstrom 8-0640; Einfl. v. Beimisch. in Fe auf d. Korros. in — 9-0657; anod. Verh. v. Fe/C-Leg. in strömendem, O_2-halt. — 9-0659; Inhibit. d. Korros. einer Al/Mn-Leg. in — durch Butylamine 13-0651; Einfl. einer plast. Verform. auf d. anod. Auflsg. v. Fe in — 13-0652; Bedeut. v. — bei d. anod. Auflsg. v. Mg 15-0675; n-Butylamin als Inhibitor für d. Korros. v. reinem Al in —-Lsg. 16-0587; anod. Korros. v. Ru in — 20-0596; Zweiwertigk. d. bei anod. Auflsg. gebildeten Sn-Ionen aus Sn-Amalgam in wss. Lsg. v. — 25-0624; Mechanismus d. Auflsg. v. Cu u. Messingen in konz. — 25-0628; Schutzwrkg. v. Acrylnitril bei d. Korros. v. Metallen in — 28-0580; Einfl. v. — auf d. Elektropolieren v. Bi in gesätt. NaCl-Lsg. 32-0600; elektrochem. Verh. v. Ni u. Fe in — 38-0596.

Diffus. in verd. wss. HCl-Lsg. 4-0584; Anwend. d. Theorie d. signifikanten Strukturen auf fl. — für d. gesamten Temp.-Bereich d. fl. Zustands u. Berechn. v. Molvol., Dampfdruck, Schmelzentropie, spezif. Wärme, Entropie u. d. Eig. am krit. Punkt sowie d. Oberflächenspann. 6-0555; Phasengleichgew. im Syst. W.–HCl-Dioxan bei *50°* 8-0942; scheinbare Molvolumina v. — in wss. Lsg. 12-0602; Vol.-Eig. d. bin. Syst. v. —/Säuren 13-0936; Thermodiffus. in isotopen Gasmisch. u. intermol. Kräfte am Beispiel v. — 15-0559; Berechn. d. Atomisier.-Energie v. — durch Anwend. v. Populat.-Analysen auf d. Wellenfunkt. nach Hückel 17-0559; Aktivitätskoeff. v. — sowie partielle molare Enthalpie v. — in Halogenwasserstoffsäuren 23-0598; Unters. über d. Misch.-Lücke in Extrakt.-Syst. auf Alkylaminbasis an quatern. Syst. (tert. Amin/Verdünn.-Mittel/W./HCl) u. quint. Syst. unter Beteilig. v. UO_2Cl_2 24-0526; Unters. d. Syst. Na_3PO_4/HCl(g) u. K_3PO_4/HCl(g) 24-0747; Best. d. Auflsg.-Geschw. v. $Li_xNi_{1-x}O$ ($x = 0,80-1,1$) in wss. — in Abhängigk. v. Potential 26-0582; Konz.-Zonen-Effekt in d. Syst. HCl/W. durch Wärmezufuhr v. außen 28-0484; Best. d. partiellen molalen Ionenvolumina v. — aus Ionenschwing.-Potentialen 29-0586; Rotat.-Relaxat. in CO im Vgl. mit u. a. — aus Meßwerten d. Schallabsorpt. 32-0512; Dampfdruckmess. an d. Syst. W./Chlorwasserstoff/Wolframatokieselsäure 32-0541; Berechn. d. Gleichgew. in den Syst. MO–HX [M = Ba, Sr, Ca u. X = Cl, Br, J] 33-0602; Einfl. v. Lsg.-Genossen (HCl) auf d. Einstell. d. Gleichgew. InOOH/In_2O_3 unter hydrothermalen Beding. 36-0551; Vgl. thermodynam. Größen v. HJ/$NaClO_4$ mit HCl/$NaClO_4$ 39-0577; Gleichgew.-Konst. d. Rk. u. Partialdrücke d. Komponenten in d. Syst. Si, SiCl, $SiCl_2$, H_nSiCl_{4-n} ($n = 0-4$), — u. H_2 40-0505; Unters. d. Anätz. v. Si an Hand d. Gleichgew.-Berechn. unter Anwend. d. thermodynam. Daten für —, $SiCl_4$, $SiHCl_3$, SiH_2Cl_2, SiH_3Cl, SiH_4, H_2 u. Si 44-0696; Änder. d. Verdampf.-Wärme mit d. Temp. 48-0846; pK in W./THF 49/50-0814.

Rk.-Hemm. im Syst. Fe/HCl durch adsorbierte organ. Oniumionen 2-0654; Ionenaustausch in d. Syst. ACl/Membran [Poly-(methylvinyläthermaleinsäure)]/BCl [A = H, K; B = K, Na, $N(CH_3)_4$] 4-0621; Wechselwrkg. mit einer Aerosiloberfläche 4-0634; Adsorpt. v. Np(V) am Anionenaustauscher aus wss. u. alkoholhalt. —-Lsg. verschiedener Molarität 5-2099; dialyt. Unters. d. Zustandes v. Nb in alkal. u. —-sauren Lsg. 6-0619; Einfl. v. — auf d. Adsorpt. v. Silicationen durch anod. Al-Oxid 6-0650; Ionenaustausch im Syst. Na_2WO_4/HCl/A./W. an Anionenaustauschern 6-0697; Einfl. auf d. Sorpt. v. Cu^{2+} u. Zn^{2+} durch AV-*16*, EDE-*10*P u. AN-*2*F 6-0700; Best. d. —-Adsorpt. v. Aktivkohlen 7-0631; Einfl. auf d. Sorpt.: v. Ga, Al, Fe, Ti u. V durch EDE-*10*P 8-0686; u. Adhäs.-Festigk. v. Natriumoleat auf d. Oberfläche v. Sillimanit 10-0682; elektrokinet. Unters. d. Syst. Palmitin- bzw. Stearinsäure/—-Lsg. 12-0643; Sorpt.: v. Mo aus H_2SO_4-—-Lsg. durch d. Anionenaustauscher AW-*17* u. EDE-*10*P 13-0681; v. Po durch Fluorplast-*4* aus —-Lsg. 15-0724; koagulierende Wrkg. v. — auf d. sich in d. Lsg. in Form eines negativ geladenen lyophoben Sols befindl. Verb. aus Ge-Tanninsäure 16-0562; Chemisorpt. an schwerschmelzendem Hf 16-0616; Sorpt. v. Sc aus W.–Aceton-Lsg. v. — an KU-*2* u. AW-*17* 16-0626; Lsgm.-Massenübergang durch Ionenaustauschmembranen in —-Lsg. 17-0701; Verteil. v. Zn, Cd u. Hg zwischen Dowex *1*-X*8* u. alkohol. —-Lsg. 19-0677; Desorbier. v. At durch — v. $Tl_2Cr_2O_7$ u. Cs-Wolframatophosphat 22-0526; Chemisorpt. v. — an trockenem γ-Al_2O_3 u. deren Einfl. auf katalyt. akt. Zentren 22-0649; Trüb. als Kriterium d. Koagulat. im Syst. HCl/$Na_2S_2O_3$-Lsg. 23-0627; Sorbierbark. d. Übergangselemente d. vierten Periode aus —-Lsg. durch Ionenaustauscher 23-0650; Eig. monomol. Filme aus Stearin- u. Ölsäure mit Chol-, Desoxychol- u. Choleinsäure auf —-Lsg. 24-0649; Einfl. auf d. chromatograph. Verh. sympathomimet. Brenzcatechinamine 26-1518; Adsorpt. u. elektrolyt. Abscheid. v. Pa in —-Lsg. 27-0673; Oberflächenspann. verd. —-Lsg. 28-0607; Adsorpt.: an Ni auf SiO_2-Träger 28-0612; an Amberlite-XE-*100* u. Amberlite-IR-*120* 28-0621; v. in — gelöstem $H_2[PtCl_6]$ u. $H_2[PdCl_6]$ an AV-*17* 30-0593; Reinig. v. — v. Metallbeimeng. durch Ionenaustausch 33-0703; Ionenaustauschsorpt. v. Ca aus einer —-Lsg. an KU-*2* 33-0704; Kationenaustausch v. In aus —-Lsg. 33-0707; Gleichgew. zwischen tert.-Butylchlorid, Isobutylen u. — an Ni-Filmen 34-0974; Einfl. auf d. Adsorpt. v. At an Pt aus HNO_3-Lsg. 36-0637; Zustand v. Mo(VI)- u. Re(VII)-Ionen in —-Lsg. 36-0649; Oberflächenpotential v. — an manganaktivierten Zinksilicatleuchtstoffen 37-0632; Bldg. v. Liesegangschen Ringen v. $HgCrO_4$ in Gelatinegel in Ggw. v. — 38-0622; Einfl. auf d. Struktur v. Algingelen 38-0625; Adsorpt. an „sauren" Zentren v. trockenem SiO_2/Al_2O_3 u. γ-Al_2O_3 38-0644; Einfl. v. gasf. — auf d. Oberflächeneig. v. CdS-Pulver 38-0647; elektrolyt. Anreicher. eines HCl/$MgCl_2$-Gemisches mit Ionenaustauschmembranen 38-0649; Einfl.: auf d. Dispergier. v. MgO, TiC u. Glas in A. 39-0642; auf d. elektrophoret. Fäll. v. MgO-, Glas- u. TiC-Dispers. 39-0643; Adsorpt.: v. Tc aus wss. —-Lsg. an Anionenaustauschern 40-0613; v. Cu^{2+} aus wss. —-Lsg. an d. Oberfläche v. GaAs 41-0635; Sorpt. v. — an Poly-L-valin u. -L-leucin 41-1126; Einfl. auf d. Zeta-Potential v. Quarz in Ggw. v. Fe-Ionen 44-0611; Adsorpt. v. Au an Polyäthylen aus sehr verd. wss. —-Lsg. 47-0613; Einfl. auf d. reversible Agglomerat. v. H_2WO_4-Sol-Teilchen 51/52-0563.

Überführ. u. Solvatat. v. — in W./Dioxan-Gemisch 16-0573; Verh. kleiner Mengen v. Nitromethan in wss. — 18-0862; Hydratat.-Zahlen v. — 29-0583; Solvat. v. Ag, — u. Bromwasserstoffsäure in d. organ. Phase 37-0574; Dampfphasenassoziat. v. — u. Aceton 44-0904; solvolyt. Disproportionier. d. nichtstöchiometr. zusammengesetzten Pr- u. Tb-Oxide in — 47-0683.

Ermittl. d. Lsg.- bzw. Neutralisat.-Wärme v. — in Dimethylformamid bzw. durch Rk. mit Py., Chinolin, α-Picolin, Dimethylanilin, Piperidin, n-Butylamin u. Benzylamin 2-0580; Auflsg. v. — in geschmolzenen KCl–NaCl-Gemischen (Lsg.-Wärme) 2-0605; Vgl. d. IR-Spektren v. in einigen Äthern gelöstem — (Form u. Breite d. Bande) 3-0875; Löslichk. im Dreistoffsyst. — /H_2O/$FeCl_3$ 4-2353; Lsg.-Wärme v. — 5-0610; Natur d. Lsg. zwischen HCl u. Pyridiniumchlorid 7-0990; Löslichk.: v. — in Chlorbenzol 8-0567; im Syst. CsCl/$SbCl_3$/HCl/H_2O bei *25°* 10-0572; paramagnet. u. ferromagnet. Zinkferrite in — 10-0576; Lsg.-Enthalpien v. — in H_2O 11-0555; Löslichk. v. Germaniumdioxid in — 11-0605; Lsg. v. — in geschmolzenen Salzen 12-0561; Sorpt. v. Acetylen aus d. Prod. d. oxydativen Pyrolyse v. Methan in wss. Lsg. v. Cu_2Cl_2, NH_4 u. — 14-0610; Lsg.-Wärme in wss. — für α-, γ- u. ε-Fe_2O_3 15-0575; Best. d. isothermen Löslichk. im Syst. KCl/$SbCl_3$/HCl/H_2O 15-0598; Löslichk.: v. TlCl in — 18-0548; v. KRS-*5* in *0,1* n — 18-2105; Lsg.-Wärme v. Pu in *6* m — 22-0498; Löslichk.: v. — in normalen Alkoholen u. Alkylchloriden d. Reihe $C_{12}-C_{18}$ (Lsg.-Wärmen) u. Vgl. mit d. für d. C_1-C_{10}-Alkohole 22-0509; v. Äthylen, Propylen u. Buten-(1) in wss. $PdCl_2$-Lsg. bei Anwesenh. v. — 22-0518; Lsg.-Wärme v. $3\,CaO \cdot Al_2O_3 \cdot 3\,CaCO_3 \cdot nH_2O$ in 2 n — 25-0527; Absorpt. v. in fl. Tetrachlorkohlenstoff gelöstem — bei einer Frequenz v. *9200* MHz 26-0445; Löslichk.-Daten v. Äthylen u. Buten-(1) in —-halt. $PdCl_2$-Lsg. sowie Hydrolysekonst. 27-0600; Lsgm.-Syst. fl. — 28-0673; Darst. einer mit HCl gesätt. Essigsäure 29-1740; Voraussage d. Gleichgew. Fl.-Dampf aus Daten d. Löslichk.: Unters. an d. Syst. HCl/H_2O 39-0531; Auflsg. d. Montmorillonite in — u. Anwend. dieser Meth. bei Aktivier.-Unters. 39-0822; Löslichk.: v. — in einigen Nitroverb. (Lsg.-Wärme, Änder. d. Freien Enthalpie u. Lsg.-Entropie) 40-0485; v. Na_2SiF_6 in wss. HNO_3-Lsg. u. Vgl. mit d. in — 40-0491; Löslichk.-Gleich. mit Vers.-Ergebnissen an tern. Syst. mit — 40-0494; Lsg.-Wärmen v. $CsJO_3$, $Sr(JO_3)_2$ u. $Ba(JO_3)_2$ in — 44-0533; Einfl. v. Acrylonitril auf d. Lsg.-Geschw. v. Stahl in — 44-2337; Löslichk. u. Lsg.-Wärme v. — in Carnallitschmelzen 45-0497; Bldg.-Wärmen v. BaO–SrO, SrO–CaO- u. BaO–CaO-Mischkrist. aus d. Lsg.-Wärmen d. reinen Oxide u. d. Mischkrist. in — sowie Lsg.-Wärme v. $(BaO)_{0,513} \cdot (SrO)_{0,394} \cdot (CaO)_{0,093}$ 46-0528; Löslichk. d. Fluoride u. Phosphate einiger Seltenerdmetalle in wss. — 49/50-0525; Unters. d. Löslichk. d. Halbleiterverb. $ZnSnP_2$ u. $CdSnP_2$ in — 51/52-0655.

Best. d. Verteil.-Koeff. v. $SnCl_4$, $TeCl_4$, $SbCl_5$ u. $PaCl_5$ im Syst. v. TBP, Methylisopropylketon bzw. Benzaldehyd mit Salzsäure 14-0622; chromatograph. Trenn. d. Hydrolyseprod. v. Zr-Verb. in einem HCl/Aceton-Gemisch 14-0743; Anionenaustausch v. U, Th, Fe u. Al in —-Äther-Lsg.; 15-2011; Verteil. v. — u. W. sowie Vol.-Änder., d. D. u. Viskosität d. organ. Gleichgew.-Phasen im Syst. HCl/H_2O/TBP 20-0539; Berechn. d. Übergangsenergie v. — v. einem Lsgm. in ein anderes 23-0929; Verteil.: v. Bi(III) u. Po(IV) zwischen Lsg. v. Trilaurylamin in Xylol u. —- u. HBr-Lsg. 24-0528; v. — zwischen sek.-Butanol u. W. u. deren Änder. mit d. Temp. 25-0543; spektrophotometr. Unters. v. [hexa-, penta- u. tetrakoordinierten] Halogenokupfer(II)-Komplexen in Aceton–HCl-Misch. 32-0570; Verteil.-Koeff.: v. $FeCl_3$ zwischen Tributylphosphat u. HCl-Lsg. 45-0505; v. Zn^{2+} u. H^+ zwischen W. u. n-Butanol im Syst. $ZnCl_2$/HCl/W./n-Butanol 47-0526.

Extrakt.: v. — mit Tri-n-octylamin 5-0606; verschiedener Mengen d. Mineralsäure — aus wss. Lsg. mit Tri-n-octylamin 8-0581; Hydratat. u. Solvatat. bei d. Extrakt. v. — mit organ. Lsgm. 8-0582; Abtrenn. v. ^{57}Co v. Fe u. Mn durch Extrakt. mit $\beta.\beta'$-Dichlordiäthyläther (Fe-Abtrenn.) in Ggw. v. — mit Trioctylamin (Trenn. d. Co v. Mn) 8-0589; Extrakt.: v. $HgCl_2 \cdot nHCl$ mit n-Butanol, Isopentanol, Nonanol, Methylisobutylketon, Ae., Essigsäureisopentylester, Benzoesäureisopentylester u. Ameisensäure-n-butylester aus —-Lsg. in Abhängigk. v. d. —-Konz. d. wss. Phase 9-0613; v. Zr u. Hf aus —-sauren Lsg. mit 8-Hydroxychinaldoxim u. Carbonsäuren 9-0614; Einfl. d. Säureart auf d. Extrakt. v. Ru als $[RuNO(NO_2)_4OH]^{2-}$ mit Tri-n-octylamin aus —-Lsg. 9-0618; Extrakt.: v. Tl(III) mit Äthylacetat aus —-sauren Lsg. in Ggw. v. Al^{3+}, Ga^{3+} u. In^{3+} als komplexe Säure d. angenäherten Formel $HTlCl_4$ 11-0583; v. Mo(V) u. -(VI) aus salzsauren Lsg. durch O-halt. Lsgm. 11-0587; Reextrakt.-Fähigk. v. — gegenüber U(IV) u. Th(IV) aus d. organ. Phase 11-0593; Extrakt. v. U(VI) mit Monolaurylphosphorsäureester aus —-Lsg. 12-0563; Einfl. d. —-Konz. auf d. Extrakt. v. U(VI), Fe(III) u. Al aus *1* m H_3PO_4 mit Bis-[2-äthylhexyl]-phosphorsäureester/Methylphosphonsäurediisooctylester 12-0564; Extrakt. v. Sc aus —-Lsg. unter Verw. v. Alkylphosphonsäuredialkylestern 12-0568; Antwort auf d. Schreiben v. W. W. Fomin „Aus Anlaß d. Mitt. v. B. S. Iofa u. G. M. Dakar" zu „Extrakt. komplexer Säuren mit sauerstoffhalt. Lsgm. 2. Mitt. Berechn. d. Hydrolysengleichgew.-Konst. v. Sb(V) in —-sauren Lsg. u. Unters. d. Mechanismus seiner Extrakt. mit Di-n-butyläther" 13-0596; Bedeut. d. — bei d. Extrakt. v. Sc durch TBP aus wss. — Lsg. in Form d. Monosolvats $ScCl_3 \cdot TBP$ 14-0618; Extrakt. v. Mo(V) u. Mo(VI) aus —-Lsg. mit O-halt. Lsgm. (Ae. Dibutyläther, Isopentanol, Isopentylacetat u. Methylisobutylketon) in Form v. solvatisiertem oder hydratisiertem $MoOCl_3$ bzw. in Form v. MoO_2Cl_2 14-0619; Komplexbldg. v. $ReCl_6^{2-}$ u. ReO_4^- in H_3PO_4-Lsg. mit Bis-[4-N.N-methylbenzylaminophenyl]-antipyrylcarbinol in H_3PO_4-saurer Lsg. u. Extrakt.-Möglichk. d. gebildeten Komplexe aus H_3PO_4-, —- u. H_2SO_4-saurer Lsg. 16-0563; Extrakt.: v. — mit Octylanilin 16-2532; v. Salpetersäure durch Tri-n-butylphosphat in o-Xylol in Ggw. v. — 17-0579; v. Borsäure durch Tri-n-butylphosphat mit Alkoholen u. Äthern als organ. Phase in Ggw. v. — 17-0580; v. $CoCl_2$, $NiCl_2$ u. $MnCl_2$ mit Tributylphosphat in —-Lsg. in Form d. Komplexe $CoCl_2 \cdot 2\,TBP$ u. $MnCl_2 \cdot 2\,TBP$ 17-0586; v. Ru durch langkett. Amine aus —-Lsg. 19-0580; v. Am–Cm–Eu aus —-saurer Lsg. durch tert. Amine 19-0581; durch Bzl. aus *6* n — extrahierbare fluoreszierende Ga-Komplexe 19-0584; Extrakt. v. Pr u. Nd durch *1,0* m Bis-[2-äthylhexyl]-phosphorsäure in Amsco *125-82* aus wss. $PrCl_3$–HCl- bzw. $NdCl_3$–HCl-Lsg. u. Gleichgew. bei Anwesenh. beider Chloride in d. Lsg. 20-0542; Verteil.-Koeff. v. U(VI) bei d. Extrakt. aus —-Lsg. mit Bis-[2-äthylhexyl]-phosphat 20-0546; Extrakt. v. trägerfreiem Ag mit TBP aus —-Lsg. (Einfl. d. Konz. d. Chloridionen) 20-0549; in d. organ. Phase auftretende Spezies bei d. Extrakt. v. — mit Methyldioctylamin in Chloroform 24-0524; Phänomen d. „dritten Phase" bei d. Extrakt. v. — mit Methyldioctylamin 24-0525; Kinetik u. Aktivier.-Energien d. Extrakt. v. — mit Tributylphosphat in Ggw. v. LiCl, NaCl u. KCl 25-0540; Extrakt.: v. U(VI) aus —-Lsg. durch Tri-n-octylamin 25-0545; v. Am(III), Eu(III), Tm(III), Ca^{2+} u. UO_2^{2+} aus —-saurer Lsg. mit Mono-2-äthylhexylphosphorsäureester u. 2-Äthylhexylphosphonsäure in Ggw. verschiedener Verdünn.-Mittel unter Komplexbldg. 25-0547; v. Se durch organ. Lsgm. aus —-Lsg. 27-0548; v. Pu mit N-Benzoylphenylhydroxylamin aus HCl/Citronensäure-Lsg. 27-0550; v. Fe aus —-saurer Lsg. mit Butylacetat 27-0551; u. -Konst. v. — durch Tri-n-butylphosphat in Ggw. v. H_2SO_4 (wirksames Aussalzmittel in bezug auf —) 28-0515; v. Ti(IV) durch Tributylphosphat aus salzsauren Lsg. unter Bldg. d. Komplexions $[TiCl_6]^{2-}$ 28-0516; v. As(III) aus — mit Bzl., n-Heptan u. CCl_4 31-0555; v. Adrenalin unter Verw. v. — 31-1444; Best. d. Verteil.-Koeff. bei d. Extrakt. v. $Na_2[Ru(NO_2)_4(NO)OH]$ durch verschiedene Verdünn.-Mittel u. Einfl. dieser auf d. Gleichgew.-Konst. d. Extrakt. aus verschiedenen Säuren (HNO_3, H_2SO_4, HF, CH_3COOH, — bzw. HBr) unter Komplexbldg. 33-0601; Extrakt.: v. Co(II) aus —-Lsg. durch Tri-n-octylammoniumchloridlsg. 34-0567; v. Nb(V) aus —-Lsg. durch Tributylphosphat in Ggw. einiger Aussalzmittel 34-0572; Extrakt.-Chromatographie mit verd. — bei d. Aufbereit. v. bestrahltem Am 38-0653; Extrakt. v. Te mit n-Amyl-, n-Hexyl-, n-Octylalkohol, Äthyl-, Amyl-, Benzylacetat; Diäthyl-, Dipropylketon; Diisopropyl-, Di-n-butyläther, in Abhängigk. v. d. —-Konz. (Verteil.-Koeff.) 39-0546; Einfl. v. — auf d. scheinbaren Verteil.-Koeff. bei d. Extrakt. v. Sc mit Ae. in Ggw. v. NH_4CNS als $Sc(CNS)_2^+$, $Sc(CNS)_4^-$ bzw. $Sc(CNS)_3Cl^-$ 39-0547; Extrakt.: v. Nb u. Ta mit Methylen-bis-[octylphosphonsäure] aus Oxalsäure-, H_2SO_4-, —- u. HF-Lsg. 39-0549; v. U aus —-sauren Lsg. durch Tri-n-octylamin in Bzl., Cyclohexan, CCl_4, Toluol, $CHCl_3$, Octylalkohol u. o-Dichlorbenzol bei Ggw. v. LiCl (Verteil.-Koeff.) 39-0551; v. Pa durch langkett. Amine Tri-n-nonylamin u. Amberlite LA-2 aus —-Lsg. u. Einfl. v. $HClO_4$- bzw. LiCl-Zusatz (Verteil.-Koeff.) 39-0553; v. Metallen mit Acetylaceton aus —-Lsg. 39-0554; Best. d. Säuremenge in d. wss. Phase nach d. Extrakt. v. W. mit Nitrobenzol aus —-Lsg. 39-0576; Solventextrakt. v. Co^{2+}, Cu^{2+} u. Zn^{2+} aus HCl/Na-Acetatpufferlsg. 40-0504; Extrakt. einiger Elemente mit $\beta.\beta'$-Dichlordiäthyläther aus —-Lsg. 42-0505; Anwend. d. diskontinuierl. Gegenstromsolventextrakt. zur Unters. d. Verteil. v. Metallionen zwischen — u. Methylisobutylketon 42-0506; Extrakt.-Mechanismus v. — durch prim., sek. u. tertiäre langkett. aliphat. Amine 43-0537; Austauschgeschw. d. Hf(IV) in Abhängigk. v. d. —-Molarität bei d. Extrakt. mit TTA 43-0538; Extrakt. v. Pb(II), Cd(II), Cu(II), Co(II), Zn(II) u. Fe(III) aus — mit einem Trioctylmethylammoniumsalz 43-0539; Lsgm.-Extrakt.: v. Po durch Hexon oder Acetylaceton aus HCl-Lsg. 45-0503; v. Metallen in Form v. Chlorokomplexen durch Triisooctylamin/CCl_4 aus —-Medium 45-0506; Extrakt. v. Tl(III) aus HCl-Lsg. mit Ae. in Bzl., Cyclohexan, Heptan u. CCl_4 u. mit Diisopropanol, Pentylacetat, Cyclohexanon u. Methylisobutylketon in Bzl. u. d. Solvatat.-Zahl d. zu extrahierenden Verb. $HTlCl_4$ 49/50-0528.

Reaktionen:

Ultraviolett-induzierter Isotopenaustausch in gasf. Gemischen v. — u. D_2 sowie v. DCl u. H_2 11-0700; Radiolyse wss. — durch Einw. ionisierender Strahl. in Ggw. v. N_2, H_2, O_2 12-0742; Isotopenaustausch-Geschw. v. H durch D in — in homogener Gasphase im Einzelpuls-Stoßrohr 18-0620; ^{60}Co-γ-Radiolyse v. — bei 77 °K unter H_2-Bldg. 22-0657; Isotopenaustausch zwischen $H^{36}Cl$ u. festen Metallchloriden 39-0671; katalyt. Ox. v. — zu Chlor 24-2581*; UV-Photolyse v. — in Ar oder CO 27-0704; Ox. zu Cl_2 32-2212*; Herst. v. Gasgemischen für d. —-Ox. 43-1901*; Dissoziat. v. — 47-0620; Wrkg. d. Neutralisat. wss. NH_3-Lsg. durch gasf. — auf d. Oberflächeneig. 8-0662; Hydrolyse d. Stickstofffluoride mit Lsg. v. — 29-0711; Kinetik d. Rk. v. atomarem H mit — u. Nitrosylchlorid in einem Entlad.-Ström.-Syst. 19-0684; Rk.: mit SO_3 35-2145*; mit Si 26-2317*, 27-1008, 32-2542; Kinetik d. Rk. v. Si mit — (Einfl. d. Reinheitsgrades v. Si) 49/50-0625; Rk.-Fähigk. mit — u. Veränder. bei therm. Behandl. v. Phosphaterzen 42-0795; Rk. mit As_2O_3 34-2295*; Isotopenaustausch zwischen $H^{36}Cl$ u. einigen Metallchloriden 39-0671; Geschw. d. Auflsg. v. Metalloxidhydraten in — 49/50-0632; Rk.: mit Alkalihydridoborat(III) ($MeB_{10}H_{13}$) 28-2208*; mit Natriummetasilicat 12-0668; Geschw. u. Mechanismus v. — mit F_2, ClF, Cl_2, H_2, HCl, Na_2, NaH (Voraussagen u. Vgl. mit experimentellen Daten) 29-0665; Kinetik d. Rk. v. — mit Na 34-0692; Darst. v. Kieselsäuresolen aus — u. Na_2SiO_3 48-0594; Unters. v. Rk. v. natürl. Serpentin (Chrysotil) mit — (IR-Spektroskopie) 29-0824; Einfl. auf d. Fließverh. v. $CaHPO_4 \cdot 4H_2O$-Suspens. in W. oder Glycerin 5-0673; Neutralisat.-Geschw. v. — mit dispergiertem $CaCO_3$ in Abhängigk. v. pH, Rührgeschw., Temp. u. Teilchengröße 6-0719; Rk. mit Apatit 22-2187; Umsetz. v. CdO mit — 13-0777; Rk. zwischen Hg u. einer gasf. Misch. aus — u. SO_2 51/52-0642; massenspektrometr. D-Analyse bei d. Umsetz. v. DCl mit $LiAlH_4$ 20-1891; Stabilitätsbereich d. Pyrophyllits unter d. Einfl. v. — 38-0867; Auflsg.-Geschw. v. InS in — 37-0698; Rk. v. TiO_2-Mineralien mit — 48-2253*; Unters. d. Syst. $GeCl_4/Me_2S/HCl/H_2O$ (Me = Li, Na, K, Rb bzw. Cs) (Bldg. u. Rk. v. GeS_2 u. Alkalimetallthiogermanaten) 35-0697; Auflsg. v. Ge in — in Ggw. v. Ox.-Mitteln 46-0688; Best. d. Komplexbldg.-Konst. v. $PaOOH^{2+}$ u. Pa^{4+} in — 49/50-0696; Unters. mehrstuf. Komplexbldg.-Rk. v. Mo(V) in H_2SO_4 + HCl-Lsg. mit d. EPR-Meth. 19-0591; Best. d. Polymerisat.-Konst. d. Hexawolframat-Polyanions auf Grund v. pH-metr. Unters. v. Na_2WO_4-Gemischen mit — 30-0527; isotherme Löslichk., Phasen- u. Glasbldg., Schmelztemp., Eutektikum u. Unters. über Hydrolyse d. Syst. $UCl_4/HCl/H_2O$ 31-0566; H-Bind. v. anion. Me(VI)-Tetrachlorokomplexen (Me = U, Np, Pu) mit — 13-0794; Verh. v. Pu in —-sauren Lsg. (Komplexbldg.) 18-0532; Unters. d. Komplexbldg. durch $FeCl_3$ + — mit d. diamagnet. Salzen KCl, NaCl, NaBr, KJ, NaJ, Na_2SO_4, $NaNO_3$ u. $NaClO_4$ (Stabilitätskonst.) 22-0552; Inhibitorwrkg. v. Dibenzylsulfoxid bei d. Ni-Auflsg. in — 34-2543; Rk. mit Cu in Ggw. v. NH_4Cl 24-2198*; Unters. d. Syst. CuO/HCl, NiO/HCl, Nd_2O_3/HCl, TiO_2/HCl, ZrO_2/HCl, V_2O_5/HCl, Nb_2O_5/HCl u. Cu_2O/HCl 31-2266; Chlorier. v. Rh mit — 26-0785.

Salzeffekt auf d. Addit. v. — an Acetylen 26-0997; Rk.: mit Äthylen 26-2704*; v. N-Methylhexafluordisilazan mit — 27-0724; mit C_2H_2 32-2558*; mit C_2H_4 u. O_2 39-2370*; Chlorier.-Rk. v. C_2H_4 mit — u. O_2 43-0659; Rk. mit aliphat. oder aromat. Vinylverb. 8-2655*; Komplexe v. — mit aromat. KW-Stoffen in n-Heptan 24-0919; Rk.: v. Bis-[cyclopentadienyl]-titan u. Monocyclopentadienylphenyltitan mit — 37-0740; mit Gemisch aus m- u. p-Divinylbenzolen 40-2522*; Rk. zwischen $NaB_{11}H_{14} \cdot 2{,}5\,C_4H_8O_2$ u. d. entsprechenden Menge — (Bldg. v. zwei neuen Undecaboranen) 40-0682; Kinetik d. Austauschs v. Cl-Atomen zwischen — u. Benzylchloriden 5-1048; Rk.: mit Si u. Chlorbenzol in d. Wirbelschicht 21-2769; mit CH_3Cl u. Si 27-1009; mit 1.1-Dichloräthylen 39-2368*; Unters. d. Verh. d. Komplexverb. Blei-o-Phenanthrolinthiocyanat gegenüber — 49/50-0694.

Umsetz. v. Pt(II)-Nitrodiaminen wie trans-$[Pt(NH_3)_2(NO_2)_2]$, cis-$[Pt(CH_3NH_2NO_2)_2]$ u. cis-Pt en $(NO_2)_2$ mit — 18-0745; Photork. v. arom. Nitroverb. mit — 32-0996; Rk. v. langkett. Alkylaminen mit Cl in — 33-1047; Neutralisat.-Wärme d. Rk. v. — mit wss. Hydrazin 37-0551; Rk. bzw. Verb.-Bldg. in d. Syst. HNF_2/HCl u. CH_3NF_2/HCl 39-0533; Amine als —-Akzeptoren bei d. Piperazin-Copolykondens. in Lsg. zu Polyamiden 39-1106.

Stereochemie d. Anlager. v. — an Stilbenoxide 4-1054; Rk.-Geschw. v. Cs mit A. u. — 8-0701; Rk.: mit 3-Dialkylaminomethyl-3-aryloxymethyloxetanen 13-1098; mit 1-Alkoxypentachlor-1.3-butadien 13-3411*; mit substituierten 2-Chloroxiranen 14-1114; Molekülumlager. bei d. Rk. v. 3.4-Dimethylhexin-(1)-diol-(3.4) mit — 18-0935; Rk.-Enthalpien v. $Ti(OC_2H_5)_4$ mit — in Cyclohexan oder wss. — 19-0531; Rk.: v. $V(O\text{-tert.-}C_4H_9)_4$ mit verd. — 19-0533; v. 1.4-Dialkoxybenzolen mit — 19-2702*; mit 5-Brom-4.6-dihydroxyprimidin 23-1087; mit Vinyl-n-butyläther 28-1048; mit Stilbenoxiden bzw. Styroloxid 37-1033; mit Alkoholen bzw. Buten-(1) 38-1015.

Spalt. v. Trifluormethylarsinophosphinaminen durch — 7-0729; Dest. mit einer Misch. aus CO_2, $COCl_2$, $POCl_2$, CH_3Cl u. $(CH_3)_4PCl$ 21-2799*; Hydrolyse v. Kaliumphosphiddiboran u. Kaliumdimethylphosphid-bis-[trimethylbor] in wss. — 23-0731; Rk.: mit Triphenylphosphin- oder 1.2-Bis-[diphenylphosphino]-äthan-Verb. v. nullwert. Pt, Pd u. Ni (Komplexbldg.) 38-0791; mit 1.1-Dimethyl-1-silacyclobutan 21-1150; Gewinn. d. Jodanteils v. Alkyl- oder Arylzinnjodiden durch Rk. mit HCl 4-2576*; Rk. v. Dialkylaminotrialkylstannanen mit — 7-0768; Demetallier. aromat. Organo-Sn-Deriv. durch — in Methanol 20-0647; Isotopenaustausch d. H u. Übertrag. d. Rk.-Zentrum bei d. Deuterodemetallier. d. Benzyl-Hg-Chlorids unter d. Einw. v. — (DCl) 25-0671; Protodemercurier.: v. arylsubstituierten Hg(II)-Chloriden durch wss. alkohol. — 30-0603; v. heterocycl. substituierten Hg(II)-Chloriden mit wss. alkohol. — 30-0604; Umsetz. v. $(NH_4)_2CS_4$ bzw. $Na_2CS_4 \cdot 3\,H_2O$ in Dimethyläther mit gasförm. — bei *−78°* 4-0694; Rk.: mit 2-Anilino-Δ^2-oxazolin 15-1059; mit Methylsenföl 22-0946; mit Dicyandiamid 38-2587*.

Rk.: mit 4-Methylen-8-oxo-bis-nor-1β.9α-caryophyllan-5α-ol 2-1165; mit 9-Anthronen bzw. 9-Thioxanthon-S.S-dioxiden 3-1079; mit 1-tert.-Butyl-3-phenylaziridon 7-1106; mit Hexafluorthioaceton 10-1033; mit 4.6-Dibrom-1-methyl-7-methoxy-1H-cycloheptapyrazolon-(8) 31-0998; mit 4.4'-Bis-[diazoacetyl]-diphenyldisulfid 33-1066; mit Methanol u. Formaldehyd 47-2275.

Rk. mit 2.4-Dinitrobenzoldiazoniumsulfat 21-1141.

Einw. v. — auf Ni(II)-Komplexe N-substituierter Salicylidenäthylendiamine zu Verb. d. Typs $[SAlen{-}N(R)R']_2Ni \cdot 2\,HCl$ 1-0736; Rk.: mit Prod. aus Phthalsäurediäthylester/DMSO 12-0994; d. Oxalathydrate d. Seltenerdmetalle mit — 18-0702, 18-0703, 18-0704; Fällungsrk. d. Trifluoracetatokobalt(III)-Komplexe (cis- u. trans-Form) mit — 18-0728; Kinetik d. Entfärb. einer Phenolphthaleinlsg. durch — 22-0616; Rk.: mit 2-Phenyljodonioindandion-(1.3)-betain 23-1031; mit Phenyljodoniomalonsäuredimethylesterdehydrobetain 23-1032; mit Phenyljodoniodibenzoyl- bzw. benzoylacetylmethandehydrobetain 23-1033; mit $CH_3OCOFe(CO)_2 \cdot C_5H_5$ 33-0791; v. Aryläthylenphosphoramiden u. Aroxyäthylenthiophosphoramiden mit —

18-0993; mit Pyroschwefelsäurederiv. 44-0981.

Rk.: mit Tetra-O-acetyl-β-D-ribosen 18-1076; mit 1-O-substituierten 3.5-Di-O-p-toluyl-2-desoxy-L-ribosen 18-1078; mit Epoxysteroiden 10-1158; Hydrolyse v. Espenholz mit – 44-3012.

Beding. zur Darst. d. Tetrameren v. Chlorcyan u. dessen Deriv. u. Bldg.-Mechanismus nur in Ggw. v. – 4-2476; Einfl. auf d. Instabilität v. ^{14}C-Pyruvat in wss. Lsg. 5-1289; katalyt. Aktivität v. mit BF_3, HF, BCl_3 oder – promotiertem Al_2O_3 beim Kracken v. Cumol u. Gasöl u. bei d. Isomerisier. v. m-Xylol 10-0727; Rk.: v. Acetylen, CO, u. einem gesätt. cycloaliphat. Alkohol in Ggw. v. – 10-2720*; v. Gluconsäurehydrazid mit Cl_2 in Ggw. v. – 15-1094; v. Acrylamid mit Glyoxal in Ggw. v. – 26-2714; Verw. v. –: bei d. Polymerisat. v. Acrylaten 26-3022*; bei d. Polykondens. v. Stein- u. Braunkohlenteer 26-3080*; Rk. v. (Thio)-Harnstoff mit Rk.-Prod. aus C_2H_2 u. Alkoholen oder organ. Säuren in Ggw. v. wasserfreier – 27-2644*; Bldg. v. Polyanionen d. Typs $[HW_6O_{21}]^{5-}$ u. $[W_4O_{13}]^{2-}$ bei Umsetz. v. Na_2WO_4 mit organ. u. anorgan. Säuren u. v. koll. Wolframsäuren in Ggw. v. – 30-0526; Kinetik u. Lsgm.-Effekte in d. – -katalysierten Kondensat. v. Diäthylsilandiol in Dioxan 31-0665; Einfl. auf d. Umwandl. v. Kollagen in Gelatine 36-3067; therm. Zers. v. Monoäthanolaminohydrohalogeniden in Ggw. v. – 40-2536*; Rk. v. Furfurol mit Formalin u. – als Katalysator 42-2478; durch – katalysierte Polymerisat. v. Malonitril 51/52-1076.

– -Korros. in Müllverbrenn.-Anlagen durch PVC-halt. Müll. 2-2495; Korros. v. Messing Sr *63* in – 3-2464; Korros.-Schutzwrkg. v. Urotropin u. KJ auf d. Ti-Korros. in – 13-2592; Korros.-Eig. v. Rein-Ti u. Ti–Pd-Leg. in – 18-2544; Inhibitorwrkg. v. Furfurol auf Al2S u. 3S in – 18-2555; Bldg. v. Chlorokomplexen bei d. anod. Korros. v. Ru in – 20-0596; Einfl. v. NH_4^+ auf d. Korros. v. Cu in – 22-2470; Geschw. d. Stahlkorros. in – 46-2377; Korros. v. Tl–Pb- u. In–Tl-Leg. in – 48-2531; Inhibitorwrkg. v. Furfurylamin auf d. Stahlkorros. in – 49/50-2260.

Biochemisches und physiologisches Verhalten:

Einfl.: auf d. Trypsininhibitorgeh. im Pankreassaft bei chron. Pankreatitis 11-1531; auf d. serolog. Aktivität d. Zellfrakt. v. Shigella sonnei 7-1479; Resistenz v. Pseudomonas aeruginosa gegen – 10-1481; Wrkg.: v. Imidazolen auf d. akt. Transport v. – in d. Magenschleimhaut 15-1643; Mastzellenprodukt. u. Gewebecalcifikat. durch – 3-1203; Einfl. v. γ-Aminobuttersäure auf d. durch – bei Hunden hervorgerufenen Pankreassekret. 48-1524; Toxizität v. – (in Fabrikräumen) 4-2803; (nach Injekt. in d. Dottersack v. reifen Eiern vor d. Inkubat.) 25-1516.

Technische Verwendung:

Verwend. zur Cl_2-Herst. 1-2309*; Elektrolyse v. wss. – 4-2187*; Verw. zum Aufschluß v. Ti-Erzen 4-2133*, 9-2369*; Verw. v. – zur Gewinn. v. techn. Cl_2 40-2103; Herst. v. Cl aus – 47-2024; Verf. zur wirtschaftl. Erzeug. hochreiner Phosphorsäure aus – u. Phosphatgestein 47-2027; Verw. zur Cl-Gewinn. 49/50-1996*; Ätzwrkg. v. Gemischen aus – 14-2551; Beizen v. Fe-Teilen durch – (Regenerat. d. Beizbäder) 16-2409; Umstell. v. H_2SO_4 auf – in übl. Beizeinricht. 16-2410; Fortschritte in d. Beiztechnik mit Beizen auf Basis – 19-2493; Flußmittel zum Löten aus Rk.-Prod. v. –, Äthanolamin u. Hydroxyessigsäure 23-2407*; Verw. als Kondens.-Mittel zur Rk. v. Lävulinsäure mit Phenol 1-2741*; Wiedergewinn. d. CuCl-Katalysators aus harzartigen Nebenprod. bei d. Herst. v. Acrylnitril durch Extrakt. mit – 10-2719*; Stabilisieren v. Acetylenen mit – 47-2293*; Bereit. v. – -Lsg. für d. Bearbeit. v. Erdöl-, Gas- u. Einpreßbohr. 45-2366*; Säuern v. Erdölbohr. mit – -Lsg. 51/52-2630; Verw.: in einem Mittel zum Entfernen v. Farbflecken 36-2604*; zum Härten v. HCHO-Harzen 26-3049*; Aufnahmefähigk. v. Nylonfaser für sorbierte – 13-3332; Verw.: zur Hydrolyse v. Polysacchariden v. pflanzl. Geweben 42-3011; zur Labgewinn. aus d. Magen v. Schafen u. Ziegen 19-3244; v. – -Gas bei d. Herst. v. Pektinextrakten oder Trockenpektin 31-3063*.

Analyse, Prüfverfahren:

Schnelle chronokonduktometr. Meth. zur Best. v. – 38-1883.

Analyse v. Gasgemischen mit – an Hand d. Beweglichk. v. Li-Ionen 4-1850; nephelometr. Best. in einer industriellen Atmosphäre 8-2082; Best. in Luft durch Gaschromatographie 30-2033; chem. Analyse v. W.-Dampf, –, SO_2, H_2S u. CO_2 enthaltenden Vulkangasen 35-2022; konduktometr. Titrat. in methanol. u. essigsaurem Medium 36-1835.

Entfern. v. Spurenverunreinig. aus einer Lsg. v. Antimontrichlorid in – durch Mitfäll. 7-2113; Konzentrier. v. Verunreinig.-Spuren in – durch Dest. 31-1978; Geh. an Spurenelementen in Abhängigk. v. Aufbewahr.-Material bei d. Analyse v. bes. reinen – 38-1877.

Steiger. d. Alcianblaubind. an Gewebe-Polyanionen durch – 2-2084; Herst. v. – -Maßlsg. an stark saurem Katex S 5-2018; Verw. zur alkalimetr. Ultramikrotitrat. 26-2069; Best. d. Epoxidgeh. in Epoxyharzen nach d. – -Dimethylformamidmeth. 27-1142; Vorkonzentrier. v. Spurenelementen durch Fäll.-Ionenaustausch mit Syst. aus organ. Lsgm. u. – 31-1954; Unters. d. Verh. v. *67* Kationen in – bei d. Verteil.-Chromatographie mit umgekehrten Phasen auf Papier 36-1893; neuer Wert für d. Zus. konst. sd. – für analyt. Standards 38-1878.

Verf. zur getrennten Unters. d. einzelnen Mineralbestandteile v. Steinmetcoriten mittels – 3-0802.

Bibliographie: Hydrochloric acid, commercial types *1* and *2* B 70.

Salze (**Chloride**) •

Spezielle – s. unter d. entsprechenden Verbindungen.

Einordn. v. $^{(260)}104$ in d. *4*. Nebengruppe d. Periodensyst. (Vgl. d. Chloride) 28-0734.

Mess. d. Konz. d. atmosphär. – -Teilchen 25-0819; Verh. v. Al in – -enthaltendem Beton 16-2280.

Bldg. v. Methyldioctylammoniumchlorid in d. organ. Phase bei d. Extrakt. v. HCl mit Methyldioctylamin in Chloroform 24-0524; Entfern. v. – aus bei d. Verbrenn. v. Sulfit- u. Sulfatzellstoffablaugen gebildeten Gasen 32-3150*; Herst. wasserfreier – (Überblick) 47-2025.

Opt. Spektren u. Dichten v. geschmolzenen Chloridsalzen bei hohen $NiCl_2$-Konz. 41-0403; Einfl. d. chem. Bind. auf weiche Röntgen-K- u. -L-Emiss.-Spektren d. Metallions in Chloriden 46-0352.

Kovalenz in Übergangsmetallchloriden durch Cl-Kernquadrupolkoppl. 28-0358, 28-0359.

Verf. mit Ganzmetallzelle zur Mess. d. EMK v. geschmolzenen, keram. Werkstoffen gegenüber korros. Metall/Metallhalogenid-Lsg. 4-0597; Übersicht über Dissoziat.-Vorgänge im Syst. Metallhalogenid/organ. Verb. 9-0641; elektrochem. Verh. v. geschmolzenen – -Misch. 14-0695; Eindringen v. – in Beton (Korros.-Gefahr) 16-2281; Deriv.-Voltammetrie v. Ni(II) u. Co(II) in – -Lsg. 21-0622; Gleichgew. zwischen Sn und einer Sn-Ionen enthaltenden – -Schmelze 26-0575; Einfl. v. – in d. Verb. Tetraalkylammoniumchlorid · $nBe(C_2H_5)_2$ u. Alkalimetallchlorid · $nBe(C_2H_5)_2$ auf d. spezif. Leitfähigk. 26-0604; chronopotentiometr. Mess. in mit HCl gesätt. – -Schmelzen 28-0563; Einw. v. Zn auf Zr-halt. – -Schmelzen 47-0615; Photoeffekt bei d. Polarisat. v. Si in Metallchloridlsg. 46-0612; Kristallisat. v. Ni an d. Kathode bei d. Elektrolyse v. geschmolzenen Chloriden 49/50-0564.

Diffus.-Koeff. v. in geschmolzenen – gelöstem Cl 3-0636; Änder. d. therm. Stabilität d. Trichloride v. Metallen d. ersten Übergangsperiode bei *25°* 13-0553; therm. Zers. d. Oxidchloride einiger Metalle 24-0795; Thermodynamik v. MCl–MBr-Mischkrist. (M = Metall) 26-0529.

Löslichk. einiger Metallchloride in Hexachlorbutadien-1.3 6-0571; Extrakt. v. Zinkchlorid aus wss. chloridhalt. Lsg. mit Kohlenwasserstoffen, in welchen quart. Ammoniumchloride gelöst sind 17-0581; Löslichk. v. Baryt in konz. – -Lsg. einiger Metalle bei erhöhten Temp. 34-0866; Löslichk. u. Lsg.-Wärme einiger Gase (v. Cl_2, HCl, CO u. CO_2) in Metallchloridschmelzen 45-0497.

Einw. v. Chloriden ein- u. zweiwert. Kationen auf geschmolzenes NaCl 2-0608; Red. v. Chloriden d. Übergangsmetalle in organ. Lsgm. 5-2295*; Einw. v. Chloridlsg. auf Portlandzement 26-2460; Rk. mit N_2O_4 27-2214*; hydrothermale Rk. d. Plagioklases mit Chloridlsg. im Hinblick auf Verskarn.-Vorgänge alumosilicat. Gesteine 29-0825; Isotopenaustausch zwischen $H^{36}Cl$ u. festen Metallchloriden 39-0671; Verb. v. $SbCl_3$ mit anderen Metallchloriden im nichtwss. Medium 39-0750; Spalt. v. Organozinnschwefelverb. durch – 43-0715.

Rk. v. einem Aldehyd, einem Paraffin mit O_2-halt. Gas in Ggw. v. Metallchloriden 6-2529*; Chlorier. v. (chloriertem) Bzl. in Ggw. v. Metallchloridkatalysatoren 10-2736*; Verw. v. gebundenem Chlorid auf einem synthet. anorgan. Oxid in einem Katalysator zur Reformier. v. KW-Stoffen 10-2890*; Einfl. der Kationen v. M (K, Mg, Na, Ca u. NH_4) in MCl auf d. katalyt. Aktivität v. CuCl–MCl-Lsg. bei d. Dimerisier. v. Vinylacetylen 22-0920; durch Ni-π-Allylkomplexe + Metallchloride katalysierte stereospezif. Butadienpolymerisat. 34-1153; Ox. v. Bzl. in Ggw. v. Chloriden eines Elements d. VIII. Gruppe d. Period. Syst. 40-2516*; Metallchloride in statu nascendi als Sulfurier.-Katalysatoren 41-1042; Rk. v. (Halogen)Trichlormethylbenzoesäureestern mit (Halogen)Benzoldicarbonsäuresemiestern in Ggw. eines Halogenids 42-2505*; Äthylen–Propylen-Copolymerisat. durch Übergangsmetallhalogenide + Al-Hydridderiv. 44-1129; Oxychlorier. v. Olefinen mit Schwermetallchlorid-Katalysatoren 47-2290*.

Zusatz v. Metallchlorid, zur Verringer. d. W.-Geh. v. Zementmisch. 16-2289*; Verw. zur Herst. v. Zementwerkstoff 22-2326*; Zusatz v. – bei d. Herst. v. NH_3-Ton-Düngemitteln 7-3307*.

Photometr. Best. v. – mit d. Eisen(III)-rhodanidmeth. 6-1959; potentiometr. Best. d. – in Wein, dest. Spirituosen u. Weinessig 14-2121; Mikrobest. v. Spurenmengen organ. Chloride durch Verbrenn. u. Mikrocoulometrie 15-2032; argentometr. Best. v. – in Ggw. v. 3.3′-Dimethylnaphthidin 31-1961; Best.: des – -Geh. v. Zinksulfidluminophoren 34-2041; v. – -Spuren in Eisenoxid 34-2070; d. – in biolog. Fl. mit Hilfe d. Hochfrequenztitrat. 44-1914; qual. u. halbquant. Best. v. Mn in Ggw. v. – 48-1905.

Chloraceton s. unter C_3H_5ClO.
Chloral s. unter C_2HCl_3O.
Chloralhydrat s. unter $C_2H_3Cl_3O_2$.
Chloralid s. unter $C_5H_2Cl_6O_3$.
α-**Chloralose** s. unter $C_8H_{11}Cl_3O_6$.
Chlorambucil s. unter $C_{14}H_{19}Cl_2NO_2$.
Chlorameisensäure s. unter $CHClO_2$.
Chloramin s. unter $C_5H_{11}Cl_2N$.
Chloramin B s. unter $C_6H_6ClNO_2S$.
Chloramine, anorganische s. unter *Stickstoffverbindungen*.
Chloramin-T s. unter $C_7H_8ClNO_2S$.
Chloramphenicol s. unter $C_{11}H_{12}Cl_2N_2O_5$.
Chloranil s. unter $C_6Cl_4O_2$.
Chloranilsäure s. unter $C_6H_2Cl_2O_4$.
Chlorantinlichtgrün BLL s. unter $C_{50}H_{38}N_{12}O_{18}S_4$
Chloratranorin s. unter $C_{19}H_{17}ClO_8$.
Chlorazanil s. unter $C_9H_8ClN_5$.
Chlorazin s. unter $C_{11}H_{20}ClN_5$.
Chlorazisin s. unter $C_{19}H_{21}ClN_2OS$.
Chlorazoldiazoblau 3 G s. unter $C_{27}H_{20}ClN_5O_8S_2$.
Chlorazolfast pink s. unter $C_{33}H_{26}N_8O_{15}S_4$.
Chlorazol Sky Blue s. unter $C_{34}H_{28}N_6O_{16}S_4$.
Chlorazone s. unter $C_7H_8ClNO_2S$.
Chlorbenzilat s. unter $C_{16}H_{14}Cl_2O_3$.
Chlorbetamid s. unter $C_{11}H_{11}Cl_4NO_2$.
Chlorbutanol s. unter $C_4H_7Cl_3O$.
Chlorbutol s. unter $C_4H_7Cl_3O$.
Chlorcholinchlorid s. unter $C_5H_{14}ClNO$.
Chlorcyan s. unter $CClN$.
Chlorcyclizin s. unter $C_{18}H_{21}ClN_2$.
Chlordan s. unter $C_{10}H_6Cl_8$.
Chlorden s. unter $C_{10}H_6Cl_6$.
Chlordiazepoxid(e) s. unter $C_{16}H_{14}ClN_3O$.
Chloreton s. unter $C_4H_7Cl_3O$.
Chlorex s. unter $C_4H_8Cl_2O$.
Chlorgonadotrophin, Nachw. v. – im Urin 47-1922*.
Chlorguanid s. unter $C_{11}H_{16}ClN_5$.
Chlorhexidin s. unter $C_{22}H_{30}Cl_2N_{10}$.
Chlorhydrin s. unter $C_3H_7ClO_2$.
Chlorhydrine s. unter *Halogenhydrine*.
Chloridin s. unter $C_{12}H_{13}ClN_4$.
Chlorierung s. unter *Halogenierung*.
Chlorin [Chemiefaser] s. unter *Chemiefasern (Polyvinylidenchloridfasern)*.
Chlorin [Chlorophyllabbauprodukt] s. unter $C_{20}H_{16}N_4$.
Chlor-IPC s. unter $C_{10}H_{12}ClNO_2$.
Chlorisondamin s. unter $C_{14}H_{22}Cl_4N_2O_2$.
Chlorite, Vork. v. –: in d. Bauxitlagerstätte d. südl. Taurus (Türkei) 2-0842; im Intrusivdiabas d. Montes de León in Nordwestspanien 4-0779; Bldg. v. – im Nebengestein d. Cu-Gürtels v. Khetri in Rajastan 4-0793; Verteil. v. – im pyroklast. Tertiär d. Mogami-Distrikts, Präfektur Yamagata 5-0874; – in perm. Bentoniten d. Delaware-Beckens, Texas 5-0894; Bldg. v. – während d. alpid. Metamorphose an Erzlagerstätten am Ostrand d. Alpen 7-0829; Vork.: v. – in d. Grünsteinen d. Zentraltales v. mittleren Atlantikrücken 8-0821; eines Minerals d. – -Gruppen in Betoniten v. Bhadres u. Hathi-Ki-Dhani, Barmer Distrikt, Rajasthan, Indien 9-0843; v. – in Sedimentgesteinen 11-0852; v. Ce-halt. Vesuvian mit – in Grünstein aus Kalifornien 12-0836; v. – -Schiefern in bas. u.

ultrabas. metamorphen Schollen in d. Gegend v. Villalba (Lugo-Spanien) 16-0758; Carbonat–Quarz–Hydrogoethit- - -Eisenerze d. Nord-Priasow-Gebietes 17-0852; Vork. v. —: in Kyanit-Quarzit bei Big Rock, Rio Arriba County, New Mexico 17-0854; im alpinen Salinar 17-0861; geochem. Evolut. durch Abbau v. — in d. Hydrosphäre 18-0767; durch tiefgehende Rückstandsverwitter. hervorgerufene Bldg. v. Vermiculit-— 19-0818; Vork. v. —: im Skarn eines bestimmten Bezirkes, Kiangsu 19-0825; in d. Spiliten d. Reihe v. Moglio; Helmintoid-Flyschdecke d. französ.-italien. Seealpen 19-0827; in Kalkkonkret. u. umgebenden Tonschiefern 21-0841; Vork. v. Eisensteinen neben — im unteren Karbon v. Tynagh, Irland 21-0879; Bezieh. zwischen d. chem. Zus., Lichtbrech. u. D. einiger koexistierender Biotite, Muskovite u. — aus granit. Tiefengesteinen 22-0782; Vork. v. — in Böden d. Euganeischen Hügel 23-0792; —-halt. Mandeln in Metaeffusivgesteinen v. Nordwest-Kamtschatka 24-0827; —-Illit-Tonstein in qualitätsreichen Kohlen v. Queensland, Australien 24-0833; — d. Bodenlagerstätten d. Ariakesees in Kyushu, Japan 24-0858; Vork. v. — in d. spilit., devon. Intrusivreihe v. Bolazec u. ihre petrogenet. Bezieh. mit d. Vulkanismus d. Dinant aus d. Gegend v. Huelgoat (Nord-Finistère) 26-0835; Bldg. v. — bei d. Verwitter. v. Spessartit v. Halaguru, Staat Mysore 26-0851; Vork.: v. ox. — in d. Penninzone d. westl. italien. Alpen 28-0779; v. Dickit u. Nakrit neben einem dioktaedr. — mit Wechselschichtstruktur 28-0813; —-Bldg. v. Salsigne, Aude 28-0840; Vork. v. —: im Schiefer am SE-Rand d. Schwarzburger Sattels 29-0800; in d. Chloritoideinlager. d. epimetamorphen Gebiete d. Gegend v. Ceuta (nördl. Rif, Marokko) 29-0802; in d. Eisenerzlagerstätten d. mähr.-schles. Devons 29-0820; Alter metamorpher Quarz–Sericit-—-Schiefer d. Armen. SSR 32-0783; Vork. v. — in Gängchen d. Puddingsteins v. Thy (Dyle Tal) 33-0839; Bldg. v. — bei d. hydrothermalen Veränder. d. Bohrlöcher GS-*3* u. GS-*4*, Main, Terrace, Steamboat Springs, Nevada 33-0879; — in d. Carbonatgesteinen d. Zechsteins 34-0815; Zus. v. Plagioklas u. assoziiertem — in Schiefern v. Vermont, USA, u. South Westland, New Zealand 34-0843; Vork. v. — in d. Orlando-Mine, Tennant Creek, Australien 34-0853; — in einem Axinitvork. in Westmähren 36-0837; Natur u. Verteil. v. — in d. rezenten Sedimenten d. Golfs v. Gascogne 39-0781; Vork. v. Gibbsit mit sek. — in schwachveränderten Gesteinen d. Verwitter.-Rinde 41-0815; sek. — in sedimentären Fe-Erzen d. Kursker magnet. Anomalie 41-0832; — wechselnder Zus. aus d. Fe-Erzlagerstätten v. Benkalinsk u. Schagyrkulsk 41-0833; Vork.: v. — in d. Trachyt–Latit-Gesteinen v. Dojran in Mazedonien 43-0768; v. Axinit in Assoziat. mit — im polarnahen Uralgebiet 48-0746; — u. organ. Substanz in rezenten marinen Sedimenten d. Japangrabens 49/50-0731; Vork. v. — in silur. Bentoniten im Oslo-Bereich 49/50-0739; autometamorphe retrograde Umwandl. v. Biotiten in — u. Muskovite in sauren Tiefengesteinen 49/50-0740.

Opt. Absorpt.-Spektren v. Fe^{2+} in — 33-0397; Bezieh. zwischen IR-Absorpt.-Spektren im Bereich *450 – 900* cm^{-1} u. chem. Zus. v. — 20-0290; IR-Absorpt. v. O–H-Bind. in — 47-0355; —-Polytypie (Krist.-Struktur eines orthogonalen Fe-—) 3-0312; Unters. d. chem. Konstit. u. Bezieh. d. Optik zu d. Chemismus d. — mit Hilfe d. Korrelat.-Analyse 24-0838; Bezieh. zwischen spezif. magnet. Suszeptibilität u. d. (Fe + Mn)-Geh. v. — 5-0562; Beurteil. d. chem. Bind. auf Grund d. Hyperfeinstruktur d. EPR-Spektren v. Mn^{2+}-Beimeng. in — 12-0421; Phasenbezieh. d. — im Syst. $MgO/Al_2O_3/SiO_2/H_2O$ 13-0879; Tonmineral mit regelmäß. Schichtenfolge v. stark Al-halt. u. quellfäh. — (*Leptochlorit*) 9-0847.

Unters. d. Rk.-Fähigk. v. — als Betonfüllstoff 35-2206; Red. v. *Ferrochlorit* in Kertsch-Erz 7-2459; Rk. Mg, Fe, Al-Chlorit + Quarz ⇌ Gedrit + Cordierit + H_2O 21-0901; Chlorit–Biotit-Gleichgew.-Rk. in einem carbonatfreien Syst. 34-0859; Rk.-Fähigk. v. — gegenüber d. Angriff v. Säure (*3n* HCl) 41-0836.

Chloritoid, Vork. v. — in d. Bauxitlagerstätte d. südl. Taurus (Türkei) 2-0842; Bldg. v. — bei d. experimentellen Metamorphose 5-0918; Vork. v. — in Kyanit–Quarzit bei Big Rock, Rio Arriba County, New Mexiko 17-0854; —-Einlager. in d. epimetamorphen Gebieten d. Gegend v. Ceuta (nördl. Rif, Marokko) 29-0802.

Chloritschiefer s. unter *Chlorite.*

Chlorkalk s. unter *Calciumhypochlorite.*

Chlorkohlensäure s. unter $CHClO_2$.

Chlormadinon s. unter $C_{23}H_{29}ClO_4$.

Chlormerodrin s. unter $C_5H_{11}ClHgN_2O_2$.

Chlormethiazol s. unter C_6H_8ClNS.

Chlormethylencyclin s. unter $C_{23}H_{25}ClN_2O_9$.

Chlormethylierung s. unter *Alkylierung.*

Chlormezanon s. unter $C_{11}H_{12}ClNO_3S$.

Chlormycetin s. unter $C_{11}H_{12}Cl_2N_2O_5$.

Chlorobactin s. unter $C_{40}H_{52}$.

Chlorochin s. unter $C_{18}H_{26}ClN_3$.

Chlorocid s. unter $C_{11}H_{12}Cl_2N_2O_5$.

Chlorocruorin s. unter *Blutfarbstoffe, Andere respiratorische Farbstoffe .*

Chlorocyclizin s. unter $C_{18}H_{21}ClN_2$.

Chloroform s. unter $CHCl_3$.

Chlorofos s. unter $C_4H_8Cl_3O_4P$.

Chlorogenin s. unter $C_{27}H_{44}O_4$.

Chlorogensäure s. unter $C_{16}H_{18}O_9$.

Chloromelanit, Vork. v. — in jadeithalt. Mandeln in Metaeffusivgesteinen v. Nordwest-Kamtschatka 24-0827.

Chlorophäit, sek. Ton in d. Basalten v. Rajmahal in Indien u. seine Bezieh. zu Palagonit-— 16-0776.

Chlorophos s. unter $C_4H_8Cl_3O_4P$.

Chlorophyll a_1, — im Rk.-Zyklus II d. Photosynth. mit Blitzlicht 20-1422.

Chlorophyll-a₁-430-703, Photoox. v. — bei d. Photosynth. mit Blitzlicht 20-1420; Eig. d. Rk.-Zyklus v. — bei d. Photosynth. mit Blitzlicht 20-1421.

Chlorophyll b s. unter $C_{55}H_{70}MgN_4O_6$.

Chlorophylle

Vorkommen, Gehalt: Vork.: im Boden (Herkunft) 46-2947; (Zers.) 46-2948; in d. Chromatophoren v. Chlorobium thiosulfatophilum 1-1239; Wrkg. v. Atrazin auf d. —-Geh. v. Chlorella vulgaris 35-1445; — in Chlorella 36-1423.

—-Geh. während d. Wachstums im Dunkeln 1-1440; Einfl. v. Mn auf d. —-Geh. im Kopfsalat 1-3266; —-Lipoprotein v. Sapium sebiferum 4-1406; Einfl.: d. mineral. N-Ernähr. auf — d. Apfels 9-1461; v. Dimethylsulfoxid u. B *995* auf d. —-Geh. v. Datura innoxia 9-1511; —-Geh. d. Blätter u. Chloroplasten v. Antirrhinum majus in Abhängigk. v. d. Entw. 13-1494; —-Mangel-Mutat. durch n-Butylmethansulfonat u. verwandte Verb. bei Gerste 16-1150; Wrkg.: v. Pflanzenwachstumsregulatoren auf d. —-Geh. v. Kartoffelblattscheiben 19-1458; einer Eisenchelatdüng. auf d. —-Geh. d. Pappel 19-3212; —-Geh. v. Sämlingen v. Deschampsia flexuosa 20-1406; Anhäuf. v. — in Chloroplasten d. Zuckerrübe unter d. Einfl. v. Co, Mo u. Zn 22-1351; Charakterisier. v. aus Chloroplasten isolierte ——Proteinkomplexe 24-1443; — v. Nicotiana tabacum 24-1444; —-Geh.: d. zweiten Generat. v. γ-bestrahlter Gerste nach d. Samenbehandl. mit Äthylenimin 26-1215; bei höheren Pflanzen (Vgl.) 31-1345; Einfl. v. Chlorcholinchlorid auf d. Geh. d. Weizens an — 32-3081; —-Geh. v. Apfelbäumen bei Chlorose 33-1493; Einfl.: v. Wachstumsverzögerern auf d. —-Geh. in Bezieh. zur Blattalter. 36-1440; d. Ernähr. d. Rebstöcke zu Beginn d. Pflanz. auf d. —-Geh. 37-1366; Veränder. d. Beständigk. d. ——Protein–Lipoid-Komplexes bei d. mit Natriumchlorphenoxyacetaten behandelten Pflanzen 38-1454; Einfl. d. Kinine auf d. —-Geh. vergilbter Blätter 38-1466; —-Geh. einiger Pflanzen 40-1423; Veränder. d. —: während d. Reifens v. Capsicum frutescens 40-3178; nach chem. u. physikal. Behandl. d. Blätter u. Blattextrakte 43-1299; Wechselwrkg. v. Benzimidazol u. Allantoin auf d. —-Geh. abgeschnittener Weizenblätter 43-1307; Verteil. in Teilen v. Chloroplasten 44-1201; Einfl.: d. Taglänge auf d. ——Eiweiß–Lipoid-Komplex d. Pflanze 45-1313; d. Verhältnisses v. rotem u. blauem Licht d. Lumineszenzlampe auf d. —-Geh. in d. Blättern einiger Pflanzen 45-1314; v. Vor- u. Nachbehandl. mit AET auf d. Häufigk. v. durch Röntgenstrahlen bei Gerste induzierten —-Mutat. 48-1308.

—-halt. Proteolipid aus Spinatchloroplasten 12-1471.

—-Geh. in rohem Rapsöl 28-3263.

Bildung, Darstellung: Hemm. d. —-Synth. bei Chlorella pyrenoidosa durch Phenyläthylalkohol 2-1511; Wrkg. v. rotem u. IR-Licht auf d. —-Bldg. in Erbsensämlingen 6-1395; —-Bldg. in Lolium temulentum nach Behandl. mit Trimethylammonium-2-chloräthylchlorid 9-1510; Fähigk. einiger Pflanzen zur —-Synth. in Abwesenh. v. Licht (Übersicht) 11-1447; —-Synth. bei Chlorella (mögl. Teilnahme v. Zn) 16-1384; Biosynth. d. Phytols d. — in grünen Blättern 18-1423; —-Bldg. bei in Dunkelh. gewachsenen Kiefernembryonen auf verschiedenen Medien 21-1498; Wrkg. v. Fe auf d. —-Bldg. in Mais u. Rettich 21-1502; Regulier. d. —-Synth. durch Gibberellin während d. Blattalter. 24-1498; Biosynth. (chem. Einbau v. Mg in Porphyrin) 26-1433; Anhäuf. v. bakteriellen —-Vorläufern durch Mutanten- u. Wild-Typ-Stämme v. Rhodopseudomonas spheroides 28-1434; Einfl.: v. „Luftionen" auf d. an d. —-Synth. beteiligtem Fe-Geh. v. Gerstensämlingen 28-1480; d. Eisenchlorose auf d. —-Bldg. v. Nicotiana tabacum 29-1395; Aminosäurengeh. u. —-Bldg. in Kartoffelkeimen 31-1361; Teilnahme d. Nucleinsäuren an d. Biosynth. v. — 33-1456; Chloroplastenstruktur in Bezieh. zur Biosynth. v. — 33-1468; Einfl. v. Cs^+ auf d. —-Bldg. in Gerstensprossen 33-1473; Synth. u. Zerstör. v. — in d. Pflanze unter d. Einfl. v. Gibberellin u. Vitamin B_2 33-1488; Wrkg.: v. Antibiotika auf d. —-Bldg. v. Pflanzen 36-1455; v. Dihydrostreptomycin auf d. —-Bldg. bei Gymnogramme calomelanos var. argentea 40-1452; v. Inhibitoren d. Nucleinsäuresynth. auf d. —-Bldg. durch etiolierte Bohnenblätter 42-1320; —-Bldg. u. Wasserdefizit 46-1395; Fraktionier. d. — v. Euglena u. Mess. d. lichtinduzierten Absorpt.-Intensitätsänder. 42-1323.

Physikalisches und physikalisch-chemisches Verhalten: Absorpt.-Spektren d. wasserlösl. Analoga v. — 28-1010; Lumineszenz v. an Capron adsorbiertem — 16-0798; opt. Eig. d. — aus Pflanzenblättern bei γ-Bestrahl. d. Samen v. Pisum sativum 17-1433; Thermochemilumineszenz (beeinflussende Faktoren) 20-1405; Fluoreszenzkinetik nach d. Einsetzen d. Belicht. 24-1436; Tilg. d. Fluoreszenz d. — u. seiner Analoga durch Methylviologen 35-1134; Struktur v. — aus Nitzschia closterium (Gemisch) 40-1424; spektrale Sensibilisier. d. inneren Photoeffekts v. Kupferphenylacetylenid durch — 9-0485; elektrodenakt. prim. ox. Form d. — 15-1421; reversible lichtinduzierte Einelektrontransferrk. zwischen — u. Hydrochinon in Lsg. 22-1357.

Reaktionen: H/D-Isotopenaustausch zwischen — u. D-halt. Verb. 25-0964; reversible Photork. 38-1447; bleichende Wrkg. v. Leguminosensamen auf — 16-3239; durch — sensibilisierte Red. v. Safranin 9-1006; —-sensibilisierte Redoxrk. 10-1528; Ox. v. mit — sensibilisiertem Carvomenthen 24-1122.

Biochemisches und physiologisches Verhalten: Bedeut. bei d. lichtinduzierten Synth. d. $NADP^+$-abhäng. Glycerinaldehyd-3-phosphatdehydrogenase 27-1420; Kinetik u. Quantenausb. d. ——Cytochrom-Rk. bei bakterieller Photosynth. 51/52-0924; Wrkg. v. Kinetin auf d. Adeninabbau in —-defekten Blättern v. Pelargonium zonale 2-1508; Rk. zwischen d. —-ähnl. Pigment u. d. Elektronenakzeptor unter heterogenen Beding. (Mess. d. Photopotentiale) 26-1431; Rolle beim Pflanzenwachstum 33-1484; Einfl.: d. Desaggregat. auf d. Eig. in d. Chloroplasten u. Homogenaten d. Blätter 35-1453; auf d. Carotinstoffwechsel 39-1494; therapeut. Verw. 13-1936*.

Verwendung: Verw.: in Schmierfett 35-2442*; in Wärmekopiermaterialien 7-3498*; in Sulfhydrylgruppen enthaltenden Photopolymerisat.-Schichten 26-3572*.

Analyse, Untersuchungsmethoden: Nachw mit d. mikrospektroskop. Okular 13-2051; papierchromatograph. Charakterisier. 16-1918; Konstrukt. eines einfachen Nomogramms zur Auswert. v. spektrophotometr. —-Best. 34-2114; Änder. d. Geh. bei verschiedener Zubereit. v. Blattgemüse u. Vgl. d. Best.-Meth. für — (Sweeney u. Martin-, Vernon- u. AOAC-Meth.) 4-3132; Isolier. u. Trenn v. — aus Schinkenmuskel 7-2214; Best. in Pflanzen 9-2144; (Kirschbaumblätter) 37-1912.

Bakterioviridin

Fluoreszenztilg. durch Methylviologen 35-1134.

Protochlorophylle

Regenerat. in etiolierten Gerstenkeimpflanzen nach unterschiedl. Lichtbehandl. 42-1324; Umwandl. u. Bezieh. zur Photoox. d. Ascorbinsäure bei etoilierten Keimpflanzen 29-1405.

Abbauprodukte der Chlorophylle

F *698* aus —-Präparat 31-1349; Vork. eines dunkelrot-absorbierenden Pigmentes P *715* im Laubextrakt v. Gynkgo biloba 29-1406.

Chlorine, Einfl. d. pH-Werts auf spektrale u. Lumineszenzeig. v. — 47-0796.

Chlorophyllide, Einfl. d. Desaggregat. auf d. Bldg. in d. Chloroplasten u. Homogenaten d. Blätter 34-1453; IR-Spektrum,

Molgew. u. Mol.-Assoziat. v. Methyl-- in verschiedenen Lsgm. 5-1002; KMR-Spektren u. Mol.-Assoziat. v. Methyl-- 5-1003.

Chlorophylline, spektrale u. photochem. Eig. bei d. Rk. mit Albumin 26-1427; photochem. Rk. d. Na-Salzes 51/52-0858; Verw.: zum Färben v. Zuckerdragees 43-1616; in Desinfekt.-Mittel 34-1702.

Phäophorbide, KMR-Spektren u. Mol.-Assoziat. v. Methyl-- 5-1003; Rolle beim Wiedergrünwerden v. zuvor in Lake konservierten Bohnen beim Sterilisieren 38-3193.

Phäophytine, dünnschichtchromatograph. Isolier. 28-2039; IR-Spektrum, Molgew. u. Mol.-Assoziat. in verschiedenen Lsgm. 5-1002; KMR-Spektren u. Mol.-Assoziat. 5-1003; Einfl. d. pH-Werts auf spektrale u. Lumineszenzeig. v. – 47-0796; antioxydative Fähigk. bei d. Ox. v. Na-Linoleat 2-1584; dünnschichtchromatograph. Best. 37-1912.

Chlorophyllid a s. unter $C_{35}H_{34}MgN_4O_5$.
Chlorophylline s. unter *Chlorophylle.*

Chloroplasten

Vorkommen: Anwesenh. in d. Wurzelspitzen d. Weinrebe 17-1432.

Physikalisches und physikalisch-chemisches Verhalten: physikal. Eig. u. d. Proteinsynth.-Aktivität d. *70* S--- u. d. *80* S zytoplasmat. Ribosomen v. Tabakblättern (Vgl.) 18-1419; opt. Rotat.-Dispers. 7-1533; Thermochemilumineszenz (beeinflussende Faktoren) 20-1405; lichtinduzierte schnelle Absorpt.-Änder.: in gealterten – in Ggw. v. Ascorbat u. Redoxfarbstoffen 20-1418; bei Digitoninbehandelten – 20-1419; durch Trocknen bewirkte Absorpt.-Änder. d. – 44-1200; Laser-Aktivier. schneller Absorpt.-Änder. in Spinat-- 46-1397; mol. Struktur d. Thylakoidmembran d. – 1-1441; Molekularstruktur v. – 29-1180; elektronenparamagnet. Resonanz in Spinat-- bei tiefer Temp. 23-1399.

Bestandteile: Chem. Zus. d. – bei Pflanzen unter verschiedener Belicht. 29-1401; Spurenmetallzus. d. durch Digitoninfragmentier. v. Spinat-- erhaltenen Frakt. 19-1441; Fluoridanhäuf. in d. --Frakt. v. Nabel-Orangenblättern 33-1453.

Lamellenproteine v. Spinat-- 6-1404; Lokalisier. d. Sulfolipide in Lamellenlipoprotein v. Spinat-- 6-1405; Enzymsyst. d. Spinat-- 12-1422; Chlorphyll-halt. Proteolipid aus Spinat-- 12-1471; Chlorphyll- u. Lipidgeh. d. – v. Antirrhinum majus in Abhängigk. v. d. Entw. 13-1494; Isolier. u. partielle Charakterisier. v. Frakt.-I-Protein aus Spinat-- 16-1155; Liganden d. Fe in Ferredoxin aus Spinat-- 19-1297; DNS-Geh. v. gereinigten Spinat-- 20-1214; Orientier. v. Lipiden in – 21-1499; Anhäuf. v. Chlorophyll in – d. Zuckerrübe unter d. Einfl. v. Co, Mo u. Zn 22-1351; Isolier. v. Phytoflavin aus – 23-1396; Chlorophyll–Protein-Komplexe aus – 24-1443; Sterine in – 24-1462; Proteinschichten d. – 25-1414; osmiophile globuläre Lipideinschlüsse d. – 28-1227; photochem. akt. Teilchen aus – 28-1230; --DNS in Tabakblättern 28-1259; Veränder. im Pigmentgeh. d. – in etiolierten Maiskeimlingen beim Ergrünen 33-1470; Zus. d. DNS v. – 38-1192; „Fraktion I"-Protein aus – d. chines. Kohls 40-1356; Stabilität d. Pigment–Protein-Komplexes in isolierten – unter d. Einfl. v. Mn, Ni u. Cu 42-1310; RNS in – 43-1113; Plastochinon B aus Spinat-- 43-1300; Verteil. v. Chlorophyll in Teilen v. – 44-1201; Membranfragmente mit unterschiedl. Verhältnis v. Chlorophyll a u. Chlorophyll b nach Ultraschallfragmentier. v. Spinat-- 44-1427; Fettsäuren in – v. Antirrhinum majus in Abhängigk. v. d. Entw. 47-1324; unterschiedl. RNS mit niederem Molgew. in d. – v. Vicia faba-Blättern 48-1126; Natur d. RNS isolierter – 48-1130.

ADP-D-Glucose-α-⟨1 → 4⟩-Glucan-α-4-Glucosyl-Transferase in Spinat-- (Reinig., Eig.) 9-1375; Vork. v. Ox.-Fermenten in d. – d. Teepflanze 14-1334; Bezieh. lichtabhäng. u. durch Licht ausgelöster Adenosintriphosphatase aus – zur Photophosphorylier. 22-1216; ADP-D-Glucose: α-1.4-Glucan-α-4-glucosyltransferase in Spinat-- 23-1271; Triphosphopyridinnucleotid-Cytochrom f-Reduktase aus – 24-1302; P *700* u. Cytochrom-f in Partikeln aus d. Digitoninfragmentier. v. Spinat-- 34-1454; Brenzcatechinoxydase in d. – v. Äpfeln 38-1276; (Reinig., Vielfältigk.) 41-1256.

Ascorbinsäure in – 4-1189; (Verteil.) 20-1413.

Physiologie, Beziehungen zur Photosynthese und Photoreduktion: Benzimidazolwrkg. auf – v. Weizenblättern 2-1514; Funkt. d. – in kultiviertem Tabakgewebe 9-1485; „Glucose-bleichen" bei Chlorella protothecoides unter Degenerat. d. – 9-1488; Schädig. v. Spinat-- durch Präinkubat. mit Ferricyanid bei Dunkelh. 13-1544; De- u. Regenerat. d. – in Zellen v. Chlorella protothecoides 22-1352, 22-1353; morpholog. u. funktionelle Veränder. d. isolierten – durch Oleat 22-1355; Änder. isolierter Spinat-- durch Elektrolyte u. Zucker 23-1401; --Entw. bei Euglena 24-1246; De- u. Regenerat. d. – in Zellen v. Chlorella protothecoides 25-1415; Bezieh. zwischen – (Plastoglobuli) u. Thylakoidgenese in Gerstenkeimlingen 28-1228; Wrkg. v. 3-Amino-1.2.4-triazol auf d. Ultrastruktur d. – d. Maises 28-1229; De- u. Regenerat. d. Chloroplasten in Zellen v. Chlorella protothecoides 29-1403; Gestaltsänder. d. Euglena- – 31-1323; Veränder. d. Feinstruktur d. – in Gerstensprossen unter d. Einfl. v. Cs 33-1473; Effekt. v. Chloramphenicol auf d. Ausbldg. d. – während d. Grünens v. gebleichten Blättern d. Phaseolus vulgaris 34-1456; Abbau u. Bldg. v. Sulfolipoid im Wettbewerb mit Zerstör. u. Wiederherst. d. – in Zellen v. Chlorella protothecoides 35-1442; Rolle v. Atmung u. Photosynth. für d. --Regenerat. in d. „Glucose-gebleichten" Zellen v. Chlorella protothecoides 37-1359; Einfl.: d. Erhitzens auf Morphologie u. photochem. Aktivität isolierter – 38-1452; d. Kinine auf d. – vergilbter Blätter 38-1466; osmot. u. lichtinduzierte Änder. in --Membranfragmenten 39-1136; Entw. d. --Feinstruktur ätiolierter Bohnenblätter ohne Photosynth. 39-1356; De- u. Regenerat. d. Chloroplasten in Zellen v. Chlorella protothecoides 39-1357; Veränder. d. – bei Chlorella pyrenoidosa durch assimilierbare Zucker 41-1397; Wrkg. v. Entkopplern auf d. Konformat. u. Zustände hoher Energie v. – 44-1202.

Einbau v. Nucleinsäuren u. Proteinbausteine in – v. Acetabularia 1-1238; photochem. Aktivität v. Spinat-- nach d. Behandl. mit Triton X-*100* 1-1442; lichtabhäng. Rk. bei – 1-1443; Wrkg.: v. Carbonylcyanid-m-chlorphenylhydrazon auf d. photochem. Rk. in isolierten – 1-1444; einiger synthet. Chinone auf d. Hill-Rk. in Spinat-- 2-1497; Photork.: v. – mit Hydrochinonen u. Chinonen 3-1443; v. isolierten Brassica chinensis – (Übersicht) 3-1444; Abhängigk. d. Photophosphorylier. durch isolierte – v. Redoxzustand d. Phenazinmethosulfats 4-1415; lichtinduzierte Bldg. v. schnell phosphorylierten Verb. in – 4-1416; Chloramphenicolwrkg. auf eine durch Licht stimulierte Proteinsynth. in isolierten – 4-1429; Photosynth. in isolierten Weizenblatt-- 5-1450; Biosynth. v. Eiweiß u. Nucleinsäuren in d. Lamellen d. Bohnen-- 6-1448; O_2-Aufnahme durch – in Ggw. v. Malonat bei Belicht. 6-1450; Verteil. v. ^{14}C in Serin u. Glycin nach $^{14}CO_2$-Photosynth. durch isolierte – 6-1451; Dinitrophenol als Entkoppler d. photosynthet. Phosphorylier. in – 6-1453; Wrkg. v. Chinonen u. O_2 auf d. Elektronentransportsyst. in – (Übersicht) 7-1534; Elektronentransport u. Phosphorylier. bei d. Photosynth. in – (Übersicht) 7-1535; Wrkg.: phosphorylierter Verb. u. Inhibitoren auf d. CO_2-Aufnahme intakter Spinat-- 7-1538; v. Entkopplern auf d. lichtinduzierten pH-Anstieg durch Spinat-- 8-1517; Katalysier. d. Photork. isolierter – durch Diquat 10-1529; Entkoppl. durch Detergentien bei d. Photophosphorylier. in Spinat-- 10-1530; Akt.-Spektrum u. Quantenbedarf d. Photored. v. Cytochrom c mit Spinat-- 10-1531; Red.: v. Trimethyldipyridyl mit belichteten – 12-1250; v. Cytochrom f aus Petersilienblättern durch – aus Spinat u. Beding. d. Reox. 12-1296; Umwandl. d. Fettsäuren d. – in N-Mangel- u. alternden Geweben 13-1551; Stoffwechsel v. phenol. Substanzen durch – 14-1337; Hill-Rk. v. – (Wrkg.-Spektrum u. Quantenbedarf) 14-1527; Mechanismus d. Red. organ. Nitroverb. durch – 15-1429; Wrkg. v. Licht auf d. Einbau v. Serin in d. Kohlenhydrate v. – v. Tabakblättern 15-1430; Proteinsynth. in isolierten Spinat-- 16-1156; Desaspidinwrkg. auf d. photosynthet. Phosphorylier. u. verwandte Vorgänge in – 16-1381; photochem. Aktivität isolierter – (Übersicht) 18-1422; Bldg. v. Galaktolipoiden durch – 20-1180; Ox. v. Mn durch – im Licht 20-1417; Photosynth. mit Blitzlicht bei Spinat-- 20-1420 bis 20-1422; Koppl. zweier Lichtrk. in d. Photosynth. bei Spinat-- 20-1423; Inhibitoren d. Photophosphorylier. u. Photored. an Spinat-- 23-1400; Einbau v. anorgan. Phosphat in Zuckerphosphate während d. CO_2-Fixier. durch bestrahlte – 24-1435; Änder. d. paramagnet. Elektronenresonanzsignale d. photosynthet. Spinat---Syst. mit d. Redoxniveau ihrer Umgeb. 24-1480; Stöchiometrie d. Photosynth. in isolierten – 24-1482; Photored. v. NADP in Abhängigk. v. --Geh. 26-1428; Förder. d. Phosphorylier. u. Cytochrom-c-Photoox. in – durch Pteridine 26-1434; photoinduzierte Elektronenprozesse in d. – (Übersicht) 29-1402; Rentent. d. Energieübertrag. in Glycerin-behandelten – 31-1370; Redox-Potential eines Reduktanten in isolierten – 31-1371; Bezieh. d. DNS-abhäng. Chlorophyllsynth. zur Funkt. d. – 33-1456; Wrkg.: v. Plastocyanin auf d. Photophosphorylier. in isolierten – 33-1464; d. Lichtes auf d. Lipidperox. in – 33-1467; Bezieh. zwischen d. photochem. Aktivität u. d. energet. u. strukturellen Besonderh. d. – 33-1468; oxydative Umwandl. d. organ. Säuren in d. – während d. Belicht. 33-1469; Einfl. anorgan. Salze u. organ. Lsgm. auf d. Intensität d. Hill-Rk. mit – d. Erbse 33-1474; photochem. Aktivität d. isolierten – v. intakten u. durch Cl vergifteten Kartoffelpflanzen 33-1477; photosynthet. Energieumwandl.-Prozeß in isolierten – (Übersicht) 34-1455; Konstit.-Aktivitätbezieh. bei d. Photosynth. in isolierte – hemmenden Amiden 34-1457; Einfl. d. Desaggregat. auf d. Bldg. v. Chlorophyllid u. Eig. d. Chlorophylls in d. – d. Blätter 35-1453; O_2-Quelle für Adenosintriphosphat d. – 36-1409; Inkorporat. v. $^{14}C_{(2)}$-Mevalonat in Terpenoide durch --Aufbereit. 36-1429; durch Säure–Base-Übergang in Spinat-- verursachte ATP-Bldg. 38-1446; O_2-Austausch zwischen d. H_2O d. – u. dem O d. Photosynth. ausscheidenden Komplex 38-1456; Erfordernis v. red. Plastochinon A in d. Hill-Rk. extrahierter – 39-1358; Rolle v. Plastocyanin in d. Photosynth. v. isolierten – 39-1359; nichtterminaler Einbau v. Adenosinmonophosphat aus Adenosintriphosphat durch – 40-1202; Wrkg. v. Zuckern u. Phosphaten auf d. CO_2-Fixier. durch isolierte – 40-1437; Zwischenstufen d. Calvinzyklus in bezug auf Indukt.-Phänomene bei d. photosynthet. CO_2-Fixier. durch isolierte – 40-1438; Charakterisier. v. Ribonucleoproteinteilchen u. Proteinsynth. in – 42-1321; lichtinduzierter Verbrauch mol. O_2 durch isolierte – in Ggw. v. KCN 42-1322; Plastochinon A-Bedarf bei d. Hill-Rk. isolierter – 43-1301; mit d. Bldg. eines mögl. Zwischenprod. bei d. Photophosphorylier. verbundene Veränder. d. Lichtstreuung in Spinat---Suspens. 44-1438; durch Licht induzierter O_2-Austausch in --Fragmenten 44-1440; Einfl. v. Röntgenstrahlen auf Hill-Rk. u. Photosynthesephosphorylier. bei verschiedener Erhalt. isolierter u. fragmentierter – 44-1441; O_2-Umsatz bei Belicht. v. isolierten – 45-1329; Rk. v. Dinitrophenol im Licht mit – 45-1333; Wrkg. einiger Faktoren auf d. Photoox. v. Hydroxylamin in isolierten – 46-1399; Stöchiometrie d. Photophosphorylier. mit – 47-1350; Einfl. v. Röntgenstrahlen auf --Rk. u. d. Schutzeffekt v. Ascorbat 48-1119; Einbau v. ^{14}C-markierter Orotsäure in Pyrimidinnucleotide durch – 48-1161; Katalysier. d. Photophosphorylier. in – v. Spinat durch Pyridinnucleotidanaloga 48-1331; Indophenole als Elektronendonatoren u. Katalysatoren d. Photophosphorylier. in – 48-1341; DNS-abhäng. RNS-Synth. in – v. Euglena gracilis 49/50-1087.

Analyse, Untersuchungsmethoden: Polyamide als Trägermaterial für Dünnschichtchromatographie v. Spinat-- 46-1830; dünnschichtchromatograph. Isolier. d. Prod. d. γ-Bestrahl. v. – 28-2039; spektrophotometr. Best. d. Epoxycarotinoide in – 46-1923.

Bibliographie: Biochemistry of chloroplasts (Proceedings of a NATO Advanced Study Institute, Aberystwyth *1965* (Vol. *1*) B 28; (Vol. *2*) B 91.

Chloropren s. unter C_4H_5Cl; Polymerisat. u. Polymerisate s. unter *Kautschuk, Halogenbutadien-Elastomere.*

Chloropromazin s. unter $C_{17}H_{19}ClN_2S$.
Chloroquin s. unter $C_{18}H_{26}ClN_3$.
Chlorosulfophenol S s. unter $C_{22}H_{14}Cl_2N_4O_{16}S_4$.
Chlorothen s. unter $C_{14}H_{18}ClN_3S$.
Chlorothiazid(e) s. unter $C_7H_6ClN_3O_4S_2$.
Chloroxazone s. unter $C_7H_4ClN_2O$.
Chloroxylenol s. unter C_8H_9ClO.
Chlorperphenazin s. unter $C_{21}H_{26}ClN_3OS$.
Chlorphenesincarbamat s. unter $C_{10}H_{12}ClNO_4$.
Chlorpheniramin s. unter $C_{16}H_{19}ClN_2$.
Chlorphenolrot s. unter $C_{19}H_{12}Cl_2O_5S$.
Chlorphenothan s. unter $C_{14}H_9Cl_5$.
Chlorphenoxaminhydrochlorid s. unter $C_{18}H_{22}\cdot ClNO$.

Chlorphentermin s. unter $C_{10}H_{14}ClN$.
„Chlorphosphonarsenazo III" s. unter $C_{22}H_{17}\cdot AsClN_4O_{14}PS_2$.

Chlorphosphonazo III s. unter $C_{22}H_{16}Cl_2N_4O_{14}\cdot P_2S_2$.

Chlorphosphonazo DAL s. unter $C_{34}H_{28}Cl_2N_6O_{12} \cdot P_2S_2$.
Chlorpikrin s. unter CCl_3NO_2.
Chlorprenalin s. unter $C_{11}H_{16}ClNO$.
Chlorpromazin s. unter $C_{17}H_{19}ClN_2S$.
Chlorpromazinsulfoxid s. unter $C_{17}H_{19}ClN_2OS$.
Chlorpropamid s. unter $C_{10}H_{13}ClN_2O_3S$.
Chlorpropylat s. unter $C_{17}H_{16}Cl_2O_3$.
Chlorprothixen s. unter $C_{18}H_{18}ClNS$.
Chlorsulfonsäure s. unter *Schwefelsauerstoffsäuren*: H_2SO_4*-Derivate* (*Chloroschwefelsäure*).
Chlortetracyclin s. unter $C_{22}H_{23}ClN_2O_8$.
Chlorthalidon s. unter $C_{14}H_{11}ClN_2O_4S$.
Chlorthiazid s. unter $C_7H_6ClN_3O_4S_2$.
Chlorthion s. unter $C_8H_9ClNO_5PS$.
Chlortrianisen [Trianisylchloräthylen] s. unter $C_{23}H_{23}ClO_3$.
Chlor-Trimeton s. unter $C_{16}H_{19}ClN_2$.
Chlorzoxazone s. unter $C_7H_4ClNO_2$.
Chloxyl s. unter $C_8H_4Cl_6$.
Ch 5 M s. unter *Eisen, Schmiedeeisen und Stahl* (*Sondermarken*).
30 ChMA s. unter *Eisen, Schmiedeeisen und Stahl* (*Sondermarken*).
25 Ch 5 MA s. unter *Eisen, Schmiedeeisen und Stahl* (*Sondermarken*).
38 ChMJuA s. unter *Eisen, Schmiedeeisen und Stahl* (*Sondermarken*).
10 ChMo 910 s. unter *Eisen, Schmiedeeisen und Stahl* (*Sondermarken*).
12 Ch 1 MV s. unter *Eisen, Schmiedeeisen und Stahl* (*Sondermarken*).
15 Ch 1 M 1 V s. unter *Eisen, Schmiedeeisen und Stahl* (*Sondermarken*).
15 Ch 11 MV s. unter *Eisen, Schmiedeeisen und Stahl* (*Sondermarken*).
25 Ch 2 M 1 VA s. unter *Eisen, Schmiedeeisen und Stahl* (*Sondermarken*).
30 Ch 2 M 1 V/N 3 s. unter *Eisen, Schmiedeeisen und Stahl* (*Sondermarken*).
ChN s. unter *Eisen, Schmiedeeisen und Stahl* (*Sondermarken*) .
Ch 17 N s. unter *Eisen, Schmiedeeisen und Stahl* (*Sondermarken*).
Ch 2 N 4 s. unter *Eisen, Schmiedeeisen und Stahl* (*Sondermarken*).
Ch 16 N 6 s. unter *Eisen, Schmiedeeisen und Stahl* (*Sondermarken*).
Ch 17 N 2 s. unter *Eisen, Schmiedeeisen und Stahl* (*Sondermarken*).
0 Ch 18 N 9 s. unter *Eisen, Schmiedeeisen und Stahl* (*Sondermarken*).
Ch 19 N 9 s. unter *Eisen, Schmiedeeisen und Stahl* (*Sondermarken*).
45 ChN 4 s. unter *Eisen, Schmiedeeisen und Stahl* (*Sondermarken*).
1 Ch 18 N 9 s. unter *Eisen, Schmiedeeisen und Stahl* (*Sondermarken*).
Ch 15 N 25 s. unter *Eisen, Schmiedeeisen und Stahl* (*Sondermarken*).
Ch 15 N 85 s. unter *Eisen, Schmiedeeisen und Stahl* (*Sondermarken*).
Ch 16 N 11 s. unter *Eisen, Schmiedeeisen und Stahl* (*Sondermarken*).
0 Ch 18 N 10 s. unter *Eisen, Schmiedeeisen und Stahl* (*Sondermarken*).
00 Ch 18 N 10 s. unter *Eisen, Schmiedeeisen und Stahl* (*Sondermarken*).
000 Ch 18 N 10 s. unter *Eisen, Schmiedeeisen und Stahl* (*Sondermarken*).
Ch 18 N 12 s. unter *Eisen, Schmiedeeisen und Stahl* (*Sondermarken*).
Ch 20 N 80 s. unter *Nickellegierungen* (*Sondermarken*).
2 Ch 18 N 9 s. unter *Eisen, Schmiedeeisen und Stahl* (*Sondermarken*).
Ch 23 N 18 s. unter *Eisen, Schmiedeeisen und Stahl* (*Sondermarken*).
0 Ch 23 N 18 s. unter *Eisen, Schmiedeeisen und Stahl* (*Sondermarken*).
00 Ch 25 N 20 s. unter *Eisen, Schmiedeeisen und Stahl* (*Sondermarken*).
67 Ch 7 N 7 s. unter *Eisen, Schmiedeeisen und Stahl* (*Sondermarken*).
40 Ch 2 N 20 s. unter *Eisen, Schmiedeeisen und Stahl* (*Sondermarken*).
50 Ch 2 N 22 s. unter *Eisen, Schmiedeeisen und Stahl* (*Sondermarken*).
10 Ch 15 N 25 s. unter *Eisen, Schmiedeeisen und Stahl* (*Sondermarken*).
12 Ch N 3 A s. unter *Eisen, Schmiedeeisen und Stahl* (*Sondermarken*).
20 ChN 3 A s. unter *Eisen, Schmiedeeisen und Stahl* (*Sondermarken*).
20 Ch 2 N 4 A s. unter *Eisen, Schmiedeeisen und Stahl* (*Sondermarken*).
0 Ch 20 N 4 AG 10 s. unter *Eisen, Schmiedeeisen und Stahl* (*Sondermarken*).
Ch 18 N 10 B s. unter *Eisen, Schmiedeeisen und Stahl* (*Sondermarken*).
1 Ch 14 ND s. unter *Eisen, Schmiedeeisen und Stahl* (*Sondermarken*).
0 Ch 16 N 4 D 4 T s. unter *Eisen, Schmiedeeisen und Stahl* (*Sondermarken*).
08 Ch 20 N 10 G 6 s. unter *Eisen, Schmiedeeiscw und Stahl* (*Sondermarken*).
Ch 20 N 5 G 12 AVL s. unter *Eisen, Schmiedeeisen und Stahl* (*Sondermarken*).
0 Ch 25 N 12 G 2 T s. unter *Eisen, Schmiedeeisen und Stahl* (*Sondermarken*).
Ch 4 Ni CrNb 25 20 s. unter *Eisen, Schmiedeeisen und Stahl* (*Sondermarken*).
Ch 8 Ni CrSi 36 16 s. unter *Eisen, Schmiedeeisen und Stahl* (*Sondermarken*).
Ch 15 N 9 Ju s. unter *Eisen, Schmiedeeisen und Stahl* (*Sondermarken*).
ChNM s. unter *Eisen, Schmiedeeisen und Stahl* (*Sondermarken*).
34 Ch NM s. unter *Eisen, Schmiedeeisen und Stahl* (*Sondermarken*).
38 Ch NM s. unter *Eisen, Schmiedeeisen und Stahl* (*Sondermarken*).
80 ChNM s. unter *Eisen, Schmiedeeisen und Stahl* (*Sondermarken*).
25 Ch 3 NM s. unter *Eisen, Schmiedeeisen und Stahl* (*Sondermarken*).
1 Ch 15 NM 2 s. unter *Eisen, Schmiedeeisen und Stahl* (*Sondermarken*).
Ch 16 N 2 M 2 s. unter *Eisen, Schmiedeeisen und Stahl* (*Sondermarken*).
Ch 16 N 5 M 3 s. unter *Eisen, Schmiedeeisen und Stahl* (*Sondermarken*).
Ch 16 N 9 M 2 s. unter *Eisen, Schmiedeeisen und Stahl* (*Sondermarken*).
Ch 17 N 5 M 3 s. unter *Eisen, Schmiedeeisen und Stahl* (*Sondermarken*).
04 Ch 17 N 10 M 2 s. unter *Eisen, Schmiedeeisen und Stahl* (*Sondermarken*).
10 Ch 16 N 25 M 6 s. unter *Eisen, Schmiedeeisen und Stahl* (*Sondermarken*).
40 ChNMA s. unter *Eisen, Schmiedeeisen und Stahl* (*Sondermarken*).
35 Ch N 1 MA s. unter *Eisen, Schmiedeeisen und Stahl* (*Sondermarken*).
12 Ch 2 N 3 MA s. unter *Eisen, Schmiedeeisen und Stahl* (*Sondermarken*).
Ch 16 N 15 M 2 B s. unter *Eisen, Schmiedeeisen und Stahl* (*Sondermarken*).
Ch 17 N 4 M 2 D s. unter *Eisen, Schmiedeeisen und Stahl* (*Sondermarken*).
Ch 23 N 28 M 3 D 3 T s. unter *Eisen, Schmiedeeisen und Stahl* (*Sondermarken*).
0 Ch 23 N 28 M 3 D 3 T s. unter *Eisen, Schmiedeeisen und Stahl* (*Sondermarken*).
0 Ch 20 N 11 M 3 STB s. unter *Eisen, Schmiedeeisen und Stahl* (*Sondermarken*).
Ch 21 N 6 M 2 T s. unter *Eisen, Schmiedeeisen und Stahl* (*Sondermarken*).
0 Ch 21 N 6 M 2 T s. unter *Eisen, Schmiedeeisen und Stahl* (*Sondermarken*).
Ch 17 N 13 M 2 T s. unter *Eisen, Schmiedeeisen und Stahl* (*Sondermarken*).
Ch 1 7 N 13 M 3 T s. unter *Eisen, Schmiedeeisen und Stahl* (*Sondermarken*).
0 Ch 17 N 16 M 3 T s. unter *Eisen, Schmiedeeisen und Stahl* (*Sondermarken*).
Ch 18 N 12 M 2 T s. unter *Eisen, Schmiedeeisen und Stahl* (*Sondermarken*).
Ch 18 N 12 M 3 T s. unter *Eisen, Schmiedeeisen und Stahl* (*Sondermarken*).
0 Ch 21 N 12 M 2 T s. unter *Eisen, Schmiedeeisen und Stahl* (*Sondermarken*).
1 Ch 18 N 12 M 3 T s. unter *Eisen, Schmiedeeisen und Stahl* (*Sondermarken*).
1 Ch 18 N 12 M 2 TL s. unter *Eisen, Schmiedeeisen und Stahl* (*Sondermarken*).
Ch 15 N 55 M 16 V s. unter *Nickellegierungen* (*Sondermarken*).
45 ChNMVA s. unter *Eisen, Schmiedeeisen und Stahl* (*Sondermarken*).
Ch 17 N 5 MZ s. unter *Eisen, Schmiedeeisen und Stahl* (*Sondermarken*).
Ch 20 N 12 S 2 s. unter *Eisen, Schmiedeeisen und Stahl* (*Sondermarken*).
37 ChNSA s. unter *Eisen, Schmiedeeisen und Stahl* (*Sondermarken*).
1 Ch 15 N 9 S 3 B s. unter *Eisen, Schmiedeeisen und Stahl* (*Sondermarken*).
40 Ch 5 NSMI s. unter *Eisen, Schmiedeeisen und Stahl* (*Sondermarken*).
Ch 18 N 9 T s. unter *Eisen, Schmiedeeisen und Stahl* (*Sondermarken*).
0 Ch 21 N 3 T s. unter *Eisen, Schmiedeeisen und Stahl* (*Sondermarken*).
Ch 21 N 5 T s. unter *Eisen, Schmiedeeisen und Stahl* (*Sondermarken*).
0 Ch 21 N 5 T s. unter *Eisen, Schmiedeeisen und Stahl* (*Sondermarken*).
1 Ch 18 N 9 T s. unter *Eisen, Schmiedeeisen und Stahl* (*Sondermarken*).
1 Ch 21 N 5T s. unter *Eisen, Schmiedeeisen und Stahl* (*Sondermarken*).
Ch 18 N 10 T s. unter *Eisen, Schmiedeeisen und Stahl* (*Sondermarken*).
0 Ch 18 N 10 T s. unter *Eisen, Schmiedeeisen und Stahl* (*Sondermarken*).
Ch 18 N 12 T s. unter *Eisen, Schmiedeeisen und Stahl* (*Sondermarken*).
1 Ch 18 N 10 T s. unter *Eisen, Schmiedeeisen und Stahl* (*Sondermarken*).
1 Ch 18 N 12 T s. unter *Eisen, Schmiedeeisen und Stahl* (*Sondermarken*).
ChN 77 TJu s. unter *Nickellegierungen* (*Sondermarken*).
ChN 77 TJuR s. unter *Nickellegierungen* (*Sondermarken*).
Ch 18 N 9 TL s. unter *Eisen, Schmiedeeisen und Stahl* (*Sondermarken*).
Ch 25 N 5 TMVL s. unter *Eisen, Schmiedeeisen und Stahl* (*Sondermarken*).
Ch 2 N 4 W s. unter *Eisen, Schmiedeeisen und Stahl* (*Sondermarken*).
25 Ch 18 N 8 W 2 s. unter *Eisen, Schmiedeeisen und Stahl* (*Sondermarken*).
28 Ch 15 N 25 W 6 s. unter *Eisen, Schmiedeeisen und Stahl* (*Sondermarken*).
18 ChNWA s. unter *Eisen, Schmiedeeisen und Stahl* (*Sondermarken*).
18 Ch 2 N 4 WA s. unter *Eisen, Schmiedeeisen und Stahl* (*Sondermarken*).
28 Ch 15 N 25 W 6 B s. unter *Eisen, Schmiedeeisen und Stahl* (*Sondermarken*).
ChN 70 WMJuT s. unter *Nickellegierungen* (*Sondermarken*).
ChN 67 WMTJu s. unter *Nickellegierungen* (*Sondermarken*).
1 Ch 12 N 2 WMV s. unter *Eisen, Schmiedeeisen und Stahl* (*Sondermarken*).
1 Ch 12 N 2 WMVA s. unter *Eisen, Schmiedeeisen und Stahl* (*Sondermarken*).
1 Ch N35 WT s. unter *Eisen, Schmiedeeisen und Stahl* (*Sondermarken*).
Ch 15 N 35 W 3 T s. unter *Eisen, Schmiedeeisen und Stahl* (*Sondermarken*).
Ch 18 N 22 W 2 T 2 s. unter *Eisen, Schmiedeeisen und Stahl* (*Sondermarken*).
ChN 35 WTJu s. unter *Eisen, Schmiedeeisen und Stahl* (*Sondermarken*).
40 ChNWV s. unter *Eisen, Schmiedeeisen und Stahl* (*Sondermarken*).
13 Ch 14 NWVRA s. unter *Eisen, Schmiedeeisen und Stahl* (*Sondermarken*).

Cholagoga s. unter *Galle*.
Cholanthren s. unter $C_{20}H_{14}$.
Cholecalciferol s. unter $C_{27}H_{44}O$.
Cholecystokinin s. unter *Hormone, Gastrointestinale Hormone*.
Choleinsäure, Eig. monomol. Filme aus Stearin- u. Ölsäure mit Chol-, Desoxycholsäure u. – auf NaCl- u. HCl-Lsg. 24-0649.

Cholensäure s. unter $C_{24}H_{38}O_2$.
Choleretika s. unter *Galle*.
Cholestadien s. unter $C_{27}H_{44}$.
Cholestan s. unter $C_{27}H_{48}$.
Cholestandiol s. unter $C_{27}H_{48}O_2$.
Cholestanol s. unter $C_{27}H_{48}O$.
Cholestanon s. unter $C_{27}H_{46}O$.
Cholesten s. unter $C_{27}H_{46}$.
Cholestenol s. unter $C_{27}H_{46}O$.
Cholestenon s. unter $C_{27}H_{44}O$.
Cholesterin s. unter $C_{27}H_{46}O$.
Cholesterol s. unter $C_{27}H_{46}O$.

Cholestyramin (MK 135), Porphyrinbind. durch – in vitro u. in vivo, pharmakolog. Wrkg. 42-1437; Einfl. auf Resorpt. u. Ausscheid. v. Thyroxin im syr. Hamster 24-1560; Artspezifität d. Wrkg. v. – auf d. Synth. v. Leberlipiden u. d. Cholesterinkonz. im Serum 26-1653; Einfl. v. – (Anionenaustauscherharz) auf d. Darmresorpt. d. Glykocholsäure 30-1538; Stoffwechseländer. bei älteren Patienten durch d. Cholesterinspiegel herabsetzendes ––Harz 32-1673; Wrkg. auf d. Cholesterinstoffwechsel bei jungen ausgewachsenen Schweinen 51/52-1471; Chemotherapie d. Hyperlipämie mit – (Übersicht) 9-1800.

Cholin s. unter $C_5H_{15}NO_2$.
Cholinergika s. unter *Nerven*.
Cholinolytika s. unter *Nerven*.
Cholinomimetika s. unter *Nerven*.
Cholinplasmalogen s. unter *Plasmalogene*.
Cholsäure s. unter $C_{24}H_{40}O_5$.
Chondrite s. unter *Meteorite*.
Chondrodit, Vork. v. Pargasit mit – in d. metamorphen Dolomiten im Gebiet v. Tapiratiba 37-0838; Paragenese Forsterit (Klinohumit, –) Klinochlor in metamorphen Dolomitgesteinen d. Lepontins 48-0753.

Chondroitinschwefelsäuren (Chondroitinsulfat)

Chondroitinschwefelsäure B s. *Dermatanschwefelsäure*; s. auch *Heparin*; *Mucopolysaccharide*.

Chondroitin-4-sulfat u. -6-sulfat in menschl. Zähnen 1-1457; ^{52}Fe-–-Geh. d. Leber nach d. Infekt. v. Ratten mit Staphylokokkus aureus 3-1236; Vork. v. – A oder C im Hepatopankreas v. Armadillidium vulgare 6-1476; Ggw. in Chondrozyten 7-1267; Verteil. in Kaninchenleukozyten 7-1647; ––Geh.: in menschl. Zwischenwirbelscheiben mit Hernien 10-1547; in heilenden Frakturen 10-1548; d. Venenwand 10-1549; d. menschl. Nucleus pulposus (Veränder. d. Konz. mit d. Alter) 10-1550; v. Rinderherzklappen (Veränder. mit d. Alter) 13-1733; in d. unendl. Gingiva 15-1442; v. Gelenk- u. Rippenknorpel

d. Menschen 15-1600; in tier. Tumoren 18-1200; Einw. d. Schilddrüsenfunkt. auf d. Verhältnis zwischen Hyaluronsäuren u. — im Bindegewebe d. Baumwollgranuloms 21-1555; Geh. an Chondroitin-4- u. -6-sulfat im Gehirn in Abhängigk. v. Alter 21-1662; Chondroitin-6-schwefelsäuregeh. d. Zonulafaser d. Rinderauges 28-1647; — aus Nieren u. ihre Rk. mit Hyaluronidase d. Harns 33-1662; — A in heilenden Hautwunden 34-1637; Unterschiede im Geh. an — v. Aorta, Karotis- u. Hirnarterien 46-1528; Verteil. v. — A u. C im alternden menschl. Knorpel 51/52-1318; Geh. d. menschl. Aorta an — A u. C bei Schilddrüsenunterfunkt. 51/52-1366.

Wrkg. v. Cortisol auf d. Synth. durch embryonalen Knorpel 24-1549; Ascorbinsäure u. d. —-Synth. 29-1571; Einbau: v. Galaktosamin in — d. Bindegewebes 1-1644; v. ^{35}S-Sulfat in — des Bindegewebes v. Kaninchen 26-1608; Isolier. v. — C aus d. menschl. Nabelschnur 4-1446; Extrakt. mit Vinyl-Mischpolymerisaten aus Tierorganen 15-1790.

Einfache u. Verb.-Metachromasie d. — 13-0884; Struktur d. Chondroitin-4-sulfat-Protein-Bind.-Bereichs 18-1573; Konformat. v. — C 47-1089; D. v. — in hydratisierter Form 23-1611; Fe-—-Kolloid zur i.v. Injekt. 27-1754; Elektrophorese d. bei Aggregat. v. Blutplättchen freigesetzten ^{35}S-Materials in Form v. ^{35}S-— A 51/52-1405; unterschiedl. Assoziat. v. Keratosulfaten mit — 4-1450; Löslichk. v. Na-Urat in Ggw. v. Chondroitin-4-sulfat 28-1534.

Rk. v. — A mit Hexamminkobaltchlorid 38-1984; Rk.-Fähigk. v. Aminen mit Na-— 7-1790; Bind. v. Kationenfarbstoffen an Haifisch-— bzw. — A u. B 8-1256; Wechselwrkg. zwischen Kollagen u. — 16-1406.

Enzymat. Abbau v. — A u. C durch Leberlysosomen 11-1345; Aktivier. v. Lipoproteinlipase durch — 1-1297; Hemm. v. Glykosidasen d. Widderhoden durch — 8-1417; Wrkg.: v. Na-— auf d. enzymat. Aktivität v. Pepsin 29-1266; auf d. Wechselwrkg. zwischen Mengovirus u. L-Zellen 2-1446; Verh. v. — C im Reparat.-Gewebe experimenteller Hautwunden 7-1725; Ausschluß v. gelöstem — durch Knorpel-Proteinpolysaccharide 10-1546; Langzeitbehandl. v. Tieren mit — 1-1593; Einfl. auf d. Faserbldg. v. säurelösl. Kollagen mit Harnstoff 9-1522; Zugfestigk. v. neugebildetem Bindegewebe in —-vorbehandelten Viskosecelluloseimplantaten 23-1622; physiolog. Aktivität 29-1713; wachstumsfördernde Wrkg. gegenüber Ehrlich-Aszitestumor 41-1221; Effekt auf d. Wachstum d. soliden Ehrlich-Aszites-Tumors unter d. Wrkg. v. Hydrocortison 47-1160.

Best.: v. — A u. C in Epiphysenknorpel 7-1266; im Blutserum 21-1589; Analyse in partiell wss. Lsg. 40-1907; Einfl. v. — A auf d. Donaggio-Rk. 7-2172.

Chondroitinsulfat B s. *Dermatanschwefelsäure.*
Chondromucoproteine s. unter *Proteine, Mucoproteide.*
Chonemorphin s. unter $C_{23}H_{42}N_2$.
Choriongonadotropin s. unter *Hormone, Choriohormone.*
Chorisminsäure s. unter $C_{10}H_{10}O_6$.

Chrom

Herst. v. —-Überzügen s. *Galvanotechnik; Metallüberzüge.*

Eig. u. Anwend. v. — (Übersicht) 8-2350; —-Mineralien 47-2023.

Vorkommen

—-Geh.: d. Sandes d. unteren Wolgagebietes 3-3123; in d. Böden v. Mittel-Uusimaa 4-3003; v. Aschen zahlreicher Meerespflanzen 5-2141; anomale —-Konz. im Kuselit v. Rammelsbach (Pfalz) 6-0827; geochem. Verh. v. — während d. Bauxitbldg. v. Sarawak (Malaysia) 7-0822; —-Beimeng. in Gesteinen u. Erzen d. Magnetitlagerstätte v. Odinotschnoje in Ost-Sajan 8-0815; — in festen Abscheid. in verschiedenen Gas–Fl.-Einschlüssen in Morion nach Daten einer Röntgenspektralanalyse 11-0845; Greigit aus d. —-Lagerstätte v. Lojane, Mazedonien 12-0820; Verteil. v. akzessor. — in Gesteinen d. Gebiets d. mittleren Laufs d. Teteriv-Flusses 13-0844; Bldg. v. —-Erzen in Lemieux-Lesseps, Gaspe, P.Q. 13-0849; „assimilierbares" — v. Nutzböden 14-3219; Vork. v. — in d. Unterrotliegend-Sedimenten d. Saar-Nahe-Senke 18-0781; Schwank. in d. —-Geh. in einigen Eruptivgesteinen v. Causses u. Vas-Languedoc 19-0806; Vork. in österreich. Granitoiden 21-0845; Häufigk. v. — in *218* einzelnen meteorit. Chondren 24-0809; Hauptvork. v. — in Vietnam 24-0857; geochem. Verh. v. — in d. silur. Ablager. d. Norilka-Flußbettes 27-0819; Best. d. Herkunft d. Kersantite u. Minetten nach d. —-Geh. 28-0780; — im Spektrum v. Theta-Leonis 30-0744; Häufigk. v. — in d. Atmosphäre d. Sirius 30-0745; abs. Verhältnisse d. Isotopenhäufigk. einer Bezugsprobe v. — 31-0026; Fraktionier. v. — während d. Differentiat. eines tholeiit. Magmas 32-0800; —-Geh. d. Gewässer um Irkutsk 32-2149; Häufigk. v. — in d. kosm. Strahl. 35-0736; Einfl. angeregter innerer Freih.-Grade v. ^{52}Cr u. ^{54}Cr auf d. dynam. Stabilität d. Sterne 35-0738; Häufigk. v. — in zwei Fe-reichen Sternen d. Si-λ *4200* Gruppe 35-0825; —-Linien v. Objekt M *1–2* 35-0828; — im Spektrum d. Superriesen μ Cephei 35-0831; Linien v. — im Spektrum v. TV Camelopardalis 35-0832; Cr II im Spektrum v. η Carinae im Jahre *1961* 35-0835; Änder. in d. Emiss. v. Cr II im Spektrum v. HR *8164* (Boss *5481* Å) 35-0836; — im Spektrum v. K-Sternen 35-0837; Linien v. — in d. Atmosphäre v. U Mon 35-0838; — in Gabbros d. Nowa-Ruda-Bereichs 38-0818; Chemie d. ^{51}Cr im Meerwasser 39-0776; Geochemie v. — in Amphiboliten d. Hecla-Hoek-Abfolge in Wedel-Jarlsberg-Land, Westspitzbergen 39-0813; —-Geh. in Kohlenproben d. inneren Kohlengebietes d. USA 39-2481; Linien v. Cr II im Spektrum d. Hülle v. NHer *1934* 40-0771; — im Mangan-Stern *53* Tauri 40-0772; Geochemie v. — in Fe-Erzen d. Michailovsker Lagerstätte d. Kursker magnet. Anomalie 41-0831; — in altersverschiedenen petrograph. Komplexen d. Nordkaukasus 43-0770; Verteil. v. — in Gesteinen d. Majkop-Suite Azerbajdshans in Abhängigk. v. d. mineralog. Zus. 43-0771; —-Geh. v. undifferenzierten Basaltgesteinen d. Staates Sao Paolos 43-0776; Äquivalentlinienbreiten v. Linien d. Cr II in bes. A- u. B-Sternen 45-0787; Nachw. in d. Asche d. Erdöle aus d-Stril'byc'-Gebiet 45-2356; Ausfäll. v. — aus hydrothermalen Exhalat. d. Ost-Pazif. Rückens 47-0754; physikal. Eig. kalter Sterne, Berechn. v. Modellatmosphären mit — 51/52-0720; Häufigk. v. — in Sigma-Boötis 51/52-0737; theoret. Übergangswahrscheinlichk. v. Linien d. Sonnenkorona für Cr IX u. Cr XI 51/52-0755.

— als Bestandteil menschl. Zähne u. Knochen 1-1476; Verteil. in subzellularen Frakt. d. Rindernebennierenmarks 24-1550; Plasma-Cr^{3+}-Geh. nach Glucose-Verabreich. 24-1587; Verteil. injizierter physiolog. Mengen v. $^{51}Cr^{3+}$ in Ratten in Abhängigk. v. d. Zeit 34-1682; Geh.: im menschl. Serum u. Blut 38-1549; im menschl. Serum 38-1550; in Lunge u. Harn bei Krebs 39-1166; d. menschl. Zähne u. Knochen (Unters. mit Röntgenemiss.-Spektrographie) 43-1319.

Schichtkörper aus — u. Keramik 16-2257*; — im Zement u. Chromatekzem 24-2330.

Bildung, Darstellung

Bldg.-Mechanismus v. —-enthaltenden Einschlüssen 22-2372.

Anode u. Elektrolyt zur Herst. v. reinem — 7-2586*; elektrolyt. Fäll. v. — bei hohen Temp. 12-2180; Erzeug. v. ^{51}Cr hoher spezif. Aktivität durch Neutronenbestrahl. v. K_2CrO_4 13-0788; Herst.: v. — halt. Konzentraten 12-2453*; v. radioakt. —-Präp. 18-2198*; v. — durch therm. Zers. d. Jodids 21-2703*; v. reinem — durch Schmelzflußelektrolyse 23-2392*; galvan. Abscheid. v. — aus $Cr_2\cdot(SO_4)_3$-Lsg. 25-1977; Herst.: durch Umsetz. v. Cr_2O_3 mit Cr_3C_2 28-0725; v. —-Einkrist.-Whiskers durch Verdampfen im Vakuum 30-2435*; v. ^{51}Cr hoher spezif. Aktivität für medizin. Zwecke 37-0760; elektrolyt. Gewinn.: aus d. Fluorid-Schmelze 40-2323; aus Polychromatlsg. 46-2124; Pilotanlage für d. Gewinn. v. Elektrolyt-— aus wss. Lsg. v. durch Chlorier. v. —-Erzen erhaltenem Cr-Chlorid 47-2024; Anwend. d. sublimativen Trennmeth. zur Gewinn. v. trägerarmem ^{51}Cr 49/50-0705.

Pelletisier. v. serpentinhalt. —-Erz 9-2631*.

Direkte Red. v. —-Erzen im Drehtrommelofen 2-2503*; Red. v. Fe–Cr-Erzen 2-2504*; Anreicher. v. Chromiterz im Fließbett 6-2432*; Red. v. —-halt. Erz im Drehofen 13-2598*; Behandl. v. —-Erz zwecks Verminder. d. Fe- u. Erhöh. d. Mg-Geh. 20-2308*; alkal. Röst. v. Cr-Oxid-halt. Material 23-2373*; Einfl. d. Zerdrück.-Grades v. —-Erz auf d. „Bursting" v. —-Magnesitstein im metallurg. Ofen 26-2481; Bldg. einer Na_2CrO_4–Na_2CO_3-Schmelze beim oxydierenden Glühen v. Chromit-Chargen d. —-Gewinn. 37-2160; Behandl. v. —-Erz zur Herst. feuerfester Massen zwecks Verminder. d. Fe- u. Erhöh. d. MgO-Geh. 49/50-2170*; Aufbereit. v. Lateriterzen zu — 49/50-2268*.

Chem. Trenn. v. Mn, —, V u. Zn 1-2077; Extrakt. v. Cr(VI) mit organ. Kationen 5-0609; Entfern. v. —-Verunreinig. aus anorgan. Thiocyanatlsg. mit Ionenaustauschern 7-2714*; Ionenaustauschtrenn. v. Sn u. Cr(III) 10-2104; Abtrenn.: durch Papierchromatographie 12-1951; aus Fe-Erzpellets 15-2499*; Raffinat. d. Al v. — mittels B 19-2576*; Beseitig. v. —-Spuren aus Galvanikabwässern 24-2141; Trenn. d. — v. Ni, Co u. Mn bei An- u. Abwesenh. v. Phosphat nach d. modifizierten Ammoniakmeth. 26-2098; Ionenaustauschtrenn.: v. Cr(III) mit Thiosulfat 29-1996; v. Cr/Ni 31-1994; Reinig. v. Säuren v. —-Beimeng. durch Ionenaustausch 33-0703; Extrakt.-Koeff. v. — aus HCl- u. LiCl/HCl-Lsg. mit Aminen in Diäthylbenzol 35-0501; Trenn. d. Al v. — durch Ionenaustausch-Chromatographie 38-1937; quant. Trenn. v. Cu(II) u. Cr(VI) durch Extrakt. 39-1913; papier- u. dünnschichtchromatograph. Trenn. Cr(III)/Cr(VI) 43-1805; App. zur Kontrolle d. —-Beseitig. in Abwässern v. Verchrom.-Anlagen 44-1919; Lsgm.-Extrakt. v. — in Form v. Chlorokomplexen durch Triisooctylamin/CCl_4 aus salzsaurem Medium 45-0506; Extrakt. v. — aus wss. H_2SO_4 u. KBr enthaltenden Lsg. mit Hilfe v. CCl_4 47-0525; chromatograph. Abtrenn. v. — aus Reaktorwasser 47-1924; wss. Lsg. zur Entfern. v. —-Überzügen 47-2242*; Extrakt. v. Cr^{3+} mit $\beta.\beta'$-Dichlordiäthyläther (Chlorex) 49/50-0533.

Elektrolyt. Herst. v. —-Folien 15-2552*; Sintern v. —-Pulver auf Filterporosität mit Paraffinzusatz 49/50-2234; Färb. v. elektroplattiertem Cr 51/52-2377.

Physikalisches und physikalisch-chemisches Verhalten

Einfl. v. — auf d. Eig. v. reinem C-Werkzeugstahl 22-2378; physikal. Eig. v. — 30-0160; Einfl. paramagnet. Cr^{3+}-Ionen auf d. opt. u. mechan. Eig. (Absorpt.-Spektren u. Mikrohärte) v. Rutileinkrist. 51/52-0260.

Kernphysikalisches Verhalten

Darst. v. ^{56}Cr durch (t, p)-Rk. mit Tritonen aus ^{6}Li(n, α)t im Reaktor 2-0054; Isobarenanalogresonanzen d. Rk. ^{51}V(p, γ)^{52}Cr 9-0096; Buildup v. ^{51}Cr 21-0105; Herst. v. radioakt. — durch Neutronenbestrahl. v. Cr(VI)-Verb. 48-2120.

Dreifachkorrelat.-Mess. an ^{50}Cr 4-0033; Rückstoßprozesse v. ^{51}Cr in gemischten anorgan. Syst. aus K_2CrO_4 u. Al_2O_3 bzw. SiO_2 bzw. MgO 4-0682; Niveaustruktur v. ^{53}Cr u. ^{55}Cr 5-0083; $f_{7/2}$-Modell v. ^{49}Cr 8-0027; Energieniveaus in ^{53}Cr 12-0040; Schalenmodellberechn. an ^{54}Cr 16-0048; beim *5,7*-d-^{52}Mn-Zerfall bevölkerte Niveaustruktur in ^{52}Cr 16-0073; L/K-Einfangverhältnis v. ^{51}Cr 20-0061; γ-Energien d. Übergänge beim Zerfall v. ^{51}Cr 21-0076; Anreg.: d. *7/2*$^-$-Niveaus bei *1,28* MeV in ^{53}Cr durch d. Rk. ^{52}Cr(d, p)^{53}Cr 24-0085; v. *2*$^+$-Zuständen in ^{52}Cr durch unelast. Deuteronenstreuung. 25-0056; γ-Übergang in ^{51}Cr für Routine-Energieeich. 27-0083; Niveauspektren v. ^{49,51}Cr-Kernen im Coriolis-Koppl.-Modell 32-0052; Energieniveaus v. ^{53}Cr 32-0053; Mess. d. Energieniveaustruktur v. —-Isotopen unter Benutz. v. (d, p)- u. (p, p')-Rk. 32-0054; Zerfall v. ^{51}Cr 33-0098; Präzis.-Mess. d. sek. Standard-γ-Energie v. ^{51}Cr 35-0097; Suche nach d. Niveau bei *803* keV in ^{51}Cr 41-0061; Lad.-Dichten am Kern 48-0081; Analyse d. Daten d. Neutronen- u. Protonen-Trennenergien für ^{55}Cr 49/50-0058; Zuordn. v. Spinwerten zu Energieniveaus in ^{51}Cr 51/52-0035.

Abs. Querschnitte u. Anreg.-Funkt. für durch Deuteronen an — hervorgerufene Rk. zwischen *2* u. *12* MeV 6-0071; Coulomb-Anreg. v. ^{52}Cr bei Energien oberhalb d. Schwelle 11-0058; Myoneneinfang in — 13-0061, 13-0062; unelast. Streuung v. *155*-MeV-Protonen durch ^{52}Cr 13-0082; Streuung v. Alphateilchen an ^{52}Cr u. ^{53}Cr 13-0084; weitere Unters. d. Kernresonanzstreuung unter Benutz. v. Neutroneneinfang-Gammastrahlen aus — 13-0092; totale Neutronenquerschnitte hoher Auflsg. v. ^{50}Cr 15-0086; ^{52}Cr(p, γ)^{53}Mn 15-0106; (n, p)-Querschnitte v. ^{52}Cr für *14,8*-MeV-Neutronen 19-0079; exakte Lsg. zu Gleich. für quasielast. (p, n)-Rk. an ^{52}Cr nach d. opt. Modell 21-0086; compoundelast. Wrkg.-Querschnitte bei d. elast. Streuung v. Protonen an ^{54}Cr bei Einschußenergien zwischen *9* u. *12* MeV 22-0027; Analyse d. elast. Streuung v. *13,6*-MeV-Deuteronen an —-Kernen nach d. opt. Modell 22-0029; (^{3}He, t)-Rk. an —-Isotopen bei *22* MeV 23-0058; konkurrierende

Gamma-Emiss. bei d. (n, 2n)-Rk. an ^{52}Cr 23-0095; DW-Berechn. endl. Reichweite für $^{52}Cr\cdot(d, p)^{53}Cr$ 24-0086; weitere Mess. u. Nullreichweite-DWBA-Berechn. für $^{52}Cr(d, p)^{53}Cr$ 24-0087; (p, n)-Schwellen bei Tandem-Energien an ^{52}Cr 26-0064; $^{52}Cr(d, p)^{53}Cr$ als Test d. Stripping-Theorie mit verzerrten Wellen 26-0077; Einfl. v. Compoundkernbeiträgen auf d. (d, p)-Rk. an ^{52}Cr 26-0078; elast. Streuung v. Protonen niedr. Energie an $^{50,52,53,54}Cr$ 29-0063; Wrkg.-Querschnitt für d. unelast. Streuung v. *155*-MeV-Protonen durch ^{52}Cr 31-0067; unelast. Streuung v. α-Teilchen an ^{52}Cr 31-0072; $^{52}Cr(d, 2n)^{52}Mn$ bei *13* MeV 33-0076; totale Querschnitte für kV-Neutronen an ^{53}Cr 34-0017; Photonenstreuung an ^{52}Cr im Riesenresonanzbereich 36-0041; Lochzustand durch d. Rk. $^{52}Cr(p, d)^{51}Cr$ 36-0071; Anreg. zweiter Ordn. bei d. unelast. Streuung v. α-Teilchen an —-Isotopen 38-0019; Unters. v. — durch unelast. Streuung v. *155*-MeV-Protonen 40-0043; Deut. d. (n, 2n)-Wrkg.-Querschnitte an — 40-0068; Winkelverteil., Winkelkorrelat. u. ebene Polarisat. v. γ-Strahlen d. Rk. $^{53}Cr(p, n)^{53}Mn$ 40-0078; Neutronenspektren bei (d, n)-Rk. an $^{50,52,53,54}Cr$ 42-0056; Schwäch. v. *3,95*- bzw. *4,70*-MeV-Neutronen durch — 46-0029; elast. Streuung v. ^{3}He- u. α-Teilchen v. *16* u. *19,5* MeV an ^{52}Cr u. ^{53}Cr 48-0036; (p, 2p)-Rk. bei *156* MeV an ^{52}Cr 49/50-0085; elast. Streuung d. Tritons an ^{52}Cr 51/52-0013.

Spektrum

Deut. d. opt. Absorpt.-Spektren d. Übergangselemente d. Fe-Reihe, bes. d. Rubins ($Al_2O_3 : Cr$) durch Krist.-Feld-, Ligandenfeld- u. MO-Theorie 3-0367; Austauschwechselwrkg. zwischen —-Ionen in Rubin u. Polarisat. d. Übergänge zwischen d. aufgespaltenen Niveaus d. $^{4}A_2$-Grundzustandes d. Cr^{3+}-Ions 3-0368; temperaturabhäng. Polarisat.-Spektren v. Cr^{3+} 3-0370; Einfl. v. Cr^{3+} auf d. Absorpt.-Spektrum v. Alexandrit ($Al_{2-x}Cr_xBeO_4$) 6-0338; Farben u. Spektren d. Lsg. v. Cr^{3+} in Alkalimetall- u. Erdalkalimetallsalzschmelzen 10-0114; $K\beta$-Emiss.-Linien u. K-Absorpt.-Kante v. — in H_2CrO_4 14-0110; magnet. Dipolübergänge zwischen sp^3-Termen d. isoelektron. Al-Reihe mit Cr XII als Glied 17-0122; Emiss.-Spektrum v. — bei d. Rk. v. $Cr(CO)_6$ mit akt. N_2 19-0689; Einfl. d. chem. Bind. auf d. Lage u. Form d. $K\alpha_{1,2}$-Linien v. — 20-0107; Berechn. d. Asymmetrieindizes d. $K\beta_1$-Linien v. — 20-0110; UV-Absorpt.- u. Fluoreszenz-Anreg.-Spektrum mit linear polarisiertem Licht v. mit — dotierten Rubin u. Saphir 20-0292; Ohlin-Struktur in d. Nähe d. Grenze d. kontinuierl. Röntgenspektrums v. — (Isochromatenmeth.) 21-0303; KLL-Auger-Spektrum 22-0116; Wrkg. v. Röntgenstrahlen (Bldg. v. Farbzentren u. Absorpt.-Spektrum) auf Rubin : Cr 24-0353; Einfl. d. Temp. auf d. Absorpt.-Spektrum v. Cr^{3+} im Glas 26-2393; — im Frequenz/Intensitäts-Diagramm d. statist. Spektroskopie 28-0111; Reflex.- u. Absorpt.-Spektren v. mit Cr^{3+} dotierten Mischoxiden v. Spinell- bzw. Granattyp 30-0294; durch Verunreinig. induzierte Raman-Spektren in mit Fe u. — dotiertem MgO 34-0385; Einfl. v. —-Zusätzen zu C-halt. Stählen durch Aufnahme d. Röntgen-K-Absorpt.-Kante d. Fe v. rhomb. Eisencarbid 35-0346; $K\beta$-Liniengruppe d. Röntgenfluoreszenzspektrums v. Sc im Metall u. in einigen seiner hochschmelzenden Verb. (Vgl. mit —) 35-0347; nicht klassifizierte $3p^63d$–$3p^53d4s$-Übergangslinien v. Cr VI 35-0763; Oszillatorstärken v. — u. Cr^{3+} 36-0115; IR-Spektren v. — in Rubin 36-0325; Vgl. d. Absorpt.-Spektren u. d. daraus ber. Racah-Parameter B v. V^{2+} mit denen v. Cr^{3+} 39-0352; Spektrum d. angeregten Absorpt. v. Rubin : Cr^{3+} 43-0350; Temp. u. Selbstabsorpt. im —-Lichtbogen unter atmosphär. Beding. u. f-Werte für Linien d. nahen IR v. Cr I aus spektrometr. Mess. mit gekühlten Photomultiplierröhren 44-0194; Röntgen-L-Spektren im Bereich v. *2–85* Å v. — 46-0351; Absorpt.-Spektrum v. opt. gepumpten Rubin : Cr (experimentelle Unters. d. Spektrums in angeregten Zuständen) 49/50-0327.

Andere optische Eigenschaften

Rubinlaser (Cr^{3+}-dotiert) mit regelmäß. Spitzen (Interferenzmax.) 1-0389; Sättig. d. Kathodolumineszenz v. Rubin mit —-Geh. 3-0389; Einfl. d. Stoßes v. Mikroteilchen auf d. opt. Eig. v. — 4-0298; opt. Doppelresonanzvers. in Rubin durch Absorpt.-Übergänge d. Cr^{3+} nach Rubinlaseranreg. 5-0411; Reflex.-Vermögen, Spektren v. epitakt. $Ga_xIn_{1-x}As$-Schichten auf mit — dotierten GaAs-Krist. 8-0313; Sensibilisier. d. Lumineszenz v. Nd^{3+}-Ionen in Baryt-Kronglas durch Cr^{3+} 8-0350; Einfl. d. ESR-Sättig. im Grundzustand auf d. Frequenz eines mit Cr^{3+} dotierten Rubinlasers bei *90* °K 8-0391; Lumineszenzspektrum v. Cr^{3+}- u. Mn^{4+}-Ionen in Lanthanaluminatkrist. 9-0383; Einfl. v. Cr^{3+} in Rubin auf d. selektive Reflex. u. Form d. Dispers. in d. Nähe d. roten Rubinlinie 11-0335; Zweistufenanreg. d. Phosphoreszenz v. Rubin mit — 11-0374; Elektronen- u. Löcherhaft. in ZnS–Cu(Cl, Cr)-Leuchtstoffen 12-0392; Lumineszenz u. Absorpt. v. angeregtem Rubin : Cr 13-0428; neue, mit Nd^{3+} dotierte Laserwirtsmaterialien v. Perowskit-Typ (Vgl. mit Cr^{3+}) 15-0445; Polarisat. v. Übergangsstrahl. durch Aufprall energiereicher Elektronen auf —-Oberflächen 19-0318; Maserverh. in Abhängigk. v. d. Spinkonz. in —-dotiertem $K_3[Co(CN)_6]$ 19-0395; Schwing.-Übergänge in Rubin ($Al_2O_3 : Cr^{3+}$) 20-0279; Thermolumineszenz mit — dotierter NaCl-Krist. 21-0326; Hönlsche anomale Dispers.-Korrekturen bei verschiedenen Wellenlängen für Atomstreufaktoren v. — 23-0339; opt. Absorpt. in —-dotiertem, hochohm. GaAs zwischen *0,6* u. *1,5* eV 24-0343; Spektralverteil. d. Lumineszenzausb. v. Cr^{3+} in Rubin 24-0377; Emiss.-Vermögen u. Schwärzegrad v. Überzügen aus Cr–Al–Si- auf Mo 27-0376; nichtlineare Lösch. d. Lumineszenz v. Rubin mit *2,5*% — unter intensiver opt. Anreg. 28-0353; Einfl. kollektiver Dipol–Dipol-Wechselwrkg. auf d. Form d. opt. Spektral-Linien u. Energieübertrag.-Prozesse für Cr^{3+} in Al_2O_3 u. MgO 32-0338; Eig. v. —-dotiertem Rutil für Mikrowellenmaser 32-0383; Unters. d. Elektroneneinfangs in ZnS : Cu(Cl, Cr) mit Hilfe v. IR-induzierter Lichtstimulat. u. EPR-Meth. 33-0409; Mess. d. Bruchteils d. metastabilen —-Ionen in Rubin unter Q-Schalt. 34-0431; Abhängigk. d. Laser-Strahl.-Dauer v. d. Wellenlänge in d. Grenzen d. Lumineszenz-Linienkonturen bei hoher Anreg.-Energie im Cr^{3+}-dotierten Rubinkrist. 36-0377; Farbwechsel eines Rubinkrist. mit *0,035*% — bei intensiver Lichteinstrahl. mit einer Xe-Röhre 37-0385; Energiebilanz eines kontinuierl. an d. Laserschwelle gepumpten Rubinlasers (mit *0,035*% —) 37-0419; Lumineszenz v. mit Cr^{3+} u. Seltenerdmetallen dotiertem $LiNbO_3$ 39-0379; aus d. Fluoreszenzübergang bestimmter a–c-Austausch v. Cr^{3+} u. Gd^{3+} in $Gd_3Ga_2(GaO_4)_3$ 39-0380; opt. Absorpt. einiger ferro- u. antiferromagnet. Spinelle mit Cr^{3+}($CdCr_2S_4$, $CdCe_2Se_4$ u. $ZnCr_2Se_4$) 40-0289; Brech. u. Absorpt. im IR-Bereich v. — 41-0377; Lumineszenzdefekte v. ZnS : Cr u. ZnS : Ga(Cr) 42-0358; Übergangsstrahl. im opt. Spektralbereich bei schrägem Einfall nichtrelativist. Elektronen auf eine —-Oberfläche 44-0327; Theorie d. strahlungslosen Mehrphononenübergänge in lokalisierten paramagnet. Zentren in d. Syst. $Al_2O_3 : Cr^{3+}$ u. $MgO : Cr^{3+}$ 44-0348; Röntgen- u. therm. Lumineszenz v. mit — dotierten Al_2O_3-Einkrist. 45-0343; opt. Konst. v. — im IR 48-0315; mögl. theoret. Erklär. d. nichtlinearen Lösch. bei mit Uranylsalzen aktivierten Krist. wie Rubin mit hoher —-Konz. 49/50-0340; Färb. v. elektroplattiertem — 51/52-2377.

Struktur

Wellenfunkt. u. Übergangswahrscheinlichk. in maßstäbl. Thomas-Fermi-Potentialen v. Cr I 3-0118; Lebensdauer u. g_J-Faktoren in angeregten Zuständen v. — (Hyperfeinstruktur v. ^{53}Cr) 9-0163; Best. d. Konst. d. Spin-Hamilton-Operators d. ESR aus d. Schnittpunkten d. Energieniveaus v. Cr^{3+} in $K_3[Co(CN)_6]$ 15-0417; Elektronenbind.-Energien d. K-, L_I-, L_{II}- u. L_{III}-Schale für — 16-0107; Verschieb. d. K-Niveaus u. d. $K\alpha$-Energien 21-0114; Hartree-Fock-Parameter für d. —-Atom 31-0122; mittleres inneres Potential unter Verw. d. Thomas-Fermi-Dirac-Modells für — 38-0291; atomare Energieterme für — 41-0123; Fermi-Oberflächen v. — nach d. APW-Meth. 41-0465; Zusammenhang d. Elektronenstruktur v. Ca mit d. v. — 46-0358; Berechn. nach einer neuen empir. Formel zur Ermittl. d. Radien v. Kationen mit Edelgasschale für — 48-0088; Berechn. d. Parameter d. Hamiltonschen Spinoperators v. Cr^{3+} in $MgAl_2O_4$ 48-0454; Self-Consistent-Energiebandberechn. für — (Lad. u. Spindichten) 51/52-0397.

Defektstruktur u. Polytypie in SiC beim Wachstum aus Cr-Lsg. 1-0202; Beweis für d. Existenz v. Cr^{2+} u. Cr^{4+} in röntgenbestrahltem Rubin 1-0297; Vgl. d. Stapelfehlerenergie mit d. Elektronenstruktur u. d. elektron. spezif. Wärme v. — 2-0207; Wrkg. v. — auf d. Diffus. d. Kernmaterials in d. Umhüll. aus Alclad–Al-Leg. 3-2426; neue Modifikat. v. — 4-0261; Einfl. v. Si–Cr-Sperren auf d. Diffus. v. Al u. U 6-0318; Zn-Konz.-Gefälle in einem Zn–Cr-Katalysator nach d. Isobutanol-Synth. aus CO u. H_2 6-0752; Versetz.-Breiten in anisotropen —-Krist. 7-0261; EPR-Mess. d. Diffus. v. —-Ionen in Rutil 7-0327; Unters. d. inneren Reib. durch N in — (N-Diffus. u. Löslichk.) 8-2381; Diffus. v. C in — 9-0325; Anfangsstadien d. Bldg. v. —-Filmen auf Glasunterlagen 10-0219; Oberflächendiffus. v. adsorbierten Atomen bei d. elektrolyt. Abscheid. v. — 10-0220; ausgedehnte Versetz.-Barrieren auf (*112*)-Ebenen in anisotropen —-Krist. 11-0233; autoradiograph. Unters. d. Diffus. v. — in α- u. γ-Mischkrist. v. Fe–Cr-Leg. 13-2526; Diffus. v. — in Fe/C-Leg. 14-0344; Modifikat. d. Krist.-Form v. Gips durch Cr(III)-Ionen 15-0265; Variat. d. Verteil.-Koeff. v. — mit d. Zus. d. Schmelze bei d. Zücht. v. $ZnWO_4$ 15-0268; Einfl.: d. Konz. auf d. Diffus.-Koeff. v. — in Fe-Leg. mit *20* bis *80*% — 15-0347; v. — auf d. Vorausscheid. in Al–Zn-Leg. 16-2370; mkr. Beobacht. v. Krist.-Blöcken aus synthet., unter Zusatz v. —-Ionen hergestelltem Glimmer 17-0240; Dissoziat. v. Versetz. auf (*110*)-Ebenen in anisotropem — 21-0222; β-Mn-Phase bei *900*, *950* u. *1000*° in d. Syst. Mn/Cr/Si 21-0565; Einfl. v. Cr^{3+}-Verunreinig. auf d. Morphologie v. Seignettesalz-Einkrist. 22-0233; Zücht. grober, mit — dotierter $ZnWO_4$-Krist. nach Czochralski 23-0246; Einbau v. Cr^{3+}-Beimeng. in Seignettesalz-Einkrist. bei d. Kristallisat. aus Lsg. 23-0250; Löslichk. v. N u. Kinetik d. Nitrier. v. — u. Ferro–Cr-Leg. mit bis *40* Fe 23-2346; Existenz v. Cr(II)-Ionen in Spinellmischkrist.-Syst. $FeCr_2O_4$/$MgCr_2O_4$ 24-0227; Versetz.-Struktur in — 24-0232; Korngrenzenselbstdiffus. in — in d. Nähe d. F. 27-0344; —-Konz. v. Rubin-Whiskern 32-0225; Neutronenstreuung an — mit *3*% W 36-0247; Berechn. d. Selbstdiffus. in — 36-0270; Sek.-Diffus. v. — in verchromtem Fe bei *900* u. *1050*° 36-2319; Struktur v. aus fluoridhalt. H_2CrO_4-Lsg. dargestelltem — 37-0616; Aktivier.-Energie d. Diffus. v. Eindring.-Elementen in — 38-0332; durch Cr^{2+}-Ionen auf Tetraederplätzen in Spinellen induzierte Jahn-Teller-Verzerr. 39-0260; anomale Diffus. v. ^{51}Cr in β-Zr 39-0327; Wrkg. v. —-Zusätzen auf d. Gitterparameter v. α-Fe 41-0266; Diffus. im Syst. U–Cr–Si–Al 42-0304; Versetz.-Dekorier. bei Korundkrist. mit Beimeng. v. — 43-0238; Diffus. v. ^{51}Cr in β-Ti 44-0296; Leist.-Fähigk. röntgengoniometr. Verf. zur Gitterdehn.-Mess. unter bes. Berücksichtig. v. Eigenspann.-Unters. an — 45-0210; Dissoziat. v. Versetz. auf d. (*112*)-Ebenen v. — 46-0233; Verteil. v. —-Ionen in nach d. Meth. v. Verneuil gezüchteten Rubineinkrist. 47-0230; Einfl. v. — auf Struktur v. Cr–Ni- u. Cr–Mn–Ni-Stahl 49/50-2225; Epitaxie v. auf Steinsalzspaltflächen aufgedampftem — 51/52-0173.

Mechanisches Verhalten

Wrkg. d. Abkühl.-Temp. auf d. Sprödbruch-Übergangstemp. v. —-Draht 8-2394; Einfl. v. —: auf Härtbark. v. Baustahl mit *0,5* C 10-2494; auf d. Kerbzähigk. v. austenit. *12* Mn-Stahl 16-1355; in Schmiedeeisen auf d. Ziehbark. 17-2358; Einfl.: d. Abscheid.-Parameter auf Rißbldg. u. Porosität galvan. Schutz- u. Dekorat.-Überzüge aus — 19-2500; v. — auf d. plast. Verform. v. legiertem Fe u. Stahl 21-2520; innere Reib. durch — u. Fe in MgO 25-0270; Einfl.: v. — auf d. Verlauf d. Nitrierhärtetiefe v. Stahl *34*CrAlMo*5* (Nitrodur *80*) 26-2581; d. Stapelfehlerenergie auf d. Kaltsprödigk. v. — 30-0233; v. — auf d. Zeitstandfestigk. v. niedriglegiertem warmfestem Stahl 38-2399; Mikrorißbldg. v. —-Überzügen in Abhängigk. v. d. Abscheid.-Beding. 39-2268; erhöhte Mikrohärte u. Verschleißfestigk. galvan. —-Überzüge durch Anwend. v. Ultraschall 46-2363; Spann. in dünnen —-Schichten auf Quarz 47-0295.

Elektrisches Verhalten

Spezif. Widerstand u. Struktur v. dünnen —-Schichten 1-0472; Austrittsarbeit bei d. Thermoelektronenemiss. v. BeO, MgO, CaO, SrO u. BaO auf — als Substrat 3-0430; spezif. elektr. Widerstand u. d. transversale magnet. Widerstandsänder. v. — zwischen *4,2* u. *319*° 3-0506; Ionenleitfähigk. v. —-dotierten AgBr- u. AgCl-Einkrist. 4-0391; elektr. Leitfähigk. d. festen u. fl. Phasenkomponenten d. Syst. Cr/Si 5-0487; Einfl. v. — auf d. Supraleitfähigk. v. Pb 5-0505; Glühemiss.-Austrittsarbeiten im Vakuum v. polykrist. — 8-0407; Unters. v. Gleichstromentlad. bei Drücken zwischen 10^{-6} u. 10^{-8} Torr zwischen verschieden vorbehandelten —-Elektroden 11-0205; theoret. u. experimentelle Ionisier.-Querschnitte für — 18-0184; elektr. Leitfähigk.- u. thermoelektr. Mess. an —-dotiertem Fe_xO zwischen *650* u. *1060*° in

Abhängigk. v. O_2-Partialdruck 18-0402; Stromrauschen in Cermet-Widerstandsfilmen aus – u. SiO (–-Geh. *10* bis *40* Atom-%) 21-0409; Einfl. d. –-Dotier. auf d. DK v. $Pb(Zr_{0,55}Ti_{0,45})O_3$ 24-0462; Photoemiss. v. Elektronen aus –-Elektroden auf SiO_2-Schichten in d. Leit.-Band d. Oxids 29-0410; Unters. d. Stromflusses durch dünne Cr–Cr-Oxid-Ag-Schichten 32-0435; Einfl. v. hohem Druck auf d. Elektronenstruktur v. mit Cr^{3+} dotiertem Al_2O_3 33-0436; V–A-Charakteristik v. Nb-Dioden mit Oberflächenoxidfilmen u. einem Metallkontakt aus – 36-0421; Ionisat.-Mechanismus v. – in Cr–Ar-Misch. 37-0188; elektr. Leitfähigk. u. Lad.-Trägerkonz. in mit – dotierten Te-Einkrist. 37-0445; Einfl. d. Unterschieds v. Metall–Halbleiter-Austrittsarbeiten auf d. Berechn. v. Oberflächenlad.-Dichten d. Si–SiO_2-Grenzfläche bei MOS-(Cr–SiO_2–Si)-Strukturen 43-0415; elektr. Durchschlagfestigk. v. SiO_2-Filmen d. Filmstrukturen Cr–SiO_2–Al gegenüber Wechselspann. 43-0416; magnet. Zusammenbruch in – 48-0420; Ursache d. Anomalie d. elektr. Widerstands schwach mit – legierter Fe–Co-α-Mischkrist. 49/50-0428; Best. d. Geschw. d. Verdampf. v. – u. seine Diffus. im Plasma d. Bogenentlad. 51/52-0148; elektr. Eig. v. im Vakuum u. chem. abgeschiedenen –-Widerstandsschichten 51/52-0405; Einfl. v. – auf d. Sprungtemp. v. Al 51/52-0419.

Magnetisches Verhalten

Therm. u. magnet. Eig. v. GeTe u. PbTe mit –-Geh. 1-0521; Einfl. d. Antiferromagnetismus auf d. Zustandsdichte v. – 3-0546; Druckeinfl. auf d. magnet. Umwandl. bei mit – modifiziertem Mn_2Sb 5-0553; halbquant. Erklär. d. beobachteten Verteil. d. magnet. Momente 6-0497; durch Rumpfpolarisat. in ^{53}Cr hervorgerufenes Magnetfeld 7-0197; magnet. Strukturen v. im Feld unter Spann. abgekühltem – 7-0535; Anomalien d. magnet. Struktur v. – 7-0546; Antiferromagnetismus v. – 7-0551; Suszeptibilität v. – bei hohem Magnetfeld 8-0503; Berechn. d. paramagnet. Suszeptibilität v. Cr^{3+} in $MgAl_2O_4$ 8-0504; magnet. Suszeptibilität u. Valenzzustand v. –-Atomen in $CrSi_2$ 8-0506; Mössbauer-Unters. d. magnet. Hyperfeinfeldes an – mit *0,5*% Fe 9-0539; magnet. Formfaktor v. – mit Mn-Zusätzen zwischen *1,7* u. *4,1* Atom-% 11-0526; magnet. Moment u. effektives Magnetfeld am Atomkern 12-0501; Neutronenbeug.-Unters. d. magnet. Eig. an – mit *0,45* Atom-% V 13-0522; Änder. d. scheinbaren Symmetrie v. – mit d. Magnetfeld 14-0536; kernmagnet. Abschirm.-Konst. für alle positiven Ionen, neutralen Atome u. negativen Ionen v. – 18-0089; diamagnet. Suszeptibilität für alle positiven Ionen, neutralen Atome u. negativen Ionen v. – 18-0090; räuml. Spindichtestör. um – in Fe u. Ni 19-0467; magnet. Eig. verd. Lsg. v. – in CoSi 20-0442; magnet. Umwandl. v. mit – dotiertem Mn_2Sb 27-0505; Relaxat.-Erschein. in Fe-Leg. mit *2,73* (Gew.-%) Si; *0,023* C u. geringen Mengen an – (magnet. Verluste) 28-0463; magnet. Struktur v. plast. verformtem – aus Neutronenbeug.-Unters. 29-0494; Einfl. d. –-Geh. auf d. Curie-Temp. v. synthet. Carbiden 30-2348; magnet. Moment v. in Pt gelöstem – (*0,5* Atom-%) 31-0494; Verteil. d. magnet. Moments v. – in Fe 32-0468; Austauschwechselwrkg. v. paramagnet. Cr^{3+}-Ionenpaaren im Korundgitter 33-0429; ausgerichtete Anisotropie in Mehrfachschichten v. – u. NiFe mit *24*(%) Fe u. *76* Ni bzw. *18* Fe u. *82* Ni 37-0512; Einfl.: v. Druck auf d. Temp. d. antiferromagnet. Übergangs v. – 40-0437; v. Cr^{3+}-Ionen auf d. Speichereig. v. Mg–Mn-Ferriten 42-0477; magnet. Eig. prim. fester Lsg. v. – mit Mn, Fe u. Co 43-0480; Wrkg. d. Feld-Kühl. auf d. magnet. Suszeptibilität v. – 47-0496.

ESR-Spektrum v. –-Ionen in NaCl (Krist.-Feld nach Röntgenbestrahl.) 2-0382; Linienbreite d. EPR v. Cr^{3+} in $(Al_2O_3)_{1-x}\cdot(Cr_2O_3)_x$ 2-0389; longitudinale Spinrelaxat.-Zeit v. Cr^{3+} in Fe-dotiertem MgO 3-0406; EPR-Spektrum v. Cr^{3+} in $CsCr(SO_4)_2\cdot12\,H_2O$ 3-0413; dynam. Jahn-Teller-Effekt in d. ESR-Spektren v. – in Si 4-0332; ESR-Spektrum v. Cr^{3+} im MgO-Einkrist. 4-0874; ^1H-NMR-Verschieb. in wss. Lsg. paramagnet. Cr^{2+}-Ionen 5-0190; Konz.-u. Temp.-Abhängigk. d. Spin–Gitter-Relaxat.-Zeit v. Cr^{3+} in Rubin bei niedr. Temp. (Relaxat. im magnet. Nullfeld) 5-0394; Berechn. d. direkten Prozesses d. Spin–Gitter-Relaxat. in Rubin mit geringer –-Konz. 5-0395; Spin–Gitter-Relaxat. v. Cr^{3+} in Koexistenz mit Ti^{3+} in Al_2O_3 5-0396; Mess. d. longitudinalen Spin–Gitter-Relaxat.-Zeit d. Protonen d. Krist.-W. u. d. NH_4 v. $KAl(SO_4)_2\cdot12\,H_2O$- u. $(NH_4)Al(SO_4)_2\cdot12\,H_2O$-Krist. (Einfl. v. Cr^{3+}-Dotier.) 5-0403; EPR v. Cr^{3+} in Y–Al-Granat 6-0373; Isotopieverschieb. im ESR-Absorpt.-Spektrum v. $^{52}Cr^{3+}$ u. $^{53}Cr^{3+}$ in MgO 6-0374; Aufspalt. d. EPR-Linie v. Cr^{3+} in $ZnWO_4$ in einem äußeren elektr. Feld 6-0375; EPR-Unters. v. –-halt. Gläsern 8-0375; EPR-Unters. v. –-halt. Gläsern 8-0376; Beweis für tetragonale Verzerr. aus d. ESR-Spektren v. Cr^{3+} in Einkrist. v. CaO 9-0402; EPR-Spektren für –-Ionenpaare in Korund 12-0413; Invers. u. Linienbreite d. EPR-Absorpt. in Rutil mit – im *20*-cm-Bereich 14-0413; photoinduzierte paramagnet. Resonanz v. Cr^{+} in ZnS-Einkrist. 15-0425; paramagnet. Relaxat. in Einkrist. v. Salzen d. Ionen Mn^{2+}, Cr^{3+}, Fe^{3+} u. Cu^{2+} in Abhängigk. v .ihrer Orientier. im parallelen magnet. Gleichfeld 15-0427; Spin–Gitter-Relaxat.-Zeiten in Spinsyst. mit zwei Arten paramagnet. Ionen für d. Fall v. Ti^{3+} -u. Cr^{3+}-Ionen in Korund 16-0315; opt. Absorpt.-Spektren im Sichtbaren u. UV sowie EPR-Spektren v. $AlCl_3\cdot6\,H_2O$-Krist. mit Cr^{3+}-Dotier. 16-0326; EPR u. Spin–Gitter-Relaxat. nichtäquivalenter Syst. v. –-Ionen in $ZnWO_4$-Einkrist. 16-0335; EPR v. Cr^{3+}-Ionen in Li–Al-Spinellen 18-0339; Austauschresonanz in –-halt. Rubin mit Hilfe eines Submillimeterspektrographen 18-0343; Spin-Gitterwechselwrkg. in Rubin mit Cr^{3+}, gemessen mit Hilfe d. ESR in einachs. verformten Krist. 21-0348; Spin–Gitter-Relaxat. u. Konz.-Einfl. v. Cr^{3+} in Rubin 22-0350; ESR v. Cr^{3+} in pulverförm. Anatas (TiO_2) 22-0366; Spin–Gitter-Relaxat. v. Cr^{3+} im $E(^2E)$-Zustand d. d^3-Ionen im Korund 23-0390; phänomenolog. Berechn. d. Spin–Gitter-Relaxat.-Wahrscheinlichk. v. Cr^{3+}-Ionen in Korund 23-0391; Relaxat. d. Cr^{3+}-Ions in Smaragd 23-0392; ESR-Spektren v. Cr^{3+} in MgO 25-0373; neue EPR-Absorpt.-Linie für Cr^{3+} im Syst. CrO_3/Al_2O_3 25-0374; ^{53}Cr-NMR in $CuCr_2O_4$ u. $FeCr_2S_4$ 29-0371; Konz.- u. Temp.-Abhängigk. d. Spin–Gitter-Relaxat.-Zeit in Rubin : Cr 29-0374; EPR v. auf SiO_2/Al_2O_3 verteilten –-Ionen (Einfl. d. chem. Zus. d. Trägermaterials auf d. Verteil.-Zustand) 29-0379; Unters. d. spektralen Diffus. v. Cr^{3+} mit Hilfe v. Elektronenspinechos in $RbAl\cdot(SO_4)_2\cdot12\,H_2O$ u. $K_3[Co(CN)_6]$ 29-0381; EPR-Unters. an Cr^{3+}-dotiertem Triglycinsulfateinkrist. 30-0326; Knight-Verschieb. v. fl. ^{63}Cu durch Verunreinig. mit – 32-0371; Symmetrie d. Krist.-Felds im Granat $Y_3Fe_{5-x}\cdot Cr_xO_{12}$ bei Substitut. v. Fe^{3+} durch Cr^{3+}-Ionen durch Mess. d. ferromagnet. Resonanz 32-0378; Feldabhängigk. d. Spin–Gitter-Relaxat.-Zeiten v. Cr^{3+} in $K_3[Co(CN)_6]$, Al_2O_3 u. $RbAl(SO_4)_2\cdot12\,H_2O$ 33-0428; NMR-Frequenzen v. ^{53}Cr in $CrBr_3$ 34-0410; Spin–Gitter-Relaxat. v. Cr^{3+} in Ggw. v. V^{3+} in Al_2O_3 35-0373; Berechn. d. Winkelabhängigk. d. Spin–Gitter-Relaxat.-Zeiten v. Cr^{3+}-Ionen in Rubin 35-0374; ESR v. Cr^{3+} in Einkrist. v. EDTA 36-0366; Kernspin–Gitter-Relaxat. v. ^{53}Cr in d. geordneten magnet. Isolator $CrCl_3$ 39-0394; Elektronenspin–Gitter-Relaxat. v. Cr^{3+} in Festkörpern bei tiefen Temp. 39-0395; paramagnet. Relaxat. u. Krist.-Feldtheorie für d. Grundmannigfaltigk. v. – in Rutil 39-0397; EPR u. Superhyperfeinstruktur v. – in II–VI-Verb. (ZnSe : Cr^{+}, ZnTe : Cr^{+}, ZnSe : Cr^{2+}) 40-0337; Aufspalt. d. EPR-Linien v. Cr^{3+} in $ZnWO_4$ durch ein äußeres elektr. Feld 40-0341; Einfl. eines äußeren elektr. Gleichfeldes auf d. EPR-Spektrum v. Cr^{3+} in $MgWO_4$ 45-0353; ESR-Unters. d. Koordinat.-Änder. v. Cr^{5+}-Komplexen bei Chemisorpt. an d. Trägerkatalysatoren Cr/SiO_2, Cr/Al_2O_3, (– als Ion zu *2* Gew.-% anwesend) 46-0701; EPR- u. opt. Spektrum v. Cr^{3+}-Ionen in MgF_2 47-0379; EPR-Unters.: an Cr^{3+}- u. Mn^{4+}-Ionen in MgO 49/50-0370; d. Isomorphiecharakters v. – in natürl. Einkrist. v. Diaspor (AlOOH) 49/50-0372; ^{53}Cr-NMR in Cr_3As_2 51/52-0340; Einfl. d. elast. Anisotropie auf d. Spin–Gitter-Relaxat. in Rubin : Cr^{3+} 51/52-0341.

Elektrochemisches Verhalten

Temp.-Abhängigk. d. Auflsg.-Mechanismus v. – 1-0598; Bezieh. zwischen anod. Stromspann.-Kurven v. Pd u. – 2-0652; Unters. d. Transpassivität v. – in H_2SO_4 3-0645; Einfl. v. – auf d. elektrolyt. Red. v. $U(NO_3)_6/Pu(NO_3)_4$-Lsg. 4-0600; Elektrodenkinetik v. Cr(III)/Cr(II) in KCl an d. unbelasteten strömenden Hg-Elektrode 4-0607; elektrochem. Vorgänge v. O_2 u. H_2O_2 an d. –-Elektrode 6-0461; Elektrodiffus. v. – in γ-Cer, γ-U- u. ε-Pu 7-0323; Einfl.: d. –-Geh. in Fe-Leg. auf d. Temp.-Abhängigk. d. Passivierbark. 8-0642; v. Äthylendiamintetraacetat auf d. polarograph. Red.-Stufen d. Hexaquochrom(III)- u. Hexamminchrom(III)-Kationen 9-0672; Unters. d. Korros.-Potentiale für – in H_2-gesätt. H_2SO_4 9-2625; Einfl. v. Fremdanionen auf d. Kinetik d. unvollständ. Red. v. Cr(VI) zu Cr(III) 21-0614; Halbstufenpotential v. Cr^{3+} in Halogenidlsg. 21-2117; Einfl.: v. Cumarin auf d. Abscheid.-Potential v. – 22-0576; v. Oberflächenoxiden auf d. Redoxrk. v. Fe(III)/Fe(II) an passivem Fe/Cr 26-0582; Voltammetrie v. Cr(III) u. Cr(VI) in Ammoniumfluoridlsg. 26-2097; H_2-Belad. v. elektrolyt. –-Nd. 27-0611; Einfl. v. Fremdkationen auf d. anord. Ox. v. Cr(III) 33-0677; Polarographie v. Cr(III) in Ggw. v. Pyrogallol 33-2044; EMK-Mess. an $Cr/CrCl_3$ in fl. KSCN 40-0555; Einfl. v. Ultraschall auf d. H_2-Entw. an d. Kathode bei d. elektrolyt. –-Abscheid. 43-2167; polarograph. Strom/Zeit-Mess. in Cr^{3+}-Lsg. 45-0584; Potentialabhängigk. d. Durchtrittsfaktors d. Rk. Cr(II)/Cr(III) 48-0583; Polarographie v. Cr(III) in Essigsäure/Acetanhydrid-Lsg. 51/52-0560.

Thermodynamisches und akustisches Verhalten

Schmelzkriterium für –-Krist. auf d. Grundlage d. anisotropen dispersiven Kontinuum-Modells 1-0253; Standardwerte d. spezif. Wärme, Entropie u. Enthalpie v. – im Bereich *54–300*°K 3-0580; F., Kp. u. Dampfdruck v. – 3-0594; Löslichk.-Verschieb. d. N im Fe durch – 3-0607; Einfl. v. – auf d. Aktivitätskoeff. v. Sauerstoff in fl. Fe 6-0588; Bldg. v. $CrZrB_2$ im Syst. ZrB_2/Cr u. Zustandsdiagramm 6-0595; thermodynam. Eig. v. – 7-0042; Phasengleichgew. im Syst. Mo/Cr/C 11-0609; Bldg.-Enthalpie v. gasf. Cr^{2+} bzw. Cr^{3+} 13-0553; Einfl. d. Reinh.-Grades v. – auf d. F. 13-0561; Cr_3O-Struktur in d. Syst. Cr/Rh/Si 15-0627; Verh. v. – in Weich-Fe beim Umschmelzen im Elektronenstrahlmehrkammerofen 16-2329; Gleichgew.-Konst. für d. Abscheid. v. – auf Metallen bei Rk. d. Metalle mit gasf. $CrCl_2$ 17-0577; Einfl. v. – auf d. Aktivität v. O in fl. Stahl 21-0551; Bezieh. zwischen C-Aktivitäten für Cr–Fe–C-Leg. u. d. Phasengrenzen d. γ + $(Fe, Cr)_7\cdot C_3$-Gebietes bei *1050*° 21-0568; Ultraschalldämpf. in d. Nähe d. Néel-Temp. v. – 24-0467; Diagramm d. Phasengleichgew. d. Syst. Cr/Fe/Si bei *900*° durch Röntgen- u. Mikrostrukturmeth. 24-0556; Aufnahme d. Phasendiagramme d. Syst. Cr/Fe/Ni bei gleichzeit. Kondens. v. Cr-, Fe- u. Ni-Dampf 24-0562; – als atmosphär. Kondens.-Kerne 25-0839; chem. Aktivität v. – in fl. C-gesätt. Fe (Löslichk.) 27-2403; Einfl. v. – auf d. O-Aktivität in Fe-Schmelzen 27-2405; Strukturdiagramme d. Syst. Fe/Cr/N 30-0508; Anwend. d. Theorie d. Nichtmetall-Lsg. in gemischten Lsgm. auf chem. Potentiale u. Aktivitätskoeff. d. Syst. Fe/Cr/S 31-0539; Berechn. v. isothermen p-V-Diagrammen für – aus Stoßwellen-Daten unter Benutz. d. Zustandsgleich. v. Mie-Grüneisen 33-0813; Zusammenhang zwischen Druck- u. Temp.-Koeff. d. Kompressibilität u. d. Wärmeausdehn. v. – 37-0346; Phasengleichgew. in d. Syst. Cr/Co/B 37-0583; Kompressibilität u. p-T-Diagramm v. – 40-0481; Mess. d. therm. Änder. d. röntgenograph. bestimmten Debye-Temp. v. reinem – 41-0315; Löslichk. v. – in d. Phasen TiC_{1-x} bzw. HfC_{1-x} in Syst. Ti/Cr/C u. Hf/Cr/C u. Unters. d. Mischkrist.-Bldg. 42-0519; Berechn. d. Oberflächenaktivität v. – in Fe 46-0647; Cr^{3+}–Cr^{6+}-Gleichgew. in bin. Alkaliboratschmelzen 48-2327.

Grenzflächenverhalten

Verteil. zwischen Tetrahydrofuran/wss. HCl u. Dowex *50*-X *5* 1-2079; Adsorpt. v. Cr^{3+} durch Dolomit 7-0670; Ionenaustausch an anorgan. Ionenaustauschern auf Ti-Basis 8-0688; O-Chemisorpt. an mit – dotiertem NiO u. damit verbundene Leitfähigk.-Änder. 9-0698; LCA-MO-Modell für d. Chemisorpt. v. CO, HCN u. Äthylen an – 9-0700; Fe(III)-Orthohydroxid als chromatograph. Sorbens für Cr^{3+} 12-1933; Trenn. v. Mo aus H_2SO_4–HF-Lsg. durch AW-*17* u. EDE-*10*P v. – 13-0681; H-Sorpt. durch Ni-Katalysatoren auf Kohleträgern mit –-Zusätzen 18-2176; Ionenaustausch aus mit – beschichteten Fe-Platten in $FeSO_4$-Lsg. 20-0593; Mehrfachschichten v. koll. Teilchen auf – 22-0611; Cr^{3+}-Ionen als Adsorpt.-Zentren in Al-Oxid–Cr-Oxid-Katalysatoren für W., CH_3OH u. NH_3 22-0650; Sorbierbark. v. Cr^{3+}: aus essigsauren Lsg. durch AW-*17* u. KU-*2* 23-0650; aus HNO_3-Lsg. durch AW-*17* u. KU-*2* 23-0651; Trenn.: v. U(IV) aus HNO_3-Lsg. v. Cr(III) mit AW-*17*X*6* 28-0624; v. Cr(II)-Rückstoßionen v. neutronenbestrahlten Cr(III)-Ionen durch eine dynam. Extrakt.-Meth. unter Verw. eines Ionenaustauschers 28-0663; Ordn.-Grad d. Substratfläche im Syst. Cr/O_2, CO, N_2 29-

0641; Verweilzeit auf W u. ox. W 32-0647; Einfl.: v. grenzflächenakt. Metallen (*1* Atom-% —) auf d. Haft. v. Ni auf Saphir 33-0340; v. Cr(VI) auf d. Adsorpt. v. At an Pt aus HNO_3-Lsg. 36-0637; chromatograph. Verh. v. — auf mit Tri-n-octylammoniumhalogenid imprägniertem Papier 36-1892; Adsorpt. v. H, CO, C_2H_4 u. N an — 38-0641; Strukturen v. —-Suspens. in Bzn. im konst. elektr. Feld 38-0657; therm. Akkomodat.-Koeff. für — an Saphir 39-0637; Adsorpt. v. ^{51}Cr auf d. Al-Leg. PA-*2*, anodiertem PA-*2* u. säurebeständ. Stahl 40-0605; Dünnschicht-Ionenaustauschchromatographie 40-1844; Chemisorpt.-Wärme v. H_2 an — 43-0603; Dispers.-Kräfte zwischen makroskop. Objekten d. Syst. Cr/Cr 45-0588; Verteil. v. Cr^{3+} zwischen NH_4-Sulfosalicylat u. Amberlite CG-*120* 47-1870; Sorpt. an AW-*17* aus HNO_3-Lsg. 49/50-0619.

Lösungsverhalten

Löslichk.: v. C in d. fl. Syst. Mn/Cr/C 6-0589; v. — in wss. u. Proteinlsg. 7-1762; Bestätig. d. theoret. Unters. über d. Einfl. eines gelösten Atoms auf d. Löslichk. v. H in geschmolzenem Fe durch Experimentalwerte am Fe–Cr–H-Syst. 9-0601; Einfl. v. — auf d. Löslichk. v. C in fl. Co bei *1600°* 24-0567; Anwend. d. diskontinuierl. Gegenstromsolventextrakt. zur Unters. d. Verteil. v. Metallionen zwischen Salzsäure u. Methylisobutylketon auf — 42-0506; Best. d. Verteil.-Koeff. v. Cr^{3+} zwischen W. u. organ. Lsgm. an Dowex *50*-X *8* 42-1835; IR-spektroskop. Unters. d. Hydratat. v. Cr^{3+} in wss. Lsg. 47-0560.

Reaktionen

Beeinflussende Beding. d. Ox.-Grads d. — in Natron–Kalk-Gläsern 8-2276; Cr(II)-Chemie 24-0775, 36-0148.

Ausb. v. reduzierenden Radikalen bei d. γ-Strahl.-Ox. v. Cr(III) in alkal. Lsg. 12-0745; Geschw.-Konst. u. Temp.-Koeff. d. Rk. v. durch Elektronenpulsradiolyse erzeugten hydratisierten Elektronen mit Cr^{3+} in wss. Lsg. 23-0701.

Brückengruppen bei d. Rk. v. Pentamminkobalt(III)-Komplexen mit $Cr^{2+}(aq)$ 3-0712; Mechanismus d. Ox. v. Diffus.-Schichten aus —: auf Fe mit trockenem O_2 3-0720; auf unlegierten C-Stählen in trockenem O_2 3-0721; Geschw. d. aluminotherm. Red. v. — 3-2417; Rk. v. Cr^{2+} mit MnO_4^- 5-0754; Red. v. Cr(III) mit Na/Pb-Lsg. 6-1980; Rk. zwischen Cr(II) u. Cl-halt. Ox.-Mitteln in wss. $HClO_4$ 7-0686, 7-0687; Kinetik u. Mechanismus d. Elektronenaustausches zwischen Cr(II) u. $[Cr(H_2O)_5(NH_3)]^{3+}$ 7-0688; H_2-Red. v. —-Erzen in d. Wirbelschicht 11-2621*; Umsetz. v. Ti mit — in schwefelsauren Lsg. 14-0668; Herst. v. —-Stahl aus —-Erz unter Verw. v. Ferro-Si im elektr. Lichtbogenofen 16-2436*; Geschw.-Konst. d. Ox. v. Eu^{2+} durch Cr^{3+} 18-0630; Red.: v. $[Ru(NH_3)_6]^{3+}$ u. $[Ru(NH_3)_5Cl]^{2+}$ mit Cr^{2+} 18-0641; fester Lsg. im Spinellbereich d. Syst. Mn/Al/Cr/Fe/O 18-0648; Festkörperrk. d. Syst. $U_3O_8/Cr/UO_2$ 20-0536; Hydrolyse v. Cr^{3+} 21-0690; Darst. v. CrF_3 u. CrF_2 durch Rk. v. —-Pulver mit HF unter Druck 22-0708; Ox. v. — im geschmolzenen LiCl–KCl-Eutektikum durch $HgCl_2$ 25-0763; partielles chem. Ätzen v. Metallplatten durch Vakuumbedampfen mit — 25-2293*; Mechanismus d. Rk. v. $[Co(NH_3)_5X]^{2+}$ (X = CN, NO_2, NCS u. a.) mit Cr^{2+} zu $[Cr(H_2O)_5X]^{2+}$ 26-0688; Red. v. Aquoamminkobalt(III)-Komplexen mit Cr(II) 28-0632; Darst. u. Eig. v. Cr_7BC_4 aus —, B u. C 28-0722; Bldg. homogener —-Carbidschichten bei d. Gaszementat. v. — mit Graphit 28-2422; Nitrier. v. festem — 28-2447; Einfl. d. Oxidverflüchtig. auf d. Ox.-Kinetik v. — u. Fe–Cr-Leg. 29-0696; Rk. v. $[Co(NH_3)_5CN]^{2+}$ u. Cr^{2+} in perchlorsaurer Lsg. 30-0606; Kinetik d. Red. v. $[Co(NH_3)_5NO_2]^{2+}$u.$[(NH_3)_5Co(NO)_2Co(NH_3)_5]^{4+}$ durch Cr(II) 30-0607; Cr_2O_3-Anlauffilme auf — in CO_2 u. CO 31-0683; Vers. d. N-Abbind. durch — in Tiefziehstahl 31-2325; Rk. zwischen Cr(III), Mo(VI) u. P(V) in schwachsauren wss. Lsg. 35-0700; Ionisat. v. — u. BaO bzw. — u. NiO in NaCl-, KCl-, NaF-, KF-, NaCl–KF- u. KF–KCl-Schmelzen 37-0780; Thermochemie v. Rk. im Syst. $U_3O_8/UO_2/Cr$ 40-0520; O-Isotopeneffekt bei d. Red. v. $[Co(NH_3)_5H_2O]^{3+}$ bzw. $[Co(NH_3)_5OH]^{2+}$ mit $[Ru(NH_3)_5]^{2+}$ bzw. mit — als Kathode 40-0652; Kinetik: d. Ox. v. Eu(II) mit Cr(III) in wss. $HClO_4$-Lsg. 43-0635; u. Mechanismus d. Ox. v. — durch Peroxodisulfat-Ionen 44-0652; Best. d. Geschw.-Konst. d. Disproportionier. v. U(V) durch automat. amperometr. Titrat. v. U(VI) mit Cr(II) 44-0654; Rk. mit $K_2S_2O_8$-Lsg. im geschmolzenen $LiNO_3$–KNO_3-Eutektikum 44-0662; Geschw. d. chem. u. elektrochem. Ox. v. Cr(III)-Ionen an MnO_2 45-6410; chem. Gleichgew. im Syst. Cr/J bei höheren Temp. 46-0532; Rk. v. BN-Überzügen mit d. —-Unterlage zu Cr_2B 46-2368; Darst. v. trägerfreiem $H_2{}^{35}S$ durch direkte Red. d. in mit Neutronen bestrahltem KCl enthaltenen $[^{35}SO_4]^{2-}$ mit metall. — 47-0659; Stöchiometrie d. Rk. zwischen Fe(II) u. Cr(VI) 47-1750; Red. v. Cr(VI) durch Sn(II) in Ggw. verschiedener Co(III)-Komplexe 48-0617.

Schnellkorros.-Vers. an rißfreien —-Überzügen auf Stahl 42-2361.

Rk.: v. Cr^{2+} mit verschiedenen cis- u. trans-$[Co(en)_2(NCS)X]^{n+}$-Komplexen (X = H_2O, NH_3, Cl^- u. SCN^-) unter Bldg. d. bindungsisomeren $CrSCN^{2+}$- u. $CrNCS^{2+}$-Ionen 18-0636; v. cis-$[Co(NH_3)_4(N_3)_2]^+$ u. v. cis-$[Co(en)_2(N_3)_2]^+$ mit Cr(II) 45-0633; zwischen Cr(IV) u. Hydrochinon 4-0950; v. Cr(VI) mit Diphenylcarbazid 23-1969; Wrkg. v. Carbonat auf d. Cr(III)-EDTA-Rk. 33-0028; Einfl. v. Katalysatoren u. Lsgm. auf d. Rk. v. Cr(III) mit EDTA u. N-Hydroxyäthyläthylendiamintriessigsäure 45-0630; Wechselwrkg. v. dreiwert. Cr mit Proteinen d. menschl. Serums (Toxizität v. Ferrochromleg.) 31-1593.

Reinig. v. Terephthalsäure mit O_2 in Ggw. eines —-halt. Katalysators 4-2539*; spezif. Eign. —-halt. Katalysatoren zur Dehydrocyclisier. 4-2674; Dehydrier. v. KW-Stoffen über einem Cr-Tonerde-Katalysator 5-2861; Kinetik d. Rk. zwischen CO u. W.-Dampf bei erhöhtem Druck an einem Fe–Cr-Katalysator 6-0751; —-halt. Katalysator für d. Herst. v. Methanol u. Isobutanol aus CO u. H_2 7-2686*; Einfl.: v. — auf d. Korros.-Beständigk. v. Stahl in überhitztem Dampf 8-2465; auf d. Klärgaserzeug. 9-2916; Ammox. v. aliphat. KW-Stoffen in Ggw. v. — 10-2745*; Aktivier. v. — durch Schwingmahl. zur Verw. als Polymerisat.-Katalysator 11-3044; kinet. Unters. d. Regenerat. eines Cr–Al-Dehydrier.-Katalysators 13-2707; Aquotisier. v. Dichlorotetraaquochrom(III)-chlorid in Ggw. v. Cr(II)-Ionen 14-0754; Ox. v. tert.-Butanol in Ggw. v. — 15-2657*; Verw. v. —-Katalysatoren zur Äthylenpolymerisat. 15-2925; Rk. v. Propylen u. Isobuten mit O_2 u. NH_3 in Ggw. v. — 17-2578*; katalyt. Aktivität u. magnet. Eig. v. NiO mit —-Zusätzen bei d. Ox. v. CO zu CO_2 18-0663; Mitteldruckhydrieren v. 2-Phenylphenol in Ggw. v. Adkins-Cu–Cr 18-2675; katalyt. Desalkylier.: v. Äthylbenzol am Ni/Cr-Kontakt 19-2659; d. isomeren Xylole am Ni/Cr-Kontakt 19-2660; Darst. v. Maleinsäureanhydrid durch katalyt. Ox. v. Buten-(2) in Ggw. v. — 20-2624*; Kinetik d. Zers. v. Methanol in Ggw. v. CO_2 mit —-Katalysator 23-2524; Wrkg. v .— auf d. Kinetik d. Ox. v. Nb 24-0713; Aktivität v. Ni–Cr-Katalysatoren (Furfurol-Hydrier.) 24-2598; Molybdänkatalysator mit —-Geh. für d. Herst. v. Formaldehyd durch Methanolox. 25-2417; Katalyse d. Synth. v. Thionaphthen an Cr/Al_2O_3 26-1080; Hydrier. v. Bernsteinsäurederiv. in Ggw. v. NH_3 u. —-Katalysatoren 28-2633*; Aquotisier. v. $[Cr(NH_3)_5Cl]^{2+}$ in Ggw. v. Cr^{2+}-Ionen 30-0605; Herst. eines —-halt. Katalysators zur Methanolsynth. 32-2563*; Dehydrier. v. Isopentan am Al–Cr–K-Kontakt 33-0979; Verw. v. —-Pulver als Katalysator für Xylylenpolymere 33-2913*; Kinetik d. durch Cr(II)-katalysierten Dissoziat. v. $(CrCl)^{2+}$ 34-0684; Ammoniak-Synthese an Fe-Katalysatoren mit —-Geh. 34-0703; Einfl. v. — auf d. S-Aktivität in fl. C-gesätt. Fe 34-2468; Zn–Cr-Katalysatoren für d. Alkoholsynth. 34-2675; Herst. eines Cu–Cr–Zn-enthaltenden Katalysators zur Synth. v. Methanol u. Isobutanol 37-2310*; Einfl.: v. — auf d. Desox.-Eig. v. Si in Ni–Cr-Schmelzen 39-2214; d. Red. d. fl. Al–Cr–K-Katalysators auf seine Aktivität bei d. Aromatisier. v. n-Heptan 39-2358; katalyt. Effekt v. — bei d. Graphitox. 41-0672; Zusammenhang zwischen d. katalyt. Wrkg. v. Cr^{3+} bei d. Hydrolyse v. Disulfaten u. d. Stabilität d. EDTA-Komplexes 43-0633; Kinetik d. Methanolsynth. in Ggw. v. Cu- u. Zn–Cr-Katalysatoren 43-2269; Hydrier. v. Carbonsäuren mit Co-Katalysator mit Geh. an — 45-2277*.

Biochemisches und physiologisches Verhalten

In vitro-Hemm. v. Na^+-, K^+- u. Mg^{2+}-ATPasen durch Cr^{3+} 2-1355; Inhibier. d. neutralen, trypsinart. Protease aus d. Unterkieferdrüse d. Ratte durch Cr^{2+} 37-1280; Einfl. v. Cr^{2+} auf zwei Cellulosearten aus Trichoderma koningi 41-1278; zur Empfindlichk.-Erhöh. gegen Cr^{3+} führende Mutat. in Salmonella typhimurium 33-1361; Einfl. v. Cr^{3+} auf d. Sporulier. v. Clostridium sporogenes 43-2785; Unters. d. bei d. Ratte durch Verabfolg. v. Aspirin verursachten Blut. d. Verdauungstraktes u. d. Hyperämien d. Magens mit ^{51}Cr 20-1628; Anwend. v. radioakt. ^{51}Cr-markierten roten Blutkörperchen zur Unters. d. Anämie bei Fasciola hepatica-Infekt. v. Rindvieh 22-1447; Isolier. radioakt. Heinzscher Körperchen aus ^{51}Cr-markierten Erythrozyten 24-1584; Verw. v. ^{51}Cr zum Nachw. d. Gastroenteropathie mit Proteinverlust 42-1495, 42-1496; — als lebensnotwend. Element (Übersicht) 19-1616; Resorpt. u. Elut. v. — im menschl. Haar 36-1461; Wrkg.: auf Lebensspanne, Tumorbldg. u. Gewebegeh. bei Ratten 1-1687; auf Sterblichk., Tumorbldg. u. Gewebespiegel in Mäusen 9-1713; auf Wachstum u. Überleben (d. Maus) 14-1718; (d. Ratte) 14-1719; auf Aortalipide u. zirkulierendes Cholesterin bei d. Ratte 28-1666.

Technische Verwendung

Verw. in Schweißelektrodenüberzug 5-2323*; Verw. v. —-Erz: in hitzefester Masse zur Aufbring. auf heiße Oberflächen eines Hochtemp.-Ofens 1-2418*; zur Herst. v. feuerfestem Material 3-2322*; Verw.: zur Herst. v. feuerfesten Porenformkörpern mit guter mechan. Festigk. u. geringer Wärmeleitfähigk. 3-2324*; v. —-Erz in hitzefester Masse zum Aufsprühen auf d. Futter v. Hochtemp.-Öfen 4-2226*; zur Verhinder. d. Entglas. v. Quarzlampen 12-2263*; v. —-Erz zur Herst. feuerfester bas. Steine 16-2246*; zur Herst. v. Gegenständen aus SiC 16-2251*; zur Herst. v. Sinterwerkstoff 16-2481*; v. —-Erz in gegen d. Einfl. v. geschmolzenem Al beständ. feuerfester Stampfmasse 19-2334*; Feuerfeststeine aus geschmolzenem u. feingepulvertem MgO u. —-Erzpulver 19-2335*; Verw. zur Herst. krist. feuerfester Formkörper 19-2344*; feuerfester Stein aus Misch. v. Magnesia u. —-Erz 20-2307*; Aufbereit. v. —-Erz zur Herst. feuerfester Steine 21-2427*; plast. —-Erz-Gemisch zum Auskleiden v. Feuerräumen u. Isolieren v. Wänden 21-2428*; feuerfeste Magnesia–Cr-Steine aus silicatfreiem —-Erzpulver u. MgO-Pulver 23-2245*; Verw.: zur Herst. metallkeram. Werkstoffs hoher Beständigk. gegenüber fl. Metallen 29-2359*; in Cermet 29-2360*; zur Herst. metallkeram. Formkörper 30-2275*; v. —-Erzpulver zur Herst. v. gebrannten, bas. feuerfesten Chromerz–Magnesia-Steinen 30-2310*; v. —-Erz zur Herst. v. feuerfesten Körn. 32-2301*; Herst. hochwert. Baustoffe aus —-Erz u. Magnesia 36-2222*; — als Farbstoff in Gläsern (Glasuren) u. keram. Farben 42-2203; Zusatz v. — zur Herst. feuerfester Materialien 48-2368*; Erzeug. v. Ferro-— im silicotherm. Verf. aus gesintertem —-Erz 18-2597*; Plattieren v. Stahl-Blechen mit — durch Warmwalzen 25-2300*; Verw. v. — für Oberflächenschichten v. Formkörpern 34-3110*.

Analyse, Prüfungsverfahren

Verhältnis v. Linien/Untergrundintensität v. — in verschiedenen Höhen eines Gleichstrombogens 21-2073; Vorkonzentrier. v. Spuren-— durch Fäll.-Ionenaustausch mit Syst. aus organ. Lsgm. u. HCl 31-1954.

Amperometr. Titrat. v. — 7-2126; Abtrenn.: u. qual. Analyse v. Cr(III) durch Dünnschichtelektrophorese 11-2065; nach d. Ringofentechnik u. Nachw. 11-2076; photometr. Best. v. — als Diphosphatkomplex 17-2081; Empfindlichk. d. —-Best. mittels Atomabsorpt.-Spektroskopie 24-1874; coulometr. Titrat. mit Mo(V) 26-2094; gravimetr. u. spektrophotometr. Best. mit Isocinchomeronsäure 29-2032; komplexometr. Best. 31-1895; Aktivier.-Analyse 31-1940; Vgl. verschiedener Meth. zur Best. d. —-Konz. 32-2022; ultramikrocoulometr. Titrat. v. Cr(VI) 34-2061; coulometr. Erzeug. v. Mo(V) zur Titrat. v. Co(VI) 39-1847; Solventextrakt. u. kolorimetr. Best. 43-1806; papierchromatograph. Abtrenn. u. Best. v. ^{51}Cr 44-1869; spektrophotometr. Best. v. Cr(III) mit Xylenolorange 47-1856; spektrograph. Best. 47-1937; Extrakt. u. Best. v. Cr(VI) 49/50-1772; Unters. v. ^{51}Cr nach d. JPDR-Verf. 51/52-1800.

Best.: d. Aktivität v. ^{51}Cr in ^{52}Mn-Präp. 1-2077; in Abwässern 1-2151; Identifizier. in Reaktivfarbstoffen 2-2132; spektralanalyt. Best. v. — in *25* Tonkrügen v. Theben 3-0849; Neutronenaktivier.-Analyse v. — in d. biolog. u. landwirtschaftl. Forsch. 5-2138;

spektrograph. Best. v. Spuren – in Glas 6-2041; Analyse v. – -Spuren in Meeresorganismen durch Isotopenverdünn. mit ^{51}Cr 9-2139; spektrochem. Best. v. – im atmosphär. Staub 10-0848; Feldnachw. in Mineralien 10-2113; Röntgenemiss.-Mikroanalyse v. – in Olivinen 11-0846; Anwend. spektrograph. Meth. zur Unters. d. – -Geh. antiker Keramik 11-0877; physikal. u. chem. Best. v. drei- u. sechswert. – in Gläsern 13-2176; polarograph. Best. v. – in synthet. Rubinen 14-2026; mikroanalyt. Best. als oxid. Stahleinschluß 15-2107; Röntgenfluoreszenzbest. v. – in Fe u. Stahl 15-2108; halbquant. spektrograph. Best. in Naturstoffen 16-1954; spektrograph. Best. v. Spuren – in Si 17-1996; Best.: v. – in Ggw. v. Mn in Gesteinen u. Mineralien 19-2046; d. Oberflächen-Cr-Geh. v. verchromtem Stahl mittels Röntgenfluoreszenz-Spektrometrie 19-2490; in legierten Stählen durch amperometr. Titrat. mit zwei Indikatorelektroden 21-2191; in getrocknetem Blutplasma durch Massenspektrometrie mit Funkenanreg. 22-1964; in kleinen u. mittleren Gießereibetrieben 22-2003; Schnellanalyse v. – in – -Erzen nach d. β-Rückstreuverf. 22-2004; Anreicher. u. photometr. Best. d. – -Geh. in hochreinem Al 24-1933; spektrometr. Best. v. – in hochreinem Pb 24-1942; Best. v. – in Rubin durch Atomabsorpt. 24-1948; spektrograph. Best.: in Be 25-1771; in – -Stahl 26-2145; photometr. Best. v. – in W. 27-2085; Best.: v. Spuren – in U mit Hilfe d. Aktivier.-Analyse 29-2033; in reaktorreinem Uranoxid 29-2034; spektrochem. Spurenbest. in natürl. W. 29-2055; Best. durch Neutronenaktivier. zur Altersbest. v. Gemälden 29-2057; polarograph. Best. v. – in d. Luft 31-2003; spektrochem. Best. in Prod. d. Zementindustrie 32-2066; Schnellbest. in Spezialleg. 32-2077; Neutronen-Aktivier.-Analyse v. – in Standardgesteinen 33-0808; Röntgenemiss.-Mikroanalyse v. –: in Orthopyroxenen 33-0818; in Klinopyroxenen nahe d. Diopsid-Hedenbergit-Reihe 33-0819; spektralanalyt. Best. v. – -Spuren in UO_2-Kernbrennstoff unter Verw. v. radiochem. kontrollierten Eichproben 33-2100; aktivierungsanalyt. Best. in hochreinem SiO_2 35-1977, 35-1979; Best.: in Gußeisen (spektrometr. mit d. Polyvac) 35-2061; neben Cu-Verb. in imprägniertem Holz (titrimetr.) 36-1998; Nachw. d. quant. Verteil. v. – in Austhenit u. Ferrit mit Hilfe d. Mikrosonde 37-1933; spektrograph. Best. v. – -Verunreinig. in B-Phosphid (Empfindlichk.) 38-1921; chem.-spektrograph. Best. v. – -Spuren in Cu u. Cu-Verb. 38-1945; spektralphotometr. Best. v. – in Meerwasser 39-1924; volumetr. Analyse v. – in Fe u. Stahl 39-1966; Best. in Spezialstählen durch Röntgenfluoreszenzspektroskopie 40-1933; spektralanalyt. Best. v. – in Nb 42-1856; Best. v. – in Rubin 42-1858; spektrograph. Best.: in Gesteinen 42-1876; in Al-Werkstoffen 43-1879; Best. in Stahl unter Verw. eines Elektronensondenmikroanalysators 43-1888; verbesserte Meth. zur – -Best. in cyanid. Cu-Lsg. 43-1894; spektralanalyt. Spurenbest. in Salzen seltener Alkalimetalle hoher Reinh. 46-1844; chromatograph. Verf. zur Best. v. ^{90}Sr in Lebensmitteln 47-1947; semiquant. emiss.-spektrograph. Best. in Kohlenaschen 51/52-2621.

Röntgenfluoreszenzspektrograph. Best. d. Mo-Geh. v. – -Targets 6-1897; komplexometr. Best. v. Zn u. – im Gemisch gegen Xylenolorange 9-2090; Best. v. H_2SiF_6 in elektrolyt. Verchrom.-Bädern 9-2170; chem. Analyse d. – (Best. v. P in hochreinem –) 17-2006; photometr. Schnellbest. d. Cu in Ggw. v. – in Stählen mit hohem Ni-Geh. 20-1990; Schnelltitrat. v. SO_4^{2-} in Verchrom.-Bädern 25-1867; Best. v. B mit Diaminochrysazin in Ggw. v. Cr(VI) 29-2013; spektralphotometr. Best. v. V in Ggw. angenähert gleicher Mengen – 30-0524; Best.: v. Ba u. Sr mit Dimethylsulfonazo DAL in Ggw. v. Cr(III) 32-2004; v. Ti in – u. Ti-halt. Magnetiten 35-2014; Konzentrier. u. Best. v. Sb- u. Sn-Spuren in metall. – 36-1919; Einfl. v. Cr^{3+} auf d. photometr. Best. d. Pt-Metalle mit Nitroso-R-Salz 46-1872; Konzentrier. u. Best. metall. Verunreinig. in – 47-1932.

Verw.: zur Best. v. Ti 1-2073; für d. Best. v. Mikromengen v. Sb in Loten 44-1935.

Fehler in d. Ellipsometer-Best. dünner – -Filme infolge Vernachlässig. d. Filmabsorpt. 11-0333; Maskier. v. – 11-2012; Anwend. v. ^{51}Cr für hydrolog. Mess. 13-2287.

Auswahl v. Fraunhofer-Linien d. – für Unters. d. Photosphäre 45-0770.

Bibliographie

Wood preservation by means of waterborne copper/chrome/arsenic compositions B 72.

Chromlegierungen

Allgemeines über – s. auch unter *Chrom.*

Herst. v. duktilen – durch Sintern mit fl. Phase 24-2423; Vorbehandl. v. Cr-Lagerleg. vor d. Ox. 7-2615*; Alitieren v. – in Pulvermisch. aus Al u. Al_2O_3 24-2538*; Züchten v. α-SiC aus verschiedenen – mit Hilfe einer Meth. d. wandernden Lsgm. 7-0252; Biegeübergangstemp. v. bin. – 43-2143; Toxizität v. – 7-1762.

Legierungen mit speziellen Bestandteilen

Neutronenbeug.-Unters. d. magnet. Eig. u. Struktur v. – mit *2–5* Nb, Mo, Tc, Ru, Rh, Ta, W, Re, V u. Mn 38-0473; magnet. Eig. v. – mit Geh. bis ca. *1* V, Mn, Nb, Mo, Tc, Ru, Rh, Ta, W u. Re 44-0496.

– mit *0,1–0,3* Hf, *0,03–<0,7* Th, *0,1–<0,5* Y, Rest Cr für Düsentriebwerke 2-2528*; duktile u. oxydat.-beständ. Sinter- – mit *16* Cr_2O_3 3-2524*; –: mit *5–15* W, ≦*10* Mo, ca. *0,4–2* Elemente aus d. Gruppe Ti, Zr, Hf; *0,05–0,2* C, bis *0,7* Y, Rest Cr 10-2591*; mit *5–15* W, ≦*10* Mo, *0,4–2,0* Hf u./oder Zr, ggf. ≦*0,4* Ti; *0,05–0,2* C, bis *0,7* Y, Rest Cr 33-2422*; mit *2–5* Al, *2–12* W, *0,2–0,7* Y, Rest Cr 24-2521*; duktile – mit guten Hochtemp.-Eig. mit *0,1–0,5* Leg.-Element mit *15*% größerem Cr-Durchmesser 24-2522*.

Ag: Spezif. Wärme v. – bei *1,3* °K ⇌ T ⇌ *30* °K 40-0242.

Al: Aufbau d. Mn-Ecke d. Dreistoffsyst. Al/Mn/Cr 6-0597; Einfl. kohärenter Ni_3Al-Teilchen auf d. Rekristallisat. im Leg.-Syst. Ni/Cr/Al 11-2542; Struktur u. Überstruktur v. $Ni_3Al_{0,8}Cr_{0,2}$ 24-0258; röntgenograph. Nachw., Gitter-Nachw. u. $ThMn_{12}$-Überstruktur d. tern. Verb. YCr_4Al_8 27-0285; Aktivier.-Energie d. Zerfallprozesses d. Mischkrist. in – 35-0524; Röntgenstrukturparameter u. Dauerfestigk. v. Ni–Cr–Al-Leg. 20-0248; Einfl. d. Schmelz- u. Anlaßbeding. auf d. Übergang v. Al_7Cr aus d. spröden in d. plast. Zustand 34-0338; Best. d. thermodynam. Aktivität v. Al in Al–Cr- u. Ni–Al–Cr-Leg. mit Hilfe d. EMK-Meth. 28-0550.

Zunderbeständigk. v. Fe–Cr–Al-Heizleiterleg. (Wrkg. v. Ce- u. Ca-Zusatz) 11-2595; Mikrogefüge u. Ox.-Beständigk. v. Cr–Al-Diffus.-Überzügen 16-2403.

Be: NMR-Unters. v. $CrBe_2$ 17-0386.

Co: Entstehen intermediärer Phasen im Syst. Co/Cr/Mo 21-0571.

Punktlagenordn. in σ-Phasenstrukturen d. Syst. Cr/Co mit *39* Co 12-0304; Zug–Druck–Dauerschwing.-Vers. an Co–Cr–W–Ni-Leg. bei *800–1200*° (Wechselfestigk.) 13-2550; magnet. Eig. v. – mit <*10* Atom-% Co 25-0479; neutronograph. Unters. d. atomarferromagnet. FeCo-Überstruktur (Fe, Cr)Co 26-0464; Bezieh. zwischen Magnetisier., induzierter magnet. Anisotropie u. Rekristallisat. einer γ-Phasenleg. d. Syst. Fe/Cr/Co/Ni 31-2350; magnet. Eig. v. – 43-0480; Unters. d. spezif. Wärme bei tiefen Temp. hinsichtl. d. Anwendbark. d. starren Modells für d. *3*d-Band in kub.-raumzentrierter – 48-0281.

Korros. v. – bei zahnärztl. Verw. 9-2610; Korros.-Verh. gegossener Hartleg. auf Co–Cr–W-Basis mit ca. *1–25* C 18-2543.

Cu: Vorzeit. Bruch v. – durch Gußfehler 5-2424; spezif. Wärme v. – bei *1,3* °K ⇌ T ⇌ *30* °K 40-0242.

Fe:

Ferrochrom s. unter *Eisen-Ferrolegierungen.*

Aufnahme d. Phasendiagramme d. Syst. Cr/Fe/Ni bei gleichzeit. Kondens. v. Cr-, Fe- u. Ni-Dampf 24-0562; tern. Phasendiagramme v. Leg. d. Syst. Fe/Cr/Ni 28-0548; Beizbehandl. für verbesserte Hitzebeständigk. u. gleichzeit. Unterdrück. d. Sprüheffekts v. – -Heizleiterleg. 24-2520*.

Diffus.-Prozesse in – mit *100–20* Cr 5-0331; C- u. N-Ausscheid. an Versetz. v. stat. gealterten Ni–Cr–Fe-Leg. 5-2445; Wechselwrkg. interstitieller u. substituierter Atome in – (Festigk.) 8-2351; Phasenunters. in Cr–Fe–Mo- u. Cr–Fe–W-Leg. 11-0613; Ähnlichk. v. ε-Phasenbldg. in Cr–Ni–Fe-Leg. u. Umwandl. hexagonal-kub.-flächenzentriert in Co/Ni 12-0260; Punktlagenordn. in d. σ-Phasenstrukturen d. Syst. Cr/Fe 12-0304; Best. d. Gitterparameter v. – mit *1,3*; *1,7*; *3,4* u. *11,0* Fe in Abhängigk. v. Temp. u. Fe-Geh. 13-0266; Einfl. d. Konz. auf d. Diffus.-Koeff. v. Cr in Fe-Leg. mit *20–80* Cr 15-0347; statist.-thermodynam. Unters. d. Phasenübergangs in festen α-Lsg. durch Altern v. – mit *0–100* Cr bei Verspröd.-Temp. 21-0555; Versetz.-Struktur in – mit *35,1* Fe 24-0232; Mehrkomponenten-Überstruktur in d. magnet. Leg. $Ni_3(Fe, Cr)$ 29-0255; N-Modifikat. in Leg. d. Syst. Fe/Cr/N 51/52-2291; Verform.-Alter. d. geordneten Leg. $Ni_3(Fe, Cr)$ oberhalb u. unterhalb d. krit. Temp. 38-0317; Verform.-Verfestig. u. Temp.-Abhängigk. d. mechan. Eig. tern. Ordn.-Leg. auf Grundlage v. $Ni_3(Fe, Cr)$ 41-0332; Mess. d. Hall-Effekts an einer antiferromagnet. Fe–Mn–Cr-Leg. 2-0481; thermoelektr. Kraft u. elektr. Widerstand v. – mit ≦*23* Atom-% Fe v. *125–625* °K 32-0389; Temp.-Abhängigk. d. thermomagnet. Effekts in – 38-0413; Einfl. d. Antiferromagnetismus auf d. Zustandsdichte v. – 3-0546; magnet. Hyperfeinwechselwrkg. u. elektr. Quadrupolkoppl. in d. χ-Phasen-Leg. $\chi(Ti_{17}Cr_{24}Fe_{59})$ u. $\chi(Mo_{17}Cr_{21}Fe_{62})$ 11-0515; magnet. Moment u. effektives Magnetfeld am Atomkern in Abhängigk. v. d. Konz. v. Fe–Cr 12-0501; Vol.-Suszeptibilität v. – 12-0505; Neutronenbeug. an – mit *0,37* Atom-% Fe 12-0507; innere Magnetfelder u. isomere Verschieb. d. ^{57}Fe-Kerne in – 21-0450; neutronograph. Unters. d. atomarferromagnet. FeCo-Überstruktur (Fe, Cr)Co 26-0464; Bezieh. zwischen Magnetisier., induzierter magnet. Anisotropie u. Rekristallisat. einer γ-Phasen-Leg. d. Syst. Fe/Cr/Co/Ni 31-2350; Winkelabhängigk. d. magnet. Eig. bei Fe–Ni–Cr-Leg. 39-0472; Remanenzverh. hartmagnet. Werkstoffe aus Fe–Ni–Cr-Leg. 40-0446; magnet. Eig. v. – 43-0480; Einfl. d. Cr-Geh. auf d. anod. Polarisat.-Kurven v. Fe–Ni–Cr-Leg. 40-0573; Gleichgew.-Verhältnisse v. H_2/W.-Dampf über – 23-0562; Unters. d. spezif. Wärme bei tiefen Temp. hinsichtl. d. Anwendbark. d. starren Modells für d. *3*d-Band in kub.-raumzentrierter – 48-0281; Benetz. v. Übergangsmetallnitriden durch fl. Fe–C–Mn–Cr-Leg. 19-0659.

Zunderbeständigk. v. Fe–Cr–Al-Heizleiterleg. (Wrkg. v. Ce- u. Ca-Zusatz) 11-2595; Hochtemp.-Ox.-Verh. v. – 22-2463; Einfl. d. Oxidverflüchtig. auf d. Ox.-Kinetik v. – 29-0696.

Fe–Si–Cr-Leg. mit *35–55* Cr, *21,5–46* Si, <*2,52* C u. Rest Fe als Zusatzmittel zu fl. Stahl nach d. Abstich 11-2627*.

Röntgenfluoreszenzanalyse v. – 21-2190; quant. Analyse einer Cr–Fe–Ni-Leg. mit d. Elektronenstrahlmikroanalysator 26-2013; Analyse d. begleitenden Elemente in – durch Röntgenfluoreszenzspektroskopie 40-1933.

Korrosionsbeständ. – mit ≦*40* Fe, ≦*2* Cu, ≦*10* Mo, *0,05–0,5* Ru, Rh, Pd, Os, Ir, Pt u./oder Re 21-2691*.

Ge: β-Mn-Phase bei *900*, *950* u. *1000*° in Syst. Mn/Cr/Ge 21-0565; Zustandsdiagramm d. Syst. Cr/Ge 35-0533; Darst. u. Strukturunters. v. Cr_5Ge_3, $Cr_{11}Ge_8$ u. CrGe 17-0274; Atomvol. v. Ge in – 21-0226; Antiferromagnetismus v. CrGe 40-0438.

Mn: Aufbau d. Mn-Ecke d. Dreistoffsyst. Al/Mn/Cr 6-0597; β-Mn-Phase bei *900*, *950* u. *1000*° in d. Syst. Mn/Cr/Si, Mn/Cr/Ge u. Mn/Cr/Sn 21-0565; Umwandl. im festen Zustand in Leg. d. Syst. Cr/Mn (Phasendiagramm) 35-0539; Herst. v. – -Schicht auf Al 1-2602*.

Punktlagenordn. in d. σ-Phasenstrukturen im Syst. Cr/Mn 12-0304; Mehrkomponenten-Überstruktur in d. magnet. Leg. $Ni_3(Mn, Cr)$ 29-0255; Mess. d. Hall-Effekts an einer antiferromagnet. Fe–Mn–Cr-Leg. 2-0481; halbquant. Erklär. d. beobachteten Verteil. d. magnet. Momente bei – 6-0497; magnet. Formfaktor v. Cr mit Mn-Zusätzen zwischen *1,7* u. *4,1* Atom-% 11-0526; Antiferromagnetismus v. – 13-0536; Néel-Temp. v. Mn–Cr sowie Mn–Cr–V (Mn *0,5–5*; V *1*) aus NMR-Mess. 21-0447; magnet. Strukturen v. verd. – mit *0,12*; *0,44* u. *1,03* Mn 36-0485; kernmagnet. Relaxat. in – nahe d. krit. Temp. 38-0395; magnet. Eig. v. – 43-0480; Unters. d. spezif. Wärme bei tiefen Temp. hinsichtl. d. Anwendbark. d. starren Modells für d. *3*d-Band in kub.-raumzentrierter – 48-0281; Benetz. v. Übergangsmetallnitriden durch fl. Fe–C–Mn–Cr-Leg. 19-0659.

Mo: Intermediäre Phasen in d. Syst. Ni/Cr/Mo u. Co/Cr/Mo 21-0571; Existenz einer A *15*-Struktur d. Zus. $(Cr, Mo)_3O$ im Syst. Cr/Mo 44-0257; Phasenunters. in Cr–Fe–Mo-Leg. 11-0613; Einfl. d. Antiferromagnetismus auf d. Zustandsdichte v. – 3-0546; magnet. Hyperfeinwechselwrkg. u. elektr. Quadrupolkoppl. in d. χ-Phasen-Leg. $\chi(Mo_{17}Cr_{21}Fe_{62})$ 11-0515; Antiferromagnetismus v. – 13-0536; elektron. spezif. Wärme u. Antiferromagnetismus in – mit ≦*20* Mo 30-0231; linearer Wärmeausdehn.-Koeff. v. Mischkrist. d. bin. Syst. Mo/Cr 26-0295; mikrostrukturanalyt., röntgenograph. u. thermograph. Unters. d. polythermen Schnittes $TiCr_2$/Mo d. tern. Syst. Ti/Cr/Mo 33-0616.

Zunderbeständigk. bin. Leg. d. Syst. Cr/Mo 11-0610.

Nb: Phasengleichgew.-Diagramm d. Syst. $NbCr_2/ZrCr_2$ 13-0588; Schmelzdiagramm d. Syst. Cr/Nb/Ti 13-0589; intermediäre Phasen im Syst. Cr/Nb (polymorphe Umwandl. v. $NbCr_2$) 17-0621; Zustandsdiagramm d. Syst. $NbCr_2/TaCr_2$ u. $TiCr_2/TaCr_2/NbCr_2$ 38-0562; Löslichk. v. Nb in einem Ni–Cr-Mischkrist. 35-0543; elektr. Widerstand u. Wärmeausdehn. v. Leg. d. Syst. Ni/Nb/Cr 35-0534.

Ni: Phasenumwandl. u. Phasenbldg. in Cr–Ni–Fe-Leg. 12-0260; Entstehen intermediärer Phasen im Syst. Ni/Cr/Mo 21-0571; Phasendiagramm d. Syst. Cr/Fe/Ni bei gleichzeit. Kondens. v. Cr-, Fe- u. Ni-Dampf 24-0562; tern. Phasendiagramme v. Leg. d. Syst. Fe/Cr/Ni 28-0548; isothermer Schnitt d. Zustandsdiagramms d. quasitern. Syst. TiC/Ni/Cr bei *1200°* 48-2453; Verw. v. $Ni(CO)_4$ zur Herst. v. – aus *25–40* Cr, *0,1–6* Co, *35–75* Ni, *4–10* W, *1–3,5* C u. Rest maximal *10* Fe 5-2525*; elektrolyt. Abscheid. v. – 11-2679*; Herst.: eines gesinterten —-Teiles durch Red. d. Chloride 21-2688*; v. aufgeschweißten Stangen aus harter Cr-Carbid-Leg. mit *69* Cr, *15,5–17,0* Ni u. *10* Gesamt-C 23-2350; Beizbehandl. für verbesserte Hitzebeständigk. u. gleichzeit. Unterdrück. d. Sprüheffekts v. Cr–Ni-Heizleiterleg. 24-2520*.

C- u. N-Ausscheid. an Versetz. v. stat. gealterten Ni–Cr–Fe-Leg. 5-2445; Einfl. kohärenter Ni_3Al-Teilchen auf d. Rekristallisat. im Leg.-Syst. Ni/Cr/Al 11-2542; Struktur u. Überstruktur v. $Ni_3Al_{0,8}Cr_{0,2}$ 24-0258; Mehrkomponenten-Überstruktur in d. magnet. Leg. $Ni_3(Mn, Cr)$ u. $Ni_3(Fe, Cr)$ 29-0255; Löslichk. v. Nb in einem Ni–Cr-Mischkrist. 35-0543; Dauer-Relaxat.-Festigk. v. warmfesten – 3-2414; Zug–Druck–Dauerschwing.-Vers. an Co–Cr–W–Ni-Leg. bei *800–1200°* (Wechselfestigk.) 13-2550; Best. d. therm. Dauerfestigk.-Verh. v. – durch Belast.-Wechselvers. 15-2405; Röntgenstrukturparameter u. Dauerfestigk. v. Ni–Cr–Al-Leg. 20-0248; Verform.-Alter. d. geordneten Leg. $Ni_3(Fe, Cr)$ oberhalb u. unterhalb d. krit. Temp. 38-0317; Verform.-Verfestig. u. Temp.-Abhängigk. d. mechan. Eig. tern. Ordn.-Leg. auf Grundlage v. $Ni_3(Fe, Cr)$ 41-0332; Einfl.: einer Reaktorbestrahl. auf d. Festigk.-Eig. v. warmfesten – 49/50-2243; d. Zus. auf d. Temp.-Koeff. d. Widerstandes v. Ni/Cr-Schichten mit *30–100* Ni 1-0473; thermoelektr. Eig. v. bin. – 6-0405; Kernresonanz-Spinecho-Unters. d. ^{61}Ni-Hyperfeinfelder in ferromagnet. Ni–Cr-Syst. 22-0345; magnet. Eig. v. – mit *0,99* Atom-% Ni 25-0479; Bezieh. zwischen Magnetisier., induzierter magnet. Anisotropie u. Rekristallisat. einer γ-Phasenleg. d. Syst. Fe/Co/Cr/Ni 31-2350; Winkelabhängigk. d. magnet. Eig. bei Fe–Ni–Cr-Leg. 39-0472; Korros.-Potentiale für – in H_2-gesätt. H_2SO_4 9-2625; Einfl. d. Cr-Geh. auf d. anod. Polarisat.-Kurven v. Fe–Ni–Cr-Leg. 40-0573; Best. d. Sublimat.-Energie v. – nach d. Impulsmeth. 6-0563; D. v. plast. verformten – 20-0254; Best. d. thermodynam. Aktivität v. Al in Ni–Al- u. Ni–Al–Cr-Leg. mit Hilfe d. EMK-Meth. 28-0550; Konz.- u. Temp.-Abhängigk. d. D. v. geschmolzenen – 40-2330; Unters. d. spezif. Wärme bei tiefen Temp. hinsichtl. d. Anwendbark. d. starren Modells für d. *3* d-Band in kub.-raumzentrierter – 48-0281; Verteil. v. Ca zwischen Metall u. Schlacke beim Schmelzen warmfester – 13-2538.

Mechanismus d. Hochtemp.-Korros. v. – durch S 9-2614; Zunderbeständigk. v. Ni–Cr–(Fe)-Heizleiterleg. (Wrkg. v. Ca- u. Ce-Zusatz) 11-2595; Kinetik d. Zunderbldg. auf – mit *14,6–40,2* Ni in reinem O_2 18-0650; Hochtemp.-Korros.-Verh. an *55*Cr*45*Ni im Öl/Gas-gefeuerten Betriebskessel 18-2549; – mit *30–60* Cr, Beständigk. gegen Korros. durch Ablager. v. Brennstoffasche 25-2243; Rk.-Energetik d. Red. v. Cr-Oxideinschlüssen in – durch Ce u. La 37-0554.

Verw.: v. – für Überzüge bei UO_2-Brennelementen 10-2262; v. Ni–Cr-Leg. zur Herst. v. Widerständen 11-2381*; Koppl. zwischen einer Verzöger.-Leit. u. absorbierendem Material unter Verw. v. Krist. aus $BaTiO_3$ oder SiO_2 mit Al, Ni bzw. Ni–Cr u. Au 15-2326*; Eign. v. hochwarmfesten – für Preßmatrizen zum Strangpressen v. Stahl 42-2311.

Quant. Analyse einer Cr–Fe–Ni-Leg. mit d. Elektronenstrahlmikroanalysator 26-2013; spektrophotometr. Best. v. Y in – mit Arsenazo III 2-2023; ASTM-Prüfmeth. zur Unters. v. – für Heizelemente 3-2457; elektrolyt. Korros.-Schnelltest u. Korros.-Analysenverf. für Ni–Cr-Überzüge 4-2366; Mikroanalyse d. Oberfläche v. austenit. – durch ein C-Abdruckverf. 21-2186; Unters. aufgedampfter Ni–Cr-Schichten als Potentiometer-Schleifkontakte 30-1911; Ni–NiCr-Thermoelement zur Mess. d. Temp. v. Rohren 18-1928; Verw. eines Ni/NiCr-Elementes zur Temp.-Mess. 20-1996, 26-1974.

Os: Einfl. d. Antiferromagnetismus auf d. Zustandsdichte v. – 3-0546; elektron. spezif. Wärme u. Antiferromagnetismus in – mit ≦*20* Os 30-0231; Bezieh. zwischen d. Koeff. d. elektron. spezif. Wärme, d. Néel-Temp. u. d. mittleren magnet. Moment v. – 51/52-0469.

Re: Versetz.-Struktur in – mit *4,9*; *15,2* u. *35,6* Re 24-0232; durch N bewirkte innere Reib. v. – mit *35* Atom-% Re 21-2528; Supraleitfähigk. u. elektron. Eig. v. – 38-0457; Bezieh. zwischen d. Koeff. d. elektron. spezif. Wärme, d. Néel-Temp. u. d. mittleren magnet. Moment bei – 51/52-0469.

Hochtemp.-Ox. duktiler – mit *32* u. *44* Atom-% Re 29-0697.

– mit *2–5* Al, *6–16* Re, *0,2–0,7* Y 35-2301*.

Rh: Phasen- u. Strukturunters. d. Syst. Cr/Rh (Bldg. intermetall. Verb.) 15-0627; antiferromagnet.-schwach ferromagnet. Verh. v. gealterten – 14-0541.

Ru: Elektron. spezif. Wärme u. Antiferromagnetismus in – mit ≦*20* Ru 30-0231; Bezieh. zwischen d. Koeff. d. elektron. spezif. Wärme, d. Néel-Temp. u. d. mittleren magnet. Moment bei – 51/52-0469; Unters. d. Hochtemp.-Ox. v. duktilen – mit *15* u. *19* Atom-% Ru 28-2474.

Si: Züchten v. α-SiC aus – mit Hilfe einer Meth. d. wandernden Lsgm. 7-0252; Atomvol. v. Si in – 21-0226; Oberflächenenergie v. fl. – mit *0–100* Si 34-0655.

Fe–Si–Cr-Leg. mit *35–55* Cr, *21,5–46* Si, < *2,52* C u. Rest Fe als Zusatzmittel zu fl. Stahl nach d. Abstich 11-2627*.

Sn: β-Mn-Phase bei *900*, *950* u. *1000°* im Syst. Mn/Cr/Sn 21-0565; Atomvol. v. Sn in – 21-0226; Krist.-Struktur u. magnet. Eig. d. definierten Verb. Cr_2Sn_3 47-0254.

Ta: Unters. d. quasibin. Schnittes $ZrCr_2$/$TaCr_2$ d. tern. Syst. Zr/Ta/Cr (Mischkrist.-Reihe) 42-0518; Züchten v. α-SiC aus – mit Hilfe einer Meth. d. wandernden Lsgm. 7-0252.

Te: Magnet. Eig. v. Leg. d. Syst. $CrTe_{1-x}Se_x$, $CrTe_{1-x}S_x$ u. $CrTe_{1-x}Sb_x$ 35-0464.

Ti: Leg. im Syst. Ti/V/Cr 2-0615; Schmelzdiagramm d. Syst. Cr/Nb/Ti 13-0589; metastabiles Zustandsdiagramm v. Leg. d. Syst. Ti/Cr 30-0502; polythermer Schnitt $TiCr_2$/Mo d. tern. Syst. Ti/Cr/Mo 33-0616; polythermer Schnitt $TiCr_2$/V d. tern. Syst. Ti/V/Cr 33-0617; Zustandsdiagramm d. Syst. $TiCr_2/TaCr_2$ u. $TiCr_2/TaCr_2/NbCr_2$ 38-0562.

Supraleit. u. Phasenumwandl. bei – 16-0425; magnet. Hyperfeinwechselwrkg. u. elektr. Quadrupolkoppl. in d. χ-Phasen-Leg. $\chi(Ti_{17}Cr_{24}Fe_{59})$ 11-0515; elektr. Widerstand u. Wärmeausdehn. v. Leg. d. Syst. Ti/Nb/Cr 35-0534.

Verw. v. – mit *35* Ti, *35* Cr, *20* Pd, *10* Si für Hartlote u. Überzugsschichten 8-2489*; zunderbeständ. – mit *20–65* Cr, *5–25* Ge, *5–35* Nb, Rest *20–65* Ti als Lot u. für Überzugsschichten 24-2524*.

U: β → α-Umwandl. in verd. – (Keimbldg.- u. Kornwachstumgeschw.) 7-2499.

V: Einfl.: d. Antiferromagnetismus auf d. Zustandsdichte v. – 3-0546; v. Beimeng.-Zentren auf d. magnet. Suszeptibilität v. – 8-0498; Antiferromagnetismus v. – 13-0536; Néel-Temp. v. – (*0,267–43,1* Atom-% V) u. Mn–Cr–V (Mn *0,5–5*; V *1*) aus NMR-Mess. 21-0447; elektron. spezif. Wärme u. Antiferromagnetismus in – mit ≦*20* V 30-0231; Bezieh. zwischen d. Koeff. d. elektron. spezif. Wärme, d. Néel-Temp. u. d. mittleren magnet. Moment bei – 51/52-0469; spezif. Wärmen v. – zwischen *125* u. *625* °K 1-0262; Syst. Ti/V/Cr 2-0615; linearer Wärmeausdehn.-Koeff. v. Mischkrist. d. bin. Syst. Cr/V 26-0295; polythermer Schnitt $TiCr_2$/V d. tern. Syst. Ti/V/Cr 33-0617; Unters. d. spezif. Wärme bei tiefen Temp. hinsichtl. d. Anwendbark. d. starren Modells für d. *3* d-Band in kub.-raumzentrierter – 48-0281.

Verw. v. – mit *25* V zum Hartlöten v. W mit Mo 15-2420.

W: Phasenunters. in Cr–Fe–W-Leg. 11-0613; Zug–Druck–Dauerschwing.-Vers. an Co–Cr–W–Ni-Leg. bei *800–1200°* (Wechselfestigk.) 13-2550; Einfl. d. Antiferromagnetismus auf d. Zustandsdichte v. – 3-0546; Antiferromagnetismus v. – 13-0536; elektron. spezif. Wärme u. Antiferromagnetismus in – mit ≧*20* W 30-0231.

Korros.-Verh. gegossener Hartleg. auf Co–Cr–W-Basis mit ca. *1–25* C 18-2543.

– mit *9–12* W 6-2460*.

Y: Plastizität v. mit Y legiertem Cr 11-0297; röntgenograph. Nachw., Gitter-Nachw. u. $ThMn_{12}$-Überstruktur d. tern. Verb. YCr_4Al_8 27-0285; – mit verbesserter Festigk. u. Ox.-Beständigk. mit < *0,5* Y 1-2557*.

Zn: Spezif. Wärme v. – bei *1,3* °K ⇌ T ⇌ *30* °K 40-0242.

Zr: Phasengleichgew.-Diagramm d. Syst. $NbCr_2/ZrCr_2$ 13-0588; quasibin. Schnitt $ZrCr_2$/$TaCr_2$ d. tern. Syst. Zr/Ta/Cr (Mischkrist.-Reihe) 42-0518.

Chromsauerstoffsäuren

Chrom(III)-säuren

Siehe auch *Chromhydroxide* bzw. *-hydroxokomplexe.*

Halbempir. MO-Berechn. für $[CrO_6]^{9-}$ 23-0132.

Salze (Chromate III) s. unter *Chromoxide.*

Chrom(IV)-säuren

Tetraedr. Oxoanionen v. Cr(IV) 41-0754.
Salze (Chromate IV) s. unter *Chromoxide.*

Chrom(V)-säuren

Tetraedr. Oxoanionen v. Cr(V) 41-0754; IR-Spektren v. CrO_4^{3-} 47-0153.

Salze

Cäsium-, Calcium-, Kalium-, Lithium-, Natrium-, Rubidium- u. *Thalliumchromate(V)* s. dort.

H_3CrO_8, Peroxochrom(V)-säure

Salze s. *Ammonium-, Barium-, Kalium-* u. *Natriumperoxochromate(V).*

Chrom(VI)-säuren

Salze, Verw. v. Abfallsulfitlauge u. Chromaten als Bindemittel für d. Brikettier. v. Kohle u./oder Erzen u. Mineralien 6-2743*.

Bibl.: Untersuchung der Chlorate und Chromate der Elemente der ersten Gruppe des Periodensystems [russ.] B 35.

H_2CrO_4, Chromsäure

Extrakt. v. Chromat aus wss. Lsg. mittels sek. oder tert. Amine 19-2239*; Trenn. v. Phosphorsäure, – u. Metallsalzen in galvan. Polierelektrolyten 26-2655*.

Kβ-Emiss.-Linien u. K-Absorpt.-Kante v. Cr in – 14-0110; IR-Spektren: d. monomeren – 17-0152; v. CrO_4^{2-} 47-0153; mittlere Schwing.-Amplituden v. $[CrO_4]^{2-}$ 48-0130.

Kraftkonst. v. CrO_4^{2-} 18-0099; halbempir. MO-Berechn. für CrO_4^{2-} 23-0132; Valenzschwing. u. Kraftkonst. v. CrO_4^{2-} 23-0156; Berechn. v. Kraftkonst. für CrO_4^{2-} 45-0133; MO-LCAO-Berechn. für $[CrO_4]^{2-}$ 48-0093.

Faraday-Effekt v. Lad.-Übertrag.-Übergängen in $[CrO_4]^{2-}$ 38-0137.

Koexistenz akt. u. passiver Bereiche auf einer Pb-Elektrode in einer Chromatlsg. 1-0599; Bldg. v. – bei d. anod. Polarisat. v. Cr 2-0652; Red.-Mechanismus für d. Redoxpaar CrO_4^{2-}/Cr^{3+} 6-0641; Halbstufenpotential v. CrO_4^{2-} in Halogenidlsg. 21-2117;

Grenzen d. Doppelschichtkorrektur in d. Elektrodenkinetik mit ungeladenem Zusatz für CrO_4^{2-} in NaOH 22-0573; Einfl. d. Temp. auf d. elektrolyt. Red. v. — 23-0614; Zus. v. in anod. —-Elektrolyten entstandenen Al_2O_3-Filmen 24-0752; Einfl. v. CrO_4^{2-} auf d. stationäre Bi-Elektrode u. rotierende Elektrode mit kontinuierl. Wiederherst. d. Bi-Oberfläche durch Abwischen 25-0586; elektrolyt. Red. v. — in Ggw. v. F^--Zusätzen 31-0619; Einfl. einer positiven kathod. Schicht auf d. Stromausb. in bezug auf d. Metall bei d. Red. v. — 32-0602; Temp.-Einfl. auf d. Geschw. d. elektrolyt. Red. v. — 33-0678; elektrolyt. Red. v. — in Ggw. hoher Konz. v. Fremdanionen 33-0679; Struktur v. aus fluoridhalt. —-Lsg. dargestelltem Cr 37-0616; nichtkathod. Einfl. v. CrO_4^{2-} bei d. anod. Passivier. v. Fe 37-0627; elektrolyt. Red. v. Chromationen 41-2141*; polarograph. Strom/Zeit-Mess. in CrO_4^{2-}-Lsg. 45-0584.

Diffus. v. $AgNO_3$ in CrO_4^{2-} enthaltenden fl. Gelatinelsg. 48-0587.

R_F-Wert v. CrO_4^{2-} 22-1895; Selektivität v. Austauschrk. an Zeolithen im Syst. CrO_4^{2-}/$HCrO_4^-$ + $Cr_2O_7^{2-}$ 24-0662; Einfl. eines pH-Werts d. Lsg.-Füllmittels auf d. Sorpt. v. CrO_4^- durch anod. Oxidfilme auf Al 28-0619; Adsorpt. v. Chromaten an Ionenaustauschern 29-0654.

Ausb. an OH-Radikalen in alkal. Lsg. bei d. Red. v. Chromationen in mit H gesätt. Lsg. durch Strahl. 23-0700; Geschw.-Konst. u. Temp.-Koeff. d. Rk. v. durch Elektronenpulsradiolyse erzeugten hydratisierten Elektronen mit CrO_4^{2-} in wss. Lsg. 23-0701; chronopotentiometr. Unters. d. Red. v. — in alkal. Lsg. 32-0612; neues Zwischenprod. bei d. Red. v. — mit H_2O_2 39-0728; Kinetik d. Ox. v. HSO_3^-, H_3PO_3, H_3PO_2 u. $H_2AsO_3^-$ durch $HCrO_4^-$ 41-0653; Rk. v. CrO_4^{2-}-Lsg. mit SO_2 43-1980; Hellfeld-Kornätz. d. stabilisierten δ-Phase v. Pu mit — 45-0212; Mechanismus d. unvollständ. Red. v. — 49/50-0564.

Kinet. Modell zur Lochfraßkorros. v. Pb(II) in CrO_4^{2-}-Lsg. 2-0650; Einfl. v. CrO_4^{2-}: auf Ca/Al-Oxidhydratkomplexe als Korros.-Inhibitoren für Fe 4-0618; auf d. Korros. v. Fe in saurer Lsg. 19-0641; Inhibitor zur Verhinder. d. Korros. v. Fe mit — 25-2330*.

Mechanismus d. Ox. v. KW-Stoffen mit — 24-0954; Ox. v. Polyvinylalkohol mit — 37-1144; —-Ox. einiger Esteracetale v. α,α-Diarylbernsteinaldehydsäuren 24-1052.

Hemmwrkg. auf die d. Austausch zwischen Orthophosphat u. terminalem Phosphat v. Nucleosiddiphosphaten katalysierende ADP-Sulfurylase d. Hefe 34-1337; Einfl. auf Bind. u. Transport v. Sulfat in Salmonella typhimurium 36-1385; Juvenilhormon (Neotenin-Aktivität) v. wss. —-Lsg. 29-1496; Bezieh. zwischen Chromat- u. Dichromat-Allergie (Beitrag zur Analyse d. Chrom(VI)-Allergie) 2-1599; Schutz gegen —-Inhalat. durch ascorbinsäure-getränkte Filter 10-2245.

Herst. v. hellfarb. Sulfofettsäuren, deren Estern u. Nitrilen mit Hilfe v. — 17-2574*; Verw. v. — zur Behandl. v. Polyoxymethylenformkörpern 15-2981*; Erhöh. d. Korros.-Festigk. elektrophotograph. Bilder durch Behandeln mit — 32-3321*.

Schnelle chronokonduktometr. Meth. zur Best. v. — 38-1883; komplexometr. Best. v. Chromaten 44-1862; Mikronachw. v. CrO_4^{2-} 47-1864; Unters. v. CrO_4^{2-} nach d. JPDR-Verf. 51/52-1800; Best. in Abwässern 1-2150; Verw. v. — zur selektiven Färb. v. Intrazellulareinschlüssen d. Tabakmosaikvirus 8-2062; Titrat. v. Nd(III)-Lsg. mit CrO_4^{2-}-Lsg. 46-1853; photometr. Best. v. Sulfat über einen Chromatüberschuß im Filtrat 47-1878.

Salze

Alkalimetall-, Ammonium-, Barium-, Blei-, Cadmium-, Cäsium-, Calcium-, Eisen-, Holmium-, Iridium-, Kalium-, Kobalt-, Kupfer-, Lanthan-, Lithium-, Magnesium-, Mangan-, Natrium-, Neodym-, Nickel-, Quecksilber-, Rubidium-, Samarium-, Silber-, Strontium-, Thallium-, Titan- u. *Zinkchromate(VI)* s. dort.

Darst. u. röntgenograph. Unters. v. Doppelverb. v. Typ $Me_2^IMe^{II}(Cr^{VI}O_4)_2$ mit d. Struktur v. $Sr_3(PO_4)_2$ 15-0288; Rk. v. — mit CS_2 bei *300—320°* zu Thioverb. 4-0721; Verw.: zum Stabilisieren organ. Hg-Verb. gegen Metalle 47-2797*; v. Chromaten in stabilisierten geschlämmten Sprengstoffen 5-3377*; in Akremit-Sprengstoff 24-3468*; v. Metall-Chromaten in Feststofftreibsatz 26-3534*.

Ester, Ox. v. Cellulose mit tert. Butylchromat 48-3001; Herst. v. Katalysatoren zur Polymerisat. v. Äthylen aus Alkyl- oder Arylestern d. H_2CrO_4 27-2914*; Verw. eines — eines tert. aliphat., alicycl. oder aromat. Alkohols in Schmiermittel 7-2929*.

Derivate

Chloroderivate s. unter *Chromchloride* bzw. *-chlorokomplexe.*

Fluoroderivate

$HCrO_3F$ (Monofluorochromsäure), mittlere Schwing.-Amplituden v. $FCrO_3^-$ 45-0132.

Salze s. *Kaliumfluorochromate(VI).*

$H_2Cr_2O_7$, Dichromsäure

Extrakt. v. Dichromat aus wss. Lsg. mittels sek. oder tert. Amine 19-2239*; Valenzschwing. u. Kraftkonst. v. $Cr_2O_7^{2-}$ 23-0156; Passivier. v. Fe in Ggw. v. $Cr_2O_7^{2-}$ 9-0658; R_F-Wert v. $Cr_2O_7^{2-}$ 22-1895; Selektivität v. Austauschrk. an Zeolithen im Syst. CrO_4^{2-}/$HCrO_4^-$ + $Cr_2O_7^{2-}$ 24-0662; Darst. anorgan. Redoxionenaustauscher aus $ZrO_2 \cdot xH_2O$ u. $Cr_2O_7^{2-}$-Lsg. 48-0610; kein H-Atom-Einfang durch $Cr_2O_7^{2-}$-Ionen bei d. ^{60}Co-γ-Radiolyse d. eingefrorenen wss. Lsg. 3-0739; Absorpt.-Geschw. v. H_2 in einer Lsg., d. $Cr_2O_7^{2-}$-Ionen enthält 26-0695; Wrkg. v. Dichromat/Zn-Salz-Inhibitoren bei d. Kühlwasserkorros. 7-2549; Ox. v. anorgan. Pt(II)-Komplexen durch $Cr_2O_7^{2-}$ 24-0701; nukleophile Katalyse bei d. Hydrolyse d. Dichromats durch d. Einfl. v. Thioharnstoff u. Harnstoff 29-0689; Basenhydrolyse v. $Cr_2O_7^{2-}$ durch NH_3, OH^-, H_2O u. 2.6-Lutidin 32-0681; katalyt. Red. v. $Cr_2O_7^{2-}$ durch CO in Ggw. komplexer Halogenide d. Pd^{2+}, Rh^{3+} u. Pt^{4+} 49/50-0623; Bezieh. zwischen Chromat- u. Dichromat-Allergie, Beitrag zur Analyse d. Chrom(VI)-Allergie 2-1599; Verw.: zur amperometr. Titrat. v. Redoxsyst. ohne äußere Spann.-Quelle 36-1837; zur oxydimetr. Best. v. Mo(V) 49/50-1783.

Salze

Alkalimetall-, Ammonium-, Barium-, Cäsium-, Calcium-, Iridium-, Kalium-, Kobalt-, Kupfer-, Lithium-, Magnesium-, Mangan-, Natrium-, Rubidium-, Silber-, Strontium- u. *Thalliumchromate(VI)* s. dort.

Bldg. v. Pyridiniumverb. mit $Cr_2O_7^{2-}$ als Anion 34-0771; Darst. v. Dichromaten organ. Basen u. Vorschlag zur Verw. als Antikorros.-Mittel 41-0741; Dichromat-Schlamm als Rohstoff für d. Zementherst. 29-2367; Verw. in Akremit-Sprengstoff 24-3468*.

$H_2Cr_4O_{13}$, Tetrachromsäure

Salze s. *Natriumchromate(VI).*

Peroxochrom(VI)-säuren

Kinetik d. Bldg. v. blauer — in wss. Lsg. 40-0646; Extrakt. v. blauer — in Syst. mit Ionenassoziat. 39-0550; Solventextrakt. v. blauer — mit tert. u. quart. Aminen 43-1806; Darst. v. Komplexverb. d. blauen — 34-0749; Bldg. v. *1:1*-Komplexverb. d. blauen — mit Aminen u. heterocycl. Basen 42-0708; Unters. d. Zers.-Prod. v. blauer — in äther. Lsg. mit Hilfe v. Ionenaustauscherharzen 34-0748; Komplexe d. sog. äther. blauen — mit Chinolin, 8-Hydroxychinolin u. Strychnin 8-0757; Rk.-Geschw. u. Aktivier.-Energie d. Zers. v. — in wss. Lsg. in Ggw. v. Dipicolinsäure (DPA) (Bldg. d. Komplexes DPA : Cr^{3+} : O_2^{2-} = *1 : 1 : 1*) 39-0729.

Chromverbindungen

Zur Kenntnis d. Cr(II)-Salze u. d. Cr(II)-Oxids 46-0919.

Bldg. v. bas. Cr–Al-Mischkomplexen bei d. Kombinat.-Gerb. 13-3553; Herst. v. mit W. homogen mischbaren Lsg. v. Cu–Cr(III)-Komplexen (Schutzmittel für Cellulosefasern gegen Pilzbefall) 13-3355*; Gewinn. v. Cr(VI)-Verb. aus wss. Lsg. 23-2132*; Darst. v. — aus Ferrochrom 45-0700; verbesserte Synth. v. Cr(II)-Verb. 45-0701; Reinig. v. Gelatinelsg. v. Cr-Salzen durch lösl. Phosphate oder Phosphorsäure 17-2620*; Verw. v. Polyacrylamid für d. Reinig. v. Cr(III)-Verb. nach d. Ferrocyanid-Verf. 24-2178; Abtrenn. d. Cr(III)-Verb. v. Pu-Verb. 31-2165*.

Magnet. Suszeptibilitäten v. ein- u. zweikern. Cr(III)-Komplexen 3-0191; polarograph. Maximumunterdrück.-Vermögen v. Cr-Komplexen 31-1985.

Therm. Zers. v. — 41-2038; Kinetik d. Substitut.-Rk. v. Cr-Komplexen 25-0674; Red. v. — durch geschmolzenes KSCN 8-0759; Herst. eines Zusatzes für Bohrspül. durch Behandl. v. Sulfitablaugen mit Cr(III)-Salzen 22-2673*; Rk. einer Cr-halt. Verb. mit (Organo) Aluminiumhalogeniden 32-2587*; N-Fixier. durch Cr-Komplexe nach Rk. mit $LiAlH_4$, RMgX, RLi oder R_3Al 43-0680; Rk.: mit Polyacrylamid 2-2974*; v. Cr(III)-Salzen mit Polyacrylamiden 10-3043*; zwischen Cr(III)-Salzen u. Azofarbstoffen 19-2901; zwischen Beizenfarbstoffen u. Cr(III)-Salzen 40-2668; Ox.: v. Propylen oder Isobutylen in Ggw. v. — 1-2701*; v. Cyclohexan in Ggw. v. Cr-Salzen 1-2763*; Rk. v. einem Aldehyd, einem Paraffin mit O_2-halt. Gas in Ggw. v. — 6-2529*; Ox. v. Mesityloxid u. Ringschluß in Ggw. v. O_2 oder SO_2 u. — 19-2709*; Einfl. v. Cr(II)- u. Cr(III)-Salzen auf d. Zers. v. geschmolzenem KN_3 23-0689; Hydrier. v. Aromaten in Ggw. eines Cr–Al-Komplexes 28-0940.

Behandeln v. Kollagenfasern mit Cr-Salzlsg. für medizin. Zwecke 1-3116*; Verw. v. Cr-Komplexverb. beim Färben v. Glasfasern 17-2706*; Imprägnieren feuerfester Steine mit — 19-2337*; Zusatz v. — in oxydationsbeständ. Gegenständen aus SiC 27-2341*; Unlöslichmachen v. W.-lösl. Polymeren aus einem Acrylamid durch Dispergieren v. ionisierenden — 28-2925*; Verw.: v. *6*wert. — für Überzugsmassen 5-3175*; v. Cr^{3+}-Salzen in Polyamidlacken 13-3370*; v. Cr-Salzen in elektrophotograph. Entwicklern 7-3486*.

Amperometr. Titrat. v. Cr-Salzen ohne äußere EMK 25-1780.

Anorganische Chromverbindungen

Bldg. v. Heteropolysäuren d. Verhältnissen P : Cr : Mo = *1 : 3 : 3, 1 : 1 : 1* u. *1 : 2 : 2* 35-0700; Synth. v. Dihydrazinchrom(II)-chlorid 45-0701.

Absorpt.-Spektren v. Cr(III)-Hexammin-Komplexen im nahen IR-Bereich 43-0146; Spektren: v. Cr(III)-Komplexen (Unterrichts-Vers.) 45-0021; im fernen IR u. Metall–Ligand-Kraftkonst. v. Cr-Ammin-Komplexen 13-0160; symm. u. asymm. Brücken-Valenzschwing. sowie innere u. Metall-N-Valenzschwing. d. NH_3/ND_3-Gruppe in zweikern. Cr-Komplexen 15-0161; relative Größe d. Cr(III)-Ionen in oktaedr. Low-spin-Komplexen 34-0301; mol. magnet. Suszeptibilitäten NH_3-enthaltender zwei u. einkern. Cr(III)-Komplexverb. bei tiefen Temp. 16-0140; Einfl. v. Äthylendiamintetraacetat auf d. polarograph. Red.-Stufen v. $[Cr(NH_3)_6]^{3+}$ 9-0672; Red. d. Aquopentamminchrom(III)-Ions an d. Hg-Tropfelektrode 15-0689; Einelektronenred. v. $[Cr(NH_3)_6]^{3+}$ an d. Hg-Tropfelektrode 49/50-0575.

Thermodynam. Dissoziat.-Konst. v. $[Cr \cdot (H_2O)_6]^{3+}$ 19-0583; Organophilisier. v. Chromatpigmenten (Überblick) 38-2930; Rk. v. C_{3-5}-Olefinen mit NH_3 u. O_2 in Ggw. einer Cr-Heteropolysäure 51/52-2527*.

Chromantimonate(V), Ox. v. Monoolefinen in Ggw. v. — 4-2491*.

Chromantimonide, magnet. Strukturen in CrTe–CrSb-Mischkrist. durch Neutronenbeug.-Unters. 16-0456; magnet. Eig. v. $CrTe_{1-x}Sb_x$ 35-0464.

Chromarsenide: Darst., magnet. Eig. u. Krist.-Strukturen v. Fe–Cr-Doppelarsenid-Phasen im Syst. Cr_2As/Fe_2As 4-0562.

CrAs, gerichteter Einbau v. Schwermetallphasen wie — in GaAs in Form v. parallel orientierten Nadeln 17-0604.

Cr_2As, Neutronenbeug.-Unters. d. Antiferromagnetismus v. — 7-0548; Darst., magnet. Eig. u. Krist.-Strukturen v. Fe–Cr-Doppelarsenid-Phasen im Syst. Cr_2As/Fe_2As 4-0562.

Cr_3As_2, NMR in — 51/52-0340.

Chromazide, Aquotisier. d. cis-Diazidobis-[äthylendiamin]-chrom(III)-Ions, cis-$[Cr \cdot en_2(N_3)_2]^+$ 34-0685.

Chromboride: Bldg.: v. $CrZrB_2$ im Syst. ZrB_2/Cr u. Zustandsdiagramm 6-0595; v. — bzw. Mischkrist. auf —-Basis im Syst. Cr/Co/B (Krist.-Struktur) 37-0583; Darst., Gitterparameter u. D. v. Cr_7BC_4 28-0722; Krist.-Struktur v. Cr_7BC_4 43-0244; Ferro- u. Antiferromagnetismus in $(Mn_{1-x}Cr_x)_3B_4$ mit $0 \leq x \leq 1/3$ 43-0489; chem. Stabilität v. — 29-2214.

Cr_2B, Bldg v. — bei Rk. v. BN-Überzügen mit d. Cr-Unterlage 46-2368; Darst. u. Eig. v. Cr_7BC_4 durch Zusammenschmelzen v. Cr_7C_3 u. — 28-0722.

CrB, diffuses Reflex.-Vermögen im IR v. — 48-0317; Antifrikt.-Eig. v. — bei hohen Temp. 3-2479; Darst. u. Eig. v. Cr_7BC_4 durch Zusammenschmelzen v. Cr_7C_3 u. — 28-0722.

CrB_2, magnet. Eig. v. pulverförm. — 1-0512; Rk. v. — mit C 47-2183.

Chrombromide bzw. -bromokomplexe

Darst.: v. $CrBr_2 \cdot 2\,CH_3CN$ 5-0814; v. cis-$[CrBr_2(en)_2]Br$ 7-0773; v. cis-$[CrCl(H_2O) \cdot (en)_2]Br_2$ u. cis-$[CrCl(NCS)(en)_2]Br$ 7-0774; v. $Cr(en)_3Br_3$, $Cr(en)_2Br_2$ u. $Cr(dien)_2Br_2$ (dien = Diäthylentriamin) 41-0742; u. Eig. v. $CrBr_2 \cdot 2$ Py u. $CrBr_2 \cdot 6$ Py 43-0722; Darst., D. u. Kristallisat.-Daten v. Chalkogenidbromiden d. Cr(III) 22-0709; Ox. v. Alkylbenzolsulfonsäureammonium- oder -alkalimetallsalzen in Ggw. v. — 31-2540*.

$CrBr_2$, Temp.-Abhängigk. d. paramagnet. Suszeptibilität v. $CrBr_2 \cdot 6\,H_2O$ zwischen *90*

u. *330* °K 5-0554; Gitterenergie u. Thermodynamik d. Dissoziat. v. – 13-0553; Rk. v. Pyridin mit – 43-0722.

$CrBr_3$, Herst. v. krist. –-Proben für Mess. d. ferromagnet. Resonanz u. opt. Unters. 7-2040; Faraday-Effekt in d. ferromagnet. Verb. – 22-0297; ^{53}Cr-NMR im Nullfeld in ferromagnet. CrJ_3, Vgl. mit – 19-0369; Mikrowellenmodulat. bei Transmiss. v. Licht durch einen –-Einkrist. bei ferromagnet. Resonanz 30-0328; Kernresonanz in ferromagnet. – v. *4,2* °K bis zum Curie-Punkt (NMR-Frequenzen v. ^{53}Cr, ^{79}Br u. ^{81}Br in –) 34-0410; therm. Stabilität v. – 13-0553; Rk. v. Cr_2S_3 mit – im Vakuum zu Sulfidbromiden d. dreiwert. Cr 22-0709; Herst. v. CrOBr durch Rk. v. – mit As_2O_3 26-0258.

CrOBr, Herst. durch Rk. v. – mit As_2O_3 26-0258.

Bromochrom(III)-säure:

$H_3[CrBr_6]$, halbempir. MO-Berechn. für $[CrBr_6]^{3-}$ 23-0132.

Chrombromocuprate(II), „Charge-transfer"-Spektren u. Struktur v. $[Cr(NH_3)_6]\cdot[CuBr_5]$ 20-0117.

Chrombromozincate(II), Darst. v. cis-$[CrCl(H_2O)(en)_2]ZnBr_4\cdot H_2O$ 7-0774.

Chromcarbide: Einfl. d. Austenitisier.-Dauer u. Temp. auf d. Cr-Geh. im $(Fe, Cr)_3C$ 30-2347; Auftreten v. komplexen – beim Abschrecken v. Cr–Ni-Stahl 1-0533; Versetz.-Ausscheid. v. $(Fe, Cr)_{23}C_6$ bei d. Reckalter. v. Stahl 13-2549; Bldg. v. – bei d. interkrist. Korros. v. Cr–Ni-Stählen 15-2441; Ausscheid. v. – in einem rostfreien austenit. Stahl 26-0250; Bldg. v. $(Cr, Fe)_7C_3$ bei d. Gaszementat. v. Cr u. Stahl mit Graphit 28-2422; Herst.: d. Cr–Fe-Carbide v. Typ M_7C_3 (Feinstruktur) 25-2203; u. Eig. v. Cr_7BC_4 aus d. Elementen bzw. durch Zusammenschmelzen v. Cr_7C_3 u. Cr_2B bzw. CrB 28-0722; v. – im Fließbettprozeß 28-2211*; Darst., Zus. u. Gitterparameter v. Ta_3CrAl_2C 4-0255; Natur d. chem. Bind. in hypothet. – 14-0213; Krist.-Struktur u. Isotypie v. $Cr_3(C, N)_2$ u. Cr_2VC_2 18-0229; Zerstäuben v. – unter d. Einfl. eines Beschusses mit U-Ionen 26-0307; Krist.-Struktur v. Chromboridcarbid Cr_7BC_4 43-0244; Antifrikt.-Eig. v. Cr_3C_4 bei hohen Temp. 3-2479; Einfl. v. –-Ausscheid. auf d. elektr. Widerstand v. austenit. Stahl beim Altern 20-2418; keine Supraleit. v. Cr_2AlC u. Cr_2GaC bis zu *1,1* °K 42-0440; Einfl. d. Cr-Geh. auf d. Curie-Temp. v. synthet. Carbid $(Cr, Fe)_7C_3$ 30-2348; Bezieh. zwischen C-Aktivitäten für Fe–Cr–C-Leg. u. d. Phasengrenzen d. γ + $(Fe, Cr)_7C_3$-Gebietes bei *1050*° 21-0568; anomale Vol.-Änder. in d. Mischreihe $(Fe, Cr)_3C$ u. ihr bes. thermochem. u. magnet. Verh. 42-0294; Verw. v. – zur Herst. v. Sinterwerkstoffen 31-2423*.

$Cr_{23}C_6$, Bldg.: im Syst. Mo/Cr/C 11-0609; bei Umwandl. v. Ferrit 16-2404; bei d. Gaszementat. v. Cr u. Stahl mit Graphit 28-2422; Unters. d. Ausscheid.-Verh. d. – in austenit. Cr–Ni-Stählen durch elektrolyt. Phasenisolier. 2-2451; Verdampf.-Geschw., Dampfspann., Diskontinuität d. Zus. u. bestimmte, thermodynam. Eig. v. hitzebeständ. – 45-2146.

Cr_7C_3, Bldg.: v. – an Korngrenzen u. Gleitebenen in Ni–Cr-Leg. 24-2420; durch Umsetz. v. Cr_2O_3 mit Cr_3C_2 28-0725; bei d. Rk. v. ZrO_2 mit Cr_2C_3 28-0726; bei d. Gaszementat. v. Cr mit Graphit 28-2422; Einfl. v. Neutronenbestrahl. auf d. elektr. Widerstand v. – 51/52-0278; Verdampf.-Geschw., Dampfspann., Diskontinuität d. Zus. u. bestimmte thermodynam. Eig. v. hitzebeständ. – 45-2146; Darst. v. Cr_7BC_4 durch Zusammenschmelzen v. – u. Cr_2B bzw. CrB 28-0722; katalyt. Eig. v. – bei d. therm. Zers. v. Methan 40-0670.

Cr_3C_2, Bldg.: bei d. therm. Zers. v. Cr_2B in Ggw. v. C 28-0722; bei d. Gaszementat. v. Cr mit Graphit 28-2422; Herst.: hitzebeständ. Schichten aus – mit Bindemittel aus Borsilicatglas auf Stahl (Wrkg. auf d. Ox.-Verh.) 23-2357; v. oxydationsbeständ. –-Hartmetallen (Eig.) 38-2422; Auftragsschweißen v. – auf Stahl 46-2348; Unters. d. Carbidphasen d. Syst. V/Cr/C zum Einsatz v. – in Hartmetallen 33-2379; Wrkg. d. Carbidgerüstes auf d. Festigk. v. mit ≦*30* Ni zementierten –-Leg. 17-2384; Verdampf.-Geschw., Dampfspann., Diskontinuität d. Zus. u. bestimmte, thermodynam. Eig. v. hitzebeständ. – 45-2146; Umsetz. v. Cr_2O_3 mit – (Bldg. v. Cr_7C_3 u. Cr) 28-0725; Rk. v. ZrO_2 mit – 28-0726; katalyt. Eig. v. – bei d. therm. Zers. v. Methan 40-0670; Verw. v. – in Sinterhartmetall 9-2681*.

Chromcarbonatozirkonate(IV), Darst. v. $[Cr\{CO(NH_2)_2\}_6]_2[ZrOZr(CO_3)_6]\cdot 6\ H_2O$ u. $[Cr\cdot\{CO(NH_2)_2\}_6]_2[ZrCO_3Zr(CO_3)_6]\cdot 13\ H_2O$ 17-0796.

Chromcarbonyle bzw. -carbonylkomplexe

Bldg.-Kinetik v. $Cr(CO)_5P(C_6H_{11})_3$ 35-0638; Darst.: v. 1.6-Methanocyclodecapentaenchromtricarbonyl 4-0718; v. 1.4-Diazabutadienchromcarbonylen durch Rk. v. substituierten 1.4-Diazabutadienen-(1.3) mit – 4-0723; v. $Cr(CO)_3TAS$ (TAS = Methyl-bis-[3-dimethylarsinopropyl]-arsin) 6-0798; v. Aromatenchromcarbonylen 22-0714; v. $ArCr\cdot(CO)_2D$ (D = R_2SO) 22-0715; v. Chromcarbonylkomplexen mit N-Carbäthoxyazepinen 22-0726; u. Unters. v. Cr(0)-Dialkylcyanamiddicarbonylen 23-0759; v. Isonitrilderiv. v. Cr-Carbonylen 24-0788; v. Methylphenylcarbonyl- u. Methylmethylcarbonylchrompentacarbonyl 26-2993*; v. Carbonylphosphidokomplexen d. Cr 27-0772; v. Verb. d. Typs π-$C_6H_5(CO)_3Cr-MeR_3$, wobei Me = Ge, Sn u. Pb u. R = CH_3 oder C_6H_5 30-0677; v. Hexamethylborazol-chromtricarbonyl 33-0785; v. Acetonitril- u. Acetiminomethylesterpentacarbonylchrom(0) 34-0747; u. Eig. v. Dicarbonylverb. d. Cr mit 2.2′-Bipyridyl u. 1.10-Phenanthrolin 34-0751; v. spirocycl. Komplexverb. d. – mit Tetrakis-[diphenylphosphinomethyl]-methan 34-0752; v. Thiocyanatderiv. d. $Cr(CO)_6$ 36-0716; v. Cr-Tricarbonylkomplexen mit tritert.-Arsin 39-0733; v. $[Cr(CO)_3L]$ (L = 1.1.1-Tris-[dimethylarsinomethyl]-äthan) 40-0719; v. $[Cr(CO)_2L'J]\cdot[B(C_6H_5)_4]$ u. $[Cr(CO)_3L^2J][B(C_6H_5)_4]$ aus $[Cr(CO)_3L]$, J_2 u. $[B(C_6H_5)_4]^-$ (L^1 = 1.1.1-Tris-[dimethylarsinomethyl]-äthan u. L^2 = Methyl-bis-[3-dimethylarsinopropyl]-arsin) 40-0720; v. Lad.-Übertrag.-Komplexen v. Arenchromticarbonylen 45-0243.

Einfl. nicht gebundener Substituenten auf d. cis–trans-Gleichgew.-Verhältnis in Indanchromtricarbonylen 9-0776; Konfig. u. Krist.-Struktur v. o-Toluidinchromtricarbonyl 19-0257; Bind. in $(C_6H_6)Cr(CO)_3$, $C_4H_4Cr(CO)_3$ u. $C_6(CH_3)_6Cr(CO)_3$ 30-0097; Röntgenstrukturanalyse d. Chromtricarbonylderiv. d. Addukts aus Diphenylketen u. Äthoxyacetylen 31-0306; Krist.- u. Mol.-Struktur d. Tricarbonylanisolchrom–1.3.5-Trinitrobenzol-Komplexes 31-0307; IR-spektroskop. Unters. v. Perfluormethylphosphorderiv. v. Cr-Carbonylen (Strukturbest.) 44-0124; Krist.-Struktur v. Tricarbonyl-1.6-methanocyclodecapentaen-chrom 46-0265; Mol.-Struktur v. Tricarbonylphenanthrenchrom u. Tricarbonyl-9.10-dihydrophenanthrenchrom 47-0256; Mol.-Struktur u. Bind. in Diäthylentriaminchromtricarbonyl 49/50-0253.

Massenspektren substituierter Arenchromtricarbonyle 17-0178; massenspektrometr. Unters.: v. $[C_5H_5Cr(CO)_3]_2$ u. $C_5H_5Cr(CO)_3$ 19-0784; v. $Cr(CO)_x^{2+}$ 22-0163; negative Ionen aus – durch Elektronenstoß (massenspektrometr. Unters.) 46-0164.

^{1}H-NMR- u. IR-Spektren v. Anisolchromtricarbonyl, Dimethoxy- u. Trimethoxybenzolchromtricarbonylkomplexen 5-0192; ^{1}H-NMR-Spektren: v. cis- u. trans-Tricarbonyl-[indanol-(2)]-chrom 19-0168; v. Stilbenchromtricarbonylkomplexen 21-0151; NMR-Spektren v. Cr-Carbonylkomplexen mit 4-Methyl-2.6.7-trioxa-1-phosphobicyclo-[2.2.2]-octan 24-0147; ^{1}H-NMR-Spektren: v. Tricarbonyl-[isopropylbenzol]-chrom u. Tricarbonyl-[tert.-butylbenzol]-chrom 26-0165; d. Tricarbonyl-1.6-methanocyclodecapentaenchroms (Struktur) 27-0186; Partialdipolmomente d. Cr-Alken- u. -Alkinbind. in Cr-Carbonylderiv. 38-0113; Darst., IR-Spektren u. Dipolmoment v. $(CO)_3$(Anthracen)Cr 41-0744.

Elektrochem. Unters. v. Cr-Carbonylkomplexen 21-0621.

Photochem. induzierter Austausch v. ^{14}C-Aromaten mit $ArCr(CO)_3$ (Ar = C_6H_6, C_6H_5Cl, Toluol, Cycloheptatrien) 8-0730; elektron. Einfl. in Aren-Cr-Carbonylkomplexen 8-0762.

Substitut.-Rk. d. Dipyridylkomplexe d. $Cr(CO)_6$ 9-0711; Ox. v. Carbonyltriarsinkomplexen v. nullwert. Cr an einer Elektrode 10-0648; Substitut.-Rk. v. Tricarbonylaren-Cr-Verb. 18-0632; Rk. v. Tricarbonyltoluolchrom mit Lewis-Säuren 27-0767.

Acetylier. v. Tricarbonyl-[alkylbenzol]-Cr-verb. 38-0747; Rk. v. NH_3, prim. oder sek. Aminen mit Acylisonitrilchrompentacarbonylen 42-2459*; Tricarbonylbenzolchromderiv. u. deren Kondens. mit Aldehyden zu rac. Cromanonen v. Typ $(CO)_3CrC_6H_4(OH)CO\cdot CH{=}CHR$ 47-0691.

Einfl. v. Phosphin–Chromcarbonyl-Deriv. auf d. Polymerisat. v. Methylmethacrylat in Ggw. v. CCl_4 44-0777; Verw. als Polymerisat.-Katalysator 45-2473*.

Verw. v. Cycloheptatrien-Cr-tricarbonyl in Motortreibstoffen 13-2890*.

$Cr(CO)_6$, Emiss.-Mess. hinter Stoßwellen in Misch. v. – u. Ar 37-0188; IR-Spektren v. – (Anharmonizitätskorrekturen für d. Grundschwing.) 38-0146; Massenspektren: negativer Ionen d. – 18-0165; v. – (Ionisat.-Potentiale) 44-0148; elektrochem. Unters. 21-0621; Subl.-Enthalpie u. Dampfdruck v. – 29-0547; Zers. v. – in Stoßwellen 11-0749; Rk.: mit akt. N unter Bldg. d. neutralen Metallatoms 19-0689; mit J_2 20-0708; mit 1.6-Methanocyclodecapentaen in n-Octan unter UV-Bestrahl. 4-0718; therm. Umsetz. v. – mit n-Donatoren, wie Aminen, Phosphinen, Arsinen, Stibinen u. Isonitrilen 35-0638; Rk.: mit Bis-[o-dimethylarsinophenyl]-methylarsin (TTAS) 39-0733; mit 1.1.1-Tris-[dimethylarsinomethyl]-äthan 40-0719; Kinetik d. Substitut. v. CO in – durch Amine, Phosphine, Arsine, Stibine u. Isonitrile 42-0617; Rk. v. N-Carbäthoxyazepinen mit – 22-0726; Polymerisat. mit Diphenylphosphinsäure 6-1141.

Carbonylchromsäuren:

Struktur u. Bind. v. $[HCr_2(CO)_{10}^-]$ 8-0116.

Salze s. *Kalium-* u. *Natriumcarbonylchromate.*

Chromchalkogenide, Struktur, Gitterkonst., elektr. Leitfähigk., Thermokraft u. schemat. Energiediagramme tern. – 8-0446.

Chromchloride bzw. -chlorokomplexe

Bldg. v. $[Cr(H_2O)_5Cl]^{2+}$ 7-0686; Komplexbldg. v. Cr-Chloriden mit Bis-[phosphino]-carboranen 9-0794; radiochromatograph. Unters. d. Bldg. mehrkern. bas. μ-Hydroxokomplexe d. Cr mit SO_4^{2-} u. Cl^- 21-0687.

Darst.: v. $CrCl_2\cdot 2\ CH_3CN$ 5-0814; u. Isolier. v. Tris-[py]-benzylchrom(III)-chlorid 5-0815; v. cis-$[CrCl_2(en)_2]Cl$ 7-0773; v. cis-$[CrCl(H_2O)(en)_2]Z\cdot H_2O$ (Z = $ZnCl_4$, $ZnBr_4$, Br_2) u. cis-$[CrCl(NCS)(en)_2]Z$ (Z = Br, ClO_4) 7-0774; v. $[Cr(C_5H_5)(NO)_2Cl]$ 8-0787; v. $[Cr(H_2O)_3Cl_3]\cdot 3\ H_2O$ 12-0786; v. $[Cr(en)_2Cl_2]_2\cdot[TeCl_6]$ 35-0663; v. $Cr(en)_3Cl_2$ u. $Cr(dien)_2Cl_2$ (dien = Diäthylentriamin) 41-0742; u. Eig. v. $CrCl[C(CN)_3]_2$ 42-0549; u. Eig. v. $CrCl_2\cdot 2\ Py$ 43-0722; u. opt. Reinh. v. α-$[CrCl(tetren)]\cdot ZnCl_4$ (tetren = Tetraäthylenpentamin) 44-0749; v. Dihydrazinchrom(II)-chlorid 45-0701; v. – aus elektrolyt. Cr-Hydroxid 47-2024.

Kα-Dublett v. $[Cr(NH_3)_6]Cl_3$ 20-0107; Lsgm.-Einfl. auf d. Absorpt.-Spektren v. $[Cr(en)_3]Cl_3$ 23-0146; IR-Absorpt.-Spektren v. $CrOCl_3\cdot$Pyridiniumchlorid u. $CrOCl_3\cdot$ x Chinoliniumchlorid (x = *1* u. *2*) 23-0157; IR-Spektren: d. Chromylchloridaddukte mit Toluol, Benzaldehyd, Benzylchlorid u. Benzylalkohol 29-0145; v. $[CrL_2Cl_2]ClO_4$ (L = o-Phenylen-bis-[dimethylarsin]) 32-0132; Charge-transfer-Spektren v. $[CrCl_2(phen)_2]X\cdot n\ H_2O$ u. $[CrCl_2(bipy)_2]X\cdot n\ H_2O$ 34-0140; Elektronenspektren v. trans-$[CrCl_2(bipy)_2]Cl\cdot 2\ H_2O$ 43-0124; UV-Spektrum v. $Cr(C_2N_5H_7)_3Cl_3$ 49/50-0129.

Mol.-Struktur d. Cyclopentadienylnitrosylchromchlorids 19-0130; Valenzschwing. u. Kraftkonst. v. CrO_2ClF 23-0156; Krist.-Struktur v. $[CrCl_2(H_2O)_4]Cl_2\cdot 2\ H_2O$ 30-0209; Krist.- u. Mol.-Struktur v. Cyclopentadienyldinitrosylchromchlorid 33-0297; Darst. u. Struktur v. Dichloro-tris-[tetrahydrofuran]-p-tolylchrom(III) 49/50-0254.

Berechn. d. Krist.-Feldes u. ESR-Best. v. $Cr(en)_3^{3+}$- u. trans-$[CrCl_2(en)_2]^+$-Ionen in $Cr(en)_3Cl_3\cdot 3\ H_2O$-, $Cr(en)_3Cl_3\cdot NaCl\cdot 6\ H_2O$- u. trans-$[CrCl_2(en)_2]Cl\cdot HCl\cdot 2\ H_2O$-Einkrist. 3-0417; EPR v. $Cr_3(CH_3COO)_6(OH)_2Cl\cdot 8\ H_2O$ 11-0161; Temp.-Abhängigk. d. magnet. Suszeptibilität v. $[Cr_3O(CH_3CO_2)_6]Cl\cdot 9\ H_2O$ u. $[Cr_3O(ClCH_2CO_2)_6]Cl\cdot 9\ H_2O$ 15-0190; IR-spektroskop. u. EPR-Unters. v. Oxochlorochrom(V)-komplexen 23-0157; Faraday-Spektroskopie an – in DMS, DMF u. Acetonitril 47-0141.

Best. d. elektr. Leitfähigk. d. Lsg. v. Chloropentamminchrom(III)-chlorid als Meth. zur Best. v. Rk.-Geschw.-Konst. erster Ordn. 10-0710.

Magnet. u. therm. Eig. v. $[Cr(CH_3COO)_6\cdot(OH)_2]Cl$ 5-0556.

Therm. Zers. d. Oxidchloride v. Cr 24-0795; Bldg., Krist.-Struktur u. therm. Zers. v. $CrCl_3\cdot x\ NH_3$ (x = *3*, *4*$^1/_2$ u. *7*$^1/_2$) u. $[Cr(NH_3)_3Cl_3]$ 39-0730.

Kinetik u. Mechanismus d. Rk. d. $[CrCl(NH_3)_5]^{2+}$ mit H_2O in Ggw. v. Hg^{2+} 7-0689; Aquotisier. v. Dichlorotetraaquochrom(III)-chlorid in Ggw. v. Cr(II)-Ionen 14-0754; Red. v. – 21-2688*; Aquotisier. v. $[Cr(NH_3)_5Cl]^{2+}$ in Ggw. v. Cr^{2+}-Ionen 30-0605; Hydrolyse v. Chloropentakis-[alkylamin]-chrom(III)-salzen 30-0674; Kinetik d. durch Cr(II) katalysierten Dissoziat. v. $(CrCl)^{2+}$ 34-0684; photochem. Aquotisier. d. Monochloropentamminchrom(III)-ions $[Cr(NH_3)_5\cdot Cl]^{2+}$ 42-0653.

Auflösen v. Cu-8-Hydroxychinolat in Cr(III)-Stearatochlorid 11-2828; Rk.: v. Vinylmagnesiumchlorid mit $CrCl_3 \cdot 3$ THF in THF 22-0716; v. C_6H_5Na-Suspens. in Ae. mit $CrCl_3 \cdot 3$ THF zu $Na_2[Cr(C_6H_5)_5 \cdot Ae.] \cdot 2$ Ae. u. $Na_3[Cr(C_6H_5)_6] \cdot x$ Ae. 51/52-0661.

Zusammenhang zwischen Bind.-Energie u. Aktivität d. Einstoffkatalysators – bei d. Chlorier. v. Äthylen 39-0685.

Ebullioskop. Best. d. relativen Gew. d. Ionen v. $[Cr_2(OH)_2(NH_3)_9]Cl_4 \cdot 2\ H_2O$ 28-1889.

$CrCl_2$, Bldg. bei d. therm. Zers. v. $[Cr(NH_3)_3Cl_3]$ 39-0730; schmale Banden in opt. Absorpt.-Spektrum v. CrF_2 u. Vgl. mit – 20-0280; Elektronenabsorpt.-Spektren v. gasf. – 23-0143; Temp.-Abhängigk. d. paramagnet. Suszeptibilität zwischen *90* u. *330* °K v. $CrCl_2 \cdot 4\ H_2O$ 5-0554; Kernquadrupolresonanz in –-Krist. u. NQR-Koppl.-Konst. d. Cl^- 10-0373; opt. Absorpt.-Spektren im Sichtbaren u. UV sowie EPR-Spektren v. $AlCl_3 \cdot 6\ H_2O$-Krist. mit Cr^{3+}-Dotier. aus Lsg. mit $[Cr(H_2O)_4]Cl_2$ 16-0326; Schmelzdiagramm d. Syst. $KCl/CrCl_2$ 26-0539; Gitterenergie, Bldg.-Enthalpie u. Thermodynamik d. Dissoziat. v. – 13-0553; Gleichgew.-Konst. für d. Rk. v. Metalloberflächen mit gasf. – 17-0577; Enthalogenier. mit Cr(II)-Chlorid 46-0919; Rk. v. Pyridin mit – 43-0722; Red. v. Alkoholen u. organ. Halogeniden durch – 30-0969; Kinetik u. Mechanismus d. Red. v. C_2H_2 u. Fumarsäure durch in W. oder *60* % A. (in W.) gelöstes – 12-0699; Verw.: v. mit – imprägniertem Ruß als Polymerisat.-Katalysator 11-3070; zur Eliminier. d. O_2 aus einem Gasgemisch 28-1983.

$CrCl_3$, Bldg. v. – bei d. Rk. v. CrF_5 mit PCl_3 47-0693.

$K\alpha$-Dublett v. – 20-0107; Faraday-Effekt in d. ferromagnet. Verb. – 22-0297; Phosphoreszenz- u. Fluoreszenzverh. v. – 47-0132; Lumineszenz v. – 48-0114; Röntgenunters. d. gegenseit. Löslichk. d. festen Phasen d. tern. Syst. $KCl/NaCl/CrCl_3$ 2-0618; H_2O-Mol.-Beweg. in $CrCl_3 \cdot 6\ H_2O$ 45-0258; elektron. Übergänge in – 47-0346; Spinwellenanalyse d. Untergittermagnetisier. v. antiferromagnet. u. ferromagnet. – 4-0486; EPR-Signal v. reinem – u. v. auf γ-Al_2O_3 aufgetragenem – 11-0405; opt. Absorpt.-Spektren im Sichtbaren u. UV sowie EPR-Spektren v. $AlCl_3 \cdot 6\ H_2O$-Krist. mit Cr^{3+}-Dotier. aus Lsg. mit $[Cr(H_2O)_6]Cl_3$ 16-0326; ^{53}Cr-NMR im Nullfeld in ferromagnet. CrJ_3 (Vgl. mit –) 19-0369; Kernspin–Gitter-Relaxat. v. ^{53}Cr in d. geordneten magnet. Isolator – 39-0394; EMK-Mess. an $Cr/CrCl_3$ in fl. KSCN 40-0555; Dampfdruck u. Subl.-Wärme v. – 3-0596; Adsorpt. v. Cr^{3+} durch Dolomit aus –- u. $CuSO_4$-Lsg. 7-0670.

Therm. Stabilität v. – 13-0553; thermodynam. Daten d. Rk. $2\ CrCl_3\,(fest) \rightleftharpoons CrCl_4\,(Gas) + CrCl_2$ 3-0596; Stickstoffbind. in Syst. aus –, metall. Mg u. J_2 bei Rk. mit N_2 8-0792; Rk. v. – mit NH_3 39-0730; Red. v. – mit CaH_2 sowie Bldg.-Energetik v. – aus d. Elementen 43-0531; Rk.: v. $CrCl_3 \cdot 6\ H_2O$ mit Cu-Salz d. 8-Hydroxychinolins 13-3355*; mit Bis-[phosphino]-carboranen 9-0794; mit 1.4-Di-Li-butan in abs. Ae. 51/52-0662; Holzverfärb. durch –-Behandl. 20-3287; Bldg. v. NH_3 bei d. Hydrolyse d. mit N_2 beladenen Syst. $CrCl_3/C_2H_5MgBr$ 5-0736.

Toleranz v. Chlorella vulgaris gegenüber – 49/50-1282; Mastzellenprod. u. Gewebecalcifikat. durch – 3-1203.

Zusatz v. $CrCl_3 \cdot 6\ H_2O$ für Graphit zur Verbesser. d. kerntechn. Eig. 8-2169; Verw. v. – zur Reinig. d. Hexamethylendiamins 9-2794*.

CrOCl, Herst. aus $CrCl_3$ 48-2263*.

CrO_2Cl_2, Synth. d. – in Salzschmelzen aus NaCl, KCl u. LiCl durch Rk. v. CrO_3 mit $AlCl_3$ 37-0761; Valenzschwing. u. Kraftkonst. v. – 23-0156; Red. v. – in organ. Lsgm. 5-2295*; Komplexbldg. v. – in organ. Lsgm. 41-0746; Mechanismus d. Ox. v. KW-Stoffen mit Chromylchlorid (Übersicht) 24-0954; Rk. v. – mit KW-Stoffen u. Cr(IV)-Komplexen 44-0730; Verw. v. – in ungesätt. polymeren KW-Stoffen 43-2560*.

Chlorochrom(III)-säuren:

Salze s. *Cäsiumchlorochromate(III)*.

$H_2[CrCl_5]$, ESR-Spektrum v. $[CrCl_5(H_2O)]^{2-}$ in Einkrist. v. $(NH_4)_2[InCl_5(H_2O)]$ 14-0417.

$H_3[CrCl_6]$, halbempir. MO-Berechn. für $[CrCl_6]^{3-}$ 23-0132.

Salze

Kalium- u. *Natriumchlorochromate(III)* s. dort.

Darst. v. Pyridinium- u. Tetraäthylammoniumsalzen d. $H_3[CrCl_6]$ 19-0757.

Chlorochrom(V)-säure:

$H[CrOCl_4]$, Salze s. *Ammoniumchlorochromate(V)*.

$H_2[CrOCl_5]$, Hyperfeinstruktur d. Cl im $[CrOCl_5]^{2-}$-Ion 38-0167.

Salze s. *Ammonium-* u. *Kaliumchlorochromate(V)*.

Chlorochrom(VI)-säure:

$H[CrO_3Cl]$, mittlere Schwing.-Amplituden v. $ClCrO_3^-$ 45-0132.

Salze s. *Kaliumchlorochromate(VI)*.

Chromchlorotellurate(IV), Bldg. v. $[Cr(en)_2Cl_2]_2[TeCl_6]$ 35-0663.

Chromchlorozincate(II), Darst.: v. cis-$[CrCl(H_2O)(en)_2]ZnCl_4 \cdot H_2O$ 7-0774; u. opt. Reinh. v. α-$[CrCl(tetren)]ZnCl_4$ (tetren = Tetraäthylenpentamin) 44-0749.

Chromcyanate, Darst. v. Chromylisocyanat 11-2791*.

Chromcyanide bzw. -cyanokomplexe

Kinetik u. Mechanismus d. Bldg. v. $CrNC^{2+}$ u. d. Isomerisier. zu $CrCN^{2+}$ bei d. Rk. v. $[Co(NH_3)_5CN]^{2+}$ u. Cr^{2+} in perchlorsaurer Lsg. 30-0606; Eig. u. Spektraldaten d. intermediär gebildeten Cyanoaquochromkomplexe $[Cr(CN)_4(H_2O)_2]^-$, $[Cr(CN)_3(H_2O)_3]^0$, $[Cr(CN)_2(H_2O)_4]^+$ u. $[Cr(CN)(H_2O)_5]^{2+}$ 41-0654.

$Cr(CN)_2$, Einfl. v. Tetraalkylammoniumhydroxiden auf d. Elektrodenkinetik d. Paares $Cr(CN)_3/Cr(CN)_2$ 10-0637.

$Cr(CN)_3$, Einfl. v. Tetraalkylammoniumhydroxiden auf d. Elektrodenkinetik d. Paares $Cr(CN)_3/Cr(CN)_2$ 10-0637.

Cyanochromsäuren:

$H_3[Cr(CN)_5NO]$, Elektronenstruktur v. $[Cr(CN)_5NO]^{3-}$ 6-0119; Bind.-Arten in $[Cr(CN)_5NO]^{3-}$ 47-0116; ESR-Daten für $[Cr(CN)_5NO]^{3-}$ 3-0185; ESR-Spektrum: v. $[Cr(CN)_5(NO)]^{3-}$ 47-0168; u. Struktur v. $[Cr(CN)_5NO]^{3-}$ 27-0188; Redoxeig. u. Rk.-Fähigk. v. $[Cr(CN)_5NO]^{3-}$ 44-0606.

Salze s. *Alkalimetall-* u. *Kaliumcyanochromate*.

$H_4[Cr(CN)_4(CO)_2]$, Salze s. *Kaliumcyanochromate*.

Cyanochrom(0)-säure:

$H_6[Cr(CN)_6]$, Salze s. *Kaliumcyanochromate(0)*.

Cyanochrom(III)-säure:

$H_3[Cr(CN)_6]$, Phosphoreszenz- u. Fluoreszenzverh. v. $[Cr(CN)_6]^{3-}$ 47-0132; Mechanismen photochem. Austauschrk. an – 34-0710; kinet. Unters. d. Aquotisier. d. $[Cr(CN)_6]^-$ 41-0654.

Salze s. *Kalium-*, *Kobalt-*, *Kupfer-*, *Mangan-*, *Nickel-* u. *Zinkcyanochromate(III)*.

Cyanochrom(IV)-säuren:

$H_3[Cr(O_2)_2(CN)_3]$, Salze s. *Kaliumcyanochromate(IV)*.

Chromcyanoferrate(II), IR-, sichtbares u. UV-Spektrum (Ligandenfeldstärke) v. $KCr[Fe(CN)_6]$ 2-0278.

Chromferrate(III) s. unter *Chromoxide, Mischoxide*.

Chromfluoride bzw. -fluorokomplexe

Cr(II)-Fluoride 36-0148.

Darst. v. cis-$[CrF_2(en)_2]F$ 7-0773.

Elektronenspektren v. $[Cr(H_2O)_4F_2]^+$ 39-0129; Valenzschwing. u. Kraftkonst. v. CrO_2ClF 23-0156; wahrscheinl. magnet. Struktur für Cr_2F_5 8-0507.

Dissoziat.-Energie v. CrF 43-0529; Reaktivität v. höheren Fluoriden v. Cr 47-0693; Herst. v. festen Polyäthylenen in Ggw. eines Katalysators aus – auf einem Träger 12-2844*; Rk. v. Cl_3CSH mit HF in Ggw. v. Chromoxidfluorid 46-2464*.

Verw. v. CrF_3-Komplexen in Korros.-Schutzanstrichen 36-2810.

CrF_2, Darst. durch Rk. v. Cr-Pulver mit HF unter Druck 22-0708; Absorpt.-Spektren bei diffuser Reflex. v. – u. $CrF_2 \cdot 2\ H_2O$ 12-0373; schmale Banden im opt. Absorpt.-Spektrum v. – 20-0280.

CrF_3, Darst.: durch Rk. v. Cr-Pulver mit HF unter Druck 22-0708; durch Rk. v. CrF_5 mit CS_2 47-0693; $K\alpha$-Dublett 20-0107; Ionisat. v. CuO in –-Schmelzen bzw. v. – in KF-Schmelzen 38-0770; Rk. v. Ce_2O_3 mit – in NaF-, LiF-, NaCl- bzw. KCl-Schmelzen 42-0707; Verw.: in keram. Farbe für Glasuren 23-2240*; zur Herst. chromierter Sinterkörper 10-2599*.

CrF_5, Bldg. v. CrF_3 bei d. Rk. v. – mit PF_3 47-0693.

CrF_6, IR-Spektrum v. festem – bei tiefen Temp. 4-0142.

CrO_2F_2, Valenzschwing. u. Kraftkonst. v. – 23-0156.

Fluorochrom(I)-säure:

$H_5[CrF_6]$, Salze s. *Kaliumfluorochromate(I)*.

Fluorochrom(II)-säuren:

$H[CrF_3]$, Salze s. *Ammonium-*, *Kalium-*, *Natrium-* u. *Rubidiumfluorochromate(II)*.

$H_2[CrF_4]$, Salze s. *Natriumfluorochromate(II)*.

Fluorochrom(III)-säure:

$H_3[CrF_6]$, Energieniveaus, Spindichten u. nephelauxet. Effekt in $[CrF_6]^{3-}$ 23-0131; halbempir. MO-Berechn. für $[CrF_6]^{3-}$ 23-0132.

Salze s. *Kaliumfluorochromate(III)*.

Fluorochrom(V)-säure:

$H_2[CrOF_5]$, EPR-Spektren v. $[CrOF_5]^{2-}$ in wss. HF 23-0394.

Chromfluorophosphate, Darst.: v. $[C_5H_5CrC_7H_7]PF_6$ 33-0786; v. Cyclopentadienyl-Cr(I)-methyl(phenyl)-cycloheptatrienylhexafluorophosphaten 49/50-0703; elektrochem. Unters. v. $(\pi$-$C_5H_5)(\pi$-$C_7H_7)Cr^+PF_6$ 21-0621.

Chromfulminatocobaltate(III), Absorpt.- u. Reemiss.-Spektren v. $[Cr(en)_3] \cdot [Co(ONC)_6] \cdot 6\ H_2O$ 1-0115.

Chromhalogenide, Darst.: v. Cr-Halogenacetonitrilkomplexen 8-0760; v. Bis-[äthylbenzol]-chrom(I)-halogeniden 28-0951; magnetoopt. Eig. ferromagnet. Chromtrihalogenide 22-0297; IR-Spektren v. Cr-Halogenidkomplexen mit Pyridin u. verwandten Liganden im fernen IR 35-0137; Diffus.-Metallisier. v. Graphitpulvern durch – bei *1000–1200°* unter He-Atmosphäre 9-0319; Rk. mit alkylsubstituierten Alkalisalicylaten (antistat. Brennstoffzusatz) 5-2883*; Verw. als Polymerisat.-Katalysator für Polyolefine 24-2901*; Komplexe aus B- u. Cr-Halogeniden als Alkylier.-Katalysatoren 35-2437*; Verw. als Polymerisat.-Katalysator für Äthylen 47-2549*.

Chromhydride, Interpretat. v. Feinstrukturen in d. langwell. Kante v. Röntgen-K-Absorpt.-Spektren v. CrH durch Quadrupolübergänge 21-0304; Existenz v. CrH u. Zahl d. Bind.-Elektronen pro Formeleinh. 25-0207; spezif. Elektronenwärme u. λ-Anomalie v. $CrH_{0,84}$ 39-0282; negative Knight-Verschieb. u. Suszeptibilität v. CrH 16-0447.

Chromhydroxide bzw. -hydroxokomplexe

Radiochromatograph. Unters. d. Bldg. mehrkern. bas. μ-Hydroxokomplexe d. Cr mit SO_4^{2-} u. Cl^- 21-0687; Herst.: gemeinsam gefällter Al–Cr-Hydroxide (Zus.) 19-2209; v. $Cr(CH_3COO)_2OH$ bzw. $Cr_3(CH_3COO)_8OH$ 37-0762; Darst., Struktur u. Isotypie v. $Cr_3H(SO_4)_2(OH)_6$ 16-0213; EPR v. $Cr_3(CH_3COO)_6(OH)_2Cl \cdot 8\ H_2O$ 11-0161; magnet. u. therm. Eig. v. $[Cr_3(CH_3COO)_6(OH)_2]Cl \cdot 8\ H_2O$ 5-0556; Best. d. relativen Gew. v. $[Cr_2(OH)_2(NH_3)_9]Cl_4 \cdot 2\ H_2O$ 28-1889; scheinbares Vol. d. Nd. in bin. Syst. d. Hydroxide d. Metallpaare Cr/Al, Mg/Cr, Zn/Cr u. Fe(III)/Cr 31-0568; Herst. v. Cr-Chlorid aus – 47-2024.

CrO(OH), Schwing.-Spektren v. $HCrO_2$ u. $DCrO_2$ 25-0328; IR-Spektren v. α-CrO(OH) 31-0371; Krist.-Struktur einer neuen polymorphen Form v. – 47-0255.

$Cr(OH)_3$, EPR-Spektren auf SiO_2, Al_2O_3/SiO_2 u. Al_2O_3 29-0379; Spinellbldg. in d. Syst. ε-$Zn(OH)_2/Cr(OH)_3$ 22-0723; Lsg.-Geschw. v. –-Nd. in wss. Lsg. verschiedener Konz. v. Säuren 32-0695.

Chromhypophosphite, Kinetik u. Mechanismus d. Bldg. u. Aquotisier. d. Hypophosphitochrom(III)-ions $CrH_2PO_2^{2+}$ 32-0682.

Chromisocyanate s. unter *Chromcyanate bzw. -cyanatokomplexe*.

Chromisothiocyanate s. unter *Chromthiocyanate bzw. -thiocyanatokomplexe*.

Chromjodide: Darst.: v. $CrJ_2 \cdot 2\ CH_3CN$ 5-0814; v. cis-$[CrJ_2(en)_2]J$ 7-0773; u. Eig. v. Chromjodidtelluriden 17-0806; v. $Cr(en)_2J_2$ u. $Cr(dien)_2J_2$ (dien = Diäthylentriamin) 41-0742; v. $CrJ_2 \cdot 6$ Py 43-0722; u. D. u. Kristallisat.-Daten v. Chalkogenidjodiden d. Cr(III) 22-0709; Temp.-Abhängigk. d. magnet. Suszeptibilität v. $[Cr_3O(ClCH_2CO_2)_6]J \cdot 3\ NH_3$ 15-0190; Parameter d. Elektronenaustauschwechselwrkg. d. Co(II)-Komplexe v. Pyridin mit Bis-[diphenyl]-chromjodid 42-0150; Mechanismus d. Säurehydrolyse v. $[Cr(H_2O)_5J]^{2+}$ durch Verw. v. $H_2{}^{18}O$ in perchlorsaurer Lsg. 2-0707; Umsetz. v. J mit d. Jodochrom(III)-ion $[Cr(H_2O)_5J]^{2+}$ in saurer Lsg. unter Bldg. v. $[Cr(H_2O)_6]^{3+}$ 9-0710; Verw. v. Dialkyl-Cr-jodid als Polymerisat.-Katalysator für Äthylen 47-2543*.

CrJ_2, Temp.-Abhängigk. d. paramagnet. Suszeptibilität v. $CrJ_2 \cdot 5\ H_2O$ zwischen *90* u. *330* °K 5-0554; Gitterenergie, Bldg.-Enthalpie u. Thermodynamik d. Dissoziat. v. – 13-0553; Thermodynamik d. Bldg. v. gasf. – aus Cr (f) u. J (g) zwischen *700* u. *1160°* sowie Bldg.-Enthalpie u. Normalentropie v. krist. – 46-0532; Rk. v. Pyridin mit – 43-0722.

CrJ_3, Faraday-Effekt in d. ferromagnet. Verb. – 22-0297; Mössbauer-Resonanz v. ^{127}J in ferromagnet. – 4-0477; ^{53}Cr-NMR im Nullfeld in ferromagnet. – 19-0369; therm. Stabilität v. – 13-0553.

Chrommolybdate(VI) bzw. -molybdato(VI)-Komplexe

$Cr_2(MoO_4)_3$, Darst. u. Eig. v. – 26-0750; IR-Spektren 29-0143; Krist.-Struktur v. – 2-0258; Verw. als Katalysator bei d. Dampfphasenox. v. Toluol 27-2622.

Molybdatochrom(III)-säure:

$H_6[Cr_2Mo_{12}O_{42}]$, Salze s. *Ammoniummolybdatochromate(III)*.

Chromniobat(V): **$CrNbO_4$**, Bldg. v. – bei d. Ox. v. mit Cr legiertem Nb 24-0713; Bldg., D. u. Zelldimens. v. – im Syst. Nb_2O_5/Cr_2O_3 18-0502.

Chromnitrate: Komplexbldg. v. – mit Bis-[phosphino]-carboranen 9-0794; Kα-Dublett v. $[Cr(en)_3](NO_3)_3$ 20-0107; Feinstruktur d. Cr–K-Kante v. $[Cr(NH_3)_6](NO_3)_3$ 20-0108; Lsgm.-Einfl. auf d. Absorpt.-Spektren v. $[Cr(NH_3)_6](NO_3)_3$ 23-0146; Aquotisier. v. $[Cr(NH_3)_5SCN](NO_3)_2$ 25-0674.

$Cr(NO_3)_3$, Herst.: v. $Cr(NO_3)_3 \cdot 9\,H_2O$ 45-2086*; v. $NaBrO_3$-Einkrist. in Ggw. v. – 35-0207; Rk.-Prod. heißer Atome in krist. $Cr(NO_3)_3 \cdot 9\,H_2O$ nach Neutronenbestrahl. 28-0662; Rk.: mit H_2SeO_4 38-0745; mit Bis-[phosphino]-carboranen 9-0794; Verw. in NH_4NO_3-Sprengstoff zur Sensibilisier. 13-3578*.

Chromnitride: – in Leg. d. Syst. Fe–Cr–N 51/52-2291; Bldg. v. starken —-Ausscheid. in Körnern u. an Korngrenzen in Heizrohren aus Stahl X*15*CrNiSi*2520* (Verspröd.) 23-2324; Krist.-Struktur u. Isotypie v. $Cr_3(C, N)_2$ 18-0229; Löslichk. v. – im Austenit 38-0569.

Cr_2N, Bldg.: in legiertem Stahl 22-2382; bei d. Nitrier. v. Cr 23-2346; v. β-Cr_2N auf d. Oberfläche v. in d. Gasphase mit Cr beschichtetem Armco-Fe 45-0233; Kinetik d. —-Ausscheid. in CrMnN-Stahl 28-2399; Bldg. u. Zers. v. – bei d. Nitrier. v. Cr (Aktivier.-Energie) 28-2447; Bldg. u. Rk. im Syst. Fe/Cr/N 30-0508; katalyt. Eig. v. – bei d. therm. Zers. v. Methan 40-0670.

CrN, Bldg.: bei Nitrierhärt. v. Stahl *34*CrAlMo*5*(Nitrodur*80*) 26-2581; durch Rk. v. NH_3 mit $CrCl_3$ 39-0730; Kα-Dublett v. – 20-0107; Unters. d. Syst. CrN/Cr_2O_3 (Bldg. v. Oxidnitriden) 23-0755; Bldg. u. Rk. im Syst. Fe/Cr/N 30-0508; katalyt. Eig. v. – bei d. Dehydratisier. u. Dehydrier. v. Alkoholen u. KW-Stoffen 36-0678.

Chromnitrosyle bzw. -nitrosylkomplexe

Darst. v. $[Cr(C_5H_5)(NO)_2Cl]$ u. $[Cr(C_5H_5)\cdot(NO)_2SCN]$ 8-0787; IR-Spektren, NO-Valenzfrequenzen v. Nitrosylkomplexen d. Cr 13-0161; Elektronenstruktur v. Nitrosylkomplexen v. Cr 6-0119; Mol.-Struktur d. Cyclopentadienylnitrosylchromchlorids 19-0130; Krist.- u. Mol.-Struktur v. Cyclopentadienyldinitrosylchromchlorid 33-0297; ESR-Daten für $[Cr(NO)(NH_3)_5]^{2+}$ u. $[Cr(NO)(H_2O)_5]^{2+}$ 3-0185; ESR-Unters. an Chromnitrosylkomplexen 31-0175; ESR-Spektren v. $[Cr(NO)(NH_3)_5]^{2+}$ u. $[Cr(NO)(H_2O)_5]^{2+}$ 47-0168; leichte Umkehr. d. über N-Brücken gebundenen zweikern. Carbonyl- u. Nitrosylkomplexe, z. B. $[C_5H_5Cr(NO)N(CH_3)_2]_2$ 34-0795.

Nitrosylchromsäure:

$H_3[Cr(CN)_5NO]$, Elektronenstruktur v. $[Cr(CN)_5NO]^{3-}$ 6-0119; ESR-Spektrum u. Struktur v. $[Cr(CN)_5NO]^{3-}$ 27-0188; Bind.-Arten in $[Cr(CN)_5NO]^{3-}$ 47-0116; ESR-Daten für $[Cr(CN)_5NO]^{3-}$ 3-0185; ESR-Spektren v. $[Cr(CN)_5(NO)]^{3-}$ 47-0168; Redoxeig. u. Rk.-Fähigk. v. $[Cr(CN)_5NO]^{3-}$ 44-0606.

Salze s. *Kaliumnitrosylchromate.*

Chromoxide

Bldg. v. $Cr_2(Cr_{10}O_{31})_3$ 10-0767; Herst.: v. H_2O-halt. —-Pigmenten 11-2342*; aus d. Halogeniden (Pigmente) 49/50-2092*; Reaktivieren v. – enthaltenden Katalysatoren 4-2693*.

Opt. Reflex.-Spektren v. Chromoxid/Aluminiumoxid-Katalysatoren 11-0669; chem. Effekt auf d. Feinstruktur d. Röntgenabsorpt.-Kante v. Cr_5O_{12} u. Cr_3O_8 35-0350; Art u. Ursachen d. Alter. v. Cr–Fe–Zn-Oxidkatalysatoren 11-0739; Porenstrukturen v. —-Katalysatoren 28-2142; Meth. zur Best. d. Abstände Cr^{III}–O 40-0210; Diffus. v. Punktdefekten in nichtstöchiometr. – 42-0308; Einfl. v. geringen Zusätzen v. – auf d. Supraleitfähigk. v. Pb 5-0505; IR-spektroskop. Unters. d. Syst. Cr-Oxid/Sauerstoff 10-0767; Unters. d. Stromflusses durch dünne Cr-Oxid–Ag-Schichten 32-0435; Änder. d. EPR-Spektrums eines —-Katalysators für d. Äthylenpolymerisat. durch d. Einfl. v. C_2H_4, Cyclohexan, Heptan, H_2O u. O_2 20-0665; EPR-Spektren v. Cr_2O_5 auf SiO_2, Al_2O_3/SiO_2 u. Al_2O_3 29-0379; Änder. d. Struktur u. d. physikochem. Eig. d. durch Tieftemp.-Zers. v. $(NH_4)Cr_2O_7$ erhaltenen – 31-0733.

Diskuss. d. Erwart.- u. Beständigk.-Bereichs d. Oxokationen v. Cr 21-0817; Red. v. – im Drehrohrofen 4-2379*; alkal. Röst. v. —-halt. Material 23-2373*; thermodynam. Analyse d. Red. v. —-Einschlüssen in *20*%ig. Cr-Stahl durch Seltenerdmetalle d. Ce-Gruppe 37-0554.

Verw.: v. auf SiO_2 aufgebrachtem – als Polymerisat.-Katalysator für Polyolefine 1-3055*; v. – auf einem SiO_2–Al_2O_3-Träger als Polymerisat.-Katalysator für Äthylen 1-3061*; Regenerier. d. —-Katalysatoren zur Olefinox. 3-2610*; Verw. bei d. Entgift. d. Abgase v. Verbrenn.-Motoren 9-2944*; Rk. v. Olefinen mit NH_3 u. O_2 in Ggw. v. – 10-2717*; Zinkoxid–Chromoxid-Katalysatoren (katalyt. Aktivität v. Fäll.-Katalysatoren für d. Methanolsynth. u. ihre Abhängigk. v. d. Katalysatorstruktur) 13-2720*; Mechanismus d. Äthylenpolymerisat. mit —-Trägerkatalysatoren 17-1154; Rk.: v. C_{3-10}-Aldehyden mit NH_3 u. O_2 in Ggw. v. – 21-2780*; eines aliphat. Aldehyds mit Methanol in Ggw. v. NH_3 u. —-halt. Katalysatoren 23-2572*; Einfl. d. Porenstruktur d. Alumosilicatträgers auf d. Polymerisat.-Aktivität d. —-Katalysators 25-2695; poröse Struktur u. Aktivität v. —-Katalysatoren 27-2183; Mechanismus d. Inhibier. d. Polymerisat. v. Äthylen an —-Katalysatoren 29-1101; katalyt. Dehydrier. v. Alkylaryl-KW-Stoffen mit Oxiden eines Übergangsmetalls, aktiviert durch – 30-2544*; Verw. v. – als Katalysator für Monoolefine 43-2556*.

Verw.: bei d. Herst. v. magnetisierbarem Bauelement 2-2299*; zur Elektrodenherst. 24-2244*; in hochtemperaturfester Tinte für Glas oder Keramik 12-2260*; als Flußmittel bei d. Herst. krist. feuerfester Formkörper 19-2344*; zur Herst. v. feuerfesten Hohlkügelchen 32-2302*; in Samenbehandl.-Mittel 34-3157*.

Analysenverf. v. —-Pigmenten (DIN *55905*) 6-3087; Nachw. v. – in d. Oxidschicht v. V2A-Stahl durch Elektronenanalyse 51/52-0193; selektiver Alkoholtest mit d. CrO_3–Pyridin-Komplex in Eisessiglsg. 9-2118.

CrO, zur Kenntnis d. Cr(II)-Salzes u. d. – 46-0919; Einfl. v. – bei Anreg. v. S, Cl u. Br in einer Funkenentlad. 10-0099; Verw. in schwerem Flintglas 14-2387*.

Cr_2O_3, Bldg.: v. —-Phase in ox. Stahleinschlüssen 9-2556; bei d. Pyrolyse v. Reineckaten aliphat. u. heterocycl. N-Basen 20-0705; bei d. Hochtemp.-Ox. v. duktilen Cr-Leg. 28-2474; —-Anlauffilme auf Cr in CO_2 u. CO 31-0683; Bldg.: bei d. Ionisat. v. CrF_3 in NaCl-, KCl-, NaF- bzw. KF-Schmelzen 37-0780; als Endprod. d. Zers. v. $Cr_2(SeO_4)_3$ 38-0745; bei d. Rk. v. Ce_2O_3 mit CrF_3 in NaF-, LiF-, NaCl- bzw. KCl-Schmelzen 42-0707.

Herst.: korrosionsfester, elektr. isolierender —-Überzüge 7-2629*; v. – aus Chromit 14-2270*; gemeinsam gefällter – mit Al_2O_3 19-2209; durch Rk. v. CrO_4^{2-}-Lsg. mit SO_2 43-1980; hoher Reinh. durch Zonenschmelzen 46-2125.

Abtrenn. v. – aus Ilmenit 13-2333; Isolier. v. —-Einschlüssen in Cr–Ni-Stahl 13-2523.

IR-Spektren d. Gitterschwing. v. – 10-0349; Kα-Dublett v. – 20-0107; Wellenlängen d. $K\beta_1$-Linien u. d. Satellitenlinien Kβ' v. – 20-0110; Reflex.-Spektren v. – mit CaF_2 oder MgO 33-0389; chem. Effekt auf d. Feinstruktur d. Röntgenabsorpt.-Kante v. – 35-0350.

Theoret. u. experimentelle Unters. d. zeitl. Emiss.-Verlaufs eines mit – dotierten Rubinlasers 1-0388; Einfl. d. —-Geh. auf d. UV-Absorpt.- u. Fluoreszenzanreg.-Spektrum mit linear polarisiertem Licht v. Rubin u. Sapphir 20-0292; Rekombinat.-Koeff. d. Strahl. d. Auer-Welsbach-Gemisches in Gasflammen gegen ZnO:Cr_2O_3 als Standard 20-0310; Laserwrkg. in einem —-halt. keilförm. Rubinstab mit mehrschicht. dielektr. Reflektoren 38-0404; mit – dotiertes $LiNbO_3$ (scharfe Fluoreszenzemiss.) 39-0379; Röntgen- u. therm. Lumineszenz v. mit – dotierten Rubineinkrist. 45-0343.

Einfl. v. —-Zusatz auf d. Bind. in bas. feuerfesten Steinen 1-2406; Oberflächen- u. Festkörperzustände v. —-Zusätzen in Al_2O_3-Pulver 2-0228; Ätzmuster in – 3-0283; Einfl.: d. prim. therm. Behandl. auf d. Kristallisat.-Kinetik v. —-Zusätze enthaltenden Anorthit/Wolastonit-Gläsern 6-0289; auf d. Sinter. d. Korunds 6-2282, 6-2283; Diffus.-Vermögen v. H_2 u. N_2 in einer zylinderförm. Katalysatorpille aus *20*% – auf γ-Al_2O_3 8-0293; Wrkg. v. – bei d. Korundsinter. 10-2316; Löslichk. d. H im Syst. CaO/Al_2O_3/SiO_2/FeO/MnO/MgO/Fe_2O_3/Cr_2O_3 11-0577; Einfl. v. —-Zzsatz auf d. Kristallisat. v. Alit u. Belit in Portlandzementklinkern 13-2452; Strukturunters. an —-Mischoxidkatalysatoren 14-0771, 14-0772; Unters. fester Lsg. v. $^{119}SnO_2$ in – 25-0415; Einfl. v. – auf d. Sinterverh. v. UO_2 28-2427; Unters. v. *Eskolait* in Stahlschlackeneinschlüssen 33-2354; Einfl. v. – auf Strukturumwandl. v. Tricalciumsilicat 36-0715; Einfl. v. hohem Druck auf d. Gitterparameter v. – 37-0343; Bedeut. v. – für Habitus u. Morphologie d. Wulfenits 37-0854; Einfl. v. – auf d. Kristallisat.-Prozeß v. Glas 47-2110; Atomabstände u. Gitterenergien v. – 51/52-0234.

Einfl. auf d. Festigk. v. *2* Sorten polykrist. Al_2O_3 (Wesgo Al *995* u. Lucalox) 33-0339.

Einfl. v. – auf d. elektr. Leitfähigk. v. fl. Schlacke 22-2363; Sperrspann.-Abhängigk. d. dielektr. u. Frequenzkonst. v. keram. Proben d. Syst. Pb(Zr, Ti)O_3/Cr_2O_3 25-0460; Berechn. d. elektr. Feldgradienten für – 33-0310; spezif. elektr. Widerstand an MgO/Cr_2O_3-, NiO/Cr_2O_3-, ZnO/Cr_2O_3- u. CoO/Cr_2O_3-Preßkörpern in Luft- bzw. N_2-Atmosphäre 34-0745; elektr. Leitfähigk. u. komplexe DK 47-0473.

Anomalien im Temp.-Verlauf d. magnet. Suszeptibilität im Syst. Cr_2O_3/Fe_2O_3 1-0529; kristallograph. u. magnet. Eig. d. Syst. V_2O_3/Cr_2O_3 5-0555; magnetoelektr. Temperatureffekte v. – 11-0545; EPR-Spektren u. d. magnet. Suszeptibilität v. Cr-Oxid–Al-Oxid-Katalysatoren 20-0666; Ursorung d. axialen magnetoelektr. Effekts 26-0459; neue Eig. d. ferromagnet.-antiferromagnet. Koppl. dünner einachs. Filme d. Syst. NiFe/Cr_2O_3 26-0483; EPR-Spektren v. – auf SiO_2, Al_2O_3/SiO_2 u. Al_2O_3 29-0379; Domänen u. S-Domänengrenzen 32-0473; elektr. u. magnet. Eig. d. Syst. Cr_2O_3/BeO 48-0394.

Einfl. v. – auf d. elektr. Leitfähigk. v. fl. Al_2O_3 (geschmolzener Korund u. Rubin) 29-0599.

Phasenbezieh. zwischen CrO_2 u. – bei d. Zers. v. CrO_3 unter hohem Sauerstoffdruck 8-0571; Bldg. u. therm. Eig. fester Lsg. im Syst. MgO/Al_2O_3/Cr_2O_3 8-0758; Rk. im Syst. CaO/Cr_2O_3/SiO_2 16-0533; Zustandsdiagramm d. Syst. Sc_2O_3/Cr_2O_3 16-0534; chem.-analyt., petrograph. u. mikrostrukturanalyt. Unters. d. Syst. Nd_2O_3/Cr_2O_3 16-0535; Subsolidusstruktur d. Syst. CaO/MgO/Cr_2O_3/ZrO_2/TiO_2 u. Schmelzdiagramme d. pseudobin. Subsyst. $CaTiO_3/Cr_2O_3$ u. $CaTiO_3/ZrO_2$ 16-0536; Phasenbldg. in d. Syst. Nb_2O_5/Cr_2O_3 18-0502; chem. Phasenanalyse d. Syst. MgO/Cr_2O_3/ZrO_2 22-1915; Subsolidusstruktur d. Sechskomponentensyst. Fe_2O_3/Cr_2O_3/Al_2O_3/ZrO_2/TiO_2/SiO_2 23-0560; Gleichgew.-Verhältnisse v. H_2/W.-Dampf über – 23-0562; Zustandsdiagramm d. Syst. Sm_2O_3/Cr_2O_3 29-0564; Subsolidusstruktur d. Syst. MgO/Cr_2O_3/Al_2O_3/ZrO_2/TiO_2/SiO_2 30-0501; Zustandsdiagramm: d. Syst. Y_2O_3/Cr_2O_3 36-0552; d. Syst. Gd_2O_3/Cr_2O_3 36-0553; Subsolidusstruktur d. Syst. CaO/MgO/Cr_2O_3/Al_2O_3, CaO/MgO/Cr_2O_3/SiO_2 u. CaO/Cr_2O_3/Al_2O_3/SiO_2 u. thermodynam. Stabilität d. einzelnen Komponenten 40-0515; Unters. d. bin. Syst. Cr_2O_3/V_2O_5 mittels einfacher therm. Analyse, DTA u. röntgenograph. 43-0550; Phasenbezieh. d. Syst. Cr_2O_3/IrO_2 in Luft 46-0556.

Adsorpt. v. Ar/O_2- bzw. N_2/O_2-Misch. an —-Gel 1-0617; O-Chemisorpt. an mit – dotiertem NiO u. damit verbundene Leitfähigk.-Änder. 9-0698; chromatograph. Unters. d. KW-Stoff-Adsorpt. an Aluminiumoxid–Chromoxid-Katalysatoren 10-2662; Einfl. v. —-Zusätzen auf d. Viskosität d. fl. Phase d. Portlandzementklinkers 16-2263; —-Aerosol aus erhitztem *80/20*-Ni–Cr-Draht 17-0682; Einfl. v. waschakt. Stoffen auf d. simultane Sorpt. v. – an Baumwolle 34-2844; Adsorpt. v. n-Hexan an einem K_2O/Al_2O_3/Cr_2O_3-Katalysator 37-0658.

Wrkg. v. – auf d. Chemie u. Technologie d. Zemente 12-2297.

Therm. Zers. v. – ohne Bldg. v. atomarem O 5-0726.

Unters. d. Red. d. Syst. NiO/Cr_2O_3 mit Suszeptibilitäts- u. Leitfähigk.-Mess. 6-0738; Rk.: v. MgO mit – in fester Phase 6-0794; d. Syst. aus Kalk u. – als Hauptbestandteile 16-0533; Raffinat. v. Ni- u. Co-Leg. durch Behandl. mit – 16-2458*; Hochtemp.-Chemie v. Ce in d. Syst. Ce_2O_3/Cr_2O_3 17-0790; Mechanismus d. Rk. $MgO + Cr_2O_3 \rightleftharpoons MgCr_2O_4$ im festen Zustand 20-0656; Umsetz.: v. MoO_3 u. WO_3 mit Fe_2O_3 u. – 22-0724; v. La_2O_3 u. Nd_2O_3 mit – 23-0550; Unters. d. Syst. CrN/Cr_2O_3 (Bldg. v. Oxidnitriden) 23-0755; thermodynam. Daten d. Bldg. u. d. Rk. mit H_2 v. – bei hohen Temp. 25-0529; Röntgeninterferenz-Unters. d. Syst. MoO_3/Cr_2O_3 (Bldg. v. $Cr_2Mo_3O_{12}$) 26-0750; Rk.: im

Syst. $CaO/Cr_2O_3/ZrO_2$ 28-0724; mit Cr_3C_2 28-0725; Bldg. v. 3 $Sc_2O_3 \cdot Cr_2O_3$ im Syst. Sc_2O_3/Cr_2O_3 28-0727; kinet. Besonderh. d. Red. v. – in einer Oxidschmelze mit Al 29-0695; Rk. v. – mit $Cu(NO_3)_2 \cdot 3\,H_2O$ u. $Zn(NO_3)_2 \cdot 6\,H_2O$ im festen Zustand 35-0699; mineralisierende Wrkg. v. – bei d. Klinkerbldg. v. Portlandzement 35-2212; Funkt. d. Phasengrenzen bei d. Rk. v. – mit CoO bzw. MgO 37-0705; Rk. zwischen ZnO u. – 38-0746; Ionisat. v. CuO in CrF_3-Schmelzen mit –-Zusatz (Bldg. v. Cu_2O u. $Cu_2Cr_2O_4$) 38-0770; Rk. in d. Syst. $CaO/Cr_2O_3/ZrO_2$ (Bldg. v. $CaCrO_4$ u. ZrO_2 bei d. Ox.-Rk. v. $CaZrO_3$ mit – an Luft) 44-0663; Red. v. NiO u. seinen Gemischen mit – durch H_2 46-0677; Raffinat. v. Be mit – 50-2484*.

Solvolyse v. – in Acetanhydrid 17-0777.

Eig. d. Katalysators Ni–Cr_2O_3 bei H–D-Isotopenaustausch-Rk. 2-0731; Unters. d. relativen Aktivität v. 3 Fe_2O_3–Cr_2O_3-Katalysatoren für d. Wassergaskonvertier. 3-2737; Rk.-Fähigk. u. katalyt. Eig. v. gesinterten NiO–Cr_2O_3-Gemischen 4-0674; Zerfall v. N_2O an Cr_2O_3/Al_2O_3-Katalysatoren 5-0738; neuer Kontakt auf Basis Ni, –, Al_2O_3 zur Beseitig. v. O_2, CO u. CO_2 aus NH_3-Synth.-Gas 6-2714; Zers. v. Äthylalkohol an – 8-1027; Kinetik d. CO-Konvertier.-Rk. an einem Fe_2O_3–Cr_2O_3-Katalysator 9-0727; katalyt. Aktivität v. – bei d. Ox. v. CH_4 10-0728; Dehydrieren v. Monoolefinen u. Alkylaromaten über Fe-Oxid–Cr-Oxid-Katalysator 10-2667*; katalyt. SO_3-Bldg. an –-Kontakten 11-0732; Aktivität eines Cu–Cr-Oxid-Katalysators beim Hydrieren v. Waltran bzw. Tsubakiöl 12-2767; Vergift. eines Cu–Cr-Oxid-Katalysators bei d. Hydrier. v. Waltran 12-2768; Einfl. d. Spinellbldg. auf d. katalyt. Aktivität bei d. Zers. v. Ameisensäure u. auf d. elektr. Leitfähigk. d. Syst. NiO/Cr_2O_3 13-0749; katalyt. Aktivität v. – bei d. Zers. v. NO 15-0778; Cu-Oxid–Cr-Oxid-Katalysatoren u. eine Meth. zur Best. katalyt. Aktivitäten 15-0779; Dehydrier. v. Isopentan in Ggw. v. –-Katalysator 16-2568*; Einfl. v. –-Beimeng. auf elektr. Leitfähigk. u. d. Verh. bei d. Red. v. V_2O_5 17-0460; katalyt. Hydrier. v. Adipinsäuredinitril an Ni/Cr_2O_3 17-2556; Zusammenhang zwischen katalyt. Aktivität, Porosität u. Adsorpt.-Fähigk. v. Cr_2O_3–Al_2O_3-Katalysatoren bei d. Dehydrier. v. n-Butan u. Isopentan 18-0655; Effekt d. Red. u. Ox. auf d. Aktivität v. Cr-Oxid–Al-Oxid-Katalysatoren 20-0664; selektive Dehydrier. v. n-Paraffinen am ZnO/Cr_2O_3-Katalysator 20-2585; Dehydrocyclisier. v. n-Hexan an Cr–Mg-Oxid-Katalysatoren 20-2587; Unterdrück. d. Koksbldg. am Alumochromkaliumkatalysator bei d. Dehydrocyclisier. v. Piperylen zu Cyclopentadien 20-2602; Verw. in einem Katalysator zur Abgasverbrenn. 20-2751*; Dehydrier.: v. Isopentan an $Cr_2O_3/Al_2O_3/K_2O$-Kontakten 21-2758; v. mit Xylolen katalysiertem Äthylbenzol in Ggw. v. – 21-2766; Cr^{3+}-Ionen als Adsorpt.-Zentren in Al-Oxid–Cr-Oxid-Katalysatoren für W., CH_3OH u. NH_3 22-0650; ammonolyt. Spalt. v. Tetrahydrofurfurylalkohol an –-halt. Katalysator 22-2551; Wrkg. v. Neutronenbestrahl. auf –-Katalysatoren, d. auf B-halt. Al_2O_3 aufgetragen sind, für d. ortho–para-H-Rk. 23-0686; Bldg. v. Azulen u. Tris-[cyclotrimethylen]-benzol durch Gasphasendehydrier. an Al_2O_3–Cr_2O_3-Gemisch-Katalysatoren 23-1041; Hydrodesalkylier. v. Alkylaromaten in Ggw. v. –-halt. Katalysator 24-2612*; Ammoniak-Ox. an –-halt. Katalysatoren 25-0701; Gleichgew.-Einstell. v. H_2–D_2- u. Parawasserstoffumwandl. an – u. – auf Al_2O_3 26-0696; Natur d. Aktivität v. –-Trägerkatalysatoren d. Äthylenpolymerisat. 26-1152; Wirksamk.-Faktoren v. Fe_3O_4–Cr_2O_3-Katalysatoren für d. Umwandl.-Rk. v. CO 26-2301; Katalysator zur Dehydrier. v. aliphat. C_3–C_5-KW-Stoffen aus – auf Al_2O_3 26-2728*; Halbleitereig. u. katalyt. Wrkg. v. mit – dotiertem Ni-Oxid auf d. Ox. v. NH_3 durch Luft 27-0699; Zusammenhang zwischen katalyt. Aktivität, Adsorpt. u. Struktur v. Alumochrom-Katalysatoren 27-2182; Rk. v. aromat. Alkylheterocyclen mit SO_2 u. NH_3 in Ggw. v. – 28-2635*; Cr–Fe–Al-Oxide als Katalysatoren zur Dehydrier. v. n-Hexan 30-0905; Einfl. v. Alkalipromotoren auf Alumo–Chrom-Katalysatoren für d. Dehydrocyclisier. v. Paraffinen 31-2493; Dehydrier. v. Isopentan an Al_2O_3–Cr_2O_3–K_2O-Katalysatoren (Einfl. d. Chromoxidgeh.) 31-2495; Ox. v. Propen oder Isobuten mit –-halt. Katalysatorgemischen 31-2523*; Einfl. d. Geh. an α-, γ- bzw. η-Al_2O_3 in einem Al_2O_3–Cr_2O_3–K_2O-Katalysator auf Dehydrier., Isomerisier. u. Koksbldg. v. Isopentan 32-2533; Aromatisier.: v. Alkanen in Ggw. v. Al–Cr-Oxid-Katalysatoren 35-1000; v. $^{14}C_{(6)}$-2-Methylhexan, $^{14}C_{(5)}$-3-Methylhexan u. $^{14}C_{(Me)}$-3-Methylhexan an Cr–Al-Oxid-Katalysatoren 35-1001; u. Dehydroisomerisier. v. Dimethylhexanen an Cr–Al-Oxid-Katalysatoren 35-1002; v. Methylcycloheptan u. $^{14}C_{(Me)}$-Methylcyclopeptan an Cr–Al-Oxid-Katalysatoren 35-1003; u. Dehydroisomerisier. v. 3- u. 4-Methylheptan u. v. $^{14}C_{(4)}$-4-Methylheptan an Al–Cr-Oxid-Katalysatoren 35-1004; physikal.-chem. Unters. v. promotierten Cr_2O_3–Al_2O_3-Katalysatoren (Bezieh. zwischen d. Oberflächenchemie, d. elektr. Leitfähigk., d. magnet. Suszeptibilität u. d. Aktivität oxydierter Cr_2O_3–Al_2O_3-Katalysatoren mit alkal. Beimisch. bei d. dehydrierenden Cyclisier. v. n-Hexan) 36-0679; Isotopenanalyse v. S durch Massenspektrometrie mit Sulfaten u. – als Katalysator 37-0184; – als Katalysator bei d. Dehydrier. v. C_6–C_{10}-Alkanen 38-0952; Umwandl. v. n-Hexan am –-halt. Katalysator bei erniedrigtem Druck 38-0953; Chemisorpt.-Vermögen für CO u. CO_2 sowie d. BET-Oberflächen v. geschmolzenen mit Cr_2O_3 promotierten u. mit H_2 red. Magnetit-Katalysatoren 39-0679; Wrkg. v. Neutronenstrahlen auf d. Aktivität v. Katalysatoren aus mit – dotiertem V_2O_5 u. WO_3/MoO_3 bei d. Methanolox. 39-0680; aktivierende Wrkg. v. CuO im ZnO–Cr_2O_3–CuO-Katalysator bei d. CO-Konvertier. u. Methanol-Synth. 39-0684; Hydrier. v. ungesätt. Fettsäure(estern) mit oxid. Zn–Cr-Katalysatoren 40-2495*; Zusammenhang zwischen elektr. Leitfähigk. u. katalyt. Aktivität v. –-halt. Polymerisat.-Katalysatoren 41-0673; Darst., Verw. v. Cr–Cu–Zn-Oxid-Katalysator zur Rk. v. CO u. W.-Dampf 41-2043*; Niederdruck-Hydrier. v. Amiden mit Cu–Cr_2O_3-Katalysator 42-2494*; Rk. v. Furanen mit H_2S in Ggw. eines –-halt. Katalysators 42-2517*; katalyt. Aktivität v. – bei d. Ox. v. H_2 zu H_2O, v. CH_4 zu CO_2 u. v. CO zu CO_2 sowie bei d. Zers. v. NO 43-0663; Herst. v. Fe-/Cr-Oxid-Katalysatoren zur Rk. v. CO oder CO-halt. Gasen mit W.-Dampf 44-2609*; Hydrier. v. Baumwollsamenöl mit Ni/Cr_2O_3/Kohle-Katalysator 45-2410; unterschiedl. katalyt. Wirksamk. v. Al_2O_3–Cr_2O_3-Katalysatoren in Abhängigk. v. Kristallisat.-Prozessen bei d. Dehydratisier. v. Isopropanol 47-0645; katalyt. Wrkg. v. – auf d. Ox. v. Propylen u. CO 49/50-0640; Al_2O_3–Na_2O–Cr_2O_3-Katalysator für d. Neohexensynth. 49/50-0827; Dehydrieren v. Äthylbenzol mit – als Katalysator 49/50-2417*; Umwandl. v. n-Hexan zu Bzl. oder Olefinen an einem –-halt. Al_2O_3-Katalysator bei Neutronenbestrahl. 51/52-0620.

Verw. v. – u. Polyäthylenglykol für Verdauungsstudien am Schwein 41-1575.

Zusatz für Graphit zur Verbesser. d. kerntechn. Eig. 8-2169; Verw.: zur Herst. v. ferromagnet. Material 3-2277*; in feuerfesten keram. Formkörpern 1-2414*; als färbenden Bestandteil in keram. Glasuren 5-2377*; in temp.-wechselbeständ. porzellanart. Masse 5-2378*; zum Metallisieren v. Keramik 6-2290*; in schwarzem Glas 9-2426*; in feuerfesten Schmelzgußmaterialien mit hoher Rißbeständigk. 10-2427*; als Kristallisat.-Keime bei d. Porzellanherst. 12-2280*; in feuerfester Schmelzmasse 14-2402*; als Zusatz zur Gewinn. monomineral. glaskrist. Materialien auf Pyroxenbasis aus grusin. Gesteinen 16-2229; in keram. Glasurfarbe 19-2330*; in feuerfesten Schmelzguß-Formkörpern 19-2342*; als Zusatz zur Verbesser. d. Eig. v. Zement 20-2319; als Rohstoff für spiegelglatte schwarze Keramiküberzüge 22-2296*; für feuerfeste Gegenstände 23-2247*; als Keimbildner bei d. Kristallisat. v. Erdalkali–Alumo-Silicat-Gläsern 24-2262; v. –-Pulver zur Herst. feuerfester Steine 25-2108*; zur Herst. v. Keramik–Metall-Verb. 25-2118*; v. –-halt. Pigmenten zur Färb. v. Emaillen 34-2286; zur Herst. v. farb. Portlandzementklinkern 35-2213; Verw. als Zusatz zur Verbesser.: d. Eig. v. Silicatemaille 38-2295; d. Alkaliwiderstandsfähigk. v. Emaille-Überzügen 48-2355; Verw.: zur Stabilisier. v. PVC 33-2884; zum Korros.-Schutz v. Fe 10-3207; v. –-Grundier. zum Verkleben v. Polyäthylen mit Metallen 40-2977*; zur Initiier. d. Zünd. v. NH_4ClO_4 32-3263.

Spektroskop. Best. in Erzen u. Schlacken 48-1970.

CrO_2, Heißpressen v. gesintertem – 18-2362; chem. Effekt auf d. Feinstruktur d. Röntgenabsorpt.-Kante v. – 35-0350; Berechn. d. Kraftkonst. 40-0101; Mechanismus d. elektr. Leitfähigk. v. – 17-0462; magnet. Eig. 2-0516; magnetokrist. Anisotropie 21-0460; Phasenbezieh. zwischen – u. Cr_2O_3 bei d. Zers. v. CrO_3 unter hohem Sauerstoffdruck 8-0571.

Cr_2O_5, chem. Effekt auf d. Feinstruktur d. Röntgenabsorpt.-Kante v. – 35-0350; EPR-Spektren v. – 29-0379.

CrO_3, Bldg.: bei d. Umsetz. v. Cr-Oxid mit Sauerstoff (IR-spektroskop. Unters.) 10-0767; in ultraviolette Strahlen absorbierendem Glas 48-2338*; Herst.: v. – erhöhter D. durch Zers. v. NH_4-Chromat oder -Dichromat 18-2272*; v. ferromagnet. – 31-2211*; durch Elektrolyse einer Na-Chromat–Bichromat-Lsg. mit semipermeabler Membran 49/50-2078*; Erhöh. d. Schüttgew. v. – 23-2133*.

Kα-Dublett v. – 20-0107; Einführ. v. – in Pyrographiteinkrist. 10-0748; Durchstrahl.-Elektronenmikroskopie v. mit schnellen Neutronen bestrahlten u. – elektrochem. behandelten Folien v. n-Si 34-0357; neue EPR-Absorpt.-Kinie für Cr^{3+} im Gitter v. – 25-0374; EPR-Spektren v. – auf SiO_2, Al_2O_3/SiO_2 u. Al_2O_3 29-0379; Adsorpt. an Ionenaustauschern 29-0654.

Phasenbezieh. zwischen CrO_2 u. Cr_2O_3 bei d. Zers. v. – unter hohem Sauerstoffdruck 8-0571.

Red. v. – durch geschmolzenes KSCN 8-0759; Mechanismus d. Festkörperrk. im Syst. MgO/CrO_3 20-0655; Einfl. v. Fremdanionen auf d. Kinetik d. unvollständ. Red. v. – 21-0614; Rk. v. – mit $Cu(NO_3)_2 \cdot 3\,H_2O$ u. $Zn(NO_3)_2 \cdot 6\,H_2O$ im festen Zustand 35-0699; Einw. v. H_2S auf – 38-0744; Red. v. – in HNO_3 45-2086*; Fäll. in scheibenförm. gezüchteten Laserrubinen mit – 51/52-0349.

Tracer-Unters. über d. Herkunft v. CO_2 bei d. –-Ox. v. Toluol u. Fluoren 30-0912; Rk. mit Vinylydenhalogeniden u. HF 9-1016; –-Ox.-Geschw. v. Alkylcyclohexanolen 26-0908; Ox. v. Benzaldehyden mit – 44-0924; Lsgm.-Einfl. auf d. Geschw. d. Ox. aromat. Aldehyde durch – 51/52-0872; Red. v. – u. Natriumbichromat in Ggw. v. Schwefelsäure mit Lebertranöl 16-3285.

Verw. als Polymerisat.-Katalysator 2-2942*; röntgenograph. Charakterisier. d. ZnO–CrO_3-Katalysators für d. Methanolsynth. 9-2762; Verw. als Polymerisat.-Katalysator 12-2857*; Herst. eines Al_2O_3/CrO_3-Katalysators zur Dehydrocyclisier. v. Paraffinen 26-2869*; Dehydrier. v. Alkylaryl-KW-Stoffen mit –-Katalysator 30-2544*; Struktur d. (–)-Alkohols, entstanden durch Ox. v. Δ^3-Caren mit O in Ggw. v. Chromsäureanhydrid 32-1141; Verw. als Polymerisat.-Katalysator für Pyrrolidone u. Piperidone 37-2637*; Gewinn. v. Naphthalin aus Erdölfrakt. in Ggw. eines Katalysators aus –, Al_2O_3, K_2O u. SiO_2 40-2527*; Zusammenhang zwischen elektr. Leitfähigk. u. katalyt. Aktivität v. –-halt. Polymerisat.-Katalysatoren 41-0673.

Verw.: zur Korros.-Verhinder. in W. führenden Syst. 18-2219*; für galvan. Cr-Bäder 19-2499; in Reinig.-Mitteln für Metalloberflächen 19-2597*; zum Passivieren v. Metalloberflächen 19-2601*; Reinig. v. Fettsäurenitrilen mit – 12-2547*.

Best. v. Chromsäureanhydrid in Ggw. v. Fe^{3+} in salpetersaurer Lsg. 44-1863; Verw. zum Aufschluß v. Aminoverb. 5-2113.

Mischoxide, Chromate

Vork. v. *Chromspinell* mit Maucherit u. Kämmererit-Kotschubeit in d. ultrabas. Massiv v. Kubés 4-0813; petrogenet. Werdegang v. *Chromspinell* in tert. Vulkaniten d. Hocheifel 21-0885; neue Analyse v. *Chromspinell* aus d. Peridotiten d. Massivs v. Beni-Bouchera (Nördliches Rif, Marokko) 39-0812; Rösten v. Chromit-Erz im runden Tunnelofen 21-2327*; Entstehen einer direkten Bind. *Chromspinell*–Periklas 44-2173; kristallograph. Unters. v. *Chromspinellen* 48-0259; Verw. v. Metall-Chromiten in Feststofftreibsatz 26-3534*; spektrometr. Best. v. Kieselsäure in Chromiten 17-2015.

Al: Linienbreite EPR v. Cr^{3+} in $(Al_2O_3)_{1-x} \cdot (Cr_2O_3)_x$ 2-0389; paramagnet. Resonanz an Einkrist. im Syst. Al_2O_3/Cr_2O_3 3-0408; Temp.- u. Konz.-Abhängigk. d. Wärmeleitfähigk. in Al_2O_3–Cr_2O_3-Mischkrist. 40-0263.

As: Gegenseit. Wechselwrkg. u. Rk.-Enthalpie v. Cr–As in verschiedenen Gläsern 46-0535.

Ca: Bldg. v. $CaCr_2O_4$ im Syst. $CaO/Cr_2O_3/ZrO_2$ 28-0724; Gewinn. v. $Ca_3(CrO_4)_2$ u. anderer Ca-Chromate beim Kalzinieren v. Cr-Erz 1-2305; stabilisierende Wrkg. v. $Ca_3(CrO_4)_2$ auf Ca_2SiO_4 16-0533.

Cd: Elementarzellenvol. v. $CdCrO_2O_4$ 36-0230; kristallograph. Unters. d. Cr-Spinells $CdCr_2O_4$ 48-0259; magnet. Eig. v. $CdCr_2O_4$ 20-0444; katalyt. Einfl. v. $Cd_2Cr_2O_7$ auf d. therm. Zers. v. NH_4NO_3 35-0645.

Ce: Gegenseit. Wechselwrkg. u. Rk.-Enthalpie v. Cr–Ce in verschiedenen Gläsern 46-0535.

Co: Darst. d. Mischoxidreihe Co_3O_4–$CoCr_2O_4$ durch Zers. v. $(NH_4)_3[Co_xCr_y(C_2O_4)_3]\cdot 3\,H_2O$ (x + y = *1* u. y/x < *2*) 40-0746.

$CoCr_2O_4$, Bldg. bei d. Rk. v. CoO mit CrO_3 37-0705.

Cu: Bldg.: d. Phasen $CuCr_2O_4$ u. $Cu_2Cr_2O_4$ aus d. Misch. d. Oxide CuO u. Cr_2O_3 14-0772; v. $Cu_2O\cdot Cr_2O_3$ in Magnesit–Chromit-Auskleid. v. Cu-Raffinat.-Öfen 31-2240; v. $CuCr_2O_4$ u. $Cu_2Cr_2O_4$ bei d. Rk. v. CrO_3 u. Cr_2O_3 mit $Cu(NO_3)_2\cdot 3\,H_2O$ im festen Zustand 35-0699; v. $Cu_2Cr_2O_4$ bei d. Ionisat. v. CuO in CrF_3-Schmelzen mit Cr_2O_3-Zusatz 38-0770; IR-Absorpt.-Spektren v. $CuCr_2O_4$ 1-0334; ^{53}Cr-NMR in $CuCr_2O_4$ 29-0371; Hydrier.: v. β-Furfurylidenketonen in Ggw. v. Cu-Chromit 1-2682*; v. Aldehyden oder Acetalen mit Cu-Chromit-Katalysator 3-2602*; v. 5-Hydroxymethylfurfurol in Ggw. v. Cu-Chromit 8-2693*; Dehydrier.: v. Äthylbenzol an Cu-Chromit-Katalysator 10-2753*; v. Äthylbenzol an Cu-Chromit 10-2754*; Hydrier. v. β-Furfurylidenketonen mit Cu-Chromit-Katalysator 14-2726*; Verw. v. Cu-Chromit in Raketentreibstoff als Verbrenn.-Katalysator 28-3354*; katalyt. Dehydrier. v. Methyl-12-hydroxy-Stearat mit Cu-Chromit 29-2534; Red. v. NO durch CO mit Cu-Chromit als Katalysator 42-2065; Verw. v. Cu-Chromit in d. Treibstoffmasse für Raketenantriebe 32-3280*.

Dy: Magnet. Suszeptibilität v. $DyCrO_3$ 6-0503; Unters. d. magnet. Ordn. v. $DyCrO_3$ durch Neutronenbeug. 11-0530; magnet. Eig. v. $DyCrO_3$ 41-0497.

Er: Magnet. Suszeptibilität v. $ErCrO_3$ 6-0503; Unters. d. magnet. Ordn. v. $ErCrO_3$ durch Neutronenbeug. 11-0530; magnet. Eig. v. $ErCrO_3$ 41-0497.

Eu: IR-Absorpt.-Spektrum v. $EuCrO_3$ 14-0375; Synth. u. Struktur v. $EuCrO_3$ 32-0226; Unters. d. magnet. Ordn. v. $EuCrO_3$ durch Neutronenbeug. 11-0530; magnet. Eig.: v. $EuCrO_3$ 41-0497; v. $Eu_3Cr_2O_8$ 51/52-0463.

Fe s. unter *Eisenoxide, Mischoxide*: *Cr.*

Gd: Bldg. v. $GdCrO_3$ im Syst. Gd_2O_3/Cr_2O_3 36-0553; IR-Absorpt.-Spektrum v. $GdCrO_3$ 14-0375; Synth. u. Struktur v. $GdCrO_3$ 32-0226; magnet. Suszeptibilität v. $GdCrO_3$ 6-0503; Unters. d. magnet. Ordn. v. $GdCrO_3$ durch Neutronenbeug. 11-0530; magnet. Eig. v. $GdCrO_3$ 41-0497.

Ho: IR-Absorpt.-Spektrum v. $HoCrO_3$ 14-0375; Synth. u. Struktur v. $HoCrO_3$ 32-0226; magnet. Suszeptibilität v. $HoCrO_3$ 6-0503; Unters. d. magnet. Ordn. v. $HoCrO_3$ durch Neutronenbeug. 11-0530; magnet. Eig. v. $HoCrO_3$ 41-0497.

K: Einfl. v. $K_2Cr_3O_5 + H_2SO_4$ als Ätzmittel auf d. Photoleitfähigk. v. CdS-Einkrist. 31-0453; Ausb. an mol. H in γ-bestrahlten alkal. $KCrO_2$-Lsg. 6-0758.

K–Al: Cr^{3+} als akt. Zentrum eines Kaliumaluminatchromat-Dehydrier.-Katalysator 9-0725.

La: Synth., Struktur u. therm. Dissoziat. v. $LaCrO_3$ 32-0226; Unters. d. magnet. Ordn. v. $LaCrO_3$ durch Neutronenbeug. 11-0530; magnet. Eig. v. $LaCrO_3$ 41-0497.

La–Bi: Induzierter parasitärer Ferromagnetismus in $(La_{0,9}Bi_{0,1})CrO_3$ 41-0498.

Li: Meth. zur Best. d. Abstände Kation–O in Mischoxiden d. Syst. Fe_5LiO_8/Cr_5LiO_8 40-0210.

Li–Fe: Mössbauer-Unters. d. Spinellsyst. $Li_{0,5}{}^{+}Fe_{1,3}{}^{3+}Cr_{1,2}{}^{3+}O_4$ 3-0550; magnet. Umwandl. bei Temp.-Änder. im Bereich d. Kompensat.-Punkte v. $Li_{0,5}Cr_{1,25}Fe_{1,25}O_4$ 36-0503.

Li–Ga: Darst. u. Struktur v. $LiGaCr_4O_8$ 45-0247.

Li–In: Darst. u. Struktur v. $LiInCr_4O_8$ 45-0247.

Mg s. unter *Magnesiumoxide, Mischoxide*: *Cr.*

Mg–Al–Ca–Fe: Viskosität u. elektr. Leitfähigk. v. $CaO/Al_2O_3/Cr_2O_3/MgO/FeO$-Schmelzen 24-0599.

Mg–Cu–Fe: Resonatormess. d. elektromagnet. Parameter magnetisierter Mg–Cr–Cu-Ferrite 36-0509.

Mg–Fe: Existenz v. Cr(II) in $FeCr_2O_4$–$MgCr_2O_4$-Mischkrist. 24-0227; Einfl.: therm. Behandl. auf d. elektr. Leitfähigk. v. $(MgO)_{0,5}\cdot(Cr_2O_3)_{0,075}\cdot(Fe_2O_3)_{0,425}$ 28-0399; d. Härt.-Temp. auf d. Magnetisierbark. u. d. Kationenverteil. in $(MgO)_{0,5}(Cr_2O_3)_{0,075}(Fe_2O_3)_{0,425}$ 14-0558; spezif. Wärme v. $MgFe_2O_4$–$MgCr_2O_4$-Mischkrist. 5-0311; Instabilitäten v. MgCr-Ferriten 46-0501; Red. v. Mg-Ferrit- u. Mg-Chromit-Mischkrist. 36-0673.

Mn: IR-Absorpt.-Spektren v. $MnCr_2O_4$ 1-0334; Elementarzellenvol. v. $MnCr_2O_4$ 36-0230; kristallograph. Unters. v. $MnCr_2O_4$ 48-0259; Sättig.-Magnetisier., magnet. Suszeptibilität, ^{55}Mn-NMR u. Neutronenbeug.-Spektren v. $MnCr_2O_4$ 21-0449; elektr. Leitfähigk. sowie opt. Absorpt. d. Mischkrist. $Mn_xCr_{1-x}O$ 32-0424.

Mn–Al: Bldg. v. $MnAlCrO_4$ 18-0648.

Mn–Al–Fe: Red. fester Lsg. im Spinellbereich d. Syst. Mn/Al/Cr/Fe/O 18-0648.

Mn–Ca–Cd–Ge: Hydrothermalsynth. v. Germanaten mit Granatstruktur d. allg. Zus. $A_3{}^{2+}Cr^{3+}Ge_3{}^{4+}O_{12}$ (A = Ca, Cd, Mn) 16-0731.

Mn–Cu: Magnet. Eig. v. $CuCrMnO_4$ 1-0523.

Mn–Ti: Darst., kristallograph. u. magnet. Unters. v. Mischkrist. v. $MnTiO_4$ mit $MnCr_2O_4$ 49/50-0488.

Mo: Existenz einer A *15*-Struktur d. Zus. $(Cr, Mo)_3O$ im Syst. Cr/Mo 44-0257.

Na: Synth., Gitterparameter u. elektr. Leitfähigk. v. $Na_2Cr_3O_9$ 41-0748; Ox. v. $NaCrO_2$ in belüfteten Lsg. durch ^{60}Co-γ-Strahl. 19-0728.

Nb: Gitterparameter v. $CrNb_{49}O_{124}$ 49/50-0258; Oberflächenspann. u. D. v. Schmelzen d. Syst. Cr_2O/Nb_2O_5 49/50-0597.

Nd: IR-Absorpt.-Spektrum v. $NdCrO_3$ 14-0375; Phasenumwandl. v. $NdCrO_3$ 20-0192; magnet. Eig. v. $NdCrO_4$ 41-0497; Bldg., F., Brech.-Index u. D. v. $NdCrO_3$ im Syst. Nd_2O_3/Cr_2O_3 16-0535; Synth., Struktur u. therm. Dissoziat. v. $NdCrO_3$ 32-0226.

Ni: Elementarzellenvol. v. $NiCr_2O_4$ 36-0230; katalyt. Einfl. v. Ni-Chromaten auf d. therm. Zers. v. NH_4NO_3 35-0645.

Ni–Cu: Krist.-Deformat. u. Gitterkonst. v. $Cu_{1-x}Ni_xCr_2O_4$ 43-0240; Red. d. Alkalisalze v. ungesätt. Carbonsäuren mit Al_2O_3-halt. Ni–Cu-Chromit 45-2278*.

Ni–Fe: Mössbauer-Effekt an ^{57}Fe-Kernen in $NiFe_{2-x}Cr_xO_4$ mit x = *1,0* u. *0,9* 26-0468.

Pr: Synth., Struktur u. therm. Dissoziat. v. $PrCrO_3$ 32-0226; Unters. d. magnet. Ordn. v. $PrCrO_3$ durch Neutronenbeug. 11-0530; magnet. Eig. v. $PrCrO_3$ 41-0497.

Sb–K: Ionensubstitut. u. Gitterkonst. v. $K_2Cr_5Sb_3O_{16}$ 31-0277.

Sc: Bldg. u. physikal. Eig. v. $3\,Sc_2O_3\cdot Cr_2O_3$ im Syst. Sc_2O_3/Cr_2O_3 28-0727.

Si–Ca: Bldg. v. $5\,CaO\cdot Cr_2O_5\cdot SiO_2$ im Syst. $CaO/Cr_2O_3/SiO_2$ 16-0533.

Si–Pb: Verw. v. Pb-Silicochromat in Korros.-Schutzlackfarben 32-3010.

Seltenerdmetalle: IR-Absorpt.-Spektren v. Seltenerdmetallchromiten 14-0375; Neutronenbeug.-Unters. an $CrRO_3$ (R = Seltenerdmetall u. Y) 11-0530; Phasenumwandl. einiger Seltenerdmetallchromite 20-0192; magnet. Eig. d. Chromite d. Seltenerdmetalle 6-0503, 41-0497; Synth. u. einige physikal.-chem. Eig. v. Einkrist. aus Seltenerdmetallchromaten(III) 32-0226.

Si–Ca–Cd–Mn: Hydrothermalsynth. v. Silicaten mit Granatstruktur $A_3{}^{2+}Cr^{3+}Si_3{}^{4+}O_{12}$ (A = Ca, Cd, Mn) 16-0732.

Si–Ni: Reinig. v. Isopentan v. S-Verb. durch Hydrier. mit Cr–Ni-Silicat-Katalysator 25-2412.

Sm: IR-Absorpt.-Spektrum v. $SmCrO_3$ 14-0375; Phasenumwandl. v. $SmCrO_3$ 20-0192; Synth., Struktur u. therm. Dissoziat. v. $SmCrO_3$ 32-0226; Unters. d. magnet. Ordn. v. $SmCrO_3$ durch Neutronenbeug. 11-0530; magnet. Eig. v. $SmCrO_3$ 41-0497; F. u. Brech.-Zahl v. $SmCrO_3$ 29-0564.

Sr: Krist.-Struktur v. Sr_2CrO_4 51/52-0212.

Sr–Fe: Anisotropie: d. Curie-Temp. in $SrO\cdot 4{,}4\,Fe_2O_3\cdot 1{,}6\,Cr_2O_3$ 12-0529; d. galvanomagnet. Effektes v. Paraprozessen in hexagonalen Ferriten d. Zus. $SrO\cdot 4{,}4\,Fe_2O_3\cdot 1{,}6\,Cr_2O_3$ 14-0556.

Sr–Sb: Néel-Temp., asymptot. Curie-Temp. u. Curie-Konst. v. Sr_2CrSbO_6 mit Perowskit-Struktur 29-0503.

Tb: IR-Absorpt.-Spektren v. $TbCrO_3$ 14-0375; magnet. Suszeptibilität v. $TbCrO_3$ 6-0503; magnet. Eig. v. $TbCrO_3$ 41-0497; Synth., Struktur u. therm. Dissoziat. v. $TbCrO_3$ 32-0226.

Ti: Synth. u. Unters. v. grünen $Cr_2O_3\cdot m\,TiO_2\cdot n\,H_2O$-Pigmenten 46-2896.

$Cr_2Ti_2O_7$, Bldg.: im Syst. $Fe_2O_3/Cr_2O_3/Al_2O_3/ZrO_2/TiO_2/SiO_2$ 23-0560; im Syst. $MgO/Cr_2O_3/Al_2O_3/ZrO_2/TiO_2/SiO_2$ 30-0501.

Ti–Alkalimetalle: Komplexe Alkalimetalltitanoxide $A_x(Cr_yTi_{8-y})O_{16}$ d. α-MnO_2-Strukturtyps 31-0276.

Ti–Mg: Krist.-Struktur fester Lsg. im Syst. $Mg_2TiO_4/MgCr_2O_4$ 17-0276.

Tm: IR-Absorpt.-Spektrum v. $TmCrO_3$ 14-0375; magnet. Ordn. v. $TmCrO_3$ 11-0530; magnet. Eig. v. $TmCrO_3$ 41-0497; Synth., Struktur u. therm. Dissoziat. v. $TmCrO_3$ 32-0226.

U: Darst. u. Struktur v. U_2WO_8 29-0252; Atomparameter u. magnet. Struktur v. $UCrO_4$ 4-0490.

V: Oberflächenspann. u. D. v. Schmelzen d. Syst. Cr_2O_3/V_2O_5 49/50-0597.

W: IR-Spektren v. Cr_2WO_6 29-0143; magnet. Struktur v. Cr_2WO_6 26-0461.

Y: Bldg. v. $YCrO_3$ im Syst. Y_2O_3/Cr_2O_3 36-0552; IR-Absorpt.-Spektrum v. $YCrO_3$ 14-0375; Phasenumwandl. v. $YCrO_3$ 20-0192; Synth., Struktur u. therm. Dissoziat. v. $YCrO_3$ 32-0226; $YCrO_3$-Krist.-Zücht. durch Flußmittel-Verdampf. 42-0235; magnet. Suszeptibilität v. $YCrO_3$ 6-0503; Unters. d. magnet. Ordn. v. $YCrO_3$ durch Neutronenbeug. 11-0530; magnet. Eig. v. $YCrO_3$ 41-0497.

Y–Fe: Symmetrie d. Krist.-Felds im Granat $Y_3Fe_{5-x}Cr_xO_{12}$ 32-0378.

Yb: IR-Absorpt.-Spektrum v. $YbCrO_3$ 14-0375; Synth., Struktur u. therm. Dissoziat. v. $YbCrO_3$ 32-0226; Unters. d. magnet. Ordn. v. $YbCrO_3$ durch Neutronenbeug. 11-0530; magnet. Eig. v. $YbCrO_3$ 41-0497.

Zn: Bldg. v. $ZnCr_2O_4$: im Syst. $Zn(OH)_2/Cr(OH)_2$ 22-0723; bei d. Rk. v. CrO_3 u. Cr_2O_3 mit $Zn(NO_3)_2\cdot 3\,H_2O$ im festen Zustand 35-0699; bei d. Rk. zwischen ZnO u. Cr_2O_3 38-0746; Elementarzellenvol. v. $ZnCr_2O_4$ 36-0230; kristallograph. Unters. v. $ZnCr_2O_4$ 48-0259; magnet. Eig. v. $ZnCr_2O_4$ 20-0444; Katalysatorselektivität v. $3\,ZnO\cdot Cr_2O_3$ bei d. Synth. v. Vinylacetat in Ggw. u. Abwesenh. v. $ZnCl_2$ 12-2526; Methanol-Zerfall an ZnO–Cr_2O_3-Mischoxiden 21-0730; Einfl. d. therm. Vorbehandl. auf d. chem. u. Phasenzus. v. gemeinsam gefällten Substanzen d. Zus. ZnO–Cr_2O_3 22-2113.

Zn–Co–Fe–Ni: Temp.-Abhängigk. d. Parameter d. ferromagnet. Resonanz v. $Co_{0,02}Ni_{0,52}\cdot Zn_{0,26}Cr_{0,2}Fe_2O_4$ mit induzierter einaxialer magnet. Anisotropie 7-0411; Einfl. geringer Co^{2+}-Konz. auf d. ferromagnet. Resonanz v. Ni–Zn–Cr-Ferriten d. Zus. $Co_x(NiZn)_{0,8-x}\cdot Cr_{0,2}Fe_2O_4$ 18-0340; magnet. u. Impulseig. v. Ferriten d. Zus. $Co_x(NiZn)_{0,8-x}Cr_{0,2}Fe_2O_4$ nach thermomagnet. Behandl. 23-0493.

Zn–Cu: Katalyt. Rk. v. CO mit W.-Dampf an einem $ZnO\cdot Cr_2O_3\cdot CuO$-Katalysator 9-0728.

Zr: Eig. d. Mischkrist. im Syst. Cr_2O_3/ZrO_2 31-0729.

Zr–Ca: Bldg. eines kub. Mischkrist. d. Zus. $CaO\cdot ZrO_2\cdot Cr_2O_3$ bei d. Rk. v. $CaCrO_4/ZrO_2$ 28-0724.

Zr–Mg: Chem. Analyse v. Phasen d. Zus. MgO–Cr_2O_3–ZrO_2 22-1915.

Mehrkomponentige Oxide: EPR-Unters. v. Cr-halt. Gläsern d. Zus. *50* P_2O_5/*7* Al_2O_3/*30* ZnO/*13*K_2O/*0,2* u. *1,6* Cr_2O_3 8-0375.

Chromoxidhydrate

Chromoxidhydroxide s. unter *Chromhydroxide* bzw. *-hydroxokomplexe.*

Therm. Zers. 24-0795; Einw. v. H_2S auf — (*450°*) 38-0744; Geschw. d. Auflsg. v. — in anorgan. u. organ. Säuren 49/50-0632.

Chromperchlorate: Darst.: v. cis-$[CrCl\cdot(NCS)(en)_2]ClO_4$ 7-0774; v. $Cr(ClO_4)_3L_6$ (L = 1.3-Dimethylharnstoff) 36-0755; u. Charakterisier. v. $[CrA_3](ClO_4)_3$ (A = N.N.N′.N′-Tetramethylmalonsäurediamid) 47-0713; IR-Spektren v. $[CrL_2Cl_2]ClO_4$ (L = o-Phenylen-bis-[dimethylarsin]) 32-0132; Absorpt.- u. Emiss.-Spektren v. Hexaimidazolidonchrom(III)- u. Tri-[biuret]-chrom(III)-perchlorat 51/52-0095; Faraday-Spektroskopie an Solvat-Komplexlsg. v. — in DMS, DMF u. Acetonitril 47-0141; Kinetik u. Mechanismus d. Säurespalt. d. drei Pentaquo-[pyridiomethyl]-chrom(III)-perchlorate unter aeroben Beding. 2-0706; Mechanismus d. therm. Desaquotisier. v. Aquoamminchromperchloratkomplexen 9-0721.

$Cr(ClO_4)_2$, Temp.-Abhängigk. d. paramagnet. Suszeptibilität v. $Cr(ClO_4)_2\cdot 6\,H_2O$ zwischen *90* u. *330* °K 5-0554; Red. v. Alkoholen u. organ. Halogeniden durch — 30-0969.

Chromperoxide bzw. -peroxokomplexe

„Peroxochromsäuren" s. unter *Chromsauerstoffsäuren.*

Bldg. v. *1* : *1*-Komplexverb. d. CrO_5 mit heterocycl. Basen 42-0708; Krist.- u. Mol.-Struktur v. Diperoxoaquoäthylendiaminchrom(IV)-monohydrat $[Cr(O_2)_2(H_2O)en]H_2O$ 3-0294; Krist.-Struktur u. IR-Spektrum v. Oxodiperoxo-1.10-phenanthrolinchrom(VI), $[CrO(O_2)_2(C_{12}H_8N_2)]$ 3-0295; Struktur v. $[Cr(O_2)_2(NH_3)_3]$, $[Cr(O_2)_2(H_2O)en]\cdot H_2O$, $[CrO\cdot(O_2)_2py]$ u. $[CrO(O_2)phen]$ 3-0296; Nach d. Struktur $[(H_2O)_5Cr\cdot O\cdot O\cdot Cr(H_2O)_5]^{5+}$ v. d. neuen Zwischenprod. d. Red. v. Chromsäure mit H_2O_2 39-0728.

Peroxochrom(IV)-säure:

$H_3[Cr(O_2)_2(CN)_3]$, Salze s. *Kaliumperoxochromate(IV).*

Chromphosphate: Einfl. d. Partikelgröße u. d. Injektionsweise auf d. Verteil. v. radioakt. — in vivo 3-1656; katalyt. Eig. v. Cr–Zr-Phosphaten bei d. Dehydratat. v. Propan-ol-2, d. Isomerisier. v. Cyclohexen u. d. Dehydrier. bzw. Entalkylier. v. Äthylbenzol 29-0703 ;

Verw. v. Al-Phosphat-halt. Bindemittel zur Herst. feuerfester Massen 2-2346*.

Chromorthophosphate: Stabilitätskonst. v. $CrHPO_4^+$ 33-0620; Verw. v. Cr-Phosphat als Inhibitorpigment in Rostschutzanstrichen 38-2932.

$CrHPO_4$, Temp.-Abhängigk. d. paramagnet. Suszeptibilität v. $CrHPO_4 \cdot 4\,H_2O$ zwischen *90* u. *330* °K 5-0554.

$CrPO_4$, Löslichk. v. — in $AlPO_4$ im festen Zustand 44-0561.

Chrompolyphosphate: Herst. v. — als Ionenaustauscher 48-2075*.

Chromphosphide: Cr_3P, keine Beobacht. supraleitender Eig. an — bei Unters. oberhalb *1* °K 4-0446.

CrP, keine Beobacht. supraleitender Eig. an — bei Unters. oberhalb *1* °K 4-0446; magnet. Suszeptibilität 25-0485.

Chromselenat(VI): $Cr_2(SeO_4)_3$, therm. Stabilität v. — 38-0745.

Chromselenide: Synth. u. Eig. v. Chromselenidtelluriden 17-0806; opt. Absorpt. v. $ZnCr_2Se_4$ 40-0289; Magnetoabsorpt. in Einkrist. v. $CdCr_2Se_4$ 49/50-0332; röntgenograph. Unters. d. Spinells $ZnCr_2Se_4$ bei tiefen Temp. 1-0198; Hochdruckpolymorphie d. Spinellverb. $CuCr_2Se_4$ 8-0217; Strukturen, Darst. u. Paramagnetismus d. Selenide L_4CrSe_7 v. Strukturtyp Y_4S_7 (L = Seltenerdmetall) 11-0269; Phasenübergänge in $Cr_{1-x}Se$, Cr_7Se_8, Cr_5Se_6, Cr_3Se_4, Cr_2Se_3 u. Cr_5Se_8 33-0251; kristallograph. Unters. v. $ZnCr_2Se_4$ u. $CdCr_2Se$ 48-0259; strukturelle u. elektr. Eig. v. $NiCr_2Se_4$ 8-0445; elektr. Transporteig. v. $CdCr_2Se_4$ 23-0440; magnet. Suszeptibilitäten v. $CrSe_x$ mit $1{,}00 \leq x \leq 1{,}50$ 5-0552; magnet. Eig. v. $CdCr_2Se_4$ u. $ZnCr_2Se_4$ 20-0444; Neutronenbeug.-Unters.: am Spinell $ZnCr_2Se_4$ mit magnet. Schraubenstruktur 20-0445; d. schraubenförm. Antiferromagnetismus d. Spinells $ZnCr_2Se_4$ in Ggw. eines Magnetfeldes 29-0497; magnet. Eig. d. Syst. $CrTe_{1-x}Se_x$ 35-0464; ferromagnet. Austauschkoppl. im Spinellgitter v. $CdCr_2Se_4$ 35-0472; Austauschwechselwrkg. in ferromagnet. Chromchalkogenid-Spinellen wie $CdCr_2Se_4$ u. $HgCr_2Se_4$ 43-0492; Darst., D. u. Kristallisat.-Daten v. Selenidhalogeniden d. Cr(III) 22-0709.

CrSe, Rk. mit J_2 im Vakuum 22-0709.

Chromsilicide: Struktur u. Eig. v. — im Syst. Mo/Si/Cr 11-0610; elektr. Leitfähigk. d. festen u. fl. Phasenkomponenten d. Syst. Cr/Si 5-0487.

Cr_3Si, diffuses Reflex.-Vermögen im IR v. — 48-0317; Bldg. u. Gitterkonst. v. — im Syst. Cr/Rh/Si 15-0627; elektr. Leitfähigk. d. festen u. fl. — 5-0487; magnet. Suszeptibilität 8-0505; Standardwerte d. spezif. Wärme, Entropie u. Enthalpie v. — im Bereich *54—300* °K 3-0580.

Cr_5Si_3, Bldg. u. Gitterkonst. v. — im Syst. Cr/Rh/Si 15-0627; elektr. Leitfähigk. d. festen u. fl. — 5-0487; magnet. Suszeptibilität 8-0505; Standardwerte d. spezif. Wärme, Entropie u. Enthalpie v. — im Bereich *54* bis *300* °K 3-0580; ununterbrochene Mischkrist.-Reihe zwischen Cr_5Si_3/Fe_5Si_3 in Leg., d. C enthalten, im tern. Syst. Cr/Fe/Si 24-0556; spezif. Wärme, Enthalpie, Entropie, Schmelzenthalpie u. -entropie v. — 34-0549.

CrSi, Valenzzustand d. Atome in — bei tiefen Temp. 13-0454; elektr. Leitfähigk. d. festen u. fl. — 5-0487; magnet. Suszeptibilität 8-0505; Temp.-Abhängigk. d. Suszeptibilität 20-0442; magnet. Suszeptibilität 43-0484; Standardwerte d. spezif. Wärme, Entropie u. Enthalpie v. — im Bereich *54—300* °K 3-0580; ununterbrochene Mischkrist.-Reihe CrSi—FeSi im tern. Syst. Cr/Fe/Si 24-0556.

$CrSi_2$, magnet. Suszeptibilität 8-0505, 8-0506, 43-0484; Standardwerte d. spezif. Wärme, Entropie u. Enthalpie v. — im Bereich *54—300* °K 3-0580; spezif. Wärme, Enthalpie, Entropie, Schmelzenthalpie u. -entropie v. — 34-0549; Verw. v. — in Schlicker für Thermoelemente 37-2084.

Chromsulfate: Bldg.-Konst. v. $[Cr(H_2O)_6]\cdot SO_4^+$ 19-0583; Bldg. mehrkern. bas. μ-Hydroxo-Komplexe d. Cr mit SO_4^{2-} u. Cl^- 21-0687; Darst. v. $Cr(en)_3SO_4$ u. $Cr(en)_2SO_4$ 41-0742; Elementarzelldimens. v. $(N_2H_5)_2Cr(SO_4)_2$ 4-0266; Phasenumwandl. in Kaliumchromalaun bei tiefer Temp. 9-0242; Darst., Struktur u. Isotypie v. $Cr_3H(SO_4)_2(OH)_6$ 16-0213; Verteil. d. isomorphen Verunreinig. $KCr\cdot(SO_4)_2\cdot 12\,H_2O$ bei d. Kristallisat. v. $KAl\cdot(SO_4)_2\cdot 12\,H_2O$ aus wss. Lsg. 31-0280; Ionencharakter u. Verh. bas. —-Lsg. 38-3218; Temp.-Abhängigk. d. DK v. $NH_4Cr(SO_4)_2\cdot 12\,H_2O$ u. $KCr(SO_4)_2\cdot 12\,H_2O$ 10-0478; magnet. Suszeptibilität v. $KCr(SO_4)_2\cdot 12\,H_2O$ 3-0191; Spin-Gitter-Relaxat. in Cs-Cr-Alaun 3-0413; Kurven d. paramagnet. Absorpt. für Einkrist. v. $KCr(SO_4)_2\cdot 12\,H_2O$ 15-0427; effektive magnet. Momente u. Curie-Weiss-Konst. v. Cr(II)-Doppelsulfaten 22-0458; spezif. Wärme v. $CrK(SO_4)_2\cdot 12\,H_2O$ 31-0321; (bei *0,15* bis *0,8* °K) 44-1767; dielektr. Relaxat. v. an K-Cr-Alaunen adsorbiertem W. 27-0663; Ionenpaarbldg. v. $[Cr(NH_3)_6]^{3+}/SO_4^{2-}$ u. Best. d. Assoziat.-Konst. unter Verw. polarograph. Diffus.-Ströme 35-0557; chronopotentiometr. Best. d. outer-sphere-Assoziat.-Konst. v. $[Cr(NH_3)_6]^{3+}SO_4^{2-}$ u. $[Cr(en)_3]^{3+}SO_4^{2-}$ 37-0586; Zers. v. Chromalaun 35-0643; Umsetz. v. Ti mit Cr in schwefelsauren Lsg. v. $NH_4Cr(SO_4)_2$ 14-0668; Isomerisieren v. KW-Stoffen in Ggw. v. — 2-2629*; Verw. v. K-Cr-Alaun: in Chromier.-Elektrolyten 22-2522*; für transparente Schutzüberzüge auf Zn 22-2528*; Vers. zur Stöchiometrie zwischen DNS u. Gallocyanin-Chromalaun 41-1192; Spezifität d. Gallocyanin-Chromalaunfärb. für d. RNS d. Zytoplasmas 41-1193.

$CrSO_4$, Temp.-Abhängigk. d. paramagnet. Suszeptibilität v. $CrSO_4\cdot 5\,H_2O$ zwischen *90* u. *330* °K 5-0554; effektive magnet. Momente u. Curie-Weiss-Konst. v. $CrSO_4\cdot 2\,H_2O$ 22-0458; homogene Red. v. Acetylenen durch — 49/50-0830; Red. v. Alkoholen u. organ. Halogeniden durch — 30-0969.

$Cr_2(SO_4)_3$, Wellenlängen d. $K\beta_1$-Linien u. d. Satellitenlinien $K\beta'$ v. $Cr_2(SO_4)_3\cdot n\,H_2O$ 20-0110; Verh. v. Anoden aus unterschiedl. Material bei d. Elektrolyse v. —-Lsg. 24-2236; Einfl. v. Zusätzen auf d. Elektroleitfähigk. v. —-Lsg. 25-1977; EPR-Spektren v. — auf SiO_2, Al_2O_3/SiO_2 u. Al_2O_3 29-0379; IR-spektroskop. Unters. d. Hydratat. v. — in wss. Lsg. 47-0560; Einw. v. H_2S auf $Cr_2(SO_4)_3\cdot aq$ 38-0744; Einfl. auf d. Sorpt.- u. katalyt. Eig. v. Pd-Schwarz 48-2588.

Chromsulfide: Darst. v. $KCrS_2$ 4-0721; Synth. u. Eig.: v. Chromsulfidtelluriden 17-0806; v. Sulfidhalogeniden d. Cr(III) 22-0709; Darst. v. Cr_7S_8 38-0744; opt. Absorpt. v. $CdCr_2S_4$ 40-0289; Magnetoabsorpt. in Einkrist. v. $CdCr_2S_4$ u. $CdCr_2Se_4$ 49/50-0332; Hochdruckpolymorphie d. Spinellverb. $MeCr_2S_4$ (Me = Fe, Co) 8-0217; Phasenübergänge in $Cr_{1-x}S$, Cr_7S_8, Cr_5S_6 u. Cr_5S_8 33-0251; kristallograph. Unters. v. $MeCr_2S_4$ (Me = Mn, Fe, Co, Cu, Zn) 48-0259; Struktur, Gitterkonst., elektr. Leitfähigk., Thermokraft u. schemat. Energiediagramme d. Verb. $TiCr_2S_4$, VCr_2S_4, $NiCr_2S_4$ u. $Cr_2V_2S_4$ 8-0446; anomale Thermokraft v. $FeCr_2S_4$ in d. Nähe d. Curie-Temp. 48-0374; magnet. Eig.: v. ACr_2S_4 mit A = Cd, Zn 20-0444; v. $CrTe_{1-x}Sc$ 35-0464; Druckeinfl. auf magnet. Umwandl. in $CrS_{1,17}$ 44-0489; selektives Hydrieren v. C_2H_2 u. Diolefinen mit —-halt. Katalysator 49/50-2354*; Austauschwechselwrkg. in ferromagnet. Chromchalkogenid-Spinellen wie $CdCr_2S_4$ u. $HgCr_2S_4$ 43-0492.

Cr_2S_3, Darst. v. — 38-0744; Defektstruktur, Darst. u. Mischkrist.-Bldg. mit NiS v. — 19-0240; Phasenübergänge in — 33-0251; elektr. u. therm. Leitfähigk., Thermo-EMK, Hall-Effekt u. d. Mikrohärte v. — 14-0483; elektr. Eig. 14-0484; elektr. Widerstand, Thermo-EMK, Wärmeleitfähigk., Hall-Konst. u. Mikrohärte v. — 27-0456; Wärmeausdehn. für — 21-0264; Rk. v. — mit $CrBr_3$ 22-0709.

Cr_3S_4, Darst. v. — 38-0744; Phasenübergänge in — 33-0251; strukturelle u. elektr. Eig. u. Thermokraft 8-0445; Struktur, Gitterkonst., elektr. Leitfähigk., Thermokraft u. schemat. Energiediagramm v. — 8-0446.

CrS, Darst. v. — 38-0744; Unters. d. magnet. Ordn. v. — durch Neutronenbeug. u. Mössbauer-Effekt 11-0530; Rk. v. —, CrSe u. CrTe mit J_2 im Vakuum zu Chalkogenidjodiden d. dreiwert. Cr 22-0709.

Chromtantalat(V): $CrTaO_4$, IR-Absorpt.-Spektren v. — 44-0355.

Chromtelluride: Synth. u. Eig.: v. Chromchalkogenidtelluriden u. -jodidtelluriden 17-0806; v. Telluridhalogeniden d. Cr(III) 22-0709; Herst. v. — 38-0794; Hochdruckpolymorphie d. Spinellverb. $CuCr_2Te_4$ 8-0217; Phasenübergänge in $Cr_{1-x}Te$, Cr_7Te_8, Cr_5Te_6, u. Cr_5Te_8 33-0251; magnet. Eig. v. Leg. d. Syst. $CrTe_{1-x}Se_x$, $CrTe_{1-x}S_x$ u. $CrTe_{1-x}Sb_x$ 35-0464.

Cr_2Te_3, Phasenübergänge in — 33-0251.

Cr_3Te_4, Phasenübergänge in — 33-0251.

CrTe, magnet. Strukturen in CrTe—CrSb-Mischkrist. 16-0456; Impedanz eines ferromagnet. —-Kerns u. Anreg. magnet. Schwing. in einem starken elektr. Feld 42-0460; Rk. v. CrSe u. — mit J_2 im Vakuum zu Chalkogenidjodiden d. Cr(III) 22-0709.

Chromthiocyanate bzw. -thiocyanatokomplexe

Rk. v. Cr^{2+} mit verschiedenen cis- u. trans-$[Co(en)_2(NCS)X]^{n+}$-Komplexen (X = H_2O, NH_3, Cl^- u. SCN^-) unter Bldg. d. bindungsisomeren $CrSCN^{2+}$- u. $CrNCS^{2+}$-Ionen 18-0636; Bldg.: v. $Cr_2(CO)_{10}SCN$ 36-0716; v. $CrS_2O_6^{2-}$ aus $HCrO_4^-$ u. $HS_2O_3^-$ 42-0535; Darst.: v. cis-$[Cr(NCS)_2(en)_2](NCS)$ 7-0773; v. cis-$[CrCl(NCS)(en)_2]Z$ (Z = Br, ClO_4) 7-0774; v. $[Cr(C_5H_5)(NO)_2SCN]$ 8-0787; Feinstruktur d. Cr—K-Kante v. trans-$[Cr(en)\cdot(NCS)_2]NCS$ u. $[Cr(en)_3](NCS)_3$ 20-0108; Aquotisier. v. $[Cr(NH_3)_5SCN](NO_3)_2$ 25-0674.

$Cr(NCS)_3$, Bldg.: bei d. Pyrolyse v. Reineckaten v. aliphat. u. heterocycl. N-Basen 20-0705; bei d. Pyrolyse v. Salzen d. Reineckesäure mit aromat. N-Basen 48-0696.

Thiocyanatochrom(II)-säure: **$H_4[Cr(NCS)_6]$**-Salze, IR-Spektren v. $[(CH_3)_4N]_4[Cr(NCS)_6]$ 41-0173.

Thiocyanatochrom(III)-säuren: Spektrophotometr. Unters. d. Alkaloidverb. mit $H_3[Cr(SCN)_6]$ 28-0756.

Salze s. *Ammoniumthiocyanatochromate(III)*.

$H[Cr(SCN)_4(NH_3)_2]$ (Reineckesäure), Einfl. v. $[Cr(NH_3)_2(CNS)_4]^-$ auf d. Stabilität v. $[Co(DH)_2(Base)_2]^+$ (DH_2 = Dimethylglyoxim; Base = organ. Base) 15-0829.

Salze

Ammonium-, *Cadmium-*, ***Kalium-***, ***Kobalt-***, ***Kupfer-***, *Mangan-* u. ***Molybdänthiocyanatochromate(III)*** s. dort.

Bldg. v. Tributyldichlorphosphoran-Reineckat 14-0791; IR-Spektren v. — d. Ferricinium- u. Ferricinium-D-10-Kations 37-0158; thermogravimetr. Unters. d. Reineckate v. aliphat. u. heterocycl. N-Basen 20-0705; Bldg. u. Pyrolyse v. Salzen d. Reineckesäure mit aromat. N-Basen 48-0696; Darst. v. Histonen durch Anwend. v. Reinecke-Salz 24-1979; Verw. v. Reinecke-Salz zur gravimetr. u. volumetr. Cu-Best. 2-2058; indirekte permanganometr. Best. v. Cd u. Zn nach ihrer Fäll. als Reineckate 12-1969; Best. v. Co(III) mit Reinecke-Salz 39-1911.

$H_3[Cr(SCN)_6]$, Phorsphoreszenz- u. Fluoreszenzverh. v. $[Cr(SCN)_6]^{3-}$ 47-0132; Chemie d. Hexathiocyanatochrom(III)-Ions 24-0799, 39-0731; Isotopenaustausch im Syst. $[Cr\cdot(CNS)_6]^{3-}/^{14}CNS^-$ 27-0693; spektrophotometr. Unters. d. Alkaloidverb. mit $H_3[Cr(SCN)_6]$ 28-0756.

Salze s. ***Kalium-***, ***Kobalt-***, ***Kupfer-*** u. ***Nickelthiocyanatochromate(III)***.

Chromvanadat(V): $CrVO_4$, Isolier. v. — im bin. Syst. Cr_2O_3/V_2O_5 43-0550.

Chromwolframat(VI): $Cr_2(WO_4)_3$, Krist.-Struktur v. — 2-0258.

Organische Chromverbindungen

Rolle v. Cr(II)- u. Cr(III)-Chelaten als Polymerisat.-Auslöser 10-1169; elektrochem. Unters. v. organ. Cr-Carbonylkomplexen 21-0621; Verw.: Cr-halt. Chelatkomplexe zur Nachbehandl. gefärbter Textilien 27-2783*; v. kationenakt. polykondensationsfäh. organ. Cr-Komplexen beim Färben mit Pigmentfarbstoffen 29-2703*; Katalysator zur Herst. v. Cyclopolyolefinen durch Rk. v. — mit (Organo)Aluminiumhalogeniden 32-2587*; Rk. v. σ-gebundenen Organochromverb. mit CO, Ketonen u. einem β-Diketon 45-0702.

Kohlenwasserstoffe

Darst. v. Bis-cyclopentadienylchrom 1-2768*; g-Faktor für $[Cr(C_6H_6)_2]^+$ 3-0192; Darst. v. 1.6-Methanocyclodecapentaenchromtricarbonyl 4-0718; ^1H-NMR- u. IR-Spektren v. Benzolchromtricarbonyl 5-0192; Herst. v. Verb. d. Typs π-Allyl-Cr—X (X = anion. Rest) 5-2751; Voltammetrie d. Dibenzolchroms an einer Pt-Mikroelektrode 6-0646; Synth. v. Bis-[alkylbenzol]-chrom-π-Komplexen 6-0795; photochem. induzierter Austausch v. ^{14}C-Aromaten mit Aromatenchromtricarbonylen 8-0730; elektron. Einfl. in Arsen-Cr-Carbonylkomplexen 8-0762; Darst.: d. Cr(0)-Komplexes mit Cyclopentadien u. Cycloheptatrien 8-0763; v. $[Cr(C_5H_5)(NO)_2Cl]$ bzw. $[Cr(C_5H_5)(NO)_2SCN]$ 8-0787; Polymerisieren v. Äthylen mit $(C_6H_5)_3Cr$, Bzl.-Cr-Oxid u. Dibenzolchrombichromat 8-2977*; Einfl. nicht gebundener Substituenten auf d. cis-trans-Gleichgew.-Verhältnis in Indanchromtricarbonylen 9-0776; Spin-Bahn-Wechselwrkg. mit Selbstkonsistenz für Mol. mit offenen Schalen, als Beispiel $Cr(C_6H_6)_2^+$ 10-0086; Elektronenspektrum d. Dibenzolchrom(I)-ions 10-0112; Mol.-Verzerr. d. $Cr(C_6H_6)_2$ v. D_{6h}- nach D_{3d}-Symmetrie 10-0125; Verw. v. Cycloheptatrien-Cr-tricarbonyl in Motortreibstoffen 13-2890*; Darst.: u. polarograph. Verh. v. Deriv. d. Bis-[äthylbenzol]-chrom(0) 14-0828; d. Cr-Komplexes mit cis.cis.cis-Cyclononatrien-(1.4.7) 14-0834; Massenspektren substituierter Arenchromtricarbonyle 17-0178; Rk. v. Dibenzolchrom mit Lewis-Säuren (Bldg. v.

1 : 1-Verb.) 17-0807; Substitut.-Rk. v. Tricarbonylaren-Cr-Verb. 18-0632; Elektronenkonfig. im Grundzustand d. Dibenzolchrom(II)-Kations 19-0119; Mol.-Struktur d. Cyclopentadienylnitrosylchromchlorids 19-0130; massenspektrometr. Unters. v. $[C_5H_5Cr(CO)_3]_2$ u. $C_5H_5Cr(CO)_3$ 19-0784; ^{1}H-NMR-Spektren v. Stilbenchromtricarbonyl-Komplexen 21-0151; elektrochem. Unters. v. $(\pi\text{-}C_5H_5)\cdot(\pi\text{-}C_7H_7)Cr + PF_6$ 21-0621; Darst. v. Aromatenchromcarbonylen 22-0714; Sulfoxide als Liganden in Aromatenchromtricarbonylen u. Best. d. π-Donatorstärke am Zentralatom 22-0715; Darst. u. Rk. v. Vinylchrom 22-0716; Beiträge zum Problem d. Übergangs v. σ-Aryl-Cr-Verb. zu Aromaten-Cr-Komplexen 25-0744; ^{1}H-NMR-Spektren v. Tricarbonyl-[isopropylbenzol]-chrom u. Tricarbonyl-[tert.-butylbenzol]-chrom 26-0165; Herst. v. Methylphenylcarbonyl- u. Methylmethylcarbonylchrompentacarbonyl 26-2993*; kernmagnet. Resonanz v. $Cr(C_5H_5)_2$-Pulver 27-0185; ^{1}H-NMR-Spektrum d. Tricarbonyl-1.6-methanocyclodecapentaenchroms (Struktur) 27-0186; Rk.: v. Tricarbonyltoluolchrom mit Lewis-Säuren 27-0767; v. Bis-[äthylbenzol]-chrom(0) mit Alkylhalogeniden zu Bis-[äthylbenzol]-chrom(I)-halogeniden 28-0951; IR-Spektren d. Chromylchlorid-Addukte mit Toluol 29-0145; Bind. in $(C_6H_6)Cr(CO)_3$ u. $C_6(CH_3)_6\cdot Cr(CO)_3$ 30-0097; ^{1}H-NMR-Unters. an paramagnet. Dicyclopentadienyl-Komplexen v. Cr 31-0171; Herst. v. Deriv. v. Dibenzolchrom(0) 32-2608*; Anisotropie d. magnet. Suszeptibilität v. Bis-[benzol]-chrom 33-0185; Krist.- u. Mol.-Struktur v. Cyclopentadienyldinitrosylchromchlorid 33-0297; Fünfring-Siebenring-Aromaten-π-Komplex mit Cr(0) u. Cr(I) 33-0786; Charge-transfer-Spektrum v. $[CrCl_2\cdot(phen)_2]X\cdot n\,H_2O$ 34-0140; neuart. Umlager. an Cr-Carben-Komplexen 34-0747; Partialdipolmomente d. Cr-Alken- u. -Alkinbind. in Cr-Carbonylderiv. 38-0113; Acetylier. v. Tricarbonyl-[alkylbenzol]-Cr-Verb. 38-0747; polarograph. Verh. v. Aromatenkomplexen d. Cr 39-0607; Darst., IR-Spektren u. Dipolmoment v. $(CO)_3$(Anthracen)Cr 41-0744; Darst. v. Arylchromverb. u. Unters. d. Stabilität d. Lsgm.-Addukte in THF bzw. Ae. 41-0745; Rk. v. Di- oder Triaryl-Cr-Verb. mit Diphenylacetylen, Nicht-α-alkinen oder Alkyl- oder Aryldiestern v. Acetylendicarbonsäuren 41-2424*; Mol.-Symmetrie u. Krist.-Struktur v. Dibenzolchrom 43-0245; Strukturaufklär. aliphat. Cr/C-Komplexe 44-0259; Lad.-Übertrag.-Komplexe v. Arenchrom-tricarbonylen 45-0243; Krist.-Struktur v. Tricarbonyl-1.6-methanocyclodecapentaenchrom 46-0265; Mol.-Struktur v. Tricarbonylphenanthrenchrom u. Tricarbonyl-9.10-dihydrophenenthrenchrom 47-0256; Verw. v. Dialkyl-Cr-J oder Dialkyl-Cr-Tetrathiocyandiammonochromat als Polymerisat.-Katalysator für Äthylen 47-2543*; Darst. v. $(C_5H_5)_2Cr$ 48-0705; Fünfring-Sechsring-Aromaten-Metall-π-Komplexe d. Cr u. ihr anomales Verh. bei Acylier.-Vers. nach Friedel-Crafts 49/50-0703; Substituenteneffekte auf d. polarograph. Verh. v. Arenchrom(0)/(I)-Paaren 51/52-0557; Darst.: v. Natriumpentaphenylchromat(III) u. Natriumhexaphenylchromat(III) 51/52-0661; v. komplexen Alkylenchromverb. 51/52-0662.

Heterocyclische Verbindungen

Opt. Eig. v. Cr-Phthalocyanin 1-0335; Kinetik u. Mechanismus d. Säurespalt. d. drei Pentaquo-[pyridiomethyl]-chrom(III)-perchlorate unter aeroben Beding. 2-0706; Krist.-Struktur u. IR-Spektrum v. Oxodiperoxo-1.10-phenanthrolinchrom(VI), $[CrO(O_2)_2\cdot(C_{12}H_8N_2)]$ 3-0295; Strukturen v. $[CrO(O_2)_2py]$ u. $[CrO(O_2)_2phen]$ 3-0296; Darst. u. Isolier. v. Tris-[pyridin]-benzylchrom(III)-chlorid 5-0815; magnet. Verh. v. Cr-Phthalocyaninen 8-0171; Kinetik d. Substitut. einer CO-Gruppe in 2.2′-Dipyridyl- bzw. 4.4′-Dimethyldipyridylchromtetracarbonyl durch organ. Phosphite 9-0711; selektiver Alkoholtest mit d. Cr(VI)-oxid–Pyridinkomplex in Eisessiglsg. 9-2118; Darst.: v. 2-, 3- u. 4-Phenylpyridin u. seinen Cr-Komplexen durch Phenylier. v. Py. bzw. Py.–Cr-Komplexen 10-0789; v. Cr-Komplexen mit 2.2′-Bipyridyl bzw. 1.10-Phenanthrolin 22-0729; IR-Absorpt.-Spektren v. $CrOCl_3\cdot$Chinoliniumchlorid u. $CrOCl_3\cdot$Pyridiniumchlorid 23-0157; NMR-Spektren v. Cr-Carbonylkomplexen mit 4-Methyl-2.6.7-trioxa-1-phosphabicyclo-[2.2.2]-octan 24-0147; magnet. Eig. v. Cr(II)-Komplexen mit 2.2′-Bipyridyl u. 1.10-Phenanthrolin 24-0775; Bind. in $C_4H_4\cdot SCr(CO)_3$ 30-0097; Charge-transfer-Spektren v. $[CrCl_2(bipy)_2]X\cdot n\,H_2O$, d. durch außerhalb d. Koordinat.-Sphäre befindl. Anionen hervorgerufen werden 34-0140; Darst.: v. Komplexverb. d. blauen Peroxochromsäure mit Pyridinen 34-0749; u. Eig. neuer Dicarbonylverb. d. Cr mit 2.2′-Bipyridyl u. 1.10-Phenanthrolin 34-0751; IR-Spektren v. Cr-Halogenidkomplexen mit Pyridin u. verwandten Liganden im fernen IR 35-0137; Bldg. v. Pentaquochrom(III)-methylpyridinium-Ionen u. Zers. in $HClO_4$ u. wss. Na_2CO_3 40-0718; Darst. v. $Li_3Cr(CH_3)_6\cdot 3\,C_4H_8O_2$ u. $[Li_2Cr(CH_3)_4(C_4H_8\cdot O_2)]_2$ 41-0743; Parameter d. Elektronenaustauschwechselwrkg. d. Co(II)-Komplexe v. Pyridin mit Bis-[diphenyl]-chromjodid (EPR-Mess.) 42-0150; Bldg. v. 1 : 1-Komplexverb. d. CrO_5 mit heterocycl. Basen 42-0708; Elektronenspektren v. trans-$[CrCl_2(bipy)_2]Cl\cdot 2\,H_2O$ 43-0124; Darst. u. Eig. v. Cr(II)-Komplexen mit Pyridin 43-0722; katalyt. Zers. halogenierter KW-Stoffe durch $Cr(bipy)_3^+$ 43-0730; Darst. opt. akt. Tris-[1.10-phenanthrolin]-Komplexe v. Cr(III) 47-0700; Dichloro-tris-[tetrahydrofuran]-p-tolyl-chrom(III) (Darst., Krist.- u. Mol.-Struktur) 49/50-0254.

Halogenverbindungen

Elektron. Einfl. in Cr-Carbonylkomplexen mit Arylchloriden 8-0762; ^{1}H-NMR-Spektren v. Chromtricarbonylkomplexen mit p.p′-Dichlor-trans-stilben 21-0151; IR-Spektren d. Chromylchlorid-Addukte mit Benzylchlorid 29-0145.

N-Funktionen

Absorpt.- u. Reemiss.-Spektren v. $[Cr(en)_3]\cdot[Co(CNO)_6]\cdot H_2O$ 1-0115; Krist.- u. Mol.-Struktur v. Diperoxoaquoäthylendiaminchrom(IV)-monohydrat, $[Cr(O_2)_2(H_2O)en]H_2O$ 3-0294; Struktur v. $[Cr(O_2)_2(H_2O)en]$ 3-0296; Berechn. d. Hamilton-Operatoren d. $Cr(en)_3^{2+}$- u. trans-$[CrCl_2(en)_2]^+$-Ionen in $Cr(en)_3Cl_3\cdot 3\,H_2O$-, $Cr(en)_3Cl_3\cdot NaCl\cdot 6\,H_2O$- u. trans-$[CrCl_2(en)_2]Cl\cdot HCl\cdot 2\,H_2O$-Einkrist. 3-0417; spektroskop. u. Konfig.-Zuordn. für Bisdiamin-Komplexe d. Cr 4-0127; Darst. v. 1.4-Diazabutadienchromcarbonylen durch Rk. v. substituierten 1.4-Diazabutadienen-(1.3) mit Cr-Carbonylen 4-0723; spektrospezif. Photolyse d. $[Cr(OH)_2en_2]^+$-Ions in wss. Lsg. 5-0764; Darst.: v. Komplexen d. Typs cis-$[CrX_2(en)_2]X$ (X = einwert. Anion) 7-0773; v. cis-$[CrCl\cdot(H_2O)(en)_2]Z\cdot H_2O$ ($Z = ZnCl_4$, $ZnBr_4$, Br_2) u. cis-$[CrCl(NCS)(en)_2]Z$ (Z = Br, ClO_4) 7-0774; v. kation. Hexamethylphosphorylamidkomplexen d. Cr 14-0835; Wrkg. d. Ionenassoziat. auf d. Zirkulardichroismus v. Tris-[diamin]-Cr-Komplexionen mit Anionen anorgan. Säuren 19-0144; Konfig. u. Krist.-Struktur v. o-Toluidinchromtricarbonyl 19-0257; K_α-Dublett v. $[Cr(en)_3](NO_3)_3$ 20-0107; Feinstruktur d. Cr–K-Kante v. trans-$[Cr(en)_2(NCS)_2]NCS$ u. $[Cr(en)_3](NCS)_3$ 20-0108; Lsgm.-Einfl. auf d. Absorpt.-Spektren v. $[Cr(en)_3]Cl_3$ 23-0146; Geschw.-Konst. u. Temp.-Koeff. d. Rk. v. durch Elektronenpulsradiolyse erzeugten hydratisierten Elektronen mit $Cr(en)_3^{3+}$ in wss. Lsg. 23-0701; Darst. einer fünffach koordinierten Cr(II)-Komplexverb. mit Tris-[2-dimethylaminoäthyl]-amin 24-0776; Aquotisier. v. $NH_4[Cr(SCN)_4A_2]\cdot 1{,}5\,H_2O$ (A = Anilin) in wss. Lsg., W.–Methanol, W.–Aceton u. W.–Dioxan 25-0674; Chronopotentiometrie v. Tris-[äthylendiamin]-chrom(III)-ionen in verschiedenen Trägerelektrolytlsg. 28-0589; refraktometr. Unters. d. Bldg.-Rk. v. Cr-Cupferronat 29-0775; Darst. u. Eig. sowie Kinetik u. Mechanismus d. Hydrolyse einiger Chloropentakis-[alkylamin]-chrom(III)-salze 30-0674; Synth. u. Eig. v. cis-α-Diacidotriäthylentetraminchrom(III)-komplexen 32-0760; Aquotisier. d. cis-Diazido-bis-[äthylendiamin]-chrom(III)-ions 34-0685; Darst. v. Komplexverb. d. blauen Peroxochromsäure mit 2-Aminopyridin 34-0749; leichte Umkehr. d. über N-Brücken gebundenen zweikern. Nitrosylkomplexe, z. B. $[C_5H_5Cr(NO)N(CH_3)_2]_2$ 34-0795; Best. d. relativen Konfig. v. Cr-Koordinat.-Verb. mit Äthylendiamin 35-0126; Bldg. v. $[Cr(en)_2Cl_2]_2\cdot[TeCl_6]$ 35-0663; abs. Konfig. v. Cr-Komplexen mit Äthylendiamin u. Propylendiamin 37-0147; chronopotentiometr. Best. d. outer-sphere-Assoziat.-Konst. v. $[Cr(en)_3]^{3+}SO_4^{2-}$ 37-0586; Darst. u. magnet. Momente v. $Cr(en)_3X$, $Cr(en)_2X$ bzw. $Cr(dien)_2X$ ($X = SO_4^{2-}$, Cl_2^{2-}, Br_2^{2-}, J_2^{2-}; dien = Diäthylentriamin) u. mehrkern. Komplexen aus Cr^{2+} u. Triäthylentetramin 41-0742; Antiheparineig. v. kation. Cr-Äthylendiaminkomplexen 41-1521; Komplexverb. d. blauen CrO_5 mit Aminen 42-0708; Bandenaufspalt. bei trans-Diacido-bis-[äthylendiamin]-komplexen v. Cr(III) 43-0124; Absorpt.-Spektren v. Cr(III)-Komplexen mit Äthylendiamin im nahen IR-Bereich 43-0146; Struktur v. High-spin-3d-Cr-Komplexen mit Fünferkoordinat. mit Tris-[dimethylaminoäthyl]-amin 44-0093; Darst.: u. opt. Reinh. v. α-$[CrCl(tetren)]ZnCl_4$ (tetren = Tetraäthylenpentamin) 44-0749; v. Cr(III)-8-Aminochinolinkomplexen 45-0732; Lumineszenz v. Cr(III)-Komplexen mit Äthylendiamin 47-0132; Mol.-Struktur u. Bind. in Diäthylentriaminchromtricarbonyl 49/50-0253.

O-Funktionen

H_2CrO_4-Ester s. unter *Chrom(VI)-säuren, H_2CrO_4*.

^{1}H-NMR- u. IR-Spektren v. Anisolchromtricarbonyl, Dimethoxy- u. Trimethoxybenzolchromtricarbonylkomplexen 5-0192; elektron. Einfl. in Cr-Carbonylkomplexen mit Arylalkoholen 8-0762; ^{1}H-NMR-Spektren v. cis- u. trans-Tricarbonyl-[indanol-(2)]-chrom 19-0168; Bldg.-Wärme u. mittlere Dissoziat.-Energie d. Cr–O-Bind. v. Cr-Tetra-tert.-butanolat aus d. Wärmetön. d. Rk. v. $Cr\cdot(O\text{-tert.-}C_4H_9)_4$ mit H_2SO_4 19-0533; Stabilisieren v. Polyäthylen durch Chromphenolat v. Bis-(p-alkylphenol)-sulfon oder -sulfoxid 20-2953*; photochem. Darst. v. Cr(III)-Alkoholaten 22-0711; Schützen v. Cellulosematerialien gegen Fäulnis u. Termiten mit wasserunlösl. Cr-Deriv. v. Phenolen 22-3068*; Komplexe: d. Krokonations mit Cr^{3+} 23-0889; d. Quadratsäureions mit Cr^{3+} 23-0890; IR-Spektren d. Chromylchloridaddukte mit Benzylalkohol 29-0145; Krist.- u. Mol.-Struktur d. Tricarbonylanisolchrom–1.3.5-Trinitrobenzol-Komplexes 31-0307; Darst. v. Komplexverb. d. blauen Peroxochromsäure mit Amino- u. Nitrophenolen 34-0749; Verw. v. Cr^{3+}-Chelaten v. 8-Hydroxychinolin zum Stabilisieren v. Polyamiden 34-2936*; Adsorpt. v. HF an Cr(III)-Oxinat 40-0601; Bldg. v. 1 : 1-Komplexverb. d. CrO_5 mit Anisidinen u. Phenetidinen 42-0708; magnet. Momente, Elektronenspektren u. Struktur v. $Cr(OCH_3)_2$, $Cr(OCH_3)_3$ u. $Cr(OC_2H_5)_3$ 47-0134.

S-Funktionen

Herst.: v. Bis(bzw. Tris)-[dithio-(dialkyl bzw. diaryl bzw. cycloalkyl)-glyoxal]–Cr-Komplexen (Schmiermittel, Kautschukzusätze) 4-2579*; u. magnet. Eig. v. $Cr(SC_6H_4\cdot NH_2)_2$ 45-0717; Krist.-Struktur u. Elektronenspektren v. $Cr[S_2C_2(C_6H_5)_2]_3$ 48-0234.

As-, B-, P-Funktionen

Darst. d. Komplexe d. Tris-tert.-arsinderiv. d. Carbonyle d. Cr 6-0798; Komplexbldg. v. Cr-Chloriden u. -Nitraten mit Bis-[phosphino]-carboranen 9-0794; Ox. v. Carbonyltriarsinkomplexen v. nullwert. Cr an einer Elektrode 10-0648; homogene Hydrier.-Katalyse durch Cr-Phosphinkatalysatoren 18-2638*; Darst.: v. $Cr[(Pph)_2CH_2]_3$ u. $Cr[(Asph)_2C_2H_4]_3$ (ph = Phenyl) 22-0729; v. Carbonylphosphidokomplexen d. Cr 27-0772; IR-Spektren v. $[CrL_2Cl_2]ClO_4$ (L = o-Phenylen-bis-[dimethylarsin]) 32-0132; Darst.: v. Hexamethylborazolchromtricarbonyl 33-0785; v. spirocycl. Komplexverb. d. Cr-Carbonyle mit Tetrakis-[diphenylphosphinomethyl]-methan 34-0752; Bldg.-Kinetik v. $Cr(CO)_5P\cdot(C_6H_{11})_3$ aus d. Metallhexacarbonyl u. $P(C_6H_{11})_3$ 35-0638; Bldg. v. $[Cr(CO)_3(TTAS)]$ bzw. $[Cr(CO)_3(TTAS)X]X$ (X = Cl, Br, J u. TTAS = Bis-[o-dimethylarsinophenyl]-methylarsin) 39-0733; Rk. v. $Cr(CO)_6$ mit 1.1.1-Tris-[dimethylarsinomethyl]-äthan (L) zu $[Cr(CO)_3L]$ 40-0719; Bldg. v. $[Cr(CO)_2L^1J]\cdot[B(C_6H_5)_4]$ u. $[Cr(CO)_3L^2J][B(C_6H_5)_4]$ aus $[Cr(CO)_3L]$, J_2 u. $[B(C_6H_5)_4]^-$ (L^1 = 1.1.1-Tris-[dimethylarsinomethyl]-äthan u. L^2 = Methyl-bis-[3-dimethylarsinopropyl]-arsin) 40-0720; IR-spektroskop. Unters. v. Perfluormethylphosphor- u. -arsenderiv. v. Cr-Carbonylen 44-0124; Einfl. v. Phosphin–Chromcarbonyl-Deriv. auf d. Polymerisat. v. Methylmethacrylat in Ggw. v. CCl_4 44-0776.

Organometallverbindungen

Darst. v. Verb. d. Typs $\pi\text{-}C_5H_5(CO)_3Cr-M'R_3$ (M′ = Pb, Sn, Ge u. R = CH_3, C_6H_5) 30-0677.

Cyan- und Kohlensäurederivate

Zirkulardichroismus d. Tris-[biguanid]-komplexe d. Cr(III) 4-0126; Darst.: v. $[Cr\{CO(NH_2)_2\}_6]_2[ZrOZr(CO_3)_6]\cdot 6\,H_2O$ u. $Cr\cdot\{CO(NH_2)_2\}_6]_2[ZrCO_3Zr(CO_3)_6]\cdot 13\,H_2O$ 17-0796; u. Unters. v. Cr(0)-Dialkylcyanamiddicarbonylen 23-0759; v. Komplexverb. d. blauen Peroxochromsäure mit Thioharnstoffen 34-0749; v. $Cr(ClO_4)_3L_6$ (L = 1.3-Dimethylharnstoff) 36-0755; v. $Cr(II)[(C_2H_5S)_2C{=}N]_2$ [isomorph mit d. Cu(II)-Komplex] 41-0761; u. Vers. zur rac. Spalt. v. Cr(III)-Salzen v. O-Alkylxanthogensäure 45-0716; Intensität spinverbotener Übergänge in Cr(III)-Komplexen mit Harnstoff u. Biuret 47-0131; Lumineszenz v. Cr(III)-Komplexen mit Harnstoff 47-0132; Phosphoreszenz v. Cr(III)-Komplexen mit Thioharnstoff, Äthylxanthat

u. Diäthyldithiocarbamat 47-0133; Lumineszenz v. Cr(III)-Komplexen mit Harnstoff 48-0114; UV-Spektren v. $Cr(C_2N_5H_7)_3Cl_3$ 49/50-0129; Absorpt.- u. Emiss.-Spektren v. Tri-[biuret]-chrom(III)-perchloraten 51/52-0095.

Carbonylverbindungen

Emiss.-Spektren verd. Krist. v. Chrom-β-Diketon-Komplexen 4-0304; Löslichk. v. Cr(III)-Acetylacetonaten in $SiCl_4$ 5-0615; IR-Spektren v. Cr-β-Ketoenolaten (H-Bind.) 6-0142; Dimethylaminomethylier. u. Chlormethylier. v. Chromacetylacetonaten 7-0775; Solvatat. v. Tris-[acetylacetonato]-chrom(III) in Lsgm.-Syst. $CHCl_3$ mit CCl_4, Bzl., Dioxan, Aceton bzw. Methanol 8-0591; elektron. Einfl. in Cr-Carbonylkomplexen mit Benzophenon 8-0762; Bromier. v. Tris-[3-phenyl-2.4-pentandionato]-chrom(III) 18-0714; K_α-Dublett v. $Cr(acac)_3$ 20-0107; Darst. eines polymeren Chelats aus 1.1.2.2-Äthantetracarbaldehyd u. Cr^{3+} 20-0976; IR-Spektren d. Chromylchloridaddukte mit Benzaldehyd 29-0145; Röntgenstrukturanalyse d. Chromtricarbonylderiv. d. Addukts aus Diphenylketen u. Äthoxyacetylen 31-0306; Darst. v. Komplexverb. d. blauen Peroxochromsäure mit Benzophenon u. Benzochinon 34-0740; abs. Konfig. v. Cr-Komplexen mit Acetylaceton 37-0147; Bind.-Isomerisier. u. Disproportionier. unsymm. substituierter Tris-[acetylacetonato]-chrom(III)-komplexe 39-0667; Darst. v. Cr(III)-Komplexen mit 1.1.1.2.2.3.3-Heptafluor - 7.7 - dimethyloctan-dion-(4.6) 41-0638; Absorpt.-Spektren v. Cr(III)-Komplexen mit Acetylaceton im nahen IR-Bereich 43-0146; Tricarbonylbenzolchromderiv. u. deren Kondens. mit Aldehyden zu rac. Chromanonen v. Typ $(CO)_3CrC_6H_4\cdot(OH)COCH{=}CHR$ 47-0691; IR-Spektren v. Komplexverb. aus Ag-Ionen u. Cr-Acetylacetonaten 48-0135; frakt. Subl. v. Cr(III)–β-Diketon-Chelaten 49/50-1685; Hydrier. v. ungesätt. KW-Stoffen mit Cr-Triacetylacetonat als Katalysator 49/50-2320*; Absorpt.- u. Emiss.-Spektren v. Hexaimidazolidonchrom(III)-perchloraten 51/52-0095.

Nitrile

Darst.: u. Eig. v. Cr(II)-Komplexen mit Acetonitril 5-0814; v. Cr–Halogenoacetonitril-Komplexen 8-0760; v. Maleinsäurenitrildithiolatkomplexen v. Cr 9-0772; v. Isonitrilderiv. v. Cr-Carbonylen 24-0788; u. Eig. v. $CrCl[C(CN)_3]_2$ 42-0549.

Carbonsäuren und Derivate

Suszeptibilitäten u. effektive magnet. Momente v. Kaliumoxalatochromaten 3-0191; therm. Zers. v. festem $K_3[Cr(C_2O_4)_3]\cdot 3\,H_2O$ 3-0715; Szilard-Chalmers-Rk. d. Tris-[oxalato]-chromations auf einem Anionenaustauscher Dowex *1*-X *8* 3-0747; spektroskop. u. Konfig.-Zuordn. für $(+)\text{-}Cr(en)_2(C_2O_4)^+$ 4-0127; magnet. u. therm. Eig. v. $[Cr(CH_3\cdot COO)_6(OH)_2]Cl\cdot 8\,H_2O$ 5-0556; Darst. v. Citrat- u. Tartratkomplexen v. Cr 5-3351; Komplexe v. Cr(II) u. Cr(III) mit EDTA 6-0620; Komplexbldg. v. N-Phenylsalicylhydroxamsäure mit Cr(III) 6-0814; IR-Spektren v. $[Cr(NH_3)_6]_2[Ge(C_2O_4)_3]_3$ 7-0171; Darst. v. cis-$[CrX_2(en)_2]X$ (X = Cl, Br, J, F, NCS, HCOO, CH_3COO, $^1/_2\,C_2O_4$) 7-0773; Komplexbldg.: v. Cr mit Komplexonen 8-0611; v. Cr(III) mit Thioglykolsäure 8-0761; Hydrophobier.-Mittel auf Basis v. Chromstearylkomplex 8-3147; Bldg. v. Cr(II)/EDTA-Komplexen an d. Hg-Tropfelektrode in saurer Lsg. 9-0672; Szilard-Chalmers-Rk. d. an einem Anionenaustauscher adsorbierten Trioxalatochromions unter kontinuierl. Elut.-Beding. 9-0733; Bldg.-Konst. v. Cr(III)-Glycin- u. α-Alaninkomplexen 10-0594; EPR v. $Cr_3(CH_3COO)_6(OH)_2Cl\cdot 8\,H_2O$ 11-0161; Bldg. einer Cr(III)-Komplexverb. mit EDTA u. ihre analyt. Eig. 11-2096; Auflösen v. Kupfer-8-hydroxychinolat in Cr(III)-Stearatochlorid 11-2828; Darst. u. Verw. d. Cr-Komplexe v. 1-[o-Hydroxyphenylazo]-2-hydroxy-8-[p-nitrobenzoylamino]-naphthalinen 12-2753*; Wrkg. v. Chromacetat auf d. Wachstum u. d. Überleben d. Maus 14-1718; Temp.-Abhängigk. d. magnet. Suszeptibilität v. $[Cr_3O(CH_3CO_2)_6]Cl\cdot 9\,H_2O$, $[Cr_3O(ClCH_2CO_2)_6]\cdot Cl\cdot 9\,H_2O$ u. $[Cr_3O(ClCH_2CO_2)_6]J\cdot 3\,NH_3$ 15-0190; Darst. u. Eig. v. Cr(II)-n-Alkanolaten [Hydrate d. Cr(II)-Formiats] 16-0725; Bldg. v. Acetato–Cr(III)-Komplexen 16-0726; Verh. v. Cr-Seifen (Spektrophotometrie v. Chromstearat u. Chrompalmitat in nichtwss. Lsg.) 16-2554; (Löslichk. u. viskosimetr. Unters. mit Chromstearat u. Chrompalmitat in nichtwss. Lsg.) 16-2555; Dünnschichtchromatographie d. Cr(III)-Komplexe mit Acetylaceton u. Äthylendiamintetraessigsäure 18-2014; Wrkg. d. Ionenassoziat. auf d. Zirkulardichroismus v. Tris-[diamin]-Cr-Komplexionen mit Anionen organ. Säuren 19-0144; ^{1}H-NMR-Spektren v. cis- u. trans-Tricarbonyl-[2-acetoxyindan]-chrom u. cis- u. trans-Tricarbonyl - [methyl - 2 - indancarboxylat] - chrom 19-0168; Photolyse v. Tris-[oxalato]- u. Diaquodioxalatochrom(III)-anionen 19-0729; K_α-Dublett v. $Cr(CH_3COO)_2$, $Cr(CH_3COO)_3$ u. $K_3[Cr(C_2O_4)_3]$ 20-0107; spektralphotometr. Unters. an d. Katalysatorsyst. $Al(C_2H_5)_3/Cr(C_5H_7O_2)_3$ 20-0121; Herst. v. Formmassen aus Polyäthylen u. Poly-α-olefinen mit d. Cr-Salz einer Hydroxamsäure 20-2964*; vergleichende spektrophotometr. Unters. v. Chelatkomplexen d. Cr mit Aminopolysäuren 22-0713; Darst. v. Chromcarbonylkomplexen mit N-Carbäthoxyazepinen 22-0726; Lsgm.-Einfl. auf d. Absorpt.-Spektren v. $K_3[Cr\cdot(C_2O_4)_3]$ 23-0146; Bldg. v. Acetatkomplexen bei d. Adsorpt. aus essigsauren Lsg. durch Ionenaustauscher 23-0650; Chelatkomplexe d. Picolinsäure mit Cr(II) u. Cr(III) 24-0777; Racemisier. v. $K_3[CrOx_3]$ in wss. Lsg. 25-0681; polarograph. Unters. d. Rk. zwischen Cr(II)-Äthylendiamintetraacetat u. Nitrationen 26-0614; Szilard-Chalmers-Rk. d. auf einem Anionenaustauscherharz adsorbierten Trioxalatochromations bei kontinuierl. Elut. 26-0710; Verw. v. Cr^{3+}-Salze enthaltenden carboxylgruppenhalt. Ionenaustauscherharzen bei d. Herst. v. Polyäthylen 26-3000*; Änder. d. Schwing.-Frequenzen v. Oxalatanionen beim Einbau in Komplexe d. Cr 31-0137; Kinetik u. Mechanismus d. Bldg. v. cis-Diaquo-bis-[oxalato]-chromat(III) aus d. Monooxalatokomplex u. Oxalationen 32-0683; Bind.-Charakter-Metall – Metall bei d. Stearaten v. Cr(III) 32-0696; Bldg. d. Komplexe Acetonitril- u. Acetiminomethylesterpentacarbonylchrom(0) 34-0747; Darst.: v. Komplexverb. d. blauen Peroxochromsäure mit Aminobenzoesäuren 34-0749; u. Stabilitäten v. Salzen aus Cr(III) u. ringsubstituierten Aminobenzoesäuren 34-0773; u. Unters. v. Salzen aus N-substituierten Aminobenzoesäuren u. Cr(III) 34-0774; u. Verw. Cr-halt. 1-[Pyrimidylaminoazo]-benzol-2-carbonsäuren 34-2831*; Verw. v. Cr-Salzen v. 4′-(2-Carboxybenzolazo)-1′-phenyl-3′-methylpyrazolon zum Färben v. Polyamiden 34-2935*; EPR-Unters. photochem. Rk. v. $K_3[Cr(C_2O_4)_3]$ bei UV-Bestrahl. 35-0653; Darst.: d. cis- u. trans-Isomeren v. Cr-Komplexen mit Aminomonocarbonsäuren 36-0717; u. Verw. v. Werner-Komplexen v. Cr u. Polycarbonsäuren 36-2721*; Verw. v. Cr-Komplexverb. v. gesätt. Perfluormonocarbonsäuren für Überzüge 36-2858*; abs. Konfig. v. Cr-Komplexen mit Oxal-, Wein-, Malon- u. Thiooxalsäure 37-0147; Darst. v. Cr-Formiat u. $Cr(CH_3COO)_2\cdot OH$ bzw. $Cr_3(CH_3COO)_6OH$ 37-0762; Einw. v. H_2S auf $(NH_4)_3[Cr(C_2O_4)_3]\cdot 3\,H_2O$ 38-0744; Dissoziat.-Mechanismus v. $Cr(C_2O_4)_3^{3-}$ zu cis-$Cr(C_2O_4)_2(H_2O)_2$-Ionen im sauren Medium 39-0665; Bind. d. Cr-Komplexes d. Stearinsäure mit Viskosefasern 39-2832; Einfl. d. Koordinat. v. Hydroxyäthylendiamintriessigsäure an Cr(III) auf d. Ligandenox. durch V(V) 40-0659; therm. Zers. v. $(NH_4)_{3-x}A_x\cdot[Cr(C_2O_4)_3]$ ($0 < x < 3$ u. A = H^+, NH_4^+, Na^+, Li^+), $H_4Mg[Cr(C_2O_4)_3]_2\cdot 12\,H_2O$ u. $(NH_4)_3\cdot[Fe_xCr_y(C_2O_4)_3]$ ($0 < x < 1$, $0 < y < 1$ u. $x + y = 1$) 40-0746; Verw. einer Komplexverb. aus Cr-Salzen einer Carbonsäure zum Überziehen v. Kaolin als Füllstoff 40-2721*; Veredl. v. Viskosefasern mit Glyoxal u. Cr-Komplexen d. Stearinsäure 40-2907; Komplexbldg.: v. Picolinsäure (HL) mit Cr^{2+} u. Cr^{3+} (Stabilitätskonst.) 41-0563; v. $CrO_2\cdot(CH_3COO)_2$ in organ. Lsgm. 41-0746; Darst. u. Verw. d. Cr-Komplexes 1-[2′-Hydroxy-5′-carbonylphenylazo] - 2 - hydroxy - 8-[p-nitrobenzoylamino]-naphthalinen 41-2576*; Rk. v. NH_3, prim. oder sek. Aminen mit Acylisonitrilochrompentacarbonylen 42-2459*; opt. Rotat.-Dispers. u. abs. Konfig. in Cr-Polyhydroxamaten 43-0132; Absorpt.-Spektren v. Cr(III)-Komplexen mit Glycin im nahen IR-Bereich 43-0146; Bldg.-Konst. v. Malonato- u. Succinatochrom(III)-komplexen u. Vgl. mit d. analogen Oxalatokomplex 43-0556; Kationenkatalyse d. cis–trans-Isomerisier. v. Bis-[oxalato]-diaquochromat(III) 43-0637; Rk. v. Chromylverb. mit KW-Stoffen u. $CrO_2(CH_3COO)_2$ 44-0730; ^{51}Cr-Äthylendiamintetraacetat zur Best. d. glomerularen Filtrat.-Geschw. 44-1591; Intensität spinverbotener Übergänge in Cr(III)-Komplexen mit DMF u. Acetamid 47-0131; Phosphoreszenz- u. Fluoreszenzverh. v. $[Cr(C_2O_4)_3]^{3-}$ u. $[Cr\cdot(Antipyrin)_6]^{3+}$ 47-0132; Phosphoreszenz v. Cr(III)-Komplexen mit Dithiobenzoat, Dithioloxalat u. Äthylthioglykolat 47-0133; Darst. u. Charakterisier. v. $[CrA_3](ClO_4)_3$ (A = N.N.N′.N′-Tetramethylmalonsäurediamid) 47-0713; Lumineszenz v. Cr(III)-Komplexen mit Antipyrin 48-0114; magnet. Suszeptibilitäten v. trimeren Cr-Carboxylaten 48-0163; Kinetik d. Aquotisier. v. cis-$K[Cr\cdot(C_2O_4)_2(H_2O)_2]$ in stark sauren Lsg. 48-0618; π-Syst. v. zweikern. Cr(II)-Acetat 49/50-0125.

Sulfonsäuren, Phosphonsäuren

Verw. v. Ferrochromligninsulfonat zur Behandl. v. Bohrfl. 1-2861; hochtemperaturfeste Bohrspül. mit Ferrochromlignosulfonat als Dispergiermittel 3-2767*; Darst.: u. Verw. d. Cr-Komplexe v. 1-[2′-Hydroxy-5′methyl-(amino)sulfonylphenylazo]-2-hydroxy-8-{[p-alkyl(amino)sulfonyl]-benzoylamino} - naphthalinen 12-2754*; v. 1-[(β-Halogenpropionamido)-o-hydroxynaphthylazo] - 2 - hydroxy - 6-nitronaphthalin-4-sulfonsäure–Cr(oder Co)-Komplexen 18-2908*; färber. Verw. Cr-halt. 1-Hydroxy-2-[hydroxy - 2′ - nitrophenylazo] - 8-[4′-chlor-1′.3′.5′-triazinyl-(2′)-amino]-naphthalin-3.6(4.6)-disulfonsäuren 28-2778; Synth. u. Dipolmomente v. Diäthyldithiophosphinato–Cr-Komplexen 31-0756; Best. d. relativen Konfig. v. Cr-Koordinat.-Verb. mit Salzen v. (+)-Bromcamphersulfonsäure u. Camphersulfonsäure 35-0126; Darst. d. Cr-Komplexe v. 1-[2′-Hydroxyphenylazo]-2-hydroxy-8-methoxycarbonylaminonaphthalin - 5′ - sulfonsäure-[(alkyl)amiden] 35-2450*; interatomare Abstände u. Winkel in $Cr(acac)_3$ u. μ-$[CrPh_2\cdot(acac)_2]_2$ 46-0273; ster. Bau d. pentacycl. Cr-Komplexe aus 1.2-Bis-[2-aminobenzolsulfonamido]-äthan bzw. 1.3-Bis-[2-aminobenzolsulfonamido]-propan → β-Naphthol 51/52-0663.

Naturstoffe

Verw. v. Cr-Salzen d. Carboxymethylcellulose in photograph. Materialien 5-3398*; Komplexe d. sog. äther. blauen Peroxochromsäure mit Strychnin 8-0757; Racemisier. v. $KA_2[CrOx_3]$ (A = Strychnin) 25-0681; spektrophotometr. Unters. d. Alkaloidverb. mit d. Säure $H_3[Cr(SCN)]$ 28-0756; abs. Konfig. v. Cr-Komplexen mit Hydroxymethylencampher 37-0147; Bldg., IR-Spektren u. magnet. Momente d. Cr-Porphyrine 41-0747; Bldg. d. Tricarbonyladdukte d. Cr d. 3-Desoxysteroide mit 3-Methoxy-2.5(10)-dienstruktur im Ring A 45-0704.

Farbstoffe

Darst.: Cr-halt. Azofarbstoffe 1-2960*; v. Cr-halt. Farbstoffen 3-2822*; v. Cr-halt. Azofarbstoffen 3-2839*, 3-2840*, 5-2943*, 5-2944*, 6-2827*, 7-2964*; v. Cr-halt. Monoazofarbstoffen 7-2965*; v. Cr-halt. Azofarbstoffen 10-2932, 10-2939*; v. Cr-halt. Formazanfarbstoffen 10-2940*; v. Cr-halt. Azofarbstoffen 12-2747*, 12-2751*, 12-2753*, 12-2754*, 12-2756*, 13-2936*, 14-2940*, 14-2948*; Färben v. Polyamidfasern mit Cr-Monoazofarbstoffen 15-2851*; Darst.: Cr-halt. Azofarbstoffe 16-2757*; v. Cr-halt. Disazofarbstoffen 16-2759*; v. Cr-halt. Azofarbstoffen 17-2708, 17-2721*; v. Cr-halt. Monoazofarbstoffen 18-2908*; Färben: v. Polyamiden mit Cr-halt. Monoazofarbstoffen 19-2895*; v. Polyolefinen mit Cr-halt. Azofarbstoffen 19-2897*; Säurestabilität Cr-halt. Azofarbstoffe 19-2902; Darst.: Cr-halt. Azofarbstoffe 19-2903*; v. Cr-halt. Mischkomplexen v. Monoazofarbstoffen 19-2909*; v. Cr-halt. Azofarbstoffen 20-2851*, 21-3016*; Einfl. d. Natur komplexbildender Substituenten auf d. Stabilität Cr-halt. Azofarbstoffe 22-0555; Stereochemie v. Farbstoff–Cr-Komplexen 22-0712; Bldg. u. Struktur d. Cr-Komplexe v. Azofarbstoffen 22-2699; Darst.: Cr-halt. Azofarbstoffe 23-2754*, 23-2763*, 24-2823*, 24-2824*, 24-2827*, 24-2831*; v. Cr-halt. Monoazofarbstoffen 25-2630*; v. Cr-halt. Azofarbstoffen 27-2812*; Färben v. Cellulose mit Cr-halt. Azofarbstoffen 28-2778*; Darst.: Cr-halt. Azofarbstoffe 29-2715*, 29-2717*, 30-2658*, 33-2795*; v. Cr-halt. Azo- u. Azomethinfarbstoffen 33-2797*; v. Cr-halt. Azofarbstoffen 34-2829*, 34-2831*, 35-2449*, 35-2450*, 36-2572*, 37-2474*; v. Cr-halt. Disazofarbstoffen 37-2482*; v. Cr-halt. Azofarbstoffen 38-2710*, 38-2711*, 39-2566*, 40-2671*, 40-2674*, 41-2576* bis 41-2578*; Chemie d. *1*:*1*-Komplexe v. o.o′-Dihydroxyazofarbstoffen mit Cr (Lichtstabilität) 42-0533; Gleichstrom- u. Kalousek-polarograph. Unters. d. Cr(III)-Komplexes mit Eriochrom Violet B 42-0579; Darst. Cr-halt. Formacylfarbstoffe 42-2648*; färber. Verw. v. Cr-halt. Azofarbstoffen 45-2381*; Darst.: Cr-halt. Azofarbstoffe 46-2642*; v. Cr-Mischkomplexen v. Monoazofarbstoffen 47-2469*; Verw. d. Cr-Komplexe v. Farbstoffentwicklersubstanzen für d. photograph. Farbdiffus.-Bildübertrag.-Verf. 48-3332*.

Chroman s. unter *$C_9H_{10}O$*.

Chromane, Isolier. u. Charakterisier. v. lipophilen Chromanolen aus Magnolia soulangeana 2-1473; Einbau v. Shikimat u. p-Hydroxybenzoat in Chromanole 29-1397; Darst.: v. Chromanderiv. (Heilmittel) 33-1834*, 33-1852*; v. 2.2-Dimethylchromanonen 35-1091; Tautomerie u. H-Bind. v. o-Nitroso-di(tri)-methylchromanolen-(6) 27-0909; Polarographie v. Chromanonen 51/52-0862; Rk. v. Chromanonen-(4) mit aromat. Aldehaden u. Nitrosoverb. 4-1087; Gleichgew. zwischen o-Hydroxychalkonen u. Chromanonen (polarograph. Unters.) 27-0846.

Chromatin s. unter *Zellen*.

Chromatographie

— v. speziellen Stoffen u. Stoffklassen s. unter d. entsprechenden Stichwörtern. Elektrochromatographie u. Papierelektrochromatographie s. unter ***Elektrophorese***.
Siehe auch *Ionenaustausch*; ***Molekülsiebe***.

Allgemeines und Methodik

Ionenaustausch-— durch Verdräng.-Entw. unter Verw. d. elektr. Leitfähigk. d. Harzes zum Nachw. d. Frakt. 1-2048; Entw. in d. Fl.-— 2-1997; Oberflächenionenaustausch-— 6-1943; Säulen-— u. Verf. zur Eluatkontrolle 7-0676; Ergänz.-Verf. zur chromatograph. Kieselgelmeth. 7-3013; Theorie d. Verteil.-— (numer. Berechn.) 8-1987; Fl.-— mit Arbeitsbeding. analog denen d. Gas-— 12-1932; chromatograph. Trennverf. mit Gelfiltrat. über Sephadex 13-2229; Gradientenelut.-— (Grundlagen, App., Anwend.) 14-1991; Molekularsieb-— 17-1978; Zentrifugal-— v. Kationen 19-2004; Gelpermeat.-— 21-2147; Zentrifugal-— 22-1090; Theorie u. Praxis d. Säulen-— (Doppelzonenbldg. u. d. „By-pass"-Erschein.) 23-1927; Theorie d. diskontinuierl. Modelle d. — 25-0662; mehrdimensionale — unter Verw. verschiedener Entw.-Meth. (Identifizier. v. Substanzen durch programmierte Verteil. d. Frakt. in d. zweidimensionalen — 26-2052; Gradient- u. Transfertechniken in d. — 28-1968; lineare Elut.-Adsorpt.-— 29-2067; Stofftrenn. auf Grund v. Molgew.-Unterschieden durch — an porösen Gelen 30-1963; Säulenverteil.-— mit umgekehrten Phasen (Überblick) 31-2077; Theorie d. Sorpt.-— 32-1960; drittes Internationales Meeting über — u. unmittelbare Trenn. *1965* 33-1998; — im Rahmen d. Trennverf. 33-1999; neue chromatograph. Technik 33-2008; lineare Adsorpt.-— mit Eluier.-Entw. 33-2076; theoret. Betracht. zur Elut.-— an Ionenaustauschersäulen 38-0651; präparative Zirkulat.-— 39-1875; frontale Lsg.-— 39-1876; neue Meth. zur Durchführ. d. Ionenaustausch-— 39-1877; chromatograph. Analyse 40-1850*; Fortschritte in d. Fl.-— 43-1785; Gelpermeat.-— 45-1057; Überblicke über chromatograph. Verf. 48-1854.

Konz.-Effekte bei d. chromatograph. Analyse 1-2169; — v. miteinander in Wechselwrkg. stehenden Substanzen 3-0698; Berechn. d. Dynamik d. Gleichgew.-Sorpt. u. d. Ionenaustauschers mit d. kinet. Theorien d. — 6-0689; kinet. Ursache d. Schweifbldg. in d. — 7-0677; quant. Theorie d. Bezieh. zwischen d. Retent.-Volumina in d. Gas- u. Fl.-Adsorpt.-— 7-2087; Geschw.-Theorie d. — 11-2062; Einfl. d. pH-Wertes d. stationären Phase auf d. chromatograph. Verh. 12-1939; Wechselwrkg. zwischen d. zu trennenden Substanz u. d. stationären Phase 12-1940; Einfl. d. axialen Dispers. in gesätt. —-Säulen 13-0682; Zonenordn. in d. Fäll.-— 17-0714; Meth. zur Näher.-Berechn. d. Flächen zweier sich überlappender Gauß-Maxima bei d. Auswert. v. Chromatogrammen 19-1954; Vorschlag zur Standardisier. chromatograph. Daten 24-1905; period. Sedimentat.-Chromatogramme u. Liesegangsche Ringe 25-0637; Kurvenform bei d. säulenchromatograph. Elut.-Analyse 25-1741; Adsorpt. radioakt. Stoffe in —-Kolonnen 26-0660; Kinetik eines chromatograph. Mikroreaktors für katalyt. Unters. 26-0663; Sonderfälle aus d. Gebiet d. Säulen-— 26-1976; Simulier. nichtlinearer Gleichgew.-— mit Axialdispers. mit Hilfe eines Digitalcomputers 29-0655; chromatograph. Bedeut. d. an Adsorbentien verankerten W. 32-1964; Auftreten zwischenmol. Kräfte bei d. chromatograph. Trenn. 33-0951; Dynamik d. Massentransports u. verallgemeinerte Theorie d. Nichtgleichgew.-Zustände in d. — 33-2000; Einfl. d. Nulldrift in d. Vakanto-— auf d. Analysengenauigk. 34-2019; Wrkg.-Grad v. Säulen zur Verteil.-Gas- u. Verteil.-— 39-1878; Form chromatograph. Maxima 40-1843; Rolle d. chromatograph. u. elektrokinet. Erschein. bei d. Filtrat. v. Elektrolyten in Gesteinen 41-0809; Qualitätstest für chromatograph. Daten mit Hilfe eines statist. Kriteriums 51/52-1801.

Diazovisie, ein neues Verf. zur Sichtbarmach. chromatograph. entwickelter Verb. 7-2085; Chromatopolarographie 10-2070; Anwend. autoradiograph. Verf. zur quant. Auswert. v. Chromatogrammen 22-1887.

Apparate: Säulenanordn. für d. Sephadex-Gelfiltrat.-— mit umgekehrter Fließricht. 1-2047; Trenn. im Produkt.-Maßstab durch kontinuierl. Kreis-— (App.) 1-2209; Vorr. zur präzisen fl.-fl.-— 2-1998; Fl.-— mit universeller automat. Registrier. 2-1999; analyt. Geräte u. Meth. d. — in fl. Phase 8-1938; Mischapp. für d. säulenchromatograph. Trenn. chem. sehr ähnl. Stoffe 11-2203; Anpass.-Fähigk. u. Anwend. d. — für d. one-line-Computerregel. chem. Prozesse 24-2079; App.: zur Verteil.-— mit einem d. Verteil.-— analogen Verf. 32-1961; zur linearen Gradientenelut. unter Druck 41-1910; Druckkontrollventil als Hilfsmittel in d. Säulen-— 45-1847; Mehrkanalprogrammierventil zur Verw. in d. — 51/52-1808.

Spritze zur Einführ. geringer Fl.-Mengen in einen Chromatographen 6-1947; Probenaufgeber: für d. Säulen-— 14-1992; für d. Kapillar-— 20-1879, 27-1985; Vorr. zur automat. Probenaufbring. in d. Säulen-— 51/52-1807.

Meth. zur Stütz. chromatograph. Säulen 2-2002; kontinuierl. chromatograph. Säule 4-1870; verbessertes Verf. zur Rückspül. gaschromatograph. Säulen 7-2089; Träger-bedeckte offene Röhrensäulen (Anwend. in d. Spurenanalyse) 12-1958; Meth. zum Füllen v. Al_2O_3-Säulen 13-2087; Herst. v. gesinterten Glasfritten in Chromatographiersäulen 24-1908; aus Glas zusammengesetzte Säule für chromatograph. Trenn. im Großmaßstab 27-1979; —-Säulen für analyt. u. präparative Arbeiten 33-2001; kon. —-Säulen aus Plastik 33-2002.

Sammler für chromatograph. Frakt. 6-1933; Signal- u. Stoppvorr. zur Verhüt. d. Überlaufens v. Frakt.-Sammlern in d. Säulen-— 21-2092; bandförm. Frakt.-Sammler in d. Säulen-— 33-2003; Relais TM als einfachste Zeitimpulsquelle für Frakt.-Sammler 44-1842.

Derivativregistrier. in d. Säulen-— (App.) 7-2080; Fortschritte in d. Automatisier. radiochem. Trenn. an chromatograph. Säulen 9-2057; Aufbau u. Arbeitsweise v. zirkulierenden Kettendetektoren für d. Fl.-— 11-2064; Durchflußmeßzelle zur densitometr. Analyse chromatograph. Eluate 20-1869; App. zur laufenden Verfolg. d. Radioaktivität im Eluat einer —-Säule 24-1909; Anwend. d. Coulometrie mit kontrolliertem Potential auf d. automat. Registrier. bei d. Fl.-— (Best.-Grenze) 25-1788; Detektor für d. Fl.-— 41-1911; Zählmeth. bei d. Verw. radioakt. Spurenelemente in chromatograph. Analysenverf. 48-1853.

Stationäre und bewegte Phasen: methyliertes Sephadex als Träger für d. Verteil.-— mit umgekehrter Phase 2-2001; Natriumnitrit als Eluier.-Mittel in d. Ionenaustausch-— 3-2001; Herst. v. Magnesia für chromatograph. Zwecke 3-2244*; kontinuierl. polarograph. Unters. d. selektiven Verh. v. Alginaten bei d. Ionenaustauschersäulen-— v. anorgan. Ionen 7-2086; Herst. v. makromol. Chelatbildnern zur Verw. in d. Säulen-— 7-2283*; Auswahl eines chromatograph. Lsgm. 9-2066; Adsorpt. aromat. Verb. an graphitisiertem Ruß in d. Säulen-— 10-2132; Eisen(III)-oxide u. -hydroxide als chromatograph. Sorbentien (Sorpt.-Reihen anorgan. Kationen) 12-1933; Unters. d. Zus. u. d. chromatograph. Eig. v. Kolonnenfüllstoffen d. Typs $[Ni(\gamma\text{-Picolin})_4] \cdot (SCN)_2$ (chromatograph. Unters.) 19-1989; Cellulosekristallitaggregate als Adsorbentien für d. — 24-1919; Säulen-— an Aktivkohle 26-2136; Grundlagen chromatograph. Trennwrkg. d. Silicagels 32-1963; chem. Zus. d. stationären Phase 32-1970; Verteil.-— an Fluoroplast-4 35-1989 bis 35-1991; Einfl. v. Sr^{2+} auf d. chromatograph. Eig. v. Zeolith 36-0647; Tonmineralien bituminöser Schiefer als natürl. Syst. d. Verteil.-— 38-0808; Anwend. v. 2-Äthylhexylphenylphosphonsäure bei d. Verteil.-— mit umgekehrter Phase 39-1901; Meth. zur Herst. v. Silicagelen für d. — 41-1908; Verw. v. Ammoniumsulfosalicylat als Komplexier.-Mittel in d. Ionenaustausch-— (Trenn. u. Best. kleiner Mengen v. Übergangselementen) 47-1870.

Anwendung der Chromatographie

Trenn. u. Best. v. nichtion. Verb. in tern. anion.-ampholyt.-nichtion. Misch. durch Ionenaustausch-— u. UV-Spektrometrie 4-1944; Best. v. Adsorpt.-Isothermen u. Adsorpt.-Wärmen durch Frontalanalyse bei d. — 13-0670; chromatopolarograph. Unters. 15-2051; Berechn. d. Molgew.-Verteil. v. Polymeren aus Gelpermeat.-Chromatogrammen 17-1152; chromatograph. Unters. 19-1989; (v. anion. Komplexen) 25-0758; Mess. d. Diffus.-Koeff. in Gasen u. Fl. nach d. Arbeitsweise d. — 31-0536; Unters. d. Kinetik v. bimol. chem. Rk. mit Hilfe d. Impuls-— 34-0993; chromatopolarograph. Unters. 36-1949, 42-0864; Multisäulengelfiltrat. zur Unters. d. Molgew.-Verteil. 48-3264.

— als ein analyt. Hilfsmittel 6-1932; quant. anorgan. — 8-2004; biochem. Anwend. d. — an Dextrangel 32-2054; — zur Darst. u. Reinig. v. Stoffen (Übersicht) 36-1890; Trenn. anorgan. Ionen durch Verteil.-— mit umgekehrten Phasen 39-1874; chromatograph. Analyse v. Fl. u. Lsg. 43-1797*; — in d. Textilindustrie 46-1973; — zur Steuer. d. Rektifikat. 51/52-2633.

Bibliographie

Chromatographie. Unter besonderer Berücksichtigung der Papier- und Dünnschichtchromatographie B 21; Säulenchromatographie an Celluloseionenaustauschern B 53. Advances in chromatography (Vol. *1*) B 3; (Vol. *2*) B 37; (Vol. *3*) B 61; Laboratory handbook of chromatographic methods B 77; Chromatographic methods B 78; Chromatographic reviews. Progress in chromatography, electrophoresis and related methods. Vol. *8* B 85.

Gaschromatographie

Allgemeines und Methodik

Bibl. u. Literaturindex zur — 2-2012; Anwend. d. Theorie d. — (Vortrag) 2-2013; Entw. d. — 7-0675; Meth. d. — 8-1938; präparative — (Vers. mit sehr langen Trennsäulen) 8-1989; gegenwärt. Adsorpt.-— 11-2068; Entw. in d. Mikro-— 12-1953; neuere Entw. v. Geräten u. Meth. für d. Verteil.-— 17-1983; gravimetr. — 17-1984; — in präparativem Maßstab (Trägermaterial u. Säulenform) 17-1986; Entw. d. — in den letzten Jahren 19-2006; präparative — 25-1747; quant. gaschromatograph. Analyse eines Gemisches 26-2051; Identifizier. v. Substanzen durch Kombinat. isothermer — u. programmierter Dünnschichtchromatographie 26-2052; Probleme d. schnellen — 32-1979; sechstes internationales Symposium über — u. verwandte Meth. 33-2010; Informat.-Symposium d. — (Diskuss.-Gruppe) 33-2011; präparative — 33-2012; Entw. in d. — 33-2013; (Übersicht) 36-1894; Entw.-Chromatographie ohne Trägergas 37-1822; Schnellanalyse durch — 42-1839; Fragen zur Theorie d. — 47-1800; Theorie d. statist. Momente u. ihre Bedeut. für d. — 47-1801; zum gegenwärt. Stand d. Theorie d. — 48-1858.

Parameter d. chromatograph. Nebenstrominjekt. 2-2015; Ionisier.-Mechanismus in einem Mikro-Ar-Detektor für d. — 2-2016; Kolonnenhöhe für d. kontinuierl. gaschromatograph. Trenn. (Wahrscheinlichk.-Modell) 3-2149; statist. Berechn. d. Konst. in d. van Deemter-Gleich. (Bezieh. zwischen Wirksamk. d. chromatograph. Kolonne u. Durchflußgeschw. d. Trägergases) 6-0705; — bei programmierter Temp. 6-1946; quant. Theorie d. Bezieh. zwischen d. Retent.-Volumina in d. Gas- u. Fl.-Adsorpt.-Chromatographie 7-2087; Temp.-Programmier. in d. — 8-1990; theoret. Unters. über d. v. einer chem. Rk. begleitete — 11-0694; Einfl. d. Menge d. bin. stationären Phase auf d. Adsorpt.-Eig. d. Trägers in d. — 12-1955; direkte Mess. d. Säulentotvol. bei d. Verteil.-— bei Verw. v. Ionisat.-Detektoren 13-2092; Abnahme d. HETP mit d. Zunahme d. Länge gaschromatograph. Säulen 14-2000; relative Retent.-Zeiten bei d. offenen Röhren u. gepackten Säulen-— 14-2001; Gas–Festkörper-Gleichgew. bei hohen Drücken in d. — 19-0942; Bedeut. v. metastabilen Ar-Atomen bei d. Ionisier. v. organ. Mol. 19-2010; Auftreten chem. Veränder. im Ar-Ionisat.-Detektor 19-2011; Darst. gaschromatograph. Daten in logarithm. Maßstab 19-2012; Verteil.-— (Theorie d. Trenn. in offenen hohlen Rohren) 20-1872; Form v. Elut.-Maxima in d. — 20-1873; einige d. Wirksamk. d. präparativen — beeinflussende Faktoren 20-1874; Einfl. v. Druckdifferenzen auf d. gaschromatograph. Trenn. 20-1875; Rolle d. stationären Phase in d. — 20-1876; Anwend. d. „Startlinienverf." auf d. — 20-1929; Bezieh. zwischen d. Term C_l u. d. Porengrößenverteil. in d. Verteil.-Chromatographie 22-1888; Druckprofile, Druckschwank. u. Druckstöße in gaschromatograph. Trennsäulen 22-1889; vergleichbare Säulenwirksamk.

Anwendung der Gaschromatographie

Best. d. effektiven Diffus.-Koeff. v. Katalysatoren durch — (angewendet auf Al_2O_3 mit N_2 als Adsorbat) 23-0679; Pulsmeth. zur Unters. d. Geschw. heterogener Rk. zwischen Gasen u. Feststoffen mit gaschromatograph. Analyse d. Prod. 23-1924; Unters. d. Dampf-Fl.-Gleichgew. v. bin. oder Mehrkomponenten-Syst. mit einem Gaschromatographen (Beispiel d. Syst. H_2/Fl.) 24-0519; Strukturunters. mit Hilfe d. Retent.-Index.-Syst. nach Kovats an einer (unpolaren) stationären Phase 25-1817; gaschromatograph. Best.: v. Dampfdrücken 26-0925; d. Löslichk. u. d. Lsg.-Wärmen v. Gasen u. Dämpfen 26-0929; v. nichtlinearen Adsorpt.-Isothermen bei geringen Konz. 27-0658; v. Rk.-Gleichgew. am Beispiele d. Isomerisier.-Gleichgew. d. Hexadiene-(2.4) 27-0907; Anwend. d. — auf d. heterogene Katalyse (am Beispiel d. Isomerisier. v. n-Butan u. d. selektiven Zers. v. Isopropylalkohol) 28-0640; gaschromatograph. Best. v. Verdampf.-Enthalpien 29-0543; gaschromatograph. Unters.: d. Eig. v. ionenausgetauschten Molekularsieben d. Typs A mit Hilfe d. — 32-1965; d. Zus. v. wss. Zweiphasensyst. in d. Papierchromatographie 32-1969; d. Eig. v. Grenzflächen, Adsorpt.-Schichten u. Fl. 32-1978; gaschromatograph. Fraktionier. als Ergänz. u. Ersatz für d. Dest. 35-1963; Anwend. d. Verteil.-— zur Best. d. Aktivitäts- u. zweiten Virialkoeff. v. Gemischen (Theorie u. Prüf. d. Berechn.-Meth.) 40-0616; chromatograph. Kontrolle gasförm. Prod. chem. Rk. 42-1838; Anwend. d. Gasverteil.-Chromatographie zur Best. spezif. Aktivitäten sowie d. Ausb. an mit Rückstoßatomen markierten Stammverb. 42-1898; Rk.-— als Schnellmeth. zur Unters. d. Oxid-Red.-Rk. feste Phase–Gas 46-0677; gaschromatograph. Unters. über d. präparative Gastrenn. durch Zirkulat.-Diffus. 47-1803.

Unters. organ. Strukturen durch Hg-sensibilisierte Photolyse u. — 1-2091; Strukturanalyse organ. Substanzen durch Hydrier. kombiniert mit — 3-2044; Anwend.: d. — in d. Lack- u. Farbenindustrie 3-3087; d. Massenspektrometrie u. — für d. Unters. in kleinen Mengen vorkommender organ. Verb. 5-2030; chromatograph. Trenn. v. Gasmisch. 7-2284*; Isolier. durch — u. spektrometr. Identifizier. organ. Verb. im Milligramm-Maßstab 15-2029; Strukturaufklär. organ. Verb. durch Kombinat. v. therm. Spalt., — u. Massenspektrometrie 15-2046; Identifizier. v. Spurenverunreinig. durch Kombinat. v. — u. Massenspektrometrie 19-2007; Analyse radioakt. Stoffe mit Hilfe d. — 20-1870; Reinig. radioakt. organ. Verb. durch nichtkontaminierende Verteil.-— 20-1884; — in d. Betriebsanalyse (Symposium-Thema über industrielle organ. Analyse) 20-1979; Anwend. d. — auf Gase d. Ofenatmosphäre 27-2087; Best. d. Retent.-Daten v. in homologe Reihen klassifizierbare Verb. 28-2015; relative Retent.-Daten organ. Verb. für eine Ethofatsäule 33-2017; — für gerichtsmedizin. Zwecke (Begutacht. v. *6* Fällen) 33-2098; Reinig. organ. Fl. für strahlenchem. Zwecke durch präparative — 36-1882; Analyse v. Plasten u. anderen organ. Substanzen durch — mit selektiver galvan. Anzeige ihrer Pyrolyseprod. 39-1979; Anwend. d. Hydrier. bei d. Elementaranalyse organ. Verb. mit Hilfe d. — 40-1890; Überwach. d. Ofenatmosphäre mit Hilfe d. — 44-1936; — in d. Kernforsch. 46-1833; chromatograph. Best. d. Konz. v. Spurenkomponenten in Gasen 47-1761; Identifizier. v. organ. Verb. durch Extrakt.-p-Werte mit Hilfe d. — 47-1808; Spurenanalyse niedrigsd. organ. Verb. in wss. Lsg. durch Verteil.-— 47-1926; gaschromatograph. Technik zur Best. v. Spurenverunreinig. in Gasen 48-1860; Anwend. d. — zur Trenn. anorgan. u. metallorgan. Verb. 48-1861; gaschromatograph. Identifizier. v. Gliedern homologer Reihen 48-1869; Anwend. d. — zur organ. Elementaranalyse 48-1935.

Bibliographie

Chromatographie in der Gasphase. Teil *2*: Kapillar-Chromatographie B 37; Handbuch der Gaschromatographie B 69, B 77.

Russisch: Gaschromatographie. Arbeiten der *3*. Allunions-Konferenz über Gaschromatographie B 46; Gaschromatographie. Mitteilungssammlung. Lfg. *4* B 46; Analytische Reaktions-Gaschromatographie B 53; Gaschromatographie kokschemischer Produkte B 87.

Book of ASTM standards, with related material, *1966*. Part *31*: Metallography; nondestructive testing; radioisotopes and radiation effects; industrial chemicals; emission, absorption, and mass spectroscopy; gaschromatography and space simulation B 26; Gaschromatography abstracts B 29; Programmed temperature gaschromatography B 37; Gaschromatography abstracts B 38; Gaschromatography. *1966*: proceedings of the sixth International Symposium held at Rome *1966* B 77.

Papierchromatographie

Allgemeines und Methodik

Verf. d. zweidimensionalen quant. — mit Eichstandards auf d. Papierbogen 3-1979; — (Übersicht) 12-1934; Löslichk.-— 13-2119; neue Meth. zur quant. — 14-1996; Chromatographie an mit Ionenaustauscherharzen imprägniertem Papier (Temp.-Effekte bei d. Verteil.- u. Ionenaustauscher-— 14-1999; Zirkularchromatographie 17-1981; Zentrifugalchromatographie (Zentrifugalchromatographie v. Kationen auf Papier) 19-2004; Unters. über Zirkular-— 22-1895; Zirkular-— 24-1928; Chromatographie im Zentrifugalfeld 24-1997; Chromatographie an Ionenaustauschpapieren 30-2001; Verw. v. fl. Ionenaustauschern in d. — 32-1974; Ionenaustausch-— 32-1975; Schnellverf. für d. — 37-1820.

Individueller Fehler bei papierchromatograph. Mess. 6-1941; Farbrk. in d. — 6-2019; Näher. auf d. Basis d. Theorie d. Sorpt.-Dynamik u. — 12-1935; Theorie d. Längsverteil. d. mobilen Phase bei d. — 12-1936; Vol.-Verhältnis v. mobiler u. stationärer Phase bei Imprägniermeth. in d. — 12-1937; Querschnitt d. stationären u. mobilen Phase in d. — 12-1938; Einfl. d. stationären Phase auf d. Fleckenform bei d. — 12-1941; Veranker. v. Reagenzien in d. — 12-1947; Berechn. optimaler Trenn.-Beding. für zwei Stoffe mit bekannten R_F-Werten bei mehrfach wiederholter — 13-2089; Einfl. d. Zus. d. gemischten Phase auf d. R_M-Wert in Lsgm.-Syst. aus unpolarem Lsgm. + n-Pentanol u. wss. Pufferlsg. 13-2090; Unters. d. braunen Lsgm.-Front bei d. — 14-1995; — u. chem. Struktur 27-0908 bis 27-0911; Einfl. d. spezif. Oberfläche auf d. papierchromatograph. Verteil.-Funkt. 29-0658; Bezieh. u. Vorhersage v. Lsg.-Effekten bei papierchromatograph. R_F-Werten 32-1967; Zus. v. wss. Zweiphasensyst. in d. — 32-1969; Arbeit an imprägnierten Papieren 32-1973; Bedeut. d. Fleckengröße in d. Chromatographie 44-1838; Gültigk. d. Martinschen Gleich. in d. — mit umgekehrten Phasen 46-1831.

Analyse anorgan. Substanzen durch Radioaktivier. auf Chromatographiepapier 13-2110; katalyt. Hydrier. organ. Verb. auf Papier zur chromatograph. Analyse 19-2050; Gegenüberstell. d. photometr. Auswert. v. Papierchromatogrammen im reflektierten u. durchfallenden Licht 20-1867; Farbaufnahmen v. Fluoreszenzmustern v. Papierchromatogrammen auf Color-Umkehrfilmen 23-1933; spektrophotometr. Analyse v. organ. Verb. auf Papierchromatogrammen 26-2047; spektralphotofluorimetr. Analyse nichtfluoreszierender Verb. in d. — 27-1981; direkte Identifizier. mehrfacher Phosphatflecken bei d. — 34-2032; Dokumentat. v. Stärke-Papierchromatogrammen 49/50-1744; oszillometr. Auswert. v. Papierchromatogrammen 51/52-1805.

Apparate: Probengeber für d. — 3-1980; kontinuierl. Substanzauftragen in d. — 6-1942; App. für d. automat. Auftragen v. Lsg. für d. präparative — 27-1176; Meth. zur Herst. einer Startlinie für Papierchromatogramme (App.) 49/50-1742.

Automat. Lsgm.-Zugabe bei d. — 12-1950; Vorr. zum gleichzeit. Eluieren vieler Papierchromatogrammstreifen 14-1998; App.: zur Aktivitätsmess. doppeltmarkierter Substanzen auf Papierchromatogrammen 3-1972; zur Registrier. d. Intensität d. Fluoreszenz d. Flecken auf Papierchromatogrammen 10-2072; zur gleichmäß. Verteil. v. Farbreagenzien auf Chromatogrammen zur quant. Auswert. 11-2066.

Materialien: Polare organ. Lsgm. in d. — 32-1971; Anwend. v. Glasfaserpapier für d. Imprägnier. mit polarem organ. Lsgm. oder für umgekehrte Phasen 32-1972; Anwend. eines kurzfaser. Papiers für d. Chromatographie 37-1821; Cellulosepapiere für d. Chromatographie 46-1832.

Chromatographie auf mit Tri-n-octylamin imprägniertem Papier 36-1892; Verteil.-Chromatographie mit umgekehrten Phasen auf mit Di-(2-äthylhexyl)-orthophosphorsäure behandeltem Papier (systemat. Unters. v. *67* Kationen in HCl) 36-1893; Aufbewahr. v. mit Diphenylaminharnstoff besprühten Papierchromatogrammen 51/52-1806.

Spezif. Entw.-Reagenzien zur Identifizier. v. Kationen auf Papierchromatogrammen 15-1991; quant. Papierradiochromatographie unter Verw. v. Tollens-Reagenz 16-1900; Anwend. v. organ. Reagenz in d. — v. anorgan. Stoffen 41-1950.

Anwendung

Chromatographie auf Ionenaustauschpapier in d. anorgan. Chemie 1-0641; optimale formamidhalt. bin. Lsgm.-Gemische für d. Gegenstromverteil. aus papierchromatograph. Daten 6-2014; — anorgan. Substanzen (R_F-Werte anorgan. Ionen in Methanol-Fließmitteln) 10-2071; Abtrenn. bestimmter Kationen aus Kationengemischen durch Ionenaustauscherpapiere 19-2026; Kombinat. v. — u. Ringofenmeth. zur Unters. toxikolog. interessanter organ. Stoffe 38-2000; Anwend. d. — auf textilchem. Probleme 38-2036, 47-2443, 48-2832.

Dünnschichtchromatographie

Allgemeines und Methodik

Polyzonale —, chromatograph. Fließmittelmisch. u. ihre Anwend. zur Trenn. v. Substanzgemischen (duozonale —) 3-1975; zentrifugal beschleunigte — 3-1976; Gradientenelut. in d. — 3-1978; dünnschichtchromatograph. Meth. unter Verw. fl. Ionenaustauscher 3-1985; — 6-1934, 7-2153; Ionenaustauscher-— 14-1274; — mit Molekularsieben 17-1978; — (Übersicht) 17-1979; Neuer. auf d. Gebiet d. — 17-1980; — 18-1982; Dünnschichtelektrophorese in Verbind. mit d. — 18-1985; Anwend. d. wiederholten Entw. bei d. Chromatographie auf Streuschichten 19-1999; Entw. u. Anwend. d. — 23-1928; — 25-1742; — mit Löslichk.-Erhöh. 27-2029; Gradient- u. Transfer-Techniken in d. — 28-1968.

Eingeschleppte Verunreinig. bei d. präparativen — 3-1977; R_F-Werte in d. — 6-1937; Reproduzierbark. d. R_F-Werte in d. — 6-1938; Näher. auf d. Basis d. Theorie d. Sorpt.-Dynamik u. — 12-1935; Theorie d. Längsverteil. d. mobilen Phase bei d. — 12-1936; stationäre Phase als Ursache für d. Ausbldg. v. Fließmittelgradienten 12-1942; Standardisier. v. Sorpt.-Mitteln für d. — 12-1945; Schichtdicke in d. — 12-1946; Veranker. v. Reagenzien in d. — 12-1947; Verkürz. d. Laufzeit bei d. Dünnschicht-Adsorpt.-Chromatographie durch geeignete Wahl d. Adsorpt.-Mittel 20-1946; Einfl. d. Struktur d. Adsorpt.-Mittels auf d. R_F- u. R_M-Werte bei d. — mit einer bewegl. Phase aus zwei Komponenten 24-1906; ^{14}C-Isotopenanreicher. durch — 27-1980; Einfl. v. Methylgruppen auf d. dünnschichtchromatograph. Verh. 44-1839.

Durch T-markierte Verb. Niedrigtemp.-Fluorographie auf Dünnschichtchromatogrammen 1-2036; polarograph. Analyse v. dünnschichtchromatograph. getrennten Substanzen 16-1967; quant. analyt. Meth. in d. — 20-1863; Meth. d. quant. — 21-2090; Möglichk. zur quant. Auswert. v. Dünnschichtchromatogrammen 21-2091; — in Verbind. mit d. Infrarotspektroskopie 23-1931; spektrophotometr. Analyse v. organ. Verb. auf Dünnschichtchromatogrammen (Unters.) 26-2047; spektralphotofluorimetr. Analyse nichtfluoreszierender Verb. in d. — 27-1981; spektralphotometr. Auswert. v. Dünnschichtchromatogrammen im UV-Bereich 28-1970; polarograph. Auswert. v. Dünnschichtchromatogrammen 48-1856; schnelle Best.-Meth. für Substanzen auf Dünnschichtplatten 51/52-1803.

Apparate: Ausrüst. für d. — 2-2003, 2-2004; Vorr. für Radial-— 2-2005; Verhinder. v. Adsorbensverlusten bei d. — (App.) 2-2009; App.: zur dynam. — 4-1869; für d. — 6-1936; automat. Entw.-App. für d. — 6-1939; kontinuierl. Trenn. mit Hilfe d. — (App.) 7-2082; App. zur — 14-1994; Anwend. d. Ringofens in d. — 19-1997; App. für präparative — 20-1865; regelbare Chromatographiesprühvorr. 20-1866; neue Entw.-Kammer für d. — 25-1743; Übertrag.-Vorr. für d. — 25-1744; Kammer zum selektiven Behandeln v. Dünnschichtchromatogrammen mit Joddampf 26-2050; Entw.-Kammer für d. — 31-1953; Auftragen v. Lsg. auf präparative Chromatogrammplatten 47-1798; selbstgebautes Markiergerät für Chromatographieplatten 47-1799; Vorr. zum Stützen v. beschichteten biegsamen Platten zur — in Glastanks 48-1857; nützl. Geräte als Hilfsmittel in d. — 49/50-1739; selbstschließende dünnschichtchromatograph. Trennkammer 49/50-1740; Meth. zur Herst. einer Startlinie für Dünnschichtchromatogramme 49/50-1742.

— auf geschmeid. Unterlage 1-2045; Gradienten-Streichapp. für — 2-2006; Herst. v. Platten für d. präparative — aus Silicagel u. *5*% Gips 12-2101*; Sprühmeth. zur Herst. v. Dünnschichtchromatographieplatten 19-1998; Entfern. v. Salzen aus Unters.-Proben an Ionenaustauscher-Dünnschichtplatten 19-2105; Trockenkasten für --Platten 25-1745; Beschicht.-Gerät für dünnschichtchromatograph. Platten 26-2049; automat. Gerät zur Herst. v. Dünnschichtplatten 39-1872; automat. Schichtentferner u. Probensammler für d. Radioanalyse beid. – 40-1845; Gerät zur Beschicht. v. Platten für d. – 47-1797; Herst. v. Platten für d. – 47-1811*, 47-1812*; Belüft. v. Dünnschichtplatten 49/50-1741; vereinfachte App. zur Herst. homogener chromatograph. Platten 51/52-1804; Aktivitätsmess. doppeltmarkierter Substanzen auf Dünnschichtchromatogrammen (App.) 3-1972; quant. Best. tritiummarkierter Verb. auf Dünnschichtchromatogrammen (App.) 37-1818; Photokopier. dünnschichtchromatograph. Platten durch UV-Licht (App.) 49/50-1743; schrittweise u. autoradiograph. Abtast. in d. – 51/52-1802.

Materialien: – an mikrokrist. Cellulose 2-2007; Auswahl d. stationären Phase für d. – 6-1935; spezif. Trenn. durch Chromatographie an imprägnierten Dünnschichten 7-2081; quant. – an Al-Folien 7-2083; neuer Träger für d. – 7-2084; lipophile Fl. als stationäre Phase bei d. – 12-1943; polare organ. Lsgm. zum Imprägnieren v. dünnschichtchromatograph. Adsorbensschichten 12-1944; --Material: in Form v. Polycarbonat auf Polyäthylenglykolterephthalat 12-2099*; aus Polymeren u. Ionenaustauschern 12-2100*; Verw. v. nacheinander angewendeten Lokalisier.-Reagenzien in Verbind. mit mehrfachen Transparentpausen bei d. – 14-1993; Al-Folien als Träger bei d. absteigenden – 18-1984; Verw. anorgan. Leuchtstoffe in d. – 19-2000; Pyrenderiv. als Fluoreszenzindikatoren bei d. – 19-2001; chromatograph. Filme auf Ionenaustauscherbasis 20-0629; – auf losen Al-Oxidschichten 23-1929; – auf Celluloseschichten 23-1930; Chromatographie: auf Dünnschichten aus Stärke mit umgekehrten Phasen 24-1907; auf Glaspulver einheitl. Porengröße 25-1829; Verw. v. Adsorptionsmittelbrei in Äthanol–W. zum Beschichten v. dünnschichtchromatograph. Platten 26-2048; Metallplatten-– 28-1969; Grundlagen dünnschichtchromatograph. Trennwrkg. d. Silicagels 32-1963; krist. Aluminiumhydroxide als Sorbenten in d. – 32-1966; Entfern. u. Best. kleiner Fe-Mengen in Silicagel zur – 34-2018; Chromatographie auf mit $AgNO_3$ imprägnierten Adsorpt.-Schichten 37-1819; Einfl. v. Natriumcarboxymethylcellulose in d. – 39-1873; Dünnschichtverteil.-Chromatographie auf Silicagel mit Dimethylsulfoxid als stationärer Phase 39-1941; Verw. v. Akutol zum Abnehmen u. zur Fixier. v. Dünnschichtchromatogrammen 44-1840; Kieselgel für d. – 46-1825; anorgan. Materialien in d. – 46-1826; Sorpt.-Mittel für d. – auf Cellulosebasis 46-1827; chem. modifizierte Cellulose in d. – 46-1828; Dünnschichtgelfiltrat. mit Sephadex 46-1829; Polyamide als Trägermaterial für d. – 46-1830; Eliminier. u. Best. v. an d. Oberfläche v. Silicagel zur – adsorbiertem Fe 47-1806; – auf d. Celluloseplatte 48-1855.

Anwendung

Anwend.-Möglichk. d. – in d. Lebensmittelindustrie 3-2117; – anorgan. Ionen 4-1867; Anwend.: d. – in d. anorgan. Analyse 4-1868; d. Massenspektrometrie u. – für d. Unters. in kleinen Mengen vorkommender organ. Verb. 5-2030; anorgan. – (Gesamtanalyse d. Anionen durch –) 6-1940; Anwend. d. – auf biosynthet. Unters. 7-2158; klin. Anwend. d. – 9-2148; – anorgan. Ionen 10-2112; dünnschichtchromatograph. Unters. v. Gewebeschnitten 10-2153; anorgan. – 11-2065; Anwend. d. Rk.-– zur Identifizier. organ. Substanzen 12-1949; – anorgan. Ionen 19-2002; Trenn. d. Kationen mit Hilfe d. – auf Stärke (I. u. IV. Gruppe) 19-2016; (II. Gruppe) 19-2017; Anwend. d. –: in d. Pharmazie (Übersicht) 21-1838; in d. pharmazeut. Analyse (Übersicht) 22-1679; in d. organ. Chemie 25-1742; Identifizier. v. Substanzen durch Kombinat. isothermer Gas- u. programmierter – 26-2052; Anwend. d. Zirkular-– in d. qual. anorgan. Analyse 30-1964; – u. ihre Bedeut. in d. Pharmakognosie 33-2005; Anwend. d. – für gerichtsmedizin. Zwecke 33-2098; Anreicher. v. Verb. durch kontinuierl. Horizontal-– 36-1891; – in d. Lebensmittelchemie 42-1949; lebensmittelwissenschaftl. Bedeut. d. – 44-1946; Anwend. d. – in d. forens. Toxikologie (Nachw. tox. organ., nicht flücht. Substanzen) 49/50-1842.

Bibliographie

Thin-layer chromatography B 46; Thin layer chromatography; a practical laboratory handbook B 53.

Chromatophoren s. unter *Zellen*.
Chromazurol-S s. unter $C_{23}H_{16}Cl_2O_9S$.
Chromdiopsid s. unter *Diopsid*.
Chromel C s. unter *Nickellegierungen (Sondermarken)*.
Chromel P s. unter *Nickellegierungen (Sondermarken)*.
Chromene, Darst.: v. Chromen-Verb. (Heilmittel) 33-1851*; v. 2.2-Diphenyl-– 49/50-0952; Rk. v. – u. Naphthopyranen mit Br_2 u. Cl_2 14-1141.
Chromfarbstoffe s. unter *Farbstoffe, organische (Beizenfarbstoffe)*.
Chromgelb s. unter *Farbstoffe, anorganische (Blei-* bzw. *Chrompigmente)*.
Chromit s. unter *Eisenoxide, Mischoxide*: $Cr(FeCr_2O_4)$.
Chrommagnesitsteine s. unter *Keramik*.
Chromogene, Zimmermann-– in d. Haut normaler Frauen sowie v. Frauen mit Hirsutismus 45-1370; dünnschichtchromatograph. Trenn. d. Steroidmetaboliten v. unspezif. Harn-– 15-2091; Porter-Silber-– s. unter *Steroide*.
Chromogenschwarz-ET-00 s. unter $C_{20}H_{13}N_3O_7S$.
Chromoisomerie s. unter *Farbe*.
Chromolanfarbstoffe, Färben v. Wolle mit – 1-2937.
Chromomycin A_3 s. unter $C_{57}H_{82}O_{26}$.
Chromomycine, simultane Bldg. v. Oleandomycin u. – durch Streptomyces olivochromogenes Nr. *69895* 9-1437.
Chromomycinon s. unter $C_{21}H_{24}O_9$.
Chromon s. unter $C_9H_6O_2$.
Chromone, natürl. – 46-1009; Darst.: v. 7-Hydroxy-8-tert.-aminomethylchromon-Hydrochloriden (erregende Wrkg. auf d. zentrale Nervensyst.) 11-1868*; v. 2-Alkyl(Aryl)-3-methyl-6-aminomethyl-– (Spamolytika) 17-1772*; u. gerinnungshemmende Wrkg. v. N-Acylchromon-2-carbonsäureamiden 18-1534; v. polyfluorierten – 24-1082; v. 3-Pyridyl-– (Heilmittel) 29-1804*; v. (2-Alkyl)-3-Pyridyl-– (Heilmittel) 33-1835*; synthet. Unters. in d. Chromongruppe 35-1091; Darst. v. Chromonverb. (Heilmittel) 47-1644*; Polarographie 51/52-0862; Rk. v. Aminen mit Chromon-2-carbonsäureestern 23-1072; analget. Wirksamk. v. Chromon-2-carbonamiden 35-1751.
Chromopeptide s. unter *Peptide*.
Chromophore s. unter *Farbe*.
Chromoproteide (Chromoproteine) s. unter *Proteine, spezielle Proteine*.
D-**Chromose-A** s. unter $C_7H_{14}O_4$.
D-**Chromose C** s. unter $C_6H_{12}O_4$.
Chromosomen s. unter *Biologie*.
Chromosorbens W 60/80, Breiten d. Maxima bei Dampfphasenchromatographie mit kombinierten Kolonnen (Apiezon L im –) 26-0659.
Chromosorb P, Verw. in d. Gaschromatographie 28-2013.
Chromosorb R, Vorgänge bei Einw. v. Phosphorsäure auf – u. Eig. d. entstehenden Trägers 2-2014; Verw. v. graphitiertem Ruß auf – als Kapillarsäulenfüll. in d. schnellen Gaschromatographie 32-1979.
Chromosorb W, Verw. in d. Gaschromatographie 26-2081, 28-2022; mit poröser Dünnschicht modifizierte Glaskugeln als Trägermaterial für d. Verteil.-Gaschromatographie 33-2018.
Chromotrop 2 B s. unter $C_{16}H_{11}N_3O_{10}S_2$.
Chromotropsäure s. unter $C_{10}H_8S_2$.
Chromoxanblau R s. unter $C_{27}H_{20}O_{13}S_2$.
Chromoxanreinblau B s. unter $C_{23}H_{16}Cl_2O_6$.
Chromoxan Reinblau BLD s. unter $C_{23}H_{16}Cl_2O_9S$.
Chromoxanviolett B s. unter $C_{25}H_{20}O_9$.
Chromoxanviolett P, Al-Best. mit – 47-1832.
Chromoxanviolett R s. unter $C_{25}H_{20}O_9$.
Chromspinelle s. unter *Chromoxide, Mischoxide*.
Chronopotentiometrie s. unter *Polarisation, elektrolytische*.
Chrysanthemol s. unter $C_{10}H_{18}O$.
Chrysanthemummonocarbonsäure s. unter $C_{10}H_{16}O_2$.
Chrysanthem(um)säure s. unter $C_{10}H_{16}O_2$.
Chrysanthenon s. unter $C_{10}H_{14}O$.
Chrysazin s. unter $C_{14}H_8O_4$.
Chrysean s. unter $C_4H_5N_3S_2$.
Chrysen s. unter $C_{18}H_{12}$.
Chrysenchinon s. unter $C_{18}H_{10}O_2$.
Chrysergonsäure s. unter $C_{32}H_{30}O_{14}$.
Chrysin s. unter $C_{15}H_{10}O_4$.
Chrysoberyll, Bldg. v. –: bei d. katalysierten Kristallisat. einer Beryllschmelze 6-0243; bei d. Umwandl. v. natürl. Beryll bei *1507 ± 2°* 9-0585; nach längerem Erhitzen aus Phenakit 27-0561; Beding. d. Synth. v. – 23-0811; Absorpt.-Spektren v. – ($Al_{2-x}Fe_xBeO_4$) u. *Alexandrit* ($Al_{2-x}Cr_xBeO_4$) u. Krist.-Feld-Energiezustände 6-0338; IR-Absorpt.-Spektren u. Röntgen-d-Werte v. – u. *Alexandrit* 44-0353; Zücht. v. – u. *Alexandrit* aus d. Schmelzfluß u. ihre Morphologie 13-0254; Isomorphie v. Mn- u. Fe-Ionen in – nach Daten v. EPR-Unters. 32-0833.
Chrysoeriol s. unter $C_{16}H_{12}O_6$.
Chrysoidin s. unter $C_{12}H_{14}N_4$.
Chrysoin S s. unter $C_{12}H_{10}N_2O_5S$.
Chrysokoll s. unter *Kupfersilicate*: $CuSiO_3$.
Chrysolaminarin, Identifizier. in Phaeodactylum tricornutum 16-1340.
Chrysophansäure s. unter $C_{15}H_{10}O_4$.
Chrysotil s. unter *Antigorit*.
6ChS s. unter *Eisen, Schmiedeeisen und Stahl (Sondermarken)*.
9ChS s. unter *Eisen, Schmiedeeisen und Stahl (Sondermarken)*.
27 ChS s. unter *Eisen, Schmiedeeisen und Stahl (Sondermarken)*.
10 ChSND s. unter *Eisen, Schmiedeeisen und Stahl (Sondermarken)*.
45 ChSNT s. unter *Eisen, Schmiedeeisen und Stahl (Sondermarken)*.
25 ChSNWVA s. unter *Eisen, Schmiedeeisen und Stahl (Sondermarken)*.
Ch 17 T s. unter *Eisen, Schmiedeeisen und Stahl (Sondermarken)*.
Ch 25 T s. unter *Eisen, Schmiedeeisen und Stahl (Sondermarken)*.
Churchit, Vork.: in d. kretaz. Fe-Erzlagerstätten v. Auerbach, Sulzbach-Rosenberg u. Amberg in d. Oberpfalz 2-0841; in mit Perrierit assoziierten Verwitter.-Prod. in Virginia 44-0827.
85 ChV s. unter *Eisen, Schmiedeeisen und Stahl (Sondermarken)*.
Ch 12 V 1 s. unter *Eisen, Schmiedeeisen und Stahl (Sondermarken)*.
25 ChVA s. unter *Eisen, Schmiedeeisen und Stahl (Sondermarken)*.
ChW 5 s. unter *Eisen, Schmiedeeisen und Stahl (Sondermarken)*.
85 ChW s. unter *Eisen, Schmiedeeisen und Stahl (Sondermarken)*.
3 Ch 2 W 8 s. unter *Eisen, Schmiedeeisen und Stahl (Sondermarken)*.
Chwastox, Einfl. d. Bekämpf. v. Unkraut mit – auf Menge u. Qualität d. Flachsfasern 6-3138.
ChWG s. unter *Eisen, Schmiedeeisen und Stahl (Sondermarken)*.
15 Ch 12 WMV s. unter *Eisen, Schmiedeeisen und Stahl (Sondermarken)*.
3 Ch 2 WS s. unter *Eisen, Schmiedeeisen und Stahl (Sondermarken)*.
5 ChW 2 S s. unter *Eisen, Schmiedeeisen und Stahl (Sondermarken)*.
6 ChW 2 S s. unter *Eisen, Schmiedeeisen und Stahl (Sondermarken)*.
4 Ch 2 W 5 VM s. unter *Eisen, Schmiedeeisen und Stahl (Sondermarken)*.
4 Ch 2 W 2 VS s. unter *Eisen, Schmiedeeisen und Stahl (Sondermarken)*.
Chylomikronen s. unter *Lymphe*.
Chymotrypsin s. unter *Enzyme, spezielle Enzyme*.
Chymotrypsinogen s. unter *Enzyme, Spezielle Enzyme*.
Chysin A s. unter $C_9H_{15}NO_2$.
Chysin B s. unter $C_{10}H_{17}NO_2$.
CI-395 s. unter $C_{17}H_{25}N$.
CI-400 s. unter $C_{13}H_{19}N$.
CI-421 s. unter $C_{15}H_{23}NS$.
C.I.-581 s. unter $C_{13}H_{16}ClNO$.
C.I. 11110 s. unter $C_{16}H_{18}N_4O_3$.
C.I. 11855 s. unter $C_{15}H_{15}N_3O_2$.
C.I. 14270 s. unter $C_{12}H_{10}N_2O_5S$.
C.I. 14710 s. unter $C_{17}H_{14}N_2O_5$.
C.I. 15620 s. unter $C_{20}H_{14}N_2O_4S$.
C.I. 15980 s. unter $C_{16}H_{12}N_2O_7S_2$.
C.I. 20220, Charakterisier. d. in d. Lebensmittelindustrie verwendeten Farbstoffes – 3-3208.
C.I. 26115 s. unter $C_{26}H_{27}N_5O_2$.
C.I. 26120 s. unter $C_{24}H_{22}N_4O$.
C.I. 28440 s. unter $C_{28}H_{21}N_5O_{14}S_4$.
C.I. 30280 s. unter $C_{34}H_{25}N_7O_8S_2$.
C.I. 37075 s. unter $C_{12}H_9ClNO$.
C.I. 37175 s. unter $C_{17}H_{20}N_2O_3$.
C.I. 42000 s. unter $C_{23}H_{26}N_2O$.
C.I. 42051 s. unter $C_{27}H_{34}N_2O_7S_2$.
C.I. 42140 s. unter $C_{25}H_{29}ClN_2O$.
C.I. 42510 s. unter $C_{20}H_{21}N_3O$.
C.I. 42595 s. unter $C_{33}H_{41}N_3O$.
C.I. 44045 s. unter $C_{33}H_{33}N_3O$.
C.I. 44090 s. unter $C_{27}H_{28}N_2O_8S_2$.
C.I. 45430 s. unter $C_{20}H_8J_4O_5$.
C.I. 52015 s. unter $C_{16}H_{19}N_3OS$.
C.I. 61585 s. unter $C_{32}H_{30}N_2O_8S_2$.
C.I. 62055 s. unter $C_{20}H_{14}N_2O_5S$.
C.I. 67001 s. unter *Soledonrot 2 B*.
C.I. 69525 s. unter $C_{45}H_{22}N_2O_5$.
C.I. 73015 s. unter $C_{16}H_{10}N_2O_8S_2$.
C.I. Acid 85 s. unter $C_{35}H_{26}N_4O_{10}S_3$.
C.I. Acid Blue 27 s. unter $C_{22}H_{18}N_2O_5S$.
C.I. Acid Red 1 s. unter $C_{18}H_{15}N_3O_8S_2$.
C.I. Acid Red 114 s. unter $C_{37}H_{30}N_4O_{10}S_3$.
C.I. Acid Red 143, färber. Verw. 47-2456*.
C.I. Acid Violet 9 s. unter $C_{34}H_{28}N_2O_6S$.
C.I. Acid Yellow 40 s. unter $C_{23}H_{19}ClN_4O_7S_2$.
Ciatyl s. unter $C_{22}H_{25}ClN_2OS$.
Ciba s. unter $C_5H_{11}Cl_2N$.

Cucurbitacin I s. unter $C_{30}H_{42}O_7$.
Cucurbitacin J s. unter $C_{30}H_{44}O_8$.
Cucurbitacin K s. unter $C_{30}H_{44}O_8$.
Cucurbitacin L s. unter $C_{30}H_{44}O_7$.
Cucurbitin s. unter $C_5H_{10}N_2O_2$.
Cularidin s. unter $C_{19}H_{21}NO_4$.
Cumalinsäure s. unter $C_6H_4O_4$.
Cumarane, Aurone u. Auronglykoside 19-1134, 30-1062; Darst.: v. 2-Hydroxy-2-benzylcumaranonen-(3) 10-1112; v. 2-Phenyl-— 12-1082; Bldg.: v. Auronglykosiden durch Autox. v. Eriocitrin, Hesperidin u. Naringin 14-1169; v. hydrierten Benzofuranderiv. aus Cyclohexanon 27-1060; Darst.: v. Cumaranyl-N-methylcarbamidsäureestern (Insektizide u. Akarizide) 30-3003*; v. 2-Aminomethyl-2.3-dihydrobenzofuranen (blutdrucksenkende Arzneimittel) 45-1664*; v. 2-[Cycloalkyl- bzw. -Aryl- bzw. -Heterocycloalkylaminoalkyl]-2.3-dihydrobenzofuranen (Heilmittel) 49/50-1592*; Tautomerie u. H-Bind. v. o-Nitrosomethylcumaranolen-(5) 27-0909; Modellvers. mit Phenyl-— 36-1098.
Cumaranon s. unter $C_8H_6O_2$.
Cumarilsäure s. unter $C_9H_6O_3$.
Cumarin s. unter $C_9H_6O_2$.
Cumarine

Furocumarine; *Oxazolocumarine* s. dort.

Natur-— 1-1795; — 15-1067; natürl. — 30-1317, 40-1653.

Vork.: im Kraut v. Artemisia abrotanum 4-1675; in d. Blättern v. Kirsch- u. Pflaumenbaum 5-1423; in d. Wurzeln v. Angelica hirsutiflora Liu, Chao et Chuang 6-1687; in Castanea crenata 15-1402; in Portulaca oleracea 22-1339; im Öl d. Grapefruitschale 23-1380; in d. Wurzeln v. Prangos Fedtschenkoi 47-1034; Isolier. v. Cumarinderiv. aus Ammi visnaga 51/52-1634*.

Darst. u. physiolog. Wrkg. v. Cumarinderiv. 1-1768; Biogenese d. — 2-1491; Darst.: v. 7-α-[5.5-Dimethyl-4-O-methyl-L-lyxopyranosyloxy]-— (Antibiotika) 4-1770*; v. (Thiono) Phosphorsäure-O.O-bis-[monohalogenalkyl]-O-cumarinyl-(7)-estern (Wirkstoffe gegen Nematoden) 4-3044* u. Verw. v. 3- oder 4-Pyridyl-— 6-2645*; v. — 8-1785*; v. 4-Hydroxy-— 11-1096; v. 7-[5.5-Dimethyl-4-(O-methyl)-2.3-cyclocarbonato-L-α-lyxopyranosyloxy]-8-methyl-— 12-1752*; v. 3-Amino-4-hydroxy-— 14-1143; v. Cumarinylharnstoffen 15-1067; u. färber. Verw. v. 3-[Arylaminocarbonyl]-6-arylazo-— 17-2717*; v. 5-Oxo-5.6.7.8-tetrahydro-— 18-1024; v. Morpholino- bzw. Piperidinoalkyläthern v. 4-Methyl-5.7-dihydroxycumarin (Vitamin-P-wirksame Mittel) 20-1708*; v. Cumarinderiv. 22-0998; v. fluorierten 4-Hydroxy-— (antikoagulierende Wrkg.) 24-1080; aus 2-Hydroxyarylsäuren u. Malonsäure 28-1119; v. 7-Hydroxy-8-tert.-aminomethyl-— (Therapeutika) 30-1755*, 30-1756*; v. 3-[α-Naphthylmethyl]-4-hydroxy-— 32-1101; v. 3-[4-Carbamoylphenyl]-— 33-1092; 4-Phenyl-— als Biosynth.-Vorstufen v. Neoflavonoiden 34-1442; Darst.: v. 4-Hydroxy-— 39-0970; v. O.O-Dialkyl-O-[cumarinyl-(3)]-thiophosphaten (Insektizide) 40-3063*; v. 3-[α-(2-Thienyl)-β-acyläthyl]- bzw. 3-[α-(2-Pyridyl)-β-acyläthyl]-4-hydroxy-— (Nagetierbekämpf.-Mittel) 42-2958*; v. Aryloxyessigsäureestern v. 4-Hydroxycumarin 43-0996; u. färber. Verw. v. 3-[Alkyl(aryl bzw. amino)-carbonyl(sulfonyl)-phenylazo]-4-hydroxy-— 43-2460*; v. 3-[4-Hydroxycumarinyl-(3)]-3-phenylpropionsäurederiv. (Antikoagulantien) 44-1679*; v. 3-[α-Aryl-β-acetyläthyl]-4-hydroxy-— (Heilmittel) 47-1645*; v. 3-Phenylcumarinderiv. mit Azolringen (opt. Aufhellmittel) 48-2981.

NMR-Spektren v. natürl. — 8-0918; IR-Spektren 21-0943; massenspektrometr. Unters. v. natürl. — 22-0848.

Bromier. v. — mit geschützten Hydroxygruppen in Py. 32-1100.

Antimikrobielle Wrkg. v. Cumarinderiv. 2-1396; antibakterielle Wirksamk. v. natürl. — (Einfl. d. Struktur) 9-1430; Rodentizide v. Cumarinderiv. 14-1729; antibakterielle Wrkg. 15-1358; neue Rodentizide v. Cumarinderiv. 15-1665, 15-1666; Antifertilitätsaktivität v. bas. Äthern v. 3.4-Diphenyl-— bei Säugetieren 20-1610; Einfl. v. Cumarinderiv. auf d. Aktivier. d. Blutgerinn. durch bakterielles Endotoxin beim Menschen 31-1527; Eingreifen v. natürl. — in d. metabol. Vorgänge d. Hefen u. in d. Energetik d. Zelle 34-1401; Wrkg. auf Thrombozyten 35-1576; koagulationsverhindernde Wrkg. (Einfl. v. zentralakt. wirkenden Drogen) 36-1641; permanente Antikoagulat.-Wrkg. v. — auf d. Antithrombinaktivität im Serum 42-1474; Hemm. d. Prothrombinsynth. durch — (tierexperimentelle Prüf.) 49/50-1425.

Cumarinderiv. für medizin. Zwecke 2-1683; Verw. als opt. Aufheller: für Textilfasern (3-Thienyl-4-alkyl-—) 3-3034*; für Spinn- u. Gießmassen (3-[p-1.3.5-Triazinyl-N-alkylaminophenyl]-4-alkyl-—) 7-3206*; therapeut. Verw. v. 4-Methyl-7-hydroxycumarin- bzw. -3-halogencumarin-O.O-dialkylphosphorsäure- bzw. -thiophosphorsäureestern 11-1901*; Verw.: als Azokuppl.-Komponenten (4-Hydroxy-—) 13-2932*; in Anthelminthika [7-Hydroxy-4-methyl-2-oxo-Δ^3-chromendialkylphosphorsäure(thiophosphorsäure)estern] 14-1890*; Entwicklereig. v. 7.8-Dihydroxy-3(4)-alkyl-(4-aryl)-— 18-3494; Verw.: als opt. Aufheller für Polyesterfasern (3.4-disubstituierte —) 30-2843*; als opt. Aufheller {7-[1.2.3-Triazolyl-(1)]-3-aryl-—} 42-2803*.

Best. v. Cumaringlucosiden (Anwend. v. Bleiacetat u. bas. Bleiacetat) 21-1827; Dünnschichtchromatographie: v. natürlich vorkommenden — 37-1904; v. — 40-1653; Ionenaustauschertrenn. 45-1902; Verw. v. o-Dihydroxy-— zur spektralphotometr. Best. v. Nb 49/50-1780.

3.4-Dihydrocumarine, alkal. Hydrolyse v. 6-Alkyl-— (Einfl. d. Lsgm. auf d. Auswrkg. d. Baker-Nathan-Effektes) 19-0982.

Cumarinsäure s. unter $C_9H_8O_3$.
Cumaron s. unter C_8H_6O.
Cumarone s. unter *Benzofurane*.
Cumaronharze s. unter *Plaste, Cumaron- u. Indenharze.*
Cumarsäure s. unter $C_9H_8O_3$.
Cumestrin s. unter $C_{15}H_8O_5$.
Cuminaldehyd s. unter $C_{10}H_{12}O$.
Cuminalkohol s. unter $C_{10}H_{14}O$.
Cuminsäure s. unter $C_{10}H_{12}O_2$.
Cummingtonit, Bldg. v. — im Nebengestein d. Cu-Gürtels v. Khetri in Rajastan 4-0793; — v. Ornavasso 19-0839; Vork. v. —-Grünerit in d. metamorphosierten Fe-Format. v. Wabush, Südwest-Labrador 22-0772; — in d. metamorphosierten Fe-Format. v. Wabush Lake, Neufundland u. Quebec 28-0834; Vork. v. Hendricksit mit — in Skarnzonen 38-0831; intrakrist. Austauschgleichgew. in festen Lsg. d. Mineralienpaares Aktinolith/Cummingtonit 5-0636; Einfl. d. Substitut. Mg^{2+}–Fe^{2+} auf d. Zelldimens. v. — 8-0841; Verfeiner. d. Krist.-Struktur v. — 34-0308; Mössbauer- u. IR-spektroskop. Best. d. Kationenverteil. in — 38-0822.
Cumöstan s. unter $C_{15}H_8O_3$.
Cumöstrol s. unter $C_{15}H_8O_5$.
Cumol s. unter C_9H_{12}.
Cumulene s. unter *Äthylenverbindungen.*
Cumuloft s. unter *Chemiefasern, Polyamid-6.6-fasern.*
Cumylalkohol s. unter $C_9H_{12}O$.
Cumylhydroperoxid s. unter $C_9H_{12}O_2$.
Cuoxam s. unter *Kupferhydroxid.*
Cuparen s. unter $C_{15}H_{22}$.
α-Cuparenon s. unter $C_{15}H_{20}O$.
Cupferron s. unter $C_6H_6N_2O_2$.
Cupral s. unter $C_5H_{11}NS_2$.
Cuprein s. unter $C_{19}H_{22}N_2O_2$.
Cupressen s. unter $C_{20}H_{32}$.
Cupressinsäure s. unter $C_{20}H_{32}O_3$.
Cuprethol s. unter $C_5H_{11}NO_2S_2$.
Cuprit s. unter *Kupferoxide*: Cu_2O.
Cuprizon s. unter $C_{14}H_{22}N_4O_2$.
Cuprobismuthit, Vork. v. Berryit auf —-Krist. 44-0814.
Cuprodit, Synth. v. — auf hydrothermalem Wege 31-0789.
Cuproin s. unter $C_{18}H_{12}N_2$.
Cuprophenylfarbstoffe, Ätzbark. d. — (Musterkarte) 12-2730.
„Curalon“ L, Erhöh. d. Topfzeit v. Polyurethan-Gießharzen mit d. neuen Härter — 19-2982.
Curantyl s. unter $C_{24}H_{40}N_8O_4$.
Curare, —-Alkaloide 44-1101; Herst. v. Verb. d. Carbazolreihe mit —-ähnl. Wrkg. 4-1729*.

—-ähnl. Wrkg.: v. symm. bis-quart. Tropeinen 2-1737; v. Polymethylen-bis-lepidinsäuredibromiden 11-1729; v. Mononatriumchloramphenicolsuccinat 11-1742; v. neuen Piperazinderiv. 24-1687; v. neuen Bis-Ammoniumverb. 26-1723; Bezieh. zwischen Struktur u. Dauer d. —-ähnl. Wrkg. in d. Reihe d. Truxillsäurediester 26-1726; —-ähnl. Wrkg.: v. Subecholin 26-1727; v. quart. NH_4-Salzen v. 2-Amino- u. 2.7-Diaminofluoren 31-1663; Monoaminoxydaseinhibitoren u. Curarisier. 5-1701; Wrkg. d. Ionenstärke u. Stoffe mit —-Wrkg. auf d. Eig. d. Acetylcholinesterase d. elektr. Gewebes v. Torpedo marmorata 8-1401; Vork. einer Substanz mit Antiacetylcholinesteraseaktivität in —-Präp. 39-1632; pharmakolog. Unters. v. Calebassen-— (Übersicht) 1-1718; Einfl.: auf d. Nervensyst. v. Insekten 12-1615; auf d. Gewebeglykogenfrakt. d. unterkühlten Ratte, d. Hamsters u. d. Schildkröte 14-1693; auf d. Wrkg. v. Methanol, A. u. n-Propanol auf d. neuromuskuläre Übertrag. bei d. Ratte 14-1699; cholinomimet. Aktivität einiger sowjet. Präp. mit —-ähnl. Wrkg. 17-1661; Wrkg.: v. Denervier., Narkose u. Curarisier. auf d. Kationenbeweg. im gestreiften Muskel 21-1784; v. Adrenalin u. Noradrenalin auf d. CO_2-Geh. d. arteriellen Blutes beim curarisierten Hund 40-1507; neuromuskuläre Wrkg. v. 5-Hydroxytryptamin, 5-Methoxytryptamin u. Tryptamin nach teilweiser Curarisier. 42-1419; Empfindlichk. gegen — u. Verh. d. glatten Muskulatur d. Bronchien u. d. Darms bei Tieren mit durch Dehydrobenzoperidol u. Phenantylcitrat induzierter Neuroleptoanalgesie 42-1604; Veränder. d. hämorespirator. Gleichgew. u. d. Curarisier. beim Tier nach Zufuhr organ. Säuren 43-1511; Einfl. v. — auf d. Aufnahme v. tritiummarkiertem Decamethonium u. Dimethyltubocurarin durch Skelettmuskel 43-1572; antagonist. Wrkg. v. — auf d. letale Wrkg. d. Amphetamine bei Hunden 40-1622; Kombinat. v. —-Präp. mit Diazepam in d. Anästhesie 43-1556; Wrkg. v. Giften auf d. Rk.-Fähigk. d. Riesenaxons d. Tintenfisches gegen — 10-1729; antagonist. u. potenzierende Wrkg. v. Monoguanidinderiv. gegenüber — 14-1761; Anti-—-Aktivität: v. Tacrine in vitro 19-1718; v. Cholinesteraseinhibitoren 22-1198; Einfl. v. Thiamin auf Anti-—-Wrkg. beim Tier 43-1431; Imipramin als Antagonist d. —-Wrkg. durch Succinylcholin bei Katzen 46-1595.

Nachw. eines Stoffwechselprod. mit —-art. Wrkg. im Harn v. Patienten mit Myastenia gravis 37-1391.

Curarin s. unter $C_{38}H_{42}N_2O_6$.
***C*-Curarin-I** s. unter $C_{40}H_{46}N_4O_3$.
α-Curcumen s. unter $C_{15}H_{22}$.
***X*-Curcumen** s. unter $C_{15}H_{22}$.
Curcumin s. unter $C_{21}H_{20}O_6$.
Curie-Temperatur s. unter *Magnetismus-Magnetische Phasenübergänge*; *Ferroelektrizität.*

Curium

Existenz v. Cm(VI) 37-0770.

Gewinn. v. ^{242}Cm durch Neutronenbeschuß v. ^{240}Pu 19-2243*.

Anionenaustauschtrenn. v. Am u. — 3-2022; papierchromatograph. ^{243}Am–^{241}Cm-Trenn. 5-2101; Trenn.: v. Am u. — mit CaF_2 4-1909; v. — v. bestrahltem Th 6-1978; v. — v. Seltenerdmetallen bei d. Aufarbeit. v. neutronenbestrahlten Kernbrennstoffen mittels $LiNO_3$ 11-2651*; Extrakt. in wss. Lsg. mit α-Hydroxybuttersäure oder Phosphorsäureestern 17-0712; extraktionschromatograph. Trenn. v. Am u. — 18-2007; Extrakt. v. Am–Cm–Eu aus HCl-saurer LiCl-, $SnCl_2$- u. $SnCl_4$-Lsg. durch tert. Amine 19-0581; extraktive Abtrenn. d. Bk v. — 41-1955; Abtrenn. v. Mikromengen — v. Makromengen U durch Elektrophorese 42-1864; Lsgm.-Extrakt. v. — aus mit Aussalzmitteln versetzten Nitratlsg. mit einem tert. u. einem quart. Amin 45-0504.

$I^2(I + 1)^2$-Korrektur zu Kernrotat.-Spektren v. — 22-0043; Niveaudiagramm v. ^{246}Cm 22-0090; Halbwertszeit d. spontanen Spalt. v. ^{250}Cm 22-0091; α-Zerfall v. ^{245}Cm 30-0090; Erzeug. v. —-Isotopen in thermonuklearen Explos. (Barbel-Test) 34-0093; α-Zerfall v. *5* —-Isotopen mit d. Massenzahlen *242*–*246* 44-0076; Zerfallsgeschw. v. ^{250}Cm, ^{248}Cm, ^{247}Cm, ^{246}Cm u. ^{245}Cm 45-0797; opt. Spektren v. $^{244}Cm^{3+}$ in $LaCl_3$ 28-0332; Valenzzustand u. Atomabstände in krist. — 29-0195; thermodynam. Charakteristik d. Ionisat. v. gasförm. — 16-0488; spezif. Ionisat. entlang d. Spuren v. Spaltprod. v. ^{244}Cm 45-0156; kernmagnet. Abschirm.-Konst. v. — 18-0089; Verdampf. dünner —-Proben unter d. Wrkg. v. Spalttrümmern 21-0289; Sorpt. an amorphem Zirkoniumphosphat 11-0686; Verh. bei d. Ionenaustauschertrenn. 16-1873; Adsorpt. an d. Oberfläche v. poliertem Pt 17-0694; Unters. d. Extrakt. v. — mit Hilfe d. Verteil.-Chromatographie 31-0556; Verh. in Natriumhexametaphosphatlsg. bei d. Papierelektrophorese u. Abtrenn. v. Zr u. Cs 32-2015; Anionenaustauschverh. d. Syst. Cf/Cm mit EDTA 43-0615.

Meth. zur Extrakt. u. chem. Eig. v. — 12-0566; Einfl. d. Ox. mit Ozon auf den Austausch in Lsg. 40-0612.

Best. v. ^{241}Am/^{244}Cm in Harn durch Fl.-Ionenaustausch 26-2142.

Curiumverbindungen

Unters. d. Komplexbldg. v. Cm durch Extrakt. 35-0556.

Anorganische Curiumverbindungen

Curiumfluoride: Gitterkonst.: v. $Na_7 \cdot Cm_6F_{31}$ 45-0244; v. $Li[CmF_5]$ 15-0291.

CmF_3, Darst. durch Umsetz. v. CmO_2 mit $NH_4F \cdot HF$ in He-Atmosphäre 44-0552.

Curiumhydroxid: $Cm(OH)_3$, Darst. v. $Cm(OH)_3$–Sol–Gel-Partikeln als Zwischenstufe für d. Darst. v. CmO_2-Mikrokugeln 16-0729.

Curiumnitrate, Stabilitätskonst. d. Extrakt. v. $Cm(NO_3)^{2+}$ mit Organophosphorsäureverb. 12-0566.

Curiumoxid: CmO_2, Darst.: v. $Cm(OH)_3$–Sol–Gel-Partikeln als Zwischenstufe für d. Darst. v. —-Mikrokugeln 16-0729; u. F. v. CmF_3 durch Umsetz. v. – mit $NH_4F \cdot HF$ in He-Atmosphäre 44-0552.

Curiumphosphat: $CmPO_4$, Struktur v. – u. Ionenradius v. Cm^{3+} 6-0275.

Curiumsulfate, Stabilitätskonst. d. Extrakt. v. $CmSO_4^+$ mit Organophosphorsäureverb. 12-0566.

Curiumthiocyanate, Stabilitätskonst.: v. Thiocyanatokomplexen d. Typs $CmSCN^{2+}$ u. $Cm(SCN)_2^+$ 9-0629; d. Extrakt. v. $CmSCN^{2+}$ mit Organophosphorsäureverb. 12-0566.

Organische Curiumverbindungen

Darst. v. Verb. d. Cm(III) mit 8-Hydroxychinolin u. einigen seiner Deriv. 47-0695; Stabilitätskonst. d. Extrakt. v. CmL^{2+}, CmL_2^+, $Cm(HB)^{2+}$, $Cm(HB)_2^+$ u. $Cm(HB)_3$ (L = Lactat u. HB = Hydroxyisobutyrat) 12-0566; Dissoziat.-Konst.: d. Chelatkomplexes v. Cm mit 1.2-Diaminocyclohexantetraessigsäure (DTCA) 18-0534; eines Chelats v. DTPA mit Cm 20-0548; Komplexbldg. v. ^{246}Cm: in Weinsäure 20-0556; in Citratmedium 44-0577.

Cuscohygrin s. unter *$C_{13}H_{24}N_2O$*.

Cuscutex, Wrkg. auf zahlreiche Unkräuter 5-3210.

Cuskhygrin s. unter *$C_{13}H_{24}N_2O$*.

Custom 455 s. unter *Eisen, Schmiedeeisen und Stahl (Sondermarken)*.

CV 456 s. unter *$C_{16}H_{22}N_6O$*.

C 90 W 3 s. unter *Eisen, Schmiedeeisen und Stahl (Sondermarken)*.

C-129 Y s. unter *Nioblegierungen (Sondermarken)*.

Cyamemazin s. unter *$C_{19}H_{21}N_3S$*.

Cyan s. unter *C_2N_2*.

Cyanäthylcellulose s. unter *Cellulosederivate, Äthylcellulose.*

Cyanäthylierung s. unter *Additionsreaktionen.*

Cyanalkylierung s. unter *Alkylierung.*

Cyanamid, Laser-Emiss. v. – 18-0150; stimulierte Emiss. v. – 22-0141; Kraftkonst., Rotat.-Wechselwrkg.-Konst. u. mittlere Quadratschwing.-Amplituden d. Mol. NH_2CN u. ND_2CN 6-0117; ebene Schwing. v. – u. deuteriertem – 6-0863.

Trimerisier. 3-2685; opt. Unters. d. Mol.-Struktur v. – u. Tautomerie v. – in Lsg. 12-0930; Kinetik d. Dimerisier. v. – in wss. Lsg. im aufgeheizten Ström.-Rohr 28-0993; Trimerisier. zu Melamin 30-2551*.

Rk. v. – mit Ni- u. Co-Nitrat 5-0828; Verw. v. Misch. aus Al-Pulver u. – zur Herst. v. feuerfesten Werkstoffen aus Al-Nitrid 8-2304*; Rk. mit H_2Se 11-1021; katalyt. Einfl. v. NH_4OH u. Ca auf d. Synth. v. Thioharnstoff aus – 23-2531; Rk. mit Hydrazinsulfat u. $NaHCO_3$ 31-2507; Fluorier. v. – mit F_2 in phosphatgepufferter wss. Lsg. 38-0704.

Epox. v. Olefinen mit Wasserstoffperoxid u. einem – 11-2822*; Rk.: mit Alkylchloriden 5-1094; mit prim. oder sek. Aminen 8-1773*; mit 3-Phenylpropyloxyamin 13-1937*; mit 2-Aminoalkyl-1.4-benzodioxanen 24-1754*; mit 2-Amino-4-methylpyridinhydrochlorid 40-1041; mit 2-Amino-4-chlorphenolhydrochlorid 30-1033; mit Phosphinen u. konjugierten Diinen 10-2731*; mit 4-Phenyl-1-cyanimidazolon-(2) 13-1118; mit Thioharnstoff 22-0947; mit N-Amidinoformyl-N'-phenylthioharnstoff 48-1020; mit Perhalogenacetonen 47-0998; mit Thioäpfelsäure 16-1035; mit 2-Amino-1-cyannaphthalin 47-0994; mit Säureanhydriden 5-2694*; mit Hydrazin-N-carbonsäuremethylesterhydrochlorid 18-1017; mit HCl u. Trichloressigsäure zu Chlorformamidintrichloracetat 43-2748*; mit 2-Cyan-3-oxoandrostan bzw. -östran 8-1168.

Wrkg. auf d. Citronensäureanhäuf. durch Aspergillus niger 15-1347; Einfl.: auf SH-gruppenhalt. Redoxsyst. bei Cercosporella herpotrichoides 23-1329; auf d. Saatqualität d. Baumwollsamen 36-2909.

Verw. zur Bekämpf. d. Halmbruchkrankh. d. Getreides 11-3308; fungitox. Wrkg. gegen Cercosporella herpotrichoides Fron 19-3223.

Gaschromatograph. Analyse d. Abgase d. —-Synth. 17-2085; titrimetr. Best. 42-1889.

Salze

Alkalimetall-, Ammonium-, Blei-, Calcium-, Erdalkalimetall-, Kobalt-, Kupfer-, Lithium-, Natrium-, Nickel-, Strontium-, Zink- u. Zinncyanamide s. dort.

Bldg. v. Cyanamiden bei d. therm. Zers. v. Hexacyanoferraten(II) 42-0634.

Cyanamid 47031 s. unter *$C_7H_{14}NO_3PS_2$*.

Cyanamide, Darst. v. Cr(0)- u. Mo(0)-Dialkylcyanamiddicarbonyle 23-0759; Polymerisat. v. Alkylendi-– 42-2868*; 51/52-2816*; Verw.: zur Behandl. v. Textilien 15-2858*; zum Härten v. Epoxidharzen (Alkylendi-–) 31-2756*.

Cyanazid s. unter *$C_3H_5N_3O$*.

Cyancobalamin s. unter *$C_{63}H_{88}CoN_{14}O_{14}P$*.

Cyanein s. unter *$C_{16}H_{24}O_4$*.

Cyanhydrine s. unter *Säurenitrile.*

Cyanidferrihämochrom s. unter *Blutfarbstoffe, Derivate des Hämoglobins (Hämochrome).*

Cyanidin s. unter *$C_{15}H_{12}O_7$*.

Cyanin s. unter *$C_{27}H_{32}O_{17}$*.

Cyanin 863 s. unter *$C_{24}H_{25}N_3O$*.

Cyanine, ein Rubin-Laser mit passivem Q-Schaltelement aus Metallcyanin 17-0418.

Cyaninfarbstoffe s. unter *Farbstoffe, organische (Polymethinfarbstoffe).*

Cyanit s. unter *Aluminiumsilicate.*

Cyanmethylierung s. unter *Alkylierung.*

Cyanocobalamin s. unter *$C_{63}H_{88}CoN_{14}O_{14}P$*.

Cyanocobinamid s. unter *$C_{48}H_{73}CoN_{12}O_8$*.

Cyanoform s. unter *C_4HN_3*.

Cyanoketon s. unter *$C_{23}H_{33}NO_2$*.

Cyanol, Verteil. v. Neutralrot u. – im Riesenaxol d. Tintenfisches 16-1916

Cyanomethämoglobin s. unter *Blurfarbstoffe, Derivate des Hämoglobins (Methämoglobincyanid).*

Cyanophytin, fungizide Aktivität d. – 45-1270

Cyansäure, Verlauf d. Mol.-Häufigk. v. CHNO mit d. Tiefe in d. äußeren Schichten v. K- u. M-Sternen 51/52-0727; Vork. in westind. Arzneipflanzen 17-1634; Herst., Umsetz. u. Polymerisat. v. – aus Fettsäuren 3-2892; Cyanatbldg. u. elektrophoret. Verh. v. Proteinen in harnstoffhalt. Gelen 11-2162; Herst. v. monomerer – 11-2790*; Bldg. 26-0950.

IR-Absorpt.-Spektrum v. DNCO 13-0156; Cyanationen in Alkalimetallhalogeniden (neue Schwing.-Niveaus u. Interpretat. lokaler Gitterschwing. durch d. IR-Absorpt.) 1-0330; äußere Schwing.-Moden kleiner mehratomiger in Alkalimetallhalogeniden isolierter NCO^- 32-0339; Bind.-Charakter u. π-Energien v. NCO^- 2-0091; chem. Verschieb. v. ^{14}N in d. NMR-Spektren v. NCO^- 28-0153; Dissoziat.-Konst. v. – 33-0626.

Strahleninduzierte Polymerisat. 13-1235; Zers. v. – unter Bldg. v. Dicyansäure u. Harnstoff (chromatograph. Unters.) 4-0650.

Rk. mit NH_3 1-2760*; kontinuierl. Herst. v. Melamin aus NH_3 u. – 4-2570*; Gewinn. v. reinem Melamin aus d. Druckpyrolysat v. – 12-2558*; Umwandl. v. Harnstoff in – u. NH_3 zur Melamindarst. 20-2610; Bldg. v. Cyanato-Komplexen v. Th in Aceton, Methanol u. DMF 41-0561; Rk. d. Cyanations mit Aquo- u. Diaquokobaltamminen u. über d. Nitrolysier. d. Carbamatopentamminkobalt(III) (Unters. mit markiertem O) 24-0798.

Rk.: mit prim. oder sek. Phosphinen 1-1038; mit Formaldehyd 2-2661*; mit 4-Methylphenylcyanat 7-1069; mit Sulfhydrylgruppen u. Best. d. NH_2-terminalen Cysteins u. Cystins in Proteinen 8-2057; mit Hexafluorisopropylidenamin 10-1036; mit Neryltetrahydropyranyl-(2)-äther 11-1145; mit O-Methylisoharnstoff 15-1091; mit Diphenylphosphinsäurechlorid 27-1034; mit Acylhalogeniden 37-2328*; mit Äthern 41-2413*.

Biochem. Abbau v. CNO^- durch adaptierte Belebtschlämme 24-2149; Cyanatbind. durch Spermwalmetmyoglobin 28-1532; Einfl. v. CNO^- auf Struktur u. Spektrum v. Hämerythrin 27-1521.

Einfl. v. OCN^- auf d. Aktivität v. Laccase u. Coeruloplasmin 12-1324; parallele Indukt. v. Nitratreduktase u. Nitritreduktase bei Bacillus cereus durch CNO^- 27-1247; Cyanat als Inhibitor d. Nitratreduktase in höheren Pflanzen 32-1496; Einfl. v. NCO^- auf d. Co-Carbonatanhydrase d. Rindes 42-1250.

Best. v. Cyanat in Abwässern 1-2151; maßanalyt. Best. v. sehr kleinen Mengen Alkalicyanid u. -cyanat nebeneinander in alkal. Medium 24-1963.

Salze (Cyanate)

Spezielle – s. unter d. entsprechenden Verbindungen.

Cyanatverb. u. deren reakt. Verh. 20-0704, 42-0713; Rk. anorgan. Cyanate mit organ. Halogeniden (Synth. v. Urethanen) 24-0974.

Ester

Isocyansäureester s. unter *Isocyansäure.*

Chemie d. Cyansäureeester (Umsetz. mit Sulfonsäuren u. Sulfonsäurederiv. bzw. mit Pseudohalogenwasserstoffen) 7-1069; (Umsetz. v. – mit Oximen) 22-0956; Herst. v. (cycl.) α-Cyanatomethyläthern 2-2661*; monomere Alkylcyanate durch Zers. v. 5-Alkoxy-1.2.3.4-thiatriazolen 5-1163; Rk. v. Cyansäureestern: mit Hydroxylverb. 44-2523*; mit Hydrazinderiv. 44-2522*; mit Alkali- oder Erdalkaliazid 5-2724*; mit carbanionenakt. Verb. (Enamine, Pyrrole, aromat. KW-Stoffe, Grignard-Verb. oder Salze CH-acider Verb.) 37-2278*; Rk. aromat. – mit Triäthylphosphit 46-0976.

Cyanurchlorid s. unter *$C_3Cl_3N_3$*.

Cyanursäure s. unter *$C_3H_3N_3O_3$*.

Cyanwasserstoff

Vorkommen, Gehalt

Vork. v. –, C_2H, C_2H_2 (IR-spektroskop. Unters. kalter Sterne v. Standpunkten außerhalb d. Erdatmosphäre) 10-0809; Verunreinig. d. Flusses Jihlava mit Cyaniden (Nachw.) 13-2301; Häufigk. v. – in Sternatmosphären 15-0840; Berechn. d. Konz.-Verhältnisse v. n(CN)/n(HCN) in d. Sonnenatmosphäre 45-0774; Verlauf d. Mol.-Häufigk. v. – mit d. Tiefe in d. äußeren Schichten v. K- u. M-Sternen 51/52-0727; ungefähre Häufigk. v. – aus Mol.-Spektren v. M- u. S-Sternen 51/52-0728; – u. d. Färb. v. Jupiter 51/52-0744.

—-Geh.: bei Arum italicum Mill 1-1406; einiger Pflanzen, bes. im Hinblick auf d. sauren Gräser 9-1456; im Zigarettenrauchkondensat aus extrahierten Sojablättern 24-1266; cyanophore Substanzen in verschiedenen Organen d. Weinrebe 24-1437; Cyanidexkret. in d. Ratte 48-1519.

Bildung, Herstellung

Modellberechn. zur Entsteh. v. – 35-0755; Bldg. v. –: bei d. Darst. v. Methyl- bzw. Äthyldichlorphosphinoxid aus Formamid u. Alkyltetrachlorphosphoran 16-0678; bei d. UV-Bestrahl. v. CH_4/N_2-Gemischen im Vakuum 21-0754; durch Zers. v. Isonitrosoaceton 21-2661; durch katalyt. Zers. d. Acylderiv. v. Isonitrosoaceton 21-2762; aus NH_3 u. CH_4 bzw. C_2H_4 bei Bestrahl. mit Elektronen 26-0704; aus NH_3 mit C_2H_2, CH_4 oder C_2H_4 bei n, γ-Bestrahl. im Reaktor 26-0705; bei Bestrahl. bin. Gemische v. N_2 u. CH_4, C_2H_4 bzw. C_2H_2 mit Elektronen 26-0706; Bldg. v. $H^{11}CN$ bei d. Rk. d. beim $^{14}N(p, \alpha)$-Prozeß gebildeten heißen ^{11}C-Atome im N/H- u. N/C-Syst. 27-0713; Rk. v. Hg(II)-Cyanid mit Schwermetallsulfiden unter —-Entw. 28-1895; γ-Radiolyse v. aceton. Thiocyanatlsg. unter Bldg. v. SO_4^{2-}- u. CN^--Ionen 30-0633; Bldg.: v. CN-Radikalen bei d. Adsorpt. v. N_2 an bei d. Zerkleiner. v. Graphit gebildeten Oberfläche 35-0613; bei d. katalyt. Synth. v. Methacrylnitril 36-2410; im Syst. $CH_3NF_2/(CH_3)_3Al$ 39-0533; bei d. Auflsg. v. N_2 in Fe-freien Schlacken 45-2148; Fixier. v. Stickstoff als – durch Rk. mit einfachen KW-Stoffen (Übersicht) 47-0655.

Herst. v. –: aus Formamid in Ggw. v. Katalysatoren 1-2706* durch katalyt. Spalt. v. Formamid 1-2707*; Mechanismus d. katalyt. oxydierenden Ammonolyse v. Propylen zu – in Ggw. v. MoO_3/Bi_2O_3 3-2576; Darst. 8-1053; katalyt. Herst. v. Acrylsäurenitril unter gleichzeit. Gewinn. v. – 10-2717*; Herst.: durch Zers. v. Nitromilchsäure 15-2590; aus Cyanhydrinen 18-2688*; Spalt. einiger O-substituierter Hydroxylaminderiv. zu – 19-1038; Herst.: aus NH_3, O_2 u. einem KW-Stoff 21-2787*; durch Rk. eines gasförm. KW-Stoffes mit NH_3 in Ggw. v. partiell ionisiertem N_2, Ar oder H_2 25-2438*; am Zinndioxid/Antimontetroxid-Katalysator 32-2519*; aus NH_3, KW-Stoffen u. O_2 37-2331*; Umwandl. v. Acetonitril in – (Katalysator) 40-2510*; Herst.: unter Verw. einer Hochfrequenzplasmadüse 42-2015; gleichzeit. mit Acrylsäurenitril aus Acroleincyanhydrin 46-2473*; aus NH_3, KW-Stoff u. O_2 47-2316*.

Entgift. CN^--halt. Industrieabwässer (Vgl. d. Verf.) 1-2276; Beseitig. aus Abwässern mit Xylendiphenylphosphat 1-2290; Reinig. v. Acrylnitril durch Extraktion mit – 1-2702*; Entgiften v. Cyanidabfall-Lsg. durch Zusatz v. $(NH_4)_2SO_4$ u. längeres Erhitzen 5-2282*; Entfernen v. Cyaniden aus Abwässern durch Einleiten v. Cl_2 9-2320*; Entfernen v. – u. Lactonitril zwecks Reinigen v. Acrylonitril 11-2782*; kontinuierl. Zerstör. v. Cyanid-Abwässern (elektrochem. Meth.) 16-2140; Trenn. v. – aus Acrylnitril-, Acrolein-, Acroleincyanhydrin- u. W.-Gemischen 17-2575*; Aufbereit. stark-—-halt. W. einer Kokerei

18-2226; Trenn. d. Acrylonitrils v. – 19-2694*; biochem. Abbau v. Cyaniden durch adaptierte Belebtschlämme 24-2149; Ox. cyanidhalt. Abwässer durch O_3 26-2271; biolog. Aufbereit. v. CN^--halt. Steinkohlengas-Waschwasser 26-2275; Trenn. v. Acrylnitril 30-2533*; Entfern. v. Cyaniden aus Abwässern durch Ox. 32-2188*; Erniedrig. d. –-Geh. in Ammoniakwässern v. Kokereien 34-2241; Reinig. v. rohem, wss. Acrylsäurenitril v. – 37-2319*; Entfernen aus techn. Brenngasen mit Aceton 39-2503*; Aufbereit. v. cyanidhalt. Abwässern mit einem Geh. an Cr(VI) u. hohen Mengen v. Fe-Verb. 42-2042; Verf. zum biolog. Cyanidabbau unter gleichzeit. Gewinn. v. Vitamin B_{12} 44-2063; elektrolyt. Zers. v. konz., cyanidhalt. Abwässern v. Galvanisier.-Anlagen 46-2084; Behandl. v. cyanhalt. Abwässern auf Tropfkörpern zur –-Entfern. 48-2164; Entgiften v. CN^--halt. Abwässern durch anaerobe Gär. 48-2183*.

Physikalische und physikalisch-chemische Eigenschaften

Stoßverbreiter. d. Mikrowellen-Spektrallinien für – 7-0182; Einfl. auf d. Spektrum v. Muskelschnitten v. Schnecken 8-1615; Rotat.-Spektren v. $H^{12}C^{15}N$ u. $D^{12}C^{15}N$ 33-0152; Umgeb.-Einfl. auf IR-Frequenzen mehratom. Mol. (Auswert. v. Stör.-Theorie-Parametern für – u.DCN) 39-0156; Ursache v. Verschieb. d. C≡N-Schwing.-Frequenz in d. Reihe $CN^-/CH_3NC/BrCN/JCN/CH_3CN/HCN$ 47-0147; Absorpt.-Spektrum d. Komplexes Ferricytochrom a_3-Cyanid 47-1098; *337* μ-Laserstrahl. v. – 6-0154; Verstärk. v. *1,2* mm Strahl. in einem mit $H^{12}C^{15}N$ gefüllten Hohlraumresonator 23-0170.

Berechn. d. MO für d. Valenzelektronen d. – 13-0120; allg. quart. Kraftfeld v. – u. DCN 13-0130; Elektronendichteverschieb. während d. Bldg. v. CN^- 19-0121; Rotat.-Freiheitsgrade v. Mol. in Festkörpern (Cyanidion in Alkalimetallhalogeniden, Mess. d. IR-Absorpt., d. Wärmeleitfähigk. u. d. spezif. Wärme) 20-0284; äußere Schwing.-Moden kleiner mehratomiger, in Alkalimetallhalogeniden isolierter Ionen CN^- 32-0339; Schwing.-Abhängik. d. Konst. d. Verdoppl. v. l-Typ linearer DCN- u. –-Mol. 33-0131; Einfl. v. Rotat.-Niveaus auf Streuung langsamer Neutronen durch – 46-0019; Bind.-Charakter u. π-Energien v. CN^- 2-0091; Einfl. d. außerplanaren Ligandencyanid auf d. Eig. v. Übergangsmetall-4.4′.4″.4‴-tetrasulfophthalocyaninen 8-0170; Struktur d. Sesquihalogenide d. – 10-0929; Mol.-Bind.-Energien für – 12-0112; Konfigurat. v. CN^- in Kaliumtetracyanozinkat (Neutronenbeug.-Unters.) 25-0249; Struktur u. Bind. (Doppelnatur v. Cyanid) 37-0117.

Real- u. Imaginärteil d. DK v. Li^+ u. CN^--dotierten KCl-Krist. 24-0458; massenspektrometr. Unters. über in – gebildete negative Ionen 43-0179; Ion-Mol.-Rk. in d. – 46-0169; Einfl. v. adsorbierten –-Dämpfen auf d. elektr. Leitfähigk. v. Saran-Kohlenstoff 48-0413.

ESR in Alkalimetallhalogenidkrist. mit HCN^--Zusätzen 16-0325; chem. Verschieb. v. ^{14}N in d. NMR-Spektren v. CN^- 28-0153; ESR v. HCN^--Radikal in cyanid-dotierten Alkalimetallhalogeniden 32-0144; ESR d. Additionsverb. v. Peroxydase mit Cyanid 48-1201.

Einfl. v. CN^- auf d. Kinetik d. H_2-Entw. u. H_2-Eintritt in α-Fe 4-0610; spezif. Adsorpt. v. CN^- in d. elektr. Doppelschicht 7-0635; Einfl. v. CN^-: als Anion d. Trägerelektrolyten auf d. elektrochem. Doppelschicht u. Kinetik v. Elektrodenrk. 8-0627; auf d. Red. v. Pt-Oxiden 12-0629; auf d. H-Eintritt in α-Fe 14-0702; auf d. stationäre Bi-Elektrode u. rotierende Elektrode mit kontinuierl. Wiederherst. d. Bi-Oberfläche durch Abwischen 25-0586; Bezieh. zwischen Struktur d. Niederschlags u. Kapazität d. elektr. Doppelschicht bei d. elektrolyt. Versilber. aus Cyanidlsg. 27-0614; Dissoziat.-Konst. v. – 33-0626; Mechanismus d. Auflös. v. Au in CN^--Lsg. 38-0598; Adsorpt. v. – an Elektroden 47-0577.

Thermodynamik d. Dissoziat. v. – 21-1009; Berechn. d. Verdampf.-Wärme v. – 28-0491; Molekülstruktur u. thermodynam. Eig. v. – 49/50-0014.

Sorpt. v. –-Dämpfen durch Fe_2O_3 u. Silicagel 1-0630; Adsorpt. v. CN^- an Zr-Oberflächen 1-0638; LCAO/MO-Modell für d. Chemisorpt. an Metalloberflächen 9-0700; Best. d. relativen Affinität v. CN^- zum WOFATIT SBW 29-1997; Adsorpt. an aufgedampften Filmen v. Ni u. W 35-0608; Wechselwrkg. mit einer hydroxylierten SiO_2-Oberfl. u. mit kationenbeladenen u. kationenfreien Zeolithoberfl. 48-0603.

In d. organ. Phase auftretende Spezies bei d. Extrakt. v. – mit Methyldioctylamin in Chlf. 24-0524.

Reaktionen

Herst. v. Melamin durch anod. Ox. v. – 12-2559*; Einfl d. Polymerisat. v. – zu Aminomalonsäurenitril u. Diaminomaleinsäuredinitril auf d. präbiolog. Synth. v. Purin 29-0830; Herst. v. Dicyan aus – 47-2318*; katalyt. Polymerisieren v. fl. – 48-2645*.

Rk. v. – bzw. CN^--Ionen mit Dicyandi-N-oxid 1-1048; empir. Bezieh. zwischen d. S–S-Bind.-Länge u. d. Aktivier.-Energie zur Spalt. dieser Bind. am Beispiel d. Rk. v. CN^- mit $S_2O_3^{2-}$, S_8, $S_4O_6^{2-}$, $S_3O_6^{2-}$, S_2^{2-} 24-0694; Rk.: mit NH_3 zu Melamin 30-2551*; mit NOCl 33-2594; mit Cl_2 38-2585*; Verh. v. – in fl. HF 42-0551; chem. Verh. v. S-Isotopen in Polysulfidlsg. (kinet. Isotopeneffekt bei d. Thiocyanatbldg.; Anreicher. v. ^{34}S in d. Polysulfid- u. Sulfidionen während d. partiellen Umsetz. d. Polysulfids mit Cyanid) 44-0647; mit Cl_2 zu tetramerem Chlorcyan (Verf.-Schema) 47-2317*.

Umsetz. v. In mit – u. H_2 bei *350°* 35-0678; Kinetik d. Auflsg. v. Hg in Cyanidlsg. 36-0672; Auflsg.-Geschw. v. Ge in $K_3\cdot[Fe(CN)_6]$ in Abhängigk. v. d. Cyanidkonz. u. Rührgeschw. 12-0716; Rk. v. $[Co(NH_3)_5\cdot CN]SO_4$ mit – zu $K_3[Co(CN)_6]$ über $[(NH_3)_5\cdot Co(III)_3-CN-Co(II)(CN)_5]^-$ bzw. $[Co(CN)_5-CN]^{3-}$ 20-0724; Kinetik u. Mechanismus d. Substitut.: v. X(=NH_3, OH^-, NO_2^-, SCN^-) in d. Co(III)-Komplexen $[Co(SO_3)(NH_3)_4X]$ durch CN^- 40-0654; v. X(= NH_3, OH^-, NO_2^- oder NSC^-) in $[Co(NH_3)_4(SO_3)X]$ durch CN^- 42-0620; Einfl. d. H-Ionenkonz. auf d. Lsg.-Kinetik d. Au in Cyanidlsg. [Vorzüge d. NH_3 als Alkalisier.-Mittel in d. Cyanidlaugerei Au-haltiger Erze gegenüber $Ca(OH)_2$, NaOH, CaO u. $Ca(CN)_2$] 16-0656; Einfl. v. Aceton, n-Butanol, Isopropanol, Diisopropyläther u. n-Octanol als oberflächenakt. Substanzen auf d. Auflsg.-Geschw. v. Au in Cyanidlsg. in Ggw. v. O_2 17-0745; Verstärk. d. Auflsg.-Prozesses v. Au in Cyanidlsg. mit Hilfe v. Ionenaustauschharzen 18-0739.

Substitut.-Geschw. v. Cl^- oder Br^- in $\{Pt(hal)[(C_6H_5C_6H_4AsC_6H_5)_3As]\}^+$ durch CN^- 14-0765; Rk. v. – mit Triphenylphosphino- oder 1.2-Bis-[diphenylphosphino]-äthanverb. v. nullwert. Pt, Pd u. Ni (Komplexbldg.) 38-0791; Rolle v. – u. seiner Protonenübertrag.-Geschw. im Bldg.-Mechanismus gemischter Cyanidkomplexe d. Typs $[Ni(CN)Y]^{3-}$ aus $[NiY]^{2-}$ mit H_4Y-AeDTE 42-0627; Rk.-Prod. d. Cyanier. v. Äthyl- u. Methylferrocen 10-0784; Phenylferrocencarbonsäureamide als Rk.-Prod. d. Cyanier. v. Phenylferrocen über Cyanphenylferrocene 19-0786.

Katalysator für d. Herst. v. Acrylsäurenitril aus – u. Acetylen 3-2619*; ungewöhnl. photochem. Umlager. bei d. Synth. v. Adenin aus – 4-1102; Einfl. auf d. Bldg. v. Stickoxidharzen in Kokereigas führenden Leitungen 6-2719; Wiedergewinn. d. CuCl-Katalysators für d. Rk. v. – mit C_2H_2 10-2719*; Rk.: mit Acetylen 25-2433*; mit Äthylen 26-2704*; mit Dicyclopentadien 36-2461*; mit Acetylen 37-2319*, 43-2272; v. Methylbromid mit d. Cyanidion (Kinetik) 30-0930; mit 1.4-Dialkoxybenzolen 19-2702*; Mechanismus d. elektrochem. aromat. Substitut. durch Cyanidionen bei Anisol 29-0908; Rk. mit Äthylenoxid 45-2303*; Chlorier. v. Addukten aus – u. Arylsenfölen 39-2403*; Rk. d. Cyanidions mit Tetramethylthiuramdisulfid 46-0924; Synth. v. Deriv. d. 1.4-Diaza-2.5-diboracyclohexans u. 1.4-Diaza-2-boracyclopentans durch Umsetz. v. – mit Alkylboranen 10-1143; Einlager.-Rk. v. Verb. mit Metall–H-, Metall–C-, Metall–O-, Metall–N-, Metall–Halogen- u.Metall–Metall-Bind. mit Cyaniden 10-0796; Spalt. v. 1-Phenylpropandion-(1.2) durch Alkalicyanide u. Synth. v. 2-Methyl-3-phenyl-2.3-dicyanpiperazin u. 2.3-Diphenyl-2.3-dicyanpiperazin 1-1118; Rk.: mit Formaldehyd 1-2703*; mit Acrolein 6-2600*; mit 2.3-O-Isopropyliden-D-glycerinaldehyd/Alkylaminen bzw. Propionaldehyd 8-1055; mit 4.3′.5′-Trimethyl-3.4′-diacetyl-bis-[pyrrolyl-(2)]-methan 11-1085; mit aliphat. Carbonylverb. 11-2788*; v. – oder -Alkalisalzen mit α-Hydroxy- oder -Acetoxypropionaldehyd 14-2738*; Hydrocyanier. einiger γ-Diketone 15-1011; Cyanidbind.-Vermögen d. DL-Glycerinaldehyds im Vgl. zu anderen Monosacchariden 21-1815; Rk. mit Isonitrosoaceton 21-2763; Gleichgew.-Rk. $p\text{-}R-C_6H_4-CHO + HCN \rightleftharpoons p\text{-}R-C_6H_4-CH(OH)CN$ 29-0944; Rk. mit Acetaldehyd 41-2406*; Anlager. an Tetrahydrofuranone-(3) 42-0993; Rk.: mit polymerem Formaldehyd 45-2304*; mit α,β-ungesätt. Ketonen 49/50-2390*; mit Hexamethylentetramin oder Formaldehyd u. NH_3 49/50-2396*; mit Aceton u. $(NH_4)_2S$ 51/52-1004; mit Tetrahydropyranonen-(4) 51/52-1007; Addit. d. Cyanidions an N-Cinnamylidenmethylamin u. N-Cinnamylidenanilin 2-1033; Cyanolyse quart. Arsoniumsalze mit KCN zu tert. Arsinen 44-1029; Rk.: mit α-Cyanacrylamiden 12-1084; v. Cyanid mit Cystin unter Bldg. v. Cystein u. 2-Iminothiazolidin-4-carbonsäure (Beispiel für d. Beteilig. einer Aminogruppe an d. Spalt. einer S–S-Bind. u. ihr Nachw. mit Hilfe v. N-15, Synth. v. ^{15}N-markiertem dl-Cystin) 24-0695; v. Glucoheptosaminsäure mit – oder deren lösl. Salzen u. CH_2O 25-2456*; mit 2-Oxo-3-[β-methoxyäthyl]-cyclopentan-1- carbonsäureäthylester 37-1123; v. Sulfochloriden mit Aldehyden u. – 22-2565*; mit Alkylmercaptomethylalkylketonen u. Thiophosphor-, -phosphin- bzw. Phosphonsäure(ester)halogeniden 30-3000*; mit Anilin/Glucose 19-1133; mit 18-Nor-5α-$\Delta^{13,17}$-pregnen-3β-ol-20-on 6-1095; enzymat. Katalyse d. Cyanidaddit. an Nicotinamidadenindinucleotid 8-1349; Natur d. Wechselwrkg. zwischen Cytochrom a u. Cyanid 27-1238; schnell u. langsam reduzierbare komplexe v. Häm a mit CN^- 45-1445.

Red. v. aromat. Nitroverb. in Ggw. v. Co- u. CN-Ionen 26-2701*.

Biochemisches und physiologisches Verhalten

Atmungsgebundene Wander. v. Ca^{2+} u. H^+ in Rattenlebermitochondrien 16-1160; Empfindlichk. d. Einbaus v. ^{32}P in d. säureunlösl. Frakt. v. isolierten Nuclei gegen NaCN 24-1215; Rolle d. Anionen bei d. Einfl. v. Cyanid auf d. Mitochondrienschwell. u. -kontrakt. 27-1190.

Enzymat. Bldg. v. β-Cyanoalanin aus Cyanid (durch Extrakte aus E. coli) 8-1442; (durch Homogenate aus Lotus tenuis) 8-1446; d. Cyanidaddukt d. Aldolase-Dihydroxyacetonphosphat-Imins 28-1389; Einfl. v. KCN: auf d. enzymat. Synth. v. Cysteinsulfinsäure aus Cystein in vitro 3-1369; auf Polyphenoloxydase aus Teeblättern 6-1257; auf d. mit anaerober Nitratred. gekoppelte Phosphorylier. in einem zellfreien Extrakt v. E. coli 6-1270; Wrkg. v. CN^- auf d. Synth. v. Nucleosiddi- u. -triphosphaten durch Lachsmilchenzymaufbereit. 6-1311; KCN als Inhibitor d. histochem. Rk. d. alkal. α-Naphthyl- u. Naphthol-AS-Phosphomonoesterase in d. Niere v. Rana esculenta 7-1416; Hemm. d. D-α-Hydroxysäuredehydrogenase in tier. Geweben 7-1425; Einfl. v. KCN: auf d. Ox. v. Tetrachlorhydrochinon u. Cytochrom c durch Tetrachlorhydrochinonoxydase aus Rinderherzmitochondrien 8-1345; auf d. Bernsteinsäuredehydrogenaseaktivität u. d. oxydative Phosphorylier. d. Mitochondrien in krist. Rinderaugenlinsen 8-1357; auf d. Cytochrom c-Peroxydase 8-1362; auf d. Aktivität d. Chlorperoxydase aus Caldariomyces fumago 8-1366; Hemm. d. Carbonat-Hydrolyase im Kaninchenhirn durch CN^- 10-1402; Einfl.: v. KCN auf d. α-Amylasebldg. in ungekeimten Gerstenendospermstücken nach Behandl. mit Gibberellin 11-1460; v. CN^- auf d. Aktivität v. Laccase u. Coeruloplasmin 12-1324; v. Cyanid auf d. Wrkg. v. Mg^{2+} auf alkal. Phosphatase aus Synovialfl. d. Rindes 12-1366; Hemm.: d. Ricinin-Nitrilase durch NaCN 12-1403; d. L(+)-Lactatdehydrogenasel in d. menschl. Mundhöhle durch CN^- 13-1312; d. Aktivität d. Transamidinase aus Streptomycin bildenden Streptomyces-Stämmen durch NaCN 13-1341; Einbau v. Hämatin in Lactobazillen u. Pediokokken unter Bldg. v. Cyanid-empfindl. Katalase 15-1269; Isolier. u. Kennzeichn. d. Cyanid- u. Azid-resistenten Katalase d. Lactobacillus plantarum 15-1270; Einfl. v. Cyanid auf d. Serotonin oxydierende Fermentsyst. in Rattenherzmitochondrien 17-1513; Einfl. v. KCN auf Verteil. u. Eig. d. wasserlösl. u. lipidgebundenen Katalase in d. normalen Leber u. im transplantablen Hepatom 18-1248; Hemm.: d. NADH-Oxydase bei Portotheca zopfii durch Cyanid 21-1340; d. Peroxydasen in durch Schwarztrockenfäule infizierter Batate durch Cyanid 21-1344; Einfl.: v. KCN auf d. Wrkg. v. Prolinoxydase aus Insektenflugmuskeln auf L-Prolin 23-1259; v. Cyanid auf d. NADH-Oxydase in Nuclei u. Nucleoli v. Rattenleber 24-1304; Wrkg. v. KCN: auf d. Empfindlichk. d. Xanthosin-5′-phosphataminase gegen Psicofuranin 24-1393; auf d. enzymat. Nitratred. durch zellfreie Extrakte aus Bacillus cereus 26-1302; Einfl.: v. Cyanid auf d. Cytochromoxydase aus Pseudomonas aeruginosa 28-1308; v. CN^- auf d. Aktivität d. sauren u. alkal. Phosphatase v. Antheraea pernyi-Raupen 28-1345; v. KCN auf d. Phosphorylier. v. 2-Desoxy-D-glucose in Ehrlich-Aszites-Karzinom-Zellen 29-1186; v. NaCN auf d. Aktivität d. Cytochromoxydase d. Dünndarms d. Maus nach Bestrahl. 29-1623; Hemm. d. Diaminoxydase aus Keimlingen v. Lupinus luteus durch KCN 30-1225; Einfl. v. Cyanid: auf d. akt. Zentrum v. Schweineherz-Glutaminsäure–Asparaginsäure-Transaminase 30-1232; auf NAD$^+$-gebundene Aldehyddehydrogenasen aus Hefe u. Leber 32-1309; Wrkg.: v. KCN auf spezif. Fructosediphosphatase aus E. coli 32-1379; v. Cyanid auf d. Red. v. Ubichinon (Coenzym Q) in Rattenlebermitochondrien 34-1307; Hemmwrkg. v. CN^- auf Putrescinoxydase aus Micrococcus rubens 34-1323; Einfl. v. Cyanid auf d. Konformat. v. Ferricytochrom c aus Pferdeherz 36-1258; Aktivier. v. Milch-Xanthindehydrase durch KCN 36-3029; Einfl.: v. KCN auf d. Red. v. Cytochrom c durch Aminoxydase aus Aspergillus niger 37-1241; v. Cyanid auf Tyrosinase aus Zuckerrohr 40-1276; v. CN^- auf d. mit d. Malatox. gekoppelte Phosphorylier. in Acetobacter xylinum 41-1244; v. CN^- auf d. Co-Carbonatanhydrase d. Rindes 42-1250; v. Cyanid auf d. Keiling-Hartree-Präp. u. gerein. Cytochromoxydase 43-1171; v. KCN auf d. Aktivität v. Allantoinasen aus bakteriellen, pflanzl. u. tier. Quellen 43-1197; Hemmwrkg. v. KCN auf Häm-α-methenyloxygenase 43-1217; Einfl.: v. Cyanid auf d. Epinephrinoxydierende Enzym 46-1263; v. KCN auf d. enzymat. Desaminier. v. Δ^1-Pyrrolin-4-hydroxy-2-carbonsäure zu 2.4-Dioxovaleriansäure 48-1224; Hemmwrkg. v. CN^- auf d. Rk. d. Cytochroms b-555 im mitochondr. Elektronentransportsyst. d. Mungobohne 49/50-1134; Nachw. einer Cyanid-empfindl., formalinresistenten oxydaseähnl. Aktivität mit d. N-Phenyl-p-phenylendiamin-Cytochromoxydase-Meth. 49/50-1165.

Bind. v. — durch einen psychophilen Basidiomyceten 8-1473; $H^{14}CN$-Assimilat. verschiedener Pilzarten 26-1435; Einfl.: v. Cyanid auf d. bakterizide Wrkg. v. Mitomycin C 5-1388; v. KCN auf d. elektrochem. gemessene Hefeatmung 10-1433; Cyanidresistenz v. Achrombacter 14-1402; Einfl. v. KCN auf d. NADH-Ox. durch Partikelfrakt. v. Azotobacter vinelandii 34-1306; Cyanidresistenz bei Achromobacter (Mechanismus) 37-1303; Einfl.: v. Cyanid auf d. Adenosin- u. Inosin-Transport in E. coli 38-1376; v. NaCN auf d. Einbau v. $Na_2{}^{75}SeO_3$ in Candida albicans 41-1308; v. CN^- auf d. Abbau v. Citronensäure durch Aspergillus niger 49/50-2854.

—-Stoffwechsel (Assimilat. v. $H^{14}CN$ durch Lathyrus odoratus L., Vicia sativa u. Ricinus communis) 9-1489; (in Lotus arabicus L. u. Lotus tenuis) 11-1437; Einfl. v. KCN: auf d. Crocinox. durch Mitochondrien aus Zuckerrübenblättern 11-1297; auf d. Chloridresorpt. durch Gerstenwurzeln 13-1515; Wrkg. v. Cyanid auf d. O-Aufnahme u. d. ^{32}P-Anstieg bei cyanogenen Geweben d. Cassava-Knolle (Manihot esculenta) 21-2914; Einfl. v. KCN: auf d. Cobalamin-Synth. in Wurzelknöllchen v. Nichtleguminosen 24-1475; auf d. Fluoreszenzabnahme in Weizenblättern während d. Photosynth. in Bezieh. zu zwei lichtabhäng. enzymat. Prozessen 24-1481; Wrkg. v. Cyanid auf d. Ascorbat induzierte Photophosphorylier. in Chloroplasten 24-1482; KCN-Unempfindlichk. in Bezieh. zur Kompensat. d. Atmung v. Kartoffelscheiben 42-1263; lichtinduzierter Verbrauch mol. O_2 durch induzierte Chloroplasten in Ggw. v. KCN 42-1322; Einfl.: v. — auf Hill-Rk. u. Photosynth. bei blaugrünen Algen 48-1329; v. CO_2 u. — auf d. Hill-Rk. mit Chinon bei Anabaena variabilis 48-1330.

Lebersche hereditäre Opticusatrophie, mögl. Defekt d. Cyanidstoffwechsels 22-1529; Cyanid- u. Thiocyanat-Unters. (Literaturübersicht über d. Stoffwechsel) 38-1625; Einfl. v. KCN auf d. Thyreotropinwrkg. in vitro 4-1508; Hemm. d. Na-Transportes durch d. Wand d. Gallenblase d. Frosches durch KCN 6-1576; Wrkg. v. KCN auf d. Hydroxylier. v. Arzneimitteln in Rattenlebermikrosomen 10-1349; Einfl. v. Cyanid: auf d. Stoffwechsel v. 5-Hydroxytryptamin in plättchenfreiem Plasma v. Kaninchen 11-1714; auf d. α-Aminoisobuttersäuretransport in Knochen 12-1609; auf d. Glykolyse u. Gluconeogenese in d. Nierenrinde 12-1635; Wrkg. v. KCN: auf d. Bildungsweise v. ribosomenbesetzten Membranen in Zellen v. Leberschnitten 15-1195; auf d. Proteinsynth. in vitro in Mitochondrien aus Normal- u. Tumorgewebe 15-1227; Einfl.: v. Cyanid auf d. Freisetz. v. 5-Hydroxytryptamin aus Kaninchenplättchen durch Antigen-Antikörper-Rk. in vitro 15-1514; v. KCN auf d. Strahlenempfindlichk. v. Ehrlich-Aszitestumorzellen 18-1236; v. NaCN auf d. Transport v. Glycin durch Rinderspermatozoen 18-1542; Veränder. d. Vaguswrkg. auf Herz u. Herzstoffwechsel durch KCN in vitro 18-1708; Einfl.: v. Cyanid auf d. Ox. v. Fettsäuren durch Mitochondrien aus Rinderhirnen in Ggw. u. Abwesenh. v. ATP 20-1581; v. NaCN aus Herzstoffwechsel u. Hämodynamik v. allg., Pulmonar- u. Koronarkreislauf 21-1798; respirator. u. kardiovaskuläre Rk. zeitweise abgetrennter aort. u. carotid. Elemente auf Cyanid 21-1799; Einfl.: v. Cyanid auf d. respirat. Akkumulat. v. anorgan. Phosphat u. Ca^{2+} durch Rattenlebermitochondrien 23-1279; v. NaCN auf d. vasomotor. Tonus 24-1655; v. Cyanid auf d. Akkumulat. v. Mg^{2+} durch Herzmitochondrien in Abwesenh. v. anorgan. Phosphat 25-1181; Wrkg. v. KCN: auf d. 7-Hydroxylier. v. Cumarin durch Lebermikrosomen 28-1221; auf d. Schwell. d. Lebermitochondrien durch arginreiche Histonextrakte aus Kälberthymus 28-1320; Rolle d. Nebennierenrinde bei d. Resistenzsteiger. v. röntgenbestrahlten weißen Ratten gegenüber KCN 29-1624; Nebennieren-17-Hydroxycorticosteroid-Sekret. als Rk. auf Cyanid-Anoxie 29-1638; Cyanid-Enzephalopathie beim Menschen nach Behandl. mit Vitamin B_{12} 30-1521; Einfl. v. NaCN: auf d. Mitochondrienatmung unter Wrkg. d. Nebenschilddrüsenhormons 32-1583; auf Impulsaktivität u. O_2-Aufnahme eines isolierten Krustaceen-Neurons 34-1700; Wrkg. v. Cyanid auf d. atmungsabhäng. Protonenbeweg. bei Rattenlebermitochondrien 35-1227; Depress. d. Atriumkontrakt. durch Cyanid u. Antagonismus v. Thiamintetrahydrofurfuryldisulfid 37-1493; Rolle v. Cyanid bei d. Entsteh. d. zentralnervösen Wrkg. v. γ-Phthalimidobutyronitril 39-1608; Herzrk. auf eine Stimulier. d. Chemorezeptoren durch NaCN beim Hund 40-1605; Einfl.: v. Cyanid auf d. Wrkg. v. Prostaglandin E_1 u. v. Hirnprostaglandinen auf d. isolierten Rattenmagen 42-1430; v. NaCN auf d. Freisetz. v. freien Fettsäuren aus Ehrlich-Aszitestumorzellen 43-1137; Antagonismus zwischen Menadion u. CN^- am isolierten Meerschweinchenvorhof 43-1515; Einfl. v. KCN auf d. energiegebundenen Einbau v. NAD in Rattenlebermitochondrien 46-1181; Insulin-ähnl. u. Antiinsulinwrkg. v. KCN auf Fettgewebe 46-1446; Einfl. v. KCN: auf d. Umwandl. v. Pilocarpin durch Serum 47-1445; auf d. Energiehaushalt v. Ehrlich-Aszitesrebszellen 48-1169; Wrkg. v. NaCN auf d. Ammoniaktransport durch d. Dünndarm d. Goldhamsters 48-1475; Rk. d. Nickhaut d. Katze auf KCN 51/52-1565.

Vgl. d. Wrkg.-Beding. v. Kobalt-EDTA, Aquocobalamin u. Kobalt-Desferrioxamin als —-Antidote 6-1629; Schutz durch O_2 bei Cyanidvergift. 8-1725; Wrkg.: v. Co-Gluconat u. Co_2EDTA auf d. Hirnstoffwechsel normaler u. cyanidvergifteter Mäuse 14-1777; v. O_2 auf d. KCN-Vergift. (prophylakt. Schutz) 31-1678; Co-Verb. als Antidote für — 38-1622; Bedeut. d. Wrkg.-Geschw. v. Antidoten bei d. Behandl. d. —-Vergift. 46-1638.

Technische Verwendung

Schutzschichtbldg. auf Stahloberflächen durch Behandl. mit wss. — 23-2418; Bekämpf. d. Pflaumenrüßlers Conotrachelus nenuphar in Obst mit — 48-3137.

Analyse

Spezif. Fluoreszenzmeth. zum Nachw. v. Cyanid 20-1901; Tüpfelnachw. anorgan. Cyanide durch pyrolyt. Bldg. v. Cyan 22-1899; Tüpfelanalyse v. — 34-2106.

Voltametr. Best. v. CN^- 11-2019; maßanalyt. Meth. zur Makro- u. Mikrobest. v. Cyanid 19-2064; maßanalyt. Best. eines Gemisches sehr kleiner Mengen Alkalicyanid u. -cyanat in alkal. Medium 24-1963; Best. v. Mikrogrammengen Cyanid auf Papier durch eine Imprägnier.-Meth. 31-1964; UV-spektralphotometr. Best. v. CN^- mit Hg-Äthylendiamintetraacetat 35-1975; Abtrenn. v. CN^- durch Dünnschichtchromatographie 39-1888; spektralphotometr. Best. kleiner Cyanidmengen 47-1819; Titrat. v. Makro- u. Mikromengen Cyanid 49/50-1755.

Best.: in Luft durch Gaschromatographie 30-2033; in Gasen 47-1810*; in Abwässern 1-2150; potentiometr. Cyanidbest. u. Entgift. cyanidhalt. Abwässer 4-2099; Best. v. Cyaniden in Abwässern u. Oberflächenwässern 8-2079; Einfl. d. Alkalihexacyanoferrate(II) u. -(III) auf d. Best. des freien Cyanids in Industrieabwässern 19-2111; Best.: im Abwasser (Eign. verschiedener Verf.) 26-2266; in Abwässern d. Acrylnitril-Prod. 29-2086; in W. 43-1880; elektrometr. Meßkette für d. Best. d. Cyanidgeh. in Abwässern 44-2067*; argentometr. Titrat. v. Cyanid in geschmolzenen Nitraten 34-2026; spektrophotometr. Best. v. freier u. gebundener — in Weinen u. Fruchtsäften mit Hilfe v. Py./Barbitursäure-Reagenz 8-2107; Best. v. — aus Blausäureglykosiden v. Manioka u. Maniokaprod. 31-3023; Best. d. —-Geh. im Zuckerhirsefutter mit Hilfe v. Pikratpapier 16-1996.

Titrimetr. Best. v. Chlorcyan in Ggw. v. reduzierenden Substanzen u. Cyanid 14-2010; Best. v. Au in techn. Cyanidlsg. 20-1985; Best. v. NH_3 u. Monoäthanolamin in Lsg. u. Gasen v. Anlagen für d. —-Gasreinig. 42-1916; photometr. Meth. zur Best. v. Pentathionat durch Cyanidspalt. 35-1973; Best. v. Cyanocobalamin in Hydroxocobalamin durch kolorimetr. Best. v. — 14-1662.

Salze (Cyanide)

Spezielle — s. unter betreffenden Verbindungen.

Elektronenleit. spezif. elektr. Widerstand u. Aktivier.-Energie d. Leit.-Vorganges in einigen anorgan. komplexen — 8-0450; Übergangsmetall-— u. ihre Komplexe 9-0747; Herst. v. — im Lichtbogenplasma (Übersicht) 19-2202; Einfl. v. — auf d. Klärgaserzeug. 9-2916; Rk.: v. Organoaluminiumverb. mit — 4-0708; v. 2-Halogen-4.6-diamino-1.3.5-triazinen mit Metall-— 8-3250*; Verw. v. Schwermetall-— in Gras- u. Crabgrasvernicht.-Mittel 31-2936*.

Cycasin s. unter $C_8H_{16}N_2O_7$.
Cycasinaglykon s. unter $C_2H_6N_2O_2$.
Cyclamat s. unter $C_6H_{13}NO_3S$.
Cyclamin s. unter $C_{23}H_{26}O_{13}$.
Cyclaminsäure s. unter $C_6H_{13}NO_3S$.
Cyclandelat s. unter $C_{17}H_{24}O_3$.
Cyclazocin(e) s. unter $C_{18}H_{25}NO$.
Cycleanin s. unter $C_{38}H_{42}N_2O_6$.
Cyclisierung

Siehe auch *Aromatisierung*.

— mit CO (Übersicht) 4-1085; reduktive — (neuer Weg zu Heterocyclen) 8-1148; —: unter Ausbldg. einer C=C-Doppelbind. 10-1116; v. Isoprenoidverb. 18-0990, 18-0991; v. Ketten v. Alkan-Typ (Berechn. d. Wahrscheinlichk. mit Hilfe einer Monte-Carlo-Meth.) 20-0869.

—: v. Vinylacetylen-Syst. 17-1065; v. Hexatrien-(1.cis-3.5) zu Cyclohexadien-(1.3) (Kinetik u. Mechanismus) 18-0916; v. trans- u. cis-2′-Halogen-α-stilbazolen zu Benzo-[c]-chinoliziniumsalzen 18-1032; v. 3-Azidopyridinen zu Imidazopyridinen 21-1169; mit Polychloraza-alkenen 24-1102; v. 6-Hydrazinopurinen zu symm.-Triazolo-[3.4:i]-purinen 37-1078; v. N-Chlor-4-alkylpiperidinen 40-1058; v. δ-äthylen. N-Chloraminen zu 3-Chlorpiperidinen 48-0997; v. β-[Cyclohexen-(1)-yl]-äthylaminen zu 10-Hydroxydekahydroisochinolinen (ster. Verlauf) 48-0999.

—: v. N-Aryl-N-benzylcarbamidsäureaziden 2-1123; v. 5-[2-Mercaptoäthyl]- u. 5-[3-Mercaptopropyl]-6-hydroxypyrimidinen 9-1131; d. Hydrolyseprod. v. ω-Chloralkansäuren mit H_3PO_4 22-2580*; mit N-[α-Chloralkyliden]-carbaminsäurechloriden 23-1094; v. β-Jodcarbamaten (Mechanismus) 26-1009; v. Alkoxyharnstoffen u. Hydroxyharnstoff zu N-Hydroxypyrimidinen u. Isoxazolderiv. 26-1105; v. o-Hydroxyphenylurethanen zu Benzoxazolonen-(2) 30-1034; v. 3-substituierten N-[β-Hydroxyäthyl]-1.1-dialkylpropin-(2)-ylaminen 33-1115; v. N-substituierten Cinnamylthioharnstoffen 37-1056; v. 1.3-Bis-[isopropylidenamino]-2-arylaminothioformylguanidinen 38-1071; v. 2-Anilinoformyl-1.3-bis-[iso-propylidenamino]-guanidinen 39-1026; v. Bis-triphenylphosphinalkylenen durch Autox. 41-1033; v. 1-Alkylamino-3-halogenoalkanolen-(2) zu 1-Alkylazetidinolen-(3) 48-0980.

—: v. 5-Phenylpentanonen-(2) unter Dehydratisier. 2-1092; v. Allylisopulegonen 6-0998; über Oxoniumsalze 6-1061; v. ε-Diketonen zu konjugierten u. nichtkonjugierten Cyclopentenketonen 7-1080; v. Ylidenmalondinitrilen 11-1074; v. Benzil- u. Desoxybenzoinderiv. zu Cumaronen u. Isoflavonen 19-1106; v. Dialdehyden mit Nitromethan 19-1135, 49/50-0981; v. Aldolen bei Katalyse durch Amine (Mechanismus) 25-0973; v. 4-Acetyl-1-methoxycyclohexen zu 4-Alkoxybicyclo-[2.2.2]-octanonen-(2) 33-1072; v. Allylvinylcyclanonen 36-0991; v. 3-Arylhydrazonen d. Pentantrions-(2.3.4) 37-1051; v. Hydrazonen durch Red. 37-1069; v. monocycl. olefin. Diazoketonen bei Katalyse durch Cu 43-0976; v. 1.5-Bis-[nitrohetaryl]-pentadien-(1.4)-on-(3)-guanylhydrazonen 44-1047; d. Prod. d. Stobbe-Kondens. mit Propiophenon 46-0981; v. Chalkondibromiden (ster. Effekte) 47-0985.

—: v. höheren DL-α-Aminodicarbonsäureestern 1-1117; v. Glutaminsäureestern (Rolle d. Katalysators bei d. Kinetik) 2-1022; v. 2-Aminobenzamiden 7-1118; d. Arylamide v. Arylazoacetylthioessigsäuren 9-1092; v.

Dämpfe

Spezielle – s. unter d. entsprechenden Stichwörtern. Dampf–Fl.-Gleichgew. s. unter *Dampfdruck. Kondensation* s. dort. Analyse v. – s. unter *Gasanalyse.*

Siehe auch *Chromatographie-Gaschromatographie*; *Massenspektroskopie*; *Spektroskopie.*

Photoionisat. v. – hoher Temp. (Jodide v. Na, Mg u. Tl) 28-0168; Assoziat. in – v. Ionensalzen 2-0590; Best. d. thermodynam. Eig. u. d. mol. Zus. v. Leg.-– durch d. Effus.-Meth. (heterogene Syst.) 2-0611; D. v. gesätt. – 4-0536; Anwend. d. Thermodynamik irreversibler Prozesse auf d. Unters. d. –-Transports in kapillar-porösen Körpern 5-0570; Lsg. u. Diffus. v. – in Siliconkautschuk-Membranen 9-1225; Unters. d. Viskosität v. – bei hohem Druck u. hoher Temp. (App.) 14-0576; (Ergebnisse u. Diskuss.) 14-0577; Best. d. Assoziat.-Zahl v. gesätt. – aus d. Gleich. d. –-Druckkurve 20-0503; adiabat. Wandtemp. im Strom eines übersätt. – 21-0485; Änder. d. Idealität v. – entlang d. Sättig.-Linie 21-0524; mittlere Energie v. verd., fluoreszierenden – 25-0851; Meth. zur Unters. d. Thermodiffus. in einem Gemisch v. Gasen u. – 34-0529; Aufbringen v. verdampfungsverhindernden Monoschichten durch d. –-Phase 35-0602; Best. d. spezif. Wärme v. – 36-0894, 36-0895; Wärmeleitfähigk. v. – zwischen *– 50* u. *+ 150°* bei Normaldruck 42-0488; Berechn. d. thermodynam. Eig. v. Oberflächenphasen v. reinen Syst. Fl.-Dampf 51/52-0570; Best. d. spezif. Oberflächen v. Festkörpern aus d. Adsorpt.-Isothermen v. – 1-0607; Sorpt. v. – durch Fe_2O_3 u. Silicagel 1-0630; Best. d. Oberfläche pulverförm. Substanzen durch Thermosorpt. organ. – 5-0678; Einfl. d. Adsorpt. v. – auf d. elektr. Leitfähigk., Photoleitfähigk. u. Photo-EMK v. Polykupferphenylacetylenid 6-0443; –-Adsorpt. an mikroporösen Adsorbenten 8-0669; spezif. Eigenh. v. mikroporösen Adsorbenten bei d. Adsorpt. v. – verschiedener Substanzen 8-0671; Adsorpt. v. – an durch Präadsorpt. v. Dibutylphthalat modifiziertem Silicagel 90690; Kinetik d. Adsorpt. v. – an porösen Adsorbentien 19-0661; Randwinkel im Syst. Dampf/Fl./Krist. 31-0645; Einfl. d. Natur d. Adsorbats auf d. Texturänder. v. Silicagelen im Verlauf d. –-Sorpt. 32-0631; Theorie d. Vol.-Auffüll. bei –-Adsorpt. 32-0641; Charakter d. Füll. d. primären Porenstruktur v. dehydratisierten Zeolith-Krist. bei d. Adsorpt. v. – 32-0652; –-Adsorpt. an porösen festen Stoffen 34-0651; Dynamik d. –-Sorpt. in einer Schicht mit sich änderndem Durchmesser 40-0602; Wechselwrkg. v. frischen Graphitoberflächen mit – 42-0597; Best. v. Adsorpt.-Isothermen v. Stoffen aus Gas–Dampf-Gemischen 43-0599; Wechselwrkg. v. – mit Feststoffen 48-0599; chromatograph. Best. d. Löslichk. u. d. Lsg.-Wärmen v. – 26-0929.

Rk. v. schwerschmelzenden Metallen mit strömendem – 32-0764.

Sicherh. durch Feuerbekämpf. mit –-Syst. (in d. Erdölindustrie) 3-2762.

Zelle zur Mess. d. DK v. – 9-2026.

Därme, eßbare Kunst-– aus Kollagen 18-3423*; nahtlose, eßbare, zwischenschicht. Kunst-– auf Alginatbasis 26-3455*; Cellulose-– für Lebensmittel mit Organosiloxan-Überzug 40-3201*.

Dahllit s. unter *Apatite.*
Daidzein s. unter $C_{15}H_{10}O_4$.
Daiflon S$_3$ s. unter $C_2Cl_3F_3$.
Dakin-Reaktionen s. unter *Oxydation.*
Dalapon s. unter $C_3H_4Cl_2O_2$.
Dalatinon s. unter $C_{23}H_{18}O_5$.
Dalbergenon s. unter $C_{16}H_{14}O_3$.
Dalbergin s. unter $C_{16}H_{12}O_4$.
Dalbergion s. unter $C_{16}H_{14}O_3$.
Dalbergion I s. unter $C_{16}H_{14}O_3$.
Dalbergion II s. unter $C_{17}H_{16}O_4$.
Dalbergoldin s. unter $C_{15}H_{12}O_6$.
Daltoflex 1 S s. unter *Kautschuk, Urethan-Elastomere.*
Damascenin s. unter $C_{10}H_{13}NO_3$.
Dambonit s. unter $C_8H_{16}O_6$.
Dammaradienol s. unter $C_{30}H_{50}O$.
Dammaran s. unter $C_{30}H_{54}$.
Damnacanthal s. unter $C_{16}H_{10}O_5$.
Damosäure s. unter $C_{23}H_{16}O_6$.
dAMP s. unter $C_{10}H_{14}N_5O_6P$.
Dampf [Wasserdampf] s. unter *Wasser.* –-Dest. s. unter *Destillation. Dampf- und Heizkessel*; *Vergasung* s. dort. Siehe auch *Dämpfe*; *Feuchtigkeit.*

Dampfdruck

Destillation; *Ebuillioskopie*; *Kondensation*; *Kritischer Zustand*; *Verdampfung*; *Zustandsgleichung* s. fort.

Einfl. d. Realgaskorrektur bei d. Berechn. thermodynam. Funkt. aus Fl.–Dampf-Gleichgew.-Mess. 2-0565; Phasenoberflächen zur Beschreib. v. „Condensing-gas-drive"-Experimenten 2-2798; alte u. neue Probleme auf d. Gebiet d. Dampf–Fl.-Gleischgew. (Übersicht) 4-0539; Vorausbest. v. Dampf–Fl.-Gleichgew. mit Hilfe einer Theorie d. fl. Misch. 4-0922; Anwendbark. d. klass. Knudsen-Formel zur Mess. d. Sättig.-– unter d. Beding. mittlere freie Weglänge $\lambda \gg$ Abmess. d. Effus.-Kammer Λ 5-0588; – u. deren Berechn. 13-0945; Diskuss. d. Möglichk. d. Ausdehn. d. Fl.–Gas-Gleichgew.-Kurve über d. krit. Punkt hinaus 14-0587; Einfl. period. Druckschwank. auf d. Phasengleichgew. (Luft–Dampf-Misch. über einer Fl. mit ebener Grenzfläche) 14-0608; Dampf–Fl.-Gleichgew. (Syst. A./Cyclohexan zwischen *5* u. *65°*) 16-0873; (Syst. W./Butylglykol zwischen *5* u. *85°*) 16-0874; Best. d. Assoziat.-Zahl v. gesätt. Dampf aus d. Gleich. d. –-Kurve 20-0503; Fl.–Dampf-Gleichgew. v. Vielstoffsyst. bei hohen Drücken (Druck-Zus.-Zustandsdiagramme d. bin. Syst. N_2/CO_2 u. O_2/CO_2 sowie d. Syst. $N_2/O_2/CO_2$ bei Drücken bis ca. *1800* psia 20-0521; Änder. d. Idealität v. Dampf entlang d. Sättig.-Linie auf Grund einer mathemat. Analyse d. Zustandsgleich. v. W.-Dampf in d. Virialform 21-0524; Verw. d. –-Temp.-Bezieh. in d. Thermometrie 25-0498; thermodynam. Konsistenz experimenteller Daten über Dampf–Fl.-Gleichgew. mit Hilfe d. Gleich. v. Redlich u. Kister 32-0537; Fl.–Dampf-Gleichgew. (Syst. mit unbegrenzter Komponentenzahl) 32-0538; Diskuss. d. Frenkelschen Näher. für d. Best. des thermodynam. Gleichgew. zwischen Tropfen u. ihrem Dampf 33-0579; thermodynam. Analyse d. Ergebnisse ebulliometr. Unters. v. Fl.–Dampf-Gleichgew. 33-0591; dimensionsloser Parameter (Nernst-Zahl) zur Berechn. v. –-Daten im Korrespondenzprinzip 34-0918; Fl.–Dampf-Gleichgew. (prakt. Erprob. d. Anwendbark. verschiedener Korrelat.-Gleich. für etwa *400* bin. Syst.) 35-0490; Wrkg. hohen Drucks auf d. –-Kurve 36-0178; Isotopeneffekte auf d. – (Effekt d. D-Substitut. auf d. – v. Methanol u. Äthanol) 38-0924; Gleichgew. Fl.–Dampf (Syst. Diäthyläther/Dichlormethan) 38-0926; Gleichgew. Fl.–Dampf (Syst. Butylacetat–Phenol u. W.–Phenol) 39-0919; Bezieh. zwischen – u. innerem Druck in reinen Fl. 42-0861; Einfl. d. umgebenden Gases auf d. Gleichgew.-– eines Fl.-Tropfens 44-0545; Unters. d. Gleichgew. zwischen einem Krist. u. seinem Dampf auf d. Grundlage d. mkr. Reversibilität unter Benutz. v. quantenmechan. Matrizen 45-0478; Bezieh. zwischen D. u. Temp. für d. Koexistenz v. Fl. u. Dampf 46-0538.

–-Mess. an bin., azeotropen Syst. u. ihre Auswert. 1-0932; – zahlreicher Syst. 3-2156; – d. Dreistoffsyst. (Syst. Ameisensäure/Bzl./W.) 4-0925; Meth. zur Berechn. v. Dampf–Fl.-Gleichgew. aus Mess. v. – über d. Lsg. (Syst. Chlf./A. u. Aceton/Chlf./Methanol) 5-0594; isopiest. Unters. tern. Lsg. 6-0566; Unters. bin. Dampf–Fl.-Gleichgew. 6-0919; Berechn. d. Dreiphasensyst. bei Entspann.-Verdampf. eines fl. Zweiphasensyst. aus Gleichgew.-Daten zwischen Dampf u. d. fl. Phasen 6-2083; Dampf–Fl.-Gleichgew. bin. u. tern. Syst. (Meth. für d. Korrelat. u. Voraussage v. Daten) 7-0576; Berechn. d. isobaren Fl.–Dampf-Gleichgew. in tern. Syst., in denen zwei Komponenten ein Syst. mit geringen Abweich. v. d. Gesetzen idealer Lsg. bilden 7-0577; Enthalpie u. Gleichgew. v. Fl. u. Dampf realer Vielstoffgemische 7-0578; – in dreikomponent. Salzlsg. 10-0566; Gleichgew. zwischen gasförm. u. fl. Phase in Mehrstoffgemischen 16-2008; thermodynam. Beständigk. d. Fl.–Dampf-Gleichgew. bei hohen Drücken in bin. oder Vielkomponentensyst. mit einer oder mehreren nichtkondensierbaren Komponenten 18-0487; Druck u. Zus. d. gesätt. Dampfs in bin. Syst. mit chem. reagierenden Komponenten in d. Dampfphase (Bezieh. zwischen d. Parametern d. gesätt. Dampfs u. d. Fl. in bin. Syst. mit einer assoziierten Komponenten in d. Dampfphase) 21-0531; Sättig.-– bedingt idealer Syst. 21-0532; Erhöh. v. – wss. Lsg. starker Elektrolyte durch Zugabe v. Harnstoff entgegen d. Raoultschen Gesetzen 22-3044; statist. Verarbeit. experimenteller Daten bei d. Unters. v. Fl.–Dampf-Gleichgew. bin. Syst. 23-0508; Ähnlichk.-Bezieh. zwischen – u. adsorbierter Feuchtigk. in porösen Syst. 28-0601; Berechn. d. Drucks v. gesätt. Dampf in bin. Syst. mit chem. Wechselwrkg. d. Komponenten in d. Dampfphase (Syst. Essigsäure/Bzl.) 28-0896; zur Thermodynamik v. Spinodalen unter Verw. d. zweiten Ableit. d. klass. Gleich. für d. innere Energie u. d. partiellen Ableit. für ein fl.-dampfförm. Syst. 30-0481; Best. d. Koeff. d. relativen Flüchtigk. d. Dämpfe v. Komponenten in Mehrstoff-Syst. 31-0549; Fl.–Dampf-Gleichgew. in quatern. Misch. 31-0858; – v. Mehrkomponenten-Elektrolytlsg. 32-0540; Druck u. Zus. d. gesätt. Dampfes in bin. Syst. mit chem. Rk. d. Komponenten in d. Gasphase (Komplexbldg. im Dampf) 34-0564; isopiest. Unters. tern. Lsg. 34-0578; isopiest. Meth. d. physikal.-chem. Analyse (Metrik d. isopiest. Diagramme) 35-0548; (Komplexbldg. in d. Syst. $UO_2(NO_3)_2/MeNO_3/H_2O$) 35-0549; Voraussage d. Gleichgew. Fl.–Dampf aus Daten d. Löslichk. 39-0531; Flüchtigk. d. gelösten Substanz in verd. Lsgm. an d. krit. Kurve d. Fl.–Gas-Gleichgew. 40-0488; Berechn. v. – bei Mess. nach d. Knudsen-Meth. im Fall d. völl. Dissoziat. d. verdampfenden Komponenten (d. Gasphase enthält mehr als zwei Komponenten) 42-0498; Abhängigk. d. relativen – d. Mikrokomponente v. gegenseit. Einfl. ihrer Mol. in verd. Lsg. v. Nichtelektrolyten 42-0499; Haupteig. v. Spinodalen am krit. Punkt v. Fl.–Dampf-Syst. 44-0544; Berechn. d. Sättig.-– v. bin. Syst. mit chem. Wechselwrkg. zwischen d. Dampfkomponenten 44-0553; Invers.-Temp. u. Drücke für kryotechn. Gase u. Gasmisch. 51/52-0500.

Anorganische Stoffe

Überblick über d. Mess. v. – anorgan. Subst. bei hohen Temp. 9-0577.

Nichtmetalle: neuere Daten über d. – metall. Elemente u. einiger hochschmelzender Nichtmetalle (Gruppen IV, V, VI, VII u. VIII) 3-0594; Korrekturen in d. Thermometrie über d. ^{3}He-– für verschiedene Werte d. Impulsakkomodat.-Koeff. 30-0469; empir. Formel für d. ^{4}He-Dampf-Druck-Skala zwischen *1,1* u. *4,4* °K 39-1835; Best. d. Sättig.-– v. Ar nach d. Meth. d. statist. Mechanik, d. Quantenmechanik u. d. klass. Thermodynamik 18-0485; –-Gleich. für Ar v. Tripelpunkt bis zur krit. Temp. 23-0504; Sättig.-– v. Ne u. Ar 40-0473; Berechn. d. Ar-– 46-0517; Einfl. d. Verunreinig. mit Ar u. Xe auf d. –-Best. v. Kr 29-0539; –: d. einatom. Elemente Kr, Xe u. He 40-0471; u. latente Verdampf.-Wärme v. para-H v. Tripelpunkt bis zum krit. Punkt 25-0531; Bezieh. zwischen D. u. Temp. für d. Koexistenz v. Fl. u. Dampf u. für d. Erstarr. v. fl. Parawasserstoff 46-0538; Berechn. u. Mess. d. Temp.-Abhängigk. d. Druckes v. gesätt. O_2-Dampf über fl. O_2 20-0506; –-Berechn. in Hinsicht auf d. Verflüssig. v. O_2 23-0534; Bezieh. zwischen – u. Temp. v. fl. N_2 zwischen Kp. u. Tripelpunkt 20-0507; – v. J_2 im Temp.-Bereich v. *43 – 80°* 1-0560; –-Best. v. Se(^{75}Se) bei *380 – 580°* durch Mess. d. γ-Radioaktivität 24-0513; – v. metall. Sb bei hohen Temp. 10-0559.

Metalle und Legierungen:

Neuere Daten über d. – metall. Elemente u. einiger hochschmelzenden Nichtmetalle (Gruppen IV, V, VI, VII u. VIII) 3-0594; – v. Li 1-0559; Sättig.-– v. Na u. K 28-0494; – v. Cs 1-0559; Sättig.-– v. fl. Na u. Cs 5-0568; –: v. Na, K u. Cs bei hohen Temp. 47-0520; v. Mg über fl. Leg. im Syst. Mg/Li 13-0565; –-Kurven v. Mg 27-2414; Partialdruck v. Mg bei d. Sublimat. d. intermetall. Verb.-Reihe Mg_2Si, Mg_2Ge, Mg_2Sn u. Mg_2Pb 28-0499; –-Gleich. v. Ca 14-0613; – über fl. Leg. im Syst. Mg/Ca 49/50-0536; –-Kurven: v. Zn 27-2414; v. Cd 27-2414; v. Hg unter hohen Drücken 36-0526; –: über Ca u. Ca/Al-Leg. mit *41 – 50* Gew.-% Ca 14-0613; v. Seltenerdmetallen, Sc u. Y 7-0575; Sättig.-– v. fl. Ce 31-0547; Mg-– im Mg/Sn-Leg.-Syst. 21-0561; –: v. Ca über seinen festen Leg. mit Sn 44-0562; v. Pb 1-0559; Freie Bldg.-Enthalpien d. intermetall. Phasen durch –-Mess. am Syst. Pb/Th 3-0602; Total-– v. fl. Pb 5-0591; –-Kurven v. Pb 27-2414; Total-– v. fl. Bi 5-0591; –: v. Bi 29-0546; v. mono-, di- u. tetrameren Formen v. Bi-Dampf 34-0559; v. W 26-0513; Sättig.-– v. W, Mo u. Ta im Vakuum 31-0548; –: v. festem Mn 21-0527; v. Re 1-0561, 47-0522; –-Unters. an Fe/Mn-Leg. 15-0624; –: v. reinem Co 45-0197; v. Mg in d. bin. Leg.-Syst. mit Ni 27-2414; v. Cu über Au/Cu-Leg. 13-0566; v. Mg in d. bin. Leg.-Syst. mit Cu 27-2414; v. Ag 1-0559.

Verbindungen: – über kongruent schmelzenden Krist.-Hydraten u. ihren Lsg. (Dissoziat.-Druck v. $LiNO_3 \cdot 3H_2O$ u. $Mg(NO_3)_2 \cdot 6H_2O$) 40-0476.

–: v. H_2O/D_2O-Gemischen u. deren Azeotropen 1-0568; v. W. 7-0987; Anwend. d. Theorie signifikanter Strukturen auf W. u. schweres W. zur Berechn. d. – 12-0543; Vorherberechn. d. Druckabfalls während d. Siedens v. H_2O unter erzwungener Zirkulat. 19-2151; Stabilitätsdeterminante d. Fl.–Dampf-Syst. H_2O bei überkrit. Übergängen 20-0465; Sättig.-– v. W. in Quarzkapillaren 40-0463; –: v. N_2O_4 29-0540; v. HNO_3 37-0558; v. fl. NH_3 46-0523; über *100*%ig. $HClO_4$ 31-0560; v. wasserfreier $HClO_4$ 43-0534; Berechn. v. — für fl. HCl, HBr u. HJ 6-0555; Fl.–Gas-Gleichgew. v. SF_6 nahe d. krit. Punkt 31-0550; Sättig.- — über fl. SeO_3 u. thermodynam. Daten für d. Gleichgew. Fl.–Dampf 25-0532; — d. Borazine $F_3B_3N_3H_3$, $Cl_3B_3N_3H_3$ u. $Br_3B_3N_3H_3$ 17-0572; relative —-Differenz: v. $^{11}BF_3/^{10}BF_3$ im Temp.-Bereich *147 – 247,7* °K 33-0544; v. $^{11}BF_3$ u. $^{10}BF_3$ 51/52-0515; Dissoziat.-Drücke v. festem $CO_2 \cdot 5^3/_4 H_2O$ 1-0569; Bedeut. v. H_2O- u. CO_2-Partialdrücken für Zustandsdiagramme in metamorphen Syst. 16-0746; Ableit. d. —-Temp.-Bezieh. für CO_2 33-0582; — v. CO zwischen *53,2* u. *77,9* °K 46-0539; Fl.–Gas-Phasengleichgew. für Verb. v. As mit Se 23-0539; — v. Sb_2O_3 bei hohen Temp. 10-0559; Berechn. d. — v. PH_3, AsH_3 u. SbH_3 für d. fl. Zustand nach d. Theorie signifikanter Strukturen 19-0546; Sättig.- — v. Sb_2Te_3 33-0583.

— v. HF über $NaHF_2$ zwischen *40* u. *120*° 16-0506; Dissoziat.-Druck v. $NaBH_4$ 30-0484; —: v. KBr zwischen *1150* u. *1500* °K 2-0590; v. geschmolzenem KCl u. KBr u. Mol.-Assoziat. im Dampf 21-0525; v. geschmolzenem KCl u. KBr 26-0510; d. gesätt. wss. Lsg. v. Sulfamid u. Ammoniumamidosulfat 18-0493; Dissoziat.-Drücke v. NH_4-Carnallit 34-0551; Gleichgew.-Metall- — über Erdalkalimetallcarbiden (Gleichgew.-Drücke v. Ca über CaC_2) 40-0477; Gleichgew.- — über $BeSO_4 \cdot 2H_2O$ 5-0584; Partialdruck v. Mg bei d. Sublimat. v. Mg_2Si 28-0499; —-Kurve v. $Ba(N_3)_2 \cdot H_2O$ 7-0586; —: v. Sr bzw. Ba über SrC_2 bzw. BaC_2 u. Vgl. mit CaC_2 15-0579; v. BaF_2 37-0559; Dissoziat.-Druck v. ZnO 10-0561; — v. Zn- u. Cd-Sulfid 15-0580; DK v. HgSe aus d. scheinbaren — v. HgSe im N_2-Strom u. im H_2-Strom 2-0591; —: v. geschmolzenem Hg(II)-chlorid bis zum krit. Punkt 38-0545; v. Zinnober 49/50-2205.

Best. d. Partialdrücke v. Al über Al_4C_3 mit Hilfe einer rotierenden Knudsen-Zelle 46-0529; — d. 1 : 1-Addit.-Verb. v. BF_3 mit wasserfreiem Na_2SO_4 u. Tl_2SO_4 27-0542; Sublimat.-Drücke v. ScF_3, YF_3 u. LaF_3 15-0582; —: v. Be über $CeBe_{13}$ 9-0586; v. CeF_3 17-0574; Sättig.- — v. LaF_3, CeF_3, PrF_3 u. NdF_3 34-0561; — v. Eu über EuC_2 15-0583; Partialdruck v. Eu über EuC_2 19-0530.

— v. fl. u. festem $TiCl_4$ 20-0516; Sättig.- — v. $ZrCl_4$ 2-0589; Gleichgew.- — v. W. über $ZrF_4 \cdot 2{,}82\,H_2O$ u. $ZrF_4 \cdot 2H_2O$ 46-0530; —: v. $ZrCl_4$ u. $HfCl_4$ 28-0496; v. HfJ_4 28-0497; Abhängigk. d. Sättig.- — v. d. Temp. im fl.–gasförm. Syst. $ZrCl_4/HfCl_4$ 34-0591; —: über Th-Nitriden 40-0478; v. festem ZrJ_4, HfJ_4 u. ThJ_4 40-0479; Gleichgew.-Partialdrücke v. Telluriden d. IV. Gruppe (Ge-Telluride) 1-0562; Best. d. Partialdrücke v. $Te_{2(g)}$ im Gleichgew. mit $Ge_{1,2}Te_{1,2+x(f)}$ durch Mess. d. opt. D. 19-0552; Unters. d. Hochtemp.-Gleichgew. d. atomaren Fehlordn. in SnS mit Hilfe v. S-Dampfdruckmess. 1-0220; Dissoziat.-Druck v. Me_2SnCl_6 (Me = K, Rb, Cs, NH_4) 6-0565; Zers.-Drücke v. SnO_2 22-0490; Gleichgew.-Drücke v. O_2 über Pb-Oxiden bei verschiedenen Temp. 29-0560.

Partialdrücke v. VF_3, VF_4 u. V_2F_8 20-0517; Koeff. d. —-Gleich. v. K-Heteroniobaten 13-0805; — v. $TaCl_5$ über Tetrachlorooxotantalaten 5-0813; Dissoziat.-Druck v. $TiH_{1,975}$, $ZrH_{1,95}$, $TaH_{0,74}$ u. $NbH_{0,95}$ bei *50* bis *800*° bei konst. oder nahezu konst. Zus. d. Hydrids 34-0562; — v. Bi_2Te_3 33-0584; Sättig.- — v. festem Bi-Tellurid 38-0547; Subl.-Enthalpie u. -Entropie v. $BiCl_3$ aus —-Daten 46-0540.

—: v. $CrCl_3$ 3-0596; v. $TiBr_4$ u. $Cr(CO)_6$ 29-0547; v. MoF_6 bei *291 – 320* °K 11-0553; v. Actinidenmetall-Oxiden 41-0546; UF_6-Dissoziat.-Druck bei *100*° 13-0793; Partialdrücke v. gasförm. US, U u. US_2 bei Verdampfen v. festem US 15-0574; Entw. einer Gleich. zur Berechn. d. thermodynam. Funkt. für O im UO_{2+x} bis $UO_{2,08}$ u. d. O_2-Partialdruckes d. unteren Phasengrenze 19-0555; Best. d. Partialdrücke v. U u. C über UC zwischen *1900* u. *2400* °K nach d. differentiellen Knudsen-Meth. 20-0518; Gleichgew.-Drücke: v. O über nicht stöchiometr. zusammengesetzten U-Oxiden 35-0513; v. UF_6 über $Na_2[UF_8]$ 36-0543; Hochtemp.-Mess. d. — v. UO_2 nach d. Ausströmmeth. u. thermodynam. Auswert. 39-0528; Zers.-Druck v. NpN 42-0520; Änder. d. O-Geh. u. d. elektr. Widerstands mit d. O-Partialdruck für PuO_{2-x} im Bereich *1100* bis *1600*° 27-0570; —: v. PuO_2, PuO u. O_2 über unterstöchiometr. PuO_2 aus Effus.-Mess. 44-0539; v. Re_3Cl_9 25-0533.

Zers.-Drücke v. freiem FeJ_2 zwischen *498* u. *585*° 3-0590; Mess. d. Subl.-Drucks v. CoF_2 nach d. Knudsen- u. d. Langmuir-Verf. 2-0592; Löslichk. v. fl. Ni-Carbonyl in komprimiertem CO 34-0566; Dissoziat.- —: v. SeO_2 über $CuSeO_3$ 21-2295; v. $CuCl_2 \cdot 2H_2O$ 23-0532; —-Funkt. v. CuF_2 26-0512; Dissoziat-Drücke d. dihydratisierten Doppelchloride v. Cu u. Alkalimetallen 46-0549; Dissoziat. v. β-Ag_2Te in Ag u. Te u. deren — 37-0562; Dissoziat.-Druck v. festen $PdTe_2$ 28-0500; O_2-Zers.-Drücke: v. krist. PdO 36-0542; über festem PdO 44-0542; Dissoziat.-Druck v. IrO_2 33-0572; Cl_2-Zers.-Drücke über festem $IrCl_3$ 44-0543.

Wässrige Lösungen: — über d. kondensierten Phasen im Syst. $[N_2H_5]ClO_4/H_2O$ 25-0550; Fl.–Dampf-Gleichgew. d. Syst. NH_3/H_2O, HCl/H_2O u. HNO_3/H_2O 39-0531; — d. wss. Lsg. v. $HClO_4$ 43-0534; Dampf–Fl.-Gleichgew. für d. Syst. Br_2/H_2O bei niedrigen Br-Konz. 18-0491; Zus. d. fl. u. d. Gasphase d. Syst. $NH_3/H_2S/H_2O$ unter *1* atm Druck 10-0568; Sättig.-Konz. v. N_2O_3 im Syst. $H_2SO_4/H_2O/N_2O_3$ 35-0503; isobares Gleichgew.-Diagramm, Linien gleicher Konz. v. CO_2 u. NH_3 in d. Gasphase über d. Syst. $NH_3/CO_2/H_2O$ 10-0569; Dampf–Fl.-Gleichgew. im Syst. $NH_3/CO_2/H_2O$ (Syst. Ammoniumcarbamat/NH_3/W.) 44-0554; —: v. W. in gesätt. euton. Lsg. v. $LiNO_3 \cdot 3H_2O$ 28-0505; v. W. u. HNO_3 im Syst. $NaNO_3/HNO_3/H_2O$ bei *25, 35* u. *50*° 17-0587; Phasengleichgew. fl./gasförm. im Syst. $NaCl/H_2O$ bei hohen Temp. 26-0519; Sättig.- — v. KOH-Lsg. bis *400*° 11-0570; — v. Mehrkomponenten-Elektrolytlsg. d. Syst. $H_2O/CsCl/KCl$, $H_2O/LiCl/KCl$ u. $H_2O/LiCl/CsCl$ 32-0540; Wrkg. d. Druckes auf d. Verlauf d. therm. Zers. v. NH_4F in wss. sd. Lsg. 7-0584; — v. SO_2 über mit Sulfit ungesätt. Lsg. v. $Mg(HSO_3)_2$ u. $MgSO_4$ 10-0573; Anwend. d. Additivitätsregel für d. —-Erniedrig. wss. Lsg. auf d. Syst. NaCl/KCl, $NaCl/CaCl_2$, $KCl/CaCl_2$, $NaCl/BaCl_2$ u. $KCl/BaCl_2$ sowie für d. tern. Syst. $NaCl/KCl/BaCl_2$ 10-0565; —-Mess. an d. Syst. W./Chlorwasserstoff/Wolframatokieselsäure 32-0541; — im Syst. Wolframatokieselsäure/NaCl/W. 48-0588; Partialdrücke v. W. u. HNO_3 im Syst. $H_2O/HNO_3/UO_2(NO_3)_2 \cdot 6H_2O$ 19-0572; Fl.–Dampf-Gleichgew. d. tern. Syst. $H_2SO_4/HReO_4/H_2O$ 15-0609.

Andere Lösungen: — d. fl. Syst. Ozon/F_2 26-0516; Siedegleichgew. d. Fluorwasserstoff-Gemische HF/SO_2 u. $HF/H_2O/HSO_3F$ aus Dampf–Fl.-Daten 7-0583; — v. HNO_3 über hochkonz. Nitrooleum 11-0568; Total- — d. fl. Syst. Ar/CO, O_2/N_2 u. CO/N_2 25-0524; Dampf–Fl.-Phasengleichgew. in d. Syst. CO_2/H_2, CO_2/N_2 u. CO_2/O_2 45-0494; Fl.–Dampf-Gleichgew. im Syst. $SiHCl_3/PCl_3$ 45-0496; Fl.–Dampf-Phasengleichgew. im Syst. $SiCl_4/PCl_3$ 46-0543; Unters. d. Fl.–Dampf-Gleichgew. verd. $AsCl_3$-Lsg. in $SiHCl_3$ im Konz.-Bereich *10^{-4}* bis *10^{-8}* Mol-% mit Hilfe radioakt. Markier. (As) u. mit d. Dest.-Differenzmeth. 15-0592; — v. Li-Lsg. in fl. NH_3 11-0573; Flüchtigk. d. gelösten Substanz in verd. Lsgm. an d. krit. Kurve d. Fl.–Gas-Gleichgew. für LiBr in CO_2 40-0488; —: über d. Lsg. v. $NaBH_4$ in fl. NH_3 29-0553; d. fl. Syst. Rb_2O/B_2O_3 13-0564; d. Lsg. v. Eu u. Yb in fl. NH_3 11-0575; Fl.–Dampf-Phasengleichgew. im Syst. $SiHCl_3/TiCl_4$ 33-0595; Phasengleichgew. fl.-gasförm. im Syst. $ZrCl_4/HfCl_4$ v. F. bis zum krit. Punkt 34-0590; Sättig.- — im Syst. $ZrCl_4/HfCl_4$ 34-0591; — bin. Lsg. aus SiH_4/AsH_3, SiH_4/GeH_4 u. SiH_4/PH_3 11-0569; Dampf–Fl.-Gleichgew. im Syst. $VCl_4/VOCl_3$ 15-0593; — v. $TaCl_5$ über d. Gemisch d. Schmelzen KCl, $KMgCl_3$ u. $KTaCl_6$ bis zu *500*° 34-0592.

Sonstige Systeme: Druck-Zus.-Zustandsdiagramme d. bin. Syst. N_2/CO_2, O_2/CO_2 u. d. Syst. $N_2/O_2/CO_2$ bei Drücken bis *1800* psia 20-0521; Dissoziat.-Druck v. NaH–NaOH-Gemischen 26-0518; Konstrukt. d. Zustandsdiagramms d. Syst. KOH/K auf Grund d. Mess. d. — v. H_2 28-0519; — u. -Zus.: in d. Syst. NaCl/CsCl u. KCl/CsCl 6-0572; im Syst. LiCl/CsCl 34-0586; Gleichgew.-Gesamtdruck d. Gasphase im Syst. $BeO/SiO_2/Na_2BeF_4$ 38-0550; — v. B_2O_3 über verschiedenen Misch. v. Al_2O_3 u. B_2O_3 33-0565; abs. Drücke u. d. Zus. d. Dämpfe über kondensiertem BeF_2 u. BeF_2–Al-Gemischen 42-0494; thermodynam. Gleichgew. zwischen Dampf u. kondensiertem Y/C im Temp.-Bereich *2075 – 2340*° 31-0576; Druck u. Zus. d. Dampfes v. NaCl, N_2Cl_2, $NdCl_3$ u. $NaNdCl_4$ im Syst. $NdCl_3$/NaCl 16-0507; — in d. Syst. $ErCl_3$/CsCl u. $NdCl_3$/CsCl 30-0491; Partialdrücke d. Syst. PbTe/SnTe u. PbTe/PbSe 47-0548; Partialdruck v. O im Gleichgew. mit einem NbO_2/Nb_2O_5-Gemisch auf Grund v. elektrochem. Mess. 16-0532; Gleichgew.-Partialdrücke d. Oxide über d. α-Mischkrist.-Phase d. Syst. Nb/O u. Ta/O 24/0550; —: v. Se über Leg. d. bin. Syst. Bi/Se zwischen *500* u. *800*° 40-0533; für U u. UO im Syst. U/O bzw. für U über $UC_{1,04}$ im Syst. U/C 19-0557; massenspektrometr. Unters. d. — v. U(g) u. UC_2(g) über verschiedene Zus. d. Syst. U/C 19-0558; CO-Partialdrücke über Misch. v. Graphit mit UO_2 bzw. HfO_2 35-0509; Dissoziat.-Drücke in d. Syst. Fe/Si/N u. Fe/Al/N 3-0607; Gleichgew.-Drücke v. O_2 über d. Syst. Ag_2O/Ag bei verschiedenen Temp. 19-0561; — v. Tektitglas u. seine Bedeut. für d. aus aerodynam. Daten ber. Tektitbahnen 18-0753.

Metallhaltige organische Verbindungen

— v. Trimethylthallium 3-0595; Zers.-Druck v. $HgCl_2 \cdot 2CH_3OH$ 5-0612; — v. Triäthylaluminium u. Diäthylaluminiumchlorid 21-0526; Dissoziat.-Druck v. $CuCl_2 \cdot CH_3OH$ u. $CuCl_2 \cdot 2CH_3OH$ 37-0553.

Organische Stoffe

Oberflächenspann. u. — fl. organ. Verb. (aliphat. Amine, Nitrile u. Nitroverb., Halogenderiv. aromat. KW-Stoffe) 17-0961; —: d. n-Alkane v. C_{21} – C_{100} 4-0921; v. KW-Stoffen (Methan, Äthan, Propan, Butan) 24-2582; (C_2- bis C_4-Monoolefine) 24-2583; (C_2- bis C_4-Alkine) 24-2584; (C_2- bis C_4-Diolefine) 24-2585; (Chlorderiv. d. Methans) 24-2586; Verdampf.-Gleichgew. schmelzender Naphthalinkügelchen 30-0869; —: v. Acetylen 40-0906; v. Äthyl- u. n-Propylpyridinen 29-0894; v. Hexafluor-, Pentafluor-, Chlorpentafluor- u. Brompentafluorbenzol 17-0950; v. Hexafluorbenzol u. Pentafluorbenzol 19-0927; v. N-Jod-bis-[trifluormethyl]-amin 5-0788; gesätt. C_1 – C_4-Alkoholen 7-0987; —-Isotopieeffekte v. am Hydroxyl deuterierten Alkoholen 20-0888; — v. Bortrifluoridkomplexen mit Phenetol 29-0723; Effekt d. D-Substitut. auf d. — v. Methanol u. Äthanol 38-0924; — v. festem bzw. fl. CSe_2 4-0529; Dissoziat.-Druck v. $(CH_3)_2S \cdot PF_5$(f), $(CH_3)_2Se \cdot PF_5$(f) u. $(C_2H_5)_2S \cdot PF_5$(fl) 45-0523; —: v. zykl.-dimeren Dimethylaminomethylboran 29-0542; v. Chlorisocyanat 1-0687; v. 3-Chlorbutanon-(2) 51/52-0834; v. festem u. fl. Cyanacetylen 25-0847; v. Formylfluorid u. v. Cabonylchlorfluorid 21-0995; Dissoziat.-Drucke v. Citronensäuremonohydrat 23-0924; —: v. N-Fluorformyliminoschwefel-(IV)-difluorid 39-0695; v. Enneafluor-2-[fluorosulfato]-butan u. Trifluoracetylfluorosulfat 7-0720.

Prüf. v. Gleichgew.-Bezieh. für Dampf–Fl.-Gleichgew. v. organ. Syst. 43-0535; thermodynam. Nachprüf. isobarer Daten über d. Fl.–Dampf-Gleichgew. Bzl./Cyclohexan 3-0956; Gleichgew. v. Fl. u. Dampf realer Vielstoffgemische am Beispiel d. Syst. Äthan/Acetylen/Äthylen 7-0578; Voraussagen v. K-Werten bei tern. KW-Stoff-Syst. (Dampf–Fl.-Gleichgew.) 10-0967; Dampf–Fl.-Gleichgew. im Syst. 1-Methylnaphthalin/2-Methylnaphthalin bei normalen u. reduzierten Drücken 13-0948; Verteil. d. D. u. Konz. im Zweistoffsyst. Bzl./Octan in d. Nähe d. krit. Fl.–Dampf-Punktes 14-0988; Dampf–Fl.-Verhalten d. Syst. Äthan/n-Pentan 17-0953; Dampf–Fl.-Gleichgew.: im CH_4/n-Nonan-Syst. 17-0954; im Syst. CH_4/n-Hexan 19-0931; Dampf–Fl.-Gleichgew.-Konst. für d. Syst. Äthan/n-Butan/n-Heptan bei *150*°, *200*° u. *250*° F. 19-0932; Phasenthermodynamik d. Syst. Toluol/n-Octan 26-0931; Dampf–Fl.-Gleichgew. in d. Syst. Äthan/n-Heptan 36-0904; Berechn. d. Gleichgew.-Abhängigk. Zus./Temp. für fl. ideale Gemische v. KW-Stoffen 30-0873; — azeotroper, aus isomeren Xylolen u. Styrol mit C_3 – C_4-Alkoholen gebildeter Syst. 37-0908; Dampf–Fl.-Gleichgew. in tern., durch C_5–KW-Stoffe u. ein Trennagens gebildeten Syst. 40-2474; Phasengleichgew. in KW-Stoffsyst. volumetr. u. Phasenverh. d. Syst. Propan/n-Decan 47-0831; — u. d. Partialdrücke im Syst. HNO_3/(1.4)-Dioxan 22-0507; Fl.–Dampf- u. Fl.–Fl.-Gleichgew. in d. v. einigen perfluororgan. Verb. u. C_5- u. C_6-KW-Stoffen gebildeten bin. Syst. 33-0948; Fl.–Dampf-Gleichgew.-Best. d. Syst. CCl_4/Chlorbenzol u. Bzl./Chlorbenzol 35-0921; Gesamt- — v. fl. Misch. v. $CH_4/CCLF_3$, $CH_2F_2/CCLF_3$, $CHF_3/CCLF_3$, $CF_4/CCLF_3$, $C_2H_6/CCLF_3$, C_2H_6/CF_4 u. CHF_3/CF_4 47-0832; Kontrolle d. Gleichgew. Fl.–Fl.–Dampf im Syst. Bzl./Cyclohexan/Äthylendiamin 30-0875; — d. festen Bzl./Tetra-n-butylammoniumnitrat-Komplexes 49/50-0812; isobares Gleichgew. Dampf–Fl. d. Syst. n-Heptan/n-Butanol 4-0923; D. u. Konz. in d. bin. Lsg. Bzl.–Propanol in d. Nähe d. krit. Fl.–Dampf-Punktes 14-0987; Erweiter. d. Gleichgew.-Daten für bin. Syst. Dampf–Fl. am Beispiel A./Cyclohexan 15-0588; Dampf–Fl.-Gleichgew. d. Syst. A./Cyclohexan zwischen *5* u. *65*° 16-0873; isopiest. bin. Dampf–Fl.-Gleichgew. d. Syst. Tetrachlorkohlenstoff/n-Butanol 20-0893; Fl.–Dampf-Gleichgew.: im Syst. tert.-Butylalkohol/Bzl. 20-0894; im Syst. Isopropylalkohol–Propan/Propylen-Frakt. im Gebiet d. kleinen Isopropylalkohol-Konz. 24

DCVC s. unter $C_5H_7Cl_2NO_2S$.
D-D, Best. v. 1.2-Dichlorpropan sowie cis- u. trans-1.3-Dichlorpropen in — durch Verteil.-Gaschromatographie 27-2115.
DDA s. unter $C_{14}H_{10}Cl_2O_2$.
DDAB s. unter $C_{22}H_{49}NO$.
DDD s. unter $C_{14}H_{10}Cl_4$.
DDE s. unter $C_{14}H_8Cl_4$.
DD-Lack, Einbett.-Mittel auf d. Basis v. — für d. Mikrotomie techn. Prod. 1-2022.
DDS s. unter *Distiller's dried solubles.*
DDT s. unter $C_{14}H_9Cl_5$.
DDTC s. unter $C_5H_{11}NS_2$.
DDVP s. unter $C_4H_7Cl_2O_4P$.
De-Acidite FF s. unter *Plaste, Styrolpolymerisate (Weitere Polystyrole).*
De Acidite FF/JP s. unter *Plaste, Styrolpolymerisate (Weitere Polystyrole).*
De Acidite FF (SRA 69) s. unter *Plaste, Styrolpolymerisate (Weitere Polystyrole).*
De Acidite H/JP s. unter *Plaste, Styrolpolymerisate (Polystyrole).*
De Acidite M/JP s. unter *Plaste, Styrolpolymerisate (Weitere Polystyrole).*
DEAE-Cellulose s. unter *Cellulosederivate, Äthylcellulose.*
Debetrol s. unter $C_{15}H_{11}J_4NO_4$.
Debye-Temperatur s. unter *Wärme, spezifische.*
Debye-Waller-Faktor s. unter *Gitterschwingungen (Phononen).*
Decadron s. unter $C_{22}H_{29}FO_5$.
Deca-Durabolin s. unter $C_{28}H_{44}O_3$.
Decalin s. unter $C_{10}H_{18}$.
Decamethonium s. unter $C_{16}H_{40}N_2O_2$.
Decan s. unter $C_{10}H_{22}$.
Decanal s. unter $C_{10}H_{20}O$.
Decanol s. unter $C_{10}H_{22}O$.
Decanon s. unter $C_{10}H_{20}O$.
Decansäure s. unter $C_{10}H_{20}O_2$.
Decarbamylnovobiocin s. unter $C_{30}H_{35}NO_{10}$.
Decarbolith … s. unter *Dolomit.*
Decarbonylierung s. unter *Dissoziationsreaktionen.*
Decarboxylierung s. unter *Dissoziationsreaktionen.*
Decen s. unter $C_{10}H_{20}$.
Decentan s. unter $C_{21}H_{26}ClN_3OS$.
Dechlorolissamin s. unter $C_{16}H_{14}N_4O_7S_2$.
Decontrin, Wrkg.: auf d. Rattenuterus 22-1385; auf d. Kapillarpermeabilität (Vgl.) 22-1604.
Decortilen s. unter $C_{22}H_{28}O_5$.
Decoyinin s. unter $C_{11}H_{13}N_5O_4$.
Decumbin s. unter $C_{16}H_{24}O_4$.
Decylaldehyd s. unter $C_{10}H_{20}O$.
Decylalkohol s. unter $C_{10}H_{22}O$.
Decylamin s. unter $C_{10}H_{23}N$.
Dederon s. unter *Chemiefasern, Polyamid-6-fasern.*
Deerit, Low-spin-Fe(II) in — 46-0786.
DEF s. unter $C_{12}H_{27}OPS_3$.
Defoliator 713 s. unter $C_6H_{10}O_2S_5$.

Deformation

Bruch u. Rißbldg. bei — s. unter *Festigkeit.* — v. Polymeren s. unter *Rheologie.*

Siehe auch *Ausdehnung*; *Elastizität*; *Plastizität.*

Erwäg. zum Tammanschen Gedanken über d. Beding. eines Platzwechsels v. Atomen bei Umform. (Diskuss. d. Beckerschen Gleich.) 2-0284; Schallgeschw. in stoßkomprimierten Stoffen 3-0226; Verform. an Kleinwinkelgrenzen 3-0324; Verformbark. techn. Werkstoffe bei hoher Beanspruch.-Geschw. 5-2462; mittlere quadrat. Spann. u. Verform.-Geschw. in viskos verformten porösen Körpern 10-0267; Best. d. Spann.-Verteil. in deformierten Krist. mit Hilfe v. Spann.-Momenten 15-0328; thermodynam. Analyse deformierbarer Stoffe 26-0280; fundamentale Theorie über d. lokalen Charakter v. Verform. 27-0312; Analogie zwischen Volumenkraft u. Gradienten d. unelast. Reck. in kub. Krist. u. isotropen Körpern 27-0313; Zusammenhang v. Partikelwellen u. Verform. in Krist. 28-0261; Anwend. d. Gestaltänder.-Hypothese auf große Verform. 31-2345; Best.-Gleich. auf d. Basis integrierter Vorgeschichte d. Dehn. 33-0694; Bezieh. zwischen wahrer Spann. u. Einschnür. an Zugproben 33-2383; Best. d. Schmelzpunkte bei hoher Kompress. aus d. Eig. bei d. Kompress. Null durch d. Kennedy-Bezieh. 37-0564; Theorie u. Praxis d. Anwend. d. zirkularen Bieg. 40-2334; Einfl. d. Probendurchmessers auf mechan. Kennzahlen beim Zugvers. v. Längs- u. Querproben mit verschiedenen Verunreinig.-Grad 40-2336; Hertzscher Kontakt anisotroper Festkörper 41-0326; größter Grenzwert d. gleichmäß. Verform. bei Zug 41-0336; Reck.-Akkumulat. *2.* Ordn. bei Ermüden durch Tors. 42-2306; Restverform. eines Stabes mit inhomogenen therm. Ausdehn.-Koeff. unter zykl. Temp.-Beding. 44-0277; mögl. physikal. Natur d. sprunghaften Verform. 45-0265; Bezieh. zwischen Standard-Zugprüf. u. Verform.-Vorgängen 48-2456.

Kompress.-Entropie v. fl. ^{3}He unter Druck unterhalb *1,2* °K 17-0546; Stoßkompress. v. fl. Ar 15-0568; Kompress. v. fl. H_2 durch Stoßwellen 19-0516; Verform. u. Brucheig. v. im Fließbett niedergeschlagenem, pyrolyt. C 24-0282; Druckverform. bei *800°* in He als Funkt. d. Belast. für versetz.-freies, mit B, As u. P, Al u. Sb dotiertes Si 13-0324; Natur d. Verform. im Umkreis v. Druckrissen in Diamant 41-0333; Stoßfiguren in Si-Einkrist. 42-0278.

Verform.-Geschw.-Einfl. in Metallen 9-0300; Verform. massiver metall. Körper unter d. Einwrkg. kurzzeitigen Drucks 12-0329; Verform.-Einfl. auf Kohärenzlänge, Gitterverzerr. u. Stapelfehlerwahrscheinlichk. bei einachs. verformten homogenen u. heterogenen Metallleg. 22-0243; verallgemeinerte Bezieh. für zusätzl. Verform. v. Metallkrist. durch Vielfachgleiten 28-0279; Erfüll. d. Regel v. Cottrell-Stokes in Mischkrist.-Leg. 28-0280; energet. Analyse d. Anfälligk. v. Metallen bei d. Verform. bei erhöhten Temp. 32-0294; Thermodynamik d. Stoßwellenkompress. v. Metallen 33-0320; Verteil. v. Restspann. zweiten Grades bei d. Metallverform. im Ultraschallfeld 34-0333; Zugeig. faserverstärkter Metalle 44-0286; innere Reib. in kub.-flächenzentrierten Metallen während d. Dehn. 47-0293; Gitterspann. in verformten kub.-flächenzentrierten Metallen 47-0294; Orientier.-Änder. v. Einkrist. kub.-flächenzentrierter Metalle beim Ziehvorgang (Vers.-Ergebnisse) 51/52-0178; Überlager. v. Ultraschallschwing. während d. kompressiven Verform. v. Metallen 51/52-0254; Verlauf d. Rekristallisat. u. Vickers-Härte bei parallel zur Drehachse gestauchtem Be 7-0305; Bezieh. zwischen rationalen Druckkurven u. d. Verform.-Mechanismen v. polykrist. Be 7-0306; Mikrodehn.-Verh. v. Be-Einkrist. 25-0280; Reib.-Spann. u. Mikrostreck. v. Be 30-0235; Einfl. d. Verhältnis Oberfläche: Vol. auf d. Zugeig. v. Mg–Al–Zn-Gußleg. AZ*80*, AZ*91* u. AZ*92* 48-2470; Rekristallisat.-Charakteristika v. Magnox Al*80* nach Verform. 42-0216; Einfl.: eines Anlassens im Vakuum auf d. Dehn.-Verh. v. Cd-Einkrist. 33-0328; d. Größe d. Verform. bei *78* °K auf d. Erhol.-Prozeß in *99,995* Al 6-0248; Röntgenbeug.-Unters. v. verformten Al-Krist. 14-0309; Verfestig. v. Al-Krist. in Kompress.-Vers. mit ebener Verform. 22-0264; Verh. einer Al–Mg-Leg. bei Zugverform. 25-0283; Kinetik d. Änder. d. Exoemiss. bei d. cycl. Verform. einer Al-Probe 25-0395; Dehn. v. Al-Knetleg. in Abhängigk. v. Probenlänge u. Abbieg. 26-2548; Feinstruktur d. Al-Leg. AK*8* nach Heißverform. u. nachfolgendem Erhitzen 35-0225; durch Kaltwalzen entstandene Substrukturen in reinem Al 36-0203; Einfl. einer Verform. auf d. Festigk. v. Al-Leg. für d. Flugzeugbau 41-2274; Erhol.-Erschein. in kaltgewalztem Zr 34-0274; Anreg.-Spektrum v. As-Verunreinig. in Ge unter einaxialer Kompress. 2-0340; Best. d. Deformat.-Potentials v. bestrahl.-erzeugten Haftstellen in p-leitendem Ge durch Längenmess. 2-0433; galvanomagnet. u. thermomagnet. Effekte in verformtem n-Ge 16-0351; Kompress. v. Ge bei *120 – 140* kbar durch Stoßwellen 26-0286; Verform. v. Sn-Einkrist. 14-0315; therm. Erschein. bei Stoß-Vers. an Metallen (Pb, Sn u. Cd als Target, Al-Scheiben als Geschoß) bei *3-* bis *3,5*facher Schallgeschw. 31-0334; Verform.-Verh. v. Pb–Sb-Leg. 34-2488; Einfl. d. Faserstruktur auf d. Supraleitfähigk.-Verh. v. kaltgewalztem Nb 7-0513.

Versetz.-Probleme, Beweg.-Gleich. u. Verform. 2-0203; analyt. Unters. d. isochronen Anlassens v. kalt verformtem Nb 21-0258; Dehn. v. quatern. Nb-Leg. mit Mo, W u. Zr bei *1000 – 1600°* 23-2307; Mechanismus d. therm. aktivierten Verform. v. Ta u. Ta-Leg. 12-0328; Reckalter. in Ta 25-0285; Verform. u. d. elektr. Widerstand d. intermetall. Verb. $TlBi_2$ 11-0296; Texturverteil. über d. Querschnitt v. in d. α- u. γ-Phase verformten u. gehärteten U-Stäben 37-0273.

Stoßwellenkompress. v. Fe–Ni-Leg. u. d. Erdkern 8-0862, 8-0863; Einfl. d. Austenitisier.-Temp. auf d. Verh. bei d. Alter. v. niedriggekohlten Stählen mit geringem N-Zusatz nach einer Kaltverform. 9-0308; Verform.-Verh. v. hochreinem polykrist. Fe u. einkrist. Mo in Abhängigk. v. d. Verform.-Geschw. bei *300* °K 11-0298; Einfl. d. Rekristallisat. auf d. Stabilität v. Strukturunvollkommenh. in verformtem Austenit 14-0245; Verfestig. u. Substrukturen durch Ausformen v. Austenit u. Martensit in Cr/Ni-Stahl 14-0274; Bldg. submkr. Risse bei stat. Dehn. v. Armco-Fe 14-2499; Verform.-Einfl. auf d. röntgenograph. elast. Konst. u. d. Oberflächeneigenspann. v. unleg. Stahl u. Fe–Cr-Leg. 16-0238; Änder. d. gesamten elektr. Widerstands bei wiederholter Verform. bei Armco-Fe 20-0242; Domänenstruktur v. Zementit nach Verform. 23-0265; Feinstruktur v. in einem weiten Temp.-Bereich verformtem austenit. Stahl mit Verfestig. durch intermetall. Verb.-Bldg. 23-0267; Bezieh. zwischen d. Verform.- u. Rekristallisat.-Texturen beim Walzen d. (*110*)-Einkrist. v. Transformatorenstahl in verschiedenen Richt. 23-0268; Grenzen d. elast. u. plast. Verform. in d. Stählen *10* u. *20* 23-0310; Mechanismus d. Verform. v. Stahl als Ergebnis v. zwei Aktivier.-Vorgängen 24-0290; Stoßkompress. zweier Fe–Si-Leg. bis zu *2,7* Mbar 29-0828; Erhol. d. elektr. Widerstandes v. reinem Fe, das bei d. Temp. d. fl. N verformt wurde 31-0287; Verform.-Anfälligk.-Häuf. eines austenit. nichtrostenden *1*Ch*18*N*9*T-Stahles 32-0294; Zugeig. v. mit C oder N behandeltem Rein-Fe 32-2387; Vernicht. v. Positronen u. Elektronen in plast. verformten Metallen mit kub.-raumzentriertem Gitter (Ta, Nb, Fe u. Fe-Mischkrist.) 35-0291; „Erhol.-Stufe III" in kaltverformten Fe 36-0207; innere Spann.-Felder v. verformten Krist. aus Si-halt. Fe 37-0332; Einfl. einer Tieftemp.-Verform. auf d. Rekristallisat.-Prozeß v. Armco-Fe 38-0242; Schichtstruktur v. kaltgewalztem Mo 38-0255; Einfl. einer Verform. u. d. Anlassens auf d. Struktur einkrist. Proben einer warmfesten (Fe-Leg. ChN*77*TJur) 38-0257; Änder. d. Verform.-Mechanismus (Gleiten = Verzwilling.) in polykrist. α-Fe 38-0311; Einfl. v. CO auf d. Empfindlichk. d. Verform.-Geschw. v. Fe-Einkrist. 39-0307, 39-0308; Unters. d. Verform. v. Fe bei tiefen Temp. durch Mess. d. elektr. Widerstandes 39-0309; Verform. v. Einkrist. aus Fe mit *3*% Si 39-0312; Ultra-schallverlust-Mess. bei elast.-plast. — an d. Streckgrenze bei Stählen u. Armco-Eisen 41-0318; Entw. d. Rekristallisat.-Struktur v. Si-halt. Fe mit *3*% Si nach geringer u. mittlerer Verform. 42-0223; Wrkg. d. Spann. auf d. Reckaltern v. Fe, Nb u. Ta 43-0294; Konz.- u. Heterogenitätseinfl. auf d. Vielkrist.-Verform. in unlegierten u. Cr-legierten C-Stählen sowie in Cr- u. Ni-legierten Stählen 47-0291; Unters. d. Verform.-Kinetik v. Armco-Fe durch mkr. Filmaufnahmen 49/50-0285; integrale Breitenanalyse d. Röntgenbeug.-Verbreiter. in verformtem Co 48-0198.

Substruktur v. schwach verformtem polykrist. Ni 2-0305; Einfl. d. Kaltverform.-Temp. u. d. Reinh. d. Metalls auf d. Erhol. d. elektr. Widerstands v. Ni nach d. Verform. 7-0311; Verform.-Eig. d. intermetall. Verb. NiAl 25-0290; Erhol. v. reinem Ni nach d. Walzen in fl. N 31-0291; Erhol.- u. Ordn.-Vorgänge v. kalt bearbeiteten Ni/Fe-Leg. 37-0278; Einfl. d. Verform.-Grads auf d. Rekristallisat.-Kinetik v. Ni- u. Nb-Einkrist. 38-0243; Verform.-Alter. geordneter Leg. [Ni_3Fe, Ni_3(Fe, Cr) u. Ni_3·(Fe, Mn)] oberhalb u. unterhalb d. krit. Temp. 38-0317; Einfl. d. Temp. d. Vorverform. auf d. Ausgangsstruktur u. d. Kriechwiederstand v. Ni 39-0317; Änder. d. Schubmoduls v. verformtem Ni im Magnetfeld 46-0298; Rekristallisat.-Keime u. Korngrenzenwander. in stark verformten, polykrist. Ni 47-0234; Glühen v. schwach verformten polykrist. Ni-Folien in einem Elektronenmikroskop 48-0221; sprungart. Verform. v. mit H behandeltem Ni 49/50-0291; Abhängigk. d. Spann. v. d. Verform. v. Ni im Druckvers. 51/52-2325; Kaltverform. d. Metalle Al u. Cu 2-0308; Beeinfluss. d. Rekristallisat. polykrist. Cu durch Verformen 4-0296; Wrkg. einer gesonderten Verform. auf d. Kaltverfestig. v. Cu-Einkrist. 6-0306; dynam. bestimmte Druck–Volumen-Bezieh. für Al, Cu u. Pb 9-0309; Zugeig. faserverstärkter Metalle Cu/W u. Cu/Mo 9-0311; Einfl. dispers verteilter SiO_2-Teilchen auf d. Erhol. u. Rekristallisat. verformter Cu-Krist. 12-0330; dynam. Reckalter. v. α-Messing 17-0312; Teilchengröße v. kaltbearbeiteten α-CuIn- u. α-CuSn-Leg. 18-0219; Einfl. d. Orientier., d. Größe, d. Oberflächenzustands u. d. Dotier. v. Cu-Whiskern auf d. Verform.-Diagramm für d. Fall einaxialer Spann. 20-0250; Röntgenunters. nadelförm. Trichiten v. Cu-Bändern (plast. u. elast. Verform.) 24-2459; Temp.-Abhängigk. d. Verform.-Widerstandes v. Cu–Al-Mischkrist. 27-0328; Einfl. d. Verform.: durch Dehn. u. d. therm. Behandl. auf d. elektr. Widerstand polykrist. Cu-Filme 31-0467; mit gleichbleibendem oder wechselndem Vorzeichen auf d. Porenbldg. in Cu bei cycl. Wärmebehandl. 32-0298; durch elektronenmkr. Feinbereichsbeug. bestimmte topograph. Anordn. v. Kristallitorientier. in gewalztem hochreinem Cu 36-0209; Einfl. v. kohärenten Teilchen auf das Anlaßverh. einer kaltverformten Cu-Leg. mit *2* Co 36-0211; Abhängigk. d. Spann. v. d. Verform. v. Cu, Messing u. Neu-Ag im Druckvers. 51/52-2325; Röntgenbeug.-Unters. kaltbearbeiteter α-Ag/Cd-Leg. 24-0236; Zusammenhang d. therm. Aktivier.-Energie v. Entfestig.-Prozessen mit d. Größe d. Verform. an

Ag, Cu, Ni, Fe u. Al 30-0247; Berechn. d. Teilchengröße u. v. Spann.-Werten aus d. Verbreiter. u. Gestalt v. Röntgenlinien v. kaltbearbeiteten α-AgCd-Leg. 48-0199; Substruktur v. Cu_3Au nach Zugverform. u. Stoßbelast. 16-0203; Nahordn. u. Änder. d. elektr. Widerstands nach Verform. in einer Au/Pd-Leg. äquiatomarer Zus. 35-0235.

Beweg. durch gekoppelte Dickenscher. u. Bieg. in rechtwinkl. AT-Quarzplatten 28-0268; Verform.-Verh. v. dichtem polykrist. SiC 37-0337; Struktur v. Stoßwellen in KCl u. KBr bei dynam. Kompress. bis *200000* atm 17-0304; Eindruckfiguren in CsJ 17-0261; Verwerf.-Bldg. bei d. Druckverform. in CsJ-Krist. 29-0229; Verform. v. polykrist. MgO bei erhöhten Temp. 14-0323; röntgenograph. Linienverbreiter., Speicherenergie u. Aktivier.-Energie für d. Rekristallisat. v. verformten u. getempertem Calcit 16-0243; endl. Verform. zylindr. Platten aus Baryt 3-0328; Scher-—-Potentialkonst. v. n- u. p-AlSb 10-0436; Verform. v. Einkrist. u. Polykrist. hochschmelzender Materialien (Al_2O_3) 33-0337; spontane Durchbieg. dünner (111)-Krist. v. III—V-Verb. (GaAs, InAs, GaSb u. InSb) auf Grund elast. Spann.-Energien 6-0257; (*111*)-Oberflächenspann. v. III—V-Verb. (InSb, GaAs, GaSb, AlSb, InAs) u. ihre Bezieh. zur spontanen Durchbieg. dünner Krist. 6-0258; Deformat.-Potential in n-InSb bei He-Temp. 12-0463; durch mechan. — hervorgerufene Strukturveränder. u. Phasenumwandl. im Krist.-Gitter v. TiO_2 25-0232; Best. d. Verform. v. ThO_2 aus Unters. d. Röntgenlinienverbreiter. u. aus BET-Mess. 6-0259; —-Potentialkonst. v. n-PbS 16-0394; Verform.-Eig. v. Festkörpern bei sehr hohen Temp. (WC, VC, TiC, NbC, ZrC, TaC; UB_4, WB, TiB_2, NbB_2, TaB_2; B_4C, SiC, Si_3N_4, MgO) 47-0301; Kompress. v. $CoCl_2$, $FeCl_2$, $NiCl_2$, EuS, MnF_2, $Rb \cdot MnF_3$ u. NiF_2 1-0272.

— v. Elfenbein 8-0276; Kompress.-Wellengeschw. in metamorphen Gesteinen bis zu *10* kbar 8-0864; therm. Ermüd.-Erschein. v. Brennstoffhüllenmaterial durch Verform. d. Kern-Materials 18-2180; Kompress.-Wellengeschw. in Alkalifeldspateinkrist. (Na-Feldspat, Plagioklas, Albit u. Pertit) 25-0268; Geschw. v. Kompress.-Wellen in Kalkstein, Marmor u. einem Calciteinkrist. bis zu *20* kbar 27-0305; Struktur v. Glaswolle unter stat. Zugbelast. 30-0221; Verform. polykrist. keram. Stoffe 33-0334; Gleich. für d. seitl. Verform. unter einachs. Druckspann. in Gesteinen 7-0843.

Spannungs–Dehnungs-Beziehungen

Druck–Volumen-Gleich. für Alkalimetalle am abs. Nullpunkt 1-0274; Spann.-Dehn.-Kurven v. KCl-Whiskern 6-0309; Ausbldg. v. Schlagkraft-Durchbieg.-Diagrammen beim Kerbschlagvers. an metall. Werkstoffen 7-2508; Druck–Zug-Verh. v. Al-Einkrist. verschiedener Orientier. 8-0280; dynam. bestimmte Druck–Volumen-Bezieh. für Al, Cu u. Pb 9-0309; Spann.-Dehn.-Bezieh. kub. Krist. 11-0291; dynam. Spann.–Dehn.-Verh. v. BeO unter Bieg. u. Druck 13-0332; viskoplast. Modell zur Deut. d. Dehn.-Kurven 15-2394; Orientier.- u. Schichtdickenabhängigk. d. Spann.–Dehn.-Kurven v. im Vakuum abgeschiedenen Ag-Einkrist.-Filmen 16-0241; Thermodynamik d. elast. Zug–Dehn.-Bezieh. in vollständ. elast. Fl. 16-0478; Einfl. d. Orientier., d. Größe, d. Oberflächenzustands u. d. Dotier. v. Cu-Whiskern auf d. Verform.-Diagramm für d. Fall einaxialer Spann. 20-0250; Spann.–Dehn.-Eig. v. intermetall. NiAl- u. NiTi-Verb. 20-2397; Tors. gegen Zugspann. im Hinblick auf d. stat. Festigk. an Stahl bei tiefen Temp. 22-0271; gezackte Spann.–Dehn.-Kurven v. metastabilem Austenit in leg. Stählen (makroskop. Fließverh.) 26-2543; Spann.–Dehn.-Diagramm: d. Leg. SAV-*1* nach Reaktorbestrahl. 37-0361; v. Grauguß 37-2164; Spann.–Verform.-Eig. v. polykrist. Graphit unter Zug- u. Druckbelast. bei Raumtemp. 41-0332; experimentelle Beug.-Gitter-Unters. zur Hypothese d. quasistat. Verh. bei Mess. nach d. Meth. d. gespaltenen Hopkinson-Stabes 44-0275; Portevin-Le Chatelier-Effekt in Al-Einkrist. u. -Polykrist. 44-0281.

Elastische Deformation

Elast. Mikroverform. v. polykrist. Ti 7-2059; Bldg. v. Nichtgleichgew.-Lad.-Trägern bei Stromdurchgang durch elast. verformtes Ge 8-0420; elast. Formbark. unter Resonator-Drehschwing. v. $PbMg_{0,5}W_{0,5}O_3$ u. $PbMg_{0,5} \cdot W_{0,5}O_3 + 5\%$ $PbTiO_3$ 15-0335; max. elast. Verform. v. Si-Einkrist. bei elektromagnet. erzeugten Oszillat. 18-0250; Röntgenbeug.-Topographien v. elast. verformten Krist. am Beispiel v. SiO_2 24-0195; elektr. Pinch in elast. verformtem Ge 24-0420; Verteil. d. elast. Strukturverform. in quasiisotropem, polykrist. Ti 26-0285; anisotropes Verh. d. elast. Widerstandseffekts (Änder. d. elektr. Widerstands bei elast. Verform.) bei Fe-Einkrist. 26-0425; Korrelat.-Funkt. elast. Mikroverform. 27-0333; Pendellsg.-Streifen in elast. verformtem Si 28-0191; elast. Verform. in Ausscheid. u. d. Matrix beim Zerfall d. festen Lsg. d. Leg. ÈJ *437* A 38-0262.

Einfl. v. elast. Verform. in Ge-Einkrist. auf d. anomale Durchlässigk. 40-0160; elast. Verform. v. $Rb_2H_2PO_4$ u. KH_2PO_4 bei Feldern v. *0—4* kV/cm 46-0286.

Plastische Deformation

Grundlagen d. Platzwechseltheorie zur Deut. v. Fließvorgängen in Festkörpern 2-0175; Gleiten bei „alien"-Versetz.-Verteil. 3-0325; niederfrequente innere Reib. plast. verformter Festkörper 10-0265; Abhängigk. d. in plast. verformten Krist.-Gittern gespeicherten Energie v. mittleren Verzerr.-Grad 13-0317; Änder. d. effektiven Spann. während d. plast. Verform. 14-0303; Theorie d. plast. Verform. v. Einkrist. bei hoher Temp. 14-0304; Pile-up-Modell für d. Fließen 19-0294; Theorie d. Anfangsstadiums d. plast. Verform. v. Krist. 20-0240; Zusammenhang d. Fortpflanz.-Geschw. v. Rissen mit d. Größe einer plast. Verform. 23-0303; Aktivier.-Energie für d. plast. Fließen bei d. Spann.-Relaxat. 33-0327; Einfl. v. Schlagwellen auf d. Mechanismus d. plast. — 33-2388; Einfl. d. Probengestalt auf d. Auswahl d. prim. Gleitebene 36-0201; Begriff „akt. Gleitvolumen" u. dessen Bedeut. 38-0307; Beschreib. einiger Erschein. d. plast. Verform. in Bändern mit Hilfe d. Versetz.-Theorie 39-0295; begrenzte plast. Verform. infolge kristallograph. Gleitens 41-0329; diffusionsviskoses Fließen v. Ionenkrist. 42-0274.

Plast. Verform.: v. Diamant unterhalb *1800°* 16-0230; v. Si-Halbleiterkrist. 14-0307; Einfl. v. Beimeng. auf d. plast. Verform. v. As- oder Al-dotierten Si-Krist. 15-0336; Lad.-Trägereinfang in plast. verformtem Si 21-0386; Beding. für d. Entstehen d. Gleitens durch Diffus. v. P in Si 32-0281; Translat.- u. Zwillings.-Gleit. in Sb-Krist. bei Stoß- u. Druckbearbeit. 41-0334.

Ähnlichk. d. kompressiblen, nichtviskosen Fließens in Metallen 3-0323; plast. Verform. beim Schneiden v. Metallen 3-2445; Strukturänder. in Metallen bei plast. Verform. mit wechselndem Vorzeichen 11-0294; Tieftemp.-Anlassen plast. verformter Metalle 40-0254; Druckbelast. u. pyramidales Gleiten v. Be-Einkrist. parallel zur C-Achse 7-0307; plast. Verform. v. Be-Einkrist. bei d. Kompress. 39-0297; plast. Verform. um $\langle 1012 \rangle$ $\langle 1011 \rangle$-Zwillinge in Mg 1-0226; nichtbasales Gleiten in Mg-Krist. 9-0299; Gleitmechanismus plast. verformter Mg-Einkrist. oberhalb Raumtemp. 26-0284; Struktur der einer plast. Hochtemp.-Verform. unterworfenen Mg–Nd-Leg. 35-0221; plast. Verform. v. Zn u. Cd-leg. Zn-Einkrist. 16-2395; therm. aktivierte Gleit. in Zn-Krist. 17-0307; Anwend. d. Theorie d. anisotrop. Elastizität auf d. plast. Verform. in hexagonalem Zn 30-0237; Gleiten in Einkrist. aus Hg 30-0238; Spektralunters. d. photostimulierten Exoelektronenemiss. im Vakuum aus plast. verformtem, mit einer Oxidschicht bedecktem Al (Anfangsverform.) 2-0414; Nachweis d. plast. Oberflächenverform. infolge Oberflächenbehandl. in einer Al/Ag-Leg. 3-0256; Quergleiten in Al/Mg-Leg. 10-0225; plast. Verform. v. Al-Leg. im Zugvers. 15-2400; Vgl. d. plast. Stoßwellenverform. an austenit. Einkrist. aus Al 27-2445; elektronenmkr. Unters. d. Einfl. einer plast. Verform. auf d. Struktur einer gealterten Al–Zn-Leg. 38-0253; Einfl. einer plast. Verform.: bei einer unterbrochenen Alter. auf Struktur, Festigk., Härte einer Al–Mg-Leg. 39-0301; u. Alter. auf d. mechan. Eig. d. Al–Mg-Leg. 43-0293; Gleiten in kaltbearbeiteten Al–Al_2O_3-Leg. 45-0229; Nachw. d. Beseitig. v. Poren durch Gleiten in Al 46-0236; Einfl. einer plast. Verform. auf d. Struktur einer ausalternden Al/Cu-Leg. 49/50-0240; Gleiten in Ga 41-0337; Besonderh. d. plast. Verform. v. In u. seinen Leg. 34-0324; Einfl. v. gleichmäß. Kompress. u. plast. Verform. auf d. Supraleit.-Eig. v. Ti 22-0437; plast. Verform.: v. Ti-Leg. bei verschiedenen Belast.-Arten 24-2436; v. Zr während d. Ox. 44-2332; Reckalter.-Einfl. auf Fließvorgänge in polykrist. Th-Leg. mit Mg bei *100—300°* 24-2457; plast. Verform. an d. Oberfläche v. bei Zimmertemp. gespaltenen Ge-Krist. 13-0327; Elektronenbeweglichk. in plast. verformtem Ge 26-0400; plast. Verform. v. Nb 10-2523; Fließen u. Dehn.-Alter. v. Nb-Krist. 11-0295; Gleit. u. katastrophenhaftes Fließen in Nb 18-0254; Änder. v. Thermo-EMK u. Hall-Koeff. v. Bi mit Pb-Beimeng. bei d. plast. Verform. 33-0439; magnet. Struktur v. plast. verformtem Cr 29-0494; Einfl. d. Orientier. auf d. Fließen v. Mo-Einkrist. 21-0261; Geometrie d. plast. Fließens u. d. Verform.-Blockier. in Mo-Einkrist. 25-0286; plast. Verform.: v. W-Einkrist. bei tiefen Temp. 34-0328; v. speziell geätzten, kaltgewalzten u. geglühten U-Proben bei cycl. Wärmebehandl. 18-0257; plast. — v. polykrist. U bei verschiedenen Zuggeschw. zwischen *20* u. *850°* 19-0299; Änder. d. Härte bei isochronem u. isothermem Anlassen v. verformtem U 33-0329; Anwend. d. Bezieh. v. Petch auf plast. Gleiten in α-U 37-029; Staucheig. v. natürl. U (Fließkurven) 38-2437.

Gleiten in polykrist. Fe mit *3*% Si 1-0279; optimale Temp. d. plast. Verform. v. rostfreien Stählen 1-2522; Asymmetrie d. Gleitens in Einkrist. einer Fe–Si-Leg. 4-0285; Mikro- u. Makrofließen v. zonengerein. polykrist. Fe bei tiefen Temp. 4-2327; Zylinderstauchvers. zur Ermittl. isothermer Fließkurven an Stahl *C60* 6-2402; Einfl. einer plast. Verform. auf d. anod. Auflsg. v. Fe in Säuren 13-0652; plast. Fließen v. Mn-Stahl während d. $\gamma \rightarrow \varepsilon$-Umwandl. unter Zugspann. 16-2381; plast. Verform.: v. leg. Fe u. Stahl 21-2520; v. Austenit in Baustahl 23-2300; v. Fe mit *3*% Si bei *295—473* °K 25-0289; Keimbldg. für d. Gleiten in Si-halt. Fe 25-2215; Vgl. d. plast. Stoßwellenverform. an austenit. Einkrist. aus Stahl X*6*CrNi*189* 27-2445; Einfl. einer plast. Verform. auf d. magnet. Eig. v. Fe–Si-Einkrist. 28-0469; plast. Verform. v. *18/8*-Stahl 29-2418; Anisotropie d. plast. Verform. v. kornorientierter Fe-Leg. mit *3* Si 30-2372; Übergangstemp. vom stabilem zum labilen Zustand beim plast. Fließen v. weichem Stahl unter stat. u. dynam. Belast. 36-2305; zeitabhängiges Fließen v. warmfesten Stählen 37-2165; Änder. d. Verform.-Mechanismus in polykrist. α-Fe 38-0311; Erhol. plast. verformter Fe-Einkrist. oberhalb Raumtemp. 38-0313; Einfl. einer plast. Verform. auf Strukturänder. im verformten Stahl U*10* 38-0316; Korngrenzenabhängigk. d. Fließens bei dynam. Reckalter. v. Flußstahl 38-2442; Einfl.: d. Temp. auf d. Entw. einer weitreichenden inneren Spann. bei d. plast. Verform. v. hochreinem Fe 39-0305, 39-0306; einer plast. Verform. u. nachfolgenden therm. Behandl. auf d. Elastizitätsmodul u. d. kristallograph. Textur v. Fe–Ni–Ti-Leg. d. Invartyps 39-0316; v. Zwischengitter-Verunreinig. (bes. C, H, N, O) auf d. Quergleiten in Fe 42-0283; plast. Verform. d. Schweißnahtzone v. Stahl 42-2332; Einfl.: v. Einlager.-Fremdatomen, Korngröße u. Temp. auf d. plast. Fließen bei Zugbeanspruch. v. Stahl *330* 43-2126; einer Bestrahl. im Reaktor auf d. Mechanismus d. plast. Verform. eines weichen Stahles 44-0321; plast. Verform. rotierender Fe-Whisker 47-0290; Einfl. plast. Dehn. auf d. Schermodul v. Fe–Cr–Ni-Leg. mit *19* Cr, *9* Ni u. mit *18* Cr, *9* Ni 48-0485; räuml. Verteil. d. plast. Verform. in d. Umgeb. v. durch H_2-Ausscheid. entstandenen Spaltrissen in Fe–Si-Einkrist. 51/52-2341; plast. Verform. v. WC–Co-Leg. mit *3—15* Co vor d. Bruch 22-2424; Theorie d. durch Gleiten induzierten Orientier. v. Überstrukturen v. B*2*-Typ am Beispiel v. FeCo 33-0273; Positron–Elektron-Vernicht. in plast. verformten Metallen (Ni- u. Invartyp-Fe–Ni) 15-0355; D. plast. verformter Ni–Cr-Leg. 20-0254; Einfl.: v. plast. Verform. auf elektr. Widerstand u. Thermo-EMK v. Ni–Cr-Leg. 26-0423; einer plast. Verform. auf d. mechan. Verh. v. Metallen (techn. Fe, techn. Ni u. Stahl *1*Ch*15*NM*2*) bei Bestrahl. mit Neutronen 35-0310; chem. Diffus. im einer plast. Verform. unterworfenen Syst. Fe–Ni 36-0274; Einfl. einer plast. Verform. auf d. physikal. Eig. v. mit Ti legiertem Fe–Ni-Invar mit *30—47*% Ni 43-0297; Zerfallsgrad v. Ni–Cr- u. Fe–Ni-Leg. im K-Zustand bei plast. Verform. bei kryogenen Temp. 46-2318; Zerfallsgrad d. K-Zustandes v. Ni–Cr-Leg. bei plast. Verform. bei kryogenen Temp. 46-2318; Besonderh. d. plast. Verform. v. Cu- u. Co-Whiskern 10-0274; geschwindigkeitsbestimmender Mechanismus für Gleit. in neutronenbestrahlten Cu-Einkrist. 13-0331; Einw. v. ruckartigem Fließen auf d. Änder. d. elektr. Widerstands v. Cu-Leg. mit *2,06* Be u. *0,25* Co 13-2536; Fließen d. Cu-Whisker 14-0321; plast. Deformat. v. Cu unter Einfl. v. Ölsäure 15-0338; irreversible Änder. d. Abmess. (Nachwrkg. beim Erhitzen plast. verformter Proben (Armco-Fe, Al, Ni, Cu, Stahl *50*) 25-0274; Versetz.-Ätzgrübchen d. Leichtgleitens v. Cu-Einkrist. mit *15* Al 25-2216; diffuse Streuung u. Nahordn. in einer α-Cu/Al-Leg. nach plast. Verform. 31-0295; Änder. d. Thermo-EMK v. Cu unter d. Einw. einer plast. Zugverform. mit verschiedener Geschw. 31-0420; Best. d. gespeicherten Energie bei d. plast. Verform. v. Cu aus d. Differenz

v. Elektrodenpotentialen 43-0298; Einfl. v. plast. Dehn. auf d. Aushärt.-Kinetik bei Ag/Ga u. Al/Ag 32-0301; Quergleit. in geordnetem Cu_3Au 12-0331; plast. Verform. v. Pd–H-Leg. 8-0285; plast. Verform. v. Ir-Einkrist. 3-0327; magnet. Eig. d. Leg. PtFe nach plast. Verform. 40-0442.

Bldg. v. Löchern bei nichtbasalem Gleiten in Eis-Einkrist. 42-0287; plast. Fließen bei d. Verform. v. Eis I 47-0297; plast. Verform. v. krist. NH_3 46-0301; Einfl. v. Versetz. auf d. plast. — in Quarz 23-0252; Fließen in Quarzglas nach Protonenbestrahl. 26-0306; diskontinuierl. Fließen in Alkalimetallhalogenid-Krist. 26-0290; Gleitebene v. LiCl u. LiBr 41-0346; durch plast. Verform. erzeugte Muster auf LiF-Spaltflächen 42-0288; Auftreten elektr. Lad. während d. plast. Verform. v. Ionenkrist., bes. v. LiF 43-0305; Einfl. plast. Verform. auf d. Bldg. v. Einfangzentren in mit Röntgenstrahlen bestrahlten Krist. v. NaJ(Tl) 9-0336; Symmetrie d. Textur eines plast. verformten NaCl-Krist. 17-0260; Einfl. plast. Verform. auf d. Wärmeleitfähigk. v. NaCl- u. KCl-Einkrist. 19-0306; plast. Fließen fester Misch. v. Li_2SO_4 u. K_2SO_4 33-0692; plast. Verform. v. reinem festem Li-Sulfat u. v. Li-Sulfat/K-Sulfat-Misch. 46-0305; plast. Verform. v. CsJ-Einkrist. 4-0282; Anisotropie d. Reib.-Verh. beim Gleiten v. Diamant-, MgO- u. LiF-Krist. auf Oberflächen 25-0277; Gleitbeweg. in durch Explos. stoßart. belasteten MgO-Krist. 45-0277; Bedeut. d. Korngrenzen bei d. plast. Verform. v. Ca-Fluorid 33-0346; Mehrfachgleiten im verformten heißgepreßtem Spinell ($MgO \cdot Al_2O_3$) 33-0342; Einfl. d. Te- u. Zn-Dotier. auf d. plast. Verform. v. GaAs-Einkrist. 28-0283; Gleitsyst. in nach d. Flammen-Schmelzmeth. gezüchteten Rutil-Krist. 3-0282; Gleiten in Ti-Carbid 15-0333; plast. Fließen unter Druck v. TiC bei hohen Temp. 21-2546; Gleit. in ThO_2-Einkrist. 51/52-0190; plast. Verform. v. Bleiglanz 1-0271; diskontinuierl. Fließen in Ta–O 38-0310; plast. Verform. v. UO_2-Einkrist. 7-2502; Gleiten in WSi_2-Einkrist. 8-2389; plast. Verform. v. FeO 6-0311.

Gleitmechanismus in experimentell verformten Mineralien (Olivin, Enstatit, Cyanit, Diopsid) 6-0312; morpholog. Unters. plast. verformter Halitkrist. 7-0858; Experimentelle Unters. d. Fließens eines Zweiphasensyst. v. verschiedenen Hochtemp.-Materialien (BN, Si_3N_4, SiC, WC, WC–Co) bei hohen Temp. 16-0228; Vgl. d. Diffus. u. d. plast. Fließens in pulvermetallurg. Modellsubstanzen 19-2454; Fließen v. polykrist. metall. u. keram. Verb. 20-2288; plast. Verform. v. Hämatit 37-0832.

Kriechen

Theorie d. Einfl. d. Stapelfehlerbreite d. Spaltversetz. auf d. Kriechgeschw. bei hohen Temp. 2-0290; Einfl. d. Fl.-Bldg. auf d. Hochtemp.-Kriechen 7-2412; Meth. d. kleinsten Quadrate zur Berechn. d. Konst. d. Andradeschen Kriechgleich. 8-0274; Bezieh. zwischen Kriechen u. Spann.-Relaxat. 14-0298; Unters. d. Mechanismus d. Hohlraumbldg. durch Korngrenzenkriechen mittels elektronenmkr. Schattenaufzeichn. 36-0197.

Therm. Kriechen, nichtelast. Verh. u. D. v. synthet. Graphit 23-0317; Analyse d. Temp.-Kriechens v. pyrolyt. C 41-0331; Abhängigk. d. Kriechgeschw. v. d. Orientier. d. Zugachse für stark orientierten Graphit 42-0276; Spann.-Abhängigk. d. Kriechgeschw. v. U enthaltendem Graphit 44-0280; Temp.-Abhängigk. d. durch Neutronenbestrahl. induzierten Kriechens v. Graphit 44-0311; Bestrahl.-Kriechen v. Graphit bei sehr hohen Neutronendosen 44-0312; Einfl. v. Zuleg. auf d. Kriechen v. einkrist. Si 28-0282.

Adsorpt.-Einfl. fl.-metall. Medien auf d. Kriechprozeß bei Kompress. 10-0273; Gleichh. d. Aktivier.-Energie d. Dauerzerstör. d. stationären Kriechens u. d. Kriechens v. Versetz. in hoch legierten Leg. 23-0306; Physik d. Hochtemp.-Kriechens in Metallen (Fortschrittsbericht) 39-0230; Kriechen v. Metallen 41-2271; Versetz.-Modell d. Kriechens mit weitem Anwend.-Bereich (für mono- u. polykrist. Metalle 41-0330; Beeinfluss. d. Kriechverlaufs v. Metallen durch Ox. d. Oberfläche 46-2369; Tieftemp.-Kriechen v. Li im Gebiet d. polymorphen Umwandl. 17-0306; Kriechverhalten einer Mg–Al–Zr-Leg. bei *450*° 2-0298; Kriechen u. Spann.-Relaxat. in polykrist. Mg 16-0231; Verform. v. aus Mg bestehenden Reaktorteilen durch Diffus.-Kriechen 22-0264, 46-0293; Kriechverform. v. Magnox AL *80* 15-2409; Kriechspann. an Al-Einkrist. mit verschiedener Orientier. bei Dauerfestigk.-Beanspruch. 24-2455; Kriechverh. v. Al mit feinen Schichten aus Al_2O_3 31-2334; Kriechen v. Al-Leg. KS-*245* 44-2278; Einfl. v. Neutronenbestrahl. auf d. Kriechen v. Zircaloy-*2* bei *300*° 15-2415; Beweglichk. v. Versetz. u. Kriechen v. Krist. im Gleichgew. (α-Zr) 35-0227; Diffus.-Kriechen in Zircaloy *2* als Funkt. v. Spann., Temp. u. Korngröße 42-0303; Mikrokriechen in Sn-Einkrist. mit *0,001* bis *0,44*% Pb 22-0267; Einfl. d. Gefügestruktur auf d. Verh. v. U-Leg. mit Al bei Kriechvers. 17-0308.

Kriechverh. v. U u. Fe bei dynam. u. stat. Temp.-Behandl. 1-2513; Hochtemp.-Kriechen in Ni_3Fe u. Ni-Leg. 1-2514; Raumtemp.-Kriechen v. Stahl 7-2503; Verformbark. v. Cr–Mo–V-Stählen durch Kriechen 8-2408; Einfl. d. Reckalter. auf d. Kriechverh. v. austenit. Stahl AISI*316* 13-2549; Kriech- u. Zeitstandverh. v. ferrit. Cr–Mo-Stahl 15-2396; Best. d. Kriechmechanismen an Hand d. Form d. Zeitbruchlinie warmfester Stähle 16-2384; Einfl. unterschiedl. Ausscheid.-Formen v. N auf Kriech- u. Zeitstandverh. v. unleg. Stählen 17-2360; Einfl. d. Feingefüges auf d. Kriechbehandl. v. Cr-Stahl mit *25* Cr 18-2495; Hochtemp.-Kriechen v. abgeschreckten u. getemperten Stahl M-*2* u. H-*13* 20-2419; Kriechen v. Armco-Fe zwischen *400*- u. *1359* °F 27-2411; Kriechverform. v. Elektrolyt-Fe u. Fe/Mo-, Fe/Si- u. Fe/Co-Leg. im ferro- u. paramagnet. Temp.-Bereich 32-0289; Unters. leichter Martensit-— durch Kriechverform. v. leg. Stahl 32-2390; Einfl.: v. chem. Zus., Wärmebehandl., Kaltverform. u. Art d. Vers.-Durchführ. auf d. Raumtemp.-Kriechen v. austenit. Stählen 33-2386; v. Spann. auf d. Kriechdehn. infolge Korngrenzengleiten in Fe–Si-Leg. 34-2495; Bezieh. v. Kriechdehn. u. interkrist. Hohlräumen v. Cr–Ni–Mo-Stahl 34-2496; Einfl. d. Ordn.-Einstell. auf d. Hochtemp.-Kriechen v. Fe–Al-Leg. 37-0333; Kriechen v. weichem Stahl im Bereich d. Blausprödigk. 38-2426; Einfl.: einer Kaltverform. auf d. Kriechverh. v. Stahl *316* 38-2427; d. Langzeitglüh. bei *500 — 700*° auf d. Kriechverh. v. Stahl *13*CrMo*44* bei *550*° 38-2432; d. Zwischenabkühl. auf d. Primär-Kriechen v. Stahl *17*CrMoV*10* u. *21*CrVMoW*12* 38-2433; v. N u. Mn auf d. Erhol.-Geschw. u. Reib.-Spann. während d. Kriechens v. Rein-Fe 40-2293; Kriechgeschw. v. ferrit. Fe–Cr-Leg. 40-2339; Analyse d. Temp.- u. Geschw.-Abhängigk. d. Kriechgrenze v. Armco-Fe im Bereich niedr. Temp. 43-0295; Kriechen u. Relaxat. hochfester Bewehr.-Stähle 44-2290; Kriechvers. an Stählen 44-2293.

Kriech-Verh. v. Ni-Leg. bei *500* u. *600*° 2-2444; Besonderh. d. Struktur v. Ni mit erhöhtem Kriechwiderstand 11-0303; Kriechen v. dispersionsgehärteten Ni–Al_2O_3-Leg. zwischen *800* u. *1400*° 22-0272; Rekristallisat. während d. Kriechens v. Ni 25-0217; Gesetzmäßigk. d. Entw. v. Zerstör.-Herden unter Kriechbeding. an d. einphasigen Leg. ChN*70*-VMJuT 32-0293; Änder. d. Aktivier.-Energie d. sek. Kriechens in Nimonic *80* A 33-2387; Kriechen v. vorhergehend verformtem legiertem Ni 37-0334; Einfl. v. Änder. d. Stapelfehlerenergie auf d. Kriechen v. Ni–Co-Leg. mit *0,1* bis *69*% Co 39-0318; Aktivier.-Energie für d. Kriechen v. *99,87* Ni-Draht 41-2272; Einfl. d. Kaltziehens auf d. Kriechverh. v. Ni-Leg. mit *4,2* Al 51/52-2334; Raumtemp.-Kriechen v. Cu 7-2503; Einfl. einer Ultraschallbestrahl. auf Kriechgrenze u. d. Tors.-Verh. v. Cu 34-0335; Kriechen unter variabler Spann. in Cu 35-0262; Einfl. einer vorhergehenden Tieftemp.-Verform. auf d. Kriechwiderstand v. Ni u. Cu bei hohen Temp. 38-0320; Kriechexperimente an hochreinen Cu-Einkrist. 39-0320; Hohlraumwachstumsmechanismen während d. Kriechens in einer Cu–Al-Leg. 41-0340; Bldg. v. Poren beim Kriechen v. Al, Cu u. Ag 23-0273; Porenbldg. beim Kriechen an O_2-freiem Cu u. Ag 34-0337; Kriechverh. v. Ag (O-freies Metall) 35-0263; (Einfl. v. O) 35-0264; (Einfl. v. Verunreinig.) 35-0265; (O-freies Metall) 35-0263; Lokalisier. d. Verform. im Prozeß d. Hochtemp.-Kriechens bei Ag 43-0300; Kriechen v. Ag–W 44-0286.

Kriechen krist. Salze (Oberflächenspann. gesätt. Lsg. v. kriechend u. nichtkriechend auskrist. Salzen) 6-0228; (Kriechende Kristallisat. als Meth. zur Gewinn. v. weitgehend gereinigten, kriechend krist. Salzen) 6-0229; Anfangskriechen v. säulenförmig gekörntem Eis (beobachtetes Verh.) 2-0310; (Analyse) 2-0311; Kriechen v. Eis-Einkrist. im Biegevers. 6-0307; Einfl. v. Ultraschallstrahl. auf d. Kriechen v. LiF-Einkrist. 45-0275; Kriechen: v. MgO-Einkrist. im Vakuum u. d. elektr. Feldeffekt 2-0315; unter Zugbeanspruch. v. porösem polykrist. Al_2O_3 7-2412; v. dichtem, reinem, feinkörnig. Al-Oxid 32-2294; v. ThO_2 u. festen Lsg. v. ThO_2/CaO 7-2412; v. Gemischen aus BeO u. UO_2 unter Druck 6-2144; v. UO_2-Einkrist. 14-0326.

Einfl. v. Größe u. Form d. Teilchen auf d. Kriechen v. Beton 16-2273; Mechanismus d. Kriecheig. v. Betonen 19-2361; Kriechen v. Polymerzementbeton 19-2376; verschieden^ Theorien über d. Kriechen v. Beton 28-2344· Kriechen v. Silicatbeton unter Einw. v. zentraler u. exzentr. Druckbelast. 28-2345; Kriechen bei gleichzeit. Schwinden d. Zementsteins 29-2369; Einfl. d. Schwindspann. auf d. Kriechen d. Zementsteins 30-2286; Kriechen keram. Materialien im Syst. MgO/$MgAl_2O_4$ 31-0329; Kriechdehn. u. Schrumpf. v. Keramsitbeton mit Gipszementpuzzolan-Bindemitteln 31-2273; Einfl. d. Anisotropie auf d. Kriechen d. Betons bei Druck in Abhängigk. v. d. Höhe d. Versuchsproben 35-2218; Kriechen v. altem Beton bei normalen u. erhöhten Temp. 49/50-2188.

Untersuchungsmethoden

Verw. v. Ultraschallmess. bei mittlerem Druck zur Abschätz. d. Kompress. bei hohem Druck 1-0268; angenäherte Meth. zur Abschätz. d. Schergeschw. aus d. spezif. Wärme 2-0294; Meth. zur Mess. d. Dehn.-Koeff. v. dünnen Metallschichten 2-0296; Füllen eines Dilatometers mit hydrierten Fetten 7-2213; Prüfverf. für plast. Verform. v. gekreuzten metall. Zylindern u. Schneiden 8-2392; Probenausricht. u. Reck.-Mess. bei axialen Kriechvers. 8-2406; elektronograph. Mess. d. Verform. dünner Filme 10-2045; App. zur Mess. v. Dehn.–Spann.-Eig. v. Fasern bei hohen Temp. 12-1876; Scherapp. für Temp. v. *1000*° u. Drücke v. *50* Kilobar 15-1953; App. zur Tieftemp.-Zugverform. u. gleichzeitigen Mess. d. therm. u. elektr. Leitfähigk. v. Metallen 18-0264; Verf. zur gleichzeit. Beobacht. v. Spann. u. Verform. krist. Stoffe im elast. u. plast. Bereich 25-0273; Hochtemp.-Zugprüfmaschine für hohe Verform.-Geschw. zur Unters. an Werkstoffen für d. Raumfahrt 26-2553; für Verform.- u. Umgeb.-Unters. bis zu *1000*° geeignetes Mikroskop mit Vakuumheiztisch 28-1924; App. zur Best. d. Kriechverh. im Hochvakuum 32-0275; Prüf. d. Ziehfähigk. an Hand v. Zug- u. Bruchlastbest. an einem Probestück 32-2384; Zugprüfmaschine für hohe Zerreißgeschw. 33-2381; Vgl. v. Verf. zur Tiefziehprüf. 33-2382; Instrumentenkonst. für ein Gerät zur Best. des dynam. Dehnmoduls 34-1975; Auswahl d. Unters.-Verf. wärmebeständiger Leg. an Hand d. Hochtemp.-Kriechens 35-2269; Gerät zur Best. d. Druck-Vol.-Bezieh. v. Feststoffen unter hydrostat. Drücken bis *30 000* Atmosphären 40-1795; Meth. zur Unters. d. plast. Verform. v. LS-*59*-1-Messing durch Härtemess. 41-2270; Prüfvorr. zur Durchführ. v. Warmtors.-Vers. 42-2314; Mess. d. Verformbark. v. Normenprismen mit Hilfe d. Elastographen 45-2156; Meth. zur Best. plast. Verform. in Guß- u. Sintermaterialien 48-2457.

Unters. v. Zerfallsrk. mit d. Meth. d. adiabat. Kompress. 32-0673.

Bibliographie

Physikalische Natur der plastischen Verformung (Mitteilungssammlung) [russ.] B 23; Engineering considerations of stress, strain and strength B 93.

Degranol s. unter $C_{10}H_{22}Cl_2N_2O_4$.
Dehalogenierung s. unter *Eliminierungsreaktionen.*
Deherban A, Bedeut. v. — für Mais 20-3235.
Dehnung s. unter *Deformation.*
Dehydracetsäure s. unter $C_8H_8O_4$.
Dehydratation, —: v. organ. Verb. s. unter *Eliminierungsreaktionen*; v. *Hydraten* s. dort.
Siehe auch *Trocknen* (*und Entwässern*).
Dehydratisierung s. unter *Eliminierungsreaktionen.*
Dehydrazinierungsreaktion s. unter *Eliminierungsreaktionen.*
Dehydrierung s. unter *Oxydation.*
Dehydroabietinsäure s. unter $C_{20}H_{28}O_2$.
trans-**Dehydroandrosteron** s. unter $C_{19}H_{28}O_2$.
Dehydroascorbinsäure s. unter $C_6H_6O_6$.
Dehydrobenzperidol s. unter $C_{22}H_{22}FN_3O_2$.
Dehydrobromierung s. unter *Eliminierungsreaktionen.*
Dehydrochlorierung s. unter *Eliminierungsreaktionen.*
Dehydrocholesterin s. unter $C_{27}H_{44}O$.
Dehydrocholsäure s. unter $C_{24}H_{34}O_5$.
Dehydrocohumulinsäure s. unter $C_{14}H_{18}O_4$.
Dehydrocorticosteron s. unter $C_{21}H_{28}O_4$.
Dehydrocortison s. unter $C_{21}H_{26}O_5$.
Dehydrocorybulbin s. unter $C_{21}H_{23}NO_4$.
Dehydrocorydalin s. unter $C_{22}H_{25}NO_4$.
Dehydrocyclisierung s. unter *Ringsysteme.*
Dehydrodesoxystreptomycin s. unter $C_{21}H_{41}N_7O_{11}$.
Dehydrodiapocynol, UV-Spektren (Verw. als Lignin-Modellsubstanz) 3-1193.
Dehydrodiconiferylalkohol s. unter $C_{20}H_{22}O_6$.
Dehydrodiisoeugenol s. unter $C_{20}H_{22}O_4$.
Dehydrodivanillin s. unter $C_{16}H_{14}O_6$.
Dehydroepiandrosteron s. unter $C_{19}H_{28}O_2$.
Dehydroergosterin s. unter $C_{28}H_{42}O$.

baddesinfiziens 36-1667; Zus. eines Desinfekt.-Mittels: für Luft- u. Oberflächen- – 37-1720*; zur – v. Räumen u. für Körperhygiene 39-1766*; kombinierte Anwend. v. – 43-1631, 43-1632; Herst. v. desinfizierenden Waschmitteln 48-1594*.

Untersuchungen über Desinfektionsmittel: Resistenz v. Botulinustoxin C gegen einige Desinfekt.-Mittel 3-1421; Einfl. v. Cellulosederiv. u. Alginaten auf d. antibakterielle Wirksamk. v. Antiseptika 4-1687; Beurteil. moderner Desinfekt.-Mittel 4-1692; inhibierende Wrkg. gewisser Antiseptika gegen chromogene halophile Organismen 9-3442; Wrkg.-Mechanismus phenol. Desinfekt.-Mittel 22-1272; 22-1273; Korros.-Wrkg. v. Desinfekt.-Mitteln auf Werkstoffe in d. Molkerei 7-2543; Wrkg. verschiedener Antiseptika u. d. Temp. auf d. Hefeautolyse 14-1468.

Analyse, Untersuchungsmethoden: Prüf. d. Abgabe v. Antiseptika aus medizin. Salben d. jugoslaw. Arzneibuches u. d. Formulae magistrales 5-1822; Best. d. bakteriziden Aktivität gasförm. Desinfekt.-Mittel 23-1735; Unters. d. Wrkg. v. Desinfekt.-Mitteln auf d. menschl. u. tier. Periosteum mit einer physikal. Meth. in vitro 35-1701; Ausschalt. d. Entw.-Hemm. bei d. Prüf. v. Desinfekt.-Mitteln auf d. Basis v. Amphotensiden 45-1652; Einfl. v. Desinfekt.-Mitteln auf d. Antibiotikanachw. in Milch 22-3159.

Bibliographie: Sterilisation, Desinfektion, Konservierung, Chemotherapie, Verfahren, Wirkstoffe, Prüfungsmethoden B 77.

Desipramin s. unter $C_{18}H_{22}N_2$.
Deslanosid s. unter $C_{47}H_{74}O_{19}$.
Desleucin⁸-Ocytocin s. unter $C_{37}H_{53}N_{11}O_{10}S_2$.
Desmethylamitriptylin s. unter $C_{19}H_{21}N$.
Desmethylchlorpromazin s. unter $C_{16}H_{17}ClN_2S$.
Desmethylchlortetracyclin s. unter $C_{21}H_{21}ClN_2O_8$.
Desmethylimipramin s. unter $C_{18}H_{22}N_2$.
Desmethylpapaverin s. unter $C_{16}H_{13}NO_4$.
Desmetryn(e) s. unter $C_8H_{15}N_5S$.
Desmin s. *Stilbit*.
Desmodur 44 s. unter $C_{15}H_{10}N_2S_2$.
Desmosin, Wrkg. v. Cu-Mangel u. einem Lathyrogen auf d. Geh. d. Aorta 32-1623; Geh. in Kollagen u. Elastin 46-1525; Biosynth. 28-1686, 48-1487.
Desmosterin s. unter $C_{27}H_{44}O$.
Desmosterol s. unter $C_{27}H_{44}O$.
Desmotroposantonin s. unter $C_{15}H_{18}O_3$.
Desmycosin s. unter $C_{38}H_{63}NO_{14}$.
Desodorierung

– v. *Fetten* s. dort; s. auch *Kosmetik*.

Herst. v. desodorierenden Mitteln (Glyceryl-(1)-äther v. Halogen- oder Trifluormethylhydroxyarylverb.) 25-2671*; Zus. v. Desodorier.-Mitteln 38-1749*; Treibmittel aus halogeniertem KW-Stoff für Desodorier.-Mittel 41-2024*.

Verminder. d. Formaldehyd- u. Amingeruchs knitterarm ausgerüsteter Gewebe 9-3219; Beseitig. v. Geruchsstoffen: aus d. Rohwasser 10-2267; im W. durch Kohlefiltergranulate 11-2269; Beseitig.-Maßnahmen für H_2S-Geruch 12-2171; Entfern. übelriechender Gase während d. Aufbereit. v. Fischmaterial (Vorr.) 13-3533*; – v. Abwässern aus d. kontinuierl. Koch. v. Sulfatcellulose 20-2158; Herst. eines desodorierten Fischeiweißes 21-3379*; –: d. Luft v. Fischmehlfabriken 24-2163; v. Organothiophosphorverb. 24-3252*; in einer Ölraffinerie 32-2182; v. Fischeiweißkonzentraten 40-3160; v. übelriechender Luft 40-2090*; (mit KW-Stoffen C_{12-18}) 40-2091*; v. Abwässern 42-2055*; bei d. Sulfatzellstofferzeug. 42-3026*; v. Lanolinderiv. 43-2496*; v. W. in einer elektrolyt. Zelle 48-2151*; v. Gasen bei d. Herst. v. Sulfatzellstoff 48-3174; Beseitig.: d. Geruchs- u. Geschmackstoffe im Trinkwasser 51/52-2052; v. Abwassergerüchen durch Filtrier. d. Luft durch Erdschichten 51/52-2094; – v. Mercaptide enthaltenden Waschlaugen durch S-Zusatz (Verf.-Schema) 51/52-2654*; Entfernen unangenehmer Gerüche aus Gasen bei d. Sulfat- u. Natronzellstoffherst. 51/52-3100*.

Best. v. Chlorphenolen in pulverförm. Desodorantien 2-2134.

Desogen, Eign. als Hemmstoff gegen Mikroben zur Behandl. v. Früchten u. grünen Gemüsen 21-3372.
Desorption s. unter *Adsorption* bzw. *Gasabsorption*.
Desosamin s. unter $C_8H_{17}NO_3$.
Desoxodihydroschizozygin s. unter $C_{20}H_{24}N_2O_2$.
Desoxoschizozygin s. unter $C_{20}H_{22}N_2O_2$.
Desoxyadenosin s. unter $C_{10}H_{13}N_5O_3$.
Desoxyadenosinmonophosphat s. unter $C_{10}H_{14}\cdot N_5O_6P$.
Desoxyadenosintriphosphat s. unter $C_{10}H_{16}N_5O_{12}\cdot P_3$.
Desoxyadenosylcobalamin s. unter $C_{72}H_{100}CoN_{18}\cdot O_{17}P$.
Desoxyadenylsäure s. unter $C_{10}H_{14}N_5O_6P$.
Desoxybenzoin s. unter $C_{14}H_{12}O$.
Desoxycholeinsäure, Einschlußverb. v. – 3-1142.
Desoxycholsäure s. unter $C_{24}H_{40}O_4$.
Desoxycorticosteron s. unter $C_{21}H_{30}O_3$.
Desoxycorticosteronacetat s. unter $C_{23}H_{32}O_4$.
Desoxycortisol s. unter $C_{21}H_{30}O_4$.
Desoxycortone s. unter $C_{21}H_{30}O_3$.
Desoxycytidin s. unter $C_9H_{13}N_3O_4$.
Desoxycytidintriphosphat s. unter $C_9H_{16}N_3O_{13}P_3$.
Desoxycytidylsäure s. unter $C_9H_{14}N_3O_7P$.
Desoxyephedrin s. unter $C_{10}H_{15}N$.
Desoxygalaktose s. unter $C_6H_{12}O_5$.
Desoxyglucose s. unter $C_6H_{12}O_5$.
Desoxyguanosin s. unter $C_{10}H_{13}N_5O_4$.
Desoxyguanylsäure s. unter $C_{10}H_{14}N_5O_7P$.
Desoxyhämoglobin s. unter *Blutfarbstoffe, Derivate des Hämoglobins*.
Desoxyheliotridin s. unter $C_8H_{13}NO$.
Desoxyinosin s. unter $C_{10}H_{12}N_4O_4$.
Desoxymorellin s. unter $C_{33}H_{36}O_6$.
Desoxymyoglobin s. unter *Blutfarbstoffe, Derivate des Myoglobins*.
Desoxypyridoxin s. unter $C_8H_{11}NO_2$.
Desoxyretronecin s. unter $C_8H_{13}NO$.
Desoxyribonucleinsäure s. unter *Nucleinsäuren*.
Desoxyribonucleoproteine s. unter *Proteine, Nucleoproteine*.
Desoxyribonucleoside s. unter *Nucleoside*.
Desoxyribonucleotide s. unter *Nucleotide*.
Desoxyribose s. unter $C_5H_{10}O_4$.
Desoxystreptamin s. unter $C_6H_{14}N_2O_3$.
Desoxythymidin s. unter $C_{10}H_{14}N_2O_4$.
Desoxythymidindiphosphat s. unter $C_{10}H_{16}N_2\cdot O_{10}P_2$.
Desoxythymidinmonophosphat s. unter $C_{10}H_{15}\cdot N_2O_7P$.
Desoxythymidintriphosphat s. unter $C_{10}H_{17}N_2\cdot O_{13}P_3$.
Desoxythymidylsäure s. unter $C_{10}H_{15}N_2O_7P$.
Desoxytigogenin s. unter $C_{27}H_{44}O_2$.
Desoxyuridin s. unter $C_9H_{12}N_2O_5$.
Desoxy-UTP s. unter $C_9H_{15}N_2O_{14}P_3$.
Desprolin⁷-Oxytocin s. unter $C_{38}H_{55}N_{11}O_9S_2$.
Desthiobiotin s. unter $C_{10}H_{18}N_2O_3$..

Destillation

Allgemeines über Kolonnen s. unter *Scheiden*.

– (Literaturübersicht *1964–1965*) 3-2143; Mol.-– 4-2762, 4-2763; gegenwärt. Stand d. Theorie u. Praxis d. Rektifikat. 8-2111; – u. Rektifikat. in tern. Syst. 20-2063, 20-2064; Vakuumkolonnen (Achema-Tag. *1964*) 23-2066; Gas u. destruktive – (Fortschrittsbericht) 25-1909; Rektifikat., Absorpt. u. Extrakt. (Fortschrittsbericht) 26-2185; – 33-2137 bis 33-2140; –-Unters. 40-1988; Mol.-– 45-2661.

Theorie und Berechnungsverfahren

Unters. d. die Wirtschaftlichk. v. – beeinflussenden Faktoren 2-2162; Optimier. d. diskontinuierl. – 3-2144; Übergangsverh. einer Pilot-–-Kolonne (Verh. einer *10*-Boden-Kolonne) 4-2032; Verh. v. –-Kolonnen unter minimalem Rückfluß bei d. Fraktionier. unterkühlter oder überhitzter Einsatzprod. 4-2033; Veränder. d. Bodenwirk.-Grades mit d. Konz. bei d. therm. – 7-2259; graph. Modelle bei d. – 9-2219; Zugrundeleg. d. Gleichgew.-Diagrammes d. Syst. NH_3/H_2O für technolog. Berechn. v. –-Prozessen 10-0569; Leist. v. Stufen-–-Kolonnen 10-2215; Lsg. v. Problemen für konventionelle u. komplexe –-Kolonnen bei instationärer Betriebsweise 10-2217; Berechn. d. dynam. Verh. v. –-Säulen 10-2218; Anwend. eines on-line-Digitalrechners zur Ermittl. d. dynam. Verh. einer Pilot-–-Kolonne 10-2219; Zusammenhang zwischen Freiheitsgraden u. Regelparametern für –-Kolonnen 10-2220; verbesserte Fraktionier. durch Zwischenrückflußgeneratoren 12-2070; Best. d. Nebenprod. bei d. – 14-2151; Schnellberechn. einer Rektifikat.-Kolonne mit Nomogrammen 15-2148; vergleichende Beurteil. d. Wirk.-Grades einer Rektifikat.-App. 15-2150; Berechn. d. Rektifikat. v. Mehrstoffgemisch mit Elektronenrechenmaschine 15-2151; Best. d. Bodenwirksamk. aus d. Arbeitsdaten 16-2011, 16-2012; Konz.-Gleich. d. Rektifikat.-Kolonne 17-2122; Berechn. d. Stoffüberganges bei d. Rektifikat. bin. Gemische 17-2123; Stoffübertrag. bei d. Rektifikat. v. Vierstoffgemischen 17-2124; obere Grenze d. Schaumbeding. auf Siebbodenkolonnen zur Rektifikat. 17-2126; Stoffübergang bei d. Rektifikat. v. Mehrstoff-Syst. 18-2133; kinet. Berechn. v. Böden-Rektifizierkolonnen unter Verw. d. Enthalpie-Diagrammes 19-2153; mathemat. Modelle für Dauerbetrieb v. –-Kolonnen 20-2065; elektron. Berechn. v. –-Kolonnen (ACHEMA-Tag. *1964*) 24-2079; mathemat. Modelldarst. u. Optimier. v. Rektifikat.-Prozessen 26-2186; offene – lösl. Mehrstoffgemische 28-2104; Wirksamk. d. Stoffübertrag. bei nichtadiabat. Rektifikat. 29-2136; McCabe-Thiele-Konstrukt. zur Ermittl. d. theoret. Bodenzahl bei – 30-2093; Verallgemeinerte Definit. eines theoret. Bodens oder einer Stufe v. Kontaktvorr. bei d. – 33-2138; Druckverlust u. Fl.-Holdup d. Böden bei d. – 33-2139; Höhe d. Energieverlustes in d. Schaumschicht eines Destillierbodens 33-2140; Wahl d. Arbeitsdruckes bei d. Rektifizier. hitzeempfindl. Verb. 33-2141; Berechn. v. App. mit vollständ. Rücklauf bei d. Rektifizier. v. Mehrkomponentengemischen 34-2168; Berechn. d. Mehrkomponenten-Rektifizier. mit Elektronen-Rechenmaschinen 34-2169; numer. Lsg. v. Problemen d. kontinuierl. Mehrkomponenten-– 36-2039; graph. Best. d. theoret. Bodenzahl bei d. Rektifizier. bin. Gemische 36-2040; Simulat. u. parametr. Unters. v. Mehrkomponenten-–-Kolonnen 38-2055; Kinetik d. Rektifikat. konz. Lsg. bin. Gemische 39-2009; Berechn. v. Einkolonnen-Rektifizier.-Anlage zur Trenn. bin. heteroazeotroper Gemische 39-2010; Bedeut. d. *2* Grundkomponenten für Theorie u. Berechn. d. Rektifikat.-Prozesses 40-1990; Charakteristika d. Übergangsverh. v. Boden-Rektifikat.-Kolonnen 40-1991; Schemata d. automat. Regel. einfacher Rektifikat.-Kolonnen 40-1993; statist. Optimier. v. Mehrstoff-Rektifikat.-Anlagen 40-1994; period. Gegenstrom-–-Prozesse 42-1992; Einfl. d. Gleichgew.-Bezieh. auf d. dynam. Eig. v. Abschnitten v. –-Kolonnen 42-1993; Bezieh. zwischen Löslichk. u. Wirksamk. bei d. extraktiven Rektifikat. verwendeter Trennmittel 43-1933; Berechn. einer Füllkörpersäule zur Rektifizier. bin. Gemische im Vakuum 47-1963; Gleichgew.-Stufen in d. kontinuierl. bin. – 48-2017; d. d. Rohstoffzuführ. dienende Boden in Rektifizierkolonnen als Regelelement 49/50-1907; Einfl. d. Fl.-Misch. auf d. Wirk.-Grad v. Rektifizierböden 49/50-1908; Stoffaustausch in d. Rektifikat.-Kolonne unter normalen Betriebs-Beding. 49/50-1910; Fortschritte d. Prozeßregel. u. angewandten Mathematik bei d. – 51/52-1992.

Experimentelle Untersuchungen zum Destillationsvorgang

Stoffübergang in einer Füllkörper-Frakt.-Kolonne (Einfl. d. Verhältnisses G_m/L_m) 1-2202; (Best. d. Höhe d. Stoffübergangswerte H_G u. H_L) 1-2203; Grenzflächen-Stoffübergang bei d. Extraktiv-– in einer Füllkörperkolonne (Mess. an einem bin. Syst.) 1-2204; (Mess. an einem tern. Syst.) 1-2205; –-Kolonnenboden nach Kühn 5-2205; Vakuumrektifikat. in Rotat.-, Film- u. Füllkörperkolonnen 9-2220; Druckverlust u. Leist.-Fähigk. v. Rektifikat.-Füllkörpersäulen 10-2225; isotherme – v. Fl. in Quarzkapillaren 12-0651; Stoffübertrag. in einer –-Kolonne mit elektr. beheizten Füllkörpern 12-2071; Benetz.-Effekte bei d. – in Füllkörpersäulen 19-2152; Best. d. optimalen Rektifizier.-Drucks u. d. maximalen Wirksamk. v. Kolonnen 19-2154; Stoffaustausch bei d. – (Achema-Tag. *1964*) 23-2066; Stoffaustausch zwischen Gas u. Fl. bei Rektifikat. 23-2071; stat. Kennlinien einer Rektifikat.-Kolonne 30-2092; Fl.-Verteil. in Füllkörperschütt. v. –-Kolonnen 33-2135; hydraul. Eig. u. Druckverlust v. Böden ohne Fl.-Ablaufrohre 33-2137; Kinetik d. Stoffaustausches bei d. Rektifikat. v. Mehrstoffgemischen in Schaumapp. 40-1992; Schaum-Fraktionier. v. Syst. aus Kolloiden u. überflächenakt. Substanzen 42-1994; hydrodynam. Verh. einer Siebboden-–-Kolonne 35-2096; Leist.-Fähigk. v. Füllkörpersäulen in Vakuum-– 44-1988.

Apparate und allgemeine Verfahren

Vakuum-Wechselvorstoß 2-1920; simulierte – durch Gaschromatographie 9-2012; Konstrukt. u. Wirk.-Grad v. Liebig-Kühlern 11-1989; „automat." Kolonnenkopf auf einfachster Grundlage zur – 11-1990; Sumpfdruckregler für Normaldruck- u. Vakuum-– 11-1991; Entfern. v. Verunreinig. aus einem Prod. durch – 14-2150; Reinheitskontrollmeth. bei d. Rektifikat. 20-1816; Meth. zur Ermittl. d. minimalen Rücklaufs für d. – mehrkomponent. Gemische 24-2045; Rektifizieraufsatz ohne festangesetzten Kühler mit Druckausgleich zur Vorlage 26-1952; – zur Reinig. v. Stoffmengen im Forsch.-Maßstab 36-1817; thermodynam. optimales Trennverf. für Mehrstoffgemische durch Rektifikat. 39-2008; Automatisier. kontinuierl. Rektifikat.-Prozesse 46-2029; – u. Rektifikat. v. verd. Lsg. 47-1986*.

Destillationskolonnen

Automat. Labor.-Hochleist.-Destillierkolonne 1-1970; transistorisierter elektron. Regler zur Rückflußsteuer. v. Labor.-Rektifikat.-Kolonnen 8-1914; --Böden hoher Kapazität 8-2126; --Kolonnen mit niedr. Druckabfall (Übersicht) 8-2127; Ventilböden für --Kolonnen (Übersicht) 10-2216; automat. programmgesteuerter Rücklaufregler für --Kolonnen 10-2222; Regel. d. Einsatzdurchganges bei --Kolonnen 12-2068; hochwirksame Halbmikrodrehband---Kolonne zur Rektifikat. 14-1954; Drehbandkolonnen zur — d. Rk.-Gemische organ. Rk. 14-2149; Benzol–CCl_4-Gleichgewichtsangaben zum Testen v. Fraktionier.-Kolonnen 15-2149; kontinuierl. Trenn. eines fl. Vielkomponentensyst. in höher u. niedriger sd. Frakt. durch Computer gesteuerte --Kolonne 15-2194*; Verteilervorr. für Film-Rektifizierkolonnen 17-2125; kleine keram. Hohlkugeln als Füllstoff für --Kolonnen 34-2416*; Merkmale u. Bauart einer Gleichstrom---Kolonne 36-2038; optimale Konstrukt. v. konventionellen u. komplexen --Kolonnen 37-1979; große Vers.---Kolonne 40-1988; Rührkolonne zur Mol.-— 40-1989; Kaskadenschalt. zur Regel. einfacher Rektifikat.-Kolonnen 47-1964; Fl.-Misch. in Destillierkolonnen 48-2018.

Andere spezielle Destillationsapparate und -Verfahren

Trenn. v. bin. Syst. durch W.-Dampf-— aus wss. Salzlsg. 7-2658; Prinzip u. Anwend. d. Molekular-— 12-2069; Wahl d. Trenn.-Mittels bei d. azeotropen Rektifikat. bin. Syst. 20-2063; App.-Typ zur Mol.-— mit besserem Trenneffekt u. Ausschalt. d. katalyt. Zers.-Gefahr 23-2066; Testgemisch für --App. im Feinvakuumgebiet 28-1879; --Anlagen nach d. Prinzip d. Differentialdruckverf. 28-2105; Trenn. azeotroper Gemische durch extraktive Dest. in Ggw. dritter Feststoffe 47-1962.

Destillation von anorganischen Stoffen

Trenn.-Koeff. d. Syst. S/Se bei d. Rektifikat. 19-0551; Rektifikat. v. Metallen (Hg) 12-2380; Theorie d. destillativen Feinreinig. v. Metallen 18-2429; Berechn. d. Vakuum-— v. Leg. (bin. Leg. mit einer flücht. Komponente) 21-0546; Trenn. v. schmelzfl. Metallen u. Leg. durch rektifizierende — 22-2476*; Änder. d. Oberflächenkonz. während d. Vakuum-— fl. Metalle 38-2095; Reinig. v. metall. Li durch frakt. Hochvakuum-— 7-0731; Reinig. v. Cd durch Vakuum-— (App.) 13-2545; radiograph. Unters. d. Verh. v. As u. Tl bei frakt. — v. Cd-Lagerwerkstoffen 8-2387; kontinuierl. Verfolg. d. Ge-— aus Flugasche mittels Röntgenspektralanalyse 33-2377; Cd-Trenn. v. eutekt. Pb–Bi-Schmelzen durch Hochvakuum-Einstufen-— 38-2177; Extrakt. v. Fe u. Zn aus Schlacken d. Pb-Schmelze durch Vakuum-— 25-2169; Abtrenn. v. Ru nach d. selektiven --Meth. 48-1915; destillative Trenn. v. Os u. Ru 28-2070; Vakuum-„Flash"-— v. W. 8-2188; kontinuierl. arbeitender --App. zur Erzeug. v. Leitfähigk.-W. 36-1818; Herst. v. doppelt destilliertem W. 36-1819; —: v. NH_3 für Isotopenanalysen 5-2063; v. HBr 25-1767; destillative Trenn. v. Metallverb. zur Metallgewinn. 6-2438*; Anreicher. d. schweren Si-Isotope durch — v. $SiCl_4$ 2-0740; Abtrenn. v. Mikrobeimeng. As v. $SiHCl_3$ durch Rektifikat. 15-0592; Erzeug. v. LiF-Krist. durch Vakuum-— 8-0220; Syst. $ZrCl_4/HfCl_4$ u. Beding. zur Trenn. d. Komponenten durch Rektifikat. 34-0591; Thermodynamik d. — v. Re aus H_2SO_4-Lsg. 15-0594.

Destillation von organischen Stoffen

Trenn. v. C_5-KW-Stoffgemischen durch extraktive — in Ggw. v. N-Methylpyrrolidon als selektives Lsgm. 1-2897*; --Programm mit eigenen Daten zur Trenn. v. KW-Stoffgemischen 10-2221; Trennen v. KW-Stoffgemischen durch azeotrope — 18-2712*; extraktive — zur Gewinn. v. Bzl. aus Bzn.-Schnitten 18-2857; Dispers.-Koeff. hochsd. KW-Stoffe verschiedener Struktur 28-0847; Trennen v. KW-Stoffgemischen durch extraktive — mit einem α-Oxophosphonat 41-2532*; Chlorbenzol als Trenn.-Mittel im Prozeß d. extraktiven — d. Syst. CCl_4–Bzl. 35-0922; Gewinn. v. Isobutanol aus Isobutanol/n-Propanol/W.-Gemischen durch azeotrope — 8-2625*; Reinig. v. Alkanolen mit *3–5* C-Atomen aus Oxosynth. unter Abtrenn. v. Azeotropbildnern durch — in Ggw. v. W. 12-2545*; --Probleme bei d. A.-Rektifikat. 17-2552; Rektifikat. d. Gemische v. Prod. d. Hydrochlorier. v. Pentaerythrit 17-2546; Einfl. d. Phlegmazahl auf d. Verteil. d. Beimeng. d. Alkohols in d. Rektifikat.-Kolonne 20-2589; Reinig. v. Rohspiritus mit kontinuierl. Rektifizier.-App. 49/50-1911; Trenn. v. Methyläthoxysilanen durch — 8-2604; frakt. — einer durch Aldolisier. v. Crotonaldehyd entstehenden Octanolfrakt. 2-2066; Präparat. v. Acetonitril hoher Reinh. durch — 15-2043; — u. Rektifikat. im Syst. W.–Ameisensäure–1.2-Dichloräthan 20-2064; Rektifikat. synthet. Fettsäuren 20-2865; Trenn. d. Komponenten d. Syst. CH_3COOH–HNO_3–H_2O durch — u. Extrakt. 47-1966; Darst. v. Trialkylphosphaten aus $POCl_3$ u. Alkohol u. — mit Azeotropbildnern 8-2630*.

W.-Dampf-— v. Goldhopfen zur Gewinn. v. Hopfenöl 28-2040; Fraktionier.: v. Baumwollsaatöl durch Mol.-— 4-2763; v. Sesamöl durch Mol.-— 4-2762; Raffinat.: v. Sonnenblumenöl mittels Mol.-— 36-3042; v. Ölen u. Fetten durch Vakuum-— 36-3043; Mol.-— v. Reiskleieöl u. Erdnußöl 45-2661; W.-Dampf-— verdorbener Sahne 46-3113; 46-3114; —: v. Schmierölen unter Anwend. einer einstuf. Zentrifugal-Mol.---App. 6-2050; v. Holzteeren u. ihren Prod., Kurven d. einmal. Verdampf. u. Siedetemp. v. Holzteeren 41-2512; Anwend. d. W.-Dampf-— zur Isolier. v. Pflanzenschutzmitteln aus Organmaterial 11-2159.

Anwendungen

W.-Dampf-— zur photometr. Fluoridbest. in Mineralwässern 5-2109; quant. spektrochem. Best. v. Nb u. Ta unter Verw. d. frakt. — 5-2161; — zur Best. v. Cyaniden in Abwässern u. Oberflächenwässern 8-2079; W.-Dampf-— v. Weinen zur Best. v. Sorbinsäure 8-2109; Best. absorbierter Äthylen- u. Propylenoxide durch — 15-2038; App. zur — nach Tollens zur Pentosanbest. 20-1952; Best. d. osmot. Aktivität in verd. Lsg. mit einem --Verf. 32-0619; — zur Best. d. gesamten flücht. Säuren in Wein 43-1918; Rk.-Geschw. durch — 45-0913; quant. Spektralanalyse v. Reinst-Pb unter Ausnutz. d. frakt. — 47-1852.

Bibliographie

Automazione di impianti chimici e termici. Regolatori e teoria della regolazione, misure, applicazioni (strumentazione di concentratori, colonne di distillazione, compressori, generatori di vapore, processi discontinui) B 70.

Destominsäure s. unter $C_7H_{15}NO_7$.
Destomycin A s. unter $C_{20}H_{37}N_3O_{13}$.
Destomycin B, neues Antibiotikum aus Streptomyceten 9-1436.
Destruxin B s. unter $C_{30}H_{51}N_5O_7$.
Desylchlorid s. unter $C_{14}H_{11}ClO$.
Detergentien s. unter *Oberflächenaktive Verbindungen.*
Herst. u. Verw. v. —: für Dispergiermittel s. unter *Dispersionen*; für Emulgiermittel s. unter *Emulsionen*; für *Netzmittel*; für *Wasch- u. Reinigungsmittel* s. dort.
Detigon s. unter $C_{17}H_{20}ClNO$.
Detonationen s. unter *Explosionen.*
Deuterium s. unter *Wasserstoff.*

Deuteronen

Kernumwandlung durch — s. dort.
Siehe auch *Wasserstoff — Schwerer Wasserstoff.*

Bezieh. zwischen d. Vertexfunkt. u. d. Bethe-Salpeter-Wellenfunkt. für d. — 22-0030; Bind.-Energie u. Quadrupolmoment d. — gemäß einer Theorie v. H. A. S. Eriksson 22-0031; elektromagnet. Formfaktoren d. — für $3\ F^{-2} < q^2 < 6\ F^{-2}$ 26-0015; mögl. Test für d. schwache Kernkraft im — mit $|\Delta I| = 0$ 26-0016; Bind.-Energie d. — 31-0041; Analyse d. --Zustandes mit weichen Cores 31-0042; aus d. Mess. d. Energie d. H-Neutroneneinfang-γ-Strahls bestimmte Bind.-Energie d. — 31-0043; numer. Ergebnisse einer Dispers.-Theorie d. — 33-0046; Deuteron in d. pseudoskalaren Mesonentheorie 33-0047; geeignete analyt. Form für d. --Wellenfunkt. 39-0064; einfache relativist. Berechn. d. elektromagnet. Formfaktoren d. — 47-0051; Wert d. elektr. Quadrupolmoments d. — 47-0052.

Vorkommen, Erzeugung

Erzeug. v. — in energiereichen Wechselwrkg. v. Protonen u. Pionen mit Emuls.-Kernen 8-0055; Neutronenaustausch in d. Rk. $p + p \rightarrow d + \pi^+$ 6-0010; Theorie d. --Erzeug. bei Proton–Proton-Stößen 21-0052; Deuteron/Singulettdeuteron-Erzeug. in $p + p \rightarrow p + n + \pi$ 35-0077; Energiespektrum d. — aus $H(n, d)\gamma$ bei *14,4* MeV 38-0004; Winkelverteil. v. Deuteronen aus $^6Li(^{12}C, d)^{16}O$ 39-0100; --Polarisat. aus d. Rk. $^9Be(p, d)^8Be$ bei *3–5* MeV 21-0089; Energiespektren d. bei (p, d)-Rk. an ^{12}C emittierten Deuteronen 12-0060; p-d-Winkelkorrelat. in d. Rk. $^{12}C(p, pd)^{10}B$ bei *155* MeV 26-0069; (n, d)-Rk. an ^{19}F, ^{31}P u. ^{23}Na durch *14*-MeV-Neutronen 7-0101; $(^3He, d)$-Rk. an ^{42}Ca u. ^{44}Ca 22-0069; J-Abhängigk. in $^{56}Fe(p, d)^{55}Fe$ 36-0070.

Quellen: Quelle polarisierter D^+-Ionen mit *1* μA Stärke 26-1960.

Wechselwirkungen

--Querschnitte bei hoher Energie 1-0034; Desintegrat. v. — im Coulomb-Feld bei hohen Energien 1-0037; Coulomb-Zertrümmer. d. — als Spezialfall d. Dreikörperproblems 6-0016; Polarisat. d. bei d. Aufspalt. v. — im elektromagnet. Kernfeld gebildeten Nukleonen 11-0042; Nukleon–Deuteron-Breakup-Rk. 12-0060; Unters. d. --Zerfalls durch Nukleonen mit d. Diagrammsummat.-Technik 19-0051; unelast. Nukleon–Deuteron-Wechselwrkg. 19-0052; opt. Deuteron–Kern-Potential (Überblick) 20-0013; --Zerfall im Feld: d. Kerns 26-0018; v. Al-, Ni- u. Ag-Kernen 26-0019; Parameter d. opt. Modells für — 28-0017; --Desintegrat. im Flug unter d. Einfl. v. Kernfeldern 31-0044; Einfl. d. D-Zustandes d. — bei (d, p)- u. (p, d)-Rk. 31-0045; --Polarisat. u. Neutron-Formfaktoren 31-0049; — u. schwache Wechselwrkg. 39-0065; Analyse d. opt. Modells für — mit Spin-Bahn-Potential 40-0009; opt. Potential für d. — in d. adiabat. Approximat. 40-0010; Dreiteilchenmodell für eine Berechn. d. opt. Potentials für d. — 51/52-0011.

--Polarisat. als Folge d. Photoerzeug. neutraler Pionen 6-0011; geschw.-abhäng. Potential u. Photozertrümmer. d. — bei hohen Energien 13-0073; Austauschstrom u. Photozertrümmer. d. — bei d. Schwelle 13-0074.

Summenregel in d. Rk. $\gamma d \rightarrow \pi NN_3^*$ 33-0043; Deuteron-Photodesintegrat. mit einem trennbaren Zweinukleonenpotential 33-0044; Photoerzeug. v. Vektormesonen an — (Streuung v. γ-Quanten an — u. Photoerzeug. v. π^0 an —) 45-0045; Zertrümmer. d. — durch ein Neutrino 39-0066; Elektrozertrümmer. d. — bei niedr. Impulsübertrag. (magnet. Übergänge) 3-0057; Wrkg.-Querschnitte d. Elektroneneinfangs für — in He, N_2 u. Ar 3-0203; Elektroerzeug. v. Pionen aus — 31-0050; Neutronenformfaktoren bei niedr. Impulsübertrag. aus d. Analyse d. Elektrozertrümmer. d. — 41-0040.

Einfl. v. D-Zustands-Beimisch. u. Hard-Core-Radius auf d. Photoerzeug. neutraler Pionen aus — 22-0032; Strahl.-Absorpt. v. abgebremsten Pionen durch — 31-0051.

Totale Wrkg.-Querschnitte v. Neutronen für — v. *90–150* MeV 16-0007; Neutron–Deuteron-Polarisat. bei *22,7* MeV 16-0008; --Zertrümmer. durch *14*-MeV-Neutronen 22-0035; Theorie d. Rk. $n + d \rightarrow n + n + p$ 32-0011; Neutron–Neutron-Streulänge aus d. Rk. $n + d \rightarrow 2n + p$ 38-0005.

Desintegrat. d. — durch ein Proton (Test d. Chew-Low-Extrapolat.-Meth.) 6-0015; Katalyse d. Fus. $d\mu + p \rightarrow {}^3He + \mu^-$ u. $d\mu + d \rightarrow t + p + \mu^-$ durch negat. Myonen u. Bldg. v. p dμ- u. d dμ-Mol. in gasförm. H 19-0034; theoret. Interpretat. d. Rk. $D + P \rightarrow P + P + N$ 30-0012; Protoneneinfang durch — 39-0070.

Deuteron–Deuteron-Wechselwrkg. bei *270* bis *507* MeV/c 11-0040; Rk. $d + d \rightarrow n + p + d$ 25-0031; Beobacht. d. Rk. $d + d \rightarrow {}^4He + 2\pi$ bei *1,69* GeV/c 30-0018.

Streuung: Polarisierbark. d. — u. elast. Streuung v. — 1-0033; Schatteneffekt bei hochenerget. Streuung an — 11-0039; Analyse d. Streuung v. *26*-MeV-— nach d. opt. Modell 14-0017; neue Meth. zur Berechn. d. elast. Streuung v. — 20-0011; Polarisat. elast. gestreuter *6,5*-MeV-— 20-0012; Analyse d. elast. Streuung v. *13,6*-MeV-— an mittelschweren Kernen nach d. opt. Modell 22-0029; Einfl. v. Strippingkanälen auf d. elast. Streuung v. — 24-0014; Analyse v. Randbeding. einkommender Wellen bei elast. d-Streuquerschnitten 24-0015; Anreg. v. 2^+-Zuständen in geraden Kernen durch unelast. --Streuung 25-0056; Streuung v. — an Kernen mit unscharfen Grenzen 28-0018; differentieller Wrkg.-Querschnitt u. d. Polarisat. d. elast. am — gestreuten Nukleons 31-0046; Glauber-Schattenformel für d. energiereiche Streuung durch — 31-0047; elast. Streuung v. *25*-MeV-— 31-0052; exakte Berechn. d. elast. --Streuung als Spezialfall d. Dreikörperproblems 47-0077.

Relativist. Korrekturen zur Impulsapproximat. bei elast. Elektron–Deuteron-Streuung 1-0035; kovariante Theorie d. elast. Photon–Deuteron-Streuung 6-0012; Berechn. zur unelast. Elektron–Deuteron-Streuung 6-0013; Polarisat.-Effekte bei d. elast. Elektron–

Deuteron-Streuung 16-0030; relativist. Impulsapproximat. für elast. π-d-Streuung 22-0033; Unters. d. Elektron–Deuteron-Streuung durch Beobacht. d. Rückstoß-– 31-0048; relativist. Korrekturen zur Impulsapproximat. bei elast. Elektron–Deuteron-Streuung 47-0050; elast. Streuung v. *14*-MeV-Neutronen an – 4-0002; Proton–Deuteron-Streuung bei *77* MeV 6-0014; Antisymmetrisier. u. multiple Streuung bei Nukleon–Deuteron-Stößen 7-0070; n–d-Streuung zwischen *1* u. *5* MeV 24-0006; Streuung v. polarisierten Protonen an D v. *1–3* MeV 24-0011; Mess. d. totalen p–d-Streuquerschnittes 25-0038; –-Tensorpolarisat. bei elast. p–d-Streuung 29-0058; Mess. d. Parameter D u. R′ d. elast. Proton–Deuteron-Dreifachstreuung bei *135* MeV 29-0059; unelast. Proton–Deuteron-Streuung bei *135* MeV 29-0060; elast. Proton–Deuteron-Streuung bei *155* MeV 32-0006; unelast. Proton–Deuteron-Streuung bei *155* MeV 32-0007; elast. pd-Kleinwinkelstreuung bei *6,0* GeV 35-0078; Wahl d. Neutron–Deuteron-Streulängen aus Experimenten über d. Durchlässigk. polarisierter Neutronen durch ein polarisiertes –-Target 38-0006; Best. d. n–d-Streulängen 39-0068; elast. Neutron–Deuteron-Streuung mit polarisierten Teilchen 41-0041; mögl. Präzisier. d. Phasenanalyse d. elast. n–d-Streuung 46-0007; Mess. d. Wrkg.-Querschnitte u. d. Polarisat. bei d. elast. u. unelast. Proton–Deuteron-Streuungen bei *150* MeV 47-0048; Polarisat. v. Protonen bei d. elast. Streuung an – v. *4–12* MeV 49/50-0053; –-Polarisat. bei elast. p–d-Streuung 49/50-0054; Analyse d. elast. d–d-Streuung in Termen d. N–N-Wechselwrkg. 7-0071; Mess. d. Polarisat. eines Neutronenbündels aus (d, d)-Rk. durch Streuung an U 27-0052; Modell d. Schrödinger-Gleich. mit gekoppelten Kanälen für Deuteron–Triton-Streuung 34-0014; elast. Streuung: v. polarisierten – an Deuterium bei *21,4* MeV 39-0071; v. – an ^{3}He u. ^{3}H 48-0031; Bezieh. zwischen d. Phasenverschieb. u. d. Koeff. d. M-Matrix für d. elast. d–α-Streuung v. Spin-*1*- an Spin-*0*-Teilchen 15-0076; Analyse experimenteller elast. Winkelverteil. in d. ^{4}He-Syst. nach d. opt. Modell mit diffuser Oberfläche 22-0025; abs. Wrkg.-Querschnitt v. – zwischen *3* u. *14* MeV bei d. Streuung α(d, d)α 28-0019; Tensorpolarisat.: v. – bei elast. α-Deuteron-Streuung 28-0020; elast. Streuung polarisierter – an ^{4}He zwischen *18* u. *22* MeV 36-0158; Tensorpolarisat. bei d–α-Streuung 48-0032; Phasenverschieb.-Analyse d. d–α-Streuung 48-0033; elast. Streuung v. – an ^{6}Li v. *4–6,5* MeV 24-0012.

Opt. Potential für –-Streuung an C 20-0014; elast. Streuung v. –: mit *1–1,5* MeV durch ^{12}C 24-0013; an ^{12}C nach d. opt. Modell im Bereich v. *10,6–13,9* MeV 31-0053; elast. Deuteron-Kohlenstoff-Streuung bei *650* MeV 40-0011; Asymmetrie d. Winkelverteil. d. Prod. d. Rk. ^{12}C(d, d)^{12}C mit polarisierten – 40-0012; elast. Streuung v. – an C bei *420* MeV 51/52-0012; elast. u. unelast. Streuung v. – an ^{9}Be, ^{12}C, ^{14}N u. ^{16}O bei *14* MeV 38-0029.

Anomalie in d. Energieabhängigk. d. Winkelverteil. für – bei Streuung an ^{24}Mg im Bereich v. *6–13* MeV 22-0028; räuml. Verteil. v. – bei Streuung an einem Si-Einkrist. 34-0026.

Elast. u. unelast. Streuung v. *9,8*-MeV-– an ^{31}P 16-0045; elast. Streuung v. – an Ca-Isotopen 15-0075.

Differentielle Querschnitte für d. elast. Streuung v. *13,6*-MeV-– an Ti-, Fe- u. Co-Kernen 4-0007; differentielle Querschnitte d. elast. Streuung v. *13,6*-MeV-– an Ni- u. Cu-Isotopen 4-0008; unelast. Streuung v. – an Zn- u. Se-Isotopen 6-0039; elast. u. unelast. Streuung v. – an Ne, Ar u. Kr 20-0015.

Unelast. Streuung v. – an ^{60}Ni u. ^{114}Cd 6-0040; Streuung v. – an ^{182}W bei *12* MeV 20-0078; Energieniveaus v. ^{238}U bei d. unelast. –-Streuung 40-0059.

Absorption: Ionisat.-Energieverluste v. – 27-0062; allg. Effektive-Reichweite-Formel u. d. Zusammengesetzth. d. – 33-0045; Bremsvermögen v. Al für – v. *5–12* MeV 42-0009.

Physikalische Wirkungen

Strahl.-Defekte in –-bombardierten CdS-Krist. 13-0469; Szintillat.-Prozesse v. ZnS :Ag-Einkrist. bei –-Anreg. 26-0354; Szintillat.-Lichtausb. anorgan. u. organ. Krist. für energiereiche –, α-Teilchen u. Elektronen 26-2038; Maxima d. inneren Reib. in –-bestrahltem W 35-0309.

Chemische Wirkungen

Lineare Energieübertrag. bei d. Radiolyse v. fl. aromat. KW-Stoffen durch – 10-1016.

Meßmethoden und deren Anwendung

Verw. v. Halbleiter-Detektoren zur Mess. d. D^{+}-Flusses nach Rk. T(d, n)^{4}He 26-1956; Szintillat.-Lichtausb. anorgan. u. organ. Krist. für energiereiche – 26-2038.

Deuteroporphyrin s. unter $C_{40}H_{48}N_{6}O_{8}S_{2}$.
Dexamethason s. unter $C_{22}H_{29}FO_{5}$.
Dexamethasonacetat s. unter $C_{24}H_{31}FO_{6}$.
Dexamethasonphosphat s. unter $C_{22}H_{30}FO_{8}P$.
Dexamethasonsemisulfat s. unter $C_{22}H_{29}FO_{8}S$.
Dexamethazon s. unter $C_{22}H_{29}FO_{5}$.
Dexamphetamin(e) s. unter $C_{9}H_{13}N$.
Dexbrompheniramin s. unter $C_{16}H_{19}BrN_{2}$.
Dexchlorpheniramin s. unter $C_{16}H_{19}ClN_{2}$.
Dexedrin s. unter $C_{9}H_{13}N$.
Dexinoral s. unter $C_{22}H_{29}FO_{5}$.

Dextran

Siehe auch *Imferon*; *Imposil*; *Rheomacrodex*; *Sephadex*.

– u. Deriv. 3-1554, 47-1090.

Bildung, Darstellung: Biosynth. für d. Herst. v. Blutplasmaersatz 5-1366; Mechanismus d. fermentativen –-Bldg. aus Saccharose 34-1154; enzymat. Glucosyltransfer v. Saccharose zu prim. OH-Gruppen v. – 44-1306; Bldg. durch verschiedene Stämme v. Leuconostoc mesenteroides 47-1200; mikrobiolog. semikontinuierl. Darst. 1-1887*; Darst.: v. niedermol. – 1-1888*; v. vernetztem – (Verw.) 1-1898*; v. Benzyl-– (Verw. in Arzneimittelzubereit.) 2-1768*; kontinuierl. Synth. 10-1869*; Darst. u. Verw. v. vernetzten – in d. Kosmetik 13-2967; Ausfällen v. Nativ-– aus d. fermentierten Masse 15-1805; Abtrenn. aus Fructose durch Ionenaustauscher 24-3397*; Stabilität bei längerer Lager. 48-1462.

Physikalisches und physikalisch-chemisches Verhalten: Molgew.-Verteil. v. nativen – 18-1134; Struktur v. Fe-– 8-1632; Druckabhängigk. d. partiellen spezif. Vol. v. – in Lsg. 24-1142; Einfl. auf d. Stabilität v. Fe_2O_3-Solen 51/52-0561, 51/52-0562; Löslichk. v. Proteinen in Ggw. v. – 31-1112.

Reaktionen: Stabilität v. – gegen Hitzeabbau in wss. Lsg. 47-1090; photochem. Rk. 51/52-0858; Rk. mit Epichlorhydrin zur Herst. v. Gel für Haarfärbemittel 27-2863*; Darst. v. Na- u. K-Salzen v. –-Schwefelsäureestern (Verw. bei Arteriosklerose) 10-1838*; Sulfatier. v. linearem u. verzweigtem – (Unters. durch protonmagnet. Resonanzspektroskopie) 25-1146; Darst. eines gemischten Disulfids aus Mercaptosuccinyl-– u. Cysteamin 27-1183; Hemm. d. Wechselwrkg. v. Concanavalin A mit – 4-1182; –-Protein-Komplexe 15-1443; biolog. Wrkg. photochem. H_2O_2-Bldg. in Ggw. v. – als H-Donator 33-1201.

Biochemisches und physiologisches Verhalten: Barriereneffekt v. –-Sulfat 5-1412; Wrkg. v. –-Sulfat auf Viren u. Zellen 15-1674; biolog. Wrkg.: u. prakt. Anwend. (Übersicht) 39-1474; u. Strukturbesonderh. d. nativen – aus Leuconostoc mesenteroides 39-1597; mit radioakt. J markiertes – in d. biolog. Forsch. 44-1171.

Enzymat. –-Abbau durch d. Larven v. Bostrychus typographus 9-1391; Abbau durch α-Glucosidase aus Gerstenmalz 25-1261; Einfl. v. –-Sulfat: auf d. Aktivität d. Neuraminidase 44-1349; auf d. Dissoziat. v. Enzymen bei hohen Verdünn. 48-1256.

Verteil. v. E. coli in einem –-halt. Zweiphasensyst. 7-1435; Einfl. auf d. Wechselwrkg. zwischen Mengovirus u. L-Zellen 2-1446; Verh. v. *52* Bakterienstämmen gegen – 24-1418; Verstärk. u. Hemm. d. Plaqueentw. einer Variante d. Mengo-Encephalitis-Virus durch –-sulfat u. -phthalat u. – 25-1379- Präzipitat. v. Tabakmosaikvirus durch – 48-1300.

Resorpt. durch d. Muskeln 9-1688; Wander. in intakten u. extrahierten Muskelfasern 24-1633; Strukturspezifität v. – bei d. Erzeug. anaphylaktoider Rk. bei Ratten 7-1678; Einfl.: auf d. Schock nach Klapperschlangengift beim Schaf 7-1795; v. Fe-– auf d. Wrkg. d. Futters auf d. Anreicher. v. Gossypol in d. Organen v. Schweinen 10-1639; auf d. Zusammenball. v. Blutkörperchen u. d; Kapillarresistenz 10-1658; Hemm. d. Krebs-Gerinn.-Faktors durch –-Sulfat 12-1287; Kreislaufrk. auf intravenöse Injekt. v. – 12-1590; Rk.-Schwellen auf Druck bei durch – ödematösen Hinterpfoten v. Ratten u. Rk. auf analget. Arzneimittel 15-1719; renale u. kardiovaskuläre Läs. durch – 16-1531; Rolle d. Nervensyst. bei lokalen entzündl. Rk. infolge v. – 18-1674; Einleit. u. Steiger. d. Lysis menschl. Erythrozyten durch –-Sulfat 22-1446; Lipidveränder. nach Zugabe v. koll. – in verschiedenen Vol.-Verhältnissen zu Humanserum 22-1480; Verteil. v. Fe in mütterl. u. fetalen Gewebe trächt. Rhesusaffen nach einer einzigen i.v. Infus. v. ^{59}Fe-– 24-1606; Wrkg.: bei d. Ratte 27-1673; v. –-Sulfat auf d. Komponenten d. Meerschweinchen-Komplements in vitro 28-1601; d. Saluretika auf –-Ödeme d. Rattenpfote 29-1722; v. –-Sulfat auf d. in vitro-Thrombin-Fibrinogen-Umwandl. u. auf d. Blutgerinn.-Zeit 30-1468; antiphlogist. Wrkg. d. Vikasols bei Entzünd. nach – 31-1561; Einfl. v. Phlogodym auf d. Entw. d. –-induzierten Ödems bei normalen u. adrenalektomierten Ratten 34-1719; Veränder. d. Muskelgewebes durch Injekt. v. Fe-– 41-1610; Veränder. d. Dehnbark. d. Lungengefäße u. d. Lungenelastizität durch –-Infus. u. nachfolgende Injekt. v. Atropin bei Normalpersonen 42-1479; Rolle v. Histamin u. 5-Hydroxytryptamin im Verlauf d. arteriellen Hypotens. bei d. Ratte infolge v. – 42-1615; Bedeut. d. Lad. v. –, –- Sulfat u. Diäthylaminoäthyl-– für d. Aggregat. in vitro 43-1403; Abnahme d. Kininogengeh. d. Plasmas beim anaphylaktoiden –-Schock 43-1416; Veränder. in d. Desoxyribonucleoproteinkomplex in Tiergeweben nach Bestrahl. nach Inkubat. mit –-Sulfat 48-1511; Aggregat. menschl. Thrombozyten durch – 48-1461; Wrkg. d. Langzeitbehandl. v. Tieren mit –-Sulfat 1-1593; therapeut. Einsatz d. – im Ileus 47-1459; Verw.: eines nichtion. Komplexes v. $Fe(OH)_3$ u. hydriertem – in Eisenpräp. für orale Verabreich. an Mensch u. Tiere 48-1589*; v. mit – umgesetzten Frischzellen als Krebsbekämpf.-Mittel 49/50-1623*.

Verwendung: Verw.: zur Quellfest- u. Knitterarmausrüst. v. Cellulosetextilien 31-2897*; beim Veredeln v. Textilgut aus regenerierter Cellulose 31-2898*.

Analyse, Prüfverfahren: Darst. u. Nachw. v. fluoreszenzmarkiertem – 44-1911; oszillopolarograph. Ermittl. u. Best. v. –-Sulfat 45-1909; Verw. als stationäre Phase in d. Gaschromatographie v. Makromolekülen 11-2063; Chromatographie an –-Gel 32-2054; Verw. zur Unters. d. Perjodat-Rk. nach Schiff 36-1976; –-Gelfiltrat. v. Enzymen in Ggw. ihrer hochmol. Substrate 24-1280; in vitro-Fäll. im Plasma durch – mit niedr. Molgew. 24-1605; Faktoren mit Einfl. auf d. –-Gelfiltrat. d. Serums u. ^{131}J-L-Thyroxin 34-1521; Alkalispurentrenn. auf –-Gelsäulen 36-1902; Best. v. Corticosteroiden im Plasma mit Corticosteroid-bindendem Globulin u. –-beschichteter Kohle 49/50-1376.

Dextrine

Bldg. v. Chito-– beim Abbau v. Glykolchitin u. Chitin durch d. Chitinasesyst. v. Aspergillus niger 25-1257; Gewinn. v. gelben – aus verschiedenen Stärkesorten 13-3497; Einfl. auf d. Co-Geh. bei d. Abscheid. tern. Leg. aus dem Pyrophosphatbad: Fe/Co/W 32-0603; Umwandl. in Monosaccharide bei d. Invers. d. Holzhydrolysate bei *102°* 42-3009; Aminolyse 11-1215; –-Protein-Komplexe 15-1443.

Spezifität v. induzierbarer E. coli Amylomaltase gegenüber Malto-– 10-1354; mehrmol. Komplexe v. α-Amylase mit Glykogengrenz-– 16-1300; Abbau durch α-Glucosidase aus Gerstenmalz 25-1261; Schardinger-– in Verb. mit Glucose als neues Substrat für d. Auffind. d. Amylo-1.6-glucosidase u. seine Anwend. für d. Unters. d. Glykogenspeicherkrankh. Typ III 24-1345; Phosphorylase-Grenz-– als Substrat bei d. Dissoziat. v. Säugetier-Amylo-1.6-glucosidase mit Oligo-1.4 →1.4-glucantransferaseaktivität in Untereinh. 32-1393; Einfl. v. –-Casein-Diät auf d. Glucose-6-phosphatase d. Leber d. Ratte 44-1338; Chito-– als Substrat u. Impfkeim bei d. Lysozymrk. mit Oligosacchariden 45-1220; Einfl. auf d. Synth. amylolyt. Fermente 49/50-1258; Biosynth. v. Vitamin B_{12} in Azotomonas aus – als C-Quelle 19-1381; Vergär.: v. Malto-– durch Hefen 38-1385; bei Saccharomyces diastaticus 45-1254; Einfl.: auf d. Wachstum v. Pestalotiopsis versicolor 3-1382; auf d. Wachstum v. Piricularia oryzae 49/50-1266.

Verw. zur Verlangsam. d. Hydratat. d. Ca-Silicate 13-2458; Herst. oberflächl. getrockneter Formen aus Bentonit-–-Misch. 14-2467; Verw.: v. carboxylierten – zum Einkapseln v. wasserunlösl. Öl für Riechstoffe 51/52-2738*; als Bindemittel in Bodensterilisat.-Mittel 27-3143*; v. cyanäthylierten – als Streichbindemittel für Papier 36-2981; eines –-Fettsäureesters zur Stabilisier. v. Salatöl gegen Trüb. 21-3382*; in elektrophotograph. Entwicklern 11-3554*.

Überprüf. u. Ergänz. analyt. Meth. zur Best. d. Löslichk.-Eig. v. – 36-1950; Einfl. v. Cl auf d. Rk. v. Diphenylamin mit – 13-2140; vereinfachte Best. in Hydrolysaten pflanzl.

Gewebe 10-2145; Best. v. Glycerin durch Verteil.-Gaschromatographie an acetyliertem — 38-1964.

α-**Dextrin,** Bldg. v. 1 : 1 Addukten v. Cyclo-— mit 4-Nitrophenol u. Naphthalinsulfonaten 43-0865; enzymat. Übertrag. v. Glucose aus Schardinger-— auf Pullulan in *α*-(1 → 4)-Bind. 32-1330.

β-**Dextrin,** Abbau v. Grenz-— : durch eine *α*-Amylase d. Hepatopankreas v. Carcinus maenas 9-1388; durch *α*-Glucosidase aus Gerstenmalz 25-1261; durch amylolyt. Enzyme aus Endomycopsis capsularis 41-1279; Verw. v. Cyclo-— -Acetat als Trennfl. in d. Gaschromatographie ungesätt. Fettsäuren 43-1898.

Dextroamphetamin(e) s. unter $C_9H_{13}N$.
Dextrochlorphiniramin s. unter $C_{16}H_{19}ClN_2$.
Dextromethorphan s. unter $C_{18}H_{25}NO$.
Dextromoramid(e) s. unter $C_{25}H_{32}N_2O_2$.
Dextromycetin s. unter $C_{11}H_{12}Cl_2N_2O_5$.
Dextropimarsäure s. unter $C_{20}H_{30}O_2$.
Dextropropoxyphen s. unter $C_{22}H_{29}NO_2$.
Dextrorphan s. unter $C_{17}H_{23}NO$.
Dextrose s. unter $C_6H_{12}O_6$.
Dextrostix, Genauigk. d. —-Verf. bei d. Blutzuckerbest. 7-2164.

DFP s. unter $C_6H_{14}FO_3P$.
DFK-8 s. unter *Plaste, Weitere CO-Plaste.*
DFK-P s. unter *Plaste, Weitere CO-Plaste.*
Dhawagummi s. unter *Gummi.*
DHS s. unter $C_{21}H_{41}N_7O_{12}$.
DHW-Fettsäure s. unter *Fettsäuren.*
DI 1 s. unter *Eisen, Schmiedeeisen und Stahl (Sondermarken).*
Diabas, Intrusiv-— im Altpaläozoikum d. Montes de León in Nordwestspanien 4-0779; Stell. v. — in d. Bldg.-Folge d. Slatogorsker differenzierten Plutons (Nordkasachstan) 5-0861; Jadeit-halt. Mandeln u. solche mit anderen Füll. in — v. Nordwest-Kamtschatka 24-0827; Braunerden aus — in Mittelgebirgsböden 34-3123; Rolle v. — bei d. Mineralisat. v. Naturwässern 36-0798; K-Ar-Daten v. — Südbrasiliens 37-0803; S-Isotopen-Analysen v. — v. Park County, Montana 39-0792; Geochemie d. Pt im —-Standard W-*1* 44-0791.

Änder. d. elektr. Widerstandes v. wassergesätt. — unter Druck 44-0795.

Neutronen-Aktivier.-Analyse d. —-Standards W-*1* 33-0808; Ge-Best. in — W-*1* durch Neutronenaktivier.-Analyse 41-1963; spektrograph. Analyse v. — 42-1876; Geh. an Seltenerdmetallen in — W-*1* 44-1873; Verw. v. — als Standard in d. Röntgenstrahlspektrometrie 18-2017.

Diabetes (mellitus)

—-erzeugende Wrkg.: Wachstumshormon 1-1485; v. Fluorcortolon 13-1633; d. Benzothiadiazindiuretika 29-1723; Wrkg. diabetogener Hormone auf d. Transport v. Glucose in Dünndarm in vitro 51/52-1458.

Experimenteller Diabetes

Steroid-— bei Ratten 1-1546; —-erzeugende Wrkg. v. Hydrochlorothiazid u. N-Monomethylacetamid bei d. Ratte 6-1513.

Beziehung zu Enzymen: Redoxstatus d. Leber-DPN unter Ketosebeding., in vivo bei Alloxan-diabet. Ratten 2-1575; Insulin-abhäng. Synth. v. Glucokinase bei Alloxan-— 10-1360; Einfl. v. Alloxan-— auf d. Aktivität v. Hexokinase u. Glucokinase im Fettgewebe d. Rattennebenhodens 11-1537; Indukt. d. lipolyt. Fermente in Bindegewebezellen bei Alloxan-— 14-1586; Einfl. v. Insulin auf d. Glykogensynthetase in Alloxan-diabet. Ratten 23-1469; Glucose-6-phosphatgeh. bei Alloxan-diabet. Ratten 24-1332; Aktivier. d. Palmityl-CoA : Carnitin-Palmityltransferase in d. Leber v. diabet. Ratten 27-1257; Wrkg. v. — u. Insulin in vivo u. in vitro auf eine Form d. Hexokinase mit niedr. K_m aus verschiedenen Rattengeweben 40-1515; Geh. v. Coenzym Q in d. Leber v. Ratten mit experimentellem Leberschaden u. Alloxan- bzw. Steroid-— 47-1480; Aktivität d. Citrat-spaltenden Enzyms u. d. Acetatthiokinase in d. Leber normaler u. diabet. Ratten 48-1249; ATPase-Aktivität in d. Dünndarmmukosa v. Ratten bei Diabetes 49/50-1226.

Beziehung zu anderen Stoffwechselvorgängen und Körperfunktionen: Unterdrück. einer „Adjuvans-Arthritis" bei Alloxan-diabet. Ratten 4-1519; Verh. d. Ketonkörper im Blut nach Fettbelast. bei normalen u. Alloxan-diabet. Ratten 7-1629; Resorpt v. Glucose u. Arabinose im Verdauungskanal v. Tieren mit experimentellem — 11-1538; Einfl. v. Insulin: auf Kohlenhydrat- u. Fettstoffwechsel d. perfundierten Leber bei Alloxan-diabet. Ratten 15-1505; u. Alloxan-— auf d. Lebertransport v. Triglyceriden u. Fettsäuren 17-1503; Einfl. d. experimentellen Fiebers auf einige Prozesse d. N-Umsatzes im Blut u. in d. Leber v. normalen u. diabet. Kaninchen 17-1504; Verhinder. d. Keimdrüsenentart. bei männl. diabet. Ratten durch Insulin 18-1489; Lipidmobilisier. u. hypoglykäm. Aktivität v. Hypophysenhomogenaten bei Alloxan-diabet. Ratten 18-1491; Einfl. v. — auf d. Lipidkonz. in Herz u. Gastroknemius d. Ratte 20-1474; freie Zucker in Nerven Alloxan-diabet. Ratten 21-1556; Kohlenhydratverwert. u. Bldg. energiereicher Phosphate in Herzhomogenaten normaler u. Alloxan-diabet. Ratten 23-1463; Nicotinsäurebiosynth. bei diabet. Ratten 24-1370; Einfl. auf d. Konz. d. Aminosäuren im Plasma u. im Herzmuskel v. Ratten 24-1568; Biosynth. v. Steroidglucuroniden bei Alloxan-diabet. Tieren 24-1645; intrazelluläre Lokalisat. eines enzymat. Defektes d. Lipidstoffwechsels bei diabet. Ratten 27-1497; Wrkg.: v. Alloxan-— auf Metabolitkonz. im Fettgewebe 28-1577; v. Thiaziden auf d. Blutzucker alloxanisierter u. suballoxanisierter Ratten 29-1481; intestinaler Transport v. Glucose u. Na bei Alloxan-— 30-1535; Teratogenese bei diabet. Mäusen nach Behandl. mit Alloxan vor d. Befrucht. 31-1462; Einfl. v. Alloxan-— : auf d. Einbau v. Fettsäuren in Ester durch d. Dünndarm in vitro 31-1566; auf d. Konz. v. Hexosephosphaten, Nucleotiden u. anorgan. Phosphat im perfundierten Rattenherzen 32-1628; auf Aufnahme u. Stoffwechsel v. Glucose im Herzen u. Zwerchfell 32-1629; auf d. Pyruvatstoffwechsel u. auf d. Lactat/Pyruvat- u. L-Glycerin-3-phosphat/Dihydroxyacetonphosphat-Konz.-Verhältnisse im Herzen u. in Zwerchfellmuskeln 32-1630; auf d. Glycerinprodukt. u. d. Konz. an freien Fettsäuren, langkett. Fettsäure-Acyl-Coenzym A, Glycerinphosphat u. Intermediärverb. d. Citronensäurezyklus in Herzen u. Zwerchfellmuskel 32-1631; Stör. d. Stoffwechsels bei experimenteller Pankreas-— (Übersicht) 33-1556; Mengen an langkett. Acylcarnitin, Acetylcarnitin u. freiem Carnitin in Organen v. Ratten mit Alloxan-— 36-1528; Lipidsynth. im peripheren Nerv v. Alloxan-diabet. Ratten 39-1438; Wrkg. v. Alloxan-— auf d. de novo-Synth. d. Adenosinphosphate d. Leber 40-1516; Stoffwechsel d. freien Fettsäuren bei diabet. u. fastenden Hunden 43-1379; Leberlipidstoffwechsel bei experimentellem — 43-1380; Synth. v. Arachidonsäure aus Linolsäure in vivo in diabet. Ratten 43-1381; Beeinträcht. d. Hypophysen-Nebennieren-Rk. auf akuten Stress bei Alloxan-— 44-1520; Serumcholesterinspiegel in Ratten mit Alloxan-— nach Belast. mit verschiedenen Nahr.-Fetten 44-1521; Wrkg.: v. Insulin u. Phenformin auf d. Fluoreszenz d. Augenlinse in Alloxandiabet. Ratten 45-1428; einiger Hormonfaktoren auf d. lipolyt. Aktivität d. Fettgewebes u. d. Geh. an nicht esterifizierten höheren Fettsäuren im Blutserum in d. Norm u. bei Alloxan-— 51/52-1337; Dynamik d. Proteinfrakt., d. Lipo- u. Glucoproteide d. Blutes bei Alloxan-— 51/52-1371.

Beeinflussung: Wrkg.: d. Giftes v. Walterinnesia aegypta auf d. Blutzucker bei diabet. Tieren 10-1606; v. Centrophenoxin auf d. Alloxan-— d. Ratte 12-1556; v. Adrenalin u. Noradrenalin auf Alloxan-diabet. Kaninchen u. Ratten 16-1478; v. Portulaca-oleracea-Extrakten auf Alloxan-— 22-1339; vorbeugende Behandl. d. — mit Chlorpropamid (Unters. am Hund mit potentiellem experimentellem —) 40-1517; Wrkg. v. Ganglienblockern bei normalen u. Pankreas-diabet. Katzen nach längerer Heparinbehandl. 42-1578.

Diabetes mellitus

Enzymmangel als Ursache 23-1326.

Beziehung zu Enzymen: Plasma-N-Acetyl-*β*-glucosaminidase u. -*β*-glucuronidase bei Gesundh. u. bei — 1-1312; Fehlen d. Erythrozyten-Galaktokinase bei einem Patienten mit Galaktose-— 2-1529; Acetyltyrosinäthylesterase-Aktivität d. menschl. Serums bei — 7-1404; Regulier. d. Phosphofructokinase-Aktivität durch Citrat im normalen u. diabet. Muskel 8-1387; Einfl. auf d. Threonin- u. Serindehydrogenase-Aktivität in d. Leber 16-1223.

Beziehung zu anderen Stoffwechselvorgängen und Körperfunktionen: Biochem. u. immunolog. Aspekte d. — (Übersicht) 1-1545; Plasmainsulin u. — (Übersicht) 1-1547; Antikörper-ähnl. Aktivität im Serum v. Diabetikern u. Gesunden 2-1573; Nebennierenfunkt. u. Insulinaktivität d. Plasmas bei schlecht eingestellten Diabetikern 3-1513; Biosynth. v. Lipiden im Fettgewebe bei — 3-1514; Wrkg.: v. Glukagon auf Konz. v. Blutglucose u. nichtveresterten Fettsäuren im Plasma v. Diabetikern 3-1520; d. Anwend. v. Coenzym Q_7 auf d. Anomalität d. Vibrat.-Wahrnehm. bei Diabetikern 5-1521; Glucose-Fettsäure-Zyklus bei Alters-— (Übersicht) 5-1522; Verh. d. Heinz-Körperchen nach Inkubat. in vitro in Acetylphenylhydrazin u. Glucose bei Diabetikern 5-1536; Seruminsulinrk. bei diabet. Fettleibigk. nach Belast. 6-1517; Stoffwechselwrkg. v. Rinder-Wachstumshormon nach trypt. Proteolyse beim Diabetiker 7-1575; Insulin-art. Aktivität d. Plasmas u. Leberschäden bei — 10-1608; Argininінfus. bei d. im reifen Alter einsetzenden — (mangelhafte Ausschütt. v. Insulin u. Wachstumshormon) 11-1539; maximale tubuläre Rückresorpt.-Kapazität d. Glucose bei — 16-1487; Wrkg. v. Insulin u. — auf d. Ström.-Geschw. v. Plasmaglucose u. freien Fettsäuren 18-1492; Citratstoffwechsel bei — 18-1494; Wrkg.: v. Butilbiguanidbehandl. auf d. Leberfunkt. bei Diabetikern 19-1549; v. Sulfanylharnstoffen u. Biguaniden auf d. Kohlenhydratstoffwechsel bei Zuckerkranken 23-1472; Insulin- u. Glucosegeh. im Plasma aus Nabelvenen- u. Fersenblut v. neugeborenen Kindern diabet. Frauen 24-1566; Gesamtlipid- u. Lipoprotein-Serumfrakt. bei mit Insulin oder Carbutamid behandelten Diabetikern 25-1455; Biochemie d. — (Übersicht) 26-1527; Eliminier. v. ^{131}J-markiertem menschl. Wachstumshormon aus d. Plasma v. Diabetikern 28-1539; Wrkg. v. Heparin auf Blutzucker- u. Lipidgeh. bei — 29-1479; Aktivität d. Pentosezyklus in Erythrozyten bei Diabetikern u. stoffwechselgesunden Personen 30-1420; Wrkg. v. Phenforminhydrochlorid auf Cholesterin- u. Triglyceridspiegel im Serum bei stabilem Erwachsenen-— 33-1559; Steiger. d. Insulinfreisetz. durch Glukagon bei nicht Insulin-abhäng. Diabetikern 35-1539; Einfl. auf Eiweißsynth. u. Aminosäuretransport im Muskel 35-1542; klin. Unters. mit Cyclocarbothiamin bei diabet. Neuropathie 35-1602; standardisierte Ketosis bei Diabetikern u. Normalpersonen nach Genuß v. Triglycerid v. mittlerer Kettenlänge 35-1630; klin. Unters. über Vanillylmandelsäure im Harn v. Patienten mit — 37-1390; diabet. Neuropathie (Behandl. durch orale Verabreich. v. Hydroxocobalamin) 37-1503; diabet. Ketoazidosis 39-1219; Einfl. v. Coenzym Q_7 auf d. Blutzucker u. d. Ketonkörper bei Diabetikern 42-1211; Wachstumshormon im Plasma nach Hungern über Nacht u. nach Glucosebelast. bei Gesunden u. Diabetikern 42-1359; Stoffwechsel v. ^{131}J-Insulin bei Diabetikern 42-1411.

Beeinflussung, Therapie: Unabhängigk. zwischen d. aktivierenden Wrkg. d. Fibrinolyse u. blutzuckersenkenden Wrkg. v. Tolbutamid bei Diabetikern 13-1663; antidiabet. Wrkg. v. Tecomin u. Tecostanin 43-1378; experimentelle Unters. zum Wrkg.-Mechanismus v. Buformin bei Altersdiabetikern 47-1434; klin. Erfahr. bei d. Oradianbehandl. d. Zuckerkrankh. 1-1551; Vgl. zwischen zwei neuen hypoglykäm. Substanzen u. a. bereits gebräuchl. Antidiabetika bei normalen u. experimentell-diabet. Hunden sowie einigen Fällen v. — 31-1466; Behandl. v. Insulinresistentem — mit sulfatiertem Insulin 43-1377.

Zusammensetzung und Darstellung von Antidiabetika: Darst.: v. N-Arylsulfonylharnstoffen als orale Antidiabetika 1-1840*; v. Bicyclo-[2.2.2]-octan-2- u. Bicyclo-[2.2.2]-octen-2-sulfonylharnstoffen 4-1723*; v. heterocycl. Sulfonylharnstoffverb. (Antidiabetika) 7-1926*; v. N.N-disubstituierten Sulfamylharnstoffen (Antidiabetika) 7-1896*; v. Benzolsulfonylsemicarbaziden (Antidiabetika) 12-1740*; v. 2-Sulfonamidopyrimidinen (Blutzucker-senkende Mittel) 12-1760*; v. N'-substituierten N-Arylsulfonylharnstoffen mit Blutzucker-senkender Wrkg. 13-1915*; v. 1.1'-Dicarboxymethyldisulfid u. dessen Alkylestern als Antidiabetika 17-1764*; v. 3-Phenylalkenylsalicylsäuren mit Blutzucker-senkender Wrkg. 18-1759*; v. Arylsulfonylharnstoffen gegen — 18-1763*; v. N-Arylsulfonyl-N'-[2.5-endomethylen - 1.2.5.6 - tetrahydrobenzyl]-harnstoffen gegen — 18-1764*; v. N-[4-Methoxybenzolsulfonyl]-N'-[4'-methylcyclohexyl]-harnstoff gegen — 18-1765*; v. N-4-Methylbenzolsulfonyl-N'-4'-methylcyclohexyl]-harnstoff gegen — 18-1766*; v. N-[4-Methoxybenzolsulfonyl]-N'-[2'-methylcyclohexyl]-harnstoff gegen — 18-1767*; v. N-[4-Methylbenzolsulfonyl]-N'-[3'-methylcyclohexyl]-harnstoff gegen — 18-1768*; v. N-[p-Halogenbenzolsulfonyl]-N' - morpholino-u. -N'-[2.6-dimethylmorpholino]-harnstoffen als blutzucker-erniedrigende Mittel 18-1802*; Verw.: v. N-substituierten Guanidinen als orale Antidiabetika 19-1790*; v. N-Phenylsulfonyl-N'-cycloalkylharnstoffen gegen — 19-1793*; Darst.: v. Sulfonylharnstoffen als Mittel gegen — 21-1871*; v. Benzolsulfonyl-

1-0544; Korrelat. d. --Schwank. in einer Supra-Fl. 3-0566; Abweich. v. d. Van-der-Waals-Zustandsgleich. für hohe – 8-0541; Korrelat.-Funkt. für wellenlängenabhäng. Schwank. d. – in klass. Fl. [langwell. Grenze] 9-0562; vergleichende Mess. d. Temp.-Abhängigk. v. Viskosität, – u. Brech.-Index reiner Fl. u. Lsg. (dilatometr. Mess. an Äthylenglykol in Intervallen v. $1-2°$ im Bereich zwischen *20* u. *80°*) 9-0912; Definit. für d. abs. – 12-0003; – u. d. metall. Zustand 19-0398; phänomenolog. Theorie d. Korrelat.-Funkt. d. – u. Konz.-Schwank. in d. Nähe d. krit. Punktes einer belieb. Mehrstofflsg. 20-0464; starre Scheiben u. Kugeln bei hohen – 20-0471; Näher. d. mittleren – für eine Radialverteil.-Funkt. einer Fl. 20-0473; –, DK, Viskosität u. Konst. A, B, B_1 u. B_2 d. Debye-Stückel-Gleich. (Zusammenstell.) 23-0598; Einfl. d. – auf d. eindimensionalen Wärmestrom gegen eine kalte Wand 25-0518; Bezieh. zwischen Viskosität, – u. Temp. beim fl. Aggregatzustand 27-0648; Rüttel-Verdicht. (Verdicht. kugel. Körper) 30-2077; generalisierte Gleich. für d. Computer-Berechn. v. Fl.-– 31-0535; Einfl. d. – einer Schmelze auf ihre Fortpflanz.-Geschw. in einem porösen Stoff 35-0594; Einfl. einer einleitenden Erhitz. bei hohen Temp. auf d. – fester u. fl. Stoffe 49/50-0715.

Anorganische Stoffe

Nichtmetalle: Ableit. d. – d. normalen Komponente für superfluides ^4He 1-0542; Diskontinuität d. – v. rotierendem fl. He im Phasenübergangspunkt 3-0571; Abhängigk. d. – v. rotierendem fl. He v. d. Winkelgeschw. 10-0541; – v. fl. He-3 unter Druck unterhalb *1,2*°K aus DK-Mess. 17-0546; Temp.-Abhängigk. d. – d. superfluiden Phase in He II in d. Nähe v. $T\lambda$ 17-0547; Zunahme d. – v. rotierendem fl. He II in d. Nähe d. λ-Punktes 38-0517; – v. fl. ^4He unter Druck unterhalb *1,4*°K 51/52-0509; – v. reinem He, Ne, Kr, Xe, Ar als gesätt. Dampf u. als Fl. 4-0536; spezif. Wärme C_v v. Ar als Funkt. d. – in d. Nähe d. krit. Punktes 21-0496; – v. reinem H_2 als gesätt. Dampf u. als Fl. 4-0536; Bezieh. zwischen – u. Temp. für d. Koexistenz v. Fl. u. Dampf u. für d. Erstarr. v. fl. p-H_2 46-0538; analyt. Abhängigk. d. – v. fl. O v. Temp. u. Druck 17-0543; Abhängigk. d. – v. fl. N v. d. Temp. u. v. Druck 20-0492; – v. fl. N_2 u. fl. O_2 bei Drücken bis zu *25* kg/cm² 20-0493; Bezieh. zwischen isothermer Kompressibilität, Druck, Ausdehn.-Koeff., abs. Temp., – u. potentieller Energie pro Mol für Ar, O_2 u. N_2 32-0522; – v. reinem Cl_2 als gesätt. Dampf u. als Fl. 4-0536; Best. d. scheinbaren – v. Kohle d. Typs POCO Graphite Inc. *239* u. *230* 2-0638; Best. d. – v. Aktivkohlen 7-0631; Mess. d. – während d. Spann.-Rekristallisat. v. pyrolyt. Graphit 11-0224; Spiral- u. Whiskerwachstum sowie – v. pyrolyt. C 32-0212; – v. Einkrist. v. Si 30-0252.

Metalle: – einatom. Metallschmelzen (Au, Sn, Bi, In, Ag, Ga) (Übersicht) 1-0248; elektr. Leitfähigk. u. – eines Metalldampfes 15-0205; Bezieh. zwischen d. Diffus.-Koeff. in Hg u. d. – v. Metallen (Zn, Cd, Tl, Pb, Bi, Cu, Ga, In, Sn, Au, Hg, Ag, Sb u. Ge) 16-0481; krit. – d. Alkalimetalle 35-0268; Mess. d. Dampf-– v. Na durch opt. Pumpexperimente mit einem Fabry-Perot-Abtastinterferometer 25-0155; – v. Li, Na u. K bis zu *1500–1600°* 21-0505; – v. Li, Rb u. Cs 5-0568; elektr. Leitfähigk. u. – v. überkrit., gasf. Hg unter hohen Drücken 36-0526; – v. fl. Ce u. Nd 30-0251; – v. Einkrist. v. Ge 30-0252; – d. Phase γ-Ga 8-0566; – v. Nb 25-0295; Bezieh. d. – poröser W-Barren u. d. Ultraschallwellengeschw. 42-2291; –-Änder. v. nichtbestrahltem „reinem" u. eingestelltem U bei Wärmebehandl. im Zusammenhang mit Ausscheid. v. UAl_2 32-0304; – v. fl. Co 11-0301.

Legierungen: – d. Cd-reichen Mischkrist. d. Syst. Cd/Mg bis *15*% Mg 15-0340; –: v. Mg-Leg. *LA141A* für elektron. Einricht. in Saturnraketen 44-2276; Vgl. d. – v. Al-Knetleg. 44-2279; –: v. Intermetallverb. d. Seltenerdmetalle mit Al 38-0274; v. metall. Ce u. niedr. schmelzenden Ce-Leg. bei *25* bis *800°* 2-2393; v. Cr_5Ge_3, $Cr_{11}Ge_8$ u. CrGe 17-0274; v. W/LaB_6-Leg. 27-0430; beim Sintern v. WC/Co-Pulvergemischen 11-2544; v. WC-Leg. mit *20* Co bzw. *5* TaC u. *20* Co 41-2266; einiger niedrigschmelzender Pu-Leg. 42-0293; – plast. verformter Ni/Cr-Leg. 20-0254; Konz.- u. Temp.-Abhängigk. d. – geschmolzener Ni/Cr-Leg. 40-2330; – v. Au/Ni-Mischkrist. 15-0341.

Verbindungen:

– tern. Verb. d. Typs $A^IB^{IV}C^{VI}$ 20-0398; Bezieh. zwischen d. – v. Oxiden u. d. Elektronegativität d. oxidbildenden Elemente 27-0330.

–: v. reinem H_2O u. O_2 als gesätt. Dampf u. als Fl. 4-0536; d. W. v. *200–850°* u. v. *1000* bis *6000* bar 14-0594; empir. Gleich. für d. Temp.-Abhängigk. d. – v. schwerem W. 26-0498; Druck- u. Temp.-Abhängigk. d. – v. reinem W. (Überblick) 36-0580; –: v. reinem NH_3 u. N_2 als gesätt. Dampf u. als Fl. 4-0536; bei *0°* u. Drücke zwischen *1* u. ½ at v. NH_3-Gas 51/52-0502; v. reinem SO_2 als gesätt. Dampf u. als Fl. 4-0536; d. unter d. Wrkg. einer Explosion entstehenden Modifikat. v. BN 16-0188; Zweizustandsmodell für d. Freie Vol. u. – v. glas. B_2O_3 18-0239; –: v. geschmolzenem B_2O_3 22-0475; v. B_8H_{12} 22-0666; d. festen $CO_2 \cdot 5^3/_4 H_2O$ 1-0569; v. reinem CO u. CO_2 als gesätt. Dampf u. als Fl. 4-0536; --Schwank. v. CO_2 am krit. Punkt 19-0518; –: v. CO_2-Gas bei *0°* u. Drücken zwischen *1* u. ½ at 24-0503; v. Kohlenstoffdiselenid 4-0693; v. $SC(SH)(NH_2)$ 18-0689; v. $B_{12}(C, Si, B)_3$ 9-0581; v. $El(SiH_3)_3$ (El = CH, As, P u. Sb) 17-0775; v. Si_2Te_3 23-0441; v. Einkrist. v. Si, Ge u. Quarz 30-0252; v. mit Ag dotiertem glas. As_2S_3 43-0441.

Bestrahl.-Effekte auf EPR-Spektren, opt. Absorpt. (*2–6* eV) u. d. Änder. d. – in reaktorbestrahlten LiF-Krist. 38-0341; – v. aus wss. Lsg. u. aus Lsg. mit $Pb(NO_3)_2$ u. H_2SO_4 gezüchteten NaCl-Krist. 25-0220; Dampf-– u. Dampfdrücke v. KBr 2-0590; Vgl. d. – v. KD_2PO_4 mit d. v. KH_2PO_4 15-0602; – v. KPO_2F_2 33-0774; --Änder. in KCl durch Röntgenbestrahl. bei Raumtemp. 51/52-0274; –: v. $Rb[JCl_4]$ 14-0794; v. $Rb_2SO_4 \cdot Li_2SO_4$, $Rb_2SO_4 \cdot 5\,Li_2SO_4$, $Rb_2SO_4 \cdot 3\,Li_2SO_4 \cdot 2\,H_2O$ u. $Rb_2SO_4 \cdot 5\,Li_2SO_4 \cdot 4\,H_2O$ 14-0795; v. geschmolzenem Calciumarsenid 35-0604; d. Krist. d. Rk. v. Harnstoff mit $Ca(NO_2)_2$ 48-0676; v. $MgTeO_3 \cdot 6\,H_2O$ u. $MgTeO_3$ 14-0797; v. CdTe als IR-durchläss. Material 31-0363; v. $HgCl_2$ zwischen *600* u. *1000*°K 15-0578; v. InP 7-0747; d. α-, β-, γ- u. δ-Modifikat. v. In_2Se_3 12-0773; Tragfestigk. v. „Feenburg"-Strukturen v. SiO_2 -u. Al_2O_3-Pulvern in Abhängigk. v. d. – 5-0674; –: v. η-Aluminiumoxid 21-0773; v. $MAl_4O_4Cl_5$ (M = Li, Na, K, Rb) 33-0789; v. $Sc(H_2PO_2)_3$ 14-0806; v. Mischkrist. aus Sm_2Se_3 u. Ga_2Se_3 im Verhältnis 5:1, 4:1 u. 1:5 15-0809; v. α- bzw. β-Yb_3Se_4 18-0503; v. $HEr(C_2H_4)_2 \cdot 3\,H_2O$ 18-0702; v. Yttriumthiogallat(III) u. -thioindat(III) d. Typs $YGa(In)S_3$ 19-0751; v. Seltenerdmetalloxidtelluriden 21-0780; d. wasserfreien $Sc(NO_3)_3$ u. seiner Solvate 45-0686; im fl. u. festen Zustand bzw. am Tripelpunkt v. $TiCl_4$ 20-0516; v. $Ba_{0,9}La_{0,067}\square_{0,033} \cdot TiO_3$ 1-0443; v. $2\,BaO \cdot 2\,ZrO_2 \cdot 3\,SiO_2$ u. $BaZrO_2 \cdot 3\,SiO_2$ über $BaSiO_4$, $BaZrO_3$, $Ba_2 \cdot Si_3O_8$ bzw. $BaSi_2O_5$ durch Sintern d. Oxide im Verhältnis *1:1:3* bzw. *2:2:3* 35-0694; v. Zr- u. Hf-Hydridoborat 14-0332; v. $ZrCl_4$ u. $HfCl_4$ mit *25, 50* u. *75* Mol.-% $ZrCl_4$ 34-0591; v. geschmolzenem ThF_4 44-0551; d. Gläser $AsSe_{1,5}Ge$ 37-0302; v. Sn_3As_2 als neuem intermetall. Halbleiter 6-0423; d. Verb. v. SnF_4 mit XeF_6 29-0707; v. Bleiborat 6-0789; v. GeTe, SnTe, PbTe u. PbS im Temp.-Bereich *80–1300°* im festen u. im fl. Zustand 16-0250; v. $NbS_{1,6}[Nb_2S_{3,2}$ bzw. $Nb_2S_{3,59}]$ 22-0697; v. BiF_5 12-0766; Änder. d. elektr. Leitfähigk. u. d. – beim Schmelzen v. Verb. mit Tetradymitgitter (Bi_2Se_3, Bi_2Te_3 u. Sb_2Te_3) 27-0458; –: v. wss. Na_2CrO_4-Lsg. 4-0588; v. $NdCrO_3$ 16-0535; v. Chromchalkogenidtelluriden u. -jodidtelluriden 17-0806; u. Zelldimens. v. $AlNbO_4$ u. $CrNbO_4$ in d. Syst. Nb_2O_5/Al_2O_3 u. Nb_2O_5/Cr_2O_3 18-0502; u. Krist.-Daten v. Chalkogenidhalogeniden d. dreiwert. Cr 22-0709; v. $Mg_{8-x}Cr_x^{2+}Cr_{16}^{3+}O_{32}$ 39-0260; v. mittlerem Y-Wolframat 9-0781; einiger polykrist. Monocarbide v. Übergangsmetallen ($HfC_{0,967}$, $NbC_{0,964}$, $TaC_{0,994}$ u. $WC_{1,007}$) 32-0284; v. einer neuen Klasse v. O-halt. W-Bronzen d. Serie Cd_xWO_3 43-0551; v. Na_2UF_8 13-0793; v. Bi_2UO_6 u. $BiUO_4$ 16-0543; v. δ-U_3O_8 19-0556; einer neuen Modifikat. v. U_3O_8 33-0283; v. $K_2U_2O_2S_5$ 39-0734; Bezieh. zwischen – u. Drucksintern bei UN 49/50-0701; Defekte in PuO_{2-x} (--Mess. bei hohen Temp.) 47-0304; –: v. fl. FeO 2-2399; d. Boride d. Typs M_2B u. M_3B_2 in Cr/Ni-Stahl mit hohem B-Geh. in Ggw. v. V 24-0555; d. K-Salze v. Elemente d. Fe-, Cu- u. Cer-Gruppe enthaltenden Heteroniobaten 13-0804; v. $Cs_2K[AgF_6]$ 35-0723; v. $Ho(ReO_4)_3$ u. $Er(ReO_4)_3$ sowie ihrer Di- u. Tetrahydrate 12-0794; v. $NOPtF_6$, NO_2PtF_6, $N_2O_3PtF_6$ bzw. $(NO)_2PtF_6$ 38-0789.

Systeme: Stabilisier. d. elektr. Leitfähigk., Härte u. – v. Se im Glaszustand durch Zusatz v. *5* Atom-% As 5-0438; Viskosität u. – für d. Syst. Ni/C bis zu *2,3* Gew.-% C in fl. Zustand 5-0631; Einfl. verschiedener Dotier.-Elemente auf d. – v. Se 7-0445; – v. Li-Lsg. in fl. NH_3 11-0573; – d. Syst. Te/As, Te/Bi u. Te/Sb 14-0449; Einfl. d. Sb-Beimeng. auf d. Wärmeleitfähigk., – u. Mikrohärte v. Se 15-0343; Best. d. Zwischenphasenbldg. in d. Syst. Nb/Se, Nb/Te, Ta/Se u. Ta/Te mit röntgenograph. Meth. u. Best. d. – 24-0537; Bezieh. zwischen Zus. u. – v. As/S-Gläsern 26-0292; –: d. fl. Syst. O_3/F_2 26-0516; v. Gläsern im Syst. As/Ge/Te 27-0293; v. kleine In-Mengen enthaltendem Se 30-0250; Einfl. v. Na auf d. – v. Se 32-0310; – v. *5* verschiedenen Ni-Boriden im Syst. Ni/B 37-0584; Isotherme d. – v. Mn-Schmelzen mit Si 40-2321; – d. Syst. H_3PO_4/HNO_3 19-0606.

Zusammenhang zwischen – u. Defekt-Chemie krist. Festkörper am Beispiel des Syst. CaF_2/YF_3 1-0216; –: v. Gläsern im Syst. $SiO_2/Al_2O_3/MgO$ in Ggw. v. Ce- u. Ti-Zusätzen 7-0598; v. Rb_2NbCl_5 u. Cs_2NbCl_5 im Syst. $NbCl_3/CsCl$ u. $NbCl_3/RbCl$ 13-0582; Einfl. v. CaS auf d. – v. $CaO/MgO/SiO_2$-Schmelzen 13-0669; –: v. $Cs_2O \cdot 2\,SiO_2$ bzw. $Cs_2O \cdot 4\,SiO_2$ im Syst. Cs_2O/SiO_2 16-0520; im Syst. $(1\text{-}x)BiFeO_3/xLaFeO_3$ 16-0548; v. Ln-Aluminaten (Ln = Yb, La, Sm, Eu, Y, Tb) in d. Syst. Al_2O_3/Ln_2O_3 19-0553; halbleitender Gläser im Syst. $GeO_2/P_4O_{10}/V_2O_5$ 20-0225; v. KEu_2Cl_7, K_2EuCl_5, K_3EuCl_6, KTb_2Cl_7, K_2TbCl_5, K_3TbCl_6, $NaTb_2Cl_7$, $Na_3 \cdot TbCl_6$ in d. Syst. $EuCl_3/KCl$, $TbCl_3/KCl$ u. $TbCl_3/NaCl$ 20-0528; im Syst. Mg_2Sn/Mg_2Si 24-0546; Einfl. d. –, Porenvol. u. Porenradius v. großen Katalysator-Pastillen aus NiO auf Al_2O_3 auf d. RG d. Ox. v. CO 27-0698; –: v. Schmelzen im tern. reziprokten Syst. K/CS//Cl/J 30-0486; v. Schmelzen d. Syst. NaCl/KCl/Na_3AlF_6 u. v. geschmolzenem Al 30-0488; Bldg. v. Ce-, La- bzw. Nd-Titanaten beim Erhitzen d. bin. Gemische TiO_2/CeO_2, La_2O_3/CeO_2 u. Nd_2O_3/CeO_2 in H_2-, Luft-, Ar-, CO_2- u. NH_3-Atmosphäre bis *1600°* u. – 30-0493; –: v. Me_2NbCl_5 bzw. Me_3NbCl_6 im Syst. $NbCl_3/MeCl$ (Me = Na, K) 30-0495; v. Me_2NbCl_4 im Syst. $NbCl_2/MeCl$ (Me = K, Rb, Cs) 30-0496; – v. P_2O_5/SiO_2-Filmen 32-0452; v. $2\,Bi_2O_3 \cdot CuO$ im Syst. Bi_2O_3/CuO 33-0609; v. Schmelzen des Syst. $TlNO_2/TlNO_3$ 33-0651; d. Syst. $PbCl_2/UCl_4$ 34-0594; d. geschmolzenen Syst. KJ/PbJ_2 35-0558; d. Syst. Gd_2O_3/Cr_2O_3 36-0553; v. Gläsern d. Syst. $BaO/TiO_2/B_2O_3$, $BaO/TiO_2/P_2O_5$ u. $BaO/TiO_2/SiO_2$ 38-0722; v. K_2FeF_4 u. $K_3Fe_2F_7$ im Syst. FeF_2/KF 39-0738; v. Gläsern d. Syst. $BaO/SiO_2/TiO_2$ 40-0224; v. Lithiumalumosilicatgläsern u. ihrer Kristallisat.-Prod. 41-0294; u. d. Temp. d. Erweich.-Beginns v. Gläsern im Syst. $Na_2O/La_2O_3/SiO_2$ 41-0354; v. Schmelzen d. Syst. $CaO/Al_2O_3/SiO_2$ u. $CaO/MgO/Al_2O_3/SiO_2$ 43-0572; v. Natriumalumosilicatschmelzen mit einem Mindestgeh. v. *50* Mol-% SiO_2 bei *1500°* 48-0262; V- oder Niobpentoxid enthaltender Schmelzen 49/50-0597; v. $AlCl_3$- u. $NaCl/AlCl_3$-Schmelzen 51/52-0512.

–: d. Syst. $KCl/KClO_4/H_2O$ bei *25* u. *50°* 10-0571; v. $3\,CsCl \cdot 3\,SbCl_3$, $5\,CsCl \cdot 2\,SbCl_3$ u. $4\,CsCl \cdot 3\,SbCl_3$ im Syst. $CsCl/SbCl_3/HCl/H_2O$ 10-0572; ungesätt. Lsg. im Syst. $RbBO_2/Ca(NO_2)_2/H_2O$ bei *25°* 10-0575; v. K^+, H^+, Cl^-, HSO_4^- u. SO_4^{2-} in W. 10-0606; wss. KOH-Lsg. bei hohen Temp. in einem weiten Konz.-Bereich 11-0571; d. wss. Syst. $K_3[Fe \cdot (CN)_6]/K_4[Fe(CN)_6]/KOH$ bzw. NaOH 11-0631; v. $2\,KCl \cdot SbCl_3$ bzw. $3\,KCl \cdot 2\,SbCl_3$ im Syst. $KCl/SbCl_3/HCl/H_2O$ 15-0598; v. Rb-Bromobismutaten(III) in d. Syst. $RbBr/BiBr_3/H_2O$ u. $RbBr/BiBr_3/HBr/H_2O$ 15-0608; v. konz. Magnesiumnitratlsg. im Temp.-Bereich *100–150°* 16-0485; in d. Syst. $CeCl_3/LiCl/H_2O$, $CeCl_3/NH_4Cl/H_2O$ u. $CeCl_3/RbCl/H_2O$ 17-0593; v. $NH_4Al(SO_4)_2 \cdot 12\,H_2O$ u. $KAl(SO_4)_2 \cdot 12\,H_2O$ in wss. Lsg. 19-0521; v. Lsg. d. Syst. $Ca(NO_2)_2/TlNO_2/H_2O$ u. $Sr(NO_2)_2/TlNO_2/H_2O$ 25-0561; wss. Lsg. v. NaCl u. KCl bei *25°* 28-0479; wss. Lsg. v. KF, KJ, KCl/KF u. KCl + KJ im Konz.-Bereich *0,5–5* m bei *25°* 28-0482; v. Na- u. K-Hypophosphit in W. 28-0506; d. Syst. $Li_2SO_4/(NH_4)_2SO_4/H_2O$ 31-0561; v. Alkalimetallchloriden in wss. Lsg. 32-0582; wss. Lsg. v. $PrCl_3$, $SnCl_3$, $ErCl_3$, $La(NO_3)_3$ u. $Yb \cdot (NO_3)_3$ 33-0633; d. Syst. $NaNO_2/Mg(NO_2)_2/H_2O$ bei *20°* 34-0577; v. $La(NO_3)_3 \cdot nH_2O$ mit n = *6, 5, 4, 3, 1* u. *0* d. Syst. $La(NO_3)_3/HNO_3/H_2O$ 34-0581; beim Phasengleichgew. d. Syst. KCl/H_2O, $NaCl/H_2O$ u. $KCl/NaCl/H_2O$ 35-0504; d. für d. Trockn. v. Gasen verwendeten wss. LiCl-, LiBr- u. $CaCl_2$-Lsg. 35-2429; v. $CaSO_4 \cdot 2\,H_2O$ in gewöhnl. u. magnetisiertem W. 39-0510; d. gesätt. Lsg. d. Syst. $NaNO_2/Ca(NO_2)_2/H_2O$ bei *25°* 39-0540; d. wasserfreien Perchlorsäure u. ihrer wss. Lsg. 43-

0534; v. wss. Lsg. d. Amidoschwefelsäure u. d. NH_4-, Pb-, Fe- u. Co-Sulfamate 43-0570; v. bin. u. tern. wss. Lsg. v. NaCl, Na_2SO_4 u. $MgSO_4$ v. Seewasser u. Seewasser-Konzentraten 48-0508.

Mineralien und Gesteine

Siehe auch d. Abschnitt *Anorganische Stoffe — Systeme.*

— : v. Chrysotil u. massivem Serpentin 3-0839; v. Sand in plast. Zustand 12-2056; Bezieh. zwischen d. chem. Zus., Lichtbrech. u. — einiger koexistierender Biotite, Muskovite u. Chlorite aus granit. Tiefengesteinen 22-0782; Best. d. — v. Erzen d. Tekelij'sker Lagerstätte nach d. Geh. v. Pb, Zn u. Fe 27-0839; Wrkg. v. Stößdrücken aus einer nuklearen Explos. auf d. — v. Granodiorit 32-0787; Vorschlag für d. Theorem korrespondierender Zustände v. Oxid-Mineralien (Druck, — u. Elastizität) 33-0814; Abschätz. d. Genauigk. einiger geochemischer Merkmale u. d. — v. Gesteinen im Zusammenhang mit Unters. zur Geochemie organ. Stoffe u. d. Geologie d. Erdöle 33-0830; dynam. u. stat. Kompressibilität v. Gläsern u. d. —-Anstieg mit d. Tiefe im Erdinneren 37-0792; — d. Granate 43-0255; Unters. d. Abhängigk. d. — v. Fluorapatit v. d. Mn- u. Sr-Geh. 44-0810; Einfl. d. Nb, Ta u. Sc auf d. — d. Wolframite 48-0757.

Technische Produkte: — : u. Oberflächenspann. v. Kalk/Tonerde-Schlacken mit SiO_2, MgO u. Na_3AlF_6-Zusätzen 20-2315; faserverstärkter metall. Verbundwerkstoffe 38-2424; aus d. Tempern resultierende Bezieh. zwischen Brech.-Index u. — v. Gläsern im Vgl. mit d. entsprechenden Bezieh. infolge v. Kompress. 41-0383; Mess. d. aus — ϱ, spezif. Wärme c u. Wärmeleitfähigk. k zusammengesetzten therm. Parameters $(\varrho\, c\, k)^{1/2}$ für durchsicht. Quarzglas 42-0296; Unters. d. — d. transparenten polykrist. Korundkeramik 43-0696.

Metallderivate organischer Verbindungen

— : v. $Na_2C_2O_6$ bzw. $K_2C_2O_6$ 16-0690; v. $2\,K_2O \cdot 3\,SrO \cdot B_2O_3 \cdot 3\,C_5H_6O_6 \cdot 13\,H_2O$ u. $K_2O \cdot 4\,CaO \cdot B_2O_3 \cdot 3\,C_5H_6O_6 \cdot 14\,H_2O$ 10-0754; d. Komplexe $Cd(XCH_2COO)_n^{2-n}$ u. $Zn(XCH_2 \cdot COO)_n^{2-n}$ für X = H, OH, NH_2 mit n = 1 – 4, ferner $Cd(XCH_2COO)^+$ u. $Zn(XCH_2COO)^+$ für Cl, Br 16-0553; v. $HgCl_2 \cdot 2\,CH_3OH$ 5-0612; v. Alkyl-[silylamino]-alanen 11-0776; v. $(C_2H_5)_2AlF$ 29-0757; v. Zr- u. Hf-Oxidformiaten 5-0804; v. einwert. γ-Germaniumacetylenalkoholen 18-0708; v. Trihalogengerman-Ätheraddukten 28-0712; v. germyl- u. siloxysubstituierten ungesätt. KW-Stoffen mit *8* u. *10* C-Atomen 26-0741; einiger Neopentylzinnverb. 18-0712; v. zinnorgan. Verb. 24-0123; v. $(NH_4)_2[Th_2(C_2O_4)_5] \cdot 7\,H_2O$ 17-0799; v. $Th(C_8H_4O_4)_2 \cdot 2\,H_2O$ 17-0802; v. β-Acetylenalkoholen (Deriv. d. Cyclopentadienylmangantricarbonyls u. Ferrocens) 13-0801; v. $2\,MnCl_2 \cdot$ Olefin, $2\,MnCl_2 \cdot 2\,L \cdot$ Olefin, $2\,MeCl_2 \cdot 6\,L \cdot$ Olefin (Olefin = 2-Chlorbutadien-(1.3); L = Py. bzw. NH_3; Me = Co, Ni) 45-0728; v. $[NiL_3] \cdot Cl_2 \cdot 2\,H_2O$ u. $[NiL_3]Br_2 \cdot H_2O$ (L = 1.2-Diaminopropan) 39-0746; v. $Me(N_2H_4)_2(A)_2$, $(N_2 \cdot H_5)[MeA_3]$ u. $K[MeA_3]$; (Me(II) = Mn, Co, Ni, Fe, Zn; HA-Hydrazincarbonsäure) 45-0722.

Organische Stoffe

— organ. Fl. 3-0949; Temp.-Abhängigk. d. — v. einigen organ. Fl. 29-0883.

Reine Stoffe: — aromat. KW-Stoffe bei niedr. Temp. 28-2595; Zusammenhang zwischen Oberflächenspann. u. — v. KW-Stoffen 46-0642; — v. reinem CH_4, C_2H_6, C_3H_8, n-Butan, Bzl., n-Pentan, n-Hexan, n-Heptan u. n-Octan als gesätt. Dampf u. als Fl. 4-0536; Abhängigk. d. — stereoisomerer Alkylcyclohexane v. d. Struktur u. Konfig. 11-0878; — : d. isomeren Pentylbenzole 11-0879; v. KW-Stoffen (Methan, Äthan, Propan, Butan) 24-2582; (C_2- bis C_4-Monoolefine) 24-2583; (C_2- bis C_4-Alkine) 24-2584; (C_2- bis C_4-Diolefine) 24-2585; (Chlorderiv. d. CH_4) 24-2586; Bezieh. zwischen isothermer Kompressibilität, Druck, Ausdehn.-Koeff., abs. Temp., — u. potentieller Energie pro Mol für CH_4 32-0522; Einfl. d. — bei d. Radiolyse v. n-Butan 35-1009; Viskositätsbezieh. für fl. Alkane hoher — 36-0899; — : v. Sulfolan 18-0797; v. Dimethoxyäthan u. THF 19-0609; v. Anisol, Phenetol, Chlorex u. ihren Komplexen mit BF_3 3-0945; v. 3-Methyl-6-isopropylphenol 20-0812; v. $C_6H_5OC_2H_5 \cdot BF_3$ 29-0723; v. Bis-[dimethylamino]-halogenphosphanchalkogenen 15-0797; v. 1.4-Difluoroktamethyltetrasilan 13-0766; Best. d. Temp.-Abhängigk. (*0 – 60°*) d. — v. $(CH_3)_3 \cdot SiO[Si(CH_3)(C_6H_5)O]_nSi(CH_3)_3$ (n = *1 – 3*) 48-0509; — : v. Acetonitril 33-0646; einiger mono- u. dialkylsubstituierter Amide bei verschiedenen Temp. 10-0972; v. H_3PO_2 u. ihren Estern mit n-Butanol, n-Pentanol u. n-Heptanol 11-0756; v. Tetraalkyldithiohypodiphosphaten 9-0890; Bezieh. zwischen — u. isothermer Kompressibilität v. amorphen Polymeren 47-1054; — v. Strahl.-Pfropfcopolymeren 2-1172.

Systeme: — : d. Syst. absolute Essigsäure/Acetanhydrid 2-0976; v. polycycl. KW-Stoffen in Bzl. 8-0876; Ermittl. d. Temp.-Abhängigk. d. — v. *100*- bzw. *20*%ig. TBP durch empir. Gleich. 9-0610; — : v. Dioxan/Formamid-Misch. 10-0608; v. bin. Syst. aus Trifluoressigsäure u. Essigsäure oder deren Chlorderiv. 13-0961; u. Konz. in d. bin. Lsg. Bzl./Propanol in d. Nähe d. krit. Fl.-Dampf-Punktes 14-0987; Verteil. d. — im Zweistoffsyst. Bzl./Octan in d. Nähe d. krit. Fl.–Dampf-Punktes 14-0988; —, spezif. Leitfähigk. u. Viskosität v. Misch. v. Nitrobenzol mit chlorierten Essigsäuren 17-0648; — : v. bin. Fl.-Gemischen mit Cyclohexan 23-0906; v. Lsg. einiger Zucker in Dimethylsulfoxid 25-0908; d. Syst. Ameisensäure/Äther u. Ester 39-0928.

Systeme organischer und anorganischer Verbindungen

— : v. bin. Syst. aus H_2SO_4 mit Trifluor- oder Trichloressigsäure 13-0960; v. Misch. v. Nitrobenzol mit H_2SO_4, $H_2S_2O_7$ u. HSO_3F 17-0648; d. Syst. $H_3PO_4/CH_2ClCOOH$ u. $H_3PO_4/CH_2BrCOOH$ 19-0606; d. Syst. Ammoniumpropionat/NH_3 39-0532; im Syst. Ammoniumbutyrat/NH_3 11-0572; in d. Syst. Acetamid/$LiNO_3$, NH_4NO_3 bei *80*, *85* u. *90°* 24-0532; d. Syst. $NaCl/Al_2Br_6/C_6H_5NO_2$ 24-0597; d. Syst. KJ/Glycerin/n-Butanol 34-0575, 40-0492; v. geschmolzenen Chloridsalzen bei hohen $NiCl_2$-Konz. (Syst. $NiCl_2$/Tri-n-butylbenzylphosphoniumchlorid bis *33,3* Mol-% $NiCl_2$) 41-0403.

— : v. Äthylenglykoldimethyläther/W.-Lsg. 1-0929; v. NaF, NaJ u. $Na(C_6H_5)SO_3$ in H_2O u. D_2O 3-0634; wss. Glucoselsg. 3-0937; d. Lsg. im Syst. $Na_2B_4O_7$/Na-Trihydroxyglutarat/H_2O 10-0570; v. $NaClO_3$ u. $LiClO_3$ in W./Dioxan-Gemischen 12-0605; v. wss. Harnstoff-Lsg. bei *25°* 12-0921; wss. Formamidlsg. bei *25°* 12-0922; refraktodensitometr. Best. d. ternären Syst. A./n-Propanol/W. 14-2042; — : v. sek. Butylalkohol/H_2SO_4-Gemischen 12-2525; einiger Aminosäuren, Lactamid u. Raffinose in wss. Lsg. bei *25°* 19-0925; u. Vol.-Änder. d. organ. Gleichgew.-Phasen im Syst. HCl/H_2O/TBP 20-0539; v. wss. Monoäthanolamin, Diäthanolamin u. Triäthanolamin 20-0813; d. Lsg. v. Diäthylenglykoldimethyläther in W. bei *25°* 20-0814; v. W./Dioxan 23-0606; d. Syst. NaOH/Trihydroxyglutarsäure/W. bei *25°* 27-0555; v. ameisensäurehalt. Ni-Elektrolyten 33-0654; v. salzhalt. Saccharoselsg. 33-3157; d. Syst. $LiNO_2/CO(NH_2)_2/H_2O$ 34-0576; wss. Lsg. v. Harnstoff u. Guanidinhydrochlorid 34-0926; d. organ. Phase d. Syst. H_2SO_4/W./TBP 35-0493; d. Syst. Chloracetaldehyd/W. 37-0909; v. wss. Lsg. d. Aminoessigsäure 38-0923; im Syst. TBP/H_2O 42-0501; Temp.-Ableit. d. — für d. Syst. W./Äthanol 43-0524; Steig. d. Geraden im Brech.-Index/Dichte-Diagramm in Bezieh. zur Vol.-Änder. beim Mischen wss. Lsg. organ. Verb. 48-0779; Brech.-Index u. — v. Aceton/W.-Lsg. 48-0778; — : v. Chondroitinsulfatpräp. in hydratisierter Form 23-1611; verd. Lsg. faserbildender Polymere 44-2840.

Untersuchungsmethoden

Wahl d. geeigneten Radioisotops bei gegebenem Dicken-, —- oder Füllhöhenmeßproblem 2-1991; einfache App. zur Best. d. scheinbaren — pulverförm. Präparate 6-1854; Meth. zur Mess. d. Oberflächenausdehn. v. kleinen Teilchen mittels einer —-Gradientensäule 8-1196; Sonde zur —-Mess. neutraler Atome 11-1996; Waage zur —-Mess. bei niedr. Temp. u. erhöhten Drücken 12-1886; Anwend. v. Radioisotopen zur —-Mess. 12-2134; billiger u. kompakter —-Gradientapp. 16-1820; —-Mess. (—-Gradientenmeth.) 18-1929; Pipette für Mess. diskontinuierlicher —-Änder. 19-1944; Best. d. Druckes v. gesätt. Dampf u. d. — v. Lsg. bei erhöhten Temp. in weiten Konz.-Intervallen 20-2104; Beschreib. eines Mo-Pyknometers für —-Mess. bis zu *1500 – 1600°* 21-0505; einfaches Gerät zur Best. d. — kleiner Mengen poröser Materialien 23-1868; Luftmikropyknometer zur Mess. d. Volumina v. kleinen Proben aus feinem Pulver 24-1849; Diagramm zur Korrektur des Luftauftriebs bei —-Mess. v. Feststoffen 24-1854; kontinuierl. —-Mess. in Industriebetrieben 24-2080; Pyknometer für kleine Flüssigkeitsvolumina 26-1967; Best. d. — v. Fl. (Meth. d. liegenden Tropfens) 27-0654; App. zur Best. d. scheinbaren — 30-1904; generalisierte Gleich. für d. Computer-Berechn. v. Fl.-— 31-0535; mit γ-Strahlen arbeitender Dichtemesser 32-1903; —-Mess. mit d. Princo Densitrol-Gerät 33-2161; Gerät zur Mess. d. — in Abhängigk. vom Druck 34-1966; —-Best. v. Pulvern (U-Verb.) 34-1971; —-Mess. mit Radionukliden (Überblick) 38-2103; Ermittl. d. — (Luftvgl.-Pyknometer) 43-1757; pneumat. Meth. zur Feststell. d. wahren — pulverförm. Materialien 51/52-1730.

In situ-Mess. d. Gas-— v. Spaltprod. 5-2004; theoret. Berechn. u. empir. Ermittl. d. — v. Spaltgas 19-2796; Anwend. v. β-Strahlen zur Gas-—-Mess. 21-2040; —-Sonde unter Verw. eines Lasers zur Mess. d. — eines Gases 32-0483; Erweiter. des Bereichs d. mit Gas-—-Detektoren bestimmbaren Molekularmassen 34-1968; Best. d. — v. strömenden Gasen 38-2080.

Mess. d. —-Änder. v. Metallproben beim Abschrecken v. hoher Temp. mit Hilfe einer hydrostat. Differenzwäg. 1-1984; Verringer. d. scheinbaren — v. körn. Feststoffen 1-2317*; Unters.: v. Defekten in plast. Krist. mit Hilfe v. —-Mess. 3-0916; d. — v. Kollagen 3-3269; d. Strukturentw. v. Siliciumoxid-Schichten mit Hilfe v. —-Mess. 4-0229; d. Umwandl.-Charakter d. sich im Syst. Ni/Sn auf d. Grundlage v. Ni_3Sn bildenden Mischkrist. durch Best. d. — 6-0606; —-Mess. an Beton (radioakt. Meth.) 11-2446; Best. d. Diffus.-Koeff. d. Ni u. d. Leerstellenkonz. in d. β-Phase d. Syst. Ni/Sb durch Best. d. makroskop. — sowie d. Gitterkonst. 14-0346; Best. v. — in silicat. u. sulfid. Schmelzen 14-2456; Vakuum-Doppelkapillarpyknometer zur Mess. d. — metall. Schmelzen 17-1904; Eich. v. Hydrometern zur Verw. in verflüssigtem Erdgas 25-1878; Meth. d. —-Best. v. fl. Al mittels maximalem Gasblasendruckes 26-2545; Best. d. Roh-— großfläch. Betonbauteile mit γ-Strahlen (Meßeinricht.) 28-2352; Ermittl. v. Eigenspann. v. warmbehandelten Stählen durch —-Best. 28-2412; Titrat.-Meth. zur Best. d. — v. Lackfarbenüberzügen 29-2114; Kennzeichn. poriger u. schaumiger Hochofenschlacke durch d. Roh-— 32-2350; Analyse v. H_2SO_4-Lsg. durch Rückstreuung v. β-Strahlen 33-2103; Schnellmeth. zur —-Best. fl. u. fester Erdölprod. 37-1942; wahrscheinl. — v. konz. Citrussäften (Berechn.) 40-3182; Ersatz v. Benzol durch Toluol bei d. Best. d. Schütt-— v. Füllstoffen 41-1997; Mikropyknometer zur Best. d. — v. Mineralien 44-1784; automat. Registrier. d. Elektrolyt-— 45-0560; Nachw. d. Beseitig. v. Poren durch Gleiten in Al bei Anwend. empfindl. —-Mess. 46-0236; Best. d. Schmelz-— v. Polymeren als Funkt. v. Druck u. Temp. 47-1052; Verf. zur Best. d. — v. *0,1* mm großen Mineralkörnchen 47-1739; gaschromatograph. Analyse v. Organo-Si-Verb. unter Verw. einer Gas-—-Waage 47-1895; Best.-Meth. für d. scheinbare — v. Koks 49/50-2513; —-Mess. v. Zementmisch. durch γ-Strahlen 51/52-2239.

Dichte, optische s. unter *Lichtabsorption.*

Dichtungen (und Dichtungsmittel)

— für d. *Vakuumtechnik* s. dort.

Siehe auch *Kitte.*

— (Übersicht) 1-2194; Verw. v. Kovar-— bei d. Hochtemp.-Gaschromatographie mit Glassäulen 2-2018; Imprägnier. u. Konservier. eines aus feinem Korkschrot gepressten Dichtringes 4-2021*; — für d. Hochdrucktechnik 4-2077; Spritzgießen v. — aus Nitrilkautschuk 7-3032; Herst.: v. Dicht.-Platten aus Asbestfasern u. Elastomeren 8-2330*; direkter Glas–Metall-— 12-1859; Hochtemp.-— v. Saphirfenstern 12-1860; Fenster-— aus kaltgeschweißtem In für tiefe Temp. 12-1861; Meth. zum Abdichten elektr. Zuführ. in Tieftemp.-Dewar-Gefäßen 12-1866; Entw. einer neuen Tieftemp.-— für fl. O 17-1887; Tieftemp.-— für Kunststoffenster 17-1889; säure- u. laugebeständ. Dicht.-Platten 20-2037*; Herst. v. — aus Polyäthylen für Verschlüsse 23-2053*; — aus Latex für Flaschenverschlüsse 23-2054*; demontierbare nichtmetall. — für d. Tieftemp.-Kalorimetrie 35-2052; Gummi-— für ammoniakal. Kühl.-Anlagen 42-1959; — in d. Kältetechnik (Fortschrittsbericht) 51/52-1991.

Prüf. d. Hitzebeständigk. v. Gummidicht. 11-3057.

Dichtungsmittel:

Fl. Dicht.-Mittel aus Polyvinylmethyläther, Alkydharz, Polyvinylbutyralharz u. Füllmaterial 4-2017*; Kaltvergußmasse auf d. Basis v. kaust. gebrannten Magnesiten, Gips, Quarzmehl u. CaO 4-2018*; Herst. v. Dicht.-Massen: aus thermostabilen Polymeren v. Vinylmethylketonen 4-2845*; aus Oximgruppen enthaltenden Organo-Si-Verb. 4-2998*; Verw. v. Kautschukmisch. mit Cellulosefüllstoffen für Dicht. 5-3005; Einfl. d. Einölens auf Hochdruckdicht.-Material 6-2733; Dicht.-Masse auf d. Basis v. Polyvinylchlorid u. chlorierten Polyolefinen 7-2239*; Herst. elast. Dicht.-Massen aus Polyvinylacetat-Dispers. u. Synth.-Kautschuk-Latices 7-2240*; Abdicht.-Mittel für Metallgegenstände auf d. Basis Peche, Harze, Plastomere u. plast. Massen 7-2242*; selbsthaltende Dicht.-Mittel durch Härten fl. Polysulfidpolymere 7-2243*; Herst.: v. Dicht.-Massen auf d. Basis Polybutadien 10-2188*; v. plast. Dicht.-Masse auf d. Basis Butadien-Blockpolymerisat 10-2189*; v. Dicht.-Material auf Polysulfidpolymer-Basis 10-2191*; Dicht.-Masse aus Alkylenpolysulfidelastomeren 11-3159*; Dicht. Materialien für korrosive u. aggressive Substanzen 13-2203; Herst. u. Werkstoffe für mechan. Abdicht. 13-2205; Darst. v. Dicht.-Masse: aus einem Methylpenten-(1)-Polymerisat u. Füllstoffen 14-2131*; aus Polyäthylen u. Paraffinöl 14-2132*; aus einem langsam u. einem schnell vulkanisierenden Kautschuk für Fl.-Behälter 14-2133*; Darst. v. luftdichtem, wasser- u. korrosionsfestem Dicht.- u. Verpack.-Material 14-2134*; Dicht.-Masse auf Polysulfidbasis mit akt. Mercaptangruppen 14-2145*; Verw.: v. Isocyanurat–Polyurethan-Elastomeren u. -Kunststoffen für Dicht.-Zwecke 15-2935; v. selbstdichtenden Überzügen aus Siliconkautschuk für Kessel, Röhren u. App. 16-3096*; Entw. v. organ. Dichtungsmitteln für d. Anwend. bei tiefen Temp. 17-1888; Dicht.-Massen auf d. Basis fl. Thiokole 18-2123; Vergußmasse für elektr. Bauelemente u. Maschinen aus Dimethylpolysiloxan 20-2033*; Dicht.-Mittelpasten aus Epoxidharzen, Mikroasbest, Weißruß u. Lithopone 20-2034*; Dicht.-Masse aus Polyfluorhalogenäthylen mit feinzerteilter inerter anorgan. Substanz 20-2035*; Herst. kalthärtender elast. Dicht.-Massen 20-2036*; Styrol–Divinylbenzol-Copolymere als Vergußharze 20-2038*; Herst. v. abdichtenden Überzügen aus Harzen oder Wachsen 20-3178*; Verw.: v. trans-1.4-Polyisopren- u. Butylkautschuk für – u. Dicht.-Ringe 21-3068; v. kautschukart. Olefin-Mischpolymerisaten als dauerplast. Dicht.-Masse 21-3114*; Dicht.-Material zum Abdichten d. Fugen in Großbauplatten 28-2086*; Fugenfüllmasse aus Füllstoffen, Bindemitteln Plastifizier.-Mittel u. Elastomeren 28-2087*; Dicht.-Mittel d. Automobilindustrie (Bericht) 29-2777; Bentonit als Dicht.-Mittel beim Bau v. Erdstaudämmen 30-2302; Übersicht über d. Verw. v. Elastomeren für – 30-2678; Herst. d. Dicht.-Materials „Gernit" auf d. Basis v. Polychloroprenkautschuk 31-2082; Bewert. u. Funkt. d. Abdichtöle für trockene Gasbehälter 32-2675; Verw. v. Organopolysiloxanelastomeren zum Abdichten 34-2968*; Dicht.-Mittel aus hydroxyliertem vegetabil. Öl, Äthylcellulose u. inertem Füllstoff 36-2010*; elast. Dicht.-Körper aus Butadien–Styrol-Mischpolymerisat, 2-Mercaptobenzimidazol u. Dipentamethylenthiuramtetrasulfid 36-2011*; Herst. v. fl. durch Feuchtigk. vulkanisierbare Polyalkylenpolysulfidpolymerisatmisch. für – 37-2666*; Herst. v. lagerfäh. fl. Polysulfidpolymerisat-Misch. für Dicht. 38-2817*; Herst. v. Isocyanatoalkyl (bzw. -alkoxyalkyl-organosilanolen (bzw. siloxanen) als Dicht.-Massen 40-2521*; Gießmasse für Dicht.-Stoffe 40-3228*; –-Masse aus polymeren Mercaptanen eines Polybutadiens 41-2689*; Einfl. d. γ-Bestrahl. auf Dicht.-Mittel aus verschiedenen Kittarten 42-1958; Trockenspritzgemisch zum Abdichten v. Gaserzeug.- u. Verkok.-Öfen 43-1955*; Verw. v. Epichlorhydrin-Elastomeren für Ventildicht. im Automobilbau 49/50-2656; elastomeres Dicht.-Material mit Resistenz gegen hydraul. Fl. auf Siliconbasis 51/52-1960*; Dicht.-Mittel aus Butadien–Acrylnitril-Copolymeren 51/52-1961*; gehärtete, wärmebeständ. Epoxyharze für – 51/52-2798*.

Bibliographie: Antikorrosions- und Abdichtungsmaterialien auf der Basis flüssigen Kautschuks [russ.] B 31; Book of ASTM standards, with related materials. Part *28*: Rubbers; carbon black; gaskets B 54.

Dickenmessung, – beim Ätzen 1-2593*; automat. – beim Aufdampfen dünner Schichten auf transparenten Unterlagen im Vakuum 1-2600*; Wahl d. geeigneten Radioisotops bei gegebenem Dicken-, D.- oder Füllhöhenmeßproblem 2-1991; Anwend. d. ATR-Meth. zur IR-spektroskop. – v. Mehrschicht-Anstrichfilmen 2-2138; –: v. galvan. Überzügen nach d. Ablösemeth. 3-2456; v. Epitaxialschichten nach d. IR-Interferenzmeth. 5-2000; Best. d. optimalen Dicke einer Kokillenwand. (theoret. Grundlagen) 9-2511; – v. Kunststoff-Auskleid. 9-3276; Verf. zur Best. d. optimalen Schichtdicke für d. C/H-Analyse mittels d. Neutronenrückstreumeth. 10-2124; Korrekturen d. Phasenverschieb. bei Dickenmess. an epitakt. Schichten mit IR-Interferenz 12-0360; Anwend. v. Radioisotopen zur – 12-2134; Interferenzmeth. d. Best. d. Keimbldg.-Zeit dünner Filme v. Dielektriken u. Halbleitern u. Mess. ihrer Dicke 15-0303; – dünner Schichten 17-0218; thermoelektr. Meth. zur – galvan. Überzüge 17-2409; Verf. zur – v. durchsicht. dünnen Schichten während d. Aufdampfens 18-1926; Identifizier. heißer Oberflächenüberzüge durch Röntgenfluoreszenz-– 22-2277; kontinuierl. – dünner Aufdampfschichten mit einer Schwingquarzmeßeinricht. 23-1864; Vgl. d. Verf. zur – v. metall. Überzügen 24-2488; komplexe Meth. zur – mit einem Elektronenmikroskop 26-0205; Hochvakuummikrometer 34-1965; – dünner Schichten mit steilen Stufen 35-1915; Kontrolle d. opt. Dicke eines im Vakuum aufgedampften dielektr. Films 35-1937; – v. epitakt. Schichten mit einem IR-Ellipsometer 36-1823; Dickenmess. in d. Metallurgie mittels γ-Strahlen 39-2232; – v. Adsorpt.-Schichten auf Schott-Gläsern 40-0291; Gerät zur radiometr. – v. Warmwalzgut zwischen *1* u. *10* mm 40-2044; Best. v. Foliendicken 41-0229; photometr. Meth. zur Schicht-– mit größerer Genauigk. unter Verw. d. Winkelüberlager.-Meth. 43-1752; Bestimmen d. Stärke einer einkrist. Schicht 43-1792*; Schicht-– mit d. Interferenzmikroskop 46-1025; Meth. zur Best. d. Stärke dünner Filme (Übersicht) 51/52-1725.

Opt. – (Interferenzverf.) dünner transparenter Oxid-Filme auf Si 1-0310; – dünner W.-Filme durch IR-Reflex. 1-1978; Unters. d. Strukturentw. v. Siliciumoxidschichten mit Hilfe opt. Präzis.-– 4-0229; kontinuierl. Wanddickenprüf. an dünnen Zr-Leg.-Rohren im Durchstrahl.-Verf. 8-2420; – v. Au-Überzügen durch Ablösen d. Überzuges 8-2450; Mess. d. Dicke verzerrter Si-Einkrist.-Schichten mittels anomaler Röntgentransmiss. 26-0241; Mess. d. Überzugsdicke v. Sn auf Stahlblech mittels Röntgenfluoreszenz 26-2597; Dickenmess. an strukturierten Seifen- u. ähnl. Filmen 33-0683; – v. Folien v. Fe u. Fe-Leg. 37-0242; Dicke v. Cs/Sb-Schichten relativ zu d. ursprüngl. Sb-Schichten 42-0239; Vgl. v. Verf. zur zerstörungsfreien Wand-– v. Stahlrohren 42-2304; – v. einige Mol.-Schichten dicken MoS_2-Einkrist. 43-0239; elektrochem. Meth. zur – v. Pd-Überzügen 44-2329; – v. SiO_2-Schutzschichten (*0,3–1,2* μm) auf Si-Halbleiterbauteilen mit Hilfe d. Reflex.-Spektrophotometrie 45-1790.

Dickinsonit, kristallchem. Charakteristik u. therm. Verh. v. – 8-0842.

Dickit, Vork. v. –: in d. Sn-Vererz. am Mount Pleasant in d. Provinz Neubraunschweig, Kanada 27-0841; neben einem dioktaedr. Chlorit mit Wechselschichtstruktur 28-0813; – v. Kamieńsk nahe Walbrzych 39-0816; Vork. v. gediegenem As mit – in d. Hg-Lagerstätte v. Čukotka 42-0769; Thermolumineszenz v. – 24-0378; Unters. d. Oberfläche v. –-Mikrokrist. mit Hilfe d. Dekorat.-Meth. 37-0790; Dehydratat. v. – (DTA-Aufnahmen) 26-0862.

Dick-Toxin s. unter *Toxine*.
Dicloxacillin s. unter $C_{19}H_{17}Cl_2N_3O_5S$.
Dicofol s. unter $C_{14}H_9Cl_5O$.
Dicolin s. unter $C_{16}H_{36}N_2O_4$.
Diconiferylalkohol s. unter $C_{20}H_{24}O_6$.
Dictamnin s. unter $C_{12}H_9NO_2$.
Dictamninsäure s. unter $C_{11}H_9NO_4$.
Dictyodiamin s. unter $C_{23}H_{42}N_2$.
Dictyolucidamin s. unter $C_{23}H_{41}NO_2$.
Dictyolucidin s. unter $C_{22}H_{39}NO_2$.
Dictyophlebin s. unter $C_{24}H_{44}N_2$.
Dicumarin s. unter $C_{19}H_{12}O_6$.
Dicumarol s. unter $C_{19}H_{12}O_6$.
Dicumyl s. unter $C_{18}H_{22}$.
Dicupral s. unter $C_{10}H_{20}N_2S_4$.
Dicyan s. unter C_2N_2.
Dicyanamid s. unter C_2HN_3.
Dicyandiamid s. unter $C_2H_4N_4$.
Dicyclohexylamin s. unter $C_{12}H_{23}N$.
Dicyclohexylcarbodiimid s. unter $C_{13}H_{22}N_2$.
Dicyclopentadien s. unter $C_{10}H_{12}$.
Dicynon s. unter $C_6H_8O_5S$.
Dieldrin s. unter $C_{12}H_8Cl_6O$.

Dielektrika

Zündkerzenisolatoren s. unter *Elektroden*; Kabel-– s. unter *Kabel*; *Elektrete* s. dort.

Siehe auch *Elektrotechnik*; *Halbleiter*; *Kondensatoren*.

Herstellung und Verwendung von Isoliermassen

Herst. v. flammfester dielektr. Überzugsmasse 3-2276*; Bedeut. d. Flammenspritzens u. seine Anwend. in d. elektr. Isoliertechnik (Beschicht. mit Al_2O_3, ZrO_2, BeO) 4-2217; Herst.: magnetodielektr. Massen 7-2383*; v. gasbildendem Isoliermaterial 10-2371*; elektroisolierender Schichten auf metall. Vorricht. 10-2372*; v. Verbundmaterial für Nutisolat. 10-2373*; v. Isolatoren 10-2374*; Isolierstoffe für d. Hochspann.-Technik (Übersicht) 13-2371; Herst.: v. Isolat. im Schaltanlagenbau (Übersicht) 13-2372; v. – für Kondensatoren u. Flächenwiderstände 13-2386*; Herst. v. plast. Abdicht- u. Isoliermasse für elektr. Maschinen 15-2266*; isostat. Pressen bei d. Fertig. v. Isolatoren 16-2244; elektr. Dicht. für hohe Temp. 17-1909; Herst. v. wärmebeständ. elektroisolierenden Materialien 22-2244*; Herst. v. Kabeltränkmassen 22-2245*; Überziehen v. Isoliermaterial mit chemisorbierender Schicht 25-2050*; Entwickl. neuer Isolierstoffe in Elektronik u. Elektrotechnik 26-2348; Aufdampfen v. dielektr., dünnen Filmen aus zwei Komponenten für reflexionsverringernde Schichten u. Interferenzfilter 28-1918; Herst.: v. synthet., elektr. Isoliermaterial (Papier, Kunstharz, Schiefer oder Glimmer) 28-2254*; v. Isolierband 28-2256*; Herst. v. Isolierband 29-2289*; Herst. isolierender Überzüge auf Trafo- u. Motorenblechen aus plast. Massen 30-2230*; Feldkathoden mit dünnen Isolatorschichten 31-0434; Einsatz v. Sitallen in d. Elektroindustrie (Isolatormaterialien) 32-2295; Herst. v. Isoliermasse für Trafoteile 33-2265*; Herst. v. elektr. leitender Schicht auf elektr. Isolier. 35-2173*; Schichtpreß- u. geschichtete Isolierstoffe 38-2207; flammfeste elektr. Isolat. 38-2215*; Erhöh. d. Wetterbeständigk. feuerfester Zusätze bei d. Herst. v. Isolatoren 40-2234; Erhöhen d. Kriechstromfestigk. v. Oberflächen elektr. Isolierteile 43-2048*; Wachsmasse zum Schutz elektr. Bauteile 44-2133*; Verf. zum schnellen Tränken v. porösen Stoffen (elektr. Isolierstoffen) 45-2106*; Eig. u. Verw. v. Isolierstoffen in d. Elektrotechnik (Überblick) 51/52-2142.

Anorganische Isoliermittel

Verbesser. keram. Isolatormaterialien (Übersicht) 6-2216; Herst.: elektr. leitfäh. Glasuren auf Porzellanisolatoren 6-2243*; nichtporöser Keramikkörper für elektr. Isolatoren 7-2382*; eines hochtemp.-beständ. keram. oder metallkeram. Werkstoffs für elektr. Isolatoren 7-2418*; v. Isolierstoffen aus Lehmlöß u. Dolomit 11-2370; Anwend.-Möglichk. v. Gläsern u. keram. Materialien für d. Herst. elektr. Mikrosyst. (Forsterit-Keramiken u. Vitrokerame) 11-2427; keram. Stoffe für Hochfrequenzisolatoren 18-2368; Steatitmassen als Isoliermaterial in d. Elektroindustrie 18-2361; Herst. v. Keramiken mit niedrigem dielektr. Verlust aus Wollastonit 27-2270; hochfestes Prozellan für kleine Hochspann.-Isolatoren 36-2210; elektroisolierende Eig. v. Gläsern für Hochfrequenz-Fernmelder 37-2065; Metallisier. v. Elektrokeramik 45-2105*; Silicatglas mit hohen elektroisolierenden Eig. aus SiO_2, Al_2O_3, B_2O_3, CaO, BaO u. MnO 9-2425*; Herst.: v. Glimmerschichtstoff zur Isolat. v. Hochspann. 14-2334*; v. elektr. Isoliermaterial aus Glimmerpapier u. Glasfaser oder Asbest für Dynamowickl. 19-2294*; dielektr. SiO_2-Filme aus d. Chloriden 21-2368; Herst. v. Hochfrequenzisolator (MgO) 23-2170.

Eigenschaften

Dielektr. Eig. v. – s. unter *Dielektrizitätskonstante*.

Ferroelektrizität; *Leitfähigkeit, elektrische*; *Polarisation, dielektrische* v. – s. dort.

Isolier. v. Trafo-Teilen mit MgO 34-2331*; glasig-krist. elektr. Isolatoren aus Alkali–Si-Fluorid, Tonerde u. hydroxylfreiem Glimmer 36-2167*; Isolier. für Hochspann.-Leit. aus Glimmerbändern 48-2300*; elektr. Isolatoren aus einem Überzug aus K-Silicat 51/52-2158*; Herst.: v. Kohlekörpern für Isolierzwecke 12-2229*; v. expandiertem pyrolyt. Graphit als Isoliermittel 20-2259*; v. InSb-Isolatoren mit Hall-Effekt 16-2186; v. Hochfrequenzisolatoren (Sinter. v. MgO) 23-2170; v. Isoliermasse für Trafo-Teile auf MgO-Basis 33-2265*; Verw. v. MgO zur Isolier. v. Fe-halt. Formkörpern 34-2331*; Phosphatieren v. Blechen u. Bändern zum Zwecke d. elektr. Isolier. mit Zn-Phosphat 35-2174*; Herst.: v. Al–Oxid-Keramik als Isolator 25-2048*;

Untersuchungsmethoden

Bibliographie

Metallhaltige organische Stoffe: Einfl. d. Luftfeuchtigk. auf d. – d. Seignettesalzes in d. Nähe d. Curie-Punktes 9-0520; dielektr. Unters. d. Sr- u. Pb-Dicalciumpropionate 9-0523; – v. Seignettesalz in d. Umgeb. d. Curie-Punkte 43-0468.

Organische Stoffe: –: v. organ. Halbleitern 46-0817; fester organ. Verb., d. geringe Mengen organ. Säure enthalten 49/50-0776; dielektr. Verh. v. an einem mikroporösen Silicagel sorbiertem Cyclohexan u. Bzl. 20-0620; dielektr. Konformat.-Unters. v. 1.4-Dioxan, 1.4-Dithian u. 1.4-Thioxan 1-0824; – in Chlf.-Misch. 21-0920; dielektr. Verh.: aliphat. Alkohole in verd. wss. Lsg. 5-0930; v. Diphenyläthern 39-0842; d. vier geradkett. Heptanole 45-0818; Einfl. d. Verdünn. auf d. dielektr. Dispers. v. Dipropylenglykol 51/52-0795; –: v. Benzophenon in fl. Zustand 2-0866; v. Glykokollsulfat 7-0903; dielektr. Löslichk.-Profile v. Acetanilid u. einigen Deriv. in Dioxan–W.-Gemischen 11-1837; – v. Acrylgläsern 28-2238; – einiger organ. Phosphite, Phosphate, Phosphonate, Thionophosphate 5-0931; dielektr. Verh. v. Tributylphosphatlsg. in einigen unpolaren Lsgm. 27-0855; dielektr. Dispers. d. krist. Pulver v. Aminosäuren, Peptiden u. Proteinen 42-0803; Änder. d. – v. Baumwollsaatöl bei d. oxydierenden Polymerisat. 2-1232; Mess. d. dielektr. Dispers. v. DNS-Lsg. bei sehr niedr. Frequenz 47-1140.

Vgl. d. dielektr. u. opt. Anisotropie v. orientierten, amorphen Hochpolymeren 8-1198; dielektr. Unters. an Kunststoffen im Bereich d. cm- u. mm-Wellen (Polyäthylen u. Plexiglas bei *24,3* GHz v. *211–373* °K 8-1209; dielektr. Verh. v. ox. Hochdruckpolyäthylen (Schlüsse auf mol. Beweg.) 16-1098; – v. Lsg. stereoregulärer Polymethylmethacrylate 18-1105; dielektr. Unters. an Kunststoffen im cm- u. mm-Wellenbereich (lineares u. verzweigtes Polyäthylen zwischen *7,5* u. *36,3* GHz) 25-1118; dielektr. Verh.: v. isotakt. Polybuten-(1) (therm. Mol.-Beweg.) 33-1158; v. Co- u. Blockcopolymeren v. Methacrylat-Styrol 33-1168; v. aus d. Lsg. gezüchteten Polyäthylenterephthalat-Krist. 33-1170; v. Polyvinylfluorid 33-1181; Gesetzmäßigk. d. Änder. d. dielektr. Daten v. weichgemachtem Polyvinylchlorid 35-1195; Annahme einer Stäbchenstruktur bei Poly-n-butylisocyanat aus dielektr. Mess. 39-1114; Theorie d. dielektr. Dispers. d. krist. Bereiche in Hochpolymeren 43-1049.

–: v. imprägniertem Papier 18-2305; v. Bagasse jenseits des hygroskop. Bereiches 36-2008.

Dielektr. Löslichk.-Profile einiger Antipyretika in Dioxan–W.-Gemischen 11-1838.

Untersuchungsmethoden: Meßprobleme bei d. Best. dielektr. Charakteristiken v. Fl. u. Lsg. großer elektr. Leitfähigk. im Mikrowellenfrequenzgebiet 4-0456; Zelle für dielektr. Mess. an hygroskop. Stoffen 12-1890; Mess. dielektr. Materialeig. im GHz-Gebiet 24-2240.

Dielektr. Meth. zur Unters. d. Kinetik d. Ölsäureox. 51/52-1938.

Bibliographie: Dielectric behavior of physically adsorbed gases B 66.

Dielektrizitätskonstante (und dielektrische Verluste)

Dielektrika; *Elektrete*; *Ferroelektrizität* s. dort.

Siehe auch *Moment, elektrisches*; *Polarisation, elektrische*.

Allgemeines und Theorie

Zusammenhang zwischen Aktivitätskoeff. u. – 4-0578; neuer Ausdruck für d. – d. adsorbierten Phase bei Adsorpt. polarisierbarer Ionen 5-0424; Dispers. d. – in gekoppelten opt. Quantengeneratoren 8-0382; Quantentheorie d. Tensors d. dielektr. Permeabilität im starken elektr. Feld 9-0512; statist. Eig. inhomogener elektr. Felder in Medien mit kleinen belieb. Variat. in d. – 13-0501; – eines isothermen Plasmas 14-0185; –, Permeabilitäten u. Leitfähigk. ungeordneter Medien 15-0520; Relaxat.-Zeitverschieb. d. – in einem elektr. Feld 15-0861; Rolle d. – bei oszillometr. Mess. 15-1954; Allg. Gleich. für d. Tensoren d. – 17-0512; Berechn. d. mittleren – einer Misch. in Abhängigk. v. d. Konz. 23-0467; D., –, Viskosität u. Konst. d. Debye-Stückel-Gleich. (Zusammenstell.) 23-0598; Tafeln d. komplexen Funkt. C. $\exp(-j\zeta) = [\tanh(T \cdot \exp j\tau)]/T. \cdot \exp j\tau)$ zur Best. v. – u. Verlustfaktoren im Mikrowellenbereich 30-0411; Zusammenhang zwischen d. Retent.-Volumen in d. Gas–Fl.-Chromatographie u. d. – d. stationären Phase 31-0861; Formulier. d. – eines absorbierenden Mediums 33-0496; Frequenzabhängigk. d. – 36-0467; Dispers. d. – in einem inhomogenen Dielektrikum 36-0468; beim Durchgang eines Stroms geladener Teilchen durch d. Trenn.-Grenze zweier Medien mit verschiedener – auftretende elektr. Instabilität 38-0461; – v. Bloch-Elektronen in gekreuzten elektr. u. magnet. Feldern 40-0420; Neuformulier. d. – für ein absorbierendes Medium 45-0438; Ketten-Korrekturen für d. stat. Random-Phase-Approximat. d. – 45-0439; – eines sphär. u. ellipsoidale Einschlüsse enthaltenden Mediums 45-0442; Einfl. stat., elektr. u. magnet. Felder auf d. –-Tensor 49/50-0310.

Gase: – u. Brech.-Indizes d. Gase als Funkt. d. Druckes 1-0122.

Flüssige Systeme: Lsg. mit hoher – 7-0995, 37-0602, 41-0583; Lsgm. mit hoher – 29-0608; Dissoziat.-Unters. in Lsgm. mit hoher – 8-0620, 10-0608, 10-0609.

Anwend. v. Winkelkorrelat.-Funkt. auf dielektr. Absorpt. in polaren Fl. 2-0490; Unters. d. Ion/Ion- u. Ion/Neutralteilchen-Wechselwrkg. in Lsg. durch Mess. d. – 4-0571; Einfl. v. Konz.-Schwank. auf d. – u. d. dielektr. Verluste v. Fl. im Hochfrequenzfeld 7-0515; thermodynam. Eig. v. Lsg. starker Elektrolyte in Lsgm. mit hoher – 8-0561; Bezieh. zwischen d. Leitfähigk., Viskosität u. – eines Tropfens im homogenen elektr. Feld 9-0511; Zusammenhang zwischen d. elektr. Leitfähigk. einer Lsg. u .d. – u. Viskosität d. Mediums 9-0642; Einfl. d. – d. Lsgm. auf d. π–π^*-Bande d. Fluorescein-Anions 11-0896; Abhängigk. d. Nullfeldionenausb. v. d. – bei d. Ionisat. v. Fl. durch Strahl. 14-1005; Einfl. d. – d. Lsgm. auf d. Mizellbldg. v. Lecithin 15-1183; Einfl.: eines elektr. Feldes auf d. – v. Dipolfl. 17-0879; d. – d. Lsgm. auf d. Adsorpt. v. Pyridin aus verschiedenen Lsgm. durch spezif. Adsorbentien 18-0611; Theorie d. dielektr. Dispers. kugelförm. Kolloidteilchen in Elektrolytlsg. 25-0635; – v. Fl. mit H-Bind. 25-0847; H-Bind. u. stat. – v. Fl. 25-0848; Temp.-Abhängigk. d. komplexen – dipolarer Fl. im Mikrowellenbereich 30-0812; Berechn. d. – einer Fl. mit polaren, aber nicht polarisierbaren Molekülen durch Cluster-Entw.-Meth. 35-0447; –: v. polaren Fl. 35-0881; v. Lsgm. für d. Dünnschichtchromatographie v. Pflanzenextrakten 35-2040; stat. – u. Struktur v. Lsg. polarer Mol. in nichtpolaren Lsgm. 37-0878; dielektr. Absorpt. v. *3,14*-cm-Mikrowellen in einigen polaren Fl. 40-0849; Einfl. d. – auf d. Ausb. v. während d. Radiolyse einer Fl. erzeugten freien Ionen 41-0988; Temp.-Abhängigk. d. – u. ihrer ersten Ableit. einiger Fl. u. Lsg. 46-0818; Bezieh. zwischen d. – d. Lsgm. u. d. Löslichk. v. Alkalimetall-halogeniden 47-0533.

Festkörper: – eines Halbleiters in einem äußeren elektr. Feld 1-0491; Zunahme d. – u. Curie-Weiss-Abhängigk. d. – bei d. Annäher. an d. Curie-Punkt bei ferroelektr. Stoffen 4-0460; dielektr. Sättig. in festen, H-Bind. enthaltenden Körpern 6-0859; Änder. d. – mit d. Temp. bei ferroelektr. Mischkrist. 10-0481; Abhängigk. d. – v. Ferroelektrika mit Perowskit-Struktur v. momentanen Wert d. Stärke eines Mikrowellenfeldes 10-0483; dielektr. Suszeptibilität v. Syst. mit Ionenverunreinig. bei tiefen Temp. 11-0492, 15-0521; Theorie d. Dispers. d. dielektr. Permeabilität in polaren Festkörpern 16-0428; bistat. Streuung durch eine Klasse v. Kugeln mit dielektr. Verlusten bei Oberflächenimpedanz-Grenzbeding. 17-0494; dielektr. Suszeptibilität eines anharmon. Krist. 17-0496; Zunahme d. – v. Ferroelektrika als Folge v. Polarisat.-Umkehrprozessen 25-0463, 25-0464; – im IR u. opt. Eig. im UV v. Festkörpern mit Diamant-, Zinkblende-, Wurtzit- u. Kochsalzgitter 26-0319; Abhängigk. d. – v. d. Ionenpolarisierbark. in Krist. mit Perowskit- u. Rutilstruktur 37-0486; stat. – eines Supraleiters 38-0462; Berechn. d. realen u. imaginären Anteils d. – v. Mol.-Krist. durch Exzitonenzustände 43-0332; – in Photoleitern 43-0469; Temp.-Abhängigk. d. – für feste Stoffe 45-0441; Eig. v. Substanzen mit gleichzeit. negativen dielektr. (ε) u. magnet. (μ) Suszeptibilitäten 47-0468; reziproker Tensor d. – eines transparenten zweiachs. Krist. 48-0311.

Anorganische Stoffe

Mess. d. – v. H_2, HD u. D_2 1-0119; – v. W. bis zu *800°* 3-0525; lokale – v. W. 19-0460; Einfl. v. Änder. d. – v. W. auf d. Eig. v. Elektrolytlsg. 20-0565; – v. W. aus d. Änder. d. Polarisat. d. Wellen bei d. Reflex. 26-0448; Druck- u. Temp.-Abhängigk. d. – v. reinem W. (Überblick) 36-0580; –-Dispers. v. fl. W. 38-0359; – v. W. u. schwerem W. zwischen *0* u. *40°* 44-0473; Suche nach Diskontinuitäten in d. Temp.-Abhängigk. d. – d. reinen W. im Bereich v. *–5* bis *+25°* 49/50-0460; – v. mit NH_3 dotiertem Eis 24-0439; Temp.-Abhängigk. d. – v. mit KOH dotiertem Eis 26-0446; – v. N_2 44-0115; Best. d. – v. fl. Luft bei Mikrowellen-Frequenzen 45-0440; Abnahme d. – d. HCl-Mediums beim Kationenaustausch v. Ga u. In bei Zugabe v. organ. Lsgm. 44-0631; Unters. d. kinet. Verh. d. Protonen u. $\alpha.\beta$-Phasenumwandl. im Tetrahydrat d. Bromwasserstoffs $H_9O_4{}^+Br^-$ durch –-Mess. 16-0404.

– v. $H_2S_2O_7$ 20-0422; komplexe – v. Te bei Mikrowellenfrequenzen 10-0477; –: v. Ar u. CO_2 16-0122; v. koll. Graphitdispers. in Ggw. v. Nichtelektrolyten 23-0630; v. dünnen C-Schichten im nahen IR 34-0369; komplexe – v. Graphit im Bereich *1100* bis *3000* Å 45-0302; Kronig-Kramers-Analyse für Imaginär- u. Realteil d. – v. krist. Quarz u. Quarzglas 5-0359; –: v. SiO_2-Schichten 8-0219; v. pyrogenem SiO_2 (Abhängigk. v. d. spezif. Oberfläche) 13-0503; Imaginärteil d. – in Si mit Bandstruktur 17-0443; – u. dielektr. Verlust v. Si-Einkrist. 17-0497; Realteil d. – v. Gläsern im Vakuum-UV-Bereich 23-0336; –: v. amorphen Si_3N_4-Schichten 33-0470; u. dielektr. Verlustwinkel v. Quarz nach γ-Bestrahl. (7,5 r/s) mit ^{60}Co 36-0470; u. dielektr. Zusammenbruch v. P_2O_5–SiO_2-Filmen 32-0452; dielektr. Verluste u. – d. glasförm. Halbleiters As_2S_3 mit Ag-Dotier. 29-0476; komplexe – v. stöchiometr. zusammengesetzten, einkrist. Sb_2S_3-Whiskern 21-0429.

– v. fl. Metallen 2-0491; Helicon-– eines Metalls (theoret. Unters.) 7-0517; – d. Metalle (Mess. an sehr dünnen, durch Aufdampfen erzeugten Schichten) 31-0358; Dispers. d. – v. Metallen an d. langwell. Kante d. Quantenabsorpt. 49/50-0461.

– v. Wasserglas 2-0494; Temp.-Abhängigk. d. – für Alkalimetallsalze v. *4,2* °K bis Raumtemp. 41-0483; Einfl.: einer Röntgenbestrahl. auf dielektr. Verluste v. LiF-Einkrist. 21-0292; d. Anlassens vor d. Bestrahl. auf d. dielektr. Verluste v. LiF : Mg 33-0402; Temp.-Abhängigk. d. – v. $NaNO_2$ 1-0496; –: v. $NaNO_2$ 2-0495; v. $NaNH_4SO_4 \cdot 2\,H_2O$ in d. Nähe d. Curie-Temp. 9-0518; v. H_3PO_4- u. NaCl-Lsg. 23-0466; dielektr. Verluste v. aus d. Schmelze gewonnenen nicht hydrolysierten NaCl-Krist. 24-0457; – v. NaCl-Krist. 25-0459; elektr. Leitfähigk. d. Lsg. v. Graham-Salz in Medien mit verschiedener – 37-0601; –: v. paraelektr. $NaNO_2$-Krist. 39-0465; v. $NaNO_2$ 39-0466; v. $NaClO_3$-Einkrist. bei *3*-cm-Wellen 43-0465; dielektr. Suszeptibilität v. komprimiertem $NaNO_3$ 44-0289; – u. dielektr. Verluste in dünnen Schichten v. NaCl u. NaBr bei tiefen Frequenzen 45-0445; elektr. Suszeptibilität v. OH^- in KCl in Abhängigk. v. d. OH^--Konz. 11-0492; komplexe – v. deuteriertem KH_2PO_4 bei ultrahohen Frequenzen 20-0419; Real- u. Imaginärteil d. – v. Li^+- u. CN^--dotierten KCl-Krist. 24-0458; –: u. ihr Temp.-Koeff. v. KCl bei hohen Temp. im Mikrowellen-Frequenzbereich v. *16* GHz 33-0498; v. KNO_3-Proben verschiedener Porosität 35-0451; stat. v. NaCl, KCl u. KBr bei Temp. zwischen *4,2* u. *300* °K 36-0469; v. RbH_2PO_4 im Frequenzbereich $8 \cdot 10^2$ bis $3{,}86 \cdot 10^{10}$ Hz 20-0418; v. $KNO_3/RbNO_3$- u. KNO_3/NH_4NO_3-Mischkrist. 24-0459; Einfl. v. hydrostat. Druck auf d. – v. RbCl-Krist. 25-0458; Beitrag d. – v. KNO_3 u. $RbNO_3$ bei Phasenübergängen 41-0398; DK-E-Kurven v. $CsH_3(SeO_3)_2$ 11-0497; stat. – v. CsF 18-0304; – v. LiF-, NaCl-, CsBr- u. CsJ-Krist. 39-0347; komplexe – wss. Lsg. v. CsJ, LiJ u. LiBr 44-0475.

– u. dielektr. Verluste v. Erdalkalifluorid-Einkrist. 1-0492; Ultraschallabsorpt. in $MgSO_4$-Lsg. als Funkt. d. Drucks u. d. – 5-0581; Temp.-Abhängigk. d. IR-Dispers. d. – in LiF- u. MgO-Ionenkrist. 9-0351; Einfl. v. W.-Dampf auf d. dielektr. Verlust in MgO 43-0464; unelast. u. dielektr. Verluste in Y-dotiertem CaF_2 23-0468; tg δ u. – unbestrahlter u. γ-bestrahlter CaF_2-Einkrist. 25-0457; dielektr. Verluste in gefärbten u. ungefärbten CaF_2-Krist. 28-0315; Temp.-Abhängigk. d. dielektr. Verluste in mit NaF dotiertem CaF_2 38-0463; Temp.- u. Frequenzabhängigk. d. dielektr. Verlustes nicht bestrahlter u. mit Röntgenstrahlen bestrahlter, reiner u. O_2-halt. CaF_2-Einkrist. 42-0444; –: v. CaO u. SrO 23-0435; u. dielektr. Verluste v. BaO/P_2O_5-Gläsern 18-2340.

Photodielektr. Effekt v. ZnS-Krist. 15-0401; –: v. hexagonalem ZnS 20-0391; v. α-ZnS 20-0417; u. Einfl. d. Umkehr. d. Magnetfelds im Bereich d. Exzitonenabsorpt. im CdS-Krist. 2-0493; dielektr. Verlustfaktor v. ZnS- u. CdS-Einkrist. (mit Polystyrolfolien bedeckt oder mit SiO-Schichten im Vakuum bedampft) 4-0411; —: v. CdO bei hoher Elektronenentart. 48-0320; v. $Zn_x \cdot Hg_{1-x}$Te-Mischkrist. 33-0499.

Reflex.-Vermögen, komplexe — u. charakterist. Energieverluste v. Elektronen v. Korund- u. Rubineinkrist. 6-0331; Temp.-Abhängigk. d. — v. $NH_4Al(SO_4)_2 \cdot 12\,H_2O$ 6-0494; —: v. $AlBr_3$-Lsg. in Bzl. u. Cyclohexan 19-0463; bei Raumtemp. u. Temp.-Abhängigk. d. dielektr. Verlustwinkels v. Quarz, Andalusit u. synthet. Rubin 25-0461; v. anod. Oxidfilmen auf Al mit hohem elektr. Widerstand 32-0419; v. $KAl(SO_4)_2 \cdot nH_2O$ mit $n = 0-11{,}6$ 34-0477; v. *0,42—0,77* μ dicken Schichten aus SiO_2–Al_2O_3-Misch. mit Si/Al-Atomverhältnissen zwischen *2* u. *11* 47-0472; v. InAs u. CdTe im IR 27-0363; Temp.-Abhängigk. d. — v. Alkali- u. Tl-Halogenid-Krist. 2-0492.

—: v. Y-Oxid 37-0614; v. $Ce_2O_3 \cdot 11\,Al_2O_3$ 17-0790.

Temp.- u. Frequenzabhängigk. d. parallelen — v. $Ba_{0,7}Sr_{0,3}TiO_3$-Halbleiter 1-0442; —: v. $BaTiO_3$-Einkrist.-Plättchen 5-0517; v. $BaTiO_3$-Einkrist. mit bis *6* Atom-% Fe im Temp.-Bereich zwischen *—160* bis *240°* 5-0518; v. $BaTiO_3$-Einkrist. mit Sb- bzw. Bi-Zusatz bei Temp. bis *280°* 5-0519; v. $BaTiO_3$-Einkrist. mit ZnO-Zusätzen 5-0520; v. $SrTiO_3$ 6-0492; —-Dispers. v. $SrTiO_3$, $BaTiO_3$ u. $CaTiO_3$ im IR 8-0332; Wrkg. d. Mahl.-Zeit auf d. — v. Dielektrika auf $BaTiO_3$-Basis 8-0481; — v. $BaTiO_3$-Einkrist. unter hydrostat. Drücken bis 13 kbar bei *—20* bis *+140°* 10-0484; Temp.-Abhängigk. d. — v. $BaTiO_3$ 17-0526; Einfl. d. Wärmebehandl. auf d. — v. $BaTiO_3$ 27-2200; — v. polykrist. $BaTiO_3$ bei d. Red. u. Reox. in O_2 oder durch Einwrkg. eines Oxids 30-0386; Abhängigk. d. — u. d. spontanen Verzerr. v. d. D. in polykrist. $BaTiO_3$ 30-0413; — v. Verb. d. Syst. TiO_2/CeO_2 30-0493; Abhängigk. d. — v. d. Beding. d. Wärmebehandl. in Sitallen d. Syst. $SiO_2/Al_2O_3/BaO/TiO_2$ 32-0257; Einfl.: d. Störstellen auf d. stat. — v. (Ba, Sr)TiO_3-Krist. 35-0454; v. hydrostat. Druck auf d. — u. d. Curie-Punkt v. $BaTiO_3$-Einkrist. 35-0455; —: v. $BaTiO_3$- u. ZnO-Einkrist. sowie v. Mischkrist. mit *99,75* bzw. *99,34* $BaTiO_3$, Rest ZnO 37-0489; v. $BaTiO_3$ u. $SrTiO_3$ 39-0467; v. $BaTiO_3$ bei Millimeterwellen 40-0423; v. $BaTiO_3$-Einkrist. mit schichtförm. Bereichsstruktur 42-0448; Temp.-Abhängigk. d. —: u. d. dielektr. Verlustes v. ein- u. polykrist. $BaTiO_3$-Proben bei *9,4* u. *37* GHz 44-0481; v. $(CaO)_x(TiO_2)_{1-x}$ 45-0441; Wrkg. v. Reaktorbestrahl. auf d. Temp.-Hysterese d. — v. $BaTiO_3$-Einkrist. 48-0449.

Berechn. d. dielektr. Funkt. u. stat. — v. Ge unter Einbezieh. d. genauen Bandstruktur 2-0432; aus elektr. Suszeptibilitätsmess. erhaltene Löchermasse u. opt. —-Konst. v. SnTe 3-0470; Gitter-— v. n- u. p-$CdSnAs_2$ 18-0294; starke Temp.-Abhängigk. d. komplexen Anteils d. — v. $BaTiO_3$–SnO_2-Keramiken 26-0452; nichtlineares Verh. d. — v. Pb–Zirkonat–Titanat, Pb–Zirkonat–Titanat–Stannat u. Ba–Sr–Titanat im Mikrowellengebiet bei *9,4* GHz 2-0497; —: neuer Pb-halt. Perowskite 3-0290; v. n-PbS im IR-Bereich 5-0356; Temp.-Abhängigk. d. — u. tg δ v. $PbZrO_3$ 5-0522; — u. fundamentale Gitterfrequenz v. Pb-Tellurid 14-0521; Einfl. d. Dotier. auf d. — v. $Pb(Zr_{0,55}Ti_{0,45})O_3$ 24-0462; —: v. SiO_2 u. Pb–Te–Oxid-Glasfilmen 32-2243; u. Wärmeausdehn. reiner keram. $PbZrO_3$-Proben 40-0424; Temp.-Abhängigk. d. — im Syst. (Ba, Pb, Ca)TiO_3 42-0447; —: v. PbJ_2 43-0463; v. epitakt. PbS-, PbSe-, PbTe- u. SnTe-Filmen 44-0440.

—: v. halbleitenden Gläsern im Syst. $GeO_2/P_4O_{10}/V_2O_5$ 20-0225; u. dielektr. Verlustwinkel v. $LiNbO_3$ 9-0516; im Syst. $Pb(Mg_{1/3} \cdot Nb_{2/3})O/PbTiO_3/PbZrO_3$ 11-0494; v. $LiNbO_3$ 16-0432; Einfl. d. — auf d. elektroopt. Eig. v. $LiNbO_3$-Krist. 32-0331; — v. $K_4Nb_6O_{17}$-Einkrist. 39-0249; relative — v. ferroelektr. $LiTaO_3$ 2-0335; Temp.-Abhängigk. d. — v. $LiNbO_3$ u. $LiTaO_3$ 2-0496; — v. $PbB^{III}_{0,5}B^{V}_{0,5}O_3$ (B^{III} = Lu, Ho, In, Yb, Mn u. B^{V} = Nb, Ta) 6-0222; Änder. d. — v. $SrTiO_3$, $KTaO_3$ u. $KTa_{0,65}Nb_{0,35}O_3$ bei Anwend. eines hydrostat. Drucks 17-0463; lineare u. quadrat. Abhängigk. d. — v. d. elektr. Feldstärke etwas oberhalb d. Curie-Punktes v. $KTaO_3$ 18-0430; —: v. $BaTiO_3$–Ta_2O_5 bei schwachen Feldern 21-0433; v. anod. Oxidfilmen auf Ta-Filmen in verd. H_2SO_4 35-0449; u. Verlustfaktor v. anod. gebildeten Schichten auf reaktiv aufgestäubtem Ta 47-0470; Abhängigk. d. — v. elektr. Feld u. Hystereseschleife bei tiefen Temp. v. polykrist. $Bi_2O_3 \cdot 3\,TiO_2$ 30-0415; Temp.-Abhängigk. d. — d. Syst. $PbTiO_3/(K_{0,5}Bi_{0,5})TiO_3$ u. $PbTiO_3/(Na_{0,5}Bi_{0,5})TiO_3$ 30-0416.

Temp.-Abhängigk. d. — v. $NH_4Cr(SO_4)_2 \cdot 12\,H_2O$ u. $KCr(SO_4)_2 \cdot 12\,H_2O$ 10-0478; —: v. $PbMoO_4$ u. $CaMoO_4$ 23-0469; v. Pb_2CdWO_6 6-0223; v. $K_2NbOF_5 \cdot nH_2O$, $K_2MoO_2F_4 \cdot nH_2O$, $K_2WO_2F_4 \cdot nH_2O$ u. $K_3Mo_4O_{13}F \cdot nH_2O$ 20-0420; Temp.-Abhängigk. d. —: v. $PbMg_{1/2} \cdot W_{1/2}O_3$, $PbZrO_3$ u. *0,98* $PbZrO_3$/*0,02* $CaZrO_3$ 21-0430; v. $PbCd_{0,5}W_{0,5}O_3$ u. $(1-x)PbMg_{0,5} \cdot W_{0,5}O_3 \cdot xPbCd_{0,5}W_{0,5}O_3$ mit x = *0*, *0,25*, *0,50*, *0,75* u. *0,90* 42-0449; — v. HfO_2, ZrO_2. Al_2O_3, Ta_2O_5, TiO_2, Nb_2O_5, V_2O_5, WO_3 u MoO_3 47-0471.

—: d. Syst. $BaTiO_3/UO_2$ u. $BaTiO_3/BaUO_3$ 40-0521; v. ThO_2- u. UO_2-Einkrist. 42-0327; v. UO_2 (Änder. mit d. Porosität) 45-0444; v. Perowskiten d. Zus. $(1-x)PbTiO_3 \cdot xLaMnO_3$ u. $(1-2x)PbTiO_3 \cdot 2x \cdot PbMn_{0,5} \cdot Nb_{0,5}O_3$ 27-0489; Frequenzabhängigk. d. — u. d. dielektr. Verlustwinkels sowie Dispers. d. — v. dünnen SiO-, MnO_2- u. $BaTiO_3$-Filmen 36-0468; Real- u. Imaginärteil d. — v. reinen Fe-Einkrist. im sichtbaren Bereich 10-0317; Temp.-Abhängigk. d. — u. d. tg δ v. $BiFeO_3$ 16-0437; Frequenzabhängigk. d. — u. d. tg δ v. $BiFeO_3$ 18-0431; — u. dielektr. Verlustfaktor v. Massekernen u. Ferriten im Dezimeterwellengebiet 22-0463; Sperrspann.-Abhängigk. d. — v. keram. Proben d. Syst. Pb(Zr, Ti)O_3, Pb(Zr, Ti)$O_3/NaNbO_3$, Pb(Zr, Ti)$O_3/BiFeO_3$, (Ba, Pb)(Zr, Ti)O_3, Pb(Zr, Ti)$\cdot O_3/Cr_2O_3$ 25-0460; — u. dielektr. Verlustfaktor v. halbleitenden Fe-Phosphat Gläsern 25-0462; Temp.-Abhängigk. d. — v. Mischkrist. d. Syst. $Pb(Fe_{2/3}W_{1/3})O_3$–$Pb_2(Li_{1/2} \cdot Fe_{1/2})WO_6$ 30-0417; komplexe — v. Ferritspinellen 47-0473; —: u. Doppelbrech. v. $K_4[Fe(CN)_6] \cdot 3\,H_2O$ im Bereich d. irreversiblen Phasenumwandl. 51/52-0440; v. $PbCo_{0,5} \cdot W_{0,5}O_3$-Einkrist. 5-0524; v. Ni–Mn–Zn-Ferriten 35-0450; relative — v. dünnen Ni–Fe-Ferritschichten 7-0355; —: u. dielektr. Verluste v. K_2NiF_4 7-0520; v. Ni-Jodboracit $Ni_3 \cdot B_7O_{13}J$ 37-0492.

— v. Cu_2O im fernen IR 1-0307; komplexe — v. hochkonz. LiCl- u. MSO_4-Lsg. (M = Be, Ni, Cu, Mn, Cd) 19-0462; —: v. pulverförm. $Cu_3(PO_4)_2$ u. $MnSO_4$ 24-0460; v. im Vakuum aufgedampften Cu-Filmen 27-0361; v. Mn-, Co-, Ni- u. Cu-Sulfaten u. Chloriden in wss. Lsg. 27-0485; Temp.-Abhängigk. d. stat. — v. Alkalimetall-, Ag- u. Tl-Halogeniden 45-0443; komplexe — v. Cu u. Au im Vakuum-UV 45-0303.

Mineralien und technische Produkte: Klassifikat. d. kontaktumgewandelten ungar. Kohlen auf Grund d. Änder. d. — bei d. Umwandl. 5-2838; Einfl. d. Neutronenstrahlen auf d. — v. Keramik im Mikrowellenbereich 18-2298; —: v. in A. u. in Luft gespaltenem Muskovit-Glimmer 23-0470; v. Al–Fe–Mn-Epidoten 34-0838; u. Verlustfaktor d. Syst. Zeolith Z/adsorbiertes W. 34-0479; dielektr. Verluste im Syst. Zeolith NaA-Krist./W. bei mittleren Füll.-Graden 37-0656; dielektr. Suszeptibilität v. entwässertem Zeolith (Temp.-Koeff. mit d. Wert 0) 41-0631.

Metallderivate organischer Verbindungen

—: v. $AlBr_3$–Bzl.-Komplexen 19-0463; v. $CH_3NH_3Al(SO_4)_2 \cdot 12\,H_2O$ u. $(CH_3NH_3)_{0,36} \cdot (NH_4)_{0,64}Al(SO_4)_2 \cdot 12\,H_2O$ (Temp.-Abhängigk.) 6-0494; v. cis-$[Co(en)_2Cl_2]^+Br^-$, trans-$[Co \cdot (en)_2Cl_2]^+Cl^-$ u. cis-$[Co(en)_2Cl_2]^+Cl^-$ 7-0621; v. $CaCl_2 \cdot 3\,CH_3NHCH_2COOH$ 25-0465; v. festen Na-, Li- u. Mg-Desoxyribonucleaten 38-1193; v. Seignettesalz in Ggw. eines elektr. rechteckförm. Feldes 34-0481; v. komprimierten Seignettesalzkrist. 34-0482; v. Seignettesalz (Temp.-Abhängigk.) 40-0422.

Organische Stoffe

Einfl. d. — organ. Fl. auf d. Dispergier. v. Kaolin 3-0669; — v. langkett. organ. Verb. (Übersicht) 3-0851; Debye-Dipolabsorpt. gefrorener organ. Fl. 6-0860; komplexe — in organ. Hochpolymeren bei verschiedenen Temp. 32-2242; Temp.-Abhängigk. d. — v. organ. Halbleitern 46-0817.

—: in Äthylen 16-0122; .v trans-1.4-Polybutadien 24-1150; Red. d. dielektr. Verluste in Polyäthylen (Zerstör. d. Vinylgruppen durch Bestrahl.) 35-1161.

— v. Piperidin, Tetrahydropyran, Cyclohexan u. ihren Misch. 21-1004; dipol-elast. Verluste v. Polypropylenoxid 32-1177; dielektr. Absorpt. u. Mol.-Beweg. in Gashydraten v. THF u. Äthylenoxid 44-0846.

Dielektr. Sättig. v. halogenierten KW-Stoffen 6-0858; — v. an porösem Quarzglas adsorbiertem Äthylchlorid 9-0688; dielektr Verluste v. plastifiziertem Polyvinylchlorid 12-1199; — v. fl. Trifluormethan 16-0903; lokale — v. C_2H_5Cl, $CHCl_3$ u. CH_3R mit R = Cl, Br, J 19-0460; —: u. Absorpt.-Koeff. ε'' v. konz. Lsg. v. Halogenbenzolen im Mikrowellenbereich 26-0870; d. Lsg. Pyridin/Chloroform 33-0936; v. Halogen-KW-Stoffen 39-0839; dielektr. Verluste: in halogen substituierten Benzolen u. Naphthalinen 40-0849; bei *7,7*-mm-Mikrowellen einiger halogen substituierter Bzl.-Naphthalinverb. 40-0850; dielektr. Absorpt. v. Polyvinylidenfluorid 47-1083.

— v. 1.3.5-Trinitrobenzol-Komplexen mit tert. Aminen in p-Dioxan-Lsg. 11-0927; Relaxat.-Zeitverschieb. d. — v. Nitrobenzol in einem elektr. Feld 15-0861; — v. aromat. Betainen 16-0905; Anwendbark. d. Debye-Gleich. auf d. dielektr. Verlust v. Nitrobenzol u. Lsg. v. m-Nitrotoluol in Paraffin 22-0811; —: v. gesätt. Aminen 23-0831; v. Nitromethan 31-0811; Änder. d. — bei d. Quaternisier. v. Triäthylamin mit Methyljodid 46-0908.

Mess. d. — verschiedener Alkohole 8-0879; —: v. 2-Methoxy-4-nitroanilin u. 2-Methoxy-5-nitroanilin 13-0886; v. aromat. Äthern 18-0799; lokale — v. CH_3OH u. A. 19-0460; —: v. Dimethoxyäthan u. THF 19-0609; v. Triäthanolaminborat 20-0421; v. 3-Methyl-6-isopropylphenol (Thymol) 20-0812; Temp.-Abhängigk. d. — höherer Alkohole im fl. Zustand 27-0854; — u. Verluste v. prim. Alkoholen 39-0838.

—: v. fl. Benzophenon 2-0866; u. dielektr. Verluste v. Aceton–n-Hexan-Lsg. 11-0887; Niederfrequenz-— u. Struktur v. Aceton-Nitrobenzollsg. 22-0813; komplexe — v. Benzophenon in Bzl. 36-1829.

—: v. Cyanacetylen 25-0847; v. Acetonitril 33-0646; dielektr. β-Absorpt. v. Polyacrylonitril 33-1173.

— d. Syst. abs. Essigsäure u. Acetanhydrid 2-0976; Einfl. d. — d. Lsgm. Dioxan u. DMF auf d. Rk. v. n-Butylnitrit mit aliphat. Amiden (Kinetik) 5-1033; — v. 2-Thiophencarbonsäure u. ihrem Äthylester in Lsg. v. 1.4-Dioxan 7-0902; Bezieh. für d. — v. Glykokollsulfat 7-0903; Beständigk.-Konst. v. $SnCl_2 \cdot (C_4H_9)_2 \cdot$bipy in Abhängigk. v. d. — d. Lsgm.: Methanol, n-Propanol, n-Butanol, Diäthylmalonat, Methyl- bzw. Butylacetat 8-0600; — v. Dioxan/Formamid-Misch. 10-0608; —-Mess. an Essigsäure–Acetanhydrid u. Essigsäure–Nitromethan 11-0888; Beitrag. d. Domänenwandschwing. zur — v. Triglycinsulfat bei geringen Signalen 13-0507; Einfl. v. Feuchtigk. auf d. — v. Polyamiden 15-1166; — v. Phenyl-o-hydroxybenzoat u. Phenyl-o-acetoxybenzoat 24-0870; dipol-elast. Verluste v. Poly-[ω-chloralkylmethacrylaten] imZusammenhang mit ihrerStruktur 26-1185; Frequenzabhängigk. d. relativen — v. glasfaserverstärktem Polyester 27-2269; —: v. N-monosubstituierten Acetamiden 28-0851; d. bin. Lsgm.-Syst. Essigsäure–Cyclohexan bzw. p-Dioxan bzw. Propionsäure 30-0813; Symmetrie d. dielektr. β-Absorpt.-Kurve v. Polyäthylenadipat u. -succinat 34-1172; —: d. Syst. v. Ameisensäure mit Äthern u. Estern 39-0928; v. bin. fl. Syst. v. Estern u. halogenierten Carbonsäuren 39-0946; u. Verlustfaktor v. Methylacrylat–Polypropylen-Pfropfcopolymeren 44-1134.

Mess. d. — v. Rotat.-Isomeren in Alkylnitriten 7-0904.

Änder. d. — v. Nitrocelluloselsg. bei Scherbeanspruch 34-1207; anomale — v. wasserhalt. Kasein bei Hyperfrequenzen 16-1139.

Einfl. d. Temp. auf d. — v. Wolle 6-3058; — v. komplexen pharmazeut. Lsgm.-Syst. 11-1809; Einfl. v. Neutronenstrahlen auf d. — v. Kunststoffen im Mikrowellenbereich 18-2298; — v. Prod. d. Ölgewinn. 19-3247; Abhängigk. d. — v. Cl-Geh. chlormethylierter Ionenaustauscherharze 20-0625.

Gemischte Systeme

Einfl.: d. Änder. d. — auf d. Normalpotential v. Redoxsyst. in W./Äthanol 2-0635; d. — d. Rk.-Mediums W./organ. Lsgm. auf d. Hydrolyse v. Dicarbonsäurechloriden 4-0957; —: d. bin. Syst. $H_2O/HCOOH$ bzw. CH_3COOH, C_2H_5COOH, C_4H_9COOH, Pyridin u. CF_3COOH 7-0516; v. verd. Lsg. v. J_2 in Bzl. u. Dioxan 11-0927; v. mit W. gesätt. Bzl. bei verschiedenen Temp. 19-0870; v. Misch. v. Polystyrol u. Pulvern v. $SrTiO_3$ u. $PbTiO_3$ 23-0467; dielektr. Verluste in Syst. v. $SnCl_4$ mit CH_3OH, C_6H_5COOH u. $CH_3COOC_2H_5$ in Bzl. (Unters. d. Komplexbldg.) 23-0570; — v. W./Dioxan 23-0606; dielektr. Verlustfaktor v. in fl. CCl_4 gelöstem HCl 26-0445; komplexe — v. äthanol. $Mg \cdot (ClO_4)_2$, $LiClO_4$-, LiCl- u. LiJ-Lsg. 34-0478; Einfl. d. — v. Methanol/W.-Gemischen auf d. Äquivalentleitfähigk. v. $ZnCl_2$ 39-0583; — bei 2° im Syst. TBP/H_2O 42-0501.

Untersuchungsmethoden

Mess. d. — nach d. Resonanzverf. 4-0457; —-Best. mit Hilfe eines Q-Meters bei hohen Verlusten 4-0458; Meth. zur Mess. d. — in Syst. mit relativ hoher Leitfähigk. 7-0516; Immers.-Kondensatorverf. zur Best. d. — v. Festkörpern belieb. äußerer Formen [Anwend. auf NaCl u. $Pb(NO_3)_2$] 7-0524; Gerät zur direkten Best. d. — v. Fl. über einen großen Wertebereich 7-2039; Verf. zur Mess. d. komplexen — v. konz. Ionenlsg. mittels Hohlraumresonatoren (Grundlagen) 9-0513; Zelle zur Mess. d. — v. Gasen u. Dämpfen 9-2026; App.: zur Mess. d. — u. d. Verlustfaktors fl. Dielektrika 10-2000; zur Mess. d. Temp.-Abhängigk. v. — u. tg δ polarer Polymerer 12-1153; Näher.-Formeln für d. Berechn. d. komplexen — aus d. Mess. im E_{010}-Mikrowellenresonator 14-0519; Mess. d. — v. bei *35* GHz absorbierenden Medien durch Reflex.-Polarimetrie in Luft 14-0520; photoelektr. Best. d. Bildkraft-— heißer Elektronen in Au–n-Si-Schottky-Dioden 20-0370; Frequenzverh. v. —-Meßzellen für Lsg. mit erhöhter Leitfähigk. 20-0422; Mess.: d. Gleichstrom-— einer polaren Substanz 23-1876; d. komplexen — im GHz-Bereich mit Resonatoren 23-1888; Best.: d. komplexen — v. Elektrolytlsg. bei *0,3–2,5* GHz aus Dämpf.- u. Phasenmess. mittels geregelter Dämpf.-Leit. 24-1868; d. — aus d. Änder. d. Polarisat. d. Wellen bei d. Reflex. 26-0448; Einfl. d. Wellenleiterkontakts auf d. Mess. d. komplexen — v. Halbleitern 33-0497; Mess.: d. dielektr. Suszeptibilität v. Fl. mit schwachen Verlusten in einem Hohlleiter 36-1829; d. — u. d. Verlustfaktors v. isotropen Filmen im Millimeterlängengebiet 39-1842; Meth. zur Mess. d. Koeff. d. — 42-0445; neue Meth. zur Best. d. — in Photoleitern (Mess. an CdS, ZnS, Ge, Se u. Anthracen) 43-0469; Freiraumreflex.-Meth. zur Mess. d. komplexen — v. Fl. 44-0474; Best. d. — v. Festkörpern im *2*-mm-Band unter Anwend. eines Festkörperimpulsoszillators 44-1788; neue App. zur Best. d. — 51/52-1752.

Best. d. Emuls.-Stabilität durch Mess. v. — 3-1767; Anwend. d. — bei d. Best. d. Bienenwachsgeh. in Wachskomposit. 5-2956; durch Mess. d. — bestimmte Adsorpt. v. CO_2 an Al_2O_3 bei hohen Drücken 9-0696; Best.: d. D. v. fl. He-*3* unter Druck unterhalb *1,2* °K aus —-Mess. 17-0546; v. W. in Butylalkoholen durch Mess. d. — 19-2055; Reinh.-Kontrolle bei d. Rektifikat. durch Mess. d. — 20-1816; Anwend. d. Meth. d. dielektr. Verluste zur Best. d. Komplex.-Bldg. in Lsg. 23-0570; —-Mess. zur Best. d. Charakters d. chem. Inhomogenität v. Borosilicatgläsern 24-0268; Best. d. Verhältnisses d. Vol.-Konz. v. Stoffen durch Mess. d. — 36-1842; Verw. d. Dielektrometrie in d. modernen industriellen chem. Analyse 49/50-1846.

Diels-Alder-Reaktionen s. unter *Additionsreaktionen.*

Dielssäure s. unter $C_{27}H_{44}O_4$.

Diene s. unter *Äthylenverbindungen*; *Kohlenwasserstoffe* (*Olefine*).

Dien-Kautschuk s. unter *Kautschuk, Butadien-Elastomere.*

Dienon–Phenol-Umlagerung s. unter *Umlagerungen.*

Diensynthesen s. unter *Additionsreaktionen.*

Dieselöl s. unter *Gasöle.*

Dieseltreibstoffe s. unter *Brennstoffe* (*Flüssige Brennstoffe*).

Diethazin s. unter $C_{18}H_{22}N_2S$.

Differentialthermoanalyse s. unter *Phasengleichgewichte.*

Diffraktion, optische s. unter *Lichtbeugung.*

Diffusion

—: im elektr. Feld s. unter *Überführung, elektrische* bzw. *Elektrodiffusion*; im Magnetfeld s. unter *Magnetismus*; v. Elementarteilchen s. unter d. betreffenden Stichwörtern; in *Plasmen* s. dort; bei d. *Dialyse*; *Osmose* u. zur Best. d. *Permeabilität* s. dort.

—-Flamme s. unter *Verbrennung und Flammen*; —-Potential s. unter *Potentiale*; —-Strom s. unter *Polarisation, elektrolytische*; —-Pumpen s. unter *Pumpen.*

Allgemeines

Logarithm. Term in d. D.-Ableit. d. —-Koeff. 1-0545; —-Transportgeschw. in strukturierten Medien 2-0661; Rückführ. d. Nichtgleichgew.-Dissoziat. u. -Rekombinat. auf eine äquivalente —-Gleich. 3-0699; Anwend. d. Konvolut.-Verf. auf —-Probleme 7-0566; numer. Lös. d. Fickschen Gleich. mit konzentrationsabhäng. —-Koeff. 9-0316; approximat. Berechn. d. — in kugelförm. Körpern bei kurzzeit. Kontakt 10-2206; gleichzeit. Gegen- u. Tracer-— 12-0337; Analysator für —-Probleme 12-0538; Transportgleich. für — 17-0551, 17-0552; numer. Lös. d. —-Gleich. in einem unendl. Medium 20-0259; —-Konst. in d. Nähe d. krit. Punktes für zeitabhäng. Ising-Modelle 21-0435; Konz.-Abhängigk. d. bin. —-Koeff. 21-2217; algebraische Analyse v. —-Koeff. in tern. Syst. 22-0277; Lös. einer nichtlinearen Lamm-Gleich. mit Faxén-Näher. 22-0601; Einfl. d. — auf d. eindimensionalen Wärmestrom gegen eine kalte Wand 25-0518; — v. radioakt. Stoffen in Chromatographiekolonnen 26-0660; Auftreten negativer Konz. bei d. theoret. Behandl. d. — in tern. Syst. 27-0340; kinet. Behandl. d. Baroeffekts 31-0527; thermodynam. Beweg.-Gleich. d. Kontinua u. Integrat. einer gewöhnl. —-Gleich. 32-0482; oszillierende Instabilitäten bei Vielkomponenten-— 32-0494; Verw.-Möglichk. eines gemeinsamen —-Koeff. für stationäre Prozesse in Mehrkomponentensyst. 32-2126; —-Probleme mehratom. Mol. (Koppl. v. Rotat.- u. Translat.-Beweg.) 33-0543; konzentrationsabhäng. Drei-Komponenten-— 33-0637; Näher.-Formel für halbunendl. zylindr. — 33-0659; thermodynam. Analyse d. —-Koeff. 34-2166; Eig. d. mit d. Inter-— zweier Stoffe verbundenen Flusses d. Freien Energie 35-0275; thermodynam. Theorie d. thermomol. Druckdifferenz in breiten Kapillaren 39-0499; mathemat. Analyse d. —-Koeff. in bin. Syst. 40-0270; Atombeweglichk. u. — mehrerer Komponenten 40-0271; thermodynam. Ausdruck für d. Bezieh. zwischen — u. Konz. in Mehrkomponentenlsg. 43-0525, 43-0526; Probleme d. Atomtransports bei kernphysikal. Syst. 44-0296; asymptot. Lös. d. kinet. Gleich. u. —-Charakteristiken 51/52-0486; Phänomenologie d. — (Kreis- u. Kugeltheoreme d. Feldphysik) 51/52-0505.

Diffusion in Gasen

Kinet. Modell eines relativist. Gases mit zwei Komponenten (lineare Bezieh. für —) 2-0537; Berechn. v. —-Koeff. bin. Gasmisch. aus d. krit. Temp. u. d. krit. Vol. 2-0546; Selbst-— v. verd. u. komprimierten Gasen 2-0548; Bezieh. für d. Koeff. d. Gas-— 6-2075 bis 6-2077; neue Meth. zur Vorhersage v. —-Koeff. bin. Gasphasen 10-2207; Selbstdiffus.-Vermögen v. Substanzen im gasf. Zustand 16-2007; — in Misch. einatom. u. polarer Gase mit linearem Mol. 21-0488; Meth. zur Berechn. v. —-Koeff. für Mehrkomponentengasgemische 32-0495; —: eines bin. Gasgemisches in laminarer Grenzschicht mit variabler D. 37-1976; in Vielkomponentenmisch. idealer Gase 37-1977; Berechn. d. —-Koeff. für ein Quantengas 39-0493; kinet. Theorie d. — in verd. Gasen 51/52-0496; — zu Teilchen im Bereich nahezu freier Mol. für eine bin. Gasmisch. 51/52-0497; — in bin. Gasmisch. 51/52-0504.

Temp.-Abhängigk. d. Wrkg.-Querschnitts für d. — v. metastabilen He-Atomen 34-0200; Ar-Gasström. geringer D. in langen Rohren unter Berücksichtig. d. — 32-0498; —-Trenn. v. He–Ar-Misch. in Stoßwellen 51/52-0498; Selbstdiffus.-Koeff. v. Kr u. Xe im Temp.-Bereich *2000–10000* °K 21-0483; —-Koeff. d. Syst. He–Xe 34-0523; — v. H_2 32-0493; —-Koeff.: v. O – O_2 22-0644; v. W.-Dampf in Luft bei d. Verdampf. v. Eis 24-0516; Stagnat.-Punkt-Wärmeübergang für ein bin. —-Modell d. Luft 14-0571; Selbst- u. Heterodiffus.-Koeff. v. N_2 u. O_2 bei hohen Temp. 34-0524; Selbst-— in NH_3 für verschiedene isotope Zus. 43-0517; —-Koeff. v. Cl_2 in Luft 18-0490; bin. — v. J-Dampf u. He im begrenzten Wirbel 14-0574; Baroeffekt für d. bin. Syst. H_2–SF_6, H_2–D_2, Ar–He u. He–N_2 31-0527; Mehrkomponenten-— im Syst. ^{85}Kr–SO_2–Kr 32-0496; therm. Effus. v. Ar, Xe, N_2 u. CO_2 14-0584; bin. —-Koeff. für He–Ar, He–Luft, He–CO_2, Luft–CO_2, Ar–CO_2 19-0515, 20-0487; — in bin. N_2–CO_2-Gasmisch. in d. Nähe d. krit. Punktes 29-0513; bin. —-Koeff. für Ne–CO_2-Gemische 32-0497; —-Koeff. v. He–Kr, He–N_2, N_2–CO_2 u. Ar–CO_2 38-0526; Effus.-Unters. v. BeF_2-Dampf 42-0494; bin. —-Koeff. v. UF_6 in He, Ne, Ar, Kr, Xe, H_2 N_2 u. O_2 10-0535; —-Koeff.: v. UO_2-Dampf in H_2 21-0643; v. Hexan in N_2 31-0536; oszillierende Instabilitäten bei Vielkomponenten-— v. Gasen 32-0494; —-Koeff. in d. bin. Misch. d. polaren Gase SO_2, Dimethyläther u. Methylchlorid 46-0512; gegenseit. —: in Gasen polar–nichtpolar [Kr–SO_2 u. Kr–$(C_2H_5)_2O$] 49/50-0511; in d. Syst. Kr/Aceton u. Kr/Chlf. 14-0586; — v. Äthylpropionat im Gemisch Luft–H_2, v. Toluol in Ar–N_2, v. CO_2 in N_2–He, v. ^{85}Kr in He–Kr Ne–Kr u. Ar–Kr 32-0495.

Diffusion in Flüssigkeiten und Schmelzen

Selbstdiffus.-Koeff. v. dichten Fl. 4-0518; Änder. d. —-Koeff. mit d. Zus. d. Lsg. 5-0571; effektive —-Konst. in Polyelektrolytlsg. 5-1211; — v. Elektrolyten 7-0625; Selbst-— in dichten Fl. 9-0563; — in verd. bin. Lsg. in d. Nähe ihres krit. Punktes 11-0549; Modell für d. —-Prozesse in monoatomaren Fl. 12-0542; Selbstdiffus.-Vermögen v. Substanzen im fl. Zustand 16-2007; isotherme — in Fl.-Syst. mit glasähnl. Übergängen 17-0557; Wrkg. d. Mol.-Eig. auf d. —-Koeff. bin. Fl. 17-0948; konvektive — in inkompressiblen Fl. 18-0476; radiometr. Best. d. Beweglichk. v. Ionen bei ihrer Selbst-— 22-0563; Vorhersage d. Konz.-Abhängigk. d. gegenseit. —-Koeff. v. assoziierten u. unpolaren Fl. in bin. Misch. 22-2046; Selbstdiffus.-Koeff. für Fl. 25-0506; Erzeug. d. Konz.-Zoneneffekts in fl. Syst. mit Hilfe elektr. geheizter Drähte 26-0495; Konz.-Zonen durch Wärmeeinstrahl. 26-0496; asymptot. Lsg. v. —-Problemen in Fl. bei gemischten Grenzbeding. 26-0502; — in Lsg. in d. Nähe d. krit. Punktes 27-0536; Konz.-Zonen-Effekt in Lsg. mit Konz.-Gefälle 28-0484; Näher.-Berechn. v. —-Koeff. in Elektrolytlsg. mit drei Ionenarten 28-0562; Konz.-Zoneneffekt 29-0620; gegenseit. — nichtidealer Fl.-Gemische 29-0892; — in Dreikomponentenlsg. in d. Nähe d. krit. Punktes d. Entmisch. 34-0924, 34-0925; Fl.-Struktur u. Selbst-— 37-0303; Schichtbldg. in Konz.-Gefällen v. Lsg. bei Einstrahl. v. Lichtenergie 38-0532; — v. Ionen u. Struktur v. W. 38-0579; Selbst-— v. nahezu kugelförm. Mol. in d. fl. Phase 39-0514; Selbstdiffus.-Koeff. v. W., K^+ u. Cl^- in konz. Polyelektrolytlsg. 39-0579; — in Fl. 42-1988; — teilweise dissoziierter Elektrolyte u. Folger. 45-0552; gegenseit. — u. Selbst-— v. bin. Fl.-Gemischen 46-0515.

Nichtmetalle: Selbstdiffus.-Koeff. in fl. ^{3}He 32-0519, 38-0514; Selbst-— v. fl. Ar (Anwend. d. Konfig.-Relaxat.-Modells) 12-0541; —-Mechanismus in Ar 26-0267; Selbstdiffus.-Koeff. v. W. bei *25°* (Best. mit Spin-Echo-Meth.) 5-0572; Selbst-— v. W. (Übersicht) 24-0582; Selbstdiffus.-Koeff. v. W. zwischen *–20* u. *+140°* (Spin-Echo-Meth.) 26-0503; Selbst-— u. Protonenrelaxat. in fl. CH_4 17-0949; kernmagnet. Mess. v. Selbstdiffus.-Koeff. in W. u. Bzl. bis zum krit. Punkt 38-0533; Temp.- u. Druckabhängigk. d. Selbst-— in fl. Äthan 38-0921.

Metalle, Legierungen: Unters. d. — in Metallschmelzen 2-2385; Berechn. d. —-Koeff. v. fl. Leg. u. Vgl. mit Vers.-Werten 5-0571; Selbst-— in fl. Metallen 38-0534; Einfl. eines Fernordn.-Schwing.-Potentials auf d. Selbstdiffus.-Konst. v. fl. Na 1-0250; Na-Selbst-— u. d. Isotopieeffekt 33-0352; Temp.-Abhängigk. d. — v. Pb u. Pb-Leg. in Fein-Zn 17-0616; —-Koeff. v. ^{110}Ag, ^{204}Tl, $^{113-123}$Sn u. ^{124}Sb in fl. Cd 35-0486; —-Koeff.: v. Ni in Hg 8-0646; v. Metallen in Hg 16-0481; v. Ni in Hg 21-0610; v. Cd in Hg 35-0569; — v. geschmolzenen Ce–Co-Leg. in Ta-Behältern 16-0735; —-Koeff. v. Sb-Atomen in fl. Sn 4-0424; —: v. Fe in Al-, Zn-, Sn- u. Mg-Schmelzen 14-0598; v. Al, Ag, Cu, Ni, Zn u. In in fl. Sn 19-0522; v. Ag in fl. Sn 21-0508; —-Koeff. v. Pb in fl. Sn 21-0548; Selbst-— in fl. Sn–Sb-, Sn–Pb- u. Sn–Zn-Leg. 46-0522; — v. Co bzw. Sn in fl. Sn bzw. fl. Pb 9-0572; elektrokonvektive — in fl. Sn u. Pb 10-0454; —: v. Cd u. Pb im fl. bin. Syst. Cd/Pb 21-0509; v. PbTe in Lsg. in Te 33-0265; v. Sb in fl. Sb–Sn- u. Sb–Pb-Leg. 44-0524; v. Ag u. Sn in geschmolzenen Pb–Sn-Leg. 44-0525; —-Koeff. v. U in Bi-, Zn-, Al- u. Cd-Schmelzen 20-0496; —: v. Sn u. Cd in fl. Bi, v. Sn in fl. Pb u. v. Co in fl. Sn 21-0510; v. Ag u. Bi in geschmolzenen Pb–Bi- u. Sn–Bi-Leg. 44-0526; Einfl. d. — v. Mg aus d. Schmelze auf d. Graphitisier. v. Guß-Fe 12-2346; — während d. Homogenisier. v. Seiger. im Stahlguß 21-2581; — v. C in fl. Fe–C–Si- u. Fe–C–S-Leg. 34-2466; —-Koeff. v. S, Se u. Te in fl. Cu 27-0538; —: v. Au in fl. Ag 1-0548; v. S, Se u. Te in fl. Ag 16-0482.

Wässrige Lösungen: —-Koeff. v. O_2 in angesäuerten Na_2SO_4-Lsg. 2-0630; —: in wss. NaCl/KCl u. Na_2SO_4/H_2SO_4 4-0582; in verd. wss. HCl-Lsg. 4-0584; —-Koeff.: v. BrO_3^-, JO_3^- u. $Th(NO_3)^{3+}$ 5-0668; v. freien Bi^{3+}-Ionen u. v. Bi-Komplexonat 8-0604; —: v. J^- Spuren in wss. $Ca(ClO_4)_2$- u. $Cd(ClO_4)_2$-Lsg. 9-0639; v. W.-Mol. in wss. KNO_3- u. Li_2SO_4-Lsg. 11-0630; scheinbare —-Koeff. für d. wss. Syst. $K_3[Fe(CN)_6]/K_4[Fe(CN)_6]/KOH$ bzw. NaOH 11-0631; — v. Lsg. d. Syst. $H_3PO_4/Ca(H_2PO_4)_2$/W. 15-0650; —-Koeff. v. K_2SO_4 in W. 15-0651; —-Vermögen v. $NH_4Al(SO_4)_2 \cdot 12\,H_2O$ u. $KAl(SO_4)_2 \cdot 12\,H_2O$ in wss. Lsg. 19-0521; —-Koeff.: v. NH_4ClO_4 u. $Na_2S_2O_3$

22-0564; v. OH^- 22-0572; Tracerdiffus.-Koeff. für ^{22}Na in wss. NaCl 23-0589; —: v. J_3^- in W. 26-0607; v. $H_2{}^{18}O$-Mol. in konz. wss. Lsg. v. KCl, $CaCl_2$, NaJ, CsJ u. CsF 27-0537; —-Koeff. v. Te(IV) in NH_4Cl-Lsg. 27-0627; Selbstdiffus.-Koeff. v. Zr-Komplexen 29-0591; H_2-— beim Ätzen v. Stahl (Einfl. v. Nitroäthan) 30-2399; — v. $AgNO_3$ in konz. wss. Lsg. 33-0638; —-Koeff.: v. O_2 in wss. Lsg. 33-0659; v. Metall-Komplexionen 37-0586; in wss. Lsg. v. NH_4- u. K-Orthophosphaten 39-0511; v. Prod. d. anod. Rk. v. Cu in konz. H_3PO_4-Lsg. 43-0566; v. O_2 mit u. ohne Ggw. v. oberflächenakt. Stoffen 48-0576.

Isotherme Diffus.-Mess. d. Syst. W.–NaCl, W.–Pentaerythrit u. W.–Pentaerythrit–NaCl 1-0930; Theorie d. Konz.-Abhängigk. d. Selbstdiffus.-Koeff. v. Mizellen 3-0667; — v. KCl in Methanol/W.-Lsg. 4-0585; —-Koeff.: v. verd. wss. Essigsäurelsg. 4-0586; v. KW-Stoffen in W. 7-0985, 8-1212; Selbstdiffus.-Koeff. v. Na^+ in Misch. v. W. mit Methanol, A. u. n-Propanol 19-0520; —: v. Cu-Ionen in W. u. wss. Glycerinlsg. 21-0578; im Syst. Saccharose–W. 21-0980; v. Saccharose in tern. wss. Lsg. 21-0981; —-Koeff.: v. Benzochinon u. Benzohydrochinon 24-0630; v. Antibiotika 26-1806; progressive — v. Mol. in Alkohol–W.-Gemischen 45-0862.

Nichtwäßrige Lösungen: —-Konst. v. H_2-Mol. in fl. Ar u. Ne 39-0507.

—-Koeff. v. Methylcyclohexan–Äthylcyclohexan, cis-Decalin–trans-Decalin, p-Cymol–Äthylbenzol u. o-Xylol–m-Xylol 7-0562; — in d. Syst. Biphenyl/Bzl., trans-Stilben/Bzl., Polyisobutylen/n-Octan, Polydimethylsiloxan/Toluol 7-0566; —-Koeff. v. J-Atomen in CCl_4 16-0487; Selbst-— in bin. nichtelektrolyt. Misch. (Bzl.–Cyclohexan) 17-0947; — in fl. KW-Stoffmisch. 19-0921; gegenseit. — in d. Fl.-Syst. Hexan–Hexadecan 21-0979; — v. CO_2 in KW-Stoffsyst. u. Polymerlsg. 22-0478; Selbst-— in Bzl.–Cyclohexan-Misch. 23-0907; —-Koeff.: v. Bzl. in Waschöl 25-2540; v. atomarem Hg in Isooctan 26-0504; v. J_3^- in Methanol u. A. 26-0607; — in Methanol/CCl_4- u. Äthanol/CCl_4-Lsg. 29-0892; —-Koeff. v. O_2 bzw. O_2^- in Lsg. v. $[(C_2H_5)_4N] \cdot ClO_4$ in DMSO 34-0623; Temp.-Abhängigk. d. —-Koeff. kurzer n-Alkan-Ketten 34-0923; Konz.-Zoneneffekt an NaCl in W., Nitrobenzol in Xylol, CCl_4 in Chlorbenzol u. Glycerin in W. 38-0532; —-Koeff. im Syst. CCl_4–$CHCl_3$ 38-0922; — v. $AgNO_3$ in CH_3CN u. C_6H_5CN 39-0515; —-Koeff. v. Tl(I) in Glycerin 47-0593; —-Erschein. in fl. Gelatinelsg. 48-0587.

Salzschmelzen: —-Koeff. v. Zn^{2+}, Cd^{2+} u. Pb^{2+} in Salzschmelzen 6-0645; konvektive — v. Pb- u. Cd-Ionen in Salzschmelzen 12-0604; Isotopeneffekt bei d. — v. Li-Ionen in geschmolzenen Salzen 38-0581; —-Koeff. v. U(IV) in Fluoridschmelzen 48-0582; O_2-— in geschmolzenem SiO_2 49/50-0513; —: v. U- u. Mo-Ionen in geschmolzenen Alkalimetallchloriden 43-0568; in $NaNO_3$- u. $CsNO_3$-Schmelzen 24-0592; —-Koeff.: v. NO_3^- in $LiNO_3/KNO_3$- u. $LiNO_3/NaNO_3$-Schmelzen 24-0598; v. HCl in geschmolzenem LiCl, NaCl, KCl u. RbCl 28-0563; v. LiH in LiCl/KCl-Schmelze 35-0565; v. Ag^+ in geschmolzenem $NaNO_3/KNO_3$ u. LiCl/KCl 38-0580; Selbst-— v. $KNO_3/NaNO_3$-Schmelzen 46-0582; —-Koeff. v. Cl in geschmolzenem $KCl/MgCl_2$ 3-0636; Konz.- u. Temp.-Abhängigk. d. mittleren —-Koeff. v. Halbleiterschmelzen aus Tl-Sulfiden u. Tl-Seleniden 46-0592; —-Unters. v. $Na_2O/SiO_2/Fe_2O_3$-Schmelzen 46-0583; —-Koeff. v. Ag in AgCl- u. AgBr-Schmelze 9-0664; Selbst-— v. Ag^+ in geschmolzenem Ag-Nitrat 13-0624; Inter- u. Selbst-— in geschmolzenem $AgNO_3/KNO_3$ u. $NaNO_3/AgNO_3$ 44-0587; Austausch-— v. Ca in Natronkalksilicatglas 7-2397; Rolle d. — in d. Schmelze bei d. Gewinn. v. Glasproben verschiedener Zus. 11-0284; —-Koeff. v. Pb-, Cu- u. Zn-Ionen in Schlacken d. Nichteisenmetallurgie 43-0567; Einfl. d. Anisotropie d. Temp.-Verteil. in Gesteinen auf —-Geschw. u. Diskuss. d. Mineralbldg. 43-0744.

Diffusion in dispersen Systemen und Polymeren

Gleich. für d. —-Koeff. d. festen Partikel bei d. inhomogenen Fluidisat. 5-2217; Unters. d. anisotropen begrenzten — in koll. Syst. 6-0667; Möglichk. d. Anwend. d. —-Modells auf d. Kinematik d. dispersen Phase in d. Wirbelschicht 8-2135; Selbst-— in dichten fluiden Phasen 9-0558; Theorie d. Diffusiophorese großer Aerosolteilchen 13-0662; —-Prozesse in d. Wirbelschicht u. anderen dispersen Syst. (Übersicht) 15-2171; Rotat.-— v. polydispersen Tonmineralsolen 18-0583; magnet. Einfl. auf d. — ferromagnet. koll. Dispers. 20-0428; Längs-— bei d. Filtrat. v. Aerosolen durch Schichten v. Fasermaterialien 21-0639; Anwend. d. Thermodynamik d. irreversiblen Prozesse auf d. Theorie d. Diffusiophorese 22-1047; Interpretat. d. scheinbaren — dispergierter Stoffe 27-0646; konz.-unabhäng. — in koll. Syst. bei niedr. Dichtegradienten 33-0689; Einfl. d. — bei d. Sedimentat. in d. Ultrazentrifuge 40-1110; Best. d. Koeff. d. Feuchtigk.-— in koll. Stoffen 43-1924; Massentransport durch Dispersoide infolge Brownscher — 46-0629; Diffusiophorese großer Aerosolteilchen 46-0638; Lsg. d. Singulettverteil.-Funkt. für d. Rice-Allnat-Modell u. Ableit. d. —-Geschw. für Misch. dichter Fluide 48-0503.

Bewegl. Grenzen bei d. — in Polymer-Lsgm.-Syst. 2-1177; —: v. Gasen durch füllstoffhalt. Polymere 8-1225; v. durchdringenden Stoffen in Polymeren 9-1186; in amorphen Polymeren 9-1187; anomale — v. Na-Polyacrylat in W. 10-1200; — v. W. in Melamin–CH_2O-Harz 11-1200; gegenseit. — in polymeren Syst. 12-1174; — im polymeren Netzwerk mit diskontinuierl. Quell. 13-1201; Konz.- u. Temp.-Abhängigk. d. —-Koeff. in hochmol. Lsg. 15-1148; — v. W.-Dampf in Polymeren 16-1093; Vgl. d. — v. CO_2 in KW-Stoffsyst. u. in verd. wss. Polymerlsg. 22-0478; —: v. Gasen in Polyäthylenterephthalat 22-1066; v. Säurefarbstoffen in Nylon 22-2695; in konz. hochmol. Mischphasen 23-2095; —-Koeff. v. Gasen in Polymeren 25-0657; —: v. Dispers.-Farbstoffen in Polyestersubstrat bei höheren Temp. 31-2627; v. W. in Äthylcellulose 32-1216; durch Ionen-— geordnete Polyelektrolyte 33-1197; —: v. Gasen in unter Einfl. ionisierender Strahl. stehendem Polyäthylen 34-1146; v. $^{14}CO_2$ in Polyurethanen 34-1183; v. Gasen in therm. behandeltem linearem Polyäthylen 35-1163; v. Ceresin in gesätt. C-Kettenpolymeren 35-1165; Eindringen v. in W. gelösten Polymeren in Cellulosefasern 36-1149; —: v. Paraffin in gesätt. C-Kettenpolymeren 38-1132; in glasart. Polymeren 39-1086; in Polymeren (Übersicht) 42-1085; v. Na u. K in Celluloseacetat u. -nitrat 49/50-0615; Rolle d. — bei d. Autoadhäs. v. Hochpolymeren 49/50-1020.

Diffusion in Festkörpern

—-Effekte bei Doppelinjekt. v. Trägern in Isolatoren 2-0421; — unedler Metalle in künstl. u. natürl. Syst. 2-0800; planare Korrektur d. klass. Mehl-Rhines-Diffus.-Werte für Festkörperschichten 3-0338; — in Festkörpern (Übersicht) 7-0320; Beitrag v. Mehrfachleerstellen zur Selbst-— 7-0329; —-Mechanismus beim Fest–Fest-Mischen 7-0647; Edelgas-— in Festkörpern 8-0290; anisotropes —-Vermögen in druckgeformten Katalysatorpillen 8-0293; Strukturdefekte u. — 10-0283; Axiomatisier. d. — zwischen zwei Festkörpern 11-0313; therm. —-Konst. für Gitteranordn. mit Hohlräumen 12-2130; durch — beeinflußte Dämpf. an Versetz. 15-0321; —-Prozesse an Mauerwerk u. Außenwandplatten 15-2345; —-Prozesse in unregelmäß. Krist. 16-0168; Einfl.: eines inneren elektr. Feldes auf —-Vorgänge in Halbleitern 16-0252; v. Punktfehlstellen in Ionenkrist. auf d. — 17-0217; Vgl. v. — u. plast. Fließen in pulvermetallurg. Modellsubstanzen 19-2454; Einfl. d. inneren elektr. Feldes auf d. — ionisierter Verunreinig. in Halbleitern 21-0377; T_m/T-Gesetz über d. — in Festkörpern unter Druck 24-0299; Korngrenzen-— v. Verunreinig. 26-0298; —: v. Spaltprod.-Aktivität durch Brennstoffbeschicht. 26-0303; in Oxiden 27-0339; Berechn. v. Korrelat.-Faktoren d. Tracer-— infolge Leerstellen in kub. Krist. 27-0341; Einfl. d. — auf d. Doppelinjekt. in Isolatoren u. d. Strom–Spann.-Charakteristik 27-0435; Anwend. d. Lsg. v. Mullins für Korngrenzen-— im stationären Zustand 29-0288; Invariante d. — in bin. Syst. 29-0289; — v. Verunreinig. in einwert. festen Lsgm. 29-0290; —-Verh. v. Fe-Oxiden in feuerfesten Stoffen 29-2340; Besonderh. v. —-Prozessen in durch Kondens. gebildeten mehrphas. Überzügen 30-0257; Anwend. d. Weg-Wahrscheinlichk.-Meth. auf d. — in Krist. 31-0311; Berechn. v. —-Koeff. für Zwischengitter- u. Leerstellenmechanismus 31-0336; — längs Versetz. (Diskuss.) 33-0350, 33-0351; Anwend. d. —-Theorie auf d. Edelgas-Beweg. in mit Ionen beschossenen Festkörpern 35-0294; —-Modell d. Wander. v. fl. Einschlüssen in Krist. 38-0328; Theorie d. — in Ionenkrist. 38-0329; Einfl. d. inneren Feldes auf d. — in Halbleitern 39-0323; Theorie zur Verbreiter. d. Mössbauer-Linien durch — in nicht idealen Krist. 40-0269; —-Konst. in d. Nähe d. krit. Punktes für zeitabhäng. Ising-Modelle 42-0297; Wechselbezieh. aufeinanderfolgender atomarer Schritte in Krist. durch Analyse nach d. Relaxat.-Meth. 42-0298; Anwend. d. Thermodynamik d. irreversiblen Prozesse auf d. Festkörper-— 42-0299; Massentransport in Festkörpern entlang eines Temp.-Gradienten 44-0292; Beschreib. d. tern. — durch Intrinsic-Diffus.-Koeff. 44-0295; — in kernphysikal. Syst. 44-0296; gegenseit. — in bin. Syst. mit kontinuierl. Mischkrist.-Reihe 44-0308; Massentransport in verunreinigten festen Ionenverb. 47-0309.

—-Transportgeschw. in strukturierten Medien 2-0661; — v. Sr^{2+} in einem lufttrockenen Boden 5-0687; — u. Ström. in engen Kapillaren u. porösen Katalysatoren 6-2135; Gesetzmäßigk. d. Gasdurchtritts durch feinpor. Körper 10-0661; —-Mess. mit Ar u. O_2 an porösen Diaphragmen 19-0625; mathemat. Modell für d. Abschätz. d. effektiven —-Koeff. bei d. Stoffübertrag. in Festkörperbetten 26-2174; Interpretat. d. scheinbaren — poröser Stoffe 27-0646; Bezieh. d. O-— durch Sande zur Kapillarhysterese 28-0600; transversale — in Katalysatorporen 28-0639; radiale — in turbulent durchströmten Schütt. 28-2098; — v. Gasen im Fl.-getränkten Porenraum 28-2099; Einfl. d. Bodenverdicht. auf d. Selbst-— v. ^{86}Rb u. ^{89}Sr 34-3126; verallgemeinerte Gleich. für d. Feuchtigk.-— in kapillarporösen Materialien 35-2093; mol. — u. Poren-— (Fortschrittsbericht) 44-1984; Gas-— in porösen Katalysatoren 48-0842.

Elemente und anorganische Verbindungen

Massenspektroskop. Selbstdiffus.-Meth. an festem Ar 46-0317.

—: v. Tritonen in NH_4F-dotierten Eis-Einkrist. 1-0288; v. Protonen u. Tritonen in reinen u. dotierten Eis-Einkrist. 7-0321; v. ^{18}O in Eis-Einkrist. 13-0344.

—: d. B-Atome in Zwischengitterplätze d. Graphit 1-0534; v. U in Graphit 14-0343; v. Substitut.-B in Graphit 24-0217; Berechn. v. Atomwander.-Energien im zweidimensionalen Graphit 31-0344; — v. Ba, Sr u. Ce in Reaktorgraphit 44-0299.

Einfl. v. starken Dotier. auf d. — v. Störstellen in Si 1-0290; lokal verstärkte — v. B bzw. P in npn-Si-Transistoren 2-0430; Wechselwrkg. v. — u. Stapelfehlern in epitakt. Si 3-0270; Verzöger. d. — v. Ga in Si 3-0335; — v. P in epitakt. Si 9-0320; lokalisierte — v. P in Si 10-0284; durch Elektronen- u. Protonenstrahl. erhöhte — in Si 10-0296; —: v. Ag in Quarz beim Dekorieren 17-0258; v. In entlang isolierter Versetz. in Si 21-0267; Selbst-—: in eigenleitendem Si 21-0268; v. Si 24-0301; Einfl. d. — auf d. Oberflächenkonz. v. Ga in Si 26-0248; —: v. B u. Al in n-SiC 26-0299; v. P in Si-Einkrist. 30-0261, 30-0262; Beding. für d. Gleiten durch — v. P in Si 32-0281; — v. W in SiC 33-0245; durch — v. B u. P bedingte Spann. u. Gitterunordn. in Si 37-0270; Einfl. v. O in Si auf d. Beweg. d. bei d. — v. B entstehenden Versetz.-Schleifen 42-0245; —-Koeff. v. Si in Si u. Si-Verb. 42-0301; — v. B aus durch Ionenbeschuß dotierten Schichten in Si 43-0316; Selbst-— in p-leitendem u. n-leitendem SiC 44-0300; Beobacht d. durch B-— induzierten Fehlstellen in Si-Scheibchen 46-0232; durch — v. Pt erzeugte Schraubenversetz. u. Versetz.-Schleifen in Si 51/52-0181.

Selbst-— v. Sb 11-0316.

Bedeut. d. — v. O für d. Entzündbark. metall. Pulver 6-2389; Einfl. d. Drucks auf d. —-Geschw. in Edelmetallen 7-0331; Abschätz. d. — in festen Metallen 8-0532; —-Koeff. v. Metallschmelzen in polykrist. Metallen 9-0318; Platzenergie u. Aktivier.-Energie d. — v. interstitiellen Verunreinig. in kub.-raumzentrierten Metallen 10-0234; phänomenolog. Theorie d. Kirkendall-Effekts 12-0338; Korrelat.-Effekt beim —-Prozeß in Metallen 14-0341; Zwischengitteratombeweg. in kub.-flächenzentrierten Metallen 27-0255; — in Metallen (Übersicht) 30-0259; Mechanismus d. — in kub.-raumzentrierten Metallen 30-0260; Gesetzmäßigk. bei d. Änder. d. Parameter D_0 u. Q bei d. — in Metallen u. Leg. 33-0354; —-Vermögen d. Lsgm. in verd. kub.-raumzentrierten Leg. 35-0274; — v. C in schwer schmelzenden Metallen mit kub.-raumzentriertem Gitter 35-0281; Aktivier.-Energie d. — v. Eindring.-Elementen in Übergangsmetallen mit kub.-raumzentriertem Gitter 38-0332; —: in metall. Vielkomponentensyst. 39-0325; v. Edelgasen in Metallen 44-0303; —-Koeff. entlang einer Oxidschicht v. p-Typ auf Metall 48-0306.

Einfl. d. Ionengröße auf d. — in Alkalimetallhalogeniden 38-0330; —-Ausheilen v. Poren in LiF-Einkrist. 17-0259; —: v. Tritium aus neutronenbestrahlten LiF-Einkrist. 36-0291; v. Mn^{2+} in NaCl-Einkrist. 4-0289;

Au 22-0239; Wander.-Energie v. Au-Atomen bei Temper. 24-0237; Gitter-- v. Ag-110 in Cu u. Au 27-0347; Wander. v. Zwischengitteratomen bei Bestrahl. v. Au 32-0315; Oberflächen- u. Korngrenzen-- v. Au–Cu 33-0361; Druckabhängigk. d. – v. Fremdatomen für Ag–Pb-, Au–Pb- u. Cu–Pb-Leg. 35-0286; Berechn. v. Parametern d. Selbst-- in Al, Ag, Au, Cd, Co, Cr, Cu, Mg, Mo, Na, Ni, Pb, Sn, W u. Zn 36-0270; –: v. Ag in polykrist. Au 40-0277; v. Cu in Au 42-0306, 49/50-0305.

Berechn. d. --Koeff. v. Pd u. PdAg 13-0629; – v. H in Pd (Neutronenunters.) 29-0299; Unters. d. gegenseit. – in d. Syst. Fe/Pd, Co/Pd, Ni/Pd, Cu/Pd 44-0308.

–: in mit Edelgasen beschossenem Pt u. Al 7-0332; v. Re im Syst. Au–Pt 7-2500; durch Störstellen verzögerte – in Pt 20-0405; – v. elektrolyt. H_2 durch Pt 51/52-0548.

Mineralien, anorganische technische Produkte

Modell für d. Gegen-- v. He u. N_2 durch Boehmit 9-0723; Tritiumdiffus.-Mess. an vier Steinmeteoriten 9-0809; Berechn. d. --Konst. v. Ar in Biotit 11-0868; Eindringen v. Ar in d. Krist.-Gitter d. Glaukonits 14-0894; – v. Radioisotopen im Schmelzbasalt 18-2249; Mess. d. --Verluste v. radiogenen u. spallogenen Edelgasen in Steinmeteoriten 24-0806; Selbst-- verschiedener Kationen in natürl. Mordenit 33-0364; Einfl. v. strukturell hervorgerufenen Druckgradienten auf d. – in Gesteinen 36-0836; Mess. d. --Koeff. v. O in Alkalifeldspaten 46-0812.

– an stark sauren Kationenaustauschern mit poröser Struktur 3-0696; --Koeff. v. W.-Dampf in granulierten Zeolithen 4-0623; Teilchendiffus.-Koeff. v. Co u. Ca an Kationenaustauscher 15-0732; --Mechanismus v. organ. Ionen an Ionenaustauschern 22-0867; differentielle --Koeff. v. Methylenblau an Sulfokationit 28-0898; –: v. W.-Dampf in Zeolithen 29-0639; v. ^{147}Pm u. ^{89}Sr an Ionenaustauschern 29-0653; v. Ni- u. Co-Kationen durch Anionenaustauscher 40-0615; Kationen-Selbst-- in synthet. Zeolithen 45-0602; – v. W. an Zeolithen 46-0653; Selbst-- v. Erdalkalimetall-Ionen in synthet. Zeolith 47-0614.

Na-- in Glas u. Polykrist. d. Zus. $Na_2O \cdot 2\,CaO \cdot 3\,SiO_2$ 14-0340; – v. Leitfähigk.-W. durch Pyrexglas 26-0661; anomale – v. Li-Ionen in Glas 26-2393; – v. Tonerdeschlieren in Tafelglas 27-2315; vergleichende Unters. d. H-- in Gläsern 47-0310; – v. radioakt. Na in Na_2O–Al_2O_3–SiO_2-Gläsern 47-0311; Selbst-- v. Ca in glas. u. krist. Na_2O–$2\,CaO \cdot 3\,SiO_2$ 49/50-0301; – v. Na-Ionen in Glas 51/52-2211.

– v. Ar in Kohlen v. verschiedenem Inkohl.-Grad 42-2574.

Organische Verbindungen

–: v. Glykokollsulfat-Einkrist. in Abhängigk. v. d. Temp. 3-0946; v. Säureanionen in Keratin 36-0902.

Diffusion in biologischen Systemen

Vgl.: d. – u. d. antibakteriellen Wrkg. v. drei Penicillinanalogen auf Staphylokokken 2-1710; d. – v. gewöhnl. u. $^{14}C_{(1)}$-Glucose nach Injekt. 4-1461; Glycintransport bei hämolysierten u. wiederhergestellten Taubenerythrozyten 6-1532; Hemm. d. Na-Transportes durch d. Wand d. Gallenblase d. Frosches 6-1576; Bezieh. zwischen Ionentransport in Mitochondrien u. oxydativer Phosphorylier. 7-1370; Wrkg. v. Harnstoff auf d. Ionenpenetrat. durch isolierte Kutikularmembranen 7-1528; Strukturspezifität permeat.-fördernder kapillarakt. Polykationen 9-1801; Wrkg. v. Parathormon auf d. mitochondrialen Ionentransport im terminalen Teil d. Cytochrom-Kette 14-1591; Energiequellen für d. Transport v. K u. Na durch d. Membran d. Ehrlich-Mäuseaszitestumorzelle 17-1238; Ionentransport 18-1163; Einfl. v. Gravitat. u. – auf Enzym-Transport u. Enzym-Substrat-Rk. 19-1277; --Vermögen v. W. in biolog. Gewebe 20-1416; Behinder. d. – v. O_2 bei d. Bestrahl. v. Bohnenpflanzen in Ggw. v. komprimierten Gasen 22-1308; Kinetik d. Permeat. v. biolog. Membranen 22-1561; Wrkg. v. Bendroflumethiazid auf d. Transport v. Na, K u. Chlorid im distalen Bereich d. Nephrons 22-1649; Koppl.-Effekte zwischen Monosaccharid- u. Ionentransport an Erythrozyten 30-1452; Ionentransport 33-1220; Transport v. Ionen u. Metaboliten durch Mitochondrienmembranen (Übersicht) 42-1126; Anästhesie u. W.-Permeat. 42-1591; Vgl. d. Wrkg. v. Steroidlactonen auf d. Ionentransport v. Erythrozyten 43-1590; – phosphorylierter Verb. d. Zellkerne, Mitochondrien u. Mikrosomen in Lsg. 44-1186; Vgl. d. Wrkg. v. Äthacrynsäure u. einem Hg-halt. Diuretikum auf d. Na-Transport durch d. isolierte Froschhaut 46-1635; Penetrat. v. Aminosäuren in d. isolierten Musculus sartorius d. Frosches 48-1483.

Diffusion an Phasengrenzen (Membranen, Schichten, Oberflächen)

Transport einwert. Kationen durch schwach saure Membran 4-0621; H_2-Permeat. 6-0654, 6-0655; Gas-- durch ruhende u. belastete Membranen 9-2217; Grundlagen d. Durchdring. v. Membranen durch Fl., Lsg. u. Gase 10-2208; Permeat. bei Membranen in Syst. unter extremen Nichtgleichgew.-Beding. 11-0642; Lsgm.-Massenübergang durch Ionenaustauschmembranen 17-0701; –: im Syst. Chlorid/Sulfat/Oxalat an Benzidin–Formaldehyd- u. anderen Membranen 17-0704; v. Gasen in zusammengesetzten Kautschukmembranen 21-1242; v. H_2 durch reine Fe-Membranen 22-0579; v. Elektrolyten durch verstärkte Fe-Oxidmembranen 22-0603; v. H_2 durch Metallmembranen (Permeat.-Geschw.) 26-0602; v. Fl. durch eine Cellophanmembran 26-0620; v. mehreren Ionen durch eine schwach saure Membran (Einfl. zweiwert. Kationen) 26-0621; v. Zinkat durch Membranen 26-0622; v. sauren Aminosäuren durch Anionenaustauschermembran 29-0893; v. Arzneistoffen durch künstl. Phospholipid-Membranen 35-1665; in Ionenaustauschermembranen 36-0646; v. HBr u. NaBr durch Ionenaustauschermembran 39-0595; v. H_2 durch Metalle als Funkt. d. Druckes, d. Temp. u. d. Konz. d. gelösten H_2 45-0576; v. Na^+ u. W. durch Polystyrolsulfonsäure-Membranen 46-0595; Leitisotopentransport durch Membranen 46-0633; Koeff. d. Tracerüberführ. durch Membranen 48-0607; – v. elektrolyt. H_2 durch Pt 51/52-0548.

Kinetik u. Mechanismus d. Permeat. v. H_2 durch Oxidfilme auf Zr 12-0343; Aktivier.-Energie d. Ionenbeweg. in dünnen W.-Filmen auf Montmorillonit 12-0664; – an ebenen fl.–fl.-Grenzflächen 14-2146; bin. Grenzflächendiffus.-Koeff. zweier idealer mischbarer Fl. 15-2144; Einfl. d. – auf Faraday-Impedanzen für verschiedene Wechselstrommeth. 18-0560; H_2O-Transport durch Monoschichten langkett. n-Paraffinalkohole 23-0916; Massentransport in dünnen Schichten v. UO_2 26-0304; „Karpen"-- am Kontakt Metall/Elektrolyt 29-0601; Gas-- durch monomol. Schichten an d. Grenzfläche Luft/W. 31-0648; Gegenion-- in ionisierten monomol. Schichten an einer Öl/W.-Grenzfläche 31-0649; – entlang Phasengrenzen 35-0276; Selbst-- v. Atomen in d. oberflächennahen Schicht v. Zweistoffleg. 36-0277; –: v. adsorbiertem W. in Tonmineralien 36-0632; v. C auf d. Berühr.-Fläche Stahl/geschmolzener Grauguß 49/50-0304; bin. – u. Wärmeübergang in laminaren Grenzschichten an vertikalen Oberflächen 51/52-1985; – d. U-Spaltprod. im Dreiphasensyst. UO_2/fl. Na/Edelstahl 51/52-2026.

Morpholog. Änder. einer Rotat.-Oberfläche durch Oberflächen-- 3-0243; Oberflächen-- v. Th-Atomen an W 3-0693; – v. Hg u. Amalgamen über Zn-Oberflächen 5-0326; Oberflächen--: als Mischmechanismus im Trommelmischer 9-2206; v. adsorbierten Atomen bei d. elektrolyt. Abscheid. v. Metallen 10-0220; Oberflächenselbst-- d. Si 11-0315; Oberflächen--: u. Beweg. v. Inertgasblasen in Cu 11-0319; v. n-Butan an Pt–Tonerde-Katalysator 12-2125; v. Cu auf W 27-0667; beim Sintern (Geschw.-Gleich.) 29-0287; v. W 29-0296; bei d. Gas-- (Isotopeneffekt) 29-0630; Einfl. d. Oberflächen-- auf d. Trenn-Wrkg.-Grad in d. Breton-Massignon-Theorie 31-0520; –: an oxidkeram. Grenzflächen 33-0306; an Oberflächen u. Korngrenzen v. Au–Cu 33-0361; v. Li an d. Oberfläche v. adsorbierten Li-Filmen 34-0659; v. O_2 in d. Oberfläche v. reinem u. Li-dotiertem NiO 35-0612; Oberflächenselbst-- v. Au 38-0337; – über Oberflächen mit diskontinuierl. katalyt. Wrkg. 38-2085; – v. In auf Ge-Oberflächen 39-0328; Oberflächen-- v. Pt auf W 40-0361; Koeff. d. Oberflächenselbst-- 44-0293, 44-0294.

Diffusionsgesteuerte Vorgänge

Unters. d. – v. Elementen bei d. Guß-Fe-Kristallisat. 3-2388; Bedeut. d. Oberflächen-- bei Wachstum aus d. Lsg. oder aus d. Dampfphase 9-0244; Analoglsg. d. – zu einer Kugel mit Langmuir-Adsorpt. 10-0619; Näher.-Gleich. d. Innendiffus.-Kinetik d. Adsorpt. 10-0673; Theorie d. – in d. Quasigleichgew.-Näher. für d. Wachstumsgeschw. d. Guinier-Preston-Zonen 12-0246; Einfl.: d. Konz.-Abhängigk. d. --Koeff. auf d. Stoffübergang bei d. Adsorpt. 13-2216; v. adsorbiertem Gas auf Oberflächen-- u. Keimbldg. bei Cu u. W 18-0270; Lsg.-Kinetik in viskosen Syst. bei geschwindigkeitsbestimmender – 19-0701; Sorpt.-Dynamik unter Berücksichtig. d. longitudinalen – 21-0648; Oberflächen-- v. Ge u. Whisker-Bldg. während d. selektiven epitakt. Wachstums 22-0217; Einfl. d. – auf d. Stoffübergang durch d. freie Oberfläche d. fl. Phase 22-2107; Bedeut. d. Grenzschicht-- beim Sintern v. Cu 23-2310; Geschw.-Gleich. für d. Sintern durch Oberflächen-- 29-0287; – bei d. Ostwald-Reif. 34-0348; Einfl. einer Oberflächen-- auf d. kinet. Eig. d. Adsorpt. v. O an W 34-0662; frontale Gleichgew.-Sorpt.-Dynamik bei d. Einw. v. Quasi-Längsdiffus.-Verwisch.-Faktoren 34-0669; Betracht. d. Onsager-Symmetrie in d. allg. --Gleich. d. Keimbldg.-Theorie 36-0511; Beweg. d. Phasengrenzfläche bei --kontrollierten Prozessen 43-1929; Berechn. d. Geschw. d. --Wachstums v. Poren unter d. Einw. elast. Spann. 44-0297; – bei d. Frontverwasch. während d. Sorpt. 45-0610; Beschreib. d. --abhäng. Auflsg. bzw. d. Wachstums einer Kugel 45-0638; Einfl. d. – auf d. Zonen- u. gerichtete Kristallisat. 49/50-0300.

Einfl. d. – auf d. Kinetik d. Ionenaustausches an Zr-Phosphat 1-0639; --kontrolliertes Wachstum zweiphas. Deckschichten in bin. Syst. (Zusammenhang zwischen Zunderkonst. u. --Koeff.) 1-0656; --kontrollierte Ox.-Kinetik v. $SrTiO_3$-Einkrist. 2-0715; effektive – in porösen Gesteinen bei gleichzeit. chem. Rk. 3-0681; --abhäng. Oberflächenrk. in Rohrwand-Reaktoren 4-2075; Einfl. d. – im Katalysator auf d. Umsatz bei Mehrkomponenten-Gas-Rk. 4-2079, 4-2080; – bei d. Rk. v. $SiCl_4$ mit Mo an d. Oberfläche 5-0733; --Mechanismus d. Druckabhängigk. bei d. Ox. v. Pt 6-0740; --kontrollierte Kinetik bei bin. Ionenaustausch 6-2074; –: u. Rk. bei porösen Katalysatoren 6-2134; u. Rk.-Geschw. d. katalyt. Orthowasserstoff-Konvers. 6-2136; Rk.-- in Syst. bin. Leg./Gas 6-2422; Einfl. unterschiedl. --Koeff. auf chem. Rk. 7-0680; Richt. d. – bei Festkörperrk. 7-0695; chem. Rk. in Bezieh. zum --Phänomen 8-2111; konvektive – bei kinet. Unters. v. katalysierten Rk. 11-0730; doppelte Koppl. durch – u. Rk. in Mehrstoffsyst. *1.* Ordn. 13-0685; Stabilität einer Rk. mit intrapartikulärer Stoff- u. Wärme-- 14-0769; Einfl.: d. O_2-- auf d. strahlenchem. Zerstör. v. 1.4-Bis-[5-phenyloxazolyl-(2)]-benzol in Polystyrol 14-1221; d. – im NiO-Film auf d. Kinetik d. Rk. v. Ni mit O_2 15-0762; Rk.-- im Bldg.-Bereich der festen Sulfide v. Mn u. Fe u. d. Mischsulfide 17-0329; --bestimmte Ox. v. Seltenerdmetallen 17-0732; --bestimmte Einw. geschmolzener Hydroxide auf Glasoberflächen 17-0740; --Vorgänge bei d. Rk. v. ZrO_2 mit SiO_2 in Ggw. v. Alkalimetallcarbonaten 17-0798; Austauschrk. bei Tracer-– im Festkörper 19-0310; Zusammenhang zwischen d. Kinetik d. Ox. u. d. Selbst-- v. Co 19-0707; – mit nachfolgender heterogener Rk. für d. Fall d. laminaren Ström. 20-0634; --kontrollierte Rk. (Übersicht) 21-0666; Kationen-- als Wachstumsmechanismus v. Zunderkrist. in verschiedenen Ox.-Stadien v. Ti 21-0700; Einfl.: d. inneren – auf katalyt. Rk. 21-2270; d. – auf d. Rk.-Geschw. in Syst. mit mehreren festen Phasen 23-0671; d. – in d. Gasphase auf d. Kinetik d. Ox. v. Na mit W.-Dampf 25-0684; --Erschein. bei d. heterogenen Katalyse 26-0694; stöchiometr. Bilanzen bei --bestimmten Umsetz. gasf.–fest 28-2138; – v. Spaltprod. bei überlagerter chem. Rk. in Graphit (mathemat. Grundlagen) 29-0292; Massentransport d. Rk. im Syst. $CaCl_2/Na_2CO_3$ an d. Grenzfläche d. Lsg. 31-0557; Materialtransport bei Festkörperrk. 31-0692; Einfl.: d. Teilchengrößenverteil. auf d. Kinetik v. --Rk. in Pulvern 31-0697; d. inneren – auf katalyt. Rk. 33-0755; d. Längs-- im Falle überströmter Katalysatorschütt. bei einer Rk. *0.* Ordn. 34-0700; Gesetzmäßigk. d. Hochtemp.-Rk. v. Graphit mit CO_2 bei – in d. festen Phase 35-0280; Methodik zur Best. phasenbegrenzter Rk. bei d. --Sättig. v. Metallen 35-0627; Rolle d. – bei d. Propylenpolymerisat. 35-1164; Rk.-- im Syst. bin. Leg./Gas 36-2321; Selbstdiffus.-Koeff. v. C bei d. Hochtemp.-Rk. v. C mit CO_2 37-0695; Rk. *1.* Ordn. u. anisotrope – in fließenden Medien 37-1991; Einfl. d. konvektiven – auf d. scheinbare Kinetik v. oberflächenkatalysierten chem. Rk. 39-0669; Effekt d. – bei d. therm. Ox. v. porösem C 41-0664, 41-0665; chem. Rk. u. --Koeff. im Syst. $N_2O_4 \rightleftharpoons 2\,NO_2$ 46-0513.

Anwendung von Diffusionsverfahren

Best.: d. thermodynam. Eig. u. d. mol. Zus. v. Leg.-Dämpfen durch d. Effus.-Meth. 2-0611; d. Löslichk.-Grenze v. N_2 in Fe durch --Unters. 3-0608; Bedeut. d. Tieftemp.-- zur Best. d. Anzieh.-Bereichs d. Wechselwrkg.-Potentiale 4-0513; --Meth. zur Best. v. Si in anorgan. Materialien 4-1881; Best. d. Verteil. v. Mol.-Größeparametern nach d. Meth. d. Rayleigh-- 7-0566; Anreicher. v. Tritium mit Hilfe d. – durch Pd 8-0733; --Metallisier. v. Graphit durch pulverförm. Cr, Ti, Mo u. W 9-0319; --Schichten zur Erzeug. intermetall. Bind. zwischen Zircaloy u. Stahl 12-0341; --Aussalz. zur Best. d. Molgew.-Verteil. v. Poly-ε-capronamid 12-1187; Verschweißen v. C-Oberflächen durch Metall-- 14-2640*; Trenn. v. H_2 u. D_2 durch – an Pd/Ag-Membranen 15-0669; Mikrobest. v. Protein-N mit einer Dumbbell-Diffus.-Kammer 16-1909; Nachw. d. Komplexbldg. im Syst. Pyridin/W. durch --Unters. 18-0513; Trenn.-Ausbeute d. – nichtisotoper Gasgemische 19-2145; --Mess. zur Unters. d. Bldg. v. Nb-Carbidoberflächenfilmen 22-0281; --Meth. zur Unters. d. Rekombinat. v. H-Atomen 24-0669; Best.: d. Ionisat.-Grades v. Beimeng. in Halbleitern aus --Unters. 33-0450; d. Sättig.-Dampfdrucks nach d. Effus.-Meth. 33-0578; --Extrakt. aus polydispersen kapillarporösen Körpern 33-0696; Best. intermol. Potentialfunkt. aus makroskop. Mess. d. --Koeff. 35-0482; Geldiffus.-Technik zur Best. v. Metallion–Protein-Assoziat.-Konst. 35-1212; Anwend. d. – zum Verbinden v. Metallen u. Leg. 35-2268; Best.: d. Zustandsdichte auf d. Fermi-Fläche v. paramagnet. Ni aus d. Daten d. Protonen-- 36-0431; d. Pflanzentyrosinase mittels Agargel-Doppel-- 36-1293; mehrfache Knudsen-Effus.-Zelle zur genauen Best. v. Dampfdrücken u. Verdampf.-Enthalpien 37-0560; massenspektrograph. Best. d. Geschw.-Konst. v. Elementarrk. (Meth. d. diffundierenden Schichten) 38-0659; Membran aus Paste aus Alkohol u. Polytetrafluoräthylen auf Metallgewebe zur Gas- u. Isotopentrenn. 38-2111*; Nachw. v. Versetz. in Einkrist. mit Hilfe d. – radioakt. Atome 39-0324; Hochtemp.-Mess. d. Dampfdrucks v. UO_2 nach d. Ausströmmeth. 39-0528; Verteil. v. Radioaktivität auf einem polydispersen Aerosol durch d. --Meth. 40-0587; atmosphär. --Unters. mit Fluorescein u. ZnS-Teilchen als Doppelindikatoren 40-0833; Verw. v. Adsorpt. u. Membranpermeat. im techn. Maßstab 40-1980; Bedeut. v. --Mess. bei d. Unters. v. Krist.-Gitterdefekten 44-0298; Molgew.-Best. v. Ligninsulfonsäure u. verwandten Verb. durch – 45-1108; Fraktionier. v. Polymeren durch Membran-- 47-1040.

Untersuchungsmethoden

Hochtemp.-Zusatzapp. zum Polarisat.-Mikroskop zur Unters. v. Oberflächendiffus.-Prozessen 2-1980; Meth. zur Unters. d. --Koeff. v. Verunreinig. in fl. Metallen 4-0425; Unters. d. Selbst-- mit Hilfe d. Kernresonanz-Spinecho-Technik 4-0917; Meth. zur radiograph. Best. v. Selbstdiffus.-Koeff. 6-0315; Berechn. d. Geschw.- u. Konz.-Profile bei d. – mit variablem --Koeff. 7-2253; opt. Mess. d. Koeff. d. gegenseit. – v. Gasen 8-0555; radiometr. Best. d. --Koeff. in Lackfarben- u. Polymerfilmen 8-3183; Mess. d. Tracerdiffus.-Koeff. mit Hilfe d. – aus einer offenen Kapillare 9-0640; Verf. zur Unters. d. isothermen – v. Vierkomponentensyst. 10-0533; Best. d. Parameter d. Temp.-Abhängigk. d. --Koeff. in verkürzter Zeit 11-0314; vereinfachte Technik bei d. Verw. v. Fl.-Diffus.-Zellen v. Diaphragmatyp 12-1869; Best. d. --Koeff. durch d. Absorpt.-Meth. aus d. mittleren Verschieb. 13-0343; Meth. zur Unters. d. – v. Whiskern 14-0339; Restaktivitätsmeth. zur Best. v. Selbstdiffus.-Koeff. in Festkörpern 14-0340; Berechn. d. --Koeff. aus d. spektralen Struktur d. Opaleszenz einer bin. Misch. in d. Nähe d. krit. Misch.-Punktes 14-0566; --App. v. Zyklontyp 14-2145; elektromechan. Mess. d. O-- in Metallen 15-0345; elektrochem. Mess. d. O-- in Metallen 17-0658; Darst. elektrochem. --Vorgänge durch ein elektr. Modell 18-0551; Empfindlichk.-Steiger. bei --Unters. 20-1886; Modifikat. d. offenen Kapillarmeth. zur Best. d. Tracerdiffus.-Koeff. in wss. Elektrolytlsg. 23-0589; Best. d. effektiven --Koeff. v. Katalysatoren durch Gaschromatographie 23-0679; Verf. zur Abschätz. d. --Koeff. aus experimentellen Daten 25-0631; Best. d. Selbstdiffus.-Koeff. nach d. Spin-Echo-Meth. 26-0503; Meth. zur Best. d. --Geschw. v. H_2 durch Metallmembranen 26-0602; mathemat. Modell für d. Abschätz. d. effektiven --Koeff. in Festkörperbetten 26-2174; resistometr. Best. v. --Koeff. in Metallen 27-0343; Meth. zur Mess. niedr. intermetall. --Koeff. 29-0291; elektrochem. Verf. zur Mess. d. – 31-0338; Best. d. Korngrenzen-- durch Unters. d. mechan. Eig. 31-0339; Mess. d. --Koeff. in Fl. (chromatograph.) 31-0536; kontinuierl. Mess. d. --Resistenz v. Blättern 32-1491; Absorpt.-Meth. zur Best. d. --Koeff. α-radioakt. Metalle 33-0353; App. u. Meth. zur Unters. d. Kompensat.-Effekts bei d. – v. Ionen in geschmolzenen Oxiden u. Salzen 33-0639; Meth. zur Best. partieller --Koeff. aus d. Kirkendall-Effekt 35-0272; Best. d. --Koeff. v. H_2 aus d. Änder. d. Eig. d. Metalls bei d. Polarisat. 35-0584; Verf. zum Abtrennen v. Metallproben für --Unters. 35-1924; Meth. zur Best. d. --Koeff. v. C in Leg. 38-0333; Mess. d. Oberflächenselbstdiffus.-Koeff. mit d. Tracertechnik 42-0305; graph. --Berechn. an gesätt. festen Lsg. 43-2144; elektrophotograph. Meth. zur Best. v. --Koeff. 44-0301; Unters. d. gegenseit. – in bin. Syst. durch lokale Röntgenspektralanalyse 44-0308; Mess.: v. Oberflächendiffus.-Koeff. durch Koaleszenz v. Inertgasblasen 45-0286; d. --Koeff. v. Lsg. in d. Zentrifuge 46-0581; d. – v. radioakt. Na in Gläsern durch Best. d. Oberflächenrestaktivität 47-0311; Best. d. --Koeff. v. elektr. akt. Verunreinig. in Halbleitern 47-0407; Meth. zur Best. d. --Isotopeneffekts in Festkörpern 48-0301.

Bibliographie

Diffusion und Einfang von Argon in neutronenbestrahltem Kalziumfluorid. Zum Problem der Transportvorgänge und der Strahlenschäden in Festkörpern B 42; Fragen der atmosphärischen Diffusion und Verunreinigung der Luft [russ.] B 13; Diffusionsprozesse in Metallen (Mitteilungssammlung) [russ.] B 26; Struktur und Eigenschaften fester Körper. Sammlung wissenschaftlicher Arbeiten zur Frage der Reaktionsdiffusion der Metalle und Legierungen [russ.] B 26; Anwendung mehrschichtiger Diffusionen. Bd. XIII [tschech.] B 3; Diffusion des électrons de haute énergie B 2; La diffusion dans les solides B 34.

Thermodiffusion

Gleichzeit. nichtstationäre – u. Wärmeleit. in Abwesenh. d. *Soret*-Effekts 3-0334; Best. d. intermol. Kräfte zwischen ungleichen Partikeln aus einer Kombinat. v. Thermodiffus.- u. --Daten 4-0513; Lsg. d. Gleich. für eine Thermodiffus.-Kolonne 6-2097; Theorie d. Thermo-- Brownscher Teilchen 14-0572; Berechn. v. period. arbeitenden Thermodiffus.-Kolonnen mit Lochplattenböden 23-2076; therm. – u. Senftleben-Effekt 29-0512; Best. d. Thermodiffus.-Koeff. mit d. Meth. d. wandernden Grenzschicht 30-0572; Berechn. einer Mehrstufenthermo-- im rotierenden Kraftfeld 34-2218; Einfl. d. Verteil. d. Atommassen innerhalb d. Mol. auf d. therm. – 39-0502; experimentelle Meth. zur Best. d. Thermodiffus.-Faktors 43-0516; Lsg. d. Singulettverteil.-Funkt. für d. Rice-Allnat-Modell u. Ableit. d. Thermodiffus.-Verhältnisses 48-0503; therm. – als Mittel zur Reinig. 48-1783.

Theoret. Formeln für d. Thermodiffus.-Faktor bin. Gasmisch. 2-0545; Einfl. v. Quantenübergängen auf d. Thermo-- 2-0547; therm. Transpirat. v. He, Ne u. Ar im nichtstationären Zustand durch parallele Stahlkapillaren 2-0549; Anreicher. d. schweren Si-Isotope bei d. Thermo-- in Methylsilan 2-0741; Thermodiffus.-Faktoren für Ne 4-0520; elektrolyt. Thermopaar zur Best. d. *Soret*-Koeff. v. HCl 4-0583; Prüf. d. Wechselwrkg.-Potentiale v. Ne, Ar, Kr u. Xe am isotopen Thermodiffus.-Faktor 6-0543; Best. d. Sättig.-Dampfdrucks nach d. Ström.-Meth. bei beträchtl. Einfl. d. Thermo-- 6-0562; Thermo-- in isotopen H- u. H–He-Gemischen 8-0554; – in d. Syst. $H_2/^{37}Ar$, $H_2/^{85}Kr$, $D_2/^{85}Kr$, T_2/N_2, T_2/Kr u. T_2/CO_2 in einem Temp.-Gradienten 10-0534; Thermodiffus.-Faktor v. He–Ar-Gemischen 14-0579; Temp.-Abhängigk. d. Thermodiffus.-Faktors v. o- u. p-H_2 14-0582; Thermo-- in isotopen Gasmisch. 15-0559; Anreicher. v. ^{124}Xe durch Thermo-- 20-2131; Thermo-- in einer Misch. einatom. u. polarer Gase mit linearen Mol. 21-0488; App. zur Best. d. Thermodiffus.-Koeff. in Gasgemischen 24-0501; Besonderh. d. therm. --Faktors bin. Gasmisch. 25-0510; Thermodiffus.-Konst. v. $\alpha(H_2\text{–}HD)$ u. $\alpha(H_2\text{–}HT)$ 29-0511; Anreicher. d. Mol.-Art $^{14}N^{15}N$ durch Thermo-- 31-0519; Meth. zur Unters. d. Thermo-- in einem Gemisch v. Gasen u. Dämpfen 34-0529; therm. – in Gasen (Bibl.) 37-0118; Thermodiffus.-Faktoren d. Isotope v. Ar, Kr u. Xe 37-0528; Thermodiffus.-Koeff. v. völlig ionisiertem H_2 37-0532; Unters. d. Thermo-- in Gasen mit Hilfe d. IR-Absorpt.-Spektren 39-0501; Knudsensches Grenzgesetz d. therm. Transpirat. v. Gasen durch Kapillaren 40-0468; Mess. d. Wärmeleitfähigk. v. Gasen mit Thermodiffus.-Kolonne 41-0518; Thermo-- in NH_3 für verschiedene isotope Zus. 43-0517; therm. --Faktoren in bin. Gasmisch. 45-0479; Thermo-- v. Cs-Dämpfen in He 51/52-0504.

Relative Best. d. *Soret*-Koeff. v. Elektrolyten 19-0607; Thermo-- in nichtwss. Elektrolytlsg. 24-0590; Unters. d. Thermo-- in nichtisothermen $AgNO_3/NaNO_3$-Zellen 24-0591; opt. Unters. d. *Soret*-Effekts (wss. organ. Lsg.) 24-0938; Thermo-- in d. geschmolzenen Alkalimetallnitraten $LiNO_3$, KNO_3 u. $RbNO_3$ 26-0505; relative Best. d. *Soret*-Koeff. v. Elektrolyten 32-0938; Thermotransport v. Isotopen in fl. K, Rb u. Ga 33-0546; Thermo--: v. Isotopen in reinen Fl. 33-0547; in einer Redoxthermozelle 33-0653; Theorie d. Trenn. fl. Gemische in Thermogravitat.-Kolonne 33-1936; Rechteck-Potentialmodell für bin. Fl.-Gemisch u. Thermo-- 46-0515; Thermo-- in Fl. mit Ström.-Zellen 48-0506, 48-0507; modifizierte Thermodiffus.-Zelle u. ihre Verw. zur Mess. d. *Soret*-Koeff. 48-0844.

Änder. d. Oberflächenstruktur v. W-Draht durch *Soret*-- 2-0483; thermodynam. Unters. d. *Soret*-Effekts in Ionenkrist. 13-0341; Thermo-- v. gelöstem H u. D in Fe u. Ni 13-0347; Thermodiffus.-Umsetz. v. Ta mit Borcarbidpulver 14-0342; Meth. zur Mess. d. Thermodiffus.-Koeff. feuerfester Materialien 17-2291; therm. – v. H in Ta- u. Nb-Leg. 18-2496; Leerstellenfluß in Metallen mit einem Temp.-Gradienten 25-0237; Thermo-- im Syst. UO_2/CeO_2 25-0297; Elektrowander. u. *Soret*-Effekt in Co 27-0465; Thermodiffus.-Prozeß in bin. metall. Mischkrist. wechselnder Zus. 38-0331; therm. – elektr. akt. Defekte in d. Oberflächenzone v. CdS-Einkrist. 40-0380; Massentransport in Festkörpern mit Temp.-Gradienten 44-0292; Thermo-- v. Leerstellen in Al 45-0284; Elektro- u. Thermotransport in Fe 45-0285.

Thermoosmose in Fl. 1-0601; phänomenolog. Beschreib. d. Thermoosmose 6-0664; Best. d. isothermen Permeabilität durch Thermoosmosevers. 26-0619; Thermoosmose v. Fl. durch Cellophanmembran 26-0620.

Theorie d. Thermophorese großer Aerosolteilchen 38-0626; Thermophorese v. Aerosolteilchen 46-0637.

Diformazan, Wrkg. d. O-Partialdrucks auf d. --Bldg. aus Tetrazolium durch Atmungsenzymsyst. v. Zellen in Gewebekultur 8-1344.

Digalakturonsäure s. unter $C_{12}H_{18}O_{13}$.

Digallussäure s. unter $C_{14}H_{10}O_9$.

Digalonin s. unter $C_{56}H_{92}O_{28}$.

Digenit s. unter *Kupfersulfide*.

Digifolein s. unter $C_{28}H_{40}O_8$.

Digifologenin s. unter $C_{21}H_{28}O_5$.

Digilanid C s. unter $C_{49}H_{76}O_{20}$.

Digilanidobiose s. unter $C_{12}H_{22}O_9$.

Diginigenin s. unter $C_{21}H_{28}O_4$.

Diginin s. unter $C_{28}H_{40}O_7$.

Digipurpurin s. unter $C_{39}H_{64}O_{14}$.

Digitalin s. unter $C_{36}H_{56}O_{14}$.

Digitalis (Fingerhut), Vererb. u. Veränderlichk. einiger Eig. bei Chemokultivier. v. D. lanata 24-1700; Anbauvers. mit D. purpurea u. Kriterien d. Aktivität d. Blätter 31-1694.

Biosynth. v. Digitoxigenin in D. lanata 6-1437; Spirostanolbiogenese aus Cholesteringlucosid in D. lanata 24-1491; Vers. zur Aufklär. v. Zusammenhängen zwischen d. Digitanol- u. Cardenolidbiosynth. in D. purpurea 24-1493; chem. u. biolog. Unters. v. D. purpurea 28-1716; Umwandl. v. Cholesterin in Pregnenolon in D. purpurea 35-1440.

Digitonin aus Samen v. D. purpurea (Gewinn.) 1-1855*; Glykoside aus – (Wertbest. bzw. therapeut. Verw.) 2-1754; steroidale Sapogenine aus D. ciliata 5-1435; chem. Unters. v. D. purpurea u. D. purpurea var. gloxinaeflora auf Cardenolide 6-1438; Blättersaponine v. D. purpurea 7-1513; Polyphenole d. Blüten v. D. purpurea 11-1805; Anthocyanhalt. u. -freie Formen u. Geh. an Cardenolidglykosiden in d. Blättern v. D. purpurea 12-1700; Enzympräp. mit Digilanidase u. Digipurpidase aus D. lanata (Gewinn.) 13-1927*; Gitoxin aus Glykosidextrakt v. D. lanata (Gewinn.) 14-2785*; --Saponine 18-1408; Veränder. d. Inhaltsstoffe während d. Trockn. v. D. purpurea 21-1819; Lanatosid-C-Geh. v. bei verschiedenen Temp. getrockneten Blättern v. D. lanata 21-1821; Isolier. v. Digitoxin aus d. Blättern v. D. purpurea 22-1674; Glykoside d. Blätter v. D. obscura 24-1459; neue genuine Glykoside aus d.

ten — 24-2592; Autox. v. 2-Alkenyl-— 27-1065; hydrolyt. Zers. (Kinetik) 45-0894; Verw. als Riechstoffe (alkylierte 4-Methyl-—) 38-2734*.

1.4-Dioxane, Darst.: v. Homologen v. 1.4-Dioxan 15-1080; v. 2.3-Diacrylamido-— 26-2714.

Dioxathion s. unter $C_{12}H_{26}O_6P_2S_4$.

Dioxatrin s. unter $C_{23}H_{29}N_{22}O$.

Dioxazinfarbstoffe s. unter *Farbstoffe, organische Oxazinfarbstoffe.*

Dioxen s. unter $C_4H_6O_2$.

1.4-Dioxene, Darst. v. Homologen v. 1.4-Dioxen 15-1080.

Dioxim R$_{21}$ s. unter $C_{16}H_{22}N_4O_6$.

Dioxin s. unter $C_8H_{14}O_4$.

Dioxindol s. unter $C_8H_7NO_2$.

Dioxolan s. unter $C_3H_6O_2$.

1.3-Dioxolane, Darst.: v. 2-Chlormethyl-— 9-1093, 9-1094; u. Verw. v. 4-substituierten 1.3-Dioxolonen-(5) 11-3318*; v. Itaconsäure-dialkyl-1.3-dioxolanyl-(4)-alkylestern 13-2753*; u. Rk. v. 4-Vinyl-1.3-dioxolanylium-salzen 17-1087; u. Rk. v. 2.2-Bis-[trifluor-methyl]-1.3-dioxolanonen-(4) 20-1058; v. Tetrakis-[trifluormethyl]-— 20-1059; u. Eig. v. zinnhalt. — 37-0753; v. 2-substituierten — 40-1066; v. 5-Benzyl- oder 5-Phenoxymethyl-1.3-dioxolanyl-(2)-carbonsäuren 45-2331*; aus Ketonen u. Diolen 45-2332*; u. Hydrolyse v. 2-Methyl-— 46-1004.

Koppl.-Konst. 38-0891; kernmagnet. Resonanzspektren u. Struktur v. 1.3-Dioxanen, — u. cycl. Estern d. Schwefel- u. Kohlensäure 40-0876; Stereochemie v. 2-Phenyl-— 51/52-0825.

Reduktive Spalt.: v. — mit $LiAlH_4$-$AlCl_3$ (Substituenteneinfl.) 24-0960; v. 2.2.4.4-Tetra-alkyl-— mit $LiAlH_4$-$AlCl_3$ 24-0961; Autox. v. 2-Alkenyl-— 27-1065; Rk. v. 2.2-Dialkyl-4-vinyloxymethyl-— mit Mercaptanen 36-1046; Hydrogenolyse v. cis- u. trans-Isomeren v. 2.4-disubstituierten — 37-0931; Chlorier. v. 4-Alkyl-1.3-dioxolanone-(2) 43-2767*.

Muskelerschlaffende Wrkg. 15-1729.

Verw.: in Lacken 9-3281*; zur Stabilisier. v. chlorierten KW-Stoffen 18-2680*; zur Modifizier. v. Polyestern 30-2909*; für Überzugsmittel 40-2961*.

Dioxyphenylisatin s. unter $C_{20}H_{15}NO_3$.

Dipalmitin s. unter $C_{35}H_{68}O_5$.

Dipentaerythrit s. unter $C_{10}H_{22}O_7$.

Dipenten s. unter $C_{10}H_{16}$.

Diphacil s. unter $C_{20}H_{25}NO_2$.

Diphemanil s. unter $C_{20}H_{25}NO$.

Diphenamid s. unter $C_{16}H_{17}NO$.

Diphenhydramin s. unter $C_{17}H_{21}NO$.

Diphenicillin s. unter $C_{21}H_{20}N_2O_4S$.

Diphenid s. unter $C_{14}H_{10}O_2$.

Diphenidol s. unter $C_{21}H_{27}NO$.

Diphenin s. unter $C_{15}H_{12}N_2O_2$.

Diphenochinon s. unter $C_{12}H_8O_2$.

„Diphenolsäure" s. unter $C_{17}H_{18}O_4$.

Diphenoxylat s. unter $C_{30}H_{32}N_2O_2$.

Diphensäure s. unter $C_{14}H_{10}O_4$.

Diphentoin s. unter $C_{15}H_{12}N_2O_2$.

Diphenyl s. unter $C_{12}H_{10}$.

Diphenyläther s. unter $C_{12}H_{10}O$.

Diphenylamin s. unter $C_{12}H_{11}N$.

Diphenylcarbazid s. unter $C_{13}H_{14}N_4O$.

Diphenylcarbazon s. unter $C_{13}H_{12}N_4O$.

Diphenyldisulfid s. unter $C_{12}H_{10}S_2$.

Diphenylendioxid s. unter $C_{12}H_8O_2$.

Diphenylenoxid s. unter $C_{12}H_8O$.

Diphenylensulfid s. unter $C_{12}H_8S$.

Diphenylharnstoff s. unter $C_{13}H_{12}N_2O$.

Diphenylhydantoin s. unter $C_{15}H_{12}N_2O_2$.

Diphenylhydramin s. unter $C_{17}H_{21}NO$.

Diphenylin s. unter $C_{12}H_{12}N_2$.

Diphenylketen s. unter $C_{14}H_{10}O$.

Diphenyloxid s. unter $C_{12}H_{10}O$.

Diphenylpikrylhydrazyl s. unter $C_{18}H_{12}N_5O_6$.

Diphenylpyralin s. unter $C_{19}H_{23}NO$.

Diphenylsulfid s. unter $C_{12}H_{10}S$.

Diphenylsulfoxid s. unter $C_{12}H_{10}OS$.

Diphosphatidylglycerin s. *Cardiolipin.*

Diphosphoglycerinsäure s. unter $C_3H_8O_{10}P_2$.

Diphosphopyridinnucleotid s. unter $C_{21}H_{27}N_7O_{14}P_2$.

Diphtherie-Anatoxin s. unter *Toxine, Diphtherietoxine.*

Diphtherietoxin s. unter *Toxine.*

Diphyl, Gitterunters. mit Schwerwassermoderator u. — als organ. Kühlmittel 5-0052.

Dipicolinsäure s. unter $C_7H_5NO_4$.

Dipin s. unter $C_{12}H_{24}N_6O_2P_2$.

Dipiperidin s. unter $C_{10}H_{20}N_2$.

Dipivaloyl s. unter $C_{10}H_{18}O_2$.

Diplacin s. unter $C_{26}H_{44}N_2O_8$.

Dipolmoment s. *Moment, elektrisches.*

Diprazin s. unter $C_{17}H_{20}N_2S$.

Dipropenyl s. unter C_6H_{10}.

Diprophen s. unter $C_{22}H_{29}NOS$.

Diprophyllin s. unter $C_{10}H_{14}N_4O_4$.

Dipropylketon s. unter $C_7H_{14}O$.

Dipropylsulfid s. unter $C_6H_{14}S$.

Dipterex s. unter $C_4H_8Cl_3O_4P$.

Dipyr, Vork. in d. Schicht v. Diélette (Manche) 27-0837.

Dipyridamol s. unter $C_{24}H_{40}N_8O_4$.

Dipyridyl s. unter $C_{10}H_8N_2$.

Dipyrin s. unter $C_{13}H_{17}N_3O$.

Dipyron s. unter $C_{13}H_{17}N_3O_4S$.

Diquat s. unter $C_{12}H_{14}N_2O_2$.

Direktbordeaux, Färben v. Polyvinylalkohol mit — 36-2561*.

Direktechtblau FF s. unter $C_{40}H_{27}N_7O_{13}S_4$.

Direktfarbstoffe s. unter *Farbstoffe, organische-Direktfarbstoffe.*

Direktlichtechtblau, Färben v. Viscose-Vinol-Kapron mit —-halt. Gemisch 10-2915.

Direktreinblau s. unter $C_{34}H_{28}N_6O_{16}S_4$.

Direktrosalichtecht C, Verw. als Farbstoff in Materialien für d. Hydrotypiedruck 40-3257.

Direktrot 4 A, Diffus. v. — in Cellulosegeweben 15-2842.

Direktweiß, Anwend. d. Diffus.-Reflex.-Spektrophotometrie zur Unters. d. Sorpt. v. — durch faser. Cellulosematerialien 14-0994.

Dirhodan s. unter $C_2N_2S_2$.

Disamid s. unter $C_7H_8ClN_3O_4S_2$.

Discretin s. unter $C_{20}H_{23}NO_4$.

Disipal s. unter $C_{18}H_{23}NO$.

Disocarban s. unter $C_{23}H_{32}N_2O_2S$.

Disomer s. unter $C_{16}H_{19}BrN_2$.

Dispergiermittel s. unter *Dispersionen.*

Dispergiermittel RTP, Färbereihilfsmittel 24-2817, 35-2443.

Disperse Blue 14 s. unter $C_{16}H_{14}N_2O_2$.

Dispersion

Dielektr. — s. unter *Dielektrizitätskonstante.* — d. Brech.-Index s. unter *Refraktion.* Rotat.-— s. unter *Rotation, optische.*

Dispersionen

Stabilisieren v. wss. — 2-2931*; d. Dispergieren einer Phase beeinflussende Faktoren beim Rühren unmischbarer Fl. 4-2027; Herst. v. reaktions- u. dimensionsbeständ. Spaltstoff-— für Brennelemente v. Kernreaktoren 8-2182*; Verw. einer elektr. plattierenden — zur Korros.-Bekämpf. in Bohrlöchern 8-2827*; Dispergier. feiner Pulver in Fl. 13-2210; kontinuierl. Vermisch. zweier fl. Phasen zur Herst. v. Emuls. u. — 27-2167; Beständigk. polydisperser ferromagnet. Sole 28-0596; — v. Fl.-Teilchenpaaren durch homogene Turbulenz 38-2068; Gas-— bei laminarer Ström. durch ein Rohr mit Massenübergang in eine ruhende Schicht 39-0498; Steuer. d. Dispersität eines bei d. homogenen Kondens. v. Dampf entstehenden Nebels 43-0598; Stabilität nichtwss. — (Graphon in Lsg. v. Alkylbenzolen in n-Heptan) 47-0597; physikal.-chem. Mechanik disperser Syst. bei d. Aufbereit. u. auf anderen techn. Gebieten 48-2002; Herst. koll. Metall-— 12-2095*; Syst. Seltenerdmetall/H_2 (— in Hg) 32-0739; Herst. u. Struktur v. BeO-—-Kernbrennstoffen 2-2216; Ausflock. v. mineral. — durch Polymere 5-2194; Herst.: v. — Al_2O_3-überzogener UO_2-Partikel in Graphit als Kernreaktorbrennstoff 6-2150*; v. $CaCO_3$-Dispers. in Öl als Zusatz zu Schmierölen 9-2968*; v. — hochdisperser Oxide in Mineralölen 3-2786*; v. $CaCO_3$-— (Verw. in Komponenten für Schmiermittel) 11-2947*, 11-2948*; v. geblähten Metall- u. Keramikkörpern durch gemeinsames Gefrieren v. wss. SiO_2-— u. anorgan. silicophilen Prod. 15-2189*; koll. — v. CaO in Schmierölen 21-2971*; wss. — v. $BaCO_3$ (Schutzkoll.) 28-2132*; v. Charakterisier. v. BeO/UO_2-—-Kernbrennstoffelementen 32-2143; Einfl. d. Ausfriertemp. auf d. —-Grad anorgan. Ionenaustauscher 35-0618; Bldg. gut dispergierter als auch koagulierter dispergierter, mit Palygorskit oder Montmorillonit angereichter Strukturen in — künstl. Glimmergemische bei ihrer Behandl. mit Ultraschall 42-0660; Strukturbldg.-Prozesse in wss. — homoion. Modifikat. v. Halloysit 48-0595; Darst. beständ. — v. Alkali- u. Erdalkalicarbonaten in Schmierölen 49/50-2590*; — v. Petroleum durch Hochdruckdüsenspritz. in viskosen Medien 1-2868; Verf. zur Herst. kation. — v. Dialdehydstärke 6-3188; Einfl. d. Molgew.-Verteil. auf d. Versprühbark. v. Polymethylmethacrylat 10-1205; Herst.: v. — v. Thermoplasten auf F-Basis 10-2979*; wss. Polypropylen-— mit Polyvinylalkohol als Emulgator 38-1131; v. Polymer-— durch Emuls.-Polymerisat. 38-1146; v. Filtermaterialien ohne Gewebestruktur durch Imprägnier. v. Fasersyst. mit — v. Hochpolymeren 39-1996; v. chem. heterogenen Populat. v. Styrol/Butadien-Copolymerlatexpartikeln 43-1059; nichtionogener Selbstglanz-— aus Raffinaten d. Rohmontanwachses 46-2668*.

Kinet. Berechn. d. Erwärm. v. feuchten, dispersen Materialien in einer Vibrat.-Wirbelschicht mit konduktiver Wärmeführ. 1-2233; Relaxat.-Effekte bei d. Elektrophorese disperser Syst. 4-0643; Kapillarmodell hochdisperser u. poröser Körper zur Anwend. v. Filtrat.-Erschein. 5-0686; Hydrodynamik d. Dispers. (Beweg. eines Kügelchens in unbewegl. u. unendl. ausgedehnter Fl.) 8-2113; Gesetzmäßigk. in Emuls. mit koll. —-Grad 8-2815; Absetz.-Spann. in dispersen Strukturen 12-0647; Einfl. d. axialen — in gesätt. Chromatographiesäulen 13-0682; Wärme- u. Stoffaustausch in dispersen Syst. (Übersicht) 15-2171; Einfl. d. Konz. u. d. Polydispersität auf d. Sedimentat.-Gleichgew. in einem D.-Gradienten 17-0680, 17-0681; Bewert. d. Struktur eines dispersen Mediums 17-2103; Theorie sphär. Teilchen mit bes. Berücksichtig. v. in gefärbten Medien dispergierten Syst. 20-0604; Best. d. Beitrags d. —-Kräfte zu Oberflächen- u. Grenzflächenspann. in verschiedenen Fl. 20-0616; Interpretat. d. scheinbaren Leitfähigk. u. d. scheinbaren Diffus. poröser u. dispergierter Stoffe 27-0646; rheolog. Charakteristik plast. disperser Syst. 28-0595; Eig. v. Fl.-Filmen zwischen dispersen Teilchen 28-0604; —-Kraftbeiträge zu Oberflächen- u. Grenzflächenspann., Kontaktwinkeln u. Immers.-Wärmen 30-0579; Oberflächenkräfte u. Stabilität v. dispersen Syst. 31-0630; Einfl. v. Oberflächenkräften auf d. Eig. v. dispersen Syst. 32-0616; Strukturbldg. in dispersen Syst. 32-0622; rheolog. Modell gepreßter disperser Materialien mit Zerstör.-Elementen 34-0647; Erniedrig. d. Festigk. hochdisperser Porenstrukturen durch Adsorpt. 35-0593; Strukturfaktor 38-0634; Interferenzeffekte bei d. Lichtstreuung in dispersen Syst. 39-0610; Einfl. elektrolyt. Prozesse auf d. Fäll. d. dispergierten Phase bei d. Elektrophorese 39-0643; dreiparametr. Verteil. zur Beschreib. d. Kornaufbaus disperser Syst. 44-1969; Dispers.-Kräfte zwischen makroskop. Objekten 45-0587, 45-0588, 45-0589; Best. d. Vorwärtsstreuung v. Licht durch — 45-0590.

Röntgenograph. Unters. einer — eines Äthylenglykol/Montmorillonit-Komplexes 3-0675; Strukturbldg.-Prozesse in stabilisierten wss. — v. Palygorskit/Montmorillonit-Tonen 6-0670; Abhängigk. d. plast. Viskosität u. d. Grenzschubspann. v. d. Konz. v. Ton-— 6-0673; Einfl. einiger anionogener oberflächenakt. Stoffe u. alkal. Elektrolyte auf d. —-Grad v. Kaolinittonen 8-0657; Gelbldg. in wss. Bentonit- — bei Einw. organ. Ammoniumionen 12-0646; Stabilität koll. Graphit-— in Ggw. v. Nichtelektrolyten 23-0630; Oberflächenspann. u. Stabilität koll. Graphit-— 25-0641; Einfl. v. Austauschionen auf d. Entw. d. Koagulat.-Struktur in wss. — v. Tonmineralien 28-0594; opt. Eig. v. Au-— 31-0626; Einfl.: v. oberflächenakt. Zusätzen auf d. Bind.-Form v. W. in Kaolinitton-— 32-0621; v. Ultraschall auf strukturbildende Prozesse in — v. mit peptisierenden Elektrolyten behandelten Tonmineralien 33-0691; elektrophoret. Fäll. v. MgO-, TiC- u. Glas-— in A. 39-0642; Einfl. oberflächenakt. Substanzen auf d. rheolog. Eig. v. — v. Kaolinitton 41-0615; Einfl. v. Quarzsand auf d. strukturmechan. Eig. wss. — v. Bentoniten 44-0614; Wrkg. d. Ultraschallschwing. auf stabilisierte — v. Tonmineralien 45-0592; Bldg. v. Koagulat.-Strukturen in wss. — v. Palygorski u. Hydroglimmer bei Ultraschall 45-0593.

—-Kraft v. Bzl. u. Chlorbenzol an Fl.-Filmen 2-0676; dielektr. u. rheolog. Unters. d. plast.-dispersen Syst. plast. Schmierfette 3-2761; Wrkg. v. Phospholipase B auf ultraschalldispergiertes Lecithin 12-1358; Veränder. d. elast.-kinet. Eig. v. Torf beim Dispergieren 16-2678.

Best. d. Teilchengrößenverteil. in polydispersen Suspens. v. kugelförm. Teilchen mit Hilfe d. Röntgenkleinwinkelstreuung 5-0682; Ruß-— für d. Papiertüpfelprobe zur Beurteil. v. DD-Zusätzen in Schmierölen 7-2892; Best. d. — v. Fettsäuremethylestern nach Lorentz-Lorenz u. Gladstone-Dale 8-2906; Unters. d. Eig. eines polydispersen Gasfilters durch Durchpressen eines Gases 10-0662; Gelfiltrat. als Meth. zur Best. d. Mol-Masseverteil. v. Ligninen u. anderen hochdispersen Materialien 10-1992; Photosedimentometer zur Schnellbest. d. Dispersität v. Metallpulvern 12-1878; Schnellbest. d. Feststoffgeh. v. Polymerisg., — u. Latices 14-3006; Best.-Meth. v. dispersen koll. Teilchen in verd. Lsg. mittels Röntgenkleinwinkelstreuung 15-0697; Analyse d. Feinst-— in Syst. dispergierter Phasen 23-2061; Ermittl. d. Teilchengröße aus d. opt. Eig. v. flockulierenden Ruß-— 29-0624; Best. d. plast. Viskosität polydisperser Syst. hoher

Konz. 30-1905; Verw. eines Computers zur Behandl. d. Verteil.-Daten polydisperser Syst. 31-0627; Best. d. Teilchenspektrums eines dispersen Syst. auf Grund d. Transparenzdaten (Prüf. d. Meth. an Modellen) 38-0614; Ström.-Meth. zur Mess. d. Dispersität hygroskop. Nebel (App.) 38-0628; quant. Abtrenn. feinstteil. fester u. fl. Teilchen aus wss. — mittels Celluloseäthern 43-1949*.

Dispergiermittel: Verw. v. wasserlösl. vernetzten Copolymeren als Dispergiermittel 2-2958*; Herst. v. öllösl. N-halt. Metallsalzen als Dispergiermittel für Gleitöle 11-2946*; Darst. v. Dispergiermitteln für Textilbehandl.-Flotten 15-2844*; Verw.: v. polymeren Gemischen aus Vinylverb. u. anderen ungesätt. Monomeren als Dispergiermittel 16-2732*; v. Polymethylenpolymeren als Dispergiermittel 17-2858*; dispergierende Wrkg. v. Saccharosefettsäureestern 19-0943; Herst. öllösl. Pfropfpolymere aus einem Acrylester, einem Vinylester u. monoäthylen. Comonomeren mit Dispergierwrkg. für Asphalte 19-2849*; Herst.: v. organ. Hydraziniumsalzen mit dispergierenden Eig. 23-2687*; v. Naphthylpolyäthylenglykolpolyaddukten als Dispergiermittel für Pigment- u. Farbstoffpasten 27-2845*; Verw.: v. sulfonierten Styrolpolymerisaten u. wasserlösl. Carboxymethylmethylcellulose als Dispergiermittel 29-2819*; v. Na–Vinylsulfonat-Copolymeren als Dispergiermittel 30-2179; Herst. v. Kondens.-Prod. v. Polyhexamethylenpolyaminen, Säuren u. Quaternisier.-Mitteln als Dispers.-Mittel 35-2476*; Herst. v. Naphthalinsulfonsäure-(2) u. -(1) zur Herst. d. Dispergiermittels Tamol NNO 36-2418; Emulgier- u. Dispergiermittel mit höherer Temp.-Beständigk. u. Bakterienresistenz aus öllösl. Copolymerisaten v. Äthylen mit N-Vinylcarbonamiden 39-2025*; Verw.: v. sauren organ. P-Verb. als Dispergiermittel für pulverförm. Stoffe in organ. Fl. 40-2949*; v. β-Naphthol/Harnstoff/CH_2O-Kondens.-Prod. als Dispergiermittel 43-2600*; Herst.: v. substituierten Sulfonylperfluoralkoxyperfluorcarbonsäurederiv. als Dispers.-Mittel 44-2507*; v. Kondens.-Prod. durch Nachbehandl. v. Sulfonsäuregruppen enthaltenden Phenol–Harnstoff–Formaldehyd-Kondensaten mit Phenolen u. Formaldehyd als lichtbeständ. Dispergiermittel 44-3148*; Verw.: v. mit Polyglykolgruppen substituiertem Olefinpolymerisat als Dispergator in Schmiermittel 45-2376*; v. anion. Mischpolymerisaten aus Acrylamid u. Itaconsäure als Dispergiermittel 46-2716*; Herst. v. Dispers.-Mitteln: aus Poly-N-(α-hydroxyäthyl)-acrylamid 47-2604*; auf d. Basis v. Naphthol/HCHO-Kondensaten 51/52-1996*.

Bibliographie: Mechanismus des Schaumbildungsprozesses aus polymeren Lösungen und Dispersionen (Mitteilungssammlung) [russ.] B 62.

Dispersionsfarbstoffe s. unter *Farbstoffe, organische Dispersionsfarbstoffe.*

Dispersolechtgelb T 4 R, färber. Verw. 35-2446.

Dispersolechtscharlach TR, —-Körner 46-2622.

Dispersolgelb A (C.I. Disperse Yellow 1), färber. Verw. v. —-Paste 20-2827*.

Disproportionierung s. unter *Oxydoreduktion.*

Dissoziation, elektrolytische

Aktivitätskoeffizient s. dort.

—-Konst. einiger schwacher Elektrolyte bei erhöhten Temp. u. Drücken 16-0786; Assoziat.-Konst. gemischter Ionentripletts in Lsg. 18-0545; Kontinuitätstheorie für d. Einfl. d. Wien-Effektes auf d. — eines symm. schwachen Elektrolyten 18-0546; EMK-Unters. d. — 20-0566; Ionenassoziat.-Konst. bei d. Ionenstärke Null (Übersicht) 23-0595; Thermodynam. u. kinet. Gesichtspunkte d. Ionenassoziat. in Elektrolytlsg. 23-0596; Wrkg. hohen Drucks auf d. Ionenprod. 36-0178; Einfl. d. Druckes auf d. — v. Elektrolytlsg. 44-0590; Einfl. d. Koordinat. auf d. — 44-0909, 44-0910, 45-0546; Ionenassoziat. in mehrwert. symm. Elektrolyten 46-0589; Wrkg. d. Druckes auf d. — v. Elektrolytlsg. 51/52-0542.

Dissoziation von Salzen

Siehe auch d. Absatz *Dissoziation in nichtwäßrigen Lösungsmitteln.*

— v. Salzen mit Kationen mehrwert. Metalle (App.) 23-0590; —-Gleichgew. u. Kinetik d. Abbaus v. Diphosphaten 4-0574; (Kinetik d. Hydrolyse) 4-0651; —-Gleichgew. in Diphosphaten u. Kinetik d. — 23-0602, 23-0666; Unters. d. — v. NaSCN in Säuren mit Hilfe einer Lsgm.-Extrakt.-Meth. 8-0618; Konst. d. — v. $LiClO_4$ 10-0645; — v. KBr, $MgBr_2$ u. $HgCl_2$ in Abhängigk. v. d. Konz. 15-0652; Aktivitätskoeff. bei d. Best. d. Assoziat.-Konst. v. TlCl (Einfl. d. Wechselwrkg. zwischen freien Ionen) 18-0548; Ionenassoziat. v. Lithiumbromid in Methanol/W.-Misch. 48-0550; v. LiJ in p-Dioxan/W.-Misch. (Leitfähigk.-Mess.) 48-0551; Einfl. d. Druckes auf d. — v. $MnSO_4$ u. $MnCl_2$ in W. 4-0581; spektrophotometr. Unters. d. Nd^{3+}/NO_3^--Assoziat. 7-0628; thermodynam. Analyse d. Gleichgew. bei d. — v. Ferriten 12-0586; Best. d. —-Konst. d. Hexacyanoferrate(III) v. La, Nd u. Gd in W. 14-0686; Gleichgew.-Konst. d. Rk. bei d. — v. Ferriten 28-0544; — v. Hexamminkobalt(III)-sulfat bei hohen Drücken 44-0590; Einfl. d. Druckes auf d. — v. Hexamminkobalt(III)-sulfat-Lsg. 51/52-0542; Gleichgew.-Konst. d. stufenweisen — d. $RhCl_6^{3-}$ über $RhCl_5^{2-}$, $RhCl_4^-$ zu $RhCl_3$ u. AgCl u. —-Konst. v. $RhCl_5(H_2O)^{2-}$, $RhCl_4 \cdot (H_2O)_2^-$ u. $RhCl_3(H_2O)_3$ bei d. Hydrolyse v. K_3RhCl_6 in Ggw. v. $AgNO_3$ 14-0674; schrittweise — d. $PtCl_4^{2-}$ in wss. Lsg. (Gleichgew. bei *25°*) 18-0550; Ermittl. d. —-Konst. v. Ionenpaaren v. RbCl, $AgNO_3$ u. K_2SO_4 aus osmot. Koeff. 25-0583.

Ultraschallunters. u. chem. Kinetik d. — d. Cd-, Pb- u. Zn-Acetate 2-0705; Assoziat.-Konst. v. $CuSO_4$ u. Cu(II)-m-benzoldisulfonat in Dioxan/W.-Gemischen 6-0630; Best. d. —-Konst. v. $Cu[NH_2CH_2COO]_2$ in W./Dioxan-Misch. mit *20,35* u. *50*% Dioxan 10-0647; EMK-Unters. d. elektrolyt. — v. Ytterbiumacetat, -malonat u. -sulfat in W. 20-0566; Mess. d. Zn-—-Konst. d. alkal. Phosphatase aus E. coli durch Äquilibrier. mit Zn-Ionenpuffern 28-1347; ramanspektrophotometr. Unters. d. — v. Methylquecksilbersalzen in konz. wss. Lsg. (Methylquecksilbernitrat) 29-0590; Ionenassoziat. v. Mangan(II)-sulfat u. Mangan(II)-m-benzoldisulfonat in Methylcellulose/W.-Misch. 46-0589.

Säure–Base-Gleichgewichte

Begriff d. Azidität (*58* Literaturangaben) 22-0878; Säuren/Basen-Theorie v. Brönsted 23-0586; Gleichgew.-Theorie für d. — einbas. Säuren in H_2O/D_2O 23-0592; neue Definit. d. Acidität v. Elektrolytlsg. durch d. Werte d. „realen" H^+-Aktivität $a^r_{H^+}$ 24-0583; Ermittl. v. pK u. Solvatat.-Zahlen 24-0927; Lsg.- u. Neutralisat.-Wärmen v. Lewis-Säuren (Vgl. d. Säurestärke) 2-0579; Aciditätsfunkt. für stark bas. Lsg. 3-0631; harte u. weiche Lewis-— 7-0624; intermol. H-Bind. mit π-Basen als Protonenakzeptor (Wechselwrkg. zwischen Phenol u. verschiedenen π-Basen, IR-Unters.) 9-0923; pH-Wert beim Einsalzen durch eine wss. Polyelektrolytlsg. 11-0606; konduktometr. Unters. d. bas. —-Konst. v. schwachen Basen in H_2SO_4 (Basizität v. Acylchloriden) 11-0941; Aciditätsfunkt. in stark bas. Medien (Rk. v. vier aromat. Nitroverb. in methanol. Na-Methylat) 12-0932; Berechn. d. H-Ionenkonz. in Lsg. mehrerer Säuren oder Basen 14-0676; Lewis-Basizität v. Metallen 15-0825; quant. Aspekte d. Lewis-Acidität (Lsgm.-Einfl. auf d. Lewis-Acidität v. $SnCl_4$ u. $SnBr_4$ mit verschiedenen Anilinen) 19-0590; Aciditätsfunkt. in stark bas. Medien (— v. Phenolen in konz. methanol. Na-Methylat-Lsg.) 19-0955; Protonenübertrag, Säure–Base-Katalyse u. enzymat. Hydrolyse (Elementarvorgänge) 23-0927; gegenwärt. Stand d. Aciditätsfunkt. 31-0596; einheitl. Temp.-Skala d. Acidität in wss. Lsg. 34-0598; Einfl. v. Neutralsalzen auf d. Hammettsche Säurefunkt. 37-0917; Anwend. d. Begriffs d. Aciditätsfunkt. auf stark bas. Medien 38-0577; harte u. weiche Säuren u. Basen 42-0556; Struktur u. Basizität (Aminochlorcyclotriphosphazatriene) 47-0562; d. Konzept d. harten u. weichen Säuren u. Basen u. nucleophile Verdräng.-Rk. 49/50-0552; Lewis-Basizität v. Metallen 51/52-0656; konduktometr. Unters. d. bas. —-Konst. v. schwachen Basen in H_2SO_4 11-0941; Basenanaloge u. ihre Neutralisat. mit Halogenwasserstoffen 25-0719; Bezieh. zwischen H_0 u. d. W.-Aktivität 30-0533; erneute Best. u. Erweiter. d. H_0-Aciditätsskala in wss. $HClO_4$ 30-0534; Säure–Base-Gleichgew. schwacher Säuren in fl. NH_3 31-0871; Aciditätsveränder. v. reinen wss. sauren u. alkal. Lsg. durch Neutralsalze u. organ. Lsgm. 32-0581; Säurefunkt. in stark bas. Medien (— v. Pentamethylphenol in methanol. Natriummethylatlsg. u. Folger. d. ster. Hinder. d. Solvatat. aus Säurefunkt.-Daten) 32-0925; stark bas. Syst. 35-0938; Definit. einer Konst. für „induktive Substituenten" u. Verw. d. —-Konst. v. Säuren u. Aminen 39-0922; Salz- u. Lsgm.-Effekte auf Indikator–Säure–Base-Gleichgew. in einer Methanol–W.-Lsg. 39-0923; konduktometr. Best. d. bas. —-Konst. schwacher Basen in H_2SO_4 39-0926; Säure-Base-Gleichgew. v. O enthaltende Mol. in verd. wss. Lsg. 43-0870; pH-Wert d. Fäll.-(Lsg.-)Anfangs u. seine Abhängigk. v. d. Energiecharakteristik d. Ionen d. Elemente d. *2.* Gruppe u. *4.* Reihe d. Periodensyst. 44-0559; Säurefunkt. u. Säure–Base-Eig. in W./THF-Gemischen 49/50-0814.

Eh u. pH in d. geochemischen Forsch. 39-0768; mathemat. Modell vorauseilender Aciditätswellen (mathemat. Erfass. d. Infiltrat.-Effekte postmagmat. Lsg. u. Anwend. auf Vererz.-Vorgänge) 43-0743; Aciditäts- u. Alkalinitätsbeding. in postmagmat. Prozessen ultrabas. Alkalikomplexe (Gebiet Ost-Sibirien) 32-0802; Best. d. pH-Werts v. Meeres- u. Flußwasser im Ostchinesischen Meer (Ariake Bay) 46-0765.

Anorganische Verbindungen

— v. NH_4^+ in Methanol/W.-Gemischen 1-0584; —-Konst. d. Diphosphorsäure 4-0574; Benutz. d. Glaselektrode zur Best. d. pH-Werts v. HCl in Methanol/W.-Lsg. 4-0575; Aciditätsfunkt. H_0 v. HBr in Essigsäure/W.-Misch. 4-0576; Unters. d. thermodynam. —-Konst. d. Perthiokohlensäure 4-0696; —-Konst. v. HCl, H_2SO_4, H_3PO_4 u. H_2WO_4 5-0646; Ionisat.-Konst. v. HSCN 8-0618; Rk.-Konst. v. $H_2O + HClO_4 \rightleftharpoons H_3O^+ClO_4^-$ 10-0645; zweite —-Konst. v. Deuterophosphorsäure in Deuteriumoxid (Standardisier. einer pD-Skala) 15-0649; Best. d. ersten Auftretens nichtdissoziierter $HClO_4$ in wss. Lsg. aus Säurefunkt.-Werten 18-0544; Einfl. d. W.-Dissoziat. auf elektrochem. Unters. in Ggw. v. H-Ionen 19-0604; zweite —-Konst. v. H_2SO_4 in Abhängigk. v. Temp. u. Druck 19-0618; Best. abs. pK-Werte v. HCl in Äthylendiamin (Aufstell. einer pH-Skala) 20-0568; —-Konst.: v. HF, HCl, HBr, HJ u. HNO_3 20-0569; v. $HClO_4$ u. HNO_3 in Dioxan/W.-Gemischen 23-0599; v. HSCN in W. 23-0600; v. $H_4P_2O_7$ 23-0602; Säurefunkt. wss. H_2SO_4-Lsg. 24-0586; Chemie d. W. (Eigen-—) 27-0720; Aciditätskonst. v. HSO_4^- u. d. H_3PO_4 28-0561; neue Werte d. *1.* u. *2.* —-Konst. v. H_2S bei hohen Temp. 31-0569; Größe d. kinet. Stroms d. — v. $H_2PO_4^-$ 31-0599; H_0-Werte v. wss. Se-Säure u. ihre Bezieh. zu d. Dampfdrücken in wss. Lsg. 33-0625; —-Konst. v. Pseudohalogenwasserstoffsäuren 33-0626; —-Grad v. HNO_3 in TBP 34-0570; Grenze d. diagnost. Verw. thermodynam. Mess. zum Nachw. v. —-Gleichgew. v. H_2SO_4 u. $H_2S_2O_7$ 36-0583; Ionen-— d. W. 36-0586; CO_3^{2-}/HCO_3^--Elektrolyt im Gleichgew. in Ggw. v. Kaliumformiat 37-0598; Best. v. pwH- u. ptH-Werten v. HJ in konz. Fremdsalzlsg. aus Ketten ohne Überführ. u. Berechn. konventioneller pH-Werte aus Ketten mit Überführ. 39-0577; Acidität konz. HCl-, $HClO_4$- u. HNO_3-Lsg. 41-0572; —-Konst.: v. D_2O 41-0574; v. HOCl 41-0575; Best. d. zweiten —-Konst. v. H_2SO_4 mit Hilfe d. Donnanschen Membrangleichgew. 41-0576; zweite —-Konst. v. H_2SO_4 aus d. Löslichk. v. $CaSO_4$ in H_2SO_4 41-0577; Aciditätsfunkt. v. H_2SO_4 42-0557; Einfl. d. Zus. einer wss. Lsg. auf d. — v. Borsäure 42-0558; erste —-Konst. d. Kieselsäure 42-0559; Best. d. *1.* u. *2.* —-Konst. v. H_2CSe_3 45-0556; —-Konst. d. Dischwefelsäure u. Schwefelsäure als Lsgm. 47-0559; zweite —-Konst. v. H_2SO_4 für Temp. bis zu *300°* u. D. bis zu *1,0* $g \cdot cm^{-1}$ 48-0553.

Best. d. H-Ionendissoziat. v. $CaHPO_4$ 11-0632; Best. d. Gesamtalkalinität d. Rk.-Prod. d. Rk. NaO_2 u. KO_2 mit H_2O-Dampf bzw. CO_2 16-0690; Mess. d. pH-Werts v. $K_2CO_3/KHCO_3$-Lsg. im Gleichgew. 29-0596; Assoziat.- u. —-Konst. d. Syst. H_2SeO_3/Na_2SO_3 (oder K_2SO_3) in NaCl- (oder KCl-) Lsg. 48-0552; —-Konst. v. $KHSO_4$ 48-0553; Gleichgew.-Konst. d. Rk. $TlCl_4^- + H^+ \rightleftharpoons H[TlCl_4]$ 36-0564; oszillopolarograph. Best. d. pH-Werts d. Fäll. u. d. Aktivitätsprod. v. Sm- u. Dy-Hydroxid 36-0612; Deut. d. Aciditätsmess. u. Ultrazentrifugier. im Gleichgew.-Gebiet an hydrolysiertem $Sc(ClO_4)_3$ durch Annahme d. Existenz v. $ScOH^{2+}$, $Sc_2(OH)_2^{4+}$, $Sc_3(OH)_4^{5+}$ u. $Sc_3(OH)_5^{4+}$ (Bldg.-Konst.) 37-0589; Lösen v. $K_8Ta_6O_{19} \cdot 16\,H_2O$ in verd. KOH ohne merkl. Protonisier. im pH-Bereich *10–13* 13-0786; Konst. d. bas. — v. Ge-Hydroxid 17-0635; —-Unters. im Syst. $GeO_2/NH_3/H_2O$ 18-0707; — d. Chromsäure [Extrakt. v. Cr(VI) als Ionenpaar (B^+, $HCrO_4^-$)] 5-0609; —-Konst. v. $TiO(HO_2)^+$ u. v. $VO_2(HO_2)$ 12-0596; saure Eig. v. Platinhydroxylamintetraminen 16-0572; Änder. d. pH-Werts d. Mediums in Abhängigk. v. d. Temp. in Ggw. eines Elektrolyten oder Nichtelektrolyten im Syst. $Fe^{3+}/Fe^{2+}/H_2O$ 34-0868; Aciditätskonst. v. $HCo(CN)_5(SO_3)^{3-}$, $HCo(CN)_4(SO_3)(H_2O)^{2-}$, $HCo(CN)_4(SO_3)_2^{4-}$ u. $H_2Co(CN)_4(SO_3)_2^{3-}$ 40-0655; Acidität konz. HBr/LiBr- u. $H_2SO_4/UO_2(ClO_4)_2$-Lsg. 41-0572; Protonisier. v. MoO_4^{2-} in HNO_3- u. $HClO_4$-Lsg. 43-0565;

IR-Unters. d. Lewis-Acidität d. Siliciumdioxid–Aluminiumoxid-Oberfläche (oxydierende Eig.) 2-0727; Natur d. sauren Zentren an $SiO_2 \cdot Al_2O_3$ (Abschätz. d. Verhältnis v. Lewis- zu Brøndsted-Zentren bei d. Chemisorpt. v. Pyridin) 13-0744; Einfl. d. Ammoniakadsorpt. auf d. Acidität v. SiO_2/Al_2O_3 u. v. Al_2O_3-Katalysatoren (Natur d. sauren Zentren) 13-0745; Oberflächeneig. einer Reihe v. MnO_2 15-0699; Best. d. Natur d. sauren Zentren v. Katalysatoren durch IR-spektroskop. Unters. d. symm. N–H-Deformat.-Schwing.-Bande nach Adsorpt. v. NH_3 an Al_2O_3- u. Al_2O_3-reichen SiO_2-Katalysatoren 17-0750; Unters. d. Acidität d. OH-Gruppen an d. Oberfläche v. Oxidkatalysatoren mit Hilfe d. IR-Spektroskopie (Einfl. d. Adsorpt. v. Toluol, Aceton, Ae., Anilin u. Py. an SiO_2-, ZrO_2-, Al_2O_3-, B_2O_3- u. MgO-Mischkatalysatoren auf d. Verschieb. d. Bande d. OH-Schwing.) 17-0751; Lewis- u. Brønsted-Säurezentren an SiO_2/Al_2O_3-Katalysatoren 21-0728; Best. d. Acidität u. Basizität v. SiO_2–Al_2O_3 sowie d. Acidität v. Zn-Sulfid durch kalorimetr. Titrat. mit n-$C_4H_9 \cdot NH_2$ bzw. CCl_3COOH 22-0647; saure u. bas. Eig. d. Mg-Oxidoberfläche 22-0648; spektroskop. Unters. d. Mol.-Ionisat. auf d. Oberfläche v. Alumosilikaten 29-0897; Mess. d. Acidität v. SiO_2/Al_2O_3-Katalysatoren durch Adsorpt. v. Dioxan 33-0760; Einfl. d. Herst.-Temp. v. Borphosphat auf d. spezif. Oberfläche, Acidität u. katalyt. Aktivität bei d. Dehydrier. v. Alkoholen 33-1026.

Metallderivate organischer Verbindungen

Säure- – -Konst. d. Liganden v. den v. Adrenalin u. verwandten Verb. mit Übergangsmetallionen gebildeten Komplexen 7-0998; – -Konst. d. Liganden d. Komplexe CuHL, CuL u. CuL_2 (L = Tiron) 9-0633; tensiogravimetr. Best. d. Aktivität v. Methanol im Syst. Natriummethanolat–Methanol u. Solvatat. d. Hydroxidions in wss. Lsg. u. d. Methanolations in Methanol 9-0926; pH-Wert d. Lsg. im Syst. $Na_2B_4O_7/Na_2C_5H_6O_7/H_2O$ 10-0570; spektrophotometr. u. potentiometr. Best. d. Konst. d. sauren – einiger Seltenerdmetallgluconate 11-0616; Aciditätsfunkt. in stark bas. Medien (Rk. v. vier aromat. Nitroverb. in methanol. Na-Methylat) 12-0932; Unters. d. pH-Wertes d. fl. Phase: d. Syst. $Th(NO_3)_4$/o-Phthalsäure 17-0802; in d. Syst. $Th(NO_3)_4$/Na-Glykolat/W. u. $NaNO_3$/NaOH/Na-Glykolat/W. bei *25°* 17-0803; Basizitätskonst. v. Ferrocenylaminen 21-0582; selektive Protolyse v. organ. Al-Verb. d. Typs $R_2Al-CR'=CHR''$, $R_2Al-N=CHR'$ u. R_2Al-NR_2 mit Acetylaceton 23-0737; Säurefunkt. v. K-Methylat in konz. methanol. Lsg. 24-0930; Chelate v. Ge(IV) mit Tropolon, Maltol, Lawson u. Trichlorhydroxy-p-benzochinon u. – -Konst. d. in sehr stark saurem Medium entstehenden konjugierten Säuren 25-0576; Unters. d. – d. Syst. NaOH/Trihydroxyglutarsäure/W. bei *25°* 27-0555; pH-Wert einer Kaliumhydrogenphthalat/KCl-Standardlsg. in Methanol/W.-Misch. 39-0578; Deprotonier. v. $[Rh(en)_3]J_3$ mit KNH_2 in fl. NH_3 zu $[Rh-NH-CH_2CH_2 \cdot NH_2(en)_2]J_2$, $[Rh-(NH-CH_2CH_2NH_2)_2(en)]J$ u. $[Rh-(NH-CH_2CH_2NH_2)_3]$ 40-0739; Aciditätskonst. in wss. $NaClO_4$-Lsg. v. $(CH_3)_3Sn^+$, $(C_2H_5)_3Sn^+$, $(CH_3)_2Sn^{2+}$, $(C_2H_5)_2Sn^{2+}$ u. $(C_3H_7)_2 \cdot Sn^{2+}$ 43-0564; – -Konst. v. Imidosulfamid, K- u. Ag-Imidosulfamid u. Trisulfimid 46-0590; IR-Spektren u. Debye-Diagramme v. deprotonierten Tris-[äthylendiamin]-osmiumhalogeniden 47-0725; pH-metr. Best. d. Syst. Ln^{3+}/Weinsäure/KOH im sauren Bereich 51/52-0529; Gleichgew. bei d. Neutralisat. v. Dichlordimethylstannan durch Na_2CO_3 oder K_2CO_3 in wss. Lsg. bei *25°* 51/52-0543.

Organische Verbindungen

Best. d. Basenstärke schwacher organ. Basen 1-0949; Säurestärke v. KW-Stoffen (Übersicht) 7-0994; Basizität v. ungesätt. Verb. 12-0845; Einfl. d. Temp. auf d. pK-Werte organ. Basen 12-0933; hochacide KW-Stoffe (Tris-[$\beta.\beta$-diphenylvinyl]-methan) 17-0966; wechselseit. Elektronenakzeptorfunkt. konjugierter aromat. Syst. 22-0879; Übertrag. polarer Effekte bei – bei *23* Aryl- u. Alkylsyst. 22-0886.

Basizität v. substituierten Bicyclo-[2.1.1]-hexanen 24-0928; CH-Acidität v. KW-Stoffen in d. Tricyclo-[2.1.1.$0^{5,6}$]-hexan u. in d. Tricyclo-[1.1.1.$0^{4,5}$]-pentan-Reihe 49/50-0789; Unters. in d. Phenanthridinreihe (pK_a-Werte) 1-0946; Basizität v. Vinyl-, Phenyl- u. Styrylpyridinen 7-0893; Einfl. v. pH, N-ständ. Rest u. Metallionen auf d. CH-Acidität v. Thiazoliumsalzen 10-1401; – -Konst. heterocycl. Verb. (Cinnoline) 12-0931; pK_a-Werte d. Monobromacridine 13-0890; konjugierte Säuren v. 2.5-Dimethylpyrrol 14-1001; Protonier. v. Indolen (Basizitätsunters., Abhängigk. d. Aciditätsfunkt. v. d. Indikatorstruktur) 19-0953; Einfl. d. pH-Wertes auf d. Absorpt.-Spektren d. Chloride v. Pelargonidin, Delphinidin u. Malvinoxid 21-1008; – -Konst. v. 5-substituierten 1-Phenylpyrazolen 23-0928; Änder. d. pKa'-Werte v. Tetracyclinen in Dimethylformamid/W.-Lsg. 29-0905; Basizität u. Reaktivität bei d. kation. Polymerisat. cycl. Äther 30-1126; Basizitätskonst. v. überbrückten 2.2'-Dichinolylen sowie d. polarograpn. Halbstufenpotentiale ihrer Cu(I)-Komplexe im Vgl. mit 2.9-Dimethyl-1.10-phenanthrolin 31-0594; Protonier. v. Indolizinen 32-0877; Aciditätskonst. verschiedener 2-Phenylacridine 33-0965; pKa-Werte v. Triazaindenen (Diazaindolizine, Stell. d. Protonier.) 36-0915; Einfl. d. räuml. Orientier. u. d. Polarität d. Substituenten auf d. Basisizität. d. Deriv. v. Dekahydrochinolin u. Piperidin 40-0922; Säure- – -Konst. v. Pyridinium-Ionen 46-0879; protolyt. Gleichgew. u. Rk.-Geschw.-Konst. v. 2-Pyridin-Grün in wss. Lsg. 48-0869; Geschw. u. Gleichgew. d. Rk. d. N-Cyanchinolinium- u. -isochinolinium-Ionen in verd. wss. Säuren (Wrkg. einiger Salze auf d. Aciditätsfunkt.) 51/52-0880.

Thermodynamik d. Protonier. v. Triäthylendiamin, Triäthylamin, Trimethylamin u. NH_3 in wss. Lsg. 1-0947; ster. Einfl. auf d. – v. Nitroverb. 1-0948; polarograph. Unters. d. Kinetik u. d. Mechanismus oder protolyt. Rk. d. tautomeren Nitro-aci-Nitro-Umwandl. v. Nitrocyclohexan 4-0934; Basizitäten v. isomeren Aminophenanthrenen u. Aminotriphenylenen 5-1005; Versagen tert. aromat. Amine als Hammett-Basen 6-0925; Berechn. d. wahren – -Konst. sowie Aktivitätskoeff. d. Ionen AH^+ u. AH_2^{2+} aus d. scheinbaren – -Konst. d. Histamins im K_2SO_4-halt. Medium bei verschiedenen Ionenstärken 7-0619; Unters. v. Protonenaustauschrk. substituierter Aniline in Trifluoressigsäure (Kinetik) 7-0996; – -Konst. d. sechs Aminobenzo-[c]-phenanthrene 7-0997; – -Konst. einiger Naphthyl- u. Acenaphthenamine u. deren Dimethylderiv. 8-0954; Einfl. ster. Faktoren auf d. – v. 4-Nitropyridinen 8-0955; elektr. Leitfähigk. einiger einfacher aliphat. Amine (Einfl. geringer Mengen W.) 8-0961; Protonier.: v. Hydrazinderiv. 12-0873; d. m-Dimethylaminophenylazoazulens 13-0964; Verh. kleiner Mengen v. Nitromethan in wss. Schwefelsäure- u. Salzsäurelsg. 18-0862; Basizitätskonst. v. 3.3'-Diaminodipropylamin u. Vgl. mit d. v. 2.2'-Diaminodiäthylamin 22-0556; Dissoziat.-Gleichgew. v. Alkalihydrogensulfaten, $(CH_3)_2COH^+$ u. $(C_6H_5)_2 \cdot NH_2^+$ 23-0604; pK-Werte v. Hexanitrodiphenylamin in Lsg. 24-0926; Bezieh. zwischen Indukt.-Effekt u. – -Konst. in d. Reihe geminaler Dinitroverb. 27-0914; Absorpt.-Spektren u. Aciditätskonst. v. Anilinoradikalen 27-0983; Säure–Base-Gleichgew. v. Azobenzol u. Azoxybenzol 31-0872; pK d. angeregten Zustands ($\Delta\nu$–σ-Bezieh. für Phenylhydrazone, Phenol, Azo- u. Azoxybenzolderiv.) 31-0873; spektrophotometr. bestimmte – -Konst. v. Alkylamino-symm.-triazinen 31-0875; – -Konst. v. substituierten Phenylhydrazinen 31-0876; Übertrag. v. Elektroneneffekten v. Substituenten auf d. pK_a-Werte in aromat. Syst. durch d. Azomethingruppe 32-0928; Alkalikonst. v. Äthylendiamin 33-0966; Substituenteneffekte auf d. Acidität aromat. Amine 35-0938; Basizität v. $NH_2 \cdot (CH_2)_3N^+(CH_3)_3$ u. v. $NH_2(CH_2)_2N^+(CH_3)_3$ 42-0525; K_D/K_H d. Basen- – v. Mono- u. Dimethylamin 44-0906; Basizität v. Nitroverb. 45-0874; – u. Protonenaustausch v. Aminen in Essigsäure (Kinetik u. Gleichgew.-Eig. v. Methylaminlsg.) 47-0841; (Struktureffekt auf d. Rk.-Fähigk. u. Rk.-Mechanismus) 47-0842.

Säurestärken in n-Butyl- u. Isobutylalkohol 1-0950; thermodynam. Ionisat.-Konst. v. p-Halogenphenolen 1-0951; Aciditätsfunkt. für Amine u. Alkohole 3-0631; Protonenübertrag. v. 2.6-Di-tert.-butylphenol auf Piperidin in wss.-organ. Lsgm. 3-0977; thermochem. Unters. über d. Lsgm.-Syst. W./Äthanol u. W./Methanol (Ionisier.-Wärme v. W.) 5-0610; – -Konst. v. Trifluormethylcarbinolen 8-0956; thermodynam. Konst. d. – -Prozesse durch spektrophotometr. Meth. (m-Halogenphenole) 16-0896; – -Konst. v. sechs Dichloranilinen u. d. sechs Dichlorphenolen in wss. Lsg. *25°* 24-0929; Unters. d. Bezieh. zwischen d. Strukturen u. pK-Werten d. Alkylphenole 24-0931; Unters. d. pK_a-Werte v. Brenzcatechinaminen 24-0932; Abhängigk. d. Acidität v. d. Protonier. d. C bei Phloroglucin u. seinen Methyläthern 28-0919; Indikator-Aciditäten v. Dioxan–W.–HCl-Syst. (Medien für d. Kondens. v. Silandiolen) 31-0666; – -Konst. einiger 2-substituierter Deriv. v. 2.2-Dinitroäthanol in W. 31-0877; prototropes Gleichgew. u. Fluoreszenz einiger 8-Hydroxychinolin-Deriv. 33-0899; spektrophotometr. Best. d. – -Konst. v. Hydroxytriazinen u. Substituenteneffekte auf d. pK-Werte 35-0940; pH-Abhängigk. d. schnellen Protonenaustausches in d. freien Radikal $\cdot CH_2OH$ 36-0916; Vgl. d. Elektronendonatoreig. aliphat. u. cycl. Äther bei d. Wechselwrkg. mit CH_3OD 39-0924; Dianionbldg. v. 2- u. 6-Hydroxypteridin in wss. alkal. Lsg. 41-0941; Protonier. v. Methanol u. Isopropanol unter verschiedenen Beding. 42-0873; Basizität v. Methanol u. Propanol-(2) durch Raman-Spektrophotometrie 43-0871; Basizität v. Alkoholen u. Äthern 45-0875; spektrophotometr. Best. d. – -Konst. v. Phenol 47-0843; spektrophotometr. Best. d. Säure- – -Konst. v. 3-Hydroxypyridin 47-0844; Lsgm.-Effekt auf d. Säure/Base-Kinetik d. angeregten Zustands v. β-Naphthol 48-0865.

– -Konst. u. Verh. in Lsg. v. Rubeanwasserstoff u. v. N.N-Bis-[2-hydroxyäthyl]-rubeanwasserstoff 6-0625; Säure/Basen-Wechselwrkg. u. – -Gleichgew. in d. tern. Syst. Dimethylsulfat/H_2SO_4/W. 9-0643; – -Konst. v. 3-Brom-8-mercaptochinolin 11-0942; Protonier. einiger Aminobenzthiazole 12-0934; Thermodynamik d. – einiger Mercaptane in wss. Lsg. 16-0897; Basizitäten v. Methylmercapto- u. Phenylmercaptoanilinen 16-0898; Bezieh. zwischen ν(SH) u. – -Konst. v. Thiophenolen 23-0856; Unters. d. Säure/Base-Eig. d. Küpensäuren v. Indigo u. Thioindigo 34-0944; – -Sequenz v. Hypoxanthin u. 6-Mercaptopurin 48-0867; H-Bind. u. – v. einen Phosphorylsubstituenten in einer d. Alkylgruppen enthaltenden Trialkylaminhydrobromiden 5-0999; Verdräng.-Unters. u. Protonkernmagnet. Resonanzunters. d. relativen Basenstärke d. Dimethylaminophosphine mit Triäthylboran 15-0798; Best. d. pK_a-Werte v. prim. u. sek. Phosphinen bzw. Arsinen 16-0684; Protonier. v. Arsenazo III-Reagenz in konz. $HClO_4$- u. H_2SO_4-Lsg. (Absorpt.-Spektren) 25-0574; Einfl. d. Isomerenverhältnisses u. d. Acidität v. Tolylendiisocyanat auf dessen Reaktivität im Nicht-Lsgm.-Syst. 6-0973, 6-0974, 6-0975; – -Konst. d. Diäthyldithiocarbaminsäure in W. 14-0616; Gleichgew. in Lsg. v. Cyanursäure u. deren Cl-Deriv. 15-0923; Synth. u. – -Konst. d. Dithiocarbamidsäure durch Rk. ihres NH_3-Salzes mit konz. HCl 18-0689; – -Konst.: d. Morpholindithiocarbaminsäure 41-0942; d. Thiomorpholindithiocarbaminsäure 41-0943.

– -Konst.: einiger o-substituierter Guajacolderiv. 6-0926; einiger Tropolone 8-0607; einiger Trihydroxyfluoronderiv. 8-0957; Abhängigk. d. pK_a-Werte v. Acetophenonderiv. v. d. Konformier. d. Seitenkette 9-0904; Basizitäten v. aromat. Carbonylverb. 13-0966; Substituenteneffekte auf d. Carbonylfrequenz u. d. Basizitäten v. Carbonylverb. 23-0862; Bldg. d. stabilen 1.3-Dihydroxy-2.4-diphenylcyclobutadiendikations durch Ionisier. eines α-Bromketons 23-0899; – einer Reihe v. substituierten Pyrrolidindionen-(2.5) 24-0935; thermodynam. Größen d. – v. wss. Hydroxybenzaldehyden u. Vanillinen 25-0903; protonierte Carbonylgruppen (γ-Pyridonsalze) 25-0916; spektrophotometr. Best. d. pK-Wertes v. β-Diketonen 32-0926; Gleichgew. v. substituierten Semichinonen bei hohem pH 32-0927; spektrophotometr. Best. d. – -Konst. v. m- u. p-Acetylphenol 40-0923; Säure- – -Konst. einiger Monothio-β-diketone [v. 4-Mercaptopenten-(3)-on-(2), 3-Mercapto-1.3-diphenylpropen-(2)-on-(1) u. 1.1.1-Trifluor-4-mercapto-4-(2-thienyl)-buten-(3)-on-(2)] 47-0558; Protonier. v. Aceton in wss. Mineralsäurelsg. 47-0833.

Säureeig. v. F enthaltenden Alkoholen, Hydroxylaminen u. Oximen 1-0952; Aktivier.-Energien v. Protonenübertrag.-Rk. (Di- u. Trimethylammoniumlsg.) 6-0967; saure – -Konst. v. 6-Thioguanin 29-0579; – -Konst. d. Salicylidenaminoguanidins 36-0917; Addit. v. Protonen an Schiffschen Basen v. p-Phenylazoanilin (tautomeres Gleichgew. zwischen d. Azonium- u. Ammoniumarten) 40-0924; – v. Benzylammonium-Ionen 46-0882; Acidität einiger substituierter Acetonitrile 3-0976; relative Basizitäten v. Nitrilen, Aceton u. W. als Lsgm. 11-0943; – -Konst.: v. Methylalkylketoncyanhydrinen 24-0934; d. Cyanhydrine v. Alkylcyclohexanonen 26-0947; v. Acetophenoncyanhydrinen 32-0860; Basenstärke u. chem. Verh. v. Nitrilen in H_2SO_4 u. Oleum 45-0876.

– : einiger Säuren in D_2O 1-0953; v. $D_{(3)}$-Essigsäure in wss. Lsg. u. verwandte Isotopeneffekte 2-0973; v. Benzoesäure bei Temp. v. *25 – 90°* 2-0974; v. Essigsäure in D_2O (pD-

philen Substitut. (Einfl. d. Solvatat. u. d. Ionenpaarbldg. auf d. nucleophile Reaktivität v. Halogenid-Anionen) 46-0884; Anwend. d. pH-Potential-Diagramme zur Charakterisier. einiger Zechstein-Cu-Lagerstätten 47-0739; Anwend. d. pH-Potential-Diagramme für d. Best. d. Vorkommensweise v. Spurenelementen in einigen ökonom. Minerallagerstätten 47-0740; Ermittl. d. Säure-Basen-Zustandes v. Blut 47-1919; Best. v. pH-Werten v. Salben 49/50-1573.

Dissoziation in nichtwäßrigen Lösungsmitteln

—-Unters. in Lsgm. mit hoher DK ($MgSO_4$ als nichtassoziiertes Salz in N-Methylformamid) 8-0620; Leit.-Ströme in nicht wss. aus nichtleitenden Komponenten gebildeten Syst. 9-0641; —-Unters. in Lsgm. mit hoher DK (elektr. Leitfähigk. v. Magnesiumsulfat in Dioxan/Formamid-Misch. bei *25°*) 10-0608; (elektr. Leitfähigk. einiger 3—3-Komplexsalze in Formamid bei *25°*) 10-0609; (Überführ.-Zahl v. KCl in Formamid u. N-Methylacetamid) 16-0574; Säure–Base-Funkt. in nicht-wss. Lsg. (Einfl. d. Kettenlänge u. d. Freih. d. Ringrotat. auf Säure–Base-Eig. einiger N-Basen in Chlorbenzol) 31-0874; H-Funkt. für verschiedene Lsgm.-Syst. 35-0937; Elektrodenpotentiale in geschmolzenen Syst. (Mess. d. Kationenkonz. in geschmolzenen Salzen mit Hilfe v. Glasmembranelektroden) 44-1796; Protonenübertrag. in dipolaren aprot. Lsgm. (Übertrag. auf Fluorenyl- u. Tritylanionen in Dimethylsulfoxidlsg.) 46-0878; Analyse d. Säure–Base-Gleichgew. in nicht-wss. Medium 51/52-0541.

Basizität v. NO_3^- in nicht-wss. Lsgm. 3-0633; —-Konst.: einiger substituierter Ammoniumrhodanide in verschiedenen Lsgm. 29-0902; v. Anthrahydrochinonen in nichtwss. Medien 4-0936; ΔpK-Werte v. Carbonsäuren in verschiedenen Lsgm. 23-0929; — v. Tritylperchlorat in einigen nichtwss. Lsgm. 34-0943.

Kryoskop. Unters. d. — v. geschmolzenen u. in $BaCl_2$ gelöstem Kryolith 8-0622; anod. Chronopotentiometrie d. Nitritions an ox. Pt-Elektroden in äquimolaren $NaNO_3/KNO_3$-Schmelzen (Bldg. v. NO_2^+ durch Säure–Base-Rk. nach Zusatz starker Säuren) 10-0635; — v. Ag_2SO_4, Tl_2SO_4 u. $ZnSO_4$ in Nitratschmelzen 18-0549; Best. d. Gleichgew.-Konst. in wasserfreier Perchlorsäure 31-0560; thermodynam. —-Konst. v. AgF u. TlF in HF bei *0°* 33-0563; Ionisat.: v. CrF_3 u. BaO bzw. NiO in NaCl-, KCl-, NaF-, KF-, NaCl–CrF_3-, NaCl–KF–CrF_3- u. KF–KCl–CrF_3-Schmelzen 37-0780; v. CuO in KCl-, NaCl-, KF-, NaF-bzw. CrF_3-Schmelzen bzw. v. CrF_3 in KF-Schmelzen 38-0770; d. Cr-Fluorids u. d. Ce-Oxids in verschiedenen Alkalimetallfluorid- u. -chlorid-Schmelzen 42-0707; Assoziat.-Konst. in geschmolzenen Gemischen v. Nitraten ein- u. zweiwert. Metalle [Silberchlorid in Gemischen v. KNO_3 mit $Ca(NO_3)_2$ oder $Sr(NO_3)_2$] 48-0556.

H-Funkt. in Na-Methylat enthaltenden Methanol 11-0964; Einfl. d. —-Grades v. LiCl, NaJ, $ZnCl_2$ u. CdJ_2 auf d. Komprimierbark. v. Methanol/höhere Alkohol-Lsg. 12-0603; —-Konst. v. LiBr, KJ u. $[(C_4H_9)_4N]Cl$ in wasserfreiem Aceton 13-0626; Best. d. DK u. Leitfähigk. an Lsg. v. Al_2Br_6 in Bzl., Toluol oder Mesitylen 15-0808; —-Konst. d. Polystyrol$^-$–Na^+-Paares bei d. Living-Polymerisat. v. Styrol in THF 15-1145; Stabilität d. Acetate v. Tl, Li, NH_4, Ba, Hg, Pb, Co, Cu u. Ni in einer wasserfreien Misch. v. *95%* Essigsäureanhydrid, *5%* Essigsäure u. 10^{-1}m-$NaClO_4$ 18-0539; — v. Triäthylamin-bis-[tetrahydridoborat]-alan in THF 18-0697; Best. d. —-Konst. u. d. Radien d. solvatisierten Alkalimetall- u. Halogen-Ionen in dipolaren Lsgm. (DMS, DMF, Sulfolan, HMPT u. Äthylenglykolcarbonat) 19-0734; abs. pK-Werte v. Säuren u. Ag-Salzen sowie pH- u. pAg-Skala in Äthylendiamin 20-0568; Best. d. Basizität v. $^1/_2\ P_2O_5\cdot 8\ WO_3\cdot 2\ V_2O_5$, $^1/_2\ P_2O_5\cdot 10\ WO_3\cdot V_2O_5$ u. $^1/_2\ P_2O_5\cdot 12\ WO_3$ durch Titrat. mit KOH in Glykol/Butanol *1 : 3* 20-0571; potentiometr. Unters. d. Protonenübergangs in abs. Methanol 20-0914; Einfl. d. Heterokonjugat. auf konduktometr. Säure–Base-Titrat.-Kurven v. 3.5-Dinitrobenzoesäure in Acetonitril 20-0915; Best. d. pK_a-Werte v. β-Diketonen u. ihrer Komplexe mit Alkalimetallionen in wasserfreiem Methanol u. A. 22-0565; Vorhersag. chem. u. elektrochem. Rk. in einem Medium mittleren —-Grades (Säure–Basen-Eig. d. Lsgm. Acetanhydrid/ *5%* Essigsäure/10^{-1}m Natriumperchlorat) 29-0584; starke Salzeffekte auf d. — u. d. Mechanismus in Aceton u. Äther 29-0903; elektrolyt. — v. $AlCl_3$ in Nitrobenzol 30-0536; Walden-Prod. u. Ionenassoziat. v. NaBr u. $[(C_4H_9)_4N]Br$ in Methanol 33-0645; Assoziat.-Konst. v. $[(C_2H_5)_4N]ClO_4$ in Acetonitril 33-0646; Best. d. —-Konst. v. Ferrocencarbonsäure durch potentiometr. Säure/Basen-Titrat. in Dioxan 34-0601; — im nicht wss. Lsgm. (Anilin u. N-Methylanilin in Aceton) 35-0939; Protonier. v. Tris-[8-hydroxychinolinato]-eisen(III) durch Acetylchlorid in Eisessig 39-0740; Best. d. —-Konst. substituierter Benzoesäuren in Dioxan u. substituierter Phenole in A. 40-0551; Einfl. mol. Säure–Base-— v. Salzen auf d. Konduktometrie-Titrat.-Kurven in Acetonitril 42-0871; potentiometr. Best. einiger —-Konst. v. Phenolen u. Säuren in N.N-Dimethylformamid 42-0872; Thermodynamik d. — v. Fluorenyllithium, -natrium- u. -cäsium in THF 45-0555.

Bibliographie

Messung des pH-Wertes B 62; Ionic equilibria = Intl. ency. of phys. chem. and chem. physic. Topic *15*: Equilibrium properties of electrolyte solutions, vol. *3* B 51; Le pH et sa mesure B 69.

Dissoziationsenergie s. unter *Reaktionsenergetik und -Gleichgewichte.*

Dissoziationsenergie von Bindungen s. unter *Valenz.*

Dissoziationsreaktionen

Fragmentier. im Massenspektrometer s. unter *Massenspektroskopie*; photo- u. strahlenchem. — s. unter *Photochemie und Strahlenchemie*; — in Flammen s. unter *Verbrennung und Flammen*; hydrolyt., oxydative, reduktive bzw. solvolyt. Spaltungsrk. s. unter *Hydrolyse*; *Oxydation*; *Reduktion* bzw. *Solvolyse*; Hydrogenolyse s. unter *Hydrierung*; Ozonolyse s. unter *Oxydation*; s. auch *Spalten.*

Dissoziat. v. schwing.-angeregten Teilchen 1-0642; monomol. Zers. (Kinetik) 2-0686, 13-0688 bis 13-0690, 29-0662; Nichtgleichgew.-— (Rückführ. auf eine äquivalente Diffus.-Gleich.) 3-0699; Dissoziat.-Kinetik (Nichtgleichgew.-Effekte) 5-0707; Dissoziat.-Geschw. Konst. (Einfl. d. Zweierstoßes) 6-0169; Niedrigtemp.-Pyrolyse 7-1033; therm. Zers.: v. festen Substanzen (Klassifikat.) 10-0714; v. Festkörpern (Einfl. d. Krist.-Größe u. Krist.-Form) 24-0710; Mol.-Dissoziat. (Kinetik, Quanteninterpretat.) 25-0664; —: v. Krist.-Hydraten 31-0672, 31-0673; stoßinduzierte Dissoziat. (Energieabhängigk. d. Querschnitte) 31-0888; Zerfallsrk. (Unters. mit d. Meth. d. adiabat. Kompress.) 32-0673; —: v. einfachen Gasen an Metalloberflächen bei sehr niedrigen Drücken 38-0677; v. Krist.-Hydraten (Aktivier.-Energie) 44-0661; v. zweiatom. Mol. (Geschw.-Gleich.) 45-0616; v. Wärmeschutzmaterialien im heißen Gasstrom 46-0678; v. zweiatom. Mol. bei hohen Temp. 47-0617; Dissoziat.-Geschw. (Abhängigk. v. d. Beding. d. Erwärm.) 46-0678; therm. Zers. v. festen Substanzen (Rolle d. festen Prod.) 47-0637.

—: v. H_2O_2 (in Ggw. v. $K_3[Fe(CN)_6]$, Kinetik) 2-0698; (katalyt. Aktivität d. violetten Ag-Sols) 5-0735; v. H_2 durch Elektronenstoß 8-0181; v. W.-Dampf im Stoßwellenrohr 8-0692; v. H_2O_2 (in Lsg., Mechanismus) 15-0750; (in homogenen alkohol. wss. Lsg.) 15-0751; (Mechanismus nach d. Isotopenmeth.) 17-0724; (in Ggw. v. Co-Komplexen) 17-0725; (katalyt. Eig. v. vulkanisiertem Anilinschwarz) 24-0730; (in Ggw. v. Co^{3+}- u. Na^+-Ionen) 25-0669; (an aschefreier Zuckerkohle, Kinetik) 29-0704; (an γ-bestrahltem NiO) 43-0654; (an Cu-Katalysatoren) 43-0655; (an Mn_2O_3-Oberflächen) 48-0638; (katalyt. Aktivität d. Metalle d. Pt-Gruppe) 48-0641; [an Na_2WO_4 u. $Mg(NO_3)_2$] 48-0699.

—: v. NO an Al_2O_3, CaO, ZrO_2, ZnO u. Ga_2O_3 (Analyse d. präexponentiellen Faktors) 2-0729; v. N_2O (in Ggw. v. NiO) 4-0671 bis 4-0673; (an Mischkatalysatoren aus NiO u. MgO) 5-0737; (an Cr_2O_3/Al_2O_3-Katalysatoren) 5-0738; v. NO_2 an CuO/Al_2O_3- u. CeO_2/Al_2O_3-Katalysatoren 6-0750; v. Hydrazin hinter Stoßwellen 8-0696; v. N_2O (an NiO-Katalysatoren) 12-0723; (an Drähten aus Pd/Au-Leg.) 12-0724; v. NO an Pt 13-0571; v. N_2O (Nieder- u. Hochdruckbereich d. unimol. Rk.) 14-0747; v. NO (katalyt. Aktivität v. Metalloxiden d. 4. Periode) 15-0778; v. N_2O auf NiO–MgO u. verwandten Festkörperlsg. 18-0662; v. HN_3 (theoret. Analyse) 19-0690; v. NH_3 an Katalysatoren (Aktivier.-Wärme) 20-0668; v. NO_2 (im Stoßrohr) 23-0694; v. N_2O (in d. elektr. Entlad.) 24-0670; (an Ge-Spaltflächen, Kinetik) 24-0726; v. N_2 (Stoßrohrunters.) 28-0630, 28-0631, 32-0510; v. NH_3 an red. promotierten Fe-Katalysatoren (Mechanismus) 33-0759; v. HNO_3 in fl. Phase (Kinetik) 34-0681; v. NH_3 (an einem Fe-Katalysator, Geschw.) 34-0704; (an Fe, Wrkg. d. Alkali-Promotors) 34-0706; v. N_2 mit Stoßwellen (Geschw.) 37-0668; v. NH_3 (an Pt bei tiefen Drücken, Kinetik) 38-0695; (Geschw.) 44-0664; (an Fe, Unters. mittels Sekundäremiss.-Technik) 45-0648; (Einfl. d. elektr. Feldes auf d. Katalyt. Aktivität) 49/50-0650; (Hemmwrkg. v. H_2 auf d. Geschw.) 51/52-0615.

—: v. N_2F_4 u. OF_2 (Kinetik) 5-0709; v. NF_2 hinter Stoßwellen 5-0710; v. HF in Stoßwellen (Kinetik) 5-0712; v. $HClO_4$ (Einfl. d. Konz.) 6-0726; v. ClO_2 in wss. Lsg. (Kinetik) 12-0695; v. Bromaten 15-0791; v. F_2 29-0672; v. Hydraziniumperchlorathemihydrat 33-0746; v. F_2 (Geschw.) 37-0669; v. HCl (Geschw.) 47-0620.

—: v. Sulfaten u. bas. Sulfaten 3-0285; v. Orthotellursäure 16-0669; v. Peroxodisulfat in saurem Medium (Mechanismus) 18-0625; (Isotopenunters.) 18-0626; v. Hydraziniumsulfat durch Fe_2O_3 (Kinetik) 33-0747, 46-0693.

—: v. B_9H_{15} u. B_8H_{12} (Kinetik) 1-0693; v. Cyansäure 4-0650; v. B_2H_6 (Mechanismus u. Kinetik) 6-0712; v. Carbonaten 8-0559; v. CO_2 in stillen elektr. Entlad. (Kinetik) 15-0733, 31-0658; v. CO (Abhängigk. d. Geschw. v. d. Temp.) 15-0780; v. Boranen 24-0672; v. BH_3PF_3 u. analogen Verb. (Kinetik) 24-0673; v. C_3O_2 (Kinetik, Einfl. v. CO-Zusätzen) 24-0704; v. Tetraboran(10) 29-0719; v. CO_2 bei hohen Drücken in Stoßwellen 33-0721; v. Monosilan 33-0769; v. CO in stillen elektr. Entlad. 37-0671; v. SiH_4 (Kinetik) 37-0672; v. CO_2 in stillen Entlad. (Mechanismus) 39-0648, 40-0620; v. BH_3CO in Ggw. v. Triäthylamin (Kinetik) 42-0613; v. CO_2 (Geschw.) 47-0619; v. linearen Si-Polymeren bei *20—700°* 49/50-0692.

—: v. Metallkomplexen 5-0830; d. Oxidchloride u. Oxidhydrate v. einigen Metallen 24-0795; v. Komplexen in mit zweiwert. Beimeng. dotierten Alkalimetallhalogenidkrist. 29-0305; v. Metallhydroxiden 31-0679; v. Metallkomplexen 42-0635; v. komplexen Aminen (Kinetik) 42-0636.

—: v. NH_4ClO_3, NH_4BrO_3 u. NH_4JO_3 (Kinetik) 2-0694, 27-0683; v. NH_4NO_3 (Indukt.-Periode) 3-0713; v. wasserfreiem $LiJO_3$ (Mechanismus) 3-0714; v. Na_2CS_4 4-0697; v. K_2HPO_4 5-0723; v. NH_4F in wss. Lsg. (Wrkg. d. Drucks) 7-0584; v. $NaJO_3$–NaJ-Gemischen 9-0580; v. NaN_3 (Kinetik) 10-0715; v. $LiClO_3$ 13-0773; v. NaN_3 (Einfl. d. Fehlordn.) 16-0405, 30-0612; v. K- u. Na-Peroxocarbonaten 16-0689; v. NH_4HCO_3 (Einfl. d. W.-Geh. auf d. Geschw.) 18-0642; v. $KClO_3$ in Ggw. v. Misch. aus positiven Katalysatoren 18-0695; v. $KClO_4$ (Einfl. d. Dotier.) 22-0630; v. geschmolzenem KN_3 (Einfl. v. Salzen) 23-0689; v. NH_4ClO_4 (Mechanismus) 24-0689; v. NH_4ClO_4–$LiClO_4$-Misch. 24-0690; v. NO_2ClO_4 29-0709; v. NH_4ClO_4 (Kinetik u. Einfl. v. Al) 30-0611; v. NaN_3 31-0674; v. KN_3, NaN_3, CsN_3 u. RbN_3 (Aktivier.-Energien) 31-0708; v. $NH_4\cdot ClO_4$ (Einfl. v. Verunreinig.) 31-0675; v. NH_4NO_3 mit katalyt. Zusätzen 35-0645; v NH_4ClO_4 (Einfl. einer γ-Bestrahl. auf d. Geschw.) 42-0629; v. Li_2O_2 (Kinetik) 43-0650; v. Hydraziniumsulfat durch gealterte Fe-Oxide in alkal. Lsg. 46-0693; v. NH_4ClO_4 (Einfl. v. Verunreinig.) 47-0658.

—: v. wss. $Ca(HCO_3)_2$-Lsg. (Einfl. d. vorher. Einw. eines magnet. Feldes) 5-0786; v. $Ca(OH)_2$ (Kinetik) 7-0692; v. $Ba(OH)_2$ 13-0571; v. Calciumphosphat in Misch. mit SiO_2 18-0482; v. $CaCN_2$ (Kinetik u. Mechanismus) 19-0703; v. Calcit u. Magnesit bei konst. Temp. 19-1995; v. Calciteinkrist. 22-0631; v. Calcit 29-0692; v. Erdalkalimetallnitraten 29-0738; v. $SrCO_3$ im Gemisch mit $Sr_2P_2O_7$ (Geschw.) 31-0698; v. $CaCO_3$ (Kinetik) 39-0670; v. $Ca(OH)_2$-Krist. 42-0230; v. Erdalkalidithionaten (Kinetik) 31-0676.

—: eines Gemisches aus $CdCO_3$ u. $Cd(OH)_2$ in Ggw. v. H_2O (Einfl. v. ^{14}C auf d. Kinetik) 9-0718; v. $ZnCO_3$ (Kinetik) 10-0717, 17-0733, 17-0734; v. ZnO im O_2- u. N_2-Strom 22-0632; v. HgO im Vakuum 45-0639.

—: v. Ammoniumfluorceraten 1-0718; v. Alkalimetalloxochloroaluminaten 4-0706; v. Y- u. Seltenerdmetallbromidhydraten 6-0729; v. Er- u. Yb-Hydroxid 7-0755; d. bas. Ammoniumaluminiumsulfats 8-0750, 10-0718, 10-0719; v. $Al(JO_4)_3\cdot 12\ H_2O$ 11-0773; v. Tb-, Dy- u. Ho-Oxidhydrat 16-0710; v. $AlCl_3\cdot 6\ H_2O$ 24-0751; v. Böhmit in W.-Dampf- u. N_2-Atmosphäre (Kinetik) 30-0614; v. $Pr(CO_3)_2$ 32-0743; v. Bayerit 34-0728; v. $In(NO_3)_3\cdot 3\ H_2O$ 36-0701; v. Nd- u. Pr-Carbonat 37-0732; v. $Lu(JO_3)_3\cdot 3\ H_2O$ 43-0701; d. Perchlorate v. Seltenerdmetallen (Kinetik) 47-0640; v. wasserfreiem Al-, Sc-, Y- u.

(Kinetik) 36-0963; d. Diäthyläthers (Kinetik u. Mechanismus) 40-0968; v. Hydroperoxiden unter d. Einfl. v. Cu-Stearat (Kinetik) 41-0977; v. Jonolhydroperoxid über Radikale 41-0978; v. Methanol an dotiertem ZnO 42-0919; v. Cyclohexanformylperoxid (Kinetik u. Ausb. an freien Radikalen) 44-0963; v. 2.2-Dinitropropanol in wss. Puffern (Kinetik) 45-0919; v. Äthern an Al_2O_3 45-0920; v. Allyläthern 46-0941; v. Butylhydroxyanisol 46-1972; v. Bis-[2-hydroxy-3.5-dimethylbenzyl]-äther (Prod.) 48-1051; v. n-Butylalkohol (Einfl. d. Vergift. auf d. Selektivität v. Al_2O_3) 51/52-0614.

—: d. Diphenylsulfoxid–Bortrichlorid-Komplexes 1-0919; v. Alkylsulfoxiden 3-1019; v. S-Yliden (für Carbenzwischenstufen) 8-1068; v. 6-Chlor-2-methoxy-9-thiolacridin 18-0747; v. n-Octylmercaptan (Kinetik) 25-0986; d. Trimethylsulfoniumkations (Kinetik u. Mechanismus) 27-0956; v. substituierten Dibenzylsulfonen 37-1032; v. 1-Äthyl-1-äthansulfinylcycloalkanen 38-1043; d. 1.2.3-Benzothiadiazol-1.1-dioxids 47-0888; v. Sulfoxiden 51/52-0901.

—: v. Di-[isobutylamino]-phenylboran 2-0738; d. trimeren (Phenylphosphino)-phenylborchlorids 14-0790; v. 2.3-Dicarbahexaboran-(8) 17-0773; v. methoxysubstituierten Polysilanen 23-0715; v. $B_2H_2(CH_3)_4$ 31-0710; v. Phosphoniumhydroxiden (ster. Effekte) 36-0948; v. Silylhydroperoxiden in Lsgm. 48-0661.

—: v. CS_2 in einem Stoßrohr (Kinetik) 10-0693; v. Bis-(1-methylpercarbonatcyclohexyl)-peroxid (Kinetik) 12-0978; v. Harnstoff (Kinetik) 15-0968, 15-0969; v. 2-Alkylpseudouroniumfluoriden u. -fluoroboraten 15-1012; v. Bis-[1-alkyl(aryl)-percarbonatcycloalkyl]-peroxiden in Bzl. 28-0991; v. Harnstoff 38-2586*.

— v. ungesätt. Ketonen 6-0997, 6-0998, 36-0991; Decarbonylier. v. rac.- u. D(−)-3-Methyl-3-phenylvaleraldehyd (Kinetik) 9-0985; —: v. Formaldehyd an Pt-Katalysatoren (Kinetik) 10-1010; v. Tetracyclon 11-1009; Decarbonylier. v. n-Valeraldehyd durch Chloro-tris-[triphenylphosphin]-rhodium(I) 11-0794; —: v. Acetaldehyd u. Propionaldehyd in Ggw. v. Jod in d. Gasphase (Kinetik) 13-1014; v. Benzofuryloxyaceto- u. -propiophenonen 16-1026; v. Acetaldehyd (Kinetik u. Mechanismus) 18-0922, 18-0923; d. Tosylhydrazone v. α.β-ungesätt. Aldehyden u. Ketonen 25-1045; v. Formaldehyd in Stoßwellen 33-1018; v. 4-Methyl-4-methoxypentanon-(2) 45-0935.

—: v. Triphenoxymethylphosphoniumnitrat 14-0784; v. Dimethyl-[hydroxyaryl]-sulfoniumhalogeniden 21-1108; v. Dimethylphenacylsulfoniumsalzen 21-1109; v. [2-Cyanpropyl-(2)-azo]-formamid (Geschw.) 22-1042; v. α.α′-Azo-bis-[isobutyronitril] (EPR-Unters.) 35-0996; v. quart. Ammoniumverb. mit substituierten Äthylgruppen 36-1017; v. quatern. Ammoniumhydroxiden 38-1078; v. 2.2′-Azo-bis-[2-methylpropionitril] 43-0913; v. p-Nitrophenyläthyltrimethylammoniumjodid (T- u. ^{15}N-Isotopeneffekt) 45-0912; v. Ammoniumsalzen 51/52-0954, 51/52-0955.

—: v. Oxalaten 1-0612, 1-0613, 36-0667; d. Acetoacetate u. Carbäthoxyacetate v. sek., ungesätt. Alkoholen d. Δ^3-Cyclohexenreihe 1-1060; v. Benzoesäureallylestern u. v. 5-Methylen-2-phenyl-1.3-dioxan 2-1077; v. Trimethylaminbenzimid 3-1020; Decarboxylier. v. α-Halogen-β.β-diarylacrylaten (Variante d. Fritsch-Buttenberg-Wiechell-Umlager.) 4-1057; — v. Alkylazidoformiaten 5-1074; Decarboxylier. v. Isocitrat durch Isocitronensäuredehydrogenase (Stereochemie) 5-1294; —: d. Rk.-Prod. aus Bortrichlorid u. einigen Amiden 7-1034; v. Benzylestern 9-0980; Decarboxylier. v. Oxalessigsäure (Katalyse durch Anilin) 10-1011; —: v. Säureaziden 11-0992; v. Salzen d. Mellitsäure 14-0768, 17-0815; Decarboxylier.: d. Oxalessigsäure in W.–A.-Misch. (Metallionenkatalyse) 14-1046; v. α-p-Nitrophenyl-trans-zimtsäuren (Mechanismus) 14-1047; —: v. Acetat in d. Gasphase (Mechanismus) 16-0940; v. T-Ameisensäuren am Pt 17-1007; Decarboxylier. v. Oxam- u. Oxanilsäure in Anilin (Kinetik) 17-1009; —: d. Δ^2-1.2.3-Triazolin-4-carbonester (Chemismen) 18-0924; v. ungesätt. β-Hydroxyestern 18-0952; v. Ameisensäure (katalyt. Eig. v. Ag–Zn-Leg.) 21-0734; Decarboxylier.: v. β-Phenylzimtsäure (Kinetik u. Mechanismus) 21-1063; v. Salicylsäuren 21-1064; v. Carbonsäuren mit Pb-Tetraacetat über Carboniumionen 21-1079; —: v. β-Naphthoesäuretriphenylmethylester 24-0988; v. $^{14}C_{(1)}$-N-Acetyl-N-nitroso-1.2.2-triphenyläthylamin 25-0982; Decarboxylier. v. β-Resorcylsäure in Aminen u. Glykolen (Kinetik) 28-0992; — v. Chelidamsäuredialkylestern u. verwandten Estern 28-1123; Decarboxylier. v. Indolyl-(3)-essigsäure 28-1493; —: v. Malonsäure (H-Isotopeneffekt) 32-0977; v. Diazoessigester in Lsgm.-Gemischen (Kinetik) 32-0979; Decarboxylier.: v. Oxalessigsäure (C-Isotopeneffekte) 33-0978; v. Dihydroxyfumarsäure 33-1019; —: v. Äthyldiazoacetat (Einfl. v. Cu-Pulver) 34-1005; v. Trimethylaminobenzimid (Umlager. v. Curtius-Hofmann-Typ) 34-1006; Decarboxylier. d. Aminosäuren 34-1039, 34-1040; —: v. 2-Hydroxypolycarbonsäuren (Metallkatalyse) 35-0997; v. 1-Methylbuten-(3)-yl- u. 1-Methyl-3-oxobutylacetat 38-1002; v. Amiden (Kinetik) 38-1003; v. p-Nitrobenzoesäurekohlensäuremono-tert.-butylesteranhydrid 38-1037; Decarbonylier. v. Vinylcarbonsäureestern (Mechanismus) 41-0972; —: v. Essigsäure (^{13}C-Isotopeneffekte) 41-0979; d. Ameisensäure (Wrkg. v. verschiedenen Katalysatoren) 43-0660; Decarbonylier. v. Acylhalogeniden (Katalyse durch einen Rh-Komplex) 44-0772; Decarboxylier.: v. Buten-(3)-säure in d. Dampfphase (Kinetik) 44-0964; v. Phenylmalonsäure (Kinetik) 45-0922; v. Hexylthioacetaten 45-0923; v. aromat. L-Aminosäuren (Hemm. durch Decaboran) 45-1547; v. Cycloalkandicarbonsäuren-(1.1) (Kinetik) 46-0943; —: v. HCO_2H (Katalyse an Phthalocyaninen) 48-0639; v. N-substituierten γ-Aminobuttersäureestern u. N-substituierten Bis-[β-carbäthoxyäthyl]-aminen 48-0937; (an Halbleitern v. Zinkblendetyp) 49/50-0643; Decarboxylier.: v. α-Nitrophenylzimtsäuren 49/50-0929; v. N-substituierten Pyridincarbonsäuren (Kinetik) 51/52-0902.

—: v. Benzoylperoxid (Kinetik) 1-1005; v. Acetylperoxid in Lsg. (Kinetik) 8-1019; v. Hepten-(6)-oylperoxid in Toluol (Kinetik) 9-0979; v. Peressigsäure (in d. Dampfphase, Kinetik) 9-0981; (in aromat. Lsgm., Kinetik) 9-0982; v. Perestern (Nachbargruppenbeteilig., Kinetik) 9-0983; v. m-Nitroperoxybenzoesäure u. verwandte Peroxysäuren 12-0980; v. Acylperoxiden in Ggw. v. $AlCl_3$ 16-0702; v. Benzoylperoxid in Phenylcyclohexan 16-0937; v. tert.-Butylperthenoaten (Prod. u. Geschw.) 17-1008; v. Perestern (Übersicht) 21-1065; v. Acetylperoxid 22-0919; v. Dibenzoylperoxid 23-0937; (Wrkg. v. Nitrobenzol) 28-0990; v. β-Phenylisobutyrylperoxid (Mechanismus) 26-1006; v. tert.-Butyl-cis- u. -trans-α.β-dimethylpercinnamaten 37-0971; v. tert.-Butylperacetat in Ggw. v. 4-Vinylcyclohexen 38-0948; v. tert.-Butyl-cis- u. -trans-α.β-dimethylpercinnamat (Kinetik) 42-0921; v. n-Butyl-4.4-bis-[tert.-butylperoxy]-valerat 48-1050.

—: v. o-Sulfobenzoesäureanhydrid 1-1006; v. Isopropylnitrit 1-1007; v. Dimethylhydrogenphosphit (Kinetik) 4-0979; v. Imidodiphenyldiphosphonsäuretrichlorid 14-0789; v. p-Nitrobenzylphosphonsäure in Alkalien 20-0945; v. Isobutylschwefelsäure 23-0956; v. n-Butylphosphatestern u. -salzen 46-0740; v. Äthylnitrit 48-0900, 48-0901.

—: d. Äthylradikals (Kinetik) 12-0975; v. Cyclopentylradikalen 13-0916; d. zweiwert. Ionen v. Äthylen u. Acetylen 15-0938; v. chem. aktivierten D_1-Äthyl- u. D_3-Äthylradikalen 15-0940; v. sek.-Butyl- u. sek.-D_1-Butylradikalen 29-0950; v. chem. aktivierten sek.-Butyl-, D-, D_8- u. D_9-sek.-Butylsyst. 49/50-0859.

— v. Aldosen in verd. wss. Lsg. (Änder. d. UV-Absorpt.) 42-0809; Decarboxylier. v. Procain (Mechanismus) 47-0889.

—: v. Polystyrol (Mechanismus) 1-1169; v. Piperazinpolyamiden 1-1183; v. phenol. Polykondensaten (Mechanismen) 5-1232; v. Äthylen–Propylen-Copolymeren (Mechanismus) 9-1189; v. Polymeren (kinet. Parameter aus thermogravimetr. Daten) 11-1172; v. α-Cellulose (Einfl. v. Flammschutzstoffen) 11-1213; v. Kopf–Kopf-Polyvinyl- u. -Polyvinylidenchlorid 15-1174; v. Polyvinylchlorid (Einfl. v. Stabilisatoren) 16-1128; v. Naturkautschuk in verd. Lsg. 16-1129; v. Polypropylen (DTA-Unters., Kinetik) 17-1163; v. Harnstoff–CH_2O-Harzen in Ggw. v. Alkali 23-1153; v. Polymethylvinylketon u. seinen Acrylonitrilcopolymeren 24-1161; v. Polychloropren 26-1184; v. Polycarbonat 27-1146; v. Polypropylen (Katalyse durch Vinylpolymere) 28-1159; v. atakt. Polypropylen 30-1112; d. Polycarbonats v. 2.2-Bis-[4-hydroxyphenyl]-propan 30-1133; v. α-Polyoxymethylen (Kinetik) 34-1161; v. Kunstharzen 37-1148; v. F-halt. Polymeren 37-1157, 37-1158; v. chlorhalt. C-Kettenpolymeren (Mechanismus) 38-1166; v. Polyacrylsäuremethacrylsäureperanhydrid 40-1130; v. Polyacetalen durch BF_3-Ätherate 42-1098; v. isotakt. Polypropylen 43-1056; v. Polystyrol-α.ω-dipersäuren (Kinetik) 43-1061; v. Polymethylmethacrylat 43-1070; v. Treibstoffkomponenten (Geschw.) 48-3297; v. Polyvinylchlorid (Einfl. v. Benzophenonen) 51/52-1084.

Pyrolyt. Zers. v. Substanzen bei konst. Temp. (Vorr. für d. Unters.) 6-1931; Zers.-Kinetik v. Feststoffen (automat. Vakuumwaage zur Unters.) 8-1920; Pyrolysetechniken 9-1177; therm. Zers. (Durchström.-App. für Unters.) 19-1995; (thermogravimetr. Meth.) 49/50-1735.

Bibl.: Thermische und oxydative Pyrolyse der Brennstoffe und hochpolymeren Materialien (Mitteilungssammlung) [russ.] B 14; Thermische Zersetzung und Verbrennung von Sprengstoffen [russ.] B 16; Decomposition of solids B 3.

Dissoziationswärme, — bei elektrolyt. Dissoziat. s. unter *Dissoziation, elektrolytische*. — bei anderen Dissoziat.-Rk. s. unter *Reaktionsenergetik und -gleichgewichte*.

Distamycin, Isolier. aus Streptomyces 39-1071.

Distamycin A s. unter $C_{22}H_{27}N_9O_4$.

Distearin s. unter $C_{39}H_{76}O_5$.

Disthen s. unter *Aluminiumsilicate*.

Distilben [Diäthylstilböstroldipropionat] s. unter $C_{24}H_{28}O_4$.

Distiller's dried solubles, Wachstumsfaktoren v. — 26-1586.

Diston-Sulfoxid s. unter $C_8H_{19}O_3PS_3$.

Distraneurin s. unter C_6H_8ClNS.

Disulfide s. unter *Sulfide, organische*.

Disulfinblau VN 150 s. unter $C_{27}H_{34}N_2O_8S_2$.

Disulfiram s. unter $C_{10}H_{20}N_2S_4$.

Disulfoton s. unter $C_8H_{19}O_2PS_3$.

Disulfphine blue VN 150 s. unter $C_{27}H_{34}N_2O_8S_2$.

Di-Syston s. unter $C_8H_{19}O_2PS_3$.

Diterpene s. unter *Terpene*.

Diterpenoide s. unter *Terpene*.

Ditetracyclin s. unter $C_{62}H_{68}N_6O_{16}$.

Dithan(e) Z-78 s. unter $C_4H_8N_2S_4$.

Dithiaden s. unter $C_{17}H_{19}NS_2$.

Dithian s. unter $C_4H_8S_2$.

1.3-Dithiane, Darst. 15-1081, 33-3115*, 33-3117*; Protonenresonanzspektren 39-0886.

Dithianon s. unter $C_{14}H_4N_2O_2S_2$.

Dithiazanin s. unter $C_{23}H_{24}N_2OS_2$.

Dithiin s. unter $C_4H_4S_2$.

1.4-Dithiine, Darst. 17-1105.

Dithioäthylenglykol s. unter $C_2H_6S_2$.

Dithiobiuret s. unter $C_2H_5N_3S_2$.

Dithiocarbaminsäure s. unter CH_3NS_2.

Dithiocarbaminsäurederivate, Darst. 23-1099; Rk. 21-3319; Zers. 34-3182; Chlorier. 35-2742*; Komplexbldg. 43-2756*; Verw. 2-3167*, 10-3072*, 13-3064*, 16-3091*, 43-2755*.

Dithiocarbazinsäurederivate, Verw. 3-3162*.

Dithiodiglykolsäure s. unter $C_4H_6O_4S_2$.

Dithiokohlensäure s. unter CH_2OS_2.

Dithiokohlensäurederivate

Xanthogensäuren (*und Derivate*) s. dort.

Darst. 4-3031, 6-3166*, 25-2714*, 35-2737*.

Dithiol s. unter $C_7H_8S_2$.

1.2-Dithiolane, Darst. 4-1078; Ox. 16-1032.

1.3-Dithiolane, Darst. 33-3115*, 33-3117*, 47-2795*.

Dithiole, Dithiyliumcyanine 45-0988.

1.2-Dithiole

1.2-Dithiolane s. dort.

1.2-Dithiacyclopentene 46-0854; Darst. v. 5-Aryl-1.2-dithiolyliden-(3)-malonsäureestern 6-1051; synthet. Unters. in d. 1.2-Dithiolreihe 13-1114; Darst.: u. Verw. v. 1.2-Dithioliumverb. 14-2944*; v. 5-Aryl-1.2-dithiolthionen-(3) 19-1092; v. 4-Aryl-1.2-dithiothionen-(3) 23-1061; u. Verw. v. 1.2-Dithioliumsulfaten 24-2821*; u. Verw. v. 1.2-Dithiol-3-thionen 32-2722*; v. 3-[2-Hydroxyphenyl]-5-phenyl-— 33-1082; u. Umlager. v. 4-substituierten 5-Amino-1.2-dithiolthionen-(3) 33-1089; v. 4-p-Tolyl-3-arylimino-— 40-1037; Bldg. v. 1.2-Dithiolderiv. bei d. Willgerodt-Kindler-Rk. mit Propiophenonen 48-1017; Einw. v. Cl_2 u. Br_2 auf 5-Aryl-1.2-dithiolthione-(3) 6-1050; Rk. v. 5-Aryl-1.2-dithiolthionen-(3) mit Phenylacetylen 7-1115; Verw.: als photograph. Stabilisatoren [3.4-Dialkyl-5-thiono(oximino)-1.2-dithiacyclopentene] 9-3497*; als Zusätze zu Schmierölen [1.2-Dithiolthione-(3)] 20-2741.

1.3-Dithiole

1.3-Dithiolane s. dort.

Darst. v. 2-[p-Dialkylaminophenyl]-1.3-dithioliumhalogeniden (Farbstoffe) 45-2610*.

Dithiooxamid s. unter $C_2H_4N_2S_2$.

Dithizon s. unter $C_{13}H_{12}N_4S$.

Dithranol s. unter $C_{14}H_{10}O_3$.

Ditigloylteloidin s. unter $C_{18}H_{27}NO_5$.

Ditilin s. unter $C_{14}H_{32}N_2O_6$.

Ditox, Wirksamk. gegen d. Coloradokäfer 51/52-3044.

Herst. v. gefrittetem – 14-2401*; Flotat. v. MgO aus – mittels CO 19-2213; Abtrenn. v. – u. Magnesit durch Säurebehandl. 35-2285*; Herst. v. feuerfesten – -Steinen mit bes. hoher D. u. Temp.-Beständigk. 1-2415*; stabilisierte feuerfeste – -Steine 19-2339*; Herst. v. – -Formkörpern 24-2344*; feuerfeste – -Steine aus grobkörn., totgebranntem u. stabilisiertem – 27-2338*; Herst.: v. feuerfesten – -Gegenständen 33-2335*; v. Pigmentgemischen aus TiO_2 u. – 34-3096*; v. feuerfesten – -Massen 42-2220; v. hydratationsbeständ. Mörtel oder Steinen aus gebranntem – 46-2221*; hochfester – -Binder 46-2251.

Eig. v. Teer- – -Dauerfutter eines Thomaskonverters 37-2137; Einfl. v. Tonerdezusatz auf d. Eig. v. MgO-halt. – -Sinter (Fe-Hütt.) 37-2141; Veränder. d. Phasenzus. d. – -Auskleid. v. SM-Öfen 26-2477; Phasenbestand v. carbonisiertem Mörtel aus dolomit. Kalkstein 35-2221; Fixier. langleb. radioakt. Spaltisotope in geglühtem – 38-0859; Wachstum v. – -Krist. 42-0231; Schnell-DTA v. – in kontrollierter Atmosphäre 20-1862; Näher.-Berechn. d. Aktivitätskoeff. für d. Syst. Calcit/Dolomit 21-0839; O-Isotopen-Fraktionier. in dolomitführenden Syst. 22-0754; Flüchtigk. u. Glasurbldg. bei – als Ursache für Gasbldg. in keram. Scherben 28-2302; Adsorpt. v. Schwermetallionen durch – 7-0670; Auflsg. v. – -Körnern in Erstschmelzen 3-2301; Sinter. u. Hydratat.-Resistenz v. – -Magnesit-Klinker mit freiem Kalk 34-2396.

Herst. v. Mg durch Red. v. – mit Ferro-Si 1-2493; Einw. v. Na- u. K-Phosphatlsg. auf –, Calcit u. Gemische v. – u. Calcit 12-0839; Hydrothermalsynth. v. Montmorilloniten aus Kaolinit, Quarz u. – 13-0878; Herst.: v. Mg-Kalk-Salpeter aus – u. HNO_3 17-2172; v. MgO aus – u. Ablaugen d. Karnallitverarbeit. 19-2211; Mechanismus für d. Verdräng. v. – durch Magnesit 33-0825; Carbonisier. v. Mörtel aus ungelöschtem dolomit. Kalkstein 35-2220; experimentelle Magnesitbldg. aus – u. $MgCl_2$ 38-0871; Isotopenfraktionier. während d. Säureangriffs auf natürl. – 39-0772; Einfl. v. – auf d. NH_4NO_3-Zers. 4-2119.

Verw. v. – als Flußmittel in einem Festbettgenerator mit fl. Schlackenabzug bei Atmosphärendruck 11-2898; Einsatz v. dolomit. Filtermaterial in d. W.-Aufbereit. 10-2268; Verw.: v. *Decarbolith* zur Entsäuer. Fe- u. Mn-freier W. 18-2201; v. gesintertem – zur Entfern. v. CO_2 aus Gebrauchswässern 22-2172*; v. halbgeröstetem – zur Flotat.-Reinig. v. Abwässern geringer Aktivität 28-2188; Einsatz v. halbgebranntem – (*Decarbolith IS*) zur Aufbereit. Fe- u. Mn-halt. Wässer 38-2124; Verw. v. – : zur Stabilisier. v. NH_4NO_3 14-2262*; in bas. feuerfester Misch. zur Verw. in Eisenhüttenwerken 2-2349*; in feuerfesten Formkörpern 3-2323*; Verw. v. Roh- – in hochporösen, feuerfesten, bas. Leichtsteinen 4-2249*; Verw. v. – : in bas. Material zur Ausbesser. v. bas. Ofenauskleid. 7-2417*; zur Herst. v. Mineralwatte als Isolierstoff 11-2370; v. Ołdrzychowice u. Chełmc in d. Glasindustrie 11-2389; Formkörper aus halbgebranntem – u. Mg-Salzlsg. 13-2469*; Hartsteine unter Verw. dolomit. Zuschlagstoffe 18-2409*; ungebrannte feuerfeste Harz- – -Magnesit-Erzeugnisse für Stahlschmelzkonverter mit oberem O-Gebläse 20-2293; Verw. v. MgO-angereichertem – für schlackenbeständ. Ofenauskleid. 20-2481*; teergebundene feuerfeste Steine zur Ausmauer. v. Stahlkonvertern beim „LD"-Verf. aus – 21-2430*; Verh. v. C-halt. Materialien in teergebundenen – -Ziegeln für d. LD-Konverter 22-2348; Einfl. d. Körn. v. – auf d. Widerstandsfähigk. d. Wand. u. Böden v. Lichtbogenöfen 24-2301; Verw. v. – : für feuerfeste Ofenauskleid. 24-2505; in Glasurmasse für keram. Erzeugnisse 28-2307; Herst. ungebrannter Teer- – -Magnesit-Steine u. ihr Einsatz in *100*-t-O-Konvertern 29-2333; teergebundene feuerfeste – -Steine, bes. zum Auskleiden v. elektr. Öfen 32-2305*; – -Magnesit-Blöcke für d. Ausfütter. v. Sauerstoff-Konvertern 34-2402; stabilisierte – -Steine in d. Vermauer. d. Regeneratoren v. SM-Öfen 34-2403; industrielle Herst. feuerfester Teer- – -Materialien (Betrieb in *50*-t-Konvertern) 36-2212; Verw. v. – : zur Agglomerat. v. Nikopoler Mn-Erzen u. Konzentraten 17-2336; als CO_2-Akzeptor bei d. Vergas. bituminöser Kohlen 31-2573; Mg-Anreicher. d. Weidefutters durch Düng. mit Dolomitkalk 14-3232; Verw. v. – als Mg-Düngemittel zu Pueraria phaseoloides 39-2862; kalzinierter – als Konditioniermittel für granulierte Diammoniumphosphat-Dünger 49/50-2798.

Labor.-Unters. an Teer- – u. Teermagnesit- – vor u. nach d. Einsatz bei d. Stahlherst. 10-2419; Best. d. Verschlack. v. – 16-2234; Meth. d. Anfärb. zur Identifizier. v. – 4-0749; quant. Best. v. – : in reinen Carbonaten u. Kalksteinen 29-2051; in Böden 29-2052; Verw. eines photoelektr. Titrimeters zur Best. v. CaO u. MgO in – 11-2172; Best. v. Ca u. Mg in – 13-2098; Schnellbest.-Meth. für Kieselsäure in – unter Verw. v. Essigsäureanhydrid 15-2021; massenspektrometr. Meth. zur Best. d. Schwank. d. Ca-Isotopenzus. in sek. – 34-0799; direkte u. schnelle jodometr. Mg-Best. in – 47-1877; Verf. zur Best. d. chem. Aktivität v. – (Vgl.) 26-3270; Schnellmeth. zur Best. d. chem. Aktivität v. – nach d. Wechselwrkg. mit d. Boden 36-2875; Verw. v. – in einem Fl.-Refraktometer 44-1803.

Domeykit s. unter *Kupferarsenide*: Cu_3As.

Dominal s. unter $C_{16}H_{19}N_3S$.

Domosäure s. unter $C_{15}H_{21}NO_6$.

DON s. unter $C_6H_9N_3O_3$.

Donnan-Gleichgewicht s. unter *Potentiale – Phasengrenzpotentiale.*

DOPA s. unter $C_9H_{11}NO_4$.

Dopamin s. unter $C_8H_{11}NO_2$.

Dopan s. unter $C_9H_{13}Cl_2N_3O_2$.

Doppelbrechung s. unter *Refraktion*; Spannung- – s. unter *Spannungsoptik*; magnet. – s. *Cotton-Mouton-Effekt*; elektr. – s. unter *Kerr-Effekt, elektrooptischer.*

Dopram s. unter $C_{24}H_{30}N_2O_2$.

Doriden s. unter $C_{13}H_{15}NO_2$.

Dorisyl, Eig. als Duftstoff 38-2727.

Dorlastan s. unter *Chemiefasern* (*Polytriazol-, Polyharnstoff- u. Polyurethanfasern*).

Dormin s. unter $C_{15}H_{20}O_4$.

Dorsin, Geh. in degenerierten Nerven 17-1589.

Dosimeter [Strahlungsdosimeter] s. unter *Strahlungsmeßgeräte* bzw. unter d. entsprechenden Strahlen.

Dosulfin, Best. v. Sulfaproxilin u. Sulfamerazin in – 2-1779.

Dotriacontan s. unter $C_{32}H_{66}$.

Dow-Corning Siliconöl Nr. 510 s. unter *Plaste, Si-Plaste* (*Weitere Organo-Si-Polymere*).

Dow Corning XC-270, Ultraschalleig. v. – bei d. Temp. d. fl. He 23-0291.

Dow ET-14 s. unter $C_8H_8Cl_3O_3PS$.

Dowex s. unter *Plaste, Styrolpolymerisate* (*Weitere Polystyrole*).

Dowex-1 s. unter *Plaste, Styrolpolymerisate* (*Weitere Polystyrole*).

Dowex 50 s. unter *Plaste, Styrolpolymerisate* (*Weitere Polystyrole*).

Dowex 50 W s. unter *Plaste, Styrolpolymerisate* (*Polystyrolsulfonsäuren*).

Dowfax 9 N 20, Wrkg. auf d. Wachstum v. E. coli 35-1371.

Dowicide A s. unter $C_{12}H_{10}O$.

Dowpon s. unter $C_3H_4Cl_2O_2$.

Dowtherm A, unelast. Streuung v. Neutronen durch – 10-0867.

Doxepin s. unter $C_{19}H_{21}NO$.

Doxergan s. unter $C_{18}H_{22}N_2O_2S$.

Doxylamin s. unter $C_{17}H_{22}N_2O$.

DPE s. unter $C_{14}H_{12}$.

DPEA s. unter $C_{14}H_{13}Cl_2NO$.

DPN s. unter $C_{21}H_{27}N_7O_{14}P_2$.

DPNH s. unter $C_{21}H_{29}N_7O_{14}P_2$.

DPNH$_2$ s. unter $C_{21}H_{29}N_7O_{14}P_2$.

DPPH s. unter $C_{18}H_{12}N_5O_6$.

Dracocephalorid s. unter $C_{21}H_{20}O_{11}$.

Dragees s. unter *Tabletten.*

Dragendorff-Reagenz, Verw. zur indirekten quant. Best. d. Alkaloide auf Kationenaustauscherpapier 46-1909.

Draht

Spezieller – s. unter d. entsprechenden Stoffen; Herst. v. Metall- – s. unter *Metalle.*

Drahtexplosionen s. dort; s. auch *Kabel.*

Kontinuierl. Überziehen v. metall. – mit schmelzfl. Metall 1-2597*; viskoelast. Eig. v. zu – gezogenen Metallen 7-0314; Herst. v. – -Litzen u. -seil aus Stahl (Ziehvorr.) 7-2602*; Sintermetall mit >*29,8* Beryllidphase für Ziehdüsen zur – -Erzeug. 13-2645*; Herst. v. Fourdrinier- – -Geflecht aus ausscheid.-härt.-fäh. Leg. 13-2656*; – -Verarbeit. durch elektr. Wärmebehandl. 13-2660*; Metall- – zur Verw. in Vakuumverdampf.-App. 14-2648*; Wärmebehandl. v. dickeren Metall- – -Ringen durch elektr. Widerstandserhitz. 19-2584*; Gegenstromwärmeaustauscher zum Kühlen extrudierter – -Überzüge aus Kunststoff 2-2182; Verw. v. Polyvinylacetalen in – -Lacken 2-3082; Herst. v. – -Lacken auf Polyamid-imidbasis 3-3095; Überziehen v. – mit vernetzbaren Kunststoffen 6-3115*; Aufsprühen v. vulkanisierbarem Latex auf ein gazeart. – -Netz 8-3052*; Thermoverfestig. v. C-armem – aus d. Walzhitze 10-2536; Wärmebehandl. u. Entzunder. v. Walz- – im Vakuum 11-2571; Entfernen v. Überzügen auf sehr dünnen – durch Verdampfen 11-2674*; Warmwalzen v. Stahl- – u. Weiterverarbeit. durch Kaltziehen 12-2401; Herst. v. Metallüberzügen auf – 12-2483*; Spann.-Entfern. aus Schmiermittel überzogenem geflochtenem – -Seil 14-2632*; Glanzverzink.-Bad für – u. Bänder 15-2554*; Herst. v. wärmeisolierenden – -Überzügen aus Polyspiranharzen 17-2237*; – -Verkupfer. in $CuSO_4$-Lsg. 17-2508*; schmelzfl. Verzinken v. – 17-2515*; galvan. magnetostriktionsfreier Ni–Fe-Überzug auf dünnen – 18-2614*; Herst.: v. hochwärmebeständ. Polyesterüberzügen für – 18-3256*; Herst. elektronenmkr. durchstrahlbarer Folien aus – 19-2462; Vorr. zum schmelzfl. Überziehen v. – mit Metallen 19-2604*; elektrophoret. Erzeug. v. Al-Überzügen auf – 19-2605*; Pb-Vergift. beim – -Patentieren im Pb-Bad 26-2582; Anordn. u. Gestalt. v. – -Litzen beim Vakuummetallisieren 26-2596; Herst. kombinierter Fluorkohlenstoffpolymeren u. Polyimidüberzüge für isolierte – 27-2504*; – -Lackier. mit ölmodifizierten Alkydharzen 30-2911*; Verhinder. d. Luftkorros. verkupferter – durch Tauchen in Lsg. aus Hydrazinsulfat 31-2449*; Eig. v. – -Lacken aus Supradurit SL für verzinnbare Lack- – 34-3089; – -Patentier. in d. Wirbelschicht 35-2278; Kunststoffüberzüge auf Metall- – 36-2862*; Einfl.: d. Feuerverzinkens auf d. mechan. Eig. v. nach d. Patentieren gezogenen – 38-2481; d. Arbeitsbeding. auf d. Dicke v. Zn-Überzügen beim Feuerverzinken v. – 40-2373; Polyäthylenisolier. für – 41-2172.

Röntgenunters. d. Aerosole aus in N zerstäubten Metall- – 14-0717; Deut. d. Glühtexturen v. – kub.-flächenzentrierter Metalle u. Leg. 17-0251.

Drahtexplosionen

Röntgenograph. Unters. d. Kinetik d. Erhitz. u. Verdampf. explodierender Cu- u. Messing-Drähte bei gleichzeit. Registrier. d. Strom- u. Spann.-Parameter 6-0444; extreme Temp. im Innern explodierender Drähte 6-0445; Darst. metall. Aerosole durch elektr. Explos. v. Metalldrähten 11-0677; Temp. v. durch unter W. explodierenden Drähten entstehenden Plasmen 12-0197; Röntgenunters. d. Aerosole aus in N zerstäubten Metalldrähten 14-0717; Erwärm.-Anfangsstadien explodierender Drähte 16-0163; Erziel. großer Strahl.-Impulse mit Hilfe d. elektr. Explos. v. Metalldrähten 16-0164; harte Röntgenstrahlen explodierender Drähte 26-0185; vergleichende Unters. explodierender Drähte in Luft u. W. 29-0684; Einfl. d. Drahtquerschnitts auf d. ersten Impuls eines explodierenden Drahtes 46-0447; Strompause bei d. – in Luft 46-0448; – in Luft u. Vakuum 46-0449; Unters. einiger Lichtquellen aus explodierenden Drähten 48-0181; notwend. Beding. für d. Umwandl. eines Metalldrahts in Dampf bei d. – durch elektr. Strom 51/52-0516; magnetohydrodynam. Instabilitäten bei elektr. – v. Cu- u. Pb-Drähten 1-0463; Klassifikat. v. – am Beispiel explodierender Cu-Drähte 1-0464; röntgenograph. Unters. d. Kinetik d. Erhitz. u. Verdampf. explodierender Cu- u. Messing-Drähte bei gleichzeit. Registrier. d. Strom- u. Spann.-Parameter 6-0444; direkte Auslsg. v. zylindr. Gasdetonat. in einem C_2H_2/O_2-Gemisch durch Cu- – 12-0690; Änder. v. Strom, Temp. u. Widerstand in explodierenden Ni-Drähten kurz vor d. Schmelzen 33-0482; Einfl. d. Konturparameter auf d. Prozeß d. elektr. – (Konstantan-, Nichrom- u. Cu-Draht) 33-0483; Mess. d. Temp. im ersten Stadium d. elektr. – (Cu, Ag u. Konstantan) 33-0484; notwend. Beding. für d. Umwandl. eines Metalldrahts in Dampf bei d. Explos. durch elektr. Strom 51/52-0516.

Dralon s. unter *Chemiefasern, Polyacrylnitrilfasern.*

Dregamin s. unter $C_{21}H_{26}N_2O_3$.

Dregaminmethin s. unter $C_{22}H_{28}N_2O_3$.

Drehung, optische s. unter *Rotation, optische.*

Drimarenätzorange X-2 RL, färber. Verw. 24-2815.

Drimarenfarbstoffe, Vgl. mit Direkt- u. Naphtholfarben 2-2132; Färben v. Cellulose mit – 7-2947; Nachw. v. – -Reaktivfärb. 24-2006; ausgewählte – für synthet. Polyamidfasern 46-2620.

Drimaren-Z-Farbstoffe, – im Pad-steam-Verf. (Musterkarte) 12-2728.

Drimenol s. unter $C_{15}H_{26}O$.

Drisil 105 s. unter *Plaste, Si-Plaste* (*Weitere Organo-Si-Polymere*).

Drogen s. *Arzneipflanzen* (*und Drogen*).

Dromostanolonpropionat s. unter $C_{23}H_{36}O_3$.

Droperidol s. unter $C_{22}H_{22}FN_3O_2$.

Drosopterin s. unter $C_9H_{11}N_5O_3$.

Drosopterine s. unter *Pterine.*

Druck

Einfl. v. – auf physikal. u. chem. Eig. sowie spezielle chem. Rk. u. Anwend. v. –

Drüsen

Bauchspeicheldrüse

Brustdrüsen (Mamma, Milchdrüsen)

$^{14}C_{(4)}$-Östradiol bei postmenopausalen Frauen mit benignen u. malignen Erkrank. d. — 6-1217; Stoffwechsel v. 17β-Östradiol in d. durch 7.12-Dimethylbenzanthracen-induzierten —-Karzinom d. Ratte 7-1323; osteolyt. Steroid im menschl. —-Krebs 8-1311; Aktivität v. Steroidenzym in d. durch 7.12-Dimethylbenzanthracen induzierten —-Karzinom d. Ratte 10-1311; Stoffwechseluntere. nach Infus. v. $Δ^4$-Androsten-3.17-dion, Testosteronphosphat u. Dehydroepiandrosteronphosphat bei —-Karzinompatienten (Vgl.) 10-1585; Inhibit. v. —-Tumoren durch Isonicotinsäurehydrazid 12-1278; Wrkg. v. Erythropoietin als Beschleuniger d. Wachstums v. —-Karzinom 15-1232; Erzeug. v. —-Tumoren durch intragastrales 3-Methylcholanthren u. 7.12-Dimethylbenz-[a]-anthracen in Wistar- u. Sprague-Dawley-Ratten 17-1255; Wrkg. v. Methylcholanthren u. verschiedenen sozialen Bind. auf d. Auftreten v. —-Tumoren bei NZY-Mäusen 18-1218; hyperplast. Schäden d. Mäuse-— nach Behandl. mit 3-Methylcholanthren 21-1302; Indukt. v. —-Tumoren bei Wistar- u. Sprague-Dawley-Ratten durch orale Gaben v. 7.12-Dimethyl-1.2-benzanthracen (Vgl.) 21-1305; Rk. v. Wistar-Ratten mit 3-Methylcholanthren-induziertem —-Krebs auf *31* Verb. 22-1156; Veränder. einiger Blutfermente bei —-Krebsbldg. 25-1188; Vgl. d. durch chem. plus physikal. Karzinogene bei Ratten induzierten —-Neoplasien 25-1196; 17-Oxosteroidausscheid. bei Frauen mit —-Karzinom nach Hypophysektomie 29-1194; Thyreoidfunkt. bei —-Krebs 32-1269; Enzymunters. an menschl. Tumoren d. — 33-1254; Einfl. v. Änder. d. Hormonspiegels auf Indukt., Verh. u. Wachstum d. durch Östron induzierten —-Karzinome 33-1257; Arylsulfataseaktivität v. malignen Tumoren d. — 34-1285; Zn-Geh. d. Urins bei —-Karzinom nach Bestrahl.-Therapie 36-1242; Wrkg. d. Hormonvorbehandl. auf d. Erzeug. v. —-Tumoren durch 7.12-Dimethylbenz-[a]-anthracen in Ratten 37-1210; elektronenhistochem. Veränder. in —-Tumoren nach Behandl. mit Cytoxan u. Vitamin A 37-1211; Pyrophosphatphosphohydrolase in C3HBA-—-Tumoren v. Mäusen 38-1332; Aufnahme v. $^3H_{(1.2)}$-17α-Methyltestosteron durch —-Karzinom 39-1171; 17-Ketosteroide u. 17-Hydroxycorticosteroide in Plasma u. Harn v. Frauen mit —-Krebs (Vgl.) 40-1231; Isoenzyme in Lebermetastasen v. —-Karzinom 42-1148; durch starke Einzeldosen v. 7.12-Dimethylbenz(a)anthracen in männl. Sprague-Dawley-Ratten hervorgerufene —-Karzinome 42-1171; Einfl. v. Dosier. u. Applikat.-Zeit v. Testosteronpropionat auf d. —-Karzinogenese d. Ratte durch 7.12-Dimethylbenzanthracen 43-1132; selektiver chem. Schutz gegen Bestrahl. bei Mäusen mit —-Adenokarzinom 43-1488; Stoffwechsel v. $^3H_{(1.2)}$-17α-Methyltestosteron beim Menschen mit —-Krebs 45-1377; Hormonmetabolitspiegel d. Harns bei Patienten mit —-Krebs 47-1161; Wrkg. verschiedener Thymusextrakte auf d. Wachstum in vitro gezüchteter Zellen v. —-Tumoren 47-1435; Mucin aus menschl. „koll." —-Krebs 48-1162; Lokalisier. eines d. Entw. v. —-Tumoren bei d. Maus verhindernden Inhibitors 48-1170; Aufnahme v. tritiiertem Östradiol durch mit Dimethylbenzanthracen erzeugte —-Tumoren 49/50-1112; induzierte —-Geschwülste bei Ratten als Modell zum Studium d. antitumoralen Wrkg. v. Hormonpräp. d. Androstanserie 49/50-1120; Erzeug. akt. Immunität gegenüber —-Adenokarzinomen 49/50-1129.

Therapie: Behandl. v. Mastitis bei Milchkühen mit einer Antibiotikamisch. in Aerosolform (Herst.) 12-1795*; Nitrofurane als antibakterielle Agenzien zur Mastitistherapie 16-1658; Euterbehandl.-Mittel zur Verhüt. u. Bekämpf. d. Mastitis (Zus.) 38-1816*; Penicillinderiv. gegen Mastitis bei Kühen 41-1754*.

Hormontherapie bei fortgeschrittenem —-Krebs 10-1325; Prüf. v. Chemotherapeutika gegenüber 3-Methylcholanthren-induziertem —-Karzinom bei Wistar-Ratten 22-1155; Wert einer Kombinat. v. Östrogenen u. alkylierenden Substanzen bei d. Behandl. d. metastasierenden —-Karzinoms d. Frau 35-1290; Wrkg. v. chirurg. Maßnahmen, Hormonen u. Ernähr. auf d. durch 3-Methylcholanthren bei weibl. Wistar-Ratten induzierten —-Krebs 39-1186; Antitumorwirksamk. v. 7α.17α-Dimethyltestosteron bei fortgeschrittenem —-Krebs 49/50-1121.

Untersuchungsmethoden: Gebrauch v. Brillantblau FCF bei Euterpräp. mit Tetracyclin 11-1746; Unterschiede bei Mastitisgrobtest u. in d. Milchzus. d. Euterviertel unter normalen Beding. u. nach d. Auslassen eines Melkvorgangs 2-1532; Gewinn. spezif. markierter Milchproteine unter Verw. v. Rindereuter-Zellkulturen 13-1611; Darst. v. Galtimycin „blau" als farbstoffhalt. Mastitispräp. 26-1807; (Ausscheid. nach d. Behandl.) 26-1808; Schnellmeth. zur Best. v. Casein in Milch u. zur Ermittl. d. Mastitis durch Farbstoffbind. 49/50-1892.

Bibliographie: Studies on the mammary excretion and absorption of drugs B 21.

Epiphyse (Pinea, Zirbeldrüse)

Intrazellulare Monoaminoxydase u. Lipide in Diffus.-Kammerkulturen d. — 6-1519; tageszeitl. Rhythmus v. —-Serotonin 16-1491; *24*-Stundenrhythmen in d. 5-Hydroxytryptamin- u. Hydroxyindol-O-methyltransferase-Aktivität d. — bei Rhesusaffen 17-1299; Peptidase-Aktivität d. — d. Schweins 28-1367; Einfl. v. Denervier. u. Enzymhemm. auf Dopadecarboxylase u. Monoaminoxydaseaktivität d. Ratten-— 31-1242; Isolier. v. Argininvasotocin aus Schaf- u. Rinder-— 35-1547; Tag- u. Nachtrhythmus bei epiphysärer Tyrosinhydroxylase 36-1367; Bezieh. zwischen Dopa-Decarboxylase, Monoaminoxydase u. Monoaminspeichern in d. — 38-1333; Lokalisier. v. Succinatdehydrogenase u. Cytochromoxydase in d. — v. Saimiri sciureus 49/50-1149; Isolier. v. 5-Hydroxytryptamin aus Ratten-— 51/52-1380.

Hemm. d. Corticosteroid-11β-Hydroxylier. durch einen Extrakt aus — 19-1552.

Stoffwechsel d. Proteine u. Nucleinsäuren bei —-ektomierten u. normalen, mit Rinder-—-Extrakt behandelten Ratten 3-1521.

Einfl. v. Melatonin auf d. — d. Ratte 20-1510.

Bibl.: Electron microscopic studies on the structure and histochemistry of the pineal gland of the rat B 84.

Geschlechtsdrüsen (Gonaden, Keimdrüsen)

Fortpflanzung s. unter *Biologie*; s. auch *Organe, Geschlechtsorgane.*

Entw. d. — d. Embryonen v. mit Cyclophosphamid behandelten weibl. Kaninchen 4-1617.

Xanthochrompigmente u. Ergothionein in d. Interstitialzellen d. — beim Pferdefetus 1-1470; 5-Hydroxytryptamin in interstitiellen Zellen fetaler Pferde-— 19-1507; ^{147}Pm-Aktivität in d. — nach Verabreich. an Mäuse 28-1657; Umsetz. v. Dehydroepiandrosteron durch in vitro kultivierte embryonale Hühner-— 32-1540; Bldg. v. radioakt. Östron u. Östradiol durch Hühnerembryo-— 36-1497.

Einfl. d. — auf d. L-Ascorbinsäure-Normausscheid. u. ihre Steiger. sowie auf d. Hexobarbitalschlafzeit u. ihre Verkürz. durch Barbital bei Ratten 15-1331.

Wrkg. d. Kastrat.: auf d. Arylesteraseaktivität u. d. Proteingeh. im Blutplasma v. Hunderüden 4-1489; auf d. saure Phosphatase-Aktivität d. Hypophyse d. Ratte 5-1324; auf d. Geschlechtsunterschied in d. Aufnahme v. p-Aminohippurat u. O_2-Verbrauch durch Nierenrindenschnitte v. Ratten 7-1748; Wrkg. v. Testosteron auf d. Glykolsäureoxydase-Spiegel in d. Rattenleber nach Kastrat. 11-1496; Wrkg. d. Gonadektomie: auf d. akzessor. Fortpflanz.-Organe bei Ratten mit Proteinmangel 16-1436; auf d. Konz. v. Cholesterin im Serum u. in d. Leber v. Wistar-Ratten mit normaler Ernähr. u. mit fettreicher u. eiweißreicher Kost 17-1530; Einfl.: v. Testosteronphenylpropionat auf d. Einbau v. ^{14}C-Na-Formiat in verschiedene Organe kastrierter Ratten 24-1546; v. Nicotinamid auf d. Pyridinnucleotidstoffwechsel d. Leber v. gonadektomierten Ratten 24-1547; Unempfindlichk. d. β-Glucuronidase d. Katze gegen Kastrier. 31-1224; DNS-Geh. männl. Brustdrüsen nach Gonadektomie bzw. nach Gonadektomie u. Gabe v. Östradiolbenzoat + Progesteron 33-1524.

Synergist. Wrkg. v. Choriongonadotropin u. Testosteronpropionat auf — 2-1553; Wrkg. v. Thioridazin auf d. — d. Ratte 7-1812; Wirkungslosigk. v. 7.12-Dimethylbenz-[a]-anthracen auf d. endokrine Funkt. d. — 18-1216; Einfl.: v. Melatonin auf d. — d. Ratte 20-1510; v. Nilevar auf d. rechte — d. Hühnchens 32-1539; kombinierte Wrkg. v. Monoaminooxydase-Hemmstoffen u. Corticosteroiden auf d. Hypophysen-—-Syst. männl. Ratten 33-1518; Wrkg. d. Cyproteronacetat auf d. Struktur d. — v. mit Testosteron behandelten adulten hypophysektomierten Ratten 39-1412.

Steroidsynth. in vitro durch Tumorgewebe einer dysgenet. — 2-1282; Abbau v. ^{14}C-Histamin im Menschen bei Insuffizienz d. — 12-1560.

Bartholinische Drüse

Histochem. Nachw. v. Sialomucin in — 7-1570.

Corpus luteum (Gelbkörper)

— d. Schafes (Bezieh. zwischen Morphologie u. Funkt. während d. Östralzyklus) 32-1558; Bldg. v. — in Eierstocktransplantaten bei ovarektomierten, einer frühen postnatalen Androgenbehandl. unterworfenen, ausgewachsenen Ratten 35-1474.

Lokalisat. v. Relaxin im — d. Kaninchens 7-1582; Entw. d. histochem. im — d. Schafes nachweisbaren Carboxylesteraseaktivität 8-1402; Verteil. in d. — nach Verabreich. v. ^{14}C-Bis-[p-Hydroxyphenyl]-cyclohexylidenmethan u. d. Diacetats 16-1440; Fermentaktivität in d. Theka- u. Granulosaluteinzellen d. — 39-1256.

Biosynth. v. Progesteron, Sterinen u. Squalen aus $^{14}C_{(1)}$-Acetat u. $^{14}C_{(2)}$-Mevalonat durch Rinder-— in vitro 4-1482; Wrkg. v. Gonadotropin in vitro auf d. Bldg. v. Steroidhormonen im — 9-1543; spezif. Aufnahme einer nichtsteroiden Substanz mit antigestagenen Eig. durch d. — 24-1660; Umwandl. v. ^{3}H-7α-Dehydroepiandrosteron in Östrogene durch d. — in d. Frühschwangerschaft 32-1546, 32-1551; Wrkg. v. Luteinisier.-Hormon auf d. Biosynth. v. Progesteron durch d. — d. Rindes 34-1481; Stimulier. d. Progesteronsynth. im — d. Rindes durch Adenosin-3'.5'-monophosphat 38-1496; —-Stoffwechselprod. 39-1773*; Einfl. v. Luteinisier.-Hormon auf d. Stoffwechsel d. — während d. Brunstzyklus d. Rindes 42-1356.

—-Hypophysen-Bezieh. 32-1559, 36-1503.

Aufrechterhalt. d. — u. Fortsetz. d. Schwangerschaft durch geringe Dosen v. Östradiol u. Testosteron bei Hypophysektomie kurz nach d. Eiimplantat. bei d. Ratte 20-1484; Aktivität bei experimentellem Hyperthyreoidismus 31-1431; histomorpholog. Änder. im — v. Ratten nach Fütter. mit Cyclopropenfettsäuren 43-1426.

Darst. v. Arzneimitteln zur Behandl. v. Stör. oder ungenügender Tätigk. d. — 27-1862*; Verw. v. 17α-Äthinyl-17β-hydroxy-3.6-dioxo-A-nor-B-homo-5ξ.10ξ-östran zur Behandl. v. Stör. d. — 36-1718*.

Cowpersche Drüse

Histochem. Nachw. v. Sialomucin in — 7-1570.

Eierstöcke

s. *Ovarien.*

Epididymis

s. *Nebenhoden.*

Gelbkörper

s. *Corpus luteum.*

Hoden (Testes, Testikel)

Bestandteile: Mikroverteil. v. ^{147}Pm in d. — nach i.v. u. i.p. Applikat. bei Mäusen 28-1658; Verteil. injizierter physiolog. Mengen v. $^{51}Cr^{3+}$ im Ratten-— in Abhängigk. v. d. Zeit 34-1682; Einfl. v. Zn-Mangel auf d. Geh. d. — an Zn u. Trockenmaterie 42-1341.

Verteil. v. RNS u. DNS im Ratten-— nach γ-Bestrahl. mit ^{60}Co 9-1708; histochem. Nutzbarmach. v. 3α-, 6β-, 11α-, 12α-, 16α-, 16β-, 17α-, 21- u. 24-Hydroxysteroiden in — 11-1296; Einfl.: v. β-Sitosterin auf d. Cholesteringeh. im — bei Ratten nach Fütter. mit Kokosnußöl-halt. Futter 12-1613; Eig. u. Wrkg. modifizierter DNS aus Herings-— 16-1190; Verteil. in d. — nach Verabreich v. ^{14}C-Bis-[p-Hydroxyphenyl]-cyclohexylidenmethan u. d. Diacetats 16-1440; Einfl. d. aufbauenden Steroidhormone auf Gew., N- u. Liposäuregeh. d. — 17-1570; Röntgenbestrahl.-Wrkg. auf d. Ribotidgeh. d. — 20-1592; Fettsäuren im Ratten-— unter d. Einfl. v. Vitamin E 23-1578; Wrkg. v. α-Tocopherol-, Retinol- u. Zn-Mangel auf d. Lipidzus. d. Ratten-— 26-1597; Nucleinsäuregeh. im — bei C-Avitaminose 30-1523; Fettsäurezus.: d. — v. Schweinen mit Mangel an essentiellen Fettsäuren 31-1542; d. Polyglycerophosphatide d. — 33-1499; Wrkg. v. Hormonen auf d. —-Lipide v. Vitamin-A-Mangelratten 34-1609; Fettsäureverteil. im Rinder-— vor u. nach d. Geburt 35-1475; Kontrolle d. Lamina propria u. d. Lamina-Kollagens d. — durch Gonadotropin 51/52-1323.

Aktivität d. Nucleosiddiphosphatase d. Ratten-— 2-1356; Enzymaktivität d. Stier-— 3-1285; β-Glucuronidase aus —-Homogenat 6-1489; Hemm. v. Glykosidasen d. Widder-— durch saure Mucopolysaccharide 8-1417; 20α-Hydroxysteroiddehydrogenase d. — 9-1341; Katalase-Subkomponenten in Ratten-—-Homogenaten 9-1358; 3β-Hydroxysteroiddehydrogenase d. — v. Tilapia mossambica 11-

1280; Fructose-1.6-diphosphatase im – 12-1370; Verteil. v. Adenosindesaminase im – bei Säugetieren 15-1318; Wrkg. v. Hemmern auf Steroid-17α-Hydroxylase u. -17α-Hydroxypregnen-$C_{(17)}-C_{(20)}$-lyase d. ––Mikrosomen 15-1469; Glykosidasen aus Schafbock–– 16-1304; 3β-Hydroxysteroiddehydrogenase-Aktivität in d. Leydig-Zellen d. Maus 21-1372; Aktivität u. Verteil. v. durch ATP u. GTP regulierter Adenylatdesaminase im – 24-1366; Entwickl. d. Milchsäuredehydrogenase-Enzymsyst. im – v. Jungbullen 27-1255; Hydroxysteroiddehydrogenasen in normalen u. anomalen menschl. – 33-1297; Rk. d. Lactatdehydrogenase aus Kaninchen–– 36-1269; cytochem. Unters. d. Δ^5-3β-Hydroxysteroiddehydrogenase v. in vitro gewachsenen ––Zellen 39-1204; chem. u. histochem. Unters. d. Bedeut. d. nichtspezif. Esterase-Aktivität im – ausgewachsener Ratten 39-1225; histochem. Verteil. v. Alkoholdehydrogenasen im – 40-1256; Stabilität d. Auftretens v. Lactatdehydrogenaseisozymen im – v. Pinguinen 40-1259; Bedeut. v. Unterbanden bei Lactatdehydrogenaseisozymen d. menschl. – 40-1260; NAD-, TP -u. FDP-Konz. im – v. tumortragenden Ratten nach Trenimon, Velbe u. Natulan 43-1152; Isolier. u. Eig. einer RNS-Polymerase aus d. – 44-1317; 11β-Hydroxysteroiddehydrogenase d. – 47-1193.

Geh. an radioakt. Thiamin im – bei normalen u. Thiaminmangelratten 34-1589; Ascorbinsäure- u. Cholesteringeh. im Ratten–– in verschiedenen Stadien d. Strahl.-Schäden 51/52-1501.

Eigenschaften: Einfl. d. Dosier. v. Gonadotropin aus d. Serum gravider Stuten auf d. ––Gew. v. Eintagsküken 1-1489; Ultrastruktur d. Mitochondrien d. Zellen d. – v. Pleurodeles waltii 20-1174; Einfl. v. 19-Norandrostenolon auf d. Gew. u. d. biochem. Zus. d. – bei Ratten mit verschiedener Ernähr. 21-1534.

Stoffwechsel: Gewebeatmung d. – v. weißen Ratten verschiedenen Alters 21-1529; anaerobe u. aerobe Glykolyse sowie Atmung im – nach Trenimon, Velbe u. Natulan 43-1153; Stoffwechsel v. „Zellsatelliten" d. – v. Homoptera 48-1108.

Einfl. v. Adrenalin u. anderen Aminen auf d. Glucosestoffwechsel in ––Schnitten beim Schaf 8-1599; Akkumulat. v. Thio-TEPA in d. – d. Ratte u. seine Bind. durch d. Proteine v. normalen u. Geschwulstgeweben 11-1263; Einbau v. $^{14}C_{(U)}$-L-Lysin in Proteine v. Schnitten deszendierter – 22-1397; Wrkg.: v. neutralen α- u. ω-Aminosäuren u. v. bas. α-Aminosäuren auf d. Aufnahme v. L-Histidin durch d. – in vitro im Vgl. mit d. Wrkg. im Hirn 25-1487; v. Testosteron auf d. Einbau v. ^{14}C-$_{(U)}$L-Lysin in d. Proteine v. ––Schnitten d. Ratte 26-1496; L-Rhamnosestoffwechsel in tier. ––Geweben 28-1359; Bezieh. zwischen d. Komponenten d. Glykolyseweges im – 28-1402; Biosynth. v. Dokosapentaensäure u. anderen Fettsäuren durch Ratten–– 40-1552; Aldehyd-Ox.-Aktivität im – 42-1256; ––Proteolyse beim Karpfen im Verlauf d. Hungerns 44-1562.

Sekret. u. gegenseit. Umwandl. d. Androgene bei einem normalen Mann mit experimentell veränderter ––Funkt. 1-1513; Dehydroepiandrosteronstoffwechsel im Ratten–– 4-1491; Restaurat. d. Androgenprodukt. mittels eines NADPH-liefernden Syst. nach Bestrahl. d. Ratten–– 9-1709; erhöhte Erzeug. v. 17α.20α-Dihydroxyprogesteron im Ratten–– nach Bestrahl. 12-1644; Umwandl. v. $^3H_{(7)}$-Progesteron in Androgene in vitro durch d. – v. Ratten während d. zweiten Hälfte ihres fetalen Lebens 14-1560; metabol. Beispiele d. Steroidbiosynth. in jungen u. alten menschl. – 15-1467; Sekret. v. weibl. Hormon durch d. in ein Ovar umgewandelten – v. Talitrus saltator 16-1444; Androgenbldg. im – v. Patienten mit Prostatakarzinom 17-1232; Bldg.: v. Δ^{16}-Steroiden in vitro aus 3β-Hydroxypregn.-5-en-20-on durch Ratten–– 20-1486; v. Steroidhormonen aus $^{14}C_{(1)}$-Acetat in einem in Organkultur gezüchteten menschl. Fetal–––Präp. 22-1394; Stoffwechsel v. Progesteron in Ratten–––Homogenaten 26-1492; Hemm. d. 16α-Hydroxylier. im menschl. – durch SU-*9055* 27-1468; Wrkg. v. Vitamin-A-Mangel auf d. Biosynth. v. Steroidhormonen im – bei Ratten 28-1620; in vitro-Biosynth. einiger Δ^{16}-Steroide aus $^{14}C_{(4)}$-Pregn-5-en-3β-ol-20-on durch Schweine– – 32-1549; Verstoffwechsel. v. $^{14}C_{(4)}$-Progesteron zu Androgenen durch d. – normaler u. isoimmunbedingt aspermatogen. Meerschweinchen 34-1487; in vitro-Stoffwechselprod. v. Progesteron u. 17α-Hydroxypregnenolon im – d, menschl. Fetus 36-1502; Umwandl. v. Steroiden im jugendl. Ratten–– in vitro 37-1411; Synth. v. Androgen durch d. – v. mit $CdCl_2$ vergifteten Ratten 39-1411; Stoffwechsel: v. Δ^5-Pregnen-3β-ol-20-on durch Ratten–– 41-1462; v. Progesteron durch Homogenate d. Ratten–– 42-1377; Wrkg. v. Hypothalamusextrakten auf d. Ausscheid. v. 17-Ketosteroiden durch d. – beim Hund 45-1360; Stimulier. d. Steroidbldg. im – v. Ratten durch Adenosin-3′.5′-cycl.-phosphat 45-1366.

Beziehung zu anderen Körperfunktionen: Wrkg. eines Widder–––Extrakts auf d. Kohlenhydrat d. Ovomucoids 5-1339; Rolle: im Zyklus d. Harnausscheid. v. Östron u. 17-Oxosteroiden beim Mann 12-1531; bei d. Testosteronausscheid. im Harn bei männl. Individuen 12-1533; Veränder. d. Hypophysengeh. an Prolactin bei d. männl. Pekingente im Verlauf d. Sexualzyklus u. d. experimentellen Stimulier. d. – 24-1531; Unters. d. Hypophysen–––Achse 31-1439; Bezieh. d. – zur Enzymaktivität d. Nebenniere u. Bldg. v. Corticosteron in d. Nebenniere d. Ratte 42-1366.

Kryptorchismus: Kongenitaler Kryptorchismus bei d. trächt. Maus durch Östrogeninjekt. 4-1477.

Ektomie: Luteinisier.- u. Follikelstimulier.-Hormon aus d. Urin v. Eunuchen 1-1487; experimentelle Wrkg. v. Testosteronpropionat u. Choriongonadotropin in Kombinat. bei kastrierten Ratten 2-1554; Pregnantriolgeh. im Harn bei einem Kastraten 4-1487; Einfl. v. Testosteron auf d. Thyreotropinsekret. in d. kastrierten Ratte 4-1490; Einfl. v. Entfernen d. –: auf d. Fe-Stoffwechsel bei röntgenbestrahlten ♂ Ratten 5-1638; auf d. Gonadotropinkonz. bei Schafen 7-1580; auf d. vasopressor. u. oxytoc. Aktivität im Hinterlappen d. Hypophyse v. Ratten 16-1432; u. Testosteron auf d. Anzahl, d. Morphologie u. d. funktionelle Aktivität d. Mitochondrien 17-1472; hormonaler Einfl. auf d. Magensaftsekret. d. kastrierten männl. Hundes 19-1485; Wrkg. d. Kastrat. v. männl. Ratten: auf d. geschlechtsbedingten Unterschied d. Aufnahme v. p-Aminohippursäure durch Rattennierenrindenschnitte 19-1631; auf d. Pseudocholinesteraseaktivität in Leber u. Serum 32-1365; Geh. an NH_3, Glutaminsäure u. Glutamin im Hirn kastrierter Ratten mit experimenteller Geschwulst im transplantierten – 33-1250; Einfl. v. Kastrat. u. Testosteron auf d. Präalbumin d. Mäuseserums 45-1376.

Beeinflussung, Pathologie: Antitestikuläre Wrkg. v. Äthynodioldiacetat bei Ratten 2-1547; Wrkg.: d. Gestagenbehandl. auf d. – 2-1548; verschiedener Steroide auf d. – d. Ratte 4-1488; v. 4-[5-Nitrofuryl-(2)]-2-[pyridyl-(3)]-thiazol auf d. – 5-1377; v. Barbital-Na auf d. – v. Albinoratten 7-1824; v. LSD-*25* auf d. Funkt. d. – v. männl. Ratten 11-1753; v. Testosteronpropionat nach Injekt. bei *5* Tage alten Ratten auf d. – 12-1534; v. Einzelinjekt. v. Serotonin u. Histamin auf d. – bei Mäusen 14-1603; einer anhaltenden Behandl. mit Melanophoren stimulierendem Hormon auf d. – d. Maus 16-1429; menschl. ––Funkt. unter d. Einfl. v. menschl. Menopausegonadotropin u. v. menschl. Choriongonadotropin bei männl. hypogonadotropem Eunuchoidismus u. Infantilismus 24-1541; Wrkg.: einer E-Hypervitaminose auf d. – d. Goldhamsters 24-1619; d. Östradiol-3-benzoats auf d. – d. Rattenfetus 35-1496; Hormonwrkg. v. Morus alba-Blättern auf d. – 35-1506; Wrkg. d. Gonadotropine v. Nichtprimaten auf d. – präpubertaler Rhesusaffen 37-1408; Mitoseveränder. in d. Tubuli contorti nach i.p. Injekt. v. Papainprotease 38-1201; Einfl.: v. 17α-Äthinyl-19-nortestosteronacetatcyclopentylenoläther auf d. – 38-1502; v. Cyproteronacetat auf d. – v. mit Testosteron behandelten adulten hypophysektomierten Ratten 39-1412; v. wss. Extrakten d. Samen auf Mitose u. Meiose im – beim Grashüpfer 39-1588; histolog. Unters. d. – nach Cyproteronacetat-Verabreich. an d. männl. Ratte nach d. Geburt 44-1489.

Klassifikat. d. Unterfunkt. d. – 1-1510; Entart. d. – bei Ratten während A-Hypervitaminose 2-1612; ––Schädig. infolge v. Actinomycin D, Röntgenbestrahl. u. ihrer Kombinat. bei CAF-Mäusen 2-1673; Bldg. v. ^{14}C-Cortisol aus $^{14}C_{(1)}$-Acetat im interstitiellen Zelltumor d. – 11-1264; Veränder. d. – bei Meerschweinchen durch eine einzelne neonatale Injekt. v. Testosteronpropionat 16-1447; spezif. Wrkg. v. Mithramycin auf embryonales ––Karzinom 17-1279; Verhinder. d. ––Entart. bei diabet. Ratten durch Insulin 18-1489; ––Degenerat. bei Ratten infolge v. CCl_4-Vergift. 22-1398; 17-Ketosteroide, Pregnandiol u. Pregnantriol im Harn Gesunder u. v. Vers.-Personen mit Klinefelter-Syndrom 32-1548; Stoffwechsel v. Testosteron u. verwandten Steroiden beim metastat. Interstitialzellkarzinom d. – 42-1156; Steroidsulfatisier. u. Biosynth. v. Östrogenen in vitro durch einen feminisierenden Leydig-Zellentumor d. – 45-1173.

Therapie: Langzeitbehandl. bei schweren Funkt.-Stör. d. – mit 1α-Methyl-5α-androstan-17β-ol-3-on 47-1392.

Untersuchungsmethoden: Einfl. v. Thyreoidin auf d. Vitalfärb. d. – v. weißen Ratten 14-1584; Best. d. freien ––Ribonucleotide mit Hilfe d. Hochspann-Elektrophorese 39-1383.

Bibliographie: Actualités endocrinologiques: Le testicule et l'hypogonadisme masculin B 92.

Nebenhoden (Epididymis)

Spermatozoen s. dort.

Bestandteile: Verteil. injizierter physiolog. Mengen v. $^{51}Cr^{3+}$ im Ratten–– in Abhängigk. v. d. Zeit 34-1682; Verwandtschaft d. Phospholipoide im – u. in Spermatozoen d. Ratte 8-1546; Aktivität v. Hexokinase u. Glucokinase im Fettgewebe d. Ratten–– (Regulier. durch Insulin) 11-1537; Glucokinasen d. Fettgewebes d. – d. Ratte 15-1280; Sialsäure im – d. Ratte 21-1530; Entw. d. Milchsäuredehydrogenase-Enzymsyst. im – v. Jungbullen 27-1255; Einfl. v. Citrat auf d. ––Fettgewebe-Phosphofructokinase 28-1323; Insulinwrkg. auf d. Adenosin-3′.5′-monophosphat im ––Fettpolster d. Ratte 28-1576; Aktivität v. Glykosidasen d. Kaninchen–– 48-1234.

Stoffwechsel: Hormonale Regulat. d. Glucosestoffwechsels in Ratten–––Fettgewebe in vitro 2-1633; Wrkg. v. Phenobarbital auf d. Lipidstoffwechsel d. ––Fettgewebes 3-1705; Palmitatausnutz. im ––Fettgewebe v. hyperglykäm. Mäusen 5-1601; Hydrolyse v. Gewebetriglyceridemuls. durch Homogenate v. normalen, Adrenalin-stimuliertem u. an Insulin mangelndem ––Fettgewebe d. Ratte 10-1374; Wrkg. v. Glucose auf spontane Begrenz. d. Lipolyse im isolierten Fettgewebe d. – 10-1667; Verwert. v. Ketonkörpern durch epididymales Mäusefettgewebe (beeinflussende Faktoren) 10-1669; zykl.-3′.5′-AMP u. d. lipolyt. Wrkg. v. Hormonen auf epididymales Gewebe 11-1508; in vitro-Insulinwrkg. auf d. Stoffwechsel v. Kohlenhydrat- u. Triglyceridvorräten d. epididymalen Fettgewebes v. hungernden u. wiedergefütterten Ratten 13-1661; K-abhäng. Lipoid-mobilisierende Wrkg. v. Adrenalin auf inkubiertes ––Fettgewebe 14-1572; Freisetz. freier Fettsäuren aus braunen u. weißen Fettgeweben d. – nach Inkubat. mit ACTH oder Adrenalin 18-1570; Wrkg. ein- u. zweiwert. Kationen auf d. Lipolyse im ––Fettgewebe 21-1637; hormonale Kontrolle d. Stoffwechsels v. L-Leucin im ––Gewebe d. gesunden Ratte in vitro 27-1640; Metabolitkonz. im ––Fettgewebe u. d. Wrkg. v. Insulin, Alloxandiabetes u. Adrenalin 28-1577; Wrkg.: v. Nahr.-Fetten u. v. Hunger auf d. Umwandl. v. ^{14}C-Glucose in Fett im – 28-1615; v. Insulin auf d. Einbau v. ^{32}P-Phosphat in d. Phospholipide v. epididymalem Rattengewebe 30-1417; Aufnahme v. Rinder-Wachstumshormon in d. epididymale Fettgewebe 31-1427; Wrkg. v. Deriv. d. Noradrenalins u. d. 2-Amino-1-p-hydroxyphenyläthanols auf d. Freisetz. v. Fettsäuren aus ––Fettgewebe 31-1601; Bezieh. zwischen d. Assoziat. v. Insulin mit d. ––Fettgewebe u. d. Insulin-Wrkg. 33-1557; Verwert. v. Hydroxysteroiden durch Hamster–– 34-1318; Wrkg.: v. Insulin auf Transport u. Stoffwechsel v. Sorbit durch inkubiertes Ratten–––Fettgewebe 35-1541; einiger neuer β-sympathotroper Stoffe auf d. Lipidmobilisier. im epididymalen Rattenfettgewebe 37-1593; v. Adrenalin auf d. in vitro-Stoffwechsel d. ––Fettgewebes d. Ratte bei fettreicher Ernähr. 40-1506; d. ^{131}J-Einbaus in bzw. d. Bestrahl. mit $K^{131}J$ v. Insulin auf d. Glucoseverwert. durch Fett d. – d. Ratte 42-1407; Oxytocin u. Lipogenese durch epididymales Fettgewebe in vitro 44-1474; Einfl. v. verschiedenen Agonisten u. Antagonisten auf d. Freisetz. freier Fettsäuren aus epididymalem Fettgewebe in vitro 44-1636; Glykogenstoffwechsel im Fettgewebe d. – d. mit 3.5.3′-Trijod-L-thyronin behandelten Ratte 45-1418; Vgl. d. Einfl. v. Methylglyoxal-bis-[guanylhydrazon], Phenformin u. Insulin auf d. Glucose- u. Acetatstoffwechsel d. Fettkörper d. Ratten–– in vitro 46-1239; Lipogenese u. Enzymaktivität im ––Fettgewebe v. Ratte u. Maus 49/50-1143.

Beeinflussung, Pathologie: Wrkg.: v. Vitamin B_6-Mangel auf Ratten–––Fettgewebe 2-1617; v. durch d. isolierte Leber perfundiertem Glukagon auf d. ––Fettgewebe d. Ratte 9-1581; Anwesenh. v. K–Na-stimulierter Adenosintriphosphatase in Spermatozoen d. Ebers bei Epididymitis 12-1407.

Analyse, Untersuchungsmethoden: Fluorimetr. Best. einer Lipase im – d. Ratte im Fluoresceindibutyrat 7-1412.

Ovarien (Eierstöcke)

Bestandteile: Biochemie d. — -Follikelfl. 19-1502; Gonadotropineinfl. auf d. histochem. Eig. d. Kaninchen- — 44-1471.

Mikroverteil. v. ^{147}Pm in d. — nach i.v. u. i.p. Applikat. bei Mäusen 28-1658.

Verteil. in d. — nach Verabreich. v. ^{14}C-Bis-[p-Hydroxyphenyl]-cyclohexylidenmethan u. d. Diacetats 16-1440; Vork. v. Tetrodotoxin in d. — v. Schwanzlurchen 21-1522; Eig. v. Ovoverdin aus Hummer- — 28-1531; N-Acetyl-D-mannosamingeh. in d. — nach i.v. Injekt. an Säugetiere 28-1542; Fettsäurezus. d. Polyglycerophosphatide d. — 33-1499; Cholesterinester d. — d. Kaninchens 36-1506.

Glucose-6-phosphatdehydrogenase-Aktivität in d. — d. Makrele 3-1266; Lokalisat. d. γ-Glutamyltranspeptidase in — v. normalen u. graviden Meerschweinchen 8-1369; intrazellulare Lokalisat. v. *17α*-Hydroxylase u. ihre Substratspezifität in Schweine- — 12-1332; Regulat. d. Aktivität d. Dehydrogenasen d. — durch Gonadotropin 17-1291; histochem. Lokalisier. einer durch Gonadotropin gebildeten 20α-Hydroxysteroiddehydrogenase-Aktivität in — d. Ratte 19-1296; Steroid-3β-oldehydrogenase-Aktivität in d. — während d. frühen postnatalen Entw. in d. Ratte 21-1374; Aktivität v. Monoaminoxydase u. Brenzcatechin-O-methyltransferase in — v. Ratten während d. Sexualzyklus 34-1322; Dehydrogenasen in d. — d. Ratte 35-1477; Teilreinig. u. Charakterisier. einer Phosphoanhydridhydrolase aus Frosch- — 40-1332; Δ^5-3β-Hydroxysteroiddehydrogenase in — v. Salamandra salamandra in d. verschiedenen Stadien d. Geschlechtszyklus 44-1274; biochem. Eig. d. Hydroxysterioddehydrogenasen d. Kaninchen- — 47-1192; Ratten- — -20α-Hydroxysteroiddehydrogenase 49/50-1163.

Histochem. Nutzbarmach. v. 3α-, 6β-, 11α-, 12α-, 16α-, 16β-, 17α-, 21- u. 24-Hydroxysteroiden in d. — d. Maus 11-1296; Progestin in — v. intakten u. halbkastrierten jungen Ratten 35-1487.

Einfl. v. Gonadotropin aus d. Serum trächt. Stuten u. v. menschl. Choriongonadotropin auf Ascorbinsäure u. Cholesterin v. Ratten- — 4-1471; Clomiphenwrkg. auf d. Ascorbinsäurespiegel d. — u. d. Rk. auf Luteinisier.-Hormon 4-1627; tägl. Variat. d. — -Ascorbinsäuregeh. bei pseudoträcht., unreifen Ratten, d. im Parlow-Test benutzt werden 8-1645; Nicotinsäureamidgeh. v. Insekten- — 9-1525; Cholesterin- u. Ascorbinsäuregeh. im mit menschl. Choriongonadotropin nach Vorbehandl. mit Diäthylstilböstrol stimulierten Ratten- — 13-1622.

Eigenschaften: Veränder. im Gew. u. d. histolog. Befunden v. — bei Vitamin-A-Mangel 5-1589; Wrkg. v. oralem Diäthylstilböstrol auf d. — -Gew. 26-1272; Verstärk. d. Aktivität v. Follikelstimulier.-Hormon auf d. — -Gew. durch N-Acetylneuraminsäure 39-1395.

Stoffwechsel: Gewebeatmung d. — v. weißen Ratten verschiedenen Alters 21-1529.

Proteinsynth. in — 17-1460; Effekt d. luteinisierenden Hormons auf Aufnahme u. Stoffwechsel v. Hexosen durch luteinisierte Ratten- — 17-1461; Verh. v. Glykogen in — v. Meerschweinchen nach Behandl. mit 6α-Methyl-17α-hydroxyprogesteronacetat 18-1461; Cholesterinbldg. durch Granulosa- u. Thekazellen v. Follikeln d. Pferdes 19-1504; Wrkg.: v. Luteinisier.-Hormon auf d. Umwandl. ovarialer Cholesterindepots durch d. — pseudoträcht. Kaninchen 31-1420; v. Follikelstimulierendem Hormon auf d. Aminosäuretransport u. auf d. Proteinbiosynth. in isolierten Ratten- — 31-1421; Einbau: v. Fettsäuren in d. Lipide v. Insekten- — 31-1568; v. ^{3}H-Thymidin durch in vitro-Kulturen d. Keimzellen d. Embryonal- — d. Kükens 36-1561; Aldehyd-Ox.-Aktivität in d. — 42-1256; Einbau v. ^{3}H-D-Glucose während d. Oogenese in d. Follikelepithel bei Apis mellifica 43-1421; — -Proteolyse beim Karpfen im Verlauf d. Hungerns 44-1562.

NADPH-Entw. im menschl. — 48-1175.

Biosynth. v. Steroiden durch Granulosa- u. Thekazellen d. menschl. — 7-1584; Wrkg. d. ovariellen Stimulat. auf d. Östrogenprodukt.-Geschw. 7-1587; Bldg. v. Steroidhormon in humanen — 9-1543; Aktivität d. Steroidsynth. in d. Keimzellen d. — d. *9* Tage alten Hühnerembryonen 10-1576; Aromatisier. v. 7α-Hydroxydehydroepiandrosteron u. seinem 3-Sulfat durch — 11-1495; Bldg. v. Steroidhormonen durch d. — d. Ratte 15-1466; in vitro-Steroidgenese in normalem menschl. — -Gewebe 16-1442; Sekret. v. weibl. Hormon durch d. in ein — umgewandelten Testikel v. Talitrus saltator 16-1444; Wrkg. v. Luteinisier.-Hormon u. Nicotinamidadenindinucleotidphosphat auf d. Synth. progestationaler Steroide durch — d. Kaninchens in vitro 17-1462; Steroidstoffwechsel in Hunde- — 19-1505; 19-1506; Extrakt. einer Östrogensubstanz aus d. Kulturmedium, in d. weibl. — v. *7* Tage alten Kükenembryonen *24* Stunden kultiviert wurden 24-1543; Steroidbiosynth. d. fetalen — 25-1435; Umwandl. v. 17α-Pregnenolon in 17α-Progesteron durch — -Homogenat v. Ratten 27-1467; Progesteronbiosynth. in Gewebekulturen v. Granulosazellen aus Pferde- — 28-1550; Wrkg. v. Vitamin-A-Mangel auf d. Biosynth. v. Steroidhormonen in d. — bei Ratten 28-1620; Ort d. Hormonbldg. in d. — v. Poecilia reticulata 29-1450; in vitro-Bldg. v. Androgenen durch — d. sterilen Ratte 32-1541; Wrkg. v. SU-*4885* auf d. Bldg. v. Östrogenen in — d. Ratte 33-1520; Bldg. v. Steroidhormon in — d. Menschen 33-1523; Einfl. v. Chlorpromazin u. a. Drogen auf d. Akkumulat. v. zirkulierendem Melatonin in d. — 36-1638; Steroidbldg. d. Kaninchen- — 38-1491; Biosynth. v. strogen aus tritiiertem Dehydroepiandrosteron u. Testosteron durch Ratten- — 39-1407; Einfl. v. Gonadotropinen auf d. Steroidgenese in Ratten- — im Diöstrus 40-1482; Wechselwrkg. zwischen gonadotropen Hormonen u. d. Uterus bei d. Verwert. v. LH durch d. — bei d. Sau 40-1491; Wrkg. v. Choriongonadotropin auf d. Biosynth. d. Androgene durch Meerschweinchen- — 40-1493; Progesteronbiosynth. in Gewebeschnitten v. Rinder- — im Verlauf d. Zyklus 40-1497.

Wrkg. d. Plasmas auf d. ovariale Sekret. v. Ascorbinsäure bei trächt. Kaninchen 15-1462.

Ovulation: Hemm. d. Ovulat. durch Äthynodioldiacetat 2-1547; Bezieh. zwischen Gonadotropinausscheid. u. Ovulat. bei d. Menstruat. 4-1465; Mechanismus d. Ovulat.-Hemm. durch orale Kontrazept. 4-1473; Ovulat. bei Kaninchen nach i.v. u. intrazerebraler Applikat. v. $CuSO_4$ 4-1608; zweifacher Einfl. v. Progesteron auf d. Ovulat. d. Ratte 8-1573; Mechanismus d. Ovalut.-Hemm. bei oraler Kontrazept. 8-1575; Hemm. d. Ovulat. durch einige Geschlechtshormone u. deren Deriv. 12-1525; Wrkg. d. Geschlechtshormone auf d. durch Gonadotropin bei d. hypophysektomierten, nicht geschlechtsreifen Ratte induzierten Ovulat. 12-1526; Ausbleiben d. Ovulat. bei d. Ratte nach Behandl. mit Mitteln, die d. Hirn an Norepinephrin verarmen 15-1649; Gonadotropin-induzierte Superovulat. beim Fleischrind 20-1472; Aufheb. d. Testosteronpropionat-induzierten Unterdrück. d. Ovulat. durch ein antiandrogen wirksames Steroid an Ratten 20-1489; neuere Progestine als Ovulat.-Regler beim Schaf 25-1431; Hemm.: d. Ovulat. beim ausgewachsenen menstruierenden Kaninchen durch vaginale Ablager. 27-1465; d. durch Östrogen erzeugten vorzeit. Ovulat. bei d. Ratte durch Pentobarbital 39-1404; Angriffspunkt v. Chlormadinon bei d. Blockier. d. Ovulat. bei gedeckten Kaninchen 43-1340; Wrkg. v. Reserpin, 5-Hydroxytryptamin u. a. Drogen auf d. künstl. herbeigeführte Ovulat. bei unreifen Mäusen 45-1387; Ovulat.-Hemm. d. Steroide 46-1423; Hemm. d. Ovulat. durch Antibiotika 47-1541; Anreg. d. Ovulat. mit Clomiphen im doppelten Blindvers. 51/52-1439.

Darst. v. Ovulat.-Hemmern (Δ^1-11α-Hydroxysteroide) 1-1875*; (19-Norsteroide) 1-1878*; (mol. Äther u. Ester) 5-1882*; (2-[α-(o-substituierte Benzimidoyl)-benzyl]-pyridinverb.) 11-1867*; (Trifluoracetamid- u. Methansulfonamidverb.) 11-1870*; (1.2α-Methylen-5α-androstene) 21-1907*; (Ovosiston u. Chlormadinon) 22-1688; (16-Acetylverb. d. Pregnanreihe) 37-1668*; (5.10-Seco-5.19-cyclosteroide d. Androstan- bzw. Pregnanreihe) 37-1696*; (5.10-Methylen-19-nor- u. 5.10-Seco-5.19-cyclo-10-fluorverb. d. Androstan- bzw. Pregnanreihe) 37-1697*; (6-substituierte 4.6-Pregnadienderiv.) 39-1724*; (Δ^5- bzw. Δ^4-19-Norsteroide) 39-1745*; (cycl. Trithiocarbonate v. Steroiden) 46-1714*.

Wrkg. eines Ovulat.-Hemmers auf Plasma-Steroide 11-1723.

Ektomie: Wrkg.: verschiedener antiöstrogener Verb. auf d. Geschlechtsapp. d. ovariektomierten Maus 2-1552; d. Oophorektomie auf d. RNS-Stoffwechsel eines transplantierbaren Uterustumors 4-1237; v. 17α-Acetoxyprogesteronderiv. auf d. Erhalt. d. Trächtigk. beim kastrierten Kaninchen 4-1485; v. Ovarektomie auf d. Gonadotropinkonz. bei Schafen 7-1580; Aufrechterhalt. d. Schwangerschaft bei ovarektomierten Ratten durch 20α-Hydroxypregn-4-en-3-on u. 20β-Hydroxypregn-4-en-3-on 8-1574; Wrkg. d. Oophorektomie: u. verschiedener Dosen v. 17β-Östradiol auf d. Corticosteronbldg. in Schnitten v. Rattennebennieren 8-1581; auf d. Lactosegeh. d. Saugdrüsen trächt. Ratten kurz vor d. Wurf 9-1533; gestagene Wrkg. v. Δ^6-6-Chlor-17α-acetoxyprogesteron bei kastrierten Kaninchen u. Ratten 9-1550; Einbau v. ^{3}H-markiertem Östradiol u. Östron in verschiedene Gewebe d. ovarektomierten Maus 12-1530; Auftreten d. Östrus bei kastrierten Ratten durch Thyroxin 12-1549; Wrkg.: verschiedener Steroide auf Nidat. u. Fetusfortleben bei d. ovarektomierten Ratte 13-1621; v. Ovarektomie u. Östrogen auf d. hypophysären LH-Geh. u. d. Organgew. v. Androgensterilisierten weibl. Ratten 16-1437; Implantat. u. embryonale Entw. beim ovarektomierten Hamster 16-1443; hormonaler Einfl. auf d. Magensaftsekret. d. kastrierten weibl. Hundes 19-1485; Sialsäurekonz. in d. Hypophyse d. ovarektomierten Ratten 24-1537; Progesteron u. N-Stoffwechsel bei d. erwachsenen kastrierten weibl. Ratte 30-1384; Wrkg. v. neuropharmakolog. Stoffen auf d. Hormon-aktivierte Östrusverh. bei ovarektomierten Ratten 30-1650; Wrkg. v. Ovarektomie: auf d. Verteil. v. ^{3}H-Östradiol 31-1433; auf Indukt., Verh. u. Wachstum v. Mammakarzinom 33-1257; auf d. Decarboxylase v. aromat. Aminosäuren im Rattenuterus 35-1490; Bldg. eines experimentellen Chorionepithelioms beim ovarektomierten u. mit Vitamin E behandelten Goldhamster 36-1574; Einfl.: v. Sexualhormonen auf d. karzinogene Wrkg. v. Dimethylbenzanthracen auf d. Uterus intakter u. kastrierter Mäuse 38-1245; d. Ovarektomie auf d. durch 3-Methylcholanthren bei weibl. Wistar-Ratten induzierten Brustkrebs 39-1186; v. Östradioldipropionat auf Glucosetoleranz- u. Insulinsensibilitätskurven bei normalen u. ovarektomierten weibl. Kaninchen 39-1408; normale Trächtigk. u. Choriongonadotropinkonz. beim Affen nach Ovarektomie im frühen Trächtigk.-Stadium 42-1367; Elektrophorese v. Hypophysen-Proteinen nach d. Behandl. v. ovarektomierten u. normalen Ratten mit Norethynodrel 42-1374; Einfl. v. Imipramin u. verwandten Antidepressiva auf d. Östrusverh. bei ovarektomierten Ratten nach Aktivier. mit Progesteron, Reserpin u. Tetrabenazin in Kombinat. mit Östrogen 43-1538; Deziduark. bei ovarektomierten, pseudograviden Ratten nach Behandl. mit Östron u. Progesteron 44-1482; Einfl.: v. 17β-Östradiol auf d. — -Aktivität bei ovarektomierten Ratten 45-1380; v. Östron-17β-thiol auf d. endokrinen Organe v. kastrierten weibl. Ratten 48-1385; v. lactogenem Hormon auf Leberglykogen u. Blutglucose in ovarektomierten Mäusen 49/50-1406; v. Östrogen auf d. Gonadotropinaktivität d. Hypophyse v. ovarektomierten Rhesusaffen 51/52-1328; Östrusverh. Östrogen-behandelter, ovarektomierter Ratten nach Chlorpromazin allein oder in Kombinat. mit Progesteron, Tetrabenazin oder Reserpin 51/52-1330.

Transplantation: Bldg. v. Corpera lutea in — -Transplantaten bei ovarektomierten, einer frühen postnatalen Androgenbehandl. unterworfenen, ausgewachsenen Ratten 35-1474.

Beeinflussung: Wrkg.: v. Vitamin K_1 auf d. Funkt. d. — bei Ratten 10-1644; v. Vitamin A auf d. Funkt. d. — bei Ratten 10-1645; v. Vitamin D auf d. — bei Ratten 10-1646; morpholog.-funktionelle Veränder. d. — d. Albinoratte bei d. Behandl. mit Colchicin 10-1723; Wrkg. v. Testosteronpropionat nach Injekt. bei *5* Tage alten Ratten auf d. — 12-1534; morpholog. Veränder. an menschl. — unter Einw. eines hormonalen Antikonzeptivums 17-1467; Wrkg.: v. CCl_4 auf d. — d. Ratten 18-1639; v. Progestinen auf d. Rk. v. — auf Östrogen u. Gonadotropine bei jugendl. Ratten 22-1404; — -Morphologie bei Jungsauen nach Behandl. mit oral wirksamen Steroiden 28-1551; — -Funkt. bei sek. Amenorrhoe 28-1552; Wrkg.: einer biolog. anscheinend reinen FSH-Aufbereit. aus menschl. Menopausengonadotropin auf d. — d. intakten unreifen Maus 32-1529; v. Methylcholanthren auf d. — d. Maus 33-1261; Stimulier. v. Ratten- — durch Gonadotropine 34-1479; Wrkg. v. Östradiol-3-benzoat auf d. — d. Rattenfetus 35-1496; Hormonwrkg. v. Morus alba-Blättern auf — 35-1506; Verzöger. in d. follikulären Entw. bei Ratten nach Fütter. mit Cyclopropenfettsäuren 43-1426; Wrkg. v. Östron u. Progesteronsteroiden auf d. durch Humanchoriongonadotropin-induzierte — -Wachstum bei parabiot. Ratten 49/50-1359.

Pathologie: Epitestosteron, ein in vitro-Stoffwechselprod. v. Δ^4-Androstendion in einem sklerozyst. — 1-1508; histochem. Verh. einiger Enzyme bei d. Follikelatresie in — d. Meerschweinchens 3-1556; Reaktivier. seniler Ratten- — im permanenten Östrus durch gonadotrope Hormone oder durch Aufenthalt im Dunkeln 4-1466; Glykoproteine in d. — -Zystenfl. d. Menschen 15-1553; polyzyst. —

16-1197; Synth. v. Steroiden in vitro durch experimentell induzierte Ovarialzysten 21-1541; Isolier. u. Identifizier. v. N-Acetylneuraminsäure in Mucoprotein v. menschl. Ovarialzysten 26-1475; 17-Ketosteroide, Pregnandiol u. Pregnantriol im Harn Gesunder u. v. Vers.-Personen mit Stein-Leventhal u. Turner-Syndrom 32-1548; Enzymunters. an menschl. Tumoren d. – 33-1254; biosynthet. Unters. v. menschl. arrhenoblastomatösem Ovarialgewebe in vitro 41-1459, 41-1460; Funkt.-Anomalien d. – in bezug auf Menge u. Dauer d. tox. Einw. 49/50-1450.

Herst. v. Heilmittel zur Behandl. v. Unregelmäßigk. oder ungenügender Tätigk. d. – 16-1715*.

Analyse, Untersuchungsmethoden: Identifizier. v. Steroiden aus – (dünnschicht- u. gaschromatograph.) 9-1554; Best. v. Luteinisier.-Hormon durch d. Verarm. d. – an Cholesterin 2-1539; Extrakt. v. Gonadotropin aus d. Urin für d. Best. durch angeregte Ovulat. 2-1541; Beobacht. über Verarm. d. – an Cholesterin als Test für d. Aktivität v. Luteinisier.-Hormon 15-1463; chem. Best. d. Ovulat.-Zeit 15-1551; – -Ascorbinsäure-Erschöpf.-Test für Luteinisier.-Hormon 19-1490; Kontrolle d. Ovarialaktivität in d. Kuh mit Hilfe v. oral akt. 6-Methyl-17-acetoxyprogesteron 29-1539; Vorbehandl. v. Tieren für d. Best. v. Luteinisier.-Hormon mit d. Meth. d. – -Verarm. an Cholesterin 33-1522; Best. v. Follikelstimulier.-Hormon im Urin d. Menschen durch d. Zuwachstest bei Mäuse- – 39-1396.

Bibliographie: Fonctions endocriniennes de l'ovaire (Colloque international, Paris *1965*) B 60.

Präputialdrüse

Histolog. Unters. d. – nach Cyproteronacetat-Verabreich. an d. männl. Ratte nach d. Geburt 44-1489.

Prostata

Bestandteile: Saure Phosphomonoesterasen d. menschl. – (Hemm. durch Diisopropylphosphorfluoridat) 12-1367; Form v. Mn, Cu u. Zn in d. menschl. – 17-1441; Stabilisier. u. Erhalt. d. Aktivität d. sauren – -Phosphatase d. Serums 19-1313; Sialsäure in d. – d. Ratte 21-1530; Veränder. d. Lokalisat. d. AMPase- u. ATPase-Aktivität in d. Plasmamembran d. humanen – -Epithelzellen 32-1410; chromatograph. Reinig. d. Phosphomonoesterase d. menschl. – Verstorbener 37-1269; Identifizier. v. D-Glucose in d. – bei einigen Nagetieren 40-1551; Isolier., Reinig. u. Eig. v. Orthophosphorsäuremonoesterhydrolasen aus menschl. – 48-1229.

Eigenschaften: Einfl.: v. 17α-Methyl-B-nortestosteron auf d. – -Gew. bei kastrierten Ratten 33-1525; v. Nerobol auf d. – -Gew. 33-1526.

Stoffwechsel: Sekret. v. N-halt. Substanzen durch d. mit Pilocarpin stimulierte Hunde- – 1-1482; Wrkg.: v. Wachstumshormon u. Prolactin-Präp. auf d. durch d. Zwischenzellenstimulierende Hormon ausgeübte Kontrolle auf d. ^{65}Zn-Aufnahme d. dorsolateralen – bei d. Ratte 3-1478; v. Testosteron u. Polyuridylsäure auf d. Einbau v. Phenylalanin in d. Peptidkette durch – -Ribosomen 8-1584; Cortisol-Stoffwechsel im – -Gewebe 11-1512; Wrkg. v. Testosteron auf d. Bind. v. – -Histon an DNS in vitro 14-1295; Aufnahme v. Glucose, 2-Desoxyglucose u. L-Arabinose durch d. Fettgewebe d. Ratten- – in Ggw. v. Insulin u. N-Äthylmaleinimid 14-1596; NAD-Biosynth. in d. – als früher Bestandteil d. Androgenwrkg. 19-1521; selektive Stimulier. d. RNS-Synth. in – -Kernen durch Testosteron 20-1198; Kontrolle v. Nucleinsäure- u. Proteinsynth. in d. – durch Androgene 20-1488; Einfl. v. Testosteronphenylpropionat auf d. Einbau v. ^{14}C–Na-Formiat in d. – kastrierter Ratten 24-1546; Stoffwechsel v. $^{14}C_{(4)}$-Testosteron durch d. – d. Menschen u. Hundes 32-1536; Hemmwrkg. v. Östrogenen auf d. v. Testosteron abhäng. Prozeß d. Fructosesekret. d. – 42-1372; Reiz. d. – -Sekret. durch Pilocarpin beim Hund 44-1638; Schilddrüsenstatus u. „Titrat." v. Sexualhormonen durch d. – d. Ratte 45-1391.

Ektomie: Aminocapronsäure d. Blutung nach Prostatektomie (Kontrollvers.) 1-1697.

Beeinflussung, Pathologie: Wrkg.: u. Wechselwrkg. v. Hydrocortison u. 3-Methylcholanthren auf d. ventrale – d. Ratte in vitro 7-1309; v. Barbital-Na auf d. – d. Albinoratte 7-1824; v. Einzelinjekt. v. Serotonin u. Histamin auf d. – bei Mäusen 14-1603; v. A-Ring modifizierten Androstanderiv. auf d. ventralen – -Lappen 32-1543, 32-1544; v. Östradiol-3-benzoat auf d. – d. Rattenfetus 35-1496; v. 17α-Äthinyl-19-nortestosteronacetatcyclopentylenoläther auf d. – 38-1502; histolog. Unters. d. – nach Cyproteronacetat-Verabreich. an d. Ratte nach d. Geburt 44-1489; kontrastierende endokrine Wirksamk. v. cis- u. trans-Isomeren einer Reihe substituierter Triphenyläthylene auf d. – 44-1623.

Zn-Konz. in d. kranken menschl. – 5-1263; Einfl. v. Östradiol auf d. Cortisolsekret. d. Nebennierenrinde bei Patienten mit – -Neoplasmen 11-1491; Vgl. v. „sauren" Plasmaphosphatasen bei metastasierendem – -Karzinom 15-1296; Androgenbldg. im Hodengewebe v. Patienten mit – -Karzinom 17-1232; $^{14}C_{(4)}$-Progesteronstoffwechsel durch hypertroph. u. karzinomatöses – -Gewebe d. Menschen 19-1510; Isoenzyme d. sauren Phosphatase d. Serums bei – -Karzinom 24-1252; Einfl. d. Kastrat. auf d. RNS-Stoffwechsel eines Experimentaltumors d. – 32-1266; Isoenzyme in Lebermetastasen v. – -Karzinom 42-1148; Hormonmetabolitspiegel d. Harns: bei Patienten mit – -Krebs 47-1161; bei Krebs u. benigner Hyperplasie d. – 47-1162.

Darst. v. 10-Alkylsteroiden d. Androstanreihe (– -wachstumhemmende Heilmittel) 1-1874*.

Untersuchungsmethoden: Diagnost. Wert d. Best. d. Pressoramine bei Patienten mit – -Adenom 10-1587; Spezies-abhäng., durch d. – -Test festgestellte Unterschiede im Luteinisier.-Hormon 16-1430.

Samenblasen (Vesikulardrüsen)

Isolier. d. gerinnungsfäh. Proteins aus d. Sekret d. – d. Ratte 5-1494; Verteil. in d. – nach Verabreich. v. ^{14}C-Bis-[p-Hydroxyphenyl]-cyclohexylidenmethan u. d. Diacetats 16-1440; hormonales Verh. d. – d. Ratte u. exzitomotor. Wrkg. v. Ergotamintartrat in vitro 38-1654; Identifizier. v. D-Glucose in d. – einiger Nagetiere 40-1551.

Einfl.: v. 17α-Methyl-B-nortestosteron auf d. – -Gew. bei kastrierten Ratten 33-1525; v. Nerobol auf d. – -Gew. 33-1526.

Dehydroepiandrosteronstoffwechsel in d. Ratten- – 4-1491; Kontrolle v. Nucleinsäure- u. Proteinsynth. in d. – durch Androgene 20-1488; Einfl. v. Testosteronphenylpropionat auf d. Einbau v. ^{14}C–Na-Formiat in d. – kastrierter Ratten 24-1546; enzymat. Umwandl. v. all-cis-8.11.14-Eikosatriensäure in Prostaglandin E_1 in Schaf- – 29-1281; Aldehyd-Ox.-Aktivität in – 42-1256; Hemmwrkg. v. Östrogenen auf d. v. Testosteron abhäng. Prozeß d. Fructosesekret. d. – 42-1372; Testosteron-abhäng. Auf- u. Abbau reduzierbarer Substanzen in d. Glandula vesiculosa d. weißen Ratte 51/52-1333.

Wrkg.: v. Testosteronpropionat u. Choriongonadotropin in Kombinat. auf d. – 2-1554; v. Barbital-Na auf d. – d. Albinoratten 7-1824; v. Isoprenalin auf d. Kontrakt. d. – 23-1447; v. A-Ring modifizierten Androstanderiv. auf d. – 32-1543, 32-1544; Hormonwrkg. v. Morus alba-Blättern auf – unreifer Tiere 35-1506; Einfl. v. 17α-Äthinyl-19-nortestosteronacetatcyclopentylenoläther auf d. – -Sekret 38-1502; histolog. Unters. d. – nach Cyproteronacetat-Verabreich. an d. Ratte nach d. Geburt 44-1489; kontrastierende endokrine Wirksamk. v. cis- u. trans-Isomeren einer Reihe substituierter Triphenyläthylene auf d. – 44-1623; Verw. v. tritiiertem Phenoxybenzamin für Rezeptorunters. an d. – d. Ratte 46-1600.

Testes

s. *Hoden.*

Testikel

s. *Hoden.*

Vesikulardrüsen

s. *Samenblasen*

Gonaden

s. *Geschlechtsdrüsen.*

Hardersche Drüsen

s. unter *Tränendrüsen.*

Hypophyse

Bestandteile: W.-lösl. Human- – -Proteine 1-1538; Sialsäurekonz. in d. – normaler u. ovarektomierter Ratten 24-1537; Proteinbestandteile v. neurosekretor. Granula aus d. – -Hinterlappen d. Rindes 32-1531; freie Nucleotide d. Vorder- u. Hinterlappens d. Rinder- – 39-1391; Isolier. eines neuen Hormon-bindenden Proteins aus d. – -Vorderlappen d. Rindes 40-1480; – -Proteine nach d. Behandl. v. Ratten mit Norethynodrel 42-1374; Isolier. v. O-Acetyltyrosylvalin aus d. Neuro- – d. Schweines 47-1387.

Saure Phosphatase-Aktivität d. – d. Ratte in Bezieh. zur sekretor. Aktivität 5-1324; Heterogenität d. sauren Phosphatase im – -Vorderlappen d. Ratte 5-1325; Aktivität d. L-Rhamnosidase in – d. Schweins 28-1359; Peptidase-Aktivität d. – d. Schweins 28-1367; esterolyt. u. proteolyt. Enzyme d. Adeno- – 29-1265.

Geh. v. Gelbkörperhormon in d. – während d. Tumorgenese 1-1254; Isolier. u. Aminosäuresequenz v. β-LPH aus Schafs- – 8-1569; Prolactingeh. d. Ratten- – nach Behandl. mit Noräthynodrel 8-1585; Histamin u. Methylhistamin in d. – 9-1586; Peptide aus d. – -Hinterlappen d. Schweins 11-1489; zytolog. Herkunft v. Corticotropem Hormon d. – bei d. unreifen Katze 12-1522; Acetylcholingeh. in d. Neuro- – d. Kaninchens 18-1496; intrazelluläre Lokalisat. v. Östrogen in d. Ratten- – 19-1515; Argininvasopressin u. Oxytocin in d. Neuro- – bei Argininmangelratten 19-1619; Beweis für d. Existenz eines Komplexes aus humanem Wachstumshormon u. RNS in d. – 26-1486; Brenzcatechinamingeh. in d. – bei Kaninchen mit experimenteller Arteriosklerose 27-1476; Wrkg. v. Steroidhormonen, Ovariektomie, Vorbehandl. mit Östrogen, Geschlecht u. Geschlechtsunreife auf d. Verteil. v. ^{3}H-Östradiol im – -Vorderlappen d. Ratte 31-1433; Gewinn. v. ACTH aus – 37-1708*; zellulare Lokalisat. v. Wachstumshormonen in d. fetalen Adeno- – d. Menschen 39-1392; heterothyreotrope Aktivität u. Gonadotrope Hormone d. Säugetier- – 40-1481; Konz.: v. Luteinisier.-Hormon in d. – bei *3* Typen v. Ratten mit konst. Östrus 42-1355; v. Histamin in d. – (Veränder. durch Arzneistoffe) 46-1450; Lokalisat. v. Prolactin in d. Ratten- – u. in einem transplantablen mammotropen – -Tumor 49/50-1405.

Eigenschaften: Veränder. im Gew. u. d. histolog. Befund d. – bei Vitamin-A-Mangel 5-1589; Gew.-Zunahme d. – v. Färsen nach Nitrataufnahme während d. Trächtigk. 37-1551.

Stoffwechsel: Gewebeatmung d. – v. weißen Ratten verschiedenen Alters 21-1529; Einbau v. ^{3}H-Prolin in basophile Zellen d. Adeno- – d. Ratte 1-1484; Speicher.-Mechanismus v. Monoaminen in d. Zellen d. Adeno- – 4-1462; Regulier. d. Adrenalinsynth. durch d. – 12-1541; Einfl. d. Hypothalamus auf d. Monojodier. v. Thyroxin durch d. – -Vorderlappen d. Ratte 15-1453; Aufnahme v. Steroiden durch d. menschl. – in vitro 22-1389; Mechanismus d. Glucoseox. in d. – 23-1252; – -Vorderlappen d. Ratte während d. erhöhten Corticotropinbldg. 32-1523; Aufnahme v. Thyroxin u. Trijodthyronin durch d. – 32-1576; Einfl. v. Thyroxin, Methylthiouracil-Behandl. u. Thyreoidektomie auf d. Aufnahme v. ^{3}H-Adenin durch d. – -Vorderlappen 34-1516; Beding. d. Bldg. v. „Prolactinzellen" im – -Vorderlappen d. Goldhamsters 40-1187; Anreicher. v. Diphenylhydantoin u. 3-Äthoxycarbonyldiphenylhydantoin in d. – 40-1610; Blockier. d. LH-Ausschütt. d. – auf intrahypophysale Durchström. mit Hypothalamusextrakt durch Noräthindron 45-1361.

Beziehung zu anderen Körperfunktionen: Wrkg.: v. Aminoäthylisothiuroniumsalz auf Strahlen-induzierte Veränder. im Zwischenhirn- – -Syst. d. Ratte 10-1700; v. Reserpin auf d. adrenokortikale Hypothalamus- – -Syst. (Übersicht) 26-1689.

Wrkg.: v. Thiouracilderiv. auf d. – -Schilddrüsen-Achse 31-1461; d. – auf d. Ox. v. Thiocyanat durch d. Schilddrüse 37-1439. Wrkg. v. 6-Methyl-17-acetoxyprogesteron auf d. – -Nebennieren-Funkt. 4-1486; Mechanismus d. Nivalinwrkg. auf d. Syst. – –Nebenniere 5-1489; Einfl.: d. – -Nebennierenrindenfunkt. auf Nucleinsäure u. verwandte Substanzen 14-1556; v. Barbital auf d. – -Vorderlappen-Nebennierenrinden-Syst. 15-1709; Auswrkg. akuter Vergift. mit Organophosphatinsektiziden über d. – –Nebennieren-Syst. 19-1670; Einfl. d. – -Vorderlappen–Nebennierenrinden-Syst. auf d. Steiger. d. AS-Ausscheid. u. d. Verkürz. d. Schlafzeit nach Hexobarbital u. Vorbehandl. mit Barbital 20-1630; Beteilig. d. Zentralnervensyst. an d. Regulier. d. Funkt. d. – -Adrenal-Syst. 22-1383; Einfl. v. 5-Oxytryptamin u. 5-Oxytryptophan auf d. Funkt. d. – -Nebenniere-Syst. 22-1431; Rk.-Vermögen d. – –Nebennierenrinden-Syst. beim Meerschweinchen auf Diphtherietoxin-Vergift. nach langfrist. kombinierter Behandl. mit Cortison u. Adrenocorticotropem Hormon 25-1429; Einfl. d. – auf d. Nebennierenfunkt. bei d. Strahlenkrankh. nach Zufuhr v. Radiophosphor 29-1612; – –Nebennieren-Erhol. nach langfrist. Corticosteroidtherapie 32-1567; Einfl. d. hypophyso-adrenocorticalen Funkt. auf Nucleinsäuren u. verwandte Substanzen 33-1507; hypophyso-adrenale Rk. in Kaninchen nach Laparotomie unter allg. oder lokaler Anästhesie oder nach Verabreich. neuropleg.

Arzneimittel 35-1755; Wrkg. v. Na-Barbiton auf d. --Nebennieren-Syst. d. Ratte 36-1640; --Nebennieren-Syst.: in Ratten mit Verletz. d. --Stranges 37-1405; beim Rattenfetus nach Adrenalektomie d. Muttertieres 44-1493; Beeinträcht. d. --Nebennieren-Rk. auf akuten Stress bei Alloxandiabetes 44-1520; Einfl. d. hypophys-adrenocortikalen Funkt. auf d. Fettsäurezus. verschiedener Gewebe 46-1428; neurohumorale Feedbackregulier. d. -- Nebennieren-Syst. 49/50-1355.

Corpus luteum---Bezieh. 32-1559, 36-1503.

Plasmaketosteroide u. Testosteron beim Mann (Unters. d. --Hoden-Achse) 31-1439; kombinierte Wrkg. v. Monoaminooxydase-Hemmstoffen u. Corticosteroiden auf d. -- Keimdrüsen-Syst. männl. Ratten 33-1518.

Bedeut. d. – bei d. Mobilisier. d. nichtveresterten Fettsäuren nach Verabfolg. v. Norandrostenolonphenylpropionat 1-1509; Lipidmobilisier. u. hypoglykäm. Aktivität v. -- Homogenaten Alloxan-diabet. Ratten 18-1491; Verwert. v. markiertem Sulfat durch d. Erythrozyten normaler u. mit Gesamt--, --Hinterlappen u. Wachstumshormon behandelter Ratten 23-1496; – u. ihre Rolle in d. Blutzuckerregulat. bei einem Salzwasserteleostier 38-1484; Einfl. d. Neuro---Funkt. auf d. Konz. an Antidiuret-Hormon im Blut 42-1358.

--Kontrolle d. genet. Express. während d. Federn- u. Hautdifferenzier. beim Huhn 20-1160; allerg. Rk. durch --Extrakte bei Ggw. v. Antikörpern gegen Vasopressin beim Menschen 33-1513; Einfl.: d. --Vorderlappens auf Lernvermögen u. Fluchtverh. 43-1334; d. – auf d. Melaninpigmentier. in d. Haut d. Rattenskrotums 46-1422.

Ektomie: Sekret. u. Diabetes-erzeugende Wrkg. d. hypophysären Wachstumshormons bei Normalpersonen u. Hypophysektomierten 1-1485; Follikelstimulierendes Hormon in hypophysektomierten, jugendl. Mäusen 2-1543; Sekret. v. Cortisol durch d. Nebenniere d. hypophysektomierten Hundes 2-1562; Einfl. v. Hypophysektomie auf d. Glucose-6-phosphatase u. Glutaminase in Rattenleber u. -niere 4-1324; Aufhören d. Wachstums bei mit Thyreoidhormonen behandelten hypophysektomierten Ratten 4-1509; Nebennierenrindenfunkt. u. an d. Corticosteroiderzeug. in d. Rattennebenniere beteiligte Enzymaktivität nach Hypophysektomie 5-1499; Wrkg. v. Jodidüberschuß auf d. Synth. v. Schilddrüsenhormon bei hypophysektomierten Ratten nach Anwend. v. Thyreotropem Hormon 5-1515; Wrkg. v. Hypophysektomie: auf d. lipolyt. Rk. d. Fettgewebes auf --Hormone 7-1573; auf d. Veränder. d. Blutzuckers u. d. Corticosterongeh. im Blut bei verändertem Lipidstoffwechsel infolge eines Beschleunig.-Stresses 7-1608; Insulinwrkg. auf K-Fluß sowie Wasser- u. Elektrolytgeh. d. Muskeln normaler u. hypophysektomierter Ratten 7-1630; Prolactin u. Serumosmolalität d. hypophysektomierten Killifisches 8-1570; Einfl. v. Hypophysektomie: auf d. Herzmuskel-Citratgeh. 8-1571; u. --Transplantat. mit darauffolgender Östradiolinjekt. auf d. Entw. d. Trächtigk. u. d. Fetalmorphologie bei d. Ratte 8-1579; ATPase-Aktivität d. Herzmuskelfasern bei d. hypophysektomierten Ratte 9-1408; Wrkg. v. Oxytocin auf d. Nebennierendurchblut u. d. Corticoidsekret. vor u.nach akuter Hypophysektomie beim Hund 9-1558; Hormontherapie bei fortgeschrittenem Brustkrebs nach Hypophysektomie 10-1325; Wrkg. d. Hypophysektomie: auf d. Speicheldrüsen v. Ratten 10-1561; auf d. Nicotinamidmethylferase-Aktivität in d. Leber tumortragender Ratten 11-1266; Wiederherst. d. in hypophysektomierten Ratten herabgesetzten Rk.-Fähigk. d. Ribosomen mit Polyuridylsäure durch einen Zellsaftfaktor 12-1245; Wrkg. d. Geschlechtshormone auf d. durch Gonadotropin bei d. hypophysektomierten, nicht geschlechtsreifen Ratte induzierte Ovulat. 12-1526; Adrenalaktivität bei d. hypophysektomierten Wistar-Ratte 12-1536; Insulinwrkg. auf d. Blutglucosespiegel d. hungernden hypophysektomierten bzw. normalen Huhns 13-1658; Wrkg. v. Pitressin u. Serotonin bei d. Aufrechterhalt. d. Blutdrucks in hypophysektomierten unterkühlten Ratten 13-1672; Konz. u. Aufnahme v. α-Aminoisobuttersäure in d. Parathyreoidea v. intakten u. hypophysektomierten Ratten 15-1501; Einfl. v. Hypophysektomie: auf d. Threonin- u. Serindehydrogenase-Aktivität in d. Leber 16-1223; auf d. Gallenfluß bei d. Ratte 16-1459; hypoglykäm. Wrkg. v. Vasopressin beim hypophysektomierten, pankreatektomierten Hund 16-1490; Synth. d. DNS in d. Leber v. hypophysektomierten Ratten nach partieller Hepatektomie 17-1229; Wrkg. v. Aldosteron, Vasopressin u. Corticosteron auf d. Verteil. v. Salz u. W. bei d. neurohypophysektomierten, adrenalektomierten Ratte 17-1486; kombinierte Wrkg. v. Aldosteron, Vasopressin u. Corticosteron auf d. Verteil. v. Salz u. W. bei d. neurohypophysektomierten, adrenalektomierten Ratte 17-1487; Antagonismus zwischen Nebennieren u. Nebenschilddrüsen an hypophysektomierten Ratten 17-1499; Einfl.: v. 5-Hydroxytryptamin auf d. Nebennierenrindenfunkt. bei hypophysektomierten Ratten 17-1516; v. 2-Methyl-1.2-bis-[pyridyl-(3)]-1-propanon auf d. Sekret. d. Nebennierenrinde bei hypophysektomierten Ratten 18-1464; v. Follikelstimulierendem Hormon d. Schafes bei d. hypophysektomierten männl. Ratte 19-1492; Enzymaktivität in verschiedenen Organen hypophysektomierter Ratten u. Kaninchen 19-1632; Wrkg.: eines d. Cholesterinbiosynth. hemmenden Stoffes auf d. Erzeug. v. Corticosteroiden beim hypophysektomierten Hund 19-1724; v. Hypophysektomie auf d. Lipidkonz. in Herz u. Gastroknemius d. Ratte 20-1474; Hypophysektomie kurz nach d. Eiimplantat. bei d. Ratte 20-1484; in vivo-Jodier. d. verschiedenen Schilddrüsenhormone bei d. normalen oder hypophysektomierten Ratte 20-1502; Speicher. v. Überschußmengen an J durch d. Schilddrüse bei normalen, hypophysektomierten u. Thyroxin-behandelten Ratten 20-1503; Proteinsynth. in d. Leber hypophysektomierter Ratten nach partieller Hepatektomie 23-1434; Glucosestoffwechsel in verschiedenen Geweben hypophysektomierter Kaninchen in vitro 23-1591; Pyridinnucleotidgeh. d. Rattenleber durch Hypophysektomie (beeinflussende Hormone) 24-1547; Einfl. v. Adiphenin auf d. Fixier. v. J in d. Schilddrüse d. hypophysektomierten Ratte 24-1557; DNS-Synth. in Niere u. Dünndarm hypophysektomierter Ratten nach partieller Hepatektomie 25-1174; Einfl. v. Testosteron: auf d. sexuelle Reif. d. hypophysektomierten Ratte 25-1436; auf d. mitot. Aktivität d. Vagina, d. Rektums u. d. Haut bei hypophysektomierten Ratten 27-1469; DNS-Synth. u. Zytoplasmaveränder. bei d. Leberregenerat. nach Hypophysektomie 28-1260; Glucokinase-Aktivität u. Glykogengeh. d. Leber hypophysektomierter mit Röntgenstrahlen bestrahlter, u. unterschiedl. ernährter Ratten 29-1233; Einfl. v. Hydrocortison auf d. ^{35}S-Methioninstoffwechsel in hypophysektomierten Patienten 29-1457; Unterschiede in d. Verteil. v. β-Glucuronidaseaktivität in d. Nebennierenrinde nach Behandl. mit Corticosteroiden u. nach Hypophysektomie 31-1225; Einfl. v. Hypophysektomie: auf d. Einbau v. Fettsäuren in Ester durch d. Dünndarm in vitro 31-1566; auf d. Harnausscheid. zykl. Nucleotide 32-1622; auf d. Konz. v. Hexosephosphaten, Nucleotiden u. anorgan. Phosphat im perfundierten Rattenherzen 32-1628; auf d. Glycerinprodukt. u. d. Konz. an freien Fettsäuren, langkett. Fettsäure–Acyl-Coenzym A, Glycerinphosphat u. Intermediärverb. d. Citronensäurezyklus im Herzen u. Zwerchfellmuskel 32-1631; auf Indukt., Verh. u. Wachstum d. Mammakarzinoms 33-1257; Veränder. d. Histone u. Nucleinsäuren in d. Zellkernen d. Leber hypophysektomierter Ratten 34-1659; Einfl. v. Hypophysektomie auf d. durch Injekt. v. 3'-Methyl-4-dimethylaminoazobenzol verursachten Änder. in d. Adenylsäuredesaminaseaktivität u. d. Stoffwechsel d. nuclearen RNS in d. Rattenleber 35-1342; synchrone Aktivier. d. DNS-Synth. im Knorpel v. hypophysektomierten Ratten durch Wachstumshormon 35-1469; Wrkg. v. Hypophysektomie auf d. Decarboxylase v. aromat. Aminosäuren im Rattenuterus 35-1490; Corticosteronsekret. bei Hypophysektomie 35-1516; Einfl.: v. Hypophysektomie auf d. Stimulat. d. Stoffwechsels v. Pharmaka durch Stress bei Ratten 35-1748; Gonadotroper Hormone auf d. Deziduazellrk. bei intakten u. hypophysektomierten Ratten 36-1480; v. Reserpin auf d. Funkt. FSH- u. LH-ähnl. Hormone bei hypophysektomierten weibl. Ratten 36-1653; v. Hypophysektomie auf d. nichtspezif. Esterase-Aktivität in d. Hoden ausgewachsener Ratten 39-1225; kurzdauernde Wrkg. v. Schafs-Wachstumshormon auf Glucose, freie Fettsäuren u. Ketone im Plasma v. normalen u. hypophysektomierten Schafen 39-1393; Wrkg. v. Cyproteronacetat auf d. Struktur d. Hoden, Spermienbldg. u. Geschlechtsdrüsen v. mit Testosteron behandelten adulten hypophysektomierten Ratten 39-1412; Nebennierenrindenaktivität bei Wistar-Ratten nach Hypophysektomie 39-1417; Einfl. v. Hypophysektomie auf d. Sulfattransport durch d. Dünndarm 39-1514; Wechselwrkg. zwischen gonadotropen Hormonen u. d. Uterus bei d. Erhalt. d. ovariellen Lutealgewebes bei d. hypophysektomierten Sau 40-1491; Funkt. d. Nebennierenrinde d. Enterichs nach --Vorderlappenentfern. oder --Autoplastik 40-1502; Einfl.: v. Purinen auf d. durch Epinephrin induzierte Lipolyse in Fettgewebe d. hypophysektomierten Ratte 40-1505; d. Hypophysektomie auf d. Triglyceride in Plasma u. Leber nach Verabreich. v. CCl_4 41-1595; Stoffwechsel v. Glykoprotein u. Kollagen in d. Haut v. hypophsektomierten Ratten 42-1349; Wrkg. v. Adrenocorticotropin auf d. Konz. v. Triglyceriden in d. Nebenniere d. hypophysektomierten Ratte 42-1352; hormonale Regel. d. Transamidinase in d. Rattenniere, Wrkg. v. Wuchshormon bei d. hypophysektomierten Ratte 42-1361; Bezieh. d. Hoden zur Enzymaktivität d. Nebenniere u. Bldg. v. Corticosteron in d. Nebenniere d. hypophysektomierten Ratte 42-1366; Wrkg.: v. injiziertem Thyrotropin auf d. Pyridinnucleotidgeh. d. Schilddrüse v. normalen u. hypophysektomierten Ratten 42-1399; v. Hypophysektomie auf d. Steiger. d. J-Bind. durch d. Rattenschilddrüse infolge v. Adiphenin 42-1402; biolog. Wrkg. v. „gebundenem" Insulin bei intakten u. hypophysektomierten Ratten nach intravenöser Verabfolg. 42-1410; Wrkg. v. Thyroxin auf Lebermitochondrien neugeborener u. partiell hypophysektomierter Ratten 43-1364; Geh. an Thyreotropem Hormon im --Vorderlappen nach Entfern. d. --Hinterlappens 44-1472; Hypophysektomie kurz nach Eiimplantat. bei d. Ratte 44-1477; Veränder. d. Stresswrkg. an Ratten mit niedr. Histaminniveau durch Hypophysektomie 47-1530; Blutzuckerveränder. bei d. Eidechse nach Hypophysektomie 51/52-1370.

Transplantation: Einfl. d. Transplantat. mehrerer --Vorderlappen auf d. Brunstzyklus d. syr. Hamsters 44-1476.

Beeinflussung: Wrkg. v. Vitamin-B_6-Mangel auf Ratten-- 2-1617; Hemm. d. – durch Hodenblut 18-1451; --hemmende Aktivität im Urin 18-1452; Schwäch. d. --Wachstums durch neonatale Thyroxinanwend. 32-1580; Einfl. v. 17α-Äthinyl-19-nortestosteronacetatcyclopentylenolläther auf d. – 38-1502; --hemmende Wrkg.: v. 1.2β-Methylensteroiden (Herst.) 39-1733*; v. 4-Hydroxymethylen-1-dehydro-3-keto-5α-H-steroiden d. Androstanreihe bzw. niederen Enolestern oder Enoläthern (Herst.) 39-1735*; Wrkg. v. Östron-17β-thiol auf d. – v. kastrierten weibl. Ratten 48-1385.

Pathologie: Wrkg. v. Arginin auf d. Konz. v. menschl. Wachstumshormon im Serum v. Patienten mit --Unterfunkt. 1-1486; Stoffwechselwrkg. v. Rinder-Wachstumshormon nach trypt. Proteolyse beim Menschen mit --Insuffizienz 7-1575; Eliminier. v. ^{131}J-markiertem menschl. Wachstumshormon aus d. Plasma v. Akromegalen 28-1539; Unters. v. Wachstumshormon u. a. endokrinen Funkt. bei --Unterfunkt. 29-1437; Pathogenese d. durch Hexadimethrin an d. – hervorgerufenen Nekrose 33-1710; --Hypertrophie durch Propylthiouracil bei Neugeborenen 35-1526; klin. Unters. über Vanillylmandelsäure im Harn v. Patienten mit --Krankh. 37-1390; W. u. Elektrolytstoffwechsel bei --Insuffizienz 51/52-1324.

Steroidausscheid. bei Cushingsyndrom-Patienten mit Angaben über Corticotropin- u. Metapyrontests 4-1501; ungewöhnl. Entw. eines mammotropen --Tumors 8-1327; Besser. v. Cushing-Syndrom mit o,p'-DDD 9-1326; fehlender Anstieg d. Corticosteroide im Plasma während d. Insulinhypoglykämie beim Cushing-Syndrom 12-1539; Abbau v. ^{14}C-Histamin im Menschen bei Insuffizienz d. Nebennierenrinde vor u. nach Hypophysenektomie bzw. --Adenom 12-1560; morpholog. u. histochem. Veränder. in Leber u. Niere v. Ratten mit transplantablen --Tumoren 13-1298; Harnausscheid. an „freiem" Cortison bei d. differentiellen Diagnose d. Cushing-Syndroms 13-1630; neutrale Harn-17-Ketosteroid-Exkret. bei Patienten mit Cushing-Syndrom 14-1571; Stabilität d. Cholesterinbind. in d. Cholesterin–Eiweiß-Komplexen d. Blutserums bei Cushing-Krankh. 15-1527; thyreotrope --Tumoren v. Mäusen 27-1222; Auftreten v. --Tumoren bei Alloxanbehandelten Ratten nach langfrist. Saccharosegaben 48-1165; Adenom nach Östrogenbehandl. in d. in situ-- u. d. in d. Vorderkammer d. Augen transplantierten – bei Ratten 49/50-1102.

Therapie: Hydrocyanidierte α,β-ungesätt. polycycl. Ketone als Anti---Mittel (Darst.) 7-1941*; Arzneimittel zur Behandl. einer durch d. Follikel verursachten Überaktivität d. – (Darst.) 16-1708*; (9α.10α-Epoxy-2α-methyl-19-nor-testosteronbenzoat) 36-1714*.

Analyse, Untersuchungsmethoden: Golgiapp. u. Ursprung d. sekretor. Granula d. Adeno---Zellen d. Ratte (autoradiograph.

Unters. im Elektronenmikroskop nach Injekt. v. ^{3}H-Leucin) 40-1479; Anwend. v. Metopirone zur Diagnose v. --Krankh. 14-1636; Rk. v. Plasmazucker, freien Fettsäuren, Cortisol u. Wachstumshormon auf Insulin u. Vgl. dieses Verf. mit anderen Tests auf --Funkt. 32-1526; Metopirontest zur Best. d. --Nebennierenrinden-Reserve 38-1489; Best. d. Thyrotropin freisetzenden Faktors an d. Mäuse-- in vivo 39-1400.

Keimdrüsen

s. *Geschlechtsdrüsen.*

Mamma

s. *Brustdrüsen.*

Milchdrüsen

s. *Brustdrüsen.*

Nasendrüse

s. unter *Tränendrüsen.*

Nebennieren

Bestandteile: Biochemie histolog. definierter Zonen in d. --Rinde 4-1494; histochem. Aspekte d. --Rinde d. epiphysektomierten Ratte nach Behandl. mit 5-Hydroxytryptamin 9-1588; histochem. Unters.: u. elektronenmikroskop. Unters. an Zellen d. Ratten---Rinde in Gewebekultur 20-1185; d. Nebennierenmarkzellen v. Krallenaffen 44-1910; Veränder. einiger histochem. Rk. d. --Rinde nach Einführ. v. $BeCl_2$ 51/52-1335.

Hg-Geh. in menschl. – 39-1379.

Vork. einer Dokosatriensäure in d. Cholesterinestern d. – v. Ratten bei an essentieller Fettsäure defizitären Diäten 3-1560; Speicherfunkt. u. Aminspiegel d. --Markgranula bei verschiedenen Intervallen nach Prenylaminbehandl. 9-1793; Verteil. v. Fetten in d. – v. Ratten im Laufe wiederholter Stresseinwrkg. 10-1599; Wrkg.: v. ACTH auf d. Gesamtcholesterin d. – bei bursektomierten Küken 11-1497; v. β-Sitosterin auf d. Cholesteringeh. in --Rinde v. Ratten nach Fütter. mit Kokosnußöl-halt. Futter 12-1613; Verteil. in d. --Rinde nach Verabreich. v. ^{14}C-Bis-[p-Hydroxyphenyl]-cyclohexylidenmethan u. d. Diacetats 16-1440; Wrkg. d. Kastrat. u. d. Elektroschocks auf d. Konz. v. Cholesterin in d. – v. Wistar-Ratten mit normaler Ernähr. u. mit fettreicher u. eiweißreicher Kost 17-1530; DNS-Geh. in d. – v. Kaninchen verschiedenen Alters bei physiolog. Körperbelast. 18-1462; lösl. Proteinfrakt. aus chromaffinen Rinder-, Pferde-, Schweine- u. Schafs---Granula (Vgl.) 24-1596; Wrkg.: eines anabol. Steroids auf d. Konz. v. Tetraensäure u. Arachidonsäure in d. – bei normalen Ratten 27-1472; d. Anwend. v. Glucocorticoid allein oder in Kombinat. mit anabol. Steroiden auf d. Konz. v. essentiellen Fettsäuren u. Lipiden in d. – bei normalen Ratten 27-1473; Phospholipide u. Cholesterin in d. Partikelfrakt. d. --Marks 32-1565; Cholesterinester d. – d. Kaninchens 36-1506; Wrkg. v. Corticotropin auf d. Geh. an freien Fettsäuren in d. Ratten-- 37-1406; Anreicher. v. Diphenylhydantoin u. 3-Äthoxycarbonyldiphenylhydantoin in d. – 40-1610; Wrkg. v. Adrenocorticotropin auf d. Konz. v. Triglyceriden in d. – d. hypophysektomierten Ratte 42-1352; Nicht-Häm-Fe-Protein d. – 43-1321.

Hydroxysteroiddehydrogenasen in d. --Rinde d. Menschen 1-1517; Enzymaktivität d. embryonalen – v. Huhn, Ratte u. Mensch 2-1305; Charakterisier. v. Ribonuclease u. Ribonucleaseinhibitor aus subzellularen Frakt. v. Ratten-- 4-1312; 17-Hydroxypregnendionisomerase in Rinder---Rinde 5-1342; aromat. α-Ketosäurereduktase in Meerschweinchen-- (Eig.) 8-1350; Stimulier. d. Steroid-c-21-Hydroxylase-Aktivität in adrenalen Mikrosomen durch Serumprotein 12-1333; Verteil. v. Phosphorylase-Aktivität in d. --Rinde u. Wrkg. v. ACTH 15-1489; Enzymaktivität in d. --Rinde hypophysektomierter Ratten u. Kaninchen 19-1632; 3β-Hydroxysteroiddehydrogenase in d. – 21-1373; Inhibitoren d. gerein. Rinder---Tyrosinhydroxylase 29-1231; Cholesterin-veresternde Aktivität in – 29-1240; Cytochrom *559* in d. Mikrosomen d. --Marks 31-1193; Aktivität d. Ribonuclease d. Ratten-- u. d. Ribonucleaseinhibitors nach Verabreich. v. Corticotropin 34-1339; Wrkg. v. Angiotensin u. Metopiron auf d. Geh. an Glucose-6-phosphatdehydrogenase u. Succinatdehydrogenase in d. Zona glomerulosa d. --Rinde infakter Ratten 37-1450; histochem. Verteil. v. Alkoholdehydrogenasen in d. – 40-1256; Substrat- u. Inhibitorspezifität d. Cholesterinoxydase d. Rinder---Rinde 40-1267; Aktivier. d. Δ^{5}-3-Ketosteroidisomerase in d. kleinen Partikeln d. Ratten-- durch Diphosphopyridinnucleotide 40-1364; Isolier. einer --($\Delta^{5} \rightarrow \Delta^{4}$)-3-Ketocholesten-Isomerase 41-1288; enzymat. Syst. d. Ratten-- in d. frühen postnatalen Periode 43-1374; Aktivier. u. Inaktivier. d. Phosphorylasephosphatase d. Rinder---Rinde 44-1355.

Brenzcatechinamine in – v. Kaninchenfeten 1-1527; Änder. d. Adrenalin- u. Noradrenalingeh. d. – bei Feldmäusen im Laufe d. postnatalen Entw. 1-1528; Gewinn. v. Corticosteroiden aus --Rinde 2-1835*; Einfl.: d. Abdeckens d. – während d. Bestrahl. auf d. Konz. an 17-Oxycorticosteroiden beim Hund 5-1636; v. Cortisol-Implantaten im Stammhirn u. im ventralen Hippokampus auf d. tägl. Corticosteroidkonz. in d. – 6-1499; v. ACTH u. --Hormonen auf d. Brenzcatechinamingeh. d. – 17-1464; v. Cholesterinverfütter. bei Kaninchen auf d. Adrenalinkonz. in d. – 18-1485; Corticoide d. – bei ganzkörperbestrahlten Ratten 18-1605; Corticosteroid- u. Ascorbinsäuregeh. d. – während d. Heil. v. Knochenbrüchen 20-1492; Brenzcatechinamingeh.: u. ATP-Geh. d. – nach Gabe v. 6-Aminonicotinsäureamid 23-1466; in d. – bei Kaninchen mit experimenteller Arteriosklerose 27-1476; in d. – v. Ratten nach Neutronen- u. Röntgenbestrahl. 30-1580; Wrkg. einmal. Formalingaben auf d. Corticosteroidfrakt. d. – v. Ratten 38-1512; Adrenalin u. Noradrenalin in d. – neugeborener Ratten nach Behandl. mit Hydrocortison 41-1470; Brenzcatechinaminkonz. in d. – unter Einfl. v. Guanoxan 41-1645; Einfl. v. Norethynodrel auf d. Spiegel v. Corticosteron in d. – v. Ratten 42-1375; direkte Extrakt. v. Corticosteron aus Ratten-- unter Anwend. eines elektr. Feldes 43-1352.

Einfl.: v. Polymyxin, Diprazin u. Dimedrol auf d. Ascorbinsäuregeh. in d. – 5-1726; vertikaler Niederfrequenzschwing. auf d. Ascorbinsäurespiegel in d. – d. Meerschweinchens 13-1754; Ascorbinsäuregeh. d. – bei Strahlenkrankh. 14-1714; Einfl. d. Ascorbinsäure-freien Ernähr. auf d. Ascorbinsäuregeh. d. – d. Meerschweinchens 20-1554; positiver Einfl. v. Waldpflanzen auf d. Geh. an Ascorbinsäure in d. – 30-1522; Zunahme d. Vitamin-C-Geh. d. – nach peroralem Eintritt v. Chlf. in d. Organismus 33-1698; Einfl. v. ACTH, Nahr-Einschränk. u. Elektroschock auf d. gesamte Vitamin A in d. – (histolog. Verteil.) 37-1490; Geh. an Ascorbinsäure in d. – nach Verabreich. v. Mono- u. Dipalmitaten d. Ascorbinsäure 37-1505; Vitamin-B_{12}-Geh. d. – 40-1561.

Eigenschaften: Veränder. im Gew. u. d. histolog. Befunden d. – bei Vitamin-A-Mangel 5-1589; Wrkg.: einer einzelnen Glucocorticoid-Injekt. am ersten Lebenstag d. Ratte auf d. --Gew. 32-1570; v. Cortison auf d. --Gew. trächt. Ratten u. deren Nachkommen 32-1584; Thyroxineinfl. auf d. --Gew. bei spontaner Nephrose 35-1533; durch d. Anreiz d. Zusammenlebens bedingte abgestufte Wrkg. auf d. --Gew. 42-1580; Ultrastruktur: d. – bei Ratten mit chron. Eiweißmangel 27-1590; d. chromaffinen --Zelle in d. Phase d. Red. d. Brenzcatechinamine 29-1178; Struktur d. --Rinde bei rheumat. Erkrank. 32-1566; Einfl. einer Cortisolbehandl. auf d. histolog. Struktur d. Interrenalsyst. beim Aal 51/52-1359.

Stoffwechsel: Inhibitoren d. --Sekret. (Vgl. mit akt. synthet. Östrogenen) 4-1476; tägl. Rhythmus in d. --Rindensekret. u. d. Stoffwechselgeschw. v. Corticosteron bei blinden Ratten 4-1497; Stoffwechsel- u. androgene Funkt. d. --Rinde 7-1603; Wrkg. v. LSD-*25* auf d. Stoffwechsel d. – v. männl. Ratten 11-1753; adrenocorticalerMetabolismus u. d. Thymusdrüse 12-1540; Wrkg. v. 2-Methyl-1.2-bis-[pyridyl-(3)]-1-propanon auf d. Sekret. d. --Rinde bei normalen u. hypophysektomierten Ratten 18-1464; Auswrkg. d. exogenen Beeinfluss. d. Wasserhaushalts auf d. Ausscheid. d. --Rindenmetabolite im Harn 19-1531; Gewebeatmung d. – v. weißen Ratten verschiedenen Alters 21-1529; Sekret. d. --Marks nach Acetaldehydeinwrkg. 21-1711; Wrkg.: v. (Zn)-synthet. ACTH auf d. Sekret. d. – beim Menschen 33-1516; verschiedener Wuchshormonpräp. auf d. Sekret. d. --Rinde d. Hundes 38-1488; bas. Äther v. Bis-[aminophenyl]-alkoholen als Hemmstoffe d. --Sekret. (Darst.) 44-1665*; nicht-spezif. Wrkg. v. Thyreotropem Hormon im Sekret.-Mechanismus d. --Marks 45-1364.

Wrkg. v. intravenösen ATP-Gaben auf d. ^{32}P-Aufnahme d. – 13-1789.

Verwert. v. $^{14}C_{(2)}$-Mevalonsäure durch d. zellulare Frakt. v. Rinder---Homogenaten 1-1515; Ox. v. Cholesteryl-3β-sulfat u. Δ^{4}-Cholesten-3-on durch Mitochondrien d. Rinder---Rinde 8-1588; enzymat. Sulfatier. v. Steroiden durch --Gewebe v. Rind 12-1355; Reutilisat. d. ^{3}H-Thymidinmarkier. d. DNS durch d. – d. Maus bei Stress 15-1593; Stoffwechsel v. $^{3}H_{(7\alpha)}$-Δ^{5}-Cholesten-3β.20α-diol u. $^{3}H_{(7\alpha)}$-Δ^{5}-Cholesten-3β.17.20α-triol in menschl. --Gewebe 16-1458; Verh. v. Glykogen in d. – v. Meerschweinchen nach Behandl. mit 6α-Methyl-17α-hydroxyprogesteronacetat 18-1461; Biosynth. v. Dehydroisoandrosteronsulfat in d. – 19-1249; Synth. v. Glutaminsäure, α-Alanin u. Asparaginsäure in Ratten---Homogenaten in Ggw. v. D-Glucosamin u. Ketosäuren 19-1354; Frühwrkg. v. ACTH auf d. Proteinsynth. in d. – 19-1486; Seitenkettenabspalt. v. Cholesterin durch Mitochondrien d. Rinder---Rinde 20-1491; Intensität d. Synth. v. lösl. u. unlösl. Frakt. d. Proteine in d. – nach Zufuhr v. Bauchtyphusvakzine 21-1595; Glucosestoffwechsel in d. --Rinde hypophysektomierter Kaninchen in vitro 23-1591; Hemm. d. steroidogenen Wrkg. v. ACTH u. d. Aminosäureeinbaues in --Protein d. Ratte durch Chloramphenicol 26-1678; Spalt. d. Cholesterinseitenkette durch --Rinde 27-1313; L-Rhamnosestoffwechsel in tier. --Gewebe 28-1359; Akkumulat. v. Ketosäuren in – während Diphtherie-Intoxikat. 28-1447; DNS-Verlust u. -Synth. in d. Kernen d. --Medulla v. Ratten bei Kältestimulat. 41-1161; Beeinfluss. d. Lipoidstoffwechsels in d. – durch letale Formalinvergift. 41-1614; Aldehyd-Ox.-Aktivität in d. – 42-1256; Proteinfreisetz. aus d. stimulierten --Mark 48-1390.

Bldg. v. 11β.17.20α.21-Tetrahydroxy-Δ^{4}-pregnen-3-on u. d. 20β-Epimeren durch – d. Menschen 1-1503; Brenzcatechinaminfreisetz. aus isolierten perfundierten – 1-1526; Biosynth. v. Corticosteroid aus Pregnenolon u. Progesteron in d. – d. Ratte 2-1559; Sekret. v. Cortisol durch d. – d. Hundes 2-1562; Hemm. d. Biosynth. v. Pregnenolon in --Mitochondrien durch 20α-Hydroxycholesterin 3-1498; Wrkg. v. Hemicholinium auf d. Brenzcatechinaminentleer.-Effekt d. --Marks v. Reserpin, Morphin u. Insulin 3-1728; --Rindenfunkt. u. bei d. Corticosteroiderzeug. in d. Ratten-- beteiligte Enzymaktivitäten nach Hypophysektomie 5-1499; Veränder. d. Brenzcatechinaminsekret. durch d. – 5-1733; Umwandl. v. Δ^{5}-Pregnenolon u. Progesteron in Cortisol durch --Rindenschnitte d. Ratte 7-1605; Beeinfluss. d. adrenalen Corticoidgenese durch Östradiol als zusätzl. Schritt bei d. Steroidbiosynth. 8-1580; Wrkg. d. Oophorektomie u. verschiedener Dosen v. 17β-Östradiol auf d. Corticosteronbldg. in Schnitten v. Ratten-- 8-1581; Stoffwechsel markierter Steroidvorstufen in normalem Rinder---Mark in vitro 9-1555; $^{14}C_{(4)}$-Progesteron-Hydroxylier., NADP-gebundene Dehydrogenase-Aktivität u. Geh. red. Pyridinnucleotide d. – während d. frühpostnatalen Periode 9-1557; Wrkg. v. Oxytocin auf d. Corticoidsekret. d. – vor u. nach akuter Hypophysektomie beim Hund 9-1558; Hemm. d. endogenen Brenzcatechinaminbiosynth. durch 3-Jod-L-Tyrosin in d. --Rinde 9-1568; Anreicher. v. Hydroxytryptamin u. Hydroxytryptophan im --Mark 9-1590; Nutzbarmach. v. 3α-, 6β-, 11α-, 12α-, 16α-, 16β-, 17α-, 21- u. 24-Hydroxysteroiden in d. – d. Ratte 11-1296; Freisetz. v. Brenzcatechinaminen aus Adrenalin u. Noradrenalin bildenden – durch Nicotin in vitro 13-1644; Synth. d. Corticosteroide in --Schnitten v. Kaninchen mit Thyreoidintoxikose in vitro 14-1585; Wrkg.-Mechanismus v. zykl. 3'.5'-Adenosinmonophosphat auf Steroidhydroxylier. in --Homogenaten 15-1258; Freisetz. medullarer Amine aus d. durchströmten – d. Hundes 15-1487; Einfl. v. Su-*4885* auf d. Steroid-18-Hydroxylier. in d. – d. Maus in vitro 15-1490; Abgabe v. Prostaglandin aus d. durch Acetylcholin stimulierten – 16-1453; Stoffwechsel: v. ^{3}H-Corticotropin in Rinder-- in vitro 18-1447; v. $^{14}C_{(4)}$-Progesteron durch d. – v. Meriones unguiculatus 18-1459; Wrkg. v. Tetramethylammoniumchlorid u. KCl auf d. --Sekret. v. 17-Hydroxycorticosteroid bei nichtanästhesierten Hunden 21-1545; Progesteronstoffwechsel in --Homogenaten v. Bullen 22-1406; Wrkg. v. ATP u. Mg^{2+} auf d. Freisetz. d. Brenzcatechinamine aus d. --Mark 22-1412; Rk.-Folge bei d. enzymat. Umwandl. v. Androst-4-en-3.17-dion in 3β-Hydroxyandrost-5-en-17-on durch --Mikrosomen d. Schafes 24-1381; Umwandl. v. $C_{(4)}$-Progesteron zu 18-Hydroxycorticosteron u. Aldosteron durch Mäuse-- in vitro 25-1448; Red. v. Progesteron in --Homogenaten 26-1494; Wrkg. v. Vitamin-A-Mangel auf d. Biosynth. v. Steroidhormonen in d. – bei Ratten 28-1620; zweiphas. Wrkg. v. Phenothiazinen

u. Reserpin auf d. Freisetz. v. Epinephrin aus —-Markgranula u. ihre Abhängigk. v. pH 29-1689; Adrenalin- u. Noradrenalinsekret. d. —-Marks 31-1441; Zeiteinfl. auf d. Cortisolbldg. durch inkubiertes menschl. —-Gewebe 31-1450; in vitro-Biosynth. einiger Δ^{16}-Steroide aus $^{14}C_{(4)}$-Pregn-5-en-3β-ol-20-on durch Schweine-— 32-1549; anaphylakt. Schock u. —-17-Hydroxycorticosteroidausschütt. beim Hund 32-1569; Stoffwechsel v. 5-Hydroxytryptamin in d. — d. Ratte 32-1597; Corticosteronsekret. d. — bei Ratten als eine Funkt. v. ACTH-Zufuhr u. —-Durchblut. 35-1516; Freisetz. v. Brenzcatechinaminen aus d. —-Mark durch indirekte Wrkg. sympathomimet. Amine 35-1522; Synth. v. Androgen durch d. — v. mit $CdCl_2$ vergifteten Ratten 39-1411; Wrkg. v. Nembutalanästhesie auf d. $^{14}C_{(4)}$-Progesteron-Stoffwechsel in d. — v. mongol. Wüstenmäusen 39-1428; Ausschütt. v. —-Brenzcatechinaminen bei mit Pargylin behandelten Ratten 40-1504; Einfl. v. ACTH auf d. Steroidgenese u. d. Einbau v. ^{3}H in eine Lipidfrakt. in Ratten-—-Homogenaten in Ggw. v. Glucose-6-phosphat 42-1350; Bezieh. d. Hoden zur Enzymaktivität d. — u. d. Bldg. v. Corticosteron bei d. Ratte 42-1366; Hemm. d. Synth. v. Corticosteroiden in d. — d. Ratte durch CTA 42-1392; Einfl.: v. Hexadimethrinbromid auf d. Aldosteron- u. Corticosteronerzeug. durch d. — d. Ratte 43-1349; v. Acetylcholin u. Ca-Ionen auf d. spontane Freisetz. v. Adrenalin aus Brenzcatechinamin-Granula v. Ratten-—-Mark 43-1356; v. Herzglykosiden auf d. 11-Hydroxylier. d. —-Syst. 44-1298; Epitestosteronbldg. im menschl. —-Gewebe 44-1490; Wrkg. v. ACTH auf d. Steroidbldg. in d. — d. Kükens 45-1363; Aktivier. v. Steroidumwandl. in —-Mitochondrien durch zykl. 3'.5'-Adenosinphosphat 45-1399; Digitaliswrkg. auf d. Corticosteronbldg. in d. —-Rinde 46-1632; Wrkg. v. NADPH u. a. Kofaktoren auf d. in vitro-Stoffwechsel v. Steroiden durch d. — d. Meerschweinchens 47-1230; in vitro-Umwandl. v. $^{14}C_{(4)}$-Corticosteron in 18-Hydroxycorticosteron durch d. — v. Rind 47-1407; Ersatz v. — „Mitochondrial"-Faktoren bei d. Steroid-11β-Hydroxylier. durch Plazenta-„Mitochondrial"-Extrakt 51/52-1336.

Ascorbinsäureumsatz im —-Gewebe d. Ratte bei ionisierender Bestrahl. ohne Schutzmittel u. bei Anwend. v. Mercamin u. Cystamin 11-1705.

Beziehung zu anderen Körperfunktionen: Mechanismus d. Nivalinwrkg. auf d. Syst. Hypophyse-— 5-1489; Einfl.: d. Hypophysen-—-Rindenfunkt. auf Nucleinsäuren u. verwandte Substanzen 14-1556; v. Barbital auf d. Hypophysenvorderlappen-—-Rindensyst. 15-1709; Auswrkg. akuter Vergift. mit Organophosphatinsektiziden über d. Hypophysen-—-Syst. 19-1670; Einfl. d. Hypophysenvorderlappen-—-Rinden-Syst. auf d. Steiger. d. AS-Ausscheid. u. d. Verkürz. d. Schlafzeit nach Hexobarbital bei Vorbehandl. mit Barbital 20-1630; Beteilig. d. Zentralnervensyst. an d. Regulier. d. Funkt. d. Hypophyse–Adrenal-Syst. 22-1383; Einfl. v. 5-Oxytryptamin u. 5-Oxytryptophan auf d. Funkt. d. Hypophyse-—-Syst. 22-1431; Rk.-Vermögen d. Hypophysen-—-Rinden-Syst. beim Meerschweinchen auf Diphtherietoxinvergift. nach langfrist. kombinierter Behandl. mit Cortison u. Adrenocorticotropem Hormon 25-1429; Einfl.: d. Hypophyse auf d. —-Funkt. bei Strahlenkrankh. nach Zufuhr v. Radiophosphor 29-1612; Einfl. d. hypophys-adrenocorticalen Funkt. auf Nucleinsäuren u. verwandte Substanzen 33-1507; hypophyso-adrenale Rk. in Kaninchen nach Laparotomie unter allg. oder lokaler Anästhesie oder nach Verabreich. neuropleg. Arzneimittel 35-1755; Wrkg. v. Na-Barbiton auf d. Hypophyse-—-Syst. 36-1640; Hypophysen-—-Syst. in Ratten mit Verletz. d. Hypophysenstranges 37-1405; Hypophysen-—-Bezieh. beim Rattenfetus nach Adrenalektomie d. Muttertieres 44-1493; Beeinträcht. d. Hypophysen-—-Rk. auf akuten Stress bei Alloxandiabetes 44-1520; Einfl. d. hypophys-adrenocortikalen Funkt. auf d. Fettsäurezus. verschiedener Gewebe 46-1428; neurohumorale Feedbackregulier. d. Hypophysen-—-Syst. 49/50-1355.

Reserpinwrkg. auf d. Hypothalamus-—-Syst. 27-1739.

Antagonismus zwischen — u. Nebenschilddrüsen an nephrektomierten Ratten 17-1499; thyreo-adrenale Bezieh. beim Meerschweinchen-Muttertier, -Fetus u. -Neugeborenen (Wrkg. v. Strumigenen) 35-1526.

Stimulier. d. Vaskularisier. v. Hirngewebe in Hühnerembryonen durch Ratten-—-Extrakt 1-1516; Aktivität einer Petrolätherfrakt. d. Extraktes d. Ratten-— auf d. isolierte Froschherz 24-1689; Rolle d. Sympathiko–Adrenal-Syst. bei d. Entsteh. experimenteller Spasmen d. Koronargefäße 26-1617; Einfl. d. —-Rinde auf d. Glykogengeh. d. Herzens beim Rattenfetus u. bei neugeborenen Ratten 28-1559; Unabhängigk. d. durch Kaliumthiocyanat bewirkten Hypotens. v. d. — bei Ratten 44-1640.

Sekret. u. gegenseit. Umwandl. d. Androgene bei d. experimentellen Veränder. d. — 1-1513; —-Funkt. u. Insulinaktivität d. Plasmas bei schlecht eingestellten Diabetikern 3-1513; Rolle d. —-Marks beim Winterschlaf d. Streifenziesels 8-1587; Hemmwrkg. v. —-Extrakt auf Staphylokokkeninfekt. bei Mäusen 16-1448; Rolle d. —-Rinde bei d. Resistenzsteiger. v. röntgenbestrahlten weißen Ratten gegenüber Hypoxie 29-1624; Einfl. d. — auf d. Bldg. v. Leberglykogen aus Alanin 31-1451; —-Rinde u. Mg-Stoffwechsel 33-1529; Einfl. d. —-Rinde auf d. Verteil. d. Körperfl. bei Ratten 35-1587; durch —-Sekret. bedingte postmortal im Schweinemuskel auftretende Veränder. 40-1596; Rolle d. —-Rinde beim Schwund nicht eiweißgebundener Sulfhydrylgruppen in d. Leber durch Chlorpromazin 41-1632; Wrkg. d. — auf d. Melaninpigmentier. in d. Haut d. Rattenskrotums 46-1422; Beteilig. d. —-Rinde am Auftreten d. langsamen α_2-Globulins bei Ratten 48-1389.

Ektomie: Wrkg.: v. Desoxycorticosteron auf d. Na-Hunger intakter u. adrenalektomierter Ratten 2-1561; v. Antagonisten d. Nucleinsäure-Stoffwechsels auf d. Indukt. v. Enzymen bei adrenalektomierten Ratten 4-1283; v. Adrenalektomie auf d. Glucose-6-phosphatase u. Glutaminase in Rattenleber u. -niere 4-1324; Pregnantriol im Harn bei einer adrenalektomierten Schwangeren 4-1487; Wrkg.: v. β-Glycyrrhetinsäure auf d. adrenalektomierte Ratte 5-1498; einer W.-Belast. auf d. Wrkg. v. Aldosteron bei adrenalektomierten, unanästhesierten Hunden 5-1504; Bezieh. zwischen d. Wrkg. v. Aldosteron u. Antidiuret. Hormon auf d. renale Elektrolytausscheid. bei adrenalektomierten, unanästhesierten Hunden 5-1505; Angiotensininfus. bei einer adrenalektomierten Patientin 5-1508; Einfl. v. Adrenalektomie: auf Überlebensrate u. Hämatologie röntgenbestrahlter Tiere 5-1637; auf d. Kohlenhydrat-P-Umsatz im Hirngewebe d. Meerschweinchens 6-1609; induktive Bldg. v. Tryptophanpyrrolase in d. Rattenleber durch RNS bei Adrenalektomie 7-1306; Einfl. v. Adrenalektomie auf d. Veränder. d. Blutzuckers u. d. Corticosterongeh. im Blut bei verändertem Lipidstoffwechsel infolge eines Beschleunig.-Stresses 7-1608; Unters. an hungernden intakten u. adrenalektomierten Hunden bei W.-Entzug nach Injekt. mit Glucocorticoiden 7-1609; Wrkg. d. Adrenalektomie auf d. Konz. u. d. Redoxzustand v. Nicotinamidnucleotiden d. Rattenleber 8-1343; Hydroxylier. v. Phenylalanin u. Tryptophan durch Leberenzyme aus adrenalektomierten Ratten 8-1451; Einfl. d. Adrenalektomie: auf d. α-Aminoisobuttersäure-Aufnahme d. Leber u. Niere bei Ratten mit Thiamin-, Pantothenat-, Fettsäure- oder K-Mangel 8-1637; auf d. Freisetz. v. Brenzcatechinaminen aus d. Nebennierenmark durch Histamin 9-1584; Hormontherapie bei fortgeschrittenem Brustkrebs nach Adrenalektomie 10-1325; Einfl.: v. Adrenalektomie auf d. antiinflammator. Potenz v. p-Butoxyphenylacethydroxamsäure in d. Ratte 10-1741; v. neurotropen Arzneimitteln auf d. Kohlenhydratstoffwechsel bei Ratten nach Entfern. d. —-Medulla 10-1742; v. Nicotin auf d. Blutzucker u. d. Konz. nicht veresterter Fettsäuren im Plasma bei adrenalektomierten Katzen 11-1720; bilateraler Adrenalektomie auf d. Auftreten d. Östrus bei kastrierten Ratten durch Thyroxin 12-1549; v. Angiotensin auf d. Nierenclearance u. d. Ausscheid. v. Na u. K im Harn v. adrenalektomierten Ratten 14-1610; v. Adrenalektomie auf d. Threonin- u. Serindehydrogenase-Aktivität in d. Leber 16-1223; v. A. auf d. Katalase-Aktivität d. Blutes v. adrenalektomierten Ratten 16-1250; vasopressor. u. oxytoc. Aktivität im Hinterlappen d. Hypophyse v. männl. u. weibl. Ratten nach Adrenalektomie 16-1432; Einfl. v. Adrenalektomie auf d. Gallenfluß bei d. Ratte 16-1459; Beeinfluss. d. Gewebes d. Nachkommenschaft durch Cortisongaben an trächt. adrenalektomierte Ratten 16-1465; Steroidausscheid. mit d. Harn bei einer adrenalektomierten Frau während u. nach d. Schwangerschaft 16-1469; Blutglucosegeh. bei adrenalektomierten Mäusen 16-1488; Wrkg. v. Aldosteron, Vasopressin u. Corticosteron auf d. Verteil. v. Salz u. W. bei d. adrenalektomierten Ratte 17-1486; kombinierte Wrkg. v. Aldosteron, Vasopressin u. Corticosteron auf d. Verteil. v. Salz u. W. bei d. adrenalektomierten Ratte 17-1487; Wrkg.: v. Mebanazine bei adrenalektomierten Tieren 17-1500; v. Adrenalektomie auf d. Corticosteroidfrakt. d. Rattenorgane 18-1465; regionale Wrkg. v. Adrenalektomie u. A. auf zerebrale Aminosäuren in d. Ratte 19-1653; Adenosintriphosphat-, Glucose-6-phosphat- u. Uridindiphosphoglucosegeh. d. Leber bei hungernden, adrenalektomierten u. mit Cortisol behandelten Ratten 20-1496; Einfl. d. Adrenalektomie auf d. 6-Aminonicotinsäureamid-Hyperglykämie 23-1465; wachsende Aktivität glykogenolyt. Enzyme in d. Leber nach Adrenalektomie 24-1333; Einfl. v. Nicotinamid auf d. Pyridinnucleotidstoffwechsel d. Leber v. adrenalektomierten Ratten 24-1547; Bind. eines ^{14}C-Hydrocortisonmetaboliten in Leberüberstand adrenalektomierter Ratten 26-1499; Elektrolyttransport in d. Rattenniere bei Epinephrektomie unter Einfl. v. Convallatoxin 27-1738; Einfl. v. Adrenalektomie: auf d. Indukt. mitochondrieller α-Glycerophosphatdehydrogenase durch Schilddrüsenhormon 30-1217; auf d. durch Histamin u. 5-Hydroxytryptamin hervorgerufene Hautrk. bei Ratten 30-1423; u. hyperglykäm. Wrkg. d. Brenzcatechinamine bei Ratten 31-1445; Einfl.: v. Ro *4-4602* auf d. Brenzcatechinaminausscheid. mit d. Harn bei unter Kälteeinw. stehenden adrenalektomierten Ratten 31-1448; v. Adrenalektomie auf d. Einbau v. Fettsäuren in Ester durch d. Dünndarm in vivo 31-1566; histolog. Befunde im Hypophysenvorderlappen d. Ratte nach Adrenalektomie 32-1523; Wrkg. v. Adrenalektomie: auf d. Konz. v. Hexosephosphaten, Nucleotiden u. anorgan. Phosphat im perfundierten Rattenherzen 32-1628; auf d. Glycerinprodukt. u. d. Konz. an freien Fettsäuren, langkett. Fettsäure–Acyl-Coenzym A, Glycerinphosphat u. Intermediärverb. d. Citronensäurezyklus im Herzen u. Zwerchfellmuskel 32-1631; auf Indukt., Verh. u. Wachstum v. Mammacarzinom 33-1257; Biosynth. v. Cholesterin in d. Leber adrenalektomierter Ratten bei Zufuhr v. Corticosteroiden u. Bestrahl. 33-1687; Einfl. v. Phlogodym auf d. Entw. d. dextraninduzierten Ödems bei normalen u. adrenalektomierten Ratten 34-1719; frühe Änder. d. Zytoplasma-RNS in d. Leber v. mit Hydrocortison behandelten adrenalektomierten Ratten 35-1274; Wrkg. v. Submaxillardrüsenextrakt bei adrenalektomierten Ratten 35-1549; Einfl. v. Adrenalektomie: auf d. Stimulat. d. Stoffwechsels v. Pharmaka durch Stress bei Ratten 35-1748; auf d. Fellfarbe bei Mäusen 36-1505; auf d. Ausscheid. v. Desoxycytidin bei bestrahlten Ratten 37-1421; auf d. Aktivität d. Succinatdehydrogenase u. Reabsorpt. d. Na in d. Nierenkanälchen 37-1524; Epinephrin- u. Norepinephringeh. d. Gewebes nach Entfern. d. —-Marks 38-1503; Wrkg.: v. A. auf d. Verwert. v. Palmitat durch intakte u. adrenalektomierte Ratten 38-1631; d. Entfern. d. — auf d. Geh. an Cu, Zn u. Fe im Hirn d. Tiere 39-1418; v. Hydrocortison u. Adrenalektomie auf d. Aktivität v. epidermalen Melanozyten v. Säugetieren 39-1425; intrazelluläre Bind. v. ^{14}C-Hydrocortison in d. Leber adrenalektomierter Ratten vor d. enzymat. Induzier. 41-1467; Wrkg. d. Adrenalektomie: auf d. Verh. d. Glucose-6-phosphatdehydrogenase u. d. 6-Phosphogluconsäuredehydrogenase d. Leber nach Nicotinamid-Gaben 41-1551; auf d. Verh. d. Transketolase u. d. Transaldolase u. d. Geh. an Heptose d. Leber nach Nicotinamid-Gaben bei Ratten 41-1552; auf d. Triglyceride in Plasma u. Leber nach Verabreich v. CCl_4 41-1595; Wrkg. v. Aktinomycin D auf d. Rk. v. Östrogen in d. Uteri v. adrenalektomierten Ratten 42-1371; biolog. Wrkg. v. „gebundenem" Insulin bei intakten adrenalektomierten Ratten nach intravenöser Verabfolg. 42-1410; Wrkg. d. Granulozytosefaktors aus d. Submaxillardrüse v. Mäusen bei adrenalektomierten Ratten 42-1448; Veränder. d. Lipid- u. Kohlenhydratstoffwechsels durch Adrenalektomie beim Kaninchen 44-1492; red. Abbau d. Mikrosomen-RNS d. Leber nach Verabreich. v. Cortison an adrenalektomierte Ratten 48-1134; Wrkg.: einer maternen Adrenalektomie auf d. Plasmaelektrolytgeh. d. Rattenfetus 48-1391; v. bilateraler Adrenalektomie auf d. Blutdruck-steigernde Wrkg. v. Dimorpholamin 48-1558; Stoffwechsel v. Progesteron durch d. durchströmten adrenalektomierten menschl. Fetus 49/50-1363; Beeinfluss. d. sympathikomimet. Wrkg. v. Acetylcholin auf d. Herz durch Adrenalektomie 49/50-1530.

Transplantation: Plasmacorticotropin u. -Corticosteron bei d. normalen Ratte u. d. Ratte mit —-Autotransplantat 16-1460.

Beeinflussung: Einfl.: d. Ernähr. auf d. — (Übersicht) 1-1514; d. Giftes v. Centruroides sculpturatus auf Ratten-— 1-1722; v. Imipramin u. Chlorpromazin auf d. —-Mark 1-1745;

Nebenschilddrüsen (Parathyreoideae)

Ohrspeicheldrüse

Pankreas (Bauchspeicheldrüse)

tase im – 12-1370; N- u. C-terminale Sequenzen eines ––eigenen Trypsininhibitors 13-1371; Lipoprotein-Lipaseaktivität im Hunde– u. ––Saft 14-1356; Proteasen d. Finnwal–– 14-1371; Radiolyse v. ––Ribonuclease 15-1285; Einfl. ox. Fette auf d. Aktivität d. pankreat. Lipase 15-1290; Verteil. v. Adenosindesaminase im – v. Säugetieren 15-1318; Konformat.-Unters. v. ––Ribonuclease 16-1276; Reinig. u. Spezifität einer Desoxyribonuclease aus d. Hepato–– v. Octopus vulgaris 16-1296; Wrkg. v. Antibiotika auf ––Enzyme v. mit Sojabohnenmehl gefütterten Ratten 16-1592; Geh. v. Ratten–– an lipolyt. Enzym 17-1304; Substrathemm. d. Lactatdehydrogenase-Isozyme im menschl. – 20-1266; ––Carboxypeptidase-Aktivität in Zn-Mangelratten 20-1328; Unterschiede d. Aktivität d. Amylase im – bei männl. u. weibl. weißen Ratten unter andauerndem Medinalschlaf 21-1404; Verteil. v. proteolyt. Enzymen im – d. Ratte 23-1294; Aktivität: d. Aminoacyl-β-naphthylamidhydrolasen im menschl. – 24-1365; u. Verteil. v. durch ATP u. GTP regulierter Adenylatdesaminase im – 24-1366; bas. Trypsinhemmer d. Rinder–– 25-1263; Aktivier. d. pankreat. Lipase durch pharmazeut. Gallenderiv. 26-1603; Wrkg. v. Nucleosid-5'-di- u. -5'-triphosphaten auf d. ––RNase-Aktivität 28-1334; Hemm. d. menschl. ––Lipase durch Rinderalbumin 28-1340; Trypsin-Inhibitoren aus d. – (Molgew.) 28-1370; Cholesterin-veresternde Aktivität im – 29-1240; bas. Trypsin-Inhibitor d. Rinder–– 30-1421; Einfl. v. Strahl. auf Feinstruktur u. Enzymgeh. d. Hunde–– 31-1591; Lokalisier. d. sauren Phosphatase u. Sekret.-Mechanismus in Kaninchen–––B-Zellen 32-1368; Enzyme d. ––Safts verschiedener Spezies 32-1588; Wrkg. v. Salzen auf d. Rk. v. ––Ribonuclease d. Rindes 33-1312; ––Ribonuclease 33-1313; Verteil. neu synthetisierter Amylase in mikrosomalen Subfrakt. v. Meerschweinchen–– 34-1277; Isolier.: u. Kristallisat. eines esterproteolyt. Zymogens aus Schweine–– 36-1334; v. Chymotrypsinen aus Finnwal–– 36-1341; Lokalisier. d. Ribonuclease d. Ratten–– 39-1220; Isoamylasen im – 40-1324, 42-1233; Einfl. d. Fehlens v. Lysin auf d. Geh. an Hydrolasen im – d. Ratte 44-1321; L-Leucyl-β-naphthylamid hydrolysierende menschl. ––Enzyme 44-1322; pankreat. Enzyme d. stachel. pazif. Hundehais 45-1224; Struktur u. Aktivität d. ––Ribonuclease d. Ratte 48-1216; Aminopeptidase d. menschl. – 48-1241; Phospholipase A im menschl. u. Ratten–––Saft 49/50-1182; ––Proteasen 49/50-1211; Vgl. d. Arginasen v. Mollusken-Hepato–– u. Säugetierleber 51/52-1177.

Gewinn. v. Insulin aus ––Extrakt 16-1723*; Auftreten u. Verteil. v. Adrenalin u. Noradrenalin im – d. Hundes 20-1497; Serotonin-Trägergranula in d. Mitochondrien d. Frosch–– 39-1135.

Verteil. v. radioakt. Hydroxocobalamin im – nach parenteraler Verabreich. an Ratten 11-1619; Vitamin-B_{12}-Geh. d. – 40-1561.

Eigenschaften: Struktur v. Hunde–––Polysomen 2-1244; Ultrastruktur d. – bei Ratten mit chron. Eiweißmangel 27-1590; Wrkg. v. Sekretin auf d. elektr. Leitfähigk. d. – 23-1478.

Stoffwechsel: Anpass. d. exokrinen Sekret. v. Ratten–– an d. Nahr.-Zus. 2-1625; Wrkg. v. Sekretin auf d. ––Respirat. d. Ratte in vitro 3-1525; Gewebeatmung d. – v. weißen Ratten verschiedenen Alters 21-1529; Einfl. v. Cholinomimetika u. Duodenalhormonen auf respirator. Austauschvorgänge d. Ratten–– 21-1559; Natriumcarbonatwasser u. exokrine ––Ausscheid. 33-1554; anregende Wrkg. v. 1-Phenyl-1-hydroxy-n-pentan auf exokrine ––Sekret. 34-1762; ––Sekret. in vitro in „Cl^--freiem", „CO_2-freiem" u. Na^+-verarmtem Medium 35-1537; Einfl.: v. Acetazolamid u. Säuren–Basen-Veränder. auf d. ––Sekret. 39-1389; v. γ-Aminobuttersäure auf d. durch HCl bei Hunden hervorgerufenen ––Sekret. 48-1524; v. Methyl- u. Äthylchlorophos auf d. Sekret.-Tätigk. d. – v. Büffel u. Rind 51/52-1517.

Wrkg. v. Phenylalaninanalogen auf d. Proteinstoffwechsel d. – 3-1598; Anreicher. v. Hydroxytryptamin u. Hydroxytryptophan in Langerhansschen Inseln 9-1590; Proteinsynth.: unter Hypoxie im Mäuse–– 12-1222; im exokrinen – unter Hypoxie 12-1223; Rolle d. freien Aminosäurepools d. – bei d. Proteinbiosynth. 15-1504; in vivo-Einbau v. p-Fluorphenylalanin u. DL-Phenylalanin in ––Proteine 19-1617; Einfl. v. Vitamin-A-Mangel auf d. Einbau v. ^{14}C-Leucin in Proteine d. – bei Ratten 20-1550; Eiweißsynth. im – d. Menschen während d. Embryogenese 21-1558; Aufnahme v. Aminosäuren durch d. Mäuse–– in vitro 22-1227; Wrkg. v. Pancreozymin, Urecholin u. Actinomycin D auf d. Stoffwechsel d. RNS im Kaninchen–– 24-1241; Verester. v. Cholesterin in vitro durch ––Saft u. durch Acetonpulverextrakte d. kleinen Eingeweide 26-1612; Einbau v. ^{14}C-Leucin in d. ––Proteine normaler u. dystropher Mäuse 32-1632; Bind. v. Anti-Insulin-Antikörpern an β-Zellen d. – 37-1444; ––Katabolismus v. Albumin u. γ-Globulin 39-1437; Hemm. d. Valineinbaus in vivo in spezif. Proteine d. Ratten–– durch Actinomycin D 41-1163; Tetracyclin u. Einbau v. Aminosäuren in Proteine d. Ratten–– 45-1576; Einbau v. Tritium aus $^3H_{(CH_3)}$-Thymidin in d. Proteine d. – d. Maus 46-1155.

Reihenfolge d. Aminosäureeinbaus in ––Ribonuclease 2-1333; Wrkg. d. Ca-Entzugs auf d. durch Acetylcholin stimulierte Sekret. v. Amylase u. d. Synth. v. Phospholipiden bei Tauben–––Schnitten 9-1534; Freisetzen d. Sulfhydrylgruppen in ––α-Amylase 14-1369; Reaktivität d. Disulfidbind. d. Rinder–––Ribonuclease mit Glutathion 16-1279; Ribonuclease-Sekret. im exokrinen Murinae–– 18-1278; Änder. d. Rk.-Geschw. bei d. Biosynth. v. ––Amylase u. -Chymotrypsinogen als Rk. auf Stärke- oder Protein-reiche Diät 21-1422; Synth. u. Übertrag. v. Amylase in Tauben–––Mikrosomen 32-1382; diätet. Regulier. v. Synth., Sekret. u. Inaktivier. d. ––Enzyme 43-1382; Sekret. d. α-Amylase in vitro durch d. – d. Kükenembryos 44-1341.

Wrkg. v. Diazoxid auf d. Insulinsekret. d. – 12-1555; Sekret. v. in vitro synthetisiertem Insulin durch Kaninchen–––Schnitte 20-1506; Insulin-Freisetz. infolge v. Glukagon in Organkulturen d. fetalen Ratten–– 37-1445; subzellulare Verteil. d. ^3H-Leucin-Radioaktivität bei Inkubier. v. Inselgewebe v. Lophius piscatorius (Insulinbiosynth.) 49/50-1394; Unterdrück. d. Freisetz. v. Insulin durch normales u. anomales Inselgewebe beim Menschen durch Benzothiadiazine 49/50-1395.

Hydrolyse v. Mono- u. Dipalmitaten d. Ascorbinsäure durch Homogenate d. – 37-1505.

Beziehung zu anderen Körperfunktionen: Veränder. d. menschl. Ductus-thoracicus-Lymphe in Bezieh. zur ––Funkt. 27-1489; Einfl. d. Funkt.-Tüchtigk. d. – auf d. antidiabet. Wrkg. v. Tecomin u. Tecostanin 43-1378.

Ektomie: Wrkg. d. Pankreatektomie: auf d. Fettsäuresynth. in d. Leber fastender Ratten 4-1515; auf d. Wrkg. d. Giftes v. Walterinnesia aegypta auf d. Blutzucker bei diabet. Tieren 10-1606; Insulinwrkg. auf d. Blutglucosespiegel d. hungernden depankreatisierten bzw. normalen Huhns 13-1658; hypoglykäm. Wrkg. v. Vasopressin beim pankreatektomierten Hund 16-1490; wachsende Aktivität d. glykogenolyt. Enzyme in d. Leber nach Pankreatektomie 24-1333; Einfl. v. Pankreatektomie auf d. Spezifität d. „Tibiatestes" bei intakten, geschlechtsunreifen weibl. Ratten 39-1394; extrahepat. Synth. d. Plasma-Lipoproteine bei Hunden nach Entfern. d. – 44-1544; Tyrosin u. d. Kohlenhydratstoffwechsel beim pankreatektomierten Hund 44-1578; Oxytetracyclin u. Hypoglykämie mit Krämpfen bei pankreatektomierten Hunden 49/50-1520; Blutzuckerveränder. bei d. Eidechse nach Pankreatektomie 51/52-1370.

Beeinflussung: Vgl. subkutaner u. intravenöser Applikat. v. ––Stimulanzien 3-1583; Wrkg.: v. Actinomycin D auf d. exokrine Differenzier. d. ––Zellen 10-1260; v. Neutralrot auf d. α-Zellen d. – 19-1551; steigender Dosen v. Sekretin auf d. menschl. – 19-1563; eines Gastrin-ähnl. Pentapeptids auf d. – 23-1475; ––Veränder. nach Zwangsfütter. v. Aminosäurefutter mit Sojabohnen-Trypsinhemmstoff 34-1581; Wrkg. v. Glucosamin auf d. ––Inselzellen 35-1538.

Pathologie: Bezieh. v. Trypsinhemmstoffen aus Sojabohnen zur ––Hypertrophie bei Ratten 6-1556; proteolyt. Aktivität u. Trypsininhibitorgeh. im Blutserum u. ––Saft bei chron. Pankreatitis 11-1531; lipolyt. Aktivität d. Blutserums bei Pankreatitis 11-1533; Einfl. v. Toughmac-E auf d. Resorpt. v. Protein, Fett u. Kohlenhydraten bei chron. Pankreatitis 19-1689; Äthionin-induzierte ––Degenerat. (Unters.) 24-1564; Veränder. d. Amylase im Serum bei Pankreatitis 29-1254; Fermentaktivität v. Blut u. Harn bei akuter Pankreatitis 30-1245; Leucinaminopeptidase d. Blutserums bei Erkrank. d. – 30-1471; Mucopolysaccharid bei Patienten mit zyst. Fibrose d. – 32-1589; Aktivität d. N^{α}-p-Tosylargininmethylester–Esterase-Aktivität v. Plasma bei chron. Pankreatitis 33-1337; turbidimetr. Serumphospholipase-A-Aktivität bei akuter Pankreatitis 37-1448; Suche nach einem natürl. vorkommenden Amylaseinhibitor im menschl. Serum bei Normalpersonen u. dessen Fehlen bei Patienten mit Pankreatitis 40-1323; Hyperplasie d. Langerhansschen Inseln bei Alloxan-behandelten Ratten nach langfrist. Saccharosegaben 48-1165; Kininase-Aktivität bei experimenteller Pankreatitis 48-1255; Unfähigk. v. Propanolol d. schädl. Wrkg. v. Adrenalin auf d. Zellen d. Langerhansschen Inseln d. Hundes entgegenzuwirken 48-1398; Amylaseaktivität d. Globulinfrakt. d. Blutserums bei Pankreatitis 51/52-1409; *Diabetes (mellitus)* s. dort.

Therapie: Bedeut. v. Protease-Inhibitoren für d. Klinik d. ––Erkrank. (Vortrag) 35-1716.

Analyse, Untersuchungsmethoden: Färb. d. Langerhansschen Inseln d. – mit Aldehydfuchsin 41-1487; Elektrophorese v. Schweine–––Extrakt mit Acrylamid-Agarose 2-2019; Stärkesubstratfilmmeth. für d. histochem. Lokalisat. d. Amylase im – 13-1363; Best. d. Elastase-Inhibitors im – mit Orcein-Elastin 13-1379; Nachw. einer Phosphatidase A im ––Saft v. Mensch u. Ratte 36-1319; fluorimetr. Nachw. v. Glutaminsäure–Brenztraubensäure-Transaminaseaktivität in ––Inselmikrogewebeproben v. verfettet-hyperglykäm. Mäusen 43-1383; Unters.: d. ––Sekret. mit Hilfe v. ^{35}S-Methionin 1-1544; d. ––Zirkulat. beim Hund mit d. Diffus.-Kurven v. $Na^{131}J$ 34-1522; Nachw. einer frühzeit. endokrinen Sekret. d. Hühnerembryonal–– mit Hilfe einer in vitro-Parabiose 48-1409; Verw. d. Pankreozymin–Sekretin-Tests als Hilfsmittel bei Serumenzymunters. zur Diagnose chron. ––Erkrank. 1-1558; Best. d. Plasminaktivität für klin. Zwecke bei Pankreatitis 16-1314; Analyse d. Duodenumbestandteile nach Pankreozymin–Sekretin-Stimulier. d. – als Mittel zur Diagnose chron. ––Erkrank. 37-1447; Verw. v. Küken–– als Extraktenzym bei d. Best. d. Geh. an Vitamin B_{12} u. d. Aktivität d. Folats d. Leber im gleichen Extrakt 47-1475.

Bibliographie: Ribonucleic acids of the cellular fractions of pancreas B 5; Pancreatitis B 60.

Parathyreoidea

s. *Nebenschilddrüsen.*

Parotis

s. unter *Speicheldrüsen.*

Pinea

s. *Epiphyse.*

Salzdrüsen

s. unter *Tränendrüsen*

Schilddrüse (Thyreoidea)

Ultrastruktur d. menschl. – 24-1556.

Bestandteile: Verteil. v. markierten Natriumjodat in d. – beim Kaninchen nach i.v. Verabfolg. 9-1715; subzellulare Lokalisier. v. Radiojod im ––Follikel d. Ratte nach Anwend. geringer u. hoher ^{125}J-Dosen 16-1577; ^{131}J-Geh. d. – nach einem akuten ^{131}J-Ausstoß in d. Atmosphäre 17-1610; Geh. v. Hg in menschl. – 39-1379.

Thyreoide Proteine 2-1568; ––Peptide (Isolier., Analyse) 2-2110; jodierte Verb. d. – (Unters. auf biegsamen Chromatographiefilmen) 6-2033; Anreicher. v. Hydroxytryptamin u. Hydroxytryptophan in d. – 9-1590; J-halt. Lipide d. – u. ihre eventuelle Teilnahme an d. Hormongenese 12-1544; Glykoprotein enthaltende Globuli in d. Follikelzellen d. Ratten–– 22-1416; Phospholipid d. – 22-1425; Isolier. u. Eig. v. 27 S–––Jodprotein 24-1558; jodierte Polypeptide aus frischen, gewebefreien – (Extrakt.) 27-1794*; Lösbark. spezieller J-Proteine d. – 32-1578; Wrkg.: v. Hypophysen-Thyrotropin auf d. Phosphatide d. – 37-1404; v. 1-Methyl-2-mercaptoimidazol auf d. DNS-Geh. d. Ratten–– 45-1158; Jodaminsäuren d. – (Identifizier.) 46-1442.

Enzyme d. – u. einige chem. Aspekte d. Jodier. 1-1541; Peroxydase u. Jodinase in lösl. gemachten ––Präp. v. Rindern 2-1569; Lokalisat. v. saurer Phosphatase in ––Follikelzellen v. Ratten nach Stimulat. mit Thyreotropem Hormon 3-1502; intrazellulare Verteil. d. Tyrosin–α-Ketoglutarsäure- u. d. Glutaminsäure–p-Hydroxyphenylbrenztraubensäure-Transaminase in d. – d. Ratte 7-1738; aromat. α-Ketosäurereduktase in d. – v. Meerschweinchen (Eig.) 8-1350; Aminosäuren aktivierende Enzyme in d. – 8-1450; Peroxydasen d. – 9-1360; Pyridinnucleotide d. – 10-1334; NAD^+-Glykohydrolase v. ––Homogenaten 12-1386; Überführ. einer Jodid-Peroxydase aus –

in d. lösl. Form u. Charakterisier. 13-1309; Eig. v. Kathepsin aus Lysosomen d. – 15-1316; Lokalisat. d. alkal. Protease in d. – 19-1543; Enzymaktivitäten in d. – hypophysektomierter Ratten u. Kaninchen 19-1632; Pyridinnucleotide d. – 30-1410; Histamin u. Histidindecarboxylasen in d. – 31-1237; Peroxydase u. a. Hämoproteine d. – -Mikrosomen 31-1457; saure – -Proteinase 33-1330; monoaminerg. Mechanismen in parafollikulären Zellen d. – 35-1529; Rk. d. oxydativen Enzyme d. Ratten- – auf TSH 38-1485; lysosomale Hydrolasen in Kalbs- – 40-1353; Wrkg. v. injiziertem Thyrotropin auf d. Pyridinnucleotidgeh. d. – v. normalen u. hypophysektomierten Ratten 42-1399; histochem. Unters. d. Leucinaminopeptidase in d. menschl. – 44-1359.

Geh. v. Thyroxin, Trijodthyronin, Monojodtyrosin u. Dijodtyrosin in getrockneter – 14-1589; Brenzcatechinamingeh. d. – bei Kaninchen mit experimenteller Arteriosklerose 27-1476; Lokalisier. v. Thyrocalcitonin in d. – 36-1522; Thyroxin–Trijodthyroninkonz. in – -Pulvern 38-1517; Jodthyronine d. – d. Pekingente (Trenn.) 51/52-1368.

Eigenschaften: Wrkg. v. THS auf d. Ultrastruktur d. Hühnerembryo- – 1-1536; Ultrastruktur d. menschl. – 24-1556; Ursprung u. Schicksal v. Kolloidtröpfchen d. – 6-1507.

Stoffwechsel: Atmungsaktivität d. Rinder- – -Mitochondrien 4-1199; Gewebeatmung d. – v. weißen Ratten verschiedenen Alters 21-1529; Vgl. d. Wrkg. v. „long-acting-Thyroidstimulator" u. Hypophysen-Thyreotropin auf d. Zwischenstoffwechsel d. – in vitro 47-1431; Einfl. v. Pituitrin u. Oxytocin auf d. Atmung d. isolierten – 51/52-1367.

Wrkg. v. Kälte auf d. Aufnahme v. ^{131}J u. zirkulierenden J-Verb. durch d. – 4-1304 J-Stoffwechsel bei interner Strahlenschädig. d. – 4-1596; Frühstadien d. Anreicher. u. Bind. v. Jodid in d. – d. ausgewachsenen Ratte 6-1503; Wrkg. einer zykl. Verabreich. bestimmter Progestin–Östrogen-Kombinat. auf d. *24*-Stunden-Radiojod-Aufnahme d. – 7-1617; Bind. v. ^{131}J durch d. – bei d. Ratte mit chron. CO-Vergift. 7-1618; Wrkg. v. Thyrotropin auf d. in vivo-Aufnahme v. markiertem Tyrosin, Arginin u. J durch d. – beim Huhn 7-1621; Bind. v. ^{131}J in d. – d. Ratte 10-1602; an d. – abgegebene Dosis nach Inhalat. v. Spaltprod. d. ^{239}Pu-Spalt. durch schnelle Neutronen 13-1762; Jodidaufnahme d. – d. Meerschweinchens während u. nach chron. Perchloratbehandl. 14-1582; verstärkte ^{125}J-Aufnahme d. – kurz nach d. Geburt 16-1480; Ort d. J-Bind. in d. – 19-1540; Wrkg. v. Strophanthin G auf d. Bind. v. ^{131}J durch d. – in vivo 19-1723; Speicher. v. Überschußmengen an J durch d. – bei normalen, hypophysektomierten u. Thyroxin-behandelten Ratten 20-1503; thyreoidaler J-Transport 21-1553; Stimulier. d. Fixier. v. J in d. – d. Ratte unter Einw. v. Adiphenin 24-1557; J-Stoffwechsel d. – bei d. Ratte 25-1454; Vgl. d. Wrkg. v. Thyreotropem Hormon u. Heterothyreotropem Faktor auf d. histolog. Bild d. – d. Maus u. auf d. Fixier. v. ^{131}J 30-1379; Auffangen u. Binden d. Fallout durch d. – v. Kaninchen 33-1689; Wrkg.: v. Cystein auf d. J-Stoffwechsel d. – 34-1515; v. Rhodanid auf d. J-Stoffwechsel d. menschl. – 36-1515; Dejodier. bei d. Verdauung v. – -Homogenaten mit Pankreatin u. ihre Verhinder. durch Methimazole 37-1433; Einfl.: v. STH u. TSH v. Säugetieren auf d. N-Retent. d. – 38-1484; v. Actinomycin D auf d. J-Stoffwechsel in d. – d. Ratte 39-1432; v. Thiocyanat, Perchlorat u. a. Anionen auf d. J-Stoffwechsel d. – 39-1433; J-Transport in d. – 41-1479; Steiger. d. J-Bind. durch d. Ratten- – infolge v. Adiphenin 42-1402; Stoffwechsel v. ^{131}J in menschl. – in Organkultur 49/50-1389; Aufnahme, Umsatz u. Blockier. v. ^{131}J in d. – bei Erwachsenen u. Jugendl. 49/50-1495.

Einbau v. Aminosäure-C in Proteine durch Mitochondrien d. Schaf- – 2-1242; in vitro-Einfl. v. Adrenalin u. a. Aminen auf d. Glucosestoffwechsel in – -Schnitten beim Schaf 8-1599; Koppel. v. Tyrosin durch – -Gewebe in vitro 9-1570; Wrkg.: v. Schilddrüsen stimulierendem Hormon auf d. RNS-Synth. in – -Schnitten u. isolierten – -Zellkernen 12-1269; v. Ionen u. Stoffwechselinhibitoren auf d. Aktivier. d. Glucoseox. in – -Schnitten durch Schilddrüsen stimulierendes Hormon 13-1652; Resorpt. v. 2-Thio-6-azathymin in d. Ratten- – 13-1653; Wrkg. v. 1-Methyl-2-mercaptoimidazol u. Perchlorat auf d. durch Insulin hervorgerufene Steiger. d. ^{131}J-Einbaus in Jodaminosäuren durch fetale – in Organkulturen 15-1496; Hormoneinw. auf d. Purinsynth. in d. – d. Hundes 18-1483; in vivo-Jodier. v. Proteinen durch d. – bei d. normalen oder hypophysektomierten Ratte 20-1502; Strahlenschutzwrkg. v. Cystamin u. seine Anreicher. in d. – d. Maus in vivo u. in vitro 21-1690; Mechanismus d. Glucoseox. in d. – 23-1252; Glucosestoffwechsel in d. – hypophysektomierter Kaninchen in vitro 23-1591; Wrkg.: d. Anreg. u. Hemm. d. – auf d. Erzeug. v. J-Protein beim Menschen 33-1546; v. Wachstumshormonen u. Thyreotropin auf d. Dijodtyrosindejodier. durch – hypophysektomierter Ratten 33-1547; v. L-Thyroxin u. Thyreotropem Hormon auf d. Aufnahme v. ^{75}Se-Selenomethionin durch d. – 34-1517; Anatomie d. Sekret. in d. Follikelzellen d. – 35-1528; Wrkg. abgestufter Mengen v. Propylthiouracil auf d. in vitro-Synth. v. Jodaminosäuren in d. – d. Ratte 37-1429; Hemm. d. Synth. v. J-Aminosäuren in isolierten Epithelzellen d. – durch hohe Konz. v. anorgan. Jodid 37-1431; Stoffwechsel v. $^{14}C_{(1)}$-D-Glucosamin in d. – u. Biosynth. v. Thyroglobulin 40-1510; Wrkg. v. Cortison auf d. Proteinstoffwechsel d. – v. euthyroiden u. mit Thiouracil behandelten Ratten 42-1398; Einbau v. Arginin durch ein lösl. Syst. aus d. Schafs- – 43-1208; Proteinsynth. durch – -Extrakte v. Schaf 48-1403; Inkubat. v. $^{14}C_{(UL)}$-Tyrosin mit Schnitten v. Rinder- – -Gewebe 49/50-1386.

Cortisolstoffwechsel in d. – 11-1512; Hydrolyse v. Thyreoglobulin durch eine in Homogenaten d. – anwesende Mastzellenprotease 19-1542; Jodier. v. Thyroglobulin in einem zellfreien Syst. aus d. Hammel- – 40-1511; Jodaminosäurezus. d. im Verlauf d. Autolyse gebildeten Jodpeptide u. Freisetz. v. Hormonen aus d. – 44-1508; Wrkg. v. antithyroiden Drogen auf d. Sekret. v. Thyrocalcitonin 45-1419.

Beziehung zu anderen Körperfunktionen: Wärmeerzeug. u. – -Wrkg. (Überblick) 1-1533; Einfl.: v. Propylthiouracil u. – auf d. Rk. v. Mäusen auf injizierte, krampfauslösende Barbiturate 8-1718; d. – -Funkt. auf d. Kollagenstoffwechsel 9-1572; Schutzwrkg. einer Extraktfrakt. d. Schweineleber auf d. Synth. d. Flavinadenindinucleotide bei mit – vergifteten Ratten 14-1734; – u. Leberkarzinogenese u. -zirrhose durch N-2-Fluorenyldiacetamid in männl. Wistarratten 17-1248; Bezieh. zwischen – u. Nebenschilddrüse unter Anwend. d. Knochencalciumaustauschmeth. in vitro 18-1484; Einfl.: d. Verabreich. v. – -Trockenpräp. auf d. Magensaftsekret. d. Hundes 19-1485; d. – -Funkt. auf d. Mucopolysaccharidstoffwechsel 21-1555; J-Stoffwechsel bei Fettsüchtigen mit gesunder – 22-1422; Wrkg.: v. Thiouracilderiv. auf d. Hypophysen- – -Achse 31-1461; d. – -Funkt. auf d. Östrogenstoffwechsel 35-1492; thyreo-adrenale Bezieh. beim Meerschweinchen-Muttertier, -Fetus u. -Neugeborenen u. Wrkg. v. Strumigenen 35-1526; – u. Ca- u. P-Stoffwechsel 35-1527; Teilnahme einer Zentralnervensyst.- – -Neuralleit. bei Epinephrin-induzierter Hyperglykämie bei d. Katze 36-1525; Thyreoglobulinimmunität, ^{131}J-Sekret. u. – -Funkt. 37-1436; Bezieh. d. – -Funkt. zum Carotinstoffwechsel 39-1494; Einfl. d. –: auf d. Ascorbinsäure-Normausscheid. u. ihre Steiger. sowie auf d. Hexobarbitalschlafzeit u. ihre Verkürz. durch Barbital 39-1507; auf d. Pseudocholinesterase-Aktivität in Leber u. Serum d. Ratte 40-1313; durch – -Sekret. bedingte postmortal im Schweinemuskel auftretende Veränder. 40-1596; Unabhängigk. d. durch Kaliumthiocyanat bewirkten Hypotens. v. d. – bei Ratten 44-1640; – -Status u. „Titrat." v. Sexualhormonen durch d. Prostatakomplex d. Ratte 45-1391.

Ektomie: Einbau v. ^{3}H-Prolin in basophile Zellen d. Adenohypophyse v. thyreoidektomierten Ratten 1-1484; Einfl.: v. Testosteron auf d. Thyreotropinsekret. in d. thyreoidektomierten Ratte 4-1490; v. Trijodthyronin u. Thyroxin auf d. Thyreotropinspiegel im Hypophysenvorderlappen u. Blutserum d. thyreoidektomierten Ratte 4-1507; Einfl. v. Thyroidektomie: auf d. saure Phosphatase-Aktivität d. Hypophyse 5-1324; u. Thyroxinbehandl. auf d. glykogenolyt. u. Milchsäure-erzeugende Wrkg. v. Adrenalin im isolierten Rattenzwerchfell 5-1511; auf Überlebensrate u. Hämatologie röntgenbestrahlter Tiere 5-1637; auf d. Fe-Stoffwechsel bei röntgenbestrahlten Ratten 5-1638; ATPase-Aktivität d. Herzmuskelfasern bei d. thyreoidektomierten Ratte 9-1408; Phosphaturie-Rk. v. thyreoidektomierten Hunden auf d. Verabreich. v. Parathyroidem Hormon durch einseit. Infus. in d. Nierenarterie 10-1605; Einfl. d. Schilddrüsenhormons auf d. Sulfhydrylgruppen u. Aktivität d. D-Aminosäureoxydase v. thyreoektomierten Ratten 11-1521; Veränder. d. Anzahl d. TSH sezernierenden Zellen d. Maus nach Radiothyroidektomie 16-1427; Wrkg.: d. Thyreoidektomie sowie d. Thyreotrophormon- u. Thyroxinbehandl. auf d. Serumheparingeh. u. auf d. Leukozyten- u. Eosinophilenzahl 18-1479; v. Nicotinamid auf d. Pyridinnucleotidstoffwechsel d. Leber v. thyreoidektomierten Ratten 24-1547; Veränder. einzelner Blutgerinn.-Faktoren nach chem. Thyreoidektomie 27-1560; Einfl. v. Thyreoidektomie: auf d. Indukt. mitochondrieller α-Glycerophosphatdehydrogenase durch Schilddrüsenhormon 30-1217; auf d. Einbau v. Fettsäuren in Ester durch d. Dünndarm in vivo 31-1566; anaerobe Glykolyse u. O_2-Verbrauch v. Nierenkortikal- u. -medullarzonen d. Ratte nach Thyreoidektomie u. nach Zufuhr v. 3.5.3′-Trijod-L-thyronin 32-1582; Wrkg. v. Nicotinsäure auf d. Serumlipide thyreoidektomierter Hunde 33-1634; Einfl. v. Thyreoidektomie: auf d. Aufnahme v. ^{3}H-Adenin durch d. Hypophysenvorderlappen 34-1516; auf d. kalorigene u. a. Stoffwechselwrkg. v. Adrenalin u. Noradrenalin in hungernden Kaninchen 34-1519; Wrkg. v. Testosteronpropionat auf d. Verteil. v. ^{131}J bei thyroidektomierten Ratten 35-1481; Empfindlichk. gegen Brenzcatechinamine nach – -Ektomie 37-1426; Einfl. v. Thyreoidektomie: auf d. Vergift. durch Dinitrophenole 37-1559; auf d. Spezifität d. „Tibiatestes" bei intakten, geschlechtsunreifen weibl. Ratten 39-1394; Aldosteron-Stoffwechsel bei thyroidektomierten Hunden 39-1410; Einfl.: v. Purinen auf d. durch Epinephrin induzierte Lipolyse in Fettgewebe d. thyreoidektomierten Ratte 40-1505; v. Thyroxin u. Analogen auf d. Plasma-Kreatinphosphokinase in – - ektomierten Kaninchen 41-1480; Einfl. d. Thyreoidektomie: auf d. Bind. v. F^- durch d. Knochen 45-1421; u. Hypothyreose auf d. Aktivier. d. Phosphorylase im akut ischäm. Muskel 46-1538; Studium d. Bind. zwischen Schilddrüsenhormon u. Proteinen im Plasma nach subtotaler Thyreoidektomie 47-1429; Einfl. v. Östrogen auf d. Gonadotropinaktivität d. Hypophyse v. thyreoidektomierten Rhesusaffen 51/52-1328.

Explantation: Wrkg. v. Adrenalin u. Noradrenalin auf d. Hormonsekret. u. d. Förderleist. d. – -Vene bei Schafen mit explantierten – 47-1420.

Beeinflussung: Schicksal d. Radiojodisotopen beim Menschen u. Abschätz. d. Strahl.-Exposit. d. – 4-1595; Rk. d. – v. Mesocricetus auratus auf thyreotropes Präp. u. Methylthiouracil 5-1517; 3.5-Dijodthyronine als Thyromimetika (Darst.) 6-1766*; Thyromimetika (α-Methylthyroxin) 8-1603; Einfl.: v. Morphin u. a. Narkotika auf d. – -Funkt. d. Maus 8-1716; v. Adrenalin auf d. – 9-1567; v. Preiselbeerblättern auf d. – -Aktivität 10-1604; d. erhöhten körperl. Tätigk. mit u. ohne Kälteeinw. auf d. – -Funkt. 11-1635; v. LSD-*25* auf d. Funkt. d. – v. männl. Ratten 11-1753; v. Testosteron auf d. – -Bläschen d. Affenweibchens 12-1532; antithyreotox. Wrkg. einer Frakt. v. Schweineleberextrakt 14-1733; Einfl. v. Glukagon u. Insulin auf d. – -Funkt. 15-1495; Beeinfluss. d. – -Funkt. durch Bernsteinsäuremono-α-[2.5-endo-methylen-Δ^3-cyclohexenyl]-äthylester 22-1650; Einfl. v. Br auf d. – -Funkt. 26-1519; – -Funkt. v. Meerschweinchen nach wiederholter Behandl. mit Thioharnstoff 26-1520; antithyreoide Wrkg. d. Röntgenkontrastmittel 26-1638; Mechanismus d. Antithyreoidwrkg. natürl. Senföle 29-1472; Thyromimetika (4′-Äther v. jodierten Thyroninen u. Thyroalkansäuren) 29-1473; Einfl.: v. Erythromycin auf d. – -Funkt. 29-1671; v. Nialamid auf d. Aktivität d. – 29-1687; – -Funkt. bei Brustkrebs 32-1269; Wrkg.-Mechanismus v. Trypanblau u. verwandten Farbstoffen bei Unterdrück. d. – -Aktivität 32-1576; Schwäch. d. – -Wachstums durch neonatale Thyroxin-Anwend. 32-1580; Gefahrendosen für – bei interner Bestrahl. bei akuter Exposit. mit Spaltprod.-Gemisch-Aerosolen 32-1659; Funkt. d. – mit $Na^{131}J$ bei Choloepus hoffmanni 33-1543; Artunterschiede in d. Rk. d. – auf Vasopressin 37-1402; – -Funkt. in Abwesenh. v. Vasopressin 37-1403; antithyreotox. Aktivität v. Hämoglobin 37-1438; Wrkg. synthet. Vasopressine auf d. – -Funkt. bei Ratten u. Meerschweinchen 41-1456; – v. Ratten schädigende Wrkg. v. geringen Dosen einiger natürl. vorkommender Verb. 42-1403; Mechanismus d. antithyroidalen Aktivität v. Methimazol 43-1369; schädl. Wrkg. v. Aminoglutethimide auf d. – 46-1622; Thiazidwrkg. auf d. – d. Ratte 46-1636; – -Funkt. während d. Umschwungphase nach Aussetzen v. antithyreoiden Drogen 47-1432; Wrkg.: verschiedener Thymusextrakte auf d. Wachstum in vitro gezüchteter Zellen menschl. – 47-1435; v. Acetylderiv. d. Thyreotropen Hormons auf d. Stimulier. d. – -Zelle durch d. Thyreotrope Hormon 48-1375; v. Östron-17β-thiol auf d. – v. kastrierten weibl. Ratten 48-1385; Thy romimetika (3.5-Dijodthyroessigsäure u. -propionsäure) 49/50-1391; --Funkt. während d. Langzeitbehandl. mit Lysergsäurebutanolamid 51/52-1363.

Pathologie: Thiaminstoffwechsel bei --Krankh. 6-1563 bis 6-1565; Bezieh. zwischen d. in vitro-Aufnahme v. ^{131}J-Trijodthyronin durch Erythrozyten u. seiner Bind. an Serumeiweiß bei --Erkrank. 7-1623; Serumkreatinkinase, Lactatdehydrogenase u. Glutamat-Oxalacetat-Transaminase bei --Erkrank. 9-1639; Hydroxyprolinurie bei Krankh. d. -- 13-1648; Bedeut. d. Serumlipidveränder. bei --Dysfunkt. 13-1649; 13-1650; neutrale 17-Ketosteroid-Ausscheid.-Muster im Urin bei Patienten mit --Krankh. 14-1635; Plasmalipide bei Stör. d. --Funkt. d. Menschen 17-1497; Stoffwechsel v. anorgan. J bei Personen mit gesunder u. kranker -- 22-1423; Isozyme d. Jodtyrosin-Dejodinase bei an --Erkrank. leidenden Personen 33-1356; klin. Unters. über Vanillylmandelsäure im Harn v. Patienten mit --Krankh. 37-1390; J-halt. Plasmakomponenten bei --Erkrank. 38-1521; Brenzcatechinamine im Urin v. Patienten mit --Erkrank. 43-1358; Vitamin-B_6-Stoffwechsel bei normalen Erwachsenen u. Patienten mit --Erkrank. 45-1420; Unters. d. hämodynam. Veränder. bei --Erkrank. mit ^{131}J-Albumin 49/50-1390.

Glykolyse u. Glykogenese in d. Leber hypothyreoidaler Ratten 1-1535; Steiger. d. durch Dinitrophenol erzeugten Wärmewrkg. bei hypothyroiden Ratten 3-1506; Hypothyreose nach ^{131}J-Behandl. d. Hyperthyreose 7-1616; Harnstoffsynth. in d. Leber d. hypothyroiden Ratte 9-1576; Wrkg. v. Hypothyreoidie u. Thyroxinzufuhr auf d. Vaginalzyklus 12-1548; cholesterinsenkender Einfl. v. d-Thyroxin bei Patienten mit Hypercholesterinämie u. Hypothyroidie u. Behandl. mit --Extrakt 12-1550; Einfl. d. Röntgenbestrahl. auf d. Geh. an Glucoproteinen im Blutserum bei hypothyreoiden Tieren 17-1590; Umsatz v. ^{131}J durch d. -- bei Hypothyreoidie im Zusammenhang mit d. Empfindlichk. für Thyrotropin 18-1478; Östrogenempfindlichk. d. Vaginalepithels bei Hypothyreose 21-1540; Anämie infolge --Unterfunkt. 29-1470; Hydroxyprolin bei d. Ausheil. v. Hautwunden bei d. hypothyroiden Ratte 36-1519; Serum-Kreatin-Phosphokinase-Aktivität bei Hypothyreoidismus 39-1219; Einfl.: d. Hypothyreoidismus Neugeborener auf d. Aminosäuren im sich entwickelnden Rattengehirn 43-1365; v. Nicotinsäure auf d. Speichermenge u. d. Umsatz v. Taurocholsäure bei normalen Hunden u. Hunden mit --Unterfunkt. 43-1436; Aufnahme v. ^{131}J-*l*-Trijodthyronin aus Plasma durch Harz bei Thyreotoxikose u. Hypothyroidismus 47-1428; Einfl. v. Hypothyreoidismus auf d. Reif. d. Zerebellumrinde 48-1408; Mucopolysaccharidgeh. d. menschl. Aorta bei --Unterfunkt. 51/52-1366.

Bezieh. zwischen d. lipolyt. Aktivität nach Heparin u. d. Triglyceridkonz. d. Plasmas bei Myxödem 11-1523; Wrkg. v. Diät u. Thyroxin auf d. Plasmalipide bei Myxödem 11-1524; Veränder. d. Geh. an freiem Plasma-Cortisol u. -11-Desoxycortisol bei einfachem Myxödem unter Metopirone-Perfus. 16-1467; Geh. v. Thyreotropin im Plasma bei Patienten mit Myxödem 28-1545.

K-Geh. d. Muskels bei Thyreotoxikose 4-1510; Intensität d. Fermenterneuer. bei Kaninchen mit Thyreotoxikose 11-1346; Umkehr. d. anomalen, oralen Glucosetoleranz bei Thyreotoxikose durch Guanethidin 11-1525; Mucoproteide d. Blutes bei Thyreotoxikose 14-1587; Eiweißfrakt. d. Blutserums bei Thyreotoxikose 17-1496; jodierte Bestandteile d. Plasmas v. normalen Personen u. v. an Thyrotoxikose leidenden Patienten 34-1513; Wrkg. v. L-Tyrosin auf d. an Protein gebundene J bei Thyrotoxikose 35-1531.

Einfl. v. Hyper- u. Hypothyreose auf d. Geh. an 17-Hydroxycorticosteroiden im Harn u. Blut 6-1502; nichtthyroidale Wrkg. v. Propylthiouracil bei euthyroiden, hypothyroiden u. hyperthyroiden Menschen 9-1577; Digoxinstoffwechsel bei Unter- u. Überfunkt. d. -- 10-1603; Einfl. d. experimentellen Hypo- u. Hyperthyreose: auf d. Umwandl. v. Carotin in Vitamin A bei Affen 11-1522; auf d. Umwandl. v. β-Carotin in Vitamin A in vitro in d. -- d. Meerschweinchens 14-1588; Dejodier.-Geschw. v. Thyroxin beim Menschen bei Hyper- bzw. Hypothyreoidismus 15-1492; Aktivität d. Glutaminoxalacetat- u. Glutaminpyruvat-Transaminasen im Serum u. in d. Leukozyten v. Patienten mit Hyper- u. Hypothyreosen 18-1480.

Einfl. v. anorgan. J auf d. oxydierende Phosphorylier. in d. Mitochondrien v. Gehirn u. Niere d. Kaninchens in d. Norm u. nach Hyperthyreotoxikose 5-1516; Zuckerstoffwechsel in d. Rattenleber bei --Überfunkt. 7-1615; Toxizität v. Amphetamin bei hyperthyroiden Mäusen 7-1818; Einfl. v. Hyperthyreoidismus auf intestinale Resorpt. v. Ca in d. Ratte 8-1600; paradoxe Wrkg. v. Dichlorisoproterenol auf d. Pentobarbital-Schlafzeit bei d. hyperthyreoiden Maus 8-1601; Amphetamintoxizität bei hyperthyreoiden Mäusen 10-1750; Toxizitätsveränder. neurotroper Pharmaka bei Vers.-Tieren mit experimentell hervorgerufener Hyperthyreoidie 11-1752; fäkale J-Ausscheid. bei Euthyroiden u. Hyperthyroiden 15-1498; Fe-Resorpt. bei Hyperthyreotikern 28-1568; Aktivität d. Corpus luteum bei experimentellem Hyperthyroidismus 31-1431; induzierter Hyperthyroidismus u. Reprodukt. bei präpubertalen weibl. Ratten 33-1528; Wrkg. v. d-Amphetamin auf d. Plasma- u. Gewebeelektrolytkonz. v. Mäusen mit --Überfunkt. 33-1757; Stoffwechsel v. Brenzcatechinaminen bei Hyperthyreoidismus d. Ratte 34-1379; Wrkg. v. Imipramin u. Reserpin auf Körper- u. Organgröße v. euthyreoid u. hyperthyreoid gewachsenen Ratten 34-1728; Rolle v. Thyroxin bei d. Pathogenese d. Hyperthyreose 39-1216; „lang wirksamer Schilddrüsenstimulator" (LATS) als Ursache d. Hyperthyreose (Vgl. verschiedener TSH- u. LATS-Präp.) 41-1477; Milchsäuredehydrogenase-Aktivität bei Tauben mit experimenteller --Überfunkt. 45-1411; Fettsäurebest. d. Phosphatidfrakt. d. Serums bei Hyperthyreoidie 51/52-1414.

Bldg. v. Thyreoiditis nach Injekt. unveränderter Thyreoglobuline ohne Adjuvans in Kaninchen 9-1630.

Indukt. gutart. u. bösart. Neubldg. d. -- bei d. Ratte 13-1294; Rolle v. Co bei d. Entw. endem. --Vergrößer. in J- u. Co-armen biogeochem. Provinzen 14-1581; fehlende Hemm- u. Erreg.-Wrkg. v. Geschlechtshormonen auf d. Entw. normaler Methylthiouracil-induzierter Struma d. Ratte 29-1453; Ausscheid. v. markiertem Thyroxin u. --Vergrößer. bei Zusatz v. Cholesterin u. Cholsäure zum Futter 31-1458.

Antikropfwrkg.: einiger 3'-Alkyljodthyronine 15-1493; d. Strukturisomeren v. 3.5.5'-Trijod-DL-thyronin 15-1494; Stoffwechsel d. Rattenzwerchfells in Ggw. v. Schilddrüsenwirksamen Hormonen, deren Vorstufen u. Kropferzeugern 22-1418; menschl. Thyreoglobulin aus normalen u. kropfart. -- 23-1458; „endem. Küstenkropf" in Hokkaido 28-1566; kropferzeugende Wrkg. v. natürl. vorkommendem L-5-Vinyl- u. L-5-Phenyl-2-thiooxazolidon bei Ratten 28-1567; Antikropfaktivität d. 3'-tert.-Butylanalogons v. 3.5.3'-Trijod-L-thyronin u. d. O-Methylesters 32-1581; Unvermögen, durch J-Mangel allein einen Kropf hervorzurufen 36-1516; jodierte Serumkomponenten u. zirkulierendes Schilddrüsenstimulierendes Hormon bei Merinoschafen mit angeborenem Kropf 36-1517; Zus. u. Stoffwechsel v. Kropfgewebe bei Schafen mit angeborenem Kropf 36-1518; Blutgerinn. beeinflussende Faktoren aus d. Kropf v. Glossina austeni 36-1545; kombinierte Anwend. v. ^{125}J u. ^{131}J bei d. autoradiograph. Unters. d. Knotenkropfes 43-1367.

Speichermengen v. organ. J u. ihre Verteil. im intra- u. extrathyreoidalen Raum bei Normalpersonen u. Patienten mit Morbus Basedow 6-1504; Aspekte d. J-Stoffwechsels beim tox. Adenom u. bei Morbus Basedow 6-1505; Charakterisier. d. lang-wirksamen --Stimulans bei Morbus Basedow 11-1526.

Einfl.: d. Lidase auf Funkt. u. Proliferat. d. -- 6-1506; v. Schilddrüsenhormonen u. Diäthylstilböstrol auf d. gonadotrope Aktivität eines thyreotropen Tumors d. Maus 18-1233; J-halt. Serumproteine bei funktionellen --Karzinomen 21-1309; neue Aspekte d. experimentellen Karzinogenese d. -- (Übersicht) 25-1203; experimentelle --Tumoren durch mehrjähr. Zufuhr v. $KClO_4$ 49/50-1097.

Therapie: Aktivität d. Harns bei Radiojodtherapie v. Thyreotoxikosen 15-1629; Erhöh. d. ^{131}J-Aufnahme durch Mannit bei d. Behandl. v. --Karzinom 39-1188; Verminder. d. --Schädig. durch Thioharnstoff bei d. Behandl. v. Meerschweinchen mit Dianabol 42-1381; Chemotherapie v. menschl. --Karzinomtransplantaten mit Methotrexat u. Pferdeserum 46-1232.

Analyse, Untersuchungsmethoden: Erprob.-Mess. eines --Phantoms mit einem Kontrastverstärker für d. Szintigraphie 28-2041; Hydrolysenkurve u. Feulgenrk. im nukleolären App. u. v. sexuellem Chromatin d. -- d. Albinoratte 48-1402; Best. v. --^{131}J v. kleinen Labor.-Tieren 15-1499; Bezieh. zwischen d. dünnschichtchromatograph. bestimmten 3.3'5'-Trijod-L-thyroningeh. d. -- u. d. durch eine Ratten-Antithiouracilkropf-Meth. bestimmten biolog. Potenz 16-1481; dünnschichtchromatograph. Analyse v. J-Aminosäure d. -- 24-1994; Unters. d. --Bestandteile mit Hilfe d. doppelten Markier. in vitro 29-1468; Möglichk. einer Verw. v. ^{99m}Tc an Stelle v. Radio-J zur Unters. d. --Funkt. 1-1537; Bezieh. zwischen d. an Serum-Protein gebundenem J u. d. Aufnahme v. ^{131}J-Trijodthyronin durch Harz bzw. rote Blutzellen zur Prüf. d.---Funkt. 7-1622; Vgl. d. Aufnahme v. ^{131}J- u. ^{125}J-Trijodthyronin durch Kunstharz (--Test) 22-1415; Anwend. v. ^{132}J für d. Unters. d. funktionellen Zustandes d. -- 22-1421; Mess. d. --Funkt. v. Schweinen unter Verw. v. Radiojod 27-1487; Ox. v. Thiocyanat als Maßstab für d. Funkt. d. -- 37-1439; Sephadexbind. v. ^{131}J-L-Trijodthyronin als Test d. --Funkt. 45-1406; Verw. v. ^{99m}Tc bei d. Unters. d. Funkt. d. -- d. Maus (Doppelmarkier. mit ^{99m}Tc u. ^{125}J) 45-1407; ^{131}J-Thyroxin-Umsatz in d. Diagnose v. --Erkrank. 27-1488; Best. d. Thyroxingeh. im Serum bei --Erkrank. u. mit J behandelten Patienten 46-1443; in vitro-Nachw. für Thyreotropes Hormon durch Mess. d. Abgabe v. ^{131}J aus d. -- 18-1449.

Bibliographie: Current topics in thyroid research (Conference, Rome *1965*) B 11; Ultrastructure of human thyroid. A study of normal thyroid, untreated and treated diffuse toxic goiter B 60.

Schleimdrüsen

Zytolog. u. zytochem. Beobacht. an d. --Zellen v. Convoluta convoluta 6-1483; Monoamine u. d. -- 4-1462; Bind. v. Thyroxin u. Trijodthyronin durch --Proteine 12-1547; RNS- u. DNS-Synth. im „Puff"-Bereich d. --Chromosomen v. Drosophila 20-1213.

Schweißdrüsen

Schweiß s. dort.

Einfl. v. Priamid auf d. --Sekret. 31-1653; --Karzinome durch starke Einzeldosen v. 7.12-Dimethylbenz(a)anthracen in männl. Sprague-Dawley-Ratten 42-1171; histochem. Nachw. v. Sialomucinen in --Adenomen 2-1273.

Seidendrüsen

s. *Spinndrüsen*.

Speicheldrüsen

Speichel s. dort.

Bestandteile: Ca-Konz. v. submaxillaren -- (Vgl.) 12-1515.

Glykosid. Bind. v. Serin u. Threonin im Mucin d. Submaxillardrüsen v. Rindern 3-1474; Zus. submaxillarer Mucine d. Rindes 4-1444; antikoagulierende Wrkg. v. Prolixin S aus d. -- v. Rhodnius prolixus 4-1540; Wrkg. v. Hydroxylamin auf d. Mucoprotein d. Submaxillardrüsen d. Schafes 13-1593; Fraktionier. aus Mäusesubmaxillardrüse extrahierter lösl. Proteine 15-1451; Veränder. d. Proteine d. Ohrspeicheldrüse bei Hemm d. Synth. v. Ribosomenribonucleinsäure durch Aurantin 21-1279; aus d. Parotis: v. Bufo ictericus isolierte Bufadienolide 22-1375; v. Bufo crucifer isolierte Bufadienolide 22-1376; Wrkg. chron. Pilocarpin-Behandl. auf Nucleinsäure- u. N-Geh. d. entnervten Submaxillardrüsen d. Hundes 26-1665; intranukleolare DNS-Komponenten d. -- v. Insekten 36-1212; Einfl. v. Testosteron auf d. RNS in d. Submaxillardrüsen 38-1226; Steiger. d. Lipidbiosynth. in sensor. u. sympath. Ganglien durch spezif. Nervenwachstumsfaktor aus Submandibulardrüsen d. Maus 39-1444; Mandibulardrüsenpheromon d. Arbeitsbienen 40-1524; Konservier. v. Submaxillarmucinen durch Gefriertrockn. u. Dampffixier. 41-1431; Vork. v. *4* verschiedenen Kohlenhydratfrakt. in d. menschl. Submaxillardrüsen 42-1345; Glykoprotein aus d. Submaxillardrüsen d. Schafes 43-1328.

Alkal. Pyrophosphatase in d. mukoiden Endkammern d. Sublingualdrüse d. weißen Ratte 9-1386; lysosomale u. freie saure Phosphatase in d. -- v. Chironomus tentans 16-1293; Enzym d. Ohrspeicheldrüse d. Kröte 17-1573; subzellulare Lokalisat. v. Kallikrein, Amylase u. Acetylcholin in d. Submaxillardrüsen d. Meerschweinchens 18-1435; Kallikrein in d. Submaxillardrüsen d. Katze 19-1482; zellulare Lokalisat. v. Monoaminoxydase in d. -- d. Ratte 21-1367; Gewinn. v. Kallikrein-Inaktivator aus frischer Parotis 27-1828; Identifizier. u. Isolier. v. Lactoperoxydase aus -- 28-1309; Chymotrypsin-Inhibitoren aus d. Hundesubmaxillaris (Molgew.) 28-1370; histochem. Lokalisat. d. Cytochromoxydase in — 31-1195; Monoaminoxydase d. — bei Helix pomatia 32-1312; neutrale, Trypsin-artig. Protease aus d. Unterkieferdrüse d. Ratte 37-1280; Identität d. Kallikrein-Inaktivators aus Rinderlunge u. -parotis 44-1528; Glucose-6-phosphatase in d. — v. Sciara coprophila 49/50-1353.

Eigenschaften: Wrkg. d. Behandl. mit Pilocarpin auf d. Gew. d. innervierten u. denervierten Submaxillardrüsen v. Ratten 10-1712.

Stoffwechsel: Sekret. d. — nach Pilocarbin, Histamin u. Kininen 26-1482; Wrkg.: v. Ocytocin auf d. Sekret. d. — 34-1495; v. Adrenalin auf d. Sekret. d. menschl. Parotis 34-1503; Darst. v. Bis-[hydroxymethyl]-pyridindicarbamaten als Mittel gegen Hypersekret. d. — 22-1727*.

Aufnahme v. ^{22}Na in d. Zellkerne d. — v. Chironomus thummi 8-1268; Speicher. u. Stoffwechsel v. Selenocyanat in d. — 41-1479.

Wrkg. v. Phenylalaninanalogen auf d. Proteinstoffwechsel in d. — 3-1598; Stimulier. d. RNS-Synth. in d. — durch Isoproterenol 6-1189; Biosynth. v. UDP-N-Acetylhexosamin durch einen Schafsubmaxillarisdrüsenextrakt 6-1310; DNS-Stoffwechsel d. Submandibulardrüsen d. Maus 7-1274; Hemm. d. endogenen Brenzcatechinaminbiosynth. durch 3-Jod-L-Tyrosin in d. — 9-1568; Bind. zwischen Zuckern u. Aminosäuren im Mucoprotein d. Schaf-Submaxillardrüsen 11-1480; nukleolare RNS-Synth. in — v. Dipteren 19-1221; Aufnahme v. ^{3}H-Norepinephrin in d. — 23-1617; Desacetylier. v. N-Acetylglucosamin-6-phosphat durch Extrakte aus d. Rinderohrspeicheldrüse 33-1342; Glucosestoffwechsel in d. Submaxillardrüsen d. Ratte in vitro (Wrkg. v. Insulin) 35-1544; RNS- u. Proteinsynth. in d. — d. Larven v. Chironomus tentans bei d. Rk. auf Ecdyson 39-1149; Stoffwechsel eines Phosphoinositidkomplexes in d. — 43-1329; Stimulier. d. Aufnahme v. ^{3}H-Norepinephrin in d. — durch O-methylierte Stoffwechselprod. d. Brenzcatechinamine 46-1436.

Beziehung zu anderen Körperfunktionen: Wrkg.: d. chron. sympath. Denervier. v. — auf d. subzelluläre Verteil. einiger sympathikomimet. Amine 14-1549; mucoider Veränder. im Extrakt d. Rindersubmandibulardrüse auf d. synthet. Zahnsteinbldg. 26-1481; v. Submaxillardrüsenextrakt bei adrenalektomierten Ratten 35-1549; Blutgerinn. beeinflussende Faktoren aus d. — v. Glossina austeni 36-1545; Wrkg. d. Granulozytosefaktors aus d. Submaxillardrüsen v. Mäusen bei adrenalektomierten Ratten 42-1448.

Beeinflussung: Submaxillardrüsen d. Maus (Wrkg. einer Frakt. auf Gewebe mesodermalen Ursprungs in vitro) 1-1481; Veränder. d. — bei Ratten nach oraler Zufuhr v. N-2-Fluorenylacetamid 1-1707; nervöse u. hormonale Kontrolle d. — v. Ratten (Übersicht) 10-1561; Chromosomenschwell. in Drosophila-— infolge v. Hydrocortisonphosphat 17-1202; Wrkg.: d. Gewürze u. Würzstoffe auf d. —-Funkt. 30-1501; v. Testosteron auf d. Submaxillardrüsen d. Maus 38-1501.

Pathologie: Wrkg. einer —-Hypertrophie infolge v. Isoproterenol u. d. Futters auf d. Chemie d. Rattenspeichels 7-1566; Vergrößer. d. — bei Ratten nach chron. Anwend. v. Physalaemin oder Isoprenalin 21-1777; Wrkg. v. Isoproterenol auf d. induzierte Zellproliferat. d. — 23-1192; histochem. Unters. d. Enzymmusters während d. experimentellen Karzinogenese in d. Mäuseohrspeicheldrüse 41-1214; Prednisolon- u. Thalidomidwrkg. auf induzierte submandibulare Drüsentumoren bei Hamstern 45-1177; Verh. v. gemischten Parotistumorprimärkulturen in Ggw. v. zytotox. Substanzen 48-1167.

Analyse: Stärkesubstratfilmmeth. für d. histochem. Lokalisat. d. Amylase in — 13-1363; histochem. Nachw. v. Noradrenalin in d. — d. Ratte 34-1506.

Spinndrüsen (Seidendrüsen)

RNS aus Seidenraupen-— 7-1304; Reinig. u. einige Eig. multipler Formen v. L-Aspartat-Glutamat-Transaminase aus d. — v. Attacus ricini 7-1379; Charakterisier. d. DNS d. — v. Bombyx mori 9-1278; Reinig. u. spezif. Wrkg. einer Ribonuclease aus d. hinteren — d. Larve v. Bombyx mori 13-1345; Fraktionier. v. Aminosäure-spezif. sRNS aus — v. Seidenraupen 17-1220; zytochem. Unters. d. — v. Antheraea pernyi 18-1438; unterschiedl. Sequenz im Ende d. Glycin-spezif. tRNS aus d. — v. Bombyx mori 26-1242; Variat. in d. Partialstruktur d. Alanin-Transfer-RNS aus — u. a. Quellen 34-1239; Struktur lösl. RNS aus — 37-1194; Glutaminsäuredehydrogenase in d. — v. Bombyx mori u. Attacus ricini 49/50-1151.

Ultrastruktur d. Epithels d. — bei Pholcus phalangioides 16-1415.

Einfl. v. Actinomycin u. Mitomycin auf d. Fibroinsynth. in d. hinteren — v. Bombyx mori 35-1703.

Sublingualdrüse

s. unter *Speicheldrüsen.*

Submandibulardrüsen

s. unter *Speicheldrüsen.*

Submaxillardrüsen

s. unter *Speicheldrüsen.*

Talgdrüsen

Glyceride in Lipiden d. — d. Haut 35-1458; Geh. an östrogenen Steroiden im Talg d. Haut-— 51/52-1331; Einbau v. Octadecansäure in d. Lipide d. — d. Ratte 38-1585; Veränder. d. — bei Ratten nach oraler Zufuhr v. N-2-Fluorenylacetamid 1-1707; Wrkg. v. 17α-B-Nortestosteron auf d. Absonder. durch — 47-1396; Einfl. v. D- u. L-Thyroxin auf vorgebildete Atherome bei Kaninchen (Wrkg. d. Anwend.-Weise) 46-1441.

Thymus

Bestandteile: ThO_2-Speicher. in d. — nach Verabreich. hoher Dosen an Ratten 36-1607.

Einstrang-DNS aus nativem Kalbs-— 1-1240; Wrkg. einiger Agenzien d. Krebschemotherapie auf d. Sulfhydrylspiegel im — normaler Ratten 2-1296; Struktur u. Eig. v. Ratten-—-Desoxyribonucleoprotein 5-1523; Kalbs-—-Desoxyribonucleoprotein 6-1207; Wrkg. d. Strahlenschädig. auf d. —-DNS 7-1283; Fraktionier.: d. Histongruppe F2a aus Kalbs-— 8-1553; Arginin-reicher Histone aus Kälber-— 10-1611; Einfl. d. Cortisoninjekt. auf d. Geh. an labilem P d. Adenosintriphosphorsäure im — d. Maus 11-1515; Histone d. — 12-1498; Isolier. v. Nucleoproteinen aus Kalbs-— (Geh.) 16-1169; niedr.-mol. DNS aus d. — (v. Kalb) 17-1224; (u. d. Maus) 17-1225; Wrkg. v. Harnstoff auf Kalbs-—-DNS 28-1254; Histamin u. Histidindecarboxylasen im — 31-1237; Anreicher. v. 5-Azacytidin u. 5-Aza-2′-desoxycytidin im — 38-1215; Untereinh.-Form d. Kalbs-—-DNS 38-1231; Beweis für d. Anwesenh. v. Spermidin u. Spermin in d. Nuklei d. Kalbs-— 44-1185; Darst. u. Eig. d. Nucleoproteine v. Kalbs-— 44-1223; Fraktionier. v. Arginin-reichen Histonen aus Kalbs-— 44-1522.

Enzymat. Aktivitäten d. lyophylisierten Lämmer-— 1-1554; Reinig. u. Eig. v. Orotsäure-decarboxylierenden Enzymen aus Kälber-— 4-1293; mit Ca^{2+} isolierte DNS-Polymerase aus Kernfrakt. d. — 16-1274; Abnahme d. RNS-Polymerase-Aktivität d. Ratten-— als Rk. auf Cortisolinjekt. 19-1528; Oxytocinase-hemmende Frakt. aus —-Extrakten (Gewinn.) 27-1793*; Reinig. u. Eig.: d. Desoxycytidinmonophosphokinase aus Kalbs-— 28-1327; v. Nucleosiddiphosphokinase aus Kalbs-— 40-1300; Aktivität d. β-Glucuronidase aus Thymozyten v. — nach Ganzkörperröntgenbestrahl. 42-1236; Veränder. d. —-Transaminase-Aktivität in AKR-Mäusen mit lymphat. Leukämie 44-1232; Einfl. einer einzigen großen Dosis 9α-Fluorprednisolon auf d. Nucleodepolymerase-Aktivität u. d. Nucleinsäuregeh. v. Ratten-— 48-1218.

Hormon aus — (Reindarst.) 44-1660.

Eigenschaften: Wrkg.: v. Barbital-Na auf d. —-Gew. männl. Albinoratten 7-1824; einer einzelnen Glucocorticoidinjekt. am ersten Lebenstag d. Ratte auf d. —-Gew. 32-1570; v. Cortison auf d. —-Gew. trächt. Ratten u. deren Nachkommen 32-1584; Veränder. d. Sorpt.-Eig. d. Zellkerne d. — unmittelbar nach d. γ-Bestrahl. 17-1596.

Stoffwechsel: Phosphat u. Respirat. bei d. Kernschädig. v. bestrahlten Rattenthymozyten 44-1607; Biosynth. v. Lysin-reichem Histon in isolierten Kalbs-—-Kernen 3-1231; Wrkg.: einer einzelnen „in vivo" Injekt. v. Cortisol auf d. „in vivo"-Aminosäureeinbauaktivität v. —-Präp. 7-1606; eines RNS-Immuninduktors aus d. Serum immunisierter Kaninchen auf d. Erzeug. v. Antikörpern im — 9-1627; Akkumulat. d. Thio-TEPA in d. — d. Ratte u. seine Bind. durch d. Proteine v. normalen u. Geschwulstgewebe 11-1263; Best. d. Parameter d. Bateman-Funkt. bei d. Auswert. v. Feulgen-Hydrolysekurven v. —-Lymphozyten 17-0721; Nutz. v. [$^{14}C_6$]-Glucose für d. Ribosebldg. im Ratten-— in vitro 18-1565; ^{14}C-Markier. v. Ribose u. Desoxyribose u. Vgl. mit d. ^{32}P-Einbau in RNS u. DNS v. Ratten-—-Zellen 19-1226; Wrkg.: v. Thymidin auf d. DNS-Synth. u. d. Cytidinstoffwechsel in Ratten-—-Zellen 21-1284; v. Vincaalkaloiden auf d. Nucleinsäurebldg. isolierter Ratten-—-Zellsuspens. 27-1209; Beeinfl. d. Protein- u. Nucleinsäurestoffwechsels v. Thymozyten durch Nebennierensteroide in vitro 28-1562; Stoffwechselwrkg. v. 5-Azacytidin am isolierten Kern v. Kalbs-—-Zellen 29-1173; Frühwrkg. v. Triamcinolon auf d. Einbau v. Aminosäuren in d. — in vitro 29-1460; Hemm. d. Aminosäureeinbaues in —-Proteine in vitro nach Anwend. v. Triamcinolon 29-1461; DNS-abhäng. Proteinsynth. in einem Kernribosomensyst. aus Kälber-— in vitro 35-1269; Bind. v. radiojodiertem Rinderserumalbumin an Mäuse-—-Zellen 48-1111; Veränder. d. Desoxyribonucleoproteinkomplexes im — nach Bestrahl. 48-1511; Wrkg. v. 4-Methyl-3-methylmercapto-1.2.4-triazin-4H-thion-(5) auf d. Thymidineinbau in —-Zellen 51/52-1230.

Beziehung zu anderen Körperfunktionen: Wrkg.: v. —-Extrakt auf d. Freisetz. v. Fettsäuren 2-1642; auf d. Einbau v. ^{14}C-Formiat in d. DNS d. Leber u. RNS d. Leber u. Niere d. Ratte 3-1522; —-Extrakte zur Induzier. d. immunolog. Fähigk. in lebenden Organismen (Gewinn.) 9-1837*; Verhüt. v. Steroid-induzierter Sterilität bei neonatalen Ratten mit —-Zellensuspens. 12-1527; adrenocorticaler Metabolismus u. d. — 12-1540; — u. Corticosteroide 27-1486; Wechselwrkg. zwischen Cortisol oder Corticosteron u. Frakt. v. —-Zellen v. Ratten 28-1564; Indukt. v. Leukämie durch Inkubat. v. —-Zellen d. Maus mit Nucleinsäuren aus Leukämiezellen 32-1271; Wrkg.: v. —-Extrakt: auf P-Verb. d. Muskels u. d. Serums sowie auf d. Serumcalciumspiegel 36-1529; auf d. Wachstum in vitro gezüchteter Zellen 47-1435; bei Mäusevirusleukämie 49/50-1122; Wrkg. auf d. Nucleinsäuremetabolismus normaler u. tumortragender Tiere 51/52-1120; Beteilig. d. — am Stoffwechsel d. sauren Mucopolysaccharide 51/52-1470.

Ektomie: Einfl. d. Thymektomie auf d. Aktivität d. Lipoproteinlipase im Serum u. Herz d. Ratte 1-1553; Zuckerstoffwechsel d. thymektomierten Ratte 14-1600 bis 14-1602; Einfl. d. Thymektomie auf mit d. Milchsäuredehydrogenaseagens infizierte Mäuse 18-1495; Verh. d. Sensibilität gegenüber Tolbutamid bei d. thymektomierten Ratte 19-1550; Wrkg. v. neonotaler Thymektomie auf d. Indukt. v. Papillomen u. Karzinomen durch 3.4-Benzpyren bei Mäusen 32-1273; Wrkg.: einer Lipidfrakt. aus Ratten-— auf d. verzögerte Überempfindlichk.-Rk. v. neugeborenen thymektomierten Ratten 48-1413; d. Thymektomie mit nachfolgender Röntgenbestrahl. u. isologer Restaurat. auf d. Immunglobulingeh. d. Maus 48-1414; neonatale Thymektomie u. Tumorindukt. durch Methylcholanthren bei Mäusen 49/50-1100.

Transplantation: Indukt. v. malignen Lymphomen durch Urethan in ausgewachsenen Mäusen mit syngeneischen —-Transplantaten 48-1166.

Beeinflussung: Einfl.: d. Röntgenbestrahl. auf d. — 5-1261; einer anhaltenden Behandl. mit Melanophoren stimulierendem Hormon auf d. — d. männl. Maus 16-1429; Beeinfluss. v. — d. Nachkommenschaft durch Cortisongaben an trächt. Ratten 16-1465; Wrkg.: d. Giftes v. Vipera palestina auf d. — 21-1742; v. Desoxycholat auf d. Mikrosomenfrakt. d. — 23-1187; Rolle d. o-Phenol-o-Chinon-Syst. beim Anfangseffekt ionisierender Strahl. im Ratten-— 23-1623; Verhinder. d. Kernschädig. bei bestrahlten Rattenthymozyten durch O_2-Entzug nach d. Röntgenbestrahl. 32-1652; Wrkg.: einiger Nichtsteroid-Antiphlogistika auf d. — junger Ratten (Vgl.) 36-1635; v. Östron-17β-thiol auf d. — v. kastrierten weibl. Ratten 48-1385; experimentelle Unters. d. Veränder. d. — bei Bzl.-Vergift. 49/50-1502.

Pathologie: Rolle d. —-Atrophie bei d. durch Proteinmangel in d. Nahr. v. Ratten verursachten Hemm. d. Lymphopoiese 16-1492; Histamin, Mg-Mangel u. —-Tumoren bei Ratten 18-1208; Pathogenese d. —-Lymphoms infolge v. Urethan bei Mäusen 18-1212; Lymphoblasteninfiltrat. d. — 32-1276; Urethan-induziertes —-Lymphom d. Maus 43-1128.

Analyse, Untersuchungsmethoden: Anfärb. v. Histonen in bestrahlten Rattenthymozyten (beeinflussende Faktoren) 8-1279.

Verhalten im Boden

Einfl. v. NH_4NO_3 auf d. Verfügbark. v. Ca-Phosphaten in kalkhalt. Böden 2-3120; Beweg. im Boden: v. N nach – mit KNO_3 9-3288; v. W. u. Nitrat um $NaNO_3$-Düngerband 12-3119; gasf. N-Verluste aus auf d. Oberfläche verabreichten N-Düngemitteln 17-2959; Azotobacterzahlen nach $(NH_4)_2SO_4$-– 18-3272; kontinuierl. Anstieg d. Humuswerte im Boden bei gestaffelten N-Gaben 24-3214; Einfl.: v. ammoniakal. Düngemitteln auf d. Beweglichk. v. Phosphationen im Boden 28-3110; v. N-Düngern auf d. Meliorat. v. Solonetzböden 30-2962; v. $(NH_4)_2SO_4$ auf d. Meliorat. sodahalt. Böden 30-2969; Einfl. v. N-–: auf Verrott. u. N-Festleg. bei Stroh-– 34-3144; auf d. Ansamml. organ. Stoffe im Boden 36-2887; auf d. N-Bilanz v. Kompost-Podsolböden 36-2891; auf d. Eig. eines Cecil-Bodens 37-2792; Einfl. v. NPK-– auf Verbesser. v. salinen- u. Na-versalzten Böden 38-3023; N-Verluste aus trop. Waldböden bei Oberflächen-– 38-3033; Einfl. v. Düngemittel-N auf d. Freisetz. v. Boden-N 39-2852; versauernde Wrkg. 41-2875; Nitrifizier. v. N-Düngemitteln 42-2918; Einfl. v. N-– auf Eig. d. Schwarzerde 47-2777; Wirksamk. v. N-Düngern auf verschiedenen Böden 48-3081; Einfl. v. andauernder NPK-– auf agrochem. Eig. v. Weide-Podsolböden 51/52-2998.

N-Wirkung auf spezielle Pflanzen

Einfl.: v. $(NH_4)_2SO_4$ u. KNO_3 auf Wachstum u. Alkaloidgeh. v. Datura innoxia 1-3255; v. N-– auf Frühjahrswachstum v. Taxus u. Forsythia 2-3130; v. verschiedener N-– auf Ertrag u. Qualität d. Tabaks 3-3137; v. N u. P_2O_5 auf d. Ingwerertrag 6-3131; Rk. v. Coriandrum sativum auf späte N-Gaben 8-3226; Wechselwrkg. zwischen N u. Bewässer. bei Burley-Tabak 9-3298; Erhöh. d. Alkaloidertrages bei Vinca rosea durch NPK-Voll-– 16-3119; Boden/Pflanze/N-Bezieh. bei Tabak 21-3302; kontinuierl. Anstieg d. Erträge bei gestaffelten N-Gaben zu Senf 24-3214; Anwend. v. N-Düngemitteln zu heißluftgetrocknetem Tabak 26-3260; NPK-– zu Fenchel (Einfl. auf Ertrag u. Qualität) 29-3049; langsam fließendes N-Düngemittel für Blüten-Topfpflanzen aus $MgNH_4PO_4$ 30-2963; N-– in Fichtenbeständen 31-2927; $(NH_4)_2SO_4$ u. $NaNO_3$ als N-Quellen für Kautschukbaumsämlinge (Vgl.) 34-3133; Ansprechen v. Tabak auf variierte N-– 35-2715; Einfl. v. N-, P- u. K-Zufuhr auf d. Teepflanze 36-2900; Ansprechen v. Pinus ponderosa auf N 38-3022; Einfl. v. Nitrat-N zu Kakao auf Mangelsymptome v. P, K, Ca u. Mg 40-3010; Ertrag v. Tee in Abhängigk. v. N-– in verschiedener Form 42-2922; – v. Orienttabak mit NH_3-W. 42-2924; Einfl. v. gesteigerter N-– auf d. Gesamt-N- u. Nicotingeh. v. Burley-Semperante 45-2622; Einfl. v. N-Düng.: auf d. Entw. v. Virginia Bunch Erdnüssen 49/50-2799; auf Wachstum u. Ertrag v. Capsicum annuum 51/52-3005.

Faserpflanzen. Einfl. v. N-–: auf d. Ertrag v. Leinsamen 4-3009; auf d. Defoliat. v. Baumwolle 5-3192; Einfl. v. NPK-– auf Ertrag u. Fasereig. v. Baumwolle 30-2960; NPK-– zu Rosella-Hanf 30-2972; Einfl.: v. unterschiedl. N-Gaben auf d. Fortpflanz.-Eig. v. Flachs 35-2714; v. – mit N, P u. K auf d. Ertrag d. Baumwolle 36-2897; v. N-– auf Ertrag u. Eig. v. Baumwolle 43-2736.

Früchte und Obstkulturen. Einfl. v. N-–: auf Ertrag, Nährstoffzus. d. Petiolen u. Saftqualität v. Concord-Wein 2-3129; auf Ertrag u. Qualität d. Tafeltrauben 24-3222; –-Vers. mit P, N u. K an Erdbeeren 27-3145; Einfl. v. N-Gaben auf d. Apfelblüte 30-2965; Ansprechen v. niedr.-busch. Blaubeeren auf N-Düngemittel 35-2717; Vgl. v. NH_4^+-N- u. NO_3^--N-– zu Apfelbäumen 39-2860; Einfl. v. NPK-– auf Bodenfruchtbark., Baumwachstum, Ertrag u. Nährstoffgeh. v. Tafeläpfeln 41-2886; Einfl. auf d. Aminosäuren d. Weinrebe: v. verschiedener N-– 48-3082; d. Kopf-– mit NPK 48-3087; Einfl. v. N-Düng. auf Erzeug. u. Qualität v. Dancy-Tangerinen 49/50-2797.

Gemüse und Futterpflanzen. Wechselwrkg. v. Kalk mit NH_4NO_3 auf d. Wachstum v. Medicago sativa u. Trifolium subterraneum 4-3010; Einfl.: v. N-Gaben während d. Blüte auf d. Samenprodukt. bei Medicago laciniata 4-3017; v. – mit NH_3-N auf Wachstum, Ertrag u. Zus. v. Zwiebeln 9-3290; N-– v. Futterpflanzenmisch. mit unterschiedl. Leguminosenanteilen 9-3295; Einfl.: auf nichtflücht. organ. Säuren d. Tomatenfrucht 19-3192; auf Ertrag, Artenzus. u. Qualität v. Kleegrasmisch. 19-3196; v. N-Form auf Mineralstoffaufnahme u. Substanzbldg. bei Spinat 19-3199; Nitrat-Anhäuf. im Boden durch Blatt-– v. Gewächshaustomaten mit Harnstoff + KNO_3 19-3200; N-– zu Speisebohnen auf K-reichem sand. Lehmboden 19-3206; Einfl. d. Verabreich. v. Aminosäuren gemeinsam mit Nitrat auf Erbsen 21-3295; kontinuierl. Anstieg d. Mohrrübenerträge bei gestaffelten N-Gaben 24-3214; Einfl. v. N u. K auf Luzerne–Gras-Misch. 29-3051; NPK-– zu Hafer mit Kleemisch. als Untersaat 31-2924; Einfl. v. N-Gaben auf d. Befall v. Bohnenpflanzen mit Colletotrichum lindemuthianum 34-3135; durch NH_4 induzierte Stengel- u. Blattschädig. an Tomatenpflanzen 34-3140; Einfl.: v. NPK-– zu gelben Lupinen 36-2882; d. N-Ernähr. auf P-Aufnahme u. -Verwert. bei Leguminosen 36-2890; Ansprechen v. Feldgrasweiden mit Kleegrasbeständen auf N-– 37-2790, 37-2791; Einfl.: v. N, P u. K auf Blüte u. Ertrag v. Sojabohnen 37-2793; v. N auf Ertrag u. chem. Zus. v. Luzerne 38-3028; v. N auf Knöllchenbldg. bei Kuherbsen 38-3044; v. N-– auf Luzerne 38-3046; Nitrit-Anreicher. u. Salatwachstum nach – mit NH_4-Salzen 41-2877; N- u. P-–-Vers. an Gräsern in Gemengen mit Leguminosen 42-2911; Einfl. v. K- u. NH_4-Salzen auf Wachstum u. Zus. v. Gemüsejungpflanzen 42-2926; Einfl. v. N-–: zu Bohnen auf salzhalt. Boden 43-2732, 43-2733; auf Ertrag, Nachwuchs u. Kohlenhydratgeh. v. Luzerne 43-2743; zu Luzerne auf Boden u. Pflanze 44-2942; auf Ertrag u. Zus. v. Luzerne 46-2970; Ansprechen v. Chloris gayana u. übersäten Hülsenfrüchten auf N-Düngemittel 47-2783; Einfl. auf Wachstum u. Zus. d. Wurzelsyst. v. Sorghum-Soja-Gemengen 48-3077.

Kartoffeln. Einfl.: auf Knollenbldg. u. Schorfbefall v. Kartoffeln 3-3144; v. – mit NH_3-N auf Wachstum, Ertrag u. Zus. v. Kartoffelpflanzen 9-3290; auf Wachstum u. Entw. v. Russet Burbank-Kartoffeln 15-3165; v. verschiedenen N-Gaben auf d. Reineiweißgeh. 19-1449; auf technolog. Eig. v. Kartoffeln 20-3213; in leichten Podsolböden auf d. Ertrag 26-3265; NPK-– 28-3128; Einfl. v. N-– zu Kartoffeln: auf Wachstum, Ertrag u. Qualität 30-2971; auf d. Phytophthora-Anfälligk. 38-3045; – mit ammonisiertem Superphosphat 39-2861.

Zuckerrohr u. Zuckerrüben. Einfl.: v. NPK auf d. Zuckerrübenertrag 4-3019; v. verschiedenen N-Düngemitteln auf Qualität u. Quantität v. Zuckerrohr 21-3301; v. N-– auf d. Aminosäuren im Zuckerrohr 24-3225; N-– d. Zuckerrüben (in Polen) 34-3143; (Einfl. auf d. Entw. d. Wurzelsyst.) 36-2883; NPK-– zu Zuckerrüben als Vorfrucht v. Buchweizen 36-2884; Aufnahme v. Nährstoffen durch d. Zuckerrübe bei Kopf-– mit verschiedenen N-Düngern 36-2894; – v. Zuckerrüben: mit ammonisiertem Superphosphat 39-2861; mit NH_3-W. (Kopf-–) 40-3016; Einfl. v. N-Düngemitteln auf Zuckerrüben 46-2971; NPK-– d. Zuckerrübe: auf unberieselter ausgelaugter Schwarzerde 48-3075; auf berieselter ausgelaugter Schwarzerde 48-3076.

Gräser. Einfl. v. N-– auf d. Samenprodukt. v. kriechendem Rotschwingel 8-3224; Wirksamk. v. anorgan. N als Ersatz für gemeinsam mit Futtergräsern angebaute Leguminosen 9-3293; Einfl.: auf Trockenmassebldg. u. N-Anreicher. durch Wiesen 9-3296; auf Ertrag, Nährstoffzus. u. -entzug v. Knaulgras 9-3297; N-– zu Grünland 12-3129; Einfl. d. N-–: auf Ertrag u. Zus. v. Gras 12-3131; auf Ertrag, Zus. u. Nährwert v. trop. Gräsern 15-3162; auf d. Verdaulichk. v. Sudangras 15-3163; Aufnahme v. Dünger-N durch Rhodes-Gras 16-3116; Ansprechen v. Knaulgras auf N-– 16-3118; Einfl. v. N-–: auf Proteingeh., lösl. N u. Kohlenhydrate d. Weidegrases 18-3281; auf Ertrag, Artenzus. u. Qualität v. Kleegrasmisch. 19-3196; N-– v. bewässertem alkal. Rasen 23-3057; Einfl.: v. K- u. N-– auf d. Weiden d. Ardennen 25-2967; v. N-– auf d. Trockensubstanz v. Dactylis glomerata (Wechselwrkg. mit Klimafaktoren) 27-3147; Bewert. d. N-– für Kleegras- u. reine Gräserweiden 29-3047; Einfl. v. N-– auf d. Fructosan-Geh. in d. Knaulgrasstoppel 29-3048; Einfl. v. N- u. K-–: auf Ertrag u. Ausdauer v. Knaulgras 29-3050; auf Luzerne–Gras-Misch. 29-3051; Einfl.: v. NPK-– auf Ertrag u. Qualität v. Wiesenheu 31-2922; v. NK auf Inhaltsstoffe v. Knaulgras 32-3064; v. anorgan. N-Düngemitteln auf Grasland in West-Canada 35-2713; v. NPK-– auf d. Erneuer. d. Weidenarbe 35-2716; v. unterschiedl. Zeitpunkt d. N-– auf Ertrag v. Grünland 36-2892; Ansprechen: v. Nieder.-Dauerweiden auf N, P u. K 36-2901; v. Feldgrasweiden auf N-– 37-2790, 37-2791; Einfl. v. N-–: auf Ertrag u. Zus. v. Trespe, Knaul- u. Lieschgras 38-3028; auf trop. Gräser 38-3034; verlängerte Beweid. u. N-– in Süd-Australien 38-3035; Einfl. v. N-– auf Wachstum u. W.-Verbrauch v. Gräsern 38-3036; jahreszeitl. Ansprechen v. Gräsern auf N-– (Vgl. zu Klee–Gras-Misch.) 38-3038; N-Ausnutz. durch Weidegräser 38-3039; Einfl. v. N-–: auf d. Geh. v. Gräsern an wasserlösl. Kohlenhydraten 38-3040; auf d. Mineralstoffgeh. v. Raigras auf kalkhalt. Lehmboden 40-3007; Wechselwrkg. v. Kuhharn mit N-Düngemitteln auf Weiden 40-3025; N- u. P-–-Vers. an mehrjähr. Gräsern 42-2911; Ansprechen v. Knaulgras auf N-– 43-2737; N-–: v. Piper-Sudangras 43-2738; v. Küsten-Bermudagras (Einfl. auf Zus. u. Ertrag) 43-2739; auf Ertrag u. Ausnutz. d. Rest-N durch Gräser 43-2740; auf Ertrag, Nachwuchs u. Kohlenhydratgeh. v. Gräsern 43-2743; auf d. Kälteresistenz v. Knaulgras 44-2932; auf reifes Pangola-Gras vor d. Winternutz. 44-2937; auf Ertrag u. Zus. v. Schwingel u. Küsten-Bermudagras 44-2938; auf Ertrag u. Zus. v. Knaulgras 46-2970; Ansprechen v. Chloris gayana u. übersäten Hülsenfrüchten auf N-– 47-2783; Einfl. v. N-–: auf Wachstum u. Zus. d. Wurzelsyst. v. Sorghum–Soja-Gemengen 48-3077; u. Lichtintensität auf Ertrag u. Zus. v. Raigras 49/50-2796; Milchleist. v. Kühen bei Anwend. v. N-Düngern auf d. Weide 51/52-3008; Wirksamk. v. NPK-– auf Weide 51/52-3014.

Getreide. Einfl.: v. – mit NH_3-N auf Wachstum, Ertrag u. Zus. v. Gerste 9-3290; v. N-Gaben auf d. Ertrag v. Gerste auf sauren Böden 17-2961; N-– zu Hafer in oberösterreich. Böden (Bezieh. zu d. Fixier.-Eig.) 19-3171; Einfl.: v. zusätzl. N bei Sommergerste mit organomineral. Grund-– 19-3185; d. Verabreich. v. Aminosäuren gemeinsam mit Nitrat auf Gerste 21-3295; Qualitätskriterien u. N-– d. Braugerste 21-3297; Überwinter. v. Gerste in mit N gedüngten Böden 21-3298; Nachwrkg. d. N-– bei Getreide auf Tschernosem-braunem Waldboden 23-3062; kontinuierl. Anstieg d. Gerste-Ertrags bei gestaffelten N-Gaben 24-3214; Einfl. v. N-–: auf Ertrag u. Qualität v. Betzes-Gerste 24-3221; auf Ertrag u. Struktur v. Frühlingsgerste 26-3264; Einfl. v. N-Düngergaben in leichten Podsolböden auf d. Getreideertrag 26-3265; Beregn. u. NPK-Zusatz-– zu Hafer 30-2973; NPK-– zu Hafer mit Kleemisch. als Untersaat 31-2924; Einfl. v. N-– auf Wurzelsyst. d. Gerste 36-2883; Ausnutz. v. Dünger-N durch Getreide 37-2789; Einfl. v. NPK-– auf Ertrag u. Roheiweiß-Geh. bei Gerste 40-3021; Anwend. v. NH_3-W. auf ausgelaugtem zimtfarbenem Waldboden zu Hafer 42-2943; Einfl. v. Feuchtigk. u. N-– auf d. Gersteertrag 43-2741; Verwert. d. N später Nach-– bei Hafer 45-1342; Einfl. v. gesteigerten N-Gaben auf d. Hafererertrag 47-2786; Ansprechen v. Getreide auf NPK-– 48-3070; Einfl. d. Roggen-– mit N, P u. K auf Qualität u. Ertrag an Mutterkorn 51/52-3017.

Mais. Einfl. v. N-–: zu Mais auf d. bewegl. Anteile d. Boden-N 1-3259; auf Entw. u. Nährstoffaufnahme junger Maispflanzen 9-1501; Einfl.: v. NO_3^-- u. NH_4^+-N auf d. Wachstum 9-3294; d. N-– auf d. Ertrag 19-3198; kontinuierl. Anstieg d. Erträge bei gestaffelten N-Gaben 24-3214; Einfl.: v. N-– auf d. Ertrag 37-2792; v. NPK-– auf d. Qualität 40-3022; v. NP-– auf Prozesse in d. Maispflanze 42-2913; v. $(NH_4)_2SO_4$ auf Wurzelwachstum u. P-Aufnahme aus P-Düngerband 43-2735; v. N-– auf Blatt- u. Kornertrag 44-2933; Verwert. d. N später Nach-– bei Mais 45-1342.

Reis. N- u. P-– 6-3128; Einfl. d. N-– auf Ca- u. K-Aufnahme durch Reispflanzen 9-3291; Wirksamk. verschiedener N-Düngemittel für Paddyreis 10-3234; Ansprechen: v. Trockenreis auf steigende N-Zufuhr (Einfl. d. Bodenfeuchtigk.) 12-3125; v. Reispflanzen auf N-– u. Eig. d. Blätter 13-3389; Einfl.: v. N-Düngemitteln auf Wachstum u. Ertrag v. Frühjahrs-(Boro-)Reis 17-2952; d. N-Angebots auf Nährstoffgeh. u. -anreicher. in Trockenreispflanze 22-3040; N-Versorg. u. Aminosäurenkonz. in Reispflanzen 40-3015.

Weizen. Wechselwrkg. v. N u. W. auf Ertrag, Eiweißgeh. u. Fleckenbldg. 6-3125; Einfl. v. N-–: auf d. Qualität v. Sommerhartweizen 12-3130; auf Wachstumsverlauf, Ertrag u. Qualität v. Winter- u. Sommerweizen 14-3229; Korn-Proteingeh. u. Sedimentat.-Wert v. Weizen bei verschiedenen N-Düngergaben 19-3197; kontinuierl. Anstieg d. Erträge bei gestaffelten N-Gaben 24-3214; Einfl.: v. N-– auf d. Weizenqualität 29-3043; v. N-Spät-– auf Kornertrag, -merkmale

u. Backqualität v. Winter- u. Sommerweizen 38-3037; Vgl. v. NH_4^+-N- u. NO_3^--N-- 39-2860; — mit ammonisiertem Superphosphat 39-2861; N-- v. Winterweizen (auf Schwarzerde) 42-2920; (Kopf--) 42-2921; Anwend. v. NH_3-Wasser auf ausgelaugtem zimtfarbenem Waldboden zu Weizen 42-2923; Einfl. v. N-- auf d. Erträge v. Sommerweizen 43-2741; Wechselwrkg. zwischen N-- u. CCC bei Winterweizen 64-2979; Einfl. d. N-- auf Ertrag u. bäckereitechnolog. Qualitätseig. 47-2785; maximales NPK-Verhältnis bei d. Weizen-- auf bewässerter ausgelaugter Schwarzerde 48-3072; — v. Sommerweizen im Mittelural mit Nitrophoska 48-3085; Einfl. v. N-- auf Eig. u. Ertrag 51/52-3007.

Phosphorhaltige Düngemittel

Siehe auch d. Abschnitte *Herstellung von Mischdüngemitteln*; *Analytisches*.

Herstellung

Verw. v. Siemens-Martin-Ofen-Schlacke zur Herst. v. Pelofos (ca. *17—18%* P_2O_5) 1-3256; komplexe Düngemittel durch Aufschluß v. Rohphosphat mit HNO_3 u. H_2SO_4 1-3262; Herst. v. Düngemitteln: aus bas. Phosphatschlacken u. festem wasserlösl. Erdalkalisalz 1-3271*; durch kontinuierl. Neutralisat. v. wss. H_3PO_4 mit NH_3 in wss. fließfäh. NH_4-Phosphat-Schlämmen 1-3272*; Herst.: v. NH_4-Polyphosphaten aus Superphosphorsäure 2-3123; v. granulierten Düngemitteln aus Thomasphosphatschlackenmehl 2-3135*; v. Ca-Metaphosphat aus Karatau-Phosphoriten 4-3014; v. fl. NH_4-Phosphat-Düngemitteln 5-3196*; Überziehen v. $CaHPO_4$ mit makromolekularen Polymeren 6-2109*; Herst. v. Düngesuspens. durch Aufschluß niedrigprozent. Rohphosphate 7-3304*; Aufarbeit. v. Krasnojar-Phosphoriten 11-3292; Herst.: v. Düngemitteln aus Phosphorit (Zusatz v. Kieselgur vor d. Aufschluß) 14-3234*; v. stabilen NH_4-Phosphat-Düngemitteln 15-3166*; v. P-Düngemitteln (H_2SO_4-Aufschluß in Ggw. v. Kieselgel) 17-2956; Kalzinier. v. C-Qualität-Phosphat aus Christmas Island bei niedr. Temp. 23-3060; Granulat. metallurg. Schlacke zur Verw. als Phosphatdünger 35-2115*; Düngemittel mit Phosphorsäuretriamid als Wirkstoff 37-2795*; Auflsg. v. Phosphatgestein in H_2SO_4/P_2O_5-Misch. 44-2934; Herst. v. entfluorierten Phosphaten unter Verw. v. Pleven-Phosphoriten 44-2935; Lösen v. Rohphosphaten für d. Düngemittelherst. 44-2947*; Herst. v. granuliertem Diammoniumphosphat 46-2982*; Granulieren v. Thomasschlacke unter Zusatz v. Bindemitteln 48-3096*; Herst.: v. $(NH_4)_3PO_4$-Düngemitteln 48-3100*; v. wasserunlösl., citratlösl. $Ca_3(PO_4)_2$ 49/50-2032*; kalzinierter Dolomit als Konditioniermittel für granuliertes Diammoniumphosphat 49/50-2798; Herst.: v. Phosphatkunstdünger (nichthygroskop., frei fließendes Granulat) 49/50-2805*; v. frei fließendem Kunstdünger u. Pellets aus anorgan. Säuren u. Phosphaten 51/42-3023*.

Superphosphat. Gewinn.: v. Superphosphorsäure nach d. Naßverf. 11-3293; v. angereichertem Superphosphat aus Kola-Apatit-Konzentrat u. Marokko-Rohphosphat 11-3294; Gemische aus Superphosphat u. Aldrin 18-3285; Unters. d. Superphosphaterzeug. mit radioakt. Indikatortechnik 26-3262; Superphosphattrockn. in d. Wirbelschicht 36-2888; Herst.: v. granuliertem, mit P_2O_5 angereichertem Superphosphat 36-2910*; v. granuliertem Superphosphat 36-2911*; Verwert. v. SiF_6^{2-}-halt. Abwässern d. Superphosphatindustrie 37-2005; Verbesser. d. Beschaffenh. v. Superphosphat durch Ammonisier. in Granuliertrommeln 40-2105; silicathalt. wärmeisolierendes Material aus d. Abgängen d. Superphosphat-Produkt. 41-2239; Gewinn. v. Doppelsuperphosphat durch Zers. v. Apatit mit HF 46-2109; Trisuperphosphat 48-3097*.

Eigenschaften, Anwendung, Wirkung

Verw. v. rotem P als Düngemittel 4-3015; Einfl. d. S-Geh. in Super- u. Nitrophosphaten auf d. Wrkg. als Düngemittel 6-3127; teilaufgeschlossenes Rohphosphat als Phosphatquelle für Pflanzen 12-3126; Wechselwrkg. zwischen P- u. Ca-- 12-3127; Phosphat-- u. biochem. wichtige Pflanzenstoffe 12-3128; Einfl. v. P-Grundgaben auf Pflanzenwachstum u. Aufnahme v. K, Ca u. Mg 13-3386; Wert v. aus apatithalt. Calcit hergestellten alkal. Phosphatdüngemitteln 13-3388; Einfl. langjähr. Phosphat-- auf d. Ertrag 15-3160; mehrjähr. --Vers. mit steigenden Phosphatgaben 15-3161; Wirksamk. verschiedener Phosphatformen in d. Pflanzenernähr. 16-3114; Fixier. v. atmosphär. N bei d. Inkubat. v. organ. Stoffen unter d. Einfl. v. Super- u. Thomasphosphat 16-3122; Phosphat-Spät-- über Boden u. Blatt 19-3193; Einfl. v. Phosphaten auf d. N-Umwandl. beim Kompostieren v. organ. Stoffen 19-3209; Kompostier. v. Stadtmüll mit Zusatz v. P_2O_5 20-3215; Einfl. v. Phosphat auf Nitrifizier. u. N-Verlust bei Zusatz v. N-Verb. beim Kompostieren v. Stadtmüll 20-3216; Löslichk. u. Löslichk.-Prod. v. Hydroxylapatit u. Rohphosphaten 21-3299; --Vers. mit gesteigerten Gaben an P u. K (Nachprüf. d. Grenzwerte bei chem. Bodenunters.) 24-3220; Superphosphat in Schwemmistställen 28-3139; wirksame Phosphorsäure im Thomasphosphat 29-3045; Verfügbark. d. Mineralien aus $MgNH_4PO_4$ 30-2963; Einfl. langjähr. Phosphat-- auf Boden u. Pflanze 32-3067; Thomasphosphat-Voraus-- u. Frühjahrs-- mit NK 32-3069; Thomasphosphat-- auf Grünland u. Ackerland d. Marsch 32-3070; Feldvers. mit steigenden Phosphatgaben u. unterschiedl. Streuzeit 32-3071; Nachwrkg. v. Phosphat-- bei bewässerter Fruchtfolge 32-3072; --Wrkg. d. Peruroh-phosphates (Vgl. mit anderen Phosphaten) 34-3136; — mit $MgNH_4PO_4$ innerhalb v. 4 Wochen bis zu 4 Jahren (mit unterschiedl. Maschengröße) 34-3152*; Verminder. d. Aufnahme v. U u. Ra durch landwirtschaftl. Kulturpflanzen durch NPK-- 36-2876; physikal.-mechan. Eig. v. Superphosphat aus Apatit u. v. Doppelsuperphosphat 36-2880; Einfl.: d. — mit N, P u. K u. Stallmist auf d. Erträge 36-2887; d. ^{90}Sr-Gabe bei Zufuhr v. $Ca(H_2PO_4)_2$ auf d. ^{90}Sr-Geh. in Pflanzen 38-3025; Nachwrkg. v. Phosphatdüngemitteln 38-3030; Vgl.-Vers. mit konz. u. verd. NPK-Düngemitteln 38-3043; pflanzenphysiolog. Beurteil. d. P-Komponente in NPK-Düngemitteln 40-3011; Einfl. d. Temp. auf d. Auftreten v. durch P induziertem Zn-Mangel 40-3013; Pflanzenernähr. durch plazierte P-Düngemittel 40-3014; Anwend. v. rotem P als Düngemittel 41-2880; teilaufgeschlossenes Rohphosphat als Phosphatquelle für Pflanzen 41-2881; Wirksamk. verschiedener Phosphatformen in d. Pflanzenernähr. 41-2882; langdauernde NPK-Düngemittelanwend. u. Bilanz d. Nährstoffe in d. Fruchtfolge 42-2910; Wirksamk. v. Superphosphat u. Phosphatschlacke auf Roterde 42-2914; Ansprechen v. Ernteprod. auf P-halt. Bestandteile v. Düngemittelgranulaten 42-2916; therm. Zers. v. hochkonz. Düngemitteln auf NH_4-Phosphat-Basis 42-2917; Wrkg. v. N- u. P-Gaben in Form v. Metall-NH_4-Phosphaten 42-2928; Brauchbark. v. Rohphosphat-Schwefel-Schmelzen als P-Düngemittel 43-2734; Düngewrkg. v. teilzersetztem Naturphosphat 46-2975; Feldvers. mit verschiedenen Formen d. P-- auf Löß 47-2787.

Verhalten im Boden

Einfl.: v. NH_4NO_3 auf chem. Verfügbark. d. Ca-Phosphate in kalkhalt. Böden 2-3120; v. klimat. Beding. auf d. Bodenvorrat an pflanzenaufnehmbarem P_2O_5 bei intensiver P-- 8-3222; Festleg. v. Dünger-P in Moormarschböden 12-3124; Einfl.: v. langjähr. Phosphat-- auf Krümelstabilität u. W.-Durchlaufgeschw. 15-3160; v. P-- auf d. Geh. an verfügbarem P im Boden 19-3182; Intensivier. d. biolog. Bodenaktivität durch P-- 19-3188; Einfl. v. Superphosphat-- auf d. Geh. an verfügbarem P in sauren Weideböden 21-3287; Phosphatrückstände in Gewächshausböden 26-3245; Einfl. v. P-- auf d. Beweglichk. v. Phosphationen im Boden 28-3110; Fäll. v. Phosphat aus konz. Düngerlsg. durch Bodentone 28-3131; P-Verfügbark. v. Monocalcium- u. Diammoniumphosphat in kalkhalt. Böden 30-2961; Einfl.: v. Superphosphat auf d. Meliorat. sodahalt. Böden 30-2969; v. P-- auf d. Geh. an verfügbarem P in Schlufflehmboden 32-3062; v. langjähr. Phosphat-- auf d. Boden 32-3067; d. Düng. mit N, P, K u. Stallmist auf d. Ansamml. organ. Stoffe im Boden 36-2887; v. NPK-- auf salinen- u. Na-versalzte Böden 38-3023; v. Superphosphat auf d. Mn-Toxizität in mit Dampf sterilisierten Böden 39-2857; Phosphatformen im Boden nach langjähr. P-- 40-2995; Einfl.: v. Bodentemp. u. Rk.-Dauer auf d. W.-Löslichk. v. P in Boden/Düngemittel-Rk.-Zonen 40-2996; v. P-- auf d. Geh. an verfügbarem P in sauren Böden 42-2927; P-Verteil. in Böden bei — mit Super- u. Thomasphosphat 45-2616; Verfügbark. v. Ca- u. NH_4-Phosphaten im Boden 46-2943; Wechselwrkg. zwischen Rohphosphat u. Bodenmikroflora 46-2953; Einfl.: v. P-- auf Eig. d. Schwarzerde 47-2777; v. andauernder NPK-- auf agrochem. Eig. v. Weide-Podsolböden 51/52-2998.

P_2O_5-Wirkung auf spezielle Pflanzen

Einfl.: v. Superphosphat u. KH_2PO_4 auf Wachstum u. Alkaloidgeh. v. Datura innoxia 1-3255; v. P-- auf Frühjahrswachstum v. Taxus u. Forsythia 2-3130; v. Superphosphat auf Ertrag u. Qualität d. Tabaks 3-3137; v. N u. P_2O_5 auf d. Ingwerertrag 6-3131; Rk. v. Coriandrum sativum auf späte P-Gaben 8-3226; v. P-- zu Olivenbäumen (optimale Verabreich.) 15-3159; Erhöh. d. Alkaloidertrags bei Vinca rosea durch NPK-Voll-- 16-3119; Phosphat-Kalk-Vers. beim Pyrethrum-Anbau 17-2957; Anwend. v. P-Düngemitteln zu heißluftgetrocknetem Tabak 26-3260; NPK-- zu Fenchel (Einfl. v. Düng. auf Ertrag u. Qualität) 29-3049; P-- in Fichtenbeständen 31-2927; Roh- u. Superphosphat als P-Quellen d. Kautschukbaumsämlinge (Vgl.) 34-3133; optimale P-- für Buchweizen auf Schwarzerde 36-2884; Einfl. v. N-, P- u. K-Zufuhr auf d. Teepflanze 36-2900; Mg-NH_4-Phosphat u. K-Metaphosphat als langsam fließende Düngemittel für Waldbaumsämlinge 38-3021; Ansprechen v. Pinus ponderosa auf Bimssteinböden auf P 38-3022; Einfl. d. P--: auf Wuchs u. Anteil d. Holzarten in Mischkulturen 45-2621; auf d. Entw. v. Virginia Bunch Erdnüssen 49/50-2799.

Faserpflanzen. Einfl. v. verschiedenen P-Düngemitteln auf d. Geh. an P-Verb. in d. Baumwollpflanze 11-1455; NPK--: v. Baumwolle (Einfl. auf Ertrag u. Fasereig.) 30-2960; zu Rosella-Hanf 30-2972; Einfl.: v. unterschiedl. P-Gaben auf d. Fortpflanz.-Eig. v. Flachs 35-2714; v. — mit N, P u. K auf d. Ertrag d. Baumwolle 36-2897; v. P-- auf d. Leinertrag 51/52-3012; Wirksamk. verschiedener P-Dünger zu Langfaserlein 51/52-3013.

Früchte und Obstkulturen. Einfl. v. P--: auf Ertrag, Nährstoffzus. d. Petiolen u. Saftqualität v. Concord-Wein 2-3129; auf d. Qualität d. Tafeltrauben 24-3222; --Vers. mit P, N u. K an Erdbeeren 27-3145; Ansprechen v. niedr.-busch. Blaubeeren auf P-Düngemittel 35-2717; Einfl.: v. NPK-- zu Äpfeln 41-2886; d. Kopf-- mit NPK auf Bldg. v. Aminosäuren in d. Weinrebe 48-3087; v. Phosphat auf d. Wachstum junger Orangenbäume 49/50-2800.

Gemüse und Futterpflanzen. Superphosphat-Gaben zu Tomaten (Einfl. früherer Anwend. auf d. Fixier.) 1-3251; Einfl.: v. P- u. Kali-- auf d. Beständigk. d. Erbse gegenüber Mehltau 1-3263; Wechselwrkg. bei Trifolium subterraneum: v. Kalk u. Phosphat 4-3010; v. Al u. Phosphat 4-3011; P-- im Kleegrasanbau im Bayer. Wald 18-3283; Einfl. v. P--: auf d. Oxalsäuregeh. v. Spinat 18-3287; auf d. Geh. nichtflücht. organ. Säuren d. Tomatenfrucht 19-3192; P-- zu Speisebohnen-Samen auf K-reichem Sand. Lehmboden 19-3206; Einfl. d. Porenverteil. im Boden auf d. Ertrag v. Salat u. Sellerie bei K- u. P-- 21-3296; Aufnahme v. P durch Tomatenwurzeln u. -blätter 26-3263; Verwert. v. Phosphoritmehl u. Superphosphat durch Futterpflanzen 28-3130; Einfl.: v. Bewässer. u. Phosphat-- auf d. Tomaten-Ertrag 29-3046; v. Phosphat-- auf d. Gemüseertrag 30-2958; NPK-- zu Hafer mit Kleemisch. als Untersaat 31-2924; Einfl. v. P auf d. Befall v. Bohnenpflanzen mit Colletotrichum lindemuthianum 34-3135; Rk. v. Tomatensämlingen auf P-Gaben u. Düngerbandplazier. 34-3137; Einfl.: v. N, P u. K auf Blüte u. Ertrag v. Sojabohnen 37-2793; v. P auf d. Knöllchenbldg. bei Kuherbsen 38-3044; Ansprechen v. Speiserüben auf Band-- mit P u. K 40-3023; N- u. P---Vers. an Gräsern in Gemengen mit Leguminosen 42-2911; Kopf-- mit Superphosphat zu Soja 42-2915; Einfl. v. P--: zu Bohnen auf salzhalt. Böden 43-2732, 43-2733; auf Wachstum u. Zus. d. Wurzelsyst. v. Sorghum-Soja-Gemengen 47-3077; Einfl.: v. P-K-Düngemitteln auf Ertrag u. Proteingeh. v. Futterbohnen 48-3086; v. P-- auf Wachstum u. Ertrag v. Capsicum annuum 51/52-3005; v. NPK-- auf Ertrag u. Qualität v. Tomaten 51/52-3006; Superphosphatanwend. zu Erbsen 51/52-3010.

Kartoffeln. P-Aufnahme bei verschiedenen Meth. d. Düngerzufuhr 1-3257, 1-3258; Einfl. v. P--: auf Wachstum, Ertrag u. Zus. 9-3290; auf Wachstum u. Entw. v. Russet-Burbank-Kartoffeln 15-3165; NPK-- in d. Kartoffelprodukt. 28-3128; — mit Phosphat u. Azotobacter 30-2959; Einfl. d. Höhe d. Phosphat-- auf Wachstum, Ertrag u. Qualität 30-2971; Wirksamk. v. Rohphosphaten zu Kartoffeln auf humosen Sandböden 32-3068; Einfl. gesteigerter P-Gaben auf d.

Phytophthora-Anfälligk. 38-3045; — mit ammonisiertem Superphosphat 39-2861.

Luzerne u. Lupinen. Wechselwrkg. bei Medicago sativa: v. Kalk u. Phosphat 4-3010; v. Al u. Phosphat 4-3011; v. Kalk u. Phosphat 4-3012; Einfl.: v. Phosphatdüngemitteln auf mit Rhizobium beimpfte Luzernekörner 25-2969; v. NPK-— zu gelben Lupinen 36-2882; P-— zu Luzerne 38-3046, 44-2942.

Zuckerrohr u. Zuckerrüben. Einfl. v. P-— auf d. Entw. d. Wurzelsyst. bei Zuckerrüben 36-2883; NPK-— zu Zuckerrüben als Vorfrucht v. Buchweizen 36-2884; Einfl. verschiedener Phosphatdüngemittel u. Anwend.-Meth. auf d. Phosphatverfügbark. für Zuckerrohr 38-3031; — bei Zuckerrüben mit ammonisiertem Superphosphat 39-2861; NPK-— d. Zuckerrübe: auf unberieselter ausgelaugter Schwarzerde 48-3075; auf berieselter ausgelaugter Schwarzerde 48-3076.

Gräser. Einfl. v. P-— auf Ertrag u. Zus. v. Gras 12-3131; Ansprechen v. Knaulgras auf P-— 16-3118; P-— im Kleegrasanbau im Bayer. Wald 18-3283; KP-— auf d. Wiese 31-2921; Einfl. v. NPK-— auf Ertrag u. Qualität v. Wiesenheu 31-2922; PK-— auf d. Wiese 31-2923; P-— u. P-Geh. d. Grünlandpflanzen 31-2925; Thomasphosphat-— auf Grünland d. Marsch 32-3070; Einfl.: v. P-Düngemitteln auf natürl. Grasland 35-2713; v. NPK-— auf Erneuer. d. Weidenarbe ohne u. mit Umbruch 35-2716; Ansprechen v. Nieder.-Dauerweiden auf N, P u. K 36-2901; P-— v. italien. Ray-Gras 38-3032; Wechselwrkg. v. Kuhharn mit P-Düngemitteln auf Weiden 40-3025; N- u. P-—-Vers. an mehrjähr. Gräsern 42-2911; Einfl. v. P-— auf Wachstum u. chem. Zus. d. Wurzelsyst. v. Sorghum-Soja-Gemengen 48-3077; P-— v. Wiesen u. Weiden 48-3080; Wirksamk. v. NPK-— auf Weide 51/52-3014.

Getreide. Einfl.: v. P-— auf Wachstum, Ertrag u. Zus. v. Gerste 9-3290; d. Bodentemp. auf d. Ausnutz. v. P-— durch Gerste 9-3292; v. P-Gaben auf d. Ertrag v. Gerste auf sauren Böden 17-2961; Qualitätskriterien u. P-— d. Braugerste 21-3297; Einfl. v. W. u. P-— auf Ertrag u. Qualität v. Betzes-Gerste 24-3221; Verwert. v. Phosphoritmehl u. Superphosphat durch Getreide 28-3130; Beregn. u. NPK-Zusatz-— zu Hafer (Zeitpunkt) 30-2973; NPK-— zu Hafer mit Kleemisch. als Untersaat 31-2924; Wirksamk. v. Rohphosphaten zu Roggen auf humosen Sandböden 32-3068; Einfl.: v. P-— auf Entw. d. Wurzelsyst. v. Gerste 36-2883; v. P-— zu bewirtschafteter Weide auf d. Gerstenertrag nach Umbruch d. Narbe 36-2889; v. NPK-— auf Ertrag u. Roheiweiß-Geh. bei Gerste 40-3021; Ansprechen v. Getreide auf NPK-— 48-3070; Einfl. d. Roggen-— mit P auf Qualität u. Ertrag an Mutterkorn 51/52-3017.

Mais. Anwend. v. granuliertem Superphosphat mit γ-Hexachloran-Zusatz (Bekämpf. d. Springkäferlarven) 3-3150; Einfl.: v. Superphosphat auf Entw. u. Nährstoffaufnahme junger Maispflanzen 9-1501; v. P-Konz. u. -Verteil. auf P-Aufnahme u. Wurzelwachstum v. Mais 32-3073; v. NPK-— auf d. Qualität 40-3022; teilaufgeschlossenes Rohphosphat als Phosphatquelle für Mais 41-2881; Einfl.: d. NP-— auf biochem. u. biolog. Prozesse in d. Maispflanze 42-2913; v. $(NH_4)_2SO_4$ auf Wurzelwachstum u. P-Aufnahme aus P-Düngerband 43-2735.

Reis. N- u. P-— 6-3128; Ansprechen: v. Trockenreis auf steigende P-Zufuhr (Einfl. d. Bodenfeuchtigk.) 12-3125; v. Paddy-Reis auf verschiedene Phosphatformen 16-3114; Einfl.: v. verschiedenen Phosphaten auf d. Ertrag an Reiskorn u. -stroh 16-3124; d. P-Angebots auf Nährstoffgeh. u. -anreicher. in Trockenreispflanze 22-3040; Verfügbark. v. Düngemittelphosphat 39-2858; Einfl. v. Superphosphat auf d. Geh. v. Reispflanzen an Kohlenhydraten u. Eiweiß 40-3008; Ansprechen v. Aman-Sumpfreis auf verschiedene Phosphatformen 41-2882.

Weizen. Einfl. v. P-— auf d. Qualität v. Sommerhartweizen 12-3130; Ansprechen v. Winterweizen auf Phosphat-— (Einfl. d. Bodentemp.) 18-3286; Einfl. v. Superphosphat auf Ertrag u. Aufnahme v. Weizen 21-3300; — mit ammonisiertem Superphosphat 39-2861; P-—-Vers. (Ansprechen d. Weizens u. Geh. d. Böden an verfügbarem P) 41-2883; Einfl. v. P-Gaben auf d. Ca-Verlager. in Weizen auf Cu-Mangelboden 44-2943; maximales NPK-Verhältnis bei Weizen-— auf bewässerter ausgelaugter Schwarzerde 48-3072; —: auf stark ausgelaugter Schwarzerde mit Superphosphat 48-3079; v. Sommerweizen im Mittelural mit Nitrophoska 48-3085; Einfl. v. P-— auf Eig. u. Ertrag 51/52-3007; Zugänglichk. verschiedener P-Dünger für junge Weizenpflanzen 51/52-3011.

Kalkhaltige Düngemittel

Calciumphosphatdüngemittel s. d. Abschnitt *Phosphorhaltige Düngemittel*; Kalkstickstoff u. Kalksalpeter s. d. Abschnitt *Stickstoffhaltige Düngemittel*; s. auch d. Abschnitte *Herstellung von Mischdüngemitteln*; *Analytisches.*

Kalkrohstoffe für Düngezwecke in Polen 26-3269.

Zusammenwrkg. v. Ca u. Mg in Kompost-Podsolböden 1-3261; Einfl.: d. Kalk. auf d. Mobilisier. v. Boden-P 8-3225; v. sorbierten Hydroxyl- u. Sulfationen auf d. Wirksamk. d. Kalk. 12-3122; Wechselwrkg. zwischen P- u. Ca-— 12-3127; Düngewrkg. v. Hüttenkalk 15-3164; Intensivier. d. biolog. Bodenaktivität durch Ca-— 19-3188; Einfl. v. Kalk. auf d. Phytotoxizität d. Al im Boden 19-3205; Austauschacidität d. Bodens u. Kalkbedarf 28-3136; Einfl. d. Kalk.: v. Solonetzböden auf d. Ertrag 30-2962; auf Rk. d. Boden-K 32-3074; Einfl. v. Dolomitmehl auf Nährstoffdynamik im Boden u. Nährstoffgeh. d. Pflanze 36-2882; Einfl. d. Kalk.: auf d. Phosphat-Verfügbark. in cerrado-Böden 38-3042; auf d. Mn-Toxizität in mit Dampf sterilisierten Böden 39-2857; auf pH, austauschbares Ca u. verfügbares P_2O_5 v. sauren Böden 42-2927; auf im Boden vorhandenes oder zugesetztes B 42-2935; auf d. Rückstandswrkg. v. B-Anwend. 46-2946; Kalk-— v. ausgelaugten berieselten u. nicht berieselten braunen Waldböden 48-3084; Rückstandswrkg. v. Kalk auf Pflanzenertrag u. Kennwerte eines unterschiedl. tief umgebrochenen grauen Waldbodens 51/52-3000; Abhängigk. d. Wrkg. d. Kalk. v. Form, Mahlfeinh. u. Einbring.-Verf. 51/52-3016.

Kalkwirkung auf spezielle Pflanzen

Einfl.: v. $CaCl_2$ auf d. Haltbark. v. Äpfeln beim Lagern 13-3387; v. Kalk. auf Ertrag u. Blattzus. v. Kaffee 15-3153; Phosphat-Kalk-Vers. beim Anbau v. Pyrethrum 17-2957; — v. Baumschulgehölzen auf Mg-armem, saurem Heidesandboden mit Ca, K u. Mg 20-3211; Ansprechen v. Pinus ponderosa auf Bimssteinböden auf Ca 38-3022; Einfl. v. Ca-Silicatschlacken auf Wachstum u. Ertrag v. Zuckerrohr 40-3020; Versorg. v. Baumwolle auf sand. Böden mit Ca u. Mg 43-2742; Einfl. v. Kalk auf d. Wachstum junger Orangenbäume 49/50-2800.

Gemüse und Futterpflanzen. Wechselwrkg. v. Kalk: mit N u. Phosphat auf d. Wachstum v. Medicago sativa u. Trifolium subterraneum 4-3010; v. Kalk u. Phosphat auf d. Wachstum v. Luzerne 4-3012; Einfl. v. $CaCl_2$ u. $CaSO_4$ auf Blattgröße u. Ertrag an Trockensubstanz d. Stengel bei Kartoffeln 5-3190; $CaCO_3$-— im Kleegrasanbau im Bayer. Wald 18-3283; Einfl.: v. Ca-— auf d. Oxalsäuregeh. v. Spinat 18-3287; v. Scheideschlamm zu Wicke-Hafergemenge auf Wiesen-Solonetzboden 23-3058; Einfl. v. Kalk-—: auf d. Gemüseertrag 30-2958; auf d. Wirksamk. v. Kali-— zu Kartoffeln 36-2898; Ansprechen v. Luzerne auf Kalk 38-3046.

Gräser und Getreide. Einfl.: v. Ca-— auf d. B-Geh. v. Weizen 8-3221; v. Kalk. auf Ertrag u. Zus. v. Gräsern 17-2960; v. Ca-Gaben auf d. Ertrag v. Gerste auf sauren Böden 17-2961; $CaCO_3$-— im Kleegrasanbau im Bayer. Wald 18-3283; Anwend. kleiner Gaben v. Ca- u. N-halt. Düngemitteln auf bewässertem alkal. Rasen 23-3057; Einfl.: v. Scheideschlamm zu Wicke-Hafergemenge, dann Hirse auf Wiesen-Solonetzboden 23-3058; v. Kalk-Gaben auf K-Aufnahme u. Ertrag v. Sudangras 32-3074; v. Gips auf d. Nährstoffaufnahme bei Mais 34-3141; v. Kalk. auf Erneuer. d. Weidenarbe ohne u. mit Umbruch 35-2716.

Kalidüngemittel

K-Phosphat- bzw. KNO_3-Düngemittel s. d. Abschnitte *Phosphorhaltige* bzw. *Stickstoffhaltige Düngemittel*; s. auch d. Abschnitte *Herstellung von Mischdüngemitteln*; *Analytisches.*

Verminder. d. Zusammenbackens v. Kalidüngesalz durch Zusatz v. gelbem Blutlaugensalz 17-2964*; Herst. v. Kalidüngesalzen aus kaliarmen Rohsalzen u. carnallit. Mischsalzen 28-3142*; Kühlen v. Lsg. bei d. Kalidüngemittel-Herst. 28-3143*; trockne Preßgranulier. v. Kalidüngesalzen 42-1972.

Einfl. v. K-— auf Nährstoffentzug, -verwert. u. -verhältnis 18-3280; Grundlagen d. Kali-— 19-3201; Fortschritte d. K-— in Italien 19-3202; Rolle d. K in d. Irländ. Landwirtschaft 19-3203; Einfl. v. KCl auf Nitrifizier. u. N-Verlust bei Zusatz v. N-Verb. beim Kompostieren v. Stadtmüll 20-3216; —-Vers. mit gesteigerten Gaben an P u. K (Nachprüf. d. Grenzwerte bei chem. Bodenunters.) 24-3220; Feldvers. mit Thomasphosphat-Voraus-— u. Frühjahrs-— mit Rustica-N-Kali 32-3069; Einfl. v. K-Gaben auf Pflanzenwachstum 32-3074; Verminder. d. Aufnahme v. U u. Ra durch landwirtschaftl. Kulturpflanzen durch NPK-— 36-2876; Einfl. d. — mit N, P u. K u. Stallmist auf d. Erträge 36-2887; Vgl.-Vers. mit konz. u. verd. NPK-Düngemitteln 38-3043; langdauernde NPK-Düngemittelanwend. u. Bilanz d. Nährstoffe in d. Fruchtfolge 42-2910.

Verhalten im Boden

Auswasch.-Verluste an gedüngtem K in Baumschulenböden (Einfl. d. pH-Wertes) 28-3135; Einfl.: v. K-— auf d. Geh an verfügbarem K in Schlufflehmboden 32-3062; v. K-Gaben auf d. Rk. d. Boden-K 32-3074; d. — mit N, P u. K u. Stallmist auf d. Ansamml. organ. Stoffe im Boden 36-2887; v. NPK-— auf salinen- u. Na-versalzte Böden 38-3023; v. K-— auf Eig. d. Schwarzerde 47-2777; Kalifestleg. durch ausgelaugten Schwarzerdeboden nach K-— 51/52-2997; Einfl. v. andauernder NPK-— auf agrochem. Eig. v. Weide-Podsolböden 51/52-2998.

Kaliwirkung auf spezielle Pflanzen

K-— u. Frühjahrswachstum v. Taxus u. Forsythia 2-3130; K-— d. Tabaks in an austauschbarem K verschieden reichen Böden 4-3018; Rk. v. Coriandrum sativum auf späte K-Gaben 8-3226; Einfl. d. Höhe d. K-Gaben auf d. Produkt. v. Tabaksämlingen auf Torfböden 14-3230; Erhöh. d. Alkaloidertrages bei Vinca rosea durch NPK-Voll-— 16-3119; — v. Baumschulgehölzen auf Mg-armem, saurem Heidesandboden mit K, Ca u. Mg 20-3211; Einfl.: v. Kalidüngemitteln auf Erdnüsse in Israel 26-3267; d. K-Gaben auf Ertrag, Qualität u. K-Geh. v. Baumwollpflanzen 28-3134; v. NPK-— auf Ertrag u. Fasereig. v. Baumwolle 30-2960; NPK-— zu Rosella-Hanf 30-2972; K-— in Fichtenbeständen 31-2927; Einfl.: v. verschiedenen Kalidüngern auf d. Ertrag einer Rotat. (Hanf als Fruchtfolgeglied) 36-2896; v. N, P u. K auf d. Baumwollertrag 36-2897; v. N-, P- u. K-Zufuhr auf d. Teepflanze 36-2900; Eign. v. mit Kunstharz beschichtetem K_2SO_4 als langsam fließendes Düngemittel für Waldbaumsämlinge 38-3021; Ansprechen v. Pinus ponderosa auf Bimssteinböden auf K 38-3022; Einfl. v. K-— auf Wachstum u. Ertrag v. Capsicum annuum 51/52-3005.

Früchte und Obstkulturen. Einfl.: v. K-— auf Ertrag, Zus. d. Petiolen u. Saftqualität v. Concord-Wein 2-3129; v. KCl auf d. Haltbark. v. Äpfeln beim Lagern 13-3387; v. K-— auf Ertrag u. Qualität d. Tafeltrauben 24-3222; —-Vers. mit P, N u. K an Erdbeeren 27-3145; Einfl. v. K-Gaben auf Ananaswachstum u. -ertrag 27-3146; Ansprechen v. niedr.-busch. Blaubeeren auf K-Düngemittel 35-2717; Einfl.: v. NPK-— zu Äpfeln 41-2886; d. Kopf-— mit NPK auf d. Aminosäuren in d. Weinrebe 48-3087; v. K-— auf Erzeug. u. Qualität v. Dancy-Tangerinen 49/50-2797.

Gemüse und Futterpflanzen. Einfl. v. Kali-— auf d. Beständigk. d. Erbse gegenüber Mehltau 1-3263; K-— im Kleegrasanbau im Bayer. Wald 18-3283; Einfl. v. K-—: auf d. Oxalsäuregeh. v. Spinat 18-3287; auf d. Geh. nichtflücht. organ. Säuren d. Tomatenfrucht 19-3192; Einfl.: d. Porenverteil. im Boden auf d. Ertrag v. Salat u. Sellerie bei K- u. P-— 21-3296; v. NPK-— auf Ertrags- u. Qualitätsleist. bei Fenchel 29-3049; v. Kali-— auf d. Gemüseertrag 30-2958; NPK-— zu Hafer mit Kleemisch. als Untersaat 31-2924; Einfl.: v. K auf d. Befall v. Bohnenpflanzen mit Colletotrichum lindemuthianum 34-3135; v. NPK-— zu gelben Lupinen 36-2882; v. N, P u. K auf Blüte u. Ertrag v. Sojabohnen 37-2793; v. K auf Ertrag u. Zus. v. Luzerne 38-3028; Ansprechen v. Luzerne-Sämlingen auf unterschiedl. K-Gaben 38-3041; Einfl. v. K auf d. Knöllchenbldg. bei Kuherbsen 38-3044; Ansprechen: v. Luzerne auf K-— 38-3046; v. Speiserüben auf Band-— mit K 40-3023; Einfl. v. K-Salzen auf Wachstum u. Zus. v. Gemüsejungpflanzen 42-2926; Einfl. v. K-—: zu Bohnen auf salzhalt. Boden 43-2732; auf Ertrag, Nachwuchs u. Kohlenhydratgeh. d. Speicherorgane v. Luzerne 43-

2743; zu Luzerne 44-2942; auf Ertrag u. Zus. v. Luzerne 46-2970; auf Wachstum u. chem. Zus. d. Wurzelsyst. v. Sorghum-Soja-Gemengen 48-3077; Einfl. v. P–K-Düngemitteln auf Ernteertrag u. Proteingeh. v. Futterbohnen 48-3086.

Kartoffeln. Einfl. v. verschiedener Kali– – auf Ertrag u. Qualität 1-3260; K– – u. technolog. Eig. v. Kartoffeln 20-3213; K-Quelle für Kartoffeln 26-3268; NPK– – 28-3128; Einfl. d. Kaliform u. d. Höhe d. – auf Wachstum, Ertrag u. Qualität 30-2971; Kali– – auf Podsolböden 36-2895; durch Bodenkalk. beeinflußte Wirksamk. d. Kali– – 36-2898; Einfl. v. gesteigerten Kali-Gaben auf d. Phytophthora-Anfälligk. 38-3045.

Zuckerrohr u. Zuckerrüben. Zementofenstaub als K-Düngemittel für Zuckerrüben 2-3125; Einfl. v. K– – auf d. Entw. d. Wurzelsyst. v. Zuckerrüben 36-2883; NPK– – zu Zuckerrüben als Vorfrucht v. Buchweizen 36-2884; Einfl. v. K-Düngemitteln auf Zuckerrüben 46-2971; NPK– – d. Zuckerrübe: auf unberieselter ausgelaugter Schwarzerde 48-3075; auf berieselter ausgelaugter Schwarzerde 48-3076.

Gräser. Einfl.: v. KCl– – u. Bodentemp. auf d. Ertrag v. Sorghum 2-3127; v. K-Düngern auf Ertrag u. Zus. v. Gras 12-3131; d. K– – auf d. Geh. an Protein u. lösl. N d. Weidegrases 18-3281; K– – im Kleegrasanbau im Bayer. Wald 18-3283; – –Zeitenvers. mit Kali auf Dauerwiesen 18-3288; Einfl. v. K- u. N– –: auf d. Weiden d. Ardennen 25-2967; auf Ertrag u. Ausdauer v. Knaulgras 29-3050; auf Ertrag, botan. Zus. u. Nährstoffkonkurrenz in Luzerne–Gras-Misch. 29-3051; KP– – auf d. Wiese 31-2921; Einfl. v. NPK– – auf Ertrag u. Qualität v. Wiesenheu 31-2922; PK– – auf d. Wiese 31-2923; Einfl.: v. K– – auf N-halt. Inhaltsstoffe u. Malatgeh. v. Knaulgras 32-3064; v. NPK– – auf Erneuer. d. Weidenarbe ohne u. mit Umbruch 35-2716; Ansprechen v. Nieder.-Dauerweiden auf N, P u. K 36-2901; Einfl. v. K auf Ertrag u. Zus. v. Trespe, Knaulgras u. Lieschgras 38-3028; K-Ausnutz. durch Weidegräser 38-3039; Einfl. auf d. Zus. v. Raigras auf kalkhalt. Lehmboden 40-3007; Wechselwrkg. v. Kuhharn mit Kalidüngemitteln auf Weiden 40-3025; Einfl.: auf Ertrag, Nachwuchs u. Kohlenhydratgeh. d. Speicherorgane v. Gräsern 43-2743; d. Herbst- u. Frühjahrsanwend. v. K-Gaben auf Ertrag u. Zus. v. Lieschgras 44-2940; auf Ertrag u. Zus. v. Knaulgras 46-2970; Ansprechen v. Chloris gayana u. übersäten Hülsenfrüchten auf Kalidüngemittel 47-2783; Wirksamk. v. NPK– – auf Weide 51/52-3014.

Getreide. Aufnahme u. Ausnütz. v. K_2O durch Sommergerste (Einfl. d. Sonnenstrahl.-Intensität) 6-3126; K– – zu Hafer in oberösterreich. Böden (Bezieh. zu d. Fixier.-Eig.) 19-3171; K– –-Vers. bei Gerste (Bodenunters.) 19-3204; Qualitätskriterien u. K– – d. Braugerste 21-3297; Beregn. u. NPK-Zusatz– – zu Hafer (Zeitpunkt) 30-2973; NPK– – zu Hafer mit Kleemisch. als Untersaat 31-2924; Einfl. v. NPK– –: auf Entw. d. Wurzelsyst. v. Gerste 36-2883; auf Ertrag u. Roheiweiß-Geh. v. Gerste 40-3021; Ansprechen v. Getreide auf NPK– – 48-3070; Einfl.: auf Wachstum u. chem. Zus. d. Wurzelsyst. v. Sorghum-Soja-Gemengen 48-3077; d. Roggen– – mit K auf Qualität u. Ertrag an Mutterkorn 51/52-3017.

Mais. Einfl.: auf d. Kaligeh. im Mais 20-3214; v. NPK– – auf d. Qualität 40-3022.

Reis. Einfl. v. K– – auf d. Nährwert 16-3117; Ansprechen auf K– – 29-3039.

Weizen. Einfl.: v. K-Düngern auf d. Kaligeh. 20-3214; v. steigenden K-Mengen auf Geh. u. Zus. d. Proteine im Winterweizen 21-3303; maximales NPK-Verhältnis auf bewässerter ausgelaugter Schwarzerde 48-3072; – v. Sommerweizen im Mittelural mit Nitrophoska 48-3085.

Sonstige anorganische Düngemittel

Siehe auch d. Abschnitte *Herstellung von Mischdüngemitteln; Analytisches.*

Herst. v. Düngern für Spurenelement-Mangelböden aus Abfallstoffhalden d. Metallminen 5-3202*; Verwert. v. Abfallprod. d. Verarbeit. Zn-halt. Materialien als Halbmikro-Kunstdünger 11-3296; erhöhter Knollenertrag v. Pontiac-Kartoffeln durch Anwend. v. 2.4-D/Spurenelement-Stäuben 24-3229; Anwend. v. Spurenelementen in d. ukrain. Landwirtschaft 26-3276; Einfl. d. – mit Spurenelementen auf d. Proteingeh. v. Mais u. Sorghum 26-3277; Einführ. v. Mikroelementen in d. Boden durch Ionenaustauschharze 36-2905.

Einfl.: v. Na– – auf d. B-Geh. v. Weizen 8-3221; v. W auf Saccharosegeh. u. hydrolyt. Enzyme v. unreifem Zuckerrohr 15-3154; Resteinfl. v. Na-Salzen auf Wachstum u. Zus. v. bengal. Hanf 15-3156; Ansprechen v. Reis auf Kieselsäure 15-3157; Verwert. v. Flotat.-Schlämmen eines Cu-Kombinats zur – 16-3120; Einfl.: v. Na-Salzen auf d. Zus. v. Reishalmen 32-3065; v. Li auf d. Tabakertrag 36-2903; Ansprechen v. Gerste auf Na 38-2034; Weide-Kopf– – mit Se 38-3048; Einfl.: v. $AlCl_3$ u. $Al_2(SO_4)_3$ auf d. Kohlenhydrat- u. Eiweiß-Geh. v. Reispflanzen 40-3008; v. Ca-Silicatschlacke auf Wachstum u. Ertrag v. Zuckerrohr 40-3020; Ni als zusätzl. Düngemittel 40-3028; Einfl.: v. Na-Düngemitteln auf Zuckerrüben 46-2971; v. Ton auf d. Wachstum junger Orangenbäume 49/50-2800; v. Li auf Entw. u. Ertrag v. Kulturpflanzen 51/52-3019.

Bor– –. Einfl. auf Ertrag u. Qualität v. auf Torfmoorboden angebautem Hanf 1-3265; B– – zu Wein 4-3022; Beweg. v. B aus gekörntem Düngemittel im Boden (Einfl. auf d. Wurzelwachstum) 5-3191; Präp. mit langsamer B-Freisetz. 19-3213; Einfl.: auf Pollenkeim. u. Wachstum d. Pollenschlauches bei Tabak 19-3214; auf d. Gär.-Prozeß u. d. mineral. Zus. v. Wein 20-3360; Erhöh. d. Rotklee-Samenerzeug. durch B– – 21-3305; Ansprechen v. Tomatenpflanzen auf B 21-3306; B– – zu Wein 24-3223; optimale B-Gaben beim Zwiebelanbau 26-3279; Einfl. d. Kalk. auf d. Boden zugesetztes B 42-2935; Einfl.: auf Ertrag u. Qualität v. Luzerneheu 42-2936; auf d. Wachstum v. Merion-Kentucky-Riedgras 44-2944; Rückstandswrkg. einmal. B-Anwend. 46-2946; Einfl. auf Entw. u. Ertrag v. Kulturpflanzen 51/52-3019.

Eisen– –. Einfl. v. Fe-Chelat– – zu Pappeln 19-3212; Beheb. v. durch Fe-Mangel verursachter Chlorose durch Behandl. mit Fe-DTPA, -EDDHA u. -Oxalat 34-3146; Einfl.: auf d. Wachstum v. Merion-Kentucky-Riedgras 44-2944; auf Entw. u. Ertrag v. Kulturpflanzen 51/52-3019; auf Erdbeeren 51/52-3020.

Kobalt– –. Einfl. auf Entw. u. Ertrag v. Kulturpflanzen 51/52-3019.

Kupfer– –. Einfl. auf Ertrag u. Qualität v. auf Torfmoorboden angebautem Hanf 1-3265; Cu-Gaben zu W.-Melonen 34-3145; Einführ. v. Cu in – durch Ionenaustauschharze 36-2905; Einfl. eines variierten Cu-Angebotes auf d. Konz. an Cu, Mn u. Fe v. in Sandkultur gewachsenem Trifolium subterraneum 42-2937; Einfl.: auf d. Ca-Verlager. in Gerste u. Weizen 44-2943; auf Entw. u. Ertrag v. Kulturpflanzen 51/52-3019.

Magnesium– –. Zusammenwrkg. v. Ca u. Mg in leichten Kompost-Podsolböden 1-3261; Einfl.: auf d. Zuckerrübenertrag 4-3013; v. $MgCl_2$ u. $MgSO_4$ auf Blattgröße u. Ertrag an Trockensubstanz d. Stengel bei Kartoffeln 5-3190; v. Mg– – auf Ertrag u. B-Geh. d. Weizens 8-3221; Behandl. v. Mg-Silicaten für Düngemittel 10-3240*; Einfl. auf d. Haltbark. v. Äpfeln beim Lagern 13-3387; Mg-Anreicher. d. Weidefutters durch – –Maßnahmen 14-3232; Einfl. auf d. Ertrag v. Gerste auf sauren Böden 17-2961; Mg-Versorg. v. Baumschulgehölzen auf Heidesandboden 20-3211; Verfügbark. d. Mineralien aus $MgNH_4PO_4$ 30-2963; – mit $MgNH_4PO_4$: innerhalb v. 4 Wochen bis zu 4 Jahren (mit unterschiedl. Maschengröße) 34-3152*; v. Waldbaumsämlingen 38-3021; Ansprechen v. Luzerne auf Mg– – 38-3046; – v. Weiden mit $MgSO_4 \cdot 7\,H_2O$ 38-3047; Dolomit, Kieserit u. gemahlener Serpentin als Mg-Düngemittel zu Pueraria phaseoloides 39-2862; Einfl.: auf d. Kohlenhydrat- u. Eiweiß-Geh. v. Reispflanzen 40-3008; auf Entw. d. Pflanzen u. Etrag 51/52-3018.

Mangan– –. Einfl.: auf Ertrag u. Qualität v. auf Torfmoorboden angebautem Hanf 1-3265; auf Pigment- u. Ascorbinsäure-Geh. im Kopfsalat 1-3266; Mn als Düngemittelzuschlag für Kartoffeln 3-3138; Einfl. v. $MnSO_4$ zu neutralem Boden auf Knollenertrag u. Befall mit gemeinem Schorf bei Kartoffeln 19-3211; Mn– – zu Wein 24-3223; Einfl. v. Mn: auf Ertrag u. Qualität v. Luzerneheu 42-2936; auf d. Wachstum v. Merion-Kentucky-Riedgras 44-2944; auf Entw. u. Ertrag v. Kulturpflanzen 51/52-3019.

Molybdän– –. – mit Na_2MoO_4 zu Maishybriden 1-3267; Mo-Aufnahme durch Bohnen auf frischen Böden 1-3268; Mo als Düngemittelzuschlag für Kartoffeln 3-3138; Einfl. v. Mo: auf Saccharosegeh. u. hydrolyt. Enzyme u. unreifem Zuckerrohr 15-3154; auf d. Nucleinsäuresynth. in Sojabohnenblättern 40-3029; – –Vers. mit $Na_2MoO_4 \cdot 2\,H_2O$ zu Erbsen, Rotklee u. Süßmais 41-2888; Mo– –: bei Mais-Hybriden 41-2889; bei Gramineen 48-1342; v. Wiesen u. Weiden 48-3080; Einfl. auf Entw. u. Ertrag v. Kulturpflanzen 51/52-3019.

Schwefel– –. Wrkg. v. S-halt. u. S-freien Komplex– – 6-3127; Einfl.: v. S- u. N– – auf d. SO_4-Geh. v. Gras u. Klee 8-3227; v. S– – auf d. Ertrag v. Futterpflanzen 16-3121; S– – 19-3207; Problem S in d. Landwirtschaftsliteratur 23-3059; Ansprechen v. Pinus ponderosa auf Bimssteinböden auf S 38-3022; SO_2 als S-Quelle für Weizen 39-2863; Einfl. v. Sulfat auf d. Kohlenhydrat- u. Eiweiß-Geh. v. Reispflanzen 40-3008; S– – 40-3024; Bedeut. v. S als Pflanzennährstoff für d. Ernteguterzeug. 49/50-2801.

Zink– –. Zn als Düngemittelzuschlag für Kartoffeln 3-3138; Winterbehandl. v. Weintrauben mit Zn (Wechselwrkg. mit d. Zeit d. Ausschneidens) 4-3021; Zn– – zu Wein 24-3223; Einfl. v. langsam lösl., lösl. u. chelatisiertem Zn auf Zn-Geh. u. Ertrag v. Luzerne 32-3077; Einführ. v. Zn in – durch Ionenaustauschharze 36-2905; Einfl. d. Zn-Einbaus in Düngemittel auf Zn-Aufnahme u. Ertrag v. Böhnen 40-3027; Einfl. v. Zn: auf d. Wachstum v. Merion-Kentucky-Riedgras 44-2944; auf Entw. u. Ertrag v. Kulturpflanzen 51/52-3019.

Herstellung von Mischdüngemitteln

Organ.-anorgan. Mischdünger. Harnstoffhalt. Düngemittel-Suspens. 1-3274*; granulierte Düngemittel aus Thomasschlacke, Kalisalzen u. Harnstoff 2-3137*; Mischdüngemittel aus Harnstoff, K-Salzen, Phosphorsäuren oder $(NH_4)_2HPO_4$-Lsg. 5-3195*; Herst. v. schnell aufnehmbaren Düngemitteln mit hohem N-Geh. aus Harnstoff, KCl, H_3PO_4 u. NH_3 5-3200*; Düngemittel aus Ammelid–Harnstoff-Gemischen, Kalisalzen, Superphosphaten u. NH_4NO_3–NH_3–W.-Lsg. 7-3309*; Harnstoff–Formaldehyd-Kondens.-Prod. enthaltende Mischdüngemittel 7-3310*; freifließende, vielschicht. mit Harnstoff-Formaldehyd überzogene Mischdüngemittel 7-3311*; Düngemittel aus Harnstoff, H_3PO_4, NH_3 u. Formaldehyd 20-3217*; Hygroskopizität u. Agglomerat. v. festen, komplexen Düngemitteln aus Harnstoff u. starken leicht lösl. Elektrolyten 22-3044; Biomineraldünger aus Kaustobiolithen 28-3138; Herst. v. granulierten Düngemitteln: aus Thomasphosphat, $CO(NH_2)_2$ u. K-Salzen 28-3144*; aus Thomasschlacke, Harnstoff u. ggf. KCl 34-3153*; Herst. v. granuliertem Harnstoff–Formaldehyd-Kondensate enthaltendem NPK-Düngemittel mit abgestufter N-Löslichk. 36-2912*; wasserlösl. Düngemittel aus H_3PO_4 u. Harnstoff 36-2913*; Torfdüngemittel aus Frästorf, Hexamethylentetramin-Lsg., Triplephosphat u. KCl 48-3088; Herst. v. Humusdünger durch Fermentier. v. mit N-, P- u. K-halt. Mineralien vermischtem Lignit 48-3102*.

Anorgan. Mischdünger. Granulierte Mischdünger durch Ammonisier. v. Superphosphat 1-3262; Düngemittel aus NH_4NO_3 u. NH_4-Phosphaten 1-3273*; Spurenelemente enthaltendes $MgNH_4PO_4$ für Mischdünger 2-3131; Herst. v. Mischdüngemitteln aus Superphosphat, NH_3 u. NH_4NO_3-Lsg. mit d. Tellergranulator 3-3134; Mehrnährstoffdüngemittel: aus $CaHPO_4$, wasserlösl. NH_4-Phosphat u. Al-, Fe-, Mg- oder Mn- u. SO_4-Ionen 5-3197*; aus Nitrophosphatschlamm u. Ammoniumphosphatmasse 5-3198*; fl. Düngemittel aus $ZnSO_4$ u. NH_3 5-3201*; Herst.: v. Nitrat–Phosphat-Düngemitteln 7-3306*; v. Düngesalze enthaltenden wss. Ton/NH_3-Dispers. 7-3307*; N, P_2O_5 u. Spurenelement-Chelate enthaltende saure Prod. zur – v. alkal. u. Kalkböden 7-3313*; Herst. v. Mischdünger in granulierter Form (Ammonphosphat, NH_4NO_3) 10-3238*; Herabsetz. d. NH_3-Verluste bei NH_4NO_3–Calcit- oder –Dolomit-Mischdüngern durch Zusatz v. $FeSO_4$ 14-3236*; N–P-Düngemittel aus mit $CaCO_3$, Phosphaten u. Ammoniakaten granuliertem $Ca(NO_3)_2 \cdot 4\,H_2O$ 14-3237*; fl. saure Düngemittel aus $MgSO_4$, Na_2HPO_4, KCl oder NaCl, NH_4NO_3 u. NH_3 15-3168*; Herst. v. Düngemitteln: aus NH_4NO_3 u. NH_4-Phosphat 17-2965*; durch Ammonisier. v. Gemisch aus HNO_3, H_3PO_4 u. W. 17-2966*; Spurenelemente enthaltende Konzentrate v. Phosphatdüngemitteln 22-3042; Abbau v. NH_4NO_3 enthaltenden anorgan. Düngemitteln 24-3224; Herst.: v. granuliertem Düngemittel aus NH_4-Nitrat u. -Phosphat 25-2973*; v. Mischdünger aus $(NH_4)_2SO_4$ enthaltenden Endlaugen d. Caprolactamerzeug. u. mit HNO_3 aufgeschlossenem Fluorapatit 26-3271; v. komplexen u. anderen N/P-Düngemitteln 28-3137; v. NP-Mischdünger durch Zers. v

Apatitkonzentrat mit NH_4HSO_4 34-3142; v. Düngemitteln mit abgestufter N-Löslichk. durch Kondens. v. Harnstoff mit HCHO im Gemisch d. Ausgangsdüngemittel 36-2912*; wasserlösl. Düngemittel aus H_3PO_4 u. K-Carbonaten 36-2913*; unlösl. Metall–NH_4-Phosphate für Düngemittel-Misch. 37-2796*; Dünger mit $MgCl_2$ u. $MgSiF_6$ zur Verw. als Misch.-Anteil mit Superphosphat 37-2797*; Ammonisier. v. Superphosphat 39-2861; Verminder. d. Bldg. v. nicht pflanzenverfügbarem Phosphat in Gemischen v. Superphosphat u. Kalkammonsalpeter durch Zusatz v. $MgSO_4$ 40-3012; K-, Na-, P-, Mg- u. Ca-halt. Düngemittel durch Gewinn. v. K aus Meerwasser mit Phosphat 40-3019; körn. Düngemittel aus $CaCO_3$ u. NH_4NO_3 40-3034*; anod. Schutz v. Stählen für d. Produkt. v. KCl-Mischdünger 41-2302; fl. NP-Dünger aus NH_4-Phosphaten u. NH_4NO_3 44-2948*; Herst. v. Mehrnährstoffdüngemitteln durch Aufschluß v. Rohphosphat unter Zusatz v. NH_4- oder Alkalisulfaten u. Mg-Salzen u. Ammonisier. 44-2949*; Düngemittelgemische mit Zusatz v. S, $Na_2B_4O_7$ u. ZnO (Superphosphat u. NH_4NO_3) 46-2980; Ca- u. Mg-Phosphat enthaltende Düngemittel 48-3098*; Herst. v. Düngemittel auf Basis v. NH_4-Phosphat u. K-Salzen 48-3099*; granulierte Düngemittel: durch Mischen aus feinkrist. K-Salzen, Dolomit oder Kalk u. a. Pflanzennährstoffen 48-3101*; aus phosphathalt. Schlacke u. K-Salzen u. a. Komponenten 49/50-2808*; Herst. v. komplexen Düngemitteln durch Behandl. aus Phosphatmineralien, HNO_3, NH_3 u. CO_2 49/50-2809*; granulierte Düngemittel: aus NH_4NO_3, $CaCO_3$ oder Dolomit u. K-Salzen 49/50-2810*; aus Schlacke, K-Salzen u. $CaCl_2$ als Inertsubstanz 49/50-2811*.

NPK-Düngemittel. Herst. v. freifließenden NPK-Mischdüngerkörnern 2-3136*; NPKMg-Kunstdünger aus Polyhalit 3-3135; Herst.: v. wss. Düngemittelsuspens. aus $Ca(NO_3)_2$, Phosphaten, Al- oder Mg-Salzen, KCl u. Spurenelementen 5-3199*; v. NPK-Düngemitteln (aus Rohphosphaten, HNO_3, H_2SO_4 u./oder Sulfaten) 6-3135*; (aus HNO_3, H_2SO_4 oder/u. Sulfaten u. Rohphosphat, NH_3 u. KCl) 6-3136*; Düngesuspens. aus $Ca(NO_3)_2$, $Mg(NO_3)_2$, $CaH_4(PO_4)_2$, KCl u. Spurenelementen 7-3304*; gemischte Phosphorsäure–Kali-Düngemittel mit geringem N-Geh., bes. für d. Herbst-– 7-3308*; granuliertes NPK-Düngemittel mit abgestufter N-Löslichk. 36-2918; Abbau v. Düngemittelgemischen aus NH_4NO_3, NH_4Cl, $Ca(H_2PO_4)_2 \cdot H_2O$ u. KCl während d. Trocknens 44-2941; N, P, K u. Ca enthaltender Kunstdünger 46-2983*.

Organische Düngemittel

Siehe auch d. Abschnitte *Herstellung von Mischdüngemitteln*; *Analytisches.*

Lösl., aus Torf gewonnene Ammoniumhumate zur – 4-3016; Umwandl. d. C- u. N-Verb. in Torf- u. Pflanzenkomposten u. Düngewert 5-3193; Humusersatzwirtschaft 10-3235; Humusdüngemittel durch Kompostier. v. Torfmull mit Zusätzen v. Abfällen d. Rohbaumwollverarbeit. 11-3299*; Düngemittel u. bodenbildendes Material aus Tannin enthaltender Rinde, Harnstoff u. Formaldehyd 15-3167*; Fixier. v. atmosphär. N bei d. Inkubat. organ. Stoffe unter d. Einfl. v. Phosphaten 16-3122; stoffl. Veränder. bei d. Ratte v. Maisstroh 24-3227; aerobe Fermentier. v. organ. oder anorgan. Material in gekörnter Form 25-2974*; Lignit als Düngemittel (Humus-N-Komplexverb.) 26-3273; Auswrkg. d. Stroh-– auf d. N-Versorg. d. Kulturpflanzen 34-3144; Förder. d. Fäulnis v. organ. Rückständen im Erdboden durch Begas. mit Stickoxiden 37-2798*; Einfl.: d. Stroh-– auf d. Erträge 45-2624; v. Getreidestroh, Rübenblatt u. Zuckerrohr-Bagasse auf d. N-Versorg. 45-2625; 10jähr. Feldvers. mit verschiedenen Formen d. organ. – auf Löß 47-2787; Wirksamk. v. Stalldung-Erdekomposten im Vgl. zu organ. – 48-3078; Einfl. v. Lager. u. Geh. an Superphosphat auf Mikroflora u. Vitamin-B_{12}-Geh. in organ. Düngern 48-3094; Düngemittel aus Huminsäuren u. Lignin enthaltenden Substanzen 48-3103*.

Verhalten im Boden

Sulfatangebot im Boden bei unterschiedl. pH während d. Inkubat. mit organ. Materialien 24-3228; Einfl. d. mechan. Zerkleiner. v. Streulagenproben auf N-Anhäuf. u. CO_2-Produkt. 25-2963; Abbau organ. Düngerstoffe im Winterhalbjahr 28-3140; Natur d. tox. Verb. d. im Boden verrottenden Strohs 32-3059; Einfl. v. Ernterückständen u. (halb)-fermentierten organ. Prod. auf d. Bodenstruktur 39-2855; Dynamik v. mineral. N im Torf-Moorboden nach Einbring. organ. Stoffe 42-2925; Mineralisier. v. N aus organ. Düngern im Boden 42-2932; Einfl. d. Stroh-–: auf d. Bodenkrümel. 45-2623; auf d. Humusgeh. d. Bodens 45-2624.

Wirkung auf spezielle Pflanzen

Wechselwrkg. zwischen organ. – u. Bodenbeding. hinsichtl. d. Auftretens v. Fusariumwelke bei Gram 6-3130; Einfl.: v. Kohlenhydrat-– auf d. Welke v. Beutelmelonen 10-3232; v. verschiedenen Komposten auf d. Ertrag an Gerstenkorn u. -stroh 16-3123; v. organ. Materialien auf d. Ertrag an Reiskorn u. -stroh 16-3124; v. organ. Düngemitteln auf Wachstum u. Ertrag v. Frühjahrs-(Boro-) Reis 17-2952; d. Verabreich. verschiedener Aminosäuren gemeinsam mit Nitrat auf Erbsen u. Gerste 21-3295; v. verschiedenen organ. Düngern auf Kartoffeln u. Getreide als Folgefrucht 26-3274; – mit Torf/Stallmist-Kompost zu Kartoffeln 30-2959; Einfl.: v. Torf-– auf im Freilandanbau kultivierte Frühtomaten 48-3089; v. – mit Humus auf Wachstum u. Ertrag v. Capsicum annuum 51/52-3005.

Harnstoff, seine Derivate und Kondensationsprodukte als Düngemittel

Nitrifikat. kommerzieller Harnstoffformen 8-3223; N-Verluste aus auf d. Oberfläche verabreichtem Harnstoff 17-2959; Wrkg. v. Harnstoff–Acetaldehyd-Kondensaten als schwerlösl. N-Dünger 19-3195; Herst. v. N.N-Bis-butylolmelaminäthern als Düngemittel 20-3218*; Mineralisier. v. Harnstoff–Formaldehyd-Verb. im Boden 22-3045; Kondens.-Verb. d. Harnstoffes als N-Dünger 23-3061; Mineralisier. d. N in Harnstoff–Formaldehyd-Düngemitteln 25-2970; Abhängigk. d. Düngewrkg. v. Harnstoff v. Biuretgeh. 26-3266; Herst. v. Düngemitteln mit abgestufter N-Löslichk. durch Polykondens. v. Harnstoff mit Formaldehyd 36-2912*; Wirksamk. v. Harnstoff bei trop. Beding. 40-3017; Nitrifizier. v. Harnstoff 42-2918; N-Verflüchtig.-Verluste aus Harnstoffzusätzen zu Böden 42-2919; Nitrifizier., Auswasch. u. schädigende Wrkg. v. Harnstoff-Formen 46-2976; Wirksamk. v. Harnstoff auf verschiedenen Böden 48-3081; Düngemittel aus Kondens.-Prod. aus Aldehyden u. Harnstoff 49/50-2806*; Herst. v. Crotonylidendiharnstoff (N-Dünger) 51/52-3025*; (für Depot-N-–) 51/52-3026*.

Wirkung auf spezielle Pflanzen

Harnstoff-– zu Grünland 12-3129; Einfl. v. Harnstofflsg. auf d. Haltbark. v. Früchten beim Lagern 13-3387; Nitrat-Anhäuf. bei Blatt-– v. Gewächshaustomaten mit Harnstoff + KNO_3 19-3200; Einfl. v. Harnstoff-Sprays auf Ananaswachstum u. -ertrag 27-3146; Harnstoff–Formaldehyd-Düngemittel für Rasen 30-2964; Einfl. v. Harnstoff: auf Mangelsymptome v. P, K, Ca u. Mg bei Kakao 40-3010; auf Keim. u. frühes Wachstum v. Kohl u. Getreide 40-3018; Ansprechen v. Knaulgras auf Harnstoff u. Harnstoff-Formaldehyd im Herbst u. Frühjahr 43-2737; Harnstoff-–: v. Sudangras u. Tomaten (Einfl. v. Strohzusatz auf d. N-Aufnahme) 46-2978; v. Baumwolle 48-3083.

Düngemittel aus Abfallstoffen und Abgängen

Zers. v. Cellulose in Wirtschaftsdüngern 7-3295; Humusersatz durch Stallmist u. Hülle 10-3235; rasche Vergär. v. Müll zu Kompost 11-3298*; Herst. v. organ. Düngemitteln aus feuchten organ. Abfällen, bes. Stadtmüll 12-3134*; Einfl.: v. Waschmitteln in Gülle auf Pflanzenbestand, Ertrag u. Futtergeh. 19-3208; v. Licht u. Phosphaten auf d. N-Umwandl. beim Kompostieren v. Bagasse u. a. organ. Stoffen 19-3209; v. N-Düngemitteln auf d. bei Zers. v. Stadtmüll erzeugte Kompostmenge 20-3215; Nitrifizier. u. N-Verlust bei Zusatz v. N-Verb. zu Stadtmüll 20-3216; Wrkg. v. Dung bei steigenden Gaben v. Mineraldünger 26-3258; Düngewert v. nicht fermentiertem Stalldung 26-3275; Kompostier. v. Industrieabfällen 27-3148; Superphosphateinstreu in Schwemmistställen 28-3139; Herst. v. Kompostdünger durch bakterielle Fermentier. v. Abfällen u. Reifenlassen unter Einw. v. Pilzen 28-3145*; Einfl. v. – mit N, P, K u. Stallmist auf d. Erträge in Fruchtfolgen 36-2887; Düngemittel aus Melasseschlempe 40-3026; Art u. Wrkg. v. Stallmist 41-2887; Fichtenholzrindenabfall zur Kompostier. in d. Landwirtschaft 42-2931; Einfl. v. Stallmist auf Ertrag d. Kulturpflanzen 42-2933; 10jähr. Feldvers. mit Stallmist-– auf Löß 47-2787; Wirksamk. v. Stalldung-Erdekomposten 48-3078; Behandl. organ. Abfälle pflanzl. Ursprungs mit Harnstoff- oder NH_3-Verb. 49/50-2812*; – mit Haushaltabfällen 49/50-2813*.

Verhalten im Boden

Einfl.: v. Stalldung auf Ertrag u. Humusgeh. eines anlehm. Sandbodens 10-3236; v. Müll–Klärschlamm–Kompost-– auf d. Mikroorganismenbestand d. Bodens 17-2946; pH-Korrekt. in Böden durch Stall-– 19-3186; Intensivier. d. biolog. Bodenaktivität durch Stallmist-– 19-3188; Einfl. v. Stallmist-– auf d. Eig. eines Filderlehm-Bodens 19-3191; Sulfatangebot im Boden bei unterschiedl. pH während d. Inkubat. mit Stallmist 24-3228; Einfl. v. Stallmist: auf d. Mg-Geh. d. Bodens 26-3246; auf d. Zn-Geh. v. Böden 26-3247; Einfl. v. mit Geflügelmist erfolgender Langzeit-– auf Boden-Eig. 26-3259; Intensität d. Abbaues v. Stallmist im Winterhalbjahr 28-3140; Einfl. v. Stallmist auf d. Meliorat. v. Solonetzböden 30-2962; Anwend. v. Stallmist zur Meliorat. sodahalt. Böden 30-2969; Einfl. v. Stallmist: auf Eig. d. Schwarzerde u. Produktivität d. Fruchtfolgekulturen 32-3049; auf biolog. Aktivität d. Schwarzerde 32-3055; Wert d. Stallmistes auf bewässerten kalkhalt. Böden 32-3075; Einfl. v. Stallmist: auf Ertrag u. Bodenfruchtbark. 33-3091; auf d. Ansamml. organ. Stoffe im Boden 36-2887; auf d. P-Festleg. im Boden 38-3014; auf salinen- u. Na-versalzten Böden 38-3023; auf d. Stabilität d. Bodenstruktur 39-2855; auf agrarchem. Bodeneig. u. Entnahme d. Nährstoffe 42-2902; auf d. Entw. v. Mikroorganismen im Boden 42-2933; auf chem. Eig. d. Bodens u. Ernteertrag bei 3- u. 4-jähr. Fruchtfolge 47-2775; auf Eig. d. Schwarzerde 47-2777; – mit Kompost aus kommunalen Abfällen auf ausgelaugter Smolnitza-Schwarzerde 48-3093.

Wirkung auf spezielle Pflanzen

–-Vers. mit Gülle u. Stallmist auf Grünland bei unterschiedl. Böden 21-3307; Vgl. v. Stalldung, Abwasserschlamm u. a. organ. Düngern zu Kartoffeln 26-3274; Einfl. v. Stalldung: auf Grünland 30-2974; auf Ertrag u. Qualität v. Wiesenheu 31-2922; Stallmist-– auf d. Wiese 31-2923; Einfl. v. Kuhharn auf d. Weideertrag 40-3025; Stallmist-– d. Zuckerrübe: auf unberieselter ausgelaugter Schwarzerde 48-3075; auf berieselter ausgelaugter Schwarzerde 48-3076; Einfl. v. Stalldung auf Ertrag u. Proteingeh. v. Futterbohnen 48-3086.

Gründünger

Einfl. v. Grün-–; auf Ertrag u. Humusgeh. eines anlehm. Sandbodens 10-3236; auf d. Actinomycetenpopulat. d. Bodens 14-3226; Schädig. junger Pflanzen durch Zers. v. Gründünger 17-2949; Zers. v. Grasabfällen im Boden 18-3276; Bewert. d. N-– mit Leguminosen für Kleegras- u. reine Gräserweiden 29-3047; Grün-– im Weinbau 29-3052; düngende Wrkg. d. Zuckerrübenblattes 32-3076; Einfl. d. Grün-–: auf Ertrag u. Bodenfruchtbark. 33-3091; auf verfügbares N u. Weizenerträge 36-2902; auf Maisertrag u. Eig. eines Cecil-Bodens 37-2792; auf d. Stabilität d. Bodenstruktur 39-2855; durch Abbau v. Gründünger verursachte Schäden bei jungen Pflanzen 42-2908; Einfl. v. Grün-– auf Ertrag d. Kulturpflanzen u. Entw. v. Mikroorganismen 42-2933; Grün-– d. Kartoffel 48-3092.

Bakteriendünger

Herst. v. organ. Düngemittel aus Bakterienzellen 5-3203*; Azotobacter-Impf. 32-3079; – mit Azotobacter zu Kartoffeln 39-2959.

Analytisches

Best. d. Reife v. Kompost durch CO_2-Best. 6-3129; Wertmess. v. Boden- u. Blattanalyse zur Kontrolle d. Zuckerrohr-– 7-3297; Feldmeth. zur Unterscheid. v. S- u. N-Mangel 17-2955; biolog. Meth. zur Schnellbest. d. Verfügbark. v. Phosphatdüngern 19-3194; Best.: d. Kalkzusatzmengen für saure Böden 21-3304; d. biolog. Abbaumöglichk. wasserunlösl. N-Quellen in Düngemitteln 24-3219; chem. Analyse d. Apfelblätter für Diagnose d. Düngerbedarfs 25-1833; Best. d.

chem. Aktivität v. Kalkdüngemitteln 26-3270; Ermittl. eines optimalen Nährstoffverhältnisses für d. – (Meth. d. systemat. Variat. nach Homes) 27-3144; radiochromatograph. Meth. zur Best. d. Festleg.-Kapazität d. Bodens für Düngephosphate 32-3051; Schnellmeth. zur Best. d. chem. Aktivität v. Kalkstein u. Dolomit 36-2875; Voraussage d. Ansprechens v. Pflanzen auf Düngemittel mit Hilfe v. Bodenunters. 41-2884.

Physikal.-chem. Analysenmeth. für Düngemittel 31-2069; Schnellanalyse: v. Superphosphat 35-2075; v. P-Düngemitteln 47-1943; Anwend. d. zeitl. Titrat. bei d. Analyse v. Ammoniumdüngern 49/50-1884.

Gleichzeit. Best. v. K u. NH_4-N in Düngemitteln 2-2139; Best.: v. NO_3-N u. NH_3-N in N-Düngern 3-2111; v. NH_4^+ in Ggw. v. Phosphationen (alkalimetr.) 4-1998; automat. potentiometr. Titrat. v. K in Kalisalzen u. -laugen 10-2161; Best.: v. K mit Kalignost 13-2191; v. Nitraten (amperometr. u. titrimetr.) 16-1965; v. Zn in Spurenelement-Superphosphat 16-1966; Trenn. verschiedener Formen v. N in Düngemitteln 22-2013; Best.: v. P in Düngemitteln (verbesserte Citratmeth.) 24-2013; v. 2.4-Dichlor- u. 2.4.5-Trichlorphenoxyessigsäure in Rasendüngern 27-2113; d. Feuchtigk. in Düngemitteln 32-2087; v. Gesamt-N in ammonium-, nitrat- u. harnstoffhalt. Mehrnährstoffdüngern 41-2004; Charakterisier. einiger NH_4-Polyphosphate zur Identifizier. in Düngemitteln 44-2936; Best. in Düngemitteln: v. K 47-1944; v. N (mit gepulvertem Raney-Katalysator) 49/50-1883.

Bibliographie

Handbuch der Pflanzenernährung und Düngung. II. Bd.: Boden und Düngemittel. *1.* Hälfte. III. Bd.: Düngung der Kulturpflanzen. *1.* Hälfte, *2.* Hälfte B 8; Über die Wirksamkeit der Mehrnährstoffdünger und konzentrierten Mineraldünger B 8; Boden u. Düngemittel. Hälfte *1* (= Handbuch der Pflanzenernährung und Düngung. *2,1*) B 24; Grundgesetze der Düngung B 72; Ergebnisse der Kieler Dauerdüngungsversuche mit Phosphat und Kali B 96.

Russ.: Chemie und Technologie der Stickstoffdüngemittel. Elektrochemie und Korrosion (Mitteilungssammlung) B 15; Anwendung der Dünger im Baumwollanbau (Mitteilungssammlung) B 15; Ausnutzung organischer Düngemittel B 24; Bodenkali und Kalidünger B 56; Stickstoffdünger B 64; Untersuchungen zur Chemie und Technologie der Düngemittel, Pestizide, Salze (Mitteilungssammlung) B 72; Methodik der Feld- und Vegetationsversuche mit Düngemitteln und Herbiziden (Mitteilungssammlung) B 80; Herstellung von Ammonsalpeter B 96; Agrochemie und Düngungssystem B 96.

Fertilizers and their use: a pocket guide for extension officers B 32; Potash and potassium fertilizers B 56; Chemistry and technology of fertilizers B 80; Statistics of crop responses to fertilizers B 80.

Dufrenoysit, – d. Cerro de Pasco-Mine, Peru 5-0909; Rotat.-Eig. v. – 7-0845.

Duftstoffe s. unter *Parfümerie und Riechstoffe.*

Duktilität

Unters. d. – im Zugvers. 15-2501; – polykrist. hochschmelzender Metalle 14-2528; Bezieh. zwischen Versetz.-Vektoren u. – v. Be 1-0275; Einfl.: d. β-Phasenkorngröße auf d. – v. Zr-Leg. mit *2,5* Nb 28-2418; v. Leg.-Elementen auf d. – v. elektronenstrahlgeschmolzenem Mo 14-2516; Temp. d. Überganges v. duktilen zum spröden Verh. in Mo 18-0256; Erhöh. d. – v. α-U 25-0287; – bei martensit. Umwandl. in d. Verb. TiNi 31-0242; Übergang spröde-duktil in polykrist. Al_2O_3 37-0340; Übergang v. duktilem zu sprödem Verh. in Tantalcarbid ($TaC_{0,73}$–$TaC_{1,26}$) 16-0246; Unters. an Kernbrennelement-Hüllenmaterial hinsichtl. H-Aufnahme u. – 18-2181.

Dulcin s. unter $C_9H_{12}N_2O_2$.

Dulcit s. unter $C_6H_{14}O_6$.

Dumortierit, – d. Serra da Vareda im Gebiet v. Macaubas u. Boquira im Staate Bahia 45-0788.

Dunapren s. unter *Plaste, Polyurethane (Weitere Polyurethane).*

Dunit, Stell. v. – in d. Bldg.-Folge d. Slatogorsker differenzierten Plutons (Nordkasachstan) 5-0861; Bldg. v. Brucit während d. Serpentinisier. v. – 12-0816; –-(Peridotit-) Mylonite v. St. Paul's Rocks (Atlantik) 13-0851; ultramaf. –-Einschlüsse in basalt. Gesteinen 16-0768; Vork. v. Heazlewoodit in serpentinisiertem – d. Sorzinsker Peridotitmassivs (Armen. SSR) 27-0827; Sc in – d. Kleinen Kaukasus (Azerbaidzan. SSR) 41-0798; IR-Reflex.-Spektren v. – im Bereich *1,5–22* μ 31-0377; Unters. d. Änder. v. Elastizitätskoeff. u. Festigk.-Modul an –-Material 39-0766; Änder. d. elektr. Widerstandes v. wassergesätt. – unter Druck 44-0795; Best. d. magnet. Suszeptibilität u. d. Magnetit-Geh. in *Apodunit*-Serpentiniten 13-0834; Neutronen-Aktivier.-Analyse d. Standards – DTS-*1* 33-0808.

bas.-**Dunkelblau 2 K,** Diffus.-Mechanismus d. Ionen v. – an d. Kationenaustauscher KU *2* 22-0867.

Dunkelchromblau, Verw. zur Best. v. Ca u. Mg im Wein 46-1991.

Duolit-C 63 s. unter *Plaste, Phosphor-haltige Polymerisate.*

Duolite s. unter *Plaste, Styrolpolymerisate (Weitere Polystyrole).*

Duolite A-7 s. unter *Plaste, Phenolharze (Weitere Phenolharze).*

Duolite A-30 B s. unter *Plaste, Styrolpolymerisate (Weitere Polystyrole).*

Duolite A-101 D s. unter *Plaste, Andere Plaste.*

Duolite C-3 s. unter *Plaste, Phenolharze (Weitere Phenolharze).*

Duparcit s. *Vesuvian.*

Duponol C s. unter $C_{12}H_{26}O_4S$.

Durabolin s. unter $C_{27}H_{34}O_3$.

Duraflox s. unter *Chemiefasern, Viskosefasern.*

Duraluminium s. unter *Aluminiumlegierungen (Sondermarken).*

Duraluminium Au 4 Cr s. unter *Aluminiumlegierungen (Sondermarken).*

Duraluminium D 1 s. unter *Aluminiumlegierungen (Sondermarken).*

Duraluminium D 1 M s. unter *Aluminiumlegierungen (Sondermarken).*

Duraluminium D 1 T s. unter *Aluminiumlegierungen (Sondermarken).*

Duralunyl s. unter *Aluminiumlegierungen (Sondermarken).*

Duramycin, strukturelle Verwandtschaft mit anderen Peptidantibiotika 33-1405.

Durazolgelb G s. unter $C_{28}H_{20}N_4O_6S_4$.

Durbachit, bas. u. ultrabas. Einschlüsse im – v. Pisek u. ihre Vererz. 49/50-0744.

Durchlässigkeit s. unter *Permeabilität.* Optische – s. unter *Lichtabsorption.*

Durchschlag, elektrischer s. unter *Entladung, elektrische.*

Durelastic-Laminierharz BD 3103 s. unter *Plaste, Polyester (Weitere Polyester).*

Durethan BK 31 SK s. unter *Plaste, Polyamide (Poly-ε-caprolactam).*

Durethan BKV s. unter *Plaste, Polyamide (Poly-ε-caprolactam).*

Durochinon s. unter $C_{10}H_{12}O_2$.

Durol s. unter $C_{10}H_{14}$.

Dussertit, –-Vork. d. Schwarzwaldes 47-0766.

Du-Ter s. unter $C_{18}H_{16}OSn$.

D-win 5094, Einfl. auf d. Inkorporat. v. Aminosäuren im zellfreien Syst. 19-1400.

D-43 Y s. unter *Nioblegierungen (Sondermarken).*

Dyclonin s. unter $C_{18}H_{27}NO_2$.

Dydrogesteron s. unter $C_{21}H_{28}O_2$.

Dyflos s. unter $C_6H_{14}FO_3P$.

Dylox s. unter $C_4H_8Cl_3O_4P$.

Dymid s. unter $C_{16}H_{17}NO$.

Dynein s. unter *Proteine, Spezielle Proteine.*

Dynotex, Wrkg. auf Unkräuter 5-3210.

Dypnon s. unter $C_{16}H_{14}O$.

Dysprosium

Verteil. v. – in Gesteinen u. ihren Mineralen d. südkaliforn. Batholithen 5-0856; – im Spektrum d. bes. Sterns HD *101065* (Häufigk.-Analyse) 25-0796; Häufigk. v. – im Zentrum d. Sonnenscheibe 40-0788; Geh. im menschl. Serum 38-1550.

Niveaus v. ^{160}Dy 4-0065; γ-Strahlen niedr. Energie aus d. Einfang therm. Neutronen in – 5-0108; Kernstruktureffekt beim *57,1*-keV-M *1*-Übergang einer Rotat.-Bande in ^{161}Dy 6-0043; Beobacht. d. *[505] 11/2*-Nilsson-Niveaus als ein Isomer in ^{159}Dy 10-0034; Koeff. d. inneren Konvers. für d. ($2^+ \rightarrow 0^+$)-E *2*-Übergänge zu d. Grundzuständen v. ^{160}Dy 10-0042; γ-Spektren v. ^{164}Dy aus d. Strahl.-Einfang v. Neutronen bei Resonanzen 11-0089; Nanosekunden-Lebensdauermess. beim Zerfall v. ^{157}Dy 12-0082; magnet. Momente d. Zwei-Pseudoteilchenzustände in ^{160}Dy 13-0079; Konvers.-Koeff. für Übergänge in ^{160}Dy 13-0089; Abbrandquerschnitte u. Resonanzintegrale v. – 13-0104; mittlere Ausb. v. Neutronen aus protoneninduzierten Rk. in dicken Targets v. – 15-0096; Coulomb-Anreg. v. Vibrat.-Zuständen in ^{160}Dy, ^{162}Dy u. ^{164}Dy 18-0046; γ–γ-Richt.-Korrelat. in ^{160}Dy aus d. β-Zerfall v. ^{160}Tb 19-0069; Neutronen-Abtrennenergien v. ^{164}Dy–^{165}Dy 19-0093; Kernrotat. u. d. Paar.-Korrelat. in ^{160}Dy u. ^{162}Dy 20-0028; $I^2(I + 1)^2$-Korrektur zu Kernrotat.-Spektren v. – 22-0043; γ-Übergänge u. Energieniveaus im ^{161}Dy 26-0082; experimenteller Beweis für anomale L/M-Konvers.-Verhältnisse d. $2^+ \rightarrow 0^+$-Übergänge in ^{160}Dy 27-0088; Best. abs. γ-Intensitäten pro Neutroneneinfang in ^{164}Dy u. ^{165}Dy 28-0071; Anreg. v. Oktupol-Vibrat.-Zuständen in ^{160}Dy u. ^{164}Dy durch unelast. Protonenstreuung 31-0068; E *1*-Übergänge mit $\Delta K = 0$ in ^{161}Dy 33-0056; Lebensdauern d. 2^+- u. 4^+-Zustände v. ^{160}Dy 34-0067; Niveauschema v. ^{164}Dy aus $^{163}Dy(n, \gamma)^{164}Dy$ 34-0068; durch (p, 2n)-Rk. besetzte Vibrationszustände in ^{158}Dy 34-0069; Analyse d. Konvers.-Elektronengruppen in d. M-Schale v. ^{161}Dy 36-0038; Zerfall v. ^{162}Tb zu Niveaus v. ^{162}Dy 38-0091; Verzweig.-Verhältnisse für d. γ-Zerfall d. tiefsten Zustände in d. Grundzustands-Rotat.-Banden v. ^{161}Dy u. ^{163}Dy 39-0073; Einteilchen- u. Vibrat.-Zustände für ^{165}Dy 40-0049; Best. d. g-Faktors für d. tiefsten 2^+-Rotat.-Zustand d. ^{164}Dy mit d. Mössbauer-Meth. 41-0073; experimentelle Best. d. relativen (d, p)-Querschnitts an ^{164}Dy bei $E_d = 12$ MeV 43-0054; Mössbauer-Effekt in ^{164}Dy nach Coulomb-Anreg. 43-0075; Zerfallsschema $^{159}Ho \rightarrow {}^{159}Dy$ 45-0094; Kernniveaus in ^{163}Dy 47-0067; Änder. d. Aktivier.-Verhältnisses Lu : Dy in Reaktorzellen 49/50-0047; Stör. d. therm. Neutronenflusses durch –-Al-Folien in W. u. Uranylfluorid–W.-Lsg. 49/50-0048; Unters. an angereichertem ^{156}Dy auf natürl. Alphastrahlen 51/52-0054.

Absorpt.-Bande v. Dy^{3+} in CaF_2 14-0370; Röntgenstrahl.-Isochromaten v. – 35-0333; universelle UV-Bande im zusätzl. Absorpt.-Spektrum v. mit Dy^{3+}-dotiertem CaF_2-, SrF_2- u. BaF_2-Krist. nach γ-Bestrahl. 45-0324; Röntgen-M-Spektren im Bereich v. *2–85* Å 46-0351.

Fluoreszenz d. Dy^{3+} in wss. Lsg. (Fluoreszenz- u. Absorpt.-Spektren in Na_2WO_4-Lsg.) 3-0146; (Fluoreszenz- u. Absorpt.-Spektren in Lsg. v. Kaliumoxalat) 3-0147; Fluoreszenzspektrum v. Dy^{3+}-Ionen in einer Alkalimetallboratmatrix, erzeugt v. einem zweiten angeregten Energiezustand 5-0368; additivreduzierte zweiwert. Seltenerdmetalle in Fluoridkrist. (Lumineszenzspektren v. Dy^{2+}, Ho^{2+} u. Tm^{2+} in CaF_2-Krist.) 7-0373; IR-Lumineszenz v. Einkrist. d. Syst. $Ca_x \cdot Sr_{1-x}F_2$ nach Aktivier. mit Dy^{2+}, Tm^{2+} oder Ho^{2+} 7-0374; Darst. u. Lumineszenz v. mit Dy^{3+} aktivierten CdF_2-Krist. 7-0377; Anreg.-Möglichk. für einen Laser aus Fluorit : Dy^{2+} mit kontinuierl. Wrkg. 11-0412; Strahl.-Red. durch ^{60}Co-γ-Bestrahl. v. Seltenerdmetallionen in Krist. d. Fluorittyps mit Dy-Aktivatoren 16-0286; kontinuierl. Laser auf d. Basis v. Dy^{2+} in CaF_2 mit einer punktförm. Anreg.-Lichtquelle 19-0386; Lumineszenz v. Dy^{3+} in NaCl u. KCl 20-0295; Einfl. v. Ce-Beimeng. auf Lumineszenz u. Absorpt. γ-bestrahlter $CaF_2 : Dy^{3+}$-Krist. 27-0381; Reflex.-Spektren v. Dy^{3+} in kub. Oxiden mit Ti^{4+}, Zr^{4+}, In^{3+}, Sn^{4+}, Ce^{4+} u. Tl^{3+} 30-0295; $CaF_2 : Dy^{2+}$-Laser für wiederholte Riesenimpulse unter kontinuierl. Pumpen 35-0375; Fluoreszenz v. Y_2WO_6 : Dy u. Gd_2WO_6 : Dy 40-0325; Energietransport durch d. Mess. d. Fluoreszenzdauer zwischen Sm^{3+}-, Eu^{3+}-, Tb^{3+}- u. Dy^{3+}-Ionen in Na-Seltenerdmetall-Wolframaten 42-0363; induzierte Strahl. bei inhomogenen polykrist. Proben (Laseraktivität v. $CaF_2 : Dy^{3+}$) 43-0391; Laser aus CaF_2 : Dy 48-0318.

Nichtlineare u. lineare Abschirm. d. Wechselwrkg. v. Dy^{3+} auf d. Krist.-Feld 6-0336; Verw. v. Kern- u. Elektronen-Resonanzstreuung in d. Krist.-Strukturanalyse v. ^{161}Dy 15-0244; Hartree-Fock-Parameter für d. –-Atom 31-0122; Ionisat.-Energie für Dy I 34-0107; Einkrist.-Zücht. v. CeO_2 aus Li-Diwolframat-Schmelzen mit Dy^{3+}-Dotier. 44-0225; Berechn. nach einer neuen empir. Formel zur Ermittl. d. Radien v. Kationen mit Edelgasschale für – 48-0088.

Ionisier.-Energien v. einfach ionisiertem – 1-0076; Theorie d. s–f-Austausches bei nichtverschwindenden Bahnmomenten, nach experimentellen Werten für d. Herabsetz. d. Supraleit.-Sprungtemp. v. La bei Verunreinig. mit *1* % – 8-0461; Einfl. v. –-Beimeng. auf d. elektr. Leitfähigk. v. hexagonalem fl. Se 14-0448; Seebeck-Effekt bei Einkrist. v. – im Temp.-Bereich *7–300* °K 15-0450; Besonderh. d. Temp.-Abhängigk. d. elektr. Widerstands v. – bei tiefen Temp. 19-0444; Temp.-Abhängigk. d. elektr. Widerstands im Gebiet d. magnet. Umwandl. 27-0495; elektr. Widerstände u. feste Löslichk. v. – in Ag 30-0399; Best. d. ersten Ionisat.-Potentiale v. – nach d. Elektronenstoßmeth. 41-0204; Einfl. v. Überzonengrenzen auf d. spezif. elektr. Widerstand v. – 44-0450.

Mikrowellenabsorpt. in – 1-0355; magnetokalor. Effekt in – 2-0506; Einfl. d. hydrostat. Druckes auf d. magnet. Umwandl. 6-0500; magnet. Resonanz in – -Metall 11-0388; Mössbauer-Effekt v. ^{161}Dy in $DyCo_2$ u. $DyNi_2$ 11-0516; Relaxat.-Effekte bei tiefer Temp. in d. Spektren d. bei gepulsten Feldern untersuchten EPR v. Dy^{3+} in CaF_2, Y–Ga-Granat u. Y–Al-Granat 14-0409; rhomb., paramagnet. Elektronenresonanzspektren v. Dy^{3+}- u. Nd^{3+}-Ionen in CaF_2 15-0422; kernmagnet. Abschirm.-Konst. für alle positiven Ionen, neutralen Atome u. negativen Ionen v. – 18-0089; Verschieb. d. Übergangspunktes v. Ferro- zum Antiferromagnetismus in – unter d. Einw. allseitigen Druckes 18-0449; Magnetostrikt. im paramagnet., antiferromagnet. u. ferromagnet. Bereich 21-0463; Spin–Gitter-Relaxat. v. Dy^{3+} in LaF_3 22-0349; Phasenumwandl. zweiter Ordn. v. magnet. Krist. u. magnet. Struktur 22-0452; magnet. Eig. v. – unter hydrostat. Druck 25-0473; nichtlineare Abschirm. bei Krist.-Feldwechselwrkg. für Dy^{3+} 25-0474; paramagnet. akust. Resonanz u. Relaxat. v. Dy^{3+} in CaF_2 26-0364; Beitrag d. magnetoelast. Energie zur Energie d. einachs. magnet. Anisotropie 27-0496; EPR-Spektren v. Dy^{3+} in $CaWO_4$ 29-0383; dynam. Polarisat. v. Protonen in mit Dy^{+} dotiertem $Mg_3La_2 \cdot (NO_3)_{12} \cdot 24\,H_2O$ 34-0412; ultrabreite FMR in – -Metall 37-0414; magnet. Felder an ^{119}Sn in – 38-0477; Paramagnetismus v. Dy^{3+}- u. Gd^{3+}-Ionen in Silicatgläsern d. Zus. *9 – 50* (Gew.-%) Gd_2O_3 oder Dy_2O_3; *42,8 – 40* SiO_2; *18,2 – 10* Li_2O 43-0507; Einfl. d. hydrostat. Druckes auf d. Temp. d. magnet. Umwandl. 44-0488; magnetoelast. Mikrowelleneffekt in dünnen – -Schichten 48-0483; magnet. spezif. Wärme 51/52-0468.

Einfl. v. Dy^{3+} auf d. Ionenleitfähigk. v. CaF_2-Krist. 15-0653; elektrolyt. Red. v. Dy^{3+} in CaF_2, $SrCl_2$ u. $BaBr_2$ 20-0579; H_2-Überspann. an – 41-0596.

Dampfdruck v. – u. Sublimat.-Wärme 7-0575; thermodynam. Charakteristik d. Ionisat. v. gasf. – 16-0488; Wärmeinhalte, spezif., Umwandl.- u. Schmelzwärme v. – bei hohen Temp. 22-0480; spezif. Wärme zwischen *3* u. *21* °K 34-0312.

Desorpt.-Enthalpie v. – an Re 34-0663.

Extrakt. v. – durch langkett., tert. Amine aus nitrathalt. Lsg. in verschiedenen Verdünn.-Mitteln (Verteil.-Koeff.) 19-0577; Löslichk. v. Mg in – in d. festen Phase 24-0543; Extrakt. v. radioakt. – durch Dialkylphosphate 48-0522; Verteil. v. – bei d. Kristallisat. v. Zn aus einer Pb-Schmelze 49/50-0537.

Ox.-Kinetik v. – in einem Gemisch aus Ar mit *20*% O_2 17-0732; Unters. d. Verteil. v. Y, Sm, Eu, Gd, –, Ho u. Tm bei d. Trenn. mit K_2CrO_4 in wss. Lsg. 21-0782; Hydrolyse v. Dy^{3+} in wss. Lsg. 36-0584.

Plan. d. Aktivier.-Analyse bei hohem Neutronenfluß 49/50-1732; fluorometr. Best. in TBP 19-2035; flammenphotometr. Best. 41-1864; Anwend. v. Pyrazolonderiv. zur fluorimetr. – -Best. 47-1845; Atomabsorpt.-Spektroskopie mit Hochtemp.-Flammen 51/52-1762; papierchromatograph. Nachw. 13-2110; spektrograph. Best. in SAP-Material 19-2034; Best. in U-Verb. 28-1996; extrakt.-photometr. Best. 39-1900; Trenn. v. Th, Sc u. Yttererden durch Chromatographie mit umgekehrten Phasen 46-1856; Spurenbest. 47-1841; Best. v. – in Y unter Verw. eines Y_2O_3/CaF_2-Luminophors 47-1842; aktivierungsanalyt. Best. in Y_2O_3 49/50-1771; Trenn. v. Ho u. Y in – u. Tb-Konzentraten unter Verw. v. Di-(2-äthylhexyl)-phosphorsäure 36-1910; Verw. v. BaF_2 : Dy als Material für Kathodenlumineszenzschirme 13-2064.

Dysprosiumlegierungen

Ag: elektr. Widerstand v. AyDy 40-0405.

Al: Struktur d. Seltenerdmetalltrialuminids $DyAl_3$ 12-0284; Gitterkonst., Härte u. magnet. Suszeptibilität v. $DyAl_2$ 13-0293; Darst. u. Krist.-Struktur v. $DyAl_3$ 29-0249; magnet. Verh. v. $DyAl_3$ 8-0509; Wert d. auf d. Dy-Kerne bei magnet. Sättig. wirkenden Hyperfein-Magnetfeldes 13-0520; magnet. Eig. v. $DyAl_2$ 44-0494.

Au: elektr. Widerstand v. AuDy 40-0405; Unters. d. Bldg. Au-reicher Dy–Au-Mischkrist. 6-0611.

Co: Krist.-Struktur v. Dy_2Co_{17} 1-0246; Gitterkonst. v. $DyCo_2$ 13-0293; Krist.-Struktur u. Polymorphie v. Dy_2Co_{17} 48-0246; Mössbauer-Effekt v. ^{161}Dy in $DyCo_2$ 11-0516; Wert d. auf d. Dy-Kerne bei magnet. Sättig. wirkenden Hyperfein-Magnetfeldes 13-0520; Unters. d. Magnetisier. v. Dy_2Co_{17} 14-0543; Sättig.-Momente u. Curie-Temp. v. Dy_2Co_{17} 20-0449; magnet. Eig. u. Struktur v. $DyCo_5$ 29-0496.

Cu: elektr. Widertsand v. CuDy 40-0405; Wert d. auf d. Dy-Kerne bei magnet. Sättig. wirkenden Hyperfein-Magnetfeldes 13-0520.

Fe: Krist.-Struktur u. Polymorphie v. Dy_2Fe_{17} 48-0246; Hyperfeinfelder d. Laves-Phase $DyFe_2$ durch Mössbauer-Spektren 11-0517; Wert d. auf d. Dy-Kerne bei magnet. Sättig. wirkenden Hyperfein-Magnetfeldes 13-0520.

Ga: Wert d. auf d. Dy-Kerne bei magnet. Sättig. wirkenden Hyperfein-Magnetfeldes 13-0520.

Gd: Curie-, Neel- u. a. krit. Punkte 24-0472.

Ge: Krist.-Struktur u. Darst. v. DyGe 13-0291; Krist.-Struktur u. Polymorphie v. DyGe 14-0287, 14-0288; kristallograph. u. magnet. Eig. 22-0455; Struktur u. magnet. Eig. v. DyGe 27-0506.

Hg s. unter *Quecksilberlegierungen: Dy.*

Ho: Curie-, Néel- u. a. krit. Punkte 24-0472.

Ir: Wert d. auf d. Dy-Kerne bei magnet. Sättig. wirkenden Hyperfein-Magnetfeldes 13-0520.

Mg: Löslichk. u. eutekt. Temp. im seltenerdmetallreichen Syst. Dy/Mg 24-0543.

Mn: Wert d. auf d. Dy-Kerne bei magnet. Sättig. wirkenden Hyperfein-Magnetfeldes 13-0520; Röntgenfluoreszenzanalyse 48-1976.

Ni: Krist.-Struktur v. Dy_2Ni_{17} 48-0246; Mössbauer-Effekt v. ^{161}Dy in $DyNi_2$ 11-0516; Wert d. auf d. Dy-Kerne bei magnet. Sättig. wirkenden Hyperfein-Magnetfeldes 13-0520.

Pd: Gitterkonst. u. Härte v. $DyPd_3$ 13-0292.

Pt: Wert d. auf d. Dy-Kerne bei magnet. Sättig. wirkenden Hyperfein-Magnetfeldes 13-0520.

Re: Darst. u. Struktur v. $DyRe_2$ 32-0249.

Rh: Wert d. auf d. Dy-Kerne bei magnet. Sättig. wirkenden Hyperfein-Magnetfeldes 13-0520.

Ru: Wert d. auf d. Dy-Kerne bei magnet. Sättig. wirkenden Hyperfein-Magnetfeldes 13-0520.

Sn: magnet. Felder an ^{119}Sn in Dy_2Sn 38-0477.

Ta: Löslichk. v. Ta in fl. Dy, Liquiduslinien d. Ta-armen Seiten d. bin. Syst. Ta/Dy sowie d. Löslichk.-Konst., d. Lsg.-Wärmen, d. Schmelzwärmen u. d. partiellen molaren Lsg.-Wärmen 21-0559.

Tb: Curie-, Néel- u. a. krit. Punkte 24-0472.

Tl: Unters. an d. Verb. $DyTl_3$ 30-0661.

Tm: Curie-, Néel- u. a. krit. Punkte 24-0472.

Y: magnet. Eig. v. Dy–Y-Leg. mit *0* bis *100* Dy 47-0492.

Zn: Krist.-Struktur v. Dy_2Zn_{17} u. $DyZn_{12}$ 3-0287; Struktur u. Darst. v. $DyZn_{12}$ 24-0248; Nachw. u. Struktur v. Dy_6Zn_{23} 28-0242; Best. d. Temp. d. Phasenumwandl. u. d. Schmelzpunktes d. intermetall. Verb. $DyZn_2$ mit Hilfe d. DTA 24-0542.

Dysprosiumverbindungen

Anorganische Dysprosiumverbindungen

Darst. v. Einlager.-Verb. zwischen Dy u. Graphit 48-0682; Verw. v. Spuren einer – für Leuchtstoff 3-2252*.

Dysprosiumantimonide: Unters. d. Krist.-Feldes mit magnet. Mess. u. Vgl. d. Magnetisier.-Werte mit theoret. Daten 24-0473.

Dy_4Sb_3, Struktur 27-0279.

Dysprosiumarsenide, Unters. d. Krist.-Feldes mit magnet. Mess. u. Vgl. d. Magnetisier.-Werte mit theoret. Daten 24-0473.

Dysprosiumborate(III) $DyBO_3$ (Dysprosiumorthoborat), Bldg. v. – im Syst. $Na_2O/B_2O_3/Dy_2O_3$ 35-0683; IR-Spektren (Struktur) 48-0128; Krist.-Struktur u. Fluoreszenz v. $DyGa_3B_4O_{12}$ 38-0275.

Dysprosiumborid: **DyB_6**, Standardbldg.-Wärme 22-0487; Bldg.-Wärme v. – u. Freie Standard-Enthalpien d. Rk. v. Dy_2O_3 mit B bzw. B_4C bzw. mit B + C zu – 10-0556; Warmpressen v. – u. mechan. Eig. 12-2383.

Dysprosiumbromid: **$DyBs_3$**, Bandenverschieb. im Reflex.-Spektrum v. – 41-0387; Krist.-Feld-Stabilisier.-Energie unter Berücksichtig. d. Spin–Bahn-Wechselwrkg. für – 49/50-0273.

Dysprosiumcarbide, Darst. u. Gitter konst. v. Dy_3GaC u. Dy_3TlC 24-0251; Darst- u. Struktur v. $Dy_3AlC_{0,7}$28-0243

Dysprosiumcarbonate bzw. -carbonatokomplexe

$Dy_2(CO_3)_3$, Darst. im festen Zustand u. Struktur v. – in Lsg. 44-0721; Löslichk.-Prod. 14-0630.

Carbonatodysprosium(III)-säuren: **$H[Dy(CO_3)_2]$**, Salze s. *Kalium- u. Natriumcarbonatodysprosate(III).*

$H_5[Dy(CO_3)_4]$ Bldg. v. $[Dy(CO_3)_4]^{5-}$ in Lsg. 18-0705.

Dysprosiumchloride: IR-Spektren v. festen Komplexen d. $DyCl_3$ mit TBP, Einfl. d. Solvatat. auf d. P=O-Valenzfrequenz 12-0156; Bandenverschieb. in Reflex.-Spektren v. $DyCl_2 \cdot 8\,NH_3$ 41-0387; IR-Absorpt.-Spektren u. Absorpt.-Koeff. v. im geschmolzenen LiCl/NaCl/KCl-Eutektikum gelösten – 44-0346; oszillopolarograph. Best. d. pH-Werts d. Fäll. u. d. Aktivitätsprod. v. $Dy(OH)Cl_2$ 36-0612; Abbaustufen v. Tetrahydrofuranverb. d. – 2-0749; polarograph. Verh. in protonenfreien Lsgm. 4-1896.

$DyCl_3$, IR-Spektrum 36-0325; Bandenverschieb. im Reflex.-Spektrum 41-0387; Lumineszenz v. mit Dy aktivierten Gläsern d. Zus. *9* $Al_2O_3 \cdot$ *20* $MgO \cdot$ *21* B_2O_3; $Na_2O \cdot CaO \cdot$ *0,5* SiO_2; $Na_2O \cdot CaO_{2,5} \cdot P_2O_5$ u. Vgl. mit $DyCl_3 \cdot 6\,H_2O$ 51/52-0326; Krist.-Feld v. monoklinem $DyCl_3 \cdot 6\,H_2O$ 29-0330; kristallograph. Daten für $DyCl_3 \cdot 6\,H_2O$ 44-0252; Krist.-Feld-Stabilisier.-Energie unter Berücksichtig. d. Spin–Bahn-Wechselwrkg. für – 49/50-0273; v. Zeeman-Feld abhängige Quadrupolwechselwrkg. in – 10-0371; Verdünn.-Wärmen wss. – -Lsg. bei *25°* 33-0574; Wärmekapazitäten wss. – -Lsg. bei *25°* 33-0575; relative Viskositäten wss. – -Lsg. 33-0632; scheinbare Molvolumina wss. – -Lsg. 33-0633.

Radiolyse in Methanol 14-1062; Isotopenaustausch zwischen $H^{36}Cl$ u. festem – 39-0671.

Pharmakologie u. Toxikologie 10-1708; Toleranz v. Chlorella vulgaris gegenüber – 49/50-1282.

Dysprosiumfluoride: Stabilität d. Dy-Subfluoride (massenspektrometr. Unters. bei hohen Temp.) 44-0534.

DyF, Bldg.-Wärme u. Bind.-Dissoziat.-Energie d. F-Atoms v. – 44-0534.

DyF_2, Bldg.-Wärme u. Bind.-Dissoziat.-Energie eines F-Atoms v. – 44-0534.

DyF_3, IR-Spektrum im CsJ-Bereich v. – 8-0329; Bandenverschieb. im Reflex.-Spektrum 41-0387; Krist.-Feld-Stabilisier.-Energie unter Berücksichtig. d. Spin–Bahn-Wechselwrkg. für – 49/50-0273; ^{19}F-NMR polykrist. Proben v. – 32-0372; Rk.-Wärme v. – mit Ho, Bldg.-Wärme u. Bind.-Dissoziat.-Energie eines F-Atoms v. – 44-0534.

Dysprosiumfluorosilicate(IV), Fluorosilicat mit Dy aus sibir. Pegmatiten 48-0751.

Dysprosiumjodat(V): **$Dy(JO_3)_3$** Löslichk. u. Aktivität v. – in W. 49/50-0526.

Dysprosiumjodid: **DyJ_3**, Bandenverschieb. im Reflex.-Spektrum 41-0387; Krist.-Feld-Stabilisier.-Energie unter Berücksichtig. d. Spin–Bahn-Wechselwrkg. für – 49/50-0273.

Dysprosiummolybdate(VI): Lumineszenzeig. v. $CaMoO_4/DyVO_4$-Syst. 21-0336; Ausscheid.-Koeff. v. – in $SrMoO_4$ 22-0232; Darst. u. Struktur v. Dy_2MoO_6 37-0767.

$Dy_2(MoO_4)_3$, Krist.-Struktur 2-0258.

Dysprosiumnitrate bzw. -nitratokomplexe Bandenverschieb. im Reflex.-Spektren v. $Dy(NO_3)_3 \cdot 2$ Dipyridyl u. $Dy(NO_3)_3 \cdot 2$ Phenanthrolin 41-0387; therm. Beständigk. d. Komplexe v. Dy-Nitrat mit 1.10-Phenanthrolin u. 2.2′-Dipyridyl 26-0735; Darst. v. N.N-Dimethylacetamid-Addukten d. Dy-Nitrate 45-0688; akute Säugetiertoxizität v. – 25-1504.

$Dy(NO_3)_3$, Konz.-Abhängigk. d. Emiss.-Spektren v. Lsg. v. – in Acetophenon 31-0387; refraktometr. Unters. an – in wss. Lsg. 49/50-0321.

Nitratodysprosium(III)-säure: **$H_3[Dy(NO_3)_6]$**-Salze, Extrakt. v. Dy durch langkett. tert. Amine aus nitrathalt. Lsg. als $(Amin.\,H)_3[Dy(NO_3)_6]$ 19-0577.

Dysprosiumoxide, therm. Abbau v. $HDy \cdot (C_2O_4)_2 \cdot 3\,H_2O$ mit u. ohne HCl, Bldg. v. – 18-0702; Darst. u. Gitterkonst. v. – -Perowskiten 24-0252; präp. Trenn. d. Seltenerdmetalloxide v. – mit Milchsäure 49/50-0681.

Dy_2O_3, Bldg. v. – durch therm. Zers. v. Dy-Oxidhydrat 16-0710; Standardbldg.-Wärme 22-0487; Anwend. d. Sonnenstrahl.-Heiz. zur Trenn. d. Seltenerdmetalloxide La_2O_3, Sm_2O_3, Gd_2O_3, – u. Y_2O_3 40-0696.

IR-Gitterspektren v. kub. – im Bereich *700 – 50* cm^{-1} 31-0370; Einfl. v. – auf opt. D., Molvolumen u. Molrefrakt. v. Na-Silicatgläsern 8-0315; Bandenverschieb. im Reflex.-

Echtrot A s. unter $C_{20}H_{14}N_2O_4S$.
Echtrot B s. unter $C_7H_8N_2O_3$.
Echtrot D s. unter C_7H_8ClN.
Echtrot E s. unter $C_{20}H_{14}N_2O_7S_2$.
Echtrot FR-Base s. unter $C_{12}H_9Cl_2NO$.
Echtrot 3GL-Salz s. unter $C_6H_5ClN_2O_2$.
Echtviolettsalz B s. unter $C_{15}H_{16}N_2O_2$.
ECTEOLA-Cellulose s. unter *Cellulosederivate, Celluloseäther*.
ED-5 s. unter *Plaste, Polyäther (Epoxidharze)*.
Edathamil s. unter $C_{10}H_{16}N_2O_8$.
EDDHA Fe s. unter $C_{18}H_{20}N_2O_6$.
EDE s. unter *Plaste, Aminharze*.
EDE-10 s. unter *Plaste, Aminharze*.
Edein, über d. Antibiotikum – 43-1254, 43-1255; in vivo- u. in vitro-Biosynth. v. – durch Bacillus brevis 47-1289; strukturelle Verwandtschaft mit anderen Peptidantibiotika 33-1405; Einfl. auf d. Wachstum v. Mycoplasma 51/52-1252.

Edelgase

– aus d. Meteoriten Peace River, La Lande u. Achilles (massenspektrometr. Best.) 2-0774; –-Mess. an zwei gepaarten Meteoritenfällen 2-0776; Verteil. d. Ur-– im Meteoriten Khor Temiki 4-0740; atmosphär. – aus extraterrestr. Staub 9-0812; –-Mess. an *30* Steinmeteoriten 11-0802; schwere – in d. Silicaten d. Mesosideriten Estherville 23-0775; Diffus.-Verluste v. radiogenen u. spallogenen – in Steinmeteoriten 24-0806; Einbau v. –-Ionen aus Sonnenerupt. in interplanetaren Staub 35-0740; –-Geh.: v. Tektiten u. Impaktiten 42-0731; v. Seewasser aus d. Pazifik 47-0745; – u. d. Färb. v. Jupiter 51/52-0744.

Gewinn. v. Äthylen u. CO aus Gemischen mit – 3-2595; Eliminier. radioakt. – durch Clathratverb. 22-2175.

γ-Spektren v. Neutroneneinfang an – 33-0071.

Linienprofile v. Absorpt.-Spektren im fernen UV bei – 2-0096; Theorie d. Verschieb. v. Schwing.–Rotat.-Linien zweiatom. Mol. HCl, DCl, HBr u. CO in –-Matrizen 3-0373; Vakuumfunken als Lichtquelle zur Aufnahme d. Absorpt.-Spektren v. – im fernern UV 32-1925; Stör. d. Resonanzlinie v. in –-Matrizen eingebettetem Zn u. Cd bei tiefer Temp. 37-0371; IR-Spektren: v. HCl u. DCl in festen – 41-0164; d. C-Spezies C_2, C_3, C_4 u. CNN in –-Matrix bei *4* °K 45-0128; selektive Verstärk. in wasserstoffähnl. Mol. mit – (H_2 mit Ar u. Kr) 47-0124; Schwing.–Rotat.-Spektren v. monomerem HCl, DCl, HBr, DBr u. HJ in –-Gittern u. N_2-Dotier.-Experimente in –-Gittern 51/52-0297.

UV-Absorpt. v. festen – 2-0342; Besetz.-Umkehr zweier Energieniveaus v. –-Mol. in Lasern durch Entleer. d. unteren Niveaus mit Hilfe eines zusätzl. Gases 48-0141.

Relaxat. durch Hg-Edelgasstöße 3-0198; Diffus. in mit – beschossenem Pt u. Al 7-0332; –-Diffus. in Festkörpern (Diffus. v. Tritium in einer Ag–Li-Leg.) 8-0290; Anreg. v. – bei Elektron–Atom-Stößen (He) 10-0169; Dreikörperkräfte u. d. Stabilität einfacher Krist.-Gitter v. –-Atomen 11-0287; eingefangene Exzitonen in verd. –-Leg. 14-0367; Entweichen v. – aus festen Stoffen (bes. Kernbrennstoffen) 14-2220; Lebensdauer angeregter –-Reaktanten in d. Neutralrk. $X^* + Y \rightarrow XY^+ + e$ mit –-Atomen im Grundzustand 20-0155; Übergang zwischen definierten Rotat.-Zuständen v. TlF (2,0) → (3,0) bei Stößen mit –-Atomen 30-0133; Modelle zur Beschreib. angeregter Zustände v. festen – 33-0387; Anwend. d. Diffus.-Theorie auf d. –-Beweg. in mit Ionen beschossenen Festkörpern 35-0294; Exciton- u. Verunreinig.-Zustände in festen – 36-0397; kovalente Radien d. –-Atome 42-0077; Diffus. u. Ausscheid. v. – in Metallen 44-0303; bevorzugte Ausbldg. d. kub. dichtesten Kugelpack. bei ungerichteten Bind. zwischen erstnächsten Gitternachbarn bei – 45-0250; Stör. d. Rotat.-Niveaus eines zweiatom. Mol. in einer –-Matrix 48-0099; Valenzschalenstabilität v. – 49/50-0096; Anreg. v. – bei Elektron–Atom-Stößen (Ne) 49/50-0177.

Multiphotonenionisier. u. Durchschlag in – 1-0170; Einfl. d. Gasdrucks u. d. Löslichk. v. – auf d. elektr. Leitfähigk. geschmolzener Salze (Ar u. He in $NaNO_3$-Schmelzen) 1-0587; Berechn. d. Schwelle für eine Ionisat.-Lawine in – in Abhängigk. v. Ionisier.-Potential u. d. Laserfrequenz 5-0213; Nachleuchtunters. in –-H-Misch. 7-0213; spektroskop. Unters. über d. „schwache" u. „starke" Hochfrequenzentlad. in – 7-0222; Gyro-Wechselwrkg. v. Mikrowellen in Magnetoplasmen in – 11-0193; Instabilitäten v. Gleichstromentlad. bei geringen –-Drücken 11-0206; mittlere Energie u. Verteil.-Funkt. d. Elektronen in – 13-0221; durch Spaltfragmente erzeugte –-Plasmen 17-0190; kontrahierte Entlad.-Säule in – bei mittleren Drücken 22-0193; Beweis für d. Bedeut. d. N_2 ($^3\Delta_u$) in Entlad. u. Nachleuchten in N_2 mit – 25-0186; Verstärk.-Faktoren eines Teilchenmultipliers für mehrfach geladene –-Ionen 25-0394; partielle Ionisat.-Querschnitte v. – für Elektronen mit Energien v. *0,5–16* keV (He u. Ne) 26-0180; (Ar, Kr u. Xe) 26-0181; Elektronenzustände d. –-Mol., Nichtkreuz.-Regel u. Rekombinat. v. Elektronen mit –-Ionen 27-0209; Geometrie d. in – induzierten elektrodenlosen Entlad. 28-0180; Streuung v. $^7Li^+$-Ionen an –-Atomen (Energiefilter. v. gestreuten Ionen) 29-0176; elektr. Leitfähigk. einer Kombinat. v. Edelgas–Keim in Stoßröhren 31-0201; Mikrowellen-Rauschresonanzen hoher Intensitäten v. akt. –-Entlad. 31-0216; Best. d. D. d. besetzten u. unbesetzten Valenzzustände v. Festkörpern u. deren Oberflächen aus d. Energieverteil. v. mit –-Ionen abgelösten Elektronen 31-0429; Hohlkathodenglimmentlad. in – 32-0188; Ionisier. v. –-Atomen durch Elektronen- u. Protonenstoß bei hohen Energien 37-0192; Zünd. einer elektr. Hochfrequenzentlad. in – in Ggw. einer longitudinalen magnet. Indukt. 37-0216; Ähnlichk.-Bezieh. für Entlad.-Säulen in – bei mittleren Drücken 46-0199; eingeschnürte Entlad. in – (spektroskop. u. elektr. Mess.) 48-0185; (Analyse d. makroskop. Eig. d. Entlad.) 48-0186; Einfl. leicht ionisierbarer Beimeng. auf d. sich bewegenden Schichten in –-Entlad. 48-0188; Impulsübertrag. bei Ionisat.-Stößen in – 49/50-0180; Einfl. d. Geschw. v. –-Ionen auf d. Emiss. v. Sekundärelektronen 49/50-0387; –-angeregte Ionisat. v. Äthylen, reinem Äthylen sowie Äthylen u. NO zur massenspektrometr. Unters. 51/52-0582.

London-Potential zwischen Paaren v. –-Atomen 4-0514; mol. Wechselwrkg. in schweren – u. Berechn. d. Gitterparameter d. krist. – 4-0515; Wärmeleitfähigk.-Experimente an – zwischen konzentr. Zylindern 4-0519; Wechselwrkg.-Potential d. – 6-0543; thermodynam. Eig. v. – (Nachschlagewerke) 7-0042; zwischenmol. Dreikörperkräfte u. dritte Virialkoeff. d. – 13-0544; Entropie v. adsorbierten – bei sehr niedr. Drücken u. Temp. 16-0609; kinet. Koeff. v. – bei hoher Temp. 21-0483; Mess. d. van der Waals-Wechselwrkg. zwischen –-Atomen aus d. Streuquerschnitt für Stöße zwischen He u. anderen –-Atomen nach d. Mol.-Strahlmeth. 23-0518; Viskosität v. – 23-0519; therm. Ausdehn. verfestigter – 34-0345; Voraussage v. Transporteig. dichter – auf Grund d. van der Waalsschen Modells d. dichten fluiden Zustandes 35-0484; Schallabsorpt. u. Translat.–Rotat.-Relaxat.-Zeiten in Gasgemischen aus Para-H u. – bei niedr. Temp. 41-0525; Mess. d. Einfl. v. – auf d. Schwing.-Relaxat. in CO_2 mit d. Ultraschallmeth. 41-0527; Schmelzen v. –-Festkörpern bei hohen Drücken 44-0550; (N-*6*)-Potential für – 46-0509; Anwend. d. direkten Meth. zur Best. d. D. in Hartree-Fockscher Näher. auf – 38-0095.

Bind. v. –-Blasen an Ausscheid. 17-0331; Energieaustausch v. – mit W-Oberflächen (relative Akkomodat.-Koeff. d. He, Ne, Ar u. Xe bei *298* °K) 32-0645; Adsorpt. v. – durch Zeolithe 35-2142; Verweilzeit: v. adsorbierten –-Teilchen auf Pyrexglas durch Mol.-Ström.-Vers. 36-0625; v. absorbierten –-Atomen an Pyrexglasoberflächen 36-0626; Desorpt. v. – v. W-Einkrist. 36-0630; Abhängigk. d. Adsorpt.-Wärme v. Bedeck.-Grad unterhalb einer Monoschicht für – an Ruß 37-0646; Mechanismus d. Sorpt. v. – durch Ti 37-0650; Absorpt. u. Desorpt. v. – an Ti bei konst. Erneuer. d. Oberfläche 37-0651; statist. Mechanik d. Transportprozesse in adsorbierten –-Gemischen 43-0600.

Erzeug. v. sek.-Butylradikalen durch H-Addit. an cis-Buten-(2) in –-Gemischen (Kinetik) 15-0935; Chemie d. Edelgase (Übersicht an Hand d. Literatur seit Januar *1964*) 23-0708; Energieabhängigk. d. Querschnitte für stoßinduzierte Dissoziat. in – u. endotherme Ionenmol.-Rk. 31-0888; Ionen-Mol.-Rk., angewendet auf Elektronenübergangsrk. v. –-Ionen mit CO u. HD^+ 2-0691; Isotopeneffekte bei d. Rk. v. HD^+ mit – 51/52-0582; Clathratverb. v. p-Kresol mit – (Verb. v. p-Kresol mit Xe) 10-0745; Ox. v. Fe^{2+}-Ionen im Ultraschallfeld in Ggw. v. – 6-0761; durch – sensibilisierte Radiolyse v. Acetylen 15-0984.

Vers. d. Konservier. vorher mit – unter Überdruck gesätt. Erythrozyten durch Einfrieren in konz. Albuminlsg. 17-1522; physiolog. Effekte v. – auf Nervus ischiadicus u. Musculus gastrocnemius d. Frosches 1-1690.

Hohlkathoden mit regenerierbarer –-Füll. 18-1955; Verw. v. – zur Entgas. v. Metallen 15-2460*; CO-Entfern. aus Metallschmelzen mittels H-halt. –-Plasmas 18-2591*.

Gaschromatograph. Analyse v. –-Spuren in Luft u. Quellgasen 20-1889; Best. v. Arsin u. Stibin in – enthaltenden Permanentgasgemischen bei Vorliegen eines Stibinüberschusses 41-1932.

Bibl.: Fortschritte der chemischen Forschung. Bd. *5*, Teil *2*: Edelgas-Chemie. Teil *3*: Neuere Methoden. Teil *4*: Anorganische Chemie. Bd. *6*, Teil *1*: Naturstoffe B 42; Noble gases and scientific opportunism B 19; The noble gases B 51; The noble gases B 58.

Edelgasverbindungen

– in d. Radiochemie 21-0755; Synth. v. – durch Protonenbeschuß 28-0668; Clathratverb. v. p-Kresol mit Edelgasen (Verb. v. p-Kresol mit Kr u. Rn) 49/50-0655.

Edelmetalle

– in d. Saale u. in ihrem Einzugsgebiet 28-0773.

Herst. v. – aus bituminösem Schieferton 15-2513*; Wiedergewinn. v. – d. VIII. Gruppe aus desaktivierten Al_2O_3-Katalysatormassen 21-2275*; Betriebsvers. über d. Verarm. d. Na-Silicatschlacken an – 42-2266; Schwierigk. bei d. Verarbeit. v. – 22-2390; Entw. in d. –-Galvanotechnik (Übersicht) 6-2420; galvan. –-Bäder u. ihre Anwend. 7-2539; Herst. einer dichten Umhüll. für Kernreaktorbrennelemente durch Überziehen mit Schichten aus – 3-2199*; Aufdampfen abriebfester u. festhaftender –-Schichten auf Glas 17-2282*.

Opt. Absorpt. in – 16-0271; opt. Absorpt. einwert. – (Mess. an sehr dünnen, durch Aufdampfen erzeugten Schichten) 31-0358; Einfl. d. Abscheid.- u. Aufheizgeschw. durch Verdampf. auf d. opt. Konst. v. –-Schichten auf Glasträgern 31-0360; farbmetr. Unters. an galvan. –-Überzügen (Einfl. d. Oberflächenrauhigk. auf d. Farbmess. durch diffuse Reflex.) 48-0308; Theorie d. Löslichk. v. – auf Zwischengitterplätzen in Pb, Sn, Tl, In u. Cd 12-0253; Stufe III der Ausheil. protonenbestrahlter – 26-0311; Kohäs.-Energie v. – 27-0294; Theorie d. Kohäs. v. – 33-0235; Spann.-Energie einer Versetz.-Schleife in – 35-0217; Anharmonizität in – (elast. Konst. höherer Ordn.) 37-0336; Elastizitätsmoduln v. – 51/52-0267, 51/52-0268; elektron. u. magnet. Eig., wie Übergangstemp. zu Supraleit., magnet. Suszeptibilität u. spezif. Elektronenwärme v. – d. Übergangselemente als Funkt. d. Elektronendichte 5-0479; Thermokraft u. elektr. Widerstand einiger Kontaktwerkstoffe auf –-Basis 40-0355; Orientier. v. ^{54}Mn-Kernen in – in Magnetfeldern 35-0462; Berechn. d. Knight-Verschieb.-Werte für – durch eine direkte Meth. 42-0368; Interpolat.-Schema für d. Bandstruktur 44-0492; Best. anod. $H_2/^2H_2$-Trennfaktoren an Edelmetallelektroden 2-0647; Kinetik d. Zementat. v. – auf Ni 14-0705; Einfl. v. –-Mischkatalysatoren auf d. anod. Ox. v. Methanol u. Formiat 37-0613; elektron. Beitrag zur Ultraschalldämpf. in – 4-0280; spezif. Wärme u. spezif. Widerstand verd. nichtmagnet. Leg. d. – 23-0286.

Rk. mit schwerschmelzenden Carbiden 45-0746; Ox. in O_2-halt. Mineralsäuren 48-2273*.

–-Verteil. auf Trägerkatalysatoren 1-0666; Herst. v. Vinylacetat in Ggw. eines – d. VIII. Gruppe d. Period. Syst. 4-2512*; Hydrier. v. Butadien-(1.3) unter Katalyse d. – d. VIII. Gruppe 12-0946; Best. d. Aktivitätsverlustes eines KW-Stoffkatalysators aus einem – u. anorgan. Oxidträger 16-2718*; Verw. v. – d. VIII. Gruppe auf einem krist Alumosilicatzeolith als Hydrokrackkatalysator für KW-Stofföle 24-2768*; Rk. v. –-Halogeniden mit Acetylenen 26-0788; Rk. v. Olefinen mit HCl u. O_2 in Ggw. eines – d. VIII. Gruppe 35-2355*; Rk. v. C_2H_4, O_2 u. HCl mit – d. VIII. Nebengruppe d. Period. Syst. als Katalysator 39-2370*; Rk. v. C_2H_4 mit O_2 in Ggw. eines – d. VIII. Gruppe d. Period. Syst. 40-2504*; Best. d. Mechanismen

d. Oberflächenrekombinat. aus Stufenfunkt.-Ström. v. atomarem O über — 45-0645; organ. Synth. mit —-Verb. (Synth. v. gesätt. Carbonsäureestern aus Olefinen) 49/50-0898; (Rk. d. π-Allyl-PdCl_2-Komplexes mit CO) 51/52-0943.

Übersicht über gravimetr. Meth. zur Best. d. — 23-1976; photometr. Meth. zur Best. d. — 30-1997, 30-1998; Best. in Lsg. durch Röntgenfluoreszenzspektroskopie 34-2083; Abtrenn. u. Best. d. Platinmetalle durch Fe/Cu/Ni-Samml. 1-2083; extraktive Trenn. v. — mit Triisobutylamin 37-1877; Best. v. Ru u. Os in einem —-Konzentrat 28-2070.

Edelmetallegierungen

Theorie d. anomalen thermoelektr. Effekts in magnet. verd. — mit geringem Geh. an Übergangsmetallen 35-0386; elektr. Widerstand v. äquiatomaren Seltenerdmetall/Edelmetall-Verb. 40-0405; katalyt. Aktivität v. — 24-0986; Verw. einer — für Spannbänder in Meßinstrumenten 1-2568*, 1-2569*, 22-2506*.

Edelmetallverbindungen

Gesetzmäßigk. d. Extrakt.-Verteil. d. Cyanokomplexe v. Edelmetallen 11-0596; organ. Synth. mit Hilfe v. — 10-1040, 28-0968, 44-0772, 49/50-0898; Ox. v. Olefinen in Ggw. v. Edelmetallsalzen 46-2469*.

Edelopal s. unter *Siliciumoxide*: SiO_2.

Edelsteine, —-Mineralien 47-2023; künstl. Beeinfluss. v. —-Färb. 6-2184.

Bibl.: Gems, minerals, crystals and ores; a collector's encyclopedia B 83.

EDE-10 P s. unter *Plaste, Aminharze.*

Eder-Lösung, Red. v. — im Ultraschallfeld 34-0712.

Edestin s. unter *Proteine, Spezielle Proteine.*

Edolan A, Verw. v. — extra beim Färben v. Wolle/Polyamid 7-2951.

Edrophonium s. unter $C_{10}H_{17}NO_2$.

EDTA s. unter $C_{10}H_{16}N_2O_8$.

Effektol, Lsgm.-Emuls.-Prod. in d. Textilindustrie 32-2963.

Effortil s. unter $C_{10}H_{15}NO_2$.

Effusion s. unter *Diffusion.*

Efiran-3 s. unter $C_7H_{15}ClO$.

Efiran-99 s. unter $C_8H_7Cl_3O$.

Efiran-103 s. unter $C_{18}H_{38}O_6$.

E 605 forte s. unter $C_8H_{10}NO_5PS$.

Efosin, Wrkg. auf d. menschl. isolierte Myometrium 14-1755.

Egalisierer „A", Antistatika für Textilien 36-2780.

EGTA s. unter $C_{14}H_{24}N_2O_{10}$.

Ehrlichs Reagenz s. unter $C_9H_{11}NO$.

EI 171 s. unter *Eisen, Schmiedeeisen und Stahl (Sondermarken).*

EI 262 s. unter *Eisen, Schmiedeeisen und Stahl (Sondermarken).*

EI 283 s. unter *Eisen, Schmiedeeisen und Stahl (Sondermarken).*

EI 347 s. unter *Eisen, Schmiedeeisen und Stahl (Sondermarken).*

EI 403 s. unter *Eisen, Schmiedeeisen und Stahl (Sondermarken).*

EI 417 s. unter *Eisen, Schmiedeeisen und Stahl (Sondermarken).*

EI 481 s. unter *Eisen, Schmiedeeisen und Stahl (Sondermarken).*

EI 515 s. unter *Eisen, Schmiedeeisen und Stahl (Sondermarken).*

EI 579 s. unter *Eisen, Schmiedeeisen und Stahl (Sondermarken).*

EI 617 s. unter *Nickellegierungen (Sondermarken).*

EI 695 s. unter *Eisen, Schmiedeeisen und Stahl (Sondermarken).*

EI 702 s. unter *Eisen, Schmiedeeisen und Stahl (Sondermarken).*

EI 723 s. unter *Eisen, Schmiedeeisen und Stahl (Sondermarken).*

EI 811 s. unter *Eisen, Schmiedeeisen und Stahl (Sondermarken).*

EI 847 s. unter *Eisen, Schmiedeeisen und Stahl (Sondermarken).*

EI 867 s. unter *Nickellegierungen (Sondermarken).*

EI 929 s. unter *Nickellegierungen (Sondermarken).*

EI 961 s. unter *Eisen, Schmiedeeisen und Stahl (Sondermarken).*

EI 992 s. unter *Eisen, Schmiedeeisen und Stahl (Sondermarken).*

EI 437 A s. unter *Nickellegierungen (Sondermarken).*

EI 559 A s. unter *Nickellegierungen (Sondermarken).*

Eialbumin s. unter *Proteine, Spezielle Proteine (Ovalbumin).*

EI 437 B s. unter *Nickellegierungen (Sondermarken).*

Eidotter s. *Eigelb.*

Eier

Siehe auch *Eigelb; Eiweiß.*

Sulfataktivier. u. Sulfotransferase bei gebrüteten Hühner-— 4-1316; Erneuer. u. Speicher. v. Riboflavin in — v. Gallus gallus 16-1538; Vgl. d. Empfindlichk. v. Hühner-, Enten- u. Puten-— gegenüber mikrobiellem Angriff 26-3397; Riboflavinstoffwechsel während d. —-Bldg. bei d. Leghenne 27-1607; Ausschütt. v. Vasotocin u. —-Ablage bei d. Henne 33-1515; Veränder. d. Erythrozytenspiegels u. d. mittleren korpuskulären Hämoglobinkonz. in Hennen während d. Legezyklus 37-1487; Bldg. v. H^+-Ionen aus d. Phospholipiden d. — 41-1542; Veränder. d. Konz. v. Folsäure in Hühner-— während d. Entw. 45-1473; Enzymbldg. im embryonalen Reisendosperm fördernde Extrakte v. Hühner- u. Wachtel-— 46-1286.

Chem. Zus. u. Cholesteringeh. v. Hühner-— (Einfl. d. Legezeiten) 7-3399; —-Proteine einer isolierten Populat. v. Gallus gallus 10-1545; Aminosäurezus. d. Eiweißhaut d. Hühner-— 11-1584; Ronnelrückstände in Hühner-— 18-3380; Mucopolysaccharide v. Geflügel-— 19-1470; chem. Zus. v. — (Übersicht) 24-3336; Rückstände v. verdampften Insektiziden in Hühner-— 25-3038; Einfl. v. Co u. B_{12} auf d. B_{12}-Geh. v. Hühner-— 37-1499; Interferon aus in Ggw. v. Newcastle-Krankh.-Virus bebrüteten Hühner-— 39-1333; Retinal in — 39-1493; chromatograph. homogenes Lecithin v. —-Phospholipiden 41-2935.

Schutzwrkg. v. — gegen Strahlenschäden d. Körpers 3-1654; Eig. v. in Sprühtrocknertypen hergestelltem —-Pulver 13-3480; Dampfdruck v. W. u. CO_2 über Volleipulver mit Zusätzen v. Kohlenhydraten 17-3001; Erhöh. d. Lagerfähigk. v. — durch einen Überzug mit Vaselinöl 19-3240; Inaktivier. d. α-Amylase als Kennzeichen d. wirksamen Wärmebehandl. v. fl. Voll-— 20-3335; enzymat. Abtrenn. einer Aldose aus fl. Vollei 22-3191*; Steiger. d. Haltbark. v. —-Prod. durch enzymat. Abbau d. Glucose 31-3058*; Herst. v. Trockeneiprod. mit erhöhter Stabilität 38-3210*; Einfl. v. Bestrahl. auf d. Schälbark. frisch gelegter, hartgekochter — 42-3078.

Nachw. v. gelöstem —-Pulver in fl. — 1-3356; Goldfärb. d. Schalenhautfasern d. Vogel-— am Schliff 2-2082; App. zur Extrakt. d. Gesamtlipide in —-Pulvern 2-2150; Best.: v. Fremdstoffen in —-Prod. 44-1948; d. Geh. an Zoocumarin in Hühner-— 51/52-1511.

Eigelb (Eidotter)

Siehe auch *Eier.*

Mastzellenprod. u. Gewebecalcifikat. durch — 3-1203; Einfl. d. Verfütter. v. Fetten auf d. Lipidzus. d. Hühner-— 4-3105; Struktur „komplexer" Phospholipide aus Hühner-— 12-1508; Isolier. u. Charakterisier. v. Lipoproteinen geringer D. aus nativem —-Plasma 13-1596; Livetine aus Hühner-— 13-1683; Erneuer. u. Speicher. v. Riboflavin im — v. Gallus gallus 16-1538; Riboflavin-Flavoprotein aus — 21-1609; enzymat. Abtrenn. einer Aldose aus — 22-3191*; NMR-spektroskop. Unters. d. Wechselwrkg. v. —-Lecithin mit Cholesterin 24-1520; Veränder. d. makromol. Hauptfrakt. d. — während d. Embryogenese 27-1586; —-Proteine u. ihre Spaltprod. (Aminosäuresequenzen im Phosvitin) 30-1364; Konservieren v. fl. — durch β-Propiolacton 31-3057*; Flavoproteine im — d. Legehenne 48-1441.

Nachw. v. Trocken-— in fl. Ei 1-3356; chromatograph. Trenn. v. Phosvitin, α- u. β-Lipovitellin aus —-Granula an TEAE-Cellulose 6-1571; Verw. v. — als Substrat bei d. Phospholipase-A-Best. 24-1327; —-Rk. zur Best. v. Enzymen u. Toxinen v. Staphylokokken 39-1278; Best. v. Thiamin in — 47-1467.

EI 612 K s. unter *Eisen, Schmiedeeisen und Stahl (Sondermarken).*

Eiklar s. *Eiweiß.*

Eikosan s. unter $C_{20}H_{42}$.

Eikosanal s. unter $C_{20}H_{40}O$.

Eikosanol s. unter $C_{20}H_{42}O$.

Eikosansäure s. unter $C_{20}H_{40}O_2$.

Eileiter s. unter *Organe, Geschlechtsorgane.*

Einschlußverbindungen s. unter *Komplex- und Molekülverbindungen.*

Einsteinium

Lsgm.-Extrakt. v. — aus mit Aussalzmitteln versetzten Nitratlsg. mit einem tert. u. einem quart. Amin 45-0504; Zerfallsschema v. ^{254}Es 7-0111; α-Zerfallsverzweig. v. ^{255}Es 22-0091; Erzeug. v. —-Isotopen in thermonuklearen Explos. (Barbel-Test) 34-0093; Valenzzustand u. Atomabstände in krist. — 29-0195; thermodynam. Charakteristik d. Ionisat. v. gasf. — 16-0488; kernmagnet. Abschirm.-Konst. v. — 18-0089; Anionenaustauschverh. d. Syst. Cf/Es u. Fm/Es mit EDTA 43-0615.

Organische Einsteiniumverbindungen

Dissoziat.-Konst.: d. Chelatkomplexes v. Es mit 1.2-Diaminocyclohexantetraessigsäure (DTCA) 18-0534; eines Chelats v. DTPA mit Es 20-0548.

EI 695 R s. unter *Eisen, Schmiedeeisen und Stahl (Sondermarken).*

Eis s. unter *Wasser. Speiseeis* s. dort.

Eisen

Allgemeines

Technical Papers for the *72*nd Iron and Steel Institute of Japan Meeting, Tokyo *1966* (Part I) 22-2348, 22-2353, 22-2354, 22-2372; (Part I, II) 22-2357, 22-2362, 22-2363, 22-2378; (Part II) 22-2406, 22-2415, 22-2431, 22-2435; (Part III) 22-2425.

Geschichte

Metallograph. Unters. einiger —-Gegenstände d. Grabkrug-Kulturperiode Azerbaidshans 31-0790; Fabrikat.-Technik v. —-Waffen bei den Etruskern, Unters. einer Lanzenspitze aus dem *4.* Jahrundert v. Chr. v. Montefiascone 39-0833.

Vorkommen

Fe I u. Fe II in d. Atmosphäre v. β-Lyra 1-0768; verbotene Linien v. [Fe II], [Fe III], in Be-Sternen 10-0804; Fe I-Emiss. d. Kometen Ikeya Seki (*1965* f) 10-0814; Absorpt.-Linien v. — im Stern HD *96446* 20-0761; — im Spektrum v. RY Sagittarii bei hoher Dispers. 20-0763; Linien v. Fe I u. Fe II im Meteor *36221* 25-0821; Emiss.-Linien im Spektrum v. η Carinae 30-0722; Häufigk. in Ba-Sternen 30-0736; Verhältnis Mn/Fe in G-Zwergen u. zwei gelben Riesen 30-0737; — im Spektrum v. Theta-Leonis 30-0744; Häufigk.: in d. Atmosphäre d. Sirius 30-0745; in d. kosm. Strahl. 35-0736; — in d. Unterzwergen Gamma-Pavonis u. Zeta-Reticuli 35-0745; Fe I-Linien in Spektren v. Sternen d. späten Typs 35-0764; Fe XIV-Linien in Überresten v. Supernovaeausbrüchen v. Typ II 35-0783; Emiss.-Linien v. Fe I u. Fe II in Tagspektren d. Kometen Ikeya-Seki in d. Nähe d. Perihels 35-0786; Häufigk. in zwei —-reichen Sternen d. Si-λ *4200*-Gruppe 35-0825; —-Linien v. Objekt M *1—2* 35-0828;

Fe III u. – im Spektrum d. Überriesen μ Cephei 35-0831; Linien v. – im Spektrum v. TV Camelopardalis 35-0832; Fe II u. Fe III im Spektrum v. S-Doradus 35-0833; Fe II u. Fe III im Spektrum v. η Carinae im Jahre *1961* 35-0835; – im Spektrum v. K-Sternen 35-0837; Linien v. – in d. Atmosphäre v. U Mon 35-0838; Fe II in d. Spektren d. kometar. Nebels NGC *2261* u. d. assoziierten Sterns R Mon 35-0839; relative Linienintensitäten v. Fe II im Spektrum v. AG Peg im Jahre *1964–1965* 35-0842; Linien v. Fe II im Spektrum v. Be-Sternen im Gebiet v. h u. χ Persei 35-0843; Berechn. für Fe I bis Fe IX in Modellen planetar. Nebel 40-0749; Linien v. Fe I u. Fe II im Spektrum d. Hülle v. NHer *1934* 40-0771; Häufigk. v. –, Fe I u. Fe II im Mn-Stern *53* Tauri 40-0772; Äquivalentlinienbreiten v. Linien d. Fe II in bes. A- u. B-Sternen 45-0787; Emiss.-Linien v. Fe I u. Fe II im Spektrum d. sehr lichtschwachen R Aquarii im Jahre *1964–65* 45-0788; physikal. Eig. kalter Sterne: Berechn. v. Modellatmosphären mit – 51/52-0720; – in Spektren v. A DS *3910* 51/52-0729; Häufigk. v. – im Spektrum d. BOV-Sterns τ Scorpii 51/52-0735.

– in d. Sonnencorona 1-0799; Besetz. angeregter Niveaus d. Grundzustandes d. Ionen Fe X, XI u. XIV in d. Sonnenkorona 1-0804; Intensität u. Polarisat. d. verbotenen Linien d. Fe XIII-Ions in d. Sonnencorona in Ggw. eines nichtradialen magnet. Feldes 1-0805; Ggw. verbotener Linien v. [Fe II] in d. Sonnenabsorpt. 10-0825; Röntgenemiss.-Linien d. Sonnenspektrums v. Fe XVII 20-0767; – im Sonnenspektrum 20-0772; Intensität u. Polarisat. d. verbotenen Strahl. d. Fe XIII-Ions in d. Sonnenkorona 20-0774; Identifizier. einiger intensiver –-Linien im Sonnenspektrum nahe *170* Å 25-0789; Linien v. Fe I u. Fe II in Konkavgitterspektren d. Sonnenfleckens Mt.-Wilson Nr. *11730* 25-0805; relative Häufigk. in d. Sonnenkorona 30-0768, 30-0769; Unters. magnet. Felder in verschiedenen Tiefen d. Sonnenatmosphäre mit Hilfe d. Linien Fe λ *5250* Å 40-0780; relative Häufigk. auf d. Sonne 40-0784, 40-0790; verbotene Linien in d. Absorpt. d. Sonne v. –-Ionen 40-0791; theoret. Übergangswahrscheinlichk. v. Linien d. Sonnenkorona für Fe XI u. Fe XIII 51/52-0755.

Beobacht. zum Fe–Si–Mg-Verhältnis in Chondriten 2-0782; aus d. Häufigk. v. – abgeleitete Zus. d. Erdmantels 4-0766; Auftreten u. Entsteh. v. Fe^{+} in d. niederen Ionosphäre 20-0790; Best. d. Häufigk. in *218* einzelnen meteorit. Chondren mittels Aktivier.-Analyse 24-0809; Fe^{+}-Ionen meteorit. Ursprungs in d. unteren Ionosphäre 35-0853.

– in Nd. d. Umgeb. v. Bratislava 1-0821; Verteil. v. – im Weferlinger Quarzsand 3-2300; geochem. Unters. d. kreidehalt. Ferromangansedimentärgesteine v. Timor 4-0798; Geh. an – in d. Tonsandkomplex d. nördl. Teils d. Moldauischen Plattform–Siret, Gebiet Suceava 21-0854; –-Verteil. in koexistierenden Biotiten u. Hornblenden aus metamorphen Caledoniten westl. u. nordwestl. Trondheim, Norwegen 22-0766; Unters. mit d. Elektronenmikrosonde an Kügelchen aus Sedimenten d. Atlantiks mit einem Ni–Fe–Co-Kern 23-0790; geochem. Verh. v. – in d. silur. Ablager. d. Norilka-Flußbettes 27-0819; Zustand d. – in d. –- u. bicarbonathalt. Quelle v. S. Caterina Valfurva 28-0772; –-Geh. d. Zinkblenden verschiedener Pb/Zn-Vork. in d. nördl. Kalkalpen 28-0826; –- u. Mn-Erzvork. in d. vulkan.-sedimentären Lagerstätten d. Ordovizium im Nord-Mugodžar 28-0832; Vork. v. akzessor. limonit. –-Erzen in d. metamorphen Format. d. Sierra Nevada (Südkordillere, Spanien) 32-0810; geochem. Daten v. – aus d. Mesozoikum v. Ungarn 34-0818; Geochemie v. – u. anderen Elementen d. –-Gruppe in Amphiboliten d. Hecla-Hoek-Abfolge in Wedel-Jarlsberg-Land, Westspitzbergen 39-0813; –-Erzablager. d. Fumarolenfeldes v. Santori-Vulkan 46-0808; Verteil. v. – in einigen Böhmitbauxiten aus d. Türkei 47-0750; Verteil. in braunen Waldböden u. „Smol'nica"-Schwarzerden Bulgariens 48-3056; Vork. v. –-Partikeln in d. kohl. Chondriten Orgueil 49/50-0724.

Pyroklast. Gesteine in einer südafrikan. –-Format. 33-0862; Konz. v. – im Meer vor d. südafrikan. Küste 39-0778; Lsg.-Transport v. – durch einen Fluß d. Elfenbeinküste 43-0754.

Entsteh. v. Magnetit in –-Format. d. Gebietes um den Oberen See 13-0866, 19-0858; Mineralogie u. Petrologie d. metamorphosierten –-Format. v. Wabush, Südwest-Labrador 22-0772; petrograph. u. modale Verhältnisse d. Ti–-halt. Magnetitablager. v. Sanford Hill 22-0774; Fe/Mg-halt. Silicatmineralien in d. metamorphosierten –-Format. v. Wabush Lake u. benachbarten Bezirken Neufundland u. Quebec 28-0834; Basaltgesteine mit gediegenem – v. Disko, Westgrönland 31-0781; Plagioklas–Spinell–Graphit-Xenolithe in metall. – führenden Basalten, Disko Island, Grönland 32-0828; Geochemie v. Gesamt-– in vulkan. Gesteinen v. Yellowknife 33-0870; –-Geh. in Carbonatgesteinen d. Zechsteins 34-0815; chem. Zus. d. Biwabik-–-Format., Minnesota 34-0830; ($^{18}O/^{16}O$-Fraktionier.) 34-0831; – in Böden v. New Brunswick 35-2718; –-halt. Trüb.-Zone in d. Nähe v. Key West, Florida 39-0777; –-„Kügelchen" d. Umgeb. d. Canyon Diablo-Kraters 42-0738; Uneinheitlichk. in d. Lokalisier. epigenet. –-Lagerstätten d. USA u. Kanadas 47-0764.

Vork. v. –-Lagerstätten v. Typ „Lake Superior" im Salto Necuima (Sierra de Imataca-Venezuelan. Guayana) 33-0882.

Chem. Zus. d. –-Mn-Konkret. d. Schwarzen Meeres 7-0821; Erschein. einer –-Metasomatose in Arkosehorizonten v. Kriworoshje 11-0826; Verteil. v. Mg u. – zwischen metamorphen Pyroxenen v. Saltora in West-Bengalen, Indien 16-0774; Seltenerdmetalle in präkambr. –-Erzformat. d. Priimandrowsker Gebietes 17-0839; Verh. v. – in Fumarolengas d. Mihara Vulkans, Japan 18-0780; –-Führ. d. Biotite aus Graniten Südwest-Kareliens als ein mögl. Kriterium d. Granitgenese 21-0857; Viridin-Quarz-Schiefer zwischen Ti-reichen –-Erzen u. Amphibolit d. Gebietes Chiei, Provinz Hidaka, Hokkaido, Japan 23-0794; – in hochradioakt. Falloutteilchen aus d. chines. Kerntest. 25-0828; kosm. Ursprung v. –-Kugeln zwischen Teilchen aus meteorit. Staub in Ondrejov 26-0802; Erschein.-Formen d. – in d. Ablager. d. Ox.-Zone d. Schwarzen Meeres 27-0817; – in Gabbros d. Nowa-Ruda-Bereichs 38-0818; sek. (Infiltrat.-)Minerale in sedimentären –-Erzen d. Kursker magnet. Anomalie 41-0832; Verteil. in d. Wässern d. Roten Meeres 43-0755; Wechselwrkg. v. – u. Si mit organ. Stoffen in d. natürl. Wässern v. Süd-Jakutien 43-0759; – in altersverschiedenen petrograph. Komplexen d. Nordkaukasus 43-0770; Zus. u. Genese d. Carbonate aus d. –-Quarziten d. Belozersker –-Erzreg. 43-0782; Nachw. in d. Asche d. Erdöle aus d. Stril'byc'-Gebiet 45-2356; Verteil. u. Wechselbezieh. v. – ,Ni u. Co in –-halt. Sedimenten v. Mokre Gore 46-0767; heiße Salzsolen u. rezente –-Ablager. in d. Tiefen d. Roten Meeres 49/50-0730.

Gebänderte –-Format. in Broken Hill, Australien, u. ihre Bezieh. zu d. Pb–Zn-Erzkörpern 19-0857; veränderte pyroklast. Gesteine in d. –-Format. d. Hamerslex Kette, Westaustralien 21-0870; Format. gebänderten – bei Broken Hill, Australien, u. ihre Bezieh. zu d. Pb–Zn-Erzkörpern 22-0777; Genese d. Mount Goldsworthy-Lager v. Nordwest-Australien 37-0858.

Unters. d. durch eine Kernexplos. in einer Salzlagerstätte gebildeten –-Mineralien 2-0817; Verteil. d. – zwischen koexistierenden Olivinen u. Ca-armen Pyroxenen in Peridotiten, Gabbros u. anderer Mg-halt. Umgeb. 7-0808; Sedimentat.-Geschw. auf äquatorialem mittelantlant. Boden u. ihre Bezieh. zu d. Natur d. kosm. Staubes 11-0812; Ni–Fe-Geh. d. Peridotiteinschlüsse u. d. verwandten Olivine aus einem Alkali–Olivin-Basalt 14-0883; Eklogittypen u. d. Verteil. v. Mg, – u. Mn zwischen Klinopyroxen u. Granat 23-0788; chem.-strukturelle Unters. v. – in gediegenem Bi 23-0797; typochem. Elementkomplexe, Fe–In–Ga-, Fe–Cd–In- u. Fe–Mn–Cd-Triaden, in Mineralen (am Beispiel d. Sphalerits) 24-0847; Geh. v. – in Spodumen 24-0851; korrodierte Quarzkörner in sedimentären –- u. Mn-Erzen 28-0824; Verh. v. – in Ozean u. Atmosphäre d. Erde 31-0776; feuerfeste Periklasziegel mit niedr. –-Geh. u. großer Splitterfestigk. 32-2307*; G. Kulleruds Geothermometer d. hydrothermalen –-halt. Sphalerite (Kritik) 36-0793; Erschein.-Form in feinpelit. Frakt. 37-0812; mögl. Kovarianz v. Rb u. – in Kalifeldspaten 38-0829; Besonderh. d. Bldg. metamorpher Ti- u. –-Ti-Konz. 43-0769; Ausfäll. v. – aus hydrothermalen Exhalat. d. Ost-Pazif. Rückens 47-0754; Einfl. v. sek. Mineralisat. auf d. –-Verteil. innerhalb d. Verwitter.-Rinde bas. Gesteine 48-0734; Häufigk. v. – in Sigma-Boötis 51/52-0737.

Geh. an – in Frakt. v. Kuhmilch 1-1282; Vork. in Trichosiderin (Pigment aus roten Haaren) 2-1525; Vork. in Rubredoxin, einem neuen Elektronenübertrag.-Protein aus Clostridium pasteurianum 3-1283; –-Geh. in Prod. d. Oxosynth. 3-2462; Ca-Bedarf höherer Pflanzen in Bezieh. zum –-Geh. 4-1426; ^{59}Fe in Vegetat.-Formen in d. Gegend d. Stadt Cluj 5-0843.

Kohlenhydratstoffwechsel v. –-reichem u. –-armem Staphyloccocus aureus 7-1446; Einfl. begrenzender Spurenelementzusätze auf d. –-Geh. in Mycobacterium smegmatis 8-1457; Geh. an Nicht-Häm-– in d. respirator. Partikeln mutierter Hefen 42-1268.

–-Vork. in Lecanora hercynica, Lecidea siliacea u. Acarospora montana 4-1396; –-Geh. v. Aschen zahlreicher Meerespflanzen 5-2141; Bezieh. zwischen Verteil. v. radioakt. – u. d. Nachdunkeln gekochter Kartoffeln 5-3305; jahreszeitl. Änder. im –-Geh. d. Blätter u. Stengel v. Taxus media 7-1501; Einfl. einiger N-Verb. auf d. –-Geh. d. Nährbodens bei einigen Chlorellaarten 11-1359; Geh. in Kakaobaumsämlingen bei unterschiedl. Ca-Ernähr. 13-1554; Einfl. v. Schatten, Düng., Bewässer. u. Jahreszeit auf d. –-Geh. d. Kakaoblätter (Theobroma cacao L.) 15-1431; –-Geh.: v. Gemüse 16-3247; in durch Digitoninfragmentier. v. Spinatchloroplasten erhaltenen Frakt. 19-1441; geringe Mengen – in Reiskleieöl u. Rapssamenöl 22-1313; durch ionisierte Luft verstärkte –-Chlorose in Gerstenkeimpflanzen (Hordeum vulgaris) 30-1338; Einfl. v. Zn auf d. Ansamml. v. – in Äpfeln 33-1481; Ursache d. –-Mangels bei d. Apfelbäumen im zentralen Kasachstan 33-1493; –-Geh.: in d. Blättern d. Kaffeebaumes Robusta im Lobaye-Gebiet 33-3092; in Spinatblättern 37-2856.

– als Bestandteil menschl. Zähne u. Knochen 1-1476; Einfl.: v. Co auf d. –-Gesamtgeh. einiger Organe männl. Ratten 1-1688; v. Ferriammoniumcitrat auf d. Wrkg. v. Allopurinol auf d. –-Geh. d. Leber 1-1709; Vork. in Lysosomen 2-1245; Hypoferrämie bei Mäusen (durch Endotoxine v. Brucella abortus u. E. coli) 5-1408; (u. seine Anwend. im biolog. Test v. Endotoxin) 5-1409; –-Ablager. in Koronararterien infolge v. Äthioningaben 7-1771; Nachw. eines mikrosomalen Unterschiedes im –-Geh. zwischen normaler Leber u. „minimal abweichendem" Hepatom 5123 durch Elektronenspinresonanz 8-1319; Wrkg. v. Testosteronpropionat auf d. Gesamt-–-Spiegel in Blut u. Geweben d. Albinoratte 19-1518; Serum-–-Geh. in Gehirn u. Erythrozyten nach 1.1-Dimethylhydrazin 19-1656; Wrkg. v. Progesteron auf d. – in Blut u. Gewebe bei Albinoratten 23-1443; Geh. in Ascaris 23-1487; Verteil. v. –: in subzellularen Frakt. d. Rindernebennierenmarks 24-1550; in mütterl. u. fetalem Gewebe trächt. Rhesusaffen nach einer einzigen i.v. Infus. v. ^{59}Fe-Eisendextran 24-1606; Einfl. v. Pyridoxin oder Vitamin B_6 auf d. –-Konz. bei Patienten mit Anämie 29-1555; erhöhte –-Affinität subzellularer Frakt. d. Leber v. Ratten nach Verfütter. v. Äthionin 29-1639; – in Rindermuskeln u. ihr relativer Bind.-Grad in wss. Rindermuskelextrakten 32-3185; Wrkg. v. Cortison auf d. –-Konz. im Plasma v. normalen u. Endotoxin-vergifteten Mäusen 35-1510; Geh. d. Honigtaus v. Megoura viciae 37-1382; Serum-– bei Paraproteinämien 37-1471; Beeinfluss. d. Radio-–-Clearance aus d. Blut durch Bestrahl. u. chem. Schutzsubstanzen 37-1548; Geh.: in menschl. Serum u. Blut 38-1549; im menschl. Serum 38-1550; Eisenurie nach einer einzelnen Dosis v. Desferrioxamin-B als diagnost. Test bei –-Überbelast. 38-1552; Geh. in Lunge u. Harn bei Krebs 39-1166; Einfl. d. Entfern. d. Nebennieren auf d. Geh. an – im Hirn d. Tiere 39-1418; Dynamik d. Arterien–Venen-Unterschieds im Geh. an – bei asept. Entzünd. 39-1446; Vork. als Spurenelement in d. Nahr. u. in Ausscheid.-Prod. 42-1499; Vgl. d. Wrkg. v. Toxohormon u. bakteriellem Lipopolysaccharid auf d. –-Konz. im Serum 43-1524; Geh.: im Serum v. Hämochromatosepatienten 44-1541; im Plasma v. normalen u. neutronenbestrahlten Eseln 44-1608; ^{55}Fe im Seewassermilieu u. bei d. Seefisch verbrauchenden Bevölker. 44-1618; Wrkg. dreier antimitot. Substanzen auf d. Siderämie beim Kaninchen 48-1432; Vgl. d. Gewebeverteil. v. ^{59}Fe bei d. männl. Ratte nach i.v. oder intragastr. Zufuhr u. in Abhängigk. v. d. Eiweißfütter. 48-1460; Transferrin als Vehikel für Plasma-– bei –-Mangelanämie 51/52-1407.

–-Geh. v. Phosvitin 5-1474; Natur d. Nicht-Häm-– in Ferredoxin u. Rubredoxin 8-1470; komplexe Bind. v. Fe^{3+} in Protocyanin (Blütenfarben) 12-1472; –-halt. Komponente d. phosphorylierenden Atmungskette 19-1349; Natur d. – im Ferredoxin 22-1356; Vork. in Membranfrakt. d. Milchfettkügelchen 22-3148; –-Geh. v. Rapsöl u. gehärtetem

v. vorred. Pellets aus Stahlwerksabfall im „Heat Fast"-Verf. 29-2390; Pelletisieren v. künstl. Magnetitkonzentrat 30-2324; Aufblähen v. Pellets während d. Red. 30-2331; Härt. v. Ti–Magnetit-Pellets 33-2346; Betrieb u. konstruktive Merkmale v. Lurgi-Dravo-Pelletieranlagen 34-2458; Verpuff. v. Klumpen während d. Pelletier. v. —-Erz 34-2459; Kinetik d. Trockn. grüner —-Erzpellets 35-2237; Herst. vorred. —-Erzpellets (Überblick) 38-2364; Red.-Kinetik v. —-Erzpellets mit H_2 u. CH_4 44-2223, 44-2224.

Herst. v. Pellets 4-2375*, 7-2558*; (Flußmittelkern) 7-2559*; Pelletisier. v. —-Erz: mit saurer Gangart 15-2452*; auf d. Wanderrost 18-2565*; Verhinder. d. Abriebs v. Pellets für d. Red. v. Hämatit im Drehrohrofen 18-2567*; Pelletisier. v. —-Erz oder Konzentrat mit Ca-Montmorillonit u. Na-Salz 20-2486*; Herst. v. pelletisiertem, vorred. Chromiterz 20-2488*; **Härten**: v. Pellets aus Taconiterz auf d. Wanderrost 21-2630*; v. Grünpellets auf d. Wanderrost 21-2631*; Bindemittel für —-Erzpellets mit Bentonit 21-2632*, 21-2633*; Pelletisier. v. feinkörn. nichtmagnet. —-Erz 21-2634*.

Brikettieren: Härten v. —-Erzbriketts für d. Hochofenbegicht. 20-2487*; red. Briketts aus feinkörn. —-halt. Materialien 22-2353; Brikettier. v. —-Oxiden unter Verw. v. bituminöser Kohle als Bindemittel 41-2308*; Bindemittel für —-Briketts mit Erdölbitumen zur Stahlverhütt. 43-2177*.

Allgemeine Reduktionsarbeiten

Red.-Vers. an Fe-Erzpellets mit CO–H_2-Gemisch 1-2465; Verarbeit. v. Pyritabbränden in Polen im Trommelofen 4-2279; Kinetik u. Mechanismus d. Red. fester —-Oxide in Fe–C-Schmelzen v. *1200 – 1500°* 4-2280; Red. v. Kertsch-Erzen 7-2459; Verw. v. Ersatzkörn. zur Best. d. Reduzierbark. v. —-Erzen 14-2484; Red. v. —-Erz 16-2432; Fluidität d. Fließbettred. 22-2357; Gegenstromred. v. —-Erz im Absinkbett 22-2363; Rk.-Temp. bei isothermer Red. v. —-Erzen 32-2334; Einfl. d. γ-Strahl. auf d. H_2-Red. v. Fe_2O_3 33-2351; anomales Verh. v. Ti–Fe-Erzkonzentraten mit Anthrazit bei Red. in fester Phase 39-2201; H_2-Red. v. feinen ägypt. —-Erzen 40-2274; Mechanismus u. Kinetik d. H_2-Red. v. Ilmenit 41-2243; Red. v. —-Erzen im Plasmastrahl 41-2315; Red.-Kinetik v. FeO·V_2O_5-Spinell mit H_2 44-2226; Verw. v. Erdgas–Luft-Gemisch zur Verringer. d. Rußbldg. bei d. Zers. u. gleichzeit. Red. v. Daskesan-Erz 46-2272; Red. v. —-Oxiden u. —-Erzen mittels App. mit vertikalbewegl. Ofen 46-2273; entkohlende Glüh. v. —-Erzkonzentrat u. Roh-—-Pulver (Einfl. d. Mahlfeinh.) 47-2175; Red. v. —, P u. Mn aus Mn-Schlacken 48-2401; technolog. Varianten d. direkten Red. v. —-Oxiden mit CH_4 51/52-2293.

Beschleun. Red. v. —-Erzen 2-2504*; zweistuf. —-Erzred. mittels CO u. KW-Stoffen 4-2383*; —-Herst. mittels Silicatglasschlacke 6-2437*; —-Erzred. im Ofen mit horizontalem Gasstrom 6-2443*; Red. v. —-Oxidpellets mittels CH_4 10-2576*; hydrometallurg. —-Gewinn. durch Chlorieren, Erz u. Red. d. $FeCl_2$-Schmelze 11-2617*; direkte Red. v. —-Erz 15-2477*; trockene Direktred. v. —-Erzen u. anschließende Magnetscheid. 18-2581*; Rückgewinn. d. Kohle bei d. direkten Red. v. —-Erzen 19-2544*; Red. v. Ni-halt., laterit. —-Erz 20-2503*; Red. v. —-Oxid im Rotat.-Ofen mit Schutz vor Reox. 24-2507*; —-Erzred. im Fließbett mit CO als Trägergas 28-2497*; trockene Red. v. —-Erz im Etagenofen 30-2436*; Umwandl. v. Fe_2O_3 in Erz in magnet. Fe_3O_4 mittels KW-Stoffe 36-2148*; Aufbereit. v. H_2 zur Red. v. —-Erzen 40-2411*; verbesserte Schmelzbehandl. v. —-Metallen in geschlossenen Kammern durch H_2-Zuführ. 47-2216*; Red. v. —-Oxiden mit Kohle u. KW-Stoffen 48-2543*; magnetisierende Red. v. —-Erzen 49/50-2271*; Aufbereit. v. Ilmenit-halt. Erz durch Teilred. 51/52-2412*.

Eisenschwammverfahren: Erzred. zu pyrophorem —-Schwamm u. Extrakt. als $Fe(CO)_5$ 1-2466; Angriff auf feuerfeste Steine im Krupp-Renn-Verf. 3-2376; Einfl. d. Ofenführ. auf Zus. v. Luppen im Krupp-Renn-Verf. 9-2529; Herst. v. Schwamm-— durch Red. v. Grünpellets im Drehrohrofen 13-2606*, 17-2429*; Wärmeverbrauch u. Red.-Geschw. d. —-Schwammverf. 26-2498; —-Schwammerzeug. nach d. SL/RN-Verf. im Drehrohrofen 30-2333; Herst. v. —-Schwamm: im Drehrohrofen 46-2400*; im Schachtofen 48-2545*.

Drehrohrofenverfahren: direkte Red. v. —-Erzen im Drehtrommelofen 2-2503*; Red. v. ox. Fe-Erz im Drehrohrofen 2-2513*, 4-2379*; (Vorbehandl.) 6-2436*; (Verf.) 6-2442*, 13-2598*; Red. v. —-Erzen im Drehrohrofen ohne Verback. d. Materials 13-2605*; Vorred. im Drehrohrofen 14-2588*; Red. mittels Holzkohle im Drehrohrofen 15-2480*; Red. v. —-Erz im Drehrohrofen 16-2433*, 16-2434*, 18-2580*; (kontinuierl. Verf.) 20-2501*; Vorred. v. feinkörn. oxid. —-Material im Drehrohrofen 30-2437*; Red. v. —-Erzen im Drehrohrofen 42-2377*; Red. v. schwerreduzierbaren Erzen im Drehtrommelofen 47-2213*.

Wirbelschichtverfahren: Wirbelschichtred.: v. Hämatit bei Montecatini 4-2281; v. Hämatit u. Magnetit 6-2444*; H_2-Red. v. —-Erz in d. Wirbelschicht mit Hilfsfüll. 7-2466; H_2-Red. v. —-Sanderzen in d. Wirbelschicht 9-2526; Red. v. —-Erzen in d. Wirbelschicht 11-2613*; (Verw. v. KW-Stoff-halt. Brennstoffen) 11-2614*; (Verw. v. H_2-reichen Gasen) 11-2615*; Red. v. —-Oxiden im Wirbelstrom 11-2616*; H_2-Red. v. —-Oxid in d. Wirbelschicht 12-2444*, 15-2478*; red. Röst. feinverteilter —-Oxide im Wirbelbett 21-2637*; H_2-Red. v. —-Erzen in d. Wirbelschicht 21-2647*; mehrstuf. Red. v. —-Oxid mittels H_2 u. CO in d. Wirbelschicht 21-2648*; Red. v. —-Oxid in d. Wirbelschicht mit geregelter Korngröße 21-2649*, 21-2650*; Red. v. —-Erz in zirkulierender Wirbelschicht 22-2363; red. Röst. v. oxid. —-Erzen zu Magnetit im Wirbelbett 22-2477*; Red. v. —-Oxiden in d. Wirbelschicht mittels H_2 u. CO 41-2312*; H_2-Red. v. —-Oxiden in mehreren übereinanderliegenden Wirbelbetten 41-2313*; FIOR-Wirbelschichtverf. d. ESSO mit KW-Stoffen 42-2261; Red. v. —-Oxid im Wirbelbett 46-2399*, 47-2215*; (Abgasaufbereit.) 48-2542*.

Reines Eisen

Kinetik d. Bldg. bei H_2-Red. v. Magnetit 2-2395; Raffinat. v. — mittels Ge 2-2506*; Verf. zur Herst. v. Rein-— im Vakuumindukt.-Ofen 3-2387; Bldg. v. Fe^{2+} bei d. Selbstred. v. $Fe[Fe(CN)_6]$ 8-0772; elektr. Reinig. mittels Ionendurchgang durch festes FeO 9-2534; Herst. eines —-Films 12-2227*; Ausscheid. v. — im Harn 13-1721; Bldg. bei H_2-Red. v. pelletisiertem —-Chlorid 15-2466*; Verh. v. Begleitelementen im Weich-— beim Umschmelzen im Elektronenstrahlmehrkammerofen 16-2329; Erschmelzen v. reinem — 22-2363; Erzeug. v. trägerfreiem ^{52}Fe für medizin. Verw. 24-1651; Herst. v. —-Einkrist.-Whiskers durch Verdampfen im Vakuum 30-2435*; Eig. v. durch Elektronenstrahlschmelzen raffiniertem — 34-2474; Gewinn. v. ^{59}Fe aus mit Neutronen bestrahltem Co 40-0726; Reinig. durch Verschieb. einer „umgewandelten" Zone 47-0696; kathod. Abscheid. v. — mit $<0,5\%$ Mn bei Elektrolyse v. deuteronbestrahlten Targets mit ^{54}Mn u. ^{55}Fe in H_2SO_4 48-0702; Reindarst. v. — durch Ionenaustauschchromatographie 48-0703.

Entfernen von Eisen

Entfern. aus Grundwasser durch Belüften in geschlossenen Vorr. 8-2028; Abtrenn. aus W.: mit Filterhilfsmitteln 16-2101; mit $KMnO_4$ 28-2158; mit Ox.-Mitteln (Redoxpotential) 30-2124; Anlage zur Fe(III)-Abscheid. aus Abwasser durch Ausfäll. als Hydroxide 34-2239; Enteisen. v. Trinkwasser 48-2134; (entlegene W.-Versorg.-Anlagen Alaskas) 48-2135.

Erniedrig. d. —-Geh. v. Ti-Erzen 1-2321*; —-Entfern.: bei synthet. Silicagel- bzw. SiO_2/Al_2O_3-Krackkatalysatoren 1-2892*, 1-2893*; im Syst. HBr–organ. Lsgm. durch Anionenaustauschtrenn. 3-1983; aus anorgan. Thiocyanatlsg. mit Ionenaustauschern 7-2714*; aus NH_4Cl 10-2309; Reinig. d. Ce v. —-Beimeng. durch elektr. Überführ. oder deren Koppl. mit Zonenschmelzen 14-0810; Entfern.: aus Kupfervitriol durch Umkristallisat. mit HF als Komplexbildner 17-2199*; bei d. Au-Raffinat. 19-2452; v. —-Sulfiden aus Sand u. Mineralien durch Säurelaug. 19-2520*; Behandl. v. Cr-Erz zwecks Verminder. d. —- u. Erhöh. d. Mg-Geh. 20-2308*; selektive Entfern. aus —-Verb. enthaltendem Material 20-2502*; Extrakt. aus Schlacken d. Pb-Schmelze durch Vakuumdest. 25-2169; Entfern.: aus Bauxit mit NH_4Cl 27-2203; aus Beizbädern mittels Ionenaustausch 30-2158; aus konz. Hydrooxidlsg. mit wasserlösl. Copolymeren 31-2145*; Salzzubereit. für d. gleichzeit. Auffrischen u. Regenerieren v. durch — verdorbenem Ionenaustauschharz 41-2026*; Entfern.: v. störenden Fe(II) aus Bädern zur elektrolyt. Vernickel. 44-2394*; aus einer H_3PO_4-Lsg. 45-2075*; aus wss. $ZnCl_2$-Lsg. 48-2245*.

Verwendung

Verw.: als Akku-Elektrode 4-2175*; v. $_{26}^{59}$Fe in radioakt. Quelle 5-2254*; in pyrophorer Leg. für Zündsteine 5-3376*; —-Zusatz für Graphit zur Verbesser. d. kerntechn. Eig. 8-2169; Verw.: v. Ferri- oder Ferroionen zur Stabilisier. v. Hydroxocobalamin in Leberextrakten 16-1647; zur Herst. v. Gegenständen aus SiC 16-2251*; zur Ausfäll. v. Cu 16-2450*; v. metall. — zur Herst. v. —-Oxidpigmenten 17-2204*; photograph. Empfindlichk. dünner Halbleiterschichten auf — 19-0731; Verw. zur Herst. krist. feuerfester Formkörper 19-2344*; Entw. v. Mikroorganismen u. Fluoreszenz bei Eintauchen v. Geflügelfleisch in —-halt. W. 19-3239; Herst. v. elektr. leitfäh. Zement aus Portlandzement, Zuschlagstoff, —-Feile u. Ruß 20-2341*; Verw. eines —-Konstantan-Thermoelements 29-1952; Dauermagnete mit Polschuhen aus weichmagnet. — für magnet. Kernresonanzspektrometer 32-1915; feuerfeste Materialien aus Dispers. v. Metalloxiden in — 48-2368*.

Physikalische und physikalisch-chemische Eigenschaften

Einige Gesetzmäßigk. d. physikal. Eig. v. — 30-0160; Einfl. einer einleitenden Erhitz. bei hohen Temp. auf d. physikal.-chem. Eig. v. — 49/50-0715.

Kernstruktur, Kernumwandlung u. dgl.: Zerfall v. ^{56}Co → ^{56}Fe 4-0052; relative Intensität d. Positronenzweiges im *l*-verbotenen Übergang v. Grundzustand v. ^{56}Co in d. zweiten angeregten Zustand v. ^{56}Fe 4-0053; γ-Spektrum v. ^{56}Fe beim Elektroneneinfang u. β^+-Zerfall v. ^{56}Co 10-0056; —-Kernbldg. in O-Sternen 35-0744; ^{61}Fe 41-0102.

Aus β–γ(CP)-Korrelat.-Mess. im ^{59}Fe-Zerfall ermittelte Fermi-Matrixelemente 33-0101; Darst. v. ^{54}Mn mit großer spezif. Aktivität, ausgehend v. im Reaktor mit Neutronen bestrahltem — 36-0734; Demonstrat. d. Röntgenbeug. durch LiF u. NaCl unter Verw. v. MnK_α-Strahlen aus d. Zerfall v. ^{55}Fe 41-0232; Homogenitätsunters. an neutronenaktivierten Fe/Mn-Mischoxiden durch Mess. d. γ-Strahl. d. ^{59}Fe 44-0242.

Nucleare Orientier. v. ^{48}V-Kernen in — 1-0047; Elektroneneinfang- zu Positronenemiss.-Verhältnis ε/β^+ beim Zerfall v. ^{56}Co für d. zweiten angeregten Zustand v. ^{56}Fe 3-0098; ^{54}Fe-Spins u. Zerfallsmodi einiger tiefliegender angeregter Zustände 4-0034; Spin einiger Zustände in ^{55}Fe 8-0047; Unters. d. elektr. u. magnet. Felder, d. auf ^{19}F-Kerne wirken, d. durch Rückstoß d. Rk. ^{19}F(p, p′)^{19}F in — injiziert worden waren 11-0064; Energieniveaus: in ^{55}Fe 12-0040; v. ^{56}Fe 16-0047; Schalenmodellberechn. an ^{56}Fe u. ^{57}Fe 16-0048; nucleare Matrixelemente v. zweitverbotenen β-Übergängen in ^{59}Fe u. d. j–j-Koppl.-Modell 17-0091; magnet. Dipol- u. d. elektr. Quadrupolmomente angeregter Zustände v. ^{56}Fe 18-0044; adiabat. Exponent für d. Übergang Fe–He u. Paarerzeug. 20-0759; Spins einiger Zustände in ^{55}Fe 24-0051; Energie–Buildup-Faktoren für Cosinus-Quellen in — 25-0033; Nilsson-Modell für ^{57}Fe 28-0045; Lebensdauer d. *14,4*-keV-Niveaus v. ^{57}Fe 28-0046; Zirkularpolarisat. v. γ-Strahlen an magnetisiertem — 28-1941; Isomer mit hohem Spin u. hoher Energie in ^{53}Fe 29-0074; Absorpt. d. Energiestroms einer Kernkomponente in — 31-0028; Niveaustruktur v. ^{54}Fe nach d. allg. asymm. Rotormodell 32-0031; Energieniveaus: v. ^{55}Fe 32-0053; v. ^{55}Fe 33-0100; Einfl. angeregter innerer Freih.-Grade v. ^{54}Fe u. ^{57}Fe auf d. dynam. Stabilität d. Sterne 35-0738; Energieniveaus v. ^{56}Fe 40-0042; Kernspektroskopie v. ^{55}Fe in Chalk River 42-0029; Winkelkorrelat. u. Niveauschemata v. ^{58}Fe 42-0045; Kernorientier. v. ^{109m}Ag-Kernen in — 46-0036; Wrkg.-Querschnitt d. Compton-Streuung durch zylindr. Targets v. — 48-0004; Lad.-Dichten am Kern 48-0081; Zuordn. v. Spinwerten zu Energieniveaus in ^{59}Fe 51/52-0035.

Restreichweiteverteil. v. Höhenstrahlmyonen in — 2-0010; Myoneneinfangrate 13-0061; Wechselwrkg. kernakt. Teilchen d. kosm. Strahl. mit —-Atomkernen bei einer Energie v. 10^{11} eV 37-0073.

Alter d. Spaltneutronen zur In-Resonanzenergie in —-W.-Gemischen (Experiment) 3-0054; (Theorie) 3-0055; Dämpf. v. Spaltneutronenflüssen in —-W.-Gemischen 3-2188; γ-Ausb. aus unelast. Streuung v. *14,1*-MeV-Neutronen an — 4-0035; n′–γ-Winkelkorrelat. für ^{56}Fe(n, n′γ)$_{0,845}$ bei *3,3* u. *3,5* MeV

6-0037; Querschnitt für d. Erzeug. v. γ-Quanten bei unelast. Wechselwrkg. v. *14*-MeV-Neutronen mit —-Kernen 6-0038; Berechn. v. Neutronenquerschnitten v. — aus opt. Potentialen 7-0059; neuer Wert d. Neutronentrennenergie v. ^{57}Fe 8-0049; Spektren d. γ-Strahlen aus unelast. Streuung v. *5,8*- u. *7,5*-MeV-Neutronen 11-0059; Winkelverteil. v. γ-Strahlen in (n, n'γ)-Rk. an ^{54}Fe u. ^{56}Fe 11-0060; Querschnitte d. Strahl.-Einfangs schneller Neutronen für — 11-0085; Unters. d. Kernresonanzstreuung unter Benutz. v. Neutroneneinfang-γ-Strahlen aus — 13-0092; Wrkg.-Querschnitt v. ^{54}Fe(n, p)^{54}Mn im Neutronenenergiebereich v. *2,3*–*3,8* MeV 19-0085; Eindringen v. Neutronen hoher Energie in —-W.-Suspens. 20-2136; Mess. d. Winkelverteil. v. γ-Strahlen aus unelast. Streuung v. *2.5*-MeV-Neutronen an ^{54}Fe u. ^{56}Fe 21-0054; totaler Neutronenquerschnitt nahe *14* MeV 22-0007; Winkelverteil. d. schnellen Neutronen hinter einem —-Schutz 29-0311; Streuquerschnitte für schnelle Neutronen 30-0004; Best. d. Wrkg.-Querschnitte v. ^{56}Fe(n, p) für *14*-MeV-Neutronen mit einer Absolutmeth. 30-0068; durch eine monoenerget. Neutronenquelle im —-W.-Schirm erzeugte Spektren u. Dosen 31-0035; spezif. Eig. d. Einfangs therm. Neutronen durch ^{57}Fe 33-0070; totale Querschnitte für keV-Neutronen an ^{57}Fe 34-0017; Streuung v. *24*-MeV-Neutronen an — 36-0014; Mess. d. Dosis-Albedos schneller Neutronen für Abschirm. aus — 38-0009; γ-Spektren aus d. Strahl.-Einfang v. *7,4*-MeV-Neutronen in — 40-0064; γ-Strahlen aus ^{56}Fe(n, n'γ)^{56}Fe 45-0068; Einfl. d. Resonanzstruktur d. Querschnitts auf d. anisotrope Streuung schneller Neutronen u. ihre Transmiss. in — 46-0009; Resonanzstreuung v. Neutronen mit Energien v. *1*–*2* MeV an —-Kernen 46-0010; unelast. Neutronenquerschnitte für ^{56}Fe 46-0015; Schwäch. v. *3,95*- bzw. *4,70*-MeV-Neutronen durch 46-0029; Ausbreit. v. Neutronen in — 49/50-0042; krit. Streuung kalter Neutronen durch — 49/50-0043; Analyse d. Daten d. Neutronen- u. Protonentrennenergien für ^{59}Fe 49/50-0058; Neutronenrk.-Querschnitte bei *14,4* MeV 51/52-0067.

Anreg.-Funkt. u. mittlere Rückstoßreichweiten beim Beschuß v. ^{56}Fe mit *18*- bis *68*-MeV-^{4}He-Ionen 2-0055; Ausb. v. K-Isotopen beim Beschuß v. — mit Protonen bei hoher Energie 3-0099; differentielle Querschnitte für d. elast. Streuung v. *13,6*-MeV-Deuteronen an —-Kernen 4-0007; (^{3}He, n)-Rk. in — mit *19*–*25*-MeV-^{3}He-Ionen 8-0066; unelast. Streuung v. *155*-MeV-Protonen durch ^{56}Fe 13-0082; Analyse d. Streuung v. *26*-MeV-Deuteronen an — nach d. opt. Modell 14-0017; Rk.-Energiemess. für (p, n)-Rk. an ^{54}Fe 15-0095; Asymmetrie bei elast. u. unelast. Streuung v. polarisierten Protonen an ^{54}Fe u. ^{56}Fe 16-0046; ^{3}He-Streuung an ^{56,58}Fe 17-0075; Unters. d. Rk. ^{54}Fe(t, p)^{56}Fe mit hoher Auflsg. 18-0072; Asymmetrie d. elast. Doppelstreuung v. Deuteronen an —-Kernen 20-0012; Analogzustände aus (^{3}He, d) an ^{54}Fe 20-0033; Monte-Carlo-Berechn. d. Radionucliderzeug. in —-Targets beim Beschuß mit *400*-MeV-Protonen 21-0105; compound-elast. Wrkg.-Querschnitte bei d. elast. Streuung v. Protonen an ^{56}Fe bei Einschußenergien zwischen *9* u. *12* MeV 22-0027; Analyse d. elast. Streuung v. *13,6*-MeV-Deuterohen an —-Kernen nach d. opt. Modell 22-0029; Neveaudichteparameter aus (α, n)-Rk. an ^{56}Fe 22-0071; (^{3}He, t)-Rk. an —-Isotopen bei *22* MeV 23-0058; Anreg. v. 2^{+}-Zuständen in — durch unelast. Deuteronenstreuung 25-0056; Zweinucleonen-Übertrag.-Rk. ^{58}Fe(p, t)^{56}Fe 25-0088; J-Abhängigk. in d. Rk. ^{56}Fe(^{3}He, α)^{55}Fe 25-0090; Analyse d. Streuung v. *30*-MeV-Protonen an ^{56}Fe nach d. opt. Modell 27-0066; Elektron–Photon-Kaskadenschauer in — im Energiebereich oberhalb *100* GeV 28-0012; Drei L = *0*-Übergänge bei ^{57}Fe(p, t)^{55}Fe 28-0079; elast. Streuung v. Protonen niedr. Energie an ^{54,56,57,58}Fe 29-0063; Neutronenenergiespektrum d. Rk. ^{58}Fe(^{3}He, n)^{60}Ni 29-1923; Energieniveaus in ^{55}Co aus ^{54}Fe(^{3}He, d)^{55}Co 30-0039; Wrkg.-Querschnitt für d. unelast. Streuung v. *155*-MeV-Protonen durch ^{56}Fe 31-0067; unelast. Streuung v. α-Teilchen an ^{54}Fe, ^{56}Fe u. ^{58}Fe 31-0072; ^{59}Co(p, α)^{56}Fe u. ^{56}Fe(p,p') 35-0109; Vernicht. v. Positronen u. Elektronen in — 35-0291; J-Abhängigk. in ^{56}Fe(p, d)^{55}Fe 36-0070; Anreg. zweiter Ordn. bei d. unelast. Streuung v. α-Teilchen an —-Isotopen 38-0019; Streuung v. *30*-MeV-Protonen an — 40-0008; unelast. Streuung v. *155*-MeV-Protonen an ^{56}Fe 40-0043; nichtelast. Querschnitt für *14,5*-MeV-Protonen an —-Isotopen 40-0079; Protonenspektren aus d. durch *30,5*-MeV-α-Teilchen induzierten Rk. an — 41-0081; Neutronenspektren bei (α, n)-Rk. an ^{54,56,57}Fe 42-0056; (p, t)-Rk. an — 45-0082; J-Abhängigk. für d. Rk. ^{56}Fe(p, d)^{55}Fe 46-0055; Polarisat. v. *17,8*-MeV-Protonen bei d. elast. Streuung durch natürl. Targets v. — 48-0024; (p, 2p)-Rk. bei *156* MeV an ^{56}Fe 49/50-0085; elast. Streuung v. *29*-MeV-^{3}He an ^{56}Fe 51/52-0014.

Anwend. d. invarianten Einbett. in — auf d. Reflex.- u. Transmiss.-Problem v. γ-Strahlen 9-0331; Dosis-Buildip-Faktoren v. ebenen parallelen Barrieren aus — für ebene monogerichtete ^{60}Co-Quelle 15-0060; Rückwärtsstreuung niederenerget. γ-Strahl. an — 18-0020; Rückstreuung v. γ-Strahl. niederer Energie an — 21-0290; elast. Streuung v. γ-Strahlen mit E = *280* u. *662* keV an — 45-0043.

Mössbauer-Absorpt. in ^{57}Fe in Ggw. v. Elektronenspinrelaxat. 1-0050; Mössbauer-Effekt v. ^{57}Fe: in V_2O_3 4-0480; in NiO 5-0535; inneres Magnetfeld v. J in — (Mössbauer-Spektren) 6-0051; Verschwinden d. Quadrupolaufspalt. d. Mössbauer-Spektrums v. Fe^{3+}-dotiertem AgCl bei *300* °K 9-0392; Mössbauer-Unters. an ^{57}Fe im Perowskit $La_{1-x}Sr_xFeO_3$ ($0 \leq x \leq 1$) 11-0520; Mössbauer-Mess. an — 14-0538; Mössbauer-Effekt für ^{57}Fe-Verunreinig.-Atome 15-0312; Unters. d. inneren magnet. Felder an ^{57}Fe-Kernen in Ni–Zn-Ferriten nach d. Meth. d. Kern-γ-Resonanz 16-0057; Mössbauer-Unters.: d. Quadrupolaufspalt. an ^{57}Co-dotiertem AgCl: Fe^{2+} 17-0378; v. ^{57}Fe in $FeCr_2O_4$ u. FeV_2O_4 (Jahn-Teller-Effekte) 19-0074; Mössbauer-Unters. v. ^{57}Fe: in CoO bei hohem Druck 20-0452; in *2* CaO·$(Al_2O_3)_x$·$(Fe_2O_3)_{1-x}$ 25-0491; in CoO bei hohen Drücken 25-0495; automat. registrierendes Mössbauer-Spektrometer für — 25-1713; Mössbauer-Effekt an ^{57}Fe-Kernen: in $NiFe_{2-x}Cr_xO_4$ 26-0468; in Sesquioxiden des $D5_3$-Strukturtyps 29-0085; v. Fe(II) u. Fe(III) in $CoSO_4$ u. $CoSO_4 \cdot 7\,H_2O$ 29-0086; v. Coulomb-angeregten Niveaus 31-0073; in Verbind. mit einigen zweizähn. schwefelhalt. Liganden 31-0178; Unters. d. Zeitverh. zerfallender Zustände mittels Mössbauer-Effekt mit ^{57}Fe 33-0069; Mössbauer-Unters. an Fe^{2+} in $FeAl_2O_4$ u. $Mg_{0,98}Fe_{0,02}Al_2O_4$ 33-0509; Mössbauer-Hyperfeinspektren v. Fe^{3+} in Korund, Magnet- u. Krist.-Feldeffekte 33-0510; Mössbauer-Absorpt.-Mess. an —-halt. Mineralien 34-0833; Unters. d. Spektrums d. K-Konvers.-Linie v. ^{57}Fe mit Hilfe eines hydraul. Mössbauer-Spektrometers 37-0093; Mössbauer-Effekt an markierten —-Atomen 37-0095; Quadrupolaufspalt. d. *14,4*-keV-γ-Linie in Sulfaten d. Jarositgruppe 41-0070; Zusammenhang d. chem. Verschieb. u. Quadrupolaufspalt. in d. Mössbauer-Spektren mit d. Elektronenstruktur d. —-Atoms 42-0151; Unters. d. Rückkoordinat. v. —-Chelaten mit Hilfe d. Mössbauer-Meth. 43-0160; Mössbauer-Effekt v. ^{57}Fe in Ni mit elektrolyt. eingebrachtem H 44-0497; detaillierte Interpretat. d. Mössbauer-Spektren bei sehr tiefen Temp. u. Eig. v. Fe^{2+} in FeV_2O_4 44-0499; Dispers.-Erschein., verbunden mit d. Mössbauer-Absorpt.-Linien v. ^{57}Fe 49/50-0472; ^{57}Fe-Mössbauer-Spektrum v. γ-Fe_2O_3 49/50-0473; temperaturabhäng. Lebensdauern d. sich nicht im Gleichgew. befindl. Fe^{3+}-Ionen in CoO aus d. Mössbauer-Effekt 49/50-0474; Krist.-Feld-Interpretat. d. Eig. d. Fe^{2+} auf β-Zentren in Fe_2GeO_4 aus Mössbauer-Unters. 49/50-0475; Mössbauer-Effekt nach d. Coulomb-Anreg. v. ^{57}Fe in α-Fe u. Fe_2O_3 51/52-0051.

Spektren und andere optische Eigenschaften:

Mess. d. relativen Oszillatorstärken im Spektrum d. —-Atoms mit Hilfe d. anomalen Dispers. 9-0147; spektrochem. Unters. d. atmosphär. —-Staubes 10-0848; Vgl. d. durch einen kontinuierl. Bogen in kontrollierter Atmosphäre u. im Plasmabogen erhaltenen Emiss.-Spektren v. — 12-0123; radiale Verteil. d. Emiss.-Koeff. für d. Linien Fe I u. Fe II 16-1851; Einfl. d. chem. Bind. auf d. Lage u. Form d. $K\alpha_{1,2}$-Linien 20-0107; Berechn. d. Asymmetrieindices d. $K\beta_1$-Linien 20-0110; K-Absorpt.-Kante 21-0305; Röntgenemiss.- u. -absorpt.-Banden im Hinblick auf Zustandsdichtefunkt. v. metall. — 21-0306; Unters. d. Theorie d. Kronigschen Feinstruktur d. Röntgen-K-Absorpt.-Spektren v. einkrist. Folien u. kub. Krist. aus — 21-0308; Mn-K-Röntgenemiss.-Spektren aus einer ^{55}Fe-K-Einfangquelle 21-0317; KLL-Auger-Spektrum 22-0116; Form d. $K\beta_5$-Bande v. — in Metall 23-0356; $K\beta_5$-Banden v. — u. Ni in Leg. 23-0358; Satelliten d. —-Röntgenspektren 23-0360; Unters. d. Orientier.-Abhängigk. d. Röntgen-K-Absorpt.-Spektren v. —-Einkrist. unter Verw. linear polarisierter Röntgenstrahl. 23-0369; Compton-Streuung d. —-Röntgenstrahl. an Ni-Folie 26-0421; Vgl. d. atomaren LS-Koppl.-Linie u. Multiplettstärken mit d. Beobacht. am Fe I 27-0148; 3d 4f-Konfig. d. siebenten Spektrums v. — 29-0130; Röntgenterme L_I u. $M_{II,III}$ für — 30-0103; Fe(XVII)-Spektrum 34-0103; Röntgen-K-Absorpt.-Spektren v. — im Carbid v. C-halt., bei verschiedenen Temp. u. Haltezeiten angelassenem Stahl 35-0345; Einfl. v. v. Si- u. Cr-Zusätzen zu C-halt. Stählen durch Aufnahme d. Röntgen-K-Absorpt.-Kante d. — v. rhomb. —-Carbid 35-0346; chem. Effekt auf d. Feinstruktur d. Röntgenabsorpt.-Kante v. — 35-0350; nicht klassifizierte $3p^63d-3p^53d4s$-Übergangslinien v. Fe VIII 35-0763; Absorpt.-Linien in d. Kontinua entfernter Lichtquellen v. Fe III u. Fe II 35-0767; Röntgenspektrum v. Fe XV u. Fe XVI 35-0804; Deut. d. weichen Röntgenspektrums d. Sonne unter Berücksichtig. d. Linienintensitäten v. — 35-0805; Elektronenkonz. in metall. Emiss.-Bereichen d. Chromosphäre mittels stationärer Gleich. eines d. oberen —-Niveaus 35-0823; Best. d. effektiven —-Atomlad. in Verbind. aus Röntgenemiss.-Spektren u. d. Mössbauer-Effekt 42-0152; Röntgen-L-Spektren im Bereich v. *2*–*85* Å v. — 46-0351; Best. v. Atomabständen aus d. Feinstruktur d. Röntgenabsorpt. v. metall. — u. — mit *8* amorphem C 46-0370; Röntgen-K-Absorpt.-Spektren v. — in einigen Alkylxanthogenaten u. N.N-Dialkyldithiocarbamaten 47-0122.

Zentralintensitäten d. Linien d. neutralen — im Utrecht-Atlas unterhalb *4000* Å 14-0119; Vakuum-UV-Absorpt. v. LiF: Fe 17-0355; UV-Spektren u. Ionisat.-Niveaus v. — 20-0770; Interpretat. d. UV-Spektrums v. — in d. solaren Korona 30-0770; Intensitäten v. Koronaemiss.-Linien im äußersten UV 35-0803; Oszillatorstärken für UV-Linien v. Fe I 44-0104.

Einfl. v. Fe(III) auf d. Absorpt.-Spektren v. Chrysoberyll $(Al_{2-x}Fe_xBeO_4)$ 6-0338; Einfl. geringer Beimeng. v. — auf d. opt. u. UV-Absorpt.-Spektren v. röntgenbestrahlten CaF_2-Krist. 6-0349; Absorpt. v. — in Silicat- u. Boratgläsern d. Grundzus. *3* $Na_2O \cdot 7\,SiO_2$ u. $Na_2O \cdot 9\,B_2O_3$ 10-0347; Wrkg. d. — u. Fe^{2+}/Fe^{3+}-Verhältnisses in UV-absorbierenden grünen Gläsern 11-2396; Änder. d. molaren Extinkt.-Koeff. v. Fe(III) in Ggw. v. Sulfaten 16-1879; Emiss.-Spektrum v. — bei d. Rk. v. $Fe(CO)_5$ mit akt. N_2 19-0689; Färb. v. Turmalinen (Elbaiten) durch Fe(II) 22-0791; Änder. d. opt. Achsenwinkels v. Zoisit mit zunehmendem —-Geh. 24-0855; Bldg. extrahierbarer Fe(III)-Komplexe mit *3*-Hydroxychromon u. deren Absorpt.-Spektren 25-1705; Einfl. auf d. Linienintensität bei d. Flammenspektrometrie v. — in organ. Lsgm. 25-1782; IR-Absorpt. v. —-halt. AsSe 26-0338; Nachw. d. selbstumgekehrten Spektrallinien v. — durch eine zeitaufgelöste spektroskop. Technik 27-0147; IR-Absorpt.-Kurven einiger —-halt., Jodid-behandelter u. unbehandelter Silicatmineralien 27-0364; Frequenz/Intensitäts-Diagramm 28-0111; —-Funkenspektrum 28-0184; opt. Absorpt.-Spektren v. Fe(II) in gesteinsbildenden Silicaten 33-0397; durch Verunreinig. induzierte Raman-Spektren in mit — dotiertem MgO 34-0385; Absorpt.-Spektren v. $K[ZnF_3:Fe(Mn)]$ 36-0320; Zeeman-Effekt d. $^5D_4$-Multipletts v. ^{56}Fe 41-0157; IR-Absorpt.-Spektren v. tetraedr. $Fe^{2+}(3d^6)$ in kub. ZnS, CdTe u. $MgAl_2O_4$ 42-0347; IR-Absorpt. v. O—H-Bind. in einigen Glimmern u. anderen Phyllosilicaten mit Fe(II) 47-0355.

Analogie zwischen opt. Absorpt. v. — in dünnen Schichten u. im kompakten Zustand 1-0309; Einfl. v. — auf d. Durchlässigk. v. ind. Glimmer zwischen *300* u. *1000* mμ u. visuelle Klassifizier. 1-0311; komplexe Brech.-Indices, Real- u. Imaginärteil d. DK u. Extinkt.-Koeff. v. reinen —-Einkrist. im sichtbaren Bereich 10-0317; Lichtstreuung durch —-Teilchen in spiegelnder u. diffuser Reflex. 12-0356; Zusammenhang zwischen opt. u. thermodynam. Charakteristiken v. Verb. unter Angabe d. Ionenradius v. Fe(II) 15-0358; Einfl. v. — auf d. Farbzentrum in Amethyst nach Röntgenbestrahl. u. EPR-Spektrum 19-0338; Hönlsche anomale Dispers.-Korrekturen bei verschiedenen Wellenlängen für Atomstreufaktoren v. — 23-0339; Anordn. v. Mehrschichtstrukturen aus Ni/Fe- u. ZnS-Schichten zur Erziel. eines maximalen longitudinalen magnetoopt. Kerr-Effekts 24-0320; Änder. d. Glanzkoeff. v. —-Pulvern durch Ox. 32-0329; extreme UV-Spektren v. durch Laser erzeugten —-Plasmen 34-0209; Reflex.-Spektren u. magnet. Eig. v. $\{Fe^{3+} + [Fe(CN)_6]^{4-}\}$ 46-0115; opt. Konst. im IR 48-0315; Einfl. paramagnet. Fe(III)-Ionen auf d. opt. u. mechan. Eig. v. Rutileinkrist. 51/52-0260.

Spann. u. Verzöger.-Zeit für d. Auftreten d. Zwillingsverform. in —-Krist. 4-0284; Verform.-Verh. v. hochreinem polykrist. — in Abhängigk. v. d. Verform.-Geschw. 11-0298; Niedertemp.-Brüche in hochreinem —-Einkrist. durch Korngrenzen 21-2550; Zusammenhang zwischen Zwillingsbldg. u. Sprödbruch 26-2558; Zusammenhang d. therm. Aktivier.-Energie v. Entfestig.-Prozessen mit d. Größe d. Verform. 30-0247; Änder. d. Verform.-Mechanismus (Gleiten = Verzwilling.) in polykrist. α-Fe 38-0311; Erhol. plast. verformter —-Einkrist. oberhalb Raumtemp. 38-0313; Einfl. d. Temp. auf d. Entw. einer weitreichenden inneren Spann. bei d. plast. Verform. v. hochreinem — 39-0305, 39-0306; Einfl. v. CO auf d. Empfindlichk. d. Verform.-Geschw. v. —-Einkrist. 39-0307; (Einwand) 39-0308; Verform. bei tiefen Temp. 39-0309; Strukturempfindlichk. d. Plastizität 39-0310; Einfl. v. C, Si u. Mn auf d. Sprödbruchneig. 43-2121; plast. Verform. rotierender —-Whisker 47-0290; Änder. d. Schubmodells bei d. Mikroverform. v. α-Fe 48-0297.

Elektrische Eigenschaften:

Tight-binding-Berechn. d. 3d-Bänder v. — mit u. ohne Spin/Bahn-Koppl. 1-0462; röntgenograph. Best. d. Bahnbesetz. in —-Metall 2-0471; elektr. Eig. v. —-halt. $BaTiO_3$-Einkrist. 5-0518; Elektrodiffus. v. — in γ-Cer, γ-U u. -Pu 7-0323; modifizierte Schrödinger-Gleich. u. Näher. dichter Bind. für Elektronen in —-Krist. 7-0478; elektr. Eig. v. Industrie-SiC mit —-Beimeng. 14-0466; tiefe Terme v. — im GaAs 14-0468; Zustandsdichten v. — nach opt. u. Photoemiss.-Mess. 20-0400; elektr. Überführ. v. — u. Ni in ihren γ-Lsg. 24-0304; Einfl. v. hohem Druck auf d. Elektronenstruktur v. — 33-0436; Hall-Feld-Elektrotransport v. C u. N in α-Fe 35-0282; Elektrotransport v. C u. N in — durch direktes elektr. Feld 39-0329; Bandstruktur (Self-Consistent-Meth.) 42-0423; photoelektr. Wrkg.-Querschnitt d. K-Schale d. — für d. Fermi-Thomas-Potential v. *300* keV bis *1,3* MeV 43-0179.

Elektronenstoß-Ionisat.-Querschnitt 18-0183; Stoßanreg. v. Selbstionisat.-Niveaus bei Temp. d. Sonnenkorona für Fe XV u. Fe XVI 20-0775; Ionisat.-Potential 27-0123, 31-1879; Reflex. v. Elektronen mit Energien v. *250* bis *1200* keV an —-Targets 37-0354; Verw. als Target in starken Ionenquellen 41-1829; Erzeug. v. —-Ionen in Hochfrequenz-Ionenquellen 41-1830; Ionisat.-Temp. eines —-Plasmas 47-0194.

Verschieb.-lose Fermi-Fläche in — nach Mess. d. induzierten Spann. in Fe–Al-Doppelschichten mit Keramikzwischenlagen 12-0478; Verw. einer zylindr. —-Anode zur Regenerier. v. Hohlkathoden-Edelgasfüll. 18-1955; Einfl. d. —-Dotier. auf d. DK v. $Pb(Zr_{0,55}Ti_{0,45})O_3$ 24-0462; Einfl. v. —-Verunreinig. auf d. Grenzflächen-Polarisat.-Effekte v. Saphir 32-0451; Zunahme d. Durchbruchsfeldstärke in Funkenstrecken mit Kathoden aus —-Einkrist. bei hohen Drücken 39-0226.

Austrittsarbeit bei d. Thermoelektronenemiss. v. BeO, MgO, CaO, SrO u. BaO auf — als Substrat 3-0430; Unters. d. Fortpflanz. v. Elektronen mittlerer Energie in materiellen Medien mit Hilfe d. Röntgenphotoemiss. v. —-Photokathoden in Abhängigk. v. d. Photoelektronenenergie 6-0407; Glühemiss.-Austrittsarbeit im Vakuum v. polykrist. — 8-0407; Thermokraft v. mit — dotiertem Sn 17-0429; Statistik d. Sek.-Elektronenemiss. v. — 18-0367; Best. d. K-Niveau-Energie v. — mit einer App. für d. ESCA-Meth. 19-0406; Elektronenemiss. aus gepreßten TiO_2-Kathoden in Ggw. v. —-Verunreinig. auf d. TiO_2-Oberfläche 26-0387; örtl. Verteil. d. Austrittsarbeit an —-Oberflächen 30-0337; Einfl. elektronegativer Gase auf d. Austrittsarbeit v. — 30-0590; Einfl. v. Polarisat., Feldbeanspruch. u. Gasstoß auf d. Topographie feldverdampfter —-Oberflächen 31-0430; Wrkg. d. Schwerkraft auf d. elektromotor. Kraft. v. thermogalvan. —-Zellen 32-0588; Gas-Oberfläche-Wechselwrkg. u. Feldionenmikroskopie v. — 35-0391; spektrale Abhängigk. d. relativen Quantenausb. v. —-Photokathoden im Bereich v. *95–20* nm 36-0392; Einfl. auf d. Thermokraft v. hochreinem Ag u. einer Ag–Sb-Leg. 41-0432; Thermokraft u. spezif. elektr. Widerstand v. mit — dotiertem Cu_3Au 42-0387; Zusammenhang d. Austrittsarbeit mit d. Oberflächenspann. 45-0371.

Temp.-Abhängigk. d. —-Akzeptorniveaus in GaAs nach Hall-Effekt- u. Leitfähigk.-Mess. 2-0446; Hall-Effekt, spezif. Widerstand u. Thermokraft in — 2-0482; Einfl. d. Temp. auf d. Hall-Effekt v. dünnen —-Schichten 3-0499; Einfl. v. Fe(II)- u. Fe(III)-Ionen auf d. Ionenleitfähigk. v. AgBr- u. AgCl-Einkrist. 4-0391; Abhängigk. d. elektr. Leitfähigk. v. —-Whisker v. Durchmesser 4-0427; Erhol. v. Strahlenschäden in kub.-raumzentriertem — nach Neutronenbestrahl. bei *4,5* °K 4-0432; Änder. d. elektr. Widerstandes v. alkalifreien u. alkalisierten (mit K bedampften) —-Filmen bei Chemisorpt. v. CO 4-0437; ebener galvanomagnet. Effekt in dünnen —-Filmen 6-0450; Einfl. v. — an d. Oberfläche v. CdS-Einkrist. auf d. spektralen Charakteristiken d. Photoleitfähigk. 7-0467; spezif. elektr. Widerstand zwischen *0,4* u. *1,1* °K 7-0487; magnet. Widerstandsänder. v. —-Einkrist. in Sättig.-Feldern 9-0488; Einfl. v. —-Zusätzen auf d. Elektronenleitfähigk. anod. Ta-Oxid-Defektfilme 10-0440; elektr. Leitfähigk. v. NiO bei Dotier. mit Fe^{3+} 10-0442; elektr. Leitfähigk. einer FeO-Schicht auf — u. Autodiffus.-Koeff. d. — in FeO 12-0468; Einfl. v. Pb u. — bzw. — u. P auf d. elektr. Leitfähigk. u. Rekristallisat.-Temp. v. Cu 13-0483; Zeitabhängigk. raumlad.-begrenzter Injekt.-Ströme in —-dotiertem p-Si 26-0398; anisotropes Verh. d. elast. Widerstandseffekts bei —-Einkrist. 26-0425; Hall-Effekt in —-Filmen 30-0402; Erhol. d. elektr. Widerstandes v. reinem — nach Verform. bei *77* °K 31-0287; ferromagnet. Hall-Effekt mit Elektron–Phonon-Wechselwrkg. in —-Whiskern 36-0440; elektr. Leitfähigk. u. Lad.-Trägerkonz. in mit — dotierten Te-Einkrist. 37-0445; senkrechte magnet. Widerstandsänder. v. dünnen —-Schichten 38-0451; Temp.-Abhängigk. d. elektr. Leitfähigk. v. mit H_2 red., reinen oder mit — u. Co dotierten $BaTiO_3$-Krist. 44-0439; Temp.-Abhängigk. d. magnet. Widerstandsänder. 45-0420; magnet. Widerstandsänder. u. Einfl. d. Bloch-Wände im zonengeschmolzenen — 45-0462; Temp.-Abhängigk. d. elektr. Leitfähigk. in mit — dotiertem $BaTiO_3$ 47-0429; spezif. Widerstand u. Löcherbeweglichk. v. epitaxialem, halbisolierendem GaAs bei —-Dotier. 51/52-0170.

Einfl. v. geringen —-Zusätzen auf d. Supraleitfähigk. v. Pb 5-0505; magnet. Haft. in einem Supraleiter zweiter Art am Beispiel v. Hg mit *13* Atom-% In u. Zusätzen v. *0,01–1* Vol.-% — 8-0469; Einfl. v. —-Verunreinig. auf d. Zustandsdichte u. Bandstruktur v. In 18-0421; indirekte Wechselwrkg. in supraleitendem Ti mit —-Verunreinig. 25-0438; Supraleit.-Eig. übereinandergelagerter —-Sn-Schichten 26-0442; Tunnel. in bin., supraleitenden Schichten aus — u. Pb-Schichten auf ox. Sn-Schichten u. Bandabstand v. Fe/Sn d. Schichtkombinat. 33-0493; ferromagnet. —-Teilchen in einer supraleitenden Hg–In-Leg. mit *13* In 34-0473; Übergangstemp. v. $Pb_{1-x}In_x$-Filmen auf —-Schichten 36-0450; Einfl. v. —-Verunreinig. auf d. Sprungtemp. v. Al 51/52-0419.

Magnetische Eigenschaften:

Therm. u. magnet. Eig. v. —-halt. GeTe u. PbTe 1-0521; magnet. Eig. v. —-Feinteilchen, d. durch Verdampfen in Ar hergestellt waren 3-0543; Einfl. einer neuen Textur in — u. —-reichen Leg. auf d. magnet. Eig. 15-0540; Einfl. eines Magnetfeldes auf d. spezif. Wärme am Curie-Pinkt 17-0516; magnet. Probleme bei Permanentmagneten 18-0463; magnet. Eig. verd. Lsg. v. — in CoSi 20-0442; magnet. Eig. v. Mehrschicht-Dünnfilmsyst. 23-0499; magnet. Eig. unter hydrostat. Druck 25-0473; Frequenzabhängigk. d. magnet. Dämpf. v. Ultraschall 26-0471; Mössbauer-Unters. d. magnet. Eig. v. — in V, Nb, Ta, Rh, Ti, Sc, Mo, W 28-0449; Ummagnetisier.-Prozeß in — 29-0488; Berechn. d. Curie-Temp. für eine —-Schicht mit (*100*)-Oberflächenorientier. 30-0430; Struktur u. magnet. Eig. v. —-Schichten 30-0431; magnet. Eig. v. —-Einkrist.-Schichten 41-0493; im äußeren Felde eines geraden zylindr. Stabmagneten gespeicherte Energie 33-0502; magnet. Eig. unter hohem Druck 33-0530.

Lokalisierte magnet. Momente in Mischkrist. mit Übergangsmetallen 2-0501; longitudinale Spinrelaxat.-Zeit v. Cr^{3+} in —-dotiertem MgO 3-0406; Hyperfeinfeld v. ^{57}Fe in Cu–Mn-Leg. unter Benutz. d. Mössbauer-Effekts 3-0539; inneres Feld v. ^{57}Fe in Ni im Bereich d. Curie-Punktes durch Mess. d. Mössbauer-Effektes 4-0479; Spindichte d. s-Elektronen in — 5-0533; magnet. Hyperfeinfelder für In in — 5-0536; Spin-Korrelat. in — 7-0530; Temp.-Abhängigk. d. photomagnet. Effektes v. Ge-Krist. mit Fe^{2+} 8-0421; lokalisierte magnet. Momente sehr verd. —-Störstellen in Cu mit Hilfe d. Mössbauer-Meth. 9-0535; Mössbauer-Unters. d. lokalisierten Moments v. —-Verunreinig. in Ir 9-0536; Polarisat. d. Kerne v. Sb, Y u. Cu in — 9-0537; inneres Feld v. ^{57}Fe in Ni v. *77* °K bis zum Curie-Punkt 9-0540; magnet. Moment u. effektives Magnetfeld am Kern 12-0501; kernmagnet. Abschirm.-Konst. für alle positiven Ionen, neutralen Atome u. negativen Ionen v. — 18-0089; Frequenzspektrum 19-0287; Spindichtebilder um Verunreinig.-Atome in — 19-0467; Hyperfeinwechselwrkg. u. Magnetfelder infolge d. Rumpfpolarisat. in ^{57}Fe 20-0124; innere Magnetfelder u. isomere Verschieb. d. ^{57}Fe-Kerne 21-0450; nichtverschwindende Gradienten d. elektr. Feldes, Nullfeldaufspalt. u. Magnetfeldenergien d. ^6S–Fe^{3+}-Ions in tetragonaler Symmetrie v. Ferrihämverb. 22-0354; Nachw. eines negativen Beitrags d. Leit-Elektronen zum Hyperfeinfeld in — 25-0494; Anomalie d. Isomerieverschieb. bei d. Curie-Temp. v. — aus Mössbauer-Unters. 26-0465; Best. d. Spinzustände lokalisierter Verunreinig. v. Fe^{3+} in $FeCl_2$ 29-0377; Beitrag zum Antiferromagnetismus d. kub.-flächenzentrierten —-Gitters v. Mn- u. Cr–Ni-Stählen 29-0500; magnet. Moment v. in Pt gelöstem — 31-0494; Lad.-Spin- u. Impulsdichten 32-0466; Verteil. d. ferromagnet. Polarisat. in Pd 32-0467; Verteil. d. magnet. Momente v. Mo, W, Re, V, Mn, Cr, Ni u. Co in — 32-0468; magnet. Hyperfeinfelder an ^{184}W, ^{186}W u. ^{148}Nd in —-Krist.-Gittern 33-0513; Hyperfeinfeld bei Mn-Verunreinig. in ferromagnet. — 38-0475; paramagnet. Verh. im Bereich hoher Temp. 39-0482; Einfl. eines Magnetfeldes auf d. spezif. Wärme 39-0484; Magnetfeldorientier.-Abhängigk. d. Ultraschall-Sättig. v. Fe^{2+}-Zentren in MgO 42-0372; Abhängigk. d. induzierten Moments d. Eu^{3+}-Ionen v. d. Konz. d. Fe^{3+}-Ionen auf d-Plätzen in $\{Eu_{3-x}Ca_x\}\cdot[Fe_2](Fe_{3-x}Si_x)O_{12}$ 42-0470; Magnetfelder an ^{57}Fe-Kernen in $Y_3Fe_{5-x}Al_xO_{12}$ nach d. Meth. d. Mössbauer-Effekts 42-0471; Hyperfeinwechselwrkg.-Felder schwerer Elemente (Pt, Ir, Os, Re, W u. Ta) in — 47-0485; anomal lang andauernde Barkhausen-Impulse in angelassenem — 48-0467; Unters. v. durch Bestrahl. hervorgerufenen Fehlern in — mit Hilfe d. magnet. Nachwrkg. 48-0487; magnet. Nachwrkg. für mit Neutronen bestrahlte Proben v. reinem — im festen Zustand 48-0488; effektives Magnetfeld an in — gelösten Nb- bzw. Ta-Kernen 49/50-0470.

Magnet. Resonanz v. —-Einkrist. hoher Qualität 1-0376; ferromagnet. Resonanz: in — 11-0409; in polykrist. — bei tiefer Temp. 20-0333; Hyperfeinfeldspektren v. ^{75}Fe in Fe-Leg. mit *1–6* (Atom-%) Al, Si, Cr, Mn, V, Ni oder Co 21-0452; Temp.-Abhängigk. v. Linienbreite v. Fe^{3+} u. Resonanzfeld d. ferromagnet. Resonanz v. $Ca_3V_{1,5}Fe_{3,5}O_{12}$-Proben 23-0397; Symmetrie d. Krist.-Felds in $Y_3Fe_{5-x}Cr_xO_{12}$ bei Substitut. v. Fe^{3+} durch Cr^{3+}-Ionen durch Mess. d. ferromagnet. Resonanz 32-0378.

Best. v. Mikrowellen-Ultraschall durch paramagnet. Sättig. bei MgO mit Fe^{2+}-Zentren 2-0386; paramagnet. Resonanz: v. Fe^{3+} in $CaWO_4$ 2-0391; (Absorpt.- u. Dispers.-Signalen u. Sättig.-Effekte bei niedr. Leist.) 2-0392; v. V^{2+} in $CdCl_2$-Einkrist. mit *0,01* Fe 3-0402; Einfl. v. — auf d. Elektronenspinrelaxat. in Tuttonschen Cu-Salzen 3-0414; dynam. Jahn-Teller-Effekt in d. ESR-Spektren: v. Fe^+ in Si 4-0332; v. Fe^{2+} in MgO u. CaO 4-0333; ESR eines Fe^{3+}-Zentrums in ZnS : F 4-0349; Einfl. v. Fe^{3+}-Dotier. auf d. longitudinale Spin–Gitter-Relaxat.-Zeit in $KAl(SO_4)_2\cdot 12\ H_2O$- u. $(NH_4)Al(SO_4)_2\cdot 12\ H_2O$-Krist. 5-0403; EPR v. GaAs : Fe 6-0369; ESR-Spektren v. Fe^{3+} in Einkrist. v. Andalusit 8-0363; EPR-Spektren v. Fe^{3+} in synthet. Calcit 8-0372; ESR: v. Fe^{3+} in Einkrist. v. Spodumen 8-0374; v. Fe^{3+} u. Fe^+ in Einkrist. v. CaO 9-0402; EPR v. $BaTiO_3$: Fe-Einkrist. 9-0407; paramagnet. Resonanz v. Fe^{3+} in Y–Al-, Lu–Al- u. Lu–Ga-Granat 9-0408; EPR v. Fe^{3+} in Benitoit 9-0415; ESR mit großer rhomb. Feinstrukturaufspalt. v. Fe^{3+} in $NaCoY\cdot 4\ H_2O$ (Y = Äthylendiamintetraessigsäure) 9-0419; ESR v. Fe^{3+} in CdS 12-0420; paramagnet. Relaxat. in Einkrist. v. Fe^{3+}-Salzen 15-0427; EPR-Spektren u. Struktur d. nächsten Umgeb. v. Fe^{2+} in NH_4Cl 16-0323; ESR v. Fe^{3+} in SnO_2 16-0328; Best. d. Eu^{3+}–Fe^{3+}-Austauschwechselwrkg. aus d. EPR-Verschieb. in Eu–Ga-Granat 20-0327; paramagnet. Resonanzzentren v. Fe^{3+} in Amethyst- u. Citrin-Quarz 24-0389; Best. einer Kern-Quadrupolwechselwrkg. d. paramagnet. Resonanz v. $CaWO_4 : Mn^{2+}(Fe^{3+})$ 26-0369; opt. u. paramagnet. Eig. v. —-Zentren in Quarz 26-0370; Winkelabhängigk. d. paramagnet. Relaxat. für $^3T_2$-Zustände in $K_3[Co(CN)_6]$: Fe 30-0325; EPR v. Fe^{3+} in einem Oligoklas-Einkrist. 31-0409; Knight-Verschieb. v. fl. ^{63}Cu durch Verunreinig. mit — 32-0371; EPR v. $^{57}Fe^{3+}$ in La–Zn- u. Ce–Zn-Doppelnitrat 32-0377; kub. ESR-Spektrum v. Fe^{2+} in AgCl mit Hilfe d. ENDOR-Technik 36-0354; EPR v. Fe^{3+} in $BaO\cdot 6\ Al_2O_3$ 36-

H_2SO_4 u. KBr enthaltenden Lsg. mit Hilfe v. CCl_4 47-0525; v. Fe(III) aus wss. Sulfatlsg. durch Di-(3.5.5-trimethylhexyl)-amin 47-0530; v. Fe(III) als Sulfonsäurechelat in n-Butanol 48-1872; Verteil.-Koeff. bei Extrakt. v. Fe(III) mit *β.β'*-Dichlordiäthyläther (Chlorex) 49/50-0533; Extrahierbark. d. 5-Hydroxychromonkomplexes v. Fe(III) 51/52-1743.

Chemisches Verhalten und technische Reaktionen

Leg.-Syst. mit – s. unter diesem Abschnitt, S. 482.

Mechanismus d. Ox. v. Diffus.-Schichten aus Cr auf – mit trockenem O_2 3-0720; Mess. d. Ox.–Red.-Geschw. v. – mit Hilfe v. O_2-Konz.-Zellen 6-0735; Kinetik d. Ox. v. fl. Fe 6-2421; Verzunder.-Geschw. v. Rein-– in O_2, H_2O-Dampf u. CO_2 8-2452; Ox. mit W. (Einfl. v. Al_2O_3-Geh.) 8-0710; Kinetik v. Ox. u. Hydrolyse v. ox. – in wss. Lsg. im Autoklaven 11-0715; Einfl. v. H_2 u. CO_2 auf d. Hochtemp.-Ox. 15-2434; Ox. v. Rein-–: bei *200°* 18-2527; bei *400–650°* (Einfl. d. Kaltverform.) 18-2529; Ox.-Mechanismus 20-0661; magnetometr. Unters. d. Ox.-Mechanismus v. red. –-Erz 20-0662; Best. d. Geschw.-Konst. d. Ox. zu Wüstit 21-0704; Darst. v. undotiertem Wüstit durch Ox. 25-0235; Hochtemp.-Ox. 25-0685; Einfl. d. Krist.-Orientier. auf d. Rostbldg. auf –-Oberflächen 28-0638; Mechanismus d. Ox. v. –-Pulver in Abhängigk. v. d. Teilchengröße 31-0685; Theorie d. Ox. v. – u. Stahl u. d. nichtox. Erhitz. durch unvollständ. Verbrenn. in Schütt. 51/52-2277.

Red.-Rk. v. BCl_3 mit – 1-0692; Gleichgew.-Konst., Enthalpien u. Entropien d. Rk. $Fe(f) + 2\,J(g) \rightarrow FeJ_2(g)$ u. $2\,Fe(f) + 4\,J(g) \rightarrow Fe_2J_4(g)$ 3-0591; Rk. mit Silicatschmelzen 4-2116; Entschwefel.-Geschw. v. fl. H_2S–H_2-Gemischen 4-2283; Aufkohl. v. Rein-– in H_2–Bzl.-Dampfgemischen 4-2347; Darst. v. $FeCl_2$ durch Rk. zwischen Acetylchlorid u. Äthanol in Ggw. v. – 8-0788; Schwefel. v. – mit – S^{35} 13-0730; Verh. v. – im Prozeß d. Serpentinitisier. 13-0834; Red.-Geschw. v. SiO_2 durch in – gelöstes C 17-0736; Kinetik d. Zementat. v. Cu aus $CuCl_2$-Lsg. durch – 21-0718; Rk. in schmelzfl. Dreistoffsilicaten 21-2540; Austauschrk. v. Elementen zwischen Schlacke u. geschmolzenem – 22-2363; Ox. im geschmolzenen LiCl–KCl-Eutektikum durch $HgCl_2$ 25-0763; tribochem. Rk. mit CO u. CO_2 zu Oxid, Graphit u. Carbid 27-0719; Red. v. SnO_2 durch – unter Bldg. v. Fe–Sn-Leg. 29-2419; tribochem. Umsetz. mit C, CO u. CO_2 32-0710; Einfl. v. CaC_2 auf d. Entschwefel.-Geschw. v. – unter CaO–SiO_2–Al_2O_3-Schlacke 32-2358; Gleichgew. v. O u. C in fl. – 34-2469; Desox.-Rk. v. fl. – mit Ti 39-2204; Entkohl.- u. Desox.-Rk. in fl. – 40-2289; Aufkohlen während d. Ox. in trockenem CO_2 40-2356; kinet. Unters. d. Rk. eines Al_2O_3-Tiegels mit fl., C-gesätt. – 42-2257; Rk. mit einer Lsg. v. $K_2S_2O_8$ im geschmolzenen $LiNO_3$–KNO_3-Eutektikum 44-0662; Rk. v. O u. C in fl. – 46-2275; Kinetik d. Zementier. v. Cu u. Ag aus Chloridlsg. mit metall. – 47-2188.

Kinetik d. durch Aktivkohle katalysierten Ox. v. Fe^{2+} mit Luft in H_2SO_4-Lsg. 3-0729; Ox. v. Fe^{2+} im Ultraschallfeld in Ggw. v. Edelgasen 6-0761; Red. v. Fe(III) mit Na/Pb-Leg. 6-1980; Rk. v. grünem Rh-Sulfat mit Fe(II) 9-0803; Spektrophotometrie d. Rk. v. Ti mit – in Lsg. v. $(NH_4)_2TiO(SO_4)_2$ u. $NH_4Fe(SO_4)_2$ 14-0668; Kinetik d. Ox. v. Fe(II) mit H_2O_2 in Lsg. 15-0755; Red. v. $[PRCl_3][AlCl_4]$ bzw. $[RR'PCl_2][AlCl_4]$ ($R = CH_3$, C_2H_5; $R' = CH_3$) mit – 16-0679; Kinetik u. Rk.-Mechanismus d. Ox. v. $[Ta_6Cl_{12}]^{2+}$ durch Fe(III) in saurer Lsg. 18-0631; Kinetik d. Autox. v. Fe(II) in sauren Diphosphatlsg. 18-0633; Kinetik d. Ox. v. U(IV) durch Fe(II) in H_2SO_4-Lsg. 18-0635; Red. fester Lsg. im Spinellbereich d. Syst. Mn/Al/Cr/Fe/O 18-0648; Fe(II)/Fe(III)-Austauschrk. in konz. Perchlorsäurelsg. in fl. u. festem (gefrorenem) Zustand 19-0697; Hydrolyse v. Fe(III) 21-0690; Red. v. HNO_2 durch Fe(II)- u. Sn(II)-Ionen unter Bldg. v. NO bzw. N_2O 21-0692; Ultraschallrk. im Redoxsyst. Fe(II)/Fe(III) 21-0752; Geschw.-Konst. d. Rk. zwischen Ti^{3+} u. Fe^{3+} in 2n HCl 22-0623; Ox. v. Fe(II)- zu Fe(III)-Ionen bei Einw. einer stillen elektr. Entlad. in verd. H_2SO_4-Lsg. unter H_2 28-0665; Polymerisat. v. Fe(III) unter Hydrolysebeding. 36-0740; Kinetik d. Ox. v. Fe(II) durch Diphenylpikrylhydrazyl 37-0688; Kinetik d. Isotopenaustausches Fe(II)/Fe(III) 42-0639; Kinetik d. Rk. v. $(NH_4)_2S_2O_8$ mit Fe(II) 47-0626; Stöchiometrie d. Rk. zwischen Fe(II) u. Cr(VI) 47-1750; Darst. anorgan. Redoxionenaustauscher aus $ZrO_2 \cdot x\,H_2O$ mit Fe(II)- oder Fe(III)-Lsg. 48-0610; Red. v. Fe(III) durch Sn(II) in Ggw. verschiedener Co(III)-Komplexe 48-0617; katalyt. Red. v. Fe(III) durch CO in Ggw. komplexer Halogenide d. Pd^{2+}, Rh^{3+} u. Pt^{4+} 49/50-0623; Ox.-Kinetik v. Fe(II) in d. Schlacke durch O_2 49/50-0624; Kinetik d. Rk. v. $[Fe(H_2O)_6]^{3+}$ u. $[Fe(H_2O)_5 \cdot OH)^{2+}$ mit atomarem H 51/52-0604.

Bldg. eines *1:3*-Komplexes v. 2'.4'-Dihydroxychalkon mit Fe(III) 8-2016; Anwend. d. Protonenresonanz bei d. Beobacht. d. Komplexbldg. v. Eiweiß mit Fe(III) 11-1569; –-Bind.-Fähigk. d. Conalbumine v. Vögeln 12-1496; –-Bind.-Kapazität v. Transferrin aus normalem menschl. Plasma 16-1515; Rk. v. Fe(III) mit Phenylfluoron 18-2010; spektrophotometr. Unters. d. Komplexbldg. v. Fe(III) mit K-Xanthogenat 20-1845; Einfl.-Faktoren auf d. Rk. v. Fe(II) mit Tripyridyltriazin 26-2099; Ox. v. Fe(II) durch Serumproteine bei d. Immunoelektrophorese 33-1612; oxydierende Wrkg. v. Lipoproteinen niedr. D. im Nabelschnurserum auf Fe(II) 41-1510; Red. v. Imidazol–Fe(III)-Hämochrom mit $Na_2S_2O_4$ 46-1459; Rk. v. Fe(III) mit Desferrioxamin B 47-1032; Erzeug. v. labilem proteingebundenem Phosphat durch d. mit d. Autox. v. Fe(II) gekoppelte Ox. v. Phosphoprotein 51/52-1459.

Ox. v. Fe(II) bei d. Radiolyse v. H_2SO_4 bei Bestrahl. mit Röntgen- bzw. ^{60}Co-γ-Strahlen 8-0726; Ox.-Ausb. v. Fe(II) bei Radiolyse wss. HCl-Lsg. durch Einw. ionisierender Strahl. in Ggw. v. N_2, H_2, O_2 12-0742; Einfl. v. Fe(II)-Zusätzen auf d. Radikalausb. bei Elektronenpulsradiolyse wss. Lsg. v. $KHSO_4$, K_2SO_4 u. H_2SO_4 12-0744; Mess. d. absorbierten Strahl. in Fe(III)-Lsg. 13-0752; Ausb. an Radiolyseprod. d. W. in sauren, mit Ar unter hohem Druck gesätt. Lsg. v. Fe(II) in Ggw. v. O_2, v. $Ce(SO_4)_2$ u. v. $H_2 + O_2$ 15-0786; α- u. β-Radiolyse v. Lsg. aus leichtem u. schwerem W. in Ggw. v. Fe(II) u. Fe(III) 17-0759; Ausb. an Fe(III) bei d. Radiolyse v. eingefrorenen Fricke-Lsg. durch ^{90}Sr-β-Strahl. 18-0667; Photochemie wss. Lsg. v. Fe(II) 22-0654, 22-0655; Geschw.-Konst. u. Temp.-Koeff. d. Rk. v. durch Elektronenpulsradiolyse erzeugten hydratisierten Elektronen mit Fe(II) in wss. Lsg. 23-0701; Energieabsorpt. v. ^{60}Co-γ-Strahl. in Makrosyst. durch Fe(III)-Dosimetrie in wss. Lsg. 25-0710; strahlungsinduzierte Ox.- u. Red.-Rk. v. – 26-0708; photochem. Entw. v. O_2 in wss. Lsg. v. Fe(III)-Verb. 39-0687; Mechanismus d. Photork. v. Fe(II) mit As(V) 43-0679; $Cr(Fe^{3+})$-Werte für d. Röntgenstrahlradiolyse gefrorener Fricke-Lsg. 44-0680.

Zr-– in keram. Lasurfarben für Schnellbrennglasuren 10-2409; Verw. d. –-Form v. Halloysit als Verkleb.- u. Locker.-Mittel bei Granulier. u. Tablettier. v. Arzneimitteln 17-1731; Verw. v. Fe(III)-Ionen zum Ausflocken v. mineral. Feststoffen aus wss. Medien 18-2213*; techn.-ökonom. Vgl. d. Herst. v. Anilin durch Red. v. Nitrobenzol mit – 20-2599; Verw. zur Abtrenn. v. Terpyridylverunreinig. aus Bipyridyl durch Bldg. v. Komplexverb. 20-2650*; Entfernen v. dünnen CoO-Schichten v. Glasgegenständen durch Behandeln mit –-halt. H_3PO_4 29-2317*; Verw. in Glasmaterial v. guter Korros.-Beständigk. 30-2278*; Verw. v. –-Ionen zur Erhöh. d. Strahlenbeständigk. v. sulfoniertem Copolymeren aus Styrol u. Divinylbenzol 35-2627*; Ox. v. – u. Fe^{2+} durch oxydierende Bakterien 45-2033*.

Katalytisches Verhalten

Aktivier. v. $Na_2S_2O_3$ durch Fe(III) als anorgan. Peroxidase 1-0650; Einfl. v. Beimeng. auf d. Kinetik d. Vakuumsilicier. v. Mo 6-0745; Einfl. v. Fe(III) auf d. nach elektroballist. Meth. gemessene Aktivität v. Halbleiterkatalysatoren 15-0777; Einfl. v. – auf d. Darst. v. $VO_{2,17}$ aus V_2O_5 21-0790; Aktivität v. Fe(III) bei d. katalyt. Hydrier. v. Cyclohexan 21-1034; Fe(II)-katalysierte Ox. v. 3.5-Di-tert.-butylbrenzcatechin 21-1370; Beschleunig. d. Bromier. v. Bzl. durch –-halt. Zeolithe 23-2533; Einfl. v. – auf d. Löslichk. v. C in fl. Co 24-0567; Inhibitorwrkg. v. Fe(II) bei d. strahlenchem. Bldg. v. Alkyljodiden aus Heptan u. J_2 in Ggw. d. Austauscherharzes KU-*2* 25-0711; Pfropf. v. Methylmethacrylat auf Cellulose mit Peroxoschwefelsäuren in Ggw. v. Fe(III) 29-1153; Aktivier. v. aliphat. Aminen mit Fe(III) für d. Perox. v. Indigocarmin 29-2539; Einfl. auf d. therm. Zers. v. NH_4ClO_4 31-0675; Chemilumineszenz d. Luminols bei d. Umsetz. v. H_2O_2 u. Triäthylentetramin in Ggw. v. –-Salzen 32-0714; Beschleunig. d. Lysin–Zucker-Rk. durch Fe(III) 32-3180; kein Einfl. v. Fe(III) auf d. Mitfäll. radioakt. Isotope v. Ba u. Sr mit $PbSO_4$ 36-0556; katalyt. Wrkg. v. Fe(II) bei d. Hydrolyse v. Disulfaten 43-0633; Einfl. v. Fe(II) auf d. Radikalbldg. bei d. Rk. v. $TiCl_3$ mit H_2O_2 in saurer Lsg. 44-0651; Einfl. v. Fe(III) auf d. Geschw. d. chem. u. elektrochem. Ox. v. Cr(III)-Ionen an MnO_2 45-0641; Pfropfcopolymerisat. v. Polyacrylonitril auf Cellulose in Ggw. v. Fe(II) u. H_2O_2 47-2748.

Kinetik d. Rk. zwischen CO u. W.-Dampf bei erhöhtem Druck an einem Fe–Cr-Katalysator 6-0751; Einfl. v. – auf d. Kinetik d. Red. v. FeO durch Graphit 10-2471; Aktivier. durch Schwingmahl. zur Verw. als Polymerisat. Katalysator 11-3044; Acylier. v. Furanderiv. in Ggw. v. – 13-1101; Ox. v. Acenaphthen zu Naphthalsäureanhydrid u. Fluoren zu Fluorenon auf Fe/V 17-2559; Umwandl. v. Methylcyclononen am Fe–Pt-Katalysator 20-2604; Unters. katalyt. Rk. am Beispiel d. Abscheid. v. C aus CO an – 22-0646; Rolle d. Chemisorpt. v. H u. O an –-Filmen für d. Zustandekommen einer katalyt. Rk. 24-0731; allg. Gesetzmäßigk. katalyt. Aktivitäten 25-0703; Kontaktumwandl. v. Cyclohexen u. Cyclohexadien-(1.3) in Ggw. v. α-Fe 25-0930; Chlorier. v. Nitrobenzol mit –/S_2-Katalysator 27-2626; Hydrier. v. Aromaten in Ggw. eines Fe–Al-Komplexes 28-0940; Rolle d. As im Mo/Fe/As-Katalysator bei d. Ox. v. Propylen in Anwesenh. v. NH_3 38-0689; katalyt. Wrkg. v. Syst. aus –-Pulver u. d. Phthalocyanin–Fe-Komplex auf Zers.-Rk. 38-0694; chem. Ionisat. u. Anreg. in d. Rk.-Zonen v. – enthaltenden KW-Stoff–Luft- oder KW-Stoff–O_2-Flammen 40-0631; katalyt. Eig. bei d. therm. Zers. v. Methan 40-0670; Rk. höherer Alkylborate mit NH_3 unter Bldg. v. Aminen u. Alkoholen in Ggw. v. –-Pulver 40-0672; katalyt. Effekt bei d. Graphitox. 41-0672; Kinetik d. CH_3OH-Ox. zu CH_2O mit Katalysatoren auf Basis –- u. Mo-Oxid 41-0954; Deuterier. v. Pyridin u. d. Azinen mit schwerem W. in Ggw. v. – 45-0901; Einfl. v. –-Geh. auf Aktivität v. Alumosilicatkatalysatoren mit unterschiedl. Pt-Geh. zur Isomerisier. v. Paraffin-KW-Stoffen 45-2285; Luftox. v. Propylen über Fe/As-Katalysatoren 48-2605, 48-2606; Promotier. d. Auflsg. v. Zinkferrit in Säuren durch Zusatz v. –-Pulver 49/50-0630.

MgO als Hauptpromotor enthaltende synthet. NH_3-–-Katalysatoren 11-0734; Einfl. v. C u. Al auf d. Aktivität v. gesinterten –-Katalysatoren für d. NH_3-Synth. 16-2150; spezif. Aktivität eines mit K_2O–CaO–Al_2O_3–SiO_2 aktivierten NH_3-–-Katalysators als Funkt. d. Red.-Grades 18-0657; Kinetik d. NH_3-Synth. in weiter Entfern. v. Gleichgew. an einem mit Al_2O_3 u. K_2O aktivierten –-Katalysator 19-0711; Eig. v. geschmolzenem – als Katalysator d. NH_3-Synth. 20-2191; katalyt. Aktivität mechan. Misch. v. α- u. γ-Fe bei d. NH_3-Synth. 31-0703; Wrkg. einer stillen elektr. Entlad. u. eines –-halt. Katalysators auf d. NH_3-Synth. 33-0758; NH_3-Zers. an einem gut red., mit Tonerde, K_2O u. SiO_2 promotierten –-Katalysator 33-0759; katalyt. Aktivität v. – bei d. NH_3-Synth. 33-2200, 34-0703; Wechsel d. geschwindigkeitsbestimmenden Schrittes bei d. NH_3-Zers. an einem –-Katalysator 34-0704; Zustand u. Rk.-Fähigk. v. adsorbiertem N an einem durch Al_2O_3, K_2O u. SiO_2 verstärkten –-Katalysator für d. NH_3-Synth. 34-0705; Abhängigk. d. katalyt. Eig. v. Fe–Ni-Katalysatoren v. ihrer elektron. Struktur bei d. NH_3-Zers. 38-0690; Unters. d. NH_3-Synth. an – mit Hilfe d. Sek.-Ionen–Ionen-Emiss.-Technik 40-0671, 45-0648.

Carbidisier.-Mechanismus gesinterter, mit $K_2O \cdot V_2O_5$, $Al_2O_3 \cdot SiO_2$ u. K_2O oder $ZnO \cdot MoO_3$ aktivierter –-Katalysatoren für d. Synth. auf CO- u. H_2-Basis 18-0659; Synth. v. KW-Stoffen u. sauerstoffhalt. organ. Verb. aus CO u. H_2 mit Fe/Cu-Katalysatoren 23-2521; (Einfl. d. Red.-Beding.) 41-2367, 41-2369; KW-Stoffsynth. aus CO u. H_2 an –-Katalysatoren 41-2379; Einfl. d. Vorbehandl. d. –-Katalysators auf seine Aktivität bei d. Hydrier. v. CO 42-2454; Promotorwrkg. v. K_2CO_3 auf oxid. –-Fäll.-Katalysatoren für d. Hydrier. v. CO zu hochmol. KW-Stoffen 45-0656.

Verw. zur Herst. v. Anthocyanidinen aus Leukoanthocyanidinen 1-1422; selektive Hydrier. v. KW-Stoffen d. Diolefin- u. Acetylenreihe in Ggw. v. Monoolefinen mit –-Katalysator 3-2591*; Rk. v. feinteil. Si mit ggf. substituierten Alkoholen bzw. Phenolen in Ggw. v. – oder –-Verb. 4-2527*;

Tl u. Fe-Ionen enthaltender Katalysator zur Herst. v. Nitrilen 7-2695*; Herst. v. schnellhärtenden Novolakharzen mit – 7-3100*; Verw. v. —-Katalysatoren bei d. SO_2-Ox. 9-2332; Dehydrier. v. gesätt. KW-Stoffen in Ggw. v. – 11-2723*; Dehydrier. v. Monoolefinen in Ggw. v. – 11-2749*; Katalysator bei d. Defluorier. v. Perfluor-N-heterocyclen 13-2756*; Darst. v. Maleinsäureanhydrid durch katalyt. Ox. v. Buten-(2) in Ggw. v. – 20-2624*; Stabilisieren d. Aktivität v. —-Katalysatoren 26-2232*; Hydrier. v. Cyclohexen-(2)-on-(1) mit —-Katalysatoren 28-2629*; Hydrier. v. Bernsteinsäurederiv. in Ggw. v. NH_3-—-Katalysatoren 28-2633*; Verw. v. —-Pulver als Katalysator für Xylylenpolymere 33-2913*; Hydrier.-Katalysatoren 34-0974; Herst. d. —-Hydrier.-Katalysators durch therm. Zers. v. Amalgamen 48-2600.

Einfl. v. Fe^{3+} auf d. Wildwerden v. Bier 3-3240; Einfl. auf d. Klärgaserzeug. 9-2916; Einfl. v. Fe^{3+} auf d. Wärmedenaturier. d. DNS 14-1292; Einfl. auf d. Biosynth. v. Chlortetracyclin 19-1777; Einfl. v. Fe^{3+}: auf d. Photolyse v. Riboflavin 22-1499; auf d. Farbe v. Fruchtsäften (Anthocyan–Metall-Komplexe) 22-3172; Einfl. v. Fe^{2+} auf d. Bind. v. Huminsäure an Serumproteine 23-1522; Einfl. d. Temp. auf stabilisierende Wrkg. v. Fe^{3+} auf Vitamin C 29-1771; Einfl. v. Fe^{3+} auf d. Peroxydasewrkg. v. Gallensäuren bei d. durch H_2O_2 bewirkte Indigocarminentfärb. 30-1539; Ox. v. Cystein zu Cystin bei Einw. v. γ-Strahlen in An- u. Abwesenh. v. – in wss. Lsg. 32-0705; Einfl. v. Fe^{3+} auf d. photosensibilisierte Ox. v. Äthanol 37-0992; nichtenzymat. Dejodier. v. Thyroxin durch H_2O_2 in Ggw. v. EDTA u. Fe^{2+} 37-1432; Einfl. v. —-Absorpt. durch Viskosecellulose in verschiedenen Stadien ihrer Herst. 47-2750; Wrkg. v. – u. Cu auf Weiße u. Vergilb. ox. Cellulose 48-3165; Einfl. v. Fe^{2+} auf d. Rekonstit. v. Clostridium-Ferredoxin 49/50-1263; Einfl. v. —-Ionen auf d. Autox. v. Oxymyoglobin 49/50-1410.

Biochemisches Verhalten

Der durch d. Koppl.-Faktor II katalysierte ATP–ADP-Austausch in Ggw. v. Fe^{2+} 1-1288; Einfl.: geringer Konz. v. $Fe^{3+} + Ca^{2+}$ auf d. Mitochondrienschwell. durch 8-Lysinvasopressinpräp. 11-1488; v. —-halt. Nucleotiden auf d. mitochondriale Atmung 12-1260; v. Fe^{2+} u. Fe^{3+} auf d. Biosynth. v. Vitamin B_{12} 27-1609; Aktivier. d. ultraschwachen Leuchtens d. Mitochondrien durch Fe^{2+} 34-1224; Einfl. v. Fe^{2+} auf Transport u. Verteil. v. Adeninnucleotiden in Mitochondrien 40-1195; Mitochondrienmembran-Ghosts als Folge v. Lipidperox. durch —-Ionen 48-1116.

Enzymologie: Bind. d. – an d. Coferment in d. Pflanze 15-1327; Hemmwrkg. v. Fe-Ionen auf Ureidoglykolatsynthetase 1-1339; Einfl. v. Fe^{3+} auf d. 5′-Adenylsäure desaminierende Enzym aus Microsporum audouini 2-1351; in vitro-Hemm. v. Na^+–K^+- u. Mg^{2+}–ATPasen durch Fe^{2+} 2-1355; Katalaseaktivität eines rohen Enzympräp. aus —-chlorot. Gersten (Hordeum vulgaris) Sämlingen 4-1280; Fe-Ionen als Coferment für Dopa-Decarboxylase 5-1310; Beweis für d. zweifachen Bedarf an Fe^{2+} bei d. Acetyl–Coenzym-A-Synthetaserk. 8-1445; Einfl. v. Fe^{2+}: auf d. Aktivität v. Laccase u. Coeruloplasmin 12-1324; u. Fe^{3+} auf d. Aktivität v. Fructose-1.6-diphosphatase aus gestreiftem Muskel 12-1370; auf Proteinase 14-1372; Einfl.: v. Fe^{3+} auf Moos–Oxalsäure-Oxydase 15-1260; v. Fe-Ionen auf d. Katalasebldg. in Lactobazillen u. Pediokokken 15-1269; induzierte Biosynth. v. Ameisensäuredehydrogenlyase in E. coli-Zellen mit —-Mangel 17-1334; Fe^{2+}-Bedarf d. (+)-Citramalathydrolyase aus Clostridium tetanomorphum 24-1377; Einfl. v. Fe^{2+}: auf neutrale Protease aus Bacillus subtilis var. amylosacchariticus 25-1262; auf d. enzymat. Abbau v. Acetaniliden in Leberhomogenaten 25-1271; Wrkg.: v. Fe^{3+} auf Peptidase B aus Penicillium janthinellum 26-1326; Einfl. v. Fe^{2+} u. Fe^{3+}: auf d. Glutaminsynthetase 26-1338; auf d. β-Glucosaminidaseaktivität in Kniegelenkfl. 28-1364; Einfl. v. Fe^{2+}: auf d. Carboxylesterase aus Schweineniere 32-1355; auf Nucleosidtetraphosphathydrolase aus Kaninchenmuskel 32-1375; Hemmwrkg. v. Fe^{3+} auf d. Hydrolyse v. faserart. Baumwolle u. wiederausgefällter Cellulose durch cellulolyt. Enzyme d. Erdmikroorganismen 32-1387; stimulierende Wrkg. v. Fe^{3+} auf Arginindecarboxylase in Aeromonas shigelloides 32-1416; Hemmwrkg. v. Fe^{2+} auf die d. Austausch zwischen Orthophosphat u. terminalem Phosphat v. Nucleosiddiphosphaten katalysierende ADP-Sulfurylase d. Hefe 34-1337; aktivierende Wrkg. v. Fe^{2+} auf Schweinemuskelkathepsin 34-1362; Einfl. v. Fe^{2+} auf Aminopeptidase B aus Leber v. Katze u. Meerschweinchen 38-1316; Einfl. v. Fe^{3+}: auf d. Aktivität v. saurer Phosphatase aus Tabakblättern 40-1318; auf zwei Cellulasearten aus Trichoderma koningi 41-1278; Bedarf v. Kollagen-Prolinhydroxylase an Fe^{2+} 43-1173; Einfl.: v. Fe^{3+} auf d. Phospholipase A d. Giftes d. Südind. Skorpions, Heterometrus scaber 43-1185; v. Fe^{2+} auf d. in vitro-Inaktivier. v. mikrosomaler Glucose-6-phosphatdehydrogenase durch Wärme u. CCl_4 43-1188; v. Fe^{3+} auf d. Alkohol:NAD-Oxydoreduktase aus Erbsensamen 44-1265; Einfl. v. Fe^{2+}: auf d. γ-Lactonase aus menschl. Blut sowie Rattenlebermikrosomen 44-1332; auf d. ATPase-Aktivität v. Mycoplasmamembranen 44-1377; Einfl. v. Fe^{3+} auf d. N-Acetyl-β-D-glucosaminidase-Aktivität 48-1239; Beteilig. v. – u. Flavinadenindinucleotid an d. enzymat. Hydroxylier. v. p-Hydroxybenzoat 49/50-1164; Einfl. v. Fe^{2+} auf d. Cytosin–Nucleosid-Desaminase aus Samen v. Phaseolus aureus 51/52-1178.

Mikrobiologie: —-Stoffwechsel u. Virusbldg. 3-1422; Einfl. v. Zn u. Co auf d. —-Stoffwechsel v. Ustilago sphaerogena 28-1421; „Superhyperfein"-Wechselwrkg. v. —-halt. Proteinen bei Einbezieh. v. ^{33}S in Azotobacter vinelandii 36-1378; Aspekte d. mikrobiellen —-Stoffwechsels (Übersicht) 43-1233; —-Ox. durch gewaschene Zellsuspens. d. chemoautotrophen Thiobacillus ferrooxidans 47-1241.

Tox. Wrkg. Fe(II)-halt. Abwässer auf Vorflutorganismen 1-2294; Einfl.: auf d. Bldg. v. Bulbiformin durch Bacillus subtilis 3-1412; auf d. Alkaloidspektrum bei Claviceps purpurea Tul. in saprophyt. Kultur 6-1344; v. —-Mangel auf d. Synth. v. Desoxyribonucleosiden durch zellfreie Extrakte aus Mycobacterium smegmatis 8-1458; Umkehr. d. Wrkg. v. Dodecylbernsteinsäure auf Pseudomonas aeruginosa durch Fe^{2+} 8-1459; —-Bedarf für Wachstum v. Entamoeba histolytica u. Wrkg. v. 7-Jod-8-hydroxychinolin-5-sulfonsäure auf Amöben 10-1493; Einfl.: auf d. Stoffwechsel v. Galaktarat, D-Glucarat u. verschiedenen Pentosen durch Pseudomonasarten 12-1445; auf d. Neomycinprodukt. durch Streptomyces fradiae 13-1442; auf d. Pigmentbldg. v. Micrococcus violagabriellae 14-1414, 14-1415; Wachstum d. Hefe in synthet. Nährlsg. unter bes. Berücksichtig. d. —-Einfl. auf d. Eiweißbldg. 15-1338; Einfl. auf d. Riboflavinsynth. einer Mutante v. Candida guilliermondii mit Adenindefizit 18-1359; Umkehr. d. Wrkg. v. 8-Hydroxychinolin (Oxine) auf Wachstum u. Alkaloidprodukt. v. Claviceps purpurea (Fr.) Tul. durch – 19-1372; Einfl. v. Fe^{2+}: auf d. oxydative Decarboxylier. u. d. schnellen Austausch v. CO_2 in d. Carboxylgruppe v. Pyruvat bei Micrococcus lactilyticus 25-1313; auf d. Wachstum v. Lactobacillus lactis u. Lactobacillus delbrueckii 26-1348; Einfl.: v. – im Nährboden auf d. Cycloserinprodukt. durch Actinomyces 27-1378; v. Fe^{2+} auf d. Synth. v. Acetat durch zellfreie Extrakte aus Clostridium thermoaceticum 28-1423; eines —-halt. Mediums auf d. Anhäuf. v. bakteriellen Chlorophyllvorläufern durch Mutanten- u. Wild-Typ-Stämme v. Rhodopseudomonas spheroides 28-1434; auf geschlechtl. Vermehr. u. Wachstum in Pythium graminicola 32-1441; Einfl. v. Fe^{2+}: auf d. Stoffwechsel v. 3.5-Dinitro-o-kresol bei Mikroorganismen d. Bodens 32-1458; auf d. Adsorpt. d. Ristocetine an d. Zellwände v. Bacillus subtilis 33-1398; Aufheb. d. Pesticinaktivität durch – 41-1367; Einfl.: v. Fe^{2+} auf d. Pyruvat–CO_2-Austauschrk. v. Desulfovibrio desulfuricans 42-1272; auf d. Porphyrinsynth. bei Rhodospirillum rubrum 43-1234; Wrkg. v. Fe^{2+}: auf d. Sporulier. v. Clostridium sporogenes 43-2785; auf Thiobakterien 45-1252; Einfl. v. Fe-Ionen auf d. selektive in vitro-Wachstumshemm. v. Poliovirus durch D-Penicillamin 45-1305; Rolle bei d. Regulat. d. Toxinbldg. durch Corynebacterium diphtheriae 51/52-1258.

Pflanzenchemie: Umlager. v. – in Pflanzen 2-1484; Rolle d. Wurzelpigmente bei d. Red. v. Fe^{3+} u. Nitraten in d. Rhizosphäre u. in d. Wurzeln d. Weinrebe 17-1431; Einfl. v. „Luftionen" auf d. —-Stoffwechsel v. Gerstensämlingen 28-1480; Pflanzensideramine u. deren mögl. Rolle beim —-Stoffwechsel 32-1495; Varietät-bedingte Unterschiede in d. Kinetik d. —-Aufnahme durch abgeschnittene Reiswurzeln 35-1434; Verh. Fe-Chelat-bildender Agenzien gegenüber Pflanzen 35-1435.

Beteilig. v. Fe^{2+} an d. Hemmwrkg. v. Dipyridyl beim Aminosäureeinbau in d. Plastidenproteine d. embryonalen Weizengewebes 11-1442; Einfl. v. Fe^{2+}: auf d. durch EDTA induzierten K^+-Austritt aus d. Pflanzenzelle 13-1521; auf d. Aktivität d. Hämagglutinins aus weißen Erbsen 20-1412; Wrkg.: auf Wachstum, Chlorophyllbldg., —-Geh. im Gewebe u. Aktivität verschiedener Enzyme in Mais u. Rettich 21-1502; auf d. Conchocelis-Wachstum d. eßbaren Seetangs Porphyra tenera 27-1429; d. Eisenchlorose auf d. Pigment- u. Protein-Stoffwechsel v. Nicotiana tabacum L. 29-1395; Unterschiede in d. Empfänglichk. für d. —-Chlorose d. Grasspezies auf Torfböden 44-1456.

Tierchemie: Wrkg.: v. freiem Gossypol u. —-Zusatz zum Futter auf d. Blutbestandteile v. Ratten 2-1583; v. Desferrioxamin auf d. —-Resorpt. 4-1614; Kinetik d. —-Resorpt. (Verw. v. ^{55}Fe u. ^{59}Fe) 6-1579; physiolog. Bedeut. bei d. Ernähr. heranwachsender Schweine 7-1689; Einfl. v. oral verabreichtem – auf d. Wrkg. d. Futters auf d. Anreicher. v. Gossypol in d. Organen v. Schweinen 10-1639; Abhängigk. d. —-Resorpt. v. d. —-Bind. durch d. Darm 11-1709; Darmschleimhaut bei d. —-Resorpt. 22-1519; Myoglobin- u. Cytochromrk. beim Ausgleich v. —-Mangel d. Ratte 23-1545; empfindl. u. präzise Best. d. intestinalen —-Resorpt. beim Menschen durch ^{59}Fe-Gesamtkörperretent.-Mess. in einem 4π-Großraum-Radioaktivitäts-Detektor 26-1606; —-Resorpt. bei Hyperthyreotikern 28-1568; Kinetik d. —-Resorpt. bei —-Mangelanämie 30-1536; —-Bedarf d. Mehlkäfers Tribolium confusum (Duvat) 31-1547; Wrkg. eines Xanthinoxydasehemmers (Allopurinol) auf d. Resorpt. v. Radio-— beim Menschen 31-1603; sek. Folsäuremangel bei Ratten infolge v. ernährungsbedingtem —-Mangel 34-1602; Adsorpt. u. Elut. v. – im menschl. Haar 36-1461; Hemm. d. Proteinsynth. als Ursache für eine Stör. d. —-Resorpt. 36-1576; Einfl. v. alimentärem – auf Toxizität u. Ablager. v. Gossypol in d. Schweineleber 41-1621; biochem. Veränder. in Rattengewebe bei —-Mangelanämie u. Wiederzufuhr v. – 43-1392; Bezieh. d. Aminosäuren u. d. pH-Wertes zur —-Resorpt. im Darm 45-1488; Einfl. v. —-Zusatz auf d. Wrkg. einer Diät v. Milch u. einigen Milchprod. auf d. Entw. v. medialer Arteriosklerose bei d. Ratte 46-1530.

Regulier. u. Kontrolle d. intestinalen —-Transports 7-1704; akt. Transport v. – durch d. Intestinum (Einfl. d. durch Phenylhydrazin stimulierten Erythropoese) 12-1602; Bezieh. zwischen d. Mechanismus d. biolog. Ox., Serumlipiden u. d. Serum-—-Transportsyst. bei d. Ratte 43-1404.

Wrkg. v. Androgenen auf d. ^{59}Fe-Einbau in Erythrozyten v. polyzythäm. u. Fastenratten 2-1588; —-Stoffwechsel in Tumorträgern (Vgl. mit Staphylokokken-infizierten Ratten) 3-1236; Computersimulier. d. Einbaus v. radioakt. Fe in neu gebildete Erythrozyten 3-1458; Einfl. v. Hormonen u. d. Beseitig. endokriner Drüsen auf d. —-Stoffwechsel bei röntgenbestrahlten Ratten 5-1638; Verh. d. – im menschl. Organismus nach Verabreich. v. Desferrioxamin 6-1628; Wrkg.: v. Desferrioxamin bei —-Stoffwechselkrankh. 7-1764; d. Dosier. v. Erythropoietin auf d. Einbau v. ^{59}Fe in rote Blutzellen nach Röntgenbestrahl. 8-1678; in vitro-Einbau v. – in Retikulozyten 9-1535; ^{59}Fe-Aufnahme u. δ-Aminolävulinsäure-Dehydrase-Aktivität in mit Friend-Virus infizierten Mäusen 10-1403; Bind. zwischen Fe^{3+} u. DNS-Mol. aus d. Schleimhaut d. Dünndarms 11-1663; Einbaugeschw. v. ^{59}Fe in Hämoglobin A_1 u. A_4 in vivo u. in vitro 20-1522; Akkumulat. v. ^{59}Fe während d. Ontogenese d. Laiches v. Gadus merlangus euxinus, Nord 21-1700; Wirkungsweise v. Antikrebsmitteln auf d. —-Stoffwechsel in tumortragenden Mäusen (Kombinat.-Therapie mit Antikrebsmitteln u. —-Verb.) 23-1236; (mögl. Mechanismus für d. Verstärk. d. karzinostat. Aktivität alkylierender Mittel durch Fe-Glucuronat) 23-1237; —-Aufnahme u. Hämoglobinbldg. in Retikulozyten (Unters. mit ^{59}Fe) 23-1500; ^{59}Fe-Einbau in Hämin v. peripheren roten Blutzellen u. v. roten Zellen in Knochenmarkskulturen 23-1501; hormonale Kontrolle d. —-Stoffwechsels (reziproke Einfl. v. Follikulin, Testosteron u. Cortison auf d. Gewebe-— d. männl. Ratte) 27-1498; Probleme d. —-Stoffwechsels beim Menschen unter bes. Berücksichtig. d. biochem., physiolog. u. klin. Aspekte 29-1582; Einbau v. – in Hämoglobin beim Huhn 33-1581; Verteil. u. Umsatz v. – u. Transferrin bei Kaninchen mit —-Überbelast. 33-1620; —-Umsatz in Ratten bei experimenteller Anwend. v. Komplexonen 33-1700; Wrkg. v. Isomeren v. Trijodthyronin auf d. Einbau v.

Fe^{59} in Erythrozyten 35-1532; immunchem. Rk. v. Conalbumin–Fe^{3+}-Komplexen 36-1551; Hemmwrkg. d. Plasmas hypertransfundierter Tiere auf d. —-Einbau d. Erythrozyten 37-1464; Einfl. einer Kopfbestrahl. auf d. Radio-—-Einbau in Erythrozyten 37-1546; Bedeut. d. Chelier. für d. —-Stoffwechsel (Übersicht) 44-1577; Einfl. v. Erythropoietin auf d. —-Einbau in d. Milz v. Mäusen mit Polyzythämie 51/52-1402; biolog. Halbwertszeit u. Umsatzrate d. $^{59}Fe^{3+}$ im Gesamtkörper d. Menschen 51/52-1462; biolog. Halbwertzeit u. Stoffwechselumsatzrate d. Gesamtkörper-$^{59}Fe^{3+}$-Pools bei Leberzirrhose u. portaler Hypertens. 51/52-1463.

Ausbleiben d. Fe^{2+}-induzierten Lipidperox. u. d. Schwellens in d. aus Aszites-Tumorzellen isolierten Mitochondrien 1-1246; Einfl. v. Fe^{2+} u. Fe^{3+} auf d. Aminosäurenbldg. durch Rattenlebermitochondrien u. a. subzellulare Frakt. 4-1195; Wrkg.: eines freie Hydroxylradikale bildenden Äthylendiamintetraessigsäure/Fe^{2+}-Syst. auf d. durch Antigenstimulus induzierte Primärrk. u. d. hämatolog. Veränder. 16-1523; auf d. Einbau v. ^{14}C-Leucin in Ferritin durch Rattenlebersyst. 19-1348; v. Fe^{2+} auf d. Dejodier. v. L-Thyroxin durch Mikrosomen d. Kaninchenleber 24-1559; auf d. Apoferritinsynth. in Rattenleber in Ggw. v. Actinomycin D 24-1677; durch — induzierte Ca-Ablager. in HeLa-Zellkulturen 25-1186; Rolle v. Fe^{2+} u. Fe^{3+} als Katalysatoren bei d. Ox. ungesätt. Fettsäuren in Geweben 31-1120; Einfl.: v. Fe^{3+} auf d. Aldosteronbiosynth. aus Corticosteron 31-1454; v. Fe-Ionen auf d. Hemm. d. Atmungskette durch ATP-Analoge 38-1263; —-Gabe in vitro u. d. Grad d. Aggregat. u. Funkt. d. Retikulozytenribosomen bei d. Hämoglobinsynth. 38-1534.

Klin. Verw. v. Desferrioxamin bei —-Vergift. 7-1765; Stoffwechselveränder. unter —-Gaben 10-1664; Beeinfluss. einer akuten, enteralen —-Vergift. am Hund durch Desferrioxamin 15-1651; Fe-Chondroitinsulfat-Koll. zur i.v. Injekt. v. koll. Fe (Bezieh. zwischen physikal.-chem. u. pharmakolog. Eig.) 27-1754; Kombinat. v. — u. Folsäure bei Anämie infolge Schilddrüsenunterfunkt. 29-1470; Inkorporat. v. s.c. verabreichtem ^{59}Fe durch Mäuseerythrozyten 40-1597.

Legierungssysteme und Phasen

Physikalische und physikalisch-chemische Eigenschaften von Mehrkomponentensystemen mit Eisen

Einfl. d. Mn-Geh. auf d. Dämpf.-Verh. N-halt. —-Leg. 3-2432; in tern. Leg. auftretende Nitride u. ihre chem. Eig. 4-0690; Verb. v. Th_6Mn_{23}-Typ in Seltenerdmetalleg. mit *79,2* Atom-% Fe 6-2393; Oberflächenspann. v. fl. —-Leg. u. Stahlschlacken (Übersicht) 9-0684; Platzenergie u. Aktivier.-Energie d. Diffus. v. interstitiellen Verunreinig. in — 10-0234; Anfangssuszeptibilität v. —-Leg. dicht oberhalb d. Curie-Temp. 12-0505; Feldverdampf. verd. —-Leg. mit Cr, Mn, Co, Ni, Cu, Al, Si, C u. N in Fe u. Feldätzen v. C, N, O unter Einw. v. H_2, O_2 u. CO 13-0437; Chemie d. Intermetallverb. d. — (Überblick) 22-0722; Herst. v. Einkrist. aus —-Leg. (Übersicht) 27-0248; Verw. eines tragbaren Röntgengerätes zur Mess. innerer Spann. in Stahlleg. 28-1921; thermodynam. Eig. fester Leg. v. — mit C, Mn, Si, Cr u. Ni 35-0540; Dickenbest. v. Folien v. —-Leg. 37-0242; sek.-Rekristallisat. in —-Leg. (Entw. d. *(100)[001]*-Textur) 37-2177; Mössbauer-Effekt in —-Leg. mit Os, Pt, Ir u. Au 38-0476; Best. d. Aktivitätskoeff. über d. krit. Konz. fl. bin. —-Leg. 38-0570; Elektrotransport v. C u. N in —-Leg. durch ein direktes elektr. Feld 39-0329; —-Leg. 47-2023; Krist.-Strukturen u. Polymorphie d. Seltenerdmetallverb. v. Typ R_2Fe_{17} u. Strukturen v. RFe_7 48-0246; Simultan-Kalorimetrie zur Unters. v. verd. —-Leg. im Bereich v. *2–4* °K 48-0282; magnet. Nachwrkg. für mit Neutronen bestrahlte Proben v. —-Leg. mit Ni, Co, Be, Al, Sb oder Pt 48-0488.

Ag: Übersicht über Verb. u. Krist.-Chemie im Syst. Ag/Fe/Te 24-0538.

Al: Schmelzmeth. v. —-Leg. mit *12,88* bis *16,70* Al (Eig.) 22-2364; Herst. v. Fe_3Al im fl. Metallsumpf 30-2431*; Mechanismus d. Bldg. v. Fe_2Al_5 in Fe/Al-Diffus.-Paaren 41-2279.

$K\beta$-, α_3- u. α_4-Linien v. FeAl 23-0345; Vernicht. v. Positronen u. Elektronen in einer plast. verformten Fe-Leg. mit *0,63* Al 35-0291.

Antiphasenstruktur in FeAl 7-0282; neue κ-Phasen in d. Syst. Mo/Fe/Al/C sowie W/Fe/Al/C 15-0296; Wander. v. C-Atomen auf Zwischengitterplätzen in Leg. mit ≤*25* Atom-% Al 15-0346; röntgenograph. Unters. im Syst. Fe/Al/Nb 17-0614; Prozesse d. Ordn.-Einstell. u. Verform.-Verfestig. v. $Ni_3(Fe, Al)$ mit *3* Atom-% Al 23-0271; $ThMn_{12}$-Überstruktur in YFe_4Al_8 27-0285; Untergitter-Ordn. 27-0493; Abhängigk. d. Gitterperiode v. Al-Geh. u. therm. Behandl. bei Leg. mit *16,2* bis *30,8* Atom-% Al 29-0235; Rekristallisat. v. Fe/Ni/Al-Leg. mit *2–16* Al 32-0221; Abhängigk. d. Größen d. Antiphasendomänen v. Al-Geh. u. Beding. d. therm. Bearbeit. 33-0280; Satelliten u. modulierte Struktur in Leg. d. Syst. Fe/Ni/Al 38-0264; Theorie d. Gitterdynamik v. $AlFe_3$-Krist. 39-0280; Anfangsstadien d. Zerfalls d. übersätt. Mischkrist. in Leg. d. Syst. Fe/Ni/Al 40-0173; Darst. u. Phasenanalyse v. Leg. d. Syst. R/Fe/Al (R = Ti, Zr, Hf) 49/50-0261.

Gitterdefekte u. Festigk. 10-0271; Einfl. d. Al-, C- u. B-Geh. auf d. mechan. Eig. reiner —-Leg. mit *0,024–2,1* Al, *0,001* bis *0,026* B u. *0,003–0,011* C 14-2489; Härte, Festigk. u. Phasen v. metastabilen β-Leg. d. Syst. Ti/Mo/Fe/Al 17-0309; Einfl. v. Zus. u. Temp. auf d. elast. u. plast. Eig. v. Mischkrist. mit *0–40* Atom-% Al 18-0260; Elastizitätsgrenze v. Leg. mit *40* Atom-% Al in Abhängigk. v. Temp. u. Verform.-Geschw. 24-2453; Warmbrüchigk. v. Leg. mit *40* Atom-% Al 32-2396; Festigk. v. Leg. mit *40* Atom-% Al 33-2390; Einfl. d. Ordn.-Einstell. auf d. Hochtemp.-Kriechen v. Leg. mit *26,6* u. *29,5* Atom-% Al 37-0333; Verform.-Verfestig. u. Temp.-Abhängigk. d. mechan. Eig. tern. Leg. auf Grundlage v. $Ni_3Fe(Ni_3Fe, Ni_3(Fe, Cr)$, $Ni_3(Fe, Mo)$ u. $Ni_3(Fe, Al)$ 41-0332; Elastizitätsmodul u. Phasenbereiche in Abhängigk. v. Temp. u. Al-Geh. 45-0273; Verform.-Mechanismus bei niedr. Temp. 48-2425.

Hall-Effekt u. elektr. Widerstand 14-0496; Elektronenstruktur 18-0409.

^{27}Al-NMR in FeAl 1-0366; magnet. Eig. v. Leg. mit *29–33* Atom-% Al 6-0508; Ordn.-Umwandl. in Fe_3Al 6-0509; kristallograph. Orientier. v. ferromagnet. Einkrist.-Kugeln mit *3,5* Al 6-0541; Einfl. d. magnet. Wechselfeldes auf d. anomale Erhöh. d. Anfangsmagnetisier. infolge einer Spann.-Änder. u. d. Instabilität d. Permeabilität v. Leg. mit *13* Al 7-0543; Vol.-Suszeptibilität 12-0505; Mikrostruktur u. Dauermagneteig. im pseudobin. Syst. Fe/NiAl 16-0471; innere Magnetfelder u. isomere Verschieb. d. ^{57}Fe-Kerne 21-0450; Hyperfeinfeldspektren v. ^{75}Fe in Leg. mit *1–6* Atom-% Al 21-0452; Spinwellen-Steifh. u. Elektronenstruktur 29-0499; Strukturunters. v. Fe_3Al durch Mess. v. Rotat.-Hysterese u. induzierter Anisotropie 40-0441; Impedanz eines ferromagnet. Kerns aus Fe_3Al u. Anreg. magnet. Schwing. in einem starken elektr. Feld 42-0460; Einfl. d. Magnetisier. auf d. $L2_0$-Ordn.-Einstell. 48-0486.

Thermodilatometr. u. thermomagnet. Analyse d. Umwandl.-Diagramms v. Fe_3Al 3-0609; Zustandsdiagramm d. Syst. Fe/Al/C 7-2475; Zustandsdiagramm d. Syst. Fe/Al 12-2343; Aktivität v. Al in Leg. mit *47,1* bis *90* Al 16-0700; Natur d. sich bei d. Alter. v. Fe/Ni/Al/Martensit entwickelnden Phasen 21-0569; Gleichgew. O-desoxydierender Elemente in fl. —-Leg. 30-0506; Einfl. v. hohem Druck auf d. Kompressibilitäten v. Fe_3Al u. FeAl 36-0257; Einfl. v. Al: auf d. C-Ausscheid. in α-Fe v. Leg. mit bis *4* Al 41-2250; auf spannungsinduzierte C-Diffus. in α-Fe v. Leg. mit *0,002–5,28* Al 41-2251; Temp.-Abhängigk. d. spezif. Wärme v. Leg. mit *27* Atom-% Al 43-0284.

Anod. Verh. v. Fe/Al-Leg. in H_2SO_4 5-0662; Zunderbeständigk. v. Ce- u. Ca-Zusatz in Fe–Cr–Al-Heizleiterleg. 11-2595; Ox. v. Leg. mit *4,4* bzw. *12* Al 33-2411.

Au: Thermodynamik fl. Au–Fe-Leg. zwischen *1000* u. *1300°* 3-0616; magnet. Widerstandsänder. 18-0415; Einfl. v. Ferromagnetismus u. lokaler Ordn. auf d. spezif. elektr. Widerstand 28-0412; magnet. Übergänge u. Verunreinig.-Wechselwrkg. 28-0449; Einfl. v. hohem Druck auf d. Elektronenstruktur 33-0436.

B: Korros. in Säuren 9-0657; Löslichk. v. B in — 13-0590; Aufstell. d. Phasendiagramms Re/Fe/B bei *1100°* 24-0558; Feinstruktur u. charakterist. Temp. v. B-halt. α-Fe 35-0255; Phasengleichgew. im Syst. Mn/Fe/B 37-0583; peritektoide Rk., Feingefüge u. Härte 42-2265.

Be: Kontinuierl. mechan. Zwill.-Bldg. bei Spalt. an Einkrist. 7-0310; Magnetisier. v. Leg. mit *0–20* Atom-% Be 9-0552.

C: Elektronograph. u. elektronenmkr. Unters. v. im Vakuum kondensierten Fe–C-Filmen 24-0553; Diffus. v. C in α-Fe 5-0330; Struktur v. Fe–C-Leg. 6-2399; Kinetik d. α-Phase-Graphitisier. v. α-Fe 7-2472; Leerstellen-Diffus. v. Cr in Fe/C-Leg. 14-0344; Diffus. v. C in festem — 26-2601; Ausscheid. u. Wiederauflsg. v. C in — 31-0289; C-Diffus. in α-Fe u. γ-Fe-Leg. 33-0354; C-Diffus. in fl. Fe–C–Si- u. Fe–C–S-Leg. bei *1350–1500°* 34-2466; Einfl. d. Red.- u. Ox-Rk. techn. Fe–C-Gußleg. auf Fehlererschein. im fl. u. festen Zustand 36-2260; Einfl. d. Al: auf d. C-Ausscheid. in α-Fe 41-2250; auf d. spannungsinduzierte C-Diffus. v. α-Fe 41-2251; Versetz.-Beweg. in Fe/C-Leg. 44-0233.

Verspröd. eutektoider Fe–C-Leg. durch fl. Li 1-2467; Zugeig. v. Leg. mit *0,02* C nach Abschrecken u. Abschreckalter. 18-2494; Einfl. v. Biegebeanspruch. auf Dauerbruchfläche u. Rißgeschw. bei Fe–C-Gußwerkstoffen 20-2427.

Anod. Verh. v. Fe–C-Leg. in sich bewegenden sauren Medien 9-0659; magnet. Unters. über Relaxat.-Erschein. in α-Fe–C-Leg. 39-0390; elektr. Widerstand v. Fe–C-Schmelzen 41-0470.

Phasengleichgew.-Bldg. beim Übergang v. C aus Methan–H_2-Gemischen in — bei *850* bis *1050°* 6-0604; Zustandsdiagramm d. Syst. Fe/Al/C 7-2475; Einfl. d. Graphitdruckes auf d. Zerfallskinetik d. Carbids 7-2476; Phasengleichgew. im tern. Syst. Nb/Fe/C 9-0605; Löslichk. v. C in d. Syst. Ni/Fe/C, Fe/Co/C u. Fe/Mn/C 9-0608; Aktivität v. C u. O in C-ges., fl. — 9-2530; Ableit. d. chem. Potentials v. Graphit in Ferrit 13-0540; Sauvers Diagramme für d. Gleichgew.-Diagramm Fe/Fe_3C 13-0591; spezif. Wärme im Erstarr.-Bereich 15-0316; Grenzen d. Zweiphasengebiets an d. —-reichen Seite im Syst. Fe/Si/C 17-0625; Umwandl. v. Austenit zu Martensit im bin. Syst. Fe/C 21-0567; Bezieh. zwischen C-Aktivitäten für Fe–Cr–C-Leg. u. d. Phasengrenzen d. $\gamma + (Fe, Cr)_7C_3$-Gebietes bei *1050°* 21-0568; Carbide im tern. Syst. Fe/V/C: VC, V_2C u. $(Fe_3V_3)C$ 24-0554; Thermodynamik v. verd. Fe–C-Mischkrist. 28-0545; Gleichgew. O-desoxydierendes Element in fl. —-Leg. 30-0506; heterogene Gleichgew. im stabilen Syst. Fe/C/Si 30-2329; Anwend. d. Theorie regulärer Lsg. zur Berechn. d. Zustandsdiagramms d. Syst. Fe/C 32-0554; thermodynam. Berechn. d. stabilen Zustandsdiagramms Fe/C 32-0555; isothermer Schnitt d. tern. Syst. Fe/V/C 32-0557; S- u. Mn-Übergang im Syst. C-gesätt. Fe/CaO–SiO_2- u. CaO–SiO_2–Al_2O_3-Schlacke 34-2467; Einfl. v. Mn, P u. Cr auf d. S-Aktivität v. fl. C-gesätt. — 34-2468.

Benetz. v. Übergangsmetallnitriden durch fl. Leg. 19-0659; Einfl. v. Bi, Tl, Zr, Pb u. Cu auf d. Oberflächenspann. Mg-halt. u. Mg-freier Fe–C-Schmelzen 27-2413; Grenzflächenspann. zwischen Fe-Leg. mit *3–4* C u. $CaO/SiO_2/Al_2O_3$-Schlacken 33-0687; relative Grenzflächenenergie 46-0646.

Auflsg.-Geschw. v. C-Stahl in fl. Fe–C-Leg. 2-2413; Geschw. d. Entkohl. fl. Fe–C-Leg. 4-2282; Absorpt.-Geschw. v. N_2 in fl. Syst. Fe/C/Cr 11-2502; Lsg. v. C bei hohem Druck in — 33-0768; Auflsg.-Geschw. v. C in geschmolzenen Leg. 46-0689; Löslichk. v. — mit *0,8* C in fl. Bi 49/50-0542.

Ca: Aktivität v. Ca in fl. Fe–Ni–Ca-Leg. 25-2190.

Ce: Hyperfeinfelder d. Laves-Phase $CeFe_2$ 11-0517; Krist.-Struktur v. $CeFe_7$ 27-0280; Hochtemp.-Ox. v. Leg. mit *0,008–0,470* Ce 28-2473; Krist.-Struktur v. $CeFe_7$ 48-0246.

Co: Abscheid. tern. Fe/Co/W-Leg. aus d. Pyrophosphatbad 32-0603; Zücht. v. Einkrist.-Schichten 33-0269; Herst. im hochdispersen Zustand u. Unters. ihrer Krist.-Struktur 44-0235.

Diffus. v. ^{60}Co in α-Fe 1-0291; Co-Diffus. während wiederholter α–γ-Phasenumwandl. 23-0321; Kinetik d. Fernordn. u. Domänen-Zusammenball. in Leg. mit *49* Co u. *49* Fe u. B_2(CsCl)-Überstrukturgitter 23-2325; Einfl. d. Ordn.-Einstell. auf d. H-Permeabilität v. Fe–Co-Leg. 24-0303; röntgenograph. Unters. v. Strukturumwandl. in Leg. mi *7* Al, *34* Co, *4* Cu, *15* Ni u. *5* Ti 28-0236; Mehrkomponenten-Überstrukturen in d. magnet. Leg. $(Ni, Co)_3 \cdot Fe_{0,5}Mn_{0,5}$ 29-0255; durch Gleiten induzierte Orientier. v. Überstrukturen in FeCo 33-0273; Selbstdiffus. v. Co in α- u. δ-Fe 33-0360; Ordn.-Struktur eines Mischkrist. mit *6,9* Al, *34* Co, *4* Cu, *36,3* Fe, *13,8* Ni u. *5* Ti 38-0265; Neutronen-Spektrometer mit CoFe-Krist. 41-1892; Einfl. v. Leg.-Elementen auf Gefüge v. —-Aufschweiß. 44-2316; Ordn./Unordn.-Umwandl. v. feinen Teilchen 46-0243.

Gitterdefekte u. Festigk. 10-0271; Einfl. d. Fernordn. auf d. Ermüd. v. Leg. mit *49* Co u. *2* V 15-2406; Kriechverform. v. Fe/Co-Leg. im ferro- u. paramagnet. Temp.-Bereich 32-0289.

tisier., induzierter magnet. Anisotropie u. Rekristallisat. einer kaltgewalzten, ferromagnet. γ-Phasenleg. d. Syst. Fe/Cr/Co/Ni 31-2350; Erhöh. d. Kurve d. jungfräul. Magnetisier. infolge v. Spann.-Änder. u. d. biaxiale magnet. Anisotropie einer kaltgewalzten Leg. 33-0531; Anisotropieenergie d. magnet. C-Nachwrkg. in kub.-flächenzentrierten Ni–Fe-Leg. 39-0485; Konz.-Abhängigk. d. strahlungsinduzierten einachsigen Anisotropieenergie v. Schichten mit *40–90* Ni 39-0487.

Magnet. Nachwrkg. in kub.-flächenzentrierten Leg. mit *50* Ni durch Diffus. v. C 2-0510; magnet. Suszeptibilität v. Leg. mit bis *50* Ni in d. Umgeb. d. Curie-Temp. 5-0561; Suszeptibilität u. magnetokrist. Anisotropie polykrist. ferromagnet. Filme v. Fe–Ni- u. Fe–Co–Ni-Leg. 14-0552; Einfl. v. magnetostat. Wechselwrkg. auf d. Real- u. Imaginärteile d. Permeabilität dünner Ni–Fe-Schichten nach transversaler Vormagnetisier. 15-0534; Konz.-Abhängigk. d. Koerzitivkraft v. Leg. mit *30–50* Ni u. Geh. an Cr, Si, Ti u. C 24-0490; Remanenzverh. hartmagnet. Werkstoffe aus Cu–Ni–Fe-Leg. 40-0446.

Hyperfeinfeldspektren v. ^{57}Fe in Leg. mit *1–6* Atom-% Ni 21-0452; Sättig.-Magnetostrikt. v. polykrist. ferromagnet. Leg. mit *36–76* Ni 42-0463.

Anod. Polarisat.-Kurven v. Fe–Ni–Cr-Leg. 40-0573; anod. Verh. v. angelassenen Leg. mit *10–90* Ni in H_2SO_4 42-2362; Passivier. in SO_4^{2-} 42-2363.

Umwandl. in Leg. mit *9* Ni 2-2401; martensit. Umwandl.: v. Leg. mit *27,4* Ni (Einfl. d. Teilchengröße) 3-2441; in martensitaushärtenden Leg. d. Syst. Fe/Ni 5-2429; C- u. N-Ausscheid. an Versetz. v. stat. gealterten Ni–Cr– – –Leg. 5-2445; Einfl. einer Glüh. auf d. Phasenbeschaffenh. d. Grenzfläche v. aufgeschwefelten Leg. mit *0,6* Ni 7-0328; Stoßwellenkompress. 8-0862, 8-0863; α- u. γ-Löslichk.-Grenzen im Zustandsdiagramm Fe/Ni 9-0603; Zusammenhang zwischen Phasengleichgew. u. isothermer Martensitumwandl. in – –Ni–Cr- u. – –Ni–Mn-Leg. 9-0604; Grenzen d. Zweiphasengebiets an d. – -reichen Seite d. Syst. Fe/Ni 17-0625; Natur d. sich bei d. Alter. v. Fe/Ni/Al/Martensit entwickelnden Phasen 21-0569; Best. d. Elementeverteil. in gesinterten W–Ni– – –Leg. mittels Röntgenspektralmikroanalyse 22-2391; elektron. spezif. Wärme v. ungeordnetem kub.-flächenzentriertem $(Ni, Fe)_3$· Mn u. paramagnet. Suszeptibilität 23-0288; dilatometr. Effekt in einer texturierten Leg. mit *31,8* Ni bei d. $\alpha \rightarrow \gamma$-Umwandl. 24-0202; Einfl. eines Magnetfeldes auf d. $\alpha \rightarrow \gamma$-Umwandl. 24-0560; Phasendiagramm d. Syst. Cr/Fe/Ni 24-0562; Aktivität v. Ca in fl. – –Ni–Ca-Leg. 25-2190; Best. tern. Phasendiagramme d. Syst. Fe/Cr/Ni 28-0548; Hochtemp.-Unters. d. Kinetik d. $\gamma \rightarrow \alpha$-Umwandl. in Leg. mit *5–10* Ni 37-0246; Martensitumwandl. in kleinen Einkrist. mit *25,7* bis *30,6* Ni 42-0210; Einfl. v. Ni auf d. σ-Phasenumwandl. in Leg. mit *45* Ni 42-2275; Wechselwrkg. gelöster Elemente in homogenen Leg. 45-0493; Phasenverfestig. gealterter – –Ni-Leg. mit u. ohne Ti bei $\gamma \rightarrow \alpha \rightarrow \gamma$-Umwandl. 46-2319; Umwandl. beim Erhitzen v. Fe–Ni–Ti-Martensit 46-2338; spezif. Wärme bei tiefen Temp. 48-0281.

Löslichk.: v. H_2 in festen u. in fl. Leg. 12-0560; v. N in fl. bin. – –Ni- sowie tern. – –Ni–Co-Leg. 21-0553; Abscheid. v. C aus CO an verschiedenen – –Ni-Leg. 22-0646; Löslichk. v. Ni im Wüstit in Abhängigk. v. d. Zus. d. – –Ni-Leg. 41-0549; H_2-Löslichk. in fl. Leg. 45-2162.

Kinetik d. Hochtemp.-Ox. 34-0696; Ox.-Kinetik v. Leg. mit *2,29* Ni in CO_2 bei *600* bis *1000°* 38-2482; Korros.-Geschw. bin. Leg. mit d. Polarisat.-Meth. 51/52-2406.

O: Einfl. v. Ni, Co, W, Mo, Cr u. Sn auf d. Aktivitätskoeff. v. O in fl. – 6-0588; elektromechan. Mess. d. O-Diffus. in – bei höheren Temp. 15-0345; Einfl. d. S-Geh. auf d. O-Löslichk. in fl. Rein- – 23-2296; theoret. Berechn. d. Gleichgew. O/desoxydierendes Element (C, Si, Mn u. Al) in fl. – -Leg. auf d. Grundlage krit. Konz. 30-0506; elektr. Widerstand v. fl. – mit *0,1* gelöstem O 41-0470.

P: autoradiograph. Unters. d. Verteil. v. P in – -Leg. 11-0244; Grenzen d. Zweiphasengebiets an d. – -reichen Seite d. Syst. Fe/P (Unters. mit d. magnet. Waage) 17-0625; Viskosität u. elektr. Leitfähigk. v. – –P-Leg. im fl. Zustand 19-0523.

Pd: metastabile, amorphe, ferromagnet. Phasen v. $Pd_{75}Fe_5Si_{20}$ 18-0454; magnet. Suszeptibilität v. kub.-flächenzentrierten Leg. mit *1,0–15,3* Atom-% Pd 21-0443; Zus.-Abhängigk. d. Magnetisier. v. Pd–Fe 23-0449; NMR ferromagnet. Pd– – -Leg. 24-0385; magnet. Moment pro Atom u. dessen Abhängigk. v. d. Konz. u. d. Ordn.-Zustand 27-0502; Übergang antiferromagnet.-ferromagnet. in $Fe(Pt, Pd)_3$ 27-0503, 27-0504; magnet. Übergänge u. Verunreinig.-Wechselwrkg. 28-0449; Einfl. v. hohem Druck auf d. Elektronenstruktur 33-0436; Änder. d. Freien Enthalpien u. d. Bezieh. zwischen Aktivität u. Zus. im Syst. Pd/Fe bei erhöhten Temp. 40-0524; gegenseit. Diffus. im Syst. Fe/Pd 44-0308.

Pr: Krist.-Struktur v. $PrFe_7$ 27-0280, 48-0246.

Pt: magnet. Momente in d. geordneten Leg. $Fe_{2,8}Pt_{1,2}$ 1-0510; Wärmeausdehn.-Koeff. u. Temp.-Koeff. d. Young-Moduls 10-2515; Einfl. v. Atomordn. auf d. magnet. Struktur v. Pt_3Fe 11-0528; Temp.-Abhängigk. d. spontanen Hall-Koeff. in Fe_3Pt 21-0414; NMR ferromagnet. Leg. 24-0385; Übergang antiferromagnet.-ferromagnet. in $Fe(Pt, Pd)_3$ 27-0503, 27-0504; magnet. Übergänge u. Verunreinig.-Wechselwrkg. 28-0449; Einfl. v. hohem Druck auf d. Elektronenstruktur 33-0436; magnet. Ordn. in tern. Pt– – –Mn-Leg. d. ungefähren Zus. Pt_3Fe 36-0488; magnet. Eig. v. PtFe nach plast. Verform. 40-0442; Änder. d. Freien Enthalpien u. d. Bezieh. zwischen Aktivität u. Zus. im Syst. Fe/Pt bei erhöhten Temp. 40-0524.

Re: spezif. Kernwärme, Kernrelaxat.-Zeiten u. Feldstärken d. effektiven, auf d. Störkerne wirkenden Magnetfelder v. Re in einer – -Leg. 20-0231; Aufstell. d. Phasendiagramms Re/Fe/B bei *1100°* 24-0558.

Rh: magnet. Moment d. Fe u. Widerstandsminimum 2-0501; abrupte magnet. Umwandl. bei FeRh 16-0457; magnet. Eig. v. Leg. mit *51–64* Atom-% Rh 18-0459; Kinetik d. isomorphen Umwandl. in Leg. mit *46–56* Atom-% Rh 32-0210; magnet. u. elektr. Eig. dünner – –Rh-Filme 34-0501; Magnetostrikt. d. metamagnet. Leg. FeRh 41-0505; Umwandl. antiferromagnet.-ferromagnet. bei $Fe_{0,46}Rh_{0,53}$ 48-0484; magnet. Eig. d. Leg. FeRh in starken Magnetfeldern 51/52-0475.

S: Einfl. v. Leg.-Elementen auf Löslichk. u. Aktivität v. S in – -Schmelzen 27-2404; Röntgenstrukturanalyse v. – –S-Schmelze 33-2106; Austauschanisotropie in sulfidierten – -Filmen 41-0493.

Sc: Struktur, Polymorphie u. Darst. v. Laves-Phasen im Syst. Sc/Fe 43-0248.

Si: Eig. u. Anwend. neuer Leg. mit *3* Si u. Würfeltextur 33-2402; Probleme d. Entw. u. Anwend. v. – –Si-Leg. mit u. ohne Krist.-Orientier. (Übersicht) 38-2386; Absorpt. u. sek. Fluoreszenz d. durch Elektronen angeregten charakterist. Röntgenstrahl. 46-0369.

Einfl. v. AlN auf d. sek. Rekristallisat.-Texturen in kalt gewalzten u. angelassenen (*001*)[*100*]-Einkrist. mit *3* Si 1-0227; Verteil. v. Si in aus d. Schmelze gezogenen Einkrist. 11-0243; Versetz.-Anordn. in verformten polykrist. Leg. mit *3* Si 12-0257; Primärrekristallisat. in Leg. mit *3* Si 14-0244; Textur nach Sek.-Rekristallisat. in Leg. mit *2,5* bis *4,5* Si 17-2382; Strukturänder. beim Bearbeiten v. kornorientierten Bändern mit *3* Si 17-2398; Orientier.-Verteil. u. Wachstum großer Körner nahe d. (*110*)[*001*]-Orientier. in einem Leg.-Band mit *2,9* Si 21-2574; Verunreinig. als Anreger d. sek. Rekristallisat. 22-2415, 22-2431; Bezieh. zwischen d. Verform.- u. Rekristallisat.-Texturen beim Walzen d. (*110*)-Einkrist. einer – –Si-Leg. in verschiedenen Richt. 23-0268; Versetz.-Beweglichk. in Krist. mit *3* Si 25-0226; Texturbldg. bei d. Primärrekristallisat. 26-0227; Einfl. d. Zus. auf d. Wachstumsgeschw. v. Sekundär-(*100*)-Körnern in Blechen aus Leg. mit *2–4* Si 28-0219; Primärkristallisat. u. Polygonisat. in Si-halt. – mit verschiedenen Beimeng. 32-0220; Bldg. v. Sekundärrekristallisat.-Keimen einer Leg. mit *3* Si 34-0258; bei d. Zwillingsbldg. v. Si-Ferrit entstehende Strukturdefekte in einer Leg. mit *0,05* Mn, *3,27* Si u. *0,035* C 34-0279; Abhängigk. d. Kornwachstumsgeschw. bei d. Sekundärrekristallisat. einer Leg. mit *3* Si v. ihrer Orientier. 35-0203; Polygonisat. v. warmverformten Leg. mit *3,2* Si u. *0,02* C 37-0276; Abhängigk. d. Korngrößenverteil. v. d. Orientier. in einer Leg. mit *3* Si nach einer Primärrekristallisat. 38-0260; Stabilität v. Einschlüssen u. Bldg. v. Körpern d. Sekundärrekristallisat. in Leg. mit *3* Si 40-2292; Entw. d. Rekristallisat.-Struktur v. Leg. mit *3* Si nach geringer u. mittlerer Verform. 42-0223; Bldg. d. Rekristallisat.-Textur nach d. Kaltwalzen bei hohen Verform.-Graden 44-2301; Kaltwalztextur v. Leg. mit *3* Si 46-2328; Schraffurätz. u. deren Orientier.-Abhängigk. 49/50-0239; Einfl. d. Vorrekristallisat.-Glühen auf d. Textur v. Leg. mit *3,5* Si 51/52-2361.

Gleiten, Zwillingsbldg. u. Bruch in polykrist. Leg. mit *3* Si 1-0279; Asymmetrie d. Gleitens in Einkrist. einer Leg. mit *3* u. *5* Si 4-0285; Einfl. d. Härtetemp. auf d. innere Reib. u. Löslichk.-Grenze v. C in – –Si-Leg. 8-0282; Gitterdefekte u. Festigk. 10-0271; bleibende Kalthärt. in Würfeln aus Einkrist. mit *3,2* Si 21-2549; plast. Verform. u. Bruch v. Leg. mit *3* Si bei *295–473* °K 25-0289; Keimbldg. für d. Gleiten 25-2215; Anisotropie d. plast. Verform. v. kornorientierten Leg. mit *3* Si 30-2372; Einfl. v. Spann. auf d. Kriechdehn. infolge Korngrenzengleiten in Leg. mit *3* Si bei *600°* 34-2495; Einfl. d. C-Geh. auf d. interkrist. Bruch v. Leg. mit *0–6* Si u. sehr niedr. C-Geh. 34-2504; Einfl. v. intergranularen Carbidausscheid. auf d. intrakrist. Bruch v. Leg. mit *2–5* Si 34-2505; Wechselwrkg. v. Zwillingen u. Gleitbändern mit Hindernissen in Leg. mit *2,90–3,35* Si u. *0,028–0,35* C 35-0231; innere Spann.-Felder v. verformten Krist. 37-0332; Verform. v. Einkrist. aus Leg. mit *3* Si 39-0312; räuml. Verteil. d. plast. Verform. in d. Umgeb. v. durch H_2-Ausscheid. entstandenen Spaltrissen in Einkrist. 51/52-2341.

Temp.-Verh. d. paramagnet. Suszeptibilität v. Leg. mit *0–20* Si in d. Schmelze 5-0558; Best. magnet. Eig. durch mechan. Restspann.-Analyse in weichen ferromagnet. Leg. mit $\leqq$ *2,5* Si 6-0542; Unters. ferromagnet. Domänengrenzen in Leg. mit *3* Si 7-0536; Unters. d. Phase Fe_5Si_3 im paramagnet. Zustand 10-0497; magnet. Hyperfeinwechselwrkg. u. elektr. Quadrupolkoppl. in d. χ-Phasenleg. $V_{30}Si_{20}Fe_{50}$ 11-0515; Abnahme d. Abstandes zwischen d. Domänengrenzen nach plast. Deformat. eines Einkrist. mit *3* Si 11-0534; Vol.-Suszeptibilität 12-0505; Magnetisier. u. Feldstärke v. – –Si-Bilderrahmeneinkrist. 16-0442; – -Verluste bei ellipt. polarisierten Magnetfeldern in Bändern mit Würfeltextur 16-0473; metastabile, amorphe, ferromagnet. Phasen in $Pd_{75}Fe_5Si_{20}$ 18-0454; direkte Bezieh. zwischen Domänengröße u. Koerzitivkraft in Leg. mit *2,5* Si 20-0437; innere Magnetfelder u. isomere Verschieb. d. ^{57}Fe-Kerne 21-0450; Hyperfeinfeldspektren v. ^{57}Fe in Leg. mit *1–6* Atom-% Si 21-0452; unterteilte Bereichswände 24-0486; Einfl. einer Dehn. auf d. magnet. Eig. u. d. Magnetostrikt.-Kurven v. Leg. mit *3* Si 24-0487; Bldg. d. Domänenstruktur v. Krist. aus Leg. mit *3* Si 24-0488; Einfl. v. Gitterfehlern auf d. Magnetisier.-Prozesse an d. Oberfläche v. polykrist. Proben 27-0501; Mössbauer-Effekt in $Co_{1-x}Fe_xSi$ 28-0454; Jordan-Nachwrkg. v. Bandringkernen aus C-halt. Leg. mit *3* Si mit Goss-Textur 28-0462; Relaxat.-Erschein. in Leg. mit *2,73* Si, *0,023* C u. geringen Mengen an N, Ni, Cr, Mo, Mn, Ti, Co, P, S, Cu u. Pb 28-0463; Einfl. einer plast. Verform. auf d. magnet. Eig. v. Einkrist. mit *3* Si 28-0469; Suszeptibilitätsmatrizen stationärer Magnetfelder für – –Si-Bänder 30-0419; Sättig.-Magnetostrikt. v. Einkrist. mit *4,4* Si zwischen Raum- u. Curie-Temp. 32-0478; Mössbauer- u. NMR-Spektren 34-0404; magnet. Eig. u. Struktur einer Leg. mit *3,34* Si im Bereich hoher Temp. 37-0502; Einfl. v. Krist.-Baufehlern auf d. Magnetisier.-Vorgänge in Einkrist. mit *3* Si 39-0475; paramagnet. Verh. v. Leg. mit *1–20* Si im Bereich hoher Temp. 39-0482; Suszeptibilität v. Leg. mit *4* Si in starken Magnetfeldern 39-0483; kurzschließende Domänen im Innern v. Krist. mit *3* Si 40-0440; magnet. Eig. v. Leg. mit *6,5* Si nach d. Kaltwalzen 41-2278; Impedanz eines ferromagnet. Kerns aus Leg. mit *9* Si u. *8* Al 42-0460; magnet. Suszeptibilität v. FeSi u. $FeSi_{2,43}$ 43-0484; Unters. v. – –Si-Leg. mit *23–91* Fe durch magnet. Indukt. 46-1954; Sättig.-Näher.-Gesetz für Leg. mit *0,35–3,6* Si 48-0489.

Polynomdarst. für d. thermochem. Misch.-Größen d. bin. Syst. Fe/Si 2-0612; Thermodynamik d. Versetz.-Beweglichk. u. Analyse d. Aktivier.-Prozesses mit Hilfe d. dritten Hauptsatzes 4-0227; thermodynam. Eig. v. – –Si-Leg. 11-0611; Grenzen d. Zweiphasengebiets an d. – -reichen Seite d. Syst. Fe/Si sowie d. Einfl. d. C-Geh. 17-0625; β-Mn-Phase bei *900–1000°* in d. Syst. Mn/Fe/Si 21-0565; Diagramm d. Phasengleichgew. d. tern. Syst. Cr/Fe/Si 24-0556; Zustandsfelder d. tern. Syst. V/Fe/Si sowie d. Einphasengebiet d. quatern. Syst. Fe/Mn/V/Si 24-0573; Stoßkompress. v. – –Si-Leg. bis zu *2,7* Mbar 29-0828; theoret. Berechn. d. Gleichgew. O/desoxydierendes Element in fl. – -Leg. 30-0506; heterogenes Gleichgew. im stabilen Syst. Fe/C/Si 30-2329; Phasengleichgew.-Diagramm d. tern. Syst. Mo/Fe/Si 31-0583; Einfl. v. Cu,

Co u. Ni auf d. Aktivität v. Si in – –Si-Leg. 33-0592; C-Diffus. in fl. – 34-2466; Einfl. v. hohem Druck auf d. Kompressibilitäten v. Leg. mit *8* Si u. Fe_3Si 36-0257; Einfl. eines Magnetfeldes auf d. spezif. Wärme v. – mit *3,34* Si 39-0484; Syst. U/Fe/Si 44-0261; Phasenzus. dünner Oxidfilme auf Leg. mit *1 – 5* Si 44-2331; thermodynam. Eig. 46-0566; Krist.-Struktur d. Phasen d. Syst. Ti/Fe/Si 48-0532.

Einfl. d. Oberflächenadsorpt. auf „Zero Creep"-Mess. in – –Si-Leg. 7-0661; Änder. d. Oberflächenenergie in Abhängigk. v. d. kristallograph. Orientier. bei Einkrist. 24-0275; Best. d. Oberflächenenergie nach d. Meth. d. neutralen Tropfens 27-0655; Grenzflächenspann. u. Adhäs. an d. Trenngrenze v. – –Si-Leg. mit Schmelzen d. Syst. MnO/Al_2O_3/SiO_2 27-0656; Einfl. v. Temp. u. Zus. auf d. Oberflächenenergie v. – –Si-Schmelzen 49/50-0598.

H_2-Löslichk. in fl. Leg. 45-2162.

Sm: Hyperfeinfelder d. Laves-Phase $SmFe_2$ 11-0517; Krist.-Struktur v. $SmFe_7$ 27-0280, 48-0246.

Sn: Mössbauer-Unters. an $FeSn_2$ 4-0481; Morphologie u. Wachstum v. $FeSn_2$ beeinflussende Faktoren 5-0278; Struktur v. Fe_3Sn 9-0390; metallograph. Nachw. v. $FeSn_2$ in d. Weißblechschicht 18-2525; β-Mn-Phase bei *900 – 1000°* in d. Syst. Mn/Fe/Sn 21-0565; elektromagnet. Ausscheid. v. $FeSn_2$-Krist. aus fl. Sn 22-2359; Wachstumskinetik v. $FeSn_2$-Schichten in Sn-Plattier. 26-0595; Red. v. SnO_2 durch – unter Bldg. v. – –Sn-Leg. 29-2419; Kinetik d. Verdampf. v. Sn aus fl. Leg. im Vakuum 41-2254.

Ta: wahrer linearer therm. Ausdehn.-Koeff. d. Laves-Phase $TaFe_2$ 13-0336; Gitterkonst. u. Stabilitätsbereich d. im W_6Fe_7-Strukturtyp krist. μ-Phase Ta_7Fe_6 u. TaFe 15-0298; Einfl. v. hohem Druck auf d. Elektronenstruktur 33-0436; Ausscheid. d. Laves-Phase Fe_2Ta in Ta-halt. Cr–Ni-Stahl bei Auslager. 38-2409.

Tb: Hyperfeinfelder d. Laves-Phase $TbFe_2$ 11-0517; Krist.-Struktur u. Polymorphie v. Tb_2Fe_{17} 48-0246; Röntgenunters. v. $TbFe_2$ 48-0257.

Te: Übersicht über Verb. u. Krist.-Chemie in d. Syst. Ag/Fe/Te 24-0538; mit d. *35,6*-keV-Übergang v. ^{125}Te verbundener Mössbauer-Effekt in β-FeTe 28-0065.

Th: Bldg. v. intermetall. Verb., Gitterparameter sowie Phasendiagrammunters. d. Syst. Th/Fe 40-0537.

Ti: Einfl. v. N_2 auf d. Bestrahl.-Verspröd. 9-0340; magnet. Hyperfeinwechselwrkg. u. elektr. Quadrupolkoppl. in d. χ-Phasenleg. $Ti_{17}Cr_{24}Fe_{59}$ 11-0515; Hyperfeinfelder d. Laves-Phase $TiFe_2$ 11-0517; Vol.-Suszeptibilität 12-0505; wahrer linearer therm. Ausdehn.-Koeff. d. Laves-Phase $TiFe_2$ 13-0336; Härte, Festigk. u. Phasen d. metastabilen β-Leg. d. Syst. Ti/Mo/Fe/Al 17-0309; Grenzen d. Zweiphasengebiets an d. – -reichen Seite d. Syst. Fe/Ti 17-0625; Ausscheid.-Verh. v. Fe_2Ti in Leg. mit *5* Ti sowie *1,5* Ti, *3,6* Si bzw. *8* Ti u. *10* Ni nach d. Ausalter. 19-2442; Aktivitätskoeff. v. N in Leg. mit bis *3,5* Ti 28-2438; Diffus.-Koeff. v. Si aus einer Fe + Cr + Mn + Ti + Mo + Si-Leg. in eine Fe + Cr + Mn + Ti + Mo-Leg. sowie v. Mo aus einer FeCr + Mn + Ti–Mo-Leg. in eine Fe + Cr + Mn + Ti-Leg. 33-0359; Bldg. v. FeTi oder Fe_2Ti bei d. Unters. d. Einfl. niederer Ti-Chloride auf d. Elektrodenpotentiale v. Stählen in Salzschmelzen 35-0562; Einfl. einer plast. Verform. u. nachfolgenden therm. Behandl. auf d. Elastizitätsmodul u. d. kristallograph. Textur v. – –Ni–Ti-Leg. 39-0316; Einfl. d. Radienverhältnisses auf d. Struktur intermetall. Verb. v. AB_3-Typ in d. Syst. Ni_3Ti/„Fe_3Ti" 44-0266; Unters. v. Umwandl. beim Erhitzen v. Fe–Ni–Ti-Martensit u. Ausscheid. v. $(Fe, Ni)_2Ti$ 46-2338; Darst. u. Phasenanalyse v. Leg. d. Syst. Ti/Fe/Al u. Ti/Fe/Ga 49/50-0261.

Tm: Hyperfeinfelder d. Laves-Phase $TmFe_2$ 11-0517.

U: Aufbau d. Vierstoffsyst. U/UMn_2/UAl_2/UFe_2 24-0557; Syst. U/Fe/Si u. Struktur d. Phase U_2FeSi_3 44-0261.

V: Dämpf.-Unters. an N-halt. Leg. mit *0,7 – 4* Mo u. V 3-2433; Gitterdefekte u. Festigk. 10-0271; Diffus. v. ^{59}Fe in α-stabilisierten Leg. mit *1,8* Atom-% V 16-0256; Einfl. d. Zus. auf d. Wachstumsgeschw. v. Sekundär-(*100*)-Körnern in Si/V-halt. Blechen aus – –Si-Leg. 28-0219; Struktur v. Eutektika in Leg. d. Syst. Fe/C/V 34-0282; Ausscheid. v. V_4C_3-Plättchen in hochreinen Leg. mit *2* V u. *0,2* C 34-2473; Ermittl. d. Krist.-Struktur v. V– – –Leg. mit d. Mössbauer-Effekt in ^{57}Fe 35-0232; Lage, Form u. relative Intensitäten d. $K\beta_1$- u. $K\beta_5$-Linien d. Syst. Fe/V 35-0334; innere Reib. v. aufgestickten Leg. mit *0,62* V an Hand v. Dämpf.-Mess. 37-2147; Einfl. d. Radienverhältnisses auf d. Struktur intermetall. Verb. v. AB_3-Typ in d. Syst. VCo_3/VFe_3 44-0266; Verform.-Zwillling in Einkrist. einer Leg. mit *3* V 46-0296.

Einfl. v. Beimeng.-Zentren auf d. magnet. Suszeptibilität 8-0498; magnet. Hyperfeinwechselwrkg. u. elektr. Quadrupolkoppl. in d. χ-Phasenleg. $V_{30}Si_{20}Fe_{50}$ 11-0515; innere Magnetfelder u. isomere Verschieb. d. ^{57}Fe-Kerne 21-0450; Hyperfeinfeldspektren v. ^{57}Fe in Leg. mit *1 – 6* Atom-% V 21-0452; Einfl. v. hohem Druck auf d. Elektronenstruktur 33-0436; Zustandsfelder d. tern. Syst. V/Fe/Si sowie d. Einphasengebiet d. quatern. Syst. Fe/Mn/V/Si 24-0573; spezif. Wärme v. Leg. mit *55 – 92* V zwischen *125* u. *625* °K 41-0314; spezif. Wärme bei tiefen Temp. 48-0281.

W: Gitterdefekte u. Festigk. 10-0271; Phasenunters. in Cr– – –W-Leg. 11-0613; Vol.-Suszeptibilität 12-0505; Elementeverteil. in gesinterten W–Ni– – –Leg. 22-2391; thermodynam. Unters. d. O-Aktivität in fl. Leg. mit *20* W 26-2499; Abscheid. tern. – –Co–W-Leg. aus d. Pyrophosphatbad 32-0603; Einfl. v. hohem Druck auf d. Elektronenstruktur 33-0436; Einfl. v. W auf d. H-Löslichk. 44-2240.

Y: Polarisat. d. Y-Kerne in – 9-0537; Struktur u. Darst. v. YFe_3 11-0270; Hyperfeinfelder d. Laves-Phase YFe_2 11-0517; N-Absorpt. 22-2378; $ThMn_{12}$-Überstruktur d. tern. Verb. YFe_4Al_8 27-0285; Krist.-Struktur u. Polymorphie v. Y_2Fe_{17} 48-0246.

Zn: Abhängigk. d. Gitterwärmeleitfähigk. v. Ionizitätsgrad d. Verb. in d. isoelektron. Reihe GaSb–ZnFe–CuJ 14-0336; Bedeut. d. $FeZn_7$-Zwischenschicht beim Abblättern v. Zn v. – -Blechen 16-2418; Festigk. v. – –Zn-Leg.-Schichten auf Si-halt. Stahl 20-2456; ferromagnet. Curie-Temp. für Mischkrist. mit *11,2 – 20,1* Atom-% Zn 27-0500; Adhäs.-Eig. v. Schnee auf Zn– – –Platten 27-0650.

Zr: Hyperfeinfelder d. Laves-Phase $ZrFe_2$ 11-0517; Bldg. intermetall. Verb., wie FeZr, $FeZr_x$, sowie – –Ni–Zr-Verb. in Diffus.-Übergangsschichten 12-0341; wahrer linearer therm. Ausdehn.-Koeff. d. Laves-Phase $ZrFe_2$ 13-0336; anisotrope Hyperfeinwechselwrkg. in $ZrFe_2$ 15-0414; Röntgenstrukturunters. v. Zr_2Fe 40-0205; Darst. u. Phasenanalyse v. Leg. d. Syst. Zr/Fe/Al u. Zr/Fe/Ga 49/50-0261.

Phasen

Bldg.-Bereich d. ε-Phase v. Fe/C/Mn-Leg. unter Abschreckbeding. 6-0599; Mikrohärtemess. v. Phasenumwandl. u. Verfestig. v. austenit. Stählen unter d. Einw. einer Explos.-Beanspruch. 10-0272; neue ϰ-Phasen in d. Syst. Mo/(Mn, Fe, Co, Cu, Ni)/Al/C sowie W/(Mn, Fe)/Al/C 15-0296; mkr. Theorie tetragonaler Durchdring.-Mischkrist. auf α-Fe-Basis 16-0225; Unters. v. Phasenumwandl. in reinen – -Leg. mit d. magnet. Waage 17-0625; innere Reib. bei d. α–γ-Umwandl. v. – 28-0290; thermodynam. Wechselwrkg.-Parameter v. fl. – u. γ-Fe 42-2262; Einfl. v. Sn-, Sb-, Pb- u. Bi-Beimeng. auf d. Selbstdiffus. v. – in d. γ-Phase 44-0305; Phasen d. Syst. Ti/Fe/Si 48-0532.

Austenit: Auftreten beim Abschrecken v. Cr–Ni-Stahl 1-0533; Diagramm d. isothermen Austenitbldg. in Stählen u. für reines – 11-0612; Zeit-Temp.-Austenitisier.-Diagramme v. Stählen nach Wärmebehandl. 13-2516; Keimbldg. bei Erhitz. v. Temperguß 14-2500; Austenitausscheid.: in schwachgekohltem Stahl mit *9* Ni 19-2430, 19-2431; in mit Mo legierten Stählen 27-0264; kristallograph. Ordn.-Grad sowie Austenitbldg. u. -textur d. α → γ-Umwandl. in Ni– – –Leg. 38-0261.

Einfl. v. Al u. V auf d. Austenitvergröber. v. Stahl 3-2397; Zus. u. Mikrogefüge in Stahl 4-2308; Einfl. v. Erwärm.-Geschw. u. Vorbehandl. auf d. Korngröße 4-2309; Rekristallisat. in Schnelldrehstahl nach d. Warmverform. 4-2346; Einw. d. Umschmelzverf. auf d. Kornwachstum in Wälzlagerstahl *100*Cr*6* u. *16*MnCr5 6-2370; Einfl. d. Rekristallisat. auf d. Stabilität v. Strukturunvollkommenh. in verformtem Austenit 14-0245; Verfestig. u. Substrukturen durch Ausformen v. Austenit u. Martensit sowie deren Orientier.-Bezieh. in Cr–Ni-Stahl 14-0274; Orientier. u. Morphologie v. $M_{23}C_6$-Ausscheid. im Austenit v. Cr–Ni– – –Leg. 20-2429; Versetz.-Struktur v. verformtem Austenit u. ihre „Nachfolge" durch Martensit 23-0266; Rekristallisat. im Stahl *55*ChGR bei thermomechan. Hochtemp.-Behandl. 23-2334; Änder. d. Austenitbeständigk. bei γ ⇌ ε-Umwandl. in d. – -Leg. G *19* 25-0211; Rekristallisat. 27-0262; Löslichk. v. C, N u. Ni im Austenit v. Cr–Mn–N-Stahl 28-2394; Einfl. v. Wärmebehandl. u. AlN auf d. Austenitkornwachstum in untereutektoidem Stahl 30-2382; theoret. u. experimentelle Aspekte d. „(*225*)"-Austenit/Martensit-Umwandl. in Cr– – –Leg. 31-0290; räuml. Ausdehn. d. Austenitbereichs in tern. – –(Cr oder W)–C-Leg. 32-0558; Rekristallisat. bei d. thermomechan. Hochtemp.-Behandl. v. Cr-Stahl 32-2413; Stabilität v. unterkühltem Austenit beim Schweißen v. Stahl ČSN *17021* 32-2420; Korngrenzenausscheid. v. Ferrit im Austenit einer Co– – –Leg. 33-0275; Ausscheid., Stapelfehler u. Korngrenzen d. (Fe, Cr)-σ-Phase im Austenit eines Cr/Ni-Stahls 33-0281; Austenitfeinstruktur bei Umkristallisat. v. Stahl beim Erwärmen im Vakuum 34-0281; Einfl. d. Martensitausgangsstruktur auf d. Austenitverfestig. bei d. Phasenkalthärt. 34-2520; isothermer Austenitzerfall in weißem Ni–Cr-Guß- – 37-2152; Reckalter. im Austenit v. – -Leg. 37-2167; Löslichk. v. Cr-, V- u. Al-Nitriden im Austenit 38-0569; Austenitvergröber. in Al-beruh. Stahl 41-2255; Wachstumskinetik d. Austenitkorns v. Stahl bei isothermer Indukt.-Erwärm. 42-2323; Einfl. v. Co auf d. C-Diffus. in Austenit v. Schnelldrehstahl R*9* 43-2125; Lage d. C-Atome im Austenitgitter sowie in d. Krist.-Gittern v. ε'-, ε- u. ϰ-Martensit 44-0262; Rekristallisat. bei thermomechan. Hochtemp.-Behandl. 48-2425.

Einfl. v. Restaustenit auf d. Rißbldg. in gehärtetem Stahl 4-2297; Einfl. v. Ti, Nb, Si u. Al auf d. Entfestig. in Cr–Ni-Stahl 11-2529; Einfl. d. Korngröße auf d. Härtbark. v. Schmiedestahl 11-2564; plast. Verform. in Baustahl 23-2300; gezackte Spann.–Dehn.-Kurven v. metastabilem Austenit in legierten Stählen 26-2543; Einfl. d. AlN-Löslichk. in Austenit auf d. Stoßduktilität v. Kurbelwellen 29-2440; Einfl. v. Restaustenit auf d. Festigk. v. Werkzeugstählen 31-2327.

Einfl. d. Korngröße auf d. Zerfallsgeschw. in Mn-Stahl 1-2483; Austenitumwandl. bei d. thermomechan. Behandl. v. Baustählen 2-2471; Ausscheid.-Kinetik v. NbC aus Austenit bei Alter. v. Stahl 6-2376; Einfl. v. As u. Cu auf d. Aktivität v. N in Austenit 9-0600; Struktur v. aus reinem Austenit ausgeschiedenem Graphit 10-0231; Änder. d. magnet. Eig. durch Martensit–Austenit-Umwandl. 15-0544; thermodynam. Unters. über d. Umwandl. zu Martensit in – mit hohem N-Geh. u. im bin. Syst. Fe/C 21-0567; Entstabilisier. durch Einw. starker magnet. Impulsfelder 21-2517; therm. Stabilisier. 22-0242; Zwischenumwandl. in Stahl *60* u. U*9* 24-2467; Kinetik d. Austenitumwandl. v. ferrit.-graphit. Stahl 27-2416; Unters. d. Gleichgew. zwischen Ferrit u. Austenit mit Gasgemischen ($CO + CO_2$ u. $H + CH_4$) 28-0545; Kinetik d. Zerfalls in weißem Guß- – 28-2383; Einfl. d. Druckwrkg. einer Schlagwelle auf d. Austenitumwandl. in Gußstahl 29-2438; Verteil. v. Leg.-Elementen zwischen Austenit u. voreutektoidem Ferrit oder Bainit 30-2345; induktive Unters. d. Kinetik d. isothermen Austenitumwandl. im magnet. Wechselfeld 32-0206; Einfl. v. Druck auf d. Zerfall d. Austenits v. Stahl voreutektoider Zus. 32-0556; Umwandl. bei kontinuierl. Abkühl. rumän. Stähle 32-2356; Möglichk. eines „zusammengesetzten" Martensitmodells für d. $(225)_f$-Austenit–Martensit-Umwandl. 33-0254; Bldg. u. Morphologie v. $M_{23}C_6$-Ausscheid. im Austenit 34-2506; Wärmeausdehn. v. Austenit mit *0,81* C 36-2313; Verlauf d. Austenit–Ferrit-Umwandl. in Stahl mit *17* Cr 40-2313; Umwandl.-Beginn v. kub.-flächenzentriertem Austenit in ε-hexagonalen Martensit v. Mn-Stahl 41-2268; isotherme Umwandl. in EI *515* 43-2154; Einfl. v. gelöstem H auf d. Austenit–Martensit-Umwandl. in AISI *4350* u. Werkzeugstahl 44-2305; Kinetik d. Umwandl. bei kontinuierl. Abkühl. 46-0567; Einfl. d. Sekundär-Phase auf d. Austenitkornbldg. in unter- u. übereutektoiden Stählen 46-2320; Kinetik d. isothermen Umwandl. in Stahl *35*HM 46-2343.

Einfl. v. Si auf d. Beding. d. anod. Austenitabscheid. aus gehärteten Mn-Stählen 33-2109; chem. Vakuumätz. d. Austenitkorns in Stahl 43-2150; Zerfall v. elektrolyt. abgeschiedenem Austenit 46-2323.

Bainit: „Militär." Umwandl. u. Struktur v. Bainit 4-0211; Umwandl. in untereutektoiden Stählen 10-2532; Einfl. v. Martensit auf d. Kinetik d. Bainitumwandl. in Ni–Cr–Mo-Stahl 22-2378; Morphologie v. isotherm gebildetem Bainit in Stahl 26-2557; Verteil. v. Leg.-Elementen zwischen Austenit u. voreutektoidem Bainit 30-2345.

Boride: Phasengleichgew. im Syst. Fe/B/C 13-2517.

Carbid: Kinetik d. zweistuf. ε-Carbidausscheid. aus Ferrit bei Alter.-Behandl. v. Stahl 6-2354; elektronenmkr. u. Elektronenbeug.-Unters. d. Existenzbereiche d. Carbide an dünnen – - u. C-Schichten (ZTU-Diagramm) 12-2397; Phasengleichgew. im Syst. Fe/B/C 13-2517; Einfl. d. SE-Metalle auf d. Carbidbldg. in Stahl 16-2345; Carbidumwandl. beim Anlassen in d. Stählen *12*Ch*1*MF u. *15*Ch*1*M*1*F 23-0313; Bldg. u. Morphologie v. $M_{23}C_6$-Ausscheid. in Austenit 34-2506; Wärmeausdehn. v. $M_{23}C_6$ 36-2313.

Ferrit: Impfen u. Beseitig. v. freiem Ferrit in kleinen Gußstücken aus grauem Guß- – 27-2410.

Löslichk. v. Zr im Ferrit v. C-armem Stahl 10-2491; Unters. v. „Geistern“ in stengelart. Ferritkörnern 10-2521; Orientier.-Bezieh. u. Wachstumsricht. v. Mo_2C in Ferrit dünner Folien v. Fe-Leg. mit *4,00* Mo u. *0,215* C bzw. *1,85* Mo u. *0,117* C 11-0232; Ausscheid. v. $(Fe, Mo)_2C$ mit hexagonal dichtgepacktem Gitter in einer Ferritgrundmasse 13-0265; Einfl. d. Zus. u. Lsg.-Glühtemp. auf Anteil v. δ-Ferrit in Stählen mit *12* Cr 14-2510; kristallograph. Aufbau u. Bldg.-Mechanismus v. Fe_8N- u. Fe_4N-Ausscheid. in Ferrit 26-2555; Korngrenzenausscheid. v. Ferrit im Austenit einer Co/Fe-Leg. 33-0275; Orientier.-Zusammenhang u. Habitus v. Fe_3P-Ausscheid. im Ferrit 34-2507.

Einfl. d. N-Geh. auf Reckalter. u. Fließspann. im C-gesätt. Ferrit 14-2509; Ferritverfestig. durch AlN-Ausscheid. in Al-modifiziertem Gußstahl 20-2440; Einfl. d. Substruktur auf d. Sprödbruchübergangstemp. v. C-armem Stahl 47-2159; Bezieh. zwischen Ferritgeh. u. Schmiedbark. v. nichtrostenden Stählen 51/52-2326.

Kinetik d. zweistuf. Ausscheid. v. ε-Carbid u. Zementit aus Ferrit bei d. Alter.-Behandl. v. Stahl 6-2354; Ferritzerfall in Stahl Ch*18*G*14* 8-2413; Ableit. d. chem. Potentials v. Graphit in Ferrit u. Zementit in Ferrit 13-0540; Ausscheid.- u. Umwandl.-Vorgänge im Ferrit v. Schweißgut X*5*CrNi*18.9* 16-2404; Bldg. d. γ-Phase im legierten Ferrit 17-0626; Einfl. v. Mn auf Fe-Nitridausscheid. aus Ferrit in Mn-Stählen mit *0,2* u. *2,0* Mn 18-2458; Stabilität v. übersätt. Ferrit in bin. Fe–N- bzw. Fe–C-Leg. 21-0567; Einfl. d. Außen- u. Phasenhärt. auf d. Geschw. d. H-Durchlässigk. v. Ferrit in Ni-Stahl 24-2468; Verteil. v. Leg.-Elementen zwischen Zementit u. Ferrit in Stählen 25-2211; Unters. d. Gleichgew. zwischen Ferrit u. Austenit mit Gasgemischen $CO + CO_2$ u. $H + CH_4$) 28-0545; Verteil. v. Leg.-Elementen zwischen Austenit u. voreutektoidem Ferrit 30-2345; δ-Ferritumwandl. während d. Abschreckbehandl. v. austenit. Stahl u. Fe–Cr-Leg. 34-2486; Wärmeausdehn. 36-2313; Einfl. v. Co auf d. C-Diffus. in Ferrit v. Schnelldrehstahl R*9* 43-2125; Verlauf d. Ferrit–Austenit-Umwandl. in Stahl mit *17* Cr 40-2313.

Farbätz. v. Deformat.-Zwillingen im Ferrit 11-2553; mathemat.-statist. Best. d. δ-Ferritgeh. austenit. Cr–Ni-Stähle 39-2224.

Martensit: ε-Martensitbldg. in austenit. Mn-Stählen 3-2399; Ausscheid. v. nadelförm. Martensit beim Tempern v. Cr–Mo-Stahl 7-2528; Anwend. v. Röntgenstrahlen bei d. Unters. v. Martensit im Syst. Fe/C (Übersicht) 12-0233; Theorie d. „*225*“-Martensits in Stählen 15-0259; Einfl. d. Austenitisier.-Beding. auf d. Martensitbldg. in – -Leg. mit *20* Ni 17-2368; Zusammenstell. v. klass. Begriffen zu Martensit aus d. Literatur 31-0241.

Kristallographie u. Wachstum partiell verzwillingter Martensitplatten in – -Leg. mit *30* Ni 1-0228; „Militär.“ Umwandl. u. Struktur 4-0211; Unters. v. Defekten in Martensitkrist. einer – -Leg. mit *30* Ni 7-0243; Versetz.-Dichte v. Martensit beim Härten u. Abschrecken v. Stahl 7-2516; elektronenmkr. Unters. v. Martensiten in Ti-Leg. mit *3* Fe 9-2581; Gitterfehler in Martensit einer – -Leg. mit *30,6* Ni 13-0267; Einfl. d. Rekristallisat. auf d. Wachstum v. Martensitnadeln 14-0245; Verfestig. u. Substrukturen durch Ausformen v. Austenit u. Martensit sowie deren Orientier.-Bezieh. in Cr/Ni-Stahl 14-0274; Strukturveränder. bei d. Alter. v. Martensit in Cr–Ni-Stählen 16-2400; Keimbldg. u. Wachstum bei d. Martensitumwandl. in Fe–Ni-Leg. 19-2484; Gefügeveränder. bei d. Alter. v. Martensit v. Fe–Ni–Ti-Leg. 21-2586; therm. Stabilisier. v. Austenit durch Festhalten d. Grenzflächen zu d. Martensitkeimen 22-0242; Versetz.-Struktur v. verformtem Austenit u. ihre „Nachfolge“ durch Martensit 23-0266; Morphologie u. Feinstruktur v. Fe–Ni-, Fe–Ni–C- u. Fe–C-Martensiten 26-2556; magnet. Aushärt. durch inneren Martensitzerfall 29-2424; Morphologie d. Martensit in untereutektoidem C-Stahl ČSN *12040* nach d. Restaustenitisier. 29-2446; Einfl. v. Al auf d. Martensitalter. in Fe–Ni-Leg. 30-2330; „(*225*)“-Austenit/Martensit-Umwandl. in – -Leg. 31-0290; Martensitanlassen u. Rk. in d. unteren Bainitstufe v. C- u. Si-halt. Stählen 31-2324; Möglichk. eines „zusammengesetzten“ Martensitmodells für d. $(225)_f$-Austenit–Martensit-Umwandl. 33-0254; Kristallographie d. Bruchs in Martensit 33-0330; Zwillingsorientier. d. Martensits v. gehärtetem Stahl 34-0278; Ausscheid. im Martensit v. Rasierklingen 34-2510; Einfl. d. Martensitausgangsstruktur auf d. Austenitverfestig. bei Phasenkalthärt. v. Stahl 34-2520; Struktur nach thermomechan. Behandl. 35-2274, 39-0265; phänomenolog. Theorie gemischter Martensite in Stählen 42-0209; Lage d. C-Atome im Krist.-Gitter v. ε′-, ε- u. ϰ-Martensit 44-0262; Geometrie d. Bldg. v. Elektronogrammen v. Martensitkrist. mit dünnen Zwillingen 46-0240; Änder. d. Martensitstruktur v. Ni-Stählen bei d. Alter. 46-0244; Strukturstabilität beim Anlassen 49/50-2224.

Bedeut. v. C-armem Martensit für d. mechan. Eig. v. Stahl *13*MnSiCr (Übersicht) 6-2377; Einfl. v. Alter. auf d. Zähigk. u. Bildsamk. v. Martensit 9-2597; innere Reib. im Martensit 11-2515; Maxima d. inneren Reib. im Zusammenhang mit d. Kohärenz d. Zerfallsprod. v. Martensit mit hohem u. niedr. C-Geh. 13-0322; Verfestig.-Mechanismen 15-2379; Verfestig. bei d. Alter. v. Cr–Ni-Stählen 15-2380; Bruch v. austenitformgehärtetem Martensit in En*56*C 17-2389; mechan. Eig. v. unlegiertem Martensit mit niedr. C-Geh. in Stahl 21-2516; Defekte u. Zwillingsbldg. nach direkter u. umgekehrter Martensitumwandl. 23-0270; Verfestig. v. thermomechan. behandeltem Stahl *55*ChFA durch Kaltverform. v. Martensit 25-2228; Einfl. d. Abschreckgeschw. auf d. Festigk. v. Martensit 26-2511; Mischkrist.-Härt. v. Martensit in Fe-Leg. durch C u. N 26-2534; Einfl. d. Anlassens v. Stahl *20*ChG auf d. Amplitudenabhängigk. d. inneren Reib. v. Martensit 30-2381; leichte Martensitdeformat. in niedriggekohltem legiertem Stahl 32-2390; Ursache d. hohen Plastizität v. Martensit v. Fe–Ni-Leg. 44-2285; Einfl. v. Verform. u. Alter. auf d. Amplitudenabhängigk. d. inneren Reib. v. Martensit 49/50-0288; Härteänder. v. Martensit durch Verform. 51/52-2320.

Martensitumwandl. in martensitaushärtenden Leg. d. Syst. Fe/Ni 5-2429; doppelte ε- u. α-Martensitbldg. u. Umwandl. in *13*-Mn-Stahl 7-2529; Zusammenhang zwischen Phasengleichgew. u. isothermer Martensitumwandl. in Fe–Ni–Cr- u. Fe–Ni–Mn-Leg. 9-0604; Krist.-Strukturveränder. bei martensit. $\gamma \to \varepsilon \to \alpha$-Umwandl. in Fe–Mn-Stählen 11-0221; Martensitumwandl.: in – -Leg. mit *0,5 – 10* Cr durch schroffe Abkühl.-Vers. 11-2517; in Stählen d. austenit.-martensit. Klasse 20-2386; in Stahl *1*Ch*15*N*9*S*3*B bei Warmverform. 20-2393; thermodynam. Unters. über d. Umwandl. v. Austenit zu Martensit in – mit hohem N-Geh. u. in bin. Syst. Fe/C 21-0567; Natur d. sich bei d. Alter. v. Fe/Ni/Al/Martensit entwickelnden Phasen 21-0569; Einfl. v. Martensit auf d. Kinetik d. Bainitumwandl. in Ni–Cr–Mo-Stahl 22-2378; Best. d. latenten Wärme d. in Stahl durch ein Magnetfeld hervorgerufenen Martensitumwandl. 24-0559; Martensitmenge, d. in d. Leg. N*28* beim Erhitzen im Bereich d. reversiblen Umwandl. erhalten wurde 24-0560; Mess. d. Keimbldg.-Geschw. bei einer isothermen Martensitumwandl. in einer Fe–Mn–Ni-Leg. 32-0222; Mechanismus d. Carbidbldg. beim Anlassen v. Martensit mit Zwillingsstruktur 38-0259; Umwandl.-Beginn v. kub.-flächenzentriertem Austenit in hexagonalen ε-Martensit v. Mn-Stahl 41-2268; Martensitumwandl. in kleinen Fe–Ni-Einkrist. 42-0210; Einfl. v. gelöstem H auf d. Austenit–Martensit-Umwandl. in Stahl AISI *4350* u. Werkzeugstahl 44-2305.

Perlit: Struktur u. Eig. v. gezogenem Perlit 17-2394; Zugverform. u. Rißbldg. v. Perlit in unlegierten C-reichen Stählen 19-2456; Einfl. d. C-Geh. auf d. Kinetik d. Perlitbldg. in C-Stählen 21-2583; Perlitumwandl. beim Aufkohlen v. Cr–Mo-Stählen 25-2182; Umwandl.-Diagramm Austenit/Perlit für weißes Guß- – 28-2383; kristallograph. Eig. d. Verform.-Zwillinge v. explosiv verformtem Perlit 40-2342.

Zementit: Zementitkugelbldg. eines eutektoiden Stahls 2-0196; Kinetik d. zweistuf. Zementitausscheid. aus Ferrit 6-2354; Einfl. d. plast. Verform. auf d. Bldg. v. Kugelzementit in Stahl 10-2539; Herst. v. massivem Zementit aus Cr-halt. Guß- – 14-2523; Einfl. d. Glühens metallkeram. Frikt.-Stoffe auf – -Basis auf d. Zementitphase 22-2397; Mechanismus d. Zementitbldg. beim Anlassen v. Martensit mit Zwillingsstruktur 38-0259; kugelförm. Zementitausscheid. im voreutekt. Ferrit v. untereutekt. C-Stahl durch schnelle Wärmewechsel 41-2283; Zementitbldg. in Grauguß 42-0522.

Einfl. v. Leg.-Elementen auf d. Zementitstabilität v. Guß- – 3-2389; Einfl. v. Neutronenbestrahl. auf d. therm. Stabilität d. Zementit im weißen Guß- – 23-2326; Einfl. d. Austenitisier.-Temp. u. -Dauer auf d. Cr-Geh. in $(Fe, Cr)_3C$ 30-2347; Versetz.-Verteil. in Zementit beim Erhitzen 37-0275; Einfl. v. NbC-Ausscheid. auf Zementitgefüge u. Festigk.–Zähigk.-Vektor 38-2401; Zementit in d. Übergangsschicht Stahl–Bronze 45-2186.

Korngrenzenzementit als Ursache v. Sprödbruch 23-2323.

Domänenstruktur v. Zementit 23-0265.

Ableit. d. chem. Potentials v. Zementit in Ferrit 13-0540; Kinetik d. Zementitauflsg. bei indukt. Erhitz. v. Stahl U *16* 18-2459; Anreicher. v. Leg.-Elementen in Zementit beim Hochtemp.-Anlassen v. Stahl 19-2481; langsame Entkohl. v. Zementit bei *700°* 22-2367; Verteil. v. Leg.-Elementen zwischen Zementit u. Ferrit in Stählen 25-2211; Zementitzers. bei Graphitisier. v. weißem Guß- – 30-0507; Si- u. Cr-Verteil. zwischen Guß- – -Matrix u. eutekt. Zementit 32-2355; Wärmeausdehn. 36-2313; in situ-Umwandl. v. Zementit in Mo_2C nach Martensitzerfall in Fe–Mo–C-Leg. 41-2282; Übergang v. Zementit in feste Lsg. beim Austenitisieren u. Graphitisieren v. Si-Gußstahl 48-2475; Konz.-Prozeß carbidbildender Elemente im Zementit v. niedriglegiertem Stahl 49/50-2221.

Technisches Eisen

Gasf. Brennstoffe in d. – -Hüttenchemie, Fortschrittsbericht 2-2381; Stand d. – -Hüttenind. d. DDR 4-2278; Bedeut. d. Vers.-Anlagen in d. – - u. Stahlindustrie 5-2426; Behälter zur Vorbehandl. v. Schrott- u. Fe-Schwamm 5-2496*; Einschmelzen v. künstl. Schrott im O_2-Strahl 5-2501*; Grenzflächenphänomene in – - u. Stahlherst.-Prozessen 10-2486; Erfahr. bei d. Reinhalt. d. Luft in Hüttenwerken 10-2488; Normvorschriften u. Unters. fester Brennstoffe für d. – -Hüttenchemie 13-2484; Verw. v. gepreßtem Flugstaub d. – -Industrie 15-2479*; Trennen v. – - u. NE-Metallen beim Einschmelzen v. Gebrauchtwagen 18-2570*; Aspekte d. Entw. d. – -Hüttenindustrie 19-2411; technolog. Aspekte d. Indukt.-Schmelzens v. – u. Stahl 20-2367; Vergangenh. u. Ggw. in – - u. Stahlherst. 20-2379; Fortschritte u. Ausblick in d. – -Erzeug. 24-2376; Verw. v. – -halt. Schotter, Kalkstein oder – -Erz als Zusatz zu Beschick. bei d. Herst. v. – u. Stahl 27-2469*; Anwend. d. elektron. Rechenanlage „Odra-*1003*“ im – -Hüttenwesen 31-2314; Umstell. eines Hüttenwerkes auf Erdgas 33-2345; Fortschritte in d. – - u. Stahlerzeug. 34-2465; Einfl. einer plast. Verform. auf d. mechan. Verh. v. techn. – bei d. Bestrahl. mit Neutronen 35-0310; Automat. d. techn. Prozesse im – -Hüttenwesen 35-2245; neue Qualitäten u. Verw.-Möglichk. feuerfester Erzeugnisse in d. – -Hüttenindustrie 40-2279; metallurg. Bezieh. in neuzeitl. Verf. d. – - u. Stahlherst. 40-2287; Verform.-Mechanismus v. techn. – bei niedr. Temp. 48-2425; Aufbereit. v. – -Hüttenabwässern in Klärteichen 51/52-2076.

Carbonyleisen

Herst. durch therm. Zers. v. $Fe(CO)_5$ 6-2217; Verw. zur Herst. v. Magnetkernen 8-2241*; mikrofraktograph. Aussehen v. Bruchproben aus in d. γ-Phase gesintertem – 9-0304; pulvermetallurg. Anwend. 20-2409; Herabsetzen d. Temp.-Koeff. d. Permeabilität bei Pulver aus $Fe(CO)_5$ 23-2404*; anod. Auflsg. in K-Salz-Lsg. 23-0621; Herabsetzen d. Temp.-Koeff. d. Permeabilität bei Pulver aus $Fe(CO)_5$ 23-2404*.

Elektrolyteisen

Pb-halt. Anode zur elektrolyt. – -Gewinn. 5-2497*; Herst. v. reinem – durch wss. Elektrolyse 6-2446*; galvan. Herst. v. Stahlüberzügen 11-2676*; elektrolyt. Abscheid. in Ggw. oberflächenakt. Stoffe 12-2181; elektro-

Roheisen

Gewinnung

Niederschachtofen

Blashochofen

Gußeisen

Kupolofen

Gießtechnik

Weiterbehandlung

Ver- und Bearbeiten

Wärmebehandlung

Oberflächenbehandlung

Emaillieren s. im Abschnitt *Oberflächenbehandlung und Korrosionsschutz*, S. 513.

Eigenschaften

phit 18-2448; Einfl. v. S auf d. Graphit-Bldg. bei Erstarr. in untereutekt. Guß-- 22-2370; Einfl. d. feuerfesten Ofenauskleid. auf d. Grauerstarr. 27-2407; Modell d. Kristallisat. v. Guß-- bei kontinuierl. Abkühl. 29-2403; Zementitzers. bei d. Graphitisier. v. weißem Guß-- 30-0507; Si- u. Cr-Verteil. zwischen Guß---Matrix u. eutekt. Zementit 32-2355; Morphologie d. feinen Graphiteutektikums in Ce-halt. Guß-- 34-0280; Verteil. v. Si u. Mn in Guß-- 36-2266; Einfl. v. Sb-Spuren auf d. Unterdrück. v. Ausscheid. aus freiem Ferrit 40-2298; Einfl. v. Ce auf d. Gußgefüge in untereutekt. Guß-- 40-2299; Mechanismus d. Impf.-Wrkg. v. Si, Ca, Ba, Ti u. Zr auf Grauguß 42-0522; Diffus.-Austausch v. Al beim Graphitisier.-Glühen v. eutekt. Zementit in weißem Guß-- 45-2169; Einfl. d. Phasenzus. auf d. Kinetik d. beschleunigten Erwärm. v. Guß-- 48-2406; Einfl. v. O_2-Behandl. auf Graphitisier. u. Eig. 48-2407; Unters. d. nicht mit Ox. verbundenen Wachstums v. Guß-- 48-2408; Verteil. v. Ce in d. Phasen v. Grauguß 48-2410.

Mechanische Eigenschaften: Abhängigk. d. Fließspann. v. d. Verform.-Geschw. 6-0303; mechan. Eig. v. Guß-- in Konstrukt.-Teilen (Übersicht) 8-2357; Elastizitätsverh. v. Grauguß 11-0300; Einfl. v. P auf d. Dämpf.-Verh. 14-2498; Einfl. v. komplexen Impfzusätzen auf mechan. Eig. v. Grauguß 16-2334; Gefüge u. mechan. Eig. v. Grauguß 18-2452; Einfl. v. akt. N auf d. Festigk. v. Guß-- nach d. $CaCN_2$-Behandl. 28-2381; Bewert. d. Qualität v. Grauguß an Hand Festigk.-Härte-Bezieh. 30-2334; Einfl. v. Al auf Festigk. 37-2149; Elastizitätsverh. v. Grauguß 37-2164; Einfl. v. N auf d. Festigk. v. Grauguß 38-2388; Einfl. v. Cu auf d. mechan. Eig. v. ferrit.-perlit. Guß-- 40-2297; Einfl. v. P auf d. mechan. Eig. 40-2302; Einfl. v. S auf d. Mikrohärte 47-2158.

Technologische Eigenschaften: Fe-Löslichk. v. Grauguß in fl. Al-Leg. bei Verbund- u. Druckguß 1-2463; Einfl. d. Temp. auf d. Oberflächenspann. v. fl. Guß-- 2-2443; Besonderh. d. fl. Zustands v. Al-halt. Guß-- 7-2475; Verschleiß v. mit Mg-behandeltem Guß-- 9-2629; Einfl. v. P auf d. Lage v. krit. Punkten im Grauguß 10-2480; Abdicht.-Eig. v. Grauguß für Gußstücke v. Teilen hydraul. Syst. 11-2506, 14-2493; Einfl. v. S auf d. Verschleißfestigk. 15-2373; Gassättig. v. fl. Guß-- 16-2333; Klebetemp. zwischen Glas u. Guß-- 18-2345; Vorbest. d. Angleich.-Spann.-Grenze für Grauguß 25-2206; elektr. Überführ. v. Si, P u. S in fl. Guß-- 26-0570; Einfl. v. C, Si, Mn auf d. Geschw. d. H-Absorpt. v. fl. Guß-- 32-2352; Kp. v. Mg in Guß---Schmelzen in Abhängigk. v. Druck u. Temp. 36-2267; Grenzreib. beim Erhitzen u. Abkühlen 37-0327; Bezieh. v. Trockenabrieb u. Struktur v. Guß-- mit Flockengraphit bzw. Kugelgraphit 38-2495; Einfl. d. Druckes bei d. Bldg. weißer Schichten auf d. Reib.-Oberfläche v. Guß---Werkstücken 39-2208; Einfl. d. Graphitausbldg. u. Leg.-Elementen auf d. Widerstand v. Spezialguß-- gegen Wärmestoß 44-2248; Einfl. v. Restspann. auf d. Verschleißfestigk. v. Grauguß 45-2167; Wärmeleitfähigk. u. elektr. Leitfähigk. einiger Guß---Sorten 47-0305; Veränder. d. Gleiteig. u. Festigk.-Charakteristik nach Neutronenbestrahl. 47-2181; C-Diffus. auf d. Berühr.-Fläche Stahl-geschmolzener Grauguß 49/50-0304; Einfl. d. --Begleiter auf C-Löslichk., -Aktivität u. -Sättig.-Grad im Guß-- 49/50-2214; Benetzbark. v. Guß-- durch feuerfeste Formenüberzüge 51/52-2282.

Verwendung

Verw. in Leg. aus 4–30 Al, 94–62 Guß-- u. 2–8 Mg, Cu u./oder Zn zur Herst. v. Regelwiderständen 3-2489*; Anwend. v. Meehanite-Guß in d. chem. Industrie (Übersicht) 6-2068; Verw. v. Guß---Rohren in Trinkwasserleit. 42-2354.

Sondergußeisen

Temperguß: Herst. v. Schwarzkerntemperguß 7-2567*; Kokillenguß 12-2348; Herst. v. Stücken mit stahlähnl. Eig. 18-2585*; Polyvac-Analysiervorr. in d. Produkt.-Überwach. v. Schwarzkerntemperguß 21-2511; Entgas. 39-2207; Herst. v. weißerstarrtem Guß-- hoher Härte u. Kerbschlagzähigk. durch Zusatz v. 0,05–4 B 41-2321*; Wahl zweckmäßiger Anlagen zur Wärmebehandl. 51/52-2276.

Bldg. v. Restcarbiden in Temperguß mit 0,3–0,5 Cr u. 3 C 5-2439; Einfl. v. B-, Bi- u. Al-Modifikatoren auf d. Graphitisier. 12-2347; Austenitkeimbldg. beim Erhitzen 14-2500; metallurg. Faktoren d. Graphitisier. 23-2293; Einfl. v. Neutronenbestrahl. auf d. therm. Stabilität v. Zementit 23-2326; Einfl. v. N auf d. 1. Graphitisier.-Stufe 32-2354; Graphitisier. 36-2270; Struktur v. Cr-halt. weißen Guß-- 36-2271; Einfl. einer γ-Strahlen- u. Wärmebehandl. auf d. Graphitisier. 45-2168; Gasgeh. 45-2171; Einfl. v. Hochfrequenzstrom auf d. Graphitisier. 46-2278; kristallograph. Unters. d. Carbide 49/50-2216.

Einfl. v. Si auf d. mechan. Eig. v. Temperguß mit 0,4 Mn, 1–2 Si u. 1,7–2,5 C 5-2438; mechan. u. gießereitechn. Eig. v. synthet. Temperguß 16-2338; Einfl. d. Herst. auf d. mechan. Eig. 18-2453; Temp.-Bereich d. Verspröd. 18-2454; Einfl. v. Biegebeanspruch. auf d. Ausbldg. d. Dauerbruchfläche u. Rißgeschw. 20-2427; mechan. Eig. nach unterschiedl. Wärmebehandl. 24-2382; Einfl. v. C, Si u. B auf d. Warmbruch 35-2246; Veränder. d. Gleiteig. u. Festigk.-Charakteristik nach Neutronenbestrahl. 47-2181.

Verw. v. hoch-Si-halt. Temperguß für Fittinge mit 1,3–1,6 Si u. 0,17–0,23 S 45-2170.

Gußeisen mit Kugelgraphit: Jahresübersicht 24-2380; Einfl. d. Behandl.-Parameter auf d. Qualität 26-2503; Arten, Herst., Zus., Eig. u. Verw. (Übersicht) 51-2295.

Einführ. v. Sr in Ferro-Si zur Herst. v. Guß-- mit Kugelgraphit 2-2524*; Verw. v. Ferro-Si zur Erzeug. 5-2506*; Kugelgraphitbldg. durch Zusatz v. $Mg_3(BO_3)_2$ u. $Mg(BO_2)_2$ 5-2507*; Fe–Si–Mg-Vorleg. zur Herst. 7-2582*; Herst. (Zusatz v. Seltenerdmetallen bei vermindertem Druck) 10-2479; (Verf.) 10-2580*; (Mg-Verf., Übersicht) 14-2494; (Auswahl v. Masselroh--) 17-2353; Zusatz zur Herst. v. – mit erhöhter Festigk. 19-2552*; Schmelzbadbehandl. mittels Tauchkörper 19-2554*; Einblasen v. CH_4 oder Steinkohlengas in d. Schmelze 21-2660*; Verw. v. metall. imprägniertem Koks 21-2661*; Herst. mit Hilfe d. Schüttelpfanne 22-2369; Betrieb u. Futter metallurg. Hochfrequenzindukt.-Öfen zur Herst. v. Guß-- mit Kugelgraphit 23-2283; Schmelzen im elektr. Lichtbogenofen 26-2501, 26-2502; Herst. v. bainit. u. martensit. Guß-- mit Kugelgraphit 28-2382; Herst. in d. Druckkammer durch Einbringen v. Mg 34-2475; Ca-Behandl. zur Erzeug. 35-2247; Automat. d. Herst. unter Verw. v. $MgCl_2$–CaSi-Pulvermisch. 36-2268; Verw. v. komplexen Ca-Zusätzen mit Mg u. Ce bei d. Herst. 37-2151; Herst. mit Mg u. Seltenerdmetall-Leg. 41-2253; Behandl. zur Kugelgraphitbldg. mittels alkalimetallimprägnierten porösen Materials 42-2378*; Gewinn. v. duktilem Guß-- mit Kugelgraphit durch Einspritzen v. Mg 44-2246; alkalimetallgetränktes Mittel bei d. Erzeug. 47-2218*.

Ionitrier. v. Kugelgraphitguß mittels Glimmentlad. für hochabnutz.-feste Reibflächen (Überblick) 26-2579; Härtbark. (Literaturübersicht) 31-2321; umhüllte unlegierte Stahlelektrode zum Lichtbogenschweißen v. Guß-- mit Kugelgraphit 45-2253*.

Einw. d. O-Geh. auf d. Kugelgraphitbldg. 1-2470; Einfl. v. Leg.-Elementen auf d. Wechselwrkg. v. Oberflächenspann. u. Kugelgraphitbldg. (Übersicht) 1-2471; Theorie d. Wachstums v. Kugelgraphit bei Erstarr. v. Guß---Leg. 1-2472; Einfl. v. Roh-- auf Gußstruktur u. Eig. v. mit O_2 erblasenem Guß-- mit Kugelgraphit 2-2406; Bldg. v. Kugelgraphit in Guß-- („Blasen"-Theorie) 5-2436; Einfl. v. Ce in untereutekt. Guß-- beim Graphitisier.-Glühen 7-2527; Bldg. v. Kugelgraphit in Guß-- (Überblick) 18-2449; Änder. d. Graphitstruktur beim Schweißen 19-2491; Bldg. metastabiler Strukturen beim Lichtbogenschweißen 21-2592; elektronenmikr. Unters. d. unvollkommenen Graphitsphärolithe 22-2368; Kristallisat. v. Kugelgraphit aus geschmolzenem Guß-- 22-2435; Einfl. d. Mg-Geh. in Ferro-Si auf d. Kugelbldg. 24-2413; Strukturänder. v. Kugelgraphit bei Temp.-Pendelbehandl. 26-2504; Bldg. v. Kugelgraphit (Einfl. v. Bi, Ti, Zr, Pb u. Cu) 27-2413; (Daten zur Metallographie) 32-2399; (Einfl. d. gleichzeit. Zusatzes v. Mg u. Seltenerdmetall-Leg.) 41-2252.

Wechselfestigk. 18-2450; Einfl. v. Biegebeanspruch. auf d. Ausbldg. d. Dauerbruchfläche u. Rißgeschw. 20-2427; Eig. v. hochfestem Guß-- mit Kugelgraphit 25-2177; Dauerfestigk. 32-2388; mechan. Eig. 36-2269; Bezieh. v. Trockenabrieb u. Struktur 38-2495; Härte v. verschleißfestem Guß-- mit Kugelgraphit 40-2301; mechan. Eig. v. schweren Gußstücken aus Guß-- mit Kugelgraphit 51/52-2321.

Verw. v. Guß-- mit Kugelgraphit mit 0,5–1,5 Ni, 2,0–2,6 Si u. 3,25–3,75 C für Bremsdrehkörper 9-2638*.

Gußeisen mit Lamellengraphit: Jahresübersicht 2-2404, 18-2447, 26-2500.

Herst.-Beding. für vakuumdichtes Guß-- mit Lamellengraphit 8-2356.

Wrkg. v. Zn auf d. Gefüge 1-2473; Gefügeausbldg. 18-2447; konstitutionelle Unterkühl. u. Bldg. eutekt. Subkörner 27-2412; Bezieh. v. chem. Zus., Gefüge u. mechan. Eig. v. Guß-- mit Lamellengraphit 32-2353; Einfl. v. Schmelzführ. im Indukt.-Ofen, Einsatzstoffe u. Impfbehandl. auf Gefüge u. mechan. Eig. 49/50-2215.

Sondermarken

Siehe d. Abschnitt *Schmiedeeisen und Stahl-Sondermarken*, S. 500.

Legiertes Gußeisen

Kinetik d. Legierens v. Rohguß-- durch reine Metalle, Ferro-Leg. u. Stahl 4-2300; Jahresübersicht legiertes Guß-- 6-2356.

Al: Verw. v. Guß-- mit bis 0,1 Al, 0,4–0,8 B, 0,6–1,0 Cr, 0,5–1,0 Mn, 0,2 P, bis 0,15 S, 0,3–0,7 Si, 0,05–0,15 Sm, 0,2–0,4 V u. 2,7–3,3 C für Schutzschilder gegen therm. Neutronen für Kernreaktoren 12-2137*; Einfl. d. Erhitz. auf d. Gefüge v. Kokillengußleg.: mit ≦ 18 Al u. 3 Cu 9-2539; mit ≦ 20 Al u. 2 Cu 9-2538; Leg. für Gußteile mit 1,5–2,5 Al, 0,8–1,2 Mn, ≦ 0,1 Si u. 2,5–3,5 C 22-2490*.

B: hitzebeständ. Gußleg. mit 0,005 B, 0,02 Ce, 14–16 Cr, 1,3–2 Mn, 1,2–1,4 Nb, 24–26 Ni, < 6 Si, 0,5–0,8 V, 4–5 W u. 0,11–0,16 C 22-2489*; verschleißfeste --Leg. erhöhter Härte aus 0,50–5,00 B, 10–40 Cr, 0,25–2,50 Mn, < 10 Ni, < 5 Mo, < 0,05 P, < 0,05 S, < 2,5 Si, < 1,75 V u. 0,75–4,00 C 17-2431.

Ce: Kinetik d. Graphitisier. v. Guß-- mit 0,01–0,02 Ce 14-2497; Morphologie d. feinen Graphiteutektikums in Ce-halt. Guß-- 34-0280.

Cr: metallotherm. Oberflächenleg. v. Guß-- mit Cr 12-2408; Eig. v. Guß-- mit geringem Ni- u. Cr-Geh. 13-2512; Herst. v. massivem Zementit aus Cr-halt. Guß-- 14-2523; Struktur v. Eutektika in mit Cr-legiertem Guß-- 34-0282.

Kinetik d. isothermen Kristallisat. v. Guß-- mit 0,028–2,86 Cr u. 4,18–4,26 C 47-0233; bainit. Guß-- mit Kugelgraphit aus 0,15–0,91 Cr, bis 0,1 Mg, 0,27–0,6 Mn, 0,39 bis 1,00 Mo, 3,5–5,1 Ni, 1,6–2,23 Si u. 3,0 bis 3,3 C 42-2379*; Ferro-Si-Behandl. zur Beseitig. d. Abschreckwrkg. v. dünnwand. Gußstücken aus Mg-behandelten – mit 0,15–0,25 Cr, 0,01–0,06 Mg, 1,15–1,3 Mn, 2,0–2,5 Si u. 3,2–3,4 C 48-2409; Grauguß-Leg. erhöhter Zähigk. mit < 0,04 Cr, < 0,15 Mn u. 2,5 C als lamellarem Graphit 14-2590*; verschleißfestes Guß-- mit 11,5–15 Cr, 0,4–0,8 Mn, 0,3 bis 1,6 Mo u. 2,3–4 C 35-2295*; Verschleiß- u. schlagfeste Guß-Leg. aus 29–31 Cr, 0,3–0,6 Mn, 0,2–0,4 Mo, 0,8–1,0 Ni, 0,8–1,0 Si, 0,2–0,3 V u. 3,4–3,8 C 9-2637*; Guß-- mit 0,1–0,5 Cr, 0,7–1,2 Mn, 0,2–0,8 Mo, 0,9 bis 1,5 Si u. 3–3,5 C für Tübbinge 9-2639*; verschleißfeste Leg. mit 11,5–13,5 Cr, 0,4–0,8 Mn, 1,2–1,6 Mo, bis 1 Si u. 2,6–3 C 44-2369*; verschleiß- u. schlagfeste Leg. aus 1,2–1,5 Cr, 0,8–0,9 Mn, 1,5–1,7 Mo, 1,2–1,4 Si, 0,2 V u. 1,8–2,2 C 9-2636*; isothermer Austenitzerfall in weißem Guß-- mit 1,00 Cr, 0,68 Mn, 4,56 Ni, 0,36 P, 0,1 S, 0,37 Si u. 2,85 C 37-2152; verschleißfestes Guß-- mit 0,5–1 Cr, 0,4 bis 1 Mn, 0,4–1,2 Ni u. 1,5–3 Si 44-2367*; --Gußleg. mit netzförm. Gefüge mit 12–35 Cr, 0,2–12 Carbidbildner, 0–15 Mn u./oder Co, 0–15 Ni, 0–2,5 Si u. 0,6–1,6 C 27-2468*; Guß-- mit erhöhter Verschleißfestigk. mit Gefüge ohne Prim.-Graphit aus 0,3–0,6 Cr, 0,5–0,8 Mn, 0,7–1,5 Ni, 1,8–2,2 Si, 0,1 bis 0,2 V u. 1,4–0,8 C 45-2235*; verschleißfestes Guß-- mit 11,5–18 Cr, 1,5–5 Mn, < 0,8 Si u. 2,3–4 C 35-2294*; Kinetik d. Austenitzerfalls in weißem Guß-- mit 1 Cr u. 4,56 Ni 28-2383.

Mg: Diffus. entlang Phasengrenzen in Mg-halt. Guß-- 35-0276; Einfl. d. anomalen Struktur auf d. Eig. v. Mg-Hartguß 44-2247.

Herst. v. Guß-- hoher Permeabilität mit 0,025–0,05 Mg, bis 0,3 Mn, 2,5–3,5 Si u. 1,9–2,15 C 42-2138*.

Mn: Mikrostruktur v. Graphiteinschlüssen in Ledeburit v. Ni–Mn-Guß-- 5-2437; mechan. Eig. v. Guß-- mit hohem Mn-Geh. für verschleißfeste Abgüsse 42-2267.

Schweißstab mit verbesserter Abriebfestigk. aus Guß-- aus 0,5–1 Mn, 0,3–1 Mo, 2–4 Ni, 0,055–0,2 P, 0,04–0,15 S, 1,5–2,5 Si, 0,75–2 W u. 2,5–3,5 C 13-2664*; Herst. v. perlit., ferritfreiem, grauem Guß-- mit 0,4–1,2 Mn, 0,15–0,80 P, 0,04–0,18 S, 1,6

Schmiedeeisen und Stahl

Herstellung

Entgas. v. fl. Stahl s. d. Abschnitt *Gießtechnisches – Herstellung und Behandlung von Schmelzen* S. 492.

Herstellung in der Birne (Windfrischverfahren)

33-2333*; Dolomitmagnesit-Blöcke für d. Ausfütter. v. O_2-Konvertern 34-2402; Änder. d. Eig. v. Teerdolomit-Dauerfutter eines Thomaskonverters in Abhängigk. v. Betriebsbeanspruch. 37-2137; Imprägnier. v. Feuerfeststeinen für O_2-Stahlkonverter durch Tauchen in Pech 38-2496*, 38-2497*; Herst. ungebrannter feuerfester Materialien als Futter für O_2-Konverter 40-2231; Konverterauskleid. mit Magnesia 46-2393*.

Herstellung auf dem Herd (Herdfrischverfahren)

Regress.-Analyse d. Schmelzzeit u. Leist. v. SM- u. Maerz-Boelens-Öfen 5-2440; Einlaufarbeiten an Doppelbad-SM-Öfen d. Steel Co. of Canada 25-2158; Fortschritt in d. Technologie d. SM-Prozesses an Hand v. Literatur *1962—1963* 25-2166; Einfl. v. Schrottgüte u. Einsatzbeding. auf Leist. u. Kosten d. SM-Ofens 26-2505; SM-Stahlerzeug. aus Gemisch v. Roh-— u. Schrott mit O_2 26-2627*, 26-2628*.

Metallurgisches: Kinetik d. Schrottauflsg. in SM-Großraumöfen 1-2477; Schlackenbldg. im Hochleist.-SM-Ofen 6-2362; Wärme u. O-Bilanz beim O_2-Blasen im SM-Ofen 10-2483; Einfl. d. Entkohl.-Geschw. auf d. H-Konz. d. SM-Schmelze 10-2484; Best. d. Stoffaustausch-Koeff. zwischen Gasphase u. SM-Schmelze 28-2373; O-Aktivität in unberuhigtem SM-Bad während d. akt. Kochens 28-2384; Erhitz. u. Entkohl. beim O_2-Frischen im SM-Ofen 28-2385; metallurg. Grundlagen für d. mathemat. Modell d. sauren SM-Verf. 30-2337; C-Ox. u. Metallerhitz. beim Ausgaren v. SM-Schmelzen 48-2414.

Betrieb von Herdöfen: Frischen v. Roh-— im Herdofen mit bes. CO-Ausnutz. 5-2504*; Leist.-Steiger. im SM-Werk durch O_2 7-2477; Ökonomie d. O_2-Blasens im SM-Ofen 8-2361; Frischen v. Roh-— im Herdofen 8-2478*; Entw. d. Intensivier. v. SM-Chargen 11-2508; Einfl. d. Gasdruckes im SM-Ofen auf Erwärm.-Geschw. u. Verlauf d. Rk. 13-2513; verbesserter SM-Stahl durch vollständ. Pfannendesox. nach d. Abkippen 14-2502; Desox.-Führ. im SM-Ofen zur Verhüt. v. verzögertem Stahlbruch 16-2349; Überwach. d. Entkohl.-Geschw. v. Stahl im Schmelzbad eines SM-Ofens zwecks Automatisier. durch Best. d. Rauchzus. 25-2167; O_2-Frischen v. Stahl aus P-halt. Roh-— durch Vorfrischen im Gießherd 26-2629*; Stahlherst. im Herdofen aus vorgefrischtem, P-reichem Roh-— sowie aus Schrott 51/52-2424*.

Erdgasheiz. v. SM-Öfen mit Selbstcarburier. 4-2264; Verw. v. Erdgas in *3*-kanal. SM-Öfen 9-2494; Verw. v. O_2 im SM-Ofenverf. 9-2541; Abwasserbehandl. in SM-Stahlwerken 10-2489; Verw. v. Druckluft in SM-Öfen 11-2481; Erdgasanwend. in SM-Öfen 13-2486.

Schlackenbldg. beim Schmelzen im SM-Ofen 8-2368; Phasenzus. v. SM-Schlacken während d. Aufschmelzperiode 17-2352; Samml. v. Flugstaub beim Herdfrischen u. Verw. im SL/RN-Verf. 31-2320; komplexe Verarbeit. u. Ausnutz. d. SM-Schlacken 32-2351.

Bau von Herdöfen: verbesserte SM-Ofenkonstrukt. 1-2450; (Leist.-Steiger.) 2-2382; Magnesitpulver für verbesserte Haltbark. v. SM-Öfen 4-2263; vorbeugende Reparatur d. Herdes mit Magnesitpulver 9-2490; therm. Leitfähigk. u. therm. Ausdehn. v. Feuerfestmaterialien für d. bas. SM-Betrieb 18-2358; verbesserte Regenerat. v. SM-Öfen 23-2282; Veränder. d. Phasenzus. d. Dolomitauskleid. v. SM-Öfen 26-2477; stabilisierte Dolomitsteine in d. Vermauer. d. Regeneratoren v. SM-Öfen 34-2403; Theorie d. Verschleißes bas. Gewölbe v. SM-Öfen 34-2404; Feuerfestmassen für bas. SM-Öfen (Überblick) 51/52-2270; SiO_2-Erzeugnisse als Feuerfestmassen für Winderhitzer 51/52-2271.

Herstellung nach Sauerstoffblasverfahren

Pulsierendes O_2-Frischen 3-2492*; Herst. v. P-armem Stahl aus P-reichem Roh-— durch Aufblasen v. O_2 u. Kalk 3-2493*; Herst. v. C-armem Stahl mittels O_2-Blasen durch poröse Behälterwand 19-2532*; Vorwärm. v. Schrott zur Verw. im bas. O_2-Frischverf. 19-2556*; kontinuierl. O_2-Frischen in *2* Schmelzbädern 20-2505*; O_2-Blasen v. Stahl mit schäumenden Schlacken 20-2511*; O_2-Frischen v. Stahl im Tandemofen 21-2672*; verbessertes O_2-Frischen mit chem. Wärmeträgern u. kombinierten Erhitz.- u. Fein.-Periode 27-2470*; O_2-Frischen unter Verw. v. KW-Stoffen 29-2478*; Betrieb v. bas. O_2-Öfen bei Wisconsin Steel 33-2365; LD-Verf. bei verschiedener Rohstofflage 34-2480; kontinuierl. O_2-Blasen mit verringerter Schlackenviskosität 38-2505*; Anlage zum O_2-Frischen mit bewegl. Öfen 40-2414*; O_2-Blasen unter Ggw. v. bas. Schlackenbildnern 42-2380*; einstufiges O_2-Blasen v. Thomas-— 45-2234*; kontinuierl. Stahlherst. durch O_2-Frischen 47-2220*; Verw. v. Schrott beim O_2-Blasen v. Stahl 48-2411; O_2-Frischen mit Auf- oder Einblasen eines Schlackenbildners 51/52-2415*, 51/52-2416*; Herst. v. P-armem Stahl unter Blasen eines Kalk-O_2-Gemisches 51/52-2425*.

Kinetik d. Frischens im O_2-Aufblas-Verf. 3-2391; —-Geh. d. Endschlacke beim O_2-Aufblasverf. 10-2487; Vgl. d. Schlacke-Metall-Rk. beim LD- u. Kaldo-Verf. 30-2338; Eindring.-Verh. v. schräg aufgeblasenem O_2 in Schmelzbäder 34-2477; Ursachen d. Versprühens v. — u. Überschäumen d. Schlacke beim O_2-Aufblasen 44-2229.

Vorgewärmtes O_2-Gemisch zum Frischen 10-2577*; Staubabscheid. in Abgasen d. O_2-Frischens 10-2579; Stahlschmelzöfen ohne Gasvorwärmekammer mit O_2 12-2439*; Lanze zum gleichzeit. Blasen v. O_2 u. Fein.-Mittel 19-2545* Schutzüberzüge v. O_2-Blasvorr. gegen Anhaften v. Metallauswürfen 19-2548*; Abgaskontrolle beim Frischen v. Stahl im O_2-Aufblasverf. 21-2675*; Überwach. u. Regel. d. O_2-Frischens an Hand d. elektr. Leitfähigk. zwischen Lanze u. Bad 26-2623*; harmon. Prüfgerät zur Überwach. u. Regel. d. Schlackenschaumbldg. beim O_2-Aufblasen 26-2624*; Verlänger. d. Gebrauchsdauer d. Feuerfestfutter v. Frischtiegeln d. Aufblasverf. 33-2420*; Lanzenführ. beim O_2-Aufblasen 41-2319*; C-halt. bas. Feuerfeststeine zum Auskleiden v. metallurg. Öfen zur Stahlherst. nach O_2-Blasverf. 49/50-2172*; O_2-Brennstahl-Anordn. zum Stahlfrischen 51/52-2422*.

Herstellung im Elektroofen

Stahlherst. im Plasma-Lichtbogenverf. 2-2408; Herst. v. techn. reinem — mittels *90* CaO u. *10* CaF_2 im Vakuum-Indukt.-Ofen 4-2285; Stahlherst. im elektr. Lichtbogenofen mit Vorred.-Periode 10-2481; Optimier. d. Stoffbedarfs bei Elektrostahlerzeug. 15-2374; kombiniertes LD-Lichtbogenofen-Verf. zur Herst. v. Sonderstählen 18-2456; Herst. v. Stahl im elektr. Lichtbogenofen mit zusätzl. Brennerbeheiz. 18-2586*; Leist.-Möglichk. eines *50*-t-Lichtbogenofens für unlegierte C-Stähle 22-2347; Eig. v. Stahl für Schmiedestücke aus d. Lichtbogenofen 44-2255; Herst. v. Stahl aus Schrott im Tiegelofen mit induktivem Rühren 47-2219*.

Kontinuierl. Erhitz.- u. Fein.-Verf. im Mittelfrequenz-Indukt.-Ofen 7-2570*; Frischzeit beim O_2-Blasen im Elektroofen 8-2362; Schmelzen u. Frischen im Elektroofen 13-2609*; Elektroschlackeumschmelzen v. Stahl im Lichtbogenofen 16-2339; Einblasen v. Pulvern in Elektroöfen zur Aufkohl., Entschwefel. oder Entphosphor. v. Stahl 17-2331; Einfl. d. Kalksorte in Red.-Schlacken auf d. H-Geh. v. fl. Stahl im Lichtbogenofen 18-2457; Raffinat. im Lichtbogen mit O_2-halt. Ar 26-2626*; Anlage zur Durchführ. d. Elektroschlacken-Fein.-Verf. 34-2481; Behandl. v. Elektrostahl in d. Pfanne mit fl. synthet. Schlacke 45-2174.

Stampfauskleid. v. Stahlschmelz-Lichtbogenöfen 11-2479.

Sonderverfahren

Spritz-Stahlerzeug.-Verf. v. Bisra u. Millom mit kontinuierl. O_2-Frischen 10-2482; Entw. in Forsch. v. LD- u. OG-Verf. u. industrieller Anwend. 19-2419; Aufarbeit. v. Pyrit im Flash-Schmelzofen zur Herst. v. H_2SO_4 u. Stahl 22-2358; Regel. d. OLP–LD-Stahlerzeug.-Verf. mit d. Computer 25-2168; Verf. d. VÖST zur direkten Stahlherst. 36-2272; Entw. in d. Forsch. über d. LD- u. OG-Verf. 42-2249.

Red. v. oxid. —-Erz: zur Herst. v. Stahl 1-2555*; im Drehrohrofen 2-2513*; Rühren zur Herst. v. P- u./oder S-armem Stahl 3-2494*; Herst. v. Stahl aus —-Schwamm 3-2495*; O_2-Frischen im Drehofen 5-2503*; kontinuierl. Stahlherst. im rotierenden Frischrohr 10-2582*; Stahlherst. mit Si-Entfern. u. O_2-Blasen 20-2510*; kontinuierl. Frischen v. Stahl mit Vorfrischzone 21-2674*; kontinuierl. Stahlherst. aus vorred. Prod. 21-2677*; Doppelofen zur Stahlherst. aus Roh-— u. Schrott 21-2678*; Herst. v. Stahl: aus —-Schwamm im ölbeheizten Drehofen 37-2148; aus Schrott oder —-Schwamm im Drehrohrofen mit O_2-Zusatz 40-2412*; aus pelletisiertem Erz 41-2314* kontinuierl. Stahlgewinn. mit vermindert aggressiver Schlacke 43-2181*.

Verbesserte Schmelzführ. in kreisförm. Stahlschmelzöfen 11-2626*; Doppelofen zur Stahlherst. aus Roh-— u. Schrott 21-2678*; Unters. über d. Brennstoffverbrauch im O. H. F. 22-2348; Entphosphor. im LD–AC-Prozeß 22-2372; Einleiten v. O_2 in d. Flamme v. Mischgasöfen (Verschleiß d. Ofenteile) 26-2473; Gasführ. bei d. Herst. v. Stahl aus Erz 43-2179*.

Gießtechnisches

Vakuumindukt.-Schmelzen u. -Gießen v. Sonderstählen u. -leg. 17-2340; Finishen v. Stahlgußstücken u. d. Einfl. auf d. Forsch. 18-2442; Herst. u. Qualität v. vakuumentgastem Stahl in d. Pfanne 22-2375; Vorteile u. Anwend. v. steigendem Guß bei Lukens Steel Co. 26-2489; kontinuierl. Gießen v. Spezialstahl in Polen 32-2343; tschech. Isolier- u. exotherm. Materialien für Stahlgießereien 35-2240; Abstichentgas. zur Qualitätsverbesser. u. Produkt.-Steiger. beim Erschmelzen v. Edelstählen 35-2277; Verw. v. Sulfitablauge in Stahlgießereien 51/52-3081.

Metallurgisches: Erstarr. v. geschmolzenem Stahl in exothermen Steigern 2-2390; Temp.-Beding. v. Kokillenfüll. u. Bldg. d. Kopfteiles aus beruhigtem Stahl 2-2414; Geschw. d. Aufsteigens v. Einschlüssen in fl. Stahl 2-2415; H_2-Aufnahme v. fl. Stahl in d. Stranggußkokille 4-2275; Vorgänge beim Erschmelzen u. Gießen v. Stahl im Vakuum 6-2359; Erstarr. u. Seiger. v. Stahlguß zum Schmieden (Erstarr. d. verlorenen Kopfes) 8-2363; (Bldg. d. Seiger.) 8-2364; (Bldg. d. λ-Seiger.) 8-2365; Best. d. Gießbark. mittels linearer Schwind. u. Lunkerprobe v. Gußstahl 9-2514; Einfl. v. atmosphär. Druck bei Erstarr. auf d. innere Struktur v. Stahlbrammen 11-2499; O-Geh. v. SM-Stahl während d. Schmelzens u. Abguß 12-2351; Erstarr.-Zeitmess. in Knotenpunkten an Stahlguß 19-2404; Lokalisier. d. Phasengrenze fest/fl. in einem unlegierten Stahl mit Hilfe v. Ultraschall zur Verfolg. d. Erstarr. eines Gußstücks 22-0215; Theorie d. Erstarr. v. Stahlgußstücken (Keimbldg. u. Wachstum v. Desox.-Prod.) 22-2362; Erstarr.-Geschw. zu Beginn d. Gußstückerstarr. 22-2425; Abkühl.-Geschw. v. C-Stahl durch Druckwasser-Kühl. u. Wärmeübergangskoeff. 22-2435; Gasentw. u. Ausbldg. d. Seiger. beim Vergießen v. unberuhigtem Stahl 26-2491; Gußfehler in hochlegierten Stählen u. deren Verhüt. 37-2157; Unters. d. Erstarr. v. Stahlguß-Speiseköpfen zur Best. d. Thermitzusatzes 38-2378; autoradiograph. Unters. d. Einschlußgeh. bei steigendem Gießen v. Stahl 42-2258; Modellvers. zur Erstarr. u. Schrumpf. v. Gießblöcken aus unberuhigtem Stahl in vorgewärmten Formen 48-2403.

Gießereibetrieb

Abstich v. Stahlguß bei feststehenden Gießereiaggregaten 5-2513*; Dimens.-Analyse bei d. Best. d. Gießtemp. mit Tauchpyrometer 9-2512; Einfl. d. Vordesox. auf d. Stahlqualität 9-2544; Einfl. d. D. auf d. Ausbringen v. Stahlgußteilen 9-2550; Vergießen v. Stahl unter fl. Schlacke aus exothermer Masse 11-2512; Modellvers. zur Unters. d. Stahlbeweg. in durchgehenden Kokillen 11-2513; Nomogramme zur Best. d. optimalen Abkühl.-Zeiten v. C-Stahlguß in d. Form 13-2494; Putzen v. Gußstahl nach d. Gießen in Schamottemisch. mit Holzmehlzusatz 14-2481; schlackenbildendes Gemisch zum Gießen u. Raffinieren v. Stahl 17-2434*; Verbesser. d. Zerspanbark. v. Stählen durch Zugabe v. Glas beim Vergießen 18-2588*; Eintauchvorr. zur Stabilisier. v. Stahl mittels Al in d. Blockkokille 19-2560*; Erstarr. u. Abkühl. v. Blöcken in d. Kokillen 21-2503; Erstarr. v. Stahlblöcken im Schrapp-Verf. 23-2297; Verh. v. Zirkon enthaltender Keramik beim Stahlguß 25-2173; Hüttenflur-Überwach. in d. Stahlgießerei 25-2178; feuerfeste Spritzmasse zum Ausbessern v. Stahlöfen 29-2350*; Wrkg. d. Schutzschlacke beim Kokillenguß v. beruhigtem Stahl 32-2342; Steuer. d. Vakuumbehandl. v. unberuhigtem Stahl beim steigenden oder fallenden Gießen 39-2279*; Verbesser. d. Oberflächenqualität durch Gießen in Pfanne u. Kokille unter Schutzgas 40-2418*; Impfverf. zur homogenen Keimbldg. unter Verw. v. —-Schwamm 41-2320*.

Herstellung und Behandlung von Schmelzen: Lichtbogenofen zum Schmelzen v. Stahlschrott 5-2412; Betrieb v. Soderberg-Elektroden im Lichtbogenofen zum Stahlschmelzen 5-2413; Steuer. d. Stahlumschmelzens im *200*-kW-Elektronenstrahl-Mehrkammerofen 6-2343; Vers.-Anlage zum Elektro-Schlacken-Umschmelzen 6-2367; Vers.-Betrieb mit *1*-t-Elektro-Schlacken-Umschmelzanlage 6-2368; kleiner, ölbeheizter SM-Ofen für d. Stahlformguß 7-2454; Strangschmelztechnik u. Oberflächengüte beim Erschmelzen v. Stahl im Elektronenstrahl-Mehrkammerofen 7-2480; Verw. v. Indukt.-Öfen für Duplexverf. beim Schmelzen 9-2493; Schmelzen v. —-Schrott mit O_2 u. Naturgas 15-2476*; Umschmelzen v.

Weiterbehandlung und ihre Wirkung auf die Eigenschaften

Mechanische Behandlung

Verarbeiten (Verformen)

Bearbeiten

Wärmebehandlung

zahl d. Aufheizempfindlichk. v. Stahlblöcken 21-2578; Technologie d. Warmbehandl. v. Stahl im Maschinenbau 22-2436; Weiterbehandl. v. ultrahochfesten Stählen zur Martensit- u. Bainitbldg. 24-2409; Warmbehandl. v. hochfestem Stahl durch Anwend. v. elektroinduktiven Erhitz. 25-2226; Wärmebehandl. v. Stählen zur Erziel. höchster Festigk. 26-2571; Erhöh. d. Korros.-Ermüd.-Festigk. v. Stahl für d. Maschinenbau durch Bldg. d. weißen Schicht 26-2608; Einfl. einer kurzzeit. Rekristallisat.-Behandl. auf d. Eig. dünner Stahlbänder 31-2369; Wärmzeit v. Stahl in Industrieöfen 36-2312; Zunderzus. auf warmbehandeltem u. warmgewalztem Stahlblech 41-2296; Wechselseit. Bezieh. v. isothermer u. kontinuierl. Abkühl.-Wärmebehandl. v. C-armen Stählen 42-2321; Einfl. v. Geschw. u. Temp. einer Indukt.-Erhitz. auf d. Eig. v. gehärtetem Stahl 45-2198; Einfl. d. Warmbehandl. auf d. Eig. v. niedriglegiertem Stahl mit mittlerem C-Geh. 45-2200; Tempern v. niedriglegiertem Stahl 49/50-2221.

Wärmebehandl. zur Verbesser. d. Festigk. v. Stahl 2-2542*; Verf. zur Austenit–Martensit-Umwandl. unter Einw. eines Magnetfeldes 5-2545*; Wärmebehandl. ohne Stahlentkohl. durch Zugabe v. Mg in d. Ofen 5-2544*; therm. oder chemotherm. Behandl. v. Stahl mit $\geqq$ *30* Restaustenit 9-2683*; Martensitumwandl. in d. Oberfläche v. übereutektoidem Stahl 10-2612*; Fein. v. Austenitkorn in Stahl 10-2609*; thermomechan. Austenitbehandl. v. Stahl 10-2605*; Erzeug. v. Vorspann. in wärmebeanspruchtem Stahl 13-2650*; Wärmebehandl.: v. martensitaushärtenden Stahlleg. 14-2625*; v. einsatzgehärteten Stählen 14-2626*; v. Stahl unter Beibehalt. d. Härte 15-2524*; v. Stählen mit stabilem Gefüge ohne Verspröd. 15-2529*; erhöhte Härte v. unlegiertem Stahl durch isotherme Zwischenstufenbehandl. bei Austenitisier.-Temp. 20-2513*; Wärmebehandl. mit Martensitbldg. für hohe Festigk. u. Duktilität 21-2717*; Technologie d. chem.-therm. Behandl. v. Stahl 42-2322; Warmbehandl. zur Spann.-Entfern. u. Verbesser. d. mechan. Eig. 42-2397*; Erzeug. ultrafeiner Korngröße in thermomechan. behandeltem Stahl 42-2402*; Warmbehandl. eines härtbaren Stahles unterhalb d. Ac_1-Punktes 46-2409*.

Wärmebehandl. für kaltwalzbare Stahlgegenstände 2-2539*; zunderfreie Erhitz. v. Stahl auf Warmwalz- oder Schmiedetemp. 2-2541*; Wärmebehandl.: v. Turbinenschaufeln 2-2545*; zur Herst. v. Kuppl.-Platten 5-2543*; schnelles Abkühlen v. Stahlblech zur Vermeid. v. Spann. u. Verzieh. 6-2475*; Wärmebehandl. v. Stahlblech in entkohlender Atmosphäre 8-2505*; Kühl. v. wärmebehandelten Stahlrohren im Ofen 10-2608*; Wärmebehandl. zur Herst. v. nicht verzogenem Stahlblech 14-2629*; thermomechan. Behandl. zur Herst. v. Stahlhelmen 14-2631*; Entkohl. u./oder Entstick. v. aus — oder Stahlband aufgehaspelten Ringen 14-2636*; Kühlen v. erhitztem Eisenbahnstahlrad 16-2492*; Entkohl. v. Stahlblech unter Verw. v. oxid. Zunder 20-2515*; Verbesser. d. magnet. Eig. v. kaltgewalztem Stahlblech durch Behandl. in nichtox. Trägergas u. $SiCl_4$ 21-2376*; thermomechan. Behandl. zur Herst. v. niedrig-gekohltem —-Blech 27-2487*; Wärmebehandl.: v. Walzdraht aus Stahl in d. Wirbelschicht 29-2494*; v. Stangen im gekühlten Wirbelschichtbett 42-2398*; v. gestreckten Stahlbauelementen zur Verhüt. v. Werf. u. dimensionalem Wachstum 42-2399*; v. härtbaren Zwillingsstücken 46-2408*; v. Stangen aus Stahl in d. Wirbelschicht 46-2410*; zur Verbesser. d. Eign. zum Stahlsandblasen 46-2413*; v. Walzen für verzinktes —-Band 46-2414*.

Wärmequellen und Öfen: Ofen zur Wärmebehandl. v. Stahl mit brennstoff- u. indukt.-beheizter Zone 14-2583*; Herst. einer Ofenatmosphäre zur Wärmebehandl. v. Stählen 15-2525*; Schnellerhitz. v. Stahlknüppeln durch elektr. Strom 22-2437; Wärmebehandl.-Anlage zur Massenstahlherst. 42-2321.

Glühen

Herst. v. Schutzgas zum Blankglühen v. Stahl 3-2446; Glüh. v. kaltverarbeitetem, niedriggekohltem Stahl in gestreckter Form 10-2613*; entkohlende u. denitrierende Glüh. für nichtalterndes Stahlblech mit guter Tiefziehfähigk. 10-2615*; Glüh. v. Stahldrähten in verschiedenen Ofenatmosphären 11-2572; Regel. d. H_2-/W.-Dampfatmosphäre bei d. Entkohl. v. Stahlband 14-2623*; kontinuierl. Glüh. v. Stahlband in fl. Metall 27-2494*; Glüh. v. Wälzlagerstahl 32-2414; Einfl. einer Glüh. auf d. Bearbeitbark. v. Stahl 35-2271; Flockenfreiglühen mit Zwischenstufenumwandl. (Überblick) 36-2316; kontinuierl. Glüh. v. weichem Stahlband 38-2461; entkohlendes Glühen v. techn. — 40-2355; Glüh. v. Stahl im Durchsatzofen mit tangentialer Verbrenn.-Gaszuführ. 42-2396*; teilweise geregelte Entkohl. v. —- u. Stahlblech in Form v. lockeren Wind. 42-2401*; Trennschicht für Stahlbänder beim Glühen aus MgO u. Boehmit 45-2250*; Anwend. v. kontinuierl. Indukt.-Rekristallisat.-Glühen zur Herst. dünner Stahlbleche 46-2334.

Härten und Anlassen

Härten u. Richten eines Wellenschafts mit Flansch aus Stahl 8-2503*; Wärmebehandl. v. Stahl mit Ausscheid.-Härt. 8-2504*; Ausscheid.-Härt. v. austenit. wärmebeständigem Stahl 9-2591; Einfl. v. Ni u. Cr auf Härtbark. v. Baustahl 10-2494; Härt.-Verf. für —-Leg. mittels Explos.-Schlag 10-2606*; Härten v. ausscheid.-härtbarem austenit. oder martensit. Stahl 10-2611*; Einfl. d. Warmverform. auf d. Härtbark. v. Schmiedestahl 11-2564; Entw. thermomechan. Härteverf. für Stähle 15-2417; indukt. Härt. v. Stahlband im fl. Wärmeübertrag.-Mittel 16-2489*; Härten u. Anlassen 17-2466*; Ausscheid.-Härt. v. reckalter.-fäh. Stahl 17-2473* Austenitformhärten v. Stahl für Kraftfahrzeugbauteile 20-2431; Verbesser. d. mechan. Eig. v. Blechen u. Profilen aus Stählen durch Härten aus d. Walzhitze 21-2567; Härten v. Stahlblech 27-2491*; Verfestig. v. draht- oder stabförm. Stählen unterhalb d. Rekristallisat.-Temp. 30-2457*; Sek.-Härten v. hochschlagfestem Stahl durch isotherme Umwandl. unter Martensitbldg. 42-2400*; Alter.-Härt. v. austenit. Stählen 48-2425; Härteöl für Stahl 49/50-2578*.

Abschreckmittel für erhitzten Stahl 3-2530*; Abschreckhärteöl für d. Stahlhärt. 10-2607*; Abschrecken einer warmgewalzten Stahlstange 13-2662*; Abschreck. zur Martensitbldg. in Stahlleg. 15-2530*; teilweise Härt. durch selekt. Abschrecken v. Stahlteilen 17-2465*; Verbesser. hochfester Stähle durch geregeltes Abkühlen 22-2439; Hauptabkühl.-Kurven zum Vgl. v. Abschreckfl. für Stahl 25-2227; Abschreckbehandl. v. Stahl in Cl-halt. Diphenyl 38-2514*; hohe Festigk. durch kombinierte, doppelte Abschreckbehandl. 45-2199.

Vergüt. v. Stahl mit niedr. C-Geh. 2-2469; induktives Abschrecken u. Anlassen v. Rundstahl 2-2543*; Niedertemp.-Anlassen v. niedriggekohltem Stahl 5-2465; Metallbad zum Patentieren v. Stahlstangen oder -drähten 7-2603*; Einfl. d. Bearbeit.-Anlassens auf d. Bldg. v. Kugelzementit in Stahl 10-2539; Anlassen v. übereutektoidem legiertem Stahl 24-2410; Umwandl. beim Anlassen v. Stahl 27-0263; Vergüt.-Behandl. v. sehr niedriglegierten Stählen 29-2479*; Einfl. d. Anlassens auf d. Zähigk. v. gehärtetem Stahl (Überblick) 34-2515; kontinuierl. Anlassen v. weichem Stahlband 42-2321; Einfl. d. Anlaßtemp. auf d. mechan. Eig. v. Stahl 42-2324.

Oberflächenhärten: Oberflächenhärten: v. — u. Stahl durch Diffus.-Verchrom. 4-2412*; v. Werkstücken aus Stahl 11-2658*; v. Stahlschienen 17-2467*; v. niedriglegierten Stahlstangen 17-2468*; eines Stahl-Werkstücks v. Rotat.-Form 24-2435*; mittels Plasmabrenner 46-2411*; v. hochgekohltem Stahl durch Nitrieren u. Chromieren 46-2412*.

Oberflächenanreicherung

Aufkohlen u. Nitrieren im Fließbett 13-2658*; Aufkohlen u. Carbonitrieren durch Abtropfenlassen fl. KW-Stoffe 23-2340; Borieren u. Härten v. Blech mit $MgO-B_2O_3$-Misch. 25-2276*; Nitrier. u. Carbonitrier. v. Stählen mit C_2H_2-O_2-Flamme unter Einblasen v. NH_3 32-2417; Einfl. oberflächenaktiver Leg.-Elemente auf d. Carbidphase in d. zementierten Schicht v. Stahl 48-2418; Einfl. v. Ni, Cu u. Al auf d. Kinetik d. Borier. v. Stahl 48-2512.

An Kohlenstoff (Zementieren): Aufkohl. v. — mit *0,03* C in H_2-Bzl.-Dampfgemischen 4-2347; Verw. v. $NaNH_2$ als Zementier.-Beschleuniger für C- u. legierten Stahl 6-2411; Einfl. v. Gleichstrom auf d. Zementat.-Geschw. v. Stahl 10-2540; Einsatzhärt. v. Stahl (Literaturübersicht) 11-2561; Einfl. v. Leg.-Elementen auf d. Eindringkurve d. C beim Einsatzhärten v. Stahl 11-2562; partielle Aufkohl. v. —-Oberflächen 14-2637*; Aufkohl. v. Stahlteilen mit Epoxidharz 22-2435; Ofenbetrieb für geregelte Zonenaufkohl. v. Zahnrädern 24-2469; Bldg. homogener Cr-Carbid- u. Cr–Fe-Mischcarbidschichten bei d. Gaszementat. v. Stahl mit Graphit 28-2422; Berechn. d. Zementier.-Dauer bei kombinierten Folgen d. Stahlsättig. mit C 29-2454; Verzugsverh. v. Bauteilen bei d. Hochtemp.-Aufkohl. 32-2416; Salzbad zum Aufkohlen bei *900—1100°* 43-2200*; Zementat.-Bäder zur Verringer. d. Schlackenbldg. 43-2201*; Neig. v. Stahl zur Aufkohl. in Methan bei erhöhten Temp. u. Drücken 46-2336; Hochtemp.-Gasaufkohl. v. Stahl durch indukt. Erhitz. 51/52-2356.

An Stickstoff (Nitrieren): Nitrieren: v. Schmiede-— in NH_3 7-2604*; in Alkalischmelze 8-2509*; mechan. Eig. u. Gießverh. v. Zr–W- oder V-halt. Schnellnitrierstahl 9-2595; beschleunigte Gasnitrier. v. Stählen 9-2685*; Beschleunig. d. Nitrier. v. Stahlteilen durch induktive Hochfrequenz-Erhitz. 11-2573; Nitrieren v. Stahlband für hochfestes Weißblech 15-2532*; erhöhte Nitrierhärte-Tiefe v. Stählen durch Austenitisieren 19-2587*; Salzbad zum Nitrieren v. Stahl mit NaCN u. KCNO 33-2432*; Stahlnitrier. durch Glimmentlad. 35-2275; Erzeug. einer unmagnet., nitrierten Schicht auf Stahl 36-2318; N-halt. Mn-Leg. zum Nitrieren v. Stählen 45-2251*.

An Kohlenstoff und Stickstoff (Carbonitrieren): Cyanieren v. Stahl unter Verw. v. Pasten u. Hochfrequenzstrom 11-2659*; Härten v. unlegiertem Stahl mit $<$ *0,2* C in C-halt. NH_3 24-2436* optimaler Sättig.-Grad für C u. N bei d. Carbonitrier. 29-2455; Einfl. d. Kugelstrahlhärt. auf d. Eig. d. carbonitrierten Schicht 29-2456; Stahlcyanier. durch Erwärmen im Elektrolyten 34-2527.

Eigenschaften

Magnet. u. mechan. Kenngrößen nichtmagnetisierbarer Stähle 3-2395; differentielle Dosisanteil-Mess. rückgestreuter γ-Strahl. an Stahl 7-2308; Eig. v. Stahl nach sowjet. Verf. d. Elektroschlackenumschmelzens 10-2495; Einfl. geringer Ti-Zusätze auf Festigk. u. Gefügeumwandl. v. niedriggekohltem u. niedriglegiertem Stahl 19-2422; Einfl. v. metall. Verunreinig. auf d. Eig. v. Stahl 22-2378; Bestrahl.-Verh. v. Stahl-UO_2-Kernbrennstoff 25-1944; Zerstör.-Mechanismus v. C-armem Stahl 27-0325; Kennzeichn. d. Güteeig. v. C-armem Stahl durch Dämpf.-Mess. 27-2435; Wechselwrkg. v. Stahl mit Silicatschmelzen 28-2286; Einfl. v. spangebender u. elektrochem. Bearbeit. auf d. Verh. v. austenit. Stahl unter mechan. u. chem. Beanspruch. 28-2429, 28-2430; Einfl. d. Gieß- u. Erstarr.-Beding. auf d. Eig. v. Walz- u. Schmiedeerzeugnissen 32-2362; Vgl. v. Abschirmberechn. für eine Leist.-Reaktorabschirm. mit Mess. an einem Schildmodell aus Stahl 38-0010; Verh. v. C in gehärtetem Stahl (Überblick) 42-2270; Einfl. v. C u. einer plast. Kaltverform. nach d. Härten auf d. Stahleig. 44-2314.

Gefüge

Thermodynam. Grundlagen d. Bind. d. N in Stählen 3-0606; Gefügeausbldg. hochgekohlter bainit. Stähle 4-2298; Zus. u. Mikrogefüge d. Austenitkornes in Stahl 4-2308; Kaltwalz- u. Glühtexturen in — u. Stahl (Überblick) 7-2523; Gefüge u. Schrumpf. v. Stahl aus sauren Elektroöfen 9-2545; Einfl. d. Warmbehandl. auf d. Carbidnetz v. Wälzlagerstahl 13-2571; Theorie d. „*225*"-Martensits in Stählen 15-0259; Feingefüge v. Stählen bei erhöhter Temp. 16-2387; Vgl. v. Feingefüge u. mechan. Eig. v. Stahl 17-2357; Verform.-Einfl. auf Kohärenzlänge, Gitterverzerr. u. Stapelfehlerwahrscheinlichk. bei Stählen 22-0243; Einfl. v. Leg.-Elementen auf Gefügeausbldg. u. Verspröd.-Übergangstemp. v. mittelhochgekohlten Baustählen 26-2507; Unters. leichter Martensitdeformat. in niedriggekohltem legiertem Stahl 32-2390; Anisotropie d. Atomverschieb. im Krist.-Gitter d. α-Phase eines mit Neutronen bestrahlten Stahles 33-0367; Feinstruktur in d. Elektronenbeug.-Flecken an Stahl-Folien 34-0239; Einfl. d. Leg.-Elemente auf d. Bldg. v. Widmanstätten-Strukturen in Stählen 34-0277; Zwillingsorientier. d. Martensits v. gehärtetem Stahl 34-0278; Martensitstruktur nach d. Härten 35-2274; Krist.-Struktur v. gehärtetem Stahl 39-0265; Wrkg. v. Leg.-Elementen auf d. Gefügeausbldg. warmfester Stähle 42-2278; Substruktur v. austenitformgehärteten Stählen 45-2175; Strukturstabilität v. Martensit beim Anlassen 49/50-2224.

Einfl. d. Leg.-Elemente auf d. Kornwachstumsgesetz v. Stählen 1-2482; Einfl. v. Erwärm.-Geschw. u. Vorbehandl. auf d. Korngröße v. Austenit 4-2309; Korngröße in hochfesten Stählen d. Martensitklasse 24-0200; Einfl. v. Wärmebehandl. u. AlN auf d. Austenit-Kornwachstum in untereutektoidem Stahl 30-2382; Gußdendriten-Morphologie in hochfestem Stahl 32-2400; Einfl. v. Zr auf d. Kornzerfallsbeständigk. 34-2487; Bedeut. d. Häufigk. d. Zwillingsbldg. für d. Ermittl. d. Stapelfehlerenergie in austenit. Stählen 38-2428; Kornwachstum in Stählen mit *0,35* bis *0,45* C bei rascher Erwärm. 40-2357; Austenitvergröber. in Al-beruhigtem Stahl 41-2255; Wachstumskinetik d. Austenitkorns v. Stahl bei isothermer Indukt.-Erwärm. 42-2323; Wachstum v. graphitisiertem Stahl 48-2408.

Austenitumwandl. bei d. thermomechan. Behandl. v. Baustählen 2-2471; Magnetfeld u. Phasenumwandl. im Stahl (Überblick) 9-0602; Struktureinfl. auf d. Austenitisier.-Temp. v. Stahl 10-2533; Zeit–Temp.-Austenitisier.-Diagramme v. Stählen nach verschiedenart. Wärmebehandl. 13-2516; Entstabilisier. v. Austenit durch Einw. starker magnet. Impulsfelder 21-2517; Fe_α–Fe_γ-Phasenumwandl. in einer Reihe v. Stählen 24-0518; latente Wärme d. in Stahl durch ein Magnetfeld hervorgerufenen Martensitumwandl. 24-0559; Umwandl.-Verh. eines großen Schmiedestückes aus SM-Stahl im Vgl. mit d. ZTU-Schaubild 26-2580; Strukturumwandl. beim Erwärmen v. Stahl 27-0262; Umwandl. v. δ-Ferrit während d. Abschreckbehandl. v. austenit. Stahl 34-2486; Einfl. d. Erhitz.-Geschw. auf d. Austenitisier.-Verh. v. C-armem weichem Stahl 37-2178.

Wachstums- u. Schrumpf.-Geschw. d. Kugelbldg. in eutektoidem Stahl 2-0196; Kinetik d. Ausscheid. v. ε-Carbid u. Zementit aus Ferrit bei d. Alter.-Behandl. v. Stahl 6-2354; Einfl. v. Al auf d. σ-Phasenbldg. v. austenit. Stahl 7-2515; Einfl. v. Leg.-Elementen auf d. Perlitbldg. v. C-Stahl 9-2547; Graphitbldg. v. schwachlegierten Baustählen 13-2518; VC-Ausscheid. u. Stapelfehler in Stahl 14-2511; Einfl. v. Neutronen auf d. Carbidausscheid. v. austenit. Stahl 15-2411; Einfl. d. SE-Metalle auf d. Carbidbldg. in Stahl 16-2345; Ferritverfestig. durch AlN-Ausscheid. in Al-modifiziertem Gußstahl 20-2440; Einfl. d. C-Geh. auf d. Kinetik d. Perlitbldg. in Stählen 21-2583; Besonderh. d. Strukturumkristallisat. v. Stahl beim Erhitzen 24-0212; Auflsg. u. Abscheid. v. AlN in schwach legiertem Stahl 24-0561; Mischkrist.-Härt. v. Martensit in – -Leg. durch C u. N 26-2534; Nitridbldg. in Stahl während d. Kristallisat. 28-2397; Einfl. d. AlN-Ausscheid. auf d. Austenitvergröber.-Temp. v. Stahl 30-2383; Martensitanlassen u. Rk. in d. unteren Bainitstufe v. C-reichen unlegierten u. Si-legierten Stählen 31-2324; Umkristallisat. v. Stahl beim Erwärmen im Vakuum 34-0281; Ausscheid. im Martensit v. Rasierklingen 34-2510; Einfl. d. Martensitausgangsstruktur auf d. Austenitverfestig. bei d. Phasenkalthärt. v. Stahl 34-2520; kugelförm. Zementit-Ausscheid. im Ferrit v. untereutekt. C-Stahl durch schnelle Wärmewechsel 41-2283; Strukturanomalie in Stählen bei d. Umkristallisat. v. Austenit 48-2477.

Zeilenbldg. in Stahl 40-2304; Einfl. d. Mn–O-Wechselwrkg. auf d. Rekristallisat. v. niedriglegierten Stählen 44-2244.

Best. d. Natur d. Stapelfehler in Stahl aus d. Hellfeldabb. 34-0240; Wechselwrkg. v. Versetz. u. gelöstem Atom in niedriglegierten hitzebeständigen Stählen 42-2268; Änder. d. Versetz.-Struktur v. Stahl mit geringem C-Geh. bei schnellem Erhitzen 46-0241.

Mechanische Eigenschaften

Material-Eig. u. kontinuierl. Abkühl.-Umwandl.-Kurven v. Zr-halt. Standardstahl 4-2295; Einfl. v. Mo, Nb, Ti u. B auf d. Hochtemp.-Eig. v. austenit. wärmebeständ. Stahl 4-2305; Bildsamk. v. FeO in Stahl 5-2428; Einw. v. Co in Stählen auf d. Eig. 6-2371; Einfl. d. Mikroseiger. auf d. mechan. Eig. v. Stahlguß 7-2481; Wellenlängeneinfl. auf d. röntgenograph. Eigenspann.-Best. an einem nahezu eutekt. Stahl mit *0,86* C 8-0283; mechan. Eig. v. martensitausgehärteten Stählen 8-2366; Änder. d. inneren Dämpf. u. d. Youngschen Elastizitätsmoduls durch Versetz.-Beweg. in gehärteten Stählen 8-2397; Einw. v. Neutronenbestrahl. auf d. Eig. v. ferrit. Stahl 8-2419; Widerstandsfähigk. v. martensit. u. martensit.-ferrit. Stählen gegen Kavitat. 10-2569; innere Reib. v. Martensit in Stählen 11-2515; mechan. Eig. hochfester Stähle bei Ersatz v. Mo durch W 12-2361; Maxima im Temp.-Verlauf d. inneren Reib. v. Stahl 12-2389; mechan. Verh. v. ferrit. Stahl in großen Meerestiefen 15-0337; Verform.-Einfl. auf d. röntgenograph., elast. Konst. u. d. Oberflächeneigenspann. v. unlegiertem Stahl 16-0238; Tors.-Bruchverh. v. C-armem Stahl 16-2378; Einfl. einer Elektroschlackenumschmelz. auf nichtmetall. Einschlüsse u. mechan. Eig. v. SM-Stahl 17-2356; Einfl. v. Neutronenbestrahl. auf d. mechan. Eig. v. Ferrit–Perlit-Stählen 19-2186; mechan. Eig. v. Stählen nach thermomechan. Behandl. (Einfl. v. Strukturveränder.) 19-2486; (Anisotropie) 23-2330; Änder. d. Elastizitätsmoduls während d. Temperns abgeschreckter Stähle 28-0292; mechan. Eig. v. C-Stählen (Änder. durch Alter.) 32-2391; (Anisotropie nach d. thermomechan. Behandl.) 32-2412; (Einfl. v. Cu) 40-2305; mechan. Eig. u. Inhomogenitäten v. großen Schmiedestücken 40-2348; Einfl. v. Zwischengitter-Verunreinig. auf d. Quergleiten in – 42-0283; mechan. Eig. v. niedriggekohlten Stählen nach d. Warmwalzen während d. Abkühl. durch d. krit. Temp.-Bereich 44-2302; Einfl. d. C-Geh. auf d. mechan. Eig. v. C-reichen niedriglegierten Stählen 45-2173; Einfl. d. Strukturdispersität auf d. mechan. Eig. v. Gußstahl 48-2490; Mechanismus d. Verfestig. v. Stählen 51-2300; Mess. d. elast. Moduln dritter Ordn. v. Stahl 51/52-0257.

Festigkeit: Wrkg. d. Faserorientier. auf d. Zugfestigk. v. mit Stahldrähten verstärktem Al 18-2493; Verfestig. v. Stahl durch Leg.-Zusätze (Übersicht) 19-2428; Zugverform. u. Rißbldg. v. C-reichen, unlegierten Stählen mit Perlit 19-2456; Festigk.-Korrelat. v. Stählen für hochfeste Befestig.-Mittel 21-2568; stat. Festigk. bei Stahl 22-0271; Festigk. u. Verform. v. Stahl 22-2371; Bezieh. zwischen inneren Störstellen in Stahl u. d. Festigk.-Eig. 22-2406; Verfestig. v. weichem Stahl durch Neutronenbestrahl. bei höheren Temp. 30-2370; Rißfestigk. v. Fluß- – in Ggw. v. H_2 33-2396; Bezieh. v. Zugfestigk. u. Brinellhärte für C-Gußstähle 42-2295; Bezieh. v. Festigk. u. Bruchdehn. für C- u. niedriglegierte Gußstähle 42-2296; Einfl. v. Korros. auf d. Festigk. v. Stahl 44-2334; Einfl. v. Y auf d. Warmfestigk. v. Cr-Stahl 48-2422; Einfl. einer Reaktorbestrahl. auf d. Festigk.-Eig. v. austenit. Stahl 49/50-2243; Targetfestigk. u. Stöße mit Übergeschw. (Projektil: Stahl u. Targets: Al, Stahl, Nb, Ni, Cu, Mo) 51/52-0265.

Dauerfestigkeit: Ermüd.-Festigk. v. Stahl mit *0,34* C 6-2398; Wrkg. d. Indukt.-Härt. auf d. Ermüd.-Festigk. v. Stahl mit *0,29* bis *0,40* C 15-2404; Ermüd.-Festigk. v. legierten Veredl.-Stählen 16-2383; Einfl. unterschiedl. Ausscheid.-Formen v. N auf Kriech- u. Zeitstandverh. v. unlegierten Stählen 17-2360; Einfl. v. Cu, Nb u. V auf d. Zeitstandseig. v. austenit. wärmebeständ. Stählen 22-2378; Einfl. d. Indukt.-Härt. auf d. Ermüd.-Festigk. v. gekerbtem Stahl 22-2410, 22-2411; Entsteh. einer Textur bei Wechselverform. an Stahl 23-0308; Einfl. d. Größeneffekts auf d. Grenzzustände v. unlegierten Stählen bei stat. u. Wechselbelast. 26-2536; Einfl. d. elektrochem. Beding. auf d. Wechselfestigk. v. unlegiertem Stahl 34-2544; Einfl. d. metallurg. Fehlergröße auf d. Dauerfestigk. v. Gußstahl 36-2307; Einfl. v. Cr, Mo, V auf d. Zeitstandfestigk. niedriglegierter warmfester Stähle 38-2399; Schädig. u. Schadensakkumulat. v. hochfestem Stahl bei Wechselverform. 39-2226; H-Verspröd. u. Dauerfestigk. v. martensitaushärtenden Stählen 40-2310; Einfl. d. Belast.-Frequenz auf d. korrosive Ermüd.-Festigk. v. C-Stahl 44-2294; Ermüd.-Festigk. v. hochfesten Stählen nach verschiedenen Schmelzmeth. u. Warmbehandl.-Verf. 44-2313; Bedeut. nichtmetall. Einschlüsse für d. Wechselfestigk. v. gehärtetem Stahl 48-2478.

Verschleißfestigkeit: Vgl. d. Verschleißfestigk. v. Stahl mit austenit. Mikrogefüge u. Ferrit–Carbid-Gefüge 18-2560; Verschleiß v. gehärtetem Stahl in Ggw. v. Polymeren 18-2561; Verw. v. – -Nitrid in – -Matrix für verschleißfeste Teile 19-2564; Verschleiß- u. Schlagfestigk. v. Aufschweiß. mit unterschiedl. Austenitgeh. 46-2357.

Härte: Härte u. Gefüge v. indukt.-gehärteten Schienen 4-2344; Härtesteiger. u. Verspröd. v. Stählen durch Neutronenbestrahl. 21-2562; Einfl. einer plast. Deformat. bei nachfolgendem Anlassen auf d. Härte v. C-Stahl 42-2297.

Plastizität: Einfl. v. Austenitisier.-Temp., C-Geh. u. Behandl. unter *0°* auf Plastizität u. Tors.-Eig. v. gehärteten Stählen 4-2296; Tiefziehfähigk., mechan. Eig. u. Dehnbark. v. Stahlblechen 4-2336, 4-2337; viskoelast. Eig. v. Stahldrähten 7-0314; Brucharbeit im Zugvers. v. schwachgechromten Stählen 8-2403; Einfl. v. Alter. auf Zähigk. u. Bildsamk. v. Martensit in Stahl 9-2597; Einfl. d. Verform.-Geschw. auf Verform.-Widerstand u. Plastizität v. legierten Stählen bei hohen Temp. 13-2569; Änder. d. effektiven Spann. während d. plast. Verform. v. Stahl 14-0303; plast. Verform. v. Stahl (Einfl. v. Cr, Ni, Mn u. Si) 21-2520; Bauschinger-Effekt u. Druckeig. nach Kaltrecken v. Bewehr.-Stangen aus Stahl 21-2553; Kaltverform.-Koeff. v. extra weichem Stahl 22-2409; Mechanismus d. Verform. v. Stahl als Ergebnis v. zwei Aktivier.-Vorgängen 24-0290; Bruchzähigk. u. Übergangstemp. v. weichem Stahl 24-2447; Temp.-Abhängigk. d. Verform.-Widerstandes v. techn. – mit *0,025* C, *0,005* Ni u. – mit *0,33* Ti u. d. Versetz.-Beweglichk. 28-0289; Parameter d. Biegevorganges v. Stahlblechen u. -bändern 29-2450; krit. Aufweit. natürl. gerissener Stahlproben 32-2395; Erhol. durch Leerstellenrekombinat. nach plast. Deformat. v. austenit. Stahl bei *4,2* °K 42-2298; Widerstand v. Stählen mit heterogener Struktur gegen Dauerschlagbeanspruch. 46-2315; Targetfestigk. u. Stöße mit Übergeschw. (Projektile: Polyäthylen, Nylon, Pyrex, Al, Stahl, Messing, Ag u. Target: Stahl) 51/52-0265; plast. Scherverh. eines Hohlzylinders aus weichem Stahl 51/52-2324.

Einfl. d. N-Geh. auf Reckalter. u. Fließspann. im C-ges. Ferrit v. abgeschrecktem Stahl 14-2509; Abhängigk. d. Fließspann. v. d. Verform.-Geschw. 16-0236; Kriechmechanismen aus d. Zeitbruchlinie warmfester Stähle 16-2384; Einfl. d. Feingefüges auf d. Kriechbehandl. v. Stahl mit *25* Cr 18-2495; Temp.-Abhängigk. d. Fließspann. bei hohem Reckzustand u. Erweich.-Erschein. in Flußstahl 22-2406; dynam. Fließgrenze bei Schlaggeschw. bis *1000* m/s 35-0259; Übergangstemp. v. stabilen zum labilen Zustand beim plast. Fließen v. weichen Stahl unter stat. u. dynam. Belast. 36-2305; Kriechverh. v. weichem Stahl im Bereich d. Blausprödigk. 38-2426; Korngrenzenabhängigk. d. Fließens bei dynam. Reckalter. v. Flußstahl 38-2442; Korngrenzenfestigk. u. Fließgrenze v. Stählen mit feindisperser Phase 40-2285; Einfl. einer Kaltverform. auf Kriechwiderstand u. Feinstruktur v. C-Stahl 42-2301; Änder. d. Kriechcharakteristik v. Stählen bei Vers. über *5* Jahre 44-2293.

Einfl. v. Al u. V auf Schmiedbark., Austenitkornvergröber. u. Kerbschlagzähigk.-Eig. v. Stahl 3-2397; Gestaltfestigk. u. Kerbverspröd. unlegierter Stähle 15-2398; Übergangsverh. v. Schmiede- – u. Best. d. Bruchzähigk. im Charpy-Kerbschlagvers. 31-2349; Abhängigk. d. Kerbschlagzähigk. v. niedriggekohlten Stählen v. Prüf.-Temp. u. C-Geh. 42-0285.

Elektrische und magnetische Eigenschaften

Einfl. v. Zugbeanspruch. auf d. Magnetisier. einiger Stähle 3-0545; Entlad.-Vers. zwischen Stahlelektroden in W. 6-0485; Einfl. v. unmagnet. Einschlüssen auf d. Kern-Relaxat. in Bloch-Wänden bei unlegiertem Stahl mit *0,9* C 9-0544; Emiss. nach d. Entlad. bei Kugelelektroden aus Stahl 14-0206; v. einer Gleitfunkenstrecke erhaltene Spektren bei Stahl-Elektroden 18-0197; magnet. u. elektr. Eig. v. Baustählen 18-2492; Änder. d. elektr. Widerstandes v. austenit. Stählen während d. Alterns 20-2418; minimale Energie für d. Auslsg. d. elektr. Durchschlags zwischen Elektroden aus Stahl im Vakuum 22-0202; magnet. Eig. u. elektr. Widerstand v. isotherm umgeformten hoch-C-halt. Stahl 22-2406; elektr. Leitfähigk. v. mikroskop. Stahlteilchen 24-1857; Mechanismus d. Elektrodeneros. unter d. Einw. v. Ultraschallfackeln bei d. Impulsentlad. 29-0316; Verzöger. d. Entlad. beim elektr. Vakuumdurchschlag bei Verw. v. Stahl als Elektrodenmaterial 33-0230; Veränder. d. spezif. elektr. Widerstandes durch Strahlenschädig. 35-0311; Bldg. feldverstärkender whiskerähnl. Vorsprünge bei Anlegen eines elektr. Feldes auf d. Emiss.-Stellen v. Stahl-Kathoden 44-0407.

Thermische Eigenschaften

Ultraschallgeschw. in verspannten Stählen 2-0283; Aktivitäten v. O in fl. Stahl 6-0588; Wärmeleitfähigk. d. Zwischengittergases eines Stahl–Messing-Kontaktes 9-0315; Löslichk. v. Zr im Ferrit v. C-armem Stahl 10-2491; Charakter d. Eigendiffus. v. – in Abhängigk. v. Ce-Geh. 17-0325; Aktivität v. O in fl. Stahl 21-0551; Einfl. v. Ni, Mo, V, W u. Co auf d. C-Aktivität in C-freiem fl. Stahl 22-2378; Diffus. v. Leg.-Elementen während d. Homogenisier.-Behandl. d. Stahlguß 26-2573; Aktivität v. O in fl. Stahl 27-2419; H-Diffus. in niedriglegiertem Stahl 32-2357; H-Durchlässigk. v. Stahl bei erhöhten Temp. 38-2394; Ultraschallverluste bei elast.-plast. Deformat. an d. Streckgrenze bei Stählen 41-0318; Geschw. d. polarisierten transversalen Ultraschallwelle in Stahl bei elast. Deformat. 41-0319; Einfl. v. Leg.-Zusätzen auf d. Hitzebeständigk. v. Stahl 46-2385; Löslichk. v. O, S, C, N u. H in geschmolzenen, legierten Stählen 51/52-2301.

Oberflächeneigenschaften

Oberflächenwellen in – 1-0267; Eigenspann.-Mess. beim Eindringen kathod. H in

Stahl 1-1995; Auflsg.-Geschw. v. C-Stahl in fl. Fe–C-Leg. 2-2413; H-Adsorpt. an Stahl 8-2439; Ellipsometer-Best. dünner dielektr. Filme auf Stahl 11-0333; elektronenmkr. Meth. zur Erfass. v. Oberflächenveränder. an perlit. Stahl 11-2050; Adsorpt. v. Radionucliden an Stahl aus d. Gemisch. W./Aceton/A. 15-0725; Kratertiefe u. Materialfestigk. bei Hochgeschw.-Vers. an Stahl 17-0310; Charakteristika d. Lichtimpulses, d. beim Aufprall eines Fl.-Strahles auf eine Oberfläche aus Weichstahl u. Werkzeugstahl entsteht 19-0317; Einfl. v. Leg.-Elementen auf Löslichk. u. Oberflächenenergie v. Cu in weichem Stahl 19-2427; Unters. an laser-bestrahlten Stahlflächen mittels Elektronenmikroskopie 21-0293; Best. d. Oberflächengrößen v. Stahlkugeln durch eine manometr. Gasadsorpt.-Meth. 29-0628; Beständigk. feuerfester Materialien bei Einw. geschmolzenen Stahls 29-2339; Elektrokapillarkurven v. Stahl bei Berühr. mit Oxidschmelzen 33-0687; Gas-Oberfläche-Wechselwrkg. u. Feldionenmikroskopie v. Stahl mit hohem C-Geh. 35-0391; kinet. Konst. für d. Konz.-Änder. an d. Oberfläche vakuumgeglühter Stähle 35-2254; Einw. d. Strahl. eines Nd–Gas-Lasers auf Stahl 37-0363; Einfl. oberflächenaktiver Stoffe auf d. Ultraschallbehandl. v. – 39-2233; Einfl. v. organ. Substanzen auf d. Hydrier. v. Stahl während d. kathod. Polarisat. in Elektrolytlsg. (Überblick) 41-2301; Geschw. d. Wachstums v. Eis an W./Stahl-Grenzflächen 42-0227; logarithm. Filmwachstum auf Flußstahl in zwei aufeinanderfolgenden Umgeb. 48-0567; Wrkg. aliphat. Aldehyde auf d. H-Aufnahme v. Stahl bei seiner kathod. Polarisat. in Säure 48-2522; C-Diffus. auf d. Berühr.-Fläche Stahl–geschmolzener Grauguß 49/50-0304; Oberflächenpotential bei Stahleinlagen in Beton 51/52-2250.

Schmier.-Mechanismus v. Trikresylphosphat an Stahl 7-2890; Grenzschmier. v. Stahl durch KW-Stoffe 7-2891; Einfl. v. Schmiermitteln bei Deformat. v. Stahl durch Druck 18-2497; (Aussehen d. Oberfläche u. Reib.-Koeff.) 18-2498; Haft.-Stör. zwischen Stahl u. Beton 28-2350; Adhäs. gefüllter Komposit. auf Polyäthylengrundlage an Stahl 30-2684; Wrkg. v. Additiven bei d. Reib. v. Stahl auf Stahl 41-2524.

Sonderstähle

Stähle mit Sonderzusätzen

Verf. zur Herst. v. Rein- –-Leg. im Vakuum-Indukt.-Ofen 3-2387; Einfl. einer neuen Textur in –-reichen Leg. auf d. magnet. Eig. 15-0540; Ableit. empir. Gleich. für d. Löslichk. v. H_2 in Cr, Ni, Mn, Mo u. W enthaltenden Stählen 21-0550; N-Entfern. aus –-Leg. im Vakuum-Indukt.-Ofen 36-2256; Konz. u. Heterogenitätseinfl. auf d. Vielkrist.-Verform. in unlegierten u. Cr-legierten Stählen sowie in Cr- u. Ni-legierten Stählen 47-0291; Kinetik d. Graphitisier. v. –-Leg. unter äußerem Druck 49/50-2217.

Al: Verw. v. Fe–Cr–Al-Leg. für Widerstände 5-2316; Verw. zur Herst. v. weichmagnet. Blechen 5-2330*; Herst. einkrist. Magnete mit [*100*]-Orientier. aus Fe–Co–Ni–Al–Cu-Leg. mit ggf. Nb u. Ti 16-2202*; Herst. v. polykrist. Fe–Ni–Al-Dauermagneten mit Einkrist.-Struktur durch γ-Phaseausscheid. 20-2263*; Herst. v. Al–Fe-Leg. durch Elektroschlackenschmelzverf. 22-2378; ultrazäher, martensitaushärtender Al-Stahl hoher Festigk. 26-2633*; Herst. v. einkrist. Fe–Co–Ni–Al–Ti-Leg. für Magnete 41-2181*; Warmbehandl. v. Lamellenpaketen aus Al–Fe-Leg. u. Walzzunder (FeO) zur Erzeug. magnet. Eig. 47-2098*.

Herst. v. Leg. mit *0,5–2,5* Al mit (*100*)-[*001*] Orientier. 1-2356*; Ox.- u. zunderbeständ. Leg. mit *3–12* Al 10-2616*; Herst. v. bildsamen Leg. mit *3–12* Al 21-2652*; Verw. v. Leg. mit *7–10* Al für Bleche mit kleiner Koerzitivkraft 1-2354*; Herst. duktiler, dünner Blätter, Bänder, Folien aus Leg. mit *10* bis *18* Al für d. Verw. im Superhochfrequenzbereich 1-2576*; Herst. v. nichtrostendem Stahl mit *14–16* Al 44-2368*; Herst. v. Leg. mit *16–31* Al 19-2567*.

Einfl. d. Al-, C- u. B-Geh. auf d. mechan. Eig. v. Leg. mit *0,024–2,1* Al, *0,001–0,026* B u. *0,003–0,011* C 14-2489; Verw. eines martensitaushärtenden, Ni-halt. Baustahls aus < *0,50* Al, < *0,10* B, < *0,10* Ca, < *12* Co, < *0,5* Mn, < *10* Mo, < *2* Nb, Ta, Zr, *10–30* Ni, < *0,5* Si, *0,25–2,00* Ti u. < *0,1* C zum Chromieren 30-2442*; zeitstand- u. hochtemp.-fester Stahl mit *1,0–3,0* Al, *0,02* B, *7,0* Co, *12–15* Cr, *4,0–6,5* Mo + W, *0,4–1,5* Nb + Ta, *34–40* Ni u. *2,0–3,0* Ti 21-2680*; Stahl verbesserter Zähigk. u. Formbark. mit > *0,02* Al, *0,0005–0,005* B, *0,30* Cr, *0,35* Cu, *0,90* bis *1,30* Mn, *0,22–0,38* Mo, *0,02–0,09* V, *0,03* bis *0,15* Zr u. *0,02–0,10* C 7-2571*; Einsatzstähle für d. Hochtemp.-Zementat. mit *0,01–0,1* Al, *0,001–0,006* B, bis *2,5* Cr, bis *2,0* Mn, bis *1,0* Mo, *0,006–0,015* N, bis *6,0* Ni, *0,5* Si, bis *0,5* V u. bis *0,3* C 13-2657*; durch Abschrecken u. Anlassen vergütbarer Stahl hoher Festigk. mit *0,015–1,0* Al, *0,0005–0,005* B, *0,18–0,35* Cr, *0,6–1,2* Mn, *0,15–0,35* Mo, *0,6–1,5* Ni, *0,10–0,5* Si u. < *0,1* C 21-2681*; Herst. v. martensit. Stahl für Platten mit *0,02–0,06* Al, *0,0005–0,004* B, *0,2–0,35* Cr, *0,65–1,00* Mn, *0,15–0,30* Mo, *0,7–1,0* Ni, *0,2–0,35* Si u. *0,15–0,22* C 27-2475*; Verw. v. austenit. Stahl mit *0,01–1,25* Al, *0,001–0,06* B, *12–22* Cr, *0,20–2,00* Mn, *0,25–5,00* Mo, *15–35* Ni, *0,10–1,00* Si, *1–6* Ti, *0,1–1,5* V u. *0,01–0,15* C für Spinndüsen 37-2200*; Carbonitrier.-Stahl mit *0,1–0,3* Al, *0,0005–0,003* B, *1,3* bis *1,7* Cr, *0,5–0,8* Mn, *0,15–0,35* Mo, *0,17* Si u. *0,16–0,24* C 43-2185*; zäher, Ni- u. V-freier Stahl mit *0,01–0,15* Al, *0,005–0,0003* B, *0,80–2,0* Cr, *0,50–1,50* Mn, *0,2–0,6* Mo, < *0,5* Si, *0,017–0,05* Ti u. *0,25* C 26-2632*; Leg. für Hochtemp.-Verw. mit *0,10–0,35* Al, *0,0010–0,0045* B, *10–25* Cr, < *2,0* Mn, *20–40* Ni, *1,35–3,0* Ti, *0,1–0,5* V, *0,5–8,0* W, *0,02–0,10* C, Rest Fe 7-2572*.

Aushärtbarer Stahl mit hoher Zugfestigk. u. < *0,15* Al, < *0,02* Be, *8–15* Co, *8–16* Cr, < *0,20* Mn, *1–5* Mo, < *0,20* Nb, *2–9* Ni, < *0,01* P, < *0,01* S, < *0,10* Si, *0,2–0,7* Ti, < *0,15* V, < *0,02* Zr u. < *0,05* C 3-2503*; Leg.-Pulver zum Aufschweißen auf Ventilen für Verbrenn.-Kraftmaschinen mit > *0,15* Al, *1–4* Be, *7–10* Cr, *0,2–0,6* Mn, > *0,4* Ni, > *0,03* P, > *0,03* S, *2,7–3,5* Si, *0,5–0,7* C u. Rest Fe 17-2460*.

Hitzebeständ. Stahl mit *7–8* Al, *0,055* Ce, *1,7–2* Cr, *0,3–0,6* Mn, *1,3–1,5* Si u. *0,1* C 43-2191*.

Verw. v. Leg. aus *3,5–6,5* Al, *0,2–0,8* Co, *16–21* Cr, *0–0,15* Cu, *0,2–0,7* Mn, *0–0,5* Ni, *0,2–0,9* Si, *0–0,1* C, Rest Fe für Heizdrähte u. -stäbe 17-2242*; Marstraining (Warmbadrecken) v. Cr-Stahl mit < *0,01* Al, *0,03* Co, *10,78* Cr, *0,73* Mn, *0,89* Mo, *0,73* Nb, *0,44* Ni u. *0,37* Si, 42-2325; Stahl hoher Dehngrenze u. Zerreißfestigk. mit *0–1* Al, *0–5* Co, *0,2–0,5* Cr, *0–2* Mn, *0–0,5* Mo, *3,5–5* Ni, *0–0,1* P, *0–0,01* S, *0–2* Si, *0–0,2* V u. *0,45–0,55* C 14-2597*; Herst. v. Dauermagneten aus Leg.: mit *5–9* Al, *20–40* Co, *0–6* Cu, *0–4* Nb, *11–22* Ni, *0,05–1,0* S, *1–8* Ti, Rest Fe 5-2334*; mit *5–9* Al, *20–40* Co, *0–6* Cu, *0–4* Nb, *11–22* Ni, *0,05–2,0* Se u./oder S, *0–1* Si, *1–8* Ti, Rest Fe 6-2246*; mit *0–10* Al, *20* bis < *36* Co, *2–6* Cu, *0–5* Nb, *12–16* Ni, *0–2* Si, *0–7* Ti, Rest Fe 9-2399*; mit *6–10* Al, *15–42* Co, bis *8* Cu, bis *4* Nb, *10–20* Ni, bis *8* Ta, Rest Fe 8-2245*; mit *6–11* Al, *16–30* Co, bis *7* Cu, *0,5–1,5* Nb, *14–20* Ni, *0,5–1,5* Ti, Rest Fe 5-2332*; Herst. v. einphas. gleichgerichteten Stengelkorn-Magneten aus *6–11* Al, *16–30* Co, < *7* Cu, *0,15–0,50* Nb, *12–20* Ni, *0,15–0,50* Ti, Rest Fe 20-2267*; Hochtemp.-Verh. v. Dauermagnetleg.: mit *7,5* Al, *24,0* Co, *3,3* Cu, *14,5* Ni, *0,7* Si, Rest Fe 18-0465; mit *8,0* Al, *22,5* Co, *3,0* Cu, *12,8* Ni, *0,08* Si, Rest Fe 18-0465; Verw. v. Leg. mit *4–12* Al, *20–45* Co, *0–6* Cu, *10–20* Ni, *1–10* Ti, Rest Fe für Dauermagnete 35-2179*; Hochtemp.-Verh. v. Dauermagnetleg. mit *8,2* Al, *35,5* Co, *2,6* Cu, *15,5* Ni, *5,05* Ti, Rest Fe 18-0465; Oxidbldg. u. -adhäs. an einer Leg. mit ≦ *0,10* Al, *17* Co, ≦ *0,50* Mn, *29* Ni, ≦ *0,20* Si, ≦ *0,01* Ti, ≦ *0,10* Zr, ≦ *0,06* C, Rest Fe zur Glasverkleb. 8-2279; Schweißzusatzwerkstoff zum Schutzgas-Lichtbogenschweißen aus *0,1* Al, *8,5* Co, *3,2* Mo, *18* Ni, *0,2* Ti, Rest Fe 14-2639*; Verw. v. Leg. mit *7–9* Al, *20–26* Co, *11–17* Ni, *0,3–13* Si, *0–3* Zr, Rest Fe, zur Herst. v. magnet. Bauelementen 9-2400*.

Stahl mit bis *0,015* Al, *1,30–1,60* Cr, *0,060* Cu, < *0,45* Mn, < *0,02* Mo, < *0,08* Ni u. <*0,003* V für Rollenlager 28-2499*; Stahl hoher Abschreck-Härtbark. mit *0,03–0,20* Al, *0,03–3,00* Cr, *0,03–1,00* Cu, *0,20–2,00* Mn, *0,03–1,0* Mo, *0,03–0,30* V u. *0,10–1,20* C 14-2594*; Ersatz v. Stahl *10*HSNCu durch Stahl mit > *0,02* Al, *0,50–0,80* Cr, *0,40–0,65* Cu, *0,80–1,10* Mn, < *0,04* P, <*0,04* S, *0,60* bis *0,90* Si u. < *0,12* C 21-2524; Herst. v. austenit. Stahl mit *0–0,5* Al, *16–20* Cr, *0–10* Mn, *0–3* Mo, *0–0,5* N, *0,15–0,5* Nb, *3–12* Ni, *0–2* Si u. *0,03–0,12* C 16-2440*; aushärtbarer, nichtrostender Stahl: mit *0,5–1,6* Al, *11–13* Cr, < *0,2* Mn, *1,5–3* Mo, *0,05–1* Nb, *9–11* Ni, *0,2* Si, *0,1–0,5* Ti u. < *0,03* C 31-2404*; mit *0,85–1,75* Al, *14,25–16,50* Cr, *0,05–4,50* Carbidbildner, < *1,0* Mn, *2,0–3,0* Mo, *5,40–7,5* Ni, *0,25–1,25* Si u. *0,18–0,30* C 4-2389*; martensitaushärtender Stahl hoher Zähigk., Festigk. u. Schweißbark. für Stahlplatten mit *0,05–0,40* Al, *2,5–8,0* Cr, < *0,55* Mn, *1,9–4,2* Mo, *9,5–13,5* Ni, < *0,50* Si, < *0,3* Ti, < *0,1* Zr u. *0,001–0,03* C 27-2477*; gezackte Spann.-Dehn.-Kurven v. metastabilem Austenit in Stahl mit *0–0,111* Al, *0–5,10* Cr, *0,27–1,41* Mn, *0,27–3,44* Mo, *0–3,23* Ni, *0,22–1,64* Si, *0,07–0,51* V u. *0,23–0,70* C 26-2543; zäher Stahl mit *0,01–0,15* Al, *0,8* bis *2,0* Cr, *0,5–1,5* Mn, *0,2–0,6* Mo, < *0,5* Si u. *0,25* C 9-2641*; Kinetik d. Austenit-Umwandl. v. ferrit.-graphit. Stahl mit *0,3* Al, *0,04* Cr, *0,25* Mn, *0,01* Mo, *0,28* Si u. *0,80* C 27-2416; Stahl mit hochfester Umwandl.-Zone beim Schweißen aus *0,003–0,20* Al, *0,10–1,50* Cr, *1,10–2,50* Mn, *0,20–0,80* Mo, *0,10–0,75* Si, *0,02–0,15* V u. *0,11* C 41-2334*; Warmarbeitsstahl hoher Warmrißbeständigk. mit *1,7* Al, *0,5–3,0* Cr, < *1,2* Mn, *0,01–1,5* Mo, *1,0–3,0* Si, *0,01–1,0* V u. *0,15–0,5* C 20-2516*; Stahl für Warmarbeitswerkzeuge u. -Gesenke aus *0,1–1,7* Al, *0,5–3,0* Cr, < *1,2* Mn, *0,01–1,5* Mo, *0,01–1,0* V u. *0,15–0,5* C 37-2202*; ausscheid.-härtbarer, halbaustenit. Stahl mit *0,5–2,5* Al, *7–18* Cr, < *1* Mn, *6–12* Ni, < *1* Si u. < *0,05* C 11-2628*; ausscheid.-härtbarer Stahl hoher Festigk. u. Zähigk. mit *0,5–1,6* Al, *11,5–15,5* Cr, *0–0,2* Mn, *9–12* Ni, *0–0,2* Si, *0,1–0,5* Ti u./oder *0,05–1* Nb u. < *0,03* C 32-2440* Ausscheid., Stapelfehler u. Korngrenzen d. (Fe, Cr)-Sigma-Phase im Austenit v. Stahl mit *0,77* Al, *20,72* Cr, *0,76* Mn, *27,3* Ni, *1,78* Ti, *0,76* Si u. *0,05* C 33-0281; zunderbeständ., austenit. Stahl mit *0,2–2* Al, *12–18* Cr, ≦ *3* Mn, *20–28* Ni, ≦ *1* Si, *0,5* bis *2,5* Ti, *2–5* W u. ≦ *0,20* C 13-2612*; austenit. durch Pressen kaltverformbarer Stahl aus *0,05* Al, *12–20* Cr, *0,2* Mn, *7–18* Ni, *0–2* Si, < *0,1* B u./oder *0,5* Zr u. < *0,030* C 51/52-2430*; Phasenumwandl. v. ferrit.-austenit. Stahl mit bis *0,13* Al, *19,27–21,35* Cr, *0,29* bis *0,61* Mn, *5,0–5,64* Ni, *0,5–1,22* Ti u. *0,035* bis *0,12* C 47-2184; Verfestig. v. nichtrostenden Stählen mit *0,13–0,77* Al, *17* Cr, *1–1,3* Mn, *6–7* Ni, *0,8–1,0* Ti bei Wärmebehandl. 8-2435; austenit. Stahl mit *6–12* Al, *0,12* Cr, *9–18* Mn, *0–0,5* N, *0–2* Nb, *5–15* Ni u. *0,6–1,2* C 48-2554*; Stahl hoher Festigk. u. Korros.-Beständigk. mit *3,5–8,75* Al, *4,5–8,75* Cr, *14–35* Mn, *0,25–1,00* Si u. *0,25–1,00* C 6-2449*; martensitaushärtender Stahl mit *0,5–1,6* Al, *11–13* Cr, *1,5–3* Mo, *0,05–1* Nb u./oder Ti u. *9–11* Ni 37-2199*; Verw. v. martensitaushärtendem Stahl mit *0,4–0,75* Al, *2,5–8* Cr, *1,9–4,2* Mo u. *9,5* bis *13,5* Ni bei kryogenen Temp. 37-2198*; Einfl. v. Al auf d. σ-Phasenbldg. v. austenit. Stahl mit < *3* Al, *17–34* Cr u. *24–30* Ni 7-2515; Einfl. v. chem. Zus. u. Gefüge auf d. Auslager.-Verh. v. austenit. Stahl mit *4* Al u./oder Ti, *15* Cr u. *25* Ni 38-2407; Leg. in Pulverform mit *0,05–1,0* Al, *10–30* Cr, *0,5–5* Si, *0,01–0,5* C u. Rest Fe für Schweretrüben 9-2675*; ox.- u. korros.-beständ., verspröd.-freier Stahl mit *4–6* Al, *5–15* Cr u. *0,1–3* Y 17-2445*.

Stahl erhöhter Zugfestigk. mit *0,5–2,0* Al, *1–3* Cu, *0,25–3,0* Mn, *0,5–3,0* Mo, *1–2,5* Si, *0,2–1,0* V u. *0,15–0,5* C 4-2386*.

Vermeid. d. Abblätterns einer nitrierten Schicht v. austenit. Stahl mit *0,1–3* Al, *17* Mn u. *0,5* C 29-2457; ausscheid.-härtbarer Stahl mit *0,6–1,2* Al, bis *0,5* Mn, *0,5–2,0* Mo u./oder W, *4,5–10* Ni u. *0,04–0,25* C 14-2595*; Stahl hoher Kerbschlagzähigk. bei tiefen Temp. mit *0,010* Al, *0,3–1,8* Mn, *0,008* bis *0,025* N, *1–6* Ni, < *0,50* Si, *0,05–0,20* V u. < *0,15* C 51/52-2429*; Verfestig. u. Mikrohärte v. Stahl mit *0,02* Al, *1,75* Mn, *0,038* N, *0,020* P, *0,040* S, *0,20* Si, *0,01–0,3* V u. *0,17* C durch VN_x 39-0313; warmfester, gut schweißbarer Stahl für Dampfkesselrohre u. große Hochdruckkessel mit *0,005–0,04* Al, *0,3* bis *1,8* Mn, *0,01–0,025* N, < *0,04* Si u. *0,05* bis *0,25* C 18-2603*; Herst. v. Stahlrohren für tiefe Temp. mit hoher Kerbschlagzähigk. aus *0,01–0,04* Al, *1,0–1,5* Mn, *0,005–0,02* N, < *0,5* Si, *0,15* C u. Rest Fe 14-2620*; Elektronenbeug.-Aufnahmen an während d. Rekristallisat. ausgeschiedenem Al-Nitrid in Stahl mit *0,05* Al, *0,35* Mn, *0,005* N, *0,03* Si u. *0,033* C 14-0286; Warmverform. v. Stahl mit < *0,01* AlN bei *0,03–1,02* Al, *0,5–2,5* Mn, < *0,045* N, *0,02–0,60* Si u. *0,08–0,30* C 13-2648*; Schweißzusatzwerkstoff aus ferrit. Stahl: mit *0,01–0,05* Al, *0,5–0,8* Mn, *11,5* bis *13,5* Ni u. *0,03–0,07* C 11-2664*; mit *0–0,15* Al, *0–6* Mn, *11–15* Ni, *0–1* Si u. *0,001* bis *0,07* C zum Schutzgas-Lichtbogenschweißen 10-2622*; zunderfester Stahl mit austenit. Grundmasse u. *1–30* Al, *0,5–20* Mn, < *1* Si u. *0,2–4* C 13-2617*; Herst. v. Blechen mit je *0,002–0,02* Al u. Ti, ≦ *0,2* Mn, ≦ *0,01* N, O, S u. C sowie *2–5* Si 28-2257*; austenit. Stahl geringer D. u. Ox.-Beständigk. mit *4–14* Al, *18–40* Mn, *0,5–12* W u. *0,15–2* C 10-2588*.

Verspröd.-freier Stahl mit hoher Kaltverformbark. u. 3 – 9 Al, 0,44 Nb oder 0,23 bis 0,46 Ti oder 0,42 – 0,84 Zr, < 2 Mn, < 0,75 Si u. 0,05 – 0,20 C 32-2443*; Herst. v. einfach orientierten Blechen aus Stahl mit 0,010 bis 0,065 säurelösl. Al, 0,005 – 0,050 S, 2,5 – 4,0 Si u. 0,025 – 0,085 C 20-2264*.

Herst. v. Leg. mit 0,5 – 3,5 Al + Si mit (100)[001]-Orientier. 1-2356*; Herst. v. Stahl mit 5 – 8 Al u. 8 – 11 Si 6-2244*; Leg. hoher Maßhaltigk. u. Ox.-Beständigk. mit 3 – 15 Al, 3 – 8 Si, 6 – 25 Ti, Rest Fe 6-2447*.

As: Einfl. einer Regenerier.-Wärmebehandl. auf d. Spann.–Korros.-Verh. eines anlaßspröden Stahls mit 0,080 As, 0,61 Cr, 0,11 Cu, 0,28 Mn, > 0,10 Mo, 0,0065 N, 2,95 Ni, 0,011 P, 0,06 S, 0,020 Sn u. 0,30 C in Ggw. v. H_2 9-0307.

B: Gefüge, technolog. u. Korros.-Eig. v. Stählen mit hohen B-Geh. 26-2559; Vgl. v. Abschirmberechn. für eine Leist.-Reaktorabschirm. mit Mess. an einem Schildmodell aus B-Stahl 38-0010.

Austenit. Cr–Ni-Stahl hoher Dauerfestigk. mit 0,002 – 0,2 B, < 0,2 Ce u. Zr, < 1 Co, 13 – 20 Cr, < 0,5 Cu, < 4 Mn, 0,2 – 2,1 Mo, 10 – 35 Ni, 0,2 – 1,0 Ti, < 1 V, W, Nb u./oder Ta u. 0,03 – 0,20 C 14-2602*; rostfreier Stahl für Uhrenfedern mit 0,001 – 0,02 B, 0,05 bis 0,15 Ce, 17 – 20 Cr, 1,2 – 2 Mn, 0,7 – 12 Mo, 8 – 11 Ni, 0,8 – 1,5 Si u. < 0,12 C 43-2188*; verschleißfester, korros.-beständ. Stahl mit 0,5 – 4,0 B, 15 – 35 Cr u. 0,03 – 3,0 C 41-2333*; Gußstahl für Konstrukt. mit 0,002 bis 0,004 B, 1 – 1,6 Cr, 1 – 1,4 Cu, 1 – 1,2 Mn, 0,2 – 0,4 Mo, 1,6 – 2 Ni, 0,2 – 0,4 Si, 0,08 – 0,15 V, 0,2 – 0,4 W u. 0,12 – 0,18 C 43-2183*; austenit. Cr–Ni–Mn-Stahl mit 0,005 – 0,007 B, 14 – 16 Cr, 6,0 – 6,5 Mn, 0,9 – 1,1 Mo, bis 0,025 N, 1,6 – 3,0 Nb + Ta, 9 – 11 Ni, 0,4 bis 0,6 Si, 0,2 – 0,6 V u. 0,2 – 0,25 C 16-2441*; Einfl. einer Phasenumwandl. auf d. Auftreten d. Hochtemp.-Verspröd. nach Neutronenbestrahl. v. Stahl mit 0,007 B, 11,3 Cr, 0,35 Mn, 0,5 Mo, 0,25 Nb, 0,7 Ni, 0,45 Si, 0,3 V u. 0,11 C 34-0361; Spannbetonstahl mit 0 – 0,005 B, 0 – 1,5 Cr, 1 – 2 Mn, 0 – 0,5 Mo, 0 – 1,5 Ni, 0,5 – 2,0 Si u. 0,4 – 0,6 C 5-2519*; Gefügeausbldg. u. Festigk. v. bainit. Stahl mit 0,0040 B, 0,99 – 1,30 Cr, 0,50 – 0,66 Mn, 0,49 – 0,55 Mo, 0,15 – 0,57 Si u. 0,12 – 1,04 C 4-2298; kriechfester Stahl mit 0,010 – 0,10 B, 19 – 20 Cr, 1,2 – 4 Nb, 14 – 16 Ni u. 0,12 – 0,15 C 20-2526*; Einfl. v. Erstarr.-Geschw. u. Glühen auf d. plast. Eig. v. Stahl mit 1,86 – 2,35 B, 19,9 – 20,7 Cr, 14,5 – 17,9 Ni, 0,40 – 0,61 Si u. 0,03 – 0,05 C 48-2492; Kettenbolzenhülse aus Stahl mit martensit. Feingefüge u. 0,0005 B, 0,60 – 1,50 Mn u. 0,10 – 0,22 C 17-2440*; Gefügeausbldg. u. Festigk.-Eig. v. bainit. Stahl mit 0,0014 – 0,0042 B, 0,46 – 0,63 Mn, 0,49 – 0,54 Mo, 0,11 – 0,36 Si u. 0,10 – 1,06 C 4-2298.

Be: mechan. Eig. v. geschmiedeten u. gealterten martensit. aushärtenden Stählen mit 0,20 Be, ca. 12 Cr, 8 Ni u. 0,004 – 0,007 C 22-2379; aushärtbarer martensit. Stahl mit 0,9 Be, 0 – 16,3 Cr, 4 – 24 Ni u. < 0,09 C 3-2504*.

Ca: ausscheid.-härtbare Leg. mit 0 – 0,1 Ca, 12,5 Co, 0 – 6 Nb, 16 Ni, 0 – 1 je Si, Mn u. Al, 0 – 12 Ta, 0,5 – 1,5 Ti, 31 Fe u. 0 – 0,2 C 12-2452*.

Ce: Verw. für Zündsteine 24-3466*, 24-3467*; temp.-beständ. Stahl mit 0,03 Ce, 2 – 2,5 Cr, 0,3 – 0,6 Mn, 0,9 – 1,2 Mo, 1,3 – 1,5 Ni, 0,37 Si, 0,6 – 0,8 V u. 0,26 – 0,34 C 43-2190*; Stahl für feuerbeständ. Gußstücke aus 0,1 – 0,5 Ce, 19 – 22,1 Cr, 0,4 – 0,7 Mn, 0,025 bis 0,055 P, 0,005 – 0,020 S, 0,88 – 2,33 Si, 1,2 Ti u. 0,1 – 0,41 C 45-2176.

Co: elektrolyt. Abscheid. 12-2235*; Erzeug. v. – –Ni–Co-Schicht durch Zers. d. Pentacarbonyle 12-2240*; Grundlagenforsch. über Struktur u. Verh. v. Dauermagnetwerkstoffen 15-0547; Anwend. v. weichmagnet. Werkstoffen 15-0548; Verw. für magnetoelast. Meßkörper bei hohen Temp. 17-2239*; Keramik–Metall-Verb. bei Verw. v. Co–Ni– – –Leg. u. gesintertem Cr_2O_3 25-2118*; Lsg. zur chem. Erzeug. v. Co– – –P-Leg. 25-2301*; Verw. v. – –Ni–Co-Leg. zur Herst. v. Glas–Metall-Verb. 45-2136*.

Korros.-beständ. Stahl: mit guter mechan. Festigk. nach Alter. mit 0,95 Co, 24 – 28 Cr, 0 – 0,5 Cu, 0 – 1,5 Mn, 1,75 – 3 Mo, 4 – 6,5 Ni, 0 – 1 Si u. 0,03 – 0,12 C 37-2203*; mit 0,95 bis 12 Co, 24 – 28 Cr, < 0,50 Cu, < 1,50 Mn, 1,75 – 3,00 Mo, 4,0 – 6,5 Ni, < 1 Si u. 0,03 bis 0,12 C 21-2679*.

Stahl mit 11 Co, 21 Cr, 1,5 Mn, 4,5 Mo, 0,1 N, 0,75 Nb/Ta, 13,5 Ni, 0,6 Si, 1,5 W u. 0,27 C für Ventile v. Verbrenn.-Maschinen 11-2620*; austenit. nichtrostender Stahl hoher Festigk. mit 7 – 13 Co, 12 – 17 Cr, 0,01 – 1,0 Mn, 0 – 5 Mo, 0,005 – 0,1 N, 3 – 8 Ni, bis 0,15 Si u. 0,01 – 0,15 C 16-2439*; austenit. Stahl verbesserter Warmbruchfestigk. mit 0 – 5,0 Co, 14 – 26 Cr, 2,0 – 16 Mn, 0 – 3,0 Mo, < 1 Ni, < 0,70 Si, 0 – 1,5 Ti, 0,25 – 5,00 V, 0 – 4,0 W u. 0,20 – 1,0 C 7-2579*; Stahl mit guter magnet. Indukt. u. niedr. Kerbschlagzähigk.-Übergangstemp. für Rotoren mit 2 – 5 Co, 1 – 1,5 Cr, 0,2 – 0,6 Mn, 0,25 – 0,5 Mo, 4 – 4,5 Ni, bis 0,2 Si u. bis 0,2 V 42-2132*; oberflächengehärtete Schmiedestahl-Walzen aus Stahl mit 0,3 – 8,0 Co, 1,0 – 3,5 Cr, 0,15 – 1,60 Mn, 0 – 2 Mo, 0 – 2 Ni, 0,25 – 3,5 Si, 0 – 2 V, 0 – 2 W u. 0,6 – 1,3 C 16-2442*; superfester Stahl mit 0 – 5 Co, 0,2 – 0,5 Cr, 0 – 2 Mn, 0 – 0,5 Mo, 3 – 7 Ni, < 0,01 P, < 0,01 S, 0 – 2 Si u. 0,35 – 0,60 C 28-2504*; Schnelldrehstahl mit 7,00 – 9,00 Co, 3,00 – 5,00 Cr, 0 – 1,00 Mn, 8,50 – 10,50 Mo, 0 – 0,25 P, 0 – 0,25 S, 0 – 1,00 Si, 0,75 – 1,50 V, 1,00 – 2,00 W u. 1,00 – 1,20 C 3-2502*; schmied- u. härtbare, verschleißfeste Leg. aus 1 – 20 Co, 1 – 5 Cr, 0,5 Mn, 1 – 5 Mo, < 0,5 Si, 8 – 15 V, 2,5 – 3,5 C u. Rest Fe 37-2201*; Schnellarbeitsstahl mit 0 – 12 Co, 2,5 – 7 Cr, < 1,5 Mn, 0 – 12 Mo, 0,8 – 7 V, 0 – 18 W u. 0,6 – 1,8 C 28-2508*; ausscheid.-härtbarer Baustahl mit 2 – 12 Co, 10 – 13 Cr, < 0,2 Mn, < 0,03 N, < 0,2 Si u. < 0,03 C 24-2515*; Hartmetall-Leg. hoher Verschleißfestigk. u. Korros.-Beständigk. mit 45 – 60 Co, 28 – 30 Cr, 0,06 – 0,32 Mn, 2,5 – 18 Nb, 0,15 – 0,45 Si, 0,7 – 2,5 C u. Rest Fe 14-2607*; Ventilstahl für Verbrenn.-Kraftmaschinen mit < 2,0 Co, 13 – 25 Cr, < 3,0 Mn, 8 – 20 Ni, < 0,25 Si u. 0,08 C 7-2580*; Lsg.-Glühbehandl. für zunderbeständ. Stahl mit > 8 Co, 12 – 35 Cr, > 15 Mn, > 15 Ni, > 2,5 Si, 0,6 – 1,6 C u. 0,2 – 12 Carbidbildner 17-2443*; Wärmebehandl. für austenit. Stahl mit < 5 Co, 16 – 24 Cr, 6 – 12 Mn, 2 – 6 Ni, < 2 Si, 0,25 – 5,0 V u. 0,20 – 0,75 C 3-2505*; aushärtbarer Stahl für Ventile mit 1,5 – 5,0 Co, 23 – 26 Cr, 7 – 15 Mn, 0,20 – 0,35 Si u. 0,30 bis 0,50 C 9-2656*; Anlaßeig. v. Warmarbeitsstahl mit 5 oder 10 Co, 12 Cr, 0,5 Mn, 0,45 Si, 0,5 V, 7 W u. 0,25 C 15-2382.

Herst. u. Einsatz v. Schweißmetall mit 6 Co, 2 Cr, 1 Mo, 10 Ni u. 0,10 C für Baustähle 51/52-2369; Ausscheid.-Härt. v. Baustahl mit 2 – 12 Co, 10 – 13 Cr, 1 – 6 Mo u./oder W, 5 – 8 Ni, 0,1 – 1,0 Ti, Ta, Al u./oder Nb u. 0,03 C 10-2587*; Herst. v. austenit., aushärtbarem Stahl für Flugzeuge u. Raketen mit 2 – 4 Co, 10 – 20 Cr, 2 – 4 Mo, 15 – 25 Ni, je 2 – 4 Ti, W u. Zr u. 0,02 – 0,4 C 41-2331*; verschleißfeste Leg. für harte Umhüll. aus 5 – 25 Co, 15 – 30 Cr, < 10 Mo, < 4 Si, 1 – 15 W, 1 – 4,5 C u. Rest Fe 15-2488*; Schnellarbeitsstähle mit 5 Co, 4,5 Cr, 4 Mo, 4 V u. 6 W 7-2490; Schnelldrehstahl mit 7,00 – 9,00 Co, 3,00 – 5,00 Cr, 8,50 – 10,50 Mo, 0,75 – 1,50 V u. 1,00 – 2,00 W 27-2483.

Schnelldrehstahl mit 6,5 – 7,5 Co, 2,6 – 3 Cr, 1,6 – 4 V, 14,6 – 15,4 W u. 0,78 – 1,2 C 43-2189*; Herst. v. Stahl mit 4 – 6 Co, 4 – 6 Cu, ≦ 0,6 Mn, 37 – 38 Ni, ≦ 0,025 P, ≦ 0,025 S, ≦ 0,4 Si u. ≦ 0,005 C 10-2375*.

Umwandl. v. Stahl mit 15 – 17 Co, 0,5 bis 1,5 Mn, 2 – 4 Mo, 4 – 5 Ni u. 0,1 – 0,2 C durch Wärmebehandl. 17-2469*; aushärtbarer Stahl mit 3 – 5 Co, > 0,25 Mn, 0,5 – 2,5 Mo, 8 – 10 Ni, > 0,2 Si u. 0,05 – 0,2 C 17-2442*.

Festigk. v. martensitaushärtendem Stahl mit 18 Co, 14 Mo u. 8 Ni 29-2415; Schnelldrehstahl mit 7,0 – 9,0 Co, 8,50 – 10,50 Mo, 0,75 bis 1,50 V, 1,0 – 2,0 W u. 1,0 – 1,2 C 14-2596*.

Stahl mit 4 Co u. 9 Ni (Zähigk.-Steiger.) 40-2311; (Warmform. für tiefe Temp.) 44-2303; Ausscheid.-Verh. in Stahl: mit 5,5 bzw. 8 Co u. 18 Ni (Übersicht) 33-2362; mit 7 Co u. 15 Ni (Übersicht) 33-2362.

Wärmebehandl. für gute Kaltverformbark. v. Leg. mit 30 – 70 Co, 0,5 – 4 V, Rest – 6-2474*; aushärtbare Leg. für Guß- u. auftragsgeschweißte Werkzeuge aus 30 Co, 18 W, 0,08 C u. Rest – 11-2577.

Cr

Löslichk. in fl. Al-Leg. bei Verbund- u. Druckguß 1-2463; Einfl. ox. Verunreinig. v. Ferro-Cr auf d. Reinh. Cr-reicher Stähle 1-2484; Aufkohl. in H_2–Bzl.-Dampfgemischen 4-2347; atmosphär. Korros.-Verh. 4-2365; Schweißbark. rostfreier Cr–Ti-Stähle 8-2111; H- u. N-Geh. beim Schmelzen unter Kalk–Tonerde-Schlacke 9-2555; Si- u. Mn-Desox. fl. – –Cr-Leg. 11-2503; hitzebeständ. Walz- u. Schmiedestähle (chem. Zus. u. Eig.) 18-2463; Einfl. v. Cr auf d. Hochtemp.-Festigk. 22-2378; Einfl. v. Erwärm.-Temp. u. Haltezeit auf Mikrostruktur u. Härte v. C-reichem Stahl mit geringem Cr-Geh. 22-2435; Hochtemp.-Ox. (Technical Papers, Meeting 1966) 22-2463; Einfl. d. Oxidverflüchtig. auf d. Ox.-Kinetik v. – –Cr-Leg. 29-0696; Schmelztechnologie zur Verbesser. d. Schlackenreinh. v. CrMn-Einsatzstählen u. Cr- bzw. CrV-legierten Vergüt.-Stählen 38-2404; elektrolyt. Gewinn. aus d. Fluoridschmelze 40-2323; Zusammenhang v. Versetz.-Struktur u. Morphologie d. geätzten Oberfläche v. Cr-Stahl 43-2151.

Verw. als Schweißzusatzstoff für warmrißfreies Schweißgut 9-2692*; Herst. aus Cr-Erz unter Verw. v. Ferro-Si im elektr. Lichtbogenofen 16-2436*; Herst. aus Schrott u. Ferroleg. 20-2524*; Herst. aus Schrott mittels O_2-Blasen 20-2525*; Herst. unter Zugabe v. Ferro-Cr 30-2444*; Schmelzen v. Stahl mit hohem Cr-Geh. 41-2330*; Decarbonisieren 48-2547*.

Einfl. v. Ni, Cu u. Mo auf d. Aufkohl. v. Stahl mit 1 Cr 17-2399; Eign. ferrit. Stähle mit 1 bzw. 9 Cr zum Bau elektr. Zentralen 33-2404.

Einfl. d. Austenitisier.-Temp. auf d. Schlagfestigk. v. Warmarbeitsmatrizenstahl mit 5 Cr 20-2416; Einfl. d. Gefügezus. auf d. mechan. Eig. v. Cr-Stahl mit bis 5 Cr u. 0,6 – 1 C 41-2286.

Austenit-Rekristallisat. bei d. thermomechan. Hochtemp.-Behandl. v. Stahl mit 8 Cr 32-2413.

Einfl. v. Zus. u. Lsg.-Glühtemp. auf δ-Ferrit u. Umwandl.-Temp. in Stahl mit 12 Cr 14-2510; Charakteristika d. Lichtimpulses, d. beim Aufprall eines Fl.-Strahles auf d. Oberfläche v. Stahl mit bis 12 Cr entsteht 19-0317; mechan. Festigk. u. Dämpf.-Fähigk. v. Stählen mit 12 Cr 22-2378; Temper. v. wärmebeständ. Stählen mit 12 Cr 22-2435; Eig. v. modifizierten Stählen mit 12 Cr 33-2363; Verspröd. ferrit., rostfreier Stähle mit > 12 Cr bei 885 °F 51/52-2355.

O_2-Aufblasverf. zur Herst. nichtrostenden Stahls mit 12 – 18 Cr 35-2253; Stahlguß mit 12 – 35 Cr zur Verw. bei erhöhten Temp. 35-2255.

Verw. v. Stählen mit 13 Cr bei d. Ölhydrier. 7-2659; hochfester Stahlguß guter Schweißbark. mit 13 Cr 19-2432; Ausform.-Vorgang v. rostfreiem Stahl mit 13 Cr 22-2406; Wärmebehandl. v. rostfreiem Stahl mit 13 Cr für Messer 22-2435; Schweißstruktur v. martensit., rostfreiem Stahl mit 13 Cr 25-2234; mechan. Eig. v. Stahlguß mit 13 Cr 40-2307.

Vermeid. v. Rillenbldg. u. Verbesser. d. Mikrogefüges an kaltgewalzten, rostbeständ. ferrit. Stahlbändern mit 14 – 20 Cr 18-2604*.

Einfl. d. Lsg.-Glühen auf austenit. Stahl mit 15 Cr 9-2591; Bezieh. v. Kriechgeschw. u. Temp. d. magnet. Umwandl. v. ferrit. Stahl mit 15, 20 bzw. 25 Cr 40-2339.

Einfl. d. Glüh- u. Walzbeding. auf mechan. Eig., Textur u. Faserbild v. Stählen mit 17 Cr 11-2558; Isolier. v. Carbiden u. Nitriden aus Stahl mit 17 Cr 13-2524; Einfl. d. Wärmebehandl. auf Textur u. mechan. Eig. v. nichtrostendem Stahl mit 17 Cr 21-2580; isotherme Umwandl. in Stählen mit 17 Cr 40-2313.

Festigk. austenit. N-reicher Stähle mit 18 Cr 44-2263; Red. v. Cr-Oxideinschlüssen in Stahl mit 20 Cr durch Seltenerdmetalle d. Ce-Gruppe 37-0554.

N-reiche, austenit. Stähle mit 25 Cr (Strukturänder. durch Hochtemp.-Alter.) 8-2433; (Einfl. v. Mo u. N auf d. Hochtemp.-Festigk.) 8-2434; (Hochtemp.-Festigk.) 22-2378; Beding. zur elektrolyt. Abscheid. v. – –Cr-Leg.-Überzügen mit 27 – 35 Cr 41-2292.

Feingefügeänder. v. Stahl mit 1,12 Cr, 0,24 Cu, 0,68 Mn, 0,28 Mo u. 0,22 C beim Tempern 7-2528; austenit. Stahl: mit 16 – 28 Cr, 0 – 4,0 Cu, 0,5 – 12 Mn, 0 – 6,0 Mo, 0,10 bis 0,40 N, 0,05 – 0,40 Nb, 5 – 20 Ni, 1,0 Sr u. 0,03 C für geschweißte Bauteile 9-2651*; mit hoher Hochtemp.-Kriechfestigk. u. Schweißbark. u. 12 – 30 Cr, < 3 Cu, < 14 Mn, < 5 Mo, 0,005 – 0,04 Nb, < 6 – 30 Ni, < 1 Si u. 0,2 C 14-2601*; korros.-beständ. martensit. Stahl mit 13 – 17 Cr, bis 0,48 Cu, bis 1,5 Mn, 1 – 3 Mo, bis 0,5 Nb, 2,5 – 5,5 Ni, bis 1,0 Si u. 0,03 – 0,10 C 42-2383*; martensit. Stahlguß: mit 15 – 18 Cr, > 0,4 Cu, > 1 Mn, > 0,3 Mo, > 0,2 Nb, 3 – 5 Ni, > 1 Si u. 0,03 – 0,07 C 17-2448*; mit 15 – 18 Cr, 0,4 – 0,98 Cu, > 1 Mn, > 0,3 Mo, > 0,2 Nb, 3 – 5 Ni, > 1 Si u. 0,03 – 0,07 C 17-2447*; Festigk. v. Stahl mit 16,4 Cr, 3,04 Cu, 1,62 Mn, 2,44 Mo, 0,402 Nb, 14,3 Ni, 0,400 Si, 0,185 Ti u. 0,104 C nach Abschrecken 42-2273; Behandl. v. Baustahl mit 0,4 – 0,8 Cr, 0,1 – 0,5 Cu, 0,6 – 1,25 Mn, 0,4 – 0,6 Mo, 0,02 – 0,07 Nb, 0,4 – 1,6 Ni, 0,15 – 0,35 Si, 0,03 – 0,12 V u. 0,06 – 0,16 C 19-2561*; schwachlegierter Zusatzwerkstoff für d. automat. CO_2-Lichtbogenschweiß. mit ≦ 6 Cr, ≦ 0,2 Cu, 0,4 – 2,5 Mn, 0,4 – 1,5 Mo, ≦ 0,2 Ni, ≦ 0,04 P, ≦ 0,04 S, 0,3 – 1,5 Si, ≦ 0,2 V u. ≦ 0,15 C 23-2410*; hochfester, schweißbarer Stahl mit 0,25 Cr, 0,50 Cu, 0,45 – 1,15 Mn, 0,25 Mo + W, 0,50 Ni, 0,40 bis 0,60 Si, 0,03 – 0,15 V u. 0,24 – 0,35 C 27-2476*; Konstrukt.-Schweißstahl mit 1,3 – 1,7 Cr, 0,4 – 0,65 Cu, 0,3 – 0,55 Mn, 0,2 – 0,3 Mo, 1,4 bis 1,8 Ni, 0,2 – 0,45 Si, 0,08 – 0,15 V u. < 0,1 C 7-2574*; Eig. u. Abkühl.-Umwandl.-Kurven v. Stahl mit 0,01 – 0,57 Cr, 0,16 – 0,51 Cu, 0,71 – 1,68 Mn, 0,012 – 0,019 N, 0,032 – 0,054 Nb, 0,018 – 0,10 P, 0,014 – 0,020 S, 0,55 – 0,74 Si u. 0,09 – 0,18 C 4-2295; nichtrostender Stahl: mit geringer Härtbark. während d. Verarbeit. mit 15 – 19 Cr, 0,5 – 4,0 Cu, 3 – 10 Mn, 0,04 – 0,40 N, 3,5 – 6 Ni, 0,15 – 1,00 Si u. 0,15 C 14-2600*; mit guter Kaltverarbeitbark. mit 16 – 19 Cr, 0,5 – 3,5 Cu, 0,4 – 2,0 Mn, 0,04 – 0,10 N, 5,5 – 8,0 Ni, 0,15 – 1,00 Si u. bis 0,15 C 2-2521*; Martensitumform. in Maschinenelementen aus Stahl mit 10 – 20 Cr, < 5 Cu, < 1,5 Mn, < 1,5 Nb, 3 – 5 Ni, < 1,5 Si u. < 0,15 C 10-2614*; Wärmebehandl. v. Stahl mit 0,91 Cr, 0,13 Cu, 0,74 Mn, 0,07 Ni u. 0,64 C zur Schienenherst. 5-2468; Bestrahl.-Härt. v. niedriggekohltem Stahl mit 0,16 Cr, 0,26 Cu, 0,49 Mn, 0,13 Ni, 0,018 P, 0,011 S, 0,22 Si u. 0,16 C für Reaktordruckkessel 24-2451; Bezieh. zwischen chem. Zus. u. mechan. Eig. v. Stahl mit 0,40 Cr, 0,07 Cu, 0,90 Mn, 0,08 Ni, 0,020 P, 2,10 Si u. 0,55 C 28-0291; Stahl zur Herst. v. Weißblech für Kannen mit 0,06 Cr, 0,20 Cu, 0,25 – 0,65 Mn, < 0,10 Ni, < 0,02 Si u. 0,06 – 0,12 C 20-2518*; Eig. v. nichtrostendem Stahl mit 14,5 – 17,0 Cr, 3 – 4 Cu, 0,7 Mn, 3 – 4 Ni, 0,8 Si u. 0,08 C für dünnwandige Gußstücke 48-2427; Einfl. v. V auf d. Durchhärtbark. v. Baustahl mit 0,15 Cr, 0,24 Cu, 0,61 Mn, 0,14 Ni, 0,24 Si, 0,01 – 0,03 V u. ~ 0,4 C 12-2353.

Gußstahl mit 20 – 22 Cr, 1 – 1,5 Cu, 2 – 3 Mo, 7 – 9 Ni u. 0,1 C 43-2187*; Stahl erhöhter Rostbeständigk. mit 11 – 30 Cr, 2,5 bis 4,0 Cu, 0,3 – 2,0 V u. 0,03 C 42-2387*; Langzeitverspröd. v. Stahl mit 12 Cr, 0,06 N u. 0,3 Nb 19-2460; Schnelldrehstahl mit 2,7 bis 3,3 Cr, 1,5 – 1,9 V, 12 – 13 W u. 0,8 – 0,9 C 7-2577*.

Cr–Mn: selektive Korros. an Schweißverbind. v. Cr–Mn-Stählen 2-2492; Warmfestigk. v. N-halt., austenit. Cr–Mn-Stahl 6-2378; Verfestig. v. Cr–Mn–Mo-Stahl mit nichtstabilem Austenit 8-2436; Anreicher. v. Leg.-Elementen in Zementit beim Hochtemp.-Anlassen v. Mn–Cr-, Mn–Cr–Mo- u. Mn–Cr–Si-Stahl 19-2481; Kinetik d. Cr_2N- u. $M_{23}C_6$-Ausscheid. nach d. Lsg.-Glühen v. CrMnN-Stählen 28-2399; Struktur u. Eig. nichtrostender Cr–Mn-Stähle 48-2425; Einfl. v. Cr auf Struktur v. Cr–Mn- u. Cr–Mn–Ni-Stahl 49/50-2225; Verw. v. austenit. Cr–Ni–Mn-Stahl für Gehäuse v. Blasenkammern mit fl. He 49/50-2220.

Blausprödigk. v. zugverformtem Baustahl mit 1,3 Cr, 1,2 Mn u. 0,2 C 14-2539; Erschmelzen v. N-legierten austenit. Stählen mit 20 – 25 Cr u. 10 – 20 Mn 25-2187.

Austenit., korros.-beständ. Stahl mit 20 – 30 Cr, 2 – 20 Mn, 1 – 28 Mo, 1,4 – 5 N, 5 – 65 Ni u. < 0,2 C 18-2594*; austenit. Stahl mit erhöhter Streckgrenze mit 5 – 40 Cr, < 30 Mn, < 5 Mo, < 1,3 – 5,0 N, < 20 Ni u. < 0,6 C 4-2388*; nichtrostender Stahl mit 16,5 – 17,5 Cr, 1,5 – 2,0 Mn, 2,0 – 2,7 Mo, 0,06 N, 13 – 14 Ni, 0,02 P, 0,02 S, bis 0,8 Si, bis 0,02 Sn, 0,15 V u. 0,06 C für Umhüll. v. Reaktorbrennstäben 12-2136; Stahl mit 22 – 26 Cr, < 5 Mn, 1,20 – 3,0 Mo, 0,20 – 1,50 N, 12 – 30 Ni, 1,20 – 3,0 Si u. < 0,06 C, Korros.-Beständigk. gegen Lochfraß in Meerw. 28-2507*; Stahl mit 0 – 30 Cr, < 20 Mn, 0 – 5 Mo oder V, 1,4 – 5 N, 0 – 25 Ni, < 2 Si u. 0,02 – 0,55 C für bes. Erschütter.-Beanspruch. 4-2409*; Einfl. einer Spaltfragmentbestrahl. auf d. Ox. v. Stahl mit 20,1 Cr, 0,61 Mn, < 0,01 Mo, 0,65 Nb, 24,7 Ni, 0,001 P, 0,009 S, 0,06 Si u. 0,0106 C 32-0709; Stahl mit hoher Zugfestigk. u. Streckgrenze u. 1,40 – 1,80 Cr, < 1 Mn, 0,60 – 1,20 Mo, 0,03 – 0,10 Nb u./oder V, 2 – 4 Ni, 0,05 Si u. 0,15 – 0,60 C 26-2636*; Kerndraht aus 16 – 20 Cr, 1,5 – 12,5 Mn, 0 – 2,5 Mo, ≦ 1 Nb, 10 – 21 Ni, ≦ 1 Si, ≦ 0,05 C u. Rest Fe für Schweißelektroden 4-2418*; Stahl erhöhter Festigk. u. Schweißbark. für Druckkessel mit 0,40 – 0,55 Cr, 1,0 – 1,2 Mn, 0,25 – 0,35 Mo, 0,25 Nb, 1,4 – 1,7 Ni, 0,08 bis 0,13 V u. 0,15 C 20-2520*; Bildsamk., Festigk. u. Gefüge v. austenit. Stahl mit 16,6 Cr, 5,5 Mn, 1,0 Mo, 0,95 Nb, 9,5 Ni, 0,20 V u. 0,10 C 13-2555; Stahl guter Kerbempfindlichk. u. Festigk. mit 2,0 – 2,5 Cr, 0,30 – 0,60 Mn, 0,90 – 1,10 Mo, 0,05 – 0,15 Nb, 0,20 – 0,40 Si, 0,50 – 0,70 V u. 0,10 – 0,15 C 27-2478*.

Wrkg. v. B auf Struktur u. mechan. Eig. v. vergütbaren schweißbaren Stählen für tiefe Temp. mit 0,66 u. 0,65 Cr, 0,80 u. 0,90 Mn, 0,27 u. 0,23 Mo, 1,54 u. 2,14 Ni, 0,15 u. 0,18 C 18-2462; rostfreier Stahl mit 16 – 19 Cr, 6 – 10 Mn, 1,5 – 4 Mn, 4 – 6 Ni u. < 0,1 C 43-2182*; Permeat. v. H_2 durch Stahl mit 0,03 Cr, 0,14 Mn, 0,001 Mo, 0,06 Ni, 0,016 P, 0,029 S u. 0,17 C auf Grund elektrochem. Überführ. 25-0618; Hochtemp.-Eig. u. Strukturen in Schmiedestahl mit 0,96 Cr, 0,80 Mn, 1,28 Mo, 0,20 Ni, 0,03 P, 0,03 S, 0,30 Si, 0,25 V u. 0,34 C 2-2419; Einfl. v. Spurenelementen auf d. Anlaßsprödigk. v. Stahl mit 0,75 Cr, 0,70 Mn, 0,5 Mo, 3 Ni, 0,30 Si u. 0,33 C 19-2438; plast. Verform. v. Stahl mit 1,33 Cr, 0,49 Mn, 0,12 Mo, 4,13 Ni, 0,13 Si u. 0,31 C während d. Martensitbldg. 28-2434; Warmbehandl. schwerer Rotor-Schmiedestücke aus Stahl mit 0,75 – 1,75 Cr, 0,25 – 1,25 Mn, 0,90 – 2,25 Mo, bis 1,25 Ni, bis 0,40 Si u. 0,25 – 0,40 C 47-2231*; mechan. Eig. v. Baustählen mit 1,80 bis 2,40 Cr, 0,48 – 1,68 Mn, 0,40 – 0,50 Mo, 1,90 – 2,30 Ni, 0,16 – 1,25 Si u. 0,27 – 0,58 C nach wärmemechan. Behandl. 18-2506; korros.-beständiger Stahl mit 11 – 14 Cr, 0,25 – 2,00 Mn, 0,5 – 3,5 Mo, 4 – 8 Ni, 0,10 – 0,70 Si u. 0,03 – 0,25 C für gut verschweißbare Teile 19-2565*; verschleißfester Ventilstahl für Verbrenn.-Kraftmaschinen mit 15,25 – 16,00 Cr, 0,60 – 0,70 Mn, 0,75 – 1,0 Mo, 13,50 – 14,25 Ni, 2,50 – 2,75 Si u. 1,90 – 2,0 C 28-2510*; warmrißbeständ. Stahl mit 14 – 20 Cr, 7,5 – 15 Mn, 0,5 – 3,75 Mo, 15 – 30 Ni, < 1,0 Si u. 0,01 – 0,08 C 7-2578*; austenit. Stahl für hochwarmfeste Bauteile mit 16 – 20 Cr, 0,1 bis 2,5 Mn, 2 – 4 Mo, 12 – 18 Ni, 0,1 – 1,0 Si u. 0,01 – 0,05 C 9-2650*; ferrit. Stahl hoher Festigk. mit 15 – 22 Cr, 0 – 2,5 Mn, 2 – 4 Mo, 3 – 8 Ni, 1 – 4 Si u. 0,15 C gegen Spann.-Rißkorros. u. Grübchenbldg. 15-2485*; austenit. Stahl hoher Kriechfestigk. mit 15 – 25 Cr, < 12 Mn, 1 – 4 Mo, 8 – 15 Ni, < 3 Si u. 0,02 bis 0,4 C 41-2332*; martensit. aushärtbarer Stahl mit 14 – 16,5 Cr, 1 Mn, 1 – 3 Mo, 5 – 7 Ni, < 1 Si, 0,60 – 1,25 Ti u. 0,03 – 0,15 C 15-2486*; martensit., durch Ausaltern härtbarer Stahl mit δ-Ferrit-freiem Gefüge u. 14 – 17,5 Cr, bis 0,60 Mn, bis 2 Mo, 4,75 – 7,0 Ni, bis 0,35 Si, 0,3 – 13 Ti oder Nb u. 0,07 C 16-2437*; Stahl hoher Bruchfestigk. mit 10 – 18 Cr, < 2,0 Mn, 1,25 – 3,5 Mo, 24 – 28 Ni, 2,2 – 2,8 Ti, 1,0 Si u. < 0,1 C 6-2451*; Stahl mit 0,25 bis 0,36 Cr, 1,0 – 1,2 Mn, 0,24 – 0,32 Mo, 1,5 bis 1,7 Ni, 0,12 – 0,18 Si, 0,08 – 0,12 V u. 0,10 – 0,14 C für geschweißte Druckkesselplatten 17-2439*; Stahl für Walzen mit 0,8 – 1,2 Cr, 0,3 – 0,7 Mn, 0,35 – 0,45 Mo, 3,4 – 3,8 Ni, 0,2 – 0,6 Si, 0,08 – 0,25 V u. 0,55 – 0,7 C 9-2646*; schweißbarer Baustahl mit 0,6 – 1,5 Cr, 0,5 – 1,5 Mn, 0,1 – 0,6 Mo, 0,6 – 2 Ni, 0,10 – 0,75 Si u. 0,02 – 0,2 V 20-2522*; Warmbehandl. v. schweren Rotorschmiedestücken aus Stahl mit bis 2 Cr, 0,15 bis 0,80 Mn, 0,2 – 0,7 Mo, 1,50 – 4,25 Ni, bis 0,40 Si, bis 0,3 V u. 0,15 – 0,30 C 47-2232*; Stahl für hydraul. Pressen mit 2 – 2,5 Cr, 0,4 – 0,6 Mn, 0,4 – 0,6 Mo, 1,2 – 1,5 Ni, 0,2 bis 0,4 Si, 0,25 – 0,4 V u. 0,22 – 0,28 C 9-2644*; Stahl hoher Härte u. Verschleißfestigk. für Warmschmiedegesenke mit 6,0 – 10,00 Cr, 0,10 – 2,00 Mn, 1,00 – 3,90 Mo, 0 – 0,50 Ni, 0,10 – 2,00 Si, 2,00 – 2,85 V u. 0,80 – 1,30 C 14-2598*; Sek.-Härten in Stahl mit 1 Cr, 1,3 Mn, 1,7 Mo, 1,5 Ni, 0,7 V, 2,6 W u. 0,32 C 46-2340; Schmelzbehandl. v. Gußstahl mit 15 – 17 Cr, 0,80 – 1,50 Mn, 0,40 – 0,80 Mo, 11 – 13 Ni, 3 – 5 W u. 0,07 – 0,12 C 8-2376; austenit. Stahl mit < 21,50 – 24,00 Cr, 0,5 bis 1,2 Mn, 1,0 – 2,0 Mo, 13,50 – 16,50 Ni, 0,9 bis 2,0 Si, 1,5 – 3,5 W u. 0,06 C (korros.-fest) 13-2615*.

Stahl für Scherenmesser aus < 1 Cr, < 1 Mn, 1,5 – 2,8 Mo, < 1,5 P, < 0,7 S, 11 bis 14 V, 1,5 W u. 1,6 – 1,8 C 20-2523*; Stahl mit großer Einhärtbark. u. 0,50 – 0,90 Cr, 1,60 bis 1,90 Mn, 0,10 – 0,25 Mo, 0,50 – 0,90 Si u. 0,35 – 0,75 C 29-2480*; Morphologie v. isotherm gebildetem Bainit aus Stahl mit 1,07 bis 1,23 Cr, 0,48 – 0,68 Mn, 0,51 – 0,54 Mo, 0,38 – 0,46 Si u. 0,10 – 0,96 C 26-2557; Verw. v. Stahl mit 0,5 – 1,5 Cr, 0,4 – 0,7 Mn, 0,2 bis 0,6 Mo, 0,3 – 0,4 Si u. 0,2 – 0,4 C für Stahlformen 13-2610*; Lagerstahl mit < 2 Cr, < 1 Mn, 0,50 – 1,10 Mo, 0,60 – 0,90 Si u. 0,75 C 17-2437*; nichtrostender Stahl für Zierzwecke mit 18,41 Cr, 0,57 Mn, 0,89 Mo, 0,44 Si u. 0,25 – 1,00 C 6-2448*; Konstrukt.-Stahl verringerter Anlaßsprödigk. mit 1,7 – 2 Cr, 1,1 bis 1,3 Mn, 0,4 – 0,6 Mo, 0,17 – 0,37 Si, < 0,08 Ti u. 0,28 – 0,35 C 7-2575*; Leg. für Schweißelektroden aus 3 – 9 Cr, 0,5 – 1,6 Mn, 1,8 bis 6,0 Mo, 0,2 – 0,6 Si, 0,2 – 0,5 Ti, 0,1 – 0,4 C u. Rest Fe 17-2481*; Wärmebehandl. v. schweißbarem Stahl mit 0,3 – 1,5 Cr, 0,5 – 1,5 Mn, 0,1 – 0,6 Mo, 0,10 – 0,75 Si, 0,02 – 0,2 V u. < 0,25 C 11-2625*; Herst. v. Stahl hoher Warmbruch- u. Kriechfestigk. bei hohen Temp. mit 0,5 – 3,0 Cr, 0,2 – 1,15 Mn, 0,3 bis 1,75 Mo, 0,15 – 1,0 V u. 0,05 – 0,6 C 40-2416*; Stahl für Räumwerkzeuge mit hoher Schnitthaltigk. mit 10 – 11,8 Cr, < 0,5 Mn, 0,6 – 1,2 Mo, 1,2 – 1,8 V, 0 – 18 W u. 1,05 – 1,35 C 28-2509*.

Aushärtbarer austenit. Stahl hoher mechan. Festigk. u. Wärmeausdehn.-Koeff. mit < 4,0 Cr, 3,0 – 14,0 Mn, 0,01 – 0,3 N, 0,1 – 2,0 Nb u./oder Ta, 6,0 – 14,0 Ni, < 2 Si u. 0,4 bis 1,0 C 24-2516*; austenit. korros.-beständ. Sparstahl d. ČSSR mit 16 – 19 Cr, 7 – 10 Mn, 0,15 – 0,22 N, 4 – 5,5 Ni u. 0,12 C 28-2396; unmagnetisierbarer Stahl für schwingend beanspruchte Maschinenteile mit 0 – 30,0 Cr, 0 – 20,0 Mn, 1,5 – 5,0 N, 0 – 25 Ni u. 0,02 bis 0,55 C 9-2655*; austenit. Stahl mit 15 – 30 Cr, < 0,7 Mn, < 0,045 N, 49 – 35 Ni, < 0,018 P, < 1,7 Si u. 0,07 – 0,09 C 18-2593*; Verw. v. austenit. Stählen gegen Spann.-Rißkorros. mit 3 – 10 Cr, 12 – 22 Mn, 0,05 – 0,5 N, 0 – 2,5 Ni, < 2,0 Si u. < 0,70 C 15-2487*; kaltverfest. nichtrostender Stahl mit 15,3 – 16,6 Cr, < 1,25 Mn, 0,025 – 0,06 N, 5,5 – 6,2 Ni, < 1,0 Si u. 0,08 – 0,12 C 27-2479*; Herst. v. austenit. Sparstahl mit 16,0 Cr, 14,0 – 17,0 Mn, 0,32 bis 0,42 N, 12,0 – 2 Ni, 0,60 – 1,50 Si u. 0,05 – 0,12 C 28-2394; Schraubenbolzen für bei tiefen Temp. arbeitende Anlagen aus Stahl mit 19,7 Cr, 1,5 Mn, 0,1 N, 10,1 Ni, 0,32 Si u. 0,023 C 14-2603*; Stahlguß als Werkstoff für Ventile mit 19 – 25 Cr, 7 – 14 Mn, 0,08 – 0,3 N, 3 – 10 Ni, 0,5 – 2,0 Si u. 0,15 – 2,0 C 42-2385*; Herst. v. Stahl mit 0,10 – 0,40 Cr, 0,1 – 0,5 Mn, 0,001 – 0,014 N, 0,008 – 0,06 P, 0,010 bis 0,06 S u. 0,02 – 0,2 C im O_2-Aufblasverf. 3-2500*; Stahl hoher Kaltverfestig.- u. Verschleißfestigk. mit < 2,5 Cr, 5 – 20 Mn, 1,0 bis 5,0 N, < 0,5 Si u. 0,3 C 18-2592*; in d. Gasphase inkromierbarer Baustahl mit 2,3 – 2,6 Cr, 1,5 – 1,8 Mn, ≧ 0,02 N, 1,1 – 1,4 Si, 0,7 – 1 Ta + Nb, 0,15 – 0,25 V u. 0,06 – 0,1 C 25-2256*.

Ox.-beständiger, austenit. Stahl mit 18 bis 23 Cr, 7 – 12 Mn, 0,1 – 1 Nb u. 2 – 5 Ni 28-2506*; Bildsamk., Festigk. u. Gefüge v. austenit. Stahl mit 17,7 Cr, 1,3 Mn, 0,95 Nb, 11,9 Ni, 0,50 Si, 0,03 V u. 0,05 C 13-2555; gießbare Leg. mit 20 Cr, 5 Mn, 1 Nb, 5 Ni, 1 Si, 18 W, 0,55 C u. Rest Fe 2-2517*.

Wärmebehandl. v. Stahl mit 0,77 Cr, 0,76 Mn, 0,92 Ni u. 0,60 C zur Herst. v. Schienen 5-2468; Wärmebehandl. v. Stählen mit geregelter Martensitumwandl. u. 16,9 Cr, 3,6 Mn, 4,15 Ni u. 0,08 C 24-2465; Vergrößer. d. Cr-Verarm.-Zone an d. Korngrenzen in einem sensibilisierten Stahl mit 17,96 Cr, < 1,0 Mn, 9,45 Ni, < 0,05 Nb + Ta u. 0,07 C 38-0258; Zus. u. Korros.-Beständigk. v. Stahl mit 16 – 20 Cr, 2 – 10 Mn, 3,5 – 11 Ni u. 0,15 C 10-2498; Herst. v. Blechen hoher Tiefziehfähigk. aus Stahl mit 15 – 25 Cr, < 0,5 Mn, < 2 Ni u. 0,2 C 14-2619*; mechan. Eig. v. Stahl mit 17,9 – 22,0 Cr, 5,9 – 6,17 Mn, 4,99 – 5,18 Ni u. 0,035 – 0,05 C 19-2436; Schweißelektrode aus Stahl mit 22 – 27 Cr, 0,5 – 5 Mn, 16 – 21 Ni, ≦ 0,04 P, ≦ 0,04 S, ≦ 0,8 Si u. 0,05 – 0,2 C 1-2587*; Adsorpt. v. Radioisotopen auf säurebeständ. Stahl mit 17 Cr, 1,5 Mn, 8 Ni, 0,04 P, 0,03 S, 1,5 Si, 4 Ti u. 0,12 C 40-0605; Ausscheid. v. Cr-Carbiden in einem rostfreien austenit. Stahl mit 23,0 Cr; 1,40 Mn; 19,8 Ni; 0,030 P; 0,018 S; 1,83 Si; 0,1 Ti u. 0,083 C 26-0250; Kinetik d. intermediären Umwandl. in Stahl mit 0,8 Cr, 0,8 bis 0,9 Mn, 1 Ni u. 0,17 – 0,37 Si 20-2391; hochfester, martensit. Stahl mit < 5 Cr, < 0,7 Mn, 10 – 20 Ni, 1,75 – 4 Si u. 0,03 C 20-2521*; martensitaushärtbarer Stahl: mit 0 – 5 Cr, 0 – 0,75 Mn, 10 – 20 Ni, 1,75 – 4 Si u. 0,03 C 9-2649*; mit 0 – 5 Cr, 1,2 – 3,9 Mn, 10 – 20 Ni, 0 – 1 Si u. 0,03 C 9-2648*; umhüllte Schweißelektrode mit Kerndraht aus Stahl mit 16 – 18 Cr, 1 – 2 Mn, 12 – 14 Ni, 0,3 – 0,8 Si u. ≦ 0,1 C für vollaustenit. Schweißverb. 1-2585*; Herst. v. hochfestem, kaltverformtem austenit.-martensit. Stahl mit < 18 Cr, < 2 Mn, 3,5 – 6,5 Ni, < 1 Si u. 0,05 – 0,15 C 27-2472*; Einfl. d. Ni-Geh. auf d. mechan. Eig. v. Stahl mit 18 Cr, 0,23 Mn, 8 – 20 Ni u. 0,16 – 0,2 Si bei kryogenen Temp. 20-2388; Verw. v. Stahl mit 18 Cr, 0,8 Mn, 8,5 Ni, 0,6 Si u. 0,1 C, bei d. Herst. v. Widerständen 6-2242*; austenit. Stahl mit 16 – 20 Cr, 4 – 10 Mn, 4 – 9 Ni, 0,001 – 1,0 Si u. 0,01 – 0,10 C für geschweißte Druckbehälter bei tiefen Temp. 19-2566*; Stahl mit 75 Austenit zur Herst. nichtrostender Erzeugnisse mit 15 – 22 Cr, 0,1 – 1,0 Mn, 4 – 12 Ni, ≦ 0,15 Si u. 0,01 – 0,1 C 27-2481*; blanke Schweißdrahtelektrode aus Ni-Stahl zum automat. Lichtbogenschweißen v. Stahl aus 16 – 23 Cr, ≧ 2 Mn, 7,5 – 12 Ni, ≧ 0,8 Si u. ≦ 0,025 C 15-2534*; Stahl guter Verarbeitbark., Schweißbark. u. Zunderbeständigk. mit 17 – 23 Cr, 8 – 16 Mn, 5,5 – 9,5 Ni, > 4 Si u. > 0,05 C 17-2444*; martensit. zunderfreier Stahl hoher Festigk. u. Verformbark. mit 11 Cr, 0,13 Mn, 4 Ni, 0,06 Si, 0,27 Ti u. 0,015 C 17-2446*; kriechfester, korros.- u. wechselbeständ. Stahl mit 20 – 30 Cr, 0,8 – 0,4 Mn, 15 – 35 Ni, 0,9 bis 3,5 Si, 0,3 – 5,0 W u. 0,3 – 0,9 C 27-2480*;

Bldg. einer neuen sek.-Phase in Stahl mit 16,8 – 18,0 Cr, 20 – 22 Mn, 15 – 16 Ni u. 0,30 bis 2,85 Ti 20-2392; bei tiefen Temp. zäher Stahl mit 0,10 – 1,50 Cr, 0,50 – 4,50 Mn, 4,50 – 7,50 Ni u./oder 0,05 – 2,00 W u. 0,01 bis 0,15 C 41-2335*; Verw. v. Stahl mit 17 Cr, 8 Mn, 13 Ni, 4 W u. 0,20 C als Schweißzusatzwerkstoff 22-2454.

Alter. u. Bauschinger-Effekt in Flußstahl mit 0,2 Cr, 0,53 Mn, 0,032 P, 0,032 S, 0,23 Si u. 0,21 C 23-0299; Hall-Effekt v. antiferromagnet. Stahl mit 3,3 Cr; 23,3 Mn; < 0,1 P; < 0,03 S; < 0,8 Si u. 0,34 C 2-0481; nichtrostender Automatenstahl mit < 5 Cr, > 0,60 Mn, 0,02 – 0,50 Pb 0,02 – 0,50 Te u. < 1,0 C mit Pb–Te-Einschlüssen 16-2438*; austenit. Gußstahl mit 13 – 16 Cr, 12 – 15 Mn, 1,35 bis 2,3 S, 1,45 – 2,85 Si u. 0,35 – 0,50 C für Armaturen v. Wärmöfen 48-2419.

Stahl für Lager mit 1,30 – 1,60 Cr, 0,25 bis 0,45 Mn, 0,20 – 0,35 Si u. 0,95 – 1,10 C 13-2614*; Austenitstahl mit 9 – 10 Cr, 9 – 10 Mn, ≦ 0,5 Si u. 0,28 – 0,32 C 23-2381*; ferrit. Stahl mit 21 – 25 Cr, < 1,0 Mn, 0,3 – 1,0 Si u. 0,078 – 0,17 C 13-2616*; potentiostat. Verh. v. Stahl mit 1,07 Cr, 1,06 Mn, 0,34 Si, 0,09 Ti u. 0,4 C in alkal. Lsg. 6-0652; feinkörniger Stahl mit 1,2 Cr, 1,1 Mn, 0,25 Si, 0,04 Ti u. 0,20 C 13-2613*; korros.-beständ. Stahl mit ferrit. Gefüge mit 10 – 12,5 Cr, < 1,0 Mn, < 0,75 Si, 0,20 – 0,75 Ti u. 0,01 – 0,10 C 28-2505*; Korros.-beständ. Stahl mit 20 – 25 Cr, 13 – 18 Mn, 1 – 2,5 Si, 0,3 – 1 Ti u. 0,3 – 0,6 C 23-2382*; Stahl für Schneidwerkzeuge mit 0,2 – 0,5 Cr, 0,2 – 0,4 Mn, 0,35 Si, 0,15 – 0,3 V, 0,8 – 1,2 W u. 0,8 – 0,9 C 7-2576*; Stanzstahl: mit 0,9 – 1,4 Cr, 2 – 3,5 Mn, 0,7 – 1,1 Si, 0,15 – 0,3 V, 1,2 bis 1,6 W u. 0,7 – 1 C 9-2647*; mit 1,2 – 1,6 Cr, 0,4 – 0,6 Mn, 0,4 – 0,6 Si, 0,2 – 0,3 V u. 4 – 4,5 W 34-2559*; Instrumentenstahl für Preßformen mit 9 – 11 Cr, 0,2 – 0,4 Mn, 0,15 – 0,35 Si, 0,1 – 0,2 V, 2 – 2,6 W u. 0,3 – 0,4 C 43-2186*; Änder. v. Härte u. Feingefüge bei Alter.-Härt. v. nichtmagnet. Stahl mit 12 Cr, 17 Mn u. 0 – 2,7 V 40-2314; Herst. v. Kolbenringen durch Aufwinden v. warmem Stahldraht mit 1,0 – 25,0 Cr, 0,5 – 4,0 Mn, 0,1 – 2,0 V u. 0,3 – 1,5 C 14-2621*.

Cr–Mo: Einfl. d. Aufschwefel. u. Nitrier. auf d. Verschleißeig. v. Cr–Mo-Stahl 3-2477; Chargenabhängigk. d. Umwandl.-Verh. v. Cr–Mo–V-Vergüt.-Stahl 7-2493; mechan. Eig. v. C-armen, schwachlegierten Cr–Mo–V- u. Ni–Cr–Mo–V-Stählen 8-2367; Verformbark. v. Cr–Mo–V-Stählen durch Kriechen 8-2408; Umwandl.-Verh. v. aufgekohlten u. geschmolzenen Cr–Mo-Stählen 19-2437; Perlit-Umwandl. beim Aufkohlen v. Cr–Mo-Stählen 25-2182; Einfl. d. Umlaufbiegefrequenz, Temp. u. Einkerb. auf d. Dauerfestigk. v. Cr–Mo-Stahl 26-2542; Kriechfestigk. v. Cr–Mo–V-Stahl für Dampfturbinen 28-2416; Bezieh. zwischen Kriechfestigk. u. sek.-härtenden V_4C_3-Ausscheid. in Cr–Mo-Stählen 29-2436; Einfl. v. Mo auf d. Warmfestigk. v. Cr–Mo–V-Stählen 33-2359; Eig. nichtrostender Cr–Mo-Stähle 48-2425.

Kriech- u. Zeitstandverh. v. ferrit. Stahl mit 0,9 Cr, 0,4 Mo u. > 0,1 C 15-2396; Einfl. v. V auf d. mechan. Eig. v. Baustahl mit 1,03 Cr, 0,16 Mo u. 0,48 C 25-2188; Burgers-Vektoren v. Versetz. in deformiertem Stahl mit 2,25 Cr u. 1 Mo 23-0264; Einfl. d. Abschrecktemp. auf d. Anlaßkinetik v. Stahl mit 4,41 Cr, 0,52 Mo u. 0,11 C 6-0305.

Einfl. v. Vorspann. u. Auslager. auf d. Ermüd.-Verh. v. Stahl mit 1,21 Cr, 0,27 Mo, 0,65 Mn, 4,5 Ni u. 0,34 C 20-2417; korros.-beständiger Stahl für schwingend beanspruchte Maschinenteile mit 15 – 30 Cr, 0 – 6 Mo, 1,4 – 5,0 N, 0 – 2,5 Nb, 4 – 25 Ni u. 0,01 – 0,2 C 9-2654*; austenit. Stahl gegen Lochfraßkorros. im Meerwasser mit 22 – 26 Cr, 1 – 3 Mo, 0,10 bis 1,50 N, 12 – 20 Ni u. 0,06 C 9-2653*; schweißbarer Stahl erhöhter Festigk. u. Zähigk. mit 1,40 – 1,80 Cr, 0,60 – 1,20 Mo, 0,03 – 0,10 Nb, 2,0 – 4,0 Ni, 0,06 – 0,2 V u. 0,15 – 0,35 C 7-2573*; Einfl. d. Kerbwrkg. auf d. Ermüd.-Verh. v. Stahl mit 1 Cr, 0,78 Mo, 0,25 Ni, 0,27 Si u. 0,35 C 40-2338.

Einfl. v. V auf d. mechan. Eig. v. Baustahl: mit 1,05 Cr, 0,16 Mo, 0,11 V u. 0,48 C 25-2188; mit 1,10 Cr, 0,19 Mo, 0,40 V u. 0,49 C 25-2188; Einfl. d. Abschrecktemp. auf d. Anlaßkinetik v. Stahl mit 1,30 Cr, 0,85 Mo, 0,22 V u. 0,15 C 6-0305; Verw. v. Stahl mit 1,0 – 25,0 Cr, 0,5 – 4,0 Mo, 0,1 – 0,2 V u. 0,3 – 1,5 C für Kolbenringe 30-2443*.

Cr–Mo–Ni: Zus. u. Mikrogefüge d. Austenitkorns in Ni–Cr–Mo–V- u. Ni–Cr–Mo-Stahl 4-2308; Einfl. d. Erwärm.-Geschw. u. d. Vorbehandl. auf d. Korngröße v. Austenit in Ni–Cr–Mo–V-Stahl 4-2309; Cr–Ni–Mo-Stahl mit < 0,25 N für bei chem. Einw. aufeinander gleitende Stahlteile 4-2390*; Cr–Ni–(Mo)-Stähle mit N legiert für d. chem. App.-Bau 18-2124; Einfl. v. Martensit auf d. Kinetik d. Bainitumwandl. in Ni–Cr–Mo-Stahl 22-2378; Herst. v. Generatorschmiedestücken aus Ni–Cr–Mo–V-Stählen 24-2407; Bezieh. v. Kriechdehn. u. interkrist. Hohlräumen v. Cr–Ni–Mo-Stahl bei d. Zeitstandfestigk.-Prüf. 34-2496.

Martensitumwandl. in austenit.-martensit. Stahl: mit 15,98 Cr, 3,08 Mo, 5,35 Ni u. 0,08 C 20-2386; mit 16,8 Cr, 1,85 Mo, 5,35 Ni u. 0,07 C 20-2386; Stahl gegen Lochfraßkorros. im Meerwasser mit 22 – 26 Cr, 1,20 – 3,00 Mo, 12 – 20 Ni, 1,20 – 3,0 Si u. 0,02 – 0,03 C 9-2652*; Einfl. d. Abschrecktemp. auf d. Anlaßkinetik v. Stahl 1,51 Cr, 0,82 Mo, 2,23 Ni, 0,30 V u. 0,10 C 6-0305.

Cr–Ni: Herst. austenit. N-legierter Cr–Ni-Stähle 3-2402; (Übersicht) 13-2519; Eig. u. Schweißen v. austenit. Cr–Ni-Stählen für kryogene Temp. 27-2417; Herst. v. rostfreien, austenit. Cr–Ni- u. Cr–Ni–Mn-Stählen für Kolbenringe, Ventile u. Teile v. Verbrenn.-Motoren 51-2311.

Stabilisier. v. nichtrostendem Cr–Ni-Stahl mittels U 6-2450*; nichtrostende Cr–Ni-Stähle für d. Weinkellerwirtschaft 14-2565; Herst. v. Cr–Ni-Stahlband für Rasierklingen 15-2523*; Verw. v. Cr–Ni- u. Cr–Ni–B-Stählen d. Chemietechnik 18-2464; Einschmelzen v. Cr–Ni-Stahl in Glas 23-2435*; Zonenschmelzreinig. eines Cr–Ni-Stahls durch Elektronenbeschuß 29-1921; Verh. v. austenit. Cr–Ni-Stählen in CO_2-gekühlten Leist.-Reaktoren 40-2377.

Einfl. v. Gitterfehlern auf d. Verfestig. v. Cr–Ni-Stahl durch Ausforming 4-2307; Einfl. v. Ti, Nb, Si u. Al auf d. Entfestig. v. Austenit in Cr–Ni-Stahl 11-2529; Verfestig. u. Substrukturen durch Ausformen v. Austenit u. Martensit sowie deren Orientier.-Bezieh. in Cr–Ni-Stahl 14-0274; Martensitverfestig. bei d. Alter. v. Cr–Ni-Stählen 15-2380; Bldg. d. σ-Phase in rostfreiem Cr–Ni-Stahl 32-2401; Einfl. v. Ti- u. Nb-Zusätzen auf Gefüge u. Eig. v. nichtrostenden Cr–Ni-Stählen 38-2408; mathemat.-statist. Best. d. δ-Ferritgeh. austenit. Cr–Ni-Stähle 39-2224; Einfl. v. Mo auf Gefüge u. mechan. Eig. v. pulvermetallurg. austenit. Cr–Ni-Stahl mit TiC u. ZrC 41-2264.

Einfl. v. Pb auf d. Verformbark. v. hochwarmfesten Cr–Ni-Stahl 8-2378; Temp.-Einfl. auf d. Diskontinuität d. S/N-Ermüd.-Kurve eines Ni–Cr-Stahls 26-2544; Einfl. spangebender u. elektrochem. Bearbeit. auf d. Verh. v. austenit. Cr–Ni-Stahl unter mechan. u. chem. Beanspruch. 28-2429, 28-2430; Verformbark. v. Ti-stabilisiertem Cr–Ni-Stahl 38-2456; Eig. austenit. Cr–Ni-Stähle 48-2425.

Antiferromagnetismus d. kub. flächenzentrierten – -Gitters v. Cr–Ni-Stahl 29-0500.

Ausscheid.-Verh. d. $Cr_{26}C_6$ in austenit. Cr–Ni-Stählen 2-2451; Phasenausscheid. in Cr–Ni-Stahl bei Verspröd. durch Anlassen 20-2438; Einfl. v. V auf Phasenaufbau u. Struktur v. Cr–Ni-Stahl mit hohem B-Geh. 24-0555; Phasenausscheid. in Ta-halt. Cr–Ni-Stahl 38-2409.

Selektive Korros. an Schweißverb. v. Cr–Ni-Stählen 2-2492; Korros.-Beständigk. v. Cr-Stahl mit Ersatz v. Ni durch Mn 10-2498; Schweißbark. u. Korros. C-armer Cr–Ni-Stähle 11-2598; Korros.-Verh. v. Cr–Ni-Stählen 11-2599; Vgl. v. Prüfmeth. d. interkrist. Korros. v. Cr–Ni-Stahl 13-2593.

Mechan. Eig. u. Ziehbark. v. Schmiede- – mit 0,014 – 0,645 Cr u. 0,025 – 0,963 Ni 17-2358; anisotrope Verfestig. v. Stahl mit 0,2 – 0,5 Cr, 3 – 7 Ni u. 0,55 C 26-2649*; Einfl. geringer S-Geh. auf d. Anlaßsprödigk. v. Stahl mit 0,75 Cr, 3 Ni u. 0,3 C 15-2381.

Hochtemp.-Kriechbruch an austenit. Stahl mit 15 Cr u. 20 Ni 38-0315; Einfl. v. Ca auf d. Gefüge v. Gußstählen mit 15 Cr u. 25 Ni 40-2308; Einfl. v. Leg.-Elementen auf Entfestig. u. Warmfestigk. v. Stahl mit 14,5 bis 15,5 Cr, 12,5 – 13 Ni u. 0,07 – 0,08 C 44-2284; Ausscheid.-Kinetik v. NbC aus Austenit v. Stahl mit 15,5 – 17,2 Cr u. 11,6 – 15,6 Ni 6-2376; Verw. v. Stählen mit 16 Cr u. 13 Ni bei d. Ölhydrier. 7-2659.

Auftreten v. Austenit beim Abschrecken v. Stahl mit 18 Cr u. 8 Ni 1-0533; Raumtemp.-Kriechen u. 0,2%-Dehngrenze v. austenit. Stahl mit 18 Cr u. 8 Ni 33-2386; Warm- u. Kaltverarbeit. v. stranggegossenem Stahl mit 18 Cr u. 8 Ni ohne Schalenbldg. 46-2270; Vgl. v. Spann.- u. Reckalter. u. Einfl. auf d. Festigk. v. Stahl mit 18 Cr u. 9 Ni 26-2512; Einfl. d. Warmformgeb. auf d. Rekristallisat. v. Stahl mit 18 Cr, 9 Ni u. 0,10 C 37-2174; Korros.-Verh. v. Edelstählen mit 18 Cr, 10 Ni + Nb gegenüber feuchtem CO_2 31-2116.

Hochtemp.-Kriechbruch v. austenit. Stahl: mit 20 Cr u. 15 Ni 38-0315; mit 20 Cr u. 20 Ni 38-0315; Beobacht. v. He-Blasen in bestrahltem Stahl mit 20 Cr, 25 Ni u. Ti-Spuren 1-0300; Korros.-Verh. v. Stahl mit 20 Cr, 25 Ni + Nb gegenüber feuchtem CO_2 31-2116; Leerstellenmechanismus d. beschleunigten Bruchs bei Bestrahl. v. Stahl mit 20 Cr u. 28 Ni im belasteten Zustand 47-0320; Einfl. d. Wärmebehandl. auf d. Verspröd.- Verh. v. Stahl mit 25 Cr u. 20 Ni 8-2425; Einfl. v. Geh. u. Modifikat. v. C auf d. Eig. v. hitzebeständ. Stahlguß mit 25 Cr u. 20 Ni 42-2274; σ-Phasenbldg. in Stahl mit 25 Cr u. 9 – 26 Ni nach langem Anlassen 42-2276.

Härten v. umwandl.fäh. austenit. Stahl mit 15 – 22 Cr u. 4 – 12 Ni durch Kaltverform. 26-2652*; umhüllte Cr-Stahl-Schweißelektrode zum Auftragsschweißen mit 23 – 28 Cr u. ≦ 6 Ni 12-2471*.

Rostfreier, austenit. Stahl mit 16 – 25 Cr, 20 – 30 Ni u. 0,045 P + N 26-2637*; korros.-, lochfraß- u. anlaufbeständ. nichtrostender Stahl: mit 11,5 – 17,5 Cr, < 2,5 Ni, 0,0036 bis 2,0 U u. 0,09 – 0,11 C 27-2482*; mit 11,5 bis 35,0 Cr, 0 – 2,5 Ni, 0,001 – 3,0 U u. 0,03 – 0,8 C 9-2657*.

Cu: Einfl. v. Leg.-Elementen auf d. Tieftemp.-Duktilität v. Ni–Cu-Stahl 22-2378; Arten, Zus., Eig. u. Verw. v. Cu enthaltenden C- u. schwach legierten Stählen (Übersicht) 51-2299.

Einfl. d. Herst.-Parameter auf d. Eig. v. Stahlguß mit 1,8 Cu, 0,75 Mn, 0,8 Mo, 1,5 Si u. 0,3 V 37-2156; Herst. v. unberuhigtem Tiefziehstahl mit 0,005 Cu, 0,49 Mn, 0,005 N, 0,042 P, 0,016 S, 0,03 – 0,09 Si u. 0,004 C 21-2713*; thermomechan. Behandl. zur Herst. v. reckgealtertem, niedriggekohltem Stahlblech aus < 0,20 Cu, 0,25 – 0,60 Mn, < 0,10 Si u. 0,05 – 0,12 C 21-2673*; Baustahl großer Festigk. u. Durchhärtbark. mit ≦ 0,5 Cu, 1,2 – 1,6 Mn, 0,8 – 1,2 Si u. 0,12 C 23-2383*; Verw. v. Stahl mit 0,4 – 0,75 Cu, 1,0 – 1,5 Mn, 0,25 – 0,8 Si, 0,15 – 0,3 V u. 0,1 – 0,14 C mit Umwandl. in d. Ferrit–Perlit-Stufe für schweißbaren Baustahl 37-2197*.

Ga: Herst. v. Leg. aus 19 – 41 Ga, 9 – 66 Fe u. 5 – 56 Mn 25-2051*.

Mn: ε-Martensitbldg. in austenit. Mn-Stählen 3-2399; Koagulat.-Kinetik d. $(Fe,Mn)_3C$ in hoch-Mn-halt. Stählen 6-2374; Eig. neu entwickelter Mn–Si-Baustähle 10-2492; Rißbldg. beim Schweißen v. Gußstücken aus austenit. Mn-Stählen 10-2549; Krist.-Strukturveränder. bei martensit. $\gamma \rightarrow \varepsilon \rightarrow \alpha$-Umwandl. in Mn–C-Stählen 11-0221; empir. Gleich. für d. Löslichk. v. H_2 in Mn-Stählen 21-0550; Struktur austenit. Mn-Stahlgußstücke 21-2518; Reinig. v. Mn-reichem Stahlguß 21-2519; Auflsg. u. Abscheid. v. AlN in wenig C enthaltenden Mn–V-Stählen 24-0561; Verwisch. d. Beug.-Reflexe u. Krist.-Feinstruktur v. κ- u. α_1-Phasen in Mn-Stahl 28-0232; Einfl. v. Verform. u. Reckalter. auf d. Spaltbruch v. Mn-reichem Stahl 34-2509; Phasenumwandl. v. Mn-Stahl beim Härten 34-2522; Verw. v. Mn-halt. Stahlschrott als Kühlschrott beim O_2-Umschmelzen 36-2264; Herst. v. übereutektoid-legiertem Mn-Stahl hoher Verschleißfestigk. 36-2356*; Verspröd. v. austenit. Stahl durch Oberflächenentkohl. 38-2462; mechan. Eig. v. C–Mn-Feinkornstahl 42-2271.

Stahl für Kugellager mit 0,06 – 0,20 Mn u. 0,92 – 1,02 C 15-2484*; mechan. Eig. v. unlegiertem Martensit in Stahl mit 0,4 – 0,5 Mn u. 0,08 – 0,20 C 21-2516; Herst. v. warmgewalztem, aufgehaspeltem Stahlband mit 0,40 – 0,60 Mn u. 0,10 – 0,20 C 21-2712*; Einfl. d. Anlassens auf d. krit. Verspröd.-Temp. v. wechselbeanspruchtem Stahl mit 0,77 Mn u. 0,65 C 26-2576; Raumtemp.-Kriechen v. Stahl mit 1,2 Mn u. 0,1 C 7-2503; mechan. Eig. v. Baustählen mit verringertem Perlit-Geh. mit 0,8 – 1,5 Mn u. 0,1 – 0,01 C 10-2493; Schweißen dicker Querschnitte an Stählen hoher Streckgrenze mit 1,20 – 1,50 Mn u. 0,16 – 0,20 C 12-2411; Herst. v. Stahl mit verbesserter Streckbark. u. 1,50 – 1,80 Mn u. 0,22 – 0,23 C 23-2294; Fe-Nitridausscheid. aus Ferrit in Stählen mit 0,2 u. 2,0 Mn 18-2458; Kältebeständigk. v. Stahl mit 0,9 – 2,0 Mn 43-2124; blanker, phosphatierter Schweißdraht mit 0,5 – 3 Mn für d. automat. Lichtbogenschweiß. 1-2583*; Einfl. v. Si, Al u. Cr auf d. Kerbzähigk. v. austenit. Stahl mit 12 Mn 16-2355; doppelte ε- u. α-Martensitbldg. u. Umwandl. in Stahl mit 13 Mn 7-2529; Einfl. d. Anlassens auf d. innere Reib. v. Hadfield-Stahl mit 13 Mn u. 1 C 9-2592; Herst. v. Stahl mit 13 Mn durch O_2-Frischen v. Mn-reichen Stahlschrott 29-2414; Einfl. d. Korngröße auf d. Zerfallgeschw. v. Austenit in Stahl mit 14,20 Mn u. 1,31 C

1-2483; plast. Fließen v. Stahl mit 16 Mn u. 0,10 C während d. $\gamma \rightarrow \varepsilon$-Umwandl. unter Zugspann. 16-2381.

Warmbehandl. v. Stahl mit < 1,7 Mn, < 0,6 Mo u. 0,30 C für Panzerplatten 16-2487*; schweißbarer Stahl hoher Streckgrenze mit 1,40 – 2,00 Mn, 0,20 – 0,30 Mo, < 0,30 Ni + Cr, < 0,006 O, < 0,025 P, < 0,010 S, < 0,35 Si, 0,05 – 0,10 V u. 0,13 – 0,20 C 27-2473*; Zusatzwerkstoff für d. Elektroschlacke-Schweiß. aus 0,8 – 1,9 Mn, ggf. 0,45 bis 0,80 Mo, < 0,012 P, < 0,012 S, 0,15 – 0,55 Si, ≦ 0,1 Cu. Rest Fe 3-2533*; patentierte Stahlstange zur Herst. v. Stahldraht mit < 1,5 Mn, 0,02 – 0,30 Mo, 0,1 – 0,30 Si u. 0,25 – 1,2 C 20-2517*.

Stahl hoher Festigk. u. Kerbschlagzähigk. für geschweißte Baukonstrukt. mit 0,4 – 2,0 Mn, 0,002 – 0,020 N, 0,03 – 0,2 Nb/Ta + V, 0,02 – 0,5 Si u. 0,09 – 0,25 C 3-2498*; Herst. v. Stahl erhöhter Alter.-Beständigk. mit 0,1 – 0,5 Mn, 0,001 – 0,014 N, 0,008 – 0,06 P, 0,010 – 0,06 S u. 0,02 – 0,08 C 21-2667*; Rohre großen Durchmessers zur Förder. v. Fl. bei Unterdruck aus Stahl mit 0,8 – 1,5 Mn, 0,01 – 0,02 N, 0,2 – 0,5 Si u. 0,25 C 17-2441*; Herst. v. ferrit. Feinkornstahl mit Perlit u. Nb-, V- oder Ti-Carbid- oder Carbonitridausscheid. u. mit 0,85 – 2,5 Mn, 0,01 – 0,20 Nb, < 0,5 Si, 0,01 – 0,20 Ti, 0,01 – 0,3 V u. 0,08 C 41-2328*; mechan. Eig. v. angelassenen u. abgeschreckten Stahl mit bis 2 Mn, 0,024 bis 0,135 Nb oder 0,046 – 0,16 V u. 0,08 C 36-2309.

Belast.-Zeit-Kurven für Stahl mit 0,67 Mn, 2,46 Ni, 0,24 Si u. 0,10 C 3-2434; Herst. v. Stahl mit 0,05 – 1 Mn, mindestens 5 Ni, 7 Si u. bis 0,05 C 5-2337*; Herst. v. Trafo-Stahl mit 0,1 – 0,3 Mn, 0,5 – 1,5 Ni, 2,7 – 4 Si u. ≦ 0,02 C 10-2376*; Stahl hoher Zähigk. bei tiefen Temp. mit 0,50 – 3,50 Mn, 4,50 – 7,50 Ni, 0,05 – 0,40 Si u. 0,01 – 0,15 C 14-2599*; Leg. mit guter Tiefziehfähigk. aus 13 – 18 Mn, 7 – 11 Ni, < 1 Si, 0,95 – 1,1 C u. Rest Fe 5-2520*; Zusatzwerkstoff aus 1 – 1,8 Mn, 0,4 – 0,7 Ni, 0,1 – 0,4 Si, 0,1 – 0,2 V u. 0,12 – 0,20 C zum UP-Schweißen v. Feinkornstählen mit 0,6 – 1,5 Mn 1-2582*.

Herst. v. kaltgewalztem Blech oder Band aus nicht alterndem Stahl hoher Tiefziehfähigk. mit 0,15 – 0,60 Mn, < 0,010 P u. 0,020 – 0,150 C 11-2656*; Einfl. einer Bestrahl. im Reaktor auf d. Mechanismus d. plast. Verform. eines weichen Stahles mit 0,18 Mn, 0,04 P, 0,05 S, 0,014 Si u. 0,006 C 44-0321; Korros. v. Flußstahl mit 0,40 Mn; 0,02 P; 0,037 S; 0,03 Si u. 0,09 C in HJ, HBr, $HClO_4$, H_2SO_4 u. H_3PO_4 mit u. ohne Ggw. v. Diamylamin, n-Decylamin u. Propargylalkohol 24-0622; Korros. v. Stahl mit 0,87 Mn, 0,030 P, 0,039 S, 1,01 Si u. 0,38 C in NH_4NO_3-Lsg. 19-0642; Mechanismus d. H_2-Entw. an einer Flußstahlelektrode mit 0,4 – 0,9 Mn; 0,06 P; 0,06 S; 0,05 Si u. 0,15 – 0,25 C 24-0621; Armaturstahl mit 0,8 – 1,4 Mn, ≦ 0,05 P, 0,04 S, 0,8 – 1,4 Si, u. 0,6 – 0,75 C 9-2642*; Leg. mit ≦ 1,5 Mn, ≦ 0,5 P, ≦ 0,15 S, 0,6 – 1 Si, 2,4 bis 2,8 C, Rest – zur Herst. v. verschleißfesten Mahlkörpern 5-2224*; Verw. v. Stahl mit 0,3 Mn, 0,025 S + P, 0,22 Si, 0,10 V u. 1,2 C als Werkstoff für Magnetkerne 35-2177*; Behandl. zur Herst. v. magnet. Stahlblech oder -band mit 0,25 – 0,40 Mn, < 0,04 S u. 0,05 bis 0,1 C 20-2265*; weicher unberuhigter Automatenstahl verbesserter Spanabheb.-Eig. mit 1,6 Mn, 0,45 S, 0,18 C u. 0,026 gelöstes O 46-2403*; Herst. v. Stahlblech guter Tiefziehfähigk. mit 0,20 – 0,60 Mn, 0,003 – 0,050 Se u. 0,10 C 26-2650*.

Spannbetonstahl mit < 0,7 Mn, > 1,4 Si u. 0,5 C u. verringerte Spann.-Rißkorros. 24-2513*; hochfestes Stahldrahtseil oder -kabel aus einer Mehrzahl kaltgezogener Seildrähte mit 0,35 – 1,20 Mn, < 0,15 Si u. 0,55 – 0,85 C 27-2489*; Herst. v. Elektrostahl mit 0,38 bis 0,76 Mn, bis 0,2 Si u. 0,03 – 0,14 C 42-2134*; übereutektoider, verschleißfester Stahl mit Kugelgraphit u. mit 0,2 – 0,8 Mn, 1,1 – 1,8 Si u. 1,0 – 1,7 C für Förderrohre 19-2562*; Lichtbogen-Schweißelektrode mit Stahlkern mit 1,2 – 1,4 Mn, 0,8 – 1 Si u. 0,1 C 19-2596*; Stahl erhöhter Streckfestigk. für Schweißkonstrukt. mit 0,5 – 1,5 Mn, 0,15 – 0,5 Si u. 0,08 – 0,26 C 14-2593*; Draht für vorgespannte Elemente aus Stahl mit 0,80 – 1,80 Mn, 0,50 bis 1,80 Si u. 0,15 – 0,55 C 14-2616*; Stahl für d. Armier. v. – -Beton mit 1,35 – 1,8 Mn, 0,6 – 1 Si u. 0,4 – 0,55 C 9-2643*; unmagnetisierbarer Stahl: mit 12 – 30 Mn, bis 1 Si u. 0,05 – 1,2 C 9-2645*; mit 12 – 30 Mn, bis 1 Si u. 0,05 – 1,2 C, Gefährd. durch Spann.-Korros. in Seewasser 29-2481*; Umwandl.-Beginn v. kub.-flächenzentriertem Austenit in hexagonalen ε-Martensit v. Stahl mit 16,4 Mn, 1,01 Si u. 0,09 C 41-2268; Behandl. v. Konverterstahl für Schienen mit 1,7 – 2,2 Mn, 0 – 0,03 Ti u. 0,55 – 0,65 C 17-2361.

Mo: Zus. u. Mikrogefüge d. Austenitkorns in Ni–Mo–V- u. Ni–Mo-Stahl 4-2308; Einfl. d. Erwärm.-Geschw. u. Vorbehandl. auf d. Korngröße v. Austenit in Ni–V–Mo-Stahl 4-2309; Verw. zur Herst. v. weichmagnet. Metallblech 5-2330*; mechan. Eig. v. C-armen Ni–Mo–V-Stählen 8-2367; Verw. v. Molybdänglanz anstatt Ferro-Mo für d. Mo-Stahlerzeug. 11-2521; empir. Gleich. für d. Löslichk. v. H_2 in Mo-Stählen 21-0550; Mechanismus d. Bldg. eines $Me_{23}C_6$-Carbids beim Anlassen v. Mo-Stahl 23-0269; Phasen-Umkristallisat. v. Mo-Stählen 27-0264; elektrolyt. Herst. v. – -Mo-Leg. aus F-halt. Elektrolyten 42-2156.

Verf. zur Formgeb. u. Warmbehandl. v. Stahl mit 3 Mo, 3 Ni u. 0,2 C 32-2442*.

N: durch Abschreck. abgekühlter, austenit. Stahl hoher Streckgrenze u. Härte mit 0,5 N u. bis 0,3 C 4-2387*; Herst. v. – -Leg. mit mindestens 0,002 N, 2 – 6 Si, 0,05 – 0,15 V, Rest Fe 6-2245*.

Nb: Abscheid. u. Best. v. Carbiden u. Nitriden in Nb-Stählen 2-2453; Einfl. d. Austenitisier.-Temp. auf Ausscheid. in Nb-Stahl 5-2446; Einfl. v. Nb; auf d. Festigk. 9-2548; auf Kornfein. u. Ausscheid.-Verfestig. v. Si-beruhigtem niedriggekohltem Stahl 29-2411.

Einfl. d. Austenitisier.-Temp. auf d. Alter. v. niedriggekohlten Stählen mit bis 0,07 Nb nach Kaltverform. 9-0308; Nachw. v. Magnetit als Oberflächenverunreinig. auf dünnen Folien eines Stahls mit 0,1 Nb u. 0,1 C 1-0229; Einfl. d. Austenitisier.-Temp. auf mechan. Eig. v. Stahl mit 0,1 Nb 5-2446.

Ni: galvan. Erzeug. einer magnet. – -Ni-Schicht 15-2271*; Lsg. für Umwandl.-Überzüge aus Ni– – -Leg. 15-2548*; Schlackenbehandl. zur Reinig. v. – -Ni-Leg. 21-2682*; verbesserte Herst. v. Turbinenschmiedestücken aus Ni–Mo–V-Stählen 24-2407; Herst. dünner Ni– – -Schichten 34-2333*; elektrolyt. Erzeug. v. – -Ni-Filmen 34-2341*.

Aufnahme v. Dilatogrammen v. Ni-Stahl im Bereich d. Martensitumwandl. 7-2135; empir. Gleich. für d. Löslichk. v. H_2 in Ni-Stählen 21-0550; Einfl. v. Wärmebehandl. u. Cu-Geh. auf d. mechan. Eig. v. gesintertem Ni-Stahl 24-2440; Einfl. d. Außen- u. Phasenhärt. auf d. Geschw. d. H-Durchlässigk. v. Ferrit in Ni-Stahl 24-2468; Wrkg. v. fl. Zn auf d. Sprödigk. 34-2485.

Verw. zur Herst. v. Widerständen 6-2241*; Anwend. v. weichmagnet. – -Ni-Werkstoffen 15-0548; Verw. v. – -Ni-Leg. als Katalysator zur Diamantherst. 17-2190*; Keramik–Metall-Verb. bei Verw. v. Co–Ni– – -Leg. u. gesintertem Cr_2O_3 25-2118*; Multiplexmeßanordn. für Thermoelemente unter Verw. v. Ni– – -Kernen 42-1788; Verw. v. – -Ni-Leg. zur Herst. v. Glas–Metall-Verb. 45-2136*.

Stabilisier.-Effekt in Stahl mit 5 Ni u. 1,43 C durch Alter.-Behandl. 28-2435.

Schweißelektrode zum Lichtbogenschweißen v. Stahl mit 9 Ni 1-2586*; Verw. v. Stahl mit 9 Ni zum Bau v. Lagerbehältern für fl. Methan 12-2052; Feingefüge u. Austenitausscheid. v. schwachgekohltem Stahl mit 9 Ni 19-2430; Austenitausscheid. u. Zähigk. v. Stahl mit 9 Ni u. 0,1 C 19-2431; ZTU-Schaubilder für Stahl mit 9 Ni u. 0,14 bzw. 0,31 C mit u. ohne Zusatz v. 4 Co 51/52-2360.

Altern v. Stahl mit 19,3 Ni durch Maraging 8-2398; Herst. magnetisierbarer – -Leg. mit 1 – 85 Ni aus zonengereinigten Leg.-Bestandteilen 13-2618*.

Herst. v. kornorientiertem Stahl mit Goss-Struktur u. mit 2 – 12 Ni, 3,5 – 6,5 Si, < 0,3 V u. 0,12 – 0,15 C durch Rekristallisat.-Behandl. 20-2527*.

P: Herst. v. gewalztem Blech mit hohen elektr. Kennwerten aus Stahl mit 0,05 – 0,15 P, < 1,8 Si u. 0,03 – 0,10 C 17-2438*.

Pb: Herst. v. Pb-halt. Stählen durch Zusatz v. Leg. aus 2 – 30 Seltenerdmetalle u. 70 – 98 Pb 42-2386*.

Si: thermomechan. Behandl. v. Si-Stählen bei hohen Temp. 6-2406; Herst. v. nichtalternden Walzblechen 8-2239*, 16-2491*; Herst. v. Si-Stahl mit niedrigem C-Geh. im Kaldoofen 21-2664*; Herst. v. doppelt orientierten magnet. Blechen aus – -Al–Si-Leg. 22-2431; Herst. v. kornorientiertem Si-Stahl 27-2471*; Herst. v. Si-Stahl geringem Wattverlust u. hoher Permeabilität 42-2133*; Behandeln v. heißgewalztem Si-Stahl zur Kornorientier. u. Ausbldg. magnet. Eig. 51/52-2161*.

Einfl. d. Austenitisier.-Temp. auf Festigk.-Eig. u. Feinstruktur v. Si-Stählen 3-2449; Einfl. d. Anlaßsprödigk. auf Dauerfestigk. u. Rißfortpflanz. in Si-Stahl 13-2557; Abhängigk. d. Magnetostrikt. v. kaltgewalztem Si-Transformatorenstahl v. Probenform u. Größe innerer Spann. 15-0545; Übergang v. Zementit in feste Lsg. beim Austenitisieren u. Graphitisieren v. Si–Guß-Stahl 48-2475.

Verw. zur Herst. v. weichmagnet. Blech 5-2330*; Anwend. v. weichmagnet. – -Si-Werkstoffen 15-0548; Verw. v. Abfällen aus Si-Stahl im Kupolofen 37-2150.

Strukturbldg. in übereutektoidem, Si-haltigem Gußstahl mit 1,10 Si 12-2352; Hochtemp.-Korros. v. Dynamo-Stahl mit 1,09 Si in O_2 15-2433; Stahl mit 0,8 – 1,5 Si u. 1,2 – 1,6 C sowie mit 0,2 – 0,5 als Kugelgraphit für Kaltarbeitswerkzeuge mit erhöhtem Verschleiß durch Reib. 51/52-2428*; Verbesser. d. magnet. Eig. v. Leg. mit mindestens 2 Si 5-2329*.

Herst. v. nichtalternden Blechen aus Leg. mit 3,0 Si 6-2473*; Strukturänder. beim Bearbeiten v. kornorientierten Si– – -Bändern mit 3 Si 17-2398; Walz- u. Wärmebehandl. zur Herst. v. orientierten – -Si-Blechen mit 3 Si 41-2345*.

Nichtalterndes – -Si-Blech mit 0,5 bis 3,8 Si u. 0,01 C 4-2410*; Behandl. v. Transformatorblech mit 1,5 – 4 Si zur Bldg. einer Dispers.-Phase 16-2204*; Herst. v. sehr reinem dünnen Band aus Stahl mit 1,5 – 4,0 Si 38-2516*.

Konst. Permeabilität v. kornorientierten – -Si.Leg. mit 4 – 6 Si durch Wärmebehandl. 4-2411*; Behandl. zur Herst. v. bildsamem, stark kornorientiertem Si-Stahl mit 4 – 6 Si 20-2266*.

Verw. v. – -Si-Leg.: mit < 0,01 C, 4,5 – 7 Si u. 0,1 – 1,5 v. mindestens zwei d. Elemente Al, Ca, Cr, Mg, Mo, Ti, Zr, W für Trafo-Blech 1-2359*; mit 4,5 – 7,0 Si, 0,1 bis 1,5 von mindestens einem d. Elemente Al, Ca, Cr, Mg, Mn, Mo, Ti, V u. W zur Herst. v. Trafoblechen 5-2338*; Herst. magnetisierbarer – -Leg. mit < 7 Si aus zonengereinigten Leg.-Bestandteilen 13-2618*; Herst. v. Magnetblech aus – -Leg. mit 2 – 8 Si u. (110)[100]-Orientier. 16-2203*.

Ta: Hochtemp.-Ox. schwer schmelzbarer Ta– – -Leg. 25-0685.

Te: Eig. u. Gefüge v. hochgekohltem Automatenstahl mit 0,15 – 0,22 Te 4-2302;

V: Auflsg. u. Abscheid. v. AlN in wenig C enthaltenden Mn–V-Stählen 24-0561; mechan. Eig. v. Stahl mit 0,25 bzw. 0,60 V u. 0,12 bis 0,20 C nach d. Hochofentemp.-Homogenisier. 42-2269.

W: empir. Gleich. für d. Löslichk. v. H_2 in W enthaltenden Stählen 21-0550; Zusätze zur Erhöh. d. Zähigk. v. gegossenen Werkzeugen aus Schnellstahl mit 9 W 5-2443, 42-2279; Einfl. v. Co auf d. Struktur v. Schnelldrehstählen mit 9 – 18 W 31-2330.

Sondermarken

A 217, Überwach. warmbehandelter Teile durch Ultraschallprüf. 25-2205.

A 245, anod. Schutz in Oxalsäure 21-2618.

A 286, Einfl. d. Neutronenbestrahl. auf d. Bruchspann.-Verh. 3-0345; Verw. für Apollo-Raumfahrzeuge 6-2348; Eign. für Befestig.-Mittel mit Gewinde für kryogene Temp. 51/52-2349.

A 387, verbesserter Cr–Mo-Stahl für Hydrier-Crack-Behälter 25-2230.

A 516, hochfester u. zäher Stahl mit 0,70 – 1,60 Mn, 0,15 – 0,60 Si u. 0,20 – 0,30 C 15-2376.

A302B, Reaktorkesselstahl ASTM A302B (Temper.-Charakteristik v. – mit 0,039 Al, 0,009 Co, 0,04 – 0,041 Cr, 0,072 – 0,09 Cu, 1,23 – 1,28 Mn, 0,55 – 0,56 Mo, 0,027 – 0,03 Ni, 0,009 P, 0,006 S, 0,21 Si u. 0,18 – 0,19 C) 2-2410;; (mechan. Eig. v. schweren Platten) 2-2411; (Einfl. d. Neutronenbestrahl. auf d. mechan. Eig.) 2-2457; (Durchstrahl.-Elektronenmikroskopie d. neutronenbestrahlten Stahls) 2-2458; (Drähte u. Flußmittel für verdecktes Lichtbogenschweißen) 2-2465; Verspröd. durch Neutronenbestrahl. 17-2393.

A517-F, verzögerte Rißbldg. an geschweißtem Stahl 39-2247.

AFC-77, Festigk. u. Zähigk. 29-2416.

AISI . . . bzw. SAE . . . .

201, Einfl. d. Korngröße auf Carbidausscheid. u. interkrist. Korros. 12-2424.

205, Änder. d. Permeabilität in einem Hochleist.-Beschleuniger bei Bestrahl. mit Neutronen 22-1849.

300, Einfl. v. Cl^- auf d. Geschw. d. anod. Auflsg. in Säuren mittlerer Stärke 51/52-0552.

12ChN3A, Warmrißbeständigk. nach Behandl. mit synthet. Schlacken 2-2412; Einfl. einer Wärmebehandl. auf d. mechan. Eig. 10-2537.
20ChN3A, Einlaufen einer zementierten Schicht durch Rollen 10-2541.
20Ch2N4A, Einfl. einer Wärmebehandl. auf d. mechan. Eig. 10-2537.
0Ch20N4AG10, Erzeug. einer unmagnet. nitrierten Schicht 36-1328.
Ch18N10B, Nb-Verteil. im Schweißnahtbereich 44-2299.
1Ch14ND, Anlaßbehandl. gegen Kavitat. 10-2569.
0Ch16N4D4T, Anlaßbehandl. gegen Kavitat. 10-2569; Kavitat.-Beständigk. in Meerwasser 28-2480.
08Ch20N10G6, Einfl. nichtmetall. Einschlüsse auf d. Warmverformbark. 13-2525.
Ch20N5G12AVL, Gußfehler u. deren Verhüt. 37-2157.
0ChN12G2T, Einw. d. σ-Phasenbldg. auf d. Plastizität 20-2390.
Ch4NiCrNb25 20, Verh. in CO_2-gekühlten Leist.-Reaktoren 40-2377.
Ch8NiCrSi36 16, Verh. in CO_2-gekühlten Leist.-Reaktoren 40-2377.
Ch15N9Ju, Vers. für d. Herst. v. Ventilfederband 4-2338; Strukturveränder. bei d. Alter. v. Martensit 16-2400; Eig. für d. chem. Maschinenbau 46-2271.
ChNM, Einfl. elast. Spann. auf d. magnet. Eig. 14-0544.
34ChNM, Einfl. d. Struktur auf d. H-Durchlässigk. 24-2401.
38ChNM, Vergüt.-Behandl. 10-2535.
80ChNM, Einfl. d. Struktur auf d. H-Durchlässigk. 24-2401.
25Ch3NM, Einfl. v. Neutronenbestrahl. auf d. mechan. Eig. 19-2186.
1Ch15NM2, Einfl. einer plast. Verform. auf d. mechan. Verh. bei d. Bestrahl. mit Neutronen 35-0310.
Ch16N5M3, Strukturveränder. bei d. Alter. v. Martensit 16-2400.
Ch16N9M2, Erzeug. mit genormter Phasenzus. 13-2520.
Ch17N2M2, Beding. d. Kathodenschutzes in Spalten 38-2488.
Ch17N5M3, Eig. für d. chem. Maschinenbau 46-2271; Einfl. d. mechan. Bearbeit. auf d. Ermüd.-Festigk. 48-2421.
0Ch21N6M21, Schlagzähigk. v. Schweißverbind. v. Stahl mit *21,0* Cr, *0,45* Mn, *1,98* Mo, *6,2* Ni, *0,45* Si, *0,44* Ti u. *0,06* C 44-2322.
04Ch17N10M2, Erzeug. mit genormter Phasenzus. 13-2520.
10Ch16N25M6, Einfl. d. Seltenerdmetalle auf d. Erhöh. d. Warmverformbark. v. Stahl mit *15,5* Cr, *0,006 – 0,016* Ce, *0,12* Cu, *1,4* Mn, *6* Mo u. *25* Ni 48-2423.
40ChNMA, Einw. v. Ferro-Ce auf d. Steiger. d. Kerbschlagzähigk. durch Korngrenzenausscheid. 19-2424; Ermüd. v. Schraubverb. im Meerwasser 28-2478; chem. Zus. v. nichtmetall. Einschlüssen 44-2252; Einfl. d. Seltenerdmetalle auf d. Struktur v. Stahl mit *0,73* Cr, *0,12* Cu, *0,62* Mn, *0,2* Mo, *1,52* Ni, *0,27* Si u. *0,38* C 44-2259.
35ChN1MA, Zus. v. nichtmetall. Einschlüssen 44-2252.
12Ch2N3MA, Einlaufen einer zementierten Schicht durch Rollen 10-2541.
Ch16N15M2B, Einfl. d. Zus. auf d. Spann.-Rißkorros. 8-2463.
Ch17N4M2D, Strukturveränder. bei d. Alter. v. Martensit 16-2400.
Ch23N28M3D3T, Korros. bei d. Erzeug. v. Diphenolpropan 46-2381.
0Ch23N28M3D3T, Verw. für App. für d. Acetobutyratcellulosegewinn. 51/52-2386.
0Ch20N11M3STB, Einw. d. σ-Phasebldg. auf d. Plastizität 20-2390.
Ch21N6M2T, interkrist. Korros. in Ameisen- u. Essigsäure 26-2606.
0Ch21N6M2T, Stahlguß mit *20,73* Cr, *0,73* Mn, *2,08* Mo, *5,88* Ni, *0,45* Si, *0,43* Ti u. *0,07* C, Korros.-Beständigk. gegenüber Dimethylterephthalat 18-2545; anod. Schutz für d. KCl-Mischdüngerprodukt. 41-2302; Korros.-Festigk. bei d. Herst. v. Polyacrylnitrilfaser 47-2746; Schweißen 48-2500.
Ch17N13M2T, Eig. für d. chem. Maschinenbau 46-2271; Korros.-Festigk. bei d. Herst. v. Polyacrylnitrilfaser 47-2746.
Ch17N13M3T, Korros.-Festigk. bei d. Herst. v. Polyacrylnitrilfaser 47-2746.
0Ch17N16M3T, Eig. für d. chem. Maschinenbau 46-2271.
Ch18N12M2T, Korros. bei d. Erzeug. v. Diphenylpropan 46-2381.
Ch18N12M3T, Filmbldg. auf Gußstücken 32-2364.
1Ch18N12M3T, Einfl. d. Gießtemp. auf Mikrostruktur 31-2318.
1Ch18N12M2TL, optimales Verf. zur Wärmebehandl. 20-2437.
45ChNMVA, Bldg. innerer Haarrisse durch nichtmetall. Einschlüsse 8-2377.
Ch17N5MZ, Amplituden u. Frequenzabhängigk. d. inneren Reib. 14-0319.
0Ch21N12N2T, anod. Schutz für d. KCl-Mischdüngerprodukt. 41-2302.
Ch20N12S2, nichtselektive Korros. in fl. niedrigschmelzenden Metallen 30-2417.
37ChNSA, Hitzebeständigk. in Chargiermaschinen 16-2361.
1Ch15N9S3B, Martensitumwandl. bei Warmverform. 20-2393.
40Ch5NSMI, Festigk. u. Plastizität bei thermomechan. Niedertemp.-Behandl. 19-2485.
Ch18N9T, Vorbereit. d. Kanten zum Schweißen durch Lichtbogenschneiden 30-2392; Filmbldg. auf Gußstücken 32-2364; Verw. für App. für d. Herst. v. Vinylestern 46-2002.
0Ch21N3T, anod. Schutz für KCl-Mischdüngerprodukt. 41-2302.
Ch21N5T, interkrist. Korros. in Ameisen- u. Essigsäure 26-2606; Verspröd. nach d. Anlassen 27-2441; mechan. Eig. 28-2413.
0Ch21N5T, Einfl. d. Wärmebehandl. auf d. Verspröd. v. austenit. ferrit Stahl. 28-2433; anod. Schutz für KCl-Mischdüngerprodukt. 41-2302; Schlagzähigk. v. Schweißverbind. v. Stahl mit *21,2* Cr, *0,57* Mn, *5,5* Ni, *0,49* Ti u. *0,07* C 44-2322; Schweißen u. Anwend. 48-2500.
1Ch18N9T, metallograph. Best. d. Ti_nNi_m-Phase in – 12-2398; Einfl. v. H auf d. Temp.-Abhängigk. d. Fließspann. 24-0292; Stellitaufschweiß. 24-2481; Rolle v. O_2 bei d. durch Adsorpt. bedingten Abnahme d. Leist.-Fähigk. v. Proben bei Kontakt mit einer Schmelze 32-0291; Verform.-Anfälligk.-Häuf. 32-0294; Desorpt. v. Gasen aus – -Oberflächen unter d. Einw. v. Elektronenbeschuß 38-0348; Korros.-Ermüd.-Beständigk. 39-2237; Reib.-Koeff. u. Härte in Gasen u. Vakuum 48-2535; chem. Polieren in Säuregemischen 49/50-2251.
Elektrodenpotential v. – in Meerwasser u. Wrkg. v. Mikroketten 28-2484.
Korros.: in Nitrat–Nitrit-Schmelzen 3-2467; in konz. alkal. Lsg. bei erhöhten Temp. u. Drücken 15-2439; interkrist. Korros. 16-2429; Korros.-Festigk. v. App.-Teilen beim Schmelzen v. S 22-2468; Inhibitorwrkg. v. KCh-2 bei d. Schweißnahtätz. 23-2354; ; nichtselektive Korros. in fl. niedrigschmelzenden Metallen 30-2417; Korros.-Beständigk. v. Schweiß. 30-2418; Beding. d. Kathodenschutzes in Spalten 38-2488; anod. Schutz für d. KCl-Mischdüngerprodukt. 41-2302; Temp.-Einfl. auf d. Korros. in fl. O_2-halt. Na 44-2348; Inhibitoren beim Beizen in Säuregemischen 46-2359; Korros. in HNO_3 in Ggw. v. Halogenionen 46-2379.
1Ch21N5T, Einfl. d. Wärmebehandl. auf d. Verspröd. 28-2433; Ursachen u. Beseitig. d. Sprödigk. v. Grobblechstahl 28-2441.
Ch18N10T, Verbesser. d. Schmelztechnologie 3-2400; Best. d. Langzeitkorros.-Beständigk. 8-2464; Verw.: zur Herst. v. Kesselrohren mit geregelter Korngröße 10-2538; Zur Herst. v. Federdraht 13-2568; Impulslichtbogenschweiß. 46-2349; Prüf. auf Rißkorros. 47-2210.
0Ch18N10T, Korros.-Beständigk. v. Schweißen in kochender HNO_3 45-2228; Einfl. v. Gefüge u. Verform.-Art auf d. Entfestig. v. kaltverformten Rohren 46-2330.
Ch18N12T, Verw. zur Herst. v. Kesselrohren mit geregelter Korngröße 10-2538; Einfl. v. Temp. u. Erwärm.-Geschw. auf d. Korngröße 20-2436.
1Ch18N10T, Verh. v. N in d. Schmelze u. Schlacke beim Erschmelzen 22-2382; Verw. in Absorpt.-Kolonnen für SO_3 38-2171; Einfl. d. Temp.-Verlaufs d. inneren Reib. auf d. Relaxat.-Vorgänge 46-2317; Messerschnittkorros. v. Schweißnähten 46-2386; Korros.-Festigk. bei d. Herst. v. Polyacrylnitrilfaser 47-2647.
1Ch18N12T, metallograph. Best. d. Ti_nNi_m -Phase in – 12-2398.
Ch18N9TL, Einfl. v. Ti auf Gefügeausbldg., Porosität u. mechan. Eig. v. gegossenen Armaturen 16-2356; Gußfehler u. deren Verhüt. 37-2157; Einfl. d. Gießtechnik auf d. Oxidhautbldg. u. nichtmetall. Oxideinschlüsse 47-2157.
Ch25N5MVL, Gußfehler u. deren Verhüt. 37-2157.
Ch2N4W, Einfl. einer Wärmebehandl. auf d. mechan. Eig. 10-2537.
25Ch18N8W2, Nitrier. v. austenit. Stahl mit *17,04* Cr, *0,35* Mn, *7,97* Ni, *2,15* W u. *0,23* C 5-2469.
28Ch15N25W6, Einw. höherer Gießtemp. auf d. plast. Eig. 11-2500.
18ChNWA, Ermüd. v. Schraubverbind. 28-2478.
18Ch2N4WA, Einfl. einer Wärmebehandl. auf d. mechan. Eig. 10-2537.
28Ch15N25W6B, Einw. höherer Gießtemp. auf d. plast. Eig. 11-2500.
ChN70WMJuT, Rekristallisat.-Diagramm u. Methodik seiner Aufstell. 24-2463.
1Ch12N2WMV, Wärmebehandl. v. Stahl mit *11,12* Cr, *0,42* Mn, *0,45* Mo, *1,64* Ni, *0,022* P, *0,33* Si, *0,22* V u. *0,12* C 4-2341; Verbesser. d. Makrostruktur v. – -Blöcken 7-2425.
1Ch12N2WMVA, Struktur v. nichtrostendem Stahl mit *12* Cr, *0,4* Mo, *1,5* Ni, *0,25* V, *2* W u. *0,12* C 46-2335.
1ChN35WT, Beschleunig. d. Diffus.-Sättig. bei Verchrom. 29-2463.
Ch15N35W3T, nichtselektive Korros. in fl. niedrigschmelzenden Metallen 30-2417.
Ch18N22W2T2, Verfestig. nach Alter. bei *700°* 19-2439.
ChN35WTJu, Einfl. d. Elektroschlacken-Umschmelz. auf d. Makrostruktur 14-2505; Einfl. d. Einschmiedens auf d. mechan. u. warmfesten Eig. 25-2189; katalyt.-therm. Alter. 48-2425; Bldg. v. Überschußphasen 49/50-0544.
40ChNWV, Festigk. u. Plastizität bei Niedertemp.-Behandl. 19-2486.
13Ch14NWVRA, Verteil. d. nichtmetall. Einschlüsse 48-2425.
6ChS, Werkzeugstahl, isotherme Härt. 46-2339.
9ChS, Härte v. dünnschicht. aufgeschweißtem Stahl 42-2335.
27ChS, Sprödbruch nach thermomechan. Behandl. 28-2425.
10ChSND, Aufschweißen v. Cu-Leg. auf Stahl 44-2320.
45ChSNT, innere Reib. v. Stahl mit *1,26* Cr, *0,75* Mn, *1,54* Ni, *1,70* Si, *0,024* Ti u. *0,44* C 49/50-2226.
25ChSNWVA, mechan. Eig. d. wärmebeeinflußten Zone v. Schweiß. 30-2393.
Ch17T, Beding. d. Kathodenschutzes in Spalten 38-2488; Einfl. d. Ti/C-Verhältnisses auf d. interkrist. Hochtemp.-Korros. v. Stahl mit *17,64* Cr, *0,58* Si, *0,77* Ti u. *0,07* C 48-2534.
Ch25T, Korros.-Festigk. v. App.-Teilen beim Schmelzen v. S 22-2468; Lichtbogenschweiß. 45-2201; Einfl. d. Ti/C-Verhältnisses auf d. interkrist. Hochtemp.-Korros. v. Stahl mit *25 – 26* Cr, *0,55 – 1,0* Ti, *0,5 – 0,7* Si u. *0,10* C 48-2534.
85ChV, Schnelldrehstahl, Verfestig. v. Schneiden mit MoS_2 48-2513.
Ch12V1, Härte v. dünnschicht. aufgeschweißtem Stahl 42-2335.
55ChVA, Verfestig. durch Kaltverform. v. Martensit 25-2228.
ChW5, carbid. Stahl, Verform.-Widerstand 4-2304.
85ChW, Kinetik d. Rißausbreit. 28-2424.
3Ch2W8, Niedertemp.-Gascyanier. v. Preßformstahl 19-2488; Härte v. dünnschicht. aufgeschweißtem Stahl 42-2335.
ChWG, Zerfall v. elektrolyt. abgeschiedenem Austenit 46-2323; Schnelldrehstahl, Verfestig. v. Schneiden mittels MoS_2 48-2513.
15Ch12WMV, nichtselektive Korros. in fl. niedrigschmelzenden Metallen 30-2417.
3Ch2WS, mechan. Eig. nach Hochfrequenzhärt. 47-2185.
5ChW2S, Werkzeugstahl, isotherme Härt. 46-2339.
6ChW2S, Hitzebeständigk. in Chargiermaschinen 16-2361; Werkzeugstahl, isotherme Härt. 46-2339.
4Ch2W5VM, Einfl. v. Ce u. Vakuumschmelz. auf d. Plastizität 48-2425.
4Ch2W2VS, Niedertemp.-Gascyanier. v. Preßformstahl 19-2488.
Ck15, Einfl. d. Randox. auf Biegewechselfestigk., Härte u. Gefüge einsatzgehärteter Proben 11-2547; Einfl. d. Probengröße auf d. Kennwerte d. Zugvers. u. Sprödbruchneig. 48-2462.
Ck22, routinemäß. Best. d. Gasgeh. in – 2-2122.
Ck45, Einfl. v. Cr-Schichten aus hochkonz. Elektrolyten auf d. Festigk.-Verh. d. überzogenem Proben 2-2484; Kornwachstum 16-2388; Einfl. d. Schmelzführ. auf Risse in Walzblöcken 36-2279.
Ck53N, Kurzprüf. d. Zerspanbark. 15-2399.
CM, Zus. u. Korros.-Beständigk. v. Stahl mit *14 – 17* Cr, *13 – 18* Mn, *1,0* Ni sowie Ni-Ersatz durch Mn 10-2498.
CMC, Kaltarbeitsstahl (Nitrierverh.) 11-2574.
CMN, Zus. u. Korros.-Beständigk. v. Stahl mit *25* Cr, *12* Mn 10-2498.

VL1D, Festigk. u. Plastizität bei thermomechan. Niedertemp.-Behandl. 19-2485; mechan. Eig. d. wärmebehandelten Zone v. Schweiß. 30-2393.

VNS 5, automat. Schweißen in Ar mit *10* CO_2 mit einer Schmelzelektrode auf senkrechter Fläche 24-2475.

W 1, Werkzeugstahl für Münzenprägematrizen, Einfl. d. Vakuumschmelzen auf Festigk. u. Reinh. 36-2283.

9W4Cr2V, Schnellstahl, Stabilisier. d. Austenits durch stufenweises Anlassen 20-2439.

18W4Cr1V, Schnellstahl, Stabilisier. d. Austenits durch stufenweises Anlassen 20-2439.

30WCrV34 11, Warmarbeitsstahl, Rk.-Mechanismus beim Salzbadnitrieren 28-2443.

WRSt52, Festigk. v. Fe–Zn-Leg.-Schichten auf hoch Si-halt. Stahl 20-2456.

X 52, Einfl. eines geregelten Walzens auf d. mechan. Eig. u. Übergangstemp. 16-2397.

X 60, Einfl. eines geregelten Walzens auf d. mechan. Eig. u. Übergangstemp. 16-2397.

X8Cr17, Hochtemp.-Korros. im Öl/Gas-gefeuerten Betriebskessel 18-2549.

X10Cr13, Polierbark. v. Stahlblech 10-2552; Best. d. Verteil. v. Leg.-Komponenten mittels Makroautoradiographie 16-2391; autoradiograph. Best. d. Verteil. v. Cr-Zusätzen in Schmelzen 26-2562; Entw. ferritfreier Stähle höherer Festigk. 39-2210.

X20Cr13, Passivierbark. in wss. HCl 12-2423.

X210Cr12, Oberflächen- u. Kernhärte v. Kaltarbeitsstahl nach d. Salzbadnitrier. 28-2444.

X10CrAl7, Hochtemp.-Korros. im Öl/Gas-gefeuerten Betriebskessel 18-2549.

X10CrAl18, Hochtemp.-Korros. im Öl/Gas-gefeuerten Betriebskessel 18-2549.

X10CrAl24, Hochtemp.-Korros. im Öl/Gas-gefeuerten Betriebskessel 18-2549.

X60CrCoMoV14, Verw. für d. Chemietechnik 18-2464.

X110CrCoMoVW 14, Verw. für d. Chemietechnik 18-2464.

X3CrMnNiMoN18 10, mechan. u. korros.-chem. Verh. im chem. App.-Bau 1-2537.

X7CrMnNiN18.8, mechan. u. korros.-chem. Verh. im chem. App.-Bau 1-2537.

X10CrMo13, Entw. v. ferritfreiem Stahl höherer Festigk. 39-2210.

X100CrMo13, Verw. für d. Chemietechnik 18-2464.

X5CrMoCuNb18 18, Spann.-Rißkorros. in H_2SO_4 15-2436.

X30CrMoV33, Warmarbeitsstahl, Einfl. d. Abkühl.-Geschw. beim Härten auf Zähigk. u. Gefüge 34-2516.

X38CrMoV51, Warmarbeitsstahl, Einfl. d. Abkühl.-Geschw. beim Härten auf Zähigk. u. Gefüge 34-2516.

X608CrMoV15, Verw. für d. Chemietechnik 18-2464.

X5CrNi18 9, Vgl. d. interkrist. Korros. in verschiedenen Prüfmitteln 15-2441; Ausscheid.- u. Umwandl.-Vorgänge im Ferrit v. Schweißgut 16-2404; Temp.- u. Konz.-Abhängigk. d. Spann.-Rißkorros. in $MgCl_2$ 20-2466; plast. Stoßwellenverform. an austenit. Einkrist. aus – 27-2445.

X6CrNi18 9, plast. Stoßwellenverform. an austenit. Einkrist. aus – 27-2445.

X10CrNi18 8, Einfl. d. Blechbreite auf Schweißspann. u. Schrumpf. 28-2454.

X6CrNi18 10, Verbesser. d. Güte durch Desox. 22-2380.

X25CrNiCoNb-17 13 9, Zeitstand- u. Verspröd.-Verh. 38-2406.

X2CrNiMo18 16, Verw. für d. Chemietechnik 18-2464.

X2CrNiMo22 15, Temp.- u. Konz.-Abhängigk. d. Spann.-Rißkorros. in $MgCl_2$ 20-2466.

X5CrNiMo18 10, Vgl. d. interkrist. Korros. in verschiedenen Prüfmitteln 15-2441.

X5CrNiMo18 12, Temp.- u. Konz.-Abhängigk. d. Spann.-Rißkorros. in $MgCl_2$ 20-2466.

X2CrNiMoN18 14, mechan. u. korros.-chem. Verh. im chem. App.-Bau 1-2537.

X5CrNiMoNb257, Glühen v. geschweißtem ferrit.-austenit. Stahl ohne σ-Phasenverspröd. 23-2335.

X8CrNiMoNb16 16, Einsatz als Schweißwerkstoff für *500 – 700°* 42-2315.

X10CrNiMoNb18 10, Verw. für Weinlagertanks 14-2565; Vgl. d. interkrist. Korros. in verschiedenen Prüfmitteln 15-2441.

X10CrNiMoTi18 10, Temp.- u. Konz.-Abhängigk. d. Spann.-Rißkorros. in $MgCl_2$ 20-2466.

X8CrNiMoVNb16 13, Einfl. v. Wärmebehandl. u. Warmformgeb. auf Ausscheid.-Verh. u. Zeitstandfestigk. Stahl mit ≈ *16* Cr, *1,3* Mo, *0,1* Nb, *13* Ni, *0,7* V u. *0,1* C 22-2413; Schweißen v. Rohren aus hochwarmfestem austenit. Stahl unter Montagebeding. 24-2479; Einsatz als Schweißwerkstoff bei *500* bis *700°* 42-2315.

X5CrNiN21 5, mechan. Eig. 46-2285.

X10CrNiNb18 9, Verw. für Weinlagertanks 14-2565; Vgl. d. interkrist. Korros. in verschiedenen Prüfmitteln 15-2441; Temp.- u. Konz.-Abhängigk. d. Spann.-Rißkorros. in $MgCl_2$ 20-2466; Einfl. spangebender u. elektrochem. Bearbeit. auf d. Verh. bei Dauerschwingbeanspruch. 28-2429, 28-2430.

X8CrNiNb16 13, Einsatz als Schweißwerkstoff für *500 – 700°* 42-2315.

X20CrNiSi25 4, Hochtemp.-Korros. im Öl/Gas-gefeuerten Betriebskessel 18-2549.

X15CrNiSi25 20, Hochtemp.-Korros. im Öl/Gas-gefeuerten Betriebskessel 18-2549; Bldg. v. starken Cr–Nitrid-Ausscheid. in Körnern u. an Korngrenzen in Heizrohren 23-2324; mechan. Eig. 46-2285.

X15CrNiSiN25 13, mechan. Eig. 46-2285.

X10CrNiTi18 9, elektronenmkr. Unters. v. Oxidschichten beim Glühen 12-2415; Vgl. d. interkrist. Korros. in verschiedenen Prüfmitteln 15-2441; Temp.- u. Konz.-Abhängigk. d. Spann.-Rißkorros. in $MgCl_2$ 20-2466.

X8CrNiTi18 10, mechan. Eig. 46-2285.

X10CrNiWVTa18 9, Langzeitunters. an warmfestem Stahl 7-2506.

X40MnCr18, interkrist. Korros. durch W. 3-2460.

X40MnCr23, Mess. d. Hall-Effekts an – 2-0481.

X40MnCrN18 4, Herst. u. Eig. 28-2393.

X22MnCrNi885, interkrist. Korros. durch W. 3-2460.

X10NiCrWTi36 50, Rekristallisat.-Verh. bei d. Warmverform. 6-2409.

X10WBiMoTi18 10, Vgl. d. interkrist. Korros. in verschiedenen Prüfmitteln 15-2441.

X30WCrV53, Warmarbeitsstahl, Einfl. d. Abkühl.-Geschw. beim Härten auf d. Zähigk. u. Gefüge 34-2516.

3XRN11, Verw. v. nichtrostendem Stahl mit *20,0* Cr, *1,53* Mn, *25,2* Ni, *0,45* Si u. *0,011* C in d. chem. Industrie 26-2515.

ZOChGT, Verschleißfestigk. v. Stahl mit *1,1* Cr, *0,92* Mn, *0,03* P, *0,03* S, *0,25* Si, *0,1* Ti u. *0,26* C bei rollender Reib. in Abhängigk. v. d. Härtetemp. 49/50-2267.

Eisen und Stahl für Sonderzwecke

Baustähle

Stähle sehr hoher Festigk. (Überblick) 3-2404; Entw. hochfester, schweißbarer Baustähle 20-2384; verbesserte Herst. v. Achsenstahl durch Analyse v. Makro- u. Mikrofehlern 33-2403; Entw. nichtmagnetisierbarer Stähle für Sonderschiffbau 36-2280; Entw. v. hochfestem, schweißbarem Stahl 38-2400; Materialeig. v. Stahl- u. Stahlleg. im Hinblick auf Verw. in d. Kältetechnik (Fortschrittsbericht) 51/52-1991.

Verbesser. d. Gefügedichte v. Blöcken aus Baustahl 4-2301; Wärmebehandl. v. Baustählen in d. Walzhitze 8-2429; Herst. v. Stahlsand aus abgeschreckten Kügelchen 21-2668*; thermomechan. Behandl.: v. niedrigleg. Baustahl 23-2332; v. C-halt. Baustahl 23-2333; Abstichentgas. für Baustahl 24-2396; Verbesser. d. Makrostruktur beim Elektroschlacke-Umschmelzen v. Baustählen mit d. Flußmittel AN-*291* 26-2506; Verw. v. Spezialstahl bei d. Herst. synthet. Diamanten 27-2226*; Verform.-Anlassen bei d. Kalthärt. v. Baustahl 32-2415; langgestreckte Stahlstangen mit Perlitgefüge 47-2235*.

Kerbschlagzähigk.-Temp.-Kurven v. Baustählen nach verschiedener Wärmebehandl. 3-2435; Verfestig. niedriggekohlter Baustähle durch Alter. 7-2487; Eig. neu entwickelter Mn–Si-Baustähle 10-2492; Einfl. v. Ni u. Cr auf Härtbark. v. Baustahl mit *0,5* C 10-2494; Eig. u. Verw. v. Baustahl bei Ersatz v. Mo durch W 12-2362; Eign. unlegierter, C-armer Gußstähle für niedr. Temp. 16-2350; Eig. Ti-halt., feinkörn. Baustähle 16-2351; Einfl. d. Rest-Spurenelemente auf mechan. Eig. legierter Baustähle 17-2366; Kerbschlagzähigk.-Verh. 17-2385; Qualität v. C-reichem Bandstahl 22-2431; Einfl. v. Oberflächenschichten auf d. Werkstoffverh. in Konstrukt. u. Verarbeit. 26-2569; Einfl. d. Anlaßdauer auf d. Dauerfestigk. Si-legierter Baustähle 35-2279; Theorie d. Leg. u. Auswahl d. Zus. warmfester Stähle für gegossene Hochspann.-Turbinenschaufeln 40-2309; Verh. unlegierter Baustähle u. Schweißzusatzwerkstoffe bei Sanderos. u. Kavitat. im W.-Turbinenbetrieb 42-2374; Erfahr. mit verschleißfestem Stahlguß in d. Zementindustrie 45-2149; Eig. v. Baustahl nach d. Legieren 45-2178; Einfl. v. Seltenerdmetallen u. B auf d. Eig. hochlegierter Baustähle 48-2425.

Armierungsstahl: Herst. v. Bewehr.-Stahl mit hoher Elastizitätsgrenze 1-2574*; Kaltverfestig. v. Bewehr.-Stahl 13-2649*; Spannbetonstahl mit $< 0,7$ Mn, $> 1,4$ Si u. *0,5* C u. verringerte Spann.-Rißkorros. 24-2513*; Einfl. d. Kaltverform. auf d. mechan. Eig. unberuhigter Rippenbetonstähle nach künstl. Alter. 31-2328; Kriechen u. Relaxat. hochfester Bewehr.-Stähle 44-2290; Temp.- u. Zeiteinfl. d. Wärmebehandl. auf d. Festigk.-Eig. v. Spannbetonstählen 47-2186; Verbesser. d. Festigk. v. – -Beton unter Verw. v. Epoxyharzgemisch 51/52-2258*.

Automatenstahl: Einfl. v. Desox.-Verf. auf d. Eig. weicher, unlegierter Automatenstähle 16-2352; rostfreier Automatenstahl mit *0,15 – 0,25* Ce, *16 – 18* Cr, *0,7 – 1,2* Mn, *0,7 – 0,89* Mo, *1,5 – 2,5* Ni, *0,08 – 0,15* P, bis $\leq 0,5$ Si u. *0,35 – 0,45* C 25-2255*; Einfl. v. Desox.-Verf. auf d. Zerspanbark. weicher unlegierter Automatenstähle 28-2386; kontinuierl. Gießen v. Automatenstählen 33-2347; Unters. d. Zerspanbark. v. Automatenstählen mittels radioaktiver Werkzeuge 37-2188; Bearbeitbark. u. Sprödigk. gezogener Profile v. weichen rückgeschwefelten Schnellautomatenstählen 38-2455.

Draht- und Drahtseilstahl: Ziehvorr. zur Herst. v. Drahtlitzen u. -seil 7-2602*; Patentieren v. Draht aus C-Stahl 8-2427; Patentier. v. Stahldrähten durch direkte elektr. Erhitz. 8-2428; Warmwalzen v. Stahldrähten u. Weiterverarbeit. durch Kaltziehen 12-2401; Feuerverzinken v. Stahldraht 12-2489*; Spann.-Entfern. aus Schmiermittel überzogenem, geflochtenem Drahtseil 14-2632*; Wärmebehandl. v. dickeren Stahldrahtringen durch elektr. Widerstandserhitz. 19-2584*; Vakuumbehandl. v. Massenstählen für d. Drahtverarbeit. 24-2397; Herst. v. geraden, verschleißfesten Stangen für Drahtwalzwerke 27-2488*; hochfestes Stahldrahtseil oder -kabel aus einer Mehrzahl kaltgezogener Seildrähte mit *0,35 – 1,20* Mn, $< 0,15$ Si u. *0,55* bis *0,85* C 27-2489*; Werkstoff für Filter aus Stahlfasern 29-2490*; Verw. v. Stahlfasern zur Herst. metallkeram. Formkörper 30-2275*; Eig. unlegierter Stähle für d. Drahtindustrie (Übersicht) 31-2326; Wärmebehandl. v. Stahldraht aus d. Walzhitze zur Erziel. eines guten Walzgefüges 31-2371; Entw. u. Stand d. Vergütens v. Stahldraht aus d. Walzhitze 32-2410; Verw. v. Stahldrähten zum Verstärken v. Kunststoffen 33-2887; Drahtpatentier. in d. Wirbelschicht 35-2278.

Korros.-Beständigk. v. Stahldrahtlitze in Meerwasser 9-2619; Zeit–Temp.-Austenitisier.-Diagramm für Kaltverform. v. Draht aus unlegiertem C-Stahl 19-2480; Einfl. d. Patentier.-Beding. auf d. Eig. v. Stahldraht mit *0,80 – 0,85* C 21-2585; Mikrogefüge v. warmgezogenen Stahldrähten 22-2415; Einfl. v. Form u. Größe d. Zementitteilchen auf Gefüge u. mechan. Eig. v. im Pb-Bad patentierten Drähten aus Stahl mit *0,82* C nach Kaltziehen 22-2441; Einfl. d. Austenitverform. vor d. Patentieren v. Draht aus C-Stahl auf d. mechan. Eig. 35-2277; C u. N in fester Lsg. in Stahldraht nach Kurzglühbehandl. 44-2304; Einfl. d. Korngröße auf d. Ziehspann. für Drähte aus niedrig gekohltem Stahl 46-2331.

Einsatzstahl: Einfl. v. C-Geh. u. Mikrogefüge auf d. Verarbeitbark. 2-2462; Klassifikat. einsatzgehärteter Stähle an Hand ihrer Zus. u. Wärmebehandl. 2-2463; neue Einsatzstähle mit W 3-2405; Einfl. d. Zus. auf d. Anisotropie d. Kerbschlagzähigk. 6-2375; Einfl. d. Mikrogefüge auf d. mechan. Eig. nach Zwischenstufenumwandl. 15-2397; mechan. Eig. niedriglegierter Einsatzstähle nach Austenitisieren bei hohen Temp. 42-2299; s. auch d. Abschnitt *Weiterbehandlung und ihre Wirkung auf die Eigenschaften – Oberflächenanreicherung*, S. 494.

Emaillierstahl: Herst 5-2516*; Herst. v. – mit *0,10* Al, *0,015 – 0,08* P u. *0,01* C 10-2585*.

Federstahl: Anisotropie d. mechan. Eig. 7-2504; Vgl. d. technolog. u. mechan. Eig. v. ausscheidungsgehärteten u. martensitgehärteten Drähten aus Thomasstahl für Federn

10-2527; Herst. einer kon. Blattfeder aus Stahl 13-2661*; Wärmeoberflächenbehandl. v. Tors.-Federstangen aus Stahl 14-2628*; Erhöh. d. Dauerfestigk. v. Stahlfedern durch Stahlsandblasen 38-2515*; irreversible Anlaßsprödigk. 44-2267; Einfl. d. Si-Geh. auf d. mechan. Eig. v. Blattfederstahl nach thermomechan. Hochtemp.-Behandl. 48-2426; H-Brüchigk. 48-2468.

Kesselstahl: nichtrostende Walz- u. Schmiedestähle für d. App.- u. Behälterbau (Überblick) 4-2014; Wrkg. d. Kriechens auf d. Dauerfestigk. v. Druckkesselstahl bei hoher Reck. 20-2420; Stähle u. Leg. als Baustoffe für geschweißte Konstrukt. in d. Erdölindustrie 25-2186; Härt. u. Verfestig. eines Druckkessels aus geglühtem austenit. Stahl 27-2490*; Umwandl. v. unterkühltem Austenit 48-2425.

Korrosionsbeständiger Stahl: Verw., Bearbeit., Eig. rostfreier Stähle 12-2357; rostfreier Stahl, *1965* 16-2359; austenit., rostbeständ. Stähle in d. USA 19-2434; hochfeste rostfreie Stähle (Überblick) 21-2523; Eig. tschechoslowak. Ni-armer korros.-beständ. Stähle (Zus.) 28-2395; Ersatz d. Ni durch Mn in nichtrostenden Zweiphasenstählen 48-2425.

Herstellung und Verarbeitung: Wärmeverform.-Charakteristik 2-2437; Abschmelzelektrode zum Lichtbogenschmelzen 2-2505*; Einbett. v. Geweben aus rostfreiem Stahl in ZrO_2- u. Al_2O_3-halt. Keramiken 3-2319; Einfl. leichtschmelzender Spurenelemente auf d. Warmverformbark. 3-2401; Vorbehandl. zum Polieren 5-2542*; Entw. d. Umschmelzen v. Edelstählen nach Sonderverf. (Überblick) 6-2364; Vgl. d. Qualität im Strangguß- u. Blockgußverf. 8-2422; Wärmebehandl. v. nichtrostenden Stahlrohren 11-2570; Verschmelz. mit Hartglas 12-2053; Wrkg. v. Ce auf d. verbesserte Formbark. v. Gußblöcken 14-2508; wärmetechn. Fortschritte d. Verform. u. Wärmebehandl. im Edelstahlwerk 23-2331; Wärmebehandl. zur Umwandl. v. Restaustenit in nichtrostenden martensit. Stählen 23-2338; Verkleben mit Polyimidazol-Strukturklebstoffen 31-2687; Ar/O_2-Aufblasen zur Herst. v. nichtrostendem Stahl 35-2252; chem. Bearbeit. 38-2476; Vakuumbehandl. zur Herst. 40-2417*; Rekristallisat.-Behandl. zur Feinkornbldg. v. nichtrostendem austenit. Stahl 40-2427*; Glühen v. Edelstahl in Verbrenn.-Atmosphäre u. W.-Dampf 43-2203*; Stranggießen in d. Hikari-Works (Japan) 46-2267; Behandl. v. nichtrostendem Stahlblech zur Verringer. d. C- u. N-Geh. 46-2415*; Schnellmeth. zur Warmbehandl. v. nichtrostendem Feinblechstahl d. Ferritklasse 48-2425; App. zum elektrolyt. Lösen v. UO_2-rostfreier Stahl-Cermets im Pilotmaßstab 51/52-2031.

Eigenschaften: Boridphasen in rostfreien Stählen 7-2492; Charakteristika d. Lichtimpulses, d. beim Aufprall eines Fl.-Strahles auf eine feste Oberfläche aus *Edelstahl* entsteht 19-0317; Reflex. zwischen Röntgenstrahlen durch polierte Oberflächen v. Edelstahl 35-0325; Gefüge v. austenit., nichtrostenden Stählen nach Langzeitglühen 37-2159; elektronenmkr. Beobacht. v. durch Ionenbeschuß abgetragenen Folien aus korros.-beständ. Stahl 41-0230; numer. Berechn. v. Wrkg.-Querschnitten für elast. Streuung in Edelstahl 45-0271; Anwend. d. Durchstrahl.-Elektronenmikroskopie zum Studium d. relativen Grenzflächenenergie in Edelstahl 51/52-0157.

Optimale Temp. d. plast. Verform. v. rostfreien Stählen 1-2522; Einfl. v. Mn auf Streckgrenze u. Austenitbldg. in unmagnet., rostfreien Stählen 19-2435.

Glühemiss.-Austrittsarbeiten im Vakuum v. polykrist. rostfreiem Stahl 8-0407; Gleichstromentlad. bei Drücken zwischen 10^{-6} u. 10^{-3} Torr zwischen verschieden vorbehandelten Elektroden aus rostfreiem Stahl 11-0205; elektr. Durchschlag im Vakuum an Edelstahl-Elektroden 18-0194; Zerstäuben v. rostfreiem Stahl unter Beschuß mit U-Ionen 26-0307; Edelstahl als intensive gepulste Ionen- u. Elektronenquellen mit Laserbestrahl. 37-0436; Sek.-Elektronenausb. v. mit H, H^+ u. H_2 bombardierten Oberflächen aus rostfreiem Stahl 45-0376.

Elektrolyt. Red. v. U(IV)- u. Pu(IV)-nitratlsg. an korrosionsbeständ. Stahl-Elektroden 4-0600; Einebn.-Effekt. beim elektrochem. Polieren v. nichtrostendem Stahl 9-0663; elektrolyt. Abscheid. v. Np auf rostfreiem Stahl 42-0561.

Kinetik d. Absorpt. v. CO_2 in einem in senkrechten Rohren aus rostfreiem Stahl herabfließendem W.-Film 11-0718; Adhäs. v. Polyäthylen an rostfreien Stahl 39-1092.

Einfl. d. Zus. auf d. Spann.-Rißkorros. 8-2463; Spann.-Korros.-Rißbldg. v. austenit., rostfreien Stählen (Überblick) 12-2417; Einfl. d. Korngröße auf Carbidausscheid. u. interkrist. Korros. 12-2424; intergranulare Korros. v. unsensibilisierten austenit. rostfreien Stählen 18-2539; Einfl. einer Wärmebehandl. auf d. Korros.-Beständigk. v. rostfreien ferrit. Stahl 18-2540; Spann.-Rißkorros.-Fortpflanz. 20-2474; Korros.-Beständigk. v. nichtrostenden Stählen mit S-Zusatz 21-2521; Einfl. d. Wärmebehandl. auf d. Korros. nichtrostender austenit. Stähle 21-2584; Spann.-Korros. v. rostfreien austenit. Stählen (Übersicht) 25-2242.

Verwendung: Verw. v. rostfreiem Stahl mit UO_2 oder $(PuU)O_2$ in Cermets für Kernreaktorbrennelemente 7-2302; Verw. für chem. Anlagen 8-2111; Verw. einer rostfreien Stahl-Verbrenn.-Kammer in der Gas–Flüssigk. Radiochromatographie v. ^{14}C u. Tritium 18-1971; nichtrostende Stahlfasern für Teppichgarn 32-2981.

Lagerstahl: Entkohl. v. Kugellagerstahl 7-2482; Mehrstofflager mit Stahlschutzlager 7-2621*: Erzeug. v. Wälzlagerstahl nach d. Umschmelzmeth. 13-2514; erhöhte physikal. Eig. in Lagern aus unlegiertem Massenstahl durch Reckalter. 17-2472*; Schnellverf. zum Weichglühen v. Kugellagerstahl im Durchlaufofen 21-2715*; RH-Umlaufentgas. für Matrizen- u. Kugellagerstähle 24-2395; Gefügeänder. v. Wälzlagerstahl bei Wechselbeanspruch. 29-2445; Qualität v. Wälzlagerstahl: aus d. Duplex-Verf. im sauren SM-Ofen 35-2250; nach d. Elektroschlacke-Umschmelzen 37-2154.

Magnetstahl: Stähle für Magnete (Übersicht) 3-2396.

Herst.: v. Stahl mit hoher magnet. Permeabilität 1-2357*; v. Weich-— mit geringer Koerzitivfeldstärke 10-2377*; v. Stahl mit *0,05–0,15* Mn, *3–8* Ni, *3,5–8.0* Si u. bis *0,07* C, mit guten magnet. Eig. 34-2335*; v. magnet. Stahl mit *0,1–0,25* Cu, *2,8–3,3* Si u. *0,008–0,05* V 34-2340*; v. weichen, magnet. Stählen durch Schmelzen v. Stahlelektroden unter Schlacke 42-2135*.

Herst. v. magnet. Stahlblech: mit *(100)*[*001*]-Orientier. 1-2355*; aus Stahl mit *1,34* Al u. *1,5–3,5* Si 1-2362*; maximale Gebrauchstemp. v. Walzstahl-Magneten 1-2464; Herst. ebener Bleche 4-2345; Verw. v. Stahl mit ca. *0,15–1,00* Mn, bis *0,15* P, bis *0,1* Si u. *0,05–0,1* C für magnet. Material 5-2333*; Herst. v. magnetisierbarem Material aus Stahl mit *0,15–1,0* Mn, bis *0,15* P, bis *0,1* Si u. *0,05–0,1* C 8-2247*; Herst. v. magnet. Blechen ohne Alter. aus Weich-— 14-2337*; Diagramm. d. Sek.-Rekristallisat. v. Transformatorstahl für d. Warmwalzbeding. 23-2299; Verw. v. Leg. mit *2–6* Al u. Rest Fe, zur Herst. v. Magnetblechen 34-2334*; Herst. v. Magnetblech aus Fe–Si-Leg. mit geringem S-Gehalt 34-2337*; Verw. v. Leg. mit *2–6* Al u. Rest Fe zur Herst. magnet. Bleche 35-2175*; Herst. v. doppeltorientierten Magnetstahlblechen 42-2137*; chem.-therm. Bearbeit. durch Vorbehandl. in $SiCl_4$ 43-2201*; Einfl. v. Druck u. Biegeverform. auf d. magnet. Eig. 46-2186*.

Abhängigk. d. Magnetostrikt. v. kaltgewalztem Transformatorenstahl v. Probenform u. Größe innerer Spann. 15-0545; Grundlagenforsch. über Struktur u. Verh. v. Dauermagnetwerkstoffen 15-0547; Einfl. d. Warmwalzens auf Struktur u. Eig. 18-2507; Bezieh. zwischen Verform.- u. Rekristallisat.-Texturen beim Walzen d. (*110*)-Einkrist. v. Transformatorenstahl in verschiedenen Richt. 23-0268; Struktur d. Zunders auf warmgewalztem Dynamostahl 23-2298; Bldg. v. Rekristallisat.-Keimen 24-0213; Einfl. d. Schmier. auf d. Verform.-Textur v. kaltgewalztem — 27-2420; Einfl. v. chem. Reinh., Fehlstellen d. Krist.-Gitters, kristallograph. Textur u. Korngröße, magnet. Textur sowie makroskop. Fehlern auf d. magnet. Eig. v. Transformatorenblechen 28-0470; Ummagnetisier.-Verluste an Transformatorblechen 42-0461; Einfl. v. Nitriden auf d. Rekristallisat.-Verh. v. Elektroblech 46-2344.

Reaktorbaustahl: mechan. Eig. v. Stahl als Bau- u. Auskleid.-Material bei Neutronenbestrahl. 38-2451; Wrkg. d. Bestrahl.-Härt. mittels schneller Neutronen auf d. mechan. Eig. v. Stahl für Reaktorbehälter 40-2345; Stähle in d. Kernenergietechnik (Übersicht) 42-2017, 44-2023; Stabilitäts-Unters. an dünnwand. Brennstoffhüllen aus austenit. Stahl 51/52-2028; Einfl. v. Neutronenbestrahl. auf d. Eig. v. Bau- u. Druckbehälterstählen 51/52-2345.

Schienenstahl: Härte u. Gefüge v. indukt.-gehärteten Schienen 4-2344; Schweißvers. mit u. ohne therm. Nachbehandl. an Schienenstahl mit *0,8* C 4-2351; Wärmebehandl. v. Stahlschienen 10-2627*; Einfl. v. Ce auf d. mechan. Eig. v. Schienen aus Konverterstahl 25-2185; Reinh.-Grad v. Thomasschienenstahl 33-2361; Härten einer geschweißten Stahlschiene 42-2403*.

Tiefziehstahl: Gießbehandl. zur Herst. v. alterungsbeständ. Tiefziehstahl 10-2584*; Herst. v. Stahlblech oder -band guter Tiefziehfähigk. u. Dehnbark. 14-2617*; Herst. v. kaltgewalztem, nichtalterndem Blech 14-2618*; mit Al-Grieß halbberuh. Stahl für d. Herst. v. Bandstahl 16-2348; Einfl. d. chem. Zus. auf d. Ziehfähigk. v. Blechen nach Erichsen 16-2353; Glühen v. Al beruh. Tiefziehstahl 17-2475*; unberuhigter Tiefziehstahl für Blech oder Band mit Nichtalter.-Eig. 26-2634*; Vers. d. N-Abbind. durch V u. Cr zur Verringer. d. Alter.-Anfälligk. v. Tiefziehstählen 31-2325; nichtalternder Stahl mit *0,15–0,30* Cr, *0,10–0,50* Mn, $<$ *0,02* Si u. *0,02–0,08* C 32-2441*; mechan. Eig. in Abhängigk. v. d. Glühbehandl. 36-2311; Herst. v. dünnem Blech zum Tiefziehen 40-2426*; Herst. v. niedriggekohltem alterungsunempfindl. Tiefziehstahl 41-2324*; zweistuf. Glühbehandl. 47-2233*, 47-2234*.

Werkzeugstähle

Schrifttum *1960–1962* über Kaltarbeitsstähle 3-2403; Verw. v. martensitgehärtetem Maraging-Stahl für Werkzeuge 36-2310; Systematisier. nach Betriebsverh. u. metallkundl. Aufbau 38-2398.

Graphit. Werkzeugstahl mit *1,5* C u. ggf. *0,08–1,5* Si für starken Reib.-Verschleiß 15-2483*; Schmelzbadbehandl. mit Zr bzw. Ti zur Fein. 17-2436*; Schnellverf. zum Weichglühen im Durchlaufofen 21-2714*, 21-2716*; Härten v. Metallschneide-Bandsägen oder Bügelsägen aus legiertem Stahl mit *0,33* bis *0,55* C u. teilweiser Aufkohl. 24-2437*; thermomechan. Behandl. v. Stahl mit *0,30* bis *1,03* C für Abschneidemesser 28-2525*; Ultraschallbehandl. zur Beseitig. v. inneren Spann. u. Restsprödigk. 41-2329*; Zwischenstufenvergüt. v. Holz-Bandsägen 47-2236*.

Richt.-Abhängigk. d. Abschreckverform. v. niedriglegiertem Werkzeugstahl 9-2589; Einfl. v. Ni u. Cr auf d. Eig. v. reinem C-Werkzeugstahl 22-2378; Abstichentgas. 24-2396; Best. d. Abblätter.-Beständigk. v. Walzwerkstoffen zur Haltbark.-Prognose 24-2502; Einfl. d. Restaustenit-Umwandl. auf d. Festigk. 31-2327; Bedeut. v. Co als Leg.-Element in Warmarbeitsgesenkstählen 32-2361; Einfl. v. Ni auf d. Kerbschlagzähigk. 44-2261.

Schnellarbeitsstähle: Pulvergemisch zur Herst. 3-2523*; Herst. v. Schneidwerkzeug aus Schnelldrehstahl mit Verbundstruktur 3-2527*; verbesserte Standzeit v. Werkzeugen durch Oberflächenbehandl. 11-2582; Cyanier. v. Preßstempeln aus Schnelldrehstahl 12-2406; Wärmebehandl. v. Schnelldrehstählen (Überblick) 46-2341; entkohlende Wrkg. v. Härt.-Salzen bei d. Wärmebehandl. v. Schnelldrehstählen 46-2342.

Ti-Schnellarbeitsstähle 7-2488, 7-2489; mechan. Eig. v. geschwefelten Schnellarbeitsstählen 7-2491; Einfl. d. Bearbeit. auf Härte u. Mikrogefüge 9-2590; Einfl. d. Schmiedeverform. auf d. Beseitig. d. Carbidinhomogenität 14-2541; Einschlüsse in geschwefelten Schnelldrehstählen 19-2441; Verh. v. Schnelldrehstahl beim Bearbeiten v. porösen, metallkeram. Werkstoffen 20-2410; Zus. d. festen Lsg. d. Carbide v. Schnelldrehstahl 48-2425.

Metallkeramische Stähle und Eisenlegierungen

Siehe auch d. Abschnitt *Sonderstähle – Sondermarken*, S. 500.

Oberflächenox. v. —-Pulver 4-2157*; Entw. v. Sinter-— u. Sinterstahl 12-2381; Entw. u. Verw. techn. —-Pulver 46-2302.

Pulverherstellung

Herst. v. —-Pulver abgerundeter Kornform für Schweißelektroden 1-2572*; Herst. v. pulverförm.. —-Schwamm 3-2248*; Herst. v. —-Pulver: aus legiertem Zunder durch Red. mit konvertiertem Erdgas 6-2391; aus Schwamm-— 6-2471*; im Wirbelschichtreaktor mit H_2 8-2499*; aus Ilmenit u. Cr-Erzen durch H_2-Red. in d. Wirbelschicht 11-2621*; Herst. ferromagnet., nichtpyrophorer, nadelförm. —-Teilchen 16-2206*; Herst. v. —-Pulver mit Al_2O_3 16-2478*; Herst. v. chromiertem —-Pulver durch Sättig.-Diffus. aus festen Cr-halt. Pulvern 18-2480; Herst. v. legiertem —-Pulver durch Red. d. Oxide 20-2407; Herst. v. — für pulvermetallurg.

Zwecke 22-2189; Herst. v. Eig. v. Pulver PŽ 1–5 aus Zunder 22-2395; Verf. zur Herst. v. spratzigem Pulver aus hochlegiertem Stahl 24-2528*; Unters. d. durch Red. mit H_2 mittels therm. Zers. v. Eisenformiat erhaltenen --Pulver 31-0741; Herst. v. Pulvermisch. durch Zerstäub. v. gefeinter Stahlschmelze 32-2457*; Herst. v. granuliertem --Pulver mit niedrigem Si- u. C-Geh. 48-2544*; Herst. v. --Pulvern durch direkte Red. mit CH_4 51-2312.

Sinterungsvorgänge und Eigenschaften von Sinterkörpern

Vorausbest. d. mechan. Eig. v. Sinterstählen 1-2509; mechan. Eig., therm. u. elektr. Leitfähigk. v. metallkeram. --Leg. mit 9,9 Cu 6-2392; Kinetik einer indukt. Erhitz. v. porösem, gesintertem Stahl 12-2404; Preßbark. v. Metallpulvern verschiedener Dispersität aus Stahl 18-2181; Verform. u. Zerstör. v. porösen metall-keram. Materialien auf --Basis 18-2485; Auswahl v. Schmierölen für --Graphit-Gleitlager 19-2810; mechan. Eig. v. Sinterkörpern aus --Pulver APŽM bei Zug u. Verdreh. 21-2538; Strukturbldg. in --Graphitkomposit. (Auflsg. v. Graphit) 21-2539; Ausschuß durch fehlerhafte Mikrostruktur bei –/Graphit-Erzeugnissen aus --Pulver PŽ1M2 oder PŽ2M2 22-2396; Härte u. Mikrostruktur metallkeram. Frikt.-Stoffe auf --Basis beim Glühen 22-2397; Einfl. d. Porosität auf d. Elastizitätsmodul v. gesintertem Armco-– 22-2398; magnet. u. metallurg. Strukturen bei Permanentmagneten (aus --Nadelpulver (E.S.D.)) 23-0507; Mess. v. ε u. μ bei Werkstoffen auf --Pulver-Basis in GHz-Bereich 23-1888; Einfl. v. Wärmebehandl. u. Cu-Geh. auf d. mechan. Eig. v. gesintertem Ni-Stahl 24-2440; Kapillarkraft v. fl. Cu beim Tränken v. --Pulververdicht.-Körpern 24-2441; Einfl. d. Abkühl. auf Festigk. u. Korros.-Beständigk. v. gesintertem – 24-2466; Vorgänge d. Sinterns v. Verbundwerkstoffen mit TiC-Hartphase u. niedriglegiertem Stahl (Übersicht) 33-2380; Wechselwrkg. v. TiN u. – beim Sintern 36-2298; Einfl. v. Technologie u. Zus. auf d. Gefüge u. d. Eig. v. --Graphit-Reibmaterialien 36-2300; Schwundeig. v. Pulvern aus Cr–Ni-Stahl während d. Sinterns 39-2220; Eig. v. Frikt.-Materialien auf --Basis 41-2265; Korros.-Unters. an gesinterten Cr–Ni-Stählen 42-2365; mechan. Eig. v. Sinterstählen aus --Graphit-Pulvermisch. 47-2171; Meth. zur Mess. d. Nachverdichtbark. v. gesintertem – unter Anwend. eines Preßdrucklast-Kontrakt.-Schreibgerätes 51-2313; Veränder. d. Teilchengrößenverteil. v. --Pulvern durch Korros.-Mittel 51/52-2316.

Pulvermetallurgie

Herst. bunter Sinterprod. aus 60 bis 80 Vol.-% --Pulver, Rest farbige Metallverb. 3-2526*; pulvermetallurg. Stahlherst. mit 0,1–0,2 Mn, 0,1–5 Mo, 1–4,9 Ni u. 0,1–1 C (Graphit) 7-2598*; Herst. v. korros.-festem --Sinterband 8-2501*; Herst. u. Eig. v. hochlegiertem Ni–Cu-Sinterstahl mit 4 Cu u. 32 Ni 9-2570; Carbid-Metallpulvermisch. für Schneidwerkzeuge 9-2676*; Herst. v. --Graphit-Verbundkörpern 9-2682*; pulvermetallurg. Herst. d. härtbaren Leg. aus 25 bis 54 TiC, Rest Stahl für Schneidwerkzeuge 11-2653*; Verbesser. d. Verdicht.-Eig. v. Stahlpulver für Sinterkörper 14-2614*; gesinterte u. stranggepreßte Halbzeuge aus red. Spezialstahl-Zunder 15-2392; Herst. poröser Lagerwerkstoffe auf d. Basis Stahlspan–Graphit 15-2393; Herst. stahlgebundener Carbidhartleg. mit vorausbestimmbarem C-Geh. durch Sintern v. TiC 18-2602*; Herst. v. Reib.-Sinterleg. unter Verw. unvollständ. red. -- u. Cu-Pulver 19-2455; pulvermetallurg. Anwend. v. Carbonyl---Pulver 20-2409; Verw. v. Fe–Co-Teilchen für Lodexmagnete 23-2173; Drucksintern v. Cermets. zur Herst. v. Reibstoffüberzügen auf Stahlgrundplatten 24-2442; Verw. bei d. Herst. v. Brennstoffelement-Elektroden 33-2297*; Verw. für gepreßte Dauermagnete 34-2332*; Walzen v. Stahlpulver AISI 316 zur Herst. v. rostfreiem Blech 36-2294; Herst. v. gesinterten magnet. anisotropen Dauermagneten aus --Leg. 37-2080*; Verbesser. d. Korros.-Beständigk. v. Formstücken aus Stahlpulver durch Zusatz v. Cu u./oder Ni 37-2215*; Hartleg. mit Stahlmatrix u. 25–75 Carbiden 37-2216*; Herst. v. porenfreiem Material aus Guß---Spänen durch dynam. Warmpressen 40-2300; chem. Vernickeln metallkeram. Erzeugnisse auf --Basis 40-2370; pulvermetallurg. Herst. v. Dauermagnetleg. aus 5–11 Al, 20–40 Co, 0–6 Cu, 10–25 Ni, Rest Fe mit säulenförmiger Krist.-Struktur 41-2182*; Verbinden v. Metallteilen mit bes. stabförm. Keramikteilen unter Verw. v. Misch. aus --Pulver 46-2228*; pulvermetallurg. Meth. zur Herst. hochporöser langer Stahlrohre 47-2172; Herst. v. selbstschmiernden gesinterten Gleitwerkstoffen auf --Basis 49/50-2280*.

Verwenden von Pulvern

Verw. v. Pulvergemisch aus 4–5 Cr, 1,4–4 V, 6–22 W, Rest Fe u. 0,76–2 C zur Herst. v. Schnelldrehstahl 3-2523*; Verw. in einer sich zersetzenden Stollenlad. 3-3290*; Verw. in Entwicklern für elektrophotograph. Materialien 3-3328*; Verw. zum Brennschneiden v. Stahl u. Guß-– 4-2349; Verw. zum Metallisieren v. Keramik 6-2290*; Verw. v. Pulvern aus rostfreien Stählen in Anstrichen 6-3099; Fe–Cr-Leg. in Pulverform aus 0,05–1,0 Al, 10–30 Cr, 0,5–5 Si, 0,01–0,5 C u. Rest Fe für Schweretrüben 9-2675*; Verw. v. --Pulver in xerograph. Entwicklern 13-3636*; Verw. v. --Pulver PŽ1M2 u. PŽ2M2 für Fe–Graphit-Erzeugnisse 22-2396; Verw. v. Pulverzusatz aus hochlegiertem Stahl zum Autogenbrennschneiden 28-2531*; Verw. für Reib.-Körper für Kuppl. u. Bremsbeläge 29-2897*; Verw. v. Pulver mit 95–99,5 Fe für d. Brennschneiden 37-2219*.

Ferrolegierungen

Nennleist. v. amerikan. --Öfen 5-2415; Beiträge zur Eisenhüttenchemie Prüf. v. Ferroleg. (1962 bis 1964) 18-2087.

Gasfreie – zur Verw. im Vakuum 2-2522*; Rationalisier. d. Prod. v. – 12-2363; Herst. v. C-armen – im Lichtbogenofen 12-2447*; Verw. kieselsäurehalt. Mineralien zur Herst. v. – 30-2350.

Verbinden v. Al, Mg u. – zur Herst. v. Verdampferplatten 4-2407*; Schlacke zum Gießen in Kokillen 19-2569*; Bimssteinherst. aus Schlacken d. --Herst. 28-2342; Bearbeit. (Meth. u. Vorr.) 33-2366; Gewinn. v. reinem Mn aus Prod. d. --Industrie 43-1981.

Prüf. v. – (Pakete) mit Zementitbldg. 13-2528; Einfl. v. – als Impfzusatz auf mechan. Eig. v. Grauguß 16-2334; Bedeut. v. Al-Migrat. u. Benetzbark. bei d. aluminotherm. Red. v. – 20-2458.

Ferroaluminium: Verw. v. – mit 29,7 Al, 5,2 Ca, 31,0 Fe, 2,1 Mn, 30,5 Si u. 0,5 C zur Enddesox. v. SM-Stahl 5-2441; Si/Al-Verhältnis in Ferro-Silico-Al zur Stahldesox. 9-2554.

Ferrobor: Erschmelz. v. Al-armem – erhöhter Reinh. mit 1,7 B 13-2531; aluminotherm. Gewinn. aus Fe-Erz u. H_3BO_3 27-2422; Verw. v. krist. Schlacken d. aluminotherm. Gewinn. zur Herst. v. Bindemitteln 28-2334; Phasenzus. d. beim Schmelzen v. – anfallenden Schlacken 44-2268.

Ferrocer: Einw. auf d. Steiger. d. Kerbschlagzähigk. v. Stahl durch Korngrenzenausscheid. 19-2424.

Ferrochrom: Einfl. d. Güte v. Aktjubinsk-Cr-Erzen u. d. Red.-Mittel auf d. Entschwefel. v. C-halt. – 2-2420; Herst.: im Hochofen 2-2523*; im Konverter 5-2522*; Verf. zur Ox. v. hochgekohltem --Pulver in d. Wirbelschicht 12-2446*; Herst.: im elektr. Lichtbogenofen aus pelletisiertem Erz 15-2489*; aus Cr-Erz 15-2490*; Korros.-Merkmale u. Maßnahmen zur Festigk.-Steiger. v. Ofenfutter für d. Schmelzen v. raffiniertem – 16-2237; verbesserte Herst. im Einofenverf. 16-2364; Erzeug.: im silicotherm. Verf. aus gesintertem Cr-Erz 18-2597*; v. – mit 1–7 C aus minderwert. Cr-Erz 26-2639*; Einfl. d. Möller-Rohstoffe auf d. P-Geh. im C-armem – 27-2421; Nitrieren v. festem – u. Gewinn. v. Cr-Nitridkonzentraten 28-2446; Entkohl. v. C-reichem – im Vakuum 44-2269; schmelzflußelektrolyt. Gewinn. aus Cr-Erzen 44-2370*; Vakuumofen mit Graphitheizelementen zum Entkohlen 46-2258; Vers. zur Zerstäub. v. fl. – 46-2287; Schmelzbetrieb bei d. Herst. v. – mit 68–70 Cr, $\leqq$ 0,040 S, $<$ 2,0 Si u. $<$ 5 C 51-2302; Aufbereit. hochkohliger --Schlacke 51/52-2432*.

Herst. austenit. N-leg. Cr–Ni-Stähle unter Verw. v. nitriertem – 3-2402; Verw. v. Abfallschlacke aus d. Herst. v. – für grünen Portlandzement 6-2310; Zusatzmittel zu fl. Stahl nach d. Abstich aus – mit 35–55 Cr, 21,5–46 Si, $<$ 2,52 C u. Rest Fe 11-2627*; Verw. zum Impfen u. Leg. v. Guß-Fe in d. Pfanne 16-2362; leg. Schweißelektrodenüberzüge aus – mit 0,5–4 Al, 60–75 Cr, 0,06 P, 0,04 S, 3–20 Si, 0,1 C u. Rest Fe 17-1482*; --Überzüge mit 60–75 Cr auf Schweißelektroden 22-2515*; --Überzüge mit 70 Cr, 6–15 Al für Schweißelektroden 22-2516*; Verw. zur Darst. v. Cr-Verb. 45-0700.

Einfl. ox. Verunreinig. auf d. Reinh. Cr-reicher Stähle 1-2484; Phasenzus. d. Schlacken d. Herst. v. – suraffiné 4-2310; nichtmetall. Einschlüsse u. Gase in – suraffiné bei verschiedenen Herst.-Verf. 11-2519; Zähigk. aluminotherm. Schlacken bei Erschmelz. 13-2529; durch Anhaften an C verursachte Verluste (Randwinkelunters.) 13-2530; Bldg. v. SiC u. Silicatphase beim Schmelzen v. Ferro-Silico-Chrom 13-2532; Löslichk. v. N u. Kinetik d. Nitrier. v. – mit bis 40 Fe (Übersicht) 23-2346.

Toxizität (Wechselwrkg. v. dreiwert. Cr mit Proteinen d. menschl. Serums) 31-1593.

Best. v. S in C-halt. – 4-1978; Best. v. P in – (Einfl. v. Silicat) 11-2173; (photometr. als Mo-Blau) 36-1983.

Ferromangan: Herst. im Hochofen 2-2523*; Vers.-Schmelzen zur Mn-Erzaufbereit. im Hochofen 11-2520; Einfl. v. Schlakkenbasizität u. Si-Geh. im – auf d. Hochofenbetrieb 14-2486; Herst. im Schachtofen 15-2463*; Einfl. v. Basizität u. O-Geh. d. Möllers auf d. Ferro-Mn-suraffiné-Erzeug. 16-2363; Herst. v. --Pulver 18-2601*; Herst. v. – aus Mn-Erz u. Kalk 21-2683*; Ox.-Misch. zur Raffinat. v. fl. – mit Kryolith, CaF_2, Kalk u. Mn_3O_4 26-2638*; Herst. aus Mn-armen Erzen 30-2204*; Mahlen u. Passivieren v. – für d. Herst. v. Elektroden 46-2184.

Volumetr. Best. v. Silicaten in --Schlacken 3-2095.

Ferromolybdän: optimale Beding. für Erzeug. 1-2485; MoS_3-Gewinn. aus d. Staub d. --Herst. 4-2316; Verw. v. Molybdänglanz anstatt – für d. Mo-Stahlerzeug. 11-2521; Phasenzus. v. Schlacken d. Syst. $FeO–MoO_2$ u. $MgO–MoO_2$ d. --Herst. 46-2288.

Verf. zur Best. v. Mo in – 33-2050; Best. v. P in – (photometr. als Mo-Blau) 36-1982; volumetr. Best. v. Mo in – 42-1926.

Ferronickel: Verw. zur Herst. v. Ni 3-2511*; Herst. im Konverter 5-2522*; Ni-Anreicher. in Renn-Luppen zur --Gewinn. 9-2662*; Herst. v. Stahl 18/8 mit jugoslaw. – 14-2507.

Ferroniob: Zähigk. aluminotherm. Schlakken bei Erschmelz. v. – 13-2529.

Ferrophosphor: --Zugabe beim Stranggießen v. unberuhigten Stählen 5-2512*.

Ferroselen: Herst. v. --Granulat mit 40–60 Se 19-2568*.

Ferrosilicium: Einführ. v. Sr in – zur Herst. v. Guß-Fe mit Kugelgraphit 2-2524*; Möllerdosier. zur Herst. v. – 10-2500; Verw. v. Transformatorstahlabfällen bei d. Erschmelz. v. – 10-2501; Bldg. v. SiC u. Silicatphase beim Schmelzen v. Ferro-Silico-Chrom 13-2532; Vgl. v. Kohle–Quarzit–Koks u. metallurg. Koks zur Herst. v. – 15-2383; Warmwalzen v. Fe–Si-Blech mit 2–10 Si 16-2486*; Herst. im Seiger-Verf. 18-2595*; Entkohl. 18-2596*; Herst. durch Verkok. v. Fe-Erz u. SiO_2 20-2528*; Red.-Kinetik d. Sinters zur Herst. v. – 24-2412; --Leg. aus 0,2–10 Cr, 5–20 Si, 0–5 U, 0,2–10 Ni u./oder Cu, Rest $>$ 60 Fe 51/52-2433*.

Verw. zur elektrotherm. Mg-Herst. 1-2493; Ox. v. C_2H_4 mit O_2 in Ggw. v. aktiviertem Ag auf – 2-2699*; Verw. v. – mit bis 4 Al, 0,5–40 Ca, 0,5–8 Mn, 45–90 Si, Rest Fe zur Desox. v. Stahl 3-2499*; Verw. für d. Stahlherst. 3-2501*; Verw. v. –: mit 40 bis 50 oder 70–80 Si für Umhüll.-Massen v. Preßmantel-Schweißelektroden 4-2417*; mit 29,7 Al, 5,2 Ca, 31,0 Fe, 2,1 Mn, 30,5 Si u. 0,5 C zur Enddesox. v. SM-Stahl 5-2441; zur Erzeug. v. Guß-Fe mit Kugelgraphit 5-2506*; Si/Al-Verhältnis in Ferro-Silico-Aluminium zur Stahldesox. 9-2554; Verw. v. –: mit 8–80 Si als Strahlmittel 9-2658*; v. – mit 35–55 Cr, 21,5–46 Si, $<$ 2,52 C u. Rest Fe als Zusatzmittel zu fl. Stahl nach d. Abstich 11-2627*; v. – mit 0,2–10 Cr, 0,2–10 Cu, 0,5–2 Ni, 10–13 Si, 0–5 U für Schweretrüben 11-2629*; v. – mit 2–25 Ca, 12–20 Ce, 3–15 Fe, 7–15 La, 8–10 Pr, Nd u./oder Sm für Umhüll. v. Lichtbogenschweißelektroden 12-2470*; in exothermer Formsandmisch. 14-2469; bei d. Herst. v. Cr-Stahl im elektr. Lichtbogenofen 16-2436*; in Zündsatz für elektr. Verzöger.-Zünder 16-3300*; verbesserte Herst. v. Impfmitteln für hochwert. Guß-Fe durch Verw. Sr-halt. – 18-2584*; Verw. in Schlichten für Gußformen 22-2479*; Herst. v. oxiddispersen --Überzügen auf Halbzeug oder Gußteilen zum Ox.-Schutz während d. Wärmebehandl. 32-2480*; Gießtechnik für Gußstücke aus – für d. chem. App.-Bau 42-2380; Verw. in feuerfestem Material 46-2220*; Verw. v. – mit < *4* Al, *0,5–40* Ca, *0,5–8* Mn, *45–90* Si, Rest Fe zur Herst. v. in einem großen Schnittbereich leicht zerspanbaren Stählen 51/52-2427*.

Unters. kugel. Einschlüsse aus – im Flachglas mit Hilfe d. Elektronenstrahlmikrosonde 18-2342; Rk. mit S u. $NaClO_3$ 32-2201; Einfl. auf Phasenzus. u. Eig. v. Graphit–Schamotte-Erzeugnissen (FeSi *75* u. FeSi *45*) 34-2397; Zus. d. bei d. Chlorier. anfallenden Prod. 43-1982; Einfl. v. Temp. u. Zus. auf d. Oberflächenenergie v. –-Schmelzen 49/50-0598.

Ferrotitan: Zähigk. aluminotherm. Schlakken bei Erschmelz. v. – 13-2529; krist. Schlacken d. aluminotherm. Gewinn. v. –-Schmelze zur Herst. v. Bindemitteln 28-2334; Verw. zur erhöhten Kokillenhaltbark. als Einsatz in d. Kupolofen 45-2161; Schnellbest. v. Ti u. Al mit Komplexon III 47-1931.

Ferrovanadin: pathogene Eig. d. Fabrikstaubes v. – 11-1797.

Ferrowolfram: Qualitätsverbesser. durch Verw. Mn-reicher Erze 12-2364; krist. Schlakken d. aluminotherm. Gewinn. v. –-Schmelze zur Herst. v. Bindemitteln 28-2334.

Spektralphotometr. Best. v. Sn 26-2147.

Ferrozirkonium: Zähigk. aluminotherm. Schlacken bei Erschmelz. v. – 13-2529.

Fehlererscheinungen

Oberflächenfehler beim Abgießen v. nichtrostendem Stahl unter Verw. v. Graphit u. Naphthalin 13-2522; Einfl. d. Red.- u. Ox.-Rk. auf Fehlererschein. v. Fe–C-Gußleg. im fl. u. festen Zustand 36-2260; Einfl. d. Form auf Schwind.-Defekte u. Genauigk. v. Gußstücken 37-2144; Einfl. v. Al auf Weißfleckigk. v. Guß-– 37-2149; Ursache für Härteungleichmäßigk. u. Bldg. weißer Flecken auf Kolbenringen aus perlit. Guß 38-2390; Ursachen d. Festbrenn. auf Schleudergußstücken aus Stahl 48-2404.

Alterung

Temp.- u. Geschw.-Abhängigk. d. Reckalter. v. Stahl 7-2505; Alter. v. weichen Stählen nach Abschrecken u. Kaltverform. 13-2552; Strukturveränder. bei d. Alter. v. Martensit in Cr–Ni-Stählen 16-2400; Alter.-Vorgang nach Lsg.-Glühen u. Kaltverform. v. niedriggekohltem Stahl 27-2415; Bedeut. v. N bei d. Alter. v. Weichstählen 28-2387; metallograph. Unters. d. Alter. v. Stählen mit gelöstem C 40-2358; Reckalter. u. Entstick. v. Stahl 49/50-2222.

Einschlüsse und sonstige Verunreinigungen, Gasblasen, Seigerungen

Eig. u. kristallograph. Daten v. nichtmetall. Einschlüssen in Stahl (tabellar. Zusammenstell.) 12-2399; Bldg. dunkler Krusten in d. Makrostruktur v. Baustahl 14-2506; Unters. nichtmetall. Einschlüsse in Stahl (Überblick) 14-2535.

Einschlußgeh. bei Elektroschlackenschmelz. 3-2393; Einschlußverteil. bei Al-Desox. 4-2333; Fehler durch nichtmetall. Einschlüsse in rostfreien Stahlblechen 4-2334; Verteil. u. Zus. v. nichtmetall. Einschlüssen nach d. Gießstrahlentgas. 6-2361; Einw. d. Umschmelzverf. v. Wälzlagerstahl auf d. Einschlußtypen 6-2369; Bldg. u. Verteil. nichtmetall. Einschlüsse in Stahl ŠCh *15* nach d. Elektroschlackenumschmelzen 10-2496; Einfl. d. Schlackenführ. auf d. Verh. v. Gasen u. nichtmetall. Einschlüssen in Stahl 12-2354; Einfl. d. Desox.-Behandl. auf d. Einschlußbldg. u. -verteil. v. unlegierten Automatenstählen 16-2352; Ursachen makroskop. Einschlüsse in geschmiedeten Stahlkesseln 16-2357; Einschlüsse in geschwefelten Schnelldrehstählen 19-2441; nichtmetall. Einschlüsse im Schienenstahl bei verschiedenen Desox.-Meth. 21-2525; Abtrenn.-Mechanismus v. Einschlüssen im gerührten u. beruhigtem Stahlbad 22-2372; Zus. v. großen Einschlüssen an Hand v. Ultraschallprüf. großer Stahlplatten 22-2406; Linienschnittverf. zum Auszählen v. nichtmetall. Einschlüssen im Stahl 22-2419; Einfl. v. Ca auf d. Austenitkorngröße u. nichtmetall. Einschlüsse in C-Stahl 29-2412; Verh. v. nichtmetall. Einschlüssen in hochgekohltem Cr-Stahl 29-2417; Bldg. v. Einschlüssen während d. Al-Desox. v. fl. – 31-2357; Bldg. v. Lockerstellen im Gefüge v. warmgewalztem Stahl durch nichtmetall. Einschlüsse 32-2408; Stabilität v. Einschlüssen u. Bldg. v. sek. Körpern d. Sek.-Rekristallisat. in Leg. mit *3* Si 40-2292; Einschlüsse in *18* Ni–Co–Mo-Maraging-Stählen 40-2315; Zus. v. nichtmetall. Einschlüssen in Stahl mit Seltenerdmetallen 44-2252; Einfl. d. Vakuumglüh. auf d. Geh. nichtmetall. Einschlüsse in Stahl 46-2283; Verh. v. Einschlüssen v. mit Mn, Si oder SiCa desox. Stahl während d. Warmwalzens 46-2329; Einfl. d. Gießtechnik auf d. Bldg. nichtmetall. Einschlüsse in Stahl Ch*18*N*9*TL 47-2157; Verteil. nichtmetall. Einschlüsse in *13*Ch*14*NWFRA 48-2425.

Einschlüsse d. Syst. Fe–Cr–O in Stählen 3-2406; heterogene Keimbldg. bei d. Bldg. v. FeO–MnO-Einschlüssen in Weichstahl 9-2551; Einfl. verschiedener Elemente auf Sulfid- u. Selenid-Einschlüsse in Stahl 9-2552; Desox.-Prod. 10-2524; Verh. v. sulfid. Einschlüssen in beruhigtem Stahl 19-2440; Verh. v. Einschlüssen aus SiO_2–MnO u. Mn-Silicat in desox. Stahl während d. Warmwalzens 21-2569; stabile Sulfide in wärmebehandeltem Stahl 22-2415; Verh. v. Mn-Silicateinschlüssen in rostfreiem Stahl während d. Warmwalzens 22-2431; oxid. Einschlüsse d. Syst. Fe–Cr–O in Stählen 26-2516; Einschlüsse d. Syst. $MgO–SiO_2–Al_2O_3$, $CaO–SiO_2–Al_2O_3$ u. Sulfideinschlüsse 26-2554; Einfl. d. Sulfidausbldg. in Automatenstählen auf d. Zerspanbark. 29-2413; Bldg.-Mechanismus v. Einschlüssen d. Syst. Fe–Cr–O in Stählen 29-2447; Keimbldg., Wachstum, Aufsteigen v. Oxideinschlüssen in fl. Stahl 30-2340; Austausch v. Mn in MnS-Einschlüssen durch andere Metalle im Stahl 32-2359; Schlackeneinschlüsse in Stahl (Syst. $FeO–SiO_2–Al_2O_3$, $Fe_xMn_{1-x}O–SiO_2–Cr_2O_3$ u. Oxide d. Fe) 33-2354; (Syst. $MgO–SiO_2–Al_2O_3$) 33-2355; (Syst. $CaO/SiO_2/Al_2O_3$) 33-2356; (Vork. v. Ca-Aluminat im Syst. $CaO/SiO_2/Al_2O_3$) 33-2357; (Vork. v. Ca-Silicat im Syst. $CaO/SiO_2/Al_2O_3$) 33-2358; Keimbldg. v. Oxideinschlüssen in Fe-Schmelzen 34-2478; Auftreten v. B_2O_3 in silicat. u. oxid. Einschlüssen v. legierten Stählen 40-2316; Zerbrechen v. orientierten MnS-Einschlüssen in Stahl 43-2148.

Unters. v. Lunkerbldg. u. Größe in Grauguß 2-2405; Einfl. v. Seltenerdmetallen auf d. Porosität v. Gußstahl 2-2409; Fehler durch H im Schienenstahl 16-2346; Pineholebldg. in Stahl nach d. Abstich 18-2440; (Bedeut. d. H- u. O-Geh. d. Schmelzen) 18-2441; Ursachen u. Einfl. d. Stahldesox. während d. Erstarr. auf Fehler u. Gasblasenbldg. in niedriggekohltem Gußstahl 21-2514; Mechanismus d. H-Ansamml. bei kaltverarbeiteten Fe–C-Leg. 26-2508; Einfl. d. Zus. v. Guß-– u. Formsand auf d. Lunker-Bldg. 27-2394; Geschw. d. N-Entw. beim Vakuumschmelzen v. Stahl mit Nb, V u. Ti 28-2438; O-Geh. in unberuhigtem SM-Stahl (Randblasenbldg.) 29-2409; Hohlraumbldg. an im Lichtbogen legierten Stählen 47-2179.

Bedeut. d. Si-Seiger. in Grauguß u. Temperguß für d. Austenitzerfall 6-2357; Verminder. v. Makroeinschlüssen u. Kantenseiger. in Radstahl 9-2553; Krist.-Seiger. in Stranggußknüppeln u. Blöcken 10-2469; Einw. v. erhöhter Verweilzeit auf S^{2-}-Verteil. u. Seiger. 14-2544; Bezieh. zwischen Erstarr.-Geschw. u. S-, P-, O- u. N-Seiger. v. Stahl 21-2513; Einfl. d. Gießtemp. auf Makrogefüge u. Seiger. in Gußstücken aus beruhigtem Stahl 22-2362; örtl. Seiger. in Randstahl 28-2389; Erstarr. u. Mikroseiger. in Blöcken aus beruhigtem Stahl 40-2284; Mikroseiger. v. Si im Guß-– 48-2476; Entmisch. v. C, P u. S in Breitbandstahl aus Rohblöcken v. unberuhigtem Stahl 49/50-2223.

Oxydation und Verzunderung

Mechanismus d. Ox. v. Diffus.-Schichten aus Cr auf unlegierten C-Stählen in trockenem O_2 3-0721; Strukturbesonderh. d. Hämatits v. Zunder 5-0271; Oberflächenfehler durch Wachstum u. Verzahn. v. Zunder in niedriglegiertem Stahl 8-2451; Verzunder.-Geschw. v. Rein-– u. Weichstahl in O_2, H_2O-Dampf u. CO_2 bei *800–1000°* 8-2452; Einfl. v. Randox. auf d. Ausbldg. d. Oberflächenzone u. auf d. Biegewechselfestigk. einsatzgehärteter Stahlproben 11-2547; Einfl. v. H u. CO_2 auf d. Hochtemp.-Ox.: v. Dynamostahl 15-2433; v. – u. Fe-Leg. 15-2434; Zunderbldg. v. Stahl in Luft u. Ölatmosphären 17-2414; Ox. v. Stahl an Luft u. ölhalt. Atmosphären 17-2415; Ox. v. Rein-– bei *200°* 18-2527; Einfl. d. Kaltverform. auf d. Ox. v. – bei *400–650°* 18-2529; Ox.-Kinetik v. Stahl *304* u. *406* in strömendem CO_2 bei >*1000* °F 19-2502; Hochtemp.-Ox.-Verh. v. Fe–Cr-Leg. (Technical Papers, Meeting *1966*) 22-2463; Verzahn. v. Zunder u. Grundmetall in niedriglegierten Stählen 23-2360; Unters. d. Hochtemp.-Ox. v. Fe–Ce-Leg. 28-2473; Einfl. v. Mn u. Si auf d. Gefüge d. Oxidschicht v. Nb-stabilisiertem Stahl nach d. Hochtemp.-Ox. 30-2409; Ox.-Kinetik v. Fe u. niedriglegierten Stählen in CO_2-Atmosphären bei *500* u. *550°* 31-2387; Anomalie d. Verzunder. v. – in CO_2 bei hohen Temp. 36-2326; Ox.-Kinetik v. Fe–Ni-Leg. in CO_2 bei *600–1000°* 38-2482; Einfl. v. O-halt. fl. Na auf d. innere Ox. v. Stahl 39-2273; Hochtemp.-Ox.-Beständigk. v. Nb-stabilisiertem Stahl in CO_2 40-2378; Unters. v. Oxidoberflächen mit d. Scanning-Elektronenmikroskop bei Ox. v. Flußstahl 47-0237; Ox. in geschmolzenen Na- u. Zn-Phosphaten u. -Chloriden 48-2524.

Risse und Brüche

Einfl. v. Restaustenit auf d. Rißbldg. in gehärtetem Stahl 4-2297; Bldg. v. Griffith-Rissen in ferrit., lamellar-perlit. Stählen 8-2404; Einleit. v. Rissen durch Spann.-Korros. eines unlegierten Stahldrahts 9-0306; Rißanfälligk. v. Umschmelzchargen v. Stahl G*13*L 13-2515; Ermüd.-Rißfortpflanz. in Stahl an feuchter Luft 26-2541; Kinetik d. Rißausbreit. in Stahl Š*15* u. *85*ChW 28-2424; Einfl. thermomechan. Behandl. auf d. verzögerte Rißbldg. in gehärteten Stählen 33-2405; Einfl. d. Schmelzführ. auf Quer- u. Längsrisse in Walzblöcken aus bas. SM-Stahl 36-2279; Ermüd.-Rißfortpflanz. v. weichem Stahl bei Wechselbiegebeanspruch. 36-2306; Ermüd. u. Rißausbreit. in Stahl *316* 38-2429; verzögerte Rißbldg. an geschweißten, abgeschreckten u. getemperten Stählen 39-2247; Verform.-Erschein. u. Rißbldg. bei Umlaufbiegevers. an Rundproben v. Cr–Mo-Stahl 40-2341; Voraussage d. Ermüd.-Rißfortpflanz.-Geschw. 44-2295; Rißschäden v. austenit. Stählen 44-2339; Warmrißbldg.: in Stahlguß (Mechanismus) 46-2311; in Hartgußwalzen 48-2491; in Gußstahl (Seiger.-Bldg.) 51/52-2338.

Einfl. v. Sb u. As auf d. Oberflächen-Wärmebrüchigk. v. Cu-halt., weichen Stählen 11-2514; Einfl. d. hydrostat. Spann. auf d. Bruchverh. v. weichem Stahl 11-2549; verzögerter Bruch v. gehärtetem Stahl 23-0309; Korngrenzenzementit als Ursache v. Sprödbruch 23-2323; H-Einw. auf d. Auftreten v. Verzöger.-Bruch v. hochfestem Stahl 26-2539; Bruchcharakteristik v. gehärteten u. angelassenen Stählen 32-2393; Einfl. v. Ausscheid. u. Einschlüssen auf Wachstum u. Fortpflanz. v. Spaltflächen 33-2394; elektronenmkr. u. Röntgenunters. d. Brüche v. *1*Ch*18*N*9*T 46-0242; Einfl. d. Mn/C-Verhältnis auf d. Kaltbrüchigk. v. Stahl 48-2416; Bedeut. nichtmetall. Einschlüsse beim Bruch v. Gußstahl 48-2459.

Spannungen

Spann.-Verluste v. niedriglegiertem Stahl durch Relaxat.-Vers. bei wechselnden Temp. 12-2388; Verh. d. sek. Spann. 22-2406; Einfl. v. Zus. u. Form v. Gußstücken auf d. Restspann. v. Gußstahl 25-2172; Darst. d. Spann.-Zustandes d. Stahlmaterialien im Grunddiagramm d. Stahls nach Schnadt 25-2207, 25-2208; Entsteh. v. Eigenspann. in Guß-– durch Schwing.-Beanspruch. 25-2210; Verform.-Eigenspann. in –-Werkstoffen 26-2533; Spann.-Zustand u. -Verlauf in Guß-– 28-2411; Ermittl. v. Eigenspann. warmbehandelter Stähle 28-2412; Wärme- u. Phasenumwandl. Spann. durch Stahlhärt. 28-2432; Unters. v. Restspann. durch Anwend. d. H-Rißbldg. 39-2225; Aufstell. eines Nomogrammes für Spann.-Quellen in nichtrostenden Stählen 42-2302.

Sprödigkeit

Korngrenzensprödigk. 11-0299; Einfl. v. N u. anderen Leg.-Elementen auf d. Niedertemp.-Sprödigk. v. Stahl 17-2362 bis 17-2365; Sprödigk. v. hochfesten Stahldrähten 40-2398; Beurteil. d. mechan. Alter.-Neig. v. Stahl an Hand d. Sprödigk. 46-2312.

Reckalter.-Verspröd. v. niedrig gekohltem Stahl 3-2438; Kurzzeitvers. zur Best. d. Langzeitverspröd. hochfester Edelbaustähle 13-2553; Hochtemp.-Verspröd. v. austenit. Stählen durch (n, α)-Rk. 15-2412; Verspröd. hochfester Stähle 17-2359; Stahlgruppier. nach d. Verspröd.-Übergangstemp. 26-2535; Ursachen d. Alter.-Verspröd. v. Stahl EP*53* u. EI*811* 28-2439; Verspröd. v. ferrit.-austenit. u. ferrit. Stählen 28-2440; Ursachen u. Beseitig. d. Verspröd. v. Grobblechstahl *1*Ch*21*N*5*T 28-2441; charakterist. Mikrofraktographien v. durch Anlassen versprödeten Stählen 30-0240; Verspröd.-Übergangstemp. v. niedriggekohlten Stählen 31-2323; Theorie v. Strahl.-Verspröd. u. Erhol. v. Strahl.-Schäden in ferrit. Stählen 36-0294; Einfl. einer plast. Verform. auf d. H-Verspröd. v. Stählen 38-2395; Mechanismus d. H-Verspröd. v. Stahl 38-2396; H-Verteil. u. Verspröd. in d. Oberflächenschicht v. elektrolyt. hydriertem Stahl 38-2397; Ver-

Korrosion

Allgemeines

Korrosion durch verschiedene Mittel und korrosionsverzögernde Zusätze zu diesen Mitteln

Korros.-Schutzmittel in Kühlwasser u. zur Verhüt. v. Ablager. mit Tannin u. Zuckerverb. 25-2332*; Salzmisch. zum Korros.-Schutz in W. 44-2400*.

Korrosion durch Säuren: Rk.-Hemm. im Syst. Fe/Säure durch adsorbierte organ. Oniumionen 2-0654; Inhibitor für saure Fl. gegen —-Korros. 2-2569*; Zusammenhang zwischen Metall-Subgefüge u. d. anod. Auflsg.-Mechanismus d. – in sauren Lsg. 6-0653; Korros.-Verh. v. C-Stahl in sauren Beizlsg. 6-2424; Korros. v. Stahl AISI *304* u. *316* durch auf trockenem Wege gewonnene H_3PO_4 6-2426; —-Korros. in sauren Beizbädern (Schutzmittel) 7-2635*; Einfl. v. Beimisch. in – auf d. Korros. in Säuren 9-0657; Einfl. v. C_2H_2 auf d. Kinetik d. Auflsg. v. Stahl in Säuren 11-0722; Verbesser. d. Inhibitorwrkg. bei d. Säurekorros. v. Stahlteilen 16-2430; Korros. v. – in saurer Lsg. 19-0641; Korros. v. – in mineralsaurer A.-, Aceton- u. $CH_3 \cdot COOH$-Lsg. 20-2469; Inhibitorwrkg. v. KCh-*2* bei d. Schweißnahtätz. v. C-Stahl u. nichtrostendem Stahl in Säuren 23-2354; Verhinder. d. Korros. in sauren Lsg. durch Rk.-Prod. v. sulfoniertem Lignin mit Aldehyd u. sek. Amin 25-2331*; Schutzwrkg. v. Acrylnitril bei d. Säurekorros. v. —-Pulver 28-0580; Verw. v. Thioharnstoff u. o-Tolylthioharnstoff als Korros.-Inhibitor für – u. Stahl beim Beizen 33-2465*; Korros.-Probleme v. austenit. Stählen in Säure 40-2312; Abhängigk. d. Säurekorros. v. Stahl v. d. chem. Zus. 46-2376; Verw. v. Sulfonsäuren als Inhibitoren d. Säurekorros. v. Stahl 47-2202.

Verminder. d. Stahlkorros. in Cr(VI)-halt., heißer HNO_3 durch Zusatz v. Ruß oder S 14-2664*; Einfl. d. Mo-Geh. auf d. Verh. v. Stahlschweißnähten in sd. HNO_3 22-2455; Verh. v. nichtrostendem Stahl mit Si-Zusatz in konz. HNO_3 26-2607; Einfl. v. U auf d. HNO_3-Korros. v. rückgeschwefelter Stähle 44-2266; Passivität v. nichtrostendem Stahl in HNO_3 44-2352; Korros.-Beständigk. v. Schweißen d. Stahls *0*Ch*18*N*10*T in kochender HNO_3 45-2228; Stahlkorros. in HNO_3 in Ggw. v. Halogenen 46-2379; Messerschnittkorros. v. Schweißverbind. an Stahl *00*Ch-*25*N*20* in HNO_3 46-2387; Einfl. d. HNO_3-Temp. auf d. Korros. v. Stahl Ch*17* 47-2201; KCh-*2*-Inhibitor gegen HNO_3-Korros. v. Stahl 47-2204; Korros. v. nichtrostenden Stahlapp. beim Konzentrieren radioakt. HNO_3-Lsg. 49/50-2259.

Inhibitorwrkg. v. *4*(*5*)-Phenyl-*3*-thioxo-*1,2*-dithiolmethosulfat auf d. Korros. v. – in HCl 1-2542; Korros. v. vollständ. polarisiertem – in HCl/NaCl unter Einw. v. Wechselstrom 8-0640; Passivierbark. v. Cr-Stahl in wss. HCl 12-2423; galvanostat. Umschaltmeth. zur Unterscheid. prim. u. sek. Grenzflächeninhibit. im Syst. Fe/HCl 41-0594; Geschw. d. Stahlkorros. in HCl 46-2377; Inhibitorwrkg. v. Furfurylamin auf d. Stahlkorros. in HCl 49/50-2260.

Korros.-Verh. v. Stahl in H_2SO_4 1-2536; Passivier. v. Stahl Carpenter *20*Cb-*3* in H_2SO_4 10-2570; Spann.-Rißkorros. Cu-halt. Austenitstähle in H_2SO_4 15-2436; Guß-—-Korros. in einer H_2SO_4-Fabrik 25-2241; Lochfraßkorros. v. passivem – in Cl^--halt. H_2SO_4 30-2414; Korros.-Verh. v. Stahl in Chlorsulfonsäure 42-2355; anod. Verh. v. angelassenen FeCr-Leg. in H_2SO_4 42-2363; Korros.-Geschw. v. Guß-— in konz. H_2SO_4 42-2364; Einfl. v. Acrylonitril auf d. Lsg.-Geschw. v. Stahl in HCl u. H_2SO_4 44-2337; Verw. v. Alkylhexamethyleniminiumbromid zum Korros.-Schutz v. Stahl in H_2SO_4 44-2398*; Temp.-Einfl. auf d. Passivier.-Kurven v. rostfreiem Stahl in H_2SO_4 51/52-2383.

Anod. Schutz v. C-Stahl in Oxalsäure 21-2618; Korros. nichtrostender Stähle in Naphthensäuren 22-2654; interkrist. Korros. v. Stahl Ch*21*N*5*T u. Ch*21*M*6*N*2*T in Ameisen- u. Essigsäure 26-2606; Korros. v. nichtrostendem Stahl *1*X*18*H*9* u. *0*X*17*T bei d. Essigsäureherst. 46-2380.

Korrosion in Salzlösungen: Autoradiograph. Unters. d. Chlorid-Spann.-Korros. 3-2470; potentiostat. Verh. v. niedr. legiertem Stahl in alkal. Lsg. 6-0652; Vgl. d. anod. Polarisat. v. – u. rostfreiem Stahl in verd. SO_4^{2-}-Lsg. 9-2623; Korros.-Beständigk. v. Ni–Mo- u. Cr–Ni-Stählen in Chloriden u. anderen aggressiven Medien (Überblick) 16-2423; Einfl. v. konz. neutralen Salzlsg. auf d. Korros. v. – 23-0623; Korros.-Verh. nichtnormalisierter Stähle in wss. Lsg. 36-2337; Korros.-Schutz v. Stahl in wss. Phase durch öllösl. polare Rostinhibitoren 38-2487; Passivier. v. –, Ni- u. Cr-Stählen durch SO_4^{2-} 42-2363; Meth. zur Stahlprüf. auf Rißkorros. in wss. Lsg. 47-2210; Wrkg. u. Korros.-Inhibitoren in Kühlmittelsolen auf – u. Stahl 51/52-2387.

Spann.-Rißkorros. v. Stahl *18-11* u. *18-11-2*P in $MgCl_2$ 1-2546; Alkalisulfatkorros. in Stahlrekuperatoren u. Kesselanlagen 3-2461; Korros.-Geschw. v. Flußstahl in alkal. LiBr-Lsg. 3-2468; Vgl. d. Korros. d. Schweißnähte v. Stahl *00*Ch*25*N2O u. EI *417* in $MgCl_2$ 5-2485; Metavanadatsalz als Korros.-Inhibitor für Stahl in K_2CO_3-Lsg. mit sauren Gasen 6-2496*; Verminder. d. Stahlkorros. in NaCl- u. NH_4Cl-Lsg. durch Neutralisat. mit NaOH 9-2613; Korros.-Erschein. v. Edelstahl bei d. $(NH_4)_2SO_4$-Herst. 10-2308; Unters. d. Korros.-Beständigk. v. Stahl in $K_2Cr_2O_7$-Lsg. mit Pt-Elektroden 12-0634; Modellunters. d. Lochfraßbldg. v. Stahl *18-8* in $MgCl_2$-Lsg. 16-2428; Schwellenspann. u. Anlaufperiode bei d. Spann.-Korros. v. Drähten aus austenit., rostfreiem Stahl AISI *302* u. *316* in $MgCl_2$ 18-2257; Korros. v. C-Stahl in NH_4NO_3-Lsg. 19-0642; Temp.- u. Konz.-Abhängigk. d. Spann.-Rißkorros. austenit. Cr–Ni-Stähle in $MgCl_2$ 20-2466; Einfl. d. pH-Werts auf d. Ox.-Geschw. v. – in KCl-Lsg. in Abhängigk. v. d. Temp. 25-0625; Einfl. v. $NaClO_3$ auf d. Korros.-Verh. rostfreier Stähle in konz. NaOH 31-2392; Korros. geschweißter *18/8*-Stahlrohre durch konz. $CaCl_2$-Lsg. 36-2338; Korros.-Geschw. v. Stahl in Li-Halogeniden 44-2335; Einfl. v. Inhibitoren auf d. Stahlkorros. in $CaCl_2$-Lsg. bei hohen Temp. u. Drücken 47-2206; Polarisat.-Kurvenverlauf v. Stahl in KNO_3-Lsg. 48-0569; Spann.-Korros.-Brüche in rostfreiem Stahl AISI *316* in NaOH-Lsg. mit reduzierenden oder organ. Stoffen 51/52-2389.

Korrosion durch Metallschmelzen: Korros.: v. Stahl durch fl. Al u. Zn 9-2611; v. Stahl AISI *1020*, *304* u. *405* durch Schmelzen d. tern. Syst. Cd/Mg/Zn 12-2422; Einfl. fl. Metallüberzüge auf d. Sprödbruchverh. v. nichtaustenit. Stahl 15-2429; nichtselektive Korros. v. Stahl Ch*15*N*35*W*3*T, Ch*20*N*12*S*2*, *1*Ch*18*N*9*T u. *15*Ch*12*WMV in fl. niedrigschmelzenden Metallen 30-2417; Zerstör. v. Stahl an d. Korngrenzen unter Einw. einer Metallschmelze 39-2209; Korros. v. rostfreien Stählen u. hitzebeständ. Leg. in fl. Na in Kernreaktoren 44-2025; Temp.-Einfl. auf d. Korros. v. *1*Ch*18*N*9*T in fl. O_2-halt. Na 44-2348.

Oberflächenbehandlung und Korrosionsschutz

Chem. Vorbehandl. v. nichtrostenden Stählen für d. Abscheid. v. Metallfolien 1-2594*; Salzgemisch für Rostschutzmittel 3-2550*; verbesserte Standzeit v. Schnellarbeitsstahlwerkzeugen durch Oberflächenbehandl. 11-2582; Oberflächenbehandl. v. – u. Stahl im Gasplattier-Verf. 16-2493*; Schutz v. Baustählen durch flammgespritzte Metalle u. Anstriche 21-2603; elektrolyt. Korros.-Schutzbehandl. v. Stahl in Glucon- u. Nikotinsäure 21-2726*; Stabilisier. v. Rost auf – u. Stahl 26-2663*; Verf. d. Oberflächenbehandl. zur Gewährleist. d. Funkt.-Anforder. v. —-Werkstoffen 32-2422; Überzugsverf. für —-halt. Formkörper 34-2331*; Verw. v. Alkylpyridiniumbromid zum Korros.-Schutz v. Stahl 44-2399*.

Reinigen und Entfetten: Rostentferner aus Sisalsaft u. N.N′-Di-(o-hydroxybenzyl)-äthylendiamindiessigsäure 2-2548*; Entzundern v. Stahl durch Ultraschallwrkg. 4-2423*; Entzundern u. Passivieren v. warmgewalzten Band 4-2424*; Entzundern v. nichtox. Stahl 4-2425*; Entrosten u. Entkohlen v. Stahlteilen 7-2610*; Entfetten u. amorphes Phosphatieren 10-2640*; Lsg. für gleichzeitiges Entfetten u. Beizen v. Stahl 11-2667*; Lsg. zum Reinigen u. für feste Schutzschicht auf – 11-2669*; Entzundern v. Stahl in Alkaliperoxidschmelze 13-2669*; Entzunder. v. warmgewalzten Stangen oder Bändern aus – oder Stahl 15-2535*; Lsg. zur elektrolyt. Entfern. v. Rost u. Hammerschlag 25-2285*; Entfernen v. Kalkablager. v. Oberflächen durch wss. HCl mit SH-Verb. u. Alkylpyridin u. Alkylanilin als Inhibitor 25-2334*; wasserseit. Entzunder. v. Schiffskesseln 28-2462; Entfern. v. NaO-halt. Waschlaugen beim Entzundern v. Stahl nach d. Na-Hydrid-Verf. 28-2503*; elektrolyt. Entrost.-Verf. v. Rissen in Stahlteilen 31-2356; elektrolyt. Entfernen v. Oxidschichten v. Bandstahl 32-2476*; elektrolyt. Entzundern v. nichtrostendem Stahl 35-2322*; H-Adsorpt. v. Stahl bei d. chem. Entzunder. 42-2337; Entzundern v. Stahloberflächen durch Aufbringen v. Borsilicatglas u. Abschrecken 44-2388*; Lsg. zum Entrosten u. Reinigen v. Stahlerzeugnissen 45-2258*.

Ätzen und Beizen: Wss. Lsg. zum Beizen v. – u. Stahl unter gleichzeit. Rostschutz 1-2591*; Lsg. zum Beizen v. Flußstahl 1-2592*; Beizverh. v. warmgewalztem Stahlband im Dreistoffsyst. $HCl/FeCl_2/H_2O$ 4-2353; Verw. v. Resistin als Inhibitor für Stahlbeizen 6-2418; Verhindern d. Anätz. v. Weißblech für Lebensmittelbehälter 9-2709*; Aufarbeiten unbrauchbarer Beizbäder 10-2632*; Badzus. zum Beizen niedriggekohlter Stähle auf Hochgeschw.-Durchlaufheizanlagen 11-2583; Vgl. v. Beizgeschw. u. Potential v. verzundertem Stahl 12-2412; Ätzgeschw. v. Säuregemischen auf ox. Stahl 14-2551; Verf. zur Aufbereit. v. sauren Beizbädern 14-2552; kontinuierl. Beizen v. Bändern u. Regenerieren d. Beizlsg. 14-2643*; Projektier. einer Anlage zum kontinuierl. Beizen v. Stahlbändern in H_2SO_4 16-2408; Beizen v. —-Teilen durch HCl 16-2409; Sparbeizzusatz für —-Beizlsg. aus Di-n-butylthioharnstoff u. Pay-Glykol 16-2501*; Ultraschallbeizen v. Fe–Ni–Co-Leg. 18-2516; Beizbehandl. für verbesserte Hitzebeständigk. u. gleichzeit. Unterdrück. d. Sprüheffekts v. Ni–Cr–Fe-Heizleiterleg. u. hitzebeständ. Stählen 24-2520*; Wrkg. v. Nitroäthan als Inhibitor d. H-Diffus. beim Ätzen v. Stahl 30-2399; Einfl. d. Oberflächenzustandes auf d. mikrograph. Angriff v. Ätzmitteln auf Stahl 32-2403; Beizlsg. für C-Stahl OL*83* mit verringerter Gesundheitsschädig. 32-2424; Hydrier. v. Stahl während d. chem. Ätz. u. Galvanisier. 38-2475; kontinuierl. Beizen v. Stahlbändern im Ruthener-Turmverf. 39-2254; Vgl. d. Inhibitorwrkg. v. CM u. Katapin für saure Beizzusatzpasten 46-2358; Inhibitorwrkg. beim Beizen v. Stahl *1*Ch*18*N*9*T in Säuregemischen 46-2359.

Glänzen und Polieren: Chem. Polieren v. unlegiertem Stahl zur Korros.-Schutzvorbehandl. 9-2603; Polierbark. v. Stahlblech X *10* Cr *13* 10-2552; Bad zum elektrolyt. Polieren v. rostfreien Stählen 10-2631*; Elektrolyt zum Polieren v. – u. —-Leg. 19-2602*; anod. Elektropolieren v. Geräten aus rostfreiem Stahl 24-2486; elektrochem. Polieren v. Stahl mittels Wechselstrom 45-2212; gleichzeit. Beizen u. Polieren v. Edelstahl 46-2423*; chem. Polieren v. Stahl *1*Ch*18*N*9*T in Säuregemischen 49/50-2251.

Schutz- und Farbschichtbildung durch chemische Umwandlung der Oberfläche

Passivieren v. Stahl 7-2614*; Phasenzus. d. borierten Schicht v. Stählen 10-2542; Herst. v. Überzügen aus Oxalaten auf Edelstählen 15-2432; Herst. v. Si–Fe-Diffus.-Leg.-Überzügen auf – durch Eintauchen in Si-Schmelze 16-2494*; Sulfidieren u. Selenieren v. Stahl u. Grauguß 18-2514; verbesserte Beständigk. v. Stahloberflächen bei trockener Reib. durch anod. Behandl. 20-2477; verbesserte Korros.-Beständigk. v. Stahl durch anod. Behandl. in Mineralsäure 21-2725*; verbesserte Verschleiß- u. Festigk.-Eig. durch Oberflächenbehandl. im Sulfinuz-Verf. 23-2347; Schutzschichtbldg. auf Stahloberflächen durch Behandl. mit wss. HCN 23-2418*; Oberflächenbehandl. in Oxalsäure 24-2545*; Herst. verschleißfester Oberflächen in d. Salzschmelze 27-2493*; Bldg. einer silicierten Schicht auf Stahl in SiH_4 u. $SiCl_4$ 29-2459; Sulfidier., Selenier. u. Tellurier. v. Stahl u. Guß-— 29-2465; Oxalier.-Schichten auf – 32-0233; Passivieren v. – u. Stahl durch Behandl. mit wss. Lsg. v. Diäthanolaminnitrit 32-2481*; Erzeug. einer Oberflächenschicht mit Druckeigenspann. für unmagnet. Kappenringe austenit. Stahlrotoren 33-2469*; Verbesser. d. Korros.-Widerstandes v. durch Aufkohlen oder Nitrieren oberflächengehärtetem – 36-2377*; Herst. v. Diffus.-Überzügen auf —-Metallen 47-2237*; Ox.- u. Korros.-Beständigk. v. inchromiertem Stahlblech 51/52-2348.

Korros.-Verhinder. durch Inhibitoren s. im Kapitel *Korrosion*, S. 512.

Oxydieren und Färben: CrO_3-Lsg. zur Herst. v. farb. Überzügen auf Cr-Stahloberflächen 8-2541*; anod. Behandl.: v. glänzenden Stahloberflächen für verbesserte Korros.-Beständigk. 16-2513*; v. nichtrostendem Stahl für seidenart. matte Oberflächen 17-2488*; Stahlbrünier. durch alkal. Ox. in $NaNO_2$ 20-2462; Herst. gemusterter Al-Stahlplatten mit verschiedenen Farben durch anod. Behandl. 25-2324*.

Phosphatüberzüge: Schutzüberzüge auf phosphatierten Stahloberflächen (Übersicht) 6-3101; Rostschutz mit ölbehandeltem Phosphatüberzug 8-2457; Phosphatier. v. Stahl 14-2556; elektrochem. Unters. d. Eig. u. Zus. v. Phosphatüberzügen 19-2504; Einfl. eines Ultraschallfeldes auf d. Phosphatier. ohne

Sandstrahlvorbehandl. d. Stahls 22-2464; Anstrichvorbehandl. v. —- oder Stahloberflächen durch Phosphatier. 30-2894; Kurzzeitverf. zur Unters. d. Korros.-Beständigk. v. phosphatierten Stahlblechen 31-2391; kalte Phosphatier. v. cadmiertem Stahl 46-2372; Einfl. d. Spülens auf d. Stahlphosphatier. u. seine Korros.-Beständigk. 48-2521.

Phosphatieren: v. Stahl (Lsg.) 2-2565*; v. —, Stahl oder verzinktem — 3-2546*; v. Stahl (Phosphatier.-Mittel) 7-2632*; (Verf.) 7-2633*; Herst. v. Mn-Phosphatüberzügen auf — u. Stahl 7-2634*; wss. Lsg. für elektr. isolierende Überzüge auf Si-Stahlblechen mit H_3PO_4 8-2536*; Kaltphosphatier. v. C-armem Stahl 9-2711*; Phosphatieren v. Stahl 9-2712*; (Verw. v. $MnHPO_4$-Lsg.) 15-2563*; elektrolyt. Phosphatier. u. gleichzeit. Rostentfern. mit $ZnC_2H_4 \cdot 2\,H_2O$ 22-2529*; Vorbehandeln v. Stahlblechen vor d. Phosphatieren 23-2437*; Phosphatieren: v. kaltgezogenem Stahlband 27-2507*; für verbesserte Haftfestigk. v. Lacken 41-2355*; unter Verw. v. Kaliglimmer 46-2430*; v. — 47-2246*.

Schutz durch elektrochemische Passivierung: Anode für d. kathod. Schutz v. erdverlegten Konstrukt. 7-2637*; Verw. v. Si-reichem Guß-— für d. kathod. Schutz in Brackwasser 9-2621; kathod. Schutz: für in d. Erde versenkte Teile 10-2643*; v. Stahl in Berühr. mit Meerwasser 14-2569; v. Guß-—-Trockenzylinder in Maschinen zur Papierherst. 14-2570; v. Stahlrohren 16-2427; v. Stahl in Spannbeton 24-2494; v. Stahl (Herst. v. Zn-Leg. für Anoden) 28-2536*; v. Stahlbehältern für Friedel-Krafts-Salze 31-2448*; v. Schiffbauelementen 36-2376*; Beding. d. Kathodenschutzes nichtrostender Stähle in Spalten 38-2488; Verw. v. Al als Opferanode zum kathod. Schutz v. Stahlkonstrukt. unter W. oder im Untergrund 40-2399; Kathodenschutz v. Stahl St*3* in Essigsäure 43-2172, 47-2203.

Anod. Schutz: v. Stahl AISI *316* in $HClO_4$–HCl-Lsg. 39-2272; v. rostfreien Stählen für d. Produkt. v. KCl-Mischdünger 41-2302; zur Korros.-Bekämpf. in Zellstoff- u. Papierfabriken 51/52-2399.

Schutzüberzüge auf anorganischer Grundlage

Schutzüberzug für eiserne Behälter aus Asbestpulver, Kreide, Na-Silicat u. einem Bindemittel 3-2329*; Herst. v. Oxidschichten auf Stahlrohren 3-2543*; Rostschutzmittel für — u. Stahl gegen fl. Brennstoffe 4-2439*; Herst. festhaftender $Mg(OH)_2$-Überzüge auf — 5-2565*; Schutzüberzüge für Stahl gegen Tankerkorros. 9-2620; Herst.: einer Oxidschicht auf Dynamoblechen 11-2685*; v. Si–Fe-Diffus.-Leg.-Überzügen auf — durch Eintauchen in Si-Schmelze 16-2494*; feuerfester Schutzanstrich v. —-Hüttenzwischenerzeugnissen gegen Ox. u. Entkohl. im Nachwärmofen 17-2427*; festhaftender $Mg(COH)_2$-Überzug auf — 17-2527*; Sulfidieren u. Selenieren v. Stahl u. Grauguß (Unters. d. Schicht) 18-2514; Herst. v. TiC-Überzügen auf Stahl aus d. Gasphase 19-2498; Korros.-Schutzanstrich mit Zn-Pulver u. Portlandzement 22-2533*; Herst. hitzebeständ. Schichten aus Cr_3C_2 mit Bindemittel aus Borsilicatglas auf Stahl 23-2357; Herst. dicker Alkalisilicatschichten auf rostfreien Stahlplatten 25-2317*; Überzüge aus Alkalisilicat u. Zn-Staub auf Stahl 25-2328*; Überziehen v. —-Gegenständen mit einer Schutzschicht aus Schlämmen 36-2221*; Schutzanstrich gegen Ox. u. Entkohl. in Nachwärmöfen für Halbzeug in —-Hütten 38-2524*; Nachbehandl. v. elektr. isolierenden anorgan. Deckschichten auf — u. Stahl für magnet. Kernbleche 39-2130*; Wrkg. hitzebeständ. Überzüge auf Stahl gegen Gaskorros. 46-2364; oxid. Schmelzüberzug auf Si-Stahl aus Cr_2O_3 u. CaO für Isolier. für Transformatorenkerne 47-2094*; Herst. v. Diffus.-Überzügen aus Si–Fe-Leg. auf — 47-2238*; Herst. v. glasüberzogenem Stahl 51/52-2441*.

Emaillieren: Einsatz v. hitzebeständ. Blechen in d. Emailindustrie 4-2207; flexosmalt. Verf. zur Emaillier. v. Stahlblech ohne Grundemail 5-2359; Direktemaillier. v. C-Stählen 5-2360; Fischschuppenproblem bei emaillierfäh. Stahlblechen 5-2361; Porenbldg. in Emaille an Guß-—-Stücken 9-2517; Porzellanemaillieren v. rostfreiem Stahl 10-2412; Bezieh. zwischen Entkohl. u. Emaillier. v. Stählen 23-2233; Phasengrenzbereich Metall/Email an direktweißemailliertem Stahlblech 26-2432; Spann. im Syst. Email–Guß-— 26-2433; Einfl. d. W.-Dampfgeh. d. Ofenatmosphäre auf d. Stahlblechemaillierprozeß 40-2228; Einfl. d. Oxydierbark. v. Mn-, Al-, Ti-, Si- u. V-legierten Stählen auf d. Haftfestigk. v. Emaille 48-2357; Auswahl hitzebeständ. Stähle für Emaillieröfen 48-2465.

Reinig. v. zu emaillierenden Gegenständen aus Stahlblech 1-2412*; Emaillieren v. kaltgewalzten Stahlplatten 24-2311*; Verhinder. d. Fischschuppenmuster beim Emaillieren v. Stahlgegenständen 36-2220*; Emaillieren v. — oder Stahl 38-2312*; Einschichtemail für Guß-— aus Hochofenschlacke, Borax u. Al-Silicat 41-2202*; Herst. eines Schlickers zur Einschichtemaillier. v. Stahlblechen 47-2126*; Beseitig. v. Fischschuppenbldg. in emaillierten —- u. Stahlblechen 47-2241*.

Metallüberzüge: Aufdampfen v. Metallüberzügen mittels Elektronenstrahlen 8-2522*; Herst. v. Metallüberzug auf —-Band erhöhter Ziehbark. im Schmelzbad 13-2651*; metall. Überzüge als Korros.-Schutz bei typisierten Fertigteilen für d. Stahlleichtbau 18-2517; erhöhte Dauerfestigk. v. Stahlelementen durch galvan. —-Überzüge 20-2452; haftfestes Aufdampfen v. Metallen auf — im Vakuum 23-2421*; Metallspritzverf. an Stahlblechen 24-2501; Beschicht. v. Werkstücken aus Stahl mit Hartmetall 25-2117*; Metallisier. in d. —-Hüttenindustrie zum Schutz d. Hochofenpanzer gegen korrodierendes Kühlwasser 25-2235; schmelzfl. Überziehen v. Stahl mit Hartmetalleg. aus *2,5* B, *20* Cr, *1,2* Si, *4* W, *1,2* C, Rest Co 25-2302*; Herst. v. metallüberzogenem —-Band im Schmelzbad 25-2304*; Metallpulvermisch. zum Flammspritzen v. porenfreien, verschleißfesten Überzügen auf Stahl 32-2460*; Herst. v. nichtrostenden Überzügen aus Stahl auf — 32-2477*; Herst. v. elektrolyt. Überzügen auf aushärtenden Stählen 33-2447*; Herst. v. —-Band guter Zieh- u. Tiefziehfähigk. mit metall. Überzug 41-2350*; Kinetik d. Elektrodenprozesse bei Verstähl. v. gehärteten Stählen 46-2362.

Al: Herst. v. —-Bändern mit Al-Überzügen 4-2430*; aluminierte —-Gegenstände 5-2559*; Aufspritzen v. Rein-Al auf — gegen atmosphär. Korros. 8-2527*; Korros. u. Wärmebeständigk. v. aluminiertem Stahl 9-2617; Tauchaluminieren v. — oder Stahl 16-2506*; Herst. v. Al-überzogenem Tiefziehbandstahl 21-2671*; Korros.-Schutz v. Stahl durch Aufdampfen v. Al im Vakuum 22-2531*, 24-2553*; Verf. zum Überziehen v. Stahl mit Al-Pulver 33-2424*; Aufwalzen v. Al-Überzügen hoher Reflex. auf —- u. Stahlbänder 35-2325*.

Schmelze: aus $<$*70* Al u. $>$*10* Li für Diffus.-Überzug auf — 5-2546*; zur Diffus.-Aluminier. v. — 8-2511*; Diffus.-Alitier. v. Stahl gegen Zunderbldg. u. sulfidhalt. Gase bei hohen Temp. 14-2548; Mikrogefüge u. Ox.-Beständigk. v. Fe–Al-Diffus.-Überzügen 16-2403; Alitieren v. Stahl (Verw. v. Pulvermisch. aus — u. Al_2O_3) 24-2438*; (Diffus.-Verf.) 28-2528*; B-Alitier. v. Stahl 32-2426; Verbesser. d. Ox.- u. Hitzebeständigk. v. rostfreien Stählen mittels Cr–Al-Diffus.-Überzügen 39-2265.

B: Einfl. d. Badzus. auf d. Borier.-Temp. v. Stahl 19-2489; elektrolyt. B-Zementier. v. Stahlstäben zur Herst. v. Kontrollstäben für Kernreaktoren 22-2445; Elektrolyseborzementat. v. Stahl mittels B_2O_3 u. $Na_2B_4O_7$ 25-2277*; Beseitig. v. Fehlern bei d. elektrolyt. Borier. v. Stahlgesenken 35-2282.

Bi: galvan. Abscheid. v. Bi auf Stahl 23-2356.

Cd: Ersatz v. Cd als Plattier.-Metall u. Schmiermittel für Stähle 21-2547; Beschleunig.-Koeff. für Cd-Überzüge auf Stahl in Schnell- u. Feldkorros.-Vers. 51/52-2385.

Cr: elektrolyt. Verchrom. v. nitrierten Stahlleg. 12-2498*; Einfl. d. Grundmetalls auf d. inneren Spann. u. Mikrorißbldg. in elektrolyt. abgeschiedenem Cr auf Stahl 21-2608; galvan. Verchromen v. Stahlblech 21-2730*; Aufdampfen v. Cr-Überzügen im Vakuum 24-2553*; H_2-Belad. v. elektrolyt. Cr-Nd. auf Stahl 27-0611; Schnellkorros.-Vers. an rißfreien Cr-Überzügen auf Stahl 42-2361; elektrolyt. Verchrom. v. Guß-— 45-2261*; Einfl. d. elektrolyt. Verchrom. v. Stahl auf d. Biegedauerfestigk. 49/50-2238; verbesserte Korros.-Beständigk. v. Stahlband durch elektrolyt. Verchrom. 49/50-2286*.

Behälter zum Aufbringen v. Cr-Überzügen aus d. Halogenidphase 3-2540; Oberflächenhärten v. — u. Stahl durch Diffus.-Verchromen 4-2413*; (Verw. v. Schmelze aus $<$*70* Cr u. $>$*10* Li) 5-2546*; metallotherm. Oberflächenleg. v. Guß-— mit Cr 12-2408; Chromieren mittels Halogengas 12-2468*; Korros.-Schutz v. Stahl durch (Cr + Keramik)-Schicht 14-2660*; Herst. v. Diffus.-Schicht aus — u. Cr auf — 15-2533*; Einfl. einer Hochfrequenzerhitz. auf d. Stahlchromier. im Vakuum 29-2462; Beschleunig. d. Diffus.-Sättig. bei d. Verchrom. v. Stahl *1*ChN*35*WT 29-2463; Stahlchromier. unter Verw. v. NH_4-Halogeniden 35-2276; Verbesser. d. Ox.- u. Hitzebeständigk. v. rostfreien Stählen mittels Cr–Al-Diffus.-Überzügen 39-2265; Chromieren v. Stahlguß 44-2327; Cu-Bentonitschicht zum Ox.-Schutz v. —-Leg. 8-2537*; Ablösen v. Cu-Überzügen auf Stahl 14-2646*; innenseit. Verkupfern v. Achsbüchsen aus Stahl 19-2609*; Verkupfer. v. Stahl in CuO-Paste mit wss. NH_3 22-2521*; Beseitigen einer Cu-Plattier. auf — u. Stahl 24-2547*; Elektrolyt zur Direktverkupfer. 30-2461*.

Ni: chem. Vernickeln v. austenit. Cr–Ni-Stahl 8-2446; galvan. Vernickeln v. Maraging-Stahl 8-2447; Herst. magnet. Aufzeichn.-Schichten auf Stahl durch Aufbringen v. Ni mit *8–11* P 16-2201*; chem. Vernickeln v. metallkeram. —-Erzeugnissen 40-2370; Vernickeln v. passiven Stahlblechen 44-2328; Korros.-Schutzwrkg. v. NiCr-Überzügen Ch*20*N*80* auf Stahl Sb*10* 46-2364.

Pb: Elektrolyt zur Verbleiung v. Stahlerzeugnissen 11-2677*; Verbleiung durch Strangguß 19-2497; Herst. dicker Pb-Überzüge auf — 25-2297*; Schutz v. Stahl durch Opfer. v. Pb-Leg.-Überzug 26-2616.

Sn: Herst. v. —-Bändern mit Sn-Korros.-Schutzüberzügen 4-2430*; Korros.-Wrkg. v. Wasch- u. Desinfekt.-Mitteln auf Weißblech für d. Molkerei 7-2543; galvan. Verzinnen por. Sinterkörper auf —-Basis 9-2708*; Diffus. u. Wachstumskinetik bei Bldg. einer Leg.-Schicht auf Weißblech 11-2592; Gefüge u. Eig. v. nach d. BISRA-Verf. wärmebehandeltem Bandstahl zur Weißblechherst. 20-2435; Stahl zur Herst. v. Weißblech für Kannen 20-2518*; Verbessern d. Lötfähigk. v. Weißblech mittels Äther d. Polyäthylenglykols als Netzmittel 33-2436*; Herst. v. Weißblech aus unberuh. Stahl mit *0,15* Mn u. *0,05* C 42-2394*; Eig., Bearbeit. u. Anwend. v. Stahl mit Sn-Überzügen (Übersicht) 51-2290.

Rückgewinn. v. Sn aus Weißblechabfällen 12-2366; elektrolyt. Reinig. v. Weißblech in Alkalisilicatlsg. 16-2419; elektrolyt. Wiedergewinn. v. Sn aus Weißblechabfällen 29-2420.

$Fe(CN)_3$-Test zur Unters. d. Porosität v. Weißblech 14-2554; Gefügeunters. d. Weißblechleg.-Schicht 18-2525; Mess. d. Überzugsdicke v. Sn auf Stahlblech mittels Röntgenfluoreszenz 26-2597.

Ti: Verf. zum Plattieren v. rostfreiem Stahl mit Ti 7-2600*; Korros.-Beständigk. u. Einsatz v. Ti-plattierten Stahlblechen 24-2500; Eig. v. Ti-Überzügen auf Stahl 29-2461.

Zn: Herst. v. —-Bändern mit Zn-Korros.-Schutzüberzügen 4-2430*; Herst. einseitig verzinkter Bänder 7-2627*; Herst.-Verf. für feuerverzinkte Stahldrähte mit dicker Auflage 8-2448; Anlassen verzinkter Tiefziehbleche 10-2557; Feuerverzinken: v. Stahldraht 12-2489*; (Vorbehandeln) 12-2502*; v. Stahlbändern 15-2555*; galvan. Verzinken v. rostfreiem Stahl im $Zn(CN)_2$-Bad 17-2514*; schmelzfl. Verzinken v. Stahldrähten 17-2515*; galvan. Glanzverzink.-Bad für — u. Stahl 18-2615*; Korros.-Schutz v. Stahlteilen durch Spritzverzinken 20-2458; Verbesser. d. Lötbark. v. galvan. verzinktem Stahlblech durch organ. Überzug 23-2405*; Einfl. d. Herst.-Beding. auf d. Verwendbark. verzinkter Stahldrähte 31-2384; elektrolyt. u. Feuerverzink. v. Stahl 31-2385; elektrolyt. Herst. v. Zn-Schutzschichten nach vorher. Phosphatier. aus d. gleichen Lsg. 33-2456*; verbesserter Korros.-Widerstand v. Bändern durch Feuerverzinken 33-2467*.

Einfl. v. Sn-, Sb- u. Pb-Zusätzen auf d. physikal.-chem. Eig. v. Zn-Überzügen 16-2417; Ursachen d. Abblätterns v. Zn v. —-Blechen 16-2418; Festigk. v. Fe–Zn-Leg.-Schichten auf hoch-Si-halt. Stahl 20-2456; Vgl. d. Korros.-Verh. v. feuerverzinkten, mit galvan. verzinkten, danach mit Al bedampften Stahlblechen 22-2466; Stromstärke im Korros.-Element Stahl/Zn-Überzug in Leit.-Wasser bei Polumkehr 23-2368; Anwend.-Gebiete u. Formgeb. v. feuerverzinktem Stahlblech 32-2427; Auflsg. u. Ausscheid. v. C u. N während d. Stahlblechverzink. 45-2216; Ursachen d. Metallwellen im Zn-Spritzguß auf — 45-2217; Haftfestigk. v. Zn-Überzügen auf Stahl in fl. Brennstoff 48-2519.

Schutzüberzüge auf organischer Grundlage

Herst. v. nichtmetall. Überzügen aus Epoxidharzen für Kaskaden aus Schwarzblechen 1-3244*; Haft. u. Durchlässigk. v. Epoxidharzpulverüberzügen auf Stahl 2-3087; Überziehen: v. Blechen mit Diepoxidpolymerisat.-Prod. 4-2847*; v. Carbonyleisen mit makromol. Polymeren zwecks Verw. für magnet. Aufzeichn.-Vorr. 6-2109*; Verf. zum Verbinden v. Stahl mit Polyäthylen 6-2869*; Vgl. v. organ. Schutzüberzügen auf Stahl in flachem u. tiefem Meerwasser 9-2624; Verw. v. hitzebeständ. Überzügen aus ZnO u. Organo-P-Verb. für Stahl 16-3083; Überziehen v. Stahl mit Al-halt. Butadienpolymeren oder Butadien-Styrol-Copolymeren 16-3100*; Überziehen v. —-Gegenständen mit Plastisolpräp. 16-3102*; Herst. v. mehrschicht. Polymerüberzügen auf rostfreiem Stahl 18-3252*; Herst. v. Kunststoffschichten auf Stahl 20-2460; Überziehen v. —-Flächen mit korrosionsschützenden Plastisolüberzügen 20-3185*; Verspröd. v. hochfesten Stählen durch Vorbehandl. mit ätzenden Grundanstrichen (verhütende Glühbehandl.) 22-2412; Mikrobruchmechanismus d. Grenzflächentrenn. v. Cellophan u. Stahl 26-0640; Oxalier.-Schichten auf Stahl 32-0233; Herst. v. 6H-1.2-Oxazinen (Rostschutzzusatz) 35-2417*; Tropenprüf. v. organ. Korros.-Schutzüberzügen u. -schichten auf Stahlplatten 36-2819; Mehrkomponentenspritzverf. bei d. Isolierbeschicht. v. Stahl mit glasfaserverstärkten Kunststoffen 38-2942; rostschützende Überzüge aus KW-Stoffsiliconöl u. Erdölsgm. 38-2962*; Überzugsverf. für Stahlbleche aus organ. Kunstharzen für verbesserte Korros.-Beständigk. 39-2314*; Korros.-Schutz: v. Stahl- u. Betonbauteilen durch Epoxidharzkombinat. 40-2942; v. Kabeln u. Trägern aus — oder Stahl mit Kunstharzbändern 40-2974*; Aufbringen v. Fluorkohlenstoffharzen auf Stahl 42-2885*; Beeinfluss. d. Haftfestigk. v. Schichten aus PVC auf Stahloberflächen durch PVC-Stabilisatoren 43-2534; rostschützende Überzüge aus Acrylpolymeren u. Copolymeren aus Vinyltoluol u. Butadien 46-2922*.

Lack- und Ölfarbenüberzüge: Einfl. v. W. auf d. Haftfestigk. v. Polymeranstrichen auf Stahl 3-3099; Pseudo- u. Effektivbenetz. v. Zn-Staubanstrichen auf —-Unterlagen 4-2988; Verhüt. v. Stahlkorros. durch ZnO-halt. Al-Anstriche 6-3088; Porosität v. Lackfilmen auf Weißblech 6-3093; Modifizier. v. Lackfarbenmaterialien durch oberflächenakt. Stoffe für d. Auftrag auf Stahl 8-3177; Verw. v. Lacken aus epox. Ligninphenolharzen für Stahl 12-3100; Vorbehandl. v. verrosteten Oberflächen vor d. Auftragen v. Anstrichmitteln u. anderen Stoffen 12-3102; Verw. v. Lacken auf 2.4.6-Tri-[hydroxymethyl]-phenolbasis für Stahl 13-3359; Abhängigk. d. spezif. Gew. v. Lackfarbenüberzügen auf Stahlblättchen v. Auftragsmittel u. -verf. 14-3203; Korros.-Verh. v. Zn-Staubanstrichen auf Stahl 20-2470; elektrochem. Unters. d. Schutzeig. v. pigmentierten Lacküberzügen auf Stahl 20-3154; Anstriche aus nichtvernetzenden Kunststoffdispers. 20-3168; Stahlschutz durch elektrophoret. aufgebrachte Anstriche 26-3203; Einfl. v. Faktoren auf d. Haftfestigk. v. Polymeranstrichfilmen auf Stahl 26-3207; Wechselwrkg. zwischen Stahl u. prim. Farbschicht 28-2487; Verw. v. farbig pigmentierten Acrylanstrichen für Schmiede-— 28-3078; Verh. v. Polymeranstrichen auf — bei niederen Temp. 28-3088; Verw.: v. metallpigmentierten Styrolanstrichen für Stahl 34-3093; v. Einbrennlacken aus NH_4-Salzen v. Acrylharzen für Weißblechplatten 36-2831*; v. Chromfluoridkomplexen in —-Metallacken 36-2810; v. Polyesterharzen in Korros.-Schutzanstrichet für Stahlkonstr. 38-2934; chem. Beständigk. v. Kunststoffen u. Anstrichmitteln auf St 3 41-2298; Stahlschutz durch Anstriche 48-3028; Haltbark. v. lackiertem Stahl bei verschiedener relativer Feuchtigk. 48-3029.

Herst. v. Überzugsmitteln in Emuls.-Form auf Basis v. Alkoholen u. Äthern für Stahl 6-3109*; Korros.-Schutzanstrich für Stahl aus Polyepoxyalkyläther eines Polyphenols 30-2467*; Anstrichmittel aus Dispers. linearer Addit.-Polymerisate in fl. KW-Stoffen für Stahl 36-2836*; Abziehen v. Lacküberzügen v. Rohr mit Aminopropionsäurederiv. 38-2950*; Korros.-Schutz mit Farbsyst. aus Kohle, MnO_2 u. NH_4Cl u. Cu enthaltenden Kunstharzlsg. 38-2991*; elektrophoret. Auftragen v. einschicht., TiO_2 enthaltenden Anstrichen auf verzinktes — 46-2902.

Verw. v. Zn-Staub in Epoxy-Polyamid-Rostschutzfarben 7-3270; Haltbark. v. Rostschutzanstrichsyst. auf Baustahl 34-3091; Chromitinhibitorkomplexe in Rostschutzanstrichfilmen für Cr-Stahl 38-2932; Verw. v. Rostschutzmitteln zum Überziehen v. transparenten Kunstharzfolien 38-2993*; Rostschutzanstrichmittel aus trocknenden Ölen, Polymeren u. organ. Ba-Verb. 46-2915*; Verw. v. „Diphenolsäure"-Estern in Rostschutzfarben 51/52-2949.

Verw. v. Zn-reichen Rostschutzgrundier. auf Basis v. Epoxyharzen 7-3266; Anwend. u. Leist.-Fähigk. v. Primern auf Stahlplatten (Überblick) 9-3272; Korros.-Schutz durch oxid. Grundier. 10-3207; Werkstättengrundanstrich u. Konservier. v. Walzstahlerzeugnissen mit Shop-Primern (Übersicht) 22-3006; Grundanstriche auf Al- u. Zn-gespritztem Stahl 24-3156; Vorgrundier. v. Stahlkonstrukt. mit Wash-Primern auf Phenolharzbasis 28-3082; rostschützender Grundanstrich durch Zusatz v. $Ca_3(PO_4)_2$ u. ZnO 38-2987*.

Verw. v. Ba-Chromat in SO_2-beständ. Rostschutzfarben 2-3081; Verw. v. Ca-Plumbatanstrichen für feuerverzinkten Stahl 3-3094; Verw. v. Pb-Pigmenten in Farbsyst. für galvanisiertes — 16-3072; Verw. v. metall. Mn als antikorrosives Pigment für Anstriche auf Stahl 22-2995; Rostschutz durch $Ca(OH)_2$ enthaltende Anstrichmittel 24-3143; Rostschutzanstrichmittel auf Basis v. Pb-Silicochromat 32-3010.

App. zur kontinuierl. Imprägnier. u. Lackier. v. Stahlblechen 2-3093; Anstriche: v. Konstrukt.-Stahl 6-3105; für verzinkte Stahlbleche (Überblick) 18-3245; Zweischichteinbrennlackier. v. PVC-beschichteten Stahlleichtbauteilen 26-2600; Anstriche für feuerverzinkten Stahl 26-3205; Schutz v. Stahl durch Epoxidharzanstriche gegen kochendes W. 28-3081; Verh. v. Epoxidharzanstrichen auf —-Dalbenrohren im Meerwasser 30-2897; Zn-Anstriche zum Schutz v. Stahl in Meerwasser 51/52-2403; Bewert. v. Anstrichen für —-Bauten unter W. 51/52-2962.

Bitumen- und Teerüberzüge: Herst. v. Bitumenschutzschichten für Stahlrohre 7-2542; Best. d. Adhäs.-Grades v. Asphalten an Stahloberflächen zum Korros.-Schutz erdverlegter Rohrleit. 14-2578; Schutz v. Stahl- u. Guß-—-Leit. durch Anstriche auf Pech- u. Bitumenbasis 30-2891; Verh. v. Teerpech- u. Bitumenanstrichen auf —-Dalbenrohren im Meerwasser 30-2897; Anstrich- u. Überzugsmittel aus Steinkohlenteer u. Polyglycidylätherestern für Erdölstahlrohrleit. 44-2914*.

Verbundmetalle

Herst. v. Verbundguß aus — u. Al 9-2516; Ni-Plattier. v. Druckwalzen aus Baustahl SIS *1450* mittels Bandelektroden 9-2601; Diffus. d. C in Verbundstählen 12-2387; Herst. u. Eig. v. Stahl/Cu-Verbunddraht für Anschlußklemmen v. Radiobauteilen 13-2548; Diffus. d. Cu-, Al- u. C-Atome im Nahtbereich d. Bimetalls Stahl/Bronze 14-2525; Verdicht. beim Aufwalzen v. gesinterten Cu-Pb- u. Cu-Pb-Sn-Leg. auf weichem Stahl 15-2416; metall. Verbund v. Pb/Al bzw. Stahl 16-2385; Cu-plattierter Stahl als wirtschaftl. Werkstoff für Behälter d. chem. Industrie 22-2026; Verf. zur Herst. plattierter Hohlkörper aus Stahl 22-2432; formbare Sandwichkonstrukt. aus Ti-*6* Al-*4* V-Leg. mit Schmiede-— als Füllstoff zur Anwend. im Weltraum 27-2430; mechan. Eig. v. Bind. aus Stahl SAE *1045* mit Sinterkörpern 30-2384; Zementit in d. Übergangsschicht d. Bimetalls Stahl-Bronze 45-2186; Herst. v. Bronze-Stahl-Bimetall mit bes. Festigk. an d. Stoßstelle 48-2455.

Herst.-Verf.: für Verbundstähle mit Schneidkanten für Messer hoher Schnittleist. 2-2436; für Schneidwerkzeug aus Schnelldrehstahl mit Verbundstruktur 3-2527*; Plattier. v. Stahl mit Cu-Pb-Leg. zur Herst. v. Lagern 6-2489*; Herst.: v. Verbundmetallen aus Au u. nichtrostendem Stahl 13-2646*; v. metallplattierter Stahlfolie 14-2627*; Plattieren v. Stahlblechen mit Ni, Cr, Sn, Cu, Zn oder Al durch Warmwalzen 25-2300*; Walzplattieren v. Al mit nichtrostendem Stahl 29-2502*, 31-2428*; Verbinden v. rostfreiem Stahl mit Al 38-2512*; Herst. v. mehrschicht. Verbundstahlblech 42-2393*; Herst. v. mit nichtrostendem Stahl überzogenen Stahlplatten 46-2407*.

Schweißen, Löten, Brennschneiden

Schweißen

Schweißbark.: v. hochzugfesten Stählen 2-2476; v. niedriglegiertem Baustahl *14G2T* (Einfl. v. Ti) 17-2402; v. hochfesten Abschrecku. Temperstählen 22-2457; v. hochfesten Baustählen (Einfl. d. Schweißbeding.) 23-2355; v. Stahl *10G2S* 48-2503.

Schweißverfahren: Schweißen v. Stählen unter CO_2 u. anderen Schutzgasen 5-2477; Elektroschlackenschweiß. erdölchem. App. aus Stahl *16GS(3N)* 6-2415; Herst. v. mehrlagiger Schweißnaht hoher Kerbschlagzähigk. auf Stahl 6-2483*; Platzwechselvorgänge bei d. Kaltpreßschweiß. 11-2578; Einsatz v. Sonderzusatzstoffen für UP-Schweiß. v. Stahlblechen Aldur *50* u. *58* 16-2406; Punktschweiß. v. warmgewalztem Stahl ohne vorhergehende Reinig. 21-2594; Verringer. d. Porenbldg. beim Schweißen v. Stahl durch Verw. v. CaF_2 22-2513*; automat. Schweißen v. Stahl WNS*5* in Ar-CO_2 mit einer Schmelzelektrode auf senkrechter Fläche 24-2475; Punktschweißen v. *18/8*-Stahl im Argonarc-Verf. mit W-Elektroden 28-2455; Gasschmelzschweiß. v. Grauguß oder Guß-— mit Kugelgraphit 31-2436*; Einfl. auf d. Nahtqualität v. Elektrounterschlackeschweiß. an Stahl 32-2419; Schmelzschweißen v. rostfreiem seigerungsgehärtetem Stahl 35-2314*; Elektronenstrahlschweißen v. Stahl D*6*AC 39-2241; Kaltstumpfschweiß. v. Ti mit Stahl 46-2351; Elektronenstrahlschweiß. v. perlit. Temperguß mit Stahl SAE *4140* u. *4340* 51/52-2365.

Lichtbogenschweißung: Lichtbogenschweißen v. niedriglegiertem Stahl hoher Streckgrenze 12-2473*; Lichtbogenschweißen: v. *9* Ni enthaltendem Stahl (Schweißelektroden) 24-2543*; v. C-Stahl (Stahlelektrode) 26-2654*; v. Cu-— (umhüllte Elektrode) 31-2437*; Schutzgaslichtbogenschweißen v. schwachlegiertem Arbeitsstahl verbesserter Sprödbruchsicherh. 35-2313*; Vor- u. Nachteile d. Schweißens unter CO_2-Schutzgas u. Verw. einer —-Sinterelektrode 38-2467; Lichtbogenschweißen: v. Stahl Ch*25*T 45-2201; v. Guß-— mit Kugelgraphit (umhüllte unlegierte Stahlelektrode) 45-2253*; Impulslichtbogenschweißen v. Stahl Ch*18*N*10*T 46-2349.

Auftragsschweißung: Elektrodenpulverdraht PP-*3*Ch*2*W*8* für Auftragsschweiß. auf Stahlwalzen 5-2471; Aufschweißen einer Stahlschicht auf Grauguß 5-2478; Flußmittel AN-*60* für mechanisierte Aufschweiß. v. Hartguß auf Stahl 6-2412; verschleißfeste Auftragsschweiß. für Panzer. 11-2666*; umhüllte Cr-Stahlschweißelektrode zum Auftragsschweißen 12-2471*; Herst. v. verschleißfestem Schweißauftrag auf —-Basis unter TiC-Bldg. (umhüllte Elektrode) 23-2409*; Stellitaufschweiß. auf Stahl *1*Ch*18*N*9*T 24-2481; Vgl. v. Aufschweiß. v. Gesenken aus Stahl U *8* u. *45* mit EH-*60* M-Elektroden 26-2589; Ursachen d. Abbrandes v. Elementen d. Grund- u. Zusatzmetalls bei d. Vibrat.-Lichtbogenauftragsschweiß. 30-2386; Elektroden zum Schweißen u. Auftragsschweißen v. Stahlleg. 43-2212*; Reib.-Auftragsschweiß. einer verschleißfesten Schicht aus weißerstarrtem Guß-— auf Stahl 46-2347; Auftragsschweißen v. Cr_3C_2 auf Stahl *35* L 46-2348; Pulverdraht aus Stahl U*12*Ch*6* für verschleißfeste Auftragsschweiß. auf Stahl 46-2353.

Schweißelektroden und -stäbe: Verw. v. Schweißelektroden mit Guß-—-Kern 10-2546; Schweißstab mit verbesserter Abriebfestigk. aus Guß-— 13-2664*; Schweißstab aus Guß-— zur Herst. v. verschleißfesten Überzügen 21-2722*; umhüllte Schweißelektrode: zum Kaltschweißen v. Guß-— 35-2315*; zum Schweißen v. Guß-— mit Kugelgraphit 42-2405*.

Blanker, phosphatierter Schweißdraht für d. automat. Lichtbogenschweiß. 1-2583*; Herst. hochstrombelastbarer umhüllter Schweißelektroden mit —-Kern 2-2547*; Herst. v. Schweißdraht d. Stahlmarken Sv*08*G*2S* u. Sv*08*GS 3-2450; Röhrenelektrode auf —-Basis mit Flußmittelseele zum elektr. Lichtbogenschweißen unter CO_2 3-2535*; blanke Röhrenelektrode zum halbautomat. Lichtbogenschweißen v. Stahl an Luft aus Flußstahl 6-2477*; umhüllte Schweißelektrode zum Lichtbogenschweißen v. austenit. rostfreiem Stahl 10-2624*; Elektrodenüberzüge zum Lichtbogenschweißen v. hitzebeständ. Austenitstahl 11-2665*; Cu-Leg. für Elektroden zum Widerstandsschweißen v. hochgekohltem Stahlblech 12-2410; blanke Schweißdrahtelektrode aus Ni-Stahl zum automat. Lichtbogenschweißen v. Stahl 15-2534*; Schweißwerkstoff auf Fe-Ni-Basis (Flußmittelumhüll.) 16-2497*, 17-2479*; Schweißelektrodenüberzüge: aus Ferro-Cr 17-2482*; für Elektrodenstäbe aus Stahl EI *925* zur Elektrolichtbogen-Auftragsschweiß. 17-2483*; für C-arme Stahlbänder 17-2484*; Schweißelektrode zum Lichtbogenschweißen aus Stahldraht mit Metallhülle 19-2595*; umhüllte Schweißelektrode mit B u. Mo zum Schweißen v. Stahl 20-2550*; Schweißdraht zum elektr. Schweißen v. Mo- u. V-legiertem Stahl 22-2514*; Ferro-Cr-Überzüge auf Elektroden zum Schweißen v. niedriglegiertem Stahl 22-2515*; Elektrode aus Stahl KDLWT zum Verschweißen v. Gießfehlern an komplex-

Löten

Brennschneiden

Prüfverfahren

zur dreidimensionalen topolog. Analyse v. --Werkstoff 39-2229; Elektronenmikrosonde, Laser u. Lasersonde in d. --Metallurgie 46-2322; Anwend. v. Laserstrahlen zur Best. v. Einschlüssen 48-2458.

Nachw. v. Fe_3C, Fe_3P u. Fe_4N durch elektrolyt. Ätzen in NaOH 3-2440; Farbätz. v. Deformat.-Zwillingen im Ferrit 11-2553; elektrolyt. Ätzverf. v. legierten Auftragsschweiß. auf Stahl für metallograph. Unters. 12-2393; Herst. potentiostat. Ätzfiguren zur Gefügeunters. v. kaltgewalztem austenit. Stahl 19-2464; Veränder. d. magnet. Struktur v. Stahl unter elast. Verform. durch elektrolyt. Polieren 21-2559; Mess. v. Profilen therm. Ätzfurchen an d. Korngrenzen v. Transformatorenblechen 21-2560; Eich. d. elektr. Potentialverf. zur Best. d. langsamen Rißwachstums an NiCr-Stahl 23-2319; Erzeug. v. Ätzfiguren auf Armco-- zur Best. d. Versetz.-Verteil. 24-2452; Tiefätzbad zur Unters. v. Ätzgruben an d. Korngrenzen v. Armco-- 27-2440; Lsg. für metallograph. Ätzen v. nichtrostenden Stählen 33-2397; Herst. dünner Folien aus Cr–Ni-Stahl für mkr. Unters. mittels Ätzen 39-2231; chem. Vakuumätz. d. Austenitkorns bei nichtrostenden Stählen 43-2150; metallograph. Ätzen d. Zementitkornstruktur in weißerstarrtem Guß-- 48-2474; Unters. d. Beizwrkg. v. H_2SO_4, HCl u. H_3PO_4 mit u. ohne Zusatz v. Inhibitoren an Stahl L, MR u. MC 51/52-2340.

Elektrolyt. Phasenisolier. v. $Cr_{26}C_6$ in austenit. Cr–Ni-Stählen 2-2451; Abscheid. u. Best. v. Carbiden u. Nitriden in Nb-Stählen 2-2453; Vgl. v. metallograph. u. elektrolyt. Verf. zur Best. v. nichtmetall. Einschlüssen 8-2414; Isolier.: v. Einschlüssen in Stahl 9-2582; v. FeO-Einschlüssen in -- u. Stahl 9-2583; elektrolyt. Vorisolier. zur Best. oxid. Einschlüsse in Stahl 12-2355; Verf. zur Isolier. oxid. Einschlüsse in austenit. Cr–Ni-Stahl 13-2523; Isolier.: v. Carbiden u. Nitriden aus Stahl mit *17* Cr 13-2524; v. Wüstit in unberuhigten u. teilberuhigten Stählen 14-2535; Best. v. Oxideinschlüssen in rostfreien *18/8*-Stählen durch Br-Methanol-Isolier. 22-2415; elektrolyt. Isolier. v. Carbiden in austenit. Stählen 31-2359; potentiostat. Verf. zur Unters. isolierter Phasen v. legierten Stählen 38-2443; elektrochem. Abtrenn. v. Austenit u. Martensit aus gehärteten, stark C-halt. Mn-legierten Stählen 42-1923; elektrolyt. Isolier. v. Nitriden 42-2309; elektrolyt. Vorbereit. v. Analysenproben bei d. Herst. v. Stahlleg. 45-2246*; Abdrucktechnik mit selektiver Extrakt. für Carbide in Stählen 46-1955.

Metallograph. Unters.: v. Umwandl. in -- u. in --Leg. mit *9* Ni 2-2401; v. Reaktorkesselstahl ASTM A-*302* B 2-2410; Verw. quant. mkr. Meth. zur Best. dispergierter Phasen in Stahlschmelzen 9-2580; metallograph. Unters.: d. Martensitumwandl. in Cr–Fe-Leg. 11-2517; d. Ti_nNi_m-Phase in d. Stählen *1*Ch*18*N*12*T u. *1*Ch*18*N*9*T 12-2398; Tüpfelprobe zur schnellen Unterscheid. zwischen Automatenstählen u. nicht geschwefelten Stählen 13-2562; metallograph. Best. v. Austenit u. ε-Martensit in Mn-Stählen 14-2537; hochtemp.-mkr. Unters. d. Austenitkornwachstums bei Vergüt.-Stählen 16-2388; metallograph. Unters.: v. Oberflächenerschein. v. legierten Stählen 16-2389; v. Zerstör. u. Verform. v. porösem -- an Hand d. elektr. Leitfähigk. 19-2472; d. Strukturänder. in Mn-Stahl G *19* durch $\gamma \rightarrow \varepsilon$-Phasenumwandl. 20-2385; d. Ausscheid. in Cr–Ni-Stahl nach Ausalter. 20-2387; d. Bldg. v. starken Cr-Nitrid-Ausscheid. in Körnern u. an Korngrenzen in Heizrohren aus Stahl X*15*CrNiSi*25.20* 23-2324; d. Ausscheid. u. Modifikat. nitrid. u. carbonitrid. Phasen in Cr-Stählen 28-2423; Daten zur Metallographie d. Guß-- mit Kugelgraphit (Keimbldg.) 32-2399; Makroaufnahme v. Graphit zur Kenntlichmach. d. eutekt. Korns 38-2441; Vgl. d. Meth. zum Nachw. v. Versetz. in Transformatorenstahl 39-2227; Best.-Meth. für N-halt. Phasen in Si-legierten Stählen 46-2282; Bewert. d. mkr. Meth. zur Best. d. Austenitkorngröße 48-2473; mkr. Unterscheid. d. Carbidphasen in Cr-Stählen 48-2479.

Elektronenmikroskopie: mikrodiffraktograph. Unters. v. rostfreien Stählen 6-1915; elektronenmkr. Unters.: v. Martensit beim Härten u. Abschrecken v. Stahl 7-2516; v. Carbidausscheid. u. Ferritzerfall in Stahl Ch*18*G*14* bei erhöhten Temp. 8-2413; d. Ox. v. Armco-- u. Rein-- 8-2415; elektronenmkr. u. Elektronenbeug.-Unters. d. Existenzbereiche d. --Carbide an dünnen Fe- u. C-Schichten 12-2397; elektronenmkr. Unters.: v. Oxidschichten auf Stahl X*10*Cr-NiTi*18.9* beim Glühen 12-2415; d. Verform.-Verh. v. Fe–Cr-Leg. nach Alter. bei *470*° 16-2390; v. Oxidkeimen u. Versetz. auf Oberflächen v. Rein-- 19-2467; d. Gefüges v. Fe–Mn-Leg. 19-2468; v. Orientier. u. Morphologie v. $M_{23}C_6$-Ausscheid. im Austenit v. Fe–Ni-Leg. 20-2429; Mikroanalyse an einer Stahloberfläche ausgeschiedener Teilchen mittels C-Abdruckverf. 21-2186; elektronenmkr. Unters.: d. unvollkommenen Graphitsphärolithe in Guß-- mit Kugelgraphit 22-2368; d. Strahlenschädig. durch Neutronen in -- 22-2429; d. Struktur v. Gußstählen ChN u. ChG 25-2218; d. Verspröd. v. Ch*21*N*5*T nach d. Anlassen 27-2441; feldionenmkr. Abb. v. -- bei tiefen Temp. 28-1936; durchstrahlungs-elektronenmkr. Unters. v. Phasenübergängen u. Fehlordn. in -- u. Stahl 28-2420; elektronenfraktograph. Unters. d. Sprödbruchs v. Stahl *27*ChS nach thermomechan. Behandl. 28-2425; Best. v. $(Cr, Fe)_{23}C_6$ in Stahl mittels Elektronenbeug. 31-2355; elektronenfraktograph. Unters. d. Sprödbruchs an niedriglegiertem Stahl 45-2194; Fehlerunters. d. Walzflächen v. Stahlblechen durch Abdrücke 51/52-2342.

Herst. elektronenmkr. durchstrahlbarer Rein---Folien aus Drähten 19-2462; Extrakt.-Verf. zur Elektronendurchstrahl.-Unters. d. Carbide in Stahl 43-2147; Herst. dünner Folien aus --Werkstoffen zur elektronenmkr. Unters. 43-2149; Herst. feiner Stahldrähte für d. elektronenmkr. Unters. 44-2298.

Unters. d. Carbidausscheid. u. interkrist. Korros. in CrNi-Stählen mit Zweiphasenstruktur durch Röntgenmikrosonde u. Elektronenmikroskop 2-2452; Elektronensonde-Unters. d. Bldg. v. inneren Aufhell. bei Grauguß 12-2396; Unters. v. austenit. Cr–Ni-Stahlproben mit d. Elektronenmikroanalysator 13-2056; Mikrosondeunters. d. Diffus. während d. Homogenisier. v. Seiger. im Stahlguß 21-2581; Best. d. leichteren Elemente in Stahl mit Hilfe d. Elektronenstrahlmikrosonde 22-2415; Identifizier. v. Einschlüssen in Guß-- mittels Mikrosonde 27-2439; Elektronensonden-Unters. d. Ce-Verteil. in Guß-- 30-2336; Nachw. d. quant. Verteil. v. Ni, Cr u. anderen Elementen in Austenit u. Ferrit mit Hilfe d. Mikrosonde 37-1933; kombiniertes Verf. mit Ätzen u. Elektronenstrahlmikrosonde zur Gefügeunters. v. Cr-Stahl 48-2480.

Härte: Rechenschieber zur Best. d. Härtbark. u. Jominy-Kurven v. Einsatzstählen 1-2611; Verschleißprüfmeth. für niedriglegierten Stahl 9-2628; Härtbark.-Prüf. für tiefeinhärtende Stähle 21-2551; Meth. zur Best. d. Härtetiefe v. vergütetem Stahl *40* Ch 23-2314; Prüf. d. Streckspann. u. Eindruckhärte v. weichen kaltverfestigtem Stahl mit Diamantkegeln 24-2450; Bezieh. zwischen Jominy-Test u. Struktur zementierter Schichten v. Einsatzstählen 26-2537; Schnellmeth. zur Best. d. Alter.-Neig. v. Stählen durch Mess. d. dynam. Härte nach Poldi 42-2294; Abriebprüfmaschine u. d. Abras. v. C-Stählen bei hoher Temp. 44-2355; neue Härteprüf. für öl- u. luftgehärtete Stähle 45-2187; Best. d. Kalthärt. mittels Aufschlag 45-2188.

Festigkeit: Diagramme zur Festigk.-Berechn. v. Stählen 1-2510; Prüfvorr. zur Best. d. Dauerfestigk. zylindr. Stahlproben im Vakuum bis *1800*° 14-2530; Prüf. d. Warmverformbark. v. Stahl mit Tors.-Vers. 27-2436; Vgl. d. Prüfmmeth. zur Best. d. Elastizitätsmoduln v. Grauguß 29-2437; Extrus.- u. Intrus.-Verschieb. v. α-Fe-Teilchen während d. Hochtemp.-Dauerprüf. 37-2176; Einfl. v. Prüftemp. u. Leg.-Elementen auf d. Festigk. v. α-Fe 38-2384; Verf. zur Mess. v. Kaltverfestig. u. plast. Spann. an Kreisbogenproben 38-2440; Einfl. d. Belast.-Frequenz auf d. Dauerfestigk. v. Stahl *38* ChA 40-2337; Verf. zur Ermittl. d. Dauerfestigk. v. C-Stählen mittels magnet. Viskositätsmess. 51/52-2323; Best. d. Ermüd.-Festigk. v. Stählen mit Hilfe v. Korrelat.-Gleich. 51/52-2329.

Zylinderaustauschvers. zur Ermittl. isothermer Fließkurven an Stahl C*60* 6-2402; Verf. zur Prüf. v. Stahl im reinen Schubvers. 10-2514; Best. d. Fließspann. durch Heißtors.-Prüf. 22-2406; Warmzugprüf. v. Stahl 23-2313; isotherme Sprödbruchprüf. nach Robertson 34-2500; Einfl. d. Probendurchmessers auf d. mechan. Kennzahlen beim Zugvers. v. Längs- u. Querproben v. austenit. Stahl *2* H *13* 40-2336; Prüfvorr. für Warmtors.-Vers. an Stählen 42-2314; Anwend.-Möglichk. d. Keilproben zur Bewert. d. Warmverformbark. v. Stählen 43-2140; Abhängigk. d. Bruchzeit v. d. Ziehbelast. bei d. Prüf. v. Stahl 46-2316; plat. Verform. bei d. Zerstör. v. für d. Bewert. d. Verspröd.-Festigk. benutzten Proben 48-2461; Einfl. d. Probengröße auf d. Kennwerte d. Zugvers. u. d. Sprödbruchneig. v. Stahl 48-2462; Meth. zur Beurteil. d. Neig. v. Stahl zur Sprödbrüchigk. 48-2463, 48-2466; Warmtors.-Prüf. zur Best. d. optimalen Warmbearbeit.-Temp. 48-2468.

Kerbzähigkeit: Zähigk.-Prüf. zur Beurteil. d. Sprödbruchsicherh. v. Stahl 1-2516; Verw. d. Belast.-Zeit-Kurven für d. Charpy-Kerbschlagzähigk.-Prüf. v. Stahl 3-2434; Best. d. Kerbschlagzähigk.-Temp.-Kurven v. Baustählen 3-2435; Herst. v. Kerbschlagproben für Cr- u. Cr–Mo-Stahl 10-2512; Verw. v. Mikroprobekörpern zur Best. d. Kerbschlagzähigk. v. Stahl 10-2513; Meth. zur Best. d. Kerbschlagzähigk. u. Verspröd.-Anfangstemp. v. Stählen 20-2414; Fließspann. im Kerbgrund v. Kerbbiegeproben aus Si-Stahl 24-2449; Meth. d. Extrakt.-Fraktographie zur Best. d. Kerbschlagzähigk.-Parameter 27-2438; Eign. d. Verdrehschlagzähigk.-Prüf. für d. Zähigk.-Best. harter Werkzeugstähle 34-2499; Kriterien d. Kaltbrüchigk. v. Stahl bei d. Unters. auf Kerbschlagzähigk. 46-2313, 46-2314.

Magnetische und elektrische Prüfung: Elektromagnet. Best. v. Ferrit u. Zementit im Guß-- 10-2522; magnet. u. elektr. Meth. zur zerstörungsfreien Werkstoffprüf. in Stahl- u. --Gießereien 26-2530; magnetinduktives Vgl.-Verf. zur zerstörungsfreien Prüf. d. Aufkohl.-Tiefe 32-2385.

Prüfung mit Röntgenstrahlen: Röntgenograph. Unters. d. Eigenspann. in plast. zugverformtem Stahl 3-2444; Röntgenstrukturunters. d. Versetz.-Dichte in unlegierten Stählen nach d. Härt. 6-2408; Röntgenbeug.-Unters. v. Desox.-Prod. bei SiO_2-Zusatz 10-2524; röntgenograph. Spann./Dehn.-Mess. an Stahl 21-2043; röntgenograph. Unters. d. Mikroeigenspann. in plast. verformtem -- 21-2565; Röntgenstrahlmikroanalyse d. Struktur v. nichtmetall. Einschlüssen in Stahl 22-2425; röntgenograph. Eigenspann.-Unters. an Zweiphasenwerkstoff Cu/Fe 22-2430; röntgenograph. Mess. d. Restaustenitumwandl. in Stahl 27-2443; röntgenograph. Best. d. Zementitgeh. in Temperguß nach strahlungstherm. Bearbeit. 30-2043; Best. niedr. Prozentgeh. an Abschreckaustenit mit Hilfe gefilterter Röntgenstrahl. u. Röntgenbeug. 30-2044; röntgenograph. Verf. zur Best. d. Restaustenits in gehärteten Stählen 30-2369; Röntgenverf. zur Unters. d. Ablaufes metallurg. Rk. in Cr–Ni-Stählen 31-2366; experimentelle röntgenograph. Spann.-Best.-Verf. für ultrahochfeste Stähle 33-0244; Einfl. d. Gußgefüges auf d. Röntgenbilder v. gegossenem nichtrostendem Stahl 34-2511; Röntgenstereo-Mikroradiographie im Guß-- 34-2512; Leist.-Fähigk. röntgengoniometr. Verf. zur Gitterdehn.-Mess. unter bes. Berücksichtig. v. Eigenspann.-Unters. an Stahlproben 45-0210; röntgenograph. Best. d. Restaustenits in martensit. Stahl 51/52-2343; Best. v. Restspann. in Guß-- mit Röntgenstrahlen 51/52-2344; Hochtemp.-Röntgenographie zur Unters. d. Phasenzus. bei d. Nitrier. v. Armco-- 51/52-2363.

Prüfung mit Kernstrahlen und radioaktiven Isotopen: Unters. nichtmetall. Einschlüsse in Dynamoblechen mittels ^{140}Ba 2-2456; Anwend. radioakt. Isotope im Stahlwerk 8-2370 bis 8-2373; autoradiograph. Unters. d. Diffus. v. -- u. Cr in d. α- u. γ-Mischkrist. v. Fe–Cr-Leg. 13-2526; Best. d. Cr-Verteil. in Stahl *50*HSA nach Zugabe v. Ferro-Cr u. induktiven Mischen durch Aktivier.-Analyse 16-2358; Best. d. Verteil. v. Leg.-Komponenten mittels Makroautoradiographie in Stahl *10*Co*8* u. X*10*Co*13* 16-2391; mikroradiograph. Unters. d. Schrumpf. u. d. Verh. d. mechan. Eig. v. Stahl 18-2460; chem.-therm. Einführ. v. ^{32}P in -- u. --Leg. mittels NaH_2PO_4 22-2488*; autoradiograph. Best. d. Verteil. v. Cr-Zusätzen in Stahlschmelzen *10*Cr*8* u. X*10*Cr*13* 26-2562; Dickenmess. v. ferrit. Cr-Stählen mittels γ-Strahlen 39-2232; Vgl. v. Verf. zur zerstörungsfreien Wanddickenmess. v. Stahlrohren 42-2304; Anwend. d. Neutronenaktivier.-Analyse zur Best. d. chem. Zus. v. Carbiden in Schnelldrehstahl 48-2485.

Ultraschallprüfung: Qualitätskontrolle an schwerem Halbzeug aus legierten Stählen durch Ultraschallprüf. 2-2445; Anwend. d. Schallprüf. bei Stahlpfannenausgüssen 22-2292; Anwend. v. Schallwellen zur Vorausbest. mechan. Eig. v. Grauguß 22-2408; Anwend. d. Schallprüf. in d. --Gießerei 26-2485; Ultraschallprüf.: v. Stählen bei hohen Temp. 26-2531; d. Ermüd.-Rißbldg. in Stählen 26-2552; d. Brennelement-Stahlhüllen für d. EL *4* 32-2135; Fehlerbest. durch Ultraschallspektroskopie 39-2223; neue Meth. für Ultraschalldämpf.-Mess. mit Standards aus Edel-

trolyten zur Best. d. O-Potentials in fl. Stahl 34-2482; Probenahme u. Vorbereit. zur schnellen O-Best. in Stahl 43-2122, 43-2123; Best. v. O in — u. Stahl durch d. Lichtbogen-Schmelz-Kondens.-Verdampf.-Meth. 47-1930.

N-Schnellanalyse an Stählen nach d. Meth. d. Vakuumschmelzextrakt. 5-2158, 5-2159; Best. d. N-Geh. v. Stählen auf nassem Wege 17-2078; Best. v. N in Stählen unter Anwend. d. Ammoniumjodomercurat-Komplexes 20-1987; Schnellbest. d. N-Geh. v. Stählen nach d. Vakuumschmelzverf. (Übersicht) 25-2212; Best. v. N in Stählen nach d. Isotopenverdünn.-Meth. 38-2018; Best. v. O u. N in Stählen durch Gaschromatographie 51/52-1932.

Al: Spektralbest. v. Al in Cr–Ni–Mo-Stahl 32-2071; photometr. Best. v. Al in — u. Stahl mit Aluminon 44-1931.

Au: Spektrophotometr. Best. v. Mikromengen Au in reinem — 48-1910.

B: Best. v. B in Stahl durch Abschwäch. d. Neutronenaktivier. 29-2095; spektrograph. Best. geringer B-Mengen in unlegiertem u. niedriglegiertem Stahl 31-2057; photometr. Best. v. B in Nb- u. Ta-halt. Stählen nach d. Methylenblau–Dichloräthan - Extrakt. - Meth. 40-1934.

Bi: extraktionsphotometr. Best. v. Bi in Guß-— 33-2110.

C: Best. v. C in nichtrostendem Stahl 6-2042; halbautomat. App. zur thermoelektr. Best. v. C in Stahl 7-2187; Anwend. d. Mikrosonde zur Best. v. C in — 11-2044; Best. v. C in Stahl nach einem dynam. IR-Verf. 14-2091; kontinuierl. C-Analyse für d. SM-Prozeß 14-2501; C-Best. in C-Stahl mit d. Poldi-Hammer 16-2376; Meth. zur Schnellbest. d. C-Geh. in SM-Stahl 22-2374; Best. v. C-Spuren in reinem — durch Gaschromatographie 27-2093; titrimetr. Schnellmeth. zur Best. v. C in — u. Stahl 37-1931.

Ca: chelatometr. Titrat. v. Ca in Hochofenschlacke mit Calcichrom als Indikator 5-2155; flammenphotometr. Best. v. Ca in — oder Stahl durch Extrakt. mit Methylisobutylketon 20-1906.

Cd: Best. v. Cd in rostfreiem Stahl durch Atomabsorpt.-Spektroskopie 5-2080.

Ce: photometr. Ce-Best.: in Guß-— u. legierten Stählen mit Hilfe v. Tetron 29-2096; in Guß-— nach Ionenaustauschtrenn. 30-2048; in Stahl 34-2134; in — nach Abtrenn. mit Tributylphosphat 45-1946; in einfachen u. rostfreien Stählen 59/50-1862.

Co: Best. v. Co in legierten Schnellarbeitsstählen 8-2017; gravimetr. Best. für Co in Stählen 41-1959; spektrophotometr. Best. v. Mikromengen Co in reinem — 46-1865.

Cr: Best. d. Oberflächen-Cr-Geh. v. verchromtem Stahl mittels Röntgenfluoreszenz-Spektrometrie 19-2490; Schnellbest. v. Cr in Stahl 32-2077; volumetr. Analyse v. Cr in — u. Stahl 39-1966.

Cu: photometr. Schnellbest. v. Cu in Stählen mit hohem Ni-Geh. 20-1990; spektrophotometr. Best. v. Mikromengen Cu in reinem — 25-1789; Best. v. Cu in Stählen durch Atomabsorpt.-Spektroskopie 25-1875; spektrophotometr. Best. v. Cu in Stahl mit *3*-Methyl-*5*-hydroxy-*5*-(D-arabinotetrahydroxybutyl)-thiazolidin-*2*-thion 32-2028.

Ga: wechselstrompolarograph. Best. v. Ga in — u. Stahl 6-2044.

Ge: Schnellbest. v. Ge in — enthaltenden sulfid. polymetall. Materialien 49/50-1799.

Hf: Best. v. Hf in Stahl 31-2058.

Mg: Best. v. Mg mit Eriochromschwarz T in Stählen 14-2092; komplexometr. Best. v. Mg in Guß-— mit Kugelgraphit 17-1997.

Mn: flammenphotometr. Best. v. Mikromengen Mn in reinem — 5-2103; Mn-Best. in legierten Stählen (photometr.) 20-1911; Best. v. Mn u. Cr in legierten Stählen durch amperometr. Titrat. 21-2191; spektralphotometr. Best. v. Mn in — u. Stahl 24-1999; atomabsorpt.-spektrometr. Best. v. Mn in — u. Stahl 26-2146.

Mo: spektrophotometr. Best. v. Mo in Stahl 3-2019; röntgenfluoreszenzspektrograph. Best. v. Mo in —-Targets 6-1897; Best. v. Mo durch Atomabsorpt.-Spektrometrie 6-2045; photometr. Best. v. Mo: in Stählen 7-2188, 7-2189; in korrosionsbeständ. Stählen 11-2174; Schnellbest. v. Mo in legierten Stählen durch Atomabsorpt.-Spektroskopie 41-1998; spektrofluorimetr. Best. v. Mo in C-armem Stahl mit Carminsäure 48-1903.

Nb: polarograph. Best. v. Nb in rostfreiem Stahl 3-2016; Best. v. Nb in Stahl mit Hilfe d. Neutronenaktivier.-Analyse 8-2084; Best. v. Nb in Schmiede-— u. niedr. legierten Stählen 29-2097; Extrakt.-Meth. bei d. Nb-Best. in Stahl 31-2061; spektrophotometr. Best. v. Nb in Stählen mit PAR 32-2073; photometr. Best. v. Nb in Stahl mit Hilfe einer EDTA–Be(OH)$_2$-Trenn. u. d. Thiocyanatmeth. 32-2074; Nb-Best. in hochlegierten Stählen 37-1932.

Ni: Best. v. Ni in — u. Stahl durch Atomabsorpt.-Spektroskopie 3-2025; spektrophotometr. Best. v. Ni in gewöhnl. oder niedr. legierten Stählen 19-2120; komplexometr. Best. v. Ni in legierten Co-halt. Stahl 20-1989; Aktivier.-Analyse v. Co u. Ni in — durch Kern-Photork. 28-2001; Best. v. Ni in Co–Cu–Fe-Leg. 29-2100; Best. v. Ni mit Dimethylglyoxim in — u. Stahl in Ggw. v. Co u. Cu 41-1999.

P: Best. v. P in Stahl als Hydroxychinolinat d. Molybdatophosphorsäure 15-1999; spektrophotometr. Best. kleiner P-Mengen in — u. Stahl durch Lsgm.-Extrakt. 44-1929; Schnellbest. v. Mn, Mo u. P in Stählen 49/50-1863.

Pb: photometr. Best. v. Pb-Spuren: in hitzebeständ. Ni–Cr-Stahl 2-2125; in Roh-—, Guß-— u. Stahl 25-2209; Best. v. Pb mit *4*-(*2*-Pyridylazo)-resorcin in Stahl 30-1984; polarograph. Best. v. Pb-Spuren in rostfreien u. anderen Stählen 46-1958.

Pd: photometr. Best. v. Pd in — u. Stahl mit Thiooxin 29-2098.

S: S-Best. in Stählen 36-1980; Vgl. d. HFV-Verf. zur S-Best. für Betriebskontrollen mit Naßaufschlußverf. 36-2263; Best. v. Spurenmengen S in — u. Stahl durch Verbrenn. u. Coulometrie 46-1956.

Sb: spektrophotometr. Best. in Stählen: mit Brillantgrün 43-1886; mit Rhodamin B 43-1887, 44-1930.

Sc: photometr. Best. v. Sc in — u. Stahl mit Arsenazo III 25-1874.

Se: spektralphotometr. Best. v. Mikromengen Se in reinem — 24-1927.

Si: photometr. Best. v. Si in Grauguß 3-2097; Auswert. d. Mess. d. Hall-Spann. zur Si-Best. in Guß-— 6-2043; photometr. Best. v. Si in — 12-2022; Schnellbest. v. Si u. C in Guß-— durch Messen d. thermoelektr. Spann. 15-2370; Best. v. Si in Guß-— mit Kugelgraphit 21-2189; Thermoelektrometer für d. Schnellbest. v. Si: in Guß-— 25-1873; in Stählen, Grauguß u. Roh-— 28-2068; photometr. Schnellbest. v. Si in Stählen 30-2047; thermoelektr. Best. d. C- u. Si-Geh. 38-2382; Schnellmeth. zur photometr. Best. v. Si in Guß-— u. Stählen 49/50-1861; Schnellbest. v. Si in niedriglegiertem — 51/52-1933.

Sn: Best. v. Sn in — u. Stahl (polarograph.) 9-2164, 31-2059; (quantometr.) 33-2111; (spektrophotometr.) 36-1981; (wechselstrompolarograph.) 40-1935.

Th: spektrophotometr. Best. v. Th in — u. Stahl mit Arsenazo III 6-1973.

Ti: Radioaktivier.-Analyse mit γ-Quanten zur Best. v. Ti in — 29-1992; Anwend. v. Methylenblau zur amperometr. Best. v. Sn u. Ti in Ferrotitan u. Anco 38-1935; spektralphotometr. Best. v. Ti in reinem — 40-1937; extraktionsphotometr. Best. v. Ti in Stahl u. Guß-— mit Diantipyrylmethan u. Sn-Chlorid 40-1941; Aktiver.-Analyse v. Ti in — durch Photokernrk. 51/52-1868.

V: photometr. V-Best. in Stählen 31-2060; biamperometr. Titrat. v. V im Stahl 32-2072; spektralphotometr. Best.: v. V in reinem — 40-1936; v. Ti u. V in legierten Stählen 49/50-1777.

W: radiometr. Meth. zur Schnellbest. v. W: in Werkzeugstahl 9-2165; in Stahl 17-1969; Verw. d. Rückstreuung v. β-Strahlen für d. Best. v. W in Stahl 20-1986; W-Best. in Bohrstahl durch β-Strahlen-Röntgenfluoreszenzanalyse 22-2005; Best. v. Mo u. W in hochlegierten Stählen durch amperometr. Titrat. 30-2050; Schnellbest. v. W in Stahl durch Rückstreuung v. β-Teilchen 32-2075; photometr. Best. v. W u. Mo in Stahl 34-2153; Best. kleiner Mengen W im Roh-— (photometr.) 35-2062.

Y: spektrograph. Best. v. Y in Stahl 46-1957.

Zn: polarograph. Best. v. Cu, Pb u. Zn in Pyriten u. —-Mineralien 4-1974.

Zr: Best. v. Zr in Stahl 17-2080; Best. v. Zr, Nb u. Hf in niedriglegierten Stählen durch Röntgenspektroskopie 42-1924.

Bestimmung von Eisen in anderen Stoffen

Best. v. Spuren in Na durch Atomabsorpt. 2-2038; Best. in Mg u. dessen Leg. 4-1980; Best. in Sb durch Aktivier.-Analyse 5-2072; Abtrenn. u. mikrokolorimetr. Best. in Sn hoher Reinh. 8-2013; Spektralbest. in Zn d. Typs R *1* 20-1992; spektrometr. Best.: in hochreinem Pb 24-1942; in Be 25-1771; in Sn 25-1778; chem.-spektrograph. Best. v. Spuren in Cu u. Cu-Verb. 38-1945; Best. in U durch Röntgenspektroskopie 40-1933; Best. in hochreinem Be durch Differentialkathodenstrahlpolarographie 41-1936; Best. v. Spuren in U mit d. Elektronensonde 41-1954; spektralanalyt. Best. in Nb 42-1856; spektrophotometr. Best. in hochreinem Pb 43-1804; Best. in hochreinem Al 46-1959; spektralanalyt. Best. in Cr 47-1932; polarograph. Best. in metall. In 49/50-1768.

Spektralanalyt. Best. in nigerian. Bronzen 3-0847; komplexometr. Schnellanalyse v. —-Cu- u. —-Al-Leg. 9-2166; Best. in Al u. Al-Leg. (Atomabsorpt.-Spektroskopie) 11-2175; Best. in Cu-Gegenständen u. Bezieh. zu d. Herkunftstypen d. Cu-Erze 12-0844; spektrophotometr. Best. in NE-Leg. 20-1991; Best. in d. Leg. AZK-*12* am FES-*1* 32-2076; spektrograph. Best. in Al-Werkstoffen 43-1879; spektrophotometr. Best. in Cu-Leg. 43-1890; flammenphotometr. Best. in Leg. 44-1934; spektrograph. Best. in Co-Lsg. 47-1865; komplexometr. Best. v. Cu, — u. Al in ihren Leg. 48-1978; Best. in ferromagnet. Filmen durch Neutronenaktivier. 49/50-1864; spektralanalyt. Best. in d. Leg. Melchior MH-*70*-*30* 49/50-1865.

Polarograph. Best. in magnet. Werkstoffen 3-2093; Best. in hochreinem Mo u. Mo-Oxid durch Spektrometrie mit einer Hohlkathode 9-2091; Best. v. Fe(III) in phosphor. Säure u. Phosphiten 17-2009; spektrograph. Best. in GaAs 19-2033; polarograph. Best. in metall. Nb u. seinen Oxiden 21-2119; papierchromatograph. Best. in KBr 23-1953; spektrochem. Best. in $SiCl_4$ u. $SiHCl_3$ 27-1993; spektralanalyt. Best. in UO_2-Kernbrennstoff unter Verw. v. radiochem. kontrollierten Eichproben 33-2100; aktivierungsanalyt. Best. in hochreinem SiO_2 35-1977; Best. in hochreinem GaAs, Ga u. As als Bathophenanthrolinkomplex 36-1908; spektrophotometr. Best. in starken Alkalilaugen 36-1926; spektrograph. Best. in B-Phosphid 38-1921; Best. v. Fe^{2+} u. Mn^{3+} in gesinterten Mn–Zn-Ferriten (potentiometr.) 39-1910; spektralanalyt. Spurenbest.: in Salzen seltener Alkalimetalle hoher Reinh. durch Extrakt. mit aliphat. Monocarbonsäuren 46-1844; in Al-Oxiden 47-1833; Best. v. Fe(II) in Oxidverb. 47-1863; Anreicher. u. Best. v. Spuren in Ni u. Reinst-Ni-Salzen 47-1867; Meth. zur Best. v. — in kleinen S-Einwaagen durch Spektralanalyse 49/50-0656.

Best. in Sphaleriten 10-2117; Best. in festen Abscheid. in verschiedenen Gas–Fl.-Einschlüssen in Morion nach Daten einer Röntgenspektralanalyse 11-0845; Röntgenemiss.-Mikroanalyse in Olivinen 11-0846; Best. d. für d. Pflanze zugängl. — im Carbonatboden 11-1456; modifizierte Best. d. Fe(II) in Gesteinen u. Mineralien 15-2025; Best. in Eruptivgesteinen durch weiche Röntgenstrahlspektrometrie 18-2017; Best. d. austauschbaren — u. Al im Boden nach Tamm 20-1919; Best. in österreich. Granitoiden (spektrograph. u. Röntgenfluoreszenzanalyse) 21-0845; Röntgenemiss.-Mikroanalyse in: Alkalifeldspaten 22-0751; in Plagioklasen 22-0752; absorptiometr. Best. mit Diäthylentriaminpentaessigsäure in Talk 25-1792; Best. in Mineralien mit Atomabsorpt.-Spektralphotometrie 26-2109; komplexometr. Best. in Kaolin 26-2111; Best. in Gesteinsschmelzen (röntgenemissionsspektrograph.) 28-2004; Röntgenfluoreszenzbest. in Eruptivgesteinen u. ihren Metamorphosen 28-2005; Best. in Kohleschiefern 29-2049; Best. v. hohem —-Geh. in Erzen 32-2068; Röntgenemiss.-Mikroanalyse: in Orthopyroxenen 33-0818; in Klinopyroxenen nahe d. Diopsid–Hedenbergit-Reihe 33-0819; röntgenograph. Best. v. Cu/— in Mineralien 34-2087; spektralphotometr. Best. in d. in HCl lösl. Frakt. v. Carbonatgesteinen 34-2091; Best. in Kalk-Silicat-Mineralien durch Atomabsorpt. 34-2092; γ-spektrometr. Best. v. ^{59}Fe in neutronenaktivierten Böden 36-0808; röntgenfluoreszenzanalyt. Best. in Erzen 38-1907; Trenn. u. genaue Best. v. — u. Al in d. gleichen Probe eines Silicatgesteins 46-1876.

Best. in Abwässern 1-2151; spektrometr. Schnellbest. in Kohleasche 1-2164; spektralanalyt. Best.: in *25* Tonkrügen v. Theben 3-0849; in Glas 6-2041; in antiker Keramik 11-0877; quant. thermomagnet. Analyse v. —-Katalysatoren 12-2015; Best. d. Wertigk.-Stufen d. — im Glas 12-2017; spektralphotometr. Best. v. Ultramikromengen — in W. durch Lsgm.-Extrakt. v. Ferroin 22-1998; spektrometr. Verf. zur Best. d. Verhältnisses Fe(III)/Fe(II) in Kalk–Natron-Silicatgläsern 26-2393; photometr. Best. in W. 27-2085; Best. in SiO_2-halt. Material nach d. spektrochem. Zusatzmeth. 29-1959; Best. in Kesselspeisewasser 30-2029; Entfern. u. Best. kleiner

--Mengen in Silicagel zur Dünnschichtchromatographie 34-2018; mikrochem. Best. in Luftstaubproben v. Großstädten 38-2009; Wechselstrom- u. Square-wave-polarograph. Best. in Aktivkohle 40-1877; flammenspektrometr. Best. in Kaolin aus Festsubstanz 41-1965; Best. in d. Dampfkesselflugasche bei d. Gewinn. v. V_2O_5 44-1924; Eliminier. u. Best. v. an d. Oberfläche v. Silicagel zur Dünnschichtchromatographie adsorbiertem – 47-1806; chromatograph. Abtrenn. u. Best. aus Reaktorwasser 47-1924.

Testsubstanzen für d. Mikrobest. in organ. Verb. 5-2110; polarograph. Best. in Waschpulvern 7-2988; Best. in Oxalsäure u. in Alkalimetalloxalaten (photometr.) 41-1958; polarograph. Best. v. Fe(III) in einem EDTA-halt. Medium 48-1913.

Spektrophotometr. Direktbest. in Weinen 1-2186; Neutronenaktivier.-Analyse v. – in biolog. u. landwirtschaftl. Forsch. 5-2138; Best. in eingedosten Lebensmitteln 10-2180; kolorimetr. Best. in biolog. Material 14-2075; Best. in Weinblättern, Weintraubenkernen u. Stieldolden durch Neutronenaktivier.-Analyse 27-2060; Best. in Kohle 34-2139; Best. in Futtermitteln durch Atomabsorpt.-Spektrophotometrie 47-1951; spektrograph. Best. in Pflanzenmaterial 48-1958; Best. in Lebensmitteln mit Hilfe d. Röntgenfluoreszenzanalyse 49/50-1888.

Photometr. Best. im Hämoglobin 7-2163; Best. in biolog. Material (Atomabsorpt.) 8-2059; Best. v. Fe(II) in Arzneimitteln 15-1779; Mess. v. Serum-- u. Bind.-Kapazität 15-2086; gleichzeit. Best. v. – u. N in pharmazeut. Prod. mit Hilfe d. Technicon-Autoanalyzers 16-1640; Best. in Serum u. Plasma (Atomabsorpt.-Spektrophotometrie) 16-1926; (Schnellbest.) 18-2064; Mess. d. Serum--Konz. u. d. ungesätt. --Bind.-Kapazität 19-1579; Best. in getrocknetem Blutplasma durch Massenspektrometrie mit Funkenanreg. 22-1964; Best. in d. Cerebrospinalfl. (Meth.) 23-1535; gleichzeit. Best. v. ^{55}Fe u. ^{59}Fe im Blut durch Fl.-Szintillat.-Zähl. 25-1838; Best. d. Fe(III)-Ausscheid. im Harn durch Desferrioxamin-B bei d. latenten Form d. prim. idiopath. Hämochromatose 29-1430; Best. im Serum mit Nitroso-R-Salz ohne Enteiweiß. 33-2089; Best. im Harn 33-2097; spektralanalyt. Best. als Spurenelement in einer Tagesrat. 35-2080; Best. in menschl. Zähnen u. Knochen mit Röntgenemiss.-Spektrographie 43-1319; Mikrometh. zur Best. im Serum sowie d. Gesamt--Bind.-Kapazität 45-1924; Fehlerquelle bei d. Best. im Serum mit einem Autoanalysator 49/50-1828.

Analytische Reaktionen in Gegenwart von Eisen

Konduktometr. Best. v. Al in Ggw. v. – 4-1892; Best. d. Acidität v. Ätzbädern in Ggw. v. – 9-2171; photometr. Best. v. U neben – u. – neben U 12-1977; volumetr. Best. v. Ca- u. Phosphationen in Ggw. v. – 15-2001; Best. freier Säure neben Fe(III)-Ionen mit KF 16-1865; photometr. Best. v. Cu in $NaNO_2$-Lsg. in Ggw. v. Fe(II) 18-2016; polarograph. Best. v. Ti in Ggw. v. – 21-2113; ungewöhnl. Einfl. v. – bei flammenphotometr. Best. v. Ca 26-2072; radiometr. Titrat. v. Co(II)-Spuren neben Fe(III) 26-2104; gravimetr. u. spektrophotometr. Best. v. Cr neben Fe(III) 29-2032; Maskier. v. – mit NH_4F bei komplexometr. Best. 31-1992; Best. v. Ba u. Sr mit Dimethylsulfonazo-DAL in Ggw. v. Fe(II) u. Fe(III) 32-2004; Anreicher. u. Best. kleiner Mengen Co neben – in Ni u. Reinst-Ni-Salzen 33-2056; amperometr. Analyse v. U(VI)-Lsg. neben Fe(III) 35-1998; Berechn. d. Einfl. v. Rb u. Fe bei d. flammenphotometr. K-Best. zur K/Ar-Datier. 37-0787; Titrat. v. Fe(II) u. V(IV) nebeneinander 41-1957; polarograph. Best. v. Ti in Ggw. v. – 43-1803; Einfl. v. – auf d. flammenphotometr. Best. v. Al 43-1814; Einfl. v. Fe(III) auf d. photometr. Best. d. Pt-Metalle mit Nitroso-R-Salz 46-1872; Einfl. auf d. spektrograph. Analyse v. Mineralwässern 46-1880.

Analytische Anwendungen

Coulometr. Ti-Best. mit Fe(III) 1-2072, 1-2073; coulometr. Titrat. v. Ir(IV) mit elektrolyt. Hexacyanoferrat(II) oder Fe(II) 4-1921; Verw. v. elektrolyt. erzeugtem – zur Best. v. Cl_2 in W. 5-2064; Verw. v. --Bad zur Vakuumheißextrakt. v. O aus Be-Metall 5-2074; Modifizier. d. Fe(II)-Red.-Meth. für Nitroglycerin 5-2187; Verw. v. NaF u. Fe(III) als Indikator d. amperometr. Titrat. v. Al 8-2018; Verw. v. elektrolyt. – zur Herst. v. Kohleascheproben zur Quantometrie 8-2086; Best. v. H in Alkalimetallen durch Heißextrakt. in Kapseln aus nichtrostendem Stahl mit Weich--„Fenster" 10-2085; Verw. v. elektrolyt. erzeugtem Fe(II) zur coulometr. Best. v. Cl_2 18-1944; potentiometr. Titrat. mit EDTA mit Fe(II)/Fe(III) als Indikator 22-1911; photometr. Titrat. v. Mikromengen V über d. Bldg. v. Fe(III) 25-1779; spektrophotometr. Best. v. Cd unter Verw. v. 2.2-Dipyridyl, Fe(II) u. J^- 33-2039.

Histochem. Nachw. v. Sialomucinen in Schweißdrüsenadenomen mit Hilfe v. Alcianblau u. koll. – 2-1273; Verw. v. Fe(III) beim Nachw. v. Jodtyrosin-ähnl. Verb. in menschl. Serum 17-1493; Verw. v. koll. – zur ultrastrukturellen Lokalisier. saurer Mucopolysaccharide v. Fibroblasten in Gewebekultur 18-1149; Verw. v. Fe(II) zur Best. v. Isoprenalin 41-1692.

Verw. als Füllmaterial bei d. Best. v. Sn in Mineralrohstoffen durch Resonanzabsorpt. d. γ-Strahlen 15-2104; Verw. v. ^{55}Fe: bei astrophysikal. Analysenmeth. 25-1798; als Anreger für Fluoreszenzanalyse 31-1943; Verw. v. ^{59}Fe bei d. Unters. d. chem. Stabilität v. Gläsern 32-2284; Anwend. v. ^{55}Fe-Strahl.-Quellen zur Röntgenstrukturanalyse polykrist. Proben 36-1871.

Bibliographie

Einführung in die Werkstoffkunde. Bd. *3*: Eisenwerkstoffe B 7; Statistisches Jahrbuch der Eisen- und Stahlindustrie *1965* B 23; Metallographie. *2*. Gefüge der Stähle B 31; Stahleisen-Wörterbuch. Deutsch-spanisch. Spanisch-deutsch B 39; Taschenwörterbuch Eisen und Stahl. Englisch-deutsch B 71; Stahleisen-Kalender. *1967* B 71; Stahleisen-Kalender *1967* B 86; Die Reduktion der Eisenerze. Wissenschaftliche Grundlagen und technische Durchführung B 86; Qualitäts- und Edelstähle der Deutschen Demokratischen Republik. Bd. *2*: Eigenschaften, Behandlung, Verwendung, Stahlgruppen *17–29* B 87; Wirkungsparameter von Begleitelementen flüssiger Eisenlösungen und ihre gegenseitigen Beziehungen B 87; Wärmebehandlung von Stahl, Gußeisen und Nichteisenmetallen B 95.

Russ.: Kohlenstoffarme und niedriglegierte Stähle B 7; Betrieb feuerfester Materialien in Siemens-Martin-Öfen B 7; Unfallschutz in der Eisenmetallurgie B 13; Kristallisation und Eigenschaften von Gußeisen in Gußstücken B 13; Komplexe Ferrosiliciumlegierungen B 13; Aufbereitung der Zuschläge für die Hochofenschmelze B 23; Einfluß von As, P und C auf die Stahlqualität B 23; Struktur und Eigenschaften von Flugzeugstählen und -Legierungen B 24; Eisenmetallurgie B 39; Nichtrostende Stähle B 47; Feuerfeste Materialien für Sauerstoffkonverter B 54; Automatisation der Stahlproduktion in Sauerstoffkonvertern B 55; Untersuchung der Wirksamkeit der Stahlschmelzprozesse B 55; Herstellung legierter Stähle B 55; Tabellen der Spektrallinien neutraler und ionisierter Atome (Fe u. a.) B 58; Herstellung von Gußeisen und Stahl (Mitteilungssammlung) B 63; Mechanische Eigenschaften des Stahls bei niedrigen Temperaturen (Handbuch) B 63; Schweißen warmfester Austenitstähle und Legierungen B 63; Theorie der Prozesse der Stahlherstellung B 86; Metallurgie des Gußeisens. Lfg. *3* B 87; Metallurgie und Kokschemie (Mitteilungssammlung). *6*. Behandlung der Metalle unter Druck und Warmbehandlung des Stahls B 87; Fragen der Metallkunde und Festigkeit des Stahls (Mitteilungssammlung) B 87; Physikalische Eigenschaften von in der Energetik angewendeten Stählen und Legierungen. Handbuch B 87; Borierung des Stahls B 94; Stahlproduktion (Mitteilungssammlung) B 95; Metallurgie und Kokschemie (Mitteilungssammlung). Lfg. *7*: Metallurgie des Stahls B 95.

Ungar.: Metallkunde der Eisenlegierungen B 55.

Methods for the analysis of magnesium and magnesium alloys. Part *2*: Iron in magnesium and magnesium alloys (photometric-*1:10* phenanthroline method) B 6; The plastic deformation of silicon ferrite occuring during the Martensite transformation B 7; Continuous casting: proceedings of technical sessions of the Iron and Steel Division held in Detroit, *1961* B 13; The development and application of very strong steels: a critical review B 13; Process simulation and control in iron and steel-making; proceedings of a symposium B 14; Continuous casting of ferrous and nonferrous metals: report of the proceedings of a continuous casting symposium sponsored by the University of Birmingham, *1965* B 14; Directional solidification of steel castings B 14; Recommended procedure for surface flaw detection of steel castings by magnetic particle examination B 14; Elevated-temperature properties of basic oxygen steel; meeting Mexico City *1965* B 23; The technology and properties of ferrous alloys for high-temperature use B 23; Non-metallic inclusions in steel. Part *2*: Inclusions belonging to the systems $MgO-SiO_2-Al_2O_3$, $CaO-SiO_2-Al_2O_3$ and related oxide systems. Sulphide inclusions B 30; Pilot plants in the iron and steel industry: papers and discussions from the technical sessions at the Iron and Steel Institute Autumn General Meeting, London *1965* B 39; Metallurgical Society of AIME. Iron and Steel Division. The Metallurgical Society of the American Institute of Mining, Metallurgical and Petroleum Engineers. Proceedings *23*rd. Pittsburgh meeting *1964* B 39; Principles of steelmaking B 39; Continuous casting of steel in the U.S.S.R. B 39; Methods for the analysis of iron and steel. Part *1*: Sulphur in iron and steel: gravimetric B 46; Supplemental report on the elevated-temperature properties of the chromium-molybdenum steels B 47; Principles and methods of sheet-metal fabricating B 47; Methods for the analysis of iron and steel. Part *12*: Silicon in acid resisting high silicon iron: Gravimetric B 53; Methods for the analysis of iron and steel. Part *22*: Tin in ferro-tungsten and tungsten metal: Volumetric B 53; Production technology and properties of heat resisting cast iron B 54; Report on the elevated-temperature properties of stainless steels B 55; Welding metallurgy; carbon and alloy steels B 55; Determination of nonmetallic compounds in steel; a symposium, Philadelphia *1966* (= ASTM special technical publication no. *393*) B 55; Methods for the analysis of iron and steel. Part *44*: Manganese in ferro-manganese and related alloys: Volumetric B 61; Methods for the analysis of iron and steel. Part *48*: Molybdenum in iron and steel: Photometric B 61; Progress in steel processing B 63; Engineering experience in basic oxygen steelworks; proceedings of the meeting in London *1966* B 63; An introduction to stainless steel B 63; Protection of iron and steel structures from corrosion B 63; The British iron and steel industry: a technical history B 65; Methods for the analysis of iron, steel and permanent magnet alloys: Photometric B 69; Methods for non-destructive testing of steel castings B 71; Methods for the analysis of iron and steel. Part *45*: Phosphorus in iron and steel: Photometric B 78; Foundations of iron and steel metallurgy B 79; Ironmaking tomorrow: proceedings of the conference *1966*, London B 79; Cupola operation and control B 79; Continuous control of the temperature of molten steel during the refining period of the open-hearth process B 79; Methods for the analysis of iron ores. Part *1*: Method for the determination of iron in iron ores B 85; Methods for the analysis of iron and steel. Part *6*: Nickel in iron, carbon steel and low alloy steel: Photometric B 85; Methods for the analysis of iron and steel. Part *40*: Tungsten in steel: Gravimetric B 85; An encyclopaedia of the iron and steel industry B 87; Methods for the sampling of iron and manganese ores. Part *1*: Manual sampling B 87; Methods for the analysis of iron and steel. Part *41*: Lead in carbon steel and low alloy steel: Gravimetric B 93; Methods for the analysis of iron and steel. Part *46*: Zirconium in steel: Gravimetric B 93; Modern steelmaking for steelmakers B 94; Control of composition in steelmaking; papers and discussions from the annual general meeting, held at London, *1966* B 95.

Cours de métaux et alliages. *3*e partie. Métaux et alliages autres que les fers, aciers et fontes. *1–2*. Généralités sur les métaux et alliages autres que les fers, aciers et fontes. Métaux et alliages lourds B 39; Manuel pratique des traitements thermiques de l'acier B 86.

Eisenverbindungen

Fraktionier. einer Fe(III)-Verb. durch Verdampf. u. Subl. aus vulkan. Gesteinen durch Erhitz. 9-0873; Abtrenn. v. – aus $(NH_4)_2SO_4$ mit Hilfe v. Polyacrylamidlsg. 25-1972; Entfernen v. Fe-Salzen: aus W. durch Zusatz v. $KMnO_4$ u. Filtrieren über höhere Mn-Oxide 26-2252*; aus Kaolin, Seesand durch Behandl. mit Mercaptanen 49/50-2093*.

Elektr. Leitfähigk. u. Absorpt.-Spektrum v. Krokydolith u. anderen Fe-Verb. 1-0338;

Mössbauer-Effekt in – mit Markasitstruktur 1-0051; anomaler magnet. Effekt in Mössbauer Spektren einiger Fe^{3+}-Verb. 16-0056; Ligandenfeldtheorie d. Suszeptibilität u. d. Anisotropie in trigonal verzerrten Fe^{2+}-Komplexen 18-0438; Mössbauer-Unters. an Fe-Komplexen 44-0145; Einfl. v. Fe-Salzen im Elektrolyten auf d. Leist. v. F-Zellen 3-0641; Löslichk. einiger Fe-Salze in Misch. aus Ae. u. anorgan. Säuren 22-0517; Verhinder. d. Ausfallens v. bas. – 48-2267*.

Komplexbldg. v. Fe(II) in LiCl 7-0639; Beitrag zur Frage d. Verteil. einer Metallionenart auf zwei Komplexe unterschiedl. Stabilität am Beispiel v. Fe 8-0608; Zers. v. Fe-Salzen oder Komplexen v. Mikroben- u. Pflanzenpolysacchariden im Boden 10-3229; Fe-Komplexe mit Arzneimitteln (Übersicht) 13-1860; katalyt. Red. v. – durch H_2 14-2248; Best. d. Stabilitätskonst. v. Komplexen v. Typus MA_n in wss. Lsg. mit M = Fe^{3+} u. A = Anion eines diamagnet. Salzes 22-0552; therm. Zers. v. – 41-2038; Stickstoffixier. durch Fe-Komplexe nach Rk. mit $LiAlH_4$, RMgX, RLi oder R_3Al 43-0680; Reaktivität v. Fe(III)-Komplexen mit hohem u. niedr. Spin gegenüber atomarem H in wss. Lsg. 51/52-0604.

Ox. v. Propylen oder Isobutylen in Ggw. v. – 1-2701*; Herst. v. Oligomeren aus 1.3-Dienen in Ggw. eines Katalysators aus – u. einem Red.-Mittel 12-2540*, 12-2541*; Einfl. v. Fe-Salzen auf d. Eliminier. v. H_2S aus Ferredoxin u. Cysteinmethylester 16-1343; durch 4.4′-Azo-bis-[4-cyanpentansäure] + Fe(III)-Salze initiierte Acrylamidpolymerisat. 32-1199.

Wrkg. v. Fe^{2+}- u. Fe^{3+}-Komplex-bildenden Mitteln auf d. Mucopolysaccharidsulfat-Biosynth. 13-1349; Hemm. d. Oxalessigsäurecarboxylase in d. Flugmuskulatur d. Tsetsefliege durch Fe-Salze 7-1418; Einfl. im Nährboden auf d. Zus. d. Pigmente d. Actinomyceten 27-1320; Wrkg. einer Eisenchelatdüng. auf d. CO_2-Aufnahme d. Pappel, Blattgröße u. Geh. an Blattpigmenten u. Fe 19-3212; Regulier. u. Kontrolle d. intestinalen Fe-Transports durch Bldg. v. Fe-Chelat 7-1704; Stoffwechselveränder. mit Fe^{III}–Na-Gluconat-Komplex (Tiervers.) 10-1664; Einfl. v. Fe-Salzen auf d. Spalt. d. DNS u. ihre Abhängigk. v. Alter d. Tiere 11-1663; Wrkg. v. Fe-Komplexen auf d. Schwell. d. Lebermitochondrien 21-1787; Ferro-^{99m}-Technetium-Komplex zur Nierenszintigraphie (Darst. u. chem. Eig.) 49/50-1485; (Gewebeverteil. u. biolog. Verh.) 49/50-1486; Intoxikat. durch Fe-Dex (Imposil) 7-1626; Erhöh. d. Resorpt. v. Fe-Salzen durch Zugabe v. Disaccharidfettsäureestern bei oralen Salzen 17-1832*; Kombinat.-Therapie mit Antikrebsmitteln u. – bei tumortragenden Mäusen 23-1236; Resorpt. u. Verwert. oral verabreichter Fe(II)- u. Fe(III)-Salze in therapeut. Dosen 47-1460.

Neue Präp. für orale Eisentherapie 12-1716; Herst. v. stabilen wss. Lsg. v. Vitamin C in Ggw. v. Ferrosalzen (Heilmittel) 17-1799*; therapeut. Verw. v. Fe(III)-Salzen (gegen Eisenmangelanämie) 17-1825*; Verw.: v. – bei d. Beseitig. v. S-Oxiden aus heißen Rauchgasen 8-2153*; wasserlösl. Fe-Salz als Zusatz zu Feuerlöschpulver 32-2125*; Herst. ferromagnet., nichtpyrophorer, nadelförm. Teilchen durch Rk. einer –-Lsg. mit Metallborhydrid 16-2206*; Verw. in wärmeabsorbierenden Gläsern 7-2403*; Zusatz v. – in oxydationsbeständ. Gegenständen aus SiC 27-2341*; Herst. eines Zusatzes für Bohrspül. durch Behandl. v. Sulfitablaugen mit [Cr(III)- u.] Fe(III)-Salzen 22-2673*; Verw. v. – zur Herst. v. Fe-Oxidpigmentfarbstoffen 22-2208*; Entfern. v. Fe-Verb. aus organ. Textilfasern 47-2730*; Verw.: in elektrolyt. Entwicklern in d. Elektrophotographie 3-3339*; v. Fe-Salzen in elektrophotograph. Entwicklern 7-3486*; v. Fe(II)-Salzen in xerograph. Entwicklern 7-3492*; v. Fe-Salzen in photograph. Entwicklern 9-3498*; v. – für photoelektrolytograph. Materialien 24-3535*.

Best. in wasserlösl. u. -unlösl. Fe-Verb. aus hydrophobem Salpeter 15-1866; Nachw. u. Best. v. beim techn. Dicyandiamid/Melamin-Prozeß auftretenden komplexen Fe-Verb. 41-2001; Best.: v. Vitamin B_{12} in pharmazeut. Prod. in Ggw. v. Leberextrakt u. Co-, Fe- u. Cu-Salzen 7-1882; v. Cu-Beimeng. in Fe- u. Ni-Salzen 49/50-1790.

Anorganische Eisenverbindungen

Bldg. v. $P_4O_6Fe(CO)_4$ bei Rk. v. P_4O_6 mit $Fe(CO)_4$ 33-0801; Herst. u. Verw. v. Fe-Salz–Fe-Oxid-Prod. aus Fe, H_3PO_4 u. H_2O_2 als Stabilisator in d. Kosmetik 5-2961*; Herst. v. Acrylnitril in Ggw. v. Fe-Phosphorborat 9-2789*; Fe–Halogen-Valenzschwing. in anorgan. Komplexen 18-0133; Abhängigk. zwischen Komplexstabilität u. Normalpotentialen v. Zentralion u. Liganden an einer Reihe v. gemischten Komplexen d. Kationen Cu^+, Ag^+, Tl^+, Zn^{2+}, Cd^{2+}, Hg^{2+}; mit d. Liganden CN^-, SO_3^{2-}, $S_2O_3^{2-}$, J^-, NH_3, SCN^-, NO_2^-, Br^-, Cl^-, SO_4^{2-} u. F^- u. Vgl. mit gemischten Komplexen d. Fe^{3+} 18-0537; Substitut. v. Ca^{2+} durch Fe^{3+}; in Apatiten d. Weihnachtsinseln 22-0778; Bldg.-Energie d. Hexaquo- u. Hexammminionen des Fe^{2+} 32-0530; U-Spektren einiger Pseudohalogenidkomplexe d. Fe(III) 36-0124.

Eisenamide, Bldg. v. $FeONH_2$ u. $Li[FeO(NH_2)_2]$ 33-0789.

Eisenamidosulfate, D., Viskosität, Oberflächenspann. u. elektr. Leitfähigk. v. – 43-0570; elektrolyt. Fe-Abscheid. aus Fe(II)-Sulfamatlsg. 22-2461.

Eisenantimonide: Polarisat. d. Sb-Kerne in Fe 9-0537.

$FeSb_2$, elektr. Eig. 28-2237; Mössbauer-Effekt 1-0051.

Eisenarsenate(V): Beiträge zur Kenntnis v. –-Mineralien unter bes. Berücksichtig. v. Vork. d. Schwarzwaldes 47-0766; Rk. v. C_{3-12}-Aldehyden mit NH_3 u. O_2 in Ggw. v. – 21-2780*.

$FeAsO_4$ (Eisenorthoarsenat), *Skorodit* v. Kutná Hora (Kuttenberg), Tschechoslowakei 6-0845; Vork. v. *Skorodit* in einem Pegmatit im Bhilwara-Distrikt in Rajasthan, Indien 24-0846; mkr. Unters. d. *Skorodit*-Bldg. v. Salsigne, Aude 28-0840; *Skorodit* aus Brasilien 41-0825; Mössbauer-Effekt v. – 7-0195.

Eisenarsenide: Darst., magnet. Eig. u. Krist.-Strukturen v. Fe–Cr-Doppelarsenidphasen im Syst. Cr_2As/Fe_2As 4-0562; Unters. v. FeAsS durch d. Mössbauer-Effekt 9-0391; Magnetisier. v. – mit *5,91* Atom-% As 20-0438; Krist.-Struktur u. magnet. Eig. v. FeMnAs 47-0499.

Fe_2As, Bldg. beim Sintern v. Fe, Ni, Mo, Cu u. As 2-0853; Darst., magnet. Krist.-Strukturen v. Fe–Cr-Doppelarsenidphasen im Syst. Cr_2As/Fe_2As 4-0562.

$FeAs_2$, Zus. u. Bldg.-Beding. v. Arsenopyrit u. *Löllingit* im Ylöjärvi-Cu–W-Lager, Südwest-Finnland 3-0841; mkr. Unters. d. *Löllingit*-Bldg. v. Salsigne, Aude 28-0840; Härte v. – 11-0305; elektr. Eig. v. – 28-2237; Mössbauer-Effekt in – 1-0051.

Eisenazide, Darst. v. $Fe(CO)_2N_3X_3$ (X = Cl, Br), $FeClN_3$, $FeBrN_3$ 16-0733.

Eisenborate(III), Vers. zur Darst. v. $MeLiBO_3$, Me = Fe 51/52-0669.

Eisenboride: Bldg.: d. Phase Fe_3AlB_3 im Syst. Fe/Al/B 14-0648; u. Krist.-Struktur d. *2* Phasen $(Re_{0,31-0,87}Fe_{0,69-0,13})_{23}B_6$ u. $(Fe_{0,86-0,75}Re_{0,25-0,14})_3B$ im Syst. Re/Fe/B 24-0558; bzw. Mischkrist. auf –-Basis im Syst. Mn/Fe/B (Krist.-Struktur) 37-0583; neue Boride d. Dreistoffsyst. Re/Fe/B mit $Cr_{23}C_6$-Typ 1-0271; Krist.-Struktur v. W_2FeB_2 15-0294; Komplexboride mit $Cr_{23}C_6$-Typ (π-Phasen), Struktur v. $(Re_{0,65}Fe_{0,35})_{23}B_6$ 15-0295; Verteil. d. magnet. Momente in d. Mischboriden $(Fe_{1-x}Co_x)_2B$ 1-0513; Elektronenaustausch u. Mössbauer-Effekt v. $Fe_3C_{1-x}B_x$ 33-0508; magnet. Eig. v. $(Mn_{1-e}\cdot Fe_x)_3B_4$ mit x = *0,03 – 0,15* 43-0488; Phasengleichgew. v. – im Syst. Fe–B–C 13-2517.

FeB, Bldg. v. – im Syst. Mn/Fe/B (Mischkrist.) 37-0583.

Fe_2B, Mischkrist. aus B-Leg. u. α-Fe u. d. Bldg. v. Fe_2B 35-0255; Bldg. v. – im Syst. Mn/Fe/B (Mischkrist.) 37-0583; magnetokrist. Anisotropie v. – 9-0547; durch Quadrupolwechselwrkg. verursachte Spinechomodulat. u. mehrfache Spinechos in ferromagnet. – 48-0355.

Eisenbromide bzw. -bromokomplexe

Darst.: v. $Fe(CO)_2N_3Br_3$, $FeBrN_3$ 16-0733; u. physikal. Eig. v. FeL_2Br_2-Solvat u. $FeLBr_2$-Solvat (L = 8-Aminochinolin) 45-0732; IR- u. Reflex.-Spektren v. FeL_6Br_2, $FeBr_2L_4$ u. FeL_2Br_2 (L = Py. u. Py.-Deriv.) 45-0730; opt. Polarisat.-Spektren v. hexagonalen $Fe(dipy)_3Br_2\cdot 6\,H_2O$ 49/50-0336; Metallderiv. einiger Acetylacetonatkomplexe mit Pt–C-Bind. $Fe[PtBr(acac)_2]_2$ (Bind.-Verhältnisse, Stereochemie) 49/50-0721; Größe d. Quadrupolaufspalt. in d. Mössbauer-Spektren v. Ferriciniumbromid 17-0170; Darst. u. magnet. Momente v. $[FeBr_2L]$ (L = Bis-[2-dimethylaminoäthyl]-methylamin) 48-0710; Chromatographie anion. Bromo-Fe-Komplexe auf mit Tri-n-octylamin imprägniertem Papier 36-1892; Rk. v. $C_5H_5Fe(CO)_2Br$ mit $BF_3O\cdot(C_2H_5)_2$ 7-0782; Ox. v. Alkylbenzolsulfonsäureammonium- oder -alkalimetallsalzen in Ggw. v. – 31-2540*.

$FeBr_2$, Einfl. v. hydrostat. Druck auf d. metamagnet. Übergänge 22-0456; Umsetz. mit $KP(C_6H_5)_2$ 14-0829.

$FeBr_3$, therm. Stabilität 13-0553; Halogenier.-Mittel für CH_4 21-2777*; Unters. d. Katalyse d. Rk. v. Butyljodid mit Sn durch – in O-halt. Lsgm. 51/52-0658; Verw. v. –-Lsg. bei d. Br_2-Absorpt. 11-2300.

Bromoeisen(II)-säure

$H_2[FeBr_4]$, Salze, Mössbauer-Spektrum v. $[(C_2H_5)_4N]_2[FeBr_4]$ 3-0189.

Eisencarbide: –, Unters. am Bur. of Mines v. *1948 – 1960* (*171* Literaturangaben) 44-0742; Einfl. d. Austenitisier.-Dauer u. Temp. auf d. Cr-Geh. im Carbid $(Fe, Cr)_3C$ 30-2347; – als Endprod. d. therm. Zers. d. Fe(III)-Salzes d. Mellitsäure 17-0815; Carbidisier.-Mechanismus gesinterter, mit $K_2O\cdot V_2O_5$, $Al_2O_3\cdot SiO_2$ u. K_2O oder $ZnO\cdot MoO_3$ aktivierter Fe-Katalysatoren für d. Synth. auf CO- u. H_2-Basis 18-0659; Mechanismus d. Bldg. d. $Me_{23}C_6$-Carbids $Fe_{21}Mo_2C_6$ beim Anlassen v. Mo-Stahl 23-0269; Einfl. d. Darst.-Beding. auf d. Bldg. v. Carbidphasen v. im Vakuum kondensierten Fe/C-Filmen 24-0553; Carbide im tern. Syst. Fe/V/C: VC, V_2C u. $(Fe_3V_3)C$ 24-0554; tribochem. Rk. v. Fe mit CO u. CO_2 zu Carbid 27-0719; Bldg. v. Carbiden bei d. therm. Zers. d. Hexacyanoferrate(II) v. Fe^{2+} 42-0634; Herst. d. Cr–Fe-Carbide v. Typ M_7C_3 (Feinstruktur) 25-2203; Herst. v. – 28-2211*.

Röntgen-K-Absorpt.-Spektren v. Fe im Carbid C-halt., bei verschiedenen Temp. u. Haltezeiten angelassenen Stahls 35-0345; Einfl. v. Si- u. Cr-Zusätzen zu C-halt. Stählen durch Aufnahme d. Röntgen-K-Absorpt.-Kante d. Fe v. rhomb. Eisencarbid 35-0346; Darst., Zus. u. Gitterparameter v. η-– 4-0255; Koagulat.-Kinetik d. $(Fe, Mn)_3C$ in hoch-Mn-halt. Stählen 6-2374; Versetz.-Ausscheid. v. $(Fe, Cr)_{23}C_6$ bei d. Reckalter. v. Stahl 13-2549; Möglichk. d. Beschreib. d. Zus. d. ε- u. χ-Carbids durch d. Formel Fe_4C im Syst. Fe/C 24-0553; Bind. in $Fe_5(CO)_{15}C$ 30-0097; Zus. u. Gitterparameter d. χ-Eisencarbids mit einer Zus. sehr nahe d. Formel Fe_2C 48-0200; Zus. u. Gitterdaten d. χ-Carbids (Fe_5C_2) u. sein mögl. Auftreten in Stählen sowie Bldg. d. Mischkrist.-Reihe $Fe_{20}C_8/Mn_{20}C_8$ 48-0201; Sprödbruch v. W-Draht durch Fe_3W_3C-Bldg. 2-2454; Einfl. d. Cr-Geh. auf d. Curie-Temp. v. synthet. Carbid $(Cr, Fe)_7C_3$ 30-2348; Elektronenaustausch u. Mössbauer-Effekt v. FeC, $Fe_3C_{1-x}B_x$ u. Fe_5C_2 33-0508; elektronenmkr. u. Elektronenbeug.-Unters. d. Existenzbereiche d. – an dünnen Fe- u. C-Schichten 12-2397; Phasengleichgew. v. – im Syst. Fe–B–C 13-2517; Bezieh. zwischen C-Aktivitäten für Fe–Cr–C-Leg. u. d. Phasengrenzen d. γ + $(Fe, Cr)_7C_3$-Gebiets bei *1050°* 21-0568; anomale Vol.-Änder. in d. Mischreihe $(Fe, Cr)_3C$ u. ihr bes. thermochem. u. magnet. Verh. 42-0294.

Fe_3C, Vork. v. Pyrrhotin, verwachsen mit *Cohenit* als gewöhnl. Einschluß in südafrikan. Diamanten 38-0841; Bldg. bei d. therm. Zers. v. Al-, Sc-, Y- u. Th-Cyanoferraten über $Fe_2[Fe(CN)_6]$ 19-0783; irreversible Umwandl.: ε-Fe_xC → χ-Fe_xC → Fe_3C + (x – 3) Fe (Übergang ε ⇌ χ trägt d. Charakter einer polymorphen Umwandl.) im Syst. Fe/C 24-0553; Röntgenbeug.-Unters. an *Cohenit* v. Eisenmeteoriten nach Stoßbehandl. 18-0762; Vork. v. – in d. Struktur v. Eutektika in Fe/C/V-Leg. 34-0282; Sauvers Diagramme für d. Gleichgew.-Diagramm Fe/Fe_3C 13-0591; Nachw. durch elektrolyt. Ätzen in NaOH 3-2440.

Zementit s. unter *Legierungssysteme.*

Eisencarbonate: Vork. eines neuen Minerals d. Zus. $(Ca_{0,86}, Mg_{0,13}, Y_{0,01})(Mg_{0,60}, Fe_{0,40})(CO_3)_2$ in d. Alkaligesteinsmassiv v. Ditráu, Rumänien 4-0781; Gaspeit, (Ni, Mg, Fe)$(CO_3)_2$, ein neues Carbonat v. d. Gaspé Halbinsel, Quebec 28-0800; – in d. Bodenablager. d. Sees Punnus-Jarvi 34-0824; Vork. v. – in d. Fe-Erzablager. d. Fumarolenfeldes v. Santori-Vulkan, ihre Zus. u. Genese 46-0808; Differentialthermoanalyse bin. Misch. aus Fe-, Mg- u. Ca-Carbonat 23-0765; Verhinder. d. Auswitterns zement- oder anderer kalkhalt. Baustoffe durch Behandeln mit Fe-Bicarbonaten 11-2460*.

$FeCO_3$, Mineralog. u. chem. Verh. v. *Siderit* in Böden 4-0818; Vork. u. Umwandl. v. *Siderit* in einem Gericitphyllit am Ostrand d. Alpen 7-0829; mineralog.-petrograph. Unters. an *Siderit*-Erzen d. Jura v. Sommerschenburg westl. Magdeburg 7-0873; zonale Verteil. v. *Siderit* in Kerngebirgen d. Westkarpaten 8-0825; Vork.: v. *Siderit* in d. Wabana-Lagerstätte sowie Bemerk. zu d. bes. Prob. d. Erkund. u. Ausb. submariner Lagerstätten 11-0862; v. *Siderit*-Knollen in

Quarz v. Fe-reichen Tongesteinen 18-0773; v. *Siderit* in Fossil-verwittertem Basaltgestein unter d. Miozän-Schichten bei Borislav im tschech. Mittelgebirge 21-0851; Stell.: v. *Siderit* in d. Mineralisat.-Folge in Au-halt. Sandstein v. Salsigne (Aude) 22-0768; u. Entsteh. d. Magnetits u. Hämatits auf d. *Siderit*-Lagerstätte Rákos in Spišsko-gemerské 24-0856; Vork.: v. *Siderit*-Plättchen in d. spilit., devon. Intrusivreihe v. Bolazec u. ihre petrogenet. Bezieh. mit d. Vulkanismus d. Dinant aus d. Gegend v. Huelgoat (Nord-Finistére) 26-0835; v. *Siderit* in Fe/Mg-halt. Silicatmineralien in d. metamorphosierten Fe-Format. v. Wabush Lake u. benachbarten Bezirken Neufundland u. Quebec 28-0834; mkr. Unters. d. *Siderit*-Bldg. v. Salsigne, Aude 28-0840; Vork. v. *Siderit*: im Schiefer am SE-Rand d. Schwarzburger Sattels 29-0800; in d. Sb-Lagerstätten in d. Niederen Tatra 36-0851; Unters. d. Chamosit-*Siderit*-Grauwacke v. Brzeziny in d. Swietokrzyskie Bergen (Mittelpolen) 38-0800; Petrographie u. Erzmikroskopie v. *Siderit* u. anderen Prod. d. Eisenformat. (Trenn. durch Red.-Arbeit u. magnet. Separat.) 38-0847; sek. *Siderit* in sedimentären Fe-Erzen d. Kursker magnet. Anomalie 41-0832; Vork. v. gediegenem As mit *Siderit* in d. Hg-Lagerstätte v. Čukotka 42-0769; Zus. u. Genese v. – aus d. Fe-Quarziten d. Belozersker Fe-Erzreg. 43-0782; Verwachs. im *Siderit* v. Fe-Vork. v. Alpen-Ostrand 44-0821; Einfl. d. sek. Mineralisat. auf d. Elementverteil. innerhalb d. *Siderit*-Gänge u. Sphärolithe bas. Gesteine 48-0734.

Bldg. v. *Siderit* bei d. Metamorphose u. Verwitter. in d. Nähe eines Intrusiv–Kohle-Kontakts 19-0824; Chemismus d. Prozesse d. Gesteinsveränder. u. d. Bldg. v. F–Seltenerdmetall–Fe-Erzen in einem Fluorit–Baryt–*Siderit*-Stadium 28-0788; Bldg.: v. *Siderit* im Verwitter.-Profil einer vulkan. Breccie in d. Ceské Stredohori Mts 49/50-0741; d. Krist.-Tonsteine im Žd'árek-Karbon in Nordostböhmen aus *Siderit* 24-0824; Red. v. *Siderit* in Kertsch-Erz 7-2459; Hochtemp.-Rösten v. Bakal-*Siderit* 11-2504; Flotat. v. *Siderit*-Schlämmen 21-2493; Vers. zum Verhütten v. bakaler Sideriten mit MgO-halt. Schlacken 2-2396; Verhütt. v. steir. *Eisenspat*-Erz 36-2259.

Valenzschwing. ν_1 d. CO_3^{2-}-Ions in d. IR-Spektren v. – 25-0327; Unters. zur Theorie d. Kronigschen Feinstruktur d. Röntgen-K-Absorpt.-Spektren v. einkrist. Folien aus – 21-0308; Unters. d. Orientier.-Abhängigk. d. Röntgen-K-Absorpt.-Spektren v. – -Einkrist. unter Verw. linear polarisierter Röntgenstrahl. 23-0369; Einbau v. Uranylkationen in – während deren Bldg. 19-0234; Vorzeichen d. Kernquadrupolkoppl.-Konst. in – 38-0480; neue Unters.-Meth. für d. verbrennungshemmenden Eig. v. feinverteilten – -Pulvern in einem $C_2H_4/O_2/N_2$-Gemisch während einer Explos. 6-0717; Mol-Wärme u. Entropie v. – bei niedr. Temp. (*70 – 300* °K) u. magnet. Entropie bei Temp. oberhalb d. antiferromagnet. Umwandl.-Punktes 12-0547; Diskontinuitäten d. spezif. Wärme antiferromagnet. Carbonats 15-0320.

Bldg. d. Mg-Ferrits aus d. festen Lsg. d. Carbonate $MgCO_3/FeCO_3$ (Mischkrist.-Phase aus Mg-Ferrit u. Magnetit) 10-0779; Hemmwrkg. v. SiO_3^{2-} u. AsO_2^- bei d. Luftox. v. gefälltem Fe(II)-Carbonat 17-0753; Zers.-Geschw. v. – an d. Luft unter Bldg. v. α-Fe_2O_3 24-0717; Bldg. v. Graphit aus *Siderit* 34-0857.

Bldg. v. Mg-Ferrit aus fester Lsg. v. $MgCO_3$– – 6-2183; Verw. in einem Fl.-Refraktometer 44-1803; Meth. d. Anfärb. zur Identifizier. v. *Siderit* u. anderen Carbonaten 4-0749.

Eisencarbonyle bzw. -carbonylokomplexe

– mit organ. Liganden s. unter d. Abschnitt *Organische Verbindungen*.

Bldg.: v. $Fe_2(CO)_4^+$, $Fe_2(CO)_3^+$, $Fe(CO)_4^+$... $FeCO^+$ durch Bruch d. Fe–Fe-Bind. bei CO-Abspalt. am $Fe_3(CO)_{12}$ (massenspektrometr. Unters.) 19-0784; v. $P_4O_6Fe(CO)_4$ bei d. Rk. v. P_4O_6 mit $Fe(CO)_4$ 33-0801; Darst.: v. $Fe(CO)_2N_3X_3$ (X = Cl, Br) 16-0733; d. gemischten Carbonyls, Bis-[pentacarbonylmangan]-eisentetracarbonyl, $[Mn(CO)_5]_2Fe(CO)_4$ 27-0773; Abtrenn. v. Co aus Co-, Fe- u. Ni-Carbonylmisch. 21-2686*.

IR-Spektren: v. $Co_2Fe(CO)_9S$ 11-0144; u. CO-Valenzfrequenzen v. Carbonylkomplexen d. Fe 13-0161; Valenzschwing.-Banden v. cis- u. trans-$Fe(CO)_4J_2$ 48-0132; Natur d. Metall–Metall-Bind. in einigen Eisencarbonylderiv. 25-0148; Bind. in $Fe_5(CO)_{15}C$ 30-0097; angenäherte Kraftkonst. für d. isoelektron. Serie $Ni(CO)_4$, $Co(CO)_3NO$, $Fe(CO)_2(NO)_2$ u. $Mn(CO)(NO)_3$ 46-0103; massenspektrometr. Unters. v. $Fe(CO)_x^{2+}$ 22-0163; negative Ionen aus Fe-Carbonylen durch Elektronenstoß (massenspektrometr. Unters.) 46-0164; Mess. u. Deut. d. magnet. u. dielektr. Stoffwerte v. – 22-0463.

Bldg. kation. Kohlenoxidkomplexe d. Os mit Phosphinen als Neutralliganden (erste analoge Rk. mit Ru- u. Fe-Carbonylverb.) 38-0784; Rk.: v. $(C_4H_9)_3Sn$–Sn–$(C_4H_9)_3$ u. $SnCl_2$ mit – 41-0763; v. 1.4-Dithiinen mit – 43-0728; mit Allen 43-0731; mit 1.2-Bis-[diphenylphosphino]-äthan 47-0704.

Rk. eines organ. Halogenids, Sulfonsäure- oder H_2SO_4-Esters mit CO in Ggw. v. – 14-2708*; Gewinn. niederer Olefine durch Pyrolyse aus Erdölrohstoffen in Ggw. v. – 21-2771*.

$Fe(CO)_5$, chem. Aktivier. d. mechan. angeregten Bldg. v. – 7-0715; – -Extrakt. aus pyrophorem Fe-Schwamm 1-2466; Herabsetzen d. Temp.-Koeff. d. Permeabilität bei Fe-Pulver aus – 23-2404*.

Natur d. Metall–Metall-Bind. in einigen Eisencarbonylderiv. (Vgl. d. IR-Spektren mit –) 25-0148; Bind.-Längen im – 15-0125; Abweich. v. idealisierten Konfig. für – 34-0119; Haftfestigk.-Koeff. d. Elektronen v. – 16-0902; metastabile Übergänge im Massenspektrum v. – 18-0164; Massenspektren: negativer Ionen d. – 18-0165; v. – (Ionisat.-Potentiale) 44-0148; NMR-Signal v. ^{13}C in – 22-0836; magnet. Rotat. 47-0142; elektrochem. Unters. v. – u. Fe-Carbonylkomplexen 21-0621.

Therm. Zers. v. – zur Herst. v. Fe-Pulver 6-2217; γ-Bestrahl. v. Misch. aus Cyclohexan mit – 8-0732; Zers. v. – 12-2240*; Rk. v. – mit akt. N unter Bldg. d. neutralen Metallatoms 19-0689; Absorpt.-Spektren angeregter Atome u. Ionen, d. durch isotherme Blitzlichphotolyse v. – in d. Gasphase erzeugt werden 21-0135; Bestrahl. v. – u. $Mn_2(CO)_{10}$ in Hexan 27-0773; Dampfphasenrk. v. – mit N_2O_4 30-0684; Ersatz v. CO-Gruppen in – durch P_4O_6 33-0801; Rk. v. $Mn(CO)_5^-$ u. – zu $[MnFe_2(CO)_{12}]^-$ 49/50-0708; Rk. mit Dekaborandiazoverb. u. CO 3-2635*; Polymerisat. mit Diphenylphosphinsäure 6-1141; Rk. mit Tetrakis-[pentafluorphenyl]-diphosphin 12-0760; radiochem. Synth. einiger Eisentetracarbonyl-π-Komplexe (mit Maleinsäureanhydrid, Fumarsäuredimethylester, Methacrylsäuremethylester u. Vinylacetat) durch ^{60}Co-γ-Bestrahl. d. – 13-0761; Rk. mit Halogenaziden 16-0733; photochem. Umsetz. v. – mit Vinylchlorid, Styrol, Propylen u. Vinyläthyläther 16-0734; massenspektrometr. Konstit.-Aufklär. v. komplexen KW-Abkömmlingen aus – u. Azulen 19-0784; Isomerisier. v. ungesätt. Fettsäureestern mit – 21-3032; Rk. mit N-Carbäthoxyazepinen 22-0726; Bldg. v. Addit.-Verb. bei d. Rk. v. Metalldialkylamiden mit – 29-0769; Rk.: mit Piperidin u. n-Butylamin 30-0687; mit aktiviertem Vinylcyclopropan 34-0755; mit $(n$-$C_4H_9)_3SnCl$ 36-0742; mit Pyrrolidin(X) 39-0740; mit $(SCN)_2$ 40-0724; mit 1-substituierten Vinylcyclopropanen 41-0764; mit Organolithiumverb. 51/52-0627.

Hydrier. ungesätt. Fettsäuremethylester durch katalyt. Wrkg. v. – 2-2602; Erhitzen v. sek. Alkyl-Al-Verb. in Ggw. v. – 17-2623*; Wasserstoffübertrag. in d. Rk. v. Silanen mit Vinylalkyläthern in Ggw. v. – 19-1046; Rk.: v. Tetrafluoräthylen mit CCl_4 in Ggw. v. – 37-2306*; v. C_2H_2-Verb. mit CO u. W. in Ggw. v. – 45-2314*.

Best. v. Eisenpentacarbonyl(0) in einem Gasstrom 21-2128.

$Fe_2(CO)_9$, Bldg.: bei γ-Bestrahl. v. Misch. aus Cyclohexan mit $Fe(CO)_5$ 8-0732; v. – 26-0767; Elektronenstruktur 23-0128; elektrochem. Unters. u. Fe-Carbonylkomplexe 21-0621; Rk.: mit Methyltropyläther(A) zu d. π-Komplex $Fe(CO)_3 \cdot A$ 13-0799; mit π-Allylpalladiumchlorid (Übergang d. π-Allylgruppe v. Pd zum Fe) 30-0688; mit Tetraphenylbutatrien 33-0793; mit 1.4-Dithiinen (Bldg. v. „Eisenheterocyclen") 43-0728; mit cis-3.4-Dichlorcyclobuten 45-0712.

$Fe_3(CO)_{12}$, Bldg. bei γ-Bestrahl. v. Misch. aus Cyclohexan mit $Fe(CO)_5$ 8-0732; Mol.-Strukturen 18-0232; Elektronenstruktur 23-0128; Massenspektren 48-0164; schrittweiser Verlust v. CO-Gruppen bei – (Unters. durch Massenspektroskopie) 19-0784; Rk.: mit Cyclooctadien-(1.5) 4-2577*; mit 1.6-Dichlorhexadiin-(2.4) u. 2.5-Dichlorhexin-(3) bzw. 2.5-Dichlor-2.5-dimethylhexin-(3) zu Eisencarbonylkomplexen v. Hexapentaen u. v. Tetra- u. Dimethylbutatrien 19-0785; mit Mercaptobenzthiazol bzw. Cyclohexenepisulfid 33-0790; mit $Ar_2C{=}CBr_2$ ($Ar = C_6H_5$, C_6H_4) u. ClR_2C–$C{\equiv}C$–CR_2Cl (R = H, CH_3) zu Hexacarbonyldieisenkomplexen v. Butatrienen 33-0792; mit Tetraphenylhexapentaen 33-0793; mit $(SCN)_2$ [keine Bldg. v. $Fe(CO)_4(SCN)_2$] 40-0724; mit $(C_6H_5)_3P$ (Bldg. v. $Fe(CO)_4P \cdot (C_6H_5)_3$ u. $Fe(CO)_3[P(C_6H_5)_3]_2$ über $Fe_3(CO)_{11} \cdot P(C_6H_5)_3$) 42-0716; mit 1.4-Dithiinen (Bldg. v. „Eisenheterocyclen") 43-0728; mit Allen (Bldg. u. Bromier. v. π-Allylkomplexen) 43-0731; mit Allen [Bldg. d. Verb. $C_{12}H_8FeO_6$, valenztautomer mit (Hexacarbonyl)·(2.2'-di-π-allen)-dieisen] 51/52-0668.

Carbonyleisensäuren: Rk.: v. π-$C_5H_5 \cdot Fe(CO)_2^-$ mit Perfluorolefinen 39-0741; v. p-$C_6F_4(CN)_2$ mit $[\pi$-$C_5H_5Fe(CO)_2]^-$ 41-0763.

Salze, Darst. v. Bis-[triphenylphosphin]-tricarbonylkobalt(I)-tricarbonylnitrosylferrat(I) 31-0754; $[MnFe_2(CO)_{12}]^-$, ein neues, mit $Fe_3(CO)_{12}$ isoelektron. Anion, Isolier. als Tetraäthylammonium-Salz 49/50-0708.

Kalium- u. *Natriumcarbonylferrate* s. dort.

$H_2[Fe(CO)_4]$, Unters. d. Rk. zwischen $Fe(CO)_5$ u. Pyrrolidin(X), wahrscheinl. Bldg. v. $[XH][(CH_2)_4$–N–C–$Fe(CO_4)]$ im Gleichgew. mit $(CH_2)_4N$–CO–$FeO(CO)_4$ über $HFe(CO)_4^-$ 39-0740; LCAO-MO-Lad.-Verteil. u. protonenmagnet. Resonanz-Verschieb. in – 11-0159.

Salze, IR-Spektren v. $[Fe(CO)_4][HgCl]_2$ (Metall–Metall-Bind.) 25-0148.

Natrium-, *Quecksilber-* u. *Zinncarbonylferrat(II)* s. dort.

$H_2[Fe_4(CO)_{13}]$-Salze, Struktur d. Hexapyridineisen(II)-Salzes d. vierkern. Eisencarbonylanions $[Fe_4(CO)_{13}]^{2-}$; Erläuter. d. Nichtisolierbark. d. entsprechenden neutralen vierkern. Eisencarbonyls $Fe_4(CO)_{14}$ 48-0244.

Eisenchloride bzw. -chlorokomplexe

Bldg.-Wärmen fester Chlorokomplexe v. Fe 2-0575; Bldg.: v. – bei d. Aufbereit. v. Cr-Erz 21-2427*; v. $Fe(OH)Cl_2$ u. $Fe(OH)_2Cl$ bei d. Elektrophorese d. Syst. $LiCl/Fe(HO)_3$ 23-0656; v. Chlorokomplexen d. Fe^{3+} in organ. Lsgm. 25-0163; Darst. v. $Fe(CO)_2N_3Cl_3$, $FeClN_3$ 16-0733; Herst. v. FeOCl 33-0789; Darst. u. physikal. Eig. v. FeL_2Cl_2-Solvat u. $FeLX_2$-Solvat (L = 8-Aminochinolin) 45-0732.

Absorpt.-Spektrophotometrie d. Chlorokomplexe d. Cu u. Fe (Anwend. auf Nichteisenleg.) 20-1991; IR-Spektren v. Fe-Chloro-Komplexen mit o-Phenylen-bis-[dimethylarsin] 32-0132; Darst., IR- u. Reflex.-Spektren v. FeL_6Cl_2, $FeCl_2L_4$, FeL_2Cl_2 (L = Py. u. Pyridinderiv.) 45-0730; Metallderiv. einiger Acetylacetonatkomplexe mit Pt–C-Bind. $Fe[PtCl(acac)_2]_2$ (Bind.-Verhältnisse, Stereochemie) 49/50-0721; Mössbauer-Spektren v. Hexaharnstoff-Fe(III)-Chlorid ($[Fe(CON_2H_4)_6] \cdot Cl_3 \cdot 3\,H_2O$) u. ($[(Phen)_3Fe(II)]Cl \cdot 7\,H_2O$) 7-0196; X-Bandspektren v. Lsg. d. Chloride v. Fe^{3+} in organ. Lsgm. 25-0163; Darst. u. magnet. Suszeptibilität v. $FeCl_2L$ (L = 4.6.4'.6'-Tetramethyl-2.2'-bipyridyl) 36-0749; Mössbauer-Resonanz-Absorpt.-Unters. d. therm. Zers. v. $Fe(Py.)_4Cl_2$ im N_2-Strom [Bldg. v. $Fe(Py.)_2Cl_2$, $Fe(Py.)Cl_2$, $Fe(Py.)_{0,66}Cl_2$ u. $FeCl_2$] 42-0718; Faraday-Spektroskopie an $3d^n$-Metall–Solvat-Komplexen, Solvat-Komplexlsg. v. – in DMS, DMF u. Acetonitril 47-0141; Struktur u. Paramagnetismus v. fünf- u. sechsfach koordiniertem N.N'-Bis-[salicyliden]-äthylendiaminatoeisen(III)-chlorid 48-0241; Darst. u. magnet. Momente v. $[FeCl_2L]$ (L = Bis-[2-dimethylaminoäthyl]-methylamin) 48-0710; Best. d. Gleichgew.-Konst. v. $FeCl^{2+}$ aus kinet. Mess. 12-0601; Hydratat. u. Solvatat. v. organ. Fe-Chloriden bei d. Extrakt. durch Äther u. Ketone 12-0567.

Geschw.-Gleich. für d. Red. v. Eisenchlorid im H_2-Strom bei Re-Zahlen *>30* 2-0719; Rk. v. $C_5H_5Fe(CO)_2Cl$ mit $BF_3 \cdot O(C_2H_5)_2$ (Isolier. v. $[C_5H_5Fe(CO)_2]_2X^+$ als Tetrafluoroborat) 7-0782; Umsetz. v. $\alpha.\beta$-ungesätt. Ketonen mit Fe-Chlorid unter Bldg. v. Komplexen d. Zus. Keton : Fe_2Cl_6 = *1 : 1* (Bldg.-Konst.) 8-0609; Vers. zur Komplexbldg. v. Fe-Chloriden mit Bis-[phosphino]-carboranen 9-0794; 2stuf. H_2-Red. v. pelletisiertem – 15-2466*; Umwandl. v. Fe-Chloriden in Acetonlsg., Mechanismus d. Ox. v. Fe^{2+} u. d. Red. v. Fe^{3+} in Acetonlsg. bei Röntgenbestrahl. 18-0675; Darst. v. $CH_3Se \cdot (CH_2)_3SeCH_3$ u. $CH_3Se(CH_2)_2SeCH_3$ u. d. Komplexen mit $FeCl_3$ 18-0748; therm. Zers. d. Oxidchloride v. Fe 24-0795; Bldg. koll. Fe-Teilchen aus – -Lsg. 25-0633; Kinetik d. therm. u. photochem. Zers. v. Hexakis-[methylisocyanid]-eisen(II)-chlorid, $[Fe(CN \cdot CH_3)_6]Cl_2 \cdot 3\,H_2O$ 27-0706; Elektrolyse u. chem. Reaktivität v. $^{59}Fe/Fe(III)$-Chlorid-Komplexen in nichtwss. Lsgm. 48-0555; Kinetik d. Rk. v. $[Fe(H_2O)_5Cl]^{2+}$ mit atomarem H 51/52-0604; Zusammenhang zwischen Bind.-Energie u. Aktivität d. Einstoffkatalysators Eisenchlorid bei d. Chlorier. v. Äthylen 39-0685.

Einfl.: d. Fe(III)Cl-Komplexe einiger aromat. Schiffscher Basen auf d. Keim. v. Hafer- u. Capsicum-Samen 31-1357; v. – auf Kennziffern d. Betons 38-2341; Verw. v. FeOCl zur Gewinn. v. HCl 47-2052*.

Vgl. d. photometr. Best.-Meth. v. Terpenen als Sb-, Co- u. Fe(III)-Chloridkomplexe 34-2115.

$FeCl_2$, Vers. zur Anwend. d. Rk. zwischen Acetylchlorid u. Äthanol in Ggw. v. Metall oder Metalloxid als Darst.-Meth. für – 8-0788; Bldg. v. – bei d. therm. Zers. v. $Fe(Py.)_4Cl_2$ im N_2-Strom 42-0718; Regenerieren v. – -halt. salzsauren Beizlaugen 17-2496*; – -Gewinn. bei d. Regenerat. salzsaurer Beizbäder im Ruthner-Verf. 24-2483; Verarbeit. v. – zu Cl_2 u. Fe-Oxid 37-2036*.

Elektronenabsorpt.-Spektren v. gasförm. – 23-0143; H_2O-Mol.-Beweg. in $FeCl_2 \cdot 4\,H_2O$ 45-0258; thermoelektr. Mess. an einer $FeCl_2$/$FeCl_3$-Thermozelle 3-0639; Kompress. u. magnet. Phasenumwandl. v. – 1-0272; ^{35}Cl-NMR in para- u. antiferromagnet. – 9-0397; Einfl. v. hydrostat. Druck auf d. metamagnet. Übergänge in – u. $FeCl_2 \cdot 2\,H_2O$ 22-0456; Best. d. Spinzustände lokalisierter Verunreinig. in – 29-0377; Unters. d. magnet. Eig. v. $FeCl_2 \cdot 2\,H_2O$ mit d. Mössbauer-Effekt 38-0478; Mössbauer-Unters. v. Quadrupol- u. Hyperfein-Wechselwrkg. in $FeCl_2 \cdot 2\,H_2O$ 38-0479; Vorzeichen d. Kernquadrupolkoppl.-Konst. in $FeCl_2 \cdot 4\,H_2O$ 38-0480; Best. d. effektiven Fe-Atomlad. in $FeCl_2 \cdot 4\,H_2O$ aus Röntgenemiss.-Spektren u. d. Mössbauer-Effekt 42-0152; Einfl.: v. – auf d. anod. Verh. v. Fe/C-Leg. in sich bewegenden sauren Medien 9-0659; d. Ox. v. – auf d. Passivität v. Fe 19-0640; v. – auf d. W.-Geh. bei d. Abscheid. tern. Leg. Fe/Co/W aus d. Pyrophosphatbad 32-0603; Schmelzdiagramm d. Syst. $FeCl_2$/$MgCl_2$ 5-0635; Mischkrist.-Bldg. in d. Syst. $InCl_3$/$FeCl_2$ 13-0584; Gleichgew.-Konst. für d. Rk. v. Metalloberflächen mit gasförm. – unter Abscheid. v. Fe u. Bldg. v. gasförm. Metallchlorid bzw. für d. Bldg. v. gasförm. – bei Rk. v. Fe-Oberflächen mit Metallchloriden unter Abscheid. d. Metalle 17-0577; Einfl. d. Lsgm.-Kationen auf d. thermodynam. Aktivität v. $FeCl_2$ in geschmolzenen Alkalimetall- u. Erdalkalimetallchloriden 23-0530; Schmelzdiagramme d. Syst. $FeCl_2$/$CuCl_2$ 26-0541; thermograph. Unters. d. Syst. $FeCl_2$/KCl u. $FeCl_2$/NaCl 37-0578; Bldg.-Wärme v. – aus Mess. d. Lsg.-Wärme 2-0575; Löslichk. im Dreistoffsyst. $FeCl_2$/H_2O/HCl beim Beizen v. Stahlband 4-2353; Löslichk.-Isothermen, D. sowie Zus. d. festen Phasen d. Syst. $FeCl_2$/$FeSO_4$/W. u. $FeCl_2$/KCl/W. 47-0540.

Unters. d. Rk. v. – mit AlOCl 4-0706; Rk. eines Gemisches aus – u. $FeCl_3$ mit Mg-Oktaphenylporphin 17-1133; Red. v. – mit H_2 22-2189; direkte Umsetz. v. Cyclopentadien mit – in Ggw. v. Diäthylamin 26-0769; Red. v. Alkoholen u. organ. Halogeniden durch – 30-0969; Einfl. d. Metalls in – auf d. Kinetik d. Bldg. d. Fe-Phäophytinats 37-0692; Ox. v. PCl_3-Spuren zu $POCl_3$ in Methyltrichlorsilan in Ggw. v. – unter Verw. ozonhalt. Luft oder mit Luft d. Cl_2 oder NO_2 enthält 23-0728

– als Schutzmittel bei Strahlenschädig. d. Pflanzen 29-1373; Resorpt. u. Verwert. v. oral verabreichtem – in therapeut. Dosen 47-1460; Mastzellenprod. u. Gewebecalcifikat. durch – bei Ratten 3-1203; durch – induzierte Ca-Ablager. in HeLa-Zellkulturen 25-1186.

Therapeut. Verw. 17-1799*; Verw. zur Herst. magnet. Pigmente 32-2254*.

$FeCl_3$, chem. Transport v. α-Fe_2O_3 über dimeres – 36-0739; Bldg.-Energetik v. – aus d. Elementen 43-0531; Bldg. v. – bei d. Chlorier. v. Fe–V-Spinells 48-0704; Herst. v. Graphit- – 35-2149*; Herst. v. wasserfreiem – 47-2025; Einfl. d. Temp. auf stabilisierende Wrkg. v. – auf Vitamin C 29-1771; Zusatz zum Entschäumen v. wss. – -Lsg. 2-2558*; Verarbeit. v. – zu Cl_2 u. F-Oxid 37-2036*.

Gleitbänder in LiF-Krist. u. Ätz. mit wss. – -Lsg. 29-0271; Migrat.-Formen d. – 43-0746; Ätz. v. Fluoritspaltflächen durch – -Lsg. 46-0255; thermoelektr. Mess. an einer $FeCl_2$/$FeCl_3$-Thermozelle 3-0639; anomaler magnet. Effekt im Mössbauer-Spektrum v. $FeCl_3 \cdot 6\,H_2O$ 16-0056; Mössbauer-Linienverbreiter. in $FeCl_3 \cdot 6\,H_2O$ 18-0160; Koppl.-Konst. für ^{17}O in $FeC(H_2O)_3Cl_3$ 31-0172; Best. d. effektiven Fe-Atomlad. in – aus Röntgenemiss.-Spektren u. d. Mössbauer-Effekt 42-0152; Mössbauer-Parameter v. ^{57}Fe für $FCel_3 \cdot 6\,H_2O$ 44-0145; Voltammetrie v. – mit einer rotierenden Pt-Elektrode 31-0623; Elektrolyse u. chem. Reaktivität v. ^{59}Fe/$FeCl_3$-Komplexen in nichtwss. Lsgm. 48-0555; Unters. d. Syst. $BaSO_4$/C_2H_5OH/H_2O in Ggw. v. – nach d. Extinkt.-Meth. 6-0568; Mischkrist.-Bldg. in d. Syst. $InCl_3$/$FeCl_3$ 13-0584; therm. Stabilität v. – 13-0553; therm. Ausdehn. v. – 32-0307; Austausch: zwischen wss. – u. Fe(III)-Oxidhydraten 4-0638; v. $^{59}Fe^{3+}$ zwischen wss. – -Lsg. u. koll. durch langsame Hydrolyse erhaltenem β-FeOOH 4-0639; Durchlässigk. v. mit Pergament verstärkten Fe-Oxidmembranen gegenüber – 22-0603; Adsorpt. aus $SiCl_4$ an Silicagel 34-0667; Zeta-Potential v. Quarz in – -Lsg. 44-0611; Löslichk. v. – in Hexachlorbutadien-1.3 6-0571; Verteil.-Verh. v. – zwischen d. unmischbaren fl. Phasen im Syst. $AlBr_3$/KBr 35-0502; Löslichk.-Gleichgew. u. letzte Lsg.-Wärme d. – in CCl_4 im hypo- u. hyperkrit. Gebiet 36-0547; Extrakt. v. – mit Tributylphosphat 45-0505; Verteil.-Koeff. v. Fe^{3+} u. H^+ zwischen W. u. n-Butanol im Syst. $FeCl_3$/HCl/W./n-Butanol 47-0526.

Stickstoffbind. in Syst. aus –, metall. Mg u. J_2 bei Rk. mit N_2 8-0792; Mechanismus d. Fe-Inhibit. bei d. Auflsg. v. LiF-Spaltflächen in verd. – -Lsg. 10-0678; Darst. v. $Fe(OH)_3$ durch Fäll. v. – mit NaOH 15-0722; Ox. v. $K_2B_{10}H_{10}$ u. $K_4B_{20}H_{17}OH$ mit – in N- oder O-halt. organ. Lsgm. 17-0771; Unters. d. Komplexbldg. durch – + HCl mit d. diamagnet. Salzen KCl, NaCl, NaBr, KJ, NaJ, Na_2SO_4, $NaNO_3$ u. $NaClO_4$ (Stabilitätskonst.) 22-0552; Hydrolyse d. Stickstofffluoride mit Lsg. v. – 29-0711; Rk.: mit Na_2MoO_4 30-0686; mit Fe_2O_3 (Bldg. v. FeOCl) 33-0789; mit $Na_2[Cr_2(CO)_{10}]$ u. überschüss. KSCN 36-0716; Darst. v. Fe_2O_3-Sol durch Neutralisat. v. $FeCl_3$- oder $Fe(NO_3)_3$-Lsg. mit Amberlit IRA-*410*, XE-*168* u. IR-*45* 51/52-0561; Umsetz. v. $\alpha.\beta$-ungesätt. Ketonen mit – unter Bldg. v. Komplexen d. Zus. Keton: Fe_2Cl_6 = *1* : *1* (Bldg.-Konst.) 8-0609; Einführ. v. – in Pyrokohlenstoffe 10-0748; Umsetz. mit (halogenierten) Alkylaryl-KW-Stoffen 10-2755*; Addit.-Verb. mit Dimethylnitrosamin, NMR-, IR-Spektrum 13-0955; Rk. eines Gemisches aus – u. $FeCl_2$ mit Mg-Oktaphenylporphin 17-1133; Holzverfärb. durch – -Behandl. 20-3286; Darst. v. Donator–Akzeptor-Komplexen v. Cyanoferrocen mit – 23-0767; Rk. v. Cyclopolydialkylsiloxan mit Phthalyl- oder Isophthalylchlorid u. – (Vgl. mit $SOCl_2$) 23-2549*; Ox. v. Gossypol mit – 33-1071; Darst. v. $P_3N_3[-N^+C_6H_5]_6Cl_6^-$ u. Rk. mit – (Bldg. v. Pyridiniumverb. mit komplexem Anion 34-0771; Komplexbldg.-Rk. zwischen – u. $\alpha.\beta$-ungesätt. Ketonen 44-0578; Absorpt.-Spektren u. Stabilität v. Komplexen aus – mit Thiophenanalogen v. Chalkon 44-0579; Rk. v. – mit Na^+bipy^- u. Red. zum $Na^+ \cdot [Fe(bipy)^-]$ 44-0741; Bind.-Nachw. v. $^{59}FeCl_3$ an Plasmaeiweißfrakt. mit Hilfe d. 2-dimensionalen trägerfreien Elektrophorese 51/52-1407.

Verw. in Polymerisat.-Katalysatoren für Trioxan 3-1171; kein Beschleunig.-Effekt durch – auf d. Rk. v. Olefinoxiden mit Hydrogentetracarbonylkobalt(-I) 4-0731; Darst. v. Fluorchlormethanen aus CCl_4 u. CaF_2 in Ggw. v. – 4-2477*; Bldg.-Mechanismus d. π-Komplexes [$PdCl_2$–Äthylen] bei d. Ox. v. Äthylen zu Acetaldehyd in Abhängigk. v. d. Zus. d. Katalysatorsyst. aus $PdCl_2$–$FeCl_3$ 5-0721; katalyt. Einfl. auf Cyclisier. v. in γ- oder δ-Stell. methoxylierten Alkylhalogeniden 6-1061; Einfl. v. – auf d. Cd-Rk. 6-0755; Ox. v. n-Butylen in Ggw. v. – enthaltenen $PdCl_2$-Katalysatoren 9-3765; Dismutat. v. Acetaldehyd in Ggw. v. Aluminiumäthylat u. – 9-2787*; Chlorier. v. (chloriertem) Bzl. in Ggw. v. – 10-2736*; Einfl. auf d. inhibierte Ox. v. Polypropylen 11-1178; katalyt. Aktivität v. – -$LiAlH_4$-Katalysatoren beim Hydrieren v. Styrol 12-2529; Acylier. v. Furanderiv. in Ggw. v. – 13-1101; Substitut. d. aromat. Ringes mit Nitrilen/Alkylhalogeniden in Ggw. v. – 16-0983; Mechanismus d. katalyt. Bitumenhärt. durch – 17-2645; Ox. v. Stärke durch – 19-3252; Einfl. v. – auf d. Rk. v. Äthyl-, Propyl- u. Amylmagnesiumbromid in 2.2.4-Trimethylpentan oder n-Butyläther mit Alkylhalogeniden 20-0641; Ox. v. 2.6-Dimethylphenol in Ggw. v. – 20-1007; Rk. v. Tetrachlordurol mit Bzl. in Ggw. v. – 21-2770; – in neuen Katalysatoren für d. Hoesch-Rk. 26-1000; Chlorier. v. Nitrobenzol mit $FeCl_3$/J_2-Katalysator 27-2626; Bldg. v. β-Chlorpropionsäuremethylester aus 1-Methoxycyclopropanol in Ggw. v. – 34-1035; Einfl. v. – auf d. Rk.-Geschw. d. Phenolchlorier. 37-2291; Verw. als Polymerisat.-Katalysator für Trioxan 37-2621*; Rk. v. 1.1-Dichloräthylen mit HCl in Ggw. v. – 39-2368*; Rk. v. weißem P mit (Cyclo)Alkylhalogeniden mit – als Katalysator 39-2409*; katalyt. Einfl. v. – auf d. Graphitisier. verschiedener Kunstharze u. andere C-halt. Hochpolymeren 41-0671; Rk. v. Monochlorfettsäurenitrilen in Ggw. v. – mit aromat. KW-Stoffen 44-2521*; Ox. v. Toluol mit Dialkylperoxydicarbonat- – 46-0899; Adsorpt. v. Au an Polyäthylen aus sehr verd. wss. – -Lsg. 47-0613; Photored. v. Phenazin in Isopropanol in Ggw. v. – 48-0411; Herst. eines – -halt. SiO_2–V_2O_5-Katalysators zur Ox. v. KW-Stoffen 51/52-2488*.

Einfl. auf Moos-Oxalsäure-Oxydase 15-1260; mögl. Teilnahme v. – an d. Reaktivier. d. Cholinesterase nach deren Inaktivier. durch phosphororgan. Verb. 30-1249; Einfl.: auf d. Nitratbldg. durch Aspergillus flavus 38-1394; auf d. Bldg. d. neuen sauren Polysaccharids Succinoglucan durch Alcaligenes faecalis var. myxogenes 41-1311; auf Zellwachstum u. Fettstoffwechsel v. Aspergillus fumigatus 43-1222; – als Schutzmittel bei Strahlenschädig. d. Pflanzen 29-1373; Toleranz v. Chlorella vulgaris gegenüber – 49/50-1282; Wrkg. v. Desferrioxamin auf d. – -Resorpt. 4-1614; Mastzellenprod. u. Gewebecalcifikat. durch – bei Ratten 3-1203; Wrkg. am isolierten Herzen v. Helix pomatia 10-1677; durch – induzierte Ca-Ablager. in HeLa-Zellkulturen 25-1186; Einfl. auf d. thrombohämorrhag. Phänomen 30-1469.

Verw.: v. $FeCl_3 \cdot 6\,H_2O$ zur Klär. v. Abwasser durch Ausflock. 40-2069; als Elektrolyt in galvan. Element 2-2314*; bei d. Halbleiter-Herst. 32-2246*; zur Herst. v. wasserhalt. Fe_2O_3 49/50-2085*; zum Ätzen v. gedruckten Schalt. 14-2644*; zur Reinig. d. Hexamethylendiamin 9-2794*; Entfern. v. Nebenprod. chem. Rk. durch Erhitzen mit – -Lsg. 14-2728*; Halogenier.-Mittel für CH_4 21-2777*; Einlager.-Verb. v. Typus Graphit– – als Festschmierstoffe mit Rk.-Effekt 20-2745; Verw.: in einem Mittel zum Neutralisieren v. Kaltwell-Lsg. 17-2743*; zur Cyclisier. v. Polymeren 21-3128*; in Ätzbädern für Cu-Platten 13-3665*.

Fehlermöglichk. bei d. Best. v. Cholesterin im Blut mit d. – -Reagenz 2-2096; Verw.: als Reagenz für kurze Polyäthylenoxyketten in Chromatogrammen 5-2168; zum Nachw. v. Bestandteilen d. Gerbstoffextrakte 5-2186; zur Best. v. Sulfid 8-2000; Vgl. d. Ness.-Meth. für Serumgesamtcholesterinbest. mit einer – -Meth. 12-2008; Verw.: zum Nachw. v. Securinin 17-1754; zum Nachw. v. Äthylenthioharnstoff u. Äthylenthiurammonosulfid 18-2107; zur Best. v. Al 20-1919; zur Best. v. Acetylcholin 20-1973; zur Best. v. Alkyl- u. Hydroxyalkylferrocenen durch potentiometr. Titrat. 22-1917; Verw. zur Best. v. Aescin 24-1730; photometr. Best. v. D-Ribonolacton nach Umwandl. in Hydroxamsäure u. Rk. mit – 25-1819; Verw.: v. – imprägniertem Papier in d. Chromatographie 26-2132; v. – imprägniertem Papier in d. Chromatographie 26-2133; zum Nachw. v. herbizidwirksamen Säuren 26-2153; automat. Best. v. Gesamtcholesterin im Serum mit –, Eisessig u. H_2SO_4 28-2049; Verw. zur photometr. Best. v. 2-Thenoyltrifluoraceton (TTA) 29-2062; Vgl. d. photometr. Best.-Meth. v. Terpenen als – -Komplexe 34-2115; Verw.: bei d. photometr. Best. v. Mikrogrammengen S in organ. Verb. 38-1960; in Mittel zum Nachw. v. Phenylketonen in Körperfl. 38-2006*; zum Nachw. v. Benzoe- u. Sorbin-Säure 43-1907; in d. Diaminmeth. zur histochem. Differenzier. v. Mucosubstanzen 46-1917; zur Best. v. Acetalydehyd in Starterkulturen 46-1981.

Chloroeisen(II)-säuren:

$HFeCl_3$, Salze s. *Kaliumchloroferrate(II)*.

$H_2[FeCl_4]$, halbempir. MO-Berechn. für $[FeCl_4]^{2-}$ 23-0132.

Salze, IR-Spektren v. Tetrachloroferrate d. Ferricinium- u. Ferricinium-D-10-Kations 37-0158; Mössbauer-Spektrum v. $[(C_2H_5)_4N]_2[FeCl_4]$ 3-0189; Kern-γ-Resonanzunters. d. Struktur v. Ferriceniumtetrachloroferrat 27-0190.

Cäsium-, *Kalium-*, *Magnesium-* u. *Natriumchloroferrate(II)* s. dort.

Chloroeisen(III)-säure:

$HFeCl_4$, Extrakt. v. Fe aus HCl-saurer Lsg. als $FeCl_4^-$ 27-0551; halbempir. MO-Berechn. für $[FeCl_4]^-$ 23-0132; Mössbauer-Spektrum d. Tetrachloroferrat(II)-Ions 3-0189; Koppl.-Konst. für ^{35}Cl in $[FeCl_4]^-$ 31-0172; Verteil.-Koeff. bei Extrakt. v. – mit Diisopropyläther 47-0531; extraktionsfluorimetr. Best. v. $FeCl_4^-$ 30-1918.

Salze, Darst. u. Eig. v. Tetramethylammoniumtetrachloroferrat(III) 9-0788; Bldg. v. 2.3.5-Triphenyltetrazoliumsalzen d. Chloroeisen(III)-säure 12-0800; Darst.: v. 2-Phenyl-1-[p-methoxyphenyl]-3.3-dimethylisoindolintetrachloroferrat 28-1112; d. Tris-[dimethylamino]-halogenophosphoniumsalzes v. $H[FeCl_4]$ 31-0715; Isomorphie v. $[(C_6H_5)_4As]\cdot[FeCl_4]$ mit $[(C_6H_5)_4As][TlCl_4]$ 16-0705; ^1H-NMR- u. IR-Spektren v. Tri-n-octylammoniumsalzen d. $[FeCl_4]^-$ 44-0138.

Iridium-, *Lithium-*, *Mangan-*, *Natrium-*, *Rhenium-* u. *Rubidiumchloroferrate(III)* s. dort.

Eisenchloroaluminat, Darst. v. Ferriciniumtetrachloroaluminat 42-0719.

Eisenchloroaurate(III), Fäll. v. $[Fe(CO)_3\cdot(HgCl)\{(C_6H_5O)_3P\}_2][HgCl_3]$ als $[Fe(CO)_3Cl\cdot(C_6H_5O)_3P_2][AuCl_4]$ 48-0706.

Eisenchloroiridate(III), Absorpt.-Spektrum u. elektr. Leitfähigk. v. $[Fe(bipy)_3]\cdot[IrCl_6]$ 1-0338.

Eisenchloromercurate(II), Rk. v. $Fe(CO)_3\cdot[(C_6H_5O)_3P]_2$ mit $HgCl_2$, Bldg. eines *1*:*2*-Adduktes, vorliegend als $[Fe(CO)_3(HgCl)\cdot\{(C_6H_5O)_3P\}_2][HgCl_3]$ 48-0706.

Eisenchlorostannat, Darst. v. Ferriciniumhexachlorostannat 42-0719.

Eisenchromate(VI): Darst., Gitterparameter u. D. v. $FeCrO_4OH$ u. $KFe_3(CrO_4)_2\cdot(OH)_6$ 41-0759.

$FeCrO_4$, Zus. v. –, im Cassiterit eingeschlossenen *Chromit* (punktweise Röntgenfluoreszenz) 24-0837; Bldg. einer Na_2CrO_4–Na_2CO_3-Schmelze beim ox. Glühen v. *Chromit*-Chargen 37-2160.

$Fe_2(CrO_4)_3$, Mössbauer-Spektren 7-0195.

Eisendichromate, Absorpt.-Spektrum u. elektr. Leitfähigk. v. $[Fe(bipy)_3]Cr_2O_7$ 1-0338.

Eisencyanat, Darst. v. Fe-Isocyanat 11-2791*; Absorpt.- u. Remiss.-Spektren v. $(Fephen_2)(CNO)_2$, $(Febipy)_2(CNO)_2$ 1-0115.

Eisencyanide bzw. -cyanokomplexe

Unschädlichmachen komplexer – in Abwässern 13-2312*; Verminder. d. Geh. an komplexen – in galvan. Abwässern 20-2451; Reflex.-Spektren v. mehrkern. Cyanidkomplexen v. Fe (Vgl. mit Hydratkomplexen) 46-0115; MO-Analyse v. Cyanid-Komplexen d. Fe^{2+} u. Fe^{3+} 1-0090; Mössbauer-Spektren v. cis- u. trans-$[Fe(CN)_2(CNCH_3)_4]$ u. cis- u. trans-$[Fe(CN)_2(phen)_2]$ 2-0139; Größe d. Quadrupolaufspalt. in d. Mössbauer-Spektren v. Cyanoeisenkomplexen 17-0170; Dünnschichtchromatographie einiger Cyanoeisenkomplexe 18-2013; Dissoziat.-Konst. d. Cyanidkomplexes, Trenn. komplexer Metallcyanide 8-2079; Einfl. v. – auf d. Umfang v. Spinatchloroplasten unter verschiedenen Lichtbeding. 1-1443; Herst. v. Kunstharzen mit verringerter Durchlässigk. für Wärmestrahlen durch Zusatz v. Ferrocyankomplexen 12-2822*; Ultramikrobest. v. Cyanidkomplexen d. Fe 45-1869.

$Fe(CN)_2$, Verw. zur Verhinder. v. NaCl-Ablager. in Erdölleit. 20-2759*.

$Fe(CN)_3$, Einfl. v. $NaDH_2$ auf d. Aktivität v. $NADH_2$-Ubichinon-Reduktase gegenüber – 6-1255; NAD-Dehydrogenase-Aktivität menschl. Erythrozytenmembranen mit – als Elektronenakzeptor 22-1177; Berechn. d. red. u. ox. Absorpt.-Spektrums d. Atmungsfermentes aus d. photochem. Wrkg.-Spektrum d. –-Komplexe mit Cytochrom a u. a_3 im Komplex mit Cytochromoxydase 22-1181; Wertigk. v. Cu nach d. Rk. d. Cytochromoxydase–CO-Komplexes mit – 38-1244; Einfl.: auf d. Phosphorylier. in Chromatophoren v. Rhodospirillum rubrum in Ggw. u. Abwesenh. v. hinzugefügtem ADP 27-1349; auf d. Chromatographie v. Gersten-β-Amylase auf Sephadex G-75 29-1255; v. Carbonylcyanid-m-chlorphenylhydrazon auf d. photochem. Rk. im $Fe(CN)_3$/W.-Syst. in isolierten Chloroplasten 1-1444; durch Präinkubat. mit – bei Dunkelh. hervorgerufene Schädig. v. Spinatchloroplasten 13-1544; Quantenbedarf d. Hill-Rk. v. Chloroplasten in Ggw. v. – 14-1527; Einfl. auf d. lichtinduzierte schnelle Absorpt.-Änder. (in gealterten Chloroplasten) 20-1418; (bei digitoninbehandelten Chloroplasten) 20-1419; Wrkg. v. Plastocyanin auf d. Hill-Rk. in Ggw. v. – in isolierten Chloroplasten 33-1464.

Kinetik d. Ox. v. Hämoglobin u. Myoglobin durch – 31-1481.

–-Test zur Unters. d. Porosität v. Weißblech 14-2554; Zuverlässigk. d. Hämoglobin-Werte, d. mit Ferricyanid–Cyanid-Reagenzien, d. d. Gefriertemp. ausgesetzt waren, erhalten werden 18-1517.

Cyanoeisensäuren

Unters. an $[Fe(NO)S_4C_4(CN)_4]^{2-}$ 37-0776.

Salze s. *Eisen-* u. *Kobaltcyanoferrate.*

$H_2[Fe(CN)_5NO]$, Bind.-Arten in $[Fe(CN)_5\cdot NO]^{2-}$ 47-0116; polarograph. Red. v. $[Fe(II)\cdot(CN)_5NO]^{2-}$ 38-0605; thermodynam. u. kinet. Daten d. Syst. Hydroxid/$[Fe(CN)_5(NO)]^{2-}$/$[Fe(CN)_5(NO_2)]^{4-}$ in wss. Lsg. 1-0654; Einfl. v. $[Fe(CN)_5NO]^{2-}$ u. d. pH-Wertes auf d. Auflsg. v. NaCl in W. 31-0669; Redox-Eig. u. Rk.-Fähigk. v. $[Fe(CN)_5NO]^{2-}$ 44-0606.

Salze, Rk. v. Alkalimetallsulfiten u. Nitroprussiaten in wss. Lsg. (Boedecker-Rk.) 3-0625; Rk. v. Sulfiten mit Nitroprussiaten (Übersicht, *59* Literaturangaben) 13-0798; Best. v. Nitroprussiaten mit Dinatriumäthylendiamintetraacetat u. einer Endpunktsanzeige durch Fluoreszenz 32-2025.

Natrium- u. *Zinkcyanoferrat* s. dort.

$H_3[Fe(CN)_5NO]$, IR-spektroskop. Nachw. d. Bldg. v. $[Fe(CN)_5NO]^{3-}$ in $Na_2[Fe(CN)_5NO]\cdot 2H_2O$ nach Elektronenbestrahl. 44-0683; Elektronenstrukturen v. $[Fe(CN)_5NO]^{3-}$ 6-0119; Elektronenspinresonanz v. $[Fe(CN)_5\cdot NO]^{3-}$ 43-0155.

$H_4[Fe(CN)_5NO_2]$, Einfl. v. $[Fe(CN)_5NO_2]^{4-}$ u. d. pH-Wertes auf d. Auflsg. v. NaCl in W. 31-0669; thermodynam. u. kinet. Daten d. Syst. Hydroxid/$[Fe(CN)_5(NO)]^{2-}$/$[Fe(CN)_5(NO_2)]^{4-}$ in wss. Lsg. 1-0654.

$H_5[Fe(CN)_5SO_3]$, Kinetik d. Sulfitox. mittels Pentacyanoaquoferrat zu Sulfat u. $[Fe(CN)_5SO_3]^{5-}$ 26-0682.

$H_4[Fe(CN)_5NOSO_3]$, Stabilitätskonst. d. sich beim Zusammentritt v. Nitroprussiat- u. Sulfitionen in wss. Lsg. bildende Sulfitonitroprussiations: $[Fe(CN)_5NOSO_3]^{4-}$ 3-0625.

Cyanoeisen(II)-säuren:

Elektrophorese v. –-Sol 19-0653; polarograph. Red. v. $[Fe(II)(CN)_5NO]^{2-}$ 38-0605; kinet. Unters. d. Hydrolyse einiger Cyanokomplexe d. zweiwert. Fe 15-0757, 15-0758, 15-0759; Redox-Eig. u. Rk.-Fähigk. v. $[Fe(CN)_5NO]^{2-}$ 44-0606; amperometr. Endpunktsanzeige bei Titrat. v. Hexacyanoferrat(II) 49/50-1699.

Salze, Verh. v. Hexacyanoferrat-Komplexen in natürl. stark verschmutzten Wässern 4-2107.

Lithium-, *Natrium-* u. *Scandiumcyanoferrate(II)* s. dort.

$H_3[Fe(CN)_5]$, Bldg. v. $[Fe(CN)_5]^{3-}$ bei d. Selbstred. v. Eisen(III)-hexacyanoferrat(III) 8-0772; Kinetik d. Polymerisat.-Prozesses in Aquopentacyanoferrat(II)-Lsg. (Einfl. v. Fremdsalzzugaben auf d. Lage d. Gleichgew.) 41-0656.

Salze s. *Kalium-* u. *Natriumcyanoferrate(II)*.

$H_4[Fe(CN)_6]$, IR-Spektren v. krist. – u. $D_4[Fe(CN)_6]$ 19-0154; Krist.-Struktur 12-0302; Lsg.-Morphodrome v. NaCl u. Adsorpt. v. $[Fe(CN)_6]^{4-}$ 26-0229; Mössbauer-Spektrum v. $H_4[Fe(CN)_6]\cdot aq$ 22-0157; ^1H-, ^{14}N- u. ^{13}C-NMR-Spektren v. – 22-0625; Reflex.-Spektren u. magnet. Eig. v. $\{Fe^{3+} + [Fe(CN)_6]^{4-}\}$ 46-0115; Einfl. d. Änder. d. DK auf d. Normalpotential v. $[Fe(CN)_6]^{4-}$/$[Fe(CN)_6]^{3+}$ in W./Äthanol 2-0635; Einfl. v. $[Fe(CN)_6]^{4-}$ auf Ca/Al-Oxidhydratkomplexe als Korros.-Inhibitoren für Fe 4-0618; Verh. v. sehr dünnen SnO_2-Halbleiterelektroden in Ox./Red.-Syst. $[Fe\cdot(CN)_6]^{4-}$/$[Fe(CN)_6]^{3-}$ 11-2015; elektrochem. Red. v. Cyanoferrat(III) zu Cyanoferrat(II) 12-0615; Standardox.-Potential d. Cyanoferrat(II)/Cyanoferrat(III)-Elektrode u. d. Entropie d. Cyanoferrat(II)-Ions 16-0578; Redoxrk. d. Paares $[Fe(CN)_6]^{4-}$/$[Fe(CN)_6]^{3-}$ an einer Li-dotierten NiO-Einkrist.-Elektrode 26-0582; Voltammetrie v. $[Fe(CN)_6]^{4-}$ in Ammoniumfluoridlsg. 26-2097; Stromverteil. in unter erzwungener Ström. arbeitenden porösen Elektroden bei d. Ox. bzw. Red. v. $Fe(CN)_6{}^{3-}$/$Fe(CN)_6{}^{4-}$ 28-0586; Einfl.: inakt. Oberflächenbereiche auf d. Diffus.-Grenzstrom an rotierenden Scheibenelektroden u. Transit.-Zeit bei galvanostat. Mess. an d. Redoxsyst. $[Fe(CN)_6]^{3-}$/$[Fe(CN)_6]^{4-}$ 30-0552; d. Ionenwander. auf d. Grenzströme bei d. elektrochem. Unters. v. $[Fe(CN)_6]^{4-}$/$[Fe(CN)_6]^{3-}$ in NaOH u. KOH 32-0597; Elektroüberführ.-Meth. zur Best. d. Assoziat.-Konst. v. Ionen d. Erdalkalimetalle mit Hexacyanoferrat(II)-Ionen 33-0635; Best. d. wahren Temp.-Koeff. d. Elektrodenpotentiale u. Spann.-Mess. an Pt/$[Fe(CN)_6]^{4-}$/$[Fe(CN)_6]^{3-}$ 39-0584; Redoxprozeß Hexacyanoferrat(III)/Hexacyanoferrat(II) an rotierenden Scheibenelektroden aus Pt, Au u. Ir 40-0574; Einfl. inakt. Oberflächenbereiche auf d. Diffus.-Grenzstrom für d. Ox. v. $[Fe(CN)_6]^{4-}$ 44-0602; Adsorpt. v. $[Fe(CN)_6]^{4-}$ an einer Pt-Elektrode 45-0570; Einfl. v. ClO_2^- auf d. polarograph. Verh. v. $[Fe(CN)_6]^{2-}$ 48-0575; Unters. d. Redoxverh. v. $[Fe(CN)_6]^{3-}$/$[Fe(CN)_6]^{4-}$ an einer rotierenden Scheibenelektrode 49/50-1700; Entropie wss. $[Fe(CN)_6]^{4-}$ 16-0569; zirkularpapierchromatograph. Verh., R_F-Wert v. $[Fe(CN)_6]^{4-}$ 22-1895; Best. d. relativen Affinität v. $[Fe\text{-}CN)_6]^{4-}$ zum WOFATIT SBW 29-1997; Sorpt. v. $[Fe(CN)_6]^4$ an Flotat.-Prod. v. K-Salzen 43-1984.

Radiolyse wss. Hexacyanoferratlsg. (Wrk. v. Röntgenstrahlen auf d. Redoxsyst. $[Fe\cdot(CN)_6]^{4-}$/$[Fe(CN)_6]^{3-}$) 3-0741; Photochemie wss. Lsg. v. Fe(II) (Abtrenn. d. Photoelektrons v. Hexacyanoferrat(II)- u. v. Fe(II)-Ionen) 22-0654; Rk.-Fähigk. v. hydratisierten Elektronen u. v. OH-Radikalen in wss. Hexacyanoferrat(II)-Lsg. 37-0710; Einfl. d. Konz. d. Gelösten u. d. pH-Wertes auf d. Radikal- u. Mol.-Ausb. in röntgenbestrahlten wss. Lsg. mit $[Fe(CN)_6]^{4-}$ + $[Fe(CN)_6]^{3-}$ + N_2O 46-0712; pulsradiolyt. Ox. v. $[Fe(CN)_6]^{4-}$ in O_2-halt. Leg. durch OH- u. HO_2-Radikale 48-0647; Zusammenhang zwischen UV-Absorpt.-Spektrum u. photochem. Verh. v. – 49/50-0652; Einfl. eines Magnetfeldes auf d. katalyt. Verh. v. $[Fe(CN)_6]^{4-}$ bei d. peroxidat. Indigocarmin-Entfärb. 7-0696.

Rk. v. Fe-Peroxydasen mit CO u. $Fe(CN)_6{}^{4-}$ 51/52-1145.

Mikronachw. v. $[Fe(CN)_6]^{4-}$ 47-1864; Heranzieh. d. Reflex. d. β-Strahl. für d. Indikat. des Äquivalenzpunktes bei d. Best. $[Fe(CN)_6]^{4-}$ mit $Pb(NO_3)_2$ 20-1833; Adsorpt.-Indikatoren für d. Titrat. v. Hexacyanoferrat(II) mit Th-Ionen 27-2007; Anwend. d. Schlitzofentechnik auf d. Ultramikrobest. v. $[Fe(CN)_6]^{4-}$ 45-1869; Best. v. $[Fe(CN)_6]^{4-}$ in Abwässern 1-2150; Abtrenn. v. $[Fe(CN)_6]^{4-}$ durch Dünnschichtchromatographie 39-1888; spektrophotometr. Best. v. HCN in $[Fe(CN)_6]^{4-}$ in Weinen u. Fruchtsäften mit Hilfe v. Pyridin/Barbitursäure-Reagenz 8-2107; Best. v. μg-Mengen Cu auf mit $[Fe(CN)_6]^{4-}$ imprägniertem Papier 3-2029; Best. v. Cu u. Cd durch Nullpunkts-Potentiometrie unter Verw. v. Hexacyanoferrat(II)/Hexacyanoferrat(III) 28-2002.

Salze, Zirkulardichroismus, Absorpt.-Spektren u. Bldg.-Konst. d. Überkomplexe v. $[Co(en)_3]^{3+}$ mit Hexacyanoferrat(II) 19-0143; einige Gesetzmäßigk. d. therm. Zers. v. Metallhexacyanoferraten(II) 42-0634.

Alkalimetall-, *Aluminium-*, *Ammonium-*, *Barium-*, *Beryllium-*, *Cadmium-*, *Cäsium-*, *Calcium-*, *Cer-*, *Chrom-*, *Eisen-*, *Gallium-*, *Indium-*, *Kalium-*, *Kobalt-*, *Kupfer-*, *Lanthan-*, *Lithium-*, *Magnesium-*, *Mangan-*, *Natrium-*, *Nickel-*, *Rubidium-*, *Samarium-*, *Scandium-*, *Strontium-*, *Thallium-*, *Thorium-*, *Uran-*, *Yttrium-*, *Zink-* u. *Zirkoniumcyanoferrate(II)* s. dort.

Cyanoeisen(III)-säuren:

Salze, *Kalium-* u. *Natriumcyanoferrate(III)* s. dort.

$H_2[Fe(CN)_5]$, Rk. zwischen $[Fe(CN)_5\cdot H_2O]^{2-}$ u. $KClO_3$, katalyt. Einfl. v. – auf d. Zus. v. $KClO_3$ 46-0672.

Salze s. *Natriumcyanoferrate(III)*.

$H_3[Fe(CN)_6]$, Bldg. bei d. Bestrahl. N_2O-halt. wss. Lsg. v. $K_4Fe(CN)_6$ 22-0655.

Reflex.-Spektren u. magnet. Momente v. Fe(II) + $[Fe(CN)_6]^{3-}$ 32-0119; Einfl. d. Änder. d. DK auf d. Normalpotential v. $[Fe(CN)_6]^{4+}$/$[Fe(CN)_6]^{3+}$ in W./A. 2-0635; Verh. v. sehr dünnen SnO_2-Halbleiterelektroden in Ox./Red.-Syst. $[Fe(CN)_6]^{3-}$/$[Fe(CN)_6]^{4-}$ 11-2015; elektrochem. Red. v. Cyanoferrat(III) zu Cyanoferrat(II) 12-0615; Standardox.-Potential d. $[Fe(CN)_6]^{2-}$/$[Fe(CN)_6]^{3-}$-Elektrode 16-0578; chronopotentiometr. Unters. d. Diffus. v. $[Fe(CN)_6]^{3-}$ in KCl zu Draht- u. Hohlzylinderelektrodenkombinat. 18-0569; ^1H-, ^{14}N- u. ^{13}C-NMR-Spektren v. – 22-0625; Redoxrk. d. Paares $[Fe(CN)_6]^{4-}$/$[Fe(CN)_6]^{3-}$ an einer Li-dotierten NiO-Einkrist.-Elektrode 26-0582; Stromverteil. in unter erzwungener Ström. arbeitenden porösen Elektroden bei d. Ox. bzw. Red. v. $Fe(CN)_6{}^{3-}$/$Fe(CN)_6{}^{4-}$ 28-0586; Einfl. inakt. Oberflächenbereiche auf d. Diffus.-Grenzstrom an rotierenden Scheibenelektroden u. Transit.-Zeit bei galvanostat. Mess. an d. Redoxsyst. $[Fe(CN)_6]^{3-}$/$[Fe(CN)_6]^{4-}$ 30-0552; Einfl. d. Ionenwander. auf d. Grenzströme bei d. elektrochem. Unters. v. $[Fe(CN)_6]^{4-}$/$[Fe(CN)_6]^{3-}$ in NaOH u. KOH 32-0597; Faraday-Effekt v. Lad.-Übertrag.-Übergängen in $[Fe(CN)_6]^{3-}$ 38-0137; Best. d. wahren Temp.-Koeff. d. Elektrodenpotentiale u. Spann.-Mess. an Pt/$[Fe(CN)_6]^{4-}$/$[Fe(CN)_6]^{3-}$ 39-0584; Redoxprozeß Hexacyanoferrat(III)/Hexacyanoferrat(II) an rotierenden Scheibenelektroden aus Pt, Au u. Ir 40-0574; Redoxverh. v. $[Fe(CN)_6]^{3-}$–$[Fe\cdot(CN)_6]^{2-}$ an einer rotierenden Scheibenelektrode 49/50-1700; Entropie wss. $[Fe(CN)_6]^{3-}$ 16-0569; zirkularpapierchromatograph. Verh., R_F-Wert v. $[Fe(CN)_6]^{3-}$ 22-1895; Lsg.-Morphodrome v. NaCl u. Adsorpt. v. $[Fe(CN)_6]^{3-}$ 26-0229; Best. d. relativen Affinität v. $[Fe(CN)_6]^{3-}$ zum WOFATIT SBW 29-1997.

Radiolyse wss. Hexacyanoferratlsg., Wrkg. v. Röntgenstrahlen auf d. Redoxsyst. $[Fe(CN)_6]^{4-}$/$[Fe(CN)_6]^{3-}$ 3-0741; Ermittl. d. Geschw.-Konst. d. Rk. zwischen KSCN, $[Co(NH_3)x]^{2+}$ u. $[Fe(CN)_6]^{3-}$ in *9*nNH_4OH aus d. Zeitabhängigk. d. Elektrodenpotentials bei d. Rk. 22-0623; Mechanismen photochem. Austauschrk. an – 34-0710; Rk.-Fähigk. v. hydratisierten Elektronen gegenüber $Fe(CN)_6{}^{3-}$

in wss. Hexacyanoferrat(II)-Lsg. 37-0710; Einfl. d. Komplexbldg. v. Glucose, Fructose u. Galaktose mit Borationen auf d. Ox. d. Zucker durch $[Fe(CN)_6]^{3-}$ 40-0659; Salzeffekte bei d. γ-radiolyt. Red. v. $[Fe(CN)_6]^{3-}$ 44-0679; Einfl. d. Konz. d. Gelösten u. d. pH-Wertes auf d. Radikal- u. Mol.-Ausb. in röntgenbestrahlten wss. Lsg. mit $[Fe(CN)_6]^{4-}$ + $[Fe(CN)_6]^{3-}$ + N_2O 46-0712; katalyt. Red. v. $[Fe(CN)_6]^{3-}$ durch CO in Ggw. komplexer Halogenide d. Pd^{2+}, Rh^{3+} u. Pt^{4+} 49/50-0623; Rk. v. $[Fe(CN)_6]^{3-}$ mit atomarem H 51/52-0604.

Red. v. Cytochrom c-Extrakten aus Hefe u. Pferdeherz mit – 25-1217; Einfl. v. Triton X-*100* auf d. – -Elektronenübertrag.-Rk. in Spinatchloroplasten 1-1442.

Chronopotentiometr. Daten v. $[Fe(CN)_6]^{3-}$ in KCl-Lsg. 5-2023; Mikronachw. v. $[Fe(CN)_6]^{3-}$ 47-1864; photochem. Bldg. d. Titrat.-Mittels bei d. turbidimetr. Best. v. Hexacyanoferrat(III) 26-2103; Anwend. d. Schlitzofentechnik auf d. Ultramikrobest. v. $[Fe(CN)_6]^{3-}$ 45-1869; Abtrenn. v. $[Fe(CN)_6]^{3-}$ durch Dünnschichtchromatographie 39-1888; analyt. Ausnutz. d. Rk. v. Hexacyanoferrat(III) mit Hydrochinon zur Best. v. Hydrochinon 5-2123; Verw.: v. $[Fe(CN)_6]^{3-}$ beim Nachw. v. Jodtyrosin-ähnl. Verb. in menschl. Serum 17-1493; bei d. Lokalisier. d. Cholinesteraseaktivität im Herzmuskel d. Ratte durch Elektronenmikroskopie 27-1273; Best. v. Cu u. Cd durch Nullpunkts-Potentiometrie unter Verw. v. Hexacyanoferrat(II)–Hexacyanoferrat(III) 28-2002; photometr. Titrat. v. Co mit Hexacyanoferrat(III) 30-1996; Verw. v. Hexacyanoferrat(III) zur Best. v. L-Ascorbin- u. L-Dehydroascorbinsäure in Ggw. v. reduzierenden Kohlenhydraten 33-2085.

Salze, Bldg. v. $[(C_6H_5)_2Se...N...Se\cdot(C_6H_5)_2]_3[Fe(CN)_6]$ 40-0681.

Barium-, *Cadmium-*, *Cäsium-*, *Eisen-*, *Gadolinium-*, *Kalium-*, *Kobalt-*, *Kupfer-*, *Lanthan-*, *Lithium-*, *Mangan-*, *Natrium-*, *Neodym-*, *Nickel-*, *Rhodium-*, *Silber-*, *Strontium-*, *Thallium-* u. *Zinkcyanoferrate(III)* s. dort.

Eisencyanochromate(III), IR-, sichtbares u. UV-Spektren (Ligandenfeldstärke) v. $KFe\cdot[Cr(CN)_6]$ 2-0278.

Eisencyanocobaltate(III): IR-, sichtbares u. UV-Spektren (Ligandenfeldstärke) v. $KFe\cdot[Co(CN)_6]$ 2-0278.

$Fe_3[Co(CN)_6]_2$, in Reflex. gemessene Elektronen-Absorpt.-Spektren v. – 25-0333; Elektronenleit. (spezif. elektr. Widerstand u. Aktivier.-Energie d. Leit.-Vorganges) 8-0450.

$Fe[Co(CN)_6]$, in Reflex. gemessene Elektronen-Absorpt.-Spektren v. – 25-0333.

Eisencyanoferrate, Bldg. v. $M_x(OH)_x\cdot Fe_x[Fe(CN)_6]_x$ (M = Al, Sc, Y, Th) bei d. therm. Zers. v. Al-, Sc-, Y- u. Th-Cyanoferrat 19-0783; Herst. v. *Miloriblau* 27-2247*; Organophilisier. v. *Berliner-Blau*-Pigmenten (Überblick) 38-2930; IR-spektroskop. Nachw. d. Bldg. v. $Na_xF_y^{III}[Fe(CN)_6]_z$ in $Na_2[Fe(CN)_5\cdot NO]\cdot 2\,H_2O$ nach Elektronenbestrahl. 44-0683; in Reflex. gemessene Elektronen-Absorpt.-Spektren v. *Preußischblau* 25-0333; Mössbauer-Effekt an *Berliner Blau* 37-0095; Koagulat.-Fähigk. d. Syst. Eisen(III)-oxid-Sol/AgJ-Sol/*Berliner Blau*-Sol/Leitfähigk.-W. 11-0667; Einfl. d. Adsorpt.-Modifizier. auf d. Strukturbldg. v. *Berliner-Blau*-Suspens. in Pflanzenöl 27-0647; Vergrößer. d. ^{137}Cs-Ausscheid. durch Ratten bei chron. Halt. mit *Preußischblau* 11-1788; Einfl. v. *Berliner Blau* auf d. Dekorporat. v. $^{137}CsCl$ bei Ratten 35-1669; Verw. eines mit H_2S behandelten, unlösl. *Preußischblau*-Katalysators in Druckgas erzeugenden Lad. 46-3183*; Verw. v. *Berliner Blau* zur Best. v. Nanogramm-Mengen Cs durch eine Konz.-abhäng. Verteil.-Meth. 8-2006; Best. d. Abriebs v. *Miloriblau*-Pigmenten 8-3168.

Eisencyanoferrate(II): **$Fe_2[Fe(CN)_6]$**, Bldg. bei d. therm. Zers. v. Al-, Sc-, Y- u. Th-Cyanoferraten u. therm. Zers. v. – 19-0783; in Reflex. gemessene Elektronen-Absorpt.-Spektren v. – 25-0333.

$Fe_4[Fe(CN)_6]_3$, in Reflex. gemessene Elektronen-Absorpt.-Spektren v. – 25-0333; Reflex.-Spektren u. magnet. Momente v. – 32-0119; Mössbauer-Effekt an $^{57}Fe_4[Fe(CN)_6]_3$ 37-0095; Reflex.-Spektren u. magnet. Eig. v. – 46-0115; Best. v. M-Mengen MnO_4^- durch Auftragen auf mit – imprägniertem Papier 31-1990.

Eisencyanoferrate(III): Adsorpt. v. mit Gelatine sensibilisierten $K_2Cu_3[Fe(CN)_6]_2$/$KFe[Fe(CN)_6]$-Misch. an Graphitoberflächen 43-0594; Farbrk. v. papierchromatographiertem $FeCl_3$, $NiCl_2$ u. $CoCl_2$ mit – 18-2040.

$Fe[Fe(CN)_6]$, in Reflex. gemessene Elektronen-Absorpt.-Spektren v. – 25-0333; Existenz u. Selbstred. v. – 8-0772; Tüpfelnachw. durch pyrolyt. Bldg. v. Cyan 22-1899; Best. v. Mikrogrammengen Sb mit $KMnO_4$- u. $Fe[Fe(CN)_6]$-imprägniertem Papier 33-2034.

$Fe_3[Fe(CN)_6]_2$, in Reflex. gemessene Elektronen-Absorpt.-Spektren v. – 25-0333.

Eisencyanomanganat(III): **$Fe_3[Mn(CN)_6]_2$**, Verhinder. d. Zusammenbackens v. krist. NaCl mit – 10-2330*.

Eisenfluoride bzw. -fluorokomplexe

Krist.-Wachstum v. $Na_5Fe_3F_{14}$, einem durchsicht. ferrimagnet. Stoff 15-0271; magnet. Eig. v. $M_{1-x}Li_xFe_2O_{4-x}F_x$, M = Cd, Co, Fe, Mg, Mn, Ni, Zn u. (Li + Fe)/2 46-0497; ^{57}Fe-Hyperfeinstruktur u. Neel-Temp. in $Fe_xZn_{1-x}\cdot F_2$ aus d. Mössbauer-Effekt 47-0486; Kinetik d. Rk. v. $[Fe(H_2O)_5F]^{2+}$ mit atomarem H 51/52-0604; Aktivier. v. auf SiO_2 aufgebrachten Cr-Oxid-Polymerisat.-Katalysatoren mit – 1-3055*.

FeF_2, Beobacht. u. Theorie einer neuen Linie in d. Absorpt. im fernen IR v. antiferromagnet. – 16-0293; K_α-Dublett v. – (Einfl. d. chem. Bind. auf d. Lage u. Form d. $K\alpha_{1,2}$-Linien) 20-0107; IR-Absorpt. in antiferromagnet. – (phänomenolog. Theorie) 22-0302; mikr. Theorie d. Zweimagnonenabsorpt. im fernen IR in Antiferromagnetika (Stör.-Theorie u. Anwend. d. Prozesse vierter Ordn. auf –) 22-0303; Zeeman-Aufspalt. enger Linien in d. opt. Spektren v. krist. – (Beweis für d. Spin-Wellen-Anreg.) 25-0314; durch Magnonen hervorgerufenes Dipol-Übergangs-Moment d. im fernen IR liegenden Absorpt.-Linie v. – 33-0391; Lichtstreuung durch Spinwellen in – 38-0351; Absorpt. im fernen IR durch Zwei-Magnonen-Anreg. bei antiferromagnet. – 41-0393; Berechn. d. Gitterpotential-Konst. für – (Krist. mit Rutilstruktur) 43-0267; Unters. d. Syst. CaF_2/FeF_2, SrF_2/FeF_2 u. BaF_2/FeF_2 (Gitterdaten u. Darst. v. $BaFeF_4$ u. Ba_2FeF_6) 46-0267; Best. d. effektiven Fe-Atomlad. in aus – Röntgenemiss.-Spektren u. d. Mössbauer-Effekt 42-0152; anomale therm. Ausdehn. u. Gitterkonst. v. – 29-0277.

FeF_3, Bldg. v. – 33-0789; $K\alpha$-Dublett v. – (Einfl. d. chem. Bind. auf d. Lage u. Form d. $K\alpha_{1,2}$-Linien) 20-0107; Best. d. effektiven Fe-Atomlad. in $FeF_3\cdot 4{,}5\,H_2O$ aus Röntgenemiss.-Spektren u. d. Mössbauer-Effekt 42-0152; Löslichk. v. – in Misch. aus Ae. u. anorgan. Säuren 22-0517; keram. Farbe für Glasuren unter Verw. v. ZrO_2, SiO_2, NaF bzw. CrF_3 bzw. –, CeF_3 bzw. NdF_3 bzw. TbF_3 23-2240*.

FeOF, Herst. v. – 33-0789; Mössbauer-Effekt v. – 25-0493; antiferromagnet. Struktur 26-0463.

Fluoroeisen(II)-säuren

Salze s. *Kaliumfluoroferrate(II)*.

$HFeF_3$, Salze, *Rubidiumfluoroferrate(II)* s. dort.

$H_2[FeF_4]$, Salze, *Barium-* u. *Kaliumfluoroferrate(II)* s. dort.

$H_4[FeF_6]$, Salze, *Bariumfluoroferrate(II)* s. dort.

Fluoroeisen(III)-säuren

$H[FeF_4]$, Salze s. *Kalium-*, *Lithium-* u. *Natriumfluoroferrate(III)*.

$H_3[FeF_6]$, Energieniveaus, Spindichten u. nephelauxet. Effekt in $[FeF_6]^{3-}$ 23-0131; halbempir. MO-Berechn. für $[FeF_6]^{3-}$ 23-0132; komplexe Hyperfeinstruktur in EPR-Spektrum v. $[FeF_6]^{3-}$ in CdTe 13-0418.

Salze, *Kaliumfluoroferrat(III)* s. dort.

Eisenfluoroborate: Isolier. v. $[C_5H_5Fe\cdot(CO)_2]_2X^+$ als Tetrafluoroborat 7-0782; Darst. v. Tropyliumeisentricarbonyltetrafluoroborat 13-0799; Größe d. Quadrupolaufspalt. in d. Mössbauer-Spektren v. Ferriciniumtetrafluoroborat 17-0170; elektrochem. Unters. v. $(\pi\text{-n-}C_7H_9)Fe\cdot(CO)_3^+BF_4^-$ 21-0621.

$Fe[BF_4]_2$, DTA- u. GTA-Unters. an $Fe[BF_4]_2\cdot 6\,H_2O$ bzw. $Fe[BF_4]_2\cdot 6\,NH_3$ 45-0719.

Eisenfluorophosphate(V), Bldg.: v. $[C_5H_5\cdot Fe(CO)_3]PF_6$ aus $[C_5H_5Fe(CO)_3][HCl_2]$ 43-0729; v. Halogenphenyl-(cyclopentadienyl)-eisendicarbonylen bei d. Rk. v. Pentafluorphenyllithium mit Tricarbonylcyclopentadienyleisenpentafluorophosphat 44-0745; Darst.: v. Acetanilidcyclopentadienyleisenhexafluorophosphat 19-0787; v. Cyclopentadienyleisencarbonylderiv. mit verschiedenen Neutralliganden z. T. als Salze d. HPF_6 49/50-0710; elektrochem. Unters. v. $(\pi\text{-}C_6H_6)\cdot Fe(\pi\text{-}C_5H_5)^+PF_6^-$ 21-0621.

Eisenfluorosilicate: IR-Absorpt.-Spektren v. Fluorosilicatkrist. $[Fe(H_2O)_6][SiF_6]$ 44-0357; Doppelbrech. u. Dichroismus v. $[Fe(H_2O)_6]\cdot[SiF_6]$-Krist. 21-0298.

$FeSiF_6$, Ligandenfeldtheorie d. Suszeptibilität u. d. Anisotropie in $FeSiF_6\cdot 6\,H_2O$ 18-0438; Vorzeichen d. Kernquadrupolkoppl.-Konst. in $FeSiF_6\cdot 6\,H_2O$ 38-0480; Best. d. Lamb-Mössbauer-Faktors v. $FeSiF_6\cdot 6\,H_2O$ 49/50-0472.

Eisenfluorostannate(II), IR-Spektren v. $[Fe(H_2O)_6][SnF_3]_2$ 13-0162.

Eisenfulminate, Spektren v. Fulminato-Fe-Komplexen 1-0115.

Eisenhalogenide, Vgl. d. Absorpt.-Spektren im Sichtbaren v. Dihalogenothioharnstoffkomplexen d. Co^{2+} u. d. Tetrahalogenokomplexe d. Fe(II), Fe(III) u. Co(II) 19-0791; IR-Spektren v. Fe-Halogenidkomplexen mit Pyridin u. verwandten Liganden im fernen IR 35-0137; Fe-Halogen-Valenzschwing. in anorgan. Komplexen 18-0133; Bldg. u. Bind.-Verhältnisse v. Übergangsmetall-Nitrosylen mit o-Phenylen-bis-[dimethylarsin](A) als Neutralliganden: $[Fe(NO)XA_2]^{2+}$ (X = Halogen) 42-0715; Darst. v. Komplexen d. Nitrosylhalogenide v. Fe mit Phosphinen u. Arsinen 1-0738; Kinetik d. Substitut. v. CO in d. Dihalogenotetracarbonyleisen(II)-Verb. durch $P(C_6H_5)_3$, $As(C_6H_5)_3$, $Sb(C_6H_5)_3$ oder $P(OC_6H_5)_3$ 18-0634; Verw. als Katalysator bei d. Ox. ungesätt. KW-Stoffe 1-2686*; Zers. d. Nebenprod. bei d. Herst. v. CH_3CHO durch Erhitzen mit O_2 u. – 47-2304*.

Eisenhydride: katalyt. Aktivität v. – beim Hydrieren v. Styrol 12-2529.

FeH, LCAO-SCF-Berechn. d. Energie d. Grundzustandes v. – 29-0114.

Eisenhydroxide bzw. -hydroxokomplexe, Verteil.-Charakter u. mittlere Geh. einiger seltener Elemente in Eisenhydroxiden d. Ox.-Zone v. Pb–Zn-Lagerstätten d. östl. Transbaikaliens u. mittleren Asiens 4-0761; Unters. d. Geh. in Spodumen 24-0851; Vork. v. Ba-halt. Francevillit mit – 44-0806.

Bldg.: v. $Fe_2V_{10}O_{28}\cdot 6\,Fe(OH)_3\cdot 18\,H_2O$ bzw. $Fe_2V_{10}O_{28}\cdot 4\,Fe(OH)_3\cdot 16\,H_2O$ im Syst. $Fe(ClO_4)_3/Na_5HV_{10}O_{28}/H_2O$ 7-0588; v. $Fe\cdot(OH)_{18}V_{10}O_{28}\cdot 18\,H_2O$ bzw. $Fe_6(OH)_{12}V_{10}O_{28}\cdot 16\,H_2O$ im Syst. $Fe(ClO_4)_3/NaVO_3/H_2O$ 7-0589; Trenn. v. Cu u. Pr durch Fäll. mit NaOH (Bldg. d. Hydroxide u. Nitrate) in Abhängigk. v. pH u. d. Verhältnisses Fe-Salz/NaOH in d. Lsg. 8-0574; Bldg.: v. $M_x(OH)_xFe_x[Fe\cdot(CN)_6]_x$ (M = Al, Sc, Y, Th) 19-0783; v. $Fe(OH)Cl_2$ u. $Fe(OH)_2Cl$ bei d. Elektrophorese d. Syst. $LiCl/Fe(OH)_3$ 23-0656; v. $Fe(OH)X]^{5-}$, $[Fe(OH)_2X]^{6-}$, $Fe(OH)X]^{4-}$ u. $[Fe(OH)_2X]^{5-}$ (H_6X = Triäthylentetraminhexaessigsäure) 30-0529; Hydrolyse v. $Fe(NO_3)_3$ in Ggw. v. HCO_3^-, Bldg. v. polymerem $Fe(OH)_x(NO_3)_{3-x}$ (x = *2,3–2,5*) 36-0740; Thermolyse v. bas. Fe(III)-Sulfat, $2\,Fe_2(SO_4)_3\cdot Fe_2O_3\cdot 3\,H_2O$, Bldg. v. $Fe(OH)SO_4$ 38-0757; Möglichk. einer Bldg. auf d. Marsoberfläche 45-0784; Herst.: v. sulfatfreiem – 1-2353*; Gitterparameter u. D. v. $FeCrO_4OH$ u. $KFe_3(CrO_4)_2(OH)_6$ 41-0759; aus $FeCl_3$-Sol 48-2268*; Entfern. d. – -Films v. Glassanden durch Ultraschallbehandl. 26-2412*.

Zus. u. Mol.-Gew. v. – d. durch Dialyse gereinigt wurden 10-0777; Darst., Gitterparameter u. D. v. $FeCrO_4OH$ u. $KFe_3(CrO_4)_2\cdot(OH)_6$ 41-0759; magnet. Suszeptibilität d. binuklearen Ions $[Fe_2(OH)_2]^{4+}$ 47-0177; ferromagnet. Eig. v. Prod. aus Ni- u. Fe-Hydroxidgel 48-2294; Red. d. an d. Oberfläche d. Kathode aufgetragenen Films v. – 27-0639; Spann./Aktivitäts-Diagramm d. Elektrodenrk. für Hydroxokomplexen d. Fe 31-0615; Thermodynamik v. Fe-Hydroxid-Elektroden 33-0561; Unters. d. Veränder. d. scheinbaren Nd-Vol. in d. bin. Syst. d. Hydroxide d. Metallpaares Fe(III)–Cr in Abhängigk. v. Mol.-Verhältnis d. Komponenten u. d. Alter.-Dauer 31-0568; Austausch zwischen wss. Fe(III)-Chloridlsg. u. – 4-0638; Sorpt.-Eig. krist. Modifikat. v. – 7-0653; Sorpt.-Reihen anorgan. Kationen an Eisen(III)-Hydroxiden 12-1933; Einfl. d. pH-Wertes auf d. Extrakt. radioakt. Isotope aus Lsg. mit koll. – durch Schaumbldg. 37-0661; Abtrenn. v. ^{32}P aus einer $^{32}P/^{35}S$-Misch. durch Mitfäll. an – bei Verw. einiger organ. Basen als Fäll.-Mittel 41-0703; Geschw. d. Auflsg. v. – in anorgan. u. organ. Säuren 49/50-0632.

Rk. v. $Ca(OH)_2$ u. – mit u. ohne Silicagel zur Darst. v. Calciumferrithydraten 3-0788; therm. Zers. v. gemeinsam gefälltem Mg- u. Fe(III)-Hydroxid 9-0787; Unters. d. Komplexe d. N-Hydroxyäthyliminodiessigsäure (H_2A) mit Fe (Stabilitätskonst. für *25°*) d. Form FeAOH u. $FeA(OH)_2^{2-}$ 18-0538; Unters. d. Spinellbldg. in d. Syst. d. Hydroxide v. Zn–Al, Zn–Cr u. Zn–Fe durch IR-Absorpt.-Spektroskopie 22-0723; therm. Zers. d. – 24-0795; Unters. (Stabilitätskonst.) v. Fe(II)-Komplexen mit Hydroxid in W.–Hydrazin-Gemischen 45-0542.

Verw.: v. —-Schlamm als Betonleichtzuschlagstoff 9-2476*; einer alkal. —-Suspens. bei d. Gewinn. v. S u. CS_2 aus d. Abluft v. Viskosefabriken 43-2731*.

$Fe(OH)_2$, pH-Abhängigk. d. Ruhebezugsspann. für $Fe/Fe(OH)_2$ 19-0641; Unters. d. V-Sorpt. aus Aluminatlsg. durch — 16-2165; therm. Zers. v. Fe(II)-Hydroxid 24-0718;

$Fe(OH)_3$, Ausfäll. v. — bei d. Komplexbldg. v. Fe^{3+} mit Glykolsäure 15-0632.

Absorpt. diverser Humin- u. Fulvosäuren aus ihren Hydrosolen durch frischgefälltes — 3-3128; Anwend. in d. Gaschromatographie 11-2071; Einfl. v. Elektrolyten auf d. Repeptisier. v. —-Sol 15-0703; Mechanismus d. Einfangs v. La, Eu u. Sc durch — 15-0722; Adsorpt.-Eig. d. α-Modifikat. bei therm. Dehydratat. 15-0723; Abhängigk. d. Sorpt.-Eig. v. $Mg(OH)_2$/—-Gemischen v. Herst.-Beding. u. therm. Behandl. (Struktur) 16-2158; Unters. d. V-Sorpt. aus Aluminatlsg. durch — 16-2165; konzentrieren v. Mikromengen Fe auf —-Sol 20-0623; Einfl. d. Dialyse auf d. Koagulat.-Konst. v. —-Solen 23-0633; Elektrophoresegeschw. koll. —-Teilchen 23-0656; Filmdicke u. elektr. Oberflächenleitfähigk. v. —-Lsg. 24-0639; Einfl. v. Anionen auf d. Sedimentat.-Vol. v. gefälltem — 25-1781; papierchromatograph. Trenn. während d. Hydroxidfäll. 29-0660; Sorpt. d. Radioisotops ^{106}Ru an — 35-0616; Reinig. v. —-Sol durch gemischte Ionenaustauscher nach d. stat. Meth. 36-0644; Sorpt.-Aktivität v. SiO_2/$Fe(OH)_3$ 42-0603; Einfl. v. Dowex *50* WX *8* auf d. Syst. $Fe(OH)_3/Na_2HPO_4$ 43-0593; Adsorpt. v. mit Gelatine sensibilisierten —-Hydrosolen an Graphitoberflächen 43-0594; Einfl. v. Nichtelektrolyten auf d. Koagulat.-Konst. v. —-Solen 46-0631.

Röntgenstruktur u. katalyt. Eig. eines Gemisches v. amphoterem $Fe(OH)_3$ + $Co(OH)_2$ + $Ni(OH)_2$ in bezug auf d. peroxydative Indigocarminentfärb. 8-0718; Katalysator zur Erhöh. d. p-H_2-Geh. in H_2 11-2311*; durch — katalysierte Ox. verschiedener Substrate in H_2O_2-Lsg. (Peroxydase-Modell) 12-1328.

Herst. v. — enthaltenden Koll. mit metabol. akt. Verb. 51/52-1620*.

Verw. eines —-Trägers zur Best. v. ^{90}Sr als ^{90}Y 11-2086; Einfl. v. Silicat auf d. Mitfäll. v. Phosphat mit — 11-2173; Mitfäll. v. Th an —/$La(OH)_3$ bei d. Th-Best. in natürl. Wässern 38-1952.

FeO(OH), Cristobalit in *Nadeleisenerz*-Ooiden 2-0821; Vork. v. *Limonit, Ockererz, Nadeleisenerz* u. *Braunerz* in d. kretaz. Fe-Erzlagerstätten v. Auerbach, Sulzbach-Rosenberg u. Amberg in d. Oberpfalz 2-0841; neues Titanomagnetitvork. in Assoziat. mit *Limonit* in Südindien 2-0844; Vork.: v. U adsorptiv gebunden an gelförm. Ablager. v. *Limonit* 2-0846; v. *Goethit* in rezenten Sedimenten im Küstenbereich d. Halbinsel Koloum, Guinea 3-0833; v. Wüstit neben *Abaganeit* u. *Goethit* in d. Schwerefrakt. eines natürl. Kokses 4-0817; mineralog. u. chem. Verh. v. *Lepidokrokit, Limonit* u. *Goethit* in Böden 4-0818; pisolith. *Brauneisenerz*-Lager in Nordwestaustralien 4-0819; Paragenese v. *Limonit* mit Moctezumit, einem neuen Pb-Uranyltellurit v. Moctezuma, Mexico 5-0886; Vork.: v. *Goethit* in einem mit einem präkambr. Fe-Erzlager vergesellschafteten syngenet. Pyrit 5-0903; v. *Goethit* in d. brasilan. Al-Phosphat-Erzes 5-0919; Grundzüge d. Lithologie u. Geochemie v. hydrogoethithalt. Gesteinen u. Erzen d. Betschasyn-Plateaus (nördl. Kaukasus) 7-0837; mineralog.-petrograph. Unters. an *Goethit*-Erzen d. Jura v. Sommerschenburg westl. Magdeburg 7-0873; Verw. d. Vork. v. Molybdänit-halt. *Limonit* als Prospekt.-Merkmal für Mo-Lagerstätten d. kleinen Kaukasus 7-0878; Vork. v. *Goethit* in d. Bauxiten aus d. Gebiet v. Trān 8-0838; Verteil. v. *Brauneisen* u. *Limonit* auf d. Ilmenit-Lagerstätte v. Abu-Ghalagan, Ägypten 8-0852; Pandait aus *Goethit-Limonit*-Zonen d. Nb-Lagerstätte v. Mrima Hill (Kenia) 11-0848; Vork.: v. *Goethit*-Hydrogoethit in Berühr. v. Graniten mit Serpentiniten 12-0810; v. *Limonit* in Proben aus d. Oberen Kreide d. Arundel-Gebiets, Sussex 16-0759; Bezieh. zwischen *Brauneisenerzen* u. Basalten im Elbsandsteingebirge 17-0847; mineralog. u. texturell-strukturelle Besonderh. d. Carbonat-Quarz-*Hydrogoethit*-Chlorit-Eisenerze d. Nord-Priasow-Gebietes 17-0852; Vork.: v. *Limonit* u. *Nadeleisenerz* im Hohen Sarstein, Oberösterreich 21-0886; v. *Limonit* in d. Cu-Lagerstätte v. Vigonzano 21-0897; Nebengesteinsverwitter. u. Genese v. *Goethit* in d. Eisensulfid-Lagerstätten im nördl. Japan 21-0900; Vork. v. *Limonit* auf d. Marsoberfläche 25-0782; *limonit*. Einschlüsse in d. Gestein v. Libramont 26-0847; TiO_2-Al_2O_3-Verhältnisse in d. *Hydrogoethit*-Gibbsit-Zone bas. Gesteine d. mittleren Dnepr-Gebietes 27-0818; Vork.: v. Zirkosulfat in Assoziat. mit *Limonit* in Pegmatiten eines Alkalimassivs 27-0835; v. *Goethit* u. *Limonit* auf d. Marsoberfläche 30-0754; v. akzessor. *limonit*. Fe-Erzen in d. metamorphen Format. d. Sierra Nevada (Südkordillere, Spanien) 32-0810; einer stark magnet. Frakt. in d. *Limonit*-Erzen v. Kremikovci 34-0851; v. *Goethit* assoziiert mit Beudantit in Sanford Hill, Somerset 36-0838; v. *Limonit* mit Pechblende v. Liauzun, bei Olloix (Puy-de-Dôme) 37-0846; Verteil. v. *Goethit* in d. erschürften sek. Dolomit-Gesteinen im Gebiet v. Bolecin bei Chrzanów an d. Grenze d. poln. Erzgebiets 38-0801; Petrographie u. Erzmikroskopie v. *Goethit* u. a. Prod. d. Eisenformat. (Trenn. durch Red.-Arbeit u. magnet. Separat.) 38-0847; Vork.: v. *Goethit, Hydrogoethit* u. *Limonit* in d. Tutchinsker Au-Erzgebiet (Zentralteil d. kleinen Kaukasus) 39-0817; v. Pyrit-, Tetraedrit-Au-Tellurid- u. Au-*Limonit*-Assoziat. in carbonat. Gesteinen 42-0757; Best. v. *Goethit* in einem Ton mit hohem Tonerdegeh. v. Skesar Hills 42-0781; Vork. v. *Goethit* in d. Trachyt-Latit-Gesteinen v. Dojran in Mazedonien 43-0768; Verwachs. v. Pyrit mit *Nadeleisenerz* in Erzvork. v. Alpen-Ostrand 44-0821; *Hydrogoethit* auf d. Marsoberfläche 45-0784; Vork. v. fehlgeordnetem Kaolinit assoziiert mit *Goethit* v. Concepcion de Buenos Aires, Jalisco, Mexiko 47-0768; Bldg. v. *Goethit* im Verwitter.-Profil einer vulkan. Breccie in d. Ceské Stredohori Mts. 49/50-0741.

Bldg. v. *Goethit* u. *Lepidokrokit* durch eine Kernexplos. in einer Salzlagerstätte 2-0817; Bldg. v. α-FeOOH bei Hydrolyse v. $Fe_2(SO_4)_3$ 16-0731; Verwitter. v. Chamoritoolithen zu *Limonit* in brit., lias. Eisensteinen 18-0773; Leisniger Quarzporphyr d. nordsächs. Porphyrgebietes u. seine Verwitter. zu *Brauneisen*-Imprägnat. 19-0823; Bldg.: v. α-FeOOH u. γ-FeOOH bei d. SO_2-Korros. v. Schmiede-Fe 25-2240; u. Zers. v. δ-FeOOH (Mechanismus d. Ox. v. $Fe(OH)_2$ zu δ-FeOOH) 20-0717; v. γ-FeO(OH) bei d. Hydrolyse v. $FeOCl$ 33-0789; v. α-FeOOH u. α-Fe_2O_3 aus amorphem Fe(III)-Hydroxid 38-0756; Röntgen- u. IR-Absorpt.-Unters. d. Bldg.-Prozesses v. α-Fe_2O_3 u. α-FeOOH aus Fe(III)-Hydroxiden durch Alter. oder hydrothermale Behandl. 42-0714; Herst. v. γ-FeOOH 4-2138*, 44-2108*; Aufbereit. v. *Minette*-Erzen 19-2518*; Flotat.-Merkmale v. künstl. *Goethit* mit anion. Sammlern 30-2321; Einfl. d. Red. Grades v. *Limonit* aus Kremikovci auf d. magnet. Aufbereit. 38-2368.

IR-Absorpt.-Spektren v. α-, β- u. γ-FeOOH 7-0368; morpholog. u. kristallograph. Unters. d. Umwandl. v. γ-FeOOH in γ-Fe_2O_3 6-0224; therm. Umwandl. v. β-Fe(III)-Oxidhydroxid FeOOH (*Akaganeit*) 15-0258; chem. Zus. v. δ-FeOOH 20-0716; Bldg. sowie röntgenograph. u. elektronenmikr. Unters. v. β-FeOOH 48-0240; Mössbauer-Effekt in α-FeOOH 11-0519; Antiferromagnetismus v. α-FeOOH 14-0539; durch verschiedene Metallionen substituiertes δ-FeOOH u. seine magnet. Eig. 20-0718; Mössbauer-Effekt in antiferromagnet. feinen Teilchen v. α-FeOOH 26-0466; Suszeptibilitätsmess. am antiferrmagnet. *A-Goethit* 31-0515; Mössbauer-Absorpt.-Mess. an *Lepidokrokit* 34-0833; Aufheizen v. *Goethit* u. Bezieh. zur Dilatat. d. entsprechenden Metalls 4-0288; Austausch v. Fe^{3+} zwischen wss. $FeCl_3$-Lsg. u. koll. durch langsame Hydrolyse erhaltenem β-FeOOH 26-0466 4-0639; Suspens.-Effekt u. ζ-Potential v. *Limonit* 34-0646.

α- oder β-FeOOH-Krist. als Kristallisat.-Keime bei d. Umwandl. v. $FeC_2O_4 \cdot 2\,H_2O$ in γ-Fe_2O_3 7-0780; Unters. d. Red. v. *Hydrogoethit* in Kertsch-Erz 7-2459; Rk. v. γ-FeOOH(Gel) u. $Co(NO_3)_2$-Lsg. in sd. NaOH [Bldg. v. Co(II)-Ferrit] 25-0753; Einfl. d. Teilchengröße v. *Goethit* auf seine Rk.-Wärme bei Dehydratat. unter Bldg. v. α-Fe_2O_3 u. Oberflächenenthalpie v. *Goethit* 31-0546; Schutzwrkg. v. α- u. γ-FeO(OH)- u. γ-Fe_2O_3-Rost auf Korros. v. Weich-Fe u. Cr-Stahl mit bis *5* Cr in belüfteter feuchter Umgeb. 51/52-2405.

Best. v. Al in *Limonit* 26-2113.

Hydroxoeisen(II)-säuren

Bldg. v. $[Fe(OH)_x(Tart)_y]^{-z}$ 36-0567.

Hydroxoeisen(III)-säuren

$H_3[Fe(OH)_6]$, Salze, *Bariumhydroxoferrat* s. dort.

$H_5[Fe(OH)_8]$, Salze, *Natriumhydroxoferrat* s. dort.

Eisenhydroxostannate(IV): **$Fe[Sn(OH)_6]$**, Vgl. d. Elektronenbeug.-Abstände in d. dunklen Frakt. einer Cassiterit-Lagerstätte mit denen d. paramagnet. — 46-0806.

Eisenimide, Bldg. v. LiFeO(NH) 33-0789.

Eisenjodide: Darst. v. Ferriciniumtrijodid 42-0719; Darst., IR- u. Reflex.-Spektren v. FeL_6J_2, FeJ_2L_4, FeL_2J_2 (L = Py. u. Pyridinderiv.) 45-0730; Valenzschwing.-Banden v. cis- u. trans-$Fe(CO)_4J_2$ 48-0132; Beweis für Mehrfachbind.-Anteile in $CF_3Fe(CO)_4J$ 4-0103; Absorpt.-Spektrum u. elektr. Leitfähigk. v. $[Fe(bipy)_3]J_2$ 1-0338; Darst. u. magnet. Momente v. $[FeJ_2L]$ (L = Bis-[2-dimethylaminoäthyl]-methylamin) 48-0710; Rk. v. $C_5H_5Fe(CO)_2J$ mit $BF_3O(C_2H_5)_2$ 7-0782; Verw. v. FeJ_2-Komplexen zum Nachw. v. Securinin 13-1854; Chromatographie anion. Jodo-Fe-Komplexe auf mit Tri-n-octylamin imprägniertem Papier 36-1892.

FeJ_2, Mössbauer-Unters. d. Fe^{2+}-Ions in — 44-0498; Best. d. thermodynam. Eig. (S, ΔS u. ΔH) v. festem —, aus Gleichgew.-Unters. 3-0590; thermodynam. Eig. v. — (g) 3-0591.

Fe_2J_4, thermodynam. Eig. v. — (g) 3-0591.

FeJ_3, therm. Stabilität v. — 13-0553.

Eisenjodobismutat, Darst. v. Ferriciniumpentajodobismutat 42-0719.

Eisenmolybdate(VI) bzw. -molybdatokomplexe

$FeMoO_4$, Bldg.-Enthalpie v. — aus d. Oxiden 23-0553.

$Fe_2(MoO_4)_3$, Darst. 30-0686; Krist.-Struktur 2-0258; Krist.-Struktur u. Darst. 28-0246; — als katalyt.-akt. Komponente neben überschüss. MoO_3 oder Fe_2O_3 bei d. Ox. v. Methanol zu Formaldehyd 18-0660; Hydrazinhydrochlorid als selektives Lsgm. für — bei d. Phasenanalyse v. Fe_2O_3-$Fe_2(MoO_4)_3$-MoO_3-Katalysatoren 9-0729; Analyse v. Ferrimolybdit 26-2114.

Molybdatoeisensäuren

Stabilität u. Struktur v. Hexamolybdatoaluminat u. -ferrat (Instabilitätskonst.) 33-0622.

Salze, *Ammoniummolybdatoferrat*(III) s. dort.

Eisenmolybdatophosphat, Herst. v. Acrylnitril in Ggw. v. — 9-2789*.

Eisenmolybdatoselenate(IV), Darst. v. Dieisen(III)-pentamolybdatodiselenit·24 H_2O 9-0779.

Eisenniobate(V) bzw. -niobatokomplexe

Eisenorthoniobat

$FeNbO_4$, Bldg. v. — in Abhängigk. v. O_2-Partialdruck im Syst. Fe/Nb/O 33-0608.

Eisenmetaniobat

$Fe(NbO_3)_2$, Bldg. v. — in Abhängigk. v. O_2-Partialdruck im Syst. Fe/Nb/O 33-0608; Unters. d. Löslichk. v. — in KOH u. $KNbO_3$ 12-0574.

Niobatoeisen(II)-säuren

Salze, *Kaliumniobatoferrat(II)* s. dort.

Eisennitrate: Eisen(III)-oxidnitrat bei d. Dampfphasenrk. v. $Fe(CO)_5$ mit N_2O_4 30-0684; Bldg. v. polymerem $Fe(OH)_x(NO_3)_{3-x}$ (x = *2,3* bis *2,5*) bei d. Hydrolyse v. $Fe(NO_3)_3$ in Ggw. v. HCO_3^- 36-0740; Darst. u. physikal. Eig. v. $FeL_2(NO_3)_2$-Solvat u. $FeL(NO_3)_2$-Solvat (L = 8-Aminochinolin) 45-0732; IR-Spektren v. — 24-0134; Darst. u. Spektren im UV- u. sichtbaren Bereich v. $Fe(II)(NO_3)_2$-Anilin-Addit.-Verb. 45-0729; Temp.-Abhängigk. d. magnet. Suszeptibilität v. $[Fe_3O(CH_3CO_2)_6]\cdot NO_3\cdot 7\,H_2O$ u. $[Fe_3O(ClCH_2CO_2)_6]NO_3\cdot 6,5\,H_2O$ 15-0190; Darst. u. magnet. Suszeptibilität v. $FeL(NO_3)_2\cdot H_2O$ u. $[FeNO_3L_2]ClO_4$; L = 4.6.4'.6'-Tetramethyl-2.2'-bipyridyl 36-0749; Vers. zur Komplexbldg. v. Fe-Nitraten mit Bis-[phosphino]-carboranen 9-0794.

$Fe(NO_3)_2$, Rückgewinn. v. — aus sauren Beizbädern 14-2552.

$Fe(NO_3)_3$, Einfl. fester Verunreinig. auf d. Kristallisat.-Prozeß u. d. Viskosität im Syst. $Fe(NO_3)_3/HNO_3/H_2O$ 12-0244; Mössbauer-Linienverbreiter. in $Fe(NO_3)_3\cdot 9\,H_2O$ 18-0160; Best. d. effektiven Fe-Atomlad. in $Fe(NO_3)_3\cdot 9\,H_2O$ aus Röntgenemiss.-Spektren u. d. Mössbauer-Effekt 42-0152; Kationenaustausch u. Adsorpt. v. Radionukliden an Glasoberflächen in —-Lsg. 2-0684; Koagulat. u. Umlad. lyophober Koll. durch — 18-0593; Fäll.-Erschein. im Syst. $Al(OH)_3/H_2SiO_3/Fe(NO_3)_3$/KOH 24-0635; Leitfähigk., Löslichk.-Verh. u. pH-Werts-Unters. d. Syst. $Pr(NO_3)_3/Fe(NO_3)_3$/$NaOH/H_2O$ 8-0574; Löslichk. v. $Fe(NO_3)_3\cdot 9\,H_2O$ in Misch. aus Ae. u. anorgan. Säuren 22-0517; F., Kp., Zers.- u. Rk.-Wärmen v. — mit H_3PO_3 6-0561; Hydrolyse v. —-Lsg. 28-0742; Unters. d. Syst. $Fe(NO_3)_3/Na_4P_2O_7$/H_2O u. $Fe(NO_3)_3/K_4P_2O_7/H_2O$ 35-0707; Hydrolyse v. — in Ggw. v. HCO_3^-, Bldg. v. polymerem $Fe(OH)_x(NO_3)_{3-x}$ (x = *2,3*–*2,5*) 36-0740; Darst.: v. Fe_2O_3-Sol durch Neutralisat. v. —-Lsg. mit Amberlit IRA-*410*, XE-*168* u. IR-*45* 51/52-0561; v. Carbonylverb. aus olefin. KW-Stoffen in Ggw. v. — 9-2784*; v. Fe-Mo-Katalysatoren durch Mischen v. — u. $(NH_4)_2MoO_4$-Lsg. 11-2759*; Einfl. v. — auf d. Mitfäll. v. Cs mit KBF_4 22-0524; Einfl. v.

– auf d. Salpetersäurezerfall in fl. Phase 34-0681; Verw. zur Chloridbest. in Serum u. Harn 20-1968.

Eisennitride: Bldg. bei d. Zerstäub. v. Fe-Drähten in N 14-0717; O_2-Red. an – in einem alkal. Elektrolyten 44-0599; Umwandl. u. Morphologie d. hexagonalen ε-Nitride im Syst. Fe/N 15-2419; Einfl. v. Mn auf – -Ausscheid. aus Ferrit in Mn-Stählen mit *0,2* u. *2,0* Mn 18-2458; Verw. v. – in Fe-Matrix für verschleißfeste Teile 19-2564*.

Fe_4N, Bldg. v. –: bei Alter. v. α-Fe 12-2344; in leg. Stahl 22-2382; im tern. Syst. Fe/Cr/N oberhalb *760°* 30-0508; kristallograph. Aufbau u. Bldg.-Mechanismus v. – -Ausscheid. im Ferrit 26-2555; Nachw. v. – durch elektrolyt. Ätzen in NaOH 3-2440.

Fe_8N, kristallograph. Aufbau u. Bldg.-Mechanismus v. – -Ausscheid. im Ferrit 26-2555.

$Fe_{16}N_2$, Bldg. v. – bei Alter. v. α-Fe 12-2344; – -Ausscheid. bei d. Verform.-Alter. v. Rein-Fe 27-2434; Unters. d. Nitridausscheid. v. – -Struktur mit gleichzeit. Auftreten v. Spann. in Rein-Fe 41-2281.

Eisennitrite bzw. -nitritokomplexe

Nitritoeisen(II)-säure

$H_4[Fe(NO_2)_6]$, Salze s. *Barium-*, *Blei-* u. *Kaliumnitritoferrate(II)*.

$H_4[Fe(CN)_5NO_2]$, thermodynam. u. kinet. Daten d. Syst. Hydroxid/$[Fe(CN)_5(NO)]^{2-}$/$Fe(CN)_5(NO_2)]^{4-}$ in wss. Lsg. 1-0654; Einfl. v. $[Fe(CN)_5NO_2]^{4-}$ u. d. pH-Wertes auf d. Auflsg. v. NaCl in W. 31-0669.

Eisennitrosylkomplexe, IR-Spektren, NO- u. CO-Valenzfrequenzen v. Nitrosylkomplexen d. Fe 13-0161; leichte Umkehr. d. über S-Brücken gebundenen zweikern. Carbonyl- u. Nitrosylkomplexe z. B. $[CH_3SFe(CO)_3]_2$–$[CH_3SFe(NO)_2]_2$ 34-0795; Bldg. u. Bind.-Verhältnisse v. Übergangsmetall-Nitrosylen mit o-Phenylen-bis-[dimethylarsin] (A) als Neutralliganden, $[Fe(NO)XA_2]^{2+}$ (X = Halogen) 42-0715; angenäherte Kraftkonst. für d. isoelektron. Serie $Ni(CO)_4$, $Co(CO)_3NO$, $Fe(CO)_2(NO)_2$ u. $Mn(CO)(NO)_3$ 46-0103; Mössbauer-Spektren (^{57}Fe) v. $[Fe(H_2O)_5NO]SO_4$ (Elektronenstruktur) 9-0196; Mössbauer-Isomerieverschieb. v. $Hg[Fe(CO)_2NOPC_6H_5]_2$, $C_6H_5PFeCO(NO)_2$ 20-0149; Elektronenspinresonanzunters. einiger Komplexe zwischen Fe, NO u. anion. Liganden 47-0172; Verh. v. Tetraphenyldiphosphin u. Tetraphenyldiarsin gegenüber d. Nitrosylhalogeniden v. Fe, Co u. Ni (Komplexbldg.) 1-0738; NO-Komplexe v. Fe mit ν-(NO) bei *1195 – 1040* cm^{-1} 27-0168.

Nitrosyleisensäuren

Bldg. u. Unters. an $[Fe(NO)S_4C_4R_4]^{2-}$, $[Fe(NO)(Toluol\text{-}3.4\text{-}dithiolato)_2]^{2-}$ u. $[Fe(NO)\cdot S_2C_2(C_6H_5)_2]^-$ (R = $-C_6H_5$ bzw. $-CN$) 37-0776.

Salze s. *Natrium-* u. *Zinknitrosylferrate*.

$H[Fe(CO)_3NO]$-Salze, Darst. v. Bis-[triphenylphosphin]-tricarbonylkobalt(I)-tricarbonylnitrosylferrat(I) 31-0754.

$H_3[Fe(CN)_5NO]$, IR-spektroskop. Nachw. d. Bldg. v. $[Fe(CN)_5NO]^{3-}$ in $Na_2[Fe(CN)_5NO]\cdot 2\,H_2O$ nach Elektronenbestrahl. 44-0683; Bind.-Arten in $[Fe(CN)_5NO]^{2-}$ 47-0116; Elektronenstrukturen v. $[Fe(CN)_5NO]^{3-}$ 6-0119; Elektronenspinresonanz v. $[Fe(CN)_5NO]^{3-}$ 43-0155; polarograph. Red. v. $[Fe(II)(CN)_5\cdot NO]^{2-}$ 38-0605; thermodynam. u. kinet. Daten d. Syst. Hydroxid/$[Fe(CN)_5(NO)]^{2-}$/$[Fe(CN)_5\cdot (NO_2)]^{4-}$ in wss. Lsg. 1-0654; Einfl. v. $[Fe\cdot (CN)_5NO]^{2-}$ u. d. pH-Wertes auf d. Auflsg. v. NaCl in W. 31-0669; Redox-Eig. u. Rk.-Fähigk. v. $[Fe(CN)_5NO]^{2-}$ 44-0606.

Salze, Rk. v. Alkalimetallsulfiten u. Nitroprussiaten in wss. Lsg. (Boedecker-Rk.) 3-0625; Rk. v. Sulfiten mit Nitroprussiaten (Übersicht, *59* Literaturangaben) 13-0798; Best. v. Nitroprussiaten mit Dinatriumäthylendiamintetraacetat u. einer Endpunktsanzeige durch Fluoreszenz 32-2025.

$H_4[Fe(CN)_5NOSO_3]$, Stabilitätskonst. d. sich beim Zusammentritt v. Nitroprussiat- u. Sulfitionen in wss. Lsg. bildende Sulfitonitroprussiations $Fe(CN)_5NOSCO_3{}^{4-}$ 3-0625.

Eisenoxide

Verwachs. v. Uraninit u. Nasturan mit magnetit. Relikten in Ggw. v. *Martit* 7-0871; Verteil. v. *Martit* auf d. Ilmenitlagerstätte v. Abu-Ghalaga, Ägypten 8-0852; Unters. d. – -Geh. in d. schweren Aleutitfrakt. v. Gesteinen d. südöstl. Teils d. Ostkarpaten 11-0825; Identifizier. d. sog. Bamenda-Meteoriten (West-Kamerun) als *martisiertes* Magnetit-Erz 21-0824; Kontaktmetasomatose u. – -Ablager. Cincepcion del Oro, Mexiko 22-0775; Unters. d. Geh. v. – in Spodumen 24-0851; Vork. einer Paragenese mit – auf d. Sideritlagerstätte Rákos in Spissko-gemerské 24-0856; – -Geh. v. Phosphoriten d. P-Format. 32-0795; Verteil. v. – in d. d. Kontinentalplateau d. Golfs v. Gascogne bedeckenden Sanden 39-0780; K/Ar- u. Rb/Sr-Alter d. Intrusivgesteine u. hydrothermalen – -Erze im Providencia-Gebiet, Mexiko 47-0747; Eisenoxidkern d. Ferritinmol. 21-1521.

Bldg.: v. – auf (001)-Fe-Flächen mittels Beug. langsamer Elektronen 8-0676; bei d. Unters. d. Passivität d. Fe in konz. H_2SO_4 16-0590; v. Fe-Oxidschichten beim Passivieren v. Fe-Blech in K_2CrO_4-Lsg. 18-2528; bei d. photoelektrochem. Unters. d. anod. Auflsg. v. Fe 23-0624; tribochem. Rk. v. Fe mit CO u. CO_2 zu Oxid 27-0719; Bldg.: v. Fe(II)-Oxiden bzw. nichtoxydiertem Fe-Pulver mit optimaler Unordn. bei d. Red. v. Eisenformiat 31-0741; v. $FeO\cdot Fe_2O_3$ bei d. Herst. v. Glas–Metall-Verb. 45-2136*; Herst.: v. H_2O-halt. – -Pigmenten 11-2342*; v. – -Pigmenten durch Kristallisat. aus Fe-Salzlsg. 17-2200*; v. – -Pigmenten aus metall. Fe in Ggw. v. Al oder Al-Salz 17-2204*; aus Hämatit, Pyrit oder Magnetit 24-2195*; aus Hämatit 24-2196*; v. gelben – durch Behandl. v. Fe-Erzen mit H_2SO_4 24-2197*; v. – -Gelb-Pigment 31-2138; einiger neuer Sauerstoffverb. d. Fe 33-0789; aus $FeCl_2$ u. $FeCl_3$ 37-2036*; v. Fe-Oxidrot durch Behandeln v. Fe mit O_2 37-2040*; durch Gasphasenox. d. Chloride 41-2133*; v. – -Sol unter Zusatz v. Hexamethylentetramin 41-2144*; durch Rk. d. Chloride mit oxydierenden Gasen 49/50-2056*; Parameter d. Flotat.-Geschw. v. – 3-2365; Hemm. d. *Martit*-Flotat. durch hartes W. 16-2302; Einfl. magnet. Trübebehandl. auf d. Flotierbark. v. *Martit* 17-2332; Entfern. v. – v. Fe enthaltenden Oberflächen oder aus Ionenaustauschern mit Dithionit, Alkalisalzen v. Phosphorsauerstoffsäure u. Äthylendiamintetraessigsäure 15-2193*; Differenzier. d. – d. Bodens durch Extrakt. mit Ammoniumoxalat-Lsg. 20-3203; Entfernen v. Cu-halt. – -Zunderschichten 25-2289*; Organophilisier. v. – -Pigmenten (Überblick) 38-2930.

Färb. v. Tropfsteinen u. anderen Sintern durch – (inhomogene Farbverteil. im Inneren d. Höhlensinter, deren rhythm. Eig. aus geochem. u. klimatograph. Gesichtspunkt) 31-0777; Reflex.-Spektren v. – (Voraussetz. u. Grenzen d. quant. Auswert. d. Kubelka-Munk-Funkt.) 33-0389; Einfl. v. Restverunreinig. auf d. Gefüge d. Zwischenfläche Fe – Fe-Oxid 17-2390; Einfl. v. – -Geh. auf d. Eig. v. kalkhalt. Sinter 22-2354; Orientier.-Zusammenhänge d. auf Fe-Krist. gebildeten Primäroxide 31-0288; Morphologie d. Oxidfilmwachstums auf korrosionsbeständ. Stahl in Hochtemp.-W. bei *300* u. *350°* 32-0235; Berechn. d. elektr. Feldgradienten für – 33-0310; Zusammenhang zwischen Poliergriffigk. u. Krist.-Struktur v. – 38-2274; Rolle d. Kationen bei d. elektr. Leitfähigk. v. – 12-0468; Streifendomänen in dünnen magnet. Schichten u. deren Anwend. auf magnetoopt. Schaltelemente 20-0429; magnet. Eig. v. $FeO\cdot Fe_2O_3$ unter hydrostat. Druck 25-0473; – als Quelle d. Ferromagnetismus in Zirkon 44-0829; Mechanismus d. elektrolyt. Red. v. – in alkal. Medium (Interpretat. d. Rk.-Mechanismus) 31-0613; Zusammenhang zwischen d. Potential v. mit einer Oxidschicht bedecktem Stahl u. d. Gew.-Verlust beim Ätzen in Säuren (Einfl. d. Makrostruktur d. Oxidschicht) 31-0614; Thermodynamik v. – -Elektroden 33-0561; Best. d. Wärmeausdehn.-Koeff. für Fe u. seine Oxide aus Röntgenbeug.-Mess. bei erhöhten Temp. 4-0287; Prüf. d. Brauchbark. d. Modells zur Beschreib. d. Änder. d. Freien Energie zu Verb.- u. Einphasengebieten v. bin. Syst. mit Misch.-Lücken an d. folgenden Syst. aus d. Literatur, Fe/O_2 4-0541; Best. d. thermodynam. Stabilitäten mit Hilfe einer galvan. Zelle bei hohen Temp. 19-0538; Einfl. v. Temp.-Schwank. u. – auf d. Zerstör. v. Magnesit–Chromit-Gewölben 29-2336; Mess. d. O-Druckes in fl. Fe durch O-Konz.-Zellen mit d. festen Elektrolyten ZrO_2–CaO u. ber. Freie Bldg.-Energie v. Fe_xO 45-0520; Koagulat.-Fähigk. d. Syst. Eisen(III)-oxid-Sol/AgJ-Sol/Berliner Blau-Sol/Leitfähigk.-W. u. v. Eisen(III)-oxid-Sol/Arsensulfid-Sol/Kongorot-Sol/Leitfähigk.-W. 11-0667; Sorpt.-Reihen anorgan. Kationen an Eisen(III)-oxiden 12-1933; IR-Unters. d. Dehydratisier. v. – 19-0668; N-Adsorpt. 21-0651; Durchlässigk. v. mit Pergament verstärkten – -Membranen gegenüber Elektrolyten 22-0603; Mehrfachschichten v. koll. – auf Glas-, Metall- u. Kunststoffoberflächen 22-0611; Unters. d. Diffus.-Verh. v. – in feuerfesten Stoffen 29-2340; Best. d. Oberfläche durch Adsorpt. v. Buttersäure 36-0621; Wechselwrkg. zwischen Jod-Radionukliden u. einem Eisenoxid-Aerosol 40-0586; Einfl. auf d. Rheologie v. zwei Kaolinen 48-0593; Erhöh. d. – -Lsg.-Fähigk. d. Grundemails durch Umstell. d. Versatzes 5-2356.

Red. v. Eisenoxid mit H (Einfl. v. präadsorbiertem N) 2-0718; Red. v. – 4-2139*; Kinetik u. Mechanismus d. Red. fester – in Fe–C-Schmelzen v. *1200 – 1500°* 4-2280; Red. v. – im Drehrohrofen 4-2379*; durch Ox. v. Mischkrist. aus Fe(II)- u. Mn(II)-Oxiden bei *1050°* gebildete gemischte Spinelle 10-0778; Kinetik d. Red. v. – unter N_2 mit Graphit 10-2471; Red. v. – -Pellets mittels CH_4 10-2576*; Kinetik d. Ox. u. Hydrolyse v. oxydiertem Fe in wss. Lsg. bei zunehmender Temp. u. Druck im Autoklaven 11-0715; Red. v. – in d. Wirbelschicht: mittels KW-Stoff-halt. Brennstoffe 11-2614*; mittels H_2-reichen Gasen 11-2615*, 12-2444*; Gewinn. v. Fe-Sinter aus braunem Rauch d. Stahlfrisch-Anlagen 19-2453; kontaktfreie Red. v. Eisenoxid durch Holzkohle, metallurg. Koks, Lampenruß u. Acheson-Graphit 20-0663; Naßmahlen v. – (Fortschrittsbericht) 20-2287; Red. v. – im Rotat.-Ofen mit Schutz vor Reox. 24-2507*; Verringer. d. Fe-Oxidgeh. v. Quarzsanden durch Behandeln mit Halogenwasserstoffen u. therm. Verflüchtig. d. entstandenen Fe-Verb. 34-2364*; Fäll.-Präparat. v. – -Pigmenten 40-2117; Red. v. – mittels CO u. H_2 in d. Wirbelschicht 41-2312*; Unters. d. Reduzierbark. v. – mittels App. mit vertikalbewegl. Ofen 46-2273; thermokinet. Unters. d. Red. v. – mit festem C mittels App. mit vertikalbewegl. Ofen 46-2274; technolog. Varianten d. direkten Red. v. Fe-Oxiden mit Methan 51-2293.

Dehydrieren v. KW-Stoffen in Ggw. v. – 2-2627*; Rk. v. Olefinen mit NH_3 u. O_2 in Ggw. v. – 10-2717*; Dehydrier. v. Äthylbenzol an – 10-2754*; Einfl. v. Kalk u. – auf d. Korros. v. Auskleid. für Gießpfannen 20-2472; Dehydrieren v. mit Xylolen katalysiertem Äthylbenzol in Ggw. v. – 21-2766; Rk. v. C_{3-12}-Aldehyden mit NH_3 u. O_2 in Ggw. v. – 21-2780*; Reinig. v. Auspuffgasen durch Überleiten über einen – -Katalysator 21-2942*; Entgiften v. Stadtgas durch Konvertier. in Ggw. eines Fe-Oxid-Katalysators 26-2860*; Darst. akt. Zustände an festen Stoffen durch mechan. Energie am Beispiel d. mechan. Aktivier. durch Mahlen v. – zur katalyt. Ox. 39-0690; Struktur u. katalyt. Aktivität v. – 41-2038, 41-2039, 41-2040; Einfl. einer Hochfrequenzerhitz. bei d. Herst. v. Fe-Oxid-Katalysatoren auf ihre Wirksamk. bei d. NH_3-Synth. 45-0647; Einfl. v. – in fester Lsg. auf d. Kinetik d. Hydratat. v. MgO 45-0650; elektronenmkr. Unters. d. Promotorwrkg. v. Kaliumcarbonat auf oxid. Fe-Fäll.-Katalysatoren für d. Hydrier. v. CO zu hochmol. KW-Stoffen 45-0656; katalyst. Zers. v. Hydraziniumsulfat durch gealterte Fe-Oxide in alkal. Lsg. 46-0693; Dehydrier. v. Äthylbenzol über einem aktivierten – -halt. Katalysator 49/50-2420*.

Verw.: als Zusatz zu Graphit zwecks Verbesser. d. kerntechn. Eig. 8-2169; bei Cl_2-Herst. 7-2336*; für O_2-Elektrode im Brennstoffelement 7-2393*; zur Herst. hartmagnet. Oxidwerkstoffe 10-2378*; v. magnet. – zur Tonband-Herst. 46-2924*; zur Herst. v. Gasbeton aus einer Mörtelmisch. 14-2435*; v. Formkörpern aus – 25-2045*; v. rotem – zum Korros.-Schutz v. Fe 10-3207; v. Zunder zur Herst. v. Fe-Pulver 22-2395; Entschwefel. v. Gas mit – 4-2652; phänomenolog. Theorie d. Trockenentschwefel. v. Gasen mit – enthaltenden Massen 10-2858; Verw.: in Schutzfarben gegen Sonnenlicht 18-3248*; in Schiffsbodenfarbe 20-3171*; in Samenbehandl.-Mittel 34-3157*.

Nachw. v. – in d. Oxidschicht v. V*2*A-Stahl durch Elektronenanalyse 51/52-0193; Schnellbest. d. krit. prozentualen Pigmentvol.-Konz. v. – -Rot in Alkyd- u. Leinölbindemitteln 7-3262; Best.: v. Pyrit in – 29-2049; v. Chloridspuren in – 34-2070.

FeO,

Vork. v. *Wüstit* in d. Schwerefrakt. eines natürl. Kokses (röntgenograph. Nachw.) 4-0817; Best. v. – in Moldaviten 11-0806; Korrelat. v. – d. fem. Gesteine mit d. Brech.-Indizes ihrer künstl. Glasanteile 14-0845; Best. d. – -Geh. d. Granate d. Eilat-Gebietes, Süd-Israel 17-0850; Almandin-Granate mit Zonen verschiedenen – -Geh. in regionalmetamorphen Gesteinen 22-0767; Unters. d. chem. Konstit. u. d. Bezieh. d. Optik zu d. – -Geh. d. Chlorite mit Hilfe d. Korrelat.-Analyse 24-0838; durchschnittl. magmat. Gestein u. d. geochem. Bilanz v. – 29-0787; chem. Analysen v. – in d. Biwabik-Fe-Format., Minnesota 34-0830.

Bldg.: auf (*001*)-Fe-Flächen (Unters. mittels Beug. langsamer Elektronen) 8-0676; in wärmeabsorbierendem Glas 9-2427*; in ox.

Stahleinschlüssen 9-2556; *Wüstit*-Bldg. bei d. Niedertemp.-Red. v. Hämatit u. Magnetit 10-2459; Isolier. v. *Wüstit* in unberuhigten u. teilberuhigten Stählen 14-2535; Bldg. u. Aktivitäten v. — bei *1200°* 15-0596; Bldg. v. festen Lsg. d. Zus. MnO–FeO bzw. v. $MnAlCrO_4$ u. Fe 18-0648; Freie Bldg.-Enthalpie v. — aus EMK-Mess. 19-0534; Bldg. v. — als Zwischenphase bei d. Ox. v. FeS u. FeS_2 20-0733.

Durch Laseranreg. erhaltene Mol.-Spektren v. — 11-0121; K_α-Dublett v. — (Einfl. d. chem. Bind. auf d. Lage u. Form d. $K\alpha_{1,2}$-Linien) 20-0107; chem. Effekt auf d. Feinstruktur d. Röntgenabsorpt.-Kante v. — 35-0350; IR-Absorpt.-Spektren (KBr-Preßlinge) v. — 41-0396; Fluoreszenzspektrum v. — 23-0356; elektromechan. Mess. d. O-Diffus. in Metallen (Festkörperkette Fe, FeO/ZrO_2 (+ CaO)/Ag [+ (O gelöst)]) bei höheren Temp. 15-0345; Änder. d. Gitterparameters v. drei festen *Wüstiten* in ihren betreffenden Existenzbereichen 16-0193; Unters. d. Defektstruktur v. *Wüstit* mit elektr. Leitfähigk.- u. thermoelektr. Mess. an undotiertem sowie Cr- u. Ti-dotiertem Fe_xO zwischen *650* u. *1060°* in Abhängigk. v. O_2-Paritaldruck 18-0402; Mess. d. Gitterparameter an undotiertem u. Cr-dotiertem *Wüstit* sowie seine Darst. aus Fe u. Fe mit *0,88* Cr 25-0235; Selbstdiffus. u. Elektrotransport in — 28-0297; große Punktdefektkonz. in — 31-0270; maximale Leerstellenkonz. in — 31-0271; nichtstöchiometr. Fehlordn. d. Mischkrist.-Syst. FeO/MgO 31-0279; Struktur v. *Wüstit* u. d. Änder. seiner Röntgenbeug.-Intensitäten in Abhängigk. v. d. Zus. 32-0234; Unters. v. *Wüstit* in Stahlschlackeneinschlüssen 33-2354; Diffus. v. — in MgO-Einkrist. in reduzierender Atmosphäre 45-0289; Diffus.-Koeff., O-Aktivitäten u. Fehlstellen-Konz. entlang einer Oxidschicht v. p-Typ auf einem Metall (— auf Fe) 48-0306; Unters. d. Bildsamk. v. — in Stahl 5-2428; plast. Verform. Youngscher Modul, D. u. Härtemess. v. — 6-0311; Rolle d. Kationen bei d. elektr. Leitfähigk. einer —-Schicht auf Fe u. Autodiffus.-Koeff. d. Fe in — 12-0468; Einfl. v. — auf d. elektr. Leitfähigk. v. fl. Schlacke 22-2363; spezif. elektr. Leitfähigk. v. fast reinem — 32-0429; symm. negativer Widerstand in p-Halbleiter-Glas—p-Halbleiter Übergängen durch Valenzaustausch, nach Strom–Spann.-Kurven v. Übergängen p-FeO–Vanadat- bzw. Pb-Glas—p-FeO 42-0419; Kontaktpotentiale zwischen — u. Pt-*20%* Rh in Luft, Ar, He u. H_2 47-0400; Einfl. v. — auf elektr. Leitfähigk. u. Thermokraft fester Manganoxide bei hohen Temp. 51/52-0387; Bezieh. zwischen spezif. magnet. Suszeptibilität u. d. (FeO + MnO)-Geh. v. Chlorit 5-0562; magnet. Suszeptibilität v. Mischkrist. aus — u. MgO 8-0523; Mössbauer-Unters. d. Struktur u. d. Zerfalls v. *Wüstit* d. Zus. $Fe_{1-x}O$ (x = ca. *0,05–0,13*) 28-0451; Benutz. einer galvan. Zelle mit d. festen Elektrolyten ZrO_2 (+ CaO) bei d. Best. d. Geschw.-Konst. d. Fe-Ox. zu *Wüstit* unter Beteilig. v. O 21-0704; Einfl. d. Makrostruktur v. auf Stahl MSt*3*Sp gebildetem *Wüstit* auf d. Potential 31-0613; D. v. fl. — in Edelgasen u. N_2 2-2399; Aufheizen v. *Wüstit* u. Bezieh. zur Dilatat. d. entsprechenden Metalls 4-0288; neue Phasengrenzen v. festem *Wüstit* u. d. drei bei *910°* entstehenden Tripelpunkte 4-0561; thermodynam. Eig. v. festem — (Anwend. d. Vers.-Ergebnisse auf d. Verlauf d. Zustandsdiagrammes) 7-0608; Best. d. Konz.-Abhängigk. d. thermodynam. Funkt. v. MgO–FeO-Einkrist. 10-0550; feste Lsg. v. Fayalit in Dicalciumsilicat u. d. Koexistenzbezieh. zwischen Dicalciumsilicat u. *Wüstit* 18-0504; zur Kenntnis d. Syst. Fayalit/FeS u. d. Dreistoffsyst. SiO_2/FeS/FeO bez. d. Vorgänge im Temp.-Bereich d. Misch.-Lücke im fl. Zustand 18-0505; Unters. d. Mineralien d. tern. Syst. FeO–Fe_2O_3–TiO_2 mit Hilfe d. Elektronenmikrosonde 19-0856; Phasengleichgew. d. Syst. MgO/FeO/Fe_2O_3 23-0558; thermodynam. Eig. v. MnO–FeO-Mischkrist. 23-0559; experimentelle Daten im Syst. MgO/FeO/Fe_2O_3/$CaAl_2Si_2O_8$/SiO_2 u. deren petrolog. Folgen 23-0818; thermodynam. Funkt. d. Bldg. d. Verb. $FeTiO_3$ u. Fe_2TiO_4 im Syst. FeO/TiO_2 25-0530; Sintern v. Magnetit, *Wüstit* u. V-Trioxid bei *1200°* 26-0768; Änder. d. linearen Ausdehn.-Koeff. zweier Varietäten d. festen *Wüstits* u. Grad ihrer gegenseit. Umwandl. 30-0253; Festkörperrk. u. Gleichgew. im Syst. MgO/FeO/Fe_2O_3 31-0573; Phasenbezieh. für Verb. mit Co-Oxiden, z. B. CoO–FeO, d. krist. Phasen mit NaCl-, Spinell- u. Olivin-Struktur enthalten 31-0575; Sublimat.-Wärme u. effektive Atomlad. v. — 33-0581; Phasenumwandl. im Syst. MgO/Fe_2O_3 u. MgO/—(Fe_2O_3) beim Erwärmen u. Abkühlen an d. Luft 34-2395; Gitterparameter u. Wärmeausdehn. v. *Wüstit* 37-0349; Änder. d. Freien Enthalpien u. d. Bezieh. zwischen Aktivität u. Zus. in d. Syst. FeO/MnO/SiO_2 bei erhöhten Temp. 40-0524; Phasenveränder. im Syst. Periklas(MgO/*Wüstit*(FeO) bei Erhitz. an Luft 46-0553; thermodynam. Eig. v. — in Silicatschlacken 49/50-2205; Einfl. auf d. Benetzbark. v. Au-Oberflächen 42-0589; Verteil.-Gleichgew. v. Fe zwischen *Wüstit* u. Fe–Au-Leg. im Temp.-Bereich v. *1100–1300°* 3-0616; Unters. d. Löslichk. d. H im Syst. CaO/Al_2O_3/SiO_2/FeO/MnO / MgO / Fe_2O_3 / Cr_2O_3 11-0577; Lsg.-Geschw. v. — in fl. Silicaten 26-0693; Löslichk. v. Ni im *Wüstit* in Abhängigk. v. d. Zus. d. Fe–Ni-Leg. 41-0549.

Rk. v. Mo mit — 2-0572; Red.-Geschw. v. *Wüstit* mit H_2, CO u. H_2–CO-Gemischen 4-0664; therm. Zerfall d. *Wüstit* u. seine Rückumwandl. 6-0733; Kinetik d. —-Red. durch CO in Ggw. v. C 9-2525; Red.-Kinetik v. — in CO-halt. Schlacken 9-2532; Freie Enthalpie d. Rk. v. — mit NbO zu Fe u. $Nb_2O_{4,8}$ (aus EMK-Mess.) 19-0538; Sintern eines *Magnesit–Wüstit*–V_2O_5-Gemisches bei *1200°* 19-0781; magnetometr. Unters. d. Ox.-Mechanismus v. Magnetit, *Wüstit* u. red. Erz 20-0662; einleitende Stufen d. Zers. v. — 31-0678; Red. v. Magnetit, Hämatit u. *Wüstit* mit H_2 31-0687; Gleichgew. v. Magnetit–Hausmannit-Mischkrist. mit *Wüstit*–Mn(II)-Oxid-Mischkrist. u. O u. Red. v. Magnetit–Hausmannit-Mischoxiden mit CO–CO_2-Gemischen 32-0692; Sulfidier. v. — in Schachtschmelzen durch SO_2 in Ggw. v. C 37-2143; Red. mit H_2 38-0667; Zers. v. — 41-0670; Einfl. gelöster Me^{2+} auf d. Zerfallsmechanismus v. *Wüstit* $Fe_{1-x}O$ in Mischkrist. (Überblick) 41-2249; Rk. d. festen Lsg. v. MgO u. — 42-0642; Red. v. *Wüstit* innerhalb d. *Wüstit*-Phase mit H_2/H_2O-Misch. 45-0642.

Bezieh. zwischen d. Leichtigk. d. Red. v. — u. seiner katalyt. Aktivität bei d. Ox. v. H_2, Propylen, Methan, NH_3 u. Naphthalin sowie bei d. Dehydrier. v. Isopropanol 2-0730; Mechanismus d. Wassergasrk. an als Katalysatoren dienenden *Wüstit*-Folien mit definierten Gasgemischen aus H_2, H_2O, CO, CO_2 u. N_2 11-0735; Dehydrier. einer aromat. C_8-Frakt. in Ggw. v. — 47-2334*.

Verw.: zur Herst. v. magnet. Werkstoff 5-2327*; in feuerfesten Schmelzgußmaterialien mit hoher Rißbeständigk. 10-2427*; in feuerfester Schmelzmasse 14-2402*; in feuerfesten Schmelzguß-Formkörpern 19-2342*; Einfl. v. —-Zusatz auf d. Homogenität v. Karborundwerkstücken mit Si-Bindemitteln 24-2300; elektr. Reinig. v. Fe mittels Ionendurchgang durch festes — 9-2534; —-halt. Lichtfilter 36-2206*.

Auswert. quant. Elektronensondenmikroanalysen v. Syst. MgO–FeO–Fe_2O_3–SiO_2 41-1880; röntgenograph. Nachw. in Fe-Pulver 28-2000; Best. in Eisenspanpulver u. Eisenschwamm 28-2067; Best. in Silicaten mit Kaliumjodat 30-2004; spektroskop. Best. in Erzen u. Schlacken 48-1970; Isolier.: v. —-Einschlüssen in Fe u. Stahl 9-2583; u. Unters. v. *Wüstit* in unberuhigten u. teilberuhigten Stählen 14-2535.

Fe_2O_3, Vork. v. Hämatit in d. Bauxitlagerstätte d. südl. Taurus (Türkei) 2-0842; neues Titanomaghämit-Vork. in Assoziat. mit *Hämatit* u. Maghämit in Südindien 2-0844; Verteil.-Gesetz für d. Konz. v. — in d. Carbonatgesteinen 4-0758; Besonderh. d. Verteil. v. *Hämatit* in Graniten d. Tigerek-Massivs (Altai-Gebirge) 4-0789; Vork.: v. Wüstit neben *Hämatit* in d. Schwerefrakt. eines natürl. Kokses 4-0817; v. *Hämatit* in einem mit einem präkambr. Fe-Erzlager vergesellschafteten syngenet. Pyrit 5-0903; v. *Hämatit* in d. brasilan. Al-Phosphat-Erz 5-0919; Vork. v. *Hämatit* in Erzlagerstätten v. Ostrand d. Alpen 7-0829; *Hämatit* führende Silicatgesteine 7-0834; Vork. v. akzessor. *Hämatit* in d. Kokkuduktjubje-Massiv u. einige Fragen seiner Hybridisier. 7-0836; Änder. d. Zus. d. *Hämatit*-Krist. während d. Metamorphose d. Fe-Ti-Lagerstätte d. Ufalei-Gruppe 7-0879; Paragenese v. *Hämatit* in d. Wandgesteinsveränder. bei Butte, Montana 8-0827; Vork.: v. *Hämatit* in d. knollenförm. Analcimolitheu v. Richat (Islamit. Republik Mauretanien) 9-0837; v. *Hämatit* in Bauxiten aus d. Gebiet v. Trân 8-0838; v. *Hämatit* in Bentoniten v. Bhadres u. Hathi-Ki-Dhani, Barmer Distrikt, Rajasthan, Indien 9-0843; v. Metastrengit u. *Maghenit* in Nordostbrasilien (röntgenograph. Nachw.) 9-0852; Assoziat. v. Calcit u. *Hämatit* in Erzen hydrothermaler U-Lagerstätten 9-0853; — in Moldaviten 11-0806; magnet. Eig. u. d. mögl. Bedeut. d. *Maghämit* u. *Hämatit*-Ox.-Zonen in einem Olivin-Basalt Islands 11-0823; Vork. v. oolith. *Hämatit* in d. Wabana-Lagerstätte sowie Bemerk. zu d. bes. Prob. d. Erkund u. Ausbeut. submariner Lagerstätten 11-0862; geochem. Unters. d. Verhältnisses zwischen Al_2O_3 u. — in Moldaviten 14-0841; Korrelat. v. — d. fem. Gesteine mit d. Brech.-Indizes ihrer künstl. Glasanteile 14-0845; Vork.: v. *Hämatit*-Ilmenit-Lamellen in Eisensanden Neu-Seelands 17-0869; v. *Hämatit* in Carbonatiten u. Alkaligesteinen d. Arkansas-River-Gebiets, Fremont County, Colorado 19-0814; v. — im nichtcarbonat. Anteil in Gesteinen d. Ries 19-0831; Geh. an — in d. Tonsandkomplex d. nördl. Teils d. Moldauischen Plattform-Siret, Gebiet Suceava 21-0854; Vork.: v. *Hämatit* u. *Maghemit* in Eisensteinen aus d. unteren Karbon v. Tynagh, Irland 21-0879; v. *Hämatit* u. Limonit in Hohen Sarstein, Oberösterreich 21-0886; v. *Hämatit* in d. Cu-Lagerstätte v. Vigonzano 21-0897; v. *Specularit* u. d. metamorphosierten Fe-Format. v. Wabush, Südwest-Labrador 22-0772; v. *Hämatit* in d. Kontakt d. Liegendes-Bauxits in d. Grube Maron (Var.) 22-0796; Geologie u. Petrographie v. *Hämatit*-Quarz-Gängen d. Stod Massivs 24-0826; Zus. v. im Cassiterit eingeschlossenen *Hämatit* (punktweise Röntgenfluoreszenz) 24-0837; Stell. u. Entsteh. d. Magnetits u. *Hämatits* auf d. Sideritlagerstätte Rákos in Spišsko-gemerské 24-0856; Vork. v. *Hämatit* in d. Schicht v. Diélette (Manche) 27-0837; mkr. Unters. d. *Hämatit*-Bldg. v. Salsigne, Aude 28-0840; durchschnittl. magmat. Gestein u. d. geochem. Bilanz v. — 29-0787; Vork.: v. *Hämatit* in d. Chloritoideinlager. in d. epimetamorphen Gebieten d. Gegend v. Ceuta (nördl. Rif, Marokko) 29-0802; großer Anhäuf. v. *Hämatit* in d. Jagdaner Fe–Sn-Vork. 29-0819; v. *Hämatit* in d. Eisenerzlagerstätten d. mähr.-schles. Devons 29-0820; v. *Hämatit* auf d. Marsoberfläche 30-0754; — in Phosphoriten d. p-Format. 32-0795; durchschnittl. —-Geh. d. Granite u. Pegmatite sowie deren Eingliede. in d. magmat. Entw. mit zuzuordnenden Eh- u. pH-Werten 33-0820; — in d. Biwabik-Fe-Format., Minnesota 34-0830; Vork.: v. *Maghemit* in einer stark magnet. Frakt. in d. Limoniterzen v. Kremikovci 34-0851; v. *Hämatit* in d. Sb-Lagerstätten in d. Niederen Tatra 36-0851; Petrographie u. Erzmikroskopie v. *Hämatit* u. anderer Prod. d. Eisenformat. (Trenn. durch Red.-Arbeit u. magnet. Separat.) 38-0847; Vork.: v. *Hämatit* neben Stilpnomelan in d. französ.-italien. Alpen 38-0848; v. *Hämatit* im Rohkaolin v. Zettlitz 40-2222; v. Helvin-*Hämatit*-Quarz-Metasomatiten in Greisen 41-0818; *Hämatit* in einem Ton mit hohem Tonerdegeh. v. Skesar Hills 42-0781; Verh. v. Rutil-*Hämatit*-Aggregaten bei d. hydrothermalen Veränder. d. Amphibolite d. Darasun-Au-Erzlagerstätte (Transbaikal) 48-0760.

Bldg.: v. — bei d. Zers. v. $Fe_2(C_2O_4)_3$ · 5,3 H_2O 1-0613; v. *Hämatit* u. *Maghemit* durch eine Kernexplos. in einer Salzlagerstätte 2-0817; Neubldg. v. *Hämatit* bei d. Auslösen v. Frankliniten 4-0824; Bldg.: bei d. Zers. v. $Fe(NO_3)_3$ 6-0561; v. *Hämatit*-Krist. im alkal. Medium 9-0252; bei d. therm. Zers. v. gemeinsam gefälltem Mg- u. Fe(III)-Hydroxid 9-0787; v. —-Phase in ox. Stahleinschlüssen 9-2556; v. α-Fe_2O_3 über ε-Fe_2O_3 durch Thermolyse v. 6 $Fe_2(SO_4)_2$·Fe_2O_3·n H_2O 10-0780; v. *Hämatit* bei d. therm. Umwandl. v. β-Fe(III)-Oxidhydroxid 15-0258; v. α-Fe_2O_3 bei Hydrolyse v. $Fe_2(SO_4)_3$ 16-0731; v. α-Fe_2O_3-Keimen in Rein-Fe-Oxidschichten 18-2527; Umwandl. v. δ-FeOOH über α-FeOOH in α-Fe_2O_3 20-0717; Bldg. v. — über andere feste Phasen bei d. Ox. v. FeS u. FeS_2 20-0733; Zers.-Geschw. v. $FeCO_3$ an d. Luft unter Bldg. v. α-Fe_2O_3 24-0717; mechan. Ox. v. Magnetit unter Bldg. v. α-Fe_2O_3 30-0639; Bldg.: v. α-Fe_2O_3 bei Dehydratat. v. Goethit 31-0546; v. Fe, $Fe_{1-x}O$, Fe_3O_4, Nb_2O_5 u. — (reagieren zu d. Mischoxiden $Fe_4Nb_2O_9$, $FeNbO_4$ u. $FeNb_2O_6$) in Abhängigk. v. O_2-Partialdruck im Syst. Fe/Nb/O 33-0608; v. α-FeOOH u. α-Fe_2O_3 aus amorphem Fe(III)-Hydroxid 38-0756; v. α-Fe_2O_3 oder ε- u. ζ-Fe_2O_3 38-0757; v. α-Fe_2O_3 beim Erhitzen v. gemeinsam gefällten Kieselsäure- u. Eisenoxidhydratgelen 42-0603; Röntgen- u. IR-Absorpt.-Unters. d. Bldg.-Prozesses v. α-Fe_2O_3 u. α-FeOOH aus Fe(III)-Hydroxidnd. durch Alter. oder hydrothermale Behandl. 42-0714; Bldg.: v. α-Fe_2O_3 im Syst. Periklas (MgO)–Wüstit (FeO) bei Erhitz. an Luft 46-0553; v. *Hämatit* bei d. autometamorphen retrograden Umwandl. v. Biotiten in Chlorite u. Muskovite 49/50-0740; Gewinn. v. — aus Fe- u. Ti-halt. Erzen 4-2371*; Herst.: v. γ-Fe_2O_3-Präp. durch therm. Zers. v. Gemischen v. α- u. γ-FeOOH enthaltendem Fe(II)-Oxalat 7-0780; v. rotem — aus Kiesabbränden 30-2186; v. ferromagnet. — mit

60 – 50 MnO 41-2180*; ferromagnet. Verb. v. Typ γ-Fe_2O_3 durch therm. Zers. v. Fe-Oxalat 42-2119; v. – durch Ox. d. Chloride 49/50-2057*; v. wasserhalt. – aus wss. Sol v. $FeCl_3 \cdot 6\,H_2O$ u. NaOH 49/50-2085*; v. γ-Fe_2O_3 durch Ox. v. Fe(II)-Verb. (Magnettonbänder) 49/50-2127*; v. – -Sol mit Hilfe v. Anionenaustauschern 51/52-0561.

Elektrostat. Anreicher. v. *Hämatit*-halt. Fe-Erz 14-2581*; Einfl. d. magnet. Trübebehandl. auf d. Flotierbark. v. *Hämatit* 17-2332; IR-Unters. d. Flotat.-Rk. v. *Hämatit* u. Ölsäure 24-2360; Kinetik d. Chlorier. v. – (Aufbereit.) 28-2371; Flotierbark. v. feinkörn. *Hämatit* 40-2278; Trenn. v. – u. SiO_2 v. Cassiterit 12-2202*; Entfern. v. – aus Na_2SO_4 u. K_2SO_4 34-2296*; Mahlen v. – -Pigmenten in Polyurethankautschukrührwerken 5-3171*; Wirbelschichtred. v. *Hämatit* bei d. Montecatini 4-2281; Red. v. *Hämatit* im Wirbelschichtreaktor 6-2444*; Herst. v. hartgebrannten Fe-Erzagglomeraten aus *Hämatit* 7-2561*; H_2-Red. v. *Hämatit* 15-2478*; Verhinder. d. Abriebs u. Pellets für d. Red. v. *Hämatit* im Drehrohrofen 18-2567*; chlorierende Röst. v. Kiesabbränden mit Etagenofen 18-2568*; Sintern v. –, ZnO u. MnO zu Weichmagneten 20-2262*; Herst. einer Pigmentgrundlage aus *Hämatit* durch Red. d. Erzes 21-2334*; Einfl. v. Kalkzusatz auf d. Gefüge v. red. Fe-Pellets aus reinem – u. Goa-*Hämatit* 21-2499; Schwellen v. *Hämatit*-Erz während d. Red. 22-2363; Herst. v. Fe-Oxid aus *Hämatit* 24-2195*, 24-2196*; Sulfidier. v. – in Schachtschmelzen durch SO_2 in Ggw. v. C 37-2143.

IR-Absorpt.-Spektren v. α- u. γ-Fe_2O_3 7-0368; Einfl. v. – bei Anreg. v. S, Cl u. Br in einer Funkenentlad. 10-0099; $K\alpha$-Dublett v. – (Einfl. d. chem. Bind. auf d. Lage u. Form d. $K\alpha_{1,2}$-Linien) 20-0107; Wellenlängen d. $K\beta_1$-Linien u. d. Satellitenlinien $K\beta'$ v. – 20-0110; Unters. zur Theorie d. Kronigschen Feinstruktur d. Röntgen-K-Absorpt.-Spektren v. einkrist. Folien aus – 21-0308; Unters. d. Orientier.-Abhängigk. d. Röntgen-K-Absorpt.-Spektren v. – -Einkrist. unter Verw. linear polarisierter Röntgenstrahl. 23-0369; chem. Effekt auf d. Feinstruktur d. Röntgenabsorpt.-Kante v. α-Fe_2O_3 u. γ-Fe_2O_3 35-0350; K-Emiss.-Linien v. O in – 46-0367; Abhängigk. d. Farbe v. roten α-Fe_2O_3-Pigmenten v. Teilchengröße u. Teilchengrößenverteil. 34-3083.

Einfl. v. – -Zusatz auf d. Bind. in bas. feuerfesten Steinen 1-2406; Periklaskrist.-Bldg. beim Sintern verschiedener Magnesite unter d. Einfl. v. – u. Bldg. v. Dicalciumferrit 3-0237; Struktur u. Eig. d. intermediären Phasen d. Syst. Fe_2O_3/GeO_2 5-0258; Strukturbesonderh. d. *Hämatits* v. Fe-Zunder im Zusammenhang mit seinen Darst.-Beding. 5-0271; Strukturunters. an γ-Fe_2O_3 5-0662; morpholog. u. kristallograph. Unters. d. Umwandl. v. γ-FeOOH in γ-Fe_2O_3 6-0224; Nachw. u. Gitterkonst. d. – im Syst. $FeO/Fe_2O_3/MgO$ bei *1160°* u. O_2-Partialdrücken zwischen *0,21* u. $10^{-13,5}$ atm 7-0609; Modifikat.-Umwandl. bei *Hämatit* durch Mahl. 10-2196; Einfl. v. – -Zusatz auf d. Kristallisat. v. Alit u. Belit in Portlandzementklinkern 13-2452; Verfeiner. d. Struktur v. *Hämatit* 17-0285; neue krist. Phase v. SiO_2–Fe_2O_3-Gel, hergestellt aus Tris-[hydroxydiphenylsiloxy]-eisen 20-0226; Diffus. v. O-Ionen in *Hämatit* 21-0270; Einfl. v. – auf d. Schmelzen v. Quarzsand zu Kieselgut u. auf dessen Rekristallisat. 24-2270; Verteil. v. – bei Selbstdiffus. u. Elektrotransport in FeO 28-0297; Wachstum v. α-Einkrist. unter chem. Transportrk. u. ihre Struktureig. 29-0224; Bldg. orientierter Verwachs.: v. *Hämatit* u. $Fe_2O_3 \cdot WO_3$ unter d. Beding. d. chem. Transportrk. 29-0225; v. *Hämatit* auf Korund, Quarz, Zinnstein, Hämatit, Rutil, Adular u. Magnetit unter d. Beding. d. chem. Transportrk. 30-0192; Einfl. v. Verunreinig. auf Wachstumsstrukturen am Beispiel v. *Hämatit* 31-0269; Berechn. d. elektr. Feldgradienten für – 33-0310; Schichten aus amorphem Fe/Fe_2O_3-Gemisch 36-0232; Einfl. v. hohem Druck auf d. Gitterparameter v. α-Fe_2O_3 37-0343; Einkrist.-Zücht. v. *Hämatit* aus Boraxschmelze u. Best. d. magnet. Eig. 45-0221; Beobacht. v. – u. *Hämatit* mit d. Scanning-Elektronenmikroskop bei Ox. v. Flußstahl 47-0237; Strukturwandel v. – während d. Alter. in W. 49/50-0707; Atomabstände u. Gitterenergien v. – 51/52-0234; natürl. *Hämatit*-Gefügeunters. zur plast. Verform. v. *Hämatit* im Korn u. Gefüge 37-0832.

Relaxat.-Spektrum d. inneren Reib. u. d. elektr. Widerstand bei *2000°* v. Mo u. W mit Fe_2O_3-Verunreinig. 2-0303; elektr. Leitfähigk. d. festen Phasen im Syst. Mn_2O_3/Fe_2O_3 7-0464; Lad.-Geschw. eines Kondensators bei Aufprall v. – -Halbleiterpulver auf eine Ag-Elektrode im O-Strom 15-0776; elektr. Leitfähigk.: v. MgO–Fe_2O_3-Proben 27-0462; u. Fermi-Niveau v. titan- u. calciumhalt. Hämatit u. Red. d. dotierten Hämatits zu Magnetit in CO/CO_2-Misch. 27-0463; Nullad.-Punkt v. *Hämatit* 33-0685; Isotopenanalyse v. S durch Massenspektrometrie mit Sulfaten u. – als Katalysator 37-0184; Prüf. d. Anwend.-Möglichk. d. elektroballist. Meth. (Best. d. Auflad. eines Kondensators beim Aufprall d. Pulvers einer Halbleitersubstanz) für d. Best. d. Elektronenstruktur v. Festkörpern an reinem – 38-0442; elektr. Leitfähigk. u. komplexe DK v. α-Fe_2O_3 47-0473.

Magnet. Eig. v. – 1-0524; Anomalien im Temp.-Verlauf d. magnet. Suszeptibilität im Syst. Cr_2O_3/Fe_2O_3 1-0529; Temp.-Abhängigk. d. Mol-Wärme u. d. magnet. Suszeptibilität v. Fe_2O_3–Cr_2O_3-Mischkrist. 1-0530; magnet. Suszeptibilität einiger Böden u. Gesteine (mit bis zu *25* –) in Abhängigk. v. d. Calcinier.-Temp. 1-0536; Mikrowellenmess. d. lokalen Felder bei γ-Fe_2O_3 durch ferromagnet. Resonanz 4-0354; magnet. u. kristallograph. Struktureig. d. Syst. (1 – x) – -x Rh_2O_3 durch Neutronenbeug.-Unters. 5-0540; feldinduzierte Umwandl. beim *Hämatit*-Krist. 6-0516; anomale Hystereseschleifen v. magnet. *Hämatit* 8-0818; indirekte Beobacht. antiferromagnet. Elementarbereiche durch d. lineare Magnetostrikt. v. α-Fe_2O_3 9-0543; magnet. Eig. kleiner α-Fe_2O_3-Teilchen nach Unters. mit d. Mössbauer-Effekt 11-0518; „Einfrieren" u. „Schmelzen" d. Magnetisier. bei Feinteilchenansamml. in Wechselfeldern (γ-Fe_2O_3) 14-0545; antiferromagnet. Resonanz in α-Fe_2O_3 u. α-Fe_2O_3-Proben mit SiO_2-, TiO_2- u. SnO_2-Dotier. 19-0376; Mess. u. Deut. d. magnet. u. dielektr. Stoffwerte v. γ-Fe_2O_3-Massekernen 22-0463; magnet. Eig. v. – unter hydrostat. Druck 25-0473; paramagnet. Eig. v. Fe-Zentren in α-Quarz, Amethyst u. Citrin (Bldg. v. –) 26-0370; magnet. Eig. kleiner α-Fe_2O_3-Partikel 27-0511, 27-0512; effektive Anisotropie in d. Fe(III)-Ebene u. trigonale Magnetostrikt. in α-Fe_2O_3 27-0513; Mössbauer-Effekt in α-Fe_2O_3 28-0452; Mössbauer-Effekt v. ^{57}Fe in – mit Mn_2O_3, Sc_2O_3 u. In_2O_3 29-0085; Wechselwrkg.-Effekte v. Fe-Einbereichsteilchen in γ-Fe_2O_3 30-0426; Übergang v. antiferromagnet. zum schwach ferromagnet. Zustand u. d. Temp.-Abhängigk. d. transversalen Suszeptibilität in *Hämatit* unterhalb d. Morin-Übergangs 31-0513; metamagnet. Effekte in *Hämatit* 34-0491; Mössbauer-Absorpt.-Mess. an *Hämatit* u. *Maghämit* 34-0833; kernmagnet. Relaxat. durch Kontakt an festen Oberflächen Syst.: Fe_2O_3–H_2O u. Fe_2O_3–CH_4 37-0178; elektronenmikr. u. röntgenograph. Unters. d. magnet. Eig. nadelförm. γ-Fe_2O_3-Teilchen 38-0484; anomal hohe Remanenz in $(\gamma\text{-}Fe_2O_3)_{1-x} \cdot (\alpha\text{-}Fe_2O_3)_x$-Teilchen 38-0485; reversible Suszeptibilität v. *Hämatit* mit verschiedenen Arten remanenter Magnetisier. u. „Gedächtnis"-Phänomen 41-0507; Übergang v. Magnetit zu *Hämatit* u. seine Folger. für d. Gesteinsmagnetismus 41-0508; Best. d. effektiven Fe-Atomlad. in – aus Röntgenemiss.-Spektren u. d. Mössbauer-Effekt 42-0152; effektives ebenes Anisotropiefeld in α-Fe_2O_3 (ESR-Mess. an mechan. verformtem α-Fe_2O_3) 42-0373; Entropieänder. am Morin-Punkt eines *Hämatit*-Krist. 43-0498; γ-Fe_2O_3 als Quelle d. Ferromagnetismus in Zirkon 44-0829; ^{57}Fe-NMR-Spektrum v. *Hämatit* (α-Fe_2O_3) 47-0375; ^{57}Fe-Mössbauer-Spektrum v. γ-Fe_2O_3 49/50-0473; Druckabhängigk. d. magnet. Tieftemp.-Umwandl. in α-Fe_2O_3 49/50-0492; Mössbauer-Effekt nach d. Coulomb-Anreg. v. ^{57}Fe in – 51/52-0051; ferromagnet. – mit magnet. orientierbarem Bestandteil 51/52-2162*.

Mechanismen d. Red. v. γ-$Fe_2O_3 \cdot H_2O$ in alkal. Lsg. 14-0700; Best. d. Diffus.-Potentials v. MgO/Fe_2O_3 24-0608; Mechanismus d. elektrolyt. Red. v. – in alkal. Medium 28-0581.

Aktivitäten u. Aktivitätskoeff. v. *Hämatit* 2-0619; Stabilität d. Biotits in d. Kombinat. Biotit–Sanidin–*Hämatit* 2-0820; Verh. v. – in feuerfesten Stoffen d. Syst. $Kaolin/Quarz/Talk/Fe_2O_3$ beim Erhitzen 2-2339; Aufheizen v. *Hämatit* u. Bezieh. zur Dilatat. d. entsprechenden Metalls 4-0288; Anwend. d. komplexen emanat.-therm. Meth. zur Unters. d. Zustandsdiagramms d. Syst. CaO/Fe_2O_3 7-0592; Nachw. u. Gitterkonst. d. Phasen Fe_2O_3, Fe_3O_4 u. $MgFe_2O_4$ sowie d. Mischkrist.-Phasen $(Fe, Mg)_3O_4$ u. (Mg, Fe)O im Syst. $FeO/Fe_2O_3/MgO$ bei *1160°* u. O_2-Partialdrücken zwischen *0,21* u. $10^{-13,5}$ atm 7-0609; Unters. d. Mischkrist.-Bereichs auf d. Basis v. Sc_2O_3 im Syst. $Sc_2O_3/Fe_2O_3/MnO_x$ nach d. stat. Meth. d. Vers.-Plan. 12-0588; Phasenbezieh. d. Syst. $Fe_2O_3/Y_2O_3/Al_2O_3$ bei *1500* u. *1525°* sowohl in Luft als auch in O_2 bei *1* atm 12-0589; Delafossit. u. d. Zustandsdiagramm d. Bereichs $Cu_2O/Fe_3O_4/Fe_2O_3/CuO$ im Syst. Cu/Fe/O (Unters. d. Gleichgew.-Einstell. bei bestimmten O_2-Partialdrücken u. Strukturunters.) 19-0560; Deut. differentialthermoanalyt. Unters. an *Hämatit* bei Verw. v. unmagnet. u. magnet. Vgl.-Material 22-0798; Best. d. Aktivitäten v. PbO in tern. Misch. v. PbO–SiO_2 mit – 23-0543; Gleichgew.-Diagramme d. Syst. Li_2O/Fe_2O_3 u. Na_2O/Fe_2O_3 23-0557; Phasengleichgew. d. Syst. $MgO/FeO/Fe_2O_3$ 23-0558; Subsolidusstruktur d. Sechskomponentensyst. $Fe_2O_3/Cr_2O_3/Al_2O_3/ZrO_2/TiO_2/SiO_2$ 23-0560; experimentelle Daten im Syst. $MgO/FeO/Fe_2O_3/CaAl_2Si_2O_8/SiO_2$ u. deren petrolog. Folgen 23-0818; Unters. d. Syst. CdO/Fe_2O_3 31-0742; Phasenumwandl. im Syst. MgO/Fe_2O_3 u. $MgO/FeO(Fe_2O_3)$ beim Erwärmen u. Abkühlen an d. Luft 34-2395; isobare Phasendiagramme für d. Teilsyst. $CuO/Cu_2O/Fe_3O_4/Fe_2O_3$ d. Syst. Cu/Fe/O 43-0553; Phasendiagramm d. Syst. Fe_2O_3/SnO_2 47-0547; Schmelzverh. v. *Hämatit* aus Weferlinger Quarzsand 47-0772.

BET-Oberflächengrößenmess. v. – unter Verw. v. radioakt. Kr 1-0606; Sorpt. v. Dämpfen 1-0630; heterogener Austausch an – -Nd. 4-0638; Oberflächenaktivität v. α-Fe_2O_3-Pulver 5-2244; Mess. d. spezif. Oberfläche v. α-Fe_2O_3 7-0653; physikal.-chem. u. Sorpt.-Eig. v. – -halt. Kieselerdegesteinen d. Wolgagebiets 10-0677; Ionenadsorpt.-Eig. gegenüber K^+ u. Cl^- 10-0680; Adsorpt.-Vermögen für Butadien–Nitril-Kautschuk 12-1185; Chemisorpt. v. CO an – 19-0668; Herst. v. ^{99m}Tc mit – als Adsorber für ^{99}Mo 19-0775; Unters. d. Adsorpt. fettsaurer Seifen bei d. Flotat. v. *Hämatit* 19-2396; Verdicht. v. – -Suspens. mit gemischten dispersen Phasen im KW-Stoffmedium durch Sedimentat. 23-0632; Chemisorpt. v. H an – -halt. Al_2O_3 25-0647; Protonenadsorpt. an d. Trennfläche v. α-Fe_2O_3/wss. Lsg. 27-0675; Mischgele aus SiO_2, Al_2O_3 u. – 28-0597; Mechanismus d. elektrophoret. Abscheid. v. Pollierrot als Suspens. in verschiedenen Lsg. 30-0594; Einfl. v. waschakt. Stoffen auf d. simultane Sorpt. v. – an Baumwolle 34-2844; Chemisorpt. v. Butylnitrit u. NO 37-0657.

Best. d. Lsg.-Enthalpie v. – bei *150°* in einem Gemisch aus konz. H_2SO_4 u. konz. H_3PO_4 1-0556; Unters. d. Löslichk. d. H im Syst. $CaO/Al_2O_3/SiO_2/FeO/MnO/MgO/Fe_2O_3/Cr_2O_3$ 11-0577; gemeinsame Löslichk. v. V_2O_5 u. NiO in *Hämatit* 12-0590; Unters. d. Löslichk. d. P_2O_5 in Citronensäure u. W. in Schmelzen v. KH_2PO_4 mit – bzw. – u. SiO_2 13-0774; Standardbldg.-Enthalpie, Lsg.-Wärme in wss. HCl u. O_2-Partialdruck für α-, γ- u. ε-Fe_2O_3 15-0575.

Nachw. d. bei d. Zers. v. – entwickelten atomaren Sauerstoffs 5-0726; Wüstitbldg. bei d. Niedertemp.-Red. v. *Hämatit* u. Magnetit 10-2459; Red.-Kinetik v. α-Fe_2O_3 u. α-Fe_2O_3–MgO mit CO 12-0711; Red. d. – zu FeO 18-0504; Kinetik d. Red. v. *Hämatit*-Kügelchen in H_2 bei hohen Drücken 31-0686; Red. v. Magnetit, *Hämatit* u. Wüstit mit H_2 31-0687; Kinetik d. Red. v. Fe_2O_3 durch H_2 bei *300 – 400°* 32-0694; Einfl. v. γ-Strahl. auf d. H_2-Red. v. – 33-2351; Red. v. gepulvertem – durch H_2 (Kinetik) 41-0669; Rk.-Kinetik mit überlagerten geschwindigkeitsbestimmenden Teilschritten bei d. Red. v. *Hämatit* durch Gase 42-0633; mechanochem. Red. v. – durch C 46-0720; DTA- u. DTG-Mess. d. Dissoziat. u. Red. v. – 47-1866; Best. d. Gleichgew.-Kurven folgender Rk.: Epidot (+ Quarz) ⇌ Anorthit + Grossular/Andradit + *Hämatit* + H_2O (+ Quarz) 2-0855; Rk. mit CH_4 6-2765*; Richt. d. Diffus. bei Festkörperrk. zwischen – u. anderen Metalloxiden 7-0695; Rk. v. MgO u. – 15-0771; Umsetz. v. MoO_3 u. WO_3 mit – 22-0724; Umsetz. v. La_2O_3 u. Nd_2O_3 mit – 23-0550; gasfreie Zus. als einfachste Verbrenn.-Modelle nichtflücht. kondensierter Syst. am Beispiel d. Verbrenn.-Geschw. eines Gemisches v. Al, – u. Al_2O_3 23-0664; Rk. mit H_2S 25-1964; Red. v. SnO_2 durch – unter Bldg. v. Fe–Sn-Leg. 29-2419; Sintern d. Oxidsyst. NiO– – u. MgO– – 31-0343; Festkörperrk. u. Gleichgew. im Syst. $MgO/FeO/Fe_2O_3$ u. im Syst. $MgFe_2O_4/Fe_2O_3$ (Aktivier.-Energie) 31-0573; Bldg. u. Umwandl. hexagonaler u. trigonaler magnet. Phasen im Dreistoffsyst. $BaO/MeO/Fe_2O_3$ (Me = Co, Ni, Zn, Mn, Mg u. Cu) 31-0574; Rk. v. – mit $FeCl_3$ (Bldg. v. FeOCl) 33-0789; synthet. Pollucite im Syst. $Cs_2O \cdot Al_2O_3 \cdot 4\,SiO_2/Cs_2O \cdot Fe_2O_3 \cdot 4\,SiO_2/H_2O$ (Phasenbezieh.

u. physikal. Eig.; eine Diskuss.) 34-0869; Hydrothermalsynth. v. Böhmit im Syst. $Al_2O_3/Fe_2O_3/H_2O$ bei *250°* u. *1000* bar 35-0675; Ox. v. $(FeV_{2-x})Fe_xO_4$-Krist. (Gitterparameter) Bldg. v. festen Lsg., Zers. unter Bldg. v. $FeVO_4$, V_2O_5 u. einer festen Lsg. v. V_2O_3 in – 35-0706; chem. Transport v. α-Fe_2O_3 über dimeres $FeCl_3$ 36-0739; Kinetik d. Anfangsstufe d. Umsetz. v. MoO_3 u. – mit Lampenruß 37-0704; Rk. v. PbO, –, Co_3O_4, ZnO, BaO u. $SrCO_3$ 38-0758; Ursachen d. Verringer. d. –-Aktivität bei d. Rk. mit Na_2CO_3 zu NaOH 40-2109; Darst. v. $Ca_3 \cdot Me(IV)_2V_{0,5}Fe(III)_{2,5}O_{12}$ [Me(IV) = Sn, Zr, Hf] durch Rk. v. Metalloxiden, $CaCO_3$ u. – 41-0757; Beding. zur hydrothermalen Synth. v. Yttriumeisengranat aus Y_2O_3 u. – 41-0758; Einfl. einer Schwingmahl. v. α-Fe_2O_3 auf d. CO-Ox. 47-0652; Geschw. d. Auflsg. v. – in anorgan. u. organ. Säuren 49/50-0632.

Bezieh. zwischen d. Leichtigk. d. Red. v. – u. seiner katalyt. Aktivität bei d. Ox. v. H_2, Propylen, Methan, NH_3 u. Naphthalin sowie bei d. Dehydrier. v. Isopropanol 2-0730; Unters. d. relativen Aktivität v. 3 Fe_2O_3–Cr_2O_3-Katalysatoren für d. Wassergaskonvertier. 3-2737; Kinetik d. CO-Ox. an mit Pt, Ag, –, CuO, V_2O_5 dotierten MnO_2-Katalysatoren bei niedr. Drücken 9-0726; Kinetik u. Mechanismus d. katalyt. Rk. v. CO mit W.-Dampf (Kinetik d. CO-Konvertier.-Rk. an einem Fe_2O_3–Cr_2O_3-Katalysator) 9-0727; katalyt. Aktivität v. – bei d. Ox. v. CH_4 10-0728; Unters. d. Red. v. ––CuO–K_2CO_3-Fäll.-Katalysatoren für d. CO-Hydrier. nach d. Wärmeleitfähigk.-Meth. 10-2663; Kinetik d. katalyt. Ox. v. Methanol zu Formaldehyd an einem Fe_2O_3–MoO_3-Katalysator 13-2721*; chem. Struktur u. katalyt. Aktivität v. TiO_2–– 14-2703; Einfl. v. Ga^{3+}-, Li^{+}-, Fe^{3+}- u. Zr^{4+}-Dotier. auf d. nach elektroballist. Meth. gemessene Aktivität v. p- u. n-Fe_2O_3-Halbleiterkatalysatoren 15-0777; katalyt. Aktivität v. – bei d. Zers. v. NO 15-0778; Fluorier. v. halogenierten KW-Stoffen in Ggw. v. – u. Seltenerdmetalloxiden 15-2606*; Phasenzus. u. Art d. katalyt.-akt. Komponente, $Fe_2(MoO_4)_3$ als katalyt.-akt. Komponente neben überschüss. MoO_3 oder – 18-0660; DTA d. Zers.-Rk. v. $KClO_3$ in Ggw. v. Misch. aus positiven Katalysatoren (– u. – u. NaCl) 18-0695; Mitteldruckhydrieren v. 2-Phenylphenol in Ggw. v. – 18-2675; Halbleitereig. u. katalyt. Wrkg. v. mit – dotiertem Ni-Oxid auf d. Ox. v. NH_3 durch Luft 27-0699; oxydative Dehydrier. v. Isopentan in Isopren in Ggw. v. J_2 u. – 28-2581; Herst. v. n-Butanol aus Äthanol im Einstufenverf. in Ggw. v. – 28-2592; Differentialthermoanalyse v. –-Katalysatoren mit u. ohne Träger 29-0705; Kinetik d. Zers. v. Hydraziniumsulfat durch gealtertes – in alkal. Lsg. 33-0747; Einfl. d. Zusatzes v. – auf d. bei d. Erhitz. d. Gemische 3 $CaCO_3$ + SiO_2 u. 2 $CaCO_3$ + SiO_2 im Bereich v. *800–1400°* verlaufenden Rk. 33-0775; Beurteil. d. Aktivität d. CuO–ZnO–Al_2O_3–––Katalysators für d. Methanolsynth. 37-2283; Dampfphasendehydrier. v. Äthylbenzol mit –-halt. Katalysator 43-2292*; Ox. v. SO_2 mit O_2 an Katalysatoren aus – auf einem Ag-Träger 44-0665; Einfl. v. – auf d. Red. v. Galenit 48-0628; Ammox. v. Olefinen mit –-halt. Katalysator 48-2657*; katalyt. Wrkg. v. – auf d. Ox. v. Propylen u. CO 49/50-0640; Dehydrieren v. Äthylbenzol mit – als Katalysator 49/50-2417*; Unters. d. Hemmwrkg. v. H_2 auf d. Zers.-Geschw. v. NH_3 auf trägerfreiem –-Katalysator 51/52-0615.

Neue Erkenntnisse über d. Silikosegefahr bei *Hämatit*-Stäuben 25-2128.

Verw.: v. *Hämatit* zum Klären v. Abwässern (in Verbind. mit einem polyelektrolyt. Flock.-Mittel) 5-2283*; zur Herst. v. magnetisierbarem Bauelement 2-2299*; für ferromagnet. Körper 2-2301*; zur Herst. v. ferromagnet. Masse 3-2278*; zur Herst. permanenter Magnete 3-2281*; zur Herst. halbleitender Fliesen 4-2154*; zur Herst. v. magnet. Werkstoff 5-2327*; für magnetodielektr. Masse 7-2383*; zur Herst. v. Ferritkernen 13-2387*; für magnet. Werkstoffe 35-2176*; in hitzefester Masse zur Aufbring. auf heiße Oberflächen eines Hochtemp.-Ofens 1-2418*, 4-2226*; Zusatz v. – zu chem. u. strahlungsbeständ. alkalifreien Gläsern 6-2269*; Verw.: in Gläsern für d. Faserherst. 6-2271*; in Emailfritte 12-2277*; Zusatz für in Dosimetern verwendetes Glas 28-1949; Verw. in IR-durchläss. Gläsern 36-2203*; –-halt. opt. Gläser für Schweißerbrillen 45-2129*; Verw. in Glas für d. Herst. stark lichtreflektierender Perlen für Verkehrszeichen 45-2132*; Zusatz v. – zu alkalifreien Gläsern beim Düsenziehverf. 48-2333; Verw.: v. –-halt. gesinterter Magnesia zur Herst. v. C-halt. bas. Feuerfeststeinen 49/50-2172*; v. –-Grundier. für Baustahl 34-3091; als Schleifmittel in Einlaufschmiermitteln 43-2430*; v. – zur Stabilisier. v. PVC 33-2884; als färbenden Bestandteil in keram. Glasuren 5-2377*; zur Herst. keram. Pigmentfarben 15-2224*; in keram. Glasurfarbe 19-2330*; in keram. Pigment 23-2239*; v. α-Fe_2O_3 verschiedener Korngröße für d. unterschiedl. Rotfärb. antiker Keramik (Unters. mit d. Elektronenmikrosonde u. d. Röntgenanalyse) 34-0872.

Auswert. quant. Elektronensondenmikroanalysen d. Syst. MgO–FeO–Fe_2O_3–SiO_2 41-1880; spektralanalyt. Best. v. – in Silicaten 5-2107; photometr. Mikrobest. mit Tiron in verstaubten Rattenlungen 5-2146; oszillopolarograph. Best. in NH_4–Formiat-Schmelzen 15-1958; röntgenograph. Nachw. in Fe-Pulver 28-2000; Best. in Eisenspanpulver u. Eisenschwamm 28-2067; spektrograph. Best. in Elektrokorund 30-2038; Best. in Portlandzement u. verwandten Ca–Mg-Silicaten 40-1930; Verw. eines Fe_2O_3-Targets zur Aktivier.-Analyse v. Co u. Ni in Fe durch Kernphotork. 28-2001.

Fe_3O_4

Vork. v. Wüstit neben *Magnetit* in d. Schwerefrakt. eines natürl. Kokses 4-0817; Bezieh. zwischen d. Geologie u. geophysikal. Parametern einer *Magnetit*–Fe-Format. 5-0904; Verwachs. v. Uraninit u. Nasturan mit *Magnetit*-Relikten in Ggw. v. Martit 7-0871; *Magnetit*-Mineralisat. in Berühr. v. Graniten mit Serpentiniten 12-0810; Verh. v. Fe u. *Magnetit* im Prozeß d. Serpentinitisier. 13-0834; Vork. v. *Magnetit* in Pallasiten u. Mesosideriten u. einige genet. Überleg. 18-0760; Unters. d. Mineralassoziat. v. *Magnetit* in Gesteinen in d. Nähe eines Kontakts mit einem Doleritsaum um einen Gabbro 19-0822; Vork. v. *Magnteit* in ausgewählten Fe–Ti-Lagerstätten 21-0896; Vork. v. Kurtschatowit mit Einlager. v. *Magnetit* in einem Vesuvian-Granat-Skarn 23-0800; Zus. d. Titanomagnetite aus Oliviniten, aus *Magnetit* u. Ulvöspinell (elektronenmkr. u. Mikrobeug.-Unters. opt. homogener Titanomagnetite an ultradünnen Schnitten) 28-0814; Vork. u. Entsteh. v. *Magnetit* 28-0839; Quarz u. *Magnetit*, $^{18}O/^{16}O$-Fraktionier. in d. metamorphen Biwabik-Eisenformat. 34-0831; Petrographie u. Erzmikroskopie v. *Magnetit* u. anderen Prod. d. Eisenformat. (Trenn. durch Red.-Arbeit u. magnet. Separat.) 38-0847; Methodik d. *Magnetit*-Unters. v. Granitoiden 39-0809; *Magnetit*-halt. Bausand aus Abgängen d. Bergbauaufbereit. 46-2229.

Besonderh. d. Verteil. v. *Magnetit* in Graniten d. Tigerek-Massivs (Altai-Gebirge) 4-0789; Vorschlag zur *Magnetit*-Kontrolle in d. Coronation Mine, Saskatchewan 4-0822; Stell. v. *Magnetit*-Mikrogabbros in d. Bldg.-Folge d. Slatogorsker differenzierten Plutons (Nordkasachstan) 5-0861; Vork. v. akzessor. *Magnetit* in d. Kokkuduktjubje-Massiv u. einige Fragen seiner Hybridisier. 7-0836; *Magnetit*-Abscheid. in d. Alkali-Syeniten d. östl. Sajan 7-0847; Vork. v. *Magnetit* auf d. Monte Saraceno u. Vulcanello auf d. Insel Vulcano (äol. Inseln) 7-0857; Spurenelementunters. in Pyrrhotinen u. *Magnetiten* aus Meta-Gabbros v. Sachsen, Deutschland 7-0861; magnet. Prospekt. d. Pyrit-, Chalkopyrit- u. *Magnetit*-Vork. in d. Grube S. Valentino v. Predoi (Alta Valle Aurina) 7-0863; Änder. d. Zus. v. *Magnetit*-Krist. während d. Metamorphose d. Fe–Ti-Lagerstätten d. Ufalei-Gruppe 7-0879; Vork. v. *Magnetit* in d. Bimsstein d. South-Sandwich-Erupt. Neuseelands (März *1962*) 8-0819; Elementbeimeng. in Gesteinen u. Erzen d. *Magnetit*-Lagerstätte v. Odinotschnoje in Ost-Sajan 8-0815; Paragenese v. *Magnetit* in d. Wandgesteinsveränder. bei Butte, Montana 8-0827; Verteil. v. *Magnetit* auf d. Ilmenitlagerstätte v. Abu Ghalaga, Ähypten 8-0852; Vork.: v. *Magnetit* in d. Cu-Vererz. v. Deva 8-0857; v. Cahnit mit *Magnetit* in d. UdSSR 9-0844; v. abwechselnden Lagen v. Quarzschiefer u. *Magnetit* in d. Adams-Grube 11-0863; Entsteh. v. *Magnetit* in Fe-Format. d. Gebiets um d. Oberen See 13-0866; Vork. v. *Magnetit* in Kyanit-Quarzit bei Big Rock, Rio Arriba County, New Mexico 17-0854; *Magnetit* aus d. Steinbruch bei Wilhelmsdorf am Stradner Kogel, südl. Gleichenberg, Steiermark 17-0856; Vork. v. festen Lsg. v. *Magnetit*–Ulvöspinell in einigen Eisensanden Neu-Seelands 17-0869; d. Problem d. Alters d. radioakt. Mineralien d. Apatit–*Magnetit*-Gruppe in d. Singhbhum Scherzone, Indien 19-0810; Vork. v. *Magnetit* in alluvialen Sanden d. Kabul River bei Charsadda 19-0849; Ursprung d. präkambr. Fe-Format. nach Lepp u. Goldich, Econ. Geol. September bis Oktober *1964* u. d. Entw. d. *Magnetits* in d. Fe-Format. d. Lake Superior-Gebiets nach Laberge, November *1964* 19-0858; Identifizier. d. sog. Bamenda-Meteoriten (West-Kamerun) als martisiertes *Magnetit*-Erz 21-0824; Vork.: v. *Magnetit* in d. Mineralgängen v. Crni Kamen bei dem Dorfe Alinci in Mazedonien 21-0852; v. *Magnetit* neben Fe-Stein aus d. unteren Karbon v. Tynagh, Irland 21-0879; *Magnetit* aus metamorphen bas. Gesteinen d. Willyama-Komplexes, Distrikt Broken Hill, Neu-Süd-Wales 21-0884; Vork. v. *Magnetit* in d. Cu-Lagerstätte v. Vigonzano 21-0897; petrograph. u. modale Verhältnisse d. titaneisenhalt. *Magnetit*-Ablager. v. Sanford Hill 22-0774; Unters. mit d. Elektronenmikrosonde an Kügelchen mit *Magnetit* als Hauptbestandteil aus Sedimenten d. Atlantiks 23-0790; Stell. u. Entsteh. d. *Magnetits* u. Hämatits auf d. Sideritlagerstätte Rakos in Spišsko-gemerské 24-0856; Vork. v. *Magnetit* in d. Schicht v. Diélette (Manche) 27-0837; *Magnetit* u. andraditführende Einschalt. im Marmor v. Hartenstein (Kl. Kremstal, N.Ö.) 28-0781; Vork. einer Apatit–*Magnetit*-Mineralisat. im Natrongranit v. Süd-Tatanagar, Bihar, Indien 29-0792; Vork. v. *Magnetit* in d. Eisenerzlagerstätten d. mähr.-schles. Devons 29-0820; Vork. v. Ilmenit–*Magnetit*-Lagerstätten bei Saltora, Bankura-Distrikt, West-Bengalen 29-0821; Vork. v. *Magnetit* in d. neuen Lagerstätte v. Pegmatitoiden an d. Sagnette (Cantal) 33-0840; Zus. d. zonar gebildeten u. kleinen *Magnetite* in Erzlagerstätten v. Cornwall-Typ 33-0894; Unters. d. Granite v. Henkamäki u. Otanmäki, Finnland, unter bes. Berücksichtig. d. Mineralogie v. *Magnetit* 34-0823; Vork. v. *Magnetit* in einer stark magnet. Frakt. in d. Limoniterzen v. Kremikovci 34-0851; Vork. v. *Magnetit* in d. Orlando-Mine, Tennant Creek, Australien 34-0853; Vork. v. *Magnetit* u. Ilmenit gemeinsam mit Anorthosit in Noriten in Bengalen, Indien 36-0847; *Magnetit*, Heazlewoodit u. Awaruit in Serpentiniten v. Eastern Townships, Quebeck 37-0833; Vork. v. *Magnetit* neben Stilpnomelan in d. französ.-italien. Alpen 38-0848; präkambr. *Magnetit*-Lagerstätten v. New York 38-0857; Vork. v. *Magnetit* als Haupterzmineral im Almalyk-Erzgebiet (Uzbek. SSR) 41-0804; *Magnetit* in d. Titanomagnetiten aus d. differenzierten Gabbroid-Intrus. d. Altai-Sajan-Reg. 42-0759; Vork. v. *Magnetit* in d. Trachyt-Latit-Gesteinen v. Dojran in Mazedonien 43-0768; Vork. v. akzessor. *Magnetit* in paläozoischem Granit in d. südöstl. Distrikt v. Yan-Pian 44-0801; Hg-Dispers.-Höfe als Hinweise auf *Magnetit*-Ablager., West Distrikt, Californien 46-0802; Vork. v. *Magnetit* in d. Laven u. Pegmatitoiden d. Vulkans Rives (Hèrault) 48-0739; präkambr. *Magnetit*-Lagerstätten in d. Staaten New York u. New Jersey 48-0767; Vork. v. hexagonalen *Magnetit*-Krist. u. kugelförm. *Magnetit*-Einschlüssen in d. kohl. Chondriten Orgueil 49/50-0724.

Bldg.: v. *Magnetit* durch eine Kernexplos. in einer Salzlagerstätte 2-0817; v. *Magnetit* aus Siderit in Sericitphyllit v. Ostrand d. Alpen 7-0829; Oxidbldg. u. -adhäs. an einer Fe–Co–Ni-Leg. zur Glasverkleb. 8-2279; Bldg. u. Aktivitäten v. – sowie Gleichgew.-Drücke v. S_2 u. O_2 bei Unters. d. Gleichgew. zwischen Schmelzen d. Syst. Fe–S–O u. CO–CO_2–SO_2-Gasmisch. bei *1200°* 15-0596; Gleichgew.-Temp., P_{S_2} u. P_{O_2} während d. Bldg. v. pyrosomat. *Magnetit*-Ablager. 18-0772; Bldg. v. –-Keimen in Rein-Fe-Oxidschichten 18-2527; Freie Bldg.-Enthalpie v. – aus EMK-Mess. 19-0534; Bldg.: v. *Magnetit* beim Erhitzen v. Fe(III)-Silicaten d. Typs $Fe_2O_3 \cdot 2\,SiO_2 \cdot 4\,H_2O$ 19-0782; v. *Magnetit* bei d. Unters. d. Einfl. v. Temp. auf d. Wärmeleitfähigk. d. Olivinite durch Olivinzerfallsrk. 26-0845; Red. v. titan- u. calciumhalt. Hämatit zu *Magnetit* in CO/CO_2-Misch. 27-0463; Bldg.: v. – auf einer Cu-Kathode bei d. Elektrolyse v. $FeCl_3$ in Ggw. v. KNO_3 unter Verw. einer Fe-Anode 27-0639; v. – bei d. therm. Zers. bas. Fe(III)-Salze v. Benzoesäure u. Phthalsäure 30-0685; v. Fe, $Fe_{1-x}O$, Fe_3O_4, Nb_2O_5 u. Fe_2O_3 in Abhängigk. v. O_2-Partialdruck im Syst. Fe/Nb/O 33-0608; Unters. d. Bldg. v. Graphit u. *Magnetit* in natürl. u. experimentellen Carbonatsyst. 34-0857; Bldg.: v. *Magnetit* bei d. Zers. v. Epidot in NaCl-Lsg. verschiedener Acidität u. Alkalinität bei *500°* u. *800* atm 42-0796; v. – im Syst. Periklas (MgO)–Wüstit (FeO) beim Erhitzen an Luft 46-0553; Röst. v. Pyrit zu *Magnetit* in d. Wirbelschicht 2-2502*; Pyritrösten im Wirbelschichtreaktor zu SO_2 u. *Magnetit* 11-2484; red. Rösten v. oxid. Fe-Erz in d. Wirbelschicht zu *Magnetit* 22-2477*; Herst. v. *Magnetit* aus Pyritrückständen 23-2140*; Entsteh. u. mechan. Eig. d. *Magnetit*-Schicht in Kesseltrommeln 44-2042; Herst. aus $FeSO_4$ oder $FeCl_2$ 48-2266*; Auswahl v. Mühlen für d. *Magnetit*-Anreicher. v. Leveäniemi 8-2338; Abtrennen v. Fe-Konzentraten aus Fe-Erzen als *Magnetit* 11-2604*; Anreicher. v. schweren *Magnetit*-Suspens. durch Vibrat. 15-2358; Einfl. d. magnet. Trübebehandl. auf d. Flotierbark. v. *Magnetit* 17-2332; Gewinn. v. *Magnetit*–Ilmenit-Konzentrat aus ungar. Wehrlit 35-2234; Red. v. *Magnetit* im Wirbelschichtreaktor 6-2444*; Herst. v. hartgebrannten Fe-Erzagglomeraten aus *Magnetit* 7-2561*; dir. H_2-Red. v. *Magnetit* 15-2478*; Herst. v. V-halt. Roh-Fe aus Ti–*Magnetit*-Erzen v. Kačkanar 21-2508; Herst. v. Fe-Oxid aus *Magnetit* 24-2195*; Pelletisieren v. künstl. *Magnetit*-Konzentrat 30-2324; Härt. v. Ti-*Magnetit*-Pellets 33-2346; Sulfidier. v. – in Schachtschmelzen durch SO_2 in Ggw. v. C 37-2143; Einfl. einer Schwingmahl. v. *Magnetit* auf d. H_2S-Aufnahme 47-0652.

FeK-Absorpt.-Kante in – 23-0369; chem. Effekt auf d. Feinstruktur d. Röntgenabsorpt.-Kante v. – 35-0350.

Magnetit als Oberflächenverunreinig. auf dünnen Folien v. Fe-Materialien 1-0229; morpholog. u. kristallograph. Unters. d. Umwandl. v. γ-FeOOH in – 6-0224; Nachw. u. Gitterkonst. d. – im Syst. $FeO/Fe_2O_3/MgO$ bei *1160°* u. O_2-Partialdrücken zwischen *0,21* u. $10^{-13,5}$ atm 7-0609; hexaoktaedr. *Magnetit*-Habitus 7-0859; Verwachs. v. Uraninit u. Nasturan mit *Magnetit*-Relikten 7-0871; Neutronenunters. v. Temp.-Effekten im Magnonenspektrum v. *Magnetit* 15-0315; Bldg. orientierter Verwachs. v. Hämatit u. Ferberit auf *Magnetit* unter d. Beding. d. chem. Transportrk. 29-0225, 30-0192; Einfl. d. Makrostruktur v. auf Stahl MSt*3*Sp gebildetem *Magnetit* auf d. Potential 31-0614; nichtstöchiometr. Ta-Magnetite durch teilweisen Ersatz v. Fe^{3+} durch Ta^{5+} im –-Gitter 32-0232; Morphologie d. –-Filmwachstums auf korrosionsbeständ. Stahl AISI *304* in Hochtemp.-Wasser bei *300* u. *350°* 32-0235; Wrkg. d. prim. ausgeschiedenen *Magnetit*-Phasen als Keimbildner bei d. Kristallisat. v. Basaltglas 33-0824; Unters. d. Syst. $FeGa_2O_4/Fe_3O_4$ mit Neutronenbeug. 35-0240; Berechn. d. Elementarzellenvol. komplexer Mineralstrukturen am Beispiel v. – 36-0230; Beobacht. v. *Magnetit* mit d. Scanning-Elektronenmikroskop bei Ox. v. Flußstahl 47-0237; Morphologie v. *Magnetit*-Krist. 48-0755; Mikrohärte v. *Magnetit* aus Lagerstätten verschiedener Genese 43-0785.

Neue Glaszus. mit Elektronenleit. nach Mess. d. Widerstandes v. Gläsern mit u. anderen – 11-0483; Kontaktauflad. μ-großer *Magnetit*-Teilchen in starken elektr. Feldern 14-0517; spezif. Widerstand, Curie-Temp., Gitterkonst. u. Seebeck-Koeff. im Syst. $CuFe_2O_4/Fe_3O_4$ 16-0386; thermoelektr. Eig. v. *Magnetit* 47-0396.

Herst. u. magnet. Eig. 1-0524; Einfl. d. O_2-Anreicher. auf d. magnetokrist. Anisotropie v. *Magnetit* 1-0525; Thermoremanenz reiner *Magnetit*-Proben, d. über d. Zerfall d. Protoxids d. Fe hergestellt waren 1-0526; magnet. Suszeptibilität einiger Böden u. Gesteine (mit bis zu *10* –) in Abhängigk. v. d. Calcinier.-Temp. 1-0536; Sättig.-Magnetisier. u. Kationenverteil. in Ti-*Magnetiten* d. Zus. $(1-x)\,Fe_3O_4-x\,Fe_2TiO_4$ 2-0522; thermoremanente Magnetisier. magmat. Gesteine durch *Magnetit* 3-0836; Koerzitivkraft v. *Magnetit*-Körpern als Funkt. d. Mahldauer 4-0500; Herst.-Meth. v. magnet. Suspens. (–) 8-0531; anomale Hystereseschleifen v. magnet. *Magnetit* 8-0818; neue Manifestat. d. magnet. Nacheffekts v. *Magnetit* 12-0511; Magnetisier.-Mess. v. – in starken magnet. Impulsfeldern mit Hilfe d. Wäg.-Meth. 18-0462; Streuung v. polarisierten Neutronen durch Spinwellen in *Magnetit* 21-0458; Temp.-Abhängigk. d. spontanen Magnetisier. eines *Magnetit*-Einkrist. im Bereich niedr. Temp. 24-0476; Beeinfluss. d. Koerzitivkraft u. Remanenz künstl. *Magnetite* 27-0514; Temp.-Abhängigk. d. spontanen Magnetisier. eines *Magnetit*-Einkrist. bei niedr. Temp. 27-0520; Struktur u. Darst. sowie magnet. Eig. fester Lsg. v. *Magnetit* in Ferrochromit 28-0245; Struktur u. magnet. Moment 31-0506; magnet. Eig. v. *Magnetit* 31-0514; Mössbauer-Absorpt.-Mess. an *Magnetit* 34-0833; Beobacht. d. Depopulat. d. paramagnet. Resonanz v. Fe^{3+} (als –) in $CaWO_4$ 41-0418; Magnetismus in *Magnetiten* 41-0506; Übergang v. *Magnetit* zu Hämatit u. seine Folger. für d. Gesteinsmagnetismus 41-0508; gegenwärt. Stand d. Gesteinsmagnetismus unter bes. Berücksichtig. d. Syst. *Magnetit*–Ulvöspinell 41-0808; Einfl. einiger Promotoren auf Gitterparameter u. Curie-Punkt v. *Magnetit* 43-0499; – als Quelle d. Ferromagnetismus in Zirkon 44-0829; Einfl. eines Wirbelstroms auf d. ferromagnet. Resonanz sphär. Proben v. – 47-0386; Einfl. d. O-Stöchiometrie auf d. magnet. Anisotropie v. *Magnetit*-Einkrist. 49/50-0491.

Aktivitäten u. Aktivitätskoeff. v. *Magnetit* auf d. Grundlage d. Best. d. O_2-Gleichgew.-Drucks über einphas. $MgFe_2O_4$-Spinell 2-0619; Stabilität d. Biotits in d. Kombinat. Biotit–Sanidin–*Magnetit* u. Biotit–Leucit–Olivin–*Magnetit* 2-0820; thermochem. Gleichgew., Homogenität u. körn. Struktur v. – 4-0236; Aufheizen v. *Magnetit* u. Bezieh. zur Dilatat. d. entsprechenden Metalls 4-0288; Phasengleichgew. bei Liquidustemp. im Syst. $CoO/Fe_3O_4/SiO_2$ in Luft 7-0613; akust. Verluste u. Resonanzfrequenzen v. polykrist. *Magnetit* in Abhängigk. v. Temp. u. Kationenleerstellen 9-0297; Bldg. einer Mischkrist.-Phase aus Mg-Ferrit u. *Magnetit* aus d. festen Lsg. d. Carbonate $MgCO_3/FeCO_3$ 10-0779; Benutz. d. Ti-Geh. d. *Magnetite* zur Thermometrie präkambr. Gesteine 13-0828; O_2-Partialdruck für d. Gleichgew. mit – für α-, γ- u. ε-Fe_2O_3 15-0575; Gleichgew. bei Lsg. v. O_2 im Spinellgitter v. – 16-0547; thermogravimetr. Unters. d. O_2-Geh. im Existenzbereich d. Spinellphase d. Syst. Fe/Ni/O zwischen Fe/Ni = *2,035* u. reinem *Magnetit* für O_2-Drücke v. $10^{-3,6}$ bis *1* atm 16-0549; Delafossit u. d. Zustandsdiagramm d. Bereichs $Cu_2O/Fe_3O_4/Fe_2O_3/CuO$ im Syst. Cu/Fe/O (Unters. d. Gleichgew.-Einstell. bei bestimmten O_2-Partialdrücken u. Strukturunters.) 19-0560; Deut. differentialthermoanalyt. Unters. an *Magnetit* bei Verw. v. unmagnet. u. magnet. Vgl.-Material 22-0798; Debye-Temp. v. – 23-0285; Sintern v. *Magnetit*, Wüstit u. V-Trioxid bei *1200°* 26-0768; thermodynam. Grundeig. v. Mischkrist. d. Vanadits mit *Magnetit* 35-0515; Best. d. Konz.-Abhängigk. d. Aktivität d. Komponenten in Mehrkomponentenmischkrist. am Beispiel v. $MnFe_2O_4/Fe_3O_4$- u. $CuFe_2O_4/Fe_3O_4$-Mischkrist. 40-0527; isobare Phasendiagramme für d. Teilsyst. $CuO/Cu_2O/Fe_3O_4/Fe_2O_3$ d. Syst. Cu/Fe/O 43-0553; Schmelzverh. v. *Magnetit* aus Weferlinger Quarzsand 47-0772; DTA- u. DTG-Mess. d. Dissoziat. u. Red. v. – 47-1866.

Chemisorpt. v. Butylnitrit u. NO 37-0657; opt. Effekte bei d. Aggregat. v. *Magnetit*-Teilchen im elektr. u. magnet. Feld 41-0613.

Kinetik d. H_2-Red. v. Fe in *Magnetit* 2-2395; Wüstitbldg. bei d. Niedertemp.-Red. v. Hämatit u. *Magnetit* 10-2459; magnetometr. Unters. d. Ox.-Mechanismus v. *Magnetit*, Wüstit u. red. Erz 20-0662; Berechn. d. Aktivität d. Komponenten d. Mischkrist., d. sich bei d. Dissoziat. v. Mg- u. Mn-Ferriten bilden sowie Mischkrist.-Bldg. d. genannten Ferriten mit Magnetit 28-0544; Red. v. SnO_2 durch – unter Bldg. v. Fe–Sn-Leg. 29-2419; mechan. Ox. v. *Magnetit* unter Bldg. v. α-Fe_2O_3 30-0639; Mechanismen d. Ox. v. Pulvern v. – in Abhängigk. v. d. Teilchengröße 31-0685; Red. v. *Magnetit*, Hämatit u. Wüstit mit H_2 31-0687; Red. v. *Magnetit*–Hausmannit-Mischoxiden mit $CO-CO_2$-Gemischen 32-0692; Best. d. Gleichgew.-Konst. d. Red.-Rk. v. *Magnetit* mit H zu Fe bei *1000°* 46-0682; mechanochem. Red. v. – durch C 46-0720.

Bezieh. zwischen d. Leichtigk. d. Red. v. – u. seiner katalyt. Aktivität bei d. Ox. v. H_2, Propylen, Methan, NH_3 u. Naphthalin sowie bei d. Dehydrier. v. Isopropanol 2-0730; Eig. v. geschmolzenem – als Katalysator d. NH_3-Synth. 20-2191; Ammoniakox. an zusammengesetzten Katalysatoren aus Co_3O_4, CuO, Cr_2O_3, ZnO, NiO, Al_2O_3, MgO, –, Ag_2O u. Mn_3O_4 25-0701; Herst. v. ––Cr_2O_3-Katalysatoren 26-2301; Eig. eines geschmolzenen ––Katalysators d. NH_3-Synth. 30-0624; Chemisorpt.-Vermögen für CO u. CO_2 sowie d. BET-Oberflächen v. geschmolzenen, mit Al_2O_3, TiO_2, Cr_2O_3, MgO, MnO, CaO, SiO_2 u. BeO promotierten u. mit H_2 red. *Magnetit*-Katalysatoren 39-0679; Eig. v. katalyt. akt. *Magnetiten* 41-2039.

Verw.: v. *Magnetit*-Erzen zur Herst. d. Fe-Aktivmasse für alkal. Akkumulatoren 37-2082; v. *Magnetit* für d. Fe-Aktivmasse in bas. Akkumulatoren 38-2229; v. *Magnetit*-Auskleid. im Konverter zum Windfrischen v. Cu- u. Ni-Steinen 11-2478; Unters. v. *Magnetit* aus Flugasche d. Kohleverbrenn. für d. Verw. im Hochofen 37-2135.

Röntgenograph. Nachw. in Fe-Pulver 28-2000; Best.: v. *Magnetit* in Fe-halt. Hornblenden 37-1879; v. Ti in Cr- u. Ti-halt. *Magnetiten* 35-2014.

FeO_2, Bldg. v. – beim therm. Abbau v. $(FeNO_3)O$ 30-0684.

Eisenoxidhydrate, Vork.: v. –, gediegenen Elementen u. Sulfiden in Eklogiten d. Südurals 7-0846; v. *Hydrohämatit* in d. Bauxiten aus d. Gebiet v. Trăn 8-0838; geochem. u. petrograph. Kriterien für d. Herkunft v. Kersantiten u. Minetten 28-0780; Verteil. v. – u. Mn in d. Fe-Erzlagerstätte v. Kremikooci 34-0850; Vork. v. – in d. Fe-Erzablager. d. Fumarolenfeldes v. Santori-Vulkan, ihre Zus. u. Genese 46-0808; Thermolyse v. bas. Fe(III)-Sulfat, $2\,Fe_2(SO_4)_3 \cdot Fe_2O_3 \cdot 3\,H_2O$ [Bldg. v. $Fe(OH)SO_4$] 38-0757; Spektren v. orientierten Aggregaten aus nichtkrist. Eisenoxidhydraten u. Tonmineralien 19-0848; Mechanismen d. Red. v. hydratisiertem – in alkal. Lsg. 14-0700; Red. d. an d. Oberfläche d. Kathode aufgetragenen Films v. – 27-0639; Adsorpt. kleiner Mengen radioakt. J als Jodidanionen an hydratisiertem Ag-halt. – 12-0666; Aufnahme v. amorphem koll. „Eisenhydroxid" durch Kaolinite 28-3115; Sorpt.-Aktivität u. Porenstruktur v. gemeinsam gefällten Kieselsäure- u. ––Gelen 42-0603; Einfl.: v. K-, NH_4- u. Mg-Ionen auf d. Rk. zwischen lösl. Phosphaten u. d. Fe-Sesquioxidhydraten 10-0781; d. chem. Typs d. Muttergesteins auf d. Entw. d. oberflächl. Verwitter.-Phänomene, Experimentalvers. über d. Verh. v. – u. ultrabas. Gesteinen (Serpentinite) bei d. Einw. v. W., wss. CO_2 u. Essigsäure 29-0827; ––Katalysatoren für d. ortho–para-H-Umwandl. 51/52-1991.

Mischoxide, Ferrate

Zus. u. Eig. v. Ferriten (Übersicht) 11-2372; Eig. u. Anwend. hexagonaler Ferrite (Überblick) 46-0495.

Materialtransport bei Festkörperrk. am Beispiel d. Bldg. v. Ferriten 31-0692; Herst. v. Ferriten für sehr hohe Frequenzen 8-2242*; Erzeug. v. Filmen aus Ferriten 12-2236*; Herst.: v. rissefreien Ferritkernen 12-2238*; magnetisierbarer Ferritkerne 13-2387*; Vgl. v. Herst.-Meth. für feine Ferritpulver (Fortschrittsbericht) 20-2287; Herst. v. sintertechn. Werkstoffen, bes. Ferriten 22-2303*; technolog. Probleme v. Ferrit-Werkstoffen 28-2244; Verf. zur Herst. v. Ferriten 37-2079*; Herst. v. Ferritpulver für magnet. Ton- u. Bildbänder 40-2185*; Darst. magnet. Ferrite durch Simultanausfäll. 47-0697; Herst. v. permanenten Ferritmagneten mit nichtkub. Krist.-Gitter 51/52-2163*; nichtmagnet. Einschlüsse in Ferritschaltern 23-2172; Einfl. d. Sinteratmosphäre beim Sintern v. Ferriten 44-2175.

Darst.: u. Eig. v. Einkrist. v. Ferriten v. Spinell- oder Granattyp (allg. Betracht.) 5-0272; v. Ferriteinkrist. durch isotherme Verdampf. d. Lsgm. 8-0229; röntgenograph. Unters. d. Gitterparameter, Zus., Mischkrist.-Bldg. u. Curie-Temp. einiger gemischter Ferrite 13-0276; Ätzmittel für – 15-0253; Spiral-Schichtwachstum v. Ferritgranatkrist. unter hydrothermalen Beding. 19-0236; Bldg. eines hexagonalen Ferrits durch therm. Umwandl. v. Cronstedtit 22-0212; Darst. dünner Ferritfilme im Edelgasplasma 25-0225; Darst. u. magnet. Eig. v. Einkrist. d. Ferrate d. Spinell- u. Granattyps 30-0188; Eig. v. Korngrenzen in Ferriten mit Spinellstruktur 34-0293; Ferrite mit hexagonaler Struktur 40-0203; Meth. zur Best. d. Abstände Kation–O in Mischoxiden mit Spinellstruktur; Anwend. dieser Werte auf $Fe^{II}-O$ u. $F^{III}-O$ 40-0210; Strukturfehlstellen in Zweistoff-Ferritspinellen 48-0217.

Polarisier.-Effekte bei Ferriten bei niedr. Spann. 7-0519; Theorie d. elektr. Leitfähigk. v. Ferriten 13-0466; langsame Wellen in Ferriten u. deren Wechselwrkg. mit Elektronenströmen 14-0555; elektr. Eig. v. Ferriten mit Spinellstruktur 16-2187; Mechanismus d. elektr. Leitfähigk. v. Ferriten 21-0400; Radiofrequenzmaximum d. Absorpt. resonanter Domänengrenzen in Ferriten 31-0401; sperrfreie Kontaktier. v. Ferriten 49/50-0401.

Thermomagnet. Hysterese v. Rechteck-Ferriten 1-0532; anisotrope Spinwellenausbreit. in Ferriten 2-0527; durch Verunreinig.-Streuung verursachte Resonanzlinienverbreiter. in Ferrimagnetika (Ferrite) 5-0398; Erzeug. d. zweiten Harmon. in Ferriten mit großem g-Faktor 5-0525; Einfl. d. Anisotropie d. Spinwellendämpf.-Parameters auf d. Sättig. d. ferromagnet. Resonanz bei Ferriten 9-0394; nichtlineare Theorie d. Anreg. v. Spinwellen in Ferriten durch longitudinale Ultrahochfrequenz-Magnetfelder 12-0424; Mess. d. Curie-Punktes v. Ferriten in zylindr. Druckgefäßen 14-1948; induzierte magnet. Anisotropie v. Spinell-Ferrit-Einkrist. bei tiefen Temp. 16-0463; Vgl. d. Strahl.- u. Absorpt.-Eig. d.

ferromagnet. Resonanz d. Ferrite 17-0408; magnet. Eig. v. Ferritkernen mit induzierter rechteckiger Hystereseschleife 17-2221; Theorie dreier Untergitter v. schwach ferromagnet. α-$M\vartheta^{4+}Fe\vartheta^{2+}Fe^{3+}{}_{2(1-\vartheta)}O_3$ 20-0453; Magnetisier.-Änder. in magnet. Werkstoffen geringer elektr. Leitfähigk. (z. B. Ferrite) 21-0462; kurzzeit. Spinwellenaufbau bei Ferriten 22-0462; Deut. d. magnet. Eig. v. Hartferriten 22-0465; Einfl. d. Abmess. dünner Metall- oder Ferritfilme auf d. Dynamik d. magnet. Moments 23-0500; Mess. d. Stoffkonst. ε u. μ bei Ferriten im GHz-Bereich 23-1888; Anwend. d. Preisach-Modells auf d. Unters. d. idealen Magnetisier.-Kurve v. Ferriten 28-0459; Darst. u. magnet. Eig. v. Einkrist. d. Ferrite d. Spinell- u. Granattyps 30-0189; Feldabhängigk. magnet. Konfig. eines isotropen Ferrits mit vier Untergittern 30-0460; Einfl. d. magnet. Krist.-Anisotropie auf d. Art d. Tensors d. magnet. Permeabilität eines Ferrits 35-0475; Vers.-App. zur Mess. d. Sättig.-Magnetostrikt.-Konst. polykrist. Ferrite auf d. Grundlage d. ferromagnet. Resonanz 35-0480; Einfl. großer anisotroper elast. Spann. auf d. ferromagnet. Resonanzabsorpt. in polykrist. Ferriten 36-0506; gekürzte Lsg. d. Problems eines zylindr. Ferritresonators 36-0507, 36-0508; Modell zur Berechn. d. Entmagnetisier.-Kurven v. Hartferriten 38-0489; Theorie d. Spinraumgruppen für antiferromagnet. Granate 40-0427; parametr. Anreg. d. Spinwellen in einem ferromagnet. Ferrit 40-0430; thermodynam. Theorie d. magnet. Nachwrkg. in Ferriten 40-0435; Mess. d. Sättig.-Magnetostrikt. v. polykrist. weichmagnet. Ferriten 42-0463; Abhängigk. d. Elastizitätsmoduls u. d. mechan. Gütefaktors v. magnetostriktiven Ferriten v. d. Vormagnetisier. 43-0307; Dipolferrimagnetismus in d. Granatstruktur 46-0491; Hochfrequenzsuszeptibilität v. Ferriten mit zwei magnet. Untergittern 49/50-0496.

Thermodynam. Berechn. v. Gleichgew. an Ferriten 1-0556; zweiter Schall in Ferriten 7-0317; Wärmeleitfähigk. v. Ferriten bei tiefen Temp. u. Phononen- u. Magnonen-Widerstandseffekten 11-0312; thermodynam. Analyse d. Gleichgew. bei d. Dissoziat. v. Ferriten 12-0586; Gesetzmäßigk. d. Dissoziat. v. Ferriten mit Spinellstruktur 16-0547; Einfl. d. Ofenatmosphäre auf d. D. v. gesintertem Ferrit (Fortschrittsbericht) 20-2287; Gleichgew.-Konst. d. Rk. bei d. Dissoziat. v. Ferriten 28-0544; Gleichgew. v. Ferriten mit d. Gasphase H_2–H_2O 34-0553; radiometr. Best. d. Löslichk. v. C im Ferrit 38-0568.

Umsetz. v. Ferriten mit Schmelzen aus Na-meta- u. -pyrovanadat 8-0573; Umsetz. v. Ferriten mit Bi-Oxidschmelzen 16-0550; Umsetz. v. Ferriten mit Schmelzen auf d. Grundlage v. Bi_2O_3 27-0566; Rk. d. Tobermorit-Gels mit Ferriten 51/52-2243.

Perminvarferrite u. ihre Verw. (Überblick) 25-2042; Verw. v. Ferrit-Diodeninvertoren 16-2189; Verw. v. — zur Herst. v. magnet. Papier 45-2109*; Verw. in Metalloxid-Mischkatalysatoren für d. Hydrier. 4-2766.

Genauigk. d. Ferritbest. in austenit. Werkstoffen u. Schweißverb. 2-2126; Best.: v. gebundenem O in Ferriten 24-1922; v. Cu in Ferriten 37-1872.

Physikalische Eigenschaften der Ferrite [russ.] B 71.

Al: Bldg. v. $FeAlO_3$ im Syst. Fe_2O_3/Cr_2O_3/Al_2O_3/ZrO_2/TiO_2/SiO_2 23-0560; Mikrohärte d. Krist. v. Fe–Al-Granaten 23-0318; röntgenograph. Präzis.-Mess. d. α-Fe–$FeAl_2O_4$-Mischkrist. in aktivierten NH_3-Katalysatoren 29-0706; spezif. elektr. Leitfähigk. v. bin. Schmelzen im Syst. FeO–Al_2O_3 mit hohem FeO-Geh. 32-0429; Fe–Al-Oxide als Katalysatoren d. Dehydrier. v. n-Alkanen 41-0949; Einfl. v. Gips auf d. Sulfatbeständigk. v. alumoferrit. Portlandzement 16-2266.

$FeAl_2O_4$, Jennit, ein neues Mineral aus d. Hohlräumen d. Calcit–Monticellit–*Hercynit*-Kontaktgesteinen v. Crestmore (Calif.) 11-0840; Thermodynamik d. *Hercynit*-Bldg. u. -Dissoziat. 13-0555; Unters. d. Bldg. u. Red. v. *Hercynit* 19-2416, 38-0667, 51/52-2298; Unters. v. *Hercynit* in Stahlschlackeneinschlüssen 33-2354; Berechn. d. Elementarzellenvol. komplexer Mineralstrukturen am Beispiel v. — 36-0230; Mössbauer-Unters. an Fe^{2+} in — angereichert mit *80%* ^{57}Fe 33-0509; Verw. v. *Hercynit* als färbendes Pigment in d. Schwarzmalschicht antiker Keramik (Unters. mit d. Elektronenmikrosonde u. d. Röntgenanalyse) 34-0872.

Alkalimetall: massenspektrometr. Unters. d. Emiss. v. positiven Ionen aus Fe-Oxid-Katalysatoren mit Alkalimetallgeh. 45-0655.

Ba s. unter *Bariumoxide, Mischoxide*: *Fe.*

Bi: Zücht. u. einige Strukturunters. sowie d. polymorphe Umwandl. v. Einkrist. d. Seignettemagnetikums $BiFeO_3$ 29-0222; röntgenograph. Unters. d. Phasenübergänge (ferro-paraelektr.) $BiFeO_3$ 46-0464; Temp.-Abhängigk. (20–880°) d. DK, d. tgδ u. d. relativen Ausdehn. v. $BiFeO_3$ 16-0437; Mössbauer-Effekt in ferroelektr.-antiferromagnet. $BiFeO_3$ 4-0483; magnet. Eig. seignetteelektr. Mischkrist. d. Syst. $BiFeO_3$–$Pb(Fe_{0,5}\cdot Nb_{0,5})O_3$ 8-0524; dielektr. Eig. u. Struktur einiger Mischkrist. d. Syst. $BiFeO_3$/$Ba(Fe_{0,5}\cdot Nb_{0,5})_3$ 9-0517; Möglichk. einer gleichzeit. Existenz sowohl dielektr. als auch magnet. Eig. im Syst. (1 – x) $BiFeO_3$/x $LaFeO_3$ 16-0548; Natur d. dielektr. u. magnet. Eig. v. $BiFeO_3$ u. einiger Mischkrist. d. Syst. $BiFeO_3$–$PbFe_{1/2}Nb_{1/2}O_3$ 18-0431; Struktur, magnet. u. elektr. Eig. v. Mischkrist. im Syst. $BiFeO_3$/$Sr(Sn_{1/3}Mn_{2/3})O_3$ 19-0559; Linienbreite d. ferromagnet. Resonanz im tern. Syst.: $Y_3Fe_5O_{12}$/$Ca_3Fe_{3,5}V_{1,5}O_{12}$/$Bi_3Fe_5O_{12}$ 23-0398; magnet. Eig. v. $BiFeO_3$ 23-0489; Sperrspann.-Abhängigk. d. dielektr. u. Frequenzkonst. v. keram. Proben d. Syst. Pb(Zr, Ti)O_3/$BiFeO_3$ 25-0460; Elektronenresonanz u. magnet. Eig. v. Mischkrist. d. Syst. $BiFeO_3$/$BaTiO_3$ 45-0351.

Bi–Ba: Polarisier.-Effekte in Ba–Bi_2O_3-Ferriten bei niedr. Spann. 7-0519.

Ca: Bldg.: v. Di-Ca-Ferrit beim Sintern verschiedener Magnesite unter d. Einfl. v. Fe_2O_3 3-0237; v. Ca-Ferraten(III) verschiedener Zus. im Syst. CaO/Fe_2O_3 7-0592; Herst.: v. Oxid-Magnetwerkstoff d. Formel CaO·6 Fe_2O_3 15-2273*; d. Gemische $CaCO_3$–Fe_2O_3 u. Fe_2O_3–V_2O_5 u. Unters. ihrer Rk.-Prod. 28-0745; Nichtexistenz d. Tri-Ca-Ferrits 51/52-2246; IR-Spektren v. CaO·Fe_2O_3 u. 2 CaO·Fe_2O_3 41-0394; Absorpt. v. linear polarisierten, rückstoßfreien γ-Strahlen in $Ca_2[Fe](Fe)O_5$ 49/50-0471; Darst. u. Struktur v. Ca-Ferrithydraten durch Rk. v. $Ca(OH)_2$ u. Eisenhydroxidgel mit u. ohne Silicagel 3-0788; spezif. elektr. Leitfähigk. v. bin. Schmelzen im Syst. FeO–CaO mit hohem FeO-Geh. 32-0429; Struktur u. magnet. Eig. v. antiferromagnet. $CaFe_2O_4$ 17-0527; magnet. Unters. v. CaO·Fe_2O_3 mit d. Mössbauer-Effekt u. durch Neutronenbeug. 17-0528; Phasendiagramm d. Syst. 2 CaO·Fe_2O_3/MgO 27-0571; Rk. v. Luft–SO_2-Gemischen mit Kalkstein u. $CaFe_2O_4$ (Unters. d. $CaSO_4$-Bldg.) 44-2225.

Ca–Al: Gewinn. v. 6 CaO·n Al_2O_3·3n Fe_2O_3 1-2305; IR-Spektren: v. Ca-Alumoferriten 17-2311; v. 4 CaO·Al_2O_3·Fe_2O_3 41-0394; Röntgen-Feinstrukturbeug. zum Nachw. v. 3 CaO·(Al_2O_3·Fe_2O_3)·($CaSO_4$, CaO, H_2O)·12 H_2O in Schlacken u. Zementen 43-0213; Mess. an ^{57}Fe in 2 $CaO(Al_2O_3)_x(Fe_2O_3)_{1-x}$ (x = *0*, *1/3* u. *0,5*) mit Hilfe d. Mössbauer-Effekts 25-0491; Mössbauer-Effekt d. *14,4*-keV γ-Linie v. ^{57}Fe in Ca-Aluminatferriten d. Zus. *4* CaO·Al_2O_3·Fe_2O_3 26-0470; Viskosität u. elektr. Leitfähigk. v. CaO/Al_2O_3/FeO-Schmelzen 24-0599; Hydratat. v. krist. u. amorphem Ca-Aluminat-Ferrit in Portlandzementklinker 11-2439.

Cd: Unters. d. Syst. CdO/Fe_2O_3 während d. Spinellbldg. 31-0742.

Co: Nachw. d. Mischkrist.-Phasen-Bldg. v. SiO_2, Co_2SiO_4 (Olivin), (Co, Fe)$_3O_4$ (Spinell) u. (Co, Fe)O (Periklas) 7-0613; Bedeut. v. Fe^{2+}-Ionen u. Leerstellen bei d. magnet. Orientier. in Ferriten mit Fe_2O_3-Überschuß u. kleinem Co-Geh. 17-2222; induzierte nichtaxiale magnet. Anisotropie v. Co^{2+}-halt. Ferriten 4-0496; magnet. Anisotropie in $Co_{1+2x}Fe_{2-2x}O_4$ 8-0526; Hall-Effekt u. Nernst-Ettinghausen-Effekt in Ferriten mit überschüss. Fe-Ionen d. Zus. $Co_{0,94}Fe_{2,06}O_4$ 22-0419; magnet. Eig. v. Pulvern aus $Co_{0,7}Fe_{2,3}O_4$ in Abhängigk. v. d. Temp. 27-0518; therm. Unters. einiger magnet. Eig. v. $CoFe_{1,67}O_4$ 27-0519; Anisotropie d. magnet. Moments u. Krist.-Anisotropie bei Co-Ferrit 30-0462; therm. Unters. d. Magnetostrikt. v. Co-Ferrit d. Zus. *41* (Gew.-%) Co_2O_3, *59* Fe_2O_3 30-0463; Entw. eines Mehrdomänenzustands in Co-Ferrat 33-0514; Relaxat.-Theorie d. durch Ionenwander. in $Co_xFe_{3-x}O_4$ hervorgerufenen einaxialen Anisotropie 42-0483; Abhängigk. d. Elektrizitätsmoduls u. d. mechan. Gütefaktors v. magnetostriktiven Co-Ferriten v. d. Vormagnetisier. 43-0307; magnet. Bereichsstruktur v. Co-Ferrit 46-0502; Phasenbezieh. für Verb. mit Co-Oxiden, z. B. CoO–Fe_3O_4 u. Co_3O_4–Fe_3O_4, d. krist. Phasen mit NaCl-, Spinell- u. Olivinstruktur enthalten 31-0575.

$CoFe_2O_4$ s. unter *Kobaltoxide, Mischoxide*: *Fe(CoFe₂O₄)*.

Co–Ba: Züchten v. $Ba_2Co_2Fe_{12}O_{22}$-, $BaCo_2$·$Fe_{16}O_{27}$- u. $Ba_3Co_2Fe_{23}O_{41}$-Einkrist. 15-2275*; Meth. zur Zücht. v. $BaCo_xFe_{2-x}{}^{2+}Fe^{3+}{}_{16}O_{27}$-Einkrist. aus d. Lsg. in einer Schmelze u. ihre magnet. Eig. 23-0247; Herst. v. monokrist. $Ba_2Co_2Fe_{12}O_{22}$ 48-2304*; physikal. Eig. v. $BaCo_2Fe_{16}O_{27}$ u. $Ba_3Co_2Fe_{24}O_{41}$ 38-0758; elektr. Eig. v. $BaCo_2Fe_{16}O_{27}$-Einkrist. 12-0470; Rotat.-Hysterese v. $Co_2Ba_2Fe_{12}O_{22}$ 8-0526; Spinordn. u. magnet. Krist.-Anisotropie in $BaCo_xFe_{18-x}$·O_{27}-Ferriteinkrist. 10-0506; Bldg. u. Umwandl. hexagonaler u. trigonaler magnet. Ba–Co-Ferrit-Phasen im Syst. BaO/CoO/Fe_2O_3 (röntgenograph. Unters.) 31-0574; Suszeptibilität v. Ferroxplan 2 CoO·BaO·$(Fe_2O_3)_8$ oberhalb d. Curie-Punkts 33-0533; magnet. Anisotropie v. $Ba_3Co_2Fe_{24}O_{41}$ 34-0496.

Co–Sr: Bldg. u. physikal. Eig. v. $SrCo_2$·$Fe_{16}O_{27}$ u. $Sr_3Co_2Fe_{24}O_{41}$ 38-0758.

Cr: Mössbauer-Spektren v. Fe_2O_3·4 Cr_2O_3 7-0195; Unters. v. FeO·Cr_2O_3 in Cr-Stahl 3-2406; Anomalien im Temp.-Verlauf d. magnet. Suszeptibilität im Syst. Cr_2O_3/Fe_2O_3 1-0527; Temp.-Abhängigk. d. Molwärme u. d. magnet. Suszeptibilität v. Fe_2O–Cr_2O_3-Mischkrist. 1-0530; Gleichgew.-Verhältnisse v. H_2/W.-Dampf über Fe-Chromiten 23-0562; Zus. v. Oxiden im Gleichgew. mit fl. Fe–Cr–O-Leg. 22-2372; Dehydrieren v. Monoolefinen u. Alkylaromaten über Fe-Oxid-Cr-Oxid-Katalysator 10-2667*; Herst. v. Fe-/Cr-Oxid-Katalysatoren 44-2609*.

$FeCr_2O_4$, Vork. v. *Chromit* in d. Grenzschicht d. Campo del Cielo-Meteoriten 2-0786; Magnesit u. *Chromit* (Überblick über d. Vork. Österreichs, d. USA u. Englands) 2-2337; Vork. v. *Chromit* in d. Meteoriten v. Steinbach 3-0805; Bldg. v. *Chromit*-Lagerstätten d. ultrabas. Kempirsai-Massivs 5-0899; genet. Typen v. *Chromit*-Lagerstätten auf textureller u. struktureller Grundlage 8-0855; Vork. v. *Chromit*: in chondrit. Meteoriten aus China 9-0805; in Pallasiten u. Mesosideriten u. einige genet. Überleg. 18-0760; Flöz in d. Bushveld Eruptivkomplex 19-0854; in d. Meteorit Barwell 27-0794; ind. *Chromite* (Richtigstell. zu Angaben v. Chakraborty) 27-0826; Vork. v. *Chromit* in d. Faseraggregaten v. kohl. Substanz („Thucholith") aus d. Witwatersrand-Konglomeraten 29-0815; chem. Differenzier. d. *Chromit*-Körner in d. Nodular-*Chromit* v. Rodiani (Griechenland) 38-0827; Geochemie d. Pt in *Chromiten* 44-0791; Drucklsg.-Erschein. an *Chromit* aus d. Witwatersrand-Konglomeraten 47-0762; Ursprung präkambr. *Chromit*-Ablager. in Ägypten (U.A.R.) 47-0763; morpholog. Besonderh. d. Erzkörper u. d. Textur d. Erze d. Chabarnin-*Chromit*-Lagerstätte 48-0762; Vork. v. *Chromit* in d. Durbachit v. Pisek 49/50-0744.

Herst. v. pelletisiertem, vorred. *Chromit*-Erz 20-2488*; Anreicher. v. *Chromit*-Erz im Fließbett 6-2432*; Aufarbeit. v. *Chromit* auf Cr_2O_3 14-2270*; Flotat. v. poln. Talk-*Chromit*-Rohstoffen 20-2201; Flotat.-Trenn. v. *Chromit* u. Serpentin 33-2343; Rösten v. *Chromiten* mit Soda im runden Tunnelofen 21-2327*.

Radioakt. Hof in *Chromit* 8-0840; Existenz v. Cr(II)-Ionen in Spinellmischkrist.-Syst. $FeCr_2O_4$/$MgCr_2O_4$ 24-0227; Struktur u. Darst. sowie magnet. Eig. fester Lsg. v. Magnetit in *Ferrochromit* 28-0245; Unters. v. *Chromit* in Stahlschlackeneinschlüssen 33-2354; Berechn. d. Elementarzellvol. komplexer Mineralstrukturen am Beispiel v. — 36-0230; Korngrenzenrk. an — (Anwend. d. Mikrosonde) 38-2300; magnet. Struktur v. — bei tiefen Temp. durch d. Mössbauer-Effekt 2-0524; magnet. Eig. v. Fe-Ionen in — bei tiefen Temp. 2-0525; Jahn-Teller-Effekte in Mössbauer-Spektren v. ^{57}Fe in — 19-0074; Debye-Temp. v. — 23-0285; Mössbauer-Spektren v. Fe-Ionen enthaltenden Spinell-Oxiden, — 39-0278; thermodynam. Eig. v. — bei hohen Temp. 25-0529.

Magnesit-Chromitziegel als Ausfütter. d. Zyklonreaktors für d. Gewinn. v. akt. Ruß 24-2302; Verw. v. *Chromit* zur Gewinn. v. K_2CrO_4–Na_2CrO_4-Misch. 46-2126; feuerfeste *Chromit*–Magnesit-Steine (Einfl. d. Heizatmosphäre auf d. physikal. Eig.) 7-2409; Herst. feuerfester Gegenstände aus *Chromit* 15-2312*; Feuerfestmaterial aus *Chromit*-Magnesit für d. Kammergitter. v. SM-Öfen 21-2495; Magnesit–*Chromit*-Gewölbe (Einfl. v. Temp.-Schwank. u. Fe-Oxiden auf d. Zerstör.) 29-2336; Einsatz v. feuerfesten Magnesit–*Chromit*-Materialien in Cu-Raffinat.-Öfen 31-2240; angereicherter Kimpersaj-*Chromit* für d. Herst. v. feuerfesten Mg-Erzeugnissen 38-2298; feuerfeste Magnesit–*Chromit*-Ofengewölbe-Erzeugnisse d. NTMK 46-2216.

Neutronenaktivier.-Best. v. Pd in *Chromit* 8-2023.

Cr–Al: Cr–Fe–Al-Oxide als Katalysatoren zur Dehydrier. v. n-Hexan 30-0905.

Cr–B–Alkalimetall: gegenseit. Wechselwrkg. v. Cr–Fe in verschiedenen bin. Alkaliboratgläsern u. Rk.-Enthalpien d. einzelnen Redoxoxide 46-0535.

Cr–Co: magnet. Impulseig. v. Ferriten d. Zus. $Co_x(NiZn)_{0,8-x}Fe_2O_4$ nach thermomagnet. Behandl. 23-0493.

Cu: Bldg. v. $Cu_2O \cdot Fe_2O_3$ in Magnesit–Chromit-Auskleid. in Cu-Raffinat.-Öfen 31-2240; elektr. Eig. v. $Cu_{0,91}Fe_{2,09}O_4$ u. $Cu_{0,97}Fe_{2,03}O_4$ 21-0402; Wärmeausdehn. u. Magnetisier. v. Cu-Ferrit 9-0313; magnet. u. kristallograph. Unters. d. Phasenübergangs in Cu-Ferrit 16-0462; Konstitut. v. $CuFe_5O_8$ (nach Unters. v. spezif. Widerstand, Curie-Temp., Gitterkonst. u. Seebeck-Koeff. im Syst. $CuFe_2O_4/Fe_3O_4$) 16-0386; Einfl. d. O-Unterschusses auf d. Phasenumwandl. v. Cu-Ferrit u. auf d. Curie-Temp. 33-0252; Konz.-Abhängigk. d. Aktivität d. Komponenten in $CuFe_2O_4$–Fe_3O_4-Mischkrist. 40-0527; Einfl. d. chem. Zus. auf d. Phasenumwandl. v. Cu-Ferrit 46-0555.

$Cu_2Fe_2O_4$, Bldg. v. $Cu_2O \cdot Fe_2O_3$ in Magnesit–Chromit-Auskleid. in Cu-Raffinat.-Öfen 31-2240; Herst. auf nassem Wege 3-0795; Darst. dünner Filme im Edelgasplasma 25-0225; Strukturunters. 13-0276; Sprünge d. spezif. Wärme am Curie-Punkt 17-0302; Struktur u. magnet. Moment 31-0506; Einfl. d. O-Unterschusses auf d. magnet. Eig. v. $CuFe_2O_{4-\delta}$ 42-0482.

Dy: Härte v. Einkrist. v. $Dy_3Fe_5O_{12}$ 47-0300; Abhängigk. d. ferromagnet. Curie-Punktes v. $5\,Fe_2O_3 \cdot 3\,Dy_2O_3$ v. hydrostat. Druck bis zu Werten v. *6000* bar 6-0517; magnetoakust. Doppelbrech. in Dy–Fe-Granaten 22-0461; inneres Feld in $DyFeO_3$ am Ort d. Fe-Kerns durch Mössbauer-Unters. u. d. $^1/_3$-Potenzgesetz 24-0483; magnet. u. Magnetostrikt.-Eig. v. Dy-Ferritgranaten bei tiefen Temp. 33-0527; Magnetostrikt. v. Dy-Granaten 38-0491.

Dy–Al: Mössbauer-Unters. d. magnet. Hyperfeinwechselwrkg. in Dy–Al-Granaten 4-0497.

Er: Krist.-Struktur v. $ErFeO_3$ 40-0204; Härte v. Einkrist. v. $Er_3Fe_5O_{12}$ 47-0300; Abhängigk. d. ferromagnet. Curie-Punktes v. *5* $Fe_2O_3 \cdot$ *3* Er_2O_3 v. hydrostat. Druck bis zu Werten v. *6000* bar 6-0517; inneres Feld in $ErFeO_3$ am Ort d. Fe-Kerns durch Mössbauer-Unters. u. d. *1/3*-Potenzgesetz 24-0483; magnet. u. Magnetostrikt.-Eig. v. Er-Ferraten(III) bei tiefen Temp. 33-0527; Magnetostrikt. v. Er-Granaten 38-0491; Relaxat.-Erschein. in Mössbauer-Spektren v. magnet. geordneten Er-Ionen in $ErFeO_3$ 47-0487.

Eu: Spektren d. rückstoßfreien Absorpt. d. *97*-keV-γ-Strahlen v. ^{153m}Eu durch ^{153}Eu in Eu-Eisengranat 16-0059; Elastizitätsmoduln v. Einkrist. aus Eu–Fe-Granat 14-0327; parametr. akust. Wanderwellen-Verstärk. in Eu–Fe-Granat 1-0504; Krist. u. magnet. Eig. v. Mischgranaten d. Zus. $5\,Fe_2O_3 \cdot x\,Eu_2O_3$ 4-0498; nichtentartetes paralleles Pumpen v. magnetoelast. Wellen in Eu-Eisengranat 12-0516; magnet. Anisotropie v. Eu in Fe-Granat bei tiefen Temp. 22-0460; inneres Feld in $EuFeO_3$ am Ort d. Fe-Kerne durch Mössbauer-Unters. u. d. *1/3*-Potenzgesetz 24-0483.

Eu–Ca–Si: Abhängigk. d. induzierten Moments d. Eu^{3+}-Ionen v. d. Konz. d. Fe^{3+}-Ionen auf d. Plätzen in ferrimagnet. Granaten d. Syst. $\{Eu_{3-x}Ca_x\}[Fe_2](Fe_{3-x}Si_x)O_{12}$ 42-0470.

Eu–Dy: Krist. u. magnet. Eig. v. Mischgranaten d. Formel $5\,Fe_2O_3 \cdot x\,Eu_2O_3 \cdot (3-x)\,Dy_2O_3$ 4-0498.

Ga: ferrimagnet. Struktur v. magnetoelektr. $Ga_{2-x}Fe_xO_3$ (x = *0,8*, *1,0* u. *1,2*) 10-0508; Unters. d. magnet. Ordn. v. $Fe_{1,15} \cdot Ga_{0,85}O_3$ durch Neutronenbeug. u. Mössbauer-Effekt 11-0530; NMR-Unters. d. Magnetisier. d. Fe-Untergitters in Gadoliniumeisengranat 19-0373; Unters. d. Magnetisier. d. Subgitter in einigen Gadolinium-Eisengranaten mit Hilfe d. NMR v. ^{57}Fe 19-0374; Unters. d. Syst. $FeGa_2O_4/Fe_3O_4$ mit Neutronenbeug. in Magnetfeldern bis *15* kOe 35-0240; Curie-Temp. v. $Ga_xFe_{3-x}O_4$-Krist. aus Neutronenbeug.-Unters. 37-0500; Magnetisier. u. Anisotropie in $Ga_{2-x}Fe_xO_3$ (x → *1,08*) 43-0500; röntgenograph. u. mkr. Unters. d. therm. Stabilität v. Ga-Orthoferrit, Mischkrist. d. Zus. $Ga_{2-x} \cdot Fe_xO_3$ bzw. $GaFeO_3$ im Syst. $Fe_2O_3/FeO/Ga_2O_3$ 7-0610.

Ga–Eu: Eisen–Eisen-Austauschresonanz in mit Ga substituiertem Europiumeisengranat $Eu_3Fe_{5-x}Ga_xO_{12}$ 18-0342.

Gd: Darst. u. Eig. v. Einkrist. v. – v. Spinell- oder Granattyp (allg. Betracht.) 5-0272; IR-Faraday-Rotat. als Temp.-Funkt. in *Gd–Fe-Granat* 39-0365; Abhängigk. d. ferromagnet. Curie-Punktes v. $5\,Fe_2O_3 \cdot 3\,Gd_2O_3$ v. hydrostat. Druck bis zu Werten v. *6000* bar 6-0517; Best. d. Magnetostrikt.-Konst. v. Seltenerdmetallgranaten aus d. Druckabhängigk. d. paramagnet. Resonanzspektren (EPR-Spektren v. Gd^{3+}-Ionen in $Gd_3Fe_5O_{12}$-Krist.) 22-0365; magnetoakust. Doppelbrech. in Gd-Ferraten(III) 22-0461; inneres Feld in $GdFeO_3$ am Ort d. Fe-Kerns durch Mössbauer-Unters. u. d. *1/3*-Potenzgesetz 24-0483; magnet. Eig. v. Gd-Ferraten(III) unter hydrostat. Druck 25-0473; magnet. u. Magnetostrikt.-Eig. v. Gd-Ferraten(III) bei tiefen Temp. 33-0527; lineare u. zirkulare akust. Doppelbrech. bei d. ferroakust. Resonanz v. $Gd_3Fe_5O_{12}$ 36-0500; magnet. Umwandl. bei Temp.-Änder. im Bereich d. Kompensat.-Punkte v. $Gd_3Fe_5O_{12}$ 36-0503.

Gd–Al: Einfl. v. hydrostat. Druck auf d. Curie-Punkt v. $Gd_3Fe_4AlO_{12}$ 10-0504.

Ge: Struktur u. Eig. d. intermediären Phase – im Syst. Fe_2O_3/GeO_2 5-0258; Unters. v. $GeFe_2O_4$ durch d. Mössbauer-Effekt 25-0079; Mess. d. trigonalen Feldaufspalt. v. Fe^{2+} in $GeFe_2O_4$ mit Hilfe d. Mössbauer-Effekts 25-0080; Mössbauer-Spektren v. Fe-Ionen enthaltenden Spinell-Oxid $GeFe_2O_4$ 39-0278; Krist.-Feld-Interpretat. d. Eig. d. Fe^{2+} auf β-Zentren in Fe_2GeO_4 aus Mössbauer-Unters. 49/50-0475; Schmelzdiagramm d. Syst. Fe_2O_3/GeO_2 12-0587.

Ge–Ca: Hydrothermalsynth. v. Germanat mit Granatstruktur d. Zus. $Ca_3Fe_2Ge_3O_{12}$ 16-0732.

Ge–Cd: Hydrothermalsynth. v. Germanat mit Granatstruktur d. Zus. $Cd_3Fe_2Ge_3O_{12}$ 16-0732.

Ho: Magnetisier. v. Ho–Fe-Granat bei *4,2* °K 13-0539; inneres Feld in $HoFeO_3$ am Ort d. Fe-Kerns durch Mössbauer-Unters. u. d. *1/3*-Potenzgesetz 24-0483; magnet. u. Magnetostrikt.-Eig. v. Ho-Ferritgranaten bei tiefen Temp. 33-0527; Magnetostrikt. v. Ho–Fe-Granaten 38-0491.

K–Al–Ca: Elektronenaustrittsarbeit u. d. Aktivität bei d. NH_3-Synth. v. Fe-Oxidkatalysatoren mit Promotorzusätzen v. *4*% Al_2O_3, *3*% CaO u. K_2O-Geh. v. *0 – 4,0*% 13-0748.

La: Möglichk. einer gleichzeit. Existenz sowohl dielektr. als auch magnet. Eig. im Syst. $(1-x)\,BiFeO_3/x\,LaFeO_3$ 16-0548; inneres Feld in $LaFeO_3$ am Ort. d. Fe-Kerns durch Mössbauer-Unters. u. d. *1/3*-Potenzgesetz 24-0483.

La–Dy: Krist. u. magnet. Eig. v. Mischgranaten d. allg. Formel $5\,Fe_2O_3 \cdot x\,La_2O_3 \cdot (3-x)\,Dy_2O_3$ 4-0498.

Li: Herst. v. Li-Ferrit-Einkrist. 19-2302*; Meth. zur Best. d. Abstände Kation – O in Mischoxiden mit Spinellstruktur; Anwend. dieser Werte auf d. Syst. Fe_5LiO_8/Cr_5LiO_8 40-0210; magnet. Resonanzlinienbreite in geordnetem Lithiumferrit 19-0372; Wärmeleitfähigk. v. $Li_{0,5}Fe_{2,5}O_4$ 40-0264.

Li–Al: Herst. v. Li–Al-Ferriten 27-2281*.

Li–Co: Temp.-Abhängigk. d. magnet. Krist.-Anisotropie v. $Li_{0,48}Fe_{2,51}Co_{0,016}O_4$ u. $Li_{0,49}Fe_{2,48}Co_{0,035}O_4$ 45-0471; magnet. Eig. v. $Co_{1-x}Li_xFe_2O_{4-x}F_x$ 46-0497.

Li–Cr: Mössbauer-Unters. d. Spinell-Syst. $Li_{0,5}{}^+Fe^{3+}{}_{1,3}Ca^{3+}{}_{1,2}O_4$ 3-0550; magnet. Umwandl. bei Temp.-Änder. im Bereich d. Kompensat.-Punkte v. $Li_{0,5}Cr_{1,25}Fe_{1,25}O_4$ 36-0503.

Lu: Unters. d. Magnetisier. d. Subgitter in einigen Lutetium-Eisengranaten mit Hilfe d. NMR v. ^{57}Fe 19-0374; dynam. magnet. Eig. für Lu–Fe-Granaten bei tiefen Temp. 20-0455; inneres Feld in $LuFeO_3$ am Ort d. Fe-Kerns durch Mössbauer-Unters. u. d. *1/3*-Potenzgesetz 24-0483.

Mg: Bldg. v. Magnesioferrit bei d. Diffus. v. FeO in MgO-Einkrist. 45-0289; IR-Absorpt.-Spektren (KBr-Preßlinge) v. Mischkrist. FeO/MgO u. FeO/MnO 41-0396; Berechn. d. Elementarzellenvol. v. $MgFe_2O_3$ 36-0230; elektr. Eig. (Seebeck-Spann. u. Gleichstromleitfähigk.) v. α-Fe-Oxid mit Mg-Geh. 10-0441; elektr. Leitfähigk. in Fe_{1-x}–MgO-Mischkrist. 35-0411; Instabilitäten d. Spinwellen in MgCr-Ferriten 46-0501; Nachw. u. Gitterkonst. d. Phasen $Fe_2O_3 \cdot Fe_3O_4$ u. $MgFe_2O_4$ sowie d. Mischkrist.-Phasen $(Fe, Mg)_3O_4$ u. (Mg, Fe)O im Syst. $FeO/Fe_2O_3/MgO$ bei *1160°* u. O_2-Partialdrücken zwischen *0,21* u. $10^{-13,5}$ atm 7-0609; Wärmeleitfähigk. v. $MgFe_2O_4$ 40-0264; Best. v. Magnesiumferrit in keram. Stoffen durch Mess. d. magnet. Moments 23-2025.

$MgFe_2O_4$ s. unter *Magnesiumoxide, Mischoxide*: *Fe($MgFe_2O_4$)*.

Mg–Al: Mechanismus d. elektr. Leitfähigk. v. MgO–(FeO)–Al_2O_3–Fe_2O_3-Ferriten 21-0400; Einfl. therm. Behandl. auf d. elektr. Leitfähigk. v. $(MgO)_{0,5} \cdot (Al_2O_3)_{0,075} \cdot (Fe_2O_3)_{0,425}$ 28-0399; Einfl. d. Härt.-Temp. auf d. Magnetisierbark. u. d. Kationenverteil. in $(MgO)_{0,5} \cdot (Al_2O_3)_{0,075}(Fe_2O_3)_{0,425}$ 14-0558; Mössbauer-Unters. an Fe^{2+} in $Mg_{0,98}Fe_{0,02}Al_2O_4$ angereichert mit *80*% ^{57}Fe 33-0509; spezif. Wärme v. $MgFe_2O_4$–$MgAl_2O_4$-Mischkrist. 5-0311.

Mg–Al–Ca–Cr: Viskosität u. elektr. Leitfähigk. v. $CaO/Al_2O_3/Cr_2O_3/FeO/MgO$-Schmelzen 24-0599.

Mg–Al–Cr: Best. d. Zus. eines Mg-Spinells d. tern. Syst. $MgAl_2O_4/MgCr_2O_4/MgFe_2O_4$ mit röntgenograph. Meth. 22-0206.

Mg–Ba: Züchten v. $Ba_2Mg_2Fe_{12}O_{22}$-, $BaMg_2Fe_{16}O_{27}$- u. $Ba_3Mg_2Fe_{24}O_{41}$-Einkrist. 15-2275*; Bldg. v. $Ba_2Mg_2Fe_{12}O_{22}$ 31-0743; Herst. v. monokrist. $Ba_2Mg_2Fe_{12}O_{22}$ 48-2304*.

Mg–Cr: Existenz v. Cr(II)-Ionen in $FeCr_2O_4$–$MgCr_2O_4$-Mischkrist. 24-0227; Einfl. therm. Behandl. auf d. elektr. Leitfähigk. v. $(MgO)_{0,5} \cdot (Cr_2O_3)_{0,075} \cdot (Fe_2O_3)_{0,425}$ 28-0399; Einfl. d. Härt.-Temp. auf d. Magnetisierbark. u. d. Kationenverteil. in $(MgO)_{0,5} \cdot (Cr_2O_3)_{0,075} \cdot (Fe_2O_3)_{0,425}$ 14-0558; Instabilitäten d. Spinwellen in Mg–Cr-Ferriten 46-0501; spezif. Wärme v. $MgCr_2O_4$–$MgFe_2O_4$-Mischkrist. 5-0311.

Mg–Cr–Cu: Resonatormess. d. elektromagnet. Parameter magnetisierter Mg–Cr–Cu-Ferrite 36-0509

Mg–Cu: Wärmeausdehn. u. Magnetisier. v. Mg–Cu-Ferriten 9-0313; „Sprünge" d. spezif. Wärme am Curie-Punkt d. Ferrits $Cu_{0,25}Mg_{0,75} \cdot Fe_2O_4$ 17-0302.

Mn: Herst. v. Mn-Ferrit 3-2283*; durch Ox. v. Mischkrist. aus Fe(II)- u. Mn(II)-Oxiden bei *1050°* gebildete gemischte Spinelle 10-0778; Krist.-Zücht. v. $(Mn, Fe)_2O_3$-Mischkrist. mit Zus. zwischen reinem β-Mn_2O_3 u. $(Mn_{0,5}Fe_{0,5})_2O_3$ aus *80* (Mol-%) Na_2WO_4–*20* WO_3-Schmelzen auf elektrolyt. Wege 34-0490; Thermodynamik d. Bldg. v. $MnFe_{1,932}O_x$ aus d. Elementen 41-0547.

IR-Absorpt.-Spektren (KBr-Preßlinge) v. Mischkrist. FeO/MgO u. FeO/MnO 41-0396; Struktur v. Mn/Fe/O-Spinellen 11-0268; Kristallographie v. Psilomelan, $Fe_3(O, OH)_6 \cdot Mn_8O_{16}$ 12-0826; Abweich. v. d. Stöchiometrie bei festen Lsg. $(Fe, Mn)_{1-y}O$ 30-0505; Wandbeweglichk.-Mess. an $Mn_xFe_{3-x}O_4$ (x = *1,02*; *1,2*; *1,4*; *1,6* u. *1,8*) 35-0478; Berechn. d. Elementarzellenvol. v. $MnFe_2O_4$ 36-0230; Homogenitätsunters. an neutronenaktivierten Fe/Mn-Mischoxiden durch Mess. d. γ-Strahl. d. ^{59}Fe 44-0242; Stand d. Strukturaufklär. v. Mn-Ferrit (Übersicht) 45-0711; elektr. Eig. (Temp.-Verlauf d. elektr. Widerstands u. Seebeck-Koeff.) für Proben d. Syst. $Fe_xMn_{3-x} \cdot O_4$ mit $x <$ *1* 11-0468; thermoelektr. Eig. v. Mn-Ferriten 47-0396; elektr. Leitfähigk. u. komplexe DK v. $Mn_{1-x}Fe_x{}^{II}Fe_2{}^{III}O_4$ ($10^{-3} \leqq x \leqq$ *1*) 47-0473; Resonanzrelaxat. in $Mn_x \cdot Fe_xO_4$ durch Mn^{3+}- u. Fe^{2+}-Ionen mit langsamen Relaxat.-Mechanismen 1-0383; magnet. Nachwrkg. in $Mn_{1,36}Fe_{1,64}O_4$ 2-0526; Anisotropie d. magnet. Zähigk. v. $MnFe_2O_3$-Einkrist. 6-0519; Spektren d. magnet. Nacheffekts v. $Mn_xFe_{3-x}O_4$ (x = *0,95*; *1,06* u. *1,17*) bei *4,2 – 300* °K 10-0505; Barkhausen-Effekt in Einkrist. v. Mg–Mn-Ferriten d. Zus. MgO : MnO : Fe_2O_3 = *25* : *25* : *50*; *21,7* : *34,8* : *43,5*; *20* : *40* : *40*; *16,5* : *50* : *33,5* u. *7,5* : *55,5* : *37* 10-0509; Hochtemp.-Effekt d. magnet. Relaxat. v. $Mn_{0,6}Fe_{2,6}O_{4+y}$ in Abhängigk. v. d. Leerstellenkonz. 17-2219; Spin–Gitter-Relaxat. v. ^{55}Mn in $Mn_xFe_{2-x}O_4$-Einkrist. 19-0371; Hall-Effekt u. Nernst-Ettingshausen-Effekt in Ferriten mit überschüss. Fe-Ionen d. Zus. $Mn_{0,74}Fe_{2,26}O_4$ 22-0419; Ummagnetisier.-Prozesse in $Mn_{1,4}Fe_{1,6}O_4$ 27-0515; induzierte Anisotropieenergie v. $Mn_{1+x}Fe_{2-x}O_{4-y}$ 27-0516; Mössbauer-Effekt in $MnFeO_3$ 28-0453; magnet. Ordn.-Einstell. u. Relaxat. v. $Mn_xFe_{3-x}O_{4+y}$ mit Fe-Defizit 30-0461; magnet. Anisotropie v. $Mn_xFe_{3-x}O_4$ (*1* $\leqq x \leqq$ *1,8*) 35-0477; niederfrequente magnet. Relaxat. in $Mn_xFe_{3-x}O_4$ ($x <$ *1*) bei niedr. Temp. 42-0481; NMR v. $^{55}Mn^{4+}$-Ionen auf B-Plätzen in $Mn_xFe_{3-x}O_4$ 47-0374; Einfl. eines Wirbelstroms auf d. ferromagnet. Resonanz sphär. Proben, $Mn_{1,15}Fe_{1,85}O_4$ 47-0386; thermochem. Gleichgew., Homogenität u. körn. Struktur v. Mn-Ferriten 4-0236; Sauerstoffgleichgew.-Druck über $Mn_xFe_{3-x}O_{4+\gamma}$-Mischkrist. mit verschiedener Fehlstellendichte 7-0612; Gleichgew. v. Manganferrit mit d. Gasphase 23-0544; thermodynam. Eig. v. MnO/FeO-Mischkrist. 23-0559; Wärmeleitfähigk. v. Mn-Ferrit-Einkrist. bei tiefen Temp. 27-0337; Abweich. v. d. Stöchiometrie bei festen Lsg. $(Fe, Mn)_{1-y}O$ 30-0505; Gleichgew. bei Lsg. v. O_2 im Spinellgitter v. Mn-Ferriten 16-0547.

Ox. v. Fe(II)- u. Mn(II)-Oxid-Mischkrist. (Bldg. v. gemischten Spinellen) 10-0778; Redox.-Gleichgew. im Syst. $MnFe_{1,932}O_x/H_2/H_2O$ bei *777 – 1177°* 23-0544; Mischkrist.-Bldg. v. Mn-Ferriten mit Magnetit u. Aktivität d. Komponenten bei d. Dissoziat. 28-0544; Gleichgew.-Beding. bei d. Red. v. $MnV_2O_4/MnFe_2O_4$-Mischkrist. 30-0617; Red. v. Mn-Ferriten mit H_2 (thermodynam. Charakteristiken) 34-0553; Best. d. Konz.-Abhängigk. d. Aktivität d. Komponenten in $MnFe_2O_4/MnV_2O_4$-Mischkrist. 40-0527; thermodynam.

Eig. d. Red.-Prod. v. Mn-Ferrit 46-0534; magnetochem. Analyse v. $MnFe_{1,932}O_x$ 41-0548.

$MnFe_2O_4$ s. unter *Manganoxide, Mischoxide: Fe($MnFe_2O_4$)*.

Mn–Al–Cr: Red. fester Lsg. d. Zus. $MnAl_xCrcFe_{2-2x}O_4$ mit H_2 18-0648.

Mn–Bi–La: dielektr. Eig. u. Struktur einiger Mischkrist. d. Syst. $BiFeO_3$–La($Fe_{0,98}$·$Mn_{0,02}$)O_3 9-0517; dilatometr. Unters. d. Phasenübergänge d. Mischkrist.-Syst. $Bi_{1-x}La_x$($Fe_{0,98}Mn_{0,02}$)O_3 10-0277.

Mn–Ca–Mg: krist.-chem. Besonderh. v. Mg–Mn-Ferriten mit Ca-Zusätzen 45-0237.

Mn–Co: kristallograph. Orientier. v. Mn–Co-Ferrit mit Hilfe eines Anisotropiemessers 6-0541; magnet. Viskosität in Ferrit-Einkrist. d. Zus. $Mn_{1,75}Co_{0,05}Fe_{1,2}O_4$ u. $Mn_{1,7}Co_{0,1}Fe_{1,2}O_4$ mit Eisenunterschuß bei tiefen Temp. 45-0472.

Mn–Cu: Herst. v. Mn–Cu-Ferrit mit Ti- u. Ge-Zusätzen 12-2237*; Strukturunters. v. ($CuO·Fe_2O_3$)·n ($MnO·Fe_2O_3$) 13-0276; tetragonale Verzerr. v. $CuFe_xMn_{2-x}O_4$ 17-0280; elektr. Eig. (elektr. Leitfähigk. u. Seebeck-Koeff.) einiger Cu–Mn-Ferrite 21-0402; Gleichfeldunters. an $Mn_{0,47}Co_{0,53}Fe_2O_4$ 5-0548; Verh. v. gleichzeitig durch ein Impuls- u. ein Gleichfeld bei Temp. v. *−195°* magnetisierten Mn–Cu-Ferriten 24-0481; Mössbauer-Effekt v. ^{57}Fe in $Cu_xMn_{1-x}Fe_2O_4$ (x = *0,2*; *0,6*; *0,9*; *1,0*) 24-0482; Rk. u. Phasenumwandl. im Syst. Cu/Mn/Ferrit 31-0760.

Mn–Ge: Hydrothermalsynth. v. Germanat mit Granatstruktur d. Zus. $Mn_3Fe_2Ge_3O_{12}$ 16-0732; Härte v. Einkrist. v. $Mn_3Fe_2Ge_3O_{12}$ 47-0300.

Mn–Li: Einfl. v. dreiwert. Mn auf d. Kristallchemie d. Spinellsyst. $Li_{0,5}Fe_{2,5-x}$·Mn_xO_4 ($0 \leqq x \leqq 0,5$) 8-0522; magnet. Eig. v. $Mn_{1-x}Li_xFe_2O_{4-x}F$ 46-0497; NMR v. $^{55}Mn^{4+}$-Ionen auf B-Plätzen in Ferriten $Ld_{0,5}Fe_{1,75}Mn_{0,75}O_4$ u. $Li_{0,5}Fe_{2,5-x}Mn_xO_4$ 47-0374.

Mn–Mg: Herst. v. Ferritkernen aus *62,5* Fe_2O_3, *15* MgO u. *22,5* MnO_2 15-2272*; Herst. v. Ferriten unter Verw. v. *25–50* (Mol-%) Fe_2O_3, *4–67* MnO, bis *55* MgO u. weiteren oxid. Zuständen 25-2052*; Ätzmittel für Mg–Mn-Ferrit 15-0253; MnK- u. FeK-Absorpt.-Kante in $Mg_xMn_{1-x}Fe_2O_4$, $Mg_xMn_{1-x}Fe_2O_4$ 23-0369; Kennzeichn. verschiedener Phasen polykrist. Mg–Mn-Ferrite 23-2171; Barkhausen-Effekt in Mg–Mn-Ferrit-Einkrist. 10-0509; Einfl. therm. Behandl. auf d. elektr. Leitfähigk. v. $(MgO)_{0,62}·(MnO)_{0,08}·(Fe_2O_3)_{0,3}$ 28-0399; Anisotropie d. magnet. Zähigk. v. Mg–Mn–Ferrit-Einkrist. 6-0519; Wärmeausdehn. u. Magnetisier. (in schwachen Feldern) v. Mg–Mn-Ferriten 9-0313; Ferrite mit rechteck. Hystereseschleife d. Zus. MgO·3 $MnFe_2O_4$ 10-0511; parametr. Anreg. v. Spinwellen in polykrist. $Mn_xMg_yFe_{3-(x+y)}O_4$ ($0 \leqq x \leqq 1,2$ u. $0 \leqq y \leqq 1,2$) 12-0521; Einfl. d. Härt.-Temp. auf d. Magnetisierbark. u. d. Kationenverteil. im UHF-Ferrit $(MgO)_{0,62}·(MnO)_{0,008}·(Fe_2O_3)_{0,3}$ 14-0558; Sprünge d. spezif. Wärme v. $Mg_{0,2}$·$Mn_{0,8}Fe_2O_4$ am Curie-Punkt 17-0302; Mössbauer-Unters. an Proben d. Zus. ca. $Mg_{0,5}$·$Mn_{0,5}Fe_2O_4$ u. $Mg_{0,75}Mn_{0,5}Fe_{1,75}O_4$ 25-0492; X-Band-Dreitor-Zirkulator $Mn_{0,08}Mg_{1,25}Fe_{1,76}$·$O_4$ mit extrem hoher Leist. 30-0464; Anisotropie u. Temp.-Abhängigk. d. Dämpf.-Parameters v. Spinwellen in Mg–Mn-Ferrit-Einkrist. (FMR) 34-0422; Wandbeweglichk.-Mess. an $Mg_{0,76}Mn_{0,54}Fe_{1,7}O_4$ 35-0478; Ferrit mit rechtwinkl. Hysteresisschleife aus *33–50* Fe_2O_3, *0–50* MgO, *0–62* MnO_2 39-2129*; ferromagnet. Resonanz v. Mg–Mn-Ferriten in Ggw. einer Bereichsstruktur 40-0343; Regel. d. magnet. Indukt. v. Mg–Mn-Ferriten für d. Verw. in Magnetspeichern durch Einführ. aktivierender Ionen 42-0477; Einfl. d. magnet. Unordn. in $Mg_yMn_{1,3-y}Fe_{1,7}O_{4+\gamma}$ (y = *0*; *0,44*; *0,56*; *0,66* u. *0,77*; $\gamma \leqq 0,05$) auf Relaxat.-Prozesse 42-0478; Instabilitäten d. Spinwellen in Mg–Mn-Ferriten 46-0501; ferromagnet. Resonanz in Ggw. einer Bereichsstruktur v. kub. Mg–Mn-Ferrit-Einkrist. 48-0365; Darst., Gitterkonst., feste Lsg.-Bldg. u. O-Aufnahme bei Ox. v. Mg–Mn-Ferriten mit Zn- u. Ca-Zusätzen 45-0237.

Mo: Phasenzus. v. Schlacken d. Syst. FeO–MoO_2 d. Ferro-Mo-Herst. 46-2288; Eisenmolybdänoxidkatalysator für d. Ox. v. Methanol zu Formaldehyd 12-0727; Ox. v. Methanol in Ggw. eines Mo-Oxid-Fe-Oxid-Katalysators 16-2588*; Fe–Mo-Oxid-Katalysator zur Ox. v. Methanol zu Formaldehyd 18-0660; Einfl. organ. Säuren auf d. photochem. Bind. v. N in Misch. mit koll. Molybdän u. – als Katalysatoren 28-1481; Kinetik d. Methanolox. zu Formaldehyd mit Katalysatoren auf Basis Fe- u. Mo-Oxid 41-0955.

Na: Kinetik d. Zus. v. Na_2FeO_4 28-0744.

Na–Eu: Lumineszenz v. Eu^{3+}-dotiertem $NaFeO_2$ 45-0341.

Mo–Ba–Sr: Bezieh. zwischen d. magnet. Curie-Punkten u. d. Zellengrößen fester Lsg. mit geordneter Perowskit-Struktur (Ba_{2x}·$Sr_{2-2x}FeMoO_6$) 6-0511.

Nb: Bldg. v. $Fe_4Nb_2O_9$ in Abhängigk. v. O_2-Partialdruck im Syst. Fe/Nb/O 33-0608; Gitterparameter v. $FeNb_{11}O_{29}$ 49/50-0258; Oberflächenspann. u. D. v. Schmelzen d. Syst. Fe_2O_3/Nb_2O_5 49/50-0597; Fe–Nb-Oxide, Phasenbezieh. bei *1180°* 33-0608.

Nb–Ba: dielektr. Eig. u. Struktur einiger Mischkrist. d. Syst. $BiFeO_3$/Ba($Fe_{0,5}Nb_{0,5}$)O_3 9-0517.

Nd: inneres Feld in $NdFeO_3$ am Ort d. Fe-Kerns durch Mössbauer-Unters. u. d. *1/3*-Potenzgesetz 24-0483.

Nd–Dy: Krist. u. magnet. Eig. v. Mischgranaten d. allg. Formel 5 Fe_2O_3·x Nd_2O_3·(3 − x) Dy_2O_3 4-0498.

Ni: Herst.: v. magnet. Ferrit d. Zus. *0,8–0,5* (Mol-%) $NiFe_2O_4$·*0,2–0,5* Fe_3O_4 15-2274*; eines Ferrits aus *45–60* Fe_2O_3 u. *28–38* (Mol-%) NiO 45-2108*; Aktivier. d. Spinellbldg. aus NiO u. Fe_2O_3 22-2248*; Ätzmittel für Ni-Ferrate(III) 15-0253; thermomagnet. Behandl. v. Fe–Ni-Ferriten 46-2187; thermochem. Gleichgew., Homogenität u. körn. Struktur v. Ni-Ferrate(III) 4-0236; Krist.-Zücht. v. Ni-Ferrate(III) durch Überführ. im Lichtbogen 9-0254; Bitter-Figuren auf Nickelferrit-Einkrist. 16-0460; Feldstärkeabhängigk. d. Bremsmomentes mechan. Schwing. v. $Ni_{0,4}Fe_{2,6}O_{4,045}$ bei *72°* 7-0560; Mössbauer-Unters. d. Temp.-Abhängigk. d. effektiven Magnetfeldes in Ni-Ferraten(III) 3-0551; induzierte nichtaxiale magnet. Anisotropie v. Ni^{2+}-halt. Ferriten 4-0496; isotherme Ummagnetisier. durch Rotat. v. Fe–Ni-Ferriten d. Zus. $Ni_{0,78}Fe_{0,12}{}^{II}Fe_{2,07}{}^{III}Ni_{0,85}O_4$, $Fe_{2,15}O_4$ u. $Ni_{0,88}Fe_{2,12}O_4$ 6-0522; Linienbreitenverringer. d. ferromagnet. Resonanz durch Kernorientier. kub. Ni-Ferrite 8-0378; Mess. d. Magnetostrikt. in Ni-Ferraten(III) mit einer ferromagnet. Resonanzmeth. 15-0434; magnet. kristallograph. Anisotropie v. Nickel-Eisenferriten 16-0461; keram. Eig. v. Nickelferrit u. auf Porosität zurückzuführende Linienverbreiter. d. ferromagnet. Resonanzen 16-0465; Hall-Effekt u. Nernst-Ettinghausen-Effekt in Ferriten mit überschüss. Fe-Ionen d. Zus. $Ni_{0,69}Fe_{2,31}O_4$ 22-0419; magnet. Eig. v. Nickelferraten(III) unter hydrostat. Druck 25-0473; Darst. u. magnet. Eig. v. Ni-Ferrateinkrist. d. Spinell- u. Granattyps u. d. Zus. $Ni_{0,98}{}^{2+}Fe_{0,02}{}^{2+}Fe_2{}^{3+}O_4$ 30-0188; anomale stoßinduzierte Entmagnetisier. v. Ni-Ferrit 33-0528; Vers.-App. zur Mess. d. Sättig.-Magnetostrikt.-Konst. v. polykrist. Ni-Ferrat(III) auf d. Grundlage d. ferromagnet. Resonanz 35-0480; thermomagnet. Behandl. v. Fe–Ni-Ferriten (magnet. Anisotropie) 46-2187; elektr. Leit., Beweglichk. u. Thermo-EMK in Ni-Ferrit 16-0388; spezif. Wärmen u. Enthalpien sowie ferromagnet. Umwandl. bei hohen Temp. v. Ni-Ferriten 43-0528; O-Geh. v. Ni-Ferriten: bei *1300°* 16-0549; bei *1390°* im Syst. Fe/Ni/O 46-0554; Gleichgew. bei Lsg. v. O_2 im Spinellgitter v. Ni-Ferrat(III) 16-0547; Überprüf. d. Best. v. Ni in Nickelferrit 40-1879.

$NiFe_2O_4$, Bldg. v. Nickelferrit u. Eig. bei d. Abweich. v. d. Stöchiometrie, $NiFe_2O_4$ 16-0466; Herst. v. – 32-2244; Darst. dünner –-Filme im Edelgasplasma 25-0225; Wachstum v. –-Einkrist. unter chem. Transportrk. u. ihre Struktureig. 29-0224; Berechn. d. Elementarzellenvol. komplexer Mineralstrukturen am Beispiel v. – 36-0230; Berechn. d. Koeff. d. elast. Koppl. u. Kompressibilität d. Spinells – 9-0292; Mechanismus d. elektr. Leitfähigk. v. Ferriten d. Syst. $ZnFe_2O_4$/$NiFe_2O_4$ 21-0400; Unters. mit d. Elektronenmikrosonde an Kügelchen mit einem Kern aus – aus Sedimenten d. Atlantiks 23-0790; Koerzitivkraft v. – als Funkt. d. Mahldauer 4-0500; Sprünge d. spezif. Wärme am Curie-Punkt v. – 17-0302; magnet. Eig. v. NiO–Fe_2O_3 unter hydrostat. Druck 25-0473; magnet. Moment u. Kationenverteil. in – 27-0517; Struktur u. magnet. Moment v. – 31-0506; Temp.-Abhängigk. d. Untergittermagnetisier. v. – 38-0483; Zustandsdiagramm v. $Bi_2O_3/NiFe_2O_4$ im Bereich *0–40* Mol-% Ferrit 16-0550; Wärmeleitfähigk. v. – 40-0264.

Ni–Ba: Bldg. v. $Ni_2Ba_2Fe_{12}O_{22}$ 31-0743; Züchten v. $Ba_2Ni_2Fe_{12}O_{22}$-, $BaNi_2Fe_{16}O_{27}$- u. $Ba_3Ni_2Fe_{24}O_{41}$-Einkrist. 15-2275*; Herst. monokrist. $Ba_2Ni_2Fe_{12}O_{22}$ 48-2304*; Suszeptibilität v. Ferroxplan 2 NiO·BaO·$(Fe_2O_3)_8$ oberhalb d. Curie-Punkts 33-0533; magnet. Anisotropie v. $Ba_2Ni_2Fe_{12}O_{22}$ 34-0496.

Ni–Cd: elektr., therm. u. einige magnet. Eig. v. Ni–Cd-Ferriten (ca. *55–68* (%) Fe_2O_3, *39–40* NiO, *3–41* CdO) 7-0555; magnet. Eig. v. $Ni_{1-x}Cd_xFe_2O_4$ mit $0,1 \leqq x \leqq 0,8$ 23-0494.

Ni–Co: spezif. elektr. Wider and v. $NiCo_xFe_{2-x}O_4$ mit x bis *0,05* 28-0400; durch Diffus. v. Elektronen induzierte magnet. Anisotropie in $Fe_{1-2x}Ni_{2x}Co_2O_4$ 8-0526; ferromagnet. Resonanz u. d. Ionenzus. v. mit Co substituierten Ni-Ferrit 9-0410; Mess. d. Dauer v. Ummagnetisier.-Impulsen in Ferrit-Einkrist. (*38*% NiO, *2* CoO, *60* Fe_2O_3) in Schichtform 12-0509; feldinduzierte Anisotropie in Ni-Ferrate(III) $CoO_{(a)}NiO_{(1-y)}Fe_2O_3$ (a = *0–0,12*; y = *0,02–0,2*) 12-0530; Mess. d. Magnetostrikt. in $Co_{0,05}Ni_{0,95}Fe_2O_4$ 15-0434; Einfl. d. Ionendiffus. bei d. therm. u. thermomagnet. Bearbeit. auf d. magnet. Kristallanisotropie bei Ni/Co-Ferrit-Einkrist. (*38*% NiO, *2*% CoO, *60*% Fe_2O_3) 24-0485; Effekt d. thermomagnet. Behandl. v. Ni–Co-Ferriten d. Zus. $Co_xNi_{1-x}Fe_2O_4$ u. $Co_xFe_{3-x}O_4$ (x = *0*; *0,2*; *0,4*; *0,6*; *0,8* u. *1,0*) 36-0505; Unters. an Perminoarferrit ($Co_{0,1}Ni_{0,5}Fe_{2,4}O_4$) über d. Gelt.-Bereich d. Wandverschieb.-Modell 45-0469.

Ni–Co–Cr: magnet. u. Impulseig. v. Ferriten d. Zus. $Co_x(NiZn)_{0,8-x}Cr_{0,2}Fe_2O_4$ nach thermomagnet. Behandl. 23-0493.

Ni–Co–Cu: Koerzitivkraft v. Ni–Co–Fe-Ferrit als Funkt. d. Mahldauer 4-0500.

Ni–Cr: Mössbauer-Effekt an ^{57}Fe-Kernen in $NiFe_{2-x}Cr_xO_4$ mit x = *1,0* u. *0,9* 26-0468.

Ni–Cu: Wärmeausdehn. u. Magnetisier. v. Ni–Cu-Ferriten 9-0313; Sprünge d. spezif. Wärme v. $Ni_{0,25}Cu_{0,75}Fe_2O_4$ am Curie-Punkt 17-0302.

Ni–Li: magnet. Eig. v. $Ni_{1-x}Li_xFe_2O_{4-x}F_x$ 46-0497.

Ni–Li–Mn: Herst. eines Mischferrits aus *32–82* Fe_2O_3 (Mol-%), *2,5–16,4* Li_2O, *0,3* bis *68* MnO u. *0–14* NiO 15-2268*.

Ni–Mg–Mn: Wandeffekt in ferrimagnet. Resonanzvers. an Ni–Mg–Mn-Ferrit 19-0379.

P: DK, dielektr. Verlustfaktor u. elektr. Leitfähigk. halbleitender Eisenphosphat-Gläser d. Zus. *55* Mol-% FeO_x–*45* Mol-% P_2O_5 25-0462.

P–Ca: elektrochem. u. elektr. Unters. im Syst. Fe–P–O-Kalk (spezif. elektr. Leitfähigk. fester u. fl. Ca-Phosphate) 27-2406.

P–Mg: Halbleit. in Fe-Phosphatgläsern nach Mess. d. elektr. Widerstandes u. d. Thermo-EMK d. Syst. $FeO/MgO/P_2O_5$ 2-0467.

Pb: Mischschichtenpolytypen v. PbO·6 Fe_2O_3 2-0828; Herst. v. Oxidmagnetwerkstoff d. Formel PbO·6 Fe_2O_3 15-2273*; Verdampf. d. PbO–PbF_2-Schmelze während d. Lsg.-Wachstums v. $PbFe_{12}O_{19}$ 18-0210; Bereichsstruktur v. PbO·6 Fe_2O_3-Einkrist. 18-0460; Zus. d. Ferrite im Syst. PbO–Fe_2O_3 49/50-2205; Einfl. eines äußeren magnet. Feldes auf d. Domänengrenzen v. PbO·6 Fe_2O_3 7-0533; Keimbldg. u. Ausbldg. d. Domänenstruktur in PbO·6 Fe_2O_3 7-0534; ferromagnet. Resonanz in magnet. einachs. Einkrist. mit verschiedener anfängl. Domänenstruktur bei $PbFe_{12}O_{19}$ 31-0411; Entw. eines Mehrdomänenzustandes in PbO·6 Fe_2O_3 33-0514; Domänenstruktur v. PbO·6 Fe_2O_3 33-0516; Abbldg. magnet. Mikrofelder auf PbO·6 Fe_2O_3 im Elektronenspiegelmikroskop 34-0507; Paramagnetismus v. PbO·6 Fe_2O_3 (Anisotropie d. Suszeptibilität) 41-0501; Herst. v. hartmagnet. Oxidwerkstoffen aus Pb-Ferrit 26-2363*.

Pb–Bi–Nb: Röntgenstrukturunters. v. Mischkrist. d. Syst. $BiFeO_3$/Pb($Fe_{0,5}Nb_{0,5}$)O_3 7-0611; magnet. Eig. seignetteelektr. Mischkrist. d. Syst. $BiFeO_3$/Pb($Fe_{0,5}Nb_{0,5}$)O_3 8-0524; Natur d. dielektr. u. magnet. Eig. v. Mischkrist. d. Syst. $BiFeO_3$/Pb($Fe_{0,5}Nb_{0,5}$)O_3 18-0431.

Pr: inneres Feld in $PrFeO_3$ am Ort d. Fe-Kerns durch Mössbauer-Unters. u. d. $^1/_3$-Potenzgesetz 24-0483.

Pr–Dy: Krist. u. magnet. Eig. v. Mischgranaten d. allg. Formel 5 Fe_2O_3·x Pr_2O_3·(3 − x) Dy_2O_3 4-0498.

Sb: magnet. Struktur v. $FeSb_2O_4$ aus Pulverneutronenbeug. 21-0457; Eisenoxide u. Sb-Oxide enthaltender Ox.-Katalysator zur Überführ. v. α-Olefinen in ungesätt. Nitrile 6-2588*.

Sb–Ba: Neel-Temp., asymptot. Curie-Temp. u. Curie-Konst. v. Ba_2FeSbO_6 29-0503.

Sb–Ca: Néel-Temp., asymptot. Curie-Temp. u. Curie-Konst. v. Ca_2FeSbO_6 29-0503.

Sb–K: Darst. durch Ionensubstitut. u. Gitterkonst. d. α-MnO_2-Struktur aufweisenden Verb. $K_2Fe_5Sb_3O_{16}$ 31-0277.

Sc: Bldg. eines Gemisches v. Sc(III)- u. Fe(III)-Oxid bei d. therm. Zers. v. Sc_4·$[Fe(CN)_6]_3$ 17-0810; Änder. d. magnet. Eig. Sc-halt. Ferrite 24-0480.

Seltenerdmetall: Darst. u. Eig. v. Einkrist. v. Ferriten d. Seltenerdmetalle v. Spinell- oder Granattyp 5-0272; opt. Transparenz v. Seltenerdmetall–Fe-Granaten 36-0324; Spiralschichtwachstum v. Seltenerdmetall–Ferrit-Granatkrist. unter hydrothermalen Beding. 19-0236; Krist.-Feldparameter d. Seltenerdmetall–Fe-Granate 20-0459; Magnetisier. v. Seltenerdmetallionen in Granaten 3-0540; Druckabhängigk. d. Curie-Punkte v. Seltenerdmetallferraten(III) mit Granatstruktur 6-0517; Quadrupolkoppl.-Konst. eqQ/h v. Fe^{3+} in verschiedenen Seltenerdmetall–Fe-Granaten mit Hilfe d. Mössbauer-Effekts 10-0372; Unters. d. Magnetisier. d. Subgitter in einigen Seltenerdmetall–Fe-Granaten mit Hilfe d. NMR v. ^{57}Fe 19-0374; magnetoakust. Doppelbrech. in Seltenerdmetall–Fe-Granaten 22-0461; magnet. u. Magnetostrikt.-Eig. v. Seltenerdmetall–Ferrit-Granaten bei tiefen Temp. 33-0527; Magnetisier.-Prozesse in schwachen Ferromagnetika rhomb. Symmetrie aus Seltenerdmetallorthoferriten 36-0493; Anisotropie d. Austauschwechselwrkg. v. Seltenerdmetallferraten(III) in Granaten 17-0532.

Si: elektr. Leitfähigk. v. $FeO/Fe_2O_3/SiO_2$-Schmelzen 19-0622; spezif. elektr. Leitfähigk. v. bin. Schmelzen in d. Syst. $FeO–SiO_2$ mit hohem FeO-Geh. 32-0429.

Si–Al–Ca: Einfl. v. Zus. u. Struktur glasart. Schlacken im Syst. $CaO/SiO_2/FeO/Al_2O_3$ auf ihre Bindeeig. 34-2429; elektr. Leitfähigk. v. $FeO/Fe_2O_3/CaO/Al_2O_3/SiO_2$-Schmelzen 19-0622; Anwend. einer quasichem. Theorie zur Berechn. d. Aktivität d. Komponenten v. Silicatschmelzen für d. Bestandteile im tern. Syst. $CaO/FeO/SiO_2$ 30-0504.

Si–Al–Na: Syst. $Na_2O/Al_2O_3/Fe_2O_3/SiO_2$ bei *1* atm u. d. Entsteh. d. Alkaligesteine 48-0771.

Si–Alkalimetall–Cr: gegenseit. Wechselwrkg. v. Cr–Fe in verschiedenen bin. Alkaliborat- u. Alkalisilicatgläsern u. Rk.-Enthalpien d. einzelnen Redoxoxide 46-0535.

Si–Ca: Gleichgew. v. fl. Fe u. gesätt. Schlacken d. Syst. $CaO–FeO_n–SiO_2$ (Sättig.-Isothermen für *1600°*) 13-2505; Anwend. einer quasichem. Theorie zur Berechn. d. Aktivität d. Komponenten in d. Schmelzen $Ca/FeO/SiO_2$ 30-0504; Fortpflanz.-Geschw. v. $SiO_2/CaO/FeO/Fe_2O_3$-Schlacken in gepreßten MgO-Proben 35-0594; Red.-Kinetik FeO-reicher fl. CaO/SiO_2-Schlacken mit festem C 32-2349.

Si–Ca–Eu: Abhängigk. d. induzierten Moments d. Eu^{3+}-Ionen v. d. Konz. d. Fe^{3+}-Ionen auf d-Plätzen in ferrimagnet. Granaten d. Zus. $\{Eu_{3-x}Ca_x\}[Fe_2](Fe_{3-x}Si_x)O_{12}$ 42-0470.

Si–Co: Nachw. d. Mischkrist.-Phasenbldg. im Syst. $CoO/Fe_2O_3/SiO_2$ 7-0613.

Si–Mg: Einfl. v. Al_2O_3 auf d. physikal.-chem. Eig. v. $FeO/MgO/SiO_2$-Schmelzen 19-0657.

Si–Mn: Gleichgew. zwischen $FeO–MnO–SiO_2$-Schlacken u. fl. Fe 29-2402.

Si–Na: Diffus.-Unters. v. $Na_2O/SiO_2/Fe_2O_3$-Schmelzen 46-0583.

Si–Pb: NMR v. Gläsern d. Syst. $PbO/SiO_2/Fe_2O_3$ in *2* Serien mit – 4-0331.

Sm: Elektronenrelaxat.-Zeiten v. Sm^{3+} in Sm-Ferrat(III) 13-0537; Temp.-Abhängigk. d. inneren Feldes v. $SmFeO_3$ 24-0483; magnet. Eig. v. $SmFeO_3$ im Bereich niedr. Temp. 12-0528.

Sm–Dy: Krist. u. magnet. Eig. v. Mischgranaten d. allg. Formel $5\,Fe_2O_3 \cdot x\,Sm_2O_3 \cdot (3-x)\,Dy_2O_3$ 4-0498.

Sn: Phasendiagramm d. Syst. Fe_2O_3/SnO_2 47-0547.

Sn–Ca–Gd: Mössbauer-Mess. effektiver Magnetfelder an ^{119}Sn-Kernen in Ferritgranaten d. Zus. $Gd_{3-x}Ca_xFe_{5-x}Sn_xO_{12}$ 20-0454.

Sn–Gd–La: Mössbauer-Mess. effektiver Magnetfelder an ^{119}Sn-Kernen in Ferritgranaten mit Punktkompensat. d. Zus. $Gd_{3-x}Ca_xFe_{5-x}Sn_xO_{12}$ 20-0454.

Sr: Herst.: v. Oxidmagnetwerkstoff d. Formel $SrO \cdot 6\,Fe_2O_3$ 15-2273*; v. hartmagnet. Oxidwerkstoffen aus Sr-Ferrit 26-2363*; Feinstrukturdiagramm v. $SrO \cdot 6\,Fe_2O_3$ 9-0266; Ferritmagnete aus $SrO \cdot 6\,Fe_2O_3$ 16-0468; Ummagnetisier.-Prozesse v. Sr-Ferritmagneten 22-0468; magnet. Eig. u. Struktur v. Sr-Ferriten 30-0459; Mössbauer-Mess. am Dauermagneten $SrFe_{12}O_{19}$ 35-0471; Mess. d. Ausdehn. v. Sr-Ferritkrist. in Sr-Ferritmagneten (Berechn. d. Entmagnetisier.-Kurven v. Hartferriten) 38-0489; Unters. an Sr-Ferritmagneten 42-0476; Mössbauer-Effekt im Syst. $Sr_3Fe_2O_{6-7}$ 44-0500; magnet. Bereichsstruktur im Sr-Ferrit 46-0500; Einfl. v. W.-Dampf auf d. Rk. v. Sr-Ferriten 29-2276; Verw. v. Sr-Ferrit zur Herst. v. hartmagnet. Oxidwerkstoffen aus Sr-Ferrit 22-2249*.

Sr–Al: Domänenstruktur v. ferrimagnet. $SrO \cdot (6-x)\,Fe_2O_3 \cdot x\,Al_2O_3$ mit hohem Anisotropiefeld 36-0504; Anfangsmagnetisier. u. Magnetisier.-Umkehr v. $SrO \cdot 4\,Fe_2O_3 \cdot 2\,Al_2O_3$ 49/50-0493.

Sr–Ba: Einfl. v. W.-Dampf auf d. Rk. v. Ba–Sr-Mischferriten 29-2276.

Sr–Co: Bldg. u. physikal. Eig. v. $SrCo_2 \cdot Fe_{16}O_{27}$ u. $Sr_3Co_2Fe_{24}O_{41}$ 38-0758.

Sr–Cr: Anisotropie d. Curie-Temp. in $SrO \cdot 4{,}4\,Fe_2O_3 \cdot 1{,}6\,Cr_2O_3$ 12-0529; Anisotropie d. galvanomagnet. Effekts v. Paraprozessen in hexagonalen Ferriten d. Zus. $SrO \cdot 4{,}4\,Fe_2O_3 \cdot 1{,}6\,Cr_2O_3$ 14-0556.

Sr–La: Mössbauer-Unters. an ^{57}Fe im Perowskit $La_{1-x}Sr_xFeO_3$ ($0 \leq x \leq 1$) 1-0520; magnet. Suszeptibilität v. $SrLaFeO_4$ mit K_2NiF_4-Struktur 43-0501.

Sr–Sb: Néel-Temp., asymptot. Curie-Temp. u. Curie-Konst. v. Sr_2FeSbO_6 29-0503.

Ta–Ba: Gitterdeformat., magnet. Suszeptibilität, spezif. elektr. Widerstand u. Phasenumwandl. in $Ba(Fe_{0,5}Ta_{0,5})O_3$ 35-0241; dielektr. Eig. d. Syst. $BaTiO_3/Ba(Fe_{0,5}Ta_{0,5})O_3$ 46-0461.

Ta–Sr: Gitterdeformat., magnet. Suszeptibilität, spezif. elektr. Widerstand u. Phasenumwandl. in $Sr(Fe_{0,5}Ta_{0,5})O_3$ 35-0241.

Tb: Energieniveaus d. Terbiumions im Fe-Granat (Riesenanisotropiemax. im Resonanzspektrum) 3-0420; Elektronenrelaxat.-Zeiten τ v. Tb^{3+}-Ionen in Tb-Ferraten(III) 13-0537; Abhängigk. d. ferromagnet. Curie-Punktes v. $5\,Fe_2O_3 \cdot 3\,Tb_2O_3$ v. hydrostat. Druck bis zu *6* kbar 6-0517; Magnetostrikt. v. Tb-Ferraten(III) bei tiefen Temp. 19-0500; inneres Feld in $TbFeO_3$ am Ort d. Fe-Kerns durch Mössbauer-Unters. u. d. $^1/_3$-Potenzgesetz 24-0483; magnet. u. Magnetostrikt.-Eig. v. Tb-Ferraten(III) bei tiefen Temp. 33-0527; magnet. Umwandl. bei Temp.-Änder. im Bereich d. Kompensat.-Punkte v. $Tb_3 \cdot Fe_5O_{12}$ 36-0503.

Ti:

Unters. mittels Elektronenmikrosonde: v. Fe–Ti-Oxiden aus einigen Eisensanden Neu-Seelands 17-0869; über Fe–Ti-Oxidmineralien 19-0856; Vork. v. Oxiden d. Syst. Fe–Ti in gebänderten Fe-Format. in Broken Hill, Australien, u. ihre Bezieh. zu d. Pb–Zn-Erzkörpern 19-0857; Vork. v. Eisentitanoxidmineralien gemeinsam mit Anorthosit in Noriten in Bengalen, Indien 36-0847; Sättig.-Magnetisier. u. Kationenverteil. in Ti-Magnetiten d. Zus. $(1-x)\,Fe_3O_4–x\,Fe_2TiO_4$ 2-0522; Einfl. eines Wirbelstroms auf d. ferromagnet. Resonanz sphär. Proben: $Ti_{0,10} \cdot Fe_{2,90}O_4$ u. $Ti_{0,18}Fe_{0,82}O_4$ 47-0386; Unters. d. Mineralien d. tern. Syst. $FeO–Fe_2O_3–TiO_2$ mit Hilfe d. Elektronenmikrosonde 19-0856.

$FeTiO_3$, Verbreit. v. *Ilmenit* im nördl. Teil d. České Středohoří-Gebirges 2-0840; Vork. v. *Ilmenit* in d. Bauxitlagerstätte d. südl. Taurus (Türkei) 2-0842; neues Titanomagnetitvork. in Assoziat. mit *Ilmenit* in Südindien 2-0844; Besonderh. d. Verteil. v. *Ilmenit* in Graniten d. Tigerek-Massivs (Altai-Gebirge) 4-0789; Vork. u. Umwandl. v. *Ilmenit* v. voralpid. Sassuritgabbro 7-0829; Vork. v. akzessor. *Ilmenit* in d. Kokkudukt-jubje-Massiv u. einige Fragen seiner Hybridisier. 7-0836; Änder. d. Zus. v. *Ilmenit*-Krist. während d. Metamorphose d. Fe–Ti-Lagerstätte d. Ufalei-Gruppe 7-0879; Mineralien u. ihre Verteil. auf d. *Ilmenit*-Lagerstätte v. Abu Ghalaga, Ägypten 8-0852; Vork. v. *Ilmenit*: in d. Cu-Vererz. v. Deva 8-0857; in Ukrain. Erzfeldern 9-0868; Vork. v. Hämatit–*Ilmenit*-Lamellen in Eisensanden Neu-Seelands 17-0869; Vork. v. *Ilmenit* u. Pallasiten u. Mesosideriten u. einige genet. Überleg. 18-0760; Unters. v. *Ilmenit* in Basalt v. Aubrac mit d. Mikrosonde nach Castaing 19-0811; Vork. v. *Ilmenit*: in alluvialen Sanden d. Kabul River bei Charsadda 19-0849; in Mineralgängen v. Crni Kamen bei d. Dorfe Alinci in Mazedonien 21-0852; *Ilmenit* aus metamorphen bas. Gesteinen d. Willyama-Komplexes, Distrikt Broken Hill, Neu-Süd-Wales 21-0884; Vork. v. *Ilmenit*: in ausgewählten Fe–Ti-Lagerstätten 21-0896; in d. Cu-Lagerstätte v. Vigonzano 21-0897; petrograph. u. modale Verhältnisse d. titaneisenhalt. Magnetit–*Ilmenit*-Ablager. v. Sanford Hill 22-0774; Zus. v. im Cassiterit eingeschlossenen *Ilmenit* (punktweise Röntgenfluoreszenz) 24-0837; Vork. u. Entsteh. v. *Ilmenit* 28-0839; Vork. v. *Ilmenit*–Magnetit-Lagerstätten bei Saltora, Bankura-Distrikt, West-Bengalen 29-0821; neue Quarzrohstofflagerstätte mit *Ilmenit* + Granat + Cyanit für d. Glas- u. keram. Industrie Westsibiriens 31-2233; Unters. d. Granite v. Honkamäki u. Otanmäki, Finnland, unter bes. Berücksichtig. d. Mineralogie v. *Ilmenit* 34-0823; Vork. v. Magnetit u. *Ilmenit* gemeinsam mit Anorthosit in Noriten in Bengalen, Indien 36-0847; opaker *Ilmenit* in d. ultrabas. Gesteinen d. Pyrenäen 37-0822; Vork. v. *Ilmenit* als Indicator für d. Bldg.-Zeit d. Erdöllagerstätte v. Ust-Balyk (Westsibirien) 37-0861; *Ilmenit* in d. sand.-aleurit. Schwerefrakt. d. antropogenen Deckablager. d. Beloruss. Polessje 39-0806; Methodik d. *Ilmenit*-Unters. v. Granitoiden 39-0809; *Ilmenit* in d. Titanomagnetiten aus d. differenzierten Gabbroid-Intrus. d. Altai-Sajan-Reg. 42-0759; Unters. d. Assoziat. v. akzessor. *Ilmenit* in Alkaligesteinen d. Wischnewgebirges 43-0774; Vork. v. akzessor. *Ilmenit* in Hypersthengranuliten d. präkambr. Massivs v. Kokcetavsk 46-0778; Ursprung präkambr. *Ilmenit*-Ablager. in Ägypten (U.A.R.) 47-0763; Nb u. Ta in *Ilmeniten* lockerer Sedimente v. Gebiet d. Korosten-Plutons 16-0771; Nb-Verteil. in *Ilmenit* d. Seifen d. Issyk-Kul-Senke 17-0838; Verteil. v. Nb u. Ta im *Ilmenit* d. Granitoide d. Aktausker Intrusivs (westl. Usbekistan) 28-0785.

Bldg.: v. *Ilmenit* bei d. Metamorphose u. Verwitter. in d. Nähe eines Intrusiv–Kohle-Kontakts 19-0824; v. – im Phasengrenzbereich Metall/Email an direktweißemailliertem Stahlblech 26-2432; v. *Ilmenit* bei d. autometamorphen retrograden Umwandl. v. Biotiten in Chlorite u. Muskovite 49/50-0740; Vgl. d. Aufbereit. ind. *Ilmenits* aus Ostküstensanden 3-2407; Anreicher. ilmenit. Sande (v. *55* auf *90%* TiO_2) 14-2258; Aufbereit. v. *Ilmenit* im Wirbelbett 17-2425*; Aufarbeit. v. Schlacke d. selektiven Fe-Gewinn. aus *Ilmenit* zu V_2O_5, TiO_2 u. $MnCl_2$ durch Chlorier. 23-2379*; regelnde Wrkg. v. Na_2SiF_6 bei d. Flotat. v. *Ilmenit* 26-2472; Behandl. v. *Ilmenit* mit Cl_2 27-2244*; Chlorier. v. *Ilmenit* im Fließbettverf. 34-2291; Gewinn. v. Magnetit–*Ilmenit*-Konzentrat aus ungar. Wehrlit 35-2234; Einfl. v. Temp., Gasström.-Geschw. u. CO/Cl_2-Verhältnis auf d. Chlorieren ägypt. *Ilmenit*-Erze 36-2252; Aufbereit. v. *Ilmenit*-halt. Fe-Erz durch Teilred. 51/52-2412*; Erniedrig. d. Fe-Geh. v. *Ilmenit* (Ti-Erzen) 1-2321*; Abtrenn. v. Fe u. Cr aus *Ilmenit*-Konzentraten 13-2333; Verhütt. v. ägypt. *Ilmenit* im kombinierten Schmelz- u. Chlorier.-Prozeß 9-2507; getrennte Gewinn. v. hochreinem Fe, Cr- u. Ti-Oxiden aus *Ilmenit* u. Cr-Erzen durch H_2-Red. in d. Wirbelschicht 11-2621*; Aufschluß v. *Ilmenit* zu TiO_2 16-2168*; HF-Behandl. v. *Ilmenit* zur Herst. v. Fluoro-Ti-Säure(IV) u. d. Salzen 17-2198*; Herst. v. TiO_2-Pigment im Kreislaufverf. durch Hydrochlorieren v. *Ilmenit* 47-2076*; Verw. zur Herst. v. H_2TiF_6 48-2254*.

Atomisier.- u. Krist.-Gitterenergien u. einige geochem. Besonderh. v. – 32-0264; Einfl. d. Körn. v. *Ilmenit* auf d. Widerstandsfähigk. d. Wand. u. Böden v. Lichtbogenöfen 24-2301; Mössbauer-Absorpt.-Mess. an *Ilmenit* 34-0833; Sättig.-Magnetisier. u. Curie-Punkt 38-0482; thermodynam. Funkt. d. Bldg. v. – im Syst. FeO/TiO_2 aus Unters. d. Gleichgew. $Fe_2TiO_4 + CO \rightleftharpoons FeTiO_3 + CO_2$ 25-0530; Schmelzverh. v. *Ilmenit* aus Weferlinger Quarzsand 47-0772; Flotat. v. *Ilmenit* mit Oleinsäure 41-0636.

Rk. v. *Ilmenit* mit Cl_2 23-2138*; Pseudorutil, ein neues, zwischen *Ilmenit* u. Rutil stehendes Mineral, als Alter.-Prod. d. *Ilmenite* 22-0788; Mechanismus u. Kinetik d. H_2-Red. v. *Ilmenit* 41-2243.

Best. d. *Ilmenit*-Einschlüsse in Pyroxenen mit Hilfe thermodynam. Meth. 16-0766; charakterist. Fluoreszenzkorrekturen bei d. Elektronenstrahlmikroanalyse v. *Ilmenit* 4-1861.

Fe_2TiO_4, Vork. v. festen Lsg. v. Magnetit–*Ulvöspinell* in einigen Eisensanden Neu-Seelands 17-0869; Unters. v. *Ulvöspinell* in Basalt v. Aubrac mit d. Mikrosonde nach Castaing 19-0811; Zus. d. Titanomagnetite aus Oliviniten aus Magnetit u. *Ulvöspinell* (elektronenmkr. u. Mikrobeug.-Unters. opt. homogener Titanomagnetite an ultradünnen Schnitten) 28-0814; erster Fund v. hydrothermalem *Jozit* 38-0834; Atomisier.- u. Krist.-Gitterenergien u. einige geochem. Besonderh. v. *Ulvöspinell* 32-0264; Sättig.-Magnetisier. u. Curie-Punkt 38-0482; gegenwärt. Stand d. Gesteinsmagnetismus unter bes. Berücksichtig. d. Syst. Magnetit–*Ulvöspinell* 41-0808; thermodynam. Funkt. d. Bldg. v. – im Syst. FeO/TiO_2 aus Unters. d. Gleichgew. $Fe_2TiO_4 + CO \rightleftharpoons FeTiO_3 + CO_2$ 25-0530.

Fe_2TiO_5, Chemismus d. *Pseudobrookite* v. Vulkaniten (Unters. mit d. Elektronenmikrosonde) 7-0851; magnet. Eig. u. d. mögl. Bedeut. d. *Pseudobrookit*-Ox.-Zonen in einem Olivin-Basalt Islands 11-0823; Unters. d.

Mineralassoziat. v. *Pseudobrookit* in Gesteinen in d. Nähe eines Kontakts mit einem Doleritsaum um einen Gabbro 19-0822; Bldg. v. – im Syst. $Fe_2O_3/Cr_2O_3/Al_2O_3/ZrO_2/TiO_2/SiO_2$ 23-0560; Sättig.-Magnetisier. u. Curie-Punkt 38-0482.

Ti-Alkalimetall: komplexe Alkalimetalltitanoxide $A_x(Fe_yTi_{8-y})O_{16}$ d. α-MnO_2-Strukturtyps 31-0276.

Ti–Cr: Anreicher. (u. Zus.) v. Ti-führenden Seifen mit *Proarizonit*, (Fe, $Cr)_2O_3 \cdot 3\ TiO_2 \cdot n\ H_2O$ 43-2116.

Ti–K–Y: DK u. Strukturunters. v. $KY_2FeTi_2O_9$ 14-0524.

Ti–Mg: Krist.-Struktur fester Lsg. im Syst. $Mg_2TiO_4/MgFe_2O_4$ 17-0276; Abhängigk. d. ferromagnet. Curie-Punkte v. $5\ Fe_2O_3 \cdot 3\ Tb_2O_3$ v. hydrostat. Druck bis zu Werten v. *6000* bar 6-0517.

Tm: Elektronenrelaxat.-Zeiten τ v. Tm^{3+}-Ionen in Tm-Ferraten(III) 13-0537; inneres Feld in $TmFeO_3$ 24-0483; Besonderh. d. Temp.-Abhängigk. d. Magnetisier. v. $TmFeO_3$ 6-0518; magnet. Verh. v. $Tm_3Fe_5O_{12}$ in einem kub. Feld 20-0458.

Tm–Lu: γ-γ-Winkelkorrelat.-Unters. v. ^{169}Tm in Lutetium–Eisengranat 7-0090.

V: Oberflächenspann. u. D. v. Schmelzen d. Syst. Fe_2O_3/V_2O_5 49/50-0597; Red. v. Mischkrist. $FeV_{0,6}Fe_{1,5}O_4$ bzw. $(FeV_2O_4)_{0,3} \cdot (Fe_3O_4)_{0,7}$ unter Gleichgew.-Beding. 19-0781; Gleichgew. bei d. Red. v. $FeV_{0,6}Fe_{1,4}O_4$-Mischkrist. durch Wasserstoff 26-0768; Ox. v. $(FeV_{2-x})Fe_xO_4$-Krist. (Gitterparameter), Bldg. v. festen Lsg., Zers. unter Bldg. v. $FeVO_4$, V_2O_5 u. einer festen Lsg. v. V_2O_3 in Fe_2O_3 35-0706.

FeV_2O_4, Darst. d. Spinells – 41-0735; Jahn-Teller-Effekte in Mössbauer-Spektren v. ^{57}Fe in – 19-0074; Unters. d. kristallograph. u. d. magnet. Übergänge im Spinell – mit Hilfe d. Mössbauer-Effekts 38-0481; detaillierte Interpretat. d. Mössbauer-Spektren bei sehr tiefen Temp. u. Eig. v. Fe^{2+} in – 44-0499; thermodynam. Grundeig. v. Mischkrist. d. *Vanadits* mit Magnetit 35-0515; Red.-Kinetik v. –-Spinell mit H_2 44-2226; Chlorier. v. Fe–V-Spinell $FeO \cdot V_2O_3$ 48-0704.

V–Bi–Cu: ferromagnet. Resonanz: in Einkrist. d. Granats $Bi_{0,48}Ca_{2,52}Fe_{3,74}V_{1,26}O_{12}$ 14-0420; in Granateinkrist. d. Zus. $Bi_{0,5}Ca_{2,5} \cdot Fe_{3,75}V_{1,25}O_{12}$ 18-0341; magnet. u. Mikrowelleneig. v. Granaten d. Zus. $\{Bi_{3-2y}Ca_{2y}\} \cdot [Fe_2](Fe_{3-y}V_y)O_{12}$ 14-0557; magnet. Unters. v. Ferritgranateinkrist. d. Zus. $[Bi_{3-2x} \cdot Ca_{2x}]Fe_2(Fe_{3-x}V_x)O_{12}$ mit x = *1,33*, *1,34* u. *1,36* 19-0496; Eig. d. L-Bande eines Granateinkrist. d. Zus. $(Ca_{2,6}Bi_{0,4})(Fe_{2,0})(Fe_{1,7}V_{1,3})O_{12}$ 24-0479.

V–Ca: Bldg.-Prozeß v. $Ca_3Fe_{3,5}V_{1,5}O_{12}$ 28-0745; Temp.-Abhängigk. v. Linienbreite u. Resonanzfeld d. ferromagnet. Resonanz v. $Ca_3V_{1,5}Fe_{3,5}O_{12}$-Proben 23-0397; Linienbreite d. ferromagnet. Resonanz im tern. Syst. $Y_3Fe_5O_{12}/Ca_3Fe_{3,5}V_{1,5}O_{12}/Bi_3Fe_5O_{12}$ 23-0398; Anfangspermeabilität v. $(1-x)\ Y_3Fe_5O_{12}/x\ Ca_3Fe_{3,5}V_{1,5}O_{12}$ (x = *0 – 1*) 49/50-0498.

V–Ca–Hf: Synth., Gitterparameter u. D. v. Verb. mit Granatstruktur, $Ca_3Hf(IV)_2V_{0,5} \cdot Fe(III)_{2,5}O_{12}$ 41-0757.

V–Ca–Sn: Synth., Gitterparameter u. D. v. Verb. mit Granatstruktur, $Ca_3Sn(IV)_2V_{0,5} \cdot Fe(III)_{2,5}O_{12}$ 41-0757.

W–Ba–Co: Neutronenbeug.-Unters. d. magnet. Struktur hexagonaler Ferrite im Syst. $Co_xW(BaCo_x^{2+}Fe_{2-x}^{2+}Fe_{16}^{3+}O_{27})$ 26-0462.

W–Li–Pb: Darst., Gitterparameter, DK, Leitfähigk., Ferroelektrizität u. magnet. Eig. d. neuen bleihalt. Perowskits $PbLi_{0,25} \cdot Fe(III)_{0,25}W(VI)_{0,5}O_3$ 3-0290.

W–Pb: Seignetteelektrika–Ferrimagnetika im Syst. $Pb(Fe_{2/3}W_{1/3})O_3$–$Pb_2(Li_{1/2}Fe_{1/2})WO_6$ 30-0417.

W–Sr: Néel-Temp., asymptot. Curie-Temp. u. Curie-Konst. v. Sr_2FeWO_6 29-0503.

Y: Beding. zur hydrothermalen Synth. v. Yttriumeisengranat aus Y_2O_3 u. Fe_2O_3 41-0758; Darst. u. Eig. v. Einkrist. v. Y-Ferraten(III) v. Spinell- oder Granattyp (allg. Betracht.) 5-0272; Herst. v. polykrist. Y–Fe-Granat d. Formel $Y_3Fe_5O_{12}$ 45-2107*; Ätzmittel für $Y_3Fe_5O_{12}$ 15-0253; Modulat. (He–Ne-Laser) im Sichtbaren u. im IR mittels Faraday-Rotat. in *Yttrium–Eisen*-Granat 19-0394; Unterschwellenabsorpt. im stationären Zustand bei parallelem Pumpen für Y–Fe-Granat 31-0416; Näher. zur Sättig. an polykrist. Proben v. Y-Ferraten(III) 14-0498; Verdampf. d. PbO/PbF_2-Schmelze während d. Lsg.-Wachstums v. YIG-Krist. $Y_3Fe_5O_{12}$ 18-0210; Spiralschichtwachstum v. Y-Ferrate(III)-Granatkrist. unter hydrothermalen Beding. 19-0236; Zücht. v. Y–Fe-Granat 29-0219; Zücht. v. Fe/Y-Granateinkrist. 29-0223; Mess. d. Elastizitätsmoduln v. Y-Eisengranat 13-0333; Elastizitätsmoduln v. Einkrist. aus Y–Fe-Granat 14-0327; Härte v. Einkrist. v. $Y_3Fe_5O_{12}$ 47-0300; experimentelle Unters. niederfrequenter Schwing. im Instabilitätsbereich v. Y-Ferriten bei parallelem Pumpen 12-0524; langsame Wellen in Y-Ferraten(III) u. deren Wechselwrkg. mit Elektronenströmen 14-0555; Mikrowellenerzeug. in impulsbetriebenen Y–Fe-Granateinkrist.-Kugeln 36-0501; Mikrowellen–Impuls-Echos mit variabler Verzöger. durch parametr. Pumpen wandernder Spinwellen in einem Stab aus *Y–Fe-Granat* 2-0375; anisotrope Spinwellenausbreit. in Y–Fe-Granat 2-0527; Einfl. d. Glüh. u. d. Si-Substitut. auf d. magnet. Eig. v. Y–Fe-Granateinkrist. bei Tonfrequenz 2-0528; ein neuer Anreg.-Mechanismus für d. magnetoakust. Resonanz in *Y–Fe-Granat* 4-0355; parametr. Verstärk. v. magnetoelast. Wellen in Y–Fe-Granat bei *8,7* MHz 4-0499; Oberflächenabhängigk. d. Spinwellenlinienbreiten d. magnetostat. Schwing. bei aufgerauhten Kugeln aus Yttrium–Eisen-Granat 5-0400; schwach ferromagnet. Gaußmeter mit einem $YFeO_2$-Einkrist. 5-2010; Temp.- u. Frequenzabhängigk. d. Linienbreite d. ferromagnet. Resonanz in Ferriteinkrist. v. $Y_3Fe_5O_{12}$ in d. Nähe d. Curie-Punkts 6-0391; Abhängigk. d. ferromagnet. Curie-Punkts v. $5\ Fe_2O_3 \cdot 3\ Y_2O_3$ v. hydrostat. Druck bis zu Werten v. *6000* bar 6-0517; Beweis für d. Polarisat.-Umkehr v. magnetoelast. Wellen im Y–Fe-Granat 6-0523; vorübergehendes Anwachsen v. Spinwellen in einer einkrist. *Yttriumeisengranat*-Kugel bei parallelem Pumpen 8-0352; Linienbreite d. ferrimagnet. Resonanz in mit Seltenerdmetallen dotiertem *Y–Fe-Granat* bei tiefen Temp. 8-0379; Einfl. v. Krist.-Baufehlern auf d. Breiten d. ferromagnet. Resonanzlinien in *Ferriten* (Y-Granateinkrist.-Kugeln) 9-0409; Einfl. anisotroper mechan. Spann. auf d. Frequenzspektrum magnetostat. Schwing. v. Y–Fe-Ferrit 10-0510; Unters. eingefrorener Defekte in Y–Fe-Granatkrist. durch ferromagnet. Resonanz 11-0410; Analyse u. Synth. d. inneren Magnetfeldes für vorgeschriebene magnetoelast. Verzöger.-Eig. in Y-Ferraten(III) 12-0514; nichtentartetes paralleles Pumpen v. magnetoelast. Wellen in Y-Ferraten(III) 12-0516; paralleles Pumpen v. magnetoelast. Wellen in Y–Fe-Granaten 12-0517; Fortpflanz. magnetostat. Spinwellen bei Mikrowellenfrequenzen in Y-Ferrate(III)-Stäben 12-0522; longitudinale Suszeptibilität v. porösem polykrist. YIG bei Mikrowellenfrequenzen 12-0525; magnet. Eig. v. $YFeO_3$ im Bereich niedr. Temp. 12-0528; Einfl. d. Jahn-Teller-Ionen auf d. akust. u. magnet. Eig. v. YIG 13-0538; magnetostat. Echos an Einkrist.-Kugeln, -Scheiben u. -Stäben aus Y–Fe-Granat bei X-Bandfrequenzen 14-0532; Mess. ferromagnet. Resonanz v. Ga-substituiertem Y/Fe-Granat bei niederen Frequenzen 15-1952; magnet. Resonanzlinienbreite in geordnetem Lithiumferrit u. Vgl. mit Yttriumeisengranat 19-0372; NMR-Unters. d. Magnetisier. d. Fe-Untergitters in Yttriumeisengranat 19-0373; Unters. d. Magnetisier. d. Subgitter in einigen Yttriumeisengranaten mit Hilfe d. NMR v. ^{57}Fe 19-0374; anisotrope magnet. Resonanz u. Relaxat. in mit Si substituierten Y/Fe-Granat 19-0375; Wandeffekt in ferrimagnet. Resonanzvers. an Yttriumeisengranat 19-0379; Quantenformalismus für magnetoelast. Wellen in Y-Ferraten(III) 19-0465; Mehrfachprozesse d. Magnon–Magnon-Wechselwrkg. in Y–Fe-Granat 19-0499; Magnetostrikt. v. $Y_3Fe_5O_{12}$ bei tiefen Temp. 19-0500; dynam.-magnet. Eig. für Y–Fe-Granaten bei tiefen Temp. 20-0455; Verstärk. v. Spinwellen durch Phononenpumpen bes. in Y-Ferriten 22-0368; Linienbreite d. ferromagnet. Resonanz im tern. Syst.: $Y_3Fe_5O_{12}/Ca_3Fe_{3,5}V_{1,5}O_{12}/Bi_3Fe_5 \cdot O_{12}$ 23-0398; ^{57}Fe-, ^{69}Ga- u. ^{71}Ga-NMR-Spektren v. mit Ga substituiertem *Fe–Y-Granat* 24-0387; inneres Feld in $YFeO_3$ am Ort d. Fe-Kerns durch Mössbauer-Unters. u. d. $^1/_3$-Potenzgesetz 24-0483; krit. Verh. d. schwachen Ferromagneten $YFeO_3$ 24-0484; magnet. Eig. v. Y-Ferraten(III) unter hydrostat. Druck 25-0473; magnetoelast. Mikrowellenresonanz in einem nichtgleichförm. Magnetfeld bei Y–Fe-Granat 28-0355; Verstärk. magnetostat. Wellen durch paralleles Pumpen in Einkrist.-Scheiben aus *Y–Fe-Granat* (YIG) 30-0311; Magnetostrikt. v. Si-dotiertem Y–Fe-Granat 30-0456; Ultraschallunters. d. magnetoelast. Eig. erster Ordn. u. zweiter Ordn. bei Y–Fe-Granat 30-0457; Einfl. d. thermomechan. Behandl. auf d. Breite d. Linien d. ferromagnet. Resonanz bei Einkrist. v. *Yttriumferritgranat* 31-0402; Einfl. v. Krist.-Defekten auf d. Breite d. ferromagnet. Resonanzlinie in Y-Ferriten 31-0403; Frequenz parametr. angeregter Spinwellen mit Mess. an einer Y–Fe-Granatkugel 32-0369; magnetostat. Echos durch Nebenabsorpt. in Zylindern aus *Yttriumeisengranat* 33-0425; magnet. u. Magnetostrikt.-Eig. v. Y-Ferraten(III) bei tiefen Temp. 33-0527; Verstärk.-Faktor u. Sättig.-Charakteristiken parametr. verstärkter elast. Wellen in Y–Fe-Granat 35-0256; magnetoelast. u. magnetostriktive Phononenerzeug. in YIG 36-0498; magnetoelast. Eig. zweiter Ordn. v. Y–Fe-Granat 36-0499; Mikrowellenerzeug. in impulsbetriebenen Y–Fe-Granat-Einkrist.-Kugeln 36-0501; Spin–Phonon-Wechselwrkg. in Y-Ferrit (Anreg. magnetoelast. Wellen mit Ultraschall) 37-0325; Einfl. d. Verteil. d. magnet. Feldes in einer Probe auf d. Anreg. magnetoelast. Wellen in Y-Granat 41-0502; Potenzgesetz in d. Nähe d. Curie-Punkts v. Y–Fe-Granat 42-0473; Einfl. v. Ni^{2+}-Ionen auf Tetraederplätzen auf d. magnet. Eig. v. YIG mit *0,25* u. *1,3* Gew.-% NiO 42-0474; krit. Feld für d. Magnetisier.-Umkehr v. Y-Orthoferrit 42-0475; magnetoopt. Modulat. d. *3,39-μ*-He–Ne-Laserstrahl. durch $Y_3Fe_5O_{12}$-Einkrist. 45-0316; magnet. Eig. v. $YFeO_3$ 45-0467; neuer Schwing.-Typ in axial magnetisierten YIG-Stäben [Y-Ferrate(III)] 45-0468; bei d. nichtlinearen, ferromagnet. Resonanz auftretende Schwing.-Hysterese in Y–Fe-Granateinkrist. 48-0366; Meth. zur Unterscheid. d. Mechanismen d. magnet. Suszeptibilität v. Y-Granat 49/50-0497; Anfangspermeabilität v. $(1-x)\ Y_3Fe_5 \cdot O_{12}/x\ Ca_3Fe_{3,5}V_{1,5}O_{12}$ (x = *0 – 1*) 49/50-0498; Transmiss.-Schwäche u. Umformwrkg.-Grad v. sich ausbreitenden magnetoelast. Wellen in Y–Fe-Granat 49/50-0499; Mikrowellen–Impuls-Echoverh. an Scheiben aus Y–Fe-Granat 2-0503; ferroakust. Resonanz an longitudinalen Ultraschallwellen in Y-Ferriteinkrist. mit Granatstruktur 14-0422; Einfl. v. therm. Atomschwing. auf d. Wert d. Austauschenergie v. Y-Ferraten(III) 16-0460; Wärmeleitfähigk. d. magnet. Granats $Y_2Fe_2Fe_3 \cdot O_{12}$ bei tiefen Temp. 17-0323; Ultraschalldämpf. in Isolatoren bei Raumtemp., $Y_3Fe_5O_{12}$ 40-0245; wirksame Erzeug. v. Scherwellen im Mikrowellenbereich durch Modenkonvers. in Y–Fe-Granat 40-0246; Eigentümlichk. d. ferroakust. Resonanz in Y-Ferrit–Gallat-Mischkrist. 40-0247; Bezieh. zwischen d. elast. Moduln dritter Ordn. u. d. therm. Dämpf. v. Ultraschallwellen in $Y_3Fe_5O_{12}$ 41-0317; Streuung v. Magnanen u. Phononen u. therm. Leitfähigk. v. Y–Fe-Granat 42-0472; Zers. d. synthet. Granats $\{Y_3\}[Fe_2](Fe_3)O_{12}$ bei hohen Drücken 45-0710.

Y–Al: Ätzmittel für $Y_3Fe_4AlO_{12}$ 15-0253; Temp.- u. Frequenzabhängigk. d. Linienbreite d. ferromagnet. Resonanz in Ferriteinkrist. v. $Y_3Fe_{4,28}Al_{0,72}O_{12}$ in d. Nähe d. Curie-Punkts 6-0391; Phasenbezieh. d. Granatphase $Y_3Fe_4 \cdot AlO_{12}$ 12-0589; homogener Einbau v. Y in Y–Fe–Al-Granate (Korrekturen in d. Zus. v. Granaten) 37-0773; Abhängigk. d. magnet. Eig. v. $Y_3Fe_{5-x}Al_xO_{12}$ v. d. therm. Vorgeschichte 12-0523; Kontrolle d. elektromagnet. Eig. d. polykrist. Granats $Y_3Fe_{3,75} \cdot Al_{1,25}O_{12}$ 12-0526; Magnetfelder an ^{57}Fe-Kernen in $Y_3Fe_{5-x}Al_xO_{12}$ nach d. Meth. d. Mössbauer-Effekts 42-0471.

Y–Al–Gd: Einfl. v. hydrostat. Druck auf d. Curie-Punkt v. $Y_{1,5}Gd_{1,5}Fe_{4,5}Al_{0,5}O_{12}$ 10-0504; Temp.-Beständigk. v. Y–Gd–Al–Fe-Granaten d. allg. Zus. $3\ [(1-x)\ Y_2O_3 \cdot x\ Gd_2 \cdot O_3] \cdot 5\ [(1-y)\ Fe_2O_3 \cdot y\ Al_2O_3]$ mit $0 \leqq x \leqq 0{,}5$ u. $0 \leqq y \leqq 0{,}3$ 19-0501.

Y–Bi: Eig. v. aus Bi_2O_3-Schmelzen gezogenen $Y_{3-x}Bi_xFe_5O_{12}$-Einkrist. 30-0189.

Y–Ca: Ausscheid.-Gleichgew. v. Ca u. Y in magnet. Keramiken v. Spinellstruktur (Ferrite) mit ^{45}Ca u. ^{90}Y 20-2298; magnet. u. kristallograph. Unters. v. F-halt. Granaten d. Zus. $\{Y_{3-x}Ca_x\}Fe_5O_{12-x}F_x$ 35-0473.

Y–Ca–Sb: magnet. u. kristallograph. Unters. v. $(Y_{3-3x}Ca_{3x})Fe_{5-x}Sb_xO_{12-x}F_x$ 35-0473.

Y–Ca–Si: magnet. Eig. substituierter ferrimagnet. Granate d. Zus. $\{Y_{3-x}Ca_x\}[Fe_2] \cdot (Fe_{3-x}Si_x)O_{12}$ 38-0490.

Y–Ca–Sn: effektive Magnetfelder an Sn-Kernen in Granaten d. Zus. $Ca_xY_{3-x}Sn_x \cdot Fe_{5-x}O_{12}$ 7-0554; Mössbauer-Mess. effektiver Magnetfelder an ^{119}Sn-Kernen in Ferritgranaten, $Y_{3-x}Ca_xFe_{5-x}Sn_xO_{12}$ 20-0454.

Y–Ca–V: magnet. u. kristallograph. Unters. v. ferrimagnet. Granaten d. Syst. $\{Y_{3-3x}Ca_{3x}\}Fe_{5-x}V_xO_{12-x}Fe$ 35-0473; Anfangspermeabilität v. Mischkrist. d. Syst. $(1-x)\ Y_3Fe_5O_{12}/x\ Ca_3Fe_{3,5}V_{1,5}O_{12}$ (x = *0 – 1*) 49/50-0498; Anfangspermeabilität v. $Y_{3-2x} \cdot Ca_{2-x}Fe_{5-x}V_xO_{12}$ 46-0499.

Y–Cr: Symmetrie d. Krist.-Feldes im Granat $Y_3Fe_{5-x}Cr_xO_{12}$ (hergestellt aus PbO–

PbF_2-Schmelzen) bei Substitut. v. Fe^{3+} durch Resononen durch Mess. d. ferromagnet. Resonanz 32-0378.

Y–Eu: Elastizitätsmoduln v. Einkrist. aus Eu–Fe-Granat 14-0327.

Y–Ga: Röntgen- u. Neutronenbeug.-Unters. d. Substitut.-Unordn. in Y/Fe/Ga-Granaten 35-0242; Mikrohärte d. Krist. v. Y–Fe–Ga-Granaten 23-0318; Temp.- u. Frequenzabhängigk. d. Linienbreite d. ferromagnet. Resonanz in Ferriteinkrist. v. $Y_3Fe_{3,46}Ga_{1,54}O_{12}$ in d. Nähe d. Curie-Punkts 6-0391; paralleles Pumpen v. magnetoelast. Wellen in Y–Ga–Fe-Granaten 12-0517; Abhängigk. d. magnet. Eig. v. $Y_3Fe_{5-x}Ga_xO_{12}$ v. d. therm. Vorgeschichte 12-0523; anomale Magnetisier. im Y–Ga–Fe-Granat 24-0477; spontane magnet. Momente u. Ionenverteil. v. $Y_3Fe_{5-x}Ga_xO_{12}$ mit x bis *3,00* 24-0478; lineare u. zirkulare Doppelbrech. bei d. ferroakust. Resonanz v. $Y_3Ga_{1,5}Fe_{3,5}O_{12}$ 36-0500.

Y–Ga–Gd: Magnet. Charakteristiken v. Ferriten d. Zus. $3[(1-y)Y_2O_3 \cdot y\,Gd_2O_3] \cdot 5[(1-x)Fe_2O_3 \cdot x\,Ga_2O_3]$ mit $y = 0$, *0,3* bzw. *0,5* u. x bis *0,2* bzw. *0,15* bzw. *0,06* 38-0486.

Y–Gd: Unters. d. magnet. Eig. u. ferromagnet. Resonanz d. Y–Gd–Fe-Granat-Syst. 36-0502.

Y–In: Synth. u. Eig. v. aus In_2O_3-Schmelzen gezogenen $Y_3In_xFe_{5-x}O_{12}$-Einkrist. 30-0189. 5

Y–La: Synth. u. Eig. v. aus La_2O_3-Schmelzen gezogenen $Y_{3-x}La_xFe_5O_{12}$-Einkrist. 30-0189.

Y–Mg–Mn: Anisotropie d. magnet. Zähigk. v. Einkrist. d. Zus. *24* (Mol-%) MgO + *32* MnO + *44* Fe_2O_3 bzw. *10* MgO + *40* MnO + *50* Fe_2O_3 u. ca. $2\,Y_2O_3 \cdot 5\,Fe_2O_3$ 6-0519.

Y–Mn: Einfl. d. Jahn-Teller-Ionen auf d. akust. u. magnet. Eig. v. Y–Fe-Granat mit Mn^{3+}-Geh. 13-0538.

Y–Mn–Si: therm. Ausdehn. v. reinem Y–Fe-Granat u. v. Y–Fe-Granat mit Zusätzen v. Mn u. Si 14-0333.

Y–Si: anisotrope magnet. Resonanz u. Relaxat. in mit Silicium substituierten Yttriumeisengranat d. Zus. $[Y_3^{3+}][Fe_{1,95}^{3+} \cdot Fe_{1,05}^{2+}(Fe_{2,95}^{3+}Si_{0,05}^{4+})O_{12}$ 19-0375; induzierte Anisotropie v. mit Si dotiertem Y–Fe-Granat d. Zus. $Y_3Fe_{5-x}Si_xO_{12}$ ($0 \leq x \leq 0,18$) 20-0456.

Y–Tb: Magnetostrikt.: v. $Tb_{0,3}Y_{2,7}Fe_5O_{12}$ bei tiefen Temp. 19-0500; v. Granaten d. Zus. $Tb_xY_{3-x}Fe_5O_{12}$ mit $0 \leq x \leq 3$ bei tiefen Temp. 20-0457; Spin–Magnon-Relaxat. d. Tb^{3+}-Ionen in $Y_3Fe_5O_{12}$ (YIG) 30-0312.

Y–V: magnet. u. Mikrowelleneig. v. Granaten d. Zus. $\{Y_{3-2x}\}[Fe_2](Fe_{3-x}V_x)O_{12}$ 14-0557.

Y–Yb: Unters. d. ferromagnet. Resonanz d. Yttrium–Ytterbium–Eisen-Granatsyst. 36-0367.

Yb: Krist.-Daten v. $YbFeO_3$ 19-0261; Abhängigk. d. ferromagnet. Curie-Punkte v. $5\,Fe_2O_3 \cdot 3\,Yb_2O_3$ v. hydrostat. Druck bis zu Werten v. *6000* bar 6-0517; nichtlineare Theorie d. Anreg. v. Spinwellen in Ferriten durch longitudinale Ultrahochfrequenz-Magnetfelder, ber. an Yb-Ferrit 12-0424; Magnetostrikt. v. $Yb_{0,3}Y_{2,7}Fe_5O_{12}$ bei tiefen Temp. 19-0500; dynam.-magnet. Eig. v. Yb–Fe-Granaten bei tiefen Temp. 20-0455; inneres Feld in $YbFeO_3$ am Ort d. Fe-Kerns durch Mössbauer-Unters. u. d. $^1/_3$-Potenzgesetz 24-0483; Anisotropie d. Austauschwechselwrkg. Seltenerdmerall–Fe in Yb–Fe-Granaten 17-0532; Austauschanisotropie in Yb–Fe-Granat durch Linienaufspalt. im Elektronenspektrum 44-0354.

Zn: Darst. magnet. Ferrite durch Simultanausfäll. aus Lsg.-Gemischen, d. Zn^{2+}, Fe^{2+} u. Fe^{3+} enthalten 47-0697; Wärmeleitfähigk. v. $Ni_xZn_{1-x}Fe_2O_4$ mit x = *0,4*, *0,5* u. *0,7* 40-0264; Berechn. d. thermodynam. Funkt. v. Mischkrist. d. Zn-Ferrits mit *Magnetit* 45-0516; Elektronensondenmikroanalyse Zn-halt. hexagonaler Ferrite 44-1868.

$ZnFe_2O_4$ s. unter *Zinkoxide, Zincate bzw. Mischoxide*: *Zn* (*$ZnFe_2O_4$*).

Zn–Ba: Herst.: monokrist. $BaZn_2Fe_{16}O_{27}$ 48-2295*; v. monokrist. $Ba_2Zn_2Fe_{12}O_{22}$ 48-2304*; $Ba_2Zn_2Fe_{12}O_{12}$-Einkrist.-Zücht. aus $BaO–B_2O_3$-Schmelzen u. Vgl. mit $NaFeO_2$ 9-0411; Zücht. v. $Ba_2Zn_2Fe_{12}O_{22}$-, $BaZn_2 \cdot Fe_{16}O_{27}$- u. $Ba_3Zn_2Fe_{24}O_{41}$-Einkrist. 15-2275*; Unters. d. Mischschichtenpolytypen an Einkrist. v. Typ $Ba_nZn_yFe_wO_z$ 2-0828; Bldg. u. physikal. Eig. v. $BaZn_2Fe_{16}O_{27}$ 38-0758; Verringer. d. Linienbreite d. ferromagnet. Resonanz v. $Ba_2Zn_2Fe_{12}O_{22}$-Einkrist. durch eine neue Zücht.-Technik 9-0411; magnet. Verh. v. $Ba_2Zn_2Fe_{12}O_{22}$ bei hohen Frequenzen u. sein Spinellenspektrum 12-0520; Anisotropie d. Gleichstrom- u. Hochfrequenzwiderstandes v. $Ba_2Zn_2Fe_{12}O_{22}$-Einkrist. 28-0398; magnet. Anisotropie v. $Ba_2Zn_2Fe_{12}O_{22}$ 34-0496.

Zn–Ca–Si: Best. d. Aktivitätskoeff. v. ZnO in Schlackenschmelzen d. Syst. $FeO/Fe_2O_3/SiO_2/ZnO/CaO$ 23-0542.

Zn–Co: Temp.-Abhängigk. d. komplexen magnet. Anfangspermeabilität v. $Co_{0,6}Zn_{0,4} \cdot Fe_2O_4$ in einem breiten Frequenzbereich 46-0502.

Zn–Co–Cr–Ni: Temp.-Abhängigk. d. Parameter d. ferromagnet. Resonanz v. $Co_{0,02} \cdot Ni_{0,52}Zn_{0,26}Cr_{0,2}Fe_2O_4$ mit induzierter einaxialer magnet. Anisotropie 7-0411; Einfl. geringer Co^{2+}-Konz. auf d. ferromagnet. Resonanz v. Ni–Zn–Cr-Ferriten d. Zus. $Co_x(NiZn)_{0,8-x}Cr_{0,2}Fe_2O_4$ 18-0340; magnet. u. Impulseig. v. $Co_x(NiZn)_{0,8-x}Cr_{0,2}Fe_2O_4$ 23-0493.

Zn–Co–Cu–Mn–V: Herst. v. ferromagnet. Co-, Cu-, Fe-, Mn-, Zn-, V-Oxidgemisch 27-2283*.

Zn–Co–Ni: Temp.-Abhängigk. d. Parameter d. ferromagnet. Resonanz v. Ferrit $Co_{0,02}Ni_{0,52}Zn_{0,26}Fe_{2,2}O_4$ mit induzierter einaxialer magnet. Anisotropie 7-0411; magnet. Anisotropie polykrist. Ferrite d. Zus. *41* NiO · *3* ZnO · *1* CoO · *55* Fe_2O_3 (Perminvar) durch thermoelektr. Einw. 10-0507; Einfl. konst. u. alternierender Magnetisier.-Felder auf d. Rechteckschleife v. Ferritperminvaren d. Zus. 41 NiO · 3 ZnO · CoO · 55 Fe_2O_3 16-0464; innerer Ummagnetisier.-Faktor d. Syst. $(NiO)_{0,2-x} \cdot (ZnO)_{0,3}–(Fe_2O_3)_{0,5}(CoO)_x$ 38-0488.

Zn–Cr: Art u. Ursachen d. Alter. v. Cr–Fe–Zn-Dehydrier.-Katalysatoren 11-0739.

Zn–Cu: Gitterparameter, Zus., Mischkrist.-Bldg. u. Curie-Temp. d. gemischten Ferrits $m(CuO \cdot Fe_2O_3) \cdot n(ZnO \cdot Fe_2O_3)$ 13-0276; magnet. Permeabilität v. Cu–Zn-Ferriten 49/50-0495.

Zn–Mg: Herst. v. $Mg_{0,5}Zn_{0,5}Fe_2O_4$ 32-2244; magnet. Permeabilität v. Mg–Zn-Ferriten 49/50-0495.

Zn–Mg–Mn: Herst. v. Mg–Mn–Zn-Ferrit 4-2150, 29-2292*; Temp.- u. Frequenzabhängigk. d. Linienbreite d. ferromagnet. Resonanz in $Mg_{0,65}Zn_{0,05}Mn_{0,52}Fe_{1,78}O_{3,99}$-Einkrist. in d. Nähe d. Curie-Punkts 6-0391; Wandbeweglichk.-Mess. an $Mg_{0,5}Mn_{0,51}Zn_{0,42} \cdot Fe_{1,57}O_4$ 35-0478; Vgl.-Unters. d. thermomagnet. Hysterese v. Mn–Mg–Zn-Ferriten in Gleich- oder Wechselfeldern 37-0504.

Zn–Mn: Herst.: v. Mn–Zn-Ferriten 1-2358*; v. Mn–Zn-Ferritsinterlingen 7-2389*; v. Mn–Zn-Ferrit 12-2228*; (durch therm. Zers. d. Oxalatgemisches) 17-2223; (aus Oxiden d. anod. Ox. v. Fe, Mn u. Zn) 17-2224; v. Mn–Zn-Ferriten 27-2280*; sperrfreie Kontaktier. v. Mn–Zn-Ferriten 49/50-0401; Ätzmittel für Mn–Zn-Ferrit 15-0253.

Diffus.-Nachwrkg. an Mn–Zn-Ferriten d. Zus. (*58*% Fe_2O_3, *26* MnO, *16* ZnO) infolge momentaner Änder. d. inneren Spann.-Zustandes 6-0520; Kennzeichn. verschiedener Phasen polykrist. Mn–Zn-Ferriten 23-2171; Eig. v. Korngrenzen in Mn–Zn-Ferriten mit Spinellstruktur 34-0293; Krist.-Zücht. v. Mn–Zn-Ferrit 37-0261; thermomagnet. Hysterese v. Mn–Zn-Rechteckferriten 1-0532; Desakkomodat. d. Anfangspermeabilität v. Mn–Zn-Ferriten 3-0552; Koerzitivkraft v. Mn–Zn-Ferrit als Funkt. d. Mahldauer 4-0500; Polarisier.-Effekte bei Mn–Zn-Ferriten bei niedr. Spann. 7-0519; Einfl. einer Schutzatmosphäre auf d. Verh. v. Mn–Zn-Ferrit mit *52–55*(%) Fe_2O_3, *24–34* MnO u. *11–22* ZnO 14-0559; Druckabhängigk. d. Curie-Punkts v. Mn–Zn-Ferriten 14-1948; galvanomagnet. u. magnetokalor. Effekt bei Mn–Zn-Ferriten 21-0401; magnetoelast. Effekt bei Mn–Zn-Ferriten 23-0495; magnet. Eig. v. 0,5 ZnO · 0,5 MnO · Fe_2O_3 unter hydrostat. Druck 25-0473; Nd. v. Mn–Zn-Ferritfilmen durch Bogenentlad. im Vakuum 35-0479; Verminder. d. Verluste eines Mn–Zn-Ferrits 35-2178*; paramagnet. Suszeptibilität d. Mn–Zn-Ferrite 42-0479; *3.* Max. in d. Permeabilitäts-Temp.-Kurven v. Mn–Zn-Ferriten 42-0480; niederfrequente magnet. Relaxat. in $Mn_xFe_{3-x-y} \cdot Zn_yO_4$ ($x + y < 1$) bei niedr. Temp. 42-0481; Wärmeleitfähigk. v. $Mn_{0,5}Zn_{0,5}Fe_2O_4$ bei tiefen Temp. 27-0337; anomale Vol.-Änder. v. Mn–Zn-Ferrit im Anfangsstadium d. Sinterprozesses 40-0260; relative Grenzflächenenergie in Mn–Zn-Ferriten 51/52-0157.

Mn–Zn-Ferrit für Magnetkerne 19-2301*; Best. v. Fe^{2+} u. Mn^{3+} in gesinterten Mn–Zn-Ferriten (potentiometr.) 39-1910.

Zn–Mn–Ni: DK u. Aktivier.-Energie d. Leit. v. Ni–Mn–Zn-Ferriten (*20* Mol-% $Mn \cdot Fe_2O_4$) 35-0450.

Zn–Ni: elektrolyt. Erzeug. v. Ni–Zn-Ferriten 4-2149; Nd. v. Ni–Zn-Ferritfilmen durch Bogenentlad. im Vakuum 35-0479; Herst. v. $Ni_{0,75}Zn_{0,25} \cdot Fe_2O_4$ 32-2244; Einfl. einer thermomagnet. Behandl. auf gewisse Ni–Zn-Ferrite mit Perminvar-Eig. 1-0531; röntgenspektroskop. Unters. einiger Ferrite mit Spinell-Struktur (FeK-Absorpt.-Kante in $Ni_xZn_{1-x}Fe_2O_4$) 23-0369; Eig. v. Korngrenzen in Ni/Zn-Ferriten mit Spinellstruktur 34-0293; elektr. Leitfähigk. u. komplexe DK v. $(Ni_{0,3} \cdot Zn_{0,7})_{1-x}Fe_x^{II}Fe_2^{III}O_4$ 47-0473; Koerzitivkraft v. (Ni, Zn)-Ferrit als Funkt. d. Mahldauer 4-0500; Einfl. einer γ-Bestrahl. auf d. magnet. Diffus.-Nachwrkg. in Ni–Zn-Ferriten 6-0521; breitband. Absorpt. elektromagnet. Wellen durch dünne Schichten v. Ni–Zn-Ferriten 7-0355; Einfl. hydrostat. Druck auf d. Curie-Punkte einiger Ferrite d. Zus. $x\,NiO\,(1-x) \cdot ZnOFe_2O_3$ mit x = *0,3*; *0,5*; *0,8* u. *1* 10-0504; Druckabhängigk. d. Curie-Punktes v. Ni–Zn-Ferriten 14-1948; Unters. d. inneren magnet. Felder an ^{57}Fe-Kernen in Ni–Zn-Ferriten nach d. Meth. d. Kern-γ-Resonanz 16-0057; intergranulare Porosität u. Suszeptibilität v. Ni–Zn-Ferrit d. Zus. *50* Fe_2O_3–*20* NiO–*30* ZnO mit geringer Anisotropie 17-0530; Einfl. d. Ox.-Grades auf d. Temp.-Koeff. d. Anfangspermeabilität v. Ni–Zn-Ferriten mit *58* Mol-% Fe_2O_3 17-2220; Kompensat. positiver u. negativer Anisotropien in ZnNi-Ferrit $(Zn_{1-x} \cdot Ni_xFe_2O_4)$ 19-0497; Mess. u. Deut. d. magnet. u. dielektr. Stoffwerte v. kub. Ferriten (Hyperox E1 bis E7, geschütztes Warenzeichen für Ni–Zn-Ferrite mit einem Zn-Ferritanteil v. *10–70*%) 22-0463; magnetoelast. Effekt bei Ni–Zn-Ferriten 23-0495; Temp.-Abhängigk. d. Anfangspermeabilität v. Ni–Zn-Ferriten, d. überschüssiges Fe u. geringe Mengen Co enthalten 35-0474; magnet. Eig. v. nichtstöchiometr. NiZn-Ferriten d. Zus. $Ni_{0,32}Zn_{0,68}Fe_2O_4$ mit variablem Fe-Geh. 45-0470; Meth. zur Unterscheid. d. Mechanismen d. magnet. Suszeptibilität v. Ferriten (*50* $Fe_2 \cdot O_3$, *15* NiO, *30* ZnO) 49/50-0497; Wärmeleitfähigk. v. $Ni_xZn_{1-x}Fe_2O_4$ mit x = *0,4*; *0,5* u. *0,7* 40-0264.

Zn–Pb: Bldg. u. physikal. Eig. v. $PbZn_2 \cdot Fe_{16}O_{27}$ 38-0758.

Zn–Si: Best. d. Aktivitätskoeff. v. ZnO in Schlackenschmelzen d. Syst. $FeO/Fe_2O_3/SiO_2/ZnO$ 23-0542.

Zn–Sr: Bldg. u. physikal. Eig. v. $SrZn \cdot Fe_{16}O_{27}$ 38-0758.

Zn–Ti: paramagnet. Suszeptibilität v. $Zn_{1,4}Ti_{0,4}Fe_{1,2}O_4$ 2-0523.

Zr: Prüf. d. Anwend.-Möglichk. d. elektroballist. Meth. für d. Best. d. Elektronenstruktur v. mit Zr-dotiertem Fe_2O_3 38-0442.

Zr–Ca–V: Synth., Gitterparameter u. D. v. Verb. mit Granatstruktur: $Ca_3Zr(IV)_2V_{0,5} \cdot Fe(III)_{2,5}O_{12}$ 41-0757.

Zr–Ca–Y: magnet. Eig. substituierter ferrimagnet. Granate d. Zus. $\{Y_{3-x}Ca_x\} \cdot [Zr_xFe_{2-x}](Fe_3)O_{12}$ 38-0490.

Eisenperchlorate: Fe-Komplexe v. N-Methyl-γ-butyrolactam(L) d. Form $[Metall\,L_n] \cdot (ClO_4)_2$ (n = *4*, *5* oder *6*) 18-0736; Diacetamidkomplexe v. Fe(II)-Perchlorat 31-0765; Darst.: v. $Fe(ClO_4)_2L_6$ (L = 1.3-Dimethylharnstoff) 36-0755; v. $Fe[PMT]_6(ClO_4)_2$ (PMT = Pentamethylentetrazol) 38-0767; u. physikal. Eig. v. $FeL_2(ClO_4)_2$-Solvat u. $FeL(ClO_4)_2$-Solvat (L = 8-Aminochinolin) 45-0732; Absorpt.-Spektrum u. elektr. Leitfähigk. v. $[Fe(bipy)_3] \cdot (ClO_4)_2$ 1-0338; ^1H-NMR-Kontaktverschieb. d. H_2O-Protonen in d. Hexaquoperchloratkomplexen v. Fe^{2+} u. Fe^{3+} 27-0183; Darst.: u. magnet. Suszeptibilität v. $[FeNO_3L_2] \cdot ClO_4$ (L = 4.6.4′.6′-Tetramethyl-2.2′-bipyridyl) 36-0749; u. magnet. Momente v. *1*:*2*- u. *1*:*3*-Komplexen aus $Fe(ClO_4)_4$ u. 2-Sulfenamoylpyridin u. seinen Schiffschen Basen mit heterocycl. Carbonylverb. u. Alkanalen 40-0733; u. magnet. Suszeptibilitäten v. $FeL_3 \cdot (ClO_4)_3$ (L = N.N.N′.N′-Tetramethyldiamidodiphosphorsäure) 51/52-0686; Best. d. Normalpotentiale v. $[Fe(o\text{-}phen)_3] \cdot (ClO_4)_2/[Fe(o\text{-}phen)_3] \cdot (ClO_4)_3$ in Acetonitril 2-0636; Solvat-Komplexlsg. v. — in DMS, DMF u. Acetonitril 47-0141.

$Fe(ClO_4)_2$, Temp.-Abhängigk. d. elektr. Quadrupolaufspalt. in $Fe(ClO_4)_2 \cdot 6\,H_2O$ 29-0087; Besonderh. d. Ox. v. Fe(II)-Perchlorat mit O_2 (Unters. durch Mess. d. Absorpt.-Geschw. v. O_2 durch *1* m —-Lsg.) 16-0645; Zusatz v. — als Stabilisator bei d. Herst. poröser Gegenstände 27-2372*.

$Fe(ClO_4)_3$, Mössbauer-Linienverbreiter. in $Fe(ClO_4)_3 \cdot 6\,H_2O$ 18-0160; Voltammetrie v. — mit einer rotierenden Pt-Elektrode 31-0623; Verb.-Bldg.: im Syst. $Fe(ClO_4)_3/Na_5HV_{10}O_{28}/H_2O$ nach d. Meth. d. Veränder. d. Konz. einer Komponenten durch Mess. d. Zus.-Abhängigk. d. Lichtabsorpt., d. pH-Wertes u. d. Filtriergeschw. bei einer Ionenstärke v. *0,2–1,0* 7-0588; im Syst. $Fe(ClO_4)_3/NaVO_3/H_2O$ nach d. Meth. d. fortlaufenden Konz.-Änder. d. Komponenten durch Mess. d. Löslichk., d. pH-Wertes, d. Lichtabsorpt. u. d. Filtriergeschw. 7-0589; Verw. zur Cl^--Best. in biolog. Material 36-1963.

Eisenphosphate

Chem. Unters. eines wss. Na–Fe-Phosphats aus d. zentralen Kysylkum 9-0849; Vork. v. – ind. Fe-Erzablager. d. Fumarolenfeldes v. Santori-Vulkan, ihre Zus. u. Genese 46-0808; Bldg. zweikern. Eisenphosphatkomplexe in wss. Lsg. u. ihre Eig. (Instabilitätskonst.) 12-0797; Herst. orthorhomb. – 37-2022*; Bldg. krist. NH_4–Fe-Phosphate 44-2091; Halbleit. in Fe-Phosphatgläsern (nach Mess. d. elektr. Widerstandes u. d. Thermo-EMK d. Syst. $FeO/MgO/P_2O_5$) 2-0467; DK, dielektr. Verlustfaktor u. elektr. Leitfähigk. halbleitender Eisenphosphatgläser d. Zus. *55* Mol-% FeO_x–*45* Mol-% P_2O_5 25-0462; ESR-Unters. einiger Komplexe zwischen Fe, NO u. Phosphation 47-0172; Best. d. Beständigk. d. Dieisen(III)-phosphat-Kations (Gleichgew.- u. Instabilitätskonst.) 16-0564; Löslichk. einiger – in Essigsäure–Ammoniumacetat-Puffer 51/52-2996; Herst. v. Acrylnitril in Ggw. v. – 9-2789*; Darmresorpt. v. Al–Fe-Phosphat beim Schwein 48-1474; Unterscheid. zwischen – u. Aluminiumphosphat im Verf. v. Chang u. Jackson zur Fraktionier. d. anorgan. Bodenphosphors 24-3205.

Eisenorthophosphate:

Herst. v. $2\,FePO_4 \cdot NH_3 \cdot 3\,H_2O$ 34-2278; strukturelle Klassifizier. d. Fe/Mn-Orthophosphathydrate 23-0277; Stabilitätskonst. v. $FePO_4^+$ u. ΔG-, ΔH- u. ΔS-Werte für d. Syst. $Fe^{3+} + HPO_4^{2-} \rightleftharpoons FeHPO_4^+$ 40-0548.

$Fe_3(PO_4)_2$, detaillierte Beschreib. v. Sarkopsid u. *Vivianit* aus East Alstead, New Hampshire 18-0785; *Viviant*-Problem d. Trans-Ural-Region 28-0818; Charakterisier. v. *Vivianit* in d. Granitpegmatiten v. Peräseinäjoki-Alavus-Gebiet, Süd-Pohjanmaa, Finnland 49/50-0748; Krist.-Struktur d. paramagnet. *Ludlamits*, $Fe_3(PO_4)_2 \cdot 4\,H_2O$, bei *298* °K 15-0292; ferromagnet. u. Krist.-Struktur v. *Ludlamit*, $Fe_3(PO_4)_2 \cdot 4\,H_2O$, bei *4,2* °K 15-0293; Mössbauer-Spektren v. $Fe_3(PO_4)_2 \cdot 8\,H_2O$ 7-0195; DTA-Unters. v. brasilian. *Vivianit* 12-0812; Löslichk. v. *Vivianit* in Essigsäure–Ammoniumacetat-Puffer 51/52-2996.

$FePO_4$, Mineralogie v. *Metastrengit* aus Nordostbrasilien 9-0852; Bldg.: v. – bei d. Zers. v. Fe-Nitrat durch H_3PO_4 bei *130°* 6-0561; v. – u. $FePO_4 \cdot 2\,H_2O$ als wesentl. Schritt bei d. Herabsetz. d. Reib. v. Stahlflächen in Ggw. v. Trikresylphosphat 7-2890; Krist.-Struktur v. *Metastrengit* u. dessen Verwandtschaft zu *Strengit* u. Phosphophyllit 24-0262; Mössbauer-Spektren v. $FePO_4 \cdot 4\,H_2O$ 7-0195; DTA-Unters. v. brasilian. *Metastrengit* 12-0812; Löslichk.: v. – in $AlPO_4$ im festen Zustand 44-0561; v. *Strengit* in Essigsäure–Ammoniumacetat-Puffer 51/52-2996; Rk. v. Phenol mit Methylacetylen in Ggw. v. – 9-2837*.

Eisendiphosphate:

Bldg. u. Stabilitätskonst. v. $[Fe(H_3P_2O_7)_2]^+$, $[FeH_3P_2O_7]^{2+}$ u. $[FeH_2P_2O_7]^+$ bei Umsetz. v. Fe^{3+} mit $Na_4P_2O_7$ in salzsauren Medium 14-0658; Unters. d. Syst. $Fe(NO_3)_3/Na_4P_2O_7/H_2O$ u. $Fe(NO_3)_3/K_4P_2O_7/H_2O$, Bldg. v. $FeNaP_2O_7 \cdot 4\,H_2O$ u. $FeKP_2O_7 \cdot 3{,}5\,H_2O$ 35-0707; Unbeständigk.-Konst. d. Fe-Diphosphat-Komplexes in wss. Lsg. 36-0571; Herst. v. Eisenpyrophosphat als Zusatzmittel für Lebensmittel 39-2924*.

$Fe_4(P_2O_7)_3$, Mössbauer-Spektren v. $Fe_4(P_2O_7)_3 \cdot 9\,H_2O$ 7-0195; Mitfäll. v. In mit – bei *60°* im Syst. $Fe_2(SO_4)_3/Na_4P_2O_7/H_2SO_4/In_2(SO_4)_3$ 15-0619.

Eisenphosphide: Krist.-Struktur v. ZrFeP, TiFeP, TaFeP u. NbFeP 49/50-0251; keine Beobacht. supraleitender Eig. an Ni–Fe-Mischphosphiden bei Unters. oberhalb *1* °K 4-0446; Temp.-Abhängigk. d. Untergittermagnetisier. v. $Y_3Fe_5P_{12}$ 38-0483; Unters. d. Syst. Fe/Ni/P u. d. Struktur v. Fe-Meteoriten 27-0791; Verw. d. hexagonalen Modifikat. v. $(Fe, Co)_2P$ zur Herst. v. Dauermagneten 5-2336*; Herst. v. $(Fe, Co)_2P$ für Dauermagnete 15-2269*.

Fe_3P, Orientier.-Zusammenhang u. Habitus v. – -Ausscheid. im Ferrit 34-2507; Nachw. v. – durch elektrolyt. Ätzen in NaOH 3-2440.

Fe_2P, keine Beobacht. supraleitender Eig. an – bei Unters. oberhalb *1* °K 4-0446.

FeP, keine Beobacht. supraleitender Eig. an – bei Unters. oberhalb *1* °K 4-0446; magnet. Suszeptibilität 25-0485.

Eisenphosphite, Komplexbldg. v. Fe(III) mit phosphor. Säure ($[Fe(H_2PO_3)]^{2+}$ u. $[Fe(H_2PO_3)_2]^+$) 11-0623.

Eisen(VI)-säuren, Einfl. d. Bldg. d. Fe-Komplexe FeO_4^{2-} u. $HFeO_2^-$ auf d. Passivität v. Fe 19-0640; IR-Spektren v. FeO_4^{2-} 47-0153. Salze s. *Kalium-* u. *Natriumferrate(VI)*.

Eisen(VII)-säuren, tetraedr. Oxoanionen d. ersten Übergangsmetalle, Fe(VII) 41-0754.

Eisenselenate(IV), Zus. u. Stabilität d. Komplexes v. Fe(III) mit selen. Säure $[FeHSeO_3]^{2+}$ 30-0528.

Eisenselenate(VI), Darst., Struktur u. Isotypie v. $NH_4Fe(SeO_4)_2$, $RbFe(SeO_4)_2$, $CsFe(SeO_4)_2$ u. $TlFe(SeO_4)_2$ 32-0251.

Eisenselenide, Darst. u. Struktur v. $KFeSe_2$, $RbFeSe_2$ u. $CsFeSe_2$ 36-0214; Herst. v. Ferro-Se-Granulat mit *40 – 60* Se 19-2568*; Strukturen, Darst. u. Paramagnetismus d. Selenide L_4FeSe_7 v. Strukturtyp Y_5S_7 (L = Seltenerdmetall) 11-0269; Phasenübergänge in Übergangsmetallchalkogeniden $Fe_{1-x}Se$, Fe_7Se_8, Fe_5Se_6, Fe_3Se_4, Fe_2Se_3 u. Fe_5Se_8 33-0251; metallurg. Unters., Phasendiagramm u. elektr. Eig. (Mess. d. elektr. Leitfähigk.) d. Fe-Selenide mit NiAs-Struktur 4-0416.

FeSe, Härte v. – 11-0305.

$FeSe_2$, Darst. bei hohem Druck u. elektr. Leitfähigk. mit Pyritstruktur 35-0445; Mössbauer-Effekt in – 1-0051.

Eisenselenocyanate bzw. -selenocyanatokomplexe, IR-Spektren d. magnet. anomalen Fe(II)-Komplexes $[Fe(phen)_2(SeCN)_2]$ 5-0168; Suszeptibilität, Röntgenunters. u. IR-Spektren, ^{57}Mössbauer-Spektren v. $[Fe(phen)_2 \cdot (NCS)_2]$ u. $[Fe(phen)_2(NCSe)_2]$ 16-0141.

Selenocyanatoeisen(II)-säuren

$H_2[Fe(NCSe)_4]$-Salze, Darst. u. IR-Spektren: v. Koordinat.-Komplexen d. Selenocyanations mit Fe^{2+}, Fäll. als Tetra-n-butylammoniumsalz 22-0665; v. $[Me(SeCN)_4]^{2-}$ vorliegend als [p-Xylylen-bis-(triphenylphosphonium)]$^+$-Salz 40-0740.

$H_4[Fe(SeCN)_6]$-Salze, Darst. u. IR-Spektren v. $[Fe(SeCN)_6]^{4-}$ vorliegend als $(CH_3)_4N^+$ 40-0740.

Selenocyanatoeisen(III)-säure:

$H_3[Fe(NCSe)_6]$-Salze, Darst. u. IR-Spektren v. Koordinat.-Komplexen d. Selenocyanations mit Fe^{3+}, Fäll. als Tetra-n-butylammoniumsalz 22-0665.

Eisensilicate

Fayalit. Olivine in Neufundland-Labrador 2-0831; mineralog.-petrograph. Unters. an d. oolith. – -Erzen d. Jura v. Sommerschenburg westl. Magdeburg 7-0873.

Synth. v. Gadolinit d. Zus. $FeY_2Be_2Si_2O_{10}$ (Angabe d. Gitterparameter) 7-0890; Hydrothermalsynth. v. Silicaten mit Granatstruktur d. allg. Zus., $A_3^{2+}Fe_2^{3+}Si_3^{4+}O_{12}$ mit A = Ca, Cd oder Mn, Fe 16-0732.

Felddiagramme d. Brech.-Indizes u. Mineralbezieh. für koexistierende Fe^{2+}–Mg-Silicate 2-0794; Beiträge zu Krist.-Strukturen v. Olivin-Typ am Beispiel v. $(Mg_{0,9}Fe_{0,1})_2SiO_4$ u. Fe_2SiO_4 6-0287; Ionenverteil. in fl. – 16-0218; strukturchem. Analyse fl. – -Syst. 17-0288; Kristallisat.-Folge v. – in Miaskiten u. Agpaiten 29-0796; Härte v. Einkrist. v. $Ca_3Fe_2Si_3O_{12}$ 47-0300; anisotrope magnet. Resonanz u. Relaxat. in mit Silicium substituierten Yttriumeisengranat d. Zus. $[Y_3^{3+}] \cdot [Fe_{1,95}^{3+}Fe_{1,05}^{2+}(Fe_{2,05}^{3+}Si_{0,05}^{4+})O_{12}$ 19-0375; magnet. Eig. v. $CaFeSiO_4$ 43-0503; Low-spin-Fe(II) in d. Fe-Silicat Deerit (Mess. d. inversen magnet. Suszeptibilität als Funkt. d. Temp.) 46-0786; Syst. $KFeSi_3O_8/KAlSi_3O_8/H_2O$ mit Unters. über d. Mikroklin–Sanidin-Bezieh. 10-0580; Bldg. v. *Fayalith* beim Erhitzen v. Fe(III)-Silicaten d. Typs $Fe_2O_3 \cdot 2\,SiO_2 \cdot 4\,H_2O$ 19-0782; Aktivitäts-Zus.-Bezieh. v. Co_2SiO_4/Fe_2SiO_4-Mischkrist. bei *1180°* durch Unters. d. Gleichgew. zwischen Co_2SiO_4/Fe_2SiO_4-Mischkrist., SiO_2, metall. Co u. einer Gasphase v. bekanntem O_2-Druck 40-0525.

Eisenorthosilicate

Fe_2SiO_4, Vork. v. *Fayalit* in d. Mount-Rosa-Gebiet, El-Paso u. Teller-Countie, Colorado 3-0830; *Fayalit-* u. Siderophyllit-Greisen d. oberen Kolyma-Gebietes 48-0764.

Bldg. v. *Fayalit* beim Erhitzen v. $Fe_2O_3 \cdot 2\,SiO_2 \cdot 4\,H_2O$ 19-0782.

Einfl. d. chem. Bind. auf d. Röntgen-K-Spektren v. Si in – 46-0353; IR-Reflex.-Spektren feinkörn. Oberflächen am Beispiel d. *Fayalits* 8-0319; Epitaxiebezieh. v. auf d. Oberfläche v. Fe-Einkrist. gebildeten *Fayalit* (Fe_2SiO_4)-Keimen 27-0254; Unters. v. *Fayalit* in Stahlschlackeneinschlüssen 33-2354; Berechn. d. Elementarzellenvol. komplexer Mineralstrukturen am Beispiel v. *Fayalit* 36-0230; Änder. d. elektr. Leitfähigk. v. Periklas u. Olivin in Abhängigk. v. *Fayalit*-Geh. bei konst. Druck mit d. Temp. 2-0848; magnet. Eig. v. – 4-0491; Phasenübergang v. *Fayalit* bei hohen Temp. u. hohem Druck u. d. Struktur d. Erdrinde 9-0875; Best. d. Bldg.-Temp. v. Oliviniten d. Urjach-Massivs mit Hilfe d. Schmelzdiagramme Titanomagnetit/Forsterit/*Fayalit* 14-0898; feste Lsg. v. *Fayalit* in Dicalciumsilicat u. d. Koexistenzbezieh. zwischen Dicalciumsilicat u. Wüstit 18-0504; zur Kenntnis d. Syst. *Fayalit*/FeS u. d. Dreistoffsyst. $SiO_2/FeS/FeO$ bez. d. Vorgänge im Temp.-Bereich d. Misch.-Lücke im fl. Zustand 18-0505.

Polymorphe Umwandl. d. Pyroxens $FeSiO_3$ u. Phasengleichgew. im Syst. $Fe_2SiO_4/SiO_2/FeSiO_3$ bei hohen Oxiden u. Temp. 4-0538; Besprech. d. Rk.-Wärmen u. d. Freien Bldg.-Energie v. *Fayalit* 4-0826; Umsetz. v. Cu-Sulfid mit – 15-0772; Unters. über Bldg. u. Red. v. *Fayalit* 22-2363.

Eisenmetasilicate

$FeSiO_3$, polymorphe Umwandl. d. Pyroxens $FeSiO_3$ u. Phasengleichgew. im Syst. $Fe_2SiO_4/SiO_2/FeSiO_3$ bei hohen Drücken u. Temp. 4-0538; Zusatz für Graphit zwecks Verbesser. d. kerntechn. Eig. 8-2169.

Eisensilicide: thermodynam. Daten d. Bldg. v. $FeSi_2$, $FeSi_{2,33}$, FeSi u. Fe_3Si 11-0611; Bldg. bei d. Adsorpt. an d. Trenngrenze v. Fe–Si-Leg. mit Schmelzen d. Syst. $MnO/Al_2O_3/SiO_2$ 27-0656; AlB_2-Krist.-Struktur v. $Ce(Fe, Si)_2$ 17-0279; Gitterkonst. d. verschiedenen Mo–Fe-Silicide im Phasengleichgew.-Diagramm d. tern. Syst. Mo/Fe/Si bei *800°* auf Grund v. röntgen- u. mikrostrukturanalyt. Daten 31-0583; Syst. U/Fe/Si, Struktur d. neuen Phase U_2FeSi_3 44-0261; Nachw. d. beiden tern. Phasen ZrFeSi u. TiFeSi durch Unters. d. Syst. FeSi/Zr u. FeSi/Ti 13-0592; ununterbrochene Mischkrist.-Reihe CrSi – FeSi u. eine ununterbrochene Mischkrist.-Reihe zwischen Cr_5Si_3/Fe_5Si_3 in Leg., d. C enthalten, im tern. Syst. Cr/Fe/Si 24-0556.

Fe_3Si, thermodynam. Daten d. Bldg. v. $FeSi_2$, $FeSi_{2,33}$, FeSi u. – 11-0611.

FeSi, thermodynam. Daten d. Bldg. v. $FeSi_2$, $FeSi_{2,33}$, – u. Fe_3Si 11-0611; Valenzzustand d. Atome in – bei tiefen Temp. nach Mess. d. spezif. elektr. Widerstands 13-0454; thermoelektr. Eig., spezif. Widerstand u. Hall-Koeff. v. FeSi 41-0433; Kernquadrupolwechselwrkg. v. ^{57}Fe (Mössbauer-Effekt), magnet. Suszeptibilität u. Verschieb. d. ^{29}Si-NMR d. intermetall. Verb. – 4-0325; Temp.-Abhängigk. d. Suszeptibilität 20-0442; magnet. Suszeptibilität 43-0484; – als Beispiel einer kongruent schmelzenden Verb. in einem bin. Syst., in d. d. Liquiduslinie mit allg. thermodynam. Größen beschrieben wird 24-0520; Schmelzenthalpie u. Bldg.-Enthalpien, Enthalpien sowie Mess. d. Wärmekapazität v. – zwischen *850* u. *1580°* 45-0489; Verw. zur Herst. v. hitzebeständ. Materialien auf Si-Basis 20-2304*.

$FeSi_2$, thermodynam. Daten d. Bldg. v. –, $FeSi_{2,33}$, FeSi u. Fe_3Si 11-0611.

Eisensulfate: Vork. v. – in d. Fe-Erzablager. d. Fumarolenfeldes v. Santori-Vulkan, ihre Zus. u. Genese 46-0808.

Darst.: u. physikal. Eig. v. $FeL_2(SO_4)_2$-Solvat u. $FeL(SO_4)_2$-Solvat (L = 8-Aminochinolin) 45-0732; u. Spektren im UV- u. sichtbaren Bereich v. $Fe(II)SO_4$–Anilin-Addit.-Verb. 45-0729; pieezoopt. Konst. v. Sulfat-Alaunen: β-$CsFe(SO_4)_2 \cdot 12\,H_2O$, β-$NH_3CH_3 \cdot Fe(SO_4)_2 \cdot 12\,H_2O$ 33-0379; Spektrum d. Aerosols eine *0,001* n $(NH_4)_2Fe(SO_4)_2$-Lsg. (indukt. Plasmaflamme) 46-0120; opt. Polarisat.-Spektren v. monoklinen $Fe(dipy)_3SO_4 \cdot 7\,H_2O$-Einkrist., teilweise in verd. fester Lsg. in $[Zn(bipy)_3]SO_4 \cdot 7\,H_2O$ 49/50-0336; frakt. Kristallisat. v. Alaunen (Unters. am Syst. K-Alaun/Fe-Alaun) 13-0248; Struktur u. Darst. v. $Me[Fe(SO_4)_2]$ (Me = Na, K, Rb, Cs) 32-0250; Strukturunters. v. Mono-2.9-dimethyl-1.10-phenanthrolin-Komplexen mit Fe(II)-Sulfat 34-0153; Mössbauer-Spektren v. $MFe(SO_4)_2 \cdot 12\,H_2O$ (M = K, Rb, Cs) 7-0195; Mössbauer-Spektren (^{57}Fe) v. $[Fe(H_2O)_5NO] \cdot SO_4$ (Elektronenstruktur) 9-0196; Debye-Temp. v. $CsFe(SO_4)_2 \cdot 12\,H_2O$ 23-0285; Hyperfeinstruktur d. Mössbauer-Effekts v. verd. $NH_4(Al, Fe)(SO_4)_2 \cdot 12\,H_2O$ 28-0450; Quadrupolaufspalt. d. *14,4*-keV-γ-Linie v. ^{57}Fe in – d. Jarositgruppe 41-0070; Kreisabweich. d. α,β-Diagramme d. Faraday-Effekts d. EPR für Ausnahmefälle v. $Fe_2(SO_4)_3 \cdot (NH_4)_2SO_4 \cdot 24\,H_2O$ 47-0385; magnet. Anisotropie v. Fe^{2+}-Tuttonsalzen 49/50-0484; Absorpt.-Spektrum u. elektr. Leitfähigk. v. $[Fe(bipy)_3]SO_4$ 1-0338; Formalpotential v. Tris-[2.2′-dipyridyl]-Fe(II)-Sulfat 39-1843; Thermolyse v. bas. Fe(II)-Sulfat, $2\,Fe_2(SO_4)_3 \cdot Fe_2O_3 \cdot 3\,H_2O$, Bldg. v. $Fe(OH)SO_4$ 38-0757; Extrakt. v. Fe(III) aus wss. Sulfatlsg. durch Di-(3.5.5-trimethylhexyl)-amin (Struktur d. extrahierten Komplexe) 47-0530.

Bldg. v. $5\,Fe_2(SO_4)_3 \cdot Fe_2O_3$ durch Thermolyse v. $6\,Fe_2(SO_4)_3 \cdot Fe_2O_3 \cdot n\,H_2O$ (Gitterabstände) 10-0780; Bezieh. zwischen bas. Fe(III)-Sulfat u. Plumbojarosit (Unters. d. Rk. beim Erwärmen) 11-0875; Ox. v. Salicylaldehyd mit dem Fenton-Reagenz 13-0979;

Ausb. an Fe^{3+} bei d. Radiolyse d. eingefrorenen *Fricke-Lsg.* 18-0667; Thermolyse v. bas. Fe(III)-Sulfat, $2 Fe_2(SO_4)_3 \cdot Fe_2O_3 \cdot 3 H_2O$, Bldg. v. $Fe(OH)SO_4$, $Fe_2(SO_4)_3 \cdot 7 H_2O$ 38-0757; Temp.-Einfl. bei d. Röntgenstrahlradiolyse gefrorener *Fricke-Lsg.* 44-0680; Austausch v. ^{18}O zwischen H_2O u. SO_4^{2-}-Ion in mit ^{18}O-angereicherten wss. Lsg. v. – (Einfl. d. Ggw. mol. O_2 u. Bzl.) 12-0703.

Einfl.: v. Tris-[3.4.7.8-tetramethyl-1.10-phenanthrolin]-eisen(II)-sulfat auf Viren u. Zellen 7-1496; v. $(FeNH_4)_2(SO_4)_3$ auf d. Formiat–Pyruvat-Austauschrk. in Streptococcus faecalis 19-1374; Verw. v. Eisenalaunlsg. in d. Färb. v. Gewebekulturen auf d. Grundlage d. Färb. mit Fe-Hämatoxylin nach Heidenhain 43-1862.

Mikrochem. Nachw. v. Re mit Tris-[dipyridyl]-eisen(II)-sulfat 7-2130; Verw.: v. Eisen(III)-aluminiumsulfat zur Best. v. Ti(III) 18-2000; v. Eisenammoniumsulfat u. Hämatoxylin für d. Myelinscheidenfärb. 29-1163; Eich. d. Fe-Sulfat-Dosimeters nach ionometr. u. kalorimetr. Meth. 33-1989.

$FeSO_4$, Vork. v. *Rozenit* in Kanada 2-0834.

Bldg.: bei d. Unters. d. Passivität d. Fe in konz. H_2SO_4 16-0590; als Zwischenphase bei d. Ox. v. FeS 20-0733; Dehydratat. v. $FeSO_4 \cdot 7 H_2O$ zu $FeSO_4$ 6-0804, 9-2371*, 37-2037*; Verarbeit. v. $FeSO_4 \cdot 7 H_2O$ auf SO_2 9-2350*; Gewinn. v. Fe-Sinter aus – -Abgängen v. Beizanlagen 19-2453; Konzentrieren v. H_2SO_4-sauren – -halt. Beizlsg. 25-2296*.

Kα-Dublett v. – (Einfl. d. chem. Bind. auf d. Lage u. Form d. $K\alpha_{1,2}$-Linien) 20-0107; Einfl. d. chem. Bind. auf weiche Röntgen-K- u. -L-Emiss.-Spektren v. – 46-0352; Struktur v. monoklinem – 1-0243; Einfl. d. vorher. Einw. eines magnet. Felds auf d. Kristallisat. v. Calciumsulfat aus wss., – enthaltenden Lsg. 5-0266; Fäll.-Kristallisat. v. $FeSO_4 \cdot 7 H_2O$ in Ggw. v. NaCl, Methylenblau u. Thioninblau 31-0267; Wachstumsgeschw. v. – („copperas")-Krist. im Syst. verbrauchte Ätzlsg./Äthanol 32-0229; Vorzeichen d. Kernquadrupolkoppl.-Konst. in – u. $FeSO_4 \cdot 7 H_2O$ 38-0480; Best. d. effektiven Fe-Atomlad. in $FeSO_4 \cdot 7 H_2O$ aus Röntgenemiss.-Spektren u. d. Mössbauer-Effekt 42-0152; stationärer Stofftransport d. reversiblen Redoxsyst. $FeSO_4/Fe_2(SO_4)_3$ in H_2SO_4 zwischen zwei ebenen parallelen Elektroden 10-0639; Best. d. Umwandl.-Temp. für $CoSO_4 \cdot 7 H_2O \rightarrow CoSO_4 \cdot 6 H_2O$ bzw. $ZnSO_4 \cdot 7 H_2O \rightarrow ZnSO_4 \cdot 6 H_2O$ aus Unters. d. Temp.-Abhängigk. d. Mischkristallbldg. mit $FeSO_4 \cdot 7 H_2O$ bzw. $MgSO_4 \cdot 7 H_2O$ in wss. ^{60}Co- bzw. ^{65}Zn-halt. H_2SO_4-halt. Lsg. 2-0594; Unters. d. Beständigk.-Gebiete v. *Melanterit*, $FeSO_4 \cdot 7 H_2O$ u. *Rozenit*, $FeSO_4 \cdot 4 H_2O$, in Abhängigk. v. d. Luftfeuchtigk. bei Temp. v. *15–30°* 2-0856; Löslichk. d. $Al_2(SO_4)_3$ in wss. Lsg.: d. $FeSO_4$, $(NH_4)_2SO_4$ u. H_2SO_4 enthalten 47-0538; d. – enthalten 47-0539; Löslichk.-Isothermen, D. sowie Zus. d. festen Phasen d. Syst. $FeSO_4/K_2SO_4$/W. u. $FeCl_2/FeSO_4$/W. 47-0540.

Bldg. v. Radikale bei d. Elektronenpulsradiolyse wss. O-gesätt., schwefelsaurer – -Lsg. 5-0760; Rk. d. H-Atoms im Syst. $H_2O + H_2SO_4 + FeSO_4$ 12-0746; Kinetik u. Mechanismus d. therm. Zers. v. – 13-2332; Vers. zur Komplexbldg. v. 3.4-Benzocinnolin u. 3.8-Dimethyl-5.6-diaza-1.10-phenanthrolin mit $FeSO_4$ 17-0827; Mechanismus d. Ox. v. Fe(II) bei d. Pulsradiolyse v. – -Lsg. 19-0720; Überführ. v. – in Fe_2O_3 mittels $CaCl_2$ in wss. Lsg. 19-2244*; Ox. v. 2.6-Dimethylphenol mit – 20-1007; Rk. v. $Ti(SO_4)_2$ u. – in H_2SO_4-Lsg. (Komplexbldg.) 28-0743; Hydrolyse d. Stickstoff-Fluoride mit Lsg. v. – 29-0711; amperometr. Unters. d. Kinetik d. Rk. v. $K_2S_2O_8$ mit – 43-0632; As(IV) als Zwischenprod. bei d. photochem. Ox. v. – in Ggw. v. H_3AsO_4 44-0678; Herst. eines Rk.-Prod. aus Alkalisalzen v. Äthylen-bis-dithiocarbaminsäure u. Dimethyldithiocarbaminsäure mit – (antikryptogame Verb.) 45-2644*; Bldg. v. H_2O_2, H-Atomen u. OH-Radikalen sowie Ox. v. Fe(II) zu Fe(III) bei d. Einw. einer stillen elektr. Entlad. in H_2SO_4 u. – -halt. wss. Lsg. in Atmosphären v. He u. Ar 48-0645.

Einfl. d. vorher. Einw. eines magnet. Felds auf d. therm. Zers. wss. $Ca(HCO_3)_2$-Lsg. in Ggw. oder Abwesenh. v. – -Spuren 5-0786; Verw. v. – als Katalysator für d. Vinylchloridpolymerisat. 15-3055*; Einfl. v. – auf d. Zers. v. geschmolzenem KN_3 23-0689; durch d. Redoxsyst. Triäthylentetramin–$FeSO_4$ katalysierte Pfropf. v. Polypropylen auf Styrol 30-1120, 30-1121; reversible Photolyse v. Methylenblau in Anwesenh. v. – 33-1036; Verw. zur Ox. v. Weinsäure mit H_2O_2 49/50-2316.

Wrkg.: auf d. biolog. Aktivität v. Na-Palmitoyl-L-lysyl-L-lysinäthylester 23-1348; auf d. proteolyt. Aktivität in Maisblättern 19-1331; auf d. Lecithinase v. Clostridium perfringens 46-1272; im Kultivier.-Medium auf d. Fructose-bildende Aktivität v. Aerobacter cloacae 6-1319; Umkehr d. Wrkg. v. Dodecylbernsteinsäure auf Pseudomonas aeruginosa durch – 8-1459; Einfl. auf d. Formiat–Pyruvat-Austauschrk. in Streptococcus faecalis 19-1374; Veränderlichk. d. Alkaloid-Produkt. in – -halt. Eintauch-Kulturen 41-1423; Wrkg.: v. freiem Gossypol u. – -Zusatz zum Futter auf d. Blutbestandteile v. Ratten 2-1583; v. Desferrioxamin auf d. – -Resorpt. 4-1614; durch – induzierte Ca-Ablager. in HeLa-Zellkulturen 25-1186; pharmakolog. Prüf. v. *Ferrogradumet* 12-1716; akute Vergift. mit – (Wrkg. auf d. Leber) 47-1518.

Verw.: zur Reinig. d. Abwässer v. Farbenfabriken 12-2161; v. $FeSO_4 \cdot 7 H_2O$ als Flock.-Mittel in d. Abwasserreinig. 22-2171*; Klären v. Abwässern u. Spalten v. Ölemuls. mit Eisen(II)-sulfat u. Polyacrylamid 38-2157*; Absorpt. v. NO durch – -Lsg. 9-2329; Verw.: mit KCl zur Herst. v. K_2SO_4 9-2357*; zur Herst. magnet. Pigmente 32-2254*; Cu-Auslaug. mittels Thiobacillus ferrooxydans in – -Lsg. 14-2449; Verw. bei d. chlorierenden Röst. v. Kiesabbränden im Etagenofen 18-2568*; Zerstören d. Peroxide v. Isopropyläther mit – 10-2683; Verw. als Zusatzstoff für Bohrspül. 6-2766*; Herabsetz. d. NH_3-Verluste bei Ammonnitrat–Calcit- oder -Dolomit-Mischdüngern mit $FeSO_4 \cdot 7 H_2O$ 14-3236*; chem. Bekämpf. d. „Teufelsseide" Cuscuta durch Spritz. mit – -Lsg. 51/52-3033; Verw.: zur Meliorat. v. Soda-Solonetzböden 30-2967; bei d. Herst. sterilisierter konz. Milcherzeugnisse 25-3065*; in wiederentzündbarem Streichholz 24-3465*.

Verw.: zur Best. v. SO_4^{2-} in Zement 15-2105; zur selektiven Anfärb. v. Coeruloplasmin 43-1869.

$Fe(NH_4)_2(SO_4)_2$ [Eisen(II)-ammoniumsulfat], Wellenlängen d. $K\beta_1$-Linien u. d. Satellitenlinien $K\beta'$ v. $Fe(NH_4)_2 \cdot (SO_4)_2 \cdot 6 H_2O$ 20-0110; Temp.-Einfl. bei d. Röntgenstrahlradiolyse gefrorener Fricke-Lsg. 44-0680; Darst. v. Greigit aus $(NH_4)_2Fe(SO_4)_2 \cdot 6 H_2O$-Lsg. u. Na_2S-Lsg. 16-0788; Verw. v. *Mohrschem Salz*: als Katalysator für d. Vinylpolymerisat. 15-3055*; zur oxydimetr. Titrat. v. Ba mit K_2CrO_4 20-1918.

$Fe_2(SO_4)_3$, Ausdruck für d. Elliptizität d. Cotton-Mouton-Voigt-Effektes im Mikrowellenbereich u. Meßergebnisse an – 14-0365; kristallograph. Unters. an d. Syst. $Fe_2(SO_4)_3$/Alkalimetallsulfat, Struktur v. $MFe(SO_4)_2$ mit M = K, Na, Rb, Cs 32-0250; Mössbauer-Linienverbreiter. in – 18-0160; Best. d. effektiven Fe-Atomlad. in $Fe_2(SO_4)_3 \cdot 9 H_2O$ aus Röntgenemiss.-Spektren u. d. Mössbauer-Effekt 42-0152; stationärer Stofftransport d. reversiblen Redoxsyst. $FeSO_4/Fe_2(SO_4)_3$ in H_2SO_4 zwischen zwei ebenen parallelen Elektroden 10-0639; elektrolyt. Red. v. NH_4VO_3 in Ggw. v. – 21-0597; Einfl. d. Drucks auf d. Oberflächenazidität v. – 38-0692; Vorgänge beim Übergang d. Syst. Calciumsulfat–Dihydrat in –Hemihydrat in Lsg. v. – bei Sättig.-Druck 15-0605; Mitfäll. v. In mit Fe(III)-diphosphat bei *60°* im Syst. $Fe_2(SO_4)_3/Na_4P_2O_7/H_2SO_4/In_2(SO_4)_3$ 15-0619; Wrkg. d. Drucks auf d. chem. Eig. v. – -Oberflächen 5-0689.

Zers. bei d. Hochtemp.-Korros. 3-2475; Hydrolyse zwischen *25* u. *200°* 16-0731; Thermolyse v. bas. Fe(III)-Sulfat, $2 Fe_2(SO_4)_3 \cdot Fe_2O_3 \cdot 3 H_2O$ (Bldg. v. $Fe_2(SO_4)_3 \cdot 7 H_2O$] 38-0757.

Verw.: in Feuerlöschpulvern auf Alkalibicarbonatbasis zur Verhinder. d. Zusammenbackens 2-2206*; in d. W.-Reinig. 13-2314*; in Reinig.-Lsg. nach d. Dekapieren v. Al 15-2537*; v. – -Lsg. zum Laugen armer Cu-Erze 21-2622*.

Verw. in Mittel zum Nachw. v. Phenylketonen in Körperfl. 38-2006*.

$Fe(NH_4)(SO_4)_2$ [Eisen(III)-ammoniumsulfat, Eisen(III)-ammoniumalaun], Fäll.-Kristallisat. v. $NH_4Fe(SO_4)_2 \cdot 12 H_2O$ in Ggw. v. NaCl 31-0267; Elektronen-Spin-Relaxat. u. d. Mössbauer-Effekt in $Fe(NH_4)(SO_4)_2 \cdot 12 H_2O$ 3-0187; Erklär. v. Mössbauer-Spektren v. $FeNH_4(SO_4)_2 \cdot 12 H_2O$ in einem Magnetfeld 6-0047; Kurven d. paramagnet. Absorpt. für Einkrist. v. $(NH_4)Fe(SO_4)_2 \cdot 12 H_2O$ 15-0427; anomaler magnet. Effekt im Mössbauer-Spektrum v. $NH_4Fe(SO_4)_2 \cdot 12 H_2O$ 16-0056; Mössbauer-Linienverbreiter. in $FeNH_4(SO_4)_2 \cdot 12 H_2O$ 18-0160; spezif. Wärme v. $FeNH_4 \cdot (SO_4)_2 \cdot 12 H_2O$ 31-0321; spezif. Wärme v. $FeNH_4(SO_4)_2 \cdot 12 H_2O$ bei *0,15–0,8 °K* 44-1767; dielektr. Relaxat. v. an NH_4-Fe-Alaunen adsorbiertem W. 27-0663; störende Verb. bei d. papierchromatograph. Nachw. anorgan. Phosphate mit Hanes-Isherwood-Reagenz (R_F-Wert) 46-1840.

Umsetz. v. Ti mit Fe in schwefelsauren Lsg. v. $(NH_4)_2TiO(SO_4)_2$.

Eisensulfide: Variat. d. – -Geh. in Zinkblenden d. Mississippi-valley-Lager 9-0863; Vork. v. sedimentären – bei Taboca (Distrikt v. Crato, Staat Ceara, Brasilien) 19-0859; Nebengesteinsverwitter. u. Genese v. – -Lagerstätten im nördl. Japan 21-0900; Djerfisherit, Alkali–Kupfer–Eisen-Sulfid, ein neues Mineral aus Enstatit-Chondriten 22-0741; Gentnerit, $Cu_8Fe_3Cr_{11}S_{18}$, ein neues Mineral aus d. Meteoriten Odessa 24-0810; Phasenbezieh., d. im Syst. Fe/Zn/S Sphalerit einschließen 28-0843; Vork. vulkan. Bomben mit – -Neubldg. 37-0815; Vork. v. ind. Fe-Erzablager. d. Fumarolenfeldes v. Santori-Vulkan, ihre Zus. u. Genese 46-0808; Rolle d. Sulfurier. bei d. Genese d. Fe–Ni-Sulfid-Ablager. d. Procupine Distrikts, Ontario 46-0780.

$(Co, Fe)S_2$ als Zwischenglied im bin. Syst. FeS_2(Pyrit)/CoS_2(Cattierit) 4-0568; Sulfid-Filmbldg. bei d. Korros. v. Armco-Fe im Syst. H_2S–CO_2–H_2O (Kinetik) 4-2358; (Zus. u. Schutzwrkg.) 4-2359; Bldg. v. – in Hochofenschlacken 13-2506; Bldg.-Beding. v. – aus Lsg. 17-0873; Entfern. v. – aus Sand u. Mineralien durch Säurelaug. 19-2520*.

IR-Spektren v. $Co_2Fe(CO)_9S$ 11-0144; Optik d. Verb. $KFeS_2$ 13-0370; Hochdruckpolymorphie d. Spinellverb. $FeCr_2S_4$ 8-0217; Rk.-Diffus. v. Mn, Fe, $(MnFe)_{1-y}$ u. S im Bldg.-Bereich d. festen Sulfide v. Mn u. Fe u. d. Mischsulfide 17-0329; eine ungewöhnl. Molverzerr. durch Krist.-Kräfte in d. Struktur sowie Konformat. v. $[C_6H_5CSFe(CO)_3]_2$ 18-0230; Synth. Polymorphie u. Krist.-Struktur v. $(C_5H_5FeS)_4$ 19-0263; Darst. u. Struktur v. tetramerem Cyclopentadienyleisensulfid $(C_5H_5 \cdot FeS)_4$ 19-0264; Substitut. d. Cu durch Fe in d. Tetraedriten v. Typ 3,5 $Cu_2S \cdot Sb_2S_3$, 4 $Cu_2S \cdot Sb_2S_3$ oder 3 $Cu_2S \cdot Sb_2S_3$ 22-0730; Zers. v. – unter Pyrrhotinbldg. im Elektronenmikroskop 25-0209; Röntgenstrukturanalyse fl. sulfid.-metall. Schmelzen v. Fe 33-2106; kristallograph. Unters. d. Chromspinells $FeCr_2S_4$ 48-0259; Härte v. FeSbS u. FeAsS 11-0305; anomale Thermokraft v. $FeCr_2S_4$ in d. Nähe d. Curie-Temp. 48-0374; Unters. v. FeAsS durch d. Mössbauer-Effekt 9-0391; Darst. u. magnet. Suszeptibilität u. Kristallstruktur v. $FeRh_2S_4$ 13-0812; Mössbauer-Isomerieverschieb. v. $C_8H_8SFe_2(CO)_6$ 20-0149; ^{53}Cr-NMR in $FeCr_2S_4$ 29-0371; Austauschanisotropie in sulfidierten Fe-Filmen 41-0493; Potentiale d. kathod. Auflsg. v. – in geschmolzenen Salzen 31-0620; Synth. u. Analysen in d. Dreiecksdiagramm FeAsS/CoAsS/NiAsS u. $FeS_2/CoS_2/NiS_2$ 3-0846; Veränder. d. –, Pyrit, Markasit, Pyrrhotit, Chalkopyrit u. synthet. – mit *37,5 %* u. Chalkopyrit während d. Aufheizens u. Möglichk. zur Festleg. einiger Bezieh. zur Dilatat. d. entsprechenden Metalle 4-0288; Aktivitäten v. S in FeS_x u. Unters. d. Zus. v. FeS_x im Syst. Fe/S 28-0546; Phasenübergänge in $Fe_{1-x}S$, Fe_7S_8, Fe_6S_6, Fe_3S_4, Fe_2S_3 u. Fe_5S_8 33-0251; therm. Stabilität v. Vergesellschaft. im Syst. Cu/Fe/S 34-0870; Polymorphie im Syst. Cu_5FeS_4/Cu_9S_5 47-0550; potentiometr. Best. d. Adsorpt. v. Flotat.-Reagenzien an d. Oberfläche v. pulverförm. – 19-0673.

Verw. in Hydrier.-Katalysatoren 14-2745*.

Spektralanalyt. Best. v. Pb, Cu u. Zn in sulfid. Fe-Erzen 35-2015.

FeS, Vork. v. *Troilit*: in *15* Enstatitchondriten 2-0785; zwischen d. Silicateinschlüssen u. d. Metallphasen d. Campo del Cielo-Meteoriten 2-0786; in d. Meteoriten v. Steinbach 3-0805; Vork. v. *Pyrrhotin* in d. Mount-Rosa-Gebiet, El Paso u. Teller Countie, Colorado 3-0830; stratigraph. Stell. d. *Pyrrhotin*–Pyrit-Vererz. im Archaikum 4-0773; *Pyrrhotin*-Vererz. im Cu-Gürtel v. Khetri in d. Distrikten Jhunjhunu u. Sikar in Rajastan 4-0793; Vorschlag zur *Pyrrhotin*-Kontrolle in d. Coronation Mine, Saskatchewan 4-0822; gediegene Elemente u. *Pyrrhotin* in Eklogiten d. Südurals 7-0846; Verteil. v. *Magnetkies* auf d. Ilmenitlagerstätte v. Abu-Ghalaga, Ägypten 8-0852; Vork. v. *Troilit* in chondrit. Meteoriten aus China 9-0805; Paragenese v. Scheelit u. Bismuthinit mit *Pyrrhotin* in Erzen d. As–Bi-Lagerstätten in Usbekistan 9-0858; chem. Zus. u. Kristallisat.-Temp. v. *Pyrrhotin* metamorpher Gesteine im Gebiet nördl. d. Ladogasees 12-0827; Unters. d. Bldg. v. *Hydrotroilit* in Carbonatsedimenten d. Mittleren Ostens u. v. anderen Orten 13-0840; Vork.: v. *Pyrrhotin* in sulfid. Cu-Ni-Vererz. in bas. Gesteinen

d. Sobi-Flußbassins 16-0764; v. *Troilit* in Pallasiten u. Mesosideriten u. einige genet. Überleg. 18-0760; v. *Pyrrhotin* in d. Cu-Lagerstätte v. Vigonzano 21-0897; *Magnetkies* aus d. Bergwerksbezirk d. Jardine-Crevasse-Berges in Südwest-Montana (genet. Bedeut. d. S-Isotopenanalyse) 22-0757; Stell. v. *Pyrrhotin* in d. Mineralisat.-Folge in Au-halt. Sandstein v. Salsigne (Aude) 22-0768; Vork. v. *Pyrrhotin*: in Stör.-Zonen-Sulfiden, Broken Hill 22-0776; in d. Ammeberg-Gebiet (Zn-Minen), Schweden 22-0797; Vork. v. *Troilit* mit Phosphaten in Fe-Meteoriten u. Pallasiten 23-0777; Bldg.-Temp. v. *Pyrrhotin* u. d. Vork. v. *Troilit* in einigen Trapp-Intrus. 24-0854; chem.-minerograph. Unters. v. *Pyrrhotin* u. *Troilit* in Meteoriten 27-0792; komplexer *Troilit* u. seine Entsteh. in d. Chondriten v. Seres u. Darmstadt 27-0793; Vork. v. *Troilit* in d. Meteorit Barwell 27-0794; Fixier. d. Fe in d. Ablager. d. Ox.-Zone d. Schwarzen Meeres im *Hydrotroilit* 27-0817; mkr. Unters. d. Verwitter. v. *Pyrrhotin* v. Salsigne, Aude 28-0840; Vork. v. Roedderit in Paragenese mit *Troilit* im Indarch-Meteoriten 33-0805; S-Isotopen in Pyrit, *Pyrrhotin*, Alunit u. Anhydrit aus Dampflöchern in d. Taupo Vulkanzone, Neuseeland 33-0866; Texturunters. an *Pyrrhotin* d. Lagerstätte bei Mount Isa, Queensland 33-0890; Vork.: v. *Pyrrhotin* in d. Marbridge-Ni-Lagerstätte, Malartic, Quebec 33-0891; v. *Pyrrhotit* in einer stark magnet. Frakt. in d. Limoniterzen v. Kremikovci 34-0851; v. *Magnetkies* in d. Sb-Lagerstätten in d. Niederen Tatra 36-0851; Verteil. v. Eisenmonosulfid (FeS · n H_2O) u. organ. Substanz in d. Bodensedimenten d. Bodensees, Eutrophier. d. Bodensees 37-0819; opaker *Pyrrhotin* in d. ultrabas. Gesteinen d. Pyrenäen 37-0822; *Mackinawit* aus Witwatersrand-Konglomeraten 37-0836; Textur v. *Pyrrhotin* in einigen Gesteinen d. Muskox Intrus. 37-0840; *Pyrrhotin*, ein gewöhnl. Einschluß in südafrikan. Diamanten 38-0841; Geochemie v. Ga in Kies-Polymetall- u. Cu-*Pyrrhotin*-Lagerstättentypen 39-0796; Vork. v. *Pyrrhotin* in d. Tutchunsker Au-Erzgebiet (Zentralteil d. kleinen Kaukasus) 39-0817; Se- u. Te-Verteil. in *Pyrrhotinen* d. Sulfiderzlagerstätten d. Altai-Sajan-Gebiets 41-0828; Vork. v. *Troilit* in d. Zwischenräumen d. Fe-„Kügelchen" d. Umgeb. d. Canyon Diablo-Kraters 42-0738; *Pyrrhotin* u. *Troilit* in d. Gangerzen v. Noril'sk u. Talnach 42-0783; Hg-Dispers.-Höfe als Hinweise auf *Magnetkies*-Ablager., West Distrikt, Californien 46-0802; neuart. Typ „hydrothermaler" Cu–Ni-Lagerstätten mit Bemerk. über d. Mineralien Valleriit, *Mackinawit*, Oregonit 46-0809; *Pyrrhotin* u. dessen Paragenesen in Sulfiderzgängen v. Moke Creek, Wakatipu-Gebiet 48-0756; Vork.: v. Partikeln v. *Troilit* in d. kohl. Chondriten Orgueil 49/50-0724; v. *Magnetkies* in d. Durbachit v. Pisek 49/50-0744.

Spurenelementunters. in *Pyrrhotinen* u. Magnetiten aus Meta-Gebbros v. Sachsen, Deutschland 7-0861; Verteil. d. Se in *Pyrrhotin* 14-0858; Zinkblendesternchen u. Cubanitrundkörper in kataklast. u. rekrist. *Pyrrhotin* bei Sa Lilla (Cagliari) 22-0792; Vork. v. Gentnerit, $Cu_8Fe_3Cr_{11}S_{18}$, einem neuen Mineral in Graphit–*Troilit*-Einschlüssen d. Meteoriten Odessa 24-0810; Geochemie v. Ga in Kies-Polymetall- u. Cu–*Pyrrhotin*-Lagerstättentypen 39-0796.

Therm. Zers. v. Pyrit unter Bldg. v. *Pyrrhotin* u. S 2-0720; Bldg.: v. *Pyrrhotit* u. S bei d. therm. Zers. v. Pyrit 5-0728; u. Aktivitäten v. — sowie Gleichgew.-Drücke v. S_2 u. O_2 bei Unters. d. Gleichgew. zwischen Schmelzen d. Syst. Fe–S–O u. CO–CO_2–SO_2-Gasmisch. bei *1200°* 15-0596; Bldg.-Beding. v. *Pyrrhotin* aus Lsg. 17-0873; Gleichgew.-Temp., P_{S_2} u. P_{O_2} während d. Bldg. d. pyrosomat. *Pyrrhotin*-Ablager. 18-0772; Bedeut. v. akzessor. magmat. Zinkblende in bas. Gesteinen für d. Entsteh. v. Ni-halt. *Pyrrhotit*-Erzen 21-0843; Zers. v. Eisensulfid unter *Pyrrhotin*-Bldg. 25-0209; Unters. d. Stabilität d. *Pyrrhotin*–Pyrit-Mischkrist. u. d. geochem. Bldg.-Beding. v. *Pyrrhotin* 31-0788; —-Bldg. in eingedosten Meermuscheln 32-3189; autogenes Mahlen u. Ausbringen v. Fe aus *Magnetkies* in Outokumpu's Kerretti-Anlage 17-2330; Aufarbeiten v. *Pyrrhotit* enthaltendem Sn-Erz 26-2640*; Unters. d. Mineralverluste durch Ca-Adsorpt. an Ni-halt. *Pyrrhotin* (Flotat.) 51/52-2269; Ausfäll. v. Cu aus wss. Lsg. mittels — 16-2450*.

Schwefel-$L_{2,3}$-Emiss.-Spektrum v. — 23-0370; chem. Effekt auf d. Feinstruktur d. Röntgenabsorpt.-Kante v. — 35-0350; Einfl. d. chem. Bind. auf weiche Röntgen-K- u. -L-Emiss.-Spektren v. — 46-0352; ergänzende Daten zu d. Rotat.-Eig. v. *Pyrrhotin* 7-0845; opt. Eig. v. hexagonalem *Pyrrhotin* ($\sim Fe_9S_{10}$) 23-0803; Domänenstruktur v. *Pyrrhotin*, d. sich aus zwei magnet. Phasen zusammensetzt 7-0862; große Punktdefektkonz. in — 31-0270; gemischte hexagonale u. monokline *Pyrrhotine* u. d. röntgenograph. Best. d. Metallgeh. 37-0839; Härte v. — 13-0305; elektr. Eig. (spezif. elektr. Widerstand, Thermo-EMK, Hall-Konst. u. Lad.-Trägerbeweglichk.) 14-0484; paramagnet. Resonanz v. S-Paaren in — 2-0378; Abwesenh. einer magnet. Ordn. in d. quadrat. Phase v. — 5-0537; anomale Hystereseschleifen v. magnet. *Pyrrhotin* 8-0818; Unters. v. — durch d. Mössbauer-Effekt 9-0391; Unters. d. magnet. Ordn. durch Neutronenbeug. u. Mössbauer-Effekt 11-0530; magnet. Resonanz v. *Pyrrhotin* Fe_7S_8 bei *9000* MHz 33-0423; Austauschanisotropie in sulfidierten Fe-Filmen 41-0493; Best. d. effektiven Fe-Atomlad. in — aus Röntgenemiss.-Spektren u. d. Mössbauer-Effekt 42-0152; Temp.-Abhängigk. d. magnet. Suszeptibilität natürl. vorkommender schwefelreicher *Pyrrhotine* 43-0491; Verh. d. *Troilits* in einem Chondriten (Pultusk) beim Erhitzen 3-0806; Mess. d. elektr. u. therm. Leitfähigk. d. Thermo-EMK, d. Hall-Effekts u. d. Mikrohärte v. — 14-0483; zur Kenntnis d. Syst. Fayalit/FeS u. d. Dreistoffsyst. SiO_2/FeS/FeO bez. d. Vorgänge im Temp.-Bereich d. Misch.-Lücke im fl. Zustand 18-0505; Mess. d. Diffus.-Verluste v. radiogenen u. spallogenen Edelgasen in *Troilit* in Steinmeteoriten 24-0806; elektr. Widerstand, Thermo-EMK, Wärmeleitfähigk., Hall-Konst. u. Mikrohärte v. — 27-0456; Phasendiagramm d. Syst. FeS/S 28-0546; Einfl. v. Druck auf d. α-Übergangspunkt v. — durch Mess. d. elektr. Widerstandes 30-0480; Phasenbezieh. v. *Pyrrhotin* 31-0788; über d. Bezieh. zwischen Zus. u. therm. Stabilität beim *Mackinawit* 38-0835; Anwend. v. Sättig.(Löslichk.)-Diagrammen auf Probleme d. Vork. v. Pyrrhotin in Erzlagerstätten 5-0862.

Rosten v. —-Material 12-2191*; Umsetz. mit einem ein schwerer lösl. Sulfid bildenden Ion 17-1982; Ox. v. — 20-0733; Red. v. $SOCl_2$ mit —, Reindarst. u. Polymerisat. v. S_2O 21-0758; Rk. mit SO_2 30-2180; Rk. zwischen V_2O_5 u. — 41-0735.

Chem. Aktivier. d. mechan. angeregten $Ni(CO)_4$ u. $Fe(CO)_5$-Bldg. durch — 7-0715; Katalyse d. Synth. v. Thionaphthen an FeS/Al_2O_3 26-1080; Einfl. d. Zusatzes v. — auf d. bei d. Erhitz. d. Gemische 3 $CaCO_3$ + SiO_2 u. 2 $CaCO_3$ + SiO_2 im Bereich v. *800* bis *1400°* verlaufenden Rk. 33-0775.

Wrkg. v. — auf d. Freisetz. v. lösl. Mn aus armem MnO_2-Erz durch Th. thiooxidans 22-1231.

Zusatz zu Graphit zwecks Verbesser. d. kerntechn. Eig. 8-2169; Verw. als Zusatz für Elektrodenmasse 4-2175*.

Verf. zur Abtrenn. v. *Troilit* aus Steinmeteoriten mittels Bromwasser 3-0802.

Fe_2S_3, zur Kenntnis d. — 21-0797; Rk. mit Hg(II)-Cyanid 28-1895.

Fe_3S_4, *Greigit* aus d. Cr-Lagerstätte v. Lojane, Mazedonien 12-0820; Synth. v. *Greigit* 16-0788.

FeS_2, stratigraph. Stell. d. Pyrrhotin–*Pyrit*-Vererz. im Archaikum 4-0773; mit einem präkambr. Fe-Erzlager vergesellschafteter syngenet. Pyrit 5-0903; Vork. v. *Pyrit* mit Xenolithen im Sakar-Granit 8-0824; Mineralisat. v. Ni-halt. *Pyrit* in Berühr. v. Graniten mit Serpentiniten 12-0810; diagenet. *Pyritisat.* in drei Sedimentgesteinen 26-0841; S-Isotopenunters. in sedimentären *Schwefelkies*-Lagerstätten 27-0836; sedimentpetrograph. u. geochem. Unters. v. *Pyrit* in d. Carbonatgesteinen d. Zechsteins 34-0815; Vork. vulkan. Bomben mit *Pyrit* u. *Markasit*-Neubldg. 37-0815; Methodik d. *Pyrit*-Unters. v. Granitoiden 39-0809; Vork.: *Pyrit*-, Tetraedrit-, Au-Tellurid- u. Au-Limonit-Assoziat. in carbonat. Gesteinen 42-0757; v. *Pyrit* in Bauxiten 43-0781; v. *Pyrit* im Pb-halt. Tonschiefer im Zechstein 46-0774; Genesis d. Sulfidlagerstätten mit reichl. *Pyrit* aus d. krist. Schiefern 46-0801; strukturelle Besonderh. d. Erze u. Vork. v. *Pyrit* in oberflächennahen Pb–Sn-Lagerstätten 46-0804; — u. *Pyrite*, Mineralienprobleme 47-2023.

Paragenese v. *Pyrit* in d. Alkaligesteinsmassiv v. Ditrău, Rumänien 4-0781; paläogeothermometr. Unters. an einigen Lagerstätten v. nutzbarem *Pyrit* d. Apuseniberge, Rumänien 4-0820; Vork. v. *Pyrit* in Sulfidlagerstätten in d. krist. Schiefern zwischen d. Flüssen Muncelu u. Ciocirla (Bukowina) 5-0908; geochem. Unters. d. *Pyritisier.* in d. S-halt. Bauxiten d. Darvasto-Vork. in Ungarn 6-0835; magnet. Prospekt. d. *Pyrit*-, Chalkopyrit- u. Magnetitvork. in d. Grube S. Valentino v. Predoi (Alta Valle Aurina) 7-0863; *Pyrit* im Dolomit d. Binnatales 7-0874; Vork. v. *Pyrit* in d. Cu-Vererz. v. Deva 8-0857; Unters. d. *Pyrit*-Geh. in d. schweren Aleuritfrakt. v. Gesteinen d. südöstl. Teils d. Ostkarpaten 11-0825; Vork.: v. Kostovit mit *Pyrit* in d. Cu-Erzlagerstätte v. Chelopech 13-0864; v. *Pyrit–Markasit* in d. Erzgängen in Olovi u. Rotava 16-0755; v. *Pyrit* in d. Arkose v. Alencon (Orne) 19-0851; neben einer Chalkopyritvererz. in d. Zone d. Böhm. Quarzpfahls bei Ujezd Sv. Kříže 21-0850; v. *Pyrit* u. *Markasit* in d. Cu-Lagerstätte v. Vigonzano 21-0897; u. Bldg. v. *Magnetkies* in kataklast. u. rekrist. Pyrrhotin bei Sa Lilla (Cagliari) 22-0792; v. *Pyrit* im Bereich d. Schwerspat-Grube Eisen (südwestl. Hunsrück) 22-0794; *Pyrit*–Kupfer-Erzlagerstätte v. Fabbriche bei Alagna im oberen Valsesiatal (Piemont) 22-0795; Vork. v. *Pyrit* in d. Ammeberg-Gebiet (Zn-Minen), Schweden 22-0797; *Pyrit* u. Cobaltin aus d. Kolba-Lagerstätte bei L'ûbietovà 23-0798; mkr. Unters. d. Markasit-, *Melnikovit*- u. *Pyrit*-Bldg. v. Salsigne, Aude 28-0840; Geologie u. Mineralisier. d. *Pyrit*-Adern enthaltenden Lagerstätten d. Salsigne-Au-Mine, Frankreich 33-0888; Vork. v. *Pyrit* u. *Markasit* in d. Sb-Lagerstätten in d. Niederen Tatra 36-0851; mögl. Ursprungsarten d. caledon. *pyrit.* Sulfiderzlagerstätte bei Bleikvassli, Nordland, Norwegen 36-0854; opaker *Pyrit* in d. ultrabas. Gesteinen d. Pyrenäen 37-0822; Vork.: v. *Pyrit* mit Pechblende v. Liauzun bei Olloix (Puy-de-Dôme) 37-0846; v. Tetraedrit, begleitet v. *Pyrit*, in Špania Dolina 38-0849; v. *Pyrit* u. *Markasit* im Tutchunsker Au-Erzgebiet (Zentralteil d. kleinen Kaukasus) 39-0817; v. *Pyrit* im Rohkaolin v. Zettlitz 40-2222; Entsteh. v. *Pyrit* u. *Markasit* durch hydrothermale Mineralisat. im Liegenden d. Kreideablager. in Doubravice (Bohr. MJ-*3*) 42-0764; Vork.: v. gediegenem As mit *Pyrit* in d. Hg-Lagerstätte v. Čukotka 42-0769; v. *Pyrit* in d. metallhalt. Ausstrich in d. Fagarasch-Bergen 44-0796; Pb-Isotopenzus. d. Galenite d. Galkinsker *Pyrit*-Vererz. im Ural 44-0807; Verwachs. v. *Pyrit* mit Nadeleisenerz in Erzvork. v. Alpen-Ostrand 44-0821; Vork.: v. Axinit in Assoziat. mit *Pyrit* im polarnahen Uralgebiet 48-0746; v. *Pyrit* in d. Ag–Pb-Lagerstätte in Nordwest-Bulgarien 48-0758; schichtförm. *Pyrit* u. Cu enthaltende Vork. d. Westalpen (Zusammenfass. d. aktuellen Kenntnisse d. pyrit. Kieslager) 48-0763.

Vork. v. *Pyrit* in d. rezenten Sedimenten im Küstenbereich d. Halbinsel Koloum, Guinea 3-0833; oolith. Struktur in *Pyriten* d. Ventersdorp-Kontakt-Reegs, Südafrika 8-0845; Verteil. v. *Pyrit* auf d. Ilmenitlagerstätte v. Abu-Ghalaga, Ägypten 8-0852; Vork.: v. *Pyrit* u. *Magnetkies* in d. Faseraggregaten v. kohl. Substanz („Thucholith") aus d. Witwatersrand-Konglomeraten 29-0815; v. Pyrrhotin, verwachsen mit *Pyrit*, als gewöhnl. Einschluß in südafrikan. Diamanten 38-0841; Aufbau d. *Pyrit*-Aggregate in d. Kieserzen d. Učali-Lagerstätte 42-0776; Drucklsg.-Erschein. an Geröll-*Pyriten* aus d. Witwatersrand-Konglomeraten (diagenet. Verh. v. Sulfiden) 47-0762.

Vork. v. *Pyrit* als Gangmineral in d. Taylor-Distrikt bei Ely White Pine County, Nevada 2-0819; *Pyrit*-Knollen d. Cu–Ni-Lagerstätte v. Timagami 2-0843; geochem. u. Isotopenunters. an *Pyriten* im Gebiet v. Noranda u. Matagami 4-0775; Vorschlag zur *Pyrit*-Kontrolle in d. Coronation Mine, Saskatchewan 4-0822; Paragenese v. *Pyrit* in d. Wandgesteinsveränder. bei Butte, Montana 8-0827; Vork. v. *Markasit* mit Whewellit in Septarischen Konkret. v. Milan, Ohio 12-0837; Unters. d. Vork. v. *Magnetkies* an d. Sillimanit–Kalifeldspat-Isograden in West-Maine, USA 21-0863; *Pyrit* aus d. Bergwerksbezirk d. Jardine-Crevasse-Berges in Südwest-Montana (genet. Bedeut. d. S-Isotopenanalysen) 22-0757; Vork. v. *Pyrit*: neben Phosphaten in Kalken v. Indiana 33-0875; in d. Marbridge-Ni-Lagerstätte, Malartic, Quebec 33-0891; Hg-Dispers.-Höfe als Hinweise auf massive *Pyrit*-Ablager., West Distrikt, Californien 46-0802.

Paragenese v. *Pyrit* mit Moctezumit, einem neuen Pb-Uranyltellurit v. Moctezuma, Mexico 5-0886; Vork. v. sedimentärem *Pyrit*, *Melinkovit* u. *Markasit* bei Taboca (Distrikt v. Crato, Staat Ceara, Brasilien) 19-0859; *Magnetkies* in d. Boqueiaro Pegmatit in Rio Grande do Norte 21-0868.

Punktzähl. als Unters.-Meth. für *Pyrit* in d. Story's Creek Mine, Tasmania 21-0829; S-Isotopen in *Pyrit*, Pyrrhotin, Alunit u. Anhydrit aus Dampflöchern in d. Taupo Vulkanzone, Neuseeland 33-0866; Texturunters. an *Pyrit* d. Lagerstätte bei Mont Isa, Queensland 33-0890; Vork. v. *Pyrit* in d. Orlando-Mine, Tennant Creek, Australien 34-0853; Pyrrhotin u. dessen Paragenese mit *Pyrit* in Sulfiderzgängen v. Moke Creek, Wakatipu-Gebiet 48-0756.

Besonderh. d. Verteil. v. *Pyrit* in Graniten d. Tigerek-Massivs (Altai-Gebirge) 4-0789; *Pyrit*-Vererz. im Kupfergürtel v. Khetri in d. Distrikten Jhunjhunu u. Sikar in Rajastan 4-0793; Vork. v. akzessor. *Pyrit* in d. Kokkuduktjubje-Massiv u. einige Fragen seiner Hybridisier. 7-0836; Au in *Pyrit* u. *Markasit* d. Beregow-Hügels 9-0872; *Pyrit*-Färb. kleiner Trümmer in Carbonatsedimenten d. Mittleren Ostens u. v. anderen Orten 13-0840; Bezieh. zwischen d. Hg-Geh. u. Geh. sek. *Pyrite* in Kohleschichten d. Liritschan-Gebiets (Donez-Bassin) 14-0871; Vork. v. *Pyrit* in d. sulfid. Cu–Ni-Vererz. in bas. Gesteinen d. Sobi-Flußbassins 16-0764; Nebengesteinsverwitter. u. Genese v. *Pyrit* u. *Markasit* in d. Eisensulfidlagerstätten im nördl. Japan 21-0900; Unters. d. Hauptvork. v. *Pyrit* in d. Demokrat. Republik Vietnam 24-0857; Vork. v. C-Materialien in Assoziat. mit *Pyrit* in d. polymetall. Lagerstätte v. Kurultyken (Ost-Transbaikal) 28-0822; *Pyrit* u. Flußspatvork. bei Koteshwar in Barwaha Tehsil, Dhar Forests, M.P. 38-0830; Vork. v. *Pyrit* als Haupterzmineral im Almalyk-Erzgebiet (Uzbek. SSR) 41-0804; Se- u. Te-Verteil. in *Pyrit* d. Sulfiderzlagerstätten d. Altai-Sajan-Gebiets 41-0828; sek. *Pyrit* in sedimentären Fe-Erzen d. Kursker magnet. Anomalie 41-0832; Unters. d. Assoziat. v. akzessor. *Pyrit* in Alkaligesteinen d. Wischnewgebirges 43-0774; $^{32}S/^{34}S$-Verhältnisse d. *Pyrite* u. Anhydrite d. Baimaklij-Höhenzuges im Süden d. MSSR 43-0787; Vork.: v. Zinnober in Paragenese mit *Pyrit* in Lockergesteinen v. Dorfe Grekova (Nagol'ny-Kamm) 43-0793; v. akzessor. *Pyrit* in paläozoischem Granit in d. südöstl. Distrikt v. Yan-Pian 44-0801; Verh. v. Rutil–*Pyrit*-Aggregaten bei d. hydrothermalen Veränder. d. Amphibolite d. Darasun-Au-Erzlagerstätte (Transbaikal) 48-0760.

Telluride in *Pyrit*-Erzen d. Tschinsker u. Ridder-Sokolner Lagerstätte am Altai 7-0881; elektronenmkr. Unters. d. in *Pyrit* eingeschlossenen Au-Erze d. Goweshda-Lagerstätte bei Michailowgrad 8-0858; Verteil. d. Se in *Pyrit* 14-0858; Se- u. Te-Geh. in *Pyrit* verschiedener Typen d. Sulfidmineralisat. Grusiniens 14-0859; Verteil.-Gesetzmäßigk. d. Se u. Te in *Pyrit* d. Ox.-Zone d. Pb–Zn-Lagerstätten Mittelasiens 14-0860; Fraktionier. d. S-Isotopen zwischen *Pyrit* u. koexistierenden Sulfidmineralien aus einigen japan. Erzlagerstätten 19-0860; Geh. v. Se u. Te in *Pyrit* u. mit ihm assoziierten *Melnikovit–Pyrit* 24-0841; Fixier. d. Fe in d. Ablager. d. Ox.-Zone d. Schwarzen Meeres im *Pyrit* 27-0817; Elementverteil. in *Pyrit* in Abhängigk. v. d. Mikroparagenese 34-0810; seltene Elemente in *Pyrit* v. Kieslagerstätten 34-0848; geochem. Charakter d. Verteil. einiger seltener Elemente in *Pyrit* u. *Markasit* d. Bassins Baia Mare 37-0804.

Bldg.-Beding. v. *Melnikovit*, *Pyrit* u. *Markasit* aus Lsg. 17-0873; Gleichgew.-Temp., P_{S_2} u. P_{O_2} während d. Bldg. d. pyrosomat. *Pyrit*-Ablager. 18-0772; Bldg. v. *Pyrit* bei d. Verwitter. v. Spessartit v. Halaguru, Staat Mysore 26-0851; neugebildeter *Pyrit* u. *Markasit* an antiken Münzen u. Metallgegenständen in d. Thermalquellen v. Bourbonne-les-Bains 39-0832; *Markasit*- u. *Pyrit*-Bldg. im Bauxit 42-0765; Bldg.-Enthalpie v. *Pyrit* aus d. Rk.-Wärme d. Feststoffrk. $2\,Zn + FeS_2 \rightarrow 2\,ZnS + Fe$ 44-0541; Flotat. v. *Pyrit* mit kationenakt. Sammlern 8-2116; Anreicher. v. *Pyrit* in baschkir. Erzen 20-2352; verbessertes Flotat.-Verf. für Cornwall-Sulfide (Kupfer- u. *Eisenkies*) 22-2346; Einfl. v. $K_2Cr_2O_7$ u. Na_2S auf d. Aminadsorpt. bei d. *Pyrit*-Flotat. 25-2157; Bezieh. zwischen pH-Wert u. Samml.-Vermögen v. Xanthogenaten bei d. Flotat. v. *Pyrit* 27-2385; Bezieh. zwischen Konz. u. Flotat.-Geschw. v. *Pyrit* 27-2386; Flotat. magerer *Pyrit*-Erze v. Chvaletice-Typ 27-2387; Aufbereit. v. japan. *Eisenkies*-Konzentrat 40-2273; fl.–fl.-Extrakt. v. Fe, Cu u. Zn aus Laugen v. *Pyrit*-Abbränden 1-2454; Röst. v. *Pyrit* zu Magnetit in d. Wirbelschicht 2-2502*; Beseitig. v. As aus *Pyriten* 4-2270; Vers. zur Verarbeit. v. *Pyrit*-Abbränden in Polen 4-2279; *Pyrit*-Rösten im Wirbelschichtreaktor zu SO_2 u. Magnetit 11-2484; Cu-Gewinn. aus sulfid. Erzen oder Konzentraten mit Chalkosin u. *Pyrit* (Sulfatieren) 15-2444*; autogenes Mahlen u. Ausbringen v. Fe aus *Eisenkies* in Outokumpu's Kerretti-Anlage 17-2330; Rösten sehr armer *Pyrite* im 2-Etagen-Fließbettreaktor 18-2425; Aufarbeit. v. *Pyrit* im Flash-Schmelzofen zur Herst. v. H_2SO_4 u. Stahl 22-2358; Gewinn. v. SO_2 u. Magnetit aus *Pyrit* 23-2140*; Herst. v. Fe-Oxid aus *Pyrit* 24-2195*; Einfl. v. Rösttemp. u. Korngröße auf d. Zerspringen v. *Pyrit* in d. Wirbelschicht 24-2366; Entfern. v. H_2S aus d. Wirbelschicht d. —-Abbrandes 25-1964; Entschwefel. v. *Pyrit* 33-2210; Einsatzmöglichk. bei d. S- u. H_2SO_4-Produkt. 34-2272; Red. v. *Pyrit* durch Erdgas 34-2285; chlorierende Niedertemp.-Röst. v. *Pyrit*-Abbränden im Wirbelschichtofen 45-2159; Kinetik d. Röstens v. flotiertem *Schwefelkies* in d. Wirbelschicht 46-2259.

Neue Meth. zur abs. Reflex.-Mess. v. *Pyrit* in Luft u. Öl 21-0828; Verteil. d. Thermolumineszenz um eine Chalkopyrit–*Pyrit*-Lagerstätte 33-0871; photograph. Mess. d. Reflex.-Vermögens v. *Pyrit*-Mikroeinschlüssen 41-0778; Verw. d. Sphaleritlumineszenz zur Lös. genet. Fragen d. *Pyrit*-Erze 41-0826; Analyse d. S Kβ-Fluoreszenzspektren in — 51/52-0091; strukturelle Deut. d. *Pyrit*- u. *Markasit*-Zwillinge 8-0846; kristallchem. Besonderh. d. *Pyrits* 13-0816; Wachstumsbeding. u. Krist.-Morphologie v. natürl. *Pyrit* 26-0237; Einfl. v. Ionencharakter u. Bind. auf d. Krist.-Morphologie bes. v. *Pyrit*/*Markasit* 31-0235; Unters. d. Stabilität d. Pyrrhotin–*Pyrit*-Mischkrist. u. d. geochem. Bldg.-Beding. v. Pyrrhotin 31-0788; Mischkrist. v. Au in *Pyrit* (Diskuss.) 33-0884; orientierte Verwachs. zwischen Nickelcobaltin, Arsenopyrit u. *Pyrit* 36-0849; Härte v. — 11-0305; Halbleit. in *Pyrit*- oder *Markasit*-Phasen 17-0436; elektr. Eig. v. — 28-2237; Mössbauer-Effekt in — 1-0051; Unters. v. — durch d. Mössbauer-Effekt 9-0391; Mössbauer-Spektrum v. *Pyrit* 13-2033; Temp.-Abhängigk. d. magnet. Suszeptibilität natürl. vorkommender komplexer *Pyrite* 43-0491; Synth. u. Analysen in d. Dreiecksdiagrammen $FeS_2/CoS_2/NiS_2$ (Unters. d. Mischkrist.-Bldg. in d. Syst. *Pyrit*/Catherit/Vaesit) 3-0846; $(Co, Fe)S_2$ als Zwischenglied im bin. Syst. FeS_2 (*Pyrit*)/CoS_2 (Cattierit) 4-0568; Möglichk. d. Existenz v. Rayleigh-Wellen in Einkrist. v. — 24-0281; Schmelzverh. v. *Pyrit* aus Weferlinger Quarzsand 47-0772; Berechn. d. Debye-Temp. aus d. Elastizitätsmoduln eines Krist. u. d. Bezieh. v. Voigt u. Reuss für — 2-0287; Debye-Temp. u. d. mittleren Schallgeschw. aus Werten d. Elastizitätskonst. v. Einkrist. v. *Pyrit* 21-0245; Debye-Temp. v. — 23-0285.

Therm. Zers. v. *Pyrit* unter Bldg. v. Pyrrhotin u. S 2-0720; Kinetik d. therm. Zers. v. *Pyrit* zu Pyrrhotit u. S 5-0728; Cl-Bldg. bei d. Ox. v. *Pyrit*, KCl u. S 16-2154; Ox. v. *Pyrit* 20-0733; chem. Aktivier. d. mechan. angeregten $Ni(CO)_4$ u. $Fe(CO)_5$-Bldg. durch — 7-0715.

Extrakt. v. Mn aus Erzen durch sulfatisierendes Rösten mit *Pyrit* 10-2461; Verw. v. *Pyrit* bei d. chlorierenden Röst. v. Kiesabbränden im Etagenofen 18-2568*; Reinig. sauerstoffloser Brenngase v. S-Verb. in d. Wirbelschicht an *Schwefelkies* 27-2735; Verw. v. *Pyrit*-Abbränden gegen Kalkchlorose d. Weinrebe u. d. Erdbeere auf d. Krim 48-3090.

Best. v. *Pyrit* in Kohleschiefern 29-2049; Schnellbest. v. *Pyrit*-Schwefel in Braunkohlen 42-1939; polarograph. Best. v. Cu, Pb u. Zn in *Pyriten* u. Fe-Mineralien 4-1974; thermogravimetr. Analyse v. Alunit in Erzen mit erhöhtem *Pyrit*-Geh. 30-2003; Best. v. Re in *Pyriten* 51/52-1882; Best. d. Zus. v. Kiesabbränden für d. Fe- u. Stahlindustrie 22-2356.

Eisensulfite bzw. -sulfitokomplexe

Sulfitoeisensäuren

Salze s. *Natriumsulfitoferrate*.

$H_5[Fe(CN)_5SO_3]$, Kinetik d. Sulfitox. mittels Pentacyanoaquoferrat zu Sulfat u. $[Fe(CN)_5SO_3]^{5-}$ 26-0682.

$H_4[Fe(CN)_5NOSO_3]$, Stabilitätskonst. d. sich beim Zusammentritt v. Nitroprussiat- u. Sulfitionen in wss. Lsg. bildende Sulfitonitroprussiations, $Fe(CN)_5NOSO_3^{4-}$ 3-0625.

Eisentantalate(V)

Eisenorthotantalat(V): **$FeTaO_4$**, IR-Absorpt.-Spektren v. — 44-0355; Unters. v. synthet. Wodginit, Tapiolit u. Tantalit in d. Syst. $MnTa_2O_6/FeTa_2O_6$ u. $MnTa_2O_6/FeTaO_4$ 37-0870.

Eisenmetatantalate(V): **$FeTa_2O_6$**, Unters. v. synthet. Wodginit, Tapiolit u. Tantalit in d. Syst. $MnTa_2O_6/FeTa_2O_6$ u. $MnTa_2O_6/FeTaO_4$ 37-0870.

Eisentellurate(IV), Paragenese v. *Emmonsit*, $Fe_2(TeO_3)_3$, mit Moctezumit, einem neuen Pb-Uranyltellurit v. Moctezuma, Mexico 5-0886; thermodynam. Standardfunkt. u. Standard–Bldg.-Wärmen v. $FeTeO_3$ 51/52-0514.

Eisentellurat(VI), thermodynam. Standardfunkt. u. Standard–Bldg.-Wärme v. $FeTeO_4$ 51/52-0514.

Eisentelluride: Herst. v. Halbleiterverb., — 38-0794; Phasenübergänge in Übergangsmetallchalkogeniden $Fe_{1-x}Te$, Fe_7Te_8, Fe_5Te_6, Fe_3Te_4, Fe_2Te_3 u. Fe_5Te_8 33-0251; elektr. Prozesse in γ-— 48-0406.

Fe_2Te_3, Meth. zur Unters. v. Absorpt.-Spektren v. Krist. mit hoher Lad.-Trägerdichte, Anwend. auf — 15-0372; Mössbauer-Effekt in — 4-0482.

$FeTe_2$, Darst. bei hohem Druck u. elektr. Leitfähigk. v. $FeTe_2$ mit Pyritstruktur 35-0445; Mössbauer-Effekt in — 1-0051.

Eisenthiocyanate bzw. -thiocyanatokomplexe

Keine Bldg. v. $Fe(CO)_4(SCN)_2$ bei d. Rk. v. $(SCN)_2$ mit $Fe(CO)_5$, $Fe_3(CO)_{12}$ bzw. $HgFe(CO)_4$ 40-0724; IR-Spektren v. Fe-Isothiocyanat-Komplexen 13-0164; IR-Spektren d. magnet. anomalen Fe(II)-Komplexe $[Fe(phen)_2(SCN)_2]$ u. $Fe(bipy)_2(SCN)_2]$ 5-0168; Suszeptibilität, Röntgenunters. u. IR-Spektren, ^{57}Fe-Mössbauer-Spektren v. $[Fe(phen)_2\cdot(NCS)_2]$ u. $[Fe(phen)_2(NCSe)_2]$ 16-0141; Überprüf. d. ber. Dissoziat.-Konst. v. HSCN bzw. NaSCN durch d. Lichtabsorpt.-Verh. v. $Fe(III)/SCN^-$-Komplexen ($[Fe(SCN)_3/H_2O)_4]^+$) 8-0618; Ableit. u. Anwend. einer Gleich. zur Näher.-Berechn. d. thermodynam. Instabilitätskonst. v. Komplexverb. auf $[FeSCN]^{2+}$ 36-0561; Unbeständigk.-Konst. v. $[Fe(SCN)]^{2+}$ in wss. Lsg. 36-0571.

cis–trans-Isomerie bei d. Komplexverb. $[FePy_4(SCN)_2]$ 6-0120; Bldg. v. Clathraten d. Fe-(4-Methylpyridin)$_4$(SCN)$_2$- u. (4-Äthylpyridin)$_4$(SCN)$_2$-Komplexe mit C_8-Aromaten 7-2149; Kinetik d. Thiocyanataustausches zwischen Fe(III)–Thiocyanat-Komplexen u. freien Liganden in konz. wss. Lsg. 20-0651; Bldg. v. $[Fe(NCS)_2(py_x)_4]$ (gelb) u. Übergang in d. violette Form durch Umkristallisat. aus $CHCl_3$ durch geringe Ox. v. Fe^{2+} in Fe^{3+} (kein Vorliegen einer cis–trans-Isomerie) 41-0762; γ-Radiolyse d. S—C-Bind. v. KSCN bzw. — in wss. Lsg. 42-0652.

$Fe(SCN)_3$, Verw. zum Nachw. v. Benzammon 3-1781; photometr. Best. v. Chloriden u. Halogenen mit d. Eisen(III)-rhodanidmeth. 6-1959; Verw. zur Peroxidbest. in Fetten u. Ölen 36-2001.

Thiocyanatoeisen(II)-säure

$H_2[Fe(NCS)_4]$, Salze, IR-Spektren v. $[(C_2H_5)_4N]_2\cdot[Fe(NCS)_4]$ 41-0173.

$H_4[Fe(SCN)_6]$, Salze, IR-Spektren v. $[(CH_3)_4N]_4\cdot[Fe(SCN)_6]$ 41-0173.

Thiocyanatoeisen(III)-säuren

Salze, spektrophotometr. u. Dissoziat.-Unters. v. Diantipyrylmethan–Thiocyanatoferrat(III)-Komplexe in $CHCl_3$-Lsg. 13-0608.

Eisenthiocyanatomercurat, $Fe[Hg(SCN)_4]$, IR-Spektren v. — 41-0173.

Eisenthiosulfate, kurzleb. Zwischenprod. v. Redoxrk. d. Thiosulfats $FeS_2O_3^+$ (Bldg.-Konst. u. Absorpt.-Spektren) u. $Fe(S_2O_3)_2^-$ 42-0535.

Eisenvanadate(V)

Eisenorthovanadat

$FeVO_4$, Bldg. v. —: bei d. Ox. v. $(FeV_{2-x})\cdot Fe_xO_4$-Krist. 35-0706; bei d. Chlorier. d. Fe–V-Spinells $(FeO\cdot V_2O_3)$ 48-0704.

Eisendekavanadate(V), Bldg.: v. $Fe_2V_{10}O_{28}\cdot 6\,Fe(OH)_3\cdot 18\,H_2O$ bzw. $Fe_2V_{10}\cdot O_{28}\cdot 4\,Fe(OH)_3\cdot 16\,H_2O$ im Syst. $Fe(ClO_4)_3/Na_5HV_{10}O_{28}/H_2O$ 7-0588; v. $Fe_8(OH)_{18}V_{10}O_{28}\cdot 18\,H_2O$ bzw. $Fe_8(OH)_{12}V_{10}O_{28}\cdot 16\,H_2O$ im Syst. $Fe(ClO_4)_3NaVO_3/H_2O$ 7-0589.

Eisenvanadatotellurate, Darst. v. $Fe_2O_3\cdot TeO_3\cdot 2\,V_2O_5\cdot 2\,WO_3\cdot 8\,H_2O$ 37-0766.

Eisenwolframate(VI) bzw. -wolframatokomplexe

$FeWO_4$, Bldg. orientierter Verwachs. v. *Ferberit* auf Magnetit unter d. Beding. d. chem. Transportrk. 29-0225; Czochralski-Zücht. v. ^{59}Fe-markierten Calciumwolframatkrist. aus $CaWO_4/FeWO_4$-Schmelzen u. Best. d. Eisenretent. durch radiochem. Analyse 5-0267.

$Fe_2(WO_4)_3$, Krist.-Struktur v. — 2-0258.

Wolframatoeisen(III)-säure

$H_5[FeW_{12}O_{40}]$, Red.-Stöchiometrie u. Red.-Potentiale v. $[Fe(III)W_{12}O_{40}]^{5-}$ 45-0559.

Eisenwolframatotellurate, Darst. v. $Fe_2O_3\cdot TeO_3\cdot 2\,V_2O_5\cdot 2\,WO_3\cdot 8\,H_2O$ 37-0766.

Organische Eisenverbindungen

Chemie d. Organoeisenkomplexe (Übersicht) 2-0766; Best. v. Spurenelementen in organ. Fe-Salzen 2-2057; massenspektrometr. Konstit.-Aufklär. v. komplexen KW-Stoffabkömmlingen d. Eisencarbonylmol. 19-0784; Systematik v. Mössbauer-Isomerieverschieb. v. eisenorgan. Verb. 20-0149; Darst. u. Verh. v. Organometalleisencarbonylen (metall = Sn bzw. Pb) 20-0726; Elektrochemie eisenorgan. Verb. 21-0621; Kumulenkomplexe d. Übergangsmetalle (Hexacarbonyldieisenkomplexe) 33-0792; leichte Umkehr. d. über N-, P- u. S-Brücken gebundenen zweikern. Carbonyl- u. Nitrosylorganoeisenkomplexe in thermodynam. beständ. Formen 34-0795; Struktur u. Bind. natürl. vorkommender Nichtporphyrin–Eisen-Verb. 37-0117; Rk. v. Eisencarbonylverb. mit Perfluorolefinen, Bldg. v. Organoeisenverb. 39-0741; organometall. π-Komplexe (Darst. v. Ferrocenyl- u. 2-Thienylarylacetylenen) 49/50-0713.

Kohlenwasserstoffe

Synth. u. Eig. v. Fe-Carbonyl-π-allylkomplexen 8-0774; Struktur u. Bind. in einem Alkintrieisenneacarbonylkomplex, eine neue Fe – Acetylen-Bind. 12-0303; Organometallkomplexe d. Typs Trien$\cdot Fe_2(CO)_6$ mit Bis-[π-allyl]-eisencarbonylstruktur 13-0800; Massenspektren substituierter Butadienyleisentricarbonyle 17-0178; Eisencarbonylkomplexe v. Hexapentaen u. v. Tetra- u. Dimethylbutatrien 19-0785; elektrochem. Unters. v. $(\pi\text{-n-}C_7H_9)Fe(CO)_3{}^+BF_4{}^-$ 21-0621; verbesserte Struktur d. Butatrieneisencarbonylkomplexe 28-0106; ein Tetracarbonylbutatrieneisenkomplex 33-0793; Darst. v. $[(n\text{-}C_4H_9)_2SnFe(CO)_4]_2$, $Sn[Fe(CO)_4]_4$ u. $(n\text{-}C_4H_9)_4Sn_3[Fe(CO)_4]_4$ durch Rk. v. $Fe(CO)_5$ mit $(n\text{-}C_4H_9)_3SnCl$ 36-0742; katalyt. Wrkg. d. π-konjugierten Eisentricarbonyldienkomplexes bei d. Hydrier., Isomerisat. u. Polymerisat. v. ungesätt. aliphat. Estern 38-0949; Zersetz. v. π-konjugiertem $Fe(CO)_3$-Dienkomplex durch Halogen 38-0950; Mechanismus d. durch π-konjugierte $Fe(CO)_3$-Dienkomplexe katalysierten Hydrier. u. Isomerisat. v. C=C-Doppelbind. 38-0951; Reflex.-Faktor v. Keilabsorbern aus Paraffin–Carbonyleisen-Gemischen für elektromagnet. Wellen 45-0300; ^{13}C-NMR-Spektren v. Butadien-$Fe(CO)_3$ 51/52-0128; Bldg. d. Verb. $C_{12}H_8FeO_6$ bei d. Rk. v. $Fe_3(CO)_{12}$ mit Allen mit $Fe_3(CO)_{12}$; valenztautomer mit (Hexacarbonyl)-(2.2′-di-π-allen)-dieisen 51/52-0668.

Carbocyclische Kohlenwasserstoffe

Darst. v. Dienkomplexen aus d. Rk. v. aktiviertem Vinylcyclopropan mit $Fe(CO)_5$ 34-0755; Rk. v. $Fe(CO)_5$ mit 1-substituierten Vinylcyclopropanen 41-0764.

Herst. u. Verw. v. linearen u. cycl. Tetraphenylbutadienyliden-(1.4)–Fe-Verb. 13-2763*; Substitut.-Rk. an Cyclobutadieneisentricarbonyl (ein neues aromat. Syst.) 31-0744; Bldg. d. Tricarbonyleisencyclobutadienylcarboniumkations 34-0756; NMR-Spektren v. Cyclobutadien- u. Butadieneisencarbonylkomplexen 39-0189; Darst. u. Rk. v. Cyclobutadieneisentricarbonyl durch Rk. v. $Fe_2(CO)_9$ mit cis-3.4-Dichlorcyclobuten 45-0712.

Darst. v. Ferrocen u. Alkylderiv. 1-2768*; Bldg. d. cycl. Acylderiv. $(CO)(C_5H_5)\cdot Fe \leftarrow N(CH_3)_2-(CH_2)_2-C(O)$ bei d. Rk. zwischen Eisencarbonylanionen u. Halogenalkylaminen 2-0755; g-Faktor für $[Fe(C_5H_5)_2]^+$ 3-0192; Darst. v. $RR'SnCl_2$ [$R = R' = \pi\text{-}C_5H_5\cdot Fe(CO)_2$ bzw. $R' = Cl$] (Synth. v. Verb. mit Metall – Sn-Bind.) 3-0792; Röntgenunters. v. Diäthyldiferrocenyl 3-0301; kernmagnet. Resonanzspektren v. Ferrocenderiv. 4-0155; Darst. v. neuen Ferrocenderiv. 4-0725; Löslichk. v. Ferrocen in $SiCl_4$ 5-0615; Alkylier. v. Ferrocen 6-0806; Photolyse v. Ferrocenderiv. 6-0807; Deriv. d. Ferrocens (Diels-Alder-Rk. v. N-Ferrocenylmaleinsäureimid mit Verb. v. Diencharakter) 6-0809; (Kondens. v. Haloformen u. Chloral mit einigen Carbonylderiv. d. Ferrocens) 6-0810; IR- bzw. NMR-Spektren zur Strukturaufklär. in d. Ferrocenchemie 7-0141; röntgenograph. Unters. substituierter Ferrocene 7-0288; Rk. v. $C_5H_5Fe(CO)_2X$ (X = Cl, Br, J) mit $BF_3\cdot O(C_2H_5)_2$ (Isolier. v. $[C_5H_5Fe(CO)_2]_2X^{\oplus}$ als Tetrafluoroborat) 7-0782; direkte Ferrocensynth. aus C_5H_5Tl u. Fe(III)-Salzen 8-0787; Rk.-Fähigk. v. Verb. mit Ferrocenylmethylgruppe 10-0783; Rk.-Prod. d. Cyanier. v. Methyl- u. Äthylferrocen 10-0784; Eig. v. α-Ferrocenylcarboniumionen 10-0787; Red. v. 2.3.4.5-Tetraacetoxymercuripyrrol mit Ferrocen 11-0770; freie Radikalsubstitut. d. Ferriciniumions (Arylier.-Mechanismus v. Ferrocen) 11-0792; ster. Konfig. v. Mol. in Lad.-Austauschkomplexen d. Ferrocens mit Nitroderiv. d. Bzl. 12-0115; Komplexe einiger Ferrocenderiv. mit symm.-Trinitrobenzol u. Pikrylchlorid 12-0126; charakterist. Schwing. v. funktionellen Gruppen in Ferrocenderiv. 12-0879; Darst. v. Polymeren auf Ferrocenbasis (elektrophysikal. Eig.) 13-1238; polarograph. u. oszillograph. Unters. d. Gleichgew. v. Ferrocen-e $\rightleftharpoons$ Ferrocenium 15-0693; Darst. u. Rk. v. Ferrocenylverb. 16-1010; Einfl. d. Drucks auf d. elektr. Widerstand v. Ferrocen 17-0466; Elektronenkonfig. im Grundzustand d. Ferriceniumkations 19-0119; intermol. Abstände u. Mol.-Pack. im Krist. v. Bis-[1′-(1-äthylferrocenyl)] 19-0262; Synth., Polymorphie u. Krist.-Struktur v. $(C_5H_5FeS)_4$ 19-0263; Darst. u. Struktur v. tetramerem Cyclopentadienyleisensulfid $(C_5H_5FeS)_4$ 19-0264; Rk. v. Ferrocen mit substituierten aromat. Verb. (Ersatz eines Cyclopentadienylrestes) 19-0787; Resonanzstabilisier. v. α-Ferrocenylcarboniumionen 20-0721; Verw. v. Fulvenen für d. Synth. v. Ferrocenhomologen u. -analogen 20-0722; kristallograph. Werte für einige Ferrocenderiv. 21-0234; Acetylier. v. Ferrocen durch d. Komplex 2 $CH_3COOH\cdot BF_3$ 21-0693; Substituenteneinfl. auf d. Geschw. d. H-Isotopenaustausches in Ferrocenderiv. 21-0695; Bldg. v. H_2, Cyclopentadien u. isomeren Pentadienen bei Elektronenbestrahl. v. Ferrocen 21-0748; Darst., Verw. v. Cyclopentadien-Fe-tricarbonyl 21-2963*; Ferrocenderiv. (Synth., Racematspalt. u. Ringöffn. d. 2-Ferrocenylcyclopropancarbonsäure) 22-0727; Beschreib. d. Feldgradienten in $Fe(C_5H_5)_2$ durch d. Ligandenfeldtheorie 23-0134; Neig.-Winkel zwischen d. beiden Cyclopentadienylringen in einem zweifach überbrückten Ferrocen 23-0278; neuart. Nebenrk. bei d. Arylier. v. Ferrocen 23-0766; Redoxspalt. v. Disulfiden mit Ferrocen 24-1025; Verw. v. Ferrocenderiv. zur Herst. lichtempfindl. Schichten 24-3525*; komplexe Charge-transfer v. Ferrocen mit Trinitrobenzolderiv. 25-0582; einige neue Deriv. d. Ferrocens 25-0752; ergieb. Labor.-Meth. zur Herst. v. Ferrocen 26-0769; Ferrocenchemie 26-0770; Ferrocene (Synth. neuer Stoffe durch Michael-Addit. v. akt. Rk.-Komponenten an Chalkone v. Cinnamoylferrocentyp) 26-0771; reduktive Dimerisat. v. α-Ferrocenylcarboniumionen 27-0776; neue Dicarbonyl-π-cyclopentadienyl-σ-vinyleisenverb. 28-0746; Synth. v. Bis-[cyclopentadienyl]-eisenderiv. mit Hilfe v. Bis-[cyclopentadienyl]-Mg 28-0747; Kondens. v. Ferrocen mit Dicarbonsäureanhydriden 29-0768; Krist.-Struktur v. $\pi\text{-}C_5H_5Fe(CO)_2Mn(CO)_5$ 30-0212; unmittelbare Bldg. v. Biferrocenyl u. Polyferrocenyl aus Ferrocenyllithium 30-0689; Bldg. v. Bis-[cyclopentadienyldicarbonyleisen]-dibromzinn u. -dijodzinn 30-0695; UV-Absorpt.-Spektren v. Ferrocen u. Ferrocenderiv. in halogenhalt. Lsgm. 31-0147; ^1H-NMR-Unters. an paramagnet. Dicyclopentadienylkomplexen v. Fe 31-0171; Ferrocenderiv. mit tert.-Alkylgruppen (Synth. nach Friedel-Crafts u. Clemmensen-Red.) 31-0745; Ferrocenderiv. [Absolutkonfig. v. (β- u. γ-Phenyl-α-ketotetramethylen)-ferrocen] 31-0746; Identifizier. 1.2-, 1.3- u. 1.1′-disubstituierter Ferrocene [Darst. v. vier 1.2-(α-Oxotetramethylen)-ferrocenen] 33-0794; Acylier. v. 1.1′-Diäthylferrocen u. Identifizier. trisubstituierter Ferrocene 33-0795; Ferrocenderiv. (Rk. v. α-Hydroxyalkylferrocenen mit Isocyansäureestern) 34-0757; Darst. v. Dicarbonylcyclopentadienyleisenzinnderiv. 36-0743; IR-Spektrum v. deuteriertem Ferricinium 37-0158; Darst. v. Dijodo-bis-[π-cyclopentadienyldicarbonyleisen]-german u. -stannan 37-0747; Rk. v. Cyclopentadienyl-[methyl]-eisendicarbonyl in THF mit verschiedenen Liganden 37-0774; magnet. Momente einiger Carborananalogen v. Ferrocen 38-0179; magnet. Inäquivalenz v. Methylprotonen in 1.2-disubstituierten Ferrocenen 39-0190; Schwing.-Auswahlregeln u. Tors.-Schwelle v. Ferrocen 40-0095; CO-Valenzschwing. v. $C_5H_5Fe(CO)_2Re(CO)_5$, $[C_5H_5Fe(CO)_2]_2$ 41-0170; Rk. v. $p\text{-}C_6F_4(CN)_2$ mit $[\pi\text{-}C_5H_5Fe(CO)_2]^-$ 41-0763; Darst. u. Brech.-Index v. Carbonylcyclopentadienyleisensalzen u. Carbonyleisenkomplexen mit Olefinen aus $Fe_2(CO)_9$ u. d. Olefin 41-0765; protonenmagnet. Resonanzspektren v. disubstituierten Ferrocenen 42-0144; Best. d. effektiven Fe-Atomlad. in Ferrocen aus Röntgenemiss.-Spektren u. d. Mössbauer-Effekt 42-0152; Mol.-Struktur v. $Fe(C_5H_5)_2$ in d. Gasphase (Elektronenbeug.-Analysen) 42-0159; Rk. v. Ferrocenylquecksilberchlorid mit Phenylbarenyllithium 42-0694; neue Ferriceniumsalze, Darst. v. Ferriciniumtrijodid, -pentajodobismutat, -tetrachloroaluminat u. -hexachlorostannat 42-0719; Rk. d. Na-Salze v. $[\pi\text{-}C_5H_5Fe(CO)_2]^-$ mit Chlor- u. Fluorsubstituierten Olefinen bzw. Alkanen 43-0727; Darst. u. Rk. v. Cyclopentadienyleisenderiv. 43-0729; Strukturunters. an substituierten Ferrocenen 44-0743; Rk. v. $Na[C_5H_5Fe(CO)_2]$ mit Polyfluoraromaten zu Halogenphenylcyclopentadienyleisendicarbonylen 44-0744; Bldg. v. Halogenphenyl-(cyclopentadienyl)-eisendicarbonylen bei d. Rk. v. Pentafluorphenyllithium mit Carbonylcyclopentadienyleisenkationen 44-0745; ferrocenhalt. Polymere (isomere Bis-[ferrocenylmethyl]-ferrocene) 45-0715; Elektroneneffekte d. Substituenten in Ferrocen 47-0117; kernmagnet. Resonanzspektren disubstituierter u. trisubstituierter Ferrocene 48-0159; Massenspektren mehrkern. Cyclopentadienylkomplexe d. Fe 48-0164; Darst. v. Ferrocen 48-0705; Darst. v. Cyclopentadienyleisencarbonylderiv. mit verschiedenen Neutralliganden 49/50-0710; Synth. v. Ferrocenylacetylenen 49/50-0711; Darst. v. Polycyclopentylferrocenen 49/50-1044.

Halogenier. v. Bis-(diphenylacetylen)-dieisenhexacarbonyl 2-2599*; Rk. v. Bisphenylacetyleneisentetracarbonyl mit Diphenylacetylen 7-2759*; Elektronenspinresonanz d. Metall – Aromat-Bind. in Bis-[hexamethylbenzol]-eisen(I) 8-0167; Ionisat.-Potentiale u. Massenspektren v. Eisencyclohexadien-(1.3)-tricarbonyl 15-0202; photochem. Umsetz. v. $Fe(CO)_5$ mit Styrol u. Propylen zu $LFe(CO)_4$ (π-Olefineisentetracarbonylen) 16-0734; eine ungewöhnl. Mol-Verzerr. durch Krist.-Kräfte in d. Struktur sowie Konform. v. $[C_6H_5CSFe(CO)_3]_2$ 18-0230; Mössbauer-Isomerieverschieb. v. $C_8H_{10}COFe(CO)_3$ 20-0149; Photolyse v. α-Pyridylferrocenmethojodid in wss. Oxalsäurelsg. 20-0674; photochem. Austauschrk. d. Carbonylliganden in $\pi\text{-}C_5H_5Fe(CO)_2\cdot C_6H_5$ (Darst., F. *34°*, IR-Spektrum) 25-0715; Herst. v. Dimesitylen-eisensalzen (Verw. als Treibstoffzusätze) 28-2743*; Mössbauer-Unters. v. Aren- u. Cyclopentadienylaren–Fe-Komplexen 39-0191; Bldg. v. $(C_6H_5-C{\equiv}C-C_6H_5)_2Fe_2(CO)_7$ 43-0728; IR-Spektrum d. Sandwich-Komplexe Benzolcyclopentadienyleisen 45-0138; Massenspektren v. $(C_6H_5)_3SnFe(CO)_2C_5H_5$, $Cl_2Sn\cdot[Fe(CO)_2C_5H_5]_2$, $Hg[Fe(CO)_2C_5H_5]_2$ 48-0164; Struktur v. Dieisendiphenylvinylidenoktacarbonyl 48-0243.

Struktur d. Tropyliumeisentricarbonylkations 13-0799; Darst. u. Struktur v. Eisencarbonylderiv. mit Butadien u. Cycloheptatrien 27-0774.

Herst. v. Cyclooctadien-Fe-tricarbonylen durch Rk. v. Eisencarbonylen mit ggf. substituiertem Cyclooctadien-(1.5) 4-2577*; elektrochem. Unters. v. $(\pi\text{-}C_8H_8)Fe(CO)_3$ u. $(\pi\text{-}C_8H_8)Fe(CO)_3$ 21-0621; Bind. in $C_8H_8Fe_2(CO)_6$ u. $C_8H_8Fe(CO)_3$ 30-0097; Mol.-Struktur d. Komplexes v. Cyclooctatetraen mit Eisenpentacarbonyl 31-0308; Schwing.-Spektren u. Struktur v. Cyclooctatetraeneisentricarbonyl 32-0131; Verw. v. Bis-cyclopentadienyleisen oder Cyclooctatetraenhexacarbonyleisen für Schutzüberzüge 38-2988*.

^1H-NMR-Spektren v. Fe–Indenyl-Verb. 18-0156; Mol.-Struktur eines Eisen–Azulen-Komplexes, $C_{10}H_8Fe_2(CO)_5$ 48-0242.

Heterocyclen

Komplexbldg. v. Fe(II) mit Bis-[3.3′-(5.6-dimethyl-1.2.4-triazin)] 3-2028; IR- u. ^1H-NMR-Spektren v. Imidazol–Fe-Komplexen in Deuteriumoxidlsg. 23-0161; Instabilitätskonst. d. Imidazolkomplexe v. Fe^{2+} mit Hilfe d. vergleichenden Berechn. 25-0579; Regulier. d. Synth. v. Fe-Tetrapyrrolen in Mutantenstämmen v. Rhodopseudomonas spheroides 28-1435; Darst. u. IR-spektroskop. Unters. v. Fe-Tetrazolaten 36-0750; γ-Kernresonanz in Eisenkomplexverb. mit Deriv. v. 1.2.3-Triazol 37-0181; Darst. v. $Fe[PMT]_6(ClO_4)_2$ (PMT = Pentamethylentetrazol) 38-0767.

Absorpt.-Spektrum u. elektr. Leitfähigk. v. $[Fe(bipy)_3]J_2$, $[Fe(bipy)_3](ClO_4)_2$, $[Fe(bipy)_3]\cdot[IrCl_6]$, $[Fe(bipy)_3]SO_4$, $[Fe(bipy)_3]Cr_2O_7$ 1-0338; cis–trans-Isomerie bei d. Komplexverb. $[FePy_4(SCN)_2]$ 6-0120; Darst. v. Kationkomplexen $[C_5H_5Fe(CO)_2Py]^+$ 7-0782; mikrochem. Nachw. v. Re mit Tris-[dipyridyl]-eisen(II)-sulfat 7-2130; Bldg. v. Clathraten d. Fe-(4-Methylpyridin)$_4(SCN)_2$- u. (4-Äthylpyridin)$_4(SCN)_2$-Komplexe mit C_8-Aromaten 7-2149; spektrophotometr. Best. v. Hg(II) oder Cd(II) durch Solventextrakt. mit d. 2.2′-Dipyridyl–Fe(II)-Chelatkomplex 9-2084; Mössbauer-Spektrum v. Fe–Py.-Komplexen 10-0153; IR-Spektren (*1650 – 400* cm^{-1}) v. Fe–γ-Picolin-Komplexen 22-0135; Elektronenabsorpt.-Spektren v. Bis-[2.2′-bipyridyl]-komplexen v. Fe 28-0122; Bldg.-Wärmen d. Komplexe v. Bipyridyl mit Fe(II)-Ionen in wss. u. alkohol. Lsg. 30-0476; Darst. v. N-(α-Ferrocenylalkyl)-pyridiniumsalzen 30-0690; fünffach koordiniertes Fe(II) in Dichloro-2.2′.2″-terpyridyleisen 32-0252; Verw. v. Bis-[$\alpha.\alpha'$-dipyridyl]-eisen(II) als Redoxindikator bei d. V(II)-Titrat. 34-2057; IR-Spektren v. Fe-Halogenidkomplexen mit Py. u. verwandten Liganden im fernen IR 35-0137; Darst. u. magnet. Suszeptibilität v. $FeCl_2L$, $FeL(NO_3)_2\cdot H_2O$ u. $[FeNO_3L_2]ClO_4$ (L = 3.6.4′.6′-Tetramethyl-2.2′-bipyridyl) 36-0749; Formalpotential v. Tris-[2.2'-dipyridyl]-Fe(II)-sulfat 39-1843; Bldg. v. $[Fe(NCS)_2(py)_4]$ (gelb) u. Übergang in d. violette Form durch Umkristallisat. aus $CHCl_3$ durch geringe Ox. v. Fe^{2+} in Fe^{3+} (kein Vorliegen einer cis-trans-Isomerie) 41-0762; Mössbauer-Resonanzabsorpt.-Unters. d. therm. Zers. v. $Fe(Py)_4Cl_2$ im N_2-Strom [Bldg. v. $Fe(Py)_2Cl_2$, $Fe(Py)Cl_2$, $Fe(Py)_{0,66}Cl_2$ u. $FeCl_2$] 42-0718; Kinetik d. Ligandeneliminier. in Fe(II)-Komplexen mit substituierten 2.2'-Bipyridylen 43-0641; Darst. v. $Fe(bipy)_3$ durch Rk. v. $FeCl_3$ mit Na^+bipy^- u. Red. zum $Na^+[Fe(bipy)^-]$ 44-0741; Darst., IR- u. Reflex.-Spektren v. FeL_6X_2, FeX_2L_4, FeL_2X_2 (X = Cl, Br, J; L = Py. u. Py.-Deriv.) 45-0730; IR-Spektren einiger Fe(II)-Pyridin-Komplexe 46-0138; Struktur d. Hexapyridineisen(II)-salzes d. vierkern. Eisencarbonylanions $[Fe_4(CO)_{13}]^{2-}$ 48-0244; polarisierte Krist.-Spektren v. Tris-[2.2'-dipyridyl]-eisen(II), $Fe(dipy)_3SO_4 \cdot 7\,H_2O$, $Fe(dipy)_3Br_2 \cdot 6\,H_2O$ 49/50-0336.

Biochem. Lokalisier. d. β-Glucuronidase mit Hilfe d. Fe-Hydroxychinolin-Komplexes 8-2061.

Absorpt.- u. Reemiss.-Spektren v. $(Fe\cdot phen_3)(CNO)_2$, $(Febipy_3)(CNO)_2$ 1-0115; Mössbauer-Spektren v. cis- u. trans-$[Fe(CN)_2 \cdot (phen)_2]$ 2-0139; Gitterkonst. d. Tris-[1.10-phenanthrolin]-eisen(II)-Ions u. Stabilität im Vgl. zur entsprechenden Äthylendiaminverb. 3-0789; IR-Spektren d. magnet. anomalen Fe(II)-Komplexe $[Fe(phen)_2(SCN)_2]$, $[Fe\cdot(phen)_2(SeCN)_2]$ u. $[Fe(bipy)_2(SCN)_2]$ 5-0168; Mössbauer-Spektren v. Fe-Chelaten d. 1.10-Phenanthrolin 7-0196; Einfl. v. Tris-[3.4.7.8-tetramethyl-1.10-phenanthrolin]-eisen(II)-sulfat auf Viren u. Zellen 7-1496; photometr. Best. v. J^- durch Solventextrakt. mit d. 1.10-Phenanthrolin-Fe(II)-Komplex 9-2075; erneute Best. d. Potentials d. Paares Tris-[4.7-dimethyl-1.10-phenanthrolin]-eisen(III)/Tris-[4.7-dimethyl-1.10-phenanthrolin]-eisen(II) in W. 12-0609; Einfl. v. W. bzw. Acetonitril als Lsgm. auf d. Änder. d. partiellen mol. Entropie beim reversiblen Elektronenübergang zwischen Fe^{3+} u. Fe^{2+} in Komplexen mit 1.10-Phenanthrolin, 5-Methyl-, 4.7- u. 5.6-Dimethyl- sowie 3.4.7.8-Tetramethyl-1.10-phenanthrolin, aus EMK-Mess. 14-0604; Geschw. d. Elektronenübertrag. v. unsubstituierten u. dimethylsubstituierten Tris-[1.10-phenanthrolin]-eisen(II) u. -(III)-Ionen aus NMR-Unters. 14-0758; Suszeptibilität, Röntgenunters. u. IR-Spektren, ^{57}Fe-Mössbauer-Spektren v. $[Fe(phen)_2(NCS)_2]$ u. $[Fe\cdot(phen)_2(NCSe)_2]$ 16-0141; Vers. zur Komplexbldg. v. 3.4-Benzocinnolin u. 3.8-Dimethyl-5.6-diaza-1.10-phenanthrolin mit $FeSO_4$ 17-0827; Sorpt. v. Ferroin an Siliciumdioxid u. ihre analyt. Anwend. 18-2012; Mössbauer-Isomerieverschieb. v. Fe(II)-Phenanthrolin-Komplexen 20-0150; magnet. Suszeptibilitäten v. Fe-Komplexen mit bipy u. phen 26-0172; Strukturunters. v. Mono-2.9-dimethyl-1.10-phenanthrolin-Komplexen mit Fe(II)-Sulfat 34-0153; $^5T_2$–$^1A_1$-Gleichgew. in einigen Bis-[1.10-phenanthrolin]-eisen(II)-Komplexen 41-0171; Mössbauer-Unters. d. Fe(II)-1.10-Phenanthrolin-Komplexe 41-0197; $^5T_2$–$^1A_1$-Gleichgew. u. Triplett-Grundzustände einiger Bis-[1.10-phenanthrolin]-eisen(II)-Komplexe 43-0163; Röntgen-K-Absorpt.-Spektren v. Ge in Komplexverb. mit $[Fe\cdot(Phenanthrolin)_3]^{2+}$ 44-0099; Mössbauer-Unters. an Fe-Komplexen mit substituierten Phenanthrolinen 44-0145; Photored. v. Phenazin in Isopropanol in Ggw. v. $FeCl_3$ 48-0411.

Absorpt.-Spektren im IR u. Sichtbaren v. Fe-Phthalocyanin 1-0335; magnet. Momente v. Komplex d. Fe(II) mit 4.4'.4''.4'''-Tetrasulfophthalocyanin 8-0169; magnet. Verh. v. Fe-Phthalocyaninen 8-0171; Elektronenstruktur anion. Phthalocyaninkomplexe d. Fe 19-0120; H–D-Austausch zwischen mit Na aktivierten Phthalocyaninen d. Fe u. d. umgebenden D_2-halt. Atmosphäre 37-0706; katalyt. Wrkg. v. Syst. aus Fe (pulverförm. Metall) u. d. Phthalocyanin-Fe-Komplex auf Zers.-Rk. 38-0694; Leitfähigk.-Verh. v. Fe-Phthalocyanin im Vakuum u. unter d. Einfl. v. Gasen (O_2, NO, NO_2 u. NH_3) 42-0417.

Halogenverbindungen

Beweis für Mehrfachbind.-Anteile in $CF_3Fe(CO)_4J$ 4-0103; Bind. in $(CF_3)_4C_5O\cdot Fe(CO)_3$, $C_6F_8Fe(CO)_3$ 30-0097; Reflex.-Spektren u. Koordinat. v. Fe(II) in 5-Trifluormethyltetrazol-Komplexen 41-0154; Bldg. v. Halogenphenyl-(cyclopentadienyl)-eisendicarbonylen bei d. Rk. v. Pentafluorphenyllithium mit Tricarbonylcyclopentadienyleisenpentafluorophosphat 44-0745; Darst. u. Rk. v. CH_2Cl-substituiertem Cyclobutadieneisentricarbonyl 45-0712; 1.3-Dihalogenferrocene über Mercurier. v. Monohalogenferrocenen 49/50-0709.

N-Funktionen

Stabilitätskonst. v. Fe(II)-Komplexen mit Diäthylentriamin u. Triäthylentetramin 3-0624; Gitterkonst. d. Tris-[1.10-phenanthrolin]-eisen(II)-Ions u. Stabilität im Vgl. zur entsprechenden Äthylendiaminverb. 3-0789; Substitut. d. CO-Mol an Bis-[chlormercuri]-eisentetracarbonyl durch Anilin u. Cyclohexylamin 4-0727; Darst. v. Kationkomplexen $[C_5H_5Fe(CO)_2L]^+$ (L = Anilin) 7-0782; Bldg.: v. Chelaten aus Fe^{2+} u. Brenzcatechinaminen in d. Nervenendig. d. Maus u. synapt. Bläschen d. Mäusehirns 8-1594; Ringmetallier. v. Dimethylaminomethylferrocen mit Butyllithium u. Kondens. mit elektrophilen Verb. 10-0782; Elektronenspektren einiger Fe(II)-Komplexe mit heterocycl. Aminen mit d. Koordinatenzahl *6* 12-0127; Wechselstrompolarographie bei d. Red. v. Hydroxylamin durch elektrolyt. erzeugte Fe(II)/Triäthanolamin-Komplexe 14-0708; Fe-Komplexe v. 3.3'-Diaminodipropylamin, Stabilitätskonst. u. Vgl. mit d. v. 2.2'-Diaminodipropylamin 22-0556; Komplexbldg. bei d. Rk. v. $Fe(CO)_5$ mit Piperidin u. n-Butylamin 30-0687; piezoopt. Konst. v. β-$NH_3CH_2Fe(SO_4)_2\cdot 12\,H_2O$ 33-0379; Bldg. d. Addit.-Verb. $3\,FeOCl\cdot(CH_3)_2NH$ u. $3\,FeOCl\cdot(CH_3)_3N$ u. $3\,FeOCl\cdot C_2H_5NH_2$ u. $4\,FeOCl\cdot(C_2H_5)_2NH$ 33-0789; Unbeständigk.-Konst. v. Fe-Komplexen mit Mono-, Di- u. Triäthanolamin sowie N-Butyldiäthanolamin 36-0574; Indikatoren aus Dicyano-bis-[phen]-eisen(III)-Ionen zur Mess. d. Hammett-Säurefunkt. 40-0552; Diskuss. d. Synth. v. C_5H_4N-o-$(CH_2)_xNH\cdot(CH_2)_x$-o-C_5H_4N bzw. C_5H_4N-o-$C(=NH)\cdot NH\cdot(CH_2)_y$-o-$C_5H_4N$ (x = *0*, *1* bzw. *2*; y = *1*) u. deren Komplexe mir Fe(II) u. magnet. Eig. 42-0538; Struktur v. High-spin-*3*d-Fe-Komplexen mit Fünferkoordinat. mit Tris-[dimethylaminoäthyl]-amin 44-0093; Darst.: v. 2-Chlor-[dimethylaminomethyl]-ferrocen über o-[Dimethylaminomethyl]-ferrocenyllithium 45-0714; u. Spektren im UV- u. sichtbaren Bereich v. Fe(II)X-Anilin-Addit.-Verb. (X = SO_4, $(NO_3)_2$) 45-0729; u. physikal. Eig. v. FeL_2X_2-Solvat u. $FeLX_2$-Solvat (L = 8-Aminochinolin; X = Cl, Br, NO_3, ClO_4, SO_4) 45-0732; Extrakt. v. Fe(III) aus wss. Sulfatlsg. durch Di-(3.5.5-trimethylhexyl)-amin (Struktur d. extrahierten Komplexe) 47-0530; Darst. u. magnet. Momente v. $[FeX_3L]$ (X = Cl, Br, J; L = Bis-[2-dimethylaminoäthyl]-methylamin) 48-0710.

Stabilität wss. Lsg. d. farb. Nitrosobenzolpentacyanoferrat(II)-Komplexes 15-0759; refraktometr. Unters. d. Bldg.-Rk. v. Fe-Cupferronat 29-0775; elektrometr. Unters. d. Red. v. Fe-Nitrosobenzolkomplexe 44-0607; Verh. v. m- u. p-Ferrocenylhydrazobenzolen unter d. Beding. d. Benzidinumlager. 49/50-0712.

Darst.: Fe-halt. Azofarbstoffe 1-2964*, 3-2839*, 12-2751*, 13-2938*, 13-2939*; Fe-halt. Disazofarbstoffe 16-2759*; Färben v. Polyolefinen mit Fe-halt. Azofarbstoffen 19-2897*; Darst.: Fe-halt. Disazofarbstoffe 26-2904*; Fe-halt. Azofarbstoffe 29-2715*, 36-2572*, 39-2566*.

O-Funktionen

Best. d. Normalpotentiale v. Ferrocen/Ferriciniumpikrat u. $[Fe(o\text{-}phen)_3]\cdot(ClO_4)_2$/$[Fe(o\text{-}phen)_3]\cdot(ClO_4)_3$ in Acetonitril 2-0636; Komplexbldg. v. Fe(II) mit 1.3-Bis-[2'-pyridyl]-2.3-diaza-1-propen u. 1-(2'-Hydroxyphenyl)-3-pyridyl-2.3-diaza-1-propen 3-2023; Rk. v. Halogen [bzw. (Cyclo)Alkyl(oxy)(carbonyl) bzw. Aryl- bzw. Silyl]-acetylen-Eisencarbonylen mit Hydrier.-, Halogenier.-, Ox.- oder Alkylier.-Mittel, Chalkogenen oder Alkinen 9-2756*; Synth. v. heteroannularen Alkylferrocenylcarbinolen 10-0785; Solventextrakt. v. Fe(III)-8-hydroxychinolinat 10-2107; Isomerisier. tert. β-Acetylenalkohole (Deriv. d. Ferrocens) 13-0801; magnet. Suszeptibilität v. $[Fe_3(OCH_3)_6]$ 15-0190; Polykondens. d. Ferrocenylcarbinole u. Substitut.-Orientier.-Effekte 15-0827; Größe d. Quadrupolaufspalt. in d. Mössbauer-Spektren v. Ferriciniumpikrat, -bromid u. -tetrafluoroborat 17-0170; Konstitut. v. Fe-Komplexen mit o-Hydroxynitrosoderiv. d. Naphthalin- u. Indazolreihe 18-0727; Zus. d. Xylenolorange-Komplexe v. Fe(III) u. ihre Anwend. zur Best. v. Fe oder Xylenolorange 18-2011; Fäll. v. Lsg. v. Fe(III)-Methylat oder -Äthylat mit H_2S 21-0797; OH-Valenzschwing.-Absorpt. v. Ferrocenylalkoholen (Enthalpie d. innermol. Wechselwrkg. u. Darst.) 23-0163; Komplexe d. Quadratsäureions mit Fe^{2+} 23-0890; Titrat. v. Antimonpentachlorid mit Fe(III)-Oxinat in Chlf. 23-1952; Kinetik d. Elektronenaustauschs zwischen Fe(II)- u. Fe(III)-Komplexen d. 8-Hydroxychinolins 33-0736; Darst., Krist.-Struktur, magnet. Suszeptibilität u. D. v. Fe(III)-Alkoholaten 36-0741; Darst. u. IR-Spektren v. HOx, HOx·HCl, $Fe(Ox)_3$ u. $[Fe(HOx\cdot HCl)_3Cl_3]$ (Vgl. d. Spektren untereinander; HOx = Oxin) 39-0739; Konfig. u. Massenspektren d. isomeren Bis-[α-Hydroxytetramethylen]-ferrocene 42-0162; Eisen(III)-Phenol-Komplexe 45-0543; ESR-Unters. einiger Komplexe zwischen Fe, NO u. Phenol 47-0172; indirekte Polarographie mit Hilfe eines Fe-Komplexes v. Brenzcatechin u. Triäthanolamin 51/52-1896.

Darst. d. π-Komplexes $Fe(CO)_3$-Methyltropyläther 13-0799; photochem. Umsetz. v. $Fe(CO)_5$ mit Vinyläthyläther 16-0734; Methoxycarbonylderiv. v. Cyclopentadienyleisencarbonylen 33-0790; Darst. u. Rk. v. Methoxysubstituiertem Cyclobutadieneisentricarbonyl 45-0712; magnet. Momente, Elektronenspektren u. Struktur v. $Fe(OCH_3)_2$ u. $Fe(OCH_3)_3$ 47-0134.

S- und Se-Funktionen

Darst.: v. Ferrocenylsulfonen, Ferrocenylmesitylsulfon unter d. Beding. d. Smiles-Umlager. 6-0808; v. $Fe(CO)_3[S_2C_2(C_6H_5)_2]\cdot Fe(CO)_3$ aus $Fe(CO)_5$ u. einem Gemisch isomerer Thiophosphate d. Stilbendithiols 8-0786; u. Eig. d. Fe-Chelatsalze v. 5-Brom-8-mercaptochinolin u. 3-Brom-8-mercaptochinolin 14-0837; Bind. in $[C_2H_5SFe(CO)_3]_2$ 30-0097; Identität v. $CH_2S_2Fe_3(CO)_{10}$ u. $S_2Fe_3(CO)_9$ 33-0790; leichte Umkehr. d. über S-Brücken gebundenen zweikern. Carbonyl- u. Nitrosylkomplexe z. B. – $[CH_3SFe(CO)_3]_2$ u. $[CH_3SFe(NO)_2]_2$ 34-0795; Bldg. u. Unters. an $[Fe(NO)S_4C_4R_4]^{2-}$, $[Fe(NO)(Toluol\text{-}3.4\text{-}dithiolato)_2]^{z-}$, $[FeS_4C_4(C_6H_5)_4]_0^n$, $[Fe(NO)S_2C_2\cdot(C_6H_5)_2]_2^-$ (R = $-C_6H_5$) 37-0776; Darst. u. magnet. Momente v. *1*:*2*-Komplexen aus $Me(ClO_4)_2$ u. 2-Sulfenamidopyridin; Me = Fe 40-0733; KMR- u. IR-Spektren u. Rk. v. $C_5H_5Fe(CO)_2SO_2R$ (R = CH_3, C_2H_5, $CH_2\cdot C_6H_5$, C_6H_5, p-$C_6H_4CH_3$) 41-0760; Bldg. v. schwefelorgan. Fe-Komplexen bei d. Rk. v. Bis-[trifluormethyl]-dithiethen mit Organoeisencarbonylen 42-0722; Bldg. v. „Eisenheterocyclen" mit S–Fe–Fe–S-Bind. bei d. Rk. v. Fe-Carbonylen mit 1.4-Dithiinen 43-0728; Darst. u. magnet. Eig. v. $M(SC_6H_4NH_2)_n$; n = *2*; M = Fe^{2+} 45-0717; massenspektrometr. Unters. v. Fe-Komplexen d. cis-1.2-Äthylendithiolatanions 47-0188; polarograph. Ox. bzw. Red. v. $Fe(Dithiolat)_2$- bzw. $[Fe\cdot(Dithiolat)_2]_2$; Dithiol = 1.2-Bis-[trifluormethyl]-dithieten bzw. Toluol-3.4-dithiol (Angabe d. magnet. Momente) 47-0702; Darst. v. $CH_3Se(CH_2)_3SeCH_3$ u. $CH_3Se(CH_2)_2SeCH_3$ u. d. Komplexen mit $FeCl_3$ 18-0748.

As-, B-, P- und Sb-Funktionen

IR-Spektren (*1000–200* cm^{-1}) einiger Fe-Komplexe mit tert. Arsinoxiden 3-0171; IR-Spektren v. Fe-Chloro-Komplexen mit o-Phenylen-bis-[dimethylarsin] 32-0132; Bldg. u. Bind.-Verhältnisse v. Übergangsmetall-Nitrosylen mit o-Phenylen-bis-[dimethylarsin](A) als Neutralliganden, $[Fe(NO)XA_2]^{2+}$ (X = Halogen) 42-0715; neue Struktur v. $Me_2AsC=C(AsMe_2)CF_2CF_2\cdot\{Fe(CO)_3\}_2$ 47-0258.

Darst. v. $Fe(B_9C_2H_{11})_2^{2-}$, $Fe(B_9C_2H_{11})_2N\cdot(CH_3)_4$, $Fe[B_9C_2(CH_3)_2H_9]_2^-$ (scheinbare Analoga d. Ferrocens) 1-0732; Krist.- u. Mol.-Struktur v. $C_5H_5FeB_9C_2H_{11}$ 4-0263.

Darst. v. Komplexen d. Nitrosylhalogenide v. Fe mit Phosphinen u. Arsinen 1-0738; Vers. zur Komplexbldg. v. Fe-Chloriden u. -Nitraten mit Bis-[phosphino]-carboranen 9-0794; Bldg. v. $Fe_2(CO)_6[P(C_6H_5)_2]_2$ (diamagnet.) bei d. Rk. v. $Fe(CO)_5$ mit Tetrakis-[pentafluorphenyl]-diphosphin 12-0760; Darst.: v. Tris-[diphenylphosphidoeisen(II)]-phosphid aus $FeBr_2$ u. $KP(C_6H_5)_2$ über $FeP\cdot(C_6H_5)_2$ 14-0829; v. kation. Hexamethylphosphorylamid-Komplexen d. Fe 14-0835; Verw. eines Triarylphosphinyl-Fe-Carbonyls in einer funktionellen Fl. hoher therm. Stabilität 14-2904*; Herst. v. Butadienoligomeren in Ggw. v. Komplexverb. v. Fe-Salzen mit Triorganophosphinen u. Metallhydriden 16-2575*; Kinetik d. Substitut. v. CO in d. Dihalogenotetracarbonyleisen(II)-Verb. durch $P(C_6H_5)_3$, $As(C_6H_5)_3$, $Sb(C_6H_5)_3$ unter Bldg. d. mono- u. disubstituierten Carbonylverb. 18-0634; Darst. v. $Na_3[Fe(CN)_5X(C_6H_5)_3]$ (X = P, As, Sb) u. $Na_2[Fe(CN)_5\cdot X(C_6H_5)_3]$ 18-0725; Mössbauer-Isomerieverschieb. $(C_6H_5)_3PFe\cdot(CO)_4$, $Hg[Fe(CO)_2NOP(C_6H_5)_3]_2$, $C_6H_5PFeCO\cdot(NO\text{-}0149)$; photochem. $SyO)_2$ 2nth. v. $(\pi\text{-}C_5H_5)\cdot Fe(CO)[P(C_6H_5)_3]J$ u. $(\pi\text{-}C_5H_5)Fe(CO)[P\cdot(C_6H_5)_3]\cdot C_6H_4CH_3$ 21-0749; NMR-Spektren v. Fe-Carbonylkomplexen mit 4-Methyl-2.6.7-

trioxa-1-phosphabicyclo-[2.2.2]-octan 24-0147; Bldg. v. $K_2[Fe(CO)_4(PC_6H_5)_3]$THF 26-0724; Darst. u. Struktur v. Eisencarbonylderiv. mit Phosphinen 27-0774; P.P-cyclohexylsubstituierte Phosphide v. Fe(II) 30-0702; PMR-Spektren v. Hexamethylphosphoramid-Fe-Komplexen in verschideenen Lsgm. 33-0180; leichte Umkehr. d. über P-Brücken gebundenen zweikern. Carbonylkomplexe in thermodynam. beständ. Formen z. B. $[C_5H_5Fe(CO)\cdot(P(C_6H_5)_3)_2]_2$ 34-0795; Rk. v. Cyclopentadienyl-[methyl]-eisendicarbonyl in THF mit Phosphinen, Bldg. v. Cyclopentadienyl-[acetyl]-eisencarbonylphosphin-Komplexen 37-0774; ^{19}F-NMR-Shifts δ u. -Koppl.-Konst. J d. Komplexes $C_6F_5P(C_6H_5)_2\cdot Fe(CO)_4$ 39-0187; Bldg. v. $Fe(CO)_4P(C_6H_5)_3$ u. $Fe(CO)_3[P(C_6H_5)_3]_2$ über $Fe_3(CO)_{11}P(C_6H_5)_3$ 42-0716; Synth. u. Rk. einiger zweikern. Metallcarbonylkomplexe durch Bestrahl. v. $[(CH_3)_2PFe(CO)_3]_2$ mit sichtbarem Licht in Ggw. v. Trialkyl- u. Triarylphosphin 42-0717; IR-spektroskop. Unters. v. Perfluormethylphosphor- u. -arsenderiv. v. Fe-Carbonylen 44-0124; Unters. d. Absorpt.-Vermögens gegenüber mol. N_2 v. Syst. aus metallorgan. Verb. u. Triphenylphosphin-Eisen-Komplexen 44-0775; Unters. d. aktivierenden Einfl. v. $(CO)_nFe[PR_2]_2Fe(CO)_n$ (R = CH_3, C_2H_5, C_6H_5; n = *3*, *4*) u. $(CO)_nFe-PR_2-PR_2-Fe(CO)_n$ auf d. Polymerisat. v. Methylmethacrylat in Ggw. v. CCl_4 44-0777; UV-Bestrahl. v. Fe-Olefin$(CO)_3$ in Ggw. v. Triphenylphosphin (TPP), Bldg. v. TPP–Olefin–Carbonyl–Eisen-Addit.-Verb. 45-0713; angenäherte Kraftkonst. v. Komplexverb. v. Fe-Carbonylen u. Fe-Nitrosylen mit substituierten Phosphinen 46-0103; Rk. v. 1.2-Bis-[diphenylphosphino]-äthan (L) mit Fe-Carbonylen, Bldg. v. Chelaten u. Umwandl. zu Brückenkomplexen 47-0704; Rk. v. $Fe(CO)_3\cdot[(C_6H_5)_3P]_2$ mit $HgBr_2$ bzw. $HgCl_2$ (Bldg. v. *1 : 1*-Addukten) 48-0706.

Si-Funktion

Best. d. Struktur v. Si-organ. Deriv. d. Ferrocens durch KMR-Spektroskopie 6-0159; neue krist. Phase v. SiO_2–Fe_2O_3-Gel, hergestellt aus Tris-[hydroxydiphenylsiloxy]-eisen 20-0226; Synth. v. Si-organ. Ferrocenderiv. mit Si – H-Bind. 20-0723.

Kohlensäure- und Cyansäurederivate

Absorpt.- u. Reemiss.-Spektren v. Na-Fulminatoferrat(II), $Na_4[Fe(CNO)_6]$ 1-0115; Herst. v. Fe-Salzen v. 3-substituierten Dithiocarbazinsäuren als Fungizide 3-3162*; Mössbauer-Spektren v. Hexaharnstoff-Fe(III)-chlorid ($[Fe(CON_2H_4)_6]Cl_3\cdot 3\ H_2O$) 7-0196; Herst. v. Fungiziden durch Rk. einer wss. Lsg. v. Diammoniumäthylen-bis-dithiocarbamat mit einem in W. lösl. Fe-Salz 7-3330*; Mössbauer-Spektren: v. ^{57}Fe in $[FeNO\{S_2CN\cdot(CH_3)_2\}_2]$ (Elektronenstruktur) 9-0196; v. einigen Fe(III)-Dithiocarbamaten 10-0154; Herst.: v. fungiziden wasserunlösl. Fe-Komplexen v. Bis-(thiolthionocarbamidsäure)-alkylenestern 14-3261*; v. wasserunlösl. Fe-Komplexen v. Bis-[thiolthionocarbaminsäure]-äthylenestern (Fungizide) 14-3262*; u. Verw. v. N.N-disubstituierten Dithiocarbamaten 24-2580*; Bldg. v. Fe(III)-Xanthogenat (Instabilitätskonst.) im Syst. Fe(III)/Kaliumxanthogenat 27-0592; Mol.- u. Krist.-Struktur eines fünffach kovalent gebundenen Fe(III)/N.N-Diäthyldithiocarbamid-Komplexes mit d. Spin S = *3/2* 29-0253; Mössbauer-Spektren v. Fe in Verb. mit einigen zweizähn. S-halt. Liganden (Fe-Komplexe v. Äthylxanthogenat, Isopropylxanthogenat, Dimethyldithiocarbamat u. Diäthyldithiocarbamat) 31-0178; Mössbauer-Effekt in Fe(III)-Dithiocarbamaten 33-0184; paramagnet. Verschieb. in d. NMR-Spektren einiger Fe(III)-N.N-Dialkyldithiocarbamate u. -Alkylxanthogenate 36-0145; Darst. v. $Fe\cdot(ClO_4)_2L_6$; L = 1.3-Dimethylharnstoff 36-0755; Mössbauer-Effekt v. Eisendithiocarbamaten 41-0196; Darst. v. $Fe(II)[(C_2H_5S)_2C=N]_2$ [isomorph mit d. Cu(II)-Komplex] 41-0761; Darst. u. einige Unters. (z. B. Stabilität, Löslichk., Struktur) v. Dicyanamid- u. Tricyanmethanid-Komplexen v. Fe unter Beteilig. d. Liganden Pyridin 42-0549; Darst. u. Vers. zur rac. Spalt. v. Fe(III)-Salzen v. O-Alkylxanthogensäure 45-0716; Darst. u. Strukturunters. v. Fe(III) v. Dimethylen-bis-[dithiocarbamaten] 45-0744; Herst. eines Rk.-Prod. aus Alkalisalzen v. Äthylen-bis-dithiocarbaminsäure mit $FeSO_4$ (antikryptogame Verb.) 45-2644*; Röntgen-K-Absorpt.-Spektren v. Fe in einigen Alkylxanthogenaten u. N.N-Dialkyldithiocarbamaten 47-0122; ESR-Unters. einiger Komplexe zwischen Fe, NO u. Thioharnstoff u. N.N-Dimethyldithiocarbaminsäure 47-0172; Herst. v. Komplexverb. v. Fe-Dithiocarbamaten mit ungesätt. heterocycl. Verb. als Fungizide 47-2798*.

Aldehyde und Ketone

Darst. v. Fe-Polyoxin–CH_2O-Chelaten 4-1167; Herst. v. Bis(bzw. Tris)-[dithio-(dialkyl bzw. diaryl bzw. cycloalkyl)-gloxyal]-Fe-Komplexen (Schmiermittel, Kautschukzusätze) 4-2579*; Massenspektren d. 2-Carbamoyl- u. N-phenyl-2-carbamoyldimedon-Komplexe v. Fe^{III} 5-0195; Löslichk. v. 1.3-Diketonaten v. Fe(II) in $SiCl_4$ 5-0615; IR-Spektren v. Fe-β-Ketoenolaten (H-Bind.) 6-0142; Mössbauer-Spektren v. Fe(III)-Acetylacetonat, Fe(III)-Trifluoracetylacetonat, Fe(III)-thenoyltrifluoracetonat 7-0196; Umsetz. v. $\alpha.\beta$-ungesätt. Ketonen mit Fe-Chlorid unter Bldg. v. Komplexen d. Zus. Keton : Fe_2Cl_6 = *1 : 1* (Bldg.-Konst.) 8-0609; spektrophotometr. Unters. d. Fe-2′.4′-Dihydroxychalkon-Komplexes *3 : 1* 8-2016; Umwandl. v. 1.1′-Diacetylferrocen 8-0775; Rk. v. CCl_4 mit ungesätt. Verb. in Ggw. v. Dibenzoylperoxid-Fe-Trisacetylacetonat als Redoxsyst. 9-1014; Unters. d. Synergie aus radiochem. bestimmten Verteil.-Daten v. ^{59}Fe-markiertem Tris-[acetylacetonato]-eisen(III) im Syst. W./Cylcohexan bei Zusatz v. TOPO 11-0595; spektrophotometr. u. Dissoziat.-Unters. v. Diantipyrylmethanthiocyanatoferrat(III)-Komplexe in $CHCl_3$-Lsg. 13-0608; Stabilität d. Eisenchelate d. 3-Bromtropolons 13-0609; Stabilitätskonst. v. Acetylacetonatoeisen(III)-Komplexen 14-0669; Kinetik d. Bldg. d. Mono-[acetylacetonato]-eisen(III)-Komplexes 14-0757; vom Ferrocen abgeleitete Ketone mit heteroannularen Brücken 14-0830; Pinakol- u. Pinakolonderiv. einiger Acylferrocene 15-0828; Darst. v. Tris-[cyclododecandionato-(1.3)]-Fe(III) 16-1006; Rk. v. Ferrocenaldehyd mit Isonitrilen 16-2618*; Mössbauer-Linienverbreiter. in Fe(III)-Acetylacetonat u. Tris-[1-diphenylpropandionato-(1.3)] 18-0160; Rk. v. Fe(III) mit Phenylfluoron (Einfl. des pH-Wertes d. Reagenzlsg., Beding. für d. Bldg. d. Komplexe u. ihre Zus.) 18-2010; Rk. v. Ferrocen mit Fluorenon (Ersatz eines Cyclopentadienylrests) 19-0787; Kα-Dublett v. $Fe(Acac)_3$ 20-0107; Mössbauer-Isomerieverschieb. $C_8H_8OFe(CO)_3$, $C_7H_6OFe(CO)_3$ 20-0149; abs. Konfig. v. 1.2-[α-Ketotetramethylen]-ferrocen 20-0720; Darst. eines polymeren Chelates aus 1.1.2.2-Äthantetracarbaldehyd u. Fe^{2+} 20-0976; Komplexe d. Krokonations mit Fe^{2+} 23-0889; Struktur v. Diferrocenylketon 27-0281; Säurebasenfunkt. d. Pyridoylferrocenoylmethane 27-0603; Darst. u. Struktur v. wasserfreiem Bis-[dipivaloylmethanato]-eisen(II) 27-0775; Fe-Chelate einiger fluorierter Monothio-β-diketone 32-0773; Darst. u. Struktur eines Ni–Fe-Bimetallkomplexes durch Rk. v. 1.1′-Ferrocenylbutandion-(1.3) mit μ-Dichloro-tetrakis-[äthylendiamin]-dinickel-(II)-chlorid 35-0720; Verw. v. Fe-Äthylendiamin-bis-acetylacetonat oder Fe-1.2.4-Trihydroxyanthrachinonat für Schutzüberzüge 38-2988*; Rk. d. Katalysatorkomponente Fe(III)-Acetylacetonat mit Triäthylaluminium 40-0660; Best. d. effektiven Fe-Atomlad. in $Fe(acac)_2$ aus Röntgenemiss.-Spektren u. d. Mössbauer-Effekt 42-0152; Komplexbldg.-Rk. zwischen $FeCl_3$ u. $\alpha.\beta$-ungesätt. Ketonen 44-0578; Absorpt.-Spektren u. Stabilität v. Komplexen aus $FeCl_3$ mit Thiophenanalogen v. Chalkon 44-0579; Darst. u. Rk. v. Cyclobutadieneisentricarbonyl (Bldg. v. $LFe(CO)_3$; L = HCO-substituiertes Cyclobutadien) 45-0712; interatomare Abstände u. Winkel in $Fe(acac)_3$ 46-0273; Darst. v. Pyridylcarbonylferrocenoylmethanen 46-0753; IR-Spektren v. Komplexverb. aus Ag-Ionen u. Fe-Acetylacetonaten 48-0135; Metallderiv. einiger Acetylacetonatkomplexe mit Pt – C-Bind. $Fe[PtX(acac)_2]_2$ (X = Cl, Br; Bind.-Verhältnisse, Stereochemie) 49/50-0721; fraktionierte Subl. verschiedener Fe(III)-β-Diketon-Chelate 49/50-1685; Darst. v. Bis-[ketoenolato]-eisen(II)-bis-[Pyridin]-Komplexen 51/52-0684; Darst. v. Tropolonatoeisen 51/52-0685; Zus. u. Stabilität v. Fe^{3+}-Gossypol-Komplex 51/52-1508.

N-haltige Derivate von Carbonylverbindungen

Magnet. Eig. einiger N.N′-Äthylen-bis-[salicylidenaminato]-eisen(III)-Komplexe 3-0193; Einfl. v. Elektronendonator- u. Elektronenakzeptor-Substituenten auf d. Stabilitätsverhältnisse d. Salicylaldoxim-Chelate v. Fe(II) 3-0626; Zus. d. Fe-Komplexes d. Pyridin-2-aldoxims 3-0627; Mössbauer-Spektren v. Fe-Chelaten d. Bis-[salicylaldehyd]-äthylendiimin u. Tris-[salicylaldehyd]-diimin-Fe(III)–Nitrobenzol 7-0196; Zus. u. Stabilität d. Chelate v. Fe^{2+} u. Fe^{3+} mit Pyridin-2-aldehyd-2-chinolylhydrazon u. Pyridin-2-aldehyd-2-benzthiazolylhydrazon 9-0638; Unters. d. Fe-Komplexes v. Pyridin-2-aldoxim 13-0613; Imine u. Chalkone d. Ferrocenaldehyds u. Acetylferrocens 15-0826; Mössbauer-Isomerieverschieb. v. Fe(II)-Komplexen d. Glyoxal-bis-[methylimin], Diacetyl-bis-[methylimin] 20-0150; Verw. v. Bis-[dimethylglyoximato]-eisen(II) als Indikator in d. Best. v. $Na_2S_2O_4$ 20-1896; magnet. Momente v. Komplexen d. Fe mit Dimethylglyoxim u. Salicylaldoximen 21-0155; Bldg. eines *1 : 1*-Komplexes v. Fe(III) mit d. Schiffschen Base aus Äthylendiamin u. 3-Aldehydsalicylsäure (analyt. Anwend.) 26-2102; Unmöglichk. d. Unters. d. Bldg. d. Komplexes v. Fe(II) mit Phenylpyridyl-(2)-ketoxim wegen experimenteller Schwierigk. 30-0530; Einfl. d. Fe(III)Cl-Komplexe einiger aromat. Schiffscher Basen auf d. Keim. v. Hafer- u. Capsicum-Samen 31-1357; spektrophotometr. Unters. d. Fe(III)-Komplexes mit Salicylthiosemicarbazon 38-1751; Unters. d. o-Chinondioxim-Komplexes v. Fe(II) (Stabilitätskonst., IR-Spektren u. magnet. Suszeptibilität d. Komplexes) 40-0549; Darst. u. magnet. Momente v. *1 : 2*- u. *1 : 3*-Komplexen aus $Fe(ClO_4)_4$ u. 2-Sulfenamoylpyridin u. seinen Schiffschen Basen mit heterocycl. Carbonylverb. u. Alkanalen 40-0733; Rückkoordinier. v. Oximchelaten d. Fe(II) u. Fe(III) 42-0154; Redoxpotentiale d. Eisen(III)/(II)-Komplexe v. Pyridin-2-aldoxim u. Pyridin-2.6-dialdoxim 42-0537; Darst. Fe-halt. Formacylfarbstoffe 42-2648*; magnet. Momente u. Fe-Mössbauer-Spektren v. Fe^{2+} u. Fe^{3+}-Chelaten mit Oximen 43-0160; Darst. v. 2-(Salicylidenaminomethyl)-pyridin u. Rk. v. Fe(III)-Salzen 45-0735; Struktur u. Paramagnetismus v. fünf- u. sechsfach koordiniertem N.N′-Bis-[salicyliden]-äthylendiaminatoeisen(III)-chlorid 48-0241; Einfl. d. Chelats v. N.N′-Bis-[salicyliden]-äthylendiamin mit Fe^{2+} u. Fe^{3+} auf d. Autox. v. Methyloleat 48-3230; Unters. d. ster. Ligandenhinder. in Fe(II)-α-Dihydrazonkomplexen 49/50-0716.

Oniumverbindungen und N-Oxide

Darst. v. $Fe(B_9C_2H_{11})_2N(CH_3)_4$ 1-0732; Komplexbldg. v. Fe^{3+} mit 2.3.5-Triphenyltetrazoliumchlorid 12-0800; Solventextrakt. u. photometr. Best. v. Fe mit 2-Mercaptopyridin-1-oxid als $(C_5H_4NOS)_3Fe$ 28-1999; Unters. d. Rk. zwischen $Fe(CO)_5$ u. Pyrrolidin u. wahrscheinl. Bldg. v. $[XH][(CH_2)_4-N-C(=O)-Fe(CO)_4]$ im Gleichgew. mit $(CH_2)_4N-CO-Fe(CO)_4$ 39-0740.

Nitrile

Mössbauer-Spektren v. cis- u. trans-$[Fe\cdot(CN)_2(CNCH_3)_4]$ 2-0139; Darst. v. Kationkomplexen $[C_5H_5Fe(CO)_2L]^+$ (L = Benzonitril, Acetonitril oder Acrylnitril) 7-0782; neue Meth. d. Darst. v. Maleinsäurenitrildithiolat-Komplexe v. Fe 9-0772; Elektronenspektren einiger Fe(II)-Komplexe mit 4-Cyanopyridin u. 3.5-Dichlorpyridin 12-0127; Stabilität d. Eisenchelate d. 3-Cyantropolons 13-0609; Darst.: eines Fe-Komplexes mit einer Isonitril-Brückengruppe 22-0725; v. Donator–Akzeptor-Komplexen v. Cyanoferrocen mit $FeCl_3$ 23-0767; Kinetik d. therm. photochem. Zers. v. Hexakis-[methylisocyanid]-eisen(II)-chlorid, $[Fe(CNCH_3)_6]Cl_2\cdot 3\ H_2O$ 27-0706; Darst.: u. Struktur v. Eisencarbonylderiv. mit Äthylnitril 27-0774; v. Cyclopentadienyl-Fe-cyanodicarbonyl, Bis-[cyclopentadienyl-Fe-dicarbonyl u. Methylcyclopentadienyl-Fe-dicarbonyl (Verw.) 33-2734*; Bldg. u. Unters. an $[Fe(NO)S_4C_4(CN)_4]^{2-}$ 37-0776; Darst. u. einige Unters. (z. B. Stabilität, Löslichk., Struktur) v. Tricyanmethanid-Komplexen v. Fe 42-0549; polarograph. Ox. bzw. Red. v. $Fe(Dithiolat)_2^-$ bzw. $Fe(Dithiolat)_2]_2$, Dithiol = Dimercaptomaleinsäuredinitril (Angabe d. magnet. Momente) 47-0702; Zusammenhang zwischen UV-Absorpt.-Spektrum u. photochem. Verh. v. $[Fe(CH_3CN)_6]^{2+}$ 49/50-0652.

Carbonsäuren

Aldehydkondens. in Ggw. v. Eisentallat 4-2510*; Mössbauer-Spektren v. Fe-Salzen v. Carbonsäuren 7-0196; Synth. einiger heteroannular substituierter Ferrocencarbonsäuren 10-0785; Phenylferrocencarbonsäureamide als Rk.-Prod. d. Cyanier. v. Phenylferrocen über Cyanphenylferrocene 19-0786; Darst. v. Eisencarbonylkomplexen v. N-Carbäthoxyazepinen 22-0726; opt. Rotat.-Dispers. u. abs. Konfig. in Fe-Polyhydroxamaten 43-0132; Ox. v. Formylferrocen zur Ferrocencarbonsäure 43-0726; Herst. v. Silylacylferrocenen 44-2527*; magnet. Suszeptibilitäten v. trimeren Eisencarboxylaten 48-0163.

Röntgenograph. Unters. u. Darst. d. Fe(II)-Formiatdihydrates 1-0242; Löslichk.-Prod. d. Fe-Salze d. Palmitin-, Stearin-, Öl-, Elaidin-, Linol- u. Linolensäure 6-0688; Komplexbldg. v. N-Phenylsalicylhydroxamsäure mit Fe(III) 6-0814; Verw. d. Fe-Salze d. Furylacrylsäure zum Einpudern v. Samen u. als Mittel gegen Mehltau u. Schorf 8-3230; Mechanismus d. Rk. v. Ferrocen mit freien Radikalen wie Benzoylperoxid oder tert.-Butylperbenzoat unter Bldg. v. Eisenbenzoat 10-0711; Rk. v. o-Carboxybenzoylferrocen mit PCl_3, Phenol u. Thiophenol zu Ferrocenylphthalidyl-Verb. 10-0788; Temp.-Abhängigk. d. magnet. Suszeptibilität v. $[Fe_3O(CH_3CO_2)_6]\cdot NO_3\cdot 7\,H_2O$ u. $[Fe_3O(ClCH_2CO_2)_6]NO_3\cdot 6{,}5\,H_2O$ 15-0190; potentiometr. Unters. d. Fe(III)-Glykolate 15-0632; Trenn. v. Uranylacetat v. Fe-Acetat an Dowex *1*–X*8* 17-0711; Vers. zur Solvolyse v. Fe_2O_3 in Acetanhydrid 17-0777; Komplexe d. Diacetamids mit Salzen d. Fe(II) 17-0813; Best. d. Verhältnisses Fe : Thioglykolsäure d. Fe-Komplexes in alkal. Medium 18-0726; Fe-Komplexe v. N-Methyl-γ-butyrolactam (L) d. Form $[Metall\,L_n](ClO_4)_2$ (n = *4*, *5* oder *6*) 18-0736; Bldg. v. kation. Acetato-Eisen(III)-Komplexen (Struktur u. Stabilität) 20-0719; Gewinn. niederer Olefine durch Pyrolyse aus Erdölrohstoffen in Ggw. v. Fe-Acetylacetonaten, -Naphthenaten 21-2771*; Herst. d. Eisentricarbonylkomplexe polyungesätt. Fettsäureester 21-3032; Bldg. v. Fe-Acetatkomplexen bei d. Adsorpt. aus essigsauren Lsg. durch Ionenaustauscher 23-0650; mögl. Mechanismus für d. Verstärk. d. karzinostat. Aktivität alkylierender Mittel in tumortragenden Mäusen durch Fe-Glucuronat 23-1237; physikal.-chem. Unters. d. Chelatbldg. v. Fe(III)-Ionen mit β-Resorcylsäure 24-1945; photometr. Best. d. Fe(III)-Komplexe d. Hydroxamsäuren höherer Fettsäuren 24-1962; Einfl. v. Fe-Oleat auf d. Bldg. koll. Fe-Teilchen 25-0633; Best. d. Stabilitätskonst. d. Fe(III)-3.5-Dinitrosalcylsäure-Komplexes mit potentiometr. u. spektrophotometr. Mess. 27-0591; Darst. u. Struktur v. Phenylpropiolsäuremethylester–Eisencarbonylkomplexen 28-0746; Unters. d. durch Red. mit H_2 mittels therm. Zers. v. Eisenformiat erhaltenen Fe-Pulver 31-0741; Diacetamidkomplexe v. Fe(II)-Perchlorat 31-0765; Bind.-Charakter Metall – Metall bei d. Stearaten v. Fe(III) 32-0696; NMR-Spektrum d. Methyllinoleat–$Fe(CO)_3$-Komplexes (H.H-Koppl.-Konst.) 33-0182; Cyclisier. v. o-Carboxybenzylferrocen 35-0708; Darst. v. 1.1′-Di-α-hydroxymethylferrocendicaprylester (Schmierölzusatz) 36-2552*; Best. d. Zus. v. Fe-Sulfosalicylat mit Hilfe d. Meth. v. Box-Wilson (spektrometr. Unters.) 39-0567; Unters. d. Pyrolyse v. Fe(II)-Formiatdihydrat unter Ar 39-0674; Best. d. Dissoziat.-Konst. v. p- u. m-Ferrocenylanilin; p- u. m-Ferrocenylbenzoesäure u. p-Ferrocenylphenol 40-0551; Adsorpt. v. HF an Fe(III)-Benzoat 40-0601; spektrophotometr. Unters. d. Komplexbldg. zwischen Fe(III): u. Sulfosalicylsäure (Stabilitätskonst.) 42-0539; u. Salicylsäure (Stabilitätskonst.) 42-0540; Unters. d. Gleichgew. u. d. Umsetz. v. Fe^{2+} mit Dichlor- u. Monofluoracetat in *1* n $HClO_4$ 42-0544; Struktur v. $(N_2H_5)Fe\cdot(H_2NNHCOO)_3\cdot H_2O$ u. $K[Fe(H_2NNHCOO)_3]$ 44-0264; Best. d. Bldg.-Konst. d. komplexen Verb. v. Fe(III) mit 3.5-Dinitrosalicylsäure mit Hilfe eines Kationenaustauscherharzes (Dowex *50* W-X*8*) 45-0544; Darst. u. Rk. v. Cyclobutadieneisentricarbonyl (Bldg. v. $LFe\cdot(CO)_3$; L = HCOO-substituiertes Cyclobutadien) 45-0712; D. u. Krist.-Struktur v. $(N_2H_5)[FeA_3]$ u. $K[FeA_3]$; HA = Hydrazincarbonsäure 45-0722; ^{13}C-NMR-Spektren v. Methyloctadecadienoat–$Fe(CO)_3$ 51/52-0128.

Dehydratat. u. therm. Zers. v. $FeC_2O_4\cdot 2\,H_2O$ 1-0664; Unters. d. therm. Zers. einiger komplexer Oxalate d. Fe(III) mit Hilfe d. Mössbauer-Effekts 3-0190; Kristallinität u. Löslichk. v. Cellulose in Fe–Na-Tartrat-Lsg. 4-1177; Unters. d. Bldg. v. $Fe_2[MoO_3\cdot C_4H_4O_5]_3\cdot 3\,H_2O$ 5-0820; therm. Ausheil. u. Rolle d. Krist.-Wassers in neutronenbestrahltem Kaliumtrioxalatoferrat in d. Zus. $K_3[Fe(C_2O_4)_3]\cdot 3\,H_2O$, $K_3[Fe(C_2O_4)_3]\cdot 3\,D_2O$ u. $K_3[Fe(C_2O_4)_3]$ 6-0760; Herst. v. γ-Fe_2O_3-Präp. durch therm. Zers. v. Gemischen v. α- u. γ-FeOOH enthaltendem Fe(II)-Oxalat 7-0780; Mössbauer-Spektren v. $K_3[Fe(C_2O_4)_3]$ u. $(NH_4)_3[Fe(C_2O_4)_3]$ 7-0196; alkal. Lsg. d. Fe-Weinsäure-Na-Komplexes u. ihre Benutz. in d. Cellulosechemie 10-3301; Darst. v. Koordinat.-Komplexen d. Fe(III)-Phthalimids mit NH_3 u. einigen aliphat. Aminen 12-0798; radiochem. Synth. einiger Eisentetracarbonyl-π-Komplexe (mit Maleinsäureanhydrid, Fumarsäuredimethylester, Methacrylsäuremethylester u. Vinylacetat) durch ^{60}Co-γ-Bestrahl. d. $Fe(CO)_5$ 13-0761; Herst. einer Kautablette mit Fe(II)-Fumarat 17-1800*; cycl.-polarograph. Red. Fe(III)-Oxalat an d. Hg-Tropfelektrode 18-0580; Verw. v. Fe-Na-Tartrat-Lsg. zur fraktionierten Extrakt. regenerierter Cellulosefasern (Unters. v. Mol.-Eig.) 18-1133; Einfl. d. chem. Bind. auf d. Lage u. Form d. $K\alpha_{1,2}$-Linien v. $K_3[Fe(C_2O_4)_3]$ 20-0107; spektrophotometr. Unters. d. komplexen Eisentartrate (Bldg.-Konst.) 21-0574; polarimetr. Unters. d. komplexen Eisentartrate $[Fe(C_4H_4\cdot O_6)]^+$ u. $[Fe(C_4H_4O_6)_3]^{3-}$ in sauren u. neutralen bzw. alkal. Lsg. 21-0575; Fäll. v. ammoniakal. tartrathalt. Fe^{3+}-Lsg. mit NH_4HS 21-0797; IR-Spektren v. einigen Aminkomplexen v. Fe(III)-Phthalimid 22-0133; refraktometr. Best. d. Bldg.-Konst. v. Komplexverb. im Syst. Fe^{3+}/Tartrat 23-0563; Kombinat.-Therapie in tumortragenden Mäusen mit Antikrebsmitteln u. Fe(II)-Glucuronat oder Fe(II)-Fumarat 23-1236; Differentialthermogravimetrie v. Fe–Ni-Mischoxalaten 25-0756; therm. Zers. bas. Fe(III)-Salze v. Benzoesäure u. Phthalsäure 30-0685; Änder. d. Schwing.-Frequenzen v. Oxalatanionen beim Einbau in Komplexe d. Fe 31-0137; exotherme Prozesse bei d. Zers. v. Eisenoxalat 31-0672; EPR-Unters. photochem. Rk. v. $K_3[Fe(C_2O_4)_3]$ bei UV-Bestrahl. 35-0653; Verw. v. Eisendicarbonsäuresalzen zur Bekämpf. d. Ferkelanämie 35-2796*, 35-2797*; Best. d. Zus. v. Ti-Komplexen mit Tartrat in schwefel- u. salzsauren Lsg., d. Zus. u. Lad. d. Ti^{4+}-Hydroxokomplexes in salzsauren Lsg. u. d. Möglichk. d. Best. d. freien Säure in Ti-Lsg. in Ggw. v. Fe^{3+} u. Fe^{2+} (Bldg. v. $[Me(OH)_x\cdot(Tart)_y]^{z-}$; Me = Ti bzw. Fe) 36-0567; Darst. v. Polyestern d. Ferrocen-1.1′-dicarbonsäure durch Polyacylier. verschiedener Diole in Ggw. v. Py. 36-0744; Abweich. v. d. Koplanarität d. Fumarsäure-C-Atome in d. rac. Komplex $Fe(CO)_4$–Fumarsäure 37-0290; therm. Zers. v. $(NH_4)_3[Fe_xCr_y(C_2O_4)_3]$ ($0 < x < 1$, $0 < y < 1$ u. $x + y = 1$) 40-0746; Krist.-Strukturunters., Darst. u. Polymorphie v. $FeC_2O_4\cdot 2\,H_2O$ 41-0287; Best. d. effektiven Fe-Atomlad. in $K_3[Fe(C_2O_4)_3]\cdot 3\,H_2O$ aus Röntgenemiss.-Spektren u. d. Mössbauer-Effekt 42-0152; Rk. v. 3-Nitrophthalimid mit $FeCl_3$ unter Komplexbldg. (Bldg.- u. Gleichgew.-Konst. d. stufenweisen Komplexbldg.) 42-0536; therm. Zers. v. Co-halt. Fe-Oxalat zur Herst. v. ferromagnet. γ-Fe_2O_3 42-2119; Herst. v. Fe-Fumarat 42-2492*; magnet. Momente ^{57}Fe-Mössbauer-Spektren sowie IR-Spektren v. $[Fe(phen)_2C_2O_4]\cdot 5\,H_2O$, $[Fe(phen)_2\cdot CH_2C_2O_4]\cdot 7\,H_2O$ 43-0161; Leitfähigk.-Unters. an Eisen–Weinsäure-Verb. u. Vgl. mit entsprechenden Äpfel- bzw. Bernsteinsäureverb. 43-0558; Mechanismus d. UV-photochem. Dissoziat. v. festem K-tris-[oxalato]-ferrat-trihydrat $K_3[Fe(C_2O_4)_3]\cdot 3\,H_2O$ 44-0684; thermogravimetr. Unters. d. Zers. v. $C_2O_4Fe\cdot 2\,H_2O$ (Bldg. u. radiokristallograph. Unters. v. C_2O_4Fe) 44-0740; Darst. v. Ferrocenmono- bzw. -dithiocarbonsäure-S-methylester u. Verseif. zu Ferrocenmono- bzw. -dicarbonsäure 45-0745; Zus. u. therm. Zers. d. Fe-Salzes d. Dilitursäure $Me^{II}R_2\cdot 8\,H_2O$ (RH = Dilitursäure) 46-0681; Darst. u. Copolykondens. v. Ferrocen-1.1′-dicarbonsäurediphenylester 46-1091; ESR-Unters. einiger Komplexe zwischen Fe, NO u. Benzoesäure, Maleinsäure 47-0172; Darst. u. Charakterisier. v. $[FeA_3](ClO_4)_3$; A = N.N.N′.N′-Tetramethylmalonsäurediamid 47-0713; Darst. u. Spektren v. Fe-Komplexen mit Malonsäuredihydrazid 47-0721; Komplexier. d. Fe mit Weinsäure 48-0702.

Fe-Einbau aus Fe-Citrat unter Einfl. v. in Serum oder Salzlsg. appliziertem Erythropoietin 1-1580; Einfl. v. Ferriammoniumcitrat auf d. Wrkg. v. Allopurinol auf d. Fe-Geh. d. Leber 1-1709; Prüf. eines Fe-Sorbit-Citronensäure-Komplexes (Jectofer) auf karzinogene Wrkg. bei Ratten 2-1278; Verw. v. Fe(III)-Citrat in Photopolymerisat.-Schichten 3-3320*; Förder. d. Krist.-Wachstums v. Eisencalciumcitrat 23-2092*; Bldg. eines rötlichvioletten Chelates aus Fe(III) u. Aluminon (Stabilitätskonst.) 32-0568; Inkorporat. v. s.c. verabreichtem ^{59}Fe-Citrat durch Erythrozyten 40-1597; Einfl. v. Fe- u. $FeNH_4$-Citrat auf d. Stabilität v. Ascorbinsäure 41-1700; Herst. v. therapeut. verwertbaren Fe(III)-Betain-Citraten 43-1639*; Resorpt. u. Verwert. oral verabreichter therapeut. Dosen v. Fe(II)-Versenat, Fe(II)- u. Fe(III)-Citrat 47-1460.

Darst. v. Fe-Huminsäure-Verb. 2-0670; therm. Zers. v. Hydraten d. Fe(III)-Salze d. Mellitsäure (Kinetik u. Aktivier.-Energien) 17-0815; Bldg. u. Struktur v. Fe-Alginatgelen 38-0625; ESR-Unters. v. Huminsäure–Fe^{3+}-Verb. 47-0176.

Bldg.- u. Aciditätskonst. u. Ionisat.-Potentiale v. Fe-Komplexen mit EDTA 6-0620; Unters. d. Komplexbldg. v. Fe mit Komplexonen 8-0611; Darst. v. Fe-Chelaten v. N.N′-Bis-(substituiert-benzyl- oder -naphthylmethyl)-äthylendiamindiessigsäuren (Tierarzneimittel) 16-1743*; Unters. d. Komplexes d. N-Hydroxyäthyliminodiessigsäure mit Fe (Stabilitätskonst. für *25°*) 18-0538; Dünnschichtchromatographie d. Fe(III)-Komplexe mit Acetylaceton u. Äthylendiamintetraessigsäure (R_F-Werte) 18-2014; Konz.-Verhältnisse bei d. Chelatbldg. an d. Syst. Fe(III) mit NTA, ÄDTA, 1.2-Diaminocyclohexan-N.N.N′.N′-tetraessigsäure u. Triäthylentetramin-N.N.N′.N″.N‴.N‴-hexaessigsäure 19-0597; Blühindukt. bei Wolffia microscopica durch d. Fe-Salz d. Äthylendiamindi-o-hydroxyphenylessigsäure (Fe-EDDHA) 22-1363; potentiometr. Unters. v. Komplexen d. Meso- u. rac. 2.3-Diaminobutan-N.N.N′.N′-tetraessigsäure mit Fe^{2+} (Stabilitätskonst.) u. Vgl. mit d. Fe-Komplex mit Komplexon II 27-0595; Stabilitätskonst. d. Fe-Komplexe d. Äthylendiamin-N.N′-diessigsäure im Vgl. mit denen d. strukturell ähnl. Äthylendiamin-N.N′-diessigsäure bzw. -N.N.N′.N′-tetraessigsäure 27-0596; Stabilitätskonst. d. Fe-Chelates d. 1.3-Diaminopropanol-(2)-N.N.N′.N′-tetraessigsäure u. Vgl. mit dem d. 1.3-Diaminopropan-N.N.N′.N′-tetraessigsäure 27-0598; spektrophotometr. Unters. d. Komplexverb. v. Fe mit Äthylendiamin N.N′-dibernsteinsäure (Stabilitätskonst.) 27-0599; Bldg. v. $[Fe(OH)X]^{5-}$, $[Fe(OH)_2X]^{6-}$, $[Fe(OH)X]^{4-}$ u. $[Fe(OH)_2X]^{5-}$ (H_6X = Triäthylentetraminhexaessigsäure) 30-0529; Bldg.-Konst. d. Fe-Chelatkomplexe v. 2-(Aminomethyl)-pyridin-N-essigsäure u. N.N′-Di-α-picolinyläthylendiamin-N.N′-diessigsäure u. Fe u. Vgl. dieser Werte mit Werten v. EDTA, 2-Aminomethylpyridin u. Äthylen-bis-[N.N′-(2-aminomethyl)-pyridin] 30-0531; Bldg. eines *2:1*-Komplexes zwischen Fe(III) u. Äthylentetramercaptoessigsäure (analyt. Anwend.) 33-1946; Beheb. d. Chlorose v. in Cornell Peat-Lite-Gemischen (Torf–Vermiculit-Gemischen) kultivierten Pflanzen durch Gaben v. Fe-DTPA, -EDDHA u. -Oxalat 34-2146; Fein- u. Hyperfeinstruktur im ESR-Spektrum v. Fe^{3+} in Äthylendiamintetraessigsäure (EDTA) u. v. Fe^{3+} in Einkrist. u. Pulvern v. $NH_4CoY\cdot 2\,H_2O$ (H_4Y = EDTA) 36-0365; spektrophotometr. Unters. d. Komplexbldg. v. Fe(III) mit 2.2′-Diaminodiäthylsulfid-N.N.N′.N′-tetraessigsäure (Gleichgew.- u. Stabilitätskonst.) 36-0572; Best. v. an Pt-Elektroden adsorbierten Äthylendiamintetraacetatoeisen-Komplexen mit Hilfe d. Dünnschichtelektrochemie 46-0623; Verw.: d. Fe-EDTA-Komplex zur Best. v. Al 46-1848; d. Fe(III)-Komplexe v. N-(Hydroxyalkyl)-äthylen-diamintriessigsäure als Bleichmittel für photograph. Schichten 48-3333*; Bldg. v. mehrkern. Chelaten u. v. Chelaten gemischter Liganden zwischen Fe(III) u. Komplexonen 51/52-0534.

Aminosäuren

Unters. v. Fe-Komplexen d. 4-Aminodipicolinat-Ions u. Vgl. mit analogen Komplexen N-substituierter Iminodiacetate sowie *4* substituierter Dipicolinate (Stabilitätskonst.) 6-0623; elektrolyt. Darst. u. Eig. v. Fe(II)-Chelaten d. L-Asparaginsäure u. d. DL-Asparaginsäure 6-0805; Herst. d. Fe^{III}-Salze v. 1-Aryl-5-oxopyrrolidincarbonsäuren-(3) als Herbizide 6-3158*; Komplexe d. D-Glucosaminsäure mit Fe^{2+} (Stabilitätskonst.) 14-0671; Stabilität v. Fe-Komplexen mit Aminosäuren 15-0629; Bldg. v. ^{59}Fe-Aminosäure-Komplexen bei d. ^{59}Fe-Resorpt. durch d. Darmmucosa 17-1566; IR- u. ^1H-NMR-Spektren v. α-Alanin- u. L-Histidin-Komplexen in Deuteriumoxidlsg. 23-0161; Herst. v. 2-[N.N-Di-(carboxymethyl)]-aminoglucoheptonsäure (Chelatbildner, zur Entfern. v. Fe-Ionen aus wss. Lsg.) 25-2456*; Darst.: v. *3* Aminosäuren mit Methylenphosphatgruppen u. Best. d. Chelatbldg.-Konst. für d. Komplexe mit Fe 31-0595; u. Stabilitäten v. Salzen aus Fe(II) u. ringsubstituierten Aminobenzoesäuren 34-0773; u. Unters. v. Salzen aus N-substituierten Aminobenzoesäuren u. Fe(II) 34-0774; u. Stabilitäten v. Salzen aus Disäuren u. mehrkern. Aminosäuren u. Fe(II) 34-0775; Beständigk. u. Spektrum im Sichtbaren d. Fe(II)-Komplexe v. α-Iminocarbonsäuren 41-0564; ESR-Unters. einiger Komplexe zwischen Fe, NO u. β-Mercaptoäthanol, Cystein, o-Dimercaptobenzol, 1.2-Dicyanäthylen-1.2-dithiol u. 1.1-Dicyanäthylen-2.2-dithiol 47-0172; Darst. u. Charakterisier. v. Fe(III)-Komplexen mit Anthranilsäurediessigsäure (H_3ANDA) 48-0712; Darst. v. Fe(III)-Chelaten einiger N-Salicylidenaminosäuren 51/52-0678.

Phosphon- und Sulfonsäuren

Darst. v. Fe(III)-Salzen d. Methylenbis-[phosphonsäuremonoalkylester] 14-0836; Verw. v. Ferrochromligninsulfonat zur Behandl. v. Bohrfl. 1-2861; hochtemperaturfeste Bohrspül. mit Ferrochromlignosulfonat als Dispergiermittel 3-2767*; Darst. v. Fe-Arylsulfinaten 30-1031; 2.7-Dichlorchromotropsäure als Reagenz zur photometr. Fe(III)-Best. (spektrophotometr. Unters. d. Komplexbldg.) 30-1995; Unters. (Stabilitätskonst.) v. Fe(II)-Komplexen mit 1.10-Phenanthrolin; 1.10-Phenanthrolin-5-sulfonat; 2.2'-dipy, 8-Hydroxychinolin; 8-Hydroxychinolin-5-sulfonat in W.–Hydrazin-Gemischen 45-0542; katalyt. Hydrolyse d. Hydroxopentafluoroarsenat(V)-Ions, $[AsF_5OH]^-$, in Ggw. d. Fe(III)–Ferron-Komplexes 47-0627; IR-Spektren v. Fe-Salzen d. Polystyrolsulfonsäure 49/50-0135.

Organische Derivate anorganischer Säuren

Kinetik d. Substitut. v. CO in d. Dihalogenotetracarbonyleisen(II)-Verb. durch $P(OC_6H_5)_3$ unter Bldg. d. mono- u. disubstituierten Carbonylverb. 18-0634; Darst. u. Struktur v. Eisencarbonylderiv. mit Trimethylphosphit 27-0774; Darst. d. Fe-Komplexes mit d. Tri-[pyrazolyl-(1)]-borat 34-0723; Hyperplasie d. Kaninchennebenschilddrüse infolge v. Ferriglycerophosphat (Ultrastrukturunters.) 42-1405; Rk. v. $Fe(CO)_3[(C_6H_5O)_3P]_2$ mit $HgCl_2$ 48-0706; Darst. u. magnet. Suszeptibilitäten v. $FeL_3(ClO_4)_3$ (L = N.N.N'.N'-Tetramethyldiamidodiphosphorsäure) 51/52-0686.

Kohlehydrate, Terpene und Vitamine

Einfl. v. Fe(II)-Gluconat auf d. Stabilität d. Ascorbinsäure in Fruchtsäften u. wss. Lsg. bei höheren Temp. 18-3378; Fe-Gluconat-Resorpt. bei Hyperthyreotikern 28-1568; Piezo-Faraday-Effekt bei *25* kbar, Verdet-Konst. v. Fe-Polysacchariden 34-0371; Chelatbldg.-Tendenz v. Zuckern mit Fe (Unterscheid. v. Keto-Zucker u. Aldo-Zuckern) 47-0698; Dysproteinämie durch Behandl. mit einem Fe(III)-Polyfructose-Komplex 49/50-1496.

Vgl. d. photometr. Best.-Meth. v. Terpenen als Sb-, Co- u. Fe(III)-Chloridkomplexe 34-2115.

Vgl. v. Fe-Ascorbat mit anderen Präp. für orale Fe-Therapie 12-1716.

Antibiotika, Proteine und Enzyme

Darst.: v. Fe-Salzen v. Penicillansäurederiv. (Wuchsstoffe) 10-1862*; v. Diaquoeisenkomplexen v. Tetracyclinen 21-0806.

Absorpt.-Spektren v. Fe-Flavoproteinen 6-1242; Isolier. u. einige Eig. d. Apoferritin-Fe-Komplexes 9-1518; Folin-Ciocalteu-Reagenz zur Best. v. Siderochromen 19-2107; Reinig. eines Nichthäm.-Fe-Proteins u. a. Komponenten d. Elektronenübertransports aus Azotobacter-Extrakten 21-1337; Ligandenfeld -redoxakt. Nichthämeisenverb. in Proteinen 27-1526; Unters. über d. Nicht-Häm-Fe-Protein (Adrenodoxin) d. Nebennieren durch Elektronen-Spin-Resonanz 43-1321; Fe-bindendes Protein als Bestandteil vieler externer Sekrete 43-1327; Best. d. Bind.-Ortes v. Fe in seinem Desoxyribonucleinsäure-Komplex aus IR- u. UV-Spektren 45-0545; Red. v. CN–Fe(II)-Hämochrom mit $Na_2S_2O_3$ 46-1459; Verw. d. II- u. III-Salzes v. Bacitracin zur Präservier. v. Grünfutter 48-3286*.

Prüf. v. Fe-Dextran auf karzinogene Wrkg. bei Ratten 2-1278; Fe-Dextran-Komplex (Unters. mit d. Ultrazentrifuge) 8-1632; Einfl. v. Fe-Dextran auf d. Wrkg. d. Futters auf d. Anreicher. v. Gossypol in d. Organen v. Schweinen 10-1639; Liganden d. Fe in Ferredoxin aus Spinatchloroplasten u. verwandten Nichthämeisenenzymen 19-1297; Bldg. eines Eisenhydroxamkomplexes v. $N_{(6)}$-Cbo-phenylalanylcytidin - 2'.3' - phosphat 27-1085; durch Injekt. v. Fe-Dextran-Komplex hervorgerufene Veränder. d. Muskelgewebes 41-1610; ESR-Unters. einiger Komplexe zwischen Fe, NO u. Kreatinphosphorsäure 47-0172; Verw. eines nicht ion. Komplexes v. $Fe(OH)_3$ u. hydriertem Dextran in Eisenpräp. für orale Verabreich. an Menschen u. Tiere 48-1589*.

Andere Naturstoffe

Herst. v. komplexen Kanamycin–Fe-Salzen 5-3223*; Bldg. v. Fe^{2+}–Phosphatidylinositid–ATP-Koordinat.-Struktur in Synaptosomen u. Bedeut. für biolog. Membranen 8-1595; Darst. v. Eisen-II-adenosin-5'-monophosphattrihydrat (Heilmittel) 12-1784*; Rinderdarmxanthinoxydase, ein Flavoprotein mit Fe, Cu u. Flavinadenindinucleotid 20-1273; Phytinsäure–Fe^{3+}-Komplex 27-1620; Darst. v. Apoferrorosamin–Fe-Komplex 30-1050.

Einfl. v. Lipiden u. organ. Lsgm. auf d. enzymat. Bldg. v. Fe-Protoporphyrin 4-1354; Komplexbldg. zwischen Methionin u. Fe-Protoporphyrin IX aus Cytochrom c 10-1336; Überprüf. eines abgeleiteten Ausdrucks über d. Bezieh. d. Stabilitätskonst. v. Metallkomplexen zum δ-Faktor nach Hammett mit Hilfe bereits bekannter Daten v. substituierten Py.-Komplexen d. Fe(II)-Mesoporphyrine 13-0594; Darst. v. meso-Hydroxy-1.2.3.4.5.6.7.8-oktamethylporphin–Fe-Komplex 14-1126; Darst. v. Ferrioktaphenylporphinacetat 17-1133; Fe–Hämatoxylin-Chelate (Weilsche Färbelsg. für d. Myelinscheidenfärb.) 29-1163; Darst. u. NMR-Unters. v. Organoelsenätioporphyrin-I-Verb. 35-0716; Rk. v. $Fe(CO)_5$ mit Meso- bzw. Protoporphyrin-IX-dimethylester (Bldg., IR-Spektren u. magnet. Momente v. Fe-Porphyrin) 41-0747.

Eisenchlorit s. *Delessit.*
Eisenkies s. unter *Eisensulfide*: FeS_2.
Eisenkiesel s. unter *Siliciumoxide*: SiO_2.
Eisenquarzit s. unter *Quarzit.*
Eisensand, Unters. v. Fe–Ti-Oxiden aus – Neu-Seelands mittels Elektronenmikrosonde 17-0869.
Eisenspat s. unter *Eisencarbonate*: $FeCO_3$.
Eisenstein, Abscheid.-Einfl. für d. brit., lias. – im Zusammenhang mit ihren Faziesbezieh. 18-0773; – aus d. unteren Karbon v. Tynagh, Irland 21-0879; Bldg.-Beding. d. Cleveland- –-Reihe 39-0808; therm. Zers. eines „Blackband"- – 30-2607.
Eisenzucker, komplexometr. Best. mit 1-[2-Pyridylazo]-2-naphthol als Indicator 4-1690.
Eisessig s. unter $C_2H_4O_2$.
Eiter, Einfl.: v. – auf d. Albumintest im Harn 1-1602; v. Furazolidon auf d. Toxigenität d. –-bildenden Staphylokokken 26-1384.
Eiweiß (Eiereiweiß, Eiklar)
Siehe auch *Eier; Proteine.*
Mastzellenprod. u. Gewebecalcifikat. durch – 3-1203; aromat. Cotton-Effekt in Lysozym aus – 4-1329; Struktur v. Hühner- –-Lysozym 12-1381; Spezifität v. Hühner-Ovomucoid u. Ovoinhibitor 13-1370; Hemm. v. Trypsin u. Chymotrypsin durch Ovoinhibitor 13-1373; Einfl. v. – auf Hinterpfotenödeme v. Ratten 15-1719; Isolier. u. physikal. Charakterisier. v. Ovoinhibitor aus Hühner- – 28-1372; Ovoglykoprotein aus Hühner- – (Isolier., Zus., Eig.) 28-1509; Erhalt. d. enzymat. Aktivität v. –-Lysozym mit Alkylamidinosubstituenten 33-1324; Aminosäurezus. d. –-Lysozyme v. Ente u. Truthahn 35-1334; immunchem. Verwandtschaft v. Vogel- –-Proteinen 36-1552; katalaseähnl. Aktivität d. Hühner- – 44-1293; Isolier. u. Identifizier. eines Mucopolysaccharids aus – 48-1363.
Schäumfähigk. v. Hühner- – 4-3102 bis 4-3104; Hitzepasteurisier. v. rohem fl. – 11-3382; Herst. v. Trocken- –-Prod. 18-3424*; enzymat. Abtrenn. einer Aldose aus – 22-3191*; Konservieren v. fl. Hühner- – durch β-Propiolacton 31-3057*; Schäum.-Eig. v. Hühner- – 36-3035; Hitzepasteurisier. v. rohem fl. – 40-3161; Nachw. v. Fremdstoffen in getrocknetem Eiklar 44-1948.
Eiweißkörper (Eiweißstoffe) s. *Proteine.*
EJaIT s. unter *Eisen, Schmiedeeisen und Stahl (Sondermarken).*
Ekanit, Krist.-Struktur v. – 38-0282.
Ekapterin s. unter $C_9H_9N_5O_5$.
Ekatin s. unter $C_6H_{15}O_2PS_3$.
Ekatox(-20) s. unter $C_{10}H_{14}NO_5PS$.
Ekatox-50, Stabilität v. –-Rückständen auf Früchten 20-3329.
Ekgonin s. unter $C_9H_{15}NO_3$.
Eklogit, Häufigk. d. Elemente d. Seltenerdmetalle in eklogit. Gesteinen 3-0822; Petrogenese d. Glaukophanschiefer d. Franzisko-Format. in Kalifornien u. mit ihnen vergesellschaftete – 5-0876; Geh. an Seltenerdmetallen in d. – v. Nowa Wieś im Gebiet Śnieżnik Kłodzki 6-0825; Mineralien, gediegene Elemente u. Sulfide in – d. Südurals 7-0846; Phasengleichgew. v. – u. Granatperidotit in Kimberlit, in Basalt u. in Peridotitintrus. 16-0745; Anreicher. v. Cs u. Bezieh. zwischen K, Rb u. Cs in d. – d. Roberts-Victor-Grube in Südafrika 21-0874; Verteil. v. Mg, Fe u. Mn zwischen Klinopyroxen u. Granat v. – 23-0788; Einordn. v. – in d. metamorphen Fazies 28-0763; Mineralogie v. diamanthalt. – 32-0786; – v. Fay-de-Bretagne (Loire-Atlantique) 43-0767; Pyralspit aus südafrikan. Cyanit- – mit hohem Ca-Geh. 43-0786; –-Xenolithe in Erupt.-Kanälen d. Alkaligesteine im Pamir 44-0798; – unter d. ultrabas. Gesteinen v. Derven 49/50-0745.
Physikal. Eig. v. Diamanten aus jakut. – 43-0783; Basalt–Eklogit-Umwandl. 34-0860.
Ekmolin, Einfl. auf d. antibakterielle Aktivität v. Salvin 21-1738.
Elaidinsäure s. unter $C_{18}H_{34}O_2$.
Elaidylalkohol s. unter $C_{18}H_{36}O$.
Elastin s. unter *Proteine, Spezielle Proteine.*

Elastizität

– v. Fl. s. unter *Rheologie.*

Elast. Deformat. s. unter *Deformation*; elast. Dämpf.-Erschein. s. unter *Reibung, innere*; elast. Wellen s. unter *Schallwellen*; elast. Spann. s. unter *Spannung, mechanische*; photoelast. Erschein. u. Verf. s. unter *Spannungsoptik.*

Paraelastizität s. dort; Viscoelastizität s. unter *Rheologie.*

Experimentelle Prüf. d. Laval-Raman-Viswanathan-Theorie d. – 2-0286; –-Moduln eines Krist. u. d. Bezieh. v. Voigt u. Reuss 2-0287; Einfl. d. ursprüngl. Spann. auf d. –-Modul 2-0288; Wechselwrkg. zwischen magnet. u. elast. Erschein. einer ferromagnet. Probe 2-0508; Molekularverteil. u. – in Krist. 5-0315; elast. Stabilität v. App. d. Verf.-Technik 8-2111; Anwend. d. für feste Körper gült. Gesetzes v. Grüneisen-Guareschi auf Fl. an Hand d. Bezieh. zwischen d. Änder. d. –-Moduls am F. u. d. Schmelz- u. Verdampf.-Wärme 11-0548; Gittertheorie d. –-Konst. dritter Ordn. v. nichtpiezoelektr. Gittern 12-0326; Einfl. d. hydrostat. Drucks auf d. elast. Verh. kub. Krist. 13-0323; –-Konst. einiger Materialien mit Inhomogen regulärer Struktur 14-0329; Benutz. akust. Achsen zur Entscheid. zwischen d. Theorien v. Voigt u. Laval-Raman über d. elast. Eig. v. Krist. 15-0323; Ermittl. d. Energie ellipt. Versetz.-Schleifen unter Verw. d. isotrop. –-Theorie 16-0185; –-Konst. für eine durch Zentralkräfte gebundene hexagonal dichtgepackte Struktur 16-0229; – ungeordneter Medien 16-0597; d. Längenkonzept in d. Thermodynamik elast. Körper 17-0291; statist. Kontinuumstheorien d. – eines Stoffs mit variablen elast. Eig. 18-0246; Wrkg. d. Invarianzerfordernisse auf d. elast. Reckenergie d. Krist. mit Anwend. auf d. Diamantstruktur 18-0252; Versetz.-Blockier. in einem Medium mit dispersiver –-Konst. 20-0238; –-Tensoren höherer Ordn. für einige Arten anisotroper Medien 20-0239; –-Konst. für ein zweidimensionales Ising-Modell 22-0256; Beeinfluss. d. –-Konst. v. Krist. durch Leerstellen 22-0258; Voraussage für elast. Konst. bei dichter Kugelpack. nach d. „Valence bond"-Modell v. Bergmann 22-0259; Berechn. d. –-Charakteristiken anisotroper Metalle 22-0261; Verf. zur Berechn. v. – u. Schubmodul aus Eigenfrequenzen stabförm. Proben 22-2028; Grenzwerte d. Schermoduls makroskop. isotroper Aggregate v. kub. Krist. 24-0279; –-Konst. kub. Krist. für Schallwellen 24-0311; Bezieh. v. Wellen mit endl. Amplitude zu elast. Konst. dritter Ordn. 25-0266; Modell für d. durch Punktdefekte verursachte Änder. d. –-Moduls eines Festkörpers 26-0283; Vgl. zwischen d. –-Moduln bei glas. u. krist. Zustand (Berichte d. VII. Internat. Glaskongresses, Bruxelles *1965*) 26-2393; einfache ebene isentrope Wellen starker Verschieb. in einem kompressiblen elast. festen Körper 28-0276; Theorie d. –-Konst. dritter Ordn. v. diamantähnl. Krist. 28-0281; Variat.-Meth. zur Best. effektiver –-Moduln v. Polykrist. mit tetragonaler Symmetrie 32-0276; Einfl. d. Oberflächen- – auf d. Verdünn. v. Seifenfilmen 36-0624; Wrkg. elast. Anisotropie auf d. Ultraschalldämpf. bei niedr. Temp. 37-0321; – v. dicken Filmen 38-0635; Best. elast. Konst. bin. fester Lsg. durch d. diffuse Röntgenstreuungsmeth. 39-0232; –-Modul in Krist. mit Leerstellen 41-0306; Bezieh. zwischen d. elast. Moduln dritter Ordn. u. d. therm. Dämpf. v. Ultraschallwellen in nichtleitenden u. metall. Krist. 41-0317; – flacher dünner Filme 41-0603; Sortierverf. auf Grund v. Kornform, Reib. u. – 42-1977; Bedeut. v. Kuppl.-Spann. für d. Spann.-Verteil. an Hand d. klass. –-Theorie 42-2303; Reduzier. d. Phononenspektren v. Krist. über d. elast. Konst. u. krit. Punkte 43-0272; nichtlokale Elastostatik (Ableit. aus d. Gittertheorie) 43-0280; Ausbreit. ebener Wellen mit endl. Amplitude in elast. Festkörpern 44-0278; Bezieh. zwischen makroskop. u. mkr. Theorie d. Krist.- – (primitive Krist.) 48-0292; – metall. u. nichtmetall. Materialien im Hinblick auf Verw. in d. Kältetechnik (Fortschrittsbericht) 51/52-1991.

Zyklotronwellen in gekreuzten Feldern 29-0390; Photooberflächenpotential v. CdS-Einkrist. in einem elektr. Wechselfeld 29-0436; elektr. Leitfähigk. v. n-InSe-Einkrist. in starken elektr. Feldern 29-0441; Anisotropie d. Leitfähigk. v. n-Ge bei starken elektr. Feldern 30-0363; Einfl. eines elektr. Feldes auf d. transversale magnet. Widerstandsänder. in n-InSb bei *1,5* °K 30-0376; Zwei-Band-Modell für Bloch-Elektronen in gekreuzten elektr. u. magnet. Feldern 31-0435; Langzeiteffekt äußerer Felder auf d. Leitfähigk. d. Oberflächenoxids v. Si 31-0443; Veränder. d. Elektronentemp. in polaren Halbleitern (n-InSb) durch ein elektr. Feld 33-0449; Großsignal-Feldeffekt zur Oberflächentermbest. bei Si 33-0454; Feldfeffekt v. reinem Si 33-0455; Berechn. d. Geschw./Feld-Charakteristik für GaAs 33-0468; Beweg. v. Krist.-Elektronen in einem elektr. Feld 34-0432; Einfl. d. Grenzflächenstreuung auf d. metall. Feldeffekt 35-0420; Theorie d. elektr. Leitfähigk. v. Halbleitern in starken elektr. u. magnet. Feldern 36-0399; anomales Eindringen eines elektromagnet. Feldes in ein Metall 37-0470; Besonderh. d. elektr. Leitfähigk. v. Alkalimetallsilicatgläsern in starken elektr. Feldern nach γ-Bestrahl. 38-0342; ellipsometr. Unters. d. stationären Ionenleit. in anod. Oxidfilmen auf Ta, Nb u. Si in starken elektr. Feldern 40-0396; Theorie d. galvanomagnet. Erschein. in starken elektr. Feldern 42-0382; direkte Beobacht. d. Driftgeschw. in Abhängigk. v. elektr. Feld in GaAs-Photodetektoren bei Einstrahl. mit rechteck. Lichtimpulsen 43-0424; Ausbreit. eines starken elektromagnet. Feldes in einem adsorbierenden Gasmedium 44-0111; gravitationsinduziertes elektr. Feld in d. Nähe eines Metalls 44-0398; Lad. in CdS-Krist. durch Einw. eines angelegten elektr. Feldes 44-0442; elektr. Feldeffekte in fl. cholesterin. Krist. 47-0774.

Feldeffekt u. Oberflächenzustände an d. Phasengrenze Ge/Elektrolyt 17-0449.

Einfl. eines elektr. Feldes: auf d. spezif. Wärme v. Triglycinsulfateinkrist. 3-0936; auf d. natürl. Wärmeübergang durch Konvekt. auf isolierende Fl. am Beispiel v. Diäthyläther u. Bzl. 5-0573; akust.-elektr. Effekt im transversalen elektr. Feld 8-0262; elektrohydrodynam. Unters. (durch ein elektr. Feld in einem Tropfen erzeugte Zirkulat.) 9-0511; elektrokonvektive Diffus. in fl. Sn u. Pb 10-0454; Transporterschein. u. Wärmeleit.-Koeff. in polaren Gasen in Ggw. eines elektr. Feldes 13-0546; Brownsche Beweg. geladener Teilchen in gekreuzten elektr. u. magnet. Feldern 16-0475; Einfl. eines elektr. Gleichfeldes auf d. Ultraschallabsorpt. im Bereich d. Curie-Punkts in Triglycinsulfatkrist. 19-0289; Thermoelement zur Temp.-Mess. im elektr. Hochfrequenzfeld 19-1942; Ström.-Meth. für Transportprobleme in Festkörpern mit nichtkonst. elektr. Feldern 23-0414; Wirbelbeweg. einer Fl. unter d. Einw. eines gleichförm. elektr. Feldes 25-0906; Wärmetransport beim Sieden in elektr. Feldern (Wrkg. d. angewandten Wechselspann. auf d. Wärmetransport v. zirkulierendem W.; mechan. Deut. d. Effekts d. Spann. auf d. Wärmetransport beim Sieden) 37-1978; Wrkg. eines elektr. Feldes auf d. vibrierende Verbrenn. v. Propan 43-0623; Einfl. elektr. Felder auf Transporterschein. 44-0514; Eig. quantisierter Wirbelringe in einem elektr. Wechselfeld in suprafluidem He 44-0521; akust. Schwing. v. Dielektrika in einem äußeren elektr. Feld 45-0262; phänomenolog. Theorie d. Diffus. unter Berücksichtig. Brownscher Effekte in elektr. Feldern 51/52-0505.

Feldstärkenabhängigk. d. Verweilzeit u. Diffus.-Länge v. adsorbiertem K auf W 16-0620; Einfl. d. Inhomogenität d. elektr. Feldes auf d. Form d. Zonen in d. Papierelektrophorese 29-0661; Wechselwrkg. zwischen neutralen Aerosolteilchen im homogenen elektr. Feld 31-0633; Einfl. eines elektr. Feldes: auf d. Adsorpt.-Kapazität v. Ge 31-0655; auf d. Sedimentat. fester Teilchen in fl. Metallen 33-0712; Zerfall v. W.-Tropfenpaaren in einem elektr. Feld 35-0597; Einfl. d. elektr. Feldes auf d. Kapazität v. Phospholipidmembranen 40-1172; Form einer Fl.-Oberfläche im elektrostat. Feld 48-0585; Einfl. eines elektr. Feldes auf Diffus.- u. Fäll.-Erschein. in fl. Gelatinelsg. 48-0587.

Meth. u. App. zur Unters. d. Einfl. eines elektr. Feldes auf d. Radiolyse v. Gasen 5-0748; Einfl.: eines elektr. Feldes auf d. Geschw. d. therm. Zers. v. Ag-Oxalat u. -Azid 10-0724; eines elektr. Wechselfeldes auf d. Ox. v. CO an NiO 11-0731; Potentialabhängigk. d. NH_3-Ausb. am Katalysator K-*55* 14-0775; Bldg. v. Kondens.-Keimen im elektr. Feld (in einer N_2–H_2O-Misch. durch Bldg. v. NO_2, d. zu HNO_2 u. HNO_3 weiterreagiert) 23-0538; Transportprozesse bei d. therm. Ox. v. Si (Unters. d. Einfl. eines elektr. Feldes) 29-0691; Verh. eines Katalysators im elektr. Feld 33-1025; „Feldeffekt"-Meth. bei katalyt. u. Chemisorpt.-Unters. an Halbleitern 36-0675; Änder. d. Rk.-Fähigk. polarisierbarer Mol. im elektr. Feld d. Doppelschicht 39-0932; Einfl. einer Hochfrequenzerhitz. bei d. Herst. v. Fe-Oxidkatalysatoren auf ihre Wirksamk. bei d. NH_3-Synth. 45-0647; katalyt. Zers. v. Ammoniak an einem Pt–Rh–Pd-Draht (Einfl. d. elektr. Feldes auf d. katalyt. Aktivität) 49/50-0650.

Distickstoffoxiddosimetrie (Einfl. v. Temp., Druck u. elektr. Feld) 12-0734.

Statische Elektrizität und Aufladung: Direkte Beobacht. d. Lad.-Ansamml. in Oberflächenzuständen v. Ge u. Si in einer Atmosphäre v. nassem O_2 5-0442; Einfl. d. Oberflächenlad. auf d. Änder. d. Kontaktpotentialdifferenz v. Halbleitern (CdS, ZnS, TlJ u. Se) durch Belicht. oder Gasadsorpt. 6-0410; Staubauflad. v. KCl-, KBr- u. KJ-Einkrist. bei Vermahl. im Mörser 8-0480; Kontakteinw. verschiedener Stoffe auf d. elektr. Auflad. v. CdTe-Staub 9-0678; ist d. elektrostat. Energie eine Freie Energie? 13-0549; Kontaktauflad. mikrongroßer Teilchen aus Metallen (Al, Mo, Carbonyl-Ni), aus Halbleitern (Magnetit, Zr-Hydrid) u. Isolatoren (Al-Oxid, Si-Oxid) 14-0517; Mess. d. Abhängigk. d. Lad. an Oberflächenniveaus v. d. Bieg. d. Energiezonen in Einkrist. v. Cu_2O als Platte eines bis auf *3000* V geladenen Kondensators 15-0484; elektr. Auflad. v. Ge-Staub aus eigenleitenden u. dotierten Einkrist. 15-0516; Parameter d. elektroballist. Auflad.-Funkt. 15-0776; elektrostat. Beitrag d. Fallen in d. Umgeb. v. Raumlad. 17-0436; Mess. d. Kapazität d. Raumlad.-Schicht v. n- u. p-Ge-Proben in wss. Elektrolytlsg. 17-0449; Streuung v. Leit.-Elektronen durch lokalisierte Oberflächenlad. 20-0340; Auflad. v. CdS-Krist. im Kontakt mit In, Te, Se, n- u. p-Ge, n- u. p-Si im Dunkeln u. unter Belicht. 20-0395; Auflad.-Effekt v. Leg. (Syst. Ag/Au) 20-0401; Dimens.-Analyse v. elektrostat. Konvekt.-Strömen 20-0605; Auflad. v. Filmstreifen aus isolierenden Materialien beim Vorüberziehen über geerdete Rollen 21-0427; Berechn. d. Oberflächenlad. in einem starken elektr. Feld unter Berücksichtig. d. Quantisier. 24-0402; elektrostat. Beschmutz. v. Geweben 24-3095; Energiebetracht. in d. elektrostat. Zerstreuung v. Fl. 25-0645; elektrostat. Auflad. v. Filmen 28-3368; Raumlad. in wachsenden Oxidfilmen (Stör.-Koeff. u. Berechn. nach zweiter Ordn.) 29-0209; Zusammenhang zwischen Raumlad., Oberflächenleitfähigk. u. Bandverbieg. für Photoleiter bei homogener opt. Anreg. 30-0348; Verh. verdampfender, elektr. geladener Tröpfchen 30-0571; Gleichgew.-Wert für d. Lad./Masse-Verhältnis v. durch elektrostat. Dispers. erzeugten Tröpfchen 30-0574; Lad. u. Stabilität v. Koll. (Adsorpt. v. koagulierenden Ionen in Ggw. v. Nichtelektrolyten) 31-0629; Zünd. v. Luftgemischen mit CO, CH_4, $(CH_3)_2CO$, CH_3OH, Toluol, Cyclohexan u. Dioxan durch Entlad. v. elektrostat. geladenen Kunststoffen 32-0678; Oberflächenlad. v. amorphen Si_3N_4-Schichten 33-0470; Lad.-Verteil. auf d. Oberfläche v. Ag-Halogeniden 33-0686; negative Auflad. eines Katalysators bei d. Ox. v. CH_4 in Luftgemischen 33-1025; Einfl.: d. Absorpt. v. Au, Al u. Sb auf d. Lad. einer atomar reinen Ge-Oberfläche 34-0450; d. Raumlad. auf d. Photoleitfähigk. v. CdS in starken elektr. Querfeldern 34-0460; Lad.-Vorzeichen d. Teilchen d. dispersen Phase v. Emuls. d. W./Öl-Typs 36-0617; Filtrier. v. Aerosolen mit faser. Filtern bei elektr. Auflad. d. Faser 38-0629; elektrostat. Kräfte bei d. Adhäs. kleiner Teilchen 38-0630; Magnetisier.-Änder. dünner Ni-Schichten durch elektrostat. Auflad. 39-0491; Einfl. v. Na u. H_2 auf Grenzflächenzustände u. Oberflächenlad. im Syst. Si/SiO_2 40-0395; Raumlad. in bestrahlten Isolatoren 41-0442; Einfl. d. Beimisch. (Ag, Cu, [illegible], Hg) auf d. elektr. Auflad. v. CdTe-Staub 41-0463; elektrostat. Auflad. in strömenden Fl. 41-0607; Auftreten elektr. Lad. während d. plast. Verform. v. Ionenkrist. (bes. LiF) 43-0305.

Technische Anwendungen: Elektrostat. Wirbelschichttrenn. 1-2239*; Mess. v. Anstrichstoffen für d. Auftragen im elektrostat. Feld 1-3237; Anwend. d. Elektromigrat. in Kombinat. mit Ionenaustausch zur Trenn. d. Li-Isotopen 2-2219; Trenn. v. Mikromengen organ. Feststoffgemische durch einen triboelektr. Effekt 3-1924; elektrostat. Druckmaschine zum Bedrucken v. Papier 4-3069; Entwurf eines elektrostat. Trennmonitorsyst. zur Entdeck. gebrochener Brennelemente 5-2245; elektrophysikal. W.-Reinig. 5-2269*; selektive elektr. Abscheid. feinkörn. Stoffe durch Nd.-Elektrode unter Einw. v. Ionenstrom oder elektr. Feld 9-2253*; Trenn. staubförm. Materialien im elektromagnet. Wanderfeld 9-2254*; Entkeim. v. Trinkwasser durch Wechselstrom 16-2107; komplexe Anwend. chem. Verfestig. u. elektr. Erwärm. in d. Technologie d. Fe-Betons 19-2356; Übertragen u. Fixieren v. Farbstoffen unter Verw. elektrostat. Felder 24-2819*; neue Technologie d. Trockn. u. Heißaufbereit. keram. Massen mittels elektr. Stroms 26-2428; Schnellhärten v. Beton mittels elektr. Energie 27-2362*; Waschwrkg. v. Motorenölzusätzen im elektr. Feld 32-2676; Elektroseparat. feinkörn. Materialien im Schnellverf. 34-2164; elektrostat. Druckfarben 38-3120*; Werkstoffe für elektrostat. Separatoren 39-1998; Abtrennen v. Feststoffteilchen aus strömenden Fl. mit geladenen Vorr. 40-2022*; Trenn. v. Schüttmaterialien im elektrostat. Separator 46-2010; Übertrag. photograph. Schichten durch Erwärm. mittels eines Hochfrequenzfeldes auf Empfangsmaterialien 48-3323*.

Antistatika und Antistatischmachen: Herst. v. Alkyl-tris-(β-cyanäthyl)-phosphoniumhalogeniden als Antistatika 1-2716*; antistat. Stoffe (Eign. v. Netzmitteln als innere antistat. Stoffe für Kunstharze) 2-2910; Herst. antistat. wirkender Mischpolymerisate 5-3390*; Darst. v. substituierten 1.3.5-Trimethylentrisulfonen als Zwischenprod. für Antistatika 6-2652*, 6-2653*; stat. Auflad. u. antistat. Ausrüst. 6-3032; Antistatischmachen v. plast. Massen mit Vinylacetat 7-3051*; antistat. PVC durch Zusatz v. Polyalkylenglykol 7-3126*; Darst. v. quatern. Ammoniumglykolmonoboraten als antistat. Mittel für Kunstharze 8-2671*; Herst. v. antistat. Formmassen aus Thermoplasten 9-3085*; waschbeständ. Antistatischmachen v. (Synth.-) Textilien 9-3223*; Verw. v. Pyrrolpolymeren für Antistatika 10-3002*; antistat. Textilausrüst. mit saure Gruppen enthaltenden Polymeren u. Vernetzen mit Polyisocyanaten 11-3225*; Herst. oberflächenakt., antistat. Mittel für Textilien 12-3035*; Verhinder. d. elektrostat. Auflad. v. Hochmolekularen 14-3180*; Herst. v. 4-Hydroxy-2-sulfolen als Zwischenprod. für Antistatika 15-2678*; Verw. v. β-Lactonmischpolymeren als Antistatikum 15-3048*; Herst. quart. Ammoniumsalze v. Perhalogensäuren als antistat. Mittel 16-2998*; antistat. Stoffe (Darst. v. Metallsalzen amphoterer, oberflächenakt. Stoffe v. Imidazolintyp) 17-2758; (Eig. d. Metallsalze amphoterer, oberflächenakt. Stoffe v. Imidazolintyp als innere Antistatika für Polyäthylen niedr. D.) 17-2759; (Eig. d. Metallsalze amphoterer, oberflächenakt. Stoffe v. Imidazolintyp als innere Antistatika für Polyäthylen hoher D.) 17-2760; (Eig. d. Metallsalze amphoterer, oberflächenakt. Stoffe v. Imidazolintyp als innere Antistatika für Polystyrol) 17-2761; (Eig. d. Metallsalze amphoterer, oberflächenakt. Stoffe v. Imidazolintyp als innere Antistatika für Polypropylen) 17-2762; (Oberflächenanalyse v. Polyäthylen, in d. ein inneres Antistatikum eingearbeitet wurde) 17-2763; (Orientier. d. Antistatika an d. Oberfläche v. Polypropylen u. Mechanismus ihrer antistat. Wrkg.) 17-2764; Vinylchloridpolymere mit antistat. Eig. 17-2869*; Herst. v. antistat. Überzugfilm auf elektr. nicht leitendem Grundfilm 18-3064*; stat. Elektrizität im Textilgewebe u. Verhinder. d. elektrostat. Auflad. 18-3152; antistat. Ausrüst. v. Stoffen mit quatern. Ammoniumbenzolsulfimiden 19-2701*; Herst.: v. antistat. Mitteln für Polymere 19-2991*; v. quatern. Pyridylmethylfettalkylammoniumhalogeniden als Antistatika 20-2651*; antistat. Ausrüsten v. Polymeren 20-2922*; Beurteil. d. elektrostat. Eig. u. Antistatischmachen v. Geweben u. Wirkwaren 20-3075; Herst. v. Methyliminobis-propionamid als Antistatikum für Textilien 20-3085*; Überziehen v. Bändern für elektr. Spulen mit antistat., thermoplast. organ. Material 20-3174*; Herst. v. Copolymerisaten aus β-Lactonen u. Äthylenimin-Verb. als Antistatika 22-2813*; antielektrostat. Mittel aus Polyäthylenglykol, einem anorgan. Salz u. einem Mono- oder Polyamin 22-2935*; antistat. Avivage für Polyolefinfasern 24-3121*; antistat. Stoffe 26-2968, 26-2969; Beurteil. d. elektrostat. Verh. v. Thermoplasten u. d. Wirksamk. antistat. Ausrüst. 27-2868; Antistatischmachen v. Acrylharzen durch Mischfl. aus organ. Lsgm. u. $SnCl_4$, $TiCl_4$ u. $AlCl_3$ 27-2941*; Verw. v. Polymetallphthalocyanin als Antistatikum für PVC 27-2988*; Herst. v. wasserlösl., oberflächenakt. phosphorhalt. Verb. als antistat. Mittel 39-2596*; antistat. Stoffe (antistat. Behandl. v.

Polypropylen mit Metallsalzen v. amphoteren, oberflächenakt. Stoffen) 39-2613; polymere quart. Phosphoniumverb. als Textil-Antistatika 40-2893*; Herst. v. antistat. Polyäthylen-Formmassen mit N.N-Diäthanolölsäureamid 45-2468*; antistat. Schutzschichten aus organ. Filmbildnern für polierte Metalle 46-2933*; Herst. kondensierter organometall. Betainester als Antistatika 48-2984*.

Meßverfahren und deren Anwendung Siehe auch *Elektrotechnik*.

Mess. d. örtl. Änder. d. elektr. Feldes in verstärkendem CdS mit Hilfe d. elektroopt. Effekts unter Verw. v. Licht d. *6328*-Å-Linie eines He–Ne-Gaslasers 4-0413; App. zur Best. d. sich ändernden Höhe u. elektr. Parameter nicht polarer Fl. in einem Gefäß 19-1951; Sichtbarmachen d. Lad.-Verteil. durch eine Elektronenstrahl-Technik 20-0179; elektr. Meth. zur zerstörungsfreien Werkstoffprüf. in Stahl- u. Fe-Gießereien (Wirbelstrommeth.) 26-2530.

Bibliographie: Chemie und elektrischer Strom B 2; Lehrbuch der Physik für Techniker und Ingenieure. Bd. *3*: Elektrizitätslehre und Atomphysik B 65.

Electricity and electromagnetic fields B 49; Electricity and magnetism; an introduction to the theory of electric and magnetic fields B 49; The theory of electric and magnetic susceptibilities B 50; Electricity and magnetism B 73.

Electrostatique. Tome III: Méthodes de calcul. Dielectriques B 3; Électrostatique. Courants continus. Magnétisme B 89.

Elektrochemie

Spezielle elektrochem. Eig. s. unter d. entsprechenden Stichwörtern.

– u. Kernwissenschaft 10-0002; Fortschritte in d. – u. im elektrochem. Ingenieurwesen 28-0558; moderne Aspekte d. – 51/52-0540.

Anwend. d. Prigogine-Gyarmati-Prinzips auf ein elektrochem. Problem 2-0626; numer. Lsg. nichtlinearer Integralgleich. in d. – 36-1840.

– dünner Schichten 4-0603; Einfl. d. Oberflächenstruktur fester Körper auf elektrochem. Prozesse 6-0657; – in geschmolzenen Alkalimetallthiocyanaten 10-0642; chem. u. elektrochem. Eig. in d. geschmolzenen Alkalimetallhydroxiden 12-0612; elektrochem. u. photoelektr. Eig. d. Halbleiterelemente d. IV. Gruppe 13-0647; elektrochem. Verh. v. geschmolzenen Chloridmisch. 14-0695; elektrochem. Prozesse bei d. Bldg. d. Ox.-Zonen sulfid. Lagerstätten 14-0886; elektrochem. Eig. d. Peroxocarbonate 16-0672; elektrochem. Verh. v. Elementen bei geringer u. ultrageringer Konz. in Lsg. 19-0648, 19-0649; –: v. Metalleinkrist. 20-0589; v. metallorgan. Verb. 21-0618 bis 21-0621; v. anorgan. Difluoraminoverb. 24-0632; v. Oberflächenoxiden 26-0582; Vorhersag. chem. u. elektrochem. Rk. im Medium mittleren Dissoziat.-Grades 29-0584; elektrochem. Prozesse in dünnen Filmen 33-0664; elektrochem. Eig. fester hydratisierter Salze 34-0609; –: geschmolzener Salze (Übersicht) 37-2081; v. Au-Salzen 38-0582; v. Grenzflächen zwischen Alumosilicatkrist. u. Salzlsg. 38-0617, 38-0618; in geschmolzenen Salzen 40-0564; v. Kohle u. chem. modifizierten Kohleoberflächen 43-0573; elektrochem. Eig. d. Mg-Anode in Säuren 46-0613; Voraussagen chem. u. elektrochem. Rk. im Medium mittlerer Dissoziat. 46-0620; – v. Au-Salzen 47-0565, 47-0633; elektrochem. Eig. v. Membranen aus Anioniten 49/50-0614.

Mikroskopie in d. – 2-1975; coulostat. Best. v. Rest-O_2 bei elektrochem. Unters. 4-1875; Anwend.: modifizierter Nernstscher Gleich. zur elektrochem. Best. d. Kinetik v. Enzymrk. 8-1338; v. paramagnet. Resonanzmeth. in d. – 8-1948; v. aktiviertem Pb-Elektroden in d. elektrochem. Industrie (Übersicht) 8-2262; elektrolyt. Amplitudenmodulator 9-2016; elektrochem. Unters. an dünnen Schichten 9-2032; elektrochem. Meth.: in d. Ultramikroanalyse 10-2013; zur Unters. d. Stoffübergangs 10-2210; elektrochem. Verf.: zur Darst. v. radioakt. trägerfreien Jodatlsg. 11-0753; zur Reinig. v. NaJ-Präp. mit ^{131}J 11-0754; elektrochem. Oszillator zur Erzeug. ungedämpfter elektr. Schwing. 11-2020; elektrochem. Unters. d. Gruppe d. Seltenerdmetalle 14-0686; Gerät zur gleichzeit. digitalen Meßwerterfass., Wellenformgeb. u. Zeitsteuer. bei elektrochem. Mess. 15-1962; elektrochem. Isolier. v. Hg aus biolog. Material 17-1712; elektrochem. Entschwefel. v. Schlacken 17-2309; elektrochem. Verf. zur Herst. v. trägerfreiem ^{131}J-Jodat 18-0684; elektrochem. Unters. an Kohleelektroden 20-0585 bis 20-0587; elektrochem. Mess. d. O_2-Aktivität in fl. Cu 21-0554; Kompensat. v. Temp.-Fehlern bei elektrochem. Wandlern 26-1975; Wechselstrombrücke für elektrochem. Unters. 28-1890; elektrochem. Unters. v. in angepasteten C-Elektroden gelösten organ. Verb. 28-1898; elektrochem. Meth. zur Best. d. wahren Oberfläche v. Elektrodenkatalysatoren 34-0650; Verw. v. Na-Amalgam in d. elektrochem. Technologie (Überblick) 34-2279; elektrochem. Unters. v. Misch. geschmolzener Salze 35-0563; vibrierende Elektroden in d. – 35-0581; elektrochem. Unters.: v. geschmolzenen Salzen 37-0611; mittels Pulverelektroden (Charakterisier. techn. Katalysatoren 37-2002; Propylencarbonat als Lsgm. in d. – 39-1854; Einfl. d. Glühemiss. auf elektrochem. Mess. bei hohen Temp. 47-0400.

Bibl.: Angewandte Elektrochemie B 3; Elektrochemische Methoden und Prinzipien in der Molekular-Biologie. Jenaer Symposium *1965* B 4; Lehrbuch der Elektrochemie B 18; Elektrochemische Kinetik B 66; Elektrochemie B 75; Elektrochemische und elektroerosive Metallbearbeitung B 95.

Russ.: Laboratoriumspraktikum der theoretischen Elektrochemie B 3; Elektrochemie geschmolzener Salze und fester Elektrolyte. Physikalisch-chemische Eigenschaften der Elektrolyte und Elektrodenprozesse (Mitteilungssammlung) B 3; Elektrochemische Eigenschaften von Metallen und Legierungen B 14; Chemie und Technologie der Stickstoffdüngemittel. Elektrochemie und Korrosion (Mitteilungssammlung) B 15; Neues in der elektrophysikalischen und elektrochemischen Materialbearbeitung (Mitteilungssammlung) B 23; Elektrochemie der Lösungen B 34; Elektrochemie (Mitteilungssammlung). Lfg. *1*: Elektrolytische Fällung von Metallen und Legierungen B 47; Elektrochemie der Metalle und Adsorption B 66; Tabelle der Grenzflächenabstände. Bd. *2*: Ni-, Cu-, Mo- und Ag-Anoden B 66; Aufgabensammlung der angewandten Elektrochemie B 70; Elektrochemie des Mangans. Bd. *3*: Arbeiten des Allunionsseminars für Elektrochemie des Mangans B 75; Fortschritte der Elektrochemie organischer Verbindungen B 83.

Elektronische elektrochemische Meßgeräte [ungar.] B 53.

Advances in electrochemistry and electrochemical engineering; vol. *4* B 18; Electrochemistry of molten and solid electrolytes; vol. *3* B 18; Chemical physics of ionic solutions: a selection of invited papers and discussions presented at an international symposium of the Electrochemical Society in Toronto, *1964* B 34; Fuel cells; an introduction to electrochemistry B 34; Mineral formation and strukture in the electrochemical induration of weak rocks B 43; Electroanalytical chemistry: a series of advances. Vol. *1* B 46; Instrumental methods in analytical chemistry: their principles and practice. Vol. *1*: Electrochemical methods B 61; Modern aspects of electrochemistry. No. *4* B 66; Electrochemistry B 75; Advances in electrochemistry and electrochemical engineering. Vol. *5*: Electrochemical engineering B 86.

Seimario (I^0) sulla termodinamica ed elettrochimica dei sali fusi. Roma, *1965* B 75.

Elementaire inleiding tot de fysische scheikunde. Deel I: Eenvoudige warmteleer, fasenleer, inleiding tot de atoomen molecuulbouw, elektrochemie en colloidchemie B 33.

Elektrochromie s. unter *Farbe*; *Stark-Effekt*.

Elektroden

– für spezielle Zwecke s. unter den entsprechenden Stichwörtern; —-Potentiale s. unter *Potentiale*; —-Kinetik s. unter *Polarisation, elektrolytische*; *Glühkathoden* s. dort.

Nickelhydroxidelektrode [Nickel(II)-hydroxidhydrat] 24-0609; stationäre Bi-Elektrode u. rotierende Elektrode mit kontinuierl. Wiederherst. d. Bi-Oberfläche durch Abwischen 25-0586; Halbleiter-Katalysatorelektroden 29-0443, 29-0444.

Verw. v. Glykol-W.-Misch. zur Reinig. v. Aluminium-— nach d. Ätzen 1-2989*; Aktivier. v. – aus Metallen d. Pt-Gruppe 2-2322*; Imprägniermittel für – aus H_3BO_3, $MgHPO_4$ u. $Na_2B_4O_7 \cdot 10\ H_2O$ 9-2491; Herst. v. Halbleiter-— 11-2380*; Einlöten v. – in keram. Scheiben mit Bohr. 12-2220*; Herst. einer Gasdiffus.-— 13-2383*; Rißbldg. bei d. Herst. getränkter – 14-2326; Verlöt. einer – mit Keramik unter Verw. einer Misch. aus Ag, Bi_2O_3 u. Wachs 16-2258*; Abschirmen zylindr. Kathodenoberflächen zur Verhüt. d. Dendritbldg. 17-2234*; Herst.: poröser, mechan. fester Ni-— 22-2240*; v. – aus Cu, Ni oder Al u. Zr-, Cr- oder Ti-Oxid 24-2244*; u. Verw. v. Membran-— aus d. sauren Salzen veresterter Proteine zur Best. d. Anionenaktivitäten v. Elektrolytlsg. (denaturiertes Ovalbumin) 25-0584; v. Al-Anoden durch Überziehen v. Al-Körper mit MnO_2 28-2251*; v. – aus Ni 33-2261*; elektrolyt. Herst. v. Ni-Kathoden 40-2180*; Elektrobeschicht. einer Anode mit filmbildendem Anstrichmittel 41-2179*; elektr.-pneumat. Mikroelektrodenzieher 45-1778; Mahlen u. Passivieren v. Ferroleg. für d. Herst. v. – 46-2184; Herst. v. – aus Ti 51/52-2153*.

—-Effekte an halbleitenden Titanat-Keramiken 1-0442; theoret. Einfl. v. Ohmschen Spann.-Verlusten in d. Elektrode auf d. Leist. v. Membrandiffus.-Elektroden 5-0657; Stromverteil. im Meniskus v. Gas-— 20-0574; Thermodynamik v. Eisenoxid- u. -hydroxid-— 33-0561; elektrochem. Verh. v. Ionit- u. Komplexonit-Membran-— 43-0574; Verh. v. Metall-— in Salzschmelzen 51/52-2140.

Verw. v. mit $BaSO_4$ imprägnierte Pergamentpapiermembran zur Best. d. Äquivalenzpunktes beim Titrieren v. starken Säuren u. Basen (Indikatorelektrode) 7-2034; Anwend. d. aktivierten Pb-— in d. elektrochem. Industrie (Übersicht) 8-2262; Betriebsbeding. v. Gas-— mit Hemmschicht aus Polytetrafluoräthylen 16-2183; Verw. v. Membran-— zur Best. des Äquivalenzpunktes (Verh. einer mit $BaSO_4$ imprägnierten Membran aus Pergamentpapier bei d. Neutralisat. einiger schwacher Säuren u. Basen) 21-2047; Verw. v. Glasmembranen als Alkalielektroden bei erhöhten Temp. 46-0591.

Porositätsmess. v. Ni-— durch Adsorpt. v. Röntgenstrahlen 2-0670; Vgl. v. Hg- u. Gasporosimetrie zur Unters. d. Struktur poröser Ni-— 22-0605.

Kohleelektroden: Herst.: v. Kohle-— 2-2296*; v. Graphitanode 9-2389*; Qualitätsforder. an —-Koks (Überblick) 10-2315; Best. d. Verkok.-Wärme v. —-Masse 11-2367; Herst.: v. Bindemittel für Kohle-— 15-2246; v. Kohle-— aus Koks 16-2192*; v. —-Koks aus KW-Stoff-Frakt. 17-2233*; v. Kohle-— aus Pechkohlenkoks u. *30*–*60* Steinkohlenpech 20-2251; therm. Behandl. v. Pech für Kohle-— 20-2258*, 21-2362; Gewinn. v. —-Koks aus Baku-Erdöl durch verzögerte Verkok. 21-2924; Vgl. v. Kohle-— aus Anthrazit u. Ölkoks 26-2344; Kalzinier.-Grad v. Koks bei d. Herst. v. Anodenmasse 37-2060; Entmineralisier. an Kohle-— 46-0657; Trocknen v. Ölimprägnier. auf porösen C-— 47-2090*.

Chromatographie auf spektrograph. reinen C-— nach Haftka 2-2008.

Zündkerzen: duktile Ir-Leg. für Zündkerzen-— 1-2570*; isostat. Pressen bei d. Fertig. v. Zündkerzen 16-2244; Ru-Sinterleg. verbesserter Duktilität für Zündkerzen-— 16-2485*; Herst. v. leitendem Abdichtungskörper für Zündkerzen-— 29-2280*; Ru-Sinterleg. mit *0,25*–*2,5* Re für Zündkerzen-— 40-2424*.

Elektrodenkoks s. unter *Koks*.

Elektrodialyse, Herst. eines UO_2–ZrO_2-Aquasols durch – v. $UOCl_2$- u. $ZrOCl_2$-Lsg. 4-2093*; —-Membran zur Entfern. radioakt. Materials 4-2191*; Trenn. v. Cs u. Sr durch – 5-2077; elektrodialyt. Trenn. v. Aminosäuregemischen 7-2669; Best. d. Durchlässigk. v. Ionenaustauschermembranen nach elektrodialyt. Meth. 9-2216; Reinig. v. Essigsäurelsg. durch – 15-3249; Isolier. v. Hg aus biolog. Material durch – 17-1712; – mit nicht polarisierender Membran zur W.-Entsalz. 17-2255; Einfl. d. Temp. auf d. elektrodialyt. Entmineralisier. v. W. 18-2205; Konzentrier. v. Elektrolytlsg. mittels – durch Ionenaustauscher 18-2308 bis 18-2310; –: zur Aufarbeit. v. Sulfitablauge 18-3344; v. lyophilen Substanzen 20-0606; W.-Entmineralisier. durch – mit Ionenaustauschermembranen 20-2146; Nichtgleichgew.-— v. wss. Lsg. v. Natriumdodecylsulfat 26-0945; Einfl. d. Salzkonz. in d. Entsalz.-Zelle bei d. – 30-2240; W.-Transport-Daten bei d. Entsalz. in —-Zellen 31-2223; – ohne Unterbrech. 32-0669; – (Übersicht) 35-2184; Entmineralisieren v. W. mit Elektrosorpt.-Membranelementen 36-2096*; Regenerier. verbrauchter H_2SO_4 durch – 36-2188; – zur Entsalz. biolog. Fl. 41-1919; direkte Extrakt. v. Corticosteron aus Rattennebennieren durch – 43-1352; – (Übersicht) 44-1991; W.-Entsalz. durch – mittels Kationenaustauschermembranen 48-2146*; fl. Ionenaustauschermembranen bei —-Prozessen 49/50-0616; elektrodialyt. Best. d. Austauschkapazität v. permselektiven Membranen 49/50-0617; Trenn. v. Ce(III)- u. Y-Ionen durch – 51/52-1850.

Elektrographie s. unter *Elektrolyse.*
Elektrokalorischer Effekt, — in einkrist. Triglycinsulfat 40-0426.
Elektrokapillareffekte s. unter *Oberflächenspannung.*
Elektrokinetische Erscheinungen
Elektrokinet. Potential (Zeta-Potential), Sedimentationspotential u. Strömungspotential s. unter *Potentiale. Elektroosmose* und *Elektrophorese* s. dort. Elektrocapillareffekt s. unter *Oberflächenspannung.*
Elektrokinet. Mess. zur Klär. v. Grenzflächenvorgängen bei d. Flotat. 10-2203; elektrokinet., an d. Phasengrenzen Festkörper—Fl. ablaufende Vorgänge u. ihr Einfl. auf d. Flotat.-Verlauf 20-2054; Thermodynamik v. — 23-0654, 23-0655; Einfl. d. Konz. auf d. phänomenolog. Koeff. bei — 32-0668; Einfl. d. Wechselwrkg. diffuser Ionenschichten auf — in dünnen Filmen u. Poren 41-0637; Thermodynamik v. — in Kapillaren 44-0610; Theorie d. — in dünnen Elektrolytlsg.-Schichten 46-0658.
Elektrokinet. Mess. an AgJ-Solen u. -suspens. 7-0649; — an d. Grenzfläche ThO_2/wss. Lsg. 8-0652; elektrokinet. Unters. d. Syst. ausgewählte Fettsäuren/wss. Elektrolytlsg. 12-0643; — in d. Technologie d. Papierfabrikat. 12-3186; Bestrahl.-Einfl. auf d. elektrokinet. Eig. v. Mn-Mineralen 22-0600; Einfl.: d. Polymeradsorpt. auf d. elektrokinet. Stabilität verd. Tonsuspens. 22-0604; v. γ-Strahl. auf d. elektrokinet. Eig. d. Oberfläche v. Polypropylenfasern in Kontakt mit oberflächenakt. Fl. 34-1149; elektrokinet. Unters.: an Quarz 35-0614; an manganaktivierten Zinksilicatleuchtstoffen 37-0632; Rolle d. chromatograph. u. elektrokinet. Erschein. bei d. Filtrat. v. Elektrolyten in Gesteinen 41-0809; elektrokinet. Unters. an textilen Substraten 41-2555; elektrokinet. Eig. v. J-Amylose-Komplexen 43-0592; elektrokinet. Phänomene als Reinig.-Meth. 46-0723.
Elektrokrackung s. unter *Spalten (Kracken).*

Elektrolyse

Galvanotechnik; Polarisation, elektrolytische; Polarographie s. dort. Ionenbeweglichk., Überführ.-Zahlen u. dgl. s. unter *Überführung, elektrische (und Ionenbeweglichkeiten). Elektrodialyse; Elektrokinetische Erscheinungen; Elektrophorese; Gegenstromelektrolyse* s. dort.

Allgemeines

Charakteristik d. Glimmentlad.- — in wss., nichtwss. u. geschmolzenen Syst. 4-0599; Strukturgesichtspunkte v. Nd. bei elektrolyt. Abscheid. an Metalleinkrist. 5-0651; theoret. Einfl. v. Ohmschen Spann.-Verlusten in d. Elektrode auf d. Leist. v. Membrandiffus.-Elektroden 5-0657; gekoppelte elektrolyt. Prozesse mit zweiseit. Pulverelektroden 6-0637; natürl. Konvekt. bei d. — mit Diaphragma 12-0615; Stromverteil. im verschmierten Übergangsgebiet zwischen elektr. leitenden Phasen (Anwend. auf elektrochem. Grenzflächen) 13-0432; Stofftransportgeschw. bei d. — v. fließenden Lsg. 15-0662; Theorie über d. Zerfall v. Graphit-Elektroden 19-2283; Problem d. Stromausb. bei elektrolyt. Ox.- u. Red.-Rk. 20-0578; Anwend. d. valenz-opt. Theorie bei d. Berechn. elektrolyt. Parameter 23-0164; Mess. d. elektr. Leitfähigk. galvan. Überzüge während d. — 24-0610; Berechn. d. Stromverteil. an d. Kathode bei nichtlinearem Polarisat.-Gesetz 25-0602; Stromverteil. an d. Grenzfläche Gaselektrode/Elektrolyt 15-0612, 25-0613; — im Glas (Berichte d. VII. Internationalen Glaskongresses, Bruxelles *1965*) 26-2393; elektrolyt. Rk. 27-1117; Einfl. d. Änder. d. —-Parameter bei Verw. d. dipolar arbeitenden Kohlepulverelektrode 27-2299; Stromverteil. in unter erzwungener Ström. arbeitenden porösen Elektroden 28-0586; Best. d. Ohmschen Verlustes bei d. — unter Gasentw. 34-0614; — bei konst. Potential 35-0569; anod. Prozesse bei d. — 36-0597 bis 36-0599; Tüpfel-— 37-1799; Mess. d. elektrolyt. Abtrag. an Anodenwerkstoffen 37-2061; Ultraschalleinfl. auf d. H-Belad. d. Metalle bei d. — 38-2233; Stromverteil. in Luft-O_2-Elektroden mit Aktivkohle 39-0587; Stromverteil. an einer Elektrode mit Pore u. Dreiphasengrenze 44-0593; Klassifikat. elektrolyt. abgeschiedener Metalle nach d. Vorzeichen d. inneren Spann. 47-0569; — bei kontrolliertem Potential 49/50-0821.

Verfahren und Apparate

Aktivier. v. Pt-Elektroden zur Herst. v. Perverb. 1-2312*; Lsg. zum Entfernen d. Belags auf Pb-Anoden bei d. — 1-2595*; Hochleist.-Potentiostaten für Unters. d. Schmelzfluß-— 4-1836; elektrolyt. Zelle mit fl. Kathodenmaterial 4-2190*; Durchführ. d. oxydativen inneren — ohne Diaphragma 8-2017; Meßtechnik für d. elektrolyt. Trog mit nichtpolierten Cu-Elektroden 11-2010; Zelle für elektrochem. Herst.-Verf. bei kontrolliertem Potential im organ. Medium 12-0616; Probenhalter aus Ta für d. anod. Behandl. v. Halbleitern 15-0496; elektrolyt. Herst. v. Metallpulver mit nichtmetall. Phase 16-2478*; Übertrag. v. elektro-organ. Verf. in d. techn. Maßstab 18-2307; Kathoden aus elektr. leitendem synthet. Siliconkautschuk zur Metallabscheid. durch wss. — 18-2572*; automat. App. zum elektrolyt. Schneiden v. Halbleiterkrist. 21-0205; Stromzuführ. für Graphitanoden in Zellen mit Hg-Kathode 21-2397*; Herst. v. C für elektrolyt. Prozesse 23-2206*; Entsalzen v. Seewasser durch — mit Diaphragma 26-2255*; Verw. v. platiniertem Ti als Anodenwerkstoff für d. — 26-2611; Einfl. d. Änder. d. Parameter d. —-Prozesses bei Verw. d. dipolar arbeitenden Kohlepulverelektrode 27-2299; Herst. v. Elektroden für elektrolyt. Prozesse 31-2230*; Herst. v. Leitern zum Gebrauch in —-Zellen 31-2231*, 31-2232*; Koppl. v. — mit 2-pol. Pulverelektrode 33-2282; Stromregler für Glimmentlad.-— 34-1985; Herst. v. elektrolyt. Registrierpapier 34-3271*; elektrolyt. Registriermaterial 34-3273*; Meth. zur Texturunters. in elektrolyt. Abscheid. 35-0570; photometr. Verf. zur Best. d. Reflex.-Fähigk. u. d. Haft. d. abgeschiedenen Metalls am Substrat 35-0571; Herst. v. —-Elektroden großer Oberfläche 38-2253*; Koppl. v. elektrolyt. Vorgängen mit bilateraler Pulverelektrode 42-2153; Elektroden für elektrolyt. Zellen 42-2159*; elektr.-pneumat. Mikroelektrodenzieher 45-1778; Herst. v. Elektrolytzusätzen für d. Schmelzfluß-— 45-2114*; elektrochem. Ox. im ringförm. Anolytenraum mit Diaphragma u. koaxialer Kathode 49/50-2060*; App. zum elektrolyt. Lösen v. Cermets im Pilotmaßstab 51/52-2031; korrosionsfeste Elektrode mit stabilem Pt-Film für elektrolyt. Prozesse 51/52-2152*; Anode für elektrolyt. Zellen mit Kern aus W/Ti 51/52-2171*; Membran für elektrolyt. Zellen 51/52-2188*.

Elektrolyse spezieller Systeme

Anorganische Systeme

Elektrolyt. Trennfaktor v. Deuterium an d. Ni/H_2-Elektrode 2-0646; kathod. Sättig.-Strom bei d. Abscheid. v. H_2 an Ni aus alkal. Lsg. 14-0703; Trennfaktor bei d. anod. Auflsg. v. H/D 15-0669; Funkt.-Charakteristiken v. Pd-Ag-Anoden bei verunreinigten H_2-Strömen 49/50-2146.

Elektrochem. Red. v. O_2 an Pt-Elektroden 4-0613; Aktivkohle als Katalysator d. Elektrored. v. O_2 7-0631; elektrolyt. Red. v. O_2 an Pt/Ru u. Pt/Rh-Leg. 15-0671; Katalysatoren v. Raney-Typ für d. elektrochem. Red. v. O_2 29-0602; techn. Aspekte d. Knallgaszelle 36-2171.

Herst. v. Trinkwasser durch — mit anschließender Rekombinat. d. H_2 u. O_2 36-2089*; Reinigen v. Abwasser durch — unter Zusatz v. Meerwasser 44-2071*.
Kathod. Gewinn. v. H_2O_2 24-2173.
Einfl. d. Temp. bei d. elektrochem. Synth. v. Hydroxylaminverb. 6-2180; elektrolyt. Verf. zur Herst. v. Schutzgas aus H_2 u. N_2 7-2285*; elektrochem. Red. v. verd. HNO_3 9-0652; Einfl. v. C bei d. elektrolyt. Red. v. HNO_3 12-2252; elektrochem. Red. v. N_2O zu N_2H_4 32-2196; elektrochem. Ox. u. Red. v. Hydraziniumionen 49/50-0576.
Diaphragmaverf. zur Halogenherst. aus d. Säuren 17-2184*.
Elektrolyt. Herst. v. F 41-2121*; Darst.: v. NF_3 durch — v. $(NH_4)F\cdot HF$ 5-0778; v. N_2F_2 durch — v. $(NH_4)F\cdot HF$ 27-0721; v. OF_2 durch — v. feuchtem HF 29-0713; v. N-Fluoriden durch — 47-0567.
Elektrolyse v. wss. HCl in Diaphragmazellen 4-2187*; Elektrode zur — chloridhalt. Lsg. 4-2189*; Best. v. Pt-Spuren in Elektrolyten für d. Chlorat-— 9-2101; Anode zur elektrolyt. Cl_2-Herst. 11-2319*; Einfl. v. Verunreinig. auf d. Amalgam-— alkal. Chloride 12-2251; kathod. u. anod. Leist.-Verluste bei d. Chlorat-— 15-0655; Abhängigk. d. H_2-Geh. v. Cl_2 v. Hg-Geh. d. Zelle 18-2251; elektrolyt. Herst. v. Cl_2 oder F_2 18-2263*; Herst. v. Cl_2 durch — v. HCl 18-2264*; Technologie u. App. d. Cl_2-Gewinn. durch — 19-2199; Einfl. v. Cl_2-Blasen auf d. Betrieb v. Graphitelektroden 19-2284; elektrochem. Gewinn. v. Cl_2 20-2274; —-Zelle zur Herst. v. Cl_2 aus wss. Lsg. 21-2302*; — v. HCl 22-2186; Zelle für d. — v. HCl-Lsg. 29-2228*; Glimmentlad.-— alkal. Hypochlorit- u. Chloritlsg. 35-0579; PbO_2-Anoden auf Graphitunterlagen bei d. Gewinn. v. Chloraten 37-2006; Anode für d. elektrolyt. Herst. v. Cl_2 41-2123*, 46-2144*; Verschleißtheorie d. porösen Graphitelektrode bei d. Cl_2-— 47-0568; Meth. d. Hg-Regenerier. bei d. elektrolyt. Cl_2-Gewinn. 47-0680; elektrochem. Darst. v. Chloraten 49/50-0560; — v. HCl mit O_2-depolarisierter Kathode 51/52-2105.
Elektrolyt. Ox. v. Jodat zu Perjodat 10-2328*; elektrochem. Ox. v. Jodid u. J zum Hypojodid 11-0655.
Anod. Erzeug. v. Peroxodisulfat unter Verw. gepulster Ströme 7-0637; Herst. v. H_2SO_4 mit Pb- u. Hg-Kathode (2-Stufen-Verf.) 17-2195*; — v. rauchender H_2SO_4 34-0624; Darst. v. SF_6 durch — v. H_2S in wasserfreier HF 34-0719; elektrolyt. Herst. v. Dithioniten 49/50-2007*.
B-Darst.: durch — v. B_2O_3 in Kryolith 48-0655; durch Schmelzfluß-— 51/52-2411*.
Red. v. Kohle durch elektrochem. Meth. 10-0614; anod. Korros. v. graphitisierten Elektroden bei d. — in wss. H_3PO_4- u. Na_3PO_4-Lsg. 18-0561; elektrolyt. Abscheid. v. C aus geschmolzenen Carbonaten 34-0625; anod. Ox. v. CO in alkal. Lsg. 37-0622.
Anod. Auflsg. v. Si in HF-Lsg. 3-0656; Herst. v. Si hoher Reinh. durch Schmelzfluß-— 11-2652*; elektrochem. Aufrauh. v. Si-Oberflächen 23-2165; elektrolyt. Rauchquarzfärb. 25-0591; elektrochem. Verh. v. Silicaten bei hohen Temp. 25-0592; Entfernen dünner Schichten v. n-leitendem Si durch anod. Ox. 26-0596; elektrochem. Ox. v. Si in Äthylenglykol 27-0633.
Elektrolyt. Herst. v. PH_3 aus d. P-Schmelze 21-2310*; Pb-Kathode zur elektrolyt. Herst. v. PH_3 mittels Diaphragma 21-2311*; Diaphragma zur elektrolyt. Herst. v. PH_3 21-2312*; elektrolyt. Gewinn. v. PH_3 im Diaphragmaverf. 39-2096*; elektrolyt. Red. v. Metaphosphat im geschmolzenen LiCl/KCl-Eutektikum 45-0571.
Elektrolyt. Abscheid. v. As aus wss. u. nichtwss. Lsg. 7-0633.
Elektrolyt. Raffinat. v. Cu-halt. Sb 1-2504; elektrolyt. Gewinn.: v. Sb aus Sulfosalzlsg. 2-2535*; v. Sb 9-2355*; — zur Abtrenn. v. Sb u. As v. Spaltprod. 18-1996; elektrolyt. Extrakt. v. Sb aus Salzen d. Thio- u. Oxosäuren 48-2195.
Elektrochem. Trenn. v. Metallsalzgemischen 1-2370*; Verw. v. Addit.-Verb. d. NH_3 bzw. N_2H_4 zur Schmelzfluß-— v. Metallen 11-2606*; wss. Elektrolyt zur Raffinat. v. Metallen 11-2607*; elektrolyt. Herst. v. Metallblechen mittels Walzenkathode 14-2649*; elektrolyt. Schmelzen v. metall. Werkstücken 15-2464*; Verbesser. d. Abscheid. bei d. Gewinn. v. Metallen durch Schmelzfluß-— 15-2467*; Elektrolyt für d. elektrochem. Entfern. v. metall. Material 15-2470*; schmelzflußelektrolyt. Metallabscheid. aus Doppelhalogeniden 18-2571*; period. Betrieb v. —-Zellen für d. Metallgewinn. 20-2495*; Zusatz v. Katalysatoren bei d. elektrolyt. Metallgewinn. 20-2496*; Abhängigk. d. Stromausb. v. d. Stromdichte bei d. elektrolyt. Abscheid. v. Metallen 23-0613; lockere Metallabscheid. auf d. Kathode bei hohen Stromdichten 24-2256; Wrkg. v. Ultraschall auf d. elektrolyt. Ausfäll. v. Leg. 29-2432; Herst. v. Metallen durch Schmelzfluß-— 31-2413*; kontinuierl. Zugabe d. Elektrolyten zur Abscheid. v. Metallen 34-2585*; gemeinsame Entlad. d. Ionen bei d. Fäll. d. Metalle mit Wechselstrom 43-2164; Abscheid. v. Buntmetallen unter Verw. v. Komplexbildnern 43-2216*; elektrochem. Abscheid. v. Metallen auf Si 44-2131; Meth. zur Kontrolle d. elektrolyt. Abscheid. v. Metallen 44-2153; Einfl. v. Ultraschallschwing. auf d. elektrolyt. Abscheid. v. Leg. 44-2154; anod. Verh. v. Metallen in $NaAlH_4$-Lsg. 47-0582; Elektrometallurgie v. Chlorid-Lsg. 47-2024; elektrolyt. Herst. v. Metallen d. Gruppe III—VI aus d. Halogenidschmelze 48-2559*.
Herst. v. Hg-Kathoden für Chloralkali-— 4-2186*; Elektrode für Chloralkali-— 4-2188*; Herst.: v. —-Zellen mit Ti-Anoden für Alkalichloride 6-2257*; v. Elektroden für d. Chloralkali-— 6-2258*; Pb-Kathode zur Herst. v. Alkalimetallen 7-2590*; Anode für d. — v. Alkalichlorid 8-2207*; — v. Alkalichlorid in Diaphragmazellen 14-2266*; imprägnierte Graphitanode für d. Chloralkali-— 16-2152, 16-2153; semipermeables Diaphragma aus Asbestpapier für d. Chloralkali-— 18-2332*; Herst. wss. Salzlsg. für d. Chloralkali-— 19-2233*; Regulier. v. Zellen d. wss. Chloralkali-— mit Amalgamkathode 20-2216*; elektrolyt. Herst. v. Alkalicarbonaten aus d. Chloridlsg. im Diaphragmaverf. 21-2313*; Überwach. d. Reinh. v. Solen d. Chloralkali-— 25-1992*; Gewinn. v. Lsg. für d. Chloralkali-— 26-2318*;

— v. Tetraalkylammoniumhalogenid 2-2663*; elektrochem. Ox. v. 9-Arylaminoanthracenen 5-1011; elektrochem. Darst. perfluorierter tert. heterocycl. Amine 8-1149; Ox. aromat. Diamine an d. rotierenden Pt-Anode 9-0936; elektrolyt. Red. v. tert. Nitroalkanen 19-0969; elektrochem. Bldg. d. Nitrobenzol-Radikalanions 27-0918; — v. Mononitroparaffinen 27-2630*, 27-2631*; elektrochem. Red. v. Nitrobenzolen bei kontrolliertem Potential 28-1069 bis 28-1071; Voltolyse v. Diazomethan 33-0977; elektrochem. Umwandl. quart. Ammoniumverb. 34-0950; elektrochem. Red. v. metasubstituierten Nitrobenzolen bei bestimmtem Potential 34-1051, 34-1052; Red. v. 1.2-Dinitrobenzol bei kontrolliertem Potential 48-0882; elektrochem. Ox. v. 9-Amino-10-phenylanthracen im organ. Medium 51/52-0861.

Anod. Ox. v. Alkoholen auf platinierten Elektroden 7-1003; Elektrored. u. katalyt. Hydrier. v. Tetraalkylbutin-(2)-diolen-(1.4) 14-1022; Elektro-Ox. v. Äthanol im alkal. Medium 16-2533; anod. Ox. v. Methanoldampf auf Elektroden in H_2SO_4/H_3PO_4-Lsg. 18-2657; elektrolyt. Ox. v. Olefinen oder Alkoholen (Herst. v. Ketonen) 30-2530*; Grenzströme bei d. anod. Ox. v. Methanol in Pt 31-0884; Mischkatalysatoren bei d. Elektro-Ox. v. Äthylenglykol 32-2537; anod. Ox. v. Methanol an Raney-Pt-Katalysatoren 36-2178; Einfl. v. Edelmetall-Mischkatalysatoren auf d. anod. Ox. v. Methanol u. Formiat 37-0613; anod. Ox. v. Methanol 43-0878.

Konfigurat.-Erhalt. bei d. kathod. Spalt. quart. Arsoniumsalze u. bei d. Quartärisier. tert. Arsine 5-1012.

Herst. v. Halogencyanen aus HCN u. Ammoniumhalogenid durch — in Diaphragmazelle 1-2709*.

Anod. Ox. v. A. u. Acetaldehyd an platiniertem Pt 9-0938; elektrochem. Red.: v. Chinon an dispersen Pd–Au-Leg. 21-1035; v. aliphat. Ketonen 22-0883, 22-0884; Elektrored. aliphat. Ketone an verschiedenen Kathoden 40-2481, 40-2482.

Elektrolyt. Red. d. Cyanogruppe in substituierten Benzonitrilen 1-0957; elektrochem. Erzeug. v. Adipinsäuredinitril 6-2553; — v. Adiponitril 15-2601; Elektrored. d. Nitrile v. Vinylessigsäure, Methacrylsäure u. Crotonsäure 21-1095; reduzierende Dimerisier. v. Acrylnitril an d. Hg-Kathode 26-0953; Elektrored. ungesätt. Nitrile 27-0926; Herst. v. Adiponitril durch — 33-2595*; elektrochem. Red. v. Acrylnitril 33-2596*.

— v. N-Acyl-L-glutaminsäure-α-estern u. N-Acyl-β-alanin 5-2669*; Zers. v. wss. Ameisensäure an Pt-Elektroden 7-1004, 7-1005; elektrolyt. Koppl. v. organ. Estern 9-0933; elektrolyt. Darst. v. Metanilsäure 12-1041; elektrolyt. Red. v. Amiden 14-1009; Unters. über d. Synth. durch — nach Kolbe 15-0930; Kolbe-— v. Benzoesäure in Acetonitril als Lsgm. 15-0931; Kolbe-Elektrosynth. an einfachen Carbonsäuren 16-0910; Beseitig. d. Inhibier. bei d. Bldg. v. Kolbe-Prod. durch — v. Gemischen 16-2531; kathod. Hydrodimerisier. v. Estern α, β-ungesätt. Säuren 17-1034; energet. Deut. d. Elektrosynth. nach Kolbe (gradkett. Monocarbonsäuren) 18-0865; elektrochem. Ox. v. Ameisensäure an Pt 18-0869; Elektrosynth. v. Dicarbonsäuredimethylestern 18-2665; Red. v. Cumarin bei d. elektrolyt. Ni-Abscheid. 21-2610; anod. Ox. v. ster. gehinderten Halbestern 21-2765; elektrolyt. Kuppl. v. α.β-ungesätt. Keton u. α.β-ungesätt. Nitril, Ester oder Carbonsäureamid 21-2785*; Spalt. d. Tyrosyl-Peptidbind. durch elektrolyt. Ox. 25-0920; — v. Säureamiden 26-0950; elektrolyt. Ox. v. Cyclobutan-1.2-dicarbonsäuren 27-1039; anod. Decarboxylier. v. Carbonsäuren 27-1117; — v. Thiostearinsäure 28-0924; Einfl. d. Vergift. d. Pd-Elektrode auf d. Elektrored. v. Methylacrylat 28-0931; — v. nitrosubstituierten Mono- u. Diphenylessigsäuren 31-0883; elektrochem. Fluorier. v. Propionsäurepropylester mit Metallelektroden 33-1044; anod. Ox. aliphat. Säuren an C-Anoden 34-0951; elektrolyt. Red. v. p-Hydroxybenzoesäure 34-0955; elektrochem. Unters. d. Ox. v. L-Cystein 34-0956; elektrolyt. Kolbe-Synth. 40-0928, 40-0929; elektrochem. Umwandl. v. Lsg. polymerer Säuren (gemischte Kolbe-Synth.) 41-1122; elektrolyt. Herst. langkett. Perfluormono- oder -dicarbonsäureester 43-2491*; — v. ω-Bromcarbonsäuren 44-0912; elektrochem. Ox. d. Essigsäure in Ggw. v. aromat. KW-Stoffen 45-0881.

Red. v. Naphthalinsulfonsäuren bei d. elektrolyt. Abscheid. v. Ni 31-0886.

Anod. Ox. v. Cellulose u. niedr. Kohlenhydraten 18-0870; elektrochem. Red. an Porphyrinen 1-1136; Elektroox. v. Tyrosylderiv. 25-0919; elektrochem. Fäll. v. Fibrinogen 27-1558.

Elektrochem. anion. Polymerisat. v. Methylmethacrylat 13-1218; kathod. Red. v. Polypyrrol 19-1182; elektrochem. Umwandl. v. Lsg. polymerer Säuren (gemischte Kolbe-Synth. bei Polymethacrylsäure) 41-1122.

Anwendung

Anwend. d. — zur Regenerat. v. Waschlsg. 2-2203*; Verteil.-Chromatographie durch Elektroabscheid. in einem Hg-Film 3-1987; elektrolyt. Meth. zur Best. d. Längsänder. d. Schichtdichte in Fl.-Wirbelschichten 5-2216; Markier. v. menschl. Fibrinogen mit ^{131}J durch elektrolyt. Jodier. 7-1661; Trenn. v. Isotopen durch — 14-0677; elektrolyt. Behandl. NaCl-halt. W. zur Verhüt. v. Kesselsteinablager. 18-2218*; —-Chromatographie 19-1996; elektrolyt. Stofftrenn. in Kapillarrohren als präparative Meth. 26-0578; — als Reinig.-Meth. 46-0722.

Analytische Anwendung

Coulometr. Verf. in d. *Maßanalyse* s. dort. Best. v. speziellen Stoffen s. auch unter d. betreffenden Stichwörtern.

Anwend. d. — zur Best. kleiner Konz. v. SO_2 5-2066; Red. amalgambildender Metalle nach Voranreicher. (neue elektroanalyt. Meth.) 7-2036; quant. Best. v. Co durch oxydative innere — 8-2017; Verf. zur spektrochem. Lsg.-Analyse mit gleichzeit. elektrolyt. Trenn. 9-2044; Anwend. d. Elektrode mit therm. Konvekt. auf elektrochem. Meth. d. Analyse 11-2016; Best. v. Mikromengen Hg durch Abscheid. an Graphitelektroden 11-2087; potentiostat. — in d. metallkundl. Analyse 13-2177; coulometr. Hydrometer zur Mess. d. Feuchtigk. v. Gas 19-2177; elektrolyt. Best. v. Cu in Elektrolytlsg. nach d. Zn-Gewinn. 20-1993; Anwend.: d. — zur Best. d. BSB 22-2159; v. Membranelektroden zur Mess. d. O_2-Zufuhr in Belebtschlammanlagen 22-2164; Best. v. U u. Am–Cm in Harn durch elektrolyt. Abscheid. 26-2142; O-Best. in Fe-Pulvern durch anod. Auflsg. 28-2000; elektrograph. Analyse v. durch Sublimat. erzeugten Beschlägen 32-2078; Best v. Pu-239 durch Elektroabscheid. 34-2098; elektrolyt. Meth. zur Cu-Best. bei Verw. kleiner Proben 36-1929; Zelle zur Hg-Kathoden-— in d. Metallanalytik 36-1935; Molecular-Plating-Verf. zur schnellen quant. Abscheid. v. Radionukliden 38-2099; elektrolyt. Abtrenn. d. Fe zur Spurenbest. v. V u. Ti 40-1936, 40-1937; elektrogravimetr. Best. v. Sb mit vibrierender Kathode 41-1934; Best. sehr geringer Po-Mengen durch elektrochem. Abscheid. 45-1855; elektrochem. Meth. zur Best. v. H in Stahl 45-1945; elektrolyt. Trenn. zur Best. v. Spuren Pb in Co 46-1866; elektrolyt. Verf. zur kontinuierl. Best. v. O in fl. Na 51/52-1922.

Bibliographie

Elektrolyseapparate mit fester Kathode [russ.] B 7; Innere Spannungen der elektrolytisch gefällten Metalle [russ.] B 7; Neue Technologie der elektrolytischen Fällung von Metallen (Umkehren des Stroms in der Galvanostegie) [russ.] B 23; Elektrochemie (Mitteilungssammlung). Lfg. *1*: Elektrolytische Fällung von Metallen und Legierungen [russ.] B 47.

Elektrolyte

Spezielle — u. — für spezielle Zwecke s. unter d. entsprechenden Stichwörtern.

Ampholyte s. unter *Amphotere Verbindungen. Carbanionen und Carbkationen* s. dort. Metallionen s. unter *Metalle. Aktivitätskoeffizient*; *Dissoziation, elektrolytische*; *Elektrodialyse*; *Elektrokinetische Erscheinungen*; *Elektrolyse*; *Ionenaustausch*; *Leitfähigkeit, elektrische*; *Osmose* (*und osmotischer Druck*); *Polarisation, elektrolytische*; *Polarographie*; *Potentiale*; *Pufferung*; *Überführung, elektrische* s. dort.

Einfl. v. — auf Koll. s. unter *Kolloidchemie.* Neutralsalzwrkg. s. unter *Salze.*

Eig. v. —-Lsg. in H_2SO_4 (Übersicht) 23-0604; nichtwss. —-Lsg. 44-0374; —-Lsg. in Dimethylsulfoxid 47-0564; wss. Lsg. starker — 49/50-0555; Theorie d. — für d. Analyse 27-0601; Theorie d. — für Analytiker 41-0570, 41-0571; Heterokationen 44-0001.

Vorkommen, Gehalt, Zusammensetzung

Nachw. v. — bei in vitro kultivierten Trypanosoma theileri 4-1359; Wrkg. v. Staphylokokken-α-Toxin auf d. Anionen-Freisetz. aus künstl. Lipidkügelchen 48-1298.

—-Zus. v. Granulat.-Gewebe bei skorbut. u. Thyroxin-behandelten Meerschweinchen 1-1630; Wrkg. v. Aldosteron auf d. renale —-Ausscheid. bei intakten, adrenalektomierten, unanästhesierten Hunden 5-1504, 5-1505; Ionenzus. d. Blutes d. Skorpions Heterometrus fulvipes 5-1534; Wrkg.: d. Antihistaminikums AH_3 auf d. Ionengeh. d. Skelettmuskulatur v. Sommerfröschen 5-1725; d. Mersalyl–Theophyllin-Komplexes auf d. — d. Bindegewebes 5-1770; v. Insulin auf d. —-Geh. d. Muskeln normaler u. hypophysektomierter Ratten 7-1630; —-Geh. d. Leber bei d. Rk. auf Adrenalin 17-1475; Wrkg.: verschiedener diuret. Stoffe auf Nieren —-Konz.-Gradienten bei Ratten 17-1707; v. Cortisol auf d. Serum-— d. ausgewachsenen u. d. fetalen Ratte 18-1468; v. Cocain u. Adrenalin auf Kontrakt. u. Ionengefälle, hervorgerufen durch Inhibitoren v. Membran-ATPase im Rattenuterus 19-1662; Harnaldosteronausscheid. bei Leberzirrhose mit Aszites u. ihre Bezieh. zu Plasmavol. u. — 20-1493; Kationen-Änder. nach Leberschäden infolge CCl_4 25-1505; Einfl.: v. 5.5-Dimethyl-2.4-oxazolidindion auf Säure–Base-u. —-Gleichgew. im Rattenplasma 26-1480; v. Guanethidin, Hydralazin u. Methyclothiazid auf d. —-Gleichgew. bei drei Patienten mit Bluthochdruck 26-1505; v. Blutplasmaproteinfrakt. auf Atemaktivität u. Kationenverteil. v. Hirnrindenschnitten in vitro 29-1601; v. Cortison u. Prednison auf d. Ausscheid. v. — durch d. Nieren v. Ratten u. Mäusen 30-1392; Änder. d. Ionengeh. d. glatten Muskulatur durch Acetylcholin u. Ca-Mangel 30-1426; Wrkg. v. d-Amphetamin auf d. Plasma- u. Gewebe-— Konz. v. Mäusen in Gruppen u. v. Mäusen mit Schilddrüsenüberfunkt. 33-1757; Bezieh. zwischen Lysin, Arginin u. — bei d. Ratte 34-1578; Ausscheid. v. — u. anorgan. Phosphat im Harn nach i.v. Ca-Applikat. 37-1514; Konz. d. — im Cerebrospinalliquor, im Hirndialysat u. im Plasma d. Hundes 37-1530; Einfl. v. Dexamethason auf d. —-Ausscheid. bei d. Ratte 38-1515; W.- u. —-Ausscheid. nach Verabreich. v. hochdosiertem K- u. Na-Penicillin 38-1666; Wrkg.: einer Injekt. v. corticostimulierendem Hormon bei d. trächt. Ratte auf d. —-Geh. d. fetalen Plasmas 40-1483; v. Noradrenalin u. Angiotensin auf d. —-Zus. d. Muskelfaser d. Rattenaorta 42-1424; —-Geh. im Blut v. Schwangeren, Gebärenden u. Wöchnerinnen 42-1450; Wrkg.: einer maternen Adrenalektomie auf d. Plasma-—-Geh. d. Rattenfetus 48-1391; d. Vasotocins auf d. Ausscheid. v. — durch d. Niere d. Frosches Rana esculenta L 49/50-1357; v. Adrenalin auf d. Ionengeh. im glatten Muskel d. Taenia coli d. Meerschweinchens 49/50-1382.

Bildung, Darstellung

Entmineralisieren v. wenigstens 0,1n — mittels Ionenaustauschermembran 5-2277*.

Anordn. zur Entfern. v. Kationen u. Anionen aus Lsg. mit festen u. fl. Ionenaustauschern 2-2195*; Entfernen v. — aus Lsg. mit Elektrosorpt.-Membranelementen 36-2096*.

Physikalisches und physikalisch-chemisches Verhalten

Raman-Spektren v. gesätt. wss. —-Lsg. 4-0309; IR-Spektren d. Lsg. v. Ionen in Aceton 15-0879; Einfl. auf d. IR-Spektren planarer Anionen mit D_{3h}-Symmetrie 25-0327; Wrkg. v. — auf d. OH-Bande im Raman-Spektrum v. W. 46-0573.

IR-Absorpt.-Kurven wss. —-Lsg. im Bereich d. ersten Obertons d. OH-Schwing. v. H_2O 5-0161; Strukturbesonderh. d. spektralen Charakteristik lumineszierender —-Lsg. 17-0365.

Struktur d. Grenzfläche Halbleiter/— 4-0601; Einfl. v. — auf d. Kristallisat.-Struktur v. halbhydratisierten Ca-Sulfat-Suspens. 6-2314; festgehaltene Elektronen in γ-bestrahlten glasart. wss. —-Lsg. 21-0349.

Veränder. d. elast.-kinet. Eig. v. Torf durch —-Zusätze 16-2678.

DK v. —-Lsg. 4-0571; Lad.-Trenn. an d. Grenzfläche zweier —-Lsg. 4-0592; Oberflächenrekombinat.-Geschw. v. Ge-Anoden nach anod. Auflsg. in wss. neutraler —-Lsg. 5-0445; Best. d. komplexen DK v. wss. —-Lsg. 9-0513; Oberflächenrekombinat. an d. Grenzfläche Ge/— 13-0453; Kapazität u. Kontaktwiderstand v. Halbleitern im — 14-0463; Feldeffekt u. Oberflächenzustände an d. Phasengrenze Ge/— 17-0449; Näher.-Lsg. zum Ein-Lad.-Träger-Problem eines Halbleiter-Elektrolyt-Syst. 18-0376; komplexe DK v. wss. —-Lsg. 19-0462; Einfl. v. Änder. d. DK in d. Umgeb. v. Ionen auf d. Eig. v. —-Lsg. 20-0565; elektrostat. u. nichtelektrostat. Effekte in Ionenlsg. (NMR-Unters.) 22-0562; komplexe DK v. —-Lsg. bei $0,3-2,5$ GHz 24-1868; Potentialverteil. auf d. Si-Elektrolyt-Grenzfläche 28-0388; Einfl. d. Oberflächenlad. auf d. elektrostat. Potential v. Makroionen in —-Lsg. (Lsg. d. Debye-Hückel-Gleich.) 33-

0969; komplexe DK nichtwss. --Lsg. 34-0478; Elektroreflex. an d. Grenzfläche Halbleiter/– 38-0369; komplexe DK v. wss. Lsg. 1–1-wert. – (*0,5 – 38* GHz) 44-0475; Bezieh. zwischen d. Konz.-Lichtstreuung in --Lsg. u. d. Polarisierbark. d. Ionen 46-0572.

Protonenrelaxat. in Lsg. paramagnet. Ionen bei höheren Temp. 8-0355; Anwend. d. kernmagnet. Relaxat. für d. Analyse v. --Lsg. 9-2169; kernmagnet. Resonanz in starken --Lsg. 11-0384, 11-0385; kernmagnet. Relaxat. in Ionenlsg. 12-0401; kernmagnet. Resonanzverschieb. d. ^{17}O v. W. in wss. Lsg. v. – 22-0335; Quadrupolrelaxat. in --Lsg. 22-0336; Protonenspin–Gitter-Relaxat. in wss. Ionenlsg. (Diskuss.) 34-0402.

Elektrostrikt. in wss. --Lsg. 4-0572; Unters. d. elektrochem. Adsorpt. v. anorg. --Lsg. an Hg (Pulslademeth.) 4-0605; Photoströme an blitzlichtbestrahlten Hg/Elektrolyt-Grenzflächen 7-0643; direkte Best. d. Oberflächenüberschusses v. adsorbierten Ionen an Hg-Elektroden 8-0631; Einfl. d. Leit-– auf Diffus.-Grenzstrom u. Halbstufenpotential v. Cd^{2+} u. Zn^{2+} 8-0644; kontinuierl. kathod. Lumineszenz v. oxidbedecktem Al bei d. Polarisat. in – 10-0630; dynam. Unters. an d. Phasengrenze Ge/– 13-0646; Einfl. d. Wien-Effektes auf d. Dissoziat. schwacher – an Gleichgew.-Grenzflächen 18-0546; elektrochem. Verh. d. Syst. Metallgemischter Leiter/ – 18-0565; Halogen-Kohle-Elektrode in geschmolzenen – 20-0588; Wechselwrkg. v. Poly-– mit einfachen – (elektrostat. Potential u. Donan-Gleichgew. für Zylinderstabmodell) 22-0560; Polarographie im durchfließenden – 22-0587; Volta-Effekt u. Acidität v. --Lsg. 24-0583; Berechn. v. Grenzflächenpotentialen für --Lsg. gleicher Ionenstärke 24-0601; Stromverteil. an einer Grenzfläche Gaselektrode/– 25-0612, 25-0613; Differentialkapazität d. Grenzfläche hochdotiertes Ge/– 25-0614; Bldg. oxid. Deckschichten auf Ge-Anoden in alkal. – 26-0594; Unters. d. Doppelschichten d. Syst. –/Hg im elektr. Wechselfeld 27-0616; Einfl. d. Oberflächenlad. auf d. elektrostat. Potential v. Makroionen in --Lsg. 33-0969; Definit. u. Mess. d. Diffus.-Potentials für fl. Übergänge zwischen --Schmelzen 34-0607; Änder. d. pH-Werts d. Mediums in Abhängigk. v. d. Temp. in Ggw. v. – 34-0868; Meth. zur Unters. elektrochem. Rk. im Strom v. – 35-0583; Passivität v. Fe in sauren u. neutralen – 37-0626; Abhängigk. d. Membranpotentiale v. Mosaikmembranen v. d. --Konz. 39-0639; Acidität konz. --Lsg. 41-0572; Phasengrenzpotentiale zwischen wss. u. nichtwss. --Lsg. 41-0586; Polarographie im durchfließenden – 42-0575; Einfl. d. Druckes auf d. Dissoziat. v. --Lsg. 44-0590; Theorie d. einfachen Metallionenelektrode bei Hemm. d. Transports in – 44-0594; Ersatzschaltbild für d. elektr. Doppelschicht an d. Grenzfläche Elektrode/verd. --Lsg. 45-0562; Einfl. v. – auf d. Kapazitätsmaximum organ. Verb. an d. Hg-Tropfelektrode 46-0886; Mikropotentiale bei d. Adsorpt. mit diskreter Lad. in --Syst. 47-0572; Einfl. eines indifferenten – auf d. anod. Maximum v. Pb 48-0581; Abhängigk. d. Grenzstromes an d. rotierenden Scheibenelektrode v. d. Konz. Fremd-– 49/50-0571; Wrkg. d. Druckes d. Dissoziat. v. --Lsg. 51/52-0542.

Leitfähigk. v. Gemischen zweier 1–1-Elektrolyte mit gemeinsamem Ion 3-0637; elektrolyt. Leitfähigk.: v. Lsg. mit gemeinsamem Ion v. Lsgm. u. – 10-0604; v. Kaolin-Elektrolyt-Syst. 11-0666; Mess. v. Überführ.-Zahlen in wss. --Lsg. 13-0625; Leitfähigk.: v. konz. --Lsg. 14-0682; v. starken unsymmetr. – 14-0687; elektr. Leitfähigk. u. verwandte Eig. v. – 15-0652; „Beug." v. Ionen in – 15-0661; App. zur Unters. d. Ionenbeweglichk. in --Lsg. 17-0642; elektr. Leitfähigk. symm. – 23-0603; Theorie d. elektr. Leitfähigk. v. --Lsg. 23-0605; Best. d. Überführ.-Zahl v. Ionen in konz. wss. --Lsg. 24-0593; Änder. d. elektr. Leitfähigk. v. – mit d. Temp. 24-0595; Best. d. Ohmschen Widerstandes u. d. Dicke v. --Filmen auf Metallen 26-0593; elektr. Leitfähigk.: v. symmetr. – 29-0592; v. --Lsg. in organ. Lsgm. 33-0646; Theorie d. Leitfähigk. v. – 34-0602, 34-0603.

Adiabat. Doppelkalorimeter zur Mess. d. spezif. Wärme v. – 2-1994; Diffus. in wss. --Lsg. 4-0582; statist. Thermodynamik bolaförm. u. dipolarer --Lsg. 5-0645; Diffus. v. – 7-0625; thermodynam. Eig. v. Lsg. starker – 8-0561; Aktivitätskoeff. v. NaCl in gemischten --Lsg. 11-0629; scheinbare Molvol. v. – 12-0602; Viskositätsmess. v. verd. --Lsg. 15-1949; isoton. Äquivalente u. abgeleitete thermodynam. Eig. univalenter – 16-1638; relative Best. d. Soret-Koeff. v. – 19-0607; thermodynam. Eig.: v. – in nichtwss. Lsg. 21-0540; v. tern. --Lsg. 21-0541; Erhöh. d. Dampfdruckes wss. Lsg. starker – durch Harnstoff 22-3044; Tracerdiffus.-Koeff. in wss. --Lsg. 23-0589; Relaxat.-Effekte in --Lsg. (Drucksprungmeth.) 23-0590; thermodynam. Eig. v. – in nichtwss. Lsg. 23-0929; Abhängigk. v. Transportvorgängen in wss. --Lsg. v. d. Struktur d. Lsgm. 24-0582; Best. d. Anionenaktivitäten v. --Lsg. 25-0584; Einfl. zweiwert. Kationen auf d. Diffus. v. Ionen durch Membranen 26-0621; Näher.-Berechn. v. Diffus.-Koeff. in --Lsg. 28-0562; Best.: d. relativen Gew. v. Ionen (Salzebullioskopie) 28-1889; d. partiellen molalen Ionenvolumina 29-0586; Thermodynamik d. „Karpfen"-Diffus. am Kontakt Metall/– 29-0601; Berechn. d. Aktivitätskoeff. v. – 31-0597; Dampfdruck v. Mehrkomponenten-Elektrolytlsg. 32-0540; relative Best. d. Soret-Koeff. v. – 32-0938; Phasenumwandl. intermetall. Verb. unter d. Einfl. v. --Lsg. 33-0282; theoret. Unters. d. thermodynam. Eig. v. Lsg. starker – 33-0628; Verhältnis v. Ionen- zur Lsgm.-Größe als Faktor in d. Thermodynamik v. – 33-0629; Anwend. d. Prigogine-Gyarmati-Prinzips auf d. Thermodynamik irreversibler Prozesse v. – 34-0513; Best. v. Aktivitätskoeff. in --Gemischen 34-0570; wahre thermodynam. Einzelionenaktivität in --Lsg. 41-0573; Zusammenhang zwischen elektr. Leitfähigk. u. Viskosität v. Lsg. starker – 41-0579; Diffus. teilweise dissoziierter – 45-0552; Viskosität u. Struktur gemischter --Lsg. 48-0549; phänomenolog. Theorie d. Diffus. in – 51/52-0505.

Ultraschallunters. v. --Lsg. 1-0585; Schallgeschw. u. adiabat. Kompressibilität v. 2 : 1-wert. – in Methanol 27-0539; Fortpflanz.-Geschw. v. Ultraschall u. adiabat. Kompressibilität wss --Lsg. 27-0540; Ultraschall-Unters.: in --Lsg. 29-0583; d. Komplexbldg. in --Misch. 32-0566; Zusammenhang zwischen d. Ultraschallgeschw. in Lsg. starker – u. d. Ionenradien 34-0600.

Thermoosmose v. Phenolsulfonat in --Lsg. 1-0601; Adsorpt. v. Ionen in Lsg. durch $Al(OH)_3$ 2-0683; Einfl. d. Salzformen auf d. Sorpt. v. Kationen durch Anionite 6-0700; Mechanismus d. spontanen Emulgier. v. Hg in – 8-0649; Einfl.: v. alkal. – auf d. Verteil.-Grad v. Kaolinittonen 8-0657; v. – auf d. Adsorpt. v. Farbstoffen durch radioakt. $BaSO_4$-Nd. 8-0678; v. – auf d. Adsorpt.-Potential d. krist. Phasen v. $NiSO_4 \cdot 7H_2O$ u. $CoSO_4 \cdot 7H_2O$ 9-0253; Sorpt. v. Kationen aus saurer Lsg.an Silicagelen 10-0676; freie Oberflächenenergie u. Oberflächendruck v. – 11-0671; Austauschgeschw. v. adsorbierten Ionen d. Syst. Kohle/– 11-0684; elektrokinet. Unters. d. Syst. Fettsäure/wss. --Lsg. 12-0643; Einfl. v. – auf d. freie Energie d. Adsorpt. v. Alkylsulfaten 14-0725; Entsalz. durch Ionenausschluß 14-0742; Adsorpt. v. – an Monocarboxylcellulose 16-0624; Einfl.: v. – auf d. Oberflächenspann. v. wss. Lsg. oberflächenakt. Verb. 18-0854; v. – auf d. -Potential v. Emuls. 18-0855; austauschlose Sorpt. v. – mit organ. Ionen 19-0678; Trenn. v. Ionen mittels Gegenstrom-Ionenaustausch 20-1868; Einfl.: v. – auf d. Oberflächenfließen v. Hg 21-0647; v. – auf d. Partikelgröße in Fettemuls. 21-1606; Adsorpt. v. radioakt. At an Nd. einwert. Kationen 22-0526; Durchlässigk. v. Fe-Oxidmembranen gegenüber – 22-0603; Einfl. v. –: auf d. heterogenen Austausch v. Nd. 22-0614; auf d. Adsorpt. v. H^+ u. OH^- an Al-Oberflächen 23-0643; auf d. Oberflächeneig. v. Seneginlsg. 24-0650; Oberflächen-Zustandsgleich. nicht oberflächenakt. – 28-0602; Sorpt. schwacher – an Ionenaustauschern 28-0908; Einfl. v. – auf d. Stabilität v. Schaum 29-0621; Eindick. v. --Lsg. durch Elektrodialyse 30-2240; Einfl. v. – auf d. Beständigk. v. Tonmineral-Suspens. 31-2084; Permeabilität v. Ionen in konz. reinen Emuls. u. Schäumen 32-0620; Einfl. v. Ultraschall auf d. Strukturbldg. v. Tonmineral-Dispers. in --Lsg. 33-0691; Einfl. v. –: auf d. Desorpt. v. Cs 36-0636; auf d. Elektrophorese v. TiO_2-Suspens. 38-0654; auf d. Oberflächenspann. v. W.–Nitrobenzol-Grenzflächen 39-0620; auf d. Fäll. d. dispergierten Phase bei d. Elektrophorese 39-0643; Intensivier. d. Filtrat. hochdisperser Suspens. durch Zusatz v. – 39-1997; Einfl. v. – auf d. krit. Micellkonz. v. Schaumerzeugern 41-0624; Rolle d. chromatograph. u. elektrokinet. Erschein. bei d. Filtrat. v. – in Gesteinen 41-0809; --Eintrittsdaten für Ionenaustauschpolymere 42-0607; Ionenadsorpt. bei d. Flotat. 44-0626; Ionenstärke u. Austauschgleichgew. 44-0630; Einfl. v. – auf d. Viskosität v. Stärke 45-1098; Theorie d. elektrokinet. Erschein. in dünnen Schichten v. – 46-0658; Milchkoagulat. mit --Misch. 49/50-2838.

Verdünn.-Wärmen v. --Lsg. in D_2O 2-0584; Misch.-Wärme v. wss. – 8-0560; thermodynam. Charakteristiken d. Auflsg. v. – 11-0560; Misch.-Wärmen in wss. – 18-0497; Einfl. oberflächenakt. Beimeng. auf d. Sättig.-Konz. wss. --Lsg. 19-0566; Überführ.-Enthalpien für Ionen v. W. in Dimethylsulfoxid 19-0568; Gegenionen u. Mizellengröße 21-0905; allg. Behandl. d. koazervatbildenden Seifen-Elektrolyt-Syst. 23-0919; Mischwärmen v. wss. --Lsg. 24-0510; Verteil. einzelner Anionen zwischen CCl_4 u. wss. LiCl-Lsg. 25-0548; Quell. v. Ioniten in --Lsg. 25-0644; Verteil. v. Ionen zwischen organ. Lsg. v. Alkylammoniumsalzen u. wss. Lsg. v. anorgan. Salzen 28-0512; Misch.-Wärmen v. --Lsg. 31-0564; Einfl. ähnl. Ionen auf d. Löslichk. v. – 32-0549; Verteil. d. Lsgm. u. elektr. Abstoß. zwischen Ionenschichten 37-0597; Einfl. v. anorgan. – auf d. Löslichk. v. Glutethimid, Griseofulvin u. Hexöstrol 37-1536; Verteil.-Gleich. für Ionen starker – in Lsg. 44-0513; anionotrope Solvosyst. 51/52-0852; anionotrope Solvosyst. 51/52-0853.

Hydratat. v. – (Temp.-Abhängigk. d. thermodynam. Charakteristiken) 2-0583; Ion–Ion- u. Ion-Neutralteilchen-Wechselwrkg. in Lsg. 4-0571; Kritik d. Anwend. d. Ionen-Clustertheorie auf konz. Lsg. starker – 6-0628, 6-0629; Hydratat.-Zahl u. Umsolvatat.-Gleichgew. v. – in gemischten Lsgm. 8-0590; Behandl. v. – nach d. Meth. d. kollektiven Koordinaten 8-0613; Wechselwrkg. v. – mit d. Lsgm. 8-0624; theoret. Behandl. d. spezif. Verh. v. Ionen in Lsg. 10-0601; auswählende Solvatat. v. Ionen in Lsgm.-Gemischen 10-0602; Wechselwrkg. zwischen – u. Lsgm. 15-0925, 15-0926; Anwend. d. klass. statist. Mechanik d. Teilchensyst. mit weit- u. kurzreichenden zwischenmol. Kräften auf --Misch. 17-0640; Ionenassoziat. in mehrwert. symmetr. – 19-0620; gegenwärt. Stand d. statist.-mechan. Theorie v. Ionenlsg. 20-0561; Anwend. d. Debye-Hückelschen Grenzgesetzes auf Ionenlsg. 20-0562; vergleichende Unters. d. Solvatat.-Wärmen v. Ionen in Alkoholen 21-0520; Einfl. d. Konz. auf Fluidität u. Struktur in wss. --Lsg. 21-0579, 21-0580; Wechselwrkg. zwischen – u. Lsgm. 21-1010; thermodynam. u. elektrokinet. Unters. d. Nahwechselwrkg. v. Ionen 22-0558; Solvatat. v. – (Übersicht) 23-0591; Wechselwrkg.-Energie v. Ionenpaaren im wss. Medium 23-0593; thermodynam. u. kinet. Gesichtspunkte d. Ionenassoziat. in --Lsg. 23-0596; Einfl. v. – auf d. Struktur v. W. u. d. Stabilität d. Sekundärstruktur biolog. Mol. 24-0266; Hydratat.-Zahlen v. Kationen in wss. Lsg. 27-0400; Solvatat. u. Strukturaspekte v. --Lsg. (Jahresbericht) 28-0002; Berücksichtig. kurzreichender Kräfte in d. statist. Mechanik d. – 28-0559; Wechselwrkg. –/Lsgm. 32-0934; statist. Theorie d. Ionen-Dipol-Lsg. 33-0642, 33-0643; Berücksichtig. d. Einfl. d. Nahwrkg.-Potentials in d. Theorie d. – 36-0581; Kationenpaarbldg. in Syst. Kaolin/– 37-0633; W.-Struktur u. Wechselwrkg. mit Ionen 38-0284; Wechselwrkg. v. Ionen mit d. nächstbenachbarten W.-Mol. in Lsg. quantenmechan. Effekte) 39-0574; Ionenpaar- u. Ionenclusterbldg. durch d. Struktur v. W. 41-0932; Strukturunters. an --Lsg. 42-0149; Meth. d. kollektiven Koordinaten bei – 43-0563; Ionenassoziat. in – hoher Lad. 44-0585; –/Lsgm.-Wechselwrkg. 45-0871; Ionenassoziat. in mehrwert. symm. – 46-0589.

Reaktionen

Chemie ambidenter Anionen 28-0948; Chemie hochkonz. wss. --Lsg. 38-0575; Ox.-Geschw. v. anorgan. Ionen durch OH-Radikale 19-0696: Unters. v. Ox.- u. Red.-Vorgängen an d. Grenzfläche Amalgam/– 24-0623; inhibierrende Wrkg. v. – bei d. Rk. v. Al-Pulver mit wss. Äthanol 21-0775; Hydratat. v. Tonerdezement in Ggw. v. --Lsg. 25-2130; Mitfäll. v. Kationen mit $CaCO_3$ 37-0253; relative Affinität v. Phosphatidylserin für ein- u. zweiwert. Kationen 37-1532; Verw. v. Dianionen v. ungesätt. Verb. als Polymerisat.-Initiatoren 42-1069; Umkehr d. hyotropen Reihe v. Anionen bei d. Bind. v. Cs-Salzen durch Casein 42-1115; pH-Wert d. Fäll.-Anfangs u. seine Abhängigk. v. d. Energiecharakteristik d. Ionen d. *2.* Gruppe u. *4.* Reihe d. Periodensyst. 44-0559; Rk. v. Kationen mit wss. Dispers. v. Phosphatidsäure 45-1112; Mess. v. Protein/Ionen-Bind.-Verhältnissen durch radioakt. Markier. 47-1446; Einfl. v. – auf d. Komplexbldg. zwischen Acridinorange u. Polymethacrylsäure 51/52-1066.

Biochemisches und physiologisches Verhalten

lebende Materie u. d. asymm. Verteil. v. – zwischen Protoplasma u. interstitieller Fl. (Grundlage d. Strukturtheorie im Vgl. zur Grundlage d. Membran- u. Sorpt.-Theorie)

Polyelektrolyte

23-0588; Cluster-Theorie v. Polyelektrolyt-Lsg. 26-0568, 26-0569; Verw. v. Poly-– zur Entfern. v. Schwebstoffen aus Industrieabwässern 26-2288*; Best. v. anion. Poly-– mit Hilfe d. Flockungsanalyse 31-1700; Einfl. v. Stärke auf d. Ausbldg. d. morpholog. Formen v. Poly-– 32-1215; durch Ionendiffus. geordnete Poly-– 33-1197; Verw. v. Poly-– zum Klären u. Entfärben v. W. 38-2133*; Beweg.-Korrelat. eines Poly-– u. seiner Ionenatmosphäre 39-0612; biolog. u. chem. Unters. d. heparinähnl. Wrkg. polyanion. Verb. 41-1524; Viskosität v. verd. Lsg. linearer Poly-– 43-1053; Streulichtmess. in Poly-– 43-1900; ausgeschlossenes Vol. eines Poly-– in Salzlsg. 44-1133; Einfl. v. Polyanionen auf Neuraminidase 44-1349; Mehrkomponenten-Polyelektrolytlsg. 46-0577, 46-0578; oszillograph. Polarographie v. Substanzen mit Polyionencharakter 47-1049; Adsorpt. v. Poly-– während d. Kristallisat. v. anorgan. Salzen 48-0206; Einfl. v. Polyanionen auf d. Dissoziat. v. Enzymen 48-1256; Zusatz v. Polyanionen bei Gelpräzipitat.-Rk. 51/52-1428.

Elektromechanischer Effekt s. unter *Härte.*

Elektrometrische Analyse s. unter *Maßanalyse – Elektrochemische Verfahren.*

Elektronegativität s. unter *Valenz.*

Elektronen

Betastrahlen s. dort. – in Höhenstrahlen s. unter *Kosmische Strahlung.* Paarbldg., Kaskaden, Positronium u. Vernicht.-Strahl. s. unter *Positronen.* – bei Mesonenzerfällen s. unter *Mesonen und Hyperonen.* Konversions-– s. unter *Gammastrahlen.* Auger-– u. Bremsstrahl. s. unter *Röntgenstrahlen.*

Verh. v. –: in Gasentlad. s. unter *Entladung, elektrische*; in *Plasmen* ... s. dort. *Elektronen, solvatisierte* s. dort.

Atomstruktur; *Compton-Effekt*; *Elektronenaustausch- bzw. -übertragungsreaktionen*; *Elektronenemission*; *Elektronenröhren*; *Elektronenstruktur (von Festkörpern)*; *Elektronentransport (biologischer)*; *Elektronik*; *Ladungsträger in Festkörpern*; *Molekularstruktur*; *Photoelektrizität*; *Teilchenbeschleuniger*; *Valenz* s. dort.

Änder. d. –-Temp. in einer Flamme 4-0648; Eigenzeit-Formulier. d. Dirac-Elektronen-Theorie 9-0046; Indikatrix d. Lad.-Strahl. v. – im äußeren Feld nach d. klass. Theorie 9-0047; Ionen- u. –-Profile in Flammen für Gemische aus C_3H_8-Luft, C_2H_2–O_2 u. C_2H_4–O_2 13-0697; Temp. freier – in einer verd. Acetylen-Luftflamme 15-0741; – in Lsg. (Übersicht) 17-0757; –-Energiespektrum in einem eindimensionalen Fl.-Modell 21-0198; Darst. eines – durch eine geladene u. kohärente Fl. 23-0021; Struktur d. –-Energiespektrums in ungeordneten Syst. (theoret. Unters.) 30-0159; elektromagnet. Masse d. klass. – 33-0040; Anwend. d. hydrodynam. Modells d. Wellenmechanik auf d. –-Spin 37-0066; Mess. v. Temp. freier – u. gekoppelter N_2-Schwing. in Expans.-Strömen durch Spektrallinienumkehr. 41-0523; wellenmechan. Beschreib. d. – in einem homogenen, zeitabhäng. elektr. Feld 45-0168; Interferenzschweb. in durch Impulse angeregter Zyklotron-Strahl. freier – 47-0190.

Vorkommen, Entstehung

Existenz freier – in Lsg. (experimentelle Bestätig. d. Dissoziat. v. gelöstem H_2 in Protonen u. –) 2-0627; während d. Spalt. u. durch Fragmente bei d. Spalt. v. U durch Neutronen verschiedener Energien emittierte – 5-0114; Elektronenspektrum in γ-bestrahltem W. u. Struktur d. absorbierten Dosis 10-0292; Beobacht. v. Doppler-verschobenen Peaks im Energiespektrum v. Autoionisat.-Elektronen aus Ar^+–Ar-Stößen 18-0173; Berechn. d. Energie u. d. Winkelverteil. d. durch Protonen aus He herausgeschlagenen – 34-0185; Energie- u. Winkelverteil. v. aus H u. He durch *100-* bis *300*-keV-Protonen ausgeschlagenen – 34-0186; Unters. d. anomalen Energiestreuung in –-Bündeln mit einer indirekt geheizten Vorratskathode 34-0436; freie Weglänge u. Bldg.-Wahrscheinlichk. v. langsamen – beim Durchgang v. β-Teilchen durch ein KW-Medium 35-0060; InSb als mögl. Quelle polarisierter – 46-0408.

Wechselwirkung von Elektronen

Beweg. eines – in einem zeitabhängig., axialsymm. Magnetfeld 6-0187; Hamilton-Operator mit Erhalt. d. Quasiteilcheneig. für wechselwirkende – u. Phononen 9-0031; Reflex. u. Transmiss. v. – durch Oberflächenpotentialschwellen 9-0329; Theorie d. Reflex. schneller – an leitenden Stoffen 10-0293; elektromagnet. Strahl. aus einem –-Strahl/Plasma-Syst. in einem Magnetfeld 12-0207; Beweg. eines – im Feld v. Punkt-Kraftzentren (dreidimensionale Erweiter. d. Kronig-Penney-Modells) 15-0306; –-Strahl–Plasma-Wechselwrkg. in einem warmen Plasma 16-0155; beim –-Einfang verwendete klass. Verteil. 19-0205; nichtlineare Theorie d. Brems. u. Thermalisier. eines –-Strahls beim Durchgang durch ein Plasma 20-0163; nichtlineare therm. Diffus. v. – in ionisierten Gasen 23-0187; langwell. Schwing. v. – in einem –-Strahl/Plasma-Syst. 23-0211; Zyklotronanreg. elektr. Wellen durch ein umlaufendes –-Bündel in Ggw. eines stationären Plasmas 24-0172; –-Driftgeschw. in Funkenfeldern 25-0187; Strahlsondier. v. radiofrequenten Wechselwrkg. zwischen –-Strahl u. Plasma 26-0194; Anlager.-Querschnitte v. – an sphär. Teilchen 29-0175; hochfrequente Schwing. durch Wechselwrkg. eines –-Strahls mit einem Plasma 29-0181; Theorie d. dissoziativen Anlager. eines – an einem zweiatom. Mol. 32-0172; Theorie d. Wechselwrkg. zwischen einem kalten –-Bündel u. einem Plasma für endl. transversale Dimens. u. endl. Magnetfelder 32-0177; Analogrechnerverf. zur Unters. d. Bahnen geladener Teilchen im Magnetfeld 37-0074; Greensche Funkt. in d. Elektrodynamik intensiver Felder 41-0115; Dämpf. v. –-Wellen infolge schwacher Reflex. 49/50-0209.

Mittlere Energie u. Verteil.-Funkt. d. – in Edelgasen 13-0221; Thermalisier.-Zeit niederenerget. – in Edelgasen 14-0161; Mess. d. ––Neutron-Wechselwrkg. durch d. asymm. Streuung v. therm. Neutronen an Edelgasen 24-0005; Driftgeschw. langsamer – in polyatomaren Gasen 32-0933; –-Driftgeschw. in verflüssigtem Ar u. Kr bei kleinen elektr. Feldstärken 49/50-0392; –-Diffus. in H_2 bei hohen elektr. Feldern u. niedr. Gasdrücken 34-0201; Diffus. u. Anlager. v. – in W.-Dampf 24-0164; –-Driftgeschw. in N_2 im E/p-Bereich v. *0,05 – 40* V/cm Torr 7-0209; Anlager. v. – an NO_2 u. SF_6 (Unters. nach d. Mikrowellenmeth. im Nachleuchten v. $Xe + NO_2$ u. $Xe + SF_6$) 6-0180.

Abhängigk. d. Sekundärelektronenemiss. u. d. elast. –-Reflex. v. d. Dicke d. Schicht d. BaO auf W bei niedr. Energien d. Primär-– 42-0392; Reflex. v. – mit Energien v. *250* bis *1200* keV an Targets aus Bi, Sn, Mo, Cu u. Fe 37-0354; Dämpf. v. –-Wellen infolge schwacher Reflex. 49/50-0209.

Wander.-Geschw. u. Diffus.-Konst. v. – in Methan 44-0911; Rk. v. therm. – in Gasen (Anlager. an SF_6 u. C_7F_{14}) 24-0166; Einfang v. – niedr. Energie in Chlorbenzol u. Brombenzol 31-0929 bis 31-0931.

Elektronenstreuung und -stöße

Erzeug. hochpolarisierter –-Strahlen durch Streuung bei niedr. Energien 1-1976; exakte Beschreib. elast. Streuprozesse 4-0001; Isopin-Auswahlregeln für –-Streuung 4-0028; relativist. dynam. Theorie d. –-Beug. unter Berücksichtig. unelast. Streuungen 4-019ä; Meth. zur Berechn. d. relativist. Coulomb-Streuamplituden v. – 7-0079; Resonanzen bei d. –-Streuung u. Photonenabsorpt. (Überblick) 8-0177; Anreg. d. Spin–Isospin-Riesenresonanz durch unelast. –-Streuung unter *180*° 11-0053; spektroskop. Meth. zur Unters. d. elast. Streuung langsamer – 11-0171; direkte Beobacht. d. nichtlinearen Streuung v. – an einem Laserstrahl 17-0177; Einfl. d. Rückstreuung auf d. Helizität d. – 18-0019; Abhängigk. d. Polarisat.-Grades v. Streuwinkeln bei Mott-Streuung langsamer – 19-0179; Überprüf. d. Gültigk.-Grenze d. Bornschen Näher. für niedr. –-Energiewerte 19-0189; longitudinale Polarisat. v. zurückgestreuten Negatronen 21-0048; Bedeut. relativist. Effekte bei d. Streuung langsamer – 22-0164; rechner. Verbesser. bei Berechn. d. Phasenverschieb. bei d. elast. –-Streuung 22-0165; relativist. gegenüber nichtrelativist. Streuung langsamer – 24-0157; –-Streuung an Mikroanalysatorobjekten 26-0206; –-Stoß-Wrkg.-Querschnitte für d. Aeronomie 28-0170; atomare Streuquerschnitte für langsame – in d. Thomas-Fermi-Theorie 29-0163; Einfl. d. unelast. Streuung auf d. –-Beug.-Kontraste 29-0200; abs. Wrkg.-Querschnitte für –-Streuung um kleine Winkel (Experimente zum Gültigk.-Bereich d. ersten Bornschen Näher.) 33-0189; Monopolanreg.-Korrekturen zur elast. –-Streuung 35-0058; einfache Formel für quasielast. –-Streuung 35-0059; Einfl. d. Krist.-Bind. auf d. Vielfachstreuung geladener Teilchen hoher Energie 45-0050; Einfl. v. relativist. Effekten auf d. Streuung langsamer – 49/50-0171; Erzeug. polarisierter –-Strahlbündel durch Spinaustauschstöße 51/52-0131; Einfl. d. Unelastizität d. –-Streuung auf d. Form d. Oszillat. d. magnetoopt. Interbandeffekte 51/52-0295.

Streuung an Elementarteilchen und Kernen: relativist. Korrekturen zur Impulsapproximat. bei elast. –-Deuteron-Streuung 1-0035; Spektrum d. unelast. an einem Deuteriumtarget bei *180*° gestreuten – 3-0057; Berechn. zur unelast. –-Deuteron-Streuung 6-0013; Best. d. Lad.-Radius d. α-Teilchens durch niederenerget. –-Streuung 13-0189; Nachprüf. d. Einflusses d. chem. Bind. auf Neutronenwrkg.-Querschnitte höherer Energien durch Streuung v. –-Strahlen 16-0011; Strahl.-Korrekturen zur e–p-Streuung für Winkel- u. Energiekoinzidenz-Experimente 16-0029; Polarisat.-Effekte bei d. elast. –-Deuteron-Streuung 16-0030; Unters. d. ––Deuteron-Streuung durch Beobacht. d. Rückstoßdeuterons 31-0048; unelast. –-Streuung an α-Teilchen 32-0015; gegenseit. Refrakt. v. – u. Photonen 33-0038; Unters. d. Amplitude für Elektron–Proton-Streuung (Dispers.-Berechn. d. Lamb-Verschieb.) 33-0039; algebraische Berechn. v. Strahl.-Korrekturen zur ––Proton-Streuung 43-0032; elast. ––Proton-Streuung bei Impulsübertrag. bis zu *110* $fermi^{-2}$ 47-0049; relativist. Korrekturen zur Impulsapproximat. bei elast. ––Deuteron-Streuung 47-0050.

Möglichk. d. Unters. v. Dipol-Riesenresonanzen in schweren deformierten Kernen mittels energiereicher – 1-0044; –-Streuung: u. Kernstruktur (Überblick) 7-0077; an einem ausgerichteten deformierten Kern 7-0078; theoret. Unters. zur unelast. Streuung v. schnellen – an Kernen 9-0060; Berechn. d. Formfaktors für elast. Streuung v. – mittels zweier Kernmodelle 17-0066; elast. Streuung: v. schnellen – an Kernen mit einer Fermi-Verteil. d. Lad.-D. 17-0067; v. – hoher Energie an Kernen 18-0016; exakte analyt. Formel für d. Phasenverschieb. d. elast. Streuung v. – hoher Energie an Kernen endl. Größe 18-0017; magnet. –-Streuung an Kernen 21-0061; unelast. Streuung v. – durch leichte Kerne 22-0048; elektr. Dipol-Summenregeln u. d. Formfaktoren d. unelast. –-Streuung für *1*⁻, T = *1*-Zustände in leichten Kernen 22-0049; –-Streuung an Nucleonen u. Kernen 23-0037; elast. Streuung v. – durch abgeschirmte Kerne 26-0012; Unters. v. leichten Kernen durch elast. u. unelast. –-Streuung 26-0035; Polarisat.-Effekte bei d. unelast. Streuung v. schnellen – an Kernen 29-0045; elast. u. unelast. magnet. Streuung v. – an leichten Kernen 29-0046; unelast. Streuung: v. – an Kernen mit Anreg. v. Kollektivniveaus 33-0054; v. relativist. – an Kernen 48-0046.

Struktur v. ^3He u. ^3H aus energiereicher –-Streuung 6-0018; unelast. –-Streuung: an ^{16}O u. d. Strahl.-Breiten d. *6,9-* u. *11,5*-MeV-Niveaus 27-0072; durch ^{16}O 48-0047; Unters.: v. Kernniveaus d. ^{10}B u. ^{11}B durch unelast. –-Streuung 5-0082; v. Kernanreg. in ^{10}B, ^{11}B u. ^{14}N durch unelast. –-Streuung unter *180*° 12-0032; Streuquerschnitt v. ^{10}B u. ^{11}B für – 34-0041; unelast. –-Streuung am *4,46-* u. *5,04*-MeV-Niveau v. ^{11}B 40-0029; elast. u. unelast. –-Streuung an ^{12}C u. ^{16}O 24-0037; Streuung v. – an ^{12}C unter *180*° 34-0044; Wrkg.-Querschnitte für d. unelast. Streuung v. *65*-MeV-– an ^{12}C u. ^{16}O 43-0057; abs. Mess. d. elast. Streuung v. *100-* u. *200*-MeV-– am ^{12}C-Kern 51/52-0023; unelast. –-Streuung am *1,78*-MeV- u. *11,4*-MeV-Niveau v. ^{28}Si 27-0073; Streuung: v. energiereichen – an ^7Li 14-0004; v. schnellen – am ^6Li-Kern u. d. Cluster-Modell 41-0056; elast. –-Streuung: durch ^6Li 43-0030; an d. magnet. Multipol-Verteil. v. ^6Li, ^7Li, ^9Be, ^{10}B, ^{11}B u. ^{14}N 7-0080; unelast. Streuung v. – an Niveaus mit *7 – 15* MeV Anreg.-Energie in ^{24}Mg u. ^{26}Mg 25-0063; Isotopieeffekt in d. Lad.-Verteil. v. ^{40}Ca, ^{44}Ca u. ^{48}Ca aus d. elast. Streuung v. *250*-MeV-– 2-0039; elast. –-Streuung an ^{27}Al 30-0035; Unters. v. ^{27}Al durch elast. –-Streuung 41-0058; elast. –-Streuung an Pb-Isotopen u. mögl. Dispers.-Effekte 3-0031; Streuung v. *150-* u. *300*-MeV-– an Bi 3-0032.

Streuung an Atomen, Ionen und Molekülen: Berechn. unelast. –-Mol.-Stoßquerschnitte durch klass. Meth. 2-0147; nichtiterative Näher. für d. elast. Streuung v. – durch komplexe Atome 4-0168; Theorie d. Streuung langsamer – durch polare Mol. 5-0203; Streuung langsamer – durch Atome u. Mol. (Modell) 8-0176; Erweiter. d. numer. Lös. d. Boltzmann-Gleich. für höhere –-D. unter Berücksichtig. aller Arten v. –-Mol.-Stößen 8-0179; bin. ––Atom-Stoßtheorie 13-0186; elast. Streuung u. Polarisat. v. – an Atomen in zweiter Bornscher Näher. 13-0187; Berechn. d. komplexen atomaren Streuamplituden für schnelle – zur Auswert. v. –-Beug.-Aufnahmen 14-0158; Diffus.-Querschnitt elast. Zusammenstöße v. – mit Atomen 14-0164; optimales Syst. v. Basisfunkt. in d. Stoßtheorie zwischen – u. Atomen 19-0178; Streuung v. – durch Atomsyst. mit 2pq- u. 3pq-Konfig. 19-0180; Monte-Carlo-Berechn. d. mittleren Zahl v. elast. ––Gasatomstößen 19-0181; Berechn. d. Austauschbeitrags in d. Streuung v. – durch positive Ionen 19-0182; Berücksichtig. d. Austauschs in Problemen d. Theorie v. ––Atom-Stößen 23-0200; Wechselwrkg. langsamer – mit Mol. (Überblick) 23-0201; Streuung v. – am Restgas 24-0159; Oszillatorenstärken-Best. aus d. ––Streuung durch Mol. 24-0160; nach d. Variat.-Meth. v. Kohn ber. Streuung langsamer – an Atomen 27-0199; Berechn. d. mittleren Anzahl elast. Stöße v. – u. Gasatomen 29-0164; Resonanzstreuung v. – durch atomare Syst. (Fortschrittsbericht) 31-0025; Behandl. d. opt. Modells im Zusammenhang mit d. Streuung eines – am Atom mit Hilfe d. Vielkörpertheorie 34-0098; Bemerk. zur Ableit. d. Streuamplitude für ––Streuung an Atomen nach Glauber u. Schomaker 36-0153; unelast. Stöße v. – mit zweiatom. Mol. 36-0160; Theorie d. ––Atom-Zusammenstöße 37-0118; Sekundärstreuung langsamer – durch Atomreihen 37-0231; Verw. komplexer Potentiale in d. Theorie d. ––Atom-Stöße 40-0125; Frei-frei-Übergänge v. – in Gasen, elast. Streuquerschnitte 40-0127; Wechselwrkg. therm. – mit polarisierbaren u. polaren Mol. 42-0166; Iterat.- u. Iterat.-Variat.-Meth. für d. Behandl. d. elast. Streuung v. – an Atomen 43-0171; Streuung v. – im Bereich niedr. Energie durch Atome für eine S-Welle 43-0172; qualitative Aspekte d. Resonanzen bei d. ––Atom- u. ––Mol.-Streuung 43-0175; einfache analyt. Gleich. für d. Phasenverschieb. d. ––Streuung durch bekannte atomare Felder 48-0167; erdachte Natur d. „Core-Terms" in d. Austauschamplitude für d. ––Atom-Streuung 48-0168; Streuung v. – an schweren Atomen 49/50-0169; Resonanzen bei der ––Streuung an Atomen 49/50-0170; Verteil.-Funkt. für in einem einatom. Gas gebremste – 49/50-0174; Theorie zu ––Stoß-Experimenten bei mittleren u. hohen Gasdichten 49/50-0175.

Elast. Stöße niedr. Energie v. – an He-Atomen 4-0164; Vielkanalresonanzen bei d. Vorwärtsstreuung v. – an He 4-0165; differentielle Querschnitte für d. elast. Streuung v. – an He-Atomen 4-0166; Variat.-Berechn. d. elast. Streuung v. – an einem He-Atom 5-0198; Streuung langsamer – am metastabilen He 5-0199; Resonanzerschein. bei d. elast. Streuung v. – durch He-Atome 14-0163; Winkelabhängigk. d. Resonanzstreuung niederenerget. – an He 18-0178; elast. Streuung langsamer –: durch He 19-0186; durch atomares He 19-0187; Winkelverteil. v. elast., an He-Atomen u. H-Mol. gestreuten – 22-0166; Korrelat. in d. elast. u. unelast. S-Wellen-Streuung v. – durch H u. He^+ 27-0201; unelast. Streuung v. – an He 27-0202; Dispers.-Bezieh. u. elast. Streuung v. – an He-Atomen 29-0166; Berechn. d. Streuung v. – niedr. Energie durch He-Atom nach Variat.-Meth. 29-0167; ––Streuung durch He^+ 31-0114; Winkel- u. Kanalabhängigk. d. Resonanzen bei d. e-He-Streuung nahe *60* eV 33-0188; Neutron-Formfaktoren aus unelast. ––Streuung in Tritium u. He 34-0012; Anwend. einer modifizierten Theorie d. effektiven Reichweite auf d. elast. Streuung langsamer – an He 36-0156; modifizierte Meth. d. opt. Potentials für d. Streuung langsamer – an He 36-0157; Resonanzerschein. bei d. elast. Streuung v. – an He-Atomen 43-0173; Einfl. asymm. Winkelstreuung auf d. mittlere Zahl d. elast. Stöße zwischen – u. He-Gasatomen 43-0174; Anwend. einer Iterat.-Variat.-Meth. auf Probleme d. elast. ––He- sowie elast. u. unelast. Elektron-H_2-Streuung 48-0166; schmale Resonanz bei d. elast. ––Streuung durch He 48-0169; Fehlen quasigebundener Grundzustände negativer Ionen v. He u. H_2 bei d. ––Streuung 49/50-0173; Spin-Polarisat. langsamer – durch elast. Resonanzstreuung an Ne 5-0201; Stoßquerschnitt v. – mit Ar u. He-Atomen u. mit N_2-Mol. bei Energien unter *0,5* eV 18-0187; totale e^--Ar-Streuquerschnitte bei niedr. Energie (Ramsauer-Townsend-Effekt) 27-0200; elast. Streuung langsamer – an Ne u. Ar 29-0168; Vgl. d. totalen u. unelast. Streuquerschnitte für – an He u. Ar im Grundzustand 36-0154; Wrkg.-Querschnitte d. Impulsübertrag. für langsame – in Kr u. Xe 21-0166; Winkelverteil. für e^--H-Streuung nahe d. ersten unelast. Schwelle 4-0163; Theorie d. Streuung niederenerget. – durch H-Atome 4-0167; Axialmesonenaustausch u. d. Bezieh. d. H-Hyperfeinaufspalt. zur ––Streuung 9-0126; Resonanzen in d. ––Streuung durch H_2, HD u. D_2 11-0173; unelast. ––Streuung durch H_2 11-0174; abs. totale ––Streuquerschnitte in H_2 u. D_2 für niedr. ––Energien 14-0162; Resonanzen in d. elast. ––H-Streuung 19-0183; Variat.-Meth. u. d. elast. Streuung langsamer – durch H-Atome 19-0184; Resonanzen in d. elast. ––H-Atom-Streuung 19-0185; elast. Streuung v. – an H 29-0162; unelast. Streuung v. – an H 29-0165; Erweiter. d. Theorems d. Impulsübertrag. auf Stöße zwischen – u. H-Atomen 30-0130; Anwend. d. Variat.-Meth. v. Rubinow auf d. „zero energy"-Streuung v. – an H-Atomen 33-0187; Streuung v. – durch H-Atome 44-0151; asymptot. Verh. d. Born-Streuamplituden bei Stößen v. – mit H-Atomen 49/50-0172; elast. Streuung v. langsamen – an atomarem O 24-0158; Streuungsquerschnitte v. Ar u. atomarem O für therm. – 36-0155; Resonanzen in d. elast. u. unelast. ––Streuung durch N_2 11-0175; ––Stoß-Häufigk. in NO 12-0210; Winkelabhängigk. d. Resonanzstreuung niederenerget. – an He, Ne, Ar u. N_2 18-0179; Resonanzen niedr. Energie im totalen e^--N_2-Streuquerschnitt 38-0187; Coulomb-Streuung v. – an F u. Cl 14-0005; ––Stoßquerschnitte v. CO_2 22-0168.

––Alkalimetallatom-Streuung (nichtadiabat. Meth.) 18-0180; Polarisat. u. Austauscheffekte bei d. Streuung langsamer – durch Li u. Na 5-0202; spektroskop. Unters. d. elast. Streuung langsamer – an Cs- u. Ar-Atomen 19-0188; effektiver Wrkg.-Querschnitt für unelast. Stöße zwischen langsamen – u. Cs-Atomen im Vorbereich d. Schwellenwertes 22-0167; Erzeug. eines teilweise polarisierten ––Strahls durch elast. Streuung v. – an einem Hg-Atomstrahl 1-1977; Winkelabhängigk. d. Polarisat.-Grades P(Θ) v. an freien Hg-Atomen gestreuten *3,5* ± *1* eV-– 8-0178; ––Polarisat. im Energiebereich unterhalb *50* eV durch Streuung an freien Hg-Atomen 13-0188; Polarisat. langsamer – durch Streuung an Hg zwischen *180* u. *1700* eV 23-0189; elast. ––Streuung: an Ti bei *33*–*58* MeV 7-0081; an Pb u. Bi bei *53* MeV 26-0013; differentielle elast. Wrkg.-Querschnitte für ––Streuung an freien Ag-Atomen 33-0190.

Streuung v. schnellen – an Methan, Ammoniak u. W. unter kleinen Winkeln 14-0165; unelast. Streuung niederenerget. – an Methan, Propan u. n-Heptan 38-0900; ––Stoß-Unters. v. aromat. Fluor-KW 3-0898; ––Stoßenergiespektren v. Aceton u. Butanon-(2) 41-0844.

Streuung an Festkörpern und Flüssigkeiten: Elementare Theorie d. unelast. Streuung schneller – durch dünne Krist. 4-0198; Energieverteil. v. inelast. gestreuten – in festen Stoffen bei schrägem Auffall d. Primärstrahles 6-0217; Wechselbezieh. zwischen Probenzus., Rückstreukoeff. u. Targetstrommess. 13-2038; Einfl. therm. diffuser Streuung auf d. Fortpflanz. hochenerget. – in Krist. 26-0207; einfache Ableit. d. Amplituden d. v. einem Krist. mit planaren Grenzflächen transmittierten u. gestreuten ––Strahlen 34-0237; Streuung v. – an dielektr. Krist. mit Poren 45-0253.

Einfl. d. ––Bind.-Energie bei d. Compton-Streuung an Graphit 23-0342; analyt. Ausdruck für d. Massenstreuquerschnitt v. C bei ––Energien v. *40*–*100* keV 36-0159; Massenstreuungsquerschnitt dünner C-Filme für *60*- u. *80*-keV-– 46-0327.

Einfl. v. ––Stößen mit Probenwänden auf d. Ultraschallabsorpt. in Metallen 8-0266; Mehrfachstreuung: mittelschneller – in Metall-Folien 21-0276; v. 5 bis *30*-keV-– in aufgedampften Metallschichten (Rückstreuung u. Absorpt.) 31-0226; dynam. diffuse ––Streuung v. Mg-Oxideinkrist. 27-0268; Spin-Polarisat. v. *300*-eV-– nach elast. Streuung an einem festen Hg-Target 35-0289; Mess. d. therm. diffusen ––Streuung in polykrist. Al-Schichten 30-0162; elast. ––Streuung an Ti bei *53* MeV 26-0209; Wrkg.-Querschnitte für elast. u. unelast. ––Streuung an amorphen C- u. Ge-Schichten 23-0230; unelast. ––Streuung in Be u. Pb bei hohen Einfallwinkeln d. prim. Strahls 49/50-0309; Mess. d. β-Rückstreuung an Gemischen v. Al- u. W-Pulver 26-0014; Monte-Carlo-Berechn. d. Streuung v. – in Cu 26-0210; Energieverteil. v. *1*-MeV-– bei Elektron-Elektron-Streuung an Al-, Cu- u. Ag-Folien 37-0355; kohärente Streuung heißer – in Au-Schichten 49/50-0384; ––Streuung in dünnen Cu- u. Au-Filmen 51/52-0156.

Unters. amorpher Polymerer durch elektr. Registrier. d. Intensität gestreuter – 24-1140; unelast. Streuquerschnitte für *20*-keV-– in Al, Be u. Polystyrol 29-0308.

Energieverluste und Absorption von Elektronen

Best. d. Energie langsamer Primär-– beim Beschuß eines Dielektrikums aus d. Beug.-Bild 5-0242; Energieverteil. v. inelast. gestreuten – in festen Stoffen bei schrägem Auffall d. Primärstrahles 6-0217; Transmiss.-Koeff. eines ––Strahls für einen eindimensionalen endl. Krist. 13-0231; Rückdiffus.-Elektronenfluß aus massiven Targets bei Bestrahl. mit einem monoenerget. Primärstrahl 14-0007; Energiespektra d. Rückdiffus.-Elektronenflusses aus massiven Targets 14-0008; Näher.-Berechn. d. Weglänge relativist. – auf Grund d. Hemmvermögens d. Substanz 14-0352; Berechn. d. Energieabsorpt. eines ––Strahles in einer Substanz 15-0352; Korrektur zur Katz-Penfold-Bezieh. für ––Strahl-Transmiss.-Mess. 16-0260; experimentelle Unterscheid. zwischen Vol.- u. Oberflächenplasmaschwing. in Festkörpern aus d. Intensitätsverteil. d. Energiespektrums gestreuter – 19-0311; Energieverlust (straggling) v. – in geschichteten Medien 20-0263; Einfl.: therm. diffuser Streuung auf d. Fortpflanz. hochenerget. – in Krist. 26-0207; systemat. Reflex. bei d. Best. d. Pendeltiefe u. Absorpt. v. – hoher Energie in Krist. 29-0198; Durchgang v. schnellen – u. Positronen durch Krist. infolge Beug. 29-0199; Einfl. d. Gitterschwing. auf d. Absorpt.-Koeff. bei d. ––Beug. 31-0225; einfache Ableit. d. Amplituden d. v. einem Krist. mit planaren Grenzflächen transmittierten u. gestreuten ––Strahlen 34-0237; direkter Vgl. d. Durchdringens v. Positronen u. – durch Festkörper 35-0290; Best. d. abs. Dosis im halbunendl. Medium beim Beschuß mit monoenerget. β-Teilchen d. Anfangsenergie *0,5* MeV bis *1* MeV 39-0059; Absorpt. v. – im kV-Bereich bei d. Ausbreit. in Festkörpern 43-0406; ––Transmiss. durch Festkörperschichten 44-0309; Eindringen v. – in Materie 46-0324; Einfl.: v. schwachen Bragg-reflektierten Strahlen auf d. Absorpt. v. – 47-0212; v. punktförm. Fehlstellen auf d. Absorpt. hochenerget. – beim Durchgang durch Krist. 51/52-0161; Energieverlustspektrum v. *30* keV-– nach d. Wechselwrkg. mit H_2-Mol. 19-0191; Rotat.-Struktur im ––Energieverlust-Spektrum v. H_2 22-0169; Eindringen hochenerget. ––Strahlen in W. 31-0351; charakterist. Energieverluste v. – in Diamant 12-0346; Energieverlust v. *53*-MeV-– in Graphit 39-0060; ––Extinkt.-Abstand im Si 12-0230; Einfl. d. Krist.-Temp. auf d. anomale Absorpt. v. – in Si-Einkrist. 17-0221; Energiespektren v. – nach Durchgang durch dünne freie Metallfilme 20-0264; Energieverluste v. – durch Verunreinig. in normalen Metallen 26-0422; Mess. charakterist. Energieverluste v. – an leichtoxydierbaren Metallen im Ultrahochvakuum 34-0354; Energieverluste schneller – in Alkalimetallhalogenidschichten u. ihre Winkelabhängigk. 21-0278; charakterist. Energieverluste v. – u. Farbzentren in LiF, LiCl u. NaCl 24-0338; ––mkr. Unters. d. Extinkt. u. Absorpt. v. *100*-kV-– in MgO-Einkrist. 4-0200; charakterist. Verlustspektren v. *20*-keV-– beim Durchgang durch einen *1000*-Å-Al-Film in Abhängigk. v. –-Streuwinkel 11-0321; Durchstrahl.-Spektren v. *1* MeV-– bei senkrechtem Einfall auf Al-Platten 18-0272; ––Absorpt. in Al infolge therm. diffuser Streuung 26-0208; Unters. bei hohem Auflsg.-Vermögen d. Energieverlustes v. *30*-keV-– in Al-Folien verschiedener Dicke 33-0365; normale u. anomale Absorpt. v. – in Einkrist. aus Si u. Ge 37-0353; Verteil. d. ––Energieverlusts über d. Eindringtiefe in Cu u. Al 20-0265; Winkelabhängigk. d. ––Durchdring. in einkrist. Cu 41-0371; Energieverluste v. – in dicken Cu-Folien 43-0328; Temp.-Abhängigk. d. Absorpt. schneller – in Cu 43-0329.

Ionisat.-Verlust v. relativist. – in CsJ, einem Ne *102* A-Szintillator u. einer Ar/CH_4-Misch. 43-0372.

Absorpt. v. β-Strahlen durch pilzbefallenes Holz 9-3357.

Elektronenbeugung

Ergebnisse v. ––Beug.-Unters. s. unter d. entsprechenden Stichwörtern.

––Beug.-Anlage zur Best. v. Mol.-Strukturen im Gaszustand bei variabler Strahlspann. u. verschiedenen Abständen zwischen Beug.-Zentrum u. photograph. Platte 11-2045; ––Interferenzmikroskop u. ––Interferometer auf d. Grundlage d. Mikroskops UEMV-*100* 13-2058; abtastende ––Beug. mit Energieanalyse 16-1855; Abtast-Elektronenbeug. an Festkörpern 18-0201; verbesserte ––Beug.-Meßsyst. 19-1979; ––opt. Registrier. d. Röntgenbeug. 28-0192; Auflsg. bei d. Kleinwinkel-Elektronenbeug. 29-1968; Anwend. eines verbesserten Abtastsyst. bei —-Beug. 31-1922; —-Beug. mit Reflexabtast. u. Energiefilter. 34-2000; Abstoßsyst. mit Doppelgitter zur Verbesser. d. —-Auflsg. in Streuvorr. für niederenerget. — 35-1941; Tieftemp.-Probenhalter zum Gebrauch in LEED-Syst. (Unters. d. Beug. v. Elektronen geringer Energie) 35-1944; App. zur Beobacht. d. Beug. v. — niedr. Energie u. d. photoelektr. Emiss. 41-1883; Diffrakt.-App. für langsame — 51/52-1788; —-Beug. im konvergenten Bündel an gekühlten Präp. mit d. Siemens-Elmiskop I 51/52-1789; qual. Analyse mit hoher Auflsg. mit gefilterten —-Bildern 51/52-1791.

Relativist. dynam. Theorie d. —-Beug. unter Berücksichtig. unelast. Streuungen 4-0199; Erweiter. d. Howie-Whelan-Gleich. für d. —-Beug. auf nicht zentrosymmetr. Krist. 7-0238; Änder. d. —-Beug.-Flecken v. umgewandeltem Cu/Al-Martensit in dünnen Folien 7-0273; —-Beug. an Krist.-Defekten (Fraunhofer-Effekte v. ebenen Stapelfehlern) 9-0232; Berechn. v. Strahlintensitäten im Mehrstrahl-Fall d. —-Beug. 10-0159; Temper. v. durchstrahlbaren Beug.-Objekten in d. —-opt. Anlage EF 11-2053; dynam. Theorie d. —-Beug. 12-0174; diffuse Streuung in —-Beug.-Bildern 12-0175; interatomare u. intermol. Streuung bei —-Beug. an einem Gas 12-0176; —-Extinkt.-Abstand im Si 12-0230; —-Korrelat.-Effekte in d. Röntgen- u. —-Beug. (experimentelle Elektron–Elektron-Verteil.-Funkt.) 15-0191; Versagen d. ersten Bornschen Näher. in d. —-Beug. (UF_6) 16-0144; auf opt. Schwing. v. niedr. Frequenz in tetragonalem $BaTiO_3$ zurückführende diffuse —-Beug.-Strichmuster 16-0189; Verteil. d. Gasmol. am Beug.-Zentrum bei —-Beug.-Vers. 17-0173; Anwend. d. dynam. Theorie d. —-Beug. auf ferromagnet. Krist. 17-0220; Entw. einer Theorie d. —-Beug. durch magnet. Flußlinien 18-0422; Natur d. Beug. langsamer — in Krist. 20-0177; dynam. Theorie d. —-Beug. für d. —-mkr. Bild eines Krist. mit zwei Stapelfehlern 20-0178; Beug. v. Röntgenstrahlen u. — an Mol. (Verf. zur Best. d. —-D. in d. Mol.) 22-0159; Debye-Waller-Faktor in d. dynam. Theorie v. Röntgen- u. —-Interferenzen an Krist. 23-0229; Kontrakt. v. Pendellsg.-Streifen in verzerrten Krist. 26-0213; Wechselwrkg. zwischen — u. Adsorbat in Beug.-Vers. mit langsamen — 26-0653, 26-0654; Durchgang v. schnellen — u. Positronen durch Krist. infolge Beug. 29-0199; Einfl. d. unelast. Streuung auf d. —-Beug.-Kontraste 29-0200; einige dynam. Effekte bei d. —-Beug. an Krist.-Gittern 29-0201; Einfl. d. Gitterschwing. auf d. Absorpt.-Koeff. bei d. —-Beug. 31-0225; Einfl. d. Ggw. v. Versetz. auf d. Form d. Beug.-Flecken bei d. —-Beug. 33-0240; Mess. v. Zweistrahlwerten d. Extinkt.-Abstands bei —-Beug. an Si-Whiskern 33-0241; Feinstruktur in d. —-Beug.-Flecken, d. aus d. Ggw. planarer Grenzflächen u. Versetz. resultiert (allg. Theorie u. ihre Anwend. auf Stapelfehler u. Antiphasengrenzen) 34-0238; (Beobacht. an Krist. mit Stapelfehler) 34-0239; Temp.-Abhängigk. v. diffusen Streifen in —-Beug.-Bildern v. Si-Einkrist. 35-0184; Polarisat. v. — durch Beug. 35-0288; Abtrenn. d. mol. Komponenten d. Streuintensität in d. Gaselektronographie (Reduzier. d. mol. Intensitätskomponenten bei geringen Streuwinkeln) 39-0192; Temp.-Abhängigk. d. Beug. langsamer — 40-0237; Temp.-Abhängigk. d. Intensitäten d. dynam. —-Beug. polykrist. dünner Schichten 41-0231; relativist. dynam. Theorie d. —-Beug. 42-0158; Unters. zur Abweich. v. d. ersten Bornschen Näher. in d. —-Beug. (TeF_6) 47-0178; Intensitätsmess. an —-Beug.-Ringen v. Au^-, Ag- bzw. Al-Schichten mit Hilfe d. Gegenfeldfiltertechnik 51/52-0160.

Ermittl. v. Zweizentrenintegralen bei d. Berechn. d. Intensität v. an Mol. gebeugten —-Strahlen 4-0197; Berechn. v. —-Beug.-Bildern v. dünnen Metallfolien mit Zwillingsreflex. 4-0203; einfache stereograph. Meth. zum Analysieren v. —-Beug.-Bildern v. kub. nach (111) oder (112) verzwillingten Krist. 4-0204; Best. d. Energie langsamer Primär— beim Beschuß eines Dielektrikums aus d. Beug.-Bild 5-0242; Deut. d. —-Beug.-Bilder v. „amorphem" B 7-0264; —-Beug.-Unters. d. Struktur dielektr. Krist. 7-0523; Best. d. radialen Verteil.-Funkt. durch elast. —-Beug. an C- u. Ge-Filmen 9-0228; Auswert. v. —-Beug.-Diagrammen (statist. Kriterien zum Auffinden spezieller Zwischenkernabständen) 10-0160; —-Beug. zur Ermittl. d. Polarisat.-Achse v. Rubin 11-0241; Berechn. d. komplexen atomaren Streuamplituden für schnelle — zur Auswert. v. —-Beug.-Aufnahmen 14-0158; —-Beug.-Unters. v. H_2 bei kleinen Streuwinkeln 15-0192; krit. Unters. d. statist. Meth. zur Auswert. v. Ergebnissen d. Gas-Elektronenbeug. 15-0193; Mol.-Strukturbest. durch Gaselektronenbeug. bei hohen Temp. (As) 15-0194; (Mol.-Strukturen v. AsJ_3 u. GaJ_3) 15-0195; direkte Best. d. Strukturen v. Gasmol. aus —-Beug.-Intensitäten mit Hilfe d. Meth. d. kleinsten Quadrate (Struktur v. gasförm. $B(CH_3)_3$) 15-0197; Meth. zur präzisen Best. d. Orientier. aus —-Beug.-Diagrammen 15-0248; Vgl. v. Beobacht. in d. Berechn. nach d. Meth. d. kleinsten Quadrate für d. Analyse v. —-Beug.-Daten an Gasen 16-0143; —-Beug. quasimorpher Substanzen 17-0290; Abtast-Elektronenbeug. an Festkörpern 18-0201; abs. Meth. für d. Mess. d. Quotienten d. Gitterparameter c/a v. Zweiparametersubstanzen durch —-Beug. 19-0220; Selbst- u. Krenzkorrelat.-Funkt. zur Strukturunters. durch —-Beug. 24-0150; Unters. d. Intensität langsamer, an Pyrographit gebeugter — 25-0190; weitere Anwend. v. Kikuchi-Beug.-Diagrammen 25-0196; Nachw. d. Polarisat.-Achse v. Rubin durch —-Beug. 25-0378; —-Beug.-Kontrast v. kleinen Stapelfehlertetraedern mit Anwend. auf abgeschrecktes Au 27-0266; —-Beug. u. Mikroskopie deformierter Polymerkrist. (Fasern) 28-1157; Unters. d. Ordn.-Grades bei d. Adsorpt. mit Hilfe v. —-Beug. 29-0641 bis 29-0643; —-Beug. an Gasen (Übersicht) 31-0180; Kikuchi-Effekte v. niederenerget. — in Ni 34-0236; einfache Ableit. d. Amplituden d. v. einem Krist. mit planaren Grenzflächen transmittierten u. gestreuten —-Strahlen-Abb. v. Subkorngrenzen 34-0237; Genauigk. bei d. Best. v. Krist.-Orientier. aus —-Beug.-Bildern 35-0182; Präzis.-Best. v. Gitterkonst. mit —-Interferenzen an einkrist. Si, Ge u. Al u. Vgl. mit Röntgenwerten 36-0181; Deut. d. —-Beug.-Abb. v. „amorphem" B 36-0231; Auflsg. v. —-Beug.-Ringen 37-0233; Programmzyklus zur Berechn. v. Aufgaben d. Gaselektronographie 39-0193; Fehlerquadratmeth. zur Verfeiner. v. Mol.-Strukturen aus sektormikrophotometr. —-Beug.-Intensitäten in d. Gasphase (Meth.) 39-0868; (Anpass. an automat. Berechn.) 39-0869; (Verbesser. für Cyclopropan) 39-0870; Fortschritte d. Strukturunters. v. Hochpolymeren mit Beug.-Meth. 39-1079; Beug. niederenerget. — an NaCl 51/52-0155; —-Beug. bei tiefen Temp. (Radialverteil.-Analyse d. metastabilen Struktur dünner, amorpher, durch Aufdampfen bei tiefen Temp. entstandener Metallschichten) 51/52-0228; (Radialverteil.-Analyse d. metastabilen Struktur dünner, amorpher, supraleitender, durch Aufdampfen bei tiefen Temp. entstandener Metallschichten aus Pb-Leg.) 51/52-0229.

Elektronenoptik

App. für Vers. mit gegenläuf. —-Strahlen 1-1975; Dunkelfeldabb. hoher Auflsg. mit d. —-opt. Anlage *EF4* 10-2050; Best. d. Öffn.-Fehlerkoeff. magnet. Objektivlinsen 11-2049; —-opt. Eig. v. elektrostat. Objektivlinsen mit Vierpolsymmetrie 13-2054; Leist.-Spektrenmess. an —-Bündeln mit extrem niedr. Rauschen (Abkühl. auf äquivalente Rauschtemp. unterhalb d. d. Glühkathode) 14-0442; dynam. Theorie d. —-Beug. für d. —-mkr. Bild eines Krist. mit zwei Stapelfehlern 20-0178; —-opt. Bank mit vorzentrierten elektromagnet. Linsen 23-1916; Stabilität v. —-Bündeln in gekreuzten Feldern 24-0171; Forsch.-Reise durch d. Gebiet d. —-Optik (Zwei Jahrzehnte Arbeit über geometr. —-Optik) 29-0010; —-opt. Verf. zur Abb. v. Oberflächen u. zur Best. d. örtl. Verteil. d. Austrittsarbeit 30-0337; Mess. v. Potentialsprüngen im Spiegelmikroskop durch Best. d. Stromstärke eines senkrecht auf d. Targetoberfläche gerichteten feinen —-Strahlbündels 32-0398; Änder. d. chromat. Aberrat. in Abhängigk. v. d. —-Energie in d. —-Mikroskopie 32-1943; Besonderh. d. —-opt. Syst. für d. Beobacht. magnet. Mikrofelder in Durchstrahl. 34-0508; —-opt. Eig. v. Dreielektroden-Elektronenlinsen 34-2003; einfache Luftschleusen- u. Objektstufe für zerlegbare —-opt. Syst. 35-1947; supraleitender Hohlzylinder als magnet. Linse in d. —-Optik 46-1811; —-opt. Herst. komplementärer Strukturen 48-1835.

Elektronenmikroskopie

Ergebnisse v. —-mkr. Unters. s. unter d. entsprechenden Stichwörtern.

Feldelektronenmikroskopie s. unter *Elektronenemission.*

Abtastendes —-Mikroskop (Ergänz. zu früheren Geräten) 2-1981; meth. Grundlagen d. —-Beug.-Mikroskopie 6-1903; gegenwärt. —-Mikroskopie u. Wege zu ihrer Verbesser. 6-1904; App. EMMA-*2* für d. —-mkr. u. Mikroröntgenspektralanalyse dünner Filme u Repliken mit Einschlüssen 6-1906; Vers. zur Anwend. eines —-Mikroskop-Mikroanalysators 13-2056; —-Interferenzmikroskop u. —-Interferometer auf d. Grundlage d. Mikroskops UEMV-*100* 13-2058; Verw. v. — geringer Geschw. im Rasterelektronenmikroskop 13-2059; universelles Spiegelelektronenmikroskop hoher Auflsg. (UZEM-*60*) 13-2060; stroboskop. Sekundäremiss.-Elektronenmikroskop 13-2061; elektrostat. —-Mikroskop-Analysator (MESEM-A-*40*) 13-2063; Best. apparativer Konstanten d. —-Mikroskops Philips EM *200* 15-1978; abtastende —-Mikroskopie 16-1856; —-Mikroskopie mit Linsen aus supraleitenden Solenoiden für hohe Feldstärken 23-1915; Rastermikroskop 26-2018; Hochspann.-Elektronenmikroskopie 26-2022; energieanalysierendes —-Mikroskop 28-1930; Durchstrahl.-Elektronenmikroskop mit Einfeld-Kondensor-Objektiv 28-1931; Konstrukt.-Verbesser. bei —-Mikroskopen 29-1969; Anwend. d. Röntgenspektralanalyse in d. —-Mikroskopie 31-1919; Potentialsprünge im Spiegelmikroskop 32-0398; hochauflösendes —-Mikroskop mit supraleitenden Linsen bei d. Temp. d. fl. He 34-2004; Entw. d. —-Mikroskopie in Holland 40-1822; Hauptzüge eines kompakten *500*-kV-Elektronenmikroskops 40-1826; Höchstspann.-Elektronenmikroskops 42-1820; —-Spiegeloberflächenmikroskopie 44-1819.

Zusatzgeräte und Hilfsverfahren: Fernseh-Übertrag. am —-Mikroskop 5-2048; Ultraschallbehandl. v. Proben im —-Mikroskop 5-2049; Abb.-Verstärker zum —-Mikroskop UEMW-*100* 6-1907; Intensitätsmess. in d. —-Mikroskopie 7-2056; Belichtungsmesser für d. —-Mikroskop 10-2051; einfacher Lad.-Neutralisator für d. —-Mikroskop 10-2052; —-mkr. Meth. zur Erfass. v. Oberflächenveränder. an gleichen Objektstellen 11-2050; Kathodenlumineszenzschirme mit hohem Auflsg.-Vermögen für d. —-Mikroskopie 13-2064; Kamera mit faseropt. Ausgang für d. —-Mikroskop 13-2065; Verw. v. Gittern aus Graphit oder UO_2 als —-mkr. Probenhalter für d. Anlassen bei Temp. bis zu *3000°* außerhalb d. Mikroskops 13-2066; netzbetriebene stabile Bezugsspann.-Quelle für d. —-Mikroskop Siemens Elmiskop I 13-2067; Probenkühl. in einer gekühlten Objektkammer im —-Mikroskop 18-1966; Rechenschieber zur Best. d. Massendicke aus d. —-mkr. Durchlässigk. 19-1988; Objektträger für d. —-Mikroskopie 23-1917; Verbesser. eines *1,5*-MeV-Elektronenbeschleunigers als —-Quelle für ein großes —-Mikroskop 24-1892; opt. Filtern —-mkr. Aufnahmen (Rekonstrukt. einseit. Bilder) 26-2023; —-Densitometer für Bestrahl.-Unters. im —-Mikroskop 26-2025; Techniken zur Verhinder. d. Objektverschmutz. (Siemens Elmiskop I) 28-1926; Simultan-Beobacht. v. Abb. u. Beug. auf dem Endbildleuchtschirm eines —-Mikroskops 28-1928; neues —-opt. Verf. zur Abb. v. Oberflächen u. zur Best. d. örtl. Verteil. d. Austrittsarbeit 30-0337; Verf. zur Herst. v. Aperturdiaphragmen für —-Mikroskope 31-1927; opt. Meth. für d. Analyse d. Periodizitäten in —-Mikrographien u. Beobacht. über dn Mechanismus d. Negativfärb. 32-1944; Wiederauffinden bestimmter Stellen in d. Transmiss.-Elektronenmikroskopie 35-0183; doppelt kippbare Heizstufe für ein —-Mikroskop 35-1948; He-Kühlbauteil für hochauflösende —-Mikroskopie u. supraleitender Hohlzylinder als magnet. Linse für d. Elmiskop I 40-1827; Stereopatrone für d. —-Mikroskop Elmi D *2* d. VEB Carl Zeiss Jena 44-1820; Verw. v. Zeolithen zur Verringer. d. C-Verunreinig. in —-Mikroskopen 48-1836; Anwend. d. Dowell'schen Präparatträger in d. Histologie 49/50-1822.

Auflösung, Vergrößerung und Kontrast: —-mkr. Autoradiographie hoher Auflsg. mit T u. ^{32}P 1-2037; —-mkr. beobachteter Beug.-Kontrast v. kleinen Hohlräumen in einem festen Körper 4-0201; Best. d. Größen v. Abb.-Einzelh. auf d. Schirm eines —-Mikroskops 5-2047; Kontrasteffekte an Versetz.-Netzwerken in sehr dünnen Polyäthyleneinkrist. bei Beobacht. im —-Mikroskop 9-1190; modifizierte Bloch-Wellen u. ihre Anwend. auf d. —-mkr. Beug.-Kontrast v. Gitterfehlern 12-0229; Einfl. d. Aberrat. auf d. Güte d. Abb. unter d. Beding. d. Einstell. d. Grenzauflsg. eines —-Mikroskops 13-2053; geometr.-opt. Auflsg.-Beschränk. beim —-Spiegel-Oberflächenmikroskop 13-2055; —-mkr. Bildkontrast v. Doppelschleifen in abgeschrecktem Al 15-0277; elast. Streuungseffekt für Kontrastbetracht. bei —-mkr. Bildern v. biolog. Objekten 19-1197; Interpretat. v. Mikrographien höchster Auflsg. 24-1891; Beobacht. d. Bildkontrastes im —Emiss.-Mikroskop in Abhängigk. v. d. Richt. des einfallenden Primär elektronenstrahls 28-1927; **Auflsg.**-Grenze d. Durchstrahl.-Elektronenmikroskops 28-1932; Beug.-Kontrast bei d. —-Mikroskopie v. Chrysotil 32-0201; Kontrast in —-Mikroaufnahmen unter Verw. zweier entgegengesetzter —-Strahlen 32-0202; zur Defokussier.-Abhängigk. d. Phasenkontrastes bei d. —-mkr. Abb. 39-0233; Beweis einer Punktauflsg. d. —-Mikroskops 40-1823; anomaler Kontrast in —-mkr. Aufnahmen negativkontrastierter Präparate 49/50-1721.

Präparationstechnik: Ablösen v. Gelatine oder Cellulosetriacetat v. —-mkr. Abdrücken 3-1966; Herst. v. Schliffen u. Anschliffen für d. —-mkr. Unters. 6-1908; Präparieren v. —-mkr. Objekten durch Ätzen mit akt. O 6-1909; Meth. zur Herst. einstuf. C-Repliken für d. —-mkr. Unters. schwer lösl. u. poröser Pulver 6-1912; Näher.-Ausdruck für d. Ausbild.-Geschw. d. Oberflächenkontaminat. auf —-mkr. Proben 7-2057; Nachkontrastier. ultradünner Schnitte mit Uranylacetat für d. —-Mikroskopie 7-2062; Herst. dünnster Folien für d. —-Mikroskopie 7-2512; Meth. zur Herst. —-mkr. Proben ausgewählter Bereiche u. ihre Anwend. 8-1978; Herst. v. dünnen C-Abdrücken 10-2053; Gefrierätz.-Meth. zur Gewinn. lebensechter —-Mikroaufnahmen v. Ultrastrukturen 13-2069; Herst. dünner Folien für d. —-Mikroskopie mit Hilfe eines gesteuerten Tieftemp.-Verf. 13-2071; Abtrag. v. Krist. v. Halbleiterverb. für d. Transmiss.-Elektronenmikroskopie 13-2072; Verw. v. Membranfiltern zur Probenherst. für d. —-mkr. Unters. d. Größe u. Form v. Teilchen mit Untersiebgröße 13-2073; Stabilisier. v. Trägerfilmen für d. —-Mikroskopie mit Hilfe v. Siliconen (Organopolysiloxanen) 15-1979; Doppelstrahlmeth. zum Dünnpolieren v. Metallen für d. Durchstrahl.-—-Mikroskopie 16-1857; Herst. elektronenmkr. durchstrahlbarer Folien aus Drähten 19-2462; Präparat.-Verf. für dünne Metallfolien zur Unters. v. orientierten Korngrenzen in d. Durchstrahl.-—-Mikroskopie 26-2026; elektrolyt. Abtrag. dünner Metallstreifen für d. Transmiss.-Elektronenmikroskopie u. automat. Kontrolle d. Beendig. d. Verf. 26-2029; Herst. v. Filmen mit Löchern für d. —-Mikroskopie 26-2032; —-mkr. Abdruckverf. für ausgewählte Bereiche 28-1933; automat. Gerät für d. Abtrag. v. Metallproben für d. Transmiss.-Elektronenmikroskopie 34-2006; Dekorier. v. Halbleiteroberflächen für —-mkr. Unters. durch Verdräng.-Ablager. v. Au 35-0219; Verw. einer Pulverabdruckmeth. in d. —-Mikroskopie mit Durchführ. v. Wärme- oder chem. Behandl. 35-1949; Einschluß in eine Kunstharzlamelle für Licht- u. —-mkr. Unters. 36-1324; Anwend. v. OsO_4 als Fixat.-Mittel in d. —-Mikroskopie 36-1958; Elektropoliervorr. für vgl. Feldionen- u. —-Mikroskopie 38-2450;; Verf. zum Elektropolieren dünner Scheiben zur Transmiss.-Elektronenmikroskopie mit Hilfe v. Polystyrol-Vorsatzscheiben 40-1828; Verw. v. Ferritin-markiertem Enzym als Hilfsmittel in d. —-Mikroskopie 44-1253; Gefrier-Fixier. als —-mkr. Präparat.-Meth. 46-1916.

Kohlebedampf. v. Formvarfilmen auf —-mkr. Objektträgern 1-2023; Zielschnittmeth. für Pilzzellen mit Hilfe d. —-Mikroskops 2-2086; Abdrucktechniken für d. —-Mikroskopie v. Holz u. Papier 4-3056; Herst. v. Präparaten aus Silicatmaterialien zur —-mkr. Unters. 5-2050; Anwend. v. Ultradünnschnitten zur direkten —-mkr. Unters. v. Silicatmaterialien 5-2051; Herst. v. Glasfilmen für d. direkte —-mkr. Unters. 5-2052; Präparier. v. Si-Proben für d. —-mkr. Unters. 6-1910; Herst.: v. Suspens. aus ZnO-Teilchen für —-mkr. Unters. 7-2061; v. Dünnschnitten kautschukähnl. Polymere für d. —-mkr. Unters. 7-2063; v. Abdrücken durch Beschatt. mit C für d. —-mkr. Unters. v. Holz 13-3440; Strahlätzmeth. zur Präparat. v. Si-Oberflächenschichten für d. transmissionselektronenmkr. Unters. 13-2068; Präparat.-Meth. für —-mkr. Durchstrahl.-Proben aus Al u. Al–Al_2O_3-Leg. 13-2070; Form aus Siliconkautschuk zur Einbett. v. Geweben in Epoxidharze für —-mkr. Unters. 13-2145; —-mkr. Präparat.-Meth. zur Herst. dünner Ba–Titanat-Einkrist.-Schichten 15-1980; Verw. v. Nitrocelluloselacken zur —-mkr. Unters. v. Graphit 24-1894; Präparat. v. GaAs-Objekten für d. Durchstrahl.-Elektronenmikroskopie 26-2027; Herst. u. —-mkr. Unters. v. Ultramikrotomschnitten großer AgCl-Einkrist. 31-0228; Abrißtechnik zur —-mkr. Unters. v. Hochpolymeren im Festzustand 34-2007; Dekorier. v. Halbleiteroberflächen für —-mkr. Unters. durch Verdräng.-Ablager. v. Au 35-0219; Hindernis bei d. Herst. v. Metall/H-Leg. für d. Transmiss.-—-Mikroskopie 36-0185; Herst. v. Sinterkorundpräp. für —-mkr. Unters. 38-2306; Dünnermachen v. Bi_2Te_3-Proben für d. Durchstrahl.-—-Mikroskopie 40-1825; Herst. feiner Stahl- u. Cu-Drähte für d. elektronenmkr. Unters. 44-2298; Vorbereit. v. Quarzkörnchen zur morphoskop. Unters. im —-Mikroskop 47-0222; Gefrierätz. als Präparat.-Technik für d. —-mkr. Abb. lebensechter Zellen 47-1786.

Anwendung der Elektronenmikroskopie: —-Mikroskopie in d. Chemie 2-1976; dynam. Theorie d. im —-Mikroskop beobachteten Abb. v. Mikrozwillingen (sich überlappende Domänenwandgrenzen) 4-0202; —-mkr. Unters. v. Oberflächenstrukturen u. Bezieh. zu Oberflächenerschein. 6-0253; dynam. Theorie d. im —-Mikroskop beobachteten Abb. v. Mikrozwillingen (Beobacht. u. Ergebnisse numer. Berechn.) 7-0239; Meth. zur Verw. d. Beug.-Kontrasts für d. —-mkr. Unters. v. Defekten in Krist. 7-0243; Unters. d. geometr.-opt. Theorie d. magnet. Struktur nach —-mkr. Bildern 7-0531; Unters. d. magnet. Struktur dünner Filme im —-Mikroskop 7-2058; Best. v. Größe u. Vorzeichen d. Burgersvektors aus —-mkr. Transmiss.-Unters. 9-0231; —-mkr. Meth. zur Erfass. v. Oberflächenveränder. an gleichen Objektstellen 11-2050; Best. d. emittierenden Fläche reflektierter — in einem Ablenk-—-Mikroskop 11-2052; *500*-kV-Elektronenmikrographie v. *6,9*-Å-Gitter-Bildern 12-1917; Probleme d. —-mkr. Autoradiographie 13-2141; Unters. d. Bestrahl.-Beeinfluss. fester Körper mittels Durchstrahl.-Elektronenmikroskopie 17-0335; Rechenschieber zur Best. d. Massendicke aus d. —-mkr. Durchlässigk. 19-1988; Beobacht. v. p–n-Übergängen im Rasterelektronenmikroskop bei geringen period. Signalspann. 23-1912; Best. „gerichteter" Abstände in im —-Mikroskop untersuchten Objekten 23-1913; quant. Meth. zur Unters. d. Orientier.-Verhältnisse zwischen Unterkörnern mit Hilfe d. Dunkelfeld-Transmiss.-—-Mikroskopie 24-0198; komplexe Meth. zur Mess. d. Dicke u. d. inneren Potentials mit einem —-Mikroskop 26-0205; —-Mikroskopie v. Aerosolteilchen (Übersicht) 26-0629; —-Mikroskopie v. Fehlern in krist. Festkörpern (Überblick) 27-0227; —-mkr. Unterscheid. v. Kernspuren in einer ionograph. Emuls. 27-1975; Best. d. Parameter d. Maxwellverteil. aus licht- bzw. —-mkr. Aufnahmen 28-1922; —-mkr. Orientier.-Best. einkrist. Objektbereiche 28-1929; vollständ. Beschreib. v. Oberflächenstrukturen mit Stufenhöhen atomarer Größenordn. 29-0226; Präzisier. d. kristallograph. Orientier. u. d. gegenseit. Fehlerorientier. v. Mikroteilen eines —-mkr. Objekts 31-1923; —-mkr. Beobacht. v. Krist.-Gittern im Bereich atomarer Dimens. 32-0200; —-mkr. Abb. v. Versetz.-Bändern 33-0239; Unters.v. Beweglichk.- u. Verlustmechanismen für Domänenwand-Beweg. in dünnen ferromagnet. Schichten mit d. Lorentz-Mikroskopie 33-0521; Unters. d. Eig. v. dünnen, ferromagnet. Schichten mit d. Lorentz-—-Mikroskopie 34-0506; Unters. d. Mechanismus d. Hohlraumbldg. durch Korngrenzenkriechen mittels —-mkr. Schattenaufzeichn. 36-0197; Unters. d. Abb. v. p–n-Übergängen im Rastermikroskop mit Hilfe v. Sekundär-— beim —- u. Ionenbeschuß eines Halbleiters 36-0406; Beobacht. v. p–n-Übergängen mit Hilfe eines —-Spiegelmikroskops 36-0407; Superfeinstruktur d. Phasengrenze d. p–n-Überganges nach —-mkr. Unters. 37-0243; —-Mikroskopie elektrolyt. abgeschiedener Filme 37-0279; Nachw. magnet. Mikrostrukturen in d. —-Mikroskopie 42-0201; quantitative Mess. mit Raster-—-Mikroskopie (Anwend. v. Leitfähigk.-Abb. zur Mess. v. Verarm.-Schichten u. ihrer Verbreiter. bei angelegter Sperrspann. in Si-Dioden) 42-0397; (Anwend. v. Emiss.-Mikroaufnahmen zur Mess. v. Verbreiter. d. Verarm.-Schichten in Si–Mesa-Dioden) 42-0398; —-mkr. Beobacht. v. zwei Rk. im festen Zustand 42-0642; Meth. zur —-mkr. Unters. d. Struktur v. filmart. Materialien 43-1777; Unters. v. Oxidoberflächen mit d. Scanning-—-Mikroskop 47-0237; Unters. ferromagnet. Domänenwandwechselwrkg. mit d. Lorentz-—-Mikroskopie 48-0461; Raster-—-Mikroskop als Hilfsmittel zur Unters. v. Mikroplasmen bei hoher Auflsg. 49/50-1720; Anwend. d. Durchstrahl.-—-Mikroskopie zum Studium d. relativen Grenzflächenenergie in Festkörpern 51/52-0157.

Unters. d. epitakt. Si-Keimbldg. auf Si mit Hilfe —-mkr. Abdrücke 28-0204; durchstrahlungselektronenmkr. Verf. zum Versetz.-Nachw. in Si 43-0215.

—-mkr. Beobacht. v. Gitterbildern v. Metallkrist. mit einer Auflsg. < *1,8* Å 6-0254; —-mkr. Fraktographie d. Metallbrüche 9-2585; moderne Techniken für d. —-Metallographie 34-2005; Meth. zur —-mkr. Abb. v. Gleitstufen auf zylindr. Metalleinkrist. 36-1877; Best. d. Stapelfehlerenergie kub.-flächenzentrierter Metalle aus d. Analyse d. —-mkr. Beug.-Kontrastes v. Stapelfehlerdipolen 39-0235; Beobacht. v. metall., fortschreitend durch Beschuß mit Ionen dünner gemachten Proben mit einem —-Mikroskop hoher Spann. 41-0230; Anwend. d. —-Mikroskopie auf d. Unters. d. Stapelordn. mit Fernordn. in dichtest gepackten Strukturen d. Metalle 42-0249; Unters. d. Mikrostruktur v. Photokathoden aus mehreren Alkalimetallen im —-Mikroskop 29-1970; —-mkr. Meth. zur Unters. d. Mikroprofils v. Metalloberflächen 14-0230; —-mkr. Unters. zusammengehörender Spaltflächen v. NaCl-Krist. 49/50-0235; gleichzeit. Beobacht. v. Ätzgrübchen u. Versetz. in MgO-Einkrist. durch Transmiss.-Elektronenmikroskopie 9-0261; —-Mikroskopie strahlungsinduzierter Defektcluster in Mg-Fluorid 27-0350; Kantenstreif. im —-mkr. Bild würfelförm. MgO-Krist. bei Durchstrahl. in Richt. d. Raumdiagonale 37-0232; Wachstum v. LiF- u. MgO-Whiskern im —-Mikroskop 43-0218; direkte —-mkr. Beobacht. d. Vervielfach. v. Versetz. in d. dünnen Folie v. Al–Ag-Leg. 6-0252; —-mkr. Abb.-Technik v. durch Kaltwalzen entstandene Substrukturen in reinem Al 36-0203; Best. d. Verschieb.-Vektors an d. Antiphasengrenzen in Rutil durch Kontrastexperimente im —-Mikroskop 27-0270; Durchstrahl.-—-Mikroskopie v. V_3Si bei tiefen Temp. 40-1824; —-mkr. Meth. zur Beobacht. v. Spaltgasblasen in U 35-1950; Beweis für magnet. akt. Stapelfehler in d. MnAl-Leg. durch Lorentz-Mikroskopie 31-0495; Glühen v. schwach verformten polykrist. Ni-Folien in einem —-Mikroskop 48-0221; Abb. magnet. Mikrofelder auf Cu- u. Fe-Platten im —-Spiegelmikroskop 34-0507; Intensitätsmess. eines parallel zur [111]-Achse v. Au-Krist. einfallenden —-Strahls im —-Mikroskop 31-0227.

Meth. zur —-mkr. Unters. v. Zementsteinen u. Beton 6-1916; —-mkr. Unters. d. hochdispersen Torffrakt. 6-1917; —-mkr. Unters. d. Feinstruktur v. Glas mit Hilfe v. Ultrafeinschnitten 8-0246; —-mkr. Unters. d. Oberflächenschicht eines Hartleg.- u. eines mineralkeram. Instruments nach Bearbeit. mit Diamant 11-2051; Anwend. d. —-Mikroskops bei Unters. v. Elektroporzellanen 11-2416; Verw. d. —-Mikroskops in d. Lack- u. Farbenforsch. 13-2189; Desaggregat.-Meth. durch mechan. Schwing. für d. —-mkr. Unters. v. Kaolinen 35-2010; —-mkr. Nachw. v. Ultrafeinstrukturen in Kohlekomponenten (Übersicht) 38-2659.

—-Mikroskop u. seine Anwend. für Faserunters. 8-1977; —-mkr. Unters. d. Latices v. ungesätt. Polymeren (Verw. v. OsO_4) 14-1219; —-mkr. Strukturunters. v. Polymerfasern 16-3014; Abdruckelektronenmikroskopie v. Celluloseacetat-Membranen für d. Osmose 26-2028; Anwend. d. —-Mikroskopie bei d. Unters. v. Papieren 26-2243; —-mkr. Demonstrat. des Filtrat.-Mechanismus v. Membranfiltern 34-2123; —-mkr. Unters. v. Polyäthylenterephthalatfolien (O_2-Ätz.) 36-1132; —-mkr. Meth. d. Unters. supermol. Strukturen v. Polymeren in Lsg. 38-1134; —-Mikroskopie an permselektiven Membranen 49/50-0618.

Verbesser. d. —-mkr. Standardmeth. in d. Biologie u. neue method. Entw. 13-2143; Probleme beim —-mkr. histochem. Nachw. d. oxydativen Enzymaktivität mit Hilfe v. Tetrazoliumsalzen 24-1279.

Wirkungen

Sekundäre *Elektronenemission* s. dort. Ionisat. v. Gasen durch —-Stoß s. unter *Ionen*; —-Stoß-Unters. in d. *Massenspektroskopie* s. dort.

Physikalische Wirkungen

Anreg. neuer elektromagnet. Übergänge bei unelast. —-Streuung an ^{9}Be 24-0033; —-Anreg. d. ersten Niveaus v. ^{11}B 34-0042; Anreg. v. verallgemeinerten Riesen-Kollektivmultipolzuständen durch —-Streuung 42-0019.

Mess. d. Cs-Anreg.-Querschnittes durch —-Stoß nahe d. Schwelle nach einer Schwarm-Meth. 3-0197; Strahl.-Absorpt.-Querschnitt eines — im Feld eines Ar-Atoms 10-0162; Anreg. v. Edelgasen bei Elektron–Atom-Stößen (He) 10-0169; Best. d. Anreg.-Energie mol. Ionen durch Bestrahl. mit — am Beispiel v. He u. Ar 10-0731; Austauschanreg. v. He durch —-Stoß 11-0176; Anreg. v. He aus d. 2^3S-Zustand durch —-Stoß 11-0177; effektiv Anreg.-Querschnitte v. Atomen d. Alkalimetalle bei Stößen mit langsamen — (Na) 11-0179; totale Wrkg.-Querschnitte d. atomaren Anreg. durch —-Stoß in d. klass. Näher. 12-0179; Wrkg.-Querschnitte für d. Anreg. v. K bei Stößen mit langsamen — 14-0167; Berechn. d. Anreg.-Wrkg.-Querschnitte v.

Mol.-Niveaus bei Stößen mit schnellen – u. d. Additivitätsregel d. atomaren Bremskräfte 14-0168; Anreg. v. Rumpf- – durch Stoß mit schnellen Primär- – in Metallen 16-0347; durch schnelle – angeregte Triplettzustände v. Naphthalin u. Bzl. 16-0797; Theorie d. Unteranreg.-Elektronenstreuung durch Mol. (Anreg. u. Lösch. d. Mol.-Schwing.) 17-0181; Anreg. v. Mol.-Schwing. durch langsame – 18-0181; Wrkg.-Querschnitte bei hoher Energie für – -Anreg. v. angeregten H-Atomen mit Änder. d. Hauptquantenzahl um *2* 19-0190; Anreg.: v. Ne-Atomen durch – -Stoß 19-0192; v. Li-ähnl. Ionen durch – -Stoß 19-0193; Rotat.-Anreg.: v. Mol. bei Stößen mit langsamen – 21-0167; v. mol. H durch langsame – 21-0168; abs. Anreg.-Querschnitte d. He-Niveaus durch energiearme – 27-0203; Anreg.: v. H-Mol. durch – -Stoß 27-0204; v. Na durch – 27-0205; – -Stoß-Anreg.-Querschnitte in N_2 29-0169; Anreg. d. Grundfigurat. v. Fe XIII durch – -Stoß 29-0171; Hochfrequenzresonanz v. durch – -Stoß erzeugtem u. ausgerichtetem metastabilem Ne im $(2^2P_{3/2}3^2S_{1/2})_2$-Zustand 30-0135; verbotene Übergänge in N_2 u. He bei d. Anreg. durch – -Stoß 31-0187; Theorie d. Quantenstoß- u. Termkreuz.-Vers. bei – -Anreg. 31-0188; – u. Proton-Stoßanreg.-Querschnitte für atomares H 31-0189; Anreg. d. Zustände 2^3S u. 2^3P v. He durch – -Stoß 31-0190; individuelle Wrkg.-Gradkurven für d. Anreg. d. 2^3S- u. 2^1S-Zustände v. He durch – -Stoß 31-0191; Berechn. v. Wrkg.-Querschnitten für d. – -Stoß-Anreg. v. Atomen 33-0192; – -stoßinduzierte n–n'-Übergänge in H-Atomen 33-0193; – -Stoßanreg.: d. n = 2-Zustände v. He 33-0194; u. Polarisat. d. He-II-Fowler-α-Linie 33-0195; Polarisat.: d. *5016*-Å-Linie v. He bei Anreg. durch – -Stoß 33-0196; d. Spektrallinien v. He bei Anreg. durch – -Stoß 33-0197; Schwing.-Anreg. u. dissoziative Anlager. bei d. Streuung v. – an H-Mol. 38-0189; Deut. d. Wrkg.-Querschnitte für Schwing.-Anreg. v. Mol. durch – 38-0190; Wrkg.-Querschnitt d. Anreg. v. Atomen d. Alkalimetalle durch Stoß mit langsamen – (Rb) 38-0192; (Cs) 38-0193; Unters. d. durch – -Stoß angeregten metastabilen Niveaus 4^3P_2 v. Zn 38-0194; Schwellenverh. d. Wrkg.-Querschnitts für d. n = *2*-Anreg. im atomaren H u. Wrkg.-Querschnitt für einfallende – 40-0128; qualitative Aspekte d. Resonanzen bei d. – -Atom u. – -Mol.-Anreg. u. bei Rk. 43-0175; Schwellenstruktur d. – -Anreg.-Funkt. v. He 43-0176.

IR-Spektrum v. Ge bei Bestrahl. mit *40*–*60* MeV- – 1-0322;; IR-Absorpt.-Spektren v. O-Defekt-Komplexen in mit – bestrahltem Si 6-0339; opt. Absorpt.-Spektren v. halbleitendem Diamant nach – -Bestrahl. 6-0341; opt. Eig. u. therm. Verh. neuer Absorpt.-Banden in O-dotiertem Si nach – -Bestrahl. 8-0323; beobachtete Linienprofile bei gemeinsamer Anreg. v. Al, Be u. Ge durch – -Bestrahl. 15-0359; Änder. d. Emiss.-Spektren v. CdS u. ZnSe durch – -Beschuß 17-0372; Emiss.-Spektren v. CdS bei – -Anreg. 18-0314; Emiss.-Spektrum v. dicken Ag-Folien bei Beschuß mit streifend auftreffenden – 27-0378; Einfl. einer Probenbehandl. mit – -Bestrahl. auf d. Spektren v. $LaCl_3$ 30-0278; Wellenlängen u. Halbwertsbreiten d. B-K-Linie v. B, B_4C, AlB_{12}, TiB_2, Pyrex, H_3BO_3, B_2O_3, $Na_2B_4O_7$ u. BN u. d. Bo-K-Linie v. Be, BeO, $BeSO_4$ u. einer Be–Cu-Leg. bei – -Anreg. 35-0331.

Bldg. v. F-Zentrenaggregaten bei tiefen Temp. in KCl bei *1,5* MeV-Elektronen-Bestrahl. 2-0347; Winkelverteil. d. Photonenemiss. v. Al-Folien bei – -Beschuß 4-0302; Übergangsstrahl. bei – -Beschuß v. dünnen Ag-Schichten 4-0303; Variat. d. relativen Konz. v. α- u. F-Zentren in bei *5* °K mit – bestrahltem KBr 6-0348; Erzeug. kohärenter Strahl. in Proben v. p-GaAs bei Anreg. mit – 7-0414; Strahl. sehr hoher Strahldichte bei Raumtemp. in n-leitendem GaAs bei kontinuierl. – -Strahlanreg. 10-0366; Bldg. durch Bestrahl. mit – u. Vernicht. v. Farbzentren in KCl-Einkrist. 10-0337; Anreg. v. Wannier-Mott-Exzitonen durch schnelle – 13-0362; Wahrscheinlichk. v. Strahl.-Rekombinat. in CdTe bei – -Anreg. 16-0308; spontane u. angeregte Rekombinat.-Strahl. v. CdTe bei – -Anreg. 16-0309; Rekombinat.-Strahl. v. CdS bei Anreg. mit schnellen – 18-0313; Polarisat. v. Übergangsstrahl. durch Aufprall energiereicher – auf Metall-Oberflächen 19-0318; Rekombinat.-Strahl.: in GaP bei Anreg. durch elektr. Strom u. – 19-0352; v. α-SiC bei Anreg. durch – -Beschuß 19-0357; in Diamant bei Anreg. mit schnellen – 19-0358; erzwungene Emiss. bei CdSe durch Anreg. mit – 25-0353; Transit., Radiat., Bremsstrahl. u. Plasmastrahl. nach Beschuß v. Metalloberflächen mit – 27-0377; Strahl.-Rekombinat. in Zn- u. O-dotiertem p-GaP unter d. Einfl. v. *600* keV- – 29-0426; Null-Phononenlinien v. Farbzentren in LiF u. NaF nach – u. Neutronenbestrahl. 30-0291; Li-dotierte, gegen mäß. Bestrahl. mit *1* MeV- – beständ. Si-Solarzellen 30-0358; Abhängigk. d. Verfärb. v. NaCl-Krist. v. Einfallswinkel d. – -Strahls 32-0342; ionisierte Elektronenzentren in LiF nach – -Bestrahl. 37-0373; Einwrkg. v. Glüh- – -Beschuß auf Quarzglas, FK *3* u. BK *7* 40-0292; Verfärb. v. Epoxidharzen durch – -Bestrahl. 40-2741; Übergangsstrahl.: im opt. Spektralbereich bei schrägem Einfall nichtrelativist. – auf eine Metalloberfläche 44-0327; nichtrelativist. – in dünnen Au-Filmen 44-0328; durch einen Strahl schneller – angeregte Rekombinat.-Strahl. v. ZnS-Einkrist. 44-0372; spontane u. stimulierte Emiss. v. Exzitonen in verschiedenen Arten v. reinen CdS-Krist. nach – -Bestrahl. 49/50-0331.

Schwellenwerte für Laserwrkg. in mit – -Strahlen angeregtem GaAs 2-0397; – -Strahlgepumpte Laser aus CdSe u. CdS 5-0414; Laser aus CdTe mit – -Anreg. 7-0419; GaAs-Laser mit Anreg. durch schnelle – 18-0352; opt. Quantengenerator aus festen Lsg. v. GaP_x-As_{1-x} unter Anreg. mit schnellen – 19-0389; mit einem – -Strahl gepumpte ZnO-UV-Laser 19-0393; Laser-Effekt in CdS-Krist. bei – -Beschuß 20-0337; Laser-Effekt in CdS bei – -Beschuß 34-0425; durch schnelle – angeregte Laser-Emiss. v. n-leitenden Fe-dotierten GaAs-Krist. 35-0376; Photonenspektrum v. GaAs-Lasern nach – -Bestrahl. 41-0424.

Lichtausbeute d. Plastikszintillators NE *102* A für – v. *3* bis *11* keV 1-2032; Sättig. d. Kathodolumineszenz v. Rubin bei – -Bestrahl. 3-0389; Szintillat.-Abklingen an Ca·WO_4 in Abhängigk. v. Kathodenstrahlenanreg. 3-0390; Topographie d. Leuchtens bei d. mechan. Entanreg. v. mit β-Strahl. vorbestrahlten Alkalimetallhalogenid-Krist. Phosphoren 11-0361; Einfl. d. anregenden – -Strahl. auf Lumineszenz u. – -Emiss. v. mit Cu dotierten Alkalimetallchloriden 11-0364; Abklingen d. Lumineszenz v. CdS bei – -Strahlanreg. 13-0400; Veränder. d. Kathodolumineszenz v. CdS als Funkt. d. Auftreffgeschw. bei – -Beschuß 14-0395; durch – -Bestrahl. erzeugte Kathodolumineszenz- u. Störstellenverteil. in Te-dotiertem GaAs 17-0374; Strahl.-Lösch. d. Radiolumineszenz v. ZnS-Phosphoren durch – -Bestrahl. 18-0312; Lumineszenz u. Lumineszenzzerstör. v. ZnS-Leuchtstoffen nach – -Anreg. 21-0333; Rekombinat.-Lumineszenz Tl-aktivierter Alkalimetallhalogenidkrist. bei Anreg. mit langsamen – 25-0337; Verhältnis d. v. α- u. β-Strahlen angeregten Lumineszenz bei organ. Lsg. 25-0844; Szintillat.-Lichtausb. anorgan. u. organ. Krist. für – 26-2038; Löschen d. durch β-Strahl. hervorgerufenen Szintillat. in Plasten durch Organometallverb. 30-1102; Kathodolumineszenz v. Rubin nach Anreg. mit – 34-0399; Radiolumineszenz v. NaCl-Einkrist. nach β-Bestrahl. 36-0333; Aufblitzen d. Radiolumineszenz in einem NaCl-Krist. nach β-Bestrahl. 36-0334; Einfl. d. Anreg.-D. mit α-Teilchen, Protonen u. – auf d. Radiolumineszenz v. ZnS : Ag-Einkrist. 37-0404; Lumineszenz v. Ionenkrist. unter d. Einw. v. – 41-0409; Zerstör. v. Phosphoren durch – -Strahl. 43-0366; Absorpt. u. sek. Fluoreszenz d. durch – angeregten charakterist. Röntgenstrahl. in d. Zweistoffleg. Fe/Mn, Fe/Si u. Fe/Ni bei Entnahmewinkeln v. *20* u. 75° 46-0369; Kathodolumineszenz v. mit schnellen – bestrahlten SiC-Einkrist. 46-0385; Unters. v. Übergangsgebieten in d. Kathodolumineszenz nach – -Bestrahl. 47-0362; durch ^{147}Pm-β-Strahl. angeregte Lumineszenz v. (Zn, Cd)S : Cu-Phosphoren 49/50-0353.

Sättig.-Verhalten d. Defekterzeug. in mit – bestrahltem Cu unterhalb *7,5* °K 1-0302; Defektstruktur v. krist. Quarz u. Änder. d. Schwellenwertenergie d. Verschieb. mit d. Krist.-Wachstumsgeschw. nach – -Bestrahl. 2-0320; Unters. d. Wechselwrkg. zwischen 0 u. Gitterfehlern zwischen *25* u. *700* °K in – bestrahltem Ge 2-0339; durch *1,8*- bis *3,0*-MeV- – in Pt erzeugte Strahl.-Schäden 3-0503; spontane Rekombinat. v. Frenkel-Paaren bei – -Bestrahl. 4-0293; Anisotropie d. Defektbldg. in – -bestrahltem Si über d. Quantenausb. d. Photoelektrizität 5-0334; Änder. v. Polymerkrist. bei d. Bestrahl. mit – verschiedener Energie 7-1206; Unters. v. Strahl.-Schäden in GaAs mit Hilfe d. Lichtemiss. bei – -Bestrahl. 8-0343; spontane Frenkeldefektrekombinat. u. Verlauf v. Dosiskurven bei – -Bestrahl. 9-0330; Feld- u. Lad.-Verteil. d. Strahl.-Schäden in Si nach Bestrahlen mit *1* MeV- – 9-0458; Unters. d. durch hochenerget. – erzeugten Strahl.-Schäden in Si u. Ge 10-0304; Reif. v. durch Beschuß mit schnellen – erzeugten Fehlstellen in Ge im Laufe einer Ausheil. bei tiefen Temp. 10-0308; opt. Übergänge v. Elektronen in Sb-dotiertem u. mit schnellen – bestrahltem Ge 10-0425; Erhol. v. reinem u. legiertem Al in d. Stufen I u. II nach Bestrahl. mit *2*-MeV- – 15-0353; Rekristallisat. dünner Ge- u. Si-Filme unter d. Einfl. v. – -Beschuß 17-0332; Einfl. d. – -Energie auf d. Bldg. v. Fehlstellen in mit – bestrahltem Si 17-0445; Diffus.-Stufen in einer mit – bestrahlten Fe-Leg. mit *50*% Ni 18-0269; Unters. v. Strahl.-Defekten in GaP mittels – -Resonanz 18-0334; – -mkr. Beobacht. d. Einfl. v. – -Strahl. auf $(Ba, Sr)TiO_3$-Krist. 20-0209; Bldg. u. Ausheil. v. Defekten in mit *6*- bis *88* MeV- – bestrahltem As- u. Sb-dotiertem Ge 22-0398; Strahlenschädig.-Geschw. in Al bei – -Bestrahl. 23-0451; Unters. u. Erklär. d. Stufe I v. mit – bei *20* °K bestrahltem Ni 26-0309; Schädig. u. Emiss.-Banden v. ZnSe bei niedr. Temp. durch – -Bestrahl. 29-0353; Moduleffekte in Metallen nach Tieftemp.- – -Bestrahl. 30-0273; Wrkg. v. – -Strahlen auf d. Feinstruktur v. Cellulose 30-3050; Bldg. v. Stapelfehlern in – -Strahl geschmolzenen W-Krist. 35-0230; bei Tieftemp.-Ausheil. v. – -bestrahlten Cu u. Al beobachtete „anomale" Feinstruktur 35-0312; Orientier.-Effekte bei d. – -Strahlenschädig. in Si-Solarzellen 36-0297; Einw. v. – -Strahl. auf Oberflächenstruktur u. Lichtdurchlässigk. v. Kunststoff-Verpack.-Folien 36-1114; Orientier., Reinh. u. Vollkommenh. v. durch – -Strahl-Zonenschmelzen gezüchteten Mo-Einkrist. 37-0272; Gleichwertigk. v. durch mechan. Spann. u. durch Bestrahl. mit *2* MeV- – in entarteten p–n-Übergängen erzeugten Fehlstellen 37-0441; Einfl. v. Verunreinig. auf d. Erhol. v. – -bestrahltem Au 39-0334; resistometr. Mess. v. Schäden an Mo nach Bestrahl. mit *2,5* MeV- – 40-0282; Kristallisat. v. im Vakuum aufgedampften Ge-Schichten durch Zonenschmelzen im – -Strahl 42-0220; Darst. v. Korund-Einkrist. durch – -Strahl-Zonenschmelzen 42-0233; Defekte in – -bestrahltem Si 44-0379; Vgl. d. Schwellenwerte für – -Strahl.-Schäden an Ag bei d. Temp. v. fl. He u. v. fl. N 47-0324; – -Bestrahl. v. Cu u. Al oberhalb Stufe I 47-0445; – -Bestrahl. v. U bei *7* °K 51/52-0279.

Einw. v. – -Beschuß auf d. Zugeig. v. W 2-2460; krit. Schubspann. kub. Krist. mit Fehlstellen tetragonaler Symmetrie nach – -Bestrahl. 39-0319; gemeinsame Einwirk. einer Bestrahl. v. Protonen, –, γ-Quanten u. eines oberflächenakt. Mediums auf d. mechan. Eig. v. Zn-Einkrist. 51/52-0276.

Einfl. einer Bestrahl. mit – niedr. Energie auf Si-isolierte Tor-Feldeffekttransistoren 1-0406; Lad.-Träger-D. v- Si nach – -Bestrahl. 1-0419; Ausheilen elektr. Eig. in mit *45* MeV- – bestrahlten n-Si-Proben v. *80* bis *350* °K 1-0420; Einfl. v. – -Bestrahl. auf d. Bandfüllstrom in stark Zn-dotierten GaAs-Dioden 2-0372; Vol.-Elektronenspann.-Effekt bei Beschießen eines Ge-Krist. mit – u. Ableiten d. – -Stromes zu einer geerdeten Seite d. Krist. 2-0434; Anlassen d. in Cu durch – -Bestrahl. erzeugten elektr. Widerstandes 4-0435; Temp.-Abhängigk. d. Trägerkonz. u. -Beweglichk. v. Ge nach Bestrahlen mit schnellen – u. isochronem Anlassen bei *77* bis *300* °K 5-0446; Bldg.-Raten d. durch – -Bestrahl. in Cu u. Al induzierten elektr. Widerstandes u. Schwellenenergien für d. Atomverschieb. 7-0489; Stromschwank. in Ge mit Strahl.-Defekten nach Bestrahl. mit schnellen – 8-0424; Unters. d. Lad.-Trägerlebensdauer in mit hochenerget. – bestrahltem P-dotiertem Si 9-0457; Hysteresecharakter d. Strom-Spann.-Charakteristik eines durch Bestrahl. mit schnellen – hergestellten n–p-Übergangs in Ge 9-0467; durch schnelle – in SiC erzeugte Lad.-Trägerdichteänder. 9-0472; Wechselwrkg. v. Strahl.-Fehlstellen mit Störstellen u. a. Fehlstellen in mit – bestrahlten Halbleiter-Krist. 10-0424; – -Bestrahl. v. MOS-Kondensatoren 12-0347; durch – -Beschuß erzeugte Leitfähigk. in geschmolzenem Quarz mit Cl bzw. OH als Verunreinig. 14-0489; Ionisat. v. Fl. durch ^{37}Ar-Zerfalls- – u. ^{39}Ar-β-Strahlen 14-1005; Bldg. d. EMK u. Thermolumineszenz beim Tempern β-bestrahlter NaCl(Ag)-Einkrist. 16-0375; elektr. Eig. v. bei *77* °K mit Neutronen u. *300* °K mit – beschossenem p-InSb 16-0380; Ionisier.-Ströme in Diamanten bei Beschuß mit – v. *500*–*1000* keV 17-0468; einfaches ambipolares Modell zur Beschreib. d. durch – -Beschuß erzeugten Leitfähigk. in amorphem As_2S_3 18-0386; Spektren u. Kinetik d. Photoleitfähigk. sowie Defektniveaus u. Defektelektronen-Einfangquerschnitte v. bei *100* u. *5,2* °K mit schnellen – bestrahltem p- u. n-Ge 19-0419; Spann.-Abfall bei Beschuß mit *150* keV- – v. mit W bzw. Sn kontaktierten SiC- bzw. Ge-Einkrist.-

Plättchen 20-0382; Erhol. d. Widerstands in Stufe IV v. Pt nach —-Bestrahl. 20-0406; Einfl. v. β-Strahlen auf d. Entlad.-Strom in Cl unter Ozonisatoranreg. 22-0191; Entsteh. einer EMK beim Anlassen v. mit β-Teilchen bestrahlten Alkalimetallhalogenidkrist. 24-0395; Verteil. d. durch einen —-Strahl ionisierten Ionenstromes im —-Strahl-App. 27-0212; Lebensdauer v. durch —-Strahlen in Ge induzierten Minoritätslad.-Trägern 30-0360; Änder. d. elektr. Eig. v. p-Ge während u. nach d. Bestrahl. mit — bei *0°* 30-0364; Einfl. d. —-Bestrahl. auf d. Beweglichk. v. — in GaAs 30-0370; Schwellen u. Wrkg.-Querschnitte für —-bestrahlte Halbleiter 31-0349; Photoleitfähigk.-Spektrum v. mit schnellen — bestrahltem p-Si 31-0442; Lebensdauer v. Überschußlad.-Trägern in Au-dotiertem Si nach —-Beschuß 33-0458; durch einen —-Strahl im Vol. eines Ge-Halbleiterkrist. induzierte Spann. 37-0440; thermostimulierte EMK an einem pn-Übergang nach Erzeug. v. Strahl.-Defekten durch *3* MeV-— 37-0442; Photoleitfähigk.-Spektren u. Defektniveau v. mit O dotierten u. mit schnellen — bestrahlten Ge-Krist. 39-0433; Raumlad. in —-bestrahlten Isolatoren 41-0442; Best. d. Trenn.-Energie v. —-Loch-Paaren in CdS-Einkrist. bei d. Bestrahl. mit *5* bis *50* keV-— 42-0415; Atomverschieb. u. elektr. Widerstandsänder. durch —-Beschuß in pyrolyt. Graphit 44-0310; Erzeug. v. Leerstellenpaaren u. Leerstellen durch —-Bestrahl. v. Si 44-0380; Verh. v. Si- u. GaP-p–n-Übergängen bei Beschuß mit *5* bis *40* keV-— 45-0399; Leitfähigk. dünner MgF_2- u. ZnS-Filme nach —-Beschuß 45-0405; Temp.-Abhängigk. d. Lad.-Trägerbeweglichk. in mit schnellen — bestrahlten GaAs-Krist. 46-0430; Einfl. einer Bestrahl. mit schnellen — auf d. Spektren d. Photoleitfähigk. v. GaAs-Krist. 46-0431; Hall-Koeff. u. elektr. Leitfähigk. in —-bestrahltem InSb (Erhol.-Stufe II) 47-0319; elektr. Widerstand nach —-Bestrahl. v. reinem Ag u. d. Übereinstimm. mit Cu (Erhol. in Stufe I) 47-0323; Einfl.: v. —-Bestrahl. auf d. elektr. Leitfähigk. eines hexagonalen Se-Einkrist. 49/50-0393; v. Röntgen- u. —-Bestrahl. auf p–n-Übergänge in GaAs 51/52-0380.

EPR v. mit — bestrahltem $Sr(NO_3)_2$ 4-0336; Zusammenhang v. ESR-Zentren u. opt. Absorpt.-Banden in —-bestrahltem Diamanten v. Typ IIa u. IIb 6-0382; Nachw. einer Störstelle in ZnSe durch ESR-Signal nach —-Beschuß bei niedr. Temp. 18-0335; EPR u. elektr. Eig. d. dominierenden paramagnet. Fehlstelle in —-bestrahltem p-Si 22-0356; ESR in —-bestrahltem n-SiC 29-0378.

Einfl. d. —-Durchdring. in einem Festkörper auf d. Impulserhitz. beschossener Oberflächen u. v. Cu, Si u. Al_2O_3 21-0277; Wärmeleitfähigk. v. —-bestrahltem InSb 29-0282; Längenänder. in mit — bestrahltem n- u. p-Ge 47-0315; Einfl. v. —-Bestrahl. u. v. Cd-, P- u. Mn-Zusätzen auf d. Wärmeleitfähigk. v. amorphem Se im Erweich.-Gebiet 51/52-0270.

Absorpt. v. Mikromengen v. HPO_4^{2-}-Ionen durch mit — bestrahlte $BaSO_4$-Nd. 15-0718; Bestrahl. v. Ionenaustauschharzen mit einem horizontalen Strahl beschleunigter — 20-0624; Desorpt. v. Gasen aus Metalloberflächen unter d. Einw. v. —-Beschuß 38-0348; Indukt.-Zeit nach Kishi für O_2-Adsorpt. an —-bestrahlten Polymeren 41-1123; Beständigk. v. Ionenaustauschern gegenüber — 47-0616.

Chemische Wirkungen

Photograph. Wrkg. u. deren Anwend. s. unter *Photographie.*

Beiträge zur —-Pulstechnik 5-0753; radiolyt. Bldg. instabiler red. Spezies durch —-Puls 5-0754; Geschw.-Konst. u. Temp.-Koeff. d. Rk. v. durch —-Pulsradiolyse erzeugten hydratisierten Elektronen mit anorgan. Verb. in wss. Lsg. 23-0701; durch Tritium-β-Strahl. induzierter H–T-Isotopenaustausch mit W.-Dampf 18-0665; Ausb. v. Red.-Prod. d. W.-Radiolyse in neutralen u. alkal. $NaNO_3$-Lsg. bei Bestrahl. mit — 36-0686; Kinetik u. Sensibilisier. d. Radiolyse v. NH_3 in d. Gasphase bei d. Einw. schneller — unter Bldg. v. H_2, N_2 u. N_2H_4 5-0749; —-Pulsradiolyse: v. fl. Ammoniak mit — unter Bldg. v. solvatisierten — 26-0703; v. entlüfteter wss. Bromidlsg. 23-0698; Mechanismus d. H_2O_2-Bldg. in *0,4* m wss. H_2SO_4 bei hoher —-Pulsdosisleist. 15-0787; Polymerisat. v. Borazolen durch —-Bestrahl. 12-1201; —-Pulsradiolyse: v. wss. CNS^--Lsg. (KCNS) unter Bldg. v. CNS-Radikalen 10-0737; v. entlüfteter wss. Carbonatlsg. 23-0699; d. g-Faktor v. durch Elektronenbeschuß erzeugten Wasserstoffatomaren in Phosphaten (ESR-Mess.) 13-0419; Rk. u. relative Potentiale einiger durch Verw. v. gepulsten —-Strahlen erzeugter Metallionen mit instabiler Ox.-Stufe 32-0687; Bldg. v. Alkalimetallen aus Alkalihalogeniden u. Teilchengröße bei Bestrahl. mit *50* keV-— 23-0323; polarograph. Unters. O-halt. wss. Na_2SO_4- bzw. $NaClO_4$-Lsg. nach Bestrahl. mit *10* MeV-Elektronenpulsen 28-0650; Bldg. v. Radikalen u. Radikalionen bei d. Bestrahl. v. O_2-halt. H_2O, O_2-gesätt. wss. Lsg. v. NaOH, KOH bzw. Na_2CO_3 u. N_2O-gesätt. alkal. Lsg. mit schnellen — 3-0738; —-Pulsradiolyse v. wss. O_2-halt. KBr-Lsg. 5-0762; Br_2^--Ionen-Radikalausb. u. Kinetik bei d. —-Pulsradiolyse v. wss. KBr-Lsg. 10-0736; Bldg. d. Radikalanions SO_4^- bei d. —-Pulsradiolyse wss. Lsg. v. $KHSO_4$, K_2SO_4 u. H_2SO_4 12-0744; Radiolumineszenz bei d. —-Pulsradiolyse v. geschmolzenen KCl bzw. KCl + KBr 37-0711; Abscheid. v. MoC-Filmen auf Si, Glas oder Glimmer aus $Mo\cdot(CO)_6$ unter Einw. eines —-Strahls 42-0650; Einfl. einer vorangehenden Bestrahl. v. $KMnO_4$ mit — auf d. therm. Zers. 30-0635; Bldg. d. Radikale bei d. —-Pulsradiolyse wss., O-gesätt., schwefelsaurer $FeSO_4$-Lsg. 5-0760; IR-spektroskop. Nachw. d. Bldg. v. $[Fe(CN)_5\cdot NO]^{3-}$ u. $Na_xFe_y^{III}[Fe(CN)_6]_z$ in $Na_2[Fe(CN)_5\cdot NO]\cdot 2H_2O$ nach —-Bestrahl. 44-0683; —-pulsradiolyt. Ox. v. $[Fe(CN)_6]^{4-}$ in O_2-halt. Lsg. durch OH- u. HO_2-Radikale 48-0647; Bldg. u. Hydrolyse v. Cu(III) bei d. —-Pulsradiolyse v. Cu^{2+}-Lsg. 5-0756; Bldg. verschiedener, instabiler Ag-Spezies bei d. —-Pulsradiolyse v. Ag^+-Lsg. 5-0755; Zers.-Prozesse dünner Schichten v. Ag-Halogenidkrist. im —-Mikroskop 30-0272.

Selbstzers. v. ^{14}C-markierten, organ. Verb. unter β-Strahl. 15-0978; energiereiche Fragmentat. aus organ. Verb. durch —-Beschuß 16-0953; Rk. v. durch — angeregten W.-Mol. mit KW-Stoffen (Kinetik) 11-0998; —-Bestrahl. v. KW-Stoffen (Radiolyse v. fl. n-Pentan) 33-1027; Radiolyse durch —: v. CH_4 (Einfl. eines elektr. Feldes) 5-0748; v. fl. Äthylen 15-0982; v. n-Butan 16-0946; HCN-Bldg. bei —-Bestrahl.: v. NH_3 u. CH_4 bzw. C_2H_4 26-0704; v. bin. Gemischen v. N_2 u. CH_4, C_2H_4 bzw. C_2H_2 26-0706; Rk. v. Alkylradikalen mit O bei d. Bestrahl. mit schnellen — 26-0955; Radiolyse bei —-Bestrahl.: v. ^{14}C-Methan 36-0972; v. Cyclohexen 7-1042; spektroskop. Unters. d. Prod. d. β-strahlungschem. Umwandl. v. Naphthalin 8-1033; relative Reaktivitäten d. Posit. am Biphenyl bei d. Erzeug. reaktiver Species durch —-Bestrahl. u. bei nachfolgender Ringsubstitut. 21-1073; Widerstand organ. Verb. v. aromat. Charakter gegenüber —-Stoß u. Bestrahl. 24-0998; Kinetik d. Rekombinat. v. Cyclohexylradikalen in —-bestrahltem Cyclohexan 34-1019; Radiolyse von Äthyljodid durch —-Beschuß (Kinetik) 5-1071; —-pulsradiolyt. Unters. v. Methylenblau 7-1050; Dissoziat. v. o-Nitrotoluol durch —-Stoß 49/50-0800; Radiolyse luftfreier wss. Lsg. v. Propanol-(2) in Ggw. v. N_2O durch *2,5* MeV-— 26-1016; Umwandl. d. Cyclohexanol-1- in d. Cyclohexanol-2-Radikal in mit — bestrahltem Cyclohexanol 32-0886; radioakt., d. katalyt. Dehydratat. v. Cyclohexanol beeinflussende Strahl. v. ^{35}S 34-1022; Bldg. v. H_2, Cyclopentadien u. isomeren Pentadienen bei —-Bestrahl. v. Ferrocen 21-0748; EPR-Unters. d. Struktur u. d. Verh. v. Radikalen, d. bei d. Einw. v. β-Strahlen auf Acetaldehyd u. Formaldehyd entstehen 37-0906; Bldg. u. Unters. v. Carboxyl CO_2^- oder dessen saurer Form COOH u. verwandter Radikale bei d. —-Pulsradiolyse wss. Lsg. v. CO, CO_2, Na-Formiat, Ameisensäure bzw. $NaHCO_3$ 5-0758; Einfl. v. β-Bestrahl. u. d. umgebenden Atmosphäre auf d. Kinetik d. Zers. v. $Mg(OH)_2$, $Al(OH)_3$, $Cu(C_2O_4)$ u. NiC_2O_4 25-0716; chem. Wrkg. v. —-Bestrahl. auf wss. Lsg. v. Aldohexosen 9-1004; chem. u. physikal. Veränder. v. Proteinen durch β-Strahlen 8-1676; Einfl. d. β-Bestrahl. auf d. Umsatz v. Thiamin, Nicotinsäure u. Transaminase 22-1576.

Änder. v. Polymerkrist. bei d. Bestrahl. mit — 7-1206; Polymerisat. v. Diphenylvinylphosphinoxid durch —-Bestrahl. 12-1206; Einw. schneller — auf d. Struktur v. Polyvinylchlorid 2-1218; photoelektr. geregeltes Wachstum v. durch —-Beschuß gebildeten Polymerfilmen 11-1174; IR-spektroskop. Unters. v. —-bestrahltem Polyäthylen 17-1157; —-Strahl.-Polymerisat. v. Hexamethylcyclotrisiloxan in fester Phase 34-1203; Veränder. v. organ. Lackschichten durch —-Bestrahl. 34-3088; Styrolpolymerisat. durch Bestrahl. mit kurzen Stößen v. schnellen — 35-1166; Strahl.-Vulkanisat. durch — mit Energien v. *20* bis *30* MeV 41-2664; —-strahleninduzierte Rk. in Polyäthylenoxid 42-1096; ESR-Unters. v. —-bestrahltem Polyäthylen (Zerfall d. freien Radikale) 46-1066; —-Bestrahl. v. angelassenen Polyäthylenkrist. (Mechanismus d. Gelbldg.) 49/50-1025.

Einfl. vorher. —-Bestrahl. auf mit Zn-Salzen imprägnierte Holzkohle als Katalysator bei d. Vinylestersynth. 22-2535.

Physiologische Wirkungen

Nachw. d. Aktivität d. Lactatdehydrogenase-Untereinh. durch Bestrahl. mit — 34-1313; Spalt. v. Virus u. Protein durch —-Beschuß 20-1399; Wrkg. v. β-Teilchen v. ^{14}C auf Chlorella beim Wachstum auf Nährboden mit Geh. an ^{14}C-Carbonaten 11-1422; zytochem. u. zytospektrophotometr. Unters. d. Leukozyten v. Ratten nach innerer Bestrahl. mit ^{32}P (Verw. v. Ascorbinsäure als Strahlenschutzstoff) 1-1681; Einfl. d. β-Bestrahl. d. Haut auf d. durch 7.12-Dimethylbenz-[a]-anthracen verursachte Kanzerogenese 18-1235; Wrkg. v. Phlogodym (Neodymbrenzcatechindisulfonat) auf d. durch β-Strahlen bei d. Ratte induzierte Entzünd. 34-1720.

Anwendungen

Siehe auch d. vorstehenden Absätze.

Probleme zum —-Strahlglühen u. -bedampfen v. Metallen 2-2466; automat. Kontrolle d. —-Strahlschmelzens bei d. Metallraffinat. durch Spektralanalyse 4-2381*; Regeleinricht. für —-Strahlen zur Bearbeit. v. Metalloberflächen 4-2408*; Steuer. d. Stahlumschmelzens im *200*-kW-—-Strahl-Mehrkammerofen 6-2343; Schmelztiegel zum Verdampfen v. Al durch —-Bombardement 6-2488*; Bau u. Wrkg. d. —-Strahlen-Mehrkammerofens mit *17,000* kW 7-2453; Schmelzen v. Mo- u. W-Pulver mittels —-Strahl 8-2500*; Arbeitsweise eines —-Strahlofens für Schwebezonenschmelzen (Zücht. v. Metall- u. Leg.-Einkrist.) 10-0205; Vers.-Röhre zur Prüf. d. Emiss.-Eig. v. Glühkathoden bei hoher Arbeitstemp. mit Heiz. durch —-Beschuß 10-0414; —-Strahlschmelzen v. hitzebeständ. Metallen 10-2506; Raffinat.-Schmelzen v. techn. V im —-Strahlofen 11-2528; Raffinat. v. Metallen durch —-Beschuß 11-2608*; —-Strahl-Raffinat. v. Nb 12-2376; Aufdampfen v. Metallüberzügen im Vakuum mittels —-Strahlen 12-2482*; —-Strahlschmelzen v. schwer schmelzbaren Metallen (Einfl. d. Leg.-Elemente auf d. Duktilität v. Mo) 14-2516; Bestrahl. v. Textilien mit beschleunigten — 14-3153*; Raffinat. mittels —-Strahlen 15-2507*; Herst. v. Barren gleichachs. Kristallisat. mittels —-Strahlen 15-2531*; Verh. v. Begleitelementen im Weich-Fe beim Umschmelzen im —-Strahlmehrkammerofen 16-2329; Schweißen v. Zr u. seinen Leg. durch —-Beschuß 16-2407; —-Beiz. v. Baumwolle 16-3021; Polymerisat. isolierender Dimethylpolysiloxanschichten mittels —-Strahlen 17-2218; Herst. v. Metallüberzügen durch Verdampfen im Vakuum mittels —-Strahlen 17-2503*; Metallurgie d. —-Strahlschmelzens (Verdampf.-Vorgänge im *200*-kW-EMO) 18-2430; —-Strahlschmelzen v. Stählen u. Leg. (Einfl. auf d. Eig.) 18-2431; Härt. v. Stahl mittels —-Strahl 18-2510; Metalldampf-Erzeug. im Vakuum durch —-Strahlen 19-2603*; Herst. v. Metallpulver durch —-Beschuß 20-2543*; Zonenvakuumraffinat. v. schwerschmelzenden Metallen mittels —-Strahl 21-2641*; Hochvakuumguß unter Aufheizen mit —-Beschuß 21-2645*; Ziehen v. Einkrist. hochschmelzender Metalle nach d. Floating-Zone-Verf. mit Hilfe v. punktfokussierten —-Strahlen 22-0222; —-Strahl-Raffinat. v. Nb 22-2388; —-Strahlschweißen unter Vakuum u. atmosphär. Druck 24-2474; —-opt. Mikrobearbeit.-Gerät 26-2030; Färben v. Materialien, bes. v. Gläsern durch Bestrahl. mit monoenerget., gerichteten — definierter Energie 26-2413*; Erzeug. v. Cr-Überzügen im Vakuum mittels —-Strahl 27-2496*; App. zur Zonenschmelzreinig. durch —-Beschuß 29-1921; Erzeug. v. Mischstrahl. aus beschleunigten — zur Lebensmittelfrischhalt. 29-2117; —-Strahlschweißen 30-2388 bis 30-2391; —-Strahlschmelzen: v. Ti 36-2291; v. Stahl im Herdofen 37-2140; App. für d. Bestrahl. v. Fl. u. Gasen durch beschleunigte — 38-0696; Anordn. zur Verdampf. mit einem fokussierten —-Strahl 38-1909; Verw. v. —-Strahlen zur Herst. v. epitakt. SiO_2-Filmen 40-0164; —-Strahlapp. zur Erzeug. schnell gekühlter Substanzen 40-1792; monokrist. Schichten auf amorphen Unterlagen durch Vakuumbedampfen mit d. —-Strahl 40-2437*; —-Strahl-schmelzen v. weichmagnet. Werkstoffen auf Fe-Basis 42-2259; Entw. im —-Strahlschweißen 42-2329; App. für —-Bestrahl.-Vers. bei tiefen Temp. 43-1774; Fortschritte auf d. Gebiet d. Elektronik u. —-Physik 46-2182.

Untersuchungsmethoden

Elektronensonden-Mikroanalyse s. unter *Spektroskopie — Röntgenspektroskopie.*

Siehe auch *Photographie* bzw. *Strahlungsmeßgeräte.* Anwend.: v. β-Strahlenmess. s. unter *Betastrahlen*; v. --Streuungs- u. Beug.-Unters. s. d. Abschnitte *Elektronenstreuung und -stöße* u. *Elektronenbeugung.*

Wirksamk. eines beiderseitig beschichteten Rapidfilms gegenüber — zur photograph. Mess. d. Konvers.-Verhältnisse 13-2079; Meth. zur Best. d. --Driftgeschw. in Gasen aus d. Strom–Spann.-Kurven v. Hochdruck-Gasdioden 15-0204; Nachw. v. — geringer Energie mit Szintillat.-Zählern 16-1859; Vers. mit einem Szintillat.-Zähler zum Nachw. v. Exo-— 20-0353; Vervollkommn. d. Mess. v. --Diffus.-Koeff. nach d. Lichtkammerverf. 24-0190; Meth. zum Zählen v. *100*-V-— mit Hilfe v. Kreuzfeldelektronenvervielfachern 24-1896; Eig. d. Spitzenzählers mit Löschdampf über d. freien Fl.-Oberfläche als Exo--Detektor 27-1968; Dosimetrie intensiver γ- u. --Strahl.-Felder mit gefärbtem Zellglas 28-1948; Dosimetrie v. schnellen — an einem *2*-MeV-van-de-Graaff-Generator 38-1910; Verw. eines radioakt. Elementes zur Unters. d. Lokalisier. v. — in einem elektronegativen Gas 49/50-0192.

Sichtbarmachen v. Ström. mit Hilfe eines kreuzenden --Strahls 5-0578; Beobacht. einzelner Versetz. u. O-Ausscheid. in Si mittels --Strahlabtast. 8-0232; Mess. d. Homogenität eines Halbleiters mit einem --Strahl 13-0449; Meth. zur Best. d. Charakteristiken v. Raumlad.-Strömen in gekreuzten Feldern mit einem --Strahlanalysator 15-0223; Mess. d. Kontaktpotentialdifferenzen für d. Kombinat. Cu–Ag, Ag–Au, Cu–Au, Cu–C u. Cu–Pb durch --Interferometrie 15-0453; --Sonden-Oberflächenmassenspektrometrie v. CO an Mo 19-0669; Sichtbarmachen d. Lad.-Verteil. durch eine --Strahl-Technik 20-0179; hochauflösende Beobacht. mit mkr. --Strahlabtast. v. ZnS–Phosphor-Körnern 23-0378; direkte Beobacht. d. „pinch-off" eines MOS-(Metall–SiO_2–Si)-Transistorkanals durch mkr. --Strahlabtast. 23-0446; Nachw.: v. Teilversetz. in Si mit d. Verf. d. abtastenden --Strahls 24-0197; v. Streifenbereichen d. spezif. Widerstandes in einem Ge-Krist. durch --Strahl-Abtast. 26-0401; Beobacht. v. Mikroplasmen in Si-p–n-Übergängen mit --Strahlabtast. 30-0354; Mess.: d. Stoßwellendicke mit d. --Strahlfluoreszenzmeth. 32-0507; d. Rotat.-Temp. im Windtunnel bei geringer Gasdichte mit d. Meth. d. --Strahlfluoreszenz 32-0508; experimentelle Unters. d. Rotat.-Verteil.-Funkt. für N_2 in Stoßwellen mit d. --Strahlfluoreszenzmeth. 32-0509; Nachw. v. Exzitonen in festem Ar mit Hilfe d. hochauflösenden Energieverlustspektrometrie 35-0254; Mess. d. Lebensdauer v. Minoritätslad.-Trägern mit einem nichtohmschen Kontakt u. einem --Strahl 41-0445; Sichtbarmach. d. Ström. mittels --Strahl-Nachleuchten in N_2 u. Luft 49/50-0178; --Strahlunters. d. Diffus.-Trenn. v. He–Ar-Misch. in Stoßwellen 51/52-0498; PHERMEX-Hochstrom---Beschleuniger für dynam. Radiographie 51/52-1722.

Bibliographie

Einführung in die Elektronenmikroskopie B 29; Einführung in die Physik der Röntgen- und Gammastrahlen. Unter Berücksichtigung der Elektronen- und Neutronenbeugung B 49; Elektronenstrahl-Mikroanalyse (= Handbuch der mikrochemischen Methoden. *4.*) B 53; Handbuch der mikrochemischen Methoden. Bd *4*: Elektronenstrahlmikroanalyse B 61; Einführung in die Elektronentheorie der Metalle B 66; Elektronentheorie der Metalle B 66; Elektronenmikroskopische Untersuchungs- und Präparationsmethoden B 78.

Abstracts of papers presented at an international conference, Melbourne *1965. 1*: Electron diffraction. *2*: The nature of defects in crystals B 3; Analytical chemistry. Vol. *5.* Instrument and chemical analysis aspects of electron microanalysis and macroanalysis B 6; Atomic collisions: the theory of electron-atom collisions B 18; Advances in optical and electron microscopy. Vol. *1* B 21; The electron microprobe: proceedings of the symposium in Washington, *1964* B 21; Introduction to electron microscopy B 29; Mechanisms of electron transfer B 33; X-ray determination of electron distributions B 33; Electron diffraction. The nature of defects in crystals B 34; Electron microscopy, a handbook for biologists B 38; Electrons, neutrons and protons in engineering: a study of engineering materials and processes whose characteristics may be explained by considering the behavoir of small particles when grouped into systems such as nuclei, atoms, gases, and crystals B 38; The many-electron problem B 42; Advances in electronics and electron physics; vol. *21* B 49; Advances in electronics and electron physics. Vol. *22A* B 57; Experiences with electrons B 57; Progress in nuclear energy, ser. *9.* Analytical chemistry, vol. *5* B 61; The electron microscope in molecular biology B 76.

Diffusion des électrons de haute énergie B 2.

Elektronenaffinität s. unter *Valenz.*

Elektronenaustausch- bzw. -übertragungsreaktionen.

Siehe auch *Oxydoreduktion.*

—: bei d. Chemilumineszenz (Theorie) 1-0680; v. Pentamminkobalt(III)-Komplexen mit Cr^{2+}(aq) (Übersicht) 3-0712; zwischen Cr(II) u. $[Cr(H_2O)_5\cdot(NH_3)]^{3+}$ (Kinetik u. Mechanismus) 7-0688; Indukt. v. — 8-0689; —: zwischen U(IV) u. U(VI) in gemischten, wss.-organ. Lsgm. (Geschw.) 9-0713; v. Tris-[1.10-phenanthrolin]-eisen(II)- u. -(III)-Ionen (Geschw.) 14-0758; Zwischen Fe(II) u. Fe(III) in $HClO_4$ 19-0697; an Al_2O_3-Oberflächen 21-0726; Zwischen Fe(II) u. Fe(III) in Eis (Kinetik) 25-0693; v. solvatisierten Elektronen 31-0707; zwischen Fe(II)- u. Fe(III)-Komplexen d. 8-Hydroxychinolins (Kinetik) 33-0736; zwischen RuO_4^{2-} u. RuO_4^--Ionen in alkal. Lsg. 33-0738; v. aromat. Mol. 38-0974; zwischen Tl(I) u. Tl(III) (Katalyse durch Cl^-) 40-0644; Zwischen U(IV) u. U(VI) (Einfl. v. Dicarbonsäuren auf d. Geschw.) 40-0650; in Lsg. (Theorie) 41-0648; Zwischen U(IV) u. U(VI) in HCl (Kinetik) 41-0655.

Elektronenemission

Photo-— s. unter *Photoelektrizität. Auger-Effekt* s. dort. Ionenemiss. s. unter *Ionen.*

Emiss.-Intensitäten d. p–n-Übergänge v. $Cd_xHg_{1-x}Te$ 2-0464; Temp. d. v. Dünnschichtdioden v. Typ Al–Al_2O_3–Ag ins Vakuum emittierten Elektronen für Gleichspann. v. *4–10* V 10-0412; Verteil. d. bei Fokussier. eines Laserstrahls auf ein festes Target aus Be, C, Al, Ni oder Au emittierten Elektronen 11-0431; — kalter Kathoden aus MgO verschiedener Herst. 16-0355; Anreg. u. Emiss. v. Elektronen in dünnen Schichten 17-0218; Rauschen d. Elektronenemiss. u. Elektrolumineszenz v. MgO 17-0377; Elektronenauslsg. aus einer atomar reinen bzw. durch N_2 u. Luft vergifteten W-Fläche durch metastabile He- u. Ne-Atome 18-0368; —: v. Erdalkalimetallen auf W, Ir u. Rh 25-0656; aus gepreßten TiO_2-Kathoden in Ggw. polarer Mol. bzw. metall. Verunreinig.) 26-0387; v. polykrist. Nb-, Mo-, Ta-, W-, Re-, Os- u. Ir-Oberflächen in Cs-Dampf 29-0394; allg. Theorie d. — aus Metallen 33-0441; laserinduzierte, spontane Elektronenemiss. v. d. Rückseite v. Metallfolien (Folien v. Au, W bzw. Ta) 33-0448; Mechanismus d. Durchschlags bei festen Dielektriken im Zusammenhang mit d. — aus d. Kathode (NaCl, KCl, KBr u. K7) 34-0444; (organ. Glas) 34-0445; Abhängigk. d. schwachen Nachentlad.-Emiss. aus einer kalten Ba-Kathode v. d. Vers.-Beding. 36-0393; Li, LiC, C u. Edelstahl als intensive gepulste Elektronenquellen mit Laserbestrahl. 37-0436; Beobacht. d. — in fl. N_2 durch Mess. d. Leitfähigk. in einer koaxialen Zelle mit sehr inhomogenem Feld 38-0416; Größe u. Form d. durch anomale Auto-— v. org. Halbleitern verursachten Bldg.-Querschnitts 38-0911; — v. Ir in Li-Dampf 41-0436; durch chem. Abscheid. aus d. Dampfphase verbesserte thermion. Strahleroberflächen aus W u. deren — in Elektronenröhren 44-0214; Einfl. d. Restgases auf d. laserinduzierte — v. Metalloberflächen 44-0405.

App. zur Mess. schwacher Impulsemiss.-Ströme zur Unters. d. — aus p–n-Übergängen in Si 9-0447; Meth. zur halbstabilisierten Emiss.-Stromkontrolle 30-1930; Eign. d. Elektronen-Nachemiss. v. $CaSO_4$ zur Dosimetrie 47-1790.

Austrittsarbeit: v. Sn–Cd-Leg. 2-0411; für d. A- u. B-Ebenen d. *(111)*-Oberfläche v. GaAs aus Mess. d. Kontaktpotentialdifferenz gegenüber Pt (Vgl.-Mess. an Ge) 2-0412; u. photoelektr. Emiss. v. InP u. v. mit Cs bedecktem InP 2-0413; bei d. Thermoelektronenemiss. v. BeO, MgO, CaO, SrO u. BaO auf verschiedenen Metallen als Substrat 3-0430; Photovoltaeffekt in Tunneldioden v. Typ Al/Al_2O_3/Au u. Differenz d. Austrittsarbeiten v. Au u. Al 3-0487; Theorie d. Austrittsarbeitsänder. bei Adsorpt. polarisierbarer Ionen (Anwend. auf Cs^+ u. K^+ auf W) 5-0424; Austrittsarbeit: v. TaO-bedecktem Ta 6-0236; v. polykrist. V_2O_5 (Einfl. d. Adsorpt. v. O_2 u. SO_2) 6-0430; v. Carbiden schwerschmelzender Metalle in Cs-Dampf 7-0427; Spektralunters. d. photostimulierten (Exo)-— im Vakuum aus mit einer Oxidschicht bedecktem u. plast. verformtem Al (Austrittsarbeit) 7-0430; Austrittsarbeit bei d. photoelektr. Emiss. v. Cs-bedecktem Si u. Ge 8-0401; Glühemiss.-Austrittsarbeiten im Vakuum v. polykrist. Be, Ti, Cr, Fe, Ni, Cu, Pt u. rostfreiem Stahl *304* 8-0407; Austrittsarbeit: v. Glühkathoden 8-0409; v. an W adsorbiertem CsCl 9-0440; v. Dünnschichtdioden v. Typ Al–Al_2O_3–Ag 10-0412; v. Ba an verschiedenen Flächen eines W-Einkrist. 11-0426; u. Aktivität bei d. NH_3-Synth. v. Fe-Oxidkatalysatoren mit Promotorzusätzen 13-0748; in Abhängigk. v. d. Adsorpt. v. O_2 an d. Oberflächen v. *(110)*- u. *(100)*-orientierten W-Einkrist. 15-0454; Abhängigk. d. Diffus.-Geschw. v. Farbzentren in Alkalimetallhalogenidkrist. v. d. Austrittsarbeit d. färbenden Metalls 16-0282; Austrittsarbeit: v. *(110)*- u. *(111)*-Flächen v. Th-bedeckten W-Einkrist. 16-0356; v. Ni-, Mo- u. Fe-Filmen bei d. Adsorpt. v. H_2, O_2, N_2 u. Xe 16-0612; bei d. O_2-Adsorpt. auf einem Ag-Katalysator 16-0613; bei d. Adsorpt. v. O_2 an Ag 16-0614; v. Elektronen bei dünnen Schichten 17-0218; v. Ta- u. Mo-Einkrist. 17-0431; v. festen Lsg. v. W in Mo u. Ta 17-0432; Vakuum-Glühemiss.-Austrittsarbeit v. polykrist. Nb, Mo, Ta, W, Re, Os u. Ir 19-0403; Austrittsarbeit: bei Unters. d. Glühemiss. v. BaTe 19-0404; v. Au unter Berücksichtig. d. Hg-Kontaminat. 20-0348; v. Au 20-0349; v. Zr auf W 21-0372; v. GaAs-Feldemiss.-Kathoden 21-0375; v. ZnO 21-0649; v. TiO_2 (Einfl. d. Adsorpt. v. O u. v. W.-Dampf) 22-0609; v. TiO_2 (Einfl. einer Belicht.) 23-0406; u. d. Aktivität v. Ni-Oberflächen bei d. Adsorpt. v. O u. CO sowie bei d. Rk. beider Gase 24-0721; v. Metallen (quantenstatist. Berechn.) 25-0390; eines Mo-Einkrist. (Anisotropie) 25-0391; v. polykrist. Au 25-0392; v. W/La 25-0655; v. aus V_2O_5, MoO_3, Co_2O_3, Bi_2O_3 u. WO_3 zusammengesetzten Katalysatoren bei d. Ox. v. KW-Stoffen 25-0702; Korrelat. zwischen Metall-Halbleiter-Schwellenhöhe u. Metallaustrittsarbeit (Einfl. v. Oberflächenzuständen) 26-0413; Austrittsarbeit: d. *(110)*-, *(211)*-, *(100)*- u. *(111)*-Bereiche d. getemperten W-Spitze in Abhängigk. v. d. K-Bedeck. im Feldelektronenmikroskop 27-0383; v. W–LaB_6-Leg. 27-0430; v. Y-Boriden 27-0744; v. kugelförm. Cu-Einkrist. mit unberührter Oberfläche 28-0380; u. Oberflächenpotentiale bei Adsorpt. v. H an *(110)*-, *(100)*-, *(111)*- u. *(113)*-orientierten W-Einkrist.-Oberflächen 28-0381; v. polykrist. Nb-, Mo-, Ta-, W-, Re-, Os- u. Ir-Oberflächen in Cs-Dampf 29-0394; v. Seltenerdmetallboriden (LaB_6, GdB_6 u. LuB_6) 30-0342; u. Oberflächenenergie v. Metallen 32-0394; v. Au 32-0395; für d. Leg. W–Hf, Ta–Hf, Nb–Hf, Re–Hf, Re–Zr, W–Re 32-0396; Erniedr. d. Austrittsarbeit an K unter d. Einfl. eines elektr. Feldes 33-0447; effektive Austrittsarbeit aus UB_{12} 34-0438; lokale Austrittsarbeit d. Ni v. aus Ni-Pulver u. $BaCO_3$ gepreßten Kathoden mit BaO-Kristalliten auf d. Oberfläche d. Ni-Körner 34-0439; Austrittsarbeitsänder. in Folge d. Chemisorpt. v. W. u. O_2 auf Al 35-0387; Austrittsarbeit: v. fl. H_2 bei *21* °K 35-0388; v. Th–[W]-Kathoden u. Cs–[W]-Kathoden 36-0386; v. reinem, bzw. mit Ga oder Sb dotiertem Ge-Proben während d. katalyt. Dehydrier. v. A. an d. Halbleitern 36-0677; v. Metallen 37-0438; bei Adsorpt. v. O_2 u. SO_2 an V_2O_5-Schichten 39-0632; anomale Austrittsarbeit d. *(110)*-Fläche v. W 40-0360; Austrittsarbeit: v. Pt auf W 40-0361; v. Ir in Li-Dampf 41-0436; Einfl. d. Unterschieds v. Metall–Halbleiter-Austrittsarbeiten auf d. Berechn. v. Oberflächenlad.-Dichten d. Si–SiO_2-Grenzfläche bei MOS-(Metall–SiO_2–Si)-Strukturen u. Al- u. Cr-Schichten 43-0415; Austrittsarbeit: v. Cs auf W 43-0606; v. Cu am F. 45-0370; Zusammenhang d. Austrittsarbeit mit d. Oberflächenspann. v. Metallen 45-0371; Minimum d. Austrittsarbeit: v. Dünnschichtkathoden 45-0372; v. Cs auf W 46-0405.

Zelle für Kontaktpotentialdifferenzmess. durch Verfolg. d. Austrittsarbeit bei d. Adsorpt. v. Gasen an Katalysatoren 8-0713; Unters. d. Verdampf. v. auf eine Ta-Carbid-Unterlage aufgebrachten U-Carbid mittels d. Austrittsarbeit einer W-Anode 10-0562; elektronenopt. Verf. zur Abb. v. Oberflächen u. zur Best. d. örtl. Verteil. d. Austrittsarbeit (Meßergebnisse an Ni-, W-, Ta- u. Fe-Oberflächen) 30-0337; Anordn. zur Mess. d. Austrittsarbeit v. Halbleiterkatalysatoren in d. ersten Stufe d. Gasadsorpt. 32-0397.

Exoelektronen, Chemoemission u. dgl.: Spektralunters. d. photostimulierten Exo-— im Vakuum aus plast. verformtem, mit einer Oxidschicht bedecktem Al (Anfangsverform. ε_0) 2-0414; (begrenzende Oxidschichtdicke) 7-0430; (Steig. d. Abfallskurven im Anfangsstadium) 7-0431; Mechanoelektronenemiss.

beim Abreißen u. Verformen v. Polymerenfilmen (Guttaperchafilme auf Glasoberflächen) 9-0446; Unters. v. deformierten Metalloberflächen durch d. Meth. d. Exo-— 11-0427; — beim Schmelzen u. Erstarren v. Metallen (Sn, Pb u. Bi) 20-0352; parallele Unters. d. Lumineszenz u. Exoemiss. v. $CaSO_4$: Mn nach Anreg. mit β-Teilchen v. ^{90}Sr u. durch Elektronen 25-0355; Temp.-Abhängigk. d. Lumineszenz sowie d. Chemi-— v. KN_3, NaN_3, CsN_3 u. RbN_3 (Berechn. d. Aktivier.-Energien für d. Zers.) 31-0708; photostimulierte Emiss. v. (Exo)-Elektronen an Luft während d. Rekristallisat. v. Metallen u. Leg. 33-0445; Exo-— u. Oxidschichtwachstum auf Leg. d. Syst. Mg/Cd bei d. Korros. an d. Luft 33-0741; — beim Ablösen v. Kautschuken v. Metall u. Glas im Vakuum 41-1106; Exo-—: aus einer Ag-Katalysatoroberfläche in verschiedenen Gasgemischen 42-0389; aus polierten Oberflächen v. Ge u. Si 49/50-0386.

Temp.-Regel. zwischen *— 190* u. *+ 500* C für Unters. d. Exo-— bei Ge 6-1844; Vers. mit einem Szintillat.-Zähler zum Nachw. v. Exoelektronen 20-0353; Unters. v. adsorbierten Katalysatoren mit Hilfe d. Exo-— (Pt auf Zn-Oxid) 21-0736; (Ag u. Au auf ZnO) 21-0737; App. zur Unters. d. Exo-— verformter Metalle u. Kinetik d. Änder. d. Exoemiss. bei d. cycl. Verform. einer Al-Probe 25-0395; Eig. d. Spitzenzählers mit Löschdampf über d. freien Fl.-Oberfläche als Exoelektronendetektor 27-1968; Vers. zur Best. d. Elektronenaffinität v. KCl aus d. Kinetik d. therm. Bleichens v. additiv verfärbten Krist. u. d. dabei auftretenden Exo-— 51/52-0304.

Sekundäremission: v. Cu–Be durch positive Ionen v. *25* keV 2-0415; einer Cu-Leg. mit *2*% Be in einer mit Siliconöldampf verunrein. Ultrahochvakuumapp. bzw. nach Reinig. d. Leg.-Oberfläche durch Beschuß mit Ar-Ionen 4-0367; u. d. Ionenreflex. an kugelförm. Cu-Einkrist. bei Beschuß mit N_2- oder He^+-Ionen 8-0403; v. Ge unter K-Ionenbeschuß in verschiedenen kristallograph. Richt. 8-0404; Winkelabhängigk. d. Koeff. d. sek. — v. KBr-Einkrist. unter K-Ionenbeschuß 8-0405; Diskontinuitäten in d. Zahl monochromat. Sekundärelektronen in Abhängigk. v. ihrer Energie bei hochentgasten polykrist. Pt-Oberflächen 9-0442; period. Schwank. in d. Intensität d. sek. — in Abhängigk. v. d. Primärenergie für eine hochentgaste polykrist. Pt-Oberfläche 9-0443; Energieverteil. d. v. He- u. Ar-Ionen an Mo ausgelösten Elektronen 14-0443; Veränder. d. sek. — v. CdS im Verlauf d. Elektronenbestrahl. u. im Temp.-Bereich v. *—193* bis *+200°* 14-0444; Anreg. v. Rumpfelektronen durch Stoß mit schnellen Primärelektronen in Metallen im Hinblick auf d. sek. — 16-0347; sek. — dünner Schichten 17-0218; Einfl. d. Target-Krist.-Struktur auf d. — durch Ionen 17-0434; Anisotropie d. durch Ar-Ionen induzierten sek. — v. Si 17-0435; Sekundäremiss.-Eig. zusammengesetzter Photokathoden 18-0366; Statistik d. sek. — v. Ni u. Fe 18-0367; Charakteristik d. sek. — v. porösen MgO-Dünnfilmen auf Ni 19-0405; Winkelabhängigk. d. Zerstäub. u. kinet. — v. Einkrist. 21-0280; Energieverteil. v. sek. Elektronen aus d. Auger-Neutralisat. v. *4—70*-eV-Ionen 21-0368; Statistik d. Ein-Elektronen-Vervielfach. 21-2094; sek. — v. Metalloberflächen unter Beschuß mit Li oder Li^+ 22-0381; Abhängigk. d. — v. Ni, Cu u. Mo unter Beschuß mit H_2^+-Ionen v. Wasserstoffdruck 22-0382; Ausb. an Sekundärelektronen: v. Spaltprod. aus einer dünnen Schicht v. UO_2 24-0398; an einer V2A-Stahloberfläche durch Ar^+, H^+ bzw. H_2^+, He^+ u. Ionen aus einer mit Luft betriebenen Gasentlad. 29-0395; gerichtete Emiss. v. Sekundärelektronen v. einem Cu-Einkrist. bei Beschuß mit Ar-Ionen 29-0396; sek. — in Al, Ag, Ge u. NaCl 30-0339; Schwäch.-Länge für Sekundärelektronen in dichtgepacktem KCl u. CsJ 30-0340; feldverstärkte sek. — v. dünnen dielektr. u. Halbleiterschichten (MgF_2- bzw. ZnS-Filme) 31-0432; sek. — beim Beschuß d. (*111*)-, (*100*)- u. (*110*)-Flächen eines W-Einkrist. mit Ar-Ionen 33-0442; induzierte Leitfähigk. u. sek. — v. Halbleitern u. Dielektrika beim Beschuß mit positiven Ionen 33-0443; Energieverteil. v. aus NaCl-Schichten auf Mo beim Beschuß mit He^+- u. Ar^+-Ionen emittierten Elektronen 33-0444; Theorie d. Sekundärelektronenemiss. v. Metallen 34-0434; Wechselwrkg. v. Sekundärelektronen mit d. Festkörperplasma 34-0435; Einfl. therm. Krist.-Gitterschwing. auf d. Ionen–Elektronen-Emiss.-Koeff. v. Cu-Targets bei Bombardier. mit $^{20}Ne^+$-, $^{40}Ar^+$- u. $^{84}Kr^+$-Ionen 39-0412; experimentelle Best. d. maximalen Austrittstiefen monoenerget. Sekundärelektronen bei Aufprall v. Primärelektronen auf einen Pt-Träger mit K-Schichten 39-0413; sek. —: in Au durch α-Teilchen v. *1* MeV 39-0414; v. Targets aus Be, CuBe, Cu u. Al durch Ar-Ionen u. Ar-Atome v. *1—20* keV 42-0390; Energiespektrum d. Sekundärelektronen bei d. Adsorpt. v. BaO auf W u. geringen Primärelektronenenergien 42-0391; Abhängigk. d. sek. — u. d. elast. Elektronenreflex. v. d. Dicke d. Schicht d. BaO auf W bei niedr. Energien d. Primärelektronen 42-0392; Temp.-Abhängigk. d. Sekundärelektronenemiss. v. MgO-Filmen auf aktivierten Al–Mg-Leg. 42-0393; Elektronenenergieverluste u. sek. — für d. Intervall mittlerer Energien (Anwendbark. d. Spencer-Gleich.) 45-0374; Abhängigk. d. Ionen–Elektronen-Emiss.-Koeff. v. Einfallswinkel 45-0375; Einfl. d. Geschw. v. Edelgasionen auf d. Emiss. v. Sekundärelektronen 49/50-0387.

Direkte Mess. einer Dickenänder. d. Verarm.-Schicht eines Si-p–n-Übergangs bei angelegter Vorspann. mit Hilfe d. im p–n-Übergang induzierten Ströme u. d. sek. — 2-0417; Aussagen über d. Zustandsdichte v. Cu u. Ni aus d. Energieverteil. v. sek. Elektronen 24-0397; Best. d. D. d. Valenzzustände v. Festkörpern aus d. Energieverteil. v. durch Edelgasionen abgelösten Elektronen 31-0429; dünner Sekundäremiss.-Monitor für Strahlstrom u. Strahllage 32-1946; Detektor für neutrale Teilchen v. Sekundärelektronenemiss.-Typ 45-0376.

Thermische Elektronenemission: v. TaC u. ZrC nach Behandl. in Cs-Dampf, im Vakuum oder in Dämpfen d. Emittermetalls 7-0427; eines Metalls (Einfl. eines Temp.-Gradienten) 8-0406; thermoion. Emiss. v. La-Hexaborid/Re-Kathoden 8-0408; nichtgleichförm. — v. Glühkathoden 8-0409; Einfl. einer CsF-Atmosphäre auf d. therm. — v. W 9-0445; Vers.-Röhre zur Prüf. d. Emiss.-Eig. v. Glühkathoden bei hoher Arbeitstemp. mit Heiz. durch Beschuß mit Elektronen 10-0414; Richardson-Darst. v. porösen Emittern (— v. mit BaO bedeckten, nach d. Sprühverf. erhaltenen Kathoden) 12-0438; Bezieh. zwischen d. thermostimulierten —, d. Leitfähigk. u. d. Lumineszenz v. Alkalimetallhalogenidkrist.-Phosphoren 14-0386; Einfl. starker Felder auf d. Thermo-— v. Halbleitern 14-0441; Emiss.-Strom v. {*110*}- u. {*111*}-Flächen v. Th-bedeckten W-Einkrist. 16-0356; Glühemiss. v. BaTe 19-0404; Re-Thermoemitter (Übersicht) 20-0351; therm. — eines Mo-Einkrist. 25-0391; Leitfähigk. eines Gases mit suspendiertem Pulver durch thermion. Emiss. 27-0210; Änder. d. Glühemiss.-Stroms v. Pd infolge Chemisorpt. v. atomarem u. mol. Wasserstoff 27-0429; Parameter d. Thermo-— u. d. Strahl.-Koeff. v. W–LaB_6-Leg. 27-0430; Temp.- u. Zeitabhängigk. d. verzögerten — v. zeitlinear aufgeheizten Al-Proben 30-0341; Natur d. Thermoemiss.-Eig. v. Seltenerdmetallboriden (LaB_6, GdB_6 u. LuB_6) 30-0342; therm. —: u. Austrittsarbeit d. Leg. W–Hf, Ta–Hf, Nb–Hf, Re–Hf, Re–Zr, W–Re 32-0396; aus Metallen 33-0441; Einfl. v. therm. u. UV-Strahl. auf d. thermion. Emiss. v. W 34-0437; Thermo-— v. UB_{12} 34-0438; Einschichtthermoemitter 34-0439; —-Strom d. Th–[W]-Kathode u. d. Cs–[W]-Kathode 36-0386; Thermoemiss.-Charakteristiken v. Übergangsmetallen u. ihren Verb. 37-0437; elektronenopt. Unters. v. Oxidkathoden 39-0415; Parallelität zwischen d. Bldg.-Wärmen v. Erdalkalimetalloxidmischkrist. u. ihrer Thermoelektronenemiss.-Fähigk. 46-0528; Einfl. d. Glühemiss. auf elektrochem. Mess. bei hohen Temp. 47-0400; thermion. u. Adsorpt.-Eig. v. ZrN in Cs-Dampf 47-0401; thermion. Eig. v. Ce-, Pr- u. Nd-Hexaborid 48-0379; Einfl. d. N_2-Adsorpt. auf d. Glühemiss. eines polykrist. W-Bandes 49/50-0391; Thermo-— v. Gd-Boriden 51/52-0359.

Vers.-Röhre zur Prüf. d. —-Eig. v. Glühkathoden bei hoher Arbeitstemp. mit Heiz. durch Beschuß mit Elektronen 10-0414.

Feldemission: morpholog. Änder. einer Rotat.-Oberfläche v. Feldemiss.-Spitzen durch Oberflächendiffus. infolge Kapillarwrkg. 3-0243; Feldelektronen- u. Feldionenmikroskopie 3-0428; Überblick über Unters. d. Feldemiss. v. Halbleitern u. Metallen 5-0423; Feldemiss. aus Tammschen Oberflächenzuständen im eindimensionalen Modell 7-0428; Unters. d. Gültigk. d. Fowler-Nordheim-Modells für Feld-— v. reinem W u. v. mit adsorbiertem N_2 bedecktem W 9-0437; Feldemiss. aus dünnen Si-Schichten auf W 11-0428; Photofeldemiss. v. Si u. Ge mit hohem Widerstand 11-0429; Feldemiss. v. mit Fremdatomschichten bedeckten Metalloberflächen (mit Ge bedeckte W-Oberflächen) 12-0437; Felddesorpt. v. ox. Ge-Spitzen in einem Feldemiss.-Mikroskop 13-0264; Theorie d. Feldemiss. v. Metallen 16-0352; Unters. d. Adsorpt.- u. Emiss.-Eig. v. Cs-Schichten auf W-Einkrist.-Oberflächen mit einer Sondenmeth. für Feldemiss.-Mess. 16-0353; Unters. d. Emiss.-Eig. v. Ge auf verschiedenen Oberflächen v. W-Einkrist. 16-0354; Einleit. eines elektr. Durchschlags im Vakuum durch einen Feldemiss.-Elektronenstrom 18-0195; Rauschen in Feldemiss.-Dioden 20-0350; Möglichk. zur Lokalisier. d. Feldemiss. in kleinen Winkeln 21-0372; Emiss. heißer Elektronen aus dünnen metall. Filmen durch ein angelegtes elektr. Feld (Vgl. mit experimentellen Werten für Au-Filme) 22-0385; Stromrauschen bei d. Feldelektronenemiss. in Feldelektronenmikroskopen u. Zusammenhang mit Adsorpt.-Erschein. für d. reine u. d. mit Restgas oder Ba bedeckten W-Spitze 26-0384; Rauhigk. u. Feldemiss. am Beispiel v. Al- auf Mo-Schichten auf Sapphir 26-0385; Feld-— begleitender Energieaustausch 27-0426; verbesserte Stabilität d. Feldemiss.-Stroms bei Mikrowellenfrequenzen 29-0392; Unters. kalter Kathoden v. Malter-Typ 31-0433; Feldemiss.: aus Metallen 33-0441; in Fl. (Bzl., fl. N_2, Ar, O_2, H_2 u. He) 35-0388; Einfl. d. individuellen Ionenfeldes auf d. Thermofeldemiss. 35-0389; Funkt.-Werte bei d. Fowler-Nordheim-Gleich. d. Feldemiss. 40-0358; Feldemiss. aus Halbleitern 40-0359; Unters. d. Oberflächenbarriere v. Re aus period. Abweich. v. thermion. Schottky-Effekt 42-0394; Schottky-Emiss. als ein geschwindigkeitsbestimmender Faktor bei d. therm. Ox. v. Metallen 42-0631; Feldemiss. v. mit nichtmetall. Schichten bedeckten Metallen (mit Ge bedeckte W-Oberflächen) 44-0406; Erzeug. feldverstärkender whiskerähnl. Vorsprünge beim Anlegen eines elektr. Feldes 44-0407; anomale Gesamtenergieverteil. für einen W-Feldemitter 46-0401; Feldemiss. aus CdS-Whiskern 46-0403; photoempfindl. Feld-— v. In_2S_3 46-0404; anomaler Schottky-Effekt 47-0399; feldabhäng. — aus wärmebehandelten Elektroden in Stickstoff 48-0378; — v. InAs bei hohen Feldern 49/50-0388; Feldstärkeabhängigk. d. Winkelverteil. feldemittierter Elektronen u. Ionen 49/50-0389; Feldemiss. bei Adsorpt. v. K an W 49/50-0390.

Feldemiss.-Mikroskopie v. Ni–Be-Leg. 9-0438; Unters. v. Gasadsorpt. an Metallen mit Hilfe d. Feldelektronenmikroskopie am Beispiel einer Mo-Spitze als Emitter 9-0439; Feldemiss.-Mikroskopie v. Alkalimetallhalogeniden auf W (— u. Austrittsarbeit v. an W adsorbiertem CsCl) 9-0440; Einfl. eines elektr. Feldes auf d. Verh., d. Größe u. d. Form v. Mol.-Bildern im Feldelektronenmikroskop 9-0441; Schwank.-Erschein. an Cu-Phthalocyaninmol. im Feldelektronenmikroskop 13-0438; Unters. d. Emiss.-Eig. u. d. Desorpt. d. Si v. einer W-Fläche im Feldelektronenmikroskop 21-0373; Feldemiss.-Unters. d. Adsorpt. u. Desorpt. v. Chlor u. d. Dissoziat. v. CCl_4, Chlf. u. CH_4 auf W 21-0374; Oberflächenstruktur u. Rk.-Kinetik (aus Emiss.-Bildern) v. GaAs-Feldemiss.-Kathoden 21-0375; Länge d. Mol.-Fäden d. adsorbierten Phthalocyaninmol. auf d. Spitze d. Elektronenprojektors bei d. Feldemiss. 23-0407; Emiss.-Elektronenmikroskopie bei Anwend. hoher Feldstärken 23-1914; Unters. d. Adsorpt. v. Li an W-Einkrist.-Oberflächen im Feldemiss.-Mikroskop 24-0658; feldelektronenmkr. Beobacht.: v. funkeninduzierten Erheb. auf W-Flächen (v. Cu-Whiskern auf W) 26-0386; v. Keimbldg. u. epitakt. Wachstum v. Cu auf W 27-0250; Unters. d. Chemisorpt. v. NO an W durch Feldelektronenmikroskopie 28-0382; Unters. d. Austrittsarbeiten d. (*110*)-, (*211*)-, (*100*)- u. (*111*)-Bereiche d. getemperten W-Spitze in Abhängigk. v. d. K-Bedeck. im Feldelektronenmikroskop 27-0383; Erzeug. d. Harmonischen v. Mikrowelle durch eine Feldemiss.-Kathode in einem supraleitenden Resonator 29-0391; Kryo-System für d. Feldemiss.-Mikroskopie in einem st. Magnetfeld 30-1956; Feldkathoden mit dünnem Isolatorschichten 31-0434; Unters. d. Struktur einer W-Leg. mit *17* Mo u. *30* Re durch Feldelektronenprojekt. 35-0393; Adsorpt. v. Si auf W-Einkrist.-Flächen im Feldelektronenmikroskop 39-0636; Beobacht. v. Adsorpt.-Vorgängen an W im Feldelektronenmikroskop 46-0402; Behandl. d. W-Spitze in einem Feldemiss.-Mikroskop u. d. Adsorpt. v. O u. H bei hohen Temp. u. Feldern 49/50-0601

Bibliographie: Handbook of thermionic properties; electronic work functions and Richardson constants of elements and compounds **B 49**.

Elektronenmikroskopie s. unter *Elektronen*.
Elektronenmikrosonde s. unter *Röntgenspektroskopie*.

Elektronenröhren

Röntgenröhren s. unter *Röntgenstrahlen*. Anwend. für spezielle Zwecke s. unter d. entsprechenden Stichwörtern.

Siehe auch *Entladungsröhren*.

Triode mit negativem Widerstand 1-0189; negativer Widerstand infolge d. Ramsauer-Effekts in einer mit Xe gefüllten Triode 5-0238; Analyse d. Strom–Spann.-Kennlinie einer Hochdruck-Cs-Diode 11-0210; röntgenspektrometr. Best. v. Zus. u. Verteil. d. Subl.-Prod. in – 14-2086; gasgefüllte Diode beim Arbeiten ohne Maxwell-Verteil. d. Elektronen 15-0224; Desorpt. v. Hg u. Austrittsarbeit v. polykrist. Au aus Mess. d. Strom–Spann.-Kennlinie einer Hochvakuumdiode 25-0392; Stromunterbrech. im H- u. D-Thyratron 39-0229; Zweistromfluß in Dioden 44-0195; Hochvakuummess. über d. Relaxat.-Zeit einer virtuellen Kathode 46-1792; raumladungsbegrenzte Hochdruckdiode 51/52-0151.

Thermionische Konverter: Abwert. d. Energie bei d. thermoelektr. Umformern 1-0392; Magnetfeldeinfl. auf einen thermion. Cs-Energiewandler 5-0236; thermoelektron. Umwandler mit Photonenstrahl. als ionisierende Quelle 5-0237; Theorie d. Schwing. mit großer Amplitude in d. eindimensionalen thermion. Cs-Niederdruckumwandler 6-0206; Vol.-Ionisat. in therm. Gaskonvertern 11-0208; V–A-Charakteristik v. Thermoemiss.-Umwandlern 11-0209; Energieverluste aus d. Plasma eines thermoelektron. Umwandlers infolge Diffus. angeregter Atome u. Resonanzbestrahl. 13-0211; Strom–Spann.-Charakteristiken d. bei relativ niedr. Temp. arbeitenden Cs-Glühemiss.-Konverters 15-0225; thermoion. Energiewandler mit hohem Cs-Druck u. W-Kathode 15-0226; ergiebigste Betriebsbeding. d. Thermoemiss.-Energiewandlers 15-0227; Sondenunters. d. Plasmas in Thermoemiss.-Umwandlern mit hohem Cs-Dampfdruck (experimentelle Meth., Theorie) 20-0168; (Prüf. d. Sondenmeth.; Ergebnisse d. Mess. im Diffus.- u. Bogenbereich) 20-0169; Glühemiss.-Energiekonvers. unter Verw. v. Ba plus Cs-Dämpfen 27-0224; Grundlagen u. Probleme d. Glühemiss.- u. thermoelektr. Energieumwandl. unter bes. Berücksichtig. d. Raumfahrt 27-0225; Wirkungsweise eines Thermoemiss.-Umwandlers in einem Cs–Ne-Gemisch 29-0193; Beschränk. d. stoßfreien Modells d. Thermionenumwandlers 31-0221; thermion. Wandler im gezündeten Betrieb (theoret. Ausgangsstromkennlinien) 34-0234; (Quasi-Gleichgew.-Modell für d. Plasma zwischen d. Elektroden) 34-0235; thermion. Konverter mit Edelgashilfsentlad. 40-0157; Cs-Thermionenkonverter mit Hilfsentlad. 40-0158; Strom–Spann.-Charakteristik einer Thermoelektronendiode 42-0196; theoret. Wrkg.-Grad einer Thermionendiode 42-0197; Einfl. d. Größe d. Elektrodenabstandes auf d. Wrkg. eines Cs-Thermoumwandlers 42-0198; Cs-Thermoemiss.-Umwandler mit Zugabe eines Edelgases 42-0199; Sondenunters. d. Plasmas in Thermoemiss.-Energiewandlern mit hohem Cs-Druck (Verteil. d. Elektronenkonz. u. -temp. u. d. Raumpotentials im Elektrodenzwischenraum v. Thermoemiss.-Energiewandlern) 42-0200; maximaler Wrkg.-Grad v. thermion. Konvertern 45-0196; Wrkg. geringer Magnetfelder auf d. Eig. einer Thermionendiode im Plasma einer selbständ. Entlad. 51/52-0150.

Kathodenstrahlröhren: Elektroanalyse d. CdS-Leuchtfarbe einer Fernsehbildröhre 2-2120; Erforsch. u. Entw. eines Elektronenkanal-Bildverstärkers 7-2032; Instabilitäten in einem neutralisierten Elektronenstrom in einer Driftröhre endl. Länge 17-0195; Anwend. d. photoelektr. Interferenzspektroskopie u. Bildverstärker auf d. Plasmadiagnose 21-0189; Kernstrahldetektoren auf d. Grundlage eines Bildverstärkers 28-1944; Anwend. eines Bildwandlers zur Unters. d. magnetoopt. Erschein. in Krist. in starken Impulsmagnetfeldern 36-0311; Verteil. d. Lichtimpulsgröße einzelner Kathodenelektronen in einem Bildverstärker 47-0404.

Multiplier: Mechanismus langzeit. reversibler Verstärk.-Änder. an Multipliern 6-0408; Anwend. v. SEV im Spekol-Kugelreflektometer 11-2031; Mess. zur Ansprechwahrscheinlichk. u. Impulshöhenverteil. eines SEV 12-1927; Unters. v. Lichtimpulsen in Geiger-Müller-Zählern mit einem Multiplier 15-1981; Meth. zum Zählen v. *100*-V-Elektronen mit Hilfe v. Kreuzfeld-SEV 24-1896; automat. Ausb.-Kontrolle bei Photomultipliern 24-1900; Unters. an SEV für Zwecke d. Thermolumineszenzdosimetrie 25-1736; Photostromspektrum eines SEV u. Zähl. v. mittels eines Gaslasers erzeugten Photoelektronen 27-0428; Spann.-Teiler für hochverstärkende Photomultiplier 29-1984; Linearität v. Photomultipliern 32-1945; abs. spektrale Empfindlichk. v. Photomultipliern u. Anwend. zur Mess. abs. Quantenausb. bei Chemilumineszenz u. Biolumineszenzvorgängen 34-0713; Kühl. für Photomultiplier 49/50-1711.

Herstellung

Glühkathoden s. dort.

Gitter für – 1-2369*; Überziehen v. Kathodenstrahlröhren mit Kunstharzen 3-2291*; Lumineszenzmaterial für Kathodenstrahlröhren 3-2292*; Herst.: v. Kathodenstrahlröhren 5-2344*; v. Gittern für Elektronenröhren 7-2394*, 7-2395*; v. Anodenmaterial aus Al–Sn-Leg. 8-2266*; v. Fernsehröhren durch Aufsprühen einer Schicht aus SiO_2, B_2O_3, ZnO, PbO, Al_2O_3 8-2283*; v. Fernsehbildschirmen (chem. Belange) 12-2249; Thermodiode mit fl. Kollektor u. Emitter aus U-Carbid für Kernreaktoren 16-2088*; thermion. Konverter: mit Emiss.-Elektrode aus *10 – 80* U-Carbid, *90 – 20* Re oder W 17-2267*; mit bes. geschütztem kathod. Teil 18-2328*, 18-2329*; Verbesser. d. Glühemiss. d. Kathoden v. thermion. Konvertern 18-2330*; v. Bildspeicherelektroden in Fernsehaufnahmeröhren (Al–MgO-Folie) 16-2216*; Schmelzen v. Ni unter vermindertem Druck für Elektronenröhrenkathoden 21-2527; Herst.: v. Sinterkörpern für vakuumdichten Verschluß v. Radioröhren 28-2329*; v. Auftreffelektroden 29-2285*; v. dünnen Metallgittern für Kathodenstrahlröhren 29-2314*; Vermeid. d. Elektronenstrahl. einer Mo-Elektrode durch einen Zr-Hydridüberzug 30-2224*; Überziehen d. Innenseite v. Kathoden für Thermionenröhren 30-2244*; Herst.: eines nichtverdampfenden Getters 32-2261*; v. Mo-Draht für Gitter in – 36-2191*; Verschmelzgläser für – 36-2204*; Au-Lot zur Herst. v. Metall-Keramik-Verbind. für SEV 37-2221*; Verstärken v. Kathodenstrahlröhren durch Aufbringen einer Glasur u. einer porösen Metallschicht 39-2140*.

Elektronen, solvatisierte, – bei ESR d. Lsg. v. K in Äthylamin 2-0377; theoret. Unters. v. – in fl. He 3-0574; – in d. Strahlenchemie 3-0734; Ionenbeweglichk. d. strahlenchem. gebildeten – 3-0735; submikromolare Analyse d. Entionisier. v. – 3-0737; Aktivier.-Energie v. Rk. hydratisierter Elektronen 4-0914; Bldg. v. – bei d. Photochemie wss. Lsg. 7-0706; gegenseit. Umwandl. v. e_{aq} u. H 8-0700; Modell für d. spinpaar. Spezies v. – in fl. NH_3 10-0156; Rk.-Fähigk. u. Rk.-Geschw. v. – (Übersicht) 10-0702; Rk. v. – mit Nitromethan 10-1019; Geschw.-Konst. d. Rk. v. – mit Aminosäuren 10-1023; Bedeut. d. – in d. Strahlenchemie 12-0736; H–D-Isotopeneffekt bei d. Bldg. v. H durch Rk. zweier – 12-0737; Rk. d. – mit W. 12-0738; Liniengestalt d. Elektronenabsorpt.-Banden v. Metall–NH_3-Lsg. 16-0281; Elektron in Lsg. (Übersicht) 17-0757; – bei d. ^{60}Co-γ-Radiolyse v. alkal. Lsg. v. N_2O in Propanol-(2) u. Methanol 19-0716; Absorpt.-Spektrum v. – in H_2O u. Geschw.-Konst. d. Rk. mit H_2O, H^+, H_2O_2, O_2 u. N_2O 19-0719; H/D-Isotopeneffekte bei d. H-Bldg. durch Rekombinat. v. – 19-0723; – in festen organ. Lsgm. 20-0955; elektron. Prozesse in Lsg. v. Alkalimetallen in fl. NH_3 (Modell mit zwei diamagnet. Spezies) 21-0585; (elektr. Leitfähigk.) 21-0586; N_2O als spezif. Fänger v. – 22-0654; Geschw.-Konst. u. Temp.-Koeff. d. Rk. v. – mit anorgan. Verb. 23-0701; – (Übersicht) 24-0733; Wechselwrkg. zwischen – im Grundzustand 25-0120; Bldg. v. – bei d. Pulsradiolyse v. fl. NH_3 26-0703; Hyperfeinwechselwrkg. in d. Elektronenspinresonanzen v. – 28-0157; theoret. Unters. d. Elektronenüberführ.-Rk. v. – 31-0707; Rk.-Fähigk.: v. Komplexionen d. Übergangsmetalle gegenüber – 33-0739; v. – in wss. Hexacyanoferrat(II)-Lsg. 37-0710; v. – mit mono- u. disubstituiertem Bzl. 39-0963; opt. Erzeug. v. – aus aromat. Verb. 40-0974; Erzeug. v. – 41-0681; thermodynam. Eig. v. – 41-0682; Reaktivität v. – bei d. γ-Radiolyse v. aliphat. Alkoholen gebildeten – (Kinetik) 41-0992; pulsradiolyt. Unters. d. Rk. v. – (Übersichtsvortrag) 43-0674; radiolyt. Bldg. v. vierwert. Br durch – 46-0710; Struktur d. Solventhülle v. Elektronen 47-0167; Beitrag d. – zum Radiolysemechanismus wss. KJ-Lsg. 47-0649; RGK d. Rk. v. – mit organ. Verb. 49/50-0863.

Bldg. u. Rk. v. Elektronen u. Defektelektronen in γ-bestrahltem Eis u. gefrorenen wss. Lsg. 3-0740; Bldg. v. Elektronen bei d. ^{60}Co-γ-Bestrahl. v. eingefrorenen Lsg. v. Metallsulfaten in H_2SO_4 5-0759; Rk. d. thermalisierten Elektrons in gefrorenen wss. $NaClO_4$-Lsg. nach ^{60}Co-γ-Bestrahl. 12-0739; **Auffinden festgehaltener Elektronen in γ-be**strahlten glasart. Elektrolytlsg. 21-0349; Mechanismus d. γ-Radiolyse gefrorener Nitratlsg. unter Beteilig. v. Elektronen 38-0700.

Elektronenspinresonanz

– unter d. Einfl. v. Schall s. unter *Magnetoakustische Erscheinungen*. *Elektron–Kern-Doppelresonanz (ENDOR)* s. dort. Siehe auch *Kernpolarisation*; *Magnetische Resonanz*.

EPR (Anwend. auf chem. Probleme; Vers.-Ergebnisse u. ihre Interpretat.) 1-0859; Fortschritte in d. magnet. Resonanz 2-0132; Elektronenspinecho-Umhüll.-Modulat. in Festkörpern 2-0374; Phononenengpaß in paramagnet. Krist. (thermodynam. Beschreib. d. –) 2-0376; Signalamplituden (Absorpt.-Linien) v. modulationsverbreiterten magnet. Lorentz- u. Gauß-Resonanzen 2-0392; Einfl. d. Austauschwechselwrkg. durch therm. Schwing. d. Krist.-Gitters auf d. EPR 3-0394; Jahn-Teller-Effekt in d. – -Spektren (Bahn-Red.-Faktoren u. teilweises Einfrieren d. Spin–Bahn-Wechselwrkg.) 4-0332; (Ionen mit Spin *1* im kub. Krist.-Gitter) 4-0333; – -Absorpt. bei *9,5* GHz v. rekrist. freien Radikalen 4-0872; Grundlagen d. – 5-0371; EPR-Unters. v. Ionenpaargleichgew. 6-0165; Prinzip d. minimalen Entropiezunahme bei d. Resonanz v. Leitfähigk.-Elektronen 6-0354; vergleichende Betracht. zur Gruppentheorie d. EPR 6-0357; Spinechos v. breiten Resonanzlinien mit großen Drehwinkeln 6-0358; Unters. d. EPR an dotierten Krist. (Übersicht über d. Möglichk. d. Unters.) 6-0364; – -Spektren v. Radikalionen 6-0882; Spin-Hamilton-Operator u. Intensitäten d. – -Spektren, d. v. starken Nullfeldeffekten auf ^6S-Zustände erzeugt werden 8-0362; Linienbreiten v. – -Spektren v. Lsg. 11-0160; Beweg. lokalisierter Triplettexzitonen für d. Exziton-Phonon-Wechselwrkg. in ion. Mol.-Krist. (magnet. Exzitonenresonanz) 11-0383; Spektren d. EPR bestrahlter, gefrorener, wss. Lsg. 11-0404; Spin–Phonon-Linienbreite d. Austauschresonanz 11-0509; modifizierte – im Bereich d. nahezu anomalen Skintiefe 12-0411; Temp.-Abhängigk. d. Breite u. Form d. EPR-Absorpt.-Kurven lokaler Zentren in Krist. im Fall v. Hyperfeinwechselwrkg. 12-0412; Theorie d. EPR-Spektren durch Austauschwechselwrkg. gekoppelter paramagnet. Ionen in Krist. 12-0413; – -Unters. d. Spindichteverteil. in freien Radikalen 14-0982; Momentenmeth. in d. Theorie d. EPR 15-0180; Linienform d. – -Spektren (Einfl. d. Verschieb.-Matrix) 15-0416; – -Unters. an kurzleb. Radikalen bei d. Redoxpolymerisat. v. Monomeren 16-0842; Spin-Hamilton-Operator paramagnet. Zentren in Krist. bei äußeren Magnetfeldern (EPR-Spektren) 17-0392; Form d. EPR-Linie durch Hyperfein-Kontakt-Wechselwrkg. mit zufäll. verteilten Kernen 17-0393; dynam. Vereng. d. EPR-Linie in kompensierten Halbleitern 17-0394; EPR v. photoselektierten Triplettmol. 17-0919, 17-0920; elektr. Dipolübergänge in d. Spektren d. EPR einiger zweiatom. Mol. 19-0169; Auffinden festgehaltener Elektronen in γ-bestrahlten glasart. neutralen wss. Elektrolytlsg. durch EPR-Unters. 21-0349; – -spektroskop. Unters. v. C_2H_6–O_2-, C_2H_4–O_2- u. C_2H_2–O_2-Flammen 21-0676; – -Linienbreiten in Lsg. (Anisotropie- u. Spin–Rotat.-Effekte) 22-0152; (Analyse d. Spin–Rotat.-Relaxat.-Daten) 22-0153; Linienbreiten d. – (Magnetfeldkorrektur) 22-0351; semiempir. Theorie d. isotropen Hyperfeinaufspalt. in d. – -Spektren freier Radikale 22-0844; – freier Radikale in fl. u. unterkühlten Lsg. 23-0885; – -Unters. v. Radikalen 27-0031; – -Linienbreiten in Lsg. 27-0409, 27-0410; – (Jahresbericht) 28-0002; EPR-Spektren einiger neuer stabiler Radikale 28-0872; durch Phononenaustausch induzierte Wechselwrkg. großer Reichweite zwischen paramagnet. Ionen (EPR-Unters.) 29-0387; ESR-Unters. v. Radikalen u. Radikalionen in Lsg. 31-0830 bis 31-0832; Temp.-Abhängigk. d. Linienmomente d. EPR 34-0171; Theorie d. Verbreiter. verbotener Resonanzlinien durch Austauschwechselwrkg. zwischen d. Elektronenspins 39-0386; – -Spektren v. ^{15}N-halt. Radikalen bei tiefen Temp. 41-0688; Einfl. d. Komplexbldg. auf d. Wirksamk. d. Elektronenaustauschwechselwrkg. in Lsg. (EPR-Mess.) 42-0150; Wechselwrkg. v. Triplettexzitonen u. d. Funkt. d. Linienform (Spin-Absorpt.-Linie in d. Spektren beim Magnetfeld O) 43-0373; Raman-Analoges v. Elektronen- u. Kernspinindukt. u. -echo 44-0113; EPR-Linienverbreiter. in schwachen Feldern 47-0166; Theorie d. spannungsverbreiterten Linienformen d. – u. opt. Nullphononenlinien

48-0356; – (Übersicht) 48-0357; EPR-Linienprofil für d. Fall quadrat. Spinwechselwrkg. für d. Spin *3/2* magnet. verd. Festkörper 48-0358; ESR-Unters. v. Ionenassoziat. 48-0811; Informat. über d. Winkelabhängigk. d. g-Faktors aus Vgl. d. beobachteten Spinaufspalt. mit – -Ergebnissen 49/50-0469; Wrkg. v. Temp. u. D-Substit. auf d. – -Spektren freier Radikale 49/50-0799.

Dynam. Spin-Hamilton-Operator u. Spin–Gitter-Relaxat. in paramagnet. Festkörpern 1-0380; Phononenengpaß: u. Frequenzverteil. in d. paramagnet. Relaxat. bei tiefen Temp. 3-0415; u. sein Einfl. auf d. paramagnet. Relaxat. 15-0432; Anteile d. Streuung an akust. u. opt. Phononen an d. Spin–Gitter-Relaxat. d. Leit.-Elektronen in Halbleitern vom Typ n-InSb in Ggw. schwacher u. quantisierender Magnetfelder 19-0426; Elektronenspin–Gitter-Relaxat. durch d. Zwei-Phononen-Prozeß 20-0318; Winkelabhängigk. d. paramagnet. Relaxat. für $^2T_2$-Zustände in rhomb. Symmetrie (allg. Theorie u. Anwend. auf $K_3[Co(CN)_6]$:Fe) 30-0325; Fluktuat. d. elektr. Feldes u. Spinrelaxat. in Fl. 33-0415; Theorie d. Spin–Gitter-Relaxat. v. Leit.-Elektronen in einem starken elektr. Feld 38-0392; Relaxat. d. EPR v. Festkörpern 41-0413.

Quantenstatist. Ableit. d. Gleich. d. ferromagnet. Resonanz 3-0419; durch Verunreinig.-Streuung verursachte Resonanzlinienverbreiter. in Ferrimagnetika (Ferrite) 5-0398; Porositätstheorie d. Linienbreite d. ferromagnet. Resonanz in polykrist. Isolatoren 6-0389; Relaxat. in Antiferromagnetika infolge Spinwellenwechselwrkg. 7-0412; Energiespektren u. Resonanzfrequenzen d. antiferromagnet. Resonanz v. zweiaxialen Antiferromagnetika 7-0413; Theorie d. Form ferromagnet. Resonanzlinien außerhalb d. Spinwellenmannigfaltigk. 8-0377; Vgl. d. polykrist. Spinwellentheorie d. ferromagnet. Resonanz mit d. „Kipp"-Vers. 9-0393; Einfl. d. Anisotropie d. Spinwellendämpf.-Parameters auf d. Sättig. d. ferromagnet. Resonanz 9-0394; Beding. d. magnet. Resonanz in Spiralstrukturen 16-0312; ferromagnet. Resonanz dünner Schichten 17-0218; Theorie d. NMR u. FMR in dünnen magnet. Krist. 17-0404; FMR in einem einachs. Eindomänenteilchen eines Ferromagnetikums 17-0407; inhomogene Resonanz in antiferromagnet. Stoffen 26-0373; Hochfrequenzresonanz-Echos in magnet. Materialien 28-0354; Radiofrequenzmax. d. Absorpt. resonanter Domänengrenzen 31-0401; Quantentheorie d. magnet. Resonanz in Antiferromagnetika 39-0385; ferromagnet. Resonanz in Ggw. einer Bereichsstruktur 40-0343; gedämpfte, sphär. ferrimagnet. *311*- u. *31̄1*-Resonanzmoden 46-0505; Theorie gekoppelter elektromagnet. u. Spinwellen in schraubenförm. magnet. Strukturen (ferromagnet. Resonanz) 48-0363; inhomogene Resonanz in einem ferromagnet. Plättchen 49/50-0359; Vgl. d. polykrist. Spinwellentheorie d. ferromagnet. Resonanz mit d. „Kipp"-Vers. 49/50-0374.

Anorganische Verbindungen

Nullfeld- – in einigen anorgan. Radikalen 4-0874; – v. an Metalloxiden gebildeten anion. Radikalen 5-0957; EPR in $A_{III}B_V$-halbleitenden Verb. 6-0369; – v. magnet. Ionen in komplexen Oxiden (Übersicht) 19-0218; – -Spektren v. bei d. Photolyse v. Salzen anorgan. Peroxosäuren u. v. Peroxohydraten gebildeten Radikalen 44-0143.

Berechn. d. isotropen ESR-Parameter eines Zwischengitter-H-Atoms in Alkalimetallhalogeniden (NaCl, KCl u. KBr) 2-0385; EPR: v. an Alumosilicatkatalysatoren verschiedener Zus. stabilisierten H-Atomen u. d. Kinetik ihrer Rekombinat. 2-0728; v. atomarem H in Beryll 8-0373; v. H-Atomen, d. in erstarrten, bei *77* °K bestrahlten Säuren gebildet wurden 10-0390; v. mit Röntgenstrahlen angeregten U_3-Zentren v. KCl:H- u. NaCl:H-Krist. 16-0289; Verschieb. d. – -Spektralparameter v. atomarem Wasserstoff u. Deuterium in gefrorenen Säuren 22-0352; ESR-Unters. d. Adsorpt. v. D_2 an $PtO_2 \cdot 2\,H_2O$ 28-0615; EPR- u. ENDOR-Unters. an röntgenbestrahltem CaF_2:H 37-0411.

EPR v. adsorbiertem Sauerstoff an ZnO u. UV-bestrahltem MgO 15-0430; – -Unters. d. Chemisorpt. v. O an Erdalkalimetalloxiden 15-0715; EPR eines Sauerstoffzentrums in CaF_2 18-0331; – -Unters. d. Verh. v. O in Se 26-0362; EPR-Nachw. v. OH-Radikalen in verd. CO-Flammen bei Zugabe v. kleinen H-Mengen 33-0724; Reaktivität v. auf ZnO adsorbiertem O an Hand d. – -Spektren 38-0680; – -Unters. d. O-Adsorpt. an TiO_2 42-0602.

Neue Struktur im – -Spektrum v. γ-bestrahlten Eiseinkrist. 10-0389; – -Spektrum d. in D_2O fixierten Elektronen 28-0157; paramagnet. Relaxat. eingefangener Elektronen in bestrahltem alkal. Eis 29-0373.

Austauschwechselwrkg.-Effekte im – -Spektrum v. Substit.-Stickstoff in Diamant 3-0395; Donatorelektronenzustand für Stickstoff in Diamant (Quadrupol- u. Hyperfeinkonst. d. – -Spektrums) 3-0396; – -Spektren v. NO_3 u. NO_2, erzeugt durch UV-Bestrahl. v. HNO_3-Lsg. bei *77* °K 9-0193; Beimeng.-Zentren v. N in Pulvern aus synthet. Diamant (EPR-Spektren v. N-Donatoren) 11-0406; Dipol–Dipol- u. Austauschwechselwrkg. v. N-Beimeng.-Zentren in synthet. Diamant (EPR-Spektrum) 11-0407; L-Entkoppl.-Effekte d. EPR-Spektren v. $^{14}N^{16}O$ u. $^{15}N^{16}O$ 15-0181; Unters. d. atomaren Rekombinat. v. N, H u. O durch EPR 15-0734, 15-0735; Verteil. substituierter N-Donatoren in synthet. Diamanten (EPR-Spektren) 16-0338; – -Spektren v. N in Diamanten 16-0339; Energieübertrag.-Mechanismus bei d. Radiolyse v. an Zeolithen adsorbiertem NH_3 durch EPR-Unters. bei ^{60}Co-γ-Bestrahl. 32-0702; Unters. d. Dimerisier. d. NO_2 in kondensierter Phase mit – 36-0146; – -Spektren freier Hydroxylaminradikale 42-0840; EPR-Spektren v. N in Diamant 44-0377; – -Spektren d. durch UV-Licht u. γ-Strahl. in eingefrorenen Lsg. v. H_2O_2 in NH_3 erzeugten Radikale (NH_2 u. HO_2) 48-0643.

– v. Halogenen in CdS 16-0329; EPR-Spektren v. Halogenatomen in verzweigten Kettenrk. in d. Gasphase 51/52-0814; – -Spektrum: d. in einer Ne-Matrix bei *4* °K isolierten NF_2-Radikals 10-0150; v. FOO 12-0169; v. fl. F_2O 24-0142; – -Unters. d. Sauerstofffluoride (F_2O_4) 26-0169; – -Spektren: d. O_2F-Radikals in fl. u. festem O_2F_2 38-0166; v. ClO_2 in Lsg. (Einfl. d. Temp. u. d. Viskosität auf d. Linienbreite) 16-0135; v. in γ-bestrahltem $KClO_4$ fixiertem ClO_4 31-0405; v. gasf. ^{129}J u. ^{127}J 13-0175; EPR-Mess. an zweiatom. Halogenzentren d. Typs FBr^-, FJ^- u, ClJ^- in Alkalimetallhalogeniden 23-0393; 〈*111*〉-orientierte FCl^--, FBr^-- u. FJ^--Zentren in Alkalimetallhalogeniden (– -Spektren) 24-0333; – d. JCl^-–V_k-Zentrums v. röntgenbestrahlten KCl-Krist. mit Pb-Dotier. 30-0319.

– -Spektrum v. S_2^- in S-dotiertem KBr 2-0384; – v. elektron. angeregtem SO($^1Δ$) in d. Gasphase 8-0163; EPR-Spektrum v. S-Atomen in d. Gasphase 13-0176; EPR-Unters. d. Einfl. d. Zus. d. Rk.-Misch. u. eines Zusatzes v. n-Butan auf d. Konz. v. H^-, O^-, SO_2 u. H_2O in verd. H_2S-Flammen 16-0633; EPR-Mess. einer polymorphen Hochdruckphase v. S 25-0208; – -Unters. freier Radikale in d. Gasphase (Nachw. v. ClO, BrO u. NS) 26-0170; isotrope – -Spektren fluorhalt. Radikale in SF_6-Matrizen 29-0161; – -Spektren d. Photolyseprod. nach Bestrahl. v. festem H_2S, H_2S_2 u. D_2S mit Licht 30-0632; EPR v. SO 32-0142; EPR-Unters. verd. S-Dampf–O_2-Flammen 40-0630; – -Spektrum: v. H_2S^- 41-0193; v. röntgen- bzw. γ-bestrahltem NH_2SO_3H 41-0687; v. ^{15}N-halt. Radikalen bei tiefen Temp. (Radiolyse v. K-Amidosulfat mit ^{60}Co-γ-Strahl. unter Bldg. d. Radikale $NHSO_3^-$, $SO_3^-NH_2$ u. $NH_2^+SO_3^-$) 41-0688; – -Unters. d. Bldg. v. SO_2^- bei d. Pyrolyse v. Natriumhydrogensulfitaddukten d. Aldehyde u. Ketone 42-0689; – v. S- u. Se-Radikalen S_3^-, Se_3^-, SO_2^- u. SeO_2^- in Alkalimetallhalogeniden 9-0398; in Alkalimetallhalogenidkrist. mit S- u. Se-Zusätzen 16-0325; – -Spektren v. Se(4^3P), Se_2 u. Se·$(Se)_n$Se 28-0657.

Unters. v. polykrist. u. amorphem Bor mit Hilfe d. EPR 26-0361; Verschieb.-Phänomene bei d. – an B-Akzeptoren in 6 H–SiC 34-0417; EPR therm. u. durch Strahl. erzeugter Zentren in BN 42-0370; –: v. Aktivkohle in O-Atmosphäre 2-0394; in neutronenbestrahltem u. in dotiertem polykrist. Graphit 6-0365; Zusammenhang v. ESR-Zentren u. opt. Absorpt.-Banden in elektronenbestrahlten Diamanten v. Typ IIa u. IIb 6-0382; EPR-Spektren v. stark ox. Kanalrußproben 6-0387; EPR-Unters. v. Ruß 6-0388; Unters. v. Diamant mit d. Meth. d. EPR 15-0429; – -Spektrum d. CO_2^--Radikals 22-0129; – -Unters. an Rußen (Philblack *0* u. Spheron *6*) vor u. nach Ox. mit HNO_3 oder O_3 29-0386; ^{13}C-Hyperfeinaufspalt. in d. – -Spektren v. HCO- u. FCO-Radikalen 32-0143; – -Spektrum v. HCN^--Radikal in Alkalimetallhalogenidmatrizen 32-0144; EPR-Spektren v. C-Atomen an d. Oberfläche eines frischen Graphitschnitts 46-0649; – -Unters. d. Ausheileffekte in bestrahltem Graphit 47-0317; –: v. mit Neutronen bestrahltem u. v. dotiertem polykrist. Graphit 48-0367; v. Kohlenstoffen aus organ. Polymeren (Temp.-Abhängigk. d. Suszeptibilität v. nichtox. u. ox. Kohlenstoffen) 48-0368; EPR einer tiefen Donatorstelle in Si 2-0378; – -Spektren v. $SiCl_4$ nach γ-Bestrahl. 2-0380; – in verformtem Si 3-0398; Abhängigk. d. EPR-Linienbreite v. d. Donatorkonz. in Si 6-0359; Strukturdefekte v. Quarz nach Röntgenbestrahl. (Thermolumineszenz u. EPR-Spektren) 6-0383; Unters. d. – v. γ-bestrahlten SiO_2 mit großer Oberfläche (Identifizier. d. Defekte) 13-0360; Wechselwrkg. v. Mikrowellenphononen mit Bestrahl.-Zentren in Quarz (– -Spektrum) 13-0423; Einfl. d. Kompensat. auf d. Austauschwechselwrkg. v. Donatoren in stark dotiertem n-Si (EPR-Spektren) 14-0407; – v. auf Si gewachsenem SiO_2 15-0431; EPR-Spektrum v. Quarz mit Amethystfärb. 16-0290; Farbzentrum in Amethyst nach Röntgenbestrahl. u. EPR-Spektrum 19-0338; Kompensat.-Effekte im – -Spektrum v. stark dotiertem n-Si 22-0355; EPR u. elektr. Eig. d. dominierenden paramagnet. Eehlstelle in elektronenbestrahltem p-Si 22-0356; Nachw. v. gesprengten Bind. an d. Oberfläche v. im Ultravakuum gemahlenen SiO_2- u. Quarzpulvern durch EPR 22-0661; EPR-Zentren in Amethyst- u. Citrinquarz 24-0389; Unters. d. – eines photochem. auf Si gebildeten Anlauffilms 28-0658; – in elektronenbestrahltem n-SiC 29-0378; Spin–Gitter-Relaxat. v. P-Elektronen in Si 35-0372; Defekte in bestrahltem Si (EPR v. Leerstellenpaaren) 44-0379; Erzeug. v. Leerstellenpaaren u. Leerstellen durch Elektronenbestrahl. v. Si u. Unters. d. Si–*G6*–EPR-Spektrums 44-0380; Elektronenspin–Gitter-Relaxat. in mit Neutronen bestrahltem Quarz bei *37* GHz bei d. Temp. d. fl. He 47-0381.

Anomale – -Linienbreite v. P-dotiertem Si im Bereich d. metall. Leit. 15-0418; Dotier.-Einfl. auf d. – in P-dotiertem Si 26-0363; Beweg.-Effekte im – -Spektrum v. P in Si 34-0416; – in P-dotiertem Si 37-0410; Einfl. d. Beleucht. auf d. EPR-Spin–Gitter-Relaxat. v. P -u. A-Zentren in Si 39-0389; Hall-Beweglichk. u. Linienbreite d. – in P-dotiertem Si 40-0369; – -Spektren v. $N_2H_4^+$ u. PF_2, PF_4 u. PF^+ 41-0689; – in P-dotiertem Si bei tiefen Temp. 44-0378; Einfl. d. Elektronensprungbeweg. auf d. EPR-Spektrum v. P in stark dotiertem n-Si 48-0359; – freier Radikale in inerten Matrizen bei tiefer Temp. (P, PH_2 u. As) 34-0172.

Magnet. Resonanz v. ferromagnet. Metalleinkrist. hoher Qualität 1-0376; Modulat.-Verbreiter. d. – in Metallen 3-0393; Theorie d. Resonanzeffekte in Metallen (Einfl. d. Fermi-Fl.-Wechselwrkg.) 5-0380; EPR-Mess. d. Diffus. v. Ionen d. Übergangsmetalle in Rutil 7-0327; Stör.-Theorie für magnet. Verunreinig. in Metallen (– -Spektren) 11-0376; Diffus.-Konst. in d. effektiven Bloch-Gleich. für d. ferromagnet. Resonanz in Metallen 11-0408; dynam. Effekte in d. EPR magnet. Ionen in Metallen 22-0357; Spinresonanz d. Leit.-Elektronen in einer dünnen metall. Probe 30-0318; – -Unters. über d. Beginn d. Auftretens metall. Eig. in Metall–NH_3-Lsg. 31-0398; Elektronspin–Gitter-Relaxat. v. Übergangsmetallionen in Festkörpern bei tiefen Temp. 39-0395; Bloch-Gleich. für d. Spinresonanz d. Leit.-Elektronen in einem Metall 43-0374; magnet. Suszeptibilität v. nichtferromagnet. Metallen u. magnet. Resonanz 43-0479; Einfl. v. Leit.-Elektronen auf d. FMR-Linienbreite v. Metallen 48-0364.

Linienform d. EPR-Spektren v. F-Zentren in Alkalimetallhalogenidkrist. mit NaCl-Struktur 18-0333; g-Wert bei d. Spinresonanz d. Leit.-Elektrons d. Alkalimetalle 26-0360; – v. Alkalimetallhalogeniden u. ENDOR-Mess. an U_2-Zentren in KCl 30-0320; Temp.-Stabilität antilokalisierter Löcher in Alkalimetallhalogenideinkrist. durch EPR-Unters. 40-0334; – u. Struktur v. Störstellen in Alkalihalogenidkrist. 51/52-0360; paramagnet. Spezies in γ-bestrahlten Einkrist. v. ferroelektr. $LiH_3(SeO_3)_2$ 11-0402; Unters. d. EPR-Absorpt. v. neutronenbestrahltem LiF bei Temp. >300 °K 17-0395; – kleiner metall. Li-Teilchen in LiF 34-0407; Bestrahl.-Effekte auf EPR-Spektren in reaktorbestrahlten LiF-Krist. 38-0341; – in LiF 46-0383; – -Spektren v. bestrahltem Na_2SeO_4 3-0416; – v. NO_3 in röntgenbestrahltem $NaNO_3$ 4-0338; – -Unters. v. röntgenbestrahlten $Na_2S_2O_3$-Einkrist. 4-0339; EPR in γ-bestrahltem $Na_2S_2O_3$ u. $Na_2S_2O_3 \cdot 5\,H_2O$ bei *77* °K 11-0403; EPR-Spektren bestrahlter, gefrorener wss. $NaNO_3$-Lsg. 11-0404; – v. bestrahltem

$NaH_3(SeO_3)_2$ u. $NaD_3(SeO_3)_2$ 18-0338; – v. Na_2NO_2 22-0154; allg. Bezieh. zwischen d. ESR-Daten v. F-Zentren, Identifizier. eines F-Zentrums in NaCN-Pulver 22-0359; – v. γ-bestrahltem Natriumpolyphosphat 31-0406; Identifizier. einer N_2^--Fehlstelle in röntgenbestrahltem NaN_3 mittels – 31-0407; – v. Lsg. v. K in Äthylamin 2-0377; EPR v. mit Röntgenstrahlen bestrahltem $KClO_3$ 4-0337; Best. d. Konz. an freien Radikalen u. d. Kinetik d. Elektronenaustausches in Lsg. d. Kaliumpentacyanonitrosochromats mittels – 5-0719; paramagnet. Zentren in röntgenbestrahltem K_2SO_4 (–-Spektrum) 6-0377; g-Werte d. Leit.-Elektronen aus d. Spinresonanz v. K 11-0393; –-Spektrum für d. Ox. v. $K_2B_{10}H_{10}$ u. $K_4B_{20}H_{17}OH$ mit $CuCl_2$ bzw. $FeCl_3$ in N- oder O-halt. organ. Lsgm. 17-0771; korrelierte EPR-Spektren v. K in C_2H_5–NH_2–NH_3-Misch. 23-0181; –: v. $K_2 \cdot [(SO_3)_2N^{17}O]$ (Vorzeichen d. ^{17}O-Hyperfeinkoppl.-Konst. in Fremyschem Salz) 26-0171; eines röntgenbestrahlten Einkrist. v. KH_2AsO_4 26-0368; –-Spektren: v. SO_4^- u. $S_2O_3^-$ v. γ-bestrahlten K_2SO_4- u. $Na_2S_2O_3 \cdot 5\,H_2O$-Krist. 41-0414; Beweis für d. Existenz d. Rubidium-F_A-Farbzentren v. ^{85}Rb u. ^{87}Rb in KCl durch – 12-0416; –-Unters. zur Aggregat. v. F-Zentren in RbCl 15-0424; – in Rb u. Cs 6-0361; Unters. d. Beweg. d. NH_4^+-Ions in NH_4ClO_4 nach d. EPR-Meth. 9-0413; EPR-Spektren u. d. Struktur d. nächsten Umgeb. v. paramagnet. Ionen in NH_4Cl 16-0323; –-Spektrum: u. Elektronenstruktur d. Radikals PO_3^{2-} in einem röntgenbestrahlten Einkrist. v. $(NH_4)_2PO_3F \cdot H_2O$ 22-0353; v. polykrist. bestrahltem $(NH_4)_2SeO_4$ 29-0382.

EPR u. spezif. elektr. Leitfähigk. v. mit C, Si bzw. Be dotiertem B 3-0397; – v. Leit.-Elektronen in Be-Einkrist. 3-0399; F-halt. Zentren mit eingefangenen Defektelektronen in MgO (–-Spektrum) 3-0405; Hyperfeinstruktur v. ^{19}F in d. EPR v. $MgF_2 : Co^{2+}$ 8-0364; EPR: d. F-Zentren-Paare in neutronenbestrahltem MgO 37-0413; d. V_F-Zentrums in CaF_2 7-0406; opt. Spinpolarisat. u. – in M-ähnl. Zentren eines neutronenbestrahlten CaO-Krist. 30-0323; F-Zentren u. d. Quadrupolmoment v. ^{87}Sr in mit Neutronen bestrahlten SrO-Einkrist. (–-Spektren) 2-0390; EPR: v. mit Elektronen bestrahltem $Sr(NO_3)_2$ 4-0336; v. nach Röntgenbestrahl. abgeschrecktem Ba-dotiertem LiF 32-0374.

–-Unters. d. Wechselwrkg. zwischen Gas u. Festkörper, d. Syst. Sauerstoff/Zinkoxid 6-0370; „verbotener" Übergang in d. EPR v. Mn^{2+} in ZnTe 10-0391; Nachw. einer Störstelle in ZnSe durch – nach Elektronenbeschuß bei niedr. Temp. 18-0335; –-Signal $g = 1{,}957$ v. ZnO 29-0380; selbstaktiviertes ZnS u. ZnSe (Lumineszenz u. –) 33-0411; EPR-Spektrum v. hexagonalen ZnS-Einkrist. mit Zn-Überschuß 34-0419; EPR in undotiertem CdS-Phosphor 12-0419; – v. $^8S_{7/2}$-Ionen in CdSe u. CdTe 16-0330; paramagnet. Zentren auf d. CdSe-Oberfläche durch EPR-Spektren 44-0383.

–-Unters. an Al-Oxiden 2-0388; paramagnet. Ionenpaare in im Reaktor mit Neutronen bestrahltem α-Al_2O_3 (EPR-Spektrum) 4-0335; experimentelle Unters. d. Kreuzrelaxat. d. *2 : 1*-Harmonischen in Rubin 5-0393; Einfl. d. –-Sättig. im Grundzustand auf d. Frequenz eines Rubinlasers bei *90* °K 8-0391; Austauschresonanz in Rubin mit Hilfe eines Submillimeterspektrographen 18-0343; EPR in röntgenbestrahlten Quarzeinkrist. mit Al-Beimeng. 21-0347; Spin–Gitterwechselwrkg. in Rubin, gemessen mit Hilfe d. – in einachs. verformten Krist. 21-0348; EPR u. Änder. d. elektr, Leitfähigk. mit d. O-Druck für einige reduzierende nichtstöchiometr. Aluminiumoxide 26-0367; Einfl. d. Krist.-Textur auf d. Linienbreiten in d. – v. synthet. Rubin 26-0371; Farbwechsel eines Rubinkrist. bei intensiver Lichteinstrahl. mit einer X-Röhre (EPR-Mess.) 37-0385; Kurvenform nichtlinearer EPR-Suszeptibilitäten v. einem Rubinkrist. 40-0331; –: an Fehlstellenpaaren v. Al-Ionen in reaktorbestrahltem Al_2O_3 41-0420; v. nichtstöchiometr., red. Tonerden mit metall. Al, Al^+- oder Al^{2+}-Ionen 41-0423; Charakterisier. eines Krackkatalysators (Al_2O_3–SiO_2) durch – 43-0669; Beobacht. d. Spinresonanz v. Leit.-Elektronen in Al 45-0345; – v. im Reaktor bestrahltem Al-Oxid 46-0329; Unters. v. Sitallen d. Syst. $Li_2O/Al_2O_3/SiO_2$ durch EPR 49/50-0367; – v. $EuAl_4$ 51/52-0461; Unters. v. Strahl.-Defekten in GaP mittels – 18-0334; Einfl. d. Spinresonanz auf heiße Elektronen durch Spin–Bahn-Koppl. in n-leitendem InSb 3-0403; EPR v. Borcarbid; Best. d. Temp. heißer Elektronen in InSb durch ESR; EPR v. Zusatzzentren in Halbleitern; ESR in GaAs 17-0436; Leit.-– in entartetem In_2O_3 42-0371; – d. photoempfindl. $^2S_{1/2}$-Zustände v. Ga^{2+}, In^{2+}, Tl^{2+} u. ZnS 34-0418; EPR: v. Y–H-Paaren in CaF_2 15-0421; eines Zentrums nach Röntgenbestrahl. in Y^{3+}-dotierten künstl. CaF_2-Krist. 36-0351; Grundzustände u. HFS-Aufspalt. v. ScO, YO u. LaO im –-Spektrum bei *4* °K 3-0409.

– in metall. Ce 6-0363; EPR v. Ce^{3+} in Y–Al-Granat 17-0399; elektr. Quadrupol–Quadrupol-Wechselwrkg. zwischen Ce-Paaren in $LaCl_3$ (EPR) 20-0323; EPR d. Seltenerdmetall-Ionen in CeO_2 40-0338; rhomb. u. trigonale ESR-Spektren v. Ce^{3+}-Ionen in CaF_2 42-0369; Zeeman-Effekt im $4f \rightarrow 5d$-Spektrum v. Ce^{3+} in CaF_2 (Vgl. mit EPR-Ergebnissen) 45-0325; EPR v. Pr^{2+} in CaF_2 12-0414; –-Absorpt. v. Nd^{3+}-Ionen in Einkrist. v. $LaCl_3$ u. Lanthanäthylsulfat in Abwesenh. eines äußeren Magnetfeldes 8-0370; EPR v. Nd^{3+} in $CaWO_4$ (Modell für W-Substitut.) 13-0415; – v. Nd^{3+}-Paaren in $LaCl_3$ u. $LaBr_3$ 14-0410; –-Spektren v. Nd^{3+}-Ionen in CaF_2 14-0411; Vgl. d. EPR d. Ionen Nd^{3+} u. Ce^{3+} in zwei Krist. d. homologen Reihe v. Scheelit 14-0412; EPR-Mess. rhomb. Plätze v. Ce^{3+} u. Nd^{3+} in $CaWO_4$ 16-0333; EPR v. Nd^{3+}: in $BaWO_4$ 16-0334; in $KY(MoO_4)_2$ 17-0400; in Scheelitstrukturen ($BaMoO_4$ u. Vgl. mit $CaWO_4$ u. $PbMoO_4$) 17-0402; Feldabhängigk. d. Spin–Gitter-Relaxat.-Zeiten (Einphononprozesse in $CaWO_4 : Nd^{3+}$ u. $CaF_2 : Nd^{3+}$) 20-0321; Theorie d. opt. Spektren u. d. EPR v. Nd^{3+}-Ionen in $PbMoO_4$-Einkrist. 20-0328; EPR tetragonaler Nd^{3+}-Zentren in homologen Scheelit-Krist. ($CaWO_4$, $CaMoO_4$, $SrWO_4$, $PbMoO_4$, $BaWO_4$ u. $BaMoO_4$) 20-0329; Best. d. Vorzeichens d. Wechselwrkg. zwischen Nd^{3+}-Ionenpaaren in $LaCl_3$ durch EPR 29-0376; EPR-Spektren v. mit Nd^{3+}-dotiertem $La_2(SO_4)_3 \cdot 9\,H_2O$ u. $LaBr_3$ 36-0363; EPR v. Nd^{3+}-Ionen in Einkrist. v. Y_2O_3 u. Sc_2O_3 44-0386; Wechselwrkg. zwischen nächst benachbarten Nd^{3+}-Ionen in CaF_2 durch Winkelabhängigk. im rhomb. EPR-Spektrum 45-0347; EPR: v. Ce^{3+}- u. Nd^{3+}-Ionen in $SrMoO_4$-Einkrist. u. Hyperfeinstrukturlinien d. Isotopen ^{143}Nd u. ^{145}Nd 45-0352; v. Nd^{3+}-Ionen in $SrMoO_4$ u. $NaLa(MoO_4)_2$ 47-0384; v. Nd in $CdMoO_4$-Scheeliten 48-0361; EPR-Linienbreiten in Doppelnitraten d. Seltenerdmetalle: Ce-, Nd- u. Sm-dotiertes $Mg_3La_2 \cdot (NO_3)_{12} \cdot 24\,H_2O$) 3-0411; EPR v. Sm(III) in CaF_2-Einkrist. 7-0407; EPR-Unters. tetragonaler Sm^{3+}-Zentren in $CaWO_4$-Einkrist. 12-0418; EPR: v. $CaF_2 : Sm$-, $SrF_2 : Sm$- u. $BaF_2 : Sm$-Krist. 20-0325; v. Sm^+-Ionen in KCl-Krist. 32-0347; v. Sm^{3+} in Calciumwolframat 40-0340; v. Sm^{3+}-Ionen auf trigonalen Plätzen in CaF_2 45-0346; v. austauschgekoppelten Paaren d. Eu^{2+} in CaO u. SrO 9-0403; opt. Nachw. d. – durch Variat. d. Faraday-Dreh. v. Eu^{2+}-Ionen in CaF_2 12-0415; –-Unters. v. Lsg. v. Eu in fl. NH_3 14-0405; EPR v. Eu^{2+} in CdF_2 49/50-0364; – v. $Gd_2(SO_4)_3 \cdot 8\,H_2O$ bei niedr. Temp. 6-0378; paramagnet. Relaxat. in Gadoliniumnitratlsg. 10-0386; Mikrowellenresonanz-Beobacht. in festen Gd-Lsg. 14-0398; – v. Gd^{3+} in $BaTiO_3$ 15-0426; EPR-Nachw. opt. Zentren in $CaF_2 : Gd^{3+}$ 16-0284; EPR v. Gd in synthet. Powellit 16-0340; EPR-Spektren v. Gd^{3+}-dotiertem $LaBr_3$ u. $La_2(SO_4)_3 \cdot 9\,H_2O$ 17-0398; EPR v. Gd^{3+}: in Y- u. La-Doppelmolybdaten 22-0362; in $CdMoO_4$ 22-0363; in $SrWO_4$ 22-0364; –-Spektren v. Gd^{3+} in CdF_2-, CaF_2- u. BaF_2-Krist. 27-0383; Zunahme d. spezif. elektr. Leitfähigk. v. red., mit Gd-dotiertem Rutil mit zunehmender Sättig. d. – 27-0461; Transmiss. d. EPR in Gd 31-0397; EPR v. Gd^{3+} in CeO_2-Einkrist. 34-0421; Einfl. d. Lsgm. auf d. Konst. d. paramagnet. Relaxat. in fl. Lsg. v. $Gd(NO_3)_3$ 35-0371; – v. Gd^{3+} u. Eu^{2+} in $KTaO_3$ 36-0359; EPR in bin. Eu(II)- u. Gd(III)-Verb. 37-0412; EPR-Spektrum v. Gd^{3+} in $BaMoO_4$-Einkrist. 40-0339; EPR v. Gd^{3+}-Ionen im Chalkogenidglas Tl_2Se/As_2Se_3 44-0384; verbotene Übergänge in d. Feinstruktur (EPR) für Gd^{3+} in CeO_2-Krist. 44-0385; EPR v. Gd^{3+}: in $BaWO_4$ 47-0383; in synthet. Stolzit 48-0362; EPR v. Tb^{3+} u. Tb^{4+} in CeO_2 9-0404; magnet. Resonanz in Dy 11-0388; EPR-Spektren v. Dy^{3+}- u. Nd^{3+}-Ionen in CaF_2 15-0422; EPR-Spektren v. Dy^{3+} in $CaWO_4$ 29-0383; ultrabreite FMR in Dy 37-0414; EPR: v. Ho^{2+} in d. kub. Wirtskrist. CaF_2, SrF_2, BaF_2 u. $SrCl_2$ 6-0368; v. Ho in $PbMoO_4$-Einkrist. 23-0395; anisotrope Spin–Gitter-Relaxat.-Geschw. d. Ionen Ce^{3+}, Pr^{3+}, Nd^{3+}, Sm^{3+}, Tb^{3+} u. Er^{3+} in Einkrist. v. wasserfreiem $LaCl_3$ 5-0389; EPR: v. Er^{3+} in Y_2O_3 6-0371; v. Er^{2+} u. Eu^{2+} in synthet. $PbMoO_4$-Einkrist. 6-0372; Unters. v. Spin–Gitter-Relaxat.-Prozessen v. Er^{3+}-Ionen in CdF_2- u. CaF_2-Einkrist. im Frequenzbereich v. *3*–*70* GHz 20-0320; EPR u. opt. Zeeman-Spektren v. $CaF_2 : Er^{3+}$ d. Typs II 22-0361; Hyperfeinstruktur d. Er^{3+}-Ions in einem MgO-Einkrist. durch EPR 25-0372; aus –- u. opt. Mess. d. Orbach-Relaxat.-Geschw. folgende scheinbare Erniedrig. v. Energieniveaus v. Ce^{3+} in $LaCl_3$, Sm^{3+} in $Sm(C_2H_5 \cdot SO_4)_3 \cdot 9\,H_2O$, Er^{3+} in $LaCl_3$ u. Sm^{3+} in $LaCl_3$ 39-0388; EPR u. Spin–Gitter-Relaxat. v. Er^{3+} in CaF_2 u. deren Zusammenhang mit d. opt. Spektrum 40-0332; paramagnet. Er^{3+}-Zentren in BaF_2- u. SrF_2-Einkrist. (EPR-Mess.) 47-0378; rhomb. –-Spektren v. Tm-Ionen in CaF_2 2-0379; EPR-Absorpt. in d. opt. besetzten Zustand $^2F_{5/2}$, $E_{5/2}$ v. Tm^{2+} in CaF_2 18-0332; selektive Absorpt. v. zirkularpolarisiertem Licht in breiten Banden durch d. Zeeman-Komponenten v. Tm^{2+} in CaF_2 (Einfl. d. EPR-Absorpt.) 37-0377; Zerstör. d. nichtmagnet. Grundzustandes v. TmN in starken Feldern (EPR) 49/50-0366; – v. Yb^{3+} u. Er^{3+} in ThO_2 3-0410; Superhyperfeinwechselwrkg. zwischen Yb u. F in $CaF_2 : Yb^{3+}$ durch ENDOR u. EPR 6-0367; Krist.-Feldparameter tetragonaler Zentren in Krist. mit Scheelitstruktur u. Best. d. g-Faktoren d. EPR-Dubletts v. Ce^{3+}, Nd^{3+}, Sm^{3+}, Tb^{3+} u. Yb^{3+} in $CaWO_4$ 7-0408; EPR-Spektrum v. Yb^{3+}-Ionen in künstl. $PbMoO_4$-Einkrist. 8-0369; Relaxat.-Effekte bei tiefer Temp. in d. Spektren d. bei gepulsten Feldern untersuchten EPR v. Yb^{3+}, Er^{3+}, Nd^{3+}, Ce^{3+} u. Dy^{3+} in CaF_2, Y–Ga-Granat u. Y–Al-Granat 14-0409; rhomb. –-Spektren v. Yb^{3+}-Ionen in CaF_2 20-0322; EPR-Spektren v. Yb^{3+} u. Er^{3+} in CeO_2-Einkrist. 20-0326; Einfl. d. Wirtskrist. auf d. EPR v. Er^{3+} u. Yb^{3+} in II–VI-Verb. 32-0376; EPR v. Ce^{3+} u. Yb^{3+} in Einkrist. v. $BaMoO_4$ 42-0375.

EPR v. $BaTiO_3$-Einkrist. mit Farbzentren 9-0407; Invers. u. Linienbreite d. EPR-Absorpt. in Rutil mit Cr im *20*-cm-Bereich 14-0413; – v. Ti^{2+} in ZnS 36-0361; EPR v. Tl^{3+}-Ionen in $TlAl(SO_4)_2 \cdot 12\,H_2O$ 36-0364; EPR-Spektroskopie d. Oberfläche v. TiO_2 u. Al_2O_3 41-0628; spektralphotometr. Beobacht. v. Farbzentren auf d. TiO_2-Oberfläche bei Adsorpt. v. Elektrondonator-Mol. (EPR-Signale) 42-0348; –-spektroskop. Nachw. v. Radikalen bei d. Rk. v. $TiCl_3$ mit H_2O_2 in saurer Lsg. 44-0651; – in red. $BaTiO_3$ 47-0382; –-Spektren d. Elektronenübertrag. zwischen adsorbierten Mol. u. d. TiO_2-Oberfläche 47-0609; ferromagnet. Resonanz u. Mikrowellenabsorpt. bei $ZrZn_2$ 6-0390; Spinresonanz d. Donatorelektrons in Ge u. seine anisotrope Linienbreite 6-0360; EPR an Si-, Ge-, GaAs- u. InAs-Oberflächen in Wechselwrkg. mit adsorbiertem Sauerstoff 32-0375; EPR-Spektren v. mit Ge, Al u. Alkalimetallen aktiviertem Quarz nach γ-^{60}Co- u. UV-Bestrahl. 36-0356; EPR-spektroskop. Nachw. d. Bldg. v. Radikalen d. Typs XCl_4^+, XCl_4^-, XCl_2^+, XCl_2^-, Cl_2^+ u. Cl_2^- bei d. Radiolyse v. $SiCl_4$, $GeCl_4$ u. $SnCl_4$ 16-0660; – in red. SnO_2 31-0399; –: freier Radikale in inerten Matrizen bei tiefer Temp. (CH_3, SiH_3, GeH_3 u. SnH_3) 34-0173; v. Farbzentren in γ-bestrahltem $PbCl_2$ u. PbJ_2 mit Schichtstruktur 4-0334; EPR-Unters. d. Oberfläche v. Si u. PbS 14-0408; Photoleitfähigk. u. Oberflächenphoto-EMK epitakt. PbS-Schichten während d. Adsorpt. v. O_2 u. Änder. d. EPR-Signale 19-0430.

– d. schwarzen Vanadinoxidhydrates $V_6O_{14} \cdot 6\,H_2O$ 1-0375; EPR-Absorpt. v. V^{2+}: in $CdCl_2$-Einkrist. 3-0402; in ferroelektr. $K_4[Fe(CN)_6] \cdot 3\,H_2O$ u. $K_4[Fe(CN)_6] \cdot 3\,D_2O$ 9-0416; paramagnet. Relaxat. in konz. wss. $VOCl_2$- u. $VOSO_4$-Lsg. 10-0387; EPR-Unters. v. V_2O_5-Einkrist. (Defektzentren in reinem, nicht stöchiometr. Vanadinpentoxid) 11-0394; (Defektzentren in mit Mo dotiertem Vanadinpentoxid) 11-0395; –-Spektren v. wss. Lsg. v. $VOSO_4 \cdot 3\,H_2O$, Silicagel u. Al-Hydroxidgel 14-0415; EPR-Spektrum v. V_2O_5-Einkrist. mit MoO_3-Beimeng. 19-0427; EPR am Ion V^{3+} in Al_2O_3 mit Hilfe v. Millimeterwellen u. starken Feldern 34-0420; –-Unters. v. $VOSO_4$ u. $VO(SCN)_n^{(2-n)+}$ 41-0194; – u. kovalente Bind. v. Vanadylkomplexen 43-0154; Nachw. v. VO^{2+} in Glas durch – 45-0355; EPR-Spektren v. $[NbCl_6]^{2-}$-Komplexen in Methanol, A., Isopropanol 31-0174; Theorie d. – in Bi bei Reflex. v. Mikrowellenstrahl. 23-0386.

–-Spektrum v. Cr-Ionen im NaCl-Krist.-Feld nach Röntgenbestrahl. 2-0382; Linienbreite d. EPR v. Cr^{3+} in $(Al_2O_3)_{1-x}(Cr_2O_3)_x$ 2-0389; ESR-Unters. an Cr(I)-Nitrosyl-Komplexen 3-0185; EPR an Einkrist. im Syst. Al_2O_3/Cr_2O_3 3-0408; Spin–Gitter-Relaxat. in Cs–Cr-Alaum (EPR-Spektrum v. Cr^{3+} in $CsCr(SO_4)_2 \cdot 12\,H_2O$) 3-0413; Konz.- u. Temp.-Abhängigk. d. Spin–Gitter-Relaxat.-Zeit v. Cr^{3+} in Rubin bei niedr. Temp. (Relaxat. im magnet. Nullfeld) 5-0394; EPR v. Cr^{3+} in Y–Al-Granat 6-0373; Isotopieverschieb. im ESR-Absorpt.-Spektrum v. $^{52}Cr^{3+}$ u. $^{53}Cr^{3+}$ in Magnesiumoxid 6-0374; Aufspalt. d. EPR-Linie v. Cr^{3+} in $ZnWO_4$ in einem äußeren elektr. Feld 6-0375; EPR-Unters. v. Cr-halt. Gläsern 8-0375, 8-0376; Änder. d. EPR-Spektrums eines Cr-Oxid-Katalysators für d. Äthylenpolymerisat. durch d. Einfl. v. C_2H_4, Cyclohexan, Heptan, H_2O u. O_2 10-0665; EPR-Signal v. reinem $CrCl_3$ u. v. auf γ-Al_2O_3 aufgetragenem $CrCl_3$ 11-0405; –-Unters. d. Bind. v. $[CrCl_5(H_2O)]^{2-}$ in Einkrist. v. $(NH_4)_2\cdot[InCl_5(H_2O)]$ u. Vgl. mit einer LCAO/MO-Beschreib. d. Bind. Ligand–Cr^{3+} 14-0417; –-Spektren v. Cr_2O_3-Mischoxidkatalysatoren 14-0771; Best. d. Konst. d. Spin-Hamilton-Operators d. – aus d. Schnittpunkten d. Energieniveaus v. Cr^{3+} in $K_3[Co(CN)_6]$ 15-0417; photoinduzierte EPR v. Cr^+ in ZnS-Einkrist. 15-0425; EPR-Spektren v. $AlCl_3\cdot 6\,H_2O$-Krist. mit Cr^{3+}-Dotier. 16-0326; EPR: u. Spin–Gitter-Relaxat. nichtäquivalenter Syst. v. Cr-Ionen in $ZnWO_4$-Einkrist. 16-0335; v. Cr^{3+}-Ionen in Li–Al-Spinellen d. Zus. $(Li_{0,35}Al_{1,65})\cdot(Li_{0,65}Al_{3,35})O_8$ 18-0339; EPR-Spektren v. Chromoxid–Al-Oxid-Katalysatoren 20-0666; – v. Cr^{3+} in pulverförm. Anatas (TiO_2) 22-0366; EPR-Unters. v. Oxochlorochrom(V)-Komplexen ($CrOCl_3\cdot RCl$ u. $CrOCl_3\cdot 2\,RCl$ mit R = K, Rb, Cs, NH_4) 23-0157; –-Spektren v. V^{2+} u. Cr^{3+} in MgO 25-0373; neue EPR-Absorpt.-Linie im Syst. CrO_3/Al_2O_3 25-0374; EPR-Spektren v. Cr_2O_3-Trägerkatalysatoren d. Äthylenpolymerisat. u. Natur ihrer Aktivität 26-1152; –-Spektrum u. Struktur v. $[Cr(CN)_5NO]^{3-}$ 27-0188; EPR-Spektren v. Cr-Ionen auf SiO_2, Al_2O_3/SiO_2 u. Al_2O_3 29-0379; Unters. d. spektralen Diffus. d. Cr^{3+}-Ions mit Hilfe v. Elektronenspinechos in $RbAl(SO_4)_2\cdot 12\,H_2O$ u. $K_3[Co\cdot(CN)_6]$ 29-0381; EPR-Unters. an Cr^{3+}-dotierten Triglycinsulfat-Einkrist. 30-0326; Mikrowellenmodulat. bei Transmiss. v. Licht durch einen $CrBr_3$-Einkrist. bei ferromagnet. Resonanz 30-0328; –-Unters. an Chromnitrosylkomplexen 31-0175; EPR-Spin–Gitter-Relaxat. v. Cr^{3+} in Ggw. v. V^{3+} in Al_2O_3 35-0373; – v. Cr^{3+} in Einkrist. v. EDTA 36-0366; Hyperfeinstruktur d. Cl im $[CrOCl_5]^{2-}$-Ion (–-Spektrum) 38-0167; paramagnet. Relaxat. u. Krist.-Feldtheorie für d. Grundmannigfaltigk. v. Cr in Rutil 39-0397; Aufspalt. d. EPR-Linien v. Cr^{3+} in $ZnWO_4$ durch ein äußeres elektr. Feld 40-0341; Einfl. eines äußeren elektr. Gleichfeldes auf d. EPR-Spektrum v. Cr^{3+}-Ionen in $MgWO_4$ 45-0353; –-Unters. d. Koordinat.-Änder. v. Cr^{5+}- u. V^{4+}-Komplexen bei Chemisorpt. an d. Trägerkatalysatoren 46-0701; –-Spektren v. $[Cr\cdot(CN)_5(NO)]^{3-}$, $Cr(NO)(NH_3)_5]^{2+}$ u. $[Cr(NO)\cdot(H_2O)_5]^{2+}$ 47-0168; EPR-Spektrum v. Cr^{3+}-Ionen in MgF_2 47-0379; –-Mess. am Syst. BeO/Cr_2O_3 48-0394; EPR-Unters. d. Isomorphiecharakters v. Cr in natürl. Einkrist. v. Diaspor (AlOOH) 49/50-0372; EPR-Unters. d. in polykrist., γ-bestrahlten $(NH_4)_6Mo_7O_{24}\cdot 4\,H_2O$ erzeugten paramagnet. Zentren 4-0340; katalyt. Aktivität u. EPR-Spektren v. oxid. Mo-Katalysatoren für d. Polymerisat. v. Äthylen 6-0753; EPR komplexer Mo-Verb. 13-0178; Unters. mehrstuf. Komplexbldg.-Rk. v. Mo(V) in H_2SO_4 + HCl- bzw. H_2SO_4 + HBr-Lsg. mit d. EPR-Meth. 19-0591; Hyperfeinstruktur d. Spektrums d. EPR v. Mo–Thiocyanat-Komplexen 22-0155; EPR-Spektren v. $[MoOF_5]^{2-}$ in *38* %ig. wss. HF u. v. $[CrOF_5]^{2-}$ in gleichen Lsgm. 23-0394; Unters. d. stufenweisen Komplexbldg. mit d. EPR-Meth. v. Chloro–Bromo-, Chloro–Jodo-, Bromo–Jodo-, Bromo–Fluoro-, Chloro–Sulfato- u. Bromo–Sulfato-Komplexen v. Mo(V) 31-0170; EPR d. Mo^{5+} in fl. Lsg. 38-0168; –-Unters. d. Oberflächen-Koordinat. d. O auf O-verarmtem TiO_2 u. MoO_3 46-0702; Hyperfeinstruktur d. Spektren d. EPR v. Fluorobromo- u. Fluorochlorokomplexen v. Mo 47-0170; EPR: in Mo(V)-Jodidkomplexen 47-0171; an Tieftemp.-Zentren in Molybdaten mit Scheelitstruktur $BaMoO_4$, $CaMoO_4$ u. $SrMoO_4$ nach Röntgenbestrahl. 49/50-0368; v. Ionen d. *3*d- u. *4*f-Gruppe in $MgMoO_4$-Einkrist. (EPR-Spektren v. Gd^{3+}-Ionen) 49/50-0369; Best. d. Struktur d. $Mo(CN)_8{}^{3-}$ u. $W(CN)_8{}^{3-}$ durch – 2-0135; Elektronenspinecho-Umhüll.-Modulat. in Festkörpern, Mess. an $CaWO_4 : Ce^{3+}$ (Mikrowellenimpuls) 2-0374; EPR-Unters. v. $[Mo(CN)_8]^{3-}$- u. $[W(CN)_8]^{3-}$-Ionen (Geometrie d. Ionen) 13-0177; EPR-Spektrum v. W^{5+} in Rutil (TiO_2) 14-0414; –-Unters. einiger Halogenomolybdenyl-, -wolframyl- u. -vanadyl-Komplexe in Lsg. 16-0136; antiferromagnet. Resonanz u. IR-Absorpt.-Spektrum v. UO_2-Einkrist. 31-0373; EPR: v. Pr^{3+} u. U^{4+} in CaF_2 36-0352; in UF_4, UF_3, $(U_nTh_{1-n})F_4$- u. $(U_nZr_{1-n})F_4$-Mischkrist. 49/50-0365; –-Spektren v. $^{243}Am^{2+}$ in CaF_2-Krist. 15-0423.

– u. Relaxat. v. $NaF : Mn^{2+}$ 1-0369; EPR v. Mn^{2+}: im NaCl-Krist.-Feld zwischen *300* u. *803*° 2-0383; in S- oder Se-halt. AgBr- u. AgCl-Krist. 2-0386; Diffus.-Mess. v. Mn^{2+} in NaCl-Einkrist. durch ESR-Absorpt.-Intensitäten 4-0289; Einfl. einer plast. Verform. auf d. EPR-Spektrum v. NaCl : Mn 4-0343; EPR v. Mn^{2+} in $Cs_3[ZnCl_5]$ 4-0344; – v. $MnCl_2\cdot 4\,H_2O$ in 12n HCl u. in CH_3OH 4-0345; –-Spektrum v. Mn^{2+} in β-Ga_2O_3 4-0346; verbotene Hyperfeinübergänge in d. EPR v. Mn^{2+} in CaO- u. SrO-Einkrist. 4-0347; EPR d. Mn^{2+}-Ions in Zn(S, Se) : Mn-Leuchtstoffen 4-0348; EPR-Unters. an Mn-dotierten LiF-Einkrist. 6-0366; EPR v. Mn^{2+}: in Apophylliten 6-0384; in Cordieriten 6-0385; in natürl. Datolith-Krist. 6-0386; Komplexe v. Mn^{2+}- u. F^--Fremdionen in $SrCl_2$-Krist. durch Mess. d. EPR-Spektren 8-0366; EPR v. Mn^{2+} in Al_2O_3 8-0367; Kovalenz u. d. EPR v. Mn^{2+} in CdSe 9-0412; EPR v. Mn^{2+} in NH_4Cl 9-0414; verbotene Übergänge im EPR-Spektrum v. Mn^{2+} in kub. MgO 10-0392; Zustand v. Mn-Beimeng. in Se (EPR-Unters.) 11-0396; EPR v. Mn-Ionen im glasförm. Syst. As/Se/Ge 11-0397; Relaxat. paramagnet. Zentren v. Mn in NaCl 11-0398; Beurteil d. chem. Bind. auf Grund d. Hyperfeinstruktur d. EPR-Spektren v. Mn^{2+}-Beimeng. für Mineraleinkrist. 12-0421; EPR v. Mn^{2+}-Ionen in $ZnMoO_4$-Einkrist. 13-0420; Elektronenspinrelaxat. in Lsg. solvatisierter Mn(II)-Ionen 15-0182; Linienbreiten in d. EPR-Spektren v. Mn(II)-Ionen in konz. wss. Lsg. 15-0183; EPR v. Mn^{2+}: in MgF_2 15-0419; in NH_4Cl 16-0324; in synthetisiertem $CdCO_3$ 16-0331; in $Mg_3La_2(NO_3)_{12}\cdot 24\,H_2O$ 16-0332; in $MgSO_3\cdot 6\,H_2O$ 17-0397; in Einkrist. v. synthet. $CaMoO_4$ u. $CdMoO_4$ 17-0401; EPR: d. VO^{2+}-Ions in Sphen u. Apophyllit u. d. Mn^{2+}-Ions in Tremolit, Apophyllit u. Scheelit 17-0403; v. *0,1*% Mn in Cu-Einkrist. bei *1,6*–*4,2* °K 18-0328; – v. Mn^{2+} in NaCl-Einkrist. u. v. Gitterdefekten $Mn^{2+}-O_2{}^{2-}$ u. $Mn^{2+}-OH^-$ 18-0329; verbotene Hyperfeinübergänge bei d. – v. Mn^{2+} in NaCl-Einkrist. 18-0330; antiferromagnet. Resonanz in $MnCO_3$ 19-0377; magnet. Resonanz bei *70* GHz nahe am Néel-Punkt v. $Rb[MnCl_3]$ 19-0378; Linienverbreiter. durch innere elektr. Felder in d. EPR v. Ce^{3+}, Er^{3+} u. Mn^{2+} an Ca^{2+}-Plätzen in $CaWO_4$ 20-0330; Spin-Austauschwechselwrkg. v. $MnCl_2$ im Eutektikum LiCl/KCl bei hohen Temp. (EPR-Unters.) 22-0360; EPR d. Mn^{2+} im Tremolit 24-0853; Unters. v. Mn in LiF durch Mess. d. elektr. Leitfähigk. u. d. EPR 25-0370; – v. $K[MnF_3]$ 26-0365; EPR v. Mn^{2+}-Ionen in $Tl_2Se\cdot As_2Se_3$ 30-0324; Beobacht. v. selektivem Kationenaustausch in Zeolithen mit d. – v. Mn^{2+} (Linde X) 30-0327; Anfangsstufen d. Aggregat. v. Mn^{2+} in NaCl (Mess. mit EPR) 36-0281; Superhyperfeinstruktur d. EPR-Spektrums v. Mn^{2+}-Ionen in $AlCl_3\cdot 6\,H_2O$-Krist. 36-0353; EPR v. Mn^{2+} in NH_4Cl 36-0355; – d. Mn^{2+}-Ions in polykrist. As_2S_3 36-0360; antiferromagnet. Resonanz in $Rb[MnF_3]$ unterhalb d. Spinflop-Übergangs 36-0368; EPR-Unters. v. an Silicagelen adsorbierten Mn-Ionen 38-0643; EPR v. Mn^{2+} in Brucit 41-0421; –-Spektren austauschgekoppelter Mn^{2+}-Ionen in ZnS u. CdS 42-0374; EPR v. Mn^{2+} in KNO_3-Einkrist. (Phasenwechsel zwischen α- u. β-Phase) 44-0387; Analyse d. EPR-Spektren v. Mn^{2+}-Ionen in synthet. Zeolithen d. Typen A, X u. Y bei d. Frequenzen *9500* u. *37 500* MHz 44-0389; verbotene Hyperfeinübergänge in d. –-Spektren v. Mn^{2+} in Calcit 45-0348; –: v. Mn^{2+} in $BaTiO_3$-Einkrist. 45-0350; v. $(KMnF_3)_x(KMgF_3)_{1-x}$ 47-0380; EPR-Unters. an Cr^{3+}- u. Mn^{4+}-Ionen in MgO 49/50-0370.

Resonanzrelaxat. in $Mn_xFe_yO_4$ durch Mn^{3+}- u. Fe^{2+}-Ionen mit langsamen Relaxat.-Mechanismen 1-0383; EPR d. Fe^{3+}-Ions in $CaWO_4$ (starkes tetragonales Krist.-Feld) 2-0391; simultane Beobacht. v. Absorpt.- u. Dispers.-Signalen u. Sättig.-Effekte bei niedr. Leist. in d. EPR v. Fe^{3+} in $CaWO_4$ 2-0392; Elektronenspin-Relaxat. u. d. Mössbauer-Effekt in $Fe(NH_4)(SO_4)_2\cdot 12\,H_2O$ 3-0187; – eines Fe^{3+}- u. Mn^{2+}-Zentrums in ZnS : F 4-0349; Mikrowellenmess. d. lokalen Felder bei γ-Fe_2O_3 durch ferromagnet. Resonanz 4-0354; Temp.- u. Frequenzabhängigk. d. Linienbreite d. ferromagnet. Resonanz in Ferriteinkrist. 6-0391; –-Spektren v. Fe^{3+} in Einkrist. v. Andalusit 8-0363; EPR-Spektren v. Gd^{3+}- u. Fe^{3+}-Ionen in synthet. Calcit 8-0372; – v. Fe^{3+} in Einkrist. v. Spodumen 8-0374; Linienbreite d. ferrimagnet. Resonanz in mit Seltenerdmetallen dotiertem Y–Fe-Granat bei tiefen Temp. 8-0379; – v. eingefangenen Elektronen in bestrahltem Na-Nitrosylprussiat 9-0195; EPR v. Fe^{3+} in Y–Al-, Lu–Al- u. Lu–Ga-Granat 9-0408; Einfl. v. Krist.-Baufehlern auf d. Breiten d. ferromagnet. Resonanzlinien in Ferriten (Y-Granat-Einkrist.-Kugeln) 9-0409; Verringer. d. Linienbreite d. ferromagnet. Resonanz v. $ZnY(Ba_2Zn_2Fe_{12}O_{22})$-Einkrist. durch eine neue Zücht.-Technik 9-0411; EPR v. Fe^{3+} in Benitoit 9-0415; Unters. eingefrorener Defekte in Y–Fe-Granatkrist. durch ferromagnet. Resonanz 11-0410; – v. Fe^{3+} in CdS 12-0420; komplexe Hyperfeinstruktur in EPR-Spektrum v. $(FeF_6)^{3-}$ in CdTe 13-0418; Elektronenrelaxat. d. Seltenerdmetall-Ionen in Tb-, Sm- u. Tm–Fe-Granaten bei hoher Temp. 13-0537; ferromagnet. Resonanz in Einkrist. d. Granats $Bi_{0,48}Ca_{2,52}Fe_{3,74}V_{1,26}O_{12}$ 14-0420; – v. Fe^{3+} in SnO_2 16-0328; Vgl. d. Strahl.- u. Absorpt.-Eig. d. ferromagnet. Resonanz d. Ferrite 17-0408; ferromagnet. Resonanz in Granateinkrist. d. Zus. $Bi_{0,5}Ca_{2,5}\cdot Fe_{3,75}V_{1,25}O_{12}$ 18-0341; Fe–Fe-Austauschresonanz in $Eu_3Fe_{5-x}Ga_xO_{12}$ 18-0342; magnet. Resonanzlinienbreite in geordnetem Lithiumferrit u. Vgl. mit Yttriumeisengranat 19-0372; anisotrope magnet. Resonanz u. Relaxat. in mit Si substituiertem Yttriumeisengranat 19-0375; antiferromagnet. Resonanz in α-Fe_2O_3 u. α-Fe_2O_3-Proben mit SiO_2-, TiO_2 u. SnO_2-Dotier. 19-0376; Wandeffekt in ferrimagnet. Resonanzvers. an Ni–Mg–Mn-Ferrit u. Y–Fe-Granat 19-0379; Best. d. $Eu^{3+}-Fe^{3+}$- u. Eu^{3+}–Gd^{3+}-Austauschwechselwrkg. aus d. EPR-Verschieb. in Eu–Ga-Granat u. Vgl. mit Y–Ga-, Lu–Ga-, Y–Al- u. Lu–Al-Granat 20-0327; ferromagnet. Resonanz v. polykrist. Fe bei tiefer Temp. 20-0333; Best. d. Magnetostrikt.-Konst. v. Seltenerdmetallgranaten aus d. Druckabhängigk. d. EPR (EPR-Spektren v. Gd^{3+}-Ionen in $Gd_3Fe_5O_{12}$-Krist.) 22-0365; Temp.-Abhängigk.: d. FMR-Linienbreite v. Fe-Einkrist.-Plättchen 23-0396; v. Linienbreite u. Resonanzfeld d. ferromagnet. Resonanz v. $Ca_3V_{1,5}Fe_{3,5}O_{12}$ 23-0397; Linienbreite d. ferromagnet. Resonanz im tern. Syst.: $Y_3Fe_5O_{12}/Ca_3Fe_{3,5}V_{1,5}O_{12}/Bi_3Fe_5O_{12}$ 23-0398; Unters. d. – v. Fe-Verunreinig. in AgCl 26-0257; Best. einer Kern-Quadrupolwechselwrkg. mit Hilfe v. verbotenen Hyperfeinübergängen in d. EPR v. $CaWO_4 : Mn^{2+}(Fe^{3+})$ 26-0369; EPR v. Fe-Zentren in Quarz (α-Quarz, Amethyst u. Citrin) 26-0370; Best. d. Spinzustände lokalisierter Verunreinig. in $FeCl_2$ (–-Unters.) 29-0377; Einfl.: d. thermomechan. Behandl. auf d. Breite d. Linien d. ferromagnet. Resonanz bei Einkrist. v. Yttriumferrit-Granat 31-0402; v. Krist.-Defekten auf d. Breite d. ferromagnet. Resonanzlinie in Ferriten 31-0403; EPR d. Fe^{3+}-Ions in einem Oligoklas-Einkrist. 31-0409; ferromagnet. Resonanz: bei dünnen Einkrist.-Plättchen aus Fe 31-0410; bei $PbFe_{12}O_{19}$ 31-0411; g-Faktor d. ferrimagnet. Resonanz v. Magnetit oberhalb u. unterhalb d. Verwey-Umwandl. 31-0514; Spinwellenresonanz in dünnen Filmen einer Fe–Ni–Co-Leg. 32-0370; EPR v. $^{57}Fe^{3+}$ in La–Zn- u. Ce–Zn-Doppelnitrat 32-0377; Symmetrie d. Krist.-Felds im Granat $Y_3Fe_{5-x}Cr_xO_{12}$ bei Substitut. v. Fe^{3+} durch Cr^{3+}-Ionen durch Mess. d. ferromagnet. Resonanz 32-0378; Isomorphie v. Mn- u. Fe-Ionen in Mineralien nach Daten v. EPR-Unters. 32-0833; magnet. Resonanz v. Pyrrhotin bei *9000* MHz 33-0423; Anisotropie u. Temp.-Abhängigk. d. Dämpf.-Parameters v. Spinwellen in Ferriteinkrist. (FMR) 34-0422; kub. –-Spektrum v. Fe^{2+} in AgCl mit Hilfe d. ENDOR-Technik 36-0354; EPR v. Fe^{3+} in $BaO\cdot 6\,Al_2O_3$ 36-0357; Fein- u. Hyperfeinstruktur im –-Spektrum v. Fe^{3+} in EDTA u. v. Fe^{3+} in Einkrist. u. Pulvern v. $NH_4CoY\cdot 2\,H_2O$ (H_4Y = EDTA) 36-0365; ferromagnet. Resonanz d. Y–Yb–Fe-Granat-Syst. 36-0367; Einfl. großer anisotroper elast. Spann. auf d. ferromagnet. Resonanzabsorpt. in polykrist. Ferriten 36-0506; ferromagnet. u. Spinwellenresonanz in dünnen Filmen v. Fe–Ni-Leg. 37-0415; IR-Faraday-Rotat. als Temp.-Funkt. in Gd–Fe-Granat (Beitrag zur FMR) 39-0365; Beobacht. v. in paramagnet. Relaxat. erzeugten Phononen in einem Fe^{2+}-dotierten Stab aus MgO 39-0398; EPR d. Superhyperfeinstruktur v. Verunreinig. d. Fe-Gruppe in II–VI-Verb. (ZnSe : Cr^+, ZnSe : Mn^{2+}, ZnTe : Cr^+, ZnTe : Mn^{2+}, ZnTe : Fe^+, ZnSe : Fe^{3+}, ZnSe : Cr^{2+}, CdTe : Mn^{2+} u. ZnTe : Fe^{3+}) 40-0337; Beobacht. d. Depopulat. d. EPR v. Fe^{3+} in $CaWO_4$ 41-0418; – u. paarweiser Radikal-Einfang in γ-bestrahltem Na-Nitrosylprussiat 41-0422; effektives ebenes Anisotropiefeld in α-Fe_2O_3 (–-Mess. an mechan. verformtem α-Fe_2O_3) 42-0373; –: v. Fe^{3+} in Cordierit 42-0378; v. $[Fe(CN)_5NO]^{3-}$ 43-0155; Mehrfach-Quantenübergänge in MgO durch –-Spektren v. MgO : Fe^{3+} u. MgO : Mn^{2+} 45-0349; – v. Mischkrist. d. Syst. $BiFeO_3/BaTiO_3$ 45-0351; –-Unters. v. Komplexen zwischen Fe, NO

u. anion. Liganden 47-0172; ferromagnet. Resonanz in Ggw. einer Bereichstruktur v. kub. Ferriteinkrist. 48-0365; bei d. nichtlinearen ferromagnet. Resonanz auftretende Schwing.-Hysterese in Y–Fe-Granat-Einkrist. 48-0366; --Spektren v. γ-bestrahltem Natriumnitrosylprussiat 49/50-0371.

Vierwert. Co in α-Al_2O_3 (--Spektren) 3-0407; EPR-Spektren d. monomeren $Co(CO)_4$-Radikals 8-0165; EPR v. Co^{2+} in $Mg(CH_3COO)_2 \cdot 4\ H_2O$ 13-0422; antiferromagnet. Spinresonanz v. $CoBr_2 \cdot 6\ H_2O$ 15-0435; Grundzustand zweiwert. Co-Ionen in $Cs[CoCl_5]$ u. $Cs[CoBr_5]$ (EPR) 16-0327; – v. Co^{2+} in kub. ZnSe 18-0336; EPR-Spektren v. Co^{2+} in MgF_2 25-0371; – v. Co^{2+} in Y–Ga-Granat-Einkrist. 27-0407; hochfrequente magnet. Resonanz in $ZrCo_2$ u. UCo_2 28-0364; direkte Mess. d. schwachen Austauschwechselwrkg. in Paaren v. Co^{2+}-Ionen in $Cs_3[ZnCl_5]$ durch – 30-0321; – v. Co^{2+} in CdSe 36-0362; EPR-Spektren v. Co^{2+} in Gläsern 44-0390; Hyperfeinstruktur d. EPR v. Co^{2+} in $ZnWO_4$ 45-0354.

Ortskurven d. ferromagnet. Resonanz in dünnen, ebenen, aufgedampften Permalloy-Schichten 1-0377; Austauschwechselwrkg. langer Reichweite aus d. Spinwellen-Resonanz an einer Reihe v. dünnen Permalloy-Schichten 1-0378; magnet. Resonanz im fernen IR in NiF_2 7-0364; Spinwellen-Resonanz in dünnen Schichten v. Fe, Co u. Ni 7-0399; Temp.-Abhängigk. d. Parameter d. ferromagnet. Resonanz v. Ni–Co-Ferriten mit induzierter einaxialer magnet. Anisotropie 7-0411; Bloch-Wand-Resonanz u. natürl. ferromagnet. Resonanz in stark verspannten Permalloy-Bändern 7-0540; Linienbreitenverringer. d. ferromagnet. Resonanz durch Kornorientier. kub. Ni-Ferrite 8-0378; ferromagnet. Resonanz u. d. Ionenzus. v. mit Co substituiertem Ni-Ferrit 9-0410; ferromagnet. Resonanz in Ni u. Fe 11-0409; ferromagnet. Resonanz in dünnen einaxialen Permalloy-Schichten unter allg. Vormagnetisier.-Beding. 11-0539; Spinwellenresonanz in dünnen Permalloyfilmen 12-0422; Mess. d. Magnetostrikt. in $NiFe_2O_4$ u. $Co_{0,05}Ni_{0,95}Fe_2O_4$ mit einer ferromagnet. Resonanzmeth. 15-0434; keram. Eig. v. Ni-Ferrit u. auf Porosität zurückzuführende Linienverbreiter. d. ferromagnet. Resonanzen 16-0465; FMR: in Mehrschichtfilmsyst. d. Leg. *17* Fe, *80* Ni, *3* Mo u. *18* Fe, *79* Ni u. *3* Co mit Isolat.-Quarzfilmen 17-0405; in dünnen magnet. Permalloy-Filmen bei paralleler Magnetisier. 17-0406; ESR-Nachw. v. Ni^{3+} in MgO/NiO–Li_2O-Mischkrist. 18-0337; Einfl. geringer Co^{2+}-Konz. auf d. ferromagnet. Resonanz v. Ni–Zn–Cr-Ferriten 18-0340; EPR in Einkrist. v. $NiBr_2$ 22-0358; ferromagnet. Resonanz in Ni-Einkrist. 22-0367; Theorie d. antiferromagnet. Resonanz in Antiferromagnetika d. NiO-Typs 26-0374; ferromagnet. Resonanz in Ni bei tiefen Temp. 44-0391; Einfl. eines Wirbelstroms auf d. ferromagnet. Resonanz sphär. Proben (Fe_3O_4, $Ti_{0,10}Fe_{2,90}O_4$, $Ti_{0,18}Fe_{3,82}O_4$, $Mn_{1,15}Fe_{1,85}O_4$ u. Ni) 47-0386; EPR-Spektren im Syst. NiO/MgO 48-0360; paramagnet. Spektren d. zweiwert. Ni in $Sr_2(NiW)O_6$ 49/50-0490.

– v. Cu^{2+}-Ionen in wss. Lsg. 3-0184; Elektronenspinrelaxat. in Tuttonschen Cu-Salzen 3-0414; --Spektren v. Cu^{2+} u. Mn^{2+} in Zeolithen v. X- u. Y-Typ 4-0350; Existenz eines dritten Typs d. Jahn-Teller-EPR-Spektrums d. oktaedr. koordinierten Cu^{2+} 4-0351; – v. Cu^{2+} in Einkrist. v. $K_2[CuCl_4] \cdot 2\ H_2O$ 5-0391; Theorie d. Linienbreite d. EPR v. Cu^{2+}-Ionen in wss. Lsg. 8-0164; EPR photoangeregter Donator–Akzeptor-Paare in ZnS : Cu(Ga)-Krist. 8-0368; Beweis für tetragonale Verzerr. aus d. --Spektren v. Cr^{3+}, Mn^{2+}, Fe^{3+}, Fe^{+}, Co^{2+}, Ni^{2+}, Ni^{+} u. Cu^{2+} in Einkrist. v. CaO 9-0402; Eigendeformat. u. Gitter-induzierte Deformat. d. Tetrachlorocuprat-Ions (EPR-Spektren) 9-0406; EPR: v. Cu^{2+} u. Mn^{2+} in NH_4Cl u. Phasenumwandl. *2.* Ordn. in NH_4Cl 11-0399; v. Cu^{2+} in $MgCl_2$ u. $CdCl_2$ 11-0400; EPR-Unters. d. Elektronen- u. Löcherhaft. in ZnS : Cu(Cl, Cr)-Leuchtstoffen 12-0392; EPR v. $Cs_2[CuCl_4]$-Einkrist.) 12-0417; paramagnet. Relaxat. in Einkrist. v. Salzen d. Ionen Mn^{2+}, Cr^{3+}, Fe^{3+} u. Cu^{2+} in Abhängigk. v. ihrer Orientier. im parallelen magnet. Gleichfeld 15-0427; – d. Cu^{2+}-Ions in Einkrist. v. $CdWO_4$, $ZnWO_4$ u. $MgWO_4$ 16-0336; EPR v. Cu^{2+} in Boratgläsern 16-2223; – v. $Cu(NO_3)_2$- u. CuF_2-Mol., d. in Ne- u. Ar-Matrizen bei 4 °K orientiert sind 18-0158; Änder. d. Nahumgeb. v. Cu^{2+}-Ionen in Abhängigk. v. d. Konz. in aus wss., harnstoffhalt. Lsg. gezüchteten NH_4Cl-Krist. (EPR-Spektren) 20-0324; EPR-Unters. an mit Cu^{2+} dotierten Seignettesalz-Einkrist. 29-0385; neue antiferromagnet. Resonanzlinien in $CuCl_2 \cdot 2\ H_2O$ 31-0412; Unters. d. Elektroneneinfangs in ZnS : Cu (Cl, Cr) mit Hilfe v. IR-induzierter Lichtstimulat. u. EPR-Meth. 33-0409; EPR v. Cu^{2+} in MgO bei *1,2* °K 36-0358; Einfl. d. starken Austauschwechselwrkg. in $CuCl_2 \cdot 2\ H_2O$ auf d. Verbreiter. d. EPR-Linie 40-0335; – v. Cu^{2+} in $Zn(HCOO)_2 \cdot 2\ H_2O$ (isolierte Ionen u. austauschgekoppelte Paare) 40-0342; EPR v. Cu^{2+} in amorphem u. polykrist. GeO_2 41-0419; Austausch u. d. *10/3*-Effekt in d. isomorphen paramagnet. Salzen $K_2[CuCl_4] \cdot 2\ H_2O$ u. $(NH_4)[CuCl_4] \cdot 2\ H_2O$ 42-0376; --Spektren v. Cu-Oxidkatalysatoren u. ihre Aktivität bei d. Acylier. 45-0658; Kreisabweich. d. $\alpha.\beta$-Diagramme d. Faraday-Effekts d. EPR für Ausnahmefälle v. $MnCl_2 \cdot 4\ H_2O$, $Fe_2(SO_4)_3 \cdot (NH_4)_2SO_4 \cdot 24\ H_2O$, $CuSO_4 \cdot 5\ H_2O$, $CuCl_2 \cdot 2 \cdot H_2O$ 47-0385; – v. röntgenbestrahltem $AgNO_3$-Einkrist. 3-0412; Nachw. d. Bldg. v. Ag^{o}-, Ag_2^{+}–Ag^{2+}-, OH- u. SO_4^{-}-Radikalen durch – bei d. ^{60}Co-γ-Bestrahl. v. in verschiedenen Lsgm. gelöstem $AgNO_3$ bzw. $Ag_2 \cdot SO_4$ 5-0765; --Unters. an bestrahlten Ag-Halogeniden 15-0420; EPR: an γ-bestrahlten $CdCl_2$: Ag- u. $CdCl_2$: Cu-Krist. 17-0396; v. freien, auf festen Oberflächen (Silicagel) stabilisierten Silberatomen 20-0332; --Spektren v. Ag(I)- u. Ag(III)-Komplexen nach γ-Bestrahl. v. Ag(II)-Salzlsg. sowie d. --Spektrum v. NO_2 in γ-bestrahlten $AgNO_3$-Lsg. in Glycerin 23-0702; – in Se- u. Te-dotierten AgBr-Einkrist. 30-0322; --Spektren v. $^{109}Ag^{0}$, $^{109}Ag_2^{+}$ u. $^{107}Ag_2^{+}$ 32-0145; Unters. v. Elektronen- u. Lochprozessen in KCl : Ag- u. NaCl : Ag-Krist. durch EPR nach Röntgenbestrahl. 40-0333; nichtisotherme EPR-Relaxat. u. Defektelektronenrekombinat.-Lumineszenz in KCl/KBr : Ag- u. NaCl/NaBr : Ag-Krist. 44-0381; EPR-Spektren v. in W., A. oder Undecan eingefangenen Ag-, Au- u. Cu-Atomen bzw. v. Ag, Au, Cu, Na, K u. Rb in Bzl. in Abhängigk. v. d. Temp. 12-0171; Bezieh. zwischen – u. NMR in $La_{1-x}Th_xRu_2$ (*1* Mol-% Gd) 3-0400; – v. neutralem Rh in AgCl 4-0353; --Unters. v. Pd-Mischkatalysatoren u. ihre katalyt. Aktivität bei d. Hydrier. v. C_2H_4 48-0642; EPR in unterkühlten Fe(III)-, Ru(III)- u. Os(III)-Lsg. 6-0167; magnet. Eig. d. Ir^{4+}-Ionen in d. Mischkrist. $K_2[Ir, PtCl_6]$ u. in $(NH_4)_2[Ir, PtCl_6]$ mittels – 44-0382; EPR- u. katalyt. Unters. an einigen Pt-Trägerkatalysatoren bez. ihrer Hydrieraktivität 3-0725; EPR-Spektren d. Verb. $[Cu(NH_3)_4][PtCl_4]$ 4-0352; EPR v. Pt^{3+}-Ionen in $BaTiO_3$-Einkrist. 11-0401; ESR-Absorpt.-Spektrum v. Pt in Y–Al-Granat 31-0400; polarisierte Krist.-Spektren v. $[Cu(NH_3)_5](ClO_4)_2 \cdot NH_4ClO_4$ u. Vgl. mit --Spektren v. $[Cu(NH_3)_4][PtCl_4]$ 34-0379; EPR als Meth. zur Strukturunters. v. Kohle 1-2848; Temp.-Abhängigk. d. paramagnet. Relaxat. bei Punkt-Defekten durch *2*-MeV-γ-Strahl. in glas. SiO_2 3-0404; vergleichende Unters. über d. Sätt. d. EPR-Signals beim Meteoriten Mighéi u. bei Kohlen 3-0810; – v. γ-bestrahlten Natriumpolyphosphatgläsern 6-0381; Unters. v. Ultramarin während seiner Darst. mit Hilfe d. EPR 7-0409; Mess. d. --Absorpt. unter Bestrahl. mit sichtbarem Licht bei Ggw. u. Abwesenh. v. O_2 in Lsg. v. Kohlenteer u. Erdöl 7-2876; EPR in Silicatglasfasern 14-0418; – v. hitzebehandelten Kohlen (Lignit, Anthrazit, bakkende u. nichtbackende Kohle) 14-0419; axialsymm. paramagnet. Farbzentren in Fluorapatit (opt. Absorpt.-Banden, EPR-Spektren u. ENDOR) 16-0291; zwei Komponenten d. – in Yubari-Kohle 19-2121; --Unters. über Grundvorgänge d. Strahlen- u. Photochemie (ESR-spektroskop. Identifizier. v. NO_3^{2-}, NO_3, NO_2 u. wahrscheinl. NO_2^{2-} nach γ-Bestrahl. wss. $NaNO_3$- bzw. $NaNO_2$-Gläser verschiedenen pH-Wertes bei *77* u. *150* °K) 28-0649; Temp.-Behandl.-Einfl. auf d. EPR-Spektren einiger Chalkogenidgläser 33-0431; --Unters. d. sauren Zentren eines dekationisierten Zeoliths 42-0601; --Spektrum γ-bestrahlter Alkalimetall (Li, Na, K)- bzw. Erdalkalimetall (Ca, Ba)-Phosphatgläser 45-0356; Unters. v. Prod. d. Spalthydrier. v. Kohle durch EPR 47-2398; EPR-Spektren einiger bestrahlter Zweikomponentengläser 49/50-0373.

Metallhaltige organische Verbindungen

Einfl. d. Triplett–Spin-Austausches auf d. EPR-Spektren in Ionenradikalsalzen 5-0958; EPR-Spektren v. Ti(III)-Chelaten 9-0194; EPR organ. Cu-Komplexverb. im Bereich *8* mm 11-0162; Komplexbldg. zwischen Übergangsmetallionen u. organ. Lsgm. (--Unters.) 25-0163; --Unters. v. organ. VO^{2+}-Komplexverb. in wss. Lsg. 41-0194; – u. kovalente Bind. v. Vanadylkomplexen mit organ. Liganden 43-0154.

Hyperfeinaufspalt. d. Alkalimetalls u. Oszillat. d. Alkalimetallions in einem Alkalimetallradikalionenkomplex v. Pyracen (--Spektren) 35-0145.

Bldg. u. Zerfall paramagnet. Komplexe bei d. Umsetz. v. O mit polykrist. Magnesiumphthalocyanin (EPR-Unters.) 7-0410; – v. Tetraphenylporphinchelaten d. VO^{2+}, Co^{2+} u. Cu^{2+} 10-0151; --Spektren: v. CuN_4-Chromophoren (Komplexe d. zweiwert. Cu mit Py. u. Pyridinderiv.) 12-0170; v. Cu^{2+}-Komplexen mit Py. u. substituierten Pyridinen in wss. Lsg. 19-0170; EPR-Unters. v. Oxochlorochrom(V)-komplexen ($CrOCl_3 \cdot 2$ Chinoliniumchlorid, $CrOCl_3 \cdot$ Chinoliniumchlorid u. $CrOCl_3 \cdot$ Pyridiniumchlorid) 23-0157; Einfl. d. dynam. Austausches auf d. --Linienformen oktaedr. Cu-Komplexe (Polykrist. eines Tris-[1.10-phenanthrolin]-kupfer(II)-komplexes) 26-0372; --Spektren d. Monohalogeno-bis-[bipyridyl]–Kupfer(II)-Komplexe 28-0123; EPR-Spektren v. Cu(II)–Py.-Komplexen 38-0172; – d. Pentamethylentetrazolkomplexe v. Mn(II) u. Cu(II) 47-0173; EPR-Absorpt. in Tetrakis-[pyridin]-kupfer(II)-peroxodisulfat 47-0174.

--Best. für Äthylendiaminkomplexe v. Cr 3-0417; --Absorpt. v. Cs- u. Rb-Lsg. in Äthylamin 14-0404; --Unters. an γ-bestrahlten ferroelektr. $CH_3NH_3Al(SO_4)_2 \cdot 12\ H_2O$ 16-0337; Unters. einiger Azoverb. v. Cu(II) durch EPR 38-0170; Elektronenspinaustausch in Lsg. v. Cu(II)-Komplexen mit Aminen 43-0157.

EPR-Spektrum v. polykrist. Bis-[8-hydroxychinolinato]-kupfer(II)-dihydrat 3-0418; EPR-Unters.: v. Triäthanolamin enthaltenden Cu-Komplexen in wss. Lsg. 10-0152; v. Cu(II)-Komplexverb. mit Deriv. v. Benzolazo-β-naphthol 18-0159; – in Mo(V)–Chloromethoxo-Komplexen 43-0156; EPR-Unters. d. Verteil. v. Cu(II)-Ionen in Metalloxinaten u. ihren Deriv. 45-0155.

– in $CuCl_2 \cdot 2$ DMS 40-0336.

EPR u. Aufbau v. Ti(III)-Komplexen bei d. Red. v. Organo-Ti-Verb. durch Aluminiumalkylderiv. 6-0166; – d. Metall–Aromat-Bind. in Bis-[hexamethylbenzol]-eisen(I) 8-0167; EPR: v. Bis-[benzolazo-p-kresol]-kupfer 8-0168; v. metallorgan. Sandwich-Verb. 16-0137, 16-0138; --Unters. d. Wechselwrkg. d. Na-Verb. aromat. KW-Stoffe mit Tetraphenyläthylen 16-0913; --Spektren: v. durch Röntgenbestrahl. eingefrorener wss. $[R_2Tl]_2SO_4$-Lsg. ($R = CH_3$ bzw. C_2H_5) erzeugter Methyl- u. Äthylradikale im Eisgitter 22-0656; für d. Radikalsyst. 2.4.6-Tri-tert.-butylphenoxyl/Triphenyl-Al 51/52-0864.

Einfl. d. Spindichteübergangs v. paramagnet. Komplex auf sich abspaltende Liganden (Diphenylcarbazonkomplexe v. Cu u. Dithizonkomplexe v. Cu, Ni u. Pd) 21-0153.

Einfl. v. Substituenten auf d. --Hyperfeinaufspalt. v. Cu-Acetylacetonaten 6-0168; --Linienbreiten in Lsg. (experimentelle Unters. d. Lsgm.-Abhängigk. d. Anisotropie- u. Spin–Rotat.-Effekte v. Vanadylacetylacetonat in Diphenylmethan, $CHCl_3$, Acetophenon, CS_2, Nitrobenzol, Bzl.) 27-0409; (experimentelle Unters. d. Anisotropie- u. Spin–Rotat.-Effekte v. Acetylacetonato-^{63}Cu in Toluol u. $CHCl_3$) 27-0410; Temp.-Abhängigk. d. --Spektrums v. Kupferacetylacetonat 28-0158; Alkalimetallhyperfeinaufspalt. v. o-substituierten Benzophenonketylen (--Unters.) 34-0905; Verteil. d. Spindichte in Methylgruppen enthaltenden Metallketylen (EPR) 34-0917; Hyperfeinstruktur d. --Spektren v. Bis-[acetylacetonato]-Cu(II), Bis-[acetylacetonato]-äthylendiamin-Cu(II) 43-0158.

EPR: v. Cu(II)-Innerkomplexverb. (2-(2′-Salicylidenaminophenylazoxy)-4-methylphenolato-Cu u. 1.2-Bis-[2-hydroxybenzylidenamin]-benzolato-Cu) 6-0161; v. Bis-[dimethylglyoximato]-kupfer(II)-krist. u. Lsg. in W., A. u. Dioxan 8-0371; --Spektren v. Bis-[acetylaceton]- u. Bis-[benzoylaceton]-äthylendiiminatokupfer 20-0331; EPR-Unters. v. N.N′-Methyläthylen-bis-[5-bromsalicylidenaminato]-kupfer(II) 21-0154; --Spektrum v. Bis-[N-propylsalicylaldiminato]-kupfer(II) 23-0148; Elektronenspinrelaxat. v. Bis-[N-isopropylsalicylaldiminato]-Cu(II) 47-0175.

Best. d. Metall–Metall-Wechselwrkg. in Cu-halt. Koordinat.-Verb. mit Pyridin-N-oxid aus EPR-Spektren 44-0144.

EPR d. gemischten Acetatkomplexes $[Cr_2Fe(CH_3COO)_6(OH)_2]Cl \cdot 6\ H_2O$ zwischen *4* u. *290* °K 8-0166; – mit großer rhomb. Feinstrukturaufspalt. v. Fe^{3+} in $NaCoY \cdot 4\ H_2O$ (Y = EDTA) an Einkrist. u. Pulvern 9-0419; EPR zwischen *20* u. *100*° für wss. Lsg. d.

Acetatkomplexes $Cr_3(CH_3COO)_6(OH)_2Cl \cdot 8\,H_2O$ 11-0161; paramagnet. Zentren in bestrahltem Ag-Oxalat (EPR-Spektren) 14-0416; EPR- u. spektrophotometr. Unters. v. Ti(III)-Chelaten mit Nitrilotricarbonsäuren u. ihren Deriv. 22-0553; --Mess. an Cyclohexen-Sc^{3+}-, Ti^{4+}- u. Zn^{2+}-Stearat-Komplexen 27-0187; EPR-Unters. v. Ti(III)-Salzen d. Ameisen-, Essig- u. Oxalsäure 29-0761; – v. Cu(II)-Citratchelaten 31-0176; EPR-Unters. photochem. Rk. v. komplexen Oxalaten mit Co, Cr, Fe u. Mn 35-0653; EPR v. Cu(II)-Verb. mit Aminosäuren 38-0169; EPR-Spektrum: v. Bis-[α-thiopicolinanilidato]-kupfer(II) 38-0171; v. Bis-[thiopicolinsäureanilidato]-Cu(II) (Unters. d. kovalenten Bind.) 38-0173; Temp.-Abhängigk. d. g-Werte in tetragonalen ion. Cu^{2+}-Salzen (– v. Dibariumkupferformiat-4-hydrat, verd. im isomorphen Zn-Salz) 42-0377; EPR-Spektren katalyt. akt. Cu-Chelatkomplexe mit substituierten α-Thiopicolinaniliden 43-0159; --Unters. v. Huminsäure-Metall-Verb. 47-0176; ferrimagnet. Resonanz u. --Spektrum v. $Mn(CH_3COO)_2 \cdot 4\,H_2O$ 49/50-0375.

Paramagnet. Relaxat.: in Ho-Äthylsulfat 6-0379; in Tb-Äthylsulfat 6-0380; EPR-Unters. v. Fehlstellen in Tm-Äthylsulfatkrist. 13-0421; Spin-Spin-Wechselwrkg. in Ce-Äthylsulfat (EPR-Spektren) 15-0428; paramagnet. Relaxat. u. Phononengpaß im Tb-Äthylsulfat unter Verw. d. Faraday-Effekts 15-0433; Spin-Spin- u. Krist.-Feld-Wechselwrkg. in d. Äthylsulfaten d. Seltenerdmetalle (Spektrum v. Gd) 31-0396; opt. Faraday-Rotat.-Unters. d. EPR u. Relaxat. in Pr-Äthylsulfat 44-0388; ESR-Spektren d. blauen Lsg. v. Li, Na u. K in $OP[N(CH_3)_2]_3$ 47-0167.

Krist.-Feldaufspalt. in d. EPR v. Ferrihämverb. 22-0354; --Unters. d. Ferrihämoglobins M_{osaka} 31-01485; Unters. über d. nicht-Häm-Fe-Protein (Adrenodoxin) d. Nebennieren durch – 43-1321; --Unters. wss. Mn(II)-Phosphatidylserin-Adenosintriphosphat-Lsg. 47-0169.

Organische Verbindungen

--Absorpt. bei *9,5* GHz v. rekrist. freien Radikalen 4-0872; Verw. d. Radiospektrometers EPR-*2* zur Unters. v. durch Ox. v. Antioxydantien hergestellten Radikalen 4-0873; Nullfeld-- in organ. Radikalen 4-0874; Einfl. d. Triplett-Spin-Austausches auf d. EPR-Spektren in organ. Ionenradikalsalzen 5-0958; Aufspalt. *2*. Ordn., anomale Relaxat. u. Vorzeichen d. Koppl.-Konst. in --Spektren v. Radikalionen 6-0882; Umgeb.-Effekte auf d. --Spektren v. Triplettzuständen organ. Mol. 14-0946; Spindichteverteil. in freien Radikalen (--Unters.) 14-0982; --Unters. an kurzleb. Radikalen bei d. Redoxpolymerisat. v. Monomeren 16-0842; EPR v. photoselektierten Triplettmol. (Phenoxazin) 17-0919; (Coronen u. Phenanthren) 17-0920; semiempir. Theorie d. isotropen Hyperfeinaufspalt. in d. --Spektren freier Radikale 22-0844; – freier Radikale in fl. u. überkühlten Lsg. 23-0885; --Spektroskopie u. Mol.-Beweg. in organ. Festkörpern 26-0896; EPR-Spektren einiger neuer stabiler Radikale 28-0872; --Unters. v. Radikalen u. Radikalionen in Lsg. (Ionenassoziat. in Naphthyl-Li-Lsg.) 31-0830; (weitere Zwischenprod. bei d. Red. v. aromat. Nitro- u. Nitrosoverb.) 31-0831; (Lsgm.-Effekte auf d. Spektren v. Mono- u. Diphenylstickoxid) 31-0832; durch – untersuchte photoinduzierte Änder. v. freien organ. Radikalen 32-0886; quant. Beobacht. d. langsamen u. schnellen Austausches in d. EPR-Spektren organ. freier Radikale 39-0863; Wrkg. v. Temp. u. D-Substitut. auf d. --Spektren freier Radikale 49/50-0799.

KW-Stoffionen mit Triplettgrundzuständen (–) 7-0945.

--Unters. an kurzleb. Alkylradikalen 6-0883; --Spektrum eingefangener Elektronen in γ-bestrahltem 3-Methylpentan 43-0830; EPR-Spektren einiger γ- u. photobestrahlter disubstituierter Acetylene 45-0847; EPR d. durch dissoziative Elektronenanlager. erzeugten Alkylradikale in γ-bestrahlten organ. Gläsern 46-0845.

EPR-Spektren einiger mehrkern. aromat. KW-Stoffe 2-0907; Elektronenspinrelaxat. in Lsg. v. aromat. freien Radikalen 7-0907; Meth. d. „Magnetophotoselekt." d. niedrigsten angeregten Triplettzustandes v. aromat. Mol. 12-0902; Elektronenwechselwrkg. zwischen nichtcoplanaren aromat. Syst. (–) 16-0844; Hyperfeinkoppl.-Konst. v. CH_2-Protonen in paramagnet. aromat. Syst. (Spinpolarisat. als Funkt. d. Hyperkonjugat.) 18-0837; Spinpolarisat. u. Hyperkonjugat. in --Spektren substituierter aromat. Syst. 20-0854; --Unters. v. Anionen aromat. KW-Stoffe 23-0883; – v. bei d. Ox. aromat. KW-Stoffe mit $SbCl_5$ entstandenen Radikalkationen 29-0864; --Spektren v. mononegativen Ionen aromat. KW-Stoffe 36-0910; EPR-Spektren d. Anionradikale einiger aromat. KW-Stoffe 43-0832; Unters. d. unteren Triplettzustandes aromat. Mol. durch EPR 48-0820; Bezieh. zwischen d. intramol. Triplettanreg.-Übertrag. u. d. Linienverlauf d. --Spektrums einer Lsg. v. phosphoreszierenden aromat. KW-Stoffs in einer glasförm. Matrix 51/52-0797.

Bldg. paramagnet. Zentren durch Adsorpt. v. Perylen, Tetraphenyläthylen u. 1.1-Diphenyläthylen auf Borphosphat (--Unters.) 5-0744; --Spektrum: u. Barriere d. inneren Rotat. d. Stilbenanionradikals 3-0891; v. symm.-Dibenzcyclooctatetraenanionradikal u. -dianion 3-0933; – v. an SiO_2-Al_2O_3-Katalysatoren adsorbiertem 1.1-Diphenyläthylen 4-0875; --Spektrum v. 1.3-Bis-[diphenylen]-allyl in CS_2 [erreichbare Auflsg. v. --Spektren) 6-0881; EPR in phosphoreszierendem Bzl. u. seinen Deriv. 6-0886; anomale --Spektrenbreite d. Anion- u. Kationradikals v. Pentacen 11-0910; --Spektrum: d. geometr. Isomeren v. Methylenen 11-0921; d. Cyclohexylradikals, gewonnen durch Radiolyse v. Cyclohexan im gas-krist. Zustand 16-0843; v. Terphenylanionen 16-0845; – d. Hexa-m-phenylenradikalanions 16-0846; EPR: v. Coronen u. Phenanthren 17-0920; in Phenanthren im Phosphoreszenzzustand 17-0921; --Spektrum d. Phenylradikals 18-0838; --Spektrum: d. Phenalenylradikals 20-0852; v. red. Norbornadien 20-0853; MO-Berechn. d. Triphenylmethylradikal-ESR-Spektrums 20-0885; Konz.-Einfl. auf d. EPR-Spektren adsorbierter mol. Anthracenionen 22-0816; – substituierter Cyclobutananionen 23-0882; alternierende Linienbreite im --Spektrum d. Alkaliradikalionenkomplexes v. Pyracen 24-0894; --Spektrum v. C_5H_5 26-0897; --Hyperfeinlinienbreiten aus Stör. d. Bzl.-Anions 31-0827; – d. bei d. Rk. v. Hexamethylbenzol mit H_2SO_4 gebildeten Radikalions 31-0828; Isotopeneffekte in d. – d. negativen Ions v. $D_{(1)}$-Cyclooctatetraen 36-0878; --Spektrum u. Spindichteverteil. d. Benzylradikals 36-0892; EPR-Unters. d. photoangeregten Triplettzustandes v. D_{10}-Pyren 38-0896; --Linienform v. Triphenylentriplett in fester Lsg. 39-0864; --Spektrum v. Pentamethylbenzolkation 42-0838; Einfl. v. O auf d. --Spektren v. an SiO_2-Al_2O_3 absorbierten Anthracen u. Perylen 42-0839; – v. Cyclopentadienyl 43-0831; EPR-Unters. d. Lad.-Übertrag.-Adsorpt. v. carbacycl. Verb. an Oxiden v. Metallen d. VIII. Gruppe d. Periodensyst. 45-0838; --Spektrum d. Radikalanions d. Hexamethyl-[3]-radialens 49/50-0796; EPR-Spektren d. positiven u. negativen Ions v. 2.6-Dimethylbiphenylen 49/50-0797; --Unters. d. Theorems d. Paarbldg. für alternierende KW-Stoffe (^{13}C-Aufspalt. d. Anthracens in positive u. negative Ionen) 49/50-0798; – d. Acenaphthylenanionenradikals 51/52-0815.

EPR d. Phosphoreszenzzustandes v. Chinolin u. Isochinolin 3-0889; EPR-Unters. an substituierten Thianthrenen 8-0922; ^{14}N-Hyperfeinstruktur in --Spektren heterocycl. Anionen 12-0903; --Spektren v. 4-substituierten Pyridinylradikalen 12-0904; kinet. stabile Radikale d. Pyrrolreihe (EPR-Spektren) 16-0847; EPR v. Phenoxazin 17-0919; --Unters. v. Radikalanionen u. Ionenpaaren d. Pyrazinreihe 18-0839; Unters. d. Ursprungs d. ungepaarten Elektrons in metallfreiem Phthalocyanin mittels --Spektroskopie 20-0855; --Spektrum d. Phenothiazinylradikals 32-0885; eindeut. Zuordn. v. --Spinkoppl.-Konst. aus NMR-Linienverbreiter.-Effekten bei 3.5-Lutidin u. 4.4'-Bipyridyl 34-0903; Vgl. d. Spindichteänder. mit d. Hyperfeinstrukturaufspalt.-Konst. v. Azanaphthalinen u. -anthracenen, Dipyridyl u. Methylanthracenen 39-0913.

EPR- u. massenspektroskop. Nachw. d. Bldg. v. Radikalen bei d. Radiolyse v. CCl_4 16-0660; --Spektren: v. γ-bestrahlten, polykrist. Pulvern v. organ. F-halt. Verb. 20-0856; u. Struktur v. fluorierten Methylradikalen 29-0865; --Absorpt. d. Tris-[pentafluorphenyl] methylradikals 41-0899; Nachw. d. Zweiphotonencharakters d. sensibilisierten Photozerfalls v. Methyljodid durch – 48 0917.

Wrkg. v. Lsgm. auf d. – Spektren v. Radikalanionen aromat. Dinitroverb. 3 0892; Best. v. π-Elektronenspindichten in aromat. freien Radikalen durch Unters. d. Linienbreite v. --Spektren (3.5-Difluornitrobenzolanion) 3-0934; EPR v. Radikalen v. Hydrazyltyp in viskosen Medien 6-0884; Unterschiede d. Linienbreite in d. --Spektren v. Fluornitrobenzolanionen 7-0946; EPR-Spektren v. m-substituierten α.α-Diphenyl-β-pikrylhydrazylen 8-0923; EPR-Absorpt.-Unters. v. mit Neutronen bestrahltem α.α-Diphenyl-β-pikrylhydrazin 8-0924; Reinterpretat. d. EPR-Spektrums d. N.N.N'.N'-Tetramethylbenzidinkations 10-0949; Temp.-Abhängigk. d. --Linienbreiten einiger Nitrobenzolanionenradikale 11-0911; – in Ox.-Prod. d. Anilins 11-0912; Nullfeldaufspalt. u. Spindichten im Grundzustandstriplett aromat. Nitrene (--Unters.) 13-0934; Hyperfeinstrukturen im --Spektrum v. N-[Pikrylamino]-carbazylLsg. 16-0848; --Spektren freier Hydroxylaminradikale 17-0915; EPR d. Tripletts CNN, NCN u. NCCCN 17-0916; --Spektren v. Donator-Akzeptor-Komplexen d. 4-Nitrodiphenylalkane mit Donatorgruppen in 4'-Stell. (--Effekt) 18-0810; Lsgm.-Effekte bei --Spektren v. Stickoxidradikalen u. parasubstituierten Nitrobenzolanionen 18-0840; --Unters. freier Radikale bei Rk. v. Tetranitromethan (Rk. mit ungesätt. Verb. u. mit Dithionit in alkal. Medium u. in Py.) 20-0886; Lsgm.-Effekte auf d. EPR-Spektren d. Nitrobenzolanionradikals 22-0845; --Spektren v. Radikalanionen v. Azotyp 23-0884; Radikalanionen v. parasubstituierten aromat. Nitroverb. (--Spektren) 25-0875; photoinduzierter Paramagnetismus in Lsg. v. Nitrobenzol in THF (--Spektren) 25-0876; Einfl. d. Ionenpaarbldg. auf d. --Spektrum d. m-Dinitrobenzolanions 25-0877; Rolle d. Zusatzes v. Na-Ionen bei d. Entsteh. d. --Signale v. Azofarbstoffen 26-0898; – u. magnet. Eig. v. Tetra- u. Triphenylhydrazin u. Hydrazobenzol 30-0963; Austauschbegrenz. d. Linienform d. --Spektrums v. DPPH 31-0833; --Unters. d. Hyperfeinwechselwrkg. in Mischkrist. v. DPPH u. $DPPH_2$ 31-0834 --; Spektren v. an katalyt. Al-Oxiden adsorbierten aromat. Nitroradikalanionen 31-0835; EPR-Spektrum d. protonierten Tetraphenylhydrazinionenradikals 43-0854; --Unters. d. v. Nitrosobenzol u. Phenylhydroxylamin abgeleiteten freien Radikale 44-0895; --Spektren: d. Radikalanionen d. 1.8-Dinitro- u. d. 1.4.5.8-Tetranitronaphthalins 46-0847; v. Dinitronaphthalinanionradikalen 46-0848; EPR in Nitrochlorbenzolionenradikalen 48-0812.

--Unters. d. relativen Stabilitäten freier Radikale in bestrahltem Methanol bei *77* °K (Kinetik) 7-1006; Mol.-Polarität u. Polarisierbark. v. Triisopropanolammoniumborat in Bzl. 16-0799; --Unters. über d. Mechanismus d. enzymat. β-Hydroxylier. v. 3.4-Dihydroxyphenyläthylamin 21-1369; EPR d. Bisphenoxyradikale d. Polyphenylreihe 22-0862; EPR-Spektren v. Phenoxylradikalen 29-0867; – v. strahlenerzeugten Radikalen in Einkrist. d. 2.6-Butylhydroxytoluols 33-0918; --Unters.: d. schnellen Protonenaustausches in d. freien Radikal· CH_2OH 36-0916; v. röntgenbestrahlten bin. Misch. v. Bzl. u. Alkoholen 41-0897; Bldg. freier Radikale bei d. Rk. v. tert.-Butylhydroperoxid mit Titen(III); --spektrometr. Beobacht. 42-0893; --Unters. d. Ox. v. Alkoholen mit Fentonreagenz 43-0890; – u. Elektronenstruktur d. Ätherradikale $R\dot{C}HOR'$ 48-0816; EPR-Spektren d. Radikalsyst. 2.4.6-Tri-tert.-butylphenoxyl/Triphenyl-Al 51/52-0864.

--Spektren v. organ. S-Radikalen 26-0899; --Nachw. eines photoinduzierten Elektronenübergangs im Syst. DMS-Methylenblau (Einfl. v. Cu^{2+}-Zusätzen) 30-0629; --Spektren: v. Verb., d. bei Rk. v. Hydroxylradikalen mit Tris-[hydroxymethyl]-phosphin u. ähnl. Verb. entstehen 36-0880; v. in einer krist. Matrix eingebetteten P.P.P-Triphenylphosphomethylenradikalkationen 46-0849; Unters. d. opt. Emiss. v. Methylphenylpolysiloxanfilmen durch diamagnet. Elektronenresonanzanreg. 4-0122; EPR-Unters. d. Biphotonennatur d. durch d. Lsgm. sensibilisierten Photozers. v. Polydimethylsiloxan 35-1013.

– eines γ-bestrahlten Einkrist. d. Wasserstoffperoxid-Harnstoff-Addit.-Verb. $CO(NH_2)_2 \cdot H_2O_2$ bei *77* °K 16-0322; Verschieb. d. Resonanzfrequenz bei d. Beobacht. d. EPR in schwachen Magnetfeldern (Unters. an Carbazylradikalen) 18-0326.

Weitreichende Wechselwrkg. in Semidionen: aus Bicyclo-[2.2.1]-heptanen u. Bicyclo-[2.2.2]-octanen (--Unters.) 3-0893; in d. Bicyclo-[3.1.1]-heptan-, Bicyclo-[3.2.1]-octan-, Bicyclo-[3.2.2]-nonan- u. Bicyclo-[3.3.1]-nonansyst. (--Spektren) 3-0894; – v. Semichinonen (Spindichteverteil. u. CO-σπ-Parameter) 17-0917; H- u. Cl-Hyperfeinaufspalt. v. 2-Hydroxy-1.4-naphthosemichinonen (--Spektren) 17-0918; Lsgm.-Effekte auf d. Spin-Orbital-Koppl. v. Semichinon-

Biologische Systeme

Methodik und Anwendungen

Bibliographie

Elektronenstruktur

Bohm u. Pines u. Entw. einer Elektron-Plasmon-Hamilton-Funkt. 14-0432; Kovalenzkriterium zur Unterscheid. lokalisierter v. kollektiven Elektronen in Oxiden mit Perowskitstruktur 15-0483; Relaxat. v. Elektronen u. Phononen in Halbmetallen 16-0346; krist.-chem. Modell magnet. Halbleiter 20-0355; Einfl. d. sek. Lokalisat. v. Elektronen auf photostimulierte Strahl. u. Leitfähigk. v. ZnS:Cu-Einkrist. 21-0330; relativist. Transformat.-Gesetze für thermodynam. Variable mit Anwend. auf d. klass. Elektronentheorie 21-0358; durch Polaronen bewirkte Anomalien in d. Interband-Magnetoabsorpt. 23-0434; Zusammenhang zwischen d. Anzahl ungepaarter d-Elektronen pro Katalysatoratom u. d. katalyt. Aktivität v. Fe–Co-Leg. bei d. NH_3-Zers. 25-0705; Verschieb.-Beweglichk. großer Polaronen im Bereich mittlerer Koppl. 27-0297; Modell d. Elektronenkorrelat. in Festkörpern 27-0418; Integrale in d. Theorie d. Elektronenkorrelat. 27-0419; offene Elektronenbahnen im Zn 28-0410; Vielelektronentheorie d. Polarons unter Ausschluß einer makroskop. Näher. 30-0222; Zwei-Band-Modell für Bloch-Elektronen in gekreuzten elektr. u. magnet. Feldern 31-0435; Anwend. d. Feynmanschen Näher. auf ein symm., exakt lösbares Polaronmodell 32-0450; LCAO-Meth. zur quantenmechan. Berechn. v. Elektronen in amorphen Halbleitern 33-0234; Elektronenkorrelat. in Krist.-Oberflächen [ideale *(100)*-Oberfläche eines halbunendl. diamantähnl. Krist.] 33-0437; Elektronenprozesse an d. Oberfläche eines Halbleiters bei d. Chemisorpt. 34-0658; elektron. Vorgänge an d. Oberfläche eines Halbleiters bei d. Chemisorpt. 35-0611; Quantenanomalie d. extrem anomalen Skineffekte eines durch starre Wände begrenzten Syst. freier Elektronen 36-0384; Näher. für feste Bind. für Elektronen in einem Krist.-Potential u. einem äußeren Magnetfeld 37-0428; Elektronenbeitrag zur Ultraschalldämpf. in In im Normalzustand 38-0299; Theorie d. Elektronenkonfig. eines Syst. metall. Oberfläche–(C 1/21) Adsorbat 38-0639; Wannier-Funkt. d. Gitterelektrons in einem gleichförm. Magnetfeld 39-0405; Wellenfunkt. eines Bloch-Elektrons in einem Magnetfeld 39-0406; Elektronen in nahezu period. Feldern 45-0410; Berechn. d. Elektron–Ion-Matrixelements nach d. Meth. sphär. Zellen: Na 47-0440; Theorie d. Elektroneneinfl. auf d. Wärmeausdehn. 48-0298; elektron. Faktor in d. Kinetik d. Chemisorpt. an Halbleitern 48-0600.

Unters. d. klass. Elektronengases 6-0188; inhomogenes Elektronengas in einem äußeren Potential 10-0402; Relaxat.-Mechanismus d. Elektronengasenergie in n-InSb bei He-Temp. 12-0463; Einteilcheneig. eines inhomogenen wechselwirkenden Elektronengases (Anwend. d. Theorie auf Metalle) 16-0345; Strahl.-Gleichgew. eines freien Elektronengases in einem gleichförm. Magnetfeld 21-0362; chem. Potential u. d. Zustandsdichte eines nichtidealen Elektronengases in einer dotierten dünnen Schicht 23-0401; Meissner-Effekt in einem klass. Elektronengas 27-0471; bilineare elektromagnet. Rk. eines Elektronengases auf ein äußeres elektromagnet. Feld in d. Mehrkörperstör.-Theorie 33-0434; austauschbedingte Korrektur zur longitudinalen Polarisierbark. eines entarteten Elektronengases 35-0384; longitudinale DK eines wechselwirkenden Bloch-Elektronengases 40-0420; Stabilität d. dichten Elektronengases 41-0428; spezif. Wärme eines relativist. entarteten Elektronengases 43-0396; Kettenkorrekturen für d. stat. „Random-Phase"-Approximat. d. DK für ein freies Elektronengas 45-0439; Abschirmfunkt. eines wechselwirkenden Elektronengases 46-0394; Elektron–Positron-Austauschenergie u. effektive Positronenmasse in einem Elektronengas 48-0370.

Quadrupolkoppl. in B-Käfig-Verb. 1-0137; Einfl. d. period. Krist.-Feldes auf d. Wechselwrkg.-Energie d. Leit.-Elektronen 2-0400; Spin–Bahn-Koppl. d. Valenzbänder in Ionenkrist. mit Zinkblende- u. Wurtzitstruktur 2-0453; anisotrope Hyperfeinwechselwrkg. eines Elektrons eines flachen Donators mit d. ^{29}Si-Kern 4-0372; Mechanismus für d. Superaustausch zwischen magnet. Kationen über Zwischenanionen im Gitter 4-0465; Zwischenelektronenwechselwrkg. v. mehrwert. Metallen 7-0347; Koppl. zwischen gebundenen Elektronen u. d. Gitter u. Schwing.-Spektren 7-0357; Verschieb. d. Freien Energie d. Leit.-Elektronen infolge d. s–d-Austauschwechselwrkg. 7-0420; Coulombsche Wechselwrkg. v. Elektronen im dünnen Film 7-0422; Spin–Bahn-Wechselwrkg. in Metallen u. Halbleitern (numer. Berechn. für festes Ge u. Pb) 8-0394; Theorie d. s–f-Austausches bei nichtverschwindenden Bahnmomenten 8-0461; Hamilton-Operator mit Erhalt. d. Quasiteilcheneig. für wechselwirkende Elektronen u. Phononen 9-0031; Wechselwrkg. zwischen freien Elektronen u. einem intensiven Lichtstrahl 11-0344; Spinkoppl. durch d. Leit.-Elektronen 12-0495; Wechselwrkg. d. Ungleichgew.-Syst. d. Leit.-Elektronen eines Halbleiters oder Halbmetalls im starken elektr. Feld mit d. Kernspin 13-0441; Einfl. d. Entart. u. d. Coulomb-Wechselwrkg. d. Lad.-Träger auf d. Absorpt.-Kante v. In-dotiertem n-CdS 14-0360; Spinpolarisat. v. Leit.-Elektronen infolge v. s–d-Austauschwechselwrkg. 14-0436; neuart. Divergenz infolge s–d-Wechselwrkg. 14-0437; Formen v. Spin–Bahn-Wechselwrkg. bei tiefen Temp. in ferromagnet. Metallen 15-0502; Pseudopotentialkoeff. u. Spin–Bahn-Koppl. in Pb 16-0407; effektives Elektron–Elektron-Wechselwrkg.-Potential in Krist. 17-0422; Resonanzwechselwrkg. zwischen d. Elektronen u. Verunreinig.-Zentren u. Gitterschwing. in Halbleitern 18-0302; Einfl. d. Elektronwechselwrkg. auf d. Bahnquantisier. an geeignet geformten Be-Proben 22-0424; anisotrope s–f-Wechselwrkg. in Seltenerdmetallen (grundsätzl. Betracht. nach d. Modell freier Elektronen) 22-0427; mit d. Austausch virtueller Phononen gekoppelte Elektronenwechselwrkg. in Metallen 25-0434; Best. d. Spin–Bahn-Wechselwrkg. d. Valenzbandes in stark entarteten Halbleitern 34-0441; Wechselwrkg. zwischen magnet. Ionen u. Leitfähigk.-Elektronen (Seltenerdmetalle) 37-0469; Kern–Hexadekapol-Wechselwrkg. 39-0381; Elektron–Ion-Pseudopotentiale in Metallen 41-0429; Wechselwrkg. in nichtleitenden magnet. Krist. (Übersicht) 47-0482; Kern–Quadrupol-Wechselwrkg. in Festkörpern 49/50-0360; dipolare Wechselwrkg. in Kristallgittern 9-0524.

Elektronen–Phononen-Koppl. beim Problem d. Absorpt.-Banden v. Verunreinig. 2-0338; Berechn. d. Matrixelemente für d. Elektron–Phonon-Wechselwrkg. in Ni 5-0489; Elektron–Phonon-Wechselwrkg. für Bloch-Elektronen 14-0434; Elektron–Phonon-Wechselwrkg. in GaAs u. CdS 14-0478; Transporttheorie d. Elektronen–Phononen-Wechselwrkg. in Metallen 19-0441; Frequenzabhängigk. d. Leitfähigk. eines Elektronen–Phononen-Syst. 19-0442; Beitrag d. Elektron–Phonon-Wechselwrkg. zur effektiven Masse, zur Übergangstemp. d. Supraleit. u. zum Widerstand v. Al 35-0421; Polaronenwechselwrkg. mit akust. Schwing. 37-0317; Beweise durch Ultraschall für d. starke Koppl. v. Elektronen an transversale Phononen in einkrist. In 38-0300; Größeneffekt u. Elektronen–Phononen-Wechselwrkg. bei d. Gitterleit. v. Cu–Ge-Leg. 38-0327; Elektron–Phonon-Prozesse v. N-Typ in Sb bei Temp. d. fl. ^{4}He 38-0428; Einfl. d. Konz. auf d. Lichtabsorpt. u. Dispers. durch Störstellenzentren im Fall einer schwachen Elektron–Phonon-Koppl. 39-0353.

Riesendichteschwank. in Halbleitern 1-0396; Berechn. stationärer Schwank. d. Elektronenzahl in Halbleitern 1-0398; Elektronenverteil. v. Cu–Al-Leg. 8-0237; Ionizität v. GaAs 9-0290; Elektronendichteverteil. in einem statist. Modell 10-0199; Elektronendichteoszillat. in einem allg. Potential 11-0423; Elektronenverteil. in AgCl-Krist. 14-0289; Abhängigk. d. Gitterwärmeleitfähigk. v. Ionizitätsgrad d. Verb. in d. isoelektron. Reihen GaP–ZnS–CuCl: GaAs–ZnSe–CuBr, GaSb–ZnFe–CuJ u. InSb–CdTe–AgJ 14-0336; Elektronenverteil. in Festkörpern, d. Verunreinig.-Zentren mit multiplen Zuständen enthalten 17-0436; Röntgenunters. über d. Elektronendichteverteil. in TiC 21-0232; Best. d. Elektronenverteil. aus d. Emiss.-Spektroskopie weicher Röntgenstrahlen 21-0312; Lad.-Verteil. auf d. Azidion in NaN_3 25-0262; Elektronenverteil. d. Ionen in NiO-, MnO- u. CoO-Krist. 26-0259; anisotrope Elektronenverteil. in InSb im Durchschlagsgebiet 26-0393; Röntgenunters. d. Elektronenverteil. in LiF 29-0242; Verh. v. Se in GaAs (Bezieh. zwischen Se-Konz. u. d. D. d. freien Elektronen) 29-0417; Lad.-Verteil. in therm gezüchtetem SiO_2 auf Si 29-0427; radiale Verteil.-Funkt. in festem Co 39-0279; Elektronenverteil. bei hohen Feldstärken in GaAs 40-0376; Einfl. d. Elektronenkonz. auf d. Elastizität v. Al-Leg. (Al–Mg, Al–Zn) 42-0279.

Energie-Fläche, Fermi-Fläche

Berechn. v. Fermi-Niveaus durch direkte Summat. v. Fermi-Dirac-Funkt. 2-0401; Best. d. Fermi-Fläche in Metallen aus d. Wechselwrkg. v. elektromagnet. Wellen mit Ultraschallwellen 2-0469; Nomogramm für d. Temp.-Abhängigk. d. Fermi-Zustandes in einem entarteten parabol. Band v. Halbleitern 4-0368; Theorie d. normalen Fermi-Fl. für Elektronen in Festkörpern 8-0393; Diffus. v. Elektronen auf d. Fermi-Fläche 8-0453; Größeneffekt für einen Leiter mit einer einzelnen ellipsoidförm. Fermi-Fläche 18-0362; Verallgemeiner. d. Ruderman-Kittel-Kasuya-Yosida-Wechselwrkg. für nichtsphär. Fermi-Flächen 22-0379; Verh. v. Quasi-Fermi-Niveaus in einem Nichtgleichgew.-Halbleiter 26-0390; Anomalien d. Fermi-Fläche beim Tunneleffekt 36-0401.

Fermi-Niveau v. mit N dotiertem C 11-0480; Fermi-Entart. v. B-, P- u. As-dotiertem Si 41-0449; Quantenschwing. d. Fermi-Niveaus in Sb 22-0425; Verlauf d. Fermi-Fläche d. Elektronen in Sb 24-0418; Fermi-Fläche v. As 2-0426, 8-0417; Best. v. Fermi-Geschw. in einem Sb-Einkrist. aus d. Absorpt.-Kanten in d. magnetoakust. Dämpf. 24-0440.

Geometrie d. Fermi-Fläche in Metallen 7-0479; Einfl. v. Ferromagnetismus in einer supraleitenden Leg. auf d. Fermi-Fläche 18-0423; Fermi-Fläche u. period. Änder. d. Schicht. in dichtestgepackten Metallstrukturen 25-0236; Einfl. v. Überführ.-Prozessen innerhalb d. Fermi-Fläche u. transversaler Phononen auf d. kinet. Koeff. mehrwert. Metalle 27-0468; Kjeldaas-Kanten-Ultraschallexperiment zur Unterscheid. zwischen einer Fermi-Fläche mit quasifreien Elektronen u. einer durch Spindichtewellen abweichenden Konfig. in K 15-0449; Zuordn. d. einzelnen Massenserien zu d. Energieflächen in Zn 7-0484; Quantenoszillat. in d. Fermi-Energie v. Zn 22-0426; Fermi-Fläche: v. Cd 1-0459; v. Zn u. Cd an Hand v. Cyclotronresonanzdaten 7-0485; Einfl. d. Drucks auf d. Fermi-Fläche v. Zn u. Cd 19-0440; Fermi-Fläche: v. Cd 25-0384, 46-0443; v. Hg 23-0454; Best. d. Fermi-Fläche v. Al durch Neutronenspektrometrie 1-0461; Einfl. hoher Drücke auf d. Fermi-Fläche v. Al 46-0445; Fermi-Fläche v. Ga 51/52-0400; Unters. d. Fermi-Fläche in In durch d. Hochfrequenzgrößeneffekt bei einer Frequenz v. *3* MHz 7-0480; Fermi-Fläche v. In 18-0412; Änder. d. Topologie d. Fermi-Fläche v. Tl unter d. Einfl. v. Beimeng. 10-0468; Fermi-Fläche v. Seltenerdmetallen am Beispiel v. Tm 15-0497; Verschieb. d. Fermi-Niveaus v. p-Ge während u. nach d. Bestrahl. mit Elektronen bei *0°* 30-0364; Wechselwrkg. transversaler akust. Wellen mit reellen Fermi-Flächen in Supraleitern (Sn, Al u. Ga) 18-0417; Fermi-Fläche: v. weißem Sn 26-0420, 45-0413; in Pb 16-0407; in Bi 7-0481; v. W 16-0408, 18-0406; v. Cr, Mo u. W 41-0465; empir. Parameter d. Fermi-Fläche v. W u. Mo 45-0414; Fermi-Fläche v. Re 36-0430; verschiebungslose Fermi-Fläche in Fe, Ni u. Co 12-0478; Best. d. Fermi-Fläche aus gemessenen Phononendispers. am Beispiel v. Ni, Pb u. Nb 18-0404; Nachw. d. niedr. Fermi-Temp. d. Ni durch Röntgenbeug.-Experimente 26-0421; Best. d. Zustandsdichte auf d. Fermi-Fläche v. paramagnet. Ni aus d. Daten d. Protonendiffus. 36-0431; Theorie u. experimentelle Best.-Meth. d. Fermi-Fläche am Beispiel v. Cu, Pb, Be u. Mg 10-0451; Fermi-Fläche: v. Cu 21-0364, 48-0371, 48-0421; in Cu–Al-Leg. 51/52-0399; Unters. d. Fermi-Fläche v. Ag mit d. Meth. d. orthogonalisierten ebenen Wellen 5-0478; Einfl. v. hydrostat. Druck auf d. Fermi-Flächen v. Cu, Ag u. Au 16-0409; Fermi-Fläche v. metall. Pd 18-0408; Überlapp. d. Fermi-Oberfläche über d. Flächen d. Brillouin-Zone für Pt 8-0286.

Einfl. v. O_2-Adsorpt. u. Au-Kontakt auf d. Fermi-Energie v. ZnO 13-0475; Fermi-Niveau im kompensierten GaAs 36-0418; Fermi-Niveau an d. Oberfläche v. InP u. v. mit Cs bedecktem InP 2-0413; Fermi-Energie v. n-leitenden InSb-Schichten 3-0439; Grenzlagen d. Fermi-Niveaus nach Bestrahl. v. n- u. p-InSb mit γ-Strahlen 22-0412; Verform. d. Fermi-Fläche in InSb mit hoher Elektronenkonz. 25-0414; Fermi-Energie v. Ti, TiB_2, TiC u. TiN 12-0436; Fermi-Niveau in roten hydrothermal gezüchteten tetragonalen PbO-Einkrist. mit aufgedampften Kontakten v. Metallen 7-0462; Fermi-Niveau v. Ti- u. Ca-halt. Hämatit 27-0463.

Energiezonen

Dimens. d. Brillouin-Zonen in Cd u. Zn 2-0470; Schwing.-Moden v. Krist. entsprechend zu Symmetriezentren d. Brillouin-Zonen 8-0251; krit. Punkte in d. Brillouin-Zone u. Betti-Zahlen 9-0226; Struktur d. Leitfähigk.-Zone in GaP 16-0381; Brillouin-

Zonen-Effekt in d. Supraleitfähigk. 37-0475; symmetrisierte ebene Wellen für d. Struktur d. Brillouin-Zone v. weißem Sn 51/52-0396.

Zustandsdichte

Zustandsdichte v. Punktlad., v. H-ähnl. flachen Donatoren u. v. an neutrale Störstellen gebundene Exzitonen für CdS, CdTe u. ZnS 6-0436; Zustandsdichte in verd. festen Lsg. 17-0297; Einfl. v. magnet. Verunreinig. auf d. Zustandsdichte v. Supraleitern 18-0421; Zustandsdichten: v. Cu, Ni, Ag u. Fe 20-0400; in Ni 23-0448; v. Cu u. Ni 24-0397; verd. magnet. Edelmetall-Leg. bei tiefen Temp. 25-0264; D. d. besetzten u. unbesetzten Valenzzustände v. Festkörpern u. Festkörperoberflächen 31-0429; Elektronenzustandsdichte in $C^1_{2v} - C^{10}_{2v}$-Krist. 42-0262; Temp.-Abhängigk. d. Zustandsdichten d. Leit.-Bänder in Ta, Nb u. W 46-0368; Elektronenzustandsdichte in Halbleitern mit Wurtzitstruktur 10-0416.

Energieterme

NMR im reinen Quadrupolgebiet durch Zeeman-Aufspalt. d. Energienievaus 4-0323; Anwend. d. Meth. d. Annihilat. auf d. Charakteristika d. Polaronenzustände in Ionenkrist. 8-0009; relativist. elektron. Struktur in Krist. 8-0206; Energieniveau d. ^{6}S-Zustände 8-0362; Einfl. d. Piezopolaroneneffektes auf d. energet. Grundzustand 8-0410; Einfl. d. anisotropen Mössbauer-Effekts auf d. magnet. Hyperfein-Aufspalt. in polykrist. Werkstoffen 8-0530; Besetz. d. metastabilen Niveaus d. Arbeitssubstanz eines Lasers 9-0425; Einfl. schneller Zustände mit diskreten Energieniveaus oder einem pseudokontinuierl. Energiespektrum auf d. Kapazität v. Halbleiterdielektr. Film-Metall-Strukturen 10-0420; Energieniveaus im Debyeschen Feld 11-0421; Elektronenenergiespektrum im Krist. (Klassifikat. d. „belasteten gemeinsamen Darst.") 14-0210; (Natur d. „belasteten gemeinsamen Darst.") 14-0211; Grundzustand eines nichtwechselwirkenden, an einen lokalisierten Spin austauschgekoppelten Elektronengases 15-0447; gebundener Zustand durch s–d-Austauschwechselwrkg. zwischen d. Leit.-Elektronen u. einem lokalisierten Spin für d. Fall antiferromagnet. Austauschwechselwrkg. 15-0448; Elektronenzustand eines belieb. Gitters (Modifizier. d. D. d. Elektronenenergieniveaus infolge willkürl. Verunreinig. in Festkörpern) 17-0419; (Energiebänder eines Gitters mit zusätzl. willkürl. verteilten Fremdatomen) 17-0420; gruppentheoret. Betracht. d. Verbreiter. d. Landau-Niveaus in Krist. 17-0421; kollektive Elektronenzustände in Mol.-Krist. 18-0241; Wrkg. hoher Drücke auf d. – 19-0218; tiefliegende Niveaus in Halbleitern 19-0408; – 20-0174; zur Meth. v. Bruchreihen in d. Theorie d. Elektronenenergiespektrums in Festkörpern 20-0176; äquivalenter Hamilton-Operator u. d. Energie fest gebundener p-Elektronen in einem dielektr. Krist. 20-0357; gebundene Zustände eines Elektronenpaars in Krist. 21-0359; Elektronenstruktur katalyt. akt. Festkörper 22-0428; Problem d. Konfig. v. d^N-Elektronen im Krist.-Feld 24-0191; Elektronenzustände belieb. Gitter 27-0420; Theorie gebundener Zustände in einem belieb. Potential 28-0189; zusätzl. Entart. durch Zeitumkehr in Krist. mit niedr. Punktsymmetrie 28-0190; Struktur d. Elektronenenergiespektrums in ungeordneten Syst. 30-0159; Energiespektren einer ungeordneten Kette 32-0197; Theorie d. Energiespektrums d. Elektronen in dotierten Halbleitern 32-0411; LCAO-Meth. zur quantenmechan. Berechn. v. Elektronenenergiespektren in einer belieb. Atommisch. 33-0234; Einfl. v. hohem Druck auf d. – 33-0436; Anwend. d. Neutronenspektroskopie zur Unters. d. Energieniveaus v. Krist. 36-0179; Rotat.-Zustände eines Tetraeders im kub. Krist.-Feld 36-0241; Symmetrie einfacher Elektronenniveaus in Krist. 37-0307; Elektronenenergiespektrum im Krist. (Charakter d. „belasteten gemeinsamen Darst." d. Punktgruppen D_{2h}, D_{4h} u. D_{6h}) 38-0228; Grundzustand v. in Wechselwrkg. stehenden Elektronen in einem engen, nahezu halbaufgefüllten S-Band im ferromagnet. Zustand 39-0231; Parameterwahl zur halbempir. Beschreib. d. Elektronenstruktur tetraedr. Krist. 41-0299; vergleichende Unters. d. theoret. u. experimentellen Ergebnisse v. Davydov-Aufspalt. in Mol.-Krist. 41-0868; Energieniveaus eines Dipols in einem oktaedr. Krist.-Feld 42-0442; Meth. zur Berechn. d. Energiespektrums eines Elektrons im Feld v. mehreren Potentialen 43-0397; Grundzustandsenergie v. mit einem lokalisierten Spin wechselwirkenden Leit.-Elektronen 48-0372; spezielle Energien im Elektronenenergiespektrum für eine fehlgeordnete zweiatomige Kette 48-0373; gruppentheoret. Klassifikat. d. Zustände eines Paares austauschgekoppelter Ionen mit d. Laserwrkg. in einem Krist. 49/50-0376; Berechn. d. Elektronenenergiespektrums eines Festkörpers in d. Quantenfeldtheorie 51/52-0154; elektron. Energiezustände v. eindimensionalen Mischkrist. 51/52-0239.

Nichtmetallische Elemente

Grundzustandsenergie v. festem Ne bei *0* °K 36-0245; Energiestruktur in d. photoelektr. Emiss. v. Cs-bedecktem Si 8-0401; energet. Struktur v. Si 35-0332; Energieniveaus in mit Co dotiertem Si 37-0447.

Metalle und Legierungen

Vgl. d. Stapelfehlerenergie mit d. Elektronenstruktur eines Metalls 2-0207; Elektronenstruktur: v. einfachen Metallen 17-0469; in kub. raumzentrierten Übergangsmetallen 28-0405; Gitterdynamik, Elektronenstruktur u. elektr. Eig. v. einfachen Metallen 28-0406; Energie d. Grundzustandes eines Elektronengases in einem Gitter positiver Ionen-Kohäs.-Energie d. Alkalimetalle u. -leg. 14-0433; (Rb, Cs u. Pb) 29-0449; elektron. Struktur: v. Übergangsmetallen u. ihren Leg. 38-0456; supraleitender Übergangsmetalleg. mit Zwischengitterplatzatomen 41-0472; gebundener Zustand in Metallen infolge schwankender Stör. 43-0398; näherungsweise Berechn. d. Elektronenstruktur ungeordneter Leg. 45-0415; Elektronenstruktur v. Metallen u. Leg. 49/50-0324; Energie d. Grundzustandes eines Elektronengases in einem Gitter positiver Ionen-Kohäs.-Energie d. Alkalimetalle u. -leg. 14-0433; Zusammenhang d. Elektronenstruktur v. Ca mit d. d. ersten Übergangsmetalle d. *4.* Periode 46-0358; Elektronenstruktur: v. Hg 46-0444; v. Al 46-0361; v. In/Cd-Leg. 1-0460; Energieabstände in d. Struktur d. geometr. Resonanzen v. sehr dicken supraleitenden In-Filmen 28-0424; Elektronenstruktur v. In/Cd-Leg. 42-0433; Verschieb. d. Landau-Niveaus in gekreuzten elektr. u. magnet. Feldern in Ge 1-0314; Energiestruktur in d. photoelektr. Emiss. v. Cs-bedecktem Ge 8-0401; Energieniveaus in Ge nach γ-Bestrahl. 15-0478; Elektronenstruktur v. amorphem Ge 20-0375; Terme v. mit γ-Quanten bestrahlten Ge-Einkrist. 36-0414; Einfl. d. Druckes auf d. Elektronen-Energiespektrum v. Bi–Sb-Leg. 17-0473; Elektronenstruktur: im Leg.-Syst. Pb/Tl u. Bi/Tl 40-0416; v. Mo/W-Leg. 10-0453; Unters. d. elektron. Struktur v. metall. Th u. U durch Mess. d. Winkelkorrelat. v. Vernicht.-Strahl. 51/52-0398; röntgenograph. Best. d. Bahnbesetz. in Fe-Metall 2-0471; modifizierte Schrödinger-Gleich. u. Näher. dichter Bind. für Elektronen in Krist. zur Berechn. d. Energien v. 3d-Elektronen in Ni u. Fe 7-0478; Elektronenstruktur: v. Leg. (Unterschied zwischen NiAl- u. FeAl-Leg.) 18-0409; Mössbauer-Effekt an $Co_{1,4}Sn$ u. $Ni_{1,4}Sn$ (Quadrupolaufspalt.) 26-0467; v. Ni–V-Leg. 28-0407; magnetoopt. Mess. als Informat.-Quelle über d. Elektronenstruktur v. ferromagnet. Ni 42-0322; Elektronenstruktur v. geordnetem β-Messing 8-0455; Auflad.-Effekt d. Elektronenzustände v. Leg. d. Syst. Ag/Au 20-0401; Hyperfeinstrukturaufspalt. für ^{47}Ti, ^{49}Ti, ^{59}Co u. ^{105}Pd 9-0164; Entw. eines einfachen Modells für d. elektron. Struktur d. Pd–Ag-Leg.-Serie 12-0481.

Anorganische Verbindungen

Kooperative Jahn-Teller-Verzerr. u. Bevorzug. v. Gitterplätzen in Spinellen mit Cu^{2+}-Ionen 1-0221; Elektronenstruktur v. Sulfat-, Thiosulfat- u. verwandten Ionen-Krist. 41-0414; Elektronenstruktur: v. Feststoffen mit CsCl-, NiAs- u. NaCl-Struktur 51/52-0236; v. $A^{II}B^{IV}$-Verb. mit NaCl-Struktur (lokalisierte Dreizentrenorbitale u. Lad.-Verteil.) 51/52-0237; energet. Struktur v. SiO_2 35-0332; Niveaus in einkrist. u. glasart. As_2Se_3 16-0395; Einfl. d. Lebensdauer d. 4 $I^{11}/_2$-Niveaus auf d. effektive Anwend. d. Besetz.-Umkehr. in einem Nd-dotierten Alkalimetallsilicat-Laser mit niedr. Q 38-0408; relativist. Elektronenstruktur d. KJ-Krist. 51/52-0378; Elektronenstruktur d. hexagonalen ZnS 47-0430; Energieniveaus in Te-dotiertem CdS 1-0449; Elektronenenergiespektrum in CdS-Einkrist. 5-0462; magneto-opt. Effekte an CdS mit Wurtzitstruktur durch Energieterme, d. linear in Wellenvektor sind 9-0357; Energieterm-Schema für d. IR-Lumineszenz v. CdS u. ZnS 34-0391; Anwend. d. Theorie d. gewichteten Darst. bei d. Gruppenanalyse d. Eig. d. AlN-Krist.-Energiespektrums 32-0416; Beitrag d. Spin–Spin-Wechselwrkg. zur Nullfeldaufspalt. d. Grundzustandes v. Rubin 45-0318; Unters. d. energet. Struktur v. Al_2O_3 durch ultraweiche Röntgenspektren 46-0361; Einfl. eines elektr. Feldes auf d. Energieniveaus (Stark-Effekt) in n-In-Antimonid bei *1,5* °K 30-0376; Theorie d. Energiespektrums d. Elektronen in dotiertem GaSb, GaAs, InAs u. InSb 32-0411; tiefe Energieniveaus in mit Ge dotiertem InSb 38-0435; Energieniveaustruktur v. Sc_2O_3-Einkrist. 17-0357; Grundzustände u. HFS-Aufspalt. v. ScO, YO u. LaO im ESR-Spektrum bei *4* °K 3-0409; Energieniveaus v. Er_2O_3-Einkrist. 30-0285; Diagramm d. Energieniveaus v. Ti-Oxid 32-0353; Elektronenstruktur v. metall. Ti-Verb. 46-0365; Energiespektrum v. Lad.-Trägern in Ge-Tellurid 11-0477; Energieniveaus v. mit Bi dotiertem PbTe 24-0436; Elektronenstruktur v. Vanadinhydrid d. Zus. VH_n ($n = 0{,}172 - 2{,}04$) 35-0339; schemat. Energiediagramme tern. V - u. Cr-Chalkogenide 8-0446; Energiezustände d. Grund- u. angeregten Niveaus v. UO_2^{2+} in $K_4[UO_2(CO_3)_3]$ 24-0376; Elektronenstruktur v. UF_4, ThF_4 u. ZrF_4 29-0366; energet. Zustände d. Mn-Dioxide 47-0428; Mössbauer-Effekt in $MnFeO_3$ (magnet. Hyperfeinaufspalt. 28-0453; Prüf. d. Anwend.-Möglichk. d. elektroballist. Meth. für d. Best. d. Elektronenstruktur v. reinem u. Zr-dotiertem Fe_2O_3 38-0442; Grundzustand zweiwert. Co-Ionen in $Cs[CoCl_5]$ u. $Cs[CoBr_5]$ 16-0327; Energieniveaustruktur u. Austauschwechselwrkg. v. Co^{2+}-Ionen in $Na[CoF_3]$ 18-0293; elektron. Struktur v. Ni^{2+} in hexagonalem $Rb[NiF_3]$ 42-0338.

Organische Verbindungen

Elektronenzustände im nahen IR v. Phthalocyaninato-Cu 20-0289; Elektronenspektren v. Pyren-, Chrysen-, Azulen-, Coronen- u. Tetracen-Krist. 34-0888; Zustände mit Lad.-Übertrag. in organ. krist. Syst. 3-0983, 3-0984.

Bänderstruktur

Diskuss. d. Bändermodells u. d. Bändertheorie v. Halbleitern 1-0397; elektron. Bandstruktur d. Modells eines Krist. mit NaCl-Struktur 1-0434; Zusammenhang zwischen d. Breite d. verbotenen Zone u. d. Sublimat.-Wärme halbleitender Materialien 3-0431; verschiedene Bänder für unterschiedl. Spins 3-0494; (Anwend. auf eine lineare Kette v. H-Atomen) 3-0495; Parameter komplexer Energiebänder in Halbleitern 4-0370; Bandstrukturen u. Pseudopotential-Formfaktoren für vierzehn Halbleiter mit Diamant- u. Zinkblendestrukturen 4-0371; Änder. d. Bandabstandes durch Phononenwechselwrkg. 5-0425; Theorie d. Elektronentunnel. in Halbleitern mit entarteter Bandstruktur 7-0437; Bezieh. zwischen d. Breite d. verbotenen Zone u. d. Gibbsschen Enthalpie nichtmetall. Festkörper 8-0207; Bandkrümm. in einem ungeordneten Kronig-Penney-Modell 11-0422; Einfl. d. Ordn. auf d. Bandbreite vielkomponent. Halbleiter 15-0459; neuere Fortschritte in d. Energiebändertheorie 17-0436; Bandstrukturberechn. 18-0200; Elektronenkorrelat. in schmalen Energiebändern (verbesserte Lsg.) 18-0359; analyt. Verh. eindimensionaler Bloch-Wellen in d. Fällen zusammenhängender Energiebänder u. fehlender Invers.-Symmetrie 19-0219; Bandverschieb. in stark dotierten Halbleitern unter d. Wrkg. elektrostat. Felder d. Fremdatome 20-0358; Bandabstände in ungeordneten Syst. 26-0389; komplexe Bandstruktur d. Halbleiter v. Diamanttyp 30-0343; Zusammenhang zwischen Raumlad., Oberflächenleitfähigk. u. Bandverbieg. für Photoleiter bei homogener opt. Anreg. 30-0348; Bezieh. zwischen APW- u. Korringa-Kohn-Rostoker-Meth. d. Band-Theorie 33-0435; in d. Röntgenspektren auftretende Besonderh. d. Bandstruktur fester Körper 35-0343; Einfl. d. s–p-Hybridisier. auf d. Bandstruktur einer gestörten linearen Kette 37-0427; Meth. Greenscher Funkt. für Energiebandberechn. unter Einschluß d. Spin-Bahn-Koppl. 43-0399; Dispers.-Gesetze für Krist. hexagonaler Symmetrie (Bandstruktur) 45-0251; Bandlücken in einigen aperiod. Syst. 45-0363; Symmetrie d. Lad.-Trägerbänder in Krist. monokliner Symmetrie 45-0412; Auswahl d. Wellenfunkt. in d. Lochbandtheorie v. Krist. mit Diamantstruktur 46-0409; lokale Strukturen u. Bandstrukturen in Grundabsorpt.-Spektren: v. Festkörpern 48-0324; v. eindimensionalen Krist. 48-0325.

Nichtmetallische Elemente

Energiebandstruktur v. Se-Ketten 1-0409; Bandstruktur: v. hexagonalem Se 17-0436; v. Te 1-0410; v. Se u. Te (Kohn-Rostoker-Meth.) 3-0442, 27-0441; Elektronenenergiebänder in Te 38-0426; Bandabstand: v. reinem u. v. mit J dotiertem Te 38-0427; v. halbleitendem B 1-0413; Bandbreite v. B bei *300* bis *1500* °K 37-0444; Bandabstand in einkrist. B 45-0389; Elektronen-Energiebänder in Bezieh. zu d. Elektronen-Transporterschein. in Graphit 17-0436; Bandstruktur v. Diamant 24-0317; Best. d. Energieband-Parameter in Graphit aus Magnetoreflex.-Experimenten u. de Haas-van Alphen-Mess. 25-0425; Energiebänder in Diamant 36-0428; Spin–Bahn-Aufspalt. im Valenzband v. Si 11-0347; Einfl.: d. nicht parabol. Bandcharakters auf d. Lochbeweglichk. in Si 14-0457; v. Verform. auf d. Bandabstand v. Si-p – n-Übergängen 15-0475; Best. d. Bandstruktur d. Si aus einer Heine-Abarenkov-Berechn. 17-0443; Änder. d. Bandabstandes v. Si in d. elektr. Feld eines p – n-Überganges 20-0373; bandtheoret. Modell für d. photoelektr. Effekt in Si 24-0417; Bandstruktur v. Krist. aus Si 29-0332; Energiedifferenz zwischen d. Leit.-Bandkante in Si 46-0427; elektron. Bandstruktur v. As (Self-consistent-Meth.) 1-0414.

Metalle und Legierungen

Bandstruktur schwerschmelzbarer Hartmetalle 8-0454; effektive Mol.-Feldaufspalt. eines s-Bandes in einem Metall 10-0450; Bandstrukturen für Leg.-Halbleiterelektroübergänge 27-0434; Elektronen in Metallen u. Energiebänder 39-0403; gesamte elektron. Bandstrukturenergie für *29* Elemente 42-0422; Energiebandstruktur d. Li 46-0442; Bandstruktur v. Cd 1-0459; Anisotropie d. Bandabstandes in Supraleitern (Einkrist. v. Al u. Zn) 12-0488; Einfl. d. Elektronenkorrelat. auf d. Bandstruktur v. Festkörpern am Beispiel v. Li, Na, K u. Al 17-0470; Berechn. d. Bandstruktur v. Na, K u. Al 28-0406; Energiebänder v. Ga 51/52-0400; Werte d. Supraleit.-Bandabstandes für verschiedene Ultraschallausbreit.-Richt. u. für verschiedene Polarisat. d. Scherwellen in Tl 12-0492; Breite d. verbotenen Zone im Syst. Tl/Te 19-0436; Breite d. verbotenen Bandes v. reinem La u. v. mit magnet. Gd dotiertem La 19-0452; Anomalie d. Bandstruktur v. Tb 44-0449; relativist. Energiebänder für Th, Ac u. Lu 10-0452.

Theoret. Unters. d. Bandstruktur v. Ge 1-0427; Energiebandstruktur v. Ge (nach d. k.p-Meth.) 2-0431; Druckabhängigk. d. Bandabstandes v. ⟨*111*⟩-Ge 11-0448; Einfl.: d. nicht parabol. Bandcharakters auf d. Lochbeweglichk. in Ge 14-0457; v. lokalem Druck auf d. Bandabstand v. Ge-p–n- u. p–s–n-Strukturen 16-0373; Bandstruktur v. mit As u. Sb dotiertem n-Ge 17-0452; Breite d. verbotenen Bandes v. p-leitendem Ge bis zu *90* kbar 19-0420; opt. Best. d. Nichtparabolizität d. dritten Valenzbandes v. Ge 24-0329; Energiebandstruktur v. Ge 28-0389; Bandstruktur v. Krist. aus Ge 29-0332; Energiebandschema v. Ge–Si-n–n-Heteroübergängen 35-0406; halbempir. Auswahl d. Parameter für d. Beschreib. d. Struktur d. Valenzbandes v. C, Si u. Ge 41-0439; Struktur d. Valenzbandes v. Ge 44-0425; nichtäquidistante Landau-Niveaus d. durch mechan. Spann. gespaltenen Valenzbandes in Ge 47-0417; Bandstruktur: v. weißem Sn 26-0420; v. grauem Sn 27-0367; v. Mg_2Si- u. Mg_2Sn-Krist. sowie ihren festen Lsg. $Mg_2Si_{0,2}Sn_{0,8}$ u. $Mg_2Si_{0,5}Sn_{0,5}$ 29-0333; Einfl. v. magnet. Verunreinig. auf d. Bandstruktur v. Supraleitern am Beispiel v. Gd in Pb, Fe in In u. Mn in Pb 18-0421; Struktur d. Elektronenbänder v. V_3Si u. V_3Ga 13-0409; Energiebandstruktur v. metall. V 23-0354; Größe d. Bandabstandes bei *0* °K v. supraleitendem Nb 5-0508; anomales verbotenes Band in supraleitendem Nb_3Sn 9-0508; Bandstruktur v. Bi–Sb-Leg. 13-0460; Form d. Energiebänder in Bi 7-0483; therm. Bandabstand als Funkt. d. Sb-Konz. v. Bi–Sb-Mischkrist. 8-0437; Bandstruktur v. Bi mit *5* u. *12* Atom-% Sb 43-0445; Bandabstand v. Bi–Sn-Leg. 45-0418; Self-Consistent-Energiebandberechn. für Cr (Lad. u. Spindichten) 51/52-0397; Bandstruktur v. Re 36-0430; Tight-binding-Berechn. d. *3*d-Bänder v. Fe mit u. ohne Spin/Bahn-Koppl. 1-0462; Bandstruktur v. ferromagnet. Fe (Self-Consistent-Meth.) 42-0423; Einfl. einer angenommenen Elektronenkonfigurat. auf d. Elektronenbandstruktur v. Ni 18-0407; Modifizier. d. Elektronenbandstruktur v. unendl. Ni-Krist. durch Temp.-Änder. 22-0428; Struktur d. *3*d-Bandes v. Ni 23-0357; Bandstruktur v. metall. Cu u. Ni (self-consistent-Meth.) 5-0477; Struktur d. *3*d-, *4*s-Bänder v. Cu 35-0337; Bandstruktur v. Pd-Leg. bei H-Absorpt. 11-0579; Elektronenbandstruktur v. metall. Pd 18-0408; Einfl. d. d-Bandstruktur auf d. Stapelfehlerenergie d. Syst. Cu/Ni, Cu/Pd u. Ag/Pd 27-0296.

Anorganische Verbindungen

Elektron. Energiebandstruktur v. kub. Übergangsmetallmonocarbiden 1-0191; Valenzbandstruktur in III – V-Verb. 12-0460; Bandlücke tern. Verb. d. Typs $A_2^{I}B^{IV}C_3^{VI}$ 20-0398; Einfl. v. Temp. u. Dotier. auf d. Leit.-Bandkante für einige n-$A^{III}B^{V}$-Halbleiter 22-0409; Zusammenhang zwischen Bandbreite, Härte u. F. v. Halbleitern d. Typen $A^{III}B^{V}$ u. $A^{II}B^{VI}$ 28-0385; Bandstruktur einiger Mischkrist. auf d. Grundlage v. Verb. d. Gruppen III – V 31-0448; Systematisier. d. Bandabstände v. Halbleitern d. $A^{III}B^{V}$-Typs auf d. Grundlage d. Periodensyst. 36-0415; störungstheoret. Unters. d. Energiebandstruktur v. Halbleiterverb. mit Chalkopyrit-Struktur 38-0417; relativist. Einfl. auf d. elektron. Bandstruktur v. Halbleiterverb. 4-0369; Bandabstand: v. $SiTe_2$-Einkrist. 19-0432; v. Si_2Te_3 23-0441; Bandschema zur Beschreib. d. Kinetik d. Photolumineszenz v. SiC 36-0335; Energiedifferenz zwischen d. Leit.-Bandkante in SiO_2 46-0427; Bandstruktur v. SbSJ 41-0456; Best. d. Bandabstandes v. LiD durch Mess. d. Kleinwinkel-Compton-Streuung 1-0433; *3*p-Energieband in LiCl 6-0421; Elektronenbandstruktur im NaJ-Krist. 40-0373; Struktur d. Leit.-Bandes v. KCl 4-0387; Bandabstand einer neuen Modifikat. d. halbleitenden Verb. K_3Sb 4-0398; relativist. Energiebänder v. KJ 12-0457; Struktur d. Leit.-Bandes v. KCl 40-0372; Bandverbieg. in halbleitenden Cs_3Sb-Schichten zwischen Al-Elektroden 7-0458.

Bandbreite v. $ZnSiP_2$-Einkrist. 6-0428; Bandabstand in ZnTe-Krist. 26-0412; Bandbreite v. ZnAs- u. Zn_3As_2-Einkrist. 27-0447; Bandstruktur v. kub. u. hexagonalem ZnS 29-0431; Energiebandparameter v. ZnTe 42-0416; Struktur d. Leit.-Bandes v. $ZnSiP_2$ 48-0392; Bandstruktur: v. CdS 5-0463; v. aufgedampften CdSe-Schichten 5-0470; d. CdS 6-0437; Einfl. v. Zusätzen v. ZnS : Cu auf d. Bandverbreiter. v. (Cd, Zn)S : Ag, Cu, Cl u. (Cd, Zn)(S, Se) : Ag, Cu, Cl 6-0440; Leit.-Bänder in Cd_3As_2 11-0456; Energiebänder v. polierten u. geätzten n- u. p-CdTe-Proben 12-0475; Bandstruktur v. CdS-Einkrist. 18-0297; Bandlücke v. CdP_4 26-0407; Band. struktur v. CdS, CdS-Mischkrist. mit CdTe u. reinem CdTe 29-0341; Bandaufbieg. v. CdS-Einkrist. 30-0389; Bandstruktur: v. n-Cd_3As_2-Krist. 31-0447; d. Krist. CdS–CdSe 46-0436; Bandabstand v. CdS in Abhängigk. v. Druck 48-0398; Bandbreite d. Halbleiterverb. $CdSiP_2$ 51/52-0383; Bandabstand v. Leg. $Cd_xHg_{1-x}Te$ 2-0464; Nichtparabolizität d. Leit.-Bandes in HgTe 5-0472; Breite d. verbotenen Zone im Syst. HgTe/ZnTe in Abhängigk. v. d. HgTe-Konz. 7-0476; Überlapp. d. Energiebänder in Hg-Tellurid 11-0479; Verallgemeiner. d. Kaneschen Modells für d. Bandstruktur v. HgTe 15-0493; Energiebandmodell v. stark dotiertem n-$Cd_xHg_{1-x}Te$ 18-0397; Bandstruktur: v. CdTe, HgTe u. ihren Mischkrist. $Hg_xCd_{1-x}Te$ 29-0335; v. HgTe–CdTe-Leg. (elektr. Mess.) 30-0395; Änder. d. Bandstruktur v. HgTe–CdTe-Leg. mit d. Druck 33-0479; Bandabstand v. HgSe 49/50-0410.

Bandstruktur v. n- u. p-AlSb 10-0436; Energiestruktur d. Al-Antimonid-Bänder 13-0380; Valenzbänder in p-AlSb 22-0413; Einfl. nichtparabol. Energiebänder auf d. Durchtunneln v. Al–AlN–Mg-Strukturen 23-0442; Bandstruktur: v. Al-Phosphid 38-0433; v. GaAs 2-0431; v. GaAs (Spin–Bahn-Aufspalt.) 2-0445; relativist. Einfl. auf d. elektron. Bandstruktur v. BN, AlP u. GaAs 4-0369; Bandstruktur v. GaAs, GaP u. Ga(As, P)-Leg. 6-0330; Valenzbandparameter v. p-GaSb 11-0454; Temp.-Koeff. d. verbotenen Zone v. GaS-Einkrist. 11-0472; Bandbreiten d. halbleitenden Verb. d. Syst. Ga_2Te_3/Ga_2Se_3 17-0602; Nachw. v. quasilokalisierten Zuständen d. mit hochenerget. Leit.-Bandminima in Halbleitern, bes. in GaSb : Se, verknüpft sind 29-0350; Struktur d. Bodens d. Leit.-Bandes in GaAs 29-0414; Bandabstände v. BAs- u. BAs–GaAs-Krist. 30-0367; Breite d. verbotenen Zone im GaSe-Krist. 30-0393; Einfl. spannungsinduzierter Bandabstandsvergrößer. u. v. Defekten auf d. Diffus.-Strom in GaAs-Übergängen 33-0466; Berechn. d. Bandstruktur v. GaAs nach d. Meth. d. Pseudopotentials 38-0432; Leit.-Band v. GaSb 44-0433; Bandstrukturen in InAs–CdTe- u. InAs–ZnTe-Leg. sowie reinem CdTe u. ZnTe 5-0473; Druckkoeff. d. Bandabstandes in InSb 9-0478; zweites Leit.-Band in InSb 12-0462; Breite d. verbotenen Zone v. InP 12-0465; Einfl.: einer Stör. v. höheren Bändern auf d. Leit.-Band in InAs 13-0457; v. hydrostat. Druck auf d. Bandabstand v. InSb 14-0472; höherer Bänder auf d. effektiven Massen in InSb u. InAs 24-0425; Leit.-Band v. InSb 26-0346; Bandstruktur v. Krist. aus GaAs, GaSb, InAs u. InSb 29-0332; Bandlücke bei *0* °K v. n-InSe-Einkrist. 29-0441; Bandstruktur: einiger Schichtkrist. aus GaS, GaSe, InSe GaTe u. In_2Te 29-0442; v. mit Cu dotiertem InP 43-0432; Bandlücke d. neuen halbleitenden Verb. $HgTlS_2$ 39-0444.

Bandstruktur einiger Seltenerdmetallchalkogenide 16-0279; Breite d. verbotenen Zone v. Pr_2Se_3 u. Nd_2Se_3 7-0470; Einfl. korrelierter Ionenspins auf d. Energiespektrum eines Elektronenbandes v. Eu-Chalkogeniden 19-0407; Bandschema v. Ti-Carbid 16-0377; Bandstruktur v. $SrTiO_3$ u. $BaTiO_3$ 36-0315; Bandabstand v. TiO_2-Filmen 45-0401; Bandbreite v. Sn_3As_2 6-0423; Bandstruktur d. Verb. $CdSnAs_2$ 23-0432; opt. Bandabstand v. Mischkrist. v. SnSe u. GeSe mit PbTe sowie GeSe mit SnTe 1-0455; Bändermodell v. α-$Pb(N_3)_2$ 6-0441; Einfl. v. Druck auf d. Breite d. verbotenen Zone in PbS 14-0481; Energiebänder v. PbTe, PbSe u. PbS 16-0398; Breite d. verbotenen Zone v. PbTe bei hohen Temp. 16-0399; Änder. d. Bandlücke v. PbTe unter Druck 18-0394; Unters. d. Nichtparabolität d. Leit.-Bandes v. PbTe durch Mess. d. Thermo-EMK in starken Magnetfeldern 19-0437; Valenzbandstruktur v. stark dotiertem PbTe 19-0438; Bandstruktur v. PbTe 22-0384; Nichtparabolität d. Leit.-Bandes in PbTe 22-0417; Breite d. verbotenen Zone für indirekte Übergänge im roten u. gelbem PbO 29-0343; Bandabstand in tetragonalen u. rhomb. PbO-Schichten 29-0428; Bandstruktur in $Pb_xSn_{1-x}Te$ 34-0427; Bändermodell v. PbS 39-0446; Nichtparabolizität d. PbTe-Valenzbandes 39-0452; theoret. Energiebandparameter für d. Pb-Salze 41-0440; direkte Bandabstände v. epitakt. PbS-, PbSe-, PbTe- u. SnTe-Filmen 44-0440; Bandstruktur: v. $KTaO_3$ 10-0446; v. Sb_2S_3-, Sb_2Se_3-, Sb_2Te_3-, Bi_2Se_3-, Bi_2Te_3-Einkrist. 29-0334; Parameter d. ellipsoidalen Bandstruktur in n-Bi_2Te_3 30-0394; Bandabstand v. CrO_2 17-0462; Bändermodell: v. WTe_2-Einkrist. 16-0401; für ox. U 32-0423.

Verbotene Zone in γ-Fe-Tellurid 48-0406; Abschätz. d. oberen Grenze für d. Breite d. verbotenen Bandes in CoO 28-0384; Breite d. verbotenen Zone bei NiO 9-0481; Einfl. d. H_2O-Adsorpt. auf d. Energiebänderstruktur v. NiO 42-0412; Bandabstand v. Cu_2S 4-0415; Berechn. d. Bandstruktur Cu_2O 5-0457; Diskuss. d. Bandstruktur v. Cu–Cu_2O-Einkrist.-Gleichrichtern 9-0482; Bandstruktur v. Cu_2O 16-0385; Energiebänder in Cu_2O 17-0353; Bandbreite v. Cu_2S 36-0424; Bandstruktur: v. Cu_2O-Krist. 42-0413; v. Cu_2O 43-0345; Abhängigk. d. Breite d. verbotenen Zone v. d. Zus. d. Mischkrist. im Schnitt 2 CdTe–$CuInTe_2$ d. Syst. Cu/Cd/In/Te 45-0408; Bandabstand: d. chalkopyrit. Verb. $CuInTe_2$ bei hohen Temp. 51/52-0393; in β-Ag_2Te 4-0417.

Metallhaltige organische Verbindungen

Diskontinuitäten d. Bandabstandes v. Cu-Phthalocyanin bei hohem Druck 8-0448.

Organische Verbindungen

Anwendbark. d. Bändermodells auf Einkrist. d. metallfreien Phthalocyanins 9-0931; Leitfähigk.-Band in RNS 18-0863; Bandstruktur v. Circumanthracen 34-0948.

Oberflächenzustände

Oberflächen- u. Festkörperzustände v. Zusätzen in Al_2O_3-Pulver 2-0228; durch Ox. hervorgerufene elektron. Niveaus in Oberflächenstrukturen (reine u. ox. Oberflächen v. Ni (*111*), GaSb (*111*) u. GaAs (*111*)) 4-0366; D. u. Energieniveaus v. Si–SiO_2-Grenzflächenzuständen 6-0433; Lage d. Energieniveaus d. Oberflächenzustände v. Si-Spaltflächen in feuchter Luft, Vakuum sowie trockenem O_2, O_3 bzw. NH_3 7-0447; Energieniveaus v. Oberflächenzuständen v. n- u. p-leitenden GaAs-Einkrist. 7-0454; Lage d. Terme an d. Krist.-Oberfläche in CdS 7-0469; Konz., Lage u. Typ d. Oberflächenniveaus in Cu_2O 15-0484; Energielage d. Oberflächenniveaus v. mit Au dotiertem u. gut kompensiertem Ge mit reiner Oberfläche 16-0371; Theorie d. Oberflächenverunreinig.-Zustände für Hilfstäler 17-0436; Oberflächenzustände v. gespaltenen mit Au oder B dotierten (*111*)-Siliciumoberflächen (Einfl. v. O_2-Absorpt.) 17-0444; Feldeffekt u. Oberflächenzustände an d. Phasengrenze Ge–Elektrolyt 17-0449; Korrelat. lokalisierter Elektronenzustände auf d. (*111*)-Fläche v. Krist. v. Diamant-Typ 18-0369; Energieniveaus v. Oberflächenzuständen auf Si-Flächen 23-0419; elektron. Oberflächenzustände in Ge u. Si 25-0400; Einfl. v. Oberflächenzuständen auf d. Korrelat. zwischen Metall–Halbleiter-Schwellenhöhe u. Metallaustrittsarbeit 26-0413; Einfl. d. Dicke d. Oxids auf d. Oberflächenzustände bei Si 31-0444; Krist.-Anisotropie d. D. v. Oberflächenzuständen an d. Grenzfläche Si – SiO_2 32-0430; Großsignal-Feldeffekt zur Oberflächentermbest. bei Si 33-0454; Oberflächenzustände: v. reinem Si 33-0455; auf ionenbeschossenen u. im Hochvakuum ausgeheilten Si-Oberflächen 33-0456; d. (*100*)-Fläche eines Krist. v. Sphalerit-Typ 36-0240; Grenzflächenzustände im Syst. Si/SiO_2 40-0394; Einfl. v. Na u. H_2 auf Grenzflächenzustände u. Oberflächenlad. im Syst. Si/SiO_2 40-0395; Elektronenzustände an Oberflächen eindimensional geordneter Mischkrist. 42-0263; Oberflächenzustände bei d. Ox. v. n-Ge 42-0401; Unters. d. Oberflächenniveaus in Cu_2O mit Hilfe d. Feldeffekts u. Lumineszenz-Feldeffekt 42-0414; Oberflächenzustände auf ionenbeschossenen u. im Hochvakuum ausgeheilten Si-Oberflächen 33-0456; Oberflächenzustände bei d. Ox. v. n-Ge 42-0401; lokalisierte Elektronenzustände an nichtidealen Halbleiteroberflächen 45-0378.

Störstellen

Elektron. Zustände an einer Versetz. 1-0215; Einfl. einer Potentialkorrektur auf d. Grundzustände v. P- u. S^+-Störstellen in Si 2-0427; strahlungslose Zentren in $CaWO_4$ 3-0390; Defekt-Niveau-Schema v. Sn-Oxid-Einkrist. 3-0464; Korrekturen zur effektiven Massentheorie flacher Störstellenzustände in Si u. Ge 4-0385; Elektronenstruktur eines tetraedr. N_2-Zentrums u. d. neutralen Fehlstelle im Diamant 6-0340; Berechn. d. elektron. Zustände v. Einzelfehlstellen in Diamant 8-0231; Energiespektrum v. durch γ-Bestrahl. bei tiefer Temp. entstandenen Defekten in InSb 8-0435; lokalisierte Zustände in Krist. mit zwei Arten v. Atomen 10-0262; Störstellenniveaus v. durch Bestrahl. mit schnellen Neutronen bei *77* °K in Si gebildeten Defekten 10-0423; Fehlstellenniveaus in Sb-dotiertem, mit schnellen Elektronen bestrahltem Ge 10-0425; Störstellenniveaus v. InSb 10-0437; Einfl. v. Anharmonizität *4.* Ordn. auf d. Temp.-Abhängigk. d. Niveaubreite d. Verunreinig.-Mol. in festen Lsg. im IR 11-0358; Beimeng.-Zentren v. N in Pulvern aus synthet. Diamant 11-0406; quantenmechan. LCAO-Meth. für belieb. Syst. v. Atomen zur Berechn. d. Störstellenbandes in stark dotierten Halbleitern 12-0439; Störstellenbänder u. Stör.-Theorie 13-0439; Defektniveaus in deuteronenbombardierten CdS-Krist. 13-0469; Best. tiefer Terme v. Fe, Ni u. Co im GaAs durch Aufnahme u. Unters. d. Strom–Spann.-Kurven 14-0468; Energieniveaus v. Störstellen in Halbleitern 15-0460; lokale Niveaus in polykrist. hexagonalen Se 15-0471; Verschwinden d. Störstellenniveaus in Ge bei hohen Injekt.-Niveaus 15-0477; Theorie d. Verunreinig.-Niveaus 17-0436; elektron. Struktur v. Winkelversetz. in Metallen 17-0471; Abhängigk. d. Lebensdauer d. Minoritätsträger in langen Dioden v. d. Injekt.-Niveaus 18-0373; Mehrkörpertheorie d. lokalisierten d-Zustände in Metallen (Störstellenpaar) 18-0405; Besetz.-Zahlen u. Niveaubreiten d. virtuellen d-Zustände für Ni in Be-Leg. 18-0410; Defektniveaus v. bei *100* u. *5,2* °K mit schnellen Elektronen bestrahltem p- u. n-Ge 19-0419; Schema d. niedrigsten U-Niveaus v. CaF_2: U^{3+}-Krist. 20-0300; lokalisierte Elektronenzustände in Potentialen ohne Fernordn. 21-0236; Diagramm-Verf. zur Best. lokalisierter Elektronenzustände in Krist. 22-0376; Energiespektrum d. durch γ-Bestrahl. erzeugten Defekte v. p- u. n-InSb 22-0412; Rekombinat.-Lumineszenz v. Alkalimetallhalogenid-Krist.-Phosphoren mit Berücksichtig. v. Defektzuständen 24-0356; lokalisierte Verunreinig.-Zustände in Metallen verd. Leg. v. Ni in Be 25-0430; tiefe Zentren in leitendem GaAs 29-0418; Ag- u. Au-Terme in GaAs 29-0419; Jahn-Teller-Verzerr. u. Invers.-Aufspalt. für Übergangsmetallkomplexe u. lokale Zentren in Krist. mit entarteten elektron. T-Termen 30-0283; Elektronenzustände: in Halbleiterversetz. 30-0346; v. Doppelzentren in n-leitendem Si u. Ge 32-0407; Defektniveaus v. n-Ge nach γ-Bestrahl. 34-0452; Friedelsche Summenregel für d. Andersonsche Modell lokalisierter Verunreinig.-Zustände 35-0385; Pseudopotential-Theorie d. Verunreinig.-Zustände 36-0396; Verunreinig.-Zustände in festen Edelgasen (Kr- u. Xe-Krist.) 36-0397; lokalisierte magnet. Zustände beim Tunneleffekt 36-0401; Energiespektrum d. lokalen Niveaus v. GaAs mit durch Strahl. erzeugten Strukturschäden 36-0417; Umlad. tiefer Störstellenniveaus während d. Elektroneninjekt. 39-0416; Defektniveau v. mit O dotierten u. mit schnellen Elektronen bestrahlten Ge-Krist. 39-0433; Einfl. d. Nullpunkts-Spinabweich. auf d. Energieniveaus magnet. Verunreinig. antiferromagnet. Materialien 42-0339; Berechn. d. Niveaus v. Zwischengitterstörstellen in Ge u. Si 43-0409; Beweg.-Zustände substituierter Spezies in Gittern 43-0268; lokalisierte Energiezustände einer Leerstelle im Diamantgitter (Leerstellenmodell mit schwankenden (‘dangling’) Bind.) 44-0271; (Leerstellenmodell mit gesätt. Bind.) 44-0272; Reorientier. v. Jahn-Teller-Verzerr. in N-Störstellenzentren in Diamant 44-0377; Singulett-Zustände paramagnet. Verunreinig. in Metallen 44-0484; Energiespektrum v. Strahl.-Defekten in Si-Einkrist. 47-0415; Mehrelektronentheorie lokalisierter Zustände (Mikrotheorie d. Polaronenzustände) 51/52-0233; Elektronenstruktur d. U_2-Zentren in KCl u. KBr (Einfl. d. Konfig.-Misch.) 51/52-0301.

Akzeptor- und Donatorterme: Temp.-Abhängigk. d. Fe-Akzeptorniveaus in GaAs 2-0446; Aktivier.-Energie d. Akzeptorniveaus u. d. therm. Bandlücke v. CdTe bei hohen Temp. 7-0473; dielektr. Korrektur zum flachen Störstellengrundzustand in Si für einen P-Donator 9-0454; eingefrorene Leerstellen als Akzeptoren mit mehrfachen Niveaus in Ge 9-0462; Akzeptorniveaus v. ^{64}Cu in GaSb-Einkrist. 12-0464; Akzeptor- u. Donatorterme u. Bandbreite v. Industrie-SiC mit Al-, C- u. Fe-Beimeng. 14-0466; Einfl. eines tiefen Akzeptorniveaus auf d. elektr. Eig. v. p-InSb 14-0471; Donator- u. Akzeptorniveaus v. CdSb mit Au-Dotier. 14-0473; Erzeug. u. Ausheil. tiefer Donator- u. Akzeptorterme bei Tieftemp.-Bestrahl. v. InSb mit schnellen Neutronen 15-0482; Energieniveaus für Donator–Akzeptor-Paare 17-0436; Aufspalt. d. Grundzustandes d. neutralen Hg-Doppel-Akzeptors in Ge 17-0448; Donatorniveaus v. BaTe 19-0404; mittleres Donatorniveau in n-GaAs 21-0396; Elektronenübertrag. an Al-Oxid-Oberflächen (Elektronenakzeptoreig. v. Al_2O_3-Katalysatoren) 21-0726; Akzeptorniveaus v. mit *6 – 88*-MeV-Elektronen bestrahlten As–Sb-dotiertem Ge 22-0398; isoelektron. Donatoren u. Akzeptoren in ZnTe 30-0344; Einfl. d. Absorpt. v. Au, Al u. Sb auf d. Akzeptorzentren u. Donatorzentren einer atomar reinen Ge-Oberfläche 34-0450; Struktur d. restl. Akzeptorzentren v. GaSb 35-0210; flache Akzeptorzustände in mit P, Li u. Na dotiertem ZnTe u. CdTe 35-0417; Doppelakzeptorzustände in Ge u. Si (allg. Theorie) 39-0428; (Zwei-Zentren-Integrale) 39-0429; (numer. Berechn. d. Energieniveaus) 39-0430; Ag-Aktivatorzentren in KCl-Krist. mit anion. O-halt. Zusätzen 40-0309; Theorie d. einfach geladenen Donator-Beimeng.-Zentren in Si u. Ge 40-0367; Akzeptorniveau v. P in CdTe 40-0383; Energielage d. Akzeptorniveaus v. Cd in InAs 43-0426; Potential flacher Donatoren in Si 44-0421.

Haftstellen, Einfang- und Rekombinationszentren: Energieniveaus v. Erzeug.-Rekombinat.-Zentren v. Lad.-Trägern in Si-p – n-Übergängen 1-0425; Energieabstand zwischen Haftstellenniveau u. Leit.-Band v. SiO-Schichten 2-0451; isoelektron. Haftstellen durch N in GaP 4-0405; Energieverteil. v. Haftzentren für Löcher in Anthracen 4-0939; Elektronenhaftstellen in CdS-Krist. 5-0466; energet. Lage flacher Haftstellen in CdS-Einkrist. 5-0467; Einfang- u. Rekombinat.-Zentren v. vorher bei hohen Temp. angelassenen CdS-Einkrist. für verschiedene Beleucht.-Beding. 7-0468; Rolle d. Einfangniveaus in d. Photoleitfähigk. v. GaAs 8-0430; Energieniveaus d. Rekombinat.-Zentrums in γ-bestrahlten Ge-p – n-Übergängen 9-0461; energet. Verteil. d. Haftstellen für Defektelektronen in Anthracenkrist. 11-0948; Einfangzentren in NaJ : Tl-Krist. bei d. Thermo- u. d. Thermophotolumineszenz 12-0385; Haftniveaus u. Konz. d. tiefen Rekombinat.-Niveaus v. CdS-Einkrist. 15-0486; Konz. d. Rekombinat.-Zentren in CdS, CdSe- u. CdS_x–$CdSe_{1-x}$-Einkrist. 16-0307; Einfangniveaus v. reinem u. mit verschiedenen Aktivatoren dotiertem CsJ 17-0370; Haftstellenniveaus in $CaTiO_3$: Pr 21-0334; Haftstellen u. Rekombinat.-Zentren in mit *6 – 88*-MeV-Elektronen bestrahltem As- u. Sb-dotiertem Ge 22-0398; Fallenniveaus v. ZnTe mit Zusätzen v. Elementen d. dritten Gruppe 25-0422; Einfangniveaus v. mit Ag u. Cu aktivierten NaCl- u. KCl-Krist. 26-0349; Haftstellendichte rekrist. aufgedampfter CdS-schichten 26-0411; „lange“ Haftstellen v. Se 29-0406; Lage d. Haftstellenniveaus in CdS-Einkrist. 34-0458; einige Besonderh. d. Einfangzentren in NaJ : Tl-Krist. 35-0364; Elektronenhaftstellen in dünnen CdSe-Aufdampfschichten 35-0414; Locheinfangstellen auf d. Oberfläche v. Anthracenkrist. 37-0924; Einfl. d. Haftzentren auf d. photoelektr. Eig. u. d. Dunkelstrom v. HgS-Einkrist. 39-0443; allg. Bezieh. zwischen Elektronenhaftstellen u. Normalmoden eines Gitters 42-0335; Stimulier. flacher Haftstellenniveaus durch elektr. Felder in aufgedampften CdSe-Filmen 48-0402; Parameter d. „sensibilisierenden“ Rekombinat.-Zentren in CdS- u. CdSe-Einkrist. 49/50-0351.

Fremdionen: Konfigurat. v. Li^+ in KCl mit niedrigstem Energieniveau 2-0276; Energieniveaus d. Tb-Ions im Fe-Granat 3-0420; Energiespektrum v. Zusatzionen mit nicht aufgefüllter d-Schale in einem Krist. 4-0279; Nullfeld-Aufspalt.-Parameter d. Mn^{2+}-Ions in glasart. u. polykrist. Medien 4-0345; Termlage gitterneutraler Chalkogenionen in AgBr 5-0731; Berechn. d. Energieaufspalt. d. Ti^{3+}-Ions in $RbAl(SO_4)_2 \cdot 12\,H_2O$ durch d. Krist.-Feld 6-0337; Energiezustände v. Ho^{2+} in d. kub. Wirtskrist. CaF_2, SrF_2, BaF_2 u. $SrCl_2$ 6-0368; Krist.-Feld-Aufspalt. d. J-Terme v. Tm^{3+} u. Er^{3+} in Y_2O_3 9-0365; Berechn. d. Energiespektrums v. $3d^N$-Ionen im kub. Krist.-Feld 11-0342; elektron. Energiezustände v. Cu^{2+}- u. Ni^{2+}-Ionen in verschiedenen Oxidgittern 11-0461; Theorie d. Zeeman-Effekts für Seltenerdmetallionen im Krist.-Feld mit d. Symmetrie v. Äthylsulfatkrist. 15-0386; Existenz rein kub. Zentren in CaF_2 : Eu^{3+}-Krist. 16-0285; Krist.-Feld-Aufspalt. in d. EPR d. ^6S–Fe^{3+}-Ions in tetragonaler Symmetrie 22-0354; genealog. Koeff. in f^n-Konfig. bei d. Analyse d. Energieniveaus v. Seltenerdmetallionen in Krist. 24-0326; Schwing.-Niveaus d. ^2D-E-Zustandes v. Ce^{3+} in CaF_2 24-0341; Energieniveaus u. Krist.-Feld-Aufspalt. d. Nd^{3+} in Y_2O_3 24-0344; Dublettaufspalt. u. g-Faktoren d. Co^{2+}-Ions in einem Krist.-Feld mit kub. tetragonalen u. rhomb. Komponenten 31-0322; Elektronenstruktur v. V^{4+} in TiO_2, SnO_2, VO_2 u. GeO_2 u. v. Mo^{5+} in TiO_2 31-0404; Nullfeldaufspalt. v. Ionen im S-Zustand (Punkt-Multipol-Modell) 32-0336; Ionen-Energieniveaus in trigonalen u. tetragonalen Feldern 33-0382; Einfl. v. Ionengittern auf d. Elektronenstrukturen v. mehratom. Ionen (Trijodid-Ion) 36-0108; Energieniveausschema d. Gd^{3+}-Ionen in GaF_2 36-0321; Niveaus $^5D_1$ u. $^5D_2$ v. Eu^{3+} u. d. Niveaus $^6H_{5/2}$ v. Sm^{3+} in Y-Orthovanadat 36-0323; scheinbare Erniedrig. v. Energieniveaus v. Ce^{3+} in $LaCl_3$, Sm^{3+} in $Sm(C_2H_5 \cdot SO_4)_3 \cdot 9\,H_2O$, Er^{3+} in $LaCl_3$ u. Sm^{3+} in $LaCl_3$ 39-0388; Energieniveaus u. Wellenfunkt. d. Beimeng.-Ions im Krist.-Feld kub. Symmetrie 40-0229; Energieniveaus v. Gd^{3+} u. Ionenbeiträge zur Grundzustandsaufspalt. im $La(C_2H_5SO_4) \cdot 9\,H_2O$-Gitter 40-0294; Gruppenanalyse d. Energiespektrums v. Nd^{3+}-Ionen im Krist.-Feld 40-0295; Stör. d. Bandschwing. v. Krist. mit NaCl-Struktur durch einwert. Fremdionen 42-0264; Austausch-Aufspalt. d. Grundzustandes v. Ni^{2+}-Ionen in antiferromagnet. MnF_2, $K[MnF_3]$ u. $Rb[MnF_3]$ 43-0359; Energieniveaus v. Er^{3+} u. Pr^{3+} in hexagonalem $LaBr_3$ 45-0319; Niveauschema d. Pr^{3+}-Ions in $PbMoO_4$-Einkrist. 48-0352.

Angeregte Zustände

Grundzustandsenergie u. Anreg.-Spektrum v. Mol.-Krist. 5-0427; angeregte Zustände v. neutralem Zn. Cu u. Hg in photoleitendem Ge 5-0443; Theorie d. irreversiblen Thermodynamik v. Rekombinat. u. g–r-Geräusch für Mehrelektronenzentren mit vielen angeregten Zuständen 17-0436; dynam. Jahn-Teller-Effekt im angeregten $^3T_2$-Term v. Al_2O_3 : V^{3+} 28-0333; Krist.-Feldunters. angeregter Zustände d. Nd^{3+} in Y–Al- u. Y–Ga-Granat 29-0331; Lebensdauer eines angeregten J^--Zentrums im KCl 45-0331.

Anregung

Theorie d. quasilokalen Anreg. im Krist. 4-0195; Theorie d. superlinearen Photoleitfähigk. v. CdS-Typ infolge v. Anreg. aus lokalisierten Niveaus 4-0412; Theorie d. auf gleichzeit. Anreg. aus lokalisierten Niveaus u. d. Valenzband zurückzuführenden superlinearen Photoleitfähigk. v. CdS-Typ 7-0466; Quantisier. d. Energieniveaus d. elektron. Anreg. im Grenzzustand eines Supraleiters 7-0498; Anreg. in Krist. (Übersicht) 14-0209; lokale magnet. Anreg. an Störstellenzentren in Ferromagnetika 14-0535; Anreg. v. Rumpfelektronen durch Stoß mit schnellen Primärelektronen in Metallen im Hinblick auf d. Sekundärelektronenemiss. 16-0347; Elektronenanreg. in Ge-Einkrist. beim Beschuß mit Na- u. Li-Ionen 17-0451; Vervielfach. d. elektron. Anreg. in Ionenkrist. durch UV-

Quanten 25-0338; Meth. d. lokalen Elementaranreg. in d. Theorie nichtmetall. Krist. (Übersicht) 27-0226; Spinanreg. in ion. Mol.-Krist. (Jahresbericht) 28-0002; partielle Desorpt. beim Übergang v. chemisorbiertem O in einen höher angeregten Zustand 29-0635; Anreg. im Gebiet langer Wellenlängen u. d. Goldstone-Theorem in Vielteilchensyst. mit „gebrochenen Symmetrien" (Ferro- u. Antiferromagnetika u. Krist.) 32-0259; gegenseitige Umwandl. elektron. Anreg. in Ionenkrist. 32-0337; Elektronenanreg. in einfachen Isolatoren 33-0387; lokale Anreg. (Gitterdefekte, Farbzentren) v. Alkalimetallhalogeniden bei tiefen Temp. 37-0356; kollektive Anreg. in einem Halbmetall 37-0429; Elementaranreg. in Krist. bei Ggw. einer quasilokalen Stör. 43-0269; zwei-Photonen-Addit. in gekoppelten Er^{3+}-Ionen in Silicatglas 45-0335; Elektronenanreg. in CdS-Krist. durch H-Ionen 45-0404; opt. u. elektr. Erschein. bei d. Delokalisier. d. Störstellenanreg. in Ionenkrist. 51/52-0312.

Energieübergänge

Zwischenband- u. Exzitonenübergänge in Pb-Jodid im Bereich d. Grundgitterabsorpt. 1-0328; Einfl. mechan. Spann. auf elektron. Übergänge in Seltenerdmetallen 2-0350; kinet. Berechn. d. Geschw. freier oder induzierter Übergänge in Dreiniveausyst. 3-0352; Austauschwechselwrkg. zwischen Cr-Ionen in Rubin u. Polarisat. d. Übergänge zwischen d. aufgespaltenen Niveaus d. $^4A_2$-Grundzustandes d. Cr^{3+}-Ions 3-0368; mol. Rydberg-Übergänge in Edelgas-Matrizen (Wechselwrkg. zwischen Verunreinig.- u. Krist.-Zuständen) 4-0131; Beobacht. v. Band–Band-Übergängen in Sb aus d. opt. Reflex. 4-0300; Einfl. d. Direkt–indirekt-Überganges auf d. Hall-Effekt in $Ga(As_{1-x}P_x)$ 4-0404; elektr. u. magnet. Übergänge in VO_2 4-0409; Einfangquerschnitt für IR-Photonen beim Übergang eines Elektrons aus d. Valenzband in d. Leerstelle eines „langsamen" Rekombinat.-Niveaus v. CdS 5-0464; lokalisierte adiabat. Übergänge in großen Syst. (Mehrquantenübergänge an Gittern) 7-0300; durch Löcherübergänge, d. mit d. abgespaltenen Valenzband verknüpft sind, bewirkte IR-Absorpt. in Si 7-0363; Elektron–Loch-Übergang in einem stark entarteten Halbleiter bei ultrahohen Stromdichten 8-0413; Bemerk. zur „Hopping"-Übergangswahrscheinlichk. v. Polaronenlöchern in NiO 12-0469; niedrigster $4f \rightarrow 5d$-Übergang v. dreiwert. Seltenerdmetallionen in CaF_2-Krist. 14-0370; magnet. Übergang in realen Krist. 15-0499; direkte Übergänge u. Spin–Bahn-Aufspalt. d. Valenzzone in GaP 16-0274; durch Coulomb-Wechselwrkg. v. Elektronen verursachte indirekte Übergänge 17-0344; indirekte Übergänge im CdS-Krist. 17-0348; Einfl.: v. Band–Band-Übergängen auf d. thermoelektr. Eig. eines Festkörpers 17-0428; v. einaxialem Druck auf d. Übergänge zwischen d. Valenzbändern in Ge 17-0436; Zwischenbandübergänge in GaP bei verschiedenen Cs-Bedeck.-Graden 18-0365; Änder. d. Intensität v. Elektronenübergängen d. Ionen Mn^{2+} u. Ni^{2+} in antiferromagnet. $NaNi_{0,96}Mn_{0,04}F_3$ 19-0335; Möglichk. eines Resonanzübergangs d. Elektronen in Krist. durch ein Schwellensyst. 19-0411; Schwing.-Übergänge elektr. Dipole zwischen Elektronenzuständen bei tiefer Temp. in Steinsalz- u. Zinkblendestrukturen 20-0278; Energieübergänge zwischen Ionen d. Seltenerdmetalle durch Fluoreszenz-Löscheffekte 21-0321; Interbandübergänge in Cd_3As_2 22-0292; lineare Krist.-Feldglieder u. d. $^5D_0 - {}^7F_0$-Übergang d. Eu^{3+}-Ions 23-0384; Bemerk. zur paraelektr. Resonanz als resonanter Übergang zwischen d. Niveaus eines mehrfach lageentarteten elektr. Dipols in einem Krist. 23-0399; aus d. Grundabsorpt.-Kante ermittelter Druckkoeff. d. ZnO-Band – Band-Übergangs 24-0345; magnet. Übergang 25-0383; magnet. Übergang v. Cd 25-0384; Existenz eines krit. Punktes für elektron. Übergänge erster Art 27-0421; piezospektroskop. Unters. d. Niveauschemas u. d. Übergänge d. Sm^{2+}-Ionen in Erdalkalimetallfluorid-Krist. 30-0301; durch Magnonen hervorgerufenes Dipol-Übergangsmoment d. im fernen IR liegenden Absorpt.-Linie v. FeF_2 33-0391; zwischenmol. Energieübergang in Krist. 33-0399; experimentelle Überprüf. v. Elektronen-Gruppenübergängen in Festkörpern (Röntgenspektren) 35-0326, 35-0327; elektron. Übergänge im fernen IR v. in Krist. eingelagerten Ionen d. Seltenerdmetalle u. Übergangselemente 36-0325; Elektron–Loch-Übergänge in InSb 37-0455; Auswert. v. elektr. u. magnet. Dipolübergangsmomenten in d. ZDO-Näher. 41-0132; elektron. Übergänge in hexochlorkoordiniertem Ti u. Cr 47-0346.

Energieübertragung

Rk.-Kinetik d. Energietransportes zwischen Rekombinat.-Zentren v. Elektroluminophoren 3-0387; Wander. d. Energie in CsJ- u. CsJ : Tl-Krist. bei d. Röntgenlumineszenz 4-0316; Triplettenergieübertrag. u. Triplett–Triplett-Wechselwrkg. in aromat. Krist. 7-0897; Energieübertrag.: zwischen Verunreinig.-Teilchen über d. Phononenfeld im Debye-Krist.-Modell 30-0275; v. *3d*- auf *4f*-Elektronen in antiferromagnet. $MnF_2 : Eu^{3+}$-Krist. 37-0389; Energietransport durch d. Mess. d. Fluoreszenzdauer zwischen Sm^{3+}-, Eu^{3+}-, Tb^{3+}- u. Dy^{3+}-Ionen in Na-Seltenerdmetall-Wolframaten 42-0363.

Exzitonen

Exzitonenenergie v. SnO_2-Krist. 1-0306; Hybridexzitonen im Diamant 1-0336; Einfl. eines opt. Feldes auf Sattelpunktexzitonen in Si 3-0361; Exzitonenkomplexe u. Phononenserien d. Lumineszenz v. CdS 7-0388; Ionenpaar-Exzitonen-Zustände u. d. opt. Spektrum v. krist. Ne 9-0369; Polarisat.-Effekt d. gelben Exzitonenenergie v. Cu_2O 10-0368; Einfl. eines elektr. Feldes auf mol. Exzitonen 11-0109; Beweg.-Vereng. in eindimensionalen Triplettexziton-Syst. 11-0382; Modulat. d. Exzitonenemiss. in CdS-Krist. durch elektr. Felder 12-0389; Exzitonen im Energieverlustspektrum v. KBr u. Xe 13-0382; eingefangene Exzitonen in verd. Edelgasleg. 14-0367; cooperative Exzitonzustände bei Absorpt.- u. Emiss.-Prozessen in Mol.-Krist. 14-0368; Theorie d. Schwing.-Struktur d. mol. Exzitonenzustände in Mol-Krist. 14-0369; Schwing.-Spektrum eines gebundenen Exziton-Komplexes in CdS 17-0436; eingefangene Exzitonenzustände in d. Alkalimetallhalogeniden 17-0350; Eig. v. Exzitonen in PbJ_2-Krist. 17-0351; Temp.-Koeff. einiger Exzitonenzustände v. GaP 17-0352; Exzitonen in Halbleitern 17-0436; Theorie d. Frenkel-Exzitonen in Cu_2O-Krist. 21-0403; Exziton-Analogon d. Peierls-Instabilität eindimensionaler Metalle 22-0377; Oberflächenexzitonen in einaxialen Krist. 22-0378; Röntgenexzitonen in Li 23-0343; Photoleitfähigk. v. CuCl u. deren Bezieh. zu Exzitonen 25-0404; Wellenfunkt. v. Frenkel-Exzitonen in Cu_2O-Krist. 26-0331; heiße Exzitonen in CdSe 32-0363; piezoopt. Vers. über d. Exzitonen in KBr u. KJ 33-0378; nichtanalyt. Charakter d. Energie d. Coulombschen Exzitons u. Besonderh. d. Raman-Resonanzstreuung 34-0388; am geladenen Verunreinig.-Zentrum lokalisiertes Exziton mit großem Radius in CdS 34-0389; Nachw. v. Exzitonen in festem Ar mit Hilfe d. hochauflösenden Energieverlustspektrometrie 35-0254; Berechn. d. Energie d. Röntgen-Exzitonenzustandes im L-Absorpt. Spektrum v. Cl im NaCl-Krist. 35-0342; Pseudopotential-Theorie d. Exzitonen 36-0396; Exziton-Zustände in festen Edelgasen (Kr- u. Xe-Krist.) 36-0397; retardierte Dipol–Dipol-Wechselwrkg. in d. Exzitonentheorie 37-0364; Triplettexzitonen in Morpholinium-TCNQ 42-0856; Exzitonen in festem Ar 43-0345; Exzitonenstruktur in d. opt. Absorpt. v. SnO_2-Krist. 43-0348; experimentelle Beobacht. d. Exzitonenmol. in Si aus d. Rekombinat.-Strahl. 49/50-0339; in d. Nähe v. Krist.-Defekten lokalisierte Exzitonenzustände 51/52-0282; Theorie d. Oberflächenexzitonen in Mol.-Krist. 51/52-0283.

Strahlungsloser Zerfall v. Exzitonen an ionisierten Donatoren u. Akzeptoren in halbleitenden u. dielektr. Krist. 2-0416; Exzitonenübergang in Mol.-Krist. v. KW-Stoffen 3-0984; Linienkontur d. Exzitonenabsorpt. eines Cu_2O-Krist. 10-0344; photochem. Zers. v. Rb- u. Cs-Azid unter intermediärer Bldg. v. Exzitonen 10-0739; Anreg. v. Wannier-Mott-Exzitonen durch schnelle Elektronen 13-0362; Exzitonenabsorpt. in Ge im Bereich eines direkten Übergangs 13-0381; strahlungslose Ionisat. v. Versetz. durch Wannier-Mott-Exzitonen 15-0272; Exzitonenrotat.-Dispers. v. Natriumuranylacetat-Einkrist. bei tiefen Temp. 18-0287; opt. Zweiexzitonenabsorpt. v. Mol.-Krist. 24-0325; Exzitonenabsorpt. in Alkalimetallhalogeniden d. Mischsyst. KCl/RbCl, NaCl/KCl, KBr/RbBr u. NaBr/KBr 26-0330; auf Photoionisat. u. Intraband-Gitterstreuung zurückzuführende IR-Absorpt. v. Exzitonen 32-0335; Mess. d. mit d. Vernicht. v. Exzitonen zusammenhängenden Lumineszenzlebensdauer v. CuCl, HgJ_2 u. PbJ_2 33-0401; Lösch. d. Exzitonabklingprozesse in UV-bestrahltem KJ 38-0383; Bezieh. zwischen Lumineszenzemiss. u. Exzitonenabsorpt. in CuJ-Filmen 38-0384; Einfang freier Wannier-Mott-Exzitonen in Atomkrist. durch seichte Fallen 39-0270; Absorpt. u. Dispers. v. Licht durch mol. Exzitonen 43-0332.

Länge d. Diffus. d. Exzitonen in Cuprit bei *79* °K 2-0460; Mehrteilchenableit. d. effektive-Masse-Gleich. für d. Wannier-Exziton 7-0344; Exzitonenprozesse in Mol.-Krist. (Photoleitfähigk. in Anthracen) 8-0965; Exzitonentransport u. Temp.-Abhängigk. d. Exzitonenemiss. in CdS 12-0388; Beweg. eines Exzitons entlang eines Polymers unter d. Einfl. d. Gitterschwing. 15-0388; direkte Mess. d. Diffus.-Länge v. Singulett-Exzitonen in festem Phenanthren 21-0930; experimentelle Best. d. Diffus.-Länge v. Triplettexzitonen in Anthracen-Krist. 35-0877; Kinetik d. Exzitonen in Cu_2O 49/50-0400.

Durch Phonon–Exziton-Koppl. hervorgerufene Exziton–Exziton-Wechselwrkg. 2-0176; Theorie d. Hypochromie (Photon–Exziton-Schwing. beim Absorpt.-Verh. eines mol. Krist. gegenüber elektromagnet. Strahl.) 7-0345; Photoeffekt unter Beteilig. v. Excitonen 7-0439; Koppl. eines Triplettexzitons mit d. Kernschwing. 7-0909; direkte Best. d. Exzitonwechselwrkg. für Triplettzustände organ. Krist. 9-0887; Beweg. lokalisierter Triplettexzitonen für d. Exziton–Phonon-Wechselwrkg. in ion. Mol.-Krist. (magnet. Exzitonenresonanz) 11-0383; Dämpf. v. Mol.-Exzitonen, d. mit Phononen u. Verunreinig. in dünnen Krist. in Wechselwrkg. stehen 20-0276; Wander. freier Exzitonen u. deren Wechselwrkg. mit Phononen (Spektrum d. Exzitonenlumineszenz) 21-0320; Schwing.-Koppl. v. Exzitonen mit mol. Phononen in Mol.-Krist. 22-0286; Exziton–Exziton-Zusammenstöße in Krist. 22-0386; Exziton–Phonon-Wechselwrkg. in CdS u. Verschieb. d. Excitonenmax. 23-0376; Beweg. freier Excitonen in Krist. u. Exziton–Phonon-Wechselwrkg. 23-0377; Wechselwrkg. v. zwei Exzitonen in einem Krist. 26-0272; Exzitoneneffekte in d. Interbandabsorpt. v. Halbleitern 26-0329; Wechselwrkg. v. Triplettexzitonen u. d. Funkt. d. Linienform 43-0373; Einfl. v. Exzitonen auf d. Ultraschallabsorpt. piezoelektr. Halbleiter 48-0286.

Untersuchungsmethoden

Erhöhtes Energieauflsg.-Vermögen bei d. Haftstellenspektroskopie durch Anwend. d. „frakt. Glow-Technik" 3-0384; instrumentelle Ausrüst. zur Mess. v. Fermi-Flächen mit Hilfe v. Ultraschall 6-1869; Meth. zur Unters. lokaler Niveaus v. Krist. 7-0433; Best.-Meth. d. Fermi-Fläche 10-0451; Impulsmeth. zur Unters. d. Haftstellen in Krist. v. CdS-Typ 29-0435.

Bibliographie

Spatial dispersion in crystal optics and the theory of excitons B 82.

Elektronentransport (biologischer)

Siehe auch *Ladungsträger in Festkörpern.*

Komponenten d. – (Wrkg. v. Thyroxin) 3-1504; –: bei d. L-Thyroxindejodier. durch Homogenate v. Rattenleber im Dunkel 6-1313; bei d. Übertrag. v. Impulsen längs d. Muskelfasern 6-1596; durch Tetramethylphenylendiamin in Mitochondrien u. Ascitestumorzellen 7-1324; durch Enzyme (bas. Proteine v. Mitochondrien als Inhibitoren) 7-1344; in Chloroplasten (Wrkg. v. Chinonen, Übersicht) 7-1534; bei d. Photosynth. in Chloroplasten (Übersicht) 7-1535; in intakten photosynthetisierenden Zellen 7-1539; u. Rolle d. Phospholipids in d. Cytochromoxydase 9-1357; durch Chloroplasten (Funkt. v. Cytochrom f) 12-1296; u. Rolle v. Ubichinon (Coenzym Q) (Übersicht) 13-1308; in Mitochondrien (Rolle v. Lipiden, Übersicht) 13-1334; u. Ferredoxine (Übersicht) 13-1543; v. Chlamydomonas reinhardi (Anordn. v. Cytochrom f u. Plastocyanin) 14-1526; d. phosphorylierenden Atmungskette 19-1349; in Mycobacterium phlei (Eig. d. Enzyme) 20-1253; u. Eig. v. Hydrogenasen 21-1338; bei Portotheca zopfii (Hemm. d. –) 21-1340; zwischen Chlorophyll u. Hydrochinon in Lsg. 22-1357; im Farbstoff Sulfhydrylproteinkomplex 22-1452; Organisat. d. – (Übersicht) 23-1244; –: in Corynebacterium diphtheriae (Rolle v. Menachinon) 23-1343; d. Hühnerleber (Wrkg. v. jodiertem Futtercasein) 23-1456; –-Vertreter für Laccase 25-1163; –: v. Xanthomonas oryzae u. Xanthomonas phaseoli 25-1216; innerhalb u. zwischen Hämoproteidmol. 27-1525; d. Nitratreduktase in mutierten u. wilden Stämmen v. Neurospora 29-1223; zwischen d. Cytochromen b u. c_1 30-1213; u. Stoffwechsel v. Hämophylus parainfluenzae 30-1277; im photosynthet. Syst. d. Diatomee Navicula pelliculosa 33-1435; u. d. sie begleitenden Veränder. d.

SH-Gruppen in d. Mitochondrien bei Cysteinzugabe 34-1225; bei Azotobacter vinelandii 34-1306; Mol.-Biologie d. — (Überblick) 35-1228; —: im Cytochromsyst. v. Herzmuskelmitochondrien u. Wrkg. v. Nucleotiden 38-1263; bei Meningopneumonitis (Anwend. v. Tetrazoliumsalzen) 38-1391; über eine Fermentkette bei anaeroben Bakterien 39-1199; während d. Wachstums v. Penicillin-induzierten Sphäroblasten v. Hämophilus parainfluenzae 40-1252; Enzymkomplexe d. — (Wrkg. d. Murintoxins v. Pasteurella pestis) 40-1253; Ein- — in biochem. Syst. 41-1239; —: bei d. Photosynth. d. Algen 41-1424; bei aeroben Bakterien (Übersicht) 42-1194; in Mitochondrien d. Mungbohne (Rolle d. Cytochroms b-555) 49/50-1134.

Elektronenvervielfacher s. unter *Elektronenröhren.*

Elektronik

Elektron. Geräte für spezielle Zwecke s. unter d. entsprechenden Stichwörtern. *Halbleitertechnologie und -bauelemente* s. dort. Mikrowellentechnik s. unter *Spektroskopie-Mikrowellenspektroskopie*; *Strahlung, elektromagnetische-Mikro- und Radiowellen.*

Siehe auch *Elektrotechnik.*

Herst. v. vielschicht. Stromkreisen (Netzwerk v. Kondensatoren, Induktivitäten u. Leitern) 6-2252*; gesinterte Gläser, deren Eig. u. Anwend. in d. — 6-2264; Gang- u. Frequenzmess. mit Hilfe v. Zeitintervallen u. variablen Impulsfolgen 10-1993; Erzeug. keram. Gegenstände komplizierter Form für d. Mikro- — 13-2443*; Einsatzmöglichk. reinster Metalle in d. — 14-2483; keram Stoffe in d. — 18-2368; Beschreib. zweier elektron. Anordn. für schwache Signale im μs-Bereich 23-1881; Entw. neuer Isolierstoffe in d. — 26-2348; Kunststoffolien in d. poln. elektron. Industrie 41-2170; Verw.: v. Epoxidharzen in d. poln. elektron. Industrie (Übersicht) 43-2034; v. Leg. mit temperaturunabhäng. Hall-Konst. für elektron. Bauelemente 43-2056*; Fortschritte auf d. Gebiet d. — u. Elektronenphysik 46-2182.

Gedruckte Schaltungen: Bindemittel für gedruckte Schalt. 3-2293*; Verw. v. Epoxyverkapsel.-Misch. u. -schutzüberzügen für elektron. Schalt. 3-3104; Herst. gedruckter Schalt. 4-2185*; Lsg. zum Verkupfern v. nichtleitenden Körpern für gedruckte Schalt. 6-2490*; Herst. v. gedruckten Schalt. 8-2265*; galvan. Aufbringen v. Cu-Überzügen auf Isolierplatten gedruckter Schalt. 10-2638*; Herst.: lichtempfindl. Widerstände für gedruckte Schalt. auf Pappe durch Cu-Überzug 11-2586; v. gedruckten Schalt. 14-2338*; (Au-Schicht auf Nichtleiter) 15-2261*; Herst.: tiefgelegter gedruckter Schalt. 17-2235*; v. gedruckten Schalt. auf nichtleitenden Unterlagen durch Kathodenzerstäub. 17-2504; galvan. Cu-Bad zur Herst. v. gedruckten Schalt. 19-2610*; Unters. d. Lötbark. v. Überzügen für gedruckte Schalt. v. Cu-Folien 21-2590; Herst. v. gedruckten Schalt. aus Cu im $CuCl_2$-Ätzbad 22-2519*; galvan. Herst. einer körn. Oberflächenstruktur auf Cu-Folien für gedruckte Schalt. 25-2288*; Ätzen v. Cu zur Herst. gedruckter Schalt. 25-2290*; Herst. gedruckter Schalt. durch partielles Ätzen v. Cu 25-2291*; 4-Stufen-Ätzen v. gedruckten Schalt. mit Stromunterbrech. 30-2401; Verw. v. Siliconverbundstoffen für gedruckte Schalt. 30-2791*; Herst. gedruckter Schalt. aus Rh-plattiertem Metallblech 31-2438*; aktiviertes Lötmittel zum Weichlöten v. gedruckten Schalt. auf Kolophoniumbasis 33-2435*; elektrolyt. Herst. gedruckter Schalt. 42-2127*; Herst.: gedruckter Schalt. auf Kunstharzunterlage 46-2188*; v. gedruckten Leiterplatten 46-2189*; Aufdampfen v. Metallfilmen auf Glas für gedruckte Schalt. 46-2190*.

Bibliographie: Ergebnisse der Plasmaphysik und der Gaselektronik. Bd. *1* B 89.

Messungen in der chemischen Industrie mit dem elektronischen Kompensographen [ungar.] B 54.

Introduction to electronics for students of biology, chemistry and medicine B 25; Electronics and nuclear physics B 26; Electronic engineering B 29; Advances in electronics and electron physics; vol. *21* B 49; Electronics for experimenters in chemistry, physics and biology B 54; Advances in electronics and electron physics. Vol. *22* A B 57.

Elektron-Kern-Doppelresonanz (ENDOR)

Siehe auch *Magnetische Resonanz.*

—-Mechanismen für d. Verschieb. v. Spinpaketen 7-0396; — bei EPR-Linien in verfärbten Alkalimetallhalogeniden u. Halbleitern 13-0417; —-Übergangsmomente 25-0162; Spindiffus. d. Kerne in d. — 26-0359; — eines freien Radikals in Lsg. 28-0871; —-Unters. d. Mol.-Beweg. u. d. Relaxat. in Lsg. freier Radikale in Bzl., Toluol u. einiger Äther mit d. dynam. Kernpolarisat. 41-0898; Theorie d. Sättig.- u. Doppelresonanzeffekte in ESR-Spektren 44-0142; — bei *35000* MHz 47-1757; Theorie d. spannungsverbreiterten Linienformen d. — u. opt. Nullphononenlinien 48-0356.

Anorganische Stoffe: EPR- u. —-Unters. an röntgenbestrahltem CaF_2:H 37-0411; —-Unters. eines Stickstoffzentrums in Diamant 33-0430; —-Unters. d. S_3^--S-Zentrums in KCl u. NaCl 9-0399; Anwend. d. Meth. d. — auf d. Unters. v. Kohlenstoffen 12-0410; —-Unters. an Zuckerkohle 32-0379.

—-Unters.: d. mit Li in NaF im Zusammenhang stehenden selbstfixierten Lochs 3-0401; v. F-Zentren in KCl (Beeinfluss. durch elektr. Felder) 2-0381; (*1.* u. *2.* Koordinat.-Sphäre) 19-0367; an V_2-Zentren in KCl 30-0320; Best. d. Lebensdauer d. angeregten Zustandes $7^2P_{3/2}$ v. Cs aus Experimenten über Doppelresonanz 42-0143; Einfrieren ganzzahl. Spins durch d. Kerndipolfeld durch Mess. d. Spin-Echo-Doppelresonanz d. ^{35}Cl in $BaClO_3 \cdot D_2O$ 8-0351; Superhyperfeinwechselwrkg. zwischen Yb u. F in CaF_2:Yb^{3+} durch — u. EPR 6-0367; — v. Mn^{2+} in Al_2O_3 8-0367; kub. ESR-Spektrum v. Fe^{3+} in AgCl mit Hilfe d. —-Technik 36-0354; axialsymm. paramagnet. Farbzentren in Fluorapatit (—) 16-0291.

Organische Verbindungen: — u. Spindichten v. Fluorenyliden im Triplettgrundzustand in Diazofluoreneinkrist. 31-0829; hochaufgelöste —-Spektren v. Lsg. d. 2.4.6-Tri-tert.-butylphenoxyradikals 17-0903; — in bestrahlten Adipinsäurekrist. bei *+25* u. *−90°* 49/50-0794.

Methodik: Doppelsynthesator für Kernspinentkoppl. (INDOR-Spektroskopie) 10-2020; —-Spektrometer zur Mess. d. dynam. Kernpolarisat. u. Relaxat.-Zeit bei *175* G 21-2063.

Elektrooptische Effekte

Kerr-Effekt, elektrooptischer; *Stark-Effekt* s. dort.

Mess. d. elektroopt. Effekts in Krist. 2-0333; Verform. d. opt. Indikatrix bei quadrat. u. spontanen — in Krist. 2-0336; Änder. d. opt. Reflex.-Vermögens durch Anlegen eines elektr. Wechselfeldes an eine Halbleiter-Elektrolyt-Grenzfläche 3-0363; elektroopt. Effekt v. ferroelektr. Mikrokrist. in einer Glasmatrix 6-0333; Änder. d. — seignetteelektr. Einkrist. bei Phasenumwandl. 9-0353; Beding. zur getrennten Mess. d. linearen u. quadrat. elektroopt. Effekts in piezoelektr. Krist.-Klassen 14-0363; Änder. d. opt. Eig. (opt. Indikatrizes) v. Krist. beim Anlegen elektr. Felder (quadrat. —) 20-0274; Berechn. d. elektroopt. Parameter v. Mol. d. Typs XY_4, XY_3Z u. XY_2Z_2 (allg. Theorie) 25-0145; Theorie d. elektromagnetoopt. Erschein. freier Träger 29-0326; Berücksichtig. d. mechan. Anharmonizität bei d. Berechn. d. elektroopt. Parameter 32-0125; phänomenolog. Theorie d. linearen elektroopt. Effekts in einaxialen Krist. 36-0306; elektroopt. Lichtmodulatoren 37-0416; Pockels-Effekt in Ionenkrist. mit Zn-Blendestruktur 39-0351; elektroopt. Eig. lyophober Koll. (Meth. zur Unters. d. — im rotierenden elektr. Feld) 41-0605; — in Krist. 42-0316; Mess. d. Elektroreflex. mit d. Elektrolytmeth. im IR 42-0320; elektroopt. Eig. lyophober Koll. (neue Beweise für d. Existenz starrer elektr. Dipolmomente in Koll.-Teilchen; Abschätz. d. Dipolwerte u. -richt.) 43-0591; Theorie d. linearen elektroopt. Effekts in kub. Krist. 45-0307; elektroopt. Eig. v. Krist. d. KDP-Typs 45-0311; Einfl. v. einaxialem Druck u. elektr. Feldern auf lokalisierte Schwing.-Moden 47-0342; — in paraelektr. Perowskiten 51/52-0294; Elektroreflex. u. Spin-Bahn-Aufspalt. in III-V-Halbleitern 51/52-0292.

Elektroopt. Effekt in Farbgläsern 1-0315; Franz-Keldysh-Effekt oberhalb d. fundamentalen Absorpt.-Kante in Ge 1-0321; Dispers. d. Koeff. r_{63} d. wahren elektroopt. Effekts bei $NH_4H_2PO_4$-Krist. 2-0334; relative DK, elektroopt. Koeff. u. Ausbreit. elast. Wellen in ferroelektr. $LiTaO_3$ mit Einfachdomänen 2-0335; Mess. d. örtl. Änder. d. elektr. Feldes in verstärkendem CdS mit Hilfe d. elektroopt. Effekts unter Verw. v. Licht d. *6328* Å-Linie eines He-Ne-Gaslasers 4-0413; Best. d. niederfrequenten linearen elektroopt. Effekts in tetragonalem $BaTiO_3$ 11-0338; Mess. d. Franz-Keldysh-Effekts in massivem Si 12-0371; elektroopt. Effekt in Pentaerythritkrist. 13-0881; elektroopt. Parameter d. Bind. $\equiv$C—H, $\equiv$C—Ge u. $\equiv$C—Si einiger Acetylderiv. mit einer oder mehreren Acetylengruppen 14-0109; — v. $BaTiO_3$-Einkrist. 16-0277; linearer elektroopt. Effekt in Krist. v. Urotropin 26-0920; Elektroreflex. u. Bandstruktur v. grauem Sn 27-0367; Elektroreflex.-Faktor in GaAs 27-0368; Elektroreflex. v. AlSb (Beobacht. d. direkten Bandkante) 27-0369; elektroopt. Effekt in SbSJ bei d. Aufnahme d. Photoleitfähigk.-Spektren 27-0370; elektroopt. Koeff. für Hochfrequenz v. $LiNbO_3$-Krist. 32-0331; Elektroreflex.-Spektrum v. Si 33-0390; Elektroreflex. in GaAs/GaP-Leg. bei modulierendem elektr. Feld an d. Grenzfläche zwischen Halbleiter u. einem Elektrolyten (wss. KCl-Lsg.) 33-0395; Franz-Keldysh-Effekt an trigonalem u. amorphem Se 36-0305; linearer elektroopt. Effekt u. Brech.-Index v. kub. ZnTe 36-0307; elektroopt. Eig. v. Nucleinsäuren u. Nucleoproteinen (Unters. d. Gel-bildenden Desoxyribonucleohistons) 41-1187; Lichtmodulat. bei *20* GHz durch d. Elektroabsorpt. in GaAs 42-0317; anomaler, v. d. Polarität abhäng. elektroopt. Effekt v. kub. ZnS u. ZnTe 42-0318; Dreh. d. opt. Indikatrix in Triglycinsulfatkrist. unter d. Einw. eines elektr. Feldes 42-0319; IR-Magnetoelektroreflex. in Ge, GaSb u. InSb durch Verkürz. d. Lichtweges durch d. Elektrolyten 42-0321; Modulat. d. Schwing.-Absorpt. v. OH^- in KBr durch elektr. Felder 42-0336; Absolutmess. eines opt. Gleichricht.-Koeff. in $NH_4H_2PO_4$ 44-0335; Dispers.-Charakteristiken d. linearen elektroopt. Effekts in Quarzkrist. 45-0308; spontaner elektroopt. Effekt in Triglycinsulfatkrist. 45-0309; elektroopt. Eig. v. Triglycinsulfat 45-0310; elektroopt. Eig.: v. $ND_4D_2PO_4$-Krist. 45-0312; v. KH_2PO_4- u. KD_2PO_4-Krist. im Bereich ihrer Phasenübergänge 45-0313; linearer elektroopt. Effekt in Seignettesalzkrist. 48-0311; elektroopt. Effekt v. in Sperricht. gepolten GaAs-p-n-Übergängen 51/52-0293.

Elektroosmose

Elektrodialyse u. dgl. s. unter *Elektrolyse.*

Einfl.: d. Heteroporosität v. Kapillarsyst. auf d. elektroosmot. Fl.-Transport 11-0695; d. elektroosmot. Kraft auf d. elektrokinet. Kreuzphänomen in Ionenlsg. 22-0557; phänomenolog. Kreuzkoeff. (elektroosmot. Unters.) 26-0661; Einfl. v. — auf d. Passivität metall. Materialien 27-0630.

Elektroosmot. Mess. an Mineraldiaphragmen 4-0644, 4-0645; Einfl. d. — auf d. Verdräng. v. Kerosin u. Petroleum aus einem porösen Medium durch W. 5-0688; — v. AgBr- u. Mn-Hexacyanoferrat(II)-solen 19-0653; Einfl. v. elektr. Strom auf d. Ström.-Geschw. v. W. in Sand- u. $CaCO_3$-Montmorillonitton-Gemischen 21-0664.

Best. d. ζ-Potentials mit Hilfe d. Meth. d. elektroosmot. Überführ. an einem Diaphragma 42-0582.

Elektrophorese

— zur Trenn. spezieller Stoffe bzw. Stoffklassen s. unter d. entsprechenden Stichwörtern.

Allgemeines und Methodik

Papier- — niedermol. Verb. (organ. Verb.) 2-2020; (Komplexverb. u. ihr Studium) 2-2021; Sedimentat. u. — v. miteinander in Wechselwrkg. stehenden Substanzen (Theorie d. Analyse durch „Differentialgrenzschicht"-Experimente) 3-0698; Relaxat.-Effekte bei d. — disperser Syst. 4-0643; Unters. über fokussierende Papierchromatographie 11-2098; Fortschritte auf d. Gebiet d. elektrophoret. Verf. 17-1988; Dünnschicht- — 18-1985; Elektrolysechromatographie 19-1996; ionophoret. Unters. in An- u. Abwesenh. v. Citrat als Komplexbildner 19-2014; vereinfachte Gel- — 19-2099; Empfindlichk.-Steiger. bei —-Unters. 20-1886; Thermodynamik d. — 23-0655; Unters. d. —-Geschw. koll. Teilchen mit d. Grenzverschieb.-Meth. 23-0656; Dünnschicht- — (Übersichtsbericht) 23-1932; — in synthet. Gelen (Einfl. d. Gelkonz.) 24-1978; zur Eich. d. Briggschen Mikroelektrophoresezellen empfohlene Meth. 28-1979; Einfl. d. Inhomogenität d. elektr. Feldes auf d. Form d. Zonen in d. Papier- — 29-0661; Photographie v. Gelelektropherogrammen 29-2003; Extragradienten in d. — 30-2025; Ultramikroelektrophorese auf Celluloseacetat (Mikrozonenelektrophorese) 34-1558; Elektromagnetophorese in porösen Schichten 34-2022; Berechn. d. Nd.-Ausb. bei d. elektrophoret. Fäll. 39-0642; Einfl. elektrolyt. Prozesse auf d. Fäll. d. dispergierten Phase bei d. — 39-0643; elektrophoret. Beweglichk. kugelförm. koll. Teilchen 40-0618; vereinfachte Meth. zur präparativen „Disc-Elektrophorese" 49/50-1748.

Apparate: einfaches Verf. zur präparativen — (App.) 1-2049; Ausrüst. zur

Mikro-- in tragbarem Labor. für mikrochem. Analysen 2-2093; App. zur kontinuierl. – im präparativen Maßstab 7-2090; Neuentw. d. trägerfreien kontinuierl. – (Trenn. hochmol. u. grobdisperser Teilchen) 8-2075; Registriergerät ERI *65* für d. Papier-- 11-2075; Meth. präparativer – in horizontalen Gelen 20-1885; spektrophotometr. Analysengerät für Platten-- 25-1217; vertikales, diskontinuierliches Flachbett---Syst. in Polyacrylamidgel 31-1956; automat. Mikrodensitometer für d. Best. v. Pherogrammen u. Zymogrammen in Acrylamidgelen 31-2047; apparative u. method. Fortschritte bei d. – an freien Grenzflächen u. bei d. Sedimentat.-Mess. im Schwerefeld 33-2026; vertikale Dünnschicht-- 33-2027; --Zelle für Mess. d. ζ-Potentials konz. Emuls. 35-0626; verbesserte Vertikalgel-- (App.) 37-1827; einfache zerlegbare Zelle zur Best. d. elektrophoret. Wander.-Geschw. mkr. kleiner Teilchen 37-1828; --App. mit vertikalen Polyacrylamidgelplatten für viele Proben 43-1787; präparative Acrylamid-- mit d. konventionellen vertikalen Stärkegelapp. 44-1846.

Materialien: schnelle Entfärb. v. Polyacrylamidgel-Elektrophoresestreifen 1-2050; Gelmisch. Acrylamid-Agarose als Hilfsmittel für elektrophoret. Trenn. 2-2019; – auf Celluloseacetatmembranen 9-1605, 9-1606; präparative Zonen-- im Gipsblock 18-1986; Albumingel als Trägermaterial in d. Zonen-- 18-2065; Anwend. „kontinuierlicher" u. „diskontinuierlicher" Puffersyst. in d. Polyacrylamidgel-- 21-2168; säurebildende Puffersyst. für Harnstoff-Stärkegel-- 27-1448; Verw. v. Cellogel als Trägermaterial in d. – 37-1825; Polyvinylalkohol als Trägersubstanz für d. – 37-1826; Entfern. d. Untergrundfarbstoffs aus Zonenelektropherogrammen 40-1847; – in Agar an Cellophan 41-1915; autoradiograph. – v. tritiummarkierten Verb. in einer dünnen Schicht v. gepufferter photograph. Gelatine 43-1781; Polythenpapier zur Hochspann.-- 45-1848; Mikrozonen-- auf Celluloseacetatmembranen 46-1835; Herst. v. mikroporösen, flexiblen Membranen aus Celluloseacetat für d. – 49/50-1948*.

Elektrophorese anorganischer Stoffe

Ionophoret. Unters. anorgan. Ionen auf Papier 46-0659; Schnellbest. v. Nukliden durch Hochspann.-- 51/52-1887; elektrophoret. Fäll. v. Metallteilchen aus wss. Lsg. 45-2100; – v. TiO_2-Suspens. in wss. Medien 38-0654; Einfl. v. adsorbiertem W. auf d. elektrophoret. Beweglichk. v. TiO_2 in nichtwss. Medien 40-0619; elektrophoret. Darst. dünner Zirkoniumcarbidschichten 10-0683; elektrophoret. Herst. v. dünnen, antiferroelektr. $PbZrO_3$-Schichten aus einer Suspens. v. *0,03 – 0,3* g/ml $PbZrO_3$ in Aceton, Methanol oder A. 48-0452; – v. Wolframsäuresol 18-0582; elektrophoret. Fäll. v. MgO-, TiC- u. Glasdispers. in A. 39-0642; elektrophoret. Verh. v. Uranylsalzen 17-0715; Mechanismus d. elektrophoret. Abscheid. v. Al-, Cu-, Fe-, Ni-, Sn-, Zn- u. Bronzepulver sowie v. MgO, MoO_3, $BaCO_3$, TiO_2, Talkum u. Polierrot (Fe_2O_3) als Suspens. in verschied. Fl. 30-0594; Abhängigk. d. elektrophoret. Beweglichk. v. AgBr-Solen v. pH u. pAg 2-0658; Einw. d. p[Ag]-Werts v. Silbersol auf d. – 6-0663.

Elektrophorese organischer Stoffe

Zonen-- in d. Biochemie (Vortrag) 19-1199; anomales elektrophoret. Verh. v. Purin- u. Pyrimidinderiv. in Triäthylammoniumpuffern 15-2060; Bezieh. zwischen d. elektrophoret. Beweglichk. in Boratpuffer u. strukturellen Faktoren bei einigen flavonoiden Verb. 21-2152; elektrophoret. Beweglichk. v. Polyvinylpyrrolidon 31-1090; elektrophoret. Abscheid. v. Capron (Entsteh. festhaftender Schichten auf Metallen) 34-1181; Hemm. v. Motoneuronen durch Ionophorese v. Glycin 48-1504; Sorptionsisothermen an Anioniten u. elektrophoret. Beweglichk. d. Boratkomplexe einiger Kohlenhydrate 35-1116; papierelektrophoret. Beweglichk. d. Serumlipide in verschiedenen Puffersyst. bei pH *8,6* 16-1921; Abhängigk. d. elektrophoret. Wander. v. Proteinen v. d. zur Imprägnier. d. Papiers verwendeten Puffern 40-1911; Änder. d. elektrophoret. Wander. v. Serumproteinen durch Imprägnier. d. Papierstreifen mit Lsg. ohne Puffercharakter 40-1912; elektrophoret. Beweglichk. v. Peptiden auf Papier u. ihre Anwend. bei d. Best. d. Amidgruppen 51/52-1902; ungewöhnl. elektrophoret. Verh. d. Serumpseudocholinesterase 28-1344; Veränder. d. elektrophoret. Beweglichk. v. alkal. Phosphatase nach Behandl. mit Neuraminidase 28-1346.

Elektrophorese technischer Produkte

Siehe auch die vorstehenden Abschnitte. Formgeb. keram. Massen durch – 1-2400; Papier-- photograph. Zusätze 24-3499; elektrophoret. Filter zur Reinig. v. Kernreaktorwasser 31-2108.

– in d. Pharmazie (Übersicht) 7-1871.

– als Auftragsverf. für Anstrichstoffe 1-3238; elektrophoret. Lackier. 2-3091; (Überblick) 2-3092; Einfl. d. Oberflächenbehandl. v. TiO_2-Pigmenten auf ihr Verh. beim elektrophoret. Lackieren 4-2981, 4-2982; --Lackierverf. 4-2991; (Überblick) 6-3095; elektrophoret. „Anstrich-Plattier." v. Metallen 6-3098; Theorie u. Praxis d. elektrophoret. Abscheid. v. Farben (Überblick) 9-3267; Verf. zur elektrophoret. Herst. v. Alkydharzüberzügen auf leitenden Oberflächen 17-2524*; --Verh. v. in W. „lösl." Bindemitteln 36-2815; Mikro-- v. Pigmentteilchen 46-2891.

Bibliographie

Grundlagen zur Lack-Elektrophorese B 80; Electrophoresis; a practical laboratory manual B 29; Cross electrophoresis: its principle and applications B 85; Chromatographic reviews. Progress in chromatography, electrophoresis and related methods. Vol. *8* B 85.

Elektrostriktion s. unter *Piezoelektrizität.*

Elektrotechnik

Elektroden; *Elektronenröhren*; *Elektronik*; *Elemente, galvanische*; *Entladungsröhren*; *Gleichrichter*; *Glühkathoden*; *Halbleitertechnologie und -bauelemente*; *Heizung*; *Kabel*; *Kondensatoren*; *Piezoelektrizität*; *Sammler*; *Widerstände* s. dort. Thermion. Konverter s. unter *Elektronenröhren.*

Siehe auch *Elektrizität*; *Strahlung, elektromagnetische-Mikro- und Radiowellen.*

Nichtstationäre Wärmeleitprobleme an elektr. Modellen 33-2147.

Erzeugung, Regelung und Verstärkung elektrischer Spannungen und Ströme

Zwei Hochleist.-Potentiostaten für Unters. v. Brennstoffelementen u. d. Schmelzflußelektrolyse 4-1836; einfache niederfrequente Stromquelle (Se-Zelle) 6-1855; elektron. Gerät zur Erzeug. v. Dreieckimpulsen u. Sägezahnspann. nach d. „voltage sweep"-Meth. 6-1856, 6-1857; Stabilisier.-Einricht. für d. Hochspann. eines *1,5*-MeV-Van-de-Graaf-Generators 10-1981; Zweizweckanlage zur Gewinn. v. Süßwasser u. Elektrizität 11-2274; ultrastabiler Sägezahn- u. Rechteckwellengenerator 13-2034; Stromintegrator 18-2085; Umwandl. chem. Energie in Elektrizität (Übersicht) 23-2191; Spann.-Teiler für hochverstärkende Photomultiplier 29-1984; Gleichstromverstärker d. Strahl.-Meßtechnik 29-1985; Impulsverstärker 29-1986; Konstrukt. v. Potentiostaten zur Verw. bei sehr kurzen Zeiten 30-1908; Umwandl. v. Neutralisat.-Energie in elektr. 33-2311*; elektron. Spann.-Generator mit linearem u. variablem Anstieg 51/52-1714.

Werkstoffe für elektrotechnische Geräte

Herstellung von Leitern, leitenden Überzügen und Verbindungen und dgl. s. diesen Absatz unter d. Stichwort *Leitfähigkeit, elektrische. Dielektrika* s. dort. Magnetische Werkstoffe s. diesen Absatz unter d. Stichwort *Magnetismus.*

Best. d. Feststoffgeh. v. Kunstharzlsg. für d. – 1-2155; Herst. v. Trafoblech aus Fe-Si-Leg. 1-2359*; neue Prozesse zur Herst. v. Keramik zu elektron. Zwecken 4-2215; Glühen v. Elektroblechen zur Verminder. d. Wattverluste 5-2331*; Verw. v. orientiertem Si-Stahl zur Herst. v. Trafoblechen 5-2337*; Herst. v. Trafoblech aus Fe-Si-Leg. 5-2338*; Verw. v. Ti-Leg. zur Herst. v. Bauteilen für Generatoren 5-2339*; Herst. krist. Gegenstände für elektrotechn. Zwecke aus d. Glasphase 7-2365*; Anwend.: v. Al u. Al-Leg. in d. – 12-0482; v. glasfaserverstärkten Plasten in d. – (Übersicht) 12-2214; Herst. dünner Schichten aus Ti u. TiO_2 für d. Mikrominiaturisat. 14-2321; Einsatzmöglichk. reinster Metalle in d. – 14-2483; Herst.: v. orientierend polarisiertem Hochmolekularen für elektr. Geräte 15-2276*; v. Kohlebürsten aus Pech u. Graphit 16-2193*; Einbetten elektr. Funkt.-Einh. u. Baugruppen 17-2238*; Differentialdilatometrie als Analysenmeth. in Anwend. auf d. Unters. in d. – verwendeter Kaoline 21-0902; Hochfrequenzkeramiken mit niedr. therm. Ausdehn.-Koeff. auf Zinkorthosilicatbasis 23-2236; Einfl. v. S auf d. Eig. v. Elektrographit 24-2237; Eig. poröser keram. Werkstoffe für d. – 24-2309; Einfl. v. S auf d. Eig. v. Bindemitteln für d. – 25-2039; Verw. v. Al u. Al-Leg. für flexible Leit. 26-2342; Eig. v. Glasfasern u. ihren Geweben zur Beschicht. in d. – 26-3164; elektr. u. dielektr. Eig. v. Acrylgläsern (Verw. in d. –) 28-2238; Einfl. d. mechan. Alter. auf d. elektr. Kontakt v. Kohlekörnerschütt. 28-2241; Rapakiwigranit, neuer Feldspatrohstoff mit hohem K-Geh. für d. Elektroporzellanindustrie 28-2304; Herst. eines Trafostahlblechs mit einer (*100*)-Fläche in d. Walzebene 30-2231*; Werkstoffprobleme neuer Verf. d. Stromerzeug. 31-2188; Epikoteharze in d. – (Übersicht) 32-2235; GFK-Erzeugnisse in d. – (Überblick) 33-2251; Herst. v. Preßlingen aus krist. Zeolithen (Molekularsieb in d. –) 35-2118*; Orthophyre als Feldspatrohstoff für Hochspann.-Elektroporzellan 35-2199; Imprägnieren u. Umgießen v. elektr. Bauteilen 36-2193*; Verkitten v. Lampen mit Misch. aus Aminoplasten u. Siliconharzen 37-2672*; Braunglasur für Elektroporzellan 40-2227; Herst. v. Überzügen aus hitzehärtbaren Polymerträn k- u. -imprägnierlacken für d. – 44-2903*; Oleinsäurebinder für Elektroporzellan 48-2361.

Kontakte, Schalter u. dgl.

Elektromagnet. Unterbrecher mit breiter Steuer. d. Arbeitsimpulse 2-1995; Einfl. d. Luftverunreinig. auf Werkstoffe für elektr. Kontakte 3-2264; elektr. Schleifkontakt auf Ag-Basis (*2 – 49* ReS_2, Rest Ag) 4-2155*; bevorzugte Richt. in einer auf Cu durch gleitende Graphitbürsten erzeugten Kontaktschicht 5-2314; Kondensatorschweiß. v. Ag-Ni-Kontakten 6-2416; Herst.: v. Drähten für d. Weiterverarbeit. v. Kontaktformteilen (Ag + Metalloxid, *2 – 20%*) 10-2363*; eines lötfäh. Kontakts an Schichtwiderständen 10-2365*; v. Kohlebürsten 12-2222*; v. Kontakten aus W-Ni-Cu-Leg. 14-2324; v. elektr. Schaltkontakt auf Ag-Basis 14-2331*; heterogene Ru-Leg. für elektr. Kontakte 16-2484*; widerstandsarme Kontakte an W bei tiefen Temp. 19-1927; Herst. v. elektr. Kontaktbürsten 19-2291*; Anwend. autoradiograph. Verf. zur Unters. d. Kontaktmaterialwander. an Schützen 22-1887; Verminder. d. Schaltdauer für Schnellschalter aus Ferrit durch ThO_2 u. Pd 23-2172; elektrochem. Herst. v. elektr. Kontakten: an n- u. p-Ge 24-2238; an p-Si 24-2239; Herst. v. elektr. Umschaltkontaktoberflächenteilen 24-2245*; Unters. aufgedampfter Ni-Cr-Schichten als Potentiometerschleifkontakte 30-1911; Defekte bei d. Herst. v. pulvermetallurg. Kontakten aus W-Ni-Leg. u. Cu-Pulver oder -Blech 30-2362; Elektroplattier. v. Si-Kontakten mit Au 31-2190; Herst.: v. Ag-Überzügen auf Al bei d. Herst. elektr. Kontakte 32-2250*; v. elektr. Kontakten auf organ. Krist. 33-1935; sichere Relaisschalt. für einen Spektrographen 33-1974; Verw. v. Au-Cu-Ag-Ni-Leg. für Schwachstromkontakte 34-2326*; Verw. v. C-Stahl für Magnetkerne elektromagnet. verrosteter Schalter 35-2177*; Herst. v. Sintermetallen für Kontaktwerkstoffe in d. – 38-2205; Schweißen v. Al-Cu-Kontakten 38-2472; Materialwander., Elektrodeneros. u. mkr. Schmelzbrücke an elektr. Kontakten 39-2119; Verw. v. Au- u. Ag-Leg. für massive elektr. Kontakte 39-2126*; Einfl. v. Si-Zusätzen auf d. Herst. v. elektr. W-Ni-Cu-Kontakten 42-2118; Schmelzsicher. für elektr. Anlagen 47-2099*.

Meßgeräte und -anordnungen

Anwend. für spezielle Zwecke s. unter d. entsprechenden Stichwörtern. Siehe auch *Meß- und Regeltechnik.*

Vakuumdurchführ. bei d. Herst. eines Mikroamperemeters 2-1917; elementare Ableit. d. therm. Beweg. v. Galvanometern 6-1859; Differential-Elektrometer-Voltmeter 6-1860; Elektrolytlsg. für Coulometer 6-1953*; elektr. u. therm. Mess. mit Bridgman-Ambossen 7-2028; Gang- u. Frequenzmess. mit Hilfe v. Zeitintervallen u. variablen Impulsfolgen 10-1993; Vorschlag für ein abs. Fl.-Elektrometer 10-1997, 10-1998; App. zur Mess. d. Kontaktpotentials mit Hilfe eines Schwingkondensators 10-1999; elektrophysikal. Präzis.-Mess. mit Schwingkondensatorelektrometern 17-1908; Kalorimeter als Voltmeter 23-1873; Spitzenvoltmeter mit digitaler Anzeige 23-1874; Differentialelektrometer für

$Ag/Ag_3SJ/J_2$ 28-0570; Herst.: v. Primär-- aus MnO_2-Depolarisator u. NH_4Cl-Lsg. 30-2242*; v. Primär-- mit einem Seperator aus organ. Polyelektrolyten 33-2284*; v. galvan. -- mit Zn-Anode u. Kathode aus MnO_2, Graphit u. HgO 33-2285*; einer elektrochem. Zelle zur direkten Umwandl. v. ionisierender Strahl. in elektr. Energie 33-2279; Umwandl. v. Neutralisat.-Energie in elektr. 33-2311*; Depolarisat.-Misch. für galvan. -- aus Braunstein, Ruß, Polyisobutylen u./oder Kautschuk 35-2184*; alkal. Methanol–Luft-Primärbatterie aus vertikalen Flachzellen 36-2180; Primär-- mit Mg-Anode 38-2234*; galvan. -- mit Mg-Anode u. wss. Elektrolyten 38-2235*; galvan. Füll-- mit hygroskop. Substanz 38-2239*; Depolarisatoren für galvan. Trocken-- mit Zn- oder Mg-Anode 38-2241*; thermogalvan. Element 38-2248*; hermet. abgeschlossene Miniaturbatterien 42-2157*; Umwandl. v. chem. in elektr. Energie mittels Hydrazin 42-2160*; gasdichtverschlossene Sekundärbatterie mit Hilfselektrode aus einem H^+-Katalysator 43-2067*; Isolieren v. Trockenbatteriezellen 48-2314*; Primär-- mit biolog. Organismen 51/52-2169*; Separat. in Primär-- 51/52-2170*; Elektrolytfl. mit gesätt. aliphat. Amin für galvan. -- 51/52-2174*; beim Aktivieren mit W. Wärme entwickelndes galvan. Füll-- 51/52-2175*; therm. regenerierbares galvan. -- mit geschmolzenen Elektrolyten 51/52-2177*.

Brennstoffelemente: Aktivier. v. Ti- u. Zr-Elektroden galvan. -- zur Konz.-Anzeige d. in einem Gas- oder Dampfgemisch enthaltenen O 1-2350*; Brennstoffzellen mit porösen Elektrolytträgern 2-0640; Vgl. v. Pt mit Pd, Rh u. Ir-Schwarz als anod. Elektrokatalysatoren in Propan–H_3PO_4-Brennstoff-- 2-0642; therm. regenerierbare Brennstoffzellen (Überblick) 2-2311; Brennstoff-- mit Kohleelektroden (bisher. Entw. d. alkal. O_2/H_2-Kette) 2-2312; Eig. v. KW-Brennstoffzellen mit saurem Elektrolyten (H_2SO_4, H_3PO_4) 4-2172; Anwend. galvanostat. Druchtrittsmess. zur Unters. d. Adsorpt. eines Brennstoffs an Pt 5-0665; Th-Oxid-Brennstoff-- 10-2386; Einfl. d. Pulvereig. auf d. Brennstoffdichte v. Th-Oxid-Brennstoff-- 10-2387; Best. d. Porenverteil. in porösen Elektroden für Brennstoff-- 11-2366; Unters. d. charakterist. Eig. v. Elektroden für ein Semiredox-Brennstoff-- mit LiCl/KCl-Schmelzelektrolyten 12-0613; Theorie d. Leist. poröser Brennstoffelementelektroden 12-0614; anod. Ox. v. KW-Stoffen, Alkoholen u. Carbonsäuren in Brennstoffzellen mit H_2SO_4-halt. Elektrolyten 13-2389; B_4C, ein neues Substrat für Brennstoff---Elektrokatalysatoren 14-0689; Hochleist.-KW-Stoff-Brennstoff-- mit Fluoridelektrolyten 14-0690; Elektrodenvorgänge in Brennstoffzellen 14-0692; Herst. poröser Ni-Elektroden für alkal. Akkumulatoren u. Brennstoff-- durch Sintern 21-2389; Einsatz v. KW-Stoffen in Hoch- u. Niedertemp.-Brennstoffzellen 21-2390; direkte Umwandl. chem. in elektr. Energie in Brennstoffzellen 21-2391; Brennstoff-- mit Feststoffelektrolyten in Form einer porösen Matrize 21-2396; Leist. v. CO in Niedertemp.-Brennstoffzellen mit Oxid-Katalysatoren (Mo u. W) 22-2264; Brennstoffzellen-Grundlagen u. Arbeitsweise 22-2265; galvan. Brennstoffzellen 23-2095; Umwandl. chem. Energie in Elektrizität in Brennstoffzellen (Übersicht) 23-2191; Anwend. galvan. Brennstoff-- zur Gewinn. elektr. Energie 24-0606; vorläufige Bewert. v. CeO_2/La_2O_3 als Festelektrolyt für Brennstoffzellen 24-0607; Überblick über d. Theorie d. H_2–O_2-Brennstoffzellen 24-2254; Leist. v. durch B-Carbid katalysierten O_2-Brennstoffelementkathoden 28-0566; Forsch. u. Entw. an Brennstoff-- in Japan 30-0541; Einfl. d. Preßdruckes u. d. Sintertemp. auf d. Eig. v. Schutzschichten v. Elektroden d. Brennstoffzellen 31-2220; Funkt. v. CH_3OH–O_2-Brennstoff-- 31-2221; Arbeitsweise v. porösen Gaselektroden in Brennstoffzellen 32-2239; eine dynam. Meth. zur Best. d. inneren Widerstandes v. Brennstoff-- u. Batterien 35-0567; Leist. überfluteter poröser Brennstoffelementelektroden 35-0568; Möglichk. d. Umsetz. v. KW-Stoffen in Brennstoffzellen 36-2172; Unters. v. Kohle–Luft-Elektroden in Niedertemp.-Brennstoffzellen 36-2173; Leist. eines sauren Brennstoffzellensyst. zum Betrieb mit konvertiertem Naturgas (Aufbau d. H_2-Generators) 36-2174; (Bau d. Batterie) 36-2175; Unters. d. Leist. v. *100*-W-Feststoffelektrolytzellen u. -batterien für CO–H_2-Gemische 36-2176; Entw. u. Anwend. v. Alkohol–Luft-Brennstoffzellen 36-2177; Aufbau: u. Funkt. v. Formiat–O_2-Brennstoffzellen mit Pt u. Pd als Anodenkatalysatoren 36-2179; einer lösl. Methanol-Brennstoffzelle aus mit Au bedampfter PVC-Scheibe 36-2181; Vgl. v. Methanol-Brennstoffzellen mit innerer u. äußerer Reformier. 36-2182; Unters. d. elektrochem. Ox. v. mit KOH-mischbaren Brennstoffen an Pulverelektroden in Fl.-Brennstoffzellen (*1*–*6*wert. Alkohole) 36-2183; KW-Stoff/Luft-Brennstoffzellen mit angeteigtem Elektrolyten aus geschmolzenen Na_2CO_3–Li_2CO_3 (Langzeitvers.) 36-2184; Betrieb einer Brennstoffzelle mit geschmolzenem Carbonatelektrolyten u. W.-Einspritz. 36-2185; Ox. v. Propan an Pt-Elektroden in CsF–HF–H_2O-Elektrolyten v. KW-Stoff-Brennstoffzellen 36-2186; Anwend. v. aus ZrO_2 gesinterten Ionenaustauschermembranen in KW-Stoff-Brennstoffzellen 36-2187; Unters. v. Brennstoffelementelektroden auf Kohlebasis 37-0613; Elektroenergie u. Brennstoff-- 38-0587; Hochtemp.-Brennstoffzellen (Übersicht) 39-0585; Polarisat.-Charakteristik v. Ionenaustauschermembran-Brennstoffzellen 39-0586; Modell zur Unters. d. Wrkg.-Weise poröser Gasdiffus.-Elektroden für Brennstoffzellen 39-2138; KW-Stoff-Brennstoffzellen mit Fluoridelektrolyten 40-0557; Anwend. v. Zellen mit gelöstem Brennstoff (Überblick) 44-2150; Verw. galvanostat. Lad.-Durchtritte für d. Unters. d. Brennstoffadsorpt. an Pt 45-0567; Brennstoff-- mit geschmolzenem Carbonat (Strom–Spann.-Kurven für d. H_2-Ox. an Ni- u. Ag–Pd-Folien) 49/50-2137; Dauervers. an Hochtemp.-Brennstoff-- mit mit geschmolzenem Carbonat als Elektrolyten 49/50-2138; halbindustrielles Brennstoff-- v. Gaz de France mit Alkalicarbonat-Schmelze 49/50-2139; Testen v. Elektroden für Hochtemp.-, Fest-Elektrolyt-Brennstoff-- 49/50-2140; multipulspotentiodynam. Unters. d. Adsorpt. v. KW-Stoffen an d. Brennstoffelementelektroden 49/50-2142; relative Reaktivitäten bei d. direkten Ox. bin. KW-Brennstoffe an prakt. Elektroden 49/50-2143; KW-Brennstoff-- mit Pd/Ag-Membran 49/50-2147; Grenzprozesse an KW-Elektroden mit Pt-Schwarz 49/50-2149; Mechanismus d. elektrochem. Ox. v. organ. Brennstoffen 51/52-0540; stat. Feuchtigk.-Entfern.-Meth. für kapillare O–H-Brennstoff-- 51/52-1986.

Elektrode für NH_3-Brennstoff-- 1-2363*; Herst. plattenförm. positiver Elektrode für O_2-- 1-2366*; H_2/O_2-Brennstoff-- 1-2367*; H_2/O_2-Brennstoff-- mit Raney-Ni- u. NiO- oder Ag_2O-Elektroden 1-2368*; poröse Kohle für Brennstoffelementelektroden 2-0638; Brennstoff-- für KW-Stoffe 2-2315*; Brennstoff-- für hohe Temp. 2-2316*; Li–H_2-Hochtemp.-Brennstoff-- 2-2317*; Brennstoff-- für KW-Stoffe 2-2318*; Elektroden: für Brennstoff-- aus porösen Ni-Platten 2-2319*; für Brennstoff-- 2-2320*, 2-2321*; Brennstoff--: mit Ionenaustauscher-Membranen (O_2/CO, Alkane, CH_3OH) 3-2290*; mit Edelmetallelektroden 4-2179*; Herst. v. Brennstoffelektrode aus porösem C 5-2322*; Elektrode für Brennstoff-- 5-2341*; Brennstoff--: mit geschmolzenem Carbonat als Elektrolyten 6-0635; mit Matrize als Elektrolyt- u. Elektrodenträger 6-2256*; Katalysatoren: für d. Elektroden v. Brennstoff-- (Darst. eines trockenen, nichtpyrophoren Ni-Katalysators aus Raney-Leg. u. seine elektrochem. Eig.) 7-0630; für d. Elektroden v. Brennstoff-- (Aktivkohle als Katalysator d. Elektrored. d. O_2) 7-0631; Herst.: v. Brennstoff-- mit Na_2CO_3–K_2CO_3-Eutektikum als Elektrolyt 7-2393*; v. Brennstoff-- zur Umsetz. v. H_2 u. O_2 bei 150° 13-2393*; v. porösem Sintergerüst für Elektroden v. Brennstoff-- 13-2394*; v. Brennstoff-- mit ionenaustauschenden Elektrolyten 13-2395*; eines Schutzoxids auf d. positiven Ni-Elektrode v. H_2–O_2-Brennstoff-- 13-2396*; v. Elektroden für Brennstoff-- 14-2358*; Feststoffelektrolyt aus *89* ZrO_2 u. *8*–*14* CaO, Yb_2O_3, Sc_2O_3, Lu_2O_3 für Brennstoff-- 16-2211*; Herst.: v. Elektroden für Brennstoffzellen aus akt. C- u. Ni-Carbonyl-Pulver 16-2212*; einer Gasdiffus.-Elektrode für Brennstoff-- 16-2213*; Brennstoff--: mit einem Festelektrolyten aus *80*–*90* Mol-% ZrO_2, *2*–*19* CaO, *1*–*18* MgO, ggf. $\leq$ *10* BeO 17-2260*; mit *2* fl. Elektrolyten 17-2261*; Herst. v. porösem Grundkörper für katalyt. Elektroden in Brennstoff-- 17-2263; elektr. leitendes Material für Feststoffelektrolyten durch Sintern v. Analcit, Gmelinit, Mordenit, Chabasit, Erionit, Faujasit oder Zeolithen 17-2264*; Brennstoff--: mit Feststoffelektrolyt aus ZrO_2 18-2316*; mit Feststoffelektrolyt aus Mischoxiden 18-2317*; für gleichzeit. N-Oxidherst. aus NH_3 18-2318*; mit katalysatorüberzogener Elektrode u. organ. Elektrolyt 18-2319*; mit schichtförm. Aufbau 18-2320*; mit schmelzfl. Elektrolyten u. H_2-Elektrode 18-2321*; mit Gaselektroden u. Thermoelement 18-2322*; Herst.: v. porösen Elektroden für Brennstoff-- mit Ni-Borid u. metall. Träger 18-2323*; poröser Elektroden für Brennstoff-- auf Kunststoffträger 18-2324*; v. Elektroden für Brennstoff-- aus Metallpulver, Aktivkohle u. Pt-Schicht 18-2325*; Katalysator für Brennstoff-- 19-2312*; Regenerieren d. prim. Ox.-Mittel in Brennstoff-- 19-2313*; Herst. v. Elektroden für Brennstoff-- (poröse C-Körper mit Pt-Überzug) 19-2314*; Verh. v. Äthan, Äthen, Propan, Propen u. n-Butan an Elektroden für Brennstoff-- 20-2271*; Aktivität v. Pt, Pd u. Ni_2B als Elektrokatalysatoren in KBH_4/O_2-Brennstoff-- 20-2272*; Doppelskelett-Katalysatorelektroden für Brennstoff-- 21-2395*; Feststoffelektrolyt in Form einer porösen Matrize für Brennstoff-- 21-2396; Herst.: v. Brennstoff-- (mit Elektroden in Brennstoff–Elektrolyt-Gemisch) 23-2197*; (Brennstoff in H_2SO_4-Elektrolyt) 23-2198*; v. dreischicht. Elektroden für Brennstoff-- 23-2199*; v. Brennstoff-- mit Festelektrolyten 23-2200*; v. mit H_2/O_2 betriebenem Brennstoff-- 23-2201*; v. Brennstoffelementelektroden aus Aktivkohle, Ruß, $AgNO_3$ u. Hydrazin 23-2202*; v. Brennstoffelementelektroden aus Aktivkohle, Graphit u. Polytetra-F-Äthylen 23-2203*; vorläufige Bewert. v. CeO_2/La_2O_3 als Festelektrolyt für Brennstoffzellen 24-0607; Herst.: v. Brennstoff-- zur Verw. v. Phenol, Zucker u. Stärke als Brennstoff 24-2259*; v. Brennstoff-- mit einer Betriebstemp. $>$ *300*° 24-2260; Leitfähigk. v. Brennstoffelementelektrolyten ($Cs_2 \cdot CO_3$, CsF) 25-2073; Herst. v. Katalysatoren für d. CH_3OH-Brennstoff-- (Pt–Ru-Leg.) 26-2345; Verw. v. elektrolyt. gewonnenem Ni-Pulver in Brennstoffelementelektroden 28-2264; Herst.: v. Elektroden für Brennstoffzellen 29-2305*; v. poröser Brennstoffzellenelektrode 29-2306*; v. O_2-Elektroden für Brennstoff-- durch Imprägnier. v. Graphit mit Ag-Salzen 29-2307*; v. Brennstoffelektroden mit einer Porosität v. *10*–*35*% (Porendurchmesser: maximal $4 \cdot 10^4$ Å) 29-2308*; v. Brennstoffelementelektroden aus Ni-Pulver, H_2O-freien Ni-Salzen u. einem Borhydrid 29-2309*; v. Brennstoffelementelektroden mit 40000–1200000 Kapillaren/cm² 29-2310*; poröser Elektroden für Brennstoff-- auf Ag- bzw. Cu-Basis 31-2224*; v. Brennstoff-- mit Elektrolyt aus stabilisiertem Zr 31-2225*; v. Brennstoffelementelektroden aus Ni oder C 32-2257*; v. Brennstoff-- mit einem ZrO_2-Festelektrolyten 32-2258*; v. Brennstoffelementelektroden aus C-Pulver u. Salzen v. Katalysatormetallen 32-2259*; eines Brennstoff-- mit Transportband für d. Brennstoff 33-2294*; v. Brennstoff-- mit *2* Redoxsyst. 33-2295*; v. Brennstoffelementelektroden aus C, H_2PtCl_6 u. Re_2O_7 33-2296*; v. Brennstoffelementelektroden aus C, Ni, Fe, Co, Ti, Ag 33-2297*; v. Hydrid/H_2-Brennstoff-- 33-2298*; v. Brennstoff-- mit Rb- u. Cs-Verb. als Elektrolyt 33-2299*; v. Brennstoff-- mit gasdurchläss. Elektroden 33-2300*; v. Brennstoffelementelektroden aus Polyacrylnitril, Polytetrafluoräthylen, Pt, Pd oder Ru 33-2301*; v. Brennstoffelementelektroden aus koll. SiO_2, Polytetrafluoräthylen u. Katalysatoren 33-2302*; v. Brennstoffelementelektroden aus Co–Li-Leg. 33-2203*; v. Brennstoff-- für Betriebstemp. $>$ *700*° 33-2304*; v. Brennstoff-- mit $<$ *5*, bes. *2*, N_2H_4 als Brennstoff in *40*%ig. KOH 33-2305*; Katalysieren poröser Elektroden für Brennstoff-- 34-2348*; Li-halt. Metallkatalysator für Brennstoffzellen-Elektroden 35-2185*; Betrieb eines Brennstoff-- mit Gasdiffus.-Elektroden 35-2187*; Verw. v. Sinter-Ni-Doppelschichtanode als gleichzeit. Reformier.-Katalysator in Brennstoffzellen mit geschmolzenem Carbonatelektrolyten 38-2232; Brennstoff--: kombiniert mit Sammler 38-2242*; mit im Kristallwasser geschmolzenem Elektrolyten ($CoSO_4 \cdot 7\,H_2O$, $Ba(OH)_2 \cdot 8\,H_2O$) 38-2243*; mit wss. H_3PO_4 oder P_2O_5-Elektrolyten, Edelmetallpulverelektroden u. gesätt. KW-Stoffe als Brennstoffe 38-2244*; Bestrahl. d. Brennstoffe mit ^{60}Co mittels eingebauter Strahl.-Quelle 38-2245*; Herst. v. Elektroden für Brennstoff-- 38-2246*; Fl. bzw. Gas durchläss. Elektrode für Brennstoff-- 38-2247*; Elektroden für Brennstoffzellen mit Ti-Kathode 42-2159*; Herst. eines Katalysators für d. H_2-Umwandl. in einer Brennstoffzelle 41-2183*; Verw. v. feinpor. Kohlekörpern für Brennstoffelementelektroden 43-2070*; Verw. v. Graphitformkörpern in Brenn-- 44-2102*; Brennstoffzelle mit CO 48-2317*; poröse Katalysatorelektrode für Brennstoff-- 51/52-2179*; Ni-Elektroden für Brennstoff-- mit fl.-dichter Abdicht. 51/52-2180*; Brennstoff-- mit fl. KW-Stoff 51/52-2181*; Elektrode für Brennstoff-- aus gesintertem Ni-Pulver u. Katalysator aus Edelmetall 51/52-2182*; Brennstoff--: mit Abfall-H_2S aus einer Ölraffinerie 51/52-2183*; mit fl.

Brennstoff u. Anionenaustauscher-Harzmembran 51/52-2184*; elektrochem. Verbundverf. zur Gewinn. v. elektr. Energie u. KW-Stoffderiv. 51/52-2189*.

Bibl.: Handbuch der Chemie. Bd. *5*: Rohstoffe und Industrieprodukte anorganischer Stoffe. Prozesse und Apparate. Korrosion. Galvanotechnik. Chemische Stromquellen B 62.

Untersuchungen auf dem Gebiet chemischer Stromquellen. Materialien der Hochschulkonferenz für Elektrochemie *1965* [russ.] B 13; Gesammelte Arbeiten über chemische Stromquellen [russ.] B 13.

Fuel cells; an introduction to electrochemistry B 34; Fuel cells: power for tomorrow B 62.

Elemol s. unter $C_{15}H_{26}O$.
Eleutherosid E s. unter $C_{34}H_{46}O_{18}$.
Elfenbein, Deformat. u. Bruch v. – 8-0276.
Elgenol s. unter $C_{10}H_{20}O$.
Elgenon s. unter $C_{10}H_{18}O$.
Eliminierung s. unter *Eliminierungsreaktionen.*
Eliminierungsreaktionen

Decarbonylier. bzw. Decarboxylier. s. unter *Dissoziationsreaktionen*; Dehydrier. s. unter *Oxydation. Desalkylierung* s. dort.

Zwischenstufen d. α-– (Übersicht) 1-0992; – (elektrophile Katalyse) 6-0958; – in d. organ. Chemie (Übersicht) 21-1058; N-Acyltrihalogenacetaldimine als reaktive Zwischenstufen bei Eliminier.-Addit.-Rk. 22-0948, 22-0949; – 28-1079, 38-1043, 39-0953; – (Mechanismus) 29-0946, 48-0894; – über Carbanion-Zwischenprod. 31-0904; Kontakt-– (Mechanismus) 37-0950, 51/52-0886, 51/52-0887; – in d. Gasphase 44-0962; β-– in DMSO (Mechanismus) 44-0951.

Dehalogenier.: v. Di- oder Trihalogenessigsäure (Rk.-Beding., -Ablauf) 1-2700*; v. Tris-[2-chloräthyl]-phosphat durch Na 2-1036; v. 2-Chlorcyclohexanonoxim 10-2691; Abspalt. v. Brom aus 1.2-Dibrom-KW-Stoffen (Geschw.) 11-0979; Dehalogenier.: v. Perchlorketonen mit Triphenylphosphin, Trialkyl- u. Triarylphosphiten 12-1011; v. gem.-Dibromcyclopropanen durch d. Methylsulfinyl-Carbanion 13-1094; v. aliphat. Halogeniden (Funkt. einer Base bei d. Katalyse) 27-1038; v. α-halogensubstituierten P-Verb. 33-1061; v. 2.2-Dichlorpropionat durch Enzyme 35-1363; v. Propargyl- u. Allenylhalogeniden 49/50-0900.

Dehydrohalogenier.: Dehydrochlorier.: v. PVC durch N-disubstituierte Amide 1-1190; v. 2-Dichlorbutan (Katalysatoren) 1-2673*; v. 1.2.3.4-Tetrachlorbutan 5-2632*; v. 1.3-Dichlorbuten-(2) (Rk.-Beding.) 12-2542*; Dehydrobromier. v. Isopropylbromid 13-0940; HCl-Abspalt. v. β-Chloraminen unter Umlager. 19-1040; Dehydrohalogenier. v. 1.2-disubstituierten 3-Halogen-4-cyclohexenen 20-2643*; Dehydrochlorier. v. α.β.β-Trichloräthylaryläthern 24-1023; Dehydrohalogenier. (Carbanionen-Mechanismus) 25-0965; Dehydrohalogenier. v. Bromalkylcycloalkanen 28-1079; Dehydrochlorier. v. 2-Chlorpropan (Gleichgew.) 29-0889; Dehydrohalogenier.: v. trans-2.3-Dihalogennorbornanen (Richt.) 29-0946; v. Alkylhalogeniden 30-0933; Dehydrofluorier. v. 1.1.1.3.3.3-Hexafluor-2-trifluormethylpropan u. α-Trifluormethylpropan u. α-Trifluormethyl-β.β.β-trifluorpropionsäureestern 35-1033; Dehydrochlorier.: v. cis- u. trans-Chlorstilben an Oxid- u. Salz-Katalysatoren 37-0950; v. 2-Chlorbutan (Gleichgew.) 38-0916; – v. HJ v. vis- u. trans-1-Jod-2-perfluoralkylcyclohexanen 41-0967; Dehydrohalogenier. v. Halogen- u. Dihalogencyclopropanen 46-0927; Dehydrobromier. v. Brompyrido-[3.2.1 : kl]-phenothiazinen 47-0997; Dehydrohalogenier. v. Halogenalkanen 48-0894; – v. HF aus angeregten fluorierten Äthanen (Geschw.-Parameter) 49/50-0849; Dehydrochlorier.: v. gasförm. Chlorbutanen 51/52-0886; v. cis- u. trans-Chlorstilben 51/52-0887.

Dehydratisier.: v. tert.-Butylalkohol an Zeolithen 1-0673, 1-0674; v. n-Butanol an Li-, Na-, K-, Rb-Zeolith X 1-0676; v. n-Pentanol (katalyt. u. poröse Eig. v. Alumosilicaten) 2-0726; v. Isopropylalkohol an krist. Alumosilicat (Kinetik) 2-1012; v. p-Menthanol-(8) 2-1013; v. Alkoholen an Al_2O_3 3-1011; v. Isopropylalkohol an La_2O_3 (Kinetik) 4-0947; v. ungesätt. Terpenalkoholen (Verf. u. Mechanismus) 5-1053; v. Maleinsäure 5-2657*; v. Alkoholen (Übersicht) 6-0986; v. Asparagin- u. Maleamidsäure-Deriv. durch N.N′-Dicyclohexylcarbodiimid (Mechanismus) 8-0976; v. 5-Methylhexandiol-(2.4) durch p-Toluolsulfonsäure unter Umlager. 8-1006; v. Isopentylalkoholen an sauren Katalysatoren (Mechanismus) 8-1026; v. A. an Chromoxid 8-1027; v. n-Decylalkohol (katalyt. Eig. v. radioakt. WS_2) 8-1028; v. siliciumorgan. tert. Acetylenalkoholen 9-1055; v. Methanol u. Isopropanol an Al_2O_3 mit verschiedener spezif. Oberfläche 12-0969; v. Isopropylalkohol (katalyt. Aktivität d. Zeolithe) 13-1016; v. Alkoholen an Al_2O_3 (Mechanismus) 14-1037; v. 2-Methylbutanol-(2) an sauren Katalysatoren (Richt. d. Rk.) 15-0964; v. Alkoholen (Aktivier. d. Katalysators durch Neutronenbeschuß) 16-0942; v. Dimethylalkylcarbinolen 18-0936; v. Acetylenalkoholen d. Neopentyltyps 18-0940; v. A. (Aktivität v. kupferhalt. Silicagelkatalysatoren) 19-0710; v. Dimethylcyclopropylcarbinol an sauren Katalysatoren (Kinetik) 20-0933; v. A. (in d. Gasphase in einer Ström., Kinetik) 20-0937; (an Al_2O_3, ^{14}C-Markier.-Unters.) 20-0938; v. Alkoholen (katalyt. Eig. v. Neodymoxid) 23-0954; v. Maleinsäure in Ggw. v. Toluol, Xylol u. Anisol (Kinetik) 23-2530; v. β-Naphthoxyoxalessigsäurediäthylester unter Cyclisier. 24-1068; v. Isopropanol, Trimethylcarbinol u. Ameisensäure an Molybdänblau 25-0994; v. Aracylamiden v. Arylcarbonsäuren unter Cyclisier. (Mechanismus) 27-1068; v. Alkoholen an Wolframoxid (Einfl. d. Struktur auf d. Geschw.) 28-0971; v. Isopropanol (katalyt. Eig. v. Cu–Zr- bzw. Ni–Zr- bzw. Cr–Zr-Phosphaten) 29-0703; v. n-Pentanol an Al_2O_3 im N_2-Strom 30-0619; v. α-Glykolen 33-1007; v. Hexandiol-(2.5) an sauren Katalysatoren (Mechanismus) 37-0951; v. Cyclohexanol an ^{231}Pa-halt. $MgSO_4$ 37-0952; v. Äthyl-(β-hydroxyäthyl)-sulfon 37-2314*; v. Alkoholen (Wrkg. einer Vorbestrahl. auf d. Aktivität v. SiO_2–Al_2O_3, akt. Al_2O_3 u. fester H_3PO_4) 39-2332; (katalyt. Eig. v. Er_2O_3) 41-0951; (an Al_2O_3) 42-0909; (durch saure Feststoffkatalysatoren) 43-0662; v. Isopropylalkohol an natürl. krist. Alumosilicaten 43-0673; v. Alkoholen (katalyt. Eig. v. Gadoliniumoxid) 43-0886; (an synthet. Zeolithen) 43-0903; v. 3-Methylbutandiol-(1.3) an $Ca_3 \cdot (PO_4)_2$ 43-2276*; v. aliphat. Alkoholen an γ-Al_2O_3 45-0910; v. A. (katalyt. Wrkg. v. AlF_3) 46-0700; (an Al_2O_3, Kinetik) 46-0928; v. Isopropanol (katalyt. Wirksamk. v. Al_2O_3–Cr_2O_3-Katalysatoren in Abhängigk. v. Kristallisat.-Prozessen) 47-0645; v. Alkoholen (katalyt. Eig. v. Cr-halt. Zeolithen) 47-0646; (an Al_2O_3) 47-0880; v. Butanol-(2) an d. Oberfläche v. Al_2O_3 (Mechanismus) 51/52-0889; v. β-[Chinoxalyl]-propionsäuren unter Cyclisier. 51/52-1017.

Desaminier. d. Glycylpeptid- u. Glykokoll–Kobalt-Komplexe 4-0654; Hofmann-Abbau: d. Pyrazolinringes 5-1155; v. Trimethyl-1.2.2-triphenyl-$^{14}C_{(1)}$-äthylammoniumhydroxid 6-0972; Desaminier.: d. Co-Komplexe v. cycl. Aminosäuren u. Diaminocarbonsäuren 15-0640; v. 2-Alkylmercapto-4-chlor-6-aminopyrimidinen 16-1051; Hofmann-Rk.: v. quart. Ammoniumsalzen mit zwei Allylgruppen 21-1098; d. Tetrahydroisochinolylphenylcarbinole (Mechanismus) 21-1172; Desaminier.: v. tert. Carbinaminen 22-0911; v. Cysteamin 23-1257; v. 1.5-Diammoniumsalzen, d. in 2.3-Stell. d. Hauptkette eine Doppelbind. enthalten 24-1013; v. $^{14}C_{(1)}$-(+)-1.2.2-Triphenyläthylamin 25-0982; Hofmann-Abbau v. quart. Ephedriniumverb. 26-1108; Desaminier.: v. wss. Bis-[glycinato]-kupfer(II)-Lsg. 27-0707; v. 1-Phenyl-2-dialkylaminoäthylisothiuroniumsalzen 31-0942; v. Benzylamin durch d. Benzylamid-Anion 33-1006; Hofmann-Rk.: v. 2-Aryläthylammonium-Ionen (Mechanismus) 33-1009; v. quart. Ammoniumsalzen mit substituierten Äthylgruppen 36-1017; Desaminier. in DNS durch Bestrahl. 36-1219; Hofmann-Abbau: v. quart. Aminen (^{14}C- u. T-Isotopeneffekte) 45-0911; d. Narkotinogendiol-N-methyljodids 47-0992.

Andere –: Enol-– 3-1063; H_2S-Abspalt. aus Thiophen 3-2584; α-– bei alkalimetallorgan. Verb. 6-1029, 27-0968, 51/52-0972; –: bei Phenylcyclopropanderiv. (anomaler Verlauf) 8-1086; v. 4-Phenylbenzhydrylthiocyanat zu 4-Phenylthiobenzophenon 18-0903; aus 9-Bromfluorenen 19-0995; v. 4.4-Dimethyl-5α-cholestan-3β-yl-p-toluolsulfonat 23-0955; d. exocycl. sek. p-Tolylsulfonyloxygruppe bei D-Glucofuranose-Deriv. 24-0982; an Olefinen 30-0932; neue Dehydrazinier.-Rk. 30-0996; β-Eliminier. v. Sulfinat aus sulfoniertem 3-Amino-Δ^3-pyrazolin u. 5-Amino-1-alkyl-Δ^4-pyrazolin 30-1031; –: v. 1.2-Diaryl-4-dimethylaminobutanolen-(2) 37-1008; v. Liganden in Fe(II)-Komplexen mit 2.2′-Bipyridylen (Kinetik) 43-0641; v. cis- u. trans-β-Chlorvinylquecksilberchlorid zu Acetylen (Kinetik) 46-0668; v. H_2S mit acylierten Carbodiimiden 47-0930.

Elisal s. unter $C_{10}H_{14}N_2O_4S_2$.
Elkosin s. unter $C_{12}H_{14}N_4O_2S$.
Ellagsäure s. unter $C_{14}H_6O_8$.
Ellipton s. unter $C_{20}H_{16}O_6$.
Elmafix, Verw. d. Klebstoffes – für Stahlbetonkonstrukt. 15-2344.
Elymoclavin s. unter $C_{16}H_{18}N_2O$.
Email

Emaillacke s. unter *Anstrichmittel (und Anstriche).*

Korros.-Schutz v. Raffinerieanlagen durch Emaillieren 2-2802; Einsatz v. hitzebeständ. Blechen in d. –-Industrie 4-2207; Schmelzvorgänge u. -öfen in d. –-Industrie 5-2352; Rohstoffe für d. –-Industrie in Jugoslawien 5-2353; emaillierte chem. App. 5-2362; waschlaugenbeständ. – 5-2363; Verw. v. –-Abfälle 5-2370; Staubbekämpf. in d. –-Industrie 10-2395; Beseitig. v. W.-Verunreinig. in d. Porzellanemailier-Industrie 20-2155; Antikorros.-Überzüge aus Schlacken-– für chem. App. 35-2088; Nucerite, neues – für hohe Beanspruch. in d. Verf.-Technik 44-2171.

Herst. v. TiO_2 als Zusatz für glasart. – 1-2411*; Glasurmasse für Metalle aus SiO_2, MgO u. Al_2O_3 4-2221*; Erhöh. d. Fe-Oxid-Lsg.-Fähigk. d. Grund-– 5-2356; – mit hoher chem. Beständigk. 5-2365; –-Glas für Überfang aus Mol-Angaben d. Tscheuschnerschen Glasnormalformel-Studie 5-2371; Ofen-– 7-3278*; Fritte zum Trockenemaillieren v. Metallen aus schnell abgekühlter TiO_2-halt. Glasschmelze 8-2297*; –-Fritte 12-2277*; Farbgeb. in – 16-2231; leichtschmelzendes – aus PbO, PbF_2, B_2P_3, SiO_2 u. Al_2O_3 17-2299*; –-Schlicker mit feinverteiltem krist. Cu 22-2297*; Farbstoff für Cd-gelbe bis -rote – 22-2298*; Mühlenzusätze für – 24-2286; Grundemail u. seine Verarbeit. 24-2287; Dünnschicht-Grund-– 24-2288; Herst. v. chem. beständ. –-Überzügen auf Metallen 24-2313*; lumineszierendes – aus Zn–Li-Borat 27-2335*; Grund-– auf Danburit-Konzentrat-Basis 28-2306; mehrfarb. –-Überzüge auf Metall 29-2343*; Borosilicatglas als – für Metallgegenstände 33-2326*; Färb. v. – mit Ti-halt. Cr-Pigmenten 34-2286; niedrigschmelzendes – 36-2218*; Stabilisier. v. – durch Hochfrequenzschwing. 38-2296; Erhöh. d. chem. Stabilität v. – durch Behandl. mit Si-organ. Verb. 39-2164; Syst. P_2O_5/MgO/Al_2O_3/Na_2O als Basis leichtschmelzender – 40-2226; Grund-– mit Hochofenschlacke 43-2093*; grüne Pigmente aus Cr- u. Ti-Verb. für –-Farben 46-2896; Glas-–-Farben 47-2117; –-Fritte 47-2125*.

Reinig. v. zu emaillierenden Gegenständen aus Stahlblech 1-2412*; farb. Emaillieren v. Al oder Al-Leg. unter Verw. v. Farbkörpern mit Rutilstruktur 1-2413*; flexosmalt. Verf. zur Emaillier. v. Stahlblech ohne Grund-– 5-2359; Direktemaillier. v. C-Stählen 5-2360; Fischschuppenproblem bei emaillierfäh. Stahlblechen 5-2361; Direktemaillier. v. niedriggekohlten Stählen 10-2410; Metallbearbeit. vor d. Porzellan-Emaillier. 10-2411; Porzellanemaillieren v. rostfreiem Stahl u. Cu 10-2412; farb. Emaillieren v. Al 19-2331*; hoher Weißegrad bei Pb-freiem Silicat-– für Al 23-2232; Emaillieren v. kaltgewalzten Stahlplatten 24-2311*; niedr.-schmelzendes – zum Überziehen v. Cu oder Al 24-2312*; Phosphat-– für hochlegiertes Al 32-2287; Emaillieren: v. Stahlgegenständen (Verhinder. d. Fischschuppenmuster) 36-2220*; v. Eisen oder Stahl 38-2312*; Einfl. d. W.-Dampfgeh. d. Ofenatmosphäre auf d. Stahlblech-Emaillierprozeß 40-2228; Einschicht-– für Gußeisen aus Hochofenschlacke, Borax u. Al-Silicat 41-2202*; Behandl. v. gebeizten Metalloberflächen vor d. Emaillieren 42-2187*; Emaillieren v. Metallgegenständen 43-2094*; Einschichtverf. d. Porzellanemaillier. v. bes. schwach gekohltem Stahl 44-2170; –-Schlicker zur Einschicht-Emaillier. v. Stahlblechen 47-2126*; Beseitig. v. Fischschuppenbldg. in emaillierten Fe- u. Stahlblechen 47-2241*.

Zirkontrüb. bei – 4-2208; rheolog. Eig.: v. –-Schlickern 5-2354; d. Grund-–-Schlickers 5-2355; Fe-Oxid-Lsg.-Fähigk. v. Grundfritten 5-2356; Rheologie d. Emaillier. 5-2358; Einfl. v. – u. Konstrukt. auf einige –-Fehler 5-2366; Elastizitätsmess. an – 5-2367; Rekristallisat.-Prozesse d. Ti-– 5-2369; Korros.-Festigk. v. – 6-2281; Porenbldg. in – an Gußeisenstücken 9-2517; Rheologie v. Porzellan-–-Schlicker in Simulatoren 10-2406; Berechn. v. Viskosität/Temp.-Kurven für – nach d. Knopfprobe 10-2407; Best. d. Viskosität v. – 13-2423; Einfl. d. Korros. auf d. Aussehen v. gefärbtem – 14-2394; Kristallisat. v. Sb-Verb. in – 15-0304; Einfl. d. Glühens v. Gußeisen in Schutzatmosphäre auf d. Eig. v. –-Überzügen 17-2290; Haftfestigk. v. Al-– an Al-Blech unter Beding. d. anod. Ox. u. Diagramm d. Oberflächenpotentials 18-2348; Entkohl. u. Emaillier. v. Stählen 23-2233; Haftfestigk. zwischen Metallen u. – 25-0632; rheolog.

Eig. v. --Schlickern 26-2431; Phasengrenzbereich Metall/— an direktweißemailliertem Stahlblech 26-2432; Spann. im Syst. —/Gußeisen 26-2433; mechan. Festigk. v. emaillierten Erzeugnissen 26-2434; Einfl.: v. F auf d. Eig. v. leicht schmelzenden — 28-2310; v. hochfrequenten Schwing. auf — 28-2311; Kristallisat.-Verlauf in glas.-krist. — 36-0328; Einfl. v. metallkeram. Füllstoffen auf d. Eig. v. Silicat-— 38-3395; chem. Bind. bei Glas–Metall-Zwischenschichten (Haftoxide) 39-2165; Kristallisat. v. Zirkon-— 42-2209; Blasenstruktur u. Haft. v. Einschicht-— 47-2119; Einfl.: v. Mahlzusätzen auf d. Alkaliwiderstandsfähigk. v. --Überzügen 48-2355; v. TiO_2 u. Li_2O auf d. Eig. v. Pb-freiem Silicat-— für Al 48-2356; d. Oxydierbark. d. Metalls auf d. Haftfestigk. v. — 48-2357; Grenzflächenrk. in PbO-halt. —/Metall-Syst. 51/52-2226.

Prüf. v. hochsäurefesten — für chem. App. 5-2364; zeitgemäße instrumentelle Unters. in d. --Industrie (Thermoanalytik u. Röntgenographie) 5-2368; Mess. d. Glanzwerte 8-2289; Prüf.: v. — 22-2287; v. --Überzügen 42-2206.

Bibl.: Emaille und Metallemaillierung [russ.] B 95; Feueremaillierung [ungar.] B 54; Lining of vessels and equiment for chemical processes. Part *2*: Glass enamel B 62; Technology of enamels B 78.

Emaniermethode, Vgl. verschiedener Meth. zur Einführ. d. Mutterisotops ^{228}Th bei Emanat.-Unters. 37-0712.

Anwend. d. komplexen emanat.-therm. Meth.: zur Mess. d. Emanat., d. Differentialtemp., d. Schrumpf. u. d. Gew.-Verlust v. $BaCl_2 \cdot 2\,H_2O/^{228}Th$ im Bereich *0—1000°* 7-0590; zur Unters. v. Zustandsdiagrammen am Beispiel d. Syst. $KCl/CaCl_2$ 7-0591; zur Unters. d. Zustandsdiagramms d. Syst. CaO/Fe_2O_3 7-0592; Unters. d. Rk. v. $H_4P_2O_7$ mit Carbamid nach d. therm. Emanat.-Meth. 24-0531; Komplexe emanat.-therm. Unters. v. Ca-, Al- u. Th-Hydroxid 26-0738; Unters. d. Y-Citratkristallhydrate nach d. therm. Emanat.-Meth. 27-0745; Mess. d. Radioaktivität v. Mineralen mit Hilfe d. emanometr. Meth. (Angabe d. Arbeitsweise u. d. verwendeten Geräte) 27-0800; Anwend. d. — zur Unters. d. Zers.-Prozesses v. Metallhydroxiden u. d. Wrkg. v. Zusätzen auf d. Struktureig. d. Oxide 31-0679; komplexe emanationstherm. Unters. v. mit ^{228}Th markierten anorgan. Salzen (Temp.-Kurven d. scheinbaren Emanat.-Fähigk., d. DTA, d. TGA u. d. dilatometr. Analyse) 37-0713; komplexe emanationstherm. Unters. d. Zers. v. $Th(NO_3)_4 \cdot 5\,H_2O$ u. $Th(SO_4)_2 \cdot 9\,H_2O$ 37-0714; Unters. d. Bldg.-Rk. v. Zirkon in fester Phase mit Hilfe d. komplexen Thermoemanat.-Meth. 49/50-0689.

Emarginatosid s. unter $C_{47}H_{76}O_{11}$.

Emasol 1130 (Polyoxyäthylensorbitylmonolaurat), Einfl. auf d. Cytochromoxydaseaktivität d. Okunuki-Präparat. 37-1243.

Embelin s. unter $C_{17}H_{26}O_4$.

Embichin s. unter $C_5H_{11}Cl_2N$.

Embitol, Einfl.: auf d. Glucosephosphatisoinerase u. Aldolase 11-1686; auf d. Blutaldolase 11-1687; v. --Hydrochlorid auf Aminotransferasen 34-1677.

Embonsäure s. unter $C_{23}H_{16}O_6$.

Emeraldin s. unter $C_{48}H_{38}N_8$.

Emetika s. unter *Arzneimittel.*

Emetin s. unter $C_{29}H_{40}N_2O_4$.

Emimycin s. unter $C_4H_4N_2O_2$.

Emmonsonit s. unter *Eisentellurate(IV)*: $Fe_2 \cdot (TeO_3)_3$.

Emodin s. unter $C_{15}H_{10}O_5$.

Emodinbianthronrhamnosid s. unter $C_{36}H_{30}O_{12}$.

EMQ s. unter $C_{12}H_{15}NO$.

Emtryl s. unter $C_5H_7N_3O_2$.

Emulgator E 30, Wechselstrompolarographie zur Unters. v. Grenzflächenerschein. v. — 51/52-0859.

Emulgatoren s. unter *Emulsionen-Emulgiermittel.*

Emulgator T-2, Salbengrundlage 38-1741.

Emulphor, Verw. in d. Gaschromatographie 20-1902.

Emulsin s. unter *Enzyme, Spezielle Enzyme.*

Emulsionen

--Polymerisat. s. unter *Polymerisation.*
Siehe auch *Dispersionen*; *Kolloidchemie.*

Eig. v. --Grundlagen 7-1859; Kinetik d. Vergrößer. kugelförm. Teilchen in einer fl. Matrix 29-0625; Gesetzmäßigk. d. Emulgier. im Injektor 40-1974; Herst. v. — im automat. Verf. 49/50-1938*; moderne Trennmeth. für Suspens. u. — im zentrifugalen Kraftfeld 26-2171; Herst.: v. W.-in-Öl-— durch Niederdruckkapillarhomogenisier. (Einfl. v. Emulgator u. Änder. d. Zus. auf mannitmonooleatstabilisierte Syst., stabilisierender Einfl. v. anorgan. Elektrolyten, Sekundäremulgatoren u. Temp.) 1-1806, 1-1807; v. W.-in-Öl-— unter Verw. v. Mischpolymeren aus Hydroxylpropylmethacrylaten u. mischpolymerisierbaren Alkylmethacrylaten 1-2236*; Brechen: v. Mineralöl-— durch Einw. v. Monocarbonsäureestern oxyalkylierter Alkylphenol–Formaldehyd–Alkylenpolyamin-Harze 1-2886*; v. Erdöl-— mit einem polyoxalkylierten Alkylphenol–Formaldehyd–Alkylenpolyamin-Harz 2-2832*; Demulgieren v. Erdöl in industriellen Anlagen 4-2663; Reinig. v. Öl-— durch kombiniert magnet.-mechan. wirkende Fl.-Siebfilter 4-2707*; Brechen v. Mineralöl-in-W.-— (Vorr.) 9-2948*; Trenn. v. Mineralöl–W.-— in schief angeordneter, mit Raschig- oder Lessing-Ringen gefüllter Kolonne 9-2952*; Herst. stabiler Öl/W.-— mit hohen Anteilen organ. Salze 10-1794*; schaumverhütende — auf Siliconbasis 10-2246*; Verw. v. polyoxyalkylierten Kondens.-Polymeren zur Trenn. v. W.-in-Petroleumöl-— 11-2925*; Bldg. umgekehrter — bei d. Darst. v. Naturkautschuk–Fe-Solen bei Verw. eines *2*-Schichten-Elektrolysebades 12-1212; Mechanismus d. Stabilisier. v. polymeren Öl-in-Öl-— 13-1202; Brechen v. Erdöl-— mittels hydrophiler synthet. Prod. 13-2884*; Herst. v. W.-in-Öl-— aus Monofettsäureestern u. symm. oder asymm. disubstituierten Oxyalkylharnstoffen oder Oxyalkylthioharnstoffen 13-2252*; Trenn. v. — durch eine Schicht v. Polyäthylenfasern 19-2825*; Verw. v. Natriumcarboxymethylcellulose als Stabilisator für Öl-in-W.-— 19-3263*; Demulgatoren zur Trenn. d. — v. Abscheiderölen 23-2668; Herst. v. — mit d. akust. Zahnradgenerator 24-2037; Verw. v. Blockpolymeren d. Oxide v. Propylen u. Äthylen zur Zerstör. v. Erdöl-— 24-2747; Herst. v. — aus Estern d. Saccharose mit höheren Fettsäuren bei d. Gewinn. v. Nahr.-Mitteln 25-3067*; kontinuierl. Vermisch. zweier fl. Phasen zur Herst. v. — u. Dispers. 27-2167*; Herst.: einer stabilen Öl-in-W.-— mit Hilfe v. Ultraschall 27-2168*; v. — v. KW-Stoffbindemitteln unter Verw. v. Aminen als Emulgiermittel 31-2090*; Konservier. u. Regenerier. v. techn. wss. — 32-2698*; Brechen v. W.-in-Öl-— bei d. Petroleumgewinn. mittels oberflächenakt. Verb. 36-2644*; stabile Öl-in-W.-— 42-3036*; Trennen v. Mineralöl-— u. Lsg. aus Fettsäuresalzen durch eine Elektrolytkombinat. 44-2615*; Herst. v. Oxyalkylier.-Prod. v. reaktiven N-Verb. u. Polyepoxiden als Brech.-Mittel für W./Öl-, bes. Petroleum-— 47-2331*; Brechen v. Öl-in-W.-— 49/50-2537*; Herst. v. Öl-in-W.-— auf d. Basis Mineralöl 51/52-1994*.

Überziehen v. Partikeln einer Öl-in-hydrophiler Fl.-— mittels Koazervier. 25-1926*, 25-1927*, 25-1928*; Einkapseln v. Teilchen einer — hydrophiler Fl. in Öl durch Koazervier. 33-2168*, 33-2169*; Umhüll. v. Teilchen einer Öl-in-W.-— durch Koazervat. v. Koll. 48-2068 bis 48-2070.

Stabilität v. Paraffinöl-— 1-1805; physikal. Eig. d. W.-— im Rohöl 1-2860; Einfl. v. KW-Stoffen auf d. Bldg. v. Mikro-— 5-0670; Grenzflächeneig. v. nichtwss. — (Glycerin–Olivenöl-Emuls.) 5-1810; Mechanismus d. spontanen Emulgier. d. Hg 8-0649; HBL-Wert für d. Ölphase therapeut. Öl-in-W.-Syst. 8-1739; Gesetzmäßigk. in — mit koll. Dispers.-Grad 8-2815; Arzneimittelfreisetz. aus W/O--Syst. (Kavernenfüllmassen, Einfl. nichtionogener Tenside) 10-1785, 10-1786; Einfl. d. Bezieh. zwischen Lösefähigk. u. d. HLB-Wertes auf d. Eig. kosmet. — 13-2965; Stabilität v. Öl-in-W.-— (Übersicht) 17-1734; Mess. v. --Stabilitäten 17-1922; Energiedissipat. in --Tröpfchen in einer Scherström. 18-0596; Einfl. v. Elektrolyten auf d. ζ-Potential v. — v. W. in Bzl. u. Heptan 18-0855; Oberflächeneig. einer durch Misch. v. Casein u. Gelatine stabilisierten Öl/W.-— 20-0617; Wrkg. äthoxylierter Fettalkohole auf d. --Stabilität v. O/W- u. W/O-— 22-2745; Einfl. d. rheolog. Eig. auf d. Koagulat. v. --Tröpfchen unter isoelektr. Beding. 24-0916; Stabilität v. — in Ggw. grenzflächenakt. Stoffe 25-0639; Aggregat.-Effekte in NaCl enthaltendem Cetrimid dispergierten — 28-1712; Ionenpermeabilität in konz. reinen — 32-0620; Grenzflächenspann. u. Viskosität bei d. Emulgier. 32-0637; Stabilität u. Flockenbldg. v. Öltröpfchen in verd. — 32-1716; ζ-Potential konz. O/W-— mit Na-Alkylbenzolsulfonaten u. OP-*10* 35-0626; Lad.-Vorzeichen d. Teilchen d. dispersen Phase v. — d. W./Öl-Typs 36-0617; Einfl. d. Oberflächenviskosität u. Oberflächenelastizität auf d. Stabilität v. — 36-0624; Bldg. v. durch d. Emulgator T-*2* stabilisierten — v. Typ W./Öl 38-0613; Zusammenhänge zwischen --Typ, Oberflächenaktivität u. Schaum 39-2582; Mechanismus d. --Stabilisier. 41-0608; Einfl. d. Änder. d. Zus. d. Glycerinester auf d. physikal. Eig. v. kosmet. — 41-2609; Massentransport v. CH_4 in KW-Stoff/W.-— infolge Brownscher Diffus. 46-0629; quasispontane Emulgier. bei d. --Stabilisier. 46-2004; Unters. d. Umwandl. v. — v. W/O- zum O/W-Typ 47-2496; Einfl. d. pH auf d. Stabilität v. durch hydrophile Koll. stabilisierte Kerosin-— in W. 48-0590; Bldg. v. Mol.-Komplexen in Aerosol-— 49/50-2640.

Elektr. Leitfähigk.-Verh. v. kosmet. — 9-3039; elektron. Ermittl. d. Einfl. v. Salzelektrolyten auf d. Partikelgröße in Fett-— 21-1606; Röntgenstrahlenkristallinität v. Polymer-— 21-2196; mkr. Beobacht. d. Eisbldg. in gekühlten inversen — 46-2005.

Autox. v. Emulgatoren u. — 14-1788; Autox. v. Fetten in — (Einfl. d. Emulgatoren) 18-2937; Radiolyse einer W.-— v. Erdölfrakt. 22-2653.

Perkutane Resorpt. einer sulfonierten Polygalakturonsäure aus einer Öl-in-W.-— 1-1784; Hydrolyse in künstl. Fett-— während d. Aufbewahr. u. ihre physiolog. Auswrkg. 51/52-1443.

Pigmenthalt. Überzugsmittel-— auf bituminöser Grundlage 3-2793*; Behandl. v. Kohle mit einer Öl-in-W.-— 6-2742*; Verw. einer Bitumen-— mit anorgan. u. organ. Füllstoff als kombiniertes Mittel für Entdröhn. u. Oberflächenschutz 9-2970*; Bitumen-— mit einem kation. u. einem nichtion. Emulgator sowie HCl oder Sulfaminsäure 14-2919*; Herst. einer Selbstglanz-— aus einer wss. Wachsdispers. u. einem Mischpolymerisat 15-2919*; Herst. wss. — zum Umhüllen v. stück. Brennstoffen 31-2588*; — aus Erdölbitumen, Sulfitablauge u. Zusätzen als Bindemittel für d. Brikettherst. 40-2591; feuerfeste, hydraul. Fl. v. Typ einer W.-in-Öl-— auf d. Basis Mineralöl 42-2011*; Mechanismus d. Zerstör. v. kation. Bitumen-— für d. Straßenbau 42-2240; Verw. v. Polymer-— für Selbstglanzmittel zur Fußbodenpflege 46-2661.

Best. d. --Stabilität durch Mess. d. DK 3-1767; Technologie u. physikal.-chem. Prüf. fl. u. halbfl. Öl/W.---Syst. 5-1821; Best. d. Stabilität v. O/W-— aus d. Zerreißfestigk. v. dünnen W.-Filmen 6-0687; Bahnbreite schwerer Ionen in — 13-2078; Best.: v. Fett u. Seife in --Pasten 14-2102; v. Phenol in Gelatinelsg. u. Photo-— 21-2214; Teilchengrößebest. v. pharmazeut. — (App.-Beschreib.) 28-1711; Coulter-Zähler für Analysen v. O/W-— 28-1715; Meth. zur Best. d. --Typs 39-2582; automat. Best. d. W.-Geh. v. W.-in-Öl-— 40-1947.

Emulgiermittel

Verw. v. Emulgiermitteln in — s. auch d. vorst. Abschnitte.

Autox. v. Emulgatoren u. — 14-1788; Reinig. v. nichtion. Emulgatoren 22-2775; Rolle v. Emulgatoren bei d. Ox. v. Isopropylbenzol u. 1.1-Diphenyläthan 25-0940; Einfl. v. Emulgatoren auf d. O_2-Aufnahme durch Pseudomonas fluorescens in Ggw. v. Na-Acetat oder Kokosnußöl 25-1288; Wechselwrkg. zwischen substituierten Benzoesäuren u. kationenakt. Emulgatoren 39-1669; Emulgatoren u. Stabilisatoren (Übersicht) 48-3272.

Herst.: u. Verw. v. Fettsäurezuckerestern als Emulgatoren 3-2860; v. milchsäurehalt. Mischestern als Emulgatoren 11-3424*; v. Imidazolinverb. als Emulgiermittel 15-2906*; v. $>N-C-C-N<$-Gruppen enthaltenden Verb. als Emulgiermittel 16-2618*; emulsionsstabilisierende bzw. -trennende Wrkg. v. Ca- u. Na-Naphthenaten 16-2696; Herst.: v. aliphat. Estern v. ungesätt. Carbonsäuren als Emulgatoren für Schädlingsbekämpf.-Mittel 16-3140*; v. 2-Oxazolidinonen u. 2-Pyrrolidinonen als Emulgatoren 17-2992*; v. quatern. Pyridylmethylfettalkylammoniumhalogeniden als Emulgatoren 20-2651*; Zus. v. Monoglyceridemulgatoren 20-3343; Herst. v. organ. Hydraziniumsalzen mit emulgierenden Eig. 23-2687*; Verw. eines Emulgators aus organ. Alkalimetallsulfonat u. alkoxyliertem aliphat. Alkohol in feuerfesten hydraul. Fl. 24-2778*; Entwässer. u. Entsalzen d. Erdöls mit polyoxyäthylierten Alkylphenolen als Demulgatoren 25-2552*; Emulgiermittel für KW-Stoff- oder petrolharzhalt. Bindemittel aus Misch. v. Mono- u. Dialkylphosphaten 26-2875*; Emulgatoren für Farbstoff-— v. W.-in-Öl-Typ aus Hydroxyalkylamiden v. Monocarbonsäuren u. Hydroxyalkylaminen 27-2807*; Herst.: v. Emulgator aus Rk.-Prod. v. Carbonsäure mit Diamin, Alkylenoxid u. Sulton 27-2844*; v. Emulgiermittel (alkal. Rk.-Prod. v. P_2O_5 mit äthoxylierten organ. Verb.) 27-2849*; v. Halogen [bzw. Alk(oxy)]-phenyl(bzw. naphthyl)-p-aminophenyl-(bzw.

Entladung, elektrische

Entladungsröhren; *Plasmen* ...; *Strahlungsquellen, optische* s. dort.

Fortpflanz.-Geschw. v. Geiger-Müller-- in Ar–A.-Misch. 1-0188; Sieden d. überhitzten W. unter – 2-0588; Konst. d. zeitl. Ionisat.-Zuwachses u. sek. Prozesse in H 3-0217; lineare Hochstrom-- bei Atmosphärendruck 3-0225; elektrostat. Ioneninstabilität in einer Cs-- 4-0183; Berechn. mittlerer Elektronenenergien in He–Ne-- 4-0190; eindimensionale Raumlad.-Theorie (Verallgemeiner.) 5-0227; (relativist. Child-Gesetz) 5-0228; Kinetik d. Starts u. d. Entw. d. Joshi-Effekts in Halogenen 7-0224; – zwischen trennenden W-Kontakten 7-0230; --Schwing.-Formen bei Pendelvervielfach. 9-0216; Vor-- zwischen Spitze u. Ebene 11-0201; Hohlkathoden-- 12-0220; Hohlkathodeneffekt in einatom. Gasen 12-0221; Anreg. d. Ne-Niveaus in einer Ne–H_2-- 13-0219; Spektren v. gepulsten u. kontinuierl. Xe-- 13-0227; Eigenschwing. einer mit einem Oszillator mit veränderl. Frequenz gekoppelten Gleichstromgas-- 13-0229; Stromverteil. im verschmierten Übergangsgebiet zwischen elektr. leitenden Phasen (Elektroden v. – u. – in porösen Glasfritten) 13-0432; experimentelle Charakteristiken v. Raumlad.-Strömen in gekreuzten Feldern 15-0223; mit hoher Geschw. zeitl. aufgelöstes Spektrum eines Blitzschlages 18-0198; Opazität v. Blitzen 18-0199; --Impulse in einem Luftstrom v. hoher Geschw. 19-0210; Best. d. Charakteristika einer Cs-- aus einer Theorie d. Verstärk. 19-0211; spektroskop. Unters. d. Bldg.-Mechanismus v. C_2 in verschiedenen Typen v. – in einer CO_2-Atmosphäre 20-0170; – in Äthan in Ggw. v. T 20-0916; kontrahierte --Säule in Edelgasen bei mittleren Drücken 22-0193; Verteil. d. relativen Konz. v. Atomen u. Ionen entlang u. im Querschnitt d. Gas-- in einer Quelle vielfach geladener Ionen 22-0196; Verw. d. Parameters E/N 23-0207; Best. d. Energieverteil.-Funkt. d. Elektronen in einer – mit Hohlkathode in einer Ne–He-Misch. 23-0225; Elektronenenergieverteil. in verschiedenen – 24-0187; Beweis für d. Bedeut. d. $N_2(^3\Delta u)$ in – u. Nachleuchten in N_2 mit einem Edelgas 25-0186; zeitl. Verlauf v. --Vorgängen idealer Gase 27-0222; Instabilität d. Glühkathoden-- im Magnetfeld bei niedr. Drücken 28-0187; Starkstrom-Kanäle in Luft mit Anwend. auf d. Blitz-- 29-0191; Ausbreit. d. – in selbstlöschenden Zählrohren 30-0157; Mikrowellen-Rauschresonanzen hoher Intensitäten v. akt. Edelgas-- 31-0216; Verstärk. v. Flammen mit – (Übersicht) 31-0659; Anreg. harmon. Zyklotronresonanzen in einer Hg-Dampf-- 32-0183; Spann.-Grenze einer therm. ionisierten eindimensionalen Gas-- 32-0184; gemischter u. selbständ. --Mechanismus in stoßionisiertem Ar 32-0185; experimentelle Best. d. Strahl.-Verstärk.-Koeff. in einer – 32-0190; Einfl. v. – auf d. Kondens. d. Dämpfe eines sublimierbaren Stoffes (Naphthalin) 32-0914; Temp.-Unters. einer Hohlkathoden-- 34-0225; theoret. Modell für d. Mechanismus d. Röntgenstrahlenblitz-- 35-0163; Abweich. v. Paschen-Gesetz in Hg-Dampf 35-0167; Gleichförmigk. d. Elektronenzahldichte in einer Hg-Entlad.-Röhre 35-0169; Temp.-Abhängigk. d. Lichtempfindlichk. d. nichtselbständ. Niederfrequenz-- u. Joshi-Effekt in Halogenen 38-0219; Photoelektronen als Ursache des Joshi-Effekts 38-0220; Einfl. d. Kapazität leuchtender – auf d. Ausb. an N-Oxiden (Analyse d. stationären Konz.-Änder.) 38-0221; – in Strahlen aus kondensierter Materie im Hochvakuum 40-0147; Einfl. d. Frequenz d. Energiequelle auf eine Hg–Ar-- 40-0148; Ausbreit. d. – in selbstlöschenden Zählrohren 40-0153, 40-0154; spektroskop. Unters. eines Laserfunkens (Funken in He) 42-0185; Abhängigk. d. Brennspann. einer – v. Elektrodenabstand 42-0191; Ähnlichk.-Bezieh. für --Säulen in Edelgasen bei mittleren Drücken 46-0199; eingeschnürte Entlad. in Edelgasen (spektroskop. u. elektr. Mess.) 48-0185; (Analyse d. makroskop. Eig. d. –) 48-0186; energet. Berechn. u. spektroskop. Best. v. Mol.-Temp. im Bereich einer – bei mittleren Drücken 48-0187; Einfl. leicht ionisierbarer Beimeng. auf d. sich bewegenden Schichten in Edelgasen u. d. Trenn. v. He- u. Ne-Gemischen mit Wasserstoff in einer – 48-0188; Drift-Instabilität in Hg-Dampf-- 49/50-0204; oszillograph. Unters. in einer Niederfrequenz-- zwischen Metallelektroden 49/50-0207; stationäre Konz. v. NO in – (Einfl. d. Zus. d. Ausgangsgemischs auf d. Bldg. v. NO in d. Elektrodenbereichen d. Glimm--) 49/50-0621.

Zündvorgänge und Durchschlag

Einfl. d. Funkenstrecklänge auf d. Polaritätseffekt bei d. Elektrodenformier. beim Vakuumdurchschlag 1-0171; durch Teilchenstoß ausgelöster Hochspann.-Überschlag 1-0172; durch Elektronenbeschuß hervorgerufene Elektrodenerheb. u. ihr Einfl. beim Vakuumdurchschlag 1-0176; Natur d. Vordurchschlagsstromes im Hochvakuum 7-0225; elektr. Durchschlag im Vakuum (neue experimentelle Unters. an Al–Cu- u. Edelstahl-Elektroden) 18-0194; Einleit. eines elektr. Durchschlags im Vakuum durch einen Feldemiss.-Elektronenstrom 18-0195; minimale Energie für d. Auslsg. d. elektr. Durchschlags im Vakuum 22-0202; Elektronendurchschlag v. Dielektrika bei Vorliegen einer Quelle nichtelektr. Energie 22-0394; Desorpt.-Mechanismus d. elektr. Durchschlags im Hochvakuum (Übersicht) 26-0199; Einfl. d. Elektrodenmaterials auf d. Verzöger. d. – beim elektr. Vakuumdurchschlag 33-0230; Anreg. d. elektr. Durchschlags im Hochvakuum durch einen therm. Impuls 46-0203; Beding. für d. Zünd. d. – 47-0398; Radiofrequenzdurchschlag in einem überlagerten Gleichfeld 48-0194.

Gase: Multiphotonenionisier. u. Durchschlag in Edelgasen 1-0170; Berechn. d. inmitten d. Entlad.-Strecke beginnenden Überschlags in einer N_2–CH_4-Misch. 1-0173; Durchschlagsspann. u. Aufbauzeiten in Raumluft in einem homogenen Feld mit *7,5 – 22,5* cm Abstand 1-0174; Durchschlagsverh. v. Luft unter d. Einw. eines inhomogenen elektr. Gleichfeldes mit überlagertem Wechselfeld 1-0175; Phänomen d. Zünd. einer – in einem inhomogenen elektr. Feld bei niedr. Drücken mit einer bes. Geometrie d. Elektroden 5-0231; Mechanismus d. Durchschlags bei einem kurzen Luftspalt 7-0227; elektromagnet. Durchschlag v. Luft 7-0228; Laser-induzierter Durchschlag in Cl 7-0229; Durchschlag v. Gasen unter d. Einw. v. Laserlicht (Übersicht) 12-0212; Funken-- in Luft bei d. Fokussier. einer Laserstrahl. 13-0224; Unters. d. zeitl. Ionisat.-Anstiegs während d. Bldg.-Zeit d. Funkendurchschlags in N mit einem SEV 18-0196; opt. Durchschlag in Metalldämpfen 23-0208; Beschleunig. u. Einfang v. Elektronen durch eine magnet. Falle bei elektr. Durchschlag 23-0220; elektr. Durchschlag in mit angeregten Mol. angereichertem Gas 24-0186; Stromanstieg vor d. Überschlag in He 26-0200; Durchschlag in Gasen durch *10600*-Å-Laser-Strahl. 28-0183; Überschlag in langen Funkenstrecken mit homogenem Feld in Luft 32-0192; Schattenprojekt. d. in d. Luft bei d. Fokusier. eines Laserstrahles entstehenden Funkens 33-0231; Durchschlag in Gasen mit Nanosekundenimpulsen 36-0174; Mechanismus des Gasdurchschlags durch Laser 38-0203; statist. Zeitverzöger. des elektr. Durchschlags v. SF_6–Luft-Misch. 39-0227; Übergang v. Lawinen- zum Ström.-Durchschlag in N_2 41-0223; kurzzeit. Lichtimpulse während eines elektr. Durchschlages in Gasen 41-0224; kinet. Theorie d. Gasentlad.-Durchschlages durch Hochfrequenzresonanz 41-0225; Explos.-Mechanismus v. Gasen bei Laserbestrahl. 42-0186; Durchschlagsminima infolge Elektronenstoß-Ionisat. in Gasen v. extrem hohem Druck bei Bestrahl. durch einen fokussierten Riesenimpuls-Laser 42-0187; Frequenzabhängigk. d. opt. induzierten Gas-Durchschlags 42-0188; Durchschlags-Potentiale v. O_2, H_2 u. CO bei niedr. Werten d. Prod. aus Druck u. Elektrodenabstand 42-0189; Impulsdurchschlag im homogenen Feld in Luft bei hoher Überspann. 42-0190; Einfl. statist. Verzöger.-Zeiten auf d. elektr. Durchschlag in elektronegativen Gasen 46-0202.

Flüssigkeiten: Stromabriß u. erneuter Durchschlag bei – in Fl. 6-0485; Auftreten v. therm. Durchschlägen in fl. Dielektrika 18-2300; Durchschlagsfestigk. fl. organ. Verb. 18-2301; Theorie d. Durchschlags dünner Schichten v. fl. Dielektrika 27-0484; Zusammenhang zwischen hydrodynam. u. elektr. Charakteristiken d. – in einer Fl. 34-0476; elektr. Durchschlag: in Bündeln kondensierten Wasserstoffs u. Stickstoffs im Hochvakuum 41-0226; einer Fl. in einem inhomogenen Feld bei rechteck. Spann.-Impulsen 44-0472.

Festkörper: Elektronenlawinen in CdS-Krist. bei elektr. Feldstärken v. einigen 10^4 V pro cm 1-0448; Mess. d. Einfl. d. Dicke auf d. Durchschlagfestigk. v. NaBr mit elektr. Impulsen 2-0443; Theorie einer Mikrowellen-Plasmainstabilität durch transversalen Durchschlag (Anwend. auf n-InSb) 4-0400; Beobacht. sehr kleiner Durchschlagsspann. in SiO_2-Schichten auf Si 4-0407; elektr. Festigk. v. festen Dielektrika 5-0436; Mess. d. elektr. Durchschlags in aufgedampften, dielektr. Schichten v. Na_3AlF_6, NaCl oder LiF mit Elektroden aus Ag, Al bzw. Au 5-0437; temp.-abhäng. elektr. Durchschlag im Ti_2O_3 (theoret. Betracht. d. Übergangs v. Isolator in d. metall. Zustand im Ti_2O_3) 6-0429; Impulsdurchschlag fester Dielektrika am Beispiel v. KCl 8-0426; Temp.-Abhängigk. d. elektr. Durchschlagsfestigk. v. Alkalimetallhalogenidkrist. 8-0427; Richt.-Effekt beim elektr. Durchschlag in NaBr 8-0428; Einfl. v. Phononen auf d. Temp.-Abhängigk. d. Tunneldurchschlages in Si 9-0455; Mikrowellenschwing. aus Ge–p–n-Übergängen bei Belast. d. Dioden in Sperricht. mit Spann.-Impulsen oberhalb d. Durchbruchsspann. 11-0449; Durchschlag bei in Sperr. vorgespannten p–n-Übergängen in epitakt. GaAs 11-0457; Einfl. eines äußeren elektr. Feldes auf d. Durchschlag v. p–n-, p–n–p- u. p–n–p–n-Strukturen 13-0448; Anisotropie d. krit. Feldes d. elektr. Durchschlags bei niedr. Temp. in n-leitendem Si 17-0446; Prüf. d. Lawinentheorie d. dielektr. Durchschlages in Festkörpern 18-2299; Einfl. d. Raumlad. auf d. Durchschlagfestigk. v. KCl-Einkrist. 18-2303; Temp.-Abhängigk. d. dielektr. Durchschlags in KCl-Einkrist. u. in einem gemischten Krist. v. *75/25* Mol-% KCl/RbCl unter Gleich- u. Impulsspann. 21-0393; Durchschlagsspann. v. Elektrolumineszenz-Kondensatoren auf ZnS-Basis 24-0374; anisotrope Elektronenverteil. in reinen Halbleitern (InSb) im Durchschlagsgebiet 26-0393; Lawinendurchschlag in Se-Gleichrichtern 32-0406; Schalten u. Durchbruch bei niedr. Feldstärken in n-GaAs-Vol.-Dioden 32-0415; Durchschlagsspann. v. amorphen Si_3N_4-Schichten 33-0470; Mechanismus d. Durchschlags bei festen Dielektriken im Zusammenhang mit d. Elektronenemiss. aus d. Kathode (NaCl, KCl, KBr u. KJ) 34-0444; (organ. Glas) 34-0445; Durchschlag v. Ge- u. Si-Krist. im starken elektr. Feld 34-0446; Impulsströme in KCl- u. KBr-Krist. in Feldern vor d. Durchschlag 35-0408; Einfl. mechan. Spann. auf d. Durchschlagsspann. v. Ge- u. Si–p–n-Übergängen 36-0405; Vordurchschlagzustand v. Se-Gleichrichtern 38-0424; Best. d. Ionisat.-Koeff. beim Lawinendurchschlag d. p–n-Überganges v. Se 38-0425; Dickenabhängigk. d. elektr. Durchschlagfestigk. v. dielektr. Filmen 38-0441; Meth. zur Best. d. Durchschlagfestigk. v. Schichtpreßstoffen in Richt. d. Schicht 38-2208; Zunahme d. Durchbruchsfeldstärke in Funkenstrecken mit Kathoden aus Einkrist. bei hohen Drücken 39-0226; Durchschlag in NaCl im Mikron- u. Submikron-Dickenbereich 40-0371; lokalisierter Durchschlag in Ge-Mesa-Dioden durch Einschlüsse aus Si 42-0399; negativer elektrolyt. Durchschlag in mit Protonen beschossenen LiF-Krist. 42-0403; Formier.-Prozesse beim elektr. Durchschlag in KBr 42-0404; elektr. Durchschlagfestigk. v. SiO_2-Filmen d. Filmstrukturen Cr–SiO_2–Al gegenüber Wechselspann. 43-0416; Einfl. d. Temp. d. umgebenden Mediums auf Mikroplasmaerschein. u. Durchschlagsspann. eines p–n-Übergangs in Si 44-0420; Theorie d. Tieftemp.-Durchschlags in kompensiertem Ge 44-0429; Abhängigk. d. Störstellendurchschlags in kompensiertem p-Ge v. starken Spann. 44-0430; dielektr. Durchschlag v. anod. Oxidschichten auf Ventilmetallen 47-0471; Durchschlagsspann. v. *0,42 – 0,77* μ dicken Schichten aus SiO_2–Al_2O_3-Misch. 47-0472; --Charakteristiken bei Lichteinstrahl. v. CdS-Binder-Schichten in d. Xerographie 49/50-0407; Durchschlagsspann. in Stufen-p–n-Übergängen aus Si 51/52-0372; Mechanismus d. elektr. Durchschlags in CuCl-Einkrist. 51/52-0377.

Townsend-Entladung, stille Entladung

Elektr. Theorie d. Ozonisatoren (Entlad. in He bei verschiedenen Drücken u. --Strekken) 7-0223; theoret. Unters. d. Townsend-Huxley-Schwarmverf. für Elektronen 7-0226; Best. d. Temp. aus d. Rotat.-Linien d. – im Ozonisator 9-0219; experimentelle Elektronenenergieverteil. für Townsend-- in He 13-0214; Komponenten d. Stroms d. stillen –: in einfachen Gassyst. 15-0235; in gemischten Gassyst. 15-0236; Stromimpulse im Ozonisator 15-0237; Einfl. v. β- u. γ-Strahlen auf d. --Strom in Cl unter Ozonisatoranreg. 22-0191; direkte Beobacht. d. Ozonkonz. in Ozonisatoren 29-0708; Townsend-Ionisat.-Koeff. bei niedr. Hg-Dampfdrücken 35-0166; Berechn. d. Anzahl angeregter u. metastabiler in einer Townsend-- in Hg-Dampf erzeugter Atome pro Ionenpaar 35-0168; Elektronenanlager.-Prozesse in Townsend-- in O_2 36-0168; Absorpt. v. Photonen in einer Townsend-- 39-0218; Einfl. eines gekreuzten Magnetfelds auf eine Townsend-- 39-0219; erster Townsendscher Ionisat.-Koeff. für komprimierten Stickstoff 41-0222; Joshi-Effekt in einem Kleinst-Ozonisator unter extrem schwachem Licht 42-0192; Ionenzus. d. positiven Säule d. stillen – in Inertgasen bei erhöhtem Druck 44-0187; Spektralanalyse d. Impulshöhen einer Ozonisatoren-- u. d. damit verbundene Joshi-Effekt 48-0193.

Koronaentladung

Anod. Effekte bei vorher abgerissenen — zwischen negativer Spitze u. Ebene in einer Korona-— 5-0230; intensive Ströme in einem ionisierten Kanal mit geringem Querschnitt (Koronaeffekt) 10-0176; Strommess. bei Erzeug. einer Korona-— vor einem einkrist. AgCl-Plättchen u. einer amorphen Se-Schicht 17-0441; mechan. Effekte bei d. Korona-— zwischen Spitze u. Platte 21-0195; Charakteristiken d. Abscheid. v. Eis in d. Korona-— 26-0198; chem. Veränder. v. Rauch durch Korona-— 26-2831; Natur d. permanenten Stroms bei Gleichspann.-Korona-— zwischen Spitze u. Ebene 28-0182; Anwend. einer Korona-— zum Nachw. in d. Gaschromatographie 32-1992; positive Korona-— in He 37-0213; „gasionisierende" Strahl. einer Korona-— 37-0214; massenspektrometr. Unters. d. Korona-— in Luft bei Atmosphärendruck 45-0192; Analyse d. Bldg.-Stufe einer Korona-— 49/50-0203.

Niederdruckentladung

Existenz d. zweierlei Strukturen d. stehenden Schichten in d. Niederdruck-— in Ne 1-0177; Zusammenhang v. Säulenschicht. u. Geh. an negativen Ionen in einer verunreinigten Ar-Niederdruck-— 7-0216; durch Elektronenbeschuß d. Anode emittierte Röntgenstrahlen in einer Penning-Hochspann.-Gas-— 9-0223; Instabilität v. „Zweistrahl"-Typ in einer Penning-— mit kalten Kathoden 9-0224; Mechanismus d. — im Vakuum 11-0205; Instabilitäten v. Gleichstrom-— bei geringen Edelgasdrucken 11-0206; Verteil. angeregter Atome über d. Querschnitt einer Niederdruck-— in Hg- u. Hg–Ar-Dämpfen 12-0215; Anreg. v. Ne in d. positiven Säule d. — bei niedr. Drücken 15-0229; positive Säule d. Ar-Niederdruck-— im Übergangsbereich 15-0231; Temp.-Verh. einer Oxidkathode in einer Hg-Niederdruck-— 22-0205; Wärmeleit.-Erschein. bei Gasen unter niedr. Druck bei — 27-0221; Anodenfallmess. in d. Ne-Niederdruck-— 28-0178; spektroskop. Unters. einer — in Luft mit hoher Stromstärke bei niedr. Druck 32-0193; Elektronendiffus. in H_2 bei hohen elektr. Feldern u. niedr. Gasdrücken 34-0201; Gasentlad.-Injekt. v. Elektronen in einem Resonator (Penning-Rohr) 34-0219; Kinetik d. positiven Ionen in einer Penning-— 34-0220; neue Meth. zur Best. d. Potentialverteil. in einer Penning-— 34-0221; Energie- u. Winkelverteil. d. Ionen in verschiedenen Bereichen d. Kathode in Hochspann.-Penning-— 34-0222; Mechanismus d. Hg-Niederdruck-— u. d. Ursachen d. Langmuirschen Paradoxons 35-0170; Schwing. in magnet. eingeengten Kaltkathoden-— bei sehr niedr. Drücken 35-0172; zweidimensionale Niederdruckentlad.-Theorie 44-0184; Mess. eines anomalen Diffus.-Koeff. für d. durch Flöteninstabilität in einer Penning-Niederdruck-— bedingten Schwank. 46-0188; Schichterschein. in d. positiven Säule d. Sauerstoff-Niederdruck-— 46-0197; positive Säule d. Ar-Niederdruck-— im Übergangsbereich 46-0198; spektroskop. Unters. v. Cs- u. Cs–He-— geringer D. 47-0207; akust. Ionenwellen in Hg-Dampf-— (10^{-3} Torr) 47-0208.

Hochdruckentladung

Statist. Schwank. d. IR-Strahl. einer Hochdruck–Hochstrom-Ar-— (spontane Strahl.-Schwank. eines nichtschwarzen Strahlers u. ihre Mess. mit einer In–Sb-Photodiode) 5-0235; Analyse d. Strom–Spann.-Kennlinie einer Hochdruck-Cs-Diode 11-0210; oszillograph. Unters. v. — in Stickstoff u. Wasserstoff bei hohem Druck (Durchbruchspann.) 32-0191; statist. Schwank. d. IR-Strahl. einer Hochdruck–Hochstrom-Ar-— (Eig. d. Hochdruck–Hochstrom-Ar-Bogens sowie Berechn. u. Mess. d. statist. Strahl.-Schwank.) 35-0176; Wärmeleit.-Verlust in d. Hg-Hochdruck-— 36-0177; oszillograph. Unters. v. — in Stickstoff u. Wasserstoff bei hohem Druck (Stickstoff) 51/52-0142; (Wasserstoff) 51/52-0143.

Glimmentladung

Stromspann.-Charakteristiken d. Glimm-— mit Hohlkathode 1-0178; Helligk. einer elektrolumineszierenden Gaszelle unter d. Einw. eines Wechselfeldes (Einfl. d. Druckes) 3-0219; (Einfl. d. Spann. u. d. Frequenz) 3-0220; (Phasenverschieb. zwischen Spann. u. Helligk.) 3-0221; gleichzeit. Unters. d. Leuchtdichte: v. zwei Gaszonen in einer Elektrolumineszenzzelle in einem Wechselfeld (Phasenverschieb. Spann.-Leuchtdichte) 3-0222; v. zwei gasgefüllten Elektrolumineszenzzellen mit verschiedenen Dicken (Phasenverschieb. Spann.-Leuchtdichte) 3-0223; Bedeut. d. Ähnlichk.-Gesetzes für d. Abhängigk. d. Doppelkathoden-Glimm-— v. Gasdruck u. Kathodenabstand 5-0229; Modellvorstell. für d. „Auroral Afterglow" u. d. „Pink Afterglow" 7-0211; räuml. u. zeitl. aufgelöste Elektronen- u. Atomkonz. im Nachleuchten einer — 7-0212; Nachleuchtunters. in Edelgas–H-Misch. 7-0213; Anreg. d. Spiralwelle in d. positiven Säule 7-0214; positive Ar-Säule im weiten Rohr 7-0215; Zusammenhang v. Säulenschicht. u. Geh. an negativen Ionen in einer verunreinigten Ar-— 7-0216; Best. d. räuml. Verteil. v. Elektronentemp. u. -D. in stehenden Schichten einer H-— aus Mikrowellenmess. 7-0217; — in d. Hohlkathode (Vgl. d. elektr. Charakteristiken d. Hohlkathode u. d. positiven Säule) 7-0218; Glimm-— zwischen koaxialen dielektr. Zylindern in axialen elektr. u. radialen magnet. Feldern 7-0219; Theorie d. Glimmlichts einer Niederdruck-— 7-0220; Rotat. d. positiven —-Säulen im Magnetfeld 12-0213; abs. Konz. angeregter Atome in d. positiven Säule einer Hg-— 12-0214; Energiespektrum d. in einer anomalen Glimm-— auf d. Kathode fallenden positiven Ionen 13-0215; Wellennatur v. laufenden Schichten in einer Niederdruck-Glimm-— 13-0216; Zusammenhang d. laufenden u. stehenden Schichten in d. Glimm-— 13-0217; Theorie d. positiven Säule einer Glimm-— in Ggw. einer geringen Beimeng. 15-0228; radiale Abhängigk. d. Geschw.-Verteil.-Funkt. v. Elektronen in d. positiven Säule d. — 15-0230; Unters. v. Schallwellen in Gleichstrom-Glimm-— 15-0232; Glimm-— in einem Ne + He-Gemisch 17-0210; massenspektrometr. Unters.: d. Anodenteile d. H-Glimm-— bei erhöhtem Druck 17-0211; an d. positiven Säule d. N-Glimm-— 17-0212; Glimm-—: bei niedr. Drücken u. Stromdichten $\leqq$ *0,1* A/cm² 20-0171; v. sehr hoher D. mit Hohlkathode 20-0172; lokalisierte D. in einer Ar-Glimm-— 21-0194; Existenz d. H_5^+-Ions in d. positiven Säule d. H-Glimm-— bei hohem Druck 21-0219; spektroskop. Unters. einer Glimm-— in Kr 22-0192; Kathodenflecke in d. kurzzeit. Glimm-— in N 23-0224; wandernde Schichten in d. positiven Säule einer — in J_2-Dampf 26-0202; Wandlad. u. radiale Verteil. d. positiven Ionenstroms auf d. Kathode bei einer Glimm-— 27-0223; ambipolare Effus. d. Lad.-Träger aus d. positiven Säule einer Niederdruck-Glimm-— 28-0179; Diffus.-Theorie d. homogenen positiven Säule mit einer Druyvesteyn-Verteil. d. Elektronenenergie 30-0152; Energieverteil.-Funkt. d. Elektronen in d. positiven Säule einer stromschwachen Ne-— 30-0153; Einfl. eines elektr. Feldes entlang d. Kathode auf eine Kaltkathodenglimm-— 31-0213; niederfrequente Oszillat. bei d. Glimm-— elektronegativer Gase 32-0186; Ausbldg. angeregter Mol.-Zustände in d. positiven Säule einer He-— 32-0187; Hohlkathodenglimm-— in H_2 u. d. Edelgasen 32-0188; positive Säule d. He-— in einem starken Magnetfeld 33-0226; Theorie d. Ionisat.-Wellen in d. positiven Säule einer Glimm-— 34-0223; transversale Trenn. d. Komponenten einer Misch. in einer positiven Säule einer Glimm-— 34-0224; Spektrum d. Syst. CH_4/O_2 in d. positiven Säule einer Gleichstrom-Glimm-— bei niedr. Druck 34-0886; Mess. stationärer Schichten d. positiven Säule einer Glimm-— mit Hilfe einer Mikrowellenmeth. 35-0165; Elektronentemp. d. positiven Säule in H bei niedr. Druck 36-0170; positive Säule in d. — in Cd-Dämpfen u. Best. des effektiven Querschnitts des Niveaus 6^3S_1 36-0171; Einfl. d. Prod. d. Glimm-— auf d. Geschw. v. H–O-Flammen in d. Entflamm.-Halbinsel 36-0655; asymptot. Theorie d. positiven Säule einer — 39-0220; Kontinuumstrahl. in einer positiven Ar-Säule 39-0221; schnelle Elektronen im negativen Glimmlicht v. Niederspann.-— in He an d. kalten Kathode 39-0223; Elektronentemp. in einer Wechselstrom-Glimm-— in Luft 39-0224; Elektronenenergieverteil.-Funkt. in einer N-Glimm-— 40-0225; Schicht. in d. Ne–Hg-Glimm-— 40-0149; Energieverteil. d. Elektronen in d. positiven —-Säule in Ar 45-0189; massenspektrometr. Unters. an d. positiven Säule d. Stickstoff-Glimm-— 45-0190; Energieverteil.-Funkt. im Fallraum v. Glimm-— 46-0196; Kathodenglimmlicht u. negatives Glimmlicht bei niedr. Druck bei Mol-Gasen 46-0200; Abhängigk. d. Impedanz: einer Glimm-— v. d. —-Parametern 48-0189; einer anomalen Glimm-— v. d. Übergangszeit d. positiven Ionen 48/0190; ber. Ionenverteil. in einem negativen He-Glimmlicht 49/50-0205; direkter Beweis d. Existenz negativer, labiler Mol.-Ionen im Faraday-Raum 49/50-0206; Übergang v. d. Glimm-— zum Hochspann.-Bogen in einer Ar/W.-Dampf-Atmosphäre 51/52-0145.

Hochfrequenz-, elektrodenlose, Mikrowellen-, Impulsentladung

Zeitl. Verzöger. zwischen Strom- u. Lichtimpulsen in d. elektrodenlosen — 1-0180; Abklingen d. Resonanzstrahl. in einer Impuls-— in Kr 1-0184; longitudinale Wechselwrkg. v. Mikrowellen mit einer Ar-— 3-0224; Bldg. u. Rk. metastabiler O-Mol. nach einer HF-— 5-0774; Einfl. d. Skineffekts auf d. opt. Eig. einer Ultrahochfrequenz-— 7-0221; spektroskop. Unters. über d. „schwache" u. „starke" Hochfrequenz-— in Edelgasen 7-0222; Impuls-— in gekreuzten elektr. u. magnet. Feldern 9-0214; Fortschreiten einer Ultrahochfrequenz-— in einem verd. Gas 9-0218; Einfl. eines magnet. Felds auf d. Parameter einer Hochfrequenz-— 12-0216; Besonderh. d. Ultrahochfrequenz-— 12-0217; Best. d. Leitfähigk. einer Hochfrequenz-Indukt.-— in Ar mit kalorimetr. u. Spektralmeth. 12-0218; Mechanismus d. Auftretens zusätzl. Strahl.-Maxima in d. Impuls-— in Ne 13-0225; Kathodenflecke einer Impuls-— zwischen parallelen Elektroden 13-0226; Nachleuchten v. He im Plasma einer Hochfrequenz-Impuls-— bei *77* °K 14-0202; Bezieh. zwischen d. Elektronen-Parametern u. d. äußeren elektr. Parametern einer HF-angeregten He–Ne-— 15-0233; hochfrequente Indukt.-— in einer Kammer mit metall. wassergekühlten Wänden 15-0238; energet. Gleichgew. einer stationären induzierten — 17-0213; opt. Eig. einer Superhochfrequenz-— 17-0214; Lokalisat. einer linearen Hochfrequenz-— 22-0190; Theorie d. Hochfrequenz–Hochdruck-Wirbel-— 23-0226; Kammern zur Mikrowellen-— bei *2450* MHz 23-1862; elektrodenlose Hochdruck-— u. ihre magnet. Eig. 24-0189; Zeitabhängigk. d. Intensitäten v. $N_2(C^3\Pi–B^3\Pi)$-Banden in d. pulsierenden Fackel-— 26-0201; Geometrie d. in Edelgasen induzierten elektrodenlosen — 28-0180; Temp.- u. Elektronendichte-Best. in einer Hochfrequenz-— in Ar 28-0181; Konz. normaler Atome bei einer Impuls-— in Metalldämpfen 29-0189; Absorpt.-Unters. im Kanal gepulster — bei hohen Drücken 29-0190; Theorie einer Hochfrequenz-Hochdruck-Wirbel-— 30-0156; magnet. Resonanzen in Mikrowellen-— durch zweifach abgestimmte Hohlraumresonatoren 31-0217; Einfl. v. Hochspann.-Impuls-— in einem Fl.-Vol. auf d. Kristallisat.-Prozeß 31-0854; opt. Verstärk. in Ne- u. He–Ne-Impuls-— 32-0189; Konz. u. Energie d. Elektronen bei ultrahochfrequenter — in He 33-0228; Eig. einer ultrahochfrequenten — nahe d. Plasma-Resonanz 33-0229; Lumineszenz v. Zn–Hg-Dämpfen in d. Hochfrequenz-— 34-0226; Hochfrequenz-— in einer Ringelektrode in N_2 34-0227; Charakteristika einer Mikrowellen-Entlad.-Kammer 34-0229; Unters. einer Impuls-— durch zeitl. Auflsg. d. Spektrums 34-0230; spektroskop. Unters. v. Hochspann.-Impuls-— 34-0231; geschichtete Säule in einer Hochfrequenz-— 36-0172; nichtlineare Erschein. in Hochfrequenz-— 36-0173; oszillograph. Unters. des Impulsentlad.-Kanals in He bei hohen Drücken 36-0175; Unters. d. Doppler-Temp. in einer toroidalen — mit einem Mehrkanal-Fabry-Perot-Interferometer 37-0212; Polarisat. d. v. einem atomaren Dampf in einer Hochfrequenz-— ausgesandten Lichtes 37-0215; Zünd. einer Hochfrequenz-— in Edelgasen bei Ggw. einer longitudinalen magnet. Induktion 37-0216; Verw. einer Laval-Düse zur Erzeug. v. H-Atomen durch Hochfrequenz-— 37-0217; Dissoziat. v. H_2 in einem Hochfrequenzgenerator für atomares H 37-0218; Elektronentemp. in einer starken Impuls-— 37-0221; Einfl. d. Reabsorpt. d. Spektrallinien auf d. Ionisationsphänomene des H in einer gepulsten — 37-0222; Unters. d. Reabsorpt. d. $L\beta$- u. $H\alpha$-Linien in einer gepulsten H-— 37-0223; Meth. zur Mess. d. Elektronentemp. in d. Ionisat.-Phase einer gepulsten — in H 37-0224; Lichtablenk. bei Außenelektroden-— in Halogenen 38-0218; experimentelle Unters. einer Indukt.-— 40-0150; Schwing.-Temp. einer impulsangeregten Fackel-— 40-0152; intermediäre Spezies in einer Mikrowellenimpuls-— 44-0185; Gasaufzehr. in einer HF-— mit atomarem H 44-0186; opt. u. spektroskop. Unters. d. Bremszone eines Ultraschallplasmastrahls einer Impuls-— 44-0190; spektroskop. u. Strukturunters. einer Impuls-— mit lokalisiertem Kanal 44-0191.

Bogenentladung

Modelltheorie d. zylindersymm. Lichtbogens mit radialer Masseneinström. 1-0185; Theorie d. Gasaufheiz. in axialsymm., wandstabilisierten Lichtbögen (Lsg.-Verf.) 1-0186; Temp.-Feld in einem Bogen mit transpirationsgekühlter Anode 1-0187; Verdampf. v. Zusätzen in W-Werkstoffen im Zusammenhang mit d. Lichtbogenbldg. 1-0395; Ausb. negativer H-Ionen in d. Bogen-— 3-0218; elektr. u. spektrale Charakteristiken eines Niederspann.-Bogens in Cs–Cd-Dampf 6-0205; hochfrequentes Rauschen v. Elektronenlawinen u. sein Zusammenhang mit d. Mechanismus d. Kaltkathodenbogens 6-0209; Hagen-Poiseuille-Ström. in wandstabilisierten zylindersymm. Lichtbögen 6-0210; Unters. an Lichtbögen im Zustand d. Schwerelosigk. 6-0211; spektraler Emiss.-Grad u. Strahldichte d. Niederstrom-Kohlebogens 6-0212; Mehrkathodenbogen-- in einem Xe-H-Gemisch 6-0213; Mechanismus d. Kathodenemiss. in d. Bogen-- 7-0231; Ionenverlangsam. an d. Bogen-- im Magnetfeld 7-0232; H-Mol.-Ionen u. Umlad. schneller Protonen im Lichtbogen 7-0233; Bldg. d. elektr. Bogens im Hochvakuum 9-0220; elektr. u. opt. Eig. v. Ar im stabilisierten Bogen 9-0221; Niederspann.-Bogen in therm. Dioden 9-0222; Energiebilanz einer Reflex-- 11-0202; Instabilitäten in Reflex-- 11-0203; Hall-Ströme in gekreuzten elektr. u. magnet. Feldern in einer axialen gleichförm. Bogen-- 12-0196; Einfl. d. Atmosphäre auf d. Strahl. einer Bogen-- 12-0222; Prozesse an d. „kalten" Kathoden d. Bogen-- 12-0223; Theorie d. Niedervolt-Bogens in Cs 13-0228; Geschw.-Mess. eines magnet. induzierten „Bogenwindes" 16-0162; Temp., Elektronenkonz. u. elektr. Leitfähigk. d. Säule eines komprimierten Bogens 19-0212; spektroskop. Unters. d. kurzen He-Bogens 19-0213; Oberflächenlad. auf Oxidschichten v. Lichtbogenspuren 19-0216; Mess. d. Temp.-Verteil. in einem Bogen zwischen W-Elektroden in Ar 21-0196; spektroskop. Best. d. Atomdichte im Hg-Niederdruckbogen 22-0195; Niederspann.-Bogen in Cs-Dampf 22-0197; Mess. d. Elektronentemp. in einem Cs-Niederspann.-Bogen 22-0198; Einfl. v. Beimeng. auf d. Temp. d. Bogen-- in Luft 22-0199; Bogen-- bei hoher Stromstärke u. Atmosphärendruck 22-0200; positive Säule einer Niederdruck-Bogen-- in einem Magnetfeld 23-0223; Ionen- u. Elektronen-Energieverteil. im H-Niederdruckbogen 24-0188; radiale u. axiale Elektronenkonz. in einem oszillierenden Niederspann.-Bogen 25-0188; Mess. d. Elektronenkonz. in einem Wechselstrombogen mit Hilfe d. relativen Intensitäten v. Übergängen v. verschobenen Niveaus 26-0203; Emiss. positiver Ionen aus d. Kathode u. ihr Nachw. in inerten Gasen bei einer kontinuierl. Bogen-- 28-0185; Bogen-Löschstrecke im Vakuum 28-0186; Mess. d. Druckerhöh. in einem Wasserstoff-Lichtbogen bei überlagertem axialem Magnetfeld 29-0192; Stabilisier. d. Pfeifens eines D-Bogens 31-0220; experimentelle Unters. einer Bogen-- in einem Gemisch zweier Treibstoffe 32-0194; spektroskop. Mess. v. Temp. in einem Ar-Plasma-Bogen 33-0232; Eig. kurzer Bögen in Cs-Dampf 33-0233; superintensive Emiss. u. Absorpt. im einfachen Wechselstrombogen 33-1970; Frage d. Gleichgew. in Hg + TlJ-Bogen-- 34-0233; statist. Schwank. d. IR-Strahl. einer Hochdruck-Hochstrom-Ar-- (Eig. d. Hochdruck-Hochstrom-Ar-Bogens sowie Berechn. u. Mess. d. statist. Strahl.-Schwank.) 35-0176; spektroskop. Unters. d. He-Plasmabogens 36-0176; bei d. Unters. d. elektr. Bogens im Gasstrom beobachtete Effekte 37-0226; Strahl.-Fähigk. v. Ar im Gleichstrombogen bei hohen Drücken 38-0222; Lorentz-Kraft in d. geschmolzenen Spitze einer Bogenelektrode 39-0228; Beweis einer Hochdruck-Kathodengasschicht in einer Bogen-- kurzer Dauer 40-0155; Entw. eines Niederspann.-Bogens in Cs-Dämpfen 40-0156; Temp. an d. Hg-Kathode bei niedr. Druck in einer Bogen-- 42-0193; Oberflächen-Wellenmess. an d. positiven Säule d. Hg-Dampfbogens 42-0195; Stabilität eines Poiseuilleplasmabogens in einem axialen Magnetfeld 44-0192; Temp. u. Selbstabsorpt. im Chromlichtbogen 44-0194; Radio-Emiss. v. Gasen in einer Hochspann.-- 45-0193; Energiebilanz für einen Hochstrom-Ar-Bogen 46-0204; Druckabhängigk. d. Anodenfallspann. v. Hochdrucklichtbögen 47-0210; Best. d. Elektronenkonz. im Kohlenstoff-Wechselstrombogen 48-0195; Übergang v. d. Glimm-- zum Hochspann.-Bogen in einer Ar/W.-Dampf-Atmosphäre 51/52-0145; experimentelle Unters. v. Ionisat.-Wellen entlang d. positiven Säule eines Niederdruckbogens 51/52-0146; Phänomene bei intensiver Abkühl. einer d. Elektroden für d. spektrale Emiss. im kontinuierl. Bogen in einer He-Atmosphäre 51/52-0147; Best. des d. Geschw. d. Verdampf. eines Elements u. seine Diffus. in Plasma d. Bogen-- charakterisierenden Koeff. 51/52-0148; Verteil. d. Substanz im Zwischenelektrodenraum einer Bogen-- bei verschiedener Zus. d. Plasmas 51/52-0149.

Funkenentladung

Zünd. d. Plattenfunkenstrecke in verd. Luft bei Mischspann. 5-0232; Best. v. Temp. u. D. eines Gleitfunkens aus d. Bremsstrahl. im IR 5-0233; Verminder. d. Glimmens u. d. Büschel-- an elektr. Leitern 10-2364*; Best. d. radialen Verteil. v. Teilchen im Grundu. angeregten Energiezustand in einer Bogen- -- 11-2037; oszillograph. Charakteristik eines elektron. gezündeten Funkenerzeugers 11-2039; getriggerte Gleitfunkenstrecke zur Erzeug. v. Emiss.-Spektren im Gebiet d. weichen Röntgenstrahlen 11-2040; Theorie d. Entw. d. Funken-- 13-0222; Temp. d. Funken-- in einer Fl. 16-0165; Spektren im fernen UV eines Vakuum-Gleitfunkens 18-0197; Beschädig. v. Zn infolge mechan. Behandl. durch Funken-- 21-0294; elektr. Charakteristiken getriggerter Funkenstrecken in Luft bei starker Trigger. 22-0201; Wrkg. einer elektr. Funken-- auf d. Graphitisier. v. C 24-0218; Verform. dünner Al- u. Cu-Bleche durch Fl.-Funken 27-0322; Vakuumfunken als Lichtquelle für d. ferne UV 32-1925; Entw. v. Funkenkanälen in Sauerstoff 34-0232; Funken-- in H_2 u. D_2 37-0219; Verh. des Spektrallinienprofils v. Ar im Plasma eines elektr. Funkens 37-0220; Meth. zur Erzeug. eines kondensierten Funkens im Vakuum 40-0111; opt. Unters. an Funken-- 44-0188; Rolle v. Diffus.-Prozessen beim Eindringen v. Komponenten d. Sondensubstanz in d. Funkenentlad.-Zone 44-0189; Transpirat.-Kühl. in einer Funkenstrahlumgeb. 45-0195; Vorentlad.-Ströme einer Funkenstrecke an Mischspann. 49/50-0208.

Chemische Wirkungen und deren Anwendungen

Siehe auch d. Abschnitt Methodik.

Strahlungschem. therm. Zers. v. KW-Stoffen in stillen -- 1-1015; Ox. v. Si in einem durch Mikrowellen angeregten O-Plasma 2-0714; Hg-- v. BCl_3 (Darst. v. B_2Cl_4) 4-0691; Erzeug. elektron. angeregter O-Mol. u. ihre Rk. mit O_3 bei d. -- 5-0775; Rk. v. C-Dampf mit H_2 u. CH_4 in Lichtbogen hoher Intensität 5-2613; Umsetz. höherer Olefine mit NH_3 unter d. Einfl. d. stillen -- 6-2549; Dissoziat.- u. Rekombinat.-Prozesse in N_2-- 9-0217; Voltolyse v. Hexan in fl. Phase 9-0928; selektive Wrkg. v. -- auf d. Syst. N_2/O_2/Stickoxide 10-0692; Analyse v. durch -- gewonnenen nitrosen Gasen 10-2158; chem. Einfl. v. Gleichstrom-- 11-0207; Bldg. v. krist. Graphit beim Brennen eines elektr. Bogens in Mineralöl 11-0222; Bezieh. d. Komponenten d. elektr. Stroms in d. stillen -- zur chem. Rk. 15-0234; Kinetik d. Dissoziat. v. CO_2 mit Zusätzen in d. stillen -- 15-0733; Vgl. d. katalyt. Ox. v. SO_2 zu SO_3 mit d. durch -- angeregten 16-0631; massenspektrometr. Unters. v. durch Mikrowellen-- in O_2 ausgelösten O-Atomrk. unter Bldg. v. O_3 18-0619; Kinetik d. Rk.: v. atomarem H mit HCl u. NOCl in einem --Ström.-Syst. 19-0684; v. atomarem O mit Cl in einer --Ström.-App. 19-0685; Einfl. d. stillen -- auf Vinylchlorid 19-0957; Entlad.-Röhre als Quelle für atomaren O 21-0672; Zers. u. Ox. v. N_2O in d. -- 24-0670; Mess. d. Geh. an atomaren Spezies in H nach Einw. einer Mikrowellen-- 26-0672; Synth. v. Phenyltrichlorsilan in stillen -- 26-0949; therm. Krack. fl. KW-Stoffe durch Hochspann.-- 26-2708; Rk. in --Fluß-Syst. (Jahresbericht) 28-0001; Rk. bei stillen Entlad. in wss. Lsg. (Ox. v. H_2O zu H_2O_2, v. Fe(II)- zu Fe(III)-Ionen u. Red. v. Ce(IV)- zu Ce(III)-Ionen bei Einw. einer stillen -- in verd. schwefelsauren Lsg. unter H_2) 28-0665; Umwandl. v. KW-Stoffen in C_2H_2 während d. -- im stat. Syst. (Elektrokrack. v. Äthylen u. Propylen im Lichtbogen) 28-0986; Gewinn. v. C_2H_2 aus KW-Stoffen im Lichtbogen 28-2585; Darst. v. Polysauerstoffdifluoriden aus F_2O u. O_2 in -- 29-0715; Einfl. d. spezif. Energie u. Stromstärke auf d. Kinetik d. Bldg. v. Stickoxiden in einer -- 30-0597; Kinetik d. CO_2-Dissoziat. in einer stillen -- u. Einfl. v. Zusätzen 31-0658; Tritiier. v. gasförm. KW-Stoffen im --Feld 31-0902; Rk.: v. Bzl. in einer HF-Glimm-- 32-0931; v. Tetrachlormethan in einer HF-Glimm-- 32-0932; Wrkg. einer stillen -- u. eines Fe-halt. Katalysators auf d. NH_3-Synth. 33-0758; Bldg.-Mechanismus v. elektron. angeregtem SO($^1\Delta$) beim Mischen d. Prod. einer Mikrowellen-- in O_2 mit OCS 34-0675; Kinetik d. Ox. v. CO mit O_2 mit u. ohne Zusätze in d. stillen -- 36-0653; Rekombinat. v. SO u. O als Ursache d. Chemilumineszenz v. SO_2-Ar-Gemischen nach einer schwachen -- 36-0688; chem. Rk. in -- (Spektrum d. Syst. CH_4/O_2 in d. positiven Säule einer Gleichstrom-Glimm-- bei niedr. Druck) 34-0886; Stahlnitrier. durch Glimm-- 35-2275; Kracken v. KW-Stoffen in einer -- 36-0971; Zers. v. CO unter d. Einfl. stiller -- 37-0671; Einfl. v. W.-Dampf auf d. Dissoziat. v. H_2 in einer -- 39-0646; Mechanismus d. Dissoziat. v. CO_2 u. d. Ox. v. CO in d. stillen -- 39-0648; massenspektrometr. Unters. v. Teilchen aus HF-- in CO_2, CO u. O_2 40-0151; Dissoziat.-Kinetik v. CO_2 in d. stillen -- bei Zirkulat. d. Gases 40-0320; Einw. v. -- auf ein Gasgemisch v. F_2 u. Kr 40-0678; Rk. v. C mit in einer Mikrowellen-- dargestelltem atomarem O 41-0663; Bldg. v. CH-, C_2- u. CN-Radikalen sowie v. atomarem C bei d. Rk. v. CCl_4 mit Atomen aus d. -- in W.-Dampf 41-0697; Synth. v. Disilanylphosphin u. v. Disilylphosphin in einer stillen -- 41-0704; Glimmentlad.-Stoßrohr zur Unters. d. Geschw. v. Chemilumineszenz-, oberflächenkatalysierten u. Gasphasenrk. 42-0662; massenspektrometr. Unters. d. Bogenlöschrk. in gasförm. SF_6 (Bldg. negativer Ionen in einer Bogen-- in SF_6 in Ggw. v. H_2O) 44-0193; Bldg. v. komplexen Lithiumfluoridionen im Hochfrequenzfunken zwischen LiF-Krist. 45-0194; Umwandl. v. $H_2^{18}O$-Dampf in d. -- (Darst. v. $H_2^{18,18}O_2$) 46-0727; Synth. v. Methyldisilan durch stille -- in einem Gemisch v. Silan u. Dimethyläther 46-0738; Fixier. v. Stickstoff als Cyanwasserstoff durch Rk. mit einfachen KW-Stoffen in -- (Übersicht) 47-0655; Ausb. an Stickstoffoxiden in Glimm-- 48-0191; Rk. bei stiller -- in wss. Lsg. (saure wss. Lsg. v. $FeSO_4$ in Atmosphären v. He u. Ar) 48-0645; (saure wss. Lsg. v. Cersulfat in Atmosphären v. He u. Ar) 48-0646; Einfl. d. Zus. d. Ausgangsgemischs auf d. Bldg. v. NO in d. Elektrodenbereichen d. Glimm-- 49/50-0621; massenspektrometr. Unters. v. Ionen-Mol.-Rk. bei -- 51/52-0582.

Oberflächeneffekte

Vakuumfunkeneros. an Kathodeneinschlüssen 5-0234; Kristallisat.-Kinetik an d. Oberfläche wss. Salzlsg. bei einer Funken-- 7-0251; Elektrodeneros. bei Starkstrom-Impuls-- 12-0352; Elektronenemiss. nach d. -- bei Kugelelektroden aus Cu, Messing, Stahl u. Dural 14-0206; Brückenstadium d. Eros. v. Elektroden beim Schalten v. Strömen v. *1000 – 5000* A im Vakuum 14-0207; Anodeneros. bei einer starken punktförm. -- im Vakuum an Anoden aus *44,5* Pb u. *55,5* Bi oder Sn 15-0356; Änder. d. Oberflächeneig. eines Dielektrikums unter d. Einfl. einer Gas-- 15-0517; Elektrometerunters. v. Bogenkathoden- u. Anodenspuren 19-0217; Mechanismus d. Elektrodeneros. unter d. Einw. v. Ultraschallfackeln bei d. Impuls-- 29-0316; Impuls-- im Vakuum an W- u. Mo-Kontakten 36-0282; Einw. v. Beglimm. auf *7* Schott-Gläser (Quarzglas, FK 3, BK 7, BaK 4, SK 10 u. SF 1) 40-0291; Elektrodenzerstäub. bei Hg-Ar-Gleichstrom-- 47-0211; physikal. Grundlagen d. Metallbearbeit. durch -- 51/52-2351.

Methodik

Anwend. v. --: beim *Schweißen, Löten und Brennschneiden* s. dort; bei d. elektroerosiven Metallbearbeit. s. unter *Metalle*; in d. *Spektroskopie* s. dort. Ionenpumpen s. unter *Vakuumtechnik*. Ionisat.-Detektoren s. unter *Ionen*. Ionisat.-Manometer s. unter *Manometer*. *Strahlungsmeßgeräte* s. dort.

Siehe auch d. vorst. Absatz *Chemische Wirkungen ...*

Raumpotentialbest. stromschwacher Ne-- mittels Glühsonden 6-0214; Mess. d. Elektronendriftgeschw. in N_2 im E/p-Bereich v. *0,05 – 40* V/cm·Torr (Funkenkammerverf.) 7-0209; Kapillarbogenquelle zur Erzeug. v. Hg^+-Ionen 7-0234; Krist.-Zücht. durch Überführ. im Lichtbogen 9-0254; Metallisier. v. Lichtbogenofen-Elektroden zur erhöhten Lebensdauer 9-2492; kontinuierl. Mess. d. Leist. v. Einpol-Hochfrequenz-- 10-2038; Rauschprozesse in Sonden in Gas-- 12-0227; Best. d. elektr. Leitfähigk. d. positiven Säule einer Bogen-- aus d. langwell. Spektren 14-0205; Meth. zur Best. d. Elektronen-Driftgeschw. in Gasen aus d. Strom-Spann.-Kurven v. Hochdruck-Gasdioden 15-0204; Schutzringsonden in Glühkathoden-Hg-Dampf-- 15-0239; Beseitigen d. Schlaggefahr bei funkengetriggerten Bogenelektroden 16-1850; Gasentlad.-Technik zur Herst. v. Polymeren mit kleiner Oberflächenenergie für adhäsive Bind. 17-1153; Anwend. einer wechselspannungsüberlagerten Sonde zur Raumpotentialbest. u. Anodenfallsmess. in d. Ne-Niederdruck-- 22-0194; Unters. eines Funkens in Luft mit Hilfe zweier synchronisierter Laser 22-0204; Vervollkommn. d. Mess. v. Elektronendiffus.-Koeff. nach d. Lichtkammerverf. 24-0190; Möglichk. zur Mess. v. Driftgeschw. in Funkenfeldern mit einer Lichtkammer 25-0187; Mess. d. Geh. an atomaren Spezies in N_2, O_2 u. H_2 nach Einw. einer -- 26-0672; Temp.-Mess. an *50*-Hz-Hochstrombögen 26-1966; Widerstandsmess. v. nn^+- u. pp^+-Epitaxialschichten nach d. Durchbruchsverf. 33-0452; App. zur Unters. d. Ionisat. v. Gasen vor d. Durchschlag bei hohen Spann., hohen Gasdrücken u. großen Elektrodenabständen 34-1990; Nd. v. Ni-Zn- u. Mn-Zn-Ferritfilmen durch Bogen-- im Vakuum 35-0479; spektroskop. u. Sonden-Unters. d.

kontrahierten --Säule 36-0169; Funkenschneidevorr. mit servogelenkter Elektrode zum Funkenschneiden v. Metalleinkrist. 36-1811; Anwend. einer Hochfrequenz-- zur Isotopenanalyse v. N 37-1832; Nachw. v. Elektronenlawinen mittels elektrostat. Lad.-Bilder auf isolierenden Folien 41-0227; Sondenmess. in einer elektrodenlosen – 45-0191; Meth. zur Mess. nichtstationärer Temp. v. Lichtbogenelektroden 48-1789; Theorie u. Praxis d. Metallbearbeit. durch – (Übersicht) 48-2487.

Herst. v. Acetylenen durch Umwandl. v. KW-Stoffen im Lichtbogen 2-2643*; Härten v. Werkstücken durch Glimm-- in ionisiertem N_2 7-2601*; Verminder. d. Glimmens u. d. Büschel-- an elektr. Leitern 10-2364*; gesinterte Funkenelektrode zur elektroeros. Metallbearbeit. aus > *90* Cu, *0,1 – 1,0* dispergierter nichtmetall. Teilchen 14-2615*; App. zur kontinuierl. Durchführ. v. durch Glimm-- ausgelösten chem. Rk. 16-2066*; Sinter. v. Metallen durch Funken-- 16-2479*; Anwend. d. Hochfrequenz-- in d. Elementaranalyse 18-2052*; Abschmelzelektrode zur Entschwefel. im Vakuum-Lichtbogenofen 18-2587*; Wärmebehandl. v. Metallen durch – in wss. Elektrolyten 19-2583*; Herst. v. Li-Hydrid aus Li mittels Glimm-- 21-2315*; Herst. v. Polymeren aus fl. Nitrilen durch – 28-3216*; Schnellnitrierverf. mit – in strömendem N_2 unter Verw. v. $Ba(CN)_2$ 38-2518*; Herst. v. O_3 u. CO durch Rk. v. CO_2 unter Einw. einer – 47-2039*.

Bibliographie

Chemische Reaktionen organischer Produkte in elektrischen Entladungen [russ.] B 19.
Introduction to electrical discharges in gases B 58.

Entladungsröhren

Anwend. v. – in d. *Spektroskopie* s. dort. *Elektronenröhren*; *Entladung, elektrische* s. dort. Siehe auch *Strahlungsquellen, optische*.

Funkt.-Eig. einer Schüler-Lampe (Lampe mit Hohlkathode) mit zwei Anoden 1-0179; elektrodenlose Entlad.-Lampen u. Merkmale d. v. ihnen emittierten Spektren 17-0215; Mess. d. Intensität d. Strahl. in Xe-Resonanzröhren mit Hilfe d. Thermolumineszenzmeth. 17-0216; photochem. Aktivier.-App. unter Verw. v. Röhrenblitzen 18-1988; Anpass. v. Xe-Entlad.-Lampen an Festkörper-Laser 23-0227; zylindr. Niederdruck-Hg-Lampe für Wechselstrom 29-1966; – zur Mess. d. Hall-Spann. 39-0203; Kathodenemiss. u. Entlad.-Parameter v. Lumineszenzlampen 44-0196.

Entladungsgefäße: Wandverschlechter. in Entlad.-Lampen 14-0208; Charakteristika einer Mikrowellen-Entlad.-Kammer 34-0229; Hochtemp.-- aus Al_2O_3 für gepulste Metalldampflaser 41-1920; BN-Überzug zur Erhöh. d. Alkalifestigk. v. Rohren für elektr. Entlad.-Lampen auf Quarzglas 47-2106*; Elektronen-Entlad.-Vorr. 47-2107*.

Leuchtstoffe: Herst. eines lumineszierenden Silicats für – 14-2364*; Verstärken d. Wrkg. v. Fluoreszenz-- durch Zugabe v. Dihydroxysiloxan oder Methylhydroxysiloxan zur Suspens. 38-2251*.

Elektroden: Herst. v. Gitterelektroden für – 5-2343*; Hohlkathoden mit regenerierbarer Edelgasfüll. 18-1955.

Gasfüllungen: Beurteil. v. Gasfüll. in Entlad.-Gefäßen durch HF-Zündspann.-Mess. 34-0228.

Entmagnetisierung s. unter *Magnetismus – Magnetisierung*; *Magnetokalorischer Effekt*.
Entmethylierung s. unter *Alkylierung*.
Entsalzen s. unter *Salze*.
Entschlichtungsmittel s. unter *Textilhilfsmittel*.
Entwässerung s. unter *Trocknen und Entwässern* bzw. unter d. speziellen Stoffen; s. auch *Hydrate*.
Entzündungshemmende Mittel s. unter *Arzneimittel, Antiphlogistika*.
Enucien s. unter *Zephiran*.

Enzyme (Fermente)

[einbegriffen Antifermente, Profermente und Aktivatoren]

Enzympräparate s. dort; s. auch *Gärung*; *Glykolyse*; *Phosphorylierung*; *Stoffwechsel*; *Verdauung*.

Allgemeines

Phänomen d. --Entdifferenzier. 4-1231; Nomenklatur (Empfehl. d. Internationalen Union für Biochemie, *1964*) 5-1286; Multi--Komplexe (Übersicht) 12-1290; Standardisier. (allgemeine Gesichtspunkte) 17-1758; – sind Proteine (Vortrag) 19-1274; Nomenklatur u. Klassifikat. (Übersicht) 31-1174; Fortschritte d. Enzymologie 34-1303; neue – (Prospekt) 35-2447; Meth. d. Enzymologie 51/52-1133.

Enzymmodelle, enzymähnliches Verhalten

Modellrk. für d. Wrkg.-Weise v. – am Beispiel d. Katalyse d. Spalt. v. Pyrophosphaten durch Cyclodextrin 2-1304; Modell-Rk.-Wege zur enzymat. oxydativen Demethylier. 11-0957; chem. Reaktivität v. Modellen in bezug auf einen angenommenen CO_2-Biotin--Komplex 12-1288; --Modelle (Übersicht) 14-1315; Modellunters. zur fermentativen Löslichk. v. Fibrin im histolog. Schnitt 20-1532; chem. Reaktivität v. mit d. CO_2-Biotin--Komplex II verwandten Modellen 25-1285; Modellrk. zur enzymat. oxydativen Entmethylier. 26-1024; Modelle d. alloster. – (Analyse nach d. graph. Meth.) 39-1198.

--ähnl. Verh.: v. Imipramin u. Chlorpromazin 1-1745; v. p-[N-(2-Amino-4-hydroxy-6-methylpyrimidyl-5)-carbamoylmethyl]-amino-benzoyl-L-glutaminsäure 2-1318; v. Frakt.-I-Protein (Isolier.) 2-1367; d. Cephalosporine (Überblick) 2-1409; d. Frakt. I d. Proteins d. Reisblätter 5-1443; d. S-Carbalkoxythiamin metabolisierenden Faktors 5-1576; v. kation., durch Elektrophorese mit einem Dichtegradienten getrennten Proteinen aus einer polymorphkern. lysosomat. Frakt. 21-1440; v. Propinylaminderiv. 21-1802; v. Kalbsherzmyosin 22-1543; v. Lysostaphin 38-1407; Darst. v. enzymat. akt. wasserunlösl. Substanzen 43-1678*.

Vorkommen, Aktivität

Boden u. dgl.: --Aktivität im Belebtschlamm 22-2158; –: in Abwasser u. Schlamm 30-2154; in d. Rhizosphäre 42-1301; d. W. 42-2035; --Aktivität im Belebtschlamm 51/52-2079.

Mikroorganismen: --Aktivität d. Hefe (Wrkg. v. Pentamethylentetrazol) 2-1398; --Spektrum pathogener Staphylokokken 3-1407; autolyt. – in Pilzzellwänden 7-1401; Wrkg.: d. Kost auf d. --Aktivität in Extrakten aus Mikroorganismen d. Pansens 13-1716; d. Temp. auf d. erbl. Veränderlichk. d. – v. Hefe 17-1338; v. Glucose auf d. Geh. d. Glykolyse-- in Hefe 20-1356; halophile – in zellfreien Extrakten v. Halobacterium salinarum 23-1325; – aus Trametes sanguinea 34-3347; Kontrolle d. --Bildes in d. Hefe 36-1246; Exo-- in d. Filtraten v. Aspergillus versicolor u. Penicillium cyclopium 40-1355; --Spiegel v. Zellextrakten v. auf Glucose gewachsenen Pseudomonas aeruginosa 41-1321; zeitl. Verlauf in d. Veränder. verschiedener – während d. endogenen Atmung v. Aspergillus 41-1332; Lokalisier. in Mykoplasma 43-1259; --Aktivität d. Rohextrakts v. Beggiatoa 46-1315; Wrkg. einer Präinkubat. auf d. Verteil. verschiedener – in Extrakten v. E. coli 48-1223; –: d. Essigsäurebakterien 49/50-1294; d. Hefe bei Wachstum u. Entw. 51/52-1213.

Pflanzen: --Niveau in einigen Koniferen (Vgl.) 1-1429; --Muster am Sproßscheitel einiger Gräser 5-1302; --Aktivität d. Kirsche beim Reifen 7-3427; Einfl. v. *2,4*-D auf Pflanzen-- 11-1458; Erhalt. d. --Aktivität nach Extrakt. v. Pflanzengeweben 12-1368; – d. sek. Phloems d. Möhrenhauptwurzel u. d. Gewebekulturen aus d. sek. Phloem (Unterschiede) 21-1420; --Aktivität: verschiedener Enzyme in Mais u. Rettich (Wrkg. d. Fe) 21-1502; in ökolog. Gatt. v. Typha latifolia 24-1296; d. Flavedo u. d. Saftes v. Shamouti-Orangen nach γ-Bestrahl. 26-1400; in d. Samen v. Euphorbia lagascae 30-1347; Einfl. d. negativen Temp. auf d. – bei Obstbäumen 33-1437; Regulier. d. --Bildes in pflanzl. Gewebe 36-1247; Wrkg. verschiedener Cu-Spiegel auf d. – in Apfelblättern 37-1365; Lichen-- 38-1336; --Muster im Wurzelmeristem 48-1390; – während d. Entw. d. Ananasfrüchte 49/50-2846.

Tierische Organismen: –: d. Schilddrüse u. einige chem. Aspekte d. Jodier. 1-1541; d. lyophylisierten Lämmerthymus 1-1554; Geh. d. Rattenniere bei Phosphat-freiem Futter 1-1613; Verdauungs-- bei Frontonia leucas 2-1342; – v. Stierhoden u. Epididymisspermien 3-1285; histochem. Verh. d. – bei d. Follikelatresie im Ovarium d. Meerschweinchens 3-1556; – im Blut v. Hunden vor u. nach Vergift. mit Tetrachlorkohlenstoff 4-1358; --Histochemie in Knochengewebe 5-1304, 5-1305; Einfl. einiger in d. Nahrungsmittelindustrie verwendeter chem. Substanzen auf d. – d. Leber 7-1434; –: d. Serums bei Patienten mit progressiver Muskeldystrophie 7-1650; in d. Synovialfl. u. ihre patholog. Bedeut. 7-1680; Lokalisat. v. Lysosomen-- im chromaffinen Gewebe 9-1260; Plasma-- bei Ratten mit Tumoren 9-1315; –: im Kontrollmuskel nach (Denervier.-Atrophie) 10-1340; beim Trisomie-*18*-Syndrom 11-1342; Hypothalamus-- zum Zeitpunkt d. Blastulaeinpflanz. beim Kaninchen 12-1425; lysosomale – bei akuter experimenteller Leberschädig. 12-1426; – d. subzellularen Komponenten d. Amphibienmuskelfaser 13-1250; Disulfiram u. Serum-- 13-1831; Blutserum-- v. Hunden bei Wärmebelast. u. Muskelarbeit 14-1394; – im menschl. Endometrium 14-1395; Gewebe-- nach d. sekretor. Erreg. d. Magendrüsen 14-1668; Wrkg. v. Actinomycin D auf d. durch Östrogen induzierte Änder. d. --Geh. im R2 *300* AC Mammakarzinom, Uterus u. in d. Brustdrüsen 15-1242; – d. Sarkoplasmas v. Skelett-, Herz- u. glatten Muskeln d. Ratte 15-1326; --Muster d. Leber normaler Ratten u. Kaninchen (Vgl.) 15-1330; Wrkg. v. Gefrieren u. Auftauen auf Mäuseleber-- 15-1334; --Mangel bei d. Gaucherkrankh. (Beweis) 15-1606; –: in Ranvierknoten 15-1618; im Serum lathyrit. u. Prednison-behandelter lathyrit. Ratten 16-1256; Geh. d. spezif. Leukozytengranula 16-1326; –: d. Gefäßwände bei Vers.-Tieren 16-1331; d. Aortaregenerat. in Tierexperimenten 16-1332; d. Eileiters v. Gallus gallus 16-1333; nach langanhaltender Konservier. v. frischen Geweben in Glycerin 17-1286.

Blutserum-- bei hepatozerebraler Dystrophie 17-1524; Geh. bei d. Eineng. v. Liquor cerebrospinalis 18-1241; lysosomale – aus mit Mengovirus infizierten L-*929*-Zellen (Wrkg. v. Cortison) 18-1467; Leukozyten-- im Downs Syndrom 19-1570; – in verschiedenen Organen hypophysektomierter Ratten u. Kaninchen 19-1632; Auswrkg. akuter Vergift. mit Organophosphatinsektiziden auf anpassungsfäh. Rattenleber-- 19-1670; subzellulare Verteil. einiger an Folsäure gebundener – in Rattenleber 20-1277; – v. Helix pomatia 20-1313; Lokalisier. in d. Nieren v. Säugetierarten während ihrer postnatalen Entw. 20-1352; Aldosteron u. – d. Rattennieren 21-1346; --Mangel als Ursache v. Atherosklerose u. Diabetes mellitus 23-1326; lysosomale – bei erzwungener Milchdrüseninvolut. 24-1525; Geh. bei niedr. Temp. bei langzeit. Konservier. v. Blut 24-1571; Blut-- bei Tumorbldg. 25-1188; – im Serum bei Dystrophia musculorum progressiva 25-1494; Enzymologie d. Würmer 26-1571; lysosomale – d. Intestinalmukosa d. Ratte 26-1599; Einfl. d. Bienengiftes auf – im Mäusegewebe 26-1667; –: v. menschl. Tumoren 27-1316; d. menschl. Blutes 27-1553; d. Neutrophilen bei Wistarratten nach Behandl. mit 4-Aminopteroylglutaminsäure u. bei ihren Inzuchtnachkommen 27-1602 bis 27-1604; histoenzymolog. Unters. d. Hypothalamus d. Meerschweinchens 28-1343; – junger Plazentakulturen 28-1403; Einfl. v. durch Albumininjekt. induzierter Proteinurie auf Nieren- u. Leber-- in d. Ratte 29-1598; Lysosomen-- in Yoshida-Aszitessarkomzellen 30-1190; (Wrkg. d. Injekt. v. Mitomycin C) 30-1191; – v. Blut u. Harn bei akuter Pankreatitis 30-1245; lysosomale – in Exkret.-Organen niederer Tierformen 30-1271; – u. Ernähr.-Zustand 30-1516; --Histochemie d. Leber nach einmal. Gabe v. α-Naphthylisothiocyanat 30-1687; –: d. menschl. Blutes 31-1473; in menschl. Erythrozyten verschiedener Altersgruppen 31-1505; Gefäß-- bei d. experimentellen Erzeug. v. Arteriosklerose 31-1544; Wrkg. v. Lipiden auf d. --Spiegel in d. Zellen v. schlagenden Rattenherzen 31-1569; – d. Serums: bei Lebererkrank. 31-1576; bei Digitoxinvergift. 31-1669; Wrkg. langdauernder gewerbl. Exposit. mit tox. Substanzen auf Serum-- 31-1686; Rolle v. Synth. u. Abbau bei d. Kontrolle d. --Spiegels in tier. Geweben (Überblick) 32-1284; --Muster benigner u. maligner Veränder. menschl. Gewebes 33-1254; – d. Mitochondrien d. Herzens u. d. Leber v. Meerschweinchen mit Diphtherie 33-1420; Lokalisat. d. Verdauungs-- im Darm 33-1640; Wrkg.: d. Glucoseverfütter. auf Leber- u. Herz-- bei Ratten (Vgl.) 34-1376; d. Quelle u. Konz. v. alimentärem Protein auf Leber-- im Jungschwein 34-1377; –: d. Rattenlebermitochondrien nach verschiedenen Mengen v. jodiertem Casein im Futter 34-1378; d. Plasmas u. d. Leber d. Ratte (Einfl. v. Chlorpromazin) 34-1724; Histochemie einiger – im Mesenzephalon während d. ontogenet. Entw. d. Kaninchens u. Meerschweinchens 35-1592; Wrkg.: d. Verfütter. v. gesätt. Fett auf d. NADP-abhäng. – d. Rattenleber 35-1595; v. künstl. erhöhter Körpertemp. auf Serum-- zum Studium d. Leberfunkt. 35-1651; Regulier. d. --Bildes in tier. Geweben 36-1248; Veränder. im --Bild unter patholog. Beding. (Übersicht) 36-1249; Wrkg. v. GSSG auf Erythrozyten-- 36-1302; subzellulare Verteil. v. – d. Glutamatstoffwechsels im Rattenhirn 36-1354; Lysosomen-- bei d. „Weiß-

γ-Linolensäure in vitro durch Rattenleber- — 5-1346; — d. metabol. Weges im Fettgewebe v. mit Mehl gefütterten Ratten 9-1675; Einfl. v. Serumeiweißfrakt. auf d. Fettsäuresynth. durch lösl. —-Syst. d. Taubenleber 17-1329; — d. Umwandl. v. Citronensäure in Acetylphosphat in Tiergeweben 20-1342; — d. Biosynth. v. Glyceriden in d. Darmmukosa 36-1369; —: d. Bldg. u. Hydrolyse v. γ-Lactonen aus menschl. Blut sowie aus Rattenlebermikrosomen 44-1331, 44-1332; d. Acetylphosphatbldg. aus Citronensäure im tier. Gewebe 51/52-1468.

Enzymat. Bldg.: v. Cerebrosidsulfat aus 3'-Phosphoadenosin-5'-phosphosulfat in Schafhirn 3-1309; d. Sphingosinbase 19-1642; enzymat. Defekt d. Lipidstoffwechsels bei diabet. Ratten 27-1497; enzymat. Wrkg.: d. Blutplasmas auf Phosphatidylglycerin 32-1360; d. Rattenmilz gegenüber Phosphatidylglycerin 44-1325.

Umwandl. v. 4-Nitrochinolin-1-oxid in 4-Aminochinolin-1-oxid durch Rattenleber- — 1-1252; Pyrimidinverb. abbauende — aus Insektengewebe 11-1343.

— d. Tryptophanstoffwechsels in fetaler, neugeborener u. ausgewachsener Rattenleber u. -niere 1-1284; enzymat. Synth. v. Cysteinsulfinsäure aus Cystein in vitro durch Überstand v. Rattenleberhomogenaten 3-1369; enzymat. Umwandl. v. Tryptophan in 5-Hydroxytryptophan durch isoliertes Hirngewebe 3-1641; Aminosäuren aktivierende — in d. Schilddrüse 8-1450; —: d. Aminosäureumsatzes in malignen Geschwülsten (Übersicht) 11-1265; im Dünndarmepithel v. Hamster, Ratte u. Meerschweinchen 12-1424; Vgl. d. — u. Substrate d. γ-Aminobuttersäurestoffwechsels in erregenden u. hemmenden Achsenzylindern d. Hummers 26-1628; Kontrollmechanismus d. L-Methionin in L-Cystin umwandelnden Rattenleber- — 30-1263, 30-1264; enzymat. Aktivität u. Homocystinurie 39-1521; Steuer.-Automatismus in L-Methionin in L-Cystin umwandelnden Rattenleber- — (Übersicht) 46-1300.

Enzymat. Freisetz. v. Protein aus Retikulozytenribosomen 1-1572; Einbau v. N-Acetyl-D-glucosamin in Glykoproteine durch ein — aus Ziegenkolostrum 36-1373; Proteinsynth. u. —-Rk. auf kontraktile Aktivität im Skelettmuskel 44-1313.

Wrkg. v. 2-Acetylaminofluoren in d. Diät auf d. Uracil abbauenden — in d. Rattenleber 3-1367; enzymat. Mechanismen d. Aktivier. d. DNS in Überständen v. kompensator. Hypertrophierenden Lebern u. Heptatomen 4-1235; Synth.: v. Nucleosiddi- u. triphosphaten durch Lachsmilch- — 6-1311; v. Polyribonucleotid durch zytoplasmat. — v. Landschütz-Aszitestumorzellhomogenaten 24-1255; v. DNS durch Säugetier- — 39-1158; v. RNS in Tiergewebe mit — 48-1131.

Ster. Effekte bei d. Wechselwrkg. v. Brenzcatechinaminen mit — u. Rezeptoren (Übersicht) 11-1505; — d. Brenzcatechinamin-Stoffwechsels (Übersicht) 15-1325.

— d. Corticosteroiderzeug. in d. Rattennebenniere nach Hypophysektomie 5-1499; Verzöger. d. postpartalen Rückbldg. d. Myometriums durch Progesteron in Bezieh. zur Ausschütt. v. — 24-1545; Seitenkettenspalt. v. *17α*-Hydroxyprogesteron durch Testikel- — 29-1444; Steroid- —-Unters. 32-1535; Bezieh. d. Hoden zur Aktivität d. — d. Nebenniere u. Bldg. v. Corticosteron in d. Nebenniere d. Ratte 42-1366; Wrkg. aromatisierender — bei d. Biosynth. v. Östrogen durch Plazentapräp. v. Säugetieren in vitro 47-1399.

Thiolgruppenaktivität d. —-Syst. bei d. Biosynth. v. Ascorbinsäure in verschiedenen Tierarten 19-1608.

Bldg. v. Anaphylatoxin in Rattenplasma, ein spezif. enzymat. Prozeß 31-1514.

Enzymat. Abbau v. Hämprotein in Gallenfarbstoffe 5-1613; enzymat. Synth. v. Melatonin in Amphibien 24-1310; Einfl. v. Phenobarbital auf d. Bromsulphthalein konjugierende —-Syst. 35-1652; enzymat. Abbau v. Hämoproteiden in Gallenfarbstoffe 37-1459, 37-1460, 43-1217, 43-1218.

Parathion-aktivierende — in Fettkörpermikrosomen d. amerikan. Küchenschabe 9-1416; P-Säureester spaltende — im Mitteldarm v. Antheraea pernyi-Raupen 28-1345; Metabolismus v. Methylcarbamat-Insektiziden durch d. $NADPH_2$-benötigende —-Syst. d. Hausfliege 48-1545.

Enzymat. Umwandl. d. Medikamente in Organismen 1-1680; Arzneimittel abbauende hepat. mikrosomale — (Stimulier. durch DDT u. dessen Analoge) 1-1713; Stimulier. d. Arzneimittel abbauenden — in verschiedenen Rattenhepatomen 2-1286; Steiger. d. Aktivität d. mikrosomalen Leber- — bei d. Stimulat. d. Leberarzneimittelstoffwechsels im Totenkopfäffchen durch Chlordan 2-1689; Arzneimittelabbau durch — beim Hund nach Behandl. mit Phenobarbital 5-1734; — d. Arzneimittelstoffwechsels (Einfl. v. Na-Luminal in d. Ratte u. Möglichk. d. passiven Transports) 9-1783; Einfl. v. Griseofulvin u. verwandten Verb. auf d. Barbituratox. in vivo katalysierenden mikrosomalen — 20-1574; Demethylier. v. Puromycin u. verwandten Verb. durch — aus Lebermikrosomen 21-1448; Einfl.: chron. Phenobarbitalgaben auf d. am Leberstoffwechsel v. Arzneimitteln beteiligten — d. Ratte 27-1306; v. Actinomycin D auf d. post-Phenobarbital-Aktivität v. Arzneimittel-metabolisierenden — d. Lebermikrosomen in d. Ratte 32-1676; Pharmaka-abbauende Aktivier. v. — durch Luminal u. deren passive Übertrag. bei d. Ratte 34-1381; Hemm. u. Anreg. v. — d. Arzneimittelstoffwechsels aus d. Mikrosomenfrakt. d. Rattenleber 37-1567; Wrkg. einer Morphinverabreich. auf d. Aktivität mikrosomaler Arzneimittel-metabolisierender — in d. Leber verschiedener Spezies 39-1612; Hemm. d. mikrosomalen, Pharmaka metabolisierenden — durch p-Phenylendiamin 46-1554.

— d. Tryptophan → Nicotinsäurewegs in d. Physiopathologie (Übersicht) 7-1427; biolog. Rolle d. Verdauungs- — (Übersicht) 11-1628; enzymat. Unters. über Bzl.-Vergift. 12-1427.

Potentielle, über — wirkende Krebschemotherapeut. Verb. 3-1257; enzymat. Betracht. zur Kombinat.-Chemotherapie 5-1288; enzymat. Angleich., mol. Basis für d. Wrkg. v. Herzglykosiden 14-1766; Aspekte d. Anwend. v. — in d. Medizin (Übersicht) 18-1672; pathophysiolog. Grundlagen d. klin. — -Diagnostik (Übersicht) 23-1248; Entzünd.-hemmende Wrkg. v. Verdauungs- — 41-1285.

Lebensmittel: Einfl. d. Verf. auf d. — im Hinblick auf erwünschte u. unerwünschte Lebensmittelveränder. während d. Lager. (Übersicht) 1-3351; enzymat. Veränder. v. Estern d. natürl. Apfelaromas bei d. Aufarbeit. 6-3232; Mechanismus d. enzymat. Klär. v. Apfelsaft 7-1394; Wrkg. d. Erhitzens auf d. Aminosäurefreisetz. mit — in entfettetem Sojabohnenmehl 25-1289; enzymat. Vorgänge beim Brotbacken (Übersicht) 38-3190; enzymat. Abbau v. Weizenmehl u. -stärke bei d. Teigbereit. 46-1102.

Beeinflussung, Inhibitoren

Rk. auf Luftverunreinig. 4-1268; Inaktivier.: durch UV-Licht 6-1240; v. mitochondriellen — durch γ-Bestrahl. in vitro 7-1340; durch UV-Licht 16-1281; Kinetik: d. —-Inaktivier. in Lsg. durch ionisierende Strahl. 19-1276; d. thermalen Inaktivier. v. — 19-1315, 19-1316; Wrkg. v. α- u. γ-Bestrahl. auf — (Vgl.) 20-1264; Aktivität bei Minustemp. 33-1352; Strahlenwrkg. auf — (Schutzmechanismus) 34-1275.

Einfl. v. Arzneimitteln auf — 2-1363 bis 2-1365; Rk. auf photochem. Rk.-Prod. 4-1259; bas. Proteine v. Mitochondrien als Inhibitoren d. — d. Elektronentransportsyst. 7-1344; Hemm.: bei d. Hydroxylaminvergift. 7-1763; d. — d. Histidinbiosynth. in Salmonella typhimurium durch d. Herbizid 3-Amino-1.2.4-triazol 8-1440; Wrkg. v. Propylgallat auf SH- u. S–S-Gruppen enthaltende — 15-1259; Wechselwrkg. v. Stilbamidin mit d. Nucleinsäuren u. ihr Einfl. auf — 16-1175; —-Inaktivier. durch Peroxyacetylnitrat 16-1214; Einfl.: v. Acetylaminosäuren auf Rattenleber- — 17-1331; v. Insektiziden auf d. Verdauungs- — d. weißen Maus 19-1672; d. Sojabohnensaponine auf — 21-1412; v. ω-Chloracetophenon auf — 23-1247; v. Protein u. K^+-Ionen auf d. Hemm. d. — durch Na^+-Ionen 23-1274; Hemm. v. — d. Tricarbonsäurezyklus durch γ-Hydroxy-α-ketoglutarat 23-1312; Einfl. v. Arzneimitteln auf — 26-1256; Mechanismus d. Ameisensäure-induzierten reversiblen Inaktivier. v. Protein- — (Unters. an Modellsubstanzen) 29-1269; Anhäuf. v. S–S-Gruppen bei Alter.-Prozessen u. deren Wrkg. auf d. — 30-1209; Wrkg.: aromat. u. nichtaromat. Modellsubstanzen u. Arzneimittel auf — 32-1289; v. Desulfo-CoA auf — 32-1293; organ. Insektizide auf — 36-3028; einiger Antitumormittel auf lysosomale — v. Yoshida-Sarkomzellen in vivo u. in vitro 37-1213; v. Antiphlogistika u. a. säureantirheumat. Arzneimittel auf — 39-1601; alkylierende Stoffe u. ihr Einfl. auf — 41-1255; Wrkg. v. Tuberkulostatika auf — (Übersicht) 41-1625; Beeinfluss. durch Vitamine (Übersicht) 43-1428; Hemm.: induzierbarer Leber- — durch Endotoxin u. Actinomycin D 44-1296; durch Berylliumsalze 46-1242; nichtkompetive Hemm. durch Canavanin 46-1256.

Reindarst. v. —-Antikörpern 9-1345; Darst. v. —-Inhibitoren (6-substituierte 9-[Hydroxyalkyl]-purine) 10-1399; (3-[2-Nitroalkyl]-indole) 15-1827*; (Benzylhydrazinderiv.) 22-1750*; (Hydroxylaminderiv.) 24-1770*; —-Inhibitoren 28-1378.

Hemm. d. Na-Transports durch d. Wand d. Gallenblase d. Frosches durch —-Inhibitoren 6-1576; Vgl. d. biochem. Effekte d. Hemmer d. — d. Biosynth. v. Noradrenalin in vivo 13-1643; Wrkg. v. —-Hemmer: auf d. Magenschädig. durch Phenylbutazon bei Ratten 16-1600; auf d. Bldg. d. Polyphenole in Bäumen 27-1425.

Verwendung

Verw.: in Entzünd.-hemmenden Mitteln im Gemisch mit Steroiden 46-1688*; d. wss. Extrakte v. Wurzeln keimender Samen zur enzymat. Hydrolyse v. Nucleinsäuren in Nucleotide oder Nucleoside 1-2765*; Ferment at. v Conessin in Ggw. v. O_2 mit durch Kultivieren v. Stachybotrysparvispora eihaltenen — 5-2738*; Darst.: v. 5'-Mononucleotiden aus RNS mit mikrobiellen — (Isolier. u. Vgl. v. Kulturen) 34-1404; v. Heptulosephosphat unter Verw. einer —-Aufbereit. aus Vicia faba-Blättern 40-1372; Status v. Einzelzellen in enzymat. hergestellten Tumorzellsuspens. 42-1149; enzymat. Darst. v. markiertem Phosphorylcholin, Phosphoryläthanolamin, Cytidindiphosphatcholin, Desoxycitidindiphosphatcholin, Cytidindiphosphatäthanolamin u. Desoxycytidindiphosphatäthanolamin 48-1262; Theorie u. Praxis d. enzymat. Entschlicht. v. Geweben 1-3171; Verw. in d. Textilindustrie 25-2910; enzymat. Veränder. v. Weizenmehl für d. Papierleim. 32-3143; Rolle d. —-Zusätze bei d. Brotbereit. (Fortschrittsbericht) 8-3330; Einsatz v. — in d. Stärkeindustrie 13-3510; — in d. Weizentechnologie (Übersicht) 16-3228; stabilisierte — oder stabilisierte — enthaltende Präp. für d. Zartmachen v. Fleisch 22-3190*; enzymat. Abtrenn. einer Aldose aus fl. Vollei, Eigelb, Eiweiß oder Milch 22-3191*; enzymat. Präp. in d. landwirtschaftl. u. Nahr.-Mitteltechnologie (Übersicht) 33-3142; Qualitätsverbesser. bei Roggenmischbrot durch — 33-3153; Verw. zur Gewinn. v. Nahr.-Mitteln aus Brauereiabfallprod. 37-2872*; enzymat. Herst. v. Glucosesirup aus Getreide 43-2804; enzymat. Enthaar.: v. Fellen u. Häuten 3-3279*; d. zur Herst. pflanzl. gegerbten Sohlenleders bestimmten Rindshäute 26-3505; (Eig. v. Häuten d. Hautgewebes) 34-3367.

Analyse, Untersuchungsmethoden

Dextrangelfiltrat. v. — in Ggw. ihrer hochmol. Substrate 24-1280; Papierelektrophorese 26-1339; Chromatographie v. — auf spezif. Adsorbenzien 36-1348; schnelle Trenn. u. kontinuierl. Überprüf. d. — im Laufmittel bei d. Säulenchromatographie 38-1352.

Nachw. v. —-Inhibitor-Komplexen durch „crossing"-Papierelektrophorese 3-1264; automat. Best. v. NAD-gekoppelten — 7-1348; Nachw. auf Gelfiltrat.-Kolonnen 15-1249; Best. Phosphat-freisetzender — mit d. Schwermetall-Simultan-Meth. 18-1283; Analyse multipler — (automat. Best. v. —-Gruppen) 36-1244; Nachw. durch kontinuierl. Fließelektrophorese 38-1348; Best. v. d. Ribonuclease reaktivierenden — 44-1319.

Best. v. DNS synthetisierenden — v. tier. Zellextrakten 3-1304; Nachw. in —-Antikörperpräzipitaten mit nichtchromogenen Substraten 5-1290; Retent. v. N-halt. Material in unfixierten Schnitten während d. Inkubat. zum histochem. Nachw. v. — 12-1316; Erfahr. mit einer neuen einfachen Meßmeth. mit u. ohne Photometer zur Best. v. Serum- — als Siebtest 15-1248; histochem. Nachw. 18-1291; autoradiograph. Meth. in d. —-Zytochemie 18-1293; serolog. Analyse v. einigen in mit Pseudorabies-Virus infizierten u. in nicht infizierten Zellen vorkommenden — 20-1350; automatisierte Best. NAD-gekoppelter — im Serum 23-1249; Einfl. d. Gefriergeschw. auf d. histochem. Identifizier. d. — 24-1277; Best. in d. gesunden menschl. Muskulatur u. bei Myopathien 25-1494; spektralfluorometr. Mess. d. — d. Lebermikrosomen zur Hydroxylier. v. Cumarin 26-1341; Verw. v. Gewebekulturen in vitro zur Unterscheid. v. — 27-1252; Bezieh. zwischen histochem. Färb., Mikroorganismen u. — bei d. Unters. v. Käsen 27-3197; —-Anfärb. v. Mikronephronschnitten 29-1206; papierchromatograph. Unters. d. — in vitro 33-1348; Best. NAD-abhäng. — im Serum 34-1332; Eign. d. Acroleinfixier. für histochem. Unters. v. — 35-1220; verbesserte Meth. für d. Fixier. v. gegen Formalin sensitiven — 37-1283; Best. d. — v. Staphylokokken durch d. „Eidotter-Rk." mit einer Agarplattenbest.-Meth.

39-1278; Konservier. v. Blutausstrichen zum zytochem. --Nachw. 43-1219; elektrophoret. --Best. in Blut u. Seren sowie im Gehirn höherer Tiere 46-1310 bis 46-1312; Unters. über Metallsalzrk. an d. Ranvierschen Schnürringen zum --Nachw. 46-1918; Best. im Knochengewebe 48-1220; menschl. Serum-- in elektrophoret. Frakt. 48-1253.

Meth. zur Best. v. bei --Rk. gebildetem NH_3 1-1267; Best. d. enzymat. Purin- u. Pyrimidindesoxyribonucleotidbldg. mit Diphenylaminreagenz 20-1189; automat. Mess. d. Rk.-Geschw. enzymat. Rk. 20-1860; Best. d. enzymat. Aktivität v. Belebtschlamm 22-2158; Anwend. d. galvan. Zelle zur Mess. an O_2-verbrauchenden --Syst. 24-1281; Anwendbark. d. Tracer-Verteil.-Meth. als Mittel zur Best. d. Geschw.-Konst. bei --Substrat-Rk. 28-1272; Gaschromatographie bei Fermentat.-Unters. 28-1273; Meth. d. Berechn. d. stationären Kinetik v. --Rk. 37-1218; neue Screeningverf. zur Feststell. v. --Mangelerschein. 37-1222; prakt. Unters.-Meth. für --Rk. 38-1262; Konzept u. Anwend. v. Fluxmess. bei --Unters. 40-1248; indirekte Best. v. anorgan. H_3PO_4 in enzymat. Lsg. 41-1931; graph. Analyse v. --kinet. Daten 48-1174; Best. d. enzymat. Aktivität v. Belebtschlamm 51/52-2079.

Enzymat. Best.: v. Glykogen 7-1400; v. Glutamin mit einem Rattennierenpräp. 7-1402; Glucosebest. in biolog. Fl. nach einer automat. enzymat. Meth. 7-2170; enzymat. Meth. zur Best. v. Glykogenmikromengen 11-1274; enzymat. Best. v. NADP im Blut 14-2070; Best. d. Zus. u. d. Aminosäurekonfigurat. v. Gramicidin A durch enzymat. u. gaschromatograph. Meth. 16-1358; enzymat. Best. v. L-(+)-Milchsäure 25-1855; fluorimetr. Best. v. Aspartat, Glutamat u. γ-Aminobutyrat im Nervengewebe durch enzymat. Meth. 25-1856; enzymat. Best. v. Milchsäure in d. Fäzes bei Glykosidasemangel 28-1358; Markier. v. Antigenen u. Antikörpern mit – u. ihre Anwend. in d. Immunodiffus. 28-1604; spektrophotometr. Meth. zur enzymat. Mikrobest. v. Bernsteinsäure 31-2022; enzymat. Best. v. 5-Phosphoribosylpyrophosphat 34-1228; Nachw. v. Hämagglutinin (Einschätz. d. vereinfachten --Verf.) 35-1582; enzymat. Best.: v. Hexose in Blut u. Urin (Überblick) 37-1233; v. Galaktose im menschl. Gesamtblut, Serum u. Erythrozyten 37-1235; fluorometr. Meth. für d. enzymat. Best. d. Glykolysezwischenprod. 37-1364; Best. v. Fructose neben anderen Kohlenhydraten in Lebensmitteln durch enzymat. Analyse 37-1965; enzymat. Best. d. durchschnittl. Ketteneinh. v. Amylopektin 38-1351; Ultramikro--Analyse v. Testosteron 40-1500; direkter Nachw. d. Monomerisat. v. Thymin-halt. Dimeren in UV-bestrahlter DNS durch photoreaktivierende – d. Hefe 43-1119.

Serum--Unters. als Hilfsmittel zur Diagnose chron. Pankreaserkrank. 1-1558; Best. d. Cofaktordissoziat.-Konst. aus d. Kinetik d. Hemm. v. – 6-1269; Beweis für d. Pektinnatur d. Mittellamelle v. Kartoffelknollen-Zellwänden durch Chromatographie v. mazerisierenden – 14-1491; enzymat. Licht- u. Elektronenmikroskopie einer Äthionininduzierten Pankreasdegeneration 24-1564; --Teste in d. Routinediagnostik 31-1576.

Bibliographie

Handbuch der physiologisch- und pathologisch-chemischen Analyse für Ärzte, Biologen und Chemiker. Bd. 6: Enzyme. Teil C B 60.

Russ.: Stoffkonzentration und Fermentwirkung in Koazervaten B 36; Verwendung endokriner Ferment-Rohstoffe zur Herstellung von Organpräparaten B 53.

Bioorganic mechanisms. Vol. *2*, *1*: Enzymes, *2*: Chemistry, physical organic B 4; Advances in enzymology and related subjects of biochemistry (Vol. *28*) B 27; Enzyme and metabolic inhibitors. Vol. *3*: Iodoacetate, maleate, N-ethylmaleimide, alloxan, quinones, arsenicals B 27; Enzymes in serum; their use in diagnosis B 28; Enzymes in food processing B 32; Enzymes, general considerations (Comprehensive biochemistry no. *12*) B 36; Advances in enzyme regulation (Vol. *4*: Proceedings of the fourth Symposium on Regulation of Enzyme Activity and Synthesis in Normal and Neoplastic Tissues, Indiana *1965*) B 36 (Vol. *3*) B 52; Enzyme kinetics B 36, B 65; Helping your health with enzymes B 45; Enzyme nomenclature, second revised B 52; The molecular basis of regeneration; enzymes B 52; Methods in enzymology. Vol. *8*: Complex carbohydrates B 76; Enzyme cytology B 83; Enzymes in mental health (Transactions of the Third Symposium of the Carl Neuberg Society for International Scientific Relations) B 84.

Biochimie médicale. Fasc. II: Enzymes et métabolismes B 60.

Radiobiologia dei sistemi enzimatici B 76.

De activiteitsbepaling van farmaceutische enzymen en proteïnasen in internationale eenheden B 84.

Coenzyme
(Cofaktoren, Cofermente)

Übersicht 11-1294; Zwischenprod. bei d. Red. v. Chinolinanalogen mit Modell-– 4-1094; Red. v. Carbonylgruppen durch ein --Modell 32-1107; --Wrkg. v. 2-[2-Methyl-3-hydroxy-5-phosphonomethylpyridyl-(4)]-thiazolidin-4-carbonsäure 15-1566; – v. Erythrozyten bei nicht sphärozyt. kongenital hämolyt. Anämien 44-1261; Verwert. v. Biotin bei d. Biosynth. v. – 29-1562; Analoge d. – d. Kohlenhydratstoffwechsels 5-1345; Bind. v. Fe an – in d. Pflanze 15-1327; intramol. Wechselwrkg. zwischen Heterocyclen in – 28-1283; Substrataktivier. u. -hemm. durch --Substrat-Rk. 28-1289; Analoga d. – d. Kohlenhydratstoffwechsels 30-1272, 42-1034; Trenn. u. Best. d. Verb. mit --Wrkg. in Handelspräp. v. Cocarboxylase in Ggw. v. Thiamin u. seinem Monophosphorsäureester 51/52-1615; interzelluläre Ortsbest. einzelner Dehydrogenasen in gefrorenen Pflanzengeweben mit spezif. Substraten u. – 14-1319.

Corrin(oid)-Coenzyme: Übersicht 15-1564; Bldg. durch Butyribacterium rettgeri 10-1445. Substratstereospezifität 11-1616; Aktivität v. – u. -Antagonisten bei Hühnerembryonen u. Küken 12-1599; – als biolog. Grignard-Reagenzien 12-1291.

Bibl.: Hydrolitic reactions: Cobamide and biotin coenzymes. (Comprehensive biochemistry no. *16*) B 36; The vitamin co-factors of enzyme systems B 45.

Folsäure-Coenzyme: – in A-methopterinempfindl. u. -resistenten Stämmen v. Streptococcus faecalis 28-1278.

Nucleotidcoenzyme. *Flavincoenzyme*: Geh. in Lysosomen 2-1245; als d. wahrscheinl. fluoreszierende Substanz in sauren Katalasehydrolysaten 6-1259; Konz. d. durch Leberextrakte geschützten Leber bei CCl_4-Intoxikat. 14-1732; Einfl. v. Ultraschall auf d. Geh. in d. Geweben v. Vers.-Tieren 39-1561; Bldg. in Ashbya gossypii 10-1446; Schutzwrkg. einer Extrakt-Frakt. d. Schweineleber auf d. Synth. bei mit Schilddrüse vergifteten Ratten 14-1734; Bldg. in Eremothecium ashbyii 47-1238; Einfl. auf d. Nitratred. durch zellfreie Extrakte aus Bacillus cereus 26-1302; angeregte Zustände d. – 41-1241; Antagonismus v. Atebrin u. – im Beweg.- u. Lichtrk.-Verh. v. Phormidium uncinatum 49/50-1320; papierchromatograph. Best. in Hefe 37-1960.

Pyridincoenzyme (*Nicotinamidnucleotide*, *Pyridinnucleotide*): Benzimidazolwrkg. auf d. Geh. in Chloroplasten v. Weizenblättern 2-1514; Verschieb. d. --Spiegels während d. Keim. v. Rostsporen u. in Weizenblättern nach Beimpf. mit Blattrost 14-1532; Vork. in Lysosomen 2-1245; --Analoga in Säugerzellen 4-1251; – in d. Erythrozyten v. Pellagra-Patienten 8-1340; Wrkg. verschiedener hormonaler Beding. auf d. Konz. u. d. Redoxzustand v. – d. Rattenleber 8-1343;; Geh. red. – d. Nebenniere während d. frühpostnatalen Periode 9-1557; – in d. Schilddrüse 10-1334; Wrkg. eines Ernähr.-Defizits an Niacin u. Riboflavin auf d. Geh. im mitochondrialen Bereich 11-1589; ein neues an d. NAD-Synth. beteiligtes – aus Rattenleber 13-1261; – in d. Schilddrüse 30-1410; Einfl. d. ^{60}Co-Ganzkörperbestrahl. auf d. Spiegel an red. – in Rattenleber-Homogenaten 33-1683; Veränder. im Geh. u. im Redoxstatus v. – während d. Lebenszyklus v. Chlorellazellen 38-1207; Einfl.: v. Ultraschall auf d. Geh. in d. Geweben v. Vers.-Tieren 39-1561; v. injiziertem Thyrotropin auf d. --Geh. d. Schilddrüse v. normalen u. hypophysektomierten Ratten 42-1399; schützende Wrkg. v. S-Acetylglutathion auf d. – d. Leber 51/52-1592.

Geh. u. Synth. in d. Leber bei fetalen u. neugeborenen Kaninchen 3-1463; Bldg. in d. Leber v. Nicotinamid-behandelten Katzen 48-1533; Austausch v. 5-Fluornicotinamid gegen Nicotinamid in – 15-1251; Extrakt. d. ox. u. red. – aus Geweben 17-1285.

Konformat. in Lsg. 31-1176; Erhalt. d. Sinusschwing. d. red. – in einem zellfreien Extrakt v. Saccharomyces carlsbergensis 31-1175; Oszillat. red. – in zellfreien Extrakten v. Rinderherz 36-1250; Ox. red. – durch Peroxyacetalnitrate 16-1213.

Energie-gebundene --Red. (Hemmeffekt v. hyperbar. O_2 in vitro u. in vivo) 16-1212; spezif. Rk. v. Glutamatdehydrogenase aus Rattenlebermitochondrien mit – 7-1359; Bind. an Malat-Lactat-Transhydrogenase 33-1282; mögl. katalyt. Funkt. v. Histidin bei --gebundener Alkoholdehydrogenase 36-1266; Aktivier. d. Δ^5-3-Ketosteroidisomerase in d. kleinen Partikeln d. Rattennebenniere durch – 40-1364; Mechanismus d. Ox. in Zellen v. Pseudomonas fluorescenz ohne d. v. – unabhäng. Red.-Syst. 20-1378; Kinetik. d. --Red. nach d. Glucosezugabe zu Backhefe 29-1170; Verwert. v. red. – als Elektronendonatoren d. höheren Pflanze 14-1330; photosynthet. Rk. mit --Analoga 48-1331; zerebrale Ox.-Syst. d. – 1-1345; --Stoffwechsel d. Rattenleber (beeinflussende Hormone) 24-1547; Konkurrenz zwischen oxydativer Phosphorylier. u. energiegekoppelter --Transhydrier. in submitochondrialen Partikeln 29-1207; Einfl. v. Oligomycin auf d. Arsenat-induzierte Ox. v. – d. Lebermitochondrien 30-1635; Wechselwrkg. zwischen Histamin u. – in vivo 33-1576; oxydativer Abbau v. red. – im Zentralnervensyst. v. Meerestieren 37-1526; --Stoffwechsel in d. Rattenleber während d. Karzinogenese 46-1215; Verh. beim Schwellen d. aus Ascitestumorzellen isolierten Mitochondrien 1-1246; Wrkg. auf d. Hemm.-Aktivier.-Zyklus d. Respirat. in Mitochondrien 8-1273.

Verw. in einem Futtermittelzusatzstoff 1-3396*.

Best. v. ox. u. red. – 8-1341; Elut. u. Mikrobest. durch Ionenaustauscherdünnschichtchromatographie 14-1274; radiometr. Best. sehr kleiner --Mengen 39-1954, 40-1924; Mess. in d. Salzdrüsen d. Silbermöve 3-1280; Best.: in Organextrakten 7-1270; v. ox. u. red. – in d. Schilddrüse 10-1334; chromatograph. Trenn. u. Nachw. v. – aus Gewebeextrakten 11-2158; Verw. zur Best. v. Aldolase 15-2070*.

Iso(en)zyme

–: v. menschl. Zellstämmen 30-1270; bei präinvasivem Cervixkarzinom 41-1210; in Lebermetastasen 42-1148; --Muster in Extrakten aus Tumor- u. Normalgewebe sowie im Serum d. Goldhamsters (vergleichende elektrophoret. Unters.) 49/50-1103; – in normalen u. neoplast. Rattengeweben 49/50-1105; Einfl. v. Ultraschall auf – 26-1298; therm. Inaktivier. v. Serum- u. Organlactatdehydrogenasen als Meth. zur --Trenn. 31-1180.

Bibl.: Isozyme variations in man B 45.

Spezielle Enzyme (einbegriffen spezielle Cofermente)

Die Hinweise mit * beziehen sich auf Stichwörter außerhalb des Kapitels „Enzyme".

Acetanilid-Hydroxylase

Hydroxylier. v. Acetanilid bei in vitro-Vers. in Mikrosomen mit – 10-1411.

Acetanilid-Säureamidase

Isolier. aus Schweinelebermikrosomen 16-1283.

Acetat-Kinase
(Aceto(-CoA)-Kinase, Coacetokinase)

Vork.: in Hefepartikeln 36-1379; in lösl. Extrakten v. Rhodospirillum rubrum 49/50-1271; --Aktivität in d. Muskulatur v. Ascaris lumbricoides var. suis 42-1506; Eig. in Penicillium islandicum 3-1308; Wrkg. bei d. γ-Aminobuttersäurefermentat. durch Clostridium aminobutyricum 25-1326; Einfl.: d. Proteinkonz. auf d. K^+-Aktivier. v. --Rk. 6-1266; v. Protein u. K^+-Ionen auf d. --Hemm. durch Na^+-Ionen 23-1274; Schädig. d. – v. Streptococcus lactis als Ergebnis eines Wachstums bei niedrigem pH 38-1402; Analyse v. – in E. coli durch einen Antikörper für – 42-1219.

Acetat-Thiokinase

s. *Acetyl-CoA-Synthetase.*

Acetoacetat-Decarboxylase

Reinig. 28-1386; Identifizier. v. Lysin am akt. Ort d. – 24-1372.

Untereinh. u. Eig. 24-1373; photochem., durch Jodacetat induzierte Ox. d. – 24-1374.

Acetoacetyl-CoA-Reduktase

– beim Stoffwechsel v. Poly-β-hydroxybuttersäure u. Acetoin in Bacillus cereus 41-1320.

Acetohydroxysäure-Synthetase

Aktivität in Streptomycin-Mutanten v. E. coli 3-1379; – in Pseudomonas aeruginosa 15-1323; Charakterisier. u. Eig. d. – v. Streptomycin-abhäng. E. coli 51/52-1187.

Acetokinase

s. *Acetatkinase.*

Acetothiokinase

s. *Acetyl-Co-Synthetase.*

α-2-Acetylamino-2-desoxy-D-galaktosidacetylaminodesoxyglucohydrolase

s. *α-N-Acetylgalaktosaminidase.*

β-2-{N}-Acetylamino{-2-}desoxy-{D-}glucosidase

s. *Chitobioase.*

Acetylasen

Synth. während d. „Diauxie"-Wachstumsphase v. E. coli 40-1329.

Acetylcarboxypeptidase

Rk. v. Apo-— 49/50-1208.

Acetylcarboxypeptidase A

Rk. 49/50-1208.

Acetyl-*l*-carnityl-CoA

s. unter $C_{30}H_{51}N_8O_{19}P_3S$.

Acetylcholinacetylhydrolase

s. *Acetylcholinesterase.*

Acetylcholinacylhydrolasen

s. *Cholinesterasen.*

Acetylcholinesterase (Acetylcholinacetylhydrolase, echte Cholinesterase)

Verteil. u. Charakteristik 22-1196.

—-Aktivität in Tribolium confusum 44-1328; Wrkg. v. Bleitetraäthyl auf d. —-Aktivität v. Kükenhirn 2-1339; retikuloendotheliale Lokalisat. v. — in d. Leber 3-1318; Wrkg. v. Kastrat. u. Testosteron auf d. —-Aktivität in d. Erythrozyten v. Hunderüden 4-1489; Lokalisier. in d. Glomerula d. Niere v. einigen Teleostei im Süßwasser 8-1399; — in neutralem u. nichtneutralem Gewebe im mittleren Genikulum d. Katze 9-1703; Lokalisier. bei d. myoneuralen Bind. nach teilweiser Inhibit. in vitro u. in vivo (Vgl.) 12-1359; Anzahl u. Lokalisat. an d. motor. Endplatten d. Maus 16-1286; —-Aktivität während d. embryonalen Entw. d. Hühnergehirns 16-1493; Einfl. gewisser Diätformen auf d. Konz. v. echtem — im Blut d. Albinoratten 16-1535; Änder. d. —-Aktivität in d. Rattenleber bei Narkose mit Methoxyfluran 17-1677; Verteil. im Corpus caroticum d. Katze 19-1638; Lokalisier. in d. motor. Neutronen d. Rückenmarks d. Ratte u. d. Wrkg. d. Nervteil. 27-1308; —-Aktivität in d. Zellen d. Hypothalamus d. Meerschweinchens während d. östralen Zyklus 28-1343; Verteil. v. Kleinhirn-— bei verschiedenen Tierarten 30-1248; Vork. bei normalen u. atroph. Katzenmuskeln 32-1354; —-Aktivität in denervierten Muskeln junger Ratten 32-1361; Vork. im Karotisknötchen d. Kaninchens 35-1354; Konz. im Hirn v. Fischen aus verunrein. W. 37-1527; —-Aktivität während d. prä- u. postnatalen Entw. d. Rückenmarkes 45-1211; Verteil. in „natürl. dekapitierten" Bullenspermatozoen 47-1209.

Bldg. im nichttektalen Teil d. Kaninchenmittelhirns 35-1592; Isolier. aus Schlangengiften 27-1445; Reinig. v. Ochsenhirn-— 24-1329.

Stereospezifität v. Erythrozyten-— 12-1360; reversible Aggregat. v. — 10-1376; Solubilisier. v. — v. menschl. Erythrozytenstroma 18-1521.

Kinetik d. Rk. v. — mit Dipterex 7-1784; Wrkg. d. Ionenstärke u. Stoffe mit Curarewrkg. auf d. Rk. d. — d. elektr. Gewebes v. Torpedo marmorata 8-1401; strukturelle Anforder. für d. Blockier. d. Deacetylier. 11-1311; Hemm. d. Acetylcholinhydrolyse durch hohe Substratkonz. nach Einw. v. — d. Erythrozyten d. Stiers 14-1358; Rk. v. — mit S-Alkyl-p-nitrophenylmethylphosphonothiolaten 14-1361; Einfl. v. Cholin auf d. Geschw. d. Acetylcholinhydrolyse durch — d. Erythrozyten d. Stiers 15-1293; Wechselwrkg. d. Acetate u. Carbamate einiger heterocycl. Alkohole mit — 17-1303; ein in d. Konformat. beschränktes Acetylcholinanalogon bei d. Hydrolyse durch — 22-1197; Bind. quart. Ammoniuminhibitoren am anion. Zentrum v. — 34-1356; Dealkylier.-Unters. an gehemmter — 40-1309; Aspekte d. chem. Mechanismus d. Komplexbldg. zwischen — u. Acetylcholin-ähnl. Verb. 47-1593; Molekulartheorie für d. Arzneimittelwrkg. auf d. Grundlage d. induzierten Konformat.-Stör. d. Rezeptors mit —-ähnl. Eig. 47-1594; relative Bedeut. d. — bei d. Nerv-Muskel-Übertrag. 3-1320.

Ster. Voraussetz. für quart. NH_4-Inhibitoren v. — 1-1298; Alter. v. — nach Vergift. mit Methanphosphonsäurepinakolylesterfluorid 6-1639; Hemm. durch Chelate 9-1383; Anti-—-Aktivität v. Tropeinderiv. 16-1288; Wrkg.: v. Cholinesteraseaktivatoren auf diphosphorylierte — aus Drosophila melanogaster u. Rindererythrozyten 10-1375; v. Soman auf — 19-1674; v. Tremorin u. Oxotremorin auf — aus Rattenhirn 20-1303; v. N-Lost auf d. Erythrozyten-— 20-1304; v. Mevinphos auf — 27-1764; v. Echothiophate auf — 38-1645; Vork. einer Substanz mit Anti-—-Aktivität in Curarepräp. 39-1632; Hemm. durch Carbamate 40-1310; Zusammenhang zwischen chem. Konstit. u. Anti-—-Aktivität disubstituierter Chinazolone 41-1620; Hemm. durch Fluorid in vitro 44-1330; Einfl. d. Ionen v. Tertraalkylammonium auf d. Wärmeinaktivier. v. — 45-1221; Hemm. durch Chelate 49/50-1184; Bezieh. zwischen d. Oberflächenaktivität v. Carbamoylpiperidinoalkanen u. d. Inhibier. v. — 49/50-1185.

Reaktivier. v. durch organ. Phosphorverb. inhibierte — durch Fluorid 3-1319; Reaktivatoren d. gehemmten — 8-1400; freie Energie d. Hydrolyse v. Diäthylphosphoryl-— 21-1400; Reaktivier.: v. phosphorylierter — durch 2-Pyridinaldoximderiv. 29-1242; hitzedenaturierter — durch Antikörper d. nativen Enzyms 40-1308.

Fluorometr. Best. kleiner Mengen — 10-1377; getrennte Mess. d. —-Aktivität nach Hestrin 11-1312; auf visueller Beobacht. d. Cu-Thiocholin-Nd. gegründete Best. v. — 13-1384; titrimetr. Meth. zur getrennten Best. v. — u. nichtspezif. Cholinesterase in Abwesenh. oder Ggw. irreversibler Inhibitoren 15-1295; polarograph. Best. d. —-Aktivität 29-1241; direkte Radioisotopen-Best.-Meth. für — 44-1329; histochem. u. zytophotometr. Beobacht. an — im Spinalganglion d. Ratte 6-1274; modifizierte Thiocholin-Meth. zur Darst. v. — in Schistosoma mansoni u. Hymenolepis diminuta 13-1383; Best.: in Nierenzellen 18-1293; d. —-Aktivität im Serum mit Hilfe v. Indikatorpapier 30-1250; Mikrobest. d. —-Aktivität d. Erythrozyten: u. d. Serums für Acetylcholin als Substrat 31-1473; u. d. Plasmas nichtexponierter u. Phosphorsäureesterexponierter Menschen 32-1362; histochem. Nachw. im Katzenrückenmark 32-1646; Analyse in Ratten-Megakaryozyten durch eine Radioisotopen-zytochem. Technik 33-1314; mikrometr. Best. in d. Erythrozyten 42-1226; Best. d. —-Aktivität menschl. Erythrozyten 51/52-1162; mikrokolorimetr. Best. v. — d. motor. Endplatten im Rattenzwerchfell 51/52-1163; Verw. v. — aus Pferdeserum zur Best. v. organ. P-Verb. u. Carbamaten 8-2096; Anwend. d. Meth. d. Hemm. d. — bei d. Best. v. Rückständen v. Organophosphaten u. verwandten Verb. in d. Milch 49/50-1889; Wrkg. v. Organophosphorestern auf d. Verhältnis zwischen — u. d. Flimmerbeweg. u. ihre Auswert. für d. Spurennachw. v. Organophosphorverb. 39-1585.

Acetyl-α-chymotrypsin

Wechselbezieh. d. pH (pD)-Abhängigk. u. d. stufenart. Mechanismus d. mit α-Chymotrypsin katalysierten Hydrolyse v. — 24-1357; Temp.-Abhängigk. d. Deacylier. v. — 24-1361.

Acetyl-CoA

s. unter $C_{23}H_{38}N_7O_{17}P_3S$.

Acetyl-CoA-Acyl-Trägerprotein-Transacylase

Darst. u. Wrkg. bei d. Fettsäure-Synth. 2-1638.

Acetyl-CoA-Carboxylase (Acetyl-CoA: CO_2-Ligase)

Mögl. Vork. in Hefepartikeln 36-1379; —-Aktivität d. Leber nach Puromycin oder Actinomycin B 40-1618; Bind. d. Kohlensäure in d. carboxylierten — 11-1624; Wrkg.-Mechanismus 24-1387; Hemm. durch Salicylat bzw. Nicotinat 45-1236.

Acetyl-CoA-Carnitin-*O*-Acetyltransferase

s. *Carnitin-Acetyltransferase.*

Acetyl-CoA: Cholin-*O*-Acetyltransferase

s. *Cholin-Acetylase.*

Acetyl-CoA: CO_2-Ligase

s. *Acetyl-CoA-Carboxylase.*

Acetyl-CoA-Deacylase

—-Aktivität in Leber u. Tumorextrakten 24-1259.

Acetyl-CoA-Ligase

s. *Acetyl-CoA-Synthetase.*

Acetyl-CoA: Orthophosphat-Acetyltransferase

s. *Phosphatacetyltransferase.*

Acetyl-CoA-Synthetase (Acetyl-CoA-Ligase, Acetatthiokinase, Acetothiokinase, Acetylthiokinase)

Vork. in Hydrogenomonas facilis 15-1329; —-Aktivität: während d. embryonalen Entw. d. Hühnergehirns 16-1493; in Leber u. Tumorextrakten 24-1259; in d. Leber normaler u. diabet. Ratten 48-1249; Wrkg. v. Salicylat auf d. —-Aktivität in d. Schleimhaut d. Schafdickdarms 48-1559; —-Aktivität in weißem u. braunem Fettgewebe u. in d. Leber v. Ratten während d. Entw. 51/52-1161; —-Rk. 8-1444, 8-1445; Aktivier. u. Ox. v. $^{14}C_{(1)}$-Essigsäure durch — aus zellfreien Homogenaten keimender Erdnuß-Kotyledonen 21-1357; Synth. v. Leucin in Maisembryonen in Ggw. v. — 27-1310; — bei d. Photoassimilier. v. Acetat durch autotrophe Blaugrüne Algen 27-1423; Beteilig. an d. Bldg. v. Acetylcoenzym A: aus Acetat, ATP u. Coenzym A im Gehirn 22-1229; u. Acetylcholin aus Acetat u. Citrat in subzellulären Frakt. v. kaudalen Kernen u. ganzem Hirn 49/50-1239.

Acetylesterase

Vork., Rk. 11-1331.

α-*N*-Acetyl-D-galaktosaminidase (α-*2*-Acetylamino-2-desoxy-D-galaktosidacetylaminodesoxyglucohydrolase)

Vork. bei Säugern 45-1288; Wrkg. auf Blutgruppensubstanz nach mikrosomalem Einbau v. N-Acetyl-D-galaktosamin 12-1572.

***N*-Acetyl-β-Glucosaminidase**

s. *Chitobiase.*

Acetylglucosamin-Phosphomutase (Phosphoacetylglucosamin-Mutase)

—-Aktivität in granulierendem Gewebe u. Mucopolysaccharidsynth. 49/50-1246.

***N*-Acetylhexosaminidase**

Bldg. v. „Protoplasten" aus Staphylococcus aureus mit Hilfe einer Pilz-— 25-1179.

***N*-Acetylmuramidglykanohydrolase**

s. *Lysozym.*

Acetylnaphthol-Esterase

Entw. d. histochem. im Corpus luteum d. Schafes nachweisbaren —-Aktivität 8-1402; histolog. Unters. d. —-Aktivität d. Eileiters v. Gallus gallus 16-1333.

***N*-Acetylneuraminsäure-Aldolase**

Hemm. durch 3-Fluorsialsäure 1-1331.

Acetylornithin-δ-Transaminase

Wrkg. d. α-Hydrazin-Analogen v. Histidin auf d. —-Aktivität v. Salmonella typhimurium 36-1382.

***N*-Acetyl-L-phenylalanyl-α-chymotrypsin**

Beweis für d. Bldg. v. — als Zwischenstufe bei d. mit α-Chymotrypsin katalysierten Hydrolysen spezif. Substrate 24-1356.

Acetylphosphatase

Vork. in zellfreien Extrakten v. Halobacterium salinarum 23-1325; Einfl. v. Ionen auf d. — v. Kaninchengehirn 11-1301.

Acetylsalicylsäure-Esterase (Aspirin-Esterase)

Vork. in Lebermikrosomen 13-1381; Bewert. im Aspirinstoffwechsel (Vgl. zwischen Tierarten) 34-1357; Wrkg. v. Na-Chromat, -Molybdat, -Wolframat u. -Metavanadat auf — (Vgl.) 23-1323.

Acetylthiokinase

s. *Acetyl-CoA-Synthetase.*

Acetyltransferasen

s. *Acyltransferasen.*

***N*-Acetyl-L-tryptophanyl-α-chymotrypsin**

Beweis für d. Bldg. v. — als Zwischenstufe bei d. mit α-Chymotrypsin katalysierten Hydrolysen spezif. Substrate 24-1356; Zwischenstufe bei d. mit α-Chymotrypsin katalysierten Rk. v. N-Acetyl-L-tryptophanderiv. bei niedr. pH-Wert 24-1358.

Acetyltyrosinäthylesterase

—-Aktivität d. menschl. Serums (Konzentrier., Nachw., Eig. u. Hemm.) 7-1404.

Aconitase

s. *Aconitat-Hydratase.*

Aconitat-Hydratase (Aconitase)

—-Aktivität in Pseudomonas (Rk.) 16-1329; Vork. in Clostridium kluyveri-Extrakten 42-1261; —-Niveau in einigen Koniferen (Vgl.) 1-1429; —-Aktivität d. lösl. Anteils leichter u. schwerer Mitochondrien aus Rattenleber 4-1198; Vork.: in Kniegelenken v. Ratten während d. Entw. 5-1304; in Kallusgewebe 5-1305; Wrkg. v. Östradiol auf d. —-Aktivität im Uterus d. Ratte 15-1472; —-Aktivität: in menschl. maligner Cervix uteri 19-1247; im

Magen-Darm-Kanal v. Rattensäuglingen 27-1621; während d. experimentellen Karzinogenese in d. Mäuseohrspeicheldrüse 41-1214; in d. Muskulatur v. Ascaris lumbricoides var. suis 42-1506; Synth.: v. α-Methyl-cis-aconitase als Substrat für – 49/50-1233; v. Glutamat durch – in Clostridium kluyveri 42-1249; (Stereospezifität) 42-1262; Hemm. durch γ-Hydroxy-α-ketoglutarat 23-1312.

Actase

s. *Plasmin.*

Acylasen

Kinetik d. Hydrolyse v. Fluorescein- u. Eosinestern durch – 36-1318.

Acyl-α-chymotrypsin

Isolier. eines spezif. –-Zwischenprod. 38-1326; Identität d. Desacylier.-Geschw. v. nichtion. – u. Acyltrypsinen 38-1184.

Acyl-CoA: Acyl-GPC-Acyltransferasen

Regulier. d. Fettsäurezus. in Glycerolipiden durch – 19-1621.

Acyl-CoA: L-Glycerin-3-phosphat-*O*-Acyltransferase

–-Aktivität beim Einbau v. ^{32}P-Glycerinphosphorsäure in Phosphatide durch zellfreie Präparat. v. Spinatblättern 37-1362.

Acyl-CoA: Sphingosin-*N*-Acyltransferase

Synth. v. Ceramid durch – 37-1250.

Acyl-CoA-Synthetase (CoASH)

Aktivier. u. Einbau v. Fettsäuren in Glyceride durch d. – d. Dünndarmschleimhaut 29-1278; –-Aktivität bei d. Fettsäureacylier. in Rattenlebermitochondrien 40-1199; Wrkg. v. Desulfo-CoA auf – 32-1293.

Acylenzym

Spektrophotometr. Identifizier. v. –-Zwischenprod. 49/50-1248.

Acylesterasen

Mikrobest. v. – in Serum u. Erythrozyten für Phenylacetat als Substrat 31-1473.

Acyl-malonyl-Acylträgerprotein-Kondensationsenzym

Darst. u. Eig. v. – aus E. coli 28-1401.

Acylphosphatase

K^+-abhäng. – als Teil d. (Na^+ + K^+)-abhäng. ATP-Phosphohydrolase d. Zellmembran 39-1249; kontinuierl. opt. Best. mit Benzoylphosphat als Substrat 51/52-1184.

Acyltransferasen (Acetyltransferasen, Transacetylasen)

Modell-Enzymsyst. für d. physiolog. Transacetylier. 29-0934; Vork. in Larven d. Schmeißfliege 5-1309; partielle Reinig. v. – aus E. coli 7-1429; Polymorphismus beim Menschen 9-1257; Abhängigk. d. zytolyt Wrkg. v. Lysolecithin v. Membran-– 4-1287; Wrkg. (Einfl. v. Glyoxalat u. a. Aldehyden) 31-1204; Vgl. d. Aktivität in vitro mit d. Verteil. d. Fettsäuren in Lecithinen u. Triglyceriden in vivo 38-1282; spezif. Inhibitoren 32-1328.

Adenin-Phosphoribosyltransferase

s. *AMP-Pyrophosphorylase.*

Adenosin-Aminohydrolase

s. *Adenosin-Desaminase.*

Adenosin-Desaminase (Adenosin-Aminohydrolase)

Vork. in Pflanzensamen 8-1432; –-Aktivität in normalen Leukozyten 8-1433; Gewebsverteil. in Säugetierspezies 15-1318; – in Milz u. Nieren bei Riboflavinentzug 30-1516.

Reinig. u. Eig. v. – aus Rinderherz 43-1198; Moffit-Konst. u. Cotton-Effekt 21-1248.

Wrkg. auf Adenosinderiv. 5-1393; Desaminier. v. Adenosinanalogen mit – 18-1324; Hydrolyse 6-substituierter Purinriboside durch – 28-1377; Spezifität v. – gegen Adenosin- u. 2'-Desoxyadenosinanaloge 36-1346; Mechanismus d. –-Wrkg. 38-1331; Disaminier. v. Purin-Antibiotika durch – 46-1356; Bldg. v. NH_3 durch spezif. – in d. Leukozyten d. Meerschweinchens 32-1603.

Wrkg. v. Kinetin auf – d. Handels 2-1508; Synth. v. 6-substituierten 9-[Hydroxyalkyl]-purinen u. ihre Einschätz. als Inhibitoren d. – 10-1399; Paradoxeffekt v. Adenin auf – v. Salmonella typhimurium 10-1453; Wrkg. v. Gefrieren u. Auftauen auf Mäuseleber-– 15-1334; Substrate u. Inhibitoren v. – 21-1396; Synth. eines d. akt. Stelle blockierenden, irreversiblen Inhibitors v. – 28-1378; Wrkg. d. Herzglykoside auf – 40-1535; zeitl. Verlauf in d. Veränder. v. – während d. endogenen Atmung bei Aspergillus sojae 41-1332; kompetitive Hemm. d. – als mögl. Ursache d. koronardilatierenden Wrkg. einer Pyrimidopyrimidinverb. 49/50-1560.

Best. 29-1274.

Adenosindiphosphatase (ADPase, ADP-Phosphohydrolase)

–-Aktivität: in auf Sand gezogenen Zuckerrohrarten bei unterschiedl. Angebot an Nitrat u. Phosphat 35-1322; in d. Blättern d. höheren Pflanzen 39-1247; Trenn. d. Apyrase d. Blätter v. Mimosa pudica in – u. Adenosintriphosphatase 39-1248; Vork.: in d. Zilia d. Embryonen v. Spisula solidissima während d. Entw. 27-1588; in Mäuselebermikrosomen 34-1364; – beim Abbau v. Adenosindiphosphat u. Adenosintriphosphat im Plasma 28-1595.

Adenosindiphosphatglucose-[ADPG]-Pyrophosphorylase

Fehlende –-Aktivität in Stärkemangel-Maismutanten 24-1314; Stör. d. Best. d. Glucosyltransferase durch – 31-1206.

Adenosin-Kinase

– bei d. enzymat. Bldg. v. 6-[Methylmercapto]-purinribonucleosid-5'-phosphat in Mäusegeweben u. Tumorzellen 19-1243.

Adenosinmonophosphatase (AMPase)

–-Aktivität: in d. Leber normaler Ratten u. Kaninchen 15-1330; im Blut d. Tiere unter d. Einfl. d. Injekt. v. RNS u. Insulin 27-1494; Lokalisat. in d. Plasmamembran d. humanen Prostata-Epithelzellen 32-1410; Vork. in sich entwickelnden Drosophila 36-1325; Nachw. in Formol-fixierten u. in toto behandelten Ratten- u. Mäuseeiern 39-1228.

Adenosinmonophosphat-Desaminase

s. *AMP-Aminohydrolase.*

Adenosintriphosphatase (Adenosintriphosphat [ATP]-Phosphohydrolase, ATPase)

Vorkommen, Aktivität: –-Aktivität: d. Hefezellmembran (Wrkg. v. Filipin, Nystatin u. N-Acetylcandidin) 1-1373; in d. Zilien v. Tetrahymena pyriformis 4-1393; Vork. v. „Transfer"-– in Acanthamoeba 5-1337; –-Aktivität bei Bakterien 13-1355; Wrkg. einer Präinkubat. auf d. Verteil. v. – in Extrakten v. E. coli 48-1223.

–-Aktivität in auf Sand gezogenen Zuckerrohrarten bei unterschiedl. Angebot an Nitrat u. Phosphat 35-1322.

–-Aktivität: im lyophilisierten Lämmerthymushomogenat 1-1554; d. Leber bei CCl_4-Vergift. 3-1659; im durch Benzpyren induzierten Zervikovaginalkarzinom 4-1231; Vork. im wachsenden Tibiaknorpel d. Menschen 7-1268; –-Aktivität: Glycerin-behandelter Mitochondrien 7-1301; bei Langzeiteinfl. d. elektr. Stimulier. auf d. postmortalen pH-Abfall in d. Muskeln v. dän. Landschweinen 7-1756; endokrine Wrkg. auf d. –-Aktivität d. Herzmuskelfasern bei d. Ratte 9-1408; –-Aktivität in d. Leber nach Verbrenn. 9-1696; Verteil. in Frakt. subzellulärer Partikel v. Hirngewebe 10-1370; paradoxe Wrkg. v. α-Tocopherylacetat auf d. Aktivität latenter – u. d. Hemm. 2.5-Dinitrophenol-stimulierter – in Mitochondrien u. Homogenatsyst. d. Rattenleber 11-1328; –-Aktivität: d. mit Acridinorange behandelten Muskeln 11-1462; d. Nerven 11-1666, 11-1667; Lokalisier. in morpholog. charakterisierten subzellulären Frakt. d. Meerschweinchengehirns 12-1406; –-Aktivität: v. Homogenaten laktierender Rattenbrustdrüsen 12-1516; d. Lebermitochondrien (Einfl. v. Steroidhormonen) 12-1537; in d. Mitochondrien d. Gehirns (Einfl. einer Lipoid-Eiweißfrakt. aus d. Leber d. Hühnerembryos) 14-1637; – v. isolierten Myofibrillenfragmenten 15-1320; –-Aktivität: in d. Leber normaler Ratten u. Kaninchen 15-1330; d. Erythrozyten u. Retikulozyten (Einfl. v. α-Tocopherolacetat) 15-1568; v. Mitochondrien aus fetaler Rattenleber 18-1164; Lokalisier. im mitot. App. d. HeLa- u. Sarkom-*180*-Gewebezellkulturen 18-1205; Myofibrillen-– u. Existenz einer lösl. Erschlaff.-Substanz u. v. Kofaktoren d. Muskelrelax. 18-1578; –-Aktivität in entkuppelten Mitochondrien (Einfl. v. überschüss. Substrat) 19-1309; Geh. in isolierten Rattenleberzellkernen 20-1351; –-Aktivität: in Nierenmitochondrien (Einfl. v. in vivo verabreichtem Parathyreoidhormon) 20-1505; in einer aus polymorphkern. Leukozyten aufbereiteten Zellmembranfrakt. 24-1581; geschlechtsspezif. Unterschiede im Vork. v. – in d. Rattenniere 25-1480; Lokalisier. in d. motor. Neuronen d. Rückenmarks d. Ratte (Wrkg. d. Nervteil.) 27-1308; –-Aktivität im Blut d. Tiere (Einfl. d. Injekt. v. RNS u. Insulin) 27-1494; Vork. in d. Zilia d. Embryonen v. Spisula solidissima während d. Entw. 27-1588; –-Aktivität v. peripheren Neutrophilen: bei normalen u. mit 4-Aminopteroylglutaminsäure behandelten Wistarratten 27-1602; bei mit 4-Aminopteroylglutaminsäure behandelten Wistarratten u. bei ihren Inzuchtnachkommen 27-1603; – d. roten Blutkörperchenmembran (Beurteil. d. Größe durch Bestrahl.-Inaktivier.) 28-1381; Lokalisat. in menschl. Thrombozyten u. a. Blutzellen 30-1256; –-Aktivität: bei d. Reif. d. roten Blutzellen in vitro 30-1450; d. Erythrozytenmembran (Einfl. v. Vitamin D) 30-1526; Einfl. d. Proteinspiegels in d. Nahr. auf d. –-Aktivität in Darm u. Leber v. Ratten 31-1548; –-Aktivität v. Brenzcatechinamingranula aus Nebennierenmark 32-1408; Lokalisier.: im Epithel d. duodenalen Krypten v. röntgenbestrahlten Mäusen 32-1372; in d. Plasmamembran d. humanen Prostata-Epithelzellen 32-1410; Wiederherst. d. Adenosintriphosphat-unterstützten Akkumulat. v. Ca^{2+} u. –-Aktivität in gealterten Herzmitochondrien 33-1220; – in Mäuselebermikrosomen 34-1364; Vork. in sich entwickelnden Drosophila 36-1325; –-Aktivität: im Innern d. weißen Substanz u. in d. Umgeb. d. Gefäßwände im Laufe d. Hirnreif. bei d. Ratte 36-1595; in Leber, Herz u. Nieren d. Ratte beim experimentellen subtotalen K-Mangel 37-1523; im Sartoriusmuskel v. Rana temporaria nach Behandl. mit hyperton. Ringerlsg. 39-1259; – in Erythrozyten v. Kaninchen mit Tocopherolmangel 40-1346; Einfl. v. O-Überschuß auf d. –-Aktivität in Experimentaltumoren 41-1211; Lokalisier. im Mykoplasma 43-1259; Vgl. d. Wrkg. v. Steroidlactonen auf d. Transport-– u. d. Ionentransport v. Erythrozyten 43-1590; –-Aktivität: in menschl. Lungenkarzinom 44-1230; in durch 4-Nitrochinolin-1-oxid induzierten Lungentumoren v. Maus u. Ratte 44-1231; v. Mycoplasmamembranen 44-1377; Verteil. in „natürl. dekapitierten" Bullenspermatozoen 47-1209; –-Aktivität d. menschl. Erythrozyten 49/50-1222.

–-Aktivität v. Actomyosin bei niedr. ATP-Konz. 3-1608; Einfl. v. Adenosin-5'-sulfatpyrophosphat auf d. –-Aktivität v. Myosin oder Actomyosin 8-1653; Vork. in Myoinositkinase aus Spinatblättern u. Weizenkeimen 12-1336; Wrkg. v. Carnosin auf d. –-Aktivität v. Actomyosin 14-1689; Anstieg d. –-Aktivität v. Rattenherzactomyosin u. d. Mitochondrien-– nach Digoxininjekt. 14-1766; –-Aktivität: d. durch Chromatographie v. aus zerkleinertem Kaninchenmuskel an Triäthylaminoäthylcellulose hergestelltem „Myosin B" 18-1576; v. „Myosin B" während. Aufbewahr. v. Kaninchenmuskel 18-1577; v. Hefehexokinase (Bezieh. zum Mechanismus d. Hexokinaserk.) 20-1338; v. Actomyosin d. menschl. vaskulären glatten Muskels 20-1571; v. Kalbsherzmyosin 22-1543; Turbidität einer Lsg. aus Myosin u. Actin in Bezieh. zur –-Aktivität 24-1517; –-Aktivität: d. aus H-Meromyosin aufbereiteten Unterfragments 24-1518; v. Myosin (sich entwickelnder Skelettmuskeln) 28-1520; (aus d. gestreiften Adduktormuskel d. Kammuschel) 28-1521; d. Frakt. S-*1* aus d. trypt. Verdauung v. Myosin 28-1522; Unterscheid. v. –-Aktivität d. Muskelmitochondrien u. d. –-Aktivität v. Actomyosin 31-1234; –-Aktivität v. Myosin (Abhängigk. v. pH u. v. d. Konz. d. vorhandenen Metallionen) 39-0559; Trenn. d. Apyrase d. Blätter v. Mimosa pudica in Adenosindiphosphatase u. – 39-1248; Einfl.: v. α-Tocopherol auf d. nach K-Avitaminose veränderte –-Aktivität v. Myosin 39-1513; v. Mg auf d. –-Aktivität v. Insekten-Actomyosin bei niedr. Ionenstärke 45-1229; Rolle v. F-Actin-gebundenem ADP für d. Superpräzipitat. u. –-Aktivität v. Actomyosin 45-1504; –-Aktivität eines lösl. Faktors aus submitochondrialen Partikeln 48-1247; Einfl. v. Salzen einwert. Metalle auf d. –-Aktivität v. Actomyosin 49/50-1225.

Bildung, Gewinnung: Einfl. v. Ca u. Sr auf d. Bldg. in Weizenwurzeln 20-1339; Synth. d. mikrosomalen – in sich entwickelnden Rattenhepatozyten 43-1216; Einfl. v. Dicumarol auf d. Indukt. d. Cystein- u. lichtabhäng. – in Chloroplasten 44-1202; Freisetz. aus zerebralen Mikrosomen 44-1196; Darst. mit d. Schwermetall-Simultan-Meth. 18-1283; Fraktionier. v. – d. fibrillären Insektenmuskulatur 31-1234; Reinig.: u. Eig. einer lösl. mitochondrialen – aus Brassica oleracea 19-1335; v. – d. menschl. Plazenta 43-1200.

Eigenschaften: Rolle d. Sulfhydryl- u. Imidazolgruppen in Myosin-– 1-1330; supramol. Organisat. 10-1333; Acylphosphatnatur einer phosphorylierten Zwischenstufe in einer Hirn-Transport-– 23-1296.

Reaktionen, Wirkungen: Rolle beim akt. Transport v. Na- u. K-Ionen (Übersicht) 7-1385; Vork. freier Radikale bei d. Hydrolyse v. ATP mit – 11-1272; funktionelle Bedeut. d. – d. Mitochondrien (Übersicht) 13-1354; anfängl. rasche Freisetz. v. anorgan. Phosphat durch Myosin-– 13-1356; anfängl. rasche Absorpt. u. Freisetz. v. H-Ionen durch Myosin-– 13-1357; Mechanismus d. mit – gekoppelten akt. Na- u. K-Transportes 15-1448; Rolle bei d. Mitochondrienkontrakt. 20-1178; Bezieh. lichtabhängig. u. durch Licht ausgelöster – zur Photophosphorylier. 22-1216; Sulfhydrylgruppen am akt. Rk.-Ort v. Myosin A-– 23-1297; Rolle bei d. Umwandl. v. Adeninnucleotiden während d. Mitochondrienschwell. 35-1225; Arsenat-induzierte –-Aktivität bei d. oxydativen Phosphorylier. 38-1291.

– bei d. Bldg. v. Phosphoenolbrenztraubensäure aus Brenztraubensäure durch E. coli 11-1348.

Einfl. auf d. Melanophorenkontrakt. d. Froschhaut 1-1705; – als Ursache d. Speziesunterschiede in d. Digitalisempfindlichk. 1-1785; Indukt. d. ATP-Hydrolyse durch Rattenleber-Mitochondrien-– 2-1328; Rolle bei d. Verester. v. Palmitat durch Rattenleber 3-1355; –-Rk. beim durch 2-Desoxyglucose erzeugten ATP-Abbau in Aszitestumorzellen 7-1318; Wrkg. auf d. Lichtstreuung v. Ziliensuspens. 10-1418; Bezieh. zwischen –-Aktivität u. Lichtabsorpt. bei Kontrakt. u. Relaxat. v. Myofibrillen 11-1640; Rolle beim akt. Transport u. d. Kontrakt. v. Uterusgewebe 23-1610; – als ein in vitro Inhibitor d. Oberflächenfaktors beim Blutgerinn.- Mechanismus 29-1521; Wrkg. d. Membran-–-Aktivität auf d. renaltubulären Glucose- u. Na^+-Transport 38-1594; Umkehr. d. –-Rk. in Muskelfasern durch Äthylendiamintetraessigsäure 40-1347; –-Rk. bei d. Muskelkontrakt. 40-1577; – bei d. Erythrozytenglykolyse 42-1445; Bezieh. zwischen akt. Monosaccharidtransport u. –-Aktivität in d. Dünndarmmucosa 49/50-1226.

Beeinflussung, Inhibitoren: Einfl. d. totalen Röntgenbestrahl. auf – d. Mitochondrien d. Rattenleber 17-1591; unterschiedl. Stabilität unter Kohlensäureschnee- u. Kryostattemp. 18-1239; Einfl. d. Gefriergeschw. auf – in Tumoren 24-1277; Mechanismus d. Kälteinaktivier. v. – in d. Mitochondrien 32-1414; Einfl.: einer tiefen Hypothermie auf – im Hirn bei Hunden 37-1221; d. Erhitzens auf – v. isolierten Chloroplasten 38-1452; d. Samenbestrahl. auf – d. Mitochondrien in d. Zellen d. Maiswurzel 45-1318.

Einfl: v. 1-Dimethylaminonaphthalin-5-sulfonylchlorid auf Myosin A-– 2-1353; v. Diisopropylfluorphosphat auf – d. Magens 2-1623; v. Tripropylzinnchlorid auf Myosin A- – 3-1354; v. Progesteron auf Actomyosin-– d. menschl. Myometriums 12-1409; v. EDTA auf – 12-1622; v. adrenerg. Vermittlern auf d. myofibrilläre – 12-1623; v. Atebrin auf – d. Rattenherzsarkosomen 13-1359; v. antiphlogist. u. antiarthrit. Verb. auf – v. Leber u. Gehirn 14-1743; v. Detergentien auf d. Myosin-– d. Muskeln 16-1555; v. CCl_4 auf d. – in subzellulären Partikeln 18-1158; Hemm. d. Transport-– d. Hirns am kardioton. Steroidzentrum durch Strophanthidin-3-halogenacetate 18-1288; Inhibitoren v. Membran-– im Rattenuterus 19-1662; Ouabain-Empfindlichk. v. – d. Herzmikrosomen 22-1217; Einfl.: v. Na_2SeO_3 auf – 26-1644; v. ATP, K u. Strophanthidin auf d. Hemm. einer Ouabain-sensitiven – durch Diisopropylfluorphosphat 26-1311; v. Halothan auf d. – d. Rattenlebermitochondrien 27-1189; v. Palmitoylcarnitin auf – 27-1299; v. Carnosin auf d. myofibrilläre – 27-1649; Arginin-reicher Histonextrakte aus Kälberthymus auf d. – in Lebermitochondrien 28-1320; Hemm. d. Membran-– bei d. Ratte 31-1233; Einfl.: v. 2-Trifluormethylbenzimidazolen auf d. – in Rattenlebermitochondrien 36-1306; v. Alloxan auf d. – d. Mitochondrien 36-1350; v. Ouabain auf d. – d. Hornhaut d. Auges 36-1352; hemmender Faktor für Actomyosin-– 36-1353; Einfl. verschiedener Verb. auf d. – d. Erythrozytenmembran 37-1266; irreversible Hemm. v. – d. Gehirns durch Diisopropylphosphorylfluorid 38-1292; Wrkg. v. Salicylsäurederiv. auf d. – in der Leber 39-1603; Hemm. d. intestinalen – durch Kulturfiltrate v. Vibrio cholerae 40-1368; Einfl.: v. Herzglykosiden auf d. – in verschiedenen Rattenorganen 42-1325; v. Thioacetamid auf d. – d. regenerierenden Rattenleberzelle 43-1150; kompetitive Umkehr d. Wrkg. v. Atractylosid auf d. mitochondriale – durch Adeninnucleotide 43-1210; Wrkg.: v. Cystamin u. Cysteamin auf d. – v. Rattenlebermitochondrien 44-1379; kanzerogener o-Aminophenole auf – d. Mitochrondrien 46-1219; enzymat. Ox. v. Epinephrin unter Bldg. eines Actinomyosin-–-Hemmers 46-1263; – in d. Lungen v. Meerschweinchen nach Einatmen v. Quarzstaub 49/50-1566; Wrkg. v. Hemmstoffen d. lipolyt. Wrkg. v. Adrenalin auf d. – im Fettgewebe v. Ratten 51/52-1183.

Schutzeffekt: v. Glycin auf – bei Röntgenbestrahl. 19-1649; einiger neutraler gelöster Stoffe auf d. Inaktivier. v. Myosin A-– 24-1367.

Analyse, Untersuchungsverfahren: Enzymat. Analyse 23-1299; Meth. für d. Fixier. v. gegen Formalin sensitiver Myosin-– 37-1283; Besonderh. bei Anwend. d. Meth. nach Wachstein u. Meisel zum histochem. –-Nachw. beim experimentellen Herzinfarkt 3-1614; Nachw. in Mikrosomenfrakt. aus Rattenhirnrindenhomogenaten 14-1267; histochem. Nachw.: in d. Gefäßwänden bei Vers.-Tieren 16-1331; durch Verw. einer Schiffschen Base 17-1321; Ca-Phosphatmeth. bei pH *7,5* zum histochem. Nachw. v. – 18-1287; histochem. Nachw.: in d. Nieren v. Säugetierarten während ihrer postnatalen Entw. 20-1252; in d. Mesothelialzellen d. Peritoneums 21-1419; in für d. akt. Transport wicht. Epithelien 32-1411; Problematik d. Bezieh. zwischen gestörter Atmungskettenphosphorylier. u. histochem. darstellbarer – 32-1412; Nachw. in Formol-fixierten u. in toto behandelten Ratten- u. Mäuseeiern 39-1228; Beeinfl. d. histochem. Nachw. unter verschiedenen Vers.-Beding. beim Vgl. d. Ca- sowie Pb-Meth. 49/50-1223; Nachw. im Rattenhirn nach unterschiedl. Fixier. mit Formaldehyd, Glutaraldehyd u. Hydroxyadipinaldehyd 49/50-1224; histochem. Unters. d. Aortaregenerat. in Tierexperimenten durch Rk. mit – 16-1332; Verw. zur Markier. d. akt. Na- u. K-Transportstellen 37-1466.

Aktivierte Adenosintriphosphatase: Reversible Aktivier. v. Mitochondrien-– durch hohen pH 28-1382; Aktivier. v. – in d. Membranen d. halophilen Vibrio parahaemolyticus durch Kationen 14-1380; Ionenaktivier. v. – in Membranen v. marinen Bakterienzellen 25-1275; Aktivier.: d. „Dunkel"-– bei d. Chloroplastenquell. 22-1355; d. – aus Wurzeln v. Bohnenpflanzen durch Ionen 49/50-1220; Transport-Inhibitoren u. Kation-aktivierte – 31-1235.

Na^+-aktivierte Adenosintriphosphatase: Bezieh. d. Adenosindiphosphat–Adenosintriphosphat-Austauschrk. bei Gehirnmikrosomen zur –-Rk. 28-1379.

K^+-aktivierte Adenosintriphosphatase: Carbamylphosphat als ein bevorzugtes Substrat d. – 22-1202; antagonist. Wrkg. v. Mg-Ionen u. Äthylendiamintetraacetat auf – 18-1289; Wrkg. d. K^+-Form eines Bio-Rad Chelex-*100*-Harzes auf d. –-Aktivität v. relaxierenden Partikeln d. Skelettmuskels 18-1579.

Na^+- und K^+-aktivierte Adenosintriphosphatase: Verteil. in isolierten Nervenendpartikeln 4-1340; –: in d. Erythrozyten einiger Vogelspezies 9-1407; d. intestinalen Epitheliums 11-1329; Anwesenh. in Spermatozoen d. Ebers bei Epididymitis 12-1407; – v. Säugetierretikulozyten u. reifen roten Blutzellen 21-1388; –-Aktivität: in d. Hüllen menschl. roter Blutzellen 27-1533; im menschl. Skelettmuskelgewebe 32-1409; –: aus Herzgewebe 35-1343; in degenerierenden peripheren Nerven 40-1344; v. Darmepithel u. Erythrozyten 40-1345; –-Aktivität: v. Rattennierenmembranen 42-1244; im Telenzephalon d. Hühnchens in Bezieh. zur Gew.-Zunahme u. zum Wassergeh. 43-1201; – d. elektr. Organes v. Electrophorus 44-1378; Lokalisier. im Rattenhirn 45-1231; – in menschl. gestreifter Muskulatur (Rk.) 48-1246.

Trenn. v. d. Adenosindiphosphat–Adenosintriphosphat-Austauschaktivität 28-1380; Reinig. u. Eig. einer hochakt. Ouabainempfindl. – aus Herzgewebe 51/52-1182.

K^+-abhäng. Acylphosphatase als Teil d. – d. Zellmembran 39-1249.

– u. Na-Transport in d. Krötenblase 31-1412; Rolle d. phosphorylierten Zwischenprod. bei d. ATP-Hydrolyse durch – 32-1413; – u. Synth. v. Polyphosphoinositiden durch Rattenhirn in vitro 32-1644; ATP–ADP-Austausch durch zerebrale Mikrosomen in bezug auf – 36-1349; Eig. d. an d. zerebralen Mikrosomen gebundenen Phosphates während d. Einw. v. – 36-1351; Wechselwrkg. zwischen Na^+, K^+, Mg^{2+} u. ATP durch – aus Rattengehirn 49/50-1227.

Hemm.: durch ein-, zwei- u. dreiwert. Kationen 2-1355; d. Membran-– v. Erythrozytenstromata durch Ouabain 10-1763; durch Erythrophleumalkaloide 14-1382; Rolle v. Na^+ u. K^+ bei d. Ouabainhemm. v. Membran- – 19-1333; Art d. G-Strophanthinhemm. v. – 22-1218; Wrkg.: v. Triton-X-*100* auf – 23-1298; v. Hydroxylamin auf – aus Rindergehirn 37-1267; Art d. Hemm. in d. Zellmembran durch Ca 40-1348; Einfl. v. Sulfhydryl-blockierenden Reagenzien u. Harnstoff auf d. – 43-1203; verschiedene Empfindlichk. v. – d. Herz- u. Skelettmuskels gegen k-Strophanthin 45-1230; Hemm. v. – im Rattenhirn durch substituierte Phenothiazine 47-1551.

Best. d. Glykosid-empfindl. – d. Herzmuskels an d. Plasmamembran d. Sarkolemmas 6-1301, 46-1537.

Na^+-, K^+- und Mg^{2+}-aktivierte Adenosintriphosphatase: –-Aktivität v. aus Rattenleber isolierten Plasmamembranen 46-1297; Wrkg. v. A. auf – d. Mikrosomen 2-1676.

Mg^{2+}-aktivierte Adenosintriphosphatase: – in d. Mitochondrien d. Muskelgewebes d. Hühnerembryos während d. Wachstums 7-1682; –-Aktivität: in d. Kornea 16-1569; d. aus Rattenleber isolierten Plasmamembranen 46-1297; Hemm. durch ein-, zwei- u. dreiwert. Kationen 2-1355; myofibrilläre –-Inhibitoraktivität d. erschlaffenden Granula 12-1408; Einfl. v. Chlorpromazin u. Imipramin auf d. – in Mitochondrien 30-1268.

Ca^{2+}-aktivierte Adenosintriphosphatase: Myofibrillen-–-Aktivität d. Herzmuskels 19-1334; – aus Mitochondrien 19-1336; Wrkg. v. Lipiden auf d. –-Spiegel in d. Zellen v. schlagenden Rattenherzen 31-1569; Korrelat. zwischen –-Aktivität u. Ca^{2+}-Aufnahme im sarkoplasmat. Retikulum 33-1345, 33-1650; granuläre – aus mit Glycerin behandelten Myofibrillen 39-1246; Wrkg. einiger „Wechselwrkg.-Hemmer" auf – 15-1321.

Mg^{2+}- und Ca^{2+}-aktivierte Adenosintriphosphatase: – bei niedr. KCl-Konz. 24-1368.

Mn^{2+}-aktivierte Adenosintriphosphatase: –-Aktivität in d. Blättern d. höheren Pflanzen 39-1247.

Dinitrophenol-aktivierte Adenosintriphosphatase: Einfl.: v. Atractyligenin auf – 29-1237; v. Chlorpromazin u. Imipramin auf d. – in Mitochondrien 30-1268; v. Tropyliumionen auf d. – v. Rattenherzmitochondrien 40-1194; v. 2-Thenoyltrifluoraceton auf – 48-1211; Kontrolle d. durch Dinitrophenol stimulierten –-Aktivität (u. Atmungskontrolle in Mitochondrien aus Mäuseleber) 51/52-1180; (u. Fettsäuregeh. v. gealterten Mitochondrien aus Mäuseleber) 51/52-1181.

Adenosintriphosphat-Diphosphohydrolase (Apyrase)

Trenn. d. – d. Blätter v. Mimosa pudica in Adenosindi- u. Adenosintriphosphatase 39-1248; Spalt. v. Adenosin-5'-sulfatopyrophosphat durch Kartoffel-– 24-1196; Einfl. v. – mit 5'-Nucleotidase auf Cordycepin--Di- u. -Triphosphat in Ehrlich-Aszitestumorzellen in vitro 4-1227; Nachw. in Formol-fixierten u. in toto behandelten Ratten- u. Mäuseeiern 39-1228.

Adenosintriphosphat-Phosphohydrolase

s. *Adenosintriphosphatase.*

S-Adenosylmethionin: Histamin-N-Methyltransferase

s. *Histamin-Methyltransferase.*

S-Adenosylmethionin-Homocystein-Methyltransferase

s. *Homocystein-Methyltransferase.*

Adenylat-Desaminase

s. *AMP-Aminohydrolase.*

hamsters 49/50-1103; in d. Muskeln v. Helix pomatia 49/50-1141; biolog. Bedeut. 37-1289; Best. in reinen Zellkulturen 44-1235.

Äpfelsäure-Dehydrogenase (decarboxylierend)
s. {L-}*Äpfelsäureenzym.*

Äpfelsäure-Dehydrogenase (FAD)

Löslichmachen d. — v. Acetobacter xylinum (Eig.) 40-1261.

D-Äpfelsäure-Dehydrogenase (D-Malatdehydrogenase)

Vork. in Serratia marcescens 31-1272.

D-Äpfelsäureenzym

Induziertes — in E. coli 40-1262.

{L-}Äpfelsäureenzym [Äpfelenzym, Äpfelsäure-Dehydrogenase (decarboxylierend), „Malic“-Enzym, Malat-Dehydrogenase (decarboxylierend), L-Malat-NAD(P)-Oxydoreduktase (decarboxylierend)]

— (NADP) in zellfreien Extrakten v. Nitrobacter agilis 6-1329; Vork.: v. — (NAD) u. — (NADP) in Hydrogenomonas facilis 15-1329; in Lactobacillus 29-1299; bei verschiedenen Arten v. Lactobacillus plantarum 29-1300; v. — (NADP) in Clostridium kluyveri-Extrakten 42-1261; — in d. Mitochondrien d. Muskelgewebes d. Hühnerembryos während d. Entw. 7-1681; adaptive Veränder. d. Aktivität v. — (NADP) im Fettgewebe v. mit Mehl gefütterten Ratten 9-1675; Aktivität v. — (NADP) während d. Lipogenese im Mäusefettgewebe 10-1669; Wrkg. v. Actinomycin D auf d. durch Östrogen induzierte Änder. d. Geh. an — (NADP) im R*2300* AC Mammakarzinom, Uterus u. in d. Brustdrüsen 15-1242; Wrkg. v. Palmitylcoenzym A auf d. —-Aktivität 16-1237; Veränder. v. — (NADP) im Uterus d. jugendl. Ratte durch hormonale Steroide 19-1522; —-Aktivität in d. Fettkörpern v. Leukophaea maderae 28-1293; Fehlen in Kalbsleber 34-1316; — (NADP) bei Mäusen (genet. Kontrolle) 44-1271; Einfl. v. 17β-Östradiol auf d. — (NADP)-Aktivität bei ovarektomierten Ratten 45-1380; Aktivität v. — (NADP): im menschl. Eierstock 48-1175; im Nebenhodenfettgewebe v. Ratte u. Maus 49/50-1143.

Gleichzeit. Indukt. v. α-Glycerophosphatdehydrogenase u. — (NADP) aus Leber durch Schilddrüsenhromon 30-1218; Verw. v. Polyvinylpyrrolidon bei d. Trenn. v. — aus Äpfelfrüchten 3-1276; Trenn. d. —-Aktivität v. d. Oxalessigsäuredecarboxylase-Aktivität bei Lactobacillus plantarum 45-1240; Reinig. u. Eig.: v. — aus Apfel 12-1312; v. — aus Hefe 16-1230; v. — (NADP) aus Mycobacterium *607* 23-1251.

Stoffwechselkontrolle v. — bei d. Lipogenese u. d. Gluconeogenese 5-1293; Rk. v. — (NADP) in Maiswurzeln 8-1515.

Äpfelsäure-Synthetase (Malatsynthase)

Vork. in Hydrogenomonas facilis 15-1329; Repress. v. — in Hefe durch Glucose 30-1215; Kondens. v. Acetyl-CoA mit Glyoxalat durch — 3-1360; Wachstum v. Aspergillus glaucus auf Propionat in Ggw. v. — 20-1368.

A-Esterase
s. *Arylesterase.*

Äthanolaminphosphat-Cytidyltransferase

Synth. v. markiertem Cytidin-5′-diphosphatäthanolamin durch — 40-1302.

Äthanol-Dehydrogenase

—-Aktivität (in menschl. Lungenkarzinom) 44-1230; (in durch 4-Nitrochinolin-1-oxid induzierten Lungentumoren v. Maus u. Ratte 44-1231; Umwandl. v. 4-Nitrochinolin-1-oxid in 4-Aminochinolin-1-oxid durch Rattenleber-— 1-1252; Einfl. d. Gefriergeschw. auf — in Tumoren 24-1277.

β-Äthylmalat-Synthase

Kondens. v. Butyryl-CoA mit Glyoxalat durch — 3-1360.

Agavain

— als eine neue pflanzl. Proteinase 18-1312.

„Aktivator“

Vermutl. reversible Bldg. aus Human-Plasmin u. Streptokinase 14-1379.

{L-}Alanin-Aminopeptidasen

Stufenweiser Abbau d. Zellwandglykopeptids v. Staphylococcus aureus mit — 3-1352; Einfl. d. Gefriergeschw. auf — in Tumoren 24-1277.

D-Alanin-D-Aminosäureoxydase

Rolle bei d. S-Methylgruppenox. 8-1364.

Alanin-Aminotransferase (Alanin-α-Ketoglutarat-Transaminase, L-Alanin-2-Oxoglutarat-Aminotransferase [-Transaminase], Alanin-Transaminase, Glutamat-Pyruvat-Transaminase, Glutaminsäure–Alanin-Transaminase, Glutaminsäure - Brenztraubensäure-Transaminase, GPT)

—-Aktivität während d. endogenen Atmung bei Aspergillus sojae 41-1332; —-Niveau in einigen Koniferen (Vgl.) 1-1429; —-Aktivität: während d. Samenentw. im Mohn 51/52-1276; bei experimenteller Lungenfibrose 6-1605; Geh. in Serum u. Leber bei Hühnern mit Hypercholesterinämie 7-1376; — in d. Mitochondrien d. Muskelgewebes d. Hühnerembryos während d. Entw. 7-1681; Serum-—-Spiegelerhöh. v. über Blutgerinnseln abgestandenem Serum 10-1358; —: d. regenerierenden u. degenerierenden Flächen innerhalb d. Lappens d. durch CCl_4 geschädigten Leber 12-1633; d. Blutserums v. Hunden bei Wärmebelast. u. Muskelarbeit 14-1394; —-Aktivität: in benignen u. malignen Tumoren d. Menschen 15-1225; im Serum lathyrit. u. Prednison-behandelter lathyrit. Ratten 16-1256; im Blutserum bei hepatozerebraler Dystrophie 17-1524; in verschiedenen Organen hypophysektomierter Ratten u. Kaninchen 19-1632; im Serum nach Pyridoxinmangel bei Leberleiden 21-1376; v. Blut u. Geweben bei Muskeltätigk. verschiedener Dauer 21-1643; d. männl. Albinoratte (Bezieh. zum Vitamin B_6-Bedarf) 23-1565; im Serum bei Dystrophia musculorum progressiva 25-1494; bei körperl. Tätigk. 26-1299; — v. Inhalt u. Wand benigner u. maligner Zysten d. weibl. menschl. Genitaltraktes im Hinblick auf d. Austrittsmechanismus 27-1316; —-Aktivität im Gehirn u. Plasma neugeborener Kaninchen 28-1317; Einfl. v. durch Albumininjekt. induzierter Proteinurie auf d. —-Aktivität in Nieren u. Leber d. Ratte 29-1598; —-Aktivität: menschl. Tumoren 33-1254; im Serum 33-1754; Plasma/Serum-—-Aktivität bei Neugeborenen u. Erwachsenen 34-1314; Einfl. d. Quelle u. Konz. v. alimentärem Protein auf — in d. Leber v. Jungschweinen 34-1377; — d. Rattenlebermitochondrien nach Gabe v. jodiertem Casein im Futter 34-1378; —-Aktivität im menschl. Serum u. Plasma u. in Erythrozyten bei Polycythaemia vera 42-1439; — v. Hymenolepis mana 42-1633; Serum- u. Thymus-—-Aktivität in AKR-Mäusen mit lymphat. Leukämie 44-1232; —-Aktivität in AKR-Mäusen mit lymphat. Leukämie (Wrkg. v. Cortisonacetat) 44-1233; Wrkg. v. Vitamin-B-Mangel u. Hunger auf d. —-Aktivität d. Leber wachsender Ratten 45-1477; —-Aktivität: im Nebenhodenfettgewebe v. Ratte u. Maus 49/50-1143; bei Ratten nach Impf. mit Trypanosoma lewisi 51/52-1156.

Unterschiede bei d. Indukt. v. — 5-1311; Stimulat. d. —-Bldg. durch γ-Glutaminsäurehydrazid u. Hydrazin bei Aspergillus 15-1351; Einfl. v. Thyreohormonen auf d. —-Synth. 39-1431; Gewinn. hochakt. — aus Säugetierleber 22-1749*; menschl. Serum-— in elektrophoret. Frakt. 48-1253; Reinig. v. — aus Schweineherz 4-1295; Darst. hochgereinigter — aus Hundeleber (Wrkg. auf d. anerobe Glykolyse d. Ehrlich-Mäuseaszites-Karzinomzelle) 8-1377; Reinig. u. teilweise Charakterisier. v. — aus ruhenden Baumwollsamen 16-1258.

Adsorpt. an d. Oberfläche d. Erythrozyten bei infektiöser Hepatitis 11-1556; alloster. Eig. eines Komplexes aus Phosphorylase a u. — 38-1284.

Katalyt. Aktivität 15-1279; am Glutamatstoffwechsel v. Leguminosenwurzelknötchen beteiligte — 48-1258; funktionelle Aktivier. d. — keimender Samen 18-1412; Aktivität bei d. Synth. v. Aminosäuren in Extrakten v. Agaricus bisporus 41-1263; immunolog. Unters. an — 9-1368; Aktivität u. Gluconeogenese bei jungen Ratten 10-1359; Wrkg. bei d. Desaminier. v. L-Alanin im normalen u. malignen Geschwulstgewebe 14-1298; Immunologie u. Enzymkinetik v. — 37-1253, 41-1517; Einfl. d. Proteinmilieus auf d. Aktivität u. Polymerisat. v. — bei d. Immunpräzipitat. 47-1202.

Einfl.: v. Corticoidbehandl. auf — v. durch 3′-Methyl-4-dimethylaminoazobenzol induzierten Hepatomen u. präkanzerösen Lebern v. Ratten 7-1378; v. in d. Nahrungsmittelindustrie verwendeten chem. Substanzen auf d. — d. Leber 7-1434; v. Hydrazin auf — d. höheren Pflanzen 9-1369; toxikolog. Unters. v. N.N′-Di-[α-(1-naphthyl)-propionyloxy-2-äthyl]-piperazin (Nafiverin) u. seine Wrkg. auf — 10-1762; Aktivitätsänder. v. — im Zentralnervensyst. u. Skelettmuskel v. *6* Wochen alten Ratten bei Röntgenbestrahl. 11-1685; Bedeut. d. Zeitfaktors für — d. Leber bei wiederholter Verabreich. v. Tetrachlormethan im Tierexperiment 11-1710; Einfl.: v. Disulfiram auf — im Serum 13-1831; v. Methotrexat auf d. Serum-— beim Menschen 14-1305; antiphlogist. u. antiarthrit. Verb. auf — d. Serums 14-1743; —-Aktivität d. Blutserums bei chemotherapeut. Behandl. d. Lungentuberkulose 17-1648; Einfl.: v. Vanadationen auf — 26-1319; d. Röntgenbestrahl. auf — in d. Pflanze 29-1372; v. Methyltrienolon auf — d. Serums 31-1673; v. Bzl.- od. Pb-Exposit. auf Serum-— 31-1686; v. C_1- u. C_{17}-methylierten Androstanderiv. auf Serum-— 32-1545; v. $CoCl_2$ auf — im Kaninchenblut 34-1561; v. Röntgenstrahlen u. Embitol auf — 34-1677; Aktivität v. — bei jungen Ratten nach d. Röntgenbestrahl. 34-1678; Wrkg.: v. Distamycin-A auf — bei durch Hepatitisvirus hervorgerufener Lebernekrose bei Mäusen 35-1708; einer tiefen Hypothermie auf — im Hirn bei Hunden 37-1221; biogener Stimulatoren auf — 37-1255; einiger neuerer Salicylsäurederiv. auf — im Serum 39-1603; v. D- u. L-Penicillamin auf — 41-1260; in vivo u. in vitro v. L-Glutaminsäure-γ-hydrazid auf d. — in Gehirn u. Leber 42-1515; Mechanismus d. Inhibier. v. — durch Salicylat 43-1179; Einfl.: tox. Dosen v. Diäthylnitrosamin auf d. — d. Rattenleber 45-1167; v. Ajmalin-Infus. auf — im Meerschweinchenherzen 46-1633.

Trenn. v. Pyridoxal-5′-phosphat assoziiertem — v. Muskelglykogenphosphorylase 5-1322; automatisierte Best. v. Serum-— 3-1300; Best. im Serum 34-1332; fluorimetr. Nachw. in Pankreasinselmikrogewebeproben v. verfettet-hyperglykäm. Mäusen 43-1383; Best. zur Bewert. d. Pyridoxinversorg. d. Organismus 18-1550.

Isoenzyme d. Alanin-Transaminase: —: in Lebermetastasen 42-1148; in normalen u. neoplast. Rattengeweben 49/50-1105.

D-Alanin-Carboxypeptidase

Penicillin-empfindl. — aus E. coli 19-1346; stufenweiser Abbau v. Zellwandglykopeptid v. Staphylococcus aureus mit — 3-1352.

Alanin-Dehydrogenase

Strukturelle u. serolog. Ähnlichk. v. — u. *2* Dehydrogenasen v. Bacillus subtilis 18-1258; Vork.: in zellfreien Extrakten v. Halobacterium salinarum 23-1325; u. Aktivität in Backhefe 29-1210; in Bacillus subtilis 31-1185; im Lactobacillus plantarum (Eig.) 45-1186; —-Aktivität in menschl. maligner Cervix uteri 19-1247; Indukt. 21-1363; Aktivität im Zusammenhang mit d. Alaninsynth. bei Mycobacterium *239* 51/52-1212.

Alanin–Dioxovalerat-Transaminase

Aktivität beim mikrobiellen Stoffwechsel v. 5-Aminolävulat 32-1457.

D-Alanin-D-Glutamat-Aminotransferase (D-Alanin-D-Glutamat-Transaminase)

Reinig. u. Charakterisier. 4-1296; gereinigte — aus Bacillus subtilis (Eig.) 8-1376; Inhibitoren u. d. Mechanismus d. Transaminier. v. D-Aminosäuren mit — 4-1297.

D-Alanin-D-Glutamat-Transaminase
s. *D-Alanin-D-Glutamat-Aminotransferase.*

β-Alanin-α-Ketoglutarat-Aminotransferase (β-Alanin-Pyruvat-Transaminase)

Wrkg. in vivo u. in vitro v. L-Glutaminsäure-γ-hydrazid auf d. —-Aktivität in Gehirn u. Leber 42-1515; Rolle beim bakteriellen Abbau v. Pantothensäure 30-1280.

Alanin-α-Ketoglutarat-Transaminase
s. *Alanin-Aminotransferase.*

Alanin-Ketosäure-Aminotransferase

Einfl. d. Neutronenbestrahl. auf d. —-Aktivität d. Zentralnervensyst. u. d. Skelettmuskeln 21-1685; Wrkg. bei d. Synth. v. Leucin in Maisembryonen 27-1310.

L-Alanin-2-Oxoglutarat-Aminotransferase
s. *Alanin-Aminotransferase.*

L-Alanin-2-Oxoglutarat-Transaminase
s. *Alanin-Aminotransferase.*

L-Alanin-Oxydase

Veränder. während d. endogenen Atmung bei Aspergillus sojae (zeitl. Verlauf) 41-1332.

β-Alanin-Pyruvat-Transaminase

s. *β-Alanin-α-Ketoglutarat-Aminotransferase.*

Alanin-Racemase

Vork. u. Bedeut. bei Proteus mirabilis, dessen L-Phasen u. bei Mycoplasma 12-1416; – aus Staphylococcus aureus (Konformat. d. Substrate u. d. Inhibitors D-Cycloserin) 33-1349.

Alanin-Transaminase

s. *Alanin-Aminotransferase.*

L-Alanyl-L-glutaminsäure-Dipeptidase

Aktivität im Darm d. menschl. Fetus 13-1368.

Alanylglycin-Dipeptidase

Aktivität in d. Eizellen v. Triton cristatus während d. Dotterbldg. 51/52-1185.

L-Alanyl-L-prolin-Dipeptidase

Aktivität im Darm d. menschl. Fetus 13-1368.

Alanyl-sRNS-Synthetase

Reinig. u. Eig. d. – v. Tomatenwurzeln 8-1443.

Aldehyd-Dehydrogenase

Vork. in zellfreien Extrakten v. Halobacterium salinarum 23-1325; Gehirn-– (Lokalisier., Reinig. u. Eig.) 44-1277; Einfl. auf d. Stoffwechsel v. Serotonin in Thrombozyten v. Kaninchen 5-1528; Monoaminoxydase-aktivität in peripheren Organen u. adrenerg. Geweben d. Ratte in Ggw. v. exogener – 9-1351; Änder. d. – bei Albinoratten unter d. Einfl. v. Tetramethylthiuramdisulfid 10-1738; Wrkg. v. Zn-komplexierenden Substanzen auf – aus Hefe u. Leber 32-1309.

Aldehyd-Oxydase

Absorpt.-Spektrum 6-1242; Hydroxylier. v. 5-Fluorpyrimidinen durch – u. Xanthinoxydase 10-1341; Wrkg. auf verschiedene Pyridinnucleotide u. -nucleoside mit α- u. β-Konfig. 48-1177; – im Stoffwechsel v. 5.6-Monoepoxyvitamin-A-Aldehyd in d. Ratte 4-1560; Barbiturathemm. v. gereinigter – 2-1309.

Aldehyd-Reduktase

s. *Alkohol-Dehydrogenase.*

Aldolase (Ketose-1-phosphat-Aldehydlyase, Ketose-1-phosphat-Aldolase)

Einfl. v. Glucose auf d. –-Geh. in Hefe 20-1356; –-Aktivität: bei Proteus mirabilis 20-1363; d. E. coli-Rohextraktes bei partieller Reinig. v. Fructosediphosphatase 32-1379; v. Streptococcus pyogenes 43-1212; in keimender Sommergerste 2-1487; in Mais u. Rettich (Wrkg. v. Fe) 21-1502; – im denervierten Gastroknemius d. Ratte 7-1419; –-Aktivität d. Serums bei Patienten mit progressiver Muskeldystrophie 7-1650; Einfl. d. experimentellen Muskeldystrophie auf d. Lokalisier. d. – in d. Zellen d. Skelettmuskeln 11-1652; –-Aktivität: in d. subzellulären Elementen d. Muskeln in d. Norm u. bei Dystrophie 11-1653; in d. Plazenta u. bei neugeborenen Ratten 12-1625; v. Blutserum v. Hunden bei Wärmebelast. u. Muskelarbeit 14-1394; – im menschl. Endometrium 14-1395; –-Aktivität in benignen u. malignen Tumoren d. Menschen 15-1225; Vork. im Sarkoplasma v. Skeltt- u. Herz- u. glatten Muskeln d. Ratte 15-1326; –-Aktivität: d. Augenlinsen v. Lactose-gefütterten Ratten 15-1621; im Serum lathyrit. u. Prednison-behandelter lathyrit. Ratten 16-1256; Lokalisier. in d. Gefäßwänden bei Vers.-Tieren 16-1331; –-Aktivität: in verschiedenen Organen hypophysektomierter Ratten u. Kaninchen 19-1632; v. Erythrozyten im Falle angeborener nichtsphärozyt. hämolyt. Anämie 23-1497; Änder. d. Geh. bei niedr. Temp. bei langzeit. Konservier. v. Blut 24-1571; –-Aktivität: im Skelettmuskel bei Kontrakt. 24-1637; im Serum bei Dystrophia musculorum progressiva 25-1494; Thunfischmuskel-– (Reinig. u. Eig.) 27-1303; –-Aktivität: d. Harns bei Botkinscher Krankh. 29-1599; in menschl. Erythrozyten verschiedener Altersgruppen 31-1505; während d. experimentellen Karzinogenese in d. Mäuseohrspeicheldrüse 41-1214; im menschl. Serum u. Plasma u. in Erythrozyten bei Polycythaemia vera 42-1439; in d. Erythrozyten nach Wärmeeinw. 46-1466; im periodontalen Gewebe d. Meerschweinchens 49/50-1244; bei Ratten nach Impf. mit Trypanosoma lewisi 51/52-1156.

Bldg.: einer teilweise akt. – durch Trypsineinw. 1-1332; (Kinetik) 1-1333; v. in ein funktionelles Elektronentransportsyst. eingebaute – während d. Wachstums v. Penicillin-induzierten Sphäroblasten v. Hämophilus parainfluenzae 40-1252; Substratgeh. als ein regulierender Faktor d. Synth. d. – in höheren Pflanzen 24-1390; Intensität d. –-Erneuer. bei Kaninchen bei Thyreotoxikose, Anämie u. Mast nach Hungern 11-1346; Bldg. in d. Muskeln u. im Blutserum während d. Strahlenkrankh. 21-1683; Intensität d. –-Erneuer. in d. Muskeln normaler u. hungernder Kaninchen 30-1498; Extrakt. aus Tannin erzeugendem Gewebe 40-1366.

Bedeut. d. C-terminalen Tyrosinreste v. – 6-1303; Struktur im Zusammenhang mit d. Aktivität 24-1376; multiple Formen d. – im Kaninchenhirn 32-1418; Bind. an d. Zellmembranfrakt. v. roten Blutkörperchen u. Hefe 4-1351; reversible Dissoziat. bei hohen Verdünn. (Hemm. durch Polyanionen) 48-1256.

Wrkg.-Mechanismus 3-1359; Rk.-Fähigk. v. – gegenüber Malondialdehyd 9-3413; Wrkg.-Mechanismus 39-1251; –-Rk. in keimender Sommergerste 2-1488; Bezieh. zur aeroben Glykolyse während d. Muskelkontrakt. 7-1367; Rk. d. Muskel- u. Leber-– mit Dansylchlorid u. Acetylimidazol 12-1410; Einbau v. $^{14}C_{(2)}$-Acetat in – v. Muskeln u. Blutserum bei intakten u. bestrahlten Kaninchen 21-1682; Bezieh. zwischen – u. a. Komponenten d. Glykolyseweges 28-1402; Stimulier. eines – enthaltenden rekonstruierten Glykolysesyst. 32-1344; pH-Einfl. auf d. – bei d. Glykolyse 37-1257.

– v. Meerschweinchen nach akuter u. chron. NO_2-Exposit. 4-1607; Wrkg.: v. 2.4-Dinitrophenol u. Salicylat auf – 7-1428; einiger in d. Nahrungsmittelindustrie verwendeter chem. Substanzen auf d. – d. Leber 7-1434; d. Gefrierens auf – 8-1339; v. Röntgenstrahlen u. Embitol auf d. Blut-– 11-1687; v. Embitol auf – 11-1786; Inaktivier. d. Muskel- u. Leber-– in *4 m* Harnstofflsg. 13-1391; Wrkg.: v. ω-Chloracetophenon auf – aus Kaninchenmuskel 23-1247; eines neuart. Antiepileptikums G *32883* auf Serum-– 26-1732; v. Bzl.- od. Pb-Exposit. auf d. Serum-– 31-1686; Änder. d. –-Aktivität in Kabeljau u. Schellfisch beim Gefrierlagern 38-3166; B in Pilzen u. d. Natur seiner Giftigk. durch Hemm. v. – 41-1295; Zytotoxität v. CCl_4 infolge Wrkg. auf – d. Zelle 42-1120; – in röntgenbestrahlten Erythrozyten 49/50-1490; Schutz d. –: gegen Trypsinverdauung durch Fructosediphosphat 18-1330; gegen ionisierende Strahl. durch GED 18-1626.

Verw. v. $^3H_{(2)}$-Mannose u. $^3H_{(2)}$-Glucose zu anaeroben Gärvers. mit Muskel-– 28-1397.

Best. 15-2070*; Plattenelektrophorese v. Kaninchenmuskel-– in Ggw. v. Na-Dodecylsulfat 11-2161; Erfahr. mit einer neuen einfachen Meßmeth. mit u. ohne Photometer zur Best. v. Serum-– als Siebtest 15-1248; histochem. Meth. zum Nachw. d. – 27-1302; Best. in normalem menschl. Muskel 34-1373; Nachw. v. – neben anderen Enzymen im Serum durch kontinuierl. Fließelektrophorese 38-1348.

Isoenzyme d. Aldolase: –: in Lebermetastasen 42-1148; in normalen u. neoplast. Rattengeweben 49/50-1105.

D-Aldopantoat-Dehydrogenase (D-2-Hydroxy-3.3-dimethyl-3-formylpropionat-NAD-Oxydoreduktase)

Umwandl. v. Aldopantoat in α-Ketoisovalerat durch – in Pseudomonas *P-2* 30-1283.

Aldose-Dehydrogenase

Halophile – (Isolier., Eig.) 4-1260.

Aldose-1-Epimerase (Mutarotase)

–-Aktivität in höheren Pflanzen (Verteil. u. Eig.) 20-1348; Kinetik d. v. gerein. Schweinenieren-– katalysierten Mutarotat. v. Glucose 33-1350; automatisierte kolorimetr. Best. 46-1302.

Aliesterase

s. *Carboxylesterase.*

Alkaliphosphatase

s. *Phosphatase, alkalische.*

Alkohol-Dehydrogenase (ADH, Aldehyd-Reduktase, Alkohol: NAD-Oxydoreduktase)

– in Saccharomyces cerevisiae (Wrkg. v. Vitamin K_5) 11-1625; Vork.: in zellfreien Extrakten v. Halobacterium salinarum 23-1325; in d. Fermentkette für d. Elektronenübertrag. bei anaeroben Bakterien 39-1199; –-Aktivität bei an Lactat als einziger C-Quelle gewöhnten Saccharomyces cerevisiae 39-1296; –-Niveau in einigen Koniferen (Vgl.) 1-1429; –-Aktivität in keimender Sommergerste 2-1487; – aus Erbsensamen (Eig., Rk.) 44-1265; Vork. in Leguminosenkeimlingen 45-1327.

– d. Leber in Zn-Mangelratten 20-1328; Mangel an – bei d. Cystinose 23-1324; – in Drosophila melanogaster (genet. Variat.) 28-1217; –-Aktivität in Säugetierlebermikrosomen 33-1277; Lokalisier. in d. Nukleoli v. in vitro gezüchteten Zellen 33-1298.

Reinig. v. – aus Bäckerhefe (Eig.) 9-1364; Rk.-Fähigk. u. Stabilität v. – unterhalb *0°* in A.-Wasser-Lsg.-Mittel 51/52-1135.

Opt. Rotat.-Dispers. v. Leber-– u. ihren Komplexen mit Coenzymen u. Inhibitoren 8-1347; Eig. d. SH-Gruppe in – (Vgl.) 30-1204; (aus Pferdeleber) 31-1179; Natur d. polarograph. Welle d. Co in Ggw. v. – 11-0664; Einfl. v. Ionen u. Gasen auf d. Hydrathülle d. – v. Hefe (polarograph. Unters.) 6-1247; oberflächenakt. Eig. d. – d. Hefe 30-1214.

Red. v. NAD^+ durch – in Ggw. v. 2-Mercaptoäthanol 8-1342; Energieübertrag. zwischen – u. benachbarten Proteinen 12-1252; Einfl. v. Selenocystin auf d. Ox. v. – 12-1304; Ox. red. Pyridinnucleotide durch Peroxyacetalnitrate in Ggw. v. – 16-1213; Wrkg. v. Leber-– als eine 3β-Hydroxy-5β-cholansäuredehydrogenase 16-1227; A. u. – beim Glucosestoffwechsel über d. Pentosephosphatweg 19-1279; Umsatzgeschw. in Ggw. v. Cofaktoren 32-1294; Beteilig. v. Tryptophanresten an d. –-Wrkg. 36-1265; mögl. katalyt. Funkt. v. Histidin bei Pyridinnucleotid-gebundener – 36-1266; Rk. zwischen Hefe-– u. Jodacetamid (Best.) 6-1248; Substratbind. durch Hefe-– (kernmagnet. Resonanzunters.) 21-1351; Ox. v. red. NAD durch – bei Backhefe 29-1170; – bei d. Campherox. in Pseudomonas putida 44-1389; kinet. Unters. über Leber-– (pH-Effekte) 24-1288; durch Leber-– katalysierte Cyclohexanolox. 28-1289; Hemm. d. Pentosephosphatstoffwechselweges u. Einfl. auf Nucleinsäure- u. Proteinsynth. in malignen Tumoren 32-1265; Rolle v. – in d. „nothing"-Dehydrogenase-Aktivität d. Leber 32-1297; elektron. Effekte bei d. durch Pferdeleber-– ausgelösten Katalyse 46-1243; katalyt. Eig. menschl. Leber-– 49/50-1136.

Barbiturathemm. v. gereinigter – 2-1309; Wrkg. d. Gefrierens auf – 8-1339; –-Antikörper 9-1345; Hemm. d. Hefe-– durch N-Basen 9-1346; Wrkg. nichtion. oberflächenakt. Verb. auf – in Rattenleberhomogenaten 11-1275; Hemm. d. Leber-– durch Bilirubin 16-1226; Wrkg. v. Palmitylcoenzym A auf d. – 16-1237; Unters. an reinen Antikörpern gegen – aus Hefe 16-1528; Wrkg.: einer α- u. γ-Bestrahl. auf – (Vgl.) 20-1264; v. ω-Chloracetophenon auf – aus Hefe 23-1247; multiple Hemm. d. Hefe-– 28-1290; Wrkg.: v. GSSG auf – 30-1208; aromat. u. nichtaromat. Modellsubstanzen u. Arzneimittel auf – 32-1289; Hemm. v. – durch modifizierte Thiaminverb. 39-1200; multiple Hemm. d. Hefe-– durch heterocycl. N-Basen 40-1257; in vivo-Synth. v. Antikörpern gegen – unter Einfl. v. Röntgenstrahlen 42-1477; Einfl. v. Canavanin auf d. Hefe-– 46-1256; Repress. v. – in Hefe durch Glucose 30-1215; Verminder. d. Strahlenschädig. v. – durch Selenaminosäuren 43-1489.

Verw. als Katalysator bei d. forens. Blutalkoholunters. 22-1995.

Isoenzyme d. Alkohol-Dehydrogenase: – in Extrakten aus Tumor- u. Normalgewebe sowie im Serum d. Goldhamsters 49/50-1103.

Alkohol-Dehydrogenase (NADP)

Aktivität v. Leber-– 12-1303.

Alkohol: NAD-Oxydoreduktase s. *Alkohol-Dehydrogenase.*

Alkohol-Sulfatase

Prim. – bei einer Pseudomonasart 19-1320.

Allantoicase

Anwesenh. bei Crustaceen 4-1337; Vork. in Froschnieren u. -lebern 23-1317.

Allantoin-Amidohydrolase

s. *Allantoinase.*

Allantoinase (Allantoin-Amidohydrolase)

– aus bakteriellen, pflanzl. u. tier. Quellen 43-1196, 43-1197; Vork. in Phaseolus hysterinus u. Glycine hispida 23-1295; Anwesenh. bei Crustaceen 4-1337; Vork. in Froschnieren u. -lebern 23-1317; Anwesenh. bei Zweiflüglern 44-1290.

Alliinase

Spalt. v. S-Vinylcystein-S-oxid mit – 9-1145.

Allothreonin-Aldolase

Charakteristika d. – in d. Rattenleber 41-1287.

Aloin-Hydrolase

Hydrolase v. Aloin mit – 39-1057.

Altes Gelbes Enzym

s. *NADPH-Dehydrogenase.*

Ameisensäure-Dehydrogenase

s. *Formiatdehydrogenase.*

Amidase

Bldg. durch Bakterien 1-1327; Indukt. u. Repress. d. – v. Pseudomonas aeruginosa 39-1244; Wrkg. v. Dimethoate in Säugetieren u. Insekten auf d. –-Abbauweg 19-1668 –-Aktivität v. Trypsin gegenüber *N* (α)-Tosyl-L-Arginin 42-1240; Unterscheid. v. – u. β-Lactamase durch Infrarotabsorpt. 1-1328; Verw. v. Aminosäure-(phenylazo)-phenylderiv. beim histochem. Nachw. v. – in pflanzl. Zellgewebe 5-1332; Best. d. Konfigurat. v. α-Methyl-L-glutamin mit Hilfe v. – aus Azotobacter agilis 32-1427.

Amidohydrolasen

Verh. in synchronisierten Blastocladiella-emersonii-Populat. 45-1226.

Aminoaceton-Dehydrogenase

–-Aktivität zellfreier E. coli-Extrakte 8-1474.

Aminoaceton-Oxydase

Unstabilität bei einigen Pseudomonasarten 32-1454.

Aminoacylase

–-Aktivität v. Penicillium chrysogenum (Rk.) 44-1374; Synth. in Fusarium 47-1219; Screening v. Trägersubstanzen zur Herst. v. wasserunlösl. – 49/50-1219.

Aminoacyl-β-naphthylamidohydrolase

Gegenüberstell. d. – in menschl. Gewebeextrakten 24-1365.

Aminoacyl-{s}-RNS-Ligase

s. *Aminoacyl-{s}-RNS-Synthetase.*

Aminoacyl-{s}-RNS-Synthetase (Aminoacyl-{s}-RNS-Ligase)

Vork. in d. Schilddrüse 8-1450; spezif. Rk. v. – 49/50-1236; „Artspezifität" d. –: bei Mikroorganismen 11-1391; (u. Pflanzen 29-1156; v. aeroben Bakterien 33-1231; Trenn.: lösl. RNS u. – (Spezifität) 35-1233; d. Aminosäure-Akzeptorfunkt. d. sRNS v. ihrer Überträgerfunkt. in Ggw. v. – 19-1227; Austausch v. Leucin zwischen verschiedenen Komponenten d. Leucin-Akzeptor-RNS in E. coli in Ggw. v. – 25-1284; Einbau v. Pentafluorphenylalanin in sRNS in Ggw. v. – 45-1235; Arzeneimittelwrkg. u. – 38-1341; Hemm. durch modifizierte RNS 46-1307.

Aminoacyltransferasen

Präparat. aus Rinderleber 36-1299; Reaktivier. v. – aus Rattenleber durch Mol.-Sieb-Chromatographie 48-1205; Aminoacylier. v. sRNS d. Kaninchenleber durch d. – aus Leber u. aus Retikulozyten 51/52-1113.

L-α-Aminoadipat-*O*-semialdehyd-NAD-Oxydoreduktase

Metabolismus d. Pipecolinsäure in einer Pseudomonasart u. –-Aktivität 20-1382.

Aminoadipinsemialdehyd-Glutamat-Reduktase (ε-*N*[L-Glutaryl-(2)]-L-Lysin: NAD*(P)-Oxydoreduktase)

Eig., Rk. 36-1262.

***p*-Aminobenzoat-Synthetase**

Hemm. d. –-Aktivität in Saccharomyces cerevivisae 36-1371.

Aminobuttersäure-Aminotransferase {-Transaminase} (γ-Aminobuttersäure-α-Keto{Oxo}-glutarsäure-Transaminase)

Geh. u. intrazelluläre Lokalisat. v. – während d. Entw. d. Gehirns 23-1319; –-Aktivität d. Hirnrinde bei mangelnder Blutversorg. 30-1570; subzelluläre Verteil. im Rattenhirn 36-1354; Reinig. u. Eig. d. – v. Mäusehirn 17-1300; Wrkg.: einiger Hydroxylaminverb. auf – im Rattenhirn 3-1642; v. NH_4^+ auf – d. Hirngewebes 6-1607; v. L-Glutaminsäure-γ-hydrazid bei gleichzeit. Gabe v. Pyridoxalphosphat auf – 18-1645; verschiedener Arzneimittel auf – v. Ratten 21-1766; Hemm. d. – bei Einw. v. Aminoxyessigsäure auf d. Stoffwechsel v. γ-Aminobuttersäure im Gehirn 31-1586; Wrkg. in vivo u. in vitro v. L-Glutaminsäure-γ-hydrazid auf d. – in Gehirn u. Leber 42-1515; enzymat. Mess. d. – im Gehirn 21-1375.

α-Aminobuttersäure-Dehydrogenase

Trenn. u. Reinig. v. – aus Backhefe 29-1210.

γ-Aminobuttersäure-α-Ketoglutarsäure-Transaminase

s. *Aminobuttersäure-Aminotransferase.*

γ-Aminobuttersäure-α-Oxoglutarsäure-Transaminase

s. *Aminobuttersäure-Aminotransferase.*

Aminoimidazol-carboxamidribotid-Transformylase

Tetrahydrofolat-abhäng. –-Aktivität v. Erythrozyten bei Formiminotransferasemangel-Syndrom 37-1287, 51/52-1400.

δ-Aminolävulat-Synthetase

s. *δ-Aminolävulinsäure-Dehydratase.*

δ-(5)-Aminolävulinsäure-Dehydratase (δ-Aminolävulinsäure [Aminolävulat]-Synthetase)

– aus Propionsäurebakterien 7-1421; –-Aktivität: in mit Friend-Virus infizierten Mäusen 10-1403; in Lebermitochondrien bei Porphyrie durch Äthionin 19-1654; Mangel an – bei d. Cystinose 23-1324; –-Aktivität in d. Leber nach einer Orotsäure enthaltenden Diät bei Ratten 28-1635; „permissiver" Effekt v. Hydrocortison auf d. Indukt. v. – 20-1349; Beteilig. kurzleb. mRNS bei d. Indukt. v. – d. Säugetiere 47-1133; Mechanismus d. durch Allylisopropylacetamid induzierten Zunahme d. – in Rattenlebermitochondrien 47-1227; –-Aktivität u. Steuer. d. Bakteriochlorophyllsynth. bei Rhodospirillum rubrum 43-1234; Kontrolle d. Hämsynth. durch Hemm. v. „Feed-back"-Typ d. – d. menschl. Erythrozyten 34-1544; Umaminier. v. 5-Aminolävulinsäure u. d. 4.5-Dioxovaleriansäure im tier. Gewebe durch – 37-1517; Kontrolle d. Hämoglobinsynth. in Kükenblastodermkulturen durch – 38-1344; –-Aktivität in d. Mitochondrien d. Hepatozyten v. mit Bleiacetat vergifteten Kaninchen u. Albinoratten 30-1586.

δ-Aminolävulinsäure-Synthetase

s. *δ-Aminolävulinsäure-Dehydratase.*

α-Aminomuconsäuresemialdehyd-Dehydrogenase

Aktivität d. beim Tryptophanabbau bei verschiedenen Tierarten wirksamen – 48-1259.

Aminopeptidase

–-Aktivität d. Augenlinse 2-1343; –: v. Kallusgewebe 5-1305; u. alkal. Phosphatase d. Serums (Entdeck. v. Lebererkrank. anikter. Patienten, Vgl.) 6-1599; Vork. im wachsenden Tibiaknorpel d. Menschen 7-1268; –-Aktivität in Plazentaextrakten 25-1479; geschlechtsspezif. Unterschiede im Vork. v. – in d. Rattenniere 25-1480; –-Aktivität d. Zirbeldrüse d. Schweins 28-1367; Einfl. v. Strahl. auf Feinstruktur u. –-Geh. d. Hundepankreas (Langzeitvers.) 31-1591; –-Aktivität: in menschl. Darmtumoren 34-1286; während d. experimentellen Karzinogenese in d. Mäuseohrspeicheldrüse 41-1214; d. Hämolymphe in metamorphierenden Galleria mellonella 48-1219; – d. menschl. Gewebes 48-1241; Isolier. aus Bacillus licheniformis 20-1321; Abtrenn. u. Charakterisier. v. – d. menschl. Leber 28-1368; Isolier. aus Schweinenierenhomogenat 39-1236; teilweise Reinig. u. Eig. einer partikelgebundenen, durch Co aktivierten – aus Rattennieren 38-1318; transversale Gradientenelektrophorese v. – 4-1451; Beeinfluss. d. Blutdruckwrkg. v. Angiotensin durch – 7-1641; Serum-– u. Hydrolyse v. Aminosäure-β-naphthylamid 20-1324; Wrkg. auf d. experimentellen renalen Hochdruck d. Ratte 27-1289; unterschiedl. Beeinfl. d. Blutdruckwrkg. v. Renin u. Angiotensin durch – 29-1261; Hemm. d. Thiol-aktivierten – durch Puromycin 9-1394; Wrkg. v. NaF in vivo auf d. – d. Serums (Unters. 43-1405; Dipeptidnitrile als Substrat für d. kolorimetr. Best. v. – 18-1307; Erfass. v. gewebsgebundener renaler – durch eine mikrodensitometr. Technik 3-1344; Gewebefixier. einer partikelgebundenen – d. Rattenleber durch Diazoniumsalze 38-1317.

Isoenzyme d. Aminopeptidase: Einfl. v. Ultraschall auf – 26-1298.

Aminopeptidase B

Für N-entständ. Arginin- u. Lysinreste selektive – aus d. Leber v. Katze u. Meerschweinchen (Reinig. u. Substratspezifität) 38-1315; (Modifikatorcharakteristika u. kinet. Unters.) 38-1316.

Aminopherasen

s. *Transaminasen.*

1-Aminopropanol-(2)-Dehydrogenase (1-Aminopropanol-(2)-NAD-Oxydoreduktase)

Vork. u. Eig. in E. coli 32-1304; –-Aktivität beim mikrobiellen Stoffwechsel v. Aminoaceton 32-1454.

1-Aminopropanol-(2)-NAD-Oxydoreduktase

s. *1-Aminopropanol-(2)-Dehydrogenase.*

Aminopyrin-*N*-Demethylase

Wechselwrkg. v. 3.4-Benzpyren, 3-Methylcholanthren, Chlordan u. Methyltestosteron als Aktivatoren v. – d. Lebermikrosomen bei d. Ratte 6-1314; Lebergew. u. –-Aktivität in mit butyliertem Hydroxytoluol oder butyliertem Hydroxyanisol behandelten Ratten 32-1428.

Aminosäure-Arylamidase

Isoenzyme d. – im menschl. Magen-Darm-Trakt 25-1269; L-Alanin-4-[phenylazo]-phenylamid als Substrat für d. kolorimetr. Aktivitätsermittl. v. – im Serum 47-1224.

Aminosäure-Decarboxylasen

–: bei Darmbakterien 7-1417; v. E. coli 11-1333; Wrkg. v. Keimdrüsenhormonen auf d. – für aromat. Aminosäuren im Rattenuterus 35-1490; Decarboxylier. d. Aminosäuren durch verschiedene Stämme v. E. coli u. durch d. Darmflora v. Kindern bei Magen-Darm-Stör. mit – 11-1332; Hemm. d. – für aromat. Aminosäuren durch chlorierte Arylalkylamine 29-1681; Phenylalaninderiv. als –-Hemmer 32-1747*; Best. d. – aromat. Aminosäuren unter Verw. radioakt. Substrate 6-1302; ^{3}H-Norepinephrin-Entleer. aus d. Herzen durch α-Methyl-m-tyrosin, eine neue u. brauchbare Meth. zur Test. d. – für aromat. Aminosäuren in vivo 20-1501; automat. Best. d. – für aromat. Aminosäuren in d. Mäuseleber 28-1385.

Aminosäure-Dehydrogenasen

Vork. u. Aktivität in Backhefe 29-1210; histochem. Erfaßbark. d. D-– in Säugetierorganen 15-1262.

L-Aminosäure: 2-Glyoxylat-Aminotransferase

s. *Glyoxylat-Transaminase.*

Aminosäure {α-Ketoglurat}-Transaminase

Abtrenn. u. Reinig. aromat. – aus Rattengehirn 2-1325; Reinig. u. Eig. d. verzweigten – aus Schweineherzen 37-1254.

Aminosäure-Naphthylamidase

– in Bäckerhefe 37-1278.

D-Aminosäure: O_2-Oxydoreduktase (desaminierend)

s. *D-Aminosäure-Oxydase.*

L-Aminosäure: O_2-Oxydoreduktase (desaminierend)

s. *L-Aminosäure-Oxydase.*

D-Aminosäure-Oxydase (D-Aminosäure: O_2-Oxydoreduktase) (desaminierend)

Riboflavin u. –-Aktivität bei Thiaminmangel 13-1704; Vork. in d. nichtmitochondriellen oxydierenden Teilchen (Mikrokörper) in Rattenleber u. -niere u. in Tetrahymena pyriformis 46-1308; paramagnet. Resonanzunters. d. Triplettzustandes v. – (Apo-, Holoenzym) 14-0945; Assoziat.-Dissoziat.-Phänomen v. – 48-1195; opt. Dreh.-Eig. 49/50-1152; semichinoides FAD im –-Michaelis-Komplex-Kristall 7-1358; Coenzymspezifität v. – für d. Adenylteil v. FAD 9-1350; FAD im Mol. d. – 13-1325; Coenzymspezifität für d. Flavinanteil v. FAD 34-1321; Rk. in Abhängigk. v. d. O_2-Konz. 32-1307; Semichinonbldg. durch Bestrahl. v. – 38-1273; *2* Zwischenstufen bei d. –-Rk. 45-1193; Barbiturathemm. v. gereinigter – 2-1309; Verh. d. aus Plasma-Hydrolysaten v. Personen mit Neoplasien u. verschiedenen anderen Krankh. erhaltenen Aminosäuren gegenüber d. – 10-1304; Einfl. v. Schilddrüsenhormon auf – 11-1521; Hemmwrkg. v. Na-Dehydracetat u. 3-Butyryl-4-hydroxycumarin auf –

bei Frontonia leucas 2-1342; Beteilig. autonomer Bahnen bei einer Sympathikus-ähnl. Wrkg. v. Pilocarpin auf d. – -Geh. d. Speichels 9-1726; – -Aktivität: d. Proteinfrakt. d. menschl. Serums 10-1620; im Blut (dynam. Unters.) 17-1581; subzelluläre Lokalisat. in d. Submaxillardrüse d. Meerschweinchens 18-1435; – d. Schnecke Australorbis glabratus 26-1322; – -Konz. in d. Ductus-thoracicus-Lymphe in Bezieh. zur Pankreasfunkt. 27-1489; – -Aktivität u. Zerfall d. Herzmuskelglykogens zu verschiedenen Zeiten d. Herzinfarktes 27-1650; Humanserum- – 29-1254; – -Aktivität v. Blut u. Harn bei akuter Pankreatitis 30-1245; Einfl.: v. Gewürzen auf d. – -Geh. im Speichel 30-1501; v. Strahl. auf Feinstruktur u. – -Geh. d. Hundepankreas (Langzeitvers.) 31-1591; – -Aktivität d. Pankreassafts verschiedener Spezies 32-1588; Verteil. in mikrosomalen Subfrakt. v. Meerschweinchenpankreas 34-1277; Wrkg. v. Adrenalin auf d. – -Geh. d. menschl. Parotissaliva 34-1503; Vgl. d. – v. Candida brumptii aus Myzetozyten d. Larve v. Hylobius abietis u. d. Insekts 40-1399; Einfl. d. Fehlens v. Lysin auf d. – -Aktivität in Pankreas u. Dünndarm d. Ratte 44-1321; – -Aktivität v. Seren verschiedener Tiere 46-1309, 46-1311, 46-1312; Verteil.-Muster in Bezieh. zu Serumproteinen 48-1235.

Einfl.: d. Kohlenhydrate auf d. Synth. 49/50-1258; v. Phosphaten auf d. Biosynth. bei UV-bestrahlten Pilz-Mutanten 6-3205; Bldg. in d. Oberflächenkultur v. Aspergillus awamori 7-3433; Anreicher. v. – während d. Biosynth. v. Biomycin 22-1279; Bldg.: in Kulturen v. Endomycopsis capsularis 26-1358; durch Aspergillus niger U_{20} *2–5* in Submerskultur 27-1277; Aktivier. d. – -Synth. durch Aspergillus usamii *3758-45* 29-1311; Adrenalin-aktivierte – -Sekret. in Parotisschnitten (Verlust in d. Kälte) 5-1485; Wrkg. d. Ca-Entzugs auf d. durch Acetylcholin stimulierte Sekret. v. – bei Tauben-Pankreas-Schnitten 9-1534; Änder. d. Rk.-Geschw. d. Biosynth. v. Pankreas- – als Rk. auf Stärke- oder Proteinreiche Diät 21-1422; Thorotrasthemm. d. – -Synth. durch d. isolierte, perfundierte Rattenleber 30-1585; Synth. u. Übertrag. v. – in Taubenpankreasmikrosomen 32-1382; diätet. Regulier. v. Synth., Sekret. u. Inaktivier. v. Pankreas- – 43-1382; Hemm. d. Valineinbaus in vivo in – v. Rattenpankreas durch Actinomycin D 41-1163.

Herst.: säurefester – durch Kultur v. Aspergillus in Nährmedium aus Stärke u. Reisschalen 26-2742*; v. Schimmelpilz- – 41-2934; Gewinn. thermostabiler – aus amylolyt. Stämmen v. Thermoactinomyces vulgaris 45-1219; Industriemeth. zur Gewinn. aus d. Tiefkultur Aspergillus oryzae 51/52-1207.

Sorpt.: durch Sephadex A-*50* 6-3204; aus Lsg. eines Fermentpräp. 7-1398; Abtrenn. d. – d. menschl. Urins durch Gelfiltrat. 47-1216; menschl. Serum- – in elektrophoret. Frakt. 48-1253; Reinig. u. allg. Eig. d. kaum säurestabilen saccharogenen – v. Aspergillus awamori 33-1320; reaktionsfäh. synthet. Polymere als Träger für – 42-1114.

Elektrophoret. Verh.: d. menschl. – 13-1364; v. Serum- – bei verschiedenen Säugetierarten 45-1218; Wrkg. (pH u. Temp.-Abhängigk. 1-3171; Bezieh. zwischen d. Zeit u. d. – -Rk. v. trockenem, unbehandeltem Material aus Amylomyces rouxii u. Rhizopus *907* 14-1400; Einfl. auf d. Anreicher. v. UDPG-Stärke-Glucosyl-Transferase in Stärkekörnchen 14-1344; Beteilig. am Stärkeabbau im Seegras 15-1333; Saccharose- – -Bezieh. in unreifem Zuckerrohr 15-3155; Wrkg. auf bestrahlte Stärke 34-3323; papierchromatograph. Vgl. d. bei d. Spalt. v. Stärke durch – aus verschiedenen Organen d. Albinoratte entstehenden Prod. 35-1330; Amylolyse in Roggenmehlsuspens. 41-2942.

Wrkg.: einiger Arzneimittel auf d. – tier. u. bakteriellen Ursprungs in vitro 2-1364; v. CCl_4 auf d. – v. Leberschnitten 3-1660; toxikolog. Unters. v. N.N'-Di-[α-(1-naphthyl)-propionyloxy-2-äthyl]-piperazin u. seine Wrkg. auf – 10-1762; Wrkg.: v. Helminthosporol auf d. – im Endosperm v. Reissämlingen 12-1482; v. Antibiotika auf Pankreas- – v. mit Sojabohnenmehl gefütterten Ratten 16-1592; d. H-Ionenkonz. auf d. – d. submersen Kulturen v. Aspergillus oryzae *3-9-15* 18-1301; bestimmter Insektizide auf – 19-1672; Unterschiede d. Aktivität d. – im Blut u. im Pankreas bei männl. u. weibl. weißen Ratten unter andauerndem Medinalschlaf 21-1404; Regulatoren d. – bei unreifem Zuckerrohr 26-1461; Hemm. v. Säugetier- – durch Ziegen-Antiseren gegen Pankreas- – d. Schweines (Vgl.) 32-1383; Suche nach einem natürl. vorkommenden – -Inhibitor im menschl. Serum 40-1323; Wrkg. d. Thyroxin auf d. Serum- – d. Ratte 45-1414.

Gewinn. v. Proteinen aus Pflanzengeweben durch Einw. v. – 27-2665*; Einfl. v. Bakterien- – -Präp. auf d. Bierwürze 3-3239; Verw. zur Präservier. v. Silage-Futtermitteln 19-3275*; Rolle v. Pilz- – bei d. kontinuierl. Brotherst. 26-3417.

Ausarbeit. u. Diskuss. einer neuen saccharogenen Meth. zur Best. d. – 1-1302; Best. 21-1403; (verbesserte Meth.) 25-1250 bis 25-1253; einfache saccharogene Best. 31-1217; dünnschichtchromatograph. Identifizier. 44-1661; Stärkesubstrate mit verbesserter Stabilität für d. klin. Best. d. – 3-1337; Unters. v. Gersten- u. Malz- – durch immunochem. Meth. 7-1399; Stärkesubstratfilmmeth. für d. histochem. Lokalisat. d. – 13-1363; kolorimetr. Mikrobest. in biolog. Fl. (Stärke J_2-Komplex) 23-1286; automat. Best. in Malz 45-1975; Verw. d. Pankreozymin-Sekretin-Tests als Hilfsmittel bei Serum- – -Unters. zur Diagnose chron. Pankreaserkrank. 1-1558.

Isoenzyme d. Amylasen: –: beim Menschen 42-1233; in Extrakten aus Tumor- u. Normalgewebe sowie im Serum d. Goldhamsters 49/50-1103; s. auch *Enzympräparate, Rhozyme S**).

Amylo-1.6-glucosidase (Dextrin-1.6-glucosidase)

Vork. in Hartmanella castellanii 8-1475; – aus Endomycopsis capsularis (Eig.) 41-1279; – -Aktivität: in normalen Leukozyten u. Leukozyten v. Patienten mit Glykogenspeicherkrankh. 3-1338; v. Muskel u. Leber bei angeborener Hepatomegalie 32-1345; Vork. in d. Leber bei Typ IV-Glykogenose 38-1285; Bldg. in Kulturen v. Endomycopsis capsularis 26-1358; Dissoziat. v. Säugetier- – in Untereinh. 32-1393; Hydrolyse v. Stärke durch – 13-3510; Wrkg. v. – aus Rhizopus delemar auf Maltose 25-1230; Einfl.: v. – -Präp. auf d. Bierwürze 3-3239; auf ein stärkehalt. Nahr.-Mittel zur Gewinn. v. Dextrose 15-3260*; Verw. zur Herst. v. Stärke u.-Protein enthaltenden Nahr.-Mitteln 44-3124*; neues Substrat für d. Auffind. d. – u. seine Anwend. für d. Unters. d. Glykogenspeicherkrankh. Typ III 24-1345.

Amylolytische Enzyme

s. *Amylasen.*

Amylomaltase

Gleichgew. oligomerer Amylosen durch – 11-196; Kohlenhydratspezifität v. induzierbarer E. coli- – 10-1354.

Amylophosphorylase

Wrkg. v. Östrogen, Progesteron u. Relaxin auf d. – -Aktivität in Uteri v. Mäusen 27-1464; – -Aktivität u. natives Glykogen in Inselzellen 29-1475; zytolog. Nachw. mit Äthylendiamintetraessigsäure 6-1264.

5α-Androstan-3α-hydroxysteroid-Dehydrogenase

– -Aktivität bei d. Bioumwandl. v. Steroiden in jugendl. Rattenhoden in vitro 37-1411.

5α-Androstan-3β-hydroxysteroid-Dehydrogenase

– -Aktivität bei d. Bioumwandl. v. Steroiden in jugendl. Rattenhoden in vitro 37-1411.

Δ^5-Androsten-3.17-dion-$\Delta^{5.6}$-$\Delta^{4.5}$-Isomerase

Wrkg. beim Steroidstoffwechsel 5-1342.

Δ^4-Androsten-5α-Reduktase

– -Aktivität bei d. Bioumwandl. v. Steroiden in jugendl. Rattenhoden in vitro 37-1411.

Angiotensinase

– in Erythrozyten 32-1431; Serum- – u. Hypertens. 20-1324; Wrkg. v. – d. Plasmas auf Angiotensin II u. Analoge 51/52-1388; Best. durch Mess. d. direkten system. Blutdrucks beim Hund 20-1543.

Anthocyanase

Vork. in d. Eierfrucht 6-1258.

Anthranilat{-5-}Hydroxylase (Anthranilsäure-Hydroxylase)

– v. Tecoma stans 34-1329; Anthranilsäurehydroxylier. durch – aus Kaninchenlebermikrosomen 10-1348.

Anthranilat-5-phosphoribosyl-1-pyrophosphat-Phosphoribosyltransferase

– aus Aerobacter aerogenes als Proteinaggregat 51/52-1194.

Anthranilat-Synthetase (Anthranilsäure-Synthetase)

– aus Aerobacter aerogenes als Proteinaggregat 51/52-1194; Natur d. – aus E. coli 24-1384; Proteine v. – in Heterogenoten v. E. coli 25-1281; Kontrolle d. Biosynth. d. Tryptophansynthetase durch Phagentragende Gene u. – -Locus bei E. coli 25-1279; – u. d. alloster. Proteinmodell 34-1372; Umwandl. v. Chorisminsäure in Anthranilsäure durch – 40-1386; Hemm. d. – -Aktivität (Feedback-Wrkg.) in Saccharomyces cerevisiae 36-1371.

Anthranilsäure-Hydroxylase

s. *Anthranilat{-5-}Hydroxylase.*

Anthranilsäure-Oxydase

Regulat. d. an d. Ox. d. Tryptophans durch Pseudomonas fluorescens beteiligten – 26-1306.

Anthranilsäure-Synthetase

s. *Anthranilat-Synthetase.*

Anticholinesterasen

s. unter *Cholinesterasen.*

Antikatalasen

s. unter *Katalasen.*

Antiplasmin

s. unter *Plasmin.*

Antistreptokinase

s. unter *Streptokinase.*

Antithrombin

s. unter *Thrombin.*

Antitransglutaminase

s. unter *Glutamyltransferase.*

Antitrypsine

s. unter *Trypsine.*

Apyrase

s. *Adenosintriphosphat-Diphosphohydrolase.*

Arabanase

– in phytopathogenen Fungi 48-1233; Wrkg.: d. v. Aspergillus niger gebildeten – auf Araban 11-1318; d. durch Pflanzenpathogene gebildeten – auf Araban 28-1360.

Arabanase-Galaktanase

Rk. mit Pektinsäure 51/52-1172.

L-Arabinose-Isomerase

Indukt. u. Repress. v. – in Pediococcus pentosaceus 25-1335.

Arbutin-Synthetase

Substratspezifität 6-1304.

Arginase (L-Arginin-Amidinohydrolase, L-Arginin-Ureohydrolase)

– -Aktivität: in d. postlogarithm. Phase bei Mikroorganismen (teilweise Reinig.) 20-1337; in jungen Pflanzen ohne Kotyledonen u. in d. Wurzeln v. Pisum sativum 4-1338; in d. Fortpflanz.-Organen v. Arum italicum 4-1339; Vork. im Gallengewebe d. Schwarzwurzel 8-1537; – -Aktivität: im lyophilisierten Lämmerthymushomogenat 1-1554; in Plasma u. d. Erythrozyten v. Schafen nach experimenteller Leberschädig. 1-1664; im Blut v. Hunden vor u. nach Vergift. mit CCl_4 4-1358; d. Leber hypothyreoider Ratten 9-1576; d. Erythrozyten (Einfl. v. Mn u. erhöhter Temp.) 10-1397; (Einfl. v. Natriumborat, Nivaquin u. Blutserum) 10-1398; Vork. in Tiernieren u. -lebern 23-1317; Vogelleber- – (vergleichende Biochemie u. Evolut.) 32-1407; – -Aktivität d. Rattenleber (Einfl. v. Kükenleber) 33-1343; Vgl. d. – v. Mollusken u. Säugetieren 51/52-1177.

Induzier. v. – durch NH_4^+ u. Ornithin bei Bacillus subtilis 12-1320; scheinbare Indukt. v. – durch Arginin im Bacillus licheniformis 14-1341; Trenn. d. γ-Guanidinobutyratureohydrolase aus d. Leber d. Rochens v. d. begleitenden – 32-1402.

Moffit-Konst. u. Cotton-Effekt 21-1248; mol. Formen d. – aus menschl. Leber 41-1284.

Abbau v. Arginin zu Glutaminsäure durch – in sporulierenden Bacillus licheniformis A-*5* 44-1413; Wrkg. einer Äthioninbehandl. auf d. an d. Harnstoffsynth. d. Rattenleber beteiligten – 16-1328.

– -Inhibitor aus Sonnenblumensamen (Darst. u. Eig.) 7-1403; Hemm. durch Ammoniumchlorid in Ratten mit p-Dimethylaminoazobenzol-Hepatomen 10-1315; – -Hem-

mer aus Sonnenblumensamen 13-1367; Wrkg. einmal. bzw. langfrist. Applikat. v. 3'-Methyl-4-dimethylaminoazobenzol auf — d. Rattenleber 49/50-1099.
Immundiffus.-Unters. d. Humanleber- u. -Erythrozyten- — 22-1215; Identifizier. in d. Leber v. Coelacanthini 48-1488.

L-Arginin-Amidinohydrolase

s. *Arginase*.

Arginin: X-Amidinotransferase[-Transamidinase]

—-Aktivität während d. Entw. v. Streptomycin bildenden Streptomyces-Stämmen 13-1341; Biosynth. v. Streptomycin mit — 16-1260.

Arginin-Decarboxylase

—-Aktivität: in E. coli 11-1333; (u. in d. Darmflora v. Kindern bei Magen-Darm-Stör.) 11-1332; d. Bauchtyphusbakterien während d. Entw. d. Antibiotikaresistenz 29-1667; — in Aeromonas shigelloides 32-1416.

Arginin-Decarboxyoxydase

s. {L}-*Arginin-Oxygenase (decarboxylierend)*

Arginin-Desimidase

s. *Arginin-Desiminase*.

Arginin-Desiminase (Arginin-Desimidase)

Einfl. v. Antibiotika auf d. —-Aktivität bei Streptococcus lactis 2-1404; Vork. in zellfreien Extrakten v. Halobacterium salinarum 23-1325.

L-Arginin: Glycin-Amidinotransferase

Einfl. v. Geschlechtshormonen auf d. —-Spiegel (Stoffwechselsteuer. d. Kreatinbiosynth. 32-1327.

Arginin-Kinase (ATP-Arginin-Phosphotransferase, Phosphoarginin-Kinase)

Vork. bei Tetrahymena pyriformis 42-1220; Bldg. in Echinodermata (Eig.) 48-1215; Molekulargew. d. — aus Hummermuskel 8-1390; Aminosäurezus. d. — aus Hummermuskel 8-1391; Rolle d. Thiolgruppen in d. Struktur u. im Wrkg.-Mechanismus v. — 8-1392; Sulfhydrylgruppen d. kristallisierten — aus Hummermuskel (Unters.) 12-1346; — im Insektenstoffwechsel 12-1615.

Argininosuccinase (L-Argininsuccinat-Arginin-Lyase, Argininsuccinat-Lyase)

Vork. in Tiernieren u. -lebern 23-1317; Temp.-empfindl. Regulat.-Mechanismus bei d. Bldg. v. — in Mutanten v. E. coli 2-1384; Repress. bei Chlamydomonas reinhardi 23-1307; Wrkg. einer Äthioninbehandl. auf d. an d. Harnstoffsynth. d. Rattenleber beteiligten — 16-1328.

Argininosuccinat-Synthetase (L-Citrullin-L-Aspartat-Ligase)

Wrkg. einer Äthioninbehandl. auf d. an d. Harnstoffsynth. d. Rattenleber beteiligten — 16-1328; Einfl.: v. δ-Acetylornithin auf d. Argininosuccinatsynth. durch — 17-1328; v. α-Methylasparagat auf d. —-Aktivität bei gegenüber Ammoniakintoxikat. durch L-Ornithin u. L-Asparagat geschützten Ratten 48-1251.

{L}-Arginin-Oxygenase (decarboxylierend) [Arginin-Decarboxyoxydase]

— aus Streptomyces griseus 45-1198; Submersprod. v. — in *20*-Liter- u. *200*-Liter-Fermentatoren 13-1389.

Arginin-Permease

Genet. Defekte v. — d. Repress. d. Argininsynth. in E. coli 23-1320.

L-Argininsuccinat-Arginin-Lyase

s. *Argininosuccinase*.

Argininsuccinat-Lyase

s. *Argininosuccinase*.

Arginin-Synthetase

—-Aktivität d. Leber: hypothyreoider Ratten 9-1576; v. mit Testosteronpropionat behandelten Ratten 25-1437.

L-Arginin-Ureohydrolase

s. *Arginase*.

Arginyl-sRNS-Synthetase

Isolier. aus Bäckerhefe 5-1343.

Aromatisierungsenzym

Aromatisier. v. 18-Hydroxyandrostendion zu 18-Hydroxyöstron durch d. — d. menschl. Plazenta 35-1479.

Arylamidasen

Intrazelluläre Verteil. in d. Schleimhaut d. Dünndarms 20-1353; Einfl. d. Diurese auf d. —-Aktivität im Urin 41-1589; Abtrenn. u. Charakterisier. v. — d. menschl. Leber 28-1368; Hydrolyse v. Aminosäure-Arylamiden durch Serum- — 24-1347.

Arylamin-Acetylase

Spezif. Inhibitoren 32-1328.

Arylamin-Sulfokinase

Mögl. alloster. Wrkg. mit — 14-1353.

Arylcholinesterase

Wrkg. v. Kastrat. u. Testosteron auf d. —-Aktivität im Blutplasma v. Hunderüden 4-1489.

Arylesterase (A-Esterase, Paraoxonase)

— aus Ochsenskelettmuskel 14-1355; Beeinfluss. d. —-Geh. d. Milch durch d. Laktat. 27-1267; Rk. v. — mit S-Alkyl-p-nitrophenyl-methylphosphonothiolaten 14-1361; Rolle bei d. Vergift. d. Eier v. Oncopeltus fasciatus mit Parathion 42-1224;; histochem. Darst. mit einer Schwermetallmeth. 18-1292; immunoelektrophoret. Vgl. d. —-Aktivität im Serum bei eingetragenen Hunderassen 42-1225.

Aryl-β-glucosidase

Indukt. in Stachybotrys atra 15-1299; —-Aktivität eines Hefestammes 49/50-1200; Wrkg. d. β-Glucopyranoside, β-Thioglucopyranoside u. einiger glycosylsubstituierter β-Glucopyranoside als Inducer für — 15-1301.

Aryl-4-hydroxylase

—-Aktivität d. Leber bei Bzl.-Vergift. 12-1427; Benzolstoffwechsel in hungernden u. nicht hungernden Ratten u. bei Verabreich. v. —-Inhibitoren 1-1703; Spezies-Unterschiede in d. Hydroxylier. v. Anilin u. N-Äthylanilin mit — durch Lebermikrosomen 2-1307.

Arylpyruvat-Keto-Enol-Tautomerase

Reinig. u. Eig. v. — (Verw. zur Best. nach d. Enol-Borat-Meth.) 40-1363.

Arylsulfatase (Arylsulfat-Sulfohydrolase, Sulfatase A)

—-Aktivität: v. Streptococcus pyogenes 43-1212; d. Lysosomenäquivalente v. Maiskeimlingen 43-1204; Lokalisat. v. Lysosomen- — im chromaffinen Gewebe 9-1260; nukleare —-Aktivität in primitiven Blutzellen 12-1373; —-Aktivität d. Leber bei Bzl.-Vergift. 12-1427; Verteil. in intrakraniellen Tumoren 15-1226; Einfl. v. α-Tocopherol auf — in d. Leber v. Vitamin A-Mangelratten 21-1621; —-Aktivität: d. Intestinalmukosa d. Ratte 26-1599; in Anilin-Lost-resistenten u. empfindl. Plasmazelltumoren v. Mäusen 28-1270; bei Gehirntumoren 31-1156; einiger maligner Tumoren 34-1285; d. Lysosomen bei d. „Weißmuskelerkrank." 36-1583; d. Hämolymphe in metamorphierenden Galleria mellonella 48-1219; Wrkg. v. CCl_4 auf d. Freisetz. v. — bei Lysosomen in vitro 2-1241; geänderte Repress. v. — in einer temperaturabhäng. Letalmutante v. Neurospora 6-1156; Anreicher. v. lösl. — aus Rinderhirn 20-1309; mögl. hydrophobe Bind. in d. — 8-1407; Polymerisat. v. — aus Rinderleber 22-1204; Bezieh. zwischen Steroidhormonen u. — 20-1485; Beteilig. am Naphthalinstoffwechsel im Auge 32-1649; Wrkg.: v. CCl_4 auf d. — in subzellulären Partikeln 18-1158; v. Na_2-Ca-EDTA auf d. lysosomale — bei Ratten 18-1641; d. Gefriergeschw. auf d. — in Tumoren 24-1277; Meth. zur elektronenmkr. Lokalisier. v. — 19-1319.

Arylsulfat-Sulfohydrolase

s. *Arylsulfatase*.

Aryl-Sulfotransferase (3'-Phosphoadenylsulfat-Phenol-Sulfotransferase, Sulfokinase, Sulfotransferase)

—-Aktivität: bei Meerschweinchenfeten u. angebrüteten Hühnereiern 4-1315; d. Leber bei Bzl.-Vergift. 12-1427; v. menschl. arrhenoblastomatösem Ovarialgewebe in vitro 41-1459; biolog. Sulfatisier. v. L-Tyrosylpeptiden mit — 36-1316.

Ascorbat-Oxydase (L-Ascorbinsäure-Oxydase)

—-Aktivität, Cu-Geh. u. Konform.-Änder. 35-1312; Vgl. zwischen red. u. inaktivierter nativer — u. Apoenzym durch Sedimentat.-Geschw. 35-1313; —-Aktivität: im Verlaufe d. Vernalisat. 9-1496; in d. Blättern d. Sojabohne (Einfl. v. HF u. Verletz.) 23-1322; v. γ-bestrahlter Erdnuß während d. Keim. 33-1291; in Apfelblättern (Wrkg. verschiedener Cu-Spiegel) 37-1365; v. Coeruloplasmin 16-1248; Bedeut. für d. Hyoscyamin-Scopolamin-Verhältnis in Datura innoxia 36-1660; Wrkg. v. Naja naja atra-Schlangengift auf — 14-1335.

L-Ascorbinsäure-Oxydase

s. *Ascorbat-Oxydase*.

Ascorbinsäure-Peroxydase

Funkt. v. SO_2 bei d. Ox. v. Ascorbinsäure in Ggw. v. H_2O_2 mit — 34-1328.

Asparagat-Carbamoyltransferase

s. *Carbamoylphosphat-L-Asparaginsäure-Carbamoyltransferase*.

Asparagat-α-Ketoglutarat-Aminotransferase

s. *Asparaginsäure-Aminotransferase*.

L-Asparagin-Amidohydrolase

s. *Asparaginase*.

Asparagin-Aminotransferase (Asparagin-Transaminase, Glutamin-Oxalessigsäure [Oxalacetat]-Transaminase)

—-Aktivität in d. Myelozyten u. Granulozyten normaler Personen u. in d. Zellen bei myeloider Leukämie 10-1309; — in d. Lymphozyten normaler u. leukäm. Menschen 10-1310; —-Aktivität: d. Serums bei Personen mit progressiver Muskelatrophie 10-1709; im Serum u. in d. Leukozyten v. Patienten mit Hyper- u. Hypothyreosen (Wrkg. v. Thyroxin) 18-1480; Parallelen zwischen Samencharakteristiken u. —-Aktivität 27-1256; Vermehr. im Plasma v. Ratten nach Injekt. einer Strahlenschutzdosis Cysteamin 38-1345; Verh. in Harnstoff 1-1286; Einfl.: tox. Dosen v. Diäthylnitrosamin auf d. — d. Rattenleber 45-1167; v. Imipramin u. verwandten Verb. auf — d. Serums normaler u. arthrit. Ratten 48-1566; Anwend. v. „Tween *80*" bei d. Best. v. — in Pflanzen 35-1356; biolog. Bedeut. d. *Isozyme* v. — 37-1289.

Asparaginase (L-Asparagin-Amidohydrolase)

2 — aus E. coli u. ihre Antitumorwrkg. 46-1224; zeitl. Verlauf in d. Veränder. v. — während d. endogenen Atmung bei Aspergillus sojae 41-1332; Verh. in synchronisierten Blastocladiella emersonii-Populat. 45-1226; Antilymphom-Aktivität v. — in vivo 3-1252, 16-1204; Änder. d. Ribonucleasekonz. bei mit — behandelten Lymphosarkomen 40-1227; Best. durch gebildetes NH_3 1-1267.

Asparag{in}at-Transaminase

s. *Asparaginsäure-Aminotransferase*.

Asparag{in}at-2-Oxoglutarat-Aminotransferase

s. *Asparaginsäure-Aminotransferase*.

Asparag{in}at-2-Oxoglutarat-Transaminase

s. *Asparaginsäure-Aminotransferase*.

Asparag{in}at-Aminotransferase

s. *Asparaginsäure-Aminotransferase*.

Asparaginsäure-Aminotransferase (L-Asparagat-α-Ketoglutarat-Aminotransferase, Asparag{in}at-Aminotransferase [Transaminase], L-Asparag{in}at-2-Oxoglutarat-Aminotransferase [Transaminase], Asparaginsäure-Glutaminsäure-Aminotransferase [Transaminase], L-Asparaginsäure-α-Ketoglutarsäure-Transaminase, Asparaginsäure-Transaminase, Aspartat-Aminotransferase [Transaminase], Aspartat-Glutamat-Transaminase, Glutamat-Aspartat-Transaminase, Glutamat-Oxalacetat-Transaminase, Glutaminsäure-Asparaginsäure-Transaminase, Glutaminsäure-Oxalessigsäure-Transaminase, GOT)

Vorkommen, Aktivität: Vork. in zellfreien Extrakten v. Halobacterium salinarum 23-1325; —: v. Neurospora (genet. Kontrolle) 28-1216; während d. endogenen Atmung bei Aspergillus sojae 41-1332; —-Aktivität beim

Wildtyp u. bei Mutanten v. E. coli 45-1256; Vork. in Mutanten v. E. coli 45-1257.

—-Niveau in einigen Koniferen (Vgl.) 1-1429.

—-Aktivität in Plasma u. Erythrozyten v. Schafen nach experimenteller Leberschädig. 1-1664; subzelluläre Verteil. im Vorderhirngewebe d. Ratte 4-1341; Körpergröße einer Spezies u. Leber-—-Aktivität 4-1347; —-Aktivität bei experimenteller Lungenfibrose 6-1605; Geh. in Serum u. Leber bei Hühnern mit Hypercholesterinämie 7-1376; — in d. Mitochondrien d. Muskelgewebes d. Hühnerembryos während seiner Entw. 7-1691; Plasmaspiegel v. — bei Ratten mit Tumoren 9-1315; Wrkg. v. Schwimmen auf d. Serum-— v. Ratten 9-1367; —-Aktivität: bei Schilddrüsenerkrank. u. Schwangerschaft 9-1639; bei akuter B_1-Avitaminose nach Zufuhr großer Dosen v. Oxythiamin 11-1596; Vork. im Knochenmark v. Kaninchen 13-1340; Blutserum-—-Aktivität v. Hunden bei Wärmebelast. u. Muskelarbeit 14-1394; —-Aktivität in benignen u. malignen Tumoren d. Menschen 15-1225; —-Aktivität im Serum: v. lathyrit. u. Prednison-behandelten lathyrit. Ratten 16-1256; u. Zerebrospinalfl. bei muskulärer Dystrophie 16-1257; bei hepatozerebraler Dystrophie 17-1524; bei akutem Herzinfarkt 17-1526; bei chemotherapeut. Behandl. d. Lungentuberkulose 17-1648; —-Aktivität: in verschiedenen Organen hypophysektomierter Ratten u. Kaninchen 19-1632; v. Blut u. Geweben bei Muskeltätigk. verschiedener Dauer 21-1643; Geh. u. intrazelluläre Lokalisat. v. — während d. Entw. d. Gehirns 23-1319; Bezieh. zwischen —-Aktivität u. Vitamin-B_6-Bedarf d. männl. Albinoratte 23-1565; —-Aktivität: d. Rattenleber (Einfl. v. Cortisol) 25-1232; im Serum bei Dystrophia musculorum progressiva 25-1494; in vitro-Regulier. d. — d. menschl. Plazenta durch Sulfatester v. Östrogenen 27-1259; — v. Inhalt u. Wand benigner u. maligner Zysten d. weibl. menschl. Genitaltraktes im Hinblick auf d. Austrittsmechanismus 27-1316; —-Aktivität: im Gehirn u. Plasma neugeborener Kaninchen 28-1317; in vivo alternder menschl. Erythrozyten 28-1366; Einfl. d. Laufens auf d. —-Aktivität d. Serums 32-1336; —-Aktivität menschl. Tumoren 33-1254; Plasma/Serum-—-Aktivität bei Neugeborenen u. Erwachsenen 34-1314; Vgl. d. Wrkg. d. Glucoseverfütter. auf d. Aktivität v. — in Leber u. Herz bei Ratten 34-1376; —-Aktivität d. Rattenlebermitochondrien bei Zufuhr verschiedener Mengen v. jodiertem Casein im Futter 34-1378; Serum-— bei myokardialen Infarkten 35-1654; Wrkg. v. GSSG auf Erythrozyten-—-Aktivität u. elektrophoret. Wander. 36-1302; subzelluläre Verteil. im Rattenhirn 36-1354; Einfl. einer tiefen Hypothermie auf d. —-Aktivität im Hirn bei Hunden 37-1221; —: v. menschl. Erythrozyten unterschiedl. Alters 38-1286; u. Thyreohormone 39-1431; Einfl. d. Ergänz. d. Maismehles mit Vitaminen u. Aminosäuren auf d. Aktivität v. — aus Leber 41-1545; Geh. d. Zelle nach zytotox. Wrkg. v. CCl_4 42-1120; —-Aktivität: im menschl. Serum u. Plasma u. in Erythrozyten bei Polycythaemia vera 42-1439; im Rattengewebe bei Fe-Mangelanämie u. Wiederzufuhr v. Fe 43-1392; Serum- u. Thymus-—-Aktivität in AKR-Mäusen mit lymphat. Leukämie 44-1232; Wrkg. v. Cortisonacetat auf d. —-Aktivität in AKR-Mäusen mit lymphat. Leukämie 44-1233; Aktivität d. Leber-— wachsender Ratten (Wrkg. v. Vitamin-B-Mangel u. Hunger) 45-1477; —-Aktivität: im Dentin beim Rind verschiedenen Alters 47-1228; im Nebenhodenfettgewebe v. Ratte u. Maus 49/50-1143; Herkunft d. erhöhten Serum-— bei Leberschäden 49/50-1170; —-Aktivität d. Serums: während d. durch Methandienone, Methanoloneacetat, Norethandrolone u. Nandrolone hervorgerufenen Aufbaustoffwechsels 49/50-1378; bei Herzinfarzier. 51/52-1347; —-Aktivität bei Ratten nach Impf. mit Trypanosoma lewisi 51/52-1156; Vork. im Trimeresurus okinavensis-Gift 11-1570; — im Aminotransferasesyst. im Schweineherz 19-1306.

Bildung, Gewinnung: Stimulat. d. Bldg. durch γ-Glutaminsäurehydrazid u. Hydrazin bei Aspergillus 15-1351; Wrkg. v. Phospholipiden auf d. Auslsg. d. —-Freisetz. aus Mitochondrien 41-1168; Trenn. v. Pyridoxal-5′-phosphat assoziiertem — v. Muskelglykogenphosphorylase 5-1322; Reinig.: u. Eig. multipler Formen v. — aus d. Spinndrüse v. Attacus ricini 7-1379; aus Schweineherz an einer Aluminiumoxid-Cγ-Chromatographiesäule 19-1305; u. Eig. v. — aus Rinderherz 32-1332.

Eigenschaften: Physikal. u. chem. Eig. (Übersicht) 41-1262; Wrkg. v. Harnstoff auf Fluoreszenz u. Aktivität v. — 29-1238 UV-Rotat.-Dispers. 32-1334; Anordn. d. Aminosäuren im Tetrapeptidbruchstück d. akt. Zentrums v. — d. Taubenmuskels 6-1263; Isolier. d. Coferment-Quasisubstrat-Komplexes aus — 11-1304; quatern. Struktur u. katalyt. Aktivität 15-1279; multiple Formen in ruhenden Baumwollsamen 16-1259; Identität zweier monomerer Bestandteile d. — d. Rinderherzens 19-1304; Korrelat. zwischen Proteinstruktur u. katalyt. Aktivität 23-1272; Aminosäurezus. u. terminale Reste v. — aus Rinderherz 32-1333; reversible Dissoziat. in Untereinh. 38-1289; multiple Formen d. — im Hering 42-1197; elektrophoret. Verh. v. — aus Säugetierherzen 43-1162.

Reaktionen, Wirkungen: Bind.-Orte im akt. Rk.-Zentrum v. — 3-1297; Rk. mit Pyridoxaminphosphat u. Analogen 3-1298; Mechanismus d. Wechselwrkg. v. Isonicotinoylhydrazon v. Pyridoxalphosphat mit d. Apo-— 25-1231; Wechselbezieh. zwischen — u. α-Methylasparaginsäure 26-1310; Gleichgew.-Kinetik v. — mit Asparagat 32-1335; mol. Mechanismus für d. enzymat. Transaminier. am Beispiel v. — 40-1293; funktionelle Aktivier. d. — keimender Samen 18-1412; Synth. v. Aminosäuren in Extrakten v. Agaricus bisporus in Ggw. v. — 41-1263; am Glutamatstoffwechsel v. Leguminosenwurzelknötchen beteiligte — 48-1258; Faktoren mit Einfl. auf d. histochem. —-Rk. in Säugetiergeweben 7-1377; immunolog. Unters. an — 9-1368; Adsorpt. an d. Oberfläche d. Erythrozyten bei infektiöser Hepatitis 11-1556; Rolle bei d. Ox. v. Glutamat in d. Herzsarkosomen d. Schweines 16-1240; Spezifität d. akt. Zentrums v. Schweineherz-— 30-1232; Immunologie u. Enzymkinetik 37-1253, 41-1517; Bind. an d. Mitochondrienmembran in d. Rattenleber 46-1266.

Beeinflussung, Inhibitoren: — im Zentralnervensyst. u. Skelettmuskel v. *6* Wochen alten Ratten bei Röntgenbestrahl. 11-1685; Einfl.: d. Neutronenbestrahl. auf — d. Zentralnervensyst. u. d. Skelettmuskeln 21-1685; d. β-Bestrahl. auf d. — 22-1576; d. Röntgenstrahlen u. v. Embitol auf — 34-1677; —: bei jungen Ratten nach Röntgenbestrahl. 34-1678; im Milzgewebe nach Ganzkörperbestrahl. u. mögl. Bezieh. zu morpholog. Veränder. 37-1544.

Mechanismus d. Barbiturathemm. v. gereinigter — 2-1309; Einfl.: einiger in d. Nahrungsmittelindustrie verwendeter chem. Substanzen auf — d. Leber 7-1434; v. Hydrazin auf — d. höheren Pflanzen 9-1369; toxikolog. Unters. v. N.N′-Di-[α-(1-naphthyl)-propionyloxy-2-äthyl]-piperazin (Nafiverin) u. seine Wrkg. auf — 10-1762; Bedeut. d. Zeitfaktors für — d. Leber bei wiederholter Verabreich. v. Tetrachlormethan im Tierexperiment 11-1710; Wrkg.: v. Kethoxal-bis-[thiosemicarbazon] auf d. Serum-— 13-1300; d. Semicarbazons, d. Thiosemicarbazons u. d. Oxims v. Pyridoxal-5-phosphat auf — 13-1326; v. Disulfiram auf — im Serum 13-1831; v. Methotrexat auf d. Serum-— beim Menschen 14-1305; v. antiphlogist. u. antiarthrit. Verb. auf — d. Serums 14-1743; v. N-Losten auf d. — in Rattenlebermitochondrien u. Ehrlich-Asziteszellen 17-1271; v. ω-Chloracetophenon auf — aus Schweineherz 23-1247; eines neuart. Antiepileptikums G *32883* auf Serum-— 26-1732; v. Maleinsäurehydrazid u. Isonicotinsäurehydrazid auf d. — in Pflanzen 28-1404; v. Chlorpromazin u. Imipramin auf — in Mitochondrien 30-1268; Hemm. v. — durch Anti-Pyridoxal-poly-DL-Ala-poly-L-Lys-Antikörper 30-1479; —-Aktivität d. Serums unter Einfl. v. Methyltrienolon 31-1673; Einfl.: v. Bzl.- od. Pb-Exposit. auf Serum-— 31-1686; v. C_1- u. C_{17}-methylierten Androstanderiv. auf Serum-— 32-1545; Dosis-Zeit-Effekt v. Isoproterenol auf — 33-1301; Einfl.: v. NH_3 u. Acetylcholin auf — d. Hirngewebes 33-1680; v. Nialamid auf d. — im Serum 33-1754; v. $CoCl_2$ auf d. — im Kaninchenblut 34-1561; v. Chlorpromazin auf — d. Plasmas d. Ratte 34-1724; biogener Stimulatoren auf — 37-1255; v. Pyridoxal-5-phosphat auf d. durch Thyroxin gehemmte — in menschl. Leukozyten in vitro 39-1216; einiger neuerer Salicylsäurederiv. auf — im Serum 39-1603; v. Ni^{2+} auf — d. Leber 42-1214; — v. Hymenolepis mana u. ihre Beeinfluss. durch einige Präp. 42-1633; Mechanismus d. Inhibier. v. — durch Salicylat 43-1179; Einfl.: tox. Dosen v. Diäthylnitrosamin auf d. — d. Rattenleber 45-1167; einer synthet. anabol. Substanz auf — im Serum 45-1388; — im Meerschweinchenherzen nach Ajmalin-Infus. 46-1633.

Analyse, Untersuchungsverfahren: Gekoppeltes Rk.-Syst. zur Best. v. — 48-1209; krit. Unters. d. Beding. für d. kolorimetr. Best. v. Serum-— 1-1285; Best. in Rattenlebermitochondrien 3-1299; automatisierte Best. v. Serum-— 3-1300; Anpass. d. Babson-Meth. zur Best. v. Serum-— an d. klin. Labor 10-1357; kolorimetr. Verf. zur Best. v. Serum-— (Vgl.) 14-1346; Best. im Blutserum 18-1275, 34-1332; (diagnost. Genauigk. d. verbesserten spektrophotometr. u. d. Dinitrophenylhydrazinmeth.) 38-1287; (mit d. kolorimetr. Dinitrophenylhydrazinmeth.) 38-1288; Bewert. d. Reitman-Frankel-Meth. zur Best. d. — d. Serums 41-1261; Best.: v. Serum-— nach Karmen mit handelsübl. Präp. 46-1265; d. Gesamtgeh. an Pyridoxalphosphat u. Pyridoxaminphosphat im Blutplasma mit — 30-1519; Verh. d. Serum-— bei Lebererkrank. als ein Beitrag zur Differentialdiagnostik 31-1576.

Iso{en}zyme d. Asparaginsäure-Aminotransferase: — im Skelettmuskel v. Schwein u. Rind 8-1375; thermolabile — bei Hepatitis 24-1315, 24-1316; —: in Lebermetastasen 42-1148; in normalen u. neoplast. Rattengeweben 49/50-1105; Unterschiede bei d. Indukt. v. — 5-1311; Extrakt. u. Reinig. v. *2* — aus Rattenextrakten 14-1345; Kinetik u. elektrophoret. Eig. d. — aus Schweineherzen 40-1294.

L-Asparaginsäure-β-Decarboxylase

Bldg. v. L-Alanin durch — aus Pseudomonas dacunhae 19-1375; —-Aktivität d. Bauchtyphusbakterien während d. Entw. d. Antibiotikaresistenz 29-1667.

Asparaginsäure-Glutaminsäure-Aminotransferase

s. *Asparaginsäure-Aminotransferase.*

Asparaginsäure-Glutaminsäure-Transaminase

s. *Asparaginsäure-Aminotransferase.*

Asparaginsäure-α-Ketoglutarsäure-Transaminase

s. *Asparaginsäure-Aminotransferase.*

{β-} Asparaginsäure-Kinase (ATP: L-Aspartat-4-Phosphotransferase, {β-} Aspartokinase)

Lysin-empfindl. — v. E. coli (Reinig. u. Eig.) 10-1362; Kontrolle d. —-Aktivität durch gleichzeit. Feedback-Hemm. 29-1306; kooperative Hemm.-Effekte v. L-Lysin mit anderen Aminosäuren gegenüber — aus E. coli 2-1330.

Asparaginsäure-Transaminase

s. *Asparaginsäure-Aminotransferase.*

Asparaginsäure-Transcarbamylase

s. *Carbamoylphosphat-L-Asparaginsäure-Carbamoyltransferase.*

Asparagin-Transaminase

s. *Asparagin-Aminotransferase.*

Asparagyl-RNS-Synthetase

Fraktionier. u. Spezifitäten v. *2* — 18-1335.

Aspartase

— v. Pseudomonas fluorescens 32-1424; Regulat. d. Synth. in E. coli 44-1381; zeitl. Verlauf in d. Veränder. v. — während d. endogenen Atmung bei Aspergillus sojae 41-1332; Best. durch gebildetes NH_3 1-1267.

Aspartat-Aminotransferase

s. *Asparaginsäure-Aminotransferase.*

Aspartat-Dehydrogenase

—-Aktivität d. Malatdehydrogenase 23-1250.

Aspartat-Glutamat-Transaminase

s. *Asparaginsäure-Aminotransferase.*

D-Aspartat-Oxydase

Mechanismus d. Barbiturathemm. v. gereinigter — 2-1309.

Aspartat-Transaminase

s. *Asparaginsäure-Aminotransferase.*

{β-} Aspartokinase

s. *Asparaginsäure-Kinase.*

Aspirin-Esterase

s. *Acetylsalicylsäure-Esterase.*

Atmungsfermente (Respiratorische Enzyme)

Spezielle — s. unter d. eigenen Stichwort.

— beschallter Membranfragmente v. Micrococcus lysodeikticus 37-1298; Bezieh. v. Indolyl-(3)-essigsäure zur —-Aktivität d. Mitochondrien bei Mais-Scutellum 2-1510; — farbloser Algen 43-1298; —-Aktivität in d. Leber normaler Ratten u. Kaninchen 15-1330; jahreszeitl. Veränder. d. — in d. Mitochondrien d. somat. Froschmuskeln 22-1224; —-Aktivität in Neuronen u. Gliazellen d. hypoglossalen Kerns während d. Nervenregenerat. 44-1260; Verhältnis zwischen d. Spurenelementen u. d. Aktivität d. — bei akuter anox. Hypoxie 45-1114; — in d. Kaninchenuvea 47-1504; —-Aktivität: d. Leber bei Entw. verschiedener pathogener Faktoren 51/52-1150; in Muskelfasern d. Wirbellosen u. Wirbeltiere 51/52-1151.

Anaerobe Dauerkultur v. Hefe u. Indukt. v. — 19-1380; Einfl. v. Zn^{2+} auf d. induzierte Biosynth. d. — d. Hefe 20-1255; Notwendigk. mol. O_2 für d. Synth. v. — bei d. Hefe 43-1230.

Berechn. d. red. u. ox. Absorpt.-Spektrums v. — aus d. photochem. Wrkg.-Spektrum 22-1181.

Eign. d. Substrate für d. — als Kontrollfaktor biolog. Ox. 3-1288; reversible enzymat. Übertrag. d. Coenzyms A v. Succinyl-S-Co A zum Acetat durch — d. Hefe 3-1290; Wrkg. d. O-Partialdrucks auf d. Red. v. Tetrazolium durch — v. Zellen in Gewebekultur 8-1344; Ausbeute d. Atmungsketten-Phosphorylier. mit — 8-1378; Atmung durch 3-Hydroxyanthranilsäure mit gehemmtem — 9-1365; Wrkg. einiger antimitot. Substanzen auf d. — bei d. Lebergewebeatmung d. Ratten 10-1252; Unters. zur Hydroxylier. v. Acetanilid durch — an in vitro-Vers. mit Mikrosomen 10-1411; Fortschritte bei d. Unters. d. Atmungsketten-— (Übersicht) 13-1306; Rk. v. O_2 mit — in Zellen u. Geweben 13-1307; Elektronentransport-Komponenten d. phosphorylierenden Atmungsketten-— 19-1349; Adenosindiphosphat als mögl. H-Überträger in d. Atmungskette mit — 20-1254; Problematik d. Bezieh. zwischen gestörter Atmungskettenphosphorylier. mit — u. histochem. darstellbarer ATPase-Aktivität 32-1412; Nichtakzeptorfunkt. v. Adeninnucleotiden in d. Atmungskette mit — 38-1263; Entkoppl. d. Atmungskettenphosphorylier. mit — durch Arsenat 38-1291; Bedeut. d. Phospholipide für d. —-Rk. d. Mitochondrien 42-1191; Reversibilität d. Atmungskette mit — (Übersicht) 42-1192.

Einfl.: v. HF u. Verletz. auf d. — in d. Blättern d. Sojabohne 23-1322; v. Atractylosid u. Oligomycin auf d. — in Lebermitochondrien 30-1635; d. Antibiotika auf d. — 30-1637; v. Digitonin auf d. — eines Herzmuskelpräp. 41-1250; v. Ipomeamaron auf d. — in Mitochondrien 49/50-1237.

Meth. zur Best. v. — (Übersicht) 33-1276; Unters. d. Mechanismus d. Bilirubintoxizität mit gerein. — u. Gewebekulturen 18-1513.

ATP-AMP-Phosphotransferase

s. *Adenylat-Kinase.*

ATP-Arginin-Phosphotransferase

s. *Arginin-Kinase.*

ATPase

s. *Adenosintriphosphatase.*

ATP: D-Aspartat-4-Phosphotransferase

s. *Asparaginsäure-Kinase.*

ATP: Carbamat-Phosphotransferase

s. *Carbamat-Kinase.*

ATP-Carbamat-Phosphotransferase (dephosphorylierend)

s. *Carbamylphosphokinase.*

ATP: D-Fructose-6-phosphat-1-Phosphotransferase

s. *Phosphofructokinase.*

ATP: D-Glucose-6-Phosphotransferase

s. *Glucokinase.*

ATP-Glucose-Transphosphorylase

s. *Glucokinase.*

ATP-Guanidinoacetat-Phosphotransferase

Molgew. v. — 15-1282.

ATP: Guanidinoäthylmethylphosphat-Phosphotransferase

Isolier. aus d. Körpermuskeln v. Ophelia neglecta (Eig.) 10-1363.

ATP-Guanidino-Phosphotransferasen

s. *Guanidin-Kinasen.*

ATP-Hexose-Phosphotransferase

s. *Hexokinase.*

{ATP}-Kreatin-Phosphoryltransferase

s. *Kreatin-Kinase*

ATP-Kreatin-Phosphotransferase

s. *Kreatin-Kinase.*

ATP-Kreatin-Transphosphorylase

s. *Kreatin-Kinase.*

ATP-Lombricin-Phosphotransferase

s. *Lombricin-Kinase.*

ATP: NAD-2'-Phosphotransferase

s. *NAD-Kinase.*

ATP: Nucleosidmonophosphat-Phosphotransferase

s. *Nucleosidmonophosphat-Kinase.*

ATP: 3-Phospho-D-glycerat-1-Phosphotransferase

s. *Phosphoglycerat-Kinase.*

ATP-Phosphohydrolase

s. *Adenosintriphosphatase.*

ATP: Phosphoinosit-Phosphotransferase

Rolle bei d. Bldg. v. Speicher- u. zytoplasm. Proteinen d. Weizenendosperms 4-1200.

ATP: Protein-Phosphotransferase

s. *Protein-Kinase.*

ATP-Sulfurylase

Bezieh. zwischen Vitamin A u. — bei Ratten 43-1180.

ATP-Synthetase

Rolle bei Kationenaustausch u. oxydativer Phosphorylier. in Lerbermitochondrien 26-1314.

ATP-Synthetase II (Kopplungsfaktor II)

Katalysier. d. ATP–ADP-Austauschs mit — 1-1288.

ATP-Taurocyamin-Phosphotransferase

s. *Taurocyamin-Kinase.*

ATP: Thymidin-5'-Phosphotransferase

s. *Thymidin-Kinase.*

Atropin-Esterase

Reinig. u. Charakterisier. einer genet. bestimmten — beim Kaninchen 12-1224; Hydrolyse v. Atropin u. verwandten Arzneimitteln mit — 14-1360; Hemmwrkg. verschiedener Pharmaka auf d. —-Aktivität 30-1597.

Auxin-Oxydase

—-Aktivität: in vitro u. in vivo 12-1299; d. Peroxydase v. Zea mays 28-1310; Einfl. v. Gibberellsäure auf d. —-Aktivität d. Linsenwurzel 46-1409; teilweise Reinig. d. — aus d. Wurzeln v. Pisum sativum 48-1182; Wrkg. v. Skatol auf d. — 6-1246.

Benzidin-Peroxydase

— in einigen aus Meeresmilieu isolierten Bakterien d. Familie d. Pseudomonadaceae u. Vibrionaceae 22-1182.

Benzoylargininäthylesterase

—-Aktivität im lyophilisierten Lämmerthymushomogenat 1-1554.

Benzoylcholin-Hydrolase

—-Aktivität im menschl. Heparinplasma 19-1583.

Benzoylchymotrypsin

D_2O-Effekte auf d. α-Chymotrypsin katalysierten Rk. v. — 24-1357.

***N*-Benzoyl-D-neuraminsäure-Aldolase**

Spalt. d. α-Ketosids d. N-Benzoyl-D-neuraminsäure mit — 43-1191.

Benzpyren-Hydroxylase

Einfl. v. Phenothiazinen auf d. —-Aktivität 6-1237; Wechselwrkg. v. 3.4-Benzpyren, 3-Methylcholanthren, Chlordan u. Methyltestosteron als Aktivatoren d. — d. Lebermikrosomen bei d. Ratte 6-1314; Wrkg. v. Induktoren auf d. —-Aktivität d. Nebennierenrinde 30-1185.

Benzylamin-Oxydase

—-Aktivität im Schweineplasma bei Cu-Mangel 4-1272.

Benzylviologen-Nitratreduktase

Vork. in mutierten u. wilden Stämmen v. Neurospora 29-1223.

Bernsteinsäure-Cytochrom c-Dehydrogenase (Succinat-Cytochrom c-Oxydoreduktase, Succinat-Cytochrom c-Reduktase)

—-Aktivität in Spirogyra während d. Konjugat.-Prozesses 4-1418; Lokalisier. in d. Muskeln v. Nereis virens u. Homarus gammarus 18-1261 Einfl. v. jodiertem Futtercasein auf d. —-Aktivität d. Leber 23-1456; Substratgeh. als ein regulierender Faktor d. Synth. d. — in höheren Pflanzen 24-1390; Hemm. v. — durch bas. Proteine v. Mitochondrien 7-1344; Wrkg.: v. Digitonin u. Tocopherol auf — aus Rinderherzmuskel 32-1318; v. CO_2–HCO_3-Gemischen auf — in Rattenlebermitochondrien 39-1257; v. Digitonin auf — eines Herzmuskelpräp. 41-1250; v. Cyanid auf — 43-1171; v. Ipomeamaron auf — in Mitochondrien 49/50-1237.

Bernsteinsäure-Dehydrogenase (SDH, Succinat-Dehydrogenase, Succin{o}-Dehydrogenase)

— 3-1270.

Vork.: in südamerikan. Trypanosoma u. Leishmania 7-1352; in d. Plasmamembran v. E. coli (Rk.) 16-1221; —-Aktivität in einem Pseudomonaden (Rk.) 16-1329; Vork.: in Micrococcus 24-1412; in d. Fermentkette für d. Elektronenübertrag. bei anaeroben Bakterien 39-1199; —-Aktivität bei an Lactat als einziger C-Quelle gewöhnten Saccharomyces cerevisiae 39-1296.

Verteil. bei Ratten während A-Hypervitaminose 2-1612; — im Bulbus olfactorius d. Ratte 3-1279; —-Aktivität v. Stierhoden u. Epididymisspermien 3-1285; — bei d. Follikelatresie im Ovarium d. Meerschweinchens 3-1556; —-Aktivität: d. Leber bei CCl_4-Vergift. 3-1659; d. lösl. Anteils leichter u. schwerer Mitochondrien aus Rattenleber 4-1198; in Ehrlich-Asziteskrebszellen 4-1225; im durch Benzpyren induzierten Zervikovaginalkarzinom 4-1231; in demineralisierten Knochen 4-1270; in geschäd. Leberparenchymzellen v. Ratten nach 3'-Methyl-4-dimethylaminoazobenzol 5-1269; Vork.: in Kniegelenken v. Ratten während d. Entw. 5-1304; in Kallusgewebe 5-1305; im wachsenden Tibiaknorpel d. Menschen 7-1268; Bezieh. zwischen —-Aktivität u. strukturellem Aufbau d. Aorta u. d. A. pulmonalis d. Kaninchens 7-1353; —-Aktivität: d. Mitochondrien in kristallinen Rinderaugenlinsen 8-1357; in d. Leber nach Verbrenn. 9-1696; Vert. in d. senilen Haut, d. dem Licht ausgesetzt ist oder nicht 9-1700; —-Aktivität in Conochilus madurai 10-1343; — in Mitochondrien u. einer „flock. Schicht" in sich regenerierender Rattenleber 12-1632; —-Aktivität d. subzellulären Komponenten d. Amphibienmuskelfaser 13-1250; Verteil. im Deiterschen Kern v. Kaninchen 14-1322; —-Aktivität im motor. u. sehanalysator. Syst. 14-1702; Lokalisier. in d. Gefäßwänden bei Vers.-Tieren 16-1331; subzelluläre —-Aktivität im Gehirn 16-1407; —-Aktivität: d. Gewebe bei akutem Blutverlust u. Wiederbeleb. 17-1450; in Rattenfeten mit Mangel u. normalen Geh. an Vitamin E 18-1260; Lokalisier. in d. Muskeln v. Nereis virens u. Homarus gammarus 18-1261; —-Aktivität: in menschl. Gerhirntumoren u. ihrer Gewebekulturen unter bes. Berücksichtig. v. Glioblastom multiform 19-1239; in menschl. maligner Cervix uteri 19-1247; Lokalisat.: in Zellen d. Rattennebennierenrinde in Gewebekultur 20-1185; in d. Nieren v. Säugetierarten während ihrer postnatalen Entw. 20-1352; intrazelluläre Verteil. in d. Schleimhaut d. Dünndarms 20-1353; — in d. Zellkernen d. Menschenblutes 21-1262; Aldosteron u. — d. Rattenniere 21-1346; Lokalisat. in d. Mesothelialzellen d. Peritoneums 21-1419; —-Aktivität: d. Mitochondrien d. Kaninchenhirns 22-1551; während d. Karzinogenese u. in Tumoren 23-1227; Mangel an — bei d. Cystinose 23-1324; Verteil. in subzellulären Frakt. d. Rindernebennierenmarks 24-1550; geschlechtsspezif. Unterschiede im Vork. v. — in d. Rattenniere 25-1480; —-Aktivität d. Aorta u. d. A. pulmonalis d. Kaninchens 27-1243; — in Katzenpfotenmuskeln während d. Entw. 32-1310; —-Aktivität: im Glycerinextrakt d. Schneidermuskels v. Frosch 32-1319; in menschl. Darmtumoren 34-1286; Einfl. d. Quelle u. Konz. v. alimentärem Protein auf — in d. Leber v. Jungschweinen 34-1377; —-Aktivität: d. Ovarien während d. Östruszyklus 35-1477; in beschäd. Neuronen 36-1283; im Innern d. weißen Substanz u. in d.

Umgeb. d. Gefäßwände im Laufe d. Hirnreif. bei d. Ratte 36-1595; Einfl.: d. Adrenalektomie auf d. --Aktivität in d. Nierenkanälchen 37-1524; v. Langzeitbehandl. mit atherogener Diät u. Tyloxapol auf d. --Aktivität d. Herzmuskels 38-1266; v. O-Überschuß auf d. --Aktivität in Experimentaltumoren 41-1211; --Aktivität während d. experimentellen Karzinogenese in d. Mäuseohrspeicheldrüse 41-1214; Einfl.: d. Ergänz. d. Maismehles mit Vitaminen u. Aminosäuren auf d. --Aktivität d. Leber 41-1545; v. Riboflavinmangel auf d. --Aktivität d. Rattenretina 42-1488; --Aktivität: in d. Muskulatur v. Ascaris lumbricoides var. suis 42-1506; bei Magenkarzinom 43-1140; im Rattengewebe bei Fe-Mangelanämie u. Wiederzufuhr v. Fe 43-1392; Bezieh. zwischen d. --Aktivität, Serumlipiden u. d. Serum-Fe-Transportsyst. bei d. Ratte 43-1404; --Aktivität: bei Methoxamin induzierten Herzmuskelläs. 43-1460; in menschl. Lungenkarzinom 44-1230; in durch 4-Nitrochinolin-1-oxid induzierten Lungentumoren v. Maus u. Ratte 44-1231; Verhältnis zwischen d. Spurenelementen u. d. Aktivität v. -- bei akuter anox. Hypoxie 45-1114; --Aktivität in d. Leber v. Ratten mit experimentellem Leberschäden u. Diabetes 47-1480; Wrkg. einer bas. Leberproteinfrakt. auf d. --Aktivität v. KB-Zellen 49/50-1124; Lokalisier.: im Rückenmark, d. Medulla oblongata u. Cerebellum v. Saimiri sciureus 49/50-1148; in Pons u. Mesencephalon v. Saimiri sciureus 49/50-1149; --Aktivität: in d. Magenschleimhaut v. Mäusen 49/50-1348; d. Leber bei Entw. verschiedener pathogener Faktoren 51/52-1150; in Muskelfasern d. Wirbellosen u. Wirbeltiere 51/52-1151.

Anteil v. Nicht-Hämineisen u. säurelabilem S in gereinigter Schweineherz-- 31-1184.

Wrkg. proteolyt. Enzyme auf d. -- in d. initialen Phase d. hydrolyt. Zers. 3-1268; Mechanismus d. durch -- katalysierten Rk. 8-1356; Beteilig. am oxydativen Stoffwechsel d. Hundehakenwurms 35-1637; Rolle bei d. Verbundwrkg. v. Insektiziden 40-1183; Bedeut. d. -- d. Zelle für d. Adenovirusvermehr. in d. Gewebekultur 6-1378; Zusammenhang d. Membran-gebundenen -- mit d. Vork. v. Mitochondrienprofilen in Saccharomyces cerevisiae 32-1311.

Hemm. d. -- u. d. Wrkg. d. Sulfhydrylreagens DL-Penicillamin auf diese Inhibit. 2-1317; Wrkg. v. O_2 unter Überdruck auf -- im Gewebe 6-1603; unterschiedl. Stabilität d. -- unter Kohlensäureschnee- u. Kryostattemp. 18-1239; Änder. d. Aktivier.-Energie d. -- durch Zytostatika 19-1262; -- in d. Rattenleber nach längerer oraler Alkoholzufuhr 21-1360; anfängl. durch intravenöse Infus. v. E.-coli-Endotoxin in Kaninchen induzierte Änder. d. Myocard-- 21-1361; Einfl.: d. Gefriergeschw. auf d. -- in Tumoren 24-1277; v. Na_2SeO_3 auf -- 26-1644; d. Bienengiftes auf -- im Mäusegewebe 26-1667; v. NaCN auf -- d. Dünndarms d. Maus nach Bestrahl. 29-1623; v. Chlorpromazin u. Imipramin auf -- in Mitochondrien 30-1268; O_2-Vergift. v. -- 31-1199; Selektivmechanismus v. Pyrazon gegenüber -- in Pflanzen 31-1390; Einfl.: d. Styrylpyridine auf d. -- d. Wurzel v. Sinapis alba 33-1492; v. Aminazin auf -- d. Katzenhirns 33-1746; v. DDT u. Toxaphen, allein u. kombiniert, auf -- in Homogenaten d. Rüsselkäfers Anthonomus grandis 34-1701; Modifikat. d. --Aktivität in Leber u. Serum nach experimenteller Phalloidinintoxikat. 36-1282; Wrkg. v. Angiotensin u. Metopiron auf -- in d. Zona glomerulosa d. Nebennierenrinde intakter Ratten 37-1450; -- in Leberzellen nach Verfütter. v. Azofarbstoff 39-1167; Wrkg.: v. Digitonin auf -- eines Herzmuskelpräp. 41-1250; einer chron. oralen Zufuhr v. A. auf d. Leber---Veränder. infolge v. Riboflavinmangel 49/50-1500; v. Alkyl-Hg-Verb. auf -- in Hirnrindenschnitten 51/52-1499.

Meth. für d. Fixier. v. gegen Formalin sensitiver -- 37-1283; histochem. Best. (techn. Vervollkommn. d. Meth.) 46-1250; Nachw. in Rattenspermatozoen mit verschiedenen Tetrazoliumsalzen 6-1251; interzellulare Ortsbest. v. -- in gefrorenen Pflanzengeweben 14-1319; Nachw. in Bacillus subtilis unter Verw. v. Tetranitroblautetrazolium in Verb. mit elektronenmkr. Meth. 15-1261; Verw. v. Phenazinmethosulfat: zur Bewert. d. -- v. Vogellebern 18-1262; in d. Histochemie v. -- in gefrorenen Pflanzengeweben 45-1192; histochem. Nachw. dreier Muskelfasertypen d. interkostalen Muskeln durch Best. d. -- 13-1735; in vitro-Test mit -- für d. Tumorempfindlichk. gegenüber Karzinostatika 26-1283.

Bernsteinsäure-Ferricyanid-Reduktase

Wrkg. v. Thyroxin auf -- im Elektronenübertrag.-Syst. 3-1504.

Bernsteinsäure-Oxydase (Succinat: O_2-Oxydoreduktase, Succin(at)-Oxydase)

--Aktivität in E. coli (Einfl. v. p-Hydroxybenzoesäure) 8-1479; Lokalisier. in Euglena gracilis (Eig.) 16-1220; Vork. in zellfreien Extrakten v. Halobacterium salinarum 23-1325; --Aktivität: in d. respirator. Partikeln mutierter Hefen 42-1268; im motor. u. sehanalysator. Syst. 14-1702; in d. Mitochondrien d. Neuronen v. Gehör- u. Sehrinde u. im Kleinhirn bei relativer Ruhe u. adäquater Stimulier. 14-1703; Einfl. v. jodiertem Futtercasein auf d. --Aktivität d. Leber 23-1456; --Aktivität: in Nuklei u. Nukleoli v. Rattenleber 24-1304; in Neuronen u. Gliazellen d. hypoglossalen Kerns während d. Nervenregenerat. 44-1260; Leber-- bei Ratten während d. Karzinogenese durch Diäthylnitrosamin 46-1217.

Isolier. v. Partikelfrakt. mit --Aktivität aus Chloragog u. d. Hautmuskelschlauchs v. Lumbricus terrestris 2-1312.

Spektralphotometr. u. kinet. Unters. 11-1283.

Wrkg. d. O-Partialdrucks auf d. Red. v. Tetrazolium durch -- v. Zellen in Gewebekultur 8-1344; Beteilig. am oxydativen Stoffwechsel d. Hundehakenwurms 35-1637.

Wrkg. v. Thyroxin auf -- im Elektronenübertrag.-Syst. 3-1504; Inhibitoren d. -- 6-1576; Hemm. durch bas. Proteine v. Mitochondrien 7-1344; pH-Einfl. auf d. Wrkg. einiger organ. Kationen u. Anionen auf d. -- d. Mitochondrien in vitro 11-1349; Einfl.: d. Hg-freien Diuretika auf -- d. Gewebe in vitro 17-1705; v. N-[3-Oxapentamethylen]-N.'N''-diäthylenphosphoramid auf -- d. Yoshida-Sarkomzellen 18-1224; Hemm. d. -- beim Elektronentransport bei Portotheca zopfii 21-1340; Einfl. d. Guanindesaminase-Inhibitors aus d. Rattenhirn auf -- 28-1376; unterschiedl. Inaktivier. v. -- u. reduzierter Nicotinamidadenindinucleotidoxydase durch Einfrieren 33-1288; Einfl.: v. Licht auf d. -- in isolierten Retinaschichten 36-1601; verschiedener Metalle u. Aminosäuren auf --37-1236; v. Digitonin auf -- eines Herzmuskelpräp. 41-1250; kanzerogener o-Aminophenole auf -- d. Mitochondrien 46-1219; Reaktivier. d. --Aktivität v. Rattenlebermitochondrien nach Behandl. mit Lecithinase A in Lipidextrakten v. Rattenleber 19-1287.

B-Esterase

s. *Carboxylesterase.*

Betainaldehyd-Dehydrogenase

Ox. v. Betainaldehyd durch NAD in Ggw. v. -- aus d. Proteinfrakt. d. fl. Rattenleber-Überstandsfrakt. 23-1255; Red. v. Ubichinon in Rattenlebermitochondrien durch -- 30-1528.

Biotin-Enzyme

Übersicht 12-1334.

Biotinidase

Tier. -- 27-1296.

Bradykininogen

Vork. im Plasma in Bezieh. zum anaphylakt. Schock 9-1593; Verminder. v. -- im Blut bei d. Therapie mit Antikrebsmitteln 13-1302; Einfl. auf d. --Geh. im Plasma während d. anaphylakt. Schocks bei d. Ratte durch Antihistaminika u. Ascorbinsäure 27-1578; --: bei Malaria 30-1433; im Gift v. Agkistrodon halys blomhoffii (Eig.) 13-1780; Reinig.: v. Ochsen-- 5-1530; v. -- aus Humanplasma 23-1479; Freisetz. v. Bradykinin aus -- 13-1780; Hydrolyse v. -- bei Kreislaufschock infolge v. proteolyt. Enzymen 51/52-1385.

Brenzcatechinamin-Reduktase

Beteilig. am Naphthalinstoffwechsel im Auge 32-1649.

Brenzcatechin-*O*-Methyltransferase (Catechol-*O*-Methyltransferase)

--Aktivität: in sympath. Ganglien 23-1617; in Hirnstrukturen u. Sexualorganen v. Ratten während d. Sexualzyklus 34-1322; Einfl. v. Hyperthyreoidismus u. Vitamin B_{12}-Mangel auf d. --Aktivität d. Ratte 34-1379; --Aktivität im Skelettmuskel 40-1282; Brenzcatechinphthalein als Substrat für d. -- d. Rattenleber 9-1366; Indukt. bei d. Behandl. v. Hypertonikern mit α-Methyldopa 42-1620; Hemm. durch Desmethylpapaverin 7-1375; Einfl.: v. Apomorphin auf -- 23-1684; d. Tropolone auf -- 37-1574; Hemm. durch einige Abbauprod. v. Adrenalin u. Noradrenalin 51/52-1152; Hemmstoff-- 51/52-1190; Wrkg. d. Langzeitbehandl. mit Pyrogallol auf -- d. Ratte 51/52-1345.

Brenzcatechin-Oxydase

s. *o-Diphenoloxydase.*

Brenzcatechin-(1.2.-)Oxygenase (Pyrocatechase)

Vork. u. Eig. bei Debaryomyces hansenii 49/50-1242; -- bei d. Synth. v. Brenzcatechinderiv. 11-1352; Regulat.-Mechanismen für d. Synth. bei Pseudomonas fluorescens 26-1306.

Brenzcatechin-2.3-Oxygenase (Metabrenzcatechinase)

Ox. d. Brenzcatechins in Ggw. v. -- 10-1344; Farbtest für -- in Bakterien 15-1276.

Brenztraubensäure-Carboxylase

s. *Pyruvat-Carboxylase.*

Brenztraubensäure-Decarboxylase

s. *Pyruvat-Decarboxylase.*

Brenztraubensäure-Dehydrogenase

s. *Pyruvat-Dehydrogenase.*

Brenztraubensäure-Kinase

s. *Pyruvat-Kinase.*

Bromelain (Bromelin)

Alkylphosphorylier. v. Stengel-- mittels Diisopropylphosphorylfluorid 6-1287, 7-1380; Bldg. v. Plakalbumin aus Ovalbumin mit -- 10-1393; durch -- katalysierte begrenzte Proteolyse v. nativem Ovalbumin 45-1221; Verw.: als Arzneimittel zur Behandl. v. Entzünd. u. Ödemen u. potenzierende Wrkg. auf Antibiotika 8-1832*; zur Substitut.-Therapie v. Verdauungsstör. 38-1659; zum Zartmachen v. Fleisch 21-3380*, 38-3208*; zum Nachw. v. Hämagglutinin (Vgl.) 35-1582.

Bromelin

s. *Bromelain.*

Bromindoxylesterase

Wrkg. v. Parathion auf d. --Aktivität bei weißen Ratten 23-1701.

6-Brom-β-naphthyl-α-D-glucosidase

Lokalisier. in Darmgewebe 18-1298.

Butandiol-Dehydrogenase

--Aktivität im 2.3-Butandiol-Zyklus in Bacillus cereus 41-1320.

Butandioldiacetylmethylcarbinol-Synthetase

--Aktivität im 2.3-Butandiol-Zyklus in Bacillus cereus 41-1320.

Butandioldiacetylreduktase

--Aktivität im 2.3-Butandiol-Zyklus in Bacillus cereus 41-1320.

Butyrase

Adaptives --Syst. in Prototheca zopfii 12-1356.

Butyrylcholinesterase

-- in neuralem u. nichtneuralem Gewebe im mittleren Genikulum d. Katze 9-1703; Verteil. im Corpus caroticum d. Katze 19-1638; Vork. bei normalen u. atroph. Katzenmuskeln 32-1354; Rk. mit S-Alkyl-p-nitrophenylmethylphosphonothiolaten 14-1361; topograph. Korrelat. zwischen d. Blut-Hirnschranke u. d. --Aktivität d. Hirnkapillaren 6-1614; in vitro Reaktivier. v. durch organ. Phosphorverb. inhibierter -- durch Fluorid 3-1319; Anti---Aktivität v. Tropeinderiv. 16-1288; Hemmwrkg. v. Echothiophate auf -- 38-1645; getrennte Mess. d. --Aktivität nach Hestrin 11-1312; mikrokolorimetr. Best. d. -- d. motor. Endplatten im Rattenzwerchfell 51/52-1163.

***N*-Butyryl-D-neuraminsäure-Aldolase**

Spalt. d. α-Ketosids d. N-Butyl-D-neuraminsäure mit -- 43-1191.

***S*-Carbalkoxythiamin-Hydrolase**

Vgl. mit Leberesterase 5-1577.

Carbamat-Esterase

Wrkg. auf d. Stoffwechsel v. Sevin 49/50-1243.

Carbamat-Kinase (ATP: Carbamat-Phosphotransferase)

Isolier. u. Eig. kristalliner -- 9-1373; Acetyl- u. Carbamoylphosphatverwert. mit -- 4-1285; Hemm. d. -- d. Gehirns durch Diisopropylphosphorylfluorid 38-1292.

Carbamoyl-β-alanin-Amidohydrolase

Wrkg. v. 2-Acetylaminofluoren in d. Diät auf d. – in d. Rattenleber 3-1367.

Carbamoylphosphat-L-Asparaginsäure-Carbamoyltransferase (Asparagat-Carbamoyltransferase, Asparaginsäure-Transcarbamylase)

–-Aktivität: d. gegenüber 5-Fluoruracil resistenten Mutanten d. Hefe 12-1234; während d. synchronen Wachstums v. Chlorella pyrenoidosa (Kontrolle) 23-1270; während d. Bakterienzellzyklus 48-1100; Synth. in synchronen Kulturen v. Schizosaccharomyces pombe 40-1221; Substrat- u. Inhibitor-induzierte Veränder. in d. opt. Rotat.-Dispers. v. – 24-1311; Allosteric-Effekte an – aus normalen u. leukäm. Leukozyten 46-1313; Acetyl- u. Carbamoylphosphatverwert. mit – 4-1285; verschiedene Untereinh. für d. Regulat. u. d. katalyt. Aktivität v. – 11-1298; in vivo- u. in vitro-Komplementier. zwischen –-Mutanten v. Neurospora 44-1300; Vers. zur Auffind. v. Pyrimidin-Inhibitoren v. Säugetier-– 4-1286; Endprodukthemm. v. – in verschiedenen Gatt. 16-1251; Hemm. durch anorgan. Anionen in E. coli 43-1177.

Carbamoylphosphat-Asparagin-Transcarbamylase

Verh. in d. Rattenleber bei Behandl. mit β-Methylasparaginsäure 45-1558.

Carbamoylphosphat-L-Ornithin-Carbamoyltransferase

s. *Ornithin-Carbamoyltransferase.*

Carbam{o}ylphosphat-Synth{et}ase

s. *Carbamylphosphokinase.*

Carbamylphosphokinase (ATP: Carbamat-Phosphotransferase (dephosphorylierend), Carbam{o}ylphosphat-Synth{et}ase)

–-Aktivität: v. E. coli (Kontrolle durch antagonist. alloster. Stimulatoren) 44-1312; d. Leber hypothyreoider Ratten 9-1576; Verlust an – in d. Evolut. d. Vertebraten 32-1407; Reinig. u. Eig. einer bakteriellen – 16-1264; Substrat-induzierte Veränder. in d. Reaktivier. d. Sulfhydrylgruppen v. – 9-1374; Wrkg. einer Äthioninbehandl. auf d. an d. Harnstoffsynth. d. Rattenleber beteiligten – 16-1328; Identität d. –-Aktivität u. einer Aktivität, d. d. Überführ. d. Aminogruppe v. Glutamin in Ornithin bei d. Citrullinsynth. katalysiert, aus E. coli 20-1291; Biosynth. v. Carbamylphosphat durch – bei Saccharomyces cerevisiae 26-1361; Nachw. einer aktivierten Form v. CO_2 bei d. durch E.-coli-– katalysierten Rk. 39-1218; Funkt. v. N-Acylglutamat bei d. –-Rk. 44-1311.

Carbamoyltransferase

Identifizier. in d. Leber v. Coelacanthini 48-1488.

Carboanhydra{ta}se

s. *Kohlensäure-Anhydra{ta}se.*

Carbobenzoxy-D-phenylalanyl-chymotrypsin

Rk. mit d. Äthylestern v. Glycin, Valin u. Alanin 26-1331.

Carbobenzoxy-L-valyl-chymotrypsin

Rk. mit d. Äthylestern v. Glycin, Valin u. Alanin 26-1331.

Carbocillinbenzylesterase

Isolier., Reinig. u. katalyt. Eig. d. bakteriellen – 15-1298.

Carbohydrasen

Unterschiede in d. –-Ausrüst. d. Entw.-Stadien v. Melolontha melolontha 6-1281; Mechanismus d. –-Rk. 27-1280, 32-1390; Verw. bei d. Herst. eines Citrusfruchtkonzentrats für Getränkezwecke 2-3258*.

Carbonat-Anhydrase

s. *Kohlensäure-Anhydra{ta}se*

Carbonat-Dehydratase

s. *Kohlensäure-Anhydra{ta}se*

Carbonat-Hydrolyase

s. *Kohlensäure-Anhydra{ta}se*

Carbonsäure-Anhydrase

s. *Kohlensäure-Anhydra{ta}se*

Carbonsäure-Esterasen (Carbonsäureester-Hydrolasen)

Pflanzen-– (vorläuf. Charakterisier.) 13-1380; –-Aktivität im Magensaft u. Hepatopankreas v. Astacus astacus 10-1372; Lokalisier. in d. motor. Neuronen d. Rückenmarks d. Ratte u. d. Wrkg. d. Nervteil. 27-1308; Dynamik in d. Hautbindegewebekultur 14-1354.

Carbonsäureester-Hydrolasen

s. *Carbonsäure-Esterasen.*

3-Carbonylhydrogenase

Vork. in d. Brustwarzenhaut v. Männern 29-1283.

Carboxydismutase (Ribulose-1.5-diphosphat-Carboxylase)

– in zellfreien Extrakten v. Nitrobacter agilis (Weg d. CO_2-Einbaus) 6-1329; –-Aktivität: in Nitrosocystis oceanus 40-1387; in Spinatchloroplasten 16-1155; –-Sequenz v. Frakt.-I-Protein aus Tabakblättern 2-1367; Vork. in d. Proteinhauptfrakt. v. Reisblättern 5-1443; mögl. Bestandteil d. „Fraktion I"-Proteins aus Chloroplasten d. chines. Kohls 40-1356; Wrkg. d. Lichts auf d. Bldg. in Roggenkeimlingen 31-1320; verbesserte Meth. für d. Isolier. 4-1343; Wrkg. d. – in d. CO_2-fixierenden Syst. in Extrakten v. Thiobacillus thioparus 3-1378.

Carboxylasen

Einfl. v. Glucose auf d. –-Geh. in Hefe 20-1356; Vork. in d. Kuhmilch 1-1621; Einfl. d. Anästhetika auf – v. 5-Hydroxytryptophan u. 3.4-Dihydroxyphenylalanin 5-1732; Carboxylier. v. Crotonyl-CoA durch Säugetier-– 38-1342; Isovaleratcarboxylier.-Weg d. Leucinbiosynth. durch mikrobielle – im Pansen 51/52-1454.

Carboxylesterase (Aliesterase, B-Esterase)

–-Aktivität: im lyophilisierten Lämmerthymushomogenat 1-1554; v. Homogenaten laktierender Rattenbrustdrüsen 12-1516; v. Bombyx mori-Eiern 15-1192; u. Mechanismus v. Malathion- u. Parathion-Resistenz bei Tetranychus urticae 18-1651; bei Einw. v. Angiotensin II auf d. Nebennieren d. Ratte 29-1492; in d. Gefäßen bei mit Hartroft-Nahr. gefütterten Ratten 31-1544; Wrkg. v. Malathion-Analoga auf einen Malathion-resistenten –-halt. Stubenfliegenstamm 36-1625; – d. Mikrosomenfrakt. 46-1270; Entw. d. histochem. im Corpus luteum d. Schafes nachweisbaren –-Aktivität 8-1402; – aus Ochsenskelettmuskel 14-1355; Isolier.: einer mit – ident. Acetanilidsäureamidase aus Schweinelebermikrosomen 16-1283; u. Eig. aus Schweineniere 32-1355; Aktivität beim Malathionabbau durch Trichoderma viride u. einer Pseudomonas-Art 32-1449; Abbau v. Insektiziden durch – in Menschen- u. Rattenleber 34-1345; Rolle bei d. Vergift. d. Eier v. Oncopeltus fasciatus mit Parathion 42-1224; Inhibier. in Pflanzen durch Paraoxon 14-3333; Hemm.: d. Pferdeleber-– durch organ. P-Verb. 42-1223; durch Parathion- u. Paraoxon-Vergift. bei d. Hausfliege 46-1569; Anfärb. in Nierenschnitten 29-1206.

Carboxymethylcellulase

Vork. bei Melolontha melolontha 6-1281; Reinig. u. Eig. v. – aus Aspergillus niger 18-1305.

Carboxymethyl-chymotrypsin

Rk. mit d. Antikörpern gegen Diisopropylphosphorylchymotrypsin 14-1375.

***S*-Carboxymethyl-chymotrypsinogen**

Peptide durch Abbau v. – mit Chymotrypsin 13-1375.

Carboxymethyl-hydroxyäthyl-cellulase

Verw. in Mörtelgemisch 3-2345*.

Carboxymethylmalat-Dehydrogenase

Strukturunters. 37-1229.

Carboxypeptidase

Vork. in kommerzieller Pronase v. Streptomyces griseus K-*1* 33-1332; Pankreas-–-Aktivitäten in Zn-Mangelratten 20-1328; Geh. in normalen u. leukäm. menschl. Leukozyten 35-1566; – im Blut u. a. Gewebefl. 37-1273; organ. Modifikat. v. Apo-– 49/50-1208; Wrkg.: auf Dinitrophenyl-Fructose-1.6-diphosphataldolase 3-1359; auf d. bittere Peptid aus Kulturen v. Streptococcus cremoris auf Milch 3-1388; auf Lactatdehydrogenase-Isoenzyme aus menschl. Samen 4-1265; Abbau eines bei d. Trypsinhydrolyse v. α-Casein erhaltenen Phosphatids mit – 4-1331; Wrkg. auf d. immunochem. Reaktivität d. α-Amylase aus Aspergillus oryzae 12-1375; Hydrolyse v. geschützten N-endständigen Pentapeptiden mit Pankreas-– 39-1069; spezif. Schutz d. Folsäurereduktase gegen – 39-1210; Beeinfluss. d. Blutdruckwrkg. v. Angiotensin durch – 7-1641.

Carboxypeptidase A

Pankreas-–-Aktivität in Zn-Mangelratten 20-1328; Aktivität d. Pro-– d. Pankreassafts verschiedener Spezies 32-1588; Isolier. v. kristalliner – aus Rinderpankreas 9-1395; dreidimensionales Elektronendichtediagramm bei einer Auflös. v. *6* Å 5-1328; Zn-bindende Gruppen 30-1254; durch Allomorphie bedingte Varianten d. Rinder-– 38-1319; Esteraseaktivität d. – 4-1330; Spalt. v. Ovalbumin u. Cytochrom c mit – 14-1189; –-Inaktivier. d. Peptidinhibitoren d. Lactatdehydrogenase I 19-1280; Kinetik d. –-katalysierten Hydrolyse v. Benzyloxycarbonylglycyl-L-phenylalanin 27-1290; Wrkg. auf gereinigte Präparat. v. TRF 28-1537; durch – katalysierte Hydrolyse v. O-Hippurylglykolat (Beweis mögl. alloster. Effekte) 38-1320; Wrkg.: auf Folsäurereduktase 39-1210; auf Rinderinsulin u. verwandte Modellpeptide 40-1334; –-Abbau v. Rinderprothrombin, Thrombin u. Thrombino-[glykol]-peptiden 44-1360; Stabilität v. all-D-Bradykinin u. all-D-retro-Bradykinin gegen – 46-1052; Wrkg. v. UV-Bestrahl. auf – 20-1325, 20-1326; Hemm. d. Esterasewrkg. v. – 20-1327; Wrkg. aromat. u. nichtaromat. Modellsubstanzen u. Arzneimittel auf – 32-1289; Verw. zur Charakterisier. v. gereinigtem Hypophysen-Luteinisier.-Hormon durch Dinitrophenylier. u. Hydrazinolyse 15-1461; Verw. zur Best.: v. C-terminalem Protein-Arginin u. -Asparagin mittels katalyt. Hydrazinolyse 19-1278; d. C-terminalen Aminosäuresequenz (v. Rinderwachstumshormon) 33-1511; (v. Hirudin) 37-1386.

Carboxypeptidase B

Pankreas-–-Aktivität in Zn-Mangelratten 20-1328; Aktivität d. Pro-–: d. Pankreassafts verschiedener Spezies 32-1588; in Pankreas u. Dünndarm d. Ratte (Einfl. d. Fehlens v. Lysin) 44-1321; Isolier. durch Fraktionier. eines Schweinepankreasextraktes 2-1349; Zn-bindende Thiolgruppe im akt. Zentrum d. Rinder-– 10-1387; Tyrosin im akt. Zentrum d. Rinder-– 16-1305; Isolier. u. Struktur eines d. Zn-bindende Sulfhydrylgruppe enthaltenden Peptids d. akt. Zentrums v. Rinder-– 22-1213; Unterscheid.-Merkmale zwischen Carboxypeptidase u. – 37-1273; Schutz v. Bradykinin vor –-Wrkg. durch Phenothiazine in vitro 27-1706; Wrkg. auf gereinigte Präparat. v. TRF 28-1537; –-Abbau v. Rinderprothrombin, Thrombin u. Thrombino-[glykol]-peptiden 44-1360; Stabilität v. all-D-Bradykinin u. all-D-retro-Bradykinin gegen – 46-1052; Wrkg. aromat. u. nichtaromat. Modellsubstanzen u. Arzneimittel auf – 32-1289; Verw. zur Best. d. C-terminalen Aminosäurerestes v. β-Galaktosidase aus E. coli K_{12} 33-1328.

Carboxypeptidase D

Wrkg. v. Hemmstoffen auf d. Inaktivier. v. Bradykinin durch – in vitro 5-1329.

Carnitin-Acetyltransferase (Acetyl-CoA-Carnitin-*O*-Acetyltransferase)

–-Aktivität im Nervengewebe (Rk.) 44-1303; Wrkg.-Mechanismus 8-1368; Wrkg. v. Desulfo-CoA auf – 32-1293; spezif. Inhibitoren v. – 32-1328.

L-Carnitin-Palmit{o}yltransferase

Partielle Latenz u. Verteil. v. – in d. Mitochondrien u. d. für CoA·SH u. Carnitin in Rattenlebermitochondrien durchläss. Bereich 35-1316; essentielle Sulfhydrylgruppen in – 43-1178; Acylcarnitin u. – beim Transport v. Acylgruppen d. Fettsäuren durch d. Mitochondrienmembranen 31-1129; spezif. Inhibitoren 32-1328.

Carragheenase

Verdauungsprod. v. Carragheenin durch – v. Turbo cornutus u. ihre antipept. Aktivität 7-1844.

Caseinase

– u. d. biolog. Bewert. 21-1605.

Caseinase C

Freisetzen d. Influenzavirus-Neuraminidase durch – aus Streptomyces albus 24-1341; Änder. in Morphologie, Infektiosität u. Hämagglutinat. bei Semliki-Forest-Virus durch Behandl. mit – v. Streptomyces albus G 47-1311.

Catechin-Oxydase

Herabsetz. d. –-Aktivität d. Mostes durch Adsorbentien 35-2763.

Catecholase

s. *o-Diphenoloxydase.*

Catechol-*O*-Methyltransferase

hirn-- bei verschiedenen Tierarten 30-1248; --Aktivität: in Leber u. Serum (Wrkg. v. androgenen u. anabol. Verb.) 32-1365; v. Motoneuronen (Vgl.) 34-1353; Serum-- bei Analbuminämie 34-1354; Vork. im Karotisknötchen d. Kaninchens 35-1354; Einfl. v. androgenen u. anabolen Verb. auf d. --Aktivität in Leber u. Serum v. Ratten 35-1480; neuer Typus einer – im menschl. Blutserum 36-1320; – in d. Säugetierniere 40-1311; Wrkg. d. Schilddrüse auf d. --Aktivität in Leber u. Serum d. Ratte 40-1313; Mangel d. Serum an – (Übersicht) 41-1518; (Schwangerschaft) 41-1519; --Aktivität: gegen Ende d. Schwangerschaft u. während d. Geburt 42-1484; in menschl. Lungenkarzinom 44-1230; in durch 4-Nitrochinolin-1-oxid induzierten Lungentumoren v. Maus u. Ratte 44-1231; – d. menschl. Serums unter bes. Berücksichtig. neuester Ergebnisse (Übersicht) 46-1275; --Aktivität: in Myometrium, Plazenta u. Serum v. Ratten 49/50-1183; d. Alkaloide v. Alangium lamarckii 18-1659; u. einige physikochem. Eig. v. Frakt. aus hitzebehandelten Myosinlsg. 48-1230.

Bildung, Gewinnung: Entw. d. histochem. im Corpus luteum d. Schafes nachweisbaren --Aktivität 8-1402; post-natale Entw. d. spezif. u. nichtspezif. – d. Hypothalamus 32-1364; Entw. d. hydrolyt. – im Rattenhirn 51/52-1164.

Eigenschaften: Polymorphismus d. Serum-- beim Menschen 9-1257; ungewöhnl. elektrophoret. Verh. d. Serum-- 28-1344.

Reaktionen, Wirkungen: Bedeut. bei d. Nerv-Muskel-Übertrag. 3-1320; Veränder. d. Aktivität v. Pentothal, Phenobarbital, Pentylentetrazol u. Strychnin durch – 3-1706; Substratspezifität v. – in Bezieh. zu d. Phänotypen 6-1276; Gleichgew.-Konst. für d. Rk. zwischen (+)-Tubocurarin u. d. anion. Zentren d. Pferdeplasma-- 8-1721; Rk. mit S-Alkyl-p-nitrophenylmethylphosphonothiolaten 14-1361; kinet. Konst. u. Substratspezifität 15-1292; Transesterifizier.-Rk. mit – 16-1298; Wechselwrkg. v. ω-Aminofettsäureestern d. Cholins mit – u. neuromuskulare Aktivität beim Menschen 31-1213; Wrkg. v. LSD-*25* u. BOL-*148* auf d. – d. Rattenleber als mögl. Faktor beim Mechanismus d. Halluzinat. (histochem. Unters.) 31-1652; erhöhte Plasma---Aktivität u. Succinylcholin-Resistenz (genet. Variante) 32-1223; mögl. physiolog. Funkt. d. Plasma-- 36-1321; Rolle bei d. Vergift. d. Eier v. Oncopeltus fasciatus mit Parathion 42-1224; – bei Gestalt.-Vorgängen in d. Hühnerkeimscheibe 47-1461.

Beeinflussung, Anticholinesterasen: Mechanismus d. Wrkg. d. ionisierenden Strahlen auf – im Dünndarmgewebe 18-1611; –: d. Blutserums v. Hunden bei einmal. u. wiederholter Bestrahl. mit Protonen hoher Energie 11-1690; – im Rattenblut nach ^{90}Sr-Einw. 11-1694; --Aktivität im Hypothalamus, Thalamus, Kleinhirn u. einigen Hirnrindenbereichen d. Hundes nach akuter Strahlenkrankh. 18-1617; Einfl.: d. Gefriergeschw. auf – in Tumoren 24-1277; d. Ionen v. Tetraalkylammonium auf d. Wärmeinaktivier. v. – 45-1212; Änder. d. --Aktivität bei Immunisier. u. Bestrahl. 51/52-1502.

--Inhibitoren v. Typ d. Carbamoylpiperidins (Synth.) 2-1140; Wrkg.: v. Bleitetraäthyl auf – im Blut v. Kaninchen 2-1339; d. Injekt. v. Arzneimitteln in d. Glaskörper auf d. – d. Retina 3-1644; Anti---Aktivität u. Ringgröße v. aromat. quart. NH_4-Verb. 3-1671; Gesamtblut-- beim Kaninchen nach i.v. Infus. u. perkutaner Applikat. v. Dimethylorganophosphat-Hemmstoffen 3-1672; Inaktivier.- u. Reaktivier.-Geschw. bei d. Hemm. d. Fliegen- u. Bienen-- durch Sevin 3-1676; Nivalinwrkg. auf d. – im Blut u. Gehirn 5-1489; Einfl. v. Papaverin, Tiphen u. Dibazol auf – im Blut v. Hunden mit experimenteller Hypertonie 5-1654; Anti---Wrkg. v. 1.3.3-Trimethyl- u. 1.2.3.3-Tetramethyl-5-[methyl- u. dimethylcarbamoyloxy]-indolinen u. deren Methojodiden 5-1659; N-Acylier. v. N-Methylcarbamat-Insektiziden u. deren Wrkg. auf d. Anti---Aktivität 5-1667; --Aktivität: im Plasma nach akuter Phospholinvergift. 5-1669; v. Blut u. Leber bei Vergift. durch Porophor-*505* u. Celogen 5-1798; Wrkg.: v. N.N′-Di-[α-(1-naphthyl)-propionyloxy-2-äthyl]-piperazin auf – 10-1762; v. Pralidoxim auf – v. Serum, Erythrozyten u. Geweben bei einer Vergift. durch eine organ. P-Verb. 10-1771; – d. mit Acridinorange behandelten Muskeln 11-1462; Hemmwrkg. v. Polymethylen-bis-lepidinsäuredibromiden auf – 11-1729; – v. menschl. Autopsieblut unter bes. Berücksichtig. einer Phosphostigminvergift. 11-1793; Koeff. –/Acetylcholin d. Blutes nach Einw. geringer Konz. v. Erdöl–KW-Stoffen 11-1798; Einfl. geringer KW-Stoffkonz. auf d. – d. Blutes 11-1799; Hemm. v. – aus Lebermikrosomen durch Eserin u. Diisopropylfluorphosphat 13-1381; Wrkg. v. einigen S-halt. Deriv. d. trisubstituierten Orthophosphorsäure auf – 13-1774; Anti---Aktivität v. Tropeinderiv. 16-1288; Bezieh. zur --Aktivität bei d. Schutzwrkg. v. 1-Phenacyloxim-4-methylpyridiniumchlorid bei experimenteller Vergift. durch Phosphacol 17-1716; --Aktivität im Vollblut bei Guthion- u. Äthylguthionvergift. 18-1717; – im Gehirn u. in d. Erythrozyten nach 1.1-Dimethylhydrazin 19-1656; Anti---Aktivität einiger Thion–Thiol-Isomerer (Vgl.) 19-1669; Aminoarylphosphate u. -phosphonate als --Inhibitoren 19-2703*; Prognosen d. --Hemm. durch alkylsubstituierte 3-Carbamoylpiperidine 20-1306; Vgl. d. Wrkg. v. Na-Chromat, Na-Molybdat, Na-Wolframat u. Na-Vanadat auf d. – 21-1401; Einfl. v. Proteinen auf d. hemmende Aktivität d. Sojabohnensaponine auf – 21-1412; Anti---Wrkg.: v. Alkylthiophenyl-N-methylcarbamaten 21-1729; v. --Inhibitoren 22-1198; Hemmwrkg. ausgewählter N-alkylsubstituierter Amide auf – 22-1199; Inhibit.-Wrkg. einiger O-Äthyl-S-alkylmethylthiophosphonate auf – 22-1200; Eindringen v. Sumithion, Methylparathion u. ihren O_2-Analogen in d. Meerschweinchenhirn u. Hemm. d. – in vivo 22-1598; Phosphonsäureester mit erhöhter Anti---Wrkg. 22-1599; Hemm. d. Serum-- durch Cyclophosphamid 23-1235; Wrkg. v. ω-Chloracetophenon auf – aus menschl. Serum 23-1247; --hemmende Eig. v. Deriv. d. 1.5-Diaminonaphthalins 24-1330; Anti---Aktivität: trisubstituierter (Aryl-dialkyl-)Deriv. d. Orthophosphorsäure 24-1671; phosphororgan. Inhibitoren 26-1316; Einfl.: d. Bienengiftes auf – im Mäusegewebe 26-1667; einiger Anästhetika auf – im Hirngewebe d. Kaninchens 26-1713; Kinetik d. Inhibier. v. – durch O-Äthyl-S-n-alkylmethylthiophosphonate 27-1686; Hemm. d. – durch d. kombinierte Wrkg. v. Methyläthylthiophos, Metaphos u. Zwischenprod. ihrer Herst. 29-1732; Anti---Aktivität einiger neuer Organophosphorverb. 29-1644; – d. Rückenmarks nach Behandl. mit Uranylnitrat 31-1212; Hemm. v. – durch Isopropylmethylphosphinylierte bisquart. Oxime 31-1214; Einfl. v. Methyltrienolon auf – d. Serums 31-1673; Hemm. v. – durch Haloxon 32-1363; Einfl.: v. Octamethylpyrophosphoramid auf d. – bei Ratten 32-1674; verschiedener Chemikalien auf d. Inhibier. d. – d. Rattengehirns durch Parathion 34-1355; v. Synanceja-Gift auf Humanserum-- 35-1460; Hemm. d. –: v. Ratten durch O.O-Diäthyl-S-[2-äthylmercaptoäthyl]-dithiophosphat 38-1646; durch P-organ. Schädlingsbekämpf.-Mittel bei japan. Wachteln 38-1647; Wrkg.: v. Priscol auf d. – d. Skelett- u. glatten Muskels 38-1705; v. Fenthion auf d. – im Serum 41-1675; Anti---Wrkg. v. Phosphonsäureesterderiv. 43-1498; Wrkg. v. Zineb auf – 43-1501; Hemm.: v. – durch Paraoxon 43-1503; v. Serum-- durch Fluorid in vitro 44-1330; Dialkylaminoalkohole u. disubstituierte Carbamate als potentielle Anti-- (Synth.) 46-1278; Aktivität u. Organophosphathemm. v. – anfäll. u. resistenter Viehzecken 46-1279; Hemm. d. – durch Parathion- u. Paraoxon-Vergift. bei d. Hausfliege 46-1569; Wrkg. v. tricycl. antidepressiven Arzneimitteln auf – im Rattenhirn 48-1565; Bezieh. zwischen d. Oberflächenaktivität v. Carbamoylpiperidinoalkanen u. d. Inhibier. v. – 49/50-1185.

Amnesie durch Anti-- u. ihr zeitl. Verlauf 4-1616; Änder. d. Ganglionrk. mit Anti---Mitteln 6-1615; renale Rk. auf Anti-- 9-1591; lokale Wrkg. v. --Hemm. auf d. Clearance v. Saccharose aus Muskeln 9-1752; Wrkg.: v. Oximen auf mit Organophosphoranti-- vergifteten isolierten Organen 21-1733; v. Anti-- auf d. Rk. d. Sinusknotens, d. Überleit.-Syst. u. d. Kammermuskulatur d. durchströmten Froschherzens gegenüber Acetylcholin 23-1482; neuromuskulare Aktivität v. Galanthamin einem natürl. --Hemmstoff 23-1650; Einfl. d. Inaktivier. v. – durch Armin auf d. curareforme Wrkg. v. Subecholin 26-1727; Verschiedenh. d. Einfl. d. Anti---Verb. auf d. Empfindlichk. v. Mäusen u. Kaninchen gegenüber Nicotin u. Arecolin 34-1704; potenzierende Wrkg. v. Anti---Mitteln auf d. durch alternierende, prä- u. postganglion. Reiz. bewirkten Kontrakt. bei Meerschweinchenvasdeferens-Präp. 37-1568; Einfl. v. --Inhibitoren auf d. musculus tibialis anterior u. d. musculus rectus superior d. Katze 37-1606; Vgl. d. Acylier. d. Phosphorylier. u. d. Bind. verwandter Substrate u. d. Inhibitoren d. Serum-- 40-1312; Wrkg.: v. --Inhibitoren auf d. Geschmack 41-1607; v. Anti-- auf d. Frequenzzunahme d. isolierten Herzens als Folge d. Sympathikusreiz. 42-1619.

Therapie d. Vergift. mit Organo-P-Verb. unter bes. Berücksichtig. d. Anwend. v. Reaktivatoren für d. inhibitierte – (Übersicht) 14-1359; antidot. Wrkg. v. NaF bei --Vergift. durch organ. P-Verb. 21-1813; cholinolyt. Mittel bei d. Behandl. d. Anti---Vergift. 34-1772.

Reaktivier. d. durch organ. Phosphorverb. inhibierten – durch Fluorid 3-1319; neuart. N.N′-substituierte Bis-[4-hydroximinoformylpyridinium]-dihalogenide als Reaktivatoren für alkylphosphatgehemmte Plasma-- 13-1832; Oximreaktivier. v. durch Äthyl-p-nitrophenyläthylphosphonat gehemmter Erythrozyten-- 16-1287; mögl. Teilnahme d. Metallkomplexe an d. Reaktivier. d. – nach Inaktivier. durch phosphororgan. Verb. 30-1249; Eign. d. Paraoxon-Miosis d. menschl. Auges zur Test. v. --Reaktivatoren 30-1577; reaktivierende Wrkg. v. Fluorid auf d. – blockierte synapt. Übertrag. 35-1718.

Vgl. zweier Meth. zur Mess. d. --Hemm. im Menschenblut 6-1275; Nachw. v. --hemmenden Insektizidchemikalien u. pharmazeut. verwendeten Alkaloiden auf Dünnschichtchromatogrammen 36-1322; Beobacht. über d. Toxizität v. *3* Anti---Insektiziden bei einer Prüf. im dörfl. Bereich u. Vgl. d. zur Best. d. --Aktivität benützten Meth. 49/50-1509.

Analyse, Untersuchungsverfahren: Getrennte Mess. nach Hestrin 11-1312; titrimetr. Meth. zur getrennten Best. v. – u. Acetylcholinesterase in Abwesenh. oder Ggw. irreversibler Inhibitoren (Paroxan u. DFP) 15-1295; kolorimetr. Best. unter Verw. v. Agargel 18-1294; polarograph. Best. 29-1241; Anwend. v. 5.5′-Dithio-bis-[2-nitrobenzoesäure] für d. Analyse v. – 33-1315; Feldmeth. zur Best. d. – 46-1277; Schnellbest. 46-1276; Best. nach d. Unopette-Syst. im klin. Labor. 2-1098; histochem. u. zytophotometr. Beobacht. über – im Spinalganglion d. Ratte 6-1274; histochem. Best. post mortem 7-1409; Nachw. v. Brenzcatechinaminen u. – im gleichen Schnitt (Übersicht) 11-1510; Meth. für d. gleichzeit. Best. d. Plasma- u. Blutzellen-- im Gesamtblut 16-1289; elektronenmikroskop. Histochemie v. – d. Rattenhirns 18-1296; Lokalisier. im Herzmuskel d. Ratte durch Elektronenmikroskopie 27-1273; Mikrometh. zur Best.: d. – v. Serum für Benzoylcholin als Substrat 31-1473; menschl. Blut---Werte nichtexponierter u. Phosphorsäureester-exponierter Menschen 32-1362; Analyse d. – in Ratten-Megakaryozyten durch eine Radioisotopen-zytochem. Technik 33-1314; elektronenmkr., histochem. Unters. d. – in d. Kleinhirnrinde v. Katzen 39-1555; vereinfachte Vers. d. Michel-Meth. zur Best. v. – in Plasma u. Erythrozyten 41-1270; immunoelektrophoret. Vgl. v. – d. Serums bei eingetragenen Hunderassen 42-1225; mikrometr. Best. im Serum 42-1226; histochem. Nachw. in benachbarten Gewebsschnitten 45-1213; Schnellbest. im Blut 49/50-1186; mikrokolorimetr. Best. d. – d. motor. Endplatten im Rattenzwerchfell 51/52-1163.

Bibliographie: Pseudocholinesterasen, Pharmakogenetik, Biochemie, Klinik B 76.

Iso{en}zyme d. Cholinesterase: – d. Serums 20-1305; Einfl. v. Ultraschall auf – 26-1298.

Cholinesterase, echte

s. *Acetylcholinesterase*.

Cholin-Kinase

– in Pflanzen 12-1344; Wrkg. v. Cycocelderiv. u. Gibberellin auf – 34-1340.

Cholin-Oxydase

Wrkg. d. Methionin- u. Cholinmangels auf d. Aktivität d. Leber-- bei jungen Ratten 23-1547.

Cholinphosphotransferase (CDP-Cholin-1.2-Diglycerid-Cholinphosphotransferase)

Intrazellulare Verteil. v. d. Biosynth. v. Glyceriden katalysierenden – in d. Darmmukosa 36-1369.

Cholin-Sulfatase

Repress. v. – in einer Temp.-abhäng. Letalmutante v. Neurospora 6-1156.

Chondromucoproteasen

Hemm. v. Bindegewebe-- durch Antimalaria- u. Antirheumamittel 36-1335.

Chondrosulfatase

Substratspezifität v. *2* verschiedenen – aus Proteus vulgaris 37-1272.

Chorismat-Mutase

Hemm. d. —-Aktivität in Saccharomyces cerevisiae 36-1371.

Chorismat-Mutase P

Rolle bei d. Biosynth. v. Phenylalanin u. Tyrosin aus Chorisminsäure (Verwandtschaft zu Prephenatdehydratase u. Prephenatdehydrogenase) 32-1432.

Chorismat-Mutase T

Rolle bei d. Biosynth. v. Phenylalanin u. Tyrosin aus Chorisminsäure (Verwandtschaft zu Prephenatdehydratase u. Prephenatdehydrogenase) 32-1432.

Chymopapain

Isolier., Eig. 11-1324; Abbau v. menschl. Brandwundenschorf durch — 44-1363.

Chymotrypsin

Modell 20-1330; Ähnlichk. zwischen Trypsin u. — 18-1309; —-ähnl. Spezifität d. proteolyt. Enzymkomplexes v. Schwanzlarvenextrakt 40-1350.

—-Aktivität: im Magensaft u. Hepatopankreas v. Astacus astacus 10-1372; in Pankreas u. Dünndarm d. Ratte (Einfl. d. Fehlens v. Lysin) 44-1321.

Synth., Sekret. u. Inaktivier. v. — (diätet. Regulier.) 43-1382; Isolier. u. Eig.: v. Finnwal-— 36-1341; aus d. stachel. pazif. Hundehai 45-1224; Anwend. v. Ionenaustauschharzen bei d. Entsalz. v. — 30-1257.

Opt. Rotat.-Dispers. 1-1199; Struktur 14-1375; strukturelle Änder. bei UV-Bestrahl. 20-1326; Mechanismus d. Fluoreszenz v. 2-p-Toluidinylnaphthalin-6-sulfonat als einer hydrophoben Sonde für Konformat.-Zustände v. — 27-1178; Natur d. polarograph. Welle v. Co in Ggw. v. — 11-0664.

Radikalbldg. bei d. UV-Bestrahl. (EPR-Spektrum) 4-0877; Elektrored. d. Disulfidbind. in — 35-1303; Geschw. d. Autolyse 4-1332; Einführ. v. Hg in d. akt. Zentrum v. — 20-1331; spezif. Acylier. v. — 33-1339, 39-1242, 45-1225; unlösl. Verb. v. — mit Cellulose 15-1310; chem. Bind. an Sephadex 32-1285.

Wechselwrkg. v. — mit Substraten u. Hemmstoffen (konformative Unters.) 15-1312; Änder. d. —-Spezifität durch chem. Modifikat. d. Methioninreste 16-1311; Beteilig. einer ionisierenden Gruppe an d. Steuer. d. —-Konformat. u. -Aktivität 16-1312; kinet. Bedeut. d. Acyl-Enzym-Mechanismus für d. Rk. spezif. Substrate mit — 24-1355; Aufklär. d. pH-Abhängigk. d. —-katalysierten Rk. bei alkal. pH-Wert 32-1399; opt. u. chem. Identifizier. v. kinet. Schritten bei —-katalysierten Rk. 36-1339; Wechselwrkg. v. — mit ionisierten Substraten 40-1340; Korrelat. enzymat. Rk.-Geschw. für $R^1R^2 \cdot CH \cdot CO \cdot$— 49/50-1131.

Rk. mit L-Pyroglu–L-Pro–L-Ser–N^{ε}-tert.-butoxycarbonyl–L-Lys-γ-O-tert.-butyl–L-Glu–L-Ala–L-Phe-methylester 9-1169; Wrkg. einer —-Behandl. auf d. Eig. d. Tropokollagen-Makromoleküle 10-1688; Einw. v. — auf Pro–Tyr–Lys 13-1193; Transesterifizier.-Rk. mit — 16-1298; durch — hervorgerufene Hydrolysenrate v. menschl. Hypophysenwachstumshormon 18-1442; Darst. eines akt. Mol.-Rumpfes d. Laktationshormons d. Hypophyse aus einem gestoppten —-Digest d. Schafshormons 19-1496; Modellunters. zur fermentativen Löslichk. v. Fibrin im histolog. Schnitt mit — 20-1532; Entsteh. v. Peptidbind. unter d. Einw. v. — 26-1331; —-katalysierte Hydrolyse v. m-, p- u. o-Nitroaniliden d. N-Benzoyl-L-tyrosins 28-1373; Einfl. v. Na-Taurochelat auf d. Hydrolyse v. Fluoresceinestern durch — 36-1318; Hemmwrkg. auf Pneumocin B *4* 43-1104; Verb. v. — gegenüber Pentafluorphenylalanin 45-1235; Stabilität v. all-D-Bradykinin u. all-D-retro-Bradykinin gegen — 46-1052; chymotrypt. Hydrolyse v. menschl. Lactotransferrin 46-1420; begrenzte Spalt. v. nativem Kollagen durch — 49/50-1213; Wrkg. v. Albumin auf d. esterolyt. Aktivität v. — 49/50-1212.

Aktivität v. $P^1.P^4$-Diguanosin-5′-tetraphosphat-asymm.-Pyrophosphohydrolase unter d. Einfl. v. — 10-1373; Einfl. auf d. Rk. d. Disulfidbind. d. Rinderpankreas-Ribonuclease mit Glutathion 16-1279; —-Inaktivier. d. Peptidinhibitoren d. Lactatdehydrogenase I 19-1280; Wrkg. auf d. ATPase- u. Actinbindende Aktivität v. H-Meromyosin 24-1518; durch — partiell hydrolysiertes Cytochrom c aus Hefe 34-1352; spezif. Schutz d. Folsäurereduktase gegen — 39-1210; Wrkg.: begrenzter Verdauung durch — auf β-Galaktosidase v. E. coli 47-1218; auf Enterovirusrezeptoren v. HeLa-Zellen 6-1372; auf Myxoviren 33-1430; auf Sedimentat.-Verh. u. Einbau v. Aminosäuren in Polypeptide bei Hundepankreaspolysomen 2-1244; auf d. Resorpt. v. Tetracyclin 2-1716; — bei d. Resorpt. v. Hyphaemata in Kaninchenaugen 2-1717; Wrkg. auf d. Toxizität v. Cobrotoxin 14-1316; Verschwinden v. —-hydrolysiertem Wachstumshormon aus d. Plasma bei Mensch u. Kaninchen 16-1426; mögl. Mechanismus d. Entzünd.-hemmenden Einfl. v. — 16-1594; —-Aktivität im Vgl. zur Aktivität v. bakterieller Kollagenase auf d. Achillessehne 20-1334; Wrkg.: v. Nahr.-Mitteln auf d. Darmproteolyse durch — 26-1598; auf d. Blutzuckerspiegel in vivo u. d. Glucoseaufnahme in vitro 29-1677; Mitosen-erzeugende Wrkg. 38-1324; chymotrypt. Verdauung d. Trypsin-resistenten „Core" d. Hämoglobine Hb_3, Hb_4 u. Hb_5 v. Ratten 38-1544; Freisetz. eines Fy^a-akt. Sialoglykopeptids aus menschl. Erythrozyten durch Behandl. mit krist. — 45-1452; Entzünd. hervorrufende Wrkg. v. — 46-1548.

Wrkg. v. Hurain auf — 1-1320; —-Inhibitoren (Isolier.) 12-1391; Wrkg. v. Ovoinhibitor u. Ovomucoid auf — 13-1370; Hemm. durch Ovoinhibitor 13-1373; α_1-X-Glykoprotein als —-Hemmer v. Humanplasma 15-1313; Wrkg. v. DMSO auf — 15-1715; Inhibitor d. — aus Ascaris lumbricoides var. suum. (Reinig. u. Eig.) 20-1333; Einfl. v. Proteinen auf d. hemmende Aktivität d. Sojabohnensaponine auf — 21-1412; neue —-Inhibitoren (Molgew.) 28-1370; Ovoinhibitor, ein —-Inhibitor aus Hühnereiweiß 28-1371; Verteil. v. —-Inhibitoren in d. Eiweißproteinen v. verschiedenen Vögeln 32-1398; Inaktivier. v. — durch Diphenylcarbamylchlorid u. seine Reaktivier. durch nukleophile Agenzien 33-1340; Hemm. durch säurehalt., Entzünd.-hemmende Mittel, wie Salicylsäure u. Phenylbutazon 33-1744; Wrkg. v. Chlorambucil auf — 45-1179; vasomotorenhemmende Wrkg. v. —-Inhibitoren im Kapillarbett 36-1651.

Abtrenn. durch Zonenelektrophorese 3-2076; Dünnschichtchromatographie v. — auf Sephadex G-*100* u. G-*200* 11-1237; Best. v. — —-ähnl. Enzymen sowie ihren Inhibitoren 18-1308; dünnschichtchromatograph. Identifizier. 32-1735; Best.: im Duodenalsaft 36-1340; in tschechoslovak. Arzneimitteln 39-1695.

Chymotrypsin 1

Isolier. v. in *40*%ig. gesätt. Ammoniumsulfatlsg. lösl. — durch Fraktionier. eines Schweinepankreasextraktes 2-1349.

Chymotrypsin 2

Isolier. v. in *40*%ig. gesätt. Ammoniumsulfatlsg. lösl. — durch Fraktionier. eines Schweinepankreasextraktes 2-1349.

Chymotrypsin A

s. *α-Chymotrypsin.*

Chymotrypsin A_a

Auftreten endständ. Aminosäuren beim Abbau v. Chymotrypsinogen B durch — 31-1231.

Chymotrypsin B

Darst. u. Zus. d. B- u. C-Ketten v. — 13-1376; Histidin-Sequenzen in d. akt. Zentren v. Rinder-— 19-1328; Spezifität v. — gegenüber Glukagon 21-1409; Reinig. eines —-Inhibitors aus Ascaris lumbricoides u. d. Rk. mit — 8-1423.

Chymotrypsin Bπ

Auftreten endständ. Aminosäuren beim Abbau v. Chymotrypsinogen B durch — 31-1231.

α-Chymotrypsin

Umwandl. v. Chymotrypsinogen A in — 29-1268; Gewinn. u. Unters. hochgereinigter Präp. v. — 37-1276.

Opt. Rotat.-Dispers. 35-1336; Variabilität d. A-Zustandes v. — 10-1392; Konstit. v. Rinder-— 14-1376; Konformat.-Änder. (Unters.) 15-1311; Riboflavin–Tryptophan-Komplexbldg. als ein Kriterium für „versteckte" u. „freie" Tryptophylreste in — 16-1310; Histidin-Sequenzen in d. akt. Zentren v. Rinder-— 19-1328; Sequenzunters. an Rinder-— 33-1341; Anordn. v. —-Mol. in d. monoklin. kristallinen Form 35-1339; Heterogenität 42-1240; Kontrolle d. Reaktivität v. Tryptophanresten in — durch d. pH-Wert 51/52-1175; Sedimentat.-Daten 16-1095.

Änder. d. freien Energie bei Rk. v. — mit Substraten 4-1334; Rolle d. akt. Zentrums für d. Wrkg. v. — 12-1394; Konformat.-Änder. bei durch — katalysierten Rk. 16-1313; Spezifität d. — 20-1332; Beweis für d. Bldg. v. Acylenzymzwischenstufen bei d. mit — katalysierten Hydrolysen spezif. Substrate 24-1356; Kinetik d. —-Rk. in Ggw. zugeführter nucleophiler Verb. 24-1359; allg. Stand d. —-Mechanismus 24-1360; Geschw.-Konst. d. mit — katalysierten Rk. 24-1361; Konformat.-Änder. in —-katalysierten Rk. 25-1266; Spin-markiertes Substrat für — 31-1230; kinet. Spezifität 36-1344; —-Enzymkonz. u. Kinetik 39-0038; Best. d. Bind.-Konst. eines Esters u. Amids als spezif. Substrate für — 42-1239.

Hydrolyse v. Glycinestern durch — 4-1333; Kinetik d. Rk. v. — mit Diisopropylfluorphosphat 8-1424; Wrkg. auf Peptide mit Uteruswirksamk. aus Wachstums- u. Lactat.-Hormon 9-1540; Hydrolyse v. D-(—)-α-Benzoyloxypropionsäure- u. L-(—)-α-Acetoxy-β-phenylpropionsäureäthylester durch — 13-0988; Vgl. d. Spezifität v. — u. Chymotrypsin B gegenüber Glukagon 21-1409; Wechselwrkg. v. — mit Proflavin 21-1410; Beobacht. v. Acylenzymzwischenstufen bei d. mit — katalysierten Rk. v. N-Acetyl-L-tryptophanderiv. bei niedr. pH-Wert 24-1358; Wechselwrkg. v. aromat. Verb. mit — 27-1292; Fehlen d. Substrataktivier. in d. —-Hydrolyse Glycinhalt. Substrate 36-1342; Hydrolyse v. D(—)-β-Phenyl-β-hydroxypropionsäureäthylester u. D(—)-β-Phenyl-β-acetamidopropionsäureäthylester mit — 41-0964; Stereospezifität d. —-katalysierten Hydrolyse u. Alkoholyse v. spezif. Estersubstraten 44-1368; Einfl.: auf Lactatdehydrogenase-Isoenzyme aus menschl. Samen 4-1265; auf d. Verteil. v. tritiiertem Tetracyclin in Ratten mit experimentellem Granulom 18-1220; Fingerprintmuster v. —-Auszügen v. Rinderleber- u. -erythrozytenkatalase 27-1251.

Reinig. eines —-Inhibitors aus Ascaris lumbricoides u. d. Rk. mit — 8-1423; Röntgenbeug.-Unters. v. gehemmten —-Deriv. 9-1399; Wrkg. v. Trasylol auf — 9-1578; Inaktivier. durch Diphenyldiazomethan 37-1277.

δ-Chymotrypsin

Best. d. isoelektr. Punktes v. — 22-1962.

π-Chymotrypsin

Physikochem. Charakterisier. v. Tyrosylresten in — 9-1398.

Chymotrypsinogen

— (Übersicht) 12-1396; Trypsinogen u. — als homologe Proteine 18-1309; —-Gruppe 29-1268; (Unters.) 35-1336.

—: d. Rindes 26-1327; aus Rinderplasma 20-1362.

Änder. d. Rk.-Geschw. bei d. Biosynth. v. Pankreas-— als Rk. auf Stärke- oder Proteinreiche Diät 21-1422; Synth., Sekret. u. Inaktivier. v. — (diätet. Regulier.) 43-1382; Hemm. d. Valineinbaus in vivo in — v. Rattenpankreas durch Actinomycin D 41-1163.

UV-Fluoreszenz 29-0837; Variabilität d. A-Zustandes einiger Vertreter d. —-Familie v. Proteinen 10-1392; Zustand v. Tryptophan in — 31-1111; Gelfiltrat. 3-1487; — in Phenol enthaltenden Lsgm.-Gemischen 36-1338; Spalt. v. — durch Papain in Ggw. hoher Harnstoffkonz. 12-1397; Peptide durch Abbau v. S-Carboxymethyl-chymotrypsinogen aus — mit Chymotrypsin 13-1375; therm. Denaturier. v. —-DNS-Komplexen 34-1268; Wechselwrkg. v. —, α-Chymotrypsin u. Trypsin mit Proflavin (Vgl.) 21-1410.

Radiolyt. Inaktivier. v. — durch ^{60}Co-γ-Strahlen 10-1391; Wrkg. v. γ-Strahl. auf d. Zerstör. v. S—S-Bind. in — 35-1340.

Chymotrypsinogen A

s. *α-Chymotrypsinogen.*

Chymotrypsinogen B

— d. Rindes 26-1327; —-Aktivität d. Pankreassafts verschiedener Spezies 32-1588; Darst. u. Reinh. 21-1408; Aktivier. 19-1329; Auftreten endständ. Aminosäuren beim Abbau v. — durch Chymotrypsin A oder Chymotrypsin Bπ 31-1231.

α-Chymotrypsinogen
(Chymotrypsinogen A)

—-Aktivität d. Pankreassafts verschiedener Spezies 32-1588; Isolier. u. Eig. v. — aus d. stachel. pazif. Hundehai 45-1224; physikochem. Charakterisier. v. Tyrosylresten in — 9-1398; Unterschied. zwischen vollständ. u. teilweisem Freiliegen v. Tryptophylresten in — 16-1309; Kinetik- u. Gleichgew.-Mess. v. — in Harnstoff 42-1186; Molgew.-Best. 46-1790; Umwandl. in Chymotrypsin 29-1268.

Cinnabarinat-Synthetase

s. *3-Hydroxyanthranilsäure* : *O_2-Oxydoreduktase.*

Cinnamoyl-chymotrypsin

Cinnamoylderiv. als Modelle für – 49/50-1248; Identifizier. v. Serin als Ort d. Sulfonier. in – 26-1320.

***trans*-Cinnamoyl-α-chymotrypsin**

Wechselbezieh. d. pH (pD)-Abhängigk. u. d. stufenart. Mechanismus d. mit α-Chymotrypsin katalysierten Hydrolyse v. – 24-1357; Wrkg. nucleophiler Verb. auf d. Kinetik d. Hydrolyse v. – 24-1359.

***trans*-Cinnamoylpapain**

Darst. u. Eig. 44-1369.

***trans*-Cinnamoyltrypsin**

Temp.-Abhängigk. d. Deacylier. 24-1361.

(+)-Citramalat-Hydrolase (Mesaconase)

Prüf. u. Reinig. v. – aus Clostridium tetanomorphum 24-1377.

Citratase

s. *Citrat-Oxalacetat-Lyase.*

Citrat-{ATP-}Lyase

s. *Citrat-Oxalacetat-Lyase.*

Citrat-Dehydrogenase

Vork. in südamerikan. Trypanasoma u. Leishmania 7-1352.

Citrat-kondensierendes Enzym

s. *Citrat-Synthetase.*

Citrat-Oxalacetat-Lyase (Citratase, Citrat-{ATP-}Lyase, Citrat-spaltendes Enzym)

–-Aktivität: in transplantierten Rattenhepatomen 8-1316; während d. Lipogenese im Mäusefettgewebe 10-1669; in Fettgewebe 26-1335; d. Leber (bei Fettsucht u. Laktat.) 40-1357; (normaler u. diabet. Ratten) 48-1249; in weißem u. braunem Fettgewebe u. in d. Leber v. Ratten während d. Entw. 51/52-1161; magnet. Resonanz d. – v. Streptococcus diacetilactis 13-1390; Stereospezifität d. – aus Aerobacter aerogenes 42-1262; Aktivität bei d. Acetylcoenzym-A- u. Acetylcholinbldg. aus Acetat u. Citrat in subzellularen Frakt. v. kaudalen Kernen u. ganzem Hirn 49/50-1239; Inaktivier. durch Oxalacetat u. seine Strukturanaloga 39-1252; Verw. zur Citronensäurebest. 46-1993.

Citrat-Oxalacetat-Lyase (CoA-acetylierend)

s. *Citrat-Synthetase.*

Citrat-Oxydase

Wrkg. v. N-[3-Oxapentamethylen]-N'.-N''-diäthylenphosphoramid auf d. –-Aktivität in Yoshida-Sarkomzellen 18-1224.

Citrat-spaltendes Enzym

s. *Citrat-Oxalacetat-Lyase.*

Citrat-Synth{et}ase (Citrat-kondensierendes Enzym, Citrat-Oxalacetat-Lyase (CoA-acetylierend), „condensing" Enzym, Kondensationsenzym)

– als eine Acetyl-CoA-Enolase 1-1335; –-Aktivität in einem Pseudomonaden (Rk.) 16-1329; Vork.: in zellfreien Extrakten v. Halobacterium salinarum 23-1325; in Clostridium kluyveri-Extrakten 42-1261; in lösl. Extrakten v. Rhodospirillum rubrum 49/50-1271; – in Zitrusfrüchten 28-1390; –-Aktivität in d. Muskulatur v. Ascaris lumbricoides var. suis 42-1506; Wrkg. v. D_2O auf d. Bldg. durch Aspergillus niger 44-1387; Darst. u. Eig. 2-1638; physikal. u. chem. Eig. 16-1320; Beschleunig. d. in vitro-Citratsynth. mit – durch Indolyl-(3)-essigsäure 26-1456; Aktivität bei d. Acetylcoenzym-A- u. Acetylcholinbldg. aus Acetat u. Citrat in subzellularen Frakt. v. kaudalen Kernen u. ganzem Hirn 49/50-1239; Synth. v. Glutamat u. Citrat durch – in Clostridium kluyveri 42-1249; Stereospezifität v. – v. Clostridium kluyveri (Glutamatbiosynth.) 42-1262; Palmitylcoenzym A-Hemm. d. – 12-1414; Wrkg. v. Desulfo-CoA auf – 32-1293; spezif. Inhibitoren für – 32-1328; Wrkg. divalenter Metallionen auf d. Nucleotidhemm. d. Schweineherz-– 44-1380.

L-Citrullin-L-Aspartat-Ligase

s. *Argininosuccinat-Synthetase.*

Clearingfactor

s. *Lipoproteinlipase.*

Clostridiopeptidase A

s. *Kollagenase.*

CMP-Aminohydrolase

Regel d. Synth. während d. frühen embryonalen Entw. d. Seeigels 25-1478.

CMP-3-Desoxy-D-mannooctulosonat-Synthetase

Reinig. u. Eig. (Biogenese d. Zellwand-Lipopolysaccharide bei E. coli) 32-1462.

CMP-Kinase

s. *Cytidylat-Kinase.*

CoA-Ligasen

Intrazellulare Verteil. v. d. Biosynth. v. Glyceriden katalysierenden – in d. Darmmucosa 36-1369.

CoASH

s. *Acyl-CoA-Synthetase.*

CoA-Transferasen

Wrkg. bei d. γ-Aminobuttersäurefermentat. durch Clostridium aminobutyricum 25-1326.

Cocain-Esterase

Hemmwrkg. verschiedener Pharmaka auf d. –-Aktivität 30-1597.

Cocarboxylase

s. unter $C_{12}H_{18}N_4O_7P_2S$.

Coenzym A

s. unter $C_{21}H_{36}N_7O_{16}P_3S$.

Coenzym A-*SS*-Glutathion-Reduktase

–-Aktivität d. Rattenleber 51/52-1142.

Coenzyme Q

s. *Ubichinone*.*

Coenzym Q_6

s. unter $C_{39}H_{58}O_4$.

Coenzym Q_7

s. unter $C_{44}H_{66}O_4$.

Coenzym Q_9

s. unter $C_{54}H_{82}O_4$.

***red.* Coenzym Q-Cytochrom c-Reduktase**

Wrkg. v. Murintoxin v. Pasteurella pestis auf d. – d. Elektronentransportsyst. 40-1253.

Coeruloplasmin (Ceruloplasmin)

–-Aktivität d. Blutes d. Schnecke Strophocheilus 4-1525; – d. Gelenkfl. bei degenerativen u. entzündl. Gelenkkrankh. 15-1601; Vork. in Entenserum 24-1589; – d. Blutplasmas in Kaninchen mit experimenteller Anämie u. Polyzytämie 35-1562; Dynamik d. Arterien-Venen-Unterschieds im Geh. an – bei asept. Entzünd. 39-1446.

Gewinn. v. – d. Plasmafrakt. IV durch Chromatographie auf DEAE-Sephadex 28-1592; Isolier. u. Charakterisier. v. induziertem – aus Kükenserum 35-1574; Darst. u. Eig. v. menschl., Schweine- u. Schaf-– 46-1260; Stabilitätsänder. während d. Isolier. 45-1185.

Physikal. u. chem. Unters. an – 4-1276, 6-1299; Bezieh. zwischen d. Cu-Atomen v. – 35-1306, 35-1307; Vgl. d. Zustands v. Cu in Rhus-Laccase u. – 38-1277; Glykopeptidfrakt. d. menschl. – (Isolier.) 46-1259; verschiedene Arten v. Cu in – 46-1261; ESR-Spektrum v. Cu-halt. – 19-0170.

Ascorbinsäureoxydase-Aktivität v. – 16-1248; Wrkg. reichl. Nahr.-Zn auf d. Oxydaseaktivität v. – 45-1184; kinet. u. thermodynam. Charakteristika d. Ox.-Rk. v. p-Phenylendiamin in Ggw. v. – 28-1277; Ox. v. Fe(II) durch – bei d. Immunoelektrophorese 33-1612; Aufnahme u. Gallenausscheid. v. [64]Cu bei Kaninchen in Bezieh. zum – d. Blutes 2-1628; simultane Entfern. v. chromophoren u. nichtchromophoren Cu-Atomen während d. Entfärb. v. – beim Menschen 4-1277; Umsatz v. [131]J-markiertem – beim Menschen 4-1279; –, Cu u. d. Fähigk. d. p-Phenylendiamin-Ox. d. Serums bei d. nervösen Anorexie 7-1649; Vgl. d. Aktivität v. – d. Schweins u. d. Laccase aus Rhus vernicifera 12-1324; Rolle beim Stoffwechsel v. [64]Cu bei d. Ratte 14-1669; Aktivität bei patholog. Cu-Stoffwechsel 29-1728; Verh. in d. akuten Phase nach chirug. Trauma 41-1511.

Hemm. durch Azid 4-1278; –-Änder. durch Verabreich. v. Na_2HPO_4 an Ratten (mit Jensen-Karzinom) 21-1312; (mit O-Ya-Aszitestumor) 21-1313; Einfl. d. Verabreich. v. Endotoxin auf – 33-1600; Hemm. durch Azid 37-1247; Strahl.-Resistenz v. – 44-1610.

Selektive Anfärb. v. – als Hilfsmittel zur Interpretat. bei d. Immunelektrophorese 43-1869; Immunoanalyse 46-1491; Verh. bei d. Acrylamidelektrophorese v. Humanserum 51/52-1406; elektrophoret. Nachw. in Serum v. Gerbillus pyramidum *1825* 7-1657; Trenn. v. menschl. Häm- u. Hämoglobingebundenen Plasmaproteinen, – u. Albumin durch Gelfiltrat. 12-1566.

α_2-Coeruloplasmin

Papier- u. agarelektrophoret. Studien über d. Serum-– beim Meerschweinchen 11-1559.

„condensing" Enzym

s. *Citrat-Synthetase.*

Cortisol-11β-Hydroxysteroid-Dehydrogenase

– d. Lunge u. Hoden (Eig.) 47-1193.

Cozymase

s. unter $C_{21}H_{27}N_7O_{14}P_2$.

***red.* Cozymase**

s. unter $C_{21}H_{29}N_7O_{14}P_2$.

Crotonylreduktase

Rolle bei d. Fettsäurebiosynth. in d. Kaninchenmilchdrüse 31-1567.

CTPase

s. *Cytidintriphosphatase.*

CTP: Cholinphosphat-Cytidyltransferase

s. *Phosphorylcholin-Cytidyltransferase.*

Cumarin-7-Hydroxylase

Geschlechtsabhäng. –-Aktivität in d. Kaninchenleber 28-1221.

Cyanoalanin-Synthetase

Bldg. v. β-Cyanoalanin aus Cyanid mit – 8-1446.

Cyclohydrolase

Tetrahydrofolat-abhäng. –-Aktivität v. Erythrozyten bei Formiminotransferasemangel-Syndrom 37-1287; Schwachsinn bei nicht mit Formiminoglutaminsäureämie verknüpfter Hyperfolsäure (–-Mangel-Syndrom) 37-1288.

Cyclophosphodiesterase

Einfl. v. Puromycin auf – in Tiergewebe 51/52-1247.

Cyclopropan-Synthetase

Spezifität d. –-Rk. zur Best. d. Verteil. v. Fettsäuren in Bakterienphospholipoiden 2-1375.

Cystathionase (Homoserin-Dehydratase)

Identität mit Serindehydratase-Inhibitor bildendem Enzym 30-1263; Wrkg. v. DL-Äthionin auf d. –-Spiegel d. Rattenleber 6-1560; –-Mangel bei Cystathioninurie 31-1240; Erniedrig. d. Bldg. in E. coli durch Methionin 26-1336; strukturelle Veränder. d. Apoenzyms d. – bei Cystathioninurie 24-1380; chromatograph. Heterogenität 28-1394; Wrkg.: v. – auf L-Cystin u. Mesocystin 28-1395; v. Injekt. starker Dosen Pyridoxin auf – d. Rattenleber 16-1539; kompetitive Hemm. v. – durch L-Cystein u. L-Cystin 30-1264; Einfl. v. Äthionin u. Glucocorticoidhormonen auf – aus Rattenleber 36-1357.

Cystathionin-Synthetase (L-Serin-Dehydratase, Serin-Desaminase)

– während d. endogenen Atmung bei Aspergillus sojae 41-1332; Körpergröße einer Spezies u. Leber-–-Aktivität 4-1347; Mangel an – bei Cystathioninurie 31-1240; Wrkg.: v. Vitamin-B-Mangel u. Hunger auf d. Aktivität d. Leber-– wachsender Ratten 45-1477; v. Hormonen u. Nahr. auf – in Rattenleber 45-1429; –-Rk. in Hefe 8-1439; Regulier. d. Cystathionin-bildenden – in E. coli 24-1415; Kristallisat. d. –-Inhibitor bildenden Enzyms 30-1263; nichtkompetitive Hemm. v. – durch elementaren S 30-1264; Inhibitier. d. – durch 3.5-Dimethylthio-1.2.4-triazin 37-1286.

Cysteamin-Oxygenase

Bezeichn. des d. Ox. v. Cysteamin zu Hypotaurin katalysierenden Enzyms als – an Stelle v. Cysteaminpersulfurase 46-1255.

Cysteamin-Persulfurase

Bezeichn. des d. Ox. v. Cysteamin zu Hypotaurin katalysierenden Enzyms als Cysteaminoxygenase an Stelle v. – 46-1255.

Cystein-Desulfhydrase (Cystein-Desulfurase)

Vork. im wachsenden Tibiaknorpel d. Menschen 7-1268.

Cystein-Desulfurase

s. *Cystein-Desulfhydrase.*

L-Cysteinsulfinsäure-Decarboxylase

Wrkg.: v. Reserpin u. Chlorpromazinhydrochlorid auf d. – d. Leber 4-1342; v. Injekt. starker Dosen Pyridoxin auf d. – -Aktivität d. Rattenleber 16-1539; – -Aktivität in verschiedenen Gehirnabschnitten 32-1417.

Cystin-Aminopeptidase

s. *Oxytocinase.*

Cystin-Desulfhydrase (Cystin-Desulfurase)

Identität mit Serindehydratase-Inhibitor bildendem Enzym 30-1263.

Cystin-Desulfurase

s. *Cystin-Desulfhydrase*

Cystin-Reduktase

– -Aktivität bei Aspergillus niger 14-1445.

Cytidindiphosphat-D-Glucose-Oxydoreduktase

s. *CDP-D-Glucose-Oxydoreduktase.*

Cytidindiphosphatglucose-Pyrophosphorylase

s. *CDP-D-Glucose-Pyrophosphorylase*

Cytidindiphosphat-2-*O*-Methyldesoxyaldolase

s. *CDP-2-O-Methyldesoxyaldolase.*

Cytidin-Phosphorylase

– -Aktivität in d. Blutzellen d. Menschen in d. Norm u. bei Leukose 11-1550.

Cytidintriphosphatase (CTPase)

Wrkg. einer Präinkubat. auf d. Verteil. v. – in Extrakten v. E. coli 48-1223.

Cytidylat-Kinase (CMP-Kinase)

– -Aktivität nach d. Infekt. v. Gurken mit Tabakringfleckenvirus 49/50-1175.

Cytochrom 553

Wrkg. zweier photochem. Syst. bei Redoxrk. mit – in Porphyra 41-1424.

Cytochrom 556

Lokalisier. u. Funkt. in Euglena gracilis 16-1220.

Cytochrom a-Gruppe

Cytochrom a: – 37-1243.

Vork. in verschiedenen Stämmen v. Bäckerhefe 13-1427; Kombinat. v. –, Cytochrom a_1, a_2 u. a_3 in Pseudomonas riboflavina 14-1416; Vork.: in R- u. S-Mutanten v. Saccharomyces 38-1265; in d. respirator. Partikeln mutierter Hefen 42-1268; in d. Respirat.-Kette farbloser Algen 43-1298; Geh. u. d. Abscheid. v. Na in d. Salzdrüsen d. Silbermöve 3-1280; mol. Verhältnis d. gebundenen – zu anderen Cytochromen bei Keilin-Hartree-Teilchen u. Rinderherzmitochondrien 11-1273; Wrkg. eines Ernähr.-Defizits an Niacin u. Riboflavin auf d. Geh. im mitochondrialen Bereich 11-1589; Geh. d. Hirnmitochondrien 14-1704.

Anaerobe Dauerkultur v. Hefe u. Indukt. v. – 19-1380; selektive Hemm. d. Synth. mit Acriflavin in Hefe 21-1342; Reinig. u. Eig. d. – v. Candida krusei 49/50-1135.

Absorpt.-Spektrum 47-1098; Extinkt.-Koeff. 18-1245; Aminosäurenzus. v. Rinderherz- – 18-1242; Ferri-Ferro-isosbestischer Punkt 27-1248; Sulfhydrylgruppen in – 38-1264.

Verhältnis – zu Cytochrom a_3 bei Cytochrom-c-Oxydase 22-1179; Berechn. d. red. u. ox. Absorpt.-Spektrums d. Atmungsferments aus d. photochem. Wrkg.-Spektrum d. Ferricyanid- – - u. -Cytochrom a_3-Komplexe im Cytochromoxydase-Komplex 22-1181; Bldg. v. Cytochromoxydase aus – u. Hämatin a 29-1225; Red. bei d. Ascorbat/Tetramethylphenylendiaminox. in Mitochondrien u. Aszitestumorzellen in Ggw. v. Antimycin A 7-1324; Mess. d. Gleichgew.-Konst. d. Rk. zwischen Cytochrom c u. – 27-1237; Ox.: in submitochondrialen Partikeln 32-1300; im – -CO-Komplex durch $Fe(CN)_3$ 37-1244; Rk.-Fähigk. d. Cytochrome c v. Photobakterien gegenüber – 18-1246; Natur d. Wechselwrkg. zwischen – u. Cyanid 27-1238.

Unterscheid. v. – u. Cytochrom a_3 durch chem. Reaktivität 17-1288; Best. d. Häm a-Konzentrat. in – 26-2137.

Cytochrom a_1: Kombinat. v. –, Cytochrom a u. a_3 in Pseudomonas riboflavina 14-1416; induzierte Bldg. u. Funkt. bei d. cyanidresistenten Atmung v. Achromobacter 14-1402; anaerobe Dauerkultur v. Hefe u. Indukt. v. – 19-1380; Bldg. bei d. Red. v. Präp. v. Xanthomonas oryzae u. X. phaseoli 25-1216.

Cytochrom a_2: Kombinat. v. –, Cytochrom a, a_1 u. a_3 in Pseudomonas riboflavina 14-1416; intrazellulare Verteil. bei Azotobacter vinelandii 34-1306; Bldg.: u. Funkt. bei d. cyanidresistenten Atmung v. Achromobacter 14-1402; bei d. Red. v. Präp. v. Xanthomonas phaseoli 25-1216; u. Cyanidresistenz bei Achromobacter 37-1303.

Cytochrom a_3 s. *Cytochrom{c}-Oxydase.*

Cytochrom a-605: Lokalisier. u. Funkt. in Euglena gracilis 16-1220.

Cytochrom b-Gruppe

Cytochrom b: Vork.: in verschiedenen Stämmen v. Bäckerhefe 13-1427; in R- u. S-Mutanten v. Saccharomyces 38-1265; in d. respirator. Partikeln mutierter Hefen 42-1268; lösl. – aus Monostroma 41-1399; – in d. Respirat.-Kette farbloser Algen 43-1298; mol. Verhältnis d. gebundenen – zu anderen Cytochromen bei Keilin-Hartree-Teilchen u. Rinderherzmitochondrien 11-1273; Wrkg. eines Ernähr.-Defizits an Niacin u. Riboflavin auf d. Geh. im mitochondrialen Bereich 11-1589; Geh. d. Hirnmitochondrien 14-1704; – aus Rinderherzmuskel u. Larven d. Stubenfliege (Vgl.) 23-1267; – -Aktivität in Nuklei u. Nukleoli v. Rattenleber 24-1304.

Selektive Hemm. d. Synth. mit Acriflavin in Hefe 21-1342; Isolier., Reinig. u. Eig. v. – aus Rinderherzmuskel 23-1265; Kristallisat. u. Eig. v. – aus Larven d. Stubenfliege 23-1266; Berechn. d. Reinh. u. d. Ausb. bei d. Reinig. v. – aus etiolierten Phaseolus aureus-Sämlingen 9-1338; Reinig. u. Eig. d. – v. Candida krusei 49/50-1135.

Zerreiß. v. Mitochondrien u. Löslichmachen v. – durch Na_4-EDTA u. Tris-Puffer bei hohen pH-Werten 18-1247.

Umkehrbare Unterdrück. d. Elektronenüberführ. zwischen Cytochrom c_1 u. – 30-1213; Rk. mit Kationen 32-1301; Einfl. v. Atractyligeninanalogen auf d. Elektronentransport d. Atmungskette zwischen NADH u. – 29-1237; oxydative Phosphorylier. im NAD- – -Teil d. Atmungskette u. Eig. in submitochondriellen Partikeln 44-1310; Einfl. v. Triphenyltetrazoliumchlorid auf d. Atmungskette d. Mitochondrien an d. Stelle Flavoprotein-Ubichinon- – 45-1242; Rk. bei d. Nitratred. durch zellfreie Extrakte aus Bacillus cereus 26-1302; Ox. durch Antimycin A in Ggw. v. Tetramethylphenylendiamin in Mitochondrien u. Aszitestumorzellen 7-1324; Einfl. v. Rotenon auf d. Redoxsyst. $NADH_2$/ – v. Säugetieren u. Insekten 44-1628.

Mikrospektrophotometrie v. – in einzelnen Zellen bei Raumtemp. u. Temp. d. fl. N 10-1335.

Cytochrom b_1: Intrazellulare Verteil. bei Azotobacter vinelandii 34-1306; Vork. in R- u. S-Mutanten v. Saccharomyces 38-1265; anaerobe Dauerkultur v. Hefe u. Indukt. v. – 19-1380; Bldg.: bei d. Red. v. Präp. v. Xanthomonas oryzae u. X. phaseoli 25-1216; v. in ein funktionelles Elektronentransportsyst. eingebautes – während d. Wachstums v. Penicillininduzierten Sphäroblasten v. Hämophilus parainfluenzae 40-1252.

Cytochrom b_2 (L-Lactat-Cytochrom c-Oxydoreduktase, L-Milchsäure-Cytochrom c-Reduktase): Vork. in verschiedenen Stämmen v. Bäckerhefe 13-1427; anaerobe Dauerkultur v. Hefe u. Indukt. v. – 19-1380; Induzier. in aeroben Hefekulturen durch L-Lactate 27-1249; Heterogenität d. mit krist. Hefe- – assoziierten DNS 1-1241; DNS-Komponente v. – 15-1253; Ox. v. L-Milchsäure durch – d. Bäckerhefe (Übersicht) 10-1338; Wrkg.-Weise (Übersicht) 12-1308; Red. v. Cytochrom b: aus Rinderherzmuskel- – in Ggw. v. Na-Lactat u. Redoxfarbstoff 23-1265; aus Larven- – d. Stubenfliege in Ggw. v. Na-Lactat u. Methylenblau 23-1266; Bldg. u. Eig. eines Hämoproteins v. Cytochrom c-Typ (– -Hämoprotein-*550*) aus – 26-1546; Photoreaktivier. d. Transformat.-DNS durch – aus Hefe 51/52-1138; anaerobe spektrophotometr. u. Elektronenspinresonanztitrat. v. Hefe- – 24-1290.

Cytochrom b_5: – : in Mikrosomen in d. Leber Tumor-tragender u. normaler Ratten 15-1221; in Schilddrüsenmikrosomen 31-1457; Einfl. v. Thyroxin auf d. – -Spiegel in d. Rattenleber 42-1206; – -Aktivität in d. Mikrosomen v. wachsender Rattenleber 43-1112; Synth. v. mikrosomalem – in sich entwickelnden Rattenhepatozyten 43-1216; Mol.-Gew. u. Aminosäuregeh. v. mikrosomalem – 43-1161.

Cytochrom b_6 (Cytochrom b-561): Vork. in Lamellenproteinen v. Spinatchloroplasten 6-1404; Lokalisier. u. Funkt. in Euglena gracilis 16-1220; durch Einw. v. Triton X-*100* aus Chloroplasten gewonnene – -halt. photoakt. Partikel 28-1230.

Cytochrom b-555: Vork.: in Mitochondrien 32-1299; in submitochondrialen Partikeln 32-1300; – in Partikeln v. Mungbohnensämlingen 46-1248; chem. Struktur 32-1301; mögl. Rolle im mitochondralen Elektronentransportsyst. d. Mungobohne 49/50-1134.

Cytochrom b-559: – in d. Mikrosomen d. Nebennierenmarks 31-1193.

Cytochrom b_5-Reduktase (NADH-Cytochrom b_5-Oxydoreduktase)

Vork. in d. Plasmamembran v. E. coli (Rk.) 16-1221; Protein- u. Coenzymwechselwrkg. im – -Syst. 23-1260.

Cytochrom c-Gruppe

Cytochrom c: Wrkg. v. Pentamethylentetrazol auf d. – -Geh. d. Hefe 2-1398; Vork.: in verschiedenen Stämmen v. Bäckerhefe 13-1427; in Sulfat-reduzierendem Bakterium 25-1302; atyp. – v. Rhodopseudomonas palustris 27-1335; Vork.: in R- u. S-Mutanten v. Saccharomyces 38-1265; in d. respirator. Partikeln mutierter Hefen 42-1268; – in Partikeln v. Mungbohnensämlingen 46-1258; Geh.: in einigen Geweben anäm. u. mit Co behandelter Ratten 1-1689; in d. Salzdrüsen d. Silbermöve 3-1280; – -Aktivität in Glycerinbehandelten Mitochondrien 7-1301; Wrkg. eines Ernähr.-Defizits an Niacin u. Riboflavin auf d. Geh. im mitochondrialen Bereich 11-1589; – bei d. durch Glutathion induzierten Schwell. u. Lipidperox. in Lebermitochondrien 13-1324; Geh. d. Hirnmitochondrien 14-1704; jahreszeitl. Veränder. d. Geh. in d. Mitochondrien d. somat. Froschmuskeln 22-1224; – -Aktivität in Nuklei u. Nukleoli v. Rattenleber 24-1304; Erhöh. d. – -Konz. bei kardiopathogener Diät 29-1550; – bei Mäusen mit Friendscher Virusleukämie 33-1258; Konz. d. Herzmuskels in Bezieh. zu Veränder. d. Umgeb.-Temp. 33-1655; Kaninchenherz- – 36-1256; Verteil. v. ^{51}Cr-markiertem – u. Plasmaproteinen bei d. Maus (Vgl.) 42-1188; Konz. u. Umsatz im Skelettmuskel d. wärme- u. kälteakklimatisierten Ratte 42-1189; Komplex aus ADP–ATP-Austauschenzym u. red. – aus Rinderherzmitochondrien 31-1177.

Isolier. eines für d. – -Bldg. erforderl. Phosphatidyläthanolamins 14-1266; anaerobe Dauerkultur v. Hefe u. Indukt. v. – 19-1380; Bldg. bei d. Red. v. Präp. v. Xanthomonas oryzae u. X. phaseoli 25-1216; Einfl. v. „Luftionen" auf d. Synth. v. Gerstensämlingen 28-1480; Hemm. d. durch Zn induzierten Bldg. v. – in Ustilago durch Actinomycin D 39-1212; verminderte Aminosäureninkorporat. in – durch CCl_4 43-1508; Darst., Analyse u. intrazellulare Verteil. v. ^{51}Cr-markiertem – 42-1187; Gelfiltrat. 3-1487; Abtrenn. durch Zonenelektrophorese 3-2076; dünnschichtchromatograph. Isolier. 20-1953; Dextran-Gelfiltrat. v. – in Ggw. ihrer hochmol. Substrate 24-1280; Reinig. u. Eig. v. – v. Candida krusei 49/50-1135; Stabilisier. wss. – -Lsg. 2-1836*, 21-1919*.

Opt. Rotat.-Dispers. v. ox. u. red. – 31-1198; krist. Formen 4-1254; Aminosäurensequenz: v. – aus Rhesusaffenherz 4-1255; v. *4* Peptiden d. trypt. Hydrolysats v. Bäckerhefe- – 5-1354; v. *18* aus d. Trypsinhydrolysat v. – d. Bäckerhefe isolierten Peptiden 6-1245; Stöchiometrie zwischen Cytochrom c-Peroxydase, H_2O_2 u. Ferro- – (enzymat. Best. d. Extinkt.-Koeff. v. –) 8-1363; Aminosäurezus. v. – aus d. Herzen v. Hühnchen 9-1339; Aminosäuresequenz v. – v. Neurospora crassa 10-1337; mol. Verhältnis d. gebundenen – zu anderen Cytochromen bei Keilin-Hartree-Teilchen u. Rinderherzmitochondrien 11-1273; Eig. u. Primärstruktur v. – aus d. Flugmuskeln v. Samia cynthia 12-1294; *695*-mμ-Band v. Ferri- – u. seine Bezieh. zur Proteinkonformat. 13-1311; N-terminale Acetylpeptide v. – aus d. Säugetierherzen 14-1189; Aminosäuresequenz v. Hühnerherz- – 28-1285; Hämpeptid aus – (opt. Rotat.-Dispers.) 31-1194; Aminosäuresequenz v. Rinderherz- – 32-1302; Konformat.-Änder. v. Ferri- – 36-1258; Aminosäurensequenz v. – aus Rinderherz (Best. mit „Thermolysin") 37-1245; Wiederhol. in d. Polypeptidsequenz v. – 38-1196; Vgl. d. prim. Struktur v. – aus Hefearten (Betracht. über d. Mol.-Entw.) 42-1190; Aminosäuresequenz v. – aus Klapperschlangenherz 48-1180; kernmagnet. Resonanzunters. v. – u. Ferri- – (Möglichk. einer Elektronenlokalisier.) 27-1234.

Abbau: v. – -Peptid 1-1152; durch proteolyt. Enzym aus Arthrobacter 6-1291; partielle Hydrolyse durch chymotrypt. Verdauung aus Hefe 34-1352; Redoxpotential v. – bei alkal. pH 40-1254; kinet. Analyse d. Redoxgleichgew. zwischen Chinol-Chinon u. Ferro-Ferri- – 41-1239; Elektronenübertrag. zwi-

derherzmitochondrien 11-1273; Stöchiometrie u. Absorpt.-Spektrum v. Komponenten 20-1279; Struktur 22-1179; Lipidgeh. 28-1307; mit Änder. d. Spektrums verbundene Änder. in d. Phosphatidzus. v. – 31-1197; Cu-Protein aus – (Isolier.) 43-1169; Ferri-Ferro-isosbestischer Punkt 27-1248; Löslichmachen v. – durch Na_4-EDTA u. Tris-Puffer bei hohen pH-Werten 18-1247.

– im Elektronenübertrag.-Syst. (Wrkg. v. Thyroxin) 3-1504; Nichtteilnahme v. H_2O_2 an d. – -Rk. 12-1321; Rk. v. O_2 mit d. – in Zellen u. Geweben 13-1307; chem. Struktur u. Rk.-Mechanismus v. – (Übersicht) 22-1180; Ox. in submitochondrialen Partikeln 32-1300; Wertigk. v. Cu nach d. Rk. v. – mit Fe(III)-cyanid 37-1244; Parallelität d. – -Aktivität zum Umsatz d. Fe-Porphyrinverb. in d. Wurzeln u. oberird. Organen v. Pflanzen 6-1447; Wrkg. d. O-Partialdrucks auf d. Red. v. Tetrazolium durch – v. Zellen in Gewebekultur 8-1344; Veränder. d. Ox.-Prozesse bei Insekten nach γ-Bestrahl. durch Schädig. d. – 22-1564; – : beim Stoffwechsel v. CO in Barbiturat-narkotisierten Hunden 22-1583; im Mechanismus d. antagonist. Wrkg. v. Antorphin u. Promedol 26-1711.

Einfl. v. ionisierender Strahl. auf d. – d. Rattenleber 3-1653; Hemm. durch bas. Proteine v. Mitochondrien 7-1344; Wrkg.: v. Naja naja atra-Schlangengift auf – 14-1335; v. Co-Gluconat u. Co_2EDTA auf d. – im Gehirn normaler u. KCN-vergifteter Ratten 14-1777; d. Cytochrome c v. Photobakterien auf – 18-1246; v. Phenothiazinen auf d. Hirn- – 20-1280; d. Inhibitoren auf d. – in d. Frühstadien d. Entw. d. Seeigels 21-1341; v. HF u. Verletz. auf d. – in d. Blättern d. Sojabohne 23-1322; d. Gefriergeschw. auf d. – in Tumoren 24-1277; d. Bienengiftes auf d. – im Mäusegewebe 26-1667; d. durchdringenden Strahlen auf d. – d. Dünndarms d. Maus 29-1623; O_2-Vergift. v. – 31-1199; Wrkg. : v. Digitonin u. Tocopherol auf – aus Rinderherzmuskel 32-1318; d. Styrylpyridine auf d. – d. Wurzel v. Sinapis alba 33-1492; v. Aminazin auf d. – d. Katzenhirns 33-1746; v. O_2 auf – 37-1244; Hemm. durch Oxytetracyclin 39-1320; Wrkg.: v. Digitonin auf d. – eines Herzmuskelpräp. 41-1250; v. Cyanid auf d. – 43-1171.

Anfärb. v. – in Nierenschnitten 29-1206; Unterscheid. v. Cytochrom a u. – durch chem. Reaktivität 17-1288; Best. d. Häm a-Konzentrat. in – 26-2137; Nachw. einer Cyanid-empfindl., Formalin-resistenten Oxydase-ähnl. Aktivität mit d. N-Phenyl-p-phenylendiamin- – -Meth. 49/50-1165.

Cytochrom c-Peroxydase (Cytochrom c: H_2O_2-Oxydoreduktase)

– -Aktivität in Mitochondrien d. Hefe 20-1282; Vork. in Aspergillus niger 32-1323; Reinig. u. Eig. 8-1362; krist. – 20-1281, 41-1251; Stöchiometrie zwischen –, H_2O_2 u. Ferrocytochrom c 8-1363; EPR-Spektren v. – u. seiner Komplexe in Lsg. u. krist. Form 40-1280; Kinetik d. durch – katalysierten Perox. v. Ferrocytochrom c 12-1326; Vgl. d. Peroxid-induzierten Komplexe v. Meerrettich- – 40-1279.

Cytochrom c-Reduktase (NADH: Cytochrom c-Oxydoreduktase, NADH-Cytochrom c-Reduktase)

Vork. u. Rk. bei Micrococcus denitrificans u. Pseudomonas denitrificans 29-1224; – -Aktivität: in d. respirator. Partikeln mutierter Hefen 42-1268; in aerob u. anaerob gezüchteter Bäckerhefe 47-1244; – bei d. Follikelatresie im Ovarium d. Meerschweinchens 3-1556; – -Aktivität: d. lösl. Anteils leichter u. schwerer Mitochondrien aus Rattenleber 4-1198; in d. Leber nach Verbrenn. 9-1696; menschl. Erythrozytenmembranen 22-1177; Einfl. v. jodiertem Futtercasein auf d. – -Aktivität d. Leber 23-1456; Vork. im Zentralnervensyst. v. Meerestieren 37-1526; – in mikrosomalen Membranen d. Leber während d. Entw. 46-1149; Bldg. beim Abbau v. inaktivierter Atmungsketten-NADH-Dehydrogenase durch Bakterienproteinase 28-1306; Darst. eines mikrosomalen Elektronenübertrag.-Komplexes mit – -Aktivität 49/50-1133; Reinig. v. – aus Aspergillus nidulans 43-1168; – im Elektronenübertrag.-Syst. (Wrkg. v. Thyroxin) 3-1504; Wrkg. in Ggw. v. NADH u. Methylenblau auf Cytochrom b aus Rinderherzmuskel u. Fliegenlarven 23-1267; Hemm.: durch bas. Proteine v. Mitochondrien 7-1344; durch Tetracyclinantibiotika 22-1287; Wrkg.: v. Digitonin u. Tocopherol auf – aus Rinderherzmuskel 32-1318; v. Murintoxin v. Pasteurella pestis auf d. – 40-1253; v. Digitonin auf d. – eines Herzmuskelpräp. 41-1250.

Cytochrome

Vork. in Pseudomonas riboflavina 14-1416; – : v. Actinomyceten 18-1349; v. Bäcker- u. Brauereihefe 27-1353, 27-1354; v. Corynebakterium diphtheriae 31-1191; Lokalisat. in isolierten Bakterienmembranen u. -hüllen 31-1192; – : aus aerob u. anaerob gezüchteter Bäckerhefe 47-1244; in Partikeln v. Mungbohnensämlingen 46-1258; in Mikrosomen in d. Leber Tumor-tragender u. normaler Ratten 15-1221.

Reinig. u. Eig. v. – v. Candida krusei 49/50-1135.

Zusammenhang zwischen Aktivität u. d. Auftreten d. EPR-Signals bei g = *1,94* v. NADH-Dehydrogenase u. – 7-1347; Rolle beim Mechanismus d. oxydativen Phosphorylier. 8-1379; Kinetik d. – -Ox. in Stinkkohlmitochondrien 23-1263; Zustände hoher u. niedr. Energie bei – (in Mitochondrien) 32-1299; (in submitochondrialen Partikeln) 32-1300; (in Rk. mit Kationen) 32-1301; transformierende Wrkg. auf Gewebe-DNS 29-1172; Wechselwrkg. v. Nucleotiden mit Elektronentransfer im – -Syst. v. Mitochondrien 38-1263; – -Hämin-Biosynth. bei Hämophilus 25-1336; Natur u. Funkt. v. – d. Bakterienwand 42-1194; Beteilig. an d. Nitritox. durch Nitrobacter winogradskyi 47-1251; lichtinduzierte Rk. mit – in gealterten Chloroplasten in Ggw. v. Ascorbat u. Redoxfarbstoffen 20-1418; Kinetik u. Quantenausb. d. Chlorophyll- – -Rk. 51/52-0924; mol. Verhältnisse d. gebundenen – -Komponenten d. Atmungskette bei Keilin-Hartree-Teilchen u. Rinderherzmitochondrien 11-1273; Wrkg. v. Parathormon auf d. mitochondrialen Ionentransport im terminalen Teil d. – -Kette 14-1591; – -Rk. beim Ausgleich v. Fe-Mangel d. Ratte 23-1545; Arzneimittelwechselwrkg. mit Lebermikrosomen- – 27-1719.

Einfl. d. ionisierenden Strahlen auf d. Aktivität d. – -Syst. bei E. coli 45-1265.

Spektrophotometr. Unters. bei tiefen Temp. 2-1961; Mikrospektrophotometrie v. – in einzelnen Zellen bei Raumtemp. u. Temp. d. fl. N 10-1335; Fehler d. spektrophotometr. Best. d. – in Bakteriensuspens. 30-1212.

Cytochrom O

Identifizier. einer lösl. Endoxydase als – aus Nitrosomonas europaea 33-1296.

Cytochrom P-450

Vork. in Nitrosomonas europaea 33-1296; Einfl. v. Thyroxin auf d. – -Spiegel in d. Rattenleber 42-1206; Synth. d. mikrosomalen – in sich entwickelnden Rattenhepatozyten 43-1216; Arzneimittelwechselwrkg. mit Lebermikrosomen- – 27-1719; Funkt. v. Mikrosomen (Übersicht) 28-1287.

Cytosin-Aminohydrolase

– -Aktivität in einem zellfreien Hefeextrakt 4-1205.

Cytosinmonophosphatase

– -Aktivität im Blut d. Tiere unter d. Einfl. d. Injekt. v. RNS u. Insulin 27-1494.

Cytosinnucleosid-Desaminase

Reinig. u. Eig. v. – aus Samen v. Phaseolus aureus 51/52-1178.

dAMP-DNS-Polymerase (Desoxyadenosinmonophosphat-DNS-Polymerase)

Serolog. Analyse d. – in mit Pseudorabies-Virus infizierten u. in nicht infizierten Zellen 20-1350.

dAMP-Kinase (Desoxyadenosinmonophosphat-Kinase)

Partielle Reinig. d. – v. L-Zellen 34-1336; serolog. Analyse d. – in mit Pseudorabies-Virus infizierten u. in nicht infizierten Zellen 20-1350.

dCMP-Desaminase

s. *Desoxycytidylat-Aminohydrolase.*

DDT-Dehydrochlorinase

– im Insektenstoffwechsel 12-1615.

Decarboxylasen

Spezielle – s. unter d. eigenen Stichwort.

– -Aktivität v. Actinomyces 18-1329; Vork. in Brenzcatechinamin-bildenden Mastzellen beim Hamster 45-1123; Zerleg. d. Pyruvatdehydrogenase in eine – -halt. Frakt. 11-1282; Mechanismus d. Wrkg. 22-1165; Beeinfluss. – -abhäng. Stoffwechselstör. durch Pyridoxal-5-phosphat 25-1483; Einfl. v. Phenelzin auf – 5-1753.

„Deferrixanthin-Oxydase"

Herst. 9-1349.

Dehydrasen

s. *Dehydrogenasen.*

Dehydroascorbinsäure-Reduktase

Wrkg. v. – aus E. coli auf Thiolverb. 23-1256.

Dehydrochinasäure-Dehydratase (Dehydrochinat-Hydrolyase)

Vork. in Suspens.-Kulturen pflanzl. Zellen 29-1280; – -Aktivität in Knollenschnitten d. Süßkartoffel 44-1267.

Dehydrochinat-Hydrolyase

s. *Dehydrochinasäure-Dehydratase.*

7-Dehydrocholesterin-Δ^7-Reduktase

Katalysier. d. Umwandl. v. 7-Dehydrocholesterin in Cholesterin im Rattenleberhomogenat durch – 28-1299; Beeinfluss. v. – bei Hemm. d. Cholesterinbiosynth. 3-1736; Hemm. durch AY-*9944* 6-1594, 19-1724; (Verw. zur Unters. d. Δ^7-Sterin-Metabolismus) 13-1730.

Dehydrogenasen (Dehydrasen, Reduktasen)

Vork.: in südamerikan. Trypanasoma u. Leishmania 7-1352; in Perilla frutescens 12-1479; strukturelle u. serolog. Ähnlichk. v. *3* – v. Bacillus subtilis 18-1258; Geh. in d. akt. Zentren d. Zellkerns u. d. Mitochondrien v. Penicillium chrysogenum 20-1370; – -Aktivität: d. zellfreien Fermentpräp. v. Acetobacter suboxydans auf verschiedenen Ox.-Substraten 21-1347; d. Salmonellen v. Bauch- u. Mäusetyphus mit verschiedener Virulenz 21-1348; d. Zwergkolonie-Mutanten v. Salmonella typhi u. Salmonella typhimurium 28-1288; v. Brucella melitensis verschiedener Virulenz 34-1407; v. Streptococcus pyogenes 43-1165; v. Proteus vulgaris OX *19* (Cyanessigsäurehydrazid als Aktivator u. Protektor) 49/50-1281; v. Serratia 8-1346; v. Stierhoden u. Epididymisspermien 3-1285; in Harderschen Drüsen bei einigen wildlebenden Wüsten- u. trop. Nagetieren in Bezieh. zur Bldg. v. Porphyrinen 4-1463; im menschl. Endometrium 14-1395; Geh. d. Hirnmitochondrien 14-1704; – -Aktivität: d. Ovars (Einfl. v. Gonadotropin) 17-1291; im Gewebe bei chron. Heptachlorintoxikat. 17-1714; in Leber, Herz u. Niere 32-1297; Lokalisier. in d. Nukleoli v. in vitro gezüchteten Zellen 33-1298; – im Ovarium d. Ratte 35-1477; – -Aktivität: im Darm während d. Entw. eines Vitamin-D-Mangels bei d. Ratte u. während d. Wiederherst. 39-1510; bei Magenkarzinom 43-1140; d. Gewebemakrophagen bei d. Tuberkulose 51/52-1430.

Mechanismus d. Wrkg. 22-1165; Wrkg. bei d. biolog. N-Bind. durch Mykobakterien 18-1352; Rolle d. SH-Gruppen für d. katalyt. Aktivität u. d. Stabilität v. – 30-1219; Beteilig. v. Tryptophanresten an d. – -Wrkg. 36-1265; Lokalisier. u. Eig. v. – in d. Fermentkette für d. Elektronenübertrag. bei anaeroben Bakterien 39-1199; Natur u. Funkt. v. – d. Bakterienwand 42-1194; – im Mechanismus d. antagonist. Wrkg. v. Antorphin u. Promedol 26-1711.

Einfl.: d. UV-Strahlen auf – v. Bakterien d. Darmtyphusgruppe 7-1458; v. Lipase u. Phospholipase auf – im Fermentpräp. aus d. Membran v. Micrococcus lysodeikticus 11-1310; – in KB-Zellen unter Einfl. v. Staphylokokken-α-Hämolysin 12-1300; Einfl. v. 2-Acetyl-5-benzylfuranisonicotinoylhydrazon u. Phthivazid auf – d. Mykobakterien 14-1736; Empfindlichk. d. – v. E. coli gegenüber d. Antibiotikawrkg. 45-1273; Einfl.: d. Hemm. v. – auf d. Synth. d. Pigment-Antibiotikums Px durch einen Stamm v. Pseudomonas aeruginosa 45-1288; v. Chlorhexidin auf – v. E. coli u. Staphylococcus aureus 49/50-1286.

Unters. mit Ionenaustauschern 1-1269; elektrophoret. Charakterisier. menschl. – 19-1298; interzellulare Ortsbest. in gefrorenen Pflanzengeweben mit spezif. Substraten u. Coenzymen 14-1319; Verw. v. Phenazinmethosulfat bei d. Bewert. d. – -Aktivität v. Vogellebern 18-1262; Unters. d. Änder. d. – -Aktivität in verschiedenen Puffern in Gefrierschnitten 19-1285; Darst. im elektronenmkr. Zellbild 20-1261; automat. Best. v. – mit NAD als Akzeptor 36-1244; zytochem. Nachw. in d. Zellkernen d. Menschenblutes 21-1262; Anfärb. in Mikro-Nephronschnitten 29-1206; Best. d. histochem. Verteil. in endokrinen Geweben 40-1256; modifizierte Best. im Boden 40-1958; Verw.: bei d. enzymat. Mess. d. γ-Aminobuttersäure-α-Oxoglutarsäure-Transaminase 21-1375; zur Analyse v. Glucose,

Fructose u. Saccharose in einem Arbeitsgang bei Weinen u. Traubenmosten 21-2213; Best. d. N-fixierenden Eig. d. Knollenbakterien aus d. —-Aktivität 22-1341; Anwend. d. —-Enzymtests zur Beurteil. d. mikrobiellen Verunreinig. d. Fleisches v. Süßwasserfischen u. Süßwaren 32-3187.

Iso{en}zyme d. Dehydrogenasen: — aus Hülsenfruchtwurzelknöllchen 12-1302; biolog. Bedeut. 37-1289; Elut.-Technik für d. Best. in Agargelen 7-1351; enzymoelektrophoret. Best. 21-1349; Best. in reinen Zellkulturen 44-1235.

Dejodasen

Dejodier. v. Thyroxin u. Deriv. mit — 6-1313; Wrkg. v. Adrenalin u. chem. verwandten Verb. auf d. Dejodier. v. Thyroxin, Trijodthyronin, Monojodtyrosin u. Dijodtyrosin mit — 41-1289.

Demerol-Esterase

s. *Dolantin-Esterase.*

Demethylasen

Mikrosomale N-— in verschiedenen Organen d. Ratte in vitro 44-1243; Indukt. mikrosomaler S-, N- u. O-— 14-1339; Entmethylier. v. gebildetem Formaldehyd (beeinflussende Faktoren) 35-1355; Hemm. d. N-Demethylier. v. Äthylmorphin durch N-— mit 2-Diäthylaminoäthyl-2.2-diphenylvalerat: HCl u. verwandter Verb. 38-1640; Rolle v. Sulfhydrylgruppen bei d. mikrosomalen Arzneimitteldemethylier. mit — 46-1546.

Dephosphorylasen

Lokalisat. in d. Mesothelialzellen d. Peritoneums 21-1419; Bldg. v. NH_3 durch — in d. Leukozyten d. Meerschweinchens 32-1603.

Depsidase

—-Aktivität v. Tannase 8-1403.

17,20-Desmolase

—-Aktivität in d. Testesmikrosomen 9-1341.

Desoxyadenosinmonophosphat-DNS-Polymerase

s. *dAMP-DNS-Polymerase.*

Desoxyadenosinmonophosphat-Kinase

s. *dAMP-Kinase.*

3-Desoxy-D-arabinoheptulosonsäure-7-phosphat-Synthetase

Endprod.-Regel. d. allg. aromat. Abbauweges in E. coli durch — 2-1334.

Desoxycytidin-Kinase

Veränder. d. —-Aktivität während d. Zellzyklus in synchronen Populat. v. HeLa-Zellen 8-1315.

Desoxycytidinmonophosphat-Desaminase

s. *Desoxycytidylat-Aminohydrolase.*

Desoxycytidinmonophosphat-Kinase

s. *Desoxycytidylat-Kinase.*

Desoxycytidin-Phosphorylase

—-Aktivität in d. Blutzellen d. Menschen in d. Norm u. bei Leukose 11-1550.

Desoxycytidintriphosphatnucleotid-Hydrolase

Beweis für d. Doppelrolle d. v. Bakteriophagen T_4 induzierten — 45-1232.

Desoxycytidylat-Aminohydrolase (dCMP-Desaminase, Desoxycytidinmonophosphat-Desaminase, Desoxycytidylat-Desaminase)

Aktivier. d. — v. Embryonen u. Tumoren durch 6-Aza-2′-desoxycytidin-5′-monophosphat u. 2′-Desoxycytidin-5′-triphosphat 9-1406; Indukt. d. DNS-Synth. u. d. Bldg. durch SV *40* 33-1238; Allosterieeffekte an — aus normalen u. leukäm. Leukozyten 46-1313; regulierende Eig. 2-1352; Substratspezifität v. $T2r^+$-induzierter — 36-1347; Mechanismus d. Feedback-Hemm. v. — durch Desoxythymidintriphosphat 4-1336; Wrkg. v. Actinomycin D auf — in d. Rattenleber nach teilweiser Hepatektomie 11-1739.

Desoxycytidylat-Desaminase

s. *Desoxycytidylat-Aminohydrolase.*

Desoxycytidylat-Hydroxymethylase

Synth. v. Phagen induzierter RNS u. —-Produkt. 14-1284; Vork. bei Mutanten d. Bakteriophagen T_2 u. T_6 26-1396.

Desoxycytidylat-Kinase (Desoxycytidinmonophosphat-Kinase)

—-Aktivität: in Pneumokokken durch eine Dinucleotidfrakt. eines mit Hilfe v. Enzymen erhaltenen DNS-Hydrolysats 11-1300; während d. Entw. d. Hühnerembryos 51/52-1158; Reinig. u. Eig. d. — aus Kalbsthymus 28-1327; serolog. Analyse d. — in mit Pseudorabies-Virus infizierten u. in nicht infizierten Zellen 20-1350.

2-Desoxygluconsäure-Dehydrogenase

Rolle beim mikrobiellen Stoffwechsel v. 2-Desoxyglucose 13-1317.

Desoxyguanosin-Kinase

—-Aktivität während d. Entw. d. Hühnerembryos 51/52-1158.

Desoxyguanosinmonophosphat-Kinase

s. *Desoxyguanylat-Kinase.*

Desoxyguanylat-Kinase (Desoxyguanosinmonophosphat-Kinase, dGMP-Kinase)

—-Aktivität während d. Entw. d. Hühnerembryos 51/52-1158; partielle Reinig. d. — v. L-Zellen 34-1336; serolog. Analyse d. — in mit Pseudorabies-Virus infizierten u. in nicht infizierten Zellen 20-1350.

3-Desoxy-D-mannooctulosonat-Aldolase

Reinig. u. Eig. v. — aus Aerobacter cloacae 32-1463.

Desoxynucleotiddiphosphat-Kinase

Abtrenn. v. Desoxynucleotidmonophosphat-Kinase v. — in L-Zellen 34-1336.

Desoxynucleotidmonophosphat-Kinase

Reinig. d. — v. L-Zellen 34-1336.

Desoxynucleotidyltransferase

s. *Desoxyribonucleinsäure - Nucleotidyltransferase.*

3-Desoxyoctulosonat-8-phosphat-Synthetase

Bldg. v. 3-Desoxy-D-manno-octulosonsäure in d. Zellwänden v. E. coli aus Phosphopyruvat u. Pentose-5-phosphat durch — 32-1461.

Desoxyriboaldolase

s. *{2-}Desoxy-D-ribose-5-phosphat-Aldolase.*

Desoxyribonuclease{I} (Desoxyribonucleat-Oligonucleotidohydrolase, DNase{I}, Streptodornase)

Extrazelluläre —: in einigen Enterobacteriaceae 14-1466; aus Penicillium chrysogenum (teilweise Reinig. u. Eig.) 16-1297; aus Bacillus subtilis 31-1216; — v. E. coli 40-1321; Identität v. Desoxyribonucleasen v. E. coli mit d. sRNS gebundenen Endo-— 41-1272; Lokalisier. in Mycoplasma 43-1259; Geh. d. Agave americana während d. Blütenentw. 42-1313; —-Aktivität während d. Samenentw. im Mohn 51/52-1276; lysosomale — in normalem u. in „Scrapie"-Mäusehirn 4-1319; —-Aktivität bei verschiedenen Populat. v. Rattenleberparenchymzellen während d. Karzinogenese durch Azofarbstoffe 15-1234; — aus Kaninchenleukozyten 17-1310; —-Aktivität im Rattenhirn bei ^{90}Sr-Schäden 17-1597; — aus Mustelus canis-Leber Charakterisier. 21-1395; —-Aktivität in mit Herpes simplex-Viren infizierten Zellen 28-1354; Vork. in Chloragozyten d. Verdauungstraktes v. Lombricien 29-1259; —-Aktivität: im Harn bestrahlter Ratten bei Anwend. v. Cystamin 29-1622; d. Pankreassafts verschiedener Spezies 32-1588; v. mit Mycoplasma infizierten Gewebekulturzellen 40-1214; d. Leber-, Milz- u. Hirngewebes v. Mäusen während d. experimentellen Infizier. durch d. Virus d. Encephalomyocarditis 47-1383; im Knochengewebe 48-1220; v. kation., durch Elektrophorese mit einem Dichtegradienten getrennten Proteinen aus einer polymorphkern. lysosomat. Frakt. 21-1440; Ribonuclease-Aktivität in krist. Pankreas-— 29-1251.

Einfl.: d. Kulturbeding. auf d. Bldg. durch Diphtheriebakterien 26-1365; d. Strahlentherapie auf d. Harnausscheid. v. — bei menschl. Patienten mit Karzinom d. Uteruscervix 43-1145; Aktivier. u. Freisetz. v. latenter — in Knochengewebehomogenaten 48-1222; Isolier.: u. Eig. v. — aus Streptococcus hämolyticus 14-1368; einer für hitzedenaturierte DNS spezif. — aus einem Prod. v. Aspergillus oryzae 21-1392; Darst. v. Staphylokokken-— in Submerskultur 23-1283; Isolier. aus Schlangengiften 27-1445; Darst. v. — mit d. Substratfilmmeth. 32-1351; Reinig. u. Spezifität d. — aus d. Hepatopankreas v. Octopus vulgaris 16-1296; Reindarst. 26-1327; Reinig. d. Streptokokken-— an Carboxymethylcellulose 46-1283; β-formbildende Proteinkette bei — 46-1282.

Abbau v. UV-bestrahlter DNS durch — 10-1380; Wrkg. auf DNS 12-1287; Abbau v. DNS durch Endo- oder Exo-— nach Behandl. mit Mitomycin C oder UV 13-1280; Einfl. v. Schubkräften auf mit — behandelte DNS-Mol. 30-1152; Rk. v. DNS mit wasserlösl. Carbodiimid u. Empfindlichk. d. modifizierten DNS gegen — 35-1266; Einfl. auf d. Starterbeding. für eine partiell gerein. DNS-Nucleotid-Transferase aus regenerierender Rattenleber bei d. DNS-Synth. 39-1158; Inaktivier. v. Vibriocin durch — 41-1365; Dissoziat. v. Desoxyribonucleotid unter d. Einw. v. — 45-1150; Abbau v. Polydesoxyadenylat-Polydesoxythymidylat, Polydesoxyguanylat-Polydesoxycytidylat u. Polydesoxyinosinat-Polydesoxycytidylat durch — 48-1232; Einfl.: d. Einbaus v. 5-Bromdesoxyuridin u. 5-Joddesoxyuridin in Virus-DNS auf d. Empfindlichk. gegenüber — 2-1440; auf d. RNS-Polymerase-Aktivität v. Bakteriophagen T2 infizierten E. coli-Bakterien 6-1201; auf d. Priming-Aktivität d. DNS für E.-coli-DNS-Polymerase 9-1293; auf d. Virus d. Mäuse-Leukämie 9-1319; Biosynth. v. Gramicidin S in einem zellfreien Syst. v. Bacillus brevis in Ggw. v. — 10-1468; Verwert. v. DNS durch — nach Behandl. mit Mitomycin C oder UV bei E. coli 13-1280; Bind. v. — aus E. coli gegenüber in Agarose fixierter DNS 18-1327; Einfl.: auf d. zellfreie Aminosäure-einbauende Syst. aus Pseudomonas indigofera 23-1308; auf d. Bind. homologer polymerisierter DNS durch Streptomyces griseus 35-1268; auf DNS aus auf $^{14}C_{(1)}$-Thymin gewachsenen Enterococcus stei 37-1198; auf d. Einfl. v. Bromuracil enthaltender DNS auf Bacillus subtilis 39-1159; —-Empfindlichk. d. E. coli-Ribosomen 45-1131; Einfl. auf d. Infekt. d. Protoplasten v. Streptomyces kanamyceticus mit DNS-Präparat. aus Actinophagen PK-*66* 47-1312; Abbau v. UV-bestrahlter DNS durch — v. Micrococcus lysodeikticus-Extrakt 51/52-1125; Einfl.: auf d. Biosynth. v. Gramicidin-S durch Bacillus brevis 51/52-1240; auf d. Proteinsynth. (in isolierten Spinatchloroplasten) 16-1156; (in einer zellfreien Plastidenpräparat. aus Lokulusgewebe d. Tomate) 32-1501; auf DNS-RNS-Protein-komplex v. Rattenleber 6-1200; Wechselwrkg. v. $BeSO_4$ mit DNS u. d. neutralen, pankreat. —-Syst. in vitro 7-1388; Einfl. auf d. Einbau v. Nucleotiden in d. RNS v. Mitochondrien 16-1272; Empfindlichk. d. Einbaus v. ^{32}P in d. säureunlösl. Frakt. v. isolierten Nuklei gegen — 24-1215; Einfl. auf d. NADH-Oxydase in Nuklei u. Nukleoli v. Rattenleber 24-1304; Wechselwrkg. v. Antikörpern mit DNS-Mol. nach Inkubat. mit — 24-1601; Wrkg.: d. neutralen — auf d. Synth. d. Gesamt-Nucleoproteine u. d. DNS in Fibroblasten in vitro 28-1355; auf d. Synth. v. RNS durch Rattenleberkerne 40-1210.

Wrkg.: v. Lager. u. Röntgenbestrahl. auf d. fibrinolyt. Aktivität d. Streptokinase-— in vitro 43-1531; v. Kinetin auf — v. isolierten Gerstenblättern 13-1259; Wechselwrkg. v. Stilbamidin mit d. Nucleinsäuren u. ihr Einfl. auf — 16-1175; Wrkg. v. Diäthylpyrocarbonat u. Methylmethansulfonat auf — 18-1361; Verlust d. —-Aktivität v. E. coli-Ribosomen nach Chromatographie an Diäthylaminoäthylcellulose 20-1172; Kristallisat. v. zwei —-Inhibitoren aus Kalbsmilz 28-1356; Wrkg.: einiger Antitumormittel auf — v. Yoshida-Sarkomzellen in vivo u. in vitro 37-1213; einer einzigen großen Dosis 9α-Fluorprednisolon auf — v. Rattenthymus 48-1218.

Verw. zur enzymat. Wundreinig. 33-1854*.

Nachw. v. —-Inhibitor-Komplexen durch „crossing"-Papierelektrophorese 3-1264; —-Substrat-Filmmeth. (Fehlerquelle bei d. Interpretat. v. Resultaten) 9-1381; Best. d. — v. tier. Zellextrakten 3-1304; Vgl. d. Black-Rk. u. d. Aktivitätsbest. d. — bei bösart. Geschwülsten 29-1191; Einfl. auf d. Fixier. d. Tollwutvirus 45-1308; s. auch *Enzympräparate, Varidase**).

Desoxyribonuclease II (DNase II)

—-Aktivität: d. Meerschweinchenleber bei akuter C-Avitaminose 28-1357; in normalen u. chromatolyt. Neuronen 37-1525; Wrkg.: d. Strahlentherapie auf d. Harnausscheid. v. — bei menschl. Patienten mit Karzinom d. Uteruscervix 43-1145; auf d. Priming-Aktivität d. DNS für E.-coli-DNS-Polymerase 9-1293; Wechselwrkg. v. Stilbamidin mit d. Nucleinsäuren u. ihr Einfl. auf — 16-1175.

Desoxyribonuclease, alkalische

Geh. in isolierten Rattenleber-Zellkernen 20-1351; Mitomycin C induzierte Aktivitätssteiger. d. — in HeLa-Zellen 35-1328; Steuer. v. Virus-induzierter — 49/50-1314.

Desoxyribonuclease, saure (DNase, saure)

Lokalisat. v. Lysosomen- — im chromaffinen Gewebe 9-1260; Vork. in Lysosomen in Yoshida-Aszitessarkomzellen 30-1190; —: in HeLa-Zellen (Mitomycin C induzierte Steiger.) 35-1328; d. wirbellosen Tiere u. mol. Taxonomie 40-1320; —-Aktivität in mit Poliovirus u. Herpes simplex-Virus infizierten KB-Zellen 40-1351; Verteil. in subzellularen Frakt. v. Knochengewebehomogenaten 48-1221; Steuer. v. Virus-induzierter — 49/50-1314; Wrkg. d. Injekt. v. Mitomycin C auf d. lysosomale — v. Yoshida-Aszitessarkomzellen 30-1191.

Desoxyribonucleasen (DNasen)

Natur d. durch Pockenvirus induzierten — 9-1382; Einfl. d. Glucosylier. v. DNS auf d. Hydrolyse durch — v. E. coli 36-1216; — v. E. coli u. d. Wrkg. v. Mitomycin C 41-1272; Identifizier. in Polyacrylamidgel nach vorher. Trenn. durch Plattenelektrophorese 7-1387.

Desoxyribonucleat-Oligonucleotidohydrolase

s. *Desoxyribonuclease {I}*.

Desoxyribonucleinsäure-Methylase

s. *DNS-Methylase*.

Desoxyribonucleinsäure-Nucleotidyltransferase (Desoxynucleotidyltransferase, DNS-Nucleotid{yl}transferase, DNS-Polymerase)

—: aus wachsenden Zellen v. Bacillus subtilis 15-1210; in Sporen v. Bacillus subtilis 28-1333; —-Aktivität v. Phaseolus aureus-Samen 44-1318; — in L-Zellen 22-1189; Geh. in normalen u. leukäm., durch Glasperlkolonnen getrennten Leukozyten 32-1349.

DNS als Primer für d. E. coli- — 1-1241; Indukt. d. DNS-Synth. u. d. Bldg. durch SV *40* 33-1238; Abtrenn. aus Alcaligenes faecalis 16-1273; mit Ca^{2+} isolierte — aus Kernfrakt. d. Thymus 16-1274; Starter-Beding. für eine partiell gereinigte — aus regenerierender Rattenleber für d. DNS-Synth. 39-1158.

Verwert. v. DNS durch — nach Behandl. mit Mitomycin C oder UV 13-1280; Rolle bei d. Bldg. v. Polydesoxyadenylsäure 23-1213; Synth. transformierender DNS mit — 25-1175; ungewöhnl. physikal. Eig. d. DNS, synthetisiert mit nativer DNS als Primer u. — 26-1249; Restaurat. v. partiell einsträng. DNS-Templates durch — 26-1250; Konkurrenz zwischen RNS-Polymerase u. — um d. Matrizen-DNS 34-1254; in vitro-Hemm. d. —-Syst. bei d. DNS-Synth. durch 2-Phenyläthanol u. einige Deriv. 40-1222; Wrkg. verschiedener Agenzien auf d. Priming-Aktivität d. DNS für E.-coli- — 9-1293; DNS-Synth. in E. coli bei Infekt. mit einigen —-Mangel-Mutanten d. Bakteriophagen T_4 26-1209; Einfl. auf d. Wrkg. v. 9-β-D-Arabinofuranosyladenin als Wuchsinhibitor für Asziteszellen 9-1321; veränderte Eig. v. — nach Infekt. v. Säugetierzellen mit Herpes-Simplex-Virus 32-1350; Starteraktivität v. zwei DNS-Frakt. aus Rattenleberzellkernen für d. —-Rk. 46-1206.

Wrkg. v. Actinomycin D auf d. — d. regenerierenden Leberzellen einer mit Thioacetamid vergifteten Ratte 3-1411; Hemm.: in vitro durch Streptonigrin 7-1338; durch Resochin 12-1454; Wechselwrkg. v. Stilbamidin mit d. Nucleinsäuren u. ihr Einfl. auf — 16-1175; Wrkg.: v. Phleomycin auf — aus Tumoren 25-1213; v. Chinin, Chlorochin u. Chinacrin auf — 35-1273; Hemm. d. — durch Pluramycin A 46-1305; Wrkg. v. Spermin auf d. —-Aktivität in Zellkernen aus Physarum polycephalum 49/50-1095.

Best. d. — v. tier. Zellextrakten 3-1304; Nachw. in Tiergeweben durch Ammoniumsulfat-Fraktionier. zellfreier Extrakte 18-1279; serolog. Analyse d. — in mit Pseudorabies-Virus infizierten u. in nicht infizierten Zellen 20-1350.

{2-}Desoxy-D-ribose-5-phosphat-Aldolase (Desoxyriboaldolase)

Intrazellulare Verteil. in d. Leber 35-1346; Acetaldehyd- —-Komplex 28-1388; Rk. im Desoxynucleosidstoffwechsel v. humanen Erythrozyten 9-1600; — bei d. Synth. v. Desoxyribonucleotiden in Säugetierzellen 21-1417.

Desoxythymidin-Kinase

Aggregat. v. — in verd. Lsg. u. Eig. d. aggregierten u. nichtaggregierten Form 32-1341.

Desoxyuridindiphosphatase

—-Aktivität nach Injekt. v. E. coli mit d. Bakteriophagen T2 45-1217.

Desoxyuridin-Phosphorylase

—-Aktivität: in d. Blutzellen d. Menschen in d. Norm u. bei Leukose 11-1550; in zellfreiem Extrakt aus Mäuseleber (Hemm. durch 5-Azauracil) 29-1236.

Desoxyuridintriphosphatase

—-Aktivität nach Injekt. v. E. coli mit d. Bakteriophagen T2 45-1217.

Desoxyuridylatphosphatase

—-Aktivität in Mäusefibroblastenzellen während d. stationären Phase 12-1342.

Desulfoaldolase

Bldg. u. Rk. 3-1359.

Dextranase (Dextran-Glucosidase)

Vork. bei Melolontha melolontha 6-1281; Einfl. d. —-Spalt. auf d. Wrkg. v. Dextranen aus Leuconostoc mesenteroides auf E. coli infizierte Mäuse 39-1597.

Dextran-Glucosidase

s. *Dextranase*.

Dextran-Saccharase

Bldg. v. Riboflavinylglucosid: in Dextranproduzierenden Kulturen v. Leuconostoc mesenteroides in Ggw. v. — 3-1291, 3-1292; Mechanismus d. fermentativen Dextranbldg. aus Saccharose mit — 34-1154; Produkt. v. Riboflavinylglykosiden u. Dextranen durch verschiedene Stämme v. Leuconostoc mesenteroides 47-1200; Bldg. v. Riboflavinylglucosid durch intrazellulare — v. auf Saccharose gewachsenen Leuconostoc mesenteroides 47-1201.

Dextrinase

Einfl. d. H-Ionenkonz. auf d. —-Aktivität d. submersen Kulturen v. Aspergillus oryzae *3-9-15* 18-1301; —-Aktivität v. Schizosaccharomyces pombe bei Wachstum u. Entw. 51/52-1213; Einfl.: v. Aminosäuren auf — in Aspergillus usamii 51/52-1215; d. Kohlenhydrate auf d. Synth. 49/50-1258; v. Phosphaten auf d. Synth. bei UV-bestrahlten Pilzmutanten 6-3205; d. Aminosäuren auf d. Synth. durch d. experimentellen Stamm *3758/45* v. Aspergillus usamii 17-1361.

Dextrin-1.6-glucosidase

s. *Amylo-1.6-glucosidase*.

dGMP-Kinase

s. *Desoxyguanylat-Kinase*.

***meso*-2.6-Diaminopimelat-Carboxylase**

s. *Diaminopimelinsäure-Decarboxylase*.

Diaminopimelat-Epimerase [Racemase]

Isolier. aus Bacillus megatherium 20-1347.

Diaminopimelinsäure-Decarboxylase (*meso*-2.6-Diaminopimelinsäure-Carboxylase)

— v. Lemna perpusilla (partielle Reinig. u. Eig.) 46-1301.

Diaminoxydase (Histaminase)

Identität v. Histaminase u. Diaminoxydase 35-1309.

—-Aktivität: im Schweineplasma bei Cu-Mangel 4-1272; d. Meerschweinchenherzens vor u. nach Anaphylaxie 9-1587; Herkunft d. Plasma- — im anaphylakt. Schock d. Meerschweinchens 14-1631; dynam. Veränder. d. Gewebe- — nach d. sekretor. Erreg. d. Magendrüsen 14-1668; —-Aktivität junger Plazentakulturen 28-1403.

Anreicher. u. Charakterisier. d. — aus Keimlingen v. Lupinus luteus 30-1225; Freisetz. im Plasma durch Heparin u. Protamin bei Meerschweinchen 17-1532; Reinig. u. Identifizier. v. humaner Plazenta- — 1-1275.

Wrkg. auf Histamindihydrochlorid u. -phosphat 1-1277; Ox. v. Cystamin durch — 5-1298; Einfl. auf d. Histamin-Hypotens. d. Ratte 12-1318; Aktivier. durch Heparin u. Protaminsulfat beim Meerschweinchen 19-1584; Abbau v. Putrescin u. Cadaverin durch — in Pflanzen 33-1489; Bezieh. zwischen Histamin im Blut u. durch — beeinflußtem Blutdruck 38-1528; Histaminabbau in vitro u. in vivo mit — 39-1443; Zusammenhang zwischen — u. Magengeschwür-verhütender Wrkg. v. Carragheenan 45-1195.

Hemm.: durch kataton. Pharmaka 9-1796; durch Histamin 19-1291; — im Blut bei chron. ^{90}Sr-Einw. 22-1573; Substrate u. Hemmstoffe d. pflanzl. u. tier. — 33-1287.

Best. durch gebildetes NH_3 1-1267; manometr. Best. 1-1276; schnelle spektrophotometr. Mikrometh. 12-1319.

***o*-Dianisidin-Peroxydase**

Ox. v. o-Dianisidin durch H_2O_2 u. — bei neutralem pH 49/50-1157.

Diastasen

s. *Amylasen*.

Diazoacetyl-chymotrypsin

Prod. d. Photolyse v. — 12-1395.

2.6-Di-*tert*.-butyl-4-methylphenol-Oxydase

Indukt. v. — in Lebermikrosomen v. Ratten durch butyliertes Hydroxytoluol 20-1263.

Dichlorphenolindophenol-Reduktase

Zusammenhang zwischen Aktivität u. Auftreten d. EPR-Signals bei g = *1,94* v. — 7-1347; Mechanismus d. Hydroxylier. v. Arzneimitteln in Rattenlebermikrosomen in Ggw. v. 2.6- — 10-1349.

Diesterase, zyklische

Abbau d. aus ribosomaler RNS v. E. coli erhaltenen Oligonucleotide durch — 1-1293.

Digilanidase

Spalt. v. Lanatosid A mit — 23-1727; Enzympräp. mit — 13-1927*.

Digipurpidase

Enzympräp. mit — 13-1927*.

Diglycerid-Kinase

Irreversible Hemm. v. — d. Gehirns durch Diisopropylphosphorylfluorid 38-1292; Verw. zur stereospezif. Analyse v. Triglyceriden 46-1915.

***P^1.P^4*-Diguanosin-3′-tetraphosphat-*asymm.*-Pyrophosphohydrolase**

Isolier., Reinig. u. Charakterisier. v. — aus Meerwasser-Krabbeneiern 10-1373.

Dihydrofolat-Dehydrogenase (Dihydrofolat-Reduktase, Dihydrofolsäure-Reduktase)

—: v. Amethopterin-resistenten Streptococcus faecalis A_k u. d. empfindl. Elternstamm (Eig.) 28-1305; aus d. L *1210* R-Mäuselymphom (fluorometr. Mess. d. Wechselwrkg. v. — mit Coenzymen, Substraten u. Inhibitoren) 32-1315; aus Meerschweinchenleber u. -dünndarm 51/52-1139; aus Hühnchenleber (Aktivier. durch J) 38-1274; Reinig. u. Eig. einer Mutanten- u. Wildtyp- — aus Diplococcus pneumoniae 16-1243; Wechselwrkg. v. Organoquecksilberverb. mit — aus Ehrlich-Aszitekarzinomzellen 15-1264; Mechanismus d. Wrkg. 34-1601; hydrophobe Bind. v. 2-Amino-4.6-(disubstituiert)-5-alkylpyrimidinen u. 1-Alkyl-4.6-diamino-1.2-dihydro-symm.-triazinen mit — 41-1556; gegenüber Aminopterin resistente fermentative Red. d. Folsäure durch — zu Coenzymform in d. Pflanze 21-1486; Einfl.: v. Modifikat. d. Brücke zwischen d. Pyrimidin- u. d. Phenylanteil v. 2-Amino-5-[3-anilinopropyl]-6-methyl-4-hydroxypyrimidin auf d. Hemm. v. — 2-1615; v. Aminopterin auf — d. menschl. Blutserums 26-1308; Beobacht. über d. Art d. Pyrimidylbind. an — durch Inhibitoren v. Typ d. 2-Amino-5-[3-anilinopropyl]-6-methylpyrimidinol-(4) 31-1189; 2.4-Diamino-6-phenäthylpteridin, ein Hemmstoff d. — 31-1190; Einfl. d. Modifizier. d. Brücke zwischen Pyrimidyl- u. Phenylestern v. 2-Amino-5-[3-anilinopropyl]-6-methylpyrimidinol-(4) auf d. Hemm. v. — 39-1504.

Dihydrofolat-Reduktase

s. *Dihydrofolat-Dehydrogenase*.

Dihydrofolsäure-Reduktase

s. *Dihydrofolat-Dehydrogenase*.

Dihydroliposäure-Dehydrogenase (Dihydrolipoyldehydrogenase)

—-Aktivität v. Pyruvatdehydrogenase aus Mitochondrien d. Rinderniere 37-1232; Isolier. aus α-Ketoglutaratdehydrogenier.-Komplex aus Schweineherzmuskel 38-1347.

Dihydroliposäure-Transacetylase (Dihydrolipoyltransacetylase)

—-Aktivität v. Pyruvatdehydrogenase aus Mitochondrien d. Rinderniere 37-1232; Isolier. v. — aus Pyruvat-dehydrogenier.-Komplex aus Schweineherzmuskel 38-1347.

Dihydrolipoyldehydrogenase

s. *Dihydroliposäure-Dehydrogenase*.

Dihydrolipoyltransacetylase

s. *Dihydroliposäure-Transacetylase*.

Dihydrolipoyltranssuccinylase

—-Aktivität v. α-Ketoglutaratdehydrogenase aus Mitochondrien d. Rinderniere 37-1232.

Dihydromorphinon-*N*-Demethylase

Änder. d. — während d. Ausbldg. d. Toleranz gegen Chlorpromazin bei Mäusen 3-1699.

Dihydroorotsäure-Dehydrogenase

2 funktionell verschiedene — in Bakterien 40-1269; Absorpt.-Spektrum 6-1242.

Dihydrouracil-Hydrolase

Wrkg. v. 2-Acetylaminofluoren in d. Diät auf d. — in d. Rattenleber 3-1367.

Dihydroxyaceton-Kinase

Wrkg. v. Chlorthiazide auf d. —-Aktivität in d. Rattenleber 3-1306; Wrkg.: beim Stoffwechsel v. Dihydroxyaceton in d. Rattenleber 23-1313.

Dihydroxyaceton-Transaldolase

s. *Transaldolase.*

2.3-Dihydroxybenzoat-Oxygenase

Bakterielle Ox. v. 2.3-Dihydroxybenzoesäure durch — 32-1296.

Dihydroxyphenylalanin-Decarboxylase (DOPA-Decarboxylase)

Substrate, Coenzyme, Inhibitoren (Übersicht) 11-1335; Verteil. im Spinalmark 11-1543; regionale Verteil. im Zentralnervensyst. v. Küken 17-1323; Verteil. in d. Magenschleimhaut d. Ratte 24-1621; Einfl. v. Denervier. u. Enzymhemm. auf d. —-Aktivität d. Ratteneplphyse 31-1242; Noradrenalin u. — im Rattenhirn nach hypothalam. Läs. 38-1602; Leber-— (Aktivier. durch Phenobarbital) 39-1250; Verteil. u. Eig. v. — in d. Magenschleimhaut 42-1248; Reinig., Eig. u. Substratspezifität 5-1310; Substratspezifität 21-1415; Wrkg. v. einigen Inhibitoren u. Substraten d. — auf d. Decarboxylier. in vitro v. 5-Hydroxytryptophan durch d. Nervengewebe v. Helix pomatia 28-1387; Bezieh. zwischen —, Monoaminoxydase u. Monoaminspeichern in d. Epiphyse 38-1333; Hemmsubstanzen für — 6-1302; Wrkg. v. Semicarbazon, Thoisemicarbazon u. Oxim d. Pyridoxal-5-phosphats auf — 13-1326; Methyldopa-Analoga als starke —-Hemmstoffe 25-1556; Hemm. beim blutdrucksenkenden Effekt v. Dihydralazin 27-1745; Wrkg.: v. Anthranil-, Benz- u. Salicylhydroxamsäure auf — d. Mäusehirns 41-1286; v. Glycylhydroxamsäure auf — 47-1275; —-Inhibitoren als blutdrucksenkende Arzneimittel 5-1759; Einfl. d. —-Inhibitors Ro *4-4602* auf d. Brenzcatechinaminausscheid. mit d. Harn bei unter Kälteeinw. stehenden Ratten 31-1448.

3.4-Dihydroxyphenylalanin-Peroxydase

Vork. einer — für d. Umwandl. v. Dopa in Melanin im Nagerdünndarm 31-1202.

Dihydroxyphenylalanin-Transaminase

Reinig. u. Eig. d. — aus Meerschweinchenhirn 28-1318.

3.4-Dihydroxyphenylessigsäure-2.3-Oxygenase

Chem., enzymat. u. metabol. Unters. über d. Mechanismus d. „Metabrenzcatechinase-Typus"-Ox. d. p-Hydroxyphenylessigsäure durch — 10-1344.

3.4-Dihydroxy-9.10-secoandrosta-1.3.5(10)-trien-9.17-dion-4.5-dioxygenase

Katalysier. d. Spalt. v. Ring A beim Abbau v. 9.10-Secosteroiden durch Mikroorganismen mit — 16-1352.

Diisopropylphosphofluoridat-Fluorhydrolase

Best. im Kaninchen- u. Rattengewebe mit $D^{32}FP$ 37-1284.

Diisopropylphosphoryl-α-chymotrypsin

Opt. Rotat.-Dispers. 25-1266; Identifizier. v. Serin als Ort d. Sulfonier. in — 26-1320; Kinetik- u. Gleichgew.-Mess. v. — in Harnstoff 42-1186; Wrkg. d. Carboxymethylier. auf d. Chymotrypsin-Rk. mit Antikörpern gegen — 14-1375.

Dimethioninsulfoxid-Chymotrypsin

Variabilität d. A-Zustandes v. — 10-1392.

Dimethylallyltransferase

Katalysier. d. Polyisoprenoidbiosynth. durch — 48-1202.

Dimethylaminoazobenzol-Reduktase

3-Methylcholanthrenindukt. d. Rattenleber-— 28-1266.

1-Dimethylaminonaphthalin-5-sulfonyl-chymotrypsin

Identifizier. v. Serin als Ort d. Sulfonier. in — 26-1320.

Dimethylglycin-Dehydrogenase

—-Aktivität d. lösl. Anteils leichter u. schwerer Mitochondrien aus Rattenleber 4-1198.

Dimethylmalat-Dehydrogenase ($\beta.\beta$-Dimethyl-D-malat-DPN-Oxydoreduktase)

Umwandl. v. Aldopantoat in α-Ketoisovalerat durch — in Pseudomonas P-*2* 30-1283.

$\beta.\beta$-Dimethyl-D-malat-DPN-Oxydoreduktase

s. *Dimethylmalat-Dehydrogenase.*

Dinitrophenylfructose-1.6-diphosphat-Aldolase

Bldg. u. Rk. 3-1359.

Dioldehydrasen

Stimulier. d. Aktivität einer Cobamidcoenzym-abhäng. — durch anaerobe Photolyse (Hemm. durch Adenosin beeinflussende Faktoren) 14-1323; Substratstereospezifität in einem — erfordernden Cobamid-Coenzym 11-1616; Reaktivität v. D-Propandiol u. L-Propandiol bei d. intramol. Ox.-Red. katalysiert durch Cobamidabhäng. — 36-1264; Wrkg. v. Co-Alkyl-(cyanocobyrinsäure-abcdeg-hexamid-f-[O-(α-D-ribofuranosyl-5.6-dimethylbenzimidazol-3'-hydrogenphosphoryl)-1-hydroxy-2-methylpropyl-(2)-amid]) auf — aus Aerobacter aerogenes 2-1620; Verw. zur Best. v. Millimikrogramm-Mengen v. Coenzym B_{12} 51/52-1134.

4.5-Dioxovaleriansäure-Dehydratase

Umaminier. d. 4.5-Dioxovaleriansäure im tier. Gewebe durch — 37-1517.

Dipeptidasen

—-Aktivität im Blut v. Hunden vor u. nach Vergift. mit CCl_4 4-1358; — im Darm (Charakterisier., Entw. u. Verteil. beim menschl. Fetus) 13-1368; —-Aktivität in d. Schleimhaut d. Magen-Darm-Traktes (d. erwachsenen Menschen) 44-1356; (erwachsener Ratten) 44-1357; Freisetz. u. subzelluläre Verteil. v. Darm-— d. Schleimhautzellen d. Schweins 44-1358; Funkt. d. — in Zellen v. E. coli 8-1420; —-Aktivität teilweise gereinigter kathept. Enzyme d. Rindes für verschiedene natürl. u. synthet. Substrate 26-1332; elektrophoret. Best.: v. Hirn-— höherer Tiere 46-1310; d. — in Erythrozytenhämolysaten höherer Tiere 46-1311; 46-1312.

Dipeptidnaphthylamidase

— aus Schweineniere 1-1314.

***o*-Diphenol: O_2-Oxydoreduktase**

s. *o-Diphenol-Oxydase.*

***o*-Diphenol-Oxydase (Brenzcatechin-Oxydase, Catecholase, *o*-Diphenol-O_2-Oxydoreduktase, Phenolase, Polyphenoloxydase, Tyrosinase)**

— d. Myzels bei d. Hebelomen (systemat. u. biolog. Interesse) 24-1306; intrazelluläre — d. Braunfäulepilze 34-1327; — während d. endogenen Atmung bei Aspergillus sojae (zeitl. Verlauf d. Veränder.) 41-1332.

Teeblatt-— 6-1257; —-Aktivität: in d. Hypokotylen v. *11* u. *28* Tage alten Coleus blumei 7-1363; während d. Inkubat. v. Kartoffelgewebeschnitten 12-1323; Vork. in Teesamen während d. Keim. 14-1334; —-Aktivität bei d. Einw. v. Phenylborsäure auf verschiedene Blattformmutanten d. Tomate 17-1439 —: aus Vicia faba (Aktivier. durch denaturierende Agentien) 19-1293; in Birnen 19-1294; Lokalisier. u. Aktivität in d. Kartoffelknolle 32-1320; —-Aktivität in gleichmäß. u. „fleckig" gereiften Tomaten 32-3206; Bezieh. d. spezif. Gew. zur —-Aktivität v. Kartoffeln 32-3209; —-Aktivität: d. Weinrebe während d. Überwinter. 33-1451; in auf Sand gezogenen Zuckerrohrarten bei unterschiedl. Angebot an Nitrat u. Phosphat 35-1322; — aus Äpfeln (Eig., subzelluläre Lager. u. Hemm.) 38-1276; Wrkg. v. Tabakmosaikvirus auf d. —-Aktivität in Nicotiana tabacum 38-1426; Verteil. u. Eig. v. — in Zuckerrohr 40-1276; Teeblatt-— 41-1255.

—-Aktivität im Hydrolysat v. Melanosomen aus Harding-Passey-Mäusemelanom 8-1307; —: in d. Leukozyten v. Cancer pagurus 13-1327; aus Säugetiergeweben 16-1247; —-Aktivität: in d. Goldfischhaut 21-1416; in malignen Melanomen 27-1220.

Messenger-RNS im Syst. d. induzierten Bldg. v. — bei Pseudomonas effusa 17-1214; Bldg. bei holzzerstörenden Pilzen 38-1275; gemeinsame Bldg. v. — u. L-Aminosäureoxydase in Neurospora 51/52-1144; 3.4-Dihydroxyphenylalanin als —-Cofaktor in Melanomen 42-1153; Verw. v. Polyvinylpyrrolidon bei d. Abtrenn. v. — aus Äpfelfrüchten 3-1276; Fraktionier. aus Ipomea batatas 12-1322; Isolier. d. lösl. — aus Celerio euphorbiae 17-1296; Endanreicher. einer latenten — aus Tenebrio molitor 33-1290; Extrakt.: aus Süßkartoffelwurzeln mit Schwarzfäule 39-1377; aus Teeblättern 51/52-1143; Reinig. u. Eig.: v. — aus Süßkartoffeln 7-1364; d. lösl. gemachten — in Teeblättern 26-1303; Reinig. v. — aus Äpfeln 32-1321; Reinig. u. Eig.: v. — aus Tee 40-1278; d. Pilz-— 41-1254; v. — aus Äpfelchloroplasten 41-1256.

Struktur 41-1254.

Ox. v. Chlorogensäure durch — 4-1275; hydroxylierende Wrkg. d. — 14-1336; metallkatalysierte Ox. v. 3.5-Di-tert.-butyl-brenzcatechin u. seine Bedeut. beim Mechanismus d. —-Wrkg. 21-1370; Verhinder. d. durch — verursachten Braunwerdens v. o-Diphenolen durch Sulfit 30-3125; Umwandl. v. p-Cumarsäure in Kaffeesäure durch — 48-1199; Bldg. v. Melanoproteinen in Ggw. v. — aus Agaricus bispora 1-1281; Abbau v. Lignin durch — enthaltende Pilze 41-1313; oxydative Entfärb. v. Anthocyan aus Eierfrucht durch — 6-1258; Rk. v. Aprikosen-— (Abhängigk. v. pH-Wert, Zeit u. Temp.) 9-3404; Umwandl. d. p-Cumarsäure in Kaffeesäure durch — in isolierten Chloroplasten 14-1337; Rk. d. — aus Aprikosen 29-1227; Rolle bei d. Verholz. v. Bambus 33-1355; adaptiver Charakter d. Wrkg.-Änder. d. — bei d. Infekt. d. Mohrrübe durch Phoma rostrupii 45-1183; —-kontrollierte Ox. v. Dihydroxyphenylalanin bei d. Biosynth. v. Melanin 3-1198; Wrkg. beim Stoffwechsel d. Insekten 12-1616; Bezieh. zwischen d. Strahlen- u. —-Schädig. d. Erythrozytenmembran bei neugeborenen u. erwachsenen Ratten 18-1609; Struktur v. aus [$^{14}C_9{}^3H$]-(+)-3.4-Dihydroxyphenylalanin durch Ox. mit — erhaltenem Melanin 21-1520; Hemm. d. durch — katalysierten Umwandl. v. Tyrosin zu Melanin durch Hydroxyphenylcarbonsäuren 26-1304; Einbau v. Carboxylgruppen in Melanin durch Haut-— 32-1322; Melaninbldg. u. — 33-1289; —-Aktivität in Zusammenhang mit d. Gefiederfarbe v. Webervögeln 40-1277.

Hemm. d. — aus Apfelschalen durch Polyvinylpyrrolidon 3-1277; — nach γ-Bestrahl. v. Pflanzen verschiedener Strahlenempfindlichk. 18-1400; Hemm. d. —-Aktivität durch denaturierende Agenzien 19-1293; Wrkg.: ionisierender Strahlen auf d. Tyrosin-—-Syst. 22-1578; v. HF u. Verletz. auf d. — in d. Blättern d. Sojabohne 23-1322; d. Lagertemp. auf d. — v. Kartoffeln 28-3276; d. Chlorose auf d. — d. Blätter v. Äpfelbäumen im zentralen Kasachstan 33-1493; d. Temp. u. Feuchtigk. auf d. Inaktivier. v. — 34-1311; d. pektolyt. Enzyme d. Schimmels auf d. — d. Weintrauben 41-1282; v. Interstitialzellenstimulierendem Hormon auf — im Webervogel 42-1209; v. Luteinisier.-Hormon auf Vogelhaut-— 42-1357; Substrate u. Inhibitoren d. aktivierten — d. Saubohne 44-1292.

Anwend. d. galvan. Zelle zur Mess. an O_2-verbrauchenden Tyrosin/—/Dopa-Syst. 24-1281; Verw. v. β-[4-Hydroxynaphthyl-(1)]-DL-alanin zum histochem. Nachw. v. — 28-1089; radiometr. Best. 33-1289; Best. (Vgl. d. Meth.) 44-1291; Best.: d. Pflanzen-— mit Agargeldoppeldiffus. u. Elektroosmophorese 36-1293; d. Cu-Geh. in — durch Neutronenaktivier.-Analyse 12-1322.

***p*-Diphenoloxydase (Laccase)**

Vork. u. Substratspezifität bei Braunfäulepilzen 34-1327; — aus Gymnospermen 17-1297; Zunahme d. —-Aktivität bei d. Einw. v. Phenylborsäure auf verschiedene Blattformmutanten d. Tomate 17-1439; —-Aktivität v. Coeruloplasmin d. Schweins u. d. — aus Rhus vernicifera (Vgl.) 12-1324; Bldg. u. Reinig. d. — v. Basidiomyceten 25-1223; heterogene —-Produkt. durch Myzelien v. Holzfäulepilzen 31-1369; Wrkg. v. steigendem pH auf d. spektralen Eig. v. Pilz-— 10-1345; ESR-Spektrum v. Cu-halt. — 19-0170; Natur d. Cu in — aus Rhus vernicifera 2-1322; (Vgl. mit anderen Cu-Komplexen) 38-1277; Mechanismus d. durch — katalysierten oxydativen Polymerisat. v. Catechin 48-1095; Bldg. eines

d. — vertretenden Elektronenübertrag.-Syst. 25-1163; Aktivität bei d. Demethoxylier. v. Lignin in Pholiota mutabilis 11-1344; Verh. im Myzel d. Hebelomen 24-1306.

Diphenylcabamyl-chymotrypsin

Identifizier. v. Serin als Ort d. Sulfonier. in — 26-1320.

Diphosphatase

s. *Phosphodiesterase.*

Diphosphofructo(se)-Aldolase

s. *Fructose(-1.6)diphosphat-Aldolase.*

D-2.3-Diphosphoglycerat-Mutase

s. *Phosphoglyceromutase.*

2.3-Diphosphoglycerat-Phosphatase

s. *2.3-Diphosphoglycerat-2-Phosphohydrolase*

D-2.3-Diphosphoglycerat: D-2-Phosphoglycerat Phosphotransferase

s. *Phosphoglyceromutase.*

2.3-Diphosphoglycerat-2-Phosphohydrolase (2.3-GDPase, 2.3-Diphosphoglycerat-Phosphatase)

— beim Phosphoglyceratzyklus in Gärhefe 28-1329; SH-Natur d. — 30-1243; Phosphatübertrag. aus Adenosindiphosphatphosphoglycerat u. 2.3-Diphosphoglycerat durch Kaninchenmuskel- — u. Hefe 12-1363; Richt.-Eig. v. — in d. menschl. Erythrozytenmembran 32-1381; Wrkg. v. GSSG auf — 30-1208.

Disaccharidasen (Disaccharid-Hydrolasen)

—-Aktivität im Darm d. menschl. Fetus 13-1352; Vielfalt humaner, intestinaler — 13-1362; intestinale — bei normaler u. verfrühter Entw. (immunochem. Unters.) 17-1313; Lokalisier. im Dünndarm 20-1311; Vielfalt humaner, intestinaler — 22-1206; Lokalisier. im Darm 49/50-1205; histochem. Nachw. 18-1298; papierchromatograph. Best. im Dünndarm bei Menschen 13-1361; Lokalisier. in Extrakten aus Neurospora nach Elektrophorese in Polyacrylamidgelen 26-1337; einstuf. Ultramikrometh. für d. Prüf. auf intestinale — 32-1392.

Disaccharid-Hydrolasen

s. *Disaccharidasen.*

DNase (I)

s. *Desoxyribonuclease (I).*

DNase II

s. *Desoxyribonuclease II.*

DNase, saure

s. *Desoxyribonuclease, saure.*

DNS-Depolymerase, „saure“

— aus Virus-infizierten Tierzellen 42-1232.

DNS-Methylase (Desoxyribonucleinsäure-Methylase)

Spezifität in d. Zellen v. E. coli nach Infekt. durch d. Phagen T-2 15-1277; Reinig. u. Eig. v. — aus Bacillus subtilis 46-1269.

DNS-Nucleotid(yl)transferase

s. *Desoxyribonucleinsäure-Nucleotidyltransferase.*

DNS-Phosphatase-Exonuclease

Aktivier. d. DNS durch — 4-1235.

DNS-Polymerase

s. *Desoxyribonucleinsäure-Nucleotidyltransferase.*

DNS-RNS-Polymerase

Einfl. v. Steroiden auf d. Indukt. v. — bei Pseudomonas testosteroni 21-1428.

Dolantin-Esterase (Demerol-Esterase)

— 23-1284.

Donator-Wasserstoffperoxid-Oxydoreduktase

s. *Peroxydase.*

DOPA-Decarboxylase

s. *Dihydroxyphenylalanin-Decarboxylase.*

Dopamin-β-Hydroxylase

Übersicht 11-1294; magnet. Resonanz-Unters. über d. Mechanismus d. β-Hydroxylier. v. 3.4-Dihydroxyphenyläthylamin durch — 21-1369; Hemm. v. — im Gehirn durch chlorierte Aralkylamine 29-1681; Disulfiram-Hemmwrkg. in vivo auf — 38-1281; Isotopenmeth. zur Best. 15-1275.

Dopamin-β-Oxydase

Rolle bei d. Wiederherst. d. Rk. auf Tyramin bei Reserpin-behandelten Katzen 9-1740, 29-1727; Hemm. v. — d. Hirns durch Disulfiram in vitro 23-1666.

2.3-DPGase

s. *2.3-Diphosphoglycerat-2-Phosphohydrolase.*

DPN-Diaphorase

s. *NAD-Diaphorase.*

DPNH-Dehydrogenase

s. *NADH-Dehydrogenase.*

DPNH-Oxydase

s. *NADH-Oxydase.*

DT-Diaphorase

s. *Menadion-Reduktase.*

Elastase

Isolier., Kristallisat. u. vorläuf. Charakterisier. d. — aus Pseudomonas aeruginosa 4-1335; Histidin-Sequenz im akt. Zentrum v. Schweine- — 19-1328; Aminosäurezus. 47-1222; Substratspezifität: einer thermostabilen bakteriellen — 9-1401; v. — aus Pseudomonas aeruginosa 44-1362; Ribonuclease E, ein Zwischenprod. beim Abbau d. Ribonuclease durch Schweine- — 20-1299; spezif. Schutz d. Folsäurereduktase gegen — 39-1210; Wrkg.: auf Elastin-ähnl. Substanzen aus Kollagen 9-1520; einer —-Behandl. auf d. Eig. d. Tropokollagen-Makromoleküle 10-1688; Freisetz. v. Kohlenhydrathälften während d. Inkubat. v. Säure- u. Alkali-behandeltem Elastin mit — 11-1322; kollagenolyt. Aktivität v. Pankreas- — (Vgl. mit d. Aktivität v. bakterieller Kollagenase auf d. Achillessehne) 20-1334; lokale Schädig. durch — 24-1679; enthaarende Wrkg. 34-1361; Spezifität d. Antiproteinasen d. Humanplasmas für — 33-1613; Best. v. — u. d. —-Inhibitors mit Orcein-Elastin 13-1379; Verw. zur Best. d. Elastingeh. in d. Aorta v. Schweinen mit Cu-Mangel 18-1429.

Elastomucase

Freisetz. v. Kohlenhydrathälften während d. Inkubat. v. Säure- u. Alkali-behandeltem Elastin mit — 11-1322; kollagenolyt. Aktivität v. Pankreas- — (Vgl. mit d. Aktivität v. bakterieller Kollagenase auf d. Achillessehne) 20-1334.

Elastoproteinase

Freisetz. v. Kohlenhydrathälften während d. Inkubat. v. Säure- u. Alkali-behandeltem Elastin mit — 11-1322; kollagenolyt. Aktivität v. Pankreas- — (Vgl. mit d. Aktivität v. bakterieller Kollagenase auf d. Achillessehne) 20-1334.

Emulsin

Krist. β-D-Glucopyranoside d. Süßmandel- — 6-1284; β-D-Glucosidase- u. β-D-Galaktosidaseaktivität aus Mandel- — (Vgl.) 9-1390; Hemm. v. Glucosidasen aus Mandel- — durch Polyole 24-1342; Wrkg. auf voll- u. teilacetylierte Zuckerderiv. 3-1357; Beständigk. v. Amarantin gegen — 4-1112; fermentat. Zuckerabspalt. aus Betanin mit — 14-1176; Einw.: auf Turbicoryn 19-1136; auf 1β-[β-D-Glucosyloxy]-4-methoxycarbonyl-7β-methyl-1.4a-β.5.6.7.7aβ-hexahydrocyclopenta-(c)-pyran 37-1102; Einfl. auf d. Geh. an cyanophoren Substanzen in verschiedenen Organen d. Weinrebe 24-1437; Hydrolyse v. 17α-Oestradiolglykosiden durch — d. Kaninchengewebes 48-1234; pH u. Temp.-Abhängigk. 1-3171; dünnschichtchromatograph. Identifizier. 44-1661.

Endohexaminidase

s. *Mucopolysaccharase.*

Endolysin

Thermolabiles — einer Mutante d. λ-Bakteriophagen 25-1373; Vork. in abgestorbenen Shigella dysenteriae 26-1378.

Endonuclease

— aus Neurospora crassa 8-1406; —-Aktivität v. Phosphodiesterase aus d. Milz 39-1229; Abspalt. v. RNS-gehemmter — durch einen osmot. Schock aus E. coli in d. exponentiellen Wachstumsphase 28-1276; Einfl.: d. Glucosylier. v. DNS auf d. Hydrolyse durch d. — v. E. coli 36-1216; auf d. Starterbeding. für eine partiell gereinigte DNS-Nucleotidtransferase aus regenerierender Rattenleber bei d. DNS-Synth. 39-1158; Anwend. d. Gelfiltrat. zur Unterscheid. v. — u. Exonuclease 34-1273.

Endonuclease I

Lokalisier. in E. coli 42-1269; Bind. v. — aus E. coli an in Agarose fixierte DNS 18-1327.

Endopeptidase 1

Stufenweiser Abbau d. Zellwandglykopeptids v. Staphylococcus aureus mit — 3-1352.

Endopeptidase 2

s. *Proteinase II.*

Endopeptidasen

s. *Proteinasen.*

Endopolygalakturonase

Verh. d. Pektins v. Apfelsaft gegenüber — 7-1392; Rk. mit Pektinsäure 51/52-1172; Verw. bei d. Klär. v. Apfelsaft 7-1391; 7-1394.

Endotoxinase

Kinetik d. Spalt. v. bakteriellem Endotoxin mit — 22-1290.

Endoxydase

Identifizier. einer lösl. — als Cytochrom O aus Nitrosomonas europaea 33-1296.

Enolase (2-Phospho-D-Glycerat-Hydrolyase, Phosphopyruvat-Hydratase)

Einfl.: v. Glucose auf d. —-Geh. d. Hefe 20-1356; v. Indolylessigsäure u. Kinetin auf d. —-Aktivität in Gewebekulturen v. Nicotiana 13-1320; —-Aktivität: in Meeresplankton-Algen 28-1391; in d. Erythrozyten nach Wärmeeinw. 46-1466; in röntgenbestrahlten Erythrozyten 49/50-1490; Einfl. v. Mg^{2+} auf einige physikal. Eig. d. Hefe- — 8-1438; Dissoziat. u. Reassoziat. v. Kaninchenmuskel- — 14-1385; Photoox. eines krit. Histidinrestes v. Hefe- — mit Rose bengal 23-1305; Wrkg.: v. 2.4-Dinitrophenol u. Salicylat auf — 7-1428; v. ω-Chloracetophenon auf — aus Kaninchenmuskel 23-1247; Hemm. durch Berylliumsalze 46-1242.

Enol-Reduktase

Rolle v. β-Hydroxysäuren bei d. Synth. v. Palmitat u. cis-Vaccenat durch — aus E. coli 44-1391.

Enoyl-Acyl-Trägerprotein-Hydrase

Darst., Eig. 2-1638; partielle Reinig. aus E. coli 7-1429.

Δ^2-Enoyl-CoA-Hydratase

Rolle im Stoffwechsel ungesätt. Fettsäuren 10-1409.

Δ^{3cis}-Δ^{2trans}-Enoyl-CoA-Isomerase

Rolle im Stoffwechsel ungesätt. Fettsäuren 10-1409; Wrkg. bei d. β-Ox. v. Mono- u. Polyenfettsäuren (Isolier. aus Rattenlebermitochondrien) 14-1388.

Enterokinase

s. *Enteropeptidase.*

Enteropeptidase (Enterokinase)

Lokalisier. d. Wrkg. im Darm 33-1640.

Enzym von Baranowsky

s. *Glycerinphosphat-Dehydrogenase.*

Epimerasen

Histochemie 35-1350; Biosynth. v. Hemicellulosen in Ggw. v. — in Maiskeimlingen 8-1523.

Epinephrin-Oxydase

Ox. v. Epinephrin durch — unter Bldg. eines Actinomyosin-Adenosintriphosphatase-Hemmers 46-1263.

Epoxydasen

Vork. in Rattenlebermikrosomen 21-1429.

Ergosterin-Oxydase

Ox.-Prod. v. Ergosterin bzw. 7-Dehydrocholesterin im Serum mit — 30-1229.

β-Esterase

—-Aktivität: in menschl. Darmtumoren 34-1286; bei Magenkarzinom 47-1156.

Esterasen (Esterhydrolasen)

Vgl. v. S-Carbalkoxythiamin hydrolysierendem Enzym mit Leber- — 5-1577; Einteil. v. in Lebermikrosomen vorhandenen — mit Wrkg. auf Arzneimittel 13-1381; Vgl. v. γ-Lactonase aus menschl. Blut sowie aus Rattenlebermikrosomen mit — 44-1331.

— v. Staphylokokken 9-1428; Geh. in d. akt. Zentren d. Zellkerns u. d. Mitochondrien v. Penicillium chrysogenum 20-1370; Einfl. d. Wachstumsrate auf d. —-Aktivität eines Bakteriums aus d. Pansen d. Schafes 32-1358; —-Aktivität: v. Streptococcus pyogenes 43-1212; bei Rohreis u. „parboiled" Reis 4-3127; Sphärosomen v. Maiskeimlingen 43-1204; —: in Bohnenblättern 45-1209; aus Sphärosomen v. Sämlingen (Isolier., Eig.) 48-1112; —-Aktivität in d. Ganglien v. Bombyx mori 1-1294; Verteil. bei Ratten während A-Hypervitaminose 2-1612; —-Aktivität: d. Leber bei CCl_4-Vergift. 3-1659; im durch Benzpyren induzierten Zervikovaginalkarzinom 4-1231; im Plasma junger u. alter Männer 5-1321; im Spinalganglion d. Ratte 6-1274; in d. Leber nach Verbrenn. 9-1696; in Magensaft u. Hepatopankreas v. Astacus astacus 10-1372; bei heilenden menschl. Hautwunden 12-1636; in d. Leber v. Ratten mit transplantablen Hypophysentumoren 13-1298; — in d. menschl. Augenlinse 13-1369; Vork.: in durch Albitocin-geschäd. Leberzellen 13-1776; in Mikrosomenfrakt. aus Rattenhirnrindenhomogenaten 14-1267; —-Aktivität v. Bombyx mori-Eiern 15-1192; — aus Schweineleber-mikrosomen (Isolier.) 16-1283; Lokalisier. in d. Gefäßwänden bei Vers.-Tieren 16-1331; —-Aktivität in neonatalen u. reifen menschl. u. einigen tier. Erythrozyten 18-1522; Gehirn-— bei multipler Sklerose 19-1312; Nieren-— d. Maus 20-1300; lösl. — d. Menschenhirns (Eig. u. Einteil.) 21-1402; Lokalisat. in d. Mesothelialzellen d. Peritoneums 21-1419; Geh. in Uterus u. Vagina nach Östrogenverabreich. 22-1401; geschlechtsspezif. Unterschiede im Vork. v. — in d. Rattenniere 25-1480; Lokalisier. in d. motor. Neuronen d. Rückenmarks d. Ratte u. d. Wrkg. d. Nerveteil. 27-1308; —: d. Adenohypophyse 29-1265; d. normalen u. atroph. Katzenmuskels 32-1354; menschl. Blut-— nichtexponierter u. Phosphorsäureester-exponierter Menschen 32-1362; —-Aktivität d. submikrosomalen Membranen aus d. Leber v. normalen u. Phenobarbital-behandelten Ratten 32-1608; Vork. im Karotisknötchen d. Kaninchens 35-1354; —-Aktivität: d. Leber v. intakten u. kastrierten Ratten nach d. Behandl. mit Testosteron, 4-Chlortestosteron u. Gonadotropin 37-1409; in d. Hoden ausgewachsener Ratten 39-1225; während d. experimentellen Karzinogenese in d. Mäuseohrspeicheldrüse 41-1214; Serum-— bei eingetragenen Hunderassen (Vgl.) 42-1225; —-Aktivität: in menschl. Lungenkarzinom 44-1230; in durch 4-Nitrochinolin-1-oxid induzierten Lungentumoren v. Maus u. Ratte 44-1231; Serum-— bei einigen Vogelarten (Vgl.) 46-1274; —-Aktivität: d. Hämolymphe in metamorphierenden Galleria mellonella 48-1219; d. Carboxypeptidase A 4-1330; v. Tannase 8-1403; d. Rinder-Carboxypeptidase B 10-1387; v. Human-Plasminogen u. -Plasmin 12-1398; v. Kallikrein (Bezieh. zur Kininogenase-Aktivität) 15-1525; v. Pepsin 19-1326; v. Trypsin u. Plasmin (Hemm. durch einen Inhibitor aus d. Blutserum d. Kaninchens) 18-1310; v. Carboxypeptidase A (Wrkg. v. UV-Bestrahl.) 20-1325; (Hemm.) 20-1327; Aktivier. d. mit Thrombokinase aus Rinderplasma vergesellschafteten —-Aktivität 20-1362; —-Aktivität: v. Prod. d. Pepsinautolyse 39-1239; v. Pepsin 40-1335; v. α-Chymotrypsin (gegenüber *N*-*n*-Tosylsulfo-L-tyrosin) 42-1240; v. Kallikrein aus Pferdeharn (Hemm. durch Ionen) 42-1431; d. Carbonsäureanhydrase aus Rindererythrozyten 49/50-1232.

Molgew. d. mikrosomalen Leber-— 4-1321; Gitterfaserdarst. an — enthaltenden histochem. Präp. 18-1291; transversale Gradientenelektrophorese 4-1451; Bedeut. d. Gelelektrophorese für d. Verständnis d. — 38-1302.

Wrkg. auf voll- u. teilacetylierten Zuckerderiv. 3-1356; hydrophobe Substratgruppen u. d. Maximalgeschw. v. —-Rk. 40-1354; Spalt. d. Pregnanseitenkette durch — v. Cylindrocarpon radicicola 24-1419; in vitro u. in vivo Ox. u. Hydrolyse v. Malathion durch — d. Weizenkorns 20-3238; Verh. bei d. Follikelatresie im Ovarium d. Meerschweinchens 3-1556; — bei d. Verester. v. 5.6-Monoepoxy-vitamin-A-Alkohol in d. Ratte 4-1560; Lipolyse v. Milchfett durch prägastr. — im Abomasum d. Kalbes 7-1706; Verh. in Hautbindegewebekulturen 14-1354; Entacetylier. v. Phenacetin durch Leber-— 21-1414; Einleit. u. Steiger. d. Lysis v. normalen Erythrozyten u. Erythrozyten v. Patienten mit paroxysmaler Hämoglobinuria nocturna durch — 22-1446; Hydrolyse: d. 3'.5'-Diester v. 5-Fluor-2'-desoxyuridin u. Thymidin durch — v. menschl. Mäuse- u. Insektengewebe 23-1300; v. Aminosäure-Arylamiden durch mikrosomonale Schweineleber-— 24-1347; Wrkg. auf d. Kollagenabbau in Rattenleberlysosomen 24-1364; Succinylcholinspalt. im menschl. Blut u. deren mögl. Zusammenhang mit atyp. Serum-— 27-1553; Spezifität v. Ziegendarm-— 36-1317; — u. Neurotoxizität einiger Organophosphorverb. 39-1584; Wechselwrkg. v. Narkotika u. ihren Antagonisten mit menschl. Serum-— 41-1641, 41-1642; Rolle bei d. Vergift. d. Eier v. Oncopeltus fasciatus mit Parathion 42-1224; wehenerregende — im Rattenharn 42-1482; intestinale Spalt. v. Saccharosefettsäureestern mit — 46-1517; Einfl. v. — in Insekten auf d. Abbau v. Phosphorsäureestern d. E *605*-Reihe 49/50-1510.

Einfl.: bestimmter Insektizide auf — 19-1672; v. Parathion auf — bei weißen Ratten 23-1701; d. Gefriergeschw. auf — in Tumoren 24-1277; Sulfonylfluoride als Hemmer v. — 26-1320; Wrkg.: v. NaF in vivo auf d. — d. Serums 43-1405; v. Chlorambucil auf — 45-1179; Veränder. d. —-Aktivität d. Nebennierenrinde nach Einführ. v. $BeCl_2$ 51/52-1335.

Stärkegelelektrophoret. Trenn. lösl. — (Eig.) 14-1355; photometr. Mikrobest. kleiner Mengen α-Naphthol in Ggw. verschiedener α-Naphthylesteremuls. u. Verw. zur Analyse v. — 22-1967; Verw. langkett. Naphthylsäureester zum histochem. Nachw. 49/50-1194; hexazotiertes Pararosanilin- u. Diamantfuchsin als Kuppler bei Naphthol-AS-Acetaten zum Nachw. v. unspezif. — 51/52-1160; Vgl. v. Säugetier-— nach d. Zymogramm-Meth. 2-1335; Auffind. v. — in Kulturfiltraten v. Fusarium oxysporum u. Fusarium xylarioides durch Stärkegelzonenelektrophorese 9-1413; elektrophoret. Analyse d. —-Aktivität v. Serum u. Gesamtblut nach Lager. bei *37°* 16-1510; Best. in Nierenzellen 18-1293; Identifizier. in Entenserum 24-1589; Analyse d. — in Ratten-Megakaryozyten durch eine Radioisotopen-zytochem. Technik 33-1314; fluorimetr. Best. unspezif. — im biolog. Material 35-1321; immunelektrophoret. Analyse d. — im Entenserum 44-1551; Testpapier zum Nachw. v. — in tier. u. pflanzl. Geweben u. in Mikroorganismen 46-1273; elektrophoret. Unters. v. — in Seren 46-1312; histochem. Unters. d. Aortaregenerat. in Tierexperimenten durch Rk. mit unspezif. — 16-1332; Analyse v. — als Mittel zur Identifizier. v. bestimmten schnellwachsenden Mykobakterien unter Verw. d. Stärkegelelektrophorese 47-1304.

Iso(en)zyme d. Esterasen: Einfl. d. Fettingest. auf — d. Intestinums, d. intestinalen Lymphe u. d. Serums 20-1301; —-Unters. an einigen menschl. Zellstämmen 30-1270; — in Extrakten aus Tumor- u. Normalgewebe sowie im Serum d. Goldhamsters 49/50-1103.

Esterhydrolasen

s. *Esterasen.*

Exonuclease

— aus Bacillus subtilis (Besonderh.) 31-1216; Wrkg. v. pH auf d. Bldg. in alternden Nährbrühe-Kulturen v. Serratia marcescens 25-1248; Isolier. u. Eig. aus Serratia marcescens 25-1247; Wrkg.: auf d. infektiöse RNS d. MS*2*-Bakteriophagen 34-1344; d. Glucosylier. v. DNS auf d. Hydrolyse durch d. — v. E. coli 36-1216; Regulier. 44-1175; Anwend. d. Gelfiltrat. zur Unterscheid. v. — u. Endonuclease 34-1273.

Exonuclease I

Wrkg. auf d. mit krist. Hefe-Cytochrom b*2* assoziierten DNS 1-1241; Bind. v. — aus E. coli an in Agarose fixierte DNS 18-1327.

Exonuclease II

Bind. v. — aus E. coli an in Agarose fixierte DNS 18-1327.

Exonuclease III

Wrkg. auf d. mit krist. Hefe-Cytochrom b*2* assoziierte DNS 1-1241.

Exopenicillinase

Wechselwrkg. v. — verschiedenen Ursprungs mit Penicillinen 29-1273.

Exopeptidasen

— v. einem Streptomyces-Stamm 31-1256; —-Aktivität im Magensaft u. Hepatopankreas v. Astacus astacus 10-1372.

Exopolygalakturonase

Hg-aktivierte — aus Aspergillus niger 20-1316; Aktivität einer zweiten — bei Aspergillus niger 20-1317; Verh. d. Pektins v. Apfelsaft gegenüber — 7-1392; mazerisierende Wrkg. v. Pilz-— auf d. Mittellamelle v. Kartoffelknollen-Zellwänden (Beweis für d. Pektinnatur) 14-1491; beschränkte Hydrolyse v. Pektinsäure durch Karotten 41-1281; Rk. mit Pektinsäure 51/52-1172; Verw. bei d. Klär. v. Apfelsaft 7-1391.

FAD-Phosphohydrolase

Partielle Reinig. u. Eig. v. — aus d. Samen d. Mungobohne 28-1353.

FAD-Pyrophosphorylase

Geh. in Spinat 21-1427.

Faktor XI

s. *Thrombokinase.*

FDP-Aldolase

s. *Fructose(-1.6-)diphosphat-Aldolase.*

Fe-Peroxydase

s. unter *Peroxydase.*

Ferredoxin-NADP-Reduktase

Identität v. NADPH-Cytochrom f-Reduktase aus Chloroplasten mit — 24-1302.

Ferrichrom A-Peptidase

— aus Pseudomonas FC-*1* 16-1306.

Ferricytochrom c

s. unter *Cytochrom c-Gruppe, Cytochrom c.*

Ferrochelatase (Chelatase)

Bldg. v. Zn-Protoporphyrin u. Häm durch — v. Mitochondrien u. Chromatophoren 4-1354.

Ferrocytochrom c

s. unter *Cytochrom c-Gruppe, Cytochrom c.*

Ferrocytochrom c: O_2-Oxydoreduktase

s. *Cytochrom(c)-Oxydase.*

Fettsäure-Decarboxylase

s. *Fettsäure-Desaturase.*

Fettsäure-Desaturase (Fettsäure-Decarboxylase)

Vork. in Hefepartikeln 36-1379; Abbau hochungesätt. Fettsäuren durch — 46-1314.

Fettsäure-Synthetase

—-Aktivität: in Hefepartikeln 36-1379; v. Homogenaten laktierender Rattenbrustdrüsen 12-1516; d. Leber nach Puromycin oder Actinomycin B 40-1618; Einbau v. ^{14}C-Pantothenat in — wachsender Bäckerhefe 38-1340; supramol. Organisat. v. — 10-1333; Mechanismus d. Fettsäuresynth. mit — aus Hefe 45-1110.

Fettsäure-Transferase

Verteil. einer Plasma-—-ähnl. Aktivität in Rattengeweben 29-1240; Rolle beim Lipidtransport im Serum 34-1562.

Fibrinase

Verhinderte —-Aktivität zweier Brüder 19-1582.

Fibrinolysin

s. *Plasmin.*

Fibrinolytische Enzyme

Spezielle — s. unter d. eigenen Stichwort. —-Aktivität einiger Mycobakterien u. Actinomyceten 51/52-1209; — d. Plasmas nach einem frischen Myokard- u. Hirninfarkt 13-1734; —-Aktivität: bei alimentärer Lipämie 16-1517, 16-1518; d. menschl. Blutes post mortem nach plötzl. oder natürl. Tod 23-1518; in AHF-Plasma mit geringer Zahl an Blutplättchen 28-1593; Einfl. v. Heparin auf d. —-Aktivität v. Ratten 36-1558; — d. Gefäßintima 39-1466.

—-Aktivität: v. Hemoclar 17-1533; v. α- u. β-4-Aminomethylcyclohexancarbonsäure 35-1068; v. D-Gluconyl-L-tyrosin 40-1536; v. Thrombin 45-1460; eines neuen β-blockierenden Adrenergikums 47-1450; Entzünd.-hemmender Arzneimittel 51/52-1526.

Chemie u. Pharmakologie d. Fibrinolyse mit — (Thrombolyse) 39-1465; Wrkg. d. Nierenausschalt. auf d. Fibrinolyse durch — im Plasma d. Hundes 3-1545; Freisetz. gefäßwirksamer Stoffe beim Ablauf d. Fibrinolysevorgänge im menschl. Blut durch — 7-1660; Bezieh. zwischen Blutlipiden u. d. — 11-1567; Unabhängigk. zwischen d. aktivierenden Wrkg. d. Fibrinolyse durch — u. blutzuckersenkenden Wrkg. v. Tolbutamid 13-1663; Aufnahme v. Fibrinogen u. — durch neoplast. Gewebe 17-1244; Vgl. v. Fibrinolyse durch — u. Gerinn. bei nigerian. u. europäischen Männern 29-1511; spontane Schwank. d. Fibrinolyse mit — 29-1513; Einfl. v. Monothioäthylenglykol auf d. Fibrinolyse mit — d. Plasma 42-1466; Fibrinogenolyse d. Plasma mit — in Ggw. v. ox. u. red. Glutathion in vitro 42-1467; Einfl. eines Trypsininhibitors auf d. Fibrinogenolyse u. Fibrinolyse d. Plasma in vitro mit — 42-1468; Verh. v. — d. Plasmas nach Aktivier. mit Streptokinase u. Urokinase 46-1482, 46-

1483; Einfl. v. Gallensalzen auf d. Fibrinolyse in mensch. Subkutangewebe mit — in vivo 46-1485. l

Herst. v. d. Aktivität d. fibrinolyt. Pro-—begünstigenden Substanzen aus Organen d. Säugetiere 18-1820*; Aktivier. d. —: durch Urokinase u. Streptokinase bei Menschen u. Hunden (Vgl.) 29-1512; mit synthet. Aktivatoren 31-1524; mit einem Aktivator aus d. Metaboliten v. Bacillus subtilis 43-1213; durch Deriv. v. Diphenyldioxopyrazolidin 44-1549.

Wrkg. v. konjugierten Pferdeöstrogenen auf — 3-1484; Aminocapronsäure als Hemmer d. — (Übersicht) 7-1663, 8-1626; Einfl. v. Nicotinsäure auf d. — d. Bluts bei Atherosklerose 14-1655; Bezieh. zwischen Fibrinstabilisierendem Faktor, Ca u. —-Hemm. 15-1532; Einfl. v. Adrenalin auf d. — im Plasma 42-1472; Anti-—-Wrkg. v. Estern d. 4-Aminomethylbenzoesäure 42-1475; Wrkg.: v. Atromid S auf d. — 42-1617; v. Testosteronpropionat auf d. — beim Menschen 45-1374, 45-1375; v. ε-Aminocapronsäure auf — 45-1459, 49/50-1424; Stoffwechselschicksal d. Antifibrinolytikums p-Aminomethylbenzoesäure beim Menschen 15-1535; Einfl. v. Antifibrinolytika auf d. Aktivier. d. Kininsyst. durch Fibrinolysevorgänge 47-1451.

Reagenzglas-Meth. zur Prüf. d. —-Aktivität synthet. organ. ¦Verb. 4-1539; Best. v. — 23-1520, 51/52-1420; (d. Harns) 30-1467.

Ficin

Isolier. aus Rana esculenta L. durch Säulenchromatographie 32-2053; Reinig., Charakterisier. u. Aminosäurezus. 27-1293; Aminosäuresequenz mit reakt. Thiol-Gruppe 5-1330; Kinetik v. —-katalysierten Hydrolysen in Ggw. v. Alkoholen 36-1343; Abbau v. menschl. Brandwundenschorf durch — 44-1363; Rk. mit Diisopropylfluorphosphat (Nachw. eines verunreinigenden Hemmstoffes) 45-1548; Verw. zum Nachw. v. Hämagglutinin (Vgl.) 35-1582.

Flavinenzyme

s. *Flavinfermente.*

Flavinfermente (Flavinenzyme, Flavoproteine)

Modelle 49/50-1144, 49/50-1145; intrazellulare Verteil. bei Azotobacter vinelandii 34-1306; Geh. d. lösl. Anteils leichter u. schwerer Mitochondrien aus Rattenleber 4-1198; —-Aktivität bei Thiaminmangel 13-1704; Geh. d. Hirnmitochondrien 14-1704; — im Ei u. Blutserum d. Legehenne 48-1441; Charakterisier. d. Imidazolacetatmonooxygenase als — 49/50-1160; Reinig. v. — als Komponente d. Elektronentransports aus Azotobacter-Extrakten 21-1337; Absorpt.-Spektren v. Fe-— 6-1242; Mechanismen d. Rk. mit O_2 13-1316; Wrkg.-Mechanismus (Übersicht) 42-1193; Rk.-Mechanismus 49/50-1145; Einfl. auf d. Photored. d. Nicotinamidadenindinucleotide durch ein zellfreies Syst. aus Chromatium 23-1264; Elektronentransportfunkt. eines hitzestabilen — in d. oxydativen Decarboxylier. v. Glycin durch Peptococcus glycinophilus 44-1259; Wrkg. v. Aminazin auf d. — bei d. Biolumineszenz d. Bakterien 51/52-1229; adaptiver Charakter d. Wrkg.-Änder. d. — bei d. Infekt. d. Mohrrübe durch Phoma rostrupii 45-1183; Einfl.: v. Triphenyltetrazoliumchlorid auf d. Atmungskette d. Mitochondrien an d. Stelle —-Ubichinon-Cytochrom b 45-1242; eines durch — reguliertes ATPase-Syst. auf d. Melanophorenkontrakt. d. Froschhaut 1-1705; Barbiturathemm. v. gereinigten — 2-1309; Reinig. d. —-Hemmstoffes aus Retikulozyten 5-1539.

Bibl.: Flavins and flavoproteins (symposium of the International Union of Biochemistry organized under the auspices of the Royal Netherlands Academy of Sciences and Letters, Amsterdam *1965*) B 27.

Flavinphosphat-Synthetase

Entdeck. einer neuen Guanosin-5′-triphosphat erfordernden — in Rhizopus oryzae 11-1339; Vork. einer Guanosin-5-triphosphat erfordernden — in Bäckerhefe 47-1226.

Flavokinase

s. *Riboflavin-Kinase.*

Flavonoidglucosidase

Reinig. v. Isoquercetin hydrolysierenden — 39-1221; Hemm. durch Glucose 39-1222.

Flavoproteine

s. *Flavinfermente.*

Fluoracetanilid-Amidohydrolase (Fluoracetanilidase)

— v. Mäuse- u. Kükenleber (Eig.) 25-1272; Reinig. u. Eig. d. — v. Kükenleber 25-1273.

Fluoracetanilidase

s. *Fluoracetanilid-Amidohydrolase.*

Folat-Reduktase

s. *Tetrahydrofolat-Dehydrogenase.*

Folsäure-Reduktase

s. *Tetrahydrofolat-Dehydrogenase.*

Formaldehyd-Dehydrogenase

Best. u. Eig. 37-1239.

Formamidase (Formylkynurenin-Formamidase, Kynurenin-Formamidase)

Regulat.-Mechanismen d. Synth. bei Pseudomonas fluorescens 26-1306; Rolle bei d. Hydrolyse d. Acylnaphthylamide 38-1330.

Formiat-aktivierendes Enzym

s. *Formyltetrahydrofolat-Synthetase.*

Formiat-Dehydrogenase (Ameisensäuredehydrogenase)

Bldg. v. in ein funktionelles Elektronentransportsyst. eingebaute — während d. Wachstums v. Penicillin-induzierten Sphäroblasten v. Hämophilus parainfluenzae 40-1252; Umwandl. v. C-Atom *8* v. GTP durch — 43-1434; kinet. D-Isotopeneffekte bei d. Formiatoxydat. durch — aus Phaseolus oder E. coli 14-1324.

Formiat: Tetrahydrofolat-Ligase [ADP]

s. *Formyltetrahydrofolsäure-Synthetase.*

Formiminotransferase

Tetrahydrofolat-abhäng. Enzymaktivitäten v. Erythrozyten bei —-Mangel-Syndrom 37-1287; —-Aktivität d. Erythrozyten bei Schwachsinn mit Hyperfolsäureämie 37-1288; 4-Amino-5-imidazolcarboxamid im Harn nach einer oralen Dosis bei —-Mangelsyndrom 51/52-1399; Aminoimidazolcarboxamidribotidtransformylase d. Erythrozyten bei —-Mangelsyndrom 51/52-1400; —-Aktivität d. Erythrozyten beim —-Mangelsyndrom 51/52-1401; kinet. D_2-Isotopeneffekte bei d. Formiatoxydat. mit — 14-1324.

Formylhydrolyase

Antagonismus zwischen Arginin u. Canavanin bei d. adaptiven Bldg. v. — in E. coli *1* 22-1260; induzierte Biosynth. v. — in E. coli-Zellen mit Fe-Mangel 17-1334.

Formylkynurenin-Formamidase

s. *Formamidase.*

Formyltetrahydrofolat-Synthetase (Formiat-aktivierendes Enzym, Formiat: Tetrahydrofolat-Ligase [ADP], Formyltetrahydrofolsäure-Synthetase)

— in Amethopterin-empfindl. u. -resistenten Stämmen v. Streptococcus faecalis 28-1278; Tetrahydrofolat-abhäng. —-Aktivität v. Erythrozyten bei Formiminotransferasemangel-Syndrom 37-1287; —-Aktivität d. Erythrozyten bei Schwachsinn mit Hyperfolsäureämie 37-1288; Mechanismus d. Kationaktivier. v. — 17-1327; Aktivier. d. — durch Mg, K u. andere einwert. Ionen 19-1345; Reinig., Eig. u. Verteil. in Pflanzen 29-1279; Rk.-Mechanismus 48-1250.

Formyltetrahydrofolsäure-Synthetase

s. *Formyltetrahydrofolat-Synthetase.*

β-Fructofuranosidase (β-Fructosidase, Invertase, Saccharase)

—-Aktivität: in Böden unter Weiden 26-3257; d. Autolysate v. Bierhefen 13-1365; — aus Hefe 19-1324; Lokalisat. in Extrakten aus Neurospora nach Elektrophorese in Polyacrylamidgelen 26-1337; —-Aktivität: d. Ascosporen u. ihr Ausscheid.-Mechanismus in Abhängigk. d. Reife d. Sporen bei Aspergillus amstelodami 27-1281; während d. Konjugat. bei Hansenula wingei 27-1327; d. Rhizosphäre v. Gerste, Roggen u. Weizen 42-1301; — in unreifem Zuckerrohr 15-3155; —-Aktivität in frostresistenten Varietäten v. Weizen u. Roggen 22-1344; — bei unreifem Zuckerrohr (Wrkg. v. Regulatoren) 26-1461; —-Aktivität in auf Sand gezogenen Zuckerrohrarten bei unterschiedl. Angebot an Nitrat u. Phosphat 35-1322; Vork. bei Melolontha melolontha 6-1281; Verteil. im intestinalen Epithelium 11-1329; intestinale — bei normaler u. verfrühter Entw. 17-1313; intrazellulare Verteil. in d. Schleimhaut d. Dünndarms 20-1353; Lokalisat. im Darm 33-1640; vermutl. Vork. in Takadiastase u. Wrkg. auf acetylierte Saccharose 3-1357; humane intestinale Maltasen mit —-Aktivität (chromatograph. Trenn.) 13-1362.

Produkt. durch Penicillium chrysogenum u. a. Pilze in submerser Gär. 15-1306; Unters. d. — produzierenden osmophilen Hefen 47-1233; Bldg. bei Piricularia oryzae-Mutanten 49/50-1266; Substratgeh. als ein regulierender Faktor d. Synth. d. — in höheren Pflanzen 24-1390; Kontrolle d. —-Synth. im Zuckerrohr 38-1314; Synth. im Darm d. menschl. Fetus 13-1352; Elut. exozellularer — aus Saccharomyces fragilis u. Saccharomyces cerevisiae 6-1279; Fäll. aus Hefe-Autolysaten durch Ammoniumsulfat 18-3407; Isolier.: aus Weintrauben 7-1390; u. Eig. v. — aus Kaninchendarm 33-1329; Trenn. u. Eig. v. Kartoffel-— u. —-Inhibitor 44-1354; Reinig. v. Hefe-— mit DEAE-Cellulose 49/50-1202.

pH u. Temp.-Abhängigk. 1-3171; Einh. 18-1297; in vitro erfolgende Umwandl. d. beiden Formen d. — d. Hefe 36-1329; Natur v. — d. Honigs 37-1271.

Aktivität u. Veränder. d. Wandverdauung unter d. Einw. v. ionisierenden Strahlen 18-1615; — u. DNS-Synth. in synchronen Kulturen v. Schizosaccharomyces pombe 40-1221; extrazellulare Hydrolyse v. Kohlenhydraten durch — pflanzl. Gewebe 41-1280; Oligosaccharidsynth. durch d. Verdauungskanal-— d. Larve v. Corcyra cephalonica 16-1303; Spalt. v. Saccharosefettsäureestern durch — 46-1517.

Wrkg. v. Chlorcholinchlorid auf d. — v. Weizen 31-1380; Hemm. durch 2-Amino-2-hydroxymethylpropandiol-(1.3) 39-1233.

Verw. v. —-halt. sprühgetrockneter Hefe oder Mikroorganismen als Beifuttermittel 20-3372*.

Dünnschichtchromatograph. Identifizier. 44-1661; papierchromatograph. Best. im Dünndarm bei Menschen 13-1361; einstuf. Ultramikrometh. für d. Prüf. auf intestinale — 32-1392; Verw. zur Best. v. Saccharose in Rübenmelassen 40-1970; Nachw. d. Pasteurisat. d. Bieres durch —-Best. 42-3103.

Fructokinase (Fructose-Kinase)

—-Aktivität bei Proteus mirabilis 20-1363; Modellunters. an Säugetier-— 12-1339; Einfl. d. Natur d. verwendeten C-Quelle im Verlauf d. Wachstums auf d. Biosynth. v. — bei Acetobacter xylinum 48-1288; Substratgeh. als ein regulierender Faktor d. Synth. d. — in höheren Pflanzen 24-1390.

D-Fructose-Dehydrogenase

— als ein neues Enzym (Isolier., Eig.) 49/50-1147.

Fructose{-1.6-}diphosphat-Aldolase (Diphosphofructo{se}-Aldolase, FDP-Aldolase)

—-Aktivität v. Polysphondylium pallidum 32-1380; —-Niveau in einigen Koniferen (Vgl.) 1-1429; —-Aktivität in d. Niere d. Maus im Verlauf einer experimentellen Intoxikat. mit Uranylnitrat 20-1346; — v. Inhalt u. Wand benigner u. maligner Zysten d. weibl. menschl. Genitaltraktes im Hinblick auf d. Austrittsmechanismus 27-1316; —-Aktivität menschl. Tumoren 33-1254; Verhältnis v. — u. Fructosemonophosphataldolase im Rattengewebe bei tox. Einw. u. Hunger 33-1317; Vgl. d. Wrkg. d. Glucoseverfütter. auf d. Aktivität v. — in Leber u. Herz bei Ratten 34-1376; —-Aktivität im Meerschweinchenherzen nach Ajmalininfus. 46-1633; Aktivier. d. —: durch aromat. Sulfhydrylreagenzien u. β-Eliminier. ausgewählter Thiolgruppen 3-1359; durch hohe Fructose-1.6-diphosphatkonz. 32-1419; Reinig. u. Eig. d. — aus Candida utilis 32-1420; akt. Stelle v. — (Unters. unter Verw. v. Fructosediphosphat-Analogen) 29-1275; Cyanidaddukt d. —-Dihydroxyacetonphosphat-Imins 28-1389; Antikörper gegen — 9-1410; Organ- u. Artspezifität v. Antikörpern gegen Kaninchen-Muskel-— 23-1301; chromatograph. Charakterisier. d. — d. Muskels v. normalen Erwachsenen, v. Fetus u. v. Personen mit progressiver Muskeldystrophie v. Duchenne-Typ auf DEAE-Sephadex 35-1345.

Fructose-1.6-diphosphatase (D-Fructose-1.6-diphosphat-1-Phosphohydrolase, Hexosediphosphatase)

— in zellfreien Extrakten v. Nitrobacter agilis 6-1329; —-Niveau in einigen Koniferen (Vgl.) 1-1429; —-Aktivität in auf Sand gezogenen Zuckerrohrarten bei unterschiedl. Angebot an Nitrat u. Phosphat 35-1322; Geh. d. Rattenniere bei phosphatfreiem Futter 1-1613; Vork. in glatten Muskeln 7-1729; —-Aktivität im Muskel 8-1385; —: im gestreiften Muskel 12-1370; aus Kaninchenleber 20-1308; —-Aktivität im Rattengewebe bei Fe-Mangelanämie u. Wiederzufuhr v. Fe 43-1392; — aus Kaninchenleber 48-1231; Nachw. v. Phosphofructokinase in gerein. Präp. aus Rat-

β-1.4-Glucanglucanohydrolase

s. *Cellulase.*

α-1.4:1.6-Glucan-4:6-glucohydrolase

s. *γ-Amylase.*

β-1.4-Glucanhydrolase

s. *Cellulase.*

α-1.4-Glucanmaltohydrolase

s. *β-Amylase.*

α-1.4-Glucan:Orthophosphat-Glucosyltransferase

s. *α-Glucanphosphorylase.*

α-Glucanphosphorylase (α-1.4-Glucan:Orthophosphat-Glucosyltransferase, Glykogenphosphorylase, Phosphorylase{a})

Vork. in Hartmanella castellanii 8-1475; —-Aktivität: in Polyfructosan enthaltenden pflanzl. Geweben 2-1324; in keimender Sommergerste 2-1487; in Mais u. Rettich (Wrkg. v. Fe) 21-1502; in d. Leber während d. DAB-Karzinogenese 2-1277; d. Muskels 4-1291; im afrikan. Lungenfisch 7-1382; d. Uterus 11-1303; Einfl. v. Dichlorisoproterenol auf d. durch Epinephrin verursachte —-Erhöh. im Frosch-Sartoriusmuskel 11-1507; —-Aktivität: in d. Plazenta u. bei neugeborenen Ratten 12-1625; im Uterus d. scheinträcht. Ratte 15-1297; Vork. im Sarkoplasma v. Skelett- u. Herz- u. glatten Muskeln d. Ratte 15-1326; Verteil. in d. Nebennierenrinde (Wrkg. v. ACTH) 15-1489; Lokalisat. in d. Gefäßwänden bei Vers.-Tieren 16-1331; —-Aktivität: in Organen bei chron. Heptachlorintoxikat. 17-1714; d. Gewebekulturzellen 18-1276; d. Leber (Wrkg. d. Ernähr.-Zustandes) 18-1280; — in d. Leber v. Ratten mit Hypervitaminose A 19-1302; —-Aktivität: d. menschl. Skelettmuskels bei verschiedenen Myopathien 22-1539; unter Einfl. v. K-Mangel u. Diazoxid 23-1470; in Megakariozyten 24-1318; in d. Leber (nach Splanchnikus-Nervenstimulier.) 24-1333; Muskel-—-Stör. (Übersicht) 26-1614; —-Aktivität: zu verschiedenen Zeiten d. Herzinfarktes 27-1650; im isolierten durchströmten Rattenherzen 29-1250; Familienunters. d. —-Mangelerschein. im Muskel 29-1592; Vork. in d. Leber eines Mädchens mit erhöhtem Leberglykogen 32-1345; —-Aktivität bei Proteinfehlernähr. 34-1577; Vork. in d. Leber bei Typ IV-Glykogenose 38-1285; Bezieh. d. Hoden zur —-Aktivität d. Nebenniere d. Ratte 42-1366; — d. Herzens (Einfl. v. Prostaglandin E_1) 42-1427; —-Aktivität: im Rattengewebe bei Fe-Mangelanämie u. Wiederzufuhr v. Fe 43-1392; bei Plasmocid-induzierten Herzmuskelläs. 43-1459; bei Methoxamin induzierten Herzmuskelläs. 43-1460; —-Aktivität in d. isolierten Kaninchenatria (Wrkg. v. Reserpin) 43-1585; Bezieh. zwischen d. —-Aktivität d. Blutplättchen u. einiger Organe d. Ratte 47-1207; —-Aktivität: d. Blutplättchen u. einiger Organe nach Genuß v. W. per os bei d. Ratte 47-1208; d. Meerschweinchenherzens (Wrkg. v. Acetylcholin) 47-1491; (bei Kreislaufstillstand) 47-1493; d. Leber (Wrkg. v. 3′.5′-AMP) 48-1531; d. glatten Muskulatur (Wrkg. v. Brenzcatechinaminen) 49/50-1381; im Myokard (Einfl. v. Schilddrüsenhormonen) 51/52-1469.

Rolle d. Adenylsäure bei d. Aktivier. d. — 3-1303; Wrkg.: d. Thyroxin-Behandl. auf d. Aktivier. d. — durch Adrenalin im isolierten Rattenzwerchfell 5-1512; v. Adrenalin auf d. Herzmuskel (Trenn. zwischen —-Aktivier. u. inotroper Wrkg.) 9-1372; Aktivier. d. Skelettmuskel-— (Übersicht) 11-1305; hyperkaläm. Rk. auf d. Adrenalin induzierte hepatit. Aktivier. d. — 44-1503; Aktivier. d. — im akut ischäm. Muskel 46-1538.

Bldg.: bei d. Wrkg. v. Phosphorylasekinase aus Rattenchloroma auf Phosphorylase b aus Kaninchenmuskel 25-1227; in Leberzellen nach Verfütter. v. Azofarbstoff 39-1167; Gewinn.-Meth. für Kartoffel-— 29-1249; Reinig. u. Eig. v. inakt. Leber-— 49/50-1169.

Zirkulardichroismus u. opt. Rotat.-Dispers. v. — aus Kaninchenmuskel 51/52-1159.

Feinstrukturverteil. 21-1383; Heterogenität v. — aus Rattenchloroma 25-1228.

Alkylier. u. Photoox. 10-1353; —-Aktivier. u. Umwandl. als Bestandteil d. Kaskaderk. beim glykogenolyt. Effekt v. Epinephrin 12-1423; wahrscheinl. Bldg. v. partiell phosphorylierten Zwischenprod. bei d. gegenseit. Umwandl. v. — in Phosphorylase b 37-1251; alloster. Eig. eines Komplexes aus — u. Glutamat–Pyruvat-Transaminase 38-1284; Pyridoxal-5′-phosphat in — 5-1322; mögl. Mechanismus d. —-Rk. 11-1302; Verhältnis v. Dissoziat. u. katalyt. Aktivität d. — 14-1364; Wrkg.: v. pH u. Temp. auf d. Kinetik d. —-Rk. 14-1365; v. Kohlenhydraten auf Struktur u. Aktivität v. — 19-1314; Wrkg.-Muster 28-1313; Einfl. auf d. Amylosesynth. 42-1254; Phosphorolyse d. Adenosindiphosphoribose durch — aus Euglena gracilis 20-1288; —-Rk. in keimender Sommergerste 2-1488; Beteilig. am Stärkeabbau im Seegras 15-1333; Saccharose-—-Bezieh. in unreifem Zuckerrohr 15-3155; Abbau v. natürl. u. synthet. Amylose mit Kartoffel-— 19-1192; Bezieh. zwischen Keim. u. α-Amylasebldg. u. Aktivität d. — in Phaseolus aureus 25-1412; Rk. v. Maltopentose mit Kartoffel-— 28-1313; Bezieh. zur aeroben Glykolyse während d. Muskelkontrakt. 7-1367; Teilnahme an d. Glykogenautolyse im Rückenmark d. Ratte nach Röntgenbestrahl. 18-1612; primer-Bedarf d. Kaninchenmuskel-— 28-1314; Rk. mit Polysacchariden d. Glykogensynth. 32-1331; Phosphorylase-Grenzdextrin als Substrat bei d. Dissoziat. v. Säugetier-Amylo-1.6-glucosidase mit Oligo-1.4 → 1.4-glucantransferaseaktivität in Untereinh. 32-1393.

Bestrahl.-Inaktivier. v. Kartoffel-— 1-1300; Wrkg. v. CCl_4 auf d. — v. Leberschnitten 3-1660; — in d. Leber stoffwechselgesunder Ratten u. Meerschweinchen unter d. Einw. v. N^1-n-Butylbiguanid 7-1633; Inaktivier. u. Reaktivier. d. Leber-— in vitro (Wrkg. v. Glucose-1-phosphat) 7-1368; Wrkg.: v. elektr. Erreg. u. Adrenalin auf Muskel-— 12-1542; v. Mebanazine auf d. Leber-— bei Tieren 17-1500; Kinetik d. thermalen Inaktivier. v. — 19-1315; (Rolle v. Pyridoxalphosphat bei d. Stabilisier.) 19-1316; Einfl. v. Diazoxid auf — 23-1468; Hemm. durch 2.4-Dichlorphenoxyacetat an Skelettmuskel u. Leber d. Ratte 25-1237; Potenzier. d. Wrkg. v. Brenzcatechinaminen auf d. — d. Herzens durch Cocain in Bezieh. zur Aufnahme v. ^{3}H-Brenzcatechinaminen 26-1749; Wrkg.: v. Urethan auf d. Muskel-— 29-1701; v. Melatonin u. verwandten Verb. auf d. — d. Fettgewebes d. Ratte in vitro 31-1468; hormonelle Beeinfluss. d. Lipase u. — in vitro (Vgl.) 33-1358; Einfl. v. A. u. Adrenalin auf d. — d. Gehirns 42-1520; Hemm. durch *2.4*-D bei experimenteller Myotonie 49/50-1174.

Elektronenmikroskop. Darst. d. — in Skelettmuskelfasern 7-1366; Technik zur Darst. beständ. histochem. Präparat. d. Leber-— 21-1384; histochem. Unters. in d. Plazenta 37-1268; Best. v. Glykogen mit — 7-1400.

Glucan-Sucrase

Beding. d. Bldg. durch Lactobacillusarten 7-1447.

Glucoamylase

s. *γ-Amylase.*

Glucocerebrosid-spaltendes Enzym

—-Mangel bei Morbus Gaucher 51/52-1146.

Glucoinvertase

s. *β-Glucosidase.*

Glucokinase (ATP: D-Glucose-6-Phosphotransferase, ATP-Glucose-Transphosphorylase, Glucose-ATP-Phosphotransferase)

Geh. während d. Hepatokarzinogenesis 5-1267; —-Aktivität: in transplantierten Rattenhepatomen 8-1316; verschiedener Rattengewebe (Wrkg. einer Kohlenhydratdiät) 9-1371; im Fettgewebe d. Rattennebenhodens u. Regulier. durch Insulin 11-1537; — I u. II d. Fettgewebes d. Nebenhodens d. Ratte 15-1280; —-Aktivität d. denervierten Leber 17-1578; —-Aktivität in d. Leber: u. Milchdrüsen v. jungfräul., trächt., stillenden u. postlaktierenden Mäusen 22-1186; v. Säugetieren 23-1314; normaler u. hypophysektomierter mit Röntgenstrahlen bestrahlter u. unterschiedl. ernährter Ratten 29-1233; v. adrenalektomierten Ratten (Einfl. d. Glucocorticosteroide) 34-1491; Wrkg. v. Hormonen u. Nahr. auf d. — in Rattenleber 45-1429.

Insulin-abhäng. Synth. 10-1360; diätet. Kontrolle d. Synth. 20-1290; Reinig. u. Eig.: d. — (v. Rattenleber) 4-1301; (v. Kaninchenleber) 8-1382; v. stereospezif. — (aus Aerobacter aerogenes) 36-1308.

Sulfhydrylgruppen d. — d. Leber u. Teilnahme an d. Katalyse d. —-Rk. 33-1305; multiple Formen v. — in Brustdrüsen v. Ratten 48-1212.

— im Glucosestoffwechsel bei Brevibacterium fuscum 31-1241; Teilnahme am D-Mannose-Stoffwechsel in Aerobacter aerogenes 47-1266; Wrkg. v. ACTH auf d. Geschw. d. —-Rk. in d. Geweben v. weißen Ratten bei akuter Hypoxie d. Organismus 14-1552; regulierende Funkt. d. — hinsichtl. d. Glucose-6-phosphat-Geh. bei Ratten 24-1332; Cortisonwrkg. auf d. —-Rk. in d. Erythrozyten 33-1533; Wrkg.-Mangel v. Insulin u. Blutfrakt. auf — 33-1558.

Wrkg.: kurzdauernder Verabreich. v. kanzerogenen Stoffen auf — d. Rattenleber 1-1251; v. Chlorthiazide auf — in d. Rattenleber 3-1306; v. Diäthylnitrosamin bei unterschiedl. Dosier. auf d. — d. Rattenleber 15-1236; einmal. bzw. langfrist. Applikat. v. 3′-Methyl-4-dimethylaminoazobenzol auf d. — d. Rattenleber 49/50-1099; v. Vanadationen auf — 26-1319.

Gluconat-Dehydrogenase

s. *5-Ketogluconat-Oxydoreduktase.*

Gluconat-6-phosphatdehydrogenase

s. *Phosphogluconat-Dehydrogenase.*

Glucono-δ-lactonase

Abtrenn. aus Pseudomonas fluorescens 49/50-1187.

1-[β-D-Glucopyranosyl]-uracilphosphat-Phosphohydrolase

Hydrolyse d. cycl. Phosphatester v. 1-[β-D-Glucopyranosyl]-uracil mit — 7-1432.

Glucosamin-*N*-Acetylase

—-Aktivität in granulierendem Gewebe u. Mucopolysaccharidsynth. 49/50-1246.

{β}-Glucosaminidase

—-Aktivität in menschl. Synovialfl., Blutplasma u. Leukozyten 28-1364; Einfl. d. —-Aktivität auf d. pathogenen Eig. v. Bacillus alvei 40-1405; Spalt. v. Glucosaminoligomeren durch — in Aszitestumorzellen 14-1299.

Glucosaminphosphat-Desaminase (Glucosamin-6-phosphorsäure-Desaminase)

—-Aktivität in röntgenbestrahlten Erythrozyten 49/50-1490.

Glucosamin-6-phosphorsäure-Desaminase

s. *Glucosaminphosphat-Desaminase.*

β(1 → 4)-Glucosanasen

Vgl. d. — v. Candida brumptii aus Myzetozyten d. Larve v. Hylobius abietis u. d. Insekts 40-1399.

Glucose-ATP-Phosphotransferase

s. *Glucokinase.*

Glucose-Dehydrogenase

— im Glucosestoffwechsel bei Brevibacterium fuscum 31-1241; Mechanismus d. Kontrolle d. — in d. Hefe 36-1246; Wrkg. v. Glucose auf d. Denaturier. v. — durch Harnstoff 24-1294.

{D}-Glucose-Isomerase

Produkt. u. Eig. v. — aus Brevibacterium pentoso-aminoacidicum 7-1424; — im Glucosestoffwechsel bei Brevibacterium fuscum 31-1241; Teilnahme am D-Mannosestoffwechsel in Aerobacter aerogenes 47-1266.

β-D-Glucose: O_2-Oxydoreduktase

s. *Glucose-Oxydase.*

Glucose-Oxydase (β-D-Glucose: O_2-Oxydoreduktase, Notatin)

Forsch. 29-1213.

—: aus Penicillium notatum (Isolier., mol. Eig.) 6-1250; v. Aspergillus niger 28-1297; —-Aktivität d. Honigs (stereochem. Substratspezifität) 9-1347, 43-1163, 43-1164.

Darst. v. —-Präp. 5-3323, 29-1214; krist. u. gereinigte nichtkrist. Präp. d. — aus Penicillium vitale (Eig.) 11-1281.

Glykoproteinstruktur d. — v. Aspergillus niger 48-1191; Kinetik d. therm. Denaturier. 27-1166.

Rolle bei d. S-Methylgruppenox. 8-1364; Mechanismen d. Rk. v. — mit O_2 13-1316; Rk. in verschiedenen O_2-Konz. 32-1307; Jodier. v. Proteinen mit — 45-1113; Bezieh. d. —-Aktivität zur Cytochrom c-Peroxydase in Aspergillus niger 32-1323; Einfl.: d. —-Hemm. auf d. Kohlenhydratstoffwechsel in Aspergillus niger 39-1297; auf d. Bldg. v. Glucose in Gewebeschnitten d. Rattendarmes aus Maltooligosacchariden 10-1661.

Bldg. v. — beeinflussenden Faktoren in submerser Kultur 19-1286; Einfl. v. Aminazin auf — 26-1698; Substrathemm. 28-1298.

Verw.: zur Unters. d. gegenüber Maltose wirksamen Transglykosylase aus Muskeln 37-1252; v. mit Methylcellulose überzogenem —-Katalase-Präp. zur Stabilisier. v. wasserhalt. Nahr.-Mitteln 8-3352*; eines —-Zusatzes zum Schutz verpackter, erhitzter wss. Lebensmittel vor Ox. 25-3060*; zwischen zwei Verpack.-Schichten v. Fleisch zum Schutz vor Ox. 25-3064*.

4-Methoxy-α-naphthol als Substrat zur spektrophotometr. Best. v. – 12-1329; Basenkatalysierte Isomerisier. d. Glucose u. ihre Wrkg. auf d. –-Analyse 40-1266; Best. d. exogenen Galaktose im Blut mit einer „speziell gerein.“ – 2-1316; Fehlresultate bei d. Blutzuckerbest. mit d. –-Meth. 5-2033; Verw. zur Best. v. Glucose im Blut 11-2134; Best. v. Saccharose in Rübenmelassen mit – 12-2048; Verw. zur Best. v. Xylose in Serum u. Harn 15-2090; Hemm. d. enzymat. Glucosebest. mit – durch Gluthation 19-2093; Blutzuckerbewert. durch eine enzymat. Schnellmeth. mit – imprägnierten Teststreifen 21-2165; kolorimetr. –-Meth. für Blutglucose 29-1279; einstuf. Ultramikrometh. für d. Prüf. auf intestinale Disaccharidasen mit Hilfe v. – 32-1392; Best.: v. Hexose in Blut u. Urin mit – (Überblick) 37-1233; d. Glucose in d. nach Ox. v. Glykogen bzw. Stärke erhaltenen Prod. mit – 38-1093; Verw. in Glucose-Indikator zur Unters. v. Körperfl. 38-2003*; diagnost. Glucosebest. mit – u. Indikator 38-2007*; Best. v. Saccharose in Rübenmelassen mit – 40-1970; Nachw. v. Glucose im Blut mit – 43-1873*.

Glucose-Permease

Wrkg. beim Transport v. α-Methylglucosid in E. coli K_{12} 31-1263.

Glucose-1-phosphatase

–-Aktivität in auf Sand gezogenen Zuckerrohrarten bei unterschiedl. Angebot an Nitrat u. Phosphat 35-1322.

Glucose-6-phosphatase
(D-Glucose-6-phosphat-Phosphohydrolase)

Identität v. – mit anorgan. Pyrophosphatase in Rattenlebermikrosomen 32-1378.

Vork. in Hartmanella castellanii 8-1475; –-Aktivität in auf Sand gezogenen Zuckerrohrarten bei unterschiedl. Angebot an Nitrat u. Phosphat 35-1322; Vork. in Leber- u. Blutzellen bei Mitgliedern einer Familie mit Glykogenose d. Typs *I* 1-1663; –-Aktivität: d. Leber bei CCl_4-Vergift. 3-1659; in Rattenleber u. -niere 4-1324; Vork. im wachsenden Tibiaknorpel d. Menschen 7-1268; –-Aktivität: in Leberhomogenaten v. Patienten mit Glykogenosis 7-1381; im afrikan. Lungenfisch 7-1382; – im tubulären endoplasmat. Retikulum v. Hepatozyten 8-1405; –-Aktivität: d. Mäuseleber (Einfl. v. Metandrostenolon) 10-1584; in d. Zellfrakt. d. Leber v. Kaninchenembryonen u. erwachsenen Tieren nach Zufuhr v. Glucocorticosteroiden 11-1513; in Leber u. Niere d. Ratte bei Hypoxie 11-1661; in d. Plazenta u. bei neugeborenen Ratten 12-1625; Wrkg.: v. Östradiol auf – im Uterus d. Ratte 15-1472; v. Schilddrüsenhormon auf d. –-Aktivität in Leber u. Blut 15-1497; –-Aktivität: d. denervierten Leber 17-1578; in verschiedenen Organen hypophysektomierter Ratten u. Kaninchen 19-1632; in isolierten Rattenlebernukleolen 20-1351; intrazellulare Verteil. in d. Schleimhaut d. Dünndarms 20-1353; –-Aktivität: d. Leber nach Cortisoiinjekt. 23-1453; in d. Leber nach Splanchnikus-Nervenstimulier. 24-1333; geschlechtsspezif. Unterschiede im Vork. v. – in d. Rattenniere 25-1480; –-Aktivität: in tier. Geweben nach Behandl. mit d. Aminonucleosid v. Puromycin 29-1668; in Lebergewebskulturen (Einfl. v. Insulin, Prednisolon u. freien Aminosäuren) 30-1242; Einfl. v. Hydrocortison u. Insulin auf d. –-Aktivität in d. Niere d. Ratte 30-1418; –-Aktivität: d. Leber bei angeborener Hepatomegalie 32-1345; d. Retina u. d. Körperfl. v. Rindern 32-1377; Hormonwrkg. auf – d. Rattenmammadrüse 32-1425; –-Aktivität bei Proteinfehlernähr. 34-1577; Vork. in sich entwickelnden Drosophila 36-1325; intrazellulare Verteil. v. d. Biosynth. v. Glyceriden katalysierender – in d. Darmmucosa 36-1369; Vork. in d. Leber bei Typ IV-Glykogenose 38-1285; –-Aktivität in Leberzellen nach Verfütter. v. Azofarbstoff 39-1167; Wrkg. v. Threonin-Mangel auf – in d. Leber (Eiweißunterernähr.) 39-1489; –-Aktivität: in d. Mikrosomen v. wachsender Rattenleber 43-1112; in regenerierender Rattenleber nach partieller Hepatektomie 43-1466; in menschl. Lungenkarzinom 44-1230; in durch 4-Nitrochinolin-1-oxid induzierten Lungentumoren v. Maus u. Ratte 44-1231; Einfl. d. Fastens auf d. –-Aktivität d. Leber 46-1281; –-Aktivität im periodontalen Gewebe d. Meerschweinchens 49/50-1244; – in d. Speicheldrüsen v. Sciara coprophila 49/50-1353; Änder. d. Aktivier. v. – durch Trypsin während d. Entw. eines Rattenhepatoms 2-1283; Aktivier. v. – aus Rattenlebermikrosomen durch Hydroxylionen 38-1309.

Synth. d. mikrosomalen – in sich entwickelnden Rattenhepatozyten 43-1216; Einleit. d. –-Adaptat. in d. Ratte 44-1338; Darst. mit d. Schwermetall-Simultan-Meth. 18-1283.

Glykogengeh. im Muskel bei Stör. d. Leber-– 4-1577; Verh. im menschl. Endometrium 14-1395; regulierende Funkt. hinsichtl. d. Glucose-6-phosphatgeh. bei Tieren 24-1332.

Einfl. v. ionisierender Strahl. auf – d. Rattenleber 3-1653; Hemm. durch „cholephile“ Substanzen 8-1563; Schutzwrkg. d. Äthylendiaminotetraacetats auf d. Inaktivier. d. – d. Mikrosomen durch CCl_4 in vitro 14-1363; Wrkg.: v. Gefrieren u. Auftauen auf Mäuseleber-– 15-1334; v. Mebanazine auf d. Leber-– bei Tieren 17-1500; v. CCl_4 auf d. – in subzellaren Partikeln 18-1158; d. Gefriergeschw. auf d. – in Tumoren 24-1277; v. Vanadationen auf – 26-1319; – d. Leber u. d. Serums nach CCl_4-Injekt. 40-1584; Wrkg.: einiger Kationen auf d. Inaktivier. d. mikrosomalen – durch CCl_4 in vitro 47-1212; einmal. bzw. langfrist. Applikat. v. 3′-Methyl-4-dimethylaminoazobenzol auf d. – d. Rattenleber 49/50-1099.

Nachw. in Formol-fixierten u. in toto behandelten Ratten- u. Mäuseeiern 39-1228.

Glucose-6-phosphat-Cyclase

Katalysier. d. Bldg. v. D-Inosit-1-phosphat als Zwischenprod. in d. Biosynth. v. Inosit aus Glucose-6-phosphat durch – 24-1392.

Glucose-6-phosphat-Dehydrogenase
(D-Glucose-6-phosphat:NADP-Oxydoreduktase, NADP-Glucose-6-phosphat-Dehydrogenase, NADP-Glucose-Zwischenferment)

Vorkommen, Aktivität: Auftreten bei d. Lyse v. Pseudomonas fragi 12-1357; Einfl. v. Glucose auf d. Geh. in Hefe 20-1356; Lokalisier. im Mycoplasma 43-1259; Einfl. v. D-Glycerinaldehyd-3-phosphat auf d. –-Aktivität v. Bacillus subtilis 48-1187.

–-Niveau in einigen Koniferen (Vgl.) 1-1429; –-Aktivität: in keimender Sommergerste 2-1487; in Bohnenblättern bei Dürre u. nach Behandl. mit Azauracil 6-1449; –: aus Hülsenfruchtwurzelknöllchen 12-1302; in keimenden Lattichsamen (Eig.) 12-1315; –-Aktivität: in Gewebekulturen v. Nicotiana (Wrkg. v. Indolylessigsäure u. Kinetin) 13-1320; in Weizenkeimlingen (Einfl. v. N-Salzen) 21-1494; Geh. in d. Wurzeln bei Kalimangel 26-1439.

Geh. d. Rattenniere bei phosphatfreiem Futter 1-1613; Vork. in Leber- u. Blutzellen bei Mitgliedern einer Familie mit Glykogenose d. Typs *I* 1-1663; – d. normalen Rattenbrust u. v. wachsenden u. im Rückgang befindl. Brustkrebsen 3-1238; –-Aktivität: in d. Ovarien d. Makrele 3-1266; v. Stierhoden u. Epididymisspermien 3-1285; in d. Epidermis bei Psoriasis vulgaris 3-1619; im durch Benzpyren induzierten Zervikovaginalkarzinom 4-1231; Wrkg.-Mechanismus v. ACTH auf d. Nebennierenrinde in Bezieh. zur – 4-1467; Vork.: in Kniegelenken v. Ratten während d. Entw. 5-1304; im wachsenden Tibiaknorpel d. Menschen 7-1268; –-Aktivität in transplantierten Rattenhepatomen 8-1316; Geschlechtsbind. v. Erythrozyten-– in Wildhasenarten 8-1352; –-Aktivität: d. Rattennebenniere während d. frühpostnatalen Periode 9-1557; d. Nebennierenrinde d. epiphysektomierten Ratte nach Behandl. mit 5-Hydroxytryptamin 9-1588; im Fettgewebe v. mit Mehl gefütterten Ratten 9-1675; im Serum beim Favismus 10-1556; während d. Lipogenese im Mäusefettgewebe 10-1669; in d. Zellfrakt. d. Leber v. Kaninchenembryonen u. erwachsenen Tieren nach Zufuhr v. Glucocorticosteroiden 11-1513; Einfl. v. Hunger oder Protein-freier Ernähr. auf d. –-Aktivität d. Erythrozyten bei Ratten 12-1297; – bei Chinesen (Charakterisier.) 12-1314; –-Aktivität: v. Homogenaten laktierender Rattenbrustdrüsen 12-1516; d. regenerierenden u. degenerierenden Flächen innerhalb d. Lappens d. durch CCl_4 geschäd. Leber 12-1633; Wrkg. v. Actinomycin D auf d. durch Östrogen induzierte Änder. d. –-Geh. im R*2300* AC Mammakarzinom, Uterus u. in d. Brustdrüsen 15-1242; –-Aktivität d. Augenlinsen v. Lactose-gefütterten Ratten 15-1621; Regulat. d. –-Aktivität d. Ovars durch Gonadotropin 17-1291; –-Aktivität: d. denervierten Leber 17-1578; in verschiedenen Puffern in Gefrierschnitten 19-1285; im Ovarium d. Ratte (Einfl. v. Humanchoriongonadotropin) 19-1296; d. Leukozyten im Downs Syndrom 19-1570; Wrkg. v. Hormon-Antagonisten auf d. durch hormonale Steroide erzeugten Veränder. d. –-Aktivität im Uterus d. jugendlichen Ratte 19-1522; Lokalisat.: in Zellen d. Rattennebennierenrinde in Gewebekultur 20-1185; in isolierten Nuklei v. Rattenleber 22-1111; –-Aktivität: bei Erythrozyten im Falle angeborener nichtsphärozyt. hämolyt. Anämie 23-1497; während d. Karzinogenese u. in Tumoren 23-1227; in Säugetierlebern 23-1314; geschlechtsspezif. Unterschiede im Vork. v. – in d. Rattenniere 25-1480; Einfl. v. durch Albumininjekt. induzierter Proteinurie auf d. –-Aktivität in Nieren u. Leber d. Ratte 29-1598; –-Aktivität: d. Rattenhirns unter d. Einfl. zentrallähmender Pharmaka 31-1181; in menschl. Erythrozyten verschiedener Altersgruppen 31-1505; Wrkg. v. Lipiden auf d. –-Spiegel in d. Zellen v. schlagenden Rattenherzen 31-1569; Geh. in normalen u. leukäm. Leukozyten 32-1349; –-Aktivität: d. Retina u. d. Körperfl. v. Rindern 32-1377; in menschl. Darmtumoren 34-1286; Einfl. v. Nahr., chron. Inaktivität u. körperl. Beweg. auf d. –-Aktivität in Leber- u. Fettgewebe 34-1311; Vgl. d. Wrkg. d. Glucoseverfütter. auf d. Aktivität v. – in Leber u. Herz bei Ratten 34-1376; –-Aktivität: d. Ovarien während d. Östruszyklus 35-1477; d. Erythrozyten (Wrkg. v. GSSG) 36-1302; im Innern d. weißen Substanz u. in d. Umgeb. d. Gefäßwände im Laufe d. Hirnreif. bei d. Ratte 36-1595; d. Erythrozyten bei d. experimentellen Avitaminose C 37-1231; im Uterus (Einfl. v. *17β*-Östradiol) 37-1414; Wrkg. v. Angiotensin u. Metopiron auf d. Geh. in d. Zona glomerulosa d. Nebennierenrinde infakter Ratten 37-1450; –-Aktivität v. maligner Cervix uteri während verschiedener Stadien malignen Wachstums 38-1241; geschlechtsgebundene – in Equidae 40-1177; –-Aktivität: bei präinvasivem Cervixkarzinom 41-1210; während d. experimentellen Karzinogenese in d. Mäuseohrspeicheldrüse 41-1214; gezüchteter tier. Zellen unter Perfus.-Beding. 42-1121; bei Magenkarzinom 43-1140; im Rattengewebe bei Fe-Mangelanämie u. Wiederzufuhr v. Fe 43-1392; in regenerierender Rattenleber nach partieller Hepatektomie 43-1466; in menschl. Lungenkarzinom 44-1230; in durch 4-Nitrochinolin-1-oxid induzierten Lungentumoren v. Maus u. Ratte 44-1231; v. Erythrozyten bei nicht sphärozyt. kongenital hämolyt. Anämien 44-1261; in präimplantierten Mäuseembryonen 44-1273; Einfl. d. Alters auf d. –-Aktivität d. Erythrozyten d. Kaninchens 45-1188; –-Aktivität: bei Nebennierenrindenatrophie infolge v. Hydrocortison, Dexamethason u. Paramethason 45-1394; d. NADPH-entwickelnden – im menschl. Eierstock 48-1175; im Nebenhodenfettgewebe v. Ratte u. Maus 49/50-1143; in röntgenbestrahlten Erythrozyten 49/50-1490; in Muskelfasern d. Wirbellosen u. Wirbeltiere 51/52-1151; d. Gewebe-Makrophagen bei d. Tuberkulose 51/52-1430.

Glucose-6-phosphat-Dehydrogenase-Mangel: Infekt.-Quote v. Malariaerregern in Erythrozyten mit normalem u. zu geringem Geh. an – 3-1538; Hydrolyse v. Schafserythrozyten mit geringer –-Aktivität durch Primachin 19-1684; Heinzkörperbldg. u. GSH-Geh. in Erythrozyten mit –-Mangel nach Röntgenbestrahl. in vitro 22-1563; Einfl. d. –-Mangels auf d. Hämoglobinabbau im Methämoglobinred.-Test 23-1490; H_2O_2-Toxizität bei d. durch Arzneimittel induzierten Hämolyse in –-Mangel-Erythrozyten 23-1499; Kohlenhydratstoffwechsel v. normalen Erythrozyten u. solchen mit Mangel an – (Vgl.) 28-1587; Katalase-Aktivität in normalen u. –-Mangel-Erythrozyten 31-1508; Einfl. v. Abnormalitäten d. roten Blutkörperchen mit –-Mangel simulierenden Stoffen auf Plasmodium berghei 32-1601; Korrelat. v. Hämoglobin S mit –-Mangel u. deren Signifikanz 33-1587; Einfl. v. Substrat auf d. Schädig. d. Erythrozytenmembran durch Primaquin bei –-Mangel 34-1550; –-Mangelerschein. (neue Screening-Verf. zur Feststell.) 37-1222; kongenitale, nichtsphärozytäre hämolyt. Anämie, Katarakt u. –-Mangel 41-1498; hämolyt. Anämie bei –-Mangel 41-1499; vermehrtes Erythrozyten-ATP u. –-Mangel als neue angeborene Anomalität menschl. Erythrozyten 41-1503; Stoffwechselwrkg. v. Pyrimidinen aus Fava-Bohnen-Glykosiden auf menschl. Erythrozyten bei –-Mangel 42-1447; Nachw. v. *4* Typen v. – d. Erythrozyten bei Personen mit –-Mangel 45-1189.

Bildung, Gewinnung: Diätet. Indukt. v. Leber-– in d. Ratte 21-1354; Substratgeh. als ein regulierender Faktor d. Synth. in höheren Pflanzen 24-1390; Indukt.-Fähigk. v. – in Leberzellen v. Ratten nach Verfütter. v. Azofarbstoff 39-1167; Einfl. d. Natur d. verwendeten C-Quelle im Verlauf d. Wachstums auf d. Biosynth. bei Acetobacter xylinum 48-1288; Selekt. durch Methylenblau in menschl. Zellkulturen 5-1295; –-Aktivität d. E. coli-Roh-

1319; Vork. im Regenwurm 8-1409; Lokalisat. v. Lysosomen-- im chromaffinen Gewebe 9-1260; lysosomale – bei akuter experimenteller Leberschädig. 12-1426; --Aktivität d. Leber bei Bzl.-Vergift. 12-1427; Vork. u. Verteil. in intrakraniellen Tumoren 15-1226; --Aktivität d. Eileiters v. Gallus gallus 16-1333; intrazelluläre Verteil. in d. Schleimhaut d. Dünndarms 20-1353; --Aktivität in d. Leber junger Säugetiere 22-1208; Geh. in Uterus u. Vagina nach Östrogenverabreich. 22-1401; lysosomale --Aktivität bei erzwungener Milchdrüseninvolut. 24-1525; --Aktivität: d. Intestinalmukosa d. Ratte 26-1599; d. Leber v. neugeborenen Ratten 27-1283; in Anilin-Lost-resisten u. -empfindl. Plasmazelltumoren v. Mäusen 28-1270; in menschl. Darmtumoren 34-1286; d. Lysosomen bei d. „Weißmuskelerkrank." 36-1583; in Tumorratten 39-1169; in mit Poliovirus u. Herpes simplex-Virus infizierten KB-Zellen 40-1351; lysosomale saure – in Kalbsschilddrüsen 40-1353; --Aktivität: während d. experimentellen Karzinogenese in d. Mäuseohrspeicheldrüse 41-1214; in menschl. Lungenkarzinom 44-1230; in durch 4-Nitrochinolin-1-oxid induzierten Lungentumoren v. Maus u. Ratte 44-1231; im Uterus d. Ratte im Frühstadium d. Trächtigk. 45-1386; – d. Leber bei Ratten während d. Karzinogenese durch Diäthylnitrosamin 46-1217; --Aktivität bei Magenkarzinom 47-1156; Vork. in Kuhmilch 47-1385; --Aktivität: im Knochengewebe 48-1220; v. kation., durch Elektrophorese mit einem Dichtegradienten getrennten Proteinen aus einer polymorphkern., lysosomat. Frakt. 21-1440; Wrkg. v. Cortison auf d. Aktivier. d. v. einer Mengovirus-Infekt. v. L-*929*-Zellen herrührenden – 18-1467; Unempfindlichk. d. – d. Katze gegen Stimulier. mit Sexualhormonen 31-1224.

Vermehr. v. – im Plasma v. Ratten nach Injekt. einer Strahlenschutzdosis Cysteamin 38-1345; Wrkg. v. CCl_4 auf d. Freisetz. v. – bei Lysosomen in vitro 2-1241; Stimulier. d. --Ausschütt. aus d. mit Leucocidin behandelten Leukozyten durch Menadion 24-1582; Aktivier. u. Freisetz. v. latenter – in Knochengewebehomogenaten 48-1222; Gewinn. v. krist. – (aus Rinderleberhomogenat) 19-1325; Reinig. u. Charakterisier. v. – (aus normalem menschl. Harn) 40-1330; (aus menschl. Leber) 48-1240.

Hydrolyse v. Amarantin u. Isoamarantin mit – 4-1112; Eign. v. Naphthol AS-BI-β-D-glucosiduronsäure als Substrat für – 5-1327; Serum--, Glucosetoleranz u. atherosklerot. Krankh. 17-1505, 20-1320; Glucuronidbldg. u. --Aktivität bei Ratten verschiedenen Alters u. verschiedener Stämme 22-1530; Beteilig. am Naphthalinstoffwechsel im Auge 32-1649; Hydrolyse: v. Östrogenkonjugaten im Rinderharn durch – 35-1497; v. 17α-Östradiolglykosiden durch – d. Kaninchengewebes 48-1234; Aktivität bei d. peripheren Austauschumwandl. v. Phenolsteroiden beim Menschen 49/50-1370.

Hemmwrkg. v. Gallenbestandteilen auf d. bakterielle – 5-1593; Hemm. v. – d. Widderhoden durch saure Mucopolysaccharide 8-1417; Verh. v. 2-Naphthyl-γ-D-glucofuranosiduronsäure gegen – 17-1629; Wrkg. v. CCl_4 auf d. – in subzellularen Partikeln 18-1158; Hemmwrkg. v. Glucosaccharolactonen auf – 23-1288; Einfl.: auf – in Mitochondrienfrakt. aus Rinderherzmuskel 23-1289; d. Gefriergeschw. auf – in Tumoren 24-1277; hemmende Wrkg. v. Galle auf bakterielle – 26-1604; Wrkg. einiger Antitumormittel auf – v. Yoshida-Sarkomzellen in vivo u. in vitro 37-1213; Hemm. v. – in vivo durch Glucosaccharo-[1 → 4.3 → 6]-dilacton u. a. Lactone 37-1270; Aktivität d. Mäusethymozyten-- nach Ganzkörperröntgenbestrahl. 42-1236; Wrkg. therapeut. Bestrahl. auf Serum- u. Urin--45-1159; Inhibier. d. – d. Rinderleber durch 1.4-Saccharolacton 49/50-1203.

Verw. zur Isolier. v. Serotonin-O-sulfat aus menschl. Urin 18-1504.

Histochem. Nachw. in normalen u. anormalen Geweben unter Verw. v. Naphthol AS-OL-Glucuronid als Substrat 1-1309; fluorimetr. Best. im Blutplasma 1-1311; histochem. Nachw. in Kallusgewebe 5-1305; biochem. Lokalisier. 8-2061; Verw. v. 2-Naphthyl-β-D-glucuronid als Substrat bei d. fluorometr. Best. v. – 29-1258; mit d. Fishman-Baker-Meth. nachgewiesene Unterschiede in d. Verteil. v. – in d. Nebennierenrinde nach Behandl. mit Corticosteroiden u. nach Hypophysektomie 31-1225; Best. im Urin 34-1349; --Lokalisier. als eine Funkt. v. Substratkonz., pH u. Kuppl.-Mittel 36-1333; Best. in normalem u. malignem Brustgewebe 39-1168; histochem. Nachw. an Paraffinschnitten unter Verw. v. Naphthol AS-Substraten 49/50-1204; Best. v. Prolactin durch Mess. d. aus Hodenhomogenat freigesetzten – 6-1489.

Glucuronid-Synthetase

Hemm. durch „cholephile" Substanzen 8-1563.

D-Glucuronolacton-Dehydrogenase

Dehydrier. v. D-Glucuronsäurelacton durch – 39-1205.

Glucuronyltransferase

s. *{UDP-}Glucuronyltransferase.*

Glutamat-Aspartat-Transaminase

s. *Asparaginsäure-Aminotransferase.*

L-Glutamat-1-Carboxylyase

s. *Glutaminsäure-Decarboxylase.*

Glutamat-Decarboxylase

s. *Glutaminsäure-Decarboxylase.*

Glutamat-Dehydrogenase

s. *Glutaminsäure-Dehydrogenase.*

Glutamat-Mutase

Reinig. u. Eig. d. Komponente E v. – 36-1365; Stereochemie d. --Rk. 36-1366; Cobamid-Coenzym-abhäng. --Rk. (Übersicht) 49/50-1235.

L-Glutamat-NAD-Oxydoreduktase [desaminierend]

s. *Glutaminsäure-Dehydrogenase.*

Glutamat-Oxalacetat-Pyruvat-Transaminase

Menschl. Serum-- in elektrophoret. Frakt. 48-1253.

Glutamat-Oxalacetat-Transaminase

s. *Asparaginsäure-Aminotransferase.*

Glutamat-Oxydase

Evolut. d. katalyt. Funkt. d. --Syst. 21-1437.

Glutamat-Pyruvat-Transaminase

s. *Alanin-Aminotransferase.*

Glutamat-Tetrazolium-Reduktase

Lokalisier. in d. motor. Neuronen d. Rückenmarks d. Ratte u. d. Wrkg. d. Nervteil. 27-1308.

Glutamin-Alanin-Transaminase

s. *Glutamin-Brenztraubensäure-Transaminase.*

D-Glutamin-Amidohydrolase

Verh. in synchronisierten Blastocladiella-emersonii-Populat. 45-1226.

L-Glutamin-Amidohydrolase

s. *Glutaminase.*

Glutaminase (L-Glutamin-Amidohydrolase)

--Aktivität v. Bacterium anitratum 45-1263; Aktivität d. – I u. II im lyophilisierten Lämmerthymushomogenat 1-1554; --Aktivität in Rattenleber u. -niere 4-1324; Verteil. in d. Fundusdrüsen d. Magens 33-1636; --: v. Schweineniere 42-1242; während d. endogenen Atmung bei Aspergillus sojae 41-1332; Verh. in synchronisierten Blastocladiella emersonii-Populat. 45-1226; Mechanismus d. Hemm. d. Tumorwachstums durch d. – 19-1270; Verh. bei d. Reif. d. roten Blutzellen in vitro 30-1450; Hemm. bei d. Hydroxylaminvergift. 7-1763; Wrkg.: v. Acetazolamid u. verwandten Sulfonamiden auf – in vitro 27-1751; v. GSSG auf – 30-1208; Best.: durch gebildetes NH_3 1-1267; v. Glutamin mit einem --halt. Rattennierenpräp. 7-1402; Verw. zur Best. v. Glutamin 29-2064; Best. d. Konfigurat. v. α-Methyl-L-glutamin mit Hilfe v. – 32-1427.

Isoenzyme d. Glutaminase: – d. Rattenniere 19-1332.

Glutamin-Brenztraubensäure-Transaminase (Glutamin-Alanin-Transaminase, Glutamin-Pyruvat-Transaminase)

--Aktivität: d. Serums bei Personen mit progressiver Muskelatrophie 10-1709; im Serum u. in d. Leukozyten v. Patienten mit Hyper- u. Hypothyreosen 18-1480; Parallelen zwischen Samencharakteristiken u. --Aktivität 27-1256; 2 verschiedene Formen v. – im Rattenherzen u. ihre intrazelluläre Lokalisier. 32-1337; Einfl.: d. β-Bestrahl. auf – 22-1576; v. Imipramin u. verwandten Verb. auf d. Serum-- normaler u. arthrit. Ratten 48-1566; Best. in Blutserum 18-1275.

Glutamin-Cyclotransferase

Isolier. u. Eig. d. – aus getrocknetem Papaya latex 47-1223.

Glutamin-Decarboxylase

--Aktivität in E. coli 11-1333.

Glutamin-Dehydrogenase

--Aktivität in Streptomycinmutanten v. E. coli 3-1379; Wrkg. v. Pyrophosphationen u. Detergenzien auf – in Extrakten aus d. subzellularen Frakt. v. Karpfenleber 19-1288; Synth. v. α-Ketoglutarsäure aus Bernsteinsäure u. CO_2 durch ein subzellulares Präp. eines photosynthet. Bakteriums in Ggw. v. – 10-1406.

L-Glutamin-D-Fructose-6-phosphat-Aminotransferase

Einfl.: v. Duazomycin A auf d. --Aktivität in Rattenleber 28-1629; v. Entzünd.-hemmenden Pharmaka auf d. --Aktivität in Rattenleberhomogenaten 42-1563.

L-Glutamin-Glucose-6-phosphat-Transaminase

--Aktivität in granulierendem Gewebe u. Mucopolysaccharidsynth. 49/50-1246.

Glutaminocarbamoylphosphat-Synthetase

Kontrolle d. Biosynth. v. Carbamoylphosphat mit – in E. coli 13-1328.

Glutamin-Ornithin-Transaminase

Identität d. Carbamylphosphokinase-Aktivität u. d. --Aktivität zur Überführ. d. Aminogruppe v. Glutamin in Ornithin d. Citrullin-Synth. bei E. coli 20-1291.

Glutamin-Oxalacetat-Transaminase

s. *Asparagin-Aminotransferase.*

Glutamin-Oxalessigsäure-Transaminase

s. *Asparagin-Aminotransferase.*

Glutamin-Pyruvat-Transaminase

s. *Glutamin-Brenztraubensäure-Transaminase.*

Glutaminsäure-Alanin-Transaminase

s. *Alanin-Aminotransferase.*

Glutaminsäure-Asparaginsäure-Transaminase

s. *Asparaginsäure-Aminotransferase.*

Glutaminsäure-Brenztraubensäure-Transaminase

s. *Alanin-Aminotransferase.*

D-Glutaminsäure-Cyclotransferase

Best.: d. --Aktivität durch gaschromatograph. Best. d. gebildeten Pyrrolidonsäure 15-2059; d. Konfigurat. v. α-Methyl-L-glutamin mit Hilfe v. – 32-1427.

Glutaminsäure [Glutamat]-Decarboxylase, (GAD, L-Glutamat-1-Carboxylyase)

--Aktivität: in E. coli u. in d. Darmflora v. Kindern bei Magen-Darm-Stör. 11-1332; d. Bauchtyphusbakterien während d. Entw. d. Antibiotikaresistenz 29-1667; subzelluläre Verteil. im Vorderhirngewebe d. Ratte 4-1341; Fehlen d. – in Hirnhomogenaten u. Einfl. auf d. γ-Aminobuttersäure 21-1663; Geh. u. intrazelluläre Lokalisat. während d. Entw. d. Gehirns 23-1319; --Aktivität: in erregten u. gehemmten Achsenzylindern d. Hummers (Vgl.) 26-1628; d. Hirnrinde bei mangelnder Blutversorg. 30-1570; subzelluläre Verteil. im Rattenhirn 36-1354; subzelluläre Lokalisat. u. partielle Reinig. v. – aus Kalbshirnrinde 42-1246; Reinig. aus Clostridium welchii SR *12* 43-1205; opt. Eig. d. Bakterien-- 49/50-1230; Borhydrid-Red. 48-1194; Wrkg. einiger Hydroxylaminverb. auf – im Rattenhirn 3-1642; Hemm. durch Thalidomid u. seine Metabolite 3-1718; Wrkg.: v. Reserpin u. Chlorpromazinhydrochlorid auf d. – d. Gehirns 4-1342; v. Semicarbazon, Thiosemicarbazon u. Oxim d. Pyridoxal-5-phosphats auf – 13-1326; v. Hydrazinen auf d. – im Rattenhirn 17-1322; v. L-Glutaminsäure-γ-hydrazid bei gleichzeit. Gabe v. Pyridoxalphosphat auf – im Gehirn 18-1645; verschiedener Arzneimittel auf d. – v. Ratten 21-1766; Hemm. beim blutdrucksenkenden Effekt v. Dihydralazin 27-1745; Wrkg. v. Maleinsäurehydrazid u. Isonicotinsäurehydrazid auf d. – in Pflanzen 28-1404; Hitzeempfindlichk. v. – in Roggen u. Weizen 33-3149; Wrkg.: v. Phospho-5'-pyridoxalcyanacetylhydrazon auf d. – d. Hirns 37-1528; in vivo u. in vitro v. L-Glutaminsäure-γ-hydrazid auf d. – in Gehirn u. Leber 42-1515.

Glutaminsäure [Glutamat]-Dehydrogenase (GLDH, L-Glutamat: NAD-Oxydoreduktase (desaminierend)

Vork.: in fünf südamerikan. Trypanosoma u. Leishmania 7-1352; in Hydrogenomonas facilis 15-1329; in zellfreien Extrakten v. Halobacterium salinarum 23-1325; — v. Bacillus subtilis 31-1185; Vork.: in Clostridium kluyveri-Extrakten 42-1261; in Lactobacillus plantarum (Eig.) 45-1186; —-Aktivität: beim Wildtyp u. bei Mutanten v. E. coli 45-1256; v. Bacterium anitratum 45-1263; — aus Azotobacter chroococcum 46-1253; —-Niveau in einigen Koniferen (Vgl.) 1-1429; —-Aktivität: d. Erbsenkeimlinge 15-1426; v. Stierhoden u. Epididymisspermien 3-1285; d. menschl. Plazenta (Wrkg. v. Steroiden u. Cofaktoren) 4-1271; Körpergröße einer Spezies u. Leber-—-Aktivität 4-1347; —-Aktivität in geschäd. Leberparenchymzellen v. Ratten nach 3′-Methyl-4-dimethylaminoazobenzol 5-1269; Vork. in Kniegelenken v. Ratten während d. Entw. 5-1304; — in d. Mitochondrien d. Muskelgewebes d. Hühnerembryos während d. Entw. 7-1681; —-Aktivität: d. regenerierenden u. degenerierenden Flächen innerhalb d. Lappens d. durch CCl_4 geschädigten Leber 12-1633; in benignen u. malignen Tumoren d. Menschen 15-1225; d. Gewebe bei akutem Blutverlust u. Wiederbeleb. 17-1450; in menschl. Gehirntumoren u. ihrer Gewebekulturen unter bes. Berücksichtig. v. Glioblastom multiform 19-1239; in menschl. maligner Cervix uteri 19-1247; in verschiedenen Organen hypophysektomierter Ratten u. Kaninchen 19-1632; Kaulquappen- u. Frosch-— 20-1275; —-Aktivität: in isolierten Rattenlebernukleolen 20-1351; während d. Karzinogenese u. in Tumoren 23-1227; — v. Inhalt u. Wand benigner u. maligner Zysten d. weibl. menschl. Genitaltraktes im Hinblick auf d. Austrittsmechanismus 27-1316; —-Aktivität in Schweineherzsarkosomen 28-1302; Vork. in dialysierten Krebsmuskelextrakten 29-1209; —-Aktivität: im normalen u. malignen Geschwulstgewebe 30-1188; menschl. Tumoren 33-1254; Lokalisier. in d. Nukleoli v. in vitro gezüchteten Zellen 33-1298; —-Aktivität in menschl. Darmtumoren 34-1286; subzellulare Verteil. im Rattenhirn 36-1354; —-Aktivität: im Milzgewebe nach Ganzkörperbestrahl. u. mögl. Bezieh. zu morpholog. Veränder. 37-1544; während d. experimentellen Karzinogenese in d. Mäuseohrspeicheldrüse 41-1214; bei Magenkarzinom 43-1140; in menschl. Lungenkarzinom 44-1230; in durch 4-Nitrochinolin-1-oxid induzierten Lungentumoren v. Maus u. Ratte 44-1231; Vork. in Bombyx mori u. Attacus ricini 49/50-1151; —-Aktivität in Muskelfasern d. Wirbellosen u. Wirbeltiere 51/52-1151.

Parallelrepress. d. Synth. v. Glutaminsynthetase u. — in Hefe 8-1447; gedämpftes Oszillieren d. Synth.-Geschw. v. — in Hefezellen 17-1293; durch Hybridisat. zwischen zwei inakt. Mutanten-Proteinen in vivo u. in vitro gebildete multiple akt. Varietäten v. Neurospora-— 18-1265; Wrkg. verschiedener Antibiotika auf d. Synth. v. — in Protoplasten aus Saccharomyces carlsbergensis 33-1294; hormonale Regulier. d. Synth. 36-1284; Wrkg. v. Phospholipiden auf d. Auslsg. d. —-Freisetz. aus Mitochondrien 41-1168; Reinig. u. Eig. d. — aus Micrococcus glutamicus 23-1258; Trenn. u. Reinig. v. — aus Backhefe 29-1210; Reinig. u. Eig. d. pflanzl. — 39-1209.

Änder. in d. Konformat. u. d. Regulier. d. —-Aktivität 8-1358; räuml. Anordn. d. chromophoren Reste in d. — 16-1241; Untereinh. d. Rinderleber-— (Nachw. einer einzigen Peptidkette) 22-1172; elektrophoret. Eig. u. deren Bezieh. zur —-Aktivität d. subzellularen Komponenten d. Amphibienmuskelfaser 13-1250; Reversibilität d. Dissoziat. in d. Polypeptidketten bei — aus Rinderleber 14-1326; Assoziat.-Zustand u. —-Aktivität 42-1204.

Reox. v. NAD mit — 4-1257; spezif. Rk. v. — aus Rattenlebermitochondrien mit Nicotinamidnucleotiden 7-1359; Bind. v. Zn an — aus Rinderleber (Fluoreszenzunters.) 19-1289; Wechselwrkg. zwischen d. GTP-bindenden Orten v. — 21-1362; Bezieh. zwischen —-Struktur u. katalyt. Funkt. 25-1221; mögl. Abbau- u. Enzymrk. v. α-Ketoglutarsäuresemialdehyd durch — 40-1270; Ox. v. D- u. L-Valin durch — v. Pseudomonas aeruginosa 36-1285; — während d. endogenen Atmung bei Aspergillus sojae 41-1332; Synth. v. Glutamat durch — in Clostridium kluyveri 42-1249; Steuer. d. Aktivität d. an d. Nitratassimilat. durch höhere Pflanzen beteiligten — 32-1496; am Glutamatstoffwechsel v. Leguminosenwurzelknötchen beteiligte — 48-1258; Wrkg. bei d. Desaminier. v. L-Alanin im normalen u. malignen Geschwulstgewebe 14-1298; Rolle bei d. Ox. v. Glutamat in d. Herzsarkosomen d. Schweines 16-1240; Aktivität v. — u. Dehydrogenase-Wechselwrkg. in d. integrierten Gewebebiochemie 32-1298; — u. NH_3-Produkt. beim Aal 41-1245.

Wrkg.: d. Gefrierens auf — 8-1339; d. Gefriergeschw. auf — in Tumoren 24-1277; Hemm. durch Thalidomid u. seine Metabolite 3-1718; Rk. auf photochem. Rk.-Prod. 4-1259; Hemm. bei d. Hydroxylaminvergift. 7-1763; Hemmwrkg. v. Glycyrrhetinsäure auf — 15-1646; Wrkg.: v. Palmitylcoenzym A auf d. — 16-1237; v. N-Losten auf d. — in Rattenlebermitochondrien u. Ehrlich-Asziteszellen 17-1271; — in d. Rattenleber nach längerer oraler Alkoholzufuhr 21-1360; Einfl.: v. Vanadationen auf — 26-1319; aromat. u. nichtaromat. Modellsubstanzen u. Arzneimittel auf — 32-1289; v. Aminazin auf d. — d. Katzenhirns 33-1746; Hemm. durch Clomiphen 40-1271.

Verw. zur Umwandl. v. (1-^{14}C)-α-Ketoglutarat in L-Glutamat 40-1924.

Papierelektrophorese 26-1339; histochem. Nachw.: in Trichomonas vaginalis 3-1430; in Kallusgewebe 5-1305; interzelluläre Ortsbest. v. — in gefrorenen Pflanzengeweben 14-1319; zytochem. Nachw. in d. Zellkernen d. Menschenblutes 21-1262; Best. im Serum bei Dystrophia musculorum progressiva 25-1494; Verw.: zur Best. v. Transaminase 15-2071*; zur Mikrobest. v. NH_3 15-2081; Verw. zur Best.: v. Inhaltsstoffen v. Getränken 22-2024; v. Glutamat 29-2064; Verw.: bei d. Ultramikroenzymanalyse v. Testosteron 40-1500; zur NH_3-Best. im Blut 46-1927.

Isoenzyme d. Glutaminsäure-Dehydrogenase: Elektrophoret. Charakterisier. menschl. — 19-1298.

Glutaminsäure-Formiminotransferase

—-Aktivität d. Leber v. Ratten bei Ernähr.-bedingtem Fe-Mangel 34-1602.

Glutaminsäure-*p*-Hydroxyphenylbrenztraubensäure-Transaminase

Intrazellulare Verteil. in d. Leber u. Schilddrüse d. Ratte 7-1738.

Glutaminsäure [Glutamat] (NADP)-Dehydrogenase

Reox. v. NADPH mit — 4-1258; Abhängigk. d. Substratspezifität v. d. Konformat. d. krist. — 16-1242; Rolle bei d. Synth. v. Aminosäuren in Extrakten v. Agaricus bisporus 41-1263.

Glutaminsäure-Oxalessigsäure-Transaminase

s. *Asparaginsäure-Aminotransferase.*

Glutamin-Synthetase

—-Aktivität v. Bacterium anitratum 45-1263; Bldg. in d. Rattenleber nach partieller Hepatektomie u. nach Wiederauffütter. 6-1307; Parallelrepress. d. Synth. v. — u. DPN-abhäng. Glutamatdehydrogenase in Hefe 8-1447; Rolle d. RNS-Synth. bei d. Produkt. v. — durch d. sich entwickelnde Neuralretina d. Huhns 10-1278; Reinig. u. Eig. d. — (aus Azotobakter vinelandii) 14-1387; (aus E. coli) 44-1385; Abhängigk. d. Sulfhydrylbedarfs v. organ. Liganden u. Metallionen 26-1338; Bind. v. Adenosintriphosphat u. Adenosindiphosphat durch — 16-1323; strukturelle Assoziat. d. —, ATPase u. einer auf o-Nitrophenylacetat wirkenden Esterase in zerebralen Mikrosomen 44-1196; stereospezif. Synth. v. α-Methyl-L-glutamin durch — 32-1427; stereospezif. Aktivität d. — gegenüber threo-β-Methyl-D-glutaminsäure 40-1365; Hemm.: durch Thalidomid u. seine Metabolite 3-1718; d. Hirn-— durch Strukturanaloge d. krampferregenden dl-Methioninsulfoximins 6-1308; Mechanismus d. Dithiol-abhäng. Hemm. durch Arsenit 10-1405; in vivo-Hemm. d. — im Gehirn durch Methioninsulfoximin 27-1305; Charakterisier. eines d. — inaktivierenden Enzyms aus E. coli 46-1303; Nachw. in Mikrosomenfrakt. aus Rattenhirnrindenhomogenaten 14-1267.

Glutamin-Transaminasen

Einfl. tox. Dosen v. Diäthylnitrosamin auf d. — d. Rattenleber 45-1167.

Glutamin-Transferase

s. *Glutamyltransferase.*

γ-Glutamylpeptidase

—: in keimenden Samen d. Schnittlauchs 1-1325; in sprossenden Zwiebelknollen 1-1326.

Glutamyl-RNS-Synthetase

Einfl. v. Polynucleotiden auf — 43-1116.

Glutamyltransferase (Glutamin-Transferase, Transglutaminase)

— als Blutgerinn.-Enzym 33-1604; —-Aktivität d. Fibrin-vernetzenden Enzyms 38-1328; Fibringerinn. stabilisierende — aus Meerschweinchenleber 40-1287; Reinig. u. Eig. d. γ-— aus Bakterien 30-1234; Meth. z. Isolier. v. — aus Pflanzen in Ggw. v. Pflanzenphenolen 11-1428; in vivo-Hemm. d. — im Gehirn durch Methioninsulfoximin 27-1305; in vivo-Wrkg. v. *Antitransglutaminase* 40-1288.

γ-Glutamyltranspeptidase

Lokalisat. in Ovarium u. Uterus v. normalen u. graviden Meerschweinchen 8-1369; Best. 34-1370.

ε-*N*-(L-Glutaryl-2-)L-Lysin: NAD-Oxydoreduktase

s. *Saccharopin-Dehydrogenase.*

ε-*N*-[L-Glutaryl-(2)-L-Lysin: NAD(P)-Oxydoreduktase

s. *Aminoadepinsemialdehyd-Glutamat-Reduktase.*

Glutathionase

— d. menschl. Serums (enzymat. Kinetik u. Rolle einiger Effektoren) 4-1289; Wrkg. einiger aromat. Verb. auf d. — in d. Ratte 39-1214.

Glutathion-Insulin-Transhydrogenase

—-Aktivität: in Pankreas-Inseln 2-1308; in menschl. Leber (Eig., Rk.) 48-1196; Wrkg. auf an Antikörper gebundenes Insulin 4-1274.

Glutathion-Kinase

Best. d. —-Aktivität in Heuschrecken u. anderen Insekten durch Rk. v. Cl-Verb. mit Glutathion 42-1549.

Glutathion-Reduktase (NAD{P}H: Glutathion-Oxydoreduktase, NAD{P}H-Glutathion-Reduktase)

Vork. u. Eig. 30-1226.

—-Aktivität in zerebralen Ox.-Syst. 1-1345; Einfl. v. Hunger oder Protein-freier Ernähr. auf d. —-Aktivität d. Erythrozyten bei Ratten 12-1297; —-Aktivität bei Erythrozyten im Falle angeborener nichtsphärozyt. hämolyt. Anämie 23-1497; —-Mangel mit hämatolog. u. neurolog. Stör. 31-1413; angeborene nichtsphärozytäre hämolyt. Anämie bei familiärem Mangel an — d. Erythrozyten 31-1502; neue Screening-Verf. zur Feststell. v. —-Mangelerschein. 37-1222; hämolyt. Anämie bei —-Mangel 41-1499; —-Aktivität v. Erythrozyten bei nicht sphärozyt. kongenital hämolyt. Anämien 44-1261; Bedeut. v. Flavinadenindinucleotiden u. Thiolgruppen für d. katalyt. Mechanismus d. Hefe-— 8-1360; Einfl. v. NADP-Analogen auf d. Rk.-Geschw. d. — 29-1217; Inaktivier. u. Schutz v. — bei Ox. d. Glutathion in intakten Zellen 30-1445; Rk.-Mechanismus v. Hefe-— 36-1292; Wrkg. v. CCl_4 auf d. Aktivität d. Blut-— bei Kaninchen 27-1246.

Glutathion-Synthetase

Hämolyt. Anämie bei —-Mangel 41-1499.

D-Glyceraldehyd-3-phosphat-Dehydrogenase

s. *Glycerinaldehydphosphat-Dehydrogenase.*

D-Glycerat-3-Kinase

Reinig. u. Eig. d. — aus E. coli 36-1309.

Glycerinaldehydphosphat-Dehydrogenase (GAPDH, D-Glyceraldehyd-3-phosphat-Dehydrogenase, D-Glycerinaldehyd-3-phosphat: NAD{P}-Oxydoreduktase, {3-}Phosphoglycerinaldehyd-Dehydrogenase, Triosephosphat-Dehydrogenase)

— in zellfreien Extrakten v. Nitrobacter agilis 6-1329; Einfl. v. Glucose auf d. Geh. d. Hefe 20-1356; —-Niveau in einigen Koniferen (Vgl.) 1-1429; Geh. d. Rattenniere bei phosphatfreiem Futter 1-1613; —-Aktivität: v. Stierhoden u. Epididymisspermien 3-1285; in d. Epidermis bei Psoriasis vulgaris 3-1619; Einfl. v. Hydroxyperoxycaprylsäuremethylester auf — in Tumorzellen 6-1232; Geh. in normalen u. leukäm. Leukozyten 32-1349; —-Aktivität: bei ovarektomierten Ratten (Einfl. v. 17β-Östradiol) 45-1380; in d. Erythrozyten nach Wärmeeinw. 46-1466; in röntgenbestrahlten Erythrozyten 49/50-1490.

Intensität d. —-Erneuer. bei Kaninchen bei Thyreotoxikose, Anämie u. Mast nach Hungern 11-1346; Bldg. in d. Muskeln u. im Blutserum während d. Strahlenkrankh. 21-1683; lichtinduzierte Synth. d. NADP-abhäng. — 27-1420; Bezieh. zwischen d. durch Rotlicht ermittelten —-Bldg. u. d. lichtabhäng . Entw. d. Photosynth. 27-1421; Intensität d. --Erneuer. in d. Muskeln normaler u. hungernder Kaninchen 30-1498; Bldg. v. in ein funktionelles Elektronentransportsyst. eingebauter – während d. Wachstums v. Penicillin-induzierten Sphäroblasten v. Hämophilus parainfluenzae 40-1252; lichtabhäng. Anstieg d. – in Erbsenblättern 44-1278; Einbau: v. Zn in – d. Hefe 17-1292; v. $^{14}C_{(2)}$-Acetat in – v. Muskeln u. Blutserum bei intakten u. bestrahlten Kaninchen 21-1682; Extrakt. aus Tannin erzeugendem Gewebe 40-1366.

Opt. Rotat.-Dispers. (Coenzym-induzierte Veränder.) 8-1354; Untereinh. 1-1273; SH-Gruppen v. – (Wrkg. d. Propylgallates) 15-1259; Aminosäurensequenz in d. Umgeb. eines reakt.-fäh. Lysins in – 21-1353; aufgespaltene Aminosäuresequenz um d. reakt. Cysteinreste d. NAD abhäng. – 24-1299; SH-Gruppe in – (Vgl.) 30-1204; katalyt. Wrkg. begleitende Konformat.-Änder. d. – 31-1182; Proteinketten in – aus Schweinemuskel 33-1284; Strukturunters. an – 33-1286; Untereinh.-Struktur v. – aus Schweine- oder Kaninchenmuskel 37-1238; Struktur 39-1206; Konformat.-Änder. (polarograph. Unters.) 45-1191.

S → N-Acetylwander. in – d. Hefe 9-1344; Stabilität d. tern. Komplexes v. – mit Ag-Ion 20-1272; Bldg. eines tern. Komplexes v. –, NAD u. Ag^+ 23-1254; S–N-Transfer u. doppelte Acetylier. bei d. S- u. N-Acetylier. v. – durch Substrate 24-1289; Rolle d. SH-Gruppen für d. katalyt. Aktivität u. d. Stabilität d. Struktur v. – 30-1219; eine im physiolog. Bereich native – hydrolysierende Endopeptidase aus d. Darm v. Tenebrio molitor 32-1396; Coenzymbind. an – nach Modifizier. durch Substrat u. Coenzym 33-1285; Einfl. d. Coenzyms auf d. S → N-Acylverschieb. bei – 34-1309; Mechanismus d. hydrolyt. Wrkg. v. – 1-1272; – in d. Photosynth. 1-1440; Bldg. v. Erythronsäure-4-phosphat aus Erythrose-4-phosphat durch – u. NAD-abhäng. – 5-1297; Kinetik d. durch – katalysierten Rk. 13-1318; spezif. Acetylier. eines Lysinrestes während d. hydrolyt. Wrkg. d. – 24-1298; Rk. zwischen Glycerinaldehyd u. NAD-abhäng. – 28-1300; Kinetik d. Pyridinnucleotidred. durch – nach d. Glucosezugabe zu Backhefe 29-1170; Rolle: bei d. Ox. v. Glycerin-1-phosphat durch Rattenleber-Mitochondrien 2-1310; v. anorgan. Phosphat in d. Kontrolle d. Glykolyse in Aszitestumorzellen u. d. --Aktivität 3-1237; Bind. an d. Zellmembranfrakt. v. roten Blutkörperchen u. Hefe 4-1351; Einfl. v. Tetrathionat auf d. Stabilität u. immunolog. Eig. d. – 5-1296; Rolle bei d. Anhäuf. v. Triosephosphaten in Muskelhomogenaten dystroph. Mäusemuskeln 8-1656; Wrkg.: d. Polyenantifungusantibiotika auf d. Glykolyse im tier. Gewebe über – 15-1678; hoher P_i-Werte auf d. – Aktivität bei d. anaeroben Glykolyse in Ehrlich-Aszitestumorzellen 20-1233; Bezieh. d. Aktivität v. – zur Methämoglobinbldg. durch Phenylhydroxylamin in Erythrocyten v. Rind, Schaf u. Schwein 35-1558; Kontrolle d. Oszillat. red. Diphosphopyridinnucleotide in zellfreien Extrakten v. Rinderherz durch – 36-1250; Rolle bei d. Regulier. d. Kohlenhydratstoffwechsels in Taubenleberhomogenaten 40-1370.

Wrkg.: d. Gefrierens auf – 8-1339; v. n-Amylhydroperoxid auf – in Tumorzellen 6-1231; v. 2.4-Dinitrophenol u. Salicylat auf – 7-1428; Reindarst. v. --Antikörpern 9-1345; Wrkg. v. Palmitylcoenzym A auf d. – 16-1237; Unters. an reinen Antikörpern gegen – auf Hefe 16-1528; Einfl.: v. Na-Gentisat auf d. – im Meerschweinchen 19-1350; v. ω-Chloracetophenon auf – aus Kaninchenmuskel 23-1247; Hemm. d. – v. Aszitestumorzellen durch 2.2.2-Trifluor-1-[2-ureidoäthansulfonyl]-N-benzoyläthylamin 24-1253; Wrkg.: v. Lactoperoxydase auf d. – v. Streptococcus pyogenes 26-1368; v. GSSG auf d. – 30-1208; Inaktivier. d. – d. Kaninchenmuskels durch d. Substrat 30-1220; Wrkg. v. Borat auf d. – 44-1279; Hemm. durch Berylliumsalze 46-1242; Inaktivier. durch H_2O_2 48-1192; Wrkg. v. Ouabain auf d. – in Hirnrindenschnitten 48-1500.

Unters. mit Ionenaustauschern 1-1269; Anwend. v. „Tween *80*" bei d. Best. v. – in Pflanzen 35-1356; Meth. zur Best. v. Thiolestern in – 3-1267; Verw. zur Best. v. Aldolase 15-2070*.

D-Glycerinaldehyd-3-phosphat: NAD{P}-Oxydoreduktase

s. *Glycerinaldehydphosphat-Dehydrogenase.*

Glycerin-Dehydratase

Überführ. v. Glycerin in β-Hydroxypropionaldehyd durch eine – aus Aerobacter aerogenes 20-1354.

Glycerin-Dehydrogenase

Vork. in zellfreien Extrakten v. Halobacterium salinarum 23-1325; --Aktivität in keimender Sommergerste 2-1487; Darst. (Verw. zur Glycerinbest.) 7-1355; Isolier. aus Aerobacter aerogenes (Eig. u. Eig. d. Apoenzymuntereinh.) 46-1244; Reox. v. NAD mit D-– 4-1257; Überführ. v. Glycerin in β-Hydroxypropionaldehyd mit – 20-1354; Stoffwechsel v. Glycerin durch Skelettmuskulatur u. d. Anwesenh. einer NADP-abhäng. – 28-1296.

Glycerinester-Hydrolase

s. *Lipase.*

Glycerin-Kinase (Glycerokinase)

– in Rattenleber (Wrkg. d. Hungerns) 3-1355; Feedback-Hemm. d. katabol. – in E. coli 24-1322; Prod.-Indukt. bei E. coli 34-1333; Bldg. beim Abbau v. Glucose durch gegen katabol. Repress. unempfindl. Mutanten v. E. coli 37-1185; Einfl.: d. Natur d. verwendeten C-Quelle im Verlauf d. Wachstums auf d. Biosynth. bei Acetobacter xylinum 48-1288; v. Glycerin auf Mutanten v. E. coli in Abhängigk. v. d. --Aktivität 45-1267; Verw. zur Mikrobest. v. Glycerin in Beerensaft u. Wein 5-2184.

Glycerinphosphat-Dehydrogenase (Enzym von Baranowsky, L-{α}-Glycerin-3-phosphat{:NAD}-Oxydoreduktase, {α}-Glycerophosphat-Dehydrogenase)

--Niveau in einigen Koniferen (Vgl.) 1-1429; --Aktivität in keimender Sommergerste 2-1487; Geh. d. Rattenniere bei phosphatfreiem Futter 1-1613; – in Rattenleber (Wrkg. d. Hungerns) 3-1355; --Aktivität: in Ehrlich-Asziteskrebszellen 4-1225; v. Rattenleber-Lysosomen (Einfl. v. Vitamin-A-Mangel u. α-Tocopherol in d. Nahr.) 4-1559; Vork.: in Kniegelenken v. Ratten während d. Entw. 5-1304; in d. Linse (Bezieh. zum oxydativen Metabolismus) 8-1453; Verteil. im Deiterschen Kern v. Kaninchen 14-1322; --Aktivität: d. Leber in Bezieh. zur Schilddrüsenfunkt. v. Ratten in d. perinatalen Phase 16-1480; während d. Karzinogenese u. in Tumoren 23-1227; zytoplasmat. Insekten-– 32-1308; --Aktivität: in menschl. Darmtumoren 34-1286; d. Rattenlebermitochondrien (Einfl. v. jodiertem Casein im Futter) 34-1378; in Knochengewebe 36-1280; im Innern d. weißen Substanz u. in d. Umgeb. d. Gefäßwände im Laufe d. Hirnreif. bei d. Ratte 36-1595; während d. experimentellen Karzinogenese in d. Mäuseohrspeicheldrüse 41-1214; bei Magenkarzinom 43-1140; extramitochondriale – bei Insekten 49/50-1161, 49/50-1162; --Aktivität d. Gewebemakrophagen bei Tuberkulose 51/52-1430.

Intensität d. --Erneuer. bei Kaninchen bei Thyreotoxikose, Anämie u. Mast nach Hungern 11-1346; Bldg. in d. Muskeln u. im Blutserum während d. Strahlenkrankh. 21-1683; Intensität d. --Erneuer. in d. Muskeln normaler u. hungernder Kaninchen 30-1498; Einbau v. $^{14}C_{(2)}$-Acetat in – v. Muskeln u. Blutserum bei intakten u. bestrahlten Kaninchen 21-1682; Verf. zur Herst. v. reinster – 1-1270; Isolier. v. kristalliner – aus Kaninchenmuskel 5-1291; dünnschichtchromatograph. Isolier. 20-1953; Extrakt. aus Tannin erzeugendem Gewebe 40-1366.

Anomale Ionisat. d. Tyrosine in d. Struktur d. – 34-1310.

Stimulier. eines – enthaltenden rekonstruierten Glykolysesyst. 32-1344; Wachstumshemm. durch akkumuliertes L-α-Glycerophosphat bei E. coli in Abhängigk. v. – 45-1267; Rolle bei d. Anhäuf. v. Triosephosphaten in Muskelhomogenaten dystroph. Mäusemuskeln 8-1656; – im Insektenstoffwechsel 12-1615; Ox. v. NADPH durch lösl. – aus Rattenmuskulatur (Vgl. mit gerein. Milchsäuredehydrogenase u. Äpfelsäuredehydrogenase) 27-1240.

Wrkg.: d. Gefrierens auf – 8-1339; v. Na-Gentisat auf d. – im Meerschweinchen 19-1350; d. Gefriergeschw. auf – in Tumoren 24-1277; v. Palmitylcoenzym A auf d. – 16-1237; v. Drogen v. Thiouraciltyp auf d. Rk. d. – auf Thyroxin-Analoga 37-1430.

Verw. v. $^{3}H_{(2)}$-Mannose u. $^{3}H_{(2)}$-Glucose zu anaeroben Gärvers. mit – 28-1397.

Unters. mit Ionenaustauschern 1-1269; verbesserte Meth. für d. Fixier. v. gegen Formalin sensitiver – 37-1283; histochem. Nachw. in Kallusgewebe 5-1305; interzellulare Ortsbest. in gefrorenen Pflanzengeweben 14-1319; Verw. zur Best. v. Dihydroxyaceton in Weinen 5-2184; Nachw. d. Phosphatidsäuren in pflanzl. u. tier. Geweben mit – 8-1510; histochem. Nachw. dreier Muskelfasertypen d. interkostalen Muskeln durch Best. d. --Aktivität 13-1735; Mess. d. --Aktivität als neues Analysenverf. für Thyroxinanaloge 30-1415.

DL-α-Glycerinphosphat-Dehydrogenase

Lokalisier. in d. Nukleoli v. in vitro gezüchteten Zellen 33-1298.

L-{α-}Glycerin-3-phosphat{:NAD}-Oxydoreduktase

s. *Glycerinphosphat-Dehydrogenase.*

Glycerokinase

s. *Glycerin-Kinase.*

{β-}Glycerophosphatase

Aktivität: in auf Sand gezogenen Zuckerrohrarten bei unterschiedl. Angebot an Nitrat u. Phosphat 35-1322; d. alkal. – in v. peripheren Neutrophilen bei normalen u. mit 4-Aminopteroylglutaminsäure behandelten Wistarratten 27-1602; lysosomale – in Kalbsschilddrüsen 40-1353; --Aktivität im Knochengewebe 48-1220; Verteil. v. saurer – in subzellularen Frakt. v. Knochengewebehomogenaten 48-1221; --Aktivität in d. Plazenta d. Ratte 51/52-1166; Aktivität v. alkalischer u. saurer – in d. Eizellen v. Triton cristatus während d. Dotterbldg. 51/52-1185; Aktivier. u. Freisetz. v. latenter – in Knochengewebehomogenaten 48-1222.

L-Glycero-3-phosphat: Cytochron-c-Oxydoreduktase

Indukt. mitochondrieller – durch Schilddrüsenhormon (Einfl. v. Adrenalektomie, Thyreoidektomie u. Cortisongaben) 30-1217; gleichzeit. Indukt. v. – u. Malatdehydrogenase aus Leber durch Schilddrüsenhormon 30-1218.

{α-}Glycerophosphat-Dehydrogenase

s. *Glycerinphosphat-Dehydrogenase.*

α-Glycerophosphat-Menadion-Tetrazolium-Reduktase

Lokalisier. in d. motor. Neuronen d. Rückenmarks d. Ratte u. d. Wrkg. d. Nervteil. 27-1308.

α-Glycerophosphat-Tetrazolium-Reduktase

Lokalisier. in d. motor. Neuronen d. Rückenmarks d. Ratte u. d. Wrkg. d. Nervteil. 27-1308.

Glycerylphosphoryläthanolamin-D-Diesterase

Änder. d. --Aktivität in Rinde u. Mark v. Masugi-Nephritis-Nephrose-kranken Rattennieren während forcierter Diurese u. Durst-Antidiurese 2-1657.

Glycerylphosphorylcholin-D-Diesterase

Änder. d. --Aktivität in Rinde u. Mark v. Masugi-Nephritis-Nephrose-kranken Rattennieren während forcierter Diurese u. Durst-Antidiurese 2-1657.

Glycin-Acyltransferase

--Aktivität in sich entwickelnder Rattenleber 25-1226; (u. Beteilig. an d. Entgift. v. Benzoesäure u. verwandten Verb.) 27-1258; spezif. Inhibitoren 32-1328.

Glycin-Aminopeptidase

Stufenweiser Abbau d. Zellwandglykopeptids v. Staphylococcus aureus mit – 3-1352.

Glycin-Carboxypeptidase

Stufenweiser Abbau d. Zellwandglykopeptids v. Staphylococcus aureus mit – 3-1352.

Glycin-Hydroxymethylase

s. *Serin-Hydroxymethyltransferase.*

Glycin-Oxydase

– während d. endogenen Atmung bei Aspergillus sojae 41-1332.

Glycin-Reduktase

Nachw. v. Ferredoxin u. einem anderen niedermol. sauren Protein als Komponenten d. --Syst. Aminosäure-abbauender Clostridien 24-1305.

Glycylglycin-Dipeptidase

--Aktivität im Darm d. menschl. Fetus 13-1368; Verteil. u. Eig. im menschl. Organismus 17-1315; Geh. in normalen u. leukäm.

menschl. Leukozyten 20-1227; --Aktivität in vivo alternder menschl. Erythrozyten 28-1366; Geh. in normalen u. leukäm. menschl. Leukozyten 35-1566; Wrkg.: v. Glucocorticoiden auf d. --Aktivität im Blut v. Kaninchen 43-1345; d. anabolen Steroide auf – d. Blutes u. d. N-halt. Deriv. d. Harns 45-1368.

Glycylglycylglycin-Tripeptidase

Wrkg. d. anabolen Steroide auf – d. Blutes u. d. N-halt. Deriv. d. Harns 45-1368.

Glycylleucin-Dipeptidase

--Aktivität im Darm d. menschl. Fetus 13-1368; Geh. in normalen u. leukäm. menschl. Leukozyten 20-1227; --Aktivität in vivo alternder menschl. Erythrozyten 28-1366; Geh. in normalen u. leukäm. menschl. Leukozyten 35-1566.

Glycyl-L-Valin-Dipeptidase

--Aktivität im Darm d. menschl. Fetus 13-1368.

Glykoaldehyd-Transketolase

s. *Transketolase.*

Glykocyamin-Kinase

Molgew. 15-1282.

Glykogenolytische Enzyme

--Aktivität in d. Leber nach Splanchnikus-Nervenstimulier. 24-1333; Wrkg. v. Urethan auf – 29-1701.

Glykogenphosphorylase

s. *α-Glucanphosphorylase.*

Glykogen-Phosphorylase b

Kalte Inaktivier. 7-1383.

Glykogen-Synthetase

s. *UDP-Glucose–Glykogen-Glucosyltransferase.*

Glykolat: O_2-Oxydoreduktase

s. *Glykolsäure-Oxydase.*

Glykolsäure-Oxydase (Glykolat: O_2-Oxydoreduktase)

Unterschiedl. --Aktivität in ökolog. Gatt. v. Typha latifolia 24-1296; – in Schnitten v. Typha latifolia-Blättern 32-1494; --Aktivität: bei ökotyp. Typha latifolia E.-Populat. 40-1265; in Ricinussamen-Endosperm 42-1316; Wrkg. v. Testosteron auf d. --Spiegel in männl. u. weibl. Rattenleber 11-1496; Vork. in d. Seidenraupe 44-1276; Reinig.: v. Apo-- durch Säulenchromatographie an Flavinphosphatcelluloseverb. 16-1219; u. Eig. einer Alternativform d. – 45-1190; Rolle im Stoffwechsel v. Lemna minor (Oxalatbldg.) 34-1452.

Glykolytische Enzyme

--Aktivität d. Zwergkolonie-Mutanten v. Salmonella typhi u. Salmonella typhimurium 28-1288; – d. Zellmembranfrakt. v. roten Blutkörperchen u. Hefe 4-1351; -- u. Cytochromoxydase-Aktivität einiger niederer Tiere (Vgl.) 7-1562; – in d. Synovialfl. u. ihre patholog. Bedeut. 7-1680; Lokalisier. d. – d. Skelettmuskelglykolyse in d. Zelle (Einfl. d. experimentellen Muskeldystrophie) 11-1652; --: d. Insekten-Flugmuskulatur während d. Entw. 12-1289; d. Rattenmammadrüse (Hormonwrkg.) 32-1425; --Aktivität: im Knochengewebe 36-1280; in d. Erythrozyten nach Wärmeeinw. 46-1466; – im periodontalen Gewebe d. Meerschweinchens 49/50-1244; Zus. d. – quergestreifter Muskeln bei Ratten zu verschiedenen Zeitpunkten nach d. Geburt 1-1462; Stoffwechselregel. u. Struktur d. – 23-1276; Ansatzstelle v. – an d. Muskelultrastruktur 7-1731; Veränder. d. – d. menschl. Erythrozyten durch ACD-Lsg. 42-1257; zytochem. Nachw. in d. Zellkernen d. Menschenblutes 21-1262.

Glykopeptid-Peptidase

Penicillinempfindl. – aus E. coli 19-1346; lösl. Glykopeptid u. sein stufenweiser Abbau durch – 3-1352.

α-Glykophosphorsäure-Dehydrogenase

Vork. im wachsenden Tibiaknorpel d. Menschen 7-1268.

Glykosidasen (Glykosidhydrolasen)

Vork. im Darmtrakt d. Regenwurms 8-1409; enzymat. Best. v. Milchsäure in d. Fäzes bei --Mangel 28-1358; gleichzeit. Wrkg. v. *2* – auf zwei räuml. benachbarte Substrate 20-1310; Abbau v. Lignin mit – (ein Aspekt d. Ligninproblems) 30-1153; Polysaccharid-spaltende – (Strukturfragen) 32-1330; Abspalt. v. Alanin aus d. Glykopeptid v. Staphylococcus aureus durch d. --Aktivität d. Peptidase *1* 3-1351; Lignin-abbauende Pilz-- 11-1344; Einfl. v. N-- auf pathogene Eig. v. Bacillus alvei 40-1405; Spreng. d. Kohlenhydrat-Peptid-Bind. durch d. – v. Arion subfuscus 6-1280; Hydrolyse: d. Blättersaponine v. Digitalis purpurea durch – 7-1513; v. Glykosiden mit – aus Adenium multiflorum 32-1129; v. Ceramidlactosid u. Ceramidglucosid durch – aus Hirn 3-1343; Abbau d. Kohlenhydrats aus Ovomucoid durch – aus Schafbocktestis 16-1304; Aktivität d. N-- bei d. Hydrolyse v. Sulfonamid-N^4-Glykosiden in vivo 31-1639; keine intestinale Spalt. v. Saccharosefettsäureestern durch – 46-1517; Hydrolyse v. 17α-Östradiolglykosiden durch – d. Kaninchengewebes 48-1234; Abbau v. Weizenmehlpentosanen mit – 44-3087; Hemm. v. – d. Widderhoden durch saure Mucopolysaccharide 8-1417.

Glykosidhydrolasen

s. *Glykosidasen.*

Glykosulfatase

Acidimetr. Best. v. – aus Patella vulgata 12-1374.

Glykosyltransferasen (Transglykosylasen)

– in Begleit d. amylolyt. Fermente v. Aspergillusarten 11-1309; Rk. v. Cyclomaltohexaose mit Isomaltose in Ggw. v. Bacillus macerans-- 27-1280; Wrkg. v. Östrogen, Progesteron u. Relaxin auf d. --Aktivität in Uteri v. Mäusen 27-1464; Isolier. u. Eig. d. gegenüber Maltose wirksamen – aus Muskeln 37-1252.

Glyoxalase

Moffit-Konst. u. Cotton-Effekt 21-1248.

Glyoxylat-Carboligase

– aus E. coli (Eig.) 28-1399.

Glyoxylat-Dehydrogenase (desaminierend)

Reduzierende Aminier. d. Glyoxylsäure in d. Pflanze durch – 51/52-1292.

Glyoxylat-Reduktase

--Aktivität: v. Lactatdehydrogenase 24-1291, 47-1187.

Glyoxylat-Transaminase (L-Aminosäure:2-Glyoxylat-Aminotransferase)

Vork. u .Eig. v. – in Pflanzen 13-1339.

GMP-Kinase

s. *Guanosinomonophosphat-Kinase.*

GMP-Reduktase

s. *Guanosinmonophosphat-Reduktase.*

GOT

s. *Asparaginsäure-Amonotransferase.*

GPT

s. *Alanin-Aminotransferase.*

GTPasen

s. *Guanosintriphosphatasen.*

Guanase (Guanin-Aminohydrolase, Guanin-Desaminase)

--Inhibitor aus d. Rattenhirn (teilweise Reinig.) 28-1376; Best. durch gebildetes NH_3 1-1267; kolorimetr. Best. d. Serum-- 33-1344.

γ-Guanidinobutyrase (γ-Guanidinobutyrat-Ureohydrolase)

Reinig. d. – aus d. Leber d. Rochens 32-1402; Kinetik d. Desaminier. v. γ-Guanidinobuttersäure durch – d. Rochenleber 16-1317; Abbau v. γ-Guanidinobuttersäure durch – d. Nierengewebe d. Rochens 16-1318.

γ-Guanidinobutyrat-Ureohydrolase

s. *γ-Guanidinobutyrase.*

Guanin-Aminohydrolase

s. *Guanase.*

Guanin-Desaminase

s. *Guanase.*

Guanin-Phosphoribosyltransferase

Hemm. d. – v. Ehrlich-Azitestumorzellen durch Purinnucleotide 40-1229.

Guanosin-Desaminase

– während d. endogenen Atmung bei Aspergillus sojae 41-1332.

Guanosindiphosphat-D-Glucose-Glucohydrolase

Eig. d. – aus Hefe 40-1322.

Guanosinmonophosphat-Desaminase

– während d. endogenen Atmung bei Aspergillus sojae 41-1332.

Guanosinmonophosphat-Kinase (GMP-Kinase)

--Aktivität nach d. Infekt. v. Gurken mit Tabakringfleckenvirus 49/50-1175.

Guanosinmonophosphat-Reduktase (GMP-Reduktase)

--Aktivität in Mutantenstämmen v. Hefen 24-1208.

Guanosintriphosphatasen (GTPasen)

Wrkg. einer Präinkubat. auf d. Verteil. in Extrakten v. E. coli 48-1223; – mit unterschiedl. Eig. in d. beiden Aminosäuretransferfaktoren aus Kalbsleber 28-1384; enzymat. Analyse 23-1299.

Guanylribonuclease

s. *Ribonuclease T_1.*

L-Gulonodehydrogenase

s. *Glucuronat-Reduktase.*

Häm-α-methenyloxygenase

Charakterisier. d. durch – aus Myoglobin entstandenen Endprod. als einen mögl. Vorläufer v. Biliverdin 5-1613; Umwandl.: v. Myoglobin in eine mögl. Vorstufe d. Biliverdin durch ein --ähnl. Enzym 37-1459; v. fetalem Hämoglobin zu einer mögl. Vorstufe v. Biliverdin durch – 43-1217, 43-1218.

Hämoproteinenzyme

Spezielle – s. unter d. eigenen Stichwort. Indukt. im Tier 12-1325, 27-1250, 45-1199.

Harnsäureoxydase

s. *Urat-Oxydase.*

Harnstoff-Amidohydrolase

s. *Urease.*

Harnstoff-Dehydrogenase

– in Geweben höherer Pflanzen (Eig.) 43-1166; papier- u. dünnschichtchromatograph. Trenn. d. Rk.-Prod. v. ^{14}C-Harnstoff mit – aus Perilla-Blättern 49/50-1807.

Hemicellulasen

Best. in pharmazeut. Präp. 14-1827.

Heparinase

Einfl. bakterieller – auf d. Plasma-clearingfaktor 15-1526.

Hexobarbiton-metabolisierendes Enzym

Hemm. durch „cholephile" Substanzen 8-1563.

Hexobarbiton-Oxydase

Lebergew. u. --Aktivität in mit butyliertem Hydroxytoluol oder butyliertem Hydroxyanisol behandelten Ratten 32-1428.

Hexokinase (ATP-Hexosephosphotransferase)

--Aktivität in Streptomycinmutanten v. E. coli 3-1379; Einfl. v. Glucose auf d. Geh. in Hefe 20-1356; --Aktivität bei Proteus mirabilis 20-1363; Aktivität d. sauren – d. E. coli-Rohextrakts bei partieller Reinig. v. Fructosediphosphatase 32-1379; Hefe-- 49/50-1171, 49/50-1172; --Niveau in einigen Koniferen (Vgl.) 1-1429; --Aktivität: in keimender Sommergerste 2-1487; in auf Sand gezogenen Zuckerrohrarten bei unterschiedl. Angebot an Nitrat u. Phosphat 35-1322; Geh. während d. Hepatokarzinogenesis 5-1267; --: im Rattenherzmuskel 8-1383; im sich entwickelnden Hühnerembryoherzen 8-1388; Verteil. in subzellularen Hirnpartikelfrakt. 10-1369; --Aktivität: in d. Zellfrakt. d. Leber v. Kaninchenembryonen u. erwachsenen Tieren nach Zufuhr v. Glucocorticosteroiden 11-1513; im Fettgewebe d. Rattennebenhodens (Regulier. durch Insulin) 11-1537; im Kaninchengewebe bei Pyrogenalfieber (Beeinfluss. durch ACTH u. Insulin) 11-1747; d. Retina u. ihrer Mitochondrien 14-1701; d. Kaninchengewebes in verschiedenen Fieberstadien 14-1742; Verteil. in Ehrlich-Ascitestumorzellen 15-1224; --Aktivität: d. denervierten Leber 17-1578; in Ehrlich-Ascitestumorzellen (Einfl. v. erhöhter Glucosekonz.) 20-1233; – im sich entwickelnden Kükenembryoherz 21-1382; --Aktivität: in d. subzellularen Frakt. d. Herzmuskels d. Kaninchens bei Adrenalinmyokarditis 21-1650; in d. Leber u. d. Milchdrüsen v. jungfräul., trächt., stillenden u. postlactierenden Mäusen 22-1186; in Säugetierlebern 23-1314; Mangel an – bei d. Cystinose 23-1324;

iden Hormonen im Organismus d. Kaninchens auf d. Aktivität d. unspezif. Inhibitors d. – 22-1417; Darst. v. wasserlösl. Komplexverb. d. Isonicotinsäurehydrazons v. Aludrinochrom als – -Hemmstoff 30-1757*; kolorimetr. Best. d. – im Serum 40-1360.

Bibl.: Hyaluronidase (Part II) B 76; Hyaluronidase and cancer B 44; s. auch *Enzympräparate, Lydase**).

Hyaluronsäure-Synthetase

Virus-induzierter Anstieg in Hühnerfibroblasten 20-1235.

Hydrogenase
(H_2: Ferredoxin-Oxydoreduktase)

–: in zellfreien Extrakten v. Bacillus polymyxa 25-1380; in Chlorella (qual. Unterschiede in d. Chinonzus.) 14-1338; Natur d. Cofaktor-Bedarfes d. – -Syst. aus Clostridium kluyveri 24-1309; ATP-abhäng. H_2-Entw. durch zellfreie Extrakte v. Azotobacter vinelandii in Ggw. v. – 10-1346; Wrkg. bei d. biolog. N-Bind. durch Mykobakterien 18-1352; Elektronentransporteig. v. – aus Clostridium pasteurianum 21-1338; Best. d. H_2-Verbrauchs einer assimilierenden Nitratreduktase einer Hefe in Ggw. v. – aus Desulfovibrio desulfuricans 34-1325.

5α-Hydrogenase

Vork. in d. Brustwarzenhaut v. Männern 29-1283.

5β-Hydrogenase

Vork. in d. Brustwarzenhaut v. Männern 29-1328.

Hydrogenasen

Elektronentransporteig. 21-1338; Wrkg. bei d. Steroidox. durch Nocardia restrictus 25-1328; Katalyse d. H_2–HTO-Austauschs durch – als eine neue Best.-Meth. für – 34-1326; Regulat. d. Aktivität d. NAD-abhäng. – 49/50-1146.

17α-Hydrolase

Beteilig. an d. Androgenbldg. im Hodengewebe v. Patienten mit Prostatakarzinom 17-1232.

Hydrolasen
(Hydrolytische Enzyme)

Vork. in d. Filtraten v. Aspergillus versicolor u. Penicillium cyclopium 40-1355; Mutat. mit Einfl. auf – in Bakterien 47-1196; – v. unreifem Zuckerrohr (Wrkg. v. W u. Mo) 15-3154; multiple – in Bohnenblättern 45-1209; –: im Ochsen-Skelettmuskel 13-1355; im Verdauungssaft v. Helix pomatia 17-1311; Änder. in d. – -Enzymmorphologie d. Rattenuterus u. d. Vagina nach Östrogenen 22-1401; – d. chloragogenen Zellen d. Lombricien 29-1259; lysosomale – in Exkret.-Organen niederer Tierformen 30-1271; –: in menschl. Darmtumoren 34-1286; in induzierten u. weitergezüchteten Lungentumoren d. Maus 36-1222; aus Säugetierdärmen 36-1317; in mit Poliovirus u. Herpes simplex-Virus infizierten KB-Zellen 40-1351; lysosomale – in Kalbsschilddrüsen 40-1353; Einfl. d. Fehlens v. Lysin auf d. Geh. an – in Pankreas u. Dünndarm d. Ratte 44-1321; – bei Magenkarzinom 47-1156; Hämolymphe- – in metamorphierenden Galleria mellonella 48-1219; Verteil. v. sauren – in subzellularen Frakt. v. Knochengewebehomogenaten 48-1221; Aktivität v. alkal. u. sauren – in d. Eizellen v. Triton cristatus während d. Dotterbldg. 51/52-1185; – -Eig.: d. Leuchtkäfer-Luciferase 19-1338; v. alkal. Phosphatase 37-1262; Gewinn. eines – aktivierenden Werkstoffes durch Herst. eines Autolysates aus zerkleinerter Gallenblasenwand 27-1872*.

Synth. im Gerstenendosperm (Kontrolle durch Gibberellsäure) 2-1502; Aktivier. u. Freisetz. v. latenten, sauren – in Knochengewebehomogenaten 48-1222; systemat. Fraktionier. v. Schweinepankreas- – 2-1349; Reinig. v. – d. zellwandabbauenden Organismen 6-1282.

Mechanismus d. – -Wrkg. 22-1165; Stereospezifität d. – bei ihrer Rk. mit opt.-akt. Organo-P-Verb. 14-1361; Einfl. auf d. pathogenen Eig. v. Bacillus alvei 40-1405; Lebergew. u. mikrosomale Arzneimittel abbauende – in mit butyliertem Hydroxytoluol oder butyliertem Hydroxyanisol behandelten Ratten 32-1428.

Inaktivier. nach Acroleinfixier. für histochem. Unters. 35-1220; Einfl. v. Cytoxan u. Vitamin A auf d. – in Karzinomen 37-1211; Veränder. d. – d. Nebennierenrinde nach Einführ. v. $BeCl_2$ 51/52-1335.

Enzymat. Meth. zur kinet. Unters. v. Endo-Aktivität v. α-Amylase 4-1327; histochem. Nachw. in Kallusgewebe 5-1305; Entkalk. zum histochem. Nachw. v. – 30-1210; Best. v. sauren – im Knochengewebe 48-1220.

Hydrolytische Enzyme

s. *Hydrolasen*.

3-Hydroxyacyl-CoA-{3-}Epimerase

Rolle im Stoffwechsel ungesätt. Fettsäuren 10-1409; Wrkg. bei d. β-Ox. v. Mono- u. Polyenfettsäuren (Isolier. aus Rattenlebermitochondrien) 14-1388.

β-Hydroxyacyl-Dehydrogenase

– -Aktivität in menschl. Arteriengeweben 41-1242.

Hydroxyäthylcellulase

Verw. in Mörtelgemisch 3-2345*.

3-Hydroxyanthranilsäure: O_2-Oxydoreduktase
(Cinnabarinat-Synthetase, 3-Hydroxyanthranilsäure-Oxydase)

Umwandl. v. 3-Hydroxyanthranilsäure in Cinnabarinsäure durch Rattenleber- – (Reinig. u. Eig.) 16-1321; Eig. 35-1308; Aktivität d. beim Tryptophanabbau bei verschiedenen Tierarten wirksamen – 48-1259.

3-Hydroxyanthranilsäure-Oxydase

s. *3-Hydroxyanthranilsäure: O_2-Oxydoreduktase*.

***erythro*-β-Hydroxyasparagat-Dehydratase**

Reinig., Eig. 3-1363; aus Micrococcus denitrificans 24-1389.

***p*-Hydroxybenzoat-Hydroxylase**

Kristallisat. u. Eig. d. – aus Pseudomonas putida 16-1239; Beteilig. v. Fe u. Flavinadenindinucleotid an d. Hydroxylier. v. p-Hydroxybenzoat durch – 49/50-1164.

α-Hydroxybuttersäure-Dehydrogenase

s. *α-Hydroxybutyrat-Dehydrogenase*.

β-Hydroxybuttersäure-Dehydrogenase

s. *β-Hydroxybutyrat-Dehydrogenase*.

α-Hydroxybutyrat-Dehydrogenase
(α-Hydroxybuttersäure-Dehydrogenase)

– -Aktivität: im Gewebe menschl. Gefäße 12-1311; in d. Nieren v. Ratten u. Mäusen bei experimenteller Uranylnitratvergift. 22-1169; in d. Hornhaut v. Rinderaugen 32-1305; kinet. Eig. u. Mechanismus d. Wrkg. v. – d. menschl. Herzens 42-1198; automat. Best. 49/50-1139; Vgl. d. Best. d. Milchsäuredehydrogenase-Isozym V durch Hitzefraktionier. u. durch – 44-1269.

β-Hydroxybutyrat-Dehydrogenase
(β-Hydroxybuttersäure-Dehydrogenase, 3-Hydroxybutyrat: NAD-Oxydoreduktase)

– -Aktivität v. Stierhoden u. Epididymisspermien 3-1285; Vork.: in Kniegelenken v. Ratten während d. Entw. 5-1304; im wachsenden Tibiaknorpel d. Menschen 7-1268; – -Aktivität in verschiedenen Puffern in Gefrierschnitten 19-1285; Lokalisat. in Zellen d. Rattennebennierenrinde in Gewebekultur 20-1185; geschlechtsspezif. Unterschiede in Vork. v. – in d. Rattenniere 25-1480; – -Aktivität: in menschl. Darmtumoren 34-1286; während d. experimentellen Karzinogenese in d. Mäuseohrspeicheldrüse 41-1214; bei Magenkarzinom 43-1140; Freisetz. v. Apo- – aus Rinderherzmitochondrien durch d. Einw. v. Phospholipase A 38-1270; Aktivität v. DL- – beim oxydativen Stoffwechsel v. DL-β-Hydroxybutyrat bei Azotobacter vinelandii 34-1306; Rolle beim durch Zusatz v. ADP zu Mitochondrien im Zustand *4* beobachteten ATP-„Sprungs" 33-1359; Einfl.: d. Gefriergeschw. auf – in Tumoren 24-1277; v. Ipomeamaron auf d. – in Mitochondrien 49/50-1237; einer chron. oralen Zufuhr v. A. auf d. Leber- – infolge v. Thiamin-, Pyridoxin- oder Cholinmangel 49/50-1500; histochem. Nachw.: in Kallusgewebe 5-1305; in d. Zellkernen d. Menschenblutes 21-1262; Verw. zur fluorimetr. Best. v. Ketonkörpern in sehr kleinen Blutmengen 11-2136; halbautomat. fluorimetr. Meth. zur enzymat. Best. v. Acetoacetat u. β-Hydroxybutyrat im Plasma mit D- – 34-1315.

3-Hydroxybutyrat : NAD-Oxydoreduktase

s. *β-Hydroxybutyrat-Dehydrogenase*.

β-Hydroxybutyrat–Tetrazolium-Reduktase

Lokalisier. in d. motor. Neuronen d. Rückenmarks d. Ratte u. d. Wrkg. d. Nervteil. 27-1308.

β-Hydroxybutyryl-CoA-Dehydrogenase

– -Aktivität d. regenerierenden u. degenerierenden Flächen innerhalb d. Lappens d. durch CCl_4 geschädigten Leber 12-1633.

L-α-Hydroxycarbonsäure-Oxydase

Vork. in d. nichtmitochondriellen oxydierenden Teilchen in Rattenleber u. -niere u. in Tetrahymena pyriformis 46-1308.

3β-Hydroxy-5β-cholansäure-Dehydrogenase

Leberalkoholdehydrogenase als eine – 16-1227.

Hydroxycitronensäure-Dehydrogenase

Vork. in Micrococcus 24-1412.

D-2-Hydroxy-3.3-dimethyl-3-formylpropionat-DPN-Oxydoreduktase

s. *D-Aldopantoat-Dehydrogenase*.

Hydroxyfettsäuren-Decarboxylase

Abbau v. langkett. Hydroxyfettsäuren mit – v. Auszügen v. Ricinus communis 13-1397.

***N*-Hydroxy-*N*-2-fluorenylacetamid-Deacetylase**

– -Rk. mit N-Hydroxy-N-2-fluorenylacetamid in Rattenleber- u. -hirnhomogenaten 8-1452.

α-Hydroxyglutarat-Synthase

Kondens. v. Propionyl-CoA mit Glyoxalat durch – 3-1360.

Hydroxyindol-*O*-Methyltransferase

24-Std.-Rhythmus in d. – -Aktivität d. Zirbeldrüse bei Rhesusaffen 17-1299; Katalysier. d. Synth. v. Haut-aufhellendem Melatonin in Amphibien durch – 24-1310; lichtinduzierte Veränder. 40-1283.

Hydroxylamin-Reduktase

Aktivität v. – u. Cytochrom c- – in Bacterium anitratum 45-1263; Verbreit. in Pflanzen 22-1178; Trenn. v. Nitritreduktase u. – d. Pflanze 32-1316; kinet. Eig. d. NADPH-spezif. – v. Salmonella typhimurium 14-1332; Assimilat. v. ^{15}N-Hydroxylamin als Oxim durch – aus Azotobacter 39-1295.

***o*-Hydroxylase**

Hydroxylier. v. Östron durch – v. Rattenlebermikrosomen 40-1494.

12α-Hydroxylase

7α-Hydroxy-Δ^4-cholesten-3-on als Hauptsubstrat d. – bei d. Cholsäurebldg. 12-1331.

17α-Hydroxylase

Intrazellulare Lokalisat. u. Substratspezifität im Schweineovar 12-1332; Aktivität bei d. Bio-Umwandl. v. Steroiden in jugendl. Rattenhoden in vitro 37-1411; Wrkg. v. Hemmern auf – d. Testikelmikrosomen 15-1469.

18-Hydroxylase

– bei d. Aldosteronbiosynth. 31-1454.

19-Hydroxylase

Hemm. durch Metopiron 33-1520.

Hydroxylasen

Coenzyme u. – (Übersicht) 11-1294; Vork. in Hypokotylen v. Pfeffergurken 12-1459; – -Aktivität in normalen u. neoplast. Mastzellen 29-1195; Wrkg.: v. NADPH u. a. Cofaktoren auf d. in vitro-Aktivität d. – in Nebennieren d. Meerschweinchens 47-1230; v. Metyrapon auf d. – -Syst. d. Nebenniere 47-1411; Indukt. v. Arzneimittel- – v. Lebermikrosomen 10-1350; Substrat-induzierte Synth. d. Lebermikrosomen 28-1337; Mechanismus d. Doppelhydroxylier. mit – 11-1352.

5-Hydroxymethylcytosin-α-Glucosyltransferase
(UDP-Glucose: Hydroxymethylcytosin-α-Glucosyltransferase)

Spezifität Bakteriophagen-induzierter – (Unterschiede zwischen d. – aus *T2*-, *T4*- u. *T6*-Phagen) 13-1331.

β-Hydroxy-β-methylglutaryl–CoA-Reduktase

– -Aktivität d. Rattenleber (Einfl. v. Fasten u. Wiederfütter.) 20-1269.

β-Hydroxy-β-methylglutaryl–CoA-Synthase

Wrkg. v. Desulfo-CoA auf – 32-1293; spezif. Inhibitoren 32-1328.

Hydroxymethyltetrahydrofolat-Dehydrogenase

Wrkg. v. eiweißfreien Milzextrakten auf d. – in menschl. Leukozyten 15-1265.

Hydroxynitril-Lyase (Oxynitrilase)

Isolier. aus Prunaceen (Eig., Rk.) 36-1356.

p-Hydroxyphenylpyruvat-Hydroxylase

--Aktivität bei zyst. Fibrosis 29-1230; Verw. v. Arylpyruvat-Keto-Enol-Tautomerase für d. Best. v. – nach d. Enol-Borat-Meth. 40-1363.

17α-Hydroxy-Δ^5-pregnen-3.20-dion-$\Delta^{5,6}$-$\Delta^{4,5}$-Isomerase

Wrkg. beim Steroidstoffwechsel 5-1342.

17α-Hydroxypregnen-C_{17} – C_{20}-Lyase

Beteilig. an d. Androgenbldg. im Hodengewebe v. Patienten mit Prostatakarzinom 17-1232; Wrkg. v. Hemmern auf – d. Testikelmikrosomen 15-1469.

17α-Hydroxypregnenolon-3β-hydroxy-Dehydrogenase

--Aktivität histolog. definierter Zonen n d. Nebennierenrinde 4-1494.

Hydroxyprolin-2-Epimerase

Beweis für d. Fehlen v. Pyridoxalphosphat in – 7-1423; Wrkg. beim Stoffwechsel v. L-Allohydroxyprolin durch Pseudomonas (partielle Reinig.) 27-1339.

Hydroxyprolin-Oxydase

Wrkg. beim Stoffwechsel v. L-Allohydroxyprolin durch Pseudomonas 27-1339.

15-Hydroxyprostaglandin-Dehydrogenase

Reinig. u. Eig. aus Schweinelunge 37-1237.

6-Hydroxypseudooxynicotin-Oxygenase

Beteilig. am bakteriellen Abbau v. Nicotin 49/50-1159.

Hydroxypyruvat-Alanin-Transaminase

Vork. in d. Leber v. Wirbeltieren 45-1237.

Hydroxypyruvat-L-Glutamat-Transaminase

Vork. in E. coli u. Trenn. v. Hydroxypyruvat-Phosphat-L-Glutamat-Transaminase 44-1299.

Hydroxypyruvat-Phosphat-L-Glutamat-Transaminase

Trenn. v. Hydroxypyruvat-L-Glutamat-Transaminase in E. coli v. – 44-1299.

β-Hydroxysäure-Dehydrase

Rolle im Mechanismus d. Fettsäuresynth. bei E. coli 44-1391.

D-α-Hydroxysäure-Dehydrogenase

Vork. u. Eig. in tier. Geweben (mögl. Flavoproteinnatur) 7-1425.

β-Hydroxysteroid-Dehydrogenase [3(oder 17)β-Hydroxysteroid-Dehydrogenase, 3(oder 17)β-Hydroxysteroid: NAD(P)-Oxydoreduktase, 3(oder 17)β-Hydroxysteroid-Reduktase]

Verteil. in d. Membranen d. Plazenta u. d. Fetus d. Ratte 2-1605; --Aktivität: in menschlichen Embryonalgeweben u. bei zwei anenzephalen Neugeborenen 7-1684; in d. durch 7.12-Dimethylbenzanthracen induzierten Mammakarzinom d. Ratte 10-1311; – im Hoden v. Tilapia mossambica 11-1280; Lokalisat. in Zellen d. Rattennebennierenrinde in Gewebekultur 20-1185; --Aktivität in d. Leydig-Zellen d. Maus 21-1372; – in d. Nebenniere u. d. Plazenta 21-1373; Vork. in d. Brustwarzenhaut v. Männern 29-1283; Lokalisier. in d. Plazenta v. Fledermäusen während d. Trächtigk. 32-1326; --Aktivität während d. Östralzyklus d. Schafes 32-1558; Vork.: in normalen u. neoplast. Brustgeweben 33-1256; in normalen u. anomalen menschl. Hoden 33-1297; in Hamsternebenhoden 34-1318; ontogenet. u. phylogenet. Verteil. in d. Niere v. Wirbeltieren 34-1319; --Aktivität d. Ovarien während d. Östruszyklus 35-1477; –: d. in vitro gewachsenen Hodenzellen 39-1204; im Eierstock v. Salamandra salamandra in d. verschiedenen Stadien d. Geschlechtszyklus 44-1274.

Indukt. v. – bei Pseudomonas testosteroni durch Steroide 21-1428; physikal. u. chem. Charakterisier. d. – aus Pseudomonas testosteroni 23-1253.

Wrkg.: bei d. Bldg. v. Testololacton 7-1362; bei d. Androgenbldg. im Hodengewebe v. Patienten mit Prostatakarzinom 17-1232; Katalysier. d. Bldg. v. Androst-5-en-3β.17β-diol durch – u. einer krist. Steroid-Δ-Isomerase aus Pseudomonas testosteroni (Reversibilität d. Rk.) 24-1382; Aktivität: bei d. letzten Schritten d. Androgenbiosynth. 32-1535; im Stoffwechsel v. $^{14}C_{(4)}$-Testosteron durch d. Prostata d. Menschen u. Hundes 32-1536; bei d. Bio-Umwandl. v. Steroiden in jugendl. Rattenhoden in vitro 37-1411; Gonadotropineinfl. auf d. --Rk. d. Kaninchenovars 44-1471.

Erzeug. v. angeborener Nebennierenrindenhyperplasie, Hypospadie u. Clitorishypertrophie bei Ratten durch Inaktivier. d. – 17-1290; reversible Inaktivier. v. – aus menschl. Plazenta durch Kälte u. Schutzeffekt v. Glycerin 42-1203.

Einfl. v. Ergocornin auf d. histochem. Fermentnachw. v. – 21-1371; Verw. bei d. Ultramikroenzymanalyse v. Testosteron 40-1500.

3α-Hydroxysteroid-Dehydrogenase (3α-Hydroxysteroid: NAD{P}-Oxydoreduktase)

– in normalen u. anomalen menschl. Hoden 33-1297; ontogenet. u. phylogenet. Verteil. in d. Niere v. Wirbeltieren 34-1319; Indukt. bei Pseudomonas testosteroni durch Steroide 21-1428; Reinig. u. Eig. v. –: aus Rattenleber 15-1257; aus Pseudomonas testosteroni 29-1220; physikal. u. chem. Charakterisier. d. – aus Pseudomonas testosteroni 23-1253; Rk. 44-1275; – im Stoffwechsel: v. $^{14}C_{(4)}$-Testosteron durch d. Prostata d. Menschen u. Hundes 32-1536; v. 11β-Hydroxy-Δ^4-androsten-3.17-dion unter Einw. v. Schilddrüsenhormon 49/50-1366; histochem. Nachw. 11-1296, 20-1271.

3(oder 17)β-Hydroxysteroid-Dehydrogenase

s. *β-Hydroxysteroid-Dehydrogenase.*

6α-Hydroxysteroid-Dehydrogenase

Mögl. Vork. im menschl. Organismus 36-1499.

6β-Hydroxysteroid-Dehydrogenase

Ontogenet. u. phylogenet. Verteil. in d. Niere v. Wirbeltieren 34-1319; mögl. Vork. im menschl. Organismus 36-1499; histochem. Unters. 11-1296.

11α-Hydroxysteroid-Dehydrogenase

Histochem. Unters. 11-1296.

11β-Hydroxysteroid-Dehydrogenase

Aktivität: bei neonataler Thymektomie 12-1540; in normalen u. anomalen menschl. Hoden 33-1297; ontogenet. u. phylogenet. Verteil. in d. Niere v. Wirbeltieren 34-1319.

12α-Hydroxysteroid-Dehydrogenase

Histochem. Unters. 11-1296.

16α-Hydroxysteroid-Dehydrogenase

Ontogenet. u. phylogenet. Verteil. in d. Niere v. Wirbeltieren 34-1319; – aus Rattennieren (Reinig., Best. u. Eig.) 48-1190.

16β-Hydroxysteroid-Dehydrogenase

--Aktivität: in normalen u. anomalen menschl. Hoden 33-1297; in Hamsternebenhoden 34-1318; ontogenet. u. phylogenet. Verteil. in d. Niere v. Wirbeltieren 34-1319.

17α-Hydroxysteroid-Dehydrogenase

Histolog. Verteil. in d. Membranen d. Plazenta u. d. Fetus d. Ratte 2-1605; --Aktivität im polyzyst. Ovar 16-1197.

20α-Hydroxysteroid-Dehydrogenase

--Aktivität d. Testes 9-1341; Lokalisier. im Ovarium d. Ratte 19-1296; Vork. in hypertroph. u. karzinomatösem Prostatagewebe d. Menschen 19-1510; --Aktivität: d. Ovarien während d. Östruszyklus 35-1477; in jugendl. Rattenhoden 37-1411; in d. menschl. Plazenta u. deren Bedeut. für d. fetale plazentäre Zirkulat. v. Gestagenen 41-1536; Isolier. u. Eig. d. – aus Rattenovar 49/50-1163.

20β-Hydroxysteroid-Dehydrogenase

– in normalen u. anomalen menschl. Hoden 33-1297; Moffit-Konst. u. Cotton-Effekt 21-1248; Gonadotropineinfl. auf d. --Rk. d. Kaninchenovars 44-1471.

Hydroxysteroid-Dehydrogenasen

–: in d. Nebennierenrinde d. Menschen 1-1517; in Hamsternebenhoden 34-1318; in d. Niere v. Wirbeltieren (ontogenet. u. phylogenet. Verteil.) 34-1319; biochem. Eig. d. – d. Kaninchenovars 47-1192.

3α-Hydroxysteroid: NAD{P}-Oxydoreduktase

s. *3α-Hydroxysteroid-Dehydrogenase.*

3(oder 17)β-Hydroxysteroid: NAD(P)-Oxydoreduktase

s. *β-Hydroxysteroid-Dehydrogenase.*

3(oder 17)β-Hydroxysteroid-Reduktase

s. *β-Hydroxysteroid-Dehydrogenase.*

5-Hydroxytryptophan-Decarboxylase

Regionale Verteil. im Zentralnervensyst. v. Küken 17-1323; --Aktivität: in sympath. Ganglien 23-1617; in normalen u. neoplast. Mastzellen 29-1195; regionale Wrkg. d. lateralen Hypothalamusverletz. auf d. – im Katzenhirn 36-1355; --Aktivität während d. fetalen u. postnatalen Entw. d. Meerschweinchens 36-1532; Wrkg.: v. Bleitetraäthyl auf d. – v. Kükenhirn 2-1339; d. Anästhetika auf – 5-1732; Unters. v. Hemmsubstanzen für – durch Verw. radioakt. Substrate 6-1302; Inhibitorwrkg. v. 2H-1.4-Benzoxazinonen-(2) gegen – 13-1162; Darst. v. Hydraziden als --Inhibitoren 24-1742*; Inhibier. d. – d. Nervengewebes v. Helix pomatia durch Hemmer d. DOPA-Decarboxylase 28-1387; Hemm. d. – durch säurehalt., Entzünd.-hemmende Mittel 33-1744.

Hypotaurocyamin-Kinase

Molgew. 15-1282.

Hypoxanthin-Phosphoribosyltransferase

s. *IMP-Pyrophosphorylase.*

Imidazolacetat-Monooxygenase

Kristallisat. u. Charakterisier. als Flavoprotein 49/50-1160.

Imidazolglycerinphosphat-Dehydratase

Hemm. durch 3-Amino-1.2.4-triazol 8-1440; Synergismus v. Aminotriazol u. Phosphat bei d. Hemm. v. Hefe-- 8-1441; Wrkg. v. 3-Amino-1.2.4-triazol auf Hefe-- 49/50-1288.

Imidazol-N-Methyltransferase

Histaminabbau in vitro u. in vivo mit – 39-1443.

Imidazolylacetatphosphat-Transaminase

Wrkg. d. α-Hydrazin-Analogen v. Histidin auf d. --Aktivität v. Salmonella typhimurium 36-1382.

Imidodipeptidase

Geh. in normalen u. leukäm. menschl. Leukozyten 20-1227, 35-1566.

Iminodipeptidase

Geh. in normalen u. leukäm. menschl. Leukozyten 20-1227; --Aktivität in vivo alternder menschl. Erythrozyten 28-1366; Geh. in normalen u. leukäm. menschl. Leukozyten 35-1566.

IMP : L-Aspartat-Ligase

s. *Adenylosuccinat-Synthetase.*

IMP-Cyclohydrolase

--Aktivität in Mutantenstämmen v. Hefen 24-1028.

IMP-Dehydrogenase (IMP : NAD-Oxydoreduktase, Inosinsäure-Dehydrogenase)

Kontrolle d. Geschw. d. --Synth. in Aerobacter aerogenes 6-1342; Repress.: durch Purinderiv. bei Bacillus subtilis 27-1312; durch Guanin bei Enterobacteriaceae 27-1352.

IMP-GMP-Pyrophosphorylase (Inosinsäure-Guanylsäure-Pyrophosphorylase)

Genet. veränderte – v. Salmonellen 35-1320; Verlust d. Aktivität als biochem. Variat. d. Fibroblasten beim syr. Hamster 17-1205.

IMP : NAD-Oxydoreduktase

s. *IMP-Dehydrogenase.*

IMP : Pyrophosphat - Phosphoribosyltransferase

s. *IMP-Pyrophosphorylase.*

IMP-Pyrophosphorylase (Hypoxanthin-Phosphoribosyltransferase, IMP : Pyrophosphat-Phosphoribosyltransferase)

--Aktivität in Ratten- u. Mäusegeweben u. in Ehrlich-Aszitestumorzellen 40-1226; Rk. bei d. Bldg. v. Inosinmonophosphat in menschl. Erythrozyten aus Inosin nach phosphorolyt. Spalt. 49/50-1416; Hemm. v. – v. Ehrlich-Aszitestumorzellen durch Purinnucleotide 40-1229.

Indolessigsäure-Oxydase (β-Indolylessigsäure-Oxydase)

Verteil. v. – u. Inhibitoren in bei Licht gewachsener Baumwolle 3-1286; --Aktivität v. Reissämlingen (Wrkg. v. Gibberellin) 33-1487; –: v. Citruswurzeln 47-1354; d. Linse (Wrkg. v. Kinetin) 47-1365; --Aktivität d. Extrakte v. Wurzeln v. Coleus 49/50-1158;

Jodinase (Jodid-Peroxydase)

Überführ. d. – aus Schilddrüsengewebe in d. lösl. Form u. Charakterisier. 13-1309; Jodier. v. Proteinen mit – 45-1113; säulenchromatograph. Auftrenn. in lösl. gemachten Schilddrüsenpräp. v. Rindern 2-1569.

Jodtyrosin-Dejodinase

L- –-Aktivität bei Schafen mit angeborenem Kropf 36-1518; *Isozyme* d. – bei normalen u. an Schilddrüsenerkrank. leidenden Personen 33-1356.

Kallikrein (Padutin)

Subzelluläre Lokalisat. in d. Submaxillardrüse d. Meerschweinchens 18-1435; – d. Submaxillardrüse d. Katze 19-1482; Aktivität v. Plasma- – in menschl. Fibrinogenfrakt. 27-1557; – im menschl. Plasma (Unters.) 37-1282; Geh. in d. Lymphe aus d. Hinterpfoten v. Hunden u. Kaninchen 45-1435.

Freisetz. aus d. Meerschweinchenlunge während d. Anaphylaxie 29-1482; Isolier. u. Reinig. v. – aus menschl. Speichel 1-1323; Reinig. v. – aus Schweinepankreas (biolog. Eig.) 1-1324.

Molgew. (Best. mit Hilfe d. Sephadex-Gelfiltrat.) 28-1370.

Pharmakolog. Unters. mit einer Kombinat. v. – u. Mesoinosithexanicotinat 1-1704; Proteolyse v. Salmin durch Pferdeharn- – 8-1427; Antagonismus des d. Gefäßpermeabilität bei Ratten steigernden – 7-1835; Kinine-freisetzendes – aus Plasma 9-1616; Substrate für Plasmakinin bildendes – in Menschen-, Hunde- u. Kaninchenplasma 14-1393; unterschiedl. Substrate für – 20-1335; Wrkg. auf d. Kapillarpermeabilität im Vgl. zu anderen pharmakolog. Eig. 22-1604; Freisetz. v. Kinin aus Bradykininogen durch – 23-1479; Speicheldrüsensekret. nach – 26-1482; Freisetz. v. Kininen durch Glas-aktiviertes – aus einem Plasmaproteinsubstrat 32-1574; Rolle beim Antagonismus gegen verschiedene zentrale Erschein. infolge v. Reserpin bei d. Maus 37-1586; pseudoaffektive Rk. gegenüber – bei nichtnarkotisierten Hunden (Wrkg. v. Na-Salicylat) 39-1570; Freisetz. v. Kinin aus Kininogen aus Plasma durch Plasma- u. Pankreas- – 43-1412; Bradykininogen u. Bradykinin bei Kreislaufschock infolge v. – 51/52-1385; Substrate für Plasmakinin-bildendes – im Plasma v. Ratte u. Meerschweinchen 51/52-1387.

Verh. einiger Deriv. d. ε-Aminocapronsäure gegenüber – 1-1740; Wrkg.: v. Trasylol auf – 9-1578; v. SH-Verb. auf – beim Meerschweinchen 31-1470; Hemm. d. Esteraseaktivität v. – aus Pferdeharn durch Ionen 42-1431; Isolier. v. –-Inhibitoren 12-1391; Disulfidbind.-Brücken d. –-Inaktivators d. Rinderlunge 12-1400; Anwend. einer Substanz mit anti- –-Wrkg. bei physikal. u. chem. Läs. d. Bindehaut u. d. Hornhaut 14-1735; säurelabiler Inhibitor v. – aus d. Blutserum d. Kaninchens 18-1310; Gewinn. v. –-Inaktivator aus frischer Parotisdrüse 27-1828; –-Inaktivator aus Rinderlunge (Molgew., Endgruppenanalyse u. Aminosäurenzus.) 44-1526; (Best. d. Aminosäuresequenz) 44-1527; Identität d. –-Inaktivators aus Rinderlunge u. Rinderparotis 44-1528; Gewinn. v. reinen Lsg. v. –-Inaktivator aus Organextrakten 45-1707*.

Elektrophoret. Best. im Bronchialschleim 4-1456; Verw. v. Heparin zur Unterscheid. zwischen Plasma- – u. -Pf/dil. 9-1622; Nachw. in d. γ-Globulinfrakt. d. Blutserumproteine d. Kaninchens 15-1525; Inkubat.-Meth. zur Best. v. – im Harn 46-1448.

Katalase

–-Aktivität v. thermotoleranten Saccharomyces cerevisiae 14-1469; Verteil. u. Kennzeichen: d. – v. Lactobacillaceae u. Pediokokken 15-1269; d. Cyanid- u. Azid-resistenten – v. Lactobacillus plantarum 15-1270; Vork. in zellfreien Extrakten v. Halobacterium salinarum 23-1325; –-Aktivität v. Proteus-L-Formen u. normalen Proteusbakterien 25-1224; Herst. einer Glucoseoxydase mit – als Begleitenzym aus Aspergillus niger 29-1213; –-Aktivität: v. Fucidin-resistenten Staphylococcus aureus-Kulturen 41-1257; bei d. Einw. v. Phenylborsäure auf verschiedene Blattformmutanten d. Tomate 17-1439; in verschiedenen Organen v. Gurkensämlingen (Wrkg. v. Gibberellin u. wachstumshemmenden Chemikalien) 21-1513; in Plectonema boryanum u. Hill-Rk. 31-1372; d. Weinrebe während d. Überwinter. 33-1451; Einfl. d. Ernähr. d. Rebstöcke zu Beginn d. Pflanz. auf d. –-Aktivität 37-1366; –-Aktivität: bei Pflanzen (Wrkg. v. Kinetin) 47-1365; im lyophilisierten Lämmerthymushomogenat 1-1554; in d. Milch beim Mastitisgrobtest unter normalen Beding. u. nach d. Auslassen eines Melkvorgangs 2-1532; in Leber u. Milz d. Ratte nach Einw. ionisierender Strahl. 5-1630; Rinderleber- – 6-1259; Bezieh. zwischen d. Geh. an Lipoidperoxiden u. d. –-Aktivität in normalen, tumorösen u. bestrahlten Geweben 8-1306; *2* Formen d. – in d. Leber u. im Hepatom 11-1288; – in Mikrosomen in d. Leber Tumor-tragender u. normaler Ratten 15-1221; –-Aktivität: im Serum teilhepatektomierter Ratten 15-1223; in mit Anaplasma marginale infizierten Extrakten v. Erythrozyten 15-1268; während d. embryonalen Entw. d. Huhns 15-1272; Verteil. u. Eig. d. wasserlösl. u. Lipid-gebundenen – in d. normalen Leber u. im transplantablen Hepatom 18-1248; –-Aktivität in isolierten Rattenlebernukleolen 20-1351; wasserlösl. u. Lipid-gebundene – in Leber u. Geschwulst d. Ratte 21-1311; –-Aktivität: bei Mäuseleukämie L *1210* 22-1141; bei Tumorbldg. 25-1188; in d. Leber v. Meerschweinchen u. Ratten 29-1597; in normalen u. Glucose-6-phosphatdehydrogenase-Mangel-Erythrozyten 31-1508; in d. Hornhaut v. Rinderaugen 32-1305; in d. Rattenleber bei ionisierter Strahl. 41-1611; Verhältnis zwischen d. Spurenelementen u. d. –-Aktivität bei akuter anox. Hypoxie 45-1114; Vork. in d. nichtmitochondriellen oxydierenden Teilchen (Mikrokörper) in Rattenleber u. -niere u. in Tetrahymena pyriformis 46-1308; –-Aktivität: v. Erythrozytenhämolysaten (verschiedener Tiere) 46-1309; (höherer Tiere) 46-1311, 46-1312; im Knochengewebe 48-1220; Verteil. in d. subzellularen Frakt. v. Knochengewebehomogenaten 48-1221; –-Aktivität: im Serum teilhepatektomierter Ratten (hormonelle Beeinfluss.) 49/50-1430; eines rohen Enzympräp. aus eisenchlorot. Gerstensämlingen 4-1280; Hitzeempfindlichk. d. –-ähnl. Aktivität v. Passionsfruchtsaft 9-3403; Indukt. u. Aktivität d. – während d. Salami-Herst. 28-3254; –-ähnl. Aktivität d. Hühnereiklars 44-1293.

Indukt. in Staphylococcus aureus-Kulturen 16-1249; Zusammenhang zwischen Synth. d. – u. Atmungsintensität in Staphylococcus aureus-Kulturen 17-1362; Mechanismus v. Wrkg. u. Indukt. in Kulturen v. Staphylococcus aureus 23-1261; Wrkg. v. Toxohormonähnl. Substanzen auf d. respirative adaptive Bldg. in Saccharomyces cerevisiae 36-1294; Indukt. in Pseudomonas fluorescens in Ggw. v. Natriumazid 48-1200; Aktivier. u. Freisetz. v. latenter – in Knochengewebehomogenaten 48-1222; Darst. v. krist. – aus menschl. Erythrozyten 48-1435.

Spektrale Eig. d. – d. menschl. Erythrozyten 22-1443; Krist. d. – als Rohr mit monomol. Wänden 21-1345; Fingerprintmuster d. pept. u. α-chymotrypt. Auszüge v. Rinderleber- u. -erythrozyten- – 27-1251; opt. Meth. für d. Analyse d. Periodizitäten in Elektronenmikrographien v. –-Krist. 32-1944; Fehlordn. in Erythrozyten- –-Krist. 46-1262; potentiostat. Best. d. Diffus.-Koeff. v. O_2 in Ggw. v. – 48-0576.

Chemilumineszenz bei –-Rk. 11-1287, 12-1327; Unters. d. –-Prozesses durch Variier. d. Nährbodens 15-1271; unterste pH-Grenze d. – u. Peroxydasewrkg. einer $CH_3COONa/CoCl_2$-Mischlsg. am Beispiel d. peroxidat. Indigokarminentfärb. 21-0696; –-Wrkg. v. Co-Komplexverb. mit mehrzähl. Liganden 27-0694; pulsradiolyt. Unters. über d. Reaktivität d. – gegenüber hydratisierten Elektronen u. freien OH-Radikalen 1-1204; Wrkg. d. –-Syst. auf $^{14}C_{(4)}$-Östron in vitro 7-1586; Rolle bei d. S-Methylgruppenox. 8-1364; H_2O_2- u. D_2O-Abbau mit – 10-0703; unlösl. Verb. v. – mit Cellulose 15-1310; Struktur v. aus [$^{14}C_9{}^3H$]-(±)-3.4-Dihydroxyphenylalanin durch Ox. mit – erhaltenem Melanin 21-1520; Einfl.: auf d. Radikalbldg. aus 4-Hydroxyaminochinolin-1-oxid 37-1209; auf d. Stoffwechsel v. Sevin 49/50-1243; auf d. Wrkg. v. Lactoperoxydase u. Thiocyanat auf d. Wachstum v. Streptococcus pyogenes u. Streptococcus agalactiae 26-1368; auf d. Methämoglobinbldg. durch Mycoplasma gallisepticum 48-1286; Parallelität d. –-Aktivität zum Umsatz d. Fe-Porphyrin-Verb. in d. Wurzeln u. oberird. Organen v. Pflanzen 6-1447; Einfl.: auf d. Intensivier. d. photodynam. Wrkg. v. Anthrachinon-2-sulfonsäure in Ggw. v. Glycerin u. anderen H-Donatoren auf d. photochem. H_2O_2-Bldg. 33-1201; auf d. Jodier. v. Tyrosin durch Frakt. v. Rinderschilddrüsenpräp. 2-1569; Formiatox. in d. Rattenleber in Bezieh. zur – 16-1560; Erythrozyten- – u. Entgift. v. H_2O_2 21-1575; Einfl. auf d. durch Fe^{2+} u. Flavinmononucleotid stimulierte Dejodier. v. L-Thyroxin durch Mitochondrien u. Mikrosomen d. Kaninchenleber 24-1559; Aktivier. eines –-Peroxydase-Weges zur Ox. v. Alkoholen in Säugetiererythrozyten 31-1507; Einfl. auf d. gekoppelte oxydierende Phosphorylier. u. auf d. Zustand d. Adenylsyst. in d. Rattenleber 43-1183.

Hemm. d. Rinderleber- – durch Flavinmonosulfat u. Adenosinsulfat 6-1260; Wrkg. v. Cystein, Tyrosin u. einigen verwandten Verb. in vitro u. in vivo in Bezieh. zur Wrkg. d. Tumoren auf – 7-1346; experimentelle Daten über d. Veränder. d. Blut- – bei Albinoratten unter d. Einfl. v. Tetramethylthiuramdisulfid 10-1738; Wrkg.: v. Naja naja atra-Schlangengift auf – 14-1335; v. A. auf d. – d. Blutes v. intakten u. adrenalektomierten Ratten 16-1250; v. Endoxan auf d. – im Walker-Karzinom d. Ratte 18-1204; strahlensensibilisierende Wrkg. einiger organ. Peroxide auf d. – im Blut d. Ratte 18-1607; Einfl.: v. Pyramin auf d. – in d. Blättern d. Senfpflanze u. d. Zuckerrübe 19-1460; d. Fe auf d. – in Mais u. Rettich 21-1502; v. HF u. Verletz. auf d. – in d. Blättern d. Sojabohne 23-1322; Hemm. d. Erythrozyten- – 23-1499; – d. Flavedo u. d. Saftes v. Shamouti-Orangen nach γ-Bestrahl. 26-1400; Einfl. v. Dichlorpromazin u. Chloropromazin auf d. Serum- – 30-1645; Hemm. v. – durch Ascorbinsäure 31-1200; Wrkg. einiger Hydrazinderiv. auf d. – d. Rattenleber 31-1201; Hemm. d. Leber- – durch 3-Amino-1.2.4-triazol 31-1595; Wrkg.: aromat. u. nichtaromat. Modellsubstanzen u. Arzneimittel auf – 32-1289; verschiedener Cu-Spiegel auf d. – in Apfelblättern 37-1365; v. Thiolverb. auf d. – 43-1172; Vgl. d. Wrkg. v. Toxohormon u. bakteriellem Lipopolysaccharid auf d. Leber- – 43-1524; Einfl.: d. Bldg. v. H_2O_2 in Erythrozyten durch Acetylphenylhydrazin auf d. –-Hemm. 45-1197; d. Serotoninkonz. auf d. Hemm. d. – durch Röntgenstrahlen 47-1512.

Verw.: v. mit Methylcellulose überzogenem Glucoseoxydase- –-Präp. zur Stabilisier. v. wasserhalt. Nahr.-Mitteln 8-3352*; zwischen zwei Verpack.-Schichten v. Fleisch zum Schutz vor Ox. 25-3064*.

Fluoreszenznachw. 9-2154; elektrochem. Best. 44-1295; Verbesser. d. Best. 49/50-1249; Trenn. v. Peptidgemischen aus Rinderleber- – durch Gradientenchromatographie an Dowex-*1* 3-1984; immunoelektrophoret. Identifizier. v. –-Subkomponenten in Rattengewebehomogenaten 9-1358; Analyse v. – als Mittel zur Identifizier. v. bestimmten schnellwachsenden Mycobakterien unter Verw. d. Stärkegelelektrophorese 47-1304.

Isoenzyme d. Katalase: –-Unters. an einigen menschl. Zellstämmen 30-1270.

Kathepsin A

– bei ernährungsbedingter u. bei vererbter Muskeldystrophie 24-1362.

Kathepsin B

Verteil. in Organen u. Zellbestandteilen 23-1294.

Kathepsin C

Herst. v. hochakt. – 14-1377; katalyt. Eig. 14-1378; Bezieh. zwischen d. –-Aktivität u. einigen histochem. Substraten 39-1236.

Kathepsin-Carboxypeptidase

Geh. in normalen u. leukäm. menschl. Leukozyten 20-1227; Abbau v. Bradykinin durch – 31-1228.

Kathepsin D

Verteil. in Organen u. Zellbestandteilen 23-1294.

Kathepsin[e] (Cathepsin[e])

Ansteigen d. – in Euglena gracilis bei C-Mangel 9-1423; Aktivität: u. intrazelluläre Verteil. in d. Leber einiger Spezies 1-1299; bei experimenteller Lungenfibrose 6-1605; Lokalisat. v. Lysosomen- – im chromaffinen Gewebe 9-1260; Einfl. einer A-Hypervitaminose auf d. kollagenolyt. – normaler u. entzündeter Gewebe 9-1643; –: aus Ochsenskelettmuskel 14-1355; aus Säugetierfibroblasten 26-1328; –-Aktivität: d. Intestinalmukosa d. Ratte 26-1599; in vivo alternder menschl. Erythrozyten 28-1366; Vork. in Chloragozyten d. Verdauungstrakts v. Lombricien 29-1259; –-Aktivität: bei menschl. Myopathien 32-1633; d. Lysosomen bei d. „Weißmuskelerkrank." 36-1583; in dystroph. Brustmuskeln v. Küken 47-1489; im Knochengewebe 48-1220; Verteil. in subzellularen Frakt. v. Knochengewebehomogenaten 48-1221.

Aktivier. u. Freisetz. v. latentem – in Knochengewebehomogenaten 48-1222; Reinig. u. Eig. v. Dorschmuskel-– 28-1374.

Physikochem. Eig. u. teilweise Reinig. v. Schweinemuskel-– 34-1362; Molgew. d. – aus verschiedenen tier. Organen 49/50-1214; Spezifität d. –: d. Rinderhirns 11-1323; aus Tumorzellen (Hydrolyse d. Insulin-B-Kette) 48-1093.

Eig.: v. – aus Thyrosidlysosomen 15-1316; v. in entzündeten Rattengeweben vorhandenen kollagenolyt. – 18-1317; Aktivität teilweise gerein. – d. Rindes für verschiedene natürl. u. synthet. Substrate 26-1332; in vitro-Inaktivier. u. Bldg. v. Plasmakininen durch Milz-– 31-1228; Eig.: leukozyt. – bei Gesundh. u. Krankh. 38-1327; v. lysosomalem – in Kalbsschilddrüsen 40-1353; Bezieh. zwischen Alter u. – (Hämoglobin-spaltender Aktivität) im Hühnermuskel 40-1579.

Hemmwrkg. v. Actinomycin D auf – im Schwanz v. Xenopuslarven bei d. Metamorphose 3-1693; Einfl. d. Neutronenbestrahl. auf d. –: im Gehirn u. Herzmuskel d. Ratte 11-1689; d. Leber u. Niere d. Ratte 11-1688.

Best. im Serum v. Ratten nach Gaben v. Progesteron sowie Progesteron u. Prednison 30-1385.

Keratinase

Erzeug. 32-3261*.

β-Ketoacyl–Acylträgerprotein-Reduktase

Darst., Eig. 2-1638; partielle Reinig. aus E. coli 7-1429; Präparat. u. allg. Eig. d. – v. E. coli 35-1305.

β-Ketoacyl–Acylträgerprotein-Synthetase

Reinig. u. Eig. 35-1351.

„α-Ketoaldehyd-Oxydase"

Ox. v. Methylglyoxal zu Brenztraubensäure durch – aus Schafsleber 21-1352.

$\Delta^5 \rightarrow \Delta^4$-3-Ketocholestan-Isomerase

Isolier. aus Nebennieren 41-1288.

„Ketodase"

s. *β-Glucuronidase.*

2-Keto-3-desoxyaraboheptansäure-7-phosphat-Synthetase

Hemm. d. –-Aktivität (Feedback-Wrkg.) in Saccharomyces cerevisiae 36-1371.

2-Keto-3-desoxy-6-phosphogluconaldolase (6-Phospho-2-keto-3-desoxy-D-gluconat-D-Glycerinaldehyd-3-phosphat-Lyase)

Rk. mit Substratanalogen 32-1421.

2-Ketofettsäure-Decarboxylase

Decarboxylier. v. 2-Ketofettsäuren durch – aus Gehirn 19-1341.

5-Keto-D-fructose-Reduktase

Isolier. einer spezif. NADPH-gebundenen – aus Gluconobacter cerinus (Rk.) 24-1297.

2-Ketogluconat-Oxydoreduktase

– in Acetobacter suboxydans während d. Wachstums 45-1187.

5-Ketogluconat-Oxydoreduktase (Gluconat-Dehydrogenase)

– in Acetobacter suboxydans während d. Wachstums 45-1187; Vork. im wachsenden Tibiaknorpel d. Menschen 7-1268.

α-Ketoglutarat-Decarboxylase

–-Aktivität v. Pyruvat- u. α-Ketoglutarat-Dehydrogenase aus Mitochondrien d. Rinderniere 37-1232.

α-Ketoglutarat-Dehydrogenase

s. *α-Oxoglutarat-Dehydrogenase.*

α-Ketoglutarat-Oxydase

s. *α-Oxoglutarat-Oxydase.*

α-Ketoglutarat-Permease

Anreicher. v. α-Ketoglutarat durch Suspens. v. Pseudomonas aeruginosa durch Fehlen v. – 41-1321.

2-Ketoglutarsäure-Dehydrogenase

s. *α-Oxoglutarat-Dehydrogenase.*

α-Ketoglutarsäuresemialdehyd-Dehydrogenase

Konstitutive u. induzierbare Isozyme d. – in Pseudomonas 44-1262.

Ketohexokinase

–-Aktivität u. Glykogengeh. d. Leber normaler u. hypophysektomierter, mit Röntgenstrahlen bestrahlter u. unterschiedl. ernährter Ratten 29-1233.

Ketolactonase

Abtrenn. u. Eig. der d. Campherlactonisier. katalysierenden – 4-1356; Elektronentransportkomplex mit – bei d. Campherketolactonisier. 44-1388; – bei d. Campherox. in Pseudomonas putida 44-1389.

α-Ketosäure-Dehydrogenase (α-Ketosäure-Reduktase)

–-Komplexe 37-1232; Isolier. u. Eig. d. aromat. – 8-1350; Red. v. Phenylbrenztraubensäuren zu Phenylmilchsäuren durch – in Säugetiergeweben 8-1351.

α-Ketosäure-Reduktase

s. *α-Ketosäure-Dehydrogenase.*

Ketose-1-phosphat-Aldehydlyase

s. *Aldolase.*

Ketose-1-phosphat-Aldolase

s. *Aldolase.*

Δ^5-3-Ketosteroid-Isomerase

s. *Steroid-Δ-Isomerase.*

3-Ketosteroid-Reduktase

Vork. in normalen u. neoplast. Brustgeweben 33-1256.

Δ^4-3-Ketosteroid-5α-Reduktase

–-Aktivität im Stoffwechsel v. $^{14}C_{(4)}$-Testosteron durch d. Prostata d. Menschen u. Hundes 32-1536.

Δ^4-3-Ketosteroid-5β-Reduktase

–-Aktivität im Stoffwechsel v. $^{14}C_{(4)}$-Testosteron durch d. Prostata d. Menschen u. Hundes 32-1536; Reinig. u. Wrkg.-Mechanismus einer – aus Pseudomonas testosteroni 36-1296; Rk., Eig. 44-1275.

β-Ketothiolase

Hemmwrkg. d. sauren Phosphohydrolase auf d. Acetoacetatbldg. in Ggw. v. – 27-1274; Wrkg. v. Desulfo-CoA auf – 32-1293; spezif. Inhibitoren 32-1328.

Kinasen

–-Aktivier. als Bestandteil d. Kaskaderk. beim glykogenolyt. Effekt v. Epinephrin 12-1423; $N_{(6)}$-Benzyladenin als Inhibitor v. Atmungs-– 12-1338; Best. im Plasma 43-1413; (v. Männern mit rheumatoider Arthritis) 43-1414.

Kininasen

Geh. in d. Lymphe aus d. Hinterpfoten v. Hunden u. Kaninchen 45-1435; –-Aktivität: bei experimenteller Pankreatitis 48-1255; in Granulozyten (Rk.) 48-1437; Wrkg. v. Hemmstoffen auf d. Inaktivier. v. Bradykinin durch – in vitro 5-1329; Best. in Erythrozyten 43-1413; (v. Männern mit rheumatoider Arthritis) 43-1414.

Kininogenasen

Vork. u. Wrkg. im menschl. Plasma 43-1412; –-Aktivität v. Kallikrein u. Bezieh. zur Esteraseaktivität 15-1525; Hemm. d. –-Aktivität v. Kallikrein durch einen Inhibitor aus d. Blutserum d. Kaninchens 18-1310.

Kininogene

– im menschl. Plasma 43-1412; Geh.: d. Plasmas beim tox., anaphylakt. u. anaphylaktoiden Schock 43-1416; in d. Lymphe aus d. Hinterpfoten v. Hunden u. Kaninchen 45-1435; Reinig.: v. – aus Humanplasma 23-1479; u. Eig. d. – aus d. Blutserum d. Kaninchens 46-1480; Kinine freisetzende Plasma-– 9-1616; Substrate für Plasmakinin bildende – (in Menschen-, Hunde- u. Kaninchenplasma) 14-1393; (Unterschiede) 20-1335; (in Homogenaten v. Rattennieren) 41-1290; (im Plasma v. Ratte u. Meerschweinchen) 51/52-1387; Kininaktivität aus menschl. – u. frischem Plasma mit Bromcyan 29-1495; Wechselwrkg. zwischen Plasma-– u. Granulozyten 48-1437; Best. im Plasma 43-1413; (v. Männern mit rheumatoider Arthritis) 43-1414.

Klärungsfaktor

s. *Lipoproteinlipase.*

Koagulasen

–-positive Staphylokokken: in Nahr.-Mitteln (Nachw.) 13-1450; in roher Milch (Nachw.) 13-1451; –-negative Staphylokokken aus d. Rindereuter 51/52-1254; –-Aktivität d. Vipergiftes (Neutralisat. durch spezif. Antiserum) 33-1717; Prod. durch Staphylokokken aus roher Milch 13-1453; Isolier.: aus Trimeresurus okinavensis-Gift (Eig.) 11-1570; aus Schlangengiften 27-1445; Koagulat. v. menschl. Plasma durch – aus Gift v. Trimeresurus okinavensis 21-1398; klin. Prüf. einer neuen Kapillarrohrmeth. zum Schnellnachw. d. – 5-1406.

Kobaltcarbonat-Anhydrase

Spektropolarimetr. Unters. d. – v. Rind 42-1250.

Kohlensäure-Anhydra{ta}se (Carboanhydra{ta}se, Carbonat-Anhydrase, Carbonat-Dehydratase, Carbonat-Hydrolase, Carbonsäure-Anhydrase)

Überblick 20-1343.

Konz. im atmosphär. Aerosol in Abhängigk. v. d. Großwetterlage 30-0798; Einfl. v. Rutin auf d. durch Progesteron erhöhte –-Aktivität d. Kaninchenuterus 4-1667; Vork. im Kaninchenhirn 10-1402; –-Aktivität in neonatalen u. reifen menschl. u. einigen tier. Erythrozyten 18-1522; Leber-– v. Hunden u. Ratten 23-1304; –: im Blut bei Tumorbldg. 25-1188; d. menschl. Erythrozyten (Aminosäurezus.) 32-1423; –-Aktivität: im menschl. Speichel 33-1346; d. Spermas 33-1347; Macaca mulata-– 49/50-1231.

Vork. v. Acetylresten in menschl. Erythrozyten-– 8-1435; Struktur u. Denaturier. v. – d. Menschen in Harnstoff- u. Guanidinhydrochloridlsg. 8-1437; akt. Stellen d. – (Best.) 20-1344; (Chelatmodelle) 20-1345.

Katalyt. Vielseitigk. v. – aus Erythrozyten 4-1346; Hydratisier. v. Acetaldehyd durch – aus Erythrozyten 17-1324; Verh. im Uterus v. Hennen während d. Mauser 24-1378; katalyt. Vielseitigk. d. Erythrozyten-– 35-1347; Esteraseaktivität d. – aus Rindererythrozyten 49/50-1232.

5-Chlor-2.4-disulfamylbenzoesäureäthylester als –-Inhibitor (Darst.) 4-1713*; Hemm. durch Phenylalkylsulfone u. Thiochromansulfonamide 23-1695; antagonist. Wrkg. v. 3-Sulfamido-4-chlorbenzoesäure u. 3-Sulfamido-4-chlorbenzamid gegenüber – 26-1761; Wrkg.: eines kräft. steroidalen Antiöstrogens auf d. – im Uterus 31-1435; aromat. u. nichtaromat. Modellsubstanzen u. Arzneimittel auf – 32-1289; Kinetik d. Hemm. v. – durch Sulfonamide 38-1335; antiepilept. Eig. v. Inhibitoren d. – 1-1336; Potenzier. d. diuret. Wrkg. v. Methylxanthinen u. Pyrimidinen durch –-Hemmer 11-1779; Wrkg. d. –-Hemmstoffs Dichlorphenamide auf Sichelzellanämie 15-1757; Wachstumshemm. v. Neisseriae durch einen Inhibitor d. – 35-1370.

Elektrophoret. u. histochem. Unters. 12-1415; Mikroschnellbest. 18-1328; histochem. Nachw.: im Uterus 34-1366; im Verdauungskanal 34-1367; verbesserter histochem. Nachw. 35-1348; Übereinstimm. zwischen Karzinomunters. in vivo u. Röntgenbestrahl. v. niedr. Energie d. – 36-1242.

Isoenzyme d. Kohlensäure-Anhydrase: –-Aktivität in neonatalen u. reifen menschl. u. einigen tier. Erythrozyten 18-1522.

Kohlensäure-Anhydra{ta}se B

Humane – (H^+-Gleichgew.) 8-1436; (Proteinkonform. u. Metallionenbind.) 31-1239; Kristallisat., physikal.-chem. u. enzymat. Eig. 49/50-1231.

Kohlensäure-Anhydra{ta}se C

Humane – (H^+-Gleichgew.) 8-1436; (Krist.-Struktur) 11-1336; Kristallisat., physikal.-chem. u. enzymat. Eig. 49/50-1231.

Kollagenase (Clostridiumpeptidase A)

Vork. 33-1334; Isolier. u. Eig. d. – v. Clostridium perfringens 39-1243; Mannigfaltigk. d. – v. Clostridium histolyticum 1-1322; kinet. Unters. d. Wrkg. 15-1315; kollagenolyt. Aktivität v. Pankreasenzymen, unter bes. Berücksichtig. d. Enzyme d. Elastasekomplexes im Vgl. zur Aktivität v. – auf d. Achillessehne 20-1334; Antikörper gegen – v. Clostridium histolyticum 29-1531.

Kollagenasen

–-Aktivität in Rattenknochenzellen (Eig. u. intrazellulare Verteil.) 10-1383; Verteil. in Rattengewebe 12-1399; Geh. bei Hautnekrosen 18-1571; Moffit-Konst. u. Cotton-Effekt 21-1248; Darst. v. Z-Gly-Pro-Gly-Gly-Pro-Ala als –-Substrat 47-1030; spezif. Abbau d. Kollagenmol. durch – aus Kaulquappen 9-1415; Wrkg.: auf Elastin-ähnl. Substanzen aus Kollagen 9-1520; v. Insulin auf d. Kohlenhydratstoffwechsel v. mit – behandelten Fettzellen 17-1501; „nichtdialysierbare" Frakt. aus Ichthyokol nach –-Einw. 18-1315; Wrkg.: auf d. elast. Gewebe 22-1109; auf d. Zystenwand isolierter Metazerkarien v. Fasciola hepatica 23-1423; Abbau v. menschl. Brandwundenschorf durch – 44-1363; Hemm. v. Bindegewebe-– durch Antimaleria- u. Antirheumamittel 36-1335; Substrat zur Best. d. – 47-1031; Modellunters. zur Löslichk. v. Fibrin im histolog. Schnitt mit – 20-1532; Unters. d. Struktur v. Kollagen mit – d. Kaulquappe 26-1478.

Kollagenmucoproteinase

Bezieh. zwischen – u. Trypsin 13-1377; Wrkg. v. Hemmern auf – 13-1378.

Kollagenprolin-Hydroxylase

Bedarf v. – an α-Ketoglutarat, Fe^{2+}-Ionen u. Ascorbat 43-1173.

Kondensationsenzym

s. *Citrat-Synthetase.*

Konjugase

Einfl. v. Vorbehandl. mit – auf d. Vork. v. Folaten in Blut u. Leber d. Ratte 3-1469.

Kopplungsfaktor II

s. *ATP-Synthetase II.*

Kreatin-ATP-Phosphorylase

s. *Kreatin-Kinase.*

Kreatinin-Phosphokinase

–-Aktivität im Meerschweinchenherzen nach Ajmalin-Infus. 46-1633.

Kreatin-Kinase
(ATP-Kreatin-Phosphotransferase, {ATP}-Kreatinphosphoryltransferase, ATP-Kreatin-Transphosphorylase, Kreatin-ATP-Phosphorylase, Kreatin-Phosphokinase)

–-Aktivität im lyophilisierten Lämmerthymushomogenat 1-1554; Konz. im Serum im Normalbereich u. bei Wrkg. einer Muskelaktivität 5-1312; –-Aktivität d. Serums: bei Patienten mit progressiver Muskeldystrophie 7-1650; bei Schilddrüsenerkrank. u. Schwangerschaft 9-1639; –-Aktivität in benignen u. malignen Tumoren d. Menschen 15-1225; Vork. im Sarkoplasma v. Skelett- u. Herz- u. glatten Muskeln d. Ratte 15-1326; modifizierte – aus dystroph. Skelettmuskel d. Maus 20-1292; –-Aktivität: im Herz- u. Skelettmuskel (Einfl. v. O_2-Mangel) 21-1649; in ruhenden u. stimulierten Muskeln nach Behandl. mit 1-Fluor-2.4-dinitrobenzol 24-1638; – aus d. dystroph. Mäuseskelettmuskel 32-1346; Serum-– in Meerschweinchen mit experimenteller Muskeldystrophie 32-1347; Zunahme d. Aktivität im Serum als Zeichen einer Muskelschädig. infolge intermittierender Anwend. v. Suxamethonium während d. Halothan-Narkose 37-1609; Plasma-– bei Ernähr.- u. genet. Muskeldystrophie d. Kükens (Vgl.) 47-1490; Lokalisier. in Mitochondrien u. Mikrosomen d. Herz- u. Skelettmuskels u. d. Großhirnrinde d. Menschen 48-1213.

Bldg. in Echinodermata (Eig.) 48-1215; Freisetz. bei d. Beschädig. oder Vergift. d. Zellen 1-1216; durch Cystein stimulierte Serum-– 39-1219.

Elektrophorese d. – verschiedener Organe 18-1281; dimere Struktur 33-1308.

Einfl. v. Selenocystin auf d. Ox. v. – 12-1304; Acetylier. v. – mit p-Nitrophenylacetat 31-1208; Säuredenaturier. d. – 48-1214; Isotopenaustauschunters. über d. durch – katalysierten Rk.-Mechanismus 16-1265; Inaktivier. v. Dihydrostreptomycin in Ggw. v. – durch einen gegen mehrere Medikamente resistenten E. coli-Stamm 8-1491; ATP-abhäng. H_2-Entw. durch zellfreie Extrakte v. Azotobacter vinelandii in Ggw. v. – 10-1346; Milchsäuredehydrogenase, Adenylatkinase, Adenosintriphosphatphosphohydrolase, aktiviert durch Mg^{2+} u. – in d. Mitochondrien d. Muskelgewebes d. Hühnerembryos während d. Wachstums 7-1682; Wrkg. auf d. progressive Muskeldystrophie 13-1789; –-Adaptat. an d. kontraktile Aktivität im Skelettmuskel 24-1637; Verh. bei Digitoxinvergift. 31-1669; –-Rk. auf kontraktile Aktivität im Skelettmuskel 44-1313.

Einfl.: v. Vanadationen auf – 26-1319; v. Insulin auf gerein. – 27-1326; Hemm. v. – im Kaninchenmuskel durch d. 6-Aminonicotinamidanaloge v. NAD 38-1297; Einfl.: v. γ-Strahl. auf – u. Gelatine (Vgl.) 38-1298; v. Thyroxin u. Analogen auf d. Plasma-– in Schilddrüsen-ektomierten Kaninchen 41-1480; Hemm. durch Berylliumsalze 46-1242.

Fluorometr. Best. 19-1308; kolorimetr. Best. 34-1335; Best. im Serum bei Dystrophia musculorum progressiva 25-1494; Best. v. Kreatin: im Blutserum mit – 28-2045; im Urin mit – 42-1480.

Kreatin-Phosphatase

Best. in normalem menschl. Muskel 34-1373.

Kreatin-Phosphokinase

s. *Kreatin-Kinase.*

Kresolase

Hemm. d. –-Aktivität bei d. Aktivier. v. Vicia faba-Tyrosinase durch Harnstoff 19-1293.

Kresol-Oxydase

Verhältnis v. Brenzcatechinoxydase- zu –-Aktivität d. beiden Komponenten v. Tyrosinase 41-1254.

Kynureninase (Kynurenin-Hydrolase)

–-Aktivität menschl. Nierentumoren 2-1271; Regulat.-Mechanismen d. Synth. bei Pseudomonas fluorescens 26-1306; Wrkg. d. Semicarbazons, Thiosemicarbazons u. Oxims v. Pyridoxal-5-phosphat auf d. –-Aktivität 13-1326.

Kynurenin-Formamidase

s. *Formamidase.*

Kynurenin-Hydrolase

s. *Kynureninase.*

Kynurenin-3-Hydroxylase

–-Aktivität in fetaler, neugeborener u. ausgewachsener Rattenleber u. -niere 1-1284.

Kynurenin-Transaminase

–-Aktivität menschl. Nierentumoren 2-1271.

Lab (Rennin)

Übersicht 43-1192; –-art. Wrkg. v. Extrakten aus Schimmelpilzkulturen 23-3121; Vork. in Rohkakao als Ursache für Milchgerinn. im Kakaotrunk 30-3110; –-ähnl. Enzym in Schimmelpilzen 39-1241; –-Aktivität v. Aspergillus 44-3077.

Präparative Darst. aus d. Magen v. Schafen u. Ziegen 19-3244; Reinig. durch DEAE-Cellulose-Chromatographie 30-1255; Verteil. v. Lipase unter d. Komponenten eines W.-Extrakts v. –-Casein 31-1210.

–-Empfindlichk. d. elektrophoret. Komponenten v. κ-Casein in Kuhmilch 3-1475; Wrkg. auf Casein 11-1320; Koagulat. v. Milchkonzentraten durch – 11-3386; proteolyt. Aktivität v. krist. – bei Caseinassoziaten 14-1374; Wrkg.: auf κ-Casein (Heterogenität u. Ursprung d. unlösl. Bestandteile) 17-1316; auf Casein 17-1317; Verkalk. v. Caseinpartikeln als Ursache d. veränderten Rk. d. Milch mit – 19-1483; Freisetzen v. Sialsäure aus Kuh- u. Büffelmilchcasein durch Kuh- u. Büffel-– 27-3193; Einfl.: auf menschl. α_s- u. κ-Casein 28-1512; auf κ-Casein 34-1360; auf d. Veränder. d. Koll.-Stabilität d. Milch 34-3305.

Anti-–-Faktor im Schweineserum 35-1575.

Verw. d. Thrombelastographie zur Unters. v. – 3-1461.

Laccase

s. *p-Diphenoloxydase.*

β-Lactamasen

Vork., Eig. (Übersicht) 2-1350; –-Aktivität v. Bacillus cereus 34-1418; Bldg. durch Bakterien 1-1327; übertragbare Resistenz gegen Antibiotika bei Salmonella-Infekt. durch Bldg. v. – 34-1425; Unterscheid. v. Amidase u. – durch IR-Absorpt. 1-1328.

Lactase

s. *β-Galaktosidase.*

L-Lactat–Cytochrom c-Oxydoreduktase

s. unter *Cytochrom b-Gruppe, Cytochrom b_2.*

D-Lactat–Cytochrom c-Reduktase

Induzier. in aeroben Hefekulturen durch D-Lactat 27-1249.

Lactat-Dehydrase

s. *{L}-Milchsäure-Dehydrogenase.*

Lactat-Dehydrogenase

s. *{L}-Milchsäure-Dehydrogenase.*

L-Lactat{-NAD}-Oxydoreduktase

s. *{L}-Milchsäure-Dehydrogenase.*

Lactat-Peroxydase

s. *Lactoperoxydase.*

Lactat–Tetrazolium-Reduktase

Lokalisier. in d. motor. Neuronen d. Rückenmarks d. Ratte u. d. Wrkg. d. Nervteil. 27-1308.

Lacticodehydrogenase

s. *{L}-Milchsäure-Dehydrogenase.*

γ-Lactonase

Reinig. u. Eig. v. – aus menschl. Blut sowie aus Rattenlebermikrosomen 44-1331, 44-1332.

Lactonisierendes Enzym

Synth. bei Pseudomonas fluorescens 26-1306; Wrkg. eines –-Syst. bei d. Bldg. v. Testololacton 7-1362.

Lactoperoxydase (Lactat-Peroxydase)

Identifizier. u. Isolier. v. – aus Speicheldrüsen 28-1309; Heterogenität 1-1282, 41-1258; Milieu-bedingte Abhängigk. d. Aktivier.-Energie zur Hitzedenaturier. v. – 15-1274; Wrkg. auf d. Wachstum v. Streptococcus pyogenes u. Streptococcus agalactiae 26-1368; Hemmwrkg. d. Speichels auf d. Glutaminsäureakkumulat. bei Lactobacillus acidophilus u. Bedeut. d. –-Thiocyanat-Syst. 35-1315.

Lactose-Synthetase

Spalt. einer lösl. – in zwei Proteinkomponenten u. Solubilisat. v. mikrosomaler – 24-1313; Substitut. d. B-Proteins d. – durch α-Lactalbumin 38-1283.

Lactyl-CoA-Synthetase

Vorschlag als Name für d. Lactylcoenzym A als Milchsäure katalysierendes Enzym aus E. coli 23-1309.

Lävan-Saccharase

Synth. v. Lävanen aus Saccharosegalaktosiden durch – aus Bacillus subtilis 36-1300.

Laminarinase
(β-1.3-Glucanase, Lichenase)

–-Aktivität während d. Konjugat. bei Hansenula wingei 27-1327; Vork. bei Melolontha melolontha 6-1281; Gibberellsäurestimulier. d. Auftretens v. – im Weizenendosperm in Abhängigk. v. O_2 20-1450; Isolier. v. Zellwand abbauenden Organismen u. Reinig. d. darin enthaltenen – 6-1282; gleichzeit. Wrkg. v. – u. Cellulase auf zwei räuml. benachbarte Substrate 20-1310; Hydrolyse v. Gersten- u. anderen β-Glucanen durch Exo-– 44-1339; Auflsg. d. Zellwände v. Pilzen durch – aus Streptomyces 48-1236.

LDH

s. *{L}-Milchsäure-Dehydrogenase.*

Lecithinase A

s. *Phospholipase A.*

Lecithinase C

s. *Phospholipase C.*

Lecithinase D

s. *Phospholipase D.*

Lecithinasen

s. *Phospholipasen.*

Leucin-Aminopeptidase

–-Aktivität im Myometrium v. Kaninchen unter verschiedenen hormonalen Beding. 4-1349; – im denervierten Gastroknemius d. Ratte 7-1419; Lokalisat. in isolierten Bürstensäumen aus d. Mukosa d. Rattendünndarms 8-1418; –-Aktivität: in d. Leber nach Verbrenn. 9-1696; bei heilenden menschl. Hautwunden 12-1636; d. Rattenharns nach Verabreich. einer mastzellerschöpfenden Substanz 17-1517; –-Geh. in normalen u. leukäm. menschl. Leukozyten 20-1227; –-Aktivität: in Tumoren (Einfl. d. Gefriergeschw.) 24-1277; in vivo alternder menschl. Erythrozyten 28-1366; – im Blutserum bei Erkrank. d. Gallenwege u. d. Pankreas 30-1471; Geh. in normalen u. leukäm. menschl. Leukozyten 35-1566; intrazelluläre Verteil. d. d. Biosynth. v. Glyceriden katalysierenden – in d. Darmmukosa 36-1369; –-Aktivität während d. Entw. eines Vitamin-D-Mangels bei d. Ratte u. während d. Wiederherst. 39-1510; Einfl. d. Diurese auf d. –-Aktivität im Urin 41-1589; –-Aktivität: im Blut v. Kaninchen 43-1345; im menschl. Lungenkarzinom 44-1230; in durch 4-Nitrochinolin-1-oxid induzierten Lungentumoren v. Maus u. Ratte 44-1231; bei Magenkarzinom 47-1156; Vork. in kommerzieller Pronase 33-1332.

Synth. durch Niere u. Nebenschilddrüse in vitro u. Bezieh. zur Ca-Konz. 22-1426; Ausscheid. d. Nieren nach anaphylakt. Schock 32-1612; Synth. u. Freisetz. v. – durch d. Nebenschilddrüsen d. Ratten in vitro 49/50-

1393; Gewinn. gerein. — aus Rinderaugenlinsen 1-1881*; Isolier. v. in *40%*ig gesätt. Ammoniumsulfatlsg. lösl. — durch Fraktionier. eines Schweinepankreasextrakts 2-1349; Gewinn. gerein. u. krist. — aus Rinderaugenlinsen 10-1861*, 22-1212.

Abbau v. bei d. —-Hydrolyse v. α-Casein erhaltenen Phosphatids 4-1331; Vgl. d. Hydrolyse v. L-Leucylglycin mit d. L-Leucyl-β-naphthylamid durch — I u. II d. Serums 6-1286; Geschw. d. Hydrolyse v. L-Leucylglycin v. — im menschl. Serum 6-1285; Spalt. v. H-Phe-Val-Asp(NH_2)-N^{Im}-benzyl-His-Leu-S-benzyl-Cys-Gly-OC_2H_5 durch — 8-1178; Hydrolyse d. freien u. O-phosphorylierten Serinpeptide durch — 9-1393; Wrkg. auf d. immunochem. Reaktivität d. α-Amylase aus Aspergillus oryzae 12-1375; Hydrolyse v. *N*-Z-Leu-Tyr-Gln-Leu-γ-O-methyl-Glu-Asn-Tyr-S-benzyl-Cys-Asn-OCH_3 u. Bruchstücken mit — 25-1109; Wrkg. auf gereinigte Präparat. v. TRF 28-1537; Hydrolyse v. geschützten N-endständigen Pentapeptiden mit — 39-1069; Wrkg. auf Folsäurereduktase 39-1210.

Wrkg. d. anabolen Steroide auf — d. Blutes 45-1368; pränatale Chlorpromazinwrkg. auf d. — d. Leber d. Nachkommenschaft v. Mäusen 48-1556.

Histochem. Best. 27-1288; Nachw. neben anderen Enzymen im Serum durch kontinuierl. Fließelektrophorese 38-1348; histochem. Nachw. in d. menschl. Schilddrüse 44-1359; Best. d. — d. Rattenharnes unter Verw. v. L-Leucyl-β-naphthylamin u. L-Leucyl-p-nitroanilid 24-1346; Spezifität d. Kohlenhydratbest. d. krist. — mit d. Anthron-Meth. 10-1386.

Isoenzyme d. Leucin-Aminopeptidase: —-Unters. an einigen menschl. Zellstämmen 30-1270.

Leucin-Arylamidase

Geh. in normalen u. leukäm. menschl. Leukozyten 35-1566.

Leucylglykokoll-Aminopeptidase

—-Aktivität junger Plazentakulturen 28-1403.

Leucyl-β-naphthylamid-Aminopeptidase

s. *Leucyl-β-naphthylamidase.*

Leucyl-β-naphthylamidase (L-Leucyl-β-naphthylamid-Aminopeptidase, Leucyl-β-naphthylamid-Hydrolase)

—-Aktivität d. Eileiters v. Gallus gallus 16-1333; Verteil. in Organen u. Zellbestandteilen 23-1294; —-Aktivität: junger Plazentakulturen 28-1403; v. isolierten Membranen aus Meerschweinchengeweben 40-1185; Stärkegelelektrophorese v. menschl. — 44-1322.

Isoenzyme d. Leucyl-β-naphthylamidase: Vertikalelektrophorese in Acrylamid 41-1283.

L-Leucyl-β-naphthylamid-Hydrolase

s. *Leucyl-β-naphthylamidase.*

L-Leucyl-sRNS-Ligase {AMP}

s. *Leucyl-sRNS-Synthetase.*

Leucyl-sRNS-Synthetase (L-Leucyl-sRNS-Ligase {AMP})

—-Aktivität aus E. coli 34-1368; — d. Rattenleber (Wrkg. einiger Aldehydverb.) 3-1365; Isolier. aus Bäckerhefe 5-1343; Funkt. d. Sulfhydrylgruppen d. — d. Rattenleber 45-1234; Bind. v. ^{14}C-Leucin an lösl. sRNS durch — aus E. coli 9-1301.

Lichenase

s. *Laminarinase.*

Linolsäure-Isomerase

Prod. d. Linolsäureox. durch Flachssaat-— 45-1233.

Lipämie-Clearing-Faktor

s. *Lipoproteinlipase.*

Lipase (Glycerinester-Hydrolase, Lipoesterase, Lipolytisches Enzym, Steapsin)

— v. Staphylokokken 9-1428; extrazellulare Natur d. — v. Pseudomonas fragi 12-1357; Einfl. d. Wachstumsrate auf d. —-Aktivität eines Bakteriums aus d. Pansen d. Schafes 32-1358; Vork. in d. Filtraten v. Aspergillus versicolor u. Penicillium cyclopium 40-1355; —-Aktivität: v. bespelztem u. nacktem Hafer 7-3419; d. Samen v. Crambe abyssinica 21-1399; Lokalisat. u. Aktivität v. — v. im Licht u. im Dunkeln ausgekeimten Samen d. schott. Kiefer 34-1341; —-Aktivität: v. mit γ-Strahlen bestrahlten Erdnüssen während d. Keim.-Periode 35-1324; in schwarzem Pfeffer 40-1306; in somat. Zellen aus Zentrifugenschlamm v. Milch 3-1312; Vork. im wachsenden Tibiaknorpel d. Menschen 7-1268; — d. Blutes u. d. Gewebe 8-1397; —-Aktivität im Magensaft u. Hepatopankreas v. Astacus astacus 10-1372; im Plasma (Einfl. v. Heparin) 14-1356; Vork. v. Cholat-aktivierter — im Serum v. Hunden 14-1357; Blutserum-— v. Hunden bei Wärmebelast. u. Muskelarbeit 14-1394; —-Aktivität d. Pankreas (Einfl. ox. Fette) 15-1290; Lokalisier. in d. Gefäßwänden bei Vers.-Tieren 16-1331; Geh. v. Rattengeweben 17-1304; —-Aktivität in d. Rattenleber bei Narkose mit Methoxyfluran 17-1677; neutrale u. alkal. — in menschl. Fettgewebe 18-1318; —-Aktivität: in Tumoren (Einfl. d. Gefriergeschw.) 24-1277; in menschl. Milch 24-1326; d. Fettkörpers v. Wachsmottenlarven 27-1269, 27-1270; Veränder. d. —-Konz. in d. Ductus-thoracicus-Lymphe in Bezieh. zur Pankreasfunkt. 27-1489; Wrkg.: d. Gallenableit. auf d. —-Aktivität d. Plasmas nach Heparin bei Kaninchen 28-1338; v. Strukturveränder. am Serumlipoprotein hoher D. auf d. —-Aktivität aus Hühnerfettgewebe 28-1342; — in Rattenlungen 29-1547; —-Aktivität v. Blut u. Harn bei akuter Pankreatitis 30-1245; Einfl. v. Strahl. auf Feinstruktur u. Geh. d. Hundepankreas (Langzeitvers.) 31-1591; —-Aktivität: d. Pankreassafts verschiedener Spezies 32-1588; d. Hirngewebes 33-1679; saure —-Aktivität in Homogenaten polymorphkern. Leukozyten d. Kaninchens 35-1323; —: d. Leber v. intakten u. kastrierten Ratten nach d. Behandl. mit Testosteron, 4-Chlortestosteron u. Gonadotropin 37-1409; d. Rattenleber 38-1305; d. Gewebes fettsücht. Tiere 40-1573; —-Aktivität: in menschl. Lungenkarzinom 44-1230; in durch 4-Nitrochinolin-1-oxid induzierten Lungentumoren v. Maus u. Ratte 44-1231; Einfl.: d. Fehlens v. Lysin auf d. —-Aktivität in Pankreas u. Dünndarm d. Ratte 44-1321; einiger Hormonfaktoren auf d. —-Aktivität d. Fettgewebes 51/52-1337.

Verteil.: d. — in Milchproteinen (DEAE-Cellulose-Säulenchromatographie) 1-1296; v. — unter d. Komponenten eines W.-Extraktes v. Lab-Casein 31-1210.

Aktivier. d. —: im Serum v. Hunden durch Gallensalze 14-1357; bei deren Einführ. in d. Gewebe 22-1195; d. Pankreas durch pharmazeut. Gallenderiv. 26-1603.

Bldg. durch Mikroorganismen 25-1240 bis 25-1242; Wrkg. v. Sclerin auf d. Bldg. in Pflanzenkeimlingen 23-1335; Ursprung d. — im Abomasum d. Kalbes 6-1584; Indukt. in Bindegewebezellen bei funktionellen Veränder. d. endokrinen Drüsen 14-1586; Lipoproteine u. d. Freisetz. v. — aus perfundierten Rattenherzen 34-1651; Gibberellsäure-induzierte Bldg. (Hemm. durch Aflatoxin) 38-1465; anregende Wrkg. v. 1-Phenyl-1-hydroxy-n-pentan auf d. Pankreassekret. v. — 34-1762; Verw. v. Butanol-(1) zur Darst. v. Pankreas-— 1-1295; Gewinn.: durch Zücht. v. Candida cylindracea oder einer —-erzeugenden Mutante 8-3354*; aus Rhizopus arrhizus (Reinig. u. Eig.) 32-1356; aus Mikroben zur Unters. d. Triglyceridstruktur 40-1307; Isolier. aus Getreidekeimlingen 44-1326; Reinig.: u. Charakterisier. d. Milch-— (Sedimentat.-Koeff., Diffus.-Koeff. u. Molgew.) 3-1317; u. Eig. v. — aus Candida cylindracea 41-1269; Hitzestabilität v. — aus ausgewählten psychrophilen Bakterien v. Milch u. Purdue-Käse 48-3221.

Intermol. Spezifität d. Pankreas-— 2-1337; Rolle d. Sulfhydrylgruppen bei d. Aktivität d. Milch-— 3-1313; Kinetik d. Lipolyse v. Fluorescein- u. Eosinestern mit — 36-1318; Einfl. auf d. Aktivität d. Dehydrogenasen im Fermentpräp. aus d. Membran v. Micrococcus lysodeikticus 11-1310; hydrolyt. u. veresternde Wrkg. krist. — aus Aspergillus niger 18-1319; Spezifität einer — aus Geotrichum candidum für cis-Octadecensäure 26-1315; Rolle bei d. Lipolyse in d. Fettzelle 1-1651; Wrkg. v. Hypophysektomie auf d. —-Rk. d. Fettgewebes auf Hypophysenhormone 7-1573; Hydrolyse v. Gewebe-Triglyceridemuls. durch — v. normalen. adrenalinstimuliertem u. an Insulin mangelndem epididymalen Fettgewebe d. Ratte 10-1374; Wrkg. v. Glucose auf spontane Begrenz. d. Lipolyse in isoliertem, epididymalem Fettgewebe mit — 10-1667; Bezieh. zwischen — nach Heparin u. d. Triglyceridkonz. d. Plasmas bei Myxödem 11-1523; Verh. in Hautbindegewebekulturen 14-1354; hormonale Kontrolle d. —-Rk. in Fettgewebe 15-1291; Hydrolyse v. Phospholipiden durch Pankreas-— 16-1284; —: d. Fettgewebes in Verbind. mit d. Glucoseverbrauch bei unmittelbarer Einw. einiger Hormonfaktoren 17-1459; u. Hemm. d. Insulinfreisetz. durch Epinephrin beim Schwein 17-1476; Wrkg. auf d. Zystenwand isolierter Metazerkarien v. Fasciola hepatica 23-1423; Hydrolyse: langkett. Triglyceride durch Pankreas-— 25-1239; v. 1.2-Diglyceridacetaten mit Pankreas-— 28-1339; verschiedenart. Funkt. v. — I u. II im Fettstoffwechsel 29-1547; Mechanismus d. —-Rk. im Fettgewebe 33-1358; Hydrolyse natürl. Fette mit Pankreas-— 36-2593; Einfl. v. Pankreas-— auf d. Rückresorpt. in d. proximalen Tubuli d. Ratte 39-1543; Monoglycerid-hydrolysierende — aus d. Darmschleimhaut 44-1324; intestinale Spalt. v. Saccharosefettsäureestern durch — 46-1517; Aktivität d. gereinigten Milch-— in Ggw. v. Milchbestandteilen 48-1227; Regulat. d. Lipolyse mit — in isolierten menschl. Fettgewebezellen 51/52-1338.

Einfl.: nichtion. Netzmittel auf d. Pankreas-— 2-1336; einiger Arzneimittel auf d. Pankreas-— in vitro 2-1365; in vitro-Hemm. d. — durch Malonaldehyd, Formaldehyd u. Propionaldehyd 3-1314; Wrkg.: v. N.N'-Di-[α-(1-naphthyl)-propionyloxy-2-äthyl]-piperazin auf Pankreas-— 10-1762; v. oberflächenakt. Verb. u. anderen Chemikalien auf — 25-1238; v. Vanadationen auf — 26-1319; Hemm.: durch n-Butylcarbaminsäuremethylester 27-1268; d. menschl. Pankreas-— durch Rinderserumalbumin 28-1340; hormonelle Beeinfluss. d. — u. Phosphorylase in vitro (Vgl.) 33-1358; Einfl. v. Azoproteinen auf d. — 38-1557; Hemm. v. mikrobiellen — durch Fettsäuren 42-1227; Wrkg. v. bestimmten Inhibitoren auf d. gereinigte Milch-— 44-1327; —-Aktivität im Dunkeln keimender Ricinus-Samen nach γ-Bestrahl. 46-1271; Blockade d. — infolge v. Norepinephrin durch Isomere v. dl-1-(Nitrophenyl)-1-hydroxy-2-isopropylaminoäthan 46-1439.

Verw.: in fetthalt. Überzügen v. Arzneimitteln 2-1767*; v. Papain-— zur Geschmacksverbesser. v. Milchfett 33-3166*.

Papierelektrophorese 26-1339; dünnschichtchromatograph. Identifizier. 44-1661; Best.: im Serum 5-1320; v. Pankreas-— 7-1410; fluorimetr. Best. im adipösen Gewebe d. Ratte mit Fluoresceindibutyrat 7-1412; Best.: im Blutserum 11-1533; in Mykobakterien 32-1357; immunelektrophoret. Analyse d. — im Entenserum 44-1551; Verw. d. Pankreozymin-Sekretin-Tests als Hilfsmittel bei Serum-—-Unters. zur Diagnose chron. Pankreaserkrank. 1-1558; Best. v. verestertem Oliven- u. Tresteröl mit Pankreas-— 8-2106; Interpretat. v. Analysen mit d. — für d. Struktur d. Kuhmilchfetttriglyceride 19-1310; partielle Analyse v. Milchtriglyceriden mit — 27-1453; Verw. zur Analyse v. Triglyceriden 46-1915.

Lipoamid-Dehydrogenase {NADH}-Diaphorase, Lipoyldehydrogenase)

— d. lösl. Anteils leichter u. schwerer Mitochondrien aus Rattenleber 4-1198; Periode d. Erscheinens d. — im Mitosezyklus v. Ehrlich-Aszitestumorzellen 5-1268; — d. Erythrozyten (bei erbl. Methämoglobinämie, Wrkg. v. Phosphat) 13-1321; (Wrkg. v. Hydroxylamin u. Phenylhydroxylamin) 30-1448; —-Aktivität: während d. Östralzyklus d. Schafes 32-1558; in beschädigten Neuronen 36-1283; in subzellularen Frakt. v. Mäusegeweben 36-1288; — d. Auges (Einfl. v. Chlorochin u. Tetrazolium) 37-1534; Zerleg. d. Pyruvatdehydrogenase in eine —-halt. Frakt. 11-1282; Isolier. u. Charakteristika d. —-Komponente d. Pyruvatdehydrogenase d. Muskels 39-1207; Reinig. u. Eig. v. — aus Saccharomyces cerevisiae 7-1361; kinet. Unters. d. —-NADH-Farbstoff-Rk. 9-1239; Verh. im menschl. Endometrium 14-1395; Bezieh. d. Aktivität v. — zur Methämoglobinbldg. durch Phenylhydroxylamin (in Erythrozyten v. Rind, Schaf u. Schwein) 35-1558; (in Hämolysaten verschiedener Tierarten) 35-1559; Einfl. auf d. Aktivitätsbest. v. Pyridinnucleotid-Transhydrogenase in Mitochondrien verschiedener Aszitestumoren 39-1170; Rolle beim Elektronentransfer in Spinatchloroplasten 45-1196; Inhibier. durch Imidazol 51/52-1141.

Lipoesterase

s. *Lipase.*

Lipolytisches Enzym

s. *Lipase.*

Lipoperoxydase

Beteilig. an d. Ox. v. Carotinoiden durch Mitochondrien aus Zuckerrübenblättern 11-1297.

Lipopolysaccharid-α.3-Galaktosyltransferase

Rolle d. Phospholipide bei d. durch — katalysierten Synth. d. Bakterienzellhülle 45-1201.

Malat-Dehydrogenase (decarboxylierend)
s. {L}-*Äpfelsäureenzym.*

L-Malat-Hydrolyase
s. *Fumarat-Hydratase.*

Malat-Lactat-Transhydrogenase
Isolier. u. Charakterisier. d. — aus Micrococcus lactilyticus 44-1263; Bind. v. Pyridinnucleotid an — 33-1282.

L-Malat : NAD-Oxydoreduktase
s. *Äpfelsäure-Dehydrogenase.*

L-Malat-NAD(P)-Oxydoreduktase (decarboxylierend)
s. {L}-*Äpfelsäureenzym.*

Malat-Synthetase
s. *Äpfelsäure-Synthetase.*

Malat-Tetrazolium-Reduktase
Lokalisier. in d. motor. Neuronen d. Rückenmarks d. Ratte u. d. Wrkg. d. Nervteil. 27-1308.

Malat-Vitamin K-Reduktase
Eig. d. — aus Mycobacterium phlei 9-1342.

Maleinsäure-Dehydrogenase
—-Aktivität d. lösl. Anteils leichter u. schwerer Mitochondrien aus Rattenleber 4-1198; Plasmaspiegel bei Ratten mit Tumoren 9-1315; Vermehr. im Plasma v. Ratten nach Injekt. einer Strahlenschutzdosis Cysteamin 38-1345.

„Malic"-Enzym
s. {L}-*Äpfelsäureenzym.*

Malonsäuresemialdehyd-Decarboxylase
Reinig. u. Eig. d. — aus Prototheca zopfii 24-1371.

Malonyl-CoA-Acylträgerprotein-Transacylase
Darst. u. Wrkg. bei d. Fettsäurebiosynth. 2-1638.

L-Malonyl-CoA-Lyase
Spalt. v. Malonyl-CoA in Acetylcoenzym A u. Glyoxylsäure durch — aus Rhodopseudomonas spheroides 23-1311.

Malonyltransacylase
Partielle Reinig. v. — aus E. coli 7-1429.

Maltase
s. *α-Glucosidase.*

Maltase Ia
—-Aktivität im Darm d. menschl. Fetus 13-1352.

Maltase Ib
—-Aktivität im Darm d. menschl. Fetus 13-1352.

Maltasen
s. *α-Glucosidasen.*

Maltose-Glucohydrolasen
s. *α-Glucosidasen.*

Maltose-Oligosaccharid-Transglucosidase
Abtrenn. aus d. Kulturfiltrat v. Aspergillus awamori var. fumeus 25-1255.

Maltose-Transglucosidase
Eig. v. — aus Endomycopsis capsularis 41-1279.

L(+)-Mandelat-Dehydrogenase
Synth. durch konstitutive Mutanten v. Pseudomonas putida 44-1394.

Mandelat-Racemase
Eig. d. — aus Pseudomonas fluorescens 44-1383.

Mannanase
Vork. v. β-— bei Melolontha melolontha 6-1281; Isolier. v. Zellwand-abbauenden Organismen u. Reinig. d. darin enthaltenen — 6-1282.

Mannit-Dehydrogenase
—-Aktivität bei Schizophyllum commune 6-1331; — in Acetobacter suboxydans 19-1284.

Mannokinase
Wrkg. einer Kohlenhydratdiät auf d. —-Aktivität verschiedener Rattengewebe 9-1371.

D-Mannose-Isomerase
— v. Bakterium Stamm S-*48* 25-1283; konstitutive Bldg. durch Xanthomonas-Arten 19-1343; Reinig. u. Eig. d. — aus Xanthomonas rubrilineans S *48* 19-1344; Bezieh. zwischen d. Zus. d. Kultivier.-Mediums u. d. Fructose-bildenden —-Aktivität v. Aerobacter cloacae 6-1319.

Mannosidase
Vork.: v. β-— bei Melolontha melolontha 6-1281; v. α-— im Regenwurm 8-1409; in Chloragozyten d. Verdauungstraktes v. Lombricien 29-1259.

Mannosyldiglycerid-Synthetase
Vork. u. Charakterisier. v. — in Micrococcus lysodeikticus 8-1466.

Mannosylmannosyldiglycerid-Synthetase
Vork. u. Charakterisier. in Micrococcus lysodeikticus 8-1466.

MAO
s. *Monoamin{o}oxydase.*

MDH
s. *Äpfelsäure-Dehydrogenase.*

Mecholin-Esterase
Mess. d. —-Aktivität nach Hestrin 11-1312.

Melibiase
s. *α-Galaktosidase.*

Menadion-Reduktase (DT-Diaphorase, NADH-Menadion-Reduktase, NADH-Triphenyltetrazoliumchlorid-Oxydoreduktase, NAD(P)H-Menadion-Dehydrogenase)
—-Aktivität in Isoniazid-sensiblen u. -resistenten Tuberkelbakterien 41-1249; — beim nichtphosphorylierenden Elektronentransport in Mycobacterium phlei 20-1253; —-Wrkg. bei angekeimten Samen 37-1357; spezielle Dicumarol-empfindl., nicht-phosphorylierende, Streptonigrin-katalysierte Ox. v. $NADH_2$ über mitochondriale — 46-1347; Mechanismus d. Barbiturathemm. v. gereinigter — 2-1309; Hemm. d. — v. E. coli durch Streptomycin 5-1300.

Mesaconase
s. (+)-*Citramalat-Hydrolase.*

Mescalin abbauendes Enzym
Charakterisier. v. — im Zentralnervensyst. 10-1747.

Metabrenzcatechinase
s. *Brenzcatechin-2.3-Oxygenase.*

Metakollagenase
Bezieh. zwischen d. Aktivität v. — u. Trypsin 13-1377.

Metallcarboxypeptidasen
Organ. Modifikat. 49/50-1208.

Metapyrocatechase
s. *Brenzcatechin-2.3-Oxygenase.*

Methämoglobin-Diaphorase
Einfl. v. Hunger oder Protein-freier Ernähr. auf d. —-Aktivität d. Erythrozyten bei Ratten 12-1297.

Methämoglobin-Reduktase
Einfl. v. Hunger oder Protein-freier Ernähr. auf d. —-Aktivität d. Erythrozyten bei Ratten 12-1297; —-Aktivität bei Erythrozyten im Falle angeborener nichtsphärozyt. hämolyt. Anämie 23-1497; Hemm. bei d. Hydroxylaminvergift. 7-1763; Wrkg. v. Na-Nitrit, Primaquine u. Menadion auf d. TPN-abhäng. — in vitro 11-1293.

Methionin-Adenosyltransferase
—-Aktivität bei Cystathioninurie 31-1240.

L-Methionin-Oxydase
Rolle v. — aus Schlangengift bei d. S-Methylgruppenox. 8-1364; Veränder. während d. endogenen Atmung bei Aspergillus sojae 41-1332.

Methionyl-sRNS-Synthetase
„Artspezifität" d. — d. Mikroorganismen 11-1391.

Methoxyltransferase
Verw. v. —-Hemmer in Arzneimittel zur Behandl. v. Depress. 5-1872*.

Methylasparaginat-Ammoniumlyase
Stereochemie d. —-Rk. durch photomagnet. Resonanz 19-1340.

β-Methylcrotonyl-CoA-Carboxylase
Unters. 1-1341.

Methylen-Hydroxylase
Induzierte — bei d. Campherox. in Pseudomonas putida 44-1389.

$N^5.N^{10}$-Methylentetrahydrofolat-Dehydrogenase (5.10-Methylentetrahydrofolsäure-Dehydrogenase)
Tetrahydrofolat-abhäng. —-Aktivität v. Erythrozyten bei Formiminotransferasemangelsyndrom 37-1287; —-Aktivität d. Erythrozyten bei Schwachsinn mit Hyperfolsäureämie 37-1288; Bind. d. p-Aminobenzoyl-L-glutaminsäureesters v. Pyrimidylanalogen an — 39-1211; Einfl. v. p-{[N-(2-Amino-4-hydroxy-6-methylpyrimidyl-5)-carbamoylmethyl]-amino}-benzoyl-L-glutaminsäure auf — 2-1318; Hemm. durch Purinnucleotide 19-1292.

5.10-Methylentetrahydrofolsäure-Dehydrogenase
s. *$N^5.N^{10}$-Methylentetrahydrofolat-Dehydrogenase.*

Methylgalaktosid-Permease
Genet. Best. u. Regulier. d. — bei E. coli 49/50-1247.

Methylmalonyl-CoA-Isomerase
Wrkg. v. Vitamin-B_{12}-Mangel auf d. —-Aktivität d. Menschen 4-1561; —-Rk. u. Carbanionenrk. bei B_{12}-Coenzymen 12-1291.

Methylmalonyl-CoA-Mutase
Stereochemie d. —-Rk. 36-1255.

5-Methyltetrahydrofolat–Homocystein-Methyltransferase (5-Methyltetrahydrofolsäure–Homocystein-Transmethylase)
Synth. v. Methionin durch — 24-1312; Beteilig. d. enzymgebundenen Cobamids an d. —-katalysierten Transmethylier. v. N^5-Methyl-H_4-folat u. Methyl-B_{12} 40-1284; Wrkg. v. Adenosyläthionin auf — 20-1286.

5-Methyltetrahydrofolsäure–Homocystein-Transmethylase
s. *5-Methyltetrahydrofolat–Homocystein-Methyltransferase.*

Methyltransferasen (Transmethylasen)
Spezielle — s. unter d. eigenen Stichwort. Subzellulare Verteil. d. an Folsäure gebundenen — in Rattenleber 20-1277; N-Methylier. v. Indolylaminen u. Phenyläthylaminderiv. in d. Kröte mit — 17-1573; Methylier. v. Zimtsäuren u. Anthocyanen durch — aus reinen Linien v. Petunia hybrida 35-1441; Rolle bei d. RNS-Synth. in Polioinfizierten Zellen 42-1131; Inhibitorwrkg. v. 2H-1.4-Benzoxazinonen-(2) gegen O-— 13-1162.

Mevalonat-Kinase
Lokalisier. in keimenden Samen (Bedeut. für d. Regulat. d. Terpenoidbiosynth.) 4-1306; Isolier. aus Pflanzen in Ggw. v. Pflanzenphenolen 11-1428.

Mevalonat: NAD-Oxydoreduktase
Substrat-kompetitive Hemm. bakterieller — 15-1254.

Mexicain
—-Aktivität in Ggw. hoher Harnstoffkonz. 31-1226; Nachw. im Latex v. Pileus mexicanus 31-1354.

Micrococcus-Nuclease
Anwend. zur Strukturaufklär. v. Nucleinsäure 9-1268.

L-Milchsäure–Cytochrom c-Reduktase
s. unter *Cytochrom b-Gruppe, Cytochrom b_2.*

Milchsäure-Dehydrase
s. {L}-*Milchsäure-Dehydrogenase.*

D-Milchsäure-Dehydrogenase (D-Lactat-Dehydrogenase)
—-Aktivität: aus E. coli 18-1251; in niederen Pilzen 20-1268; Einfl. d. Natur d. metall. prosthet. Gruppe auf d. Biosynth. u. d. enzymat. Eig. d. — aus Hefe 17-1289; Milchsäureracemisier. durch — 21-1358.

{L}-Milchsäure-Dehydrogenase (Lactat-Dehydrase, Lactat-Dehydrogenase, L-Lactat{-NAD}-Oxydoreduktase, Lacticodehydrogenase, LDH, Milchsäure-Dehydrase)
Vorkommen, Aktivität: — eines denitrifizierenden Bakteriums (Rk.) 4-1261; **Vork.:** in südamerikan. Trypanasoma u. Leishmania 7-1352; in d. Plasmamembran v. E. coli (Rk.) 16-1221; —-Spiegel v. Trypanosoma lewisi im Zusammenhang mit d. Auftreten d. Ablastin-

nach Vorbehandl. mit Amphetamin oder Tyramin 38-1711; Potenzier. v. Tryptamin durch --Hemmer beim Hund 39-1606; Anwend. v. --Inhibitoren als Heilmittel 40-1628; Freisetz. v. ^{3}H-Metaraminol durch --Hemmer bei d. Maus 43-1516; Wrkg. v. --Hemmern: u. einigen verwandten Verb. auf d. Lipidstoffwechsel d. Ratte 45-1583; auf d. 5-Hydroxytryptaminsynth. 45-1584; Potenzier. d. Noradrenalin ausschüttenden Wrkg. v. Tyramin durch --Inhibitoren 46-1591; Einfl. v. --Hemmstoffen: auf zentral ausgelöstes Erbrechen 47-1553; auf d. selbstgewählten Tagesrhythmus v. Ruhe u. Aktivität beim Kanarienvogel 49/50-1531.
Schnelle mikrofluorometr. Best. 42-1205; histochem. Nachw.: durch gekoppelte Peroxidox. 8-1359; in Ratten verschiedenen Alters 19-1290; Wert d. histochem. Nachw. in d. experimentellen Pharmakologie im Vgl. zur biochem. Best. 21-1368; histochem. Beobacht. über — in normalen u. atroph. Sehnerven 31-1585; Verw. d. polarograph. O_2-Mess. bei d. Unters. d. hepat. — 44-1285.

Monofluoracetanilid-Hydrolase

Hydrolyse v. Monofluoracetanilid in Tiergeweben mit — 25-1271.

Monophenol-Oxydase

Endanreicher. einer latenten Phenolase mit --Aktivität aus Tenebrio molitor 33-1290.

MR-Endopeptidase

Wrkg. auf d. Wachs D_{p15} aus Mycobacterium tuberculosis var. hominis 48-1274.

Mucopolysaccharase (Endohexaminidase)

Abbau v. Mucopolysacchariden in Leberlysosomen durch — 11-1345.

Mucoprokinase

Einfl. auf Mucopolysaccharidbest. in Epiphysenknorpel 7-1266.

Muramidase

s. *Lysozym.*

Mutarotase

s. *Aldose-1-Epimerase.*

Myeloperoxydase

— aus menschl. Leukozyten (Isolier. u. Charakterisier.) 32-1324; (Kinetik u. Substratspezifität) 32-1325.

Myoinosit-Kinase

Rk.-Prod. (teilweise Reinig. u. Identifizier.) 12-1336.

Myokinase

s. *Adenylat-Kinase.*

Myrosinase

Natur 49/50-1206; (S)- u. (R)-1-Cyano-2-hydroxy-3-buten aus d. --Hydrolyse v. epi-Progoitrin u. Progoitrin 40-1331; Entfern. d. Thioglucoside aus Crambesamenmehl durch — 46-3153; Wrkg. in Rapssamenölschrot auf d. Toxizität nach Behandl. mit gepufferten Lsg. 47-1463.

NAD-Acetaldehyd-Dehydrogenase

Wrkg. einwert. Kationen auf — aus Hefe 18-1250.

NADase

s. *NAD(P)-Nucleosidase.*

NAD-Diaphorase (DPN-Diaphorase)

Vork. bzw. Aktivität: bei Präimplantat.-Stadien d. Goldhamsters 3-1324; in geschädigten Leberparenchymzellen v. Ratten nach 3'-Methyl-4-dimethylaminoazobenzol 5-1269; d. Nebennierenrinde d. epiphysektomierten Ratte nach Behandl. mit 5-Hydroxytryptamin 9-1588; während d. Karzinogenese u. in Tumoren 23-1227; Entw. d. Milchsäuredehydrogenase/--Syst. in d. Hoden u. Nebenhoden v. Jungbullen 27-1255; Heterogenität d. — aus Geweben u. Organen d. Ratte 37-1242; Wrkg. d. O-Partialdrucks auf d. Red. v. Tetrazolium durch — v. Zellen in Gewebekultur 8-1344; unterschiedl. Stabilität unter Kohlensäureschnee- u. Kryostattemp. 18-1239; histochem. Unters. im Bulbus olfactorius d. Ratte 3-1279.

NADH : (Acceptor)-Oxydoreduktase

s. *NADH-Dehydrogenase.*

β-NADH : p-Benzochinon-Oxydoreduktase

s. *Chinon-Reduktase.*

NADH-Benzylviologen-Reduktase

— aus Azotobacter vinelandii 21-1350.

NADH-Coenzym Q-Reduktase (NADH-Ubichinon-Reduktase)

Wrkg. v. Murintoxin v. Pasteurella pestis auf d. — d. Elektronentransportsyst. 40-1253; Eig. v. gereinigter — 6-1255.

NADH-Cytochrom b_5-Oxydoreduktase

s. *Cytochrom b_5-Reduktase.*

NADH : Cytochrom c-Oxydoreduktase

s. *Cytochrom c-Reduktase.*

NADH-Cytochrom c-Reduktase

s. *Cytochrom c-Reduktase.*

NADH-Dehydrogenase (DPNH-Dehydrogenase, NADH : (Acceptor)-Oxydoreduktase)

—: aus d. Membran v. Micrococcus lysodeikticus (Einfl. v. Lipase u. Phospholipase) 11-1310; in Extrakten aus Mycobacterium phlei (Ox. v. Malat) 15-1266; Vork. in d. Fermentkette für d. Elektronenübertrag. bei anaeroben Bakterien 39-1199; --Aktivität: in Spirogyra während d. Konjugat.-Prozesses 4-1418; in menschl. maligner Cervix uteri 19-1247; in durch 4-Nitrochinolin-1-oxid induzierten Lungentumoren v. Maus u. Ratte 44-1231; Zusammenhang zwischen d. Aktivität u. d. Auftreten d. EPR-Signals bei g = *1,94* v. — u. deren therm. Spaltprod. 7-1347; thermodynam. Eig. eines alloster. Übergangs d. — 9-1353; Atmungsketten-— (Rk. mit Sulfhydrylreagenzien) 28-1306; Flavinwechselwrkg. mit an d. Campherlactonisier. teilnehmenden — 40-1274; Hemm. d. mitochondrialen Ox. d. — durch Rotenoide 8-1361; s. auch *Cytochrom c-Reduktase.*

(NADH)-Diaphorase

s. *Lipoamid-Dehydrogenase.*

NADH-Dichlorphenolindophenol-Reduktase

Rk. v. — d. Rattenschilddrüse auf TSH 38-1485.

NADH-Ferricyanid-Reduktase

--Aktivität: in zerebralen Ox.-Syst. 1-1345; im Zentralnervensyst. v. Meerestieren 37-1526.

NADH-Menadion-Reduktase

s. *Menadion-Reduktase.*

NADH-Neotetrazolium-Reduktase

--Aktivität in d. Mikrosomen v. wachsender Rattenleber 43-1112; Synth. d. mikrosomalen — in sich entwickelnden Rattenhepatozyten 43-1216; — in verschiedenen Puffern in Gefrierschnitten 19-1285.

NADH-Nitrat-Oxydoreduktase

s. *Nitrat-Reduktase.*

NADH : O_2-Oxydoreduktase

s. *NADH-Oxydase.*

NADH-Oxydase (DPNH-Oxydase, NADH:O_2-Oxydoreduktase, red. Nicotinamidadenindinucleotid-Oxydase)

--Aktivität in E. coli (Einfl. v. p-Hydroxybenzoesäure) 8-1479; Vork. in zellfreien Extrakten v. Halobacterium salinarum 23-1325; --Aktivität: u. Phosphorylier.-Gebiet· beschallter Membranfragmente v. Micrococcus lysodeikticus 37-1298; in Mycobakterien 41-1249; in d. respirator. Partikeln mutierter Hefen 42-1268; in Spirogyra während d. Konjugat.-Prozesses 4-1418; lösl. β-— in d. jungen Wurzeln v. Vicia faba (Beteilig. v. p-Benzochinon) 16-1245; — in d. Respirat.-Kette farbloser Algen (Chlorophyta u. Euglenophyta) 43-1298; Einfl. v. Steroidhormonen auf d. — d. Lebermitochondrien 12-1537; Aldosteron u. — d. Rattenniere 21-1346; Einfl. v. jodiertem Futtercasein auf d. --Aktivität d. Leber 23-1456; --Aktivität: in Nukleï u. Nukleoli v. Rattenleber 24-1304; polymorphkern. Leukozyten 38-1278; Lokalisier. im Mykoplasma 43-1259.
Säulenchromatograph. Abtrenn. aus lösl. gemachten Schilddrüsenpräp. v. Rindern 2-1569; Abtrenn. u. Eig. der d. Campherlactonisier. katalysierenden — 4-1356.
Rolle d. Ascorbinsäure bei d. --Ox. v. red. Diphosphopyridinnucleotid 3-1272; Teilnahme d. Phenole an d. --Ox. v. $NADH_2$ 6-1435; Ox. v. NADH mit — durch Krebsmuskelextrakt 29-1209; Einfl. auf d. Aktivität v. Pyridinnucleotid-Transhydrogenase in Mitochondrien verschiedener Aszitestumoren 39-1170; Katalysier. d. Campherketolactonisier. durch einen --halt. Elektronentransportkomplex 44-1388.

Hemm. d. — beim Elektronentransport bei Portotheca zopfii 21-1340; unterschiedl. Inaktivier. v. — u. Succinatoxydase durch Einfrieren 33-1288; Wrkg. v. Digitonin auf d. — eines Herzmuskelpräp. 41-1250; — in d. Lungen v. Meerschweinchen nach Einatmen v. Quarzstaub 49/50-1566.

NADH-Peroxydase

Teilnahme d. Phenole an d. Ox. v. NADH durch — 6-1435; Einfl. v. Hämin auf d. katalyt. Rolle v. Thyroxin bei d. Ox. v. NADH im Meerrettich---Syst. 37-1438.

NADH-Tetranitroblautetrazolium-Reduktase

Histochem. Nachw. 12-1301.

NADH-Tetrazolium-Reduktase

--Aktivität: d. zerebralen Ox.-Syst. 1-1345; in menschl. Gehirntumoren u. ihrer Gewebekulturen unter bes. Berücksichtig. v. Glioblastom multiform 19-1239; Lokalisat.: in Zellen d. Rattennebennierenrinde in Gewebekultur 20-1185; in d. motor. Neuronen d. Rückenmarks d. Ratte u. d. Wrkg. d. Nervteil. 27-1308; --Aktivität: im Innern d. weißen Substanz u. in d. Umgeb. d. Gefäßwände im Laufe d. Hirnreif. bei d. Ratte 36-1595; in Neuronen u. Gliazellen d. hypoglossalen Kerns während d. Nervenregenerat. 44-1260; zytochem. Unters. v. — in isolierten Nuklei v. Rattenleber 22-1111.

NADH-Triphenyltetrazoliumchlorid-Oxydoreduktase

s. *Menadion-Reduktase.*

NADH-Ubichinon-Reduktase

s. *NADH-Coenzym Q-Reduktase.*

NAD-Kinase (ATP : NAD-2'-Phosphotransferase)

--Aktivität v. Schilddrüsenhomogenat aus ohne u. mit schilddrüsenstimulierendem Hormon inkubierten Schnitten 30-1410; — aus d. Taubenleber 15-1287; Rolle bei d. NADP-Synth. in Lebern Äthionin-behandelter Ratten 32-1290.

NADP-Dehydrogenase (NADP-Reduktase, TPN-Dehydrogenase)

Vork. u. Rk. in einer Blaugrünen Alge 45-1331; --Aktivität in durch 4-Nitrochinolin-1-oxid induzierten Lungentumoren v. Maus u. Ratte 44-1231; Reinig. d. — aus Rhodopseudomonas palustris 9-1354; Transhydrogenase-Rk. v. NAD^+ mit — 4-1257; — als Komponente d. Elektronenübertrag. im photosynthet. Syst. v. Navicula pelliculosa 33-1435.

NADP-Diaphorase (TPN-Diaphorase)

--Aktivität: d. Nebennierenrinde d. epiphysektomierten Ratte nach Behandl. mit 5-Hydroxytryptamin 9-1588; während d. Karzinogenese u. in Tumoren 23-1227; in menschl. Lungenkarzinom 44-1230; interzellulare Ortsbest. in gefrorenen Pflanzengeweben 14-1319.

NAD-Peroxydase

--Aktivität in menschl. maligner Cervix uteri 19-1247.

NADP-Glucose-6-phosphat-Dehydrogenase

s. *Glucose-6-phosphat-Dehydrogenase.*

NADP-Glucose-Zwischenferment

s. *Glucose-6-phosphat-Dehydrogenase.*

NAD(P)-Glykohydrolase

s. *NAD(P)-Nucleosidase.*

NADPH-Cytochrom c-Oxydoreduktase

s. *NADPH-Cytochrom c-Reduktase.*

NADPH-Cytochrom c-Reduktase (NADPH-Cytochrom c-Oxydoreduktase, TPNH-Cytochrom c-Reduktase)

Vork. in mutierten u. wilden Stämmen v. Neurospora 29-1223; --Aktivität in einer aus polymorphkern. Leukozyten aufbereiteten Zellmembranfrakt. 24-1581; mikrosomale — (Rk.) 28-1286; Einfl. v. Thyroxin auf d. --Spiegel in Rattenleber 42-1206; --Aktivität in d. Mikrosomen v. wachsender Rattenleber 43-1112; Synth. d. mikrosomalen — in sich entwickelnden Rattenhepatozyten 43-1216; Indukt. in Lebermikrosomen 10-1350; Reinig. durch Säulenchromatographie an Flavinphosphatcelluloseverb. 16-1219; Mechanismus: d. Hydroxylier. v. Arzneimitteln in Rattenlebermikrosomen in Ggw. v. — 10-1349; d. Rk. v. — mit O_2 13-1316; Wrkg.: v. CCl_4, Dimethylnitrosamin u. Thioacetamid auf hepat. — 2-1319; v. Clomid auf Rattenlebermikrosomen-- 4-1628; Rk. d. — v. Rattenschilddrüse auf TSH 38-1485; enzymat. Unters. v. Erythroflavin-4'-phosphat u. Threoflavin-4'-phosphat mit — 21-1336.

NADPH-Cytochrom c_2-Reduktase

Wrkg. bei Rhodopseudomonas palustris 9-1354.

NADPH-Cytochrom f-Reduktase

— aus Chloroplasten (Identität, Rk.) 24-1302.

NADPH-Dehydrogenase (Altes Gelbes Enzym, NADPH-Reduktase)

—-Aktivität in menschl. maligner Cervix uteri 19-1247; Wrkg. einer chron. oralen Zufuhr v. A. auf d. Leber-— infolge v. Cholinmangel 49/50-1500; A-Stereospezifität d. Hill-Rk. v. NADP+ mit — 4-1258; Wrkg.-Mechanismus 22-1166; Wrkg. v. — bei d. endogenen Red. v. 2.6-Dichlorphenolindophenol durch zellfreie Schallextrakte v. Mycobacterium phlei 25-1322.

NADPH-Diaphorase (TPNH-Diaphorase)

Identität mit Cytochrom f-Reduktase aus Chloroplasten 24-1302; —-Aktivität: in d. Mikrosomen v. wachsender Rattenleber 43-1112; bei Nebennierenrindenatrophie infolge v. Hydrocortison, Dexamethason u. Paramethason 45-1394; Synth. d. mikrosomalen — in sich entwickelnden Rattenhepatozyten 43-1216; Einfl. d. Gefriergeschw. auf d. — in Tumoren 24-1277; zytochem. Unters. in Ehrlich-Asziteskrebszellen 4-1225; histochem. Nachw. dreier Muskelfasertypen d. interkostalen Muskeln durch Best. d. — 13-1735; enzymat. Unters. v. Erythroflavin-4'-phosphat u. Threoflavin-4'-phosphat mit — 21-1336.

NADPH-Ferricyanid-Reduktase

Vork. im Zentralnervensyst. v. Meerestieren 37-1526.

NAD(P)H : Glutathion-Oxydoreduktase

s. *Glutathion-Reduktase.*

NAD(P)H-Glutathion-Reduktase

s. *Glutathion-Reduktase.*

NADPH-Hydroxylamin-Reduktase

Best. v. Molgew. u. Reib. v. — in nicht gereinigten Syst. durch Gelfiltrat. u. Dichtegradientenzentrifugat. 2-1274.

NAD(P)H-Menadion-Dehydrogenase

s. *Menadion-Reduktase.*

NADPH : NAD-Oxydoreduktase

s. *NAD(P)-Transhydrogenase.*

(NADPH)-Neotetrazolium-Reduktase

—-Aktivität in d. Mikrosomen v. wachsender Rattenleber 43-1112; Synth. d. mikrosomalen — in sich entwickelnden Rattenhepatozyten 43-1216; — in verschiedenen Puffern in Gefrierschnitten 19-1285.

NADPH-Oxydase

—-Aktivität polymorphkern. Leukozyten 38-1278; Lokalisier. im Mykoplasma 43-1259; Wechselwrkg. v. 3.4-Benzpyren, 3-Methylcholanthren, Chlordan u. Methyltestosteron als Aktivatoren d. — d. Lebermikrosomen bei d. Ratte 6-1314; aufhebende Wrkg. v. — auf d. Begrenz. d. Kohlenhydrat-Abbaugeschw. bei Mikroorganismen durch Pyridinnucleotide 7-1448; Einfl. auf d. Aktivitätsbest. v. Pyridinnucleotid-Transhydrogenase in Mitochondrien verschiedener Aszitestumoren 39-1170.

NADPH-Reduktase

s. *NADPH-Dehydrogenase.*

NADPH-Tetranitroblautetrazolium-Reduktase

Histochem. Nachw. 12-1301.

NADPH-Tetrazolium-Reduktase

—-Aktivität: d. zerebralen Ox.-Syst. 1-1345; in menschl. Gehirntumoren u. ihrer Gewebekulturen unter bes. Berücksichtig. v. Glioblastom multiform 19-1239; im Innern d. weißen Substanz u. in d. Umgeb. d. Gefäßwände im Laufe d. Hirnreif. bei d. Ratte 36-1595; Lokalisier.: in isolierten Nuklei v. Rattenleber 22-1111; in d. motor. Neuronen d. Rückenmarks d. Ratte u. d. Wrkg. d. Nervteil. 27-1308.

NADPH-Triphenyltetrazoliumchlorid-Oxydoreduktase

Wrkg. bei angekeimten Samen 37-1357.

NAD(P)-Isocitrat-Dehydrogenase

s. *Isocitronensäure-Dehydrogenase.*

NAD(P)-Nucleosidase (NADase, NAD(P)-Glykohydrolase, Nicotinamidadenindinucleotidase)

Vork. in Hefe u. Beteilig. am NAD-Stoffwechsel 26-1296; —-Aktivität: in Tuberkelbazillen 28-1284; in Isoniazid-sensiblen u. -resistenten Tuberkelbakterien 41-1249; in menschl. Tuberkelbakterien 41-1322; in normalen u. Tumorgeweben v. kultivierten Pflanzen in vitro 41-1213; — v. Schilddrüsenhomogenaten 12-1386; —-Aktivität: bei experimenteller Tuberkulose 12-1387; in Zellen tuberkulöser Tiere 16-1295; im Gehirn verschiedener Tierarten 27-1284; in Aszitestumorzellen (Zunahme durch verschiedene Zytostatika) 41-1267; Solubilisier., Reinig. u. Eig. d. — aus Ehrlich-Aszitestumorzellen 48-1163; unterschiedl. Abbau d. α- u. β-Isomeren v. NAD durch — d. Rattenleber 13-1360; Austausch v. 5-Fluornicotinamid gegen Nicotinamid in Pyridinnucleotiden durch — 15-1251; Wrkg. auf d. Synth. v. NAD in Ehrlich-Aszitestumorzellen 26-1281; Wrkg. v. N-Losten auf d. — in Rattenlebermitochondrien u. Ehrlich-Aszitestumorzellen 17-1271; Reinig. u. Eig. eines Inhibitors d. — aus Mycobacterium tuberculosis $H_{37}Rv$ 28-1265; Wrkg. verschiedener Tumor-hemmender Substanzen auf d. — in Yoshida-Sarkomzellen u. Rattenleber 39-1191.

NADP-Peroxydase

—-Aktivität in menschl. maligner Cervix uteri 19-1247.

NADP-Reduktase

s. *NADP-Dehydrogenase.*

NADP-Tetrazolium-Reduktase

Histochem. Nachw. 12-1301.

NAD(P)-Transhydrogenase (NADPH : NAD-Oxydoreduktase, Pyridinnucleotid-Transhydrogenase, Transhydrogenase)

Identität mit Cytochrom f-Reduktase aus Chloroplasten 24-1302; Lokalisier. in Euglena gracilis (Eig.) 16-1220; —: aus Chromatium (Eig., Rk.) 16-1244; in tumorhalt. Rattenlebern u. Aszitestumorzellen 1-1248; d. Rattenplazenta (Wrkg. synthet. Östrogene) 22-1176; in Mitochondrien verschiedener Aszitestumoren 39-1170; —-Aktivität in normalen humanen u. leukäm. Leukozyten 44-1234; Rolle bei d. ATP-abhäng. Red. v. NADP durch NADH 1-1278; Phospholipoidprotein als bestimmender Faktor für d. Substratspezifität d. — aus Mitochondrien 4-1273; aufhebende Wrkg. v. — auf d. Begrenz. d. Kohlenhydratabbaugeschw. bei Mikroorganismen durch Pyridinnucleotide 7-1448; Rolle bei d. energieabhäng. Red. v. TPN 11-1295; —-Rk. in submitochondriellen Partikeln aus Rinderherz 23-1269; Bezieh. d. oxydativen Phosphorylier. zur energiegekoppelten —-Rk. in submitochondrialen Partikeln 29-1207; Mechanismus d. Energie-gekoppelten —-Rk. in Mitochondrien 34-1330.

NAD-Pyrophosphorylase (Nicotinamidmononucleotid-Adenyltransferase)

Einfl. v. Trenimon auf d. —-Aktivität v. Ehrlich-Aszitestumorzellen 20-1246; Geh. in isolierten Rattenleber-Zellkernen 20-1351; Wrkg.: verschiedener Tumor-hemmender Substanzen auf d. —-Aktivität in Yoshida-Sarkomzellen u. Rattenleber 39-1191; v. Carzinophilin auf d. —-Aktivität in Ehrlich-Aszitestumorzellen in vitro 41-1229.

NAD-Tetrazolium-Reduktase

Histochem. Nachw. 12-1301.

Nagarse

s. *Subtilopeptidase A.*

Naphthol-AS-D-chloracetat-Esterase

Nachw.: u. Bedeut. für d. histolog. Diagnostik 21-1260; in d. basophilen Granulozyten d. Blutes 31-1211.

Naphthol-Phosphatase, saure

—-Aktivität in d. Leber normaler Ratten u. Kaninchen 15-1330.

Naphthylacetat-Esterase

Konservier. v. Blutausstrichen zum zytochem. Nachw. v. — 43-1219.

Naphthylacylamidase

Charakterisier. 26-1333, 38-1330; — in Mycobakterien 32-1405; —-Aktivität: bei Plasmocid-induzierten Herzmuskelläs. 43-1459; bei Methoxamin induzierten Herzmuskelläs. 43-1460.

Hydrolyse: v. Acylnaphthylamiden in Lebergewebe mit — 19-1337; v. Aminosäuren-β-naphthylamiden mit — 38-1318; Stärkegelelektrophorese v. L-Leucyl-β-naphthylamid hydrolysierenden menschl. Gewebe-— 44-1322.

α-Naphthylbutyrat-Esterase

Einfl. d. Fettingest. auf d. —-Isozyme d. Intestinums, d. intestinalen Lymphe u. d. Serums 20-1301.

Naringinase

Bldg.: durch Coniothyrium diplodiella 1-1313; durch verschiedene Schimmelpilze (Vgl.) 6-1300; Gewinn. aus Aspergillus niger 28-3301*; Hemm. durch Glucose 39-1222; Entbitter. v. konz. Grapefruitsaft mit — D-*100* 11-3407.

Neochymotrypsinogen B

Bldg. u. Aktivier. 31-1231.

Neotetrazoliumchlorid-Reduktase

Mechanismus d. Hydroxylier. v. Arzneimitteln in Rattenlebermikrosomen in Ggw. v. — 10-1349.

Neuraminidase (Sialidase)

Pneumokokken-— (Aktivität, Eig.) 44-1346; —-Aktivität: eines Rinderstammes v. Parainfluenza *3*-Virus 44-1347; d. menschl. Plazenta 15-1602.

Freisetz. v. Influenzavirus-— durch Caseinase C aus Streptomyces albus 24-1341.

Einfl. auf d. elektrophoret. Beweglichk. v. alkal. Phosphatase 28-1346.

Wrkg.: auf α_1-Antitrypsine 18-1322; auf Neuraminlactosesulfat 23-1429; Spalt. synthet. Sialsäure-α-Ketoside durch — 44-1348; Substratspezifität d. — eines neurotrop. Influenzavirus 15-1303; Einfl. auf d. Hämagglutinat. durch Mycoplasma u. d. Wrkg. v. Sialsäure 32-1602; Spaltbark. v. α-Ketosiden d. N-Propionyl-, N-Butyryl- u. N-Benzoyl-D-neuraminsäure durch Vibrio cholerae-— 43-1191; funktionelle Bedeut. während d. Vermehr. v. Influenzavirus 49/50-1199; Freileg. v. ABH-Blutgruppen determinierenden Kohlenhydraten an Erythrozyten durch —-Einw. 4-1388; Vork. v. Sialsäuren mit —-labiler u. -stabiler Bind. in d. Sekreten v. Glandulae bulbourethrales et vestibulares majores 7-1570; — u. —-labile Substrate bei experimenteller Influenzavirus-Enzephalitis 8-1414; Beteilig. v. —-empfindl. Sialsäure in d. K+-abhäng. Phosphohydrolyse v. p-Nitrophenylphosphat durch isolierte Rattenleber-Plasma-Membranen 9-1392; nach Inkubat. v. Glykoprotein mit — auftretende Unterschiede im Gesamtneuraminsäuregeh. im Harn 11-1579; Katalysier. d. Sialsäuresekret. d. Eileiters v. Gallus gallus durch — 16-1333; Rk. v. Diphtherie-toxin-— mit menschl. Transferrin 33-1327; Einw. auf Trisialylhexosaminyltrihexosylceramid I u. II aus Gangliosidgemisch d. menschl. Gehirn 40-1470; Wirk. auf hirnspezif. Glykoprotein 43-1476; Hydrolyse v. menschl. Lactotransferrin mit Vibrio-cholerae-— 46-1420; Einw. auf d. Uroproteine bei Plasmozytom 46-1494; Nachw. d. Kohlenhydratkomponente d. Harnglykoproteine durch Einw. v. — 46-1498; Aufspalt. v. Neuraminosidbind. v. menschl. Serumglykoproteinen durch — 49/50-1426; Einfl. auf d. Serotoninbind. an Nervenendig.-Partikel v. Rattenhirn 51/52-1381.

Einfl. v. Kelpextrakten auf Virus- u. Bakterien-— 17-1408; Hemm. 38-1663; Einfl. v. Glutaraldehyd auf d. — d. Myxoviren 39-1331; Hemm. durch Polyanionen 44-1349.

Neurotoxin-Depolymerase

Vork. in Phagen-infizierten Shigella dysenteriae 26-1378.

Niacinribonucleotid-Nucleosidase

— im Niacinstoffwechsel in Mycobakterien 41-1322.

Niacinribonucleotid-Nucleotidase

— im Niacinstoffwechsel in Mycobakterien 41-1322.

Nicotinamidadenindinucleotidase

s. *NAD(P)-Nucleosidase.*

red. **Nicotinamidadenindinucleotid-Oxydase**

s. *NADH-Oxydase.*

Nicotinamid-Desamidase

Vork. in Hefe u. Beteilig. am NAD-Stoffwechsel 26-1296; —-Aktivität in Ehrlich-Aszitestumorzellen 19-1342; — aus Kaninchenleber (Reinig., Rk.) 44-1372; Bezieh. zwischen d. —-Aktivität u. d. NAD-Synth. in Vogelleber 43-1202.

Nicotinamid-Methyltransferase (Nicotinamid-Transmethylase)

—-Aktivität in d. Leber tumortragender Ratten 11-1266; Transmethylier. mit — v. S-Adenosylmethionin u. 5-Methyltetrahydrofolat zu 2-Mercaptoäthanol u. Homocystein 8-1374.

Nicotinamidmononucleotid-Adenyltransferase

s. *NAD-Pyrophosphorylase.*

Nicotinamidmononucleotid-Pyrophosphorylase

—-Aktivität in Asziteszellextrakten 20-1293.

Nicotinamid-Transmethylase

s. *Nicotinamid-Methyltransferase.*

Nicotin-Oxydase

Beteilig. am bakteriellen Abbau v. Nicotin 49/50-1159.

Nicotinsäuremononucleotidase

Nichtidentität d. Hefenenzyme Nicotinsäuremononucleotid-Pyrophosphorylase u. — 46-1298.

Nicotinsäuremononucleotid-Pyrophosphorylase

Nichtidentität d. Hefenenzyme — u. Nicotinsäuremononucleotidase 46-1298.

Nigerin

Isolier. aus Aspergillus niger (Eig.) 6-1250.

Nitratester-Reduktase

Abbau v. Glycerintrinitrat u. a. Nitraten durch — 40-1273.

Nitratreduktase (NADH-Nitrat-Oxydoreduktase)

Identität d. — u. d. Perchlorat reduzierenden Enzyms aus Bacillus cereus 43-1170; —-Aktivität v. Aspergillus nidulans (Abhängigk. v. unabhäng. segregierenden genet. Loci) 12-1228; Vork. in Staphylococcus epidermidis 25-1305; —-Aktivität v. Bacterium anitratum 45-1263; — d. höheren Pflanzen 14-1330; —-Aktivität in Blättern d. Zitronenbaumes 27-1414; — in d. Felderbse 34-1324.

Gemeinsamer Cofaktor d. Synth. v. — u. Xanthindehydrogenase 3-1275; Bldg. u. Stabilität d. — in höheren Pflanzen 21-1365; Einfl. v. O_2 auf d. Bldg. bakterieller — bei d. Denitrifizier. 24-1303; parallele Indukt. v. — u. Nitritreduktase bei Bacillus cereus durch verschiedene Anionen 27-1247; Wrkg. v. substituierten Uracilderiv. auf d. Indukt. d. — d. Pflanze 40-1272; Indukt. u. Repress. d. — bei Aspergillus nidulans 47-1195; Isolier. aus Apfelbaumwurzeln 49/50-1153; Reinig.: u. Eig. 3-1281; v. — aus Aspergillus nidulans 43-1168.

Rolle beim Mechanismus d. Chlorattoxizität 18-1428; — u. respirator. Adaptat. in Bacillus stearothermophilus 21-1366; Rk. d. — in zellfreien Extrakten v. Bacillus cereus 26-1302; Elektronentransportsyst. d. — in mutierten u. wilden Stämmen v. Neurospora 29-1223; Vork. u. Rk. v. — bei Micrococcus denitrificans u. Pseudomonas denitrificans 29-1224; assimilierende — einer Hefe 34-1325; Nitratred. durch — in Chloroplasten 21-1500; Steuer. d. Aktivität d. an d. Nitratassimilat. durch höhere Pflanzen beteiligten — 32-1496; Vgl. d. Nitratredukt. durch Spinat-— mit $NADH_2$ u. $NADPH_2$ 45-1196.

Nitrat-Reduktase A

Mutat. mit Einfl. auf — in Bakterien 47-1196; Best. d. Bakterien-— (Meth.) 36-1289.

Nitrat-Reduktase B

Best. d. Bakterien-— (Meth.) 36-1289.

Nitrit-Oxydase

— in zellfreien Extrakten v. Nitrobacter agilis (Weg d. CO_2-Einbaus) 6-1329.

Nitrit-Reduktase

Vork. bei Micrococcus denitrificans u. Pseudomonas denitrificans (Rk.) 29-1224; — v. E. coli 44-1289; Ferredoxin-— aus Spinat 21-1364; Indukt. in synchronisierten Kulturen v. Chlorella pyrenoidosa 11-1286; Einfl. v. O_2 auf d. Bldg. bakterieller — bei d. Denitrifizier. 24-1303; parallele Indukt. v. Nitratreduktase u. — bei Bacillus cereus durch verschiedene Anionen 27-1247; Anreicher. u. Eig. d. — aus höheren Pflanzen u. ihre Abhängigk. v. Ferredoxin 36-1290; Reinig. u. Kennzeichn. d. aus Achromobacter fischeri isolierten — 49/50-1154; Rk. d. — aus subzellularen Präp. v. Anabaena cylindrica 30-1227; Steuer. d. Aktivität d. an d. Nitratassimilat. durch höhere Pflanzen-beteiligten — 32-1496; photosynthet. — u. d. Bedeut. v. Hydroxylamin bei d. Nitritred. in Pflanzen 36-1291; Trenn. v. d. Hydroxylaminreduktase d. Pflanze 32-1316.

Nitroanisol-Oxydase

—-Aktivität in mit butyliertem Hydroxytoluol oder butyliertem Hydroxyanisol behandelten Ratten 32-1428.

Nitrogenase

—: in zellfreien Extrakten v. Bacillus polymyxa 25-1380; in Extrakten v. Clostridium pasteurianum (Inhibitoren) 35-1353; Red. v. N_2O durch — v. biolog. N_2-fixierenden Syst. 32-1467.

o-Nitrophenylacetat-Esterase

Assoziat. d. Glutaminsynthetase, ATPase u. — 44-1196.

p-Nitrophenylphosphatase

Vork.: v. Neuraminidase-empfindl. — in Rattenleber-Plasma-Membranen 9-1392; v. alkal. — in d. Zilia d. Embryonen v. Spisula solidissima während d. Entw. 27-1588; im elektr. Organ v. Electrophorus (Eig.) 44-1378; subzellulare Lokalisier. v. K-aktivierter — im Rattenhirn 45-1231.

Nitroreduktase

—-Aktivität v. Streptococcus pyogenes 43-1212; Rolle beim Stoffwechsel v. 3.5-Dinitro-o-kresol durch Mikroorganismen d. Bodens 32-1458; Wechselwrkg. v. 3.4-Benzpyren, 3-Methylcholanthren, Chlordan u. Methyltestosteron als Aktivatoren d. — d. Lebermikrosomen bei d. Ratte 6-1314.

N_2O-Reduktase

s. *Stickoxydul-Reduktase.*

Notatin

s. *Glucose-Oxydase.*

Novobakterielle Proteinase

s. *Subtilopeptidase B.*

Nuclease B

Erhol. v. DNS nach Unters. mit einer für UV-induzierte Läs. spezif. — 33-1241.

Nucleasen

—-Aktivität in d. Ribosomen v. Neurospora crassa 7-1386; Zellort in Bacillus subtilis u. bevorzugter Abbau v. Einstrang-Nucleinsäure 18-1325; —: v. Streptomyces Stamm *41* 31-1258; isolierter Gerstenblätter (Wrkg. v. Kinetin) 3-1259; aus Virus-infizierten Tierzellen 42-1232; Beding. für d. Bldg. u. Isolier. v. — aus Streptomyces 47-1242; Abbau v. Nucleinsäuren u. ähnl. Verb. durch mikrobielle — 5-1315, 6-1341; Nucleinsäuren abbauende — v. Lentinus edodes 42-1137; Wrkg. d. Strahlentherapie auf d. Harnausscheid. v. — bei menschl. Patienten mit Karzinom d. Uteruszervix 43-1145; Wrkg. v. Diäthylpyrocarbonat u. Methylmethansulfonat auf — 18-1361; Abhängigk. v. pH u. Einfl. verschiedener Substanzen 27-1311; Hemmwrkg. d. Pyrimidindimeren in UV-bestrahlter DNS auf — 33-1243; gegen — resistente Frakt. aus UV-bestrahlter DNS 37-1198; Einfl. einer einzigen großen Dosis 9α-Fluorprednisolon auf d. — v. Rattenthymus 48-1218; Verw.: zur Unters. d. Nucleinsäurestruktur (Übersicht) 26-1234; zum Nachw. d. Actinomycinhemm. d. UV-Dunkelreparat. in Bacillus subtilis 51/52-1203.

Nucleosidase

Vork. in Hefe u. Beteilig. am NAD-Stoffwechsel 26-1296; —-Aktivität im Gehirn verschiedener Tierarten 27-1284; Pyrimidinverb. abbauende 5'-— aus Insektengewebe 11-1343; Einw. v. 5'-— auf 6-Aza-2'-desoxypyrimidinnucleotiden 18-1072; Hydrolyse 6-substituierter Purinriboside mit — 28-1377; Stör. d. Nachw. d. RNS-Polymerase in Tabakblättern durch — 4-1308.

Nucleosid-Diphosphatase

—-Aktivität in d. Mikrosomen v. wachsender Rattenleber 43-1112; Aktivier. durch Nucleosidtriphosphate u. ihre mögl. Bedeut. für d. Stoffwechsel 24-1369; Hyalinkörper in durch Tetrachlorkohlenstoff geschädigten Leberzellen u. —-Aktivität 20-1340.

Nucleosiddiphosphat-Glucidtransferasen

Struktur d. akt. Zone v. — 36-1301.

Nucleosiddiphosphat-Kinase

—: in Acetabularia mediterranea 23-1315; aus Erythrozyten 28-1328; nach d. Infekt. v. Gurken mit Tabakringfleckenvirus 49/50-1175.

Nucleosiddiphosphatzucker: Orthophosphat-Nucleotidyltransferase

s. *Nucleotidzucker-Pyrophosphorylase.*

Nucleosidmonophosphat-Kinase (ATP: Nucleosidmonophosphat-Phosphotransferase)

—-Aktivität bei uninfizierten u. mit einem RNS-Phagen infizierten E. coli 9-1449; — nach d. Infekt. v. Gurken mit Tabakringfleckenvirus 49/50-1175.

Nucleosid-Phosphatasen

Aktivität d. Keimzellen während d. samentragenden Epitheliumzyklus im Rattenhoden 2-1356.

Nucleosid-Phosphorylase

Unters. über — 3-1296; Moffit-Konst., Cotton-Effekt 21-1248; Katalysier. d. Adenosinabbaus in d. Rattenleber im Verlauf d. Wachstumsprozesses durch — 16-1271; —-Rk. bei d. Bldg. v. Inosinmonophosphat in menschl. Erythrozyten aus Inosin nach phosphorolyt. Spalt. 49/50-1416.

Nucleosid-Phosphotransferasen

Verteil. in Bakterien 25-1234; allg. Eig. 25-1235; Akzeptorspezifität 27-1261 bis 27-1264; Wrkg. v. Inhibitoren u. Metallionen auf — 25-1236.

Nucleosidtetraphosphat-Hydrolase

Reinig. u. Eig. v. — aus Kaninchenmuskel, Vork. in Leber, Niere u. Herz 32-1375; Nachw. v. Adenosintetraphosphat mit — 32-1376.

α.β-Nucleosidtriphosphatase

—-Aktivität in d. Plazenta 43-1187.

β.γ-Nucleosidtriphosphatase

—-Aktivität d. Plazenta 43-1187.

Nucleosidtriphosphatasen

—-Aktivität: bei einer Äthionin-induzierten Pankreasdegenerat. 24-1564; v. Actomyosin u. Myosin aus d. gestreiften Adduktormuskel d. Kammuschel 28-1521; in d. Mikrosomen v. wachsender Rattenleber 43-1112; Rolle d. Sulfhydryl- u. Imidazolgruppen in Myosin-— u. bei d. Kontrakt. v. glycerinierten Muskelfasern 1-1330; Pyrimidinverb. abbauende — aus Insektengewebe 11-1343.

3'-Nucleotidase

Geh. im Mais während d. Keim. 9-1492, 9-1493.

5'-Nucleotidase (5'-Ribonucleotid-Phosphohydrolase)

Vork.: in Bakterien 25-1235; in Hefe (Beteilig. am NAD-Stoffwechsel) 26-1296; (spezif. Affinität zu 5'-AMP) 34-1358; Fehlen in Mutanten v. Bacillus subtilis 46-1334; —-Aktivität: im lyophilisierten Lämmerthymushomogenat 1-1554; im durch Benzpyren induzierten Zervikovaginalkarzinom 4-1231; Vork. im wachsenden Tibiaknorpel d. Menschen 7-1268; —-Aktivität: bei trächt. Ratten mit Folsäuremangel 10-1379; bei Küken, Baumwollratten u. Lämmern mit Ernähr.-bedingten Muskelkrankh. 17-1309; — im Gehirn bei multipler Sklerose 19-1312; —-Aktivität in isolierten Rattenlebernukleolen 20-1351; Lokalisier. in d. Nieren dreier Säugetierarten während ihrer postnatalen Entw. 20-1352; —-Aktivität: in Tumoren (Einfl. d. Gefriergeschw.) 24-1277; v. peripheren Neutrophilen (bei normalen u. mit 4-Aminopteroylglutaminsäure behandelten Wistarratten) 27-1602; (bei mit 4-Aminopteroylglutaminsäure behandelten Wistar-Ratten u. bei ihren Inzuchtnachkommen) 27-1603; in d. Gefäßen bei mit Hartroft-Nahr. gefütterten Ratten 31-1544; in d. Niere u. im Blut d. Ratte im Verlauf d. experimentellen Vergift. mit Uranylnitrat 32-1374; d. Zellwände 32-1430; Verteil. u. Synth. v. Polyphosphoinositiden durch Rattenhirn in vitro 32-1644; —-Aktivität v. isolierten Membranen aus Meerschweinchengeweben 40-1185; Serum-— bei Patienten mit Lebertumoren 41-1212; Bezieh. d. Hoden zur —-Aktivität d. Nebenniere 42-1366; —-Aktivität: in d. Plazenta 43-1187; bei Plasmocid-induzierten Herzmuskeläs. 43-1459; in menschl. Lungenkarzinom 44-1230; in durch 4-Nitrochinolin-1-oxid induzierten Lungentumoren v. Maus

im Bulbus olfactorius d. Ratte 3-1279; zytochem. Unters. in Ehrlich-Asziteskrebszellen 4-1225; histochem. Nachw.: in geschäd. Leberparenchymzellen v. Ratten nach 3'-Methyl-4-dimethylaminoazobenzol 5-1269; in Kniegelenken v. Ratten während d. Entw. 5-1304; in Kallusgewebe 5-1305; in d. Mesothelialzellen d. Peritoneums 21-1419; zytochem. Nachw. in isolierten Nuklei v. Rattenleber 22-1111; histochem. Nachw. in menschl. Darmtumoren 34-1286.

Oxydoreduktasen

Spezielle – s. unter d. eigenen Stichwort.

– -Aktivität v. Ascaris lumbricoides var. suis 2-1745; – im Glioblastom multiform 19-1239; – -Aktivität während d. Karzinogenese u. in Tumoren 23-1227; Spezifizier. d. Stereospezifität einiger – durch Diamantgitterausschnitte 16-1222; Bldg. v. meso-Glyceroidoheptit u. D-Glycero-D-idoheptit durch ein – -Syst. aus Pichia miso 10-1437; Vork. im Stoffwechsel v. 17α-Östradiol beim Menschen 22-1403; Einfl.: v. NADP-Analogen auf d. Rk.-Geschw. einiger NADP-bedürft. – 29-1217; v. Kainsäure u. ähnl. Verb. auf d. – v. Ascaris suilla 22-1651; Mutat. mit Einfl. auf Bakterien- – 47-1196; histochem. Nachw. in induzierten u. weitergezüchteten Lungentumoren d. Maus 36-1222.

Oxygenasen

Spalt. d. Pregnanseitenkette durch – v. Cylindrocarpon radicicola 24-1419; Beweis für einen O_2-Überträger im Gewebe auf – 37-1522.

Oxytocinase (Cystin-Aminopeptidase)

– in Hühnerserum 34-1359; – -Aktivität gegen Ende d. Schwangerschaft u. während d. Geburt 42-1484; Darst. hochgerein. – aus Plazentarserum 49/50-1215; elektrophoret. Unters. an – 49/50-1216; Herst. einer – hemmenden Frakt. aus Organextrakten 27-1793*; biochem. Best. im Blutplasma v. schwangeren Frauen 37-1477; histochem. Nachw. in menschl. Plazenta 40-1333.

Padutin

s. *Kallikrein.*

Palatinase

Chromatograph. Trenn. v. humanen, intestinalen Maltasen mit – -Aktivität 13-1362.

Palmitat-Oxydase

Fraktionier. u. Eig. eines extramitochondrialen – aus Erdnüssen, das d. β-Ox. v. Palmitinsäure katalysiert 21-1356.

Palmitoyl–CoA: Carnitin–Palmitoyltransferase

Verteil. im Tierreich 32-1329; Substratspezifität 5-1308; Aktivier. in d. Leber v. fastenden, mit Fett gefütterten oder diabet. Ratten 27-1257.

Pankreasfermente

Spezielle – s. unter d. eigenen Stichwort.

Pankreassekret. v. – (Unters. mit ^{35}S-Methionin) 1-1544; Wrkg. eines Gastrinähnl. Pentapeptids auf d. Sekret. d. – 23-1475; Synth., Sekret. u. Inaktivier. d. – (diätet. Regulier.) 43-1382; pH u. Temp.-Abhängigk. 1-3171; Einfl.: auf d. Hautsubstanz 18-3452; v. Antibiotika auf – v. mit Sojabohnenmehl gefütterten Ratten 16-1592; v. Strahl. auf Feinstruktur u. d. Geh. an – d. Hundepankreas (Langzeitvers.) 31-1591; Verw. eines – -Autolysats zum Zartmachen v. Fleisch 31-3054*; s. auch *Enzympräparate (Pankreatin, Toughmac-E)*).*

Pantoat-Dehydrogenase

Bldg. v. Aldopantosäure durch – in Pseudomonas-P *2*-Zellen 30-1282.

Pantothenat-Hydrolase

Rolle beim bakteriellen Abbau v. Pantothensäure 30-1281.

Papain

Standardisier. d. – -Aktivität 48-1613.

– -Frakt. (Eig.) 11-1324; Reinig. v. – aus Frischpflanzenextrakt 42-1666; Herst. stabil. isoton. – -Lsg. 45-1706*.

Polarograph. Welle v. Co in Ggw. v. – 11-0664.

Rk. mit trans-Cinnamoylimidazol 44-1369; Substratbind. v. nichtaktiviertem – 11-1325; Bind. v. Schwermetallionen durch – 19-1329; N-Benzyloxycarbonylaminosäuren als – -Substrate 22-1214; Kinetik v. – -katalysierten Hydrolysen in Ggw. v. Alkoholen 36-1343; reaktionsfäh. synthet. Polymere als Träger v. – (Erhöh. d. Aktivität) 42-1114; Kinetik u. Mechanismus d. – -katalysierten Hydrolyse 44-1370; Rk. v. Jodacetat u. Bromacetat mit – 1-1321; Abbau v. gerein. Protamin durch – in Ggw. v. Hydroxylamin 3-1347; Kinetik d. durch – katalysierten Hydrolyse v. Benzoylglycinäthylester 3-1348; Bldg. v. Plakalbumin aus Ovalbumin mit – 10-1393; – -Spaltprod. v. Pferdeantitoxin 11-1410; Spalt. v. Proteinen durch – in Ggw. hoher Harnstoffkonz. 12-1397; Bestätig. neuerer Modelle für d. γ-G-Immunoglobulinmol. durch Einw. v. – 13-1685; – -katalysierte Synth. v. Hippurylanilid 15-1314; Fragmente d. Antitoxine v. Pferde-γ- u. -β-Globulinen durch – 17-1539; Rk. mit $^{18}O_{(CO)}$-Hippursäureäthylester 27-1266; Verdauung v. Humanserum-α_2-Makroglobulin mit – 27-1548; Kinetik d. – -katalysierten Hydrolyse v. Estern d. Carbobenzoxyglycins 28-1375; pept. Abbau v. Kaninchen-γG-Immunglobulin im Vgl. mit d. durch – 29-1525; Heterogenität d. Kaninchen-γ-Globulins bei d. Spalt. mit – 30-1486; Behandl. v. Myosin A aus Skelettmuskel mit – 30-1556; – -gespaltene Kaninchenantikörper 33-1616; durch – katalysierte begrenzte Proteolyse v. nativem Ovalbumin 45-1221; Reaktivier. v. – -behandeltem Endotoxin v. Salmonella enteritidis 45-1298; Hydrolyse v. menschl. Lactotransferrin mit – 46-1420; Einfl.: auf Lactatdehydrogenaseisoenzyme aus menschl. Samen 4-1265; begrenzter Verdauung durch – auf β-Galaktosidase v. E. coli 47-1218; auf Sedimentat.-Verh. u. Einbau v. Aminosäuren in Polypeptide bei Hundepankreaspolysomen 2-1244; Mechanismus d. Amin freisetzenden Wrkg. v. – an Blutplättchen 3-1546; Verh. d. globulären Lipide im Verlauf d. Hämolyse mit – in vitro 6-1535; Wrkg. auf d. Zystenwand isolierter Metazerkarien v. Fasciola hepatica 23-1423; durch – ausgelöste chem. Veränder. in d. Knorpelmatrix erwachsener Kaninchen 27-1700; Ascorbinsäure u. d. Synth. v. Chondroitinschwefelsäure im Knorpelgewebe nach – 29-1571; Abbau v. Menschenhaar durch – 34-3055; altersbedingte u. nach i.v. – -Verabreich. auftretende Veränder. in d. chem. Zus. d. Knorpelgrundsubstanz d. Kaninchens 36-1634; Mitoseveränder. d. Rattenleber nach i.p. Injekt. v. – 38-1201; Mitosen erzeugende Wrkg. 42-1241; Abbau v. menschl. Brandwundenschorf durch – 44-1363; analget. u. entzündungshemmende Aktivität 9-1735; Wundheil. bei mit – behandelten Ratten 13-1790; Wrkg. auf d. Toxizität v. Cobrotoxin 14-1316.

Hemm. durch N-substituierte Maleimide 13-1374; Einfl. v. Proteinen auf d. hemmende Aktivität d. Sojabohnensaponine auf – 21-1412.

Verw.: zum Zartmachen v. Fleisch 21-3380*; zur Geschmacksverbesser. v. Milchfett 33-3166*; Zartmachen v. Geflügelfleisch durch antemortem-Injekt. v. – -Lsg. 36-3032; Verw. zum Zartmachen v. frischem Fleisch 38-3209*; Einfl. v. – -Zusätzen auf d. Geh. an extrahierbaren Fettsäuren in Würze u. Bier 48-3263.

Best. 17-1758; dünnschichtchromatograph. Identifizier. 44-1661; Modellunters. zur Löslichk. v. Fibrin im histolog. Schnitt mit – 20-1532; Verw.: zum Nachw. v. Hämagglutinin (Vgl.) 35-1582; als Extrakt.-Enzym bei d. Best. d. Geh. an Vitamin B_{12} u. d. Aktivität d. Folats d. Leber im gleichen Extrakt 47-1475.

Paraoxonase

s. *Arylesterase.*

Parapepsin II

s. *Pepsin C.*

Parapepsinogen II

s. *Pepsinogen C.*

Pektat-Transeliminase (Polygalakturonsäure-Transeliminase)

– aus Erwinia arvoidea (Isolier., Eig., Rk.) 16-1327; Wrkg.-Mechanismus 39-1234; Abbau d. Polygalakturonsäurekette v. Pektin durch eine bakterielle exo- – 10-1407; Na-Polygalakturonatabbau durch endo- – v. Pseudomonas fluorescens 49/50-1207; Abbau v. Pektinsäure mit – 51/52-1171, 51/52-1172.

Pektinase (Polygalakturonase)

–: aus Schimmelpilzen 13-1351; aus d. Myzel 33-1322; (v. Hebelomen) 40-1325; Vork. bei phytopathogenen Fungi 48-1233; – -Aktivität v. Äpfeln während d. Lager. 51/52-1298; Vork. bei Melolontha melolontha 6-1281; Vgl. d. – v. Candida brumptii aus Myzetozyten d. Larve v. Hylobius abietis u. d. Insekts 40-1399.

Beseitig. d. begleitenden – aus d. durch Coniothyrium diplodiella gebildeten Naringinase 1-1313; Isolier. v. extrazellularer, durch Aspergillus niger erzeugter – 8-1413; Ausscheid. bei Alternaria tenuis 19-1442; Sorpt. durch Sephadex A-*50* 6-3204.

Wrkg. auf voll- u. teilacetylierten Zuckerderiv. 3-1356, 3-1357; Hydrolyse d. Polygalakturonsäurekette v. Pektin durch – aus Penicillium chrysogenum 10-1407; Erweichen v. eingelegtem Blumenkohl beim Lagern durch – 19-3253; Pektinabbau durch Xanthomonas- – (begünstigende u. hemmende Faktoren) 35-1365; Abbau v. Pektinfrakt. mit – 51/52-1171.

Inhibitoren für – aus Sericae u. anderen Pflanzen 18-1306.

Chromatograph. Trenn. v. anderen pektolyt. Enzymen 13-1928*; Verw. zur Unters. d. Natur interzellularer Bindemittel in Blattzellen d. Tabaks 2-1459.

Pektinenzyme

s. *Pektische Enzyme.*

Pektin-Esterase (Pektin-Methylesterase)

– -Aktivität: in Einzelteilen v. Citrusfrüchten (jahreszeitl. Unterschiede) 14-1490, 46-3137; v. Äpfeln während d. Lager. 51/52-1298.

Bldg. durch Phytophthora infestans 16-1282; Ausscheid. bei Alternaria tenuis 19-1442; Isolier. v. extrazellularer, durch Aspergillus niger erzeugter – 8-1413; Auffind. v. – in Kulturfiltraten v. Fusarium oxysporum u. Fusarium xylarioides durch Stärkegelzonenelektrophorese 9-1413; chromatograph. Trenn. v. anderen pektolyt. Enzymen 13-1928*; Extrakt. aus Tannin erzeugendem Gewebe 40-1366; Hitzeempfindlichk. d. – v. Papaya-Püree 9-3403.

Einfl. auf d. Festigk. v. eingedosten Tomaten 24-3371; Verh. d. Pektins v. Apfelsaft gegenüber – 7-1392; Steiger. d. Viskosität u. Gelbldg. v. Fruchtsaft durch gerein. – 7-1395.

Hemm. d. Tomaten- – durch Gerbsäure 36-1323.

Verw.: bei d. Herst. eines Citrusfruchtkonzentrats für Getränkezwecke 2-3258*; bei d. Klär. v. Apfelsaft 7-1391, 7-1394.

Vereinfachte Best.-Meth. 25-1244.

Pektin-Methylesterase

s. *Pektin-Esterase.*

Pekt{in}olytische Enzyme

Spezielle – s. unter d. eigenen Stichwort.

Anschauungen über d. – u. Grundlagen ihrer Klassifikat. (Überblick) 22-1205; –: v Pilzen 7-1391 bis 7-1394; v. Schimmelpilzen (Übersicht) 49/50-1188; im Panseninhalt 34-1617; Bldg. durch Sclerotinia fructicola u. d. Rolle bei d. Pathogenese v. Steinfrüchten 7-1560; Gewinn. durch Zerstäub.-Trockn. 7-3385; Aktivitätseinh. 22-1207; Einfl.: d. – d. Schimmels auf d. enzymat. Komplex d. Weintrauben 41-1282; v. – aus Pilzen auf d. Farbstoffe v. Trauben u. Rotwein 32-3218; auf d. Bldg. v. Methylalkohol im Traubensaft 36-3061; Hemm. durch Sericea während d. Gär. v. Gurken 18-3400; Anwend. in d. Lebensmittelindustrie (Übersicht) 42-3072; chromatograph. Trenn. 13-1928*; viskosimetr. Best. 12-1378; s. auch *Enzympräparate (Nigrin PK; Sclase)*).*

Pektische Enzyme (Pektin-Enzyme)

Spezielle – s. unter d. eigenen Stichwort.

Bldg. durch Phytophthora infestans 16-1282; Ausscheid. bei Alternaria tenuis 19-1442; – v. Aspergillus niger 20-1317, 20-1316.

Penicillin-Acylase

Kontinuierl. Zücht. v. E. coli mit einer hohen – -Aktivität 12-1401; – -Aktivität v. Penicillium chrysogenum 15-1372; Bldg. in verschiedenen Pilzen 38-1408; Desacylier.: v. ^{35}S-Benzylpenicillin mit – 13-1440; v. Penicillin durch Penicillium u. Fusarium mit – (Überblick) 49/50-1218; Eig. d. aus E. coli isolierten – 47-1291.

Penicillin-Amidase

Kinetik d. Rk. 26-1334.

Penicillinase (Penicillin-β-Lactamase)

Vork., Identität v. – u. Cephalosporinase 2-1350; – imitierende Modellkatalysatoren 27-1298.

Lokalisier. in Staphylokokken 5-1335; genet. Determinante d. Staphylokokken- – (Übersicht) 9-1251; Staphylokokken- – 25-1274;

Verh. bei saprophyt. Mycobakterien 26-1346; —-Aktivität v. Bacillus cereus 34-1418; —-ähnl. Aktivität v. Käse 22-3160.

Erzeug. u. Eigenresistenz gegen Penicilline bei Staphylococcus aureus 2-1420; induzierte Bldg. bei Staphylococcus aureus 3-1353; Bldg.: durch pathogene Staphylokokken 3-1408; durch an Cystein verarmte Auxotrophe v. Bacillus licheniformis 7-1439; durch infektiöse R-Faktoren in Enterobakteriaceae kontrollierte —-Synth. 8-1429; — produzierende gramnegative Bakterien 8-1490; Einstufen-mikrokonstitutive Mutat. in d. —-Region v. Staphylococcus aureus 17-1201; Synth. in Bakterien durch langleb. messenger-RNS 20-1206; Indukt. d. Synth. d. Staphylokokken-— durch Cloxacillin u. Naphcillin 27-1297; vereinte Eliminat. u. vereinte Transdukt. d. Determinanten v. —-Erzeug. u. Resistenz gegenüber Macrolidantibiotika bei Staphylococcus aureus 27-1382; Einfl. v. Mitomycin C auf d. induzierte —-Synth. in Staphylococcus aureus 33-1396; — bildende Staphylococcus aureus-Stämme 39-1314; Indukt. durch Staphylokokken in vitro u. in vivo 40-1341; (Einfl. v. Penicillin verwandten Stoffen) 45-1228; — bildende Staphylokokken 45-1567; Gewinn. 17-1757; Reinig. u. Eig. v. — v. E. coli 32-1406.

Wrkg. v. Bacillus cereus-— auf Penicilline 1-1736; in vitro-Antistaphylokokkeneffekte v. Erythromycin in Kombinat. mit halbsynthet. —-empfindl. Penicillinen 5-1386; Eig. v. Mycobacterium tuberculosis-— 5-1389; in vivo-Kinetik d. —-Aktivität gegenüber Penicillin G, Methicillin u. Nafcillin beim Menschen 5-1692; Wrkg. auf d. Aktivität v. Penicillin 7-1466; relative Instabilität v. Cephaloridin gegen Staphylokokken-— 8-1431; Resistenz v. Furyl-(3)-penicillinen gegen Inaktivier. durch — 17-1149; —-festes Dicloxacillin 21-1750; —-Resistenz v. o-[β-Phenyläthyl]-phenylpenicillinen bzw. trans-Stilbenyl-(2)-penicillinen 34-1129; Wrkg. v. EDTA auf d. bakterielle Permeabilität für Benzylpenicillin u. —-Aktivität 38-1410; Abbau v. Penicillin G u. halbsynthet. Penicillinen durch — v. Bacillus cereus u. Staphylococcus aureus 47-1290; Bezieh. zwischen Penicillinstruktur u. —-Aktivität 48-1245; Umkehr. d. Penicillinwrkg. durch — 48-1294; Wechselwrkg. zwischen — u. Penicillinen 51/52-1176.

Kompetitive Hemm. v. — durch —-resistente Penicilline 5-1334; Einfl. v. 2.4.5-Trichlorphenoxyessigsäure auf Staphylococcus — 8-1430.

Penicillin-β-Lactamase

s. *Penicillinase.*

Pentosanase

Gibberellsäurestimulier. d. Auftretens v. — im Weizenendosperm in Abhängigk. v. O_2 20-1450.

Pentose-Reduktase

—-Aktivität bei Schizophyllum commune 6-1331.

Pepsin

Geh. im Magensaft (Einfl. v. Ornid) 5-1651; (Einfl. v. 2.2′-Bipyridyl) 31-1604; (Wrkg. v. Ocytocin) 34-1475; —-Aktivität d. Magens bei Arbeitern einer Trichloräthylenfabrik 43-1609; Konz. im Magen (Einfl. v. 3-Methylamino-2.1-benzisothiazol 46-1637.

Umwandl. v. *3* verschiedenen Pepsinogenen d. Menschen in d. entsprechenden — 2-1344; Bldg. im Magen durch Pilocarpin u. Hg-Acetat 5-1775; Sekret. nüchtern u. nach Stimulier. durch Histamin 30-1429; dünnschichtchromatograph. Isolier. 20-1953; Abtrenn. aus Lab durch DEAE-Cellulosechromatographie 30-1255.

UV-Fluoreszenz 29-0837; Röntgenelementarzellenunters. 20-1155; Fähigk. zur Eiskeimbldg. v. —-Filmen 35-0867; Anordn. d. die Argininreste umgehenden Aminosäuren im — d. Schweines 37-1274; mol. Charakteristik v. — in Lsg. 39-1237; Anordn. d. Aminosäuren in d. Lysin-halt. Peptiden aus Hydrolysaten v. Schweine-— 39-1238; Struktur v. —-Fragmenten 51/52-1097; polarograph. Welle v. Co in Ggw. v. — 11-0664; chromatograph. Verh. 27-2057.

pH u. Temp.-Abhängigk. 1-3171; Radikalbldg. bei d. UV-Bestrahl. (EPR-Spektrum) 4-0877; Autolyse 39-1239; Cyanäthylier. mit Acrylonitril 32-1145.

Bezieh. zwischen d. durch — katalysierten Transpeptidisier. u. d. Isotopenumsatz d. O_2 11-1631; Esteraseaktivität 19-1326; neue —-katalysierte Rk. (kontinuierl. Meth. zur Verfolg.) 36-1337; Spezifität bei d. Transpeptidisier. 39-1240; Esterasewrkg. 40-1335; Insulin-ähnl. Wrkg. 44-1515; Kinetik d. —-katalysierten Hydrolyse v. N-Acetyl-L-phenylalanyl-L-dijodtyrosin 1-1315; Verdauung v. Serumalbumin mit — (Hemm. durch Fettsäuren) 1-1316; Abspalt. v. Tyrosylpeptiden aus Kollagen durch — 3-1345; Abbau eines bei d. —-Hydrolyse v. α-Casein erhaltenen Phosphatids 4-1331; Wrkg. auf d. Eig. d. Tropokollagenmakromol. 10-1688; Bestätig. neuerer Modelle für d. γ-G-Immunoglobulinmol. durch Einw. v. — 13-1685; Verdaulichk. v. isolierten Fettproteinen durch — 13-1699; Kinetik d. durch — katalysierten Hydrolyse bestimmter Dipeptide 15-0953; freie Energie d. Hydrolyse d. Peptidbind. u. Synth. d. N-Acetylpeptidester durch — 15-1308; —-Spalt. v. γ-M-Globulinen u. hochmol. Antikörpern 15-1541; Verschwinden v. —-hydrolysiertem Wachstumshormon aus d. Plasma bei Mensch u. Kaninchen 16-1426; Prolin-halt. Monomere u. ihre Umwandl.-Prod. zu Plastein nach —-Einw. 17-1287; Hydrolyse d. Plasmaglobuline d. Pferdes durch — 17-1540; durch — hervorgerufene Hydrolysenrate v. menschl. Hypophysenwachstumshormon 18-1442; Spalt. v. Ribonuclease mit — 22-1192; (Lage d. geschützten Tyrosinreste) 22-1193; —-katalysierte Hydrolyse v. N-Acetyl-L-phenylalanyl-L-3.5-dibromtyrosin bei pH *2* 24-1251; Wrkg. auf gerein. Präparat. v. TRF 28-1537; Abbau v. Kaninchen-γG-Immunglobulin mit — 29-1525; Wrkg. auf unlösl. u. lösl. Kollagene 38-1323; Bldg. v. Pepsitensin bei d. Inkubat. v. Rinderplasma u. — 40-1520; Hydrolyse v. menschl. Lactotransferrin mit — 46-1420; pept. Spalt. d. B-Kette v. ox. Insulin mit — 48-1093; —-Verdauung v. Gliadin 49/50-1512; Wrkg.: auf d. Bernsteinsäure-Dehydrogenaseaktivität in d. initialen Phase d. hydrolyt. Zers. 3-1268; auf d. Rk. d. Disulfidbind. d. Rinderpankreas-Ribonuclease mit Glutathion 16-1279; Spalt. einer phosphorylierten Zwischenstufe in einer Hirn-Transportadenosintriphosphatase durch — 23-1296; Fingerprintmuster d. —-Auszüge v. Rinderleber- u. -erythrozytenkatalase 27-1251; Einw. auf mit Bakteriophagen R *17* infizierte E. coli-Zellen 21-1464; Wrkg.: auf Colicin Q aus E. coli 49/50-1262; auf d. durch Koagulase-negative Staphylokokken d. Rindereuters gebildete Antibiotikum 51/52-1254; auf Meristemzellen v. Radieschen u. Kürbis 32-1352; Mastzellenprod. u. Gewebecalcifikat. durch — 3-1203; Wrkg. auf d. Zystenwand isolierter Metazerkarien v. Fasciola hepatica 23-1423; Wuchsförder. v. Säugetierzellen in vitro durch eine Peptidfrakt. aus Serumhydrolysaten mit — 26-1275; Wrkg.: v. —-Arsanilsäure-Deriv. auf Meerschweinchen 40-1549; auf d. Carotinretent. in verschiedenart. zubereiteten Lebensmitteln 4-3091.

Wrkg.: einiger Arzneimittel auf — in vitro 2-1363; v. Verdauungsprod. v. Carragheenin auf — 7-1844; Anti-—-Wrkg.: d. Digest.-Prod. v. Carragheenin (Test) 7-1845; v. abgebautem Carragheenin u. sulfatierten Stärkederiv. 7-1846; Einfl. v. N.N′-Di-[α-(1-naphthyl)-propionyloxy-2-äthyl]-piperazin auf — 10-1762; Inaktivier. v. — durch Diphenyldiazomethan 15-1307; Einfl. bestimmter Insektizide auf — 19-1672; Hemm. durch d. Chymotrypsininhibitor aus Ascaris lumbricoides var. suum 20-1333; 2-Thiono-4-oxo-1.2.3.4-tetrahydropyrimido-[4.5-d]-pyrimidinderiv. als —-Inhibitoren (Darst.) 25-1628*; Inaktivier. durch Diazoacetylnorleucinmethylester 28-1369; Wrkg. v. Na-Chondroitinsulfat auf — 29-1266; thermodynam. Analyse d. Inaktivier. v. — 29-1267; Wrkg. v. Chlorambucil auf — 45-1179; gemischte Azine als —-Inhibitoren (Darst.) 47-1659*.

Verw. in Zein-halt. Überzügen für Arzneimittel 2-1767*; Einfl. v. —-Zusätzen auf d. Geh. an extrahierbaren Fettsäuren in Würze u. Bier 48-3263.

Dünnschichtchromatographie auf Sephadex G-*100* u. G-*200* 11-1237; Papierelektrophorese 26-1339; Titrat.-Meth. auf d. Platte 8-1421; Ultramikrometh. 31-2046; dünnschichtchromatograph. Identifizier. 32-1735; getrennte Best. v. humanem — u. Gastricsin 38-1321; kolorimetr. Mikrobest. 44-1364; photometr. Geh.-Best. v. Handels-— u. Pepsinweinen 22-1675; gemeinsame Best. v. Leucin, Isoleucin u. Valin in — 29-2069; Einfl. auf d. Mucopolysaccharidbest. in Epiphysenknorpel 7-1266; Modellunters. zur Löslichk. v. Fibrin im histolog. Schnitt mit — 20-1532.

Pepsin C (Parapepsin II)

Reinig. u. Aminosäurezus. 44-1365.

Pepsinogen {A bzw. I} (Uropepsin)

—-Aktivität d. Magens bei Arbeitern einer Trichloräthylenfabrik 43-1609; Einfl. d. kombinierten Wrkg. v. Methyläthylthiophos, Metaphos u. Zwischenprod. ihrer Herst. auf d. —-Ausscheid. 29-1732; elektrophoret. u. funktionelle Heterogenität 32-1397; Umwandl. in d. entsprechende Pepsin beim Menschen 2-1344; Insulin-ähnl. Wrkg. 44-1515; Inaktivier. durch Diphenyldiazomethan 15-1307; Analyse N-terminaler Aminosäuren d. — durch Dünnschichtchromatographie nach vorher. Hydrolyse 35-2039.

Pepsinogen II

Umwandl. in d. entsprechende Pepsin beim Menschen 2-1344.

Pepsinogen III

Umwandl. in d. entsprechende Pepsin beim Menschen 2-1344.

Pepsinogen C (Parapepsinogen II)

Reinig. u. Aminosäurezus. 44-1365.

Peptidase A

Reinig. u. Eig. v. — aus Penicillium janthiuellum 26-1330.

Peptidase B

Eig. d. — v. Penicillium janthinellum 26-1326.

Peptidasen (Peptid-Hydrolasen)

— d. Zellwand einiger grampositiver Bakterien 3-1351; —-Aktivität in Streptococcus thermophilus 31-1227; — v. Streptomyces griseus K-*1* 33-1332; intrazellulare — v. Bacillus subtilis 38-1322; Lokalisat. in isolierten Bürstensäumen aus d. Mukosa d. Rattendünndarms 8-1418; —-Aktivität d. menschl. Plazenta 12-1388; interzellulare — in d. menschl. Augenlinse 13-1369; Einfl. v. injiziertem Östradiolbenzoat auf d. Konz. beim Kaninchen 20-1483; —-Aktivität d. Blutserums bei verschiedenem N-Gleichgew. 22-1210; Lokalisat. in d. Dünndarmzellen 30-1534; Vork. u. Aktivität im Liquor cerebrospinalis 35-1588; Wrkg. d. anabolen Steroide auf — d. Blutes 45-1368; —-Aktivität: in Schlangengiften 15-1317; v. Lysostaphin 38-1407; —-Hydrolyse u. chem. Modifizier. v. Cobrotoxin 14-1316; Hydrolyse d. Peptidbind. mit — 15-1308; Resistenz eines cycl. Peptids gegenüber Angriffen mit — 29-1263; Hefe – Phosphoglycerinsäuremutase-modifizierendes — 44-1316; Verw. zur Differenzier. v. Bacillus-Spezies 35-1391.

Peptid-Hydrolasen

s. *Peptidasen.*

Peptid-Peptidohydrolasen

Pseudomonas aeruginosa-— 25-1267, 25-1268.

Perchlorat reduzierendes Enzym

Identität mit Nitratreduktase aus Bacillus cereus 43-1170.

Perhydroxylase

—-Syst. aus Bodenpseudomonaden mit Aktivität gegenüber aromat. KW-Stoffen 16-1345.

Perillaalkohol-Dehydrogenase

— aus einem Bodenbakterium 29-1222.

Permeasen

Enzyme an d. Zelloberfläche u. d. —-Syst. (Überblick) 34-1375; Rolle beim Transport 13-1395.

Peroxydase (Donator–Wasserstoffperoxid-Oxydoreduktase)

Einfache organ. Verb. in homogenen u. heterogenen Syst. als offene oder latente —-Modelle v. außerordentl. Wirksamk. 44-1294.

—-Aktivität: v. thermotoleranten Saccharomyces cerevisiae 14-1469; bei d. Melaninsynth. in Verticillium 34-1308; Einfl. v. *2.4*-D bzw. *2* M–*4* CH zu Mais auf d. Geh. an — 1-3270; —-Aktivität v. bespelztem u. nacktem Hafer 7-3419; Vork. in Teesamen während d. Keim. 14-1334; —-Aktivität bei d. Einw. v. Phenylborsäure auf verschiedene Blattformmutanten d. Tomate 17-1439; Kohl-— 21-1343; —-Aktivität: in d. sek. Phloem d. Möhrenhauptwurzel u. d. Gewebekulturen aus d. sek. Phloem (Unterschiede) 21-1420; in Mais u. Rettich (Wrkg. d. Fe) 21-1502; Phyto-— 26-1307; —-Aktivität d. Flavedo u. d. Saftes v. Shamouti-Orangen nach γ-Bestrahl. 26-1400; — in d. Wurzel u. im Kulturmedium v. Erbsenpflänzchen 27-1252; —-Aktivität: d. Latex v. Pileus mexicanus 31-1354; — aus Zuckerrohr 33-1295; —-Aktivität d. Weinrebe während d. Überwinter. 33-1451; Einfl. d. Chlorose auf d. — d. Blätter v. Apfelbäumen im zentralen Kasachstan 33-1493; —-Aktivität: in auf Sand gezogenen Zuckerrohrarten bei unterschiedl. Angebot an Nitrat u. Phosphat 35-1322; im Endosperm v. mit Gibberellsäure behandelter Gerste 36-3053; in Hafer- u. Weizenkeimen 37-1246; in Apfelblättern (Wrkg. verschiedener Cu-Spiegel) 37-1365; Wrkg. v. drei Stämmen d. Tabakmosaikvirus auf d. —-Aktivität in Nicotiana tabacum 38-1426; —-Aktivität: in Wintergetreide während d. Winters 47-1321; v. Weizenpflanzen nach Behandl. mit Chlorcholinchlorid u. Gibberellsäure 47-1361; bei Pflanzen (Wrkg. v. Kinetin) 47-1365; in Harderschen Drüsen bei einigen wildlebenden Wüsten- u. trop. Nagetieren 4-1463; Vork. im krist. Stylus v. Martesia striata 11-1289; —-Aktivität d. spezif. Leukozytengranula 16-1326; —: im Blut bei Tumorbldg. 25-1188; d. Schilddrüsenmikrosomen 31-1457; —-Aktivität v. Erythrozytenhämolysaten (verschiedener Tiere) 46-1309; (höherer Tiere) 46-1311, 46-1312.

$Na_2S_2O_3$ als neue anorgan. — 1-0650; —-Wrkg. v. Cytochrom c 11-1290, 11-1291; —-Natur d. Auxin abbauenden Enzyms bei Nicotiana 13-1568; —-Wrkg.: einer $CH_3 \cdot COONa/CoCl_2$-Mischlsg. 21-0696; v. Cytochrom c 24-1286; v. Gallensäuren bei d. durch H_2O_2 bewirkten Indigocarminentfärb. 30-1539; Einfl. d. trypt. Abbaus v. Haptoglobin auf seine —-Aktivität 46-1486.

Biosynth. in zerschnittenen oder mit schwarzem Rostpilz befallenen Bataten-wurzeln 15-1273; Anstieg bei Süßkartoffeln durch flücht. Substanzen 36-1458; Vgl. d. Peroxid-induzierten Komplexe v. Meerrettich- — u. Cytochrom c-Peroxydase 40-1279; Trenn. u. Charakterisier. v. — d. Latex v. Ficus glabrata 9-1359; Fraktionier. aus Wurzelknollen durch Gelfiltrat. 51/52-1274.

Moffit-Konst. u. Cotton-Effekt 21-1248.

Mechanismus d. —-Wrkg. 1-1283, 8-1365; Gleichgew. u. Kinetik d. Rk. v. Fe-halt. — mit Liganden 51/52-1145; Auxinoxydase-aktivität d. — v. Zea mays 28-1310; Wrkg.: bei d. aeroben Ox. in Kulturen v. Staphylococcus aureus 23-1261; auf d. Methämoglobinbldg. durch Mycoplasma gallisepticum 48-1286; auf d. Crocinox. durch Zuckerrübenblattmitochondrien 4-1281; Aktivität bei d. Demethoxylier. v. Lignin in Pholiota mutabilis 11-1344; —-Rk. in durch Schwarztrockenfäule infizierter Batate 21-1344; Ox. d. Schiffschen Basen v. Pyridoxal u. Pyridoxalphosphat mit Aminosäuren durch Mn-Ionen u. — in Pflanzen 24-1308; selektive Inaktivier. v. Transfer-RNS durch Meerrettich-— 32-1252; — in d. Respirat.-Kette farbloser Algen 43-1298; adaptiver Charakter d. Wrkg.-Änder. v. — bei d. Infekt. d. Mohrrübe durch Phoma rostrupii 45-1183; Verh. v. Meerrettich- — bei hohen H_2O_2-Konz. 49/50-1156; Aktivier. eines Katalase-—-Weges zur Ox. v. Alkoholen in Säugetiererythrozyten 31-1507; Placentabarriere für — in d. Ratte 36-1560.

Bezieh. d. Hemm. d. Indolylessigsäureoxydase durch Polyphenole zu Hemm. d. — durch Indolylessigsäure 5-1303; —-Aktivität d. Blutes bei akuter Vergift. durch einige organ. Peroxide 5-1535; Wrkg.: v. 2-Thiouracil auf d. — 12-1330; v. Naja naja atra-Schlangengift auf — 14-1335; — nach γ-Bestrahl. v. Pflanzen verschiedener Strahlenempfindlichk. 18-1400; Wrkg.: einiger organ. Peroxide auf d. — von Blut bei bestrahlten Tieren 18-1607; v. HF u. Verletz. auf d. — in d. Blättern d. Sojabohne 23-1322; aromat. u. nichtaromat. Modellsubstanzen u. Arzneimittel auf — 32-1289.

4-Methoxy-α-naphthol als Subrat zur spektrophotometr. Best. 12-1329; Schnellbest. 40-1281; elektrochem. Best. 44-1295; Verbesser. d. Best. 49/50-1249; säulenchromatograph. Auftrenn. v. — u. Jodinase in lösl. gemachten Schilddrüsenpräp. v. Rindern 2-1569; Faktoren mit Einfl. auf d. zytochem. Rk. d. — mit Benzidin u. d. Stabilität d. blauen Rk.-Prod. 13-1310; histochem. Nachw. in d. Gefäßwänden bei Vers.-Tieren 16-1331; Best. in Gemüse durch Tüpfelanalyse 27-2128; kürzeste Färbezeit für — u. mittlerer zellularer Geh. v. Leukozyten d. Blutes 38-1279; Nachw. u. lokalisierte Abscheid. d. — in Gemüse mit Hilfe v. Guajakol- u. Benzidinpapier 40-1967; Best. in aerob u. anaerob gezüchteter Bäckerhefe 47-1244.

Verw. v. Glucoseoxydase-— zur Blutzuckerbest. (Fehler u. Korrektur) 5-2033; Hemm. d. Glucosebest. mit Glucoseoxydase u. — durch Glutathion 19-2093; Blutzuckerbewert. durch eine Schnellmeth. mit mit — imprägnierten Teststreifen 21-2165; Markier. v. Antigenen u. Antikörpern mit — u. ihre Anwend. in d. Immunodiffus. 28-1604; H_2O_2-Nachw. unter Verw. v. Meerrettich-— 35-1965; Best.: v. Galaktose im menschl. Gesamtblut, Serum u. Erythrozyten mit — 37-1235; v. Glucose in d. nach Ox. v. Glykogen bzw. Stärke erhaltenen Prod. mit — u. Glucoseoxydase 38-1093; Verw. in Glucose-Indikator zur Unters. v. Körperfl. 38-2003*; Best. kleinster Hämoglobinmengen mit Hilfe d. Hämoglobin-Haptoglobin-—-Rk. 41-1497.

Iso{en}zyme d. Peroxydase: Hormoninduzierte Unterdrück. im Pflanzengewebe 24-1307; —: in mit Tilletia controversa infiziertem Weizen u. mit Puccinia recondita infiziertem Roggen 31-1393; in Extrakten aus Tumor- u. Normalgewebe sowie im Serum d. Goldhamsters 49/50-1103.

Peroxydase a

Terminale Aminosäurereste in Rettich-— 26-1307; Elektronenspinresonanzunters. d. Meerrettich-— 48-1201.

Peroxydase b

Krist. — aus Ananas 27-1253; Elektronenspinresonanzunters. d. Meerrettich-— 48-1201.

Persulfurase

Wrkg. auf d. Geschw. d. Ox. v. red. Methylenblau 9-1361; Ox. v. Cysteamin zu Hypotaurin durch — mit Se als Cofaktor 29-1212.

Phenäthylamin-Desaminase

Einfl. v. Ringmethoxylgruppen auf d. Desaminier. v. Phenäthylaminen mit — 9-1352.

Phenolase

s. *o-Diphenoloxydase.*

Phenolphthalein-β-Glucuronidase

Lysosomale — in Exkret.-Organen niederer Tierformen 30-1271.

Phenolphthalein-Phosphatase

Lysosomale saure — in Exkret.-Organen niederer Tierformen 30-1271.

Phenylacetylglucosaminidase

— in d. Schabe u. im Bofist 26-1325.

Phenyläthanolamin-*N*-Methyltransferase

—-Aktivität: im Nebennierenmark nach Hypophysektomie 12-1541; im chromaffinen Gewebe außerhalb d. Nebenniere bei d. neugeborenen Ratte unter Einfl. v. Hydrocortison 44-1500; Substratspezifität v. — aus Kaninchen- oder Rinderniere 13-1330; — bei d. Steuer. d. Epinephrinsynth. im Nebennierenmark durch d. Nebennierenrinde 37-1427; Noradrenalinmethylier. in fetalen Rattennebennieren durch — 44-1507; Mikrobest. 36-1297.

Phenylalanin-Ammoniak-Lyase (Phenylalanin-Desaminase)

Vork. in holzzerstörenden Basidiomyceten 31-1280; —-Aktivität in Extrakten d. Proteus-Providence-Gruppe 32-1403; — in Wurzelschnitten d. Süßkartoffel 7-1422; Vork. in Suspens.-Kulturen pflanzl. Zellen 29-1280; durch Phytochrom veranlaßte Synth. in Senfsämlingen 49/50-1322; Rolle bei d. Verholz. v. Bambus 33-1355; Mikronachw. bei Bakterienkulturen d. Gruppe Proteus-Providencia 27-1294.

Phenylalanin-Desaminase

s. *Phenylalanin-Ammoniak-Lyase.*

Phenylalanin-Hydroxylase

Übersicht 11-1294; —-Aktivität d. Gehirns bei Hypothyreose 23-1457; —-Effekte v. Imipramin u. Chlorpromazin 1-1745; Biosynth. d. — Cofaktors durch einen zellfreien Extrakt aus Pseudomonas 23-1262; Hydroxylier. v. Phenylalanin durch Leber-— aus adrenalektomierten Ratten 8-1451; Bldg. v. m-Chlortyrosin aus p-Chlorphenylalanin durch — 41-1252.

Phenylalanin{: α-Ketoglutarsäure-} Transaminase

Vork. in Suspens.-Kulturen pflanz. Zellen 29-1280; —-Aktivität d. Gehirns nach Thyroxin u. bei Hypothyreose 23-1457; Wrkg. v. 2-[2-Methyl-3-hydroxy-5-phosphonomethylpyridyl-(4)]-thiazolidin-4-carbonsäure auf — 15-1566.

Phenylalanyl-sRNS-Synthetase

— in Pseudomonas aeruginosa (Einfl. v. Pyocin) 49/50-1293; Isolier. aus Bäckerhefe 5-1343; Fraktionier. u. Spezifität v. *2* — 18-1335; „Artspezifität" d. — v. Mikroorganismen 11-1391.

Phenylbrenztraubensäure-Oxydase

—-Aktivität d. Gehirns nach Thyroxin u. bei Hypothyreose 23-1457.

Phenylcarbamat-Decarboxylase

Reinig. u. Eig. 7-1396.

***p*-Phenylendiamin-Oxydase**

Ceruloplasmin, Cu u. —-Aktivität d. Serums bei d. nervösen Anorexie 7-1649.

Phenylmethansulfonyl-α-chymotrypsin

Identifizier. v. Serin als Ort d. Sulfonier. in — 26-1320.

Phenylphosphatase

Vork. in Chloragozyten d. Verdauungstraktes v. Lombricien 29-1259; Eig. lysosomaler — in Kalbsschilddrüsen 40-1353; —-Aktivität im Knochengewebe 48-1220; Verteil. v. alkal. — in subzellularen Frakt. v. Knochengewebehomogenaten 48-1221; —-Aktivität in d. Plazenta d. Ratte 51/52-1166; Aktivität d. sauren — in d. Eizellen v. Triton cristatus während d. Dotterbldg. 51/52-1185; Aktivier. u. Freisetz. v. latenter saurer — in Knochengewebehomogenaten 48-1222.

pH 5-Enzym

Einbau v. ^{14}C-Leucin in mikrosomale oder ribosomale RNS in Ggw. v. — 2-1661; Aktivier. v. Acetylaminosäuren durch — aus Rattenleber 17-1331; — bei zellfreiem Einbau v. L-$^{14}C_{(1)}$-Leucin in mikrosomales Protein d. sich entwickelnden Rattenhirns 27-1192; Einfl. auf d. L-Leucin-Einbau in Rattenhirnribosomen 27-1193; Rolle d. lösl. Faktoren bei d. Spezifität d. Hämoglobinbiosynth. in zellfreien Syst. mit — 31-1491; Hämoglobinsynth. d. Kaninchens u. Meerschweinchens mit — (Vgl.) 31-1493; Einfl. auf d. Aminosäureeinbau in Ribosomen aus Krebs-II-Mäuseaszitestumorzellen 32-1264; Präparat. aus experimentellen Prostata-Tumoren u. Bezieh. zum RNS-Stoffwechsel 32-1266; Einfl. d. Röntgenstrahlen auf — v. Azotobacter 6-1306.

Phloroglucin-Oxydase

Vork. in Teesamen während d. Keim. 14-1334.

Phosphat-Acetyltransferase (Acetyl-CoA: Orthophosphat-Acetyltransferase, Phosphotransacetylase)

Moffit-Konst. u. Cotton-Effekt 21-1248; Hemm.: d. Cholin-Acetyltransferase durch Cystein-Überschuß in Ggw. v. — 20-1284; d. Transacetylier. mit — durch Glyoxylat u. a. Aldehyde 22-1183; Hemmwrkg. d. sauren Phosphohydrolase auf d. Acetoacetatbldg. in Ggw. v. — 27-1274; kompetitive Inhibier. v. Coenzym A in d. —-Rk. durch Oxycoenzym A 38-1261; Wrkg. bei d. γ-Aminobuttersäurefermentat. durch Clostridium aminobutyricum 25-1326; Synth. v. Acetylcoenzym A u. Acetylcholin aus Citrat u. Acetat in Ggw. v. — in d. Nervenendig. d. Säugerhirns 46-1264; Wrkg. v. Desulfo-CoA auf — 32-1293; spezif. Inhibitoren 32-1328.

3.5-Phosphatase

Akt. Gruppe d. sauren Hefe-— 16-1294.

Phosphatase, alkalische (Alkaliphosphatase, *alkal.* Phosphomonoesterase, Phosphomonoesterase I)

Vorkommen, Aktivität: —-Aktivität d. Mutanten v. Rhizobium trifolii 3-1322; Geh. in Euglena gracilis bei C-Mangel 9-1423; Vork. in zellfreien Extrakten v. Halobacterium salinarum 23-1325; Geh. in E. coli bei N-Mangel 31-1276; —: aus E. coli im Vgl. mit Ribonuclease 34-1338; in Dictyostelium discoideum 38-1307; eine repressible — in Neurospora crassa 40-1315; —-Aktivität v. auf Selenitmedien kultivierter E. coli (Übersicht) 44-1333.

—-Aktivität d. Wurzeln einiger Pflanzen u. ihre Beeinfluss. durch Mikroorganismen 33-1452; — v. Meeresalgen 38-1308.

Geh.: d. Rattenniere bei Phosphat-freiem Futter 1-1613; v. Blutplasma u. Zahnpulpafl. (Vgl.) 2-1602; Verteil. bei Ratten während A-Hypervitaminose 2-1612; Vork. im Präimplantat.-Stadium d. Goldhamsters 3-1324; —-Aktivität in d. Ribosomen d. Ziegenhirnrinde 3-1325; — in menschl. Niere 4-1323; —-Aktivität im Blut: v. Hunden vor u. nach Vergift. mit Tetrachlorkohlenstoff 4-1358; d. Schnecke Strophocheilus 4-1525; — im Serum während d. Wachstums v. Kindern

Phosphat-Transacetylase

s. *Phosphat-Acetyltransferase.*

Phosphoacetylglucosamin-Mutase

s. *Acetylglucosamin-Phosphomutase.*

Phospho-*N*-acetylmuramylpentapeptid-Translocase

– beim Anfangsstadium d. Peptidoglykansynth. 32-1430.

3'-Phosphoadenylsulfat-Phenol-Sulfotransferase

s. *Aryl-Sulfotransferase.*

Phosphoamidase

Vork. im Knochengewebe 10-1400.

Phosphoarginin-Kinase

s. *Arginin-Kinase.*

Phosphodiesterase (Diphosphatase)

–: in Shii-take (Lentinus edodes) 42-1137; in Fettzellen (Einfl. d. Azidose) 8-1597; Bezieh. d. Hoden zur – -Aktivität d. Nebenniere d. Ratte 42-1366.

Bldg. durch Streptomyces 25-1276, 31-1256; Abspalt. durch einen osmot. Schock aus E. coli in d. exponentiellen Wachstumsphase 28-1276; Gewinn. aus Streptomyces (Verw.) 11-1314; Isolier. aus Schlangengiften 27-1445; Reinig. u. Eig. v. Rinderpankreas- – 4-1325; Chromatographie d. – aus d. Milz an Sulfoäthylcellulose u. Unters. d. Endonucleaseaktivität d. Fermentes 39-1229.

Spalt. v. Oligonucleotiden mit Schlangengift- – zu Mononucleotiden 7-1175; selektive chem. Modifizier. v. Uridin u. Pseudouridin in Polynucleotiden u. deren Wrkg. auf d. Spezifität v. – 10-1365; Abbau v. UV-bestrahlter DNS durch – 10-1380; Substratspezifität d. – d. Viperngiftes 14-1366; Spalt. v. Serin-tRNS-Frakt. durch – 19-1228; Aktivität gegenüber glucosecycl. Phosphaten 24-1334; Trenn. v. menschl. Wachstumshormon in zwei Komponenten A u. B nach Einw. v. – 30-1378; Rk. v. DNS mit wasserlösl. Carbodiimid u. Empfindlichk. d. modifizierten DNS gegen Schlangengift- – 35-1266; Wrkg. auf d. an d. 2'-OH-Gruppen acetylierte Transfer-RNS 45-1144; Aktivität gegenüber RNS bei einigen ausgewählten Mikroben 5-1315; Wrkg. auf d. infektiöse RNS d. MS2-Bakteriophagen 34-1344; Rolle beim Abbau: v. mRNS in zellfreien Syst. v. normalen oder phageninfizierten E. coli 35-1247; v. Phagen(fr)RNS u. Polyuridylsäure durch lösl. Extrakte v. Mutanten mit fehlender Ribonuclease 42-1133; Wrkg. auf DNS aus auf $^{14}C_{(1)}$-Thymin gewachsenen Enterococcus stei 37-1198.

Wrkg. v. Ca^{2+} u. Mg^{2+} auf – aus Serratia marcescens 14-1367.

Nachw. in Formol-fixierten u. in toto behandelten Ratten- u. Mäuseeiern 39-1228.

Phosphodiesterase I

Zytochem. Lokalisat. durch d. Meth. d. gleichzeit. Koppl. mit einem Azofarbstoff 1-1301.

Phosphoenolbrenztraubensäure-Synthase

Bldg. v. Phosphoenolbrenztraubensäure aus Brenztraubensäure durch – v. E. coli 11-1348.

Phosphoenolpyruvat-Carboxykinase

Paradoxer in vivo-Effekt v. L-Tryptophan auf d. – d. Rattenleber 21-1385; Stoffwechselkontrolle v. – bei d. Lipogenese u. d. Gluconeogenese 5-1293; Wrkg. bei d. Carboxylier. v. Phosphoenolpyruvat durch Pansenmikroben 5-1318; Mechanismus d. adaptiven Änder. d. Rattenleber- – 40-1299.

Phosphoenolpyruvat-Carboxylase

s. *Phosphopyruvat-Carboxylase.*

Phosphoesterasen

s. *Phosphatasen.*

Phosphofructokinase (ATP:D-Fructose-6-phosphat-1-Phosphotransferase)

Modellunters. an Säugetier- – 12-1339.

Einfl. v. Glucose auf d. Geh. in Hefe 20-1356; – -Aktivität bei Proteus mirabilis 20-1363; – aus einem Anaerobier (Eig., Rk.) 24-1319; – -Aktivität: d. E. coli-Rohextrakts bei partieller Reinig. v. Fructosediphosphatase 32-1379; v. Polysphondylium pallidum 32-1380; – -Niveau in einigen Koniferen (Vgl.) 1-1429; – -Aktivität in keimender Sommergerste 2-1487; Rolle v. anorgan. Phosphat in d. Kontrolle d. Glykolyse in Ascitestumorzellen u. d. – -Aktivität 3-1237; Herz- – (akt. u. inakt. Formen) 4-1303; –: v. Ascitestumorzellen 8-1314; im Rattenherzmuskel 8-1383; aus d. Rattennierenrinde (Eig.) 8-1384; – -Aktivität im Muskel 8-1385; Fließgleichgew.-Konz. v. Stoffwechselprod. u. Kontrolle d. – im Rattenfettgewebe 8-1386; – -Aktivität im normalen u. diabet. Muskel (Regulier. durch Citrat) 8-1387; Einfl. d. experimentellen Muskeldystrophie auf d. Lokalisier. in d. Zellen d. Skelettmuskels 11-1652; – -Aktivität in Ehrlich-Ascitestumorzellen (Einfl. v. erhöhter Glucosekonz.) 20-1233; Citrat u. d. Steuer. v. Fettgewebe- – 28-1323; – in Hirnrindenschnitten (Wrkg. v. K) 32-1642; Rolle v. AMP bei d. Regulier. d. – -Aktivität in Taubenleberhomogenaten 40-1370; – -Aktivität: im Muskel d. Kaninchens in Abhängigk. v. Redoxpotential 42-1218; roter Blutzellen bei Konservier. in ACD- u. Citrat-freien Stabilisatoren 49/50-1417.

Einfl. d. Natur d. verwendeten C-Quelle im Verlauf d. Wachstums auf d. Biosynth. bei Acetobacter xylinum 48-1288; Isolier. u. Eig. v. – (Regulat.-Mechanismen im Kohlenhydratstoffwechsel) 32-1343; Extrakt. aus Tannin erzeugendem Gewebe 40-1366; Reinig.: aus Rattenherz 4-1302; u. Kristallisat., Eig. d. – aus Schafsherzen 24-1320; Kristallisat. aus Kaninchenmuskel 31-1207; Stabilität d. – d. Muskeln (Wrkg. d. pH) 1-1290.

Auswert. nichthyperbol. Geschw.-Kurven für d. „Zweisubstrat- –" (mögl. Mechanismus) 24-1321; Stimulier. eines – enthaltenden rekonstruierten Glykolysesyst. 32-1344; Rolle in d. pH-abhäng. Regulat. d. Glykolyse 37-1257; – -Rk. in keimender Sommergerste 2-1488; Rolle bei d. Erythrozytenglykolyse 3-1536; Eig. d. Rattenleber- – u. ihre Bezieh. zur Kontrolle v. Glykolyse u. Gluconeogenese 12-1341; Aktivität bei d. Glykolyse u. Gluconeogenese in d. Nierenrinde 12-1635; Regulier. d. Glykolyse im peripheren Nerven bei Ischämie u. Wallerscher Degenerat. durch – 30-1567; Bezieh. d. Aktivität zur Methämoglobinbldg. durch Phenylhydroxylamin in Erythrozyten v. Rind, Schaf u. Schwein 35-1558; Kontrolle d. Oszillat. red. Diphosphopyridinnucleotide in zellfreien Extrakten v. Rinderherz durch – 36-1250; Aktivität v. Glykogensynthetase u. UDPG-Pyrophosphorylase im Muskel eines Patienten mit einem neuen Typ v. Muskelglykogenosis bei – -Mangel 36-1360; geschwindigkeitbestimmende Wrkg. bei d. Erythrozytenglykolyse 42-1444.

Beeinflussende Faktoren (Übersicht) 11-1298; (auf d. Herz- –) 21-1381; (d. – aus Schistosoma mansoni durch dreiwert. organ. Antimonverb.) 27-1260; (auf – im Herzen) 32-1628.

Verw. v. $^{3}H_{(2)}$-Mannose u. $^{3}H_{(2)}$-Glucose zu anaeroben Gärvers. mit – 28-1397.

Phosphofructokinase b

Citrathemm. d. – in Hefe 38-1295.

Phosphoglucoisomerase

s. *Glucosephosphat-Isomerase.*

Phosphoglucomutase

Einfl. v. Glucose auf d. Geh. in Hefe 20-1356; Vork. in Hefeenzymfrakt. 23-1321; – -Aktivität in keimender Sommergerste 2-1487; – v. Acetabularia mediterranea 23-1315; Einfl. d. experimentellen Muskeldystrophie auf d. Lokalisier. in d. Zellen d. Skelettmuskelglykolyse 11-1652; Wrkg. v. Actinomycin D auf d. durch Östrogen induzierte Änder. d. Geh. im R *2300* AC-Mammakarzinom, Uterus u. in d. Brustdrüsen 15-1242; – -Aktivität d. Leber nach Cortisolinjekt. 23-1453; – d. Rattenmammadrüse (Hormonwrkg.) 32-1425; – -Aktivität im Rattengewebe bei Fe-Mangelanämie u. Wiederzufuhr v. Fe 43-1392; – aus Hirngewebe (Eig., Rk.) 44-1315; – -Aktivität bei experimenteller Tuberkulose 51/52-1317; Aktivier. u. Hemm. im – -Syst. 16-1266; Aktivier. 29-1232.

Einfl. d. Natur d. verwendeten C-Quelle im Verlauf d. Wachstums auf d. Biosynth. bei Acetobacter xylinum 48-1288.

Opt. Rotat.-Dispers. 13-1338; Moffit-Konst. u. Cotton-Effekt 21-1248; Modell zur Charakterisier. d. akt. Zentrums d. – 5-1314; Konform.-Änder. an d. akt. Stelle während d. Wrkg. 6-1241; Polymorphismus beim Menschen 9-1257; Aminosäuresequenz am katalyt. Zentrum d. – aus Kaninchenmuskel 15-1283.

Aktivität während d. Glykogenese in d. Leber bei kongenitaler Galaktosämie 2-1331; – -Rk. in keimender Sommergerste 2-1488; Eig. u. Rk. v. – aus Kaninchenmuskel 12-1363; Anlager. u. Abspalt. v. Mg bei d. – -Rk. 16-1267.

Hemm.: in Hafercoleoptilen durch Luftverunreinig. 1-1291; durch Anionen, Phosphatester u. Mg-Ionen 5-1313; Wrkg. v. 2.4-Dinitrophenol u. Salicylat auf – 7-1428.

Best. d. Galaktose-1-phosphat–Uridyl-Transferase im Kapillarblut bei Galaktosämie in Ggw. v. – (Anwend. bei Familienunters.) 41-1264; Verw. zur enzymat. Best. v. Adenosin-3'.5'-monophosphat 11-2119.

Phosphogluconat-Dehydrogenase (Gluconat-6-phosphat-Dehydrogenase, 6-Phospho-D-gluconat–NAD(P):Oxydoreduktase, 6-Phosphogluconsäure-Dehydrogenase)

Vork. in zellfreien Schallextrakten v. Mycobacterium phlei 25-1322; – -Aktivität: d. E. coli-Rohextrakts bei partieller Reinig. v. Fructosediphosphatase 32-1379; in keimender Sommergerste 2-1487; in Gewebekulturen v. Nicotiana (Wrkg. v. Indolylessigsäure u. Kinetin) 13-1320; in d. Epidermis bei Psoriasis vulgaris 3-1619; in transplantierten Rattenhepatomen 8-1316; erbl. Schwank. d. – -Aktivität d. Erythrozyten 9-1598; – -Aktivität: während d. Lipogenese im Mäusefettgewebe 10-1669; in verschiedenen Organen hypophysektomierter Ratten u. Kaninchen 19-1632; während d. Karzinogenese u. in Tumoren 23-1227; Mangel bei Zystinose 23-1324; – -Aktivität: d. Erythrozyten im Falle angeborener nichtsphärozyt. hämolyt. Anämie 23-1497; in Vaginalsekreten bei Frauen mit u. ohne Genitalkrebs (Vgl.) 25-1219; in menschl. Erythrozyten verschiedener Altersgruppen 31-1505; Geh. in normalen u. leukäm. Leukozyten 32-1349; Einfl. v. Nahr., chron. Inaktivität u. körperl. Beweg. auf d. – -Aktivität in Leber- u. Fettgewebe 34-1311; Genetik d. stärkegelelektrophoret. Varianten menschl. – (Bevölker.- u. Familienunters. in d. USA u. Mexiko) 36-1160; – -Aktivität im Innern d. weißen Substanz u. in d. Umgeb. d. Gefäßwände im Laufe d. Hirnreif. bei d. Ratte 36-1595; – -Mangelerschein. (neue Screening-Verf. zur Feststell.) 37-1222; – -Aktivität: im Uterus (Einfl. v. 17β-Östradiol) 37-1414; v. maligner Cervix uteri während verschiedener Stadien malignen Wachstums 38-1241; bei präinvasivem Cervixkarzinom 41-1210; – -Mangel u. hämolyt. Anämie 41-1499; Wrkg. d. Adrenalektomie auf d. – d. Leber nach Nicotinamidgaben bei d. Ratte 41-1551; – -Aktivität: in präimplantierten Mäuseembryonen 44-1273; bei ovarektomierten Ratten (Einfl. v. 17β-Östradiol) 45-1380; d. NADPH entwickelnden – im menschl. Eierstock 48-1175; im Nebenhodenfettgewebe v. Ratte u. Maus 49/50-1143.

Einfl. d. Natur d. verwendeten C-Quelle im Verlauf d. Wachstums auf d. Biosynth. bei Acetobacter xylinum 48-1288; Extrakt. aus Tannin erzeugendem Gewebe 40-1366.

Polymorphismus: beim Menschen 9-1257; d. Erythrozyten- – 16-1233; X-gebundene – in Drosophila (Assoziat. v. Untereinh.) 24-1202; Nachw. eines Cysteinrestes am akt. Ort d. – 32-1303.

Stabilisier. d. Bind. zwischen – u. Pyridoxalphosphat 47-1190; aufhebende Wrkg. v. – auf d. Begrenz. d. Kohlenhydratabbaugeschw. bei Mikroorganismen durch Pyridinnucleotide 7-1448; Wrkg. einer Äthioninbehandl. auf d. an d. Harnstoffsynth. d. Rattenleber beteiligte – 16-1328; – u. Glucoseox. in Organen u. Drüsen 23-1252.

Änder. d. Stoffwechselwege u. d. regulierende Wrkg. eines endogenen Inhibitors d. – -Aktivität in sich entwickelnden Schoten v. Brassica napus 6-1434; Wrkg.: v. Palmitylcoenzym A auf d. – 16-1237; d. Gefriergeschw. auf d. – in Tumoren 24-1277; unterschiedl. Hemm. v. – -Varianten menschl. roter Blutkörperchen 36-1277; Hemm. d. – durch Pyridoxalphosphat 47-1189.

Retent. v. N-halt. Material in unfixierten Schnitten während d. Inkubat. zum histochem. Nachw. v. – 12-1316; interzellulare Ortsbest. in gefrorenen Pflanzengeweben 14-1319; – -Aktivität in verschiedenen Puffern in Gefrierschnitten 19-1285; Best. in normalem u. malignem Brustgewebe 39-1168; Verw. zur Best. mikromikromaler Mengen v. NAD u. NADP in Geweben d. Leber u. d. Schilddrüse 10-1334.

6-Phospho-D-gluconat–NAD(P): Oxydoreduktase

s. *Phosphogluconat-Dehydrogenase.*

6-Phosphogluconolactonase

– in Pseudomonas fluorescens 49/50-1187.

6-Phosphogluconsäure-Dehydrogenase

s. *Phosphogluconat-Dehydrogenase.*

Phosphoglucose-Isomerase

s. *Glucosephosphat-Isomerase.*

3-Phosphoglycerat-Dehydrogenase

Vork. in d. Leber v. Wirbeltieren 45-1237; Reinig., Substratspezifität u. Eig. d. – aus Kükenleber 33-1281.

2-Phospho-D-glycerat-Hydrolyase

s. *Enolase.*

Phosphoglycerat-Kinase (ATP: 3-Phospho-D-glycerat-1-Phosphotransferase, Phosphoglycerinsäure-Kinase, Phosphoglycerokinase)

– in zellfreien Extrakten v. Nitrobacter agilis (Weg d. CO_2-Einbaus) 6-1329; Einfl. v. Glucose auf d. Geh. in Hefe 20-1356; –-Niveau in einigen Koniferen (Vgl.) 1-1429; Geh. d. Rattenniere bei Phosphat-freiem Futter 1-1613; –-Aktivität: in menschl. Vaskulargewebe 45-1203; in d. Erythrozyten nach Wärmeeinw. 46-1466; im Dentin beim Rind verschiedenen Alters 47-1228; im periodontalen Gewebe d. Meerschweinchens 49/50-1244; in röntgenbestrahlten Erythrozyten 49/50-1490; Isolier.: u. Eig. v. – aus Brustmuskeln d. Huhnes 7-1365; d. hochgerein. – aus Skelettmuskeln d. Kaninchens 14-1350; Biosynth. v. Adenosintetraphosphat aus 1.3-Diphosphoglycerat u. ATP durch – 32-1376; Rolle: bei d. Oszillat. d. Gär. in zellfreien Extrakten v. Saccharomyces carlsbergensis 39-1283; bei d. Erythrozytenglykolyse 3-1536; Bind. an d. Zellmembranfrakt. v. roten Blutkörperchen u. Hefe 4-1351; Hemm. durch Berylliumsalze 46-1242; Wrkg. v. Ouabain auf d. – in Hirnrindenschnitten 48-1500; Anwend. v. Tween *80* bei d. Best. in Pflanzen 35-1356; Spezifität d. enzymat. ATP-Best. mit – 22-1187.

Phosphoglycerat-Mutase

s. *Phosphoglyceromutase.*

3-Phosphoglycerat-Phosphatase

–-Aktivität in auf Sand gezogenen Zuckerrohrarten bei unterschiedl. Angebot an Nitrat u. Phosphat 35-1322.

(3-)Phosphoglycerinaldehyd-Dehydrogenase

s. *Glycerinaldehydphosphat-Dehydrogenase.*

Phosphoglycerinsäure-Kinase

s. *Phosphoglycerat-Kinase.*

Phosphoglycerinsäure-Mutase

s. *Phosphoglyceromutase.*

Phosphoglycerokinase

s. *Phosphoglycerat-Kinase.*

Phosphoglyceromutase (2.3-Diphosphoglycerat-Mutase, D-2.3-Diphosphoglycerat-D-α-Phosphoglycerat-Phosphotransferase, Phosphoglycerat-Mutase, Phosphoglycerinsäure-Mutase)

Einfl. v. Glucose auf d. Geh. in Hefe 20-1356; kongenitale nichtsphärozytäre hämolyt. Anämie bei –-Mangel d. Erythrozyten im frühen Säuglingsalter 16-1508; –-Aktivität in d. Erythrozyten nach Wärmeeinw. 46-1466; Hefe- – modifizierendes Enzym 44-1316; Einfl. d. Natur d. verwendeten C-Quelle im Verlauf d. Wachstums auf d. Biosynth. bei Acetobacter xylinum 48-1288; reversible Denaturier. v. krist. Hefe-– durch Harnstoff 12-1347; phosphorylierte Zwischenprod. d. –-Rk. 4-1307; Phosphatübertrag. durch – bei Nucleotiden 12-1363; – beim Phosphoglyceratzyklus in Gärhefen 28-1329; Hemm. durch Berylliumsalze 46-1242.

Phosphohexoisomerase

s. *Hexosephosphat-Isomerase.*

Phosphohexose-Isomerase

s. *Hexosephosphat-Isomerase.*

Phosphohydrolase, saure

s. *Phosphatase, saure.*

Phosphohydrolasen

s. *Phosphatasen.*

Phosphohydroxypyruvat-Glutamat-Transaminase

Vork. in d. Leber v. Wirbeltieren 45-1237.

6-Phospho-2-keto-3-desoxy-D-gluconat-D-Glycerinaldehyd-3-phosphat-Lyase

s. *α-Keto-3-desoxy-6-phosphogluconaldolase.*

Phosphoketolase

–-Aktivität in röntgenbestrahlten Erythrozyten 49/50-1490; Modell für d. Bldg. d. Acetylgruppe bei d. –-Rk. 12-1411.

Phosphokinasen

– während d. Zellzyklus in synchronen Polulat. v. HeLa-Zellen 8-1315.

Phospholipase A (Lecithinase A, Phosphatid-Acylhydrolase)

–-Aktivität: in Rattengeweben 17-1301; v. Rattenleber-Mitochondrien 18-1320, 18-1321; in quarzgeschädigten Makrophagen 20-1181; Serum-–-Aktivität bei akuter Pankreatitis 37-1448; –-Aktivität im Zentralnervensyst. (Rk.) 44-1597; –: im menschl. u. Ratten-Pankreassaft 49/50-1182; d. Giftes v. Crotalus atrox (Eig.) 21-1397; –-Aktivität d. Giftes v. Heterometrus scaber 43-1185.

Isolier. einer für d. α'-Stell. v. Lecithin spezif. – aus Rattenhirn 43-1189.

Abbau: v. durch – aus Schlangengift gebildeten Lysophospholipiden durch KE-Phospholipase B 2-1338; v. synthet., eine kurzkett. Fettsäure enthaltenden Lecithinen durch – 7-1415; Bldg. v. γ-Acylglyceryl-α-phosphorylcholin aus Leberlecithin durch – 25-1249; Einfl. auf d. mit Änder. d. Spektrums verbundene Änder. in d. Phosphatidzus. v. Cytochrom-c-Oxydase 31-1197; hydrolyt. Wrkg. v. Schlangengift-– auf Diacylphospholipoide 41-1010; Aktivität gegenüber Phosphatidylglycerin 44-1325; Einfl.: auf d. Aktivität d. Dehydrogenasen im Fermentpräp. aus d. Membran v. Micrococcus lysodeikticus 11-1310; auf menschl. Erythrozytenschatten u. intakte Erythrozyten 7-1413; Wrkg.-Art v. menschl. pankreat. – 7-1414; Rolle bei d. Wrkg. v. Giften auf d. Riesenaxon d. Tintenfisches 10-1729; Reaktivier. d. Succinoxydaseaktivität v. Rattenleber-Mitochondrien nach Behandl. mit – in Lipidextrakten v. Rattenleber 19-1287; Wrkg. auf Jodidkomplex-bildendes Phospholipid d. Schilddrüse 22-1425; durch – aus Schlangengift induzierte Mitochondrienschwell, u. Phospholipidspalt. 23-1652; Freisetz. v. β-Hydroxybuttersäureapodehydrogenase aus Rinderherzmitochondrien durch d. Einw. v. – 38-1270.

Abnahme d. –-Aktivität: d. Giftes d. Russell-Viper u. v. Agkistrodon piscivorus durch Photoox. 6-1549; v. Crotalus atrox-Gift durch Photoox. in Ggw. v. Methylenblau 6-1550; Schutzwrkg. v. Phosphorylcholin gegen d. Aktivität v. Schlangengift-– gegenüber Mitochondrien 7-1371; Einfl. d. physikal.. Natur d. Substrates auf d. –-Aktivität 45-1214.

Best.: d. – 24-1327; v. Fettsäuren in Bakterienphospholipoiden durch Schlangengift-– 2-1375.

Phospholipase A_2

Vork. im Blutplasma u. Wrkg. auf Phosphatidylglycerin 32-1360.

Phospholipase B (Lysolecithin-Acylhydrolase, Lysolecithinase, Lysophospholipase)

–-Aktivität: in Rinde u. Mark v. Masugi-Nephritis-Nephrose-kranken Rattennieren während forcierter Diurese u. Durst-Antidiurese 2-1657; in Rattengeweben 17-1301; in quarzgeschädigten Makrophagen 20-1181; Absonder. v. – durch Vibrio El Tor 3-1316; Reinig. u. einige Eig. d. Vibrio El Tor-– 20-1302; Wrkg. auf Ultraschall-dispergiertes Lecithin 12-1358; Aktivität gegenüber Phosphatidylglycerin 44-1325; Lysophospholipidabbau in mit Kobragift behandelten Kaninchenerythrozyten durch – 2-1338; Abhängigk. d. zytolyt. Wrkg. v. Lysolecithins v. Membran-– 4-1287; Einfl. d. physikal. Natur d. Substrates auf d. – 45-1214.

Phospholipase C (Lecithinase C, Phosphatidylcholin-Cholinphosphohydrolase)

– aus Bacillus cereus 12-1372; Vork.: bei sporenlosen Bakterienarten 14-1444; u. Rk. in Rattenhirnpräp. 32-1643; Rk. mit Cytochrom c-Oxydase 31-1197; Wechselwrkg. v. Myxoviren u. ihren Lipidbestandteilen mit – 46-1371; Einfl. auf d. Thyreotropinwrkg. in vitro 4-1508; Hämolyse v. Säugetiererythrozyten durch – (Vgl.) 12-1574; Wrkg. auf ganze Zellen u. Sphäroplasten 18-1156; neues Akutphasenprotein bei Mäusen infolge d. Einw. v. – 21-1590; Wrkg.: auf Jodidkomplex-bildendes Phospholipid d. Schilddrüse 22-1425; auf d. Zystenwand isolierter Metazerkarien v. Fasciola hepatica 23-1423; auf d. Permeabilitätsbarriere im Übergangsepithel d. Ratte 24-1522; Rolle v. Ana-– bei d. Immunität gegenüber Gasgangrän 26-1570; Wrkg.: auf d. Glucoseeintritt in freie Fettzellen 39-1230; auf d. Rückresorpt. in d. proximalen Tubuli d. Ratte 39-1543; d. physikal. Natur d. Substrates auf d. – 45-1214; s. auch *Toxine, Clostridiumtoxine*).*

Phospholipase D (Lecithinase D)

Vork. bei sporenlosen Bakterienarten 14-1444; Einfl. auf d. Permeabilitätsbarriere im Übergangsepithel d. Ratte 24-1522.

Wrkg.: auf Jodidkomplex-bildendes Phospholipid d. Schilddrüse 22-1425; auf d. freie Aktivität an β-Glucuronidase in Mitochondrienfrakt. aus Rinderherzmuskel 23-1289; auf d. Auslsg. d, Enzymfreisetz. aus Mitochondrien durch Phospholipide 41-1168; d. physikal. Natur d. Substrates auf d. – 45-1214.

Phospholipasen (Lecithinasen)

–-Aktivität: im Überstehenden v. El Tor-Vibrio (Bezieh. zu d. hämolyt. Aktivität) 16-1285; d. Antibiotika-produzierenden Actinomyceten 23-1352; v. Actinomyceten 45-1210; Vork.: im Trimeresurus okinavensis-Gift 11-1570; in Staphylokokkentoxinen (Eig.) 24-1328; Freisetz. durch einen Stamm v. Bacillus cereus 31-1248; Isolier. aus Schlangengiften 27-1445; partielle Reinig. u. Eig. v. – aus Bacillus cereus 25-1243; Bldg. isomerer Lysolecithine durch Hydrolyse v. Lecithin mit – 25-1249; Wechselwrkg. v. Myxoviren u. ihrer Lipidbestandteile mit – 46-1371; Wrkg. v. Phosphatidylcholin auf d. Abbau v. Phosphatidyläthanolamin durch d. – d. Plasmas d. Post-Heparin-Phase 3-1315; Schutzwrkg. v. Phosphorylcholin auf Mitochondrien gegenüber Abbau durch endogene – 7-1371; Rolle: bei d. Immunität gegenüber Gasgangrän 26-1570; bei d. Alter. v. Lebermitochondrien 51/52-1180; Wrkg.: v. verschiedenen Neurotoxinen aus d. Gift d. ind. Kobra gegenüber – 8-1564; einiger chem. Verb. auf d. – v. Clostridium perfringens 46-1272.

Phospholipid-Acyltransferase

Wrkg. v. Doppelbind.-Konfigurat. auf d. Lecithinsynth. in Ggw. v. – 41-1259.

Phosphomannose-Isomerase

Verw. v. $^3H_{(2)}$-Mannose u. $^3H_{(2)}$-Glucose zu anaeorben Gärvers. mit – 28-1397.

Phosphomevalon-Kinase

Isolier. aus Pflanzen in Ggw. v. Pflanzenphenolen 11-1428.

Phosphomonoesterase, alkalische

s. *Phosphatase, alkalische.*

Phosphomonoesterase, saure

s. *Phosphatase, saure.*

Phosphomonoesterase I

s. *Phosphatase, alkalische.*

Phosphomonoesterase II

s. *Phosphatase, saure.*

Phosphomonoesterasen

s. *Phosphatasen.*

7-Phospho-2-oxo-3-desoxy-D-arabinoheptonat-D-erythrose-4-phosphat-Lyase (Phospho-2-oxo-3-desoxyheptonat-Aldolase)

Vork. u. genet. Trenn. v. *2* – nach Retroinhibit. bei Saccharomyces cerevisiae 44-1176; Multiplizität d. – v. E. coli bei d. aromat. Biosynth. 1-1334.

Phospho-2-oxo-3-desoxyheptonat-Aldolase

s. *7-Phospho-2-oxo-3-desoxy-D-arabinoheptonat-D-erythrose-4-phosphat-Lyase.*

Phosphoprot{e}id-Phosphatase

s. *Phosphoprotein-Phosphatase.*

Phosphoprotein-Kinase

s. *Protein-Kinase.*

Phosphoprotein-Phosphatase (Phosphoprot{e}id-Phosphatase)

–-Aktivität d. tier. Leber (Einfl. v. Tetrachlorkohlenstoff) 11-1660; – in d. embryonalen Adnexen v. Gallus domesticus

19-1317; intrazellulare Verteil. in d. Schleimhaut d. Dünndarms 20-1353; —: im roten Blutkörperchen d. Kaninchens 47-1210; d. Skelettmuskelgewebes v. Hühnerembryonen 47-1211; Isolier. aus Rindermilz (Best. d. Aktivität) 22-1203; Teilreinig. u. Charakterisier. einer — aus Froschlaich 40-1332; Anwend. zum Nachw. v. Phosphoproteinen in d. Ultrastrukturen d. Zellorganoide 21-1261.

Phosphopyruvat-Carboxylase (Phosphoenolpyruvat-Carboxylase)

— aus Salmonella (Feedback-Hemm.) 33-1351; —-Niveau in einigen Koniferen (Vgl.) 1-1429; Vork. in glatten Muskeln 7-1729; —-Aktivität d. Rattenniere u. Rattenleber nach Cortisolbehandl. u. Hunger 8-1591; Anreicher. u. Eig. v. — 44-1386; —-Rk. in Maiswurzeln 8-1515; Verh. bei d. Stimulier. d. Gluconeogenese aus Lactat durch Epinephrin, Glukagon u. cycl.-3'.5'-Adenylat in d. perfundierten Rattenleber 11-1354; Aktivität u. Glykogenese bei Hymenolepis diminuta 24-1375; Carboxylier. v. Phosphoenolbrenztraubensäure mit — 44-1386.

Phosphopyruvat-Hydratase

s. *Enolase.*

Phosphoramidat-ADP-Phosphotransferase

Isolier., Eig., ATP-Bldg. 32-1348.

Phosphoriboisomerase

s. *Ribosephosphat-Isomerase.*

Phosphoribosylaminoimidazolcarbonsäureamid-Formyltransferase

—-Aktivität in Mutantenstämmen v. Hefen 24-1208; Repress. durch Purinderiv. bei Bacillus subtilis 27-1312.

1-Phosphoribosyl-ATP-Pyrophosphorylase

— bei d. Biosynth. v. Purinnucleotiden u. Histidin bei Schizosaccharomyces pombe 32-1464.

5-Phosphoribosylpyrophosphat-Amidotransferase

Repress. durch Purinderiv. bei Bacillus subtilis 27-1312; Hemm. durch 6-Methylthioinosin 32-1621.

Phosphoribulokinase

Vork. in d. Proteinhauptfrakt. v. Reisblättern 5-1443; —-Sequenz v. Frakt.-I-Protein aus Tabakblättern 2-1367.

Phosphormonoester-Hydrolasen

s. *Phosphatasen.*

Phosphorylase {a}

s. *α-Glucan-Phosphorylase.*

Phosphorylase b

Bldg. während d. Kaskaderk. beim glykogenolyt. Effekt v. Epinephrin 12-1423; Darst. mit d. Schwermetall-Simultan-Meth. 18-1283; Zirkulardichroismus: u. anomale Rotat.-Dispers. v. Muskel-— 19-1303; u. opt. Rotat.-Dispers. v. — aus Kaninchenmuskel 51/52-1159; alloster. Effekte 48-1207; Rolle v. SH-Gruppen für d. Aktivität d. — 8-1370; Umwandl. in saurer u. alkal. Lsg. 11-1306; Katalyse d. Phosphorylier. v. Muskel-— u. Transferase durch separate Enzyme 21-1380; wahrscheinl. Bldg. v. partiell phosphorylierten Zwischenprod. bei d. gegenseit. Umwandl. v. Phosphorylase a u. — 37-1251; Bezieh. zur aeroben Glykolyse während d. Muskelkontrakt. 7-1367; Wrkg.: v. pH u. Temp. auf d. Kinetik d. —-Rk. 14-1365; v. Kohlenhydraten auf Struktur u. Aktivität d. — 19-1314; v. Imidazol u. Acetylimidazol auf d. Eig. v. — 22-1188; v. Phosphorylase b-Kinase aus Rattenchloroma auf — aus Kaninchenmuskel 25-1227.

Phosphorylase b-Kinase

— in HeLa-Zellen (Einfl. v. Hexose u. Insulin) 20-1285; Vork.: in Rattenchloroma 25-1227; in d. Leber eines Mädchens mit erhöhtem Leber-Glykogen 32-1345; Aktivier.: im Herzmuskel durch Adrenalin in d. Frühphase d. inotropen Wrkg. 9-1372; d. Skelettmuskel-— (Übersicht) 11-1305; Katalysier. d. Umwandl. v. Phosphorylase b in a durch — 37-1251; Rk. d. Muskel-— mit Adenosintriphosphat, Mg^{2+} u. cycl. 3'.5'-Adenosinmonophosphat 44-1307; Aktivier. inakt. Leberphosphorylase durch — 49/50-1169; Wrkg. v. elektr. Erreg. u. Adrenalin auf Muskel-— 12-1542.

Phosphorylasen

Moffit-Konst. u. Cotton-Effekt 21-1248; Änder. d. Zus. v. — d. quergestreiften Muskeln bei Ratten zu verschiedenen Zeitpunkten nach d. Geburt 1-1462; Einfl.: d. γ-Bestrahl. auf d. — d. Mitochondrien 7-1340; v. *2.4*-D auf einige Pflanzen-— 11-1458; Verh. v. 5'-O-Methylthymidin bzw. 3'-O-Acetyl-5'-O-methylthymidin gegen — 12-1119; partielle Auftrenn. 44-1310; s. auch *Glycosyltransferasen*; *Nucleotidyltransferasen*; *Phosphorylierung**).

Phosphorylase-Phosphatase

Vork. in Rattenchloroma 25-1227; freie Hydrolyse-Energie 9-1387; Katalysier. d. Umwandl. v. Phosphorylase b in a durch — 37-1251; Aktivier. u. Inaktivier. d. — d. Rindernebennierenrinde 44-1355.

Phosphorylcholin-Cytidyltransferase (CTP: Cholinphosphat-Cytidyltransferase)

Bedeut. v. Phospholipiden für d. Stimulier. d. —-Aktivität 36-1311.

Phosphorylcholin-Esterase

Reaktivier. d. — in d. Hirnrinde d. Ratte nach parenteraler Zufuhr v. Pralidoxim u. Toxogonin 27-1272.

Phosphorylcholin-Phosphatase

— in Pflanzen 12-1344.

Phosphoserin-Phosphatase

— d. Wirbeltiere 44-1335.

Phosphotransacetylase

s. *Phosphat-Acetyltransferase.*

Phosphotransferasen

—-Aktivität v. alkal. Phosphatase (Beeinfluss.) 37-1262; Wiederherst. d. akt. Transportes v. Glykosiden in E. coli durch eine Komponente d. —-Syst. 24-1317; Teilnahme am D-Mannose-Stoffwechsel in Aerobacter aerogenes 47-1266; Markier. v. Gehirnphospholipiden durch Cytidin-5'-diphosphat-äthanolamin in vitro in Abhängigk. v. d. Aktivität 16-1564; Wrkg. v. Nucleosid-5'-di- u. -5'-triphosphaten auf d. durch — katalysierte Pankreas-RNase-Rk. 28-1334.

Phosvitin-Kinase

Lokalisier. d. mitochondriellen — 16-1263; Hemm. d. — d. Gehirns durch Diisopropylphosphorylfluorid 38-1292.

Phytase

—-Aktivität: in Pflanzenwurzeln 3-1329; in Bäckerei-Roggensauerteig 13-3498; Einfl. auf d. Phytingeh. v. Brot 1-3375.

Phytin-Phosphotransferase

— aus Phaseolus aureus 29-1235.

Phytinsäure-Phytase

—-Aktivität in d. Verdauungsorganen d. Ratte 1-1638.

Picolinsäure-Carboxylase

Kontrolle d. Nicotinsäurebiosynth. durch d. mit einer spontanen Rk. konkurrierende — 24-1370; Aktivität beim Tryptophanabbau bei verschiedenen Tierarten 48-1259.

Pinguinain

Isolier. aus Bromelia pinguin (Kristallisat.) 20-1361; Reinig. durch Gelfiltrat. 18-1409.

Plasmin (Fibrinolysin)

Kinine-freisetzendes — aus d. Plasma 9-1616; Aktivator-freies Schweine-— 42-1462.

Bldg. bei d. Inkubat. v. Plasminogen mit unlösl. Streptokinasederiv. 23-1293; Einfl. v. Antifibrinolytika auf d. Bldg. 47-1451; Reinig. v. Profibrinolysin u. Überführ. in — (Arzneimittel) 20-1729*; Darst. v. — aus menschl. Plasma 27-1795*; Reinig. u. Charakterisier. v. Human-— 12-1398; Stabiliser.-Effekt v. Neutralsalzen auf — 14-1379.

Wrkg. (Überblick) 34-1570; Heparinkomplexe mit — u. ihre physiolog. Eig. 11-1564; Hemm. v. Thrombin u. d. Fibrinpolymerisat. durch — behandeltes Fibrinogen 12-1578; Wrkg. auf Fibrin 15-1532; unbekannte Eig. d. Prod. aus d. —-Abbau v. Fibrinogen u. Fibrin 23-1291; elektrophoret. Uneinheitlichk. v. α_2-Macroglobulin durch Komplexbldg. mit — 33-2093; Aktivier. d. Kuminbildenden Syst. durch — beim Ablauf d. Gerinn.- u. Fibrinolysevorgänge im menschl. Blut 7-1660; Wrkg. auf d. Ausflußwiderstand im Auge v. Primaten 7-1407; Aufnahme durch neoplast. Gewebe 17-1244; Einfl.: auf d. Koronarkreislauf 22-1544; auf d. Kapillarpermeabilität im Vgl. zu anderen pharmakolog. Eig. 22-1604; Bezieh. d. Konstit. d. Fibrinopeptide zur —-Spezifität 41-1523; Freisetz. v. Kinin aus Kininogen aus Plasma durch — 43-1412; hämorrhag. Natur d. bei d. Ratte durch — hervorgerufenen kardiovaskulären Kollaps 48-1486; Fibrinolyse durch — u. Trypsinhemmstoff in menschl. Urin 49/50-1423; Entzünd.-hemmender Einfl. 16-1594; Behandl. einer experimentellen Lungen-Arteriosklerose mit — 17-1584; — als neu zugelassenes medizin. Präp. 26-1656; Wrkg. v. —-Desoxyribonuclease in enzymat. Wundreinig. 33-1854*; fibrinolyt. Behandl. mit Aktivator-freiem Schweine-— 42-1463, 42-1464.

Wrkg.: v. Trasylol auf — 9-1578; v. Östrogenen auf — 23-1436; Anti-—-Aktivität v. Staphylokinase 7-1408; säurelabiler Inhibitor v. — aus d. Blutserum d. Kaninchens 18-1310; Hemm. d. Fibrinogen-—-Rk. durch ω-Aminocarbonsäuren u. Alkylamine 18-1532; trans-4-Aminomethylcyclohexancarbonsäure als wirksame Substanz gegen — 27-1543; Rolle eines —-Inaktivators bei Hämophilie 27-1559; vasomotorenhemmende Wrkg. v. —-Inhibitoren im Kapillarbett 36-1651.

Best. für klin. Zwecke 16-1314; Modellunters. zur Löslichk. v. Fibrin im histolog. Schnitt mit — 20-1532; *Antiplasmin*-Best. bei nigerian. u. europäischen Männern (Vgl.) 29-1511; s. auch *Enzympräparate, Lyovac**).

Bibl.: Fibrinolyse. Chemie und Physiologie des Prozesses. Klinische Anwendung des Fibrinolysins [russ.] B 60.

Plasminogen (Profibrinolysin)

Kinine-freisetzendes — aus Plasma 9-1616; —-halt. Fibrin d. Gefäßintima 39-1466; Aktivier. v. — durch Streptokinase u. Urokinase 1-1589; mol. Veränder. bei d. Aktivier. v. — 8-1425; Aktivier. v. — (aus Fibrin durch Urokinase) 15-1532; (Natur d. Proaktivators) 23-1293; (v. Kaninchen-— durch Streptokinase) 26-1557; (durch d. Gift d. Schlange Echis carinata) 28-1405; —-Aktivator aus Bacillus subtilis 43-1213; im Speichel d. Vampirfledermaus Desmodus rotundus 12-1579; bei Rhodnius prolixus u. Hirudo medicinalis 31-1232; aus Eutriatoma maculatus 34-1565; im Nierengewebe 34-1567; Freisetz. d. —-Aktivators in d. isolierten durchströmten Hundeniere 36-1591; Reinig.: u. Charakterisier. v. Human-— 12-1498; v. — 14-1883*; u. Überführ. in Fibrinolysin (Arzeneimittel) 20-1729*; Bldg. v. Plasmakinin durch Aktivier. v. — in menschl. Fibrinogenfrakt. 27-1556; Rolle eines —-Inaktivators bei Hämophilie 27-1559; Einfl. v. —-Hemmer bei kurzer oder längerer Behandl. auf intravenös injizierte Tumorzellen 46-1218.

Poly-DL-alanyl-Takaamylase A

Herst. u. Eig. 30-1246.

Polygalakturon{id}ase

s. *Pektinase.*

Polygalakturonsäure-Transeliminase

s. *Pektat-Transeliminase.*

Polyglucosidasen

Saure u. neutrale — in tier. Geweben 23-1287.

Poly-β-hydroxybuttersäure-Depolymerase

Abbau v. Poly-β-hydroxybuttersäure durch — aus Pseudomonaden (Reinig.) 39-1291.

Polymethylgalakturonase

Isolier. v. extrazellularer, durch Aspergillus niger erzeugter — 8-1413; chromatograph. Trenn. v. a. pektolyt. Enzymen 13-1928*.

Polynucleotid-Phosphorylase

— v. E. coli 35-1240, 37-1260; Geh. in isolierten Rattenleberzellkernen 20-1351; Trenn. d. — v. Clostridium perfringens in *2* Komponenten 19-1318; Li-Salze v. Cytidin-5'-pyrophosphat als Substrat für Azotobacter-vinelandii-— 37-1192; Metallionenbedarf v. — (Überblick) 49/50-1177; Darst. v. Polyuridylsäure aus UDP durch — aus Micrococcus lysodeikticus 8-1584; Synth. v. Polyguanylsäure durch — v. E. coli 9-1378; Abbau v. Ribosomen während d. endogenen Atmung v. Pseudomonas aeruginosa durch — 14-1263; Wrkg. beim Abbau v. RNS in zellfreien Präparat. einer Zygosaccharomyces soja-Mutante 25-1332; Rolle beim Abbau v. mRNS in zellfreien Syst. v. nor-

Letale Wrkg. v. Inositmangel bei Neurospora crassa durch Autolyse d. Zytoplasmas durch freie — 16-1342; Rolle beim Proteinumsatz bei E. coli mit N-Mangel 31-1276; proteolyt. Eig. d. α- u. β-— v. Sorangium (Vgl.) 46-1295; Einfl.: auf d. Wachstum d. Reovirus 36-1402; d. α- u. β-lyt. — v. Sorangium auf Bakterien-Mucopeptide 46-1296; begrenzer Verdauung durch — auf β-Galaktosidase v. E. coli 47-1218; auf d. Wachs D_{P15} aus Mycobacterium tuberculosis var. hominis 48-1274; auf Colicin Q aus E. coli 49/50-1262.

Wrkg. auf Sedimentat.-Verh. u. Einbau v. Aminosäuren in Polypeptide bei Hundepankreaspolysomen 2-1244; Mechanismus d. Amin-freisetzenden Wrkg. v. — an Blutplättchen 3-1546; Einfl. auf Enterovirusrezeptoren v. HeLa-Zellen 6-1372; Substratspezifität v. — in eitrigem Sputum 9-1403; Pathogenese d. Klauenfäule bei Schafen in Bezieh. zur — v. Fusiformis nodosus 12-1390; Bezieh. zwischen Phospholipiden einerseits u. Lipoproteinen, Serum u. dessen Proteinen sowie — u. nichtproteolyt. Enzymen d. Blutgerinn. andererseits (Übersicht) 15-1534; mögl. Mechanismus d. Entzünd.-hemmenden Einfl. v. — 16-1594; Hydrolyse v. Thyreoglobulin durch in Homogenaten d. Schilddrüse anwesende Mastzellen-— 19-1542; Wrkg. auf d. Zystenwand isolierter Metazerkarien v. Fasciola hepatica 23-1423; Verzöger. d. postpartalen Rückbldg. d. Myometriums durch Progesteron in Bezieh. zur Ausschütt. v. — 24-1545; Mechanismus d. —-Abbaues d. Desoxyribonucleoproteide unter d. Einw. d. Eiweißfrakt. aus d. Kernen d. Thymusdrüse d. Kalbes 39-1439; Einfl. auf d. Deformierbark. v. Asziteszellen v. Mäusesarkom 41-1164; antiödematöse Wrkg. v. Streptomyces griseus-— 41-1285; Abbau v. menschl. Brandwundenschorf durch — 44-1363; Proteolyse beim Karpfen mit — im Verlauf d. Hungerns 44-1562; Membranpotentiale, Widerstandsfähigk. u. Ionenpermeabilität v. Riesenaxonen d. Tintenfisches bei Injekt. u. Perfus. v. — 46-1541.

Wrkg. d. Erhitzens auf d. Aminosäurefreisetz. mit — in entfettetem Sojabohnenmehl 25-1289.

Beeinflussung, Inhibitoren: Aktivität einiger Deriv. d. ε-Aminocapronsäure gegen — 1-1740; Wrkg.: einiger Arzneimittel auf d. — tier. u. pflanzl. Ursprungs in vitro 2-1363; v. Magnesium-Aluminiumoxyhydroxiden auf d. — d. Magens 5-1773; Abnahme d. —: d. Giftes d. Russell-Viper u. v. Agkistrodon piscivorus durch Photoox. 6-1549; v. Crotalus atrox-Gift durch Photoox. in Ggw. v. Methylenblau 6-1550; Isolier. v. —-Inhibitoren 12-1391; Wrkg. v. Antibiotika auf Pankreas-— v. mit Sojabohnenmehl gefütterten Ratten 16-1592; — in Knochen als Folge einer Acetonfixier. u. EDTA-Demineralisier. 17-1319; Gewinn. v. Rohfrakt. mit —-Inhibitor aus Kartoffeln (Mittel gegen Entzünd.) 26-1861*; Einfl. einer lokalen Bestrahl. auf d. — d. Leukozyten bei Krebspatienten 34-1300; Hemm. v. Bindegewebe-— durch Antimalaria- u. Antirheumamittel 36-1335; Wrkg.: v. ε-Aminocapronsäure auf d. — in eingelagertem Citratblut 42-1440; d. Zusatzes v. Trasylol zu gespeichertem Citratblut auf — 42-1441; v. Chlorambucil auf — 45-1179.

Bedeut. v. —-Inhibitoren für d. Klinik d. Pankreaserkrank. (Vortrag) 35-1716; tierexperimentelle Unters. über d. Wrkg. eines —-Inhibitors aus Rinderlunge 35-1717; vasomotorenhemmende Wrkg. v. —-Inhibitoren im Kapillarbett 36-1651; Einfl. v. —-Inhibitoren auf d. kontraktilen Rk. d. Aortastreifens 36-1652.

Verwendung: Herst. v. Impfstoffen aus Bakterien mit Hilfe v. — 14-1884; Verw. d. — v. Streptomyces griseus in Gewebekulturen 9-1400; Anwend. v. konz. komplexen — bei d. Herst. v. Caseinnährböden 26-1347; Rolle v. Pilz-— bei d. kontinuierl. Brotherst. 26-3417; Verw.: v. —-Lsg. zur Herst. Käseähnl. Prod. aus Sojabohnen 36-3047; zum Zartmachen v. Fleisch 38-2308*; Bewert. d. Wrkg. v. — auf d. Eig. v. Brotmehlen 38-3191; Beizen v. geäscherten Häuten u. Fellen mit — 36-3098*.

Analyse, Untersuchungsverfahren: Best. 39-1235; Phenylazobenzyloxycarbonyl-Pro-Leu-Gly-Pro-D-Arg als Substrat zur Best. v. — 47-1031; Verw. v. Aminosäure(phenylazo)-phenylderiv. beim histochem. Nachw. in pflanzl. Zellgewebe 5-1332; Best. im Pankreassaft 11-1532; spektrophotometr. Best. d. — d. Sprotte 16-1978; Best.: in Schimmelpilzen 27-1287; in Fermentpräp. biolog. Herkunft 30-1260; Verw. v. Casein zur Best. d. — in Gewebeextrakten 46-1291; Best. d. — v. Kältestabilisier.-Mitteln 46-3150; s. auch *Enzympräparate, Aspergillin; Aspergillin O; Pronase; Pronase P**).

Proteinase II (Endopeptidase 2)

Wrkg. v. Scopulariopsis brevicaulis-— auf ox. Insulin 2-1346; stufenweiser Abbau v. Zellwandglykopeptid v. Staphylococcus aureus durch — 3-1352.

Proteinase III

Kristallisat. u. Eig. 27-1285.

Proteinase, neutrale

Geh. in normalen u. leukäm. menschl. Leukozyten 20-1227; Verteil. in Organen u. Zellbestandteilen 23-1294; Geh. in normalen u. leukäm. menschl. Leukozyten 35-1566.

Proteinase, saure

— v. Penicillium purpurogenum u. Penicillium rubrum 30-1261; Vork. einer extrazellularen — in einem aeroben, sporenbildenden Bakterium 31-1229; Geh. in normalen u. leukäm. menschl. Leukozyten 20-1227, 35-1566; —-Aktivität in d. Eizellen v. Triton cristatus während d. Dotterbldg. 51/52-1185; Hydrolyse d. A- u. B-Ketten v. ox. Insulin durch Schilddrüsen-— 33-1330.

Proteinasen (Endopeptidasen)

Spezielle — s. unter d. eigenen Stichwort.

Pseudomonas aeruginosa -— 14-1372, 14-1373; — v. Saccharomyces cerevisiae 23-1290; Streptokokken-— (Spezifität) 36-1336; — v. Saccharomyces cerevisiae 37-1279; Weizenmehl-— (Eig.) 2-1347; —-Aktivität bei Frontonia leucas 2-1342; Lokalisat. in isolierten Bürstensäumen aus d. Mukosa d. Rattendünndarmes 8-1418; Vork. einer — v. Trypsintyp im Magen d. weißen Maus durch Aufnahme fermenthalt. Kots 19-1672; —-Aktivität : v. Agavain 18-1312; v. Mexicain 31-1354.

Bldg.: auf anderen als Kohlenhydrat-C-Quellen durch Pseudomonas aeruginosa 15-1340; bei einem Streptomyces-Stamm 31-1256; Stabilität in mehrwert. Alkoholen 22-1194.

Opt. Rotat.-Dispers. u. Aminosäurezus. v. krist. — aus Pseudomonas aeruginosa 25-1268.

Bldg. v. Plakalbumin aus Ovalbumin mit Pflanzen-— 10-1393; Transesterifizier.-Rk. mit — 16-1298; krist. — aus Pseudomonas aeruginosa als Ca^{2+}-Metalloenzym 25-1267; proteolyt. Substratspezifität sowie einige elastolyt. Eig. einer thermostabilen bakteriellen — 9-1401; Abbau v. inaktivierter Atmungsketten-NADH-Dehydrogenase durch Bakterien-— zu akt. NADH-Cytochrom c-Reduktase 28-1306; Substratspezifität v. elastolyt. u. nicht elastolyt. — aus Pseudomonas aeruginosa 44-1362; Wrkg.: auf Toxine v. Clostridium oedematiens u. Clostridium perfringens 51/52-1259; v. — tier. u. mikrobieller Herkunft auf einige Eig. d. Toxins v. Clostridium perfringens 51/52-1260; kollagenolyt. Aktivität v. Pankreas -— 20-1334; Milch-gerinnende oder Blut-koagulierende Aktivität v. — u. ihre Substratspezifität 22-1209; lokale Schädig. durch — u. deren elastolyt. Aktivität 24-1679; Aktivität teilweise gereinigter kathept. Enzyme d. Rindes für verschiedene natürl. u. synthet. Substrate 26-1332; im physiolog. Bereich native Proteine hydrolysierende — aus d. Darm v. Tenebrio molitor 32-1396; Elastase-Aktivität v. — in bezug auf ihre enthaarende Wrkg. 34-1361; begrenzte Proteolyse v. nativem Ovalbumin durch — 45-1221.

Wrkg. v. Ovoinhibitor u. Ovomucoid auf Pilz-— 13-1370.

Bibl.: Natürliche Proteinasen-Inhibitoren B 27.

Protein-Kinase
(ATP: Protein-Phosphotransferase, Phosphoproteinkinase)

Nachw., Extrakt. u. intrazellulare Verteil. d. — in d. Niere 18-1282.

Prothrombin

Geh. im Plasma bei hochgrad. fetthalt. Kost 1-1620; Plasma-—-Aktivität bei mit Tetracyclin-behandelten Patienten 2-1714; —-Aktivität d. Plasmas (Wrkg. v. Warfarin-Na) 3-1547; Einfl.: v. Arylenindandionen auf d. —-Spiegel 7-1666; v. antemortalem Stress u. Inhibitoren auf d. Konz. im Blut toter Hunde 10-1623; v. Antikoagulantien auf d. —-Zeit 15-1536; —-Zeit bei alimentärer Lipämie 16-1518; Einfl. v. Barbituraten auf d. —/Proconvertin-Spiegel während d. Therapie mit Antikoagulantien 19-1712; mögl. Vork. v. Prä-— im Plasma v. Küken 21-1591; Veränder. d. Geh. im Blut nach chem. Thyreoidektomie bzw. nach Behandl. mit Schilddrüsen- u. thyreotropen Hormonen 27-1560; Einfl. v. Cetamiphen auf d. —-Zeit 27-1562; —-Zeiteffekt v. Kaninchen gegen Dicumarol 30-1462; Wrkg.: v. ε-Aminocapronsäure auf d. Konz. in eingelagertem Citratblut 42-1440; d. Zusatzes v. Trasylol zu gespeichertem Citratblut auf d. Konz. v. — 42-1441; Geh. im Blut bei Frauen während d. Schwangerschaft, Geburt u. d. Wochenbettes 42-1459; Aktivier. d. — aus Rinderplasma 20-1362.

Synth. als Beispiel d. Leberfunkt. 2-1591; Wrkg.: v. Cumarinderiv. auf d. Synth. 49/50-1425; v. Glucoseverabreich. auf d. Freisetz. aus Rattenlebermikrosomen während d. Inkubat. 10-1621; Darst. u. Kohlenhydratanalyse v. Rinder-— 5-1550; Fraktionier. v. Rinder-— durch Gradientenchromatographie auf Triäthylaminoäthyl-Cellulose-Kolonnen 44-1547; Reinig. v. — aus menschl., mit Citrat behandelter Plasmafrakt. II + III 44-1548.

NH_2-terminale Aminosäurereste in Rinder-— u. in —-Aktivier.-Gemischen 5-1340.

Aktivier. v. Proaccelerin in Ggw. v. — 22-1459; Umwandl. v. menschl. — in Thrombin durch Na-Citrat 24-1590; Aktivier. v. Proaccelerin durch Rinder-Thrombokinase zur Umwandl. v. — in Thrombin 32-1401; Carboxypeptidase A- u. -B-Abbau v. Rinder-— 44-1360; Edman-Abbau v. Komponenten d. — Thrombin-Syst. v. Mensch u. Rind 44-1546.

Best. d. —-Zeit 6-2027; 27-1563.

Prothrombinase

Aktivier. v. Faktor VIII bei d. —-Bldg. 10-1626.

Protocatechuat-Oxygenase

Synth. durch Pseudomonas fluorescens in Ggw. exogener C-Quellen 11-1292.

Protopektinase

Ausscheid. bei Alternaria tenuis 19-1442.

Pseudocholinesterase

s. *Cholinesterase.*

Pullulanase

— aus Aerobacter aerogenes 31-1218; (Kristallisat. u. Stereospezifität) 20-1314; Spezifität 24-1337; Fraktionier. an Sephadex G-*200* 24-1338; Hitzestabilität 24-1339; Einfl. auf d. Primeraktivität für d. Muskel-Phosphorylase u. d. Phosphorylasegeschw. 28-1313; Mitwrkg. bei d. Strukturbest. v. Polysacchariden (Übersicht) 32-1388; reversible Wrkg. 32-1389; Hydrolyse v. α-1 → 6-Bind. in amylolyt. Oligo- u. Polysacchariden mit — 32-1390; s. auch *R-Enzym.*

Purinnucleosid-Phosphorylase
(Purin-Phosphoribosyltransferase)

— d. Lengkabeljaumuskel (Eig., Rk.) 16-1255; —-Aktivität in Ratten- u. Mäusegeweben u. in Ehrlich-Aszitestumorzellen 40-1226; Hemm. d. — v. Ehrlich-Aszitestumorzellen durch Purinnucleotide 40-1229.

Purinnucleotid-Pyrophosphorylasen

Mögl. Funkt. bei d. Regulat. d. Purinaufnahme v. Bacillus subtilis 8-1373.

Purin-Peroxydase

Abbau zytotox. Purinderiv. durch — 30-1228.

Purin-Phosphoribosyltransferase

s. *Purinnucleosid-Phosphorylase.*

Pustulase

—-Aktivität während d. Konjugat. bei Hansenula wingei 27-1327.

Putrescin-Oxydase

— aus Micrococcus rubens 34-1323.

Pyridin-Nucleotidase

Darst. u. Best. d. —-Aktivität in Tiergeweben 18-1326.

Pyridinnucleotid-Dehydrogenasen
(Pyridinnucleotid-Reduktasen)

Photosynth. — in Euglena gracilis (Eig.) 16-1220; — u. —-Isozyme d. normalen Rattenbrust u. v. wachsenden u. im Rückgang befindl. Brustkrebsen 3-1238; Absorpt.-Spektren 6-1242; Bldg. flavinfreier Radikale in Modellsyst. für — 49/50-1144; histochem. Nachw. 12-1301.

Pyridinnucleotid-Reduktasen

s. *Pyridinnucleotid-Dehydrogenasen.*

Pyridinnucleotid-Transhydrogenase

s. *NAD(P)-Transhydrogenase.*

Pyridin-Oxydoreduktasen

— in Pflanzen 5-1307.

Pyridoxal-Kinase (Pyridoxal-Phosphokinase)

Phosphorylier. v. Toxopyrimidin durch — d. Mäusehirns 6-1268, 37-1258; Hemm. durch Aminooxyessigsäure 6-1267.

Pyridoxalphosphat-Enzyme

Wrkg. d. Semicarbazons, d. Thiosemicarbazons u. d. Oxims v. Pyridoxal-5-phosphat auf — 13-1326; Coenzymwrkg. d. 2-[2-Methyl-3-hydroxy-5-phosphonomethylpyridyl-(4)]-thiazolidin-4-carbonsäure für — 15-1566; Wrkg. v. Injekt. starker Dosen Pyridoxin auf d. Aktivität v. — d. Rattenleber 16-1539; Aktivier. durch Glyoxylat 30-1239.

Pyridoxal-Phosphokinase

s. *Pyridoxal-Kinase.*

Pyridoxamin-5'-phosphat-α-Oxoglutarsäure-Transaminase

Neue — aus Clostridium kainantoi 2-1326; (Reinig. u. Eig.) 38-1380.

Pyridoxamin-5-phosphat-Oxydase

Reinig.: d. Apoenzyms v. — durch Säulenchromatographie 16-1219; u. Charakteristik v. — aus Alcaligenes faecalis 22-1175; Prod.-Hemm. u. Reaktivier. d. — v. Mikroorganismen mit Aminoverb. 38-1379.

Pyridoxinphosphat-Oxydase

s. *Pyridoxol-5'-phosphat-Oxydase.*

Pyridoxol-5'-phosphat-Oxydase (Pyridoxinphosphat-Oxydase)

Vork. in einem Pyridoxal-auxotrophen Stamm v. E. coli 45-1261; Reinig.: d. Apoenzyms v. — durch Säulenchromatographie 16-1219; u. Charakteristik v. — aus Alcaligenes faecalis 22-1175; Prod.-Hemm. u. Reaktivier. d. — v. Mikroorganismen mit Aminoverb. 38-1379.

Pyrimidinnucleosid-Desaminase

Pyrimidinverb. abbauende — aus Insektengewebe 11-1343; Desaminier. v. 4-Aminopyrimidinnucleosiden durch — d. Extrakte v. Lolium perennne 44-1375.

Pyrimidinnucleosid-Phosphorylase

— in d. Blutzellen d. Menschen in d. Norm u. bei Leukose 11-1550; Desoxyglucosylthymin als Hemmstoff d. — aus Aszitestumorzellen 21-1387.

Pyrimidylribonuclease

Nucleotidzus. u. Oligonucleotide d. —-Hydrolysates d. Valin-spezif. Transfer-RNS 14-1277.

Pyrocatechase

s. *Brenzcatechin-(1.2-)Oxygenase.*

Pyrophosphatase, anorganische (Pyrophosphat-Phosphohydrolase)

Identität v. Glucose-6-phosphatase mit — in Rattenlebermikrosomen 32-1378; — in Acetabularia mediterranea 23-1315; —-Aktivität in Leberhomogenaten v. Patienten mit Glykogenosis 7-1381; — in d. mukoiden Drüsen d. Verdauungsorgane d. weißen Ratte 9-1386; —-Aktivität: d. Spermas (Wrkg. v. Na^+- u. K^+-Ionen) 11-1327; d. Kaninchenhirns in verschiedenen Stadien d. Entw. 11-1665; Lokalisat. in glatten u. quergestreiften Muskeln 18-1589; — in Nervenzellen 18-1590; —-Aktivität: d. Erythrozyten (Wrkg. v. Hydroxylamin u. Phenylhydroxylamin) 30-1448; in C3HBA-Brusttumoren v. Mäusen 38-1332; subzelluläre Verteil., katalyt. Eig. u. hormonale Wechselwrkg. v. — aus Rattenherz 39-1245; Verknüpf. d. —-Aktivität mit Präparat. menschl. alkal. Phosphatase 28-1383; Stimulier. d. — in Clostridium pasteurianum durch Red.-Mittel 15-1319; Aktivier. d. — aus Rattenlebermikrosomen durch Hydroxylionen 38-1309.

Reinig. u. Eig. d. — v. E. coli 12-1404; Verw. v. Magnesiumpyrophosphat für d. Reinig. v. — 36-1348; multiple chromatograph. Formen v. bakterieller — 12-1405.

— bei d. Bldg. v. Phosphoenolbrenztraubensäure aus Brenztraubensäure durch E. coli 11-1348; Wrkg. beim Abbau v. RNS in zellfreien Präparat. einer Zygosaccharomyces soja-Mutante 25-1332; Abbau d. α- u. β-Isomeren v. NAD durch — d. Rattenleber 13-1360; Einfl. auf d. Sulfatstoffwechsel in A-hypervitaminot. Ratten 26-1589; Verh. bei d. Reif. d. roten Blutzellen in vitro 30-1450.

Schutzeffekt v. Glycin auf — bei Röntgenbestrahl. 19-1649; Wrkg. v. GSSG auf — 30-1208; Inaktivier. u. Schutz v. — bei Ox. v. Glutathion in intakten Zellen 30-1445; interzelluläre Beeinfluss. 30-1447; Einfl. v. Ni^{2+} auf d. — d. Leber 42-1214.

Best. in Sephadex-Schichten 29-1246; histochem. Nachw. 44-1376.

Pyrophosphat-Glucose-Phosphotransferase

Einfl. d. Fastens auf — 46-1281; Aktivier. v. — aus Rattenlebermikrosomen durch Hydroxylionen 38-1309.

Pyrophosphat-Phosphohydrolase

s. *Pyrophosphatase, anorganische.*

Pyrophosphat-Phosphotransferase

Akzeptorspezifität für d. —-Aktivität d. Rattenlebermikrosomen 16-1268.

Pyrrolin-5-carboxylat-Dehydrogenase

s. *Pyrrolin-5-carboxylat-Reduktase.*

Δ^1-Pyrrolin-5-carboxylat: DPN-Oxydoreduktase

s. *Pyrrolin-5-carboxylat-Reduktase.*

Pyrrolin-5-carboxylat-Reduktase (Pyrrolin-5-carboxylat-Dehydrogenase, Δ^1-Pyrrolin-5-carboxylat: DPN-Oxydoreduktase)

—-Aktivität in sporulierenden Mikroorganismen 44-1413; Isolier. — aus Tabakblättern 41-1246; Wrkg. bei d. L-Prolin-Ox. in Insektenflugmuskeln 23-1259.

Pyrrolin-Dehydrogenasen

— u. Regulier. d. Katabolismus v. Arginin u. Prolin bei Bacillus subtilis 12-1320.

L-Δ^1-Pyrrolin-4-hydroxy-2-carbonsäure-Desaminase

Desaminier. v. Δ^1-Pyrrolin-4-hydroxy-2-carbonsäure zu 2.5-Dioxovaleriansäure durch — 48-1224; (Isolier.) 48-1225.

Pyruvat-Carboxylase (Brenztraubensäure-Carboxylase, Pyruvat: CO_2-Ligase)

Über — (Ggw. v. fest gebundenem Mn) 24-1385; (mögl. Wrkg. d. fest gebundenen Mn) 24-1386; Vork.: in Clostridium kluyveri-Extrakten (Glutamatsynth.) 42-1261; v. NADP-abhäng. — in lösl. Extrakten v. Rhodospirillum rubrum 49/50-1271; —-Aktivität: d. Rattenniere u. Rattenleber nach Cortisolbehandl. u. Hunger 8-1591; d. Schafsniere (scheinbare kooperative Wrkg. v. Acetyl-CoA) 43-1207; Wrkg. v. D_2O auf d. Bldg. durch Aspergillus niger 44-1387; Trenn. v. — aus Äpfelfrüchten mit Polyvinylpyrrolidon 3-1276; Beteilig. v. Acetyl-Coenzym A an d. —-Rk. 35-1344; in vitro-Effekt v. Cortison auf — 14-1567.

Pyruvat: CO_2-Ligase

s. *Pyruvat-Carboxylase.*

Pyruvat-Decarboxylase (Brenztraubensäure-Decarboxylase)

—-Aktivität: d. keimenden Samen 33-1460; v. Pyruvat-Dehydrogenase aus Mitochondrien d. Rinderniere 37-1232; Isolier.: aus α-Ketoglutaratdehydrogenier.-Komplexen aus Schweineherzmuskel 38-1347; u. Charakteristika d. —-Komponente d. Pyruvatdehydrogenase d. Muskels 39-1207.

Pyruvat-Dehydrogenase (Brenztraubensäure-Dehydrogenase, Pyruvat-Reduktase)

Vork. in südamerikan. Trypanosoma u. Leishmania 7-1352; —-Aktivität d. Membran v. Micrococcus lysodeikticus (Einfl. v. Lipase u. Phospholipase) 11-1310; — v. Aerobacter aerogenes (Reinig., Rk.) 28-1301; Wrkg. v. Fettsäuren, Alloxandiabetes u. Fasten auf — im Herzen u. in Zwerchfellmuskeln 32-1630; —-Aktivität in d. Muskulatur v. Ascaris lumbricoides var. suis 42-1506; Vork. in β-Hydroxybuttersäureapo-Dehydrogenase aus Mitochondrien 38-1270; Mutat.-bedingte Synth. enzymat. inakt. Komponenten d. — v. E. coli K *12* 9-1252; supramol. Organisat. v. — 10-1333; Zerleg. in *3* Komponenten 11-1282; makromol. Organisat. d. — aus Mitochondrien d. Rinderniere 37-1232; Isolier. u. Charakteristika v. *3* Komponenten d. — d. Muskels 39-1207; Einfl.: v. 2.4-Dinitrophenol auf — aus Rattenherzgewebe 18-1263; v. Chloramphenicol auf d. — v. E. coli u. Proteus vulgaris 18-1264.

Pyruvat-Kinase (ATP: Pyruvat-Phosphotransferase, Brenztraubensäure-Kinase)

Geh. in Hefe (Einfl. v. Glucose) 20-1356; —-Niveau in einigen Koniferen (Vgl.) 1-1429; —-Aktivität: in keimender Sommergerste 2-1487; in d. Epidermis bei Psoriasis vulgaris 3-1619; in isolierten Rattenlebernukleolen 20-1351; *2* Arten v. — in Rattenleber 33-1307; —-Mangelerschein. (Screening-Verf. zur Feststell.) 37-1222; —-Aktivität: d. Erythrozyten (bei nicht sphärozyt. kongenital hämolyt. Anämien) 44-1261; (nach Wärmeeinw.) 46-1466; im Dentin beim Rind verschiedenen Alters 47-1228; roter Blutzellen bei Konservier. in ACD- u. Citrat-freien Stabilisatoren 49/50-1417; Phosphofructokinase in gerein. Präp. aus Rattenleber mit hoher —-Aktivität 12-1341; Aktivier. d. Hefe-— durch Fructosediphosphat 34-1334.

Substratgeh. als ein regulierender Faktor d. Synth. in höheren Pflanzen 24-1390; Darst. reinster Myokinase-freier — aus Kaninchenmuskel 23-1275.

Cofaktordissoziat.-Konst. (Best. aus d. Kinetik d. Hemm.) 6-1269; mol. Unterschiede zwischen Human-Erythrozyten- u. Leukozyten-— 13-1336; Dissoziat. u. Struktur d. Untereinh. v. — aus Muskel 23-1276; Wrkg. v. einwert. Kationen auf d. immunelektrophoret. Verh. 12-1345.

Phosphoenolpyruvat als Substrat d. alkal. Phosphatase u. Konkurrenz mit d. — 10-1361; Globinsynth. bei —-Mangel in vitro 16-1502; Nucleotidwechselwrkg. mit — 39-1217; Rolle bei d. Oszillat. d. Gär. in zellfreien Extrakten v. Saccharomyces carlsbergensis 39-1283; Einfl. auf d. Einbau v. Aminosäure-C in Proteine durch Mitochondrien d. Schaf-Thyreoidea 2-1242; Rolle bei d. Erythrozytenglykolyse 3-1536; Einfl. eines —-Syst. auf d. Frühwrkg. v. in vivo injiziertem Corticosteron auf d. Aminosäure-Inkorporat. durch Rattenlebersyst. 37-1419; geschwindigkeitsbestimmende Wrkg. bei d. Erythrozytenglykolyse 42-1444.

Wrkg.: v. Alkaliionen auf d. — v. Saccharomyces cerevisiae 3-1385; v. 2.4-Dinitrophenol u. Salicylat auf — 7-1428; $N_{(6)}$-Benzyladenin als Inhibitor d. — 12-1338; Hemm. d. —: d. Gehirns durch Diisopropylphosphorylfluorid 38-1292; im Kaninchenmuskel durch d. 6-Aminonicotinamid-Analoge v. NAD 38-1297; durch Be-Salze 46-1242.

Verw.: zur Best. v. Glycerin in Beerensaft u. Wein 5-2184; zur Best. v. cycl. Adenylat in Geweben 14-1317; Analyse v. Adenosintriphosphatase mit — 23-1299; Best. v. Kreatinkinase-Aktivität mit Hilfe v. — 34-1335.

Pyruvat-Oxydase

Krist. — aus E. coli (Isolier. u. Eig. d. Flavoproteins) 44-1281; Red. v. Dehydroascorbinsäure mit d. — in E. coli K$_{12}$ u. Taubenherzmuskel 23-1256; histochem. Nachw. 34-1365.

Pyruvat-Reduktase

s. *Pyruvat-Dehydrogenase.*

Pyruvat-Synthetase

Pyruvatsynth. durch eine teilgereinigte — v. Clostridium acidi-urici 26-1340.

Raffinose-Saccharose-Transgalaktosidase

— aus Weizenkeimen 31-1205.

Reduktasen

s. *Dehydrogenasen.*

Renin

Konz. im Plasma im Verlauf v. *24* Std. 11-1557; arterieller Hochdruck u. Geh. im Plasma 18-1506; Geh. d. Rattennieren nach längerer Behandl. mit Formalin oder ACTH 18-1508; —-Aktivität d. Niere bei Ratten mit spontaner Hypertens. 33-1542; — in d. verschiedenen Schichten d. Kaninchenuterus 33-1572; Geh. in d. Nieren bei Anguilla japonica 40-1519; —-Aktivität d. Plasmas (Wrkg. v. Äthinylöstradiol) 47-1400.

Bldg. im Kreislauf d. Hundes 19-1564; renale Bldg. nach experimentellem Niereninfarkt 28-1547; Einfl. d. Infus. v. Brenzcatechinaminen u. Angiotensin II auf d. Freisetz. v. — in anästhesierten Hunden 30-1408; Extrakt., Reinig. u. Acetylier. v. menschl. — u. d. Bldg. v. Antirenin gegen menschl. — 20-1543; Reinig. v. Schweine-— 16-1315.

Kinetik d. —-Substratrk. bei Verw. eines synthet. Substrates 46-1289; Wrkg. v. Aminopeptidase auf d. durch — erzeugten renalen Hochdruck d. Ratte 27-1289; unterschiedl.

d. Lichts auf d. Bldg. in Roggenkeimlingen 31-1320; Rolle im Pentosestoffwechsel bei Candida utilis 38-1338.

Ribose-5-phosphat-Ketolisomerase

s. *Ribosephosphat-Isomerase.*

Ribose-5-phosphat-Pyrophosphokinase

Inosinmonophosphatbldg. über d. --Rk. in kältegelagerten u. frischen Erythrozyten 37-1463; --Rk. bei d. Bldg. v. Inosinmonophosphat in menschl. Erythrozyten aus Inosin nach phosphorolyt. Spalt. 49/50-1416.

D-Ribulokinase

– in höheren Pflanzen 19-1307.

Ribulose-1.5-diphosphat-Carboxylase

s. *Carboxydismutase.*

Ricinin-Nitrilase

Rk.-Prod. u. Substratspezifität 12-1402; Reinig. u. Eig. 12-1403.

RNase (I)

s. *Ribonuclease (I).*

RNase A

s. *Ribonuclease A.*

RNase S

s. *Ribonuclease S*

RNase, saure

s. *Ribonuclease, saure.*

RNase T_1

s. *Ribonuclease T_1.*

RNase T_2

s. *Ribonuclease T_2.*

RNS-Depolymerase

Abbau v. Nucleinsäuren zu Mononucleotiden durch – aus Hefen 6-1341; Depolymerisier. v. mikrosomaler rasch markierter RNS durch – während d. Isolier. u. ihr Sedimentat.-Verh. 46-1179.

RNS-Methylase

Speziesverschiedenh. 2-1360; – bei d. Methylier. v. Transfer-RNS 2-1265; (während d. Metamorphose d. Insekten) 28-1611.

RNS-Nucleotidyltranferase (Replicase, Ribonucleinsäure-Nucleotidyltransferase, Ribonucleosidtriphosphat-RNS-Nucleotidyltransferase, RNS-Polymerase, RNS-Replikase)

Zusammenhang zwischen d. v. DNS abhäng. lösl. – u. d. „aggregierten" – 46-1306. --Aktivität bei mit Bakteriophagen T2 infizierten E. coli 6-1201; – aus Azotobacter vinelandii 24-1323; DNS-abhäng. – Polymerase in Zellkernen v. Physarum 46-1160; --Aktivität: in El. coli (Einfl. v. Thyminmangel) 47-1134; in wärmeempfindl. Mutanten v. E. coli 48-1103; – in Pseudomonas aeruginosa (Einfl. v. Pyocin) 49/50-1293; --Aktivität in Chloroplasten v. Bryophyllum daigremontianum 48-1161; – in Rattenleberkernen (Stimulier. durch Cortisol) 4-1309; lösl. u. „aggregierte" Zellkern-- nach partieller Leberresekt. 12-1348; --Aktivität: in Mitochondrien tier. Zellen 16-1272; v. HeLa-Kernen (regulierende Rolle d. Proteinsynth.) 18-1333; d. Rattenthymus (Rk. auf Cortisol-Injekt.) 19-1528; Geh. in isolierten Rattenleber-Zellkernen 20-1351; DNS-abhäng. --Aktivität im Rattenuterus (Einfl. v. Östrogen) 22-1400; Wrkg. d. Vermehr. v. Mengovirus auf d. --Aktivität d. Wirtszelle 26-1392; – in Zellkernen v. Hirn u. Leber 30-1235; Einfl. d. Kastrat. auf d. Aktivität v. DNS-abhäng. – experimenteller Prostatatumoren 32-1266; --Aktivität: in Kernen regenerierender Leber 33-1240; bei gedehnten u. zusammengezogenen Chromosomen 36-1195; Ähnlichk. u. Unterschiede bei d. Stimulat. d. – durch Thyreoidhormone, Wachstumshormon u. Testosteron 16-1181.

Spezif. Matrizenerfordernisse für d. Bldg. d. – aus mit RNS-Phagen infizierten E. coli 1-1232; Bldg. mit synthet. Polyribonucleotiden als Matrizen 2-1359; Inaktivität v. gerein. RNS aus Reovirus als Template für d. Bldg. in E. coli in vitro 10-1266; synthet. Desoxyribopolynucleotide als Matrizen für d. --Bldg. 13-1275; Influenza-Virus induzierte Bldg. (Wrkg. v. Actinomycin D) 14-1478; Wrkg. v. Hydroxylamin auf Polynucleotidbausteine für – 15-1324; Virus-induzierte – in mit Encephalomyocarditis-Virus infizierten Asziteszellen 20-1225; T4-DNS als Matrize für d. Bldg. d. – aus E. coli 20-1296; Bldg. durch Einw. v. p-Fluorphenylalanin auf Poliovirus 21-1458; Mengovirus-induzierte – (Eig.) 26-1393; Konkurrenz zwischen – u. DNS-Polymerase um d. Matrizen-DNS 34-1254; Einbau v. ^{14}C aus ^{14}C-ATP in Histon in – 12-1335; Isolier: aus mit d. RNS-Bakteriophagen Qβ infizierten E. coli [Rk.) 4-1210; aus mit d. Mosaikvirus d. gelben Rübe infizierten Kohl (Rk.) 24-1240; aus d. Rübengelbmosaikvirus 49/50-1241; u. Eig. d. – aus Hoden 44-1317.

Physikal. Eig. 33-1309, 49/50-1176; Sedimentat.-Eig. 38-1299.

Bind. an DNS 40-1213; Komplexe v. – u. λ-DNS 51/52-1126; Nucleosidtriphosphatendung in – u. d. Synth. v. RNS 1-1224; Synth. einer selbstvermehrungsfäh. u. infektiösen Nucleinsäure mit – aus Bakteriophagen-infizierten E. coli 1-1233; RNS-Bldg. durch Virus-RNS abhäng. – 6-1191, 6-1192; Wrkg. v. – v. E. coli auf d. ^{14}C-Aminosäureeinbau in Proteinfrakt. 6-1305; Mechanismus d. DNS-Replikat. mit bifunktioneller – 13-1279; Verwert. v. DNS durch – nach Behandl. mit Mitomycin C oder UV 13-1280; Kopier. d. DNS bei d. --Rk. 17-1223; Charakterisier. v. durch – in mit Encephalomyocarditis Virus infizierten Asziteszellen gebildeten Prod. 20-1226; Wechselwrkg. zwischen – u. bestrahlter DNS 20-1294; Rolle bei d. Genregulat. während d. Entw. d. Bakteriophagen T4 21-1254; Eig. d. Rk. d. Starter-DNS mit Micrococcus lysodeikticus- – 21-1393; RNS-gestartete RNS-Synth. mit Micrococcus lysodeikticus-– 21-1394; durch – katalysierte Synth. v. Polyadenylat u. Polyuridylat 24-1324; Transskript. v. Einstrang-DNS durch – 26-1247; Einbau v. 3'-Desoxyadenosin-5'-triphosphat in RNS durch – aus Micrococcus lysodeikticus 26-1252; Unterdrück. d. Synth. v. RNS durch Antibiotikum *6270* in bakteriellen u. tier. Zellen durch Inhibier. v. – 27-1370; in vitro-Synth. einer infektiösen Mutanten-RNS mit normaler – 32-1225; „Nearest neighbour"-Analyse d. Prod. d. durch – aus E. coli katalysierten Rk. 33-1234; Synth. eines zirkularen DNS–RNS-Hybriden durch – aus E. coli 34-1252; Nucleosidtriphosphatende d. nach Rk. in Ggw. v. – gebildeten Ribonucleinsäure 34-1263; Rolle bei d. RNS-Synth. in Polio-infizierten Zellen 42-1131; Matrizenfunkt. v. Apurinsäure im --Syst. bei d. Bldg. v. Polyribonucleotiden 42-1135; Spezifität d. RNS-Synth. in vitro im --Syst. bei Phageninfekt. 45-1145; Inkorporat. v. 5.6-Dihydrouridintriphosphat in RNS durch DNS-abhäng. – 45-1146; in vitro-Stimulier. d. E. coli-–-abhäng. RNS-Synth. durch Ribosomen 46-1173; Einfl.: v. 3'-Desoxyadenosin- u. 3'-Amino-3'-desoxyadenosin-5'-triphosphat auf DNS abhäng. Polyadenylsäuresynth. durch – aus Micrococcus lysodeikticus 46-1226; auf d. Synth. v. Ornithintranscarbamylase in E. coli 48-1204; Synth. v. infizierender RNS mit einer nach Größe u. Dichte gerein. Qβ-Phage-– 49/50-1312.

Derepress. d. DNS-abhäng. – mit Steroiden 4-1310; Hemm. in vitro durch Streptonigrin 7-1338; Wrkg. v. Cystamin u. Cystaminderiv. auf d. DNS-abhäng. – 9-1377; Wechselwrkg. v. Stilbamidin mit d. Nucleinsäuren u. ihr Einfl. auf – 16-1175; Inaktivier. v. gerein. E. coli-– durch Transfer-RNS 20-1295; Wrkg.: v. Actinomycin D auf d. – in Novikoff-Hepatomzellen 24-1273; v. antimikrobiellen Mitteln auf d. – 26-1255; Hemm. durch 5-Hydroxyuridin-5'-triphosphat 28-1331; Einfl.: v. Inhibitoren d. Protein- u. Nucleinsäuresynth. auf d. Rattenleber-– 28-1332; v. Histonen u. a. Polykationen auf – 32-1254; v. Chinin, Chlorochin u. Chinacrin auf d. – 35-1273; selektive Hemm. in vitro durch synthet. Polyribonucleotide 39-1145; Hemm.: durch Pluramycin A 46-1305; durch Chromomycin A_3 46-1354.

Stör. d. Nachw. in Tabakblättern durch eine Nucleosidase 4-1308; Nachw. in Tiergeweben durch Ammoniumsulfatfraktionier. zellfreier Extrakte 18-1279.

RNS-Phosphohydrolase

Intrazellulare Verteil. d. d. Biosynth. v. Glyceriden katalysierenden – in d. Darmmukosa 36-1369.

RNS-Polymerase

s. *RNS-Nucleotidyltransferase.*

RNS-Replikase

s. *RNS-Nucleotidyltransferase.*

RNS-Synthetase

Existenz v. Phenylalanyl-lösl. – in Neurospora crassa 17-1326.

Saccharase

s. *β-Fructofuranosidase*

Saccharopin-Dehydrogenase (ε-N-(L-Glutaryl-2)-L-Lysin: NAD-Oxydoreduktase)

Eig., Rk. 36-1263.

Saccharose-Fructosyltransferase

– höherer Pflanzengewebe 28-1315.

Saccharose-Glucohydrolase

Chromatograph. Trenn. v. humanen, intestinalen Maltasen mit --Aktivität ¿13-1362.

Saccharose-Permease

--Aktivität in Proteus mirabilis 20-1363.

Saccharose-Phosphatase

Spezif. – aus Pflanzengeweben 12-1364.

Saccharose-Phosphorylase

--Aktivität in auf Sand gezogenen Zuckerrohrarten bei unterschiedl. Angebot an Nitrat u. Phosphat 35-1322; Glucose–Enzym-Komplex bei d. durch – katalysierten Rk. 16-1253.

Saccharose-Synthetase

Substratspezifität 6-1304; Rolle bei d. Stärkesynth. in reifenden Reiskörnern 20-1357.

Saccharose-UDP-Glucosyltransferase

Isolier. u. Eig. aus Erbsenpflanzen 45-1202.

Säure-Hydrolasen

– aus Rinderherzmuskel 23-1289; --Aktivität bei Vitamin-E-Mangelkaninchen 47-1489.

Sarkosin-Dehydrogenase

--Aktivität d. lösl. Anteils leichter u. schwerer Mitochondrien aus Rattenleber 4-1198.

Schardinger Enzym

s. *Xanthin-Dehydr(ogen)ase.*

Scopolamin-Esterase

Hemmwrkg. verschiedener Pharmaka auf d. --Aktivität 30-1597.

SDH

s. *Bernsteinsäure-Dehydrogenase.*

D-Sedoheptulose-7-phosphat: D-Glycerinaldehyd-3-phosphat-Dihydroxyacetontransferase

s. *Transaldolase.*

Sedoheptulose-7-phosphat: D-Glycerinaldehyd-3-phosphat-Glykoaldehydtransferase

s. *Transketolase.*

Serin-Aldolase

s. *Serin-Hydroxymethyltransferase.*

D-Serin-Dehydratase (D-Serin-Hydrolase)

–: aus Hühnernieren (Rk., Eig.) 24-1379; aus Regenwurmgeweben 43-1206.

Serin-Dehydr(ogen)ase

--Aktivität: in d. Leber 16-1223; d. Fettleber infolge v. Aminosäuremangelernähr. 43-1469; Zusammenhang zwischen Nahr.-Zus. u. --Aktivität in d. Rattenleber 42-1251; Vork. v. d- u. *l*-– in d. Leber u. Niere d. Hühnerembryos 47-1225; krist. D-– (Isolier., Eig., Rk.) 28-1392; Reinig. u. Eig. d. D-– aus E. coli 28-1393.

Serin-Desaminase

s. *Cystathionin-Synthetase.*

„Serin"-Enzyme

Histidin-Sequenzen in d. akt. Zentren d. – 19-1328.

D-Serin-Hydrolase

s. *D-Serin-Dehydratase.*

Serin-Hydroxymethylase

s. *Serin-Hydroxymethyltransferase.*

Serin-Hydroxymethyltransferase (Glycin-Hydroxymethylase, Serin-Aldolase, Serin-Hydroxymethylase)

Tetrahydrofolat-abhäng. --Aktivität v. Erythrozyten bei Formiminotransferasemangel-Syndrom 37-1287; Vork. in d. Leber

parin, Heperinoiden u. a. elektronegativen Verb. auf d. in vitro- -Fibrinogen-Umwandl. u. auf d. Blutgerinn.-Zeit 30-1468; v. Papaverin auf d. durch – induzierte Freisetz. biogener Amine 31-1526; auf d. Blutplättchenglykolyse 32-1604; v. Ellagsäure auf d. durch – induzierte hämorrhag. Syndrom bei d. Ratte 34-1568; enzymat. Wrkg. (Übersicht) 34-1569; Freisetz. v. Adenosindiphosphat aus Blutplättchen durch – 36-1345; biochem. Eig. d. v. Fibrinogen mit Mn(II)-Chlorid u. – abgetrennten menschl. Antihämophiliefaktors 42-1456; vielfält. Spezifität für synthet. Substrate 44-1371; fibrinolyt. Aktivität v. Thrombinum purum 45-1460.

Hemm. durch Plasmin-behandeltes Fibrinogen 12-1578; Einfl. v. Hemoclar auf – 17-1533.

Agarphorese v. Rinder- – 17-1531; Titrat. v. akt. Stellen in – -Lsg. (Standardisier.) 36-1344; Verw. bei d. Modellunters. zur fermentativen Löslichk. v. Fibrin im histolog. Schnitt 20-1532; Best.: d. fibrinolyt. Aktivität d. Harns mit – 30-1467; v. Faktor VIII mit d. – -Test 34-1564; Trenn. v. Faktor VIII v. Fibrinogen mit – u. $MnCl_2$ 49/50-1421; s. auch *Enzympräparate, Topostasin**).

Antithrombine: Verh. v. Antithrombin III bei Nierenkrankh. 9-1619; Veränder. d. Geh. an Antithrombin II u. III im Blut bei Schwangeren mit rheumat. Herzfehler 42-1460; Wrkg. v. Hemmstoffen d. Fibrinproteolyse auf d. Aktivität v. Antithrombin VI in gespeichertem Citratblut 42-1465; Erhöh. d. Blut- – -Spiegels im Verlauf d. Cumarinbehandl. 42-1473; Wrkg. permanenter Antikoagulat.-Behandl. auf d. – im Serum 42-1474; Änder. v. Antithrombin II bei d. Blutgerinn. 7-1659; Inaktivier. v. Antithrombin durch Ae. (Beweis gegen d. Existenz v. Antithrombin IV) 7-1664.

Thrombokinase (Thromboplastin)

– aus Rinderplasma 20-1362; Geh. an Plasma- – -Komponenten (Wrkg. v. Lagochilus) 26-1661; – -Aktivität im Blut bei Frauen während d. Schwangerschaft, Geburt u. d. Wochenbettes 42-1459; Geh. im Blut bei Schwangeren mit rheumat. Herzfehler 42-1460; thromboplast. Wrkg. d. Lipide menschl. Thrombozyten 1-1594; ein neuer Plasma- – -Faktor (Fallbericht, Gerinn.-Unters. u. physikochem. Eig.) 30-1463; Korrelat. d. chem. Struktur u. d. – -Aktivität v. Phospholipiden 30-1465; – -Aktivität d. Milch 30-1464.

Bldg.: bei mit Tetracyclin-behandelten Patienten 2-1714; im menschl. Körper 47-1448; Einfl. d. Giftes v. Echis colorata auf d. innere Erzeug. 51/52-1425.

Aktivier. v. Proaccelerin durch Rinder- – 32-1401; – -induzierte Hyperkoagulierbark. u. ihre Verhüt. 48-1443.

Wrkg.: v. Hemoclar auf – 17-1533; v. Baldrian auf – 17-1641; Plasma- – -Inhibitor (Best.) 18-1535; Hemm. durch organ. Phosphate unter Mitwrkg. eines Ca-Komplexes 29-1514.

Gebrauch eines stabilisierten Partial- – -Reagenz im Partial- – -Test 1-1588; – -Bldg.-Test mit Styptanon 23-1435; Mess. d. Plasma- – -Vorstufe (Faktor XI) 31-1520; diagnost. Mittel zur Best. d. Blutgerinn.-Faktoren mit Geh. an Gewebe- – 38-2004*.

Thromboplastin

s. *Thrombokinase.*

Thymidindiphosphat-4-Epimerase (TDPG-4-Epimerase)

NADP-abhäng. Ox. v. Thymidinphosphatglucose durch ein – -halt. Enzymsyst. d. Zuckerrübe 34-1312.

Thymidindiphosphat-4-keto-6-desoxy-D-glucose-Transaminase

Reinig. u. Eig. v. – aus E. coli 44-1305.

Thymidin-Kinase (ATP: Thymidin-5'-Phosphotransferase, Thymidin-Phosphokinase)

– -Aktivität: im synchronen Mitosezyklus v. Physarum polycephalum 8-1389; Entw. d. Resistenz v. Herpesvirus gegen 5-Jod-2'-desoxyuridin durch Fehlen d. – 43-1257; – -Aktivität: nach Infekt. mit Herpes simplex-Virus 4-1391; während d. Zellzyklus in synchronen Polulat. v. HeLa-Zellen 8-1315; Abfall in Mäusefibroblastenzellen während d. stationären Phase 12-1342; – -Aktivität v. Mäuseembryonalzellen bei Infekt. mit Polyoma-Virus 26-1312; – -Mangel-BHK-Zellen 32-1473; – -Aktivität: in synchronisierten HeLa-Zellkulturen 38-1209; in d. Seidenraupe Antheraea pernyi 38-1296; in 5-Azacytidin-intensiven u. -resistenten Mäuseleukämiezellen 45-1170; in d. Nierenzellen d. menschl. Embryos u. d. Hamsters unmittelbar nach d. Geburt durch Infekt. mit Adenovirus *5* u. *12* d. Menschen 49/50-1173; im wachsenden Hühnerembryo 51/52-1158.

Einfl. v. Puromycin u. Fluorphenylalanin auf d. Indukt. durch Vaccinia-induzierte L-Zellen 12-1343; Bldg. durch SV *40* 33-1238; period. Synth. in Mäusefibroblasten 33-1306; Steuer. v. virusinduzierter – 49/50-1314.

Hemm. d. – in Leber u. Hepatomen durch Thymidintriphosphat u. Desoxycytidintriphosphat 2-1329; Wrkg. d. Ganzbestrahl. u. v. Aminoäthylthioharnstoff auf d. – in d. sich regenerierenden Leber 3-1651; – -Inhibitoren 4-1304, 4-1305; Beeinfluss. d. – in transplantablen Rattenhepatomen 6-1216.

Serolog. Analyse d. – in mit Pseudorabies-Virus infizierten u. in nicht infizierten Zellen 20-1350.

Thymidinmonophosphat-Kinase

s. *Thymidylat-Kinase.*

Thymidin-Phosphokinase

s. *Thymidin-Kinase.*

Thymidin-Phosphorylase

– -Aktivität in d. Blutzellen d. Menschen in d. Norm u. bei Leukose 11-1550; Indukt. bei Fehlen v. Thymin bei E. coli 4-1292.

Thymidylat-Dehydrogenase

Subzelluläre Verteil. in d. Rattenleber 20-1277.

Thymidylat-Kinase (Thymidinmonophosphat-Kinase)

Vork. bei Mutanten d. Bakteriophagen T_2 u. T_6 26-1396; – -Aktivität während d. Zellzyklus in synchronen Populat. v. HeLa-Zellen 8-1315; Vork. in humanen Erythrozyten 21-1386; – -Aktivität: in d. Seidenraupe Antheraea pernyi 38-1296; im wachsenden Hühnerembryo 51/52-1158; Umwandl. v. Thymidin-3'-monophosphat in Thymidin-3'-diphosphat u. -3'-triphosphat mit – 35-1318; Beeinfluss. d. – in transplantablen Rattenhepatomen 6-1216; serolog. Analyse d. – in mit Pseudorabies-Virus infizierten u. in nicht infizierten Zellen 20-1350.

Thymidylat-Synthetase

– (Übersicht) 18-1277; – -Aktivität in Mäusefibroblastenzellen während d. stationären Phase 12-1342; Synth. v. Phagen induzierter RNS u. – -Produkt. 14-1284; Imitat. d. 5'-Phosphoribosylbind. v. 2'-Desoxy-5-fluor-5'-uridylsäure an – (versuchte Nachahm. mit Nucleosid-5'-carbamaten) 46-1241; Einfl. v. Modifikat. d. Brücke zwischen d. Pyrimidin- u. d. Phenylanteil v. 2-Amino-5-[3-anilinopropyl]-6-methyl-4-hydroxypyrimidin auf d. Hemm. v. – 2-1615; Homofolsäure als selektiver Inhibitor d. – aus E. coli 5-1181; Beobacht. über d. Art d. Pyrimidylbind. an – durch Inhibitoren v. Typ d. 2-Amino-5-[3-anilinopropyl]-6-methylpyrimidinol-(4) 31-1189; Einfl. v. N^4-Hydroxy-2'-desoxycytidin auf d. – 34-1295; Blockier. v. – bei C *57*/Br-Mäusen durch 5-Fluoruracil im Rhabdomyosarkom 40-1230; in vivo-Vers. zur Synchronisat. d. DNS-Synth. in malignen menschl. Zellen durch 5-Fluoruracil als – -Hemmer (autoradiograph. Unters.) 40-1232; Hemm. d. – in Ehrlich-Asziteskarzinomzellen durch Pyrimidin-Analoge 41-1231.

Thymidilat-Synthetase II

Wrkg. v. Tetrahydrofolsäureanalogen auf – 39-1504.

Thyroxin-Peroxydase

Ox. v. Thyroxin mit – 37-1434.

N^{α}-*p*-Tosylargininmethylester-Esterase

Fluorometr. Best. im Plasma 33-1337.

TPN-Dehydrogenase

s. *NADP-Dehydrogenase.*

TPN-Diaphorase

s. *NADP-Diaphorase.*

TPNH-Cytochrom c-Reduktase

s. *(NADPH-)Cytochrom c-Reduktase.*

TPNH-Diaphorase

s. *NADPH-Diaphorase.*

Transacetylasen

s. *Acyltransferasen.*

Transaldolase (Dihydroxyaceton-Transaldolase, D-Sedoheptulose-7-phosphat: D-Glycerinaldehyd-3-phosphat-Dihydroxyacetontransferase)

– in zellfreien Extrakten v. Nitrobacter agilis (Weg d. CO_2-Einbaus) 6-1329; – -Aktivität bei Erythrozyten im Falle angeborener nichtsphärozyt. hämolyt. Anämie 23-1497; physiolog. Bedeut. d. simultanen Angriffs d. Fructose-6-phosphats durch – 40-1285; Abschätz. d. Anteils v. Stoffwechselwegen am Glucosestoffwechsel u. d. – -Rk. 40-1286; Wrkg. d. Adrenalektomie auf d. Verh. d. – d. Leber nach Nicotinamidgaben bei d. Ratte 41-1552.

Transamidasen

s. *Transaminasen.*

Transamidinasen

Spezielle – s. unter d. eigenen Stichwort.

Hormonale Regel. d. – in d. Rattenniere (Wrkg. v. Wuchshormon bei d. hypophysektomierten Ratte) 42-1361; d. Niere bei d. Ratte (Wrkg. v. Nebennieren-Steroiden u. Schilddrüsenhormon) 42-1391; Wrkg. d. Dinitrophenylier. auf d. katalyt. Aktivität d. – d. Schweineniere 47-1203; Kinetik u. Spezifität d. – in Streptomyces griseus 3-1301; Bezieh. zwischen – -Aktivität v. Streptomyces griseus u. d. Biosynth. v. Streptomycin 3-1302; Rolle bei d. RNS-Synth. in Polio-infizierten Zellen 42-1131.

Transaminasen (Aminopherasen, Aminotransferasen, Transamidasen)

Spezielle – s. unter d. eigenen Stichwort.

– aus Agrobacterium 5-1368; – -Aktivität: verschiedener Trichomonasstämme 13-1419; höherer Pflanzen (Wrkg. v. Hydrazin) 9-1369; in Mais u. Rettich (Wrkg. v. Fe) 21-1502; im Blut v. Hunden vor u. nach Vergift. mit CCl_4 4-1358; im Knochenmark v. Kaninchen 13-1340; im menschl. Endometrium 14-1395; im Blutserum bei akutem Herzinfarkt 17-1526; im Schweineherz 19-1306; d. Pansenfl. bei Wiederkäuern 21-1623; Einfl.: v. Geschlechtshormonen auf d. – -Spiegel 32-1327; v. künstl. erhöhter Körpertemp. auf Serum- – (Studium d. Leberfunkt.) 35-1651; – u. Thyreohormone 39-1431; Serum- u. Thymus- – -Aktivität v. AKR-Mäusen mit lymphat. Leukämie 44-1232; – -Aktivität: in AKR-Mäusen mit lymphat. Leukämie (Wrkg. v. Cortisonacetat) 44-1233; im Rattenplasma in abgeschlossener Atmosphäre 44-1308; Plasma- – -Aktivität d. für d. Bldg. unlösl. Fibrins verantwortl. Enzyms 32-1394; Aktivier. durch Glyoxylat 30-1239.

Transaminier.: in d. Röhrenknochen v. Küken 22-1532; im Gehirn u. Plasma neugeborener Kaninchen 28-1317; Mechanismus d. Transaminier. 40-1293; Transaminier. unter Beteilig. v. Histidin in hämolysierten menschl. Erythrozyten 49/50-1413; Bldg. v. Glycin aus Glyoxylat in Micrococcus denitrificans durch – 32-1456; immunolog. Unters. an Schweineherz- – 9-1368.

Einfl. v. Lidoflazin auf d. Serum- – 1-1782; Hemm. bei d. Hydroxylaminvergift. 7-1763; Einfl.: d. Neutronenbestrahl. auf d. – d. Zentralnervensyst. u. d. Skelettmuskeln 21-1685; d. Röntgenstrahlen u. v. Embitol auf d. – 34-1677; Signifikanz d. Veränder. d. Serum- – bei d. Beurteil. neuer Arzneimittel 35-1762; Einfl.: biogener Stimulatoren auf – 37-1255; v. D- u. L-Penicillamin auf – 41-1260; – v. Hymenolepis mana u. ihre Beeinfluss. durch einige Präp. 42-1633; Mechanismus d. Inhibier. v. – durch Salicylat 43-1179; Einfl.: v. A. auf d. – in d. linken Herzkammer 44-1624; tox. Dosen v. Diäthylnitrosamin auf d. – d. Rattenleber 45-1167.

Best. 15-2071; Mikrobest. durch Fl.-Szintillat.-Zähl. 21-1377; gekoppeltes Rk.-Syst. zur Best. v. – 48-1209; Latextest zur Best. v. – 51/52-1423; kolorimetr. Best. v. Serum- – 1-1285; Erfahr. mit einer neuen einfachen Meßmeth. mit u. ohne Photometer zur Best. v. Serum- – als Siebtest 15-1248; Nachw. v. Hepatotoxizität durch Best. d. – 4-1613.

Isozyme d. Transaminasen: Unterschiede bei d. Indukt. 5-1311; biolog. Bedeut. 37-1289.

Trans-*N*-Desoxyribosylase

s. *Trans-N-Glykosidase.*

Transeliminase

Na-Polygalakturonatabbau durch – v. Pseudomonas fluorescens 49/50-1207.

Transferase I

Katalyse d. Phosphorylier. v. Muskelphosphorylase u. – durch separate Enzyme 21-1380.

Transferase II

Wechselwrkg. zwischen lösl. Aminoacyl-RNS u. – bei d. Proteinsynth. 9-1298.

Transferasen

Spezielle – s. unter d. eigenen Stichwort.

Einfl. v. Vitamin-A_1-Mangel auf d. – -Aktivität d. Leber 15-1561; – in induzierte u. weitergezüchtete Lungentumoren d. Maus 36-1222; – -Aktivität v. NAD(P)-Nucleosidase im Gehirn verschiedener Tierarten 27-1284; Eig. u. Rk. v. – aus Kaninchenmuskel 12-1363; Ergebnisse d. transformierenden Wrkg. verschiedener Substrate auf homologe Gewebe-DNS 29-1172.

Transferrin-Peptidase

Hydrolyse v. menschl. Transferrin mit – 33-1621.

Transfructosylasen

Transfructosylier.: in Helianthus tuberosus-Knollen mit – 16-1387; im lebenden Gewebe v. Helianthus tuberosus mit – 43-1292.

Transgalaktosidasen

Bedeut. d. Transgalaktosidier. mit – für d. Indukt. d. Lactose-Operons bei E. coli 48-1287.

Transglucosidase

Bldg. in Kulturen v. Endomycopsis capsularis 26-1358; submerse Kulturen v. Aspergillus zur Erzeug. v. Glucoamylase u. Beseitig. v. – 29-1257; Kristallisat. d. – v. Aspergillus niger 25-1229; Rk.-Mechanismus d. krist. – v. Aspergillus niger 25-1230.

Transglucosylasen

s. *Glucosyltransferasen.*

Transglutaminase

s. *Glutamyltransferase.*

Trans-*N*-Glykosidase (Trans-*N*-Desoxyribosylase)

Vork. in Mutanten v. Bacillus anthracis 2-1386; Hemm. durch 2.4-Dichlorphenoxyacetat an Skelettmuskel u. Leber d. Ratte 25-1287.

Transglykosylasen

s. *Glykosyltransferasen.*

Transhydrogenase

s. *NAD{P}-Transhydrogenase.*

Transketolase (Glykoaldehyd-Transketolase, Sedoheptulose-7-phosphat: D-Glycerinaldehyd-3-phosphat-Glykoaldehydtransferase)

– in zellfreien Extrakten v. Nitrobacter agilis (Weg d. CO_2-Einbaus) 6-1329; – -Aktivität: in Gewebekulturen v. Nicotiana (Wrkg. v. Indolylessigsäure u. Kinetin) 13-1320; im Blut (Wrkg. v. Vinythiamin u. Thiamin) 10-1654; in Geweben v. Meerschweinchen mit experimenteller Diphtherietoxämie 14-1343; u. Sulfhydrylgruppen 21-1378; bei Erythrozyten im Falle angeborener nichtsphärozyt. hämolyt. Anämie 23-1497; Zusammenhang zwischen d. Thiaminbedarf d. Menschen u. d. – -Aktivität im Erythrozytenhämolysat 26-1590; – -Aktivität d. Gewebes bei experimentellem Herzinfarkt 30-1508; Wrkg. d. Adrenalektomie auf – d. Leber nach Nicotinamidgaben bei Ratten 41-1552; – bei akuter Strahlenkrankh. d. Hundes 45-1532; Wrkg. d. Lichts auf d. Bldg. in Roggenkeimlingen 31-1320; Photoinaktivier. 18-1271; physiolog. Bedeut. d. simultanen Angriffs d. Fructose-6-phosphats durch – 40-1285.

Transmethylasen

s. *Methyltransferasen.*

Trehalase

Intrazelluläre – einer hybriden Hefe 4-1366; – in Konidien v. Aspergillus oryzae 35-1335; Vork. bei Melolontha melolontha 6-1281; – -Aktivität im Darm d. menschl. Fetus 13-1352; Reinig. u. Eig. v. – ausDictyostelium discoideum 24-1344; papierchromatograph. Best. d. – d. Dünndarms bei Menschen 13-1361; Lokalisat. in Extrakten aus Neurospora nach Elektrophorese in Polyacrylamidgelen 26-1337; einstuf. Ultramikrometh. für d. Prüf. auf intestinale – 32-1392.

Tributyrinase

– in Leber u. Niere bei Aminonucleosid- u. Alloxan-geschäd. Ratten nach Cholesterin- u. Eiweißbelast. 10-1680; anomale Wrkg. organ. P enthaltender Insektzide auf d. – 29-1648.

Triglycin-Peptidase

Best. d. Spalt. v. Triglycin mit – 29-1262.

Trimethylacetyl-α-chymotrypsin

Wechselbezieh. d. pH (pD)-Abhängigk. u. d. stufenart. Mechanismus d. mit α-Chymotrypsin katalysierten Hydrolyse v. – 24-1357.

Trimethylamin-*N*-oxid-Reduktase

Intrazellulare Lokalisier. u. Eig. v. – in Vibrio parahaemolyticus 17-1295.

Triosephosphat-Dehydrogenase

s. *Glycerinaldehydphosphat-Dehydrogenase.*

Triosephosphat-Isomerase

Einfl. v. Glucose auf d. Geh. in Hefe 20-1356; – -Niveau in einigen Koniferen (Vgl.) 1-1429; – v. Erbsensamen 2-1357; – -Aktivität in d. Rattenleber bei Schilddrüsenüberfunkt. 7-1615; – -Mangelerschein. (Screening-Verf. zur Feststell.) 37-1222; – -Aktivität: in d. Erythrozyten nach Wärmeeinw. 46-1466; Moffitt-Konst. u. Cotton-Effekt 21-1248; – -Rk. in keimender Sommergerste 2-1488; Aktivität u. d. Glucose-Stoffwechsel in Fettgewebe in vitro 2-1633; Bind. an d. Zellmembranfrakt. v. roten Blutkörperchen u. Hefe 4-1351; Stimulier. eines – enthaltenden rekonstruierten Glykolysesyst. 32-1344; Verw. v. $^{3}H_{(2)}$-Mannose u. $^{3}H_{(2)}$-Glucose zu anaeroben Gärvers. mit – 28-1397; Anwend. v. Tween *80* bei d. Best. v. – in Pflanzen 35-1356.

Tripeptidasen

– -Aktivität bei experimenteller Lungenfibrose 6-1605

Triphenyltetrazoliumchlorid-Dehydrogenase

Bezieh. zwischen TTC-reduzierender – -Aktivität u. Alkaloidsynth. in saprophyt. Kultur 8-1486.

Triphosphoinositid-Phosphomonoesterase

Einfl. d. physikal. Natur d. Substrates auf d. – -Aktivität 45-1214.

Triphosphoinosit-Phosphodiesterase

Einfl. d. physikal. Natur d. Substrates auf d. – -Aktivität 45-1214.

Tropin-Esterase

Meth. zur Auffind. bei Kaninchen 38-1306.

Trypsin

Ähnlichk. zwischen – u. Chymotrypsin 18-1309.

Vorkommen, Aktivität: – -Aktivität: im Magensaft u. Hepatopankreas v. Astacus astacus 10-1372; bei Herzmuskelinfarkt u. akuten Infekt.-Krankh. 33-1603.

Bildung, Gewinnung: Bldg. durch Selbstaktivier. v. Rinder- u. Schweine-Trypsinogen (Stabilität) 1-1317; Wrkg. v. 1-Phenyl-1-hydroxy-n-pentan auf d. Pankreassekret. v. – 34-1762; Synth., Sekret. u. Inaktivier. v. – (diätet. Regulier.) 43-1382; Abtrenn. durch Zonenelektrophorese 3-2076; dünnschichtchromatograph. Isolier. 20-1953; Dextrangelfiltrat. 24-1280; Gewinn. u. Unters. v. hochgereinigtem – 37-1276; Isolier. u. Eig. v. – aus d. stachel. pazif. Hundehai 45-1224; Fraktionier. durch Elektrophorese in Stärkesäulen 51/52-1174; Anwend. v. Ionenaustauschharzen bei d. Entsalz. v. – 30-1257; – -Stabilisatoren im menschl. Blutserum (α_2-Makroglobulin) 9-1617.

Eigenschaften: Opt. Rotat.-Dispers. 1-1199; Lumineszenzspektren d. Primär- u. Endprod. v. – bei UV-Bestrahl. 12-1217; Phosphoreszenz-Emiss.-Spektrum, Energieübertrag. zwischen benachbarten Bausteinresten in – 12-1252; Histidin im akt. Zentrum v. – (Nachw.) 15-1309; Disulfidbrücken d. DIP-Deriv. v. Rinder- – 17-1318; Histidin-Sequenzen im akt. Zentrum v. Rinder- – 19-1328; – -Fragment aus d. unlösl. Tropomyosin v. Pinna nobilis (Charakterisier.) 25-1409; Aminosäurengeh. v. Rinder- – 26-1194; Heterogenität 42-1240; Aktivität u. Konformat. v. – in DMSO-W. (Einfl. hydrophober Bind.) 46-1112; pH u. Temp.-Abhängigk. 1-3171; Hitzedenaturier. (Schutzwrkg. einiger Zucker); 3-1346; Trägerelektrophorese v. bestrahltem – 13-1372; chromatograph. Verh. 27-2057; reversible alkal. Denaturier. v. Rinder- – 28-1372; Hitzedenaturier. (Schutzwrkg. einiger Zucker) 49/50-1209.

Reaktionen, Wirkungen: Chem. Modifizier. v. – bei UV-Bestrahl. 2-1230; unlösl. Verb. v. – mit Cellulose 15-1310; Bind.: an Proflavin 21-1410; an quervernetztes Dextran 32-1285; – -bindende Aktivität im Serum 32-1638; Komplexbldg. mit α_2-Macroglobulin 33-2093; Elektrored. d. Disulfidbind. in – 35-1303; Modifizier. v. – durch N-Bromsuccinimid u. Peressigsäure 37-1275; Desacylier.-Geschw. 38-1184; Perameisensäureumlager. eines – -Deriv. 40-1339; – -bindende α_2-Globuline v. Humanserum 41-1507.

Vgl. d. Substrat- u. Hemmspezifität v. Hurain u. – 1-1320; kinet. Unters. d. katalyt. Wrkg. v. – aus Schwein u. Rind 8-1422; Mechanismus d. Spezifität d. – -Katalyse 9-1397; Bezieh. zwischen d. Aktivität v. Kollagenmucoproteinase u. – 13-1377; Transesterifizier.-Rk. mit – 16-1298; Vgl. d. – -Wrkg. auf lösl. u. unlösl. Substrat 20-1329; spezif. Aktivität 21-1411, 33-1338; kinet. Schritte bei – -katalysierten Rk. (opt. u. chem. Identifizier.) 36-1339; kinet. Spezifität 36-1344; – -katalysierte Rk. (Identifizier. v. Zwischenstufen) 38-1325.

Wrkg. auf pflanzl. α-Amlyasen 1-1306; Kinetik d. – -Hydrolyse v. Gelatinekügelchen 1-1318; Hydrolyse v. p-Toluolsulfonylarginin methylester mit – 1-1319; Bldg. einer teilweise akt. Aldolase durch – -Einw. 1-1332, 1-1333; Blockier. d. – -Spalt. v. Arginylbind. durch chem. Veränder. d. Guanidinogruppe mit Benzil 1-1550; Abbau v.Schweine-Sekretin mit – u. Thrombin (Sequenz d. trypt. Peptide) 1-1559; Hydrolyse v. Peptiden mit – 2-2078; Wrkg. auf d. Bernsteinsäure-Dehydrogenase-Aktivität in d. initialen Phase d. hydrolyt. Zers. 3-1268; Abbau v. Protamin u. Hämoglobin mit – 3-1347; Einfl. auf Lactatdehydrogenase-Isoenzyme aus menschl. Samen 4-1265; Abbau eines bei d. – -Hydrolyse v. α-Casein erhaltenen Phosphatids (Teilstrukturformel) 4-1331; Isolier. u. Aminosäurensequenz v. vier Peptiden d. – -Hydrolysats aus Bäckerhefe-Cytochrom c 5-1354; Vgl. d. Peptidfreisetz. aus Büffel- u. Kuhmilchcaseinen durch – 5-1472; Aminosäuresequenzen v. *18* aus d. – -Hydrolysat d. Cytochrom c d. Bäckerhefe isolierten Peptide 6-1245; Proteolyse v. Rinder-Wachstumshormon mit – 7-1575; Wrkg. auf d. Hydroxyprolingeh. v. lösl. Kollagen u. auf unlösl. Kollagen 8-1604; Hydrolyse d. durch – abgewandelten akt. Ribonuclease 9-1379; Wrkg. einer – -Behandl. auf d. Eig. d. Tropokollagen-Makromoleküle 10-1688; – -Hydrolyse v. Lactoglobulin A u. B in Abhängigk. v. pH (Vgl.) 11-1321; Empfindlichk. neuer thermostabiler Colicine gegen – 12-1438; Einw. auf Pro–Tyr–Lys–Met 13-1193; Verdaulichk. v. isolierten Fettproteinen durch – 13-1699; – -resistenter Anteil v. Rinder-α-Chymotrypsin 14-1376; Wrkg. auf Fibrin 15-1532; Peptide v. d. akt. Stellen d. Antikörpermol. nach Abbau mit – 15-1547; Einfl. auf d. Rk. d. Disulfidbind. d. Rinderpankreas-Ribonuclease mit Glutathion 16-1279; Verdauung v. Kaninchen-Skelettmuskel- u. -Herzmuskel-Myosinen mit – 16-1307; – -katalysierte Hydrolyse v. N-Benzoyl-L-argininäthylester bei niedr. pH-Wert 16-1308; Wrkg. auf d. Nuclease in Bacillus subtilis 18-1325; Schutz d. Aldolase gegen – -Verdauung durch Fructosediphosphat 18-1330; Hydrolysenrate v. menschl. Hypophysenwachstumshormon mit – 18-1442; – -Inaktivier. d. Peptidinhibitoren d. Lactatdehydrogenase I 19-1280; Abbau d. Ribonuclease E durch – 20-1299; Wirksamk. v. – gegenüber Substraten für Plasmakininbildende Enzyme 20-1335; Spalt. v. Tabakmosaikvirusprotein 20-1539; Bind.-Kraft v. – -behandeltem Botulinumtoxin 22-1292; Einfl. auf d. freie Aktivität an β-Glucuronidase in Mitochrondrienfrakt. aus Rinderherzmuskel 23-1289, Freisetz. v. Kinin aus Bradykininogen durch – 23-1479; Hydrolyse v. Eialbumin durch – 23-1587; Kinetik d. – -katalysierten Hydrolyse v. p-Nitrophenyl-α-N-benzyloxycarbonyl-L-lysinathydrochlorid 24-1352; – -katalysierte Hydrolyse d. p-Nitrophenyl-, Methyl- u. Benzylester v. α-N-Benzyloxycarbonyl-L-lysin 24-1353; Bldg. eines inakt. Zwischenprod. bei d. – -katalysierten Hydrolyse v. α-N-Benzoyl-L-argininäthylester u. α-N-Benzoyl-L-arginin 24-1354; Wrkg. auf d. ATPase u. Actin-bindende Aktivität v. H-Meromyosin 24-1518; Rk. d. – an d. Arginin–Isoleucin-Bind. d. Chymotrypsinogene 26-1327; – -Hydrolyse v. S-Aminoäthyl-Tabakmosaikvirusprotein 26-1391; Strukturunters. v. menschl. Globin nach Einw. v. – 27-1529; Einfl. auf d. Aktivität eines Inhibitors d. Nicotinamidadenindinucleotidase aus Mycobacterium tuberculosis $H_{37}Rv$ 28-1365; mol. Eig. d. Frakt. S-*1* nach Verdauung v. Myosin mit – 28-1522; Struktur d. aus d. – -Hydrolysat d. A-Kette v. Edestin isolierten Peptide 28-1523; Wrkg. auf gereinigte Präparat. v. TRF 28-1537; Resistenz

Einfl.: v. Diazoxid auf – 23-1468; v. Insulin bzw. Diazoxid auf – 23-1469.
Enzymmorpholog. Nachw. d. Glucose-6-phosphat-abhäng. – in d. Mäuseleber 48-1208.

UDP-Glucose: Glykogen-α-4-Glucosyltransferase

s. *UDP-Glucose-Glykogen-Glucosyltransferase.*

UDP-Glucose-Glykogentransferase

s. *UDP-Glucose-Glykogen-Glucosyltransferase.*

UDP-Glucose-Glykogen-(1.4-)Transglucosylase

s. *UDP-Glucose-Glykogen-Glucosyltransferase.*

UDP-Glucose: Hydroxymethylcytosin-α-Glucosyltransferase

s. *5-Hydroxymethylcytosin-α-Glucosyltransferase.*

UDP-D-Glucose-Polyribitphosphat-Glucosyltransferase

--Aktivität in Bacillus subtilis W-*23* (Eig.) 44-1410.

UDP-Glucose-Pyrophosphorylase

s. *UDPG-Pyrophosphorylase.*

UDP-Glucuronat-Carboxylase

– in Weizenkeimen (Biosynth. v. Uridindiphosphat-d-xylose) 31-1238.

UDP-D-Glucuronat-5-Epimerase

Isolier. aus Kaninchenhaut (Rk.) 13-1392.

UDP-Glucuronat-Epimerasen

Histochemie 35-1350.

UDP-Glucuronat-Glucuronyltransferase

s. *(UDP-)Glucuronyltransferase.*

UDP-Glucuronat: 3-Hydroxysteroid-Glucuronyltransferase

Reinig. u. Charakterisier. v. – beim Menschen 51/52-1155.

UDP-Glucuronat: 16α-Hydroxysteroid-Glucuronyltransferase

Reinig. u. Charakterisier. v. – beim Menschen 51/52-1155.

UDP-Glucuronat: 17β-Hydroxysteroid-Glucuronyltransferase

Reinig. u. Charakterisier. v. – beim Menschen 51/52-1155.

(UDP-)Glucuronyltransferase (UDP-Glucuronat-Glucuronyltransferase)

--Aktivität: in Lebern v. Ratte, Hund u. Schaf 8-1372; d. Leber bei Bzl.-Vergift. 12-1427; Frage d. Existenz mehrerer – in Leberhomogenaten v. Hühnerembryonen 22-1524; --Aktivität d. Hühnerembryoleber 28-1639.

Indukt. u. d. Entw. d. – in Leberkulturen verschiedenaltr. Kükenembryonen (beeinflussende Faktoren) 28-1640; Teilreinig. einer lösl. – aus menschl. Darm 3-1294; Löslichmach. 7-1374.

Einfl. v. Pregnan-3α-20β-diol auf d. --Aktivität in vitro in Bezieh. zur verlängerten unkonjugierten Neugeborenen Hyperbilirubinämie 11-1485; Glucuronidbldg. u. --Aktivität bei Ratten verschiedenen Alters u. verschiedener Stämme 22-1530; Aktivität für Bilirubin u. p-Nitrophenol in d. Kaninchenleber 28-1641; Rolle bei d. Glucuronidbldg. in perinataler Leber 42-1213; Einfl. v. Eugenol auf d. – v. Geweben in Bezieh. zur β-D-Glucosiduronsäure-Konjugat. 48-1206; Katalysier. d. Biogenese v. Östriol-17β-monoglucuronid durch – 48-1386.

Hemm. durch „cholephile" Substanzen 8-1563; Wrkg. v. Sedormid, Chlorpromazin u. Iproniazid auf d. – in Rattenleber 1-1744.

UDPG-Phosphorylase

Vork. in Hefeenzymfrakt. 23-1321; Hemm. durch 2.4-Dichlorphenoxyacetat an Skelettmuskel u. Leber d. Ratte 25-1237.

UDPG-Pyrophosphorylase (UDP-Glucose-Pyrophosphorylase)

--Mangelmutante v. E. coli K *12* 49/50-1275; – in Acetabularia mediterranea 23-1315; --Aktivität in d. Rattenleber bei Schilddrüsenüberfunkt. 7-1615; Verteil. in roten Blutkörperchen 7-1646; --Aktivität: d. Leber nach Cortisolinjekt. 23-1453; im Muskel eines Patienten mit einem neuen Typ v. Muskel-Glykogenosis bei Phosphofructokinasemangel 36-1360; in d. Leber d. mit 3.5.3'-Trijod-L-thyronin behandelten Ratte 45-1417; im Fettgewebe d. Epididymus d. mit 3.5.3'-Trijod-L-thyronin behandelten Ratte 45-1418; in granulierendem Gewebe u. Mucopolysaccharidsynth. 49/50-1246; Substratgeh. als ein regulierender Faktor d. Synth. in höheren Pflanzen 24-1390; Reinig. u. Eig. d. – v. E. coli K *12* 15-1284; Synth. v. ^{14}C-Uridindiphosphoglucose durch – 40-1301.

UDPG-Stärke-Glucosyltransferase

s. *UDP-Glucose-α-Glucan-Glucosyltransferase.*

UDPG-Transglucosylasen

--Aktivität: in d. Leber d. mit 3.5.3'-Trijod-L-thyronin behandelten Ratte 45-1417; im Fettgewebe d. Epididymus d. mit 3.5.3'-Trijod-L-thyronin behandelten Ratte 45-1418.

UMP-Desaminase

Zeitl. Verlauf d. Veränder. v. – während d. endogenen Atmung bei Aspergillus sojae 41-1332.

UMP-Kinase

--Aktivität nach d. Infekt. v. Gurken mit Tabakringfleckenvirus 49/50-1175.

Uracil-Reduktase

Wrkg. v. 2-Acetylaminofluoren in d. Diät auf d. – in d. Rattenleber 3-1367.

Urat-Oxydase (Harnsäure-Oxydase, Uricase)

--Aktivität isolierter Symbionten u. d. aposymbiot. Fettkörper d. Schabe 3-1273; Vork. in Froschnieren u. -lebern 23-1317; --Aktivität bei Myriapoden 24-1625; Anwesenh. bei Zweiflüglern 44-1290; Vork. in d. nichtmitochondriellen oxydierenden Teilchen in Rattenleber u. -niere u. in Tetrahymena pyriformis 46-1308; Einfl.: v. Thiolen auf d. Extrakt. u. Aktivität v. Rindernieren-- 6-1256; v. Gefrieren u. Auftauen auf Mäuseleber-- 15-1334; d. Guanindesaminase-Inhibitors aus d. Rattenhirn auf d. – 28-1376; Best. d. – v. Insekten nach d. manometr. Meth. 32-1317.

Urease (Harnstoff-Amidohydrolase)

--Aktivität: d. Bodens 29-1260; v. Proteus 11-1330; v. Bakterien 14-1453; in d. durch 6-Aminopenicillansäure induzierten Sphäroplasten v. Enterobacteriaceae 24-1429; in Blaugrünen Algen 20-1336; d. Rhizosphäre v. Gerste, Roggen u. Weizen 41-1301; Anwesenh. bei Crustaceen 4-1337.

Bldg. nach Verbrauch d. äußeren N-Quelle bei Hydrogenomonas H *16* 38-1329; Isolier.: d. – 8-1428; v. niedermol. – aus verschiedenen Bohnenarten 42-1243; Reinig. u. Eig. d. – aus d. gewässerten Samen v. Canavalia ensiformis 32-1404.

--Katalyse 48-1243, 48-1244; Rk. mit N-Äthylmaleimid u. mit Ag-Ionen 10-1396; Beweis für d. Bldg. eines inakt. --Hydroxamsäure-Komplexes 30-1262; Steiger. d. Ertrages v. Senfpflanzen durch --Zusatz bei Harnstoff-Düng. 26-3266; Wrkg. bei d. Assimilat. v. Harnstoff durch d. Kartoffelpflanze 33-1462; Antagonismus d. --Toxizität durch Chemikalien u. Antisera 9-1405; Stoffwechselaustausch zwischen W. u. Phosphat während d. Harnstoffhydrolyse durch – 34-1363.

Hemm. durch Pappelblätter 1-1329, 13-1366; Wrkg. v. DMSO auf d. – 15-1715; Acetohydroxamat als ein bakterieller --Hemmstoff mit therapeut. Wirksamk. bei hyperammonäm. Zuständen 16-1206; Erhöh. d. Wärmeresistenz d. – bei d. Wärmeabhärt. d. Blätter 27-1295; antagonist. Wrkg. v. Butyrolactonen u. – 33-1705; Hemm. durch Hydroxyharnstoff 45-1227; Schutzwrkg. v. selenorgan. Verb. gegenüber Strahlen-induziertem Aktivitätsverlust v. – 49/50-1491.

Best. durch gebildetes NH_3 1-1267; direkte potentiometr. Unters. d. Harnstoff--Syst. 5-1333; NADH-abhäng. gekoppelte Enzymprüf. auf – 44-1373; automat. Best. v. Harnstoff durch Verw. v. – u. alkal. Phenolreagenz 16-1890; Verw. zur Best. v. Gesamtstickstoff in Ammonium-, Nitrat- u. Harnstoff-halt. Mehrnährstoffdüngern 41-2004; Hydrolyse v. Harnstoff mit – zur Fäll. aus homogener Lsg. 44-1870; Verw. zur Best. v. Harnstoff im Blut 49/50-1823.

Ureidoglykolat-Synthetase

– aus Streptococcus allantoicus 1-1338, 1-1339.

Uricase

s. *Urat-Oxydase.*

Uridin-Desaminase

Zeitl. Verlauf in d. Veränder. v. – während d. endogenen Atmung bei Aspergillus sojae 41-1332.

Uridin-Desoxyuridin-Phosphorylase

Einfl. pyranoider Isomerer v. α- u. β-Thymidin auf d. – 10-1355; Wirksamk. d. α- u. β-Anomeren v. Pyrimidinnucleosiden d. 2-Desoxy-D-glucose gegenüber – 21-1269; Verstärk. d. 5-Joddesoxyuridineinbaus in d. DNS v. Katzengewebe in vivo durch Hemm. d. – 38-1236.

Uridindiphosphatglucose-Dehydrogenase

s. *UDPG-Dehydrogenase.*

Uridin-Kinase

– bei gegen 5-Fluoruracil resistenten Zellen v. Ascitestumoren 1-1250.

Uridin-Phosphorylase

--Aktivität in d. Blutzellen d. Menschen in d. Norm u. bei Leukose 11-1550; Pyrimidinverb. abbauende – aus Insektengewebe 11-1343; Hemm. d. – eines zellfreien Extraktes aus Mäuseleber durch 5-Azauracil 29-1236.

Uridin-5'-pyrophosphat-Glucuronyltransferase

Multiplizität d. Leber-- auf Grund ihres unterschiedl. Entw.-Musters mit verschiedenen Substraten u. Spezies 8-1371.

Urocanase (Urocaninase)

--Aktivität: bei Eiweißunterernähr. 13-1698; v. Leber u. Plasma während viraler menschl. u. Mäusehepatitis 18-1332; Pyridoxalphosphat als vermutl. Cofaktor d. – 38-1576; Abbau v. Urocansäure durch – 3-1282; spektrophotometr. u. kolorimetr. Best. d. – im Blut v. Kranken mit Schäden d. Leber u. Gallenwege 11-1341; Best. im Blut v. Kindern bei Pneumonie u. Lebererkrank. 17-1523.

Urocaninase

s. *Urocanase.*

Urokinase

Erhöh. d. optimalen --Konz. durch d. Gift d. Schlange Echis carinata 28-1405; Ausscheid. 9-1623; partielle Reinig. v. menschl. – 3-1349; Unters. v. durch – aktiviertes Plasminogen 1-1589; Reinig. u. Charakterisier. v. Human-Plasmin aus --aktiviertem Plasminogen 12-1398; thrombolyt. Wrkg. (Vgl. mit verschiedenen Substanzen) 14-1624; (bei Gesunden u. bei Krankh.) 14-1625; Aktivier. v. Plasminogen aus Fibrin durch – 15-1532; Aufnahme v. Fibrinogen u. --aktiviertem Plasmin durch neoplast. Gewebe 17-1244; Esterhydrolyse durch – 24-1325; Aktivier. d. Fibrinolyse bei Menschen u. Hunden durch – u. Streptokinase (Vgl.) 29-1512; Verh. d. fibrinogenolyt. u. fibrinolyt. Aktivität d. Plasmas nach Aktivier. mit – 46-1482, 46-1483; Fibrinolyse durch – 49/50-1423.

Mess. 5-1331; Fibrinplattenmeth. für d. Test v. – 11-2137; Best. d. fibrinolyt. Aktivität d. Harns mit – 30-1467.

Uropepsin

s. *Pepsinogen.*

UTP-Aminase

--Aktivität in Chloroplasten v. Bryophyllum daigremontianum 48-1161.

UTPase

Wrkg. einer Präinkubat. auf d. Verteil. in Extrakten v. E. coli 48-1223.

Valin-Dehydrogenase

--Aktivität d. Erbsenkeimlinge 15-1426; Biosynth. v. Valin durch reduktive Aminier. seiner Ketoderiv. in Pflanzen durch – 35-1438; Ox. v. D- u. L-Valin durch – v. Pseudomonas aeruginosa 36-1285.

Valin-Pyruvat-Transaminase

Rolle beim bakteriellen Abbau v. Pantothensäure 30-1280; Ox. v. D- u. L-Valin durch – v. Pseudomonas aeruginosa 36-1285.

L-Valin: sRNS-Ligase

s. *Valyl-RNS-Synthetase.*

Valyl-RNS-Synthetase (L-Valin: sRNS-Ligase)

--Aktivität in wärmeempfindl. Mutanten v. E. coli 48-1103; Eig. gereinigter – aus Hefe 12-1420; Spezifität d. Rk. 49/50-1236.

Vasopressinase (Adiuretase)

Problematik bei Spätschwangerschaftstoxikosen 19-1498; – bei Schwangeren u. bei Leberinsuffizienz 42-1358.

Verzweigungsenzym

s. *α-1.4-Glucan: α-1.4-Glucan-6-Glykosyltransferase.*

Vesiculase

Isolier. v. gerinnungsfäh. Protein aus d. Sekret d. Samenblase d. Ratte mit – 5-1494.

Vitamin B_{12}-Coenzym

s. unter $C_{72}H_{100}CoN_{18}O_{17}P$.

Vitamin D_2-Sulfokinase

Verteil. in Tiergeweben u. ihre Isolier. 47-1478.

Xanthin-Dehydr{ogen}ase (Xanthin: NAD-Oxydoreduktase, Schardinger Enzym)

Wrkg. v. Kinetin auf d. – in Chlorophylldefekten Blättern v. Pelargonium zonale 2-1508; Zusammenhang zwischen Schalmtest-Wert u. – -Aktivität in Rohmilch 46-3108; gemeinsamer, d. Synth. d. Nitratreduktase kontrollierender Cofaktor v. Nitratreduktase u. – 3-1275; Aktivier. d. – in Milch durch KCN, Na_2WO_4 u. Enzyme mit Labwrkg. 36-3029; genet. Regulier. v. – bei Drosophila melanogaster (Übersicht) 19-1203; Komplementier. in vitro zwischen nicht-allelen Drosophila-Mutanten mit – -Mangel (Wärmestabilität) 26-1217; Polarographie 21-1027; Stabilität gegen organ. Insektizide 36-3028; Einfl. einiger Arzneimittel auf d. – v. Leberhomogenaten 42-1545.

Xanthin: NAD-Oxydoreduktase

s. *Xanthin-Dehydr{ogen}ase.*

Xanthin: O_2-Oxydoreduktase

s. *Xanthin-Oxydase.*

Xanthin-Oxydase (Xanthin: O_2-Oxydoreduktase)

– in Chlorophyll-defekten Blättern v. Pelargonium zonale (Wrkg. v. Kinetin) 2-1508; – -Aktivität: beim Hühnerembryo (Wrkg. d. Glucocorticoide) 1-1523; d. subzellularen Komponenten d. Amphibienmuskelfaser 13-1250; Bezieh. zwischen Riboflavin u. d. – -Aktivität bei Thiaminmangel 13 1704; Rinderdarm- – 20-1273; – -Aktivität d. Leber (Wrkg. v. Sexualhormonen) 22-1402; Einfl. d. Quelle u. Konz. v. alimentärem Protein auf – in d. Leber v. Jungschweinen 34-1377; Mechanismus d. Diät-bedingten Änder. d. Leber – -Spiegel bei d. Ratte 36-1281; – -Aktivität im Rattengewebe bei Fe-Mangelanämie u. Wiederzufuhr v. Fe 43-1392; Verteil. in Lipoproteiden v. Milchfett 23-3119.

Stoffwechselaktivität v. Inosin auf d. Einbau v. D-Riboflavin in d. Rattenleber- – 47-1470; Herst. v. Fe-freier akt. – 9-1349.

Absorpt.-Spektrum 6-1242; Moffit-Konst. u. Cotton-Effekt 21-1248.

Rk. d. Milch- – mit J-Acetamid 8-1355; Hydroxylier. v. 5-Fluorpyrimidinen durch Aldehydoxydase u. – 10-1341; Katalysier. d. Adenosinabbaus in d. Rattenleber im Verlauf d. Wachstumsprozesses durch – 16-1271; – -Peroxid-Wechselwrkg. in gelagertem Vollmilchpulver 22-3156; Abbau zytotox. Purinderiv. durch – 30-1228; Bedeut. d. – für d. Ox. v. Glyoxylat zu Oxalat 39-1208; Red. v. Nicotinsäureamid-N-oxid durch – 44-1280; Wrkg.: d. O_2-Tens. auf d. Ox. v. Cysteamin u. Hypotaurin mit – 46-1254; auf verschiedene Pyridinnucleotide u. -nucleoside mit α- u. β-Konfig. 48-1177.

Wrkg. v. N-Benzyl-N-p-carboxyphenylhydrazonen v. Ketonen, Chinonen u. Aldehyden auf – 1-1274; Hämosiderose bei – -Hemm. 1-1709; Verh. einiger Purinderiv. gegen – 25-1220; Einfl.: v. Aminazin auf d. – mit Flavinadenindinucleotid als prosthet. Gruppe 26-1698; v. Guanindesaminase-Inhibitor aus d. Rattenhirn auf d. – 28-1376; v. 4-Hydroxypyrazolo-[3.4:d]-pyrimidin auf d. – v. verschiedenen Rattengeweben 41-1224; v. Barbiturat auf d. – in Hirn u. Serum 47-1568; Stoffwechselunters. mit Allopurinol, einem Inhibitor d. – 31-1183; Wrkg. v. Allopurinol: auf d. Resorpt. v. Radioeisen beim Menschen 31-1603; auf d. Wrkg. v. Purinen auf d. durch Epinephrin induzierte Lipolyse in Fettgewebe 40-1505.

Spektrophotometr. Best. 12-1329; Nachw. auf Gelfiltrat.-Kolonnen 15-1249.

Xanthosin-5′phosphat-Aminase

Bind.-Stelle für Antibiotika in – 24-1393.

Xylanase

– aus Streptomyces (Reinig., Eig.) 18-1300; Vork. bei Melolontha melolontha 6-1281.

Xylit-Dehydrogenase

Reinig. u. Eig. d. – v. Geotrichum candidum 14-1318.

Xylose-Isomerase

Rolle im Pentosestoffwechsel v. Candida utilis 38-1337.

β-Xylosidase

Vork. bei Melolontha melolontha 6-1281.

D-Xylulokinase

– in höheren Pflanzen 19-1307.

Zn-Protoporphyrin-Chelatase

Rolle bei d. Biosynth. v. Porphyrin u. Bakteriochlorophyll durch Rhodopseudomonas spheroides 38-1343.

Zoxazolamin-Hydroxylase

Wechselwrkg. v. 3.4-Benzpyren, 3-Methylcholanthren, Chlordan u. Methyltestosteron als Aktivatoren d. – d. Lebermikrosomen bei d. Ratte 6-1314; – -Synth. in Ratten durch 6-Aminochrysen 25-1202.

Zucker-Phosphatase

Beteilig. am Stärkeabbau im Seegras 15-1333.

Zymogene

Isolier. u. Kristallisat. eines esterproteolyt. – aus Schweinepankreas 36-1334; Identifizier. in Pieris brassicae 44-1361.

Enzympräparate

Siehe auch *Enzyme.*

Darst.: v. – -Auszügen aus d. Trockenkultur d. pektolyt. Präp. 5-3322; v. – 13-1927*; Gewinn. aus Schweine- oder Schafpankreas 22-3197*; Erzeug. v. Malz- – unter Verw. v. Gibberellinsäure 31-3065*; Gewinn. v. gereinigten salzfreien – 43-1677*; Sterilisat. 26-3434; Sorpt. v. Amylasen aus – -Lsg. 7-1398; Verw. eines –: aus Bacillus subtilis in einem Hautreinig.-Mittel 35-2498*; aus Aspergillus oryzae zur Klär. v. Apfelsaft 5-3315; bakteriolog. Unters.: v. – für Mühlen u. Bäckereien 22-3138; v. auf Schimmelpilzbasis hergestellten – u. ihre mögl. Verw. in d. Nahr.-Mittelindustrie 42-3073.

Aspergillin, Isolier. aus d. Kulturfl. v. Aspergillus oryzae 42-1237.

Aspergillin-O, natürl. Inhibitoren 14-1623.

Lidase, Einfl. auf Funkt. u. Proliferat. d. Schilddrüse 6-1506.

Lyovac, Schutz vor d. letalen Wrkg. d. Gifte d. nordamerikan. Latrodectus-Spinnen durch – 10-1731.

Nigrin PK, Verw. zur Gewinn. v. Stachelbeersaft 36-3062.

Pankreatin, Spalt. v. Saccharosefettsäureestern durch – 46-1517; Einfl. auf d. Wachstum d. Reovirus 36-1402; mit – lösl. gemachte Schilddrüsenpräp. v. Rindern 2-1569; Dejodier. bei d. Verdauung v. Schilddrüsenhomogenaten mit – (Verhinder. durch Methimazole) 37-1433; Wrkg. v. – -Zusätzen: zum Futter auf Zahnkaries u. Zus. d. Speichels bei kariesempfängl. Ratten 22-1373; auf d. Geh. an extrahierbaren Fettsäuren in Würze u. Bier 48-3263; Titrat. auf d. Platte (Meth.) 4-1318.

Pronase, Isolier. aus Streptomyces griseus 11-1326.

Unters. an N-Acetylpeptiden aus einem – -Digestat v. Myosin 1-1463; Wrkg. auf d. Eig. d. Tropokollagen-Makromoleküle10-1688; Unterdrück. d. Ribonucleaseaktivität durch – 12-1350; Einfl. auf d. Rk. d. Disulfidbind. d. Rinderpankreas-Ribonuclease mit Glutathion 16-1279; Bldg. v. Glykopeptiden aus Ovalbumin durch – 23-1415; Wrkg. auf gereinigte Präp. v. TRF 28-1537; Abbau v. einem homogenen γ-A-Myelomprotein aus menschl. Serum durch – 40-1473; Hemmwrkg. auf Pneumocin B 4 43-1104; Wrkg. auf hirnspezif. Glykoprotein 43-1476; durch – katalysierte begrenzte Proteolyse v. nativem Ovalbumin 45-1221; Reaktivier. v. Papain-behandeltem Endotoxin v. Salmonella enteritidis mit – u. A. 45-1298; Hydrolyse v. menschl. Lactotransferrin mit – 46-1420; Aufspalt. v. Neuraminosidbind. v. menschl. Serum-IgG-Globulin nach Depolymerisat. durch – 49/50-1426; Wrkg. auf Acyl-Trägerprotein aus E. coli 2-1638; Schutzwrkg. gegenüber d. alkal. Abbau d. Tabakmosaikvirus 23-1361; chem. u. biolog. Eig. d. Zellwände u. d. Mucopeptids v. BCG nach Behandl. mit – 31-1306; Abnahme d. Aktivität v. Interferon aus Rattentumoren nach – 10-1314; Einfl.: auf d. freie Aktivität an β-Glucuronidase in Mitochondrienfrakt. aus Rinderherzmuskel 23-1289; auf d. Zystenwand isolierter Metazerkarien v. Fasciola hepatica 23-1423.

Verh. einiger Deriv. d. ε-Aminocapronsäure gegenüber – 1-1740.

Chromatographie v. kommerzieller – 33-1332; Best. d. proteolyt. Aktivität v. – 30-1260; Isolier. d. DNS aus d. Chromosomen v. E. coli u. Bacillus subtilis mit Hilfe v. – 10-1288.

Pronase P, Wrkg. auf d. Wachs D_{P15} aus Mycobacterium tuberculosis var. hominis 48-1274; Verw. v. – v. Streptomyces griseus in Gewebekulturen 9-1400.

Protamilase s. *Takadiastase.*

Rhozyme S, Verw. zur Herst. v. Bataten-flocken 26-3424.

Sclase, Rk. mit Pektinsäure 51/52-1172.

Strepzyme, lyt. Wrkg. v. – aus Micromonospora AS 49/50-1228.

Strepzym M, Prod. d. Wrkg. v. – auf d. Zellwand v. Candida utilis 47-1278.

Takadiastase (Protamilase), β-D-Glucosidase- u. β-D-Galaktosidaseaktivität d. – (Vgl.) 9-1390; Reinig. v. *2* sauren Proteasen aus – v. Aspergillus oryzae 22-1211; Wrkg. auf voll- u. teilacetylierte Zuckerderiv. 3-1356, 3-1357; Vgl. d. Hydrolysegeschw. v. Birnen-, Tomaten- u. Maisstärke durch – 3-3231; Verw.: zur Spalt. v. Phosphaten einiger Corticosteroide 2-1783; zur Hydrolyse v. Steroidestern 5-1897*.

Topostasin, fibrinolyt. Aktivität 45-1460.

Toughmac-E, experimentelle u. klin. Unters. 19-1689.

Varidase, Wrkg. d. Lager. u. d. Röntgenbestrahl. auf d. Fibrinolysinaktivität d. – in vitro 36-1673.

Eosin s. unter $C_{20}H_8Br_4O_5$.
Eosin B s. unter $C_{20}H_8Br_2N_2O_9$.
Eosinophile s. unter *Blut, Blutzellen (Farblose Blutzellen).*
Eosin Y s. unter $C_{20}H_8Br_4O_5$.
EP 17 s. unter *Eisen, Schmiedeeisen und Stahl (Sondermarken).*
EP 53 s. unter *Eisen, Schmiedeeisen und Stahl (Sondermarken).*
EP 184 s. unter *Eisen, Schmiedeeisen und Stahl (Sondermarken).*
EP 229 s. unter *Eisen, Schmiedeeisen und Stahl (Sondermarken).*
EP-291 s. unter *Plaste, Polyäther (Epoxidharze).*
EP-2114 s. unter *Plaste, Polyäther (Epoxidharze).*
EP 2189 s. unter *Plaste, Polyäther (Epoxidharze).*
EP-2252 s. unter *Plaste, Polyäther (Epoxidharze).*
EPDM-Elastomere s. unter *Kautschuk, Andere Elastomere (Elastomere aus Olefinen, Olefinmischpolymerisaten u. dgl.).*
Eperusäure s. unter $C_{20}H_{34}O_2$.
Ephdin s. unter $C_{15}H_{12}O_8$.
Ephedrin s. unter $C_{10}H_{15}NO$.
Ephenamin s. unter $C_{15}H_{17}NO$.
Ephicillin s. unter $C_{22}H_{31}N_3O_4S$.
Epi-α-amyrin s. unter $C_{30}H_{50}O$.
Epiandrosteron s. unter $C_{19}H_{30}O_2$.
Epianhydrotetracyclin s. unter $C_{22}H_{22}N_2O_7$.
Epiborneol s. unter $C_{10}H_{18}O$.
Epibromhydrin s. unter C_3H_5BrO.
Epibufalin s. unter $C_{24}H_{34}O_4$.
Epicampher s. unter $C_{10}H_{16}O$.
Epicanarigenin s. unter $C_{23}H_{32}O_4$.
Epicatechin s. unter $C_{15}H_{14}O_6$.
(–)-Epichinasäure s. unter $C_7H_{12}O_6$.
Epichlorhydrin s. unter C_3H_5ClO.
Epicortisol s. unter $C_{21}H_{30}O_5$.
Epicot 828 s. unter *Plaste, Polyäther (Epoxidharze).*
Epicot 1001 s. unter *Plaste, Polyäther (Epoxidharze).*
Epicyclocolorenon s. unter $C_{15}H_{22}O$.
Epididymis s. unter *Drüsen, Geschlechtsdrüsen (Nebenhoden).*
Epididymit, gekreuzte Achsennebendispers. in – 28-0797.
Epidigitoxigenin s. unter $C_{23}H_{34}O_4$.
3-Epidigoxigenin s. unter $C_{23}H_{34}O_5$.
Epidot, Vork. v. –: neben Granaten d. metamorphen Gebiete d. Massivs v. Menderes (SW-Türkei) 2-0823; im Intrusivdiabas d. Montes de León in Nordwestspanien 4-0779; Verteil. v. – im pyroklast. Tertiär d. Mogami-Distrikts, Präfektur Yamagata 5-0874; – v. Pra'Isio (Sondrio, Valtellin) 6-0839; Vork. v. –: in Erzlagerstätten am Ostrand d. Alpen 7-0829; in d. Grünsteinen d. Zentraltales v. mittleren Atlantikrücken 8-0821; mit Xenolithen im Sakar-Granit 8-0824; mkr. Nachw. v. – in d. Bauxiten aus d. Gebiet v. Trân 8-0838; Vork. v. –: im Skarn eines bestimmten Bezirks, Kiangsu 19-0825; in d. Zone d. Böhm. Quarzpfahls bei Ujezd Sv. Kříže 21-0850; kontaktmetamorphe Rk. v. – u. Prozesse in Mt. Tallac-Gipfelresten, Sierra Nevada, Kalifornien 21-0865; Vork. v. – neben Pumpellyit in Miraolen d. Granits v. Königskopf bei Braunlage im Harz, Deutschland 21-0891; – -halt. Mandeln in Metaeffus.-Gesteinen v. Nordwest-Kamtschatka 24-0827; Vork. v. – in d. Higo Metamorphiten, Kyusu, Japan 24-0831; Bldg. v. – bei d. Verwitter. v. Spessartit

v. Halaguru, Staat Mysore 26-0851; Vork. v. – in d. Schicht v. Diélette (Manche) 27-0837; Einordn. v. – nach neueren Gesichtspunkten in d. metamorphen Fazies 28-0763; – in d. metamorphosierten Fe-Format. v. Wabush Lake u. benachbarten Bezirken Neufundland u. Quebec 28-0834; Vork.: u. Entsteh. v. – 28-0839; v. – mit Pumpellyit in Melaphyrgestein in d. Slowakei 32-0840; v. akzessor. – in Granodiorit- u. Porphyrit-Gängen d. nördl. Vorladogagebiets 33-0851; Bldg. v. – bei d. Gesteinsverwitter. v. Mount Lyulin 34-0819; – in d. sand.-aleurit. Schwerefrakt. d. antropogenen Deckablager. d. Beloruss. Polessje 39-0806; –-Unters. v. Granitoiden 39-0809; – wechselnder Zus. aus d. Fe-Erzlagerstätten v. Benkalinsk u. Schagyrkulsk 41-0833; Epidotisier.-Prozeß in Gesteinen d. Zekar-Intrus. (West-Georgien) 42-0766; Vork. v. akzessor. – in paläozoischem Granit in d. südöstl. Distrikt v. Yan-Pian 44-0801.

Bldg.-Beding. v. – 2-0855.

Daten über – 24-0855; Eig. d. Al–Fe–Mn-– 34-0838; opt. Absorpt.-Spektren v. Fe^{2+} in – 33-0397; Pleochroismus d. OH-Streckfrequenz in – 22-0781.

Zers. v. – in NaCl-Lsg. verschiedener Acidität u. Alkalinität bei *500°* u. *800* atm 42-0796.

Epi-F s. unter $C_{21}H_{30}O_5$.
Epifisetinidol s. unter $C_{15}H_{14}O_5$.
Epifriedelinol s. unter $C_{30}H_{52}O$.
Epigallocatechin s. unter $C_{15}H_{14}O_7$.
Epigibbersäure s. unter $C_{18}H_{20}O_3$.
16-Epigitoxin s. unter $C_{41}H_{64}O_{14}$.
Epiheteroconessin s. unter $C_{25}H_{44}N_2$.
Epiibogamin s. unter $C_{19}H_{24}N_2$.
Epiinosit s. unter $C_6H_{12}O_6$.
Epiinosose s. unter $C_6H_{10}O_6$.
Epiisoborneol s. unter $C_{10}H_{18}O$.
Epikoprostanol s. unter $C_{27}H_{48}O$.
Epikote 162 s. unter *Plaste, Polyäther (Epoxidharze).*
Epikote 815 s. unter *Plaste, Polyäther (Epoxidharze).*
Epilepsie s. unter *Organe, Gehirn.*
Epilox EG 1 s. unter *Plaste, Polyäther (Epoxidharze).*
Epilox EG 34 s. unter *Plaste, Polyäther (Epoxidharze).*
Epilox EGK 19 s. unter *Plaste, Polyäther (Epoxidharze).*
Epilupeol s. unter $C_{30}H_{50}O$.
Epilupinin s. unter $C_{10}H_{19}NO$.
Epimanool s. unter $C_{20}H_{34}O$.
Epimerisierung s. unter *Umlagerungen.*
Epimetagenin s. unter $C_{27}H_{44}O_5$.
Epinephrin s. unter $C_9H_{13}NO_3$.
Epinin s. unter $C_9H_{13}NO_2$.
Epiöstriol s. unter $C_{18}H_{24}O_3$.
Epipachysamin-A s. unter $C_{26}H_{46}N_2O$.
Epipachysamin-B s. unter $C_{29}H_{45}N_3O$.
Epipachysamin C s. unter $C_{23}H_{42}N_2$.
Epiphyse s. unter *Drüsen*; s. auch *Knochen.*
Epipikropodophyllin s. unter $C_{22}H_{22}O_8$.
Epipinoresinol s. unter $C_{20}H_{22}O_6$.
Epipodophyllotoxin s. unter $C_{22}H_{22}O_8$.
Epiquercit s. unter $C_6H_{12}O_5$.
Epireserpin s. unter $C_{33}H_{40}N_2O_9$.
Epirockogenin s. unter $C_{27}H_{44}O_4$.
Episarmentogenin s. unter $C_{23}H_{34}O_5$.
Epistephanin s. unter $C_{37}H_{38}N_2O_6$.
Epistilbit, therm. Umwandl. v. Stilbit in – 18-0794; Struktur v. – 37-0295.
Epistolit, Krist.-Chemie v. – d. Murmanit-Lomonossowit-Gruppe 11-0841.
Episyrosingopin s. unter $C_{35}H_{42}N_2O_{11}$.
Epitaxie s. unter *Kristallisation.*
Epitestosteron s. unter $C_{19}H_{28}O_2$.
Epitetracylin s. unter $C_{22}H_{24}N_2O_8$.
Epiuzarigenin s. unter $C_{23}H_{34}O_4$.
14-Epivincamin s. unter $C_{21}H_{26}N_2O_3$.
Epiyohimbon s. unter $C_{19}H_{22}N_2O$.
EPN s. unter $C_{14}H_{14}NO_4PS$.
Epodol S s. unter *Plaste, Polyäther (Epoxidharze).*
Epodur s. unter *Plaste, Polyäther (Epoxidharze).*
Epodyl s. unter $C_{12}H_{22}O_6$.
Epon 812 s. unter *Plaste, Polyäther (Epoxidharze).*
Epon 826 s. unter *Plaste, Polyäther (Epoxidharze).*
Epon 828 s. unter *Plaste, Polyäther (Epoxidharze).*
Epon 1001 s. unter *Plaste, Polyäther (Epoxidharze).*
Epoxide s. *Alkylenoxide.*
Epoxidharze s. unter *Plaste, Polyäther (Epoxidharze).*
Epoxycyclohexan s. unter $C_6H_{10}O$.
Epoxydation s. unter *Oxydation.*
Epoxysäuren

Siehe auch *Säureamide.*

– als Intermediärprod. bei d. Biosynth. v. polyungesätt. Fettsäuren 34-1636; Herst. v. Epoxyalkylverb. v. cycloaliphat. Carbonsäuren 39-2414*; Rk. mit Thioharnstoff 3-1072; Dünnschichtchromatographie 43-1830; Best. in Ölen u. Fetten 45-1920.

Salze, Herst. v. Metallseifen v. epoxydierten Fettsäuren 37-2348; Verw. in Stabilisatoren für PVC 15-3053*.

Ester. Darst.: v. 2.3-Epoxyestern 8-2971*; v. Phenolestern epoxydierter Fettsäuren 13-1221; v. estergruppenhalt. Mono- u. Di-Epoxiden 20-2983*; v. Diepoxyestern 34-2910*; Zerleg. v. fl. Epoxyfettsäureglyceriden 34-2965*; Darst. 38-2986*.

Epsomit s. unter *Magnesiumsulfate* : $MgSO_4$.
EPT s. unter *Plaste, C-Copolymerisate (Olefin-Olefin-Copolymerisate).*
Eptam s. unter $C_9H_{19}NOS$.
EPTC s. unter $C_9H_{19}NOS$.
Equilenin s. unter $C_{18}H_{18}O_2$.
Equilin s. unter $C_{18}H_{20}O_2$.
Equol s. unter $C_{15}H_{14}O_3$.
ER s. unter *Plaste, Polyäther (Epoxidharze).*
Eradex s. unter $C_9H_4N_2S_3$.
Eranit s. unter *Chemiefasern, Polyvinylalkoholfasern.*

Erbium

Verteil. v. – in Gesteinen u. ihren Mineralen d. südkaliforn. Batholithen 5-0856; – im Spektrum d. besonderen Sterns HD *101065* (Häufigk.-Analyse) 25-0796; Geh. im menschl. Serum 38-1550.

Spektrum d. Konvers.-Elektronen v. ^{160}Er (*28,7* d) 4-0065; mögliche M*1* – M*3*-Multipolmisch. in ^{168}Er 7-0084; Querschnitte d. Fragmentbldg. bei Wechselwrkg. v. *660*-MeV-Protonen mit Er-Kernen 9-0100; Drei-Quasiteilchen-Zustand in ^{165}Er 10-0035; Koeff. d. inneren Konvers. für d. $(2^+ \rightarrow 0^+)$-E *2*-Übergänge zu d. Grundzuständen v. ^{166}Er 10-0042; niederenerget. Neutroneneinfangs-Gammaspektrum u. Niveauschema v. ^{168}Er 10-0059; mittlere Ausb. v. Neutronen aus protoneninduzierten Rk. in dicken Targets v. – 15-0096; Multipolarität d. Übergänge d. inneren Bereichs $K^{\pi} = 4^-$ in ^{168}Er 16-0053; Lebensdauer für d. Positroneneinfang in ^{164}Er 17-0086; Coulomb-Anreg. v. Vibrat.-Zuständen in geraden Er-Isotopen 18-0046; g-Faktoren d. 2^+-Rotat.-Zustände in ^{166}Er u. ^{168}Er 18-0062; L-Unterschalen-Verhältnisse niederenerget. E *2*-Übergänge in ^{166}Er 19-0062; Kernrotat. u. d. Paar.-Korrelat. in ^{164}Er 20-0028; Positronenvernicht. u. d. elektron. Struktur v. –-Einkrist. 22-0004; $I^2(I + 1)^2$-Korrektur zu Kernrotat.-Spektren v. – 22-0043; totale Neutronenquerschnitte v. ^{162}Er für langsame Neutronen 24-0009; Zweiquasiteilchenzustände bei *1095* u. *1543* keV in ^{168}Er 25-0071; Zerfall d. ^{163}Er 26-0085; Niveaus in ^{169}Er 26-0086; experimenteller Beweis für anomale L/M-Konvers.-Verhältnisse d. $2^+ \rightarrow 0^+$-Übergänge in ^{166}Er 27-0088; Best. abs. γ-Intensitäten pro Neutroneneinfang in ^{166}Er 28-0071; E*1*-Übergänge mit $\Delta K = 0$ in ^{165}Er 33-0056; Mess. d. (n, 2n)-Rk.-Querschnitts für ^{168}Er bei *14,8* MeV 33-0074; durch (p, 2n)-Rk. besetzte Vibrationszustände in ^{164}Er 34-0069; absolute Wrkg.-Querschnitte u. Anreg.-Funkt. für durch α-Teilchen hervorgerufene Rk. an ^{164}Er, ^{166}Er u. ^{167}Er 35-0112; Verzweig.-Verhältnisse für d. γ-Zerfall d. tiefsten Zustände in d. Grundzustands-Rotat.-Banden v. ^{167}Er 39-0073; magnet. Momente d. 4^+-Rotat.-Zustände in ^{166}Er u. ^{168}Er 39-0074; Einteilchen- u. Vibrat.-Zustände für – 40-0049; γ-Vibrat.-Bande v. ^{166}Er 40-0053; E*2*/M*1*-Misch.-Verhältnisse u. K-Konvers.-Koeff. in ^{167}Er 42-0032; Unters. d. Zerfalls v. ^{171}Er mittels einer e-γ-Koinzidenztechnik 42-0069; exakter Ausdruck für d. Verlauf einer Doppler-verbreiterten Resonanz in ^{167}Er 43-0038; Mössbauer-Effekt in ^{168}Er nach Coulomb-Anreg. 43-0075; Zerfall einiger Er-Isotope mit Neutronendefizit 47-0092; Neutronenquerschnitte 51/52-0003; Misch. d. Grundzustands- u. Gammavibrat.-Banden in ^{166}Er u. ^{168}Er 51/52-0047.

Absorpt.-Bande v. Er^{3+} in CaF_2 14-0370; Wellenzahlen v. *8000* Übergängen in Er I u. Er II im Sichtbaren u. nahen UV (atomare Energieniveaus v. neutralem –) 34-0130; Röntgenstrahl.-Isochromaten v. – 35-0333; Isotopenverschieb. im –-Spektrum 43-0118; Röntgen-M-Spektren im Bereich v. $2-85$ Å v. – 46-0351.

Zweitschrittanreg. d. Fluoreszenz v. CdF_2 : Er 2-0371; Raman-Effekt u. Fluoreszenz für CaF_2 : Er^{3+} bei He–Ne-Laser-Anreg. 4-0310; Thermolumineszenzspektren v. mit Er^{3+} aktivierten Krist. mit Fluoritstruktur (CaF_2, SrF_2, BaF_2) nach γ-Bestrahl. mit ^{60}Co 7-0375; Darst. u. Lumineszenz v. mit Er^{3+} aktivierten CdF_2-Krist. 7-0377; therm. Entfärb. d. durch Er^{2+} verursachten subtraktiven Färb. v. Krist. v. Fluorittyp 14-0384; Strahl.-Red. durch ^{60}Co-γ-Bestrahl. v. Seltenerdmetallionen in Krist. d. Fluorittyps mit –-Aktivatoren 16-0286; opt. Absorpt. u. Fluoreszenzintensitäten in mit – dotierten Y_2O_3- u. LaF_3-Einkrist. 19-0334; opt. Zentren v. Er^{3+} in kub. Krist. d. Fluorittyps (Absorpt.- u. Lumineszenzspektren) 20-0298; Übertrag. d. Anreg. v. Krist.-Gitter auf Seltenerdmetallionen bei d. Lumineszenzsensibilisier. v. $Cs_2[UO_2Cl_4]$ durch Er^{3+} 20-0307; Emiss.-Spektren v. Er^{3+} in Mischkrist. bin. Syst. v. Y_2O_3, In_2O_3 u. Sc_2O_3 26-0356; sichtbare Fluoreszenz v. Er^{3+} in Y–Ga-Granat 28-0350; Reflex.-Spektren v. Er^{3+} in kub. Oxiden mit Ti^{4+}, Zr^{4+}, In^{3+}, Sn^{4+}, Ce^{4+} u. Tl^{3+} 30-0295; (Nd^{3+}–Yb^{3+}–Er^{3+})-Glas-Laser 30-0332; Energieübertrag. u. CW-Laser-Wrkg. in Er_2O_3 : Tm^{3+}, Vgl. mit Y_2O_3 : Eu^{3+} 32-0384; Laser-Oszillat. durch Übertrag. v. Yb^{3+} auf Er^{3+} in einem Fluorophosphatglas 35-0381; Abhängigk. d. Intensität u. Linienbreite im Emiss.-Spektrum v. Er^{3+} in Y_2O_3 v. d. Er-Konz. 36-0337; Erhöh. d. Fluoreszenzemiss. durch d. Übergang zwischen Yb^{3+} u. Er^{3+} in ($Na_{0,5}Yb_{0,5}WO_4$ + *2*% $Na_{0,5}Er_{0,5}WO_4$)-Mischkrist. sowie in einem Yb^{3+}- u. Er^{3+}-dotiertem Ge-Glas 39-0378; CdF_2 : Er als Quantenzähler 46-0381; dreifache opt. Resonanz in BaF_2 : Er^{3+}-Krist. (Lumineszenz) 51/52-0316.

Nichtlineare u. lineare Abschirm. d. Wechselwrkg. v. Er^{3+}-Ionen auf d. Krist.-Feld 6-0336; Krist.-Feld-Aufspalt. d. J-Terme v. Tm^{3+} u. Er^{3+} in Y_2O_3 9-0365; nephelauxet. Parameter v. Er^{3+} in $LaCl_3$ 14-0108; Valenzzustand u. Atomabstände in krist. – 29-0195; Zustandsbild Er/Co u. Krist.-Daten v. Er/Co-Phasen 29-0254; Hartree-Fock-Parameter für d. –-Atom 31-0122; Ionisat.-Energie für Er I 34-0107; Energieniveaus v. neutralem – 34-0131; neue ungerade Niveaus d. Er I 34-0132; Einfl. v. – auf d. Umwandl.-Temp. kub.-flächenzentriert/kub.-raumzentriert v. Th 35-0229; Einkrist.-Zücht. v. CeO_2 aus Li-Diwolframat-Schmelzen mit Er^{3+}-Dotier. 44-0225; Energieniveaus v. Er^{3+} u. Pr^{3+} in hexagonalem $LaBr_3$ 45-0319; Berechn. nach einer neuen empir. Formel zur Ermittl. d. Radien v. Kationen mit Edelgasschale für – 48-0088.

Ionisier.-Energien v. einfach ionisiertem – 1-0076; thermoelektr. u. elektr. Mess. im Syst. Er/Se 1-0453; Theorie d. s–f-Austausches bei nichtverschwindenden Bahnmomenten, nach experimentellen Werten für d. Herabsetz. d. Supraleit.-Sprungtemp. v. La bei Verunreinig. mit *1*% – 8-0461; thermoelektr. u. elektr. Mess. im Syst. Er/Te 12-0476; Seebeck-Effekt bei Einkrist. v. – im Temp.-Bereich $7-300$ °K 15-0450; elektr. Widerstände u. feste Löslichk. v. – in Ag 30-0399; Best. d. ersten Ionisat.-Potentiale v. – nach d. Elektronenstoßmeth. 41-0204.

Mikrowellenabsorpt. in – 1-0355; Elektronenspinresonanz v. Er^{3+} in ThO_2 3-0410; magnet. Strukturen v. metall. – 3-0538; Magnetostrikt. v. –-Einkrist. 3-0561; anisotrope Spin-Gitter-Relaxat.-Geschw. v. Er^{3+} in Einkrist. v. wasserfreiem $LaCl_3$ 5-0389; paramagnet. Resonanz: v. Er^{3+} in Y_2O_3 6-0371; v. Er^{2+} u. Eu^{2+} in synthet. $PbMoO_4$-Einkrist. 6-0372; Spin-Gitter-Relaxat. in einigen Seltenerdmetall-Salzen, Temp.-Abhängigk. bei Er^{3+} in $La(C_2H_5SO_4)_3 \cdot 9H_2O$ u. $Y(C_2H_5SO_4)_3 \cdot 9H_2O$ 8-0356; Linienbreite d. ferrimagnet. Resonanz in mit – dotiertem Y–Ge-Granat bei tiefen Temp. 8-0379; Relaxat.-Effekte bei tiefer Temp. in d. Spektren d. bei gepulsten Feldern untersuchten EPR v. Er^{3+} in CaF_2, Y–Ga-Granat u. Y–Al-Granat 14-0409; ESR v. Nd-Paaren in $LaCl_3$ u. $LaBr_3$, Vgl. mit Er^{3+} in $LaCl_3$ 14-0410; kernmagnet. Abschirm.-Konst. für alle positiven Ionen, neutralen Atome u. negativen Ionen v. – 18-0089; Unters. v. Spin-Gitter-Relaxat.-Prozessen v. Er^{3+}-Ionen in CdF_2- u. CaF_2-Einkrist. im Frequenzbereich v. $3-70$ GHz 20-0320; EPR-Spektren v. Er^{3+} in CeO_2-Einkrist. 20-0326; Linienverbreiter. durch innere elektr. Felder in d. paramagnet. Resonanz v. Er^{3+} u. an Ca^{2+}-Plätzen in $CaWO_4$ 20-0330; Magnetostrikt. im paramagnet., antiferromagnet. u. ferromagnet. Bereich 21-0463; Spin-Gitter-Relaxat. v. Er^{3+} in LaF_3 22-0349; EPR u. opt. Zeemanspektren v. CaF_2:Er^{3+} d. Typs II 22-0361; Paramagnetismus 24-0471; Hyperfeinstruktur d. Er^{3+}-Ions in einem MgO-Einkrist. durch EPR 25-0372; nichtlineare Abschirm. bei Krist.-Feldwechselwrkg. für Er^{3+} 25-0474; paramagnet. akust. Resonanz u. Relaxat. v. Er^{3+} in CaF_2 26-0364; Einfl. d. Wirtskrist. auf d. paramagnet. Resonanz v. Er^{3+} u. Yb^{3+} in II–VI-Verb. 32-0376; Einfl. eines Magnetfeldes auf d. therm. u. elektr. Leitfähigk. v. Er-Polykrist. 38-0325; magnet. Felder an ^{119}Sn in – 38-0477; aus ESR- u. opt. Mess. d. Orbach-Relaxat.-Geschw. folgende scheinbare Erniedrig. v. Energieniveaus v. Er^{3+} in $LaCl_3$ 39-0388; Spin-Gitter-Relaxat.-Zeiten v. Er^{3+} in $LaCl_3$ 39-0393; paramagnet. Resonanz u. Spin–Gitter Relaxat. v. Er^{3+} in CaF_2 u. deren Zusammenhang mit d. opt.

Spektrum 40-0332; paramagnet. Resonanz d. Er^{3+}-Ionen in CeO_2 40 0338; paramagnet. Er^{3+}-Zentren in BaF_2- u. SrF_2-Einkrist. (EPR-Mess.) 47-0378; magnetoelast. Mikrowelleneffekt in dünnen Schichten 48-0483.

Einfl. v. Er^{3+} auf d. Ionenleitfähigk. v. CaF_2-Krist. 15-0653; H_2-Überspann. an — 41-0596.

Wärmeleitfähigk., spezif. elektr. Widerstand u. Lorenz-Funkt. v. polykrist. — zwischen *5* u. *300* °K 5-0323; Dampfdruck v. — u. Sublimationswärme 7-0575; thermodynam. Charakteristik d. Ionisat. v. gasförm. — 16-0488; Wärmeinhalte, spezif. u. Schmelzwärme v. — bei hohen Temp. 22-0480; Berechn. d. Wärmeausdehn. v. — aus d. Morse-Funkt. 38-0323.

Desorpt.-Enthalpie v. — an Re 34-0663.

Extrakt.: v. — durch langkett., tert. Amine aus nitrathalt. Lsg. in verschiedenen Verdünn.-Mitteln (Verteil.-Koeff.) 19-0577; v. radioakt. — durch Dialkylphosphate 48-0522.

Geschw.-Konst. u. Temp.-Koeff. d. Rk. v. durch Elektronenpulsradiolyse erzeugten hydratisierten Elektronen mit Er^{3+} in wss. Lsg. Absorpt.-Spektren d. Zwischenprod. 23-0701; Hydrolyse v. Er^{3+} in wss. Lsg. 36-0584.

Gravimetr. Best. mit Dihydroxymaleinsäure 29-2022; flammenphotometr. Best. 41-1864; Atomabsorpt.-Spektroskopie mit Hochtemp.-Flammen 51/52-1762.

Papierchromatographie v. — auf mit alkalimetallsalzimprägniertem Filterpapier 2-2046; papierchromatograph. Nachw. 13-2110; Best.: in SAP-Material (spektrograph.) 19-2034; in U-Verb. 28-1996; in Ho u. Tm (spektrophotometr.) 29-2024; extrakt.-photometr. Best. 39-1900; Trenn. v. Th, Sc u. Yttererden durch Chromatographie mit umgekehrten Phasen 46-1856; Best.: in Fluorit-Einkrist. 47-1830; in Y unter Verw. eines Y_2O_3/CaF_2-Luminophors 47-1842.

Verw. v. $SrF_2 : Er$, $CaF_2 : Er$ u. $BaF_2 : Er$ als Materialien für Kathodenlumineszenzschirme 13-2064.

Erbiumlegierungen

Ag: elektr. Widerstand v. AgEr 40-0405.

Al: Gitterkonst., Härte u. magnet. Suszeptibilität v. $ErAl_2$ 13-0293.

Au: elektr. Widerstand v. AuEr 40-0405; Unters. d. Bldg. Au-reicher Er–Au-Mischkrist. 6-0611.

Cd: Krist.-Struktur v. ErCd u. $ErCd_2$ 40-0186.

Co: Gitterkonst. v. $ErCo_2$ 13-0293; Zustandsbild Er/Co u. Krist.-Daten d. Er/Co-Phasen Er_3Co, $ErCo_2$, $ErCo_3$, Er_2Co_7, $Er_{0,86} \cdot Co_{5,14}$, Er_2Co_{17} u. Er_2Co 29-0254; Krist.-Struktur u. Polymorphie v. Er_2Co_{17} 48-0246; Unters. d. Magnetisier. v. Er_2Co_{17} 14-0543; Sättig.-Momente u. Curie-Temp. v. Er_2Co_{17} 20-0449; magnet. Eig. u. Struktur v. $ErCo_5$ 29-0496.

Cu: elektr. Widerstand v. CuEr 40-0405.

Fe: Krist.-Struktur v. Er_2Fe_{17} 48-0246; Hyperfeinfelder d. Laves-Phase $ErFe_2$ durch Mössbauer-Spektren 11-0517.

Ga: Darst. u. röntgenograph. Unters. v. Er_3Ga 37-0285.

Gd: Curie-, Néel- u. a. krit. Punkte 24-0472.

Ge: Krist.-Struktur v. ErGe 14-0287; Struktur u. Polymorphie v. ErGe 14-0288; kristallograph. Daten u. Darst. v. Er_5Ge_4 25-0255; kristallograph. u. magnet. Eig. 22-0455; Struktur u. magnet. Eig. 27-0506.

Hg s. unter *Quecksilberlegierungen : Er.*

Ho: Neutronenbeug.-Unters. d. magnet. Strukturen v. Ho–Er-Leg. mit *30*, *50* u. *60* Er 11-0525; Curie-, Néel- u. a. krit. Punkte 24-0472.

Mn: Röntgenfluoreszenzanalyse 48-1976.

Ni: Krist.-Struktur v. Er_2Ni_{17} 48-0246.

Pd: Gitterkonst. u. Härte v. $ErPd_3$ 13-0292.

Re: Struktur u. Mikrohärte d. Laves-Phase $ErRe_2$ 3-0300; Darst. u. Struktur v. $ErRe_2$ 32-0249.

Sc: magnet. Eig. 31-0496.

Sn: magnet. Felder an ^{119}Sn-Kernen in Er_2Sn 38-0477.

Ta: Löslichk. v. Ta in fl. Er, Liquiduslinien d. Ta-armen Seiten d. bin. Syst. Er/Ta sowie d. Löslichk.-Konst., d. Lsg.-Wärmen, d. Schmelzwärmen u. d. partiellen molaren Lsg.-Wärmen 21-0559.

Tb: Curie-, Néel- u. a. krit. Punkte 24-0472.

Tl: Unters. an d. Verb. $ErTl_3$ 30-0661.

Tm: Curie-, Néel- u. a. krit. Punkte 24-0472.

Zn: Krist.-Struktur v. Er_6Zn_{23} u. $ErZn_{12}$ 3-0287; Nachw. u. Struktur v. Er_2Zn_{17} 28-0242; Best. d. Temp. d. Phasenumwandl. u. d. Schmelzpunktes d. intermetall. Verb. $ErZn_2$ mit Hilfe d. DTA 24-0542.

Erbiumverbindungen

Anorganische Erbiumverbindungen

Darst. v. Einlager.-Verb. zwischen Er u. Graphit 48-0682; Stabilität v. — in Targets für Beschleuniger schneller Neutronen 2-1925; Herst. v. Polyestern in Ggw. v. Er-Salzen 6-2928*.

Erbiumantimonide, Unters. d. Krist.-Feldes mit magnet. Mess. u. Vgl. d. Magnetisier.-Werte mit theoret. Daten 24-0473.

Erbiumarsenide, Unters. d. Krist.-Feldes mit magnet. Mess. u. Vgl. d. Magnetisier.-Werte mit theoret. Daten 24-0473.

Erbiumborat: $ErBO_3$ (Erbiumorthoborat), Bldg. v. — im Syst. $Na_2O/B_2O_3/Er_2O_3$ 35-0683; IR-Spektren (Struktur) 48-0128.

Erbiumborid: ErB_6, Standardbldg.-Wärme 22-0487; Bldg.-Wärme v. — u. Freie Standard-Enthalpien d. Rk. v. Er_2O_3 mit B bzw. B_4C bzw. mit B + C zu — 10-0556.

Erbiumbromid: $ErBr_3$, Krist.-Feld-Stabilisier.-Energie unter Berücksichtig. d. Spin-Bahn-Wechselwrkg. für — 49/50-0273; Unters. d. Leitfähigk. v. — in Methanollsg. 46-0587; Unters. d. Existenz v. Komplexen durch Mess. d. Brech.-Indizes v. Misch.-Reihen äquimol. Lsg. v. — mit NaBr, KBr u. RbBr sowie v. nichtäquimol. Lsg. (*1 : 2*) v. $ErBr_3$–KBr 19-0588.

Erbiumcarbide, Darst. u. Unters. 37-0285.

Erbiumcarbonate bzw. -carbonatokomplexe.

Löslichk. v. — in mit CO_2 gesätt. W. (Angabe in mg Oxid/l) 19-0570.

$Er_2(CO_3)_3$, Darst. im festen Zustand u. Struktur v. — in Lsg. 44-0721.

Carbonatoerbium (III)-säuren:

$H[Er(CO_3)_2]$, Salze s. *Kalium- u. Natriumcarbonatoerbate(III).*

$H_5[Er(CO_3)_4]$, Salze s. *Natriumcarbonatoerbate(III).*

Erbiumchloride: IR-Spektren v. festen Komplexen d. $ErCl_3$ mit TBP; Einfl. d. Solvatat. auf d. P = O-Valenzfrequenz 12-0156; IR-Absorpt.-Spektren u. Absorpt.-Koeff. v. im geschmolzenen LiCl/NaCl/KCl-Eutektikum gelösten — 44-0346; Absorpt.-Spektrum u. Stabilitätskonst. v. $ErCl^{2+}$ 17-0634; Abbaustufen v. Tetrahydrofuranverb. d. — 2-0749; polarograph. Verh. in protonenfreien Lsgm. 4-1896.

$ErCl_3$, kristallograph. Daten für $ErCl_3 \cdot 6\,H_2O$ 44-0252; Krist.-Feld-Stabilisier.-Energie unter Berücksichtig. d. Spin–Bahn-Wechselwrkg. für — 49/50-0273; Zustandsdiagramm d. Syst. $ErCl_3$/KCl auf Grund thermograph. Unters. 27-0578; Nachw. d. Existenz v. $CsErCl_4$, Dampfdrücke u. Dampfzus. in d. Syst. $ErCl_3$/CsCl 30-0491; Wärmekapazitäten wss. Lsg. v. — bei *25°* 33-0575; relative Viskositäten wss. —-Lsg. 33-0632; scheinbare Molvolumina wss. —-Lsg. 33-0633; Unters. d. Existenz v. Komplexen durch Mess. d. Brech.-Indizes v. Misch.-Reihen äquimol. Lsg. v. — mit NaCl, KCl u. RbCl sowie v. nichtäquimol. Lsg. (*1 : 2*) v. $ErCl_3$–KCl 19-0588; Bldg. u. Isolier. v. $NaEr_3(P_4O_{10})_2 \cdot 12H_2O$ durch potentiometr. u. konduktometr. Titrat. v. — mit Natriumtriphosphatlsg. 23-0745; Umsetz. v. — mit O_2 33-0780; Toleranz v. Chlorella vulgaris gegenüber — 49/50-1282; Pharmakologie u. Toxikologie 10-1708.

ErOCl, Bldg. 33-0780.

Chloroerbium(III)-säure:

$H_3[ErCl_6]$, Salze s. *Kaliumchloroerbate(III).*

Erbiumchromate bzw. -chromatokomplexe.

Chromatoerbium-(III)-säuren:

$H_3[Er(CrO_4)_3]$, Bldg. v. $[Er(CrO_4)_3]^{3-}$ aus $ErCl_3$ u. K_2CrO_4 21-0782.

$H_3[Er(Cr_2O_7)_3]$, Bldg. v. $[Er(Cr_2O_7)_3]^{3-}$ aus $ErCl_3$ u. K_2CrO_4 bei höherer Acidität 21-0782.

Erbiumcyanoplatinat (II): **$Er_2[Pt(CN)_4]$**, Absorpt.-Spektrum 9-0155.

Erbiumfluoride: Stabilität d. Er-Subfluoride (massenspektrometr. Unters. bei hohen Temp.) 44-0534; Löslichk. v. — in W. 49/50-0525.

ErF, Bldg.-Wärme u. Bind.-Dissoziat.-Energie d. F-Atoms v. — 44-0534.

ErF_2, Bldg.-Wärme u. Bind.-Dissoziat.-Energie eines F-Atoms v. — 44-0534.

ErF_3, IR-Spektrum im CsJ-Bereich v. — 8-0329; Einfl. d. Dotier. mit — auf eine neue Laserlinie durch Energieübertrag. v. Farbzentren auf Er-Ionen in CaF_2 11-0413; opt. Zentren v. Er^{3+} in kub. Krist. d. Fluorittyps mit —-Zusatz 20-0298; große Punktdefektkonz. in d. Mischkrist. d. Syst. $CaF_2/NaF/ErF_3$ 31-0270; Krist.-Feld-stabilisier.-Energie unter Berücksichtig. d. Spin–Bahn-Wechselwrkg. für — 49/50-0273; ^{19}F-NMR polykrist. Proben v. — 32-0372; Rk.-Wärme v. — mit Ho, Bldg.-Wärme u. Bind.-Dissoziat.-Energie eines F-Atoms v. — 44-0534.

Erbiumhalogenide, Unters. d. Bldg. komplexer — durch Refraktometrie in wss. Lsg. 19-0588.

Erbiumhydroxide: thermo- u. röntgenograph. Unters. d. krist. Hydroxide v. Er 7-0751; therm. Zers. 7-0755; Fäll. u. Löslichk. v. $Er(CrO_4)OH \cdot 2\,Er(OH)_3$ 21-0782.

$Er(OH)_3$, hydrothermale Darst. 24-0761; chem. Analyse d. festen u. fl. Phase u. DTA d. festen Prod. an d. tern. Syst. $Er(OH)_3/H_2O_2/H_2O$ 16-0707; Best. d. Löslichk. in NaOH-Lsg. bei *25°* 17-0592; Löslichk. u. Löslichk.-Prod. 43-0543.

Erbiumjodat (V): **$Er(JO_3)_3$**, Löslichk. u. Aktivität v. — in W. 49/50-0526.

Erbiumjodid: **ErJ_3**, Krist.-Feld-Stabilisier.-Energie unter Berücksichtig. d. Spin–Bahn-Wechselwrkg. für — 49/50-0273.

Erbiummolybdate (VI): Ausscheid.-Koeff. v. — in $SrMoO_4$ 22-0232.

$Er_2(MoO_4)_3$, Krist.-Struktur 2-0258.

Erbiumniobate bzw. -niobatokomplexe s. *Kaliumniobatoerbate(III).*

Erbiumnitrate bzw. -nitratokomplexe

Darst. v. N.N-Dimethylacetamid-Addukten d. — 45-0688; akute Säugetiertoxizität v. — 25-1504.

$Er(NO_3)_3$, Bldg. v. $Er(NO_3)_3 \cdot NH_4NO_3$ 26-0734; refraktometr. Unters. an — in wss. Lsg. 49/50-0321; scheinbare Molvolumina wss. —-Lsg. 33-0633.

Nitratoerbium(III)-säure:

$H_3[Er(NO_3)_6]$, Salze Extrakt. v. Er durch langkett. tert. Amine aus nitrathalt. Lsg. als $(Amin \cdot H)_3[Er(NO_3)_6]$ 19-0577.

Erbiumnitride, Unters. d. Krist.-Feldes mit magnet. Mess. u. Vgl. d. Magnetisier.-Werte mit theoret. Daten 24-0473.

Erbiumoxide: therm. Abbau v. $HEr \cdot (C_2O_4)_2 \cdot 3\,H_2O$ mit u. ohne HCl, Bldg. v. — 18-0702; IR-Spektren v. $Er_2(SO_4)O_2$ 36-0326; präp. Trenn. d. Seltenerdmetalloxide v. — mit Milchsäure 49/50-0681.

Er_2O_3, Bldg. v. — bei d. therm. Zers. v. Er-Hydroxid 7-0755; Standardbldg.-Wärme 22-0487.

IR-Gitterspektren v. kub. — im Bereich *700 – 50* cm^{-1} 31-0370; Einfl. v. — auf opt. D., Molvolumen u. Molrefrakt. v. Na-Silicatgläsern 8-0315; opt. Absorpt. u. Fluoreszenzintensitäten in mit — dotierten Y_2O_3- u. LaF_3-Einkrist. 19-0334; Energieübertrag. u. CW-Laser-Wrkg. in $Er_2O_3 : Tm^{3+}$ 32-0374; nephelauxet. Parameter v. — 14-0108; Polymorphie 19-0225; Energieniveaus v. —-Einkrist. 30-0285; Abhängigk. d. Elastizitätsmoduls v. Temp. u. Porosität bei polykrist. — 37-0341; antiferromagnet. Umwandl. im Temp.-Bereich v. *1,1 – 4,2* °K 8-0518; magnet. Struktur bei sehr tiefen Temp. mittels Neutronenbeug. 20-0450; Bldg.-Wärme v. — u. Freie Standard-Enthalpien d. Rk. v. — mit B bzw. B_4C bzw. mit B + C zu ErB_6 10-0556; Phasengleichgew. v. — bei hohem Druck 20-0514; Nichtmischbark. im Liquidusgebiet d. bin. Syst. Er_2O_3/B_2O_3 28-0531; Löslichk. v. — in NH_4NO_3-Schmelzen 26-0734.

Rk. mit BaO 16-0708; Bldg., Bldg.-Geschw.-Konst. u. D. v. $Er_2O_3 \cdot 3\,WO_3$, bei d. Rk. v. — mit WO_3 28-0731; katalyt. Eig. auf Asbest, Quarz oder Silicagel als Träger bei d. Synth. v. Ketonen, Estern, Olefinen u. Cycloolefinen sowie bei d. Ox.- u. Isomerisier.-Rk. 8-0717; Pyrolyse v. Carbonsäuren in Ggw. v. — 19-2663; katalyt. Effekt v. — bei d. Graphitox. 41-0672; katalyt. Eig. bei d. Dehydrier. u. Dehydratisier. v. Alkoholen u. d. Dehydrier. v. Tetralin 41-0951.

Verw. in Nimonic-Leg. zur Kernreaktor-Regel. 10-2256.

Mischoxide

Al: opt. Absorpt.-Spektrum u. Krist.-Feld v. Er–Al-Granat 9-0366.

Ba: Brech.-Indizes v. $BaEr_2O_4$ 5-0349.

Ce: Reflex.-Spektren v. $Er_xCe_{1-x}O_{2-0,5x}$ 30-0295.

Cr: IR-Absorpt.-Spektrum v. $ErCrO_3$ 14-0375; Synth., Struktur u. therm. Dissoziat. v. $ErCrO_3$ 32-0226; magnet. Suszeptibilität v. $ErCrO_3$ 6-0503; Unters. d. magnet. Ordn. v. $ErCrO_3$ durch Neutronenbeug. 11-0530; magnet. Eig. v. $ErCrO_3$ 41-0497.

Fe: Krist.-Struktur v. $ErFeO_3$ 40-0204; Härte v. Einkrist. wie $Er_3Fe_5O_{12}$ 47-0300; Abhängigk. d. ferromagnet. Curie-Punktes v. $5\,Fe_2O_3 \cdot 3\,Er_2O_3$ v. hydrostat. Druck bis zu Werten v. *6000* bar 6-0517; inneres Feld in $ErFeO_3$ am Ort d. Fe-Kerns durch Mössbauer-Unters. u. d. *1/3*-Potenzgesetz 24-0483; magnet. u. Magnetostrikt.-Eig. bei tiefen Temp. 33-0527; Magnetostrikt. 38-0491; Relaxat.-

Erschein. in Mössbauer-Spektren v. magnetgeordneten Er-Ionen in $ErFeO_3$ 47-0487.

Mo: Darst. u. Struktur v. Er_2MoO_6 37-0767.

Na: Struktur u. Darst. v. $NaErO_2$ 47-0246; röntgenograph. Unters. v. $NaErO_2$ 48-0684.

Sn: Reflex.-Spektren v. $Er_xSn_{1-x}O_{2-0,5x}$ 30-0295.

Sr: Brech.-Indizes v. $SrEr_2O_4$ 5-0349.

Sr–Li: Darst., Struktur u. Isotypie mit $LiEu_3O_4$ v. $LiSr_2EuO_4$ 24-0246.

Sr–Nb: Symmetrie u. Gitterparameter d. Perowskits Sr_2NbErO_6 19-0256.

Ta–Sr: Symmetrie u. Gitterparameter d. Perowskits Sr_2TaErO_6 19-0256.

Ti: Reflex.-Spektren v. $Er_xTi_{1-x}O_{2-0,5x}$ 30-0295.

W: Bldg. u. Gitterparameter v. Seltenerdmetallbronzen d. Zus. $M_{0,1}WO_3$ mit M = Er 21-0783; Bldg., Bldg.-Geschw.-Konst. u. D. v. $Er_2O_3 \cdot 3\ WO_3$, bei d. Rk. v. Er_2O_3 mit WO_3 28-0731; Darst. u. Struktur v. Er_2WO_6 37-0767; Erhöh. d. Fluoreszenzemiss. durch d. Übergang zwischen Yb^{3+} u. Er^{3+} in ($Na_{0,5} \cdot Yb_{0,5}WO_4$ + *2*% $Na_{0,5}Er_{0,5}WO_4$)-Mischkrist. 39-0378.

Zr: Reflex.-Spektren v. $Er_xZr_{1-x}O_{2-0,5x}$ 30-0295.

Erbiumperchlorat: **$Er(ClO_4)_3$**, Darst. u. therm. Zers. 49/50-0683; Oszillatorstärken v. Absorpt.-Banden d. $Er(ClO_4)_3 \cdot 9H_2O$ 51/52-0092; Bldg. v. $ErCl^{2+}$ im Syst. $Er(ClO_4)_3$/HCl 17-0634.

Erbiumperoxide, Bldg. v. $Er_2O_5 \cdot xH_2O$, nach Trockn. v. $Er_2O_4 \cdot xH_2O$ 16-0707.

Erbiumperrhenat(VII): **$Er(ReO_4)_3$**, Darst. Krist.-Struktur, D. u. Brech.-Werte v. – sowie seiner Di- u. Tetrahydrate 12-0794; röntgenograph., kristallograph. u. therm.-analyt. Unters. 26-0764.

Erbiumphosphate bzw. -phosphatokomplexe.

Löslichk. v. – in W. u. Säuren (wss. HCl, HNO_3 u. H_2SO_4) 49/50-0525.

Erbiumtriphosphate, Bldg. u. Isolier. v. $NaEr_3(P_3O_{10})_2 \cdot 12H_2O$ durch potentiometr. u. konduktometr. Titrat. v. $ErCl_3$ mit Natriumtriphosphatlsg. 23-0745.

Stabilitätskonst. v. in wss. $Na_5P_3O_{10}$ gebildeten Phosphatkomplexen d. Er 47-0554.

Erbiumphosphide, Unters. d. Krist.-Feldes mit magnet. Mess. u. Vgl. d. Magnetisier.-Werte mit theoret. Daten 24-0473.

Erbiumpolonid: **ErPo**, Darst. u. Best. d. Eig. 43-0699.

Erbiumselenide: Suszeptibilität u. magnet. Moment v. $EuEr_2Se_4$ 51/52-0466.

ErSe, elektr. Leitfähigk. sowie Thermokraft v. – im Syst. Er/Se 1-0453; Debye-Temp. 48-0279.

$ErSe_2$, elektr. Leitfähigk. sowie Thermokraft v. – im Syst. Er/Se 1-0453.

Er_2Se_3, elektr. Leitfähigk. sowie Thermokraft v. – im Syst. Er/Se 1-0453; Unters. d. Bldg. fester Lsg. in d. Syst. $CaSe/Er_2Se_3$ 24-0536.

Er_3Se_4, elektr. Leitfähigk. sowie Thermokraft v. – im Syst. Er/Se 1-0453.

Erbiumsilicate, Synth. v. Gadolinit d. Zus. $H_2Er_2Be_2Si_2O_{10}$ (Angabe d. Gitterparameter) 7-0890; Absorpt.-Spektren v. *25* $Na_2O \cdot$ *75* $SiO_2 \cdot$ *0,24* Er_2O_3-Gläsern 8-0315; kristallograph. Daten v. Er_2SiO_5 16-0210.

Erbiumsilicide: Krist.-Struktur v. $Er_3Ni_6 \cdot Si_2$ 12-0306.

ErSi, Krist.-Struktur u. Polymorphie 14-0287.

$ErSi_2$, magnet. Struktur 46-0488.

Er_5Si_4, kristallograph. Daten u. Darst. 25-0255.

Erbiumsulfate: IR-Spektren v. $Er_2(SO_4)O_2$ 36-0326.

$Er_2(SO_4)_3$, IR-Spektrum 36-0326; magnet. Hauptsuszeptibilitäten v. Er-Sulfatoktahydrat u. Natur seines Krist.-Feldes 2-0519.

Erbiumsulfide: Darst. u. Struktur v. $AgErS_2$ 34-0305; Gitterdaten, Polymorphie u. Bldg. fester Lsg. mit L_2S_3(L = Ho–Lu) v. $CaEr_2S_4$ 41-0280; Suszeptibilität u. magnet. Moment v. $EuEr_2S_4$ 51/52-0466.

ErS, Debye-Temp. 48-0279.

Er_2S_3, durch Zusatz v. – zu kub.-flächenzentrierten MS-Sulfiden v. Typ NaCl gebildete Mischkrist. 7-0752.

Erbiumtellurat(IV): **$Er_2(TeO_3)_3$**, Herst. 32-0742.

Erbiumtelluride: **ErTe**, Zahl d. Lad.-Träger in d. Reihe d. festen Lsg. Er_2Te_3–ErTe, nach Mess. d. elektr. Leitfähigk. u. d. Thermo-EMK im Bereich *170 – 850* °K 12-0476; Debye-Temp. 48-0279.

Er_2Te_3, Zahl d. Lad.-Träger in d. Reihe d. festen Lsg. Er_2Te_3–ErTe, nach Mess. d. elektr. Leitfähigk. u. d. Thermo-EMK im Bereich *170 – 850* °K 12-0476.

Erbiumthiocyanat: **$Er(SCN)_3$**, IR-Spektren v. – in TBP, Einfl. d. Solvatat. auf d. P = O-Valenzfrequenz 12-0156.

Erbiumwolframat(VI): **$Er_2(WO_4)_3$**, Hydratisier. v. – 7-0753.

Organische Erbiumverbindungen

Abbaustufen v. Tetrahydrofuranverb. d. Er-Chloride 2-0749; opt. Absorpt.-Spektren v. Lsg. d. Phthalocyanine v. Er (Festigk. d. Bind. Metall–Ligand) 4-0125; IR-Spektren d. Er-Komplexe mit 2.2'-Bipyridyl u. 1.10-Phenanthrolin 34-0152.

Bldg. v. 1 : 1-Komplexen v. Saccharose mit Er^{3+}, Benutz. zur photometr. Best. v. Ce in alkal. Lsg. 22-0681; Darst. v. Er-Alkanolaten 37-0735; Komplexe v. Er mit einigen mehrwert. Alkoholen, (Mannit, Sorbit u. Inosit) 45-0529.

Darst. d. flücht. Chelate d. Er mit 2.2.6.6-Tetramethylheptandion-(3.5) 3-0753; Komplexe v. Er mit Acetylaceton u. 1.10-Phenanthrolin oder 2.2'-Dipyridyl 5-0795; Komplexverb. v. Er u. Benzoyltrifluoraceton 33-0779; sichtbare, UV- u. IR-Spektren v. 1.3-Diketonatokomplexen d. Er 41-0151; Er-Komplex mit 1.1.1.-2.2.3.3 - Heptafluor - 7.7 - dimethyloctandion-(4.6) Darst., Eig., gaschromatograph. Verh. 41-0638; Darst. v. Er-Selenoylacetonaten 47-0684; Darst. v. γ-Isopropyltropolonatoerbium 51/52-0685.

Darst. u. Unters. d. Verh. in Luft- u. N-Atmosphäre d. Trichloracetats d. Er 1-0717; Symmetrie u. Dimensionen v. $Na_3[Er(OCO \cdot CH_2OCH_2OCO)_3]$ 4-0252; spektrophotometr. u. potentiometr. Best. d. Konst. d. sauren Dissoziat. v. Er-Gluconat 11-0616; Beständigk. d. Kationenkomplexe v. Er mit Wein- u. Trihydroxyglutarsäure 12-0593; Einfl. d. Lsgm. auf d. Beständigk.-Konst. v. Gluconatkomplexen d. Er in wss.-methanol. Lsg. 14-0661; Darst., thermograph. u. Bind.-Unters. u. IR-Absorpt.-Spektren v. [ErZ]Cl u. [ErZ]Cl·$3H_2O$ (H_2Z–Iminodiessigsäure) 14-0808; Darst., röntgenograph. u. thermogravimetr. Unters. u. IR-Spektren v. Verb. d. Typs LnCit·xH_2O, (H_3Cit-Citronensäure, x = *4*, *2* bzw. *1*) 14-0809; Bldg.-Konst. d. 1 : 1-Komplexe v. Ascorbinsäure mit Er 16-0558; Bldg. u. Löslichk. v. bas. Er-o-Phthalaten in HCl verschiedener Konz. 16-0711; therm. Abbau v. $HEr(C_2O_4)_2 \cdot 3H_2O$ mit u. ohne HCl, Bldg. v. Er-Oxiden 18-0702; keine Rk. v. $Er_2(C_2O_4)_3 \cdot 6H_2O$ mit HCl bis *25*° 18-0704; Rk. v. Er^{3+} mit organ. Säuren, Bldg. d. Salze 23-0744; Stabilitäts- u. Dissoziat.-Konst. d. Komplexe d. Gluconsäure mit Er 26-0564; Sorpt. v. Er-Komplexen mit Äthylendiamintetraessigsäure an AB-*17* 29-0652; strukturabhäng. Verh. d. Äthylendiamintetraacetatokomplexes d. Ions Er^{3+} 31-0303; Enthalpie u. Entropie d. schrittweisen Komplexbldg. zwischen Er u. d. Hydroxysäuren Glykol-, Milch- u. α-Hydroxyisobuttersäure 33-0618; polarograph. Best. d. Bldg.-Konst. d. Er-Komplexes mit Triäthylentetraminhexaessigsäure 37-0590; Darst. u. Unters. d. Krist.-Struktur v. Er-Acetattetrahydrat 37-0729; IR-Spektren v. $Er_2(C_2O_4)_3 \cdot nH_2O$ 38-0147; Spektren d. Syst. Er^{3+}/Violursäure im Gebiet v. *400 – 650* nm 40-0543; Stabilitätskonst. u. Strukturaufklär. d. Picolinato- u. N-Oxidpicolinatokomplexe v. Er 45-0530; Darst. v. N.N-Dimethylacetamid-Addukten d. Er-Nitrate 45-0688; Lsg.-Wärme v. $Er(C_2H_5SO_4)_3 \cdot 9H_2O$ in W. 46-0537; Stabilitätskonst. d. Komplexe v. Er mit Atrolactat-Ionen (Phenylmethylglykolat) 46-0568; Unters. d. therm. Stabilität v. Er-Nicotinat 49/50-0684; kristallograph. Daten v. $Er(HCOO)_3 \cdot 2H_2O$ u. $Er(HCOO)_3$ 51/52-0203.

Komplexverb. v. Nd, Ho u. Er mit Pyrogallolsulfonsäure-(4) 11-0617.

IR-Spektren: v. festen Komplexen d. $ErCl_3$ mit TBP; Einfl. d. Solvatat. auf d. P = O-Valenzfrequenz 12-0156; v. Er-Äthylsulfat 43-0354; magnet. Suszeptibilität v. Er-Äthylsulfat 2-0520; Grundzustandsaufspalt. u. Zeeman-Effekt in Erbiumäthylsulfat bei *1,6* °K 5-0159; anisotroper Zeeman-Effekt in $Er(C_2H_5SO_4)_3 \cdot 9H_2O$ u. $Y(C_2H_5SO_4)_3$-Einkrist. mit Er-Äthylsulfat bei senkrecht zur c-Achse d. Krist. stehendem Magnetfeld 15-0385; Theorie d. Zeeman-Effekts für Seltenerdmetallionen im Krist.-Feld mit d. Symmetrie C_{3h} mit Anwend. auf $Er(C_2H_5SO_4)_3$ 15-0386; Krist.-Feldeffekte für Ce^{3+} in $Er(C_2H_5SO_4)_3 \cdot 9H_2O$ aus d. Temp.-Abhängigk. d. Spin–Gitter-Relaxat.-Geschw. 29-0372; Stabilitätskonst. d. Komplexes ErA^{2+} (HA = Di-n-butylphosphat) 24-0577.

Spektrophotometr. Unters. v. Er-Ascorbinatkomplexen, Syst. Er/Ascorbinsäure, [Absorpt.-Koeff. u. Unbeständigk.-Konst. d. Komplexe] 32-0562.

Erbsen

Anbau: Einfl. v. P- u. Kalidüng. auf d. Beständigk. d. – gegenüber Mehltau 1-3263; schädigende u. wachstumsfördernde Wrkg. bei – nach Verabreich. v. Aminosäuren u. Nitraten 21-3295; Gefäß- u. Feldvers. zur Prüf. d. Wirksamk. v. Impfmitteln an – 32-3080; Einfl. v. Cholin u. Acetylcholin auf d. Keimen d. Samen u. d. Entw. d. – 33-3093; Düng. mit N, P_2O_5 u. K_2O + Stallmist zu – 36-2887; Wirksamk. v. Harnstoff als Düngemittel bei trop. Beding. zu – 40-3017; Mo-Düng. zu – 41-2888; Aktivier. d. Saatgutes durch Behandl. mit 6-Benzylaminopurin 42-2938; Einfl. d. –-Anbaus auf d. N-Bilanz im Boden 47-2773; Superphosphatanwend. zu – auf d. grauen Waldböden d. Udmurtskaja ASSR 51/52-3010.

Verw. v. Bulbiformin bei d. Kontrolle d. Erbsenwelke 3-1412; Abbau v. Dimethoat in Böden bei – 5-3182; Wechselwrkg. d. Bodenbeding. hinsichtl. d. Auftretens v. Fusariumwelke bei Cicer arietinum 6-3130; 1-Alkyl-3 arylhydantoine als Herbizide für – 6-3159*; Bekämpf. d. Erbsenblattlaus u. Disyston-Rückstände auf Gewächshaus-– 27-3154; Anilide zur Bekämpf. v. Unkraut in –-Kulturen 30-2997*; herbizide Wrkg. v. 2-Trifluormethylbenzimidazolen auf – 36-1450; Herbizide auf –-Feldern 42-2940; Saatgutbehandl. mit Insektiziden gegen –-Schädlinge im Irak 44-2968; –-Sameninfekt. durch Mycosphaerella pinodes u. Ascochyta pisi (Kontrolle mit Thiramin- u. Captan-Suspens.) 47-1372; Begas. v. grünen – unter Kunststoffplanen 48-3238; Einfl. v. Herbiziden auf d. Geh. an Eiweiß-N in – 51/52-1303; Wirksamk. Hg-halt. Saatgutbeizmittel bei – 51/52-3037.

Physiologisches: Einfl. d. N-[α-Naphthyl]-phthalamidsäure auf d. Transport d. Indolyl-(3)-essigsäure in Pisum sativum 2-1509; Wrkg. v. Auxinen auf d. in vitro-Einbau v. ^{14}C-Glycin in Proteine d. –-Sprosses 6-1456; Aufnahme substituierter Phenoxyessigsäuren durch Sproßgewebe v. Pisum sativum 6-1459; Gewinn. markierter RNS nach Einw. markierten Auxins auf grüne –-Stengelstückchen 6-1463; Einfl. (v. Ramulosin auf d. Wachstum v. – 9-1495; chem. Beeinfluss. d. Zellwandstrukturen u. d. Zellgestalt d. –-Epicotyls 10-1534; Aufnahme v. Saccharose durch –-Stengel-Segmente (Wrkg. auf d. Wachstum) 10-1535; Wachstum v. –-Stengel-Segmenten (Wechselwrkg. zwischen Auxin u. Äthylen) 10-1536; Vgl. d. Wrkg. d. 1-Thio-D-glucose u. 6-Thio-D-glucose auf Wachstum u. Stoffwechsel v. Pisum sativum 13-1532; Einfl. epiphyt. Bakterien auf d. Auxinstoffwechsel in Pisum sativum 13-1569; Wrkg. v. Pflanzenwachstumsregulatoren auf d. Einbau v. ^{32}P in d. alkohollösl. Frakt. v. –-Sämlingen 16-1393; Entkoppl. v. Auxin-induzierter Proteinsynth. u. W.-Aufnahme durch Kinetin bei Pisum sativum 20-1438; Indukt. d. Enzymaktivität in –-Gewebe durch tier. Hormone u. Puromycin 20-1440; biolog. Wirksamk. v. Gibberellsäure-Abbauprod. bei Pisum sativum 20-1442; Aufnahme v. Indolyl-(3)-essigsäure durch –-Wurzeln 21-1509; Indolyl-(3)-essigsäurestoffwechsel in –-Wurzeln 21-1510; –-Sproßstücke als Testobjekte für Indolyl-(3)-acetaldehyd 21-1511; Zytokininaktivität v. Phenylharnstoffderiv. gegenüber –-Seitenknospen 21-1516; Wrkg.: v. Gibberellsäure auf Wachstum u. Parthenokarpie bei „Dwarf telephone"-– 26-1444; d. Kinetins auf d. Geh. endogener Gibberelline in d. Wurzeln dekapitierter –-Keimlinge 26-1446; v. Auxin u. Zucker auf Zellwandsynth. u. Wachstum v. –-Sproßstücken 26-1451; v. Wachstumsinhibitoren u. Röntgenstrahlen auf d. Wachstum v. –-Wurzeln 26-1466; Abhängigk. d. Gibberellinprodukt. v. – v. Phytochrom-Syst. 27-1432; Einfl.: v. Gibberellsäure auf d. Entw. v. Pisum Annonay nach Beimpfen mit Corynebacterium fascians 28-1492; v. Schwermetallionen auf d. Wachstum v. bestrahlten – 29-1373; v. Heteroauxin auf d. Aktivität d. Knollenbakterien d. – 30-1350; v. hohen Wuchsstoffkonz. auf d. W.-Aufnahme v. – 31-1382; Wechselwrkg. v. Indolylessigsäure mit Wachstumsregulatoren beim ^{32}P-Transport in d. Epikotylen v. etiolierten –-Keimlingen 31-1384; Einfl. einer kinetinart. Substanz aus Zea mays auf d. Wachstum v. –-Sämlingen 34-1460; Hemm. d. Wachstums v. – durch Tris-[2-diäthylaminoäthyl]-phosphattrihydrochlorid 38-1462; Kinetik d. Hemm. d. auxininduzierten Wachstums v. –-Stengelstücken 38-1470; P-Stoffwechsel u. Auxinwrkg. bei – 40-1450; Effekt v. Indolylessigsäure auf d. Einbau v. ^{32}P-Orthophosphat u. ^{14}C-Adenin in –-Zellkerne 41-1427; Vgl. d. Wrkg. v. zwei Zytokininen in vitro zur Fasziat. bei – 44-1452; Rk. v. Pisum sativum auf Gibberellsäure 45-1344.

Erdalkalimetalle

Erdalkalimetallegierungen

Erdalkalimetallverbindungen

Anorganische Erdalkalimetallverbindungen

Erdalkalimetallborate, Reihe isotyper Erdalkalimetallboratphosphate u. -arsenate v. Typ $2MeO \cdot X_2O_5 \cdot B_2O_3$ 32-0729; Fluoreszenzeig. v. mit Tb aktivierten – (Anreg.-Diffus., Reflex.- u. Emiss.-Spektren) 13-0402; Verw. in Gefrierschutzmittel 2-2202*.

Erdalkalimetallboride, Herst. v. Borcarbiden d. Erdalkalimetalle 18-2257; Herst. 37-2015*.

Erdalkalimetallbromate, Radiolyse v. krist. Erdalkalimetallbromaten durch Co-60-γ-Strahlen unter Bldg. v. O_2, BrO_2^-, BrO^-, Br^- u. BrO_3 18-0670.

Erdalkalimetallbromide, Farben u. Spektren d. Lsg. v. Co^{2+}, Ni^{2+}, Cu^{2+}, Rh^{3+}, Pt^{2+} u. Cr^{3+} in Schmelzen mit – 10-0114; relative Wander.-Geschw. v. Kationen in geschmolzenen – 28-0565; Best. d. NMR-Linienbreite v. ^{79}Br, ^{81}Br in wss. – -Lsg. 22-0336.

Erdalkalimetallcarbide, Herst. v. Borcarbiden d. Erdalkalimetalle 18-2257; Rk. v. KW-Stoffgasen mit Erdalkalioxiden zu – 20-2615*; Herst. 37-2015*; Gleichgew.-Metalldampfdrücke über – 15-0579, 40-0477.

Erdalkalimetallcarbonate, IR-Absorpt.-Spektren u. Röntgen-d-Werte v. – 44-0353; Polymorphie u. Schmelzen d. Alkalimetallnitrate bis zu *40* kbar mit einigen kurzen Bemerk. zu d. – 25-0534; Löslichk. v. Y-, Sc- u. einigen Seltenerdmetallcarbonaten in mit CO_2 gesätt. W. u. Vgl. d. Ergebnisse mit denen d. – 19-0570; Einfl. v. – auf d. Bldg. v. Diphosphatgruppen beim Erhitzen v. $Ca_3(PO_4)_2 \cdot nH_2O$ 11-0767; Rk. mit Harnstoff 6-2604*; Verw. als Katalysator: bei d. Rk. v. O.O-Di-alkyl-, aryl-, arylalkyl)-dithiophosphorsäureestern mit Säurechloriden 17-2602*; zur Herst. v. Carbonsäurechloriden durch Rk. freier Carbonsäuren mit $POCl_3$ 26-2737*; Verhinder. d. Auswitterns zement- oder anderer kalkhalt. Baustoffe durch Behandeln mit Bicarbonaten 11-2460*; Herst. v. Porenmitteln für Poren-Anhydritbinder u. -Gips unter Verw. v. – 18-2406*; Dehydrier. v. Buten über einem Katalysator aus einem Metall d. VIII. Gruppe u. – als Beschleuniger 16-2570*; Darst. beständ. Dispers. v. – in Schmierölen 49/50-2590*.

Erdalkalimetallchlorate, Herbizide aus – u. halogenierter aliphat. Säure mit $\leqq 6$ C-Atomen 45-2632*.

Erdalkalimetallchloride, Gesetzmäßigk. d. Umsetz. intermetall. Verb. mit geschmolzenen Salzen unter Bldg. v. – 34-0596; Farben u. Spektren d. Lsg. v. Co^{2+}, Ni^{2+}, Cu^{2+}, Rh^{3+}, Pt^{2+} u. Cr^{3+} in Schmelzen mit – 10-0114; Doppelschichtkapazität in geschmolzenen – 31-0607; Einfl. d. Lsgm.-Kationen auf d. thermodynam. Aktivität v. $FeCl_2$ in geschmolzenen – nach EMK-Mess. 23-0530; Best. d. partiellen mol. Freien Misch-Enthalpien u. -Entropien d. geschmolzenen Misch. v. NaCl mit – 40-0464; Best. d. Viskosität d. Gemische v. Alkalimetallchloriden (Erdalkalimetallchloriden) 48-0549; Änder. d. elektrophoret. Wander. durch Imprägnier. d. Papierstreifen mit – -Lsg. 40-1912; Gleichgew.-Konst. v. Rk. zwischen $[Co(NH_3)_6](PO_3)_3$ u. – 38-0576; Fluorier. v. Fluorchlorbenzolen in – -halt. Schmelze 15-2669*; Verw. v. Misch. aus BN, TiB_2 u. – zur Herst. v. Formkörpern aus B-Nitrid 8-2306*.

Erdalkalimetallcyanamide, Epoxydat. v. Olefinen mit H_2O_2 u. – 11-2822.

Erdalkalimetallcyanate, Herst. 6-2604*; Rk. v. – mit Halogenwasserstoff 11-2790*.

Erdalkalimetallcyanide, Farben u. Spektren d. Lsg. v. Co^{2+}, Ni^{2+}, Cu^{2+}, Rh^{3+}, Pt^{2+} u. Cr^{3+} in Schmelzen mit – 10-0114; Polymerisat. v. – 51/52-2815*; Rk.: mit Halogenalkylpolysiloxanen oder Halogenalkyl-KW-Stoff-Oxysilanen (am β-C-Atom d. Alkylrestes nicht halogensubstituiert) 20-2631*; mit Aldehyden oder ggf. ihren Bisulfitverb. 48-2667*.

Erdalkalimetallfluoride, Farben u. Spektren d. Lsg. v. Co^{2+}, Ni^{2+}, Cu^{2+}, Rh^{3+}, Pt^{2+} u. Cr^{3+} in Schmelzen mit – 10-0114; Verform.-Aufspalt. u. Verstärk. d. Spektrallinien (Lumineszenz u. Absorpt.) sowie Struktur angeregter Niveaus v. Eu^{2+} in – 7-0376; bevorzugte Emiss.-Phänomene im Nachleuchten v. röntgenstrahlangeregten u. mit Seltenerdmetallen dotierten – 15-0396; piezospektroskop. Unters. d. Niveauschemas u. d. Übergänge in d. Sm^{2+}-Ionen in – -Krist. durch Absorpt. u. Lumineszenz 30-0301; Temp.-Abhängigk. d. Breite u. Verschieb. v. Nullphononabsorpt.-Linien in Gd-aktivierten – 37-0378; Verfärb. u. Thermolumineszenz v. Y-dotierten – -Einkrist. 37-0388; Lumineszenz u. stimulierte Emiss. v. Nd in BeF_2-Gläsern, Vgl. mit – 40-0328; Farbzentren in – 6-0349; dielektr. Eig. v. Erdalkalifluorid-Einkrist. 1-0492; Elektrolyse v. – an Kohleanoden 11-2744*; kryometr. Unters. bei hoher Temp. über d. Bldg. v. festen Lsg. zwischen Erdalkalimetalloxiden u. – 22-0537; thermodynam. Betracht. d. Darst.-Prozesse v. – -Krist. 26-0733; Strahl.-Stabilität v. – ; Gasabsorpt. u. -desorpt. v. CaF_2, SrF_2 u. BaF_2 nach ^{60}Co-γ-Bestrahl. in Abhängigk. v. d. Strahlendosis 41-0691; Rk. mit 1.2-Dichlor-1.2-dicyanäthylen 25-3002*; Fluorier. v. Fluorchlorbenzolen in – -halt. Schmelze 15-2669*; Verw.: v. Misch. aus BN, TiB_2 u. – zur Herst. v. Formkörpern aus B-Nitrid 8-2306*; zur Herst. v. opt. Fluorboratglas 10-2403*.

Erdalkalimetallhalogenide, Resonanzverschieb. d. Hydroxylprotonen in – 11-0384; Verf. mit Ganzmetallzelle zur Mess. d. EMK v. geschmolzenen, keram. Werkstoffen gegenüber korros. Erdalkalimetall/Erdalkalimetallhalogenid-Lsg. 4-0597; elektrolyt. Red. dreiwert. Seltenerdmetallionen in – 20-0579; Stabilitätsunters. v. Siebenkomponentensyst. d. Typs 16C aus – unter Beteilig. v. Ag^+ u. Tl^+ 16-0510; Misch.-Wärmen v. wss. – -Elektrolyten 18-0497; vergleichende Näher.-Meth. zur Berechn. d. Aktivitätskoeff. v. Alkali- u. Erdalkalimetallhalogeniden 31-0597; Oberflächenspann. geschmolzener Lsg. v. – in Alkalimetallhalogeniden 24-0648; elektrolyt. Zers. v. – 49/50-2063*; Rk. mit Acetylenen 34-0780; Herst. v. Carbonsäurechloriden durch Rk. freier Carbonsäuren mit $POCl_3$ in Ggw. v. – 26-2737*; Cyclisier. eines Gemisches aus C_2H_2 u. Diacetylen in Ggw. v. Doppelsalzen aus Nb- oder Ta-Halogeniden und – 27-2651*; Verw. bei d. Herst. v. Pigmenten mit Perlmutterglanz 7-2801*.

Erdalkalimetallhydride, Rk.: mit Trialkylboraten 25-2444*; v. Äthylen mit Butadien in Ggw. v. – -enthaltenden Ziegler-Mischkatalysatoren 20-2614; Verw. v. – als Katalysatoren für Äthylenpolymere 46-2694*.

Erdalkalimetallhydridoaluminate(III), Herst. v. $M(AlH_4)_x$ (M = Erdalkalimetall) aus Erdalkalimetallhydrid, Al u. Boran 24-2192*; Herst. 29-2253*.

Erdalkalimetallhydroxide, Dissoziat.-Energien d. gasförm. – 17-0563; Einfl. v. – auf d. Bldg. v. Diphosphatgruppen beim Erhitzen v. $Ca_3(PO_4)_2 \cdot nH_2O$ 11-0767; Rk. v. gasförm. H_2O_2 mit – 15-0806; Rk. v. Halogenhydrinen mit wss. – -Suspens. zu Oxiranen 7-2764*; nephelometr. Titrat. v. Polymethacrylsäure mit – 24-1977.

Erdalkalimetalljodide, Absorpt.-Bande v. – in fl. NH_3 (Einfl. d. Lsgm.) 31-0142.

Erdalkalimetallnitrate, Herst. v. – als Nebenprodukt bei d. NOCl-Herst. 27-2214*; Farben u. Spektren d. Lsg. v. Co^{2+}, Ni^{2+}, Cu^{2+}, Rh^{3+}, Pt^{2+} u. Cr^{3+} in Schmelzen mit – 10-0114; Glasbldg.-Tendenz im Alkalinitrat- – -Syst. 38-2269; thermochem. Unters. d. Solvatat. v. – in wss. alkohol. Lsg. 20-0497; Äquivalentvolumina v. Misch. geschmolzener Alkalimetall- u. Erdalkalimetallnitrate 32-0527.

Erdalkalimetallnitrite, Verw. in Gefrierschutzmittel 2-2202*.

Erdalkalimetalloxide, Darst. tern. u. quatern. Oxide d. vier-, sechs- u. siebenwert. Tc mit Erdalkalien 37-0772.

Einfl. v. – auf Zähigk. u. Struktur v. Glasschmelzen 1-2378; Emiss.-Eig. d. – 3-0430; kryometr. Unters. bei hoher Temp. über d. Bldg. v. festen Lsg. zwischen – u. d. Fluorid desselben Metalls 22-0537; Natur d. Oxide d. Gruppe IIa in Kryolithschmelzen [Syst. Kryolith–MgO, –CaO u. –BaO] 23-0547; röntgenograph. Unters. d. beim Sintern v. HfO_2 mit – gebildeten Phasen 35-0510; Parallelität zwischen d. Bldg.-Wärmen v. Erdalkalimetalloxid-Misch-krist. u. ihrer Thermoelektronenemiss.-Fähigk. 46-0528; ESR-Unters. d. Chemisorpt. v. O an einigen – 15-0715; Löslichk. v. – in Alkalimetallchloridschmelzen 12-0570.

Zusätze v. PbF_2, CdF_2, SnF_2 u. ZnF_2 bei d. Fluorier. v. – 26-0733; Festkörper-Rk. mit PaO_2 u. Pa_2O_5 (Übersicht) 37-0758; Rk. v. KW-Stoffgasen mit – zu Carbiden 20-2615*; Verw. v. – bei d. Kondens. v. Organo-Si-Verb. 15-3068*; Herst. v. Carbonsäurechloriden durch Rk. freier Carbonsäuren mit $POCl_3$ in Ggw. v. – 26-2737*.

Verw.: zur Herst. geschmolzener feuerfester Steine 8-2301*; in Schwerst-Flinten 10-2401*; als Flußmittel bei d. Herst. krist. feuerfester Formkörper 19-2344*; zum Mattieren v. Glasgegenständen 26-2414*; in lumineszierendem Glas 28-2298*; Dehydrier. v. Buten über einem Katalysator aus einem Metall d. VIII. Gruppe u. – als Beschleuniger 16-2570*.

Mischoxide

Al: IR-Absorpt. d. Erdalkalimetallaluminate 44-0353.

Fe: quant. Bezieh. zwischen Textur u. Remanenz hexagonaler Ferrite d. allg. Zus. $MeO \cdot 6Fe_2O_3$, (MeO = Erdalkalimetalloxid) 22-0464.

Si–Al: Isomerisier. v. Tetraalkyläthylenen in Ggw. v. Erdalkali-Alumosilicaten 17-2564*; gesteuerte Kristallisat. v. Erdalkali-Alumo-Silicat-Gläsern 24-2262; Leitfähigk.-Unters. d. Hydratat.-Prozesses v. Erdalkalimetallortho- u. metasilicat-Gläsern 48-0267.

U: Überblick über Nomenklatur, Darst., Struktur u. Stabilität v. – 18-0721; Krist.-Struktur, Darst. u. Isomorphie einiger Erdalkalimetalluranate d. Typs M_3UO_6 12-0299.

Erdalkalimetallperoxide, Darst. v. Erdalkalimetallperoxiden: CaO_2, SrO_2, BaO_2 (Syst. $Me(OH)_2/H_2O_2/H_2O$ (Me = Ca, Sr, Ba)) 16-0693; Herst. v. hellfarb. Sulfofettsäuren, deren Estern u. Nitrilen mit Hilfe v. – 17-2574*.

Bibl.: Peroxides, superoxides, and ozonides of alkali and alkaline earth metals B 58.

Erdalkalimetallphosphate

Erdalkalimetallorthophosphate, Reihe isotyper Erdalkalimetallboratphosphate v. Typ $2MeO \cdot X_2O_5 \cdot B_2O_3$ 32-0729; Herst. feinteil. – 35-2154*; Herst. v. – : durch Verbrenn. v. P 39-2079*, 39-2080*; durch Rk. v. fl. P u. O_2-halt. Gas 39-2082*; aus Rohphosphat 39-2083*; durch Verdräng.-Rk. 40-2135*; ESR-Spektrum γ-bestrahlter Erdalkalimetall-Phosphatgläser 45-0356; Löslichk. v. wasserfreien – in wss. Ammoniumcitrat- u. Citronensäure-lsg. 11-0602; Herst. v. Carbonsäurechloriden durch Rk. freier Carbonsäuren mit $POCl_3$ in Ggw. v. – 26-2737*; Verw. zur Herst. v. Leuchtstoffen 14-2277*; Reinigen v. – -Leuchtstoffen zur Erhöh. v. Glanz u. Beständigk. 51/52-2120*; Zusatz v. – zu hochtemp.-beständ. Zement zum Auskleiden v. Bohrlöchern 24-2341*; Verw.: bei d. Papierherst. 8-3296; zur Herst. v. Siliermitteln 13-3531*; Mitfäll. v. Pu mit – zur Best. 18-2067.

Erdalkalimetallpolyphosphate, Gleichgew.-Konst. v. Rk. zwischen $[Co(NH_3)_6] \cdot (PO_3)_3$ u. Erdalkalimetallchloriden unter Bldg. v. $[Co(NH_3)_6]Cl_3$ u. d. betreffenden Erdalkalimetall-Polyphosphaten 38-0576.

Erdalkalimetallsulfate, Farben u. Spektren d. Lsg. v. Co^{2+}, Ni^{2+}, Cu^{2+}, Rh^{3+}, Pt^{2+} u. Cr^{3+} in Schmelzen mit – 10-0114; Herst. v. Carbonsäurechloriden durch Rk. freier Carbonsäuren mit $POCl_3$ in Ggw. v. – 26-2737*.

Erdalkalimetallsulfide, Red. v. 8-Nitrochinolinen mit Erdalkalimetallhydrogensulfid 8-2705*.

Erdalkalimetallsulfite, Red. v. Phenyldiazoniumsalzen mit Erdalkalihydrogensulfit 45-2321*.

Erdalkalimetallthiocyanate, Farben u. Spektren d. Lsg. v. Co^{2+}, Ni^{2+}, Cu^{2+}, Rh^{3+}, Pt^{2+} u. Cr^{3+} in Schmelzen mit – 10-0114.

Erdalkalimetalluranate(VI), Überblick über Nomenklatur, Darst., Struktur u. Stabilität v. – 18-0721.

Erdalkalimetallwolframate(VI), Gleichgew. u. Stabilität 47-0545.

Organische Erdalkalimetallverbindungen

Rk. v. Erdalkaliacetyliden mit 6-Bromhexanol-(1) 11-2789*; Verw. bei d. Polymerisat. v. Methylvinylketon 15-3020*; Darst. neuer Addit.-Verb. v. Erdalkalimetallen mit polycycl. aromat. KW-Stoffen 28-0691.

Rk. d. Monoerdalkalisalze v. 2-substituierten 1.3-Dinitropropanen mit HNO_3 7-2750*.

Verw. eines Erdalkalialkylphenolats in einem Schmiermittel für hohe Drücke 14-2907; röntgenograph. Unters., Isotypie u. IR-Spektren v. Erdalkalimetallmethanolaten 24-0243; Polarographie v. Erdalkalimetall–Pyrogallol-Komplexen 33-2044.

Rk. d. Erdalkalimetallsalze v. Thiokohlensäurealkylestern mit PCl_3 oder PBr_3 5-2674*.

Durch Erdalkalimetallketyle katalysierte Polymerisat. v. Aldehyden 13-1215.

Verw. eines Erdalkalisalz–Erdalkaliseife-Komplexes als Gelier.-Mittel in Schmierfett 6-2773*; Wiedergewinn. v. Methyl- u. Äthyltri-[hydroxymethyl]-methan aus Gemischen mit (Erd)-Alkaliformiaten 10-2707*; Herst. v. α.β-ungesätt. Carbonsäuren in Ggw. v. Erdalkalisalzen v. β-Alkoxymonocarbonsäuren 11-2774*; Herst. v. Erdalkalimetallsalzen v. N-Arylsulfonylcarbaminsäureestern (Herbizide) 13-3400*; Hydrier. d. Erdalkalisalze d. 4-[Acetamidomethyl]-benzoesäure 22-2582*; Cyclodepolymerisat. v. Polyacryl- u. -methacrylsäure durch trockene Dest. ihrer Erdalkalisalze 24-1162; ebullioskop. Unters. d. Erdalkalimetallsalze höherer Fettsäuren in organ. Lsgm. 25-0569; Komplexe d. Äthylendiamin-N.N'-bis-[α-propionsäure] u. d. Äthylendiamin-N.N'-bis-[α-propionsäure]-N.N'-diessigsäure mit Erdalkalimetallionen (Stabilitätskonst.) 27-0596; d. Stabilitätskonst. d.

brechen einer wasserempfindl. Ton enthaltenden unterird. Format. 44-2613*; Befestigen einer Verrohr. in einer —-Bohr. mit einer Zementtrübe 44-2614*; Copolymerisat. v. Alkylidenbisacrylamid zur Verminder. d. Durchlässigk. v. Bohrlöchern 49/50-2535*; Einfl. v. Zementbrei auf d. Veränder. d. Durchlässigk. d. am Bohrloch liegenden Zone 51/52-2629; Säuern v. —-Bohr. mit HCl- u. HF-Lsg. 51/52-2630.

Anwend. v. Ferrochromligninsulfonat, Na-Carboxymethylcellulose u. Nonylphenoloxyäthylat zur Behandl. v. Bohrfl. 1-2861; Ox.-Mittel für d. redoxometr. Differentialkernbohr. 1-2862; wasserbas. Bohrlochbehandl.-Fl. mit Zusatz eines zweiwert. Salzes 2-2831*; Herst.: v. Kondensat.-Prod. aus Citronensäure u. Gluconsäure (Chelatisier.-Mittel für Bohrschlämme) 3-2627*; einer ölbas. Bohrspül. (Zusatz v. H_2SO_3 u. Na_2SiO_3 zum Sulfonieren d. Asphalten-Anteils) 3-2766*; hochtemperaturfeste Bohrspül. 3-2767*; grenzflächenakt. Substanzen als Additive für Bohrspül. (Überblick) 4-2660; W.-bas. Tonspül. (Poly-N-vinylcarbonsäureamid als Schutzkoll.) 4-2688*; Dick.-Mittel für Flutwasser bei d. Sek.-—-Gewinn. 4-2689*; Erhöh. d. Viskosität einer alkaliphosphatmodifizierten Stärke (Zusatzmittel für Bohr-Fl.) 5-2742*; Zusatzstoff für Bohrspül. aus getrocknetem Ligninsulfonat, Alkalidichromat, $FeSO_4$ u. $CuSO_4$ 6-2766*; Verw. v. sulfoniertem Asphalt für Bohrfl. 6-2776*; aufgearbeitete Abfälle aus regenerierter Cellulose als Zusatz zu Bohrschlamm 6-3195*; Bohrspül. (Zusatz v. sulfoniertem Öl u. Asphalt) 7-2912*; (Zusatz aus anorgan. Phosphorsalz u. Metall-Lignosulfonat) 7-2916*; (ox. polyphenol. Gerbstoff als Stabilisier.-Mittel) 9-2947*; Carbonsäuren u. deren Salze aus Asphaltenen als Zusätze zu Bohrfl. 10-2894*; Verbesser. d. Viskosität v. Tonen in Bohrspül. 13-2883*; Zusatz für Bohrlochbehandl.-Fl. aus Ca-Salz–Ca-Seifen-Komplex u. Polyacrylsäure 14-2792*; Bohrspül. mit Zusatz eines sulfonierten Phenolformaldehydkondens.-Prod. 15-2790*; Bohrschlamm (Zusatz v. $MgSO_4 \cdot 7\,H_2O$) 17-2657*; (ox. Ligninsulfonat als Zusatz) 17-2658*; „Fluid Loss Additives" als Zusatz zu Rohölen bei hydraul. Bohrlochbehandl. 19-2804; Tiefbohrzement mit Zusatz v. Carboxymethylhydroxyäthylcellulose 19-2821*; Zusatz bei Bohrloch-Reinig.-Verf. (Alkalisalz v. sulfoniertem Gasöl u. sulfoniertem Asphalt als Schaummittel) 19-2822*; (Misch. aus Toluol u. Nonylphenolpolyoxyäthylenäther) 19-2823*; Bohrspül.-Zusatz (Alkylammoniumlignosulfonat) 19-2824*; (polymeres Äthylenmaleinanhydrid) 20-2758*; Verbesser. v. „Gel-Zementen" für Bohrlöcher durch Kalkzusätze 21-2929; Bohrspül.-Syst. mit Zusatz d. Isopropylaminsalze d. Sulfobernsteinsäure u. d. Dodecylbenzolsulfonsäure 21-2945*; Verf. zur Herst. einer Tiefbohrzementtrübe 21-2946*; Zusatz für Bohrspül. (Behandl. v. Sulfitablaugen mit Cr(III)- u. Fe(III)- oder -(II)-Salzen) 22-2673*; (koll. Attapulgit-Ton, hydratisierbare Mg-Verb. u. Guar-Gummi) 22-2674*; Ligninsulfonatverb. als Additiv für Bohrfl. 32-2693*; Herst. v. Sunil (Bohrreaktiv) 36-2423; Förderfl. mit kleinen festen runden Teilchen aus CaO, B_2O_3, Na_2O u. SiO_2 36-2545*; schaumverhütendes Carbolineum für Bohr. 38-2669; Regulier. d. Eig. v. Bohrfl. bei hohen Bohrlochsohlentemp. u. Drücken (Zusatz v. $NaCrO_4$) 38-2670; Reagenzien für d. Aufarbeit. v. Spülfl. d. —-Bohr. 44-2599; Bereit. v. HCl-Lsg. für d. Bearbeit. v. —-Bohr. 45-2366*; Trepanin zur Behandl. v. Bohrschlamm 46-2588; Bohrfl. für Gesteinsbohr. mit einem wasserlösl. Polyelektrolyten 51/52-2648*; Dest.-Rückstände synthet. Fettsäuren als Emulgatoren für W.–Öl-Emuls. bei tiefen Bohr. 51/52-2649*; Misch. aus polymerisierten Epoxidharzen u. SiC als abriebfeste Überzüge in Bohrlöchern 51/52-2650*.

Korros.-Schutz durch Inhibitor-Drucktechnik in —-Lagerstätten 7-2551; Anwend. markierter Korros.-Inhibitoren zur Unters. d. Druckminder.- in Hochleist.-Quellen 7-2552; Korros.-Bekämpf.: in Bohrlöchern (mit elektr. plattierender Dispers.) 8-2827*; an Einricht. v. —-Bohr. 25-2247; (durch Zuführ. einer organ. N-Verb., eines Alkalisulfits u. v. Co-Nitrat oder -Chlorid) 26-2864*; Korros.-Schutzmittel für Öl- u. Gasquellenanlagen 30-2468*.

Verhinder. v. Bakterienwachstum in Flutwässern zur sek. —-Gewinn. 7-2907*; Halogencyanessigsäureamide als antimikrobielle Mittel für Bohrölemuls. 99-3310*; Zugabe eines Bakterizids beim W.-Fluten v. —-Lagerstätten 15-2793*; Alkylguanidiniumverb. zur Verhüt. d. bakteriellen Korros. in —-Anlagen 46-2433*; Kontrolle d. Wachstums u. d. Vermehr. v. Bakterien für d. Sekundärgewinn. v. — 49/50-2536*; Bohrfl. mit einem disubstituierten Naphthalin zur Hemm. d. Mikrobenwachstums 51/52-2647*.

Aufbereitung, Lagerung, Transport

Brechen v. —-Emuls. mit einem polyoxalkylierten Alkylphenol–Formaldehyd–Alkylenpolyamin-Harz 2-2832*; stufenweise Trenn. v. Gasen aus baskir. — 4-2656; Demulgieren v. — in industriellen Anlagen 4-2663; Synth. u. Prüf. nichtionogener Tenside als Demulgatoren für d. Entsalz. v. Romaschkino-— 5-2855; Entwässer. u. Entsalz. v. — mit Polypropylenglykolderiv. 9-2949*; Entsalz. v. — mit NČK („neutralisierter schwarzer Kontakt") 10-2862; Verw. v. polyoxyalkylierten Kondens.-Polymeren zur Trenn. v. W.-in-—-Emuls. 11-2925*; Entsalzen v. Rohölen in BP-Raffinerien 12-2633; Brechen v. —-Emuls. mittels hydrophiler synthet. Prod. 13-2884*; Spalt. v. Bohrölemuls. vor Einleit. in Gewässer 16-2130; Zerstör. v. —-Emuls. (mit Blockpolymeren d. Oxide v. Propylen u. Äthylen) 24-2747; (mit Kondens.-Prod. d. Äthylen- oder Propylenoxids mit sek. Alkoholen) 25-2551*; Entwässer. u. Entsalzen d. — mit polyoxyäthylierten Alkylphenolen 25-2552*; Brechen v. W.-in-Öl-Emuls. bei d. —-Gewinn. mittels oberflächenakt. Verb. 36-2544*; Verw. v. Abfällen aus d. Polymerisat. eines Leichtöls d. Rohöl-Pyrolyse als Demulgator für —-Emuls. 43-2411; Entwässer. u. Entsalz.: v. Stavropol-— mit OŽK u. SP 45-2357; v. — durch Einführ. v. oxyäthylierten synthet. Fettsäuren 45-2367*; Herst. v. Oxyalkylier.-Prod. v. reakt. N-Verb. u. Polyepoxiden als Brech.-Mittel für —-Emuls. 47-2331*; optimale Beding. für d. elektromagnet. —-Entsalz. 47-2406.

Korros.-Inhibitor für doppelwand., bodenversenkte Tanks u. Rohrleit. für — 4-2440*; Verhindern d. Verschmutz. v. Rohrleit. für — 4-2685*; Anlegen v. —-Lagerbehältern in einer durchläss. Erdformat. 4-2686*; Korros.-Schutzmittel für salzwasserhalt. Rohöle 9-2714*; Verhinder. v. Salzablager. in —-Leit. (Zusatz eines Alkaliphosphates) 20-2757*; (Zusatz eines Komplexes) 20-2759*; kathod. Schutz d. Pipeline „Freundschaft" 36-2350; Anstrich- u. Überzugsmittel aus Steinkohlenteer u. Polyglycidylätherestern für —-Rohrleit. aus Stahl oder Zement 44-2914*; Innenanstrich v. Rohren oder Behältern zur Lager. v. — 44-2919*.

W.-Verschmutz. durch Rohöl (Pipelineproblem am Bodensee) 36-2121; Reinig. v. Abwässern d. —-Industrie in Ungarn 44-2052.

Herst. als —-Zusatz: v. O.O-Dimethyl-S (bzw. O)-[N-acetyl-N'-methylharnstoff]-thiol (bzw. thiono)-phosphat 17-2591*; v. Hydraziniumsalzen (gegen Ox. u. stat. Auflad.) 21-2687*; v. 2.2'-Methylen-bis-(4-halogen-6-tert.-butylphenolen) (Antioxydantien) 24-2762*; Inhibitor d. Korros. durch — 44-2402*.

Raffination

s. unter *Mineralöle.*

Chemische Auswertung, Verwendung

Herst. v. Industriegasen durch Umsetz. v. —-Prod. 1-2852; neue petrolchem. —-Primärprod. 1-2869; Verw. v. — für Waschmittelsynth. 2-2890; Petrochemikalien aus Rohöl 4-2651; Herst. v. PVC aus — 5-3019; petrochem. Führer 6-2729; fl. synthet. Waschmittel auf Basis v. Alkylsulfonaten aus — 7-2984; Verf. d. petrochem. Industrie 10-2678; techn. u. ökonom. Aspekte d. Einsatzes v. — in d. chem. Industrie d. DDR (Überblick) 10-2863; Gewinn. u. Verarbeit. niederer Olefine in erdölverarbeitenden Großbetrieben (Übersicht) 16-2697; Prozesse d. petrochem. Industrie 17-2640, 17-2641; Anwend. eines Betriebsgaschromatographen in einer Anlage zur Acetylengewinn. aus — 18-2093; Verw. v. —-Prod. in d. Gasindustrie 18-2850; petrolchem. Verb. für d. Kunststoffindustrie u. verwandte Industrie 21-3063; optimierende Steuer. einer petrochem. Synth. mit einem Prozeßrechner 23-2085; Computerregel. in petrochem. Anlagen 24-1079; Petrochemie in Polen 26-2846; neue katalyt. Rk. in d. Petrochemie 33-0752; Petrochemie (Cyclohexan) 39-2363; petrochem. Grundprozesse, Bedeut. für Schweden u. a. nord. Länder (Überblick) 43-2254; Zusammenstell. d. petrochem. Verf. 43-2255; petrochem. Industrie in Japan (Übersicht) 43-2257; Entw. d. petrochem. Industrie 49/50-2517.

Herst. v. Preßkörpern aus Petroleumrückständen (Mischen v. feinverteiltem Bodenmaterial) 1-2439*; Vergär. v. — zur Herst. v. protein-, fett- u. zuckerhalt. Mikroorganismen 2-3211; Arzneiformen u. Präp. d. Naftalan-— (Übersicht) 3-1776; Schmierölgewinn. aus d. maritimen Balayiem-— 6-2736; Verw. v. —-Rückstand: in bas. Material zur Ausbesser. v. bas. Ofenauskleid. 7-2417*; zur Bodenstabilisier. 8-2327; Transformatorenöl aus Neftjanye Kamni-— 10-2876; Verw. d. hochsd. Frakt. d. devon. — für Gummimisch. 10-3070*; geblasene Prod. aus —-Rückständen 12-2675*; — als Quelle für Proteine u. Vitamine 17-2636; Schnellprozeß zur Gewinn. v. Bitumen aus —-Rückständen durch Ox. unter Druck 19-2811; Elektrodenkoks aus Baku-— durch verzögerte Verkok. 21-2924; Qualitätsmerkmale v. Transformatoren- u. Turbinenölen aus sowjet. paraffinbas. — 22-2660; Herst. v. hochviskosen Ölen aus Romáskino-— durch klass. Verf. 26-2849; Straßenbitumen aus Arlansk-— 28-2363; Verw. v. Abfällen d. —-Verarbeit. als Rohstoff für d. Gummiindustrie 38-2743; Einfl. d. —-Zusatzes auf d. Dichte u. Kompakth. d. gestampften Kohlenkuchens 39-2482; Herst. v. Düsentreibstoffen aus — 49/50-2572*.

Analytisches

Best. in —: v. S (relativkonduktometr.) 1-2166; v. V (wechselstrompolarograph.) 4-1986; spektrochem. Analyse v. —-Prod. 5-2164; Verstärk. d. Emissionslinien bei d. V-Best. in —-Frakt. im Plasmabogen 8-2087; chromatograph. Trenn. d. aromat. Komponenten eines —-Destillats 12-2034; Isolier. v. Adamantan aus paraffin. — 12-2632; Routinetrenn. v. Verb.-Klassen u. Analyse schwerer —-Frakt. durch Adsorpt. Chromatographie 13-2182; gaschromatograph. Analyse zur therm. Restölgewinn. 13-2183; radiometr. Meth. zur Schutzwertbest. v. Korros.-Inhibitoren für d. —-Verarbeit. 13-2865; gaschromatograph. Unters. d. mittleren Frakt. eines Rohöles 14-2096; Trenn., Identifizier. u. Best. v. —-Bestandteilen 18-2851; Radiolyse einer W.-Emuls. v. —-Frakt. 22-2653; Mess. natürl. Isotopenverhältnisse in — 23-0784; Analyse u. Einstuf. v. Roh-— 23-2667; Best. in —: v. Naphthalin u. Methylnaphthalinen (Verteil.-Gaschromatographie) 24-2004; v. Ni u. V (impulspolarograph.) 29-2105; zeitaufgelöste spektrochem. Unters. an —-Prod. 30-2052; Best. in —: v. kleinen V-Konz. mit Hämatoxylin (spektralphotometr.) 34-2140; v. Naphthensäuren 34-2141; Schnellbest.: v. NČK in Abwässern erdölverarbeitender Betriebe 37-1925; d. Dichte fl. u. fester —-Prod. 37-1942; Best. in — bzw. —-Prod.: v. Na (spektrograph.) 37-1943; v. bicycl. aromat. KW-Stoffen (polarograph.) 37-1945; v. Nebenbestandteilen (organ. Peroxide) 38-2025; (Olefine) 38-2026; Best. v. —-Prod. in Abwässern 40-1926; Petroleum als stationäre Phase bei d. Papierchromatographie höherer Fettsäuren 45-1893; Best. v. gesätt. KW-Stoffen in schweren — 48-1982.

Bibliographie

Laboratoriumsanalysen bei Bearbeitung von Erdöl [rumän.] B 53.

Russ.: Technologie der Erdöl- und Gasverarbeitung B 7; (Teil *2*. Abbauende Behandlung von Erdöl und Gas) B 14; (Teil *3*. Reinigung der Erdölprodukte und Herstellung von Spezialprodukten) B 14; Probleme der Verarbeitung von Erdöl mit hohem Schwefelgehalt. Materialien der ersten Zweigkonferenz für die Verarbeitung von Erdöl mit hohem Schwefelgehalt *1965* in Ufa B 14; Bildungsbedingungen und Merkmale der Erdöl–Gas-Führung der Salzstock-Struktur B 24; Handbuch der Säurebehandlung von Bohrlöchern B 24; Industrielle Erdölaufbereitung B 24; Geochemische Charakteristik des Erdöls und der Bitumina der Ukraine und Moldava B 27; Geologie und Ausbeutung von Erdöllagerstätten B 31; Technologie der Erdöl- und Gasverarbeitung. Erdölchemie B 47; Erdölprodukte. Eigenschaften, Beschaffenheit, Anwendung. Handbuch B 55; Erdölchemische Synthese in der Industrie B 55; Genesis des Erdöls und Erdgases. *1967* in Moskau vorgetragene Berichte B 63; Methoden der Untersuchung des Erdöls, der Erdölprodukte, Zusätze, Katalysatoren und Adsorbenten B 79; Probleme der Entstehung des Erdöls (Mitteilungssammlung) B 79; Plastische Massen und ihre Anwendung in der Erdölindustrie und chemischen Industrie B 87; Gaseinführung und Entgasung von Spülflüssigkeiten B 87.

Petroleum supply and demand. Report of the meeting at Brighton, *1965* B 7; IP standards for petroleum and its products. The Institute of petroleum (Part I: Methods for analysis and testing. Section *1*: IP methods *1* to *130*. Section *2*: IP methods *131* to *217*) B 22; (Part *3*: Methods for assessing performance of crankcase lubricating oilsengine tests. Part *4*: Methods for sampling) B 24; Instrumentation in the chemical and petroleum industries. Vol *2* B 31; Exploration and economics of the petroleum industry; new ideas, new methods, new developments; vol. *4* B 39; Petrochemical industry and the possibilities of its establishment in the developing countries B 39; Model code of safe practice in the petroleum industry. Part *1*: Electrical safety code B 47; Miscellaneous ASTM standards for petroleum products: methods of testing, specifications, definitions B 55; Petro-chemicals digest B 55; American Society for Testing and Materials. Committee D-2 on Petroleum and Lubricants. Engine test sequences for evaluating automotive lubricants for API service MS B 63; High-molecular compounds in petroleum B 63; Petroleum B 71; The expanding uses of petroleum: report of the Summer Meeting at Torquay, *1966* B 71; The production of polymer and plastics intermediates from petroleum B 71; Petroleum microbiology B 76; Model code of safe practice in the petroleum industry. Part *10*: Storage and piped distribution of heating oil safety code B 79; Fundamental aspects of petroleum geochemistry B 83; Geology of petroleum B 83; The petroleum chemicals industry B 87.

Le pétrole B 47; Le guide du pétrole, gaz et chimie. Annuaire *1966* B 65; La pétrochimie dans le monde B 66.

Erdölkoks s. unter *Koks*.

Erdwachs (Ozokerit), aus —-Lagerstätten isolierte Candida-Hefen 14-1465; Zus. u. Eig. d. Čeleken-Ozokerite 21-2938; Veränder. d. Zus. durch Mikroorganismen 32-3056; Bldg. d. Ozokeritfelder d. Borislav-Vork. 39-2495; Verw. als Schichtschutzmittel beim Ätzen v. Zinkdruckplatten 44-3204*.

Eremophilan s. unter $C_{15}H_{28}$.
Eremophilenolid s. unter $C_{15}H_{22}O_2$.
Ergobasin s. unter $C_{19}H_{23}N_3O_2$.
Ergobasinin s. unter $C_{19}H_{23}N_3O_2$.
Ergocalciferol s. unter $C_{28}H_{44}O$.
Ergochrom AB s. unter $C_{32}H_{30}O_{14}$.

Ergochrysin A s. unter $C_{31}H_{28}O_{14}$.
Ergochrysin B s. unter $C_{31}H_{28}O_{14}$.
Ergocornin s. unter $C_{31}H_{39}N_5O_5$.
Ergocristin s. unter $C_{35}H_{39}N_5O_5$.
Ergoflavin s. unter $C_{30}H_{26}O_{14}$.
Ergokryptin s. unter $C_{32}H_{41}N_5O_5$.
Ergolin s. unter $C_{14}H_{16}N_2$.
Ergometrin s. unter $C_{19}H_{23}N_3O_2$.
Ergometrinin s. unter $C_{19}H_{23}N_3O_2$.

Ergonovin s. unter $C_{19}H_{23}N_3O_2$.
Ergosin s. unter $C_{30}H_{37}N_5O_5$.
Ergostenol s. unter $C_{28}H_{48}O$.
Ergosterin s. unter $C_{28}H_{44}O$.
Ergosterol s. unter $C_{28}H_{44}O$.
Ergostin s. unter $C_{34}H_{37}N_5O_5$.
Ergostinin s. unter $C_{34}H_{37}N_5O_5$.

Ergotamin s. unter $C_{33}H_{35}N_5O_5$.
Ergotaminin s. unter $C_{33}H_{35}N_5O_5$.
Ergothionein s. unter $C_9H_{15}N_3O_2S$.
Ergotoxin, Zerstör. durch Ultraschall 11-1817; chromatograph. Isolier. u. Best. 28-2027.

Ericamycin, Isolier. u. Charakterisier. 35-1384.
Eriochromblau R s. unter $C_{20}H_{14}N_2O_5S$.
Eriochromblauschwarz B s. unter $C_{24}H_{22}N_6O_5S$.
Eriochromblau SE s. unter $C_{16}H_{11}ClN_2O_9S_2$.
Eriochromcyanin, Verw. zur direkten photometr. Best. v. Seltenerdmetallen auf Chromatogrammen 48-1893.

Eriochromcyanin R s. unter $C_{23}H_{18}O_9S$.
Eriochromschwarz T s. unter $C_{20}H_{13}N_3O_7S$.
Eriochromviolett B s. unter $C_{16}H_{12}N_2O_5S$.
Eriocitrin s. unter $C_{27}H_{32}O_{15}$.
Eriodictyol s. unter $C_{15}H_{12}O_6$.

Erioechtgelb 2 GLN s. *Erionylgelb E-2 GLN*.
Erio Fast Fuchsine BL, Verw. zur elektrolytograph. Herst. v. Farbbildern 26-3577*.

Erionit, Sintern v. — für Feststoffelektrolyte 17-2264*; Adsorpt. u. Desorpt. v. NO_2–N_2O_4 an synthet. — 40-0600; Gleichgew. mit Alkalimetallkationen 13-0679; Kinetik d. Sorpt. v. n-Paraffinen am natürl. — 49/50-0806.

Erionylblau 2 GFL, färber. Verw. 6-2790.
Erionylfarbstoffe, Modenuancen mit — auf Polyamidkräuselgarn 35-2446.

Erionylgelb E-2 GLN (Erioechtgelb 2 GLN), färber. Verw. 6-2790.

Eriostemsäure s. unter $C_{20}H_{24}O_5$.
Eriostosäure s. unter $C_{20}H_{24}O_5$.
ERLA-0400 s. unter *Plaste, Polyäther (Epoxidharze)*.

ERNA-0256 s. unter *Plaste, Polyäther (Epoxidharze)*.

ERNA-0386 s. unter *Plaste, Polyäther (Epoxidharze)*.

Ernährung

— spezieller biolog. Syst. s. dort; s. auch *Fütterung; Nahrungs- und Genußmittel; Organe; Stoffwechsel; Verdauung; Wachstum.*

Ernährung und Nährwert von Nahrungsmitteln u. dgl.: Nutritive Wrkg. synthet. Senfölbildner 3-1566; Bedeut.: d. Brotes in d. — (Übersicht) 5-3301; d. Vollwertkost 18-1544; Bevorzug. v. lösl. Saccharin als —-Grundlage 32-1615; Bedeut.: d. Roggens für d. moderne — (Übersicht) 32-3202; einer definierten Kostform im Tiervers. 49/50-1451.

Einfl.: d. Räucherns auf d. Assimilierbark. v. Nährstoffen bei Versuchstieren 7-3392; v. Se auf d. Nahr.-Aufnahme d. Ratten 21-1602; Mittel zur Verbesser. d. Aufnahme d. Nahr. aus Cu_2J_2, $MnSO_4$, $CoSO_4$, $ZnSO_4$, Bierhefe, Gelatine, Cholin, Orotsäure, Lysozym, Vitaminen u. Fe-Salz 38-3214*.

Nährwert: v. „Laver" (Wrkg. d. Düng.) 5-1457; v. gefrorenen Lebensmitteln (Übersicht) 9-3371; d. Lebensmittel (Begriff u. Berechn.) 11-3373; v. Reis (Wrkg. v. Bodenfeuchtigk. u. K-Düng.) 16-3117; v. Gemüse 16-3247; v. Reis (Wrkg. d. Bodenfeuchtigk. u. Gibberellinanwend.) 17-2963; v. frisch hergestellter u. gelagerter Kondensmilch 20-3336; Gesamtnährwert v. Mais (tabellar. Zusammenstell.) 38-3185; biolog. Wertigk. einiger in Columbien angebauter Bohnensorten 41-2939; Nährwert v. Lebensmitteln d. mittleren Ostens 51/52-3133.

Beziehung der Ernährung zu anderen Körperfunktionen: Einfl.: auf d. Nebennieren (Übersicht) 1-1514; auf d. Antioxydantienspiegel d. Körpers 1-1619; Anpass. d. exokrinen Sekret. v. Rattenpankreas an d. Nahr. 2-1625; —-bedingter Stress u. d. Akut-Phasen-Reaktoren d. Rattenserums bei experimenteller Entzünd. 3-1471; Schutzwrkg. v. Nahr. u. Vitaminen gegen Strahlenschäden d. Körpers 3-1654; Serumproteine bei keimfrei gehaltenen Ratten bei — mit wasserlösl. Futter 4-1534; Einfl. auf d. Bldg. v. Sperminoxydase beim Kalb 5-1299; Nervensyst.-Rk. bei —-bedingten Herz- u. Kreislaufstör. 6-1606; Abhängigk. d. Dynamik d. 17-Hydroxycorticosteroide im Blutplasma v. d. Nahr. 11-1516; Einfl. v. Biomycin u. Lävomycetin auf d. alimentären Schädig. d. Rattenleber 11-1741; —-Unters. über d. Hydrolyse d. Barbitursäurerings bei Ratten u. Bakterien 13-1422; Wrkg.: auf d. Aktivität verschiedener Enzyme in Extrakten aus Mikroorganismen d. Pansens 13-1716; auf d. Coenzym A-Stoffwechsel in d. Ratte 14-1644 bis 14-1646; Wachstum v. DMBA-Tumoren bei synthet. ernährten Mäusen 15-1228; Einfl.: auf d. Stoffwechsel d. α-Liposäure im kindl. Organismus 17-1570; auf d. Phosphorylase-Aktivität d. Leber 18-1280; ^{210}Po-Geh. menschl. Gewebe u. sein Zusammenhang mit d. — 20-1595; Einfl. v. 19-Norandrostenolon auf d. Gew. u. d. biochem. Zus. d. Hoden bei Ratten mit verschiedener — 21-1534; —-Kontrolle d. Verflüchtig. v. Se bei d. Ratte 23-1413; Einfl. auf d. Wachstumshormonspiegel d. Plasmas 24-1532; Citratspalt. in Fettgewebe in Abhängigk. v. d. — 26-1335; Verh. v. synthet. ernährten Mäusen gegenüber Benzpyren 27-1229; Kreatin- u. Kreatinphosphatgeh. d. Dünndarmmukosa v. Ratten vor u. während d. Nahr.-Aufnahme 28-1627; alimentär bedingte Bldg. v. Gallensteinen bei Hamstern 30-1369; enzymat. Aktivität u. —-Zustand 30-1516; Einfl.: auf d. Wachstum u. d. Dehydrogenase-Aktivität in Leber- u. Fettgewebe 34-1311; v. Chlorpromazin auf Futterverzehr. u. Glucoseverteil. bei fetten u. nichtfetten Mäusen 35-1725; relative Mengen an langkett. Acylcarnitin, Acetylcarnitin u. freiem Carnitin in Organen v. Ratten mit verschiedenen —-Zuständen 36-1528; Keimgeh. v. Milch- u. Sauermilchtrockenpräp. in d. Nahr. u. alimentäre Nitratmethämoglobinämie bei Säuglingen 38-1532; blutdrucksteigernde Wrkg. v. Reserpin nach Genuß v. Käse 38-1711; Lipidverteil. in mit 1.3-Butandiol gefütterten Ratten 39-1485; Umwandl. v. Leberribosomen in gefütterten u. hungernden Ratten 40-1192; Einfl. d. Ergänz. d. Maismehles mit Vitaminen u. Aminosäuren auf d. Aktivität einiger Enzyme d. Leber 41-1545; — u. Prostaglandine (Übersicht) 42-1426; Abhängigk. d. Glucose-6-phosphatase d. Leber in d. Ratte v. d. — 44-1338; Wrkg. auf d. Serindehydratase u. d. Glucokinase in Rattenleber 45-1429.

Untersuchungsmethoden: —-Unters. an Reis u. Rreisprod. aus Ost-Pakistan 4-3127; Nährwertbest. v. Fisch-Kartoffel-Flocken 40-3198; —-Unters. v. Reis u. Reisprod. aus Ostpakistan 51/52-3135.

Bibliographie: Ernährungsforschung. Bericht über die Arbeit der Kommission und im Schwerpunkt „Ernährungsforschung" der Deutschen Forschungsgemeinschaft B 15; Ernährungs- und Lebensmittellehre B 88.

Russ.: Wege zur Steigerung des biologischen Nährwertes von Lebensmitteln B 32.

Foundations of nutrition B 5; Metabolic toxemia of late pregnancy, a disease of malnutrition B 5; Progress in nutrition and allied sciences B 11; Symposium *1963*: Biochemistry of food products and nutrition B 15; Nutrition: a comprehensive treatise. Vol. *3*: Nutritional status; assessment and application B 20; Nutrition and physical fitness B 36; W. H. O. activities in nutrition (*1948 – 1964*) B 37; Nutrition B 52; World review of nutrition and dietetics. *7* B 52; Development of metabolism as related to nutrition (Symposium, Prague *1966*) B 52; Chemistry, medicine and nutrition (papers delivered at the symposium, Bristol *1966*) B 77; Introductory food science: a background textbook for university studies in food science, domestic science, nutrition, dietetics, agriculture and related sciences, a link between Sixth Form and university B 81.

Diät

Rückstände v. Schädlingsbekämpf.-Mitteln in „Gesamtdiät-Proben" 38-3158.

Wrkg. d. Diät: u. Thyroxin auf d. Plasmalipide bei Myxödem 11-1524; u. regulator. Faktoren auf d. Ausmaß d. Fettsäurebiosynth. in d. Rattenleber 1-1650; Zusammenhang zwischen Diät u. Lecithinstruktur d. Human-Erythrozyten-Phosphoglyceride 1-1576; Auswert. v. Stammdiäten für d. Leberlipidforsch. bei Ratten 2-1518; Wrkg. v. 2-Acetylaminofluoren in d. Diät auf d. Uracil abbauenden Enzyme in d. Rattenleber 3-1367; Diätabhängigk. d. Faktorkomponente d. „labile Factor"-Aktivität im Kükenblut 6-1542; Identifizier. v. Phytoen als d. π-Faktorniveau im Kükenblut korrigierender Diätfaktor 6-1543; Aminosäuren im Harn v. mit „DAB"-Reis-Diät gefütterten Ratten 9-1316; Einfl. d. Diät: auf d. Nicotinamidmethylferase-Aktivität in d. Leber tumortragender Ratten 11-1266; auf d. Konz. d. Serumamylase u. d. echten Cholinesterase im Blut d. Albinoratten 16-1535; diätet. Kontrolle d. Glucokinase-Entw. 20-1290; diätet. Indukt. v. Leber-Glucose-6-phosphatdehydrogenase in d. Ratte 21-1354; Einfl. d. Diät auf d. C- u. Energieverlust in Urin u. Fäzes bei Mensch u. Maus 28-1614; Mechanismus d. Diätbedingten Änder. d. Leber-Xanthinoxydasespiegel bei d. Ratte 36-1281; Cholesterinester d. Nebennieren u. Gewebe d. Kaninchens in Abhängigk. v. d. Diät 36-1506; Cholesterinstoffwechsel bei mit Diät mit unterschiedl. Wrkg. auf d. Gallensteinbldg. aufgezogenen Hamstern 44-1582.

Mineralstoffdiät: Regel. d. Phosphatase durch Phosphat-freie Diät (Wrkg. v. Äthionin) 1-1614; Einfl. einer Salz-freien Diät auf d. arteriellen Blutdruck 7-1685; kariostat. Wrkg. von drei Typen von Phosphaten bei allein. oder kombinierter Fütter. in der Diät von Ratten 7-1688; Wrkg. v. Nitrit in d. Diät auf d. Leberspeicher. v. Vitamin A bei d. Ratte 14-1648; Veränder. d. Cholesterinspiegels u. d. Eiweißfrakt. im Blut v. Hypertonikern bei chloridarmer Reis-Obst-Diät 22-1482; Harnsäure-, Ca- u. Phosphat-Clearance bei normalen Vers.-Personen unter Ca- u. Phosphat-armer Diät 23-1603; Bedeut. Mg-reicher Diät für Menschen mit Mg-Mangel 30-1496; Wrkg. einer Mg-Mangeldiät auf Normalpersonen 33-1644.

Kohlenhydratdiät: Wrkg. einer Kohlenhydratdiät auf d. Glucokinase- u. Mannokinase-Aktivität verschiedener Rattengewebe 9-1371; Änder. d. Rk.-Geschw. bei d. Biosynth. v. Pankreasamylase u. -chymotrypsinogen als Rk. auf Stärke-reiche Diät 21-1422.

Fettdiät u. dgl.: Vork. einer Dokosatriensäure in d. Cholesterinestern d. Nebennieren v. Ratten bei an essentieller Fettsäure defizitären Diäten 3-1560; Wrkg.: v. Vitamin B_6 u. Saffloröl auf d. durch eine Diät hervorgerufene Hyperlipänie u. Fett in Rattenlebern 6-1567; v. diät. Fett auf d. Glyceridstruktur v. Rattenknochenfett 6-1593; in vitro-Produkt. d. Gerinn.-Faktoren VII bis X durch Leberschnitte v. Ratten, d. mit atherogener Diät ernährt wurden 10-1622; Wrkg. v. Methandrostenolon u. Dimethandrostanolon bei d. Diätbehandl. d. Fettsucht 19-1519; Wrkg. v. Diätfett u. Methioningeh. auf Wachstum u. Leberbestandteile d. Ratte 25-1481; Ausscheid. v. Gallensäuren durch *3* Menschen bei Fettfreier Diät 26-1601; Wrkg. v. Diätfett auf d. Acetat-Einbau in Cholesterin u. Fettsäuren durch Leberschnitte v. Ratten, d. Handels-

oder halbsynthet. Kost erhielten 27-1635; Unveränderlichk. d. Geschw. d. Cholesterinsynth. bei erwachsenen Ratten bei Diät mit steigendem Cholesteringeh. 28-1617; biochem. Wrkg.-Mechanismus d. kardiopathogenen Diät 29-1550; Änder. d. Gefäßenzymaktivität bei mit Hartroft-Nahr. gefütterten Ratten 31-1544; Gew.-Verlust u. Serumlipidveränder. bei Fettsücht. bei niederkalor. Diät mit verschieden hohem Cholesteringeh. 33-1594; Zus. u. Struktur d. Speichertriglyceride d. weißen Ratte bei Futterdiät 34-1585; Wrkg. fettreicher Diät mit Butter oder Schweineschmalz auf d. Zus. d. Gewebe d. Ratte 34-1586; Lipidstoffwechsel bei Ratten, d. mit normaler u. einer Fett- u. Cholesterin-reichen Diät d. Einw. v. Wärme ausgesetzt worden sind 34-1619; Wrkg.: v. diätet. Cholesterin auf d. Cholesterinbiosynth. in Blut u. Knochenmark v. Kaninchen 36-1536; v. Langzeitbehandl. mit atherogener Diät u. Tyloxapol auf d. O_2-Verbrauch u. d. Aktivität einiger oxydativer Enzyme d. Herzmuskels v. weißen Ratten 38-1266; Umbildg. v. C_{17}-Polyensäure in höhere ungesätt. Säuren durch d. Ratte mit Fettmangeldiät 43-1451; Milchsäuredehydrogenaseaktivität bei mit Fett-reicher u. Proteinarmer steatogener Diät ernährten Ratten 45-1472.

Protein-, Aminosäurendiät u. dgl.: Wrkg.: einer an Lysin u. Threonin defizitären Diät auf d. Fettsäurezus. d. Körperlipide d. Ratte 3-1561; einer Proteinmangeldiät auf d. Thiaminmangel 10-1648; Veränder.: d. Umsatzes d. Proteine u. Nucleinsäuren unter d. Einw. v. Äthanolamin bei vollwert. u. Eiweißarmer Diät 11-1588; d. Rk.-Geschw. bei d. Biosynth. v. Pankreasamylase u. -chymotrypsinogen als Rk. auf Proteinreiche Diät 21-1422; durch eine Phenylalanin-arme Diät verursachter Folsäuremangel 21-1614; Wrkg.: einer Diät mit niedr. Proteingeh. auf d. Serumelektropherogramm d. Ente in Abhängigk. v. Alter 24-1614; d. Protein- u. Aminosäurenzus. in d. Diätnahr. auf d. Biosynth. v. proteingebundenen Fettsäuren 26-1610; Eiweißarmer Diät auf d. in vivo-Dejodier. v. ^{131}J-Rose bengale nach CCl_4-Gaben 30-1564; Aminosäuregeh. d. Plasmas v. Männern bei Diäten mit verschiedenem Proteingeh. (Valinfreie Diät) 39-1488; Milchsäuredehydrogenase-Aktivität bei mit Fett-reicher u. Proteinarmer steatogener Diät ernährten Ratten 45-1472.

Wirkstoffdiät: Aktivität v. Vitamin B_{12}-Coenzymen u. -Antagonisten auf Hühnerembryonen u. Küken bei Vitamin B_{12}-Mangeldiät 12-1599; Wrkg. v. Se auf d. Wachstum v. Ratten bei Tocopherol-armer Diät 18-1555.

Diätetische Mittel: Wrkg., Darst. u. Verw. v. Sorbit bei d. Herst. diätet. Lebensmittel (Übersicht) 2-3250; Zus. eines diätet. Entfett.-Mittels 8-1844*; Herst. nicht zerfließender Cholinsalzpräp. als Diätetikum 14-1803*; Verw. eines Protopektinpräp. für diätet. Backwaren 16-3272*; Herst.: eines Gelatinepräp. für diätet. Zwecke 16-3281*; eines Diätetikum zur Wiederherst. d. Gleichgew. d. Darmflora 27-3238*.

Bibliographie: World review of nutrition and dietetics, 7 B 52; Introductory food science: a background textbook for university studies in food science, domestic science, nutrition, dietetics, agriculture and related sciences, a link between sixth Form and university B 81; Microbiologie et diététique, journée nationale de diététique B 20; Guide pratique de diététique B 28.

Mineralstoffe in der Ernährung

Siehe auch d. Abschitt *Diät, Mineralstoffdiät.*

Verw. v. Trinatrium- u. Trikaliumcitrathalt. Magermilchpulver für d. Säuglings- — 5-3278; Wechselwrkg. zwischen Sojabohnenprotein u. Mineralstoffen in d. tier. — (Übersicht) 6-1557; Cr in d. — 19-1616; Pilze als Co-Quelle in d. — 22-3171; Bedeut. v. W. u. Nahr. als Ergänz. für Ca während d. Wachstums einer Süßwassermolluske 24-1624; S in d. — v. Pflanzen u. Tieren (Übersicht) 27-1430; Mineralstoffbedarf im Alter 33-1643; untere Grenze d. Mg-Menge bei synthet. — v. Mäusen mit Tumoren 35-1283; tägl. Mg-Aufnahme v. Säuglingen u. Erwachsenen 38-3154; Spurenelemente in d. — 42-1499; Herst. v. $CaHPO_4$ für — -Zwecke 40-2136*.

Beziehung zu anderen Körperfunktionen: ^{32}P-Verwert. bei d. Unters. d. Wrkg. d. Ca-Spiegels im Futter auf d. P-Stoffwechsel 1-1642; Zusammenhang zwischen Toxizität v. NaF u. d. Ca- u. Phosphatgeh. d. Nahr. 1-1685; Wrkg.: v. freiem Gossypol u. Fe-Zusatz zum Futter auf d. Blutbestandteile v. Ratten 2-1583; v. Se im Futter auf d. Zahnkaries bei Sprague-Dawley-Ratten 3-1559; Beeinfluss. d. ^{137}Cs-Konz. durch d. Geh. d. Nahr. 5-1597; Na u. K in d. —, Blutdruck u. Pressorrk. auf Angiotensin 8-1611; Wrkg.: d. J-Aufnahme mit d. Nahr. auf d. Konz. d. anorgan. J im Serum u. d. J im Speichel 13-1646; v. Ca in d. Nahr. auf d. Sekret. v. Sr in d. Milch 13-1764; verschiedener Ca-Salze in d. Nahr. auf d. Ablager. v. Sr-90 in Knochen 17-1553; v. P, Ca, Mg u. Sr im Futter auf d. Übertrag. v. ^{90}Sr v. Muttertier auf d. Nachkommenschaft 18-1618; Einfl.: d. Ca-Geh. d. Nahr. auf Speicher. u. Ausscheid. v. Sr-90 im chron. Vers. mit Ratten 29-1613; v. anorgan. Bestandteilen d. Nahr. auf d. Empfindlichk. gegen ionisierende Strahl. u. Radiomimetika 29-1627; d. Wechselwrkg. v. Protein u. Ca d. Nahr. auf Wachstum u. Aufrechterhaltung d. Knochen v. jungen adulten u. alten Ratten 30-1497; Diskriminier.-Faktor für ^{90}Sr/g Ca im Knochen zum entsprechenden Geh. in d. — 32-1660; Einfl. v. Ca u. Zn in d. Nahr.: auf d. Aufnahme v. ^{65}Zn durch Schweineblutzellen in vitro 34-1549; auf d. Konz. v. Zn im Femur u. in Schneidezähnen d. Ratte 35-1624; Einfl.: v. P-Zusatz zum Futter auf d. Aufnahme v. radioakt. Sr bei Ratten 39-1486; v. S in d. Nahr. auf d. Erzeug. u. Resorpt. v. Lactat bei Schafen 39-1519; v. anorgan. Sulfat im Futter auf Verteil. u. Ausscheid. v. ^{65}Zn u. ^{99}Mo bei trächt. Ratten 43-1447; v. Ca in d. Nahr. auf d. Lipidstoffwechsel v. reifen männl. Ratten bei Verfütter. v. Rindertalg 51/52-1472.

Mineralstoffüberschuß: Wrkg.: v. J-Überschuß in d. Nahr. auf Kaninchen, Hamster, Ratten u. Schweine 5-1596; reichl. Nahr.-Zn auf Serum-Cu u. Oxydaseaktivität v. Coeruloplasmin 45-1184.

Mineralstoffmangel: Enzymgeh. d. Rattenniere bei Phosphat-freiem Futter 1-1613; Wrkg. des — -bedingten Mg-Mangels auf die Knochen und Zähne v. Ratten 7-1687; Elektrokardiogramm v. Lämmer mit Se-Mangel 8-1636; Verteil. v. ^{14}C-α-Aminoisobuttersäure bei Ratten mit K-Mangel 8-1637; Verhüt. u. Behandl. d. physiolog. Ca-Mangels durch verschiedene Kohlenhydratzus. oder Vitamin D 16-1540; Hemm. d. Aldosteronsekret. durch passive Übertrag. v. Antirenin-Antikörpern auf Hunde mit Na-armer Kost 17-1541; Wrkg. v. Ca-Mangel auf d. QT-Strecke u. d. Verteil. v. ^{45}Ca im Rattenherzen 18-1588; Änder. im Kollagenstoffwechsel infolge Verabreich. einer an anorgan. S armen Nahr. 21-1640; Zus. d. Aortengewebes v. Küken mit Cu-Mangel 23-1543; Vgl. v. Cu-Mangel u. Lathyrismus bei jungen Truthähnen 23-1544; Myoglobin- u. Cytochromrk. beim Ausgleich v. Fe-Mangel d. Ratte 23-1545; Nahr.-P u. Mg-Defizit in d. Ratte 27-1589; sek. Folsäuremangel bei Ratten infolge v. — -bedingtem Fe-Mangel 34-1602; Wrkg. v. Ca- u. P-Mangel in d. Nahr. mit u. ohne Zusätze v. Vitamin D auf Schneidezähne u. Knochen ausgewachsener Ratten 35-1609; Verhüt. v. kutaner Calciphylaxie bei Ca-Mangel bei Ratten 41-1484; Wrkg. v. J-Mangel auf J enthaltende Verb. v. Geweben d. Ratte 45-1409; Stoffwechsel v. Mg bei d. Mg-Mangelratte 45-1491; Schilddrüsenfunkt. während d. Umschwungsphase nach Aussetzen v. antithyreoiden Drogen bei jodarmer — v. Ratten 47-1432; Cholesterinstoffwechsel bei Mg-Mangelkaninchen 47-1486.

Untersuchungsmethoden: Spektralanalyt. Best. d. Spurenelemente in einer Tagesrat. 35-2080.

Kohlenhydrate in der Ernährung

Siehe auch d. Abschnitt *Diät, Kohlenhydratdiät.*

Einfluß auf andere Körperfunktionen: Wrkg. v. Schwank. d. Kohlenhydratgeh. d. Nahr. auf d. Mg- u. Cholesteringeh. d. Serums 9-1614; adaptive Veränder. d. Enzymaktivität u. d. metabol. Wege im Fettgewebe v. mit Mehl gefütterten Ratten 9-1675; Radioaktivität in Blut- u. Leber-Teilglyceriden u. Leberphospholipiden mit Kohlenhydraten ernährter Ratten nach intravenöser Gabe v. doppelt markierte Triglyceride enthaltendem Chylus 13-1722; Einfl. d. Art d. alimentären Kohlenhydrats auf d. Zus. d. Leberfettsäuren d. Ratte 15-1559; freie Serumfettsäuren nach Kohlenhydrataufnahme u. in Bezieh. zur intrazellularen Lipidablager. 22-1535; morpholog. u. histochem. Veränder. in d. Niere v. mit Saccharose gefütterten Ratten 24-1613; Agargelelektrophorese v. lösl. Linsenproteinen bei mit Galaktose gefütterten Ratten 24-1648; Glucokinaseaktivität u. Glykogengeh. d. Leber bei unterschiedl. — mit Glucose 29-1233; Glyceridumsatz bei Koronargefäßerkrank. u. Wrkg. v. Kohlenhydraten in d. Nahr. 33-1658; Biotinmangel bei d. Maus u. Depigmentat. (Einfl. d. verfütterten Kohlenhydrate) 35-1615; Einfl. v. Nahr.-Glucose auf d. immunochem. Glukagon in Pankreas, Darm u. Blut v. Menschen 38-1525; Rb-86-Akkumulat. u. Dulcitverteil. in Linsen Galaktose-gefütterter Ratten 42-1518; gegenseit. Umwandl. nichtessentieller Fettsäuren bei Kohlenhydratgefütterten intakten Ratten 43-1452; Rolle d. Leber bei d. Aufnahme v. Plasma- u. Chylus-Triglyceriden bei mit Kohlenhydraten gefütterten Ratten 47-1494.

Kohlenhydratüberernährung: Wrkg. Kohlenhydrat-reicher — auf d. Serumproteine gesunder Menschen 7-1656; Plasmalipoide bei extrem fettarmer, Kohlenhydrat-reicher Kost 18-1545; Wrkg. v. Kohlenhydrat-reichem Futter auf d. Serumlipide u. -lipoproteine d. Ratte 39-1523.

Fette bzw. Lipoide in der Ernährung

Siehe auch d. Abschnitt *Diät, Fettdiät* u. dgl.

— -Vers. mit frischen u. leicht ox. pflanzl. u. tier. Fetten 3-1562.

Nährwert: v. Traubenkernöl 4-4117; v. Ölen (Übersicht) 5-3285; v. erhitzten Pflanzenfetten 9-3385; v. Rotbarschöl 19-1610, 19-1611; Veränder. d. Geh. an essentiellen Fettsäuren in Trockenmilchpräp. für d. Säuglings- — 20-3363; Nährwert v. mit wss. salpetr. Säure entschleimtem Sojaöl 35-2757; isomere ungesätt. Fettsäuren u. — (Überblick) 43-1425.

Beziehung zu anderen Körperfunktionen: Warfarin u. — -bedingte Lipidose bei Ratten 1-1620; Auswrkg. einer Tocopherolverarm. gegen d. Anfall einer Kreatinurie bei mit gesätt. oder ungesätt. Fett gefütterten Ratten 1-1634; Redox-Status d. Leber-DPN unter Ketosebeding., in vivo bei Fett-gefütterten Ratten 2-1575; Wrkg. eines Triglycerids v. mittlerer Kettenlänge auf d. Lipide u. Lipoproteine d. Serums bei — -bedingter, durch Kohlenhydrate verstärkter Lipämie 3-1600; Hyperlipämie nach Zufuhr verschiedener Nahr.-Fette 5-1562; Einfl.: d. partiellen Hydrier. d. Nahr.-Fettes u. d. Nahr.-Cholesterins auf d. Plasmalipide beim Menschen 7-1724; v. Schwank. d. Fett-Geh. d. Nahr. auf d. Mg- u. Cholesteringeh. d. Serums 9-1614; v. alimentärem Fett auf d. Fettsäuresynth. in d. Ratte 9-1674; Nahr.-Fette u. Lipidstoffwechsel 14-1642; Einfl. d. Fette d. Nahr. auf d. Blutgerinn. u. Fibrinolyse bei Koronaratherosklerose 14-1643; Blut- u. Gewebelipide v. Kaninchen bei intermittierendem Fasten u. Fettfütter. 15-1558; Änder. d. Serumcholesteringeh. u. d. Blutgerinn.-Faktoren bei alimentärer Lipämie 16-1518; Fettsäurezus. v. Lymphlipiden im Verhältnis zu Nahr.-Fetten 17-1551; freie Serumfettsäuren nach Fett-Aufnahme in Bezieh. zur intrazellularen Lipidablager. 22-1535; Wrkg. d. Nahr.-Fettes auf d. Umsatz d. Cholsäure u. auf d. Zus. d. Gallensäuren in d. Galle beim Menschen 23-1540; Aktivier. d. Palmityl-CoA :Carnitin-Palmityltransferase in d. Leber v. mit Fett gefütterten Ratten 27-1257; Wrkg. v. Nahr.-Fetten: auf d. Umwandl. v. ^{14}C-Glucose in Fett u. auf d. Umsatz v. neusynthetisiertem Fett 28-1615; auf d. Zus. u. Sekret. d. Hautoberflächenlipide 30-1558; alimentäres Fett u. Fettsäurenzus. v. Ratten-Leukozyten u. -Granula 35-1567; Wrkg. d. Verfütter. v. gesätt. Fett auf d. NADP-abhäng. Enzyme d. Rattenleber 35-1595; Mechanismus d. durch Verfütter. extrem hydrierten Fettes bei Ratten blockierten Lipogenese 35-1596; Einfl. d. Nahr.-Fettes auf d. Fettsäuren d. Ileostomiefl. 36-1568; Hemm. d. Dehydrier. gesätt. Fettsäuren durch Sterculsäure u. Malvalsäure enthaltendes Nahr.-Fett 38-1589; Einfl. d. Antioxydantien d. Nahr.-Fette auf d. Fettumsatz d. Tiere 39-1481; Einfl. d. Nahr.-Fettes: auf d. Carotinstoffwechsel 39-1494; auf d. Fettsäurezus. d. Chylus 41-1540; Serumcholesterinspiegel in Ratten mit Alloxandiabetes nach Belast. mit verschiedenen Nahr.-Fetten 44-1521; Einfl. d. Nahr.-Fette auf d. N-Umsatz postoperativer Ratten 46-1506; Parallele zwischen d. Fettgeh. d. Nahr. u. d. Bilirubinkonz. d. Blutes 49/50-1451; Einfl.: v. alimentärem Fett u. Cholesterin auf d. Atherosklerose beim Schwein 51/52-1478; d. Nahr.-Fette auf d. mol. Spezies d. Lecithine d. Rattenleber 51/52-1479.

Wrkg.: v. β-Sitosterin auf d. Stoffwechsel v. Cholesterin u. Lipiden bei Ratten, d. ein Kokusnußöl-halt. Futter erhielten 12-1613; v. Butterfett u. d. Fett einer Linolsäure-reichen Margarine auf d. Gallensteinbldg. u. Zus. d. Blasengalle bei Hamstern 30-1369; v. Öl in d. Nahr. auf d. Aufnahme v. ^{65}Zn durch Schweineblutzellen in vitro

34-1549; Größenverteil. d. Chylomikronen in d. Lymphe d. Milchbrustganges v. mit Sahne bzw. Maisöl gefütterten Ratten 38-1566; Einfl. v. Futter mit verschiedenen natürl. Ölen auf d. Einbau v. $^{14}C_{(1)}$-Acetat in d. Lipidfrakt. d. Rattenleber 39-1484; verlängerte Lebensdauer v. mit ox. pflanzl. Ölen gefütterten Ratten 41-1541.

Wrkg. d. Zufuhr v. Fettsäureisomeren auf Cholesterin u. Lipide v. Serum u. Leber bei Ratten 2-1639; Hydrier. v. Fettsäuren d. Nahr. im Darm 3-1590; relative Beträge d. Erschöpf. v. α-Tocopherol u. v. Linolsäure nach d. Verfüttern v. polyungesätt. Fettsäuren 9-1672; alimentäre Fettsäuren, ihr metabol. Schicksal u. ihr Einfl. auf d. Biosynth. v. Fettsäuren 15-1557; Einfl. d. Fettsäurezus. d. Futters auf d. in vivo-Einbau v. tritiummarkierter Ölsäure, Stearinsäure u. Palmitinsäure in verschiedene Phospholipide d. Darmschleimhaut bei d. Ratte 16-1543; alimentäre Myristinsäure u. Plasma-Cholesterinkonz. 17-1557; Einfl. v. verfütterten Fettsäuren auf d. Zus. der α-Posit. v. Plasma-Lecithin besetzten gesätt. Fettsäuren 22-1455; ungesätt. Fettsäuren mit cis- u. trans-Konfigurat. d. Doppelbind. in d. Nahr. v. Säuglingen u. Schwangeren 23-1539; Einbau v. Elaidinsäure d. Nahr. in Gewebe u. Wrkg. auf d. Fettsäureverteil. 34-1635; Struktur v. lymphat. Triglyceriden bei d. Ratte nach Verfütter. v. Elaidinsäure in freier u. veresterter Form 36-1565; Einbau v. Linolsäure d. Nahr. in d. Triglyceride v. bestrahltem Knochenmark 45-1528; Vorrat an endogenen Fettsäuren in d. Lymphe v. Ratten nach Verabfolg. eines gemischte ^{14}C-Stearinsäure–Ölsäure-Triglyceride enthaltenden Futters 48-1466.

Einfl.: v. Cholesterin in d. Nahr. auf d. Cholesterinstoffwechsel bei Isotopengleichgew. beim Menschen 1-1616; d. Klebers auf d. Lipidstoffwechsel v. Hamstern mit alimentärer Hypercholesterinämie 17-1556; v. 3.5.3′-Trijodthyronin auf d. experimentelle Atheromatose infolge v. Cholesterinverfütter. bei Kaninchen 18-1485; Wrkg. v. Nahr.-Cholesterin: auf d. Serumlipide d. Menschen 35-1631; auf d. Cholesterinverester. durch Rattenplasma in vitro 49/50-1473.

Fett- bzw. Lipoidüberernährung: Veränder. d. Fettsäurezus. bei — -bedingter fett. Degenerat. d. Leber (Wrkg. v. Äthionin) 2-1636; Einfl. einer an Fetten überreichen — auf d. Herzfunkt. 3-1616; Lipoproteinlipase in menschl. Fettgewebe in Abhängigk. v. Fett-reicher — 13-1382; Einfl. v. Zwiebeln u. Fett-reicher — auf d. Serumcholesterin, d. Blutgerinn.-Faktoren u. d. fibrinolyt. Aktivität bei alimentärer Lipämie 16-1517; mit einigen Proteinfrakt. wanderndes Cholesterin im Serum v. Wistar-Ratten mit normaler oder Fett-reicher u. Eiweiß-reicher Kost nach Einw. v. Elektroschock u. Injekt. v. ACTH 17-1529; Wrkg.: d. Kastrat. u. d. Elektroschocks auf d. Konz. v. Cholesterin im Serum u. in d. Leber v. Wistar-Ratten mit normaler — u. mit Fett-reicher u. Eiweiß-reicher Kost 17-1530; v. Fett-reichem Futter auf d. Serumlipide u. -lipoproteine 39-1523; v. Adrenalin auf d. in vitro-Stoffwechsel d. Epididymisfettgewebes d. Ratte bei Fett-reicher — 40-1506; Stoffwechsel v. Glucose u. Acetat bei Fett-reich gefütterten Ratten 43-1449; Wrkg. v. Fett- u. Eiweiß-reichem Futter auf d. Serumlipoproteine d. Ratte 44-1564.

Fett- bzw. Lipoidmangel: Wrkg. zehnwöch. Verfütter. fettfreier Kost auf männl. entwöhnte Ratte 7-1691; Verteil. v. ^{14}C-α-Aminoisobuttersäure bei Ratten mit Fettsäuremangel- — 8-1637; Umsatz v. Mitochondrienkomponenten in Tieren mit Mangel an essentiellen Fettsäuren 36-1566.

Proteine, Aminosäuren u. dgl. in der Ernährung

Siehe auch d. Abschnitt *Diät, Protein-, Aminosäurendiät.*

Aminosäurenzus. u. biolog. Wirksamk. einiger Präp. für d. parenterale N- — 17-1555; Proteinverwert. durch wachsende Ratten bei unterschiedl. Zufuhr 23-1541; physiolog. bedeutsame S-halt. Proteine in d. Nahr. d. Menschen 23-1546; Aminosäuremisch. zur parenteralen Eiweiß- — 23-1717; Threonin–Allothreonin-Gemische für d. — 33-2611*; Nutzbarmach. v. S-halt. Aminosäuren in Protein-halt. Lebensmitteln 47-2831; 47-2832.

Nährwert v. Lipoproteinen 13-1699; Proteinwertigk. eines silierten Fischprod. 16-3231; Nährwert u. verfügbare Aminosäuren in tier. Proteinkonzentraten 25-3056; Proteinwirksamk. u. Nährwert d. weißen Bohne 26-3409; — -physiolog. Wert d. Roggens u. Weizens mit spezieller Berücksichtig. d. Eiweißes u. d. Vitamine 34-3320; Wrkg. d. Kochens auf d. Nährwert d. Proteins v. Cajanus indicus 40-3165; Eiweißnährwert v. Hafer, Haferflocken u. a. Getreideprod. (Vgl.) 40-3168; biolog. Wertigk. v. Sojaeiweiß u. aufgeschlossenem Milcheiweiß 44-3083; Nährwert v. Sojaeiweiß 44-3084, 44-3085; Einfl. d. Wärmebehandl. auf d. — -physiolog. Eig. v. Milchproteinen 47-2833.

Beziehung zu anderen Körperfunktionen: Einfl. v. Protein in d. Nahr. auf d. Empfindlichk. v. Affen bei d. Erzeug. eines Leberschadens durch Aflatoxin 2-1610; Aminosäurenbilanz u. N-Retent. bei Menschen in Bezieh. zur vorher. Protein- — 7-1690; Bedeut. d. Futtergeh. an tier. u. pflanzl. Proteinen sowie an Vitaminen für d. Dynamik d. Blutkreislaufes 9-1641; Tributyrin-spaltende Wrkg. v. Leber u. Niere bei Aminonucleosid- u. Alloxan-geschäd. Ratten nach Cholesterin- u. Eiweiß- — 10-1680; Einfl. d. Proteingeh. d. Nahr.: auf d. intestinale Umwandl. v. β-Carotin in Vitamin A in Ratten 11-1591; u. einiger essentieller Aminosäuren auf d. Coenzym-A-Stoffwechsel in d. Leber junger Ratten 14-1646; auf d. Dejodier. v. ^{131}J-Rose bengale in d. Rattenleber 15-1500; ^{32}P-Einbau in d. Frakt. d. säurelösl. P, Lipoid-P, Nucleinsäure-P u. Eiweiß-P d. Rattenleber bei differenzierter Eiweiß- — nach einer *70*std. Einbauzeit 21-1638; freie Serumfettsäuren nach Proteinaufnahme in Bezieh. zur intrazellularen Lipidablager. 22-1535; Vitamin-A-Resorpt. bei Ratten in Abhängigk. v. d. Proteinzufuhr 26-1587; Vitamin A u. Eiweiß (Übersicht über Bezieh. zwischen Vitamin-A-Bedarf u. Eiweiß-Versorg.) 28-3248; Glucokinase-Aktivität u. Glykogen-Geh. d. Leber bei unterschiedl. Protein- — 29-1233; Proteinverwert. u. Veränder. in d. Zus. d. Körpers bei Gew.-Verminder. 29-1549; Dynamik d. N-Bilanz bei parenteraler Zufuhr v. Eiweißhydrolysaten 30-1491; Wrkg.: d. Wechselwrkg. v. Protein u. Ca d. Nahr. auf Wachstum u. Aufrechterhalt. d. Knochen v. jungen, adulten u. alten Ratten 30-1497; d. Proteinspiegels in d. Nahr. auf d. Aktivität einiger Phosphatasen in Darm u. Leber v. Ratten 31-1548; Aminoalkohole u. Methylgruppenspender in Ratten bei Verabreich. v. Cholin-armen Futter mit Casein- u. Cholesterinzusatz 34-1582; Wechselwrkg. zwischen Nahr.-Protein u. B-Vitaminen auf d. Stoffwechsel 37-1502; Kalorien- u. N-Verwert. bei Ratten mit gerein. Casein bzw. mit einem d. Casein entsprechenden Aminosäuregemisch in d. Kost 39-1487; Einfl. v. Nahr.-Protein auf d. Carotinstoffwechsel 39-1494; Zusammenhang zwischen d. Proteinkonz. d. Nahr. u. Serindehydrase-Aktivität in d. Rattenleber 42-1251; Regulier. v. Synth., Sekret. u. Inaktivier. d. Pankreasenzyme durch Proteinfütter. 43-1382; Einfl. d. Keimfreih. auf verschiedene N-Verb. im Zäkum d. Albinoratte nach unterschiedl. hoher Proteinaufnahme 44-1563; Riboflavinumsatz bei weißen Ratten nach pflanzl. u. tier. Eiweiß 45-1479; Einfl.: v. Eiweißfütter. auf d. Gewebeverteil. v. ^{59}Fe bei d. männl. Ratte nach i.v. oder intragastr. Zufuhr 48-1460; v. alimentärem Protein auf d. Atherosklerose beim Schwein 51/52-1478.

Aminosäurekost u. maximales Wachstum bei d. Ratte 2-1606; Verhüt. v. Atherosklerose u. Thrombose bei Ratten mit Hyperlipämie durch Verfütter. v. Methionin 7-1693; N-Gleichgew. bei mit bestimmten Aminosäuren ernährten jungen Menschen 13-1696; Veränder. in Rattenleberzellen infolge d. Verfütter. v. Orotsäure 18-1547; Ausscheid. v. Indoxylsulfat durch Menschen bei semisynthet. Kost mit verschieden hoher L-Tryptophanmenge 25-1482; Wachstumshemm. sowie Pankreas- u. Darmveränder. nach Zwangsfütter. mit Aminosäuren u. Sojabohnen-Trypsinhemmstoff 34-1581.

Herst. v. Glucosamid d. Aleuritinsäure zur Deck. d. Kalorien- u. N-Bedarfs v. Kranken 20-1655*.

Protein- bzw. Aminosäuren- u. dgl. Überernährung: Cholesterin im Serum v. Wistar-Ratten mit normaler oder Fett-reicher u. Eiweiß-reicher Kost nach Einw. v. Elektroschock u. Injekt. v. ACTH 17-1529; Wrkg.: v. Kastrat. u. Elektroschock auf d. Konz. v. Cholesterin im Serum u. in d. Leber v. Wistar-Ratten mit normaler Ernähr. u. mit Fett-reicher u. Eiweiß-reicher Kost 17-1530; v. Protein-reichem Futter auf d. Serumlipide u. -lipoproteine d. Ratte 39-1523; eines Überschusses an Aminosäuren auf d. Kreatinausscheid. v. Ratten 41-1539; v. Eiweiß-reichem Futter auf d. Serumlipoproteine d. Ratte (Einfl. d. Aufzuchttemp.) 44-1564.

Protein- bzw. Aminosäuren- und dgl. Unterernährung: Wachstums-fördernde u. lipotrope Wrkg. v. Carnitin bei Ratten nach Verfütter. v. Protein- u. Methionin-armem Futter 2-1634; eingeschränkte Proteinaufnahme u. Atherosklerose bei Vögeln 12-1595; Ström. v. freien Fettsäuren durch d. Plasma bei Eiweißunter- — bei Säuglingen 13-1695; Histidin-Stoffwechsel bei Eiweißunter- — 13-1698; Interferenz v. autolyt. Aktivität u. Best. d. Zellkernzus. bei Proteinmangel 14-1270; Wrkg. v. Gonadektomie u. Geschlechtshormon-Verabreich. auf d. akzessor. Fortpflanz.-Organe bei Ratten mit Proteinmangel 16-1436; Rolle d. Thymusatrophie bei d. durch Proteinmangel in d. Nahr. v. Ratten verursachten Hemm. d. Lymphopoiese 16-1492; Veränder. in d. Konz. v. DNS in d. menschl. Leber infolge v. Eiweißmangel- — 17-1227; Anwend. v. ^{14}C-markiertem Arginin zur Mess. d. Abbaugeschw. v. Serum- u. Leberproteinen bei Proteinfrei gefütterten Ratten 24-1629; Wrkg.: d. Proteinentzugs auf d. durch Chloroform, Dimethylnitrosamin u. Berryllium verursachte tox. Leberschädig. 24-1665; v. chron. Eiweißmangel bei Ratten 27-1590; d. Entzugs v. Eiweiß oder gewisser essentieller Aminosäuren in d. Nahr. auf d. Stoffwechsel v. Vitamin $^{60}Co–B_{12}$ u. d. stabilen Cyanocobalamins bei d. männl. Ratte 27-1611; hepat. Glykogenolyse bei Proteinfehl- — 34-1577; Fettsäureveränder. in d. Leber v. Ratten infolge v. Proteinmangel u. Verfütter. v. Methionin oder Cystin in einer Protein-freien Kost 38-1569; experimentelle Eiweißunter- — 39-1489; Einbau v. L-Lysin bei Anpass. d. Ratte an ein Eiweiß-armes Futter 39-1490; Einfl.: v. Protein-armer Kost auf d. Regenerat.-Fähigk. d. ausgewachsenen Ratte nach subletalen Strahlendosen 39-1563; fehlender Proteine im Futter oder bestimmter essentieller Aminosäuren auf d. Serumproteine u. auf ihre papierelektrophoret. Verteil. bei d. Ratte (Vgl.) 40-1557; Corticosterongeh. v. Plasma u. Nebennieren d. Ratte unter Mangel an Protein oder verschiedenen Aminosäuren 44-1495.

Wrkg. d. Entzugs verschiedener essentieller Aminosäuren auf d. Grundstoffwechsel d. männl. Ratte 12-1594; Phenylalaninbedarf v. Frauen auf Minimaltyrosinkost u. d. Spareffekt v. Tyrosin auf d. Phenylalaninbedarf 14-1640; Appetitschwund u. biochem. Veränder. bei Stör. d. Aminosäuregleichgew. d. Nahr. in d. Ratte 27-1591; Aspekte d. Tryptophan- u. Niacin-Stoffwechsels bei jungen Frauen bei Tryptophan-armer Kost unter Zusatz v. Niacin 34-1594; Wrkg. eines Mangels an Aminosäuren auf d. Kreatininausscheid. v. Ratten 41-1539; Wechsel d. Fermentaktivität in Fettlebern infolge v. Aminosäuremangel- — 43-1469; Vgl. d. Plasma-Kreatinphosphokinaseänder. bei S-Aminosäuremangel bedingter Muskeldystrophie d. Kükens 47-1490.

Untersuchungsmethoden: Mikrobiolog. Best. d. Nährwerts v. Proteinen 11-1402; Best. d. biolog. Wertigk. v. Nahr.-Proteinen 14-1641; (durch Ermittl. d. limitierenden Aminosäuren) 20-3328; biolog. Bewert. eines neuen Fermenthydrolysats d. Caseins für d. parenterale — 21-1605; Best.: d. biolog. Eiweißwertes mit Tetrahymena pyriformis 28-3247; d. Nährwerts v. Blatteiweißkonzentraten im Rattentest u. durch mikrobiolog. Meth. 30-3094; biolog. Meth. zur Best. d. Nährwertes von Proteinen bei d. Ratte (Vgl.) 43-2784; mikrobiolog. Best. d. Nährwerts v. Proteinen 45-2657; Beurteil. d. — -Wertigk. d. Eiweißes verschiedener Hülsenfrüchte 46-3118; Verwend. d. Konz. freier Aminosäuren im Plasma v. Hühnern zum Nachw. v. — -bedingtem Aminosäuremangel u. -überschuß 23-1542.

Wirkstoffe in der Ernährung

Siehe auch d. Abschnitt *Diät, Wirkstoffdiät.*

Vitaminieren v. Nahr.-Mitteln, vom — -Standpunkt betrachtet (Übersicht) 8-3312; Vitamin B_{12} in d. Tier- — (Übersicht) 11-1615; Wrkg. d. Vibrat. auf d. Vitaminversorg. d. Körpers 30-1506; Geh. verschiedener Vitamine als Funkt. anderer Bestandteile d. Nahr. (Übersicht) 43-1427.

Beziehung zu anderen Körperfunktionen: Wrkg.: einer Verfütter. v. Vitamin E auf Lipide in ausgewählten Rattengeweben 5-1571; v. Retinsäurezusatz zur Nahr. auf d. reproduktive Leist. männl. u. weibl. Ratten 11-1592; v. Pantothensäure u. Pantethin in d. Nahr. auf d. Geh. an Coenzym A, seine Vorstufen u. Pantothensäure in d. Leber 30-1515.

Wirkstoffmangel: Vitamin-B_6-Mangel beim Menschen u. Ausscheid. v. Chinolinsäure u. Niacin-Abbauprod. mit d. Harn 2-1616;

Wrkg. v. Vitamin-B_6-Mangel auf Rattenhypophysen 2-1617; keine Ersatzfähigk. v. Ascorbinsäure u. Sorbit bei akuter B_6-Avitaminose d. Kükens 2-1619; Einfl.: v. Vitamin-A-Mangel u. α-Tocopherol in d. Nahr. auf d. Stabilität v. Rattenleber-Lysosomen 4-1559; v. Vitamin-B_{12}-Mangel auf d. Propionsäureausscheid. d. Menschen 4-1561; Verteil. v. ^{14}C-α-Aminoisobuttersäure bei Ratten mit Thiamin- u. Pantothenat-Mangel 8-1637; Bezieh. zwischen Körpergew.-Zunahme u. Thiamindosis bei Thiamin-Mangelratten 10-1647; Wrkg. einer Proteinmangeldiät auf d. Thiaminmangel 10-1648; übermäß. Thiaminverabreich. bei Pyridoxinmangelratten 10-1651; Wrkg.: eines —-Defizits an Niacin u. Riboflavin im mitochondrialen Bereich 11-1589; v. Vitamin-B_6-Mangel auf d. Stoffwechsel v. Oxalsäurevorläufern bei Ratten 12-1598; v. Vitamin-A-Mangel auf d. Einbau v. ^{14}C-Leucin in Gewebeproteine v. Ratten 20-1550; d. Ascorbinsäure-freien Ernähr. auf d. Ascorbinsäuregeh. d. Zellgewebe d. Meerschweinchens 20-1554; Vitamin-E-Mangel bei d. Ratte 20-1557; Aufnahme u. Einbau v. Aminosäuren in d. isolierte Kaninchenzwerchfell bei Vitamin-E-Mangel 20-1558; Rolle d. intestinalen Mikroflora bei d. Ratte unter Vitamin-B_{12}-Mangel 24-1616; Wrkg. einer E-Hypervitaminose auf d. Keimdrüsen d. Goldhamsters 24-1619; Vitamin-E-Mangel bei d. Ratte 36-1573; Vitamin-B_{12}-Geh. im Blut, Knochenmark u. verschiedenen Geweben v. Meerschweinchen nach Verfütter. einer an hämatopoiet. Vitaminen armen Kost 37-1501; Wrkg.: v. Pyridoxinmangel u. verminderter Futteraufnahme auf d. $^{14}C_{(2)}$-Acetateinbau in Rattenleberlipide (Vgl.) 38-1578; v. Vitamin-D-Mangel auf d. Krist.-Chemie d. Knochenminerals 41-1567; v. Thiaminmangel auf d. Hirnstoffwechsel 43-1429; Natur d. Thiamin-akt. Verb. in d. Leber nach oraler Anwend. v. Hydroxyalkylthiamin bei Ratten mit Thiamin-Mangel 43-1432; jahreszeitl. Veränder. d. Coenzym-A-Geh. d. Leber in Pantothensäure-Mangelratten 43-1467; körperl. Zustand nach verzögerter Vitamininjekt. 44-1565; Biotin im Organismus v. Kaninchen bei Verfütter. einer Kost mit Zusatz v. Pimelinsäure u. Acetylmethionin (Einfl. d. Koprophagie) 45-1474; Wrkg.: v. Vitamin-B-Mangel auf d. Aktivität d. Leberenzyme wachsender Ratten 45-1477; v. Hydroxyalkylthiaminen bei Ratten mit Thiamin-Mangel 47-1465; Myopathien bei Vitamin-E-Mangelkaninchen 47-1489; Vgl. d. Plasma-Kreatinphosphokinaseänder. bei Vitamin-E-Mangel bedingter Muskeldystrophie d. Kükens 47-1490; Zusammenhang zwischen Se, Vitamin E u. S-halt. Aminosäuren bei —-Myopathie d. Kükens 47-1479; Wrkg. v. Phaseolus vulgaris auf d. Plasma-Tocopherolspiegel u. seine Bezieh. zur —-bedingten Muskeldystrophie beim Küken 16-1542.

Mangelerscheinungen

Beziehung zu anderen Körperfunktionen: Benzolstoffwechsel in hungernden u. nicht hungernden Ratten u. bei Verabreich. v. Arylhydroxylase-Inhibitoren 1-1703; Einfl. v. Hunger auf d. Stimulat. d. Arzneimittel abbauenden hepat. mikrosomalen Enzyme durch DDT u. dessen Analoge bei Ratten 1-1713; pathophysiolog. u. pathomorpholog. Veränder. an Ratten nach chron. Verabreich. u. anschließender Mobilisier. d. gespeicherten DDT im Hunger 2-1688; Wrkg. d. Hungerns auf d. Verester. v. Palmitat durch Rattenleber in vitro 3-1355; Verh. d. gebundenen Anteils d. Ascorbinsäure in d. Leber bei d. hungernden Ratte 3-1573; (u. d. mit Ascorbinsäure behandelten Ratte) 3-1574; Einfl.: d. Fastens auf d. Hydroxylier. v. Antipyrin 3-1695; d. Pankreatektomie auf d. Fettsäuresynth. in d. Leber fastender Ratten 4-1515; Vgl. v. fluorimetr. Corticoiden u. Porter-Silber-17-Hydroxycorticoiden während d. Fastens 5-2144; Einfl. d. Hungerns: auf d. Glutaminsynthetase-Aktivität in d. Rattenleber 6-1307; auf d. Verester. v. Fettsäuren durch d. Dünndarm in vitro 6-1581; Unters. an hungernden intakten u. adrenalektomierten Hunden bei W.-Entzug nach Injekt. mit Glucocorticoiden 7-1609; Wrkg. v. Glukagon u. Epinephrin bei hungernden Hunden 7-1636; glucogene Kapazität u. d. Pyruvatcarboxylase-Aktivität d. Rattenniere u. Rattenleber nach Cortisolbehandl. u. Hunger 8-1591; Fett-mobilisierende Substanzen aus d. Urin hungernder Tiere 9-1678; Wrkg. d. Fastens auf d. RNS-Biosynth. in Adipose-Gewebe 10-1281; Synth. v. Glucokinase bei hungernden Ratten 10-1360; Einfl.: einer Kosteinschränk. auf d. gastrointestinalen Transport v. Ca 10-1660; kalor. Beschränk. u. Wieder-— auf d. Lipogenese u. Aufnahme sowie Abgabe freier Fettsäuren bei fettsücht. u. normalen Personen 10-1671; v. neurotropen Arzneimitteln auf d. Kohlenhydratstoffwechsel bei Hungerratten 10-1742; Intensität d. Fermenterneuer. bei Kaninchen bei Mast nach Hungern 11-1346; Einfl. v. Hunger: auf d. Aktivität v. Hexokinase u. Glucokinase im Fettgewebe d. Rattennebenhodens u. ihre Regulier. durch Insulin 11-1537; u. d. Nicotinsäurezufuhr auf d. Einbau v. radioakt. Acetat in d. Cholesterin d. Leber u. d. Blutserums d. Tiere 11-1608; Umsatz d. P-Verb. im Dünndarm d. Maus nach Hunger u. wiederholter Bestrahl. 11-1681; Einfl. v. Hunger: auf d. Erythrozyten bei Ratten 12-1297; auf Aminosäure-aktivierende Enzyme im Dünndarmepithel v. Hamster, Ratte u. Meerschweinchen 12-1424; in vitro-Insulinwrkg. auf d. Stoffwechsel v. Kohlenhydrat- u. Triglyceridvorräten d. Fettgewebes v. hungernden u. wiedergefütterten Ratten 13-1661; Einfl. v. Fasten: auf d. Mobilisier. d. individuellen nichtveresterten Fettsäuren in Ratten 14-1577; auf d. Threonin- u. Serindehydrogenase-Aktivität in d. Leber 16-1223; Wrkg. v. Cortison auf d. Zirkulat. v. Stoffwechselprod. beim gefütterten u. fastenden Kaninchen 16-1464; Elektrolyt- u. Lipidstoffwechsel magerer, fastender Männer u. Frauen 18-1569; Einfl. v. Fasten u. Wiederfütter. auf d. β-Hydroxy-β-methylglutaryl-CoA-Reduktase in d. Rattenleber, 20-1269; Adenosintriphosphat-, Glucose-6-phosphat- u. Uridindiphosphoglucosegeh. d. Leber bei hungernden Ratten 20-1496; Einfl.: v. 19-Norandrostenolon auf d. Gew. u. d. biochem. Zus. d. Hoden bei Ratten mit herabgesetzter — 21-1534; v. längerem Fasten auf d. ausgeatmete aus Palmitat u. Glucose entstandene $^{14}CO_2$ bei Fettsücht. 21-1607; v. Carnitin auf d. beim fastenden Hund durch Lipidinfus. induzierte Azidose u. Ketose 22-1534; freie Serumfettsäuren während d. Fastens in Bezieh. zur intrazellularen Lipidablager. 22-1535; Glucose-6-phosphatgeh. bei hungernden Ratten 24-1332; Wachstumshormonspiegel während einer Fastenperiode bei Männern u. Frauen 24-1533; Plasma-Wachstumshormonspiegel bei chron. Hungerzustand d. Menschen 24-1534; Konz. an Acetessigsäure u. D(−)-3-Hydroxybuttersäure in Leber u. Blut v. fastenden Ratten 24-1628; Einfl. v. starkem Hunger auf d. Bldg. v. Coxsackie B3-Virus in Affenherzzellen 25-1374; Indukt. v. Tryptophanpyrrolase-Aktivität bei hungernden Kaninchen verschiedenen Alters 26-1305; Aktivier. d. Palmityl-CoA :Carnitin-Palmityltransferase in d. Leber v. fastenden Ratten 27-1257; Änder. d. Nebennierenrindenfunkt. bei fastenden Fettleibigen 27-1483; Wrkg.: eines Heparinantagonisten auf Serumtriglyceride bei hungernden Patienten 27-1550; v. Nahr.-Entzug. auf d. Rattenleber-Dimethylaminoazobenzolreduktase 28-1266; v. Hunger auf d. Umwandl. v. ^{14}C-Glucose in Fett u. auf d. Umsatz v. neusynthetisiertem Fett 28-1615; v. Hungerbehandl. u. erneuter Fütter. auf d. Cholesterinsynth. 28-1616; d. Fastens auf d. Konz. d. Cholesterins, d. Gesamtfettsäuren u. d. Polyensäuren im Plasma u. Herz d. Ratte 29-1548; v. Adrenalin auf Glykogenolyse u. Milchsäurebldg. durch isolierte Diaphragmen hungernder u. gefütterter Ratten in Hydrogenbicarbonat- u. Phosphatpuffer 30-1409; Intensität d. Fermenterneuer. in d. Muskeln normaler u. hungernder Kaninchen 30-1498; Adrenalektomie u. hyperglykäm. Wrkg. d. Brenzcatechinamine bei normalen u. fastenden Ratten 31-1445; Wrkg. v. Fasten: auf d. Konz. v. Hexosephosphaten, Nucleotiden u. anorgan. Phosphat im perfundierten Rattenherzen 32-1628; auf Aufnahme u. Stoffwechsel v. Glucose im Herzen u. Zwerchfell d. Ratte 32-1629; auf d. Pyruvatstoffwechsel u. auf d. Lactat/Pyruvat- u. L-Glycerin-3-phosphat/Dihydroxyacetonphosphat-Konz.-Verhältnisse im Herzen u. in Zwerchfellmuskeln 32-1630; Verhältnis d. Aktivität d. Fructosediphosphat- u. Fructosemonophosphataldolase im Rattengewebe bei Hunger 33-1317; Einfl.: v. Thyroxinbehandl. u. Thyreoidektomie auf d. calorigene u. a. Stoffwechselwrkg. v. Adrenalin u. Noradrenalin in hungernden Kaninchen 34-1519; v. Hungern u. Glucosegabe auf d. Kohlenhydratstoffwechsel d. Saccus vasculosus u. d. Leber v. Notopterus notopterus 34-1623; experimentelles Fasten beim Hund 35-1597, 35-1598; Regulier. v. Fettsäuren, freiem Glycerin u. Acetoacetat im Serum bei fettleib. u. mageren Personen während längerer Fastenperiode 36-1564; Verwert. freier Fettsäuren v. hungernden Schafen 36-1567; Einfl. d. Nahr.-Einschränk. auf d. gesamte Vitamin A in d. Nebennieren u. seine histolog. Verteil. 37-1490; Thiolproteine u. freie Aminosäuren d. Gewebe beim Karpfen bei längerem Hungern 38-1567; Wrkg. d. Nahr.-Einschränk. auf d. durch 3-Methylcholanthren bei weibl. Wistarratten induzierten Brustkrebs 39-1186; Wrkg. v. Fasten auf d. radioimmunnachweisbaren Glukagonspiegel beim Menschen 41-1489; Wachstumshormon im Plasma nach Hungern über Nacht bei Gesunden u. Diabetikern 42-1359; Einfl. v. Nahr.-Mangel auf d. Transamidinase bei hypophysektomierten u. normalen Ratten 42-1361; Stoffwechsel d. freien Fettsäuren bei diabet. u. fastenden Hunden 43-1379; gegenseit. Umwandl. nichtessentieller Fettsäuren bei intakten nüchternen Ratten 43-1452; Wrkg. v. Butoxamin auf Stoffwechselveränder. infolge d. Fastens beim Menschen 43-1510; Proteolyse beim Karpfen im Verlauf d. Hungerns (Umfang u. Lokalisier.) 44-1562; Glykogenstoffwechsel d. Herzens in vivo bei hungernden Ratten 44-1586; Wrkg.: v. DL-Äthionin auf d. Aktivität d. Glucose-6-phosphatdehydrogenase d. Rattenleber nach Beendig. d. Fastens 45-1559; d. Fastens auf Glucose-6-phosphatase d. Leber u. Pyrophosphat-Glucosephosphotransferase 46-1281; Rolle d. Leber bei d. Aufnahme v. Plasma- u. Chylus-Triglyceriden bei hungernden Ratten 47-1494; Glucogenese aus ^{14}C-Sorbit in Leberschnitten hungernder Ratten 48-1494; Wrkg. v. Hunger auf d. Tuberkuloseinfekt. d. Maus 48-1527.

Mangelkrankheiten: Einfl. v. Se auf d. Häufigk. einer —-bedingten Muskelkrankh. bei Rindern 1-1612; zirkulierende Gesamt-Serumlipide in gesunden u. schlecht ernährten Kindern 4-1558; Bind. v. Aldosteron im Serum bei Kwashiorkor 13-1634; modifizierte Kreatin kinase aus dystroph. Skelettmuskel d. Maus 20-1292; Einfl. v. Se auf d. —-bedingte Muskeldystrophie bei Küken 20-1556; Kathepsin A bei —-bedingter vererbter Muskeldystrophie 24-1362; Einfl.: v. Normalentw. u. Unter-— auf d. Austausch v. ^{32}P-Orthophosphat mit Knochenpulver in vitro 24-1612; d. normalen Entw. u. einer hochgrad. Unter-— auf einige Nebenkomponenten d. Knochenschaftes 28-1506; Fettsäuren d. Leberlipide d. Ratte bei Inanit. 39-1483; Geh. an Phospholipiden in d. Muskeln bei Dystrophie u. Hungerzustand 51/52-1475.

Erosnin s. unter $C_{18}H_8O_6$..

Eroson, Vork. in Pachyrrhizus erosus u. Wechselwrkg. mit anderen Bestandteilen 15-1417.

ERRA-0300 s. unter *Plaste, Polyäther* (*Epoxidharze*).

Erucasäure s. unter $C_{22}H_{42}O_2$.

Erucylalkohol s. unter $C_{22}H_{44}O$.

Erweichungstemperatur s. unter *Schmelz- und Erstarrungsvorgänge.*

Erychrosid s. unter $C_{34}H_{50}O_{13}$.

Erysimin s. unter $C_{29}H_{42}O_9$.

Erysimosid s. unter $C_{35}H_{52}O_{14}$.

Erysimupikron s. unter $C_{23}H_{32}O_6$.

Erythrin s. unter *Kobaltarsenate*(*V*): $Co_3(AsO_4)_2$.

Erythrinan s. unter $C_{16}H_{21}N$.

Erythrit s. unter $C_4H_{10}O_4$.

Erythrocuprein s. unter *Proteine, Spezielle Proteine.*

Erythrodiol s. unter $C_{30}H_{50}O_2$.

Erythroidin s. unter $C_{16}H_{19}NO_3$.

Erythromycin s. unter $C_{37}H_{67}NO_{13}$.

Erythromycin A s. unter $C_{37}H_{67}NO_{13}$.

Erythromycin B s. unter $C_{37}H_{67}NO_{12}$.

Erythromycin C s. unter $C_{36}H_{65}NO_{13}$.

Erythromycine, Desmethylier. durch Kaninchengewebe in vitro 51/52-1186.

Erythronolid B, biogenet. Verwandtschaft zwischen d. Erythromycinen u. — 33-1391.

Erythronsäure s. unter $C_4H_8O_5$.

Erythrophlein s. unter $C_{24}H_{39}NO_5$.

Erythropoese s. unter *Blut, Blutzellen* (*Rote Blutzellen*).

Erythropoietin s. unter *Hormone, Hypophysenvorderlappenhormone* (*Erythropoietisches Hormon*).

Erythropoietisches Hormon s. unter *Hormone, Hypophysenvorderlappenhormone.*

Erythropterin s. unter $C_9H_7N_5O_5$.

D-**Erythroriboflavin-5′-phosphat** s. unter C_{17}·$H_{21}N_4O_9P$.

Erythrose s. unter $C_4H_8O_4$.

Erythrosin s. unter $C_{20}H_8J_4O_5$.

Erythrosin A, Best. nach d. Ringofenmeth. 45-1953.

Erythrosin J s. unter $C_{20}H_8J_4O_5$.

Erythroskyrin s. unter $C_{26}H_{33}NO_6$.

Erythrozyten s. unter *Blut, Blutzellen* (*Rote Blutzellen*).

Erze

Spezielle — s. dort bzw. unter d. entsprechenden Metallen, *Geologie* (*einschl. Geochemie und Geophysik*) v. — s. dort. Verarbeit.

v. – zu Metallen s. unter *Aufbereitung*, *Flotation* sowie *Metallurgie*. *Bergbau* v. – s. dort.

Siehe auch *Gesteine*; *Lagerstätten*; *Mineralien*.

Koksgewinn. aus einer Misch. v. gut u. schwach verkokbarer Kohle mit – 5-2873*; Bindemittel für d. Brikettier. v. – aus Abfallsulfitlauge u. Chromaten 6-2743*; Vergas. mit – als Kontaktmasse 8-2794; Verarbeit. v. bei d. – -Aufbereit. anfallenden Abfallschlämmen auf Bau- u. ähnl. Materialien 13-2471*; Aufbringen v. Silanolüberzügen auf – 30-2924*; Erhöh. d. Kohlensorpt.-Aktivität durch – enthaltende Einlager. 37-2425; Gasgewinn. an – -Kontakten aus Erdöl-Rückständen 45-2352.

Auflichtkameramikroskop Neophot *2* für Metall- u. – -Mikroskopie 1-2017; Beiträge zur zeitgemäßen – -Analyse 1-2159; Laser-Mikrospektralanalysator zur Unters. v. – 2-1967; Spektralanalyse geringer – -Mengen 7-2137; Filtriereinh. für d. Probennahme v. Auslaugfl. bei d. – -Aufbereit. 11-2170; mineragraph. Zonen d. Reflex. u. Härte bei d. Unters. v. – -Mineralen (Aufstell. v. Diagrammen d. Vickers-Härte gegen d. Reflex.-Stärke) 22-0745; Zers. v. – -Proben für d. chemische Analyse durch Sinterröst. u. Lösen in Säuren 27-2092; Kombinat.-Präp. u. didakt. Hilfsmittel in d. – -Mikroskopie 35-1953; maßgebende Prozesse für d. Resultate d. Spektralanalyse v. – beim Einbringen pulverförm. Proben in d. Bogenplasma 38-1948; Analyse v. – -Proben unter Verw. d. Gammastrahl. 40-1932; chem. Verf. für d. Phasenanalyse an – u. Hüttenprod. 46-1952; Präparat.-Technik für Aufbereit.-Prod. zur quant. – -mikroskop. Unters. 47-0734; Farbmess. in d. – -Mikroskopie 47-0735; Spektralanalyse v. – unter Verw. d. Plasmatrons 48-1970.

Best.: v. Nb u. Ta unter Verw. d. frakt. Destillat. v. – (spektrochem.) 5-2161; v. Nb u. Ta in – durch Neutronenaktivier. 6-1989; v. Sn in Sn- – durch Röntgenfluoreszenz mit Radioisotopen 9-2162; Fluoreszenzanalyse v. Fe-, Zn- u. Cu- – für Arbeiten im Freien u. im Labor. 9-2163; spektrochem. Best. geringer Mengen In, Tl u. Ag in Mn- – 12-2025; Röntgenfluoreszenzanalyse v. Niobat–Tantalat- – -Konzentraten 12-2028; Best.: v. Osmiridium in – v. Witwatersrand 13-2180, 15-2026; radiometr. Best. v. Cu in – 17-1969; Schnellbest. geringer Pb-Geh. in – 18-2088; chelatometr. Best. v. Ca u. Mg in – 23-2028; photometr. Meth. zur Best. v. Ge in polymetall. u. Quarz–Sulfid- – ohne Extrakt. 25-1876; Best.: v. Ti in – 26-2084; v. Arsen in – 26-2112; v. Ru u. Os in – 28-2070; d. S v. CuS in Sediment- – 29-2050; thermogravimetr. Analyse v. Alunit in – mit erhöhtem Pyritgeh. 30-2003; Best.: v. Zn u. Ti in Mn- – 31-1997; v. Na_2O u. K_2O in Mn- – 31-1998; komplexometr. Analyse eines Mn- – 31-1999; Best. v. U in – 32-2068; Anwend. einer Po-B-Neutronenquelle zur Al-Best. in – u. Konzentraten 33-2040; spektrophotometr. Best. v. Re-Spuren in – 33-2107; Anwend. v. Thioharnstoff bei d. Phasenanalyse v. Kupfer- – 34-2088; Best. v. Cu in – durch EDTA-Titrat. mit biamperometr. Endpunktsanzeige 35-2063; neutronenaktivierungsanalyt. Unters. v. – auf ^{236}U u. ^{238}U 36-1966; Anwend. einer nomograph. Interpretat.-Meth. auf d. röntgenfluoreszenzanalyt. Best. v. Zn u. Fe in – 38-1907; amperometr. Hg-Best. in – mit Unithiol 38-1949; Anwend. v. Alkylphosphorsäuren in d. analyt. Chemie (Reextrakt. des In u. seine Best. in – u. Zwischenprod. d. Pb–Zn u. Cu-Industrie) 39-1967; photometr. Best. v. Se in Cu u. Cu- – mit 1.8-Diaminonaphthalin 39-1968; Best. kleiner Mengen W, Sn, Nb, Ta, Sc, In, Tl u. Li in den Rohstoffen des Erzgebirges u. ihren Verarbeit.-Prod. 40-1887; Best. v. Re in – durch Neutronenaktivier. 41-1956; chelatometr. Best. v. Zr in – 41-1964; gravimetr. Best. v. Be in – u. ihren Verarbeit.-Prod. 42-1875; zerstörungsfreie Best. d. As in – mit hohem Mn-Geh. durch d. Neutronenaktivier.-Analyse 46-1875; Konzentrier. v. Cu-Spuren im Agglomerat d. Kerčensker – u. ihre Best. mit 2.2′-Bicinchoninsäure 48-1971; polarograph. Analysator zur Best. v. Pb in – u. Flotat.-Ablaugen 48-1972; Trenn. v. Au, Ag u. Te in – durch Ionenaustausch-Chromatographie 49/50-1792; aktivierungsanalyt. Best. v. Zr in – 49/50-1796.

Bibl.: Bestimmung der Erzmineralien unter dem Mikroskop. Bd. *1*: Methodisches Handbuch [russ.] B 27.

Metallic and industrial mineral deposits B 13; Book of ASTM standards, with related materials. Part *32*: Chemical analysis of metals; sampling and analysis of metal bearing ores B 54; Applied ore microscopy; theory and technique B 78; Gems, minerals, crystals and ores; a collector's encyclopedia B 83.

Esberiven, Wrkg. auf d. Aktivität d. retikuloendothelialen Syst. bei Kaninchen 29-1650.

Eschenmosersches „Pseudocorrin“, Mol.-Struktur 47-0829.

Escholin s. unter $C_{19}H_{23}NO_4$.

Eschscholtzin s. unter $C_{19}H_{17}NO_4$.

Escorez s. unter *Plaste, Weitere C-Plaste*.

Escucos s. unter $C_{24}H_{33}N_3O_2S$.

Eserin s. unter $C_{15}H_{21}N_3O_2$.

Esidrix s. unter $C_7H_8ClN_3O_4S_2$.

Eskaplen s. unter *Kautschuk, Kautschukähnliche Stoffe (Halogenkautschuk)*.

Eskolait s. unter *Chromoxide*: Cr_2O_3.

Esmarin s. unter $C_8H_8Cl_3N_3O_4S_2$.

Esperin, strukturelle Verwandtschaft mit anderen Peptidantibiotika 33-1405.

ESR s. unter *Elektronenspinresonanz*.

Essexit, Zus. v. – d. Česke Středohoři-Gebirges 2-0806.

Essig, potentiometr. Best. d. Chloride in Wein- – 14-2121; nephelometr. Best. v. Triäthylentetramin in – 39-1990; Zus.: v. echten Wein- – 39-2921; d. flücht. Bestandteile in d. Dämpfen natürl. u. dest. – -Sorten 40-3193.

Essigester s. unter $C_4H_8O_2$.

Essigsäure s. unter $C_2H_4O_2$.

Essigsäureanhydrid s. unter $C_4H_6O_3$.

Estafiatin s. unter $C_{15}H_{18}O_3$.

Estafiaton s. unter $C_{15}H_{18}O_3$.

Ester

Cellulose- – s. *Cellulosederivate–Celluloseester*; – v. Kohlenhydraten s. unter *Kohlenhydrate (Derivate)*; Orthocarbonsäure- – s. unter *Orthocarbonsäuren (und Derivate)*; Orthokohlensäure- – s. unter *Orthokohlensäurederivate*; Orthothiocarbonsäure- – s. unter *Orthothiocarbonsäuren (und Derivate)*; Peptid- – s. unter *Peptide*; Poly- – s. *Plaste (Polyester)* bzw. *Chemiefasern (Polyesterfasern)*; Stärke- – s. unter *Stärke (Derivate)*; Sterin- bzw. Steroid- – s. unter *Sterine* bzw. *Steroide*; Terpen- – s. unter *Terpene*; – v. *Aminosäuren*; *Borinsäuren*; *Boronsäuren*; *Epoxysäuren*; *Harzsäuren*; *Hydrazinocarbonsäuren*; *Hydroxysäuren*; *Ketonsäuren*; *Mercaptosäuren*; *Naphthensäuren*; *Phosphinigen Säuren*; *Phosphinsäuren*; *Phosphonigen Säuren*; *Phosphonsäuren*; *Sulfensäuren*; *Sulfinsäuren*; *Sulfonsäuren* s. dort; *Thiocarbonsäureester* s. dort; s. auch *Acylale*; *Fette*; *Glyceride*; *Lipoide*; *Orthoester*; *Spans*; *Tweens*; *Urethane*; *Wachse*.

Ester, anorganische

– d. zweiwert. S 1-1030 bis 1-1032; Bldg.: v. cycl. – d. Elemente d. IV. Gruppe 6-0786; u. Umlager. v. – 11-1043, 38-1026 bis 38-1028; u. Umwandl. v. – 49/50-0909; 51/52-0974 bis 51/52-0978; Rk. d. – v. tert. Alkoholen u. anorgan. Säuren mit H_2O_2 21-2775*.

Ester, organische

Allgemeines. Neue zentral wirksame, bas. – 3-1119; 4.5-disubstituierte 3-Carbäthoxyisoxazole 7-1121; reaktive – v. heterocycl. Alkoholen 11-1138; Cyanmethyl- – 17-1040; Eig. v. Enolacetaten 20-1012; Arylhydrazone v. Arylsulfonylglyoxylsäureäthyl- – 23-1010; Eig. v. Enolacetaten 24-1027; Bromnaphthyl- – 27-1047; – v. Fettsäuren mit Saccharose 29-1057; neue Methacrylate 35-2447; 1.1-Dialkoxyalkyl- u. -arylcarbonsäure- – 43-0945; Poly- – v. Carbazol 43-0987; Fettsäure- – v. Flavinen 47-1472; – v. Fettsäuren mit Saccharose 49/50-1806; Zus. d. partiellen Fett- – d. Polyole 51/52-0833; Konfig. d. raumisomeren 3β-Acetoxy-8.14-epoxyätiansäuremethyl- – 21-1203; bevorzugte Konform. d. – -Gruppe in Bezieh. zu gesätt. Ringsyst. 42-0852; Stereochemie v. Acrylcyclopropan-Carboxylaten (chem. Verschieb. d. Carbomethoxygruppe) 42-0853.

Vorkommen. Vork. in Blättern v. Citrusarten u. Rolle für d. Bldg. d. Aromas 9-1475; Lutein-Fettsäure- – im Herbstlaub 15-1406; Vork. im äther. Öl aus Mentha pulegium 24-1713; Nachw. u. Isolier. v. sedativ wirksamen Isovaleriansäure- – aus Wurzeln u. Rhizomen v. verschiedenen Valeriana- u. Kentranthus-Arten 27-1395; Geh. im äther. Öl v. Skimmia laureola 38-2724; Fettsäuren in – d. menschl. Hirns bei Phenylketonurie 1-1675; Isolier. u. Identifizier. v. Vitamin-D- – in Rattengeweben 16-1541; Vork. bzw. Geh.: v. aliphat. Mono- u. Di- – in d. Hautoberflächenlipiden d. Ratte (Einfl. v. Nahr.-Lipiden u. Hormonen) 30-1558; v. wiederveresterten Fettsäuren in Epididymisfettgewebe d. Ratte bei fettreicher Ernähr. (Wrkg. v. Adrenalin) 40-1506; v. Fettsäure- – v. Butan-, Propan- u. Äthandiolen in natürl. Fetten 5-3287; in Steinhäger 7-3440; Nachw. d. für d. Revers.-Geruch v. gehärtetem Walöl verantwortl. – 9-3391; Geh. in Aromakonzentraten 42-3110.

Biochemische Bildung. Spezifität d. Fettsäureverester. während d. Fettresorpt. 1-1646, 1-1647; Bldg. aus gesätt. u. ungesätt. Säuren durch Brauereihefe 4-1373; Umwandl. v. A. in Äthyl- – v. Fettsäuren durch d. laktierende Ziege 4-1623; Verester. v. Fettsäuren durch d. Dünndarm in vitro (Einfl. d. Fastens) 6-1581; Bldg. v. Fettsäureäthyl- – durch Plasma in vitro 10-1371; Entw. v. – als flücht. Geschmacksstoffe im Apfel 10-1503; Bldg. v. Fettsäureäthyl- – beim A.-Stoffwechsel in vivo 14-1676; veresternde Wrkg. krist. Lipase aus Aspergillus niger 18-1319; Fettsäure-Verester. u. Chylomikronenbldg. während d. Fettsäureresorpt. in d. Ratte 18-1567; Bldg. u. Isolier. v. langkett. Acylcarnitinen in Mitochondrien 21-1424; Einbau v. Fettsäuren in – durch d. Dünndarm (Einfl. v. Hypophysektomie, Thyreoidektomie, Adrenalektomie u. Alloxandiabetes) 31-1566; Bldg.: v. Stearin- – in larvalen u. ausgereiften Formen d. Bandwurms 40-1572; v. – aus niederen Fettsäuren durch verschiedene Hefe-Spezies 42-1278; Darmresorpt. u. Verester. v. ^{14}C-Vitamin D_3 u. ^{14}C-Cholesterin bei d. Ratte (Vgl.) 45-1489; mögl. Steuer. d. Bldg. v. flücht. – beim Brauen (Übersicht) 46-3149.

Darstellung. Darst. v. – aus Carbonsäurehalogeniden mit organ. OH-Verb. oder deren Alkali- oder Erdalkalisalzen 1-2705*; Säure–Olefin-Verester. (Rolle d. Olefins) 4-0952; Darst.: v. fl. neutralen Komplexesterprod. aus Monocarbonsäuren, polyfunktionellen Alkoholen u. Dicarbonsäuren (thermostabile Fl.) 4-2703*; aus Aldehyden 5-1080; v. – (Katalyse v. Verester.-Rk. mit Ionenaustauschern) 5-2610; v. aliphat. Dihydroxyäthern als Zwischenprod. für – 5-2637*; v. α-Azido- – aus Olefinen mit Azidradikalen u. O_2 6-0999; v. Hydrazondicarbonsäure- – 6-1059; v. – aus Carbonsäureanhydriden, Dicarbonsäurehalb- – u. – v. hochflücht. Alkoholen mit Alkoholen 7-2667*; aus Alkoholen u. Cd- oder Zn-Salzen v. Carbonsäuren 7-2699*; v. α-Hydroperoxycarbonsäure- – 7-2753*; v. – (katalyt. Eig. v. Pr_6O_{11}; Er_2O_3, Nd_2O_3 u. La_2O_3 auf Asbest, Quarz oder Silicagel) 8-0717; v. ungesätt. – (Polymerisat.-Verhinder.) 8-2637*; aus Nebenprod. d. Herst. v. m-Dioxanen u. konjugierten Diolefinen 9-3114*; Autox. v. nicht vicinalen Glykolen, – -Bldg. über cycl. Äther u. deren Peroxide 13-1036; Darst.: aus Alkoholen u. Carbonsäuren oder deren Anhydriden (Weichmacher) 13-3019*; aus organ. Halogeniden, Sulfonsäure- oder H_2SO_4-Ester u. CO u. Alkoholen bzw. Phenolen (Zwischenprod. für Fungizide) 14-2708; v. Phenylglykolmonoäthern als Ausgangsstoffe für – 14-2744*; v. ungesätt. – aus Olefinen u. Carbonsäuren 15-2627*, 15-2629*; v. – aus organ. Hydroxyverb. u. Carbonsäureanhydriden oder Dicarbonsäurehalb- – oder durch Umester. 16-2539*; durch Verester. v. hochmol. Säuren mit Pyrokohlensäureestern 18-0949; durch Verester. v. Monocarbonsäuren u. deren Carboxylat-Ionen mit C_2H_4 20-2623*; aus Rückständen d. Herst. konjugierter Diolefine 20-2992*, 20-2993*; durch Ox. v. gesätt. oder ungesätt. KW-Stoffen 21-3085*; v. – v. Mono- oder Polycarbonsäuren ohne olefin. Bind. 21-3086*; Übertrag. polarer Effekte bei Verester. 22-0886; unbeabsicht. Isomerisier. v. stark ungesätt. Säuren bei d. Darst. v. – 23-0989; Darst.: durch Ox. v. Ketonen 28-2615*; v. bei erhöhter Temp. dampfförm. – 29-2518*; aus Carbonsäuren, deren Anhydriden oder – u. Alkoholen 29-2519*; aus Olefinen mit CO u. Alkoholen oder Phenolen 29-2550*; v. gemischten – v. Dicarbonsäuren (Weichmach.-Mittel) 29-2801*; v. α-Cyancarbonsäure- – 31-2527*; v. 2-Hydroxymethyltetrahydropyran als Zwischenprod. für – 31-2556*; durch Ox. v. Aldehyden u. Ketonen 34-2660*; aus Carbonsäuren, deren Anhydriden oder Dicarbonsäurehalb- – u. organ. Hydroxyverb. 34-2661*; v. sauren – durch Ox. d. Blasenrückstandes synthet. Fettsäuren 35-2363*; durch Hydrocarbmethoxylier. v. Olefinen u. Cycloolefinen 36-0993; durch Carbmethoxylier. v. gesätt. KW-Stoffen 36-0994; aus Alkoholen bzw. Thiolen u. Carbonsäuren 36-2398*; aus CO, Olefinen u. sich acylierenden Verb. 36-2416, 36-2417; v. höheren Monocarbonsäure- – aus olefin. ungesätt. Verb. oder Cycloolefinen 36-2440*; aus Carbonsäure-Schwefligsäureanhydriden (Mechanismus) 38-1035; v. S-halt. Organo-Si- – aus Organosiliciumchloriden u. Mercaptosäure- – (Stabilisatoren) 38-2775*; aus Carbonsäurechloriden

alkyl-— d. Methylenmalonsäure (Wundadapt.-Mittel) 41-1764*; v. höheren — aus olefin. ungesätt. Verb. mit gesätt. aliphat. Monocarbonpersäuren 41-2373*; v. Sulfofettsäuredialkyl-— 41-2401*; v. — v. ungesätt. aliphat. Carbonsäuren 41-2407*; v. Vinylalkyl-— d. Azelain- u. Sebacinsäure 42-0935; v. Fettsäuremethyl-— für d. gaschromatograph. Analyse 42-1905; v. 2.2-Bis-(O - alkylalkyldithiophosphonyl) - essigsäure - alkyl-— (Biozide) 42-2952*; v. langkett. Perfluormono- u. -dicarbonsäurealkyl-— 43-2491*; v. langkett. ω-Bromcarbonsäure-— 44-0912; v. Deriv. d. Fettsäure-— d. Dihydroxyacetons 44-0988; v. β-Acyloxycrotonsäure-— 44-0995; v. — aus Cyclohexylcarbinol u. gesätt. aliphat. Monocarbonsäuren (Plastifikatoren) 44-1035; v. γ-Chlorcrotyl-— v. Chloressigsäuren (Herbizide) 45-0959; v. Alkyl-— v. O-Aroxyacetylglykolsäuren (Herbizide) 45-0960; v. β-[Phosphor(on, in)yl]-acrylaten mit O-heterocycl. —-Gruppen (Insektizide u. Akarizide) 45-2648*; u. Verw. v. prim. oder sek. Aminoalkylesterhydrochloriden oder -bromiden v. Acryl-, Methacryl-, Croton-, Itacon- oder Fumarsäure 46-2475*; Verester. v. symmetr. ungesätt. 1.4-Dicarbonsäuren mit C_{30-60}-Alkohol-Gemischen 46-2666*; Darst.: v. Nitroessig-— u. α,β-ungesätt. α-Nitrocarbonsäure-— 47-0978; v. Acrylsäure-— v. Ricinusölderiv. 48-2607; v. Acryl- u. Methacrylsäure-— durch Umestern 48-2648*; v. 2-Hydroxyalkyl(meth)-acrylaten 48-2649*; v. höheren — d. Acryl- u. Methacrylsäure durch Umestern 48-2654*; u. Polymerisat. v. Polycarbonsäure-— aus Diäthylmalonat u. Brom-KW-Stoffen 48-2901*; v. Alkan-Carbonsäureäthyl-— 49/50-0898; v. N.N-disubstituierten Thiocarbamylcyanessigsäureäthyl-— (Bakterizide) 49/50-1625*; v. Acrylsäure-— aus C_2H_2, Ni-Carbonyl u. Alkoholen 49/50-2382*; v. Acrylsäure-— aus C_2H_2, CO u. einwert. aliphat. Alkoholen 49/50-2384*; v. β-Hydroxyalkylmethacrylaten 51/52-2528*; v. α.α-Dialkylcarbonsäure-— 51/52-2529*; v. α,β-ungesätt., aliphat. Monocarbonsäure-β-[4 - isopropenylcyclohexen - (1)-yl]-äthyl-— (Verw. in d. Parfümindustrie) 51/52-2739*; v. Fumar- bzw. Maleinsäuredi-— 51/52-2803*.

Darst.: v. Epoxyalkyl-— v. hydroaromat. Carbonsäuren 1-2744*; v. Cycloalkylidencarbonsäure-— 8-2682*; v. Allyl-— v. bicycl. Carbonsäuren 17-2829*; v. Chrysanthemumcarbonsäurephthalimido-(akyl)-— (Insektizide) 17-2991*; Verester. v. 4-tert.-Butylcyclohexancarbonsäuren u. Cyclohexancarbonsäuren mit Diphenyldiazomethan (Kinetik) 18-0890; Darst.: v. trimethylsilylsubstituierten Deriv. v. Cyclopropancarbonsäureäthyl-— 19-1073; v. Cyclohexylidenessigsäure-— 21-2813*; v. 1.2.3.4.9.9-Hexachlor-1.4.4a.5.6.7.8.8a-octahydro - 1.4 - methanonaphthalin-6.7-dicarbonsäuremono- u. di-— (Weichmacher, Zwischenprod. für Polyester) 22-2780*; v. Cyclohexen-(3)-carbonsäurecyclohexen-(3)-ylmethyl-— 26-1064; v. N-[Arylsulfonyl] - 1.4.5.6.7.7 - hexachlorbicyclo - [2.2.1] - hepten - (5)-2.3 - dicarbonsäuremono - estermonoamiden (Herbizide u. Fungizide) 26-3299*; v. 1.2.3.4.7.7-Hexachlor-5.3′-di-[alkoxy- (bzw. ar- bzw. (alkyl)-cyclo)alkoxycarbonyl]-5-butyl-(1′)-bicyclo - (2.2.1) - hept - 2-enen 30-2549*; v. Cyclopropancarbonsäure-— (Insektizide) 30-3002*; v. 1-Alkylcyclohexancarbonsäuremethyl-— 36-0993; u. (Co-)Polymerisat. v. Vinyl-— v. cycl. u. Polychlorfettsäuren 43-1072; v. tricycl. ungesätt. — 48-2691*.

Darst.: v. Diaryl-— v. aromat. Dicarbonsäuren 1-2723*; u. Polymerisat. v. Arylazoaroyloxypropyl(meth)acrylaten 1-3077*; v. Phthalsäureglykol-— 2-2676*; v. ggf. alkyl- u. phenylsubst. Crotonsäure-— 3-2226*; v. Phenylessigsäuredithiocarbamoylmethyl-— 3-3161*; v. Diallyl-— v. aromat. Dicarbonsäuren 4-2535*; v. Aryl-— v. carbocycl. aromat. Mono- u. Polycarbonsäuren 5-2689*; aus Diazodiphenylmethan u. Methylnaphthoe- u. Acenaphthoesäuren (Kinetik) 6-0969; u. Eig. v. — v. α-Bromzimtsäuren mit tert. Alkoholen 6-1026; v. substituierten Zimtsäure- — 7-1065; v. Monojodbenzoyl- bzw. -alkoxybenzoyloxyalkansäurealkyl- bzw. -alkenyl- bzw. -alkoxyalkyl- bzw. -alkylthioalkyl- bzw. -tetrahydrofurfuryl-— (Röntgenkontrastmittel) 8-1843*; v. Aryl-— v. aromat. Mono- u. Polycarbonsäuren 10-2744*; v. 2.3.4-Trichloranthrachinon - 1 - carbonsäurealkyl-— (Verw. für Farbstoffe) 10-2941*; v. opt. akt. Zimtsäure-[2-methylbutyl-—] 11-1050; v. Dialkylglykolphthalaten 11-2802*; v. 1-Azobenzol-2-[carbonsäurealkyl(cycloalkyl bzw. aralkyl bzw. aryl)ester]-5-carbonsäureamiden (Verw. für Farbstoffe) 13-2937*; v. Alkylestern v. 6-Chlor-2-sulfamoylbenzoesäure (antikonvulsive Aktivität) 15-1737; v. (Cyclo)-Alk(en)yl [bzw. (chlor)aryl]carbonsäure-2-hydroxy-ω-(cyclo)alk(en)yl [bzw. (chlor)aryl]-(carb)oxyalkyl-— 15-2659*; aus Benzoldicarbonsäuren u. Diolen 17-2593*; v. β.β.β-Triarylpropionsäure-— 17-2606*; v. α-[O.O-Dialkyldithiophosphoryl]- α - phenylessigsäurecyanhydrin-— (Schädlingsbekämpf.-Mittel) 18-3309*; v. p-Vinylbenzoesäurealkyl-— 20-1029; v. 9-Acylaminofluoren-4-carbonsäure-— 22-0980; v. Diäthyl-— v. Arylazo- u. Arylsulfonylmalonsäuren 23-1010; v. 2- bzw. 4-substituierten 3-Nitro- u. 3.5-Dinitrobenzoesäure-— (Fungizide in d. Landwirtschaft) 23-1346; v. monomeren Glykolterephthalaten 23-2563*; v. Tetrachlorphthalsäurealkyl-— 24-1028; v. α.α-Diarylbernsteinsäuremono-— 24-1052; v. 4-tert.-Butylphenylcarbonsäure-— (Heilmittel) 28-1752*; v. Methyl-— v. aromat. Polycarbonsäuren 30-2542*; v. α.α-Diphenylcarbonsäure-tert. - aminoalkylester - N -oxiden-(cholesterinsenkende Mittel) 34-1833*; keine —-Bldg. bei d. Pyrolyse d. Cu-Salze v. m-Nitro- bzw. m-Methylbenzoesäure in W. 36-0756; Darst.: v. — v. aromat. Polycarbonsäuren 36-2463*; v. Mono(meth)acryloxyalkylmaleinaten, -succinaten oder -phthalaten 37-2324*; v. Semiesterchloriden v. aromat. Dicarbonsäuren 37-2337*; v. 3-Butyl-3.6-dihydroxy-1-aroyloxyheptanonen-(2) 38-1019; v. 2-Benzoyloxy-4-ureidosalicylsäuren 38-1040; v. N-Bis-[2-benzoyloxyäthyl]-fettsäureamid-— (Weichmach.-Mittel) 38-2767*; v. Hydroxyalkylisophthalaten 39-2399*; v. Säurechloriden aromat. Dicarbonsäuresemi-— 42-2505*; v. Aryl-[β-carbomethoxyalkyl]-sulfonen 44-1007; v. Monomethylestermonoamiden v. carbocycl. aromat. Dicarbonsäuren 45-2317*; u. Eig. v. 3-Arylureido-α-alkylessigsäureäthyl-— 48-0960.

Darst.: v. α-Alkylbutyrolacton-γ-carbonsäureäthyl-— 4-2518*; v. 2.4-Dichlorchinolin-3-carbonsäurealkyl-— 4-2563*; v. — v. N-substituierten Pyrrolidin-α-carbonsäuren 5-2718*; v. 5-Aryl-1.2-dithiolyliden-(3)-malonsäure-— 6-1051; v. Piperidoncarbonsäure-— 6-1071; v. 1-[3′-(Thienyl-2)-allyl]-3β-methyl-4-phenyl-4-carbalkoxypiperidinen (Analgetika) 6-1738*; v. N-substituierten 4-Phenyl-4-carbäthoxypiperidinen (Analgetika) 7-1135; v. (—)-Acylreserpsäuremethyl-— 7-1178; v. γ.δ - Dimethyl - γ - [β - alkoxycarbonyläthyl] - δ-valerolactonen 7-2705*; v. 3-Äthyl-3-äthoxycarbonylpiperidon-(2) u. verwandten Verb. 9-1115; v. Nicotinsäure-— (hyperämisierende Wrkg.) 9-1806; v. 4-Phenylpiperidin-4-carbonsäurealkyl-— 10-1831*; v. Nicotinsäure-— v. mehrwert. Alkoholen 10-1832*; v. — v. 1-[4′-Carboxyphenyl]-3-phenylpyrazolinen 10-3149*; u. Härt. v. Phenol-— v. epoxydierten Fettsäuren mit Phthalsäureanhydrid 13-1221; v. 2.4-disubstituierten Chinolin-3-carbonsäurealkyl-— 14-2766*; v. 3-Indolylessigsäure-[tetrahydro-2-pyranyl]-— (Antiphlogistika) 15-1829*; u. Eig. v. Aziridincarbonsäurealkyl-— 19-1085; v. — v. 2.2′-Bicinchoninsäure 20-1076; v. Benzoxazol-2-carbonsäure-— (Herbizide) 20-3244*; v. Uracilyl-(6)-essigsäure-— 21-1179; v. α-Alkyl-β-furylpropionsäure-— 23-2547*; v. Pyrimidyl-(4)-alkancarbonsäure-— 25-0963; v. 1-Halogenalkyl-4-phenylpiperidin-4-carbonsäurealkyl-— 25-2454*; v. 4.5-disubstituierten Brenzschleimsäuremethyl-— 27-1057; v. [alkyl-(bzw. aryl)substituierten] ω-(Hetero)Aryl-ω-cyancarbonsäurealkyl-— 27-2649*; Verester. v. heterocycl. Carbonsäuren mit Diazodiphenylmethan (Kinetik) 29-0941; Darst.: v. 2 - Phenyl - 5.5(2.2) - dicarboxypyrrolidindi-— (Heilmittel) 29-1798*; v. Piperidin-4-carbonsäure-— 29-1810*; v. Hydroxyphenanthrenalkaloidnicotinsäure-— (Arzneimittel) 30-1764*; v. 1-Phenyl-4-[anthrachinonyl-(1)-azo]-5-hydroxypyrazol - 3 - carbonsäuremethyl-(äthyl)-— (Verw. für Farbstoffe) 31-2630*; u. Umlager. v. Äthoxycarbonylhydantoinderiv. 32-1091; v. 3-Carbäthoxypyronen-(2) 32-1098; v. 5(3)-Alkyl-3(5)-carbäthoxyisoxazolen 33-1086; v. N-Alkylnipecotin (bzw. isonipecotin)säurebenzyl-— (Spasmolytika) 38-1771*; v. Epoxyalkylverb. v. cycloaliphat. oder O-heterocycl. — 39-2414*; v. 4.5-Epoxyhexahydrophthalsäure-bis - [α-carbalkoxyäthyl-—] (therm. Stabilisatoren für Polyvinylchlorid) 40-1140; v. 3-Alkyl-5-carbalkoxyisoxazolen 42-2518*; v. 1-[3′-Thienylalkyl]-3α bzw. β-methyl-4-phenyl-4-alkoxycarbonylpiperidinen (Heilmittel) 44-1683*; v. fünf- u. sechsgliedr. heterocycl. Carbonsäure-— 45-2334*; v. Methylcarbäthoxypyrrolen 46-0997.

Basische Ester. Darst.: v. [Acyloxyphenyl]-äthanolaminen 2-1068; v. 2-[Phenylacetyloxymethyl]-N.N-dialkylpiperidiniumsalzen (Heilmittel) 2-1804*; v. bas. — d. 1-Phenylcyclohexan- u. 1-Phenylcyclopentancarbonsäure 3-1119; v. Aminoalkylbenzoaten (Lokalanästhetika) 3-1799*; v. bas. Bis- bzw. Tetrakis-[3.4.5 - trimethoxybenzoesäure]- aminoalkylen-— (Coronargefäßerweiternde Mittel) 4-1712*; v. bas. — v. Polyalkoxybenzoesäuren (Heilmittel) 5-1863*; v. Fettsäure-[β-hydroxy-γ-ammoniopropyl]-— (Haarpflegemittel) 6-2860*; v. bas. — v. Benzofuran-3-carbonsäuren (Kreislaufmittel) 7-1912*; v. 1-[3.5-Diacyloxyphenyl- bzw. 3.5-Diacyloxy-4-alkyl- bzw. 3.4.5-Triacyloxyphenyl]-äthanolaminen (Heilmittel) 8-1775*; v. substituierten Cycloalkylidenessigsäuredialkylaminoäthyl-— 8-2683*; v. 4-tert.-Aminobutin-(2)-ol-(1)-acetaten (Heilmittel) 11-1853*; v. Fettsäure-— v. Anhydroverb. v. Trialkanolaminen sowie deren Umsetz.-Prod. mit Äthylen- oder Propylenoxid 12-2550*; v. — d. 1.2-Diäthyl-3-hydroxymethylpyrazolidins mit aromat. Säuren 13-1115; v. ggf. in 7-Stell. halogenierten 5-Methyl-8-acyloxychinolinderiv. (Bakterizide, Fungizide, Amoebizide) 15-3181*; v. N-Aryl-N-äthoxycarbonylmethyl - N′ - [di - O - alkylphosphono]-hydrazinen 16-0996; v. Arylpropinsäure-di-alkylaminoalkyl-— (zur Anreg. d. Hypothalamo–Hypophyse-Syst.) 19-1784*; v. α-Cycloalkyl-α-phenylpropionsäure-β-di-äthylaminoäthyl-— 20-1034; v. 4-Piperidinyl-— (Einfl. auf d. Zentralnervensyst.) 20-1620; v. Alkyl- u. Alkenylcarbonsäure-— v. 10-{3-[4-(β - Hydroxyäthyl) - piperazino]-propyl} - phenthiazinen (Tranquillizer) 20-1699*; v. 3-Acyloxy-1.3-dihydro-2H -1.4 - benzdiazepin - 2-onen (Heilmittel) 20-1703*; v. β.β-Diphenyl-β-cyanopropionsäureaminoalkyl-— (Pharmazeutika) 21-1877*; v. 4-N.N-bis-[β-Acetoxyäthyl]-amino-2-acylaminoazobenzolen 21-3021*; v. bas. — v. Homomyrthenol 21-3040*; v. [1-Naphthyl]-[tetrahydrofuryl]-alkyl(alken)-carbonsäuredialkylaminoäthyl-— (Heilmittel) 22-1717; u. Ox. v. 5-Acyloxy-4-acyloxymethyl-6- methyl - 3 - mercaptomethylpyridinen 22-1728*; v. 2-Tropanol-— (Heilmittel) 22-1745*; v. 1-Acyloxy-1-pyridylalkyl-2-tert.-aminoalkylbenzocycloalkanen (Pharmazeutika) 23-1749*; v. 10-[(4-Acyloxyalkylpiperazino)-alkyl]-phenthiazinen (Pharmazeutika) 23-1765*; v. Carbonsäure-— v. N-[Hydroxyalkyl] - endoperhydro - 4.7 - methanoisoindolen (Heilmittel) 28-1755*; v. Pyridoxin-3.4-diacylaten (Heilmittel) 28-1778*; v. Di-— v. 1-Phenyl-2-aminopropandiolen-(1.3) 30-1002; v. Phenylessigsäure-— v. N.N′-Bis(bzw. N.N.N′.N′ - Tetrakis) - hydroxyalkylalkylendiaminen (Heilmittel) 30-1743*; v. N-Methylpiperidyl-(3)-esterhydrogenfumaraten 31-1007; v. β.β-Diphenyl-β-cyanpropionsäuredialkyl (bzw. alkylen)aminoalkyl-— 36-2462*; v. (2-Alkoxy)-4-phenylazo - N - [alkoxycarbonylalkyl]-N-[acyloxyalkyl]-anilinen (Verw. für Farbstoffe) 37-2472*; v. Trialkyl(Trihydroxyalkyl)-β-hydroxy-γ-acyloxypropylammoniumsalzen 37-2524*; v. Propionsäure-— v. 4-Arylpiperidolen-(4) (Analgetika) 39-1714*; v. 1-Alkyl-3-arylpyrrolidinol-(3)-— (Antitussiva) 40-1680*; v. α,β-ungesätt. 2-Acyloxyalkylamino-4.6-dichlor-symm.-triazinen 40-2542*; u. physikal.-chem. Eig. v. neuen Amino-— v. Benzoesäuren 42-0956; v. Cyclohexylidenessigsäure-β-dialkylaminoäthyl-— (Heilmittel) 43-1641*; v. Carbonsäuredi-— v. 3.5-Di-[hydroxymethyl]-4-alkylanilinen (Verw. für Farbstoffe) 44-2649*; v. β-Dialkylaminoäthyl-, α-Methyl-γ-dialkylaminopropyl- u. β.β-Dimethyl-γ-dialkylaminopropyl-— d. 1-[p-Chlorphenyl]-cyclopentancarbonsäure 45-0967; v. Amino-— v. 4-Benzyl-5-methylfuran-2-carbonsäure 45-0983; v. bas. — u. Amiden v. Säuren, d. als Pflanzenwachstumsregulatoren wirken 51/52-0945, 51/52-0946; v. 2-Diäthylaminoäthyl-— v. substituierten γ-Chlorcrotylessigsäuren 51/52-0964; v. N-Granatanol-(3β)-— (Heilmittel) 51/52-1641*.

Reinigung. Trenn. u. Isolier. v. aus Hirnlipiden gebildeten Methyl-— 3-1459; Extrakt. v. — aus wss. Lsg. 4-2462*; Entfern. v. beigemengten „neutralen" — aus organ. Perverb. 7-2735*; Reinig. v. Umester.-Gemischen 11-2724*; Zerleg. v. sauren — zweibas. Carbonsäuren d. rac. Menthols mit opt. akt. Aminen 11-2833*; Stabilisier. v. Acryl- u. Methacrylsäure-— 17-2612*; Reinig. v. Glykol-— 18-2696*; Isolier. v. Fettsäurezucker-— aus Rk.-Gemischen 18-2960*; Antiox.-Einfl. v. Stabilisatoren auf Äthylesterkonzentrate ungesätt. Polysäuren 20-2591; Trenn. v. —-Gemischen in Bestandteile verschied. F. 38-2313; Stabilisier. v. ungesätt. — gegen Polymerisat. 42-2511*; Trenn. v. Acrylsäure-— u. einwert. Alkoholen (Verf.-Schema) 49/50-2383*; Stabilisier. v. Vitamin A-— 51/52-1643*.

Physikalisches und physikalisch-chemisches Verhalten. Physikal. Eig. v. Fettsäuremethyl-— 8-2906, 18-2942; IR-Spektren v Pyrrolcarbonsäure-— 12-0882; n → π*-Übergang v. α,β-ungesätt. — 14-0923; IR-Spektren v. — in Komplexen mit Elektronenakzeptor-Metallhalogeniden 14-0927; Raman-Spektren v. Syst. aus $SnCl_4$ u. — 23-0869; Absorpt.-Spektren v. Acetoxyderiv. v. Bzl. 26-0875; IR-Absorpt. v. — 28-1909; IR-Spektren v. p-Bromphenacyl-— 30-0832; Farbigk. v. N-[Phenylglycyl]-O-[4-nitrobenzoyl]-1(bzw. 4)-aminonaphthol-(2)-deriv. 23-1034; H-Bind. in Äthoxycarbonylpyrrylmethenen 8-1118; Einzelpaar–Einzelpaar-Abstoß. u. Mol.-Konfig.; Rotat.-Isomerie v. Carbonsäure-— 17-0933; Struktur d. Addukte v. Triphenylphosphiniminen mit Acetylendicarbonsäure-— 37-0891.

Massenspektrographie; Übertrag.-Rk. bei Propionsäure-, Benzoesäure- u. Phthalsäurebutyl-— 9-0897; Massenspektren: v. — (Umlager.-Prozesse für d. Bldg. v. Oxoniumionen aus aliphat. —-Ionen) 11-0917; v. O-Isopropylidenderiv. v. ungesätt. Fettsäure-— 13-0926; u. Struktur v. — 16-0850; Dipolmomente d. — v. Thymol u. Eugenolen 20-0821; Massenspektren v. Malonsäurediäthyl-— 31-0838; spezif. Umlager. in Massenspektren v. kurzkett. — 46-0851; NMR-Spektren v. Fettsäuremethyl-— 5-0956; Elektronenstruktur u. magnet. Rotat. v. aliphat. — 13-0888; NMR-Spektren v. 3-substituiertem Alken-(2)-säureäthyl-— 26-0895; Konform.-Unters. durch NMR v. benachbart deuterierten 2-, 3- u. 4-Methylcyclohexylacetaten 29-0876; elektrolyt. Koppl. 9-0933.

Molwärmen d. Gruppe —COO— bei additiver Berechn. d. Molwärme v. fl. — 3-0575; Debye-Dipolabsorpt. u. Phasenänder. 6-0860; krit. Vol. v. Fl. (Berechn.) 17-0939; F.-Kurven v. — aus aromat. Säuren u. prim., normalen Alkoholen 19-0928; F. v. Fettsäure-— v. Glykolen 19-0940; Sublimat.-Wärme v. langkett. Methyl-— 30-0871; spezif. Wärme v. Dämpfen u. symm. aliphat. — 36-0895; Korrelat. v. Retent.-Daten u. Strukturparametern 11-2109; dispergierende Wrkg. v. Saccharosefettsäure-— 19-0943; Adsorpt. v. polyfunktionellen — 22-0868; Korrelat. d. Strukturparameter v. Retent.-Daten gesätt., einfach-ungesätt. u. Methylenunterbrochener Fettsäure-— 28-2015; kalor. Effekte an monomol. —-Filmen auf wss. Substrat 35-0599; Löslichk. d. Chelatsalze v. 3-Brom-8-mercaptochinolin u. 3-Brom-8-mercaptochinolin in — 14-0837; synerget. Effekt v. — auf d. Extrakt. v Eu-Ionen. mit Benzoyltrifluoraceton in n-Hexan 33-0598.

Chemisches Verhalten. Therm. Rk. 2-1125; Acetoxylier. mit Aryljodosoacetaten 6-0946; Ringerweiter. an Benzochinolacetaten 11-1066; elektrophile Addit. an — 15-0966; Darst. v. β-Ketosulfoxiden aus Acrylsäurealkyl-— 20-0943; Rk. v. Methoxy-o-chinolacetaten 25-1007; Struktur vs. Reaktivität bei Azulencarbonsäure-— 26-0948; tert. Butylier. organ. Verb. mit Carbonsäure-tert.-butyl-— 26-2703*; neue Rk. v. α-Acyloxysäurechloriden 28-1011; Michael-Addit. mit Vinylogen v. Phenylessigsäuremethyl-— 30-1018; Alkylier.- u. Acylier.-Rk. v. Methantricarbonsäure-— 31-0958.

Friessche Verschieb. v. acylierten Phenolen 1-1043; Cyclisier. v. Glutaminsäure-— (Kinetik; Rolle d. Katalysators) 2-1022; Umlager. v. Monoacetaten v. Hydroxymethylphenolen 8-1063; Umlager. v. o-Aminophenyl-— 12-1038; kathod. Hydrodimerisier. v. Alkyl-— v. α,β-ungesätt. Säuren 17-1034; Isomerisier. v. ungesätt. Fettsäure-— durch $Fe(CO)_5$ 21-3032; Vers. d. Markier. v. — mit Tritium im Gaschromatographen 24-1004; Polymerisat.-Fähigk. v. ungesätt. — (Einfl. d. chem. Struktur) 24-1163; Ringschlußgeschw. d. Mono-— v. Dicarbonsäuren 26-0985; Isomerisier. v. β-Tetrahydrofurylpropionsäurealkyl-— 28-1106; Umlager. v. 3.4-Epoxy-2.2.4-trimethylpentyl-— 31-2553*; Friessche Verschieb. bei Arylphenylacetaten 32-1054; Ringschlußrk. mit Oxamid-— 37-1054; Isomerisier., Polymerisat. u. Hydrier. v. ungesätt. aliphat. — (katalyt. Wrkg. d. π-konjugierten Eisentricarbonyldienkomplexes) 38-0949; Umlager.-Rk. nach Elektronenstoß auf Äthyl- u. Isopropyl-— 41-0903; Photo-Fries-Umlager. v. aromat. — (ster. u. elektron. Faktoren) 42-0928; Acetylwander.: Gleichgew. zwischen axialen u. äquatorialen Cyclit-Acetaten 46-0978.

Spalt. v. Benzoesäureallylestern (massenspektrometr. Unters.) 2-1077; Pyrolyse v. 1-Phenyl-1.3-propandioldi(monocarbonsäure)-— 2-2682*; therm. Decarboxylier. v. α-Halogen-β.β-diarylacrylaten als Variante d. Fritsch-Butenberg-Wiechell-Umlager. 4-1057; Pyrolyse v. Hydrogenphthalsäure-— 7-1033; therm. Zers. v. Benzyl-— 9-0080; Herst. ungesätt. aliphat. Monoesteräther durch Erhitzen v. Bis-[1-acyloxyalkyl]äthern 10-2716*; Photolyse v. Benzoesäurevinyl-— 12-0991; Verh. v. ungesätt. Fettsäuremethyl-— im γ-Strahlenfeld 13-0967; Bestrahl. v. aromat. Carbonsäure-— (Ausb. an CO u. CO_2) 13-1020; Pyrolyse v. Äthylenglykol-bisfettsäure-— 16-2553; reduktive Spalt. mit Tetramethylammonium, Abtrenn. d. Benzoyl- u. Tosylrestes als Schutzgruppe bei Peptidsynth. 17-1045; Thermolyse v. Δ^2-1.2.3-Triazolin-4-carbonsäure-— 18-0924; Photolyse v. Alkyl-— 34-1026; Säure-katalysierte Eliminier. in 1-Äthyl-1-acetoxycycloalkanen 38-1043; therm. Decarbonylier. v. Vinylcarbonsäure-— (Mechanismus) 41-0972; Bestrahl. v. Enolbenzoaten 43-1037; strahleninduzierte —-Spalt. 49/50-0891; Kracken v. γ- oder δ-Alkenylcarbonsäure-— 49/50-2364*; Autox. 3-0999; Ox. 4-0949; Ozonolyse v. ungesätt. Fettsäure-— (Kinetik) 12-2527; anod. Ox. v. ster. gehinderten Halb-— 21-2765; Ox. v. Acyloxyazobenzolen 23-1013; Autox.-Geschw. d. Syst. W./ungesätt. Fettsäure-— (Einfl. v. Phosphaten) 31-0894; Hydrier. v. ungesätt. Fettsäuremethyl-— durch Dikobaltoktacarbonyl 2-2602; Red. v. desmotropen Piperidondicarbonsäure-— mit komplexen Metallhydriden 7-1138; Hydrier. v. Fettsäuremethyl-— 8-2904; Red.: v. Carbonsäure-— mit $NaAlH_4$ in KW-Stoffen 13-1025; v. höheren Fettsäure-— mittels Dialkyl–Aluminium-Hydriden 13-2719*; v. — mit $NaAlH_4$ 18-0945; Umwandl. v. Acetaten in Alkohole bei Diol-(1.3)-Syst. 24-0971; Red. v. opt.-akt. linksdrehenden 2-Alkoxycarbonylmethyl-3-äthyl-9.10-dimethoxy-1a.1.3.4.6.7-hexahydro-2H-benzochinolizinen 25-2455*; Hydrier.: v. höheren Fettsäure-— (Zus. d. Nebenprod.) 36-2592; u. Austauschrk. v. Olefin-— mit Deuterium an Metallen; intramol. H-Verschieb. 38-0966; Red. v. Fettsäure-— 38-2552; Hydrier. v. ungesätt. Fettsäure-— 39-2373*; Disproportionier.-Rk. d. H zwischen — u. Alkoholen 40-2464; Hydrier.: v. ungesätt. Fettsäuren mit 8—22 C-Atomen mit einwert. aliphat. Alkoholen 40-2495*; v. Fettsäure-— 46-2056; v. Linolensäure-— 47-2834; Red. v. Enolacetaten cycl. Ketone mit $LiAlH_4$ 49/50-0913.

Koordinat.-Verb. mit Carbonsäure-— als Liganden 2-0578; Hydrolyse: v. kation. — in d. Lsg. polymerer Säuren (Wrkg. d. Verteil. d. elektrostat. Potentials) 3-1162; v. 1-Acyloxy-3a.4.7.8.9-pentahydro-6-alkoxy-9a-methylcyclopentano-[2.1:c]-naphthalinen 3-2663*; Cu-katalysierte Hydrolyse v. — (Geschw.- u. Gleichgew.-Konst. d. Komplexbldg.) 4-0656; Hydrolyse v. α-Chloralkylbenzoaten (Kinetik) 4-0960; kinet. Studie zur Aminolyse v. „akt. —" bei d. Peptidsynth. 4-0961; Existenz v. Ti-Ester-Anlager.-Verb. 6-0782; alkal. Hydrolyse v. P-organ. — (Einfl. v. Strukturveränder. d. Alkyl- u. Alkoxygruppen auf d. Werte ΔH^* u. ΔS^*) 7-1025; Rk. v. Benzoesäure-— mit Hydroxylamin 9-3313*; Hydrolyse: v. — (Nachbargruppeneffekte) 11-0968, 11-0969; v. — mit polymerer Sulfonsäure 11-1206 bis 11-1209; u. Stabilität v. 4-Aminobenzoesäure-— 15-1795; Bromier. v. α,β-ungesätt. Dicarbonsäure-— 15-2651*; Einw. v. Hydroxylamin auf — 16-0975; alkal. Hydrolyse v. Furan- u. Thiophendicarbonsäuremethyl-— 18-0891; Komplexbldg. mit $TiCl_4$, $ZrCl_4$ u. $SnCl_4$ (IR-Unters.) 19-0589; Halogenier. v. Carbonsäure-n-butyl-— 19-0976; alkal. Hydrolyse in W. (konduktometr. u. spektrophotometr. Unters. d. Kinetik) 19-0980; Hydrolyse u. Stabilität v. 4-Aminobenzoesäure-— 19-1751; säurekatalysierte Hydrolyse v. 4-substituierten 2.6-Dimethylbenzoesäuremethyl-— (Kinetik) 21-1050; homogene Hydrolyse mit polymeren Sulfonsäuren 21-1241; Herst. d. $Fe(CO)_3$-Komplexe v. polyungesätt. Fettsäure-— 21-3032; Rk. v. Malonsäure-— mit PCl_5 22-2562*; alkal. Hydrolyse v. Vinyl-— (Kinetik u. Mechanismus) 25-0955; Hydrazinolyse v. Isocyanursäure-— 26-0980; quant. Verseif. v. ster. stark gehinderten — durch Perchlorat–Anion-Katalyse 26-0981; alkal. Verseif. (kinet. Beweis für d. „Nachbargruppen"-Wrkg. einer δ-Ketogruppe) 26-0982; Rk.: v. — v. Halogencarbonsäuren mit NH_4-Halogeniden 26-2704*; v. Br mit Alkensäureäthyl-— in wss. Lsg. (Kinetik) 28-0952; Darst., Struktur u. Eig. v. Reformatsky-Komplexen aus Zn u. α-Bromcarbonsäure-— 29-0739; Kinetik d. säurekatalysierten Verester. v. 3-substituierten Acrylsäuren u. alkal. Hydrolyse d. Methyl-— 29-0940; Rk. v. unsymm. Oxalsäuredialkyl-— mit PCl_5 35-2372*; direkte Rk. zwischen β-Halogenpropionaten u. Sn-Folie 37-0749; Hydrolyse (intramol. Beteilig. d. Amidgruppe; Kinetik) 37-0945; Rk. v. Ge-Halogeniden mit — d. Trialkylstannylessigsäure 38-0736; Chlorier. mit Sulfurylchlorid 38-1013; alkal. Hydrolyse d. Methyl-— v. arylaliphat. Carbonsäuren (Kinetik) 42-0902; Hydrolyse: v. Dicarbonsäuredi-— mit Ionenaustauschern 42-2469; v. Carbonsäure-— (Lsgm.-Effekte auf d. quant. Wechselbezieh. zwischen Struktur u. Reaktivität) 44-0931; alkal. Hydrolyse: v. Carbonsäure-— mit geladenen Substituenten (Kinetik) 44-0932; v. Benzoesäure-— (kumulative Effekte v. Substituenten) 44-0933; Herst. v. —-Salzen v. Ca, Mg u. Zn v. Monoalkyl-— v. gesätt. oder ungesätt. Dicarbonsäuren (Stabilisier.-Mittel) 44-2738*; Hydrolyse (Tracer-Unters.) 47-0868; Herst. v. Metallsalzen v. Partial-— aus mehrbas. Carbonsäuren u. aliphat. Alkoholen 49/50-2388*.

Rk. v. Olefinen mit Methantricarbonsäuretrialkyl-— (Peroxid-initiierte Anlager.) 1-1034; Diensynth. mit α- u. β-Carbalkoxyvinylphosphonsäurediäthyl-— 25-1024; Kontrolle d. Acetylwander. während d. Methylier. partiell acylierter Cyclite 46-0979; Kondens. v. Morpholin mit Bromderiv. v. Malonsäure-— 2-1158; Acylier. v. 9-Methylacridin durch — 33-1103; Mischpolymerisat. v. Fumar- u. Maleinsäurealkoxyalkyldi-— mit Vinylchlorid 24-2990*; Telomerisat. v. Diallylphthalaten mit Polyhalogenalkanen 46-2742*; Rk.: mit 1.1-Dichloräthylen in H_2SO_4 47-0907; mit N-Methylhydrazin 11-1037; Einw. v. prim. u. sek. Aminen auf trihalogenierte — 12-1012; Kondens. v. — v. polybas. Säuren mit Aminen 22-1011; Rk.: v. Oxalsäuredi-— mit aliphat. oder aromat. Aminoverb. 22-2970*; v. Diacyloxydihalogenbenzochinonen-(1.4) mit Aminen 35-1058; mit prim. oder sek. Aminen 35-2366*; v. Maleinsäure-— mit Fulvenylmethanolen 4-3046*; Methanolyse v. Nitrophenyl-— 6-0953; Rk.: v. acycl. 1.2-Aminoalkoholen mit Oxalsäure-— 11-1120; v. alicycl. 1.2-Aminoalkoholen mit Oxalsäure-— 11-1121; v. Bernsteinsäuredi-— mit N-Methyl-β-hydroxyäthylamin 13-1881*; v. Salicylsäure-— mit Diäthylaminoäthanol 13-1883*; Methoxymercurier. v. Methacrylsäure- u. Zimtsäure-— (Kinetik) 18-0907; Umester. v. Glykolen mit Terephthalsäuredialkyl-— 23-2563*; Rk. mit Tantalpentaäthanolat 27-0765; Umester. v. Alkylmalonsäurediäthyl-— mit Butanol/Na-Butylat 32-1012; Methanolyse v. Nitrophenyl-— 42-0904; Disproportionier.-Rk. v. alicycl. gesätt. KW-Stoffen, Naphthenen, Paraffinen, prim. u. sek. Alkoholen mit — 51/52-2501; Umester. 51/52-3126; Kondens. v. 2-Halogenmethylbenzoesäurealkyl-— mit Thiophenolen 24-2635*; Rk.: v. α-Brom-— mit 2-Nitrothiophenol 44-1085; v. ungesätt. Äthyl-— mit Diboran u. Bis-[3-methylbutyl-(2)]-boran 41-0958; mit Li-Alkylen 13-1040; Kondens.-Rk. v. — mit Hilfe verzweigter Organo-Mg-Verb. 18-0952; Rk. mit Organo-Al-Verb. 27-0996; Rk.-Fähigk. v. Cd-organ. Verb. gegenüber — (Überblick) 34-0727; Rk. v. Arylcarbonsäurealkyl-— mit Methyl- bzw. Phenylbarenyl-Li 41-1030; Addit. v. Alkylhalogengermanen an α-ungesätt. — 43-0707; konjugierte Addit. v. Grignard-Reagenzien an α,β-ungesätt. — 51/52-0944; Rk. v. Adipinsäure-— mit Toluoldiisocyanat 12-3070*; Copolymerisat. v. Alkylengruppen enthaltenden Ureidoverb. mit ungesätt. — 20-3177*; Rk. v. Salicylsäure-— mit Arylbiguanidhydrochloriden 37-2360*; Herst. v. Polykondens.-Prod. aus Alkylen(Arylen)dicarbonsäuredi-(hydroxyalkyl)-— u. Aldehyden 11-3108*; elektrolyt. Kuppl. v. α,β-äthylen. ungesätt. Ketonen mit α,β-äthylen. ungesätt. — 21-1785*; Kondens mit Furfurol 23-2547*; Rk. v. substituierten β-[Pyrrolyl-(2)]-propionsäuremethyl-— u. disubstituierten β.β-Bis-[pyrrolyl-(2)]-propionsäureäthyl-— mit Formylier.-Reagenzien 38-1063; Copolymerisat. v. 2-Alkylacrylsäurealkyl-— mit Vinylimidazoliumsalz 26-3361*; Phenylier. v. — mit Diphenyljodoniumchlorid in tert.-Butylalkohol 47-0960; Copolymerisat. v. α-Pyridylacrylureido- u. -carbamido-— mit Acrylnitril 43-2590*; Rk. v. 1-Acyloxyallylverb. mit aliphat. oder aromat. Mono- oder Dicarbonsäuren 6-2575*; Elektrolyse v. β-Formylpropionsäureäthylenacetal mit Mono-— v. Bernsteinsäure, Adipinsäure u. Sebacinsäure 11-1031; Umester. v. Triacetin mit Methyl-— höherer Fettsäuren 18-0950; Erhitzen v. Piperidincarbonsäure mit Di-— 21-2830*; Rk.: mit tert.-Butyloxycarbonylmethyl-MgCl 28-1036; v. Malonsäure-— mit Bis-arylformamidinen 29-2562*; v. Chlorjodderiv. v. n-Propylcarbonsäure-— mit Ag-Salzen v. Carbonsäuren 35-2369*; v. o-Hydroxybenzoesäure-— mit Amidinen 42-2526*; v. Acrylsäure-— mit 4.6-Dialkylmercapto-3-oxocapronsäure-— 49/50-2391*; Einschluß-

Estirona, psychopharmakotherapeut. Beeinfluss. d. Nebenwrkg. v. – 27-1460.
Estox, Bekämpf. d. Cryptomeria-Spinnmilbe durch Vernebel. v. – -Gemischen 51/52-3040.

Estragol s. unter $C_{10}H_{12}O$.
Esucos s. unter $C_{23}H_{31}N_3OS$.
ETA s. unter $C_8H_{10}N_2S$.
Etamycin s. unter $C_{44}H_{62}N_8O_{11}$.
Etaperazin s. unter $C_{21}H_{26}ClN_3OS$.
Etazol s. unter $C_{10}H_{12}N_4O_2S_2$.
ETBH s. unter $C_{13}H_{18}N_2O_5$.

Ethacrynsäure s. unter $C_{13}H_{12}Cl_2O_4$.
Ethambutol s. unter $C_{10}H_{24}N_2O_2$.
Ethaverin s. unter $C_{24}H_{29}NO_4$.
Ethchlorvynol s. unter C_7H_9ClO.
Ethidiumbromid s. unter $C_{21}H_{21}N_3O$.
Ethinodioldiacetat s. unter $C_{24}H_{32}O_4$.
Ethiodan s. unter $C_{19}H_{29}JO_2$.
Ethion s. unter $C_9H_{22}O_4P_2S_4$.
Ethionamid s. unter $C_8H_{10}N_2S$.
Ethisteron(e) s. unter $C_{21}H_{28}O_2$.
Ethofat 60/25 s. unter *Plaste, Polyäther (Weitere Polyäther).*

Ethoheptazin s. unter $C_{16}H_{23}NO_2$.
Ethopropazin s. unter $C_{19}H_{24}N_2S$.
Ethosuccimide s. unter $C_7H_{11}NO_2$.
Ethoxarin s. unter $C_{22}H_{34}N_2O_4$.
Ethox(a)zolamid s. unter $C_9H_{10}N_2O_3S$.
Ethoxyquin s. unter $C_{14}H_{19}NO$.
Ethylan B.C.P. s. unter *Plaste, Polyäther (Weitere Polyäther).*

Ethylan CP s. unter $C_{18}H_{20}Cl_2$.
Ethynodiolacetat s. unter $C_{24}H_{32}O_4$.
Ethyserpin s. unter $C_{34}H_{42}N_2O_8$.
Etimidin s. unter $C_8H_9ClN_4$.
Etimizol s. unter $C_9H_{14}N_4O_2$.
Etiocholanolon s. unter $C_{19}H_{30}O_2$.
Etruscomycin, Wrkg. gegen Candida albicans 37-1317.

Etryptamin s. unter $C_{12}H_{16}N_2$.
Ettringit, Bldg. v. –: durch Hydratat. eines wasserfreien Calciumsulfoaluminatsyst. 4-2242; aus Gips in belüftetem Portlandzement 11-2441; auf Al-Oberflächen 32-2313; Krist.-Struktur v. – 40-0214; Meth. zur – -Identifizier. 6-2305.

Etymemazin s. unter $C_{20}H_{26}N_2S$.
Eucalyptol s. unter $C_{10}H_{18}O$.
Eucalyptoldisulfonat s. unter $C_{10}H_{18}O_7S_2$.
Euchroit, Verfeiner. d. Krist.-Struktur v. – 30-0219.

Euchrysin 2 GNX s. unter $C_{16}H_{17}N_3O$.
Eudalen s. unter $C_{14}H_{16}$.
Eudalin s. unter $C_{14}H_{16}$.
Eudesmol, Unterschiede im – -Geh. d. äther. Öle v. Eucalyptusarten 5-1428.

Eudialyt, Mineralassoziat. v. – in Alkaligesteinen 21-0856; Vork. v. Zr in Miaskiten als – 29-0796; Unters. bituminöser Stoffe in Hohlräumen d. – -Krist. effusiver Gesteine 32-0809; Best. d. chem. Zus. v. – auf opt. Wege 7-0855.

Eugenin s. unter $C_{58}H_{106}O_2$.
Eugenol s. unter $C_{10}H_{12}O_2$.
Euglobuline s. unter *Proteine, Spezielle Proteine.*
Eukairit, – aus d. südwestl. Teil d. Insel d. Sedlčany-Krásná Hora 14-0887; Rotat.-Eig. v. – 7-0845.

Euklas, – aus Ost-Sibirien 38-0828; Pleochroismus d. OH-Streckfrequenz in – 39-0815.

Eukodal s. unter $C_{18}H_{21}NO_4$.
Eukryptit, – -Vork. in Kanada 2-0834; Bldg. v. β-Eukryptit: im Syst. $Li_2O/MgO/Al_2O_3/SiO_2$ 36-0328; bei d. Kristallisat. v. Li-Alumosilicatgläsern 41-0296; Nachw. v. β-Eukryptit bei *850°* u. Umwandl. in β-Spodumen ab *975°* 51/52-2201; Ordn. u. Fehlordn. in – 9-0264; Einfl. d. Wärmebehandl. auf d. Wärmeausdehn.-Eig. v. Li-Oxidkeramiken mit β-Eukryptitzus. 22-2294; Hochdruckverh. v. – (α-$LiAlSiO_4$) 3-0843; Carbonataufschluß v. – 42-2086*.

Eulan s. unter $C_7H_5Cl_4NO_2S$.
Eulecanorol s. unter $C_{30}H_{52}O_3$.
Eulit, Vork. v. – in Neufundland-Labrador 2-0831.

Eulysin BM, Netzmittel 6-2790.
Eunarcon s. unter $C_{11}H_{15}BrN_2O_3$.
Euparen s. unter $C_9H_{11}Cl_2FN_2O_2S_2$.
Euparin s. unter $C_{13}H_{12}O_3$.
Eupatorin s. unter $C_{18}H_{16}O_7$.
Euphol s. unter $C_{30}H_{50}O$.
Euphorbol s. unter $C_{31}H_{52}O$.
Euphyllin s. unter $C_7H_8N_4O_2$.

Eurocidin, Actinomyceten mit quirlförm. angeordneten Sporenträgern als Produzenten v. – 51/52-1243; Verw. zur Suspendier. v. asporogenen Hefen 3-2691*.

Europetin s. unter $C_{16}H_{12}O_8$.
Europin s. unter $C_{16}H_{27}NO_6$.

Europium

Verteil. v. – in Gesteinen u. ihren Mineralen d. südkaliforn. Batholithen 5-0856; Fraktionier.-Werte v. ^{156}Eu nach Kerndetonat. im Seewasser u. auf Korallen 20-0810; – im Spektrum d. bes. Sterns HD *101065* (Häufigk.-Analyse) 25-0796; Häufigk. v. – im Zentrum d. Sonnenscheibe 40-0788; Äquivalentlinienbreiten v. Linien d. Fe, Cr, Mn u. Ti in Eu–Cr–Sr-Sternen 45-0787; Geh. im menschl. Serum 38-1550.

Elut.-Verh. bei d. Trenn. v. Spaltprod. d. U durch Verteil.-Chromatographie mit umgekehrten Phasen 2-2050; verteilungschromatograph. Trenn. v. La, Ce, Pr, Nd, Pm u. Sm 35-1989; Abtrenn. v. – -Spurenmengen aus einem mit schnellen Protonen bestrahlten Tb_2O_3-Target durch Verteil.-Chromatographie an Fluoroplast-*4* 35-1990; Ionenaustauschtrenn. v. ^{154}Eu v. ^{144}Ce, Th u. Nd in $Mg(NO_3)_2$-Lsg. 38-1938; extraktive Abtrenn. d. Bk v. – 41-1955.

Fermi-zu-Gamow-Teller-Matrixelementverhältnisse bei erlaubten β-Übergängen in ^{152}Eu 2-0059; Kernorientier. v. ^{154}Eu durch Sternheimer-Antiabschirm. 4-0041; γ-Strahl. d. *12,3*-a-^{152}Eu 4-0064; Zerfall v. ^{153}Sm (*47* h) zu ^{153}Eu 6-0077; γ-Strahl. v. ^{156}Eu im Energiebereich *600–2400* keV 8-0081; Isomerenverschieb. in ^{151}Eu 10-0045; relativist. Dipol- u. Quadrupolwechselwrkg. in – u. Neumess. d. nuclearen magnet. Dipolmomente v. ^{151}Eu u. ^{153}Eu 11-0126; Unters. d. Zerfälle v. ^{157}Eu 12-0048; Positronenzerfall v. ^{145}Eu 12-0081; Nanosekunden-Lebensdauermess. beim Zerfall v. ^{155}Eu u. ^{157}Eu 12-0082; Zerfall: v. ^{157}Eu, ^{158}Eu u. ^{159}Eu 12-0083; v. ^{159}Eu 12-0084; Mössbauer-Effektunters. d. *97*-keV-Niveaus v. ^{153}Eu 16-0059; ^{142}Eu, ^{143}Eu u. ^{144}Eu 16-0084; Termschema v. ^{146}Eu 16-0085; Effekte höherer Ordn. bei β–γ-Korrelat. unter Einfl. erlaubter β-Übergänge in ^{152}Eu u. ^{154}Eu 17-0089; Spaltausb. v. ^{156}Eu, ^{157}Eu, ^{158}Eu u. ^{159}Eu 17-0113; isobar. analoge Zustände in ^{145}Eu 18-0061; Niveaus im ungerade-Kern ^{156}Eu 20-0037; Zerfall: v. ^{147}Eu 20-0072; v. ^{149}Eu 20-0073; γ-Spektrum v. ^{154}Eu 22-0080; Halbwertszeiten einiger – -Nuclide 25-0108; Zerfall v. ^{157}Eu (β^-) ^{157}Gd 26-0084; Best. abs. γ-Intensitäten pro Neutroneneinfang in ^{152}Eu, ^{153}Eu u. ^{154}Eu 28-0071; Energieniveaus u. Rotat.-Teilchenkoppl. im ^{155}Eu 30-0046; Niveaus in ^{149}Sm aus d. Zerfall v. ^{149}Eu 31-0078; α-Teilchen- u. γ-Spektralunters. v. ^{149}Eu 32-0085; E *1*-Übergänge mit $\Delta K = 0$ in ^{153,155}Eu 33-0056; log ft-Werte für ^{149}Gd $\rightarrow$ ^{149}Eu u. ^{151}Sm $\rightarrow$ ^{151}Eu 35-0099; Mess. v. therm. Neutronenabsorpt.-Querschnitten v. – 36-0016; K-verbotener β-Zerfall v. ^{154}Eu 36-0080; (γ–n)-Wrkg.-Querschnitte für ausgewählte γ-Energien für ^{151,153}Eu 37-0098; Verzweig.-Verhältnisse für d. γ-Zerfall d. tiefsten Zustände in d. Grundzustands–Rotat.-Banden v. ^{153}Eu 39-0073; Strahl. v. – 40-0083; reine Fermi-β-Übergänge mit $\Delta T = 1$; Zerfall v. – im angeregten 0^+-Zustand 40-0085; Übergangswahrscheinlichk. zwischen d. Zuständen $5/2^-$ [*532*] u. $3/2^+$ [*411*] in – 41-0065; Fermi-Übergänge v. ^{166}Eu $\rightarrow$ ^{156}Gd 43-0080; Mess. u. Analyse v. myon. Röntgenspektren in – 49/50-0033; Isomerenverschieb.-Verhältnisse in ^{151}Eu u. ^{153}Eu 49/50-0072; Energieniveaus in ^{145}Sm aus d. Zerfall v. ^{145}Eu 51/52-0043; Niveaustruktur v. ^{148}Sm, angeregt beim Zerfall v. ^{148}Eu 51/52-0044.

Elektronenspektren v. Lsg. v. metall. – in fl. NH_3 8-0136; Einfl. v. Cl auf d. Spektren v. – in d. Flamme 13-0140; Absorpt.-Bande v. Eu^{3+} in CaF_2 14-0370; Absorpt.-Spektren v. Eu^{3+} u. Sm^{3+} in YVO_4 36-0323.

Fluoreszenz d. Eu^{3+}-Ionen in wss. Lsg. (geeignete Beding. zur Erzeug. d. maximalen Fluoreszenzintensität d. Eu^{3+} in Na_2WO_4-Lsg.) 3-0145; (Fluoreszenz- u. Absorpt.-Spektren v. Eu^{3+} in Na_2WO_4-Lsg.) 3-0146; (Fluoreszenz- u. Absorpt.-Spektren in Lsg. v. Kaliumoxalat) 3-0147; direkter Lad.-Transport durch Röntgenbestrahl. im Syst. CaF_2/Eu(Tm) bei Abnahme d. Valenz d. Tm-Ions 5-0366; Verform.-Aufspalt. u. Verstärk. d. Spektrallinien (Lumineszenz u. Absorpt.) sowie Struktur angeregter Niveaus v. Eu^{2+} in Erdalkalimetallfluoriden 7-0376; Darst. u. Lumineszenz v. mit Eu^{3+} aktivierten CdF_2-Krist. 7-0377; Topographie d. Leuchtens bei d. mechan. Entanreg. v. mit β-Strahl. vorbestrahlten NaCl : Eu- u. KBr : Eu-Krist.-Phosphoren 11-0361; Elektrolumineszenz v. Eu^{3+} in CaF_2 15-0394; magnetoopt. Eig. v. Eu^{2+} enthaltenden Stoffen 16-0276; experimenteller Beweis für d. Existenz rein kub. Zentren in CaF_2–Eu^{3+}-Krist. (Absorpt.- u. Emiss.-Spektrum) 16-0285; Lumineszenz v. Eu^{3+}-aktiviertem $Ca_2[Ta_2O_6F]$ 16-0310; opt. Absorpt. u. Fluoreszenzintensitäten in mit – dotierten Y_2O_3- u. LaF_3-Einkrist. 19-0334; Übertrag. d. Anreg. v. Krist.-Gitter auf Seltenerdmetallionen bei d. Lumineszenzsensibilisier. v. $Cs_2[UO_2Cl_4]$ durch Eu^{3+} 20-0307; Energieübergänge zwischen Ionen v. Eu^{3+} durch Fluoreszenz-Löscheffekte 21-0321; Lumineszenzeig. v. mit Eu^{3+} aktivierten Phosphoren aus III–V-Verb.: Y-, La- u. Gd-Orthophosphate, -Vanadate, -Arsenate u. -Niobate 21-0337; Eu^{3+}-Fluoreszenz in Mischmetalloxiden Ba_2GdNbO_6, $YAl_3B_4O_{12}$, Einfl. d. Krist.-Struktur auf d. Intensitätsverhältnis v. elektr. u. magnet. Dipolemiss. 23-0383; lineare Krist.-Feldglieder u. d. $^5D_0-{}^7F_0$-Übergang d. Eu^{3+}-Ions durch Intensitätsverhältnisse im Ba_2GdNbO_6 : Eu, $Gd_2Ti_2O_7$: Eu, $LaMgAl_{11}O_{19}$: Eu, Sr_2TiO_4 : Eu, $SrLaAlO_4$: Eu, Gd_2WO_6 : Eu, Sr_2LaAlO_5 : Eu, $Ba_3Gd_2WO_9$: Eu, $GdTiSbO_6$: Eu u. $LiGdO_2$: Eu 23-0384; Lumineszenzeig. v. $NaGdO_2$: Eu^{3+} 26-0357; Lumineszenzspektrum v. Eu^{3+} in CdF_2-Krist. 27-0382; Emiss.-Spektren v. mit – aktiviertem Y–Tl-Oxidphosphor 27-0391; konkurrierender Haftstelleneinfang in Eu^{3+}-dotierten Natriumdisilicatgläsern 28-0336; Reflex.-Spektren v. Eu^{3+} in kub. Oxiden mit Ti^{4+}, Zr^{4+}, In^{3+}, Sn^{4+}, Ce^{4+} u. Tl^{3+} 30-0295; Einfl. kollektiver Dipol–Dipol-Wechselwrkg. auf d. Form d. opt. Spektrallinien u. Energieübertrag.-Prozesse für Eu^3 in Dimethylformamid 32-0338; Eu^{3+}-Fluoreszenz in gemischten Metalloxiden, $^5D_0-{}^7F_0$-Emiss. 34-0400; Verfärb. u. Thermolumineszenz v. Y-dotierten CaF_2-, SrF_2- u. BaF_2-Einkrist. (Vgl. mit Eu-dotierten) 37-0388; Energieübertrag. v. *3*d- auf *4*f-Elektronen in antiferromagnet. MnF_2–Eu^{3+}-Krist. (Lumineszenzspektrum u. d. Lumineszenzintensität) 37-0389; Absorpt.- u. Reflex.-Spektren v. – 38-0361; Radiolumineszenz v. NaCl : Eu, KCl : Eu u. KJ : Eu 38-0376; Röntgenlumineszenz d. Absorpt.- u. Emiss.-Spektren v. NaCl : Eu-Einkrist. 38-0378; Eig. v. lumineszierendem AlN : Eu 38-0386; Eu^{3+}-Fluoreszenz in gemischten Metalloxiden (Energieübertrag. in Eu^{3+}-aktivierten Wolframaten u. Molybdaten d. Typs Ln_2WO_6 u. Ln_2MoO_6) 40-0325; (Photolumineszenzausb. v. Eu^{3+}-aktivierten Oxiden) 40-0326; YVO_4 : Eu, ein neuer rotemittierender Phosphor mit großer Lumineszenzausb. 42-0360; Anreg. u. Emiss. Eu-aktivierter Molybdatphosphore; $CdMoO_4$: Eu u. (Cd, Ca)MoO_4 : Eu 42-0362; Energietransport durch d. Mess. d. Fluoreszenzdauer zwischen Sm^{3+}-, Eu^{3+}-, Tb^{3+}- u. Dy^{3+}-Ionen in Na-Seltenerdmetall-Wolframaten 42-0363; Thermolumineszenz v. CaO : Eu-Phosphoren 43-0367; Mechanismus d. Lumineszenz-Sensibilisier. d. Eu^{3+}-Ionen durch organ. Farbstoffe 43-0368; Emiss.- u. Anreg.-Spektren v. Eu_2O_3 im Vgl. zum Y_2O_3–Eu-Phosphor 43-0369; Magnetooptik d. „tetragonalen Zentren" in CaF_2 : Eu^{3+}-Krist. 45-0315; Eu^{3+}-Fluoreszenz in gemischten Metalloxiden (Eu^{3+}-Fluoreszenz im Steinsalzgitter) 45-0341; Lumineszenzspektrum v. Eu^{3+} 45-0344; Absorpt., Fluoreszenz u. Verfärb. v. reinen u. mit – aktivierten CdF_2-Krist. 46-0380; Konz.-Lösch. d. Tb^{3+}-Fluoreszenz in $Y_3Al_5O_{12}$-Einkrist. mit Eu^{3+}-Störstellen-Ionen 46-0390; Fluoreszenzeig. v. – in polykrist. Y-Orthovanadat-Matrizen 47-0365; Unters. d. Übergänge $^5D_0 \rightarrow {}^7F_1$ u. $^5D_0 \rightarrow {}^7F_2$ d. Fluoreszenzspektrums v. Eu^{3+} in YVO_4, Best. d. phänomenolog. Hamilton-Parameter A_2^0, A_0^4, A_4^4 d. Krist.-Feldes 47-0366; Lumineszenz v. durch – aktiviertem NaJ 48-0344; direkte Beobacht. d. durch Rekombinat.-Stellen begrenzten Konz.-Löschens d. Gd(III)-Fluoreszenz in Calibo-*1*-Glas mit Eu^{3+}-Dotier. 48-0354; (Sr, Mg)$_3$(PO_4)$_2$–Eu-Luminophore oder mit Eu^{2+} sensibilisiertem Mn als Aktivator 51/52-0325.

Krist.-Struktur v. $EuSO_4$ u. $EuCO_3$ u. Ionenradien v. Eu^{2+} u. Sr^{2+} 2-0246; Verb. $EuAl_4$ im Al-reichen Teil d. Syst. Eu/Al u. ihre Krist.-Struktur 17-0270; Mess. d. Lebensdauer d. $4f^7 6s6p$ $z^6P_{5/2}$-Zustandes v. – 23-0150; Resonanz-Störstellen-Schwing. u. Mössbauer-Effekt für – -dotiertes MnF_2 30-0289; Hartree-Fock-Parameter für d. – -Atom 31-0122; Ionisat.-Energie für Eu I 34-0107; Zücht. v. EuO-Einkrist., ihre Gitterkonst. u. d. Phasendiagramm Eu/EuO 35-0212; Struktur v. mit Seltenerdmetallen aktivierten Gläsern d. Syst. Na_2O/B_2O_3 : Eu 40-0312; Berechn. nach einer neuen empir. Formel zur Ermittl. d. Radien v. Kationen mit Edelgasschale für – 48-0088.

Ionisier.-Energien v. einfach ionisiertem – 1-0076; Theorie d. s–f-Austausches bei nichtverschwindenden Bahnmomenten nach experimentellen Werten für d. Herabsetz. d. Supraleit.-Sprungtemp. v. La bei Verunreinig. mit *1*% – 8-0461; Entsteh. einer EMK beim Anlassen v. mit β-Teilchen bestrahlten aktivierten KBr-Krist. mit – -Dotier. 24-0395;

Best. d. ersten Ionisat.-Potentiale v. – nach d. Elektronenstoßmeth. 41-0204.

Dynam. Eig. v. Syst. induzierter Momente Eu^{3+} in kub. u. hexagonaer Umgeb. 3-0531; paramagnet. Resonanz v. Er^{2+} u. Eu^{2+} in synthet. $PbMoO_4$-Einkrist. 6-0372; magnet. u. Struktureig. bei hohem Druck 6-0501; Mechanismus für d. direkte Austauschwechselwrkg. v. – in EuO, EuS, EuSe, EuTe 8-0513; EPR v. austauschgekoppelten Paaren d. Eu^{2+} in CaO u. SrO 9-0403; Hyperfeinfelder u. Isomerieverschieb. nach d. Mössbauer-Meth. 9-0534; solvatisierte Elektronen; Modell für d. Spin-paarigen Spezies in fl. NH_3 gelöstem – 10-0156; opt. Nachw. d. ESR durch Variat. d. Faraday-Dreh. v. Eu^{2+}-Ionen in CaF_2 12-0415; Elektronenspinresonanz-Unters. v. Lsg. v. Eu in fl. NH_3 14-0405; ESR, Fluoreszenz u. Absorpt.-Spektren v. $^{243}Am^{2+}$ in CaF_2-Krist., Vgl. mit CaF_2; Eu^{2+} 15-0423; ESR v. Eu^{2+}-$^8S_{7/2}$-Ionen in CdSe u. CdTe 16-0330; kernmagnet. Abschirm.-Konst. für alle positiven Ionen, neutralen Atome u. negativen Ionen v. – 18-0089; Best. d. Eu^{3+}–Fe^{3+}- u. Eu^{3+}–Gd^{3+}-Austauschwechselwrkg. aus d. elektronen-paramagnet. Resonanzverschieb. in Eu–Ga-Granat 20-0327; magnet. Anisotropie v. – in Fe-Granat bei tiefen Temp. 22-0460; paramagnet. akust. Resonanz u. Relaxat. v. Eu^{2+} in CaF_2 26-0364; ESR v. Gd^{3+} u. Eu^{2+} in $KTaO_3$ 36-0359; Abhängigk. d. induzierten Moments d. Eu^{3+}-Ionen v. d. Konz. d. Fe^{3+}-Ionen auf d-Plätzen in ferrimagnet. Granaten, d. Syst. $\{Eu_{3-x}Ca_x\}[Fe_2](Fe_{3-x}Si_x)O_{12}$ 42-0470; Quadrupol-Koppl.-Konst. v. orientierten ^{154}Eu Kernen in Nd-Äthylsulfat 44-0487; EPR v. Eu^{2+} in CdF_2 49/50-0364; NMR v. Punktdefekten in BaF_2-Krist. mit – 51/52-0337.

Temp.-Abhängigk. d. Spitzenhöhe in d. Wechselstrompolarographie v. Eu(III)–EDTA in NH_3-Puffer 21-0625; Elektrolyse v. –, Yb u. Sm u. ihren Misch. in Acetonitril bei konst. Spann. 41-1946; polarograph. Strom/Zeit-Mess. in Eu^{3+}-Lsg. 45-0584; Polarographie v. Eu(III) in Essigsäure/Acetanhydrid-Lsg. 51/52-0560.

Dampfdrücke d. Lsg. v. Eu u. Yb in fl. NH_3; Beweis d. Existenz v. Hexaammoniakaten 11-0575; Dampfdrücke v. – über EuC_2, thermodynam. Daten d. Bldg. v. EuC_2 u. d. Dissoziat. 15-0583; thermodynam. Charakteristik d. Ionisat. v. gasförm. – 16-0488; Partialdruck v. – über EuC_2 19-0530; spezif. Wärme v. metall. Eu zwischen *3* u. *25* °K 39-0281.

Sorpt. an amorphem Zirkoniumphosphat 11-0686; Mechanismus d. Adsorpt. durch $Fe(OH)_3$ 15-0722; Adsorpt. u. Desorpt. v. $^{152,154}Eu$ an Polystyrol- u. Glaspulver 22-0612; Einfl. v. wss.-alkohol. Lsg. auf d. Sorpt. v. Eu in nichtkomplexbildenden Medien 32-2010; Desorpt.-Enthalpie v. – an Re 34-0663; Koll.-Bldg. v. radioakt. u. inakt. – in Lsg. 47-0595.

Vgl. d. Temp.-Abhängigk. d. Extrakt.-Koeff. v. Am mit d. v. – u. Ce 9-0616; Extrakt. v. – mit P-halt. einbas. Säuren aus salpetersaurer Lsg. 11-0590; Lsgm.-Extrakt. v. Thiocyanato-Am(III)- u. Eu(III)-Komplexen mit Hilfe v. TBP 11-0594; Anionenaustausch-Adsorpt. v. – an Amberlite IRA-*400* aus wss.-methanol Lsg., d. neutrale Nitrate enthalten 16-0627; Extrakt.: mit Bis-[2-äthylhexyl]-phosphorsäure 18-2007; v. Am–Cm–Eu aus HCl-saurer LiCl-, $SnCl_2$- u. $SnCl_4$-Lsg. durch tert. Amine 19-0581; Lsgm.-Extrakt. d. Eu(III)-Anlager.-Komplexe mit sechs Acetylacetonderiv. u. TBP 22-0520; Unters. d. Extrakt.-Beding. v. ^{155}Eu mit verd. u. nicht verd. TBP sowie mit Bis-[2-äthylhexyl]-phosphat aus *2 m* HNO_3 u. mit Methylphosphonsäurediisopentylester u. d. C_7–C_9-Carbonsäurefrakt. 24-0527; Extrakt. v. Eu(III) aus HCl-saurer Lsg. mit Mono-2-äthylhexylphosphorsäureester u. 2-Äthylhexylphosphonsäure in Ggw. verschiedener Verdünn.-Mittel (Toluol, Methylisobutylketon, n-Decanol) unter Komplexbldg. 25-0547; Unters. d. Extrakt. v. – mit Hilfe d. Verteil.-Chromatographie im Syst. Tetrabutylhypophosphat/Tetrabutyldiphosphat/Salpetersäure 31-0556; Solventextrakt. v. – -Ionen mit Benzoyltrifluoraceton in n-Hexan; synerget. Effekt v. O u. N im Mol. enthaltenden Lsgm. 33-0598; radiometr. Unters. d. Extrakt. Verh. v. Eu^{3+} in Abhängigk. v. d. Art d. Extrakt.-Mittels [(n-Octylphosphinsäure, 2-Äthylhexylphosphinsäure)] 35-0497; Extrakt.-Koeff. v. – aus HCl- u. LiCl/*0,2 m* HCl-Lsg. mit Aminen in Diäthylbenzol 35-0501; Lsgm.-Extrakt. v. – aus mit Aussalzmitteln versetzten Nitratlsg. mit einem tert. u. einem quart. Amin (Alamin *336* bzw. Aliquat *336*) 45-0504; Extrakt.: aus wss. $(H, Na)ClO_4$-Lsg. mit verschiedenen Phosphorsäureestern in $CHCl_3$-Lsg. 47-0527; v. radioakt. – durch Dialkylphosphate 48-0522; v. Eu(III) mit organ. Lsgm. 48-0524; Verteil. v. – bei d. Kristallisat. v. Zn aus einer Pb-Schmelze 49/50-0537.

Elektronenübergangsrk. v. Eu^{3+} in wss. $HClO_4$-Lsg., Geschw.-Konst. d. Ox. v. Eu^{2+} durch V^{3+}, V^{4+} u. Cr^{3+} 18-0630; Unters. d. Verteil. v. Y, Sm, –, Gd, Dy, Ho u. Tm bei d. Trenn. mit K_2CrO_4 in wss. Lsg. 21-0782; Kinetik d. aluminotherm. Red. v. Eu_2O_3 zu – 22-2360; Zementat. v. Spuren radioakt. – - Isotope im trägerfreien Zustand durch Natriumamalgam aus Acetatlsg. 35-0682; keine Bldg. v. festen Lsg. aus Bi-Jodaten mit $^{151,154}Eu(III)$ (keine Verw. zur Rückgewinn. v. trägerfreiem $^{151,154}Eu(III)$] 35-0704; Hydrolyse v. Eu^{3+} in wss. Lsg. 36-0584; O-Isotopeneffekt bei d. Red. v. $[Co(NH_3)_5H_2O]^{3+}$ bzw. $[Co(NH_3)_5OH]^{2+}$ u. Eu^{2+} 40-0652; Kinetik d. Ox. v. Eu(II) mit V(III) u. Cr(III) in wss. $HClO_4$-Lsg. 43-0635.

Gravimetr. Best. mit Dihydroxymaleinsäure 29-2022; flammenphotometr. Best. 41-1864; Best. in Acetonitril durch Coulometrie bei konst. Spann. 41-1945; polarograph. Best. v. Eu mit Ca-Chlorid als Leitelektrolyt 42-1851; Atomabsorpt.-Spektroskopie mit Hochtemp.-Flammen 51/52-1762.

Dünnschichtchromatograph. Trenn. v. Sm u. Gd 3-2007; chromatograph. Trenn. v. Nd u. Sm 3-2008; Anionenaustauschtrenn. v. – u. a. Lanthanidenelementen 3-2022; Best. mit Hilfe d. Aktivier.-Analyse in dunklen u. hellen Varietäten v. Chondriten d. Kunaschak- u. Perwomaisk-Poselok 9-0810; papierchromatograph. Nachw. 13-2110; Verh. bei d. Ionenaustauschertrenn. 16-1873; selekt. Tüpfelnachw. in Ggw. anderer Seltenerdmetalle 18-1999; spektrograph. Best. in SAP-Material 19-2034; fluorometr. Best. in TBP 19-2035; Nachw. v. ^{155}Eu im radioakt. Fern-Fallout mit Hilfe eines Ge(Li)-Halbleiterdetektors 20-0808; autoradiograph. Nachw. v. ^{155}Eu in zerlegten Bodenproben 22-1920; Best. in U-Verb. 28-1996; Polarographie v. – in Acetonitril 31-1974; Einfl. gemischter Medien auf d. Trenn. eines Gemisches v. – mit Y u. Pm durch Ionenaustauschchromatographie 32-2009; spektrophotofluorimetr. Best. in Kaliumcarbonatlsg. 32-2013; Verh. v. – in Natriumhexametaphosphatlsg. bei d. Papierelektrophorese u. Abtrenn. v. Zr u. Cs 32-2015; Unters. d. Verlaufs d. Isolier. an Dowex *50-12* bei d. Elut. mit Ammoniumlactat 33-2043; aktivierungsanalyt. Best. in hochreinem SiO_2 35-1979; γ-spektrometr. Best. v. $^{152/157}Eu$ in neutronenaktivierten Böden 36-0808; Spurenbest. 47-1841.

Gravimetr. Best. v. Y in Ggw. v. Eu 5-2086.

Verw. v. CaF_2 : Eu als Material für Kathodenlumineszenzschirme 13-2064.

Europiumlegierungen

Ag: metallograph. Schliffherst. auf – 11-2555.

Al: Gitterkonst., Härte u. magnet. Suszeptibilität v. $EuAl_2$ 13-0293; Verb. $EuAl_4$ im Al-reichen Teil d. Syst. Eu/Al u. ihre Krist.-Struktur 17-0270; Hyperfeinfelder u. Isomerieverschieb. in d. magnet. geordneten intermetall. Verb. $EuAl_2$ u. $EuAl_4$ nach d. Mössbauer-Meth. 9-0534; Magnetisier. u. ESR v. $EuAl_4$ 51/52-0461.

Be: Struktur u. Isomorphie mit $NaZn_{13}$ v. $EuBe_{13}$ 12-0281.

Cd: metallograph. Schliffherst. auf – 11-2555.

Co: Gitterkonst. v. $EuCo_2$ 13-0293.

Cu: Röntgenunters. v. EuCu 48-0257; Hyperfeinfelder u. Isomerieverschieb. in d. magnet. geordneten intermetall. Verb. $EuCu_2$ nach d. Mössbauer-Meth. 9-0534.

Ge: Krist.-Struktur u. Darst. v. EuGe 13-0291; Struktur v. EuGe 14-0288.

Hg s. unter *Quecksilberlegierungen*: *Eu*.

In: metallograph. Schliffherst. auf – 11-2555.

Ni: röntgenograph. Nachw. d. Verb. $EuNi_5$ sowie ihre Krist.-Struktur 27-0283.

Pb: Unters. an d. Verb. $EuPb_3$ 30-0661.

Pd: Gitterkonst. u. Härte v. $EuPd_3$ 13-0292.

Sn: NMR-Unters. d. Hyperfeinwechselwrkg. in intermetall. Verb. Sn_3Eu 21-0342.

Tl: Röntgenunters. v. $EuTl_3$ 48-0257; Unters. an d. Verb. $EuTl_3$ 30-0661.

Zn: Krist.-Struktur v. $EuZn_2$ u. $EuZn_{11}$ 3-0287; Nachw. u. Struktur v. $EuZn_{13}$ 28-0242; Best. d. Temp. d. Phasenumwandl. u. d. Schmelzpunktes d. intermetall. Verb. $EuZn_2$ mit Hilfe d. DTA 24-0542.

Europiumverbindungen

Anorganische Europiumverbindungen

Beweis d. Existenz v. festem $Eu(NH_3)_6$ 11-0575; Darst. u. Krist.-Chemie zweiwert. – 13-0517; Elektronenstruktur einiger zweiwert. – aus Mössbauer-Unters. u. magnet. Übergangstemp. 31-0509; paramagnet. Resonanz in bin. Eu(II)- u. Gd(III)-Verb. 37-0412.

Europiumantimonide, Unters. d. Krist.-Feldes mit magnet. Mess. u. Vgl. d. Magnetisier.-Werte mit theoret. Daten 24-0473.

Europiumarsenide, Unters. d. Krist.-Feldes mit magnet. Mess. u. Vgl. d. Magnetisier.-Werte mit theoret. Daten 24-0473.

Europiumborate (Europiumorthoborate), Krist.-Struktur u. Fluoreszenz v. $EuGa_3B_4O_{12}$ 38-0275.

Europiummetaborate, $\mathbf{Eu(BO_2)_3}$, Bldg. v. – im Syst. $Na_2O/B_2O_3/Eu_2O_3$ 35-0683.

Europiumborid: $\mathbf{EuB_6}$, Standardbldg.-Wärme 22-0487; Warmpressen v. – u. mechan. Eig. 12-2383; Bldg.-Wärme v. – u. Freie Standard-Enthalpien d. Rk. v. Eu_2O_3 mit B bzw. B_4C bzw. mit B + C zu – 10-0556.

Europiumbromat: $\mathbf{Eu(BrO_3)_3}$, Fluoreszenzterme v. Eu^{3+} u. Tb^{3+} in $Eu(BrO_3)_3 \cdot 9\,H_2O$ 14-0396.

Europiumbromide: Darst. v. $EuBr(BH_4) \cdot$ 2,4 THF durch Aufdest. v. THF auf $EuBr_2$ u. $LiBH_4$ 12-0775.

$\mathbf{EuBr_2}$, Aufdest. v. THF auf – u. $LiBH_4$, Darst. v. $EuBr(BH_4)$ 12-0775.

Europiumcarbid: $\mathbf{EuC_2}$, Dampfdrücke v. Eu über –, thermodynam. Daten d. Bldg. v. – u. d. Dissoziat. 15-0583; Darst., thermodynam. Eig. u. Krist.-Struktur v. – (Zus. $EuC_{1,87\pm 0,07}$) 19-0530.

Europiumcarbonate bzw. -carbonatokomplexe

Mechanismus d. Lumineszenz-Sensibilisier. d. – durch organ. Farbstoffe 43-0368.

$\mathbf{EuCO_3}$, Krist.-Struktur v. $EuSO_4$ u. – u. Ionenradien v. Eu^{2+} u. Sr^{2+} 2-0246.

$\mathbf{Eu_2(CO_3)_3}$, Darst. im festen Zustand u. Struktur v. – in Lsg. 44-0721.

Carbonatoeuropium(III)-säure: $\mathbf{H[Eu(CO_3)_2]}$, Salze s. *Kalium- u. Natriumcarbonatoeuropat(III)*.

Europiumchalkogenide, Lumineszenz v. ferromagnet. – 20-0303; Modell für d. Abhängigk. d. opt. Absorpt.-Kante v. – v. magnet. Ordn.-Zustand d. Ionen 19-0407.

Europiumchloride: therm. Abbau v. $Eu \cdot (C_2O_4)Cl \cdot 3\,H_2O$ mit u. ohne HCl, Bldg. v. Eu-Oxalatochloriden 18-0702; Unters. d. Komplexbldg. v. Eu^{3+} mit Cl^- in *4 m* $NaClO_4$ nach d. Verteil.-Meth. mit TBP in Chlf. als organ. Phase 9-0626; Komplexbldg. v. Eu(III) mit Chloridionen (Best. d. Stabilitätskonst. mit Hilfe einer Extrakt.-Meth.) 13-0606; Schmelzdiagramm d. Syst. Chloride d. Summe d. Seltenerdmetalle–NaCl [SE–*50*(%) Ce, *30* La, *8* Nd, *3* Pr, *6* Sm + Eu] 30-0490; polarograph. Verh. d. – in protonenfreien Lsgm. 4-1896.

$\mathbf{EuCl_2}$, rückstoßfreie Kernresonanzabsorpt. mit einer $^{151}SmF_3$-Quelle u. – als Absorber 10-0045; Einfl. v. Cl auf d. Spektren d. Eu in einer Flamme, Auftreten neuer Banden v. – 13-0140.

$\mathbf{EuCl_3}$, IR-Spektrum 36-0325; Einfl. d. chem. Bind. auf weiche Röntgen-K- u. -L-Emiss.-Spektren v. N, C u. B bzw. K, Cl u. S in – 46-0352; Fluoreszenzterme v. Eu^{3+} u. Tb^{3+} in $EuCl_3 \cdot 6\,H_2O$ 14-0396; IR-Absorpt.-Koeff. v. im geschmolzenen LiCl/NaCl/KCl-Eutektikum gelöstem – 44-0346; Lumineszenz v. durch Eu als – aktiviertem NaJ 48-0344; kristallograph. Daten für $EuCl_3 \cdot 6\,H_2O$ 44-0252; Umsetz. zu KEu_2Cl_7, K_2EuCl_5 u. K_3EuCl_6 in d. Syst. $EuCl_3/KCl$ 20-0528.

Rk. v. – oder Cyclopentadienyleuropiumchlorid mit Natriumcyclopentadienyl in THF 44-0722.

Toleranz v. Chlorella vulgaris gegenüber – 49/50-1282.

EuOCl, Rk. v. $Eu_2(C_2O_4)_3 \cdot 10\,H_2O$ mit HCl Bldg. v. $Eu(C_2O_4)Cl$-aq u. – 18-0704.

Chloroeuropium(III)-säuren: Salze s. *Kaliumchloroeuropate(III)*.

Europiumfluoride: magnet. Eig. u. Struktur v. $CsEuF_3$ 13-0517; Verteil. positiv geladener Komplexe v. Eu^{3+} mit F^- zwischen Kationenaustauscher u. d. äußeren wss. Phase 45-0532; Löslichk. v. – in W. u. wss. HCl 49/50-0525.

EuF, Bldg.-Enthalpie u. Dissoziat.-Energie v. gasförm. – 37-0548.

$\mathbf{EuF_2}$, Bldg.-Enthalpie v. gasförm. – 37-0548; magnetoopt. Eig. v. Eu^{2+} enthaltenden Stoffen wie – 16-0276; ^{19}F-NMR in – 11-0389; magnet. Eig. u. Struktur 13-0517.

$\mathbf{EuF_3}$, Bldg.-Enthalpie v. festem u. v. gasförm. – 37-0548; IR-Spektrum im CsJ-

Bereich v. – 8-0329; Lumineszenzspektrum v. Eu^{3+} als – in CdF_2-Krist. 27-0382.

Fluoroeuropium(II)-säure: **$H[EuF_3]$**, Salze s. *Cäsiumfluoroeuropate(II).*

Europiumhydridoborate(III), Darst. v. $EuBr(BH_4)\cdot 2,4$ THF durch Aufdest. v. THF auf $EuBr_2$ u. $LiBH_4$ 12-0775.

Europiumhydroxide: thermo- u. röntgenograph. Unters. d. krist. – 7-0751.

$Eu(OH)_2$, rückstoßfreie Kernresonanzabsorpt. mit einer $^{151}SmF_3$-Quelle u. – als Absorber 10-0045; Gitterkonst., Raumgruppe u. Darst. d. isotypen Verb. $Eu(OH)_2\cdot H_2O$ u. $Ba(OH)_2\cdot H_2O$ 1-0236.

Europiumjodat(V): **$Eu(JO_3)_3$**, Löslichk. u. Aktivität v. – in W. 49/50-0526.

Europiummolybdate(VI): Lumineszenzeig. v. $CaMoO_4/EuVO_4$-Syst. 21-0336; Ausscheid.-Koeff. v. – in $SrMoO_4$ 22-0232.

$Eu_2(MoO_4)_3$, Krist.-Struktur u. Polymorphie 2-0258.

Europiumniobate bzw. -niobatokomplexe s. *Kaliumniobatoeuropate(III).*

Europiumnitrate: Darst. v. N.N-Dimethylacetamid-Addukten d. – 45-0688; Fluoreszenzspektrum d. Bis-[o-phenanthrolin]-europium(III)-nitrat 46-0117; akute Säugetiertoxizität v. – 25-1504.

$Eu(NO_3)_3$, Bldg. v. $Eu(NO_3)_3\cdot$*1*, $4NH_4NO_3$ 26-0734; Fluoreszenzterme v. Eu^{3+} u. Tb^{3+} in $Eu(NO_3)_3\cdot 6\,H_2O$ 14-0396; Fluoreszenzausb. d. Lsg. v. $Eu(NO_3)_3\cdot 6\,H_2O$ in CH_3OH u. – in CH_3OD 15-0146; Konz.-Abhängigk. d. Emiss.-Spektren v. Lsg. v. – in Acetophenon 31-0387; Fluoreszenzintensität d. $^5D_0 \rightarrow {^7F_1}$-Emiss. v. ––Lsg. in D_2O–H_2O-Misch. 43-0126; Adsorpt. u. Desorpt. an Polystyrol- u. Glaspulver 22-0612; Fäll. v. Uranaten „Kaliumheptauranat" (Best. d. Löslichk.-Prod.) bei variierten Verhältnissen v. KOH zu $UO_2(NO_3)_2$ in Ggw. v. neutralen Elektrolyten – 43-0724.

Europiumnitride, Unters. d. Krist.-Feldes mit magnet. Mess. u. Vgl. d. Magnetisier.-Werte mit theoret. Daten 24-0473.

Europiumoxide: therm. Abbau v. $Eu\cdot(C_2O_4)Cl\cdot 3\,H_2O$ mit u. ohne HCl, Bldg. v. – 18-0702; kontinuierl. Gewinn. 10-2336*; Einfl. v. Cl auf d. Spektren v. – in d. Flamme 13-0140; magnet. Eig. neuer Oxidverb. v. Eu(II), d. dreiwert. Ionen d. *3*d- u. *4*f-Übergangsmetalle enthalten 51/52-0463; präparative Trenn. d. Seltenerdmetalloxide v. – mit Milchsäure 49/50-0681.

EuO, Einfl. d. magnet. Ordn. auf d. opt. Absorpt. v. ferro- oder antiferromagnet. – 16-0273; magnetoopt. Eig. v. Eu^{2+} enthaltenden Stoffen wie – 16-0276; longitudinaler magnetoopt. Kerr-Effekt in – 22-0294; Unters. d. Stöchiometrie in Abhängigk. v. d. Temp. mit chem. Analyse, Mikrostrukturunters. u. Magnetisier.-Mess. 13-0517; Zücht. v. ––Einkrist., ihre Gitterkonst. u. d. Phasendiagramm Eu/EuO 35-0212; Magnetisier., spezif. Wärme u. Suszeptibilität 5-0528; magnet. u. Struktureig. bei hohem Druck 6-0501; Mechanismus für d. direkte Austauschwechselwrkg. v, Eu in – 8-0513; Hyperfeinfelder u. Isomerieverschieb. nach d. Mössbauer-Meth. 9-0534; ^{153}Eu-NMR in – 11-0389; Temp.-Abhängigk. d. Sättig.-Magnetisier. 14-0547; magnet. Ultrahochfrequenz- u. elektr. Eig. 27-0510; Elektronenstruktur 31-0509; EPR v. – 37-0412; magnet. Eig. bei tiefen Temp. 43-0495; spontane Magnetisier. 49/50-0486.

––halt. Glas 44-2162.

Eu_2O_3, Standardbldg.-Wärme 22-0487; therm. Red. v. – durch La u. Ce 46-2116.

Rückstoßfreie Kernresonanzabsorpt. mit einer $^{151}SmF_3$-Quelle u. – als Absorber 10-0045; Spektren d. rückstoßfreien Absorpt. d. *97*-keV-γ-Strahlen v. ^{153m}Eu durch ^{153}Eu in – 16-0059; Absorpt.-Spektren v. Gläsern d. Syst. Na_2O/B_2O_3–Eu_2O_3 40-0312; Einfl. d. ––Dotier. auf eine neue Laserlinie durch Energieübertrag. v. Farbzentren auf Er-Ionen in CaF_2 11-0413; Emiss.- u. Anreg.-Spektren v. – im Vgl. zum Y_2O_3: Eu-Phosphor 43-0369; Polymorphie 19-0225; Einfl. v. ––Zusätzen auf d. Polymorphie v. ZrO_2 u. d. festen Lsg. beider Komponenten 30-0171; Bldg.-Wärme v. – u. Freie Standard-Enthalpien d. Rk. v. – mit B bzw. B_4C bzw. mit B + C zu EuB_6 10-0556; Phasengleichgew. im Syst. Yb_2O_3 Al_2O_3 im Vgl. zu d. Syst. Eu_2O_3/Al_2O_3 19-0553; Phasengleichgew. v. – bei hohem Druck 20-0514; Nichtmischbark. im Liquidusgebiet d. bin. Syst. Eu_2O_3/B_2O_3 28-0531; Löslichk. v. – in NH_4NO_3-Schmelzen 26-0734.

Rk. mit BaO 16-0708; Kinetik d. aluminotherm. Red. v. – zu Eu 22-2360; Red. v. – durch H_2 37-0733; Nicht-Stöchiometrie in Nd_2O_3 u. – in bezug auf ihre Wechselwrkg. mit O_2 u. H_2 39-0712; Herst. v. YVO_4:Eu durch Erhitzen v. Misch. aus Y_2O_3, – u. NH_4VO_3 47-0366; Rk. zwischen H_2Se u. – 48-0685; Red. v. – mittels Zr 48-2442; katalyt. Effekt v. – bei d. Graphitox. 41-0672.

Verw.: in Nimonic-Leg. zur Kernreaktor-Regel. 10-2256; zur Herst. v. Leuchtstoffen 14-2363*, 14-3208*.

Eu_3O_4, Darst. d. Verb. $Eu(OH)_2\cdot H_2O$ durch Zers. v. – an feuchter Luft 1-0236; Darst. 37-0733; Krist.-Struktur, Darst., Eig. u. Isomorphie mit $CaFe_2O_4$ v. – 32-0245; magnet. Ordn. 8-0515; magnet. Eig. 8-0516, 14-0546; magnet. Ultrahochfrequenz- u. elektr. Eig. 27-0510.

Mischoxide

Al: Bldg. u. Eig. (Beständigk., Struktur, D., Härte, Brech.-Index u. Mischkrist.-Bldg.) v. Eu-Aluminaten im Syst. Al_2O_3/Eu_2O_3 19-0553; Darst. v. Eu(II)-Aluminaten 37-0733; magnet. Eig. u. Struktur v. $EuAl_2O_4$, $Eu_3\cdot Al_2O_6$ u. $Eu_5Al_2O_8$ 13-0517; magnet. Ultrahochfrequenz- u. elektr. Eig. v. $EuAl_2O_4$ u. $Eu_3Al_2O_6$ 27-0510; magnet. Eig. v. $Eu_3Al_2O_6$ 51/52-0463.

Ba: Bldg. v. $BaEu_2O_4$ durch Rk. v. BaO mit Eu_2O_3 16-0708; Brech.-Indizes v. $BaEu_2O_4$ 5-0349.

B–Al: magnetoopt. Eig. v. Eu^{2+} enthaltenden $EuO/Al_2O_3/B_2O_3$-Gläsern 16-0276; ^{11}B-NMR in Gläsern d. Syst. $EuO/B_2O_3/Al_2O_3$ 11-0389.

Ca: magnet. Ultrahochfrequenz- u. elektr. Eig. v. EuO, $Ca_xEu_{1-x}O$ ($x = 0-1$), Eu_3O_4 u. $Ca_x^{2+}Eu_{1-x}^{2+}Eu_2^{3+}O_4$ ($x = 0-0,05$) 27-0510; magnet. Eig. v. $Eu_{1-x}Ca_xO$-Mischkrist. mit $1 \geqq x \geqq 0$ 51/52-0462.

Ce: Reflex.-Spektren v. $Eu_xCe_{1-x}O_{2-0,5x}$ 30-0295.

Cr: IR-Absorpt.-Spektrum v. $EuCrO_3$ 14-0375; Synth., Struktur u. therm. Dissoziat. v. $EuCrO_3$ 32-0226; Unters. d. magnet. Ordn. v. $EuCrO_3$ durch Neutronenbeug. 11-0530; magnet. Eig. v. $EuCrO_3$ 41-0497; magnet. Eig. v. $Eu_3Cr_2O_6$ 51/52-0463.

Fe: Spektren d. rückstoßfreien Absorpt. d. *97*-keV-γ-Strahlen v. ^{153m}Eu durch ^{153}Eu in Eu–Fe-Granat 16-0059; parametr. akust. Wanderwellen-Verstärk. in Eu–Fe-Granat 1-0504; nichtentartetes paralleles Pumpen v. magnetoelast. Wellen in Eu-Eisengranat 12-0516; magnet. Anisotropie v. Eu in Fe-Granat bei tiefen Temp. 22-0460; inneres Feld in $EuFeO_3$ am Ort d. Fe-Kerns durch Mössbauer-Unters. u. d. *1/3*-Potenzgesetz 24-0483.

Fe–Dy: Krist. u. magnet. Eig. v. Mischgranaten d. Zus. $5\,Fe_2O_3\cdot x\,Eu_2O_3\cdot(3-x)\cdot Dy_2O_3$ 4-0498.

Fe–Ga: Fe – Fe-Austauschresonanz in mit Ga substituiertem $Eu_3Fe_{5-x}Ga_xO_{12}$ 18-0342; Best. d. $Eu^{3+}-Fe^{3+}$- u. $Eu^{3+}-Gd^{3+}$-Austauschwechselwrkg. aus d. elektronen-paramagnet. Resonanzverschieb. in Eu–Ga-Granat 20-0327.

Ga: magnet. Suszeptibilität u. Herst. v. Eu–Ga-Granaten nach d. Schmelzflußmeth. aus *5*-Eu_2O_3, *15* Ga_2O_3, *26* PbO u. *54* PbF_2 8-0514.

Gd: magnet. Ordn. in $EuGd_2O_4$ 8-0515; Best. d. $Eu^{3+}-Fe^{3+}$- u. $Eu^{3+}-Gd^{3+}$-Austauschwechselwrkg. aus d. elektronenparamagnet. Resonanzverschieb. in Eu–Ga-Granat 20-0327.

Li: $LiEu_3O_4$, eine neue, mit $LiSr_2EuO_4$ isotype Europium(II, III)-Verb. (Strukturen, Rk. u. Darst.) 24-0246.

Mo: Darst. u. Struktur v. Eu_2MoO_6 37-0767.

Na: Synth. v. $NaEuO_2$ 48-0684; Struktur u. Darst. v. $NaEuO_2$ 47-0246.

Si–Ca–Fe: Abhängigk. d. induzierten Moments d. Eu^{3+}-Ionen v. d. Konz. d. Fe^{3+}-Ionen auf d-Plätzen in ferrimagnet. Granaten, d. Syst. $\{Eu_{3-x}Ca_x\}[Fe_2](Fe_{3-x}Si_x)O_{12}$ 42-0470.

Sn: Reflex.-Spektren v. $Eu_xSn_{1-x}O_{2-0,5x}$ 30-0295.

Sr: Brech.-Indizes v. $SrEu_2O_4$ 5-0349.

Sr–Nb: Symmetrie u. Gitterparameter d. Perowskits Sr_2NbEuO_6 19-0256.

Ta–Ba: Symmetrie u. Gitterparameter d. Perowskits Ba_2TaEuO_6 19-0256.

Ta–Sr: Symmetrie u. Gitterparameter d. Perowskits Sr_2TaEuO_6 19-0256.

Ti: $K\alpha$-Dublett v. $EuTiO_3$ (Einfl. d. chem. Bind. auf d. Lage u. Form d. $K\alpha_{1,2}$-Linien) 20-0107; Einfl. d. chem. Bind. auf d. Röntgen-$K\alpha$-Dublett d. Ti in $EuTiO_3$ 46-0364; Reflex.-Spektren v. $Eu_xTi_{1-x}O_{2-0,5x}$ 30-0295; Struktur u. Darst. v. $EuTiO_3$ 12-0287; magnet. Eig. u. Struktur v. $EuTiO_3$ 13-0517; magnet. Struktur v. $EuTiO_3$ 36-0496.

W: Bldg. u. Gitterparameter v. Seltenerdmetallbronzen d. Zus. $M_{0,1}WO_3$ mit M = Eu 21-0783; Darst. u. Struktur v. Eu_2WO_6 37-0767.

W–Ca: magnet. Eig. u. Struktur v. Eu_2CaWO_6 13-0517.

W–Ce: Krist.-Struktur v. $CeEu(WO_4)_3$ 2-0258.

W–Sr: magnet. Eig. u. Struktur v. Eu_2SrWO_6 13-0517.

Zr: Reflex.-Spektren v. $Eu_xZr_{1-x}O_{2-0,5x}$ 30-0296; Darst. u. Struktur d. $EuZrO_3$ u. seine Isomorphie mit $SrZrO_3$ 12-0287; magnet. Eig. u. Struktur v. $EuZrO_3$ u. Eu_2ZrO_4 13-0517.

Europiumperrhenat(VII): **$Eu(ReO_4)_3$**, röntgenograph., kristallograph. u. therm.-analyt. Unters. v. – 26-0764.

Europiumphosphate bzw. -phosphatokomplexe

Löslichk. v. – in W. u. Säuren wss. HCl, HNO_3 u. H_2SO_4 49/50-0525.

Europiumorthophosphate: **$Eu_3(PO_4)_2$** magnet. Eig. u. Struktur 13-0517.

$EuPO_4$, IR-Spektrum 36-0326.

Europiumdiphosphat: **$Eu_2P_2O_7$**, magnet. Eig. u. Struktur 13-0517.

Stabilitätskonst. v. in wss. $Na_5P_3O_{10}$ gebildeten Phosphatkomplexen d. Eu 47-0554.

Europiumphosphide, Unters. d. Krist.-Feldes mit magnet. Mess. u. Vgl. d. Magnetisier.-Werte mit theoret. Daten 24-0473.

Europiumpolonid: **EuPo**, Darst. u. Best. d. Eig. 43-0699.

Europiumselenide: Suszeptibilität u. magnet. Moment v. $EuLn_2Se_4$ mit Ln = Tb, Dy, Ho, Er, Tm, Yb, Lu ,Y u. Sc 51/52-0466.

EuSe, Bldg. u. Unters. d. Krist.-Struktur 48-0685; rückstoßfreie Kernresonanzabsorpt. mit einer $^{151}SmF_3$-Quelle u. – als Absorber 10-0045; Einfl. d. magnet. Ordn. auf d. opt. Absorpt. v. ferro- oder antiferromagnet. – 16-0273; magnetoopt. Eig. v. Eu^{2+} enthaltenden Stoffen wie – 16-0276; Reflex.-Spektren 16-0279; Lumineszenz v. ferromagnet. – 20-0303, 32-0364; Mechanismus für d. direkte Austauschwechselwrkg. v. Eu in – 8-0513; durch hydrostat. Druck hervorgerufene Änder. d. Spinstruktur 20-0443; Elektronenstruktur 31-0509; EPR v. – 37-0412; druckinduzierte Änder. d. Spinstruktur 37-0496; magnet. Übergänge in – 45-0464; mittlere lineare therm. Ausdehn.-Koeff. v. – 26-0294.

Europiumsilicate, Synth. u. Eig. v. Einkrist. d. Oxidorthosilicate v. Eu, $Eu_2O[SiO_4]$ mit Granatstruktur 21-0781; Absorpt.-Spektren v. *25* $Na_2O\cdot$*75* $SiO_2\cdot$*0,24* Eu_2O_3-Gläsern 8-0315; Absorpt. u. rote Lumineszenz v. Eu_2O_3–SiO_2–Gd_2O_3-Einkrist. 5-0358; magnetoopt. Eig. v. Eu^{2+} enthaltenden Stoffen wie Eu_2SiO_4 16-0276; magnet. Eig. u. Struktur v. $EuSiO_3$, Eu_2SiO_4 u. Eu_3SiO_5 13-0517; magnet. Ultrahochfreuqenz- u. elektr. Eig. v. Eu_2SiO_4 27-0510; Abhängigk. d. induzierten Moments d. Eu^{3+}-Ionen v. d. Konz. d. Fe^{3+}-Ionen auf d-Plätzen in ferrimagnet. Granaten, d. Syst. $\{Eu_{3-x}Ca_x\}[Fe_2](Fe_{3-x}Si_x)O_{12}$ 42-0470.

Europiumsilicide, Krist.-Struktur v. $Eu_3\cdot Ni_6Si_2$ 12-0306.

Europiumsulfate: Bldg. u. Dehydratat. v. $Eu_2(SO_4)_3\cdot Rb_2SO_4\cdot 9\,H_2O$ in d. Syst. $Eu_2(SO_4)_3/Rb_2SO_4/H_2O$ 23-0743; Unters. d. Komplexbldg. v. Eu mit SO_4^{2-} (Stabilitätskonst.) unter Verw. v. 2-Thenoyltrifluoraceton TBP oder Methylisobutylketon in Chlf. als organ. Phase zur Gleichgew.-Einstell. 9-0627; Komplexbldg. v. Eu(III) mit Sulfationen (Best. d. Stabilitätskonst. mit Hilfe einer Extrakt.-Meth.) 13-0606; Ultraschallabsorpt.-Unters. über Komplexbldg. in wss. Lsg. v. – 45-0528.

$EuSO_4$, Spektren d. rückstoßfreien Absorpt. d. *97*-keV-γ-Strahlen v. ^{153m}Eu durch ^{153}Eu in – 16-0059; Krist.-Struktur v. – u. $EuCO_3$ u. Ionenradien v. Eu^{2+} u. Sr^{2+} 2-0246.

$Eu_2(SO_4)_3$, IR-Spektrum 36-0326; Fluoreszenzterme v. Eu^{3+} u. Tb^{3+} in $Eu_2(SO_4)_3\cdot 8\,H_2O$ 14-0396; Bldg. u. Dehydratat. v. $Eu_2(SO_4)_3\cdot Rb_2SO_4\cdot 8\,H_2O$ in d. Syst. $Eu_2(SO_4)_3/Rb_2SO_4/H_2O$ 23-0743.

Europiumsulfide: Darst. v. $AgEu_5S_8$ (Th_3P_4-Typ) aus metall. Ag u. Eu_2S_3 (Gitterkonst.) 18-0737; Gitterparameter u. Strukturtyp d. Eu-Sulfide EuL_2S_4 (L = La, Ce, Pr, Nd, Sm, Gd, Tb, Dy) 5-0286; $EuGd_2S_4$ – ein neuer ferromagnet. Halbleiter 1-0518; Magnetisier.-Kurven v. $EuGd_2S_4$, $EuLa_2S_4$, Eu_3S_4, $EuCe_2S_4$, $EuPr_2S_4$ u. $EuNd_2S_4$ 20-0446; Suszeptibilität u. magnet. Moment v. $EuLn_2S_4$ mit Ln = Tb, Dy, Ho, Er, Tm, Yb, Lu, Y u. Sc 51/52-0466.

EuS, rückstoßfreie Kernresonanzabsorpt. mit einer $^{115}SmF_3$-Quelle u. – als Absorber 10-0045; Einfl. d. magnet. Ordn. auf d. opt. Absorpt. v. ferro- oder antiferromagnet Halbleitern 16-0273; longitudinaler magnetoopt. Kerr-Effekt in EuO u. – 22-0294; Kompress. u. magnet. Phasenumwandl. v. –

1-0272; Mechanismus für d. direkte Austauschwechselwrkg. v. Eu in – 8-0513; Hyperfeinfelder u. Isomerieverschieb. nach d. Mössbauer-Meth. 9-0534; Kern–Spin–Gitter-Relaxat. in ferromagnet. Isolatoren bei tiefen Temp. mit Anwend. auf – 12-0407; Elektronenstruktur 31-0509; EPR v. – 37-0412; Verschieb. d. ferromagnet. Curie-Temp. in – bei hydrostat. Druck 51/52-0464; mittlere lineare therm. Ausdehn.-Koeff. v. – 26-0294; spezif. Wärme bei tiefer Temp. in einem Magnetfeld 40-0240.

Eu_2S_3, rückstoßfreie Kernresonanzabsorpt. mit einer $^{151}SmF_3$-Quelle u. – als Absorber 10-0045; Rk. v. – mit metall. Ag bei *900°* zu **$AgEu_5S_8$**, Gitterkonst. v. – 18-0737.

Europiumtantalat(V), $EuTaO_4$ [**Europiumorthotantalat(V)**], Lumineszenzspektren v. – u. $LaTaO_4$ nach Anreg. mit UV-Licht 32-0366.

Europiumtellurid: EuTe, rückstoßfreie Kernresonanzabsorpt. mit einer $^{151}SmF_3$-Quelle u. – als Absorber 10-0045; Einfl. d. magnet. Ordn. auf d. opt. Absorpt. v. ferro- oder antiferromagnet. – 16-0273; Hochdruck/Hochtemp.-Umwandl. v. – 36-0188; Mechanismus für d. direkte Austauschwechselwrkg. v. Eu in – 8-0513; Einfl. d. Elektronenkonz. auf d. magnet. Eig. v. –-GdTe 16-0453; Elektronenstruktur 31-0509; EPR v. – 37-0412.

Eu_2Te_3, rückstoßfreie Kernresonanzabsorpt. mit einer $^{151}SmF_3$-Quelle u. – als Absorber 10-0045.

Europiumthiocyanate bzw. -thiocyanatokomplexe

Stabilitätskonst. v. Thiocyanatokomplexen d. Typs $MeSCN^{2+}$ u. $Me(SCN)_2^+$ (Me = Eu) durch Best. d. Verteil.-Koeff. bei d. Extrakt. mit Bis-(2-äthylhexyl)-phosphorsäure 9-0629; Komplexbldg. v. Eu(III) mit Thiocyanationen (Best. d. Stabilitätskonst. mit Hilfe einer Extrakt.-Meth.) 13-0606; Solventextrakt.-Unters. v. Thiocyanatokomplexen v. Eu(III) in 5m $NaClO_4$-Lsg. bei *25°* (Stabilitätskonst.) 10-0597.

Europiumwolframate(VI): Herst. v. $Rb_{0,5}\cdot Tb_{0,4}Eu_{0,1}WO_4$-Einkrist. 32-2224*.

$EuWO_4$, magnet. Eig. u. Struktur 13-0517.

$Eu_2(WO_4)_3$, Krist.-Struktur u. Polymorphie 2-0258.

Organische Europiumverbindungen

Elektronentransferbanden v. Eu-Komplexen 16-0114; Fluoreszenzeig. v. Chelaten d. Eu 32-0122; Laserphänomene in Eu-Chelaten 36-0142; Analyse d. Zus. v. Eu-Chelaten in Lsg. unter Verw. d. Lumineszenzspektren 41-0560.

Darst. u. spektroskop. Unters. d. Terpyridylkomplexe d. Eu 3-0754; opt. Absorpt.-Spektren v. Lsg. d. Phthalocyanine v. Eu (Festigk. d. Bind. Metall – Ligand) 4-0125; Komplexe v. Eu mit Acetylaceton u. 1.10-Phenanthrolin oder 2.2'-Dipyridyl 5-0795; rückstoßfreie Kernresonanzabsorpt. mit einer $^{151}SmF_3$-Quelle u. $Eu(C_5H_5)_2$ als Absorber 10-0045; Fluoreszenzintensität v. Eu-Bis-[4.4'-dimethyl-2.2'-bipyridyl]-Komplexen 10-0111; IR-Spektren d. Eu-Komplexe mit 2.2'-Bipyridyl u. 1.10-Phenanthrolin zwischen *650* u. *70* cm^{-1} 34-0152; Fluoreszenzquantenausb. v. achtfach koordinierten homogenen u. gemischten Chelaten v. Eu mit Piperidin, Phenanthrolin u. Dipyridin 43-0127; Darst. v. Tricyclopentadienyleuropium 44-0722; Fluoreszenzspektrum d. Bis-[o-phenanthrolin]-europium(III)-nitrat (Ligandenfeldaufspalt.) 46-0117; IR-Spektren u. Fluoreszenz-Spektren v. Eu-Komplexen mit Phenanthrolin u. Dipyridyl 49/50-0145; Lumineszenzeig. einiger tern. Eu-Komplexe mit organ. Basen 51/52-0094.

Bldg. v. 1 : 1-Komplexen v. Saccharose mit Eu^{3+}, Benutz. zur photometr. Best. v. Cl in alkal. Lsg. 22-0681.

Komplexbldg. v. Eu(III) mit Thiocyanationen (Best. d. Stabilitätskonst. mit Hilfe einer Extrakt.-Meth.) 13-0606; Lumineszenzeig. einiger tern. Eu-Komplexe mit Diphenylguanidin 51/52-0094.

Verschieb. d. Laseremiss. v. Eu-Benzoylacetonat durch anorgan. Ionen 2-0131; Darst. d. flücht. Chelate d. Eu mit 2.2.6.6-Tetramethylheptandion-(3.5) 3-0753; Komplexe v. Eu mit Acetylaceton u. 1.10-Phenanthrolin oder 2.2'-Dipyridyl 5-0795; Lumineszenzspektrum v. krist. Tris-[benzoylacetonato]-europium(III), $Eu(BA)_3\cdot 2\,H_2O$, Leuchten mit zwei Resonanzniveaus 6-0353; Fluoreszenzabklingdauer d. Europiumtrisbenzoylacetonate in Chlf. 7-0156; periphere Schwing. in einem Na-Eu-Benzoylacetonat-Laser, Eu-Piperidin-Benzoylacetonat-Laser 9-0185; Deuteriumisotopeneffekt auf d. Leist. v. Eu-Chelatlasern wie Piperidiniumtetrakis-(4.4.4-trifluor-1-phenyl-1.3-butandiono)-europat in einer Lsg. aus β-Äthoxypropionitril, Acetonitril u. β-Äthoxyäthanol 10-0144; Lumineszenzeig. d. Chelatkomplexe v. Eu mit NH_4- oder Na-Salzen v. Benzoylaceton, Thenoyltrifluoraceton, Dipropionyl- u. Tribenzoylmethan 13-0148; Lsgm.- u. Temp.-Effekte auf d. Fluoreszenzemiss. v. Eu-β-Diketonaten 15-0147; stimulierte Emiss.-Vorgänge bei Eu-Chelaten v. Thenoyltrifluoraceton, Dibenzoylmethan, Benzoylaceton 17-0140; Einfl. organ. Kationen auf d. Laserschwellenwert v. Lsg. d. Tetrakis-[benzoyltrifluoracetonato]-europium(III)-Ions 20-0143; Fl.-Laser mit Fl.-Kreislauf v. Dimethylammonium-tetrakis-[o-chlorbenzoyltrifluoracetonato]-europat als $7{,}5\cdot 10^{-3}$ m Lsg. in Acetonitril 20-0339; Lsgm.-Extrakt. d. Eu(III) Anlager.-Komplexe mit sechs Acetylacetonderiv. u. TBP 22-0520; Spektroskopie u. Koordinat.-Chemie v. Eu-Acetonatlsg. (Konz.- u. Lsgm.-Effekte) 28-0125; röntgenograph. Unters. v. Benzoylacetonaten v. Eu mit Piperidin bzw. Diäthylamin 29-0248; Lumineszenzspektren einiger fluorierter u. räuml. verzweigter Eu-β-Diketonate 32-0121; Komplexverb. v. Eu u. Benzoyltrifluoraceton 33-0770; Best. d. Geschw.-Konst. d. Energieübertrag. in Diketonkomplexen v. Eu^{3+} 36-0126; Laserphänomene an Eu-Chelaten d. Acetylaceton, Benzoylaceton, Benzoyltrifluoraceton u. Dibenzoylmethan 36-0142; Charakter d. Intensitätsverteil. in d. Lumineszenzspektren v. Eu-Koordinat.-Verb. mit Äthylsulfat, Phenanthrolin, 5-Nitrosalicylaldehyd u. Benzoylaceton 36-0342; sichtbare, UV- u. IR-Spektren v. 1.3-Diketonatokomplexen d. Eu 41-0151; Molgew.-Best. u. heterolyt. Dissoziat. v. Eu-Tris- u. -Tetrakis-[β-ketoenolaten] in organ. Lsgm. 42-0529; Fluoreszenzquantenausb. v. achtfach koordinierten homogenen u. gemischten Chelaten v. Eu mit β-Diketonen 43-0127; Lsgm.-Extrakt. v. Eu-Ionen in Ggw. v. 2-Thenoyltrifluoraceton u. 8-Hydroxychinolin unter Bldg. v. Komplexen 45-0501; Absorpt.- u. Emiss.-Spektren v. Natriumtetrabenzoylacetonatoeuropat(III) 46-0116; Mechanismus u. Geschw. d. intramol. Energieübertrag. bei Eu^{3+}-Chelaten mit Hexafluoracetylaceton, Acetylaceton u. Thenoyltrifluoraceton unter Verw. v. cis-Piperylen, Naphthalin u. Diphenylenoxid als Löschstoffe 47-0130; spektroskop. u. Lasereig. v. α-Naphthoyltrifluoracetonatoeuropium(III) in Lsg. 47-0159; intensive Triboluminesenz v. Triäthylammoniumtetrakis - [dibenzoylmethanato]-europat 47-0368; Triboluminesenz beim Zerbrechen eines Tris-[benzoylacetonato]-europium-Krist. 49/50-0358; Lumineszenzeig. einiger tern. Eu-Komplexe mit Thenoyltrifluoraceton u. organ. Basen 51/52-0094; Zers. v. Tris-[benzoylacetonato]-europium(III) zu Äthylacetat u. Acetophenon 51/52-0651; Darst. v. γ-Isopropyltropolonatoeuropium 51/52-0685.

Absorpt.- u. Lumineszenzspektren d. Chelatkomplexe v. Eu mit NH_4- oder Na-Salzen v. N.N'-Äthylen-bis-[salicylidenamin] 13-0148; IR-Spektren u. Fluoreszenzspektren v. Eu(III)-Komplexen mit N.N'-Bis-[pyridin-2-al]-äthylendiimin 49/50-0145.

Darst. u. Unters. d. Verh. in Luft- u. N-Atmosphäre d. Trichloracetats d. Eu 1-0717; Best. d. Stabilitätskonst. d. Komplexes $EuCit\cdot 4\,H_2O$ u. d. Löslichk.-Prod. 9-0624; Unters. d. Komplexbldg. v. Eu mit $C_2O_4^{2-}$ nach d. Verteil.-Meth. mit d. organ. Phase 2-Thenoyltrifluoraceton u. TBP oder Methylisobutylketon 9-0628; spektrophotometr. u. potentiometr. Best. d. Konst. d. sauren Dissoziat. v. Eu-Gluconat 11-0616; Beständigk. d. Kationenkomplexe v. Eu mit Wein- u. Trihydroxyglutarsäure 12-0593; Energieübertrag. zwischen p-Benzoylbenzoat u. Europiumäthylendiaminacetat in wss. Lsg. 13-0147; Komplexbldg. v. Eu(III) mit Oxalationen (Best. d. Stabilitätskonst. mit Hilfe einer Extrakt.-Meth.) 13-0606; Löslichk.-Prod. v. Eu-oxalat 14-0631; Einfl. d. Lsgm. auf d. Beständigk.-Konst. v. Gluconatkomplexen d. Eu in wss.-methanol. Lsg. 14-0661; Darst., thermograph. u. Bind.-Unters. u. IR-Absorpt.-Spektren v. [EuZ]Cl u. $[EuZ]Cl\cdot 2\,H_2O$ (H_2Z = Iminodiessigsäure) 14-0808; Komplexbldg. v. Eu(III) mit Essigsäure in wss. Lsg. (Azidolysenkonst. u. Instabilitätskonst.) 16-0559; therm. Abbau v. $Eu(C_2O_4)Cl\cdot 3\,H_2O$ mit u. ohne HCl, Bldg. v. Eu-Oxalatochloriden u. Eu-Oxiden 18-0702; Rk. v. $Eu_2(C_2O_4)_3\cdot 10\,H_2O$ mit HCl, Bldg. v. $Eu(C_2O_4)Cl\cdot aq$ u. EuOCl 18-0704; papierelektrophoret. Unters. d. Komplexbldg. v. ^{152}Eu in Weinsäurelsg. (Stabilitätskonst.) 20-0556; Stabilitäts- u. Dissoziat.-Konst. d. Komplexe d. Gluconsäure mit Eu 26-0564; Chelate v. Eu(II) mit Picolinsäure (Beständigk.-Konst.) 27-0586; Enthalpie u. Entropie d. schrittweisen Komplexbldg. zwischen Eu u. d. Hydroxysäuren Glykol-, Milch- u. α-Hydroxyisobuttersäure 33-0618; Komplexbldg. v. Eu durch Extrakt. 35-0556; Differentialthermoanalyse d. Oxalathydrate d. Eu 35-0684; Bldg. v. Milchsäurekomplexen bei d. Ammoniumlactat-Elut. v. Spuren-– 36-0643; polarograph. Best. d. Bldg.-Konst. d. Eu-Komplexes mit Triäthylentetraminhexaessigsäure 37-0590; IR-Spektren v. $Eu_2(C_2O_4)_3\cdot n\,H_2O$ 38-0147; Stabilitätskonst. u. Strukturaufklär. d. Picolinato- u. N-Oxidpicolinatokomplexe v. Eu 45-0530; Verteil. positiv geladener Komplexreihen v. Eu(III) mit α-Hydroxyisobutyrat u. Oxalationen zwischen Kationenaustauscher u. d. wss. Phase 45-0532; Darst. v. N.N-Dimethylacetamid-Addukten d. Eu-Nitrate 45-0688; Lsg.-Wärme v. $Eu(C_2H_5\cdot SO_4)_3\cdot 9\,H_2O$ in W. 46-0537; Stabilitätskonst. d. Komplexe v. Eu mit Atrolactat-Ionen (Phenylmethylglykolat) 46-0568; polarograph. u. potentiometr. Unters. v. Eu(III)-Iminodiacetat-Komplexen 49/50-0589; Unters. d. therm. Stabilität v. Eu-Nicotinat 49/50-0684; therm. Zers. v. Eu-Salzen v. Dicarbonsäuren 49/50-0687; kristallograph. Daten v. $Eu(HCOO)_3$ 51/52-0203.

Extrakt. v. Eu(III) aus HCl-saurer Lsg. mit 2-Äthylhexylphosphonsäure in Ggw. verschiedener Verdünn.-Mittel (Toluol, Methylisobutylketon, n-Decanol) unter Komplexbldg. 25-0547.

Rückstoßfreie Kernresonanzabsorpt. mit einer $^{151}SmF_3$-Quelle u. $Eu(C_2H_5SO_4)_3$ als Absorber 10-0045; Fluoreszenzterme v. Eu^{3+} u. Tb^{3+} in $Eu(C_2H_5SO_4)_3\cdot 9\,H_2O$ 14-0396; Löslichk.-Prod. v. Eu-Dibutylphosphat 14-0631; Stabilitätskonst. d. Komplexes EuA^{2+} (HA = Di-n-butylphosphat) 24-0577; Extrakt. v. Eu(III) aus HCl-saurer Lsg. mit Mono-2-äthylhexylphosphorsäureester in Ggw. verschiedener Verdünn.-Mittel unter Komplexbldg. 25-0547; $^5D_0-{}^7F_0$-Emiss.-Linie v. Eu^{3+} im Wirtsgitter v. $Eu(C_2H_5SO_4)_3\cdot 9\,H_2O$ 34-0400; Charakter d. Intensitätsverteil. in d. Lumineszenzsprektren v. Eu-Äthylsulfat 36-0342.

Spektrophotometr. Unters. v. Ascorbinatkomplexen im Syst. Eu/Ascorbinsäure (Unbeständigk.-Konst.) 32-0561.

Eustigmaalkaloid s. unter $C_{10}H_{13}NO_5$.
Eutektika s. unter *Phasengleichgewichte*.
Eutizon(e) s. unter $C_6H_7N_3O$.
Eutonyl s. unter $C_{11}H_{13}N$.
Euxanthon s. unter $C_{13}H_8O_4$.
Euxenit, – aus Sappington, Montana 12-0818; Seltenerdmetall-Geh. v. *Lyndochit* 23-0801; Kinetik u. Mechanismus d. Chlorier. v. – 34-2289.
Evans-Blau s. unter $C_{34}H_{28}N_6O_{14}S_4$.
Evatromonosid s. unter $C_{29}H_{44}O_7$.
Evernaldehyd s. unter $C_{17}H_{16}O_6$.
Everninomycin, – aus Micromonospora carbonacea 2-1411; Fermentat. u. Isolier. 2-1412; Micromonospora carbonacea sp. n., ein –-bildender Organismus 2-1413.
Everninomycin B (F. 154 – 157°), Isolier. u. Charakterisier. v. – aus Micromonospora 6-1361; Reinig. u. biolog. Unters. v. – 37-1328.
Everninomycin D (F. 160 – 161°), Isolier.: u. Eig. 2-1411; u. Fermentat. 2-1412; u. Charakterisier. 6-1361; pharmakolog. Eig. 2-1704.
Everninsäure s. unter $C_9H_{10}O_4$.
Evernsäure s. unter $C_{17}H_{16}O_7$.
Evipan s. unter $C_{12}H_{16}N_2O_3$.
Evlan s. unter *Chemiefasern, Viskosefasern*.
Evodol s. unter $C_{26}H_{28}O_9$.
Evolatin s. unter $C_{18}H_{21}NO_6$.
Evoxanthin s. unter $C_{16}H_{13}NO_4$.
Evoxin s. unter $C_{18}H_{21}NO_6$.
EW 6 s. unter *Eisen, Schmiedeeisen und Stahl (Sondermarken)*.
EWNN, Löslichk. v. KRS-5 in – (Na–Fe–Tartrat-Lsg.) 18-2105.
EX-2 s. unter *Eisen, Schmiedeeisen und Stahl (Sondermarken)*.
Exaltolid s. unter $C_{15}H_{28}O_2$.
Exalton s. unter $C_{15}H_{28}O$.
Excitonen s. unter *Elektronenstruktur (von Festkörpern)*.
Exzitonenspektrum s. unter *Spektrum*.
Exergie s. unter *Thermodynamik*.
Exinit s. unter *Kohlen*.
Exocarpsäure s. unter $C_{18}H_{26}O_2$.
EXP 126 s. unter $C_{12}H_{21}N$.
Expandit s. unter *Ton*.
Explosionen (und Schlagende Wetter)

Drahtexplosionen s. dort. Anwend. v. Stoßwellen s. unter *Schallwellen (und andere mechanische Wellen)*.

Siehe auch *Betriebsschutz*; *Verbrennung und Flammen*.

Detonat.-Auslös. durch d. Wechselwrkg. v. Stoßwellen mit D.-Diskontinuitäten 3-0701; Detonat.-Vorgang bei zylindr. Sprengstofflad.

mit axialer Höhl. 3-3284; chem. Stabilität v. Salzen bei d. Stoßkompress. durch —-Einw. 7-0716; therm. Stabilität. —-Kriterien reaktionsfäh. Materialien im Zusammenhang mit d. Rk.-Gefäßgeometrie (Erweiter. d. Theorie v. Frank-Kamenetsky) 8-0691; Rk.-Prozesse, d. für d. — in einem durch drei Grenzen festgelegten Teilgebiet verantwortl. sind (explosive Verbrenn. v. H_2 an d. dritten —-Grenze) 10-0698; krit. Beding. d. therm. —-Theorie bei Verbrauch d. Reaktanten 12-0688; Begrenz. v. therm. Ketten-— 12-0689; zweistuf. Verbrenn. explosiver Gemische (kinet. Bereiche d. Selbstentflamm. v. Isooctan im Gemisch mit Luft bei erhöhten Drücken) 13-0707; Dimens.-Berechn. durch — erzeugter Erdkrater 13-3572; Wrkg. einer — auf einen Stoff (Strukturänder. v. BN) 16-0188; Instabilität einer Fl.-Oberfläche beim Übergleiten v. Stoß- u. Detonat.-Wellen 16-0662; Rk.-Prozesse, d. für d. — in einem durch drei Grenzen festgelegten Teilgebiet verantwortl. sind (Rk.-Aktivität d. Syst. H–O) 20-0638; Gleiten v. Detonat.-Wellen über eine Fl.-Oberfläche 23-0525; gegenwärt. Stand d. Theorie d. therm. — (Übersicht) 24-0674; ideale Detonat.-Welle u. d. Chapman-Jouguet-Beding. 24-0682; Stoßwellenunters. d. Entzünd.-Verzöger. endothermer Brennstoffe 24-0686; Auftreten v. Detonat. für große Werte d. Geschw.-Parameter 25-0668; elast., durch Strahl. verursachte — in festen Körpern (Laserstrahl. sek. Ionisat. u. Spaltteilchen) 27-0349; Detonat. u. gasdynam. Diskontinuitäten bei d. Phasenumwandl. metastabiler Substanzen 27-0543; Bedeut. v. Hohlräumen u. Mikro-Munro-Strahlen in Fl. bei d. Initiier. v. — 28-3339; Explosivstoffe (mechan. u. chem. —) 29-0677; Detonat.-Vorgang bei zylindr. Sprengstofflad. mit axialer Höhl. 30-3170; eindimensionales Modell d. Detonat. heterogener Syst. (Syst. Cyclohexan/O_2) 33-0727; Bldg.-Beding. einer Mach-Detonat.-Welle 33-0728; — u. Brände bei Gebrauch v. tiefsd. industriellen Fl. 33-2165; Berechn. d. Ströms.-Verhältnisse bei pulsierenden eindimensionalen Detonat. 37-0677; sicherheitstechn. Kenndaten explosionsfäh. Stoffe 38-3226; Mess. u. Einfl. d. Detonat.-Geschw. auf d. Sprengergebnis 38-3228; Detonat. (Übersicht) 39-0650; krit. Beding. d. Entzünd. bei Wärmeverlust 40-0621; krit. Parameter in d. Poisson-Boltzmann-Gleich. für d. Theorie therm. — im stationären Zustand 40-0624; Anwend. d. Stoßwellennäher. v. Witham auf d. Detonat.-Initiier. in festen Explosivstoffen 40-3230; Bezieh. zwischen d. partiellen Ableit. d. charakterist. Variablen d. Anfangszustandes v. Explosivstoffen u. d. Detonat.-Geschw. 41-0646; Anlagen zur —-Unterdrück. 42-2008; Wrkg. v. — auf eine Substanz (dynam. Kompress. v. Na-Nitrat) 44-0289; Struktur u. Mechanismus d. Detonat. heterogener Syst. 44-3158; Analogie d. Detonat. v. gasf. u. fl. Explosivstoffen 44-3161; Wrkg. einer — auf einen Stoff 46-3180; Verfestig. v. Metallen bei —-Beanspruch. (Stahl 1Ch18N9T) 49/50-0289; krit. Beding. bei d. therm. — v. einem heißen Punkt aus 51/52-0586; Beweis für d. Turbulenz in d. Rk.-Zone detonierender fl. Explos.-Stoffe 51/52-0591.

Zusammenhang zwischen Stoßwellenfolge u. Druckverlauf bei kugelförm. Detonat. explosiver Gasgemische 1-3418; Gas- u. Staubexplos. 11-2229; Struktur v. Gasdetonat. (Indukt.-Zone in H_2/O_2- u. CO/O_2-Gemischen) 12-0691; Einfl. d. Rohrdurchmessers auf d. Ausbreit. einer Detonat. in explosiblen Gasgemischen (Einfl. d. Ausgangsdrucks u. d. Rohrdurchmessers auf d. Detonat.-Grenzen d. Syst. $CH_4/O_2/N_2$ u. $CH_4/O_2/Ar$) 13-0706; Berechn. d. Ausbreit.-Geschw. v. Detonat. in Gasmisch. unter Berücksichtig. d. zweiten Virialkoeff. 16-0632; elektr. Leitfähigk. u. Geschw. d. Mediums hinter einer Detonat.-Front in einem Gas 21-0487; hydrodynam. Theorie für d. Ausbreit. v. Gasdetonat. durch Explosivlad. endl. Abmess. 24-0683; Gas- u. Staubexplos. 27-2164; Funkenzünd. in einem Gas (theoret. Betracht.) 37-0675; Einfl. einer kompressiblen Begrenz. auf d. Fortpflanz. v. Gasdetonat. 42-3129; Unters. zweidimensionaler unbegrenzter Gasdetonat.-Wellen 46-3176.

Kinet. Unters. d. therm. Zers. u. — v. NH_4ClO_3, NH_4BrO_3 u. NH_4JO_3 2-0694; — v. H/Distickstoffoxid-Gemischen 8-0698; Detonat.-Geschw. v. fl. Stickstoffwasserstoffsäure 8-0699; kinet. Unters. d. Rk. CO/O_2 in d. Nähe d. ersten —-Grenze 10-0697; Verzöger. d. Entzünd. eines Gemisches v. H u. O in einem Stoßrohr 10-0701; Eig. d. Zers.-Flammen v. Stickstoffwasserstoffsäure 12-0683; —-Grenzen d. Rk. v. trockenem Kohlenstoffmonoxid u. O (Wrkg. v. Fremdgasen, wie Ar, He, CO_2, sowie d. Einfl. v. W.-Dampf) 12-0684; Reflex. u. Streuung v. Licht d. Wellenlängen *4358* u. *5790* Å an d. Detonat.-Fronten in Gemischen aus $H_2/3\ O_2$ 13-0699; Initiier. v. Pb-Azid durch hochintensives Licht 13-0708; Vgl. d. Verpuff.-Punkte v. Graphitoxid 14-0779; Rk. an d. dritten —-Grenze in Ggw. kleiner Mengen H 16-0634; — v. Mo- u. W-Carbonylazidhalogeniden 16-0733; theoret. Analyse einiger experimenteller Besonderh. d. Verpuff. v. gasf. Stickstoffwasserstoffsäure 19-0690; Hemm. d. Rk. H/O durch n- u. Isobutan 21-0674; Stoßrohrexperimente über d. Hemm. d. H/O-Rk. durch Zusatz kleiner Mengen v. CH_4, C_2H_4, CF_3Br u. 1.2-$C_2F_4Br_2$ 22-0618; therm. Zers. u. — v. $NH_4ClO_4/LiClO_4$-Misch. verschiedener Zus. in fester Lsg.-Phase u. in reiner Schmelzphase 24-0690; Selbstentflamm. v. Thermitzus. 24-0691; Schwing.-Energie d. O_3 während d. photolyt. — 24-0734; kinet. Unters. d. therm. Zers. u. Detonat. v. NH_4ClO_3, NH_4BrO_3 u. NH_4JO_3 27-0683; Best. d. Teilchengeschw. in detonierenden Gasgemischen aus $2\ H_2/O$ bzw. H_2/O_2 mit einer magnetohydrodynam. Meth. 29-0679; Einfl. v. W.-Dampf auf H_2/O_2-Detonat. 32-0676; Initiier. d. Zünd. v. $NH_4 \cdot ClO_4$ durch Cr_2O_3- u. TiO_2-Katalysatoren 32-3263; Theorie d. Detonat.-Auslös. hinter reflektierten Stoßwellen in $H_2/O_2/Ar$-Misch. 37-0676; Detonat.-Fähigk. kryogener Ox.-Mittel (O_3F_2) 38-3231; stet. Detonat. in gasf. O_3 40-3229; Mechanismus u. —-Grenzen d. Kettenselbstzünd. v. H_2/O_2 in Stoßwellen 42-3127; Einfl. v. SO_2 auf d. zweite Druckgrenze d. — v. H_2/O_2-Gemischen 42-3128; Detonat.-Fähigk. v. NH_4ClO_4 43-0626; Explosivität v. in Luft suspendiertem Zr u. seinen Leg. mit Ti u. Si 43-0627; Übergang einer Flamme in eine Detonat. in Knallgasgemischen 45-0622; Darst. v. $Pt(OOCCH_3)_2$ durch Red. v. $[Pt(OH)_6]^{2-}$ (Zugabe v. HCOOH/Eisessig *1 : 4* zur Entfern. v. HNO_3 u. Vermeid. d. —-Gefahr) 48-0718; Entflammbark.-Grenze v. H/O/N-Misch. bei niedr. Drücken 51/52-0587; Unters. d. Zers.-Flamme v. gasf. ClO_2 (Grenzen d. Entflammbark., d. Detonat. u. d. Verpuffens, Einfl. v. Zusätzen) 51/52-0588; therm. Stabilität v. NH_4ClO_4/$LiClO_4$-Misch. (Bedeut. d. Eutektikumsbldg.) 51/52-0595; Explosibilität d. NH_3-Luftstroms in Ggw. v. Acetylen 51/52-3181.

—-art. Verbrenn. v. $Al_2(CH_3)_6/O_2$-Gemischen 1-0649; Unters. v. Detonat. in Gemischen aus NH_4NO_3 u. Trinitrotoluol (eindimensionale Düsenström.) 2-0695; Gasphasenox. v. symm. Diäthyldiboran mit O_2 innerhalb u. außerhalb d. —-Grenzen 6-0714; neue Unters.-Meth. für d. verbrennungshemmenden Eig. v. feinverteilten Pulvern in einem $C_2H_4/O_2/N_2$-Gemisch während einer — 6-0717; Entzünd.-Punkt u. explosive Zers. v. Äthylenoxid mit Luft 6-2556; —-Grenzen v. Isobutylen/Luft-Gemischen 9-0706; Fortpflanz. sphär. Detonat.-Wellen durch Zünd. v. Gemischen aus C_2H_2/O_2, CH_4/O_2, H_2/N_2O u. H_2/O_2 11-0708; explosiver Zerfall v. C_2H_2 u. C_2H_2/N_2-Gemischen 11-3447; direkte Auslös. v. zylindr. Gasdetonat. in einem C_2H_2/O_2-Gemisch durch Cu-Draht-— 12-0690; Unters. d. — v. Peressigsäurelsg. 18-3473; kontinuierl. Detonat. eines Gemisches v. $2\ C_2H_2/5\ O_2$ 23-0663; vielköpf. Struktur gasf. Detonat. in O_2/C_2H_2-Misch. 24-0684; Durchgang v. C_2H_2/O_2 24-0685; Schlagentzündlichk. v. Gemischen aus Trichlorsilan u. Dichlorsilan u. v. Methylhydrogendichlorsilan auch in Ggw. v. $KMnO_4$ u. Pb_3O_4, Reib.-Entzündlichk. d. Silicomesoxalsäure 24-0688; Eig. quasizylindr. divergenter Detonat. v. Propan/O/N-Gemischen 29-0682; Zünd. v. Luftgemischen mit CO, CH_4, $(CH_3)_2CO$, CH_3OH, Toluol, Cyclohexan u. Dioxan durch Entlad. v. elektrostat. geladenen Kunststoffen 32-0678; — im Syst. $HNF_2/(CH_3)_3Al$ bei *—80°* mit fl. HNF_2 39-0533; spontane Zünd. v. Methan/Luft-Misch. bei hohem Druck (Zündverzöger.) 40-0632; (explosive Bereiche d. Rk.) 40-0633; Grenzen d. Entflammbark. v. Äthylen in O_2, Luft u. Luft/N_2-Misch. bei hohen Temp. u. Drücken 40-0634; — einer Lsg. [aus 5 (Vol.-%) Milchsäure, 5 HNO_3, 2 H_2O u. 1 HF] für chem. Polieren v. Zr 41-0647; Ebenh. d. Detonat.-Front in Gemischen v. HNO_3 mit Dichloräthan 45-0625.

Eine neue Zustandsgleich. u. ihre Verw. zur Ableit. d. krit. Beding. für d. Stoßzünd. v. homogenem Nitromethan u. fl. TNT 12-0692; Mess. d. Stoßadiabaten v. Gemischen v. Nitromethan mit Aceton 15-0973; explosive Acetylenzers. in Skrubber mit Füllkörpern bei niedr. Drücken 15-2593; Unters. v. —-Grenzen halogenierter KW-Stoffe 17-2544; Entzünd. v. Methan u. Kohlenstaub durch Reib.-Wärme u. Reib.-Funken 21-2918; durch — v. *0,25* g Pentaerythrittetranitrat auf einer Stahlplatte erzeugte Vorläuferstoßwellen 26-0680; elektrostat. Zündbark. v. hochkomprimiertem Acetylen 32-3264; explosive Zers. v. Azomethan 42-3130; Initiier. einer Detonat. in Nitromethan durch eine Stoßwelle 44-3159; spontaner Übergang d. Verbrenn. in Detonat. bei reinem Acetylen bei niedr. Drücken 44-3160; Detonat. v. Nitroglycerin mit geringen Geschw. 44-3162; Wrkg. d. Dämpfe v. CCl_4 u. anderen Halogenderiv. auf d. —-Vermögen v. Acetylen 46-3177; Beding. d. explosiven Zerfalls v. Allen 51/52-3182.

Detonat. rohrförm. Sprengstofflad. 16-3291; Zus. u. sprengtechn. Daten d. Wettersprengstoffs „*Balkanit*" 16-3294; Übergang v. d. Verbrenn. zur Detonat. in gegossenen Sprengstoffen 26-3522; Detonat.-Leuchten in granulierten Sprengstoffen 26-3523; Detonat.-Sicherh. v. zusammengesetzten Sprengstoffen 30-3169; Detonat.-Charakteristika v. Composite-Festtreibstoffen 30-3172; chem. Verh. d. —-Zone eines festen doppelbas. Raketentreibstoffs 40-3235; Detonat.-Übertrag. bei Sprengstoffen v. hoher Sicherh. mit ausgetauschten Ionen 51/52-3184.

Verhinder. v. Schlagwetterexplos. in Kohlenbergwerken durch aufblasbaren Blähkörper aus elast. Kunststoffen 4-2683*; Brand- u. —-Gefahren in d. Braunkohlenindustrie (Übersicht) 5-2836; Ox. v. Kohle u. Verhinder. ihrer Erwärm. zur Vermeid. v. Grubenbränden (Übersicht) 7-2867; Verhüt. v. Staub-— beim Trocknen, Fördern, Mischen u. Bunkern 43-1945; Ablauf v. Kohlenstaub-— 43-1946.

Best.: d. Explosivität brennbarer Gase mit Hilfe v. Nomogrammen u. eines —-Dreieckdiagramms 1-3417; d. —-Klasse v. Äthylen/Luft-Gemisch 7-3474; d. —-Drücke v. Gemischen aus Brenngas, O_2 u. N_2 7-3475; Unters. d. —-Drucks v. Staubexplos. u. ihre Verhüt. 9-2247; photograph. Nachw. v. Hochdosisexposit. 10-2010; Vgl.-Mess. zur Best. d. Zündtemp. brennbarer Fl. an Glas- u. korrodierten Metalloberflächen 10-2243; Mess. d. Detonat.-Geschw. v. Sprengstoffen durch Ionenlücken 20-3390; Best.: d. Indukt.-Zeiten in eindimensionalen Detonat. (H_2, C_2H_2 u. C_2H_4) 26-3521; d. Entw. einer Detonat. mit Hilfe v. Mikrowellen 30-3167; Unters. an Detonat.- u. Stoßwellenfronten mit Hilfe v. Mikrowellen 33-0722; Mess. d. Struktur d. Detonat.-Front für Sprengstoffe in kondensierter Phase 34-3377; Best. d. Detonat.-Geschw. v. Sprengstoffen mittels Widerstandsmeßsonden (Kodewimeter) 38-3229; Benutz. d. Doppler-Effekts bei Reflex. v. Zentimeterwellen an d. Front v. sich in Gasmisch. ausbreitenden Detonat. zur Best. d. Geschw. stabiler Detonat. u. zur Unters. d. Zeitintervalls v. d. Entw. d. Entzünd. zur Ausbldg. d. eigentl. Stoßwelle 39-0658; Mess. d. —-Empfindlichk. mit d. Stoßrohr 40-0625; Druckmess. während d. Schockinitiier. v. Komposition B 42-3131.

Bibl.: Feuer und Explosionen. Systematik, Grundlagen physikalischer und chemischer Art, Gefahren und Schutzmaßnahmen B 85.

Explosivstoffe s. unter *Sprengstoffe.*
Extinktion s. unter *Lichtabsorption.*
Extrakte

— v. Pflanzen u. anderen biolog. Syst. s. unter d. betreffenden Stichwörtern; s. auch *Tinkturen.*

Fraktionier. v. pflanzl. u. tier. — 13-2257*.

Extraktion

Anwend. d. — v. speziellen Stoffen u. Stoffklassen für präparative u. analyt. Zwecke s. unter d. betreffenden Stichwörtern. *Chromatographie*; *Gasabsorption* s. dort. Verteil.-Gleichgew. s. unter *Verteilung.* —-Verf. bei d. *Zuckerfabrikation* s. dort. Extraktive Dest. s. unter *Destillation.*

Allgemeines und Theorie

Neue Ergebnisse über fl.-fl.-— (Übersicht 3-2145; Lsgm.-— v. Ionenpaaren 5-0609; — (Bezieh. zwischen d. Nutzeffekt u. d. Massenübergangskoeff. bei d. Extrakt. mit Rückmisch.) 24-2046; (Best. d. Rückmisch. u. d. Nutzeffekts bei d. stufenweisen Extrakt.) 24-2047; Einphasenstrom mit Rückmisch. in einem stufenweisen Prozeß 24-2048; Daten zur anorgan. Lsgm.-— 24-2049; Rektifikat., Absorpt. u. — (Fortschrittsbericht) 26-2185; —-Unters. (Berechn. d. stufenweisen Extrakt. mit Rückvermisch.) 42-1995.

Gegenstromverteil. mit einem veränderl. Teil.-Verhältnis 1-1971; Fortschritte in d. Meth. d. Gegenstromverteil. 2-1921; — durch quasi-feste Extrakt.-Mittel 2-1993; Gesichtspunkte zur Solvent-— 2-2022; fl.-fl.-Extrakt. bei turbulenter Ström. 4-2037; Ableit. d.

u. W. 14-0617; fl.–fl.-– v. Cs mit 2-Thenoyltrifluoraceton 19-2027.

–-Gleich. für tern. W.–Salz-Lsg. am Beispiel d. Syst. $NH_4NO_3/Ca(NO_3)_2/H_2O$ 11-0581; Best. v. Aktivitätskoeff. in Elektrolytgemischen aus –-Daten. Syst. HNO_3/Ca·(Mg)Cl_2/Tri-n-butylphosphat (Verdünn.-Mittel) 34-0570; – u. Trenn. v. Ca u. Sr mit TTA u. TBP in CCl_4 49/50-1759.

Solvent-–-Unters. d. Hydrolyse v. Zn(II) in *3*m $NaClO_4$ bei geringer Konz. 14-0655; – v. Zinkchlorid aus wss. chloridhalt. Lsg. mit Lsg. v. quart. Ammoniumchloriden in KW-Stoffen 17-0581; – v. Zn mit Py. aus HCOONa-Lsg. 23-1957; Lsgm.-–-Gleichgew. einiger 8-Hydroxychinoline u. ihrer Zn(II)-Chelate 24-1931; markierter tern. Metallkomplex $^{65}Zn(TTA)_2(TOPO)$ für Solvent-– u. dessen Anwend. für Rückextrakt.-Unters. 34-0571; – v. Zn-Chloridkomplexen mit einigen Phenylenguanidinderiv. 37-0569; Bldg. eines Komplexes mit gemischten Liganden bei d. Extrakt. v. Zn in Ggw. v. 8-Hydroxychinolin u. 1.10-Phenanthrolin 41-1939; Adduktbldg. bei d. – v. Zn-Oxinat in verschiedene organ. Lsgm. 43-1800; –-Gleichgew. d. $CdBr_2$ in einem synerget. Effekt aufweisenden Syst. W./n-Pentanol/Nitrobenzol 33-0597; – v. Hg aus Na-Formiatlsg. mit Py. 4-1891; einige Gesetzmäßigk. d. – v. Chloridverb. d. Hg durch organ. Lsgm. 9-0613; Kinetik d. Bldg. v. $[HgBr_2(NO_3)_2]^{2-}$, $[HgBr_3\cdot(NO_3)]^{2-}$ u. $[HgBr_4]^{2-}$ sowie d. Verteil. v. $HgBr_2$ zwischen einem eutekt. Polyphenylgemisch u. d. geschmolzenen Eutektikum v. $LiNO_3$ u. KNO_3 bei d. Lsgm.-– 19-0695; – v. Hg aus NO_3^--Lsg. 43-1977; Mechanismus d. – v. Hg mittels O-halt. organ. Lsgm. 48-2202.

– v. Chlorogalliumsäure mit Tri-n-butylphosphat 12-0562; durch Bzl. aus *6*n HCl extrahierbare fluoreszierende Ga-Komplexe 19-0584; – d. Komplexions $[GaCl_4]^-$ mit Äthylviolett 32-2007; Verteil. v. Ga(III) zwischen wss. HCl u. TBP bei d. – v. $GaCl_3$ 35-0494; – v. Ga mit Chlorex 46-1849; fl.-fl.-– v. In u. Begleitmetallen mit Di-(2-äthylhexyl)-phosphorsäure als Lsgm. 25-2170; Solvent-– v. gemischten Komplexen in $CHCl_3$ durch Misch. v. 8-Hydroxychinolin u. 5-Methyl-8-hydroxychinolin 49/50-0532; – v. Tl(III) mit Äthylacetat aus salzsauren Lsg. in Ggw. v. Al^{3+}, Ga^{3+} u. In^{3+} als komplexe Säure 11-0583; Lsgm.-– einiger Tl(I)-Chelate 17-2000; –: v. Tl(III) aus Chloridlsg. 37-1847; v. Tl(III) aus HCl-Lsg. 49/50-0528.

– v. Scandiumhydroxychinolinat mit Chlf. in Abhängigk. v. pH-Wert 11-0584; Bedeut. d. Salzsäure bei d. – v. Sc durch TBP aus wss.-salzsauren Lsg. in Form d. Monosolvats $ScCl_3\cdot TBP$ in Anwesenh. v. $CaCl_2$, NH_4Cl, KCl, NaCl, $MgCl_2$, LiCl 14-0618; Einfl. v. HCl u. PO_4^{3-} auf d. scheinbaren Verteil.-Koeff. bei d. – v. Sc mit Ae. in Ggw. v. NH_4CNS als $Sc(CNS)_2^+$, $Sc(CNS)_4^-$ bzw. $Sc(CNS)_5Cl^-$ 39-0547; – v. Sc(III) mit Tributylphosphat aus Perchlorat- u. Perchlorat/Nitrat-Lsg. (Unters. an Sc in verschiedenen Lsg.) 45-0499; – v. Y mit Naphthensäuren in Abhängigk. v. pH-Wert 49/50-1976; Unters. d. Reextrakt. v. $La(NO_3)_3\cdot 3$ S [S = Tributylphosphat (TBP) oder Tributylphosphinoxid] 17-0585; -Vers. v. $[C_{14}H_7\cdot O_7S]La[C_9H_6NO]_2\cdot C_9H_7NO$ mit n-Butanol 23-0742.

Amin-– v. Lanthaniden aus Chloridlsg. 1-0573; – v. Lanthaniden mittels Thenoyltrifluoraceton 8-0586; Berechn. für d. Solvent-–-Syst. Nitrate d. Seltenen Erden d. Monazits/Salpetersäure/Tributylphosphat/W. 11-2201; – v. Seltenerdmetallen: durch langkett. tert. Amine aus nitrathalt. Lsg. in verschiedenen Verdünn.-Mitteln (Verteil.-Koeff.) 19-0577; d. Ceruntergruppe im Syst. Methylphosphonsäurediisoamylester/HNO_3 u. mit TBP 25-0544; mit Tributylphosphat (– aus HNO_3-sauren Lsg. in Ggw. großer Mengen Ca-Phosphat am Beispiel v. Nd) 33-0599; Ammoniumlactatelut. v. Spurenlanthaniden 36-0643; – v. Lanthaniden: aus wss. (H, Na)ClO_4-Lsg. mit verschiedenen Phosphorsäureestern in $CHCl_3$-Lsg. 47-0527; mit Hilfe v. Dialkylphosphorsäuren (Einfl. v. Struktur u. Größe d. Alkylgruppe) 48-0522; Thermochemie d. – v. Cer(IV)-nitrat mit Tributylphosphat 11-0585; – v. $Ce(NO_3)_3$ mit Phosphonsäureestern 11-0586; Einfl. d. Zus. phosphororgan. Verb. auf d. – v. $Ce(NO_3)_3$ in Bzl. 17-0582; –-Verh. v. Cer mit Acetylaceton 20-0540; – v. Cer mit Tri-n-octylphosphinoxid in Toluol 20-0541; TBP-– v. Ce durch Diisoamylmethylphosphonat 46-2118; – v. Ce u. Y mit Naphthensäuren in Abhängigk. v. pH-Wert 49/50-1976; Trennfaktoren d. Lsgm.-–-Syst. *1*m Bis-[2-äthylhexyl]-phosphorsäureester in Amsco *125-82*/Pr/Nd-Salze 18-0509; – v. Pr u. Nd durch *1,0*m Bis-[2-äthylhexyl]-phosphat in Amsco *125-82* aus wss. $PrCl_3$–HCl- bzw. $NdCl_3$–HCl-Lsg. 20-0542; Trennfaktoren bei Solvent-–-Verf. d. Syst. *1*m Bis-[2-äthylhexyl]-phosphat in Amsco *125-82*/Pr/Nd-Salze 40-0502; Unters. d. synerget. Effekts v. Lewis-Basen auf d. Extrakt. v. Eu-Ionen mit Benzoyltrifluoraceton in n-Hexan 33-0598; Lsgm.-– d. Eu(III)-Anlager.-Komplexe mit sechs Acetylacetonderiv. u. Tributylphosphat 22-0520; Solvent-– v. Eu-Ionen mit Benzoyltrifluoraceton in n-Hexan (synerget. Effekt v. im Lsgm.-Mol. enthaltenen O u. N) 33-0598.

–: v. ^{44}Ti u. Best. d. Halbwertszeit 5-2088; v. Ti mit 2-Äthylhexylphosphorsäuren 21-2111; – v. Ti(IV) durch Tributylphosphat aus salzsauren Lsg. unter Bldg. d. Komplexions $[TiCl_6]^{2-}$ 28-0516; fl.–fl.-– v. Zr(IV) mit Mesityloxid 7-2123; – v. Zr mit Methylphosphonsäuredi- u. -monoisoamylester aus salpetersauren Lsg. 11-0589; thermodynam. Gleichgew.-Konst. d. Rk. Zr^{4+} + i OH^- ⇌ $Zr(OH)_i^{4-i}$ auf Grund d. erhaltenen Daten d. Best. d. Wrkg. v. Wasserstoffionen auf d. – v. ^{95}Zr aus wss. $HClO_4$ + $LiClO_4$-Lsg. mit Thenoyltrifluoraceton in Bzl. 16-0561; –: v. Mikrogrammengen Zr mit N-Benzoyl-N-phenylhydroxylamin 21-2114; v. Ti u. Zr bei ihrem gemeinsamen Auftreten in schwefelsauren Lsg. durch TBP in CCl_4 37-0570; kleiner Zr-Mengen mit benzol. Fettsäurelsg. 38-1933; Gleichgew. fl.–fl. bei d. – v. Zr-Nitrat mit Tri-n-butylphosphat (Einfl. v. Sulfationen) 42-0502; Best. sehr kleiner Hf-Geh. in ZrO_2-Präp. mittels Röntgenspektralanalyse nach Anreicher. durch einen Verteil.-Prozeß zwischen wss. Lsg. u. Methylisobutylketon 2-2047; – v. Zr u. Hf aus HCl-sauren Lsg. mit 8-Hydroxychinaldoxim u. Carbonsäuren 9-0614; Solvent-–-Unters. d. Hf(IV)-Komplexe in wss. Lsg. 43-0538; – v. Zr u. Hf aus HCl-Lsg. mittels Acetophenon 48-2205; Einfl. d. Strahlenschädig. v. Aminextrakt.-Mitteln auf d. – v. Th 5-0608; –: v. Th aus H_2SO_4 mit Aminlsg. 9-0615; v. Th- u. Na-Alizarin-3-sulfonat mit langkett. Alkylammoniumverb. 35-0495; – v. Th: aus salpetersauren Lsg. mit Tri-n-butylphosphat (Verteil.-Koeff.) 39-0548; aus schwefelsauren Lsg. mit Bis-[2-äthylhexyl]-phosphat in Kerosin u. d. Einfl. d. organ. Lsgm. u. eines Tributylphosphatzusatzes zu diesem Syst. 40-0503; mit Di-[2-äthylhexyl]-phosphorsäure 45-0500; TBP-– v. Th durch Diisoamylmethylphosphonat 46-2118; –-Isothermen u. Verteil.-Diagramme in Vierstoffsyst. am Beispiel d. –-Syst. $Th(NO_3)_4/HNO_3/H_2O$/TBP 47-0524; – v. Th durch Hydroxylaminderiv. 49/50-2229.

– v. Ge aus HCl-Lsg. mit organ. Lsgm. 11-2306; Komplexbldg. bei – v. $GeCl_4$ aus salzsaurer wss. Lsg. mit CCl_4 17-0635; Trennschema für Ga, In, Tl, Ge, Sn u. Pb durch Solvent-– mit N-Benzoyl-N-phenylhydroxylamin 9-2073.

– v. V mit Tri-n-octylamin 24-2425; – d. Komplexes $(DH)_2[Nb(OH)_2(SCN)_5]$ (D = Diantipyrylmethan) mit Dichloräthan, Cyclohexan, Bzl. u. Chlf. 11-0618; Solvent-– d. Butylrhodamin S-Fluoroniobats 31-1982; –: v. Nb(V) aus salzsaurer Lsg. durch Tributylphosphat in Ggw. einiger Aussalzmittel 34-0572; v. Nb mit Trioctylamin aus Sulfat- u. Oxalatlsg. in $CHCl_3$ 37-0571; v. Nb(V) mit Tri-n-butylphosphat aus stark sauren Lsg. in Ggw. v. Maskier.-Mitteln 47-0528; Solvent-–: v. Tantalfluoridkomplexen mit N-Benzoylphenylhydroxylamin, Tri-n-octylphosphinoxid u. Methylisobutylketon 21-2120; v. Nb u. Ta mit Methylen-bis-[octylphosphonsäure] aus Oxalsäure-, H_2SO_4-, HCl- u. HF-Lsg. 39-0549; v. Nb u. Ta (Mechanismus d. – in Oxalsäurelsg. mit langkett. tert. Aminen in CCl_4) 47-0529; Einfl. d. Strahlenschädig. v. Amin-–-Mitteln auf d. – v. Pa 5-0608; – v. Pa: mit Tributylphosphat (Best. d. Zus. u. d. Stabilitätskonst. v. Protactinium–Nitrat-Komplexen) 17-0637; durch d. langkett. Amine Tri-n-nonylamin u. Amberlite LA-*2* aus salzsauren Lsg. u. Einfl. v. $HClO_4$- bzw. LiCl-Zusatz (Verteil.-Koeff.) 39-0553; Unters. d. Verh. v. Pa(V) in perchlorsaurer Lsg. mittels TTA-Bzl.-Extrakt. 49/50-0531; Lsgm.-– v. Pa(V) u. Pa(IV) mit Thenoyltrifluoraceton u. Dibenzoylmethan 49/50-0696; –: v. Pa durch Hydroxylaminderiv. 49/50-2229; d. Bi–Thioharnstoff-Komplexes mit Tributylphosphat aus $HClO_4$-Lsg. 40-1870; v. Bi aus wss. Lsg.-Gemischen v. HBr u. HNO_3 mit Aminen v. hohem Molgew. 45-1866.

–: v. Cr(VI) mit organ. Kationen 5-0609; v. blauer Peroxochromsäure in Syst. mit Ionenassoziat. 39-0550; Solvent-– v. blauer Peroxochromsäure mit tert. u. quart. Aminen 43-1806; –-Vers. v. tern. P-Element–Mo-Heteropoly-Komplexen mit gemischten organ. Lsgm. 9-0780; – v. Mo(V) u. Mo(VI) aus salzsauren Lsg. durch O-halt. Lsgm. 11-0587, 14-0619; – v. Mo-Komplexverb. mit α-Mercaptopropionsäurederiv. in Verbind. mit d. Ionenassoziat. 51/52-0518; – assoziierter W-Ionen durch Chlf. in Ggw. v. 2.3.5-Triphenyltetrazolium- u. Cetyldimethylphenylammoniumkationen 51/52-0519.

– v. U(IV)-Nitrat durch Tricaprylmethylammoniumnitrat als Tricaprylmethylammoniumhexanitratouranat(IV) 1-0572; – v. U: mit Triphenylarsinoxid 4-1907; aus H_2SO_4-saurer Lsg. mit tert. Amin 5-2457; mit bas. Trialkylamin 5-2458; –: v. Uranylnitrat durch Deriv. v. Pyridin-N-oxid 8-0587; v. U(VI) aus Carbonsäurelsg. mit quatern. Phosphonium- u. Arsoniumbasen 8-0588; v. U u. Th aus H_2SO_4-Lsg. mit sek. Aminen u. Trenn. v. U u. Th mit tert. Aminen 9-0615; Mechanismus d. – v. Th u. U mit Methylphosphonsäuremono- u. -diisoamylester 11-0588; Abhängigk. d. – u. Rk.-Fähigk. organ. Lsg. gegenüber $UO_2(NO_3)_2$ u. HNO_3 v. ihrer Struktur 11-0591; – v. U: mit einem Trioctylamin–Diisoamylphosphorsäureester-Gemisch 11-0592; u. einiger Begleitelemente mit Bis-[2-äthylhexyl]-diphosphorsäureester 11-0593; –: v. U(VI) mit Bis-[2-äthylhexyl]- u. Monolaurylphosphorsäureester aus phosphorsaurer Lsg. 12-0563; v. U u. Th aus phosphorsauren Lsg. mit einem Gemisch saurer u. neutraler Alkylphosphorverb. 12-0564; v. U(VI) aus HCl-Lsg. durch langkett. aliphat. Amine (Best. d. U-Verteil. in d. Phasen) 12-2377; v. U-Salzen u. Mineralsäuren durch aliphat. Sulfoxide [– v. $UO_2(NO_3)_2$ u. UO_2Cl_2 mit Di-n-octylsulfoxid, Di-n-hexylsulfoxid u. Di-n-pentylsulfoxid] 14-0620; Einfl. d. Verdünn.-Mittel n-Octan, Nitrobenzol, Chlf., Isooctanol, n-Octanol, Ölsäure auf d. – v. H_2SO_4, UO_2SO_4 u. $U(SO_4)_2$ durch N-Decylanilin 14-0621; – v. Thorium u. Uran u. v. Radioelementen mit Mesityloxid 16-2552; Kinetik d. Reextrakt. d. Nitrats v. U aus Alkylphosphatlsg. in W. (Syst. $UO_2(NO_3)_2\cdot 2$ S [S = Butylphosphonsäuredibutylester, Dibutylphosphinsäurebutylester u. Tributylphosphinoxid] mit d. Verdünn.-Mitteln CCl_4, Chlf. u. Mesitylen) 17-0584; – v. U(VI) u. Th aus HNO_3-Lsg. durch Tri-n-butylphosphat u. Unters. d. Aussalzwrkg. v. Alkalimetallnitraten sowie Verteil.-Koeff. 19-0578; bei d. – v. U(VI) aus H_2SO_4- u. HNO_3-Lsg. durch Tri-n-octylamin gebildete Komplexe 19-0579; Verteil. v. Uranylnitrat u. HNO_3 in d. –-App. bei d. Extrakt. mit Tributylphosphat nach dem Schema d. Purex-prozesses 19-2109; –: v. U(IV) u. U(VI) aus salzsauren Lsg. mit Tri-n-butylphosphat 20-0544; v. $UO_2(NO_3)_2$, HNO_3, $Pu(NO_3)_4$ u. $Am(NO_3)_3$ mit organ. Verb. 20-0545; im Syst. $UO_2(NO_3)_2/HNO_3$/Tributylphosphat/Verdünn.-Mittel 22-0521; v. $UO_2(NO_3)_2$ durch Ae. 22-0522; v. U(VI) aus HCl-Lsg. durch Tri-n-octylamin 25-0545; synerget. Wrkg. bei d. – v. $^{233}U(VI)$ durch Dibutylphosphat u. Tributylphosphat oder Trioctylphosphinoxid aus wss. *0,1*n H_2SO_4 bedingt durch Substitut.- oder Addit.-Rk. 25-0546; Lsgm.-– v. Mo u. U aus Sulfatlsg. mit Tri-n-octylamin 27-0549; Einfl. einer Strahl.-Schädig. v. TBP/Kerosin-Lsgm. auf d. Extrakt.-Verh. v. U u. Th u. auf deren Belad.-Effekt 27-0708; Berechn. d. Trenn. v. $UO_2(NO_3)_2$ u. HNO_3 durch – mit Tributylphosphat 32-2106; – alkal. Uranylsalzlsg. mit Tributylphosphat 33-0600; Best. d. Stabilitätskonst. d. Amin–Nitrat-Komplexe v. Th, U u. Ce durch Lsgm.-Extrakt. mit Tri-n-dodecylamin oder Tribenzylamin in Bzl., Toluol oder Kerosin bzw. Chlf. 35-0496; radiometr. Unters. d. –-Verh. v. Ce^{3+}, Pm^{3+}, Eu^{3+}, Tm^{3+}, Lu^{3+}, Y^{3+} u. v. Ca^{2+} bzw. UO_2^{2+} in Abhängigk. v. d. Art d. –-Mittels (n-Octylphosphinsäure, 2-Äthylhexylphosphinsäure) 35-0497; –: v. U aus wss. $HClO_4$ + $NaClO_4$-Lsg. mit Bis-[2-äthylhexyl]-phosphorsäureester in n-Octan 37-0572; v. U aus HCl-sauren Lsg. durch Tri-n-octylamin in Bzl., Cyclohexan, CCl_4, Toluol, $CHCl_3$, Octylalkohol u. o-Dichlorbenzol in Ggw. v. LiCl (Verteil.-Koeff.) 39-0551; – v. Uranyl durch Cyclohexanon 39-0552; Solvent-– v. U(VI) mit Mesityloxid 40-1871; –: v. U aus wss. Lsg. mittels Naphthensäuren 41-2106; v. Uranyl- u. Eu-Ionen in Ggw. zweier verschiedener Chelatbildner 45-0501; v. U durch Hydroxylaminderiv. 49/50-2229; v. Uranylsalzen mit 2-Thenoyltrifluoraceton in CCl_4 51/52-2115; Aminextrakt. v. dreiwert. Actiniden aus Chloridlsg. 1-0573; Lsgm.-–-Unters. v. Komplexen dreiwert. Actiniden u. Lanthaniden in wss. Lsg. 9-0626 bis 9-0628, 10-0597; –: dreiwert. Actinide in wss. Lsg.

17-0712; einiger anion. Actinidenkomplexe aus wss. Lsg. mit Hilfe langkett. Alkylammoniumverb. 35-0495; v. Chelatkomplexen einiger Actinidenelemente durch aromat. substituierte Hydroxylamine 35-0499; – v. ^{239}Np mit langkett. Aminen 11-2099; Instabilitätskonst. d. Nitrato- u. Chlorokomplexe v. Np aus Verteil.-Daten mit TTA in Bzl. als – -Mittel 35-0554; – : v. Np mit Tributylphosphat in CCl_4 37-0573; v. Np durch Hydroxylaminderiv. 49/50-2229; Pu-, U- u. Zr- – aus komplexbildende Substanzen enthaltenden Lsg. 5-2100; Einfl. d. Temp. auf d. – v. $UO_2(NO_3)_2$, $Pu(NO_3)_4$ u. HNO_3 durch langkett. tert. Amine 20-0547; – : v. Pu(IV) aus $HCl–HClO_4$-, $HNO_3–HClO_4$- u. HCl–HBr-Gemischen mit benzol. Thenoyltrifluoracetonlsg. als – -Mittel 23-0575; v. Pu mit N-Benzoylphenylhydroxylamin aus HCl/Citronensäure-Lsg. bzw. $HClO_4$/Citronensäure-Lsg. 27-0550; – -Konst. v. Uranylnitrat u. v. Pu(IV)-Nitrat bei Verw. v. prim., sek. u. tert. Aminen in CCl_4 40-0500; – d. vier- u. sechswert. Actiniden U, Np u. Pu in d. Syst. TBHP/TBPP (1 : 1)/HNO_3 u. TBPP/HNO_3 (TBHP = Tetrabutylhypophosphat, TBPP = Tetrabutyldiphosphat) 42-0503; Tetrabutylharnstoff als – -Mittel für HNO_3 u. d. Actinidennitrate U(VI)-, Np(IV)-, Pu(IV)-, Pu(VI)- u. Th(IV)-Nitrat 45-0502; – v. Pu(IV) mit Trihexylphosphinoxid u. mit einem Gemisch v. Di-n-butylphosphorsäure u. Trihexylphosphinoxid 49/50-0529; Dissoziat.-Konst. d. Chelate v. Diäthylentriaminpentaessigsäure mit Transplutoniumelementen u. deren Verw. zur Trenn. d. Transplutoniumelemente v. d. Lanthaniden durch Lsgm.- – 20-0548; Lsgm.- – dreiwert. Transplutonium-Ionen aus mit Aussalzmitteln versetzten Nitratlsg. mit einem tert. u. einem quart. Amin (Alamin *336* bzw. Aliquat *336*) 45-0504; Lsgm.- – v. Thiocyanato–Am(III)- u. Eu(III)-Komplexen mit Hilfe v. Tributylphosphat 11-0594; synerget. Effekt. v. Tri-n-octylamin auf d. Lsgm.- – v. Am mit Theonyltrifluoraceton 18-0510; Unters. d. Komplexbldg. v. Am u. Pm durch – 35-0555; synerget. – v. Am(III) u. Am(VI) aus *0,05* m HNO_3 mit Bis-[2-äthylhexyl]-phosphorsäure oder n-Octylhydrogenphenylphosphonat u. Tributylphosphat in CCl_4 49/50-0530; Unters. d. Komplexbldg. v. Cm u. Eu durch – 35-0555; – v. Am–Cm–Eu aus HCl-saurer LiCl-, $SnCl_2$- u. $SnCl_4$-Lsg. durch tert. Amine 19-0581; Stabilitätskonst. v. Thiocyanatokomplexen d. Typs $MeSCN^{2+}$ u. $Me(SCN)_2^+$ (Me = Nd, Eu, Pu, Am, Cm, Cf) durch Best. d. Verteil.-Koeff. bei d. – mit Bis-(2-äthylhexyl)-phosphorsäure 9-0629; Unters. d. – v. Pm, Eu, Tb, Tm, Am, Cm, Cf, Fm u. Md mit Hilfe d. Verteil.-Chromatographie im Syst. Tetrabutylhypophosphat/Tetrabutyldiphosphat/Salpetersäure 31-0556.

– v. Permanganat mit Aminen in Bzl. bzw. Dichloräthan 34-0573; – -Gleichgew. v. Mn^+ in nichtwss. Medien 40-0554; – d. Re als Tributylammoniumperrhenat 2-2054; Komplexbldg. v. $ReCl_6^{2-}$ u. ReO_4^- in H_3PO_4-Lsg. mit Bis-[4-N.N-methylbenzylaminophenyl]-antipyrylcarbinol in phosphorsaurer Lsg. u. – -Möglichk. d. gebildeten Komplexe aus H_3PO_4-, HCl- u. H_2SO_4-saurer Lsg. 16-0563.

Solvent- – v. Fe(III)-8-Hydroxychinolinat 10-2107; Hydratat. u. Solvatat. v. Fe-Chlorid bei d. – durch Äther u. Ketone 12-0567; – v. Fe aus HCl-sauren Lsg. mit Butylacetat 27-0551; Solvent- – v. Fe mit 2-Mercaptopyridin-1-oxid 28-1999; – : v. $FeCl_3$ mit Tributylphosphat 45-0505; v. Fe(III) aus wss. Sulfatlsg. durch Di-[3.5.5-trimethylhexyl]-amin (Struktur d. extrahierten Komplexe)47-0530; Solvent- – d. Äthylendiamin-. tetraacetatkomplexe v. $^{59}Fe(III)$, $^{234}Th(IV)$ u- $^{60}Co(II)$ 4-1872; – : v. Co mit Alkylorthophosphaten 24-2418; v. 8-Hydroxychinolinatokobalt(II) 28-0517; v. Co mit α-Furylmonoxim 32-0569; – v. Co(II) aus salzsauren Lsg. durch Tri-n-octylammoniumchloridlsg. u. d. – v. $CoCl_2$ durch $[(C_8H_{17})_3NH]Cl$ in p-Xylol 34-0567; v. Co-Komplexen mit Hydroxysäuren bei Ggw. v. Tributylamin 35-0500; Solvent- – v. Acetylacetonaten v. Co(II) u. U(VI) 40-1878; Best. d. Verteil.-Koeff. u. Stabilitätskonst. d. Komplexe d. Ni u. U mit vierzähn. Schiffschen Basen durch Radiotracer- – -Unters. 48-0525; Unters. d. Ni- u. Co- – mit Alkylortho-Phosphaten 24-2418; Einfl. v. Isochinolin u. 4-Methylpyridin auf d. Verteil. v. Diacetyl-bis-[benzoylhydrazon]-nickel(II) zwischen Bzl. u. wss. Pufferlsg. u. Bldg.-Konst. d. Addukte bei d. Solvent- – 45-0507.

– v. Cu als Cu-Diäthyldithiocarbamat 15-2018; – v. Ca, Fe, Ni, Cu u. Zn mit einigen aromat. Schiffschen Basen (Leitisotopen-Unters.) 18-0511; Lsgm.- – v. Cu(II) aus Acetatpufferlsg. durch Gemische v. Acetylaceton u. Chinolin oder Isochinolin 19-0582; – v. Cu^{2+} mit einem Gemisch v. Thenoyltrifluoraceton u. TBP in CCl_4 bzw. Bzl. (Komplexbldg., Gleichgew.-Konst.) 25-0549; Solvent- – v. Co^{2+}, Cu^{2+} u. Zn^{2+} aus HCl/Na-Acetatpufferlsg. mit Cyclohexanmischlsg. v. Thenoyltrifluoraceton mit TBP oder mit Tri-n-butylphosphinoxid 40-0504; – v. Pb(II), Cd(II), Cu(II), Co(II), Zn(II) u. Fe(III) aus Halogenwasserstoffsäure mit einem Trioctylmethylammoniumsalz 43-0539; Komplexbldg. v. Cu(II) mit Cyclohexanonoxim in Toluol bei d. – aus wss. Lsg. 47-0532; Solvent- – -Unters. v. Co, Ni, Zn, Cu, Uranyl mit Thenoyltrifluoracetylaceton, Triphenylphosphinoxid, Tri-n-butoxyäthylphosphat, 4-Methylpyridin, Acetylaceton, Hexafluoracetylaceton, Tri-n-octylphosphinoxid 45-0508.

– v. trägerfreiem Ag mit TBP aus salzsauren Lsg. (Einfl. d. Konz. d. Chloridionen) 20-0549; Unters. d. Stabilität v. Komplexen d. Rhodanins u. seiner Deriv. mit Ag, Cu u. Tl mittels d. – -Meth. 30-0532; – v. trägerfreiem Ag aus Bromidlsg. mit Tributylphosphat als $HAgBr_2 \cdot 3$ TBP (Solvat. v. Ag, Salz- u. Bromwasserstoffsäure in d. organ. Phase) 37-0574; Gesetzmäßigk. d. – -Verteil. d. Cyanokomplexe d. Edelmetalle Ag u. Au 11-0596; extrahierte Halogenverb. v. Cu, Ag, Au u. Tl mit TBP u. Cyclohexanon 18-0512.

– -Verh. v. Nitrosylnitratoruthenium-Komplexen im Syst. TBP/HNO_3 1-0574; Amin- – d. Chlorokomplexes v. Radioruthenium 9-0617; Einfl. d. Säureart auf d. – v. Ru als $[RuNO(NO_2)_4OH]^{2-}$ mit Tri-n-octylamin aus HCl-, HNO_3-, CH_3COOH-, HF-, HBr- bzw. H_2SO_4-Lsg. 9-0618; – v. Th, Pa, U, Ru u. Zr durch langkett. Amine aus H_2SO_4-Lsg. 19-0580; Komplexbldg. bei d. – v. Nitrosylnitratoruthenaten durch Alkylamine 28-0518; – v. Ru in Form v. $Na_2[Ru \cdot NO(NO_2)_4OH]$ mit Aminen unter Komplexbldg. 33-0601; – -Verh. v. Ru(III)-Thiocyanat-Komplexen 42-0504; Verteil. v. Bis-[dimethylglyoximato]-palladium(II) zwischen Chlf. u. d. wss. Phase in Abhängigk. v. p-OH bei d. – v. Bis-[dimethylglyoximato]-palladium(II) mit Chlf. aus Chlorid- u. Bromidlsg. 16-0566; Einfl. d. quart. Ammoniumbasen u. d. Lsgm. auf d. Pd- – 35-2264; Extrakt. v. $PtCl_6^{2-}$ aus schwefelsauren Lsg. mit Tri-n-octylammoniumsulfat-Lsg. in Bzl. 34-0574.

Extraktion organischer Verbindungen

Extraktionskinetik v. Pflanzenmaterialien 1-1808; Ableit. v. Syst. für d. Gegenstromverteil. als Meth. zur Trenn. v. Naturstoffen 16-1862; Lsgm.- – v. Chelatverb. (Übersicht) 40-0499; Gleichgew. fl. Phasen im Syst. wss. Lsg. v. N-Methylpyrrolidon-(2)/Isopentan/Vinylnaphthalin/Äthylnaphthalin (Trenn. v. Vinylnaphthalin u. Äthylnaphthalin nach d. Meth. d. fraktionierten Extrakt.) 24-0915; – v. Ionenassoziaten mit Triarylmethanfarbstoffen 28-0513; Wechselwrkg. d. selektiven Parameter bei d. Trenn- – v. KW-Stoffen mit Fluorchemikalien 51/52-2493; Grundlagen zur Aromaten- – mit Alkylformamiden (Phasengleichgew.-Best. an quatern. Syst. v. Typ Bzl./nicht-aromat. KW-Stoff/Alkylformamid/W. unter bes. Berücksichtig. ungesätt. KW-Stoffe als Nichtaromaten) 22-0866; – v. Aromaten mit Dimethylsulfoxid in Ggw. v. Aliphaten 22-2540; – d. γ-Isomeren aus techn. Hexachlorcyclohexan mit Methanol 22-2549; – v. Di- u. Trialkylammoniumnitraten mit HNO_3 24-0529; – v. 8-Hydroxychinolin mit Chlf. in Abhängigk. v. pH-Wert 11-0584; Unters. d. Ionenassoziat. d. Dicarboxylatokomplexe v. ^{65}Zn durch Lsgm.- – 8-0621; – v. Wein-, Äpfel- u. Milchsäure mit Tri-n-butylphosphat in n-Dodecan aus wss. Lsg. 25-0911; Kinetik d. – aus Tropfen im Syst. W./Benzoesäure/Lsgm. 28-0907; – v. Propionsäure aus in W. dispergiertem Toluol (Einfl. d. Düsenanzahl u. d. Zuflußraten auf d. Durchsatz im Sprühturm) 47-2278; – v. Anabasin aus wss. Lsg. mit organ. Lsgm. bei verschiedenem pH 6-1699; Fraktionier. eines Hydrastin/Brucin-Gemisches durch Gegenstromverteil. 13-2136; Einfl. struktureller Faktoren auf d. thermodynam. Charakteristika d. – v. Salzen bas. Farbstoffe (– v. Salzen d. Methylgrüns mit zweifach geladenem Kation) 38-0928; Einfl. struktureller Faktoren auf d. thermodynam. Charakteristik d. – v. Salzen bas. Farbstoffe (– v. Brilliantgrün) 34-0932.

Bibliographie

Physikalisch-chemische Grundlagen der Flüssigkeitsextraktion [russ.] B 18.

Solvent extraction chemistry of metals: proceedings of the International Conference sponsored by the United Kingdom Atomic Energy Authority, *1965* B 19.

Exzitonen s. unter *Elektronenstruktur.*
Exzitonenspektrum s. unter *Spektrum.*
EZ 33 s. unter *Magnesiumlegierungen (Sondermarken).*
Ezcurrit, IR-Spektrum v. – 39-0366.

F-9 s. unter *Plaste, Si-Plaste (Weitere Organo-Si-Polymere).*
F-60 s. unter *Plaste, Si-Plaste (Weitere Organo-Si-Polymere).*
430 F s. unter *Eisen, Schmiedeeisen und Stahl (Sondermarken).*
F 461 s. unter $C_{12}H_{13}NO_4S$.
F 1205, Wrkg. auf d. Hämodynamik d. Niere 27-1677.
F 6066 s. unter $C_{23}H_{24}O_4$.
Fabelta s. unter *Chemiefasern, Viskosefasern.*
Fabulit s. unter *Strontiumoxide, Mischoxide: Ti(SrTiO₃).*
FAD s. unter $C_{27}H_{33}N_9O_{15}P_2$.
FADH₂ s. unter $C_{27}H_{35}N_9O_{15}P_2$.
Faeces (Kot, Stuhl)

Verw. für Düngezwecke s. unter *Düngung (Organische Düngemittel)*; s. auch *Stoffwechsel.*

Ausscheid.: v. ^{210}Pb in d. – v. Hunden nach Einw. v. Rd in Gruben 1-1682; v. ^{131}J in d. – nach oraler Verabreich v. radioakt. Triolein beim Menschen 6-1580; v. S in d. – bei Schafen 6-1587; ^{224}Ra, ^{212}Pb u. ^{212}Bi im – 10-1704; fäkale J-Ausscheid. beim Menschen 15-1498; Einfl. v. Chelatbldg. auf d. Ausscheid. v. Zn-65 durch d. – beim Menschen 21-1334; ^{59}Fe-Ausscheid. in Ratten- – bei experimenteller Anwend. v. Komplexonen 33-1700; – -Geh. v. Fallout-^{137}Cs bei Milchkühen nach Zufuhr v. verschiedenen Futtertypen 34-1688; Ca-Ausscheid. in d. – bei Hyperthyreose 35-1527; – -Ausscheid.: d. natürl. Radionuklide ^{210}Pb u. ^{210}Po durch d. Menschen 38-1616; v. ^{90}Sr u. Ca aus d. Organismus d. Hundes 45-1541.

Gallensäuren im Hunde- – 2-1627; fäkale Gallensäureausscheid. beim Menschen 4-1569; – -Ausscheid.-Prod. v. Cholsäure beim Menschen 7-1709; Ausscheid. v. Mimosin im Geflügel mit d. – 8-1697; Isolier. v. 5β-Pregnan-3α.20α-diol aus Kindspech 10-1575; Auftreten v. ^{32}P-Ciliatin in d. – nach Verfütter. v. ^{32}P-Ciliatin an Ratten 10-1678; Aktivität einiger Fermente in – -Kulturen 11-1330; pharmakolog. akt. Substanzen in d. – v. Vespa orientalis 11-1546; Guanin in d. – -Ausscheid. d. Baumwollkapselkäfers 11-1633; Lipidzus. d. – bei Neugeborenen im Vgl. zur Fauenmilch 15-1572; Porphyringeh. d. – bei d. Albinoratte infolge v. Äthionin 19-1654; Ausscheid. v. Gallensäuren mit d. – bei fettfreier Diät 26-1601; Stoffwechselprod. v. Diazepam in d. – 27-1709; Einfl.: d. Diät auf d. C- u. Energieverlust in d. – bei Mensch u. Maus 28-1614; v. AMP auf d. Porphyringeh. in d. – nach einer Orotsäure enthaltenden Diät bei Ratten 28-1635; Ausscheid. v. markiertem Thyroxin mit d. – bei Zusatz v. Cholesterin u. Cholsäure zum Futter 31-1458; Glykoprotein in d. – v. Patienten mit zyst. Fibrose d. Bauchspeicheldrüse 32-1589; Charakterisier. v. dreifach substituierten Cholansäuren in menschl. – 34-1618; Isolier. v. krist. i-Urobilinogen aus d. – 36-1579; Stoffwechselprod. v. $^{14}C_{(4)}$-Testosteron in d. – eines kastrierten Stiers 37-1410; Ausscheid. v. ^3H-Mineralöl bei Ratten in d. – 42-1501; Schicksal v. Histamin u. N-Acetylhistamin im Menschendarm u. Ausscheid. in d. – 43-1386; Ausscheid. v. Polyäthylenglykolätheraddukten v. Nonylphenol in d. – bei d. Ratte 43-1457; Fäll. verschiedener 3β-Hydroxysterine mit Digitonin aus – 44-1889; Kristallisat. u. vorläuf. Charakterisier. eines Dicumarinmetaboliten in d. – Dicumarin-behandelter Ratten 47-1487.

Arginin benötigende Milchsäurebakterien in d. Baby- – 22-1259; Wrkg.: v. Lincomycin auf d. normale menschl. Fäkalflora 35-1711; v. Amphocyclin auf d. Geh. v. Candida albicans in d. – 35-1715; Isolier. eines Bakteriums aus Ratten- – 36-1380; Gallensäure 7α-dehydroxylierende Mikroorganismen d. – 41-1331.

Blutausscheid. mit d. – nach Aspirin 20-1628; Wrkg. mit Serotonin verwandter Arzneimittel auf d. W.-Verbrauch u. d. Defäkat. bei Ratten 26-1533.

In vivo-Dialyse v. – als eine Meth. d. – -Analyse 3-2090; rotierender zylindr. Urin- – -Separator 15-2093.

γ-spektrometr. Best. v. Fallout-Radionucliden in Rinder- – 22-2018; N-Best. nach Dumas im – 25-1850; radiochem. Best. v. ^{210}Pb im – 31-1979; Best. v. S im – durch Atomabsorpt.-Spektrometrie 40-1908; atomabsorptions-photometr. Best. v. Ca u. Mg im – 49/50-1839.

Trenn. ätherlösl. Porphyrine aus d. – durch Gegenstromverteil. 9-1661; analyt. Schema für fäkale Porphyrine 1-2141; direkte Mess. v. Sterinen u. Gallensäuren im menschl. – 3-1586; Best.: d. Gesamtlipide in – 4-1967; v. Kohlenhydratfrakt. im tier. – 6-2063; v. Cholestanol u. Stigmastanol im – 18-2068; Abtrenn. u. Analyse: d. gesamten fäkalen Gallensäuren durch Verteil.-Gaschromatographie 19-2101; d. gesamten neutralen Steroide im – durch Verteil.-Gaschromatographie 19-2102; auf elektr. Kapazitätsmess. basierende Meth. zur Schnellbest. v. –-Fett 22-1979; Schnellverf. zur Best. d. Gesamtlipide im – 23-1588; enzymat. Best. v. Milchsäure in d. – bei Glykosidasemangel 28-1358; verteilungsgaschromatograph. Meth. zur Best. v. Cyclohexylaminsulfamat-Salzen im tier. – 41-1992; Isolier. u. Best. v. neutralen u. sauren Steroiden im – 45-1500; Best. v. Sterinen u. Gallensäuren im – 45-1501; fluorimetr. Best. v. Oxalsäure im – 46-1934; Best.: v. Benzydamin im – bei Maus, Ratte, Hund u. Mensch 51/52-1527; d. Fettsäuren im – 51/52-1913; Testreagenz zur Best. d. Fettgeh. im – 51/52-1918.

Nachw. v. Pseudomonas aeruginosa in –-Proben 10-1481; Test. für d. Best. v. Blut im – ohne Diätbeschränk. 11-2152; Differentialfärb. für Eier u. Larven im – 46-1033.

Fäden s. unter *Fasern* bzw. *Textilstoffe.*

Fällung

–-Rk. bei d. *Analyse* sowie *Maßanalyse* s. dort; für Nachw. u. Best. spezieller Stoffe s. unter d. entsprechenden Stichwörtern. Elektro-– s. unter *Elektrolyse.* Elektrophoret. – s. unter *Elektrophorese.*

Siehe auch *Kolloidchemie*; *Kristallisation.*

Quant. Unters. d. orthokinet. Ausflock. in Suspens. (eine verfeinerte Theorie d. orthokinet. Ausflock. in Sedimentsyst.) 2-0662; – durch Dekomplexier. 5/2015; Methodik d. –-Prozesse 11-0885; Zonenordn. in d. –-Chromatographie 17-0714; Theorie v. – 31-0248; Simulier. v. Flockenbldg. 41-0610; Ausfäll.-Sorpt. an Ionenaustauschern (Mechanismus) 44-0628; präparative Homogenfäll. durch Komplexacidolyse 44-0710; –-Erschein. in fl. Gelatinelsg. 48-0587; Fäll. u. Mitfäll. in Ggw. v. EDTA 48-1883, 48-1884; Zeta-Potential als Hilfsmittel d. Flock.-Technik 48-2133; – aus homogener Lsg. 49/50-1793.

Heterogener Austausch v. Nd. (Austausch zwischen wss. Fe(III)-Chloridlsg. u. Fe(III)-Oxidhydraten, d. nach d. – unterschiedl. behandelt wurden) 4-0638; (Austausch v. Fe^{3+} zwischen wss. $FeCl_3$-Lsg. u. koll. durch langsame Hydrolyse erhaltenem β-FeOOH) 4-0639; (Berechn. d. ausgetauschten Anteils bei Änder. d. Zus. d. Syst. während d. Vers.) 4-0640; Verhüt. d. Aufwirbelns eines Nd. durch eine Ström. beim Zentrifugieren 15-0708; heterogener Austausch v. Nd. (Einfl. d. Konz. d. koagulierenden Co^{2+}-Ions auf d. AgJ–J^--Austausch) 22-0613; (AgCl–Ag^+- u. AgCl–Cl^--Austausch) 22-0614; Oswald-Reif. v. Nd. in festen Matrizen (Cu-Leg. mit *1,6–3,1* Co) 31-0259; Ermittl. d. Zus. v. Nd. nach d. Meth. d. kontinuierl. Variat. 31-0558; heterogener Austausch v. Nd. (Einfl. v. n-Myristylamin u. n-Dodecylamin auf d. Austausch zwischen getrocknetem AgJ u. J^- unter Verw. v. ^{131}J) 46-0690; Adsorpt. einiger Phenole an in ihrer Ggw. gefällten Silicagelen 17-0696; scheinbares Vol. d. Nd. bin. Syst. v. Metallhydoxiden 31-0568; Elektrolyteinfl. auf d. Adsorpt. v. Farbstoffen durch radioakt. $BaSO_4$-Nd. 8-0678; Absorpt. v. Mikromengen v. HPO_4^{2-}-Ionen durch radioakt. u. bestrahlte $BaSO_4$-Nd. 15-0718; elektronenmkr. Unters. eines Flock.-Mittels auf Polysaccharidbasis u. eines geflockten Kaolinits 2-0665; Adsorpt. v. Ionen in Lsg. durch Aluminiumhydroxid-Nd. 2-0683; Rheologie v. in organ. Fl. geflocktem Kaolin 3-0669; Ionenaustauschrk. zwischen einem SiO_2–Al_2O_3-Nd. u. einer wss. Lsg. 36-0639; Festigk. eines Nd. v. mit Polyacrylamid behandeltem $Al(OH)_3$ 43-0596; Kationenaustauscheig. v. Zirkonyloxalat-Nd. 17-0703; Ionenaustauscheig. v. zusammengefällten Zr/Nb-Phosphaten 39-0640; Ionenaustausch an Hexacyanoferraten nach – auf Festkörpern 35-0622; Sorpt.-Aktivität u. Porenstruktur v. gemeinsam gefällten Kieselsäure- u. Eisenoxidhydratgelen 42-0603; Oberflächeneig. v. gefälltem u. calciniertem Kobaltoxid 10-0664; Einfl. d. pH-Werts beim Fällen v. Ca–Ni-Phosphaten auf deren katalyt. Dehydrier.-Aktivität 26-0699; Fluoreszenz v. Na-Fluoresceinat, Rhodamin B u. ihren Gemischen als eine Funkt. d. H_2-Ionen-Konz. in W.-Lsg. bei d. – (Methodik d. –-Prozesse) 11-0885; Entfern. v. Rb-Beimeng. aus Cs durch Chromatographie an krist. Nd. aus organ. Lsgm. 38-0652.

– v. Metall–Cupferron-Komplexen aus homogener Lsg. 12-1973, 12-1978; Anwend. v. Thioharnstoff zur Ausfäll. v. Metallsulfiden (Rk.-Kinetik d. Umsetz. zwischen Kaliumantimonit u. Thioharnstoff unter Bldg. v. Thioantimonat III, Sb_2S_3 durch H_2SO_4) 21-0712; – u. Hydrolyse v. Metallionen 23-0569; Reinig. radioakt. Abwässer durch Kontaktfäll. 24-2162; Betracht. d. – d. Metallsulfide d. zweiten analyt. Gruppe v. thermodynam. Standpunkt 31-0570; Ausfäll. u. Hydrolyse v. Metallionen 43-0543; (in Meerwasser) 43-0751; pH-Wert d. –-Anfangs u. seine Abhängigk. v. d. Energiecharakteristik d. Ionen d. Elemente d. *2.* Gruppe u. *4.* Reihe d. Periodensyst. 44-0559; – u. Flock. v. Oberflächenwässern 46-2069; –-Erschein. v. Schwermetallseifen in wss. Lsg. (Calciumoleat) 48-0586; –: v. Na-Salzen aus wss. Lsg. durch Verb.-Bldg. mit p.p′-Diamino-2.3-diphenylbutan 17-0780; v. Calciumcarbonaten u. -phosphaten (Effekt v. Mg- u. Fluoridionen auf d. spontane Fäll. v. Calciumcarbonaten u. -phosphaten) 8-0747; v. Ca-Carbonaten u. -Phosphaten aus metastabilen Lsg. (als Ca-Carbonatphosphate) 11-0766; Fäll. u. Mitfäll. v. $SrSO_4$ in Ggw. v. EDTA 48-1884; nephelometr. Unters. d. $BaSO_4$-Fäll. 18-1992; radiochem. Unters. über d. Teilvorgänge d. Bariumsulfat-– (– bei sehr niedr. Übersättig.) 30-0177; (papierchromatograph. Trenn.) 30-0178; Einfl. d. Beding. auf d. – v. radioakt. Ba u. Sr mit SO_4^{2-} mit Äthylendiamintetraessigsäure 48-1883; Fällvorgang v. Blende-strukturiertem ZnS aus mineralsaurer Salzlsg. mit H_2S 7-0735; Bldg. v. CdS durch – mit H_2S aus $CdCl_2$-Lsg. 38-0647; Kinetik d. chem. Abscheid. v. CdS-Filmen 46-0687; period. – v. HgS 9-0677; – v. Phosphaten d. Mg, Zn, Ca u. Hg 11-0769; Darst. v. Al-Hydroxiden u. -oxiden durch – aus $Al(NO_3)_3$-Lsg. 21-0636; Gewinn. v. Alumosilicat-Adsorbens durch gemeinsame Fäll. v. Kieselsäure- u. Al-Hydroxid-Gelen 44-2006*; Darst. v. InP durch – aus d. Lsg. u. einige seiner Eig. 7-0747; – v. Sc^{3+} mit H_3PO_4 oder KH_2PO_4 als $ScPO_4 \cdot x\,H_2O$ 44-0717; Darst. v. Lanthanaluminat durch gemeinsame – 38-0720; –: v. $La(OH)_3$ aus einer wss. $La(NO_3)_3$-Lsg. mit *12,5*%ig. NH_3-Lsg. 49/50-0679; v. Pr u. Y aus alkal. Glycinlsg. durch Na-Oxalat als gemischte Verb. mit C_2O_4 u. Glycinationen 14-0811; Vers. zur Herst. v. Sm-Konzentraten aus Ceriterden durch homogene – 19-0755; Mechanismus d. chem. – dünner PbSe-Filme an Glasoberflächen 6-0743; Kinetik d. Fäll. dünner PbSe-Filme 6-0744; elektronenmkr. Beobacht. d. Fäll. v. Nioboxid aus übersätt. Lsg. 21-0227; Mechanismus d. – v. ^{231}Pa u. ^{230}Th aus ozean. Wässern 37-0809; –-Beding. v. Zinkmolybdat im Syst. $Zn(NO_3)_2/Na_2MoO_4/H_2O$ 23-0551; Umsetz. v. Ga- u. Bi-Sulfid bei d. gemeinsamen – aus HCl-sauren Lsg. 14-0827; – v. H_2WO_4-Sol-Teilchen 51/52-0563; –-Beding. v. Ammoniumuranylarsenat (selektive Abtrenn. d. U bei Anwesenh. v. Fe(II)- u. Al-Ionen in d. Lsg. in Form d. Arsenats) 12-0791; – v. U(VI) in wss. Lsg. (wss. –-Syst. $UO_2(NO_3)_2/Na_2CO_3/SrCl_2$) 13-0791; Zus. u. Existenzbereiche d. sich in wss. Lsg. v. $UO_2(NO_3)_2$, Salicylsäure, KOH u. KNO_3 bildenden Nd. 20-0554; Ausfäll. u. Hydrolyse v. U(VI) in nichtwss. Lsg. 43-0724; Darst. v. $Fe(OH)_3$ durch – v. $FeCl_3$ mit NaOH 15-0722; –-Erschein. an SiO_2-, $Fe(OH)_3$- u. $Al(OH)_2$-Solen 24-0635; papierchromatograph. Trenn. während d. – v. $Ce(OH)_3$ u. $Fe(OH)_3$ 29-0660; Darst. magnet. Ferrite durch Simultanausfäll. (Ausfäll. aus Lsg.-Gemischen mit Zn^{2+}, Fe^{2+} u. Fe^{3+}) 47-0697; –-Rk. v. Trifluoracetatokobalt(III)-Komplexen mit HCl, NH_4Cl, HNO_3, NH_4NO_3, KJ, CH_3COONa, $K_2Cr_2O_7$ u. Cl_3CCOOH 18-0728; Mechanismus d. –-Rk. v. $Co(OH)_3$ aus einem Vernickel.-Elektrolyten mit ca. *0,4* Co (als Sulfat) bei d. Ox. v. Co^{2+} mit durchgeleitetem Cl_2 u. Neutralisat. d. gebildeten Säure mit Na_2CO_3 25-0694; Einfl. v. Thioharnstoff auf d. Geschw. d. chem. Abscheid. v. Ni u. Co aus alkal. Lsg. (Einbau v. C u. S in d. Ni-Nd.) 9-0720; Trenn. v. Cu u. Pr, Fe u. Pr u. v. Zn u. Pr durch Fäll. mit NaOH in Abhängigk. v. pH u. d. Verhältnisses Me-Salz/NaOH (Me = Cu, Fe, Pr u. Zn) in d. Lsg. 8-0574; chem. Abscheid. spiegelnder Silbersulfidfilme auf einer Glasoberfläche aus wss. alkal. Lsg. unter Verw. v. Thioharnstoff 15-0768; Bldg. v. Nd. v. $Na_3[Fe(CN)_5 \cdot X(C_6H_5)_3]$ (X = P, As, Sb) u. $Na_2[Fe(CN)_5 \cdot X(C_6H_5)_3]$ mit Fe^{3+}, Co^{2+}, Cu^{2+}, Ni^{2+}, Ag^+, Pb^{2+} u. Zn^{2+} 18-0725; Fäll. v. Zr- u. Th-Cupferraten u. Ni- u. Pd-Salicylaldoximaten aus homogener Lsg. 49/50-1793.

Technik d. –-Fraktionier. v. Polymeren in Kolonnen mit Temp.-Gradienten 7-1209; –-Fraktionier. v. Polyvinylchlorid (Vgl. mit Eluier.-Meth.) 45-1086; – v. Kollagenkomponenten durch NaCl 31-1114.

Zementation: Kinetik u. Stöchiometrie d. Substitut.-Rk. v. Cu in Sulfatlsg. durch Al 16-0655; Kinetik d. Zementat. v. Cu aus $CuCl_2$-Lsg. durch Fe 21-0718.

Mitfällung: Verteil. d. Mikrokomponente zwischen d. Nd. d. Sammlers u. d. Lsg. bei Gegenstrom-Mitfäll.-Beding. 22-0523; Fäll.-Kristallisat. in Ggw. nicht isomorpher, isomorpher u. adsorbierter Beimeng. 31-0267; Mitfäll. v. Kationen mit $CaCO_3$ (Mitfäll. v. Zn^{2+} mit Calcit zwischen *50* u. *250*° bei Hydrolyse v. Ca-Salzen organ. Säuren) 37-0253; Organ. Mitfäll.-Mittel 42-1794; Geschw. d. Mitfäll. v. Kationen an Sulfiden (Bldg. chem. Verb.) 42-1870; Fäll. u. Mitfäll. in Ggw. v. EDTA 48-1883, 48-1884.

Mitfäll. v. radioakt. At mit einigen schwerlösl. Nd. einwert. Kationen 22-0526; Abtrenn. v. ^{32}P aus einer $^{32}P/^{35}S$-Misch. durch Mitfäll. an Eisenhydroxid bei Verw. einiger organ. Basen als Fäll.-Mittel 41-0703; Mitfäll.: v. Na durch Ca-Phosphat 21-0658; v. Cs mit KBF_4 u. Einfl. d. Ggw. v. $CaCl_2$, $MgCl_2$, $Al(NO_3)_3$, $Fe(NO_3)_3$, Stärke, Gelatine oder Agar-Agar 22-0524; v. Sr mit CaC_2O_4 durch Fäll. aus homogenem Syst. 22-0525; Abänder. d. Doerner-Hoskins-Bezieh. für d. Fall gemeinsamer – durch Zusatz isomorpher Makrokomponenten im Syst. $BaSO_4/^{90}Sr$ 18-0498; thermodynam. Unters. d. Verteil. v. Sr-Spuren zwischen $BaHPO_4$ u. Lsg. 28-0508; Mitfäll. radioakt. Isotope v. Ba u. Sr mit Bleisulfat 36-0556; Verteil. v. Sr^{2+} zwischen Ca^{2+}-Lsg. u. $CaCO_3$-Nd. im Syst. $CaCO_3/SrCO_3$ 43-0220; Mitfäll.: v. Zn mit $CaCO_3$ 49/50-0522; im Syst. Hg^{2+}, Cd^{2+}, H^+/S^{2-} 15-0617; v. In mit Fe(III)-Diphosphat bei *60*° im Syst. $Fe_2(SO_4)_3/Na_4P_2O_7/H_2SO_4/In_2(SO_4)_3$ 15-0619; im Syst. GeS_2/In_2S_3 22-0527; Fäll. v. Y mit Ca-Oxalat als Träger im Syst. Y^{3+}/Ca^{2+}/Oxalat im pH-Bereich *2,62–4,62* nach d. Verteil.-Gesetz im Gegensatz zum Syst. Sc^{3+}/Ca^{2+}/Oxalat 15-0618; Mitfäll. v. Ce mit K_2SO_4-Krist. (Einfl. v. Fremdzusätzen) 15-0614; (Einbau v. Ce in HNO_3-saurer Lsg. wachsende K_2SO_4-Krist.) 15-0615; kinet. Meth. zur Unters. d. Mitfäll. u. d. Übergangs v. Ce u. La in K_2SO_4-Krist. d. Syst. K_2SO_4/La/H_2O/*1, 5* nHNO_3 u. K_2SO_4/Ce/H_2O/*1,0–1,5*n HNO_3 15-0616; Unters. d. Verteil. v. Y, Sm, Eu, Gd, Dy, Ho u. Tm bei d. Trenn. mit K_2CrO_4 in wss. Lsg. 21-0782; Einfl. v. Säurekonz. u. anwesenden Ionen auf d. Abtrenn. v. Sn durch Mitfäll. mit MnO_2 16-1950; Konzentrier. v. Ta-Spuren durch Mitfäll. an Kollektoren 47-1855; Mitfäll.: v. Pu mit $La_2(C_2O_4)_3$ im Syst. $La_2(C_2O_4)_3/Pu \cdot (C_2O_4)_2$/*1,5*n HNO_3/xn $H_2C_2O_4$ 22-0528; v. Pu mit $La_2(C_2O_4)_3$ 22-0529; v. Ni-Spuren mit $Mg(OH)_2$ (bas. Salzen) aus $MgSO_4$-Lsg. 15-0620; Bldg. v. Adsorpt.-Mischkrist. KCl–$MeCl_2 \cdot x\,H_2O$ ($MeCl_2 \cdot x\,H_2O$ = $CuCl_2 \cdot 2\,H_2O$, $CoCl_2 \cdot 6\,H_2O$ u. $NiCl_2 \cdot 6\,H_2O$) 26-0523; Mitfäll. v. Hg, Au, Pt u. Pd durch Te 10-0793.

Flockungsmittel: elektronenmkr. Unters. eines Flock.-Mittels auf Polysaccharidbasis 2-0665; Flock.-Werte v. Polyelektrolytdetergentien u. ihr Einfl. auf d. Bldg. v. Schlämmen bei d. Reinig. v. Lsg. 2-2893; Verw.: v. Flock.-Mittel zur Beseitig. v. Schlammablager. in Leit. u. Tanks 4-2069*; v. wasserlösl. Polymeren als Flock.-Mittel 9-3147*; v. Flockenbildnern bei d. chem. Koagulat. zur Dekontaminat. v. W. 13-2309; Ausflocken v. Feststoffen aus koll. wss. Syst. durch Zusatz v. in W. lösl. linearen Polymeren 13-2310*; Verw.: v. wasserlösl. Polyaddukten v. Alkyleniminen als Flock.-Mittel 14-3085*; v. sulfonsäuregruppenhalt. Hochmolekularen als Flock.-Mittel 14-3098*; Verw. v. modifizierten Natursubstanzen u. synthet. Prod. als Flock.-Mittel in W.-Schlammaufbereit.-Anlagen v. Kohle 21-2922; Flock. v. Kaolin u. ausgefälltem $CaCO_3$ durch Polymere 23-0631; Einfl. v. Flock.-Mitteln auf d. Entwässer.-Technik bei d. Kohleaufbereit. 25-2534; Wrkg. makromol. Flock.-Mittel auf verschiedene Kohlen- u. Bergschlammtypen 28-2716; Anwend. eines organ. Flock.-Beschleunigers zur Aufbereit. kalten Oberflächenwassers 30-2127; hochmol. Flock.-Mittel zur Klär. v. Trüben u. zur Entwässer. v. Schlämmen 36-2101; Herst. v. Sulfofettsäuredialkylestern als Flockulat.-Mittel für Mineralien 41-2401*; Einfl. v. makromol. Flock.-Mitteln im Rücklaufwasser v. Flotat.-Anlagen 44-1981.

Färben

– v. speziellen Stoffen s. unter d. entsprechenden Stichwörtern; – mit speziellen Farbstoffen u. spezielle Farbstoffe zum – s. *Farbstoffe*; Bedrucken v. Textilien s. unter *Textildruck.*

Allgemeines. Theorie des Färbens u. dgl. Vorgänge beim – v. Textilien 2-2858; Unterstütz. d. prakt. Färbers durch Chemiker u. Physiker 5-2917; Entw. u. Probleme in d. Färberei 8-2857; Misch.-Färb. (Absorpt.-Spektren d. Misch. v. Direktfarbstoffen in wss. Lsg.) 15-2879; Überblick über d. Chemie d. Färbeprozesses 17-2691, 17-2692; thermodynam.-phänomenolog. Beschreib. d. Färbevorgänge 19-2868; Einführ. in d. Färbetechnik 28-2772; Theorie d. – (Affinität u. Färbegeschw.) 31-2620; Einfl. d. Fließgeschw. auf d. Färbegeschw. (Diffus.-Grenzschicht beim –) 32-2711; (Mechanismus d. Fl.-Stromes durch Textilien) 32-2712; thermodynam.-phänomenolog. Beschreib. d. Färbevorgänge 32-2713; Bedeut. d. hydrophoben Bind. beim Färbeprozeß 37-2456; elektrokinet. Unters. v. Färbevorgängen 41-2555; Einfl. d. Farbstoff-Faser-Rk. auf d. Färbeeig. 43-2444; Einführ. in d. Färbetechnik 49/50-2612; thermodynam.-phänomenolog. Beschreib. d. Färbevorgänge 49/50-2611.

Färbeverfahren. Neue Färbe- u. Ausrüst.-Verf. 1-2927; Entw. v. Färbeverf. (Überblick) 2-2860, 6-2788, 6-3049; neue Farbstoffe u. Färbeverf. 44-2636.

Automatisier. beim – (Verw. v. Duomats) 7-2943, 13-2913; (v. Textilien) 15-2837; Instrumentat. in d. prakt. Färberei 18-2880; Automatisier.: v. Färbeanlagen 25-2594, v. Färbeprozessen 25-2600, 36-2560; Anwend. v. Isotopengeräten in d. Färberi 47-2442.

Neues Färbeverf. (Niedertemp.-Färbeverf.) 8-2859; (Musterkarte) 8-2860; Kontinue- – (Entw.) 8-2863; (Klotz-Dämpffixiermeth.) 12-2735; Textilfärb. nach d. Thermofixierverf. im hochfrequenten Wechselfeld 12-2737*; Veränder. d. Färbeflotte zur besseren Durchdring. u. egaler Färb. d. Färbegutes 13-2917; neue Aspekte u. Probleme d. kontinuierl. – 15-2839; Verstärk. d. Färbeprozesses durch Chemikalien u. Schwing. 15-2842; Färbeverf. mit Anwend. eines kolorimetr. Syst. auf mathemat.Berechn.-Grundlage18-2895*; Farbstoffwander. beim Thermosol- – 19-2869; techn. Auswert. d. Cibaphasolverf. 19-2872; mustermäßiges Übertragen u. Fixieren v. Farbstoffen auf Flächengebilde in Ggw. elektrostat. Felder 24-2819*; kontinuierl. – v. Textilien 27-2781*; rationelles Thermosolieren nach d. RT-Verf. 29-2694; – v. Textilfasern (unter Wrkg. v. elektr. Gleichstrom) 39-2533*; (nach d. Vigoureux-Druckverf.) 40-2653*; (unter Wrkg. v. Glimmentlad.) 43-2451*; (Foulard- –) 47-2456*.

Gleichzeit. –: u. Knitterechtausrüsten v. Textilien 5-2920, 15-2863*, 19-2882*; u. Ausrüsten v. Textilien mit farb. Copolymerisaten 19-2883*; Färben u. Knitterfestmachen v. Textilien 20-2830*; Wirksamk. v. Vorkondensaten beim gemeinschaftl. – u. Bleichen 33-2757; Appretieren u. gleichzeit. – v. Textilien 39-2848*; alkal. u. saure Hydrolysefärb. bei gleichzeit. – u. Bleichen 47-2453.

Färben: v. natürl. Polyamidfasern (in Ggw. v. Polyglykoläthern) 5-2939*; v. Textilien (in Ggw. v. Phosphoniumsalzen) 15-2854*; (in Ggw. v. Thioharnstoff) 15-2855*; (in Ggw. dispergierbarer Aminoplaste) 15-2861*; v. N-halt. Faserstoffen (in Ggw. v. Polyäthylenoxidderiv.) 17-2707*; (in Ggw. gesätt., aliphat. Carbonsäuren) 18-2892*; v. hydroxyl- u. amidgruppenhalt. Textilien (in Ggw. alkal. Mittel) 18-2899*; v. Textilfasern aus Keratin (nach Behandl. mit Peroxyverb.) 18-2891*; (mit substituierten Triaminobenzolen) 20-2833*; (Behandl. mit Carbodiimiden) 29-2696*; Vorbereit. v. künstl. Textilfasern für d. – (Behandl. mit Aziridinophosphoroxiden) 29-2697*; Färben: v. Textilien (in Ggw. v. Polyglykolen) 31-2632*; (in Ggw. v. Verb. mit hohem Molgew.) 41-2565; (in Ggw. v. alkal. u. v. polyfunktionellen Verb.) 41-2567*; (in Ggw. v. vinylsulfonylgruppenhalt. Verb.) 41-2568*; (in Ggw. acryloylgruppenhalt. Verb.) 41-2569*; (mit farbstoffhalt. Aminoplasten) 41-2570*; (in Ggw. v. alkal. u. v. polyfunktionellen Verb.) 41-2572*; v. N enthaltendem Fasermaterial (in Ggw. eines Nitrils) 41-2866*; v. Textilien (in Ggw. alkal. Mittel) 44-2643*, 44-2644*, 46-2629*.

Reibechtes Umfärben v. Bezugstoffen 1-2942*; kontinuierl. Stückfärben auf HT-Dämpfern 4-2728; – v. selbstkräuselnden Fasern 11-2960; kontinuierl. u. halbkontinuierl. – v. Geweben 12-2738*; Färbeverf. für Stretchgewebe 16-2745; – v. Kammzugbändern 16-2746; Verh. v. nach d. Kontinueverf. gefärbtem Kammzug beim Verspinnen 17-2693; Vorteile d. Baumfärb. gegenüber übl. Färbeverf. 21-2998; Vorbereit. v. Garnen für d. Partiefärb. 29-2689; kontinuierl. – v. Gurten u. Bändern (Übersicht) 32-2719; –: v. Teppichfasern u. Teppichen 42-2627; v. gefaserten Oberflächen aus Pflanzen u. Silicatfasern 44-2639*; v. Garnen aus synthet. u. nativen Fasern 47-2455*; v. Stretchgeweben 48-2830.

Applikat. v. Thermosolfärb. v. Polyester/Cellulose 1-2929; Färben v. Polyacrylonitril-/Cellulosefasern 1-2933; Fixier. v. Wollfarbstoffen auf Cellulosetextilien 1-2936; echte Färb. auf Cellulosematerialien 1-2941*; – v. Cellulosetextilien 6-2806*; (in App. mit zirkulierender Flotte) 7-2946; v. Vinol/Cellulosefaser 10-2915; v. Polyester/Cellulose (Thermosolverf.) 11-2961; waschechte Fixier. v. Baumwollfarbstoffen auf Cellulosetextilien 12-2742*; chem. Fixier. v. Farbstoffen an natürl. Cellulose 14-2934*; – v. Cellulosetextilien 15-2846*; (in Ggw. v. polyfunktionellen Verb.) 15-2852*; Färb- u. Modifizierverf. für cellulosehalt. Textilien 15-2860*; Kontinuefärbemöglichk. für Polyacrylonitril/Cellulose (Überblick) 17-2696; –: v. Cellulosetextilien (Umwandl. v. Farbstoffen auf d. Faser) 18-2890*; (naßecht) 18-2893*; (nach Behandl. mit Alkalinitrit) 19-2886*; (mit Oniumfarbstoffen) 20-2831*; (mit Dihalogentriazinfarbstoffen) 20-2832*; (in Ggw. v. Trisaziridinylverb.) 25-2603*; v. Polyester/Cellulose (Kontinuefärb. nach d. ATE-Verf.) 25-2598; v. Cellulosetextilien (Rk. d. Farbstoffs mit d. Faser) 30-2878*; v. Nylon/Cellulose 37-2463; v. Cellulose/Lycra/Dacron 38-2700; v. Orlon/Cellulose mit Sevron T-Paste (kontinuierl.) 39-2523; v. Cellulose/Polyester (Pad-Roll-Verf.) 40-2648; v. Cellulosefasern (in Ggw. v. Arylamiden v. o-Hydroxycarbonsäuren) 41-2573*; v. Wolle/Cellulose (Cibaphasolverf.) 42-2628; v. Cellulosetextilien 42-2633*; (in Ggw. härtender aminoplastbildender Stoffe) 44-2640*; (naßecht) 44-2645*; (in Ggw. v. Egalisiermitteln) 45-2381*; Farbübergang v. Verdicker zu celluloseart. Material beim Dämpfen 49/50-2615.

Färbereihilfsmittel u. dgl. Färbereihilfsmittel (quatern. Ammoniumsalze) 1-2938*; Egalisiermittel für Küpenfärb. (Polyamide) 6-2799*; (lineare Addit.-Mischpolymere) 6-2800*; Färbereihilfsmittel (Pyrrolpolymere) 10-3002*; oberflächenakt. Stoffe beim – 12-2734; Darst. v. Egalisiermittel 12-2736*; Egalisier.-Mittel beim – mit Küpenfarbstoffen 12-2881*; Färbereihilfsmittel (2-Hydroxy-3-amino-5-triazinylaminobenzolsulfonsäuren) 19-2878*; Darst. v. Färbereiegalisier.-Mitteln 19-2888*; Färbereihilfsmittel (quatern. Pyridylmethylfettalkylammoniumhalogenide) 20-2651*; Kondens.-Prod. aus Äthylenharnstoff u. Aldehyden zur Verbesser. d. Farbstoffaufnahme v. Geweben 20-2817; Sulfoniumverb. zur Verbesser. d. Anfärbbark. v. ungewebten Vliesen 24-3103*; Mischpolymere aus 2-Oxo-N-vinylheterocyclen u. Acrylverb. als Färbereihilfsmittel 25-2602*; Egalisiermittel für d. Wollfärb. 27-2778*; Emulgiermittel u. Farbstoffträger für Textilfärb. 29-2694*; β-Naphthol–Harnstoff–CH_2O-Kondens.-Prod. als Färbereihilfsmittel 43-2600*; Bindemittel beim – v. Textilien (Übersicht) 44-2636; quatern. Ammoniumverb. als Färbereihilfsmittel 44-2638*.

Echtheiten von Färbungen. Verbesser. d. Naßechth.: v. substantiven Färb. (Nachbehandl. mit Sirogen WK) 5-2932; (kationakt. Fixier.-Mittel) 10-2918*; v. mit Schwefelfarbstoffen gefärbten Cellulosetextilien 12-3037*; Farbechth. v. Permanent-Preß-Geweben gegen Verunreinig. in d. Luft 16-2751; Verbesser. d. Farbechth. v. Textilien durch Imprägnieren mit Sulfonylverb. 16-2996*; derzeit. Stand d. Licht- u. Wetterechth. 17-2701; Verbesser. d. Waschechth. v. S-Färb. 26-2891; Verschießen v. Farbstoffen (Übersicht) 38-2701; Verbesser. d. Trockenreibechth. v. Färb. durch Herabsetz. oberflächl. Farbstoffablager. 43-2447.

Abziehen von Färbungen. Verw. v. chlorierter Gelatine zum Abziehen v. Farbstoffen 13-3138*.

Prüfung, Kontrolle, Farbmessung, Rezepturberechnung. Anwend. d. Farbmess. in d. Färberei 3-2805; Auswahl v. Färberezepten mit Computern 4-2726; Prüf-, Meß- u. Regeltechnik für Färberei- u. Bleichereikontrolle 4-2933; spektrophotometr. Mess. beim Färben u. Ausrüsten 5-2918; Colorthek d. BASF mit *1320* Farbtönen 9-2982; Kontrolle d. Waschbäder in d. Kontinuefärberei durch Mess. d. Oberflächenspann. 13-2915; Verw. d. Davidson u. Hemmendinger Colorant Mixture Computer für Färbereiprobleme 14-2922; automat. Farbrezepturherst. für Textilien 20-2812; Farbmess. u. -kontrolle in d. Faserindustrie 20-2813; Analyse v. Reaktivfärb. auf Cellulosefasern 24-2006; Fehlerquellen bei d. Mess. d. Variablen gefärbter Proben 25-2601; Anwend. d. Dispers.-Färb. zur Prüf. u. Identifizier. v. Fasern u. Plasten 27-2108; Rezeptvorberechn. in d. Textilfärb. 29-2683; (Grundlagen u. Übersicht) 29-2684; Bedeut. d. Korrekturfaktoren für d. Coloristen 29-2685; Vgl. d. rechner. Färberezeptermittl. u. d. Rezeptaufstell. über Farbatlanten 29-2686; Prüfmeth. für durch Scheuer. verursachtes „Frosting“ 38-2702; Prüf. v. Farbechth. 38-2703; Computer für d. Farbrezepturberechn. 40-2646; Mess. d. Phototropie v. Färb. 46-2625.

Bibliographie. Veredler-Jahrbuch. Deutscher Färberkalender. Jg. *71. 1967* B 79; Färberei- und textilchemische Untersuchungen B 80; Principles of color technology B 71; Tecnologia della tintura delle fibre tessili. Tecnologia della tintura delle fibre naturali, artificiali e sintetiche, e delle miste B 71.

Färbung, biologische, Mechanismus d. Färb. mit Alcianblau 2-2083, 2-2084; „Luxol“–Phospholipid-Farbstoffkomplexe (Löslichk.-Eig.) 5-2140; mikrospektrophotometr. Analyse d. Karmin-, Orcein- u. Karmin–Orcein-Färb. 16-1913; Merbromin als histochem. Farbstoff 16-1914; opt. Meth. für d. Analyse d. Periodizitäten in Elektronenmikrographien u. einige Beobacht. über den Mechanismus d. Negativfärb. 32-1944; gefärbte Präp. in Hellfeld, Dunkelfeld u. Phasenkontrast 35-1952; Färb. mit d. FALG- u. d. Trifalgsäuremeth. 45-1912; histolog. Färb. mit Pontamin black RRX u. Pontamin fast black PGR 45-1915; chem. Mechanismus d. Nauta-Gygax-Technik 49/50-1069.

Färb.: v. Schnitten nach d. Golgi-Cox-Meth. 15-2074; Toluidinblaufärb. v. Epon-Dünnschnitten 19-2086; Färben u. Waschen ultradünner Schnitte (Vorricht. für d. gleichzeit. Handhab. v. verschiedenem Material) 43-1838; aufeinanderfolgende Färb. v. Paraffinschnitten mit Azur-A-Schiff, Alcianblau, HJO_4-Schiff u. Naphtholgelb S 43-1864; Flotat.–Fl.-Färb. v. Maraglasschnitten mit Toluidinblau 45-1913.

Histotopochem. Unters. mit Kresylechtviolett 16-1915; Silberfarbrk. für Chromosomen u. Zellkerne 20-1957; Lichtbleich. feulgengefärbter Kerne (Mikrospektrophotometrie) 20-1958; morpholog. u. zytochem. Natur d. roten Acridingranula nach Zellanfärb. mit Acridinorange 26-1223; Farbrk. für zytophotometr. Zwecke durch Bldg. einer stöchiometr. Verb. zwischen DNS u. Gallocyaninchromalaun 41-1192; Färbemeth. für Plasmazellen 42-1909; Färb. v. Geschlechtschromalin mit Biebricher Scharlach u. Fast Green FCF als Misch. 43-1866; histolog. Färb. mit direkten Textilfarbstoffen 45-1915.

Selektive Färb. v. Intrazellulareinschlüssen d. Tabakmosaikvirus 8-2062; Fixier. u. Färb. v. Pilzhyphen u. Wurzelgewebe d. Wirtspflanze für d. Elektronenmikroskopie 11-2126; Immunofluoreszenzfärbemeth. für d. raschen Nachw. d. Atmungs-Synzytialvirus 17-1395; Unters. d. Hemm. v. Sendai-Virus durch N^1-Isobutylbiguanidhydrochlorid mit d. Immunofluoreszenzfärb. 17-1396; Immunofluoreszenzfärb. bei Ökologieunters. d. Bodenmikroorganismen 25-2961; Einfl. verschiedener Fixier. auf d. Erschein.-Bild v. Viren in dünnen Schnitten (Unters. an Adeno- u. Vaccinia-Viren) 36-1959; Differentialfärb. v. Hefe für gerein. Zellwände, geplatzte u. intakte Zellen 37-1290; Foots Ag- u. Acridinorangefluoreszenzfärb. v. Pneumocystis carinii in Abstrichen u. Schnitten 37-1337.

Brillantkresylblau als Färbemittel für Pflanzenchromosomen 2-2081; Pollenquetschtechnik u. Färb. d. Chromosomen v. Saccharum u. verwandten Gattungen 11-2125; mikrospektralphotometr. Unters. zur Farbstoffaufnahme in d. lebende pflanzl. Zelle 14-2065; Färb. für d. Stränge in Siebröhren 18-2058; Beobacht. d. Entw. pflanzl. Siebzellen an mit Toluidinblau gefärbten Gefrierschnitten im Polarisat.-Mikroskop 45-1911.

Fluorochromfärbemeth. für histolog. Diagnosen viszeraler Mykosen 1-2122; Goldfärb. d. Schalenhautfasern d. Vogeleies am Schliff 2-2082; histochem. Spezifität d. Färbemeth. für Bindegewebefasern mit Resorcin–Fuchsin u. van Giesons Picro-Fuchsin 4-1961; Acridinorangelebensfähigk.-Test für Knochenmarkzellen 6-1212; Formazananfärb. v. Rattenleber- u. Herzgewebe 12-1301; Identifizier. v. isolierten Chylomikronen durch Anfärben 32-2057; Färb. kleiner Lymphoidnucleoli in Paraffinschnitten durch Anilin/Azur B 43-1855; Solochromcyanin R als ein Indicatorfarbstoff d. Knochenmorphologie 43-1861; Färb. v. Gewebekulturen auf d. Grundlage d. Färb. mit Fe-Hämatoxylin nach Heidenhain ohne d. Notwendigk. einer Differenzier. 43-1862; Beschleunig. d. Färb. v. in Formalin fixierten Skelettmuskeln mit Wolframatophosphorsäure/Hämatoxylin nach Mallory

Farbstoffe

Farbstoffe, anorganische

Spezielle anorganische Farbstoffe

Aluminiumpigmente, Herst.: v. blauer Unterglasurfarbe durch Calcinieren v. $BaCO_3$, $Al(OH)_3$, Quarz, Co-Oxid 1-2402; v. Farbstoffen für keram. Pasten durch Glühen v. Gemischen eines Mn-Salzes mit einer Al-Verb. 15-2310*; v. oberflächenmodifizierten Na–Al-Silicatpigmenten 34-3095*; v. gefärbten Na–Al-Silicatpigmenten 37-2041*; v. Satinweiß 41-2574*; nichtschupp. Metallflockenpigment auf Al-Basis u. Aminen 44-2110*; Herst.: v. Paste aus kaschierten Al-Folienabfällen u. -schrotten 44-2888*; v. feinteil. Al-, Ti-, Si-, Sb-, Cr-, Be-, Zr-, Zn-, Co-, Ni-, Cd-, Mo- u. V-Oxiden aus d. Halogeniden für Pigmente 49/50-2092*; v. goldgefärbten metall – 51/52-2965*; Behandl. zur Erziel. v. W.-Beständigk. v. – 11-2337*; Potentialverteil.-Kurven v. – bei d. Verhüt. v. Stahlkorros. 6-3088; thermooxydative Zers. v. Al-Puderpigmenten 8-3176.

Verw.: v. $Al(OH)_3$ mit MnO_2 u. $CaCO_3$ für rosa Farbkörper für keram. Massen 13-2438*; v. $Al_2Mg_3Zn_3$-Pigmenten für Anstrichmittel 30-2901*; v. – in Epoxy/Steinkohlenteer-Anstrichen 40-2937.

Best.: d. Deckfähigk. v. spiegelbildenden – auf W. 5-3158; d. Abriebs v. Fe-Rot–Bauxit-Pigmenten 8-3168; Unters. d. Oberflächenrk. v. TiO_2- u. Al_2O_3-Pigmenten mit absorbierten Molekeln durch IR-Spektroskopie 8-3171; Mess. d. Sedimentat.-Geschw. u. d. -Vol. v. Alurotpigmenten 18-3235; s. auch *Farbstoffe, anorganische – Ultramarine.*

Antimonpigmente, Herst. v. feinteil. Antimonoxid aus d. Halogeniden für Pigmente 49/50-2092*; Verw.: v. Antimonoxid für gelbe Oberglasurfarben 6-2279; v. Farbkörpern aus TiO_2, Sb_2O_{2-4} u. Schwermetalloxid zum farb. Emaillieren v. Al 19-2331*.

Bariumpigmente, Herst.: v. $BaTiS_3$- u. $BaZrS_3$-Pigmenten 7-3279*; v. blauer Unterglasurfarbe durch Calcinieren v. $BaCO_3$, $Al(OH)_3$, Quarz, Co-Oxid 1-2402; Best. d. Abriebs v. Schwerspatpigmenten 8-3168; Mess. d. Sedimentat.-Geschw. u. d. -Vol. v. $BaSO_4$-Pigmenten 18-3235; Unters. d. Einfl. v. $BaSO_4$-Pigmenten auf Lacküberzüge (Mess.) 42-2845; s. auch *Farbstoffe, anorganische – Lithopone.*

Berylliumpigmente, Herst. v. feinteil. Berylliumoxid aus d. Halogenid für Pigmente 49/50-2092*.

Bleipigmente, Pigmentforsch. an bas. Pb-Chromat 12-3095; Herst.: eines Pigments aus SiO_2 u. $PbCrO_4$ 3-2250*; v. korrosionsschützenden Pigmenten aus Bleisilicat 5-2308*; Verbesser. d. Licht- u. Wetterbeständigk. v. Chromgelbpigmenten 31-2168*; Einfl. v. Chromgelbpigmenten auf d. Schutzeig. v. Lacküberzügen 20-3154*; Verw.: v. Chromgelb in hochtemperaturfester Tinte für Glas oder Keramik 12-2260*; v. – in Farbsyst. für galvanisiertes Fe 16-3072; Best. d. Abriebs v. Pb–Cyanamid-Pigmenten 8-3168; Potential–Zeit-Kurven v. metall. – 8-3169; Best. d. elektr. Leitfähigk. v. wss. Chromgelbsuspens. 29-2115; Neutronenaktivier.-Analyse v. Bleiweiß u. ihre Anwend. zur Altersbest. v. Gemälden 29-2057; s. auch *Farbstoffe, anorganische – Mennige.*

Bleiweiß s. unter *Farbstoffe, anorganische – Bleipigmente.*

Cadmiumpigmente, Herst.: eines Farbstoffs für cadmiumgelbe bis -rote Farbgläser bzw. Emails durch Umsetz. v. Cd mit S bzw. Se 22-2298*; u. Zus., Struktur, Eig. u. Verw. v. – 34-3082; v. feinteil. Cadmiumoxid für Pigmente 49/50-2092*; Verw. v. CdO, CdS, CdSe, α-CdS/CdSe oder Se als Färbemittel für gebräuchl. Glasurmassen 33-2327*; Best. d. photochem. Aktivität v. CdS-Pigmenten 34-3084.

Calciumpigmente, Herst.: v. $CaZrS_3$-Pigmenten 7-3279*; v. perlmutterglänzenden Pigmenten aus CaF_2 u. Guanin 24-3162*; v. Pigmentgemischen aus TiO_2 u. $CaCO_3$ 34-3096*; v. Satinweiß 41-2574*; Verw.: v. Ca–Molybdat-Pigmenten als Korros.-Inhibitoren für Stahl 3-3088; v. $CaCO_3$, $Al(OH)_3$ u. MnO_2 u. MnF_2 für rosa Farbkörper für keram. Massen 13-2438*.

Cerpigmente, Verw.: v. CeF_3, ZrO_2, SiO_2 in keram. Farbe für Glasuren 23-2240*; v. Ceroxid in gelber Pigmentfarbe 25-2011*.

Chromgelb s. unter *Farbstoffe, anorganische – Blei-* bzw. *Chrompigmente.*

Chrompigmente, Pigmentforsch. an Chromgelb 12-3095; Herst.: eines Pigments aus SiO_2 u. $PbCrO_4$ 3-2250*; u. Unters. v. grünen $Cr_2O_3 \cdot m\,TiO_2 \cdot n\,H_2O$-Pigmenten 46-2896; v. feinteil. Chromoxiden aus d. Halogeniden für Pigmente 49/50-2092*; Verbesser. d. Licht- u. Wetterbeständigk. v. Chromgelbpigmenten 31-2168*; Organophilisier. v. Chromatpigmenten (Überblick) 38-2930; thermooxydative Zers. v. Zn–Cr-Farbpigmenten 8-3176; Verw. v. Chromgelb in hochtemperaturfester Tinte für Glas oder Keramik 12-2260*; Einfl. v. Chromgelbpigmenten auf d. Schutzeig. v. Lacküberzügen 20-3154; Verw.: v. Cr_2O_3-Zusatz zu Farben für Glasuren 22-2286; v. CrF_3, ZrO_2, SiO_2 in keram. Farbe für Glasuren 23-2240*; Analysenverf. v. Chromoxidpigmenten 6-3087, 34-3080; Best.: d. Abriebs v. Chromoxidpigmenten u. – 8-3168; d. elektr. Leitfähigk. v. wss. Chromgelbsuspens. 29-2115.

Eisenoxidgelb s. unter *Farbstoffe, anorganische – Eisenpigmente.*

Eisenoxidrot s. unter *Farbstoffe, anorganische – Eisenpigmente.*

Eisenoxidschwarz s. unter *Farbstoffe, anorganische – Eisenpigmente.*

Eisenpigmente, Pigmentforsch. an Eisenoxidgelb, -schwarz u. -rot 12-3095; Herst.: v. H_2O-halt. Co- u. Eisenoxidpigmenten 11-2342*; v. Eisenoxidpigmenten durch Kristallisat. aus Fe-Salzlsg. 17-2200*; v. Eisenoxidpigmenten aus metall. Fe in Ggw. v. Al oder Al-Salz 17-2204*; einer Pigmentgrundlage aus Hämatit durch Red. d. Erzes 21-2334*; v. Eisenoxidpigmentfarbstoffen 22-2208*; keram. Pigment auf Fe-Basis aus ZrO_2, SiO_2 u. Fe_2O_3 23-2239*; Herst.: v. Eisenoxidgelbpigmenten 31-2138; v. Eisenoxidrot durch Behandeln v. Fe mit O_2 37-2040*; Fäll.-Präparat. v. Eisenoxidpigmenten 40-2117; Mahlen v. Fe_2O_3-Pigmenten in Polyurethankautschukrührwerken 5-3171*; Organophilisier. v. Eisenoxidpigmenten (Überblick) 38-2930.

Abhängigk. d. Farbe v. roten α-Fe_2O_3-Pigmenten v. Teilchengröße u. Teilchengrößenverteil. 34-3083; thermooxydative Zers. v. Eisenoxidpigmenten 8-3176.

Verw. v. Fe_2O_3, ZrO_2 u. SiO_2 für keram. Pigmentfarben 15-2224*; Einfl. v. Eisenrot- u. Eisengelbpigmenten auf d. Schutzeig. v. Lacküberzügen 20-3154; Verw. v. FeF_3, CeF_3, ZrO_2, SiO_2 in keram. Farbe für Glasuren 23-2240*.

Schnellbest. d. krit. prozentualen Pigmentvol.-Konz. v. Eisenoxidrot in Alkyd- u. Leinölbindemitteln 7-3262; Best. d. Abriebs v. Fe_2O_3- u. Fe-Pigmenten 8-3168; Mess. d. Sedimentat.-Geschw. u. d. -Vol. v. Eisenoxidpigmenten 18-3235; s. auch *Eisencyanoferrate; Farbstoffe, anorganische – Ocker.*

Bibl.: Iron oxide pigments for paints B 55.

Goldpigmente, Glanzgold für Goldschichten auf keram. Gegenständen u. Glasgegenständen 4-2223*; Best. d. Deckfähigk. v. spiegelbildenden – auf W. 5-3158.

Indiumpigmente, Verw. v. Indiumorange mit ZrO_2 in keram. Lasurfarben 10-2409.

Kobaltpigmente, Herst. v. blauer Unterglasurfarbe durch Calcinieren v. $BaCO_3$, $Al(OH)_3$, Quarz u. Kobaltoxid 1-2402; Farbkörper für keram. Glasuren aus ZrO_2 u. SiO_2 mit $CoCl_2$ oder $CoSO_4$ 5-2376*; Herst. v. H_2O-halt. Co- u. Fe-Oxidpigmenten 11-2342*; bläul. bis rosafarbene Co–Li-Phosphatpigmente 44-2112*; Herst. v. feinteil. Kobaltoxid für Pigmente 49/50-2092*; Verw. Ti-halt. – zur Färb. v. Emaillen 34-2286.

Kupferpigmente, Herst. v. Cu–Zn-Pigmenten mit Antifoulingeig. 28-3077; Bekämpf. d. Mauerassel mit – Schweinfurter Grün 26-3292; Best. d. Abriebs v. Cu–Titanat-Pigmenten 8-3168.

Lithiumpigmente, Herst. v. Li_2ZrS_3- u. Li_2TiS_3-Pigmenten 7-3279*; bläul. bis rosafarbene Co–Li-Phosphatpigmente 44-2112*.

Lithopone, Organophilisier. v. – (Überblick) 38-2930; Verw. für weiße Deckfarben 29-2719*; – in wasserlösl. Kunstharzanstrichen 32-3007; – in wasserlösl. Harzanstrichen 46-2893, 46-2894; Best. d. Abriebs v. –-Pigmenten 8-3168.

Magnesiumpigmente, Herst. v. perlmutterglänzenden Pigmenten aus MgF_2 u. CaF_2 oder TiO_2 24-3162*; Verw. v. $Al_2Mg_3Zn_3$-, MgZn- u. $MgZn_2$-Pigmenten für Anstrichmittel 30-2901*.

Manganpigmente, rosa Farbkörper für keram. Massen aus MnO_2, MnF_2, $Al(OH)_3$, NaCl u. $CaCO_3$ 13-2438*; Herst. v. rosaroten Farbstoffen für keram. Pasten durch Glühen v. Gemischen eines Mn-Salzes mit einer Al-Verb. u. geringen Mengen v. Alkali- oder Erdalkalisalz 15-2310*; feste Lsg- zwischen MnO u. ZnO u. Verw. als Pigmente 46-2895.

Mennige, Potentialverteil.-Kurven v. Pb_3O_4-Pigmenten bei d. Verhüt. v. Stahlkorros. 6-3088.

Miloriblau s. unter *Eisencyanoferrate.*

Molybdänpigmente, Herst. v. feinteil. Molybdänoxid für Pigmente 49/50-2092*; Verw. v. Calciummolybdatpigmenten als Korros.-Inhibitoren für Stahl 3-3088.

Nickelpigmente, Herst.: v. keram. Farbkörpern aus ZnO u. SiO_2 mit Nickeloxid 20-2300*; v. feinteil. Nickeloxid für Pigmente 49/50-2092*; chem. Analyse v. Nickeltitanatpigmenten 29-2092; Best. d. Abriebs v. Nickeltitanatpigmenten 8-3168.

Ocker, Best. d. Abriebs v. –-Pigmenten 8-3168.

Praseodymgelb s. unter *Farbstoffe, anorganische – Praseodympigmente.*

Praseodympigmente, Verw. v. Praseodymgelb u. ZrO_2 in keram. Lasurfarben 10-2409.

Quecksilberpigmente, Herst., Struktur, Zus., Eig. u. Verw. v. HgS–CdS-Pigmenten 34-3082.

Ruß s. dort.

Rutheniumpigmente, Anfärbbark. saurer Mucopolysaccharide mit Rutheniumrot 18-2072.

Rutheniumrot s. unter *Farbstoffe, anorganische – Rutheniumpigmente.*

Rutilpigmente s. unter *Farbstoffe, anorganische – Titanpigmente.*

Satinweiß s. unter *Farbstoffe, anorganische – Aluminium-* bzw. *Calciumpigmente.*

Schweinfurter Grün s. unter *Farbstoffe, anorganische – Kupferpigmente.*

Selenpigmente, Verw. v. CdO oder Se als Färbemittel für gebräuchl. Glasurmassen 33-2327*.

Siliciumpigmente, Pigment aus SiO_2 u. $PbCrO_4$ 3-2250*; Herst.: v. korrosionsschützenden Bleisilicatpigmenten 5-2308*; v. Silicatpigmenten 10-2339*; v. feinteil. SiO_2–TiO_2-Pigmenten 15-2223*; v. ZnO–SiO_2-Pigmenten 15-2229*; v. Pigmenten aus SiO_2-Flocken 24-3163*; v. koll. Si–Carbid-Pigmenten mit großem Reflex.-Vermögen 31-2167*; v. oberflächenmodifizierten Na–Al-Silicatpigmenten 34-3095*; v. gefärbten Na–Al-Silicatpigmenten 37-2041*; v. rein weißem Zirkonsilicat durch Calcinieren v. rohem Zirkonsilicat 49/50-2089*; v. feinteil. SiO_2 aus den Halogeniden für Pigmente 49/50-2092*.

Herst.: v. blauer Unterglasurfarbe durch Calcinieren v. $BaCO_3$, $Al(OH)_3$, Quarz u. Co-Oxid 1-2402; v. keram. Farbkörpern aus SiO_2 u. ZrO_2 unter Verw. v. V_2O_5 4-2222*; Farbkörper für keram. Glasuren aus ZrO_2 u. SiO_2 mit $CoCl_2$ 5-2376*; Farbstoffe für keram. Glasuren auf Basis v. krist. Zirkonsilicaten mit *25%* färbenden Bestandteilen 5-2377*; Verw. v. SiO_2, ZrO_2 u. Fe_2O_3 für keram. Pigmentfarben 15-2224*; Herst. v. keram. Farbkörpern aus SiO_2, ZnO u. NiO 20-2300*; keram. Pigment auf Fe-Basis aus ZrO_2, SiO_2 u. Fe_2O_3 23-2239*; Verw. v. SiO_2: NaF, CrF_3 bzw. FeF_3, CeF_3 in keram. Farbe für Glasuren 23-2240*; in keram. gelber Pigmentfarbe 25-2011*; feinteil. SiO_2-halt. Pigmente als Füllstoff für Gummi u. Papier 45-2072*.

Best. d. Oberfläche v. SiO_2-Pigmenten 30-2889.

Strontiumpigmente, Herst. v. $SrZrS_3$-Pigmenten 7-3279*.

Sulfidpigmente, Organophilisier. v. – (Überblick) 38-2930.

Titanpigmente, Herst.: v. TiO_2-Pigment 2-2268*; v. Ti-Phosphatpigment 3-2249*; v. Pigmenten auf TiO_2-Basis 3-2251*; v. TiO_2-Pigment 4-2140*; Abkühl. v. –-Pigmenten bei d. Herst. aus $TiCl_4$ 5-2309*; Herst.: v. $BaTiS_3$- u. $BaZrS_3$-Pigmenten 7-3279*; v. farbbeständ. TiO_2-Pigmenten 10-2338*; neues Verf. zur Herst. v. TiO_2-Pigment 11-2308; Herst.: v. calcinierten TiO_2-Pigmenten 11-2335*; v. TiO_2-Pigment (Umwandl. v. Anatas in Rutil) 14-2254; eines Rutilpigments 14-2276*; v. feinteil. SiO_2–TiO_2-Pigmenten 15-2223*; v. ölhalt. TiO_2-Präp. 15-2228*; Reinig. v. TiO_2-Hydrolysat für Pigmente 16-2172*; Herst.: v. TiO_2-Pigment durch Gasphasenox. v. $TiCl_4$ in d. Wirbelschicht 16-2173*; v. Rutilpigment 22-2207*, 23-2138*; v. TiO_2-Pigment 23-2139*; v. perlmutterglänzenden Pigmenten aus TiO_2 u. MgF_2 24-3162*; v. wetterbeständ. TiO_2-Pigment 30-2899*; v. Pigmentgemischen aus TiO_2 u. Dolomit, $CaCO_3$, Kaolin oder Talk 34-3096*; v. TiO_2-Pigmenten durch Rk. v. C-halt. Material mit $TiCl_4$ 37-2042*; Rk. v. H_3PO_4 u. Ti-Tetrahalogenid zu Ti-Phosphatpigment 39-2107*; Herst.: v. feindispersem TiO_2 durch Gasphasenox. (Pigment) 41-2149*; v. Rutil als Pigment durch Gasphasenhydrolyse v. $TiCl_4$ 41-2150*; eines TiO_2-Pigments durch Gasphasenrk. 43-2017*; u. Unters. v. grünen $Cr_2O_3 \cdot m\,TiO_2 \cdot n\,H_2O$-Pigmenten 46-2896; v. TiO_2-Pigment im

Farbstoffe, organische

Physikalisches und physikalisch-chemisches Verhalten: Einfl.-Faktoren auf d. Reflex.-Spektren einiger auf Aluminiumoxid adsorbierter — 7-2196; Fluoreszenz- u. Absorpt.-Spektren v. biolog. — 10-0905; Absorpt.-Spektren koll. Lsg. u. trockener Schichten v. — 10-2391; Zusammenhang zwischen Absorpt.- u. Polarisat.-Spektren photolumineszierender — 11-0895; Problem d. p–n-Übergänge zwischen — u. anorgan. Photoleitern 13-0447; Abgabe v. Protonen d. — beim Färben 18-2882; Feinstruktur d. Polarisat.-Spektrums photolumineszierender — 26-0869; IR-Spektren v. Di- u. Triarylaminen u. Di- u. Triarylmethanen u. v. deren Radikalen u. — (Unters.-Ergebnisse an d. N-Verb.) 40-0861; zwei Phosphoreszenzen u. Elektronenübergänge in Disulfhydryl/—-Komplexen 48-0799; IR-Absorpt.-Spektren v. — 49/50-0782.

Besonderh. d. Lumineszenz d. Dimeren v. Acridinorange u. Rhodamin B 5-0943; Reflex.-Kurven v. — (Musterkarte) 12-2729; Verb. mit zwei Elektronendonator-Syst., Farbigk. v. N-[Phenylglycyl]-O-[4-nitrobenzoyl]-1-aminonaphthol-(2)-Deriv. 23-1034; hypochromer Effekt v. DNS—-Komplexen 26-1198; Photoionisier. u. verzögerte Fluoreszenz v. — in festen organ. Matrizen 31-0796; Mechanismus d. Lumineszenz-Sensibilisier. d. Eu^{3+}- u. Tb^{3+}-Ionen durch — 43-0368.

Dispers.-Zustand v. — u. ihre färber. Eig. 10-2913; Dynamik d. Kollagen—-Bind. 17-2695; Pigmentier.-Probleme bei Elektrophorese-— 36-2807; Einfl. d. Aggregat.-Form v. — auf d. Vorzeichen d. Photostromträger 38-0942; Bezieh.: zwischen —-Konz. u. Remiss.-Ergänz. zur Kubelka-Munk-Gleich. 40-2647; zwischen Struktur u. Lichtbeständigk. bei fluorhalt. — 48-2836.

Hypersensibilisier. d. Photoleitfähigk. in mikrokrist. ZnO durch Anlager. v. — 2-0454; spektrale Sensibilisier. d. inneren Photoeffekts v. Kupferphenylacetylenid durch — 9-0485; Ionisat.-Energie v. — 15-0458; strahlungslose intermol. Energieübertrag. v. aromat. KW-Stoffen auf — 22-0806; thermoelektr. Kraft v. einigen organ. photoleitenden — 27-0917; Lichtleitfähigk. v. — auf Textilien 44-2637; Mechanismus d. Bldg. u. Beweg. v. Lad.-Trägern d. Photostroms in — 46-0885.

ESR-Spektren v. Donator–Akzeptor-Komplexen zwischen Sensibilisier.-— u. Akzeptorverb. 14-0947.

Beweglichk. u. chem. Diffus.-Koeff. v. —-Säuren 36-0902.

Elektrolyteinfl. auf d. Adsorpt. v. — durch radioakt. $BaSO_4$-Nd. 8-0678; Best. d. spezif. Oberfläche v. feinstverteiltem Ni- u. W-Pulver durch Adsorpt. v. — 9-0680; Extrakt. v. — aus d. Faser 9-2983; Rolle d. hydrophoben Oberflächen d. —-Mol. beim Färbeprozeß 11-2958; physikochem. Eig. v. —-Lsg. u. Adsorpt. v. — 13-2910; Anwend. d. Diffus.-Reflex.-Spektrophotometrie zur Unters. d. Sorpt. v. — durch faser. Cellulosematerialien 14-0994; Verh. chem. modifizierter Zellstoffe zur Adsorpt. v. Entw.-— 17-2694; Wechselwrkg. zwischen wasserlösl. — u. ampholyt. oberflächenakt. Substanzen 27-0900; —-Adsorpt. an Alkali- bzw. Ag-Halogeniden 28-3363; —-Aufnahme durch regenerierte Cellulose 33-1194; Solubilisat. eines wasserunlösl. — (Meth. zur Best. v. Micell-Gew.) 42-0583; Best. d. Löslichk. v. — 45-2387.

Reaktionen: Veränder. v. Lebensmittel-— bei Siedehitze, durch SO_2, Ascorbinsäure u. H_2O_2 9-3372; Rk. v. sulfongruppenhalt. — mit 1-Aziridinylverb. auf d. Cellulosefaser 18-2890*; Einfl. d. —-Faser-Rk. auf d. Färbeeig. 43-2444; Chemie d. Farbrk. (Craven-Rk.) 51/52-0907; Addit.-Rk. v. Pyrrol-— 23-0953; Anwend. d. intermittierenden Belicht. auf d. Bleichen v. — 28-1005, 28-1006; innerer pH-Wert bei durch Säuren u. Basen katalysierten Hydrolysen in heterogenen Syst. mit Triazinyl-— 32-2716; Rk.: v. Chlormethylverb. v. — u. —-Vorprod. mit Aminen 47-2465*; v. — mit Halogenpyrimidincarbonsäuren 23-2758*; lichtinduzierter Elektronentransfer im — Sulfhydrylprotein-Komplex 22-1452; chem. Rk. zwischen — u. Wolle 28-2773, 41-2557; chem. Struktur v. an Fluoreszenz-— gebundenen Antikörpern u. Antigenen 39-1467; Bind. v. Farbanionen an Plasmaalbumin u. -Lipoproteine 51/52-1412; Quantenausb. d. farbstoffsensibilisierten Photoinaktivier. v. Trypsin 6-1295; Photoleitfähigk. v. ZnO bei Sensibilisier. durch — 17-0458; Red. v. Cytochrom b aus Rinderherzmuskel durch Hefe-L-Milchsäuredehydrogenase in Ggw. v. Na-Lactat u. Redox-— 23-1265; farbstoffsensibilisierte Photoox. v. Purin u. Pyrimidinderiv. (Kinetik) 31-0927.

Biochemisches und physiologisches Verhalten: Einfl. einiger Fixiermittel auf d. —-Aufnahme v. Nucleinsäuren in Lsg. 26-1224; lichtinduzierte schnelle Absorpt.-Änder. in gealterten Chloroplasten in Ggw. v. Ascorbat u. Redox-— 20-1418; Aktivität v. — zu Eiweißstoffen v. Tiergeweben 27-1187, 27-1188; Reagentien, d. auf gebundenen — u. Leberglutathion v. mit 3'-Methyl-4-dimethylaminoazobenzol gespritzten Ratten wirken 9-1311.

Verwendung: Anwend.-Möglichk. v. Sulfanilamido-— 5-2931; —-Syst. aus Atomen mit niedr. Ordn.-Zahl zur Mess. v. ionisierender Strahl. 45-1841.

Färben v. polyhydroxylierten Textilien mit verküpbaren Perylentetracarboxyimid-— 5-2936*; Verw. v. quatern. —-Salzen d. Fluorubins für Farbflotten u. Druckpasten 7-2952*; gleichzeit. Färben mit Dichlortriazin-— u. Veredeln mit Kunstharzen 10-2914; färber. Verw. v. Pyrazolon- u. Stilben-— 14-2936*; Präp. zum Färben v. Textilfaserprod. 14-2938*; Färben: v. Cellulose mit Onium-— 20-2931*; v. Textilien mit carbonyldioxygruppenhalt. — 27-2785*; Verw. v. Onium-— für Textildruckpasten 33-2763*.

Prüf. einiger — auf ihre Eign. zur Lebensmittelfärb. 3-1670; künstl. Färb. v. Ölen u. Fetten, Identifizier. mit experimentellen Beobacht. 5-2176; Färb. v. Zuckerdragees mit einigen Natur-— 43-1616.

Verw.: v. —-Kombinat. mit einer einem neutralen Grau entsprechenden spektralen Absorpt. für d. Sensibilisier. v. xerograph. Materialien 3-3329*; v. Leuco-— zusammen mit Mn(VI)-Verb. für photoelektrolytograph. Materialien 24-3535*; v. durch Licht bleichbaren — als Inhibitoren in photograph. Materialien 28-3379*.

Analyse, Prüfungsverfahren: Prüf. v. — 17-2701; Meth. zum Vgl. d. Ausbleichens v. — mit ähnl. Struktur 33-2760; Teilchengrößebest. v. —-Dispers. mit d. Scheibenzentrifuge 40-2667; Anwend. d. Ringofenmeth. auf d. Best. v. — 45-1953.

Chromatographie v. —-Zwischenprod. (chromatograph. Trenn. v. Naphthalinsulfonsäuren mit Elektrolytlsg.) 3-2063; chromatograph. Nachw. d. — d. uruguayischen roten Trauben u. Weine 9-2192; Dünnschichtchromatographie v. — an Polyamid- u. „Silbernitrat"-Schichten 15-2129; Dünnschichtelektrophorese v. — 18-1985; Hochspann.-Papierelektrophoret. Analyse v. wasserlösl. Lebensmittelteer-— 19-2130; Anwend.: d. Dünnschichtchromatographie auf — 30-2054; d. Papierchromatographie zur Verbesser. d. —-Prod. 33-2789; d. Papierchromatographie auf textilchem. Probleme bei d. Unters. d. Lichtechth. v. — 38-2036; spektroskop. Prüf. v. Diachrom- u. Fluorochrom-— im sichtbaren u. UV-Bereich 46-1963; Papierchromatographie v. — (Übersicht) 48-2832.

Beitrag zum Nachw. v. fremden — in Orangeölen 1-2189; Identifizier. synthet. — in pharmazeut. Präp. 2-1764; papierchromatograph. Trenn. v. —-Gemischen 7-2197; Trenn. u. Nachw. wasserlösl. synthet. — durch Papierchromatographie 7-2221; präparative Zonenelektrophorese eines —-Gemisches 18-1986; dünnschichtchromatograph. Trenn. v. — 32-1966; verbesserter Nachw. v. Markier.-— in Milch 43-1910.

Nachw. v. Erythrosin in Anwesenh. anderer roter — 37-1948.

Anwend. v. — zum Nachw. v. Antibiotika in Milch (Übersicht) 9-3381.

Bibliographie: Grundlagen der Synthese von Zwischenprodukten und Farbstoffen B 71; Natürliche organische Farbstoffe [russ.] B 79; Textile laboratory manual. Vol. *3*: Detergents. Vol. *4*: Dyestuffs B 80; Chimica delle sostanze coloranti B 79.

Basische Farbstoffe (Kationenfarbstoffe, kationische Farbstoffe)

Siehe auch unter d. entsprechenden Farbstoffgruppen.

Darst.: bas. indoleninringhalt. Farbstoffe 9-3008*; hochkonz. Lsg. v. — 21-3014*; v. reakt. — 22-2710*; v. 1.2-Dithioliumsalzen u. Verw. für — 24-2821*; v. — 26-2906*; u. färber. Verw. v. — 27-2808*; v. akt. — unter Verw. v. Epichlorhydrin 32-2731*; v. aminoxidgruppenhalt. — 37-2467*.

Kondens.-Prod. aus Phenolen, CH_2O u. N-halt. organ. Verb. als Verlack.-Mittel für — 43-2468*, 43-2469*; Verw. v. N-halt. Kondens.-Prod. als Verlack.-Mittel für — 44-2889*, 44-2890*.

Bind. v. — an Polyacrylonitril 15-2835; Beständigk. d. Bind. v. Polyvinylchlorid mit — 32-2721; Struktur v. — u. Lichtechth. auf Polyacrylonitrilfasern 43-2444; Eindringvermögen v. — in Acrylfasern 3-2808; Einfl. struktureller Faktoren auf d. thermodynam. Charakteristik d. Extrakt. v. Salzen v. — 34-0932, 38-0928.

Kinetik d. Färbens v. Polyacrylonitrilfasern mit — 21-2996; Mechanismus d. Färb. v. Acrylfasern mit — 39-2520; Modifizier. v. — mit Epichlorhydrin 16-2750.

Bind. v. — an Nucleinsäuren u. a. biolog. Polyanionen 8-1256.

Färben v. Acrylfasern mit — 1-2925; Verw. v. — für Druckpasten 1-2943*; Computerprogramm für d. Färben v. Acrylfasern mit — 4-2726; Färben v. Polyacrylonitrilfasern mit — 5-2926; Bedeut. d. Aufziehkurven bei d. Auswahl v. — zum Färben v. Polyacrylonitrilfasern 6-2793; — u. ihre Applikat. auf Acrylfasern 11-2963; Färben mit —: v. Polyolefinen 11-2965*, 11-2966*; v. Polypropylenen 11-2967*; v. Polyacrylfasern 14-2929; v. Acrylfasern 14-2931; v. Polyolefinen 15-2847*; Behandeln mit — gefärbter Polyolefine mit J_2 oder HJ 15-2848*; Färben mit —: v. polyacrylonitrilhalt. Textilien 15-2853*; v. Textilien 15-2855*; v. Polyacrylonitrilfasern 16-2747, 17-2697; v. Polyesterfasern 17-2699; v. Verel-Modacrylfasern 19-2874; v. Polypropylentextilien 19-2880*; v. acrylonitrilhalt. Polymerisatfäden 19-2889*; v. Polyacrylonitril 19-2890*; v. sauren/bas. Fasern 20-2820*; — für Acrylfasern (Übersicht) 20-2843; Färben mit —: v. Nitron 21-2994; v. acrylonitrilhalt. Kunstfasern 21-3006*; v. Leacryl N 25-2599; v. Lawsan 27-2776; v. Copolymeren 31-2631*; v. PVY (Leacryl N)-Bändern 37-2462; v. Dacron/Lycra 38-2700; v. Courtelle 39-2524; v. Polyacrylfasern 39-2531*; v. Orlon 41-2563; v. Teppichen 42-2627; v. Polyacrylonitril 47-2448; gleichmäß. Färben v. Polyacrylfasern mit — 47-2450.

Beizenfarbstoffe

Siehe auch unter d. entsprechenden Farbstoffgruppen.

Kinetik d. Bldg. u. Struktur d. Metallkomplexe v. Chromfarbstoffen 22-2699.

Rk. zwischen — u. dreiwert. Cr-Salzen 40-2668.

Fixier. v. — auf Cellulosetextilien 1-2936; Einfl. d. Elektrolyts auf d. Färben mit 1:1-Chromkomplexfarbstoffen 1-2937; Färben: v. Polypropylenfasern mit — 3-2811; v. Polypropylenfasern mit — 3-2812; v. Wolle u. synthet. Fasern mit Chromfarbstoffen 5-2926; v. Garnen mit Lycrakern mit Chromfarbstoffen 6-2796; v. Polyamidfasern u. d. Misch. mit Chromfarbstoffen 8-2865; Differenzfärb. v. Wolle mit — 8-2870*; Färben: v. Textilien mit Chromfarbstoffen 15-2845*; v. Polyacrylnitrilfasern mit Chromfarbstoffen 16-2747; v. Polypropylenfasern mit — 19-2893*; v. Polyamidfasern mit Chromfarbstoffen 23-2729*; interessante Nuancen mit Chromfarbstoffen im Direktdruck (Musterkarte) 28-2767; Färben: v. Wolle mit 1:1- u. 1:2-Chromkomplexfarbstoffen 29-2693; v. Wolle mit Chromfarbstoffen 32-2718.

Chromfarbstoffe

s. unter *Farbstoffe, organische – Beizenfarbstoffe.*

Direktfarbstoffe (Substantivfarbstoffe)

Siehe auch unter d. entsprechenden Farbstoffgruppen.

Darst.: v. — 1-2965*; v. triazinringhalt. — 7-2968*; Reinig. v. — durch Adsorpt. an Baumwolle 16-2742.

Kationakt. Fixier.-Mittel für Direktfärb. 10-2918*; Verbesser. v. Direktfärb. durch Kondens.-Prod. aus Dicyandiamid, Guanidinhydrochlorid u. HCHO 27-2789*; Nachbehandl.-Mittel für Direktfärb. 33-2761*.

Absorpt.-Spektren d. Misch. v. — in wss. Lsg. 15-2879; Lichtleitfähigk. v. mit — gefärbten Viscosegeweben 44-2637; H-Ionenkonz. v. Farbsäuren verschiedener — 9-3003; therm. Stabilität wss. —-Lsg. bei hohen Temp. u. hohen Drücken 9-3001; Diffus. v. — in Cellulosegeweben 15-2842.

Wander.-Verh. v. — beim Pad-Jig-Verf. auf Reyongewebe 29-2691; Färbemechanismus v. Cellulosefasern mit — 49/50-2614.

Direktfärben v. Cellulose (Färbeeig. u. Syst. d. konjugierten Doppelbind.) 3-2807; kontinuierl. Färben mit — 4-2728; Färben mit —: v. Viscosefasern 5-2926; v. Polyestermisch. 9-2984; v. Geweben 12-2738*; v. Polyester 14-2926; v. Textilien 15-2845*; v. Viscose 25-2596; v. Polyvinylalkohol 36-2561; v. Fibro, Evlan u. M *66* 39-2524.

Chromatographie v. — auf Papier u. Kieselgelschichten 46-1964.

Dispersionsfarbstoffe

Siehe auch unter d. entsprechenden Farbstoffgruppen.

Darst. v. — 5-2946*.

Färbeeig. v. — (zylindr. Polyester-Filmrollen-Meth.) 14-2926; Farbechth. v. — auf Polyester/Baumwolle gegen Luftverunreinig. 16-2751; Fixierkurven d. — 29-2694; Lokalisier. v. — in Polyamiden 34-2820; Änder. d. dispersen Zustandes v. — beim Färben 48-2829; Bezieh. zwischen Enthalpie u. Entropie am Beispiel d. Verdampf. u. W.-Löslichk. v. — 45-0476; Absorpt. v. dispergierten Farbstoffen durch Polyester beim Färben 21-2991; Diffus. v. — in Polyestersubstrat bei höheren Temp. (Diffus. in Polyäthylenterephthalat bei *210°*) 31-2627.

Verw. v. — zur Herst. mikrokorrosiver Präp. 20-1956.

Trockenhitzefixier. v. — auf Polyester 1-2928; Färben v. Polyester/Cellulose mit — 1-2929; Verw. v. — für Druckpasten 1-2943; Färben mit —: H-Brückenbind. beim Färben v. Celluloseacetat mit Aminoanthrachinonfarbstoffen 2-2859; v. Polypropylenfasern 3-2811; v. Polyamidfasern 3-2813; kontinuierl. Färben mit — 4-2728; Färben mit —: v. Polyester u. Cellulose 5-2922; v. Arnelgeweben 5-2924; v. Cellulosetriacetat 5-2925; v. Wolle u. synthet. Fasern 5-2926; v. Garnen mit Lycrakern 6-2796; v. Polyesterfasermisch. 9-2984; v. Polyestertextilien 9-2990*; v. Polyesterfäden 10-2920*; v. Polyester/Baumwolle u. mit Misch. aus Küpen-— 11-2962; v. Polypropylenen 11-2967*; v. Polyacrylfasern 14-2931; v. Polyolefinen 15-2847*; v. polyacrylonitrilhalt. Fasern 15-2853*; Egalfärb. v. Polyestertextilien mit — 15-2859*; Färben mit —: v. Polyacrylonitrilfasern 16-2747; v. Nylon 17-2700; v. hydrophoben Textilien 19-2881*; v. Cellulose/Polyester 20-2829*; v. Polyesterfasern 21-2992; v. Polypropylenfasern 21-2993; v. Trevira/Baumwolle 21-2997; v. Celluloseacetat 23-2726; v. Polyesterfasern 27-2777, 31-2623; v. Polyester, Wolle u. Polyester/Baumwolle 31-2624; Einfl. d. Struktur v. Acetatfasern auf d. Färbbark. mit dispersen Farbstoffen 36-2564; Färben: v. Polyester/Nylon mit — 37-2463; v. Dacron/Lycra mit — 38-2700; v. Teppichen mit — 42-2627; Bedrucken v. Polyamidfasern mit — 44-2642*; Dämpfen v. — auf synthet. Fasern bei extrem hohen Drücken 49/50-2617.

Papierchromatographie v. — 5-2165; Prüfmeth. für d. Eign. v. — im Thermosol-Verf. 27-2804.

Küpenfarbstoffe

Siehe auch *Acridinfarbstoffe*; *Anthrachinonfarbstoffe*; *Benzanthronfarbstoffe*; *Indigo- und Indigosolfarbstoffe*.

— u. d. Färbetechniken (Übersicht) 11-2979.

Darst.: v. S-halt. — 2-2865*; v. Schwefelsäureestern v. Leuko-— 3-2844*; v. wasserlösl. — 3-2845*; v. — durch Alkalischmelze v. Benzonaphthenon 4-2736; v. thiophendicarbonsäuregruppenhalt. — 4-2738*; v. sulfonsäureestergruppenhalt. — 4-2748*; v. schwarzen — 5-2949*; v. niedrigviskosen —-Pasten 8-2867*; v. — mit *5–6* aneinander kondensierten Ringen 12-2760*; v. — vom Typ d. Indanthrengelb *5* GK 13-1093; v. hydrophilen — 14-2947*; v. — 14-2950*; v. wasserlösl. — 20-2848*; v. sulfonsäuregruppenhalt. — 20-2852*; v. —-Sulfonsäureestern 22-2714*; v. thioschwefelsäurehalbestergruppenhalt. — 24-2832*; v. feinverteilten —-Pigmenten 29-2720*; v. — 30-2660*; v. sulfonsäuregruppenhalt. — 31-2641*; v. — mit mindestens *5* kondensierten Ringen oder *2* Anthrachinoneinh. 39-2569*; v. — auf d. Basis v. Aromaten 39-2570*; v. triazinringhalt. — 43-2464*; v. allylmercaptogruppenhalt. — 43-2466*; v. Leukoestern v. — 45-2401*; v. — mit ≧ *5* kondensierten Ringen 45-2403*; v. — aus Naphthalintetracarbonsäuren u. Nitroaminen 45-2406*.

Verw. v. Redutonaten bei d. Fixier. v. — 5-2933; Egalisiermittel für Küpenfärb. 6-2799*; (auf Cellulosetextilien) 6-2800*; Verw. v. $Na_2S_2O_4$ beim Färben mit — 9-2985; Verdick.-Mittel für d. Druck mit — 9-2988*; Verbesser. v. — zum Färben v. synthet. u. natürl. Fasern 13-2917; Behandl. v. mit — bedrucktem Gewebe im Reifegefäß 18-2889; Red.-Mittel: für — 21-3001*; zum Färben mit — (Redoxpotential) 29-2687; Verw. v. Na-Boranat in d. Küpenfärberei 32-2717; stabile Red.-Mittel bei d. Pad-Steam-Färberei mit — 34-2821; Konz. d. Ölphase v. W.-Öl-Emuls. beim Druck mit — 36-2566; Verdick.-Mittel aus Algenmehl für d. Druck mit — 37-2457; Verw. v. Verdick.-Mitteln aus Algenmehl für d. Druck mit — 37-2458; neue Red.-Mittel für — 41-2558; Wahl d. Emulgators für d. Emuls. v. Typ W.-Öl beim Druck mit — 51/52-2686.

Redox- u. Färbeeig. v. — für Proteinfasern 26-2890; Lumineszenzspektren v. Diketon-— in Lavsan u. Lsg. 21-0932; Konstit. d. — u. Lsg.- u. Färbeeig. 13-2911; Änder. d. dispersen Zustandes v. — beim Färben 48-2829; Beständigk. v. —-Suspens. beim Trocknen 27-2805*; Einfl. auf d. Sorpt. d. Leukoverb. v. — durch Fasern 27-2806*; chromatograph. Konst. v. — u. d. Affinität zu Cellulosefasern 4-2727; Wander.- u. Fixierzeiten v. — in Cellulosefolie 8-2862.

Abhängigk. d. Aufziehvermögens d. — v. pH-Wert d. Farbbades 9-2986; Mechanismus d. Färbens v. Cellulosefasern mit — 16-2744; Zerstör. v. Baumwollfäden durch einen S-halt. — 18-2885; Kinetik d. Färbens v. Lavsan mit Küpensolen 36-2562; Abhängigk. d. Aufziehvermögens d. — v. pH-Wert 37-2454; Färbemechanismus v. Cellulosefasern mit — 49/50-2614; Übergang v. — aus Verdickern in Cellulosematerialien 49/50-2615; v. Krist.-Form u. Teilchengröße abhängiges Red.-Verh. d. — 5-2917; Chemie d. Leukoester v. — (Einfl. v. Licht) 20-2844; (Semichinonester) 20-2845; Verh. v. — unter verschärften Lsg.- u. Anwend.-Beding. 22-2698; Ox. u. Reibechth. v. — 7-2946; Red.-Mechanismus für —-Pigmente in wss. Lsg. 1-2926; Sulfonier. v. — d. Perylentetracarbonsäurereihe 16-2763*.

— als Verdick.-Mittel für strahlungsstabile Hochtemp.-Schmierfette 32-2683; Färben: v. Polyester/Cellulose mit — 1-2929; v. Baumwolle mit — 1-2934; Verw. v. — für Druckpasten 1-2943*; Bedrucken v. Polyamiden mit — 4-2732; Färben mit —: v. Polyester u. Cellulose 5-2922; v. polyhydroxyliertem Textilgut 5-2936*; v. Baumwolle mit — 7-2948; Anwend.-Beding. v. — beim Klotz-Dämpf.-Verf. auf Cellulosegewebe, Cellulose/Polyester, Polyester/Polyacryl u. Polyamid 8-2863; Färben: v. Cellulosefasern mit reakt. — 10-2922*; v. Polyester/Baumwolle mit Misch. aus — u. Dispers.-Farbstoffen 11-2962; Färben mit —: in Ggw. v. Aminboranen 12-2739*; u. Bedrucken v. Textilien 12-2743*; v. Textilien 15-2845*; v. Polypropylentextilien 15-2862*; Verw. v. — im Textildruck 16-2749; Färben mit —: v. stabilisierter Naturseide 18-2884; hydrophober Textilien 19-2881*; v. Cellulosetextilien 19-2886*; v. synthet. Fasern (nach d. leukosauren Meth.) 21-2995; v. Trevira/Baumwolle 21-2997; v. Celluloseacetat 23-2726; Klotzfärben mit — in Ggw. v. Nonylphenoloctaäthylenglykoläther 26-2891; Küpenfärb. v. Fasern durch Auftragen einer Öl-in-W.-Emuls. 27-2779*; Egalfärb. v. Textilien mit — 27-2786*; Bedrucken v. Fasermaterial mit — 29-2704*; — u. Red.-Mittel in d. Hochtemp.-Färberei 31-2622; Färben: v. Polyestern mit — 31-2633*; v. Cellulosefasern mit — 34-2822; v. Garn auf Bobinen mit — 36-2565; Wollfärb. mit — in schwach alkal. Bädern 37-2459; Färben mit —: nach d. Pad-roll-Verf. 39-2527; u. Bedrucken v. Textilbahnen 40-2652*; v. Textilien 42-2634*; Verw. v. — für Textildruckpasten 42-2639*; Färben v. Polyester/Cellulosefasern mit Schwefelsäureestersalzen v. Leuko-— 46-2628*; Gewebefärb. mit — nach d. Suspens.-Meth. 47-2444; Druck mit — u. Einfl. beim Ätzdruck 47-2451; Färben v. Polyester- u. Cellulosefasern mit — 51/52-2690; Verw. v. — als Pigmente 51/52-2706.

Mess. d. Teilchengröße u. d. Bedeut. für d. —-Qualität 4-2735; —-Best. d. Teilchen u. ihre prakt. Bedeut. (Verteil. d. Teilchengröße) 12-2732; (Scheibenzentrifugenmeth. zur Analyse d. Teilchengröße) 12-2733; Prüf. d. Egalisier. d. Küpenfärb. 37-2466; Best. v. — (kolorimetr.) 38-2034.

Metallkomplexfarbstoffe

Siehe auch unter d. entsprechenden Farbstoffgruppen.

— u. ihre Anwend. 11-2980; über — 45-2388.

Darst.: v. Cr-halt. — 1-2960*; v. 4.8-Dimethoxy-α-naphthol als Kuppl.-Komponente für — 17-2708; v. Salzen v. — 19-2903*; v. N.N-Bis-[hydroxybenzolsulfonsäure]-imidgruppen-halt. 1 : 2-— 29-2709*; v. Arylazogruppen-halt. Bis-[salicylaldehyd]-arylendiiminen 33-2792.

Kolorist. Verh. v. 1 : 2-— in Bezieh. zur Stereochemie 39-2521.

Kinetik d. Bldg. u. Struktur d. Metallkomplexe v. Chromfarbstoffen [Rk. v. o.o'-Dihydroxyazoverb. mit wss. Cr(III)- u. Cr(IV)-Lsg.] 22-2699.

Färben: v. Pelzen mit — 1-2939*; v. Polyamidfasern mit vormetallisierten Farbstoffen 3-2813; v. N-halt. Fasern mit metallisierbaren Farbstoffen 3-2822*; kontinuierl. Färben mit — 4-2728; Bedrucken v. Polyamiden mit — 4-2732; Färben v. Wolle u. synthet. Fasern mit Chrom- u. 1 : 2-— 5-2926; Irgatril-Verf. beim —-Druck auf Triacetatfasern 5-2930; Färben: v. Polyamidfasern mit metallisierten Farbstoffen 6-2795; v. Garnen mit Lycrakern mit — u. Chromfarbstoffen 6-2796; v. Polyamidfasern mit — 11-2969*; v. metallhalt. Polyolefin- u. Polyacetalfasern mit metallisierbaren Farbstoffen 12-2741*; v. Polyamidfasern mit sauren metallhalt. Farbstoffen 15-2840; v. Polyolefinen mit metallisierten Farbstoffen 15-2847*; Bedrucken v. natürl. Polyamidtextilien mit — 15-2869*; Färben: v. Polyacrylonitrilfasern mit Chrom- u. — 16-2747; v. Nylon mit — 17-2700; v. Polyamidseide mit 1 : 2-— 17-2705*; v. Polyamidfasern mit Chrom- oder anderen metallhalt. Farbstoffen 23-2729*; v. metallhalt. Polyolefin- u. Polyacetalfasern mit metallisierbaren Farbstoffen 27-2783*; v. Wolle mit Metallkomplex- u. Nachchromier.-Farbstoffen 28-2775; v. Wolle mit Chrom- u. 2 : 1-— 32-2718; v. Nylon/Lycra mit — 37-2461*; v. Capronfäden mit metallhalt. Farbstoffen 42-2623; v. Wolle u. Polyamidfasern mit vormetallisierten Farbstoffen 43-2444; v. Wolle mit — 45-2381*; v. Polyacrylonitril/Wolle mit sauren — 46-2627*; v. Textilien mit 1 : 2-— 47-2456*.

Organische Pigmente (Pigmentfarbstoffe)

Siehe auch unter d. folgenden Farbstoffgruppen.

Darst.: v. temperaturbeständ. — 2-2874*; v. chromongruppenhalt. — 12-2765*; v. 7.14 - Dioxo - 5.7.12.14 - tetrahydrochinolino-[2.3-b]-acridin u. Verw. als — 14-2949*; v. — 14-2950*; v. — d. Dianthronäthylenreihe 14-2951*; v. flokulat.-beständ. Perinonpigmenten 16-2767*; v. N-alkylierten Pyrazolonpigmenten u. Rk.-Mechanismen 20-2847; v. — d. Perylentetracarbonsäurereihe 27-2822*; v. — aus Tetracyanopyrrolen 38-2713*; v. Pigmentdispers. in Spinnlsg. v. polymeren Vinylverb. 39-2532*; v. perhalogenierten arylgruppenhalt. — 39-2575*; v. — d. Dioxonaphtho-[2.3:d]-triazol-Reihe 44-2654*; v. — d. Bis-(aminotriazolo)-p-chinonreihe 44-2655*.

Chemie u. Physik feiner Pigmentdispers. 43-2445; Eig. u. Prüfmeth. v. — 44-3025; Unterscheid. d. Bind. v. — an Kunstharzen u. Verteil. in d. Spinnmasse 2-2857; Verteil. v. — in Weich-PVC in Abhängigk. v. Kornhärte u. Benetzbark. 11-3260; Partikelgrößenverteil. v. —-Pasten 12-3096; Verteil. v. — in Weich-PVC (Unters. über Dispergierbark., Farbstärke u. Transparenz v. — im Vgl. zu deren Präparat.) 23-2820.

Unters. über d. Darmmotilität d. Maus mit Hilfe eines photolumineszenten Pigments 1-1639.

Grundlagen u. Anwend. d. Pigmentfärbe- u. -drucktechnik 15-2841; Verbesser. d. Echth. v. mit — gefärbten Textilien 29-2703*; Ersatz v. Weinsäure beim Druck mit — durch Mineralsalze 46-2624; Färben v. Polyester/Cellulose mit — 1-2929; Bedrucken v. Polyamiden mit — 4-2732; Verw. v. — für Textildruckpasten 15-2844*; Fixier.: v. — auf Textilien mit N-(Dialkylenimidophosphinyl)-harnstoffen 19-2884*; v. — auf Textilien 27-2787*; Färben: v. Cellulosefasern mit — 34-2823; v. Polypropylenfasern mit — 40-2649; Fixieren v. — auf Textilfasern u. Folien 43-2452*; Färben v. Polypropylenfasern mit schwarzen Pigmenten 47-2449.

Halbquant. Röntgenfluoreszenzanalyse v. Farbstoffpigmenten 51/52-1940; Best. d. D. v. — 46-2892.

Reaktivfarbstoffe

Siehe auch unter d. entsprechenden Farbstoffgruppen.

Theorie d. — (Übersicht) 14-2924; Natur u. Verw. v. — (Übersicht) 15-2836; Theorie d. — u. ihre Anwend. für Cellulose 18-2886; neue Fortschritte auf d. Gebiet d. — 22-2694;

Säurefarbstoffe (Anionenfarbstoffe, anionische Farbstoffe)

Farbstoffgruppen

Die Hinweise mit *) beziehen sich auf Stichwörter außerhalb des Kapitels „Farbstoffe, organische".

Acridinfarbstoffe

Anilinfarbstoffe

Anthrachinonfarbstoffe

Darst.: v. Carbazolfarbstoffen d. Anthrachinonreihe 9-3015*; u. färber. Verw. v. Anthrapyridonfarbstoffen 8-2889*.

Darst.: v. pyrimidingruppenhalt. — 11-2992*, 13-2943*; v. trihalogenpyrimidinringhalt. — 25-2637*.

Darst.: v. chinoxalingruppenhalt. — 17-2709*; v. pyrazolongruppenhalt. — 31-2630*; v. dihalogenpyridazongruppenhalt. — 8-2891*; v. bas. 5-Indolinyl-(3)-azo-1.2.4-triazoliumsalzen als Farbstoffe 9-3009*.

Darst.: u. färber. Verw. v. triazinringhalt. Azo-— 7-2968*; v. [Triazinylamino]-— 8-2890*; v. triazingruppenhalt. Anthrachinonküpenfarbstoffen 9-3016*; v. aminotriazinylaminogruppenhalt. — 10-2942*; v. triacryloyltriazingruppenhalt. — 11-2981; v. triazinylringhalt. — 15-2888*; v. triazinringhalt. — 23-2759*, 23-2761*, 27-2821*.

Darst.: v. thiazolothiazolgruppenhalt. — 26-2908*; v. benzthiazolylaminogruppenhalt. — 36-2575*; v. benzthiazolringhalt. — 43-2465*; eines 1.5-Bis-[anthrathiazolylcarbonylamino]-anthrachinonfarbstoffs 44-2656*.

Photolumineszenz v. adsorbierten — an anorgan. Phosphoren (ZnO, ZnS) u. hydroxylhalt. Substanzen [$Al_2O_3 \cdot H_2O$, $Ca(OH)_2$, $Sr(OH)_2$ 12-0397; Löslichk. anthrachinoider Dispersionsfarbstoffe in Ggw. nichtionogener Hilfsmittel 10-2913.

Bedeut. d. H-Brückenbind. beim Färben v. Celluloseacetat mit Amino-— 2-2859; Umwandl. natürl. — (N-halt. Deriv. d. Chrysophansäure) 5-1144; Photoabbau v. Anthrachinon-Dispersionsfarbstoffen auf Acetylcellulose 31-2626; Photochemie v. — in Lsg. u. in Polymeren 44-0972; Sulfonier. v. Küpenfarbstoffen d. Anthrachinonreihe 16-2763*; Rk. v. — mit Polyhalogentriazinen u. pyrimidinen 23-2749*; Mannich-Rk. v. — mit Dimethylaminohydrochlorid u. Paraformaldehyd 22-2701; Rk. v. — mit Säurehalogeniden 25-2624*.

Färben: v. Polyacrylfasern mit bas. — 3-2820*; v. polyhydroxylierten Textilien mit verküpbaren — 5-2936*; v. Polyesterfasern mit — 6-2804*; v. Cellulosetextilien mit γ-halogen-β-hydroxypropylaminosulfogruppenhalt. 6-2806*; v. Polyolefintextilien mit — 7-2953*; v. Polyestertextilien mit — 9-2990*; Verw. v. 1.4-Di-(4'.6'-dialkyl-2-halogenphenylamino)-anthrachinon zum Färben v. Polyolefinen u. Polyestern 11-3112*; färber. Verw.: v. — 14-2936*; v. [N-Heterocyclo-(N-alkyl)-amino]-anthrachinonen 14-2939*; Färben: v. Fasergut mit 1.4-Diamino-— 15-2861*; v. hydrophoben Synthesetextilien mit Arylmercaptoanthrachinonen 15-2864*; v. Polyestertextilien mit — 15-2866*; v. Polyester mit 1-Amino-— 18-2894*; v. Textilien mit polymeren — 19-2883*; v. Polypropylenfasern mit — 19-2891*; v. Polyester mit — 19-2896*; v. Polyestertextilien mit — 20-2826*; v. Polyamiden mit — 25-2605*, 25-2606*; v. Textilien mit — 27-2780*; v. Polyamiden mit — 29-2699*; v. Polyestern mit — 31-2628*; färber. Verw.: v. N-Heterocyclo-(N-alkyl)-aminoanthrachinonen 31-2634*; v. Dihydroxydiaminoanthrachinonen 33-2762*; Färben: v. Polyestertextilien mit — 42-2635*; v. Polyesterfasern mit Nitro-— 42-2638*; v. Textilien mit reakt. 1-Amino-4-brom-— 44-2641*; u. Bedrucken v. Polyacrylonitriltextilien mit — 46-2631*; v. hochmol. organ. Prod. mit Anthrachinonen 49/50-2666*; v. Polyvinylalkholfasern mit — 51/52-2689; u. Bedrucken v. Fasern mit 1.4-Diamino-— 51/52-2692*; Verw. v. purpurnen, einen Hydrochinoylrest tragenden — als Entwickler für d. Farbdiffusionsbildübertragungsverf. 30-3204*.

Papierchromatographie v. Anthrachinon-Deriv. 5-2165; Best. u. Analyse bei d. — -Herst., Zusammenstell. d. bei d. ICI in Grangemouth verwendeten Meth. 11-2176.

Anthronfarbstoffe

Siehe auch *Benzanthronfarbstoffe*.

Darst.: v. 1.2.3.4-Tetrachlor-9-anthron u. Verw. als Farbstoffzwischenprod. 1-2958*; v. Dianthronäthylenfarbstoffen 14-2951*; v. Anthranol-(9)- u. Anthron-(9)-aldehyden-(10) u. Verw. für Farbstoffe 43-2457*.

Arylmethanfarbstoffe

Siehe auch *Diarylmethanfarbstoffe*; *Diphenylmethanfarbstoffe*; *Triarylmethanfarbstoffe*; *Triphenylmethanfarbstoffe*.

Unters. auf d. Gebiet d. — 38-0939.

Azinfarbstoffe

Darst., färber. Verw. v. 2-Halogenpyrazino-Farbstoffen 4-2739*.

Verw. v. — als Elektrolyt für ein elektrolytograph. Aufzeichnungsverf. 26-3576*.

Best. des molaren Extinkt.-Koeff. v. — unter Verw. verschiedener Photometer 25-1898.

Azofarbstoffe

Siehe auch *Azomethinfarbstoffe*; *Naphthol-AS-Farbstoffe*; *Phthalocyaninfarbstoffe*; *Diazotierung**); *Diazoverbindungen**).

Durchführ. v. Diazotier.- u. Kuppl.-Rk. für Farbstoffsynth. 4-2733; kontinuierl. Darst. u. Verarbeit. v. Diazoniumverb. für — 4-2734; Darst. v. Mono-— 4-2742*; Erzeugen v. — auf Polyacrylnitrilfasern 5-2921; Darst.: v. polymeren — unter Verw. v. Polysacchariden 6-2820*; v. acetonlösl. Mono-— 6-2826*; eine ungewöhnl. Kuppl. zu — 8-1091; Darst. v. zur Komplexbldg. fähigen — 12-2747*; Bldg. unlösl. Oxy-— auf Capron unter Verw. v. Naphtholsulfaniliden 26-2894; Darst.: v. — in Ggw. v. Glykoläthern u. cycl. Äthern 31-2640*; v. Diazoaminoverb. u. Verw. für Zeugdruckfarbstoffe 36-2568*; v. — mit heterocycl. Ringen 37-2473*; v. aziniumsalzhalt. — 37-2475*; v. — -Gemischen 44-2650*; v. Farbstoffderiv. stabilisierter Diazoniumsalze verschiedener Chromogene 48-2835; — durch oxydative Kuppl. (Tetraazapentamethinfarbstoffe) 51/52-0987; (oxydative Kuppl. mit asymm. Diarylhydrazinen) 51/52-0988.

Darst.: v. wasserunlösl. Mono-— 4-2743*; v. wasserunlösl. — 4-2744*, 4-2745*; u. färber. Verw. v. wasserunlösl. Mono-— 9-3011*; v. wasserunlösl. Mono-— 10-2936*, 11-2986*, 13-2934*, 13-2937*, 17-2718*, 17-2722*, 21-3021*, 35-2448*; eines wasserunlösl. — 39-2565*.

Darst.: v. wasserlösl. Mono-— 1-2962*; v. schwerlösl. Mono-— 3-2832*; v. in W. schwerlösl. — 10-2935*; v. in W. schwerlösl. Mono-— 20-2850*; Stabilisier. v. Diazofarbstofflsg. durch Zusatz höherer Fettalkohole 25-2593; Darst.: v. in W. schwerlösl. Mono-— 25-2628*; v. stabilen Lsg. v. — 40-2655*.

Herst. v. krist. Azopigmenten 4-2038; Darst.: v. Pigmentgemischen aus Azopigmenten u. Azoderiv. v. Naphthensäureamiden 8-2893*; eines Azopigmentfarbstoffes 11-2988*; v. flokulationsbeständ. Azopigmenten 16-2767*; v. Azopigmentfarbstoffen 16-2768*; v. thermostabilen, migrationsbeständ. Monoazopigmentfarbstoffen 45-2405*; v. an Vinylharz gebundenen feindispergierten — 48-2833.

Darst.: v. reakt. — mit heterocycl. Ringen 4-2740*; v. reakt. Mono-— 14-2941*, 15-2882*, 15-2885*; v. reakt. metallhalt. Mono-— 17-2712*; v. metallhalt. Azoreaktivfarbstoffen 17-2714*; v. Azoreaktivfarbstoffen aus 2.6-Diaminonaphthalinverb. 17-2715*; v. metallhalt. Azoreaktivfarbstoffen 22-2708*; v. metallisierten Azoreaktivfarbstoffen 23-2751*; v. Azoreaktivfarbstoffen 23-2753*; v. metallhalt. Azoreaktivfarbstoffen 25-2629*; v. metallhalt. reakt. — 29-2715*; v. triazinringhalt. Monoazoreaktivfarbstoffen 32-2726*; v. Cr- u. Co-halt. o-Carboxy-o'-hydroxyazoreaktivfarbstoffen 34-2831*; v. benzylsulfonsäuregruppenhalt. reakt. — 36-2570*; v. metallhalt. Azoreaktivfarbstoffen 41-2577*, 41-2578*; v. α.β-ungesätt. acylaminogruppenhalt. Monoazoreaktivfarbstoffen 41-2579*; v. hydrazinogruppenhalt. reakt. — 51/52-2707*; v. substantiven — 1-2965*; v. sauren Mono-— 15-2884*; v. indazolhalt. bas. — 33-2793*.

Darst.: v. metallhalt. — 1-2963*, 1-2964*, 3-2839*; v. metallhalt. triazinylaminogruppenhalt. Mono-— 3-2840*; v. metallhalt. — 5-2943*, 7-2964*; u. färber. Verw. metallhalt. — 9-3010*; v. metallhalt. — 12-2751*; v. metallhalt. Mono-— 12-2752*; v. metallhalt. — mit 4.8-Dimethoxynaphthol-(1) als Kuppl.-Komponente 13-2928; v. metallhalt. — 13-2936*, 13-2938* bis 13-2940*, 14-2948*; v. metallhalt. — aus 4.8-Dimethoxy-α-naphthol 17-2708; v. reakt. metallhalt. Mono-— 17-2712*; v. metallhalt. Azoreaktivfarbstoffen 17-2714*; v. metallhalt. — 17-2721*; v. metallhalt. Mono-— 18-2908*; v. metallhalt. — -Salzen 19-2903*; v. metallhalt. — aus ungesätt. Aldehyden 21-3016*; v. metallhalt. Azoreaktivfarbstoffen 22-2708*; v. metallhalt. pyrimidylaminogruppenhalt. Mono-— 23-2754*; v. metallhalt., β-sulfatoäthylaminosulfonylgruppenhalt. — 24-2823*; v. metallhalt. Mono-— 24-2824*; v. metallhalt. o.o'-Dihydroxyazonaphthalinfarbstoffen 24-2827*; v. metallhalt. Azoreaktivfarbstoffen 25-2629*; v. metallhalt. methylarylketongruppenhalt. — 27-2812*; v. metallhalt. reakt. — 29-2715*; v. metallhalt., methoxycarbonylaminogruppenhalt. — 30-2658*; v. metallhalt. sulfonsäure(carboxyanilid)-gruppenhalt. — 33-2795*; v. metallhalt., triazinringhalt. — 34-2829*; v. metallhalt., sulfonsäure-(sulfatoalkylamid)-gruppenhalt. — 35-2449*; v. metallhalt., methoxycarbonylaminogruppenhalt. — 35-2450*; v. metallhalt. β-sulfatoäthylsulfonylaminogruppenhalt. — 38-2710*; v. metallhalt. — 38-2711*; v. Ammoniumsalzen metallhalt. — 38-2712*; v metallhalt. — aus 2-Aminopyridin 1-oxiden 39-2566*; v. metallhalt. 2.8-Dihydroxynaphthalinsulfonsäuregruppenhalt. — 40-2674*; v. metallhalt. wasserunlösl. — 41-2575*; v. metallhalt. Azoreaktivfarbstoffen 41-2577*, 41-2578*.

Darst.: v. metallisierbaren — 3-2838*; 19-2906*, 21-3017*; v. metallisierbaren — unter Verw. v. Arylmethyl- u. aliphat. Methylketonen 21-3018*; v. metallisierten Azoreaktivfarbstoffen 23-2751*; v. metallisierbaren carbonsäure - (dialkylaminoalkylamid) - gruppenhalt. — 37-2474*.

Metallkomplexbildende Mono-—, Farbstoffe aus 1.2-Naphthochinonen 10-2932; Darst.: v. tern. Cr-Mischkomplexen v. Mono-— 19-2909*; v. Guanidinderiv. v. 1.2-Metallkomplex-— 38-2708*.

Darst.: v. Cr-halt. — -Komplexen 1-2960*; v. Cr- u. Co-halt. Mono-— mit Triazinylaminogruppen 6-2827*; v. Cr- u. Co-halt. Mono-— 7-2965*; v. Cr-halt. — 12-2753*, 12-2754*, 16-2757*; Bldg. u. Struktur d. Cr-Komplexe v. — 22-2699; Darst.: v. Cr- u. Co-halt. Mono-— 25-2630*; v. Cr-halt. — 29-2717*; v. Cr-halt., chinolinringhalt. — 33-2797*; v. Cr- u. Co-halt. o-Carboxy-o'-hydroxyazoreaktivfarbstoffen 34-2831*; v. Cr-halt. carboxylgruppenhalt. — 40-2671*; v. Cr-halt. p-Nitrobenzoylaminogruppenhalt. — 41-2576*; v. Cr-halt. — 46-2642*; v. Cr-Mischkomplexen v. sulfonsäure- u. pyrazolongruppenhalt. Mono-— 47-2469*.

Darst.: v. Cr- u. Co-halt. Mono-— mit Triazinylaminogruppen 6-2827*; v. Cr- u. Co-halt. Mono-— 7-2965*; v. Co-halt. — 17-2720*; v. Cr- u. Co-halt. Mono-— 25-2630*; v. Co-Mischkomplexen v. — 28-2789*; v. Co- u. Ni-halt. — 29-2709*; v. Co-halt. — 30-2655*, 32-2725*; v. Cr- u. Co-halt. o-Carboxy-o'-hydroxyazoreaktivfarbstoffen 34-2831*.

Darst.: v. Cu- u. Ni-halt. — 5-2945*; v. Cu-halt. o.o'-Dihydroxyazonaphthalinfarbstoffen 27-2814*.

Darst.: v. Na- u. Ba-halt. Azopigmentfarbstoffen 32-2735*; v. Ti(IV)-— -Komplexen 2-2863.

Darst.: v. akylgruppenhalt. — 2-2862; v. azinringhalt. — 4-2739*; v. Deriv. d. 1.2.3.-4.5.6-Hexachlornaphthalins als — -Zwischenprod. 7-2761*; v. Mono-— -Gemischen d. Benzolazonaphthalinreihe 7-2961*; v. Benzolmono-— 11-2984*; v. fluorierten — 14-1093; v. chlorhalt. Mono-— 21-3022*; v. p-Chlorarylazoverb. als Zwischenprod. für Farbstoffe 28-2625*; v. trifluormethylgruppenhalt. — 37-2480*; v. Mono-— mit Ferrocenylgruppen 45-2388.

Darst.: v. Mono-— aus heterocycl. Aminen 5-2940*; v. cyano- u. nitrogruppenhalt. — 6-2823*; v. Aminoazoverb. u. Verw. für Farbstoffe 12-2746*; v. hydrazingruppenhalt. — 13-2930*; v. — aus Kondens.-Prod. v. 1.3-Dichlor-4.6-dinitrobenzol u. Phenylendiaminen 22-2704*; eines Mono-— aus 1-Amino-2-nitro-4-chlorbenzol u. 1-[Acetoacetylamino]-2-methyl-4-chlorbenzol 23-2750*; v. Azoaminoazinverb. u. Verw. für Farbstoffe 25-2625*; v. 2.4-dinitrophenylgruppenhalt. Monoazo-— 28-2791*; v. arylhydrazongruppenhalt. — 29-2710*; v. N.N-disubstituierten Aminomono-— 29-2714*; v. nitrogruppenhalt. Mono-— 30-2654*; v. alkylaminogruppenhalt. — 33-2796*; eines — aus diazotiertem 1-Aminocyan-4-nitrobenzol u. N-Äthyl-N-[methylsulfonyläthyl]-anilin 36-2571*; v. alkylaminoalkylgruppenhalt. Mono- u. Poly-— 37-2477*; v. p-alkylidenaminogruppenhalt. — 39-2561*; v. tert.-aminogruppenhalt. Mono-— 43-2459*; v. Bis-[aminophenylazo]-diphenylfarbstoffen 44-2651*; v. Diazoniumsalzen aromat. Amine u. Verw. für — 46-2641*.

Darst.: v. indandiongruppenhalt. — 1-2961*; v. dihydroxypropyloxygruppenhalt. — 5-2941*; kontinuierl. Darst. v. Diazoniumsalzlsg. u. Verw. für — 9-3007*; Darst.: v. epoxygruppenhalt. — 10-2933*; v. quatern. ammoniumgruppenhalt. Mono-— 10-2937*; v. acylaminogruppenhalt. — 10-2943*, 11-2982*; v. phenoxyacetylaminogruppenhalt.

32-2720; Färben v. bas. Polypropylentextilien mit – 33-2766*; Weiß- u. Buntsätzen v. mit – gefärbten Textilien aus Cellulose 39-2535*; Färben: u. Bedrucken v. Textilien mit – 41-2567* bis 41-2569*, 41-2572*; färber. Verw. v. N.N'-Bis-[p-phenylazophenyl]-(thio)harnstoffen 42-2637*; Färben v. Viscose mit Azopigmentdispers. 43-2445; Erzeug. v. – auf pflanzl. Fasern 43-2450*; Färben: v. Textilien mit Dis- u. Trisazoreaktivfarbstoffen 44-2641*; v. Cellulose mit wasserunlösl. – 44-2645*; v. Wolle u. Cellulose mit Cr-halt. – 45-2381*; u. Bedrucken v. Textilgut mit – 46-2629*.

Verw.: v. Metallkomplex- – zum Färben v. Polyurethanschaumstoffen 1-3100*; v. Cr-Komplexen v. Mono- – zum Färben v. Polyamiden 4-2849*; v. Fe-, Co-, Ni- oder Cu-Komplexen v. Mono- – zum Färben v. Polyamiden 34-2937*.

Verw. v. Mono- – -Pigmenten in Kunstfarben 22-3015*; Reaktivfarbstoffe als Ergänz.-Farben auf Azoxyfarbstoffgrundier. 47-2446.

Verw.: v. Farbstoffentwicklern auf Basis v. – für ein Farbdiffusionsübertragungsverf. 7-3384*; v. – in photograph. Materialien 11-3509*.

Papierchromatograph. u. papierelektrophoret. Nachw. d. Red.-Prod. v. – 20-2846; quant. oszillopolarograph. Best. d. zur Azokuppl. verwendeten Naphtholderiv. 35-2071; separate dünnschichtchromatograph. Best. flüchtiger Phenole im W. als – 29-2085; spektrophotometr. Best. v. Cu mit chromotropsauren – d. Pyridinreihe 19-2043; photometr. Best. v. Nb mit – 27-2000; photometr. Best. v. aliphat. Aminen u. quatern. NH_4-Ionen nach Komplexbldg. mit Azoverb. 30-2015; Verw. v. – in d. analyt. Chemie 44-1793.

Azomethinfarbstoffe

Siehe auch *Polymethinfarbstoffe*.

Über – (Farbe v. Indoanilinfarbstoffen) 32-1039.

Merocyanine v. Azomethinderiv. d. 3-Aminorhodanins 3-1073; Darst.: v. Cr-halt., chinolinringhalt. – 33-2797*; v. Ammoniumsalzen metallhalt. – 38-2712*; Beständigk. gelber – 51/52-3210; Farbe u. Konstit. v. Pyrazolonazomethin-Farbstoffen 6-0854; Färben mit –: v. hydrophoben Materialien 1-2940*; v. Textilien 14-2936*; v. Polyolefinen 20-2822*; v. bas. Polypropylentextilien 33-2766*; Verw. v. Kondens.-Prod. v. aromat. Aminen u. aliphat. Aldehyden beim Färben v. Textilien 41-2571*.

Benzanthronfarbstoffe

Darst.: v. Küpenfarbstoffen d. Dibenzanthronreihe 2-2867; v. Pigmentpräp. aus bromhalt. Dibenzanthronen oder Isodibenzanthronen (Verw.) 6-3107*; v. Küpenfarbstoffen d. Benzanthronreihe 9-3014*; v. Benzanthronylpyrazolanthronen u. Verw. für Farbstoffe 31-2637*; v. Benzanthronylaminodianthrimidfarbstoffen 35-2455*.

Färben v. polyhydroxylierten Textilien mit verküpbaren Dibenzanthronfarbstoffen 5-2936*.

Carbocyaninfarbstoffe

s. unter *Polymethinfarbstoffe*.

Chinacridonfarbstoffe

Siehe auch *Acridinfarbstoffe*.

Darst.: v. lichtechten Chinacridonpigmenten 5-2950*; u. färber. Verw. v. Chinacridonchinonen 8-2888*; v. β-Chinacridonpigmenten 9-2860*; v. feinverteilten Chinacridonpigmenten 12-2764*; v. linearen Chinacridonen als Farbstoffe 15-2886*; v. flokulationsbeständ. Chinacridonpigmenten 16-2767*; v. β-Chinacridonpigmenten 16-2769*; v. Chinacridonpigmenten in γ-Form 16-2771*; v. – 16-2773*; u. Röntgenstrahlenbeug.-Bild v. δ-5.12-Dihydrochino-[2.3-b]-acridondion-(7.14) 18-2916*; v. Chinacridonpigmenten 20-2854*; v. Chinacridon–Chinon-Deriv. u. Verw. als Farbstoffe 22-2700; v. Pigmenten d. Chinacridonreihe 27-2817*; v. feinverteilten – -Pigmenten 29-2720*; v. 2.5-Bis-[o-carboxyarylamino]-1.4-benzochinonen u. Überführ. in Chinacridonchinone 45-2393*; v. linearen Chinacridindionen 45-2400*; Querschnittsreduzier. v. Chinacridonpigmenten 7-2971*; Vermahlen v. Chinacridonpigmenten 16-2770*.

Färben v. organ. Material mit Farbpigmenten d. Chinacridonreihe 5-2951*; färber. Verw. linearer Chinacridone 11-2990*.

Chinolinfarbstoffe

Darst.: v. 2.4-Dichlorchinolin-3-carbonsäurealkylestern als Zwischenprod. für Farbstoffe 4-2563*; v. substituierten 1.4-Dihydrochinolin-4-carbonsäureamiden als Fluoreszenzfarbstoffe 4-2564*; v. Chinolylbenzthiazolen u. Verw. für Farbstoffe 6-2822*; v. 2-[2'-Hydroxy-4'-methylchinolyl-(6')]-azo-3-oxobuttersäureanilid-Farbstoffen 7-2802*; v. wss. Lsg. v. Kupfer-8-hydroxychinolat als Farbstoffe 11-2828*; v. 2.4-disubstituierten Chinolin-3-carbonsäurealkylestern als Zwischenprod. für Farbstoffe 14-2766*; Kondens. v. N-Arylchinaldiniumsalzen mit Acetanilidomethylenrhodanin zu – 20-1074; Darst.: v. Cyanmethyliden- – 31-2642*; v. neuen fluoreszierenden – 37-1070; u. färber. Verw. v. Cyanomethylidenchinolinen 40-2678*.

Färber. Verw. v. – 14-2936*.

Chinonfarbstoffe

Darst.: v. auf Fasern fixierbaren Farbstoffen d. Pyrenchinonreihe 19-2913*; u. färber. Verw. v. 2-Arylamino-1.4-naphthochinonen 35-2454*; Farbstoffe auf d. Basis v. 2.3-Dichlor-1.4-naphthochinon (Übersicht) 44-2646.

IR-spektroskop. Nachw. eines C–N-Doppelbind.-Ausgleiches in Radikalen v. Amminiumtyp u. in Farbstoffen v. Chinondiimmoniumtyp 44-0864.

Färben hydrophober Textilien mit Naphthochinonfarbstoffen 25-2604*.

Cyaninfarbstoffe

s. unter *Polymethinfarbstoffe*.

Diarylmethanfarbstoffe

Siehe auch *Arylmethanfarbstoffe*; *Triarylmethanfarbstoffe*; *Triphenylmethanfarbstoffe*.

IR-Spektren v. – u. Triarylmethanfarbstoffen (Unters.-Ergebnisse an d. N-Verb.) 40-0861.

Dibenzanthronfarbstoffe

s. unter *Benzanthronfarbstoffe*.

Dioxazinfarbstoffe

s. unter *Oxazinfarbstoffe*..

Diphenylaminfarbstoffe

Darst. v. 2-Nitro-4-acetyl- u. 2-Nitro-4-trifluoracetyl- – für Lavsan 44-2648; Verblassen v. Nitro- – in Zusammenhang mit Struktur u. UV-Absorpt.-Spektren 15-2878; Einfl. d. Fasersubstrats auf d. Verschießeig. v. Nitrodiphenylamin- – 17-2702.

Diphenylmethanfarbstoffe

Siehe auch *Arylmethanfarbstoffe*; *Diarylmethanfarbstoffe*.

Darst. v. Auraminfarbstoffen 40-2684*.

Zweistuf. Redoxsyst. bei kation. – 45-0885.

Verw.: d. Carbinolbasen v. – zusammen mit Halogen-KW-Stoffen in photograph. Kopierschichten 24-3536*; d. Leucoverb. v. – für photograph. Auskopierschichten 38-3277*.

Formazanfarbstoffe

Darst.: v. metallhalt. o.o'-Dihydroxy- – 10-2940*; v. schwermetallhalt. – 19-2915*; v. indazolringhalt. – 27-2816*.

Imidazolfarbstoffe

– (Kondens. v. Naphthalsäure mit 1.2-Diaminobenzolderiv.) 13-1146; über – 13-1147, 15-1073 bis 15-1076; – (Nitrier. v. 2-Phenylbenzimidazol u. seinen Nitroderiv.) 22-0995.

Darst.: v. 5-Aminoindazol- u. 5-Aminobenzimidazolderiv. als Farbstoffzwischenprod. bes. für Naphthol-AS-Farbstoffe 14-1129; v. [1-(Hydroxy- oder Cyano)-Alkyl(bzw. Aryl)]-2-Cyanmethylbenzimidazolen (Zwischenprod. zur Herst. v. Farbstoffen) 39-2343*.

Indanthrenfarbstoffe

– (Musterkarte) 8-2858; Leukopotentiale v. – 9-2985.

Anwend. d. Pigmentier. mit Solidegal SR beim Färben auf d. Grundlage mit – 5-2919; Färben: v. Hochmodulfasern mit – 19-2875; mit – bei hohen Temp. 38-2699.

Bewert.-Meth. v. Indanthron- u. 3.3'-Dichlorindanthronfärb. aus relativen Reflexionswerten 22-2697.

Indigo- und Indigosolfarbstoffe

V. Indigo zum Indigosol (Übersicht) 49/50-2619.

Darst.: v. flokulationsbeständ. Indigoidpigmenten 16-2767*; v. indigoiden Küpenfarbstoffen 25-2635*; v. saure Reste enthaltenden indigoiden Farbstoffen 45-2402*.

Theoret. u. spektroskop. Unters. an Indigo-Farbstoffen (d. chromophore Syst. d. Indigo-Farbstoffe) 14-0964; (IR- u. Lichtabsorpt.-Spektren einfacher Indigofarbstoffe) 51/52-0809; ESR-Spektren bas., indigoider Farbstoff-Radikale 22-0846; (sulfonierte) indigoide Farbstoffe enthaltende Redoxharze 14-1239; Leukopotentiale v. Indigo- u. Thioindigofarbstoffen 26-2890; Unters. d. Säure–Base-Eig. d. Küpensäuren v. Indigo u. Thioindigo 34-0944.

Kombiniertes Bleich-Färbeverf. mit Indigosolen (Musterkarte) 28-2767; Färben v. Viscose mit Indigopigmentdispers. 43-2445.

Indoanilinfarbstoffe

Darst. u. Farbe v. – (2-Acylaminophenolderiv., Spektren) 32-1039.

Indophenolfarbstoffe

Photophosphorylier. im Zusammenhang mit d. Red. v. – 7-1373.

Indulinfarbstoffe

Färber. Verw. v. – 14-2936*.

Merocyaninfarbstoffe

s. unter *Polymethinfarbstoffe*.

Methinfarbstoffe

s. unter *Polymethinfarbstoffe*.

Naphthol-AS-Farbstoffe

Darst.: v. benzimidazolonylamidgruppenhalt. – 28-2790*; v. am Naphthalinring substituierten – 39-2563*.

Naphthol-AS-Einbadverf. mit Azanilrotsalz B 28-2774; Kuppl.-Beding. u. -geschw. bei Naphthal-AS-Färb. auf Cellulosefasern 31-2618; neues Einbadverf. für – mit Azanilfärbesalzen 34-2825; Einbadverf. für Naphthol AS-Kuppl.-Komponenten u. stabilisierten Diazokomponenten 47-2447.

Naphtholfarbstoffe

– 39-2526; Abhandl. über – im Druck 14-2928; Färben: v. Textilien mit – 15-2845*; v. metallhalt. Fasern mit – 27-2783*; v. Cellulosefasern mit – 34-2822.

Nitrofarbstoffe

Darst.: v. azinringhalt. – 4-2739*; v. flokulationsbeständ. – -Pigmenten 16-2767*; v. chinoxalingruppenhalt. – 17-2709*; v. thiosulfonsäuregruppenhalt. – 22-2715*; v. Isothiuroniumsalzen v. Bromhydrin- – 29-2716*; v. acryloylaminogruppenhalt. – 39-2573*; v. Isothiuroniumsalzen v. 2-halogenäthylsulfidhalt. – 40-2683*.

Rk. v. – mit Polyhalogentriazinen u. -pyrimidinen 23-2749*.

Färber. Verw. v. – 15-2936*; Färben: v. Polyamiden mit – 25-2605*; v. Polyamidfasern mit – 25-2606*.

Orceinfarbstoffe

s. unter *Oxazinfarbstoffe*.

Oxazinfarbstoffe

Orceinfarbstoffe 39-1058; (Bldg.-Mechanismus u. Synth. v. Orceinfarbstoffen) 39-1059.

Darst.: v. azinringhalt. – 4-2739*; v. hydrazingruppenhalt. – 13-2930*; v. chinoxalingruppenhalt. – 17-2709*; v. flokulationsbeständ. Dioxazinpigmenten 16-2767*; v. feinverteilten Dioxazinfarbstoffpigmenten 29-2720*.

Einfl. d. chem. Struktur auf d. Farbe u. opt. Eig. v. Dioxazinpigmenten 3-3089.

Färben v. Kunstharzen mit Triphendioxazinfarbstoffen 6-2802*; Verw. v. – als Elektrolyt für ein elektrolytograph. Aufzeichn.-Verf. 26-3576*.

Oxonolfarbstoffe

s. unter *Polymethinfarbstoffe*.

Phthaleinfarbstoffe

s. unter *Triphenylmethanfarbstoffe*.

Phthalocyaninfarbstoffe

Darst.: v. reakt. – mit heterocycl. Substituenten 4-2740*; u. färber. Verw. v. Tetrazaporphinfarbstoffen 4-2751*; v. Tetrazaporphinfarbstoffen 7-2970*; v. wasserlösl. – 12-2761*; v. – 12-2763*; v. faserreakt. – 16-2764*; v. wasserlösl. Farbstoffen d. Azaporphinreihe 16-2765*; v. metallfreien – 21-3025*; v. wasserlösl. – 28-2797*; v. metallfreien – 45-2404*; v. Gemischen aus Alkaliphthalocyaninen u. metallfreiem Phthalocyanin 51/52-2708*.

Darst.: v. metallisierten –-Pigmenten 8-2892*; v. flokulationsbeständ. –-Pigmenten 16-2767*; v. nichtflockenden –-Pigmenten 16-2772*; v. feinverteilten –-Pigmenten 29-2720*; v. flockungsbeständ. u. lösungsmittelechten –-Pigmenten durch Zusatz v. Phthalocyaninsulfamiden 44-2552*.

Darst.: v. acylaminogruppenhalt. – 10-2943*; v. hydrazingruppenhalt. Tetrazaporphinfarbstoffen 13-2930*; v. hydrazingruppenhalt. – 20-2853*; v. alkylaminoalkylgruppenhalt. – 37-2477*; v. acryloylaminogruppenhalt. – 39-2573*.

Darst.: u. färber. Verw. v. Phthalocyanintri(tetra)sulfonsäure - bis - [dicyclohexyl-(diphenyl bzw. ditolyl)amiden] 12-2762*; v. thiosulfonsäuregruppenhalt. – 22-2715*; v. halogenvinylsulfonyl- u. dihalogenäthylsulfonylgruppenhalt. – 29-2708*; v. Isothiuroniumsalzen v. Bromhydrin-– 29-2716*; v. β-sulfonylpropionylamidgruppenhalt. Tetrazaporphinfarbstoffen 36-2574*; v. Isothiuroniumsalzen v. 2-halogenäthylsulfidhalt. – 40-2683*; v. aminoäthylsulfonylaminogruppenhalt. – u. d. quatern. Ammoniumsalzen 42-2647*; v. sulfonamidgruppenhalt. Cu-Phthalocyaninen 51/52-2705.

Darst.: v. azinringhalt. – 4-2739*; v. chinoxalingruppenhalt. – 17-2709*; v. pyrimidylringhalt. Cu-– 38-2709*; v. dihalogenpyridazongruppenhalt. – 8-2891*; v. triazinringhalt. – 46-2643*.

Intensivier. d. Filtrat. v. Phthalocyaninpigment-Suspens. durch Zusatz oberflächenakt. Substanzen 12-2060; saures Vermahlen v. Phthalocyaninpigmenten 16-2766*.

Problem d. p–n-Übergänge zwischen organ. Farbstoffen u. anorgan. Photoleitern am Beispiel d. photoelektr. Verh. v. AgBr u. AgJ in Kombinat. mit – 13-0447; Nachw. d. Wasserstoffbind. mit $UO_2(NO_3)_2 \cdot 6\,H_2O$ im Lumineszenzspektrum d. v. Silicagel u. Alumosilicagel adsorbierten Mg-Phthalocyanins 18-0318.

Abwandl. v. triazingruppenhalt. – 2-2873*; Rk.: v. – mit Polyhalogentriazinen u. -pyrimidinen 23-2749*; v. – mit Säurehalogeniden 25-2624*.

Färben mit – in Ggw. v. Katalysatoren u. Aminoplasten 6-2801*; v. Cellulosetextilien mit γ-halogen-β-hydroxypropylaminosulfogruppenhalt. – 6-2806*; färber. Verw.: v. Tetrazaporphin- u. – 14-2936*; v. Cu-– 15-2858*; Färben u. Bedrucken v. Textilien mit – 15-2867*; Verw. v. Phthalocyaninmethylaminen für nichtflockende Pigmente 16-2772*; Färben u. Bedrucken v. cellulosehalt. Textilien mit – 18-2897*; Bedrucken v. Baumwolle mit Cu-Phthalocyaninpigmenten 21-3002*; Färben v. Regeneratcellulose mit Cu-– 21-3012*; Textilfärb. mit faserreakt – 23-2730*; Färben: v. Textilien mit Cu-– in Ggw. v. Tris-aziridinylverb. 25-2603*; v. Polyamiden mit – 25-2605*, 25-2606*; v. Textilien mit reakt. – 44-2641*; v. Cellulose mit wasserunlösl. – 44-2645*.

Polymethinfarbstoffe

Siehe auch *Azomethinfarbstoffe*

Methinfarbstoffe: v. d. Quadratsäure abgeleitete Cyclotrimethinfarbstoffe 1-1079; Darst.: v. indolinringhalt. Methinfarbstoffen 2-2865*; v. Methinfarbstoffen 3-2843*; v. Methinfarbstoffen mit Triphenylphosphoranylidencyclopentadiengruppen 5-3388*; v. Methinfarbstoffen 12-2757*; v. 1.3'-Dialkylchinolin-2-benzthiamonomethincyaninen 44-3199*; Verw. v. Benzimidazolreste enthaltenden Methinfarbstoffen als spektrale Sensibilisatoren 36-3136*.

Polymethinfarbstoffe: Darst.: v. – mit 4.5-Pyrido-(3'.4')-imidazol-Gruppen 3-3303*; v. 4H-Pyrankerne enthaltenden – 5-3380*; v. – aus 3-Thiäthanon-1.1-dioxiden 9-3490*; v. Tetraza-– 11-2991*; v. bas. – 12-2758*.

Erzeug. v. Riesenimpulsen aus einem Nd-Glas-Laser durch einen reversibel bleichbaren – 12-0430; anomale Bathochromie d. Wursterschen Farbsalze 19-0864; Behandl. d. Polymethinkette in – nach d. LCAO-MO-Meth. 16-0856; Elektronenstruktur u. energet. Eig. dreier – 33-0930.

Verw.: v. mit Sulfamidgruppen substituierten – zur spektralen Sensibilisier. photograph. Emuls. 5-3387*; v. – als opt. Sensibilisatoren für ZnO-Bindemittelschichten 9-3494*.

Cyaninfarbstoffe: Darst.: v. Trisdimethylaminomethan als Zwischenprod. für Cyaninfarbstoffe 9-2795*; v. Pseudocyaninfarbstoffen für d. Sensibilisier. photograph. Emuls. 11-3507*; v. Cyaninfarbstoffen durch Kondensat. v. Deriv. d. 2-Methylbenzimidazols mit Orthocarbonsäureestern 11-3508*; v. N-[2.5-Dichlorphenyl]-5.6-benzochinaldiniumsalzen u. daraus dargestellte Cyaninfarbstoffe 13-1151; d. Basen v. Cyaninfarbstoffen durch Abspalt. v. Alkylhalogeniden aus Carbocyaninen asymm. Struktur 18-1015; v. Cyaninfarbstoffen aus 1.2-Dimethylanthrachinono-[2'.3' : 4.5]-imidazol 23-1062; v. Cyaninfarbstoffen mit Furanring in d. Polymethinkette 23-1069; v. Cyaninfarbstoffen aus 5.6-Methylendioxy- u. 4.5-Tetramethylenbenzoxazolen 23-2747; v. Cyaninfarbstoffen aus 1.4.7.9-Tetrazainden 23-2748; v. Styryl- u. Cyaninfarbstoffen d. Thiazolreihe aus α-Aminosäuren 24-3491; v. Cyanin- u. Merocyaninfarbstoffen 28-1788*; v. Thiazolo-1.2.3-benzothiadiazolen u. daraus dargestellte Cyaninfarbstoffe 35-1087; v. symm. Trimethincyaninfarbstoffen aus N-Aryl-5.6-benzolepidiniumsalzen 35-1102; v. F-halt. Cyaninfarbstoffen 36-1051; v. Cyaninfarbstoffen aus 2-Methyl-5(6)-[oxoalkyl]-benzimidazolen u. -benzthiazolen 42-1007; v. Cyaninfarbstoffen mit Aldehyd- u. β-Carboxyvinylgruppen am heterocycl. Rest 44-1056; v. Cyaninfarbstoffen mit zwei konjugierten Chromophoren 44-1060, 44-1061; v. 2-Acetylmethylen-Δ^4-thiazolinen u. 2-Acetylmethylenthiazolidonen-(4) als Zwischenprod. bei d. Synth. v. Cyaninfarbstoffen 44-1062; v. Azacyaninen 44-1068; v. Farbstoffen auf d. Basis v. Thiacyanin (Übersicht) 44-2646; v. Chinolin-2-monomethincyaninen 44-3199*; v. Dithiyliumcyaninen 45-0988; v. Cyaninfarbstoffen aus Imidazophenazinen u. Absorptionsspektren 45-2389; v. Cyaninfarbstoffen aus 2.3-disubstituierten Indenen 46-3193; v. Thiazoloazulenen als Cyaninfarbstoffe 46-3201.

UV-Absorpt.-Spektrum v. Cyaninen in Lsg. 18-0813; Basen v. Cyaninfarbstoffen (Absorpt.-Spektren u. pK_a-Werte d. Basen v. Cyaninfarbstoffen) 18-1016; Konstit.-Einfl. auf d. UV-Spektrum d. v. Thiazolchinolinen sich ableitende Farbstoffe d. Cyaninklasse 20-0832; Einfl. v. Lsgm. u. festen Substraten auf d. sichtbare Mol.-Absorpt.-Spektrum v. Cyaninfarbstoffen 24-0875; Bldg. v. J-Zustandes in wss. Lsg. d. Cyaninfarbstoffe 34-0893; Kombinat.-Laser-Q-Schalter bei Rubin unter Verw. eines Drehspiegels u. eines Sättig.-Farbstoffes – 35-0378; schneller Fl.-Schalter unter Verw. v. Cyaninfarbstoffen zur Veränder d. Güte eines Nd-Glaslasers 35-0379; Pariser-Parr-Pople-Rechn. an Cyaninen u. Merocyaninen 6-0897; Farbsensibilisier. d. Photoleitfähigk. v. ZnO durch Cyaninfarbstoffe 2-0455; Protonenresonanzunters. an Cyaninfarbstoffen 29-0862; Molekularstruktur u. polarograph. Diffus.-Strom oder Adsorpt.-Stufe v. Cyaninfarbstoffen 38-0945; Adsorpt. v. Cyaninfarbstoffen: an Oberflächen v. Ag-Halogeniden 7-0672, 21-1001.

Zur photochem. trans–cis-Umlager. einfacher Cyaninfarbstoffe 40-0980; Beobacht. v. metastabilen geometr. Isomeren v. Cyaninen bei Blitzlichtphotolyse 45-0938; zweistuf. Redoxsyst. bei Cyaninfarbstoffen 45-0885.

Verw.: v. Cyaninfarbstoffen zur Herst. elektrophotograph. Schichten 24-3522*; v. einen 5-Carbäthoxybenzimidazolkern enthaltenden Trimethincyaninen als Sensibilisatoren 28-3376*; v. Cyaninfarbstoffen zur Sensibilisier. bindemittelfreier Ag-Halogenidschichten 40-3270*; d. Photosyst. Cyaninbasen/Polyhalogenverb. in photograph. Auskopiermaterialien 46-3203.

Pseudoisocyaninfärb. v. Insulin u. d. Spezifität d. empir. Inselzellenfärb. 43-1865.

Hemicyanine 15-0876.

Carbocyaninfarbstoffe: Rk.-Mechanismus d. Synth. v. mesomethylsubstituierten Thiacarbocyaninen 1-1092; Darst.: v. 1.1'.-3.3'.9.11-hexaalkyl-4.5;4'.5' - bis - [1'' - alkyl - pyrido-(3''.4'')]-imidazolocarbocyaninen 3-3303*; v. Thiacarbocyaninen mit Substituenten am Trimethinchromophor 9-1102; v. symm. u. asymm. Benzimidazol-(2)-carbocyaninen (theoret. Vorstell.) 9-3476; (Sensibilisier.-Vers.) 9-3477.

Absorpt.-, Fluoreszenz- u. Phosphoreszenzspektren v. symm. Carbocyaninen bei 77 °K 37-0885; Einfl. v. Photogelatine auf d. I-Aggregat. v. Carbocyaninen 46-3202.

Verw.: v. Kombinat. aus Benzimidazolcarbocyaninen mit 1.8-Äthylenbenzimidazoloxocarbocyaninen bzw. 1.10-Äthylennaphthimidazoloxocarbocyaninen zur Supersensibilisier. photograph. Emuls. 3-3308*; v. Mesoäthylbenzthio- oder -benzthioselenocarbocyaninen als photograph. Sensibilisatoren 3-3309*; photograph. Eig. v. Oxacarbocyaninen mit α-Naphthyl- u. α-Thienylgruppen in 5.5'-Stell. 24-3490; Sensibilisier. v. Ag-Halogenidemuls. mit Thiatricarbocyaninen 44-3198*; photograph. Eig. v. m-Äthylthiacarbocyaninen 51/52-3202..

Styrylfarbstoffe: Darst. v. Styryl- u. Cyaninfarbstoffen d. Thiazolreihe aus α-Aminosäuren 24-3491; Verw. v. Styryl- bzw. Azastyrylfarbstoffen als Desensibilisatoren in photograph. Materialien 11-3529*.

Merocyaninfarbstoffe: Merocyanine v. Azomethinderiv. d. 3-Aminorhodanins 3-1073; komplexe Oxonole u. holopolare Merocyanine 7-1131; Darst.: v. α-chlorsubstituierten Merocyaninfarbstoffen 4-2747*; v. am heterocycl. N 2-Hydroxy-3-sulfopropyl-Gruppen tragenden Merocyaninen 9-3493*; v. Azolonen abgeleitete Merocyanine (Farbe v. quart. Salzen v. Dimethinmerocyaninen) 20-1066; Darst.: v. Merocyaninen mit 3 heterocycl. Kernen 24-3505*; v. Cyanin u. Merocyaninfarbstoffen 28-2788*; Dimerocyanine mit verschiedenen N-halt. heterocycl. Resten 36-1052; Darst. v. Mero- u. Aminocyaninen (Übersicht) 46-0993; Ausbldg. v. I-Bande bei Dimethinmerocyaninen (Dimethinmerocyanine d. 1.3-Dialkylthiohydantoins u. ihre Herst.) 51/52-3207; (Dimethinmerocyanine d. Benzimidazolo-[2.'1' : 2.3]-thiazolidon-(4) u. ihre Herst.) 51/52-3208.

Farbe v. quart. Salzen v. Dimethinmerocyaninen 20-1066; Pariser-Parr-Pople-Rechn. an Cyaninen, Merocyaninen u. Quadrupolmerocyaninen 6-0879; Struktur d. 1.5-Diaminonaphthochinon-(2.6); ein Quadrupolmerocyanin 44-0897; Problem d. p–n-Übergänge zwischen organ. Farbstoffen u. anorgan. Photoleitern am Beispiel d. photoelektr. Verh. v. AgBr u. AgJ in Kombinat. mit Merocyaninfarbstoffen 13-0447.

Verw. v. eine 7-Carboxy- bzw. Carbäthoxybenzimidazolgruppier. enthaltenden Merocyaninen zur spektralen Sensibilisier. photograph. Emuls. 3-3307*; Unters. d. Sensibilisier. verschiedener kristallograph. Flächen v. AgBr-Emulsionskörnern mit Rhodamerocyaninen 16-3312; Verw.: v. Benzoxothiohydantodimethinmerocyaninen als Sensibilisatoren für photograph. Emuls. 30-3195*; v. Benzimidazoldimethinmerocyaninen als Sensibilisatoren für Ag-Halogenidemuls. 46-3205.

Oxonolfarbstoffe: komplexe Oxonole u. holopolare Merocyanine 7-1131; Herst. d. Ag-Salze v. Mono-, Tri- bzw. Pentamethinoxonolen mit Thiobarbitursäuregruppen 9-3485*; Absorpt. u. Sensibilisier. v. Thiohydantoin- u. Rhodaninmonomethinoxonolen in Abhängigk. v. pH-Wert 22-3244.

Rhodaminfarbstoffe

Einfl. d. Lsgm.-Struktur auf d. Dimerisier.-Prozeß v. wss. –-Lsg. 22-0873, 27-0903.

Schwefelfarbstoffe

Neue lösl. – (Übersicht) 6-2788; – u. d. Färbetechniken (Übersicht) 11-2979.

Kontinuierl. Darst. v. – 17-2724*; Darst.: v. wasserlösl. – 20-2848*; u. färber.

Styrylfarbstoffe

Sulfophthaleinfarbstoffe

Tetrazaporphinfarbstoffe

Thiacarbocyaninfarbstoffe

Thiazinfarbstoffe

Thioindigofarbstoffe

Triarylmethanfarbstoffe

Triphenylmethanfarbstoffe

Xanthenfarbstoffe

Farbzentren

Strahl. auf Entsteh. v. – d. Krist.-Phosphors NaF : U 42-0353; Erzeug. v. F-Zentren in NaCl : Tl-Krist. durch UV-Strahl. 45-0327.

Bldg. v. F-Zentrenaggregaten bei tiefen Temp. in KCl bei *1,5* MeV-Elektronen- oder Röntgenbestrahl. 2-0347; ENDOR-Unters. v. F-Zentren in KCl (Beeinfluss. durch elektr. Felder) 2-0381; definierter Einbau u. opt. Absorpt. v. O_2^-- u. O^{2-}-Zentren in KCl-Krist. 6-0345; Quantenausb. für d. photochem. Abbau v. O^{2-}-Zentren in KCl bei UV-Bestrahl. 6-0346; Variat. d. relativen Konz. v. α- u. F-Zentren in bei *5* °K bestrahltem KBr 6-0348; lokalisierte Exzitonenabsorpt. an – in KCl u. KBr 9-0373; Strahl.-induzierte Verbreiter. d. F-Absorpt.-Bande in KCl 9-0374; Einfl. v. Beimeng. u. Verform. auf d. Anhäuf.-Kinetik v. F-Zentren in KCl-Krist. 9-0376; M-Zentrenbldg. in röntgenbestrahlten KCl-Krist. 9-0378; Bldg. durch Bestrahl. mit Elektronen u. Vernicht. v. – in KCl-Einkrist. 10-0337; M_A-Zentren in additiv gefärbtem KCl 10-0338; Beweis für d. Existenz v. ^{85}Rb-F_A- u. ^{87}Rb-F_A-Zentren in KCl durch ESR 12-0416; Anhäuf. v. F-Zentren in KCl-Krist. durch Na_2S-Zusatz 13-0388; V-Banden in KCl : J-Krist. 13-0388; Zerstör. v. F-Zentren durch Röntgenstrahlen in reinen u. aktivierten KCl-Krist. 15-0378; Einfl. äußerer elektr. Felder auf d. Absorpt. v. Ag^+-Zentren in KCl (Stark-Effekt) 15-0379; V-Zentren in KBr-Krist. 15-0381; N_1-Zentren in additiv gefärbten KCl-Krist. 16-0287; EPR-Unters. d. mit Röntgenstrahlen angeregten U_3-Zentren v. KCl : H- u. NaCl : H-Krist. 16-0289; F–F′-Rk.-Kinetik in KCl 19-0332; IR-Absorpt.-Spektrum d. F*-Zentrums in KJ 19-0333; ENDOR v. F-Zentren in KCl 19-0367; opt. Eig. v. F-Zentren in KCl-Krist. nach Neutronenbestrahl. im Reaktor 28-0321; nicht strahlende Zerstör. v. F-Zentren in röntgenbestrahltem, mit anion. Verunreinig. dotiertem KCl 28-0322; Struktur u. Umwandl. v. – in KCl-Krist. 28-0323; therm. Wachstum v. M-Zentren in gefärbten KCl-Krist. 28-0324; Umwandl. v. U-Zentren in OH-Zentren bei KCl-Krist. 28-0325; Temp.-Abhängigk. d. Hyperfeinstrukturtensoren d. FCl-Zentrums in KCl 28-0326; Erzeug. v. F-Zentren in reinem KBr durch UV-Bestrahl. 28-0329; Abhängigk. d. D. d. F-Zentren v. Pb-Geh. in KBr u. KCl sowie v. Sr-Geh. in KCl 29-0305; Verfärb. v. reinen u. Ca-dotierten KCl- u. NaCl-Krist. unter d. Einw. v. γ-Strahl. 29-0306; ESR- d. JCl^--V_k-Zentrums v. röntgenbestrahlten KCl-Krist. mit Pb-Dot. 30-0319; ENDOR-Mess. an U_2-Zentren in KCl 30-0320; Temp.-Abhängigk. d. F-Zentrenerzeug. in KCl 32-0343; Eig. d. B-Zentrums in additiv gefärbten, mit Ag^+ dotierten KCl-Krist. 32-0345; Na- u. Li-M_A-Zentren in Na- u. Li-dotierten KCl-Krist. 37-0380; – in mit Zn^{2+}, Cd^{2+} u. Hg^{2+} dotiertem KCl 37-0381; dielektr. Relaxat.-Änder. durch opt. Konvers. „F → Z_1“ in KCl : $SrCl_2$-Krist. 37-0382; Ultraschallmodulat. d. F-Bande in additiv gefärbtem KBr 37-0383; F-Zentren v. KBr : Tl 38-0380; Anwachsen v. F- u. V-Zentrenkonz. in UV-bestrahltem KJ 38-0383; Struktur v. – in NaCl, KCl, KBr u. KJ 40-0298; Struktur u. Umwandl. v. – in KCl-Krist. 40-0307; Einfl. d. plast. Verform. auf d. Beimeng.-– in KCl-Krist. 40-0308; Ag-Aktivatorzentren in KCl-Krist. mit anion. O-halt. Zusätzen 40-0309; Einfl. d. Anionen- u. Kationenleerstellen auf d. Bldg. v. komplexen – in mit Ag u. Tl dotierten KCl-Krist. 40-0310; Photoszintillat. v. in d. F-Bande angeregtem KCl : Tl 44-0367; Doppelbrech.-Effekt in gefärbten KCl- u. KBr-Krist. durch dichroit. R-Zentren 45-0304; Erzeug. v. F-Zentren durch Röntgenstrahlen in reinem u. dotiertem KCl bei *4,2* °K 45-0328; Schottky- u. Frenkel-Fehlordn. in – enthaltendem KCl 45-0329; Stark-Effekt am F-Zentrum in KCl 45-0330; mit d. Stoßwellenkompress. v. NaCl u. KBr verbundene – 47-0344; F-Zentrenbldg. in KCl durch Röntgenbestrahl. 51/52-0274; Elektronenstruktur d. U_2-Zentren in KCl u. KBr (Einfl. d. Konfig.-Misch.) 51/52-0301; V-Zentren in KCl-Krist. 51/52-0302; photochem. erzeugte V-Banden in KBr u. KCl 51/52-0303; Vers. zur Best. d. Elektronenaffinität v. KCl aus d. Kinetik d. therm. Bleichens v. additiv verfärbten Krist. u. d. dabei auftretenden Exoelektronenemiss. 51/52-0304; Bldg. v. F-Zentren durch Fundamentalabsorpt. in KJ 51/52-0306.

ESR-Unters. zur Aggregat. v. F-Zentren in RbCl 15-0424; einige wichtige Parameter d. F-Zentrums in KF-, RbF-, RbBr-, RbJ- u. NaF-Krist. 28-0320; V_k-Zentren v. mit Tl dotiertem CsJ 17-0370; opt. u. therm. Eig. v. – in bei d. Temp. d. fl. He bestrahlten CsBr-Einkrist. 28-0327; Mol.-Modell für U-Zentren in CsJ 32-0349; stabile – in Cs-Halogeniden 40-0306.

– in Erdalkalimetallfluoriden 6-0349; F-halt. – mit eingefangenen Defektelektronen in MgO 3-0405; Stabilisier. d. solvatisierten Elektrons (–) in gefrorenen wss. Lsg. v. $NaClO_4$, $Mg(ClO_4)_2$, Na_2SO_4 u. NaH_2PO_4 9-0379; EPR d. F-Zentren-Paare in neutronenbestrahltem MgO 37-0413; Nachw. d. F-Zentrums nach H^+-, D^+- u. He^+-Beschuß in MgO 42-0344; v. H^--Zentren in CaF_2 hervorgerufener Raman-Effekt 1-0341; paramagnet. Resonanz d. V_F-Zentrums in CaF_2 7-0406; Einfl. d. Temp. auf d. Bldg. v. Z_1-Zentren in $KCl/CaCl_2$-Krist. 9-0377; Ermittl. d. Grundzustandsenergie d. F-Zentrums in CaF_2 10-0334; F-Zentren in CaF_2-Krist. bei d. Bestrahl. mit Protonen 10-0335; langdauernde IR-Lumineszenz einiger – in Fluoritkrist. 10-0363; neue Laserlinie durch Energieübertrag. v. – auf Er-Ionen in CaF_2 11-0413; opt. Zentren in mit Gd^{3+} aktivierten CaF_2-Krist. 16-0284; axialsymmetr. paramagnet. – in Fluorapatit 16-0291; F-Zentrum in CaF_2 19-0328; elektr. u. magnet. Eig. v. gefärbten u. ungefärbten CaF_2-Krist. 28-0315; – v. CaF_2-Krist. 28-0316; durch γ-Bestrahl. bewirkte – in engl. Fluorit 28-0317; opt. Spinpolarisat. u. ESR in M-ähnl. Zentren eines neutronenbestrahlten CaO-Krist. 30-0323; Potentialenergiekurve für Elektronen d. F-Zentren in CaF_2 37-0375; opt. Unters. an elektrolyt. gefärbten CaF_2-Krist. 37-0376; F-Zentren in mit Neutronen bestrahlten SrO-Einkrist. 2-0390; theoret. Unters. d. F′-– in MgO, BaO u. CaO 42-0343.

Verfärb. v. reinen u. aktivierten CdF_2-Krist. 46-0380; – durch Röntgenbestrahl. in Rubin 24-0353; EPR u. Änder. d. elektr. Leitfähigk. mit d. O-Druck für einige reduzierende nichtstöchiometr. Aluminiumoxide mit F-Zentren 26-0367; Farbwechsel eines Rubinkrist. bei intensiver Lichteinstrahl. mit einer X-Röhre 37-0385; Blaufärb. v. Cancrinitkrist. durch F-Zentren 41-0811; durch γ-Strahlen induziertes Defektbleichen in einem druckverformten α-Al_2O_3-Einkrist. 43-0352; – in TlCl 42-0341; opt. Nd^{3+}-Zentren in $Y_3Al_5O_{12}$-Krist. 28-0334; Färb. durch Neutronenbestrahl. v. La-Hexaborid 46-0330; EPR v. $BaTiO_3$-Einkrist. mit – 9-0407; Reflex.-Vermögen zur Best. d. Farbklassifizier. v. Co^{2+}- u. Ni^{2+}-Ionen enthaltenden Ti–Al-Spinellen 12-0362; spektralphotometr. Beobacht. v. – auf d. TiO_2-Oberfläche bei Adsorpt. v. Elektrondonatormol. 42-0348; ESR d. – in γ-bestrahltem $PbCl_2$ u. PbJ_2 mit Schichtstruktur 4-0334; opt. Bleichen Ni^{2+}-dotierter AgCl-Krist. 32-0348.

Untersuchungsmethoden: Chem. Meth. zur Best. v. F-Zentren in ^{60}Co-γ-bestrahltem NaCl 40-0302; Meth. zur Unters. d. Ultraschallmodulat. d. F-Bänder in zusätzlich gefärbtem KBr 51/52-0251.

Bibliographie: F-centers in alkali halides B 66.

Farne, Dryopteris filix mas als wild wachsende Arzneipflanze aus Cîmpulung 16-1608.

Synth. v. Margaspidin bei Dryopteris (Isolier., Struktur) 2-1477; in vivo-Biosynth. v. Methylen-bis-phloroglucinderiv. bei Dryopteris marginalis 3-1452; D-Tryptophan-Konjugat. bei – 9-1490; Wrkg.: v. Purin- u. Pyrimidinanalogen auf Wachstum u. Differenzier. d. Gametophyten v. Asplenium nidus 16-1396; v. Phytohormonen auf Keim. u. Entw. v. ––Prothallien 19-1455; in vitro-Biosynth. v. Methylen-bis-phloroglucinderiv. bei Dryopteris 20-1429; Dunkelbiosynth. v. Chlorophyll b in Homogenaten v. – 22-1354; Stimulier. d. Längenwachstums v. – durch Licht u. Wachstumsfaktoren 31-1376; Wrkg. v. Dihydrostreptomycin auf Gametophyt u. Sporophyt v. Gymnogramme calomelanos var. argentea 40-1452; Zellteil. u. Morphogenese d. Vorkeime v. Dryopteris filix mas in hellroter u. blauer Strahl. bei Hemm. d. Proteinsynth. 48-1307.

Chem. Studien an Rhizoma Polypodii 1-1793; Diplopterol aus Diplopterygium glaucum 3-1128; Fernen u. Diplopten aus Dryopteris crassirhizoma 3-1129; Anthocyanine in – 4-1412; Isolier. v. Adianton aus Adiantum capillus 10-1152; Vork. v. Shikimisäure in – 10-1506; Wechselbezieh. zwischen Gibberellinkonz., Antheridienbldg. u. physiolog. Alter d. Prothalliumzellen in Anemia phyllitidis 19-1455; Vork.: v. Gibberellin in Gametophyten v. Anemia phyllitidis 25-1471; v. Aspidinol in Dryopteris-Arten 28-1704; v. Glycyrrhizinsäure im Wurzelstock v. Polypodium vulgare aus d. Niederlanden 38-1729; Marsilin aus Marsilea minuta (Einfl. auf d. Aminosäurenkonz. im Hirn v. Mäusen) 51/52-1489.

Wirksamk. u. Toxizität v. ––Präp. 26-1664; in embryonalen Reisendosperm Enzymbldg. fördernde ––Extrakte 46-1285.

Analyse d. freien Zucker d. – durch Gas.–Fl.-Chromatographie 6-1398.

Farnesen s. unter $C_{15}H_{24}$.

Farnesiferol A s. unter $C_{24}H_{30}O_4$.

Farnesiferol C s. unter $C_{24}H_{30}O_4$.

Farnesol s. unter $C_{15}H_{26}O$.

Farnesylsäure s. unter $C_{15}H_{24}O_2$.

Farringtonit s. unter *Magnesiumphosphate* $Mg_3(PO_4)_2$.

Fasern

– aus speziellen Stoffen s. unter d. betreffenden Stichwörtern; faserstoffhalt. Baustoffe s. unter *Baustoffe*; *Chemiefasern* s. dort; Metall-– s. unter *Metalle*; *Mineralfasern* s. dort; Textil-– s. unter *Textilstoffe*; s. auch *Fasern, pflanzliche*; *Fasern, tierische*.

Auswert. v. ––Kriech-Daten 7-3227; turbulente Ström.-Charakteristik v. Modell-––Suspens. 10-3163; Entsteh. d. Interferenzstreifen u. ihre Verteil. auf einem Faden mit rundem Querschnitt bei gleichmäß. Orientier. 11-3236; Mikrostruktur v. – (Fransenfibrillen-Struktur) 18-1083; (Wachstum d. krist. Bereiche) 18-1084; (Deut. d. mechan. Eig.) 18-1085; reakt. – 18-1132; Längsdiffus. bei d. Filtrat. v. Aerosolen durch Schichten v. ––Materialien 21-0639; Modul-Temp.-Bezieh. v. – 27-3091; Fortpflanz. v. Ultraschallimpulsen durch Fäden 28-0263; Struktur u. physikal. Eig. v. – 29-2997; Abhängigk. d. Schallgeschw. v. d. Struktur d. – 30-2847; Kristallitorientier. in Stoffen mit Fasertextur 33-1156; nichtlineares Verh. beim Dreipunkte-Biegevers. für – mit hoher Festigk. u. hohem Schubmodul 35-2087; Festigk. v. polymeren – 37-0345; Wärmeleitfähigk. dünner dielektr. u. ferroelektr. Fäden 40-0262; Vorausberechn. d. Trockenzeit für poröse, granulierte u. faser. Materialien 43-1944; Schwarzbandeffekt u. seine Anwendbark. für opt. gerade u. kreiszylindr. – 45-0298; Einfl. d. Zeit auf d. elast. Entspann. v. – 45-2569; morpholog. Grundlagen zur Erklär. d. ––Eig. 46-2839; Einfl. einer nichtparallelen Anordn. d. – auf d. Röntgenbeug.-Bild 51/52-1046; Wärmetransport u. Strahl.-Eig. v. Materialien mit Faserstruktur 51/52-1986.

Einfärben v. – mit Pigmentpräp. aus Dibenzanthronen 6-3107*; Überziehen v. – mit vernetzbaren Kunststoffen 6-3115*; Zusatz v. – zur Verbesser. d. Stoß- u. Bruchfestigk. v. Portlandzement 12-2299; Herst. v. – mit Ni-Überzug 12-3059*; Pflanzenschutzmittel mit Geh. an in Mineraöl unlösl. faser. Material 12-3148*; Herst.: v. – aus Lsg. eines organ. Metallsalzes 22-2980*; v. faserverstärkten Verbundwerkstoffen 28-2378; Prägen v. mit Kunstharzen behandelten Gebilden aus – 33-2967*; Oberflächenschutzschichten für – 36-2869*.

Elektronenmikroskop für Faserunters. 8-1977; Vorr. zur Mess. d. Reib. v. – 8-2095; App. zur Mess. v. Dehn.-Spann.-Eig. v. – bei hohen Temp. 12-1876; Anwend. d. Dispers.-Färb. zur Prüf. u. Identifizier. v. – 27-2108; Prezess.-Meth. in d. ––Beug.-Photographie 32-1942; Aktivier.-Analyse v. – 49/50-1881; radioakt. Spurentechniken in d. ––Industrie 49/50-1882.

Bibl.: Unterscheidung von Kunst- und Naturfasern [russ.] B 55; Introduction to fibres and fabrics: their manufacture and properties B 31; Small angle scattering from fibrous and partially ordered systems B 63; Fibre reinforced materials B 63; Plastics, rubbers and fibres: materials for man's use B 87.

Fasern, pflanzliche

Textile Ausrüst. u. dgl. v. – s. unter *Textilstoffe*; spezielle – s. auch unter d. betreffenden Stichwörtern; *Cellulose*; *Holz*; *Papier*; *Pappe*; *Rohfasern*; *Stroh* s. dort.

Verw. v. Fasern aus Manila-Hanf mit Na_2SiO_3 zum Abdichten v. Steigrohren 2-2822*; Einfl. v. Hitze u. Feuchtigk. auf Eig. u. Struktur gesponnener Bastfasern 4-2960; Festigk.-Änder. d. geschwungenen Kenaffaser in Abhängigk. v. d. Feuchtigk. 10-3169; Bearbeit. v. Fischnetzen u. Fischereibedarfsartikeln aus – (Erhöh. d. Verschleißfestigk.) 18-3163*; Änder. d. Eig. v. Bastfasern (chem. Modifikat. d. Nichtcellulosesubstanzen) 20-3114; Füllkapazität, Feder. u. Wärmeisolier.-Vermögen v. Kapokfasern 22-2959; Konstitut. d. Hemicellulose aus Mestafasern (Hibuskus cannabinus) 25-1148; Herst.-Verf., chem. Struktur u. Eig. v. – (Überblick) 31-2875; Kenaf als Rohmaterial für Zellstoff 34-3242; Färben v. getrockneten – 41-2867*; Feuchtigk.-Aufnahme v. – 43-2714; Einfl. v. Hitze u. Feuchtigk. auf Eig. u. Struktur gesponnener Bastfasern 44-

Feldspate

Plagioklas-halt. Bausand aus Abgängen d. Bergbauaufbereit. 46-2229.

Bldg.: v. Alkali- – u. *Plagioklas* bei d. experimentellen Kristallisat. v. wasserfreiem Granit bei hohen Drücken u. Temp. 7-0889; v. *Plagioklas* beim Erwärmen v. Coalingit 9-0848; v. Sr- – bei d. hydrothermalen Kristallisat. v. $SrO \cdot Al_2O_3 \cdot nSiO_2$ ($1 \leqq n \leqq 9$) 11-0774; v. K- – bei d. Zers. v. reinem Muskovit 12-0841; v. *Plagioklas* bei d. Kristallisat. komplexer Gläser 13-0313; Natur u. Chemismus d. Bldg. v. Klinopyroxen-*Plagioklas*-Symplekit aus Omphacit 34-0844; Bldg. v. *Plagioklas* bei d. Zers. v. Epidot in NaCl-Lsg. verschiedener Acidität u. Alkalinität bei *500*° u. *800* atm 42-0796; Gewinn. v. – aus niederschles. Granit für Feinkeramik 38-2291; Aktivier. d. Flotat. v. – durch F^- 47-0233, 47-2034; Gewinn. v. hochwert. – aus poln. Rohstoffen 51/52-2199; Verh. v. – bei d. Flotat. v. Beryll 46-2132.

Eig. v. *Plagioklas* 36-0859; Absorpt.-Strukturen d. Reflex.-Spektrums v. – im sichtbaren Bereich 7-0844; spektrale Emiss. v. *Plagioklas* 39-1919; Unterschied bei d. Zwillingsbldg. zwischen Einsprengling- u. Grundmasse-*Plagioklasen* d. Basalte 2-0833; Grund d. inneren opt. Streuung in *Plagioklasen* u. Auftreten lamellarer Albit-Ala-B-Verzwilling. 5-0889; Konstitut. v. Alkali- – 8-0833; Verzwilling. in synthet. *Plagioklasen* 9-0855; – -Strukturen 10-0254; Berechn. d. Inhaltes d. Elementarzellen in – 14-0844; Formulier. d. Zwillingsgesetze v. monoklinen – 21-0208; Bezieh. zwischen opt. Orientier. u. strukturellem Zustand im Syst. d. Kali- – 21-0880; Struktur: v. *Plagioklasen* 22-0786; v. Massen d. Syst. Kaolin/Al_2O_3/Na-Feldspat 22-2288; Best. d. Zus. v. *Plagioklasen* nach d. Auslösch.-Winkel in Schnitten senkrecht zu [*100*] 27-0829; Beobacht. an oszillierender Zonenbldg. u. Kristallisat. v. magmat. *Plagioklas* 28-0808; Krist.-Chemie v. – 30-0220; Vgl. d. Strukturverhältnisse in Quarz u. – 32-0788; Gesteinsgefügeanalysen v. *Plagioklasen* aus d. Gebiet d. karpat. tert. Vulkanismus (Rumänien) 34-0822; prim. (magmat.) Orientier. d. *Plagioklas*-Krist. 34-0841; Best. d. Zus. u. d. therm. Zustands d. nach d. Albit-Karlsbad-Gesetz verzwillingten *Plagioklase* 37-0789; Alkali- – -Löslichk.-Kurven im Syst. $Na_2O/K_2O/Al_2O_3/SiO_2/H_2O$ 37-0867; Porenstruktur v. körn. – -Schichten 38-0634; mosaikförm. *Plagioklas*-Blockkrist. 46-0771; Mess. d. Diffus.-Koeff. v. O in Alkali- – 46-0812; Best. v. *Plagioklasen* mit Hilfe d. Fedorov-Meth. 41-0823; Kompress.-Wellengeschw. in Alkali- – -Einkrist. 25-0268; Wrkg. v. Stoßdrücken aus einer nuklearen Explos. auf mechan. u. opt. Eig. v. – -Kristalliten v. Granodioriten 32-0787; elektr. Leitfähigk. v. – 4-0827; EPR d. Fe^{3+}-Ions in einem – -Einkrist. 31-0409; Flüchtigk. sowie Glasurbldg. bei *Plagioklas* als Ursache für Gasbldg. in keram. Scherben 28-2302; stat. Fluidisat. v. – 2-2175; Einfl.: v. Koagulantien auf d. Gießeig. v. alkal. – -halt. Gießschlicker 2-2334; v. Anionen auf d. Gleichgew. d. Ionenaustausches Na-K in Alkalimetall- – 7-0673.

Zers. v. – in W. zwischen *100* u. *200*° bei verschiedenen CO_2-Drücken 13-0875; hydrothermale Rk. d. *Plagioklases* mit Cl^--Lsg. 29-0825; Einbezug v. – in d. Chlorit–Biotit-Gleichgew.-Rk. in einem carbonatfreien Syst. 34-0859.

Silikosegefahr bei – -Stäuben 25-2128.

Verw. v. –: zur Herst. v. Glasurmassen für keram. Gegenstände 12-2278*; zur Herst. v. Elektroporzellan 14-2395; – -Rohstoffe für d. Feinkeramik-Industrie 23-2228; Rapakiwigranit, neuer – -Rohstoff mit hohem K-Geh. für d. Elektroporzellan- u. Schleifmittelindustrie 28-2304; Orthophyre als – -Rohstoff für Hochspann.-Elektroporzellan 35-2199; Zusatz v. Misch- – zur Festigk.-Verbesser. bei Vitreous China 48-2358; Verw. v. – zur Glasherst. 49/50-2158*.

Röntgenemiss.-Mikroanalyse: v. Alkali- – 22-0751; v. *Plagioklasen* 22-0752; quant. mineralog. Unters. v. – bei seiner Anreicher. 29-2045; Best.: d. – -Geh. in Aufbereit.-Prod. 9-2161; v. – in Gesteinen 17-0845; quant. Best. v. – in Sanden durch Röntgenbeug. 40-1886; Verf. zur selektiven Anfärb. v. – in Dünnschliffen 42-1873; Best. v. – in Böden durch Na-Disulfat-Schmelze 44-1874; Verf. zur Abtrenn. v. – aus Steinmeteoriten durch spezif. Lsgm. 3-0802; maßanalyt. Schnellbest. v. SiO_2 in – 4-1922; Best. v. Sr in *Plagioklasen* durch Röntgenspektrofluoreszenz 12-1981; Nachw. v. – in d. Scherbenmasse antiker Keramik 34-0872.

Bibl.: Gesetzmäßige Quarz-Feldspat-Verwachsungen in Pegmatiten und ihre Genesis [russ.] B 51.

Felle s. unter *Häute*; *Pelze*.
Felogen „Asta“ s. unter $C_{13}H_{18}O_4$.
Felsit s. *Orthoklas*.
Fenacemid s. unter $C_9H_{10}N_2O_2$.
Fencamfamin s. unter $C_{15}H_{21}N$.
Fenchan s. unter $C_{10}H_{18}$.
Fenchen s. unter $C_{10}H_{16}$.
Fenchenhydrat s. unter $C_{10}H_{18}O$.
Fenchlorphos s. unter $C_8H_8Cl_3P_3PS$.
β-Fenchocamphoron s. unter $C_9H_{14}O$.
Fenchol s. unter $C_{10}H_{18}O$.
Fenchon s. unter $C_{10}H_{16}O$.
Fenfluramin s. unter $C_{12}H_{16}F_3N$.
Fenit, Fund v. – u. alkal. Tiefengestein im tschech. Mittelgebirge 21-0849; feldspatisierte – im Carbonatitkomplex d. Toror Hills, Uganda 11-0827.
Fenitrothion s. unter $C_9H_{12}NO_5PS$.
Fentanyl s. unter $C_{22}H_{28}N_2O$.
Fentanylcitrat s. unter $C_{22}H_{28}N_2O$.
Fenthion s. unter $C_{10}H_{15}O_3PS_2$.
Fenton-Reagenz, Ox. v. Salicylaldehyd mit – 13-0979.
Fentropilio s. unter $C_{30}H_{35}NO_4$.
Fenuron s. unter $C_9H_{12}N_2O$.
Feran KSA, Textilhilfsmittel 24-2817.
Ferbam s. unter $C_3H_7NS_2$.
Fergusonit, – aus Pegmatitmineralien v. Shimoôno, Takahagi u. Umgeb., Ibaraki Präfektur 13-0856; Sc-Geh. in – aus Quarz–Fluorit-Pegmatiten Kasachstans 24-0828; fluorimetr. Best. v. Y in – mit 5.7-Dichlor-8-hydroxychinolin 32-2032.
Fermentation s. *Gärung*.
Fermente s. *Enzyme*.

Fermium

Aufbau v. Transuranen bis hinauf zum – durch lange dauernde Bestrahl. v. U oder Pu in Hochfluxreaktoren 19-0766; Existenz d. *80*-d-^{257}Fm u. obere Grenzen für $T_{1/2}$ v. ^{258}Fm 22-0091; Erzeug. v. – -Isotopen in thermonuclearen Explos. (Barbel-Test) 34-0093; Synth. u. Best. radioakt. Eig. v. – -Isotopen 40-0092; Valenzzustand u. Atomabstände in krist. – 29-0195; Ionisat. v. gasf. – 16-0488; kernmagnet. Abschirm.-Konst. für alle positiven Ionen, neutralen Atome u. negativen Ionen v. – 18-0089; Anionenaustauschverh. d. Syst. Fm/Es mit EDTA 43-0615; Unters. d. Extrakt. v. – mit Hilfe d. Verteil.-Chromatographie im Syst. Tetrabutylhypophosphat/Tetrabutyldiphosphat/Salpetersäure 31-0556; Dissoziat.-Konst.: d. Chelatkomplexes v. Fm mit 1.2-Diaminocyclohexantetraessigsäure 18-0534; eines Chelats v. Diäthylentriaminpentaessigsäure mit Fm 20-0548.

Ferngas s. unter *Brennstoffe* (*Brenngase*).
Fernoxone s. unter $C_8H_6Cl_2O_3$.
Fernsehröhren s. unter *Elektronenröhren*.
Ferramido-Chloromycin s. unter $C_{127}H_{201}Cl_2 \cdot Fe_7N_{24}O_{70}S$.
Ferredoxin s. unter *Proteine*, *Spezielle Proteine*.
Ferrichrom s. unter $C_{27}H_{42}FeN_9O_{12}$.
Ferrichrom A s. unter $C_{41}H_{58}FeN_9O_{20}$.
Ferrichrysin s. unter $C_{29}H_{46}FeN_9O_{14}$.
Ferricon s. unter $C_{10}H_8O_7S_2$.
Ferricrocin s. unter $C_{28}H_{44}FeN_9O_{13}$.
Ferrierit, Struktur v. – 12-0314; Krist.-Struktur d. Zeoliths – 44-0267.
Ferrihämochrome s. unter *Blutfarbstoffe*, *Derivate des Hämoglobins* (*Hämochrome*).
Ferrihämoglobin s. unter *Blutfarbstoffe*, *Derivate des Hämoglobins* (*Methämoglobin*).
Ferriilmenit, Ferromagnetismus d. praeaetn. Format. v. Motta San Anastasia (Sizilien) durch – 31-0778.
Ferriin s. unter $C_{36}H_{24}Fe_3N_6$.
Ferrimolybdänit, Vork. v. – im Tutchunsker Golderzgebiet (Zentralteil d. kleinen Kaukasus) 39-0817.
Ferrimolybdit s. unter *Eisenmolybdate*(*VI*): $Fe_2(MoO_4)_3$.
Ferrimycin A₁ s. unter $C_{41}H_{65}N_{10}O_{14}Fe$.
Ferrimyoglobin s. unter *Blutfarbstoffe*, *Derivate des Myoglobins* (*Metmyoglobin*).
Ferrioxamin B s. unter $C_{25}H_{45}FeN_6O_8$.
Ferrioxamin D₁ s. unter $C_{27}H_{47}FeN_6O_9$.
Ferrioxamin E s. unter $C_{27}H_{45}FeN_6O_9$.
Ferrioxamine (Sideramine), Pflanzen- – u. deren mögl. Rolle beim Fe-Stoffwechsel 32-1495.
Ferrirubin s. unter $C_{41}H_{64}FeN_9O_{17}$.
Ferrite s. unter *Eisenoxide-Mischoxide* bzw. *Ferrate*(*III*).
Ferrithorit, Tieftemp.- – aus Mittelasien 24-0852; Unters. zonarer – -Krist. mit Hilfe d. Elektronenstrahlmikroanalyse 37-0847.
Ferritin s. unter *Proteine*, *Spezielle Proteine*.
Ferritungstit, Definit. v. – u. Nomenklatur d. natürl. „Wolframsäuren“ 2-0829.
Ferroaktinolith s. unter *Aktinolith*.
Ferrocen s. unter $C_{10}H_{10}Fe$.
Ferrocene, Deriv. d. Ferrocens 6-0809; Deriv. d. Ferrocens 6-0810; mehrkern. – 19-0984; – 22-0727, 24-0752, 26-0771, 31-0746, 31-0747, 32-0685, 34-0757; – -halt. Polymere 45-0715.

Darst.: v. – 4-0725; v. Alkyl- – 6-0806; v. 1.2-disubstituierten – 10-0782; v. heteroannularen Alkylferrocenylcarbinolen 10-0785; v. heteroannularen Ferrocencarbonsäuren 10-0786; v. Iminen u. Chalkonen d. Ferrocenaldehyds u. Acetylferrocens 15-0826; v. Pinakol- u. Pinakolonderiv. v. Acyl- – 15-0828; aus Fulvenen 20-0722; v. Si-organ. – 20-0723; v. – mit tert. Alkylgruppen 31-0745; v. Acylderiv. d. 1.1′-Diäthylferrocens 33-0795; v. Polyestern d. Ferrocen-1.1′-dicarbonsäure 36-0744; aus Ferrocen u. Hydrazinderiv. 38-0759; v. Aryl- – mit Arylazogruppen 45-2388; v. Pyridylcarbonylferrocenoylmethanen 46-0753; v. 1.3-Dihalogen- – aus Monohalogen- – 49/50-0709; v. Ferrocenylacetylenen 49/50-0713.

Röntgenograph. Unters. 7-0288; NMR-Spektroskopie 11-0381; IR-Spektren 12-0879; Absorpt.-Bandenlage in – -Spektren 17-0138; Absorpt.-Spektren heteroannular disubstituierter – 17-0139; kristallograph. Werte 21-0234; Säurebasenfunkt. d. Pyridoylferrocenoylmethane 27-0603; Schwing.-Spektren 29-0146; Konfigurat.-Best. v. 1.2-, 1.3- u .1.1′-disubstituierten – 33-0794; elektron. Einfl. d. Ferrocenylrestes als Substituent 34-0601; magnet. Inäquivalenz v. Methylprotonen in 1.2-disubstituierten – 39-0190; Elektroneneig. d. Ferrocenyls als Substituent 40-0551; Röntgendiagramme 44-0743; NMR-Spektren 48-0159.

Isotopenaustausch d. Wasserstoffs in Alkyl- – 5-0720; Photolyse 6-0807; Rk.-Fähigk. v .Verb. mit Ferrocenylmethylgruppe 10-0783; Rk. mercurierter – mit Cu-Salzen 21-0798; – -Chemie 26-0770; Dimerisat. v. α-Ferrocenylcarboniumionen 27-0776; Bldg. v. Cyclopentadienyliden aus – 37-0775; Benzidinumlager. v. m- u. p-Ferrocenylhydrazobenzolen 49/50-0712.

Best. v. Alkyl- u. Hydroxyalkyl- – (potentiometr. Titrat.) 22-1917; Gaschromatographie 48-1912.

Ferrochlorit s. unter *Chlorite*.
Ferroelektrika

Ferroelektrizität s. dort. Eig. v. speziellen Stoffen s.unter d.entsprechenden Stichwörtern.

Ferroelektr. $PbNbO_3$-Keramik 2-2300*; ferroelektr. keram. Körper 3-2282*; Herst.: v. ferroelektr. Körpern 7-2390*; v. ferroelektr. Übertrag.-Glied mit Spinellstruktur aus $NiFe_{2-x}V_xO_4$ für Mikrowellen in Richtisolatoren 16-2198*; Syst. $PbNb_2O_6$ u. seine Bedeut. für d. Zücht. v. Einkrist. d. ferroelektr. polymorphen Modifikat. 47-0232; elektrophoret. Herst. v. dünnen, antiferroelektr. $PbZrO_3$-Schichten aus einer Suspens. v. *0,03 – 0,3* g/ml $PbZrO_3$ in Aceton, Methanol oder A. 48-0452; Herst. v. ferroelektr. Krist. als Lichtschleuse 48-2318*.

Untergruppen d. *22* Gruppen v. – 44-0480; Mössbauer-Effekt in Anti- – d. Perowskittyps 11-0496; elektroopt. Effekt v. ferroelektr. Mikrokrist. in einer Glasmatrix 6-0333; Änder. d. opt. Eig. seignetteelektr. Einkrist. bei Phasenumwandl. 9-0353; kristallopt. Charakteristiken einiger monokliner Seignetteelektrika 41-0381; Mechanismus d. Verbreiter. opt. Absorpt.-Linien in – 44-0347; Protonendynamik in H-gebundenen ferroelektr. Stoffen 4-0460; dynam. Relaxat. v. Ionen d. Seignetteelektrika im selbstkonsistenten Feld 6-0486; Wechselwrkg. d. Protonen in – mit H-Verb. 16-0430; Atombeweg. in – mit H-Bind. 21-0240; Einzeloszillatormodell d. „Soft-Mode“-Gitterschwing. in – v. Perowskit-Typ 29-0344; Phononendispers. zweiatom. – 42-0446; nichtlineares dielektr. Verh. v. – im Mikrowellengebiet bei *9,4* GHz 2-0497; Abhängigk. d. DK v. – mit Perowskitstruktur v. momentanen Wert d. Stärke eines Mikrowellenfeldes 10-0483; Zunahme d. DK v. – als Folge v. Polarisat.-Umkehrprozessen (experimentelle Daten) 25-0463; (Theorie) 25-0464; Hysterese polykrist. Seignetteelektrika 35-0453; dielektr. Verh. d. – bei einer Umwandl. zweier Ordn. 40-0422; Lokalisier. v. Lad. in einem ferroelektr. Kondensator 44-0483; phänomenolog. Theorie d. Amplituden- u. Frequenzabhängigk. d. effektiven Suszeptibilität eines Ferroelektrikums in d. paraelektr. Phase 51/52-0436; Besonderh. d. gyromagnet. Effekts in – bei tiefen Temp. 36-0473; Wärmeleitfähigk.: dünner ferroelektr. Filme u. Fäden 40-0262; v. ferroelektr. Einkrist. v. KH_2PO_4-Typ 43-0311; freie Energie verschiebbarer – 44-0478; mkr. Freie Energie u. Ordn.-Parameter v. antiferroelektr. Stoffen 51/52-0437.

Ferroelektrizität (Seignetteelektrizität)

Dielektrische Eigenschaften; *Dielektrizitätskonstante* (*und dielektrische Verluste*); *Polarisation, elektrische* s. dort.

Beobacht. d. Domänenstruktur in Tieftemp.-Seignetteelektrika mit Hilfe d. „Frost"-Meth. 5-0516; Phasenumwandl. in einem seignetteelektr. Krist. bei Vorliegen v. Domänengrenzen 6-0487; phänomenolog. Theorie d. Anomalien d. thermodynam. Größen in d. Nähe v. Phasenübergangspunkten zweiter Art in Seignetteelektrika 6-0488; Phasenübergang aus d. seignetteelektr. in d. magnet. geordneten seignetteelektr. Zustand 6-0489; Phasenübergänge in seignetteelektr. Alaunen 6-0494; Theorie d. Dipolstrukturen d. Seignetteelektrikums 9-0514; Äquivalente einer einzigen ferroelektr. Richt. in einem paraelektr. Krist. mit ferroelektr. Phasenübergang u. mögl. Arten d. entsprechenden ferroelektr. Phase 9-0519; Verwasch. d. Phasenübergänge bei seignetteelektr. Mischkrist. 10-0481; Rolle partikularer maximaler Untergruppen in kontinuierl. ferroelektr. Phasenübergängen 11-0495; Strahl.-Änder. ferroelektr. Eig. unter d. Einfl. eines inneren Verschieb.-Feldes 11-0498; ferroelektr. Eig. v. Verb. mit d. Struktur d. hexagonalen W–O-Bronze 14-0524; Theorie d. ferroelektr. Phasenübergangs in Krist. v. KH_2PO_4-Typ 14-0526; Beitrag zur statist. Theorie d. – 17-0498; Formabhängigk. d. Übergangstemp. u. Curie-Konst. ferroelektr. Krist. 17-0499; – bei ultrafeiner Teilchengröße 18-2259; Unters. v. Antiseignetteelektrika mit Perowskitstruktur im UHF-Bereich 21-0430; Quantenverallgemeiner. d. Devonshire-Slater-Modells für Ferroelektrika d. Perowskit-Typs 26-0449; Best. d. Art existierender Ferroelektrika u. Unters. d. charakterist. Eig. ihrer paraelektr. Phasenübergänge 26-0450; – bei ultrafeiner Teilchengröße (Unters. d. Korngrößenhemm. 31-2134; Tunnel. u. kollektive Anreg. in einem mikroskop. Modell d. – 32-0456; Ursprung d. – in perowskitart. Krist. 32-0457; Einfl. v. Dotier. auf d. Curie-Temp. ferroelektr. Krist. 35-0454; theoret. Best. d. Ordn. ferroelektr. Phasenübergänge 36-0474; ferroelektr. Resonanz dielektr. Krist. 43-0466; – (Allgemeines) 44-0476; – 44-0477; Einfl. v. Fluktuat. auf d. Charakter ferroelektr. Phasenübergänge 44-0479; Untergruppen d. *22* Gruppen v. Ferroelektrika, Komplexität im engeren Sinn u. ferro-ferroelektr. Phasenumwandl. 44-0480; statist. Theorie d. – auf Grundlage ferroelektr. Moden d. Gitterschwing. 48-0445; Theorie d. ferroelektr. Phasenübergangs in Krist. v. KH_2PO_4-Typ (dynam. Eig.) 48-0447; – (Übersicht) 51/52-0435.

Anorganische Stoffe: – neuer bleihalt. Perowskite 3-0290; Aufbau ferroelektr. Phasensyst. in Perowskiten 9-0515; neue Ferroelektrika v. SbSJ-Typ v. V–VI–VII-Verb. 10-0482; antiseignetteelektr. Phasenübergänge in Wolframaten mit Perowskitstruktur 42-0449; ferroelektr. Verh. v. kub. Eis 51/52-0438; Domänenstruktur d. ferroelektr. Phase v. Thiocarbamid $SC(NH_2)_2$ 39-0902; Anomalie d. opt. Eig. v. ferroelektr. SbSJ im Bereich d. Phasenumwandl. 20-0423; Phasenumwandl. v. ferroelektr. SbSJ 24-0239; opt. Beobacht. d. seignetteelektr. u. paraelektr. Phasen v. SbSJ-Einkrist. 46-0463; Typ d. Phasenumwandl. in ferroelektr. SbSJ 48-0227; ferroelektr.-paraelektr. Phasenübergang in $LiH_3 \cdot (SeO_3)_2$ 48-0448; phänomenolog. Theorie d. Phasenübergänge in $NaNO_2$ 1-0495; Einfl. d. hydrostat. Druckes auf d. Phasenübergänge in $NaNO_2$ 1-0496; Unters. d. Phasenübergangs im seignetteelektr. Krist. v. $NaNO_2$ mit Hilfe d. Raman-Spektren 8-0336; Absorpt.-Spektrum d. NO_2^--Ions u. Natur d. seignetteelektr. Phasenübergangs in $NaNO_2$ 10-0345; IR-Spektrum in Reflex. v. $NaNO_2$ zwischen *30* u. *150* μ in d. ferro- u. paraelektr. Phase 25-0326; ferroelektr. Bereichsgrenzen v. $NaNO_2$ in Röntgenbeug.-Topographien 26-0451; Raman-Spektrum u. Phasenumwandl. in einem ferroelektr. $NaNO_2$-Krist. 31-0382; Raman-Spektrum eines $NaNO_2$-Einkrist. in d. Nähe d. Phasenübergangs 34-0386; polarisationsopt. Beobacht. d. Domänenstruktur in KH_2PO_4-Plättchen 6-0493; ferroelektr. Schaltzeit v. KH_2PO_4 26-0453; seignetteelektr. Modifikat. KNO_3 III bei T > 160° 31-0383; – v. KH_2PO_4 u. isomorphen Salzen 44-0476; elektroopt. Eig. v. KH_2PO_4- u. KD_2PO_4-Krist. im Bereich ihrer ferroelektr. Phasenübergänge 45-0313; seignetteelektr. u. antiseignetteelektr. Gebiete d. Syst. $Rb_x \cdot K_{1-x}NO_3$ 6-0490; antiferroelektr.-paraelektr. Phasenübergang in $CsH_3(SeO_3)_2$ 11-0497; antiferroelektr. Verh. v. $CsH_3(SeO_3)_2$ 27-0487; NMR-Unters. d. Struktureinfl. auf d. ferroelektr. Eig. v. $NaNH_4SO_4 \cdot 2\,H_2O$ 30-0418; Unters. d. Phasenumwandl. v. $NH_4H_2PO_4$ durch IR-Absorpt.-Spektren 44-0359; röntgenograph. Unters. d. Überstruktur-Phasenumwandl. in seignetteelektr. $(NH_4)_2BeF_4$-Krist. 6-0266; Beobacht. v. Domänenstrukturen in Ammoniumfluoroberyllatkrist. 14-0258; strukturelle Basis d. – in Colemanit $[CaB_3O_4(OH)_3 \cdot H_2O]$ 42-0450; Parameterwechselwrkg. u. ferroelektr. Mechanismus in $[C(NH_2)_3]Al(SO_4)_2 \cdot 6\,H_2O$ 16-0438, 16-0439.

Phasenübergänge in $SrTiO_3$ 6-0492; Druckabhängigk. d. Curie-Punktes u. d. Punktes d. tetragonal-rhomb. Umwandl. v. $BaTiO_3$ 10-0484; Vorwärtsgeschw. v. ferroelektr. *180°*-Elementarbereichswänden in $BaTiO_3$ 11-0500; Struktur d. ferroelektr. Umwandl.-Front in $BaTiO_3$-Krist. 21-0431; Wander. d. ferroelektr. Umwandl.-Fronten in $BaTiO_3$ 21-0432; – dünner $BaTiO_3$-Einkrist.-Schichten 27-0488; Sichtbarmach. antiparalleler *180°*-Domänen in $BaTiO_3$ durch Dekorat. d. Oberflächen mit Cd oder $PbCl_2$ 31-0488; Modell für d. Schwing. einer *180°*-Domänengrenze in einem Kristallit v. tetragonalem $BaTiO_3$ 32-0458; Beobacht. d. Domänenstruktur dünner ferroelektr. $BaTiO_3$-Filme im Durchstrahl.-Elektronenmikroskop 34-0480; Einfl. eines Beschusses mit schnellen Neutronen auf d. ferroelektr. Übergangsverh. in $BaTiO_3$ 35-0456; Einfl. einer vorhergehenden Wärmebehandl. v. polykrist. $BaTiO_3$ auf d. dielektr. Hystereseschleife 39-0468; – v. $BaTiO_3$ u. Doppeloxiden 44-0477; anomale Temp.-Verschieb. d. Eigenabsorpt.-Kante v. $BaTiO_3$-Einkrist. im Bereich d. Phasenumwandl. 49/50-0329; Phasenumwandl. v. ferroelektr. Na–Sr-Niobaten 47-0543; Wrkg. v. Reaktorneutronenbestrahl. auf d. ferroelektr. Eig. v. Ba–Titanat-Einkrist. 48-0449; Temp.-Autostabilisier. in Seignettekeramiken d. Syst. $BaTiO_3/SnO_2$ 26-0452; antiferroelektr. Eig. v. Pb_4SiO_6 11-0501; ferroelektr. Phasenübergänge in $PbZrO_3$ 14-0525; Verbreiter. d. ferroelektr. Phasenumwandl. in festen Lsg. d. Syst. $(Ba, Pb, Ca)TiO_3$ 42-0447; ferroelektr. Eig. d. Syst. $PbHfO_3$–$PbTiO_3$–$PbSnO_3$–$PbNb_2O_6$ 15-0522; ferroelektr. Lithiumniobat (Domänenstruktur) 16-0431; (Herst. eindomäniger Krist.) 16-0432; (Röntgenbeug.-Unters. an Einkrist. bei *24°*) 16-0433; (Neutronenbeug.-Unters. bei *24°*) 16-0434; (Röntgenbeug.-Unters. an polykrist. Proben zwischen *24* u. *1200°*) 16-0435; ferroelektr. Phasenübergänge in d. Verb. $LiNbO_3$ u. $LiTaO_3$ 2-0496; röntgenograph. Unters. d. seignetteelektr. Phasenübergangs v. Pb-Metatantalat 23-0233; Domänenstruktur u. Curie-Temp. v. $LiTaO_3$ 39-0469; Sichtbarmach. ferroelektr. Bereiche in $Bi_4Ti_3O_{12}$-Einkrist. 16-0436; Phasenübergang unter hohem Druck d. ferroelektr. Phase d. $HoMnO_3$ zu einer paraelektr. Perowskit-Phase 23-0471; Phasenumwandl. in $BiFeO_3$ 16-0437; Seignetteelektrika-Ferrimagnetika im Syst. $Pb(Fe_{2/3}W_{1/3})O_3$–$Pb_2(Li_{1/2}Fe_{1/2})WO_6$ 30-0417; ferroelektr. Eig. v. $K_4[Fe(CN)_6] \cdot 3\,H_2O$ bei hohen Drücken 44-0482; dielektr. u. opt. Unters. d. irreversiblen ferroelektr. Phasenübergangs in $K_4[Fe(CN)_6] \cdot 3\,H_2O$-Krist. 51/52-0440; antiseignetteelektr. u. seignetteelektr. Phasenübergänge in $PbCo_{0,5}W_{0,5}O_3$ 5-0524; antiseignetteelektr. Curie-Punkt für $Pb_2 \cdot CoWO_6$ u. seignetteelektr. Punkt für $BaTiO_3$ 17-0526; überlappende Domänenwandgrenzen in ferroelektr. u. antiferromagnet. Bereichen v. $BaTiO_3$, CoO u. NiO 4-0202.

Metallhaltige organische Stoffe: antiferroelektr. Phasenübergang v. Cu-Formiattetrahydrat 17-0281; ferroelektr. Eig. v. Triglycinsulfat–Triglycinfluoroberyllat-Mischkrist. 17-0500; ferroelektr. Verh. u. DK v. $CaCl_2 \cdot 3\,CH_3NHCH_2COOH$ 25-0465; – in $H \cdot NH_4(ClCH_2COO)_2$ 39-0929; Verh. d. Eigenabsorpt.-Kante in Triglycinsulfat u. Seignettesalz im Bereich d. Phasenübergangs 41-0400; Symmetrie d. SeO_4^{2-}-Ionen in Triglycinselenatkrist. in d. para- u. in d. ferroelektr. Phase 44-0360.

Organische Stoffe: Einfl. d. Dosisleist. auf d. durch ^{60}Co-γ-Strahl. induzierten Veränder. d. ferroelektr. Eig. v. Triglycinsulfat 9-0932; Einfl. v. Röntgenbestrahl. auf d. Curie-Punkt v. normalem u. deuteriertem ferro elektr. Triglycinsulfat, Diglycinnitrat u. normalem u. deuteriertem nichtferroelektr. Diglycinhydrochlorid sowie deren Lsg. in D_2O 31-0376; Barkhausen-Effekt in Triglycinsulfatkrist. 33-0907; Verform. d. SO_4^{2-}-Ions in Triglycinsulfatkrist. während d. Phasenumwandl. 41-0399; Änder. d. Homogeni tät d. ferroelektr. Eig. im Vol. v. Triglycinsulfat (TGS)-Krist. in Abhängigk. v. d. Zücht.-Beding. 44-0221; mol. Mechanismus d. ferroelektr. Phasenüberganges in Triglycinselenat u. Triglycinfluoroberyllat 46-0465; Orientier.-Abhängigk. d. – in Triglycinsulfat 51/52-0441; ferroelektr. Phasenübergang in Triglycinsulfat bei Drücken bis *10* kbar 51/52-0442; ferroelektr. Verh. v. strahlungsgeschädigten Triglycinsulfat u. Rochellesalz bis zu hohen Dosen 51/52-0443.

Untersuchungsmethoden: Neue Tau-Meth. zur Sichtbarmach. ferroelektr. Elementarbereiche 4-0459; Methodik d. gleichzeit. selektiven Ätz. v. Domänen u. Versetz. in Triglycinsulfatkrist. 33-0945; Meth. zur Unters d. dynam. Nichtlinearität d. Ferroelektrika in ultrahochfrequenten Feldern 42-0445.

Ferrogradumet s. unter *Eisensulfate* ($FeSO_4$).

Ferrohämochrom s. unter *Blutfarbstoffe, Derivate des Hämoglobins* (*Hämochrome*).

Ferrohämoglobin s. unter *Blutfarbstoffe, Derivate des Hämoglobins*.

Ferrohalloysit, therm. Verh. v. – 19-0782.

Ferrohastingsit s. unter *Hastingsit*.

Ferrohedenbergit s. unter *Hedenbergit*.

Ferrohortonolith, Vork. v. – in d. Adamellit-Randfazies in Neufundland-Labrador 2-0831.

Ferrolegierungen s. unter *Eisen, Schmiedeeisen und Stahl* (*Sondermarken*).

„Ferromyn S", – für orale Fl.-Therapie (Vgl.) 12-1716.

Ferron s. unter $C_9H_6JNO_4S$.

Ferropargasit s. unter *Pargasit*.

Ferrorosamin, Pigment v. Bacillus roseus fluorescens 32-1442.

Ferrostilpnomelan s. unter *Stilpnomelan*.

Ferrovac s. unter *Eisen, Schmiedeeisen und Stahl* (*Sondermarken*).

Ferroxplane

Spezielle – s. unter d. entsprechenden Mischoxiden.

Ferruginol s. unter $C_{20}H_{30}O$.

Fertonin, Best. v. Fe(III) in – 38-1751.

Ferulasäure s. unter $C_{10}H_{10}O_4$.

α-Ferulen s. unter $C_{15}H_{24}$.

Fervenulin s. unter $C_7H_7N_5O_2$.

Feste Stoffe

Spezielle – s. unter d. entsprechenden Stichwörtern.

Rk. v. – s. unter *Reaktionen im festen Zustand*. *Oberflächen* v. – s. dort. *Dielektrika*; *Glasiger und amorpher Zustand*; *Kristalle* s. dort. Feststofflaser s. unter *Maser und Laser*.

Bildung, Behandlung: Trenn. v. Mikromengen organ. Feststoffgem. durch einen triboelektr. Effekt 3-1924; Herst. v. Analysenproben v. Feststoffen 8-2032; Siebanalyse zur Abscheid. v. Feststoffen aus Aerosolen 29-1927; Lager. u. Ström. v. Feststoffen 36-2054; Abtrennen v. Feststoffteilchen aus strömenden Fl. mit geladenen Vorr. 40-2022*.

Physikalisches und physikalisch-chemisches Verhalten: Röntgenspektroskopie d. festen Zustands 21-0306; Veränder. d. physikal.-chem. Eig. v. Feststoffen durch Zusätze 25-0696, 38-0669.

Reflex.-Spektren v. – (Voraussetz. u. Grenzen d. quant. Auswert. d. Kubelka-Munk-Funkt.) 33-0389; Wahrscheinlichk. einer spontanen Strahl. v. – 44-0326.

Elektronenmkr. beobachteter Beug.-Kontrast v. kleinen Hohlräumen in einem festen Körper 4-0201; Textur poröser Festkörper (Vorschlag einer Meth. zur Best. d. Porositätsverteil. eines Festkörpers 37-0641; Darst. akt. Zustände an – durch mechan. Energie 39-0690; Unters. d. durch Festkörper gebundenen H_2 44-0625, 44-0634.

Thermodynam. Unters. über unter Spann. stehende Festkörper 13-0540; Gerät zur Best. d. Druck–Volumen-Bezieh. v. Feststoffen unter hydrostat. Drücken bis *30000* Atmosphären 40-1795.

Energieverteil. v. inelast. gestreuten Elektronen in – bei schrägem Auffall d. Primärstrahles 6-0217.

Unters. d. Mehrkomponentengleichgew. Gas–feste Phase bei hohen Drücken mittels Gaschromatographie 2-0685; empir. Gleich. zur Berechn. d. Enthalpie u. spezif. Wärme einiger – 3-0576; mol. Freiheitsgrade u. Thermodynamik v. Phasenübergängen in anorgan. u. organ. festen Verb. 5-0592; vorübergehende Abkühl. durch Strahl. an halbunendl. Festkörpern mit unendl. tiefen Einschnitten 21-2250; gasfreie Zus. als einfachste Verbrenn.-Modelle nicht flücht. kondensierter Syst. 23-0664; nichtstationäre Temp.-Felder in Festkörpern bei veränderl. Wärmeaustauschkoeff. 33-2152; Ableit. einer Bezieh. über d. Abhängigk. d. Schmelztemp. v. Vol. eines Festkörpers 36-0544; therm. Akkommodat.-Koeff. aus Werten d. heterogenen Dampf-Festkörper-Keimbldg. 39-0637; Berechn. d. Entropie v. – 39-0518; v. Zünd.- u. Löschphänomenen begleitete O-abhäng. Selbsterhitz. v. porösen Festkörpern 39-0654; Theorie

d. Verbrenn. kondensierter Substanzen 43-0619; Emiss. therm. Strahl. durch Festkörper (mittels reduzierter Koordinaten) 47-0329.

Wirbelviskosität bei d. Reib. in Strömen v. Gas–Feststoff-Misch. 2-0667; Einfl. v. Teilchengröße d. Feststoffes auf d. Stoffübergang zwischen Feststoff u. Lsg. 3-2139; Segregat.-Kinetik bes. Festkörpersyst. (Abhängigk. v. d. Bewegungsintensität) 5-1813; aerodynam. Widerstand einer bei hohen Mach-Zahlen rotierenden Kugel im verd. Übergangsgebiet 8-0553; aerodynam. Eig. einiger einfacher Körper in einem Modellgas im Hyperschallübergangsgebiet 8-0545; Abhängigk. d. Wärmeübertrag.-Koeff. Feststoff–Fl. v. Gasdruck u. Molgew. 10-0530; Gas–Festkörper-Desorpt. 12-0655; statist. Definit. d. vollständ. Misch. v. Feststoffen verschiedener Korngröße 14-2137; Ström.-Verhältnisse v. Gas–Feststoff-Gemischen in Verzweig. pneumat. Förderanlagen 14-2181; Löslichk. v. Feststoffen in komprimierten Gasen 16-0505; Massenfluß v. körn. Material 18-0598; Einfl. d. Schwing.-Dissoziat.-Relaxat. auf d. Ultraschall-Umström. abgeplatteter Körper in einem zweiatomaren Gas 21-0482; Zerstör. v. Feststoffen im Gasstrom 26-2164; Stoffübergangszahlen bei d. Auflsg. v. Festkörpern durch eine strömende Fl. in Festbetten 26-2167; Einfl. d. Differentialdruckes auf d. Ström. v. granulierten Feststoffen durch Blenden 36-2049.

Untersuchungsmethoden: Best.-Meth. für d. Säurestärke v. sauren Festkörperkatalysatoren 3-0730; Detektor zur Mess. v. Ultraschallspann.-Amplituden in – 46-1797; Ionisat.-Korrekturen bei d. Best. v. Verunreinig. in Feststoffen mit Hilfe d. Massenspektrometers 49/50-1702; Festkörper-Mischsyst. zur Atomabsorpt.-Analyse v. nichtgelösten Proben 49/50-1709.

Bibliographie: The surface chemistry of solids B 3; Solid state chemistry; whence, where and whither B 34; Solid state chemistry B 42; Progress in solid state chemistry. Vol. *3* B 66; Solid state physics; advances in research and applications. Vol. *19* B 74; Cours de mécaniques des milieux continus. Tome II: Mécanique des solides B 66; Enige eigenschappen van vaste stoffen in een magneetveld B 66.

Festigkeit

Temp.-Abhängigk. d. Koeff. γ in d. Dauer- – -Gleich. 2-0285; Fragmentgrößenverteil. beim wiederholten Bruch spröder Festkörper 4-0281; Keimbldg. beim Ermüd.-Bruch 6-0294; Einfl. v. Ultraschall auf d. Bruchgeschw. 6-0295; Material- – beim Aufprall bei Hypergeschw. 6-0296; Monte-Carlo-Modell eines Bruchvorganges 7-0303; Ermüd.-Beding. bei simulierten Arbeitsbeding. 8-2400; Sprödbruchhypothese für vielkrist. Körper 8-2407; Krist.-Gitterdefekte u. – 10-0271; Schadensfälle durch Lötbrüchigk. 14-2538; Wrkg. d. Indukt.-Härt. auf d. Ermüd.- – 15-2404; Bldg. eines Spaltrisses in einem Krist. 22-0235, 22-0236; Digitalrechner für – -Berechn. zur Ausleg. v. Wärmetauschern 22-2067; Einfl. d. Indukt.-Härt. auf d. Ermüd.- – (Bezieh. zur Ermüd.-Rißausbreit.) 22-2410; (Einfl. d. Kernbeseitig.) 22-2411; Kinetik d. Abklingens v. Versetz.-Brüchen an d. polygonalen Wänden v. Kantenversetz. 24-0214; Einfl. v. Versetz. auf d. Wachsen v. Rissen innerhalb d. krit. Griffith-Größe 27-0314; Verfestig. v. Einkrist. durch Ultraschall 29-2442; Amplitudenabhängigk. u. therm. Erhol. d. Ultraschallverfestig. 29-2443; Werte für Tensoren v. Verform. u. Spann. beim Auftreten v. Brüchen (Ultraschallmess.) 31-2347; thermodynam. Aktivität als Kriterium d. entfestigenden Wrkg. aggressiver Schmelzen 32-0290; Bezieh. zwischen wahrer Spann. u. Einschnür. an Zugproben 33-2383; Unters. d. Sprödbruchs im Kerbschlagvers. 33-2389; Zusammenhang zwischen – u. Gefüge bei Warmverform. 33-2392; Einfl. v. Ausscheid. u. Einschlüssen auf Wachstum u. Fortpflanz. v. Spaltflächen 33-2394; Manson-Coffin-Ermüd. 35-0257; modifizierte Doppelaufstauungsbehandl. d. Einfl. d. Korngröße u. disperser Teilchen auf d. Sprödbruch 35-0258; Notwendigk. u. Bedeut. v. – -Berechn. im App.- u. Behälterbau 37-1963; Abhängigk. d. – v. d. Korngröße in Polykrist. 39-0314; – -Prognose v. Thermokompress.-Schweiß. an Hand v. Reib.-Koeff. 39-2246; Kriech- – anisotroper geneigter sphär. Hohlkörper unter Berücksichtig. transversaler Scherspann. 41-2672; theoret. – v. idealen Krist. mit Ionenbind., kovalenter Bind. u. van der Waals-Bind. 42-0273; Berechn.-Gleich. zur Voraussage d. Ermüd.-Rißfortpflanz.-Geschw. 44-2295; Wechselwrkg. zwischen Versetz.-Rissen (unendl. period. Folge koplanarer Versetz.-Risse) 45-0267; (unendl. period. Folge nichtkoplanarer Risse) 45-0268; Einfl. struktureller Ungleichmäßigk. auf d. Dehn. beim Zerreißvers. 45-2190; – metall. u. nichtmetall. Materialien im Hinblick auf Verw. in d. Kältetechnik (Fortschrittsbericht) 51/52-1991; Ursachen u. Erschein.-Formen v. Sprödbrüchen durch Korros. 51/52-2398.

Anorganische Stoffe

Nichtmetallische Elemente

Zug- – v. allotropen S-Modifikat. 40-0248; Brucherschein. in amorphem Se 8-0277; – v. Graphit bei Verbieg. mit wechselndem Vorzeichen 14-0306; Brucheig.: v. im Fließbett niedergeschlagenem, pyrolyt. C 24-0282; v. Diamantkugeln bei Stößen v. *10*^{3,5} bis *10*$^{-6}$ s Dauer 24-0283; statist. Analyse d. mechan. – v. Graphit 27-0315; – -Unters. an CFW-Graphit u. deren Folger. 27-0316; Bruchspann. v. Graphit (Typ EGCR) bei Neutronenbestrahl. 29-0301; – v. zwischen *1900* u. *2400*° im Fließbett hergestelltem pyrolyt. C 41-0357; Rißbldg. in Si-Einkrist. 26-0240.

Metalle und Legierungen

Verfestig. v. kub. Metallkrist. 2-0295; Beobacht. v. Wallner-Linien in d. Bruchflächen brüchiger metall. Phasen 3-0254; Verfestig. bei d. thermomechan. Behandl. v. Leg. 6-0251; Bruch v. Metallen 6-0298; Kaltverfestig. v. Metallkrist. 7-0304; Wechsel- – v. Metallen 7-2509; Dauer- – v. Metallen 8-0284; Einfl. d. Fernordn. auf d. Ermüd. v. Leg. 15-2406; Dehn.-Brucheig. v. Metallen unter hydrostat. Drücken bis zu *23* kilobar 18-0261; Sprödbrüchigk. v. Metallen 18-2499; Best. v. – -Eig. mittels Tiefziehfähigk.-Prüf. v. Metallen 21-2548; Berechn. d. – -Charakteristiken anisotroper Metalle 22-0261; Beeinfluss. d. Erhol. kub.-flächenzentrierter Metalle durch Fremdatome 24-0293; Bedeut. interatomarer Wechselwrkg. bei d. durch Adsorpt. bedingten – -Abnahme v. Metallen 25-0279; Einfl. d. Temp. auf d. Verfestig.-Koeff. v. kub.-raumzentrierten Metallen 30-0234; Impuls- – v. Metallen 30-0248; Zusammenhang v. Verform. u. Lastspielzahl bis zur Zerstör. wechselbeanspruchter Metalle 32-2386; Best. d. Beginns d. Bruches in Metallen durch Zug mit Hilfe v. Ultraschallwellen 33-0333; Mechanismus d. Senk. d. Dauer- – eines Metalls im oberflächenakt., fl.–metall. Medium 34-0336; Berechn. v. Korngrenzen- – v. metall. Werkstoffen mit feindisperser Phase 40-2285; kavitationsmechan. – v. Metallen 42-0280; Theorie d. Verform.-Verfestig. kub.-flächenzentrierter Metalle 43-0291; Rißausbreit. unter statist. verteilter Belast. bei Metallen 45-0266; Fortpflanz. eines Dauerrisses in Metallen 45-0269; Temp.-Abhängigk. d. Bruchspann. v. Metallen 45-0272; Mechanismus d. Verfestig. v. polykrist. Metallen unter Berücksichtig. d. Anisotropie 45-2189; störungsempfindl. Eig. (Verfestig.) d. Metalle 46-0291; Einfl. einer plast. Verform. auf d. Bruch- – eines Hartmetalls bei Schlagbeanspruch. 47-2177; Veränder. d. – v. neutronenbestrahlten Metallen 47-2181; verzögerter Bruch v. Hg-benetzten Be–Cu-Leg. 26-2518; Anisotropie d. Sprödbruchübergangs v. Be-Blech 41-2273; Einfl. v. Zus. u. Struktur auf d. Heißbrüchigk. v. Mg-Leg. ML *5*, ML *12*, ML *15* 20-2421; Einfl. d. Prüfstabvariablen auf d. – v. Mg-Gußleg. 48-2469; gemeinsame Einw. v. Hg u. radioakt. Strahl. auf d. – v. Zn-Einkrist. 8-0298; Orientier.-Abhängigk. d. krit. Reißnormalspann. v. Zn- u. Sb-Einkrist. 13-0325; durch Adsorpt. bedingte Abnahme d. –: v. polykrist. Zn in Ggw. v. Ga 32-0285; v. Zn durch dünne Hg-Schichten 39-2211; Verfestig.-Kurve in verformten Cd-Einkrist. 35-0222.

Anisotropie d. – -Eig. hochfester Al-Leg. 1-2512; Einfl.: v. Prüfmeth. u. Probenanordn. auf Scher- – v. Al-Leg. 3-2436; v. Schmelzsalzveredl. u. Mg-Geh. auf d. – -Eig. v. G–AlSi *10* Mg 5-2456; Verfestig. v. Al–Zn-Leg. bei verschiedenen Auslager.-Stadien 14-0311; Strukturabhängigk. einiger Verfestig.-Parameter v. Al–Zn-Leg. 14-0312; Einfl.: v. Cu u. Ni auf d. – v. hypereutekt. Leg. Al–Si *20* 16-2369; v. Fe- u. Mg-Beimeng. in Al-Druckgußleg. auf d. – 19-2450; d. Vakuums auf d. Zug- – v. Al 21-2556; Verfestig. v. Al-Krist. in Kompress.-Vers. mit ebener Verform. 22-0264; Rißbldg. bei d. Verform. v. Al-Leg. im fest–fl. Zustand 22-2386; – v. Al bei niedriger Temp. u. Blockfehlorientier. 25-0281; Einfl. d. Grenzfläche einer zweiten Phase auf d. Verfestig.-Verh. einer Al–Ag-Leg. 25-0284; – v. Al–Mg–Si-Leg. 26-2522; Wrkg. d. Schichtporosität v. Al–Mg-Leg. auf d. – 28-2407; Zug- – v. Ag-halt. Al–Zn–Mn-Leg. + 28-2408; Verform.-Bruch v. Al 28-2417; Einfl. v. Korros.-Medium u. Spann.-Konzentratoren auf d. Dauer- – d. Al-Leg. W *95* 28-2482; Einfl. d. Gefüges auf d. Zeitstandverh. v. G–AlSiMg 29-2428; Temp.–Zeit-Abhängigk. d. – v. Al bei stat. u. cycl. Belast. 30-2355; Vgl. d. – -Werte u. Brinellhärte d. AlSi-Leg. 32-2346; – -Eig. v. Vakuumkondensaten d. Al 36-2288; Zerfallskinetik d. übersätt. Mischkrist. d. Leg. D-*16* an Hand v. – -u. Streckgrenze-Mess. 37-0269; – -Eig. v. Al-Guß AL *24* 37-2161; Einfl. d. Entgas.-Zeit auf d. Ermüd.-Verh. v. Al-Leg. 38-2436; Scher-Ermüd.-Bruch v. Al-Leg. 38-2448; Proben- – beim Überschallbeschuß v. Al-Leg. mit sphär. Al-Projektilen 39-0302; Einfl.: einer Verform. nach d. Abschrecken auf d. – v. Al-Leg. für d. Flugzeugbau 41-2274; v. oberflächenaktiven u. korrosiven Medien auf d. Dauer- – v. Al-Leg. 41-2306; Warm- – v. faserigem Al-Draht 47-2166; Warmbruch v. Al–Cu-Leg. durch Kontrakt.-Spann. beim Erstarren 48-2434; – v. Al-reichen Al–Ag-Mischkrist. infolge ungleichmäß. Verteil. d. gelösten Atoms 51/52-2289.

Dauerschwing- – techn. Ti-Leg. TiAl *5*·Sn *2,5* u. TiAl *6* V *4* 3-2437; Vgl. d. – v. Ti-Leg. WT *14* u. AT *8* im aggressiven Medium 13-2543; Bruchzähigk. v. Ti-*6*-Al-*6*V-*2*Sn 15-2402; Martensitverfestig. in Ti–Ni-Leg. 19-2483; Einw. d. Kerbform auf d. – v. Ti–Al-Leg. 20-2422; Dauer- – -Verh. geschweißter Ti-Werkstoffe (Biegewechselvers.) 22-2414; Kavitat.-Beständigk. v. Leg. auf Ti-Basis 23-0307; Einfl. v. Wärmebelast. u. Plattier. auf d. – v. Ti-Leg. WT *14*, WT *15* u. WT *16* bei *2*axialer Zugbelast. 34-2391; Dauer- – v. Metallen (Al–Mg-Leg., Ti-Leg.) 38-0308; – v. abgeschreckten Ti-Leg. mit Al u. Co 40-2324; Einfl.: v. O u. H auf d. – -Eig. v. Ti-Leg. 43-2133; einer plast. Warmverform. auf d. – v. Ti 44-2311; Struktureinfl. auf d. Widerstand gegen Rißausbreit. in einer β-Ti-Leg. IWT-*1* 47-0287; photomikrograph. Unters. d. Sprödbruchverh. v. hydriertem α-Zr 1-2519; Einfl. v. Neutronenbestrahl.: auf d. – -Eig. d. Leg. ZrNb *3* Sn *1* u. Zircaloy-*2* 1-2521; auf – -Eig. v. Zircaloy-*2* 15-2413; Schlagversuche an Zircaloy (Rißwachstum) 2-0299; Dauer- – v. Zr 20-2423; Einfl. v. Neutronenbestrahl. auf d. Zug- – v. Zr-Leg. 21-2563; Korngrößenabhängigk. d. Bruchspann. v. α-Zr 42-2290; Einfl. v. Neutronenbestrahl. auf d. – -Eig. v. Zr–Nb-Leg. u. Zircaloy-*2* 46-2297; – v. Hf (Einfl. d. Herst.-Beding.) 36-2292; Einfl. v. fl. Zn, Cd, Ga, In, Tl, Sn, Pb, Sb u. Bi auf d. Bruch- – v. Ge 14-0314; Zeitstandverh. v. Lötverb. aus Sn-Weichloten bei Raumtemp. 10-2545; Einfl. v. Teilchengröße u. Oxiddispers. auf d. – v. stranggepreßtem Sn-Pulver 24-2415; Gradienten d. Abschreckverfestig. in d. Nähe v. Leerstellensenken in zonengereinigten Pb-Krist. 36-0205; Brüchigk. v. V in H_2-Atmosphäre bei Raumtemp. 14-2531; – v. quatern. Nb-Leg. mit W, Mo u. Zr bei *1000* bis *1600*° 23-2307; Gesetzmäßigk. d. – -Änder. bin. Nb-Leg. 34-2492; Einfl. einer plast. Warmverform. auf d. – v. Nb 44-2311; – v. Ta-, Nb- u. *20–80*% Ta–Nb-Leg.-Einkrist. 22-0268; Zug- – v. gezüchteten Bi-Einkrist. 9-0303; Dauer-Relaxat.- – warmfester Cr–Ni-Leg. 3-2414; Verfestig. v. *3*fach zonengeschmolzenen Mo-Einkrist. 15-2418; Einfl. einer plast. Warmverform. auf d. – v. Mo 44-2311; metallograph. Unters. d. Sprödbruches v. W-Draht 2-2454; Einw. v. Elektronenbeschuß auf d. Zug- – v. W 2-2460; Fortpflanz. v. Rissen in W-Einkrist. 13-0329; Zug- – v. W-Einkrist. u. W–Ta-Leg. 26-2519; – -Eig. v. Leg. d. Syst. Nb–W–Mo–Zr 27-2432; Bruch v. W-Einkrist. bei tiefen Temp. 34-0329; Einfl. v. C auf d. Zug- – v. W bei Zwischenprüftemp. v. *300* bis *1600*° 46-2294; Beeinfluss. d. Widerstandes v. U-Leg. gegenüber Schwell.-Prozessen durch Verfestig. 13-0330; Rißbldg. u. C-Aufnahme in CO_2 ox. U 23-2363; Anwend. d. Bezieh. v. Petch auf Bruch in α-U 37-0329; Korngrößen-Abhängigk. d. Bruchspann. in α-U 42-0282; elektronenmkr. Unters. d. Bruches v. α-Pu 10-0228; Einfl. v. Vorspann. auf d. mechan. Erhol. v. Pu mit *1* Gew.-% Ga 18-0258.

Bruch in polykrist. Fe mit *3*% Si 1-0279; elektrochem. u. strukturelle Beding. für d. Einleit. v. Rissen durch Spann.-Korros. eines unlegierten Stahldrahts mit *0,8*% C 9-0306; Verfestig. d. austenit. Ni- u. Mn-Stähle *40* N *25* u. *40* F *13* unter d. Einw. einer Explos.-Beanspruch. 10-0272; Einfl. v. Sb u. As auf d. Oberflächen-Wärmebrüchigk. v. Cu-halt., weichen Stählen 11-2514; Verfestig. durch Ausformen v. Austenit u. Martensit in Cr/Ni-Stahl 14-0274; Best. d. Kriechmechanismen an Hand d. Form d. Zeitbruchlinie warmfester Stähle 16-2384; Einfl. v. Ni u. Cr auf Zug- u. Knick- – v. Schmiede-Fe 17-2358; – d. metastabilen β-Leg. d. Syst. Ti–Mo–Fe–Al 17-0309; Einfl. v. N auf d. Zeitstand- – v. unleg. Stählen 17-2360; latente Verfestig. in Fe-Einkrist. (Ferrovac E, D *79*) 18-0259; Spann.-Verfestig. bei Ermüd.-Vers. an Stahl *316* 22-0270; Tors.

Verbindungen

Mineralien, Gläser, technische Produkte

Al_2O_3 35-0266; –: v. Quarzglas 40-0249; halbleitender, feindisperser Glaskrist. auf d. Grundlage v. As- u. Sn-Selenid 40-0223; Temp.-Einfl. auf d. – v. Sitallen 40-2216; mechan.- – v. Sitallen in Bezieh. zu ihren Herst.-Beding., d. Oberflächenzustand u. d. Feuchtigkeitsgeh. 40-2217; Form u. Größe d. Bruchzonen auf Bruchoberflächen v. Glas X *8*, einem Pb-Glas u. an Quarzglas 41-0348; – -Erhöh. v. Glas d. Zus. *63,5* (Gew.-%) SiO_2, *15,5* Al_2O_3, *2* Na_2O, *13* CaO u. *4* MgO 44-0287; Entfern. d. Oberflächen-Fehlschicht u. Zunahme d. – v. Glasoberflächen 46-0310; Einfl. künstl. Defekte auf d. Glas- – 46-2211.

Verfestig. d. Betons als kontinuierl. Prozeß v. Verdicht. u. Beschleunig. d. Erhärt. 6-2312; – -Eig. v. Beton 6-2313; Einfl. d. Vibrat.-Frequenz auf Verfestig. u. spezif. Gew. d. Leichtbetone 7-2429; – u. Bruch v. Beton 14-2421; Zug- – v. frischem, abbindendem u. erhärtendem Beton 15-2341; – v. Silicatbeton mit Agloporit als Füllmaterial 17-2316; relativ hohe – eines Betons mit Kreide als Zuschlagstoff 18-2386; komplexe Anwend. chem. Verfestig. u. elektr. Erwärm. in d. Technologie d. Fe-Betons 19-2356; – v. Beton 19-2360; Einfl. v. Wärmebehandl. auf d. – u. Frostbeständigk. v. Beton 19-2363; Einfl. d. Qualität d. Zuschlagstoffe auf d. – d. Betone 22-2318; Güteprüf. d. Früh- – v. Spritzbeton 27-2349; Früh- – v. Beton bei natürl. Erhärt.-Beding. 29-2370; Einfl. v. Gips auf d. – v. Silicatbetonen 31-2269; Bruch- – v. Beton 31-2271; Präzisier. d. Formel zur Best. d. Beton- – 34-2437; Einfl. d. Herst., Lager. u. Prüf. sowie d. W.-Geh. d. Probewürfel auf d. – -Werte v. Leichtbetonen 36-2231; Zug- – v. Leichtbeton 46-2246; Unters. d. – v. Vibrogasbeton mit Hilfe v. Ultraschallverf. 46-2249; – v. unter dreiachs. Druck erhärtetem Beton 47-2145; – u. Rißwiderstandsfähigk. v. Silicatbetonelementen 47-2146; Verbesser. d. – v. Fe-Beton unter Verw. v. Epoxyharzgemisch 51/52-2258*.

Organische Stoffe

Minimale Spann.-Rißbldg. in Kunststoffen 5-3003; Material- – bei Hochgeschw.-Vers. an Nylon, Zelux-M 17-0310; Einfl.: d. hydrostat. Drucks auf d. – polymerer Materialien 26-1147; wiederholter Wärmebehandl. während d. Bestrahl. v. Polyäthylen auf dessen Zug- – 27-1128; durch Fokussier. v. Explos.-Wellen verursachter innerer Bruch v. Sphäroiden aus Polystyrol oder Polymethylmethacrylat 29-0270; Einfl. v. Restspann. auf d. Charakter d. Zerstör. amorpher glas. Polymerer durch fl. Medien 29-1097; dynam. Ermüd. kombinierter polymerer Materialien (v. Filmen aus Polyäthylen + Folie) 29-1103; Rissigwerden v. amorphen Polymeren (Temp.- u. Spann.-Abhängigk. d. Rißbldg. in Polycarbonat) 29-1134; Reiß- – v. orientierten Polymeren (Nylon *6*-Fasern) 29-1136; Bruchmechanismus in glasart. Polymeren (Haarrißbldg. während d. Rißausbreit.) 31-1057; Einfl. v. UV-Bestrahl. auf d. – v. Polyamid-Fäden 31-1093; Verschleiß- – einschicht. PVC-Bodenplatten 31-2287; Zerreiß- – gefüllter Gummigemische in Abhängigk. v. Dauer u. Temp. d. Verarbeit. 32-1168; Einfl.: d. Vulkanisat. auf d. Zerreiß- – gefüllter Gummigemische 32-1169; d. elektr. Feldes auf d. – eines Polystyrolfilms 32-1174; d. Erhol. auf d. Lebensdauer einiger Polymerer bei wiederholter Beanspruch. 32-1188; Zerreiß- – v. gefülltem Butadien–Styrol-Kautschuk in Abhängigk. v. d. Temp. 34-1157; Zerreißvers. an Alkydharz-Filmen 34-1175; Haltbark. v. Polymeren bei tiefen Temp. 35-1157; Einfl. akt. Zusätze auf d. Temp.-Zeit-Abhängigk. d. – v. Polymethylmethacrylat 35-1179; – v. polymeren Glasfasern 37-0345; Zerreiß- – v. ungefüllten u. verstärkten Butadien–Styrol-Kautschukvulkanisaten 37-1130; Weiterreißen v. Einschnitten u. Ermüd. v. Kautschuk (Naturkautschuk) 37-1131; (nichtkrist. Kautschuk) 37-1132; Einfl. chem. Modifizier. auf d. – v. Kollagenfasern 37-1174; Haltbark. v. Polymeren bei cycl. Beanspruch. 38-1122; Abhängigk. d. Überlast.-Koeff. v. Polymerketten v. Orientier.-Grad 38-1160; Bruch amorpher, fester Polymerer (Bruchdauer) 39-1085; Bruchvorgänge in polymeren Materialien (Topographie v. Bruchoberflächen) 40-1127; Einfl. d. Belast.-Dauer u. Temp. auf d. – dreidimensionaler Polymerer 41-1104; Zug- – v. verschieden behandelten Gelatinefilmen 41-1149; – orientierter Polytetrafluoräthylen-Filme 44-1148; – v. aus Lsg. durch Sublimat. d. Lsgm. dargestelltem Naturkautschuk u. Guttapercha 44-1157; Bruch v. polymeren Schmelzen bei hoher Scherbeanspruch. 45-1060; Bruch amorpher, fester Polymerer (Wrkg. d. Verstärk.) 47-1058; Einfl. v. Strahl. u. Molgew. auf d. – v. Polycarbonat 47-1071; Ermüd.-Bruch in Faser-Polymeren als spröder Rißkeimbldg.-Prozeß 49/50-1018.

Untersuchungsmethoden

Einfl. d. Umgeb.-Temp. auf d. – -Mess. v. Betonproben 7-2430; Auswert.-Verf. für Zeitstand- – -Vers. an Metallen 7-2507; Dauerprüfvorr. für Sprödbruchunters. an Mo bei verschiedenen Spann.-Zuständen 7-2511; elektronenmkr. Fraktographie d. Metallbrüche 9-2585; nachträgl. Best. d. Betondruck- – 11-2445; direkte Mess. d. Bruchenergie v. spröden, heterogenen Materialien (Glas, Schamotte) 13-0334; Meth. zur Best. d. Dauer- – in fl. Metallen unter Beding. d. Stoffübertrag. 14-2529; Prüfvorr. zur Best. d. Dauer- – zylindr. Stahlproben im Vakuum bis *1800°* 14-2530; Eindringtest zur Best. d. Druck- – v. Beton niedr. D. 16-2275; Best. d. – harter, stück. Materialien bei geringen Einwaagen 18-2125; Eich. d. elektr. Potentialverf. zur Best. d. langsamen Rißwachstums 23-2319; Korrektur d. – -Werte für Biege- u. Verdrehvers. 26-2532; Verf. zur beschleunigten Best. d. – v. Beton 27-2350; Verf. zur Extrapolat. d. Bruchzeit industrieller Leg. (Kriechvorgang) 28-2415; Vorausbest. d. technolog. Schweißnaht- – 30-2387; Extensometer zur Aufzeichn. v. Zug–Bruchdehn.-Kurven 31-2343; Auswert.-Meth. v. Unters.-Ergebnissen an Polymeren auf Dauer- – 32-1206; Prüf. d. Ziehfähigk. an Hand v. Zug- u. Bruchlastbest. an einem Probestück 32-2384; Zugprüfmaschine für hohe Zerreißgeschw. 33-2381; Prüfeinricht. für Druck- – keram. Materialien unter hohen Temp. 34-2413; Unsicherheitsspanne d. isothermen Sprödbruchprüf. nach Robertson 34-2500; Schnellprüf. d. – v. Beton 36-2235; Beton- – -Prüf. nach *1*- u. *28*-täg. Aushärten 36-2236; Prüf. d. Druck- – v. Beton mit verschiedenen Meth. 36-2237; Meth. zur Best. d. – v. Leg. bei hohen Temp. 37-2169; selbsttät. Meßgerät zur Best. d. Kaltverfestig.-Koeff. für Tiefziehbleche 37-2170; vgl. Tors.- u. Strangpreßvers. zur Ermittl. d. Formänder.- – v. Al-Leg. 38-2435; Rißausbreit.-Vers. an Reaktordruckrohren aus Zircaloy-*2* 39-2228; Verf. zur Darst. d. Kerbschlagzähigk.-Temp.-Kurve 40-2332; Schnellbest. d. – synthet. Diamanten mit Ultraschall 43-0302; Ultraschallverf. zur – -Kontrolle v. Keramsitbeton 46-2250; Prüfvorr. zur Best. d. Verschleiß- – aufgeschweißter Leg. bei rollender Reib. mit Ton 46-2391; Meth.: zur Unters. d. Warmrißbldg. in Sn- u. Sn–Pb-Leg. 48-2428; zur Best. d. – -Werte v. porösen metallkeram. Materialien unter *3*axialem Druck 48-2448; Übersicht über Meth. zur Best. d. – v. Whiskern u. deren Bedeut. für d. Verstärk. duktiler Metall-Matrizen 49/50-0282.

Bibliographie

Biegezug- und Spaltzugfestigkeit des Betons B 13; Die Bestimmung der zweiachsigen Festigkeit des Betons. Zusammenfassung und Kritik früherer Versuche und Vorschlag für eine neue Prüfmethode B 47; Festigkeitslehre B 65; Dynamische Festigk. und Sprödigkeit der Metalle [russ.] B 7; Festigkeit von Hartmetallen [russ.] B 13; Materialfestigkeit bei hohen Temperaturen [russ.] B 22; Recovery and recrystallization of metals: proceedings of a symposium held in New York *1962* B 7; Problems in strength of materials: complex stresses and strains B 12; Strength of materials B 29; Applications of fracture toughness parameters to structural metals B 39; Strength of materials B 61; Dictionary of mechanics, strength of materials and materials. English-German, German-English B 70; Thermal stress and lowcycle fatigue B 71; Statics and strength of materials B 85; Applied strength of materials B 85; Engineering considerations of stress, strain and strength B 93; Strength of materials B 93.

β-Fetoprotein s. unter *Proteine, Spezielle Proteine.*
Fettalkohole s. unter *Alkohole.*

Fette (bzw. fette Öle)

Siehe auch *Glyceride*; *Lipoide*; *Ölkuchen*; *Ölsamen*; *Wachse. Margarine* s. dort.

Öl- u. Eiweißgeh. d. Samen v. Pflanzen d. Prärien v. Kanada 2-1467; ägypt. Pflanzen- – u. -öle 2-1468, 2-1469; tier. – 9-1524; Trans-Lipoide, Studien auf d. – -Gebiet 15-1582; hydroxy-ungesätt. Öle 20-2867; Ölfrüchte u. Ölbearbeit. (Fortschrittsbericht) 25-1909; neuere Tendenzen in d. Qualität u. Spezifikat. v. – u. Ölen 38-2044; einige seltene Öle Indiens (Übersicht) 40-2710; industriell verwertbare Öle 42-2649, 42-2650; Luftverunreinig. mit Fettalkoholen in d. Umgeb. v. Betrieben d. – -Verwert. 46-2101; Korros.-Schutz v. – -Behältern 46-2382; Fortschritte in d. Chemie d. – 47-1103.

Öl- und Fettgewinnung

Neuzeitl. Technologie d. – u. – -Prod. 3-2856, 12-2766, 29-2729 bis 29-2731, 36-2587; fettchem. Forsch. im Hinblick auf d. Speiseöl-Technologie 51/52-3128.

Kontinuierl. Extrakt. v. Ölsaaten 9-3416*; Verw. v. fl. Propan bei d. Ölextrakt. 13-3490; Trenn. v. – durch Zentrifugieren v. Netzmittel enthaltenden wss. – -Dispers. 15-3233; Gewinn.: v. eßbaren Ölen mit hohem Geh. an essentiellen Fettsäuren aus ölhalt. Samen 15-3253*; d. – bei d. Reinig. v. Glucosesirup u. Dextrosesaft 16-3276*; v. – -Masse aus rohen Schlachttier- – 31-3072*; Einfl. v. Samenvorbehandl. u. Extrakt.-Beding. auf d. Geh. d. Öls an Nebenbestandteilen 51/52-3129.

Raffination und Entfernung bzw. Gewinnung von Bestandteilen aus Fetten

Raffinat. d. – 3-2856; Entfärb. v. – -Stoffen mit Adsorpt.-Mitteln 7-2972; Gewinn. v. höher schmelzenden – -Komponenten aus Glyceridölen 9-3418*; Raffinat. d. – (De Smet-Verf.) 12-2766; Sterilisat.-Verf. in d. Pharmacopoea Nordica für Öle u. – 13-1859; Raffinat. v. – u. Ölen mit Säuren 13-3526*; Beseitig. v. Schwermetallspuren aus Pflanzenölen mit Ionenaustauschern 18-3392; Trenn. d. höher schmelzenden Glyceride aus winterisierten Ölen durch Zentrifugieren 21-3033*; frakt. Lsgm.-Kristallisat. v. – 21-3035*; kontinuierl. Raffinat. v. Lipoid B enthaltenden Glyceridölen 21-3036*; Trenn. v. gesätt. u. ungesätt. Fettsäuren, Glyceriden u. Fettalkoholen tier. oder pflanzl. – oder Öle 22-3192*; Bleich. feuchter Öle mit Aktiverden 23-3122; Abtrennen d. Unverseifbaren aus – -Stoffen durch US-Einw. 24-3394*; kontinuierl. Entschleimen v. pflanzl. Ölen 26-3459*; Reinigen v. Speiseölen mit einem mit W. mischbaren, polaren Lsgm. 28-3304*; Raffinat.: durch Dest. mit überhitztem W.-Dampf 29-2729; mit Ionenaustauschern 29-2730; mit Adsorbentien 29-2731; v. pflanzl. u. tier. Ölen mit Harnstoff oder Xylol- bzw. Toluolsulfonaten 29-2735*; Bleichmittel für Öle aus p-Menthanperoxyestern 30-2546*; Raffinat.: mit Adsorbentien 36-2587; durch Vakuumdest. 36-3043; v. stark sauren Ölen in Ggw. hydrotroper Substanzen 42-3082; Verh. einiger Pigmente u. Tocopherole bei d. Entfärb. v. Ölen 42-3083; Mol.-Dest. zur physikal. Raffinat. saurer Öle 45-2661.

Einkapseln v. feinzerteilten. eßbaren Pflanzenölen mit synthet. Polymeren 6-2110*; Färbemittel für Ölprod. 15-3255*; Emulgatoren in Speiseölen u. – 16-3225; Na-Carboxymethylcellulose als Stabilisator für Öl-in-W.-Emuls. für Lebensmittel u. Pharmazeutika 19-3263*; Stabilisier. v. Salatöl gegen Trüb. (mit Disaccharidfettsäureester) 21-3381*; (mit Dextrinfettsäureester) 21-3382*; Emulgatoren für Koch- u. Back- – 23-3137*; Polyazofarbstoffe für – 28-2794*; Salben u. – aus tier. Ölen u. Alaunen als Verdick.-Mittel 29-2734*; Zusatzmittel für – u. nichttrocknende Öle aus chlorierten Methanonaphthalinen u. -anthracenen 31-2550*; Lsgm. für – aus Estern d. 2.2.4.4-Tetramethyl-tetrahydro-3-furanols 31-2553*; stabile Fett- oder Ölemuls. 32-3233*; – mit Buttergeschmack (Zusatz eines α-Carboxylactons) 32-3234*; Aromatisier.-Mittel für Nahr.- – aus δ- bzw. γ-Lacton-α-carbonsäuren 35-2786*; Winterisieren v. Glyceridölen 38-3212*.

Abfallfette

Kontinuierl. Aufbereit. v. Abwässern einer Pflanzenölraffinerie 30-2141.

Eigenschaften, Bestandteile

Polymorphe Umwandl. in – 4-3120; Wärmekapazität d. gehärteten – 11-3392; strukturelle Viskosität v. Al-Stearaten in pflanzl. Ölen 15-0702; dielektr. Eig. v. Prod. d. Ölgewinn. 19-3247; Einfl. v. Salzelektrolyten auf d. Partikelgröße in – -Emuls. 21-1606; Kristallisat. u. Verh. v. – beim Schmelzen 22-3161; Eig. v. Bratfett (Bezieh. zwischen Viskosität u. Konz. an nicht-Harnstoffadduktbildenden Fettsäuren) 38-3173; Anwend.-Möglichk. d. Casson-Gleich. bei – 46-0634; Stabilität v. künstl. – -Emuls. 51/52-1443.

Zus. d. Samenöls v. Pflanzen d. Prärien v. Kanada 2-1467; stereospezif. Analysen einiger pflanzl. – 3-1433; Fettsäurezus. tier. – 3-3222; durchschnittl. Zus. v. Triglyceriden aus Fettgeweben v. Pflanzen u. Tieren mit regionalen Unterschieden in d. Fettsäurezus. 7-3405; Stell. d. Fettsäuren in Triglyceriden aus tier. Depot- – 9-1666; Verbleib v. Rückständen chlorierter organ. Schädlingsbekämpf.-Mittel bei d. Herst. pflanzl. Speiseöle 9-3386; Nicht-Fettstoffe in Pflanzenöl (Klassifizier.) 9-3388; Tocopherole in Pflanzenölen 11-3389; Chemie v. – u. a. Lipiden (polyungesätt. Säuren) 14-1252; Struktur v. Triglyceriden in

Biochemisches und physiologisches Verhalten

Synthese, Fettaustauschstoffe

Reaktionen

Hydrierung, Fetthärtung

Polymerisation, Trocknung, Autoxydation, Ranzigkeit und dgl.

Einfl. v. Antioxydantien auf d. Stabilität v. Ölen 3-3219; Synergisten 3-3221; erhitzte — (Veränder. bei Bratprozessen) 4-3116; —-Ox. in gebratenen gebrauchsfert. Nudeln 4-3130; Ox. eßbarer Öle u. ihr Nährwert 5-3285; Braten in verschiedenen Speise-— 5-3286; Verhinder. d. Ox. v. Ölen u. — 6-3220; durch oxydative u. therm. Polymerisat. v. olefin. — gebildete Prod. 7-3408; Einfl. d. O_2-Diffus. bei d. Autox. verpackter Nahr.-— 7-3410; Verderb u. Autox. eßbarer — 9-3384; Pro- u. Antioxydantien auf d. —-Gebiet 11-1643; autoxydative Veränder. linolensäurereicher Öle in Emuls. 11-3391; Einfl.: d. Verpack. auf d. Haltbark. v. Salbengrundlagen aus Pflanzenölen 13-1851; v. Wärme auf Speise-— 13-3488; d. Struktur auf d. Aktivität hydrochinoider Antioxydantien 16-3237; Peroxygenier. v. natürl. ungesätt. — u. Ölen 17-1033; Carbonylverb. in ox. — 18-2109; Autox. v. — in Emuls. (Einfl. d. Emulgatoren) 18-2937; Antiox. v. — 18-2939; chem. Rk. beim Braten mit — 18-3390; antioxydative Wrkg.: v. pflanzl. Extrakten 18-3422; v. alkylierten Dihydroxynaphthalinen u. Naphthochinonen 20-3344; chem. Haltbark. d. bei galen. Präp. verwendeten —-Grundlagen 21-1831; antioxydative Wirksamk. d. Extrakte: aus grünem Tee 21-3360; aus fermentiertem Tee 21-3361; Ranzidität v. Ölen u. — 24-2021; ranz. Geschmack v. Speiseölen 24-3359; Verh. v. Speiseölen bei Brat- u. Überhitz.-Prozessen 24-3360; Autox. v. — u. Ölen 26-3404; Haltbark. v. Ölen u. — 27-1776; Verderb v. Bratölen 27-3199; Wrkg. d. Alterns auf d. Entfern. als Schmälze verwendeter fetter Öle aus Wollgarn 28-3051; chem. Haltbark. d. bei galen. Präp. verwendeten —-Grundlagen 29-1758; Pro- u. Antioxydantien auf d. —-Gebiet 30-1639; Veränder. d. Fettsäurezus. beim Braten 31-3013; Mechanismus d. Autox. einfach ungesätt. — 32-3196; Peroxygenier. v. ungesätt. — u. Ölen 33-1043; Farbenentwickl. v. Bratölen während d. Erhitzens 34-3313; antioxydative Wrkg. v. phenol. Substanzen 34-3314; Veränder. an — bei hohen Temp. 37-2853; Chemie d. Ranzidität 40-3162; Pro- u. Antioxydantien auf d. —-Gebiet 43-1222, 43-1560; Bldg. v. Monocarbonylverb. während d. Bratens in verschiedenen — 44-3081; Carbonylverb. in ox. — 48-3228, 48-3229; Autox. mehrfach ungesätt. — 48-3230; Hydroperoxidbldg. bei d. Autox. 51/52-3127.

Antioxydantien für — u. Öle aus Piperazin–Chromanol-Komplexen 3-3249*; Verbesser. d. Widerstandsfähigk. v. —-halt. Material gegen UV-Strahl. mit Imidazol- bzw. Oxazolverb. 7-2770*; Herst.: v. Speise-—-Stabilisator aus Protein, Zucker u. Fettglyceriden 7-3450*; v. Antioxydantien für — aus Fettsäureestern u. Hydroxysäuren 15-3251*; Stabilisier. v. — gegen Ox.: mit 4-Phenylthiazolen 19-2647*; durch Hydroxybenzanilide 19-2648*; Stabilisier.-Mittel für tier. u. pflanzl. — aus Triazinderiv. 22-2091*; Antioxydantien für Fette u. Öle: aus Caffeoylglyceriden 22-3189*; aus Chromenylverb. als Zwischenprod. 26-3458*; Stabilisier.-Mittel für eßbare —: aus N-Acyldiaminodiphenyläthern 31-2539*; aus Polyestern 31-3059*; —-Stabilisat. mit Antioxydantien u. Extrakt aus Aspergillus oryzae 34-3315; Stabilisatoren aus N.N'-Bis-[3-alkenyl-salicyliden]-diaminoalkanen 49/50-2318*.

Sulfurierte Öle

Geschwefelte Öle (Fraktionier.) 5-3161; Schwefel. v. Kittölen oder trocknenden bzw. halbtrocknenden Pflanzenölen 7-2244; Verw. v. sulfuriertem fettem Öl: in Kraftübertrag.-Fl. 12-2664*; in Kühl-Schmierfl. für Textilmaschinen 38-2676.

Anwendungen

Backfette s. unter *Backen*. Siehe auch d. Abschnitt *Sulfurierte Öle*.

Hydrophilieren v. pflanzl. Ölen zur Verw. für Kosmetika 2-2900*; Überziehen v. durch Gefriertrockn. entwässerten Lebensmitteln mit eßbaren — 7-3445*; trocknendes Öl enthaltende Überzugs- u. Versiegel.-Massen 8-2334*; Fermentat. v. Aspergillus niger in vegetabil. Öl enthaltendem Medium 9-3421*; Verw. v. Ölen: in Dicht.-Massen auf Polybutadien-Basis 10-2188*; in schaumverhütender Emuls. auf Siliconbasis 10-2246*; Erhöh. d. Löslichk. v. Aminverb. in Öl durch Carbonsäuren (Arzneizubereit.) 11-1823*; Verw. v. fetten Ölen als Vernetz.-Beschleuniger für Polyäthylen 31-2744*; —-Masse aus rohen Schlachttier-— für Futtermittel bzw. als Lebensmittel 31-3072*; Behandl. v. Ölsaat-Extrakt.-Rückständen mit — u./oder Öl zur Futtermittel-Herst. 32-3241*; Suppositoriengrundlagen aus Pflanzenölen 33-1783; ungesätt. genießbares Öl enthaltendes cholesterinsenkendes Mittel 37-1717*; Verw. für Alkydharze: v. fetten Ölen 37-2610*; v. trocknenden Ölen 43-2581*; Herst. v. Cellulosekristallitdispers. unter Verw. v. tier. — 51/52-3096*.

Analytisches

Analyse: v. Ölen u. — durch Gaschromatographie 3-2101; v. trocknenden Ölen 4-1988; Anwend. d. DTA bei d. Unters. v. — 4-3118; Einfl. unterschiedl. Verf. d. —-Extrakt. auf d. Ergebnisse nachfolgender Unters. 17-2096; Bandenformen auf gefärbtem Papier in d. Chromatographie v. Ölen u. — 27-2098; Dünnschichtchromatographie auf d. —-Gebiet 35-2079; fluoreszenzspektrometr. Unters. an — u. Ölen 36-3044; Verteil.-Gaschromatographie v. Nahr.-— u. Ölen 43-1913; Dünnschichtchromatographie d. ungesätt. — (Verbesser. d. Trenntechnik mit $AgNO_3$) 46-1965; Verester. v. — für d. Gaschromatographie 46-1966.

Nachw. v. fremden Pflanzenölen in Olivenöl (dünnschichtchromatograph.) 2-2133; Best. d. Glyceridstruktur (gaschromatograph.) 4-3113; Analyse v. Gemischen tier. u. pflanzl. — 6-2061; Charakterisier. v. — durch d. Trüb.-Temp. d. Entmisch. v. Lsg. in DMF u. Essigsäureanhydrid 6-2062; potentiometr. Best. d. Geh. an Fettsäuren in verseiften — 7-2199; Füllen eines Dilatometers mit hydrierten — 7-2213; IR-Identifizier. techn. wicht. — u. fettähnl. Substanzen 9-2178; Methoxymercurier. v. pflanzl. u. tier. Ölen zur Best. d. Fettsäuren 12-2043; Nachw. d. Öls in mit Öl/Schmalz-Gemisch gebackenem Brot 12-2044; potentiometr. Schnellbest. d. Fettsäurezus. v. Ölen 14-2099; statist. Auswert. fettchem. Kennzahlen 14-2109; Best.: d. Verseif.-Zahl d. im ungar. Arzneibuch offizinellen Öle u. — 15-1774; d. Verfälsch. v. vegetabil. Ölen 15-2130; Qualitäts- u. Reinh.-Prüf. v. — für d. Kosmetik 16-2799; Vgl. d. Papier- u. Gaschromatographie zur Best. d. Fettsäuren natürl. Öle 17-2095; Nachw. v. mit anderen — umgeestertem Kokos- oder Palmkern-— 18-2101; Charakterisier. u. Identifizier. v. — durch d. krit. Lsg.-Temp. 23-2779; Anwend. d. Dünnschichtchromatographie für d. Identifizier. d. Bestandteile v. Ölen 27-1780; Best.: d. Triglyceridstruktur mittels Ag-Dünnschichtchromatographie 27-2099; d. Erstarr.-Kurven mit Hilfe des Shukoff-App. 27-2120; Beurteil. v. Speiseölen auf Grund d. UV-Differenz-Spektrums 28-3259; Gaschromatographie d. unverseifbaren Bestandteile 31-2079; Nachw. v. Seetierölen in Nahr.-— 31-2080; Analyse v. Gemischen tier. u. pflanzl. — 39-1945; Nachw. v. Verfälsch. in Pflanzenölen 40-1961; Qualitätsbeurteil. v. Pflanzenölen 42-3086.

Stör. d .Best. d. Carbonylzahl durch bei d. Autox. gebildetes Peroxid 2-2149; Best. d. Peroxid-Zahl 11-2180; (modifizierte Wheeler-Meth.) 13-2184; Lichttest zur Mess. d. Stabilität v. Speiseölen 14-2114; Girard-T-Reagenz zur Isolier. u. Best. v. Mikromengen n-aliphat. Aldehyde u. Alkanon-(2) in ox. — 18-2109; Schnellverf. zur Beurteil. d. Ranzigk.-Stufe v. — in Lebensmitteln 20-2007; Stabilitätsteste für in galen. Präp .verwendete —-Grundlagen 21-1831; Best.: v. Peroxidzahl u. Aldehyden 24-2020; d. Gesamtperoxid- u. Hydroperoxidgeh. 24-2021; v. Carbonylverb. 24-2022; Analyse d. Autox.-Prod. v. — 30-2072; oszillograph. Polarographie ox. — 34-3311, 34-3312; Best.: v. Peroxiden (über $Fe[SCN]_3$) 36-2001; (mit Diphenylcarbohydrazid) 36-2002; v. Carbonylverb. neben Hydroperoxiden in essigsaurem Milieu 36-2003; Meth. zur Unters. v. Fritüre-— 37-2853; analyt. Best. d. Ranzidität u. Voraussage über d. Haltbark. 40-3162; Beurteil. d. Ox.-Zustandes v. erhitzten — (Braunfärb. durch alkohol. KOH) 43-2789.

Nachw. bzw. Best.: v. pflanzl. u. tier. — in Milchprod. 4-2007; v. Fremd-— in Milch 5-2177; v. — u. Seife in Emuls.-Pasten 14-2102; d. —-Geh. in Schmälzmittelpräp. 20-2004; v. — in Mehl u. Brot 20-2017; auf elektr. Kapazitätsmess. basierende Meth. zur quant. Schnellbest. v. Fäzes-— 22-1979; Best. v. —: in Fleisch u. Fleischprod. (refraktometr. Schnellmeth.) 33-2125; in Kartoffeln (nach Ross u. Treadway) 45-1967; Testreagenz zur Best. d. —-Geh. in Blutserum u. Fäzes 51/52-1918.

Spektrophotometr. Best. v. Butylhydroxyanisol u. Dodecylgallat in — 4-2008; Nachw. v. nichtzugelassenen Farbstoffen in Speiseölen u. -— 5-2176; Analytik v. Antioxydantien in Speiseölen 11-2179; Best. in —: v. Gallussäureestern (zentrifugalchromatograph.) 14-2110; v. Ascorbylpalmitat u. -stearat 16-1616; v. Chlor-KW-Stoff-Insektiziden (gaschromatograph.) 16-1969; d. Hydroxysäuren 18-2097; Trenn. u. Identifizier. v. Antioxydantien in Ölen u. — durch Dünnschichtchromatographie 27-2100; Best. in —: v. Vitamin A (polarograph.) 28-2077; v. DDT 39-1976; Analyse v. Cyclopropenoid- u. Cyclopropanoidsäuren in — u. Ölen 43-1899; alkal. Isomerisat. zur quant. Best. v. ungesätt. Fettsäuren in Speiseölen 43-1914; dünnschichtchromatograph. Abtrenn. u. Best. v. Tocopherolen in pflanzl. Ölen 43-1915; quant. Fäll. v. 3β-Hydroxysterinen mit Digitonin aus pflanzl. Ölen 44-1889; Best. in —: v. Epoxysäuren 45-1920; v. Ca u. Mg (Atomabsorpt.) 46-1967; Reinig.-Meth. für Rückstände chlorierter Pestizide in — u. Ölen 46-1980.

Mögl. Stör. durch — bei Aminosäurebest. in Fischmehl, Fischproteinkonzentraten u. tier. Mischfutter 45-1958.

Bibliographie

Seifen-Industrie-Kalender. Jg *69, 1966*. Jahrbuch für das gesamte Gebiet der Detergentien, der Öle und Fette und verwandter Industrien sowie Bezugsquellenregister B 8; Biologie der Vitalstoffe. Bd. *2*: Eiweiß, Fette, Herzinfarkt B 11; Jahrbuch für den Praktiker aus der Öl-, Fett-, Seifen- und Waschmittel-, Körperpflegemittel-, Wachs- und sonstigen chemisch-technischen Industrie. Ausg. *9* B 55; Deutsche Einheitsmethoden zur Untersuchung von Fetten, Fettprodukten und verwandten Stoffen. DGF-Einheitsmethoden. Lfg. *9*: Abt. H. Organische grenzflächenaktive Stoffe (Tenside) B 93; Jahrbuch für den Praktiker aus der Öl-, Fett-, Seifen- und Waschmittel-, Körperpflegemittel-, Wachs- und sonstigen chemisch-technischen Industrie *1967* B 95; Seifen-Industrie-Kalender. Jg. *70, 1967*. Jahrbuch für das gesamte Gebiet der Detergentien, der Öle und Fette und verwandter Industrien sowie Bezugsquellenregister B 95; Grundlegende Prozesse der Pflanzenölherstellung [russ.] B 56; Technologie der Pflanzenölherstellung [russ.] B 56; Progress in the chemistry of fats and other lipids. Vol. IX. Part *1*: Polyunsaturated acids B 4; Pituitary growth hormone and intermediary metabolism. Vol. *1*: The hormonal effect of the metabolism of fat and carbohydrate (= Acta Endocrinologica. Supplementum, *98*) B 11; Oils, fats and fatty foods: their practical examination B 15; Progress in the chemistry of fats and other lipids. Vol. *8*, part *2* B 36; Laboratory handbook for oil and fat analysts B 46; Oils, fats, and fatty foods; their practical examination B 56.

Fette von ...

Die Hinweise beziehen sich auf den Abschnitt *Spezielle Fette*.

Acacia arabica, Fettsäuren d. Samenöls 2-1469.

Actinodaphne hookeri, Spalt. 43-2482.

Aleuritis moluccana s. *Candlenußöl*.

Anaplopoma fimbria s. unter *Fischöle*.

Argemone mexicana, Glyceride d. Samenfetts 2-1471.

Azadirachta indica s. *Neemöl*.

Brassica elvugata, s. unter *Cruciferenöle*.

Brassica napus s. unter *Rüböle*.

Brassica oleracea s. unter *Cruciferenöle*.

Buckleya distichophylla, acetylen. Fettsäuren d. Samenöls 31-1327.

Bunias orientalis, papierchromatograph. Unters. d. Samenöls 8-2068.

Calendula officinalis, ox. Fettsäure d. Samenöls 9-1465.

Capsicum, Eig. 6-1408.

Cardamine impatiens, Dihydroxyfettsäuren im Samenöl 40-2711.

Celastrus paniculatus, Fettsäurezus. d. Samenöls 18-2941.

Cephalocroton peuschelii, Epoxysäuren im Samenöl 45-1920.

Claviceps purpurea s. unter *Pilzfette*.

Crambe abyssinica s. *Crambenöl*.

Cruciferae s. *Cruciferenöle*.

Cuphea llavia, Triglyceride d. Samenfettes 18-2099.

Dimorphotheca sinuata, Umester. 20-2867.

Diptychocarpus strictus 22-2999.

Dolichos lablab, Fettsäuren d. Samenöls 2-1469.

Erysimum gypsaceum 22-2999.

Euonymus verrucosa, opt. akt. Acetotriglyceride im Samenöl 31-1325.

Euphorbia s. unter *Wolfsmilchöle*.

Exocarpus cupressiformis, Stearol- u. Santalbinsäure im Samenöl 18-1405.

Fomes igniarius s. unter *Pilzfette*.

Fulmarus glacialis, Zus. d. im Magen gespeicherten Öls 9-1524.

Garcinia indica s. *Kokumbutter*.

Gmelina asiatica, Glyceride d. Samenfetts 2-1471.

Helichrysum bracteatum, Fettsäure zus. d. Samenöls 26-2921.
Heliotropium lasiocarpum, Ölgeh. d. Samen 45-2411.
Hibiscus cannabinus, Gewinn., Raffinat. u. Eig. d. Samenöls 38-3175.
Hibiscus sabdariffa, Gewinn., Raffinat. u. Eig. d. Samenöls 38-3175.
Hydnocarpus wightiana, Spalt. 43-2482.
Hydrolagus colliei s. unter *Fischöle.*
Icerya purchasi, höhere Alkohole im — 13-1599.
Impatiens edgeworthii, Stereochemie v. α-Parinarsäure aus d. Samenöl 35-1421.
Jessenia polycarpa, Zus. 22-1318.
Lauraceae, chromatograph. Unters. d. Samenfette 37-1918.
Lesquerella-Arten s. unter *Cruciferenöle.*
Litsea consimilis, Fett d. Samenfruchthülle 25-1383; chromatograph. Best. d. Fettsäuren im Samenfett 37-1918.
Luffa echinata, Fettsäuren d. Samenöls 3-1432.
Lupinus albus, Fettsäuren d. Samenöls 18-1404.
Lupinus angustifolius, Fettsäuren d. Samenöls 18-1404.
Lupinus luteus, Fettsäuren d. Samenöls 18-1404.
Lupinus polyphyllus, Fettsäuren d. Samenöls 18-1404.
Macadamia ternifolia, Glyceride d. Samenfetts 2-1471.
Madhuca indica s. *Mowrahfett.*
Madhuca latifolia s. *Mowrahfett.*
Malva, Epoxysäuren im Samenöl 45-1920.
Monarda fistulosa, Triglyceride d. Samenöls 39-1340.
Monarda mollis, Triglyceride d. Samenöls 39-1340.
Myrica carolinensis, Triglyceride d. Fettes v. d. Oberfläche d. Früchte 17-1420.
Myrothecium verrucaria s. unter *Pilzfette.*
Nephelium mutabile, Eig. u. Zus. d. Samenöls 30-1316.
Pinus silvestris, Reservefett in d. in Licht u. Dunkelh. gekeimten Samen 9-1466.
Pistacia lentiscus, phyikal. u. chem. Unters. d. Samenöls 26-2922.
Pistacia terebinthus, Samenöl (Fettsäurezus.) 8-2065; (Eig.) 26-2922.
Poinciana regia, Fettsäuren d. Samenöls 2-1469.
Pongamia glabra s. *Karanjaöl.*
Pycnanthemum virginianum, Zus. d. Triglyceride d. Samenöls 39-1340.
Quercus robur, Glyceride d. Öls d. Früchte 6-1409.
Raphanus sativus s. unter *Cruciferenöle.*
Saccharomyces cerevisiae s. unter *Hefefette.*
Salvadora oleoides, Spalt. 43-2482.
Santalum acuminatum, Vork. im Samenöl: v. Stearol- u. Santalbinsäure 18-1405; v. Linolen-, Stearol- u. Santalbinsäure 18-1406.
Santalum album, Stearol- u. Santalbinsäure im Samenöl 18-1405.
Sapium sebiferum s. *Stillingiafette.*
Sinapis alba s. *Senfsamenöl.*
Skimmia laureola, Samenöl 38-1730.
Solanum ferox, Zus d. Samenöls 23-1371.
Sterculia foetida s. *Sterculiaöl.*
Tecoma stans, Tetraensäure aus d. Samenöl 2-1465.
Thea japonica s. *Teesamenöl.*
Trichodesma incanum, Ölgeh. d. Samen 45-2411.
Trifolium alexandrinum, Fettsäuren d. Samenöls 2-1469.
Vateria indica s. *Malabartalg.*
Vernonia anthelmintica s. *Vernoniaöl.*

Spezielle Fette (bzw. fette Öle)

Die Hinweise mit *) beziehen sich auf Stichwörter außerhalb des Kapitels Fette.

Aceitunoöl

Pankreashydrolyse 36-2593.

Algenfette

Fettsäurezus. v. Seetangfetten 43-1262.

Baumwollsamenöl (Baumwollöl, Baumwollsaatöl)

Fraktionier. v. rohem u. mit Alkali raffiniertem — (Molekulardest.) 4-2763; stabilisierende Wrkg. v. Citronensäure u. Hydroxycitronensäurelacton auf — 4-3115; Bleichen v. Fettsäureraffinaten aus — 8-2907; Extrakt. v. Baumwollsaat 16-3236; Einfl. d. Konditionier. v. Baumwollsamen auf d. Ölqualität 18-3393; Reinig. 21-3034*; Bleicherden für — 38-3211*; Winterisieren v. — 38-3212*; Trenn. in Estergemische verschiedener Schmelzpunkte 38-3213*; Bleichen mit Alkalien 45-2663; Feuchtigk.-Geh. v. Baumwollsamenflocken u. W. in d. Miscella bei d. Extrakt. mit Aceton/Cyclohexan 46-3117.

Glyceride v. — 2-1471; Verbleib v. Rückständen chlorierter Schädlingsbekämpf.-Mittel bei d. Verarbeit. v. rohem — 9-3386; Glyceridzus. 16-1958; Minorfettsäuren v. — 21-3362; Fettsäuren d. Phospholipide im — 22-1319; aliphat. Alkohole, Tocopherole u. triterpenoide Alkohole in — 31-2079; ungesätt. Cyclopropylfettsäuren u. Fettsäurezus. v. — 34-3317, 34-3318.

Ernähr.-Vers. mit frischem u. leicht ox. — 3-1562; Einfl.: auf d. Plasmalipide beim Menschen 7-1724; auf d. Lebensdauer v. Ratten 41-1541; Schutzwrkg. v. —-Emuls. bei akuter Intoxikat. durch O_3 45-1553.

Änder. v. dielektr. Eig., Viskosität u. Molgew. bei d. oxydierenden Polymerisat. 2-1232; Einfl. v. Lsgm. auf d. katalyt. Hydrier. v. — 4-2761; chem. Veränder. v. — bei Bratprozessen 4-3116; Prod.-Kontrolle bei d. Hydrier. v. — 7-2973; Verh. im γ-Strahlenfeld 13-0967; katalyt. Tieftemp.-Hydrier. 22-2536; Hydrier. in Ggw. v. Ni-Katalysator 22-3193*; industrielle Hydrier. v. — (Zus.) 28-3261; kontinuierl. katalyt. Hydrier. 28-3303*; Einfl. v. γ-Bestrahl. auf — 40-3163; Hydrier.: an festem Katalysator 45-2408; an Raney-Ni mit V-Zusätzen 45-2409; mit Ni-Kieselgur-u. Ni–Cr-Katalysatoren auf Kohle in abs. A. 45-2410.

Herst. v. bromiertem — als Zusatz zu Citrusöl-Aromastoff 18-3430*; — als Suppositoriengrundlage 33-1783.

Best.: v. Cyclopropenfettsäuren in — (spektrophotometr.) 16-1959; d. Ölrestgeh. v. Baumwollsaatmehl 28-2071.

Butterfett

s. unter *Butter**) bzw. *Milch**).

Candlenußöl

Glyceride v. — 2-1470.

Crambenöl

Lipidänder. in reifenden Crambe abyssinica-Samen 26-1412; Gewinn. durch Filtrat.-Extrakt. mit Hexan 38-3174; Geschmack u. oxydative Stabilität 42-3087.

Crotonöl

Auslösende Wrkg. bei d. Entsteh. v. Tumoren durch — 17-1251; Schutz gegenüber Kokarzinogenese durch — 19-1253; Wirkstoffe d. — 29-1187; hochakt. Wirkstoff aus — (Cocarcinogen A 1) 35-1285; Einfl. vorher. Reiz. mit — auf d. Auslsg. v. Hauttumoren bei Mäusen durch Methan 39-1175; tumorfördernde Wrkg. v. — (Vgl. mit Crotonharz) 41-1220.

Cruciferenöle

Siehe auch *Crambenöl*; *Leindotteröl*; *Rüböle*; *Senfsamenöl.*

Chem. Zus. d. Saatöle v. Brassica oleracea, Eruca sativa u. Raphanus sativus 2-1468; Umester. v. Lesquerella-Öl 20-2867; Hydroxymonoensäuren d. Lesquerella densipila-Samenöls 20-2868; Unters. u. techn. Verw. d. Öle v. Brassica elvugata, Erysimum gypsaceum u. Diptychocarpus strictus 22-2999; Best. v. Elaidinsäure in Ölen v. Kreuzblütlern 27-2105; Zus. u. Eig. d. Öle aus Cruciferensamen 42-2650.

Dikafett

Pankreashydrolyse 36-2593.

Erdnußbutter

s. unter *Erdnußöl.*

Erdnußöl

Feuchtbehandl. d. Erdnuß zur Isolier. v. — 36-3050; Gewinn. 41-2450*; mol.-destillative Raffinat. 45-2661.

Glyceride v. — 2-1471; stereospezif. Analyse d. Glyceride v. — 3-1433; Glyceridzus. 16-1958; Minorfettsäuren v. — 21-3362; Einfl. v. Sorte, Anbauort u. -beding. auf d. Fettsäurezus. 26-3406; Haltbark. 27-1776; Massenspektrogramm 30-2056; aliphat. Alkohole, Tocopherole u. triterpenoide Alkohole in — 31-2079; Unverseifbares v. — 48-3231, 48-3232; Zus. v. Erdnußbutter 51/52-3131.

Einfl. v. hydriertem — auf d. intestinale Thiaminsynth. bei Thiaminmangel 7-1695; Nährwert v. erhitztem — 9-3385; Einfl.: auf menschl. Serumcholesterin 31-1543; auf d. zellulare Immunität 49/50-1444.

Spritz. mit — zur Einschränk. v. Übertrag. d. Salatmosaikvirus durch Blattläuse 9-3303.

UV-spektroskop. Unters. v. — u. Gemischen mit anderen Pflanzenölen 6-3221; Best.: v. Aflatoxin B_1 in Erdnußölkuchen 7-2219; d. Verfälsch. v. vegetabil. Ölen u. Butterfett mit Erdnußfett 15-2130.

Färberdistelöl

s. *Safloröl.*

Fischöle (und Trane, Öle von Seetieren)

Adsorptives Bleichen u. Molekulardest. v. Menhadenöl 28-3258.

Fettsäurezus. v. hydrierten — 1-3368; gesätt. Fettsäuren einiger Seetieröle 3-1466; Vitamin A-Geh. v. aufbewahrten Fischleberölen 5-1568; Zus. d. Öle v. im japan. Inland-See gefangenen Fischen 6-3222, 6-3223; fettsaure Zus. d. medizin. Lebertrans 7-3397; HLB-Wert für Oleum jecoris/W.-Syst. 8-1739; flücht. Säuren in Menhadenöl (Aufklär. d. Fischölgeruches) 8-2902; Fettsäurezus. v. Herings- u. Merlanölen 8-3324; für d. Revers.-Geruch v. gehärtetem Walöl verantwortl. Bestandteile 9-3391; Triglyceride d. Öls v. Anaplopoma fimbria 20-3334; neutrale Plasmalogene im Leberöl v. Hydrolagus colliei 22-1370; Fettsäuren aus Finnwaltran 28-3265; isomere monoolefin. Fettsäuren in Heringsöl 35-1457; aus Knochenölen des Blauwals stammende Fettsäuren mit verzweigten Ketten 36-2004; flücht. Amine in — (Geruchsprobleme) 36-3045; Lipide d. Finnwales 45-1350; Nachw. v. 3.7.11.15-Tetramethylhexadecansäure im Walöl 45-1962; Fettsäureverteil. bei Triglyceriden aus Robbentran 49/50-1344.

Durch —-Frakt. induzierte Veränder. d. Hypercholesterinämie u. d. Gewebefettsäuren 8-1640; Vitamin-A-Geh. im Colostrum u. in d. Milch v. Mutterschweinen nach Verabreich. v. Lebertran 15-1563; ernähr.-physiolog. Eig. v. Rotbarschöl 19-1610, 19-1611; hypercholesterinäm. Wrkg. d. Heringsöls in Ggw. v. Futtercholesterin beim Schwein 23-1538; Nährwert v. extrahiertem — 32-3227.

Ox. v. Öl in Meeresprod. 7-3409; antioxydative Eig. v. Sorbinsäureestern gegenüber gehärtetem Waltran 7-3411; Hydrieren v. Waltran an Cu–Cr-Oxid-Katalysator (Aktivität) 12-2767; (Vergift.) 12-2768; Löslichk. v. Antioxydantien in — 22-3162; Hydrier. v. Walöl 40-2707.

Verw. v. dehydratisiertem — für Alkydharze 11-3110*; Herst. v. Polyurethanschaumstoffen aus — u. Polyisocyanaten 16-2874*; Red. v. CrO_3 mit Lebertran bei d. Sämischgerb. 16-3285; Lebertran als Arzneimittel 21-1835; Blutcholesterinspiegel senkendes Mittel aus Öl v. Meerestieren 37-1716*.

Nachw. v. Fischöl in Leinöl 4-1988; quant. gravimetr. Analyse v. Fettsäureestergemischen aus Heringsöl durch Dünnschichtchromatographie 5-2116; IR-spektroskop. Nachw. v. Fischleberöl 9-2178; Best.: v. Fett im Frischfisch (dielektr. Schnellverf.) 18-2112; v. Vitamin A in Lebertran (spektrophotometr.) 21-1850; Fettsäuren des Dorschleberöls als sek. Bezugsstandards in d. GLC v. polyungesätt. Fettsäuren 21-2203; Gaschromatographie v. Seetierölfettsäureestern 25-1883; Best. in Tran: v. Vitamin A (polarograph.) 28-2077; v. Vitamin D 43-1442.

Gänsefett

Verbesser. d. Konsistenz durch Umester. 24-3363.

Gerstenfett

Zus., Veränder. während d. Malz- u. Bierbereit. 2-3240.

Getreidefette

Siehe auch *Gerstenfett*; *Maisöle*; *Mehlfette*; *Reisöle*; *Weizenöle.*

Gewinn. v. Öl mit hohem Geh. an essentiellen Fettsäuren aus Getreide 15-3253*; Verw. v. Rk.-Prod. aus Getreidekeimöl u. S als kosmet. Wirkstoff 24-2861.

Ghee

s. unter *Butter**).

Hagebuttensamenöl

Glyceride v. — 2-1470.

Hammelfett

s. unter *Talg.*

Haselnußöl

Papierchromatograph. Unters. 8-2067; Kennwerte v. — u. Verw. als Suppositoriengrundlage 33-1783.

Hautfett

Fraktionier. d. Fettsäuren menschl. Sebums 7-1569; östrogene Sterolde im — 51/52-1331.

Hefefette

Zus. d. Fettes v. Bierhefe 24-3378.

Rapsöl

s. unter *Rüböle.*

Reisöle

Best. v. Fe in Reiskleieöl 22-1313; Einfl. d. Lager.-Beding. v. Reiskleie auf d. Qualität d. Öls 28-3260; aliphat. Alkohole, Tocopherole u. triterpenoide Alkohole in Reiskleieöl 31-2079; Mol.-Dest. v. Reiskleieöl 45-2661; Best. v. Stigmasterin in Reiskleieöl 48-1991.

Rinderfett

s. unter *Talg.*

Rizinusöl

Sterine in — 6-1422; HLB-Wert für Oleum ricini/W.-Syst. 8-1739; dielektr. Eig. v. mit — plastifiziertem PVC 12-1199; Einfl. v. dehydratisierten —-Fettsäuren auf d. Eig. v. Alkydharzen 13-3363; induzierte Orientier.-Doppelbrech. u. Struktur 27-0291; aliphat. Alkohole, Tocopherole u. triterpenoide Alkohole in — 31-2079; Mechanismus d. Weichmach. v. PVC mit — 36-1144; mit T-2 stabilisierte W./—-Emuls. 38-0613.

Einfl.: auf Darmmotilität 1-1639; auf d. gastrointestinale Resorpt. v. ^{131}J-Triolein bei Ratten 16-1546; auf d. Propuls.-Motilität d. Verdauungstraktes 43-1570.

Epox. mit Monoperphthalsäure 2-1004; Isomerisier. u. Fraktionier. v. dehydratisierem — 5-3164; Rk. v. Ricinenöl mit Alkenen 7-1082; Dehydratisier. 9-3415*; Epox. 11-0962; Synth. einiger Acrylsäureester v. —-Deriv. 48-2607.

Verw.: zur Herst. v. Urethanschäumen 4-2800; bei d. Herst. plast. Dicht.-Masse 10-2189*; als Schmiermittel zum Kaltwalzen v. C-armem Bandstahl 10-2528; für Alkydharze (dehydratisiertes —) 11-3110*; in Stabilisatoren für PVC (epox. —) 15-3053*; in Reinig.-Mittel (hydriertes —) 19-2936*; zur Herst. v. Polyurethanschaumstoffen 20-3001*; Entgift. v. —-Kuchen 21-3396*; Verw. für Textilavivage 25-2915*.

IR-spektroskop. Nachw. 9-2178; Verw. v. acetyliertem — in d. chromatograph. Analyse v. Fettsäuren 20-1934; Reinh.-Unters. d. Arzneibuch-— 35-1777.

Robbentran

s. unter *Fischöle.*

Rüböle

Zus. v. Rapsöl 2-1468; stereospezif. Analyse d. Glyceride v. Rapsöl 3-1433; Stabilität d. Öls in Rapsschroten 4-3119; Triglyceride v. Rapsöl 7-3413; reine Erucasäure aus Rapsöl 8-1047; Chlorophyll- u. Carotingeh. in — 11-3390; Charakterisier. u. Bewert. einiger Rapsöle 18-3391; Minorfettsäuren v. — 21-3362; Selekt. v. Rapspflanzen mit Samenölen ohne Erucasäure 23-1370; Spurenelemente in gehärtetem Rapsöl 23-3127; Lipidänder. d. Rapsöls in reifenden Pflanzen 26-1412; KW-Stoffe, Triterpenalkohole u. Sterine in Rapsöl 28-3262; Chlorophyllgeh. in rohem Rapsöl 28-3263; Struktur u. Glyceride d. Öls aus poln. Winterrapssorten 35-2758.

Durch Verfütter. v. extrem hydriertem Rapsöl bei Ratten blockierte Lipogenese 35-1596.

Beständigk. v. Salbengrundlagen mit gehärtetem Rapsöl 12-1704; Einfl. d. Verpack. auf d. Haltbark. v. rapsölhalt. Salbengrundlagen 13-1851; Ox.-Stabilität u. Geschmack v. desodorisiertem — beeinflussende Faktoren 15-3231; Änder. d. Haltbark. v. Rapsöl während d. Hydrier. 23-3126; Einfl. v. Antioxydantien u. Verpack. auf d. Haltbark. v. gehärtetem Rapsöl 24-3356; Geschmack u. oxydative Stabilität v. Rapsöl 42-3087.

Zers.-Temp. d. Peroxide u. Carbonylwert v. Rapssamenöl 2-2149; IR-spektroskop. Nachw. v. Rapsöl 9-2178; Vgl. d. Papier- u. Gaschromatographie zur Best. d. Fettsäurezus. v. Rapsöl 17-2095; Best. v. Fe in Rapssamenöl 22-1313.

Safloröl

Glyceride v. — 2-1471; Minorfettsäuren v. — 21-3362; Fettsäurezus. 24-3352; (u. Stabilität) 28-3264; aliphat. Alkohole, Tocopherole u. triterpenoide Alkohole in — 31-2079.

Einfl.: auf Cholesterin u. Lipide v. Serum u. Leber 2-1639; auf durch Diät hervorgerufene Hyperlipämie u. Fett in Rattenlebern 6-1567; Wechselwrkg. mit 4-Dimethylaminoazobenzol bei d. Regulat. d. Ascorbinsäuresynth. durch Lebermikrosomen 16-1202; Einfl. auf d. Plasma-Cholesterinkonz. 17-1557; Anticholesterin-Aktivität v. — 31-1525; histomorpholog. Änder. in d. reproduktiven Organen v. Ratten nach Fütter. mit — 43-1426.

Verw. als kosmet. Wirkstoff 24-2861; Pankreashydrolyse v. Kusumöl (Färberdistelöl) 36-2593; Spalt. v. Kusumöl 43-2482.

Schaffette

s. unter *Talg.*

Schmalz

s. unter *Schweinefette.*

Schweinefette (Schmalz, Schweineschmalz, Speck)

Veränder. v. Schweineschmalz mit Zusatz v. Antioxydantien beim Erhitzen 1-3367; Bömer-Zahl v. verschiedenen — 2-2148; Glyceridzus. v. Schweineschmalz 16-1958; Verh. v. lipolyt. wirkenden Mikroben gegenüber Schweineschmalz 26-2700*; Fluoreszenzen v. mit Bleicherde behandeltem Schweineschmalz 36-3044; trans-Fettsäurezus. v. — in Abhängigk. v. d. Fütter. 38-3176; Säurezus. v. Schweineschmalz 41-2938; Monocarbonylverb. in autox. Schweineschmalz 48-3228, 48-3229; Fettsäureverteil. bei Triglyceriden aus — 49/50-1344.

Einfl. v. Schweineschmalz: auf d. Zus. d. Gewebe v. Ratten 34-1586; u. Elaidinsäure auf d. Struktur v. lymphat. Triglyceriden bei d. Ratte 36-1565; auf d. Lebensdauer v. Ratten 41-1541.

Antioxydative Wrkg. auf Schmalz v. Extrakten: aus grünem Tee 21-3360; aus fermentiertem Tee 21-3361; Stabilisier.: v. Speck gegen Ox. durch 3.5-Dialkyl-4-hydroxybenzylalkoholen 26-2700*; v. — mit Hydrazinen 29-2516*; v. Schweineschmalz mit Thiazolen 39-2346*; Antioxydantien für Schweineschmalz 49/50-2318*.

Einfl. v. Schmalzzusätzen auf d. Fettzus. d. Brotes 5-3302; Trenn. v. — in Estergemische verschiedener Schmelzpunkte 38-3213*.

Zers.-Temp. d. Peroxide u. Carbonylwert v. Speck 2-2149; gaschromatograph. Werte bei Schmalzanalysen 3-2122; chem.-analyt. Unters. v. Schweineschmalz 4-2009; IR-spektroskop. Identifizier. v. Schweineschmalz 9-2178; Qualitätsbeurteil. v. Schweineschmalz durch chem. u. organolept. Verf. 38-3177; Verteil.-Gaschromatographie v. Schweineschmalz zur Best. v. Butterverfälsch. 43-1913; Verw. d. Flammenionisat. zur Reinh.-Best. v. Schmalz 51/52-1946; Verfälsch. v. Schmalz (gaschromatograph. Best.) 51/52-1947.

Seetieröle

s. *Fischöle.*

Senfsamenöl (Senföl)

Chem. Zus. d. Saatöles v. Sinapis alba 2-1468; Nachw. u. Best. d. Verfälsch. mit Erdnußöl 15-2130; Geschmack u. oxydative Stabilität 42-3087.

Sesamöl

Fraktionier. durch Mol.-Dest. 4-2762; Einfl. auf d. intestinale Thiaminsynth. bei Thiaminmangel 7-1695; Nährwert v. erhitztem — 9-3385; Verh. im γ-Strahlenfeld (elektr. Leitfähigk.) 13-0967; Nachw. u. Best. d. Verfälsch. mit Erdnußöl 15-2130; Herst. v. bromiertem — (Zusatz zu Zitrusöl-Aromastoff) 18-3430*; Haltbark. 27-1776; Ölausb. u. Eig. v. Öl u. Kuchen d. sizilian. Sesams 37-2854; Einfl. auf d. zellulare Immunität 49/50-1444.

Sojabohnenöl (Sojaöl)

Ölgeh. d. Sojasamen 21-1468.

Abtreiben v. Hexan mit Dampf 4-3114; stabilisierende Wrkg. v. Citronensäure u. Hydroxycitronensäurelacton auf — 4-3115; Winterisier.: v. partiell hydriertem — durch Lsgm.-Behandl. 8-3323; v. gehärtetem — 9-3417*; Entfern. d. Phosphatide mit verd. HNO_3 16-3238; Demetallisier. (mit Austauscherharzen) 23-3123; (Einfl. auf oxydative u. Geschmacksstabilität) 23-3124; Adsorpt. d. Pigmente v. — durch Bleicherden 24-3349; Gewinn. aus frischgeernteten Sojabohnen 33-3148; Demetallisier. (mit Austauscherharzen) 47-2835; (Einfl. auf oxydative u. Geschmacksstabilität) 47-2836; (mit Austauscherharzen) 51/52-3130.

Glyceride v. — 2-1470; (stereospezif. Analyse) 3-1433; Bestandteile d. Härt.-Geschmacks v. gehärtetem — 7-3412; Glyceridzus. 16-1958; Minorfettsäuren v. — 21-3362; Löslichk. v. Antioxydantien in — 22-3162; ranz. Geschmack v. — bedingende flücht. Bestandteile 24-3359; aliphat. Alkohole, Tocopherole u. triterpenoide Alkohole in — 31-2079; Geschmack v. autoxydiertem — 31-3014; Tocopherole u. Farbrevers. in — 37-1506.

Einfl.: v. partiell hydriertem — auf d. Plasmalipide 7-1724; v. — auf d. Wachstum v. Phytophthora parasitica 11-1419; Nährwert v. mit verd. HNO_3 entschleimtem — 35-2757; Einfl. auf d. Lebensdauer v. Ratten 41-1541.

Epox. 2-1004, 11-0962; Einfl. d. Verpack. auf d. Haltbark. v. —-halt. Salbengrundlagen 13-1851; Ox.-Stabilität u. Geschmack v. desodorisiertem — beeinflussende Faktoren 15-3231; —-zersetzende Bakterien 27-1383; Einfl. v. phenol. Antioxydantien u. Gemischen mit synergist. Wrkg. auf d. Haltbark. v. gehärtetem — 28-3266; Farbentw. in — während d. Bratens 34-3313.

Selektive katalyt. Hydrier. 8-2905; Darst. v. vicinalen (Meth)Acryloylhydroxy-— (mögl. Homo- u. Copolymerisat.) 13-1222; Katalysatoren für d. selektive Hydrier. 21-3359; Hydrier. (in Ggw. eines Ni-Katalysators) 22-3193*; (Katalysatorträger) 24-3362; reduktive Aminier. v. Ozonolyseprod. d. — 31-2508; flücht. Nebenprod. bei d. katalyt. Hydrier. 40-2708; selektive Hydrier. v. Linolensäure in — 43-2788.

Verw. für Alkydharze 11-3110*; Herst. v. bromiertem — (Zusatz zu Zitrusöl-Aromastoff) 18-3430*; Verw.: zur Wärmestabilisier. v. Vinylchloridpolymeren (Ba- u. Ca-Salz d. Rk.-Prod. aus —, Maleinsäureanhydrid u. Stearylalkohol) 27-2991*; zur Herst. v. ölmodifizierten Alkydharzen 30-2750*; Suppositoriengrundlage 33-1783; Zerleg. v. epox. — (Stabilisator für PVC) 34-2965*.

Zers.-Temp. d. Peroxide u. Carbonylwert v. — 2-2149; UV-spektroskop. Unters. v. — u. Gemischen mit anderen Pflanzenölen 6-3221; gaschromatograph. Trenn. u. Best. v. Tocopherolen in — 33-2127; Verteil.-Gaschromatographie v. — zur Best. v. Butterverfälsch. 43-1913; quant. Best. v. ungesätt. Fettsäuren in — 43-1914.

Sonnenblumensamenöl (Sonnenblumenöl)

Abtrenn. v. Wachsen aus — 5-2953; Sonnenblumenkerne mit hohem Ölgeh. 7-3406; antioxydative Eig. v. Sorbinsäureestern gegenüber gehärtetem — 7-3411; Einfl. v. Phosphatiden auf —/W.-Emuls. 19-3248; Raffinieren v. gebrauchtem — (Austausch- u. mol. Chromatographie) 24-3350; Lager.-Dauer u. Qualität v. — 24-3354; Reinig. durch kontinuierl. Hydratat. 34-3316; Raffinat. durch Mol.-Dest. 36-3042.

Glyceride v. — 2-1471; neutrale Nicht-Triglycerid-Lipide 5-3287; Triglyceride v. — 7-3413; HLB-Wert v. Oleum helianthi/W.-Syst. 8-1739.

Einfl.: auf Mg- u. Cholesteringeh. d. Serums 9-1614; auf d. Trypsininhibitorgeh. im Pankreassaft bei chron. Pankreatitis 11-1531; auf Blutgerinn. u. Fibrinolyse bei Coronaratherosklerose 14-1643; auf d. Aktivität d. pankreat. Lipase 15-1290; auf d. Resorpt. v. Sr im Rattendarm 21-1696; biolog. Wert d. — verschiedener Ox. 39-1482; Serumcholesterinspiegel in Ratten mit Alloxandiabetes nach Belast. mit — 44-1521.

Rk.: mit Alkenen 7-1082; mit Essigsäure 38-3160; flücht. Autox.-Prod. v. — 42-3085.

Verw. v. kaltgepreßtem — in Shampoon 2-2902*; Herst. v. bromiertem — (Zusatz zu Citrusöl-Aromastoff) 18-3430*; Suppositoriengrundlage 33-1783; UV-spektroskop. Unters. d. Fettsäuren v. — u. d. Gemischen mit anderen Pflanzenölen 6-3221; IR-spektroskop. Nachw. 9-2178; Best.: d. Peroxidwertes v. — 11-2180; v. Carbonylverb. neben Hydroperoxiden in — 36-2003; v. ungesätt. Fettsäuren in — (quant.) 43-1914.

Speck

s. unter *Schweinefette.*

Spermöl

s. *Wachse — Walratöl*).*

Sterculiaöl

Zus., Verw. in d. Lack- u. Farbenindustrie 14-3199; Hemm. d. Dehydrier. gesätt. Fettsäuren durch Sterculia foetida-Öl 38-1589; histomorpholog. Änder. in d. reproduktiven Organen v. Ratten nach Fütter. mit Sterculia foetida-Öl 43-1426.

Stillingiafette

Glyceride d. Stillingiaöls 2-1470; opt. akt., d. Allengruppe enthaltender Triglyceridtetraester aus d. Samenöl v. Sapium sebiferum 15-1407; Biosynth. v. Stillingiaöl u. -talg 38-1477.

Tabaksamenöl

Glyceride v. — 2-1471; Fettsäuren v. türk. — (gaschromatograph. Unters.) 11-2131.

Talg

Neutrale Nicht-Triglycerid-Lipide in Schaffett 5-3287; Diazinonrückstände in Schaffett 14-3334; auf d. Oberfläche v. Olivin

Cellulosegewebe) 33-3060*; v. Silyl (bzw. Phosphinyl bzw. Arsinyl)aminophosphoniumsalzen 34-2702*; v. N-Chlor- u. N-Nitrosoverb. (für Polystyrol) 36-1121; v. Acetylentetrabromid u. anderen Verb. (für vinylaromat. Polymere) 36-1122; v. Organohalogenverb. (für Polystyrolgranulate) 36-1123; v. 1-Dialkyl(oxy)phosphinylgermaniumverb. 37-2369*; v. cycl. Phosphonitrilamidestern 37-2651*; v. amorphen Hexabromcyclodecanen 39-2035*; v. Mittel auf Acetal- u. Ketalphosphatbasis 39-2595*; v. chlorierten Paraffinen (für Polymere) 40-2734; v. Phosphinosymm.-triazinen u. deren Oxiden 41-2868*; v. Addit.-Prod. aus Halogensulfonylisocyanaten u. Vinylchlorid (für Cellulosematerial) 44-2506*; v. meso-2.3-Dibrombernsteinsäure (Zwischenprod.) 44-2513*; v. Phosphoniten 44-2731*; v. Rk.-Prod. aus Dihydroxypropyl-u. Epoxypropylphosphonsäuredialkylestern 47-2322*; v. Diphosphonaten 49/50-2667*.

Bibl.: Feuer und Explosionen. Systematik, Grundlagen physikalischer und chemischer Art, Gefahren und Schutzmaßnahmen B 85; Technik des Unfall- und Feuerschutzes in der Kautschuk-Industrie [russ.] B 8.

Feuerstein s. unter *Siliciumoxide*: SiO_2.

Feuerungen

Entstaub.-Anlage für Abgase v. Kessel- — 1-2303; Verfeuer. v. Alarup-Kohle in Dampfkesseln 2-2782; Öl- — -Anlagen u. damit verbundene Luftverunreinig. 5-2286; Verbrenn. v. Ekibastuzs-Kohle mit anderen Kohlen in Zyklon- — -Anlage mit fl. Entschlack. 6-2706; rußfreie Heizölverbrenn. durch sorgfält. Abstimm. v. Brenner u. Feuerraum 6-2731; — -Anlagen für aschereiche rumän. Lignite mit einem Rückschubrost 9-2910; Überblick über d. in d. Tschechoslowakei hergestellten Öl- — -Anlagen 11-2916; Wabenkeramik für Füll. v. — für Krackanlagen 16-2245; Best. u. Anzeige d. Betriebstemp. d. Kammerwand. v. Koksöfen 18-2121*; Vgl. v. Gasöl, leichtem Heizöl u. Masut für industrielle — 20-2737; plast. Cr-Erzgemisch zum Auskleiden v. Feuerräumen u. Isolieren v. Wänden 21-2428*; — -Probleme in d. Keramik 22-2285; Wobbe-Zahl eines Brenngases als Prozeßleitgröße für — 25-2539; Bedeut. d. Elastizitätsmoduls, d. Druckfestigk. u. d. Ausdehn. v. feuerfesten Baustoffen für d. — u. Ofenbau 27-2328; feuerfestes Gemisch zum Aufspritzen in — -Räumen 29-2346*; Ansprüche an feuerfeste Steine in Dampfkessel- — 36-2213; Ölzusatz- — für Kupolöfen 51/52-2278.

Bibl.: Dampferzeugung. Dampfkessel, Feuerungen; einschließlich Atomreaktoren B 70.

Feuerwerkskörper, Herst. v. Borhydrid-Carbonyl-Verb. (Zusätze zu —) 3-2635*; Feuerwerksrakete (baul. Einzelteile aus Kunststoff gespritzt) 3-3289*; Brandsatz aus gelierten fl. aromat. KW-Stoffen u. Polystyrol 9-3457*; Herst. v. Dekaboran-Diazo-Verb. zur Verw. in — 22-3232*; Brandmisch. aus weißem P, gelöst in CS_2 u. Kerosin 28-3344*; Herst.: v. Leucht- u. Signalsätzen 34-3383*; v. Dekaboranderiv. (Zusatz zu —) 36-3116*; langsam u. hell brennende Fackel 38-3232*; rauchentwickelnde Schulgranaten 44-3164*.

Feuerzeuge s. unter *Zündhölzer und Zündmassen.*

FFB s. unter $C_7H_{11}N_5O$.

FF/JP s. unter *Plaste, Styrolpolymerisate (Polystyrole).*

FG-2 s. unter *Plaste, Polyäther (Weitere Polyäther).*

FG 5111 s. unter $C_{16}H_{22}FNO$.

F-Gitonin s. unter $C_{50}H_{82}O_{23}$.

Fibradurit FSN, Färbereihilfsmittel 1-2924, 8-2858.

Fibrin s. unter *Proteine, Spezielle Proteine.*

Fibrinogen s. unter *Proteine, Spezielle Proteine.*

Fibrinolyse s. unter *Enzyme, Spezielle Enzyme (Fibrinolytische Enzyme).*

Fibrinolysin s. unter *Enzyme, Spezielle Enzyme (Plasmin).*

Fibrinolytika s. unter *Blut, Blutgerinnung.*

Fibrin stabilisierender Faktor s. unter *Proteine, Spezielle Proteine (Faktor XIII).*

Fibro s. unter *Chemiefasern, Viskosefasern.*

Fibroblasten s. unter *Zellen.*

Fibroin s. unter *Proteine, Spezielle Proteine.*

Ficaprenol-9 s. unter $C_{45}H_{74}O$.

Ficaprenol-10 s. unter $C_{50}H_{82}O$.

Ficaprenol-11 s. unter $C_{55}H_{90}O$.

Ficaprenol-12 s. unter $C_{60}H_{98}O$.

Ficaprenol-13 s. unter $C_{65}H_{106}O$.

Ficin s. unter *Enzyme, Spezielle Enzyme.*

Ficin [Alkaloid] s. unter $C_{20}H_{19}NO_4$.

Fieber, Bezieh. zwischen d. adrenokortikalen Wrkg. u. d. febrilen Rk. nach Injekt. v. bakteriellen Lipopolysacchariden 30-1395; Veränder. d. Phagozytosefunkt. d. Retikuloendothelialsyst. durch mit Pyrogen verunrein. koll. Kohlenstoff 3-1696; Wrkg. v. künstl. — auf d. Sulfobromphthalein-Na-Metabolismus beim Menschen 7-1741; Aktivität d. Hexokinase im Kaninchengewebe bei Pyrogenal- — (Beeinfluss. durch ACTH u. Insulin) 11-1747; Wrkg. v. Pyrogenen u. Monoaminoxydaseinhibitoren bei Kaninchen 12-1317; Aktivität d. Hexokinase d. Kaninchengewebes in verschiedenen — -Stadien 14-1742; Einfl. d. experimentellen — auf einige Prozesse d. N-Umsatzes im Blut u. in d. Leber v. normalen u. diabet. Kaninchen 17-1504; Pathogenese d. — (Chemie d. Leukozytenpyrogens) 30-1457; Einfl. v. künstl. erhöhter Körpertemp. auf Serumenzymaktivität zum Studium d. Leberfunkt. 35-1651; Leberfunkt. u. — durch ein Pyrogen v. E. coli, Lysergsäurediäthylamid u. Dinitrophenol 41-1597; Wrkg. einer Pyrogenrk. auf d. Harnkonz. beim Hund 47-1549; Veränder. d. Aktivität einiger Atmungsfermente u. d. Gewebeatmung d. Leber bei — 51/52-1150; Pyrecol zur dosierten — -Therapie 6-1647; Strahlenschutzwrkg. d. Pyrogene 29-1632.

Prüf. auf pyrogene Verunreinig. (Eign. v. Natriumnucleinat als Standard zur Prüf. auf Pyrogenempfindlichk.) 9-1826.

Bibl.: Handbuch der experimentellen Pharmakologie. Bd. *16*: Erzeugung von Krankheitszuständen durch das Experiment. Teil *15*: Kohlenhydratstoffwechsel, Fieber B 45.

Figon, Bekämpf. v. Gurkenmehltau mit — 30-2987.

Filicin s. unter $C_{36}H_{44}O_{12}$.

Filipin s. unter $C_{35}H_{58}O_{11}$.

Filixan, Wirksamk. u. Toxizität 26-1664.

Fillowit, krist.-chem. Charakteristik u. therm. Verh. v. — 8-0842.

Filme

Anstrich- — s. unter ***Anstrichmittel** (und **Anstriche**)*; Klebfolien s. unter ***Klebmittel** (und **Kleben**)*; Schmiermittel- — s. unter *Schmiermittel*; Überzugs- — s. unter ***Metallüberzüge*** bzw. ***Überzüge***; ***Cellophan***; ***Metallfolien***; Verw. v. — in d. ***Photographie*** s. dort.

Siehe auch ***Oberflächen-Oberflächenschichten.***

Filme und Folien im allgemeinen

Arten, Eig. u. Verw. v. Kunststoffolien (Übersicht) 7-3276; Chemie u. Anwend. v. Plastfolien (Überblick) 37-2539; Filme aus Plasten (Überblick) 46-2670.

Herstellung: Herst.: v. Polymerfilmen 1-2008; v. wasserfesten Filmen aus plast. Material mit erhöhter W.-Dampfdurchlässigk. 6-2967*; v. verschäumbaren Granulaten v. filmbildenden thermoplast. Substanzen 8-2969*; Lichtregel. d. Wachstums dünner, durch Elektronenbeschuß gebildeter Filme v. Polymeren 11-1174; Herst.: v. wasserdichter Folie 11-2466*; v. Folien 12-2823*; v. feinpor. Filmen aus Polymeren 12-2824*; v. Ionenaustauscherharzfolien durch Dispergieren in Polycarbonatlsg. 14-2184*; v. dünnen Mehrschichtfilmen durch Vakuumaufstäub. (Labor.-App.) 17-1879; v. streifenfreien — 17-2793*; v. Kunstharzfilmen 18-2989*; v. F-halt. Blockmischpolymerisaten für Filme 18-3037*; wärmegeformte Plaste als Film- u. Plattenmaterial 23-2810; Herst.: v. Folien in Ggw. v. Carbonsäureanhydrid als Antiklebmittel 24-2893*; v. feuchtigkeitsdurchläss. Filmen aus plast. Massen 26-3090*; v. thermoplast. Filmen durch Aufbringen d. fl. Materials auf d. Oberfläche einer rotierenden Trommel 27-2891*; v. geschichteten Duroplastfolien 31-2808*; v. goldfarb. Folien 36-2635*; Filmguß auf W. 37-0051; Verf. zum blasen- u. rißfreien Eingießen v. Kunstfolien 38-2753; Härten v. Mischpolymerisaten mit ungesätt. Amiden zur Herst. v. Folien 44-2780*; magnet. kontrollierte Radiofrequenzentlad. zur Herst. v. Polymerfilmen 51/52-2753.

Katalyt. Trocknen v. filmbildenden Stoffen durch UV-Bestrahl. 44-2902*.

Verarbeitung: Opt. Aufheller aus 3-[5-Methylbenzoxazolyl-(2)]-cumarin für Filme 4-2938*; Aufschäumen v. synthet. Polymeren in Folienform 6-2899*; farb. Mehrschichtensicherh.-Glas aus Flachglas mit thermoplast. Folieneinlage 9-2430*; Azofarbstoffe für Folien 10-2934*; Modifizier. v. Filmen aus Thermoplasten durch elektromagnet. Strahl. 14-3028*; 2-[2'-Hydroxyphenyl]-(3H)-chinazolon-(4)-deriv. für Filme 19-2914*; elektrolytarme Azofarbstoffpräp. für Filme 20-2849*; Azolderiv. als opt. Aufheller für Polymer- — 21-3087*; 1.4-Bis-styrylbenzole als opt. Aufheller für Folien 22-2931*; Färben v. hydrophoben Filmen mit getränkten saugfäh. Bahnen 28-2776*.

Aufbringen: v. Pulvern in feinster Verteil. auf Kunstharzfilme 1-3123*; v. Überzugsschichten aus Polyolefinen auf folienförm. Stoffe 4-2878*; Herst. v. Flächenverbunden aus Plastfolien 12-2989*; Kleben v. thermoplast. Kunststoffilmen 14-3207; Herst. v. antistat. bis elektr. leitenden Kunststoffüberzügen auf Folien 18-3067*; weiße Deckfarben für Kunststoffolien 29-2719*; Auftragen v. wärmehärtbaren Kunstharzfolien auf blattförm. Träger 30-2930*; Klebemisch. zum Heißverkleben v. Kunststoffilmen mit Holzfaserplatten 34-2848*; Aufbringen v. mit Polymeren imprägnierten Papier-, Vlies- oder Gewebefolien auf Holz 34-2978*; Überziehen v. transparenten Kunstharzfolien mit flücht. Rostschutzmitteln (Verw.) 38-2993*; Druckfarben für Verbundfolien 40-2735; Fixieren v. Pigmenten auf Folien 43-2452*; Überzugsmittel aus Si-Polymeren für Filme 46-2934*.

Eigenschaften, Reaktionen: Phononen in Filmen 38-0296; Hilfsapp. zu IKS-*14* für d. Unters. v. Spektren sehr dünner Filme 8-1955; übermol. Strukturen in Lsg. u. Filmen v. Polymeren 12-1149; Bezieh. zwischen Polymorphie in „zweidimensionalen" monomol. Filmen auf W. u. Polymorphie im dreidimensionalen Zustand 20-0901; Einw. v. Elektronenstrahl. auf Oberflächenstruktur u. Lichtdurchlässigk. v. Kunststoffverpack.-Folien 36-1114; Verschleißfestigk. v. Filmen 7-3047; Dehn.-Spann. v. plast. Filmen 27-2869; dynam. Ermüd. kombinierter Filme aus Polyäthylen + Folie 29-1103; Haltbark. polymerer Filme im Spann.-Zustand bei Einw. v. UV-Bestrahl. 36-2767; Schrumpf. v. flexiblen Plastfolien 37-2557; Anisotropie d. Debye-Waller-Faktors für d. Mössbauer-Effekt in dünnen Filmen 28-0061; Nachw. v. Elektronenlawinen mittels elektrostat. Lad.-Bilder auf isolierenden Folien 41-0227; Fortpflanz. v. Ultraschallimpulsen durch — 28-0263; Gleichgew.-Beding. u. Bldg. metastabiler Modifikat. in kondensierten Filmen 40-0538; Transport durch Polymerfilme 9-1185; Einfl. d. Lsgm. d. Filme makromol. Substanzen auf ihre selektive Benetzbark. 26-1191; Diffus.-Kriechen v. dünner Folie 42-0300; Wechselwrkg. zwischen Chlorophyll a u. Vitamin K_1 in monomol. Filmen 39-0837.

Molgew.-Verteil. in durch Licht abgebautem Polymerfilm (Theorie) 15-1129; Lichtalter. v. Folie aus Polymerenkombinat. unter Interferenzfiltern 42-1087.

Verwendung: Anwend. v. Kunststoffolien (Übersicht) 38-2763; Verw. v. klebwidr. Kunststoffolien zum Verkleiden v. chem.-techn. Vorricht. 4-2020*; Kunststoffolien in d. poln. elektron. Industrie 41-2170; Herst. v. Strahlenindicatoren für ionisierende Bestrahl. aus Kunststoffolien 7-3132*; Verw.: v. selbstklebender Plastikfolie in d. Metallplatten-Dünnschichtchromatographie 28-1969; v. hydrophoben thermoplast. durchsicht. Polymerfilmen zum Verhindern d. Beschlagens v. Flächen 40-2978*; v. Folien zur Dekontaminat. v. radioakt. verseuchten Oberflächen 48-2188.

Analyse, Prüfung: Gaschromatograph. Best. v. Lsgm.-Rückständen in gegossenen Filmen 16-1997; Unters.: d. Spann.-Stauch.-Eig. v. Alkalifilm 1-3021; v. Kunststoffolien bei biaxialer Stoßbeanspruch. 1-3048; Gerät zur Best. d. mechan. Kennwerte polymerer Filme 7-3019; radiometr. Best. d. Diffus.-Koeff. in Polymerfilmen 8-3183; elektronograph. Mess. d. Verform. v. dünnen Filmen 10-2045; polarisationsopt. Meth. zur Unters. v. Strukturprozessen in Polymerfilmen 12-1149; Mess.: d. Wärmeleitfähigk. v. dünnen Schichten u. Filmen 14-0334; d. Filmdichte zur Best. d. Deckkraft v. weißen Pigmenten 16-3076; gleichzeit. Mess. d. opt. Durchlässigk. u. Reflex. an dünnen Filmen 20-1850; Aufklär. d. Diffus.-Mechanismus v. Kunststoffolien 20-2918; energieanalysierende Durchstrahl.-Elektronenmikroskopie v. dünnen Folien 28-1930; elektron. Waage zur Gew.-Kontrolle v. Kunststoffolien 35-1918; Meßgerät für d. Widerstand dünner Filme bei Stoßwellenrohren 36-1832; Gerät mit Faseroptik zur Kontrolle v. dünnen Filmen 39-1833; Mess. d. DK u. d. Verlustfaktors v. isotropen Filmen im Millimeterlängengebiet 39-1842; Best.: d. Lichtdurchlässigk. v. pigmentierten Filmen mit d. Beckmann-DU-Spektrophotometer 40-2933; d. Bakteriendurchlässigk. v. Kunststoffilmen 40-3156; Mess. d. Aromadurchlässigk. v. Kunststoffolien mit Hilfe v. radioakt. markierten Substanzen 41-2650; Prüfapp. für d. elektrostat. Auflad. v. Kunststoffolien 42-2707; Meth. zur elektronenmkr. Unters. d. Struktur v. filmart. Materialien 43-1777.

Verw. v. dünnen Filmen als Polarisatoren im Vakuum-UV-Bereich 27-1946; dünne Folien als Wärmemesser 30-1901.

Bibliographie: Book of ASTM standards, with related material, *1966*. Part *26*: Plastics – specifications; methods of testing pipe, film, reinforced and cellular plastics B 26; Physics of thin films: advances in research and development. Vol. *3* B 65; The chemistry of organic film formers B 91.

Filme und Folien aus Olefinpolymerisaten

Siehe auch d. Abschnitte *Filme und Folien aus Äthylenpolymerisaten*; *Filme und Folien aus C-Copolymerisaten.*

Darst. u. physikal. Eig. v. dünnen Polybutadienfilmen 26-2975.

Herstellung: Olefinkunststoffgemische zur Herst. v. Filmen 2-2941*; Folien aus ster. regelmäß. Polypropylen 5-3138*; Herst.: v. gut färbbaren Polyolefinfolien 6-3062*, 6-3063*; v. Filmen mit verbesserter Anfärbbark. aus KW-Stoffpolymeren 9-3100*; v. Polystyrol–Polyolefin-Schichtfolien (Verpack.-Mittel) 11-3164*; Formmassen aus Polyolefin u. Copolymeren v. Äthylen u. N-Hydrocarbyl-N-vinylacetamid für bedruckbare Filme 16-2914*; Modifizier. v. KW-Stoffpolymeren durch Rk. mit aliphat. Monoazidoformiaten (Filme mit verbesserter Färbbark.) 17-2805*; Herst.: v. 5-Methylhexen-(1)-Polymerisaten für transparente Filme 18-3006*; v. mit Organosulfonaziden modifizierten KW-Stoffpolymeren für Filme 18-3055*; v. heißsiegelbaren Polyolefinfilmen 19-3002*; Polypropylenfilme 20-2965*; Herst.: v. biaxial orientierten Polypropylenfilmen 21-3116*; v. Filmen aus Misch. v. Polypropylen, Polyäthylen u. Carbonsäureamiden 21-3117*; Polybutenlsg. zur Herst. v. Folien 21-3123*; Polymere aus olefin. ungesätt. Verb. für Filme 22-3023*; Wachsmisch. mit Geh. an Polyolefinen zur Herst. v. Filmen 23-2792*; Herst.: v. biaxial orientierten Polypropylenfilmen 26-3010*; v. Folien aus Polyolefinen (Polypropylen) 27-3100*; v. geschmolzenen Filmen aus Polytetrafluoräthylen auf Elastomeren 28-2955*; v. Filmen mit verbessertem Glanz aus Polyolefinformmassen 29-2804*; v. erhaben extrudierten festen Polyolefinfolien 29-2901*; v. Polyolefinfilmen 30-2713*; v. Polypropylenfilmen mit verbesserten Gleiteig. 31-2746*; Olefinpolymere für Filme 32-2831*; Herst.: v. Filmen aus Poly-α-olefinen durch Zusatz v. Metall-halt. Polymeren 33-2897*; v. mehrschicht. Filmmaterial aus Oxymethylenpolymeren u. Polypropylen 33-2969*; v. heißsiegelfäh. Film aus isotakt. Polypropylen u. Vinylidenchloridcopolymerüberzügen (Verw.) 33-2970*; v. nicht beschlagenden Polyolefinfilmen (Verpack.-Material) 34-2892*; Polymere eines 2-Allylnorbornylans zur Herst. v. Filmen 36-2669*; gut härtbare Polyolefinfilme durch Zusatz v. oxalkylierten Polymeren 36-2795*; krist. Polypropylen mit verbesserter Anfärbbark. zur Herst. v. Filmen 38-2779*; Entfern. v. Katalysatorrückständen aus Olefinpolymeren u. Verarbeit. zu streifenfreien Filmen 40-2766*; Herst.: v. heißsiegelbaren Folien aus Poly-1-olefinen 45-2472*; v. stereoregulären Polypropylenfilmen 45-2477*; v. Polyolefinfolien 49/50-2671*.

Verarbeitung: Herst. v. verschweißbaren mehrschicht. Bögen oder Bahnen aus Fasermaterial u. Polypropylenfolie 2-2948*; Verbesser.: d. Eig. v. Polyolefinfilmen (Behandl. mit F-Verb.) 5-3133*; (verbesserte Färbbark. u. verringerte stat. Auflad. durch $TiCl_4$) 5-3134*; (bessere Färbbark.) 11-2965*; d. mechan. Eig. v. Filmen aus krist. Polypropylen 12-2866*; Färben: v. Polyolefinfilmen nach oxydierender Vorbehandl. 15-2847*; v. Polypropylenfilmen 24-2929*; (mit getränkten saugfäh. Bahnen) 28-2776*; u. Klotzen v. Polyolefinfolien 41-2571*.

Schweißen v. beschichteten Polypropylenfilmen 1-3046; Verkleben v. Filmen aus Polyolefinen mit Vinylcopolymeren 10-3078*; Herst. v. heißsiegelbaren Überzügen auf Film aus Olefinpolymeren oder -copolymeren 12-2992*; Überzugsmittel aus Äthylencopolymeren für Polypropylenfilme 16-3098*; Herst. v. heißsiegelbaren Polypropylenfilmen durch oxydierende Oberflächenbehandl. 20-3187*; Beschichten v. Polyolefinfilmen mit Thermoplasten (Verw.) 24-2904*; Herst. v. thermoplast. Polypropylenfilm durch Beschichten mit Polymethylmethacrylat 29-2898*; Überziehen v. Polyolefinfilmen: mit Butadiencopolymeren 30-2917*; mit thermoplast. Polymerisaten 36-2851*; Oberflächenmodifikat. v. Folien aus Polytetrafluoräthylen oder Polytrifluorchloräthylen durch Pfropfen mit Vinylmonomeren 43-2608*; Überzüge aus Styrolcopolymeren u. Melamin–CH_2O-Kondens.-Prod. für Polyolefinfolien 46-2924*; Aufspritzen v. Polyäthylenüberzügen auf Bänder aus Polypropylenfilmen 51/52-2979*.

Eigenschaften, Reaktionen: Eig. v. Filmen aus Poly-3.6-bis-[dichlormethylen]-cyclohexadien-(1.4) (Darst.) 14-1242; Kristallinität v. durch Extrus. u. Pneumoreck. hergestellten Polypropylenfilmen 24-2871; Struktur v. Polypropylenfilmen aus Komposit. (krist. u. amorphes Polymeres, Weichmacher) 26-1158; Deformier. u. Festigk. v. orientierten Polytetrafluoräthylenfilmen 44-1148; Reib.-Koeff. v. Polypropylen- u. Äthylen–Propylen-Copolymerfilmen 16-1102; Vulkanisat. v. aus Polychloroprendispers. hergestellten Filmen durch Harnstoff- u. Guanidinderiv. 13-3128*; Fluorier. v. Filmen aus α-Olefinpolymeren 26-2999*.

Verwendung: Verw.: v. Polytetrafluoräthylenfolien zum Verkleiden v. chem.-techn. Vorricht. 4-2020*; v. faserverstärkten Folien aus F-halt. Olefinpolymerisaten zur Herst. v. ionendurchläss. Membranen 5-2228*; v. Filmen aus Polyäthylen u. Polyisobutylenen als Hydroisolat.-Materialien 41-2238.

Analyse, Prüfung: Durchschlagprüf. v. Isolierfilmen aus Polytetrafluoräthylen 1-2344; Unters. v. Polypropylenfolien bei biaxialer Stoßbeanspruch. 1-3048.

Filme und Folien aus Äthylenpolymerisaten

Siehe auch d. Abschnitt *Filme und Folien aus C-Copolymerisaten.*

Herstellung: Polyäthylen zur Herst. v. Folien 4-2818*; Herst.: v. vernetzten oder gepfropften Äthylenpolymerisaten für Filme 5-3037*; v. Schichtfilmen aus Polyäthylen u. Polycarbonaten 10-3075*; v. Filmen aus wss. Dispers. v. Polyäthylen u. Vinylcopolymeren 12-3105; ox. Polyäthylene für zähe u. biegsame Folien 19-3074*; Herst. v. schrumpfbaren Folien aus Äthylenpolymeren 20-2955*; Polyäthylen zur Herst. v. Folien 21-3064; Herst.: v. bedruckbaren Polyäthylenfilmen 21-3112*; v. Polyäthylenfilmen 22-2789*, 23-2848*; chlorierte Äthylenpolymere für Filme 23-2908*; Herst. v. Folien aus Gemischen v. chloriertem Polyäthylen u. Äthylenmischpolymeren 24-3165*; Polyäthylen für transparente Filme 25-2727*; homogenisiertes Polyäthylen für Blasfolien 26-3005*; Herst.: v. Filmen aus Misch. v. Polyäthylen u. Polyterpenharz 31-2745*; v. schrumpfbaren Polyäthylenfilmen 32-2799; v. selbstklebenden Polyäthylenfilmen 33-2905*; v. Schrumpffolien aus Polyäthylen niedr. D. 35-2523; v. Halbleiterfilmen aus Polyäthylen 36-1113; v. billigen schrumpffäh. Filmen aus Polyäthylen v. geringer D. 36-2615; antistat. Polyäthylenformmassen mit N.N-Diäthanolölsäureamid für Filme 45-2469*; Herst. v. schrumpffäh. Polyäthylenfolien 45-2471*.

Stabilisier. v. Polyäthylenfilmen gegen UV-Strahl. durch p-(2-Äthylhexyloxy)-phenyl-2-thienylmethylenmalonitril 47-2523*.

Verarbeitung: UV-Licht absorbierende Folie aus α-Cyan-β-methyl-4'-[n-dodecyloxy]-zimtsäureäthylester u. Polyäthylenwachs PT *95504* 7-2664*; Einfl. v. Fettsäureamiden auf d. Verarbeit. v. Polyäthylenfolien 13-2995; Färben v. Polyäthylenfilmen mit getränkten saugfäh. Bahnen 28-2776*; Herst. v. Schichtfolien aus zwei miteinander verklebten längsorientierten Polyäthylenfolien 47-2545*.

Schweißen: v. beschichteten Polyäthylenfilmen 1-3046; v. Polyäthylenfilmen 7-3017; Aufbringen v. Ornamenten auf Polyäthylenfilmen 14-2937*; Herst. v. thermoplast. Polyäthylenfilm durch Beschichten mit Polymethylmethacrylat 29-2898*; Warmverkleben v. Folienflächen aus Polyäthylen 36-2654*.

Eigenschaften, Reaktionen: Lichtstreuung an orientierten Polyäthylenfilmen 44-1128; Beeinfluss. d. opt. u. Schlagfestigk.-Eig. v. Polyäthylenfilmen bei d. Herst. 1-3032; dynam. Ermüd. v. kombinierten Filmen aus Polyäthylen + Folie 29-1103; Fl.–Dampf-Durchlässigk. v. aus verschiedenen Lsgm. hergestellten Folien aus chloriertem Niederdruckpolyäthylen 40-2745; Adhäs. v. dublierten Polyäthylen–Cellophan-Filmen 41-1148.

Mechanochem. Änder. an Polyäthylenfilmen 20-1111; Eig.-Änder. v. Polyäthylenfilmen bei beschleun. Alter. 43-2518.

Verwendung: Verw.: v. Polyäthylenfolien zum Verkleiden v. chem.-techn. Vorricht. 4-2020*; v. Polyäthylenradiatorfolien im Festkörper-Neutronenteleskop 29-1923; v. geblasener Polyäthylenfolie für Schrumpfverpack. 48-2863; v. Filmen aus Polyäthylen u. Polyisobutylenen als Hydroisolat.-Materialien 41-2238; Polyäthylenbedeck. u. Mulchen zur Mais- u. Bohnenerzeug. in nördl. Gebieten (Polyäthylenklarfolie) 2-3118; poröse wärmeisolierende Folien aus Polyäthylen u. PVC in d. Landwirtschaft 37-2683*.

Analyse, Prüfung: Durchschlagsprüf. v. Isolierfilmen aus Polyäthylen 1-2344; Unters. v. Polyäthylenfolien bei biaxialer Stoßbeanspruch. 1-3048.

Filme und Folien aus Vinylpolymerisaten

Siehe auch d. Abschnitte *Filme und Folien aus Vinylchloridpolymerisaten*; *Filme und Folien aus C-Copolymerisaten.*

Herstellung: gepfropfte Polyvinylalkohole zur Herst. v. Folien 4-2830*; Herst.: v. hochpolymeren krist. Polyvinylalkyläthern für Filme 4-2969*; v. klebfesten wasserlösl. Polyvinylalkoholfilmen durch Zusatz v. Polyäthylenglykol 8-2990*; Verarbeit. v. Misch. aus Polyvinylalkohol u. Bentonit zu Filmen (gute W.-Festigk. u. geringer Schrumpf.-Grad) 10-3178*; Herst. v. luftdurchläss. Folien aus Vinylpolymerisaten u. Nitrilkautschuk 11-3166*; Extrudieren v. Vinylfilm mit flacher Spritzdüse 12-2803; Herst.: v. wasserlösl. Polyvinylalkoholfilmen 12-2878*; v. Schaumfolien aus Vinylpolymerisaten 13-3057*; v. Schichtfolien mit veränderl. Lichtdurchlässigk. aus PVC-Polyvinylacetat, Polyäthylenterephthalat u. Acetylcellulose (Verw.) 13-3149*; v. Anionenaustauscherfolie aus Polyvinylalkohol u. quatern. Vinylpyridiniumsalzen 14-2185*; Polyvinyläther für Filme 14-3050*; Herst.: v. klaren Überzugsfolien aus plast. Polyvinylalkohol 16-3094*; u. Eig. v. Polyvinylacetatfilmen 22-3001; v. Filmen aus lösl. Polyvinylalkohol u. cycl. Vinylpolymeren oder -mischpolymeren 26-3175*; v. mit Polyvinylacetatdispers. getrübten Polyvinylalkoholfilmen (Verw.) 31-2809*; v. in kaltem W. lösl. Film aus Polyvinylalkohol, Stärke u. Glycerin (Verpack.) 36-3079*; v. Filmen aus S-halt. Vinylblockpolymerisaten 37-2665*; v. nichtklebenden Folien aus weichgemachtem Polyvinylbutyral 39-2661*; v. Polyvinylacetatlatex für wasserresistente Filme 40-2783*; v. Trialkyl(bzw. aryl)vinyläthinylstannanen als Zwischenprod. für Filme 41-2453*; N-Vinylpyrrolidinonpolymere für Filme 41-2748*; Vinylpolymere für Filme 46-2714*; kaltwasserlösl. Folien aus hydrolysiertem Polyvinylalkohol u. P-halt. Weichmacher 48-2898*; Herst. v. Polyvinylalkoholfolien 49/50-2679*.

Verarbeitung: Azofarbstoffe für Filme aus Polyvinylalkohol 18-2914*; Beschichten v. ABS-Platten mit Polyvinylfluoridfolien 48-2872.

Schweißen v. beschichteten Polyvinyliden chloridfilmen 1-3046; Verbesser. d. Verklebbark. v. Polyvinylfluoridfilmen 2-2987*; Verbesser. d. Abriebfestigk. v. Polyvinylidenchloridfilmen durch Überziehen mit Siliconöl 8-3039*; Oberflächennachbehandl. v. F-halt. Folien aus Vinylfluorid- oder Vinylidenfluoridpolymeren 45-2542*; Überziehen v. Polyvinylalkoholfolien 46-2928* u. 46-2929*.

Eigenschaften, Reaktionen: Einfl. d. Lsgm. v. Polyvinylacetatfilmen auf ihre selektive Benetzbark. 26-1191; Adhäs. v. Polyvinylidenchloridfilmen auf Polyäthylen 29-2807*.

Verwendung: Herst. v. opt. Filtern aus Polyvinylalkoholfilmen 44-2754*.

Filme und Folien aus Vinylchloridpolymerisaten

Herstellung: Herst.: v. mikroporösen Folien aus PVC 6-2951*; v. flammwidr. Folienmaterialien aus PVC, Kresyldiphenylphosphat, Glimmer, Pb-Silicat, Stearinsäure u. mineral. Pigment 6-2952*; v. Schichtfolien mit veränderl. Lichtdurchlässigk. aus Polyäthylenterephthalat, PVC-Polyvinylacetat u. Acetylcellulose 13-3149*; v. PVC-Filmen 14-3091*; v. nichtplast. transparenten PVC-Folien 14-3092*; Vinylchloridpolymere mit antistat. Eig. für Filme 17-2869*; Folien aus PVC mit feinkörn. Kalk 18-3038*; Herst.: v. nichtklebenden PVC-Filmen mit Glimmerpulver 24-2992*; v. gasdurchläss. Folien aus Vinylchloridpolymerisaten 29-2877*; v. 1.2.3.-4.7.7-Hexachlor-5-alkoxycarbonyl-5-[3'-alkoxycarbonylbutyl]-bicyclo-[2.2.1]-hepten-(2) als Weichmacher für gegen Feuer geschützte PVC-Filme 30-2549*; v. Folien aus nachchloriertem PVC 43-2728*; Polymerisat. v. Vinylchlorid für Filme mit hoher Umwandl.-Temp. u. geringem Quellvermögen 43-2729*.

Stabilisier. v. PVC-Folien mit 2-(4'-Hydroxyphenyl)-benzotriazol-1-oxid 15-2949*.

Verarbeitung: Farbstoffe für Polyvinylchloridfolien (Chinacridonchinonfarbstoffe) 8-2888*; (Azofarbstoffe) 10-2934*; Weichmachen v. PVC-Filmen mit Chloriden v. aromat. Alkyl-KW-Stoffen 18-3043*; Flüchtigk. d. Weichmacher aus PVC-Weichfolien 40-2746; Färben u. Klotzen v. Polyvinylchloridfolien 41-2571*; Polyamid–Epoxid-Verb. zur Verbesser. v. Gegenständen u. Folien aus plastifiziertem PVC 42-2696.

Schweißen v. beschichteten PVC-Filmen 1-3046; Verh. v. Farben u. Weichmachern beim Siebdruck auf PVC-Folie 11-3267; Siebdruck auf PVC-Folie 34-2876; Herst. v. PVC-Folien mit Deckschicht aus verschäumtem PVC 47-2610*.

Eigenschaften, Reaktionen: Wechselwrkg. zwischen Weich-PVC-Folie u. Bitumen 22-2772; Leitfähigk. v. porösen PVC-Folien 15-2249; Einfl.: d. Lsgm. v. Polyvinylchloridfilmen auf ihre selektive Benetzbark. 26-1191; v. UV-Bestrahl. auf PVC-Folien 22-2770; strahlenchem. Pfropf. v. 4-Vinylpyridin auf PVC-Folien 37-1159; Beständigk. v. PVC-Filmen gegen phototherm. Altern 8-2958; Eig.-Änder. v. PVC-Filmen bei beschleun. Alter. 43-2518.

Verwendung: Verw. v. porösen wärmeisolierenden Folien aus PVC u. Polyäthylen in d. Landwirtschaft 37-2683.

Analyse, Prüfung: Unters. v. PVC-Folien bei biaxialer Stoßbeanspruch. 1-3048.

Filme und Folien aus Acrylpolymerisaten

Siehe auch d. Abschnitt *Filme und Folien aus C-Copolymerisaten.*

Darst. u. physikal. Eig. v. dünnen Polyacrylnitrilfilmen 26-2975.

Herstellung: Herst.: v. Filmen aus Butyl-α-fluoracrylaten 11-3127*; v. Schaumfolien aus Acrylpolymerisaten 13-3057*; v. Filmen aus α-Phenylacrylsäureesterpolymerisaten 13-3058*; v. Filmen aus Rk.-Prod. v. Acroleinoximpolymerisaten bzw. -copolymerisaten 13-3115*; Formmassen aus Polyacrylamid u. Celluloseacetat für Filme, Fäden, Formartikel 14-3077*; Darst. v. Polyacrylonitrilfolien unmittelbar durch Polymerisat. 16-1115; Polymethylacrylat für Filme 22-3023*; Unters. d. Filmbldg. v. Polyesteracrylaten (spektrale u. chem. Meth.) 25-2697; Polymere v. 3a.4.5.6.7.7a-Hexahydro-4.7-methanoindenylacrylat-(5) für Filme 39-2662*; Polyacrylverb. für Filme u. Folien 39-2694*; Beschleunig. d. Filmbldg. u. Eig. v. Polyesteracrylatfilmen 51/52-2952.

Verarbeitung: Entwässern v. Filmen aus Acrylonitrilpolymerisaten 31-2894*; Färben u. Klotzen v. Polyacrylnitrilfolien 41-2571*.

Eigenschaften, Reaktionen: Einfl. v. UV-Bestrahl. auf Eig. v. PAN-Filmen 2-1209; Eig. v. unmittelbar durch Polymerisat. hergestellten Polyacrylonitrilfolien 16-1116.

Verwendung: Filmbildendes Material aus polymerem Acrylsäureester in Vogelabschreck.-Mittel 2-3167*.

Filme und Folien aus Vinylaromatpolymerisaten

Siehe auch d. Abschnitt *Filme und Folien aus C-Copolymerisaten.*

Darst. u. physikal. Eig. v. dünnen Polystyrolfilmen 26-2975.

Herstellung: Herst.: v. aus isotakt. Polystyrol bestehenden Filmen 3-3068*; v. Polystyrol–Polyolefin-Schichtfolien (Verpack.-Mittel) 11-3164*; v. Polystyrolfolien für Kondensatoren 11-3165*; v. flammfesten Folien aus vinylaromat. Polymeren durch Zusatz v. NH_4Br 25-2730*; verschäumbares Polystyrol zur Herst. v. Blasfolien 29-2818*; Herst. v. porösen Styrolharzplatten oder -filmen 36-2666*.

Verarbeitung: Herst. v. verschweißbaren beschichteten Polystyrolfolien 25-2818*; Bedrucken v. Polystyrolfilmen 28-3222* Überzugsmittel zur Herst. v. beschlagverhindernden Auflagen auf durchsicht. Polystyrolfolien 46-2930*.

Eigenschaften, Reaktionen: Folien aus Polystyrolsulfonsäure u. ihren Salzen (Beeinfluss. d. kontinuierl. IR-Absorpt.-Spektren durch Säurelsg. bei tiefer Temp.) 11-1210; Einfl. d. elektr. Feldes auf d. Festigk. v. Polystyrolfilmen 32-1174.

Filme und Folien aus C-Copolymerisaten

Herstellung: Herst.: v. Filmen aus fl. Butadien–Styrol-Copolymerisaten 1-3074*; v. dünnen Folien aus Emuls. v. Vinylidenchlorid–Acrylnitril-Copolymeren 4-2865*; v. gut färbbaren Folien aus Polyäthylen u. Äthylen–Vinylformiat-Copolymerisat 4-2966*; Acrylnitrilcopolymere aus Acrylnitril: u. p-[Methacrylamido]-benzolsulfonsäure für Filme 5-3147*; u. heterocycl., vinylsubstituierten tert. Aminen für gut färbbare Filme 5-3148*; Herst.: v. Vinylidenchlorid–Vinylchlorid-Copolymerisatpräp. für Filme u. Verpack.-Folien 7-3127*; v. Kunststoff-Folien aus Faservlies u. Vinylchlorid-Copolymer 9-3165*; Copolymere aus Äthylen u. 3-Allylnortricyclen zur Herst. v. Filmen 10-3025*; Vinylcopolymere zur Herst. v. Folien 10-3219*; Herst. v. Filmen aus Styrol–CH_2O-Blockmischpolymerisaten 11-3094*; hitzefeste Olefincopolymere für Filme 11-3278*; Herst. v. Filmen: aus wss. Dispers. v. Polyäthylen u. Vinylcopolymeren 12-3105; aus Polybutadien–Maleinsäureanhydrid-Addukten 13-3044*; aus Acrylnitril-ungesätt. Sulfonsäurebetain-Copolymerisaten 13-3091*; Äthylencopolymere für klare Folien 17-2801*; Copolymere v. äthylen. ungesätt. Monomeren mit aromat. OH-Gruppen-halt. Acrylsäure- oder Methacrylsäureestern für Filme 17-2832*; Copolymere aus Vinylmonomeren u. ungesätt. Aceto- oder Benzophenon für Filme 17-2855*; UV-beständ. Copolymere für Filme 19-2996*; heißsiegelbare elast., vernetzte Äthylen–Acrylester-Copolymere für Filme 19-3040*; Herst. v. bedruckbaren Filmen aus Polyäthylen u. Äthylen–Vinylacetat-Copolymerisaten 21-3112*; Vinylcopolymere für Filme 21-3135*; Herst.: v. Filmen aus Copolymerisaten v. Alkylisocyanaten bzw. -isothiocyanaten mit äthylen. ungesätt. Verb. 24-2983*; v. Folien aus Gemischen v. chloriertem Polyäthylen u. Äthylen–Vinylacetat-Copolymeren 24-3165*; cycl. Copolymere aus Äthylen u. konjugiertem Dien für Filme 25-2721*; hochmol. Copolymere aus Acrolein u. Vinyl- oder Vinylidenverb. für Filme 25-2774*; hydrierte Blockcopolymerisate aus Dienen u. vinylaromat. Verb. für Filme 26-3016*; Copolymerisate aus Acrylonitril u. Olefinen für Folien 26-3053*; Copolymerisat. v. Vinylacetat mit Leinöl in wss. Emuls. für Filme 27-2873; Formmassen aus Copolymeren v. Äthylen u. höhermol. Olefin für Folien 28-2866*; Blockpolymere aus Propylen u. Äthylen für Filme 28-2871*; Herst. v. Filmen aus Copolymerisaten v. Acrylverb., α,β-ungesätt. Carbonsäuren, Epoxyharzen u. Carbonsäureamiden 28-3106*; Herst. v. Äthylen–Olefin-Copolymeren für Filme 29-2812*; wss. Latex aus Copolymerisaten v. monovinylaromat. Verb. u. α,β-ungesätt. Carbonsäuren für hitzehärtbare Folien 29-2822*; gut färbbare Folien aus Vinylidencyanid-Copolymeren mit N.N-Dimethylacrylamid–Vinylacetat-Copolymeren 30-2872*; Herst.: v. transparenten Folien aus Copolymeren v. Buten-(1) u. 4-Methylpenten-(1) 32-2836*; v. harten, zähen u. hochglänzenden Filmen aus Epoxyharzen u. Vinylaromat-Copolymeren 32-3031*; Copolymere: aus Acrylonitril für Folien u. Filme 35-2602*; aus Acrolein mit Acrylonitril für Filme 35-2604*; Herst. v. Filmen: aus Styrol–Allylalkohol-Copolymeren 36-2813; aus Äthylen (bzw. Propylen)–Acetyl (bzw. Benzoyl)phenylacrylat (bzw. methacrylat)-Copolymeren 37-2575*; aus 1.5-Diolefin–α-Olefin-Copolymerisaten 37-2582*; Filmbldg. aus Vinylidenchlorid-Copolymerisat-Latex (Analyse d. dabei entstehenden Fehler) 38-2759; (Einfl. d. Gelbldg.) 38-2760; Herst. v. Filmen aus Glycidylmethacrylat-, Butylmethacrylat- u. Methacrylsäure-Copolymeren 38-2938; Copolymerisate aus Nitrosoverb. u. olefin. ungesätt. Verb. für Filme 38-2979*; Herst.: v. Dispers. v. Copolymeren v. Vinylacetat mit Deriv. d. β-Aminocrotonsäure für Filme 39-2659*; v. feuchtigkeitsfesten, heißsiegelbaren Folien aus Vinylidenchlorid-Copolymeren 39-2716*; v. Filmen aus Copolymeren v. tert. Carbonsäurevinylestern 40-2941; Acrylcopolymergemische für transparente u. harte Filme 40-2966*; Herst. v. Folien aus Copolymeren v. N-Vinyllactamen u. äthylen. ungesätt. Monomeren 41-2768*; Acrylnitril-Copolymerisate für färbbare Filme u. Folien 43-2590*; Herst.: v. Copolymerisaten aus Acrylonitril u. Acrolein für Filme 44-2776*; v. geimpften, filmbildenden Materialien durch Polymerisat. v. Eiweißstoffen mit Acrylsäureestern 44-2791*; Interpolymerisate aus Acrylsäure u. olefin. ungesätt. Verb. für filmbildende Gemische 48-3036*.

Verarbeitung: Verarbeit. v. Filmen aus Misch. v. Äthylen–Olefin-Copolymerisaten u. Butylkautschuk zu Beuteln 24-2916*.

Eigenschaften, Reaktionen: Hafteig. v. Vinylcopolymerfilmen im Vgl. zu d. Eig. d. Farben 5-3168; Fluorier. v. Filmen aus α-Olefincopolymeren 26-2999*.

Analyse, Prüfung: Beurteil. u. Mess. v. Filmbldg. u. -härte v. Vinylacetat-Copolymeren 42-2843.

Filme und Folien aus Phenolharzen

Chem. u. physikal. Verh. v. Phenolharzen in lufttrocknenden Filmen v. Phenollacken 9-3066; Herst. v. Filmen u. Folien aus Phenol–Aldehyd-Harzen (Rk. v. Phenol mit polymerem Acrolein) 5-3071*; Filmbldg. aus wasserlösl. Phenol–CH_2O-Harz auf festen Flächen 20-1124.

Filme und Folien aus Polyäthylen

Darst. u. physikal. Eig. v. dünnen Polymethylisopropylketonfilmen 26-2975.

Herstellung: Herst.: v. Filmen aus Misch. v. Polyätherharzen u. Gelatine (Verw.) 1-3113*; v. hochmol. Polyoxymethylenen aus HCHO u. in o-Stell. alkylsubstituiertem Phenol-Deriv. für Folien 5-3145*; Polymere aus cycl. Acetalen u. gesätt. cycl. Äthern für Filme 6-2933*; Herst. v. krist. Polyketonen für Filme 7-3238*; Polyepoxide für Überzüge, Filme, Kleb- u. Imprägniermittel 8-2998*; Furanpolymere zur Herst. v. Filmen 10-3002*; Herst. v. Filmen aus salzarmen Amyloseäthern 10-3063*; Polycrotonaldehyd für Filme 11-3115*; ausgehärtete Copolymere aus Furfurol u. Furfurylalkohol für Filmmassen 12-2883*; Polymethylvinylketon zur Herst. v. krist. Filmen 15-3020*; Herst. v. molar orientierten Filmen aus Cellulose oder Polyhydroxymethylenen 16-2927*; Blockcopolymere aus CH_2O u. Polytetramethylenglykol für Folien 17-2838*; Herst. v. Folien aus Trioxancopolymerisaten 21-3138*; Trioxancopolymerisate für Filme 21-3140*; Herst. v. Folien aus Copolymerisaten v. cycl. Acetalen mit Oxacyclopropan bzw. Oxacyclobutan 24-2953*; Trioxanpolymere für Folien 26-3027*; Herst.: v. transparenten Filmen aus benzalisiertem Polyvinylalkohol u. Polyoxymethylendimethylester 27-3109*; v. Polyäthern für wasserlösl. Folien (Verpack.-Mittel) 29-2825*; v. aromat. Dialdehydpolymerisaten für Filme 29-2827*; v. vernetzten Oxymethylenpolymeren für Filme 30-2871*; v. harten, zähen u. hochglänzenden Filmen aus Epoxyharzen u. Vinylaromat-Copolymeren 32-3031*; Härt. v. Epoxidharzfilmen mit Harnstoff–CH_2O-Harzen 33-2874; Herst.: v. mehrschicht. Filmmaterial aus Oxymethylenpolymeren u. Polypropylen 33-2969*; v. Folien aus Trioxanpolymeren u. Polyepoxid 34-2904*; v. Filmen als Polyoxymethylen 37-2600*; v. knickfesten Filmen aus Polyoxymethylenen 37-2604*; Dichloracetaldehydpolymere für Filme 39-2719*; Herst.: v. wasserunlösl. Filmen aus Epoxyharzen 40-2970*; v. Poly-[2.6-dimethyl-1.4-phenylen]-äther für Filme 44-2756*; v. Trioxancopolymerisaten für Folien u. Filme 44-2762*; Filme aus hochpolymerem Polyisobutenoxid 46-2873*; Herst. v. Filmen aus Pfropfpolymerisaten v. Vinylverb. an Polyoxymethylen 47-2572*; wärmehärtbare, filmbildende fl. Gemische aus Polyepoxiden u. Acrylinterpolymerisaten 48-3036*; Polymerisieren v. Epoxyverb. für Folien 51/52-2928*.

Eigenschaften, Reaktionen: Struktur u. physikal.-mechan. Eig. v. Penton-Filmen 26-2980; Temp.-Abhängigk. d. elektr. Leitfähigk. v. Filmen aus Epoxidharz mit metall. Füllstoffen 34-2870.

Filme und Folien aus Polyestern

Herstellung: Herst. v. wärmehärtbaren Terephthal-Filmen 3-3245*; Folien aus aromat. Polyestern 5-3142*; Polymerisieren v. β-Propiolacton für Filme 5-3146*; Polyester aus Dialkylterephthalaten u. *2* wert. Alkoholen als färbbares Material für Filme 7-3095*; Herst. v. Schichtfilmen aus Polyäthylen u. Polycarbonaten 10-3075*; Polyester aus Dialkylterephthalaten u. aliphat. *2* wert. Alkohol für Filme 10-3179*; Herst. v. Polycarbonatfolien für Kondensatoren 11-3165*; Filmbldg. v. wasserlösl. Alkydharzen (Rk.-Mechanismus) 12-3099; Herst.: v. Schichtfolien mit veränderl. Lichtdurchlässigk. aus Polyäthylenterephthalat, PVC-Polyvinylacetat u. Acetylcellulose (Verw.) 13-3149*; v. aromat. Polyestern für Filme 13-3340*; v. schnelltrocknenden u. klebfreien Filmen aus modifizierten Ölen 14-3210*; Polycarbonatpräp. zur Herst. v. Folien 15-3014*; Herst.: v. Folien aus hochmol. linearen Polycarbonaten 16-2867*; v. Polyestern für Filme 16-3033*; lineare thermoplast. Polyester für Filme 17-2847*; Herst. v. Filmen: aus Polyätherestern 24-2964*; aus α.α-Bis-(chlormethyl)-β-propiolacton 24-2991*; Herst. v. reflektierenden Polyesterfilmen mit metall. Aussehen 24-3174*; Hochpolymere für Filme aus 2.2-Bis-[4'-hydroxy-

Filme und Folien auf Cellulosebasis u. dgl.

Filme und Folien aus Polyamiden

Filme und Folien aus Harnstoff- und Melaminharzen

Filme und Folien aus Polyurethanen

Filme und Folien aus weiteren CN-Plasten

Weitere Filme und Folien

Filtrieren

Fisch (und Fischwaren)

Herst. v. komplexen Kanamycinsalzen (Bakterizide u. Fungizide bei d. Forellenzucht) 5-3223*; W.-Qualitätskriterium für Frischwasserfische 13-2302; Toxizität v. Herbiziden für Fischnährtiere 42-2036.

Physiologie. Entw. v. Darmschäden nach Röntgenbestrahl. u. Einbau v. ^{3}H-Thymidin in Darmepithelzellen v. bestrahltem Goldfisch 2-1672; intestinaler Transport v. Aminosäuren u. Glucose in d. Flunder 3-1589; Wrkg. v. Harnstoff auf d. Kaltfäll. v. Protein aus d. Linse d. Hundsfisches 4-1455; Verh. v. Carassius carassius u. Danio malobaricus in Cumarin- u. Cu-Sulfatlsg. 4-1615; Einfl. v. ante-mortem-Faktoren u. γ-Strahlen auf d. Abbau v. 5′-Ribonucleotiden in Muskeln v. Parophrys vetulus 7-3394; Wrkg. einer schweren Hypoxie auf d. Kohlenhydrathaushalt u. -abbau bei Lepomis macrochirus u. Salmo clarki 10-1666; Adrenalin- u. Noradrenalinämie d. Karpfens 12-1543; Entsteh. d. Herztetanie beim Katzenhai 12-1624; Arzneimittelresorpt.- u. -exsorpt.-Kinetik beim Goldfisch 13-1752; Einfl. d. Röntgenstrahlen auf d. Synth. d. Informat.-RNS in d. frühen Embryogenese v. Misgurnus 15-1628; Desaminier. v. γ-Guanidinobuttersäure (durch d. Rochenleber) 16-1317; (durch Nierengewebe d. Rochens) 16-1318; spektralphotometr. Angaben über d. Auge d. Albinoregenbogenforelle u. über d. Skotoschpigment 16-1570; Puromycinwrkg. auf d. Gedächtnisfixier. beim Goldfisch 16-1593; Elektrizitätserzeug. in elektr. Organen v. Fischen 18-1137; Wrkg. v. Phlorrhizin auf d. Darmresorpt. v. Glykokoll bei Teleostier-Spezies 20-1564; Einbau v. $^{14}C_{(CH_3)}$-DL-Methionin u. v. ^{35}S-Methionin in d. Lebermitochondrien v. Salmo irideus 24-1224; P-Stoffwechsel in Fischeiern 26-1583; Mechanismus d. Na- u. Chloridaufnahme durch d. Kiemen v. Carassius auratus 26-1605; Wrkg. v. Adenosintriphosphat auf isolierte Spermatozoenschwänze v. Perca fluviatilis 28-1608; Einbau v. $^{14}C_{(1)}$-Palmitinsäure in d. ätherenthaltenden Lipide d. Hundshaileber 28-1632; Abhängigk. d. S-Potential produzierenden Zellen d. Retina v. O_2 bei – 28-1649; diuret. u. natriuret. Rk. d. Lungenfisches auf Argininvasotocin 29-1433; Einfl. v. Hungern u. Glucosegabe auf d. Kohlenhydratstoffwechsel d. Saccus vasculosus u. d. Leber v. Notopterus notopterus 34-1623; Desaminier. v. L-Aminosäuren in Knorpel- u. Knochenfisch (Überblick) 34-1627; oxydativer Abbau v. red. Nicotinamidnucleotiden im Zentralnervensyst. v. Elasmobranchiern u. Teleosteiern 37-1526; Einfl. v. Anorektika d. Amphetaminreihe auf d. Verh. d. siames. Kampffisches Betta splendens 38-1677; Aufnahme u. Verester. v. Fettsäuren durch braune u. weiße Fischmuskulatur 39-2907; Thyroxin u. spontane elektr. Aktivität d. Telencephalon v. Protoptera 44-1511; Proteolyse beim Karpfen im Verlauf d. Hungerns 44-1562; Segmentdifferenzen im Nucleinsäurestoffwechsel bei Planarien 48-1158; Wrkg. v. Noradrenalin auf d. Glykämie d. Karpfens 48-1401; Umwandl. v. Carotinoiden in Vitamin A_1 u. A_2 bei Frischwasser-– 48-1470; Wrkg. d. Adrenalins auf d. Kohlenhydratstoffwechsel bei Cyclostoma u. Knorpelfisch 51/52-1352; Einfl. v. Cortisol auf d. histolog. Struktur d. Interrenalsyst. u. Gewebe beim Aal 51/52-1359.

Giftigk. v. Pyrethrum u. Rotenon für – 4-1637; Gefährd. v. – durch auf Sandböden appliziertes Lindan 5-3181; Wrkg.: d. Gesamthärte u. d. pH auf d. akute Toxizität v. Zn bei – 9-1714; v. Schädlingsbekämpf.-Mittel auf Lepomis macrochirus 11-1733; d. Cu–Zn-Verunreinig. in einem Fluß auf Lachse 14-2239; Toxizität: v. Drogen bei Goldfischen (Kinetik d. Permeat. biolog. Membranen) 22-1561; v. DMSO beim Goldfisch 28-1670; v. linearen Alkylsulfonaten u. deren Zwischenprod. beim biolog. Abbau für – 29-1643; v. Lindan bei drei Fischarten (Bekämpf. v. Chilo suppressalis) 30-1602; v. NH_3-Lsg. gegenüber d. Moskitofisch 30-2132; v. Cu–NH_4- u. Zn–Phenol-Misch. für – 38-1623; v. Verb. d. Erdölchemie für – 42-2037.

Blutdrucksteigernde Wrkg. in Extrakten d. Stannius-Körperchen v. europäischen Aal 2-1581; Synth. v. Nucleosiddi- u. -triphosphaten durch Lachsmilchenzymaufbereit. 6-1311; Temp.-Abhängigk. d. v. Muskelextrakten aus Karpfen u. Forelle katalysierten AMP-Desaminier. 10-1395; Parathionaktivier. durch Lebern v. Forellen 30-1604; Enzymbldg. im embryonalen Reisendosperm fördernde Extrakte v. – 46-1286.

Zusammensetzung, Eigenschaften. Chem. Unters. v. Hering (Clupea harengus) 4-3098 bis 4-3101; chem. Anatomie d. perikardialen u. periviszeralen Fl. im Stachelrochen Dasyatis americana 9-1635; Bestandteile d. Galle d. Cyprinidae 21-1626; Zus. v. brennbaren Ablager. d. Großaugenherings Alosa pseudoharengus 36-1464.

Aufnahme spezif. Radionuklide durch – 2-2227; Geh. an ^{90}Sr u. ^{137}Cs in – 5-3265; Fallout-Radionuclide in – im Po-Tal 8-1680; ^{14}C-Eintritt in d. Rogen u. in d. Larven d. im Herbst laichenden – 11-1693; Anhäuf. v. ^{32}P in Meeres-– v. Schwarzen Meer 15-1632; Akkumulat. v. ^{90}Sr, ^{90}Y, ^{144}Ce, ^{106}Ru, ^{59}Fe u. ^{35}S während d. Ontogenese d. Laiches v. Gadus merlangus euxinus 21-1700; ^{90}Sr-Anreicher. durch – 33-1691; ^{55}Fe im Seewassermilieu u. bei d. Seefisch verbrauchenden Bevölker. 44-1618.

Plasmalogene d. Herzmuskels v. – 1-1464; Biosynth. v. Squalen u. Sterinen in – 2-1645; gesätt. Fettsäuren v. –-Lipiden 3-1466; depigmentierende Mittel beim schwarzen Goldfisch 6-1710; Myxinol in d. Galle d. Schleimaale 12-1512; Dünnschichtchromatographie v. Sardinenphospholipiden 13-1598; Tetrahydropteridin u. Melanophorendifferenzier. bei – 19-1478; Triglyceride v. Anaplopoma fimbria 20-3334; neutrale Plasmalogene im Leberöl d. „Ratfisches“ (Hydrolagus collici) 22-1370; Zus. d. Phospholipide v. Menhadenmuskeln 23-3116; Abwesenh. v. Ubichinon bei d. Elasmobranchiern 24-1283; Myxinoldisulfat als Hauptgallensalz d. Schleimaals 24-1623; Sehpigmente bei – nach unterschiedl. Beleucht. 24-1649; Lipide v. Latimeria chalumnae 28-1528; Äther enthaltende Lipide d. Hunshaileber 28-1529; Einfl. d. Temp. auf d. Fettsäurespektrum d. Moskitofisches u. v. Guppies 35-1463; Cholesterinverteil. in Fischgeweben 36-3034; Retinal in –-Eiern 39-1493; nichtphotochem. Synth. v. Vitamin D_3 in – 39-1511; Vork. eines Dihydroxy-ε-Carotins bei – 41-1444; Biosynth. v. Lipiden durch Spermatozoen v. – 46-1501; Vork. v. SH- u. SS-Gruppen im Sekret d. Nidamentaldrüse v. Scyliorhinus canicula 48-1369; Bldg. v. Harnstoff in d. Leber v. Coelacanthini 48-1488; Lipide d. Verdauungstrakts v. Eptatretus stoutii 51/52-1312.

Immunochem. Eig. u. Struktur d. Tropomyosins v. Condrichthyes 3-1610; RNS-Änder. in Mauthnerschem Axon u. Myelinhülle v. Carassius auratus 3-1639; Serumtransferrine v. Dorschen 4-1184; Heterogenität d. in d. frühen Embryogenese synthetisierten Informat.-RNS bei Misgurnus fossilis 6-1195; Wrkg. v. Adenosintriphosphat, anorgan. Pyrophosphat u. Tripolyphosphat auf d. Stabilität d. Kabeljaumyosins 6-1480; Hämoglobin d. Sägebarsches (Serranus gabrilla) 7-1643; Geh. an freien Aminosäuren in Tiefsee-– d. Bering-Meeres 7-3396; „Gerüst-Glucoprotein“ im Hornhautgewebe v. – 9-1517; Serumproteine d. Schleie 12-1494; Histone aus Forellenleber 12-1499; hämopex. Proteine beim Karpfen 12-1581; Serumproteine d. marinen Neunauges 12-1585; Aktivier.-Spektrum d. Phosphoreszenz v. DNS aus Lachssperma 14-1294; Hämoglobin d. Sägebarsches 14-1612; Eig. u. Wrkg. modifizierter DNS aus Heringstestes u. Forellenmilch 16-1190; Kennzeichn. d. Kollagens aus d. Haut d. Hundshais Squalus acanthias 16-1404; immunolog. Bezieh. zwischen Karpfenkollagen u. anderen tier. Kollagenen 17-1536; Eig. d. Elektroplax-Proteins v. Electrophorus electricus 18-1599; Spermin u. Spermidin in Blutzellen d. Karpfens 20-1527; Lokalisier. d. durch Ionenstrahlen induzierten freien Radikale in Salmspermien-DNS in fester Phase 24-1249; Hämoglobine d. atlant. Lachses 26-1540; Kollagen aus d. Dorschhaut 29-1585; Aminosäuregeh. v. Fischmuskelproteinen 31-1407; Spezifität d. Eiweißzus. d. Blutserums v. – (Übersicht) 39-1459; Gewebeproteine (Linse u. Muskel) bei – 46-1533; Proteinsynth. im Goldfischgehirn 47-1543.

Glucose-6-phosphatdehydrogenaseaktivität in d. Ovarien d. Makrele 3-1266; Cytochrom c im Thunfisch (krist. Formen) 4-1254; (Antikörper) 4-1256; Lactatdehydrogenasen in d. Forelle 4-1262; Stabilität u. immunologe Eig. d. Muskeltriosephosphatdehydrogenase aus Stör 5-1296; Phosphorylase u. Glucose-6-phosphatase im afrikan. Lungenfisch 7-1382; Milchsäure- u. Hexosamingeh. sowie glykolyt. u. Cytochromoxydaseaktivität d. Karpfens 7-1562; Lokalisier. einer Acetylcholinesteraseaktivität in d. Glomerula d. Niere v. Teleostei 8-1399; Eig. d. Acetylcholinesterase d. elektr. Gewebes v. Torpedo marmorata 8-1401; Prolactin u. Serumosmolalität d. hypophysektomierten Killifisches 8-1570; reversible Aggregat. d. Acetylcholinesterase aus d. elektr. Organ v. Electrophorus electricus 10-1376; 3β-Hydroxysteroiddehydrogenase in d. Hoden v. Tilapia mossambica 11-1280; zoolog. Spezifität v. –-Proteinhormonen d. Hypophysenvorderlappens (Übersicht) 11-1486; Biogenese v. Corticosteroiden in Anguilla anguilla 11-1511; Lactatdehydrogenase aus d. Forelle 12-1305; Funkt. d. Sulfhydrylgruppen in d. Milchsäuredehydrogenase v. – 12-1309; Thiaminaseaktivität v. Süßwasser-– aus Ostpakistan 13-1386; Enzymaktivität während d. Befrucht. v. Fischeiern 14-1333; Insulinnachw. bei Neunaugen 15-1509; Bldg. v. Desoxyadenosin u. Desoxyinosin durch Muskelenzyme d. Lengkabeljaus 16-1255; freie Plasmaöstrogene im Kanal-Catfish 18-1456; anorgan. alkal. Pyrophosphatase in Nervenzellen d. Karpfens 18-1590; Aktivität v. Glutamindehydrogenase in Extrakten aus Karpfenleber 19-1288; alkal. Phosphatase u. Glykogen im Darm v. Teleostiern 19-1477; spezif. Acetylcholinrezeptor aus d. elektr. Organ. v. Electrophorus electricus 20-1511; Desoxyribonuclease v. Mustelus canis-Leber 21-1395; Tyrosinaseaktivität in d. Goldfischhaut 21-1416; Isolier. v. Insulin aus Lophius piscatorius durch Gelfiltrat. 25-1457; Milchsäuredehydrogenasen eines Goldfisches 28-1292; Reinig. u. Eig. v. Dorschmuskel-Kathepsin 28-1374; γ-Guanidinobutyratureohydrolase aus d. Leber d. Rochens 32-1402; Acetylcholinesterasekonz. im Hirn v. – 37-1527; Glutamatdehydrogenase u. NH_3-Produkt. beim Aal 41-1245; multiple Formen d. Milchsäuredehydrogenase u. Asparagataminotransferase im Hering 42-1197; Wrkg. v. Prolactin u. ACTH auf d. Konz. v. Na im Serum u. Harn v. Fundulus kansae 42-1626; Na–K-aktivierte Adenosintriphosphatase d. elektr. Organs v. Electrophorus 44-1378; pankreat. Enzyme d. stachel. pazif. Hundehais 45-1224.

Einfl. v. Hypoxanthin auf d. Geschmack v. frischen sowie gelagerten bestrahlten Seezungenfilets 4-3097; Bakteriologie d. Verderbs v. – (Charakterisier. d. Erreger) 6-1369; Vitamingeh. v. –-Konserven 6-3208; quant. Veränder. d. frischen Muskelgewebes d. Beluga (Huso huso) bei d. Lager. 7-3395; Aminosäurezus. v. vakuumgetrockneten, erhitzten Kabeljaufilets u. –-Abfallmehl 14-3340; Qualität, Zus. u. Haltbark. v. bei *130°* sterilisierten –-Konserven 14-3341; Zus. u. Verlust v. Aminosäuren in eingedostem Thunfisch 15-3227; Nährwert eines silierten –-Prod. (Barbus carnaticus mittels Streptococcus lactis) 16-3231; tägl. N-Verluste im Fleischgewebe d. Brasse während d. Eislager. 16-3232; Proteinwechselwrkg. bei d. Lager. v. Kabeljaufleisch 17-3000; Brech.-Index d. Muskeln v. – 22-3146; Gefrieren v. gebundenem W. u. Proteinaggregat. im gefrorenen gelagerten Dorschmuskel 24-1635; fl. W. in gefrorenem Kabeljaugewebe 29-2076; polycycl. aromat. KW-Stoffe in gedünstetem – 30-1500; Nährwert v. –-Mehl (Einfl. d. Lager. v. Sardinenmehl vor d. Extrakt. mit Alkohol) 37-2865; Beurteil. autolyt. u. bakterieller Einfl. auf d. –-Verderb 38-3165; Nährwertbest. v. ––Kartoffel-Flocken 40-3198; postmortale Veränder. d. Geh. v. –-Muskeln an Glykogen, Nucleotiden, Zuckerphosphaten u. Zuckern (Übersicht) 42-3077; enzymat. Abbauprod. v. Kabeljaufilet u. höherwert. Fischmehlen 45-2657; chem. u. Nährwertveränder. in erhitztem Kabeljaumuskel 47-2831; Einfl. d. Hitzebehandl. auf d. Geh. an Gesamtaminosäuren im Kabeljaumuskel 47-2832; biochem. u. Nährwertunters. an – aus Ostpakistan (Einfl. d. Kochens u. d. Lager. auf d. Geh. an reduzierenden Zuckern) 51/52-3118; Einfl. v. Mononatriumglutamat auf eingedosten Thunfisch 51/52-3121.

Konservierung. N-Sorboylaminocarbonsäuren zur Konservier. v. – 1-3390*; Bestrahl.-Konservier. v. Süßwasser-– (Verlänger. d. Lagerfähigk. v. kühlgelagerten frischen Filets v. Perca flavescens) 7-3393; Bestrahl.-Pasteurisier. v. Fischereiprod. (Verzöger. d. Mikrobenwachstums in Microstomus pacificus) 9-3377; Stabilität v. Chlortetracyclin u. Tylosin in – 20-3326; Veränder. d. Bakterienflora während d. –-Konservier. mit Antibioticis 21-3356; Wrkg.-Mechanismus v. auf – angewandten Antioxydantien 22-3162; Olivenöl zum Eindosen v. Thunfisch 24-3358; Epoxidharzbeschicht. v. Dosen für –-Marinaden 30-2898; J-Geh. v. See-– nach Kältebehandl., Einsalzen, Heißräuchern 30-3089; Änder. d. Aldolaseaktivität in Kabeljau u. Schellfisch beim Gefrierlagern 38-3166; Eiweißabbau in gefrorenem – 46-3102; Verhinder. d. Bldg. v. Typ-E-Clostridium botulinum-Toxin in geräuchertem Weißfisch durch Tylosinlactat 46-3103; Lagerfähigk. vakuumverpackter eisgekühlter Forellen in Eis (Einfl. d. Bestrahl.-Pasteurisier.) 51/52-3119; Konservier. v. frischen, nicht gefrorenen Fischereiprod. durch schwache Bestrahl. 51/52-3120.

Wechselbezieh. zwischen Zarth., Alter u. Bindegewebefrakt. v. Schweinemuskulatur 4-3095; Geh. an roten u. weißen Fasern sowie damit zusammenhängende post-mortem-Eig. v. Schweinemuskeln 8-3317; Zus. u. Struktur d. Phospholipide v. Hühnermuskelgeweben 8-3318; Einfl. v. Se auf Produktivität u. Qualität d. Schaf-- 9-1640; Beeinfluss. d. Fettsäuregeh. v. Schweine---Schnitten u. ausgewähltem – durch Futterlipide 9-3374; Tocopherol u. Se in Schweinefutter (Bezieh. zur --Qualität) 13-3521; Eig. v. Schweinemuskeln (Änder. d. Glykolyse durch Veränder. d. Umwelttemp.) 22-3142; verfügbares Lysin in – 24-3333; Veränder. d. Mikrostruktur d. --Faser bei d. Autolyse 24-3334; Fettsäurezus. d. Gewebe v. mit Erdnüssen gefütterten Schweinen 24-3335; β-Alanyl-3-methylhistidin im Walfleischextrakt 25-1425; postmortale Veränder. in Muskel-- (Schweine--) 28-3252; vergleichende Unters. d. Muskeleiweißes v. Rindern u. Hühnern 32-3184; anorgan. Elemente in Rindermuskeln u. ihr relativer Bind.-Grad in wss. Rindermuskelextrakten 32-3185; Diffus.-Koeff. v. Salz in Schweinemuskeln u. Fettgeweben 34-3301; Muskellipide v. schwarzen Rindern (Fettsäurezus. d. Muskellipide v. Maststieren) 34-3319; Einfl. v. Antioxydantien im Futter auf d. Stabilität v. Schweine-- 38-3162; Löslichk. d. intramuskularen Kollagens v. Schlachttieren unterschiedl. Alters 39-2904; Löslichk. u. elektrophoret. Verh. v. Proteinen in post mortem gereiftem Rind-- 40-3157; W.-Bindevermögen v. – 40-3158; chem. Zus. d. – v. Tieren nach Fütter. mit Carbamid- u. Ammoniaksalzen 44-3075.

Rückstände v. ^{32}P-Dimethyl-[2.2-dichlorvinyl]-phosphat in damit behandeltem – 4-3094; Geh. an ^{90}Sr u. ^{137}Cs in – 5-3265; KW-Stoffe in bestrahltem Rind-- 7-3389; Vork. v. Hg, Aldrin u. Dieldrin in Fasanen 8-3316; DDT-Geh. im – (Anreicher. im menschl. Organismus) 11-1590; ^{210}Po-Geh. v. Ren- u. Karibu-- u. Übergang in menschl. Gewebe 20-1595; ^{210}Pb u. ^{210}Po in Karibu-- 20-1596; Einfl. d. ^{137}Cs-Geh. d. – auf d. Körpergeh. norweg. Schulkinder an ^{137}Cs 20-1597; ^{137}Cs-Körperbelast. bei alask. Eskimos während d. Sommers *1965* (Bezieh. zu Karibu--) 20-1598.

Aroma v. – (Bldg. u. Zers. v. Inosinsäure) 1-1645; geschmackl. Beurteil. v. Na-5'-Inosinat in Wurst aus Schweine-- 8-3320; flücht. Bestandteile (aus gefriergetrocknetem, bei Raumtemp. gelagertem Rind--) 13-3478; (u. oxydativ bedingte Geschmacksverschlechter. bei eingedosten Brathühnern) 15-3225; chem. Bestandteile d. Geruchs d. Hühner-- 17-2998; flücht. Frakt. v. gepökeltem u. ungepökeltem – 17-2999; flücht. chem. Substanzen in trocken gepökeltem Schinken 18-3386; Geschmacksvorstufen v. gebratenem Schweine-- 31-3005; Einfl. d. Behandl.-Verf. auf d. Chemie d. --Aromas 38-3161.

Qualitätsveränder. schnellgefrorener Schweine---Halbfabrikate im Verlauf d. Lager. 5-3269; Vitamingeh. v. --Konserven 6-3208; Einfl. d. Maillard-Rk. u. d. Räucherns auf d. Senk. d. biolog. Wertigk. v. – 6-3209; Veränder. d. myofibrillären Proteine d. weißen u. roten Muskelgewebes v. Hühner-- durch Kältebehandl. 6-3210; Löslichk. u. elektrophoret. Veränder. d. Sarkoplasmaproteine bei Autolyse u. Gefrieren v. Hühner-- 7-3391; Einfl.: d. Räucherns v. Wurst auf d. Assimilerbark. d. Nährstoffe bei Vers.-Tieren 7-3392; v. Gefriergeschw., Lagerdauer u. -temp. u. Gefriertrockn. auf d. Zarth. v. Hühner-- 9-3375; Veränder. d. Glutaminsäure beim Reifen u. d. Kältebehandl. v. Rind-- 9-3376; Stabilität d. N-halt. Verb. u. d. Lipide während d. Lager. v. gefriergetrocknetem rohem Rind-- 11-3379; Veränder.: d. Bestandteile u. Eig. v. Rind-- während d. Eindos. u. Lager. 15-3226; d. biolog. Wertigk. d. Eiweißes v. Rind-- beim Braten 16-3229; Einfl.: d. Temp. auf d. chem. u. organolept. Eig. v. Schinken beim Pökeln 16-3230; d. Marmorier. u. d. Alters auf d. Eig. v. Rindermuskeln (Zarth., chem. Eig., Bewert. v. Steaks) 18-3382, 18-3383; Veränder.: d. physiko-chem. Kennwerte v. – bei d. Lager. bei *−2* bis *−5°* 18-3384; v. – bei d. Hochfrequenzheiz. (Verlust an N-Substanzen, Veränder. v. Kollagen) 19-3237, 19-3238; Stabilität v. Chlortetracyclin u. Tylosin in – 20-3326; Rehydratat. v. gefriergetrocknetem – (in Abhängigk. v. pH-Wert u. d. Eiweißdenaturier.) 20-3331; (Einfl. v. autolyt. Veränder.) 20-3332; Einfl. v. mikrobieller Glycerinbldg. auf d. Reif. u. Haltbark. verpackter --Waren 26-1357; Strukturveränder. in gefriergetrocknetem – 28-3253; Bezieh. zwischen Eiweiß- u. Feuchtigk.-Geh. in frischem u. verarbeitetem Schinken 31-3004; bakterielle Bldg. v. Glutaminsäure in gelagertem, zerkleinertem Rind-- 36-3033; Gleichgew.-Dampfdruck v. gefrorenem Rindermuskel-- 39-2905; Hydratat. v. Gefrier-- 39-2906, 40-3076; Veränder. d. Rindfleischpigmente beim Gefriertrocknen 40-3159; Wechselwrkg. zwischen Hack-- u. Ascorbinsäure 43-2786; Einfl. d. Erhitzens auf tier. Gewebe 47-2830; Emulgiervermögen v. --Eiweißextrakten 48-3224; Gesamtkreatingeh. bei d. Verarbeit. v. – u. --Extrakten 49/50-2844; Bräun. v. frischem Schweine-- beim Erhitzen 51/52-3117.

N-Sorboylaminocarbonsäuren zur Konservier. v. – 1-3390*; Beeinfluss. d. Haltbark. v. vakuumverpackten --Konserven 3-3214; Verlänger. d. Lagerfähigk. v. Geflügel-- durch kombinierte Anwend. v. Tetracyclin-1-dodecyl-4-benzolsulfonsäure u. ionisierenden Strahlen 7-3390; Stabilisier. d. organolept. Eig. v. – bei d. γ-Bestrahl. mit ^{60}Co 15-3224; Pimaricin als Fungistatikum für Geflügel 16-3226; Herst. v. gekühltem u. gefrorenem Geflügel 18-3385; Gefriertrockn. v. fettem – (theoret. Grundlagen) 19-3236; Wrkg. v. Kochsalz auf d. Elektrolytbind. d. – beim Pökeln 20-3330; Einfl. d. Acidität d. Rk.-Mediums auf d. Dismutat. d. salpetrigen Säure beim Pökeln v. – 22-3144; Gemisch v. Chloramin u. NH_4Cl als Desinfekt.-Mittel für d. --Industrie 22-3145; Pökeln v. – (unter Zusatz v. 2.3-Dihydroxy-2-cyclohexen-1-on oder 1.2.3-Cyclohexantrion) 25-3062*; (NaCl-, $NaNO_2$-, Zucker-, NaOH- u. Na-Citrat-halt. Pökellake) 31-3055*; Sulfit als Konservier.-Mittel für brit. Frischwurst 32-3186; Herst. eines nicht zusammenbackenden alkal. Pökelsalzes 40-3204*; synthet. fäulnishemmende Verb. für --Waren 42-3067 bis 42-3071.

Vork. v. Salmonellen in – u. --Erzeugnissen (Übersicht) 2-3214; Toxinbldg. durch Clostridium botulinum Typ A u. E in leicht verderbl., gekochten, unter Vakuum in Kunststoffbeuteln verpackten --Prod. 11-3378; Entw. v. Mikroorganismen u. Fluoreszenz bei in Fe-halt. W. eingetauchtem Geflügel 19-3239; Mikroflora v. pasteurisiertem Schinken 20-3333; Quellen d. Verseuch. v. --Pasteten mit Bacillus-Spezies 25-1291; Einfl. v. Salz u. Temp. auf d. Toxinbldg. durch Clostridium botulinum in --Prod. 26-3395.

Kontinuierl. Herst. v. getrocknetem – in Form v. Mehl oder Körnchen 5-3342*; Zuckerzusatz u. pH-Wertsenk. bei d. Rohwurstherst. 13-3477; Zartmachen v. – (wss. Lsg. v. Bromelin, Papain u. NaCl) 21-3380*; (stabilisierte Enzyme) 22-3190*; Herst.: eines Trocken---Prod. 26-3452*; eines Blutfarbstoffpräp. für --Prod. 26-3454*; Farberhalt. bei – durch Ca-Gluconat 27-3227*; Katalaseindukt. u. Katalaseaktivitätsänder. während d. Salami-Herst. 28-3254; Schnellkochverf. v. in Cellulosehäuten eingeschlossenen, in d. Hitze koagulierbaren --Emuls. 30-3127*; Erhalt. d. roten Farbe v. – durch Misch. aus Na-Isoascorbat, Na-Citrat u. Phosphatpuffer 31-3053*; Zartmachen v. – (mit einem Pankreasautolysat) 31-3054*; (durch Injizier. eines proteolyt. Enzyms) 38-3208*; (durch Behandl. mit Polyphosphaten u. proteolyt. Enzymen) 38-3209*.

Herst. v. eßbaren Wursthüllen aus Kollagenfasern 3-3246* bis 3-3248*; Verpacken v. – u. --Erzeugnissen in gefrorenem Zustand (durchsicht., nahtloser Schutzüberzug) 7-3448*; gut abziehbare Wurstumhüll. aus Kollagen (Behandl. mit Alginatlsg.) 15-3252*; Herst. eines eßbaren Kunstdarmes aus Kollagen 18-3423*, 19-3266*; fl. Überzug für gefriergetrocknetes – 25-3063*; Verpack. v. – (flexibles, hermet. abschließendes Verpack.-Material) 25-3064*; heißsiegelfäh. mehrschicht. Verpack.-Folien für Wursthäute 26-3451*; Herst.: eines Überzugs für – aus Cellulosepropionat, Propylenglykol u. nichttox. Weichmacher 26-3453*; v. nahtlosen, eßbaren, zwischenschicht. Kunstdärmen auf Alginatbasis 26-3455*.

Nachw. v. Glucono-δ-lacton in --Waren 2-2145; Best.: d. Chloridgeh. in --Extrakten u. in Brüherzeugnissen 2-2146; d. Zarth. v. Rind-- 3-3213; Ermittl. d. --Qualität (Bezieh. zwischen objektiver Mess. u. subjektiver Beurteil. d. Farbe v. Kalb--) 5-3268; Isolier. u. Trenn. v. Calciferol u. Chlorophyll aus Schinkenmuskel 7-2214; histometr. Best. v. Bindegewebeeiweiß in --Erzeugnissen 8-3319; Best. d. Eiweißgeh. v. --Waren 9-2188; Grenzen u. Möglichk. d. bakteriolog. --Unters. (Übersicht) 11-3376; Reflex.-Spektrophotometrie für d. Prüf. d. Pigmente v. rohem – 11-3381; vereinfachtes Verf. zur Ermittl. d. Phosphoproteid-P in --Erzeugnissen (Best. v. Milcheiweiß) 12-2041; Analyse v. Farbstoffen an d. Oberfläche v. frischem Rind-- (Reflex.-Spektrophotometrie) 13-3479; kolorimetr. Best. d. Ox.-Geschw. v. Myoglobin in Schweine-, Rind- u. Hammel-- 14-2113; serolog. Erfass. v. aufgeschlossenem Milcheiweiß in hocherhitzten --Erzeugnissen 14-3339; Best. v. Zucker in Wurstwaren 16-1977; Alter.-Best. v. – (Chromatographie) 18-1576; Bindegewebebest. in – durch Trypsinverdauung 18-2111; Meth. zur Kreatininbest. v. – u. --Extrakt 21-2204; Stickstoffaktor für Kalb-- 21-2205; γ-spektrometr. Best. v. Fallout-Radionukliden in – 22-2018; Best. d. --Beschaffenh. (Farbe u. Zähigk.) 22-3143; polarograph. Best. v. Mg u. Ca in Schweine-- 26-2158; Verf. zur Entfern. flücht. Geschmacksstoffe aus gekochtem – 26-3396; Selektivnährböden zur Isolier. v. Staphylokokken aus Schabe-- 27-1319; Farbbeurteil. v. – u. --Waren 27-2122; potentiometr. Schnellmeth. zur Best. v. NaCl in Räucher-- 27-2123; Biuret- u. Farbbind.-Meth. zur Proteinbest. in – 27-2124; Identifizier. d. Tierartzugehörigk. v. – in --Konserven 31-3006; Kolobolotski-Kettenrk. zum Nachw. mikrobieller Toxine in – 32-2095; Veränder. v. Lipiden in gefriergetrocknetem – (Unters.-Meth. d. Autox. v. Lipiden) 32-3197; Schnellanalyse v. – u. --Prod. (refraktometr. Fettbest.) 33-2125; vereinfachte Best. d. --Farbe 33-3145; Nachw. eines Phosphatzusatzes in --Wurst 35-2081; Best.: v. --Beschaffenh.-Merkmalen (photometr.) 38-3163; v. ^{137}Cs am Schlachttierkörper 38-3164; d. Pigmente v. Pökel-- bei Vorhandensein v. Nitraten, Nitriten u. Ascorbinsäure (spektrophotometr.) 42-3075; v. Na-Benzoat im – (gaschromatograph.) 43-1908; v. Ascorbinsäure im Hack-- 43-2786; v. NH_3 u. Amiden in --Konserven (Phenol–Hypochlorit-Rk.) 44-1947; Brauchbark. v. Ranzigk.-Rk. bei Pökelwaren u. Dauerwurst 44-3076; Meth. zur Unters. d. --Textur 47-2829; Nachw. v. Casein u. Na-Caseinat in --Prod. 49/50-1893.

Bibl.: Fleisch und Fleischkonserven [russ.] B 16; Meat science B 15.

Fleischersatz s. unter *Nahrungs- und Genußmittel.*

Fleischmilchsäure s. unter $C_3H_6O_3$.

Fließen s. unter *Plastizität*; *Rheologie*; *Strömung.*

Flindersiamin s. unter $C_{14}H_{11}NO_5$.

Flindissol s. unter $C_{30}H_{48}O_3$.

Flindisson s. unter $C_{30}H_{46}O_3$.

Flindissonlacton s. unter $C_{30}H_{44}O_3$.

Flint s. unter *Siliciumoxide*: SiO_2.

Flockung s. unter *Fällung*; *Kolloidchemie.*

Florencit, – aus Carbonatiten Ost-Sajans 48-0750.

Floridin AS, Verw. zur Dünnschichtchromatographie v. Glyceriden höherer Fettsäuren 8-2039.

Florimycin s. unter $C_{23}H_{36}N_{12}O_{18}$.

Floripavin s. unter $C_{19}H_{21}NO_4$.

Florisil s. unter *Magnesiumsilicate.*

Floropryl s. unter $C_6H_{14}FO_3P$.

Florvis s. unter $C_{10}H_{10}Cl_2O_3$.

Flotation

Einfl. v. Transportvorgängen in d. Schaumschicht auf Geschw. u. Selektivität d. – (Cu–Mo-Erz) 3-2364; Unters. d. --Absetz. für d. Anreicher. v. nichtmagnet. Prod. 3-2367; Wechselwrkg. zwischen Sammler u. Regulator bei d. – v. silicat. u. oxid. Mineralien 3-2372; Einw. d. Ultraschallbehandl. v. Trüben auf d. – 3-2375; Unters. d. Mineralhaft. an Luftbläschen bei d. – 3-2463; Studium d. Phasengrenzpotentiale Mineral/Lsg. für Zwecke d. --Forsch. (Adsorpt. u. Orientier. d. Sammlerionen u. -mol. an d. Phasengrenze α-Korund/Lsg.) 4-0619; Grundsatzprobleme d. – 5-2198; Abhängigk. d. --Geschw. v. physikal.-mechan. Faktoren 5-2199; Unters. d. --Kinetik zwecks Optimier. d. Verf. 5-2200; Bezieh. zwischen d. Dimens. einer --Zelle u. ihrer Effektivgröße 5-2201; Einfl. d. Sammlerkonz. auf d. Mineralienbenetz. bei d. – 5-2408; Unters. d. Schaumstabilität bei d. Flotat. 6-2341; Mechanismus u. Kinetik d. Anhaftens d. Luftbläschen auf d. Oberfläche v. Mineralen 9-2214; Ultraflotat.-Verf. zur Herst. nützl. Mineralstoffe 9-2487; Theorie d. Schaumbldg. in Bezieh. zur --Technik u. Herst. v. Flotat.-Mitteln auf d. Basis Kreosotöle u. deren Gemische mit Diäthylenglykol 10-2204; Anwend. d. --Geschw.-Best. in d. Praxis 12-2322; Grundlagen d. Schaum-- (Überblick) 13-2479; industrielle Anwend. u. Wirtschaftlichk. d. Schaum-- 13-2480; kontinuierl. Schaumfraktionier. (Einfl. d. Betriebs-

Flotationsmittel

--Mittel bei d. Erzaufbereit. 10-2761*; v. Xanthatpolymerisaten als --Hilfsmittel 14-2183*; Best. d. Dissoziat.-Konst. v. n-Dodecylsulfonsäure für --Zwecke 14-2255; Sammler für d. – 17-2160*; Darst.: v. O.O-Dimethyl-S(bzw. O)-[N-acetyl-N'-methylharnstoff]-thiol(bzw. thionon)phosphat als --Mittel 17-2591*; v. Dithiophosphorsäureestern als Flotat.-Mittel 17-2602*; Verw. v. substituierten Glycidyläthern in --Mitteln 17-2733*; Herst. v. quatern. Pyridylmethylfettalkylammoniumhalogeniden als --Mittel 20-2651*; Flotat.-Mittel zur Trenn. v. Salzfrakt. 21-2338*; 4.4'-Diacetoxydibutyläther als Schaumerzeuger bei d. Flotat. v. Steinkohlen u. Erzen (Darst.) 22-0940; Wrkg. v. Buchenteer, Kresolrückständen d. Teerdest., Progalan (Abfallprod. d. Verseif.) sowie Kreosotöl u. phenol. Rückständen als --Schäumer 29-2385; Herst. v. Sulfofettsäuredialkylestern als --Mittel für Mineralien 41-2401; Aminoverb. aus Cyclododecatrien-1.5.9 für d. Erz-– 45-2229*; Herst. v. Oxyalkylier.-Prod. v. reaktiven N-Verb. u. Polyepoxiden als --Mittel 47-2331*; höchstzuläss. Konz. d. --Mittels IM-*68* [*17*(%) Hexyl-, *43* Octyl- u. *40* Heptylalkohol] in W.-Speichern 51/52-2049.

Analyse

Elektrokinet. Mess. zur Klär. v. Grenzflächenvorgängen bei d. – 10-2203; Best. d. --Aktivität nach d. Abrollwinkel d. Luftbläschen 17-2109; Regress.-Analyse zur mathemat. Beschreib. technolog. Abhängigk. d. --Prozesses 17-2110; Best. v. Oleinsäure in d. --Trübe nach d. Fluoreszenzmeth. 19-2091; Anwend. autoradiograph. Verf. im Institut für angewandte Radioaktivität Leipzig zur Unters. d. – v. KCl 22-1887; dynam. u. Überwach.-Eig. v. techn. --Verf. 22-2044; metallurg. Prüfverf. in Anwend. bei Pima Mining Co. (Cu--) 24-2359; Adsorpt.-Unters. mit markierten --Aminen 42-1983; Meth. zur Unters. d. Hydrophobier. v. Mineraloberflächen durch Reagenzien 45-2001; Best. d. --Kinetik mit d. Kontaktgerät nach Glembockij 47-1957; polarograph. Analysator zur Best. v. Pb in Erzen u. --Ablaugen 48-1972; photometr. Meth. zur Cu-Best. in --Abgängen 49/50-2205.

Bibliographie

Flotation oxydierter Erze von Buntmetallen [russ.] B 7; Flotationsvermögen von Halbleiter-Mineralien [russ.] B 13; Der gegenwärtige Stand und die Aufgaben der selektiven Erzflotation [russ.] B 95.

Fluanison s. unter $C_{21}H_{25}FN_2O_2$.

Flüchtigkeit s. unter *Dampfdruck*. Siehe auch *Verdampfung*. Fugazität s. *Aktivitätskoeffizient*.

Flüssiggas (LPG), Eign. zum Brennschneiden 2-2473; Stand. d. Technik v. – 2-2793; Isomax-Prozeß zur Herst. v. – 4-2670; Trockn. v. – mit $CaCl_2$ 5-2850; Gasolrückgewinn. aus Erdgas mit Aktivkohle 5-2851; – in d. keram. Industrie 9-2439; – (Übersicht) 9-2917; Verw. v. verflüss. Erdgas 10-2860; Kondens.-Punkte v. Ferngas--Gemischen 11-2900; Best. v. flücht. S aus – nach d. Lingener-Verf. 12-2032; DIN- u. ASTM-Normen für – 14-2869; Trockn. mit künstl. Zeolithen 19-2800; – als Rohstoff 23-2666; Herst. v. Maleinsäureanhydrid aus d. Propan–Butan-Gemisch aus ungar. – 41-2388.

Flüssigkeiten

Spezielle – s. unter d. entsprechenden Stichwörtern. *Elektrolyte*; *Hydraulische Flüssigkeiten*; *Körperflüssigkeiten*; *Lösungen und Mischungen*; *Extraktion*; *Verdampfung* s. dort. Siehe auch *Schmelzen*.

Viskose – 4-2045 bis 4-2051, 9-2231 bis 9-2235.

Herstellung und Behandlung

Destillation; *Filtrieren*; *Gasverflüssigung*; *Konzentrieren* s. dort.

Darst. v. fl. neutralen Komplexesterprod. als thermostabile – 4-2703*; funktionelle – hoher therm. Stabilität 14-2904*; elektroviskose – mit η oder χ-Al_2O_3 sowie unpolare Öl. – 15-2190*.

--Reinig. mit Aktivkohle 1-2206; Ventil für aggressive Gase u. – 5-1994; Erzeug. v. Wirbelström. zur Entgas. v. – 5-2231*; App. zum Schütteln v. – bei konst. Temp. 9-2011; Entfernen v. radioakt. Verunreinig. aus – (Verdampf. d. – bei Unterdruck) 9-2324*; Dosiergerät für – 10-1990; mathemat. u. graph. Meth. zur Berechn. u. Anordn. v. Adsorpt.-Anlagen für Reinig. v. – mit Aktivkohle 10-2223; hochmol., hydrophile Mischpolymerisate in Gelkörnerform zur Trenn. v. – 10-2249*; Abtrennen v. stabilen Blasen aus hochviskosen – 10-3004*; Entfern. v. feinem Pulver v. --Oberflächen 11-2195; Dimensionier. v. App. zur mechan. Trenn. v. –/Feststoff-Gemischen mittels Digitalrechenautomaten 12-2061; poröse Massen zur Speicher. v. – 12-2102*; Entgasen v. – durch Entspann. u. Adsorpt. 12-2103*; Verf. zum Stabilisieren v. viskosen – 15-2791*; graduierte Pipette für viskose – 19-1938; Berechn. v. Gefäßen zur Aufbewahr. tiefsd. – mit dampfgekühlten Strahl.-Schirmen 21-2025; Reinig. v. gelöste Feststoffe enthaltenden – 23-2094*; Überzugsmittel für --Behälter aus Papier 24-3390*; Klär. größerer --Mengen in Labor. 25-1694; metallkeram. Filter für d. Feinreinig. v. – 26-2169; mechan. --Abtrenn. (Fortschrittsbericht) 26-2170; moderne Dosiervorr. für fl. Stoffe 29-2153; Abtrenn. v. Gasen u. Feststoffen aus – 32-2118*; Stabilisier. v. --Syst. mittels oberflächenakt. Substanzen 34-1777; Reinig. organ. – für strahlenchem. Zwecke 36-1882; Stabilisier. v. --Syst. mittels oberflächenakt. Substanzen 40-1660; App. zur schnellen Entgas. v. – 41-1816; Mechanismus d. Trenn. v. ungleichart. – durch Filtrat. 44-1971; Stoffaustauschkolonne zum Trennen u. Mischen v. – u. Gasen 44-2005*; Reinigen: einer mit W. nicht mischbaren spezif. schweren – v. mitgeführten festen Materialien 45-2019*; v. organ. – mit einem Alkali- oder Erdalkalisalz eines unlösl. polymeren Anionenaustauschers 47-2257*; Trenn. v. --Gemischen unter Benutz. v. Polymerfilmen 48-2012; Pumpe für korrosive – 51/52-2543*.

Konstruktive Fragen bei d. Feinstbegas. v. – 2-2161; Prinzip d. Multiflux-Mischers 4-2049; Misch. v. – mit Turbinen oder Schraubenrührern 12-2058; Entw. eines Regelkreises zur automat. Einstell. d. O_2-Geh. v. – ohne Heizwert 16-1840; schnelles Einfrieren v. – durch Zusammenprall v. mit Düsen versprühten Lsg. 18-1913; Behandl. v. – mit einer zweiten, mit d. ersten nicht mischbaren – durch Parallelführ. durch Kontaktbett 18-2161*; Entw. v. gegen Strahl. widerstandsfäh. – 20-2743; Scheibenzerstäub. v. – u. d. „sek." Zerteil. d. Tropfens 23-2058; Mischen v. – 23-2059; dielektrophoret. Verf. zur Misch. v. – 23-2060; Kristallisieren v. – durch Einleiten eines Inertgases 23-2090*; Eindick.-Mittel zur Erhöh. d. Viskosität organ. – aus einem amorphen feinteil. SiO_2–Aerogel-Polymerisat 27-2760*; Einkapseln v. Teilchen einer Emuls. hydrophiler – in Öl durch Koazervier. 33-2168*, 33-2169*; Ausgleich v. Hohlrühren zur --Begas. (erreichbarer Stoff- u. Wärmeaustausch) 37-1971; Erhöh. d. Leitfähigk. v. organ. – 40-2470*; ^{85}Kr-β-Strahl.-Quelle für d. Bestrahl. v. – in fließenden Syst. 42-1785; zwei- oder mehrstuf. kontinuierl. Eindampfen temperaturempfindl. – 45-2016*; Zerteilen v. – in gleich große Tropfen 48-2001; Rühren u. Mischen v. zähen – 51/52-1974.

Physikalisches und physikalisch-chemisches Verhalten

Flüssigkeitsstruktur s. dort. Strömung v. Newtonschen – s. unter *Strömung*. Eig. v. nicht-Newtonschen – s. unter *Rheologie*.

Wellenlängenabhäng. Schwank. in klass. – (Korrelat.-Funkt. für wellenlängenabhäng. Schwank. v. D., Energie, elast. Spann. in klass. –, Definit. d. v. Wellenvektor abhäng. Elastizitätsmoduln u. Bezieh. zur Strahl.-Streuung) 9-0562; kurze Übersicht zu einigen Aspekten d. Mol.-Theorie v. – 9-0563; fl. Krist. (Übersicht) 26-0266; Hochdruckeffekte auf organ. – (IR-Spektren u. PVT-Bezieh. d. Rotat.-Isomeren einiger halogenierter Äthane) 34-0920; Physik d. fl. Zustandes 46-0514.

Wechselwirkung mit Elementarteilchen

Streuung v. Neutronen an – nichtkugelförm. Mol. 5-0239; Theorem d. übereinstimmenden Zustände u. Streuung kalter Neutronen an – 11-0552; Streuung v. langsamen Neutronen in – (Modell d. behinderten Translators) 24-0264; kohärente Effekte bei d. Wechselwrkg. langsamer Neutronen mit – 44-0005.

Optische Eigenschaften

Brillouin-Spektren v. – mit He–Ne-Lasern 3-0942; durch Rubinlaser sek. angeregte Raman-Emiss. in – 4-0307; Mikrowellenabsorpt. u. Mol.-Struktur in – 11-0925; Spektrum d. gestreuten Lichtes an einer reinen – nahe d. krit. Punktes 13-0377; spektrale Verteil. d. in einer einfachen – gestreuten Lichtes 19-0320; Mikrowellenabsorpt. u. Mol.-Struktur in – 19-0892, 21-0920, 21-0921, 23-0872; spektroskop. Beweis für d. Rotat.–Translat.-Koppl. im fl. Zustand 25-0309; Emiss.-Spektren v. organ. – in O_2–H_2-Flammen 26-2005; Intensität u. Breite d. Feinstrukturlinien v. in – gestreutem Licht 31-0534; kontinuierl. photoelektr. Registrier. d. durch d. roten He/Ne-Laser angeregten Raman-Effekts in – 35-0889; kontinuierl. Registrier. d. mit d. He/Ne-Gaslaser angeregten Raman-Spektren in organ. – 35-0890; Bedeut. d. Linienverbreiter. durch Stöße beim erzwungenen Raman-Effekt in – 41-0374; Temp.-Abhängigk. d. Intensität d. Linien zweiter Ordn. in d. Raman-Spektren v. – 43-0813; Erzeug. v. Summenfrequenzspektren in – 45-0124.

Theorie d. Rayleigh-Lichtstreuung in – 2-0325; Brech.-Indizes u. piezoopt. Koeff. v. reinen – 2-0326; Lichtstreuung v. reinen – 2-0327; Streuung an – nichtkugelförm. Mol. (Röntgenstrahlen u. Neutronen) 5-0239; (Licht) 5-0240; vergleichende Mess. d. Temp.-Abhängigk. v. Viskosität, D. u. Brech.-Index reiner – u. Lsg. 9-0912; Lichtdurchlässigk. fl. organ. Krist. 13-0880; Diskuss. d. bei d. Streuung v. Licht an – auftretenden beiden Streuprozesse 15-1972; Bezieh. zwischen d. Raman-Intensität u. d. Brech.-Index in – 18-0818; Selbstfokussier. v. Laserstrahl. u. erzwungener Raman-Streuintensitätsgewinn. in – 19-0156; Charakteristika d. beim Aufprall eines --Strahls auf eine feste Oberfläche entstehenden Lichtimpulses 19-0317; nichtlineare opt. Eig. (opt. Polarisat. durch Polarisierbark.-Tensoren) v. – 20-0270; Fl.-Laser mit Fl.-Kreislauf 20-0339; Fortpflanz., Absorpt.- u. Dispers.-Verh. v. elektromagnet. Wellen in stark viskosen – 20-0474; Lichtstreuung durch Anisotropieschwank. in – geringer Viskosität 21-0906; opt. Konst. v. – im Gebiet starker Absorpt. 25-0842; kohärentes opt. Mischen v. Laserstrahl. in opt.-akt. – 26-0316; --Laser mit hoher Verstärk. bei Raumtemp. 27-0412; Berechn. d. Lichtstreuungswerte v. – aus physikal. Konst. 28-0301; Lichtstreuung an – 32-0323; Rayleigh- u. Brillouin-Streuung in – (Landau-Placzek-Verhältnis) 32-0848; Winkelabhängig. d. Lichtstreuung in reinen – 32-0849; räuml. Kohärenz v. in – gestreutem Licht 33-0372; Depolarisat. d. Komponenten d. Rayleighschen Streuung in – 35-0872; Elektrostrikt., opt. Kerr-Effekt u. Selbstfokussier. v. Laserstrahlen in – 36-0304; Vers. zur Bestätig. einer Theorie über d. spezif. Drehvermögen v. homogenen – mit cholesterin. Struktur 36-0889; Druckabhängigk. d. Kerr-Konst. v. – 43-0798; stimulierte opt. Laser–Frequenz-Misch. in – 44-0332; nichtlineare Suszeptibilitätskonst. u. Selbstfokussier. v. opt. Strahlenbündeln (Laser) in – 44-0333; Best. d. Brech.-Index v. – durch Krist.-Rotat. 44-1803; mol. Orientier. u. Ström.-Doppelbrech. in einfachen – 45-0301; stimulierte Brillouin-Streuung: in – 47-0332; an durch Stoßwellen komprimierten – 48-0505; Winkelabhängigk. nichtlinearer Lichtstreuung in – 49/50-0318; Brech.-Index einer – aus d. scheinbaren Knick eines teilweise eingetauchten Stabes 49/50-0320; Theorie d. Doppelbrech. v. – im elektr. Feld 49/50-0322.

Mechanische Eigenschaften

Elastizität v. – 5-0575; Einfl. d. --Bldg. auf d. Hochtemp.-Kriechen 7-2412; Best. einer Reib.-Konst. für – aus d. Ström.-Anisotropie 9-0564; Scherelastizität v. – u. deren Grenzschichten 25-0642; Schubmodul einfacher – 32-0523; Best. v. Elastizitätskonst. erstarrter – mit Hilfe v. Dehn.-Mess. 45-1802; Unters. d. Berthelotschen Meth. zur Mess. v. Spann. in – 47-0518; Normalspann.-Differenzen einer einem einfachen Scherfluß unterliegenden – 48-1791.

Elektrische Eigenschaften

Anwend. v. Winkelkorrelat.-Funkt. auf d. dielektr. Absorpt. in polaren – 2-0490; seignetteelektr. Eig. v. fl. Krist. 2-0983; Meßprobleme bei d. Best. dielektr. Charakteristiken v. – großer elektr. Leitfähigk. im Mikrowellenfrequenzgebiet 4-0456; dielektr. Relaxat. in polaren – 5-0928; Stromabriß u. erneuter Durchschlag bei elektr. Entlad. in – 6-0485; Einfl. v. Konz.-Schwank. auf d. DK u. d. dielektr. Verluste v. – im Hochfrequenzfeld 7-0515; DK einiger fl. bin. Syst. mit hoher elektr. Leitfähigk. 7-0516; dielektr. Hochfrequenzpolarisat. in – mit anisotropen Mol. 10-0122; feste Rotatorphase in polaren – 12-0854; Temp.-Abhängigk. d. dielektr. Relaxat.-Zeit in einfachen polaren – 13-0942; Ionisat. v. – durch Strahl. (Meth. zur Best. v. Ionenbeweglichk. u. Ionenausbeuten bei

Grenzflächenverhalten

Löslichkeit

Tropfen

Chemisches Verhalten

Physiologisches Verhalten

Verwendung

—-Schichten bei erniedr. Druck u. ihre kernphysikal. Anwend. 24-1847; Erhöh. d. therm. Festigk. feuerfester Schamotte durch Zusatz ausbrennender organ. — u. mineral. Zusätze 20-2290; erhöhte Sicherh. in Raffinerien durch feuerbeständ. — 40-2602.

Analytische Verfahren und Untersuchungsmethoden

Entw. in d. —-Chromatographie 2-1997; Vorr. zur präzisen fl.–fl.-Chromatographie 2-1998; —-Chromatographie mit universeller automat. Registrier. 2-1999; chromatograph. Analyse v. — 43-1797*; Best. kleiner Mengen W. in einigen organ. — 3-2100; Mikrobest. v. Spurenmengen organ. Chloride in niedrigsd. — durch Verbrenn. u. Mikrocoloumetrie 15-2032; gleichzeit. Anwend. v. Geräten zur Mess. d. Absorpt. u. d. Rückstreuung v. β-Teilchen bei d. Best. d. H-, C- u. O-%-Geh. in — 38-1958; Verw. v. Magnetfeldern bei neuen Meth. zur Fraktionier. v. Partikeln u. Mol. in —-Säulen 47-1105.

Adiabat. Doppelkalorimeter zur Mess. d. spezif. Wärme v. — 2-1994; Gerät zur direkten Best. d. DK v. — über einen großen Wertebereich 7-2039; Vorr. zum Messen d. Wärmeleitfähigk. v. nicht elektr. leitenden — 12-1892; App. zur Best. d. Empfindlichk.-Bereichs einer überhitzten — gegenüber Strahl. 13-2012; Heizdrahtmeth. im Übergangsbereich zur Mess. d. Wärmeleitfähigk. v. — 17-0550; sedimentometr. Vorr. zur Best. d. Dispers.-Grades zerstäubter — 17-2100; Mess. d. —-Standes in Behältern mittels Ultraschall 18-2153; App.: zur Best. d. sich ändernden Höhe u. elektr. Parameter nichtpolarer — in einem Gefäß 19-1951; zum Messen d. Abnahme d. Höhendifferenzen an d. Oberfläche einer viskosen —-Schicht 20-1827; zur Mess. d. Löslichk. v. Gasen in — 23-1867; Pyknometer für kleine —-Vol. 26-1967; Interferenzrefraktometer für — 28-1899; modifiziertes Parallelplattenplastometer zum Prüfen schwer zu untersuchender — 29-1936; opt. Sonde zur genauen Mess. v. —-Niveaus 31-1881; einfaches differentielles Drucksyst. zur Mess. d. Standhöhe v. Kühl-— 36-1814; Meth. zur Mess. d. dielektr. Suszeptibilität v. — mit schwachen Verlusten in einem Hohlleiter 36-1829; Kryostat zur Unters. d. elektr., photoelektr. u. opt. Eig. v. — 37-1790; App. zur kontinuierl. Mess. d. Radioaktivität v. — in „fest–fl."-Syst. 40-1829; hängendes Nivellier–Verdünn.-Viskosimeter für leichtflücht. — 41-1841; App. zur Best. d. Porosität v. Ionenaustauschmembranen durch —-Verdräng. 44-0623; konduktometr. Mess. d. —-Niveaus 45-1791; akust. Mess. v. —-Niveaus 47-1733; Präzis.-Glaszelle zur Mess. d. Hall-Koeff. v. — 47-1742.

Bibliographie

Durchflußmessungen von Flüssigkeiten B 21; Berechnung thermodynamischer Stoffwerte von Gasen und Flüssigkeiten B 90; Physikalisch-chemische Grundlagen der Flüssigkeitsextraktion [russ.] B 18; Mechanics of liquids and gases B 3; The statistical mechanics of simple liquids: an introduction to the theory of equilibrium and non-equilibrium phenomena B 3; Liquid mixing and processing in stirred tanks B 12; The liquid state B 18; The properties of gases and liquids; their estimation and correlation B 26; Liquids and solutions B 42; Waves in liquids and gases B 43; Kinetic theory of liquids B 58; Essentials of engineering fluid mechanics B 62; The freezing of supercooled liquids B 66; Organic liquids as reactor coolants and moderators. Report of a panel held in Vienna, *1966* B 70; Ordered fluids and liquid crystals B 90; Mechanics of fluids for mechanical engineers B 93.

Flüssigkeitsstruktur

— v. koll. Lsg. s. unter *Kolloidchemie*. Siehe auch *Zwischenmolekulare Kräfte*.

Unters.: d. Dynamik v. Fl. mittels Neutronen- u. γ-Streuung (Übersicht d. Unters. an W.) 1-0194; d. Mol.-Beweg. in fl. Syst. mit Hilfe langsamer Neutronen 1-0195; Berechn. d. Radialverteil.-Funkt. für bin. Misch. v. Fl. aus Lennard-Jones-Mol. nach d. Percus-Yevick-Gleich. 1-0247; Ringstrukturen in Fl. 2-0271; Kalorimetrie krist.-fl. Substanzen (Azoxybenzoesäurediäthylester u. Äthoxybenzalaminozimtsäureäthylester) 3-0950; interatomare Kräfte u. — 5-0296; Abhängigk. d. Koordinat.-Zahl v. Fl. v. Mol-Vol. u. v. d. Temp. 7-0562; Rolle d. Polarität d. intermizellaren Fl. u. d. Intensität ihrer Wechselwrkg. mit Oberflächenteilchen v. Kieselsäurehydrogel bei d. Bldg. v. Silicageltexturen 8-0663; Geometrie d. — 9-0282; unelast. Neutronenstreuung durch Fl. (Atombeweg.) 9-0284; Röntgen- u. Neutronenbeug. Unters. d. — 9-0285; Interpretat. d. Röntgenbeug.-Diagramme v. mehrkomponent. Schmelzen 9-0286; Zusammenbrechen metastabiler Zustände in fl. Phase bei kleinen Vol. 9-0579; Mikrowellenabsorpt. u. Mol.-Struktur in Fl. (dielektr. Relaxat. einiger substituierter Naphthaline u. v. 4-Acetyl-o-terphenyl) 11-0925; (mol. u. intramol. Relaxat. v. zwei substituierten Biphenylen, 1-Naphthol, 2.6-Dimethylphenol u. p-Diacetobenzol) 11-0926; (Lad.-Übertrag.-Komplexe) 11-0927; Allotropie v. Fl. beim Kondensieren ihrer Dämpfe in Quarzkapillaren 12-0651; feste Rotatorphase in polaren Fl. 12-0854; Normalisier. d. Beug.-Daten v. Fl. 14-0218; Van-der-Waals-Kräfte zwischen in einer Fl. suspendierten anisometr. Partikeln 14-0573; mol. Wechselwrkg. in Fl. 14-0590; Wanderoszillatormodell für Fl. 14-0591; Syst. mit fl.–krist. Zustand (p-Nonyloxybenzal-p-toluidin) 14-0974; (p-Azoxyanisol u. p-Azoxyphenetol) 14-0975; Struktur v. fl. Syst. mit Eutektika 14-0985; Modell d. freien Vol. für d. fl. Zustand u. d. Größe d. Grenzflächenspann. Fl.–Krist. 15-0300; Röntgenanalyse d. Struktur fl. Krist. mittels d. Verteil.-Funkt. 15-0909; Brownsche Beweg. eines Neutralteilchens in einer neutralen viskosen Fl. 16-0475; Freie-Weglängen-Verteil. in einer Modellfl. aus harten Kugeln 17-0553; Mikrowellenabsorpt. u. mol. Struktur in Fl. (dielektr. Relaxat. d. W.–Dioxan-Syst. u. Struktur d. W.) 17-0878; (intramol. Relaxat.-Mechanismus in aromat. Äthern u. einigen verwandten Mol.) 18-0799; „verbesserte" Theorie d. Freien Vol. v. Fl. (Superzellen, Wurm- u. Tunnelmodelle) 20-0221; Wahrscheinlichk.-Dichten mit Zeitrelaxat. u. Korrelat.-Funkt. für mäß. dichte Fl. 20-0222; Näher. d. mittleren D. für eine Radialverteil.-Funkt. einer Fl. 20-0473; Charakter d. Brownschen Rotat.-Beweg. v. Mol. in Fl. 20-0868; Modelle mit gerichteter Kette für fl.–krist. u. mizellare Syst. 20-0878; Existenz v. Exzitonenzuständen in d. fl. Phase 21-0295; Einfl. d. Konz. auf Fluidität u. Struktur in wss. Elektrolytlsg. 21-0579, 21-0580; Mikrowellenabsorpt. u. Mol.-Struktur in Fl. (H-Bind. u. dielektr. Eig. in Chlf.-Misch.) 21-0920; Mikrowellenabsorpt. u. Mol.-Struktur in Fl. (dielektr. Relaxat. u. zwischenmol. H-Bind. bei Hydroxy- u. Methoxyacetophenonen) 21-0921; Unterkühl.-Phänomene in Relat. zur Bldg. fl. Krist. 21-0970; Strukturunters. v. Fl. u. anderen nichtkrist. Phasen mittels Röntgenbeug. (Beug. an Fl. aus mehreren Atomarten) 22-0248; Streuung v. langsamen Neutronen in Fl. (Modell d. behinderten Translators) 24-0264; genaue Mess. v. Strukturfaktoren v. Fl. durch Spektrometrie langsamer Neutronen 24-0265; Einfl. d. — d. Mediums auf d. Ionenbeweglichk. 24-0598; Ermittl. d. Atomstruktur u. d. Wechselwrkg. in fl. Bind.-Syst. durch Röntgen- u. Neutronenbeug. 25-0257; Rotat.–Translat.-Koppl. im fl. Zustand 25-0309; H-Bind. u. stat. DK v. Fl. (Korrelat.-Faktor u. Struktur fl. Amide) 25-0848; Syst. in fl.–krist. Zustand (Cholesterylcaprylat u. Cholesterylcaprinat) 25-0891; fl. Krist. (Übersicht) 26-0266; Einfl. d. Mediums auf d. Dispers.-Kräfte in Fl. 26-0491; Zusammenhänge d. Overhauser-Kernpolarisat. mit d. Mol.-Beweg. d. Frequenz u. d. Relaxat. in Fl. 26-0873; Zusammenhang zwischen induzierter Orientier.-Doppelbrech. u. Struktur viskoser Fl. u. Schmelzen 27-0291; Solvatat. u. Strukturaspekte v. Elektrolytlsg. (Jahresbericht) 28-0002; Wellenausbreit. durch eine Anordn. v. Kugeln (Meth. d. Greenschen Operators in d. Theorie d. fl. Metalle) 28-0372; Fl.-Modelle mit starren Kugeln 32-0522; Ungleich. in d. Theorie fl. Krist. 32-0909; LCAO-Meth. zur quantenmechan. Berechn. v. Elektronen in fl. Halbleitern u. fl. entordneten Leg. 33-0234; Berechn. d. quadrat. Mittelwerte d. Sprungweite in Fl. aus d. intermol. Beitrag zur Kernspinrelaxat. 33-0416; Protonenbeweg. in komplizierten H-halt. Fl. (Querschnitt für quasielast. Streuung v. langsamen Neutronen) 35-0870; (Ergebnisse aus einigen Experimenten über Neutronenstreuung) 35-0871; — u. Selbstdiffus. 37-0303; D.-Änder. infolge d. Wechselwrkg. zwischen Grenzschicht u. reflektierter Stoßwelle 37-0534; Berechn. d. Verteil. d. Lsgm. in zwei diffusen Ionenschichten u. d. Abstoß.-Kraft zwischen diesen 37-0597; Theorie d. kollektiven Beweg. in einem Syst. wechselwirkender Teilchen in Fl. 38-0227; Wirbelstruktur in einer Bose-Fl. unter Druck 38-0521; Verh. d. radialen Verzerr. mit abnehmender zwischenmol. Kraft in d. Mol.-Theorie v. Fl. 38-0528; mkr. Transportphänomen in Fl. 39-0230; Mikrowellenabsorpt. u. Molekularstruktur in Fl. (drei dielektr. Dispers.-Gebiete d. normalen prim. Alkohole) 39-0838; (dielektr. Verh. v. Misch. polarer, nichtassoziativer Fl.) 39-0839; Bernalsche Theorie für einfache Fl. 41-0291; Struktur d. direkten Korrelat.-Funkt. in d. Theorie d. Fl. 41-0529; Bedeut. d. metastabilen fl. Zustandes u. d. Glasübergangsphänomene für Transport- u. Strukturunters. an Ionenfl. (Transporteig.) 41-0531; Modelltheorie d. — 41-0532; Mikrowellenabsorpt. u. Molekularstruktur in Fl. (dielektr. Verh. v. Misch. zweier polarer Komponenten) 41-0857; Strukturunters. an Elektrolytlsg. 42-0149; Existenz v. zwei Phasen in eindimensionalen klass. Fluiden 43-0511; Verw. v. Strukturdaten in d. Theorie d. Fl. zur Best. zwischenatomarer u. zwischenion. Potentiale 43-0519; Unters. d. Brownschen Rotat. nichtsphär. Fl.-Mol. mit d. Meth. d. NMR 43-0851; Feinstruktur d. radialen Verteil.-Funkt. einer willkürl. Kugelpack. 44-0268; Berechn. d. Energiespektrums für D.-Schwank. in einer Bosonenfl. 44-0523; D. d. Zustände in einer Fl. 45-0042; Anwend. kinet. Vorstell. über d. — zur Best. d. Mol.-Größe 45-0846; statist. Haufenstruktur v. Fl. 46-0275; Unters. d. Protonenbeweg. in wasserstoffhalt. Fl. durch Streuung kalter Neutronen 47-0811; Verteil. d. Elektronenimpulses in organ. Fl. 47-0812; Mesomorphie u. chem. Konstit. 49/50-0804.

Einfl. d. Polarität d. Mediums auf d. Struktur v. mesomorphen Phasen d. Syst. Amphiphile/W. 3-0674; auf d. Bldg. mol. Teilchen beruhendes einfaches Lsg.-Modell für stark elektronegative, verd. gelöste Stoffe in fl. bin. metall. Lsgm. 15-0595; Struktur fl. Misch. v. Nichtelektrolyten aus Unters. d. zwischenmol. Wechselwrkg. 19-0564; Einfl. d. Konz. d. Gelösten auf d. Fluidität u. Struktur in wss. Elektrolytlsg. (Nitrate u. Chlorate) 21-0579; (Sulfate u. Carbonate) 21-0580; Einfl. d. Struktur d. Lsg. auf d. Beweglichk. d. isotopen Ionen $^{6}Li^{+}$ u. $^{7}Li^{+}$ 21-0588; Beweis für durch Salze bewirkte Strukturumwandl. durch d. scheinbaren Mol-Vol., d. Wärmeinhalt u. d. Viskositätseig. d. Lsg. 33-0631; Wrkg. d. Struktur d. Lsgm. auf d. Beweglichk. symm. Ionen in wss. Lsg. 33-0650; Struktur v. Lsg. polarer Mol. in nichtpolaren Lsgm. 37-0878; Strukturentwässer. d. in d. Lsg. befindlichen Ionen beim Versetzen v. wss. Lsg. mit Nichtelektrolyten 42-0558; mol. Wechselwrkg. in Fl. u. Lsg. 48-0548.

Neutronenbeug. durch fl. Ar 26-0267; Unters. d. Mol.-Beweg. v. H_2-Mol. in fl. Ar u. Ne mit Hilfe d. Neutronenstreuung 39-0507; Theorie d. Streuung kalter Neutronen durch H in fl. Ar (Oszillatormodell für Fl.) 42-0260; Streuung kalter Neutronen an fl. N (Dispers.-Gesetz für Quasiphononen) 37-0304; Anwend. d. Theorie d. signifikanten Strukturen auf fl. Halogenwasserstoffe für d. gesamten Temp.-Bereich d. fl. Zustandes 6-0555; Lsg.-Zustand v. Schwefelpolymeren in fl. S 29-0521; Thermodynamik d. λ-Übergangs in fl. S 32-0525.

Strukturmodelle für W. u. Daten d. chem. Verschieb. 2-0272; Einfl. v. Harnstoff auf d. Struktur v. W. u. d. hydrophobe Bind. bei d. Lsg. nichtpolarer Stoffe 5-0297; Struktur u. thermodynam. Eig. v. W. (Struktur v. W. am tern. Punkt) 11-0281; Strukturbldg. u. mol. Beweglichk. im W. u. in wss. Lsg. 12-0316; Anwend. d. Theorie signifikanter Strukturen auf W. u. schweres W. 12-0543; Einfl. v. Harnstoff u. Amiden auf d. Struktur v. W. 14-0290; IR-Spektrum u. Struktur v. W. 18-0238; Struktur d. W. u. Stabilität d. Sekundärstruktur biolog. Mol. (IR- u. Protonenresonanzunters.) 24-0266; Einfl. d. Frequenz eines elektr. Feldes auf d. strukturellen Eig. v. W. 26-0268; Struktur v. Eis, W. u. hydratisierten Ionen 27-0601; „Mol.-Schwärme" formen d. W. 36-0238; W.-Struktur u. Wechselwrkg. mit Ionen 38-0284; Struktur v. W. 38-0579; Zwei-Zustands-Theorie d. Struktur v. D_2O 40-0216; Auffüll.-Grad d. Hohlräume in d. quasikrist. Struktur v. W. 40-0217; geometr. Aspekt d. Stabilisier.-Erschein. d. Struktur v. W. durch Nichtelektrolytmol. 40-0218; Wärmeausdehn. d. Strukturmodifikat. v. W. in Quarzkapillaren 40-0463; Ionenpaar- u. Ionenclusterbldg. durch d. W.-Struktur 41-0932; dreidimensionales Schichtmodell d. Mol.-Struktur v. fl. W. 43-0257; Raman-Unters. d. Wrkg. v. Harnstoff u. Rohrzucker auf d. Struktur v. W. 48-0260; langsame-Neutronen-Breite d. *200*-meV-Vibrat.-Niveaus in fl. H_2O 48-0261; topolog. Meth. zur Beschreib. d. Struktur v. W. u. wss. Lsg. 51/52-0226.

Struktur: v. einatom. Metallschmelzen nach Beug.-Vers. mit Röntgen-, Elektronen- u. Neutronenstrahlen (Übersicht) 1-0248; v. metall. Schmelzen 1-0249; Kohn-Anomalie u. kohärente Streuung langsamer Neutronen in

Fluidisation

Allgemeines und Methodik

49/50-1916; Beweg. u. Misch. d. Feststoffteilchen in d. Wirbelschicht 49/50-1917; Schwank. d. Feststoffteilchenzahl in durch Fl. aufgewirbelter Schicht 49/50-1918; Verteil. d. Fluktuat. d. Anzahl d. Feststoffteilchen längs d. Wirbelschicht 49/50-1919; Best. d. Geschw. d. festen Teilchen in d. Wirbelschicht nach d. Tracer-Meth. 49/50-1920; Profil d. Gasgeschw. in monodisperser Wirbelschicht 49/50-1921; Verh. d. Fluids in App. mit gasmechan. Aufwirbel. feindisperser Materialien 49/50-1925; Lösevorgang v. Salzen im Fließbett u. im Rührgefäß 51/52-1977; Einfl. d. elektr. Spann. auf d. spezif. Leitfähigk. d. Wirbelbetts 51/52-1983; Wrkg.-Grad v. verschiedenen Wirbelschichtreaktoren 51/52-2003.

Wärme- u. Stoffaustausch zwischen Partikel u. Luft bei Wirbelschichten u. durchströmten Haufwerken 1-2212, 1-2213; kinet. Berechn. d. Erwärm. v. feuchten, dispersen Materialien in einer Vibrat.-Wirbelschicht mit konduktiver Wärmeführ. 1-2233; Masse- u. Gastransport beim Fließen v. Teilchen aus einer Wirbelschicht durch eine Öffn. 5-2213; Gleich. für d. Diffus.-Koeff. d. festen Partikel u. d. Wärmeübergangskoeff. zwischen Wirbelschicht u. Wand bei d. inhomogenen — 5-2217; Einfl. d. Geschw. d. gasf. Mediums auf d. Wärmeübergangszahlen in d. Wirbelschicht 8-2136; Berechn. d. Wärmeübergangskoeff. in d. Wirbelschicht 10-2232; Wärmeaustausch beim Einspritzen eines sd. Fluids in heißeres, nicht sd. Fluid 10-2235; Wärme- u. Stoffübertrag. v. befeuchteter Oberfläche in Wirbelschicht (dichte Phase) 12-2082; Wärmeübergang an feinkörn. Materialien in d. Wirbelschicht 13-2245; Stoffübertrag. in Wirbelbettkristallisator 15-2155; Wärmeübergang zwischen Wirbelschicht u. Oberfläche 15-2167; Wärmeaustausch in d. Wirbelschicht bei Wärmezufuhr durch IR-Strahl. 15-2168; Temp.-Schwank. in d. Wirbelschicht 15-2169; Gesetzmäßigk. d. Fortpflanz. v. momentanem Wärmeimpuls in d. Wirbelschicht 15-2170; Wärme- u. Stoffaustausch in Wirbelschichten (Übersicht) 15-2171; Unters. d. Änder. d. Wärmeaustauschkoeff. in einer Fontäneschicht mittels Thermosonde 15-2176; Stoffübergang v. festen Oberflächen an gasdurchströmte Wirbelschichten 16-2034; effektive Wärmeleitfähigk. v. Festbetten mit körn. Füllkörpern 16-2035; effektive Temp.-Leitfähigk. einer Wirbelschicht 17-2137; Einfl. d. Höhe d. wärmeaustauschenden Oberfläche auf d. Koeff. d. Wärmeabgabe in einer Wirbelschicht 17-2138; Wärmeaustausch zwischen festen Teilchen u. Gas in Wirbel- u. ruhenden Schichten 19-2168; experimentelle Unters. d. Wärmeübergangs zwischen d. Wirbelschichtbett u. einer zylindr. Oberfläche 20-2088; Stoffübergangszahlen bei d. Ström. eines Elektrolyten durch eine Wirbelschicht 21-2242; Wärmeübergang in Betten aus orientierten Kugeln 21-2246; Wärmeübergangskennzahlen v. Festbetten mit ruhenden fluiden Medien 24-2072; Wärmeübergang in einem luftdurchströmten Fließbett 24-2073; Wärmeaustausch zwischen Festkörperpartikeln u. einem Gas in d. Fluidatschicht unter d. Beding. eines stationären Betriebs 26-2206; Einfl. d. Aufwirbel.-Geschw. auf d. Wärmeübergangszahl zwischen Feststoff u. gasf. Medium 28-2117; Wärmeaustausch in d. Wirbelschicht (experimentelle Unters. im gerührten Wirbelbett) 30-2108; Wärmeübergang in Fluidatbetten (particle-to-fluid-Wärmeübertrag.-Koeff.; Literaturübersicht) 31-2088; Wärmeaustausch d. Teilchen in d. Wirbelschicht 34-2187; Wärmeabgabe v. einer Wirbelschicht eines feinkörn. Wärmeträgers an eine Rohroberfläche 39-2021; Berechn. u. Intensivier. d. Wärmeübergangs in d. Wirbelschicht 40-2010; Einfl. d. Dimens. d. festen Teilchen auf d. Wärmeaustauschkoeff. in d. Wirbelschicht 44-1994; Wärmeaustausch: in d. Wirbelschicht zwischen d. Gasstrom u. d. Teilchen d. festen Wärmeträgers 47-1973; zwischen einer Oberfläche u. d. heterogenen Wirbelschicht körn. Materialien 49/50-1922; Best. d. Koeff. d. Wärmeabgabe einer Wirbelschicht an zylindr. Thermosonde 49/50-1923; Wärmeaustausch d. Teilchen mit d. Medium in d. Wirbelschicht 49/50-1924; Stoff- u. Wärmeaustausch zwischen Gas u. festen Teilchen bei d. Aufwirbel. im Zentrifugalkräftefeld 49/50-1926.

Best. d. Locker.-Geschw. in Wirbelschichten durch Wärmeübergangsmess. 28-2118.

Verfahren und Apparate: elektrostat. Wirbelschichttrenn. 1-2239*; automat. Regel. v. Wirbelschichtprozessen 8-2137; Fluidisier. u. Fließbettförder. v. Schüttgütern kleiner Teilchengröße 10-2241; kegelförm. Fluidatbetten als neues Bearbeit.-Verf. 11-2208; Einführen v. Gas in eine Wirbelschicht 16-2060*; pneumat. Rührmeth. während d. Wärmebehandl. in einer Wirbelschicht 17-2463*; Mischprozeß körn. Materialien in kontinuierl. arbeitenden Wirbelschichtapp. 18-2139; Vorwärm. v. Luft in einer durch elektr. Strom beheizten Wirbelschichten 20-2087; optimale Betriebsbeding. für d. Fluidisier. ungleicher Feststoffe 29-2146; direkt beheizte Wirbelschicht in d. chem. Technologie 33-2145; neue Anlagen für Wirbelschichtprozesse 39-2022; verbesserter Luftverteiler für Wirbelschichten 47-1972; Na–K-Heizsyst. für Fluidatbettprozesse 51/52-1985; Vermindern d. Eros. bei Fließbettverf. durch Barytzusatz 51/52-2658*.

Pilotanlage für katalyt. Wirbelschichtrk. bei niedr. u. hohen Drücken 4-2078; Reaktor mit Ag-überzogenem zylindr. Maschenpack. in inertem Wirbelschichtbett 8-2167; Durchführ. v. Wirbelbettrk. 16-2068*; neues adiabat. MT-Reaktor-Syst. (mixed and tubular reactor) 37-1995; kontinuierl. Betrieb v. Wirbelschichtreaktoren mit unterteilten Böden 39-2050.

Gegenstrom-Wirbelschichttrockner für pastenart. Stoffe 1-2228; Trocknen in d. Wirbelschicht 8-2111; Modellier. v. Wirbelschichttrockn.-Anlagen 12-2090; Modelldarst. d. automat. Steuer. v. Wirbelschichttrockn.-App. 15-2166; Trockn. schüttbarer Materialien in mehrteil. App. mit Wirbelschicht 18-2151.

Erzeug. v. Wirbelström. zur Stoff- u. Phasentrenn. 5-2231*; neue Wirbelschichtseparatoren 39-2022.

Erwärm. v. Werkstücken in d. Wirbelschicht 10-2529.

Fluidisation spezieller Systeme

Verbrenn. v. Abwasserschlamm nach d. Wirbelschichtverf. 8-2199; arzneitechnolog. Anwend. d. — (theoret. Grundlagen u. prakt. Anwend. d. Verf.) 15-1764, 15-1765.

Anorganische Stoffe: Verf. d. N-Oxidabsorpt. aus Abgasen d. HNO_3- u. H_2SO_4-Gewinn. durch Torf-NH_3 in d. Wirbelschicht 41-2096; Ox. v. SO_2-Gasgemischen in d. Wirbelschicht 51/52-2107; Sinter. v. Cu-Elektrolyseschlamm in d. Wirbelschicht zur Se-Gewinn. 42-2068; Verkoken v. Kokskohle im Wirbelschichtbett (Vers. mit einer austral. Kohle) 2-2787; *10* Jahre Verbrenn. v. Kohle in d. Wirbelschicht (Übersicht) 5-2839; Glühen v. Koks in d. Wirbelschicht 6-2710; Herst. v. Aktivkohle aus Anthrazit in Wirbelschichtöfen 8-2782; Trocknen v. Aufbereit.-Prod. d. Kohle in Wirbelschichtapp. 11-2894; Wirbelschichtverf. zur Schwelkokserzeug. 14-2861; Abscheid. pyrolyt. C-Schichten auf Brennstoffteilchen im Wirbelbett 16-2077; elektr. Leitfähigk. v. Fluidatbetten aus Koks u. Graphit bei Temp. bis *1200°* 23-2075; Herst.: eines stark kokendes C-Material enthaltenden Fluidbetts 27-2749*; v. $SiCl_4$ im Cl_2-Fließbett 17-2193*; v. SiO_2 aus d. Tetrahalogeniden in d. Wirbelschicht 20-2213*; v. P im Wirbelbett aus Phosphatmineral 49/50-2028*; v. As aus Erzen durch Fließbettbehandl. mit H_2S 17-2194*; Ox.-Geschw. v. Sb_2O_3 in d. Wirbelschicht 43-1975.

Elektrostat. Trenn. v. Erzen in d. Wirbelschicht 4-2368*; kontinuierl., einseit. Besintern eines Metallbandes in d. Wirbelschicht 4-2431*; experimentelle Best. d. Wärmeübergangskoeff. in Wirbelschichtöfen für d. Rösten sulfid. Materialien 15-2173; Herst.: feinverteilter Metalloxide aus d. Halogeniden im Wirbelbett 16-2171*; v. Ox.-Schutzüberzügen auf hochschmelzenden Metallen im Fließbett 17-2412; kontinuierl. Wärmebehandl. v. langgestrecktem Metall in d. Wirbelschicht 20-2548*; Kraftwrkg. auf fl. Metallkörper im elektromagnet. Feld beim Schwebeschmelzen 24-2369; Erztrenn. im Fließbett mit Füllkörpern 32-2325; Metallgewinn. aus Erz in d. Wirbelschicht 35-2288*; Wärmebehandl. v. Metallstangen im gekühlten Wirbelschichtbett 42-2398*; mathemat. Modell d. Subl. v. Erz u. Steinkohle in d. Wirbelschicht 43-2119; Red. v. Metallchloriden im Wirbelbett 47-2214*.

Herst. kondensierter Alkaliorthophosphate im Wirbelbett 48-2230*; Hydrodynamik in d. Sodaindustrie anfallender Materialien in d. Wirbelschicht 15-2175; Herst. v. Na_2CO_3 aus NaOH u. CO_2 im Fließbett 38-2182*; Entwässer. v. K-Phosphatlsg. in d. Wirbelschicht 18-2256; Trockn. u. Kristallisat. v. NH_4NO_3-Schmelzen in d. Wirbelschicht 39-2065.

3-Phasen-Wirbelschichtverf. bei d. Herst. v. saurem Calciumbisulfit für d. Sulfitverf. 14-3305; hydrotherm. Behandl. v. Phosphaten in d. Wirbelschicht (Apatitkonzentrat) 17-2174; Brennen v. Kalkstein in Wirbelschichtöfen 19-2368; Eig. v. Kalk u. d. Brennverhältnisse in Wirbelschichtöfen 19-2369; Einfl. einer fl. Phase auf d. Azotier. v. CaC_2 in d. Wirbelschicht 20-2197; Rk. v. CaO mit C u. N_2 in d. Wirbelschicht zur $CaCN_2$ 40-2139*; Darst. v. Calciumcyanamid in einer $CaCO_3$-Kalk-Wirbelschicht 42-0691.

Gemeinsames Rösten v. Zn-Konzentraten u. Kalkstein im Wirbelschichtofen 49/50-2205.

Stoffaustausch in einer Wirbelschicht v. synthet. Zeolith 15-2172; Subhalogeniddest.-Verf. zur Wiedergewinn. v. AlCl in d. Wirbelschicht 18-2600*; Verdampf. v. W. aus Tonerde im Fest- u. Fließbett 20-2100; Regenerieren v. Alumosilicatkatalysatoren in d. Wirbelschicht 22-2655.

Adsorpt. v. Ge aus Lsg. durch eine Aktivkohlewirbelschicht 47-0611.

Wirbelschichttrockenverf. für $Na_2Cr_2O_7 \cdot 2\,H_2O$ 10-2240; Granulier. v. $Na_2Cr_2O_7$ aus d. Lsg. in d. Wirbelschicht 33-2207; Verf. zur Herst. v. W durch H_2-Red. v. WF_6 im Wirbelbett 15-2387; Herst. v. WO_3-Pulver in d. Wirbelschicht 15-2517*.

Herst. v. Al_2O_3-Überzug auf UO_2-Brennstoffpartikeln durch Bespülen mit gasf. $AlCl_3$, H_2 u. W.-Dampf im Wirbelbett 6-2152*; Herst. sphär. Teilchen v. U-Nitrid im Wirbelschichtaufwachsverf. 13-2269; Überführ. v. UF_6 in UO_2 hoher D. im Wirbelbett 19-2241*; therm. Zers. v. UF_4 zu UCl_4 in d. Wirbelschicht 46-2128.

Röst. v. Pyrit zu Magnetit in d. Wirbelschicht 2-2502*; Wirbelschichtred. v. Hämatit bei Montecatini 4-2281; magnetisierendes Wirbelschichtrösten v. Fe-Erz 4-2376*; Anreicher. v. Chromiterz im Fließbett 6-2432*; Red. v. Magnetit u. Hämatit im Wirbelschichtreaktor 6-2444*; H-Red. v. Fe-Erz in d. Wirbelschicht mit Hilfsfüll. 7-2466; Herst. v. Fe-Pulver im Wirbelschichtreaktor 8-2499*; H-Red. v. Fe-Sanderzen in d. Wirbelschicht 9-2526; Br_2-Absorpt. durch $NaOH$-$FeBr_3$-Lsg. in d. Wirbelschicht 11-2300; Pyritrösten im Wirbelschichtreaktor zu SO_2 u. Magnetit 11-2484; Red.: v. Fe-Erzen in d. Wirbelschicht 11-2613*; v. Fe-Oxiden in d. Wirbelschicht mittels KW-Stoff-halt. Brennstoffe 11-2614*; v. Fe-Oxiden in d. Wirbelschicht mittels H_2-reichen Gasen 11-2615*; H_2-Red. v. Fe-Oxid in d. Wirbelschicht 12-2444*; Verf. zur Ox. v. hochgekohltem Ferro-Cr-Pulver in d. Wirbelschicht 12-2446*; Aufkohlen u. Nitrieren v. Fe-Teilen im Fließbett 13-2658*; Vorr. zur magnetisierenden Schnellröst. v. Fe-Erzen in *2*-stuf. Wirbelschichtsyst. 14-2452; H_2-Red. v. Fe-Oxiden in d. Wirbelschicht 15-2478*; Aufbereit. v. Fe-halt. Ti-Erzen im Wirbelbett 17-2425*; Rösten sehr armer Pyrite im *2*-Etagen-Fließbettreaktor 18-2425; Herst. v. SO_3 im Fließbett aus Pyrit u. $FeSO_4 \cdot H_2O$ 20-2209*; H_2-Red. v. Fe-Erzen in d. Wirbelschicht 21-2647*; mehrstuf. Red. v. oxid. Fe in d. Wirbelschicht 21-2648*; Red.: v. Fe-Oxid in d. Wirbelschicht mit geregelter Korngröße 21-2649*; v. Fe-Oxid in d. Wirbelschicht mit geregelter Korngröße 21-2650*; v. Fe-Erz in zirkulierender Wirbelschicht 22-2363; Einfl. v. Korngröße u. Rösttemp. auf d. Zerspringen v. Pyrit in d. Wirbelschicht 24-2366; Fe-Erzred. im Fließbett unter Verw. v. CO als Trägergas 28-2497*; Wärmbehandl. v. Walzdraht aus Stahl in d. Wirbelschicht 29-2494*; Drahtpatentier. in d. Wirbelschicht 35-2278; Red. v. Fe-Oxiden in d. Wirbelschicht mittels H_2 u. CO 41-2312*; H_2-Red. v. Fe-Oxiden in mehreren übereinanderliegenden Wirbelbetten[41-2313*; FIOR-Wirbelschichtverf. d. ESSO mit KW-Stoffen zur direkten Red. v. Fe-Erzen 42-2261; chlorierende Niedertemp.-Röst. v. Pyritabbränden im Wirbelschichtofen 45-2159; Kinetik d. Rösten v. flotiertem Schwefelkies im Wirbelbett 46-2259; Red. v. Fe-Oxid im Wirbelbett 46-2399*, 47-2215*; Abgasaufbereit. bei d. Wirbelschichtred. v. feinkörn. Fe-Erz 48-2542*; Ox.-Kinetik v. Ni_3S_2 zu NiO u. SO_2 in d. Wirbelschicht 41-2107.

Wirbelschichtrösten v. Cu-Konzentraten 9-2508; Nomogramm für d. Berechn. d. Wärmeverlaufs in Öfen d. Wirbelschichtröstens v. Cu–Zn-Konzentraten 25-2165; Gewinn. v. Cu aus Cu-Erzen in d. Wirbelschicht 40-2419*.

Organische Stoffe:

Erdgaskonvertier. in d. Katalysatorwirbelschicht 10-2861; Umwandl. v. Erdgas bei hohen Temp. im Reaktor mit Wirbelströmen 20-2727; Synth. v. Phenyltrichlorsilan aus Si, Chlorbenzol u. Chlorwasserstoff in d. Wirbelschicht 21-2769; Herst. granulierten Harnstoffs durch Wirbelschichttrockn. (optimale Vers.-Beding.) 35-2347.

Überziehen v. Gegenständen mit PVC im Wirbelsinterverf. 6-3114*; Tauchbeschichten mit thermoplast. Teilchen durch Wirbelsintern 13-2473*; Isolier. v. Bauteilen elektr. Maschinen durch Wirbelsinter. v. Epoxidharz 21-2364; Aufbringen v. elektrostat. Sprühanstrichen u. Überzügen im Wirbelschichtreaktor (Übersicht) 22-3008; strahlenchem. Sulfochlorier. v. Niederdruckpolyäthylen in einem Wirbelschichtverf. 27-2881; Verw. v. Wirbelsinterpulver aus Epoxy- u. Siliconharzen für Überzüge 30-2921*; Wirbelsinterpulver aus filmbildenden Polymeren für Überzüge 44-2918*.

Bibliographie

Technik des Trocknens in der Wirbelschicht (Mitteilungssammlung). Lfg. *2*, Lfg. *3* [russ.] B 12; Hochtemperatur-Wirbelschichtanlagen [russ.] B 54.

Fluidized-bed technology B 61; Fluid particle technology B 62; Hydrodynamics and heat transfer in fluidized beds B 70.

Flumethason s. unter $C_{22}H_{28}F_2O_5$.
Flumethasonpivalat s. unter $C_{27}H_{36}F_2O_6$.
Fluoborit, Paragenesen v. – 17-0862; – im zentralen Transbaikal 17-0863.
Fluocinolonacetonid s. unter $C_{24}H_{30}F_2O_6$.
Fluocortolon s. unter $C_{22}H_{29}FO_4$.
Fluoflavin s. unter $C_{14}H_{10}N_4$.
Fluolite XMF, opt. Aufheller 28-2771.
Fluopromazin s. unter $C_{18}H_{19}F_3N_2S$.

Fluor

—-Mineralien 47-2023.

Vorkommen, Gehalt

Verw. d. F/P_2O_5-Verhältnisse zur Best. d. geolog. Alters. v. Quartär-Lagerstätten 48-0742.

F^- in Nd. d. Umgeb. v. Bratislava (aus Industrieunternehm.) 1-0821; Abhängigk. zwischen Se u. – in vulkan. Exhalat.- u. S-Ablager. 3-0821; —-Geh. d. Flüsse in d. City v. Tokio 6-0819; – in Untergrundwässern d. Moskauer Gebiets 9-0814; Fraktionier. v. – durch Verdampf. u. Subl. aus vulkan. Gesteinen 9-0873; Verteil. v. – in magmat. Gesteinen d. Donbas 11-0818; – in d. Zwischenschichtwässern d. Dnepr-Donez-Beckens (nach Materialien d. Charkow-Gebiets) 12-0807; Vork. u. Ursprung v. —-Verunreinig. d. Luft 12-2169; – in Schlammwässern u. ozean. Sedimenten 14-0856; Vork. v. – in Sumpfgas aus Carbonatiten u. ähnl. Gesteinen 19-0814; Absorpt.-Linien v. – im Stern HD *96446* 20-0761; F^--Geh.: im Hydrothermalgebiet v. Ngawha 22-0749; in hydrothermalen Wässern d. vulkan. Erupt. auf d. Raoul-Insel im November *1964* 22-0750; – in Sternatmosphären 25-0773; Bldg. v. F–Seltenerdmetall–Fe-Erzen 28-0788; –: in d. Höhenstrahl. einer geomagnet. Breite v. *42°* N 30-0777; in Bodensedimenten kontinentaler W.-Becken 32-0791; in Phosphoriten d. P-Format. 32-0795; Fraktionier. v. –, Cl u. anderen Spurenelementen während d. Differentiat. eines tholeitit. Magmas 32-0800; – in d. Graniten v. Henkamäki u. Otanmäki, Finnland 34-0823; —-Kerne in d. solaren Höhenstrahl. 35-0734; Häufigk. v. – in d. kosm. Strahl. 35-0736; γ-Strahl. d. Isotops ^{20}F auf d. Mond 35-0790; Verteil. v. seltenen Elementen u. – u. Cl in Biotiten d. Dzidinsker Granitoidkomplexes (West-Transbaikal) 36-0830; Cl- u. —-Geh. tert. Sedimente d. Miura-Halbinsel 39-0783; —-Geh. d. W. d. Gegenden Banat u. Hunedoara 43-0753; Verteil. u. Beweglichk. v. – in kontaktmetamorphysierten u. metasomatisierten Hornfelsen 47-0748; – in d. W. d. Ablager. in d. Nähe d. Dnestr-Flusses 49/50-0728; B u. – in d. vulkan. Prod. d. Insel Ischia 49/50-0760.

Verteil. v. F^- innerhalb d. Zellen v. Blättern d. Navel-Orange 2-1517; Ort d. F^--Anhäuf. in Navel-Orangenblättern 33-1453.

Geh.: in verschiedenen Teilen d. Rattenkiefers 1-1452; in menschl. Zahnpulpen 1-1453; Wrkg. d. Unterbrech. d. Speichelflusses auf d. F^--Geh. v. Schneidezahn u. Femur d. Ratte 22-1378; Geh. im Zahnschmelz 35-1455; Geh. v. Mikrosaurierzähnen aus d. kohlenhalt. Gestein v. Joggins, Neuschottland 41-0841; Konz. im menschl. Skelett 47-1375.

Darstellung

Bldg. v. F^- bei d. elektrochem. Red. v. HNF_2 an d. Hg-Elektrode 24-0632; elektrolyt. Herst. v. – 18-2263*; Darst. v. ^{18}F ohne Isotopenträger 34-0717; elektrolyt. Herst. v. – 41-2121*; Darst. v. trägerfreiem ^{18}F aus neutronenbestrahltem Li_2CO_3 45-0665.

Herst.: v. F_2-aktivierten Pt-Katalysatoren 9-2960*; v. —-halt. Al_2O_3-Träger für Pt- oder Pd-Katalysatoren 9-2961*.

Verf. zur partiellen Entfluoridier. v. Trinkwasser 11-2271; Entfluorier. v. Muschelkalkphosphoriten im Wirbelschichtverf. (Kinetik) 25-1980; Lsgm.-Extrakt. v. ^{18}F 28-0514; radiochem. Trenn. v. – v. reaktorbestrahltem Au u. U 32-2029; Entfern. v. –: aus d. Abgasen d. Al-Schmelzflußelektrolyse 41-2339*; aus Phosphaten 44-3128*, 49/50-2044; aus wss. phosphathalt. Lsg. durch Zugabe v. Ca 49/50-2050*; Reinig. v. elementarem – u. dessen Einfüllen in Stahlflaschen 51/52-1982.

Physikalisches und physikalisch-chemisches Verhalten

Einfl. v. – auf d. Eig. v. leicht schmelzenden Emaillen 28-2310.

Kernstruktur in d. *2*s–*1*d-Schale v. ^{18}F u. ^{20}F 3-0066; projizierte Hartree-Fock-Spektren in ^{19}F 4-0025; Coulomb-Streuung v. Myonen u. Elektronen an – 14-0005; magnet. Moment v. ^{17}F u. NMR durch Polarisat. bei d. Rk. ^{16}O(d, n)^{17}F 21-0063; Berechn. d. Wellenfunkt. für Nucleonen an ^{19}F nach d. opt. Modell 23-0046; Korrekturen d. magnet. Moments zur zweiten Ordn. in d. Stör.-Theorie für ^{17}F 23-0055; Oktupoldeformierbark. d. ^{19}F-Kerns 28-0034; Theorie d. Streuung kalter Neutronen an F_2 34-0020, 34-0021; Paritätsverunreinig. in ^{19}F 39-0085; Modell schwacher Koppl. v. Teilchen u. Löchern in ^{19}F 44-0011; Bremsquerschnitt v. ^{19}F in C 45-0292; Lad.-Dichte am Kern 48-0081; Analyse d. Daten d. Neutronen- u. Protonentrennenergien für ^{21}F 49/50-0058; Vgl. d. Yale-, Reid- u. Hamada-Johnston-Potentiale in Schalenmodellberechn. für ^{18}F 49/50-0062.

Rotat.-Niveaus v. ^{18}F u. ^{20}F 1-0043; Spins angeregter Niveaus v. ^{18}F 3-0077; Zustände v. ^{19}F aus d. β-Zerfall v. ^{19}O 3-0095; Coulomb-Anreg. v. ^{19}F bei Energien oberhalb d. Schwelle 11-0058; Unters. zu Niveaus in ^{19}F 18-0037; Coulomb-Energiedifferenzen d. isobaren Tripletts ^{18}O–^{18}F*–^{18}Ne 19-0054; kurzleb. Aktivitäten in ^{20}F u. ^{17}F 20-0058; Anreg. d. Grundzustandsbande v. ^{19}F durch d. Streuung v. *13,9*-MeV-Protonen 21-0064; Lebensdauern d. *937*- u. *1082*-keV-Zustände in ^{18}F 22-0050; Energieniveaus v. ^{18}F u. ^{19}F 26-0032; tiefliegende Rotat.-Niveaus v. ^{18}F u. ^{20}F 26-0040; Mess. d. g-Faktors d. *583*-keV-Zustandes (1$^+$) in ^{22}Na mit d. Rk. ^{19}F(^{210}Po-α, n)^{22}Na* 32-0042; T = *3/2*-Niveaus in ^{17}F 34-0054; Lebensdauer d. ersten u. zweiten angeregten Zustandes v. ^{21}F 38-0032; Misch.-Verhältnisse für Übergänge in ^{18}F 39-0082; niedrigster Zustand negativer Parität in ^{17}F 45-0067; Lebensdauern d. ^{18}F-*1,125*-MeV- u. ^{19}F-*0,197*-MeV-Niveaus 46-0033; Zustände negativer Parität in ^{18}F 49/50-0060; Parität v. *2,10*- u. *1.08*-MeV-Niveaus in ^{18}F 51/52-0029; exakte Best. d. Gamow-Teller-Matrixelemente für Supermultiplettzustände in ^{18}F 51/52-0057.

Abs. Standardisier. v. ^{18}F mit einem NaJ(Tl)-Krist. nach d. „Summenmaximum"-Meth. 22-1885; Halbwertszeit v. ^{20}F 43-0086; β-Zerfallsberechn. für ^{18}Ne → ^{18}F mit d. realist. Kuo-Matrixelementen 51/52-0058.

Rk. Ne(n, p)F 7-0102; Zyklotronmeth. zur Erzeug. v. ^{18}F 14-0066; Winkelverteil. v. ^{18}F aus ^{16}O(^{14}N, ^{18}F)^{12}C 16-0069; ^{22}Ne(d, α)^{20}F bei *2* MeV 23-0089; Richt.-Korrelat.-Mess. in ^{18}O(^{3}He, pγ)^{20}F 33-0093; Bldg. v. ^{17}F u. ^{18}F in reaktorbestrahltem H_2O u. D_2O (Anwend. zur Aktivier.-Analyse u. zur Mess. schneller Neutronenflüsse) 35-0104; ^{18}F aus ^{18}O(^{3}He, pγ)^{18}F 43-0063.

(n, d)-Rk. an ^{19}F durch *14*-MeV-Neutronen 7-0101; (α, d)- u. (α, t)-Rk. an ^{19}F bei *28,6* MeV 8-0071; Winkelverteil.-Mess. v. γ-Strahlen aus d. Rk. ^{19}F(p, γ)^{20}Ne 9-0066; (d, α)-Rk. an ^{19}F bei Deuteronenenergien v. ca. *1* MeV 9-0090; Stör. d. Winkelkorrelat. d. (*1,35* – *0,198*-MeV)-γ-γ-Kaskade in ^{19}F 11-0064; Abhängigk. d. Winkelverteil. d. (d, p)-Rk. an ^{19}F v. d. Übertrag. d. totalen Drehimpulses 14-0051; Wechselwrkg. v. ^{3}He-Teilchen mit ^{19}F 14-0064; interferierende Resonanzen in d. Rk. ^{19}F(α, p)^{22}Ne 14-0067; Rk.-Energiemess. für (p, n)-Rk. an ^{19}F u. (p, αγ)-Rk. an ^{19}F 15-0095; Winkelverteil. v. ^{19}F(n, α)^{16}N bei E_n = *4,7* MeV 17-0105; totale Wrkg.-Querschnitte nach d. Aktivier.-Meth. für d. Rk. ^{19}F(n, p)^{19}O 19-0077; (n, p)-Querschnitt v. ^{12}F für *14,8*-MeV-Neutronen 19-0079; Rk. ^{19}F(n, α)^{16}N mit *6*-MeV-Neutronen 19-0084; Zweinucleonen-DWBA-Analyse d. ^{19}F(d, α)^{17}O-Daten 23-0088; ^{19}F(n, n')-Rk. bei *14* MeV 26-0048; (d, ^{6}Li)-Rk. in ^{19}F u. DWBA-Berechn. 33-0077; Erzeug.-Querschnitte v. ^{7}Be in verschiedenen Isotopen v. ^{19}F 36-0064; (p, d)-Rk. bei *156* MeV an – u. Konfig.-Misch. in d. Kernen ^{18}F u. ^{19}F 36-0065; Winkelverteil. v. α-Teilchen aus ^{19}F(p, αγ)^{16}O 36-0066; ^{19}F(^{3}He, ^{3}He)^{19}F u. ^{19}F(^{3}He, α)^{18}F u. Zustände in ^{18}F bei *3,06* u. *3,13* MeV 37-0102; Anreg.-Funkt. für d. Bldg. v. ^{7}Be bei durch ^{3}He induzierten Rk. in – 38-0070; totaler Wrkg.-Querschnitt d. Rk. ^{19}F(d, p)^{20}F v. E_d = *400* – *700* keV 38-0073; differentielle Wrkg.-Querschnitte u. Austauscheffekte in ^{19}F(d, n)^{20}Ne 38-0074; Wrkg.-Querschnitte für (n, 2n)- u. (n, p)-Rk. bei *14,7* MeV an ^{19}F 40-0066; Querschnitt d. (n, p)-Rk. an ^{19}F für *14,7*-MeV-Neutronen 40-0069; Rk. ^{19}F(p, α)^{16}O mit Einschußenergien v. *2,2* – *3,4* MeV 40-0075; Rk. ^{19}F(p, α)^{16}O u. ^{19}F(p, ^{3}He)^{17}O bei *30,5* MeV 40-0076; Vielnucleonenübertrag.-Rk. d. Typs (d, ^{7}Li), (d, ^{7}Be) u. (d, ^{9}Be) bei *15* MeV an ^{19}F 47-0079; Berechn. thermonuclearer Rk.-Geschw. für ^{4}He mit ^{19}F im Sterninneren 51/52-0707.

Spektren v. Sc, Ti, V u. Ar in d. isoelektron. Reihen v. Ne I u. F I 2-0095; Einfl. v. F^- auf d. HF-Raman-Bande v. W. 9-0175; Vgl. d. durch einen kontinuierl. Bogen in kontrollierter Atmosphäre u. im Plasmabogen erhaltenen Emiss.-Spektren v. – 12-0123; Absorpt.-Spektren lokalisierter Schwing. v. H^--Ionen in KCl-Krist. mit Na, Cs, Rb, J, Br u. – als zusätzl. Dotier. 16-0288; Wellenlängen d. Lyman-Linien v. F IX 19-0134; Absorpt.-Spektren d. Syst. H_2O/AgF, D_2O/AgF, CH_3OH/AgF, C_4H_9OH/AgF, C_3H_7OH/AgF, C_2H_5OH/AgF u. Vgl.-Spektren v. – 25-0312; Spektrum v. F II 27-0149; Einfl. v. F^- auf d. Bandenkonturen d. W.-Absorpt. (*3420* u. *1640* cm^{-1}) 30-0125; Bandenemiss. d. F_2 im Spektralbereich zwischen *4500* u. *8500* Å 33-0139; Einfl. v. F^- auf Absorpt.- u. Emiss.-Spektren v. Tl in Glas 40-0313; Auswahl v. Fraunhofer-Linien d. – für Unters. d. Photosphäre 45-0770; Anwend. eines Spektrometers für weiche Röntgenstrahlen zur Unters. d. F-Emiss.-Linien in Fluoriden 46-0376.

Einfl. einer F_2-Atmosphäre auf d. Lumineszenz v. Dy^{3+} in NaCl u. KCl 20-0295; Hönlsche anomale Dispers.-Korrekturen bei verschiedenen Wellenlängen für Atomstreufaktoren v. – 23-0339.

—-halt. Zentren mit eingefangenen Defektelektronen in MgO (ESR-Spektrum) 3-0405; 2^3P-Zustände v. ^{19}F 5-0126; Korrelat.-Energien v. – 6-0104; Elektronegativität v. – 8-0099; Komplexe v. Mn^{2+}- u. F^--Fremdionen in $SrCl_2$-Krist. durch Mess. d. EPR-Spektren 8-0366; Stoßanreg. d. $2p^2P_{3/2}$-Zustandes in F V 10-0166; Best. d. lokalisierten MO für F_2 12-0099; Mol.-Bind.-Energien für F_2 12-0112; Eig. d. —-Mol. in zweiter Näher. aus Hartree-Fock-Stör.-Rechn. 14-0103; Elektronenkorrelat.-Effekt v. – 17-0119; Natur d. Valenzschalen-MO 19-0113; Elektronenstruktur v. F^- 19-0115; elektr. Feldgradienten u. Kernquadrupolkoppl.-Konst. v. – 20-0092; Übergangswahrscheinlichk. d. 2S–$2P^0$-Übergänge in F VII 21-0132; Berechn. d. Radien v. – für F·C(Alkyl)$_3$ u. FCH_3 22-0097; Schwing.-Relaxat. für reines F_2 22-0171; Einfl. v. F^--Verunreinig. auf d. Morphologie v. Seignettesalzeinkrist. 22-0233; Ionenradius v. F^- bei Anwend. d. Meth. d. unbestimmten Parameters 23-0228; Einbau v. F^--Beimeng. in Seignettesalzeinkrist. bei d. Kristallisat. aus Lsg. 23-0250; ⟨111⟩-orientierte FCl^--Zentren in KCl:F^- (opt. Absorpt.- u. ESR-Spektren u. Vgl. mit Cl-, Br- u. J-Zentren) 24-0333; optimierte Doppelkonfig. für F_2 aus d. erweiterten Hartree-Fock-Wellenfunkt. 25-0121; Berechn. d. Atomformfaktoren v. F^- für im Raum freie Ionen u. verschiedene Lös. d. Wellenfunkt. für d. Festkörper 25-0203; Einfl. v. – auf d. Kristallisat.-Eig. v. Tafelglas 28-2282; —-Verflüchtig. beim Schmelzen: v. getrübtem Glas 28-2283; v. Milchglas 28-2284; Hartree-Fock-Parameter für d. —-Atom 31-0122; Testberechn. v. Dipol- u. Quadrupolpolarisierbark. sowie Abschirmfaktoren für F^{5+} 33-0117; Elektronegativität v. Gruppen d. – 34-0116; Quadrupolpolarisierbark. u. Abschirmfaktoren v. F^- u. F^{5+} im S-Zustand im homogenen elektr. Feld 36-0128; Verzerr. v. KCl-Krist. durch Beimeng. v. F^- 37-0314; Wechselwrkg. v. F^- mit d. nächstbenachbarten W.-Mol. in Lsg. 39-0574; Korrelat.-Energie v. Elektronen in – 41-0117; Bedeut. d. Migrat.-Formen v. F^- bei d. Erzbldg. 43-0746; Einfl. d. Substitut. v. OH^- durch – auf d. Gitterkonst. v. koexistierenden Biotiten u. Muskoviten 46-0796; Hartree-Fock-Parameter v. F IV 49/50-0100; Einfl. v. F^- auf d. Bindevermögen d. Na-Polyphosphats $(NaPO_3)_x \cdot H_2O$ für Ca- u. Mg-Ionen 49/50-0554.

Analyt. Berechn. für F^{7+} u. F^{5+} d. elektr. Dipolarisierbark. v. Atomen nach d. Hartree-Fock-Meth. 1-0118; Sekundärelektronenemiss. v. Metallen durch F^+ bei einer Energie v.

25 keV 2-0415; Reorientier.-Energien d. Elektronen v. F_2 infolge Ionisat. 8-0180; Photoionisat.-Querschnitte v. F^- 9-0202; Abhängigk. d. Valenzzustandsionisier.-Potentiale v. d. Elektronenkonfig. u. d. totalen Atomlad. v. – 11-0100; induziertes Dipolmoment eines –-Ions 13-0133; partielle molale Ionenvolumina u. Elektrostrikt. in wss. Lsg. v. F^- 19-0464; Ionenquelle zur Erzeug. v. F^- aus CCl_2F_2 22-0180; Erzeug. eines F^+-Ionenstroms in einer HF-Ionenquelle 29-1925; elektr. Dipolpolarisierbark. in Ggw. eines endl. elektr. Feldes für F^- 30-0113; Einfl. v. – auf d. Austrittsarbeit eines Metalls 30-0590; Einfl. v. trockenem O_2 auf d. Leitfähigk. –-behandelter Si-Oberflächen 33-0457; zweifach negativ geladene Ionen v. – 38-0182; Ionisat. u. dissoziative Ionisat. v. O_2 nach Beschuß mit – 42-0161; doppelt geladene negative Ionen v. – 47-0180.

^{19}F-NMR-Spektren in $Rb[MnF_3]$ 4-0341; ESR eines Fe^{3+}- u. Mn^{2+}-Zentrums in ZnS:F 4-0349; NMR: v. ^{19}F in Topas ($Al_2F_2SiO_4$) 5-0404; v. ^{19}F in Amblygoniten 7-0402; Spektren d. NMR v. ^{19}F in Diorganyldifluorsilanen 8-0158; NMR-Unters. anorgan. F^- [^{19}F-Spektren hoher Auflös. v. Si_2F_6 u. $(SiF_3)_2O$] 8-0359; Hyperfeinstruktur v. ^{19}F in d. EPR v. MgF_2:Co^{2+} 8-0364; kernmagnet. Wechselwrkg. u. d. Rotat.-Moment v. F_2 9-0158; Kernmomente v. ^{19}F 10-0157; ^{19}F-Spin–Gitter-Relaxat.-Zeiten in $(Glycin)_3 \cdot H_2SO_4$, $(Glycin)_3H_2BeF_4$ u. $(Glycin)_3H_2SeO_4$ 10-0385; NMR-Spektrum: v. ^{19}F in $NH_2 \cdot [BeF_4]$-Lsg. 14-0154; v. ^{19}F u. ^{87}Rb in $Rb \cdot [MnF_3]$ 15-0415; magnet. Dipolübergänge zwischen sp^2-Termen d. isoelektron. Reihe B I, C II, N III, O IV, F V, Ne VI, Na VII, Mg VIII, Al IX, Si X, P XI, S XII, Cl XIII u. Ar XIV 17-0122; ^{19}F-NMR-Unters. v. krit. Phänomenen in MnF_2 (Zeitmitteleig.) 17-0388; kernmagnet. Abschirm.-Konst. für alle positiven Ionen, neutralen Atome u. negativen Ionen v. – 18-0089; diamagnet. Suszeptibilität für alle positiven Ionen, neutralen Atome u. negativen Ionen v. – 18-0090; Mol.-Strahl- u. Gasphasen-NMR-Spektren v. – in CF_4, SiF_4, SF_6, CH_3F, CF_3H u. CH_2F_2 18-0153; ^{19}F-NMR in polykrist. Proben v. $K[SbF_4]$, $NH_4[BF_4]$ u. $NH_4[BeF_4]$ 20-0314; Anisotropie d. magnet. Abschirm. d. ^{19}F-Kerne in LaF_3-Einkrist. (NMR-Spektren) 21-0345; EPR-Mess. an zweiatom. Halogenzentren d. Typs FBr^-, FJ^- u. ClJ^- in KCl:Br^-(F^-, Pb^{2+}); KCl:$F^- \cdot$(J^-, Pb^{2+}) u. NaCl:Br^-(F^-, Pb^{2+}) 23-0393; ^{19}F-NMR-Spektren v. fl. u. gasf. F_2, OF_2 u. NF_3 24-0141; chem. Verschieb. im ^{19}F-NMR-Spektrum v. Verb. mit Fluorosulfatgruppen 24-0144; Unters. d. Stör.-Theorie u. d. Spintemp. durch Drehsättig. d. Spins mit Anwend. auf ^{19}F-Resonanz in CaF_2 25-0361; ^{19}F-Spektren v. SPF_3, SPF_2Cl u. SPF_2Br 28-0365; Spin–Gitter-Relaxat.-Zeit d. ^{19}F-NMR in natürl. u. synthet. CaF_2-Krist. u. in CaF_2-Krist. mit Sm 29-0365; ^{19}F-NMR u. Relaxat. v. Hexafluoridmol. im Festkörper 29-0367; ^{19}F-NMR v. polykrist. Seltenerdmetallfluoriden 32-0372; phononinduzierte Dipol–Kernspin-Übergänge in LiF-Krist. bei d. Differenzfrequenz zwischen d. Lamor-Präzess. v. ^6Li u. ^{19}F 33-0418; Temp.-Abhängigk. d. Linienmomente d. NMR für ^{19}F 34-0171; ^{19}F-Kernresonanzlinienverenger. in CaF_2-Einkrist. durch wiederholte Hochfrequenzanreg. mit kurzen Impulsen 34-0408; ^{19}F-NMR an einer polykrist. Probe v. $(NH_4)_3[ZrF_7]$ 34-0411; chem. Verschieb. u. NMR-Spektren v. ^{19}F in Lsg. v. Fluoriden d. Übergangselemente d. V. u. VI. Gruppe 36-0348; ^{19}F-NMR-Unters. d. π-Wechselwrkg. in Pentafluorphenylphosphinen u. deren Komplexen, Korrelat. zwischen Koppl.-Konst. u. chem. Verschieb. 39-0187; Kernspin-Gitter-Relaxat. v. ^{19}F in antiferromagnet. MnF_2 39-0391; Berechn. d. diamagnet. Suszeptibilität v. F^- 43-0162; magnet. Resonanzverschieb. v. ^{19}F im paramagnet. PuF_4 43-0383; ^{19}F-NMR u. Hyperfeinwechselwrkg. in $Rb[CoF_3]$ 43-0385; Unters. d. Pentafluorphenyl-Grignard-Reagenzes mit Hilfe fluormagnet. Resonanzspektren 49/50-0155; ^{19}F-NMR: in CaF_2-Krist. mit Seltenerdmetalldotier. bei tiefen Temp. 51/52-0336; v. Punktdefekten in BaF_2-Krist. 51/52-0337.

Einfl. d. Anodenmaterials u. d. Reinh. d. Elektrolyten auf d. Leist. v. –-Zellen 3-0641; Kinetik d. gemeinsamen elektrolyt. Abscheid. v. In u. Sb aus SO_4^{2-}/F^--Lsg. 6-0639; Einw. v. F^- auf d. physikochem. Eig. d. Glaszustandes in d. Syst. AlF_3/PbO/B_2O_3 u. B/F/O 6-2262; Struktur elektr. Doppelschichten an Elektroden in Ggw. v. adsorbiertem F^- 7-0636; Einfl. v. F^- als Anion d. Trägerelektrolyten auf d. elektrochem. Doppelschicht u. Kinetik v. Elektrodenrk. 8-0627; Abnahme d. Sättig.-Werte d. Stromintegrale in d. Reihenfolge F^-, $NH_2SO_3^-$, ClO_4^- > J^- > SCN^- > Br^- auf Grund d. Einfl. d. Leitelektrolyten auf d. submonoatomare Pb-Bedeck. v. Ag-Elektroden 10-0650; Einfl. v. F^- auf d. kathod. u. anod. Polarisat. v. hochreinem Al in wss. SO_4-Lsg. 22-2472; Vgl. v. nach verschiedenen thermodynam. Meth. ber. Standardelektrodenpotential d. Syst. $F_2 + 2e^- \rightarrow 2F^-$ 24-0603; Elektrode zur Mess. d. F^--Aktivität in Lsg. 30-1969; elektrolyt. Red. v. H_2CrO_4 in Ggw. v. F^--Zusätzen 31-0619; Einfl. v. F^- auf d. chronopotentiometr. Unters. d. Red. v. Chromat(VI) in Na_2CO_3-Lsg. 32-0612; Best. d. Verhältnisses d. Äquivalentgrenzleitfähigk. durch Kombinat. mit Überführ.-Zahlen für F^- 33-0647; anod. Bldg. v. F_2 bei d. Elektrolyse v. geschmolzenen $KF/NH_4F/HF$-Misch. 39-0602; Einfl. d. F^--Geh. im Elektrolytsyst. CsF/HF/W. auf d. Ox.-Geschw. v. Paraffinen 40-0557; F^--Adsorpt. an Pt bei anod. Potentialen 51/52-0554.

Mol-Wärme v. gebundenem – bei additiver Berechn. d. Mol-Wärme organ. Fl. 3-0575; Abhängigk. d. Rücklaufgeschw. v. d. Ström.-Geschw. u. d. Druck beim Zwitterbrennstoffsyst. O_2/F_2 3-0704; charakterist. Temp. d. Dissoziat.-Energie v. – 7-0571; –-Bombenkalorimetrie 8-0556, 8-0557, 10-0551, 10-0552; Dissoziat.-Energie v. F_2 (g) aus Unters. d. Gasström. durch eine Öffn. bei mittleren Drücken 12-0548; Entropie v. wss. F^- 16-0569; Berechn. d. Atomisier.-Energie v. F_2 durch Anwend. v. Populat.-Analysen auf d. Wellenfunkt. nach Hückel 17-0559; Schmelzen v. J_2 bei hohen Drücken u. Vgl. mit d. Schmelzverh. v. – 19-0545; thermodynam. Funkt. u. spezif. Wärme v. F^- 21-0511; –-Bombenkalorimetrie 29-0528; Flammtemp. eines stöchiometr. F_2–H_2-Gemisches 29-0680; –-Bombenkalorimetrie 33-0569; Berechn. d. *2.* Virialkoeff. v. F_2 für verschiedene Elektronenzustände d. Mol. bei *2000–6000* °K 44-0517; Verbrenn.-Bombe mit zwei Kammern für d. –-Kalorimetrie 44-1837.

Adsorpt. v. F^- an Zr-Oberflächen 1-0638; Selektivität d. Austausches OH^-–F^- an Anionenaustauscher Dowex-*1* 4-0642; Aufnahme v. F^- durch Kationenaustauscher 13-0680; zirkularpapierchromatograph. Verh. v. F^- 22-1895; D., Dampfdruck, Viskosität u. Oberflächenspann. d. fl. Syst. Ozon/F_2 26-0516; Zusammenhang d. Adsorpt. v. F^- auf Pt aus sauren Lsg. bei verschiedenen Potentialen 27-0622; Best. d. relativen Affinität v. F^- zum WOFATIT SBW 29-1997; Adsorpt. v. F^- an Erdalkalimetallhydroxylapatiten 36-0640; Einfl. v. F^- auf d. Papierelektrophorese v. Pa im H_2SO_4-Medium 38-0656; Oberflächeneig. v. mit – promotierten Träger/Al-Oxiden 43-0665.

Berechn. d. Freien Hydratat.-Energie v. F^- 2-0582; Entropiecharakteristik d. Nah- u. Fernhydratat. v. F^- 11-0628; Unters. d. Änder. d. Verteil.-Koeff. v. Be^{2+} in wss. Lsg. am Kationit KU-*2* u. am Anionit Dowex-*3* bei Zusatz v. F^- 14-0654; IR-spektroskop. Unters. d. Hydratat. v. F^- in wss. Lsg. 47-0560.

Reaktionen

Experimenteller Beweis für Verzweig. bei Kettenrk. v. mol. – 1-0963; Elementarrk. v. mol. – 14-1036; Verzweig. bei Kettenrk. mit mol. – 25-0925; F-Chemie 34-0719.

Therm. Dissoziat. v. F_2 29-0672; Dissoziat.-Geschw. v. mol. – 37-0669.

Rk.-Kinetik d. elementaren – (Fluorier. v. Graphit) 2-0713; Kinetik d. Fluorier. v. Urancarbiden durch F_2 (Fluorier. v. UC) 4-0663; photochem. Bldg. v. KrF_2 aus Kr u. – 4-0688; Rk. v. Se_2Cl_2 mit N_2-verd. – bei *–10°* 5-0781; Einw. v. – auf Misch. v. $(NH_4)_2SnCl_6$ + Li_2CO_3 bzw. Na_2CO_3 u. auf Li_2PbO_3 bzw. Na_2PbO_3 bei *400–450°* 5-0809; Rk.: mit β-B 8-0556; v. BN mit F_2 (g) 8-0557; mit NaN_3 10-2326*; v. F^- mit Trimetaphosphationen in wss. Lsg. (Ringspalt.) 11-0757; v. F_2 mit H_2 (obere Entflammbark.-Grenze) 13-0702; Bldg. v. Tb(IV)-Verb. mit – 14-0813; Verbrenn. v. elementarem B mit – 15-0739; photochem. Rk. v. Xe mit – 17-0049; Rk. mit Ge u. GeO_2 (Mess. d. Fluorier.-Enthalpie) 19-0536; Umsetz.-Prozesse einer Si-Oberfläche mit – u. HF 21-0697; Rk. mit einem Gemisch aus NaN_3 u. Metallfluoriden 21-0756; Kinetik u. Mechanismus d. Fluorier. v. Cu-Oxid 24-0724; Rk.: v. NF_3, – u. SbF_5 in HF-Lsg. 24-0738; v. NF_3, AsF_5 u. – 24-0739; mit NaN_3 24-0740; Geschw.-Konst. zwischen *1000* u. *4000* °K für d. H-Atomübertrag. zwischen HF u. – 26-0668; Kinetik d. Umsetz. v. Si mit gasf. F_2 26-0691; Bldg.-Wärme v. PF_5 aus F_2 u. weißem α-P 29-0529; Geschw. u. Mechanismus d. Rk. v. F_2 mit F_2, H_2, Br_2, Cl_2, HJ, HBr, HCl, HF 29-0665; Vorschlag eines Mechanismus für d. H–F-Rk. 29-0670; Erzeug. v. Licht durch Rk. v. Zr mit – in Blitzlampen 30-0628; Ox. v. KJ u. NaCl durch gasf. F_2 31-0681; Ni–F-Oberflächenrk. (massenspektrometr. Unters.) 33-0744; Rk. mit F_2N-Radikal 36-0693; Rk.: v. F_2 mit Os 40-0742; v. NF_3, AsF_5 u. – in d. Glimmentlad. bei *–78°* 47-0657; Rk. v. F_2 mit Cu 49/50-0224.

Aktivier.-Effekt v. – in d. elektrophilen aromat. Substitut. 17-0053; Einw. v. elementarem – auf organ. Verb. 49/50-0899; Addit. v. F_2 an halogenierte Olefine mit Hilfe v. Metallfluoriden 3-1004; Rk. v. –-Atomen mit CCl_4 15-0939; hypergoles Verh. v. Sylilhydrazinen gegenüber F_2 42-0680; Einfl. v. F^- auf durch Wärme wiederhergestelltes Kollagen 16-1405.

Einfl. v. F^- auf d. Stabilität d. Komplexe v. V(IV) mit Phenolen 6-0618; Hemmwrkg. v. F^- auf d. Rk. v. Methämoglobin mit K-Chlorat 7-1644; Einfl. v. F-Ionen auf d. spontane Fäll. v. Ca-Carbonaten u. -Phosphaten 8-0747; Rk. v. XeO_3 mit CsOH in Ggw. v. F^- 18-0680; Beschleunig. d. Fibrinpolymerisat. durch F^- 22-1464; Verw. v. – in einem Hydrospaltkatalysator für KW-Stofföle 23-2696*; Disproportionier. v. Alkylbenzolen durch Behandl. mit H_2 in Ggw. v. –-halt. Katalysator 24-2611*; durch F^- initiierte Rk. v. Perfluor-α-olefinen 41-1001 bis 41-1003; Einfl. v. F^-: auf d. Aquotisier.-Geschw. v. Acetylacetonatonickel(II)-komplex 42-0623; auf d. Hydrolysegeschw. v. $VO(acac)_2$ u. $Be(acac)_2$ (acac = Acetylaceton) 42-0624; Aktivier. d. Flotat.: v. Beryll u. Mikroklin durch F^- 47-2033; v. Beryll u. Feldspat durch F^- 47-2034; Einw. v. F^- auf d. Disproportionier. v. U(V) 48-0539.

Biochemisches und physiologisches Verhalten

F^--Spezifität v. atyp. Cholinesterase in Bezieh. zu d. Phänotypen 6-1276; Einfl. v. F^-: auf d. 5'-Adenylsäure desaminierende Enzym aus Microsporum audouini 2-1351; auf Cholinesterase (in vitro-Reaktivier. v. durch organ. Phosphorverb. inhibierten Cholinesterasen) 3-1319; auf d. Kohlensäureanhydrase aus Erythrozyten 4-1346; auf d. saure Phosphatase im Hypothalamus d. Ratte 5-1325; auf d. saure Phosphatase in Tribolium confusum Duval 6-1278; auf d. Synth. v. Nucleosiddi- u. -triphosphaten durch Lachsmilchenzymaufbereit. 6-1311; Wrkg. d. ATP-Konz. u. F^--Addit. auf d. oxydative Phosphorylier. in Mitochondrien 11-1308; Einfl. v. F^-: auf d. Aktivität d. Phosphoenolbrenztraubensäuresynthase 11-1348; auf eine spezif. Saccharosephosphatase aus Pflanzengeweben 12-1364; auf d. Wrkg. v. Mg^{2+} auf alkal. Phosphatase aus Synovialfl. d. Rindes 12-1366; auf d. Glutaminsynthetase aus Azotobacter vinelandii 14-1387; Hemm. d. Peroxydasen in durch Schwarztrockenfäule infizierter Batate durch F^- 21-1344; Hybridität v. Milchsäuredehydrogenasen in vitro in Ggw. v. Na-Phosphat mit F^- 24-1292; Einfl. v. F^-: auf d. Synth. d. Fructokinase in höheren Pflanzen 24-1390; auf d. Aktivität d. sauren Phosphatase v. Antheraea pernyi-Raupen 28-1345; auf K^+-abhäng. Acylphosphatase als Teil d. $Na^+ + K^+$-abhäng. ATP-Phosphohydrolase d. Zellmembran 39-1249; Hemm. d. Asparagat-Transcarbamylase aus E. coli durch F^- 43-1177; Einfl. v. F^-: auf d. Hydrolyse d. Glyceride durch Lipase aus Darmschleimhaut 44-1324; auf Cholinesterasen in vitro 44-1330.

Defluorier. v. Monofluoracetat durch Bakterien (Isolier. d. Bakterien u. ihre Defluorier.-Aktivität) 39-1286; Einfl. v. F^-: auf d. Red. v. Selenit durch intakte Hefezellen u. zellfreie Präp. 25-1308; auf d. endogene Fermentat. v. Bäckerhefe 49/50-1267; auf d. Abbau v. Citronensäure durch Aspergillus niger 49/50-2854.

Resorpt. v. F^- durch Gerstenwurzeln 41-1419; Einfl. v. F^- auf d. Chloridresorpt. durch Gerstenwurzeln 13-1515; Wrkg. d. atmosphär. F^- auf Wachstum, Blüte u. Knollenprodukt. bei Gladiolen 37-1376; Aminosäurezus. d. Eiweißes –-geschäd. Fichtennadeln 39-1376; Wrkg. v. Fluorid auf d. Blühen v. Xanthium 46-1403; Bezieh. d. Hill-Rk. zur Photosynth. bei Fluorid-vergifteten blaugrünen Algen 48-1329.

Resorpt. v. – im Körper 27-2077; Glucoseox. u. Glykogenstoffwechsel bei Ratten nach Verfütter. v. Fluorid 34-1622; Rückgewinn. v. ^{18}F aus Lämmerfeten nach i.v. Injekt. beim Muttertier 7-1711; Wrkg. v. Mo-Salzen u. Chloriden auf d. Fluoridaufnahme durch intakte menschl. Zahnschmelzflächen in vitro 10-1769; Rolle v. F^- bei d. Löslichk. v. Bergkristallimplantaten im tier.

Gewebe 15-1763; Einfl. d. Thyreoidektomie auf d. Bind. v. F^- durch d. Knochen 45-1421; Erreg. d. glatten Muskels durch F^- 3-1602; Einfl. v. Fluorid: auf d. Aminosäurebldg. durch Rattenlebermitochondrien u. andere subzellulare Frakt. 4-1195; auf d. intrazellulare Hydrolyse v. Glyceriden flücht. Fettsäuren in Rattendarmpräp. 5-1323; auf d. Aminosäuretransport im Knochen v. Hühnerembryonen u. im Rippenknorpel v. Ratten 5-1602; auf d. α-Aminoisobuttersäuretransport in Knochen 12-1609; auf d. Freisetz. v. 5-Hydroxytryptamin aus Kaninchenplättchen durch Antigen–Antikörper-Rk. in vitro 15-1514; auf d. akt. Transport v. Epinephrin u. Norepinephrin durch d. Rattenuterus 21-1552; auf d. Stoffwechsel v. Dihydroxyaceton in d. Rattenleber 23-1313; auf d. Entw. d. experimentellen Atherosklerose 23-1700; Wrkg. v. F^-: auf Struktur u. Spektrum v. Hämerythrin 27-1521; auf d. Synth. v. Polyphosphoinositiden durch Rattenhirn in vitro 32-1644; reaktivierende Wrkg. v. Fluorid auf d. durch Organophosphat blockierte synapt. Übertrag. 35-1718; Einfl. v. Ca, Sr u. Mg auf d. positiv inotrope Wrkg. v. Fluorid 38-1617; Kleinwinkel-Röntgendiffrakt.-Unters. d. Wrkg. v. Fluorid auf menschl. Knochenapatit 43-1316.

Bewert. v. Fluoriden als Antikariesmittel in Kariesvers. an Tieren 17-1615; Stoffwechselunters. bei Skelettfluorose 22-1527; Karieszunahme, Zahnverfärb. u. Zustand d. Mundhygiene bei Kindern unter einmal jährl. örtl. Anwend. v. saurem Phosphatfluorid u. Sn-Fluorid 31-1675; chron. Fluorose beim Meerschweinchen 40-1556; Polarisat.-Mikroskopie v. anomalem Dentin nach Injekt. v. Fluorid 43-1495; Wrkg. v. fluoriertem Trinkwasser auf d. physikal. Eig. d. Rattenfemurs 51/52-1460.

Technische Verwendung

Fluoridier. v. Trinkwasser 40-2061*; Fluoridier.-Nomogramm im Hinblick auf d. W.-Fluoridier. 42-2028; Trinkwasserfluorier. (Rentabilität u. stomatolog. Betracht.) 44-2037; Verw.: v. – zur Herst. v. Gebrauchsporzellan 5-2379*; v. F_2 in Gläsern für d. Faserherst. 6-2271*; v. F_2 in Emailfritte 12-2277*; v. F^- zur Erhöh. d. Glasbldg.-Geschw. v. Silicatgläsern 13-2409; v. F_2 in rosa Farbkörpern für keram. Massen 13-2438*; opt. Glas mit kleinem Brech.-Index aus SiO_2, Al_2O_3, KF u. – 23-2226*; Verw. v. – als Keimbildner bei d. Kristallisat. v. Erdalkali–Alumo–Silicat-Gläsern 24-2262; Zusatz v. – zur Milch 1-1478.

Analyse, Prüfungsverfahren

Amperometr. Titrat. v. F^- mit Zr-Salzen 7-2108; Best.: v. F^- nach Verteil.-Rk. 8-1995; v. – mit d. Mikrosonde 11-2044; Röntgenfluoreszenzanalyse v. – 13-2030; elektrochem. Best. v. F^- in d. Metallurgie 17-2076; titrimetr. Mikrobest. v. – 20-1895; Best. kleiner – -Geh. durch Aktivier. mit *5,5*- u. *10*-MeV-^{3}He-Ionen 21-2087; Nachw. v. Nanogrammmengen F^- 28-1985; Mikrobest. v. F^- mit Al-Eriochromcyanin R 29-2006; extraktionsfluorimetr. Best. v. F^- 30-1918; Aktivier.-Analyse v. – 31-1940; Analyse v. – mit einem Elektronenstrahlmikroanalysator 33-1980; Molybdatmeth. zur – -Best. in Arbeitsräumen v. Superphosphatfabriken 34-2277; spektralphotometr. Best. v. – mit einem PAC–Th-Komplex 37-1834; Titrat. v. F^- mit U(IV) 40-1853; – -Geh. in d. Arbeitsräumen d. elektrolyt. Al-Gewinn. 48-2191; photometr. Titrat. v. F^- mit Al-Nitrat 51/52-1821; Best. v. F^- mit d. Th–SPADNS-Farblack 51/52-1822.

Best. v. – in Rohstoffen, Klinkern u. Stäuben d. Zementindustrie 1-2157; photometr. F^--Best. in Mineralwässern unter Anwend. d. Zr–Brenzcatechinviolett-Komplexes 5-2109; Testsubstanzen für d. Mikrobest. v. – in organ. Verb. 5-2110; Best. v. – in Luft mit Hilfe eines festen Sorbens 7-2181; Nachw. v. – in Mineralien 10-2113; Best.: v. F^- in Ca-Phosphat 13-1878; v. – in Pflanzenmaterial 13-2147; spektrophotometr. Best. v. – in organ. Verb. 15-2031; Best. v. F^- in d. Luft 17-2020; Identifizier. v. – als Zers.-Prod. v. Polytetrafluoräthylen u. Polyfluoräthylenpropylen 18-2103; Best. v. – in getrocknetem Blutplasma durch Massenspektrometrie mit Funkenanreg. 22-1964; Schnellbest. v. – in Flußspat u. Stahlwerksschlacken 24-2000; – -Best. in organ. Verb. 25-1604; Simultannachw. v. HF u. – 26-2059; konduktometr. Endpunktsbest. bei d. Titrat. v. F^- mit Th-Nitrat in Destillaten anorgan. Fluoride, phosphathalt. Gesteinen u. Aufschlüssen organ. Verb. 26-2060; Mikrobest. v. – in organ. Verb. (volumetr.) 26-2120; Best. v. – in Knochen u. Zähnen mit Xylenolorange 26-2144; aktivierungsanalyt. Best. v. – in Metallen u. Halbleitern mit geladenen Teilchen 29-1991; Best. v. F^- in – -halt. U-Verb. 29-2007; Mikrobest. v. – in bakteriolog. Medien durch Neutronenaktivier.-Analyse 29-2008; Best. v. –: in Be, Ca, Na u. B durch γ-Strahlenaktivier. 29-2017; in Meteoriten durch Aktivier. mit therm. u. schnellen Neutronen 29-2043; spektrale Best. geringer – -Mengen in Mineralien über eine CaF-Mol.-Bande 29-2048; maßanalyt. Mikrobest. v. – in organ. Substanzen aus einer Einwaage 30-2009; Best. v. – -Spuren in U-Oxiden durch Pyrolyse u. d. photometr. Alizarinkomplexonmeth. 31-1960; Stör. d. W.-Tropfenprobe auf F^- durch BO_3^{3-} u. BF_4^- 32-1996; Nachw. v. Fluorid, Fluorosilicat, Fluoroborat u. Sulfat in Gemischen 32-1997; Best. v. – in biolog. Material 32-2063; automat. Best. v. F^- in Meerwasser u. anderen natürl. Wässern 34-2096; Best.: d. – -Geh. v. NaF-Tabletten 35-1778; v. – in Elektroofenschlacken (titrimetr.) 35-2060; Mikrobest. v. – in hochfluorierten flücht. Verb. durch O-Verbrenn. 37-1885; Dünnschichtchromatographie v. – 39-1888; Best. v. – in Arzneimitteln 40-1666; spektrometr. Best. v. – in Gesteinen u. Mineralien 45-1876; F^--Best. in AlF_3 durch Breitlinien-Kernresonanz 47-1815; Best. v. – in Fluoriterzen u. -konzentraten durch Aktivier.-Analyse 51/52-1928.

Volumetr. Best. v. Ca- u. Phosphationen in Ggw. v. Fe^{3+}, Al^{3+}, F^- u. SO_4^{2-} 15-2001; Einfl. v. F^- auf d. Leuchtkäfer-Biolumineszenzbest. v. ATP aus roten Blutzellen 43-1844; photometr. Nb-Titrat. mit Komplexon III in Ggw. v. F^- 46-1859.

Aktivier.-Analyse für ^{18}O durch Mess. d. nach $^{18}O(p, n)^{18}F$ gebildeten Aktivität v. ^{18}F 30-1966.

Glasapp. zur NMR-Spektroskopie instabiler – -Syst. bei tiefen Temp. 29-1945; Best. d. F^--Aktivität in sauren wss. Lsg. 43-1821*; Unters. v. ^{18}F nach d. JPDR-Verf. 51/52-1800.

Fluorverbindungen

Organofluorverbindungen s. dort.

Synth. v. N–F-Verb. 41-0698; Abtrenn. v. F-Säuren aus Säuregemischen 1-2308*.

Unters. an P–F-Verb. 34-0147; Schwing.-Spektren v. $FHCl^-$, $FHBr^-$ u. FHJ^- (Darst.) 24-0126; Bandenemiss. v. F_2^+ im Spektralbereich zwischen *4500* u. *8500* Å 33-0139; Zahlenwert d. Bind.-Moments N–F 11-0886; Struktur u. Grundzustand v. FH_2^+ 31-0133; Abhängigk. d. Valenzorbitalenergien u. Mol.-Gesamtenergie v. Bind.-Winkel bei FOH 49/50-0111; chem. Verschieb. im ^{19}F-NMR-Spektrum v. FSO_3F 24-0144; thermodynam. Eig. v. – 29-0888.

P–F-Chemie 5-0734; F-halt. Verb. d. Elemente d. *5*. Hauptgruppe 12-0766; Chemie d. P–F-Verb. 14-0781; neue Fortschritte in d. S–F-Chemie 16-0685; PF-Verb. 20-0730; Verb. mit P u. F 23-1004; Si–F-Chemie 24-0746; Stabilität d. Si–F-Bind. gegenüber heterolyt. Aufspalt. 25-0689; komplexe F-Kationen 47-0657; Einfl. ionisierender Strahl. auf flücht. – (Übersicht) 28-0659; Spalt. d. 5.6- u. 20.21-Oxide v. Steroiden mit F-halt. Agenzien 44-1114.

Rolle v. – bei d. Löslichk. v. Bergkristallimplantaten im tier. Gewebe 15-1763; tox. – 24-1658.

Verw. v. – in feuerfesten Schmelzgußmaterialien mit hoher Rißbeständigk. 10-2427*; Wrkg. v. – als Zusatz für Zemente 12-2297; Verw. v. – zur Ausrüst. v. Baumwollgewebe 3-3059.

Best. v. – in d. Luft 25-1863.

Bldg.-Konst. d. Komplexe TBP·HF, $TBP\cdot(HF)_2$, $TBP\cdot(HF)_4$ u. $TBP\cdot(HF)_3$ (TBP = Tri-n-butylphosphat) 5-0607; ESR-Unters. d. Addit.-Verb. v. Peroxydase mit Fluorid 48-1201.

Bibl.: Analyse fluorhaltiger Verbindungen [russ.] B 29; Elementorganische Verbindungen. Synthese und Untersuchungen monomerer und polymerer Verbindungen des S, Ti, P, Al und F (Mitteilungssammlung) [russ.] B 75.

Fluoramine s. unter *Stickstoffverbindungen.*

Fluorazid: N_3F, Zers. v. – 10-2326*.

Fluorbromide s. *Bromfluoride.*

Fluorchloride s. *Chlorfluoride.*

Fluorjodide s. *Jodfluoride.*

Fluoroxide: Darst. v. Polysauerstoffdifluoriden aus F_2O u. O_2 in elektr. Entlad. 29-0715; ESR-Unters. d. – 26-0169.

F_2O, Vork. v. – in Sumpfgas aus Carbonatiten u. ähnl. Gesteinen 19-0814. Synth. v. – durch Elektrolyse v. feuchtem HF 29-0713; gaschromatograph. Reinig. v. – 29-0714; Abtrenn. v. – aus Ozonmisch. mittels Silicagel 49/50-1986*.

Mikrowellenspektrum v. – in angeregten Schwing.-Zuständen 36-0139; Potentialkonst. dritter Ordn. v. – 1-0086; Atomisier.-Energie v. – 17-0559; Bldg.-Wärme v. – u. Berechn. d. O–F-Bind.-Energie 25-0526; Bind.-Energien v. – 29-0121; Geometrie v. – 49/50-0111; ^{19}F-NMR-Spektren v. fl. u. gasf. – 24-0141; ESR-Spektrum v. – 24-0142, 26-0169.

Kinetik d. homogenen Dissoziat. v. – 5-0709; Radiolyseprod. v. – u. bin. Gemischen mit – 28-0659; Ox. mit – 2-1031; photochem. Bldg. v. Kryptondifluorid aus Kr u. – 4-0688; Kinetik d. therm. Rk. zwischen CO u. – 29-0675; Rk. v. – u. O_2 in elektr. Entlad. 29-0715; Erzeug. v. Licht durch Rk. v. Zr mit – in Blitzlampen 30-0628; – –W.-Dampf-Flamme (Rk. nach Zünd.) 40-0626; Anlager. v. – an Tetramethylallen 2-1040.

Inhalat.-Toxizität v. – 29-1634.

Gaschromatograph. Analyse v. – 25-1764.

FO, Atomisier.-Energie v. – 17-0559.

F_2O_2, Darst. v. – aus F_2O u. O_2 in elektr. Entlad. 29-0715; Atomisier.-Energie v. – 17-0559; Bind.- u. Mol.-Polarisierbark. in – 40-0100; Bind.-Grad in d. verwandten Mol.-Paaren HNO/FNO u. H_2O_2/F_2O_2 51/52-0087; Massenspektrum v. – 22-0161; chem. Verschieb. im ^{19}F-NMR-Spektrum v. – 24-0143; ESR-Spektrum: v. – 26-0169; v. O_2F-Radikal in fl. u. festem – 38-0166; Synth., Stabilität u. energet. Verh. v. – 22-0160.

F_2O_3, Darst. v. – aus F_2O u. O_2 in elektr. Entlad. 29-0715; Atomisier.-Energie v. – 17-0559; Massenspektrum v. – 22-0160; ESR-Spektrum v. – 26-0169; Detonat.-Fähigk. v. – 38-3231.

F_2O_4, Darst. v. – aus F_2O u. O_2 in elektr. Entlad. 29-0715; verbesserte Darst., Analyse u. Eig. v. – 29-0716; Massenspektrum v. – 22-0160; ESR-Unters. v. – 26-0169.

FO_2, IR-Spektrum, Schwing.-Potentialfunkt. u. Bind. v. – 20-0128; Bind.-Verhältnisse in – 51/52-0087; Massenspektrum v. – 22-0161; ESR-Spektrum: v. FOO 12-0169; v. – -Radikal in fl. u. festem O_2F_2 38-0166.

F_2O_5, Herst. v. – 29-0717.

F_2O_6, Herst. v. – 29-0717.

Fluorwasserstoff: HF

F^- s. unter *Fluor.*

Vorkommen: Vork. v. – in Sumpfgas aus Carbonatiten u. ähnl. Gesteinen 19-0814; – -Geh. in Vulkangasen v. Kamtschatka 35-0866.

Bildung, Darstellung: Bldg.: bei d. Zers. v. Polytetrafluoräthylen u. Polyfluoräthylenpropylen 18-2103; bei d. therm. Aufarbeit. v. Polifen-Fasern bei *380–390°* 26-3162; bei d. Hydrolyse v. $NF_4^+AsF_6^-$ 47-0657.

Herst.: v. konz. – 5-2296*; aus wss. Lsg. u. NH_4F (Ausarbeit. eines technolog. Prozesses) 7-0584; v. reiner – -Säure aus H_2SiF_6 11-2318*; im Wirbelbett aus H_2SO_4 u. Na- oder Ca-Fluorid 18-2262*; aus CaF_2, Al_2O_3 u. Carbonat 19-2236*; durch Rk. v. Metallfluoriden im Fließbett 21-2300*; aus Abgasen v. Phosphatdüngerfabriken 23-2120*; v. wasserfreiem – aus H_2SiF_6 u. NH_3 24-2184*; aus H_2SiF_6 25-1984*; als analyt. Reagenz 26-1979; aus H_2SO_4 u. Flußspat 26-2312*; aus SiF_4 27-2227*; durch Rk. v. H_2SiF_6-Lsg. u. H_2SO_4 30-2191*; aus Flußspat u. H_2SO_4 36-2132*; v. reinem – aus Gasen 38-2181*; v. hochreiner – -Säure 40-0679; durch Rk. wss. H_2SiF_6-Lsg. mit NH_4OH 47-2050*.

Kontinuierl. Extrakt. v. H_2O-freiem – aus wss. Lsg. 3-2236*; Extrakt. v. – durch Tri-n-butylphosphat 5-0607; Ultrareinig. v. – 7-2331; Entfern. v. As, P u. S aus – 7-2335*; Extrakt. v. – u. H_2SO_4 bei gleichzeit. Anwesenh. v. Tri-n-butylphosphat 9-0611; Reinig.: v. techn. Flußsäure (SO_2, H_2SiF_6) 12-2189*; v. techn. – 13-2380*; v. – -Dämpfen 20-2207*; v. – v. As- u. Sb-Verunreinig. 27-2215*; v. – durch Dest. 28-2204*; Abtrenn. v. – aus Salzsäure 29-2226*; Entwässern v. *40*%ig. – mittels K_2NbF_7 36-2133*.

Physikalisches und physikalisch-chemisches Verhalten: IR-Spektrum: v. in Äthern gelöstem – 3-0875; u. intermol. Wechselwrkg. in – -Lsg. 12-0153; Konturen d. IR-Absorpt.-Banden u. Rotat.-Beweg. d. Mol. in – -Lsg. 12-0154; Spektren im fernen IR v. matrixisoliertem – 17-0147; theoret. Berechn. d. Schwing.-Spektren v. – 26-0116;

Rotat.–Schwing.-Banden v. – 26-0143; Raman-Spektrum v. $XeOF_4$-Lsg. in – 28-0669; IR-Absorpt.-Spektren v. – in Cyclohexan 37-0159; Rotat.-Spektren v. –- u. DF-Mol. 46-0131; Schwing.–Rotat.-Spektren v. monomerem – in Edelgasgittern 51/52-0105.

Verf. zur Anreg. eines –-Gasmasers für d. ferne IR 3-0174; Einfl. d. –-Atmosphäre beim Schmelzen v. Fluoroberyllatgläsern auf ihre Lichtdurchlässigk. im UV 15-0367.

Natur d. chem. Bind. in – 2-0092; Berechn. v. Polarisat. u. Hybridisier. für – 7-0116; Best. d. lokalisierten MO für – 12-0099; Mol.-Bind.-Energien für – 12-0112; Berechn. d. Atomisier.-Energie v. – durch Anwend. v. Populat.-Analysen auf d. Wellenfunkt. nach Hückel 17-0559; Elektronenstruktur v. – 19-0155; Potentialenergiekurven v. – 20-0099; Bind.-Energie für – 20-0103; Beitrag d. Korrelat.-Energie zur Bind.-Energie für – 20-0104; Absolutberechn. d. Normalfrequenzen d. HF_2^-- u. DF_2^--Ions 21-0126; maßstäbl. verein. Atommodell für – 26-0105; Abhängigk. d. Schwing.-Konst. v. – v. d. Elektronegativität 27-0132; LCAO-SCF-Berechn. d. Energie d. Grundzustandes 29-0114; Bind.-Energien v. – 29-0121; Elektroneneinfang durch – bei gleichzeit. Rotat.-Anreg. 29-0170; magnet. Abschirm.-Konst. v. –-Mol. 33-0132; Zücht. v. Einkrist. v. Seltenerdmetallfluoriden mit Laserqualität in einem kontinuierl. –-Strom 39-0247; Geometrie, Bind.-Energien u. elektron. Übergangsenergien d. homologen Verb. HF, HCl, HBr, HJ, H_2O, H_2S, H_3N u. H_3P 42-0095; Meth. zur Best. d. Prädissoziat. durch Rotat. v. – 43-0108; Bedeut. d. Migrat.-Formen d. Mol. H_2O, CO_2, CH_4, H_2S, –, HCl, SiF_4, BF_3, $FeCl_3$, NaCl, KCl u. $CuCl_2$ bei d. Erzbldg. 43-0746; Einfl. v. Rotat.-Niveaus auf Streuung langsamer Neutronen durch – 46-0019; mittlere Schwing.-Amplituden für HF_2^- u. DF_2^- 46-0095.

Analyse d. Lad.-Verteil. v. – 4-0098; Reorientier. d. Elektronen infolge Ionisat., Reorientier.-Energien v. – 8-0180; Mess. d. Thermokraft v. mit – dotiertem Eis nach einer Indukt.-Meth. 28-0375; Einfl. v. trockenem O_2 auf d. Leitfähigk. v. mit gasf. – behandelten Si-Oberflächen 33-0457; elektr. Dipolmoment für d. Elektronengrundzustände v. – 38-0111.

Paramagnet. Resonanz v. H in erstarrter –-Säure 10-0390; NMR-Analyse v. – 31-1902.

Anod. Auflsg. v. Si in Flußsäurelsg. 3-0656; elektr. Leitfähigk. v. Nitroniumfluoroborat in wasserfreiem – 4-0590; experimentelle Unters. d. Dissoziat.-Konst. v. – 5-0646; Darst. v. NF_3 durch Elektrolyse einer HF–NH_4F-Schmelze 5-0778; Polarographie v. Pb(II) in wss. Flußsäure mit einer Hg-Tropfelektrode 5-2091; Einfl. v. – auf Hochleist.-KW-Stoff-Brennstoffelemente 14-0690; Mikrostrukturunters. d. Prozesses d. anod. Ätz. v. Si in –-Lsg. 16-0584; Gleichstromleitfähigk. v. mit – dotiertem Eis 20-0569; Bldg. v. Sn-Ionen bei d. anod. Auflsg. v. Sn-Amalgam in wss. –-Lsg. 25-0624; Synth. v. OF_2 durch Elektrolyse v. feuchtem – 29-0713; anod. Verh. v. Te in – 33-0671; Darst. v. SF_6 durch Elektrolyse v. H_2S in wasserfreier –-Säure 34-0719; Elektrolyseprod. v. geschmolzenen KF/NH_4F/HF-Misch. 39-0602; KW-Stoff-Brennstoffzellen mit CsF/HF/W.-Elektrolyten 40-0557; Herst. v. NF_3 durch Elektrolyse v. Harnstoff u. Guanidin in wasserfreiem – 47-0567; Einfl. d. Lichtes auf d. Kinetik konjugierter elektrochem. Rk. bei d. Selbstauflsg. v. Si in HF–HNO_3-Gemischen 49/50-0577.

Siedegleichgew. d. Fluorwasserstoffgemische HF/SO_2 u. HF/H_2O/HSO_3F 7-0583; Dampfdruck v. – über $NaHF_2$ zwischen *40* u. *120°* 16-0506; Best. d. Umwandl.-Wärme v. glasförm. in hexagonales GeO_2 durch Lsg.-Kalorimetrie in – 19-0536; quatern. Syst. B_2O_3/HF/CaO/H_2O 49/50-0520, 49/50-0521.

Sorpt. v. V(V) aus –-Lsg. durch Anionite 6-0694; Adsorpt. v. Metallionen aus HF–HNO_3-Lsg. an Quarzoberflächen 7-0669; Einfl. v. Ätzen mit – auf d. Emiss. positiver Verunreinig.-Ionen aus α-Quarz 9-0434; Sorpt. v. Mo aus H_2SO_4–HF-Lsg. durch Anionenaustauscher 13-0681; Adsorpt. v. Metallionen aus *CP-8*-Ätzlsg. (1:4-Gemisch v. HF u. HNO_3) auf d. Si-Oberfläche 14-0736; Sorpt. v. ^{110}Ag an d. fluorierten Oberfläche v. Glas L-*36* u. Quarz nach Behandl. mit – 15-0726; Adsorpt.: v. Cu-, Ag-, Au-, In-, Sb- u. Zn-Ionen aus *CP-8*-Lsg. (*1:4*-Gemisch v. HF u. HNO_3) auf Oberflächen v. Ge 15-0728; v. Au aus wss. Lsg. an mit HNO_3/HF behandeltem Si u. Quarz beim Waschen 15-0730; v. Metallionen aus –-Lsg. an d. Oberfläche v. Ge, Si u. Quarz 16-0622; u. elektrolyt. Abscheid. v. Pa in –-Lsg. 27-0673; Sorpt. v. V(IV) aus –-Lsg. durch Anionite 33-0709; Adsorpt.: v. – an Koordinat.-Verb. 40-0601; v. Bzl. u. Methylalkohol an mit – präpariertem Al-Oxid 49/50-2345.

Lsg.-Enthalpie d. Orthoborsäure in –-Lsg. 1-0551; Lsg.-Wärmen v. Sr-Åkermanit u. d. festen Lsg. dieser Verb. mit Sr-Gehlenit in *20,1*%ig. –-Lsg. 3-0586; Best. d. Lsg.-Wärmen v. Zr-Siliciden u. Zr in einem HF–H_2SO_4-Gemisch 3-0587; Lsg.-Wärmen v. krist. $BeSO_4$ u. $BeSO_4 \cdot 4\,H_2O$ bei *21°* in H_2O u. in wss. –-Lsg. 5-0584; Extrakt. v. Ru als $[RuNO(NO_2)_4OH]^{2-}$ mit Tri-n-octylamin aus –-Lsg. 9-0618; Unters. d. Reextrakt.-Fähigk. v. – gegenüber U(IV) u. Th(IV) aus d. organ. Phase 11-0593; Löslichk. v. Fluorogermanaten im Syst. Me_2GeF_6/HF/H_2O (Me = K, Na, Cs, Li) 13-0572; Lsg.-Wärme: v. BaO, GeO_2, $BaGeO_3$ u. Ba_3GeO_5 in $HNO_3 \cdot 1{,}5\,HF \cdot 27{,}7\,H_2O$ 16-0490; v. Sr-Gehlenit u. d. festen Lsg. dieser Verb. mit Gehlenit in *20,1*%ig. – 17-0564; Extrakt. v. Borsäure durch Tri-n-butylphosphat mit Alkoholen u. Äthern als organ. Phase in Ggw. v. – 17-0580; Löslichk.: im Syst. $(NH_4)_2GeF_6$/HF/H_2O 17-0594; v. Fe-, Mn- u. Co-Salzen in Misch. aus Ae. u. – 22-0517; Herst. dünner Filme v. Ta- u. Pa-Oxiden durch elektr. Aufsprühen Ta- bzw. Pa-halt. – in Aceton mit Mesityloxidzusatz 22-0699; in d. organ. Phase auftretende Spezies bei d. Extrakt. v. – mit Methyldioctylamin in Chlf. 24-0524; Verteil. v. Alkalimetallfluoriden u. – zwischen n-Butanol u. W. 25-0541; Lsgm.-Syst. – 33-0563; Unters. d. Extrakt. v. Ru in Ggw. v. – 33-0601; Rk. v. NSF_3 mit SF_4 in – (Bldg. v. $F_5SN{=}SF_2$) 38-0705; Solventextrakt. v. Nb u. Ta mit Methylen-bis-[octylphosphonsäure] aus –-Lsg. 39-0549; Ox. v. Hexafluoracetonoxim in H_2O-freiem – 40-0983; Existenz v. protonierten Cyanidkomplexen in fl. –-Lsg. 42-0551; Lsg.-Wärme: v. Åkermanit u. dessen festen Lsg. mit Sr-Åkermanit in *20,1*%ig. – 44-0531; v. Merwinit u. dessen festen Lsg. mit Sr-Merwinit in *20,1*%ig. – 44-0532; Löslichk. v. ZrO_2 in – 45-2117; Bldg.-Wärmen v. festem $ZrF_4 \cdot H_2O$ u. $ZrF_4 \cdot 3\,H_2O$ aus d. Lsg.-Wärmen v. $ZrF_4 \cdot n\,H_2O$ (n = *1,14–2,98*) in – 46-0530; Löslichk. v. $ZnSnP_2$ u. $CdSnP_2$ in – 51/52-0655.

Reaktionen: Spalt. d. P–N-Bind. mit – 42-0685.

Kinetik d. –-Zerfalls in Stoßwellen in HF–Ar- u. HF–H_2–Ar-Gemischen 5-0712.

Beobacht. rasch ätzbarer Stör. u. sehr kleiner Durchschlagsspann. in SiO_2-Schichten auf Si bei partiellem Abtragen mit Hilfe geeigneter –-Lsg. 4-0407; Ätzgeschw. an SiO_2-Schichten auf Si mit wss. NH_4F–HF-Lsg. 12-0714; chem. Zus. v. Oberflächenschichten auf Ge in HF/HNO_3- bzw. HF/H_2O_2-Ätzmitteln 37-0743.

Addit. v. – an d. S–N-Dreifachbind. in NSF_3 1-0691; Kinetik d. Einw. v. – auf ThO_2-Einkrist. 4-0662; Rk. mit Mg-Silicaten 5-0916; Unters. d. Auflsg.-Geschw. v. Zr in HF–H_2SO_4 mit Hilfe d. rotierenden Scheibenelektrode 6-0742; Komplexionen v. Ta(V) im Syst. Ta(V)/HF/NH_4F/H_2O 11-0146; Rk. v. H_2F_2 mit Al_2O_3 14-2268*; Kinetik d. Auflsg. v. Nb- u. Ta-Pentoxid in Flußsäure 17-0743; Umsetz.-Prozesse einer Si-Oberfläche mit F u. – 21-0697; Rk.: mit Metallpulver unter Druck 22-0708; mit (NH_4)-Alaun 25-2000*; mit UO_2SO_4 25-2006*; mit $NH_4Al(SO_4)_2 \cdot 12\,H_2O$ 27-2239*; Vers. zur Trenn. v. UF_6 u. PuF_6 durch selektive Red. mit SO_2/HF 28-0732; Geschw. u. Mechanismus d. Rk. v. – mit F_2, H_2, HF 20-0665; Rk. d. Hydridions mit – (Abwesenh. einer Schwelle in d. theoret. Potentialfläche) 29-0671; Spann.-Korros. v. Ni–Cu-Leg. in – 30-2420; Löslichk. v. Nb_2O_5 u. NbO_2F in wss. –-Lsg. u. in HNO_3–HF-Lsg. 32-0552; Rk.: mit SiO 33-0770; mit FeOCl 33-0789; v. wss. – mit Tonerdehydrat 35-2164*; mit $MoCl_5$ 37-0764; Behandl. v. nuklearem Brennstoff mit – 38-2107*; Rk.-Ablauf im Syst. HF/$B_2O_3 \cdot (BF_3)$/H_2O 41-0540; Komplexbldg.-Konst. v. $PaOOH^{2+}$ u. Pa^{4+} in – 49/50-0696; Einfl. einer Fluorier. auf d. sauren Eig. v. Al_2O_3 51/52-0613.

Herst. perfluorierter organ. Verb. durch elektrolyt. Fluorier. in wasserfreiem – 18-2662; Rk.: mit C_2H_2 u. seinen Homologen 32-2557*; mit Phenylacetylen 42-2510*; v. wasserfreiem – mit Epoxiden 5-1197; mit Vinylydenhalogeniden u. CrO_3 9-1016; Nitrofluorier. v. Olefinen u. ihren Halogenderiv. mit HNO_3–HF-Gemischen 14-1032; Rk.: v. perhalogeniertem Cyclopenten mit – 17-2603*; v. Vinylchlorid, 1-Chlor-1-fluoräthan, – u. 1.1-Difluoräthan 19-2671*; mit Phenylhydrazin 26-0715; mit Oxiran in Ggw. v. Acetonitril 6-1038; mit 1.4-Bis-[trichlorsilyl]-benzol 30-1005; mit $Al(C_4H_9)_3$ 29-0748; mit 2.4-Dinitrobenzoldiazoniumsulfat 21-1141; mit Aminosalicylsäuren 26-1051; v. Zuckerestern mit – 38-1088; Verh. gegen Epoxysteroid-3β-ole 10-1158; Rk. mit 5α.6α;20ξ.21-Diepoxypregnan-3β.17β-diol-3-acetat 44-1114.

Rk. v. Halogenäthylen mit CH_2O in Ggw. v. – 9-2778*; katalyt. Aktivität v. mit – promotiertem Al_2O_3 beim Kracken v. Cumol u. Gasöl u. bei d. Isomerisier. v. m-Xylol 10-0727; Alkylier. v. Thiophenolen in Ggw. v. – 10-2743*; Verh. v. Phenylbenzyläthern in H_2O-freiem, fl. – 12-1028; Umlager. v. Cobinamid in H_2O-freiem – 24-1131; Alkylier. v. Diphenyl mit – als Katalysator 35-2340; Verw. v. – bei d. Konvers. v. KW-Stoffen 35-2436*; Einfl. v. – auf Stabilitätsbereich d. Pyrophyllits 38-0867; Umwandl. v. gasf. KW-Stoffen mit –-Katalysator 41-2396*; Alkylier. v. Phenol mit Isobutylen in Ggw. v. – 44-2497; – als Kondensier.-Mittel (Rk. v. F-Olefinen mit Formaldehyd in –) 47-0917.

Biochemisches und physiologisches Verhalten: Einfl.: auf d. Respirat.-Enzyme in d. Blättern d. Sojabohne 23-1322; auf d. zentrale Nervensyst. im Experiment 22-1655; Behandl. v. Flußsäureverbrenn. 41-1666.

Technische Verwendung: Verw.: v. – zum Anbeizen v. Al u. Al-Leg. 2-3101*; v. HNO_3/HF-Gemisch zur Oberflächenentfern. d. überschüss. Materials v. Erzeugnissen aus Sintercarbiden 9-2462*; zum Ätzen v. Halbleitermaterial 11-2374*; v. H_2F_2 in Misch. zur Ausbesser. v. Steinfassaden 12-2312*; v. –-Lsg. mit Dichloräthan zum Ablösen v. harzart. Überzügen 15-2536*; zur Reinig. v. Steinflächen 17-2327*; Säuern v. Erdölbohr. mit –-Lsg. 51/52-2630.

Analyse: Best. v. – in Luft mit Hilfe eines festen Sorbens 7-2181; Simultannachw. v. – u. F 26-2059.

Spektralphotometr. Best. v. Ti in hochreiner –-Säure 3-2009; Geh. an Spurenelementen in Abhängigk. v. Aufbewahr.-Material bei d. Analyse v. bes. reiner –-Säure 38-1877.

Verw.: bei d. Abtrenn. u. Best. v. Re durch Anionenaustausch 4-1910; bei d. Analyse v. Silicatgesteinen 9-2104; als Laufmittel bei d. papierchromatograph. Trenn. v. Ta, Nb u. Hf 29-2030.

Salze (**Fluoride**)

Spezielle – s. unter d. betreffenden Verbindungen.

– in Sternatmosphären 25-0773.

Freie Bldg.-Enthalpien v. anorgan. – 11-0558; Herst.: v. – d. *1.* u. *2.* Periode in d. IV. bis VI. Gruppe 13-2336*; v. mit ^{18}F markierten – 34-0716; v. – aus NH_4F 49/50-1994*; v. anorgan., nicht ionogenen – d. allg. Formel F_wA_x durch Rk. v. F_2 49/50-1995*; Entfernen v. Metall-, Metallfluoridschichten u. Schichten aus dielektr. Material v. durchsicht. Stoffen 15-2294*.

Einfl. v. –-Zusatz auf d. IR-Spektren v. glas. Na-Silicaten, Mg-, Ca- u. Ba-Silicaten u. Na- u. Ca-Silicophosphaten 10-0348; Unters. d. F-Emiss.-Linien in – 46-0376; mit Seltenerdmetallen dotierte – d. *2.* Gruppe als Quantenzähler 46-0381; Schwing.-Eig. v. Hexafluoridmol. 15-0051; Kraftkonst. v. Hexafluoriden 18-0097; Verflüchtig. v. –, Boraten u. As aus Glas (Berichte d. VII. Internationalen Glaskongresses, Bruxelles *1965*) 26-2393; Röntgenbeug.-Unters. u. Polymorphie v. Übergangsmetallhexafluoriden 48-0256; NMR-Unters. anorgan. – 8-0359; ^{19}F-NMR u. Relaxat. v. Hexafluoridmol. im Festkörper 29-0367; NMR-Unters. an anorgan. – 33-0177; chem. ^{19}F-NMR-Verschieb. u. Struktur koordinierter – v. Elementen d. *5.* u. *6.* Gruppe d. Periodensyst. 47-0372; potentiometr. u. amperometr. Titrat. v. – mit $HClO_4$ in Essigsäure + Essigsäureanhydrid 10-0646; Elektrodenüberspann. in geschmolzenen – 46-0617; Darst. v. Cr aus –-halt. Chromsäurelsg. 37-0616; KW-Stoff-Brennstoffzellen mit –-Elektrolyten 40-0557; mol. Freiheitsgrade u. Thermodynamik v. Phasenübergängen in Hexafluoriden v. Übergangsmetallen 5-0592; thermodynam. u. strukturelle Eig. v. Misch. geschmolzener – 5-0622; Chemie u. Thermodynamik –-halt. Lsg. für Salzschmelzenreaktoren 26-0533; geschätzte Stabilität v. $[NF_4]F$ 37-0547; Viskosität d. Syst. CaO/SiO_2/Fluoride alkal. Erden 8-2319.

Reaktivität v. Übergangsmetall-– 47-0690, 47-0693, 47-0694; Kinetik d. Hydrofluorier. v. mit Y_2O_3, MgO, CaO u. BaO sowie ThO_2 dotiertem UO_2 24-0715; Hydrolyse v. — bei d. Wirbelbettröst. v. Cu-Konzentraten 46-2106; Rk.: v. aromat. Perhalogen-KW-Stoffen mit einwert. Metall- — 15-2668*; v. Tetraarylzinn u. Nichtmetall- — 5-0807; Pyrolyse v. Fluoroform in Ggw. v. — d. Gruppe IA oder IIA d. Periodensyst. 2-2617*; mit anorgan. — aktiviertes Al_2O_3 zur Herst. v. Diphenylamin aus Anilin 7-2745*; Dehydrohalogenieren v. substituierten 3-Chlorpropionsäureestern in Ggw. eines — 8-2642*; Verw.: zur Cyclisier. v. Polymeren 21-3128*; bei d. anod. Grenzflächenpolymerisat. v. Bzl. 29-1117; Einfl. v. — auf d. Komplexbldg. v. V(V) mit Brenzcatechin 30-0524.

Verw. zum Schutz gegen Korros. v. Betonbauten 7-2433; Oberflächenbehandl. v. Gips oder v. Kalksteinen mit organ. — 16-2296*; Verw.: in zusammengesetzten Leichtbaukörpern 18-2408*; in farb. Opalgläsern 25-2088; —-Gläser 26-2403; Verw. als Keimbildner bei d. Darst. v. Sitallen d. Syst. $SiO_2/Al_2O_3/CaO/MgO/R_2O$ 32-2295; Fluosulfatgläser mit bes. opt. Eig. 45-2123*; Verw. v. Hydrogenfluoriden als Härter für Kunstharzklebstoffe mit Schutzmittelwrkg. für Holz 5-2977*.

Bibl.: Pharmacology of fluorides (Handbuch der experimentellen Pharmakologie. Vol. *20*, *1*) B 12; Handbook of experimental pharmacology. Vol. *20*. Pharmacology of fluorides. Part *1* B 28; Handbuch der experimentellen Pharmakologie. New serie. Vol. *16*: Erzeugung von Krankheitszuständen durch das Experiment; part *12*: Tumoren. Vol. *18*: Histamine and antihistaminics: part *1*. Histamine, its chemistry, metabolism and physiological and pharmacological actions. Vol. *19*: 5-Hydroxytryptamine and related indolealkylamines. Vol. *20*, part *1*: Pharmacology of fluorides. Vol. *21*: Beryllium B 53.

Fluoraden s. unter $C_{19}H_{12}$.
Fluoralhydrat s. unter $C_2H_3F_3O_2$.
Fluoranil s. unter $C_6F_4O_2$.
Fluoranthen s. unter $C_{16}H_{10}$.
Fluordesoxyuridin s. unter $C_9H_{11}FN_2O_5$.
Fluorembichin s. unter $C_5H_{11}ClFN$.
Fluoren s. unter $C_{13}H_{10}$.
Fluorene, Deriv. v. Fluoren 9-1334, 9-1335, 33-1271, 43-0971.

Darst.: v. 2.4.7-Deriv. d. Fluorens 5-1143; v. 9-Alkylaminoalkyl- — 3-2660*; v. 9-Alkyl- — 16-2612*; v. 9-Aminoalkyliden- — 20-1693*; v. Acylderiv. v. 9-Aminofluoren-4-carbonsäure 22-0979; v. 9-Acylaminofluoren-4-carbonsäureestern 22-0980; v. 9-[p-(3-Amino-2-hydroxy-3-propoxy)-(methoxy)-benzal]- — 29-1792*; v. 1-, 2- u. 3-Cycloalkyl- — 30-1020; v. Fluorencarbonsäuren 30-2748*; v. quart. Ammoniumsalzen v. 2-Amino- u. 2.7-Diamino- — 31-1663; v. 9-Aminoalkyliden- — 48-1623*; v. Piperazinoalkylestern v. 9-Hydroxyfluoren-9-carbonsäure 48-1630*.

Rk. v. Fluoren-(9)-ω-dialkansäure mit 2.3.5.6-Tetraalkylpiperazinen 24-2975*; Substituenteneffekte 26-0986; Modifizier. v. Homo- oder Copolymeren d. Propylens mit 9.9-Di-(carboxyalkyl)- — 30-2725*; Herst. v. linearen Polyestern mit Fluorendicarbonsäuren 30-2745*; oxydative Spalt. v. Fluorenyl-(9)-glyoxylaten mit Pb-Tetraacetat 42-0979.

Karzinogene Aktivität v. Fluorenylacetamiden 19-1258; Eign. zur Tumorhemm. 44-1248; Verteil. v. neuen Fluorendisulfonamidderiv. in Ratten mit transplantiertem Walker-Karzinosarkom 47-1158.

Hydrierte Fluorene, Darst., Strukturaufklär. u. Aromatisier. v. Ketolderiv. d. Perhydrofluorens 27-0991.

Fluorenol s. unter $C_{13}H_{10}O$.
Fluorenon s. unter $C_{13}H_8O$.
Fluorescein s. unter $C_{20}H_{12}O_5$.
Fluoresceinfarbstoffe s. unter *Farbstoffe, organische (Triphenylmethanfarbstoffe)*.
Fluoreszenz s. unter *Lumineszenz*.
Fluorexon s. unter $C_{30}H_{26}N_2O_{13}$.
Fluorierung s. unter *Halogenierung*.
Fluorimetrie s. unter *Lumineszenz*; *Spektroskopie*.
Fluorit s. unter *Calciumfluoride*: CaF_2.
Fluorlon s. unter *Plaste, Andere Plaste*.
Fluormethylprednisolon s. unter $C_{22}H_{29}FO_5$.
Fluorochrome und Fluorchromierung s. unter *Färbung, biologische*.
(*C*)-**Fluorocurin** s. unter $C_{20}H_{26}N_2O_3$.
Fluorodopan s. unter $C_9H_{13}ClFN_3O_2$.
Fluoroform s. unter CHF_3.
Fluorolgrüngold s. unter $C_{30}H_{28}O_4$.
Fluoromar s. unter $C_4H_5F_3O$.
Fluoroplast-3 s. unter *Plaste, Olefinpolymerisate (Polytrifluorchloräthylen)*.
Fluorplast-4 s. unter *Plaste, Olefinpolymerisate (Polytetrafluoräthylen)*.
Fluoroplast 40 s. unter *Plaste, Olefinpolymerisate (Polytetrafluoräthylen)*.
Fluoroplast 4 B s. unter *Plaste, Olefinpolymerisate (Polytetrafluoräthylen)*.
Fluoroplast 42 B s. unter *Plaste, Olefinpolymerisate (Polytetrafluoräthylen)*.
Fluoroplast 4 M s. unter *Plaste, Olefinpolymerisate (Polytetrafluoräthylen)*.
Fluoroplast 40 Sch s. unter *Plaste, Olefinpolymerisate (Polytetrafluoräthylen)*.
Fluororotsäure s. unter $C_5H_3FN_2O_4$.
Fluor-Phlogopit s. unter *Phlogopit*.
Fluorprednisolon s. unter $C_{21}H_{27}FO_5$.
5-Fluoruracil s. unter $C_4H_3FN_2O_2$.
Fluotaramit s. unter *Kataphorit*.
Fluothan s. unter $C_2HBrClF_3$.
Fluothane (Halothane), Verunreinig. v. —, ihre biolog. Eig. 15-1712.
Fluoxymesterone s. unter $C_{20}H_{29}FO_3$.
Fluphenamsäure s. unter $C_{14}H_{10}F_3NO_2$.
Fluphenazin s. unter $C_{22}H_{26}F_3N_3OS$.
Fluprednisolon s. unter $C_{21}H_{27}FO_5$.
Flurandrenolon s. unter $C_{24}H_{33}FO_6$.
Flurothyl s. unter $C_4H_4F_6O$.
Flußspat s. unter *Calciumfluoride*: CaF_2.
FMN s. unter $C_{17}H_{21}N_4O_9P$.
FMNH$_2$, durch Molybdän(VI) u. — katalysierte photochem. Red. v. Nitrat 8-1258; Charge-Transfer-Komplexe v. — 18-1237.
FMS I, biolog. Wrkg. 25-1461.
FMS IA, Extrakt. u. chem. Charakteristik v. — aus d. Rattenurin 25-1460; biolog. Wrkg. 25-1461.
FMS IB, Extrakt. u. chem. Charakteristik v. — aus Rattenurin 25-1460; Reinig. 25-1462; biolog. Wrkg. 25-1461.
FN s. unter *Plaste, Phenolharz (Weitere Phenolharze)*.
FN-Kationenaustauscher, Verw. zur Best. d. Stabilitätskonst. v. Komplexen 13-0595.
Fördern s. unter *Technologie*; s. auch *Pumpen*; *Transportbänder*.
Folcodintartrat s. unter $C_{23}H_{30}N_2O_4$.
Folcystein-Oeriu, säurelösl. RNS u. DNS in Ratten in Bezieh. zum Alter u. zur Wrkg. v. — 39-1572; Wrkg. auf d. Proteinstoffwechsel bei Tetrachlorkohlenstoffvergift. 39-1656.
Folex s. unter $C_{12}H_{27}PS_3$.
Folicobalamin, Grippebehandl. mit — 45-1563.
Folidol s. unter $C_{10}H_{14}NO_5PS$.
Folien s. unter *Filme*; *Metallfolien* s. dort.
Foli-Gard s. unter *Plaste, Acrylpolymerisate (Polyacrylsäure)*.
Folimat, Bekämpf. v. Spinnmilben im Hopfenbau mit — 31-2933.
Folinsäure s. unter $C_{20}H_{23}N_7O_7$.
Foliosidin s. unter $C_{17}H_{23}NO_5$.
Foliosin s. unter $C_{17}H_{15}NO_3$.
Follikelhormone s. unter *Hormone, Ovarialhormone*.
Follikelreifungshormon s. unter *Hormone, Hypophysenvorderlappenhormone (Follikelstimulierendes Hormon)*.
Follikelstimulierendes Hormon s. unter *Hormone, Hypophysenvorderlappenhormone*.
Follikulin s. unter $C_{18}H_{22}O_2$.
Folsäure s. unter $C_{19}H_{19}N_7O_6$.
Fomecin s. unter $C_8H_8O_5$.
Fomecin B s. unter $C_8H_6O_5$.
Fonsecin s. unter $C_{15}H_{14}O_6$.
Food Green No. 2 s. unter $C_{37}H_{38}N_2O_{10}S_3$.
Food Green No. 3 s. unter $C_{37}H_{38}N_2O_{11}S_3$.
Food Green No 4 s. unter $C_{27}H_{28}N_2O_8S_2$.
Food Orange No.1 s. unter $C_{16}H_{12}N_2O_4S$.
Food Red No. 1 s. unter $C_{19}H_{18}N_2O_7S_2$.
Food Red No. 4 s. unter $C_{18}H_{16}N_2O_7S_2$.
Food Red. No. 101 s. unter $C_{17}H_{12}N_2O_9S_2$.
Food Red No. 102 s. unter $C_{20}H_{14}N_2O_{10}S_3$.
Food Red Nr. 103 s. unter $C_{20}H_8Br_4O_5$.
Food Red No. 104 s. unter $C_{20}H_6Br_4Cl_2O_5$.
Food Red No. 106 s. unter $C_{23}H_{19}N_3O_9S_3$.
Food Yellow No. 1 s. unter $C_{10}H_6N_2O_8S$.
Food Yellow No. 5 s. unter $C_{16}H_{12}N_2O_7S_2$.
Forane 113 s. unter $C_2Cl_3F_3$.
Forensische Chemie

Siehe auch *Blutanalyse*; *Toxokologie*.

Meth. d. toxikolog.-forens. Analyse 1-2147; Extrakt. organ. Arzneimittel u. Gifte aus Leichenteilen bei toxikolog. Analysen 2-2112; Best.: v. Kohlenoxidhämoglobin in Leichen 2-2114; v. Diphenylhydantoin im Blut durch UV-Spektrophotometrie in d. — 2-2115; immunolog. Unters. v. menschl. Choriongonadotropin, Darst. v. Anti-Human-choriongonadotropin u. seine Anwend. zur Unters. in d. Gerichtsmedizin 17-1463; Pestizid-Rückstandsproblem aus d. Sicht d. Gerichtschemie 19-2129; Anwend. v. Tüpfelrk. in d. — 20-1975; Dokumentat. forensisch-chem. Unters. auf Randlochkarten 23-2010; Identifizier.-Rk. für Pentamin u. ihre Anwend. in d. gerichtschem. Analyse 24-1995; Anwend.: d. Chemilumineszenz v. Luminol in d. — 29-2077; d. Aktivier.-Analyse in d. — 29-2078, 31-2049; postmortale toxikolog. Unters. d. Verteil. v. 2′-Dimethylamino-10-(2′-methyläthyl)-phenothiaziniumchlorid u. 3-Methoxy-10-(3′-dimethylamino-2′-methylpropyl)-phenothiazinmaleinat im Menschen 31-2050; Gaschromatographie für gerichtsmedizin. Zwecke 33-2098; Nachw. v. Promedol in Leichenmaterial 33-2099; Anwend. d. Dünnschichtchromatographie für d. forens. Nachw. v. Barbital u. Phenobarbital 44-1916; Erfahr. mit Schnellteststreifen für β-d-Glucose in d. — 46-1939; Anwend. d. Dünnschichtchromatographie in d. forens. Toxikologie (Nachw. tox. organ., nichtflüchtiger Substanzen) 49/50-1842; forens. chem. Nachw. für Digitalisglykoside in Autopsiematerial 51/52-1917.

Bibl.: Die histochemische Untersuchung thermischer Hautschäden und ihre Bedeutung für die forensische Praxis B 69; Gerichtsmedizinische Untersuchungen bei Verkehrsunfällen B 69.

Forhistal s. unter $C_{20}H_{24}N_2$.
Formaldehyd s. unter CH_2O.
Formaldimedon s. unter $C_{17}H_{24}O_4$.
Formaldoxim s. unter CH_3NO.
Formalin s. unter CH_2O.
Formamid s. unter CH_3NO.
Formamidin s. unter CH_4N_2.
Formazan s. unter CH_4N_4.
Formazane

Siehe auch *Pseudoformazane*.

Darst.: v. N.N′-Bis-[o-hydroxyaryl]-arylaminocarbonyl- — 10-2940*; v. Cu(Ni)-halt. N-[o-Hydroxyaryl]-N′-[o-carboxyaryl]-aroyl- — 19-2915*; v. 1.5-Diphenyl-3-aroxy- — 22-1718*; v. 1.5-Diaryl-3-nitro- — 24-1101; v. N-[1′.2′-Dialkylindazolyliden-(3′)]-N′-[1″.2″-dialkylindazolio-(3″)]-alkyl(aralkyl)- — 27-2816*; v. 3-Aminomethyl-1.5-dibenzimidazolyl- — 44-1058; v. — d. Naphth-[1.2 : d]-imidazol-Reihe 44-1059; v. 1.5-Diphenyl-3-arylthio- — 45-2315*; IR-Absorpt.-Spektren v. — d. Benzimidazolreihe 35-0894; Komplexbldg. v. — d. Benzimidazolreihe mit Ni u. Cu 18-0734; Verw. als Stabilisatoren in photograph. Emuls. 32-3301*.

Formazanfarbstoffe s. unter *Farbstoffe, organische*.
Formiloxin s. unter $C_{46}H_{64}O_{19}$.
Formol s. unter CH_2O.
Formolit s. unter *Plaste, Polyäther (Epoxidharze)*.
Formononetin s. unter $C_{16}H_{12}O_4$.
Formose, —-Bldg. 7-1256.
Formosulfathiazol s. unter $[C_{10}H_9N_3O_2S_2]_x$.
Formvar s. unter *Plaste, Vinylpolymerisate (Weitere Vinylpolymerisate)*.
Formycin s. unter $C_{10}H_{13}N_5O_4$.
Formycin B s. unter $C_{10}H_{12}N_4O_5$.
Formylierung s. unter *Acylierung*.
Forocidinol s. unter $C_{30}H_{55}NO_{10}$.
Forondunkelblau E-2 RL, färber. Verw. 35-2446.
Foronfarbstoffe, Färben v. Polyester/Wolle u. Crimplene mit — 1-2930; — auf Polyester/Baumwolle-Misch. (Musterkarte) 12-2728.
Foronmarineblau E-2BL, färber. Verw. 35-2446.
Forschungsstätten, *60* Jahre Chemieunterricht in d. Fakultät für Landwirtschaft an d. Univeristät v. Helsinki 1-0012; Kéage-Labor. für Kernforsch. (Zehnjahresbericht *1955* bis *1965*) 11-0029; staatl. geförderte kooperative Vereinig. d. industriellen Forsch. 18-0001; anorgan. Chemie an d. Mečnikov-Universität in Odessa 23-0004; Fortschritte d. internationalen Schule d. Physik „Enrico Fermi" 27-0031; *100*. Jahrestag d. jugoslaw. Akademie d. Wissenschaften u. Künste 33-0006.
Forsterit s. unter *Magnesiumsilicate*.
Fortiflex 60/500 s. unter *Plaste, Olefinpolymerisate (Polyäthylen)*.
Fortisan s. unter *Chemiefasern, Acetatfasern*.
Fortuitin (F. 119—202°), Struktur 29-1291.
Fortunearosid (F. 204°), Vork., Eig. 8-1511.
Fosfotion s. unter $C_{10}H_{19}O_6PS_2$.
Fosfotox E, spektrometr. Analyse 4-2001.
Fosfotox R, spektrometr. Analyse 4-2001.
Fourmarierit, Vork. v. sek. — neben d. Pechblende v. Kletno 34-0817; Nachw. v. Oxonium in — 3-0780.
per-**FPPN 91-1,** Differentialthermoanalyse v. — (Schmiermittel) 39-2492.
FPPN 93-1, Differentialthermoanalyse v. — (Schmiermittel) 39-2492.
FR 33 s. unter $C_{19}H_{23}FN_2O_3$.
Fradiomycinsulfat, dünnschichtchromatograph. Verh. 29-1348; Bioautographie v. — mit Hilfe d. Dünnschichtchromatographie 37-1336.
Fragilin s. unter $C_{16}H_{11}ClO_5$.
„**Fragosid**" [Isorhamnetindirhamnosid] s. unter $C_{28}H_{32}O_{15}$.
Fraktionieren s. unter *Scheiden* sowie den einzelnen Verfahren.
Framycetin s. unter $C_{23}H_{46}N_6O_{13}$.
Francevillit, Vork.: v. Pb-freiem — mit Pechblende v. Liauzun. bei Olloix, (Puy-de-Dome) 37-0846; v. Ba-halt. — 44-0806.

Francium

α-Zerfall v. ^{219}Fr 6-0079; α-Spektrum für ^{225}Ac → ^{221}Fr 18-0079; α-Teilchenenergien v. ^{214}Fr 22-0085; Grundzustands-Hinder.-Faktoren für ungerade-gerade-Kerne v. – 45-0062; Zerfallsgeschw. für ^{223}Fr u. ^{221}Fr 45-0797; Bind.-Energie v. ^{221}Fr 1-0025; Ermittl. d. Radien v. Kationen mit Edelgasschale für – 48-0088; Vergrößer.-Faktor d. elektr. Dipolmoments d. Valenzelektrons in – 44-0078; kernmagnet. Abschirm.-Konst. für alle positiven Ionen, neutralen Atome u. negativen Ionen v. – 18-0089; Entropiecharakteristik d. Nah- u. Fernhydratat. v. Fr$^+$ 11-0628; Isolier. v. – durch Ionenaustausch 33-2035.

Bibl.: Analytische Chemie des Technetiums, Promethiums, Astats und Franciums [russ.] B 69.

Franciumverbindungen

Franciumbromid: FrBr, charakterist. Temp. u. Dissoziat.-Energie v. – 7-0571.

Franciumchlorid: FrCl, charakterist. Temp. u. Dissoziat.-Energie v. – 7-0571.

Franciumjodid: FrJ, charakterist. Temp. u. Dissoziat.-Energie v. – 7-0571.

Franciumthiocyanatozincat(II): Fr·[Zn·(SCN)$_3$], Stabilitätskonst. v. – 16-0552.

Franciumthiocyanatozincat(II): Fr[Zn·(SCN)$_4$], Stabilitätskonst. v. – 16-0552.

Franckeit, Vork. v. Pabstit mit – in kiesel Kalk 4-0815; Best. d. Pb-Isotopenhäufigk. u. Modellalter v. bolivian. – -Proben 34-0805.

Francolane-Farbstxffe, Färben v. Wolle mit – 19-2873.

Francolith s. unter *Apatite*.

Frangulin A, dünnschichtchromatograph. Isolier. aus Rhamnus frangula, spektrophotometr. Best. 15-1767.

Frangulin B s. unter $C_{21}H_{20}O_9$.

Frankland-Reaktion, Modifikat. d. – 27-0998, 27-0999.

Franklinit s. unter *Zinkoxide, Mischoxide: Fe(ZnFe$_2$O$_4$)*.

Franklinon s. unter $C_{19}H_{22}O_4$.

Frauenmilch

Siehe auch *Drüsen-Brustdrüsen*.

Mn-Geh. in – 6-1526; anorgan. Salze d. – 30-1372.

Aktivität d. Folsäure in d. – 1-1626; Unterschiede zwischen α-Lactalbumin d. – u. d. Kuhmilch 2-1533; Pregnan-3α-20-β-diol in – 11-1485; DDT-Anreicher. in d. – bei d. Aufnahme mit d. Nahr. u. tox. Wrkg. 11-1590; Proteine in – 23-1424; ungesätt. Fettsäuren mit cis- u. trans-Konfigurat. d. Doppelbind. in Kuhmilch u. – 23-1539; Lipasewrkg. in – 24-1326; Methylester-Artefakte in mit Methanol extrahierten Lipiden d. – 27-2071; mögl. Vork. v. β-Lactoglobulin im Kolostrum 28-1535; in vitro-Prüf. d. Stabilität halbsynthet. Penicilline in d. – 29-1325; Thromboplastinaktivität d. – 30-1464; Mucopolysaccharide aus d. Kolostrum 38-1481; Isoamylasen in – 40-1324; Unters. d. γ_A-Globuline d. Kolostrums 41-1448; physikal. u. chem. Eig. eines Heterosaccharids d. Kolostrums 48-1368; Isolier. v. Immunoglobulin A aus Kolostrum 51/52-1426; Red. u. Proteolyse v. Immunoglobulin A aus Kolostrum 51/52-1427; Fettresorpt. aus – bei Neugeborenen 15-1572.

Mikropräparative Trenn. d. Lipidklassen v. – 31-1517; Best. v. Rutin in – 4-1968; Nachw. u. Isolier. v. wasserlösl. Vitamin D-Sulfat in – 41-1565.

Fraxetin s. unter $C_{10}H_8O_5$.

Fraxin s. unter $C_{16}H_{18}O_{10}$.

Freie Energie s. unter *Thermodynamik*.

Fremys Salz s. unter *Kaliumnitrososulfate*.

Frénactil s. unter $C_{23}H_{24}FN_3O_2$.

Frenolon s. unter $C_{31}H_{36}ClN_3O_5S$.

Freon 11 s. unter $CClF_3$.

Freon 12 s. unter CCl_2F_2.

Freon 13 s. unter $CClF_3$.

Freon 14 s. unter CF_4.

Freon 21 s. unter $CHCl_2F$.

Freon 22 s. unter $CHClF_2$.

Freon 112 s. unter $C_2Cl_4F_2$.

Freon 113 s. unter $C_2Cl_3F_3$.

Freon 114 s. unter $C_2Cl_2F_4$.

Freon 115 s. unter C_2ClF_5.

Freon 116 s. unter C_2F_6.

Freon 142 s. unter $C_2H_3F_2Cl$.

Freon 502, Änder. d. Verdampf.-Wärme mit d. Temp. 48-0846.

Freon 13 B 1 s. unter $CBrF_3$.

Freon C 318 s. unter C_4F_8.

Freone, Eig., Herst.-Technik u. Anwend. 24-2877; Laser-Oszillat. in – -Gemischen 7-0188; Wärmeleitfähigk. fl. – (Temp.-Abhängigk.) 1-2225; (in einem reellen Temp.-Bereich) 23-2080; Änder. d. latenten Wärme d. – mit d. Temp. 48-0846; coulometr. Best. v. W.-Spuren in – 17-1992.

Freon FE-318 s. unter C_4F_8.

Fresnoit, Bldg.-Rk. v. – 17-0859.

Fricke-Lösung s. unter *Eisensulfate* u. unter *Ammoniumsulfate*.

Friedelan s. unter $C_{30}H_{52}$.

Friedel-Crafts-Isomerisierung s. unter *Umlagerungen*.

Friedel-Crafts-Reaktionen

– zu *Acylierung*; *Alkylierung*; *Umlagerungen* s. dort.

– (Mechanismus, Übersicht) 1-0973; – bei Farbstoffsynth. 4-2733; – v. Phenoselenazin u. Phenoxazin 8-1153; Cokatalyse bei – 22-1054; – d. Säureamide 23-1011; Friedel-Crafts-Chemie 31-0943; selektive – 33-1053; – mit 2-Hydroxy-4-methylthiazol 36-1050; Modifikat. d. – 37-1015, 49/50-0918.

Friedelin s. unter $C_{30}H_{50}O$.

Fries-Reaktion s. unter *Umlagerungen*.

Friessche Umlagerung s. unter *Umlagerungen*.

Friessche Verschiebung s. unter *Umlagerungen*.

Frittoxal s. unter *Aluminiumlegierungen (Sondermarken)*.

Frost- und Gefrierschutzmittel, korrosionsbeständ. Gefrierschutzmittel auf d. Basis eines Polyhydroxyalkohols 2-2202*; korrosionshemmendes Frostschutzmittel als Zusatz zu W. 14-2191*; Herst. v. Gefrierschutzmitteln aus in W. lösl. Glykolen 14-2192*; Frostschutzmittel (Überblick) 16-2041; Darst. v. inhibierten einphas. Gefrierschutzmitteln 21-2255*; Gemische gegen Beschlagen u. Gefrieren aus einem Mischpolymerisat v. Organosiloxanen u. Oxyalkylenen 21-2256*; Wrkg. v. Ca(NO$_3$)$_2$ als Antifrostmittel 31-2280; Gefrierschutzmittel für Kühlfl. mit korrosionsverhindernder Wrkg. 34-2199*; Enteis.-Mittel auf d. Basis v. Formamid 37-1987*; Herst. v. Frostschutzlsg. aus MgCl$_2$ u. CaCl$_2$ unter Verw. v. Carnallitendlauge 43-1956*; Frostschutzmittel: aus Äthylenglykol u. Korros.-Schutzmitteln für Kühlsyst. v. Verbrenn.-Maschinen 43-1957*; aus Äthylenglykol u. Korros.-Schutzmitteln 43-1958*; Behandl. v. Oberflächen gegen Vereis. durch Aufbringen v. Copolymeren 48-2084*; Frostschutzmittel als Zusatz zu W. aus MgO, Borsäure, Alkaliborat u. alkohol. F.-Erniedriger 49/50-1951*; Gefrierschutzmittel zur Verw. in Sprühdosen auf d. Basis n-Propanol 49/50-1952*; Herst. v. Perfluorpinakol als Gefrierschutzmittel 49/50-2371*.

Fruchtsäfte

– v. speziellen üblichen Früchten s. unter d. betreffenden Früchten; s. auch *Getränke*.

Hemm. d. Schimmelpilzentw. in – durch L-Ascorbinsäure 1-3379; N-Sorboylaminocarbonsäuren zur Konservier. v. – 1-3390*; Infekt. v. – durch Schimmelpilze (Bekämpf.) 3-3234; Schimmelpilze in – 4-3137; Unterdrück. d. Wachstums fruchtsaftverderbender Schimmelpilze durch Sorbinsäure 4-3138; Steiger. d. Viskosität u. Gelbldg. v. – durch gereinigte Pektinesterase 7-1395; Stabilisier.: v. mit Vitamin C angereicherten pulverisierten – durch geeignete Verpack. 7-3429; v. – mit mit Methylcellulose überzogenem Glucoseoxydase-Katalase-Präp. 8-3352*; Einfl.: v. tiefen Temp. auf Hefen u. Schimmelpilze aus – 11-3375; v. Spalthefen auf d. Vitamin B$_1$-Geh. poln. Moste u. – 15-3242; Verw. v. Sorbit bei d. Herst. v. Fruchtnektaren für Diabetiker 15-3250; Pimaricin als Fungistatikum für – 16-3226; zeitl. Ablauf d. nichtenzymat. Ox. v. L-Ascorbinsäure in – 16-3250; Lagerbehälter in d. – -Industrie (chem. Beständigk.) 16-3252; Stabilität d. Ascorbinsäure in – bei höheren Temp. 18-3378; Behandl. v. – mit einem Elektrodialysator (Erhöh. d. pH) 18-3428*; Herst. v. Wachsmisch. für Überzüge für – -Behälter 19-3267*; Einfl. v. CO$_2$, Ascorbinsäure u. D. auf d. mikrobiolog. Stabilität v. Säften u. Konzentraten 21-3371; Saftherst. (Verw. eines Hemmstoffes gegen Mikroben) 21-3372; Bldg. v. Anthocyan-Metall-Komplexen in – (Einfl. auf d. Farbe) 22-3172; Geh. an Chlorogensäure in Obstsäften 24-3373; Konzentrieren u. Aufbewahren v. Säften durch Einführen in unter Druck stehende Gefrierzonen 28-3299*; Maracujá als Rohstoff für – 31-3031; Herst. v. Sn-Salzen der Citronensäure als Stabilisatoren für – 33-2563*; Pektine in – (Übersicht) 35-2761; Gewinn. v. Stachelbeersaft mit pektolyt. Fermentpräp. 36-3062; Herst. u. Lager.-Eig. v. eingedostem Guwayabano (Anona muricata)-Konzentrat 39-2918; Veränder. d. Anthocyanfärb. v. Obst- u. Beerensäften 39-2919; Bekämpf. d. Verpilz. v. – 40-3183; Dest. u. Konzentrier. d. Aromabestandteile v. – 42-3099; Einfl. d. Temp. auf d. Stabilität v. gelagerten – -Konzentraten 46-3139; oxydativer Abbau d. L-Ascorbinsäure in Obstsäften 48-3254.

Best. v. freier u. gebundener Blausäure in – (spektrophotometr. mit Py./Barbitursäure-Reagenz) 8-2107; Prüf. v. Konzentraten aus schwarzem Himbeersaft auf Verfälsch. 14-2119; Best. in –: d. Geh. an Gerbstoffen 15-2127; v. Netzmitteln 30-2074; v. Triäthylentetramin (nephelometr.) 39-1990; d. Geh. an O (polarograph.) 44-1956; v. Nitrat- u. Nitrit-N 46-1987; v. 5-Hydroxymethylfurfurol 49/50-1896.

Fructescin s. unter $C_{15}H_{14}O_3$.

Fructescinon s. unter $C_{15}H_{12}O_4$.

Fructosane, jahreszeitl. Verlauf d. – -Geh. in d. Knaulgrasstoppel unter Einfl. v. N-Düng. u. Ernteverf. 29-3048; Bldg. in Lolium temulentum nach Behandl. mit Trimethylammonium-2-chloräthylchlorid 9-1510; Synth. durch Helianthus tuberosus 40-1440.

Fructosazin s. unter $C_{12}H_{20}N_2O_8$.

Fructose s. unter $C_6H_{12}O_6$.

Fructosediphosphat s. unter $C_6H_{14}O_{12}P_2$.

Fructosephosphat s. unter $C_6H_{13}O_9P$.

Früchte

Spezielle übl. – s. unter d. betreffenden Stichwörtern.

Zus. u. Verwert. v. Wild- – (Übersicht) 32-3210; Fruchtaroma (Übersicht) 46-3138.

Schädlingsbekämpf. im Obstbau durch Flugzeuge 1-3287; Bekämpf. d. bakteriellen Feuerbrandes bei Obstbäumen mit 3-Dodecyl-2-methyl-3.4.5.6-tetrahydropyrimidin 2-3163*; Vogelabschreck.-Mittel für – u. Obstbäume 2-3167*; Anwend. v. DDT im Obstgarten gegen blattnagende Insekten 3-3151; Beständigk. v. Rückständen v. Isopropyl-N-phenyl- u. -N-[3-chlorphenyl]-carbamat auf – 7-3323; chem. Ausdünn. d. Ansatzes bei Kern- u. Steinobst 14-3233; Einfl. d. Paraoxon-, Parathion- u. Malathion-Vorbehandl. auf d. Verschwinden v. Malathionrückständen auf Obst 14-3333; Herst. fl. Düngemittel für Obstbaumkulturen 15-3168*; K-Düng. in Obstgärten in Irland 19-3203; Auftreten d. Steinobstbakteriose in Südwestdeutschland (*1965*) 19-3224; Bekämpf. d. Obstbaumspinnmilbe im Libanon 19-3226; Rückstände v. Schädlingsbekämpf.-Mitteln auf – 21-3370; Probenahme bei d. Überwach. v. Pflanzenschutzmittelrückständen auf Obst (Übersicht) 28-3250; Bodenpflege eines Obstgartens 34-3184; Mittel gegen Verwelken u. Austrocknen v. – 34-3156*; Vgl.-Vers. mit konz. u. „verd." NPK-Düngemitteln u. N-Düngern zu – 38-3043; Düng.-Vers. zu Obst 41-2886; Begas.-Mittel zur Bekämpf. v. Conotrachelus nenuphar in Obst 48-3137; Unkrautbekämpf. in Obstgärten (Einfl. auf d. Nährstoffe u. Mikroflora d. Bodens) 51/52-3003.

Äthylenbldg. in lagerndem Obst 3-1448; pektinolyt. Enzyme aus Sclerotinia fructicola bei d. Pathogenese v. Stein- – 7-1560; Wachstum, Reif. u. Alter. v. – 13-1558; strahlungsinduzierte Ca-Abgabe u. ihre Bezieh. zu Nachbestrahl.-Gewebeänder. bei – 32-1475; Biogenese v. Aromastoffen bei – 36-1372; Alkyläther v. 2.4-Dichlorphenol u. 2.4.5-Trichlorphenol als Regulatoren d. Wachstums v. Obstbäumen 45-1346.

Peucenidin aus – v. Peucedanum oreoselinum 5-1205; Geh. in –: an ^{90}Sr u. ^{137}Cs 5-3265; an Radioaktivität (in brasilian. Gebieten mit hoher natürl. Radioaktivität) 6-1617; in Obstsorten vorherrschende Zucker 7-1504; DDT-Geh. im Obst (Anreicher. im Organismus d. Menschen) 11-1580; chem. Zus. v. – aus Chaubathia 13-3503; Adstringenz v. – u. Fruchtprod. (Bezieh. zum Leukoanthocyaningeh.) 20-3353; Isolier., Menge u. Fettsäurezus. intrazellularer Teilchen v. reifenden – 21-1469; β-Carotingeh. v. Obst- u. Wild- – 28-3278; Vitamingeh. in Fruchterzeugnissen 32-3208; Einfl. d. Temp. auf d. Verhältnis d. Zucker bei Obstbäumen (Bezieh. zur Frostfestigk.) 33-1437; adstringierende Wrkg. v. – u. Fruchtprod. (Bezieh. zum Phenolgeh.) 42-3095.

Beständigk. d. Anthocyanine bei d. Verarbeit. v. Obst 4-3134; mikrobiolog. Verderb v. mit ionisierender Bestrahl. behandeltem Obst 6-3230; optimale Sterilisat.-Beding. für Obsthalbfabrikate bei asept. Konservier. 11-3402; Einfl. v. Nährstoffen auf d. Haltbark. v. – beim Lagern 13-3387; Reinigen v. zuckerreichen Obstsirupen mit Kieselgur 13-3528*; Pimaricin als Fungistatikum für Beeren 16-3226; Säuglings-Fertignahr. auf Obstbasis 18-3416; pilzhemmende Makrolid-Antibiotica zur Verzöger. d. Verderbs v. Beeren 20-3352; Hemmstoff gegen Mikroben zur Behandl. v. – 21-3372; Gewinn. v. Furfurol aus Fruchttrebern 22-2550; Sorbinsäure u. K-Sorbat als Konservier.-Mittel bei d. industriellen Verarbeit. v. Obst (Übersicht) 28-3246; Bestrahl.-Verf. für ind. – 28-3280; Herst. v. 6-Benzylaminopurin als Konservier.-Mittel für – 32-3110*; Konservier. v. – mit einem 1.2-Dibrom-1.1.2.2-tetrachloräthanhalt. Harzüberzug 40-3205*; Ox.-Teiche zur Bewältig. jahreszeitl. bedingter Abwasserbelast. aus Obstverwert.-Betrieben 48-2167; osmot. Entwässer. v. – 49/50-2845.

Best. v. O.O-Dimethyl-O-(3-methyl-4-nitrophenyl)-thiophospat-Rückständen in Obst (Dünnschichtchromatographie) 4-2005; Analyse v. Rückständen chlorierter Insektizide u. Acarizide in – 5-2170; gaschromatograph. Ermittl. flücht. Bestandteile v. – 7-2233; Best. in –: v. Vitamin C (polarograph.) 14-2115; v. Na (flammenphotometr.) 14-2116; Verteil.-Gaschromatographie v. Fruchtsäuren 14-2117; Nachw. bzw. Best. in –: v. Insektizidrückständen (Papier- u. Dünnschichtchromatographie) 16-1972; v. Guthion u. Karathan-Rückständen (polarograph.) 16-1974; v. Propylenoxid u. Propylenglykol (gaschromatograph.) 18-2110; Tüpfelnachw. für Obstunters. 20-2018; Best. v. Äthylen in – 20-1961; Analyse v. Dimethoatrückständen in – (Vgl. d. Meth.) 32-2096; verteilungsgaschromatograph. Unters. über d. Zus. d. Aromastoffe in – u. Fruchtprod. 32-2097; Herst. v. Fruchtauszügen für d. gaschromatograph. Analyse 34-3327; Extrakt. v. Malathionrückständen aus – 42-1953; Blattanalyse zur Feststell. d. Ernähr.-Zustandes v. Obstgehölzen 44-1894; gaschromatograph. Schnellbest. v. Diphenyl in Süd-– 51/52-1950; refraktometr. Schnellbest. d. W.-Geh. im Trockenobst 51/52-1951.

Frugosid s. unter $C_{29}H_{44}O_9$.
Frusemid s. unter $C_{12}H_{11}ClN_2O_5S$.
Frutescin s. unter $C_{15}H_{14}O_3$.
FS-85 s. unter *Nioblegierungen (Sondermarken)*.
FSF s. unter *Proteine, Spezielle Proteine (Faktor VIII)*.
FSH s. unter *Hormone, Hypophysenvorderlappenhormone (Follikel stimulierendes Hormon)*.
FSH-RF s. unter *Hormone, Hypophysenhinterlappenhormone (Follikel stimulierendes Hormon freisetzender Faktor)*.
Ftorlon s. unter *Chemiefasern, Polyvinylfasern.*
Ftoroplast-3 s. unter *Plaste, Andere Plaste.*
Ftoroplast-3 M s. unter *Plaste, Andere Plaste.*
Ftorphenazin s. unter $C_{22}H_{26}F_3N_3OS$.
Fuadin s. unter $C_{12}H_9O_{16}S_4Sb$.
Fuchsin s. unter $C_{20}H_{21}N_3O$.
Fuchsinschweflige Säure (Schiffsches Reagens), Färbevers. an Leberzellen mit – 2-2085; Verw. zur Färb. d. Chromosomen v. Saccharum 11-2125; Perjodat-Rk. nach Schiff (Spezifität, Kinetik u. Rk.-Prod. mit reinen Substanzen) 36-1976; Verw. zur histochem. Differenzier. v. Mucosubstanzen 46-1917.
Fucidin s. unter $C_{31}H_{48}O_6$.
Fucit s. unter $C_6H_{14}O_5$.
Fucoidin, Isolier. u. Reinig. v. – aus braunem Seetang 19-1677.
Fucosamin s. unter $C_6H_{13}NO_4$.
Fucose s. unter $C_6H_{12}O_5$.
Fucosterin s. unter $C_{29}H_{48}O$.
Fucoxanthin s. unter $C_{42}H_{60}O_6$.
Füllstoffe

– für spezielle Stoffe s. unter d. betreffenden Stichwörtern; s. auch *Spachtelmassen.*

Herst.: v. hochwert. Diatomit zur Verw. als – 6-2073; v. – auf Stärkebasis 6-2870*; Verw. aufgearbeiteter Abfälle aus regenerierter Cellulose als inerten – 6-3195*; Herst. v. Polyacrylonitril in Dimethylformamidlsg. mit anion. Katalysatoren als – 9-3242*; Verw. v. Ton u. Na-Montmorillonit als – 12-2055; Herst. v. BeO-Fasern zur Verw. als – 18-2154*; Verw.: v. Glaukophan d. Südurals als säurebeständ. Mineral-– in d. Industrie 28-0802; v. Polysiloxanmassen als – 33-2958*; v. Ca-Silicat als – 47-2522*; Einfl. d. – auf d. Eindick.-Fähigk. v. Li-Seifen 1-2880; Funkt. u. Charakteristika v. mineral. – (Übersicht) 1-3232; Ölabsorpt. u. Vol.-Konz. in – 9-3269; Funkt. mineral. – 32-3010, 40-2939; Ersatz v. Bzl. (rein) durch Toluol (p. a.) bei d. Best. d. Schüttdichte v. – 41-1997.

Füllstoff R 972 s. unter *Siliciumoxide*: SiO_2.
Fülöppit, Rotat.-Eig. v. – 7-0845.

Fütterung

Siehe auch *Ernährung*; *Futtermittel*; *Silage*; *Stoffwechsel.*

Nährwert u. analyt. Kennwerte v. frischem u. bis zu *12* Jahre altem Heringsmehl 1-3388; Ca/P-Verhältnis bei d. – d. Tiere 7-1686; Anwend. u. Wirkungsweise v. Diäthylstilböstrol bei d. Mast 13-1625; biolog. Wirksamk. u. Bedeut. v. Vitamin E im Viehfutter (Übersicht) 35-2770; Wrkg. d. Futterbehandl. bei –-Vers. mit gebrauchten erhitzten Fetten 39-1480.

Einfl. d. Futters auf d. Blut-Cholesterinsenkende Wrkg. v. Methyltestosteron 9-1642; Lipoide tier. Organ- u. Depotfette in Abhängigk. v. d. – 38-3176.

Best. d. Nährwertes v. Sudangras durch in vivo u. in vitro-Meth. 15-3163.

Bibl.: Jahrbuch für Tierernährung und Fütterung, Bd. *5* B 5; Viehvergiftung durch Futter [russ.] B 28.

Fütterung bestimmter Tiere

Physiolog. bedeutsame organ. S-Verb. im Futter v. Haustieren 23-1546.

Wiederkäuer: Fütter.-Vers. v. mit Roh-Citronensäure konservierter Silage an Wiederkäuern 35-2772; Regulat. d. Futteraufnahme bei Wiederkäuern 2-1609; alimentär verursachte Änder. bei d. Bldg. flücht. Fettsäure aus ^{14}C-α-Cellulose u. ^{14}C-Hemicellulose in Wiederkäuern 14-1677; Einfl. d. Proteingeh. im Futter auf Transaminier. u. Wärmeinkrement bei Wiederkäuern 21-1623; mögl. Bezieh. zwischen Spurenelementen u. Bläh. bei Wiederkäuern 28-1613.

Rinder: Einfl. d. Fütter.-Dauer mit Ammoniumsulfat bei Rinder-Jungtieren 18-3418; Einsatz v. Spurenelementen in d. Fütter. v. Milchkühen 35-2774.

Konstanz d. Aminosäurezus. v. Kuhmilchproteinen bei wechselnder – 2-3216; Einfl.: v. Futterhefe auf d. Zus. u. Qualität v. Milch u. Molkereiprod. 4-3110; verschiedener Futterrat. d. Kühe auf d. Zus. u. Eig. d. Milch 5-3277; d. Silagefütter. auf d. nach Erhitz. sich einstellenden Sulfhydrilgeh. d. Milch 6-3213; Bezieh. v. Nitrat, Vitamin A u. Harnstoff im Futter zur Ansatzleist. wachsender Kälber 7-1700; Einfl.: v. MgO- u. $NaHCO_3$-Zusätzen zum Futter v. Kühen auf d. Milchfettgeh. 8-3350; d. – auf d. Proteinsynth. im Rinderpansen 12-1606; K-, N- u. Mg-Geh. d. Milch d. mit Silage u. Rübenschnitzeln gefütterten Kühe 18-3389; Übertrag. v. Radio-Sr v. Kuhfutter zur Milch 21-1699; Bezieh. zwischen d. ^{137}Cs-Menge in Futter u. Milch v. Kühen 26-3445; Einfl.: d. Fütter.-Weise auf d. ^{137}Cs-Geh. d. Milch 26-3446; d. Verfütter. v. Puffersubstanzen an mit hochkonz., ballastarmem Futter ernährte Milchkühe 31-3045; Gew.-Zunahme bei Ochsen unter d. Einfl. v. Methylthiouracil-– 33-3163; Aminosäuren u. N-Retent. im Plasma v. Stieren bei Verfütter. v. gereinigter Nahr. mit Harnstoff oder isoliertem Sojaprotein 34-1580; Einfl. d. Eiweißgeh. d. Futters auf d. Indukt. v. Ketosis bei d. laktierenden Milchkuh 35-1534; Milchleist., Eiweiß- u. Fettgeh. u. Säurer.-Verh. d. Milch nach Verfütter. v. Kartoffeln mit Zusatz d. Keimhemm.-Mittels Tixit-Cela 35-2775; Einfl.: d. Weideumtriebs auf d. Geh. d. Milch an radioakt. Sr 36-3037; d. Verfütter. v. Kaliumjodid, 3.5-Dijodsalicylsäure oder L-Thyroxin auf d. Jodstoffwechsel laktierender Milchkühe 41-1481; chem. Zus. d. Fleisches v. Bullen nach – mit Carbamid- u. Ammoniaksalzen 44-3075; Einfl. v. Propylthiouracil auf d. Schlachtwert v. Jungbullen 44-3119.

Konz. an kurzkett. Fettsäuren im Darm v. Kälbern mit normaler u. mit Milchdiät 14-1678.

Schafe: Änder. im Futter d. freiweidenden Schafes 4-1557; Verwert. d. N v. Ammoniumsalzen in d. Schaf-– 30-3117; leichtfermentierbare Kohlenhydrate u. Anpass. v. Schafen an Harnstoffzusatz im Futter 43-1424; Nahr.-Aufnahme grasender, wiederholt mit Thyroxin behandelter Merinowidder (Stimulier. d. Wollewachstums) 3-1507; Wrkg.: d. –-Weise auf d. durch Hexöstrol bedingten Änder. d. Wollwachstums beim Schaf 8-1578; d. Nahr.-Aufnahme auf d. Essigsäure- u. Propionsäure u. Buttersäureprodukt. im Schafpansen 10-1662; Diazinonrückstände in Kuhmilch und Fett v. Schafen nach Verfütter. v. Diazinon-behandeltem Weidegras 14-3334; durch – regulierte Biosynth. v. S-reichen Wollproteinen 20-1570; Verh. freier Aminosäuren im Schafblutplasma bei verschiedenen Futterformen 35-1570; 5′-Nucleotidase-Aktivität bei Küken, Baumwollratten u. Lämmern mit –-bedingten Muskelkrankh. 17-1309.

Ziegen: Kohlenhydrataustritt aus d. Magen einer mit Heu gefütterten Ziege 20-1549; Einfl. d. Fettzus. d. Nahr. auf d. Buttergeh. v. Ziegenmilch 48-1467.

Schweine: Toxizität u. Verträglichk. d. parenteralen – mit Fettemuls. bei Zwergschweinen 5-1564; –-Vers. an Mastschweinen mit Zinksulfat-halt. Eiweißfutter 28-3296; Einfl. v. Chlorpromazin auf d. Mast- u. Schlachtfähigk. v. Schweinen 28-3297; Tryptophan-, Methionin- u. Lysin-Bedarf ausgewachsener Schweine 34-1579; Eiweißqualität u. Einsatz synthet. Aminosäuren bei Küken u. Mastschweinen 37-2864; Verfügbark. v. Niacin in Weizen für Schweine 45-1481.

Einfl. d. Citruspektinfütter. auf d. Lipidstoffwechsel u. d. Körperzus. d. Schweines 2-1641; physiolog. Bedeut. von Fe bei d. – heranwachsender Schweine 7-1689; Wrkg.: d. Futters auf d. Anreicher. v. Gossypol in d. Organen v. Schweinen 10-1639; v. Thiamin auf d. Gew. v. Mastschweinen 18-1548; hypercholesterinäm. Wrkg. d. Heringsöls in Ggw. v. Futtercholesterin beim Schwein 23-1538; Fettsäurezus. d. Gewebe v. mit Erdnüssen gefütterten Schweinen 24-3335; Einfl.: v. Vitamin B_{12} auf d. Gew.-Zunahme d. Ferkel bei verschiedenen Methioningeh. d. Futters 32-3230; d. Quelle u. Konz. v. alimentärem Protein auf d. Leberenzymsyst. im Jungschwein 34-1377; v. alimentärem Fe auf d. Toxizität u. Ablager. v. Gossypol in d. Schweineleber 41-1621; v. Cholestyramin im Futter auf d. Cholesterinstoffwechsel bei jungen ausgewachsenen Schweinen 51/52-1471.

Aminoxydase im Schweineplasma bei Cu-Mangel 4-1272.

Geflügel: Spurenelemente in d. Geflügel-– (Übersicht) 13-3518; Bezieh. v. Sojabohnenfrakt. sowie v. krist. Sojabohnen-Trypsin-Hemmstoff u. d. Wrkg. d. Verfütter. v. nicht erhitztem Sojabohnenschrot bei Küken 21-1603; –-Vers. an Küken mit verschiedenart. verarbeiteten Erdnußmehlen 22-3187; Ausnutzbark. v. Ca für wachsende Küken in einem synthet. hydratisierten Ca-Silicat 30-3121; Vgl. v. Neutralfett u. freien Fettsäuren in fettreichem, kohlenhydratarmem Futter für wachsende Küken 34-1584.

Einfl.: d. Verfütter. v. Fetten auf d. Lipidzus. d. Hühnereidotters 4-3105; v. exogenem Cholesterin u. Cholin in einem Futter auf d. Basis v. Rinderfett bei d. jungen Ente 5-1563; d. Konz. v. Linolsäure im Futter auf d. für eine Schutzwrkg. gegen Enzephalomalazie erforderl. d-α-Tocopherol-Bedarf bei Küken 34-1587; elektronenmikroskop. Änder. in d. Leber v. mit tox. Fett gefütterten Hühnchen 34-1660; Einfl. v. alimentärem Linoleat auf d. Leberfettsäuren beim Hühnchen 35-1594; Bezieh. zwischen Aminosäurespiegel d. Plasmas u. Gew.-Zunahme v. Hühnchen, beeinflußt durch sub- u. superoptimale Konz. einzelner Aminosäuren in d. Nahr. 41-1538; Wrkg.: v. Vitamin E- u. S-Aminosäuren-armem –-bedingte Myopathie hervorrufendem Futter auf d. Serumproteine bei Küken 43-1410; v. J in d. Nahr. auf d. ^{131}J-Retent. u. -Verteil. beim Küken 45-1408; d. Verfütter. v. Äthylestern d. Tallölfettsäuren an Hennen auf d. Eiprodukt. 45-2673.

Nicht erkannte Aminosäurenmangelzustände beim Huhn nach Verfütter. v. Baumwollsamenproteinen 10-1640; Lipidstoffwechsel v. Vitamin B_{12}-Mangelhühnerembryonen 28-1621; Wrkg. v. Hunger u. Proteinentzug auf d. Hg-Retent. v. Hühnerstämmen 40-1558; Verteil. d. Serumproteine bei Enzephalomalakie infolge v. Vitamin E-Mangel bei Küken 43-1409; Wrkg. v. Vitamin E- u. S-Aminosäuren-armem, –-bedingte Myopathie hervorrufendem Futter auf d. Serumproteine beim Küken 43-1410.

Fugapavin s. unter $C_{18}H_{17}NO_3$.
Fugazität s. unter *Aktivitätskoeffizient.*
Fullererde s. *Palygorskit.*
Fulvalen s. unter $C_{10}H_8$.
Fulvalene, Hückel-MOLCAO-Energie-Charakteristika 40-0890.
Fulvansäure, Best. v. – im Boden 21-2136.
Fulven s. unter C_6H_6.
Fulvene, – u. thermochrome Äthylene 15-1041; Darst.: v. – 5-1129; v. Fulvenaldehyden 10-1063; v. 2-Hydroxymethyl-– 47-1648*; induktive u. mesomere Effekte in – 22-0857; Energie-Charakteristika 40-0890; Synth. v. Ferrocenanalogen aus – 20-0722.
Fulvensäure, Best. v. – im Boden 21-2136.
Fulvin s. unter $C_{16}H_{23}NO_5$.
Fulvinsäure s. unter $C_{14}H_{12}O_8$.
Fulvosäuren, Vork. bzw. Geh.: in Podsolböden 25-2960; in Waldböden d. Gebietes v. Smolensk 48-3061; Absorpt. v. – aus ihren Hydrosolen 3-3128; physikal.-chem. Eig. 34-3124; Adsorpt. v. – durch Tone 40-3003; Sorpt. v. Co, Ni, Cu u. Zn durch – 44-0792; Komplexbldg. mit Co^{2+} 36-2907; Unters. v. –-Frakt. (Verf.) 28-2019; papierchromatograph. Fraktionier. 42-1879.
Fumagillin s. unter $C_{26}H_{34}O_7$.
Fumaronitril s. unter $C_4H_2N_2$.
Fumaropimarsäure s. unter $C_{24}H_{34}O_6$.
Fumaroylchlorid s. unter $C_4H_2Cl_2O_2$.
Fumarprotocetrarsäure s. unter $C_{22}H_{16}O_{12}$.
Fumarsäure s. unter $C_4H_4O_4$.
Fumigatin s. unter $C_8H_8O_4$.

Fumigatol s. unter $C_8H_{10}O_4$.
Fungichromin s. unter $C_{35}H_{60}O_{13}$.
Fungicid G, Antimikrobikum 46-2621.
Fungicidin s. unter $C_{46}H_{83}NO_{18}$.
Fungimycin, mikrobiolog. Darst. 37-1713*.
Fungisporin, strukturelle Verwandtschaft mit anderen Peptidantibiotika 33-1405.
Fungistatika s. unter *Pilze*.
Fungistatin, strukturelle Verwandtschaft mit anderen Peptidantibiotika 33-1405.
Fungitox R s. unter $C_8H_8HgO_2$.
Fungizid s. unter $C_6H_4Cl_2N_2O_2$.
Fungizide s. unter *Pilze*; *Schädlingsbekämpfung*.
Fungizidin s. unter $C_{46}H_{83}NO_{18}$.
Funiferin s. unter $C_{36}H_{40}N_4O_6$.
Funtumafrin C s. unter $C_{23}H_{39}NO$.
Funtumidin s. unter $C_{21}H_{37}NO$.
Funtumin s. unter $C_{21}H_{35}NO$.
Funtuphyllamin B s. unter $C_{22}H_{39}NO$.
Funtuphyllamin C s. unter $C_{23}H_{41}NO$.
Furacin s. unter $C_6H_6N_4O_4$.
Furacyclin s. unter $C_8H_8N_4O_4$.
Furadantin s. unter $C_8H_6N_4O_5$.
Furaldehyd s. unter $C_5H_4O_2$.
Furaltadon s. unter $C_{13}H_{16}N_4O_6$.
Furan s. unter C_4H_4O.
Furanaldehyd s. unter $C_5H_4O_2$.

Furane

Furanverb. 6-1066; Nitro-— 6-1067; Unters. in d. Furan-Chemie 10-0913; Furanverb. 16-1027; — 27-1056 bis 27-1058; Furanderiv. 32-1071; Furylalkine 32-1098; Furanderiv. 33-1106; Nitrofuranderiv. 33-1076, 33-1077; Furanderiv. 33-1106; Furan-Reihe 38-1057; Nitrofuran u. verwandte Verb. 44-1047, 44-1048; Furanderiv. 45-0982, 45-0983; Furan-Chemie 51/52-0803.

Darst.: v. 3-Amino-6-nitrofurylderiv. d. 1.2.4-Triazins 1-3300*; u. Umwandl. v. Furanderiv. 5-1146; v. — 6-1091; v. Nitrofurfuryliden-Deriv. 6-1769*; v. Alkyl-(aryl)-furfuryloxysilanen 6-2635*; v. N-[5-Nitro-2-furfuryliden]-1-aminohydantoinen 6-2636*; v. Nitro-— 7-1127; v. — 8-1112; v. 2.5-Bis-[2-carboxyalkyl]-— 9-1085; v. 3-[5-Nitro-2-furyl]-Δ^2-1.2.4-triazolinderiv. (antimikrobielle Wrkg.) 10-1876*; v. N.N-Bis-[2-chloräthyl]-amiden u. N.N-Bis-[2-chloräthyl]-hydraziden d. Carbonsäuren d. Furanreihe 11-1081; v. Perestern mit Furankernen 11-1082; v. Furandicarbaldehydmono- u. -diacetalen 12-1076; v. 2-[Furyl-(2)]-benzthiazolen 12-1093; u. Polymerisat. v. 1-[Furyl-(2)]-alkylvinyläthern 12-1168 v. β-Hydroxyäthylhydraziden v. Furancarbonsäuren 13-1103 v. N-Acylamido-5-nitro-2-furamidinen 13-1945*; v. — 14-1116; v. 2.4-di- u. 2.4.5-trisubstituierten Furyl-(3)-penicillinen 17-1149; v. 4-Alkoxy-(bzw. Dialkylamino)-2-{2-[5-nitrofuryl-(2)]-vinyl}-pyrimidinen 17-1839*; v. Furanaminen 19-1087; u. IR-Spektren v. Furylsilanen 19-1089; v. 2-[Hydroxyalkyl]-5-[oxoalkyl]-— 20-1050; v. difunktionellen — 21-1152; v. 2-[Bis-(alkylperoxy)-methyl]-— 22-0987; v. — 22-0988, 22-0989; v. Nitro-— 22-0990; v. Furanselenol-(2)- u. -thiol-(2)-deriv. 23-1049; v. Thioäthern d. Furanreihe 23-1050; v. $\beta.\gamma$-substituierten Propylfuryläthern 23-1051; v. Cyaninfarbstoffen mit Furanring in d. Polymethinkette 23-1069; v. α-Alkyl-β-furylpropionsäureestern 23-2547*; v. 5-Nitrofurfurol-[4-alkyl-6-halogen-(bzw. alkoxy- bzw. alkylmercapto)-pyrimidinyl-(2)]-hydrazonen 26-1872*; v. 2-Acylamino-4-[5-nitrofuryl-(2)]-thiazolen 27-1069; v. 5-Nitrofuryl-(2)-polyalkenalen u. 5-Nitrofuryl-(2)-polyalkenonen 27-1363; v. [5-Dialkylaminofurfurylidenmethyl]-Ketonen 28-1104; v. Tetraaryl-— 28-1105; v. 1-[α-Furyl]-3-[trialkylsilyl]-pentadien-(2.4)-olen-(1) 29-1014; u. Formylier. v. Alkyl(Aryl)-α-furfurylsulfiden 29-1015; v. N-Alkanoylamido-5-nitro-2-furamidinen 29-1831*; v. (5-Alkyl)-3-[5-Nitro-2-furyl]-4H-1.2.4-triazolen 29-1833*; v. 2- oder 6-[5-Nitrofuryl-(2)-vinyl]-4-alkanoylamino-, 4-amino- oder 4-hydroxypyrimidin 29-2578*; v. 4-[5-Nitrofuryl-(2)-vinyl]-6-hydroxy-, alkoxy-, -monoalkylamino- oder -dialkylaminopyrimidinen 29-2579*; v. α-Hydroxyperhalogencycloalkyl-— 29-2876*; v. ω-Nitro-ω-[furfuryliden-(2)]-acetophenonen 30-0995; v. Chlormethylderiv. d. Furanreihe 32-1070; v. Nitrofurylidenmethylglyoxal-Deriv. 32-1794*; v. 5-Nitrofurylderiv. d. 3-Amino-1.2.4-triazins 32-1796*; v. N-substituierten 5-Nitro-2-furamidinen 33-1862*; v. 2-[5-Nitrofuryl-(2)]-benzimidazolen 35-1083; v. 2-[2-(5-Nitrofuryl)-vinyl]-4-alkyl-6-hydroxy(amino oder alkoxy)-pyrimidinen 35-1861*; v. 2.4-disubstituierten — 36-1042; v. N-[5-Nitrofurfuryliden(thienyliden)]-carbazinsäureestern 36-1722*; v. Nitro-— 37-1310; v. Furoguajacinestern 38-1059; u. antimikrobielle Aktivität v. 3-[5-Nitrofuryl-(2)]-acrylsäurederiv. v. Heterocyclen 38-1665; v. N[1]-[3-(5-Nitrofuryl)-acryloyl]-isothiosemicarbaziden 39-1770*; v. 3-[5-Nitro-2-furyl]-5-imino-Δ^2-1.2.4-triazolin-Deriv. 39-1771*; v. Furylhydrazinen durch Umlager. v. 2.3-Dihydro-1.2-diazepinolen-(4) 40-1029; v. 2-[2-(5-Nitro-2-furyl)-vinyl]-pyridin-N-oxiden 42-1727; v. 1-[5-Nitro-2-furyl]-2-[β-pyridyl]-äthylenen 42-1728*; v. 1-[5-Nitrofuryl-(2)]-2-[pyridyl-(2 bzw. 4)]-äthylenverb. 44-1709*; v. 2-Propyl-4.5-dialkyl-— 44-2540*; v. Nitrofurantoinen 45-1722*; v. 2-[5′-Nitrofurfurylidenmethyl]-pyridinen u. -chinolinen 45-1723*; v. Furfurylsulfiden (Geruch u. d. IR-Spektren) 46-0994; v. 4-[5-Nitro-2-furyl]-3-n-alkyl-Δ^3-butenon-(2)-Verb. (antimikrobielle Wrkg.) 47-1279; v. 2-Methyl-5-dimethylaminomethylfuran-3-carbonsäuresalzen bzw. -estern 47-1629*; v. 5-Nitro-— 47-1630*; v. Furandiazoniumfluoroboraten 51/52-0990; v. — 51/52-0993 bis 51/52-0995; v. N-5-Nitrofurfurylidenhydroxybenzoesäurehydraziden (Antiseptika) 51/52-1659*.

UV-Spektren u. Halochromie v. Furyl-[methoxyphenyl]-propenonen u. Vinylogen 5-0939; UV-Spektren: v. 2.5-disubstituierten — 18-0808; v. Furylmethylketoximisomeren u. ihren Acylderiv. 18-0826; Raman-Spektren v. Alkyl-— 19-0886; opt. Aktivität v. Schiffschen Basen d. Furanreihe 26-0865; Elektronen- u. IR-Spektren v. N-Arylfurylidenaminen 28-0863; Chromatographie (elektron. u. ster. Effekte) 29-2067; elektrochem. Bldg. v. freien Radikalanionen d. 5-Nitrofuranreihe 34-0916; Massenspektren 37-0890; Fortpflanz. d. induktiven Effektes im Furanring 39-0925; anormale Diels-Alder-Rk. mit Acylchinonen 10-1111; Ozonisier. v. Diaryl-— 12-1081; Acylier. 13-1101; Hydrier. 13-1102; Rk. mit α,β-ungesätt. Aldehyden u. Ketonen 16-1025; Red. 17-1080; Rk. mit Vinylalkyläthern 18-1004; gegenseit. Umwandl. v. — in ungesätt. 1.4-Diketone 20-1052; Einwrkg. v. Hydroxylamin auf Furfurylidenbutanone 26-1019; Chemie d. 5-Halogenfurane 28-1104; Hydrier. v. Alkenyl-— 35-1075; Alkylier. (Katalysatoren) 35-2437*; Red. v. [Furyl-(2)]-ketonen 41-1048.

Chem. u. chemotherapeut. Unters. 2-1401, 2-1402; antibakterielle Aktivität v. Nitro-— 5-1377; Nitrofuran u. verwandte Verb. für medizin. Verw. 9-1104, 27-1362; Indukt. v. Phagenbldg. bei E. coli durch Nitro-— 29-1361; Nitrofuran u. verwandte Verb. für medizin. Zwecke 32-1068, 32-1096; Wrkg. v. Nitro-— auf d. Zellwandsynth. u. d. L-Phase-Wachstum v. Staphylococcus aureus 33-1384; antibakterielle Aktivität v. Ketonen d. Furanreihe 42-1284; Nitrofuran u. verwandte Verb. für medizin. Zwecke 51/52-1231 bis 51/52-1234; antibakterielle Wirksamk. v. 5-Nitro-— 51/52-1521.

Analytik d. Nitrofuranderiv. 14-1831; Gaschromatographie v. Nitrofuranderiv. 21-2148; Dünnschichtchromatographie v. 5-Nitro-2-furaldehyd-Deriv. 39-1690.

Hydrierte Furane, Darst. aus KW-Stoffen 11-2721*.

Dihydrofurane, Darst.: v. Dihydrofuranonen-(4) 13-1100; v. β-Furanonen 23-1044; v. Deriv. d. 2.5-Dimethoxy-2.5-dihydrofurans 27-1056; u. Umwandl. v. 2-Methyl-2-alkyl-2.5-— 28-1101; v. 2-Alkoxy-5.5-bis-[halogenalkyl]-2.5-— 28-1797*; v. 2.2.5.5-Tetracyan-2.5-— 38-2804*; v. 4-[Mono-, -di- u. -trimethoxyphenyl]-2-oxo-2.5-— 42-0994; NMR-Unters. an Δ^2-Furenidon-(4)-Deriv. 42-0833; Isomerisier. v. 2.3-— 13-1099; Rk. v. 2.5-Dimethoxy-2.5-— mit Organo-Mg-Verb. 20-1051.

Tetrahydrofurane, Darst.: v. 2-Alkyl-— 6-1061; v. α-Naphthyl(methyl)-ω-tetrahydrofurylalkansäurenitrilen (bzw. amide) 8-2694*; v. Alkyl(Aryl)-tetrahydrofurfuryloxysilanen 8-2695*; v. Tetrahydrofurfurylaminen 8-2912*; v. difunktionellen — 21-1152; v. 2.2-Dimethyl-3-alkyl(phenyl)-5-[α-hydroxyisopropyl]-— 24-1067; v. 5-[γ-Brompropyl]-tetrahydrofuranonen-(2) 40-1031; u. Umwandl. v. 3-Cyantetrahydrofuranolen-(3) 42-0993; v. 2-Propyl-4.5-dialkyl-— 44-2541*; Stereochemie in d. —-Reihe 29-0874; Umwandl. v. homologen — 20-1049; UV-Bestrahl. v. 4-Diazo-2.2.5.5-tetraalkyltetrahydrofuranonen-(3) 23-1052; Isomerisier. v. β-Tetrahydrofurylpropionsäurealkylestern 28-1106; ammonolyt. Spalt. 33-1098; Rk. v. Alkyl-— mit H_2S 42-2517*.

Furanöstrenon s. unter $C_{21}H_{30}O_2$.
Furanoligularenon s. unter $C_{15}H_{18}O_2$.
Furazan s. unter $C_2H_2N_2O$.
Furazane (1.2.5-Oxadiazole), Furazanoxide 8-1131, 49/50-0951; Darst.: v. — u. Furazaniumsalzen 19-1103; v. — aus Terephthalsäuredinitrildi-N-oxid 22-0959; v. Chlorfuroxanen 25-1065.
Furazolidon s. unter $C_8H_7N_3O_5$.
Furfural s. unter $C_5H_4O_2$.
Furfuraldehyd s. unter $C_5H_4O_2$.
Furfuramid s. unter $C_{15}H_{12}N_2O_3$.
Furfurol s. unter $C_5H_4O_2$.
Furfurylalkohol s .unter $C_5H_6O_2$.
Furfurylamin s. unter C_5H_7NO.
Furil s. unter $C_{10}H_6O_4$.
Furocumarine, Vork. 6-1417, 24-1701; Darst. 5-1166, 8-1110, 13-1130; Biosynth. 18-1415; Darst. 47-1646*; Massenspektren 8-0928; IR-Spektren 21-0943; Strukturanalyse 43-0812; Photork. mit DNS 9-1263; Fungitoxizitäten 13-1587.
Furocumarinsäure s. unter $C_{11}H_8O_4$.
Furoesäure s. unter $C_5H_4O_3$.
Furoin s. unter $C_{10}H_8O_4$.
Furoinanil s. unter $C_{16}H_{13}NO_3$.
Furosemid s. unter $C_{12}H_{11}ClN_2O_5S$.
Furostilböstrol s. unter $C_{28}H_{24}O_6$.
Furoxon s. unter $C_8H_7N_3O_5$.
Fursemid s. unter $C_{12}H_{11}ClN_2O_5S$.
Furteren s. unter $C_{10}H_9N_7O$.
Furtrethonium s. unter $C_8H_{15}NO_2$.
Fusafungin (F. 125—129), therapeut. Verw. in entzündungshemmendem Mittel 48-1590*.
Fusar(in)säure s. unter $C_{10}H_{13}NO_2$.
Fusarubin s. unter $C_{15}H_{14}O_7$.
Fuscin s. unter $C_{15}H_{16}O_5$.
Fuselöle, Erzeug. v. Glutaminsäure durch Gär. in Ggw. v. — 7-2719*; Geh. d. Steinhägers an — 7-3440; Kapillarakt. Eig. u. schaumbildende Wrkg. v. Gemischen v. — mit Kreosotölen (Verw. bei Flotat.) 10-2205; Einfl. v. Aminosäuren auf d. Bldg. v. — bei d. alkohol. Gär. 11-3413; Bldg. v. — durch Achromobacter 14-1436; Veränder. d. Zus. v. — in Abhängigk. v. Art u. Qualität d. Rohstoffes 16-3265; Abtrenn. d. — aus Bier u. Best. v. —Komponenten 18-3414; Veränder. d. —-Geh. bei d. Dest. v. Roh-Whisky 26-3439; Zus.: d. —-Frakt. v. Bier 42-3105; v. — aus Apfelrohbranntwein 42-3108.
Fusidinsäure s. unter $C_{31}H_{48}O_6$.
Fusidsäure s. unter $C_{31}H_{48}O_6$.
Fusit s. unter *Kohlen*.
Fußböden, mehrschicht. —-Belag 1-2440*; Baumaterial für — 3-2349*; Verw. v. Kunststoffen für —-Beläge 6-2318; Herst.: v. —-Fliesen aus Polyvinylharz 6-2324*; v. Filzpappe als Belag für — 8-3301*; Angriff v. chem. Verb. auf Beton-— 9-2470; Herst.: eines abwaschbaren, wachsfesten —-Belags 9-3163*; v. —-Belag 9-3164*; Behandeln v. —-Belägen mit hitzehärtenden Harzen 10-3218*; Prüf. v. Polyvinylacetat-— mit Carbamidharz-Zusätzen auf CH_2O-Abgabe 11-3043; Eig., Verw. v. Epoxyharzen mit Sand als —-Belag 12-2308; Herst. v. Bodenplatten aus Misch. v. Butadien-Styrol-Copolymerisaten u. Polystyrol 13-3139*; Stabilisatorwrkg. in Vinyl/Asbest-—-Fliesen 14-3025; Herst.: v. elast. —-Belag aus pigmentiertem PVC 14-3107*; v. — aus einer in situ erzeugten hydraul. Masse mit ermüdungsfester Oberfläche 19-2387*; v. mit lösungsmittelfreiem Selbstkleber versehenen —-Belägen 19-2953*; einer Misch. für —-Beläge aus geblähtem Material 21-2477*; v. schmutzabstoßenden PVC-Bodenfliesen 28-2832; v. gehärteten Polyurethanen für —-Beläge 28-2913*; v. thermoplast. Formmassen für wasserdichte —-Bekleid. 30-2312*; Verschleißfestigk. einschicht. PVC-Bodenplatten 31-2287; Verfärb. v. PVC-Streich-—-Belägen 36-2628; Unterlage für —-Belag aus cellulosehalt. Substanzen mit thermoplast. Bindern 37-2122*; harzimprägniertes Papier für —-Belag 38-3112*; schall- u. wärmeisolierende Materialien auf Latexgrundlage für — 40-2250; Bodenbelag aus hartem Material, Papier-, Filzschicht, Al-Folie u. Polyäthylenschicht 40-2269*; Kunststoffplatten mit d. Aussehen v. Terrazzo 40-2830*; Qualitätsprüf. u. Verw. v. —-Belagstoffen 42-2705; Prüf. v. —-Bestandteilen aus Holz u. Kunststoffen auf Holzbasis 44-2191; S-halt. plast. Massen als Beschicht.- u. Fugenmaterial für — 45-2548*; —-Beläge aus geschäumter PVC-Schicht 48-2920*.

Versiegeln v. — mit Lacken auf Basis v. Vinylcopolymeren 2-3099*; Herst.: v. Mittel zur Entfern. v. Tinten-, Farben- u. Tuscheflecken aus PVC-Spannteppichen 3-2863*; v. glänzenden Schutzüberzügen für — (modifizierte Tallölester) 3-3107*; v. —-Pflegemittel in Emuls.-Form aus Wachsen, Kunstharzen u. Fettsäureseifen 6-2829*; v. Selbstglanzemuls. aus Esterwachsen u. nichtionogenen Emulgatoren 6-2830*; eines Bohnerwachses 15-2917*; v. harten paraffinarmen Säurewachsen für Bohnermassen 15-2918*; einer Selbstglanzemuls. zur —-Pflege 15-2919*; v. Bromcyanessigsäureestern (Kon

G 14 s. unter *Eisen, Schmiedeeisen u. Stahl (Sondermarken).*
G 19 s. unter *Eisen, Schmiedeeisen und Stahl (Sondermarken).*
19 G s. unter *Eisen, Schmiedeeisen und Stahl (Sondermarken).*
24 G s. unter *Eisen, Schmiedeeisen und Stahl (Sondermarken).*
G 29 s. unter *Eisen, Schmiedeeisen und Stahl (Sondermarken).*
G 68 s. unter *Eisen, Schmiedeeisen und Stahl (Sondermarken).*
09 G 2 s. unter *Eisen, Schmiedeeisen und Stahl (Sondermarken).*
10 G 2 s. unter *Eisen, Schmiedeeisen und Stahl (Sondermarken).*
14 G 2 s. unter *Eisen, Schmiedeeisen und Stahl (Sondermarken).*
18 G 2 s. unter *Eisen, Schmiedeeisen und Stahl (Sondermarken).*
45 G 2 s. unter *Eisen, Schmiedeeisen und Stahl (Sondermarken).*
09 G 28 s. unter *Eisen, Schmiedeeisen und Stahl (Sondermarken).*
30 G 20 s. unter *Eisen, Schmiedeeisen und Stahl (Sondermarken).*
G-3063 s. unter $C_{18}H_{25}NO_2$.
G 3701, Wechselwrkg. zwischen J u. – in wss. u. nichtwss. Lsg. 18-0590.
G-5130 s. unter $C_{17}H_{25}NO_2$.
G-29505 s. unter $C_{16}H_{23}NO_3$.
G-30494 s. unter $C_9H_{11}Cl_2O_2PS_3$.
G 32883 s. unter $C_{15}H_{12}N_2O$.
GA_3 s. unter $C_{19}H_{22}O_6$.

Gabbro, Verteil. d. Seltenerdmetalle in – d. südkaliforn. Batholithen 5-0856; Stell. v. – -Pegmatit in d. Bldg.-Folge d. Slatogorsker differenzierten Plutons (Nordkasachstan) 5-0861; braune Amphibole in d. – v. Koraput, Orissa 5-0879; Verteil. v. Fe zwischen koexistierenden Olivinen u. Ca-armen Pyroxenen in – 7-0808; alpid. Metamorphose v. Sassurit- – in Erzlagerstätten am Ostrand d. Alpen 7-0829; Spurenelementunters. in Pyrrhotinen u. Magnetiten aus Meta- – v. Sachsen, Deutschland 7-0861; Mboziit aus d. Mbozi Syenit- – -Komplex 11-0843; Verh. d. Seltenerdmetalle bei d. Bldg. d. komagmat. – u. – -Pegmatits Zentralarmeniens 13-0846; bas. Xenolithe in einem – -Körper bei Hamar in Somalia 16-0779; intrusive Tholeiite im Cuillin- – v. West-Cuillin, Isle of Skye 29-0804; Ge in Intrusiv- – d. Sewansker Rückens 32-0824; Ni, Co, Cr, V, Mn, Ti u. Fe in – d. Nowa-Ruda-Bereichs 38-0818; Tiefe d. krist. – v. Ost-Aberdeenshire 38-0872; S-Isotopen-Analysen v. – v. Park County, Montana 39-0792; Be-Verteil. in kaledon. – -Dioriten v. Nord-Tjan-Šan 41-0794; Sc in – d. Kleinen Kaukasus (Azerbaidzan. SSR) 41-0798; Epidotisier.-Prozeß in – -Dioriten d. Zekar-Intrus. (West-Georgien) 42-0766; Molybdänit in d. Cu–Ni-Erzen d. – -Peridotit-Massivs v. Caj 42-0775; Unterscheid. v. Diorit u. – 47-0733.

Gabbroide, Vorkarbon-Alter d. alkal. Sanidin-Anorthoklas- – d. Ost-Asov-Region 41-0790; Zus. u. innerer Bau d. Titanomagnetite aus d. differenzierten – -Intrus. d. Altai-Sajan-Region 42-0759.

Gadolinit, Synth. v. – bzw. *Hydrogadolinit* 7-0890.

Gadolinium

Verteil. v. – in Gesteinen u. ihren Mineralen d. südkaliforn. Batholithen 5-0856; – im Spektrum d. besonderen Sterns HD *101065* (Häufigk.-Analyse) 25-0796; – im Spektrum v. K-Sternen (Analyse d. Atmosphären) 35-0837; Häufigk. v. – im Zentrum d. Sonnenscheibe 40-0788; Geh. im menschl. Serum 38-1550.

Massenspektrometr. Trenn. d. – - u. Yb-Isotope im mg-Bereich 35-0687.

Kernorientier. v. ^{159}Gd durch Sternheimer-Antiabschirm. 4-0041; Isotopenverschieb. in d. myon. K-Röntgenstrahlen v. ^{155}Gd–^{160}Gd 5-0024; rückstoßlose γ-Emiss. in ^{156}Gd u. ^{158}Gd nach Neutroneneinfangrk. 6-0053; E_2-Übergänge in ^{154}Gd 7-0083; mögliche M*1*–M*3*-Multipolmisch. in ^{154}Gd 7-0084; Anisotropie d. Konvers.-Elektronen aus ^{154}Sm(α, 4n)^{154}Gd 8-0054; Mess. d. Lebensdauer angeregter Kernniveaus v. ^{155}Gd 9-0072; g-Faktor d. angeregten Zustandes v. *87* keV in ^{155}Gd 9-0073; Unters. d. Zerfälle v. ^{149,151}Gd 12-0048; magnet. Momente d. Zwei-Pseudoteilchenzustände in ^{156}Gd 13-0079; Konvers.-Koeffizienten für Übergänge in ^{154}Gd 13-0089; weitere Unters. d. Kernresonanzstreuung unter Benutz. v. Neutroneneinfang-Gammastrahlen aus – 13-0092; Lebensdauern d. *87*- u. *105*-keV-Kernniveaus in ^{155}Gd 14-0040; mittlere Ausb. v. Neutronen aus protoneninduzierten Rk. in dicken Targets v. – 15-0096; Zerfallsschema v. ^{146}Gd 16-0085; α-Zerfall-Halbwertszeiten v. ^{148}Gd u. ^{150}Gd 16-0086; Coulomb-Anreg. v .Vibrat.-Zuständen in ^{156}Gd, ^{158}Gd u. ^{160} Gd 18-0046; Kernrotat. u. d. Paar.-Korrelat. in ^{158}Gd 20-0028; Zerfall: v. ^{147}Gd 20-0072; v. ^{149}Gd u. ^{151}Gd 20-0073; $\beta^+\gamma$-Koinzidenz beim Zerfall ^{152}Tb $\rightarrow$ ^{152}Gd 20-0074; Einfangsquerschnitt v. ^{156}Gd für Reaktorneutronen 20-0075; $I^2(I + 1)^2$-Korrektur zu Kernrotat.-Spektren v. – 22-0043; Niveaus bei *363* u. *580* keV in ^{159}Tb, d. beim Zerfall v. ^{159}Gd besetzt werden 22-0056; Termschema v. ^{154}Gd 22-0080; Unters. d. Zerfalls v. *3,6*-min ^{161}Gd zu Niveaus in ^{161}Tb 23-0068; Halbwertszeiten einiger – -Nuclide 25-0108; Zerfall ^{157}Eu(β^-)^{157}Gd 26-0084; Best. abs. γ-Intensitäten pro Neutroneneinfang in ^{156}Gd u. ^{158}Gd 28-0071; Anreg. v. Oktupol-Vibrat.-Zuständen in ^{158}Gd durch unelast. Protonenstreuung 31-0068; Oktupolspektren v. ^{156}Gd 32-0024; Niveaustruktur v. ^{154,156}Gd nach d. allg. asymm. Rotormodell 32-0031; α-Teilchen- u. γ-Spektralunters. v. ^{149}Gd 32-0085; Neuunters. d. Zerfalls v. ^{149}Gd 32-0086; E *1*-Übergänge mit $\Delta K = 0$ in ^{155}Gd 33-0056; log ft-Werte für ^{149}Gd $\rightarrow$ ^{149}Eu 35-0099; Verzweig.-Verhältnisse für d. γ-Zerfall d. tiefsten Zustände in d. Grundzustands-Rotat.-Banden v. ^{155}Gd u. ^{157}Gd 39-0073; magnet. Moment d. *4*$^+$-Rotat.-Zustandes in ^{156}Gd 39-0074; β- u. γ-Vibrat.-Banden v. – 40-0050; kollektive Vibrat.-Zustände in geraden – -Kernen 40-0051; Mössbauer-Effekt in ^{157}Gd 41-0072; kurzlebige Isomere, d. beim Beschuß v. – mit α-Teilchen beobachtet wurden 41-0079; Kernspektroskopie v. ^{156}Gd in Chalk River 42-0029; E2/M1-Misch.-Verhältnisse u. K-Konvers.-Koeff. in ^{155}Gd 42-0032; exakter Ausdruck für d. Verlauf einer Doppler-verbreiterten Resonanz in ^{155}Gd 43-0038; experimentelle Best. d. relativen (d, p)-Querschnitts an ^{158}Gd bei E_d-*12* MeV 43-0054; Mössbauer-Effekt in ^{160}Gd nach Coulomb-Anreg. 43-0075; Fermi-Übergänge v. ^{156}Eu $\rightarrow$ ^{156}Gd 43-0080; totale Wrkg.-Querschnitte v. – für schnelle Neutronen 46-0013; Mess. d. Mössbauer-Effekts im ersten u. zweiten angeregten Zustand v. ^{155}Gd 46-0047; Zerfall d. *10,4*-min-^{162}Gd 47-0093; Absorpt.-Querschnitt v. ^{156}Gd für Neutronen 49/50-0090; Unters. an angereichertem ^{152}Gd auf natürl. α-Strahlen 51/52-0054.

Absorpt.-Bande v. Gd^{3+} in CaF_2 14-0370; Aufnahme d. ^{153}Gd-Spektrums mit Hilfe eines Ge-p-i-n-Detektors 27-1962; Röntgenstrahl.-Isochromaten v. – 35-0333; Röntgen-L_{III}-Absorpt.-Spektren v. Gd in GdH_n (n = *1,4* bis *2,7*) 35-0338; Röntgen-M-Spektren im Bereich v. *2 – 85* Å v. – 46-0351.

Geeignete Beding. zur Erzeug. d. maximalen Fluoreszenzintensität v. Gd^{3+} in $Na_2 \cdot WO_4$-Lsg. 3-0145; Darst. u. Lumineszenz v. mit Gd^{3+} aktivierten CdF_2-Krist. 7-0377; Fluoreszenzeig. v. mit – aktivierten Erdalkalimetallboraten (Anreg.-Diffus., Reflex.- u. Emiss.-Spektren) 13-0402; bevorzugte Emiss.-Phänomene im Nachleuchten v. röntgenstrahlangeregten u. mit Gd^{3+} dotierten Erdalkalimetallfluoriden 15-0396; opt. Zentren in mit Gd^{3+} aktivierten CaF_2-Krist. (Absorpt.- u. Lumineszenzspektrum) 16-0284; Strahl.-Red. durch ^{60}Co-γ-Bestrahl. v. Seltenerdmetallionen in Krist. d. Fluorittyps mit Gd-Aktivatoren 16-0286; CaF_2:Gd^{3+}-Krist. mit positiven Kompensatoren (Absorpt.- u. Lumineszenzspektren) 18-0307; Lumineszenzspektren d. trigonalen Gd-Zentren in CaF_2 mit Hydroxykompensat. durch Alkalimetalle 20-0299; Absorpt.- u. Lumineszenzspektren v. Gd^{3+} in CdF_2-, CaF_2- u. BaF_2-Krist. 27-0383; sichtbare Photolumineszenzemiss. v. im Krist.-Gitter v. ZnS eingeschlossenem – 27-0393; Reflex.-Spektren v. Gd^{3+} in kub. Oxiden mit Ti^{4+}, Zr^{4+}, In^{3+}, Sn^{4+}, Ce^{4+} u. Tl^{3+} 30-0295; opt. Absorpt.- u. Emiss.-Spektren v. CaF_2: Gd^{3+} u. Energieniveauschema d. Gd^{3+}-Ionen 36-0321; Temp.-Abhängigk. d. Breite u. Verschieb. v. Nullphononabsorpt.-Linien in Gd-aktivierten Erdalkalimetallfluoriden 37-0378; aus d. Fluoreszenzübergang bestimmter a–c-Austausch v. Cr^{3+} u. Gd^{3+} in $Gd_2Ga_2(GaO_4)_3$ 39-0380; direkte Beobacht. d. durch Rekombinat.-Stellen begrenzten Konz.-Löschens d. Gd(III)-Fluoreszenz in Calibo-*1*-Glas 48-0354.

Diffus. v. Hg u. Lsg. *1 – 4* (Atom-%) Gd in Hg über eine Zn-Oberfläche 5-0326; Verw. spitz zulaufender Proben bei d. Unters. d. Einkrist.-Zücht. v. – 10-0213; Krist.-Struktur v. – bei *120 – 370* °K 20-0253; Temp.-Abhängigk. d. Diffus. u. Löslichk. v. – im Bereich *300 – 900*° in einkrist. p-Pb-Selenid 29-0295; Krist.-Feld einiger monokliner Seltenerdmetallchloride mit Gd^{3+} als Krist.-Feldsonde 29-0330; Hartree-Fock-Parameter für d. – -Atom 31-0122; Einfl. v. – auf d. Umwandl.-Temp. kub.-flächenzentriert/kub.-raumzentriert v. Th 35-0229; Energieniveaus v. Gd^{3+} u. Ionenbeiträge zur Grundzustandsaufspalt. in $La(C_2H_5SO_4) \cdot 9\,H_2O$-Gitter 40-0294; Einkrist.-Zücht. v. CeO_2 aus Li-Diwolframat-Schmelzen mit Cd^{3+}-Dotier. 44-0225; Berechn. nach einer neuen empir. Formel zur Ermittl. d. Radien v. Kationen mit Edelgasschale für – 48-0088.

Ionisier.-Energien v. einfach ionisiertem – 1-0076; Spineffekte in Bi_2Te_3 nach Dotier. mit – als magnet. Verunreinig. nach Mess. d. Thermo-EMK u. elektr. u. therm. Leitfähigk. 1-0456; Ox.-Phänomene in halbleitendem $BaTiO_3$, nach Unters. d. Einfl. v. Sinteratmosphäre u. Abkühl.-Art auf d. elektr. Widerstand – -dotierter $BaTiO_3$-Proben 4-0410; Best. d. Ionisat.-Potentials v. – aus d. Oberflächenionisat. an polykrist. W-Draht 13-0436; Seebeck-Effekt bei Einkrist. v. – im Temp.-Bereich *7 – 300* °K 15-0450; Unters. d. Hall-Effektes in – 15-0501; magnet. Zustand u. spezif. Wärme v. supraleitendem La mit – -Verunreinig. 17-0489; Einfl. v. magnet. Verunreinig. auf d. Zustandsdichte u. Bandstruktur v. Supraleitern am Beispiel v. – in Pb 18-0421; Besonderh. d. Temp.-Abhängigk. d. elektr. Widerstands u. magnet. Widerstandsänder. v. – bei tiefen Temp. 19-0444; Supraleitfähigk., spezif. Wärme u. Tunneleffekt-Mess. d. Breite d. verbotenen Bandes v. reinem La u. v. mit magnet. – dotiertem La 19-0452; Zunahme d. spezif. elektr. Leitfähigk. v. reduziertem mit – dotiertem Rutil mit zunehmender Sättig. d. Elektronenspinresonanz 27-0461; Temp.-Abhängigk. d. elektr. Widerstands im Gebiet d. magnet. Umwandl. 27-0495; elektr. Widerstände u. feste Löslichk. v. – in Ag 30-0399; Anisotropie d. Hall-Effekts in – 38-0449; Best. d. ersten Ionisat.-Potentiale v. – nach d. Elektronenstoßmeth. 41-0204; Austauschkoppl.-Integral zwischen lokalisierten „magnet." u. Leit.-Elektronen 46-0441; Best. d. relativen Ionisier.-Querschnitte v. – mittels Massenspektrometer 49/50-0164.

^{139}La-NMR u. Gd-ESR v. intermetall. mit – dotierten Verb. d. Typs $La_{1-x}Th_xRu_2$ 3-0400; Vers. d. Bestätig. d. ferromagnet. Nachbarschafts-Effektes bei – -Schichten auf Co 3-0530; Koexistenz v. Antiferromagnetismus u. Supraleit. bei La mit – -Verunreinig. 4-0472; Magnetostrikt. in einem – -Krist. 7-0558; EPR-Spektren v. Gd^{3+}- u. Fe^{3+}-Ionen in synthet. Calcit 8-0372; ^{11}B-NMR in Gläsern d. Syst. $EuO/B_2O_3/Al_2O_3$: Gd^{3+} 11-0389; ESR v. Gd^{3+} in $BaTiO_3$ 15-0426; Spin–Spin-Wechselwrkg. in Gd^{3+}-dotierten Ceräthylsulfat: $Ce(C_2H_5SO_4)_3 \cdot 9\,H_2O$ (EPR-Spektren) 15-0428; ESR v. Gd^{3+}-$^8S_{7/2}$-Ionen in CdSe u. CdTe 16-0330; EPR v. Gd^{3+} in synthet. Powellit 16-0340; EPR-Spektren v. Gd^{3+}-dotiertem $LaBr_3$ u. $La_2(SO_4)_3 \cdot 9\,H_2O$ 17-0398; EPR v. Gd^{3+} in $KY(MoO_4)_2$ 17-0400; kernmagnet. Abschirm.-Konst. für alle positiven Ionen, neutralen Atome u. negativen Ionen v. – 18-0089; Best. d. Eu^{3+}–Gd^{3+}-Austauschwechselwrkg. aus d. elektronen-paramagnet. Resonanzverschieb. in Eu–Ga-Granat 20-0327; Spin–Gitter-Relaxat. v. Gd^{3+} in LaF_3 22-0349; dynam. Effekte in d. EPR v. Gd^{3+} in – 22-0357; EPR v. Gd^{3+}: in $CdMoO_4$ 22-0363; in $SrWO_4$ 22-0364; Best. d. Magnetostrikt.-Konst. v. Seltenerdmetallgranaten aus d. Druckabhängigk. d. paramagnet. Resonanzspektren (EPR-Spektren v. Gd^{3+}-Ionen in $Gd_3Fe_5O_{12}$-Krist.) 22-0365; Paramagnetismus 24-0471; magnet. Eig. v. – unter hydrostat. Druck 25-0473; magnet. Struktur 27-0495; Transmiss. d. paramagnet. Resonanz in – 31-0397; magnet. Moment v. in Pt gelöstem – (*0,5* Atom-%) 31-0494; paramagnet. Resonanz v. Gd^{3+} in CeO_2-Einkrist. 34-0421; ESR v. Gd^{3+} u. Eu^{2+} in $KTaO_3$ 36-0359; magnet. Felder an ^{119}Sn in – 38-0477; paramagnet. Resonanz d. Gd^{3+}-Ionen in CeO_2 40-0338; EPR-Spektrum v. Gd^{3+} in $BaMoO_4$-Einkrist. 40-0339; Magnet. Verh. v. dünnen – -Schichten in d. Nähe des Curie-Punktes 40-0450; Impedanz eines ferromagnet. – -Kerns u. Anreg. magnet. Schwing. in einem starken elektr. Feld 42-0460; Paramagnetismus v. Dy^{3+}- u. Gd^{3+}-Ionen in Silicatgläsern d. Zus. *9 – 50* (Gew.-%) Gd_2O_3 oder Dy_2O_3; *42,8 – 40* SiO_2; *18,2 – 10* Li_2O 43-0507; EPR v. Gd^{3+}-Ionen im Chalkogenidglas Tl_2Se/As_2Se_3 44-0384; verbotene Übergänge in d. Feinstruktur (EPR) für Gd^{3+} in CeO_2-Krist. 44-0385; Quadrupol-Koppl.-Konst. v. orientierten ^{159}Gd-Kernen in Nd-Äthylsulfat 44-0487; EPR v. Gd^{3+}: in $BaWO_4$ 47-0383; in synthet. Stolzit 48-0362; magnetoelast. Mikrowelleneffekt in dünnen – -Schichten 48-0483; EPR v. Ionen d. *3*d- u. *4*f-

Gruppe in $MgMoO_4$-Einkrist., EPR-Spektren v. Gd^{3+}-Ionen 49/50-0369; magnet. spezif. Wärme 51/52-0468.

H_2-Überspann. an – 41-0596.

Ionenbeweglichk. 1-2075; Dampfdruck v. – u. Sublimat.-Wärme 7-0575; spezif. Wärme nach einer Näher. bei konst. Koppl. bei – 13-0318; thermodynam. Charakteristik d. Ionisat. v. gasf. – 16-0488; Wärmeinhalte, spezif., Umwandl.- u. Schmelzwärme bei hohen Temp. 22-0480; Neuberechn. einiger thermodynam. Eig. u. spezif. Wärme 28-0256; spezif. Wärme zwischen *3* u. *21* K 34-0312.

Oberflächenspann. v. – u. durch tiegelfreies Zonenschmelzen gewonnene Einkrist. 5-0276; Anionenaustausch-Adsorpt. v. – an Amberlite IRA-*400* aus wss.-methanol. Lsg., d. neutrale Nitrate enthalten 16-0627; Desorpt.-Enthalpie v. – an Re 34-0663.

Verteil. zwischen Tetrahydrofuran/wss. HCl u. Dowex *50*-X *5* 1-2079; Vgl. d. Wirksamk. v. TBP mit d. v. einigen Alkylphosphonsäuredialkylestern als Extrakt.-Mittel durch Extrakt. v. Sc, Y, La, Pr, Nd, – u. Fe(III) aus HCl- u. v. Nb u. Ta aus Fluoridlsg. 12-0568; Extrakt. v. – durch langkett., tert. Amine aus nitrathalt. Lsg. in verschiedenen Verdünn.-Mitteln (Verteil.-Koeff.) 19-0577; Löslichk. v. Mg in – in d. festen Phase 24-0543; Verteil. v. – bei d. Kristallisat. v. Zn aus einer Pb-Schmelze 49/50-0537.

Ox.-Kinetik v. – in einem Gemisch aus Ar mit *20*% O_2 17-0732; Unters. d. Verteil. v. Y, Sm, Eu, –, Dy, Ho u. Tm bei d. Trenn. mit K_2CrO_4 in wss. Lsg. 21-0782; Zementat. v. Spuren radioakt. –-Isotope im trägerfreien Zustand durch Natriumamalgam aus Acetatlsg. 35-0682; Hydrolyse v. Gd^{3+} in wss. Lsg. 36-0584.

Verw. v. He–Gd-Aerosolen zur Steuer. v. Kernreaktoren 4-2090*.

Flammenphotometr. Best. mit einem höher auflösenden Gerät 21-2110; gravimetr. Best. mit Dihydroxymaleinsäure 29-2022; flammenphotometr. Best. 41-1864; Atomabsorpt.-Spektroskopie mit Hochtemp.-Flammen 51/52-1762.

Dünnschichtchromatograph. Trenn. v. Y, Tb, Eu u. Sm 3-2007; Anionenaustauschtrenn. v. – u. a. Lanthanidenelementen 3-2022; emissionsspektrograph. Best. v. Spuren v. – in hochgereinigtem Graphit 9-2080; papierchromatograph. Nachw. 13-2110; Best. v. ^{155}Gd in bestrahltem U 15-2012; spektrograph. Best. in SAP-Material 19-2034; Nachw. v. –-Röntgenstrahl. im radioakt. Fern-Fallout mit Hilfe eines Ge(Li)-Halbleiterdetektors 20-0808; Best. in U-Verb. 28-1996; Trenn. v. Th, Sc u. Yttererden durch Chromatographie mit umgekehrten Phasen 46-1856.

Bibl.: Geochemie von Spurenelementen. Ga, Ge, Gd, In, Tl in hydrothermalen Fundstätten [russ.] B 58.

Gadoliniumlegierungen

Magnet. Unters. d. Syst. GdA (A = Ag, Cu, Zn, Cd oder In) 15-0530.

Ag: elektr. Widerstand v. AgGd 40-0405; magnet. Unters. an AgGd u. d. tern. Syst. $Gd(Zn_xAg_{1-x})$ u. $(Gd_{1,2}Cd)_x(GdAg)_{1-x}$ ($0 \leq x \leq 1$) 15-0530; magnet. Ordn. u. deren Zusammenhang mit d. Anzahl d. Leit.-Elektronen in d. Syst. Gd(Ag, Cd, In) u. Gd(Cu, Ag, Au) 45-0459.

Al: Gitterkonst., Härte u. magnet. Suszeptibilität v. $GdAl_2$ 13-0293; ^{27}Al-Knight-Verschieb. u. Hyperfeinwechselwrkg. in $GdAl_2$ 7-0397; magnet. Verh. v. $GdAl_3$ 8-0509; magnet. Eig. v. Gd_3Al_2, GdAl, $GdAl_2$ u. $GdAl_3$ 13-0516; Phasenbezieh. u. intermetall. Verb. in d. Syst. Gd/Al (Gitterkonst.) 21-0556.

Au: elektr. Widerstand v. AuGd 40-0405; magnet. Ordn. u. deren Zusammenhang mit d. Anzahl d. Leit.-Elektronen im Syst. Gd(Cu, Ag, Au) 45-0459; Unters. d. Bldg. Au-reicher Gd–Au-Mischkrist. 6-0611.

Bi, Struktur v. Gd_4Bi_3 27-0279.

Cd: magnet. Unters. an CdGd u. d. tern. Syst. $(Gd_{1,2}Cd)_x(GdAg)_{1-x}$ ($0 \leq x \leq 1$) 15-0530; magnet. Ordn. u. deren Zusammenhang mit d. Anzahl d. Leit.-Elektronen im Syst. Gd(Ag, Cd, In) 45-0459.

Ce: druckinduzierte Phasenumwandl. u. magnet. Ordn. 31-0497.

Co: Krist.-Struktur v. Gd_2Co_{17} 1-0246; Struktur u. Darst. v. $GdCo_3$ 11-0270; Gitterkonst. v. $GdCo_2$ 13-0293; Krist.-Struktur u. Polymorphie v. Gd_2Co_{17} 48-0246; Unters. d. Magnetisier. v. Gd_2Co_{17} 14-0543; Sättig.-Momente u. Curie-Temp. v. Gd_2Co_{17} 20-0449; magnet. Eig. u. Struktur v. $GdCo_5$ 29-0496; Änder. d. magnet. Moments d. Co in d. Verb. $Gd_xY_{1-x}Co_2$ 29-0502.

Cu: elektr. Widerstand v. CuGd 40-0405; magnet. Unters. an CuGd u. d. tern. Syst. $Gd(Zn_xCu_{1-x})$ ($0 \leq x \leq 1$) 15-0530; magnet. Ordn. u. deren Zusammenhang mit d. Anzahl d. Leit.-Elektronen im Syst. Gd(Cu, Ag, Au) 45-0459.

Dy: Curie-, Néel- u. a. krit. Punkte 24-0472.

Er: Curie-, Néel- u. a. krit. Punkte 24-0472.

Fe: Struktur u. Darst. v. $GdFe_3$ 11-0270; Krist.-Struktur u. Polymorphie v. Gd_2Fe_{17} u. Krist.-Struktur v. $GdFe_7$ 48-0246; Hyperfeinfelder d. Laves-Phase $GdFe_2$ durch Mössbauer-Spektren 11-0517; Unters. d. anisotropen Hyperfeinwechselwrkg. in $GdFe_2$ durch kernmagnet. Resonanz 15-0414.

Ga: Spinordn. v. paramagnet. Zusätzen in abschreckend kondensierten Schichten aus Supraleitern 3-0554.

Ge: Krist.-Struktur u. Darst. v. GdGe 13-0291; Krist.-Struktur v. GdGe 14-0287; Struktur u. Polymorphie v. GdGe 14-0288; Anti-Th_3P_4-Struktur für – 27-0279; kristallograph. u. magnet. Eig. 22-0455; kristallograph. Daten u. Darst. v. Gd_5Ge_4 25-0255; Struktur u. magnet. Eig. v. GdGe 27-0506.

Hg s. unter *Quecksilberlegierungen*: *Gd*.

Ho: Curie-, Néel- u. a. krit. Punkte 24-0472.

In: Übergangstemp. v. Supraleitern mit paramagnet. Verunreinig. im Syst. $La_{3-x}Gd/In$ 25-0439; magnet. Unters. an InGd u. d. tern. Syst. $Gd(Zn_xIn_{1-x})$ ($0 \leq x \leq 1$) 15-0530; magnet. Ordn. u. deren Zusammenhang mit d. Anzahl d. Leit.-Elektronen im Syst. Gd(Ag, Cd, In) 45-0459.

La: Übergangstemp. v. Supraleitern mit paramagnet. Verunreinig. im Syst. $La_{3-x}Gd/In$ sowie $La_{1-x}Gd$ 25-0439; Mikrowellenresonanz-Beobacht. in festen – 14-0398; druckinduzierte Phasenumwandl. u. magnet. Ordn. 31-0497; Mess. d. spezif. Wärme u. d. magnet. Suszeptibilität an verd. festen Lsg. v. La–Gd (*1,4* u. *2,1* Atom-% Gd) 48-0280.

Lu: Mikrowellenresonanz-Beobacht. in festen – 14-0398; Curie-, Néel- u. a. krit. Punkte 24-0472.

Mg: anomaler Widerstand 16-0414; Löslichk. u. eutekt. Temp. im seltenerdmetallreichen Syst. Gd/Mg 24-0543.

Nd: druckinduzierte Phasenumwandl. u. magnet. Ordn. 31-0497.

Ni: Struktur u. Darst. v. $GdNi_3$ 11-0270; Krist.-Struktur v. Gd_2Ni_{17} 48-0246.

Pd: Gitterkonst. u. Härte v. $GdPd_3$ 13-0292; spezif. Wärmen 49/50-0275.

Re: Struktur u. Mikrohärte d. Laves-Phase GdRe 3-0300; Darst. u. Struktur v. $GdRe_2$ 32-0249.

Sc: magnet. Eig. v. Gd/Sc-Leg. mit Geh. zwischen *7,4* u. *90* Atom-% Gd 6-0499; Mikrowellenresonanz-Beobacht. in festen – 14-0398.

Sn: Temp.-Abhängigk. d. magnet. Suszeptibilität v. $GdSn_3$ 8-0510; magnet. Felder an ^{119}Sn in Gd_2Sn 38-0477.

Ta: Löslichk. v. Ta in fl. Gd, Liquiduslinien d. Ta-armen Seiten d. bin. Syst. Gd/Ta sowie d. Löslichk.-Konst., d. Lsg.-Wärmen, d. Schmelzwärmen u. d. partiellen molaren Lsg.-Wärmen 21-0559.

Tm: Curie-, Néel- u. a. krit. Punkte 24-0472.

Y: Ordn.-Einstell. im Syst. Y/Gd (Y-Leg. mit *62,9*-Atom-% Gd) 27-0258; Mikrowellenresonanz-Beobacht. in festen – 14-0398; Änder. d. magnet. Moments d. Co in d. Verb. $Gd_xY_{1-x}Co_2$ 29-0502; druckinduzierte Phasenumwandl. u.. magnet. Ordn. 31-0497; Mess. d. spezif. Wärme u. d. magnet. Suszeptibilität an verd. festen Lsg. v. Y–Gd (Gd Atom-% *0,8*–*5,90*) 48-0280.

Zn: Krist.-Struktur v. Gd_2Zn_{17} 3-0287; Struktur u. Darst. v. $GdZn_{12}$ 24-0248; Nachw. u. Struktur v. Gd_6Zn_{23} u. $GdZn_{12}$ 28-0242; magnet. Unters. an ZnGd u. d. tern. Syst. $Gd(Zn_xAg_{1-x})$; $Gd(Zn_xIn_{1-x})$ u. $Gd(Zn_xCu_{1-x})$ ($0 \leq x \leq 1$) 15-0530; Best. d. Temp. d. Phasenumwandl. u. d. Schmelzpunktes d. intermetall. Verb. $GdZn_2$ mit Hilfe d. DTA 24-0542.

Gadoliniumverbindungen

Anorganische Gadoliniumverbindungen

Darst. v. Einlager.-Verb. zwischen Gd u. Graphit 48-0682; Fluoreszenznachleuchten v. wss. Gd^{3+}-Lsg. 10-0360; paramagnet. Resonanz in bin. Eu(II)- u. Gd(III)-Verb. 37-0412.

Gadoliniumantimonate(V), lineare Krist.-Feldglieder u. d. $^5D_0$–$^7F_0$-Übergang d. Eu^{3+}-Ions durch Intensitätsverhältnisse in $GdTiSbO_6$: Eu 23-0384; $^5D_0$–$^7F_0$-Emiss.-Linie v. Eu^{3+} im Wirtsgitter v. $GdTiSbO_6$ 34-0400.

Gadoliniumantimonide: Unters. d. Krist.-Feldes mit magnet. Mess. u. Vgl. d. Magnetisier.-Werte mit theoret. Daten 24-0473.

GdSb, EPR v. – 37-0412.

Gadoliniumarsenate(V)

Gadoliniumorthoarsenate(V): Lumineszenzeig. v. mit Eu^{3+} aktivierten Phosphoren aus – 21-0337.

$GdAsO_4$, Anreg.-, diffuse Reflex.- u. Emiss.-Spektren v. mit Tb aktiviertem – 46-0388.

Gadoliniumarsenide: Unters. d. Krist.-Feldes mit magnet. Mess. u. Vgl. d. Magnetisier.-Werte mit theoret. Daten 24-0473.

GdAs, EPR v. – 37-0412.

Gadoliniumborate

Gadoliniumorthoborat:

$GdBO_3$, Bldg. im Syst. $Na_2O/B_2O_3/Gd_2O_3$ 35-0683; IR-Spektren (Struktur) 48-0128; breitband. UV-Anreg. v. Sm^{3+}-aktiviertem $GdAl_3B_4O_{12}$ 46-0389; Krist.-Struktur u. Fluoreszenz v. $GdAl_3B_4O_{12}$ u. $GdGa_3B_4O_{12}$ 38-0275.

Gadoliniummetaborat:

$Gd(BO_2)_3$, Bldg. v. – im Syst. $Na_2O/B_2O_3/Gd_2O_3$ 35-0683.

Gadoliniumboride: Bldg. v. Gd-Boriden mit B/Gd ca. *100* im Syst. Gd/B mit d. Parametern v. Gd 13-0780; Thermoelektronenemiss. einiger – 51/52-0359.

GdB_4, Thermoelektronenemiss. 51/52-0359.

GdB_6, Standardbldg.-Wärme 22-0487; Natur d. Thermoemiss.-Eig. (Austrittsarbeit) 30-0342; Thermoelektronenemiss. 51/52-0359; Bldg.-Wärme v. – u. Freie Standard-Enthalpien d. Rk. v. Gd_2O_3 mit B bzw. B_4C bzw. mit B + C zu – 10-0556; Einfl. einer Kernbestrahl. auf d. Eig. der feuerfesten Verb. –, Überblick 48-2454.

Gadoliniumbromid:

$GdBr_3$, Unters. d. Leitfähigk. 46-0587.

Gadoliniumcarbide, Darst. u. Struktur v. $Gd_3AlC_{0,9}$ 28-0243; Darst. u. röntgenograph. Unters. 37-0285.

Gadoliniumcarbonate bzw. -carbonatokomplexe

$Gd_2(CO_3)_3$, Darst. im festen Zustand u. Struktur v. – in Lsg. 44-0721; Löslichk.-Prod. 14-0630.

Carbonatogadolinium(III)-säuren

$H[Gd(CO_3)_2]$, Salze s. *Kalium*- u. *Natriumcarbonatogadolinate(III)*.

$H_5[Gd(CO_3)_4]$, Bldg. v. $[Gd(CO_3)_4]^{5-}$ in Lsg. 18-0705.

Gadoliniumchloride: therm. Abbau v. $Gd(C_2O_4)Cl \cdot 3\,H_2O$ mit u. ohne HCl, Bldg. v. Gd-Oxalatochloriden 18-0702; Rk. v. $Gd_2 \cdot (C_2O_4)_3 \cdot 10\,H_2O$ im HCl-Strom, Bldg. v. $Gd(C_2O_4)Cl \cdot xH_2O$ u. $H_2C_2O_4$ 18-0703; magnet. Suszeptibilität d. $GdCl_{1,6}$ u. d. Einfl. geringfüg. Beimeng. magnet. Verunreinig. 47-0494; Darst. v. Addukten v. – mit Dimethylsulfoxid 37-0730; polarograph. Verh. d. – in protonenfreien Lsgm. 4-1896.

$GdCl_3$, IR-Spektrum 36-0325; IR-Absorpt.-Koeff. v. im geschmolzenen LiCl/NaCl/KCl-Eutektikum gelöstem – 44-0346; Krist.-Feld v. monoklinem $GdCl_3 \cdot 6\,H_2O$ 29-0330; kristallograph. Daten für $GdCl_3 \cdot 6\,H_2O$ 44-0252; Mikrowellenabsorpt. u. magnet. Übergang in – 12-0510; Verdünnungswärmen wss. –-Lsg. bei *25*° 33-0574; scheinbare Molvolumina wss. –-Lsg. 33-0633; Lsg.-Wärme v. $GdCl_3 \cdot 6\,H_2O$ in W. sowie in d. Aussalzmittel $MgCl_2$ in Abhängigk. v. d. Konz. (Dehydratat.) 39-0544.

Isotopenaustausch zwischen $H^{36}Cl$ u. festem – 39-0671; Radiolyse in Methanol 14-1062; Umsetz. v. – mit O_2 33-0780; Geschw. d. Umsetz. d. in d. Syst. v. Xylenolorange mit – gebildeten Komplexes mit Trilon B 44-0650.

Toleranz v. Chlorella vulgaris gegenüber – 49/50-1282.

GdOCl, Bldg. 33-0780.

Gadoliniumcyanoferrat: (III): $Gd[Fe(CN)_6]$, Leitfähigk. v. – in W. sowie in Dioxan–W.-Misch. 14-0686.

Gadoliniumfluoride: GdF, Bldg.-Enthalpie u. Dissoziat.-Energie v. gasf. – 37-0548.

GdF_2, Bldg.-Enthalpie v. gasf. – 37-0548.

GdF_3, Bldg.-Enthalpie v. festem u. v. gasf. – 37-0548. IR-Spektrum im CsJ-Bereich v. – 8-0329; ^{19}F-NMR polykrist. Proben v. – 32-0372.

Gadoliniumfluorosilicate(IV), Fluorosilicat mit Gd aus sibir. Pegmatiten 48-0751.

Gadoliniumhydride, Röntgen-L_{III}-Absorpt.-Spektren v. Gd in GdH_n ($n = 1,4$ bis $2,7$) 35-0338; Mess. d. Gitterkonst. an Dihydriden v. Gd/Y-Leg. 24-0247.

Gadoliniumhydroxide: thermo- u. röntgenograph. Unters. d. krist. – 7-0751.

$Gd(OH)_3$, chem. Analyse d. festen u. fl. Phase u. DTA d. festen Prod. an d. tern. Syst. $Gd(OH)_3/H_2O_2/H_2O$ 16-0707; Löslichk. v. – in NaOH-Lsg. verschiedener Konz. 12-0571; Löslichk. u. Löslichk.-Prod. v. – 43-0543.

Gadoliniumjodat: $Gd(JO_3)_3$, Löslichk. u. Aktivität v. – in W. 49/50-0526.

Gadoliniummolybdate(VI): Ausscheid.-Koeff. v. – in $SrMoO_4$ 22-0232.

$Gd_2(MoO_4)_3$, Krist.-Struktur u. Polymorphie 2-0258; Elementarzelle u. Raumgruppe 6-0274.

Gadoliniumniobate(V)

Gadoliniumorthoniobate(V): Lumineszenzeig. v. mit Eu^{3+} aktivierten Phosphoren aus – 21-0337.

$GdNbO_4$, Anreg.-, diffuse Reflex.- u. Emiss.-Spektren v. mit Tb aktiviertem – 46-0388; Bezieh. zwischen Ionenradien u. Umwandl.-Temp. in – 15-0257; magnet. u. elektr. Eig. 4-0493.

Niobatogadolinium(III)-säuren: Salze s. *Kaliumniobatogadolinate(III)*.

Gadoliniumnitrate bzw. -nitratokomplexe

Paramagnet. Relaxat. in Gadoliniumnitratlsg. 10-0386; Darst. v. N.N-Dimethylacetamidaddukten d. – 45-0688; akute Säugetiertoxizität v. – 25-1504.

$Gd(NO_3)_3$, IR-Spektren v. $Gd(NO_3)_3 \cdot 4\ H_2O$ 31-0152; refraktometr. Unters. an – in wss. Lsg. 49/50-0321; Einfl. d. Lsgm. auf d. Konst. d. paramagnet. Relaxat. in fl. Lsg. v. – (Änder. d. Solvathülle d. Gd^{3+}-Ions bei Verw. v. Methanol, A., n-Butanol, Pentanol, Glycerin, Dioxan u. Aceton als Lsgm.) 35-0371; thermogravimetr. Unters. 27-0753.

Nitratogadolinium(III)-säure: **$H_3[Gd(NO_3)_6]$**, Salze, Extrakt. v. Gd durch langkett. tert. Amine aus nitrathalt. Lsg. als (Amin. H)$_3$ $[Gd(NO_3)_6]$ 19-0577.

Gadoliniumnitride: Unters. d. Krist.-Feldes mit magnet. Mess. u. Vgl. d. Magnetisier.-Werte mit theoret. Daten 24-0473.

GdN, Einfl. d. Drucks auf Curie-Temp. u. Vol. v. – 8-0511; EPR v. – 37-0412; spontane Magnetisier. 49/50-0486.

Gadoliniumoxide: therm. Abbau v. $Gd \cdot (C_2O_4)Cl \cdot 3\ H_2O$ mit u. ohne HCl, Bldg. v. – 18-0702; Darst. u. einige physikal.-chem. Eig. v. Gd_2O_2Te 21-0780; IR-Spektrum v. $Gd_2 \cdot (SO_4)O_2$ 36-0326; präp. Trenn. d. Seltenerdmetalloxide v. – mit Milchsäure 49/50-0681.

Gd_2O_3, Standardbldg.-Wärme 22-0487; Anwend. d. Sonnenstrahl.-Heiz. zur Trenn. d. Seltenerdmetalloxide La_2O_3, Sm_2O_3, –, Dy_2O_3 u. Y_2O_3 40-0696.

IR-Gitterspektren v. kub. – im Bereich *700–50* cm^{-1} 31-0370; Röntgen-L- u. -M-Spektren im Bereich v. *2–85* Å 46-0351.

Einfl. v. – auf opt. D., Molvolumen u. Molrefrakt. v. Na-Silicatgläsern 8-0315; induzierte Strahl. v. $CaF_2/YF_3 : Nd^{3+}$-Krist. bei Raumtemp. u. Vgl. mit $Gd_2O_3 : Nd^{3+}$ 19-0387; $^5D_0$–$^7F_0$-Emiss.-Linie v. Eu^{3+} im Wirtsgitter v. Gd_2O_3 (kub.) 34-0400; direkte Beobacht. d. durch Rekombinat.-Stellen begrenzten Konz.-Löschens d. Gd(III)-Fluoreszenz in Calibo-*1*-Glas mit ––Dotier. 48-0354.

Verschiedene Krist.-Umwandl. v. – bei hoher Temp. 1-0567; Polymorphie 19-0225; große Punktdefektkonz. in d. Mischkrist. d. Syst. ThO_2/Gd_2O_3 31-0270; Unters. d. Hemm. d. Kristallisat. v. Schaumquarzglas durch – 40-0227.

Antiferromagnet. Resonanz in α-Fe_2O_3 u. α-Fe_2O_3-Proben mit ––Dotier. 19-0376; Thermoelektronenemiss. v. GdB_4 mit ––Beimisch. 51/52-0359.

Temp.-Abhängigk. d. magnet. Suszeptibilität 16-0450, 16-0451; EPR v. Gd^{3+} in $KY(MoO_4)_2$, eingeführt als – 17-0400; magnet. Eig. v. $3\ Gd_2O_3 \cdot 5\ Fe_2O_3$ unter hydrostat. Druck 25-0473; magnet. Charakteristiken v. Ferriten d. Zus. $3[(1-y)Y_2O_3 \cdot yGd_2O_3] \cdot 5[(1-x)Fe_2O_3 \cdot xGa_2O_3]$ mit y = *0*; *0,3* bzw. *0,5* u. x bis *0,2* bzw. *0,15* bzw. *0,06* 38-0486; Paramagnetismus v. Gd^{3+}-Ionen in Silicatgläsern d. Zus. *9–50* (Gew.-%) Gd_2O_3, *42,8* bis *40* SiO_2 u. *18,2–10* Li_2O 43-0507.

Bldg.-Wärme v. – u. Freie Standard-Enthalpien d. Rk. v. – mit B bzw. B_4C bzw. mit B + C zu GdB_6 10-0556; Phasengleichgew. v. – bei hohem Druck 20-0514; Nichtmischbark. im Liquidusgebiet d. bin. Syst. Gd_2O_3/B_2O_3 28-0531; Verb.-Bldg. in d. Syst. Gd_2O_3/Al_2O_3 33-0604; Zustandsdiagramm d. Syst. Gd_2O_3/Cr_2O_3 36-0553; polarisationsmkr. u. röntgenograph. Unters. d. Phasengleichgew. u. krist. Löslichk. im Syst. CaO/Gd_2O_3 45-0518.

Best. d. isoelektr. Punktes 49/50-0591.

Löslichk. v. – in NH_4NO_3-Schmelzen 26-0734; Best. d. integralen Lsg.-Wärme v. – in Schwefel- u. Essigsäure 49/50-0524.

Rk. mit BaO 16-0708; katalyt. Aktivität beim Isotopen- u. homomol. Austausch zwischen $^{16}O_2$ u. $^{18}O_2$ 25-0700; Unters. d. Deuteroaustausches in Cyclohexan an – auf Al-Oxid 37-0947; katalyt. Effekt v. – bei d. Graphitox. 41-0672; katalyt. Eig. v. – bei d. Dehydrier. u. Dehydratisier. v. Alkoholen u. d. Dehydrier. v. Tetralin 43-0886.

Verw.: in Nimonic-Leg. zur Kernreaktor-Regel. 10-2256; zur Herst. v. Leuchtstoffen 14-2363*.

Mischoxide

Al: Bldg. u. Eig. (Krist.-Struktur u. Mikrohärte) v. $GdAlO_3$ im Syst. Al_2O_3/Gd_2O_3 33-0604; breitband. UV-Anreg. v. Sm^{3+}-aktiviertem $GdAlO_3$, u. $GdAl_3B_4O_{12}$ 46-0389.

Ba: Bldg. v. $BaGd_2O_4$ durch Rk. v. BaO mit Gd_2O_3 16-0708; Brech.-Indizes v. $BaGd_2O_4$ 5-0349.

Cr: Existenz v. $GdCrO_3$ (D., Temp.-Ausdehn.-Koeff.) im Syst. Gd_2O_3/Cr_2O_3 36-0553; IR-Absorpt.-Spektrum v. $GdCrO_3$ 14-0375; Synth., Struktur u. therm. Dissoziat. v. $GdCrO_3$ 32-0226; magnet. Suszeptibilität v. $GdCrO_3$ 6-0503; Unters. d. magnet. Ordn. v. $GdCrO_3$ durch Neutronenbeug. 11-0530; magnet. Eig. v. $GdCrO_3$ 41-0497.

Dy: Reflex.-Spektren v. $Dy_xGd_{1-x}O_{1,5}$ 30-0295.

Er: Reflex.-Spektren v. $Er_xGd_{1-x}O_{1,5}$ 30-0295.

Eu: Reflex.-Spektren v. $Eu_xGd_{1-x}O_{1,5}$ 30-0295; magnet. Eig. v. $EuGd_2O_4$ 51/52-0463; magnet. Ordn. in $EuGd_2O_4$ 8-0515.

Fe: IR-Faraday-Rotat. als Temp.-Funkt. in Gd–Ge-Granat 39-0365; Darst. u. Eig. v. Einkrist. v. – v. Spinell- oder Granattyp 5-0272; Abhängigk. d. ferromagnet. Curie-Punktes v. $5\ Fe_2O_3 \cdot 3\ Gd_2O_3$ v. hydrostat. Druck bis zu Werten v. *6000* bar 6-0517; Quadrupolkoppl.-Konst. eqQ/h v. Fe^{3+} in verschiedenen Seltenerdmetall–Fe-Granaten d. Zus. $Gd_3Fe_2(FeO_4)_3$ mit Hilfe d. Mössbauer-Effektes 10-0372; NMR-Unters. d. Magnetisier. d. Fe-Untergitters in Gadoliniumeisengranat 19-0373; Unters. d. Magnetisier. d. Subgitter in einigen Seltenerdmetall-Eisengranaten mit Hilfe d. NMR v. ^{57}Fe (NMR v. ^{57}Fe auf d. a- u. d. Subgittern v. Gadolinium-Eisengranat) 19-0374; Best. d. Magnetostrikt.-Konst. v. Seltenerdmetallgranaten aus d. Druckabhängigk. d. paramagnet. Resonanzspektren (EPR-Spektren v. Gd^{3+}-Ionen in $Gd_3Fe_5O_{12}$-Krist.) 22-0365; magnetoakust. Doppelbrech. in Gd-Ferraten(III) 22-0461; inneres Feld in $GdFeO_3$ am Ort d. Fe-Kerns durch Mössbauer-Unters. u. d. *1/3*-Potenzgesetz 24-0483; magnet. Eig. v. – unter hydrostat. Druck 25-0473; magnet. u. Magnetostrikt.-Eig. bei tiefen Temp. 33-0527; lineare u. zirkulare akust. Doppelbrech. bei d. ferroakust. Resonanz v. $Gd_3Fe_5O_{12}$ 36-0500; magnet. Umwandl. bei Temp.-Änder. im Bereich d. Kompensat.-Punkte v. $Gd_3Fe_5O_{12}$ 36-0503.

Fe–Al: Einfl. v. hydrostat. Druck auf d. Curie-Punkt v. $Gd_3Fe_4AlO_{12}$ 10-0504.

Ga: aus d. Fluoreszenzübergang bestimmter a–c-Austausch in $Gd_3Ga_3(GaO_4)_3$ 39-0380.

Ho: Reflex.-Spektren v. $Ho_xGd_{1-x}O_{1,5}$ 30-0295.

Li: lineare Krist.-Feldglieder u. d. $^5D_0$–$^7F_0$-Übergang d. Eu^{3+}-Ions durch Intensitätsverhältnisse in $LiGdO_2 : Eu$ 23-0384; Lumineszenz v. Eu^{3+}-dotiertem $LiGdO_2$ 45-0340.

Mo: Darst. u. Struktur v. Gd_2MoO_6 37-0767; Eu^{3+}-Fluoreszenz in – 40-0325.

Na: Lumineszenzeig. v. $NaGdO_2 : Eu^{3+}$ 26-0357; Eu^{3+}-Fluoreszenz in $NaGdO_2$ 34-0400; Lumineszenz v. Eu^{3+} dotiertem $NaGdO_2$ 45-0340; Struktur u. Darst. v. $NaGdO_2$ 47-0246; röntgenograph. Unters. v. $NaGdO_2$ 48-0684.

Nb–Ba: Eu^{3+}-Fluoreszenz in Mischmetalloxiden Ba_2GdNbO_6 (Einfl. d. Krist.-Struktur auf d. Intensitätsverhältnis v. elektr. u. magnet. Dipolemiss.) 23-0383; lineare Krist.-Feldglieder u. d. $^5D_0$–$^7F_0$-Übergang d. Eu^{3+}-Ions durch Intensitätsverhältnisse in $Ba_2 \cdot GdNbO_6 : Eu$ 23-0384; $^5D_0$–$^7F_0$-Emiss.-Linie v. Eu^{3+} im Wirtsgitter v. Ba_2GdNbO_6 34-0400; Néel-Temp., asymptot. Curie-Temp. u. Curie-Konst. v. Ba_2GdNbO_6 29-0503.

Si–Eu: Absorpt. u. rote Lumineszenz v. $Eu_2O_3 \cdot SiO_2 : Gd_2O_3$-Einkrist. 5-0358.

Si–Na: Absorpt.-Spektren v. $25\ Na_2O \cdot 75\ SiO_2 \cdot 0{,}24\ Gd_2O_3$-Gläsern 8-0315.

Sn–Ca–Fe: Mössbauer-Mess. effektiver Magnetfelder an ^{119}Sn-Kernen in Ferritgranaten mit Punktkompensat. d. Zus. $Gd_{3-x}Ca_xFe_{5-x}Sn_xO_{12}$ 20-0454.

Sr: Brech.-Indizes v. $SrGd_2O_4$ 5-0349.

Sr–Al: $^5D_0$–$^7F_0$-Emiss.-Linie v. Eu^{3+} im Wirtsgitter v. $SrGdAlO_4$ 34-0400.

Sr–Nb: Symmetrie u. Gitterparameter d. Perowskits Sr_2NbGdO_6 19-0256.

Ta: Struktur u. Darst. v. $Gd_{0,33}TaO_3$ 6-0273.

Ta–Ba: neue mit Nd^{3+}, Sm^{3+} u. Yb^{3+} dotierte Laserwirtsmaterialien v. Perowskit-Typ $Ba(Gd, Ta)O_3$ 15-0445; Symmetrie u. Gitterparameter d. Perowskits Ba_2TaGdO_6 19-0256.

Ta–Sr: Symmetrie u. Gitterparameter d. Perowskits Sr_2TaGdO_6 19-0256.

Ti: lineare Krist.-Feldglieder u. d. $^5D_0$–$^7F_0$-Übergang d. Eu^{3+}-Ions durch Intensitätsverhältnisse in $Gd_2Ti_2O_7 : Eu$ 23-0384; $^5D_0$–$^7F_0$-Emiss.-Linie v. Eu^{3+} im Wirtsgitter v. $Gd_2T_2O_7$ 34-0400; Struktur u. Darst. v. $GdTiO_3$ 12-0287.

Ti–Nb: Darst. u. Struktur v. $GdTiNbO_6$ 13-0298.

Ti–Sb: Darst. u. Struktur v. $GdTiSbO_6$ 13-0298.

Ti–Ta: Darst. u. Struktur v. $GdTiTaO_6$ 13-0298.

W: Bldg. u. Gitterparameter v. Seltenerdmetallbronzen d. Zus. $M_{0,1}WO_3$ mit M = Gd 21-0783; Darst. u. Struktur v. Gd_2WO_6 37-0767; $^5D_0$–$^7F_0$-Emiss.-Linie v. Eu^{3+} im Wirtsgitter Gd_2WO_6 34-0400; Eu^{3+}-Fluoreszenz in – 40-0325.

W–Ba: lineare Krist.-Feldglieder u. d. $^5D_0$–$^7F_0$-Übergang d. Eu^{3+}-Ions durch Intensitätsverhältnisse in $Ba_3Gd_2WO_9 : Eu$ 23-0384; $^5D_0$–$^7F_0$-Emiss.-Linie v. Eu^{3+} im Wirtsgitter v. $Ba_3Gd_2WO_9$ 34-0400.

W–Ti: Darst. u. Struktur v. $GdTi_{1,5} \cdot W_{0,5}O_6$ 13-0298.

Y–Al–Fe: Einfl. v. hydrostat. Druck auf d. Curie-Punkte einiger Ferrite d. Zus. $Gd_3Fe_4AlO_{12}$ u. $Y_{1,5}Gd_{1,5} \cdot Fe_{4,5}Al_{0,5}O_{12}$ 10-0504; Temp.-Beständigk. v. Y–Gd–Al–Fe-Granaten d. allg. Zus. $3[(1-x)Y_2O_3 \cdot xGd_2O_3] \cdot 0{,}5[(1-y)Fe_2O_3 \cdot yAl_2O_3]$ mit $0 \leq x \leq$ *0,5* u. $0 \leq y \leq$ *0,3* 19-0501.

Y–Fe: Unters. d. magnet. Eig. u. ferromagnet. Resonanz d. Y–Gd–Fe-Granat-Syst. 36-0502.

Y–Fe–Ga: Magnet. Charakteristiken v. Ferriten d. Zus. $3[(1-y)Y_2O_3 \cdot yGd_2O_3] \cdot 5[(1-x)Fe_2O_3 \cdot xGa_2O_3]$ mit y = *0*; *0,3* bzw. *0,5* u. x bis *0,2* bzw. *0,15* bzw. *0,06* 38-0486.

Gadoliniumperchlorat: $Gd(ClO_4)_3$, Darst. u. therm. Zers. 49/50-0682; Lsg.-Wärme v. $Gd(ClO_4)_3 \cdot 5\ H_2O$ in W. sowie in d. Aussalzmittel NH_4Cl in Abhängigk. v. d. Konz. (Dehydratat.) 39-0544.

Gadoliniumperoxide, Bldg. v. $Gd_2O_5 \cdot xH_2O$, nach Trockn. v. $Gd_2O_4 \cdot xH_2O$ 16-0707.

Gadoliniumperrhenat(VII): $Gd(ReO_4)_3$, röntgenograph., kristallograph. u. therm.-analyt. Unters. v. – 26-0764.

Gadoliniumphosphate bzw. -phosphatokomplexe

Löslichk. v. – in W. u. Säuren (wss. HCl, HNO_3 u. H_2SO_4) 49/50-0525.

Gadoliniumorthophosphat: Lumineszenzeig. v. mit Eu^{3+} aktivierten Phosphoren aus – 21-0337.

$GdPO_4$, IR-Spektrum 36-0326; Anreg.-, diffuse Reflex.- u. Emiss.-Spektren v. mit Tb aktiviertem – 46-0388; magnet. Suszeptibilität 8-0517.

Stabilitätskonst. v. in wss. $Na_5P_3O_{10}$ gebildeten Phosphatkomplexen d. Gd 47-0554.

Gadoliniumphosphide: Unters. d. Krist.-Feldes mit magnet. Mess. u. Vgl. d. Magnetisier.-Werte mit theoret. Daten 24-0473.

GdP, EPR v. – 37-0412; magnet. u. elektr. Eig. 47-0495.

Gadoliniumpolonid: GdPo, Darst. u. Best. d. Eig. v. – 43-0699.

Gadoliniumselenide: chem. Sprühverf. zur Abscheid. anorgan. Schichten aus – 1-0205; Struktur, magnet. Suszeptibilität u. Wärmeleitfähigk. v. $AgGd_2Se$ 1-0520.

GdSe, chem. Sprühverf. zur Abscheid. anorgan. Schichten aus – 1-0205; Debye-Temp. 48-0279.

Gd_2Se_3, Unters. d. Bldg. fester Lsg. in d. Syst. $CaSe/Gd_2Se_3$ 24-0536.

Gadoliniumsilicate, Synth. v. Gadolinit d. Zus. $CdGd_2Be_2Si_2O_{10}$ (Angabe d. Gitterparameter) 7-0890.

Gadoliniumsilicide: Krist.-Struktur v. $Gd_3Ni_6Si_2$ 12-0306.

GdSi, Krist.-Struktur 14-0287.

$GdSi_2$, magnet. Struktur 46-0488.

Gadoliniumsulfate: Bldg. u. Dehydratat. v. $Gd_2(SO_4)_3 \cdot Rb_2SO_4 \cdot 8\ H_2O$ in d. Syst. $Gd_2 \cdot (SO_4)_3/Rb_2SO_4/H_2O$ 23-0743; IR-Spektren v. $Gd_2(SO_4)O_2$ 36-0326; Magnetisier.-Mess. in starken magnet. Impulsfeldern mit Hilfe d. Wäg.-Meth. 18-0462; Ultraschallabsorpt.-Unters. über Komplexbldg. in wss. Lsg. v. — 45-0528.

$Gd_2(SO_4)_3$, IR-Spektrum 36-0326; magnet. Verh. v. $Gd_2(SO_4)_3 \cdot 8\,H_2O$ bei niedr. Temp. (ESR u. Energieniveaus) 6-0378; Bldg. u. Dehydratat. v. $Gd_2(SO_4)_3 \cdot Rb_2SO_4 \cdot 8\,H_2O$ in d. Syst. $Gd_2(SO_4)_3/Rb_2SO_4/H_2O$ 23-0743.

Gadoliniumsulfide: Darst. v. $AgGd_5S_8$ (Th_3P_4-Typ) aus metall. Ag u. Gd_2S_3 (Gitterkonst.) 18-0737; Gitterparameter u. Strukturtyp v. $SmGd_2S_4$, $EuGd_2S_4$ u. $YbGd_2S_4$ 5-0286; Darst. u. Struktur v. $AgGdS_2$ 34-0305; Darst. u. Struktur v. $Gd_4Ge_3S_{12}$ 36-0216; $EuGd_2S_4$ — ein neuer ferromagnet. Halbleiter 1-0518; Magnetisier.-Kurven v. $EuGd_2S_4$ 20-0446.

GdS, Debye-Temp. 48-0279.

Gd_2S_3, durch Zusatz v. — zu kub.-flächenzentrierten MS-Sulfiden v. Typ NaCl gebildete Mischkrist. 7-0752; Rk. v. — mit metall. Ag bei *900°* zu $AgGd_5S_8$, (Gitterkonst.) 18-0737.

Gadoliniumtantalat(V): **$GdTaO_4$ (Gadoliniumorthotantalat)**, Temp.-Abhängigk. d. magnet. Suszeptibilität 16-0451.

Gadoliniumtellurat(IV): **$Gd_2(TeO_3)_3$**, Herst. 32-0742.

Gadoliniumtelluride: Darst. u. einige physikal.-chem. Eig. v. Gd_2O_2Te 21-0780.

GdTe, Einfl. d. Elektronenkonz. auf d. magnet. Eig. v. EuTe–GdTe 16-0453; Debye-Temp. 48-0279.

Gadoliniumthiocyanat: **$Gd(SCN)_3$**, IR-Spektren v. — in TBP, Einfl. d. Solvatat. auf d. P = O-Valenzfrequenz 12-0156.

Gadoliniumvanadate(V)

Gadoliniumorthovanadate(V): Lumineszenzeig. v. mit Eu^{3+} aktivierten Phosphoren aus — 21-0337; YVO_4: Eu, ein neuer rotemittierender Phosphor mit großer Lumineszenzausb. u. Vgl. mit Emiss.- u. Anreg.-Spektren v. — 42-0360.

$GdVO_4$, Anreg.-, diffuse Reflex.- u. Emiss.-Spektren v. mit Tb aktiviertem — 46-0388.

Gadoliniumwolframate(VI): Krist.-Struktur v. $GdTm(WO_4)_3$ u. $PrGd(WO_4)_3$ 2-0258.

$Gd_2(WO_4)_3$, Krist.-Struktur u. Polymorphie v. — 2-0258.

Organische Gadoliniumverbindungen

Bandenemiss. v. Gd-Tricyclopentadienyl, Fluoreszenz u. Transmiss.-Spektren 3-0391; Darst. u. spektroskop. Unters. d. Terpyridylkomplexe d. Gd 3-0754; opt. Absorpt.-Spektren v. Lsg. d. Phthalocyanine v. Gd (Festigk. d. Bind. Metall–Ligand) 4-0125; IR-Spektren d. Gd-Komplexe mit 2.2′-Bipyridyl u. 1.10-Phenanthrolin zwischen *650* u. *70* cm^{-1} 34-0152; Geschw. d. Umsetz. d. in d. Syst. v. Xylenolorange mit $GdCl_3$ gebildeten Komplexes mit Trilon B 44-0650.

Bldg. v. 1:1-Komplexen v. Saccharose mit Gd^{3+}, Benutz. zur photometr. Best. v. Ce in alkal. Lsg. 22-0681; Darst. v. Gd-Alkanolaten 37-0735.

Darst. v. Addukten v. Gd-Chloriden mit Dimethylsulfoxid 37-0730.

Darst. d. flücht. Chelate d. Gd mit 2.2.-6.6-Tetramethylheptandion-(3.5) 3-0753; Substituenteneffekte bei d. intramol. Energieübertrag., Absorpt.- u. Fluoreszenzspektren v. β-Diketon-Chelaten d. Gd 4-0123; Komplexe v. Gd mit Acetylaceton u. 1.10-Phenanthrolin oder 2.2′-Dipyridyl 5-0795; Einfl. d. Adduktbldg. auf d. Phosphoreszenz v. β-Diketon-Chelaten d. Gd 10-0110; röntgenograph. Unters. v. Benzoylacetonaten v. Gd mit Piperidin bzw. Diäthylamin 29-0248; Komplexverb. v. Gd u. Benzoyltrifluoraceton 33-0770; sichtbare, UV- u. IR-Spektren v. 1.3-Diketonatokomplexen d. Gd 41-0151; Darst. v. γ-Isopropyltropolonatogadolinium 51/52-0685.

Darst. u. Unters. d. Verh. in Luft- u. N-Atmosphäre d. Trichloracetats d. Gd 1-0717; Best. d. Stabilitätskonst. d. Komplexes $GdCit \cdot 4\,H_2O$ u. d. Löslichk.-Prod. 9-0624; spektrophotometr. u. potentiometr. Best. d. Konst. d. sauren Dissoziat. v. Gd-Gluconat 11-0616; Beständigk. d. Kationen-Komplexe v. Gd mit Wein- u. Trihydroxyglutarsäure 12-0593; Löslichk.-Prod. v. Gd-oxalat 14-0631; Einfl. d. Lsgm. auf d. Beständigk.-Konst. v. Gluconatkomplexen d. Gd in wss.-methanol. Lsg. 14-0661; Darst., thermograph. u. Bind.-Unters. u. IR-Absorpt.-Spektren v. [GdZ]Cl, $[GdZ]Cl \cdot 2\,H_2O$ u. $[GdZ]Cl \cdot 3\,H_2O$, (H_2Z-Iminodiessigsäure) 14-0808; Darst., röntgenograph. u. thermogravimetr. Unters. u. IR-Spektren v. Verb. d. Typs $GdCit \cdot 4\,H_2O$ (H_3Cit-Citronensäure) 14-0809; therm. Abbau v. $Gd(C_2O_4)Cl \cdot 3\,H_2O$ mit u. ohne HCl, Bldg. v. Gd-Oxalatochloriden u. Gd-Oxiden 18-0702; Rk. v. $Gd_2(C_2O_4)_3 \cdot 10\,H_2O$ im HCl-Strom, Bldg. v. $Gd(C_2O_4)Cl \cdot xH_2O$ u. $H_2C_2O_4$ 18-0703; teilweise Rk. v. $Gd_2(C_2O_4)_3 \cdot 10\,H_2O$ mit HCl 18-0704; Rk. v. Gd^{3+} mit organ. Säuren, Bldg. d. Salze 23-0744; Stabilitäts- u. Dissoziat.-Konst. d. Komplexe d. Gluconsäure mit Gd 26-0564; Sorpt. v. Gd-Komplexen mit Äthylendiamintetraessigsäure an AB-*17* 29-0652; strukturabhäng. Verh. d. Äthylendiamintetraacetokomplexes d. Ions Gd^{3+} 31-0303; Enthalpie u. Entropie d. schrittweisen Komplexbldg. zwischen Gd u. d. Hydroxysäuren Glykol-, Milch- u. α-Hydroxyisobuttersäure 33-0618; Differentialthermoanalyse d. Oxalathydrate d. Gd 35-0684; polarograph. Best. d. Bldg.-Konst. d. Gd-Komplexes mit Triäthylentetraminhexaessigsäure 37-0590; Darst. u. Unters. d. Krist.-Struktur v. Gd-Acetattetrahydrat 37-0729; IR-Spektren v. $Gd_2(C_2O_4)_3 \cdot nH_2O$ 38-0147; Spektren d. Syst. Gd^{3+}/Violursäure im Gebiet v. *400–650* mm 40-0543; Stabilitätskonst. u. Strukturaufklär. d. Picolinato- u. N-Oxid-picolinatokomplexe v. Gd 45-0530; Darst. v. N.N-Dimethylacetamid-Addukten d. Gd-nitrate 45-0688; Lsg.-Wärme v. $Gd(C_2H_5SO_4)_3 \cdot 9\,H_2O$ in W. 46-0537; Stabilitätskonst. d. Komplexe mit Atrolactat-Ionen (Phenylmethylglykolat) 46-0568; Unters. d. therm. Stabilität v. Gd-Nicotinat 49/50-0684; kristallograph. Daten v. $Gd(HCOO)_3$ 51/52-0203.

IR-Spektren v. Gd-Salzen d. Polystyrol-Sulfonsäure 49/50-0135.

IR-Spektren v. festen Komplexen d. $GdCl_3$ mit TBP, Einfl. d. Solvatat. auf d. P = O-Valenzfrequenz 12-0156; Löslichk.-Prod. u. Stabilitätskonst. v. Gd-dibutylphosphat 14-0631; Stabilitätskonst. d. Komplexes GdA^{2+} (HA = Di-n-butylphosphat) 24-0577; Krist.-Feldeffekte für Ce^{3+} in $Gd(C_2H_5SO_4)_3 \cdot 9\,H_2O$ aus d. Temp.-Abhängigk. d. Spin–Gitter-Relaxat.-Geschw. 29-0372; Spin–Spin- u. Krist.-Feld-Wechselwrkg. in d. Äthylsulfaten d. Seltenerdmetalle; $Gd(C_2H_5 \cdot SO_4)_3 \cdot 9\,H_2O$ 31-0396.

Gärung

Siehe auch *Abwässer*; *Backen*; *Bier*; *Brot*; *Enzyme*; *Essig*; *Kakao*; *Mikroben*; *Mikroorganismen*; *Pilze*; *Silage*; *Spirituosen*; *Tabak*; *Tee*; *Wein*.

Vergärung bestimmter Stoffe: Kontinuierl. Vergär. zuckerhalt. Zwischenprod. d. Zuckerindustrie mit Torulopsis utilis 4-3142; aerobe KW-Stoffvergär. (prakt. Bewert.) 5-1348; nichtflücht. organ. Säuren u. pH-Veränder. während d. Vergär. v. Brennereiwürze 13-3514; Vergär. v. Sulfitablaugen 18-3419; mikrobiolog. Fermentat. v. γ-Methylmercapto-α-hydroxybuttersäure 27-2646*; Einfl. einiger physiolog. akt. Stoffe auf d. Glucosevergär. durch Hefe 27-1324; Erzeug. einer kontinuierl., schnellen — u. Reif. zuckerhalt. Fl. 32-3235*; Umwandl. d. Fumarsäure-— in eine L-Äpfelsäure-— durch gemeinsame Kultivier. v. Rhizopus u. Hefe 38-1384; Vergär. v. Maltodextrinen durch Hefen 38-1385; Einfl. v. Benzolboronsäure auf d. Vergär. v. endogenen Kohlenhydraten durch Bäckerhefe 49/50-1267.

Bildung und Gewinnung bestimmter Gärungsprodukte: Produkt. v. 2.3-Butylenglykol aus Citrusabläufen durch — mit Bacillus polymyxa 1-1357; Prolinsynth. bei d. Vergär. v. Traubenmost durch Saccharomyces vini 1-3382; Einfl. d. Wurzelextrakts aus Eichhornia speciosa auf d. alkohol. — 2-1368; Bezieh. zwischen N-Quelle u. Weinsäurebldg. in Modell-—-Vers. 3-3237; fermentative Stärkehydrolyse bei d. kontinuierl. alkohol. — 4-3144; kontinuierl. Glutaminsäurefermentat. 5-1360; L-Glutaminsäurefermentat. mit Melasse 6-1337; Aminosäurefermentat. 6-1338; Butanolfermentat. 7-1444, 7-1445; Gewinn.: v. Glutaminsäure durch — 7-2718*, 7-2719*; v. L-Glutamin durch — 7-2720*; v. Inosin u. Guanosin durch — unter Verw. v Adenin- u. Histidin-abhäng., polyauxotrophen Mutanten v. Bacillus subtilis 7-2786*; Herst. v. Tetracyclin durch aerobe submerse — 8-1816*; Erzeug.: v. Aminosäuren durch — 8-2649*; v. 5-Amino-4-imidazolcarboxamidribosid u. dessen Deriv. durch — 8-2716*; Bezieh. zwischen d. Sekundärprod. d. alkohol. Gär. (Überblick) 8-3342; Erhöh. d. Glycerinausb. bei d. Maismehlstärkevergär. durch Zusatz v. an Milchsäure v. H_2SO_4 gewöhnten Hefegemischen 9-2781*; Erzeug.: v. L-Homoserin durch — 9-2798*; v. Glutaminsäure durch — 9-2800*, 9-3422*; Klärgaserzeug. durch Methan-— (Übersicht) 10-2854; Bldg. höherer Alkohole bei d. Fermentat. v. Aminosäuren durch Hefen 11-1381; Einfl. d. Aminosäuren auf d. Bldg. v. höheren Alkoholen bei d. alkohol. — 11-3413; Herst.: v. L-Glutaminsäure durch — 11-3427*; v. Itaconsäure durch submersaerobe Schimmelpilz-— 12-2547*; maximale Ausb. an A. bei d. Vergär. v. Nadelholzhydrolysaten 13-3515; Isoleucinfermentat. 14-1433; Erzeug. v. L-Glutaminsäure u./oder α-Ketoglutarsäure durch — 14-2739*; Bldg. v. aromat. Aminosäuren bei d. alkohol. — 18-3409; Herst.: v. Citronensäure durch — 19-2697*; v. *l*-Glutaminsäure durch — v. Biotin oder Biotin enthaltenen Substanzen 19-2699*; v. *l*-Asparaginsäure durch — aus Fumarsäure oder Fumarat u. NH_3, NH_4-Salz oder Diammoniumfumarat 20-2629*; v. *l*-Isoleucin durch Fermentat. 21-2792*; v. *l*-Glutaminsäure durch Fermentat. 21-2793*; v. Lävulose aus Saccharose durch — 21-2836*; Wrkg.: d. K-Ionen auf d. Citronensäure-— 22-1256; d. Phenolgeh. v. Sulfitablaugen auf d. alkohol. — 22-3176; Erzeug. v. wachstumsfördernden Stoffen durch — 22-3201*; Einfl. d. Infekt. d. Aceton-Butyl-— 23-2509; CH_4-— niedriger Fettsäuren 24-2151; Vergär. v. CO_2 zu CH_4 in Ggw. v. H_2 24-2159; Xylonsäurefermentat. 25-1315, 25-1316; Gewinn. v. α-Ketoglutarsäure durch — mit Pseudomonas fluorescens 26-2716; Bldg. v. Brenztraubensäure u. α-Ketoglutarsäure während d. alkohol. — 28-1426; Stereoisomere v. β-Carotin in Fermentat.-Prod. 31-1550; Herst. v. *l*-Homoserin durch — v. *l*-Threonin 31-2533*; Anhäuf. v. Aldehyden durch verschiedene Hefestämme bei d. — 31-3039; Einfl. v. Kaliumhexacyanoferrat(II) auf d. chem. Zus. d. bei d. Citronensäure-— angewandten Melasselsg. 31-3044; Geh. an während d. alkohol. — gebildeten Ketocarbonsäuren 32-1451; Erzeug. v. L-Glutaminsäure durch — 32-3238*; Bldg.: höherer Alkohole durch Hefen bei d. — v. Aminosäuren 34-1395; v. Ca-Gluconat bei d. Vergär. v. Hydrol durch Aspergillus niger 38-1386; Forsch. d. vitaminolog. Laboratoriums d. Instituts d. —-Industrie (Übersicht) 38-1570; Hemmfaktoren bei d. Aceton–Butanol-Fermentier. 39-1223, 39-1224; Gewinn. eines Aconitinderiv. durch Vergären einer Aconitinlsg. mit einer Pilzkultur 40-2543*; L-Glutaminsäurefermentat. mit Melasse 42-2471; Nachneutralisat. v. mit W.-Dampf behandelten Sulfitablaugen vor d. alkohol. — 43-2806; Milchsäureerzeug. durch Fermentat. mit Lactobacillus lactis 47-2279; Bldg. v. Benzolboronsäure bei d. endogenen Fermentat. v. Bäckerhefe 49/50-1267; Verlauf d. Citronensäure-— bei verschiedenen Fl.-Niveaus in d. Gärgefäßen sowie bei unterschiedl. Saccharosekonz. in d. Melasselsg. 49/50-2855; Einfl. d. Aminobuttersäure auf d. Bldg. höherer Alkohole durch Saccharomyces carlsbergensis bei d. — 51/52-1216.

Allgemeine Gärungsindustrie: Starterkultur für — 3-3211; Herst. v. hochmolekularen, hydrophilen Mischpolymerisaten in Gelkörnerform zur Trenn. v. —-Lsg. 10-2249*; Einfl. d. intensiven Durchmischens auf d. —-Vermögen v. Hefe 11-3400; luftfiltertechn. Probleme im —-Gewerbe 13-2232; Beschleunig. d. — u. Steiger. d. Anzahl d. Hefezellen durch verschiedene Zusätze 15-3261*; Einfl. einiger Stimulatoren auf d. —-Aktivität d. Hefe 18-3397; Wrkg. v. 2-Desoxy-D-glucose auf d. endogene — in Hefe 27-1345; optimale Ausleg. kontinuierl. —-Reaktoren 37-2000.

Analyse, Untersuchungsmethoden: Beurteil. eines Labor.-—-Gerätes durch Mess. d. O-Adsorpt.-Koeff. 4-2011; jodometr. mikrophotometr. Best.-Meth. für Streptomycin in —-Lsg. 8-2055; maßanalyt. Best. v. Itaconsäure in reinen wss. Lsg. u. in Fermentat.-Brühen 13-2121; Best. d. O_2-Verbrauchs u. d. CO_2-Erzeug. bei d. aeroben — v. Torulopsis utilis 20-2022; photometr. Mikroschnellmeth. zur Best. v. Penicillin in Fermentat.-Fl. 30-2022.

Bibliographie: Technologie der Gärungsindustrie [russ.] B 32; Biochemie d. Gärungsindustrie [russ.] B 96; Les fermentations B 96.

Gahnit s. unter *Zinkoxide, Mischoxide*: $Al(Zn \cdot Al_2O_4)$.

Gaillardin s. unter $C_{17}H_{22}O_5$.

Galaktal s. unter $C_6H_{10}O_4$.

Galaktane, extrazellulare phosphorylierte — aus Sporobolomyces-Hefen 8-1465; Hydrolyse v. — aus Weißlupinensamen 32-1480.

Galaktarsäure s. unter $C_6H_{10}O_8$.

Galaktinol s. unter $C_{12}H_{22}O_{11}$.

Galaktit s. unter $C_6H_{14}O_6$.

Galaktoflavin s. unter $C_{18}H_{22}N_4O_7$.

Galaktoglucomannan, Isolier. eines — aus d. Rinde d. Engelmann-Fichte 6-1399; Struktur eines — aus d. schott. Kiefer 27-1164.

Galaktomannane, Herst. u. Verw. v. Deriv. u. Abbauprod. v. — 49/50-2458*; Konfigurat. v. —-Triacetat 5-1247; Struktur eines —:

aus d. Samen d. weißen Klees 5-1417; aus Lotus corniculatus 23-1103; Konstitut. eines Galaktomannans: aus d. Samen v. Gleditsia amorphoides 36-1152; aus Sojabohnenhülsen 48-1085; Flock. v. Kaolinit mit – 2-0665; Verw.: bei d. Papierherst. 6-3189, 40-3094; v. Poly-– für eine backfert. Misch. 15-3259*.

Galaktonsäure s. unter $C_6H_{12}O_7$.
Galaktosamin s. unter $C_6H_{13}NO_5$.
Galaktosan s. unter $C_6H_{10}O_5$.
Galaktose s. unter $C_6H_{12}O_6$.
Galaktose-1-phosphat s. unter $C_6H_{13}O_9P$.
Galaktoside s. unter *Glykoside*.
Galakturonsäure s. unter $C_6H_{10}O_7$.
Galanthamin s. unter $C_{17}H_{21}NO_3$.
Galascorbin s. unter *Vitamine, Vitaminpräparate*.
Galbulin s. unter $C_{22}H_{28}O_4$.
Galenik s. unter *Pharmazie*.
Galenit s. unter *Bleisulfide*: *PbS*.
Galenobismutit, Rotat.-Eig. v. – 7-0845; diffrakt.- u. kristallchem. Besonderh. v. – 37-0853.
Galiosin s. unter $C_{26}H_{26}O_{16}$.
Galirubin Isolier. v. – als roter Hydroxychinonfarbstoff aus einem Streptomyces-Stamm 10-1429.
Galirubinon B (F. 234–235°), Isolier. v. – als roter Hydroxychinonfarbstoff aus einem Streptomyces-Stamm 10-1429.
Galirubinon D s. unter $C_{22}H_{20}O_7$.
Galkatin s. unter $C_{21}H_{24}O_4$.
Gallacetophenon s. unter $C_8H_8O_4$.
Gallamid s. unter $C_7H_7NO_4$.
Gallamin s. unter $C_{24}H_{45}N_3O_3$.

Galle

Siehe auch *Organe-Gallenblase* (*und Gallenwege*).

– v. Rana nigromaculata 33-1641.

Cholerese und Cholagoga, Choleretika: Wrkg.: v. Extrakten d. Hypophysenhinterlappens auf d. –-Sekret. 6-1490; v. künstl. Fieber, Noräthandrolon u. Iopansäure auf d. Wrkg. v. Sulfobromphthalein-Na auf d. –-Sekret. beim Menschen 7-1741; Hemm. d. –-Sekret. durch organ. Verb. 8-1563; Einfl. v. Adrenalektomie u. Hypophysektomie auf d. –-Fluß bei d. Ratte 16-1459; –-ausscheidende Funkt. d. Leber nach kombinierter Zufuhr v. Pyridoxin u. Glucose bei akuter experimenteller Hepatitis 17-1711; Antidiuret. Hormon u. –-Fluß 28-1548; –-treibende u. -bildende Eig. v. Berberinsulfat 33-1707; Wrkg. v. 2.4.6-Trihydroxypropiophenon u. nach Injekt. v. Vichy-W. auf d. –-Sekret. bei d. Ratte 33-1554; anregende Wrkg. v. 1-Phenyl-1-hydroxy-n-pentan auf d. –-Sekret. 34-1762; Wrkg.: v. Priscolin auf d. –-Sekret. bei narkotisierten Hunden 37-1513; v. Acetazolamid u. Säuren–Basen-Veränder. auf d. –-Sekret. 39-1389; v. Probenecid auf d. Indocyaningrün-Geh. d. – u. d. –-Fluß 41-1665; v. Adrenalin, Noradrenalin u. Isoprenalin auf d. –-Sekret. d. Leber narkotisierter Hunde 48-1396.

Choleret. Aktivität v. Dekokten aus Erythroxylon laurifolium aus Réunion 3-1683; Wrkg. u. therapeut. Wert d. Choleretika (Übersicht) 3-1743; Darst.: v. Dihydropyranderiv. als choleret. Mittel 4-1727*; v. 1-[p-Bromphenyl]-propanol-(1) als Choleretikum 10-1815*; choleret. Wrkg. v. Flavonoiden 12-1692; Gewinn. eines Choleretikums aus Rinde u./oder Blättern v. Erlen 14-1802*; therapeut. Verw. v. Cholagogum oder Choleretikum 17-1827*; Keto- u. Hydroxysäuren d. Cycloparaffinreihe mit choleret. Wrkg. 19-1726; Darst.: v. Carbonsäureestern als Heilmittel mit –-Sekret.-fördernder Wrkg. 19-1783*; v. Cycloundecen-(1)-carbonsäure-(1) als Choleretikum 19-1792*; v. 4.1-Benzoxazepin-1H-3H-dion-(2.5) als Choleretikum 22-1739*; Verw.: v. Hydroxybenzoesäureäthern als Choleretika 23-1740*; v. Salicylmorpholid u. seinen Alkalisalzen als Choleretika 23-1764*; –-treibende Wrkg.: v. Matricaria officinalis 26-1662; eines Präp. aus Bupleurum rotundifolium 26-1763; Darst. d. Mg-Salzes d. 3-Hydroxynaphthoesäure-(2) als Choleretikum 26-1816*; choleret. Wrkg.: v. Cyclohexanon-2-benzyl-2-propionsäure 27-1752; v. 5-Äthyl-4-oxo-3-aza-2-[4-methoxybenzyliden]-heptansäure 31-1672; v. 2-[Benzofuryl-(2)]-cinchoninsäuren 32-1073; v. AC *3092* 34-1763; Verw. v. 4-Methyl-7-hydroxycumarin als Choleretikum 34-1792*; Darst.: v. α-Adamantanoxycarbonsäuren mit choleret. Aktivität 42-1718*; v. sek. Alkoholen als Choleretika u. Cholagoga 47-1626*; v. ω-[4-(RO)-7-Indanyl]-ω-oxoalkancarbonsäuren als Arzneimittel mit choleret. Wrkg. 44-1670*.

Bestandteile, Gallenausscheidung: Bestandteile 5-1593; chem. Zus. 14-1667; Bestandteile d. – d. Familie Cyprinidae 21-1626; Einfl. v. Butterfett u. d. Fett einer Linolsäure-reichen Diätmargarine auf d. Zus. d. Blasen-– bei Hamstern 30-1369.

Ca^{2+}-Ausscheid. durch d. – (Rolle d. Leber) 6-1601; Ausscheid. v. $^{35}SO_4^{2-}$ in d. – nach re-N-[^{35}S]-sulfoniertem Heparin bei d. Ratte 8-1625; Einfl. v. Sulfonamiden auf d. HCO_3^-, Cl^-- u. Na^+-Konz. d. – bei Ratten u. Hunden 23-1304.

Proteingeh. d. menschl. – 1-1640; Fettsäurezus. v. menschl. –-Lipiden 7-1710; –-Sterine 9-1657; makromol., mit Cholesterin Komplexe bildende Frakt. in d. menschl. – 9-1658; Ausscheid. d. alkal. Phosphatase in d. – (Beeinfluss. durch Choleretika) 10-1378; Glucuronidbldg. in d. – bei d. Katze 11-1706; Ausscheid. v. Gallensäuren d. – in d. isolierten durchströmten Rattenleber 12-1631; Proteinfrakt. d. Ratten-– 16-1399; Isolier. v. Östron u. 17α-Östradiol aus d. – d. neugeborenen Kalbes durch Mikrosublimat. 16-1439; Aktivität d. alkal. Phosphatase in d. – 18-1285; Isolier. v. Gallensäuren u. Gallenalkoholen aus d. – d. Kröte nach Cholesterininjekt. 18-1561; Verteil. v. ^{3}H-Bilirubin in d. – während d. Aufnahme u. Ausscheid. durch d. Leber 18-1585; Isolier. d. v. Cholesterin abstammenden 3α.7α-Dihydroxykoprostans aus menschl. – 20-1566; Vorhandensein v. Allocholsäure in d. Säugetier-– 20-1567; Wrkg. d. Nahr.-Fettes auf d. Zus. d. Gallensäuren in d. – beim Menschen 23-1540; Ausscheid.: v. Thyroxinglucuronid in d. Katzen-– 24-1561; v. $^{14}C_{(4)}$-Dihydro-11-ketoprogesteron mit d. – durch isolierte, perfundierte Leber 26-1493; v. Folsäure in d. – 26-1591; Vork. v. Peptiden in d. – beim Menschen 27-1628; –-spezif. Proteinkomponenten in menschl. – 27-1629; Identifizier. d. Stoffwechselprod. v. Retinal u. Retinsäure in d. Ratten-– 29-1573; Rolle d. Gallenblase bei d. Auflsg. v. Cholesterin in d. – 29-1578; 3α.7α-Dihydroxy-5β-cholestan in Alligator-– 32-1619; Geschw. d. Synth. v. Phospholipoiden d. – bei Pathologie d. Leber 33-1669; Stoffwechselprod. v. $^{14}C_{(4)}$-17β-Östradiol in d. – d. Stiers 37-1415; Vork. v. Intrinsic factor in d. – 37-1504; Wrkg. v. Chlorphenoxyisobutyrat auf d. Muster d. Gallensäuren in d. menschl. – 38-1634; chem. Natur v. Varansäure aus d. – v. Varanus niloticus 40-1476; Fe-bindendes Protein als Bestandteil d. Leber-– 43-1327; Ausscheid. v. Decarboxylier.-Prod. einiger Phenolcarbonsäuren in d. – 43-1455; Peptide d. – (Unters.) 44-1573; Steroidkonjugate in d. – nach i.v. Verabreich. v. ^{3}H- u. ^{35}S-Androstenolonsulfat 45-1378; Lipide d. – v. Eptatretus stoutii 51/52-1312.

Ausscheid. v. 3-Methyl-3.4-dihydroxy-4-phenylbutin-(1) in d. – 3-1667; maximale Ausscheid. durch d. – v. an Ratten verabreichtes Rifamycin SV 5-1696; Ausscheid.: v. Dekamethonium durch d. – bei nephrektomierten Kaninchen 5-1746; v. injiziertem Bromsulphalein mit d. – 6-1635; Einbau v. ^{14}C-markiertem Abbott-*16 112* in d. – 6-1644; Ampicillinspiegel in menschl. – 8-1702; Transportmaximum für d. Exkret. v. BSP in d. – 12-1285; Vork. v. Myxinol in d. – d. Schleimaale 12-1512; Ausscheid. einiger Azofarbstoffe in d. – d. Ratte 14-1724; Verteil.: in d. – nach Verabreich. v. ^{14}C-Bis-[p-hydroxyphenyl]-cyclohexylidenmethan u. seines Diacetats 16-1440; u. Ausscheid. v. Methohexiton in d. – beim Menschen 17-1684; Geh. v. Ca-Dinatriumsalz v. Äthylendiamintetraessigsäure in d. – v. Kranken mit berufl. Pb-Vergift. nach verschiedener Zufuhr 17-1718; Ausscheid. v. ^{14}C-Carbenoxolonglucuronid in d. – 20-1599; –-Exkret. v. Fremdverb. bei verschiedenen Arten 28-1476; Tetracyclin-L-methylenlysin-Spiegel in d. – 33-1737; Ausscheid. v. Neostigmin in d. – bei d. Ratte 42-1498; Einfl. v. Spartein auf d. –-Ausscheid. v. Bromsulfonphthalein beim Meerschweinchen u. beim Kaninchen 48-1547.

Beziehung zu anderen Körperfunktionen: Einfl. d. – auf d. Zus. d. Inhalts d. Dünndarms beim Schaf 4-1568; Aktivier. d. pankreat. Lipase durch pharmazeut. –-Deriv. 25-1603; Wrkg. d. –: auf d. lipolyt. Aktivität d. Plasmas nach Heparin bei Kaninchen 28-1338; u. ihrer wichtigsten Bestandteile auf d. M-Cholin-reakt. Syst. d. glatten Muskeln 33-1668; Einfl. getrockneter – auf d. Eiweißbind. v. Bilirubin u. Bromsulfalein 39-1458; Hemm. d. Sterinbiosynth. in Rattenleberhomogenaten durch – 40-1371.

Cholestase: Rolle d. Lipide im Serum v. Cholestasekranken in d. Jirgl'schen Rk. 9-1615; Hypersekret. d. – nach Taurolithocholat u. Taurocholat bei Ratten 28-1679; experimentelle Cholestase d. Ratte nach α-Naphthylisothiocyanat 30-1687; Potenzier. u. Hemm. d. durch α-Naphthylisothiocyanat induzierten Cholestase 31-1600.

Untersuchungsmethoden: Gaschromatograph. Identifizier. v. Pregnandiol u. einiger seiner Isomere in d. – schwangerer Frauen 5-1492; Anwend. d. Gelfiltrat. v. Gallensäure zur Unters. d. Lipidkomplexe in d. – 8-2072; Dünnschichtchromatographie für Lipide aus d. – 8-2074; präparativer Trenn.-Gang für d. Rohsäuregemisch d. Schweine-– 22-1525; Best. d. D-Glucarsäure in – in Bezieh. zur hemmenden Wrkg. v. – auf bakterielle β-Glucuronidase 26-1604.

Gallein s. unter $C_{20}H_{12}O_7$.
Gallenfarbstoffe, – in Gallensteinen 14-1667; Isolier. einer mit – verwandten prosthet. Gruppe aus Phytochrom 38-1467; Zus. d. – in d. Gunn-Ratte 35-1620; enzymat. Abbau v. Hämprotein in – 5-1613; Umwandl. v. Hämatin in – bei Ratten 27-1522; enzymat. Abbau v. Hämoproteiden zu – 37-1459, 37-1460, 43-1217, 43-1218; methanol. Extrakt. aus Algen 38-1443; Stoffwechsel (Übersicht) 3-1587, 15-1518; Ausscheid. bei Ratten mit Leberkrebs infolge v. p-Dimethylaminoazobenzol 42-1160; histochem. Unters. an Ablager. v. – im Zentralnervensyst. 2-1668.

Gallensäuren

– 1-1540, 2-1626; Stereo-– 2-1627; – u. verwandte Stoffe 3-1136; – 3-1284, 7-1708; Stereo-– 9-1657; – 11-1162, 12-1331; bas. – 13-1191, 14-1390, 15-1108; Steroid-– 18-1561; – u. verwandte Stoffe 21-1203; Steroid-– 21-1626; – u. verwandte Stoffe 27-1116; – 29-1579; Stereo-– 33-1641, 33-1642; – 39-1516, 41-1092, 44-1275.

Einfl. d. Galle auf d. Geh. d. Dünndarms beim Schaf 4-1568; Geh.: d. Blasengalle u. d. Gallensteine 14-1667; d. Galle nach kombinierter Zufuhr v. Pyridoxin u. Glucose bei akuter experimenteller Hepatitis 17-1711; Einfl.: v. Butterfett u. d. Fett einer Linolsäure-reichen Diätmargarine auf d. Geh. d. Blasengalle bei Hamstern 30-1369; d. aus d. menschl. Blut isolierten lipomobilisierenden Hypophysenfaktors auf d. Geh. im Blut 30-1382; v. Priscolin auf d. Geh. in d. Galle bei narkotisierten Hunden 37-1513; v. Chlorphenoxyisobutyrat auf d. – in d. menschl. Galle 38-1634; – auf d. Haut v. Patienten mit prurit., hepatobiliaren Erkrank. 48-1499; Wrkg. d. Nahr.-Fettes auf d. Zus. d. – in d. Galle beim Menschen 23-1540.

Biosynth. (Mechanismus) 7-1707; Synth. u. Konjugier. v. – in d. Leber v. bestrahlten Ratten 11-1680; Bldg.: v. natürl. vorkommenden – aus Cholesterin durch Rattenlebermitochondrien in vitro 20-1179; v. – u. Glycin-–-Konjugaben in d. Galle bei Ratten nach Infus. v. Taurolithocholat 28-1679; aus Cholesterin 48-1490; über Δ^4-Cholesten-7α-ol-3-on u. 5β-Cholestan-7α-ol-3-on aus Cholesterin in d. Rattenleber in vitro (Vgl.) 49/50-1474; Ausscheid.: d. Galle in d. isolierte durchströmte Rattenleber 12-1631; durch Menschen bei fettfreier Diät 26-1601; Herst. v. N-Benzhydryl-N′-dihydroxypropylpiperazinäthern als Mittel zur Erniedrig. d. Ausscheid. v. – 3-1812*; Trenn.: v. – durch Verteil.-Chromatographie 2-2001; v. – d. Schweinegalle 5-2739*; Gelfiltrat. 8-2072; Trenn. d. Roh-– d. Schweinegalle 22-1525.

Krist.-Daten für –-Deriv. 5-0989; Dünnschicht-Adsorpt.-Chromatographie 8-2073; Eig. monomol. Filme aus Fettsäuren u. – auf einer Elektrolytlsg. 24-0649; unterschiedl. katalyt. Verh. 30-1539.

Einfl. auf d. Cholesterinesterase 29-1240; 7α-Dehydroxylier. v. – durch Fäkalien-Mikroorganismen 41-1331; fäkale Ausscheid.: beim Menschen 4-1569; nach Verabreich. v. Cholsäure beim Menschen 7-1709; Komplexbldg. mit Cholesterin in –-halt. Frakt. d. menschl. Galle 9-1658; Bldg. v. Cholsäure in d. Gallenfistel bei Ratten aus natürl. vorkommenden – 14-1391; Wrkg.: v. Hypophysen- u. Schilddrüsenhormon auf d. Stoffwechsel bei d. Ratte 21-1627; v. Hyocholsäure auf d. Metabolismus d. – in d. Maus 25-1488; Stoffwechsel (Mechanismus d. Darmtransports) 46-1518; Resorpt.-hemmende Wrkg. 29-1577; Einfl.: auf d. M-Cholin-reakt. Syst. d. glatten Muskeln 33-1668; auf d. Cholesterinverester. durch Rattenplasma in vitro 49/50-1473.

Verteil.-gaschromatograph. Trenn. 44-1888; fluorimetr. Best. 7-2154; biochem. Best. 25-1162; direkte Mess. in menschl. Fäzes 3-1586; Abtrenn. u. Analyse d. gesamten fäkalen – durch Verteil.-Gaschromatographie 19-2101; Best. d. durch alkal. Hydrolyse freigesetzten – d. Serums nach dünnschicht-

lassen v. mit β-Teilchen bestrahlten aktivierten KBr-Krist. mit —-Dotier. 24-0395; photoelektr. Eig. v. ZnTe mit Zusätzen v. — 25-0422; Zusammenhang zwischen Schallgeschw. u. elektr. Leitfähigk. bei fl. — 27-0466; PTCR-Effekt (positiver Temp.-Koeff. d. spezif. elektr. Widerstandes) in $BaTiO_3$-Einkrist. mit Ag- u. In–Ga-Kontakten 28-0396; Supraleit.-Übergang u. krit. Feld v. reinen —-Einkrist. 29-0461; Best. d. Thermokraft beim Schmelzen u. Erstarren v. — 30-0333; Löslichk. u. elektr. Eig. v. ZnSe u. ZnTe in — 31-0458; oszillator. Größeneffekt in d. transversalen magnet. Widerstandsänder. in — 31-0465; thermoelektr. Eig. v. fl. — 32-0387; abs. Thermokraft v. fl. — 32-0388; Zyklotronresonanz-Linienbreiten u. Elektronenrelaxat.-Zeiten in — 32-0442; Darst. u. Unters. einiger physikal. Eig. (Hall-Koeff., spezif. elektr. Leitfähigk., Thermo-EMK, Wärmeleitfähigk.) v. Mischkrist. d. Syst. Ga/Sb/Te 33-0480; Strom–Spann.-Charakteristik in Durchlaßricht. für einen Heteroübergang, in d. Tunnel. vorherrscht, am Beispiel v. Ga(P, As)–GaAs-Heteroübergängen 34-0456; Hall-Effekt u. thermoelektr. Eig. v. geschmolzenem Ga 35-0422; Einfl. v. — auf d. spektrale Verteil. d. inneren Photoeffekts in glas. As_2Se_3 36-0426; elektr. Leitfähigk. u. Lad.-Trägerkonz. in mit —-dotierten Te-Einkrist. 37-0445; Einfl.: d. Dotier. mit — sowie mit In + Cl u. Ga + Cl auf d. Photoleitfähigk. v. CdS-Sinterschichten 37-0465; d. Drucks auf d. Temp. d. Übergangs zur Supraleit. v. — 38-0454; Sprungleitfähigk. u. Hall-Koeff. in Ge-Einkrist. mit —-Zusatz 39-0431; Einfl.: d. Ausleuchtwrkg. d. Lichtes d. Eigenabsorpt. auf d. Füll. d. Haftzentren bei HgS-Einkrist. mit —-Zusätzen 39-0442; v. Haftzentren auf d. photoelektr. Eig. u. d. Dunkelstrom v. HgS-Einkrist. mit —-Zusätzen 39-0443; d. —-Beimisch. auf d. elektr. Auflad. v. CdTe-Staub 41-0463; gesamte elektron. Bandstrukturenergie für — 42-0422; Hysterese-Effekte in drei supraleitenden Phasen v. — 42-0438; Hall-Koeff. d. fl. — 43-0446; elektr. Eig. u. Supraleit. v. — verschiedener Reinh. 48-0423; Abhängigk. d. Sprungtemp. v. — v. d. Größe d. Mikrokristallite d. —-Schicht 49/50-0446; Einw. v. —-Beimeng. auf d. Trägerkonz. u. d. Gitterwärmewiderstand v. GeTe 51/52-0391; Linienform d. Hochfrequenzgrößeneffekts für — 51/52-0401; Temp.-Abhängigk. d. Elektronenstreuung in dünnen einkrist. —-Schichten bei He-Temp. 51/52-0402.

Kernmagnet. Relaxat. in fl. — 1-0381; EPR photoangeregter Donator-Akzeptor-Paare in ZnS : Cu(Ga)-Krist. 8-0368; NMR-Signale v. — in Fe u. Rh 13-0413; photoinduzierte paramagnet. Resonanz v. Cr^+ in ZnS : Cu(Ga)-Einkrist. 15-0425; Kernspinrelaxat. in metall. ^{69}Ga u. ^{71}Ga 16-0316; kernmagnet. Abschirm.-Konst. für alle positiven Ionen, neutralen Atome u. negativen Ionen v. — 18-0089; diamagnet. Suszeptibilität für alle positiven Ionen, neutralen Atome u. negativen Ionen v. — 18-0090; EPR u. elektr. Eig. d. dominierenden paramagnet. Fehlstelle in elektronenbestrahltem p-Si : Ga 22-0356; ^{69}Ga- u. ^{71}Ga-NMR-Spektren v. mit — substituiertem Fe–Y-Granat 24-0387; ESR d. photoempfindl. $^2S_{1/2}$-Zustände v. Ga^{2+} in ZnS 34-0418; Einfl. v. Ga^{3+}-Ionen auf d. Speichereig. v. Mg–Mn-Ferriten 42-0477; De-Haas-van-Alphen-Effekt in — bei hohen magnet. Gleichfeldern 51/52-0452.

Wrkg. d. pH-Werts u. d. Elektrolytkonz. auf d. H-Überspann. an d. —-Tropfelektrode 8-0630; Gesetzmäßigk. bei d. anod. Ox. v. — in KOH-Lsg. 15-0677; Einfl. d. Reinh. v. — auf d. H_2-Überspann. 19-0638; Halbstufenpotential v. Ga^{3+} in Halogenid-Lsg. 21-2117; elektrochem. Eig. d. —-Elektrode (Syst. Cu/Cd/Ga) 22-0596; Elektrolumineszenz dünner anod. erzeugter Oxidschichten auf — 25-0607; Differentialkapazität d. mit —-dotierten Grenzfläche Ge/Elektrolyt 25-0614; Veränder. d. Überspann. bei d. elektrolyt. Abscheid. v. — an einer passiven Oberfläche 35-0586; H_2-Entw. an —-Elektroden 38-0593; Mess. d. elektr. Doppelschicht an fl. — 44-0603; anod. Verh.: v. — 47-0582; v. fl. — 48-0563; v. festem — 48-0564.

Löslichk. v. C in d. Syst. Mn/Ga/C 6-0589; Unterkühl. u. Polymorphie d. — bei Atmosphärendruck 8-0565, 8-0566; Gasgleichgew. in d. Syst. Ga/Cl_2 8-0570; Best. d. Reib.-Konst. für fl. — unter Zuhilfenahme d. Smoluchowski-Gleich. 9-0564; Entropiecharakteristik d. Nah- u. Fernhydratat. v. Ga^{3+} 11-0628; spezif. Wärmen v. — im Bereich v. *1–10* °K 13-0319; Phasendiagramm d. Syst. Ga/As/Zn 14-0635; Wärmeleitfähigk. v. stark mit — dotiertem Ge 15-0344; Verdampf.-Enthalpie v. — 15-0581; Bezieh. zwischen d. Diffus.-Koeff. in Hg u. d. D. für — 16-0481; Phasendiagramm d. Syst. V/Ga/O im Gebiet kleiner O-Geh. 17-0619; Phasendiagramm d. Syst. Ga/P/Zn 28-0525; Thermotransport v. Isotopen in fl. — 33-0546; Viskosität v. fl. — 33-0555; As-reicher Bereich d. tern. Ga/As/Zn-Phasendiagramms 33-0611; Berechn. d. Soliduskurven v. bin. Syst. v. Ge u. Si sowie an Schnitten $A^{III}B^{V}$/Ga 33-0612; Zustandsdiagramm Ga/Se 35-0518; Berechn. d. Maximalkonz. entlang d. Soliduskurve v. Mischkrist. für — in Ge u. Si 35-0528; Best. v. Dampfdrücken sowie Verdampf.-Enthalpien v. — 37-0560; Selbstdiffus. in fl. — 38-0534; Berechn. d. Soliduskurven für bin. Syst. mit Ge bzw. Si u. — u. Verteil.-Koeff. v. — in Si bzw. Ge sowie Lsg.-Enthalpie u. -Entropie 38-0558; DTA-Unters. v. *15* Leg. d. Syst. Ga/As/Sn u. *13* Leg. d. Syst. Ga/As/Ge (Aufstell. d. tern. Zustandsschaubilder) 40-0532; Einfl. geladener u. neutraler Störstellen auf d. Wärmeleitfähigk. d. mit — dotierten Bi_2Te_3 43-0315; Debye-Temp. v. — 48-0424; Liquidus d. tern. Syst. Ga/S/Te 48-0527.

Fließen einer elektr. leitenden —-halt. Fl. im Rohr unter einem longitudinalen Magnetfeld 8-0659; Sorpt. v. — durch EDE-*10* P 8-0686; spezif. Eig. v. — am Iminodiessigsäure-Chelatharz 21-0662; Kontaktwinkel an d. Ga–Hg-Grenzfläche auf Glas 30-0585; Adsorpt. v. Hexanol an — 31-0885; Kationenaustausch v. Ga^{3+} u. In^{3+} an KU-*2 X 8* in Ggw. v. $HClO_4$ u. organ. Lsgm. 44-0631; Verteil. zwischen Tetrahydrofuran/wss. HCl u. Dowex *50*-X*5* 1-2079; Extrakt. v. — aus Aluminat-Rücklauflaugen durch Elektrolyse 7-0744; Extrakt. v. Tl(III) mit Äthylacetat aus salzsauren Lsg. in Ggw. v. Al^{3+}, Ga^{3+} u. In^{3+} als komplexe Säure d. angenäherten Formel $HTlCl_4$ 11-0583; Verteil. zwischen wss. HCl Isopropanol 24-1944; Extrakt. v. Fe- u. Cu-Verunreinig. aus reinem Ga 25-1775; Gültigk. d. Raoultschen u. Henryschen Gesetzes als Grenzgesetze für verd. Lsg. u. Interpretat. d. Mess. an verd. Lsg. v. Ga in In [v. Elliot et al.] 26-0514; Extrakt.-Koeff. v. — aus HCl- u. LiCl/0,2 m HCl-Lsg. mit Aminen in Diäthylbenzol 35-0501; Löslichk. v. GaAs in fl. — 36-0548; Charakteristika d. fl.–fl.-Extrakt. v. — aus mineralsaurem Medium mit CCl_4 u. Ae. 37-0568; Löslichk. v. — in Sn im festen Zustand (Mischkrist.-Bldg.) 37-0581; Extrakt. v. — mit Acetylaceton aus Halogenwasserstoff- u. HNO_3-Lsg. u. Vgl. mit d. aus H_2SO_4-Lsg. 39-0554; Extrakt. v. — mit $\beta.\beta'$-Dichlordiäthyläther aus salzsauren Lsg. 42-0505; Anwend. d. diskontinuierl. Gegenstromsolventextrakt. zur Unters. d. Verteil. v. Metallionen zwischen Salzsäure u. Methylisobutylketon auf — 42-0506; Best. d. Verteil.-Koeff. v. — zwischen W. u. Lsgm. an Dowex 50-X 8 42-1835; Anwend. v. Aminen mit hohem Molgew. in d. analyt. Chemie, fl.–fl.-Extrakt. v. Ga aus KJ–H_2SO_4-Lsg. mit Aminen v. hohem Molgew. u. Trenn. v. In 44-1856; Lsgm.-Extrakt. v. — in Form v. Chlorokomplexen durch Triisooctylamin/CCl_4 aus salzsaurem Medium 45-0506; Unters. d. Extrakt: v. — aus wss. H_2SO_4 u. KBr enthaltenden Lsg. mit Hilfe v. CCl_4 47-0525; Extrahierbark. als Sulfonsäure-Chelat in n-Butanol 48-1872; extraktive Abtrenn. d. Cd u. In v. ^{71}Ga 49/50-1765; Solventextrakt. u. Trenn. v. Ga(III), In(III) u. Tl(III) mit TBP 49/50-1769.

Reaktionen

Rk.: v. P mit Ga_2O_3 u. — (Zücht. dotierter nadel- u. bandförm. Ga-Phosphidkrist.) 23-0243; mit NH_3 zu Ga-Nitrid 36-2146*; mit P (Zücht. v. plättchenförm. GaP-Krist.) 38-0241; mit Xylenolorange (Anwend. auf d. Ga-Best.) 38-1929; Dehydrier. v. gesätt. KW-Stoffen in Ggw. v. — 11-2723*; Einfl. v. Ga^{3+}-Dotier. auf d. Aktivität v. Halbleiterkatalysatoren 15-0777; Darst. v. Maleinsäureanhydrid durch katalyt. Ox. v. Buten-(2) in Ggw. v. — 20-2624*; Kinetik d. therm. Zers. v. nicht dotiertem u. v. mit — dotiertem Co-Formiat 33-0743; Verw. v. —-Pulver als Katalysator für Xylylenpolymere 33-2913*; Elektronenaustrittsarbeit v. mit Ga dotierten Ge-Proben während d. katalyt. Dehydrier. v. A. 36-0677.

Biochemisches und physiologisches Verhalten

Einfl. v. Ga^{3+} auf d. Zellteil. in d. Wurzelspitzen v. Allium cepa 15-1188.

Technische Verwendung

Herst. u. Verw. v. — (Übersicht) 13-2330; Verw.: zur Herst. stabiler Suspens. v. U–Ga-Krist. in fl. — als Reaktorkühlmittel 6-2149*; v. In–Ga-Schmelze als γ-Träger für Strahl.-Kreisläufe 51/52-2023; zum Dotieren v. Si 6-2232*; zur Herst. v. Ge(Li)-γ-Detektoren 15-1985; in Keramik–Metall-Verbundkörpern 23-2256*.

Analyse, Prüfverfahren

Best.: (polarograph.) 1-2069; v. geringen —-Mengen durch Lumineszenz-Mikrotitrat. 12-1972; mit Xylenolorange (spektrophotometr.) 19-2032; mit Rhodamin C 21-2107; mit Kristallviolett (spektrophotometr.) 22-1906; mit organ. Reagenzien 24-1862; mit Rhodamin B (spektrophotometr.) u. Best. d. Komplexzus. 25-1774; mit Xylenolorange (spektrophotometr.) 26-2076; v. — (komplexometr.) 31-1895; mit PAN 33-1947; mit Methylthymolblau (spektrophotometr.) 34-2046; mit Xylenolorange 38-1929; mit Anthranildiessigsäure (spektrophotometr.) 41-1942; mit 1-(2-Pyridylazo)-2-naphthol (spektrophotometr.) 47-1835; v. — (komplexometr.) 48-1888; v. ^{72}Ga 49/50-1732; v. — (spektrophotometr.) 51/52-1842.

Trenn. d. — v. Sc u. Seltenerdmetallen (chromatograph.) 1-2071; Best.: in Bauxit durch Anionenaustauschtrenn. 3-1983; in Fe u. Stahl (wechselstrompolarograph.) 6-2044; in Mineralien (spektrophotometr.) 8-2009; in metall. Zn u. in ZnO (photometr.) 9-2168; v. Spuren — in Al (polarograph.) 13-2111; in Naturstoffen (spektrograph.) 16-1954; in Pu-Ga-Leg. (Ionenaustauschtrenn. u. volumetr. Best.) 20-1995; neben In u. Tl 23-1959; in hochreinem Pb (spektrometr.) 24-1942; Verh. v. Ga(III) an einer Ionenaustauschersäule 27-2004; Spurenextrakt. aus Meerwasser 27-2017; papierverteil.-chromatograph. Isolier. u. Best. neben In, Cd u. Zn 33-2042; selektive EDTA-Titrat. v. — in Ggw. v. anderen Metallen 34-2045; Best. in hochreinem SiO_2 (aktivierungsanalyt.) 35-1977, 35-1979; papierchromatograph. Trenn. v. In/Cu u. Al als Br- u. J-Komplexe 36-1892; Best.: in Aluminatlaugen (komplexometr.) 37-1927; v. —-Verunreinig. in B-Phosphid (spektrograph.) 38-1921; in Leg. auf In-Basis 38-2014; neben Al 43-1801; v. —-Spuren in Salzen seltener Alkalimetalle hoher Reinh. (spektralanal.) 46-1844; in hochreinem Al 46-1959; v. —-Spuren in Al-Oxiden (spektrochem.) 47-1833; in Mineralien, Konzentraten u. Industrieprod. 48-1889; in GaAs u. GaP (amperometr.) 49/50-1764; v. —-Spuren in Al u. Si (substöchiometr.) 51/52-1843.

Best.: v. Spuren Cd, Pb u. Cu in — (polarograph.) 13-2111; v. In-, Cd- u. Pb-Spuren in reinem — 24-1933; Aktivier.-Analyse v. einigen Elementen in Ggw. v. — 31-1940; Best.: v. Ba u. Sr mit Dimethylsulfonazo DAL in Ggw. — 32-2004; v. S in — (impulspolarograph. u. fluorimetr.) 36-1898; v. Fe in hochreinem — als Bathophenanthrolinkomplex 36-1908; v. Verunreinig. in — (aktivier.-analyt.) 46-1849; einiger Spurenverunreinig. in — 47-1834.

—-Tropfelektrode im geschmolzenen $LiNO_3/KNO_3$-Eutektikum 21-2056; Mit — dotierte Ge-Tieftemp.-Thermometer 24-1852.

Bibliographie

Nebenmetalle. Cadmium, Gallium, Germanium, Indium, Selen, Tellur, Thallium, Wismut B 4.

Geochemie von Spurenelementen. Ga, Ge, Gd, In, Tl in hydrothermalen Fundstätten [russ.] B 58; Eigenschaften des Galliums in wäßrigen Lösungen und Legierungen [russ.] B 79.

Galliumlegierungen

Atomdurchmesser, Atomvol. u. Mischkrist.-Bldg. in — 1-0207.

Legierungen mit speziellen Bestandteilen

Ag: Supraleitfähigk. u. Phasenzus. im Syst. Ag/Ga 8-0477.

Al: Best. d. Soliduskurve d. Syst. Al/Ga 37-0579.

Au: Der Haas-van-Alphen-Effekt u. Fermi-Oberfläche d. intermetall. Verb. $AuGa_2$ 4-0476; Zustandsdiagramm d. Syst. Au/Ga 24-0575; Schmelzverh. u. Phasenänder. bei hohem Druck in $AuGa_2$ 25-0537.

Bi: Kristallisat. v. GaP : Bi-Krist. aus Ga/Bi-Schmelzen 27-0390; Viskosität d. schmelzfl. E-(Entmisch.-)Syst. Ga/Bi 16-0480.

Cd: Misch.-Enthalpien u. -Entropien sowie Überschußentropien d. Syst. Ga/Cd 6-0590; Aktivität d. Cd in fl. Cd–Ga-Lsg. 6-0584; Viskosität d. schmelzfl. E-(Entmisch.-) Syst. Ga/Cd 16-0480.

Co: Darst. u. Phasenanalyse v. Leg. d. Syst. R/Co/Ga (R = Ti, Zr, Hf) 49/50-0261.

Galliumverbindungen

Anorganische Galliumverbindungen

Beobacht. d. Wechselwrkg. v. Plasmonen mit longitudinalen opt. Phononen in – 31-0451; Best. d. Oberflächenpotentials v. – 32-0413; Durchgang v. Hochfelddomänen mit Schallgeschw. in – bei akustoelektr. Schwing. 33-0465; Best. d. Spin–Bahn-Wechselwrkg. d. Valenzbandes in stark entartetem – 34-0441; photoelektr. Näher.-Meth. zur Best. d. Diffus.-Länge in mit Cu kontaktiertem – 36-0416; Einfl. d. Wärmebehandl. auf p-GaAs mit diffundiertem Cu 44-0436.

Energieverteil. d. v. He^{+}-Ionen erzeugten Auger-Elektronen an reinen u. ox. Oberflächen v. GaAs(*111*) 4-0366; Zerstäub.-Ausb. für – -Einkrist. bei Ar-Beschuß 21-0282; Ionenneutralisat. d. (*111*)-, ($\bar{1}\bar{1}\bar{1}$)- u. (*110*)-Flächen v. – 21-0368; Einfl. v. Elektronenbestrahl. auf d. elektr. Eig. v. – 51/52-0379.

Elektr. u. photoelektromagnet. Eig. v. – im magnet. Wechselfeld 15-0469; Transporteffekte (Hall-Beweglichk. u. transversaler Nernst-Ettingshausen-Effekt) in p-GaAs 27-0449; galvano- u. thermomagnet. Erschein. v. kompensiertem – 36-0418.

Austrittbark. d. A- u. B-Ebenen d. (*111*)-Oberfläche v. – aus Mess. d. Kontaktpotentialdifferenz gegenüber Pt 2-0412; Darst., Austrittsarbeit, Oberflächenstruktur u. Rk.-Kinetik v. – -Feldemiss.-Kathoden 21-0375; Korrelat. zwischen Metall – GaAs-Schwellenhöhe u. Metallaustrittsarbeit 26-0413.

Intervalley-Übergangsmechanismus d. negativen Widerstandes in n-GaAs 1-0400; elektr. Leitfähigk. u. Resonanzstreuung hoch dotierter Halbleiter p- u. n-leitender – -Krist. 9-0475; Widerstandsmess. v. nn^{+}- u. pp^{+}-Epitaxialschichten auf – nach d. Durchbruchsverf. 33-0452; Niederfrequenzschwank. d. Leitfähigk. v. – (für geätzte u. geschliffene Oberflächen) 39-0435.

Einfl. intensiver Belicht. auf d. Störstellenstreuung in – 1-0402; Temp.-Abhängigk. d. Elektronenbeweglichk. in – 3-0458; Elektronenbeweglichk. (Hall-Beweglichk.) in dünnen Schichten v. $GaAs_{1-x}P_x$-Leg. auf [*100*]-orientiertem – 3-0460; effektive Elektronenmasse in n-GaAs nach Mess. d. Hall-Koeff. u. d. Thermokraft 4-0403; effektive Lochmasse in – nach Mess. d. spektralen Reflex.-Vermögens im IR 7-0455; Elektron – Loch-Übergang in einem stark entarteten Halbleiter bei ultrahohen Stromdichten (Bestätig. an –) 8-0413; Beweglichk. heißer Elektronen unter Runaway-Beding. u. theoret. ber. Strom–Spann.-Kurven für n-GaAs bei tiefen Temp. 8-0432; Stromschwing.: in Te-dotiertem – bei d. Beding. v. akust. Verstärk. 10-0432; in Cu-dotiertem u. IR-bestrahltem – 10-0433; in halbisolierendem – bei hohen Spann. 10-0434; anomaler Verlauf d. Beweglichk. in mit O dotiertem – 16-0378; Einfl. v. mechan. Spann. auf d. elektr. Eig. v. n-GaAs 18-0382; Temp.-Abhängigk. d. Lad.-Trägerlebensdauer in n-GaAs aus Photoleitfähigk.-Mess. 20-0383; Feldabhängigk. d. Beweglichk. in d. (*100*)-Leit.-Bandminima v. – 29-0416; Einfl. d. Elektronenbestrahl. auf d. Beweglichk. v. Elektronen in – 30-0370; Lad.-Trägerbeweglichk. in mit Te, Se bzw. S hochdotiertem – 31-0449; Beweglichk. u. Konz. d. Lad.-Träger in Abhängigk. v. d. Dotier.-Konz. in mit Te dotierten – -Einkrist. 31-0450; Theorie d. Energiespektrums d. Elektronen in dotiertem – 32-0411; kontinuierl. durch d. akustoelektr. Effekt verursachte Stromschwing. in – 33-0464; Änder. v. Konz. u. Beweglichk. d. Lad.-Träger in – bei Bestrahl. mit Protonen 33-0467; Berechn. d. Geschw.-Feld-Charakteristik für – 33-0468; effektive Ionisat.-Geschw. heißer Lad.-Träger in – (nach Photomultiplikat.-Mess.) 39-0432; Lebensdauer d. Majoritäts- u. Minoritätsträger in n-GaAs-Einkrist. aus Mess. d. stationären Photoleitfähigk. u. d. photomagnet. Effekts 39-0434; Elektronenverteil. bei hohen Feldstärken in – 40-0376; effektive Elektronenmasse v. n-GaAs-Einkrist. mit S-, Se- u. Te-Dotier. aus d. IR-Reflex.-Spektren 42-0406; Strominstabilitäten in n-GaAs 42-0407; Mess. d. negativen differentiellen Beweglichk. d. Elektronen in – 44-0434; Feldstärkeabhängigk. d. Beweglichk. in d. (*100*)-Leit.-Bandminima v. – 44-0435; Bemerk. zur Feldabhängigk. d. Beweglichk. im (*100*)-Leit.-Band v. – 45-0397; Temp.-Abhängigk. d. Lad.-Trägerbeweglichk. in mit schnellen Elektronen bestrahlten – -Krist. 46-0430; Abhängigk. d. effektiven Elektronen- u. Defektelektronenmassen v. d. Lad.-Trägerkonz. in – 47-0421; Minoritätsträgerbeweglichk. in entartetem – 47-0422; Abhängigk. d. effektiven Lad. v. Ionisat.-Potential u. Coulombschem Gitterpotential für 51/52-0238; durch Gradientinstabilität verursachte hochfrequente Stromschwing. in – 51/52-0366.

Temp.-Abhängigk. d. Fe-Akzeptorniveaus in – nach Hall-Effekt- u. Leitfähigk.-Mess. 2-0446; Einfl. d. Substratorientier. auf Verunreinig.-Profile epitakt. – -Schichten nach Mess. d. Kapazität u. d. Strom–Spann.-Kurven 6-0422; Best. tiefer Terme v. Fe, Ni u. Co im – durch Aufnahme u. Unters. d. Strom–Spann.-Kurven 14-0468; mittleres Donatorniveau (nach Hall-Effekt-Mess. im Bereich *77* – *360* °K) in n-GaAs 21-0396; Relaxat. Einfl. auf d. Störstellenbeweglichk. in – 26-0392; Verh. v. Se-Dotier. in – 29-0417; Best. tiefer Zentren in leitendem – 29-0418; Ag- u. Au-Terme in – aus d. Temp.-Abhängigk. d. Hall-Konst. u. d. Löcherkonz. 29-0419; anomales Verh. v. Cu während d. Akzeptordiffus. (Mn oder Zn bei *815*°) in n-GaAs-Krist. 29-0420; Einfl. d. Zn-Diffus. auf Mn-dotiertes – (Best. d. Verhältnisses v. Mn-Donatoren zu -Akzeptoren) 40-0377.

Rolle d. Einfangniveaus in d. Photoleitfähigk. v. – 8-0430; Elektroneneinfangquerschnitte d. Aktivatorzentren für d. Photoleitfähigk. für GaAs : Si : Cu-Einkrist. 9-0451; Entw. einer Theorie d. anomal großen Photospann. in – -Filmen 12-0444; Photostromschwing. in hochohm. – bei Bestrahl. mit monochromat. Strahl. (*1,2* μ) 14-0469; Effekt d. anomal großen Photospann. in – -Filmen 15-0481; Kondensator-Photo-EMK v. n-GaAs 30-0369; Photospann.-Charakteristiken v. Ge – GaAs-Heteroübergängen 33-0462; photoelektr. Eig. v. – mit durch Strahl. erzeugten Strukturschäden 36-0417; Natur d. anomal großen Photospann. in – -Filmen 39-0422; Temp.-Abhängigk. d. Photoleit.-Lebensdauer v. n-GaAs nach Photoleit.- u. Hall-Effektsmess. 41-0453; direkte Beobacht. d. Driftgeschw. in Abhängigk. v. elektr. Feld in – -Photodetektoren bei Einstrahl. mit rechteck. Lichtimpulsen 43-0424; Einfl. einer Bestrahl. mit schnellen Elektronen auf d. Spektren d. Photoleitfähigk. v. – -Krist. 46-0431; spektrale Charakteristika v. GaP–GaAs-Photozellen bei Photonenenergien bis zu *5,4* eV 47-0423; Tilg. d. Photoleit. durch Laserstrahl. u. Rekombinat.-Prozesse in – -Photoleitern 49/50-0406.

Eig. (Strom–Spann.-Kurven) Zn-dotierter – -Dioden zwischen *4,2* u. *300* °K 1-0435; experimentelle Unters. d. Schottky-Schwellen v. Au/GaAs 1-0436; Bau u. Charakteristik diffundierter – -Feldeffekttransistoren 2-0447; Berechn. d. Spann.-Abhängigk. d. Kapazität sowie d. Abhängigk. d. Gleichspann.-Raumlad. v. Oberflächenpotential v. Metall-Oxid-GaAs-Dioden 3-0479; Mikroplasma bei in Sperricht. vorgespannten p – n-Übergängen in epitakt. – 11-0457; Darst. u. Strom–Spann.-, Kapazitäts-Vorspann.- u. Photostromkennlinien v. Ge – GaAs-Heteroübergängen 14-0487; elektr. Eig. (Gleichrichtercharakteristik u. Diffus.-Potential) v. Ge – GaAs-Heteroübergängen 14-0488; Transport heißer Elektronen in Halbleiter–Metall–Halbleiter-Strukturen mit – als Emitter bzw. als Kollektor 22-0421; Strom–Spann.-Kennlinien u. Fixier. v. Domänen hoher Feldstärke in n-leitendem – 25-0407; Darst. Cu-diffundierter-GaAs-p – n-Übergänge durch Zn-Diffus. in n-GaAs-Einkrist. u. Strom–Spann.-Kennlinien, Lichtemiss. u. Kapazität dieser Dioden 25-0408; thermodynam. Überleg. zur Herst. v. GaAs – Ge-Heteroübergängen im abgeschlossenen Syst. $GaAs/Ge/J_2$ 25-0409; Darst. u. Eig. (I–V-Charakteristiken u. Kapazitäten) v. GaAs – GaP- u. GaAs – Ge-Heteroübergängen 25-0410; Strom–Spann.-Kennlinien u. photoelektr. u. kapazitive Mess. an Au-Schichten auf n-GaAs 30-0368; Leckstrom in Zn-diffundierten – -Dioden 30-0371; Schalten u. Durchbruch bei niedr. Feldstärken in n-GaAs-Vol.-Dioden 32-0415; Einfl. spannungsinduzierter Bandabstandsvergrößer. u. v. Defekten in – -Übergängen 33-0466; aufgedampfte ohmsche Kontakte v. Ag auf – (Strom–Spann.-Kennlinien) 34-0414; Strom–Spann.-Charakteristik in Durchlaßricht. für einen Heteroübergang, in d. Tunnel. vorherrscht am Beispiel v. Ga (P, As)–GaAs-Heteroübergängen 34-0456; Frequenz d. Mikrowellenschwing. in GaAs-p – n-Übergängen (durch Zn-Diffus. in n-leitende – -Proben) 37-0450; zeitl. Verlauf d. Kapazität v. – -Dioden mit Schottky-Barrieren 37-0451; elektr. Transport in n-Ge – p-GaAs-Heteroübergängen 37-0452; vielfache Stromspitzen in langen Gunn-Oszillatoren aus n-GaAs-Krist. mit Sn-Kontakten 41-0454; elektr. Eig. v. p – n-Heteroübergänge GaP – GaAs 46-0432; Einfl. v. Röntgen- u. Elektronenbestrahl. auf p – n-Übergänge in – 51/52-0380.

EPR v. – (dotiert mit Mn, Fe, Ni, Zn u. Cd) 6-0369; ESR in – 17-0436; Spinanreg.-Mechanismus für d. ^{75}As-Isotop in – mit Mehrphononenprozessen 23-0387; EPR an – -Oberflächen in Wechselwrkg. mit adsorbiertem O_2 32-0375.

H_2-Abscheid. u. Ablauf v. Redoxrk. an – -Elektroden 16-0588.

Gasgleichgew. in d. Syst. $GaAs/Cl_2$ 8-0570; Phasendiagramm d. pseudobin. Syst. Ge/GaAs 9-0593; Abhängigk. d. Gitterwärmeleitfähigk. v. Ionizitätsgrad d. Verb. in d. isoelektron. Reihe GaAs – ZnSe – CuBr 14-0336; Elektronenbeug.-Unters. d. Mol.-Arten in d. Dampfphase d. Syst. $GaAs/J_2$ 14-0612; Liquidus- u. Soliduskurve d. Syst. Sn/GaAs u. Löslichk. v. – in fl. Sn u. d. Löslichk. d. Sn in festem – 14-0644; Zustandsdiagramm d. Syst. GaAs/Sn u. Löslichk. d. – in Sn bei *200* – *400*° 14-0645; Gleichgew.-Beding. u. Übersätt. im Syst. $GaAs/J_2/H_2$ 15-0508; Unters. d. Phononenstreuung in dotiertem – aus d. Magnetowärmeleitfähigk. 17-0436; gerichteter Einbau v. Schwermetallphasen wie MoAs, CrAs u. VAs in – 17-0604; Debye-Temp. v. – 23-0285; Exzistenz v. Rayleigh-Wellen in – -Einkrist. 24-0281; Dämpf. v. *9*-GHz-Phononen u. d. Debye-Temp. bei – -Krist. 25-0267; Wärmeleitfähigk. u. thermoelektr. Effektaktivität d. InP–GaAs-Mischkrist. 30-0255; eutekt. Zus. u. eutekt. Temp. d. pseudobin. Syst. Ge/GaAs 31-0579; Berechn. d. Soliduskurven d. Syst. GaAs/Metall 33-0612; pyrometr. Mess. an – -Scheiben zwischen *100* u. *700*° 36-1827; Ausdehn.-Koeff. d. – zwischen – *62* u. *200*° 37-0348; Einbau d. Transportmittels J in Krist. d. chem. transportierten – 38-0560; Ultraschallabsorpt. in – 43-0288; thermodynam. Eig. v. – 43-0530.

(*111*)-Oberflächenspann. v. – 6-0258; Ordn.-Grad d. Substratfläche im Syst. GaAs/O_2 29-0641; Oberflächenspann. v. geschmolzenem – 35-0604; Adsorpt. v. O_2 an – 39-0627; Adsorpt.-Wärme v. Gasen an – 39-0628; Adsorpt. v. Cu^{2+} aus wss. Lsg. an – 41-0635.

Konzentrat.-Abhängigk. d. Verteil.-Koeff. v. Zn in fl. u. festem – 33-0610; Löslichk. v. – in metall. Lsgm. 36-0548.

Rk. mit NH_3 11-2330*; therm. Ox. v. – 27-0696; Kinetik d. Oberflächen-Ox. v. – 39-0672; Zusammenhang zwischen d. katalyt. Aktivität bei d. Dehydrier. v. Isopropanol u. d. elektr. Leitfähigk. d. – 49/50-0642; katalyt. Aktivität v. – bei d. Zers. wss. Ameisensäure-Lsg. 49/50-0643.

Verw.: zur Herst. v. Halbleitern 6-2277*; zur Dotier. v. halbleitendem Si 7-2370*; zur Herst. eines Halbleiterelektrodensystems 30-2223*; zur Herst. v. Halbleitersubstanz 33-2260*; zur Herst. v. opt. Filtern für d. nahe IR-Gebiet 43-0340.

Best.: d. Zus. v. GaAs–InAs-Leg. durch Reflex.-Spektrometrie 19-2114; v. Verunreinig. in – (spektrograph.) 19-2033; d. Summe aller mit Dithizon extrahierbaren Metalle in – (spektralphotometr. extraktive Titrat.) 33-2041; v. Fe in hochreinem – 36-1908; v. P, S, Cl u. Se in – (neutronenaktivier.-analyt.) 47-1826; v. Ga in – (amperometr.) 49/50-1764; Oberflächen-Sperrschicht-Detektoren aus – 31-1930.

Bibl.: Gallium arsenide: proceedings of the international symposium *1966* B 74.

Galliumborate (Galliumorthoborate), Krist.-Struktur u. Fluoreszenz v. $SEGa_3B_4O_{12}$ (SE = Y, Gd, Sm, Eu, Tb, Dy) 38-0275.

Galliumboride, Herst. v. GaB_{12} 28-0702.

Galliumbromide bzw. -bromokomplexe

Bldg. v. $GaBr^{2+}$ (Berechn. d. Entropie sowie d. Entropieänder.) 2-0566; Darst.: v. GaOBr 7-0745; v. $GaBr_2[Co(CO)_4]\cdot THF$, $GaBr(acac)[Co(CO)_4]\cdot THF$ u. $GaBr[Co(CO)_4]_2\cdot THF$ (Hacac = Acetylaceton) 51/52-0682.

Struktur u. Darst. v. $Ga_9S_8Br_{11}$ 36-0215; Bind.-Energien u. Elektronegativität v. Ga im GaBr-Radikal 44-0090; Schmelzwärme v. $GaBr_3\cdot$ Äthylformiat 2-0578; Temp.-Abhängigk. d. Schwing.-Komponente d. Entropie v. gasförm. $GaBr^{2+}$ 18-0479; Stabilitätskonst. v. $GaBr^{2+}$ 41-0559.

$GaBr_3$, IR- u. Raman-Spektren v. dimerem – 22-0131; NMR-Unters. v. – -Komplexen mit Diäthyläther u. Diäthylsulfid 48-0150; therm. Stabilität v. – 13-0553; Bind.-Energie v. – 44-0536; ^{82}Br-Austauschrk. v. – mit HBr u. Methylbromid 30-0601.

Ga_2Br_6, Bind.- u. Mol.-Polarisierbark. in – 40-0100.

Bromogallium(II)-säure:

$H_2[GaBr_4]$, Temp.-Abhängigk. d. Schwing.-Komponente d. Entropie v. gasförm. $[GaBr_4]^{2-}$ 18-0479.

Bromogallium(III)-säuren:

Chromatographie anion. Bromo-Ga(III)-Komplexe auf mit Tri-n-octylamin imprägniertem Papier 36-1892.

$H[GaBr_4]$, Bldg. v. $[GaBr_4]^-$ (Berechn. d. Entropie sowie d. Entropieänder.) 2-0566; Raman-Spektrum v. $[GaBr_4]^-$ 9-0174; mittlere Schwing.-Amplituden v. $[GaBr_4]^-$ 2-0277.

Galliumcarbide, Darst.: u. röntgenograph. Unters. v. L_3GaC mit L = Ho, Er u. Tm 37-0285; u. Gitterkonst. v. Dy_3GaC 24-0251; mittlere Schwing.-Amplituden u. d. Bastiansen-Morino-Schrumpf.-Effekte: v. $Ga_2 \cdot C_2$ 46-0092; v. GaC_3 46-0093; keine Supraleit. v. Cr_2GaC bis zu *1,1* °K 42-0440; Übergang antiferromagnet.-ferromagnet. in Mn_3GaC 10-0502; Deut. u. Eig. d. antiferromagnet. Übergangs in Mn_3GaC 37-0499; Umwandl. antiferromagnet.-ferromagnet. bei Mn_3GaC 48-0484.

Galliumcarbonylcobaltate, Darst. u. IR-Spektren v. $GaX_2[Co(CO)_4] \cdot THF$ (X = Br, Cl), $GaBr(acac)[Co(CO)_4] \cdot THF$, $GaX[Co \cdot (CO)_4]_2 \cdot THF$ u. $Ga(acac)[Co(CO)_4]_2$ (Hacac = Acetylaceton) 51/52-0682.

Galliumchloride bzw. -chlorokomplexe

Bldg. v. $GaCl^{2+}$ (Berechn. d. Entropie sowie d. Entropieänder.) 2-0566; Darst.: v. GaOCl 7-0745; v. $GaCl_2[Co(CO)_4] \cdot THF$ u. $GaCl[Co(CO)_4]_2 \cdot THF$ 51/52-0682.

Verschieb. d. IR-Frequenz u. Stärke d. Lewis-Säure $GaCl_3 \cdot$ Perinaphthenon 40-0116; Struktur u. Darst. v. $Ga_9S_8Cl_{11}$ 36-0215; Bind.-Energien u. Elektronegativität v. Ga im GaCl-Radikal 44-0090; Stabilitätskonst. v. $GaCl^{2+}$ 41-0559.

Rk. v. $GaHCl_2$ mit Olefinen zu $RGaCl_2$ 36-0700.

$GaCl_3$, IR- u. Raman-Spektren v. dimerem – 22-0131; Anwend. d. Meth. d. dynam. Ähnlichk. zur Berechn. d. Bind.-Energie v. – 44-0536; NMR-Unters. v. –-Komplexen mit Diäthyläther u. Diäthylsulfid 48-0150; therm. Stabilität v. – 13-0553; Zustandsdiagramme d. Syst. $GaCl_3/SeCl_4$ u. $GaCl_3/TeCl_4$ 27-0576; Extrakt. v. – 35-0494.

Zers. v. – 23-2175*, 31-2200*; Isotopenaustausch zwischen $H^{36}Cl$ u. festem – 39-0671; Red. v. – mittels Al (Herst. v. reinem Ga) 18-0701; Umsetz. in d. Syst. $GaCl_3/CCl_4$, $GaCl_3/SiCl_4$, $GaCl_3/GeCl_4$ u. $GaCl_3/TiCl_4$ 28-0535; Bldg. u. Entwässer. v. $Ga_4(P_2O_7)_3 \cdot 20H_2O$, $Na_2Ga(OH)P_2O_7 \cdot 5H_2O$, $KGaP_2O_7 \cdot 3{,}5H_2O$ u. $K_2Ga(OH)P_2O_7 \cdot 6H_2O$ im Syst. $GaCl_3/Na_4P_2O_7/H_2O$ bzw. $K_4P_2O_7/GaCl_3/H_2O$ 42-0699; geschmolzenes – als Rk.-Medium (kryoskop. Konst.) 43-0544; Rk.: mit Trimethylaminoxid (Herst. v. Komplexen) 13-0782; mit $(CH_3)_3SiH$ (Bldg. v. $HGaCl_2$) 36-0700; H_2-Halogen-Austauschrk. zwischen Silanen u. – 49/50-0661.

Verw. zur Herst. v. Halbleitersubstanz 33-2260*.

Ga_2Cl_6, Bind.- u. Mol.-Polarisierbark. in – 40-0100; Rk. mit Hexamethyldisilazan 47-0661.

Chlorogallium(III)-säure:

$H[GaCl_4]$, Raman-Spektrum d. $[GaCl_4]^-$ 9-0174; mittlere Schwing.-Amplituden v. $[GaCl_4]^-$ 2-0277; Extrakt. v. – mit Tri-n-butylphosphat 12-0562.

Best. v. $[GaCl_4]^-$ 30-1918, 32-2007.

Salze s. *Galliumchlorogallate III.*

Galliumchlorogallate (III), Bldg.-Wärme v. $[Ga^I(Anilin)_4]^+[GaCl_4]^-$ 29-0532.

Galliumcyanoferrat(II): **$Ga_4[Fe(CN)_6]_3$**, Valenzschwing. u. Löslichk. v. – 7-0173.

Galliumfluoride: Darst. v. GaOF 7-0745; Doppelfluoride d. Ga u. d. Alkalimetalle d. Typs M_3GaF_6 durch Rk. v. GaF_3 mit MF (M = Li, Na, K, Rb, Cs) 46-0547.

GaF, Dissoziat.-Energien v. – 28-0161; Berechn. d. Bind.-Energie u. d. Mol.-Frequenzen (Klassifikat. zweiatom. Mol. nach ihrer dynam. Ähnlichk.) 41-0126.

GaF_3, Doppelfluoride d. Ga u. d. Alkalimetalle d. Typs M_3GaF_6 durch Rk. v. GaF_3 mit MF (M = Li, Na, K, Rb, Cs) 46-0547.

Fluorogallium(III)-säure:

$H_3[GaF_6]$, Salze s. *Kalium-, Lithium-, Natrium-* u. *Rubidiumfluorogallate(III).*

Galliumhalogenide bzw. -halogenokomplexe, Lumineszenz v. –-Lsg. 18-0306; Spektren im fernen IR u. Struktur einiger Ga-Trihalogenidkomplexe mit organ. Verb 22-0132; IR-Spektren einiger Addit.-Verb. v. Ga-Trihalogeniden mit organ. Verb. 32-0130; Valenzschwing. in Halogeno-Ga-Komplexen 18-0133; NMR-Unters. v. Ga-Trihalogenidkomplexen mit Diäthyläther u. Diäthylsulfid 48-0150; Stabilität v. Halogeno-Ga(III)-Komplexen 41-0559.

Rk. mit Äthylacetat u. Äthylformiat 2-0578; Synth., Eig. u. Rk. v. Ga-Dihalogenidhydroxiden u. – mit aliphat. Alkoholen 42-0700; relative Akzeptorstärke v. –: gegenüber Py. u. Triäthylamin als Donator 49/50-0676; gegenüber Sauerstoff- u. S-Donatoren 49/50-0677.

Halogenogallium(III)-säuren:

Salze s. *Galliumhalogenogallate(III).*

Galliumhalogenogallate(III), Rk. v. $Ga^I(GaX_4)$ mit CH_3OH bzw. A. 42-0700.

Galliumhydride: GaH, Abhängigk. d. Schwing.-Konst. v. – v. d. Elektronegativität 27-0132.

GaH_3, σ-Punktlad.-Diagramm v. Addit.-Verb. d. – mit R_2O, R_3N, R_2S u. R_3P 7-0117; Entfern. v. Wasserstoff aus Addukten v. sek. Aminen u. Phosphinen d. – 44-0715.

Galliumhydroxide bzw. -hydroxokomplexe

Bldg. u. Entwässer. v. $Na_2Ga(OH)P_2O_7 \cdot 5H_2O$, $K_2Ga(OH)P_2O_7 \cdot 6H_2O$ im Syst. $GaCl_3/Na_4P_2O_7/H_2O$ bzw. $GaCl_3/K_4P_2O_7/H_2O$ 42-0699; Synth., Eig. u. Rk. v. GaX_2OH (X = Halogenid) 42-0700.

GaOH, Dissoziat.-Energie v. – 18-0117.

GaOOH, Bldg. v. – durch Hydrolyse v. GaN 23-0755.

Hydroxogallium(III)-säure:

$H[Ga_3(OH)_6(SO_4)_2]$, IR-Spektren v. $H_3O \cdot [Ga_3(OH)_6(SO_4)_2]$ u. $D_3O[Ga_3(OH)_6(SO_4)_2]$ 16-0124.

Salze s. *Ammonium-, Kalium-, Natrium-, Rubidium-* u. *Thalliumhydroxogallate(III).*

Galliumjodide bzw. -jodokomplexe

Darst. v. GaOJ 7-0745; Stabilitätskonst. v. GaJ^{2+} 41-0559; Bind.-Energien u. Elektronegativität v. Ga im GaJ-Radikal 44-0090.

GaJ, Bldg. v. – bei d. Umsetz. v. GaAs mit J_2 bzw. GaJ_3 15-0508.

GaJ_3, Bldg. v. – als vorherrschende Mol.-Art in d. Dampfphase d. Syst. $GaAs/J_2$ bei *440°* 14-0612; Herst. v. wasserfreiem – 19-0750.

IR-Spektrum v. dimerem – 22-0131; Mol.-Struktur-Best. v. – durch Gaselektronenbeug. bei hohen Temp. 15-0195; Bind.-Energie v. – 44-0536; therm. Stabilität v. – 13-0553.

Umsetz.: v. – mit O_2 7-0745; v. GaAs mit J_2 bzw. – (Bldg. v. As_4 u. GaJ) 16-0508.

Ga_2J_6, Fl.-Krist.-Gleichgew. in d. Syst. GeJ_4/Ga_2J_6 sowie Dampfdruckdaten 22-0541; Bind.- u. Mol.-Polarisierbark. in – 40-0100.

Jodogallium(III)-säuren:

Chromatographie anion. Jodo-Ga(III)-Komplexe auf mit Tri-n-octylamin imprägniertem Papier 36-1892.

$H(GaJ_4)$, Bldg. v. $[GaJ_4]^-$ (Berechn. d. Entropie sowie d. Entropieänder.) 2-0566; mittlere Schwing.-Amplituden v. $[GaJ_4]^-$ 2-0277; Temp.-Abhängigk. d. Schwing.-Komponente d. Entropie v. gasförm. $[GaJ_4]^-$ 18-0479.

Galliumnitrate, Bldg. bei d. therm. Zers. v. Metallhexacyanoferraten(II) 42-0634.

Galliumnitride: Herst.: v. – aus Phosphid oder Arsenid u. NH_3 10-2367*; v. – durch Rk. v. Ga oder Ga_2O_3 mit NH_3 36-2146*; Beweis. einer Umwandl. *1.* Ordn. in Mn_3GaN durch Suszeptibilitäts-, dilatometr. u. Widerstandsmess. 1-0199.

GaN, Herst.: v. – aus GaP oder GaAs bzw. GaSb u. NH_3 11-2330*; u. Eig. v. – 23-0755; v. – 27-2208*; Überblick über d. charakterist. Eig. (Struktur, chem. Bind. u. Technologie) v. – 26-0236.

Galliumoxide

Ga_2O, Berechn. d. Dissoziat.-Energie für – 15-0581.

GaO, Rotat.-Analyse d. O–O-Bande v. – 6-0118; Elektronenspektrum v. – (Dissoziat.-Energie) 18-0117; Berechn. d. Dissoziat.-Energie für – 15-0581.

Ga_2O_3, Bldg. v. – bei d. anod. Ox. v. Ga in KOH-Lsg. 15-0677; Anreicher. v. – bei d. Al-Oxid-Reinig. 24-2193*; Herst. v. kugelförm. – für opt. Zwecke 49/50-2077*.

IR-Absorpt.-Spektren v. α-Ga_2O_3 u. β-Ga_2O_3 18-0299; Wachstum, Habitus, Phasenumwandl. u. Emiss.-Linien v. α-Ga_2O_3-Einkrist. 4-0217; –-Inselchen auf epitakt. GaAs-Filmen (Wachstumsdefekte) 23-0244, 23-0245; große Punktdefektkonz. in d. Mischkrist. d. Syst. $MgAl_2O_4/Ga_2O_3$ 31-0270; Wrkg. v. –-Zusätzen auf d. Struktureig. v. ZnO 31-0679; Isomorphie im Syst. $BaO/Al_2O_3/SiO_2/Ga_2O_3/GeO_2$ u. d. Entw. neuer Keramiken 38-2269; Hemm. d. Kristallisat. v. Schaumquarzglas durch – 40-0227; opt. Absorpt. u. Photoleitfähigk. in d. Bandkante v. β-Ga_2O_3 3-0462; ESR-Spektrum v. Mn^{2+} in β-Ga_2O_3 4-0346; Ausscheid. v. β-Ga_2O_3 im Syst. $MgAl_2O_4/Ga_2O_3$ d. pseudo-bin. Schnittes $Mg \cdot Al_2O_4/Ga_2O_3$ d. $MgO/Al_2O_3/Ga_2O_3$-Syst. 7-0600; therm. Stabilität v. Ga-Orthoferrit (Mischkrist. im Syst. $Fe_2O_3/FeO/Ga_2O_3$) 7-0610; systemat. Bezieh. über d. Verdampf.-Koeff. v. – 15-0581; Hochtemp.-Chemie v. Ce im Syst. Ce_2O_3/Ga_2O_3 17-0790; Existenz d. festen Phasen $2KH_2GaO_3 \cdot H_2O$ u. $Ga_2O_3 \cdot H_2O$ im Syst. $Ga_2O_3/K_2O/H_2O$ 43-0541; thermodynam. Unters. d. Syst. Kryolith/Ga_2O_3 43-0547; Adsorpt.-Zentren auf Oberflächen v. ZnO + Ga_2O_3 7-0663.

Rk. mit P 23-0243; Umsetz. v. La_2O_3 u. Nd_2O_3 mit – 23-0550; Rk.-Fähigk. bei d. Spinellbldg. aus MgO, ZnO, NiO u. CuO einerseits u. – andererseits 31-0701; Rk. mit NH_3 36-2146*; katalyt. Prozesse d. Zerfalls v. NO an – 2-0729; Zers. v. N_2O an mit Li_2O bzw. – an d. Oberfläche dotiertem NiO 4-0673.

Verw.: v. –-halt. Misch. zur Herst. v. Granaten nach d. Schmelzflußmeth. 8-0514; für magnet. Werkstoffe 35-2176*; Verw. v. – zur Herst. v. –-halt. Verb. mit Granatstruktur 41-0757.

Mischoxide, Gallate

Meth. zur Best. d. Abstände Ga^{III}–O in Mischoxiden mit Spinellstruktur 40-0210.

Ba: IR-Absorpt.-Spektren v. $BaGa_2O_4$ 18-0299.

Bi: Kolorimetr. Prüf.-Meth. d. Arzneimittelkombinat. Äthylaminobenzoat + Bi-Subgallat 4-1709.

Cd: Verteil. d. Metallatome u. Fehlstellen in $CdGa_2O_4$ 40-0169.

Ce: Bldg. u. Eig. v. $CeGaO_3$ 17-0790.

Cu: kooperative Jahn-Teller-Verzerr. u. Bevorzug. v. Gitterplätzen in Spinellen mit Cu^{2+}-Ionen in d. Verb. $Ga(CuGa)O_4$ 1-0221.

Eu: Herst. v. Eu-Ga-Granat nach d. Schmelzflußmeth. 8-0514; EPR-Verschieb. in Eu-Ga-Granat 20-0327.

Fe: Ferrimagnet. Struktur v. magnetoelektr. $Ga_{2-x}Fe_xO_3$ (x = *0,8*, *1,0* u. *1,2*) 10-0508; Unters. d. magnet. Ordn. v. $Ga_{0,85}Fe_{0,15} \cdot O_3$ durch Neutronenbeug. u. Mössbauer-Effekt 11-0530; magnet. Strukturen v. $Fe_{3-\alpha}Ga_xO_4$ ($0 \leq \alpha \leq 2$) 35-0240; Curie-Temp. v. $Ga_x \cdot Fe_{3-x}O_4$-Krist. aus Neutronenbeug.-Unters. 37-0500; Magnetisier. u. Anisotropie in $Ga_{2-x}Fe_xO_3$ (x = *1,08*) 43-0500; therm. Stabilität v. Ga-Orthoferrit (Mischkrist. d. Zus. $Ga_{2-x}Fe_xO_3$ bzw. $GaFeO_3$ im Syst. $Fe_2O_3/FeO/Ga_2O_3$) 7-0610.

Fe–Eu: Fe-Fe-Austauschresonanz in $Eu_3 \cdot Fe_{5-x}Ga_xO_{12}$ 18-0342.

Gd: Aus d. Fluoreszenzübergang bestimmter a-c-Austausch in $Gd_3Ga_3(GaO_4)_3$ 39-0380.

Ge–Ca: Hydrothermalsynth. v. $Ca_3Ga_2 \cdot Ge_3O_{12}$ mit Granatstruktur 16-0732.

Ge–Cd: Hydrothermalsynth. v. $Cd_3Ga_2 \cdot Ge_3O_{12}$ mit Granatstruktur 16-0732.

Hf–Ca: Herst. v. $Ca_{2,5}Hf_{2,5}Ga_3O_{12}$ mit Granatstruktur 41-0757.

K: Überzüge v. Ga auf Zn durch Eintauchen in $KGaO_2$-Lsg. 32-0285; Existenz d. festen Phasen $2KH_2GaO_3 \cdot H_2O$ im Syst. $Ga_2O_3/K_2O/H_2O$ 43-0541.

Li–Cr: Darst. u. Struktur d. neuen Spinellverb. $LiGaCr_4O_8$ mit *1/1*-Kationenverteil. auf Tetraederplätzen 45-0247.

Lu: Paramagnet. Resonanz v. Fe^{3+} in Lu-Ga-Granat 9-0408; EPR-Verschieb. in Lu-Ga-Granat 20-0327.

Mg: Kationenverteil. u. O-Parameter in $MgGa_2O_4$ 33-0292.

Mg–Al: Große Punktdefektkonz. in d. Mischkrist. d. Syst. $MgAl_2O_4/Ga_2O_3$ 31-0270.

Mg–Cd: Verteil. d. Metallatome u. Fehlstellen in $(Mg, Cd)Ga_2O_4$ 40-0169.

Mg–Co: Reflex.- u. Absorpt.-Spektren v. $(Mg, Co)Ga_2O_4$ 30-0294; Verteil. d. Metallatome u. Fehlstellen in $(Mg, Co)Ga_2O_4$ 40-0169.

Mn: Antiferromagnetismus d. Spinells $MnGa_2O_4$ 21-0448.

Mn–Cu: Wertigk. v. tetraedr. koordiniertem Cu u. oktaedr. koordiniertem Mn im Spinell $CuMnGaO_4$ 41-0500.

Mn–Ge: Hydrothermalsynth. v. $Mn_3Ga_2 \cdot Ge_3O_{12}$ mit Granatstruktur 16-0732; Härte v. $Mn_3Ga_2Ge_3O_{12}$-Einkrist. 47-0300.

Mn–Li: Einfl. v. dreiwert. Mn auf d. Krist.-Chemie d. Spinellsyst. $Li_{0,5}Ga_{2,5-x}Mn_xO_4$ ($0 \leq x \leq 0{,}7$) 8-0522.

Mn–Mg: Tetragonale Verzerr. u. Verteil. d. Kationen in d. Reihe $Mg(Ga, Mn)_2O_4$ 31-0278; Verteil. d. Metallatome u. Fehlstellen in Mg $(Mn, Ga)_2O_4$ mit Spinellstruktur 40-0169.

Na: IR-Absorpt.-Spektrum v. $NaGaO_2$ 18-0299; Löslichk.-Isotherm v. Natriumvanadat in Na-Gallatlsg. 31-0565.

Na–Ge: Eig. u. Struktur v. Na/Ga/Germanat-Gläsern 26-2396.

Nb–Ca–Hf: Herst. v. $Ca_3HfNbGa_3O_{12}$ mit Granatstruktur 41-0757.

Rh–Li: Darst. u. Struktur d. neuen Spinellverb. $LiGaRh_4O_8$ mit *1/1*Kationenverteil. auf Tetraederplätzen 45-0247.

Sb–K: Darst. durch Ionensubstitut. u. Gitterkonst. d. α-MnO_2-Struktur aufweisenden Verb. $K_2Ga_5Sb_3O_{16}$ 31-0277.

Si–Ca: Hydrothermalsynth. v. $Ca_3Ga_2 \cdot Si_3O_{12}$ mit Granatstruktur 16-0732.

Si–Cd: Hydrothermalsynth. v. $Cd_3Ga_2 \cdot Si_3O_{12}$ mit Granatstruktur 16-0732.

Si–Mn: Hydrothermalsynth. v. $Mn_3Ga_2 \cdot Si_3O_{12}$ mit Granatstruktur 16-0732.

Sm: Herst. v. Sm–Ga-Granat nach d. Schmelzflußmeth. 8-0514; Elektronen-Relaxat.-Zeiten v. Sm^{3+} in Sm–Ga-Granaten 13-0537.

Sn–Ca–Nb: Herst. v. $Ca_3SnNbGa_3O_{12}$ mit Granatstruktur 41-0757.

Ta–Ca–Hf: Herst. v. $Ca_3HfTaGa_3O_{12}$ mit Granatstruktur 41-0757.

Ta–Ca–Sn: Herst. v. $Ca_3SnTaGa_3O_{12}$ mit Granatstruktur 41-0757.

Tb: Elektronen-Relaxat.-Zeiten v. Tb^{3+} in Tb–Ga-Granaten 13-0537.

Tl-Alkalimetalle: Komplexe Alkalimetall-titanoxide $A_x(Ga_yTi_{8-y})O_{16}$ d. α-MnO_2-Strukturtyps (A = Alkalimetalle) 31-0276.

Tl–Ca–Nb: Herst. v. $Ca_3TlNbGa_3O_{12}$ mit Granatstruktur 41-0757.

Tl–Ca–Ta: Herst. v. $Ca_3TiTaGa_3O_{12}$ mit Granatstruktur 41-0757.

Tm: Austauscheffekte bei d. Spin-Gitter-Relaxat. v. Verunreinig. (Yb^{3+}) in Tm–Ga-Granaten 5-0399; Elektronen-Relaxat.-Zeiten v. Tm^{3+} in Tm–Ga-Granaten 13-0537.

V–Ca–Hf: Herst. v. $Ca_3Hf_2V_{0,5}Ga_{2,5}O_{12}$ mit Granatstruktur 41-0757.

V–Ca–Sn: Herst. v. $Ca_3Sn_2V_{0,5}Ga_{2,5}O_{12}$ mit Granatstruktur 41-0757.

Y: Sichtbare Fluoreszenz d. Er^{3+} in Y–Ga-Granat 28-0350; IR-Faraday-Rotat. als Temp.-Funkt. im Syst. Y–Fe/Y–Ga-Granat 39-0365; Absorpt.- u. Fluoreszenzspektren v. Pr in Y–Ga-Granat 51/52-0308; Zücht. v. Y–Ga-Granat nach d. Czochralski-Meth. 22-0229; Krist.-Feldunters. angeregter Zustände d. Nd^{3+} in Y-Ga-Granat 29-0331; Krist.-Feld für Yb^{3+} in Y–Ga-Granaten 12-0527; EPR v. Yb^{3+}, Er^{3+}, Nd^{3+}, Ce^{3+} u. Dy^{3+} in Y–Ga-Granat 14-0409; EPR-Verschieb. in Y–Ga-Granat 20-0327; Spin-Resonanz v. Co^{2+} in Y–Ga-Granat-Einkrist. 27-0407; Zers. v. $\{Y_3\}[Ga_2](Ga_3)O_{12}$ 45-0710.

Y–Fe: Mikrohärte d. Krist. v. Y–Fe–Ga-Granaten 23-0318; Röntgen- u. Neutronenbeug.-Unters. d. Substitut.-Unordn. in Y–Fe–Ga-Granaten 35-0242; Temp. -u. Frequenzabhängigk. d. Linienbreite d. ferromagnet. Resonanz in Ferriteinkrist. v. $Y_3Fe_{3,46}Ga_{1,54} \cdot O_{12}$ in d. Nähe d. Curie-Punkts 6-0391; Abhängigk. d. magnet. Eig. v. $Y_3Fe_{5-x}Ga_xO_{12}$ v. d. therm. Vorgeschichte 12-0523; paralleles Pumpen v. magnetoelast. Wellen in Y–Ga–Fe-Granaten 12-0517; anomale Magnetisier. im Y–Ga–Fe-Granat 24-0477; spontane magnet. Momente u. Ionenverteil. v. $Y_3Fe_{5-x}Ga_xO_{12}$ mit x bis *3,00* 24-0478; lineare u. zirkulare Doppelbrech. bei d. ferroakust. Resonanz v. $Y_3Ga_{1,5}Fe_{3,5}O_{12}$ 36-0500; Eigentümlichk. d. ferroakust. Resonanz in Y–Ferritgallat-Mischkrist. 40-0247.

Y–Fe–Gd: Magnet. Charakteristiken v. Ferriten d. Zus. $3[(1-y)Y_2O_3 \cdot yGd_2O_3] \cdot 5[(1-x)Fe_2O_3 \cdot xGa_2O_3]$ mit y = *0*; *0,3* bzw. *0,5* u. x bis *0,2* bzw. *0,15* bzw. *0,06* 38-0486.

Zr–Ca: Herst. v. $Ca_{2,5}Zr_{2,5}Ga_3O_{12}$ mit Granatstruktur 41-0757.

Zr–Ca–Nb: Herst. v. $Ca_3ZrNbGa_3O_{12}$ mit Granatstruktur 41-0757.

Zr–Ca–Ta: Herst. v. $Ca_3ZrTaGa_3O_{12}$ mit Granatstruktur 41-0757.

Zr–Ca–V: Herst. v. $Ca_3Zr_2V_{0,5}Ga_{2,5}O_{12}$ mit Granatstruktur 41-0757.

Galliumoxidhydrate

Galliumoxidhydroxide s. unter *Galliumhydroxide bzw. -hydroxokomplexe.*

Existenz d. festen Phase $Ga_2O_3 \cdot H_2O$ im Syst. $Ga_2O_3/K_2O/H_2O$ 43-0541; Ionenadsorpt.-Eig. v. $Ga_2O_3 \cdot 2,4\,H_2O$ 10-0680.

Galliumphosphate

Galliumorthophosphat:

$GaPO_4$, Krist.-Struktur v. $GaPO_4 \cdot 2H_2O$ 11-0255.

Galliumdiphosphate:

Bldg. u. Entwässer. v. $Na_2Ga(OH)P_2O_7 \cdot 5H_2O$, $KGaP_2O_7 \cdot 3,5H_2O$ u. $K_2Ga(OH)P_2O_7 \cdot 6H_2O$ im Syst. $GaCl_3/Na_4P_2O_7/H_2O$ bzw. $K_4P_2O_7/GaCl_3/H_2O$ 42-0699.

$Ga_4(P_2O_7)_3$, Bldg. u. Entwässer. v. $Ga_4 \cdot (P_2O_7)_3 \cdot 20H_2O$ im Syst. $GaCl_3/Na_4P_2O_7/H_2O$ 42-0699.

Galliumphosphide: Herst. v. — 8-2236*; (aus d. Chloriden) 49/50-2054*.

Gitterschwing.-Spektren v. $GaAs_xP_{1-x}$-Einkrist. 38-0372; Reflex.-Vermögen u. Bandstruktur v. Ga[As, P)-Leg. 6-0330; Halbleiter-Laser am p–n-Übergang d. Verb. $GaAs_{1-x}P_x$ auf GaAs-Unterlagen 10-0399; Natur d. Maxima d. UV-Reflex. in $GaAs_xP_{1-x}$ 18-0296; opt. Quantengenerator aus festen Lsg. v. GaP_xAs_{1-x} unter Anreg. mit schnellen Elektronen 19-0389; Einfl. v. Donatorstörstellen u. d. Tieftemp.-Verh. d. Laser-Wrkg. auf d. Wechsel v. direkten zu indirekten Übergängen in $Ga(As_{1-x}P_x)$ 22-0371; Elektroreflex. in GaAs/GaP-Leg. bei modulierendem elektr. Feld 33-0395; Photolumineszenz: v. epitakt. n-leitenden Ga(As, P) bei *20* °K 37-0394; v. $GaAs_{0,7}P_{0,3}$ 37-0395; Reflex.-Vermögen v. $GaAs_{1-x} \cdot P$-Leg. 44-0343; opt. Reflex.-Spektren v. GaP, GaAs u. deren Mischkrist. 44-0351.

Epitakt. Zücht. v. GaP_xAs_{1-x}-Einkrist. 3-0235; Dampf-Festkörper-Grenzfläche u. Wachstum v. durch Halogendampftransport gezüchteten $Ga(As_{1-x}P_x)$-Einkrist. 9-0250; Überblick über d. charakterist. Eig. (Struktur, chem. Bind. u. Technologie) v. — 26-0236; Bldg. v. Wachstumszwillingen bei —-Krist. 33-0264; kompositionelle Röntgentopographie v. GaAs/GaP 35-0189; Herst. u. Eig. v. epitakt. $GaAs_{1-x}P_x$)-Schichten 37-0259; Best. d. Homogenitäten u. Zus. v. epitakt. Ga(As, P)-Leg. 42-0202; Krist.-Vollkommenh. v. epitakt. aufgewachsenen Ga(As, P)-Nd. 46-0257.

Elektronenbeweglichk. (Hall-Beweglichk.) in dünnen Schichten v. $GaAs_{1-x}P_x$-Leg. auf *[100]*-orientiertem GaAs 3-0460; Einfl. d. Direkt–indirekt-Überganges auf d. Hall-Effekt in $Ga(As_{1-x}P_x)$ 4-0404; Bandstruktur v. $GaAs_xP_{1-x}$-Krist. 17-0436; mit Strominstabilitäten verknüpfte IR- u. Mikrowellenstrahl. in $GaAs_{1-x}P_x$-Krist. 24-0422.

Rk. mit NH_3 10-2367*.

Verw. v. $Ga(As_xP_{1-x})$ zur Herst. v. Halbleitern 6-2222*.

GaP, Herst.: v. — 27-2208*; v. —-Halbleiter 48-2290*; u. Reinig. v. mit Si dotiertem — mit Hilfe eines horizontalen Zonenschmelzverf. 5-0453; v. *0,5–10*^{3}-Ω · cm-GaAs durch Ausscheid. d. Akzeptoren während d. Wärmebehandl. v. in O_2 gezüchteten Krist. 18-0383; v. Einkrist. 23-2091*; v. krist. — 24-2190*; v. monokrist. Schichten hoher Verdampf.-Temp. aus — 25-2315*; v. —-Einkrist.-Schicht auf — 28-2247*; v. —-Einkrist. 29-2282*, 33-2259*, 49/50-2120*; chem. Polieren v. —-Oberflächen 26-0256.

Raman-Spektren: *2.* Ordn. v. — 7-0360; v. — bei Anreg. mit einem He/Ne-Laser 7-0371; Absorpt.-Spektren v. — 9-0363, 9-0364; Kα- u. Kβ-Emiss.-Spektren v. — 19-0129; Raman-Spektrum: *1.* u. *2.* Ordn. v. — 22-0316; v. —-Einkrist. 31-0378; Polarisat. d. Raman-Spektrums *2.* Ordn. v. — 34-0383; Eigenabsorpt.-Kantenspektrum v. — 41-0395; IR-Emiss. durch stimulierte Raman-Streuung v. — 48-0121.

Abklingen d. Fluoreszenzstrahl. v. —-Proben 2-0362; Reflex.-Vermögen u. Bandstruktur v. — 6-0330; Lichtemiss. v. in Sperr-richt. vorgespannten GaP-p–n-Übergängen 8-0345; Hochfrequenz-Elektrolumineszenz v. — 11-0372; direkte Übergänge u. Spin-Bahn-Aufspalt. d. Valenzzone in — 16-0274; Temp.-Koeff. einiger Exzitonenzustände in — 17-0352; Natur d. Maxima d. UV-Reflex. in — 18-0296; Raman-Streuung in —-Einkrist. 19-0319; Rekombinat.-Strahl. in — 19-0352; Halbleiterquelle (—-Diode) für opt. Emiss. 21-0351; Elektrolumineszenz: im Bereich d. Trägerdiffus. eines p–n-Übergangs mit Anwend. auf — 22-0322; v. diffundierten p–n-GaP-Übergängen 22-0323; strahlende Paar-Rekombinat. u. Oberflächenrekombinat. in d. —-Photolumineszenz 27-0389; durch isoelektr. Substitut. v. Bi auf P-Plätzen in — bewirkte Lumineszenz 27-0390; durch Stickstoff verursachte isoelektron. Haftstellen in — bei Absorpt. u. Fluoreszenz 32-0358; Elektro- u. Photolumineszenz v. p–n-Übergängen in — 32-0359; Reflex.-Spektren v. — 36-0313; Zeit-Abkling-Charakteristiken d. Bande d. Paars tiefer-Donator–flacher-Akzeptor in — (Photolumineszenz) 36-0336; Elektrolumineszenzspektren v. — 39-0373; Absorpt.-Spektren u. Elektrolumineszenz v. —-Krist. 40-0321; Reflex.-Vermögen v. — 44-0343; opt. Reflex.-Spektren v. — 44-0351; Rekombinat. v. Minoritätsträgern in —-Krist. 48-0345; Elektroreflex. u. Spin-Bahn-Aufspalt. in — 51/52-0292; Hochfrequenz-Elektrolumineszenz v. polykrist. — 51/52-0317.

Bandstruktur u. Pseudopotential-Formfaktoren für halbleitendes — 4-0371; Überführ.-Prozeß v. — bei d. epitakt. Zücht. in feuchter H-Atmosphäre 5-0269; Abtrag. v. — durch Strahlpolieren zur elektronenmkr. Unters. 13-2072; Struktur d. Leitfähigk.-Zone in — 16-0381; —-Krist.-Zücht. durch Lsgm.-Zonen-Verf. 26-0222; Zücht. v. plättchenförm. —-Krist. aus Lsg. v. P in Ga 38-0241; Versetz.-Strukturen bei d. Verform. v. —-Einkrist. 43-0216; effektive Ionenlad. in — 45-0201.

Härte v. —-Einkrist. 47-0300.

Hall-Effektmess. an mit S, Te, Si u. Ge dotiertem n-GaP 1-0439; Solarzellen aus epitakt. aufgedampften —-Einkrist. mit p–n-Übergang (durch Zn-Diffus.) 1-0440; elektr. Verh. v. Störstellen d. IV. Gruppe (Si, Ge u. Sn) in —-Krist. 3-0461; spezif. elektr. Widerstand v. n-GaP 4-0396; isoelektron. Haftstellen durch N in — 4-0405; Erzeug. v. Elektron–Defektelektron-Paaren in mit Cu dotiertem — durch α-Teilchen 4-0406; Trägerbeweglichk. u. Ionisier.-Energie d. Donatorniveaus (aus d. Temp.-Abhängigk. d. Hall-Koeff.) in Te-dotiertem — 5-0452; Transport heißer Elektronen in dünnen Al-Schichten auf frisch geätzten —-Halbleiterproben (Photoelektronenausb. in Abhängigk. v. d. Schichtdicke) 6-0449; oszillierende Photoleit. in mit Te dotiertem — 14-0474; photoelektr. Emiss. u. Zwischenbandübergänge in — 18-0365; Zerstäub.-Ausb. für —-Einkrist. bei Ar-Beschuß 21-0282; Transport heißer Elektronen in Halbleiter–Metall–Halbleiter-Strukturen mit — 22-0421; Streumechanismus u. Hall-Beweglichk. d. Elektronen in n-leitendem, epitaxialem — 23-0430; Sperrschichtkapazität, Diffus.-Potential u. Photoempfindlichk. v. n-GaP–Metall-Schottky-Schwellen-Dioden 23-0431; Darst. u. Eig. (I–V-Charakteristiken u. Kapazitäten) v. GaP–Ge-Heteroübergängen 25-0410; Lad.-Vervielfach. in p–n-Übergänge v. — mit Te-Donatoren u. Zn-Akzeptoren 26-0408; Zücht. epitakt. p-GaP-Schichten auf einkrist. GaAs-Trägern u. ihre elektr. Eig. 26-0409; Korrelat. zwischen Metall–Halbleiter-Schwellenhöhe u. Metallaustrittsarbeit v. auf — aufgedampften Metallschichten 26-0413; Strahl.-Rekombinat. in Zn- u. O-dotiertem p-leitenden — 29-0426; elektr. u. opt. Eig.: v. hochohm. — 30-0377; v. Cu-dotiertem — 30-0378; Mechanismus d. Photoleitfähigk. in — mit hohem Widerstand 30-0379; Meth. zur Herst. v. Al–GaP-Heteroübergängen durch Leg. u. Substitut.-Rk. 34-0455; photoelektr. Näher.-Meth. zur Best. d. Diffus.-Länge in mit In kontaktiertem — 36-0416; Pseudoabrupte legierte p–n-Übergänge in — 37-0454; Herst. u. Eig. (I–V-Charakteristiken u. Emiss.-Intensität) v. aus d. Lsg. gezüchteten epitakt. p–n-Übergängen in — mit (Zn, O)- bzw. Te-Dotier. 40-0379; Verh. v. GaP–p–n-Übergängen bei Beschuß mit *5–40*-keV-Elektronen 45-0399; Photoionisat. flacher Störstellenniveaus in — unter Phononenbeteilig. 46-0413; elektr. Eig. v. p–n-Heteroübergängen GaP–GaAs 46-0432; Abhängigk. d. effektiven Elektronen- u. Defektelektronenmassen v. d. Lad.-Trägerkonz. in — 47-0421; spektrale Charakteristika v. GaP–GaAs-Photozellen bei Photonenenergien bis zu *5,4* eV 47-0423; Abhängigk. d. effektiven Lad. v. Ionisat.-Potential u. Coulombschem Gitterpotential für — 51/52-0238.

EPR v. GaP : Fe(Mn) 6-0369; Unters. v. Strahl.-Defekten in — mittels Elektronenresonanz 18-0334.

Abhängigk. d. Gitterwärmeleitfähigk. v. Ionizitätsgrad d. Verb. in d. isoelektron. Reihen GaP–ZnS–CuCl 14-0336; Aufbau d. Phasendiagramms d. tern. Syst. Ga/P/Zn aus *2* v. — bzw. Zn_3P_2 herrührenden Hauptphasenfeldern 28-0525; Berechn. d. Entropie v. festem — 39-0518; Gitterwärmeleitfähigk. v. — 41-0359.

Zers. v. — durch NaOH beim Erhitzen 7-0748; Rk. mit NH_3 11-2330*; Ox. v. — (therm.) 27-0696.

Verw. zur Dotier. v. halbleitendem Si 7-2370*.

Best. v. Ga in — (amperometr.) 49/50-1 64.

Galliumselenate(VI), Darst., Struktur u. Isotypie v. $NH_4Ga(SeO_4)_2$, $TlGa(SeO_4)_2$ u. $RbGa(SeO_4)_2$ 32-0251; Debye-Temp. v. $CsGa \cdot (SeO_4)_2 \cdot 12H_2O$ 23-0285.

Galliumselenide: Bldg. v. Ga_2SeTe im Syst. $GaSe/Ga_2Te_3$ 14-0634; Darst. u. Eig. v. $GaSmSe_3$ aus Sm_2Se_3 u. Ga_2Se_3 15-0809.

IR-Absorpt.-Spektren d. Selenogallate $MeGaSe_3$ einiger Seltenerdmetalle ($LaGaSe_3$, $CeGaSe_3$, $PrGaSe_3$, $NdGaSe_3$ u. $SmGaSe_3$) 12-0379; opt. Reflex.- u. Absorpt.-Spektren v. GaS_xSe_{1-x}-Einkrist. 29-0339; Darst. u. Eig. v. $CuGaSe_2$-Einkrist.-Halbleitern 23-0249; Einfl. d. Ordn. auf d. physikal. Eig. (Bandbreite, Bind.-Energie u. Krist.-Struktur) vielkomponent. Halbleiter am Beispiel d. Syst. $CuGaSe_2/Ga_2Se_3$ 15-0459; Thermokraft v. $CuGaSe_2$ im festen u. fl. Zustand 32-0391; physikal. Eig. v. Ga_2Se_3/Ga_2Te_3-Mischkrist. 47-0435; magnet. Eig. d. tern. Halbleiterverb. $CuGaSe_2$ u. $AgGaSe_2$ 8-0499; Elastizitätsmodul linearer Ausdehn.-Koeff., Debye-Temp. u. elast. Eig. tern. Halbleiterverb. v. $CuGaSe_2$ u. $AgGaSe_2$ 27-0338.

GaSe, Elektroabsorpt. in – 10-0354; Elektrolumineszenz v. –-Einkrist. 6-0352, 12-0395; opt. Absorpt.-Kante v. – 14-0361; Hochfrequenzelektrolumineszenz v. – 21-0328; IR-Absorpt.-Spektren v. –-Einkrist. 24-0349; Reflex.-Spektren v. –-Halbleitereinkrist. 25-0322; Elektrolumineszenz v. mit Rechteckimpulsen angeregten –-Einkrist. 28-0344; Polarisat.-Effekte in d. UV-Reflex. v. –-Einkrist. 29-0338; opt. Reflex.- u. Absorpt.-Spektren v. –-Einkrist. 29-0339; Zwischenband-Faraday-Effekt in – 36-0308; opt. Eig. eines laminaren –-Krist. 38-0357; Elektrolumineszenzspektren v. – 39-0373; gebundene u. ungebundene Exzitonenabsorpt. in – 40-0287; Elektrolumineszenz v. –-Einkrist. 40-0323.

Bandstruktur: d. Schichtverb. – 17-0436; v. – 29-0442.

Darst. eines –-Einkrist. u. Best. seiner elast. Parameter 41-0323.

Lad.-Trägerbeweglichk. in Schichtstrukturen v. – 2-0418; Relaxat. d. Photoleit. in p-GaSe-Einkrist. mit Ohmschen In-Kontakten 12-0473; elektr. Leitfähigk. v. p-GaSe-Einkrist. 24-0434; Gleichricht.- u. Photoleit.-Eig. v. p-GaSe-Einkrist. 24-0435; elektr. Leitfähigk. v. –-Einkrist. 30-0393; innerer Photoeffekt, photomagnetoelektr. Effekt, Hall- u. Photo-Hall-Effekt v. – 48-0384.

Zustandsdiagramm d. quasibin. Syst. $GaSe/Ga_2Te_3$ 14-0634; – als Phase d. Syst. Ga/Se 35-0518; Wärmeleitfähigk.-Unters. v. –-Einkrist. 38-0324, 43-0313.

Ga_2Se_3, IR-Absorpt.-Spektren v. – 12-0379; chem. Sprühverf. zur Abscheid. anorgan. Schichten aus – 1-0205; Polymorphie u. Struktur v. – wechselnder Zus. 5-0257; Substitut.-Mischkrist. im Syst. Ga_2Te_3/Ga_2Se_3 17-0602; lückenlose Mischkrist.-Reihe im pseudobin. Syst. Ga_2Se_3/Ga_2Te_3 17-0603; – als Phase d. Syst. Ga/Se 35-0518.

Rk. mit Sm_2Se_3 (Darst. u. Eig. v. $GaSm\cdot Se_3$) 15-0809; Umsetz. v. elementarem Se u. Te mit – 35-0519.

Galliumsilicate, Hochdruckverh. v. $LiGa\cdot SiO_4$ 3-0843.

Galliumsulfate bzw. -sulfatokomplexe

Piezoopt. Konst. v. Sulfat-Alaunen (α-$NH_4Ga(SO_4)_2\cdot 12H_2O$, α-$TlGa(SO_4)_2\cdot 12H_2O$ u. β-$CsGa(SO_4)_2\cdot 12H_2O$) 33-0379; Debye-Temp. v. $KGa(SO_4)_2\cdot 12H_2O$, $NH_4Ga(SO_4)_2\cdot 12H_2O$ u. $CH_3NH_3Ga(SO_4)_2\cdot 12H_2O$ 23-0285.

$Ga_2(SO_4)_3$, Red. v. – (Bldg. v. Ga^{2+}) 5-0759.

Sulfatogallium(III)-säure:

$H[Ga_3(OH)_6(SO_4)_2]$, IR-Spektren v. $H_3O\cdot[Ga_3(OH)_6(SO_4)_2]$ u. $D_3O[Ga_3(OD)_6(SO_4)_2]$ 16-0124.

Salze s. *Ammonium-, Kalium-, Natrium-, Rubidium-* u. *Thalliumsulfatogallate(III).*

Galliumsulfide: Bldg. v. $2Bi_2S_3\cdot Ga_2S_3$, $2B_2S_3\cdot 3Ga_2S_3$ u. $Bi_2S_3\cdot 3Ga_2S_3$ durch Umsetz. v. Ga- u. Bi-Sulfid 14-0827; Synth. u. Unters. v. $SmGaS_3$ 24-0764; opt. Reflex.- u. Absorpt.-Spektren v. GaS_xSe_{1-x}-Einkrist. 29-0339; Struktur u. Darst. v. $Ga_9S_8Br_{11}$ 36-0215.

GaS, Herst. v. Einkrist. v. p-GaS durch Zonenumkristallisat. 11-0472.

Opt. Absorpt.-Kante v. – 14-0361; IR-Absorpt.-Spektren v. –-Einkrist. 24-0349; Reflex.-Spektren v. –-Halbleitereinkrist. 25-0322; Polarisat.-Effekte in d. UV-Reflex. v. –-Einkrist. 29-0338; opt. Reflex. u. Absorpt.-Spektren v. –-Einkrist. 29-0339; Elektrolumineszenzspektren v. – 39-0373; gebundene u. ungebundene Exzitonenabsorpt. in – 40-0287; chem. Sprühverf. zur Abscheid. anorgan. Schichten aus Ga_2S_2 1-0205; Bandstruktur: d. Schichtverb. – 17-0436; v. – 29-0442; Photoleitfähigk. v. –-Einkrist. 11-0472; elektr. Eig. v. – mit Au-Beimeng. 13-0455: Dunkelinjekt. v. Löchern in –-Krist. durch Oleum 41-0457; Zustandsdiagramm d. Schnitts GaS–Ga_2Te_3 d. tern. Syst. Ga/S/Te 14-0633; Wärmeleitfähigk. v. – 43-0313.

Ga_2S_3, Umsetz. v. – 14-0827; Verw. als Photoleiter 7-3485*.

Galliumtelluride: Bldg. v. Ga_2SeTe im Syst. $GaSe/Ga_2Te_3$ 14-0634.

Struktur u. Kationenleerstellen d. Halbleiterleg. $3(1-x)CuGaTe_2 - 2xGa_2Te_3$ 3-0284; elektr. Eig. v. GaSb–GaTe-Mischkrist. 31-0457; Thermokraft v. $CuGaTe_2$ im festen u. fl. Zustand 32-0391; elektr. Eig.: v. Mischkrist. in Syst. GaSb/GaTe u. $GaSb/Ga_2Te_3$ 33-0480; v. Ga_2Se_3/Ga_2Te_3-Mischkrist. 47-0435; magnet. Eig. d. tern. Halbleiterverb. $CuGaTe_2$ u. $AgGaTe_2$ 8-0499; Grenzen d. Einphasenbereichs bei *16,4* Mol-% GaTe im Syst. $(GaSb)_x(GaTe)_{1-x}$ u. *11* Mol-% Ga_2Te_3 im Syst. $(GaSb)_{3x}(Ga_2Te_3)_{1-x}$ 9-0950; thermodynam. Eig. d. – (EMK-Unters.) 12-0551; Elastizitätsmodul, linearer Ausdehn.-Koeff., Debye-Temp. u. elast. Eig. v. $CuGaTe_2$ u. $AgGaTe_2$ 27-0338.

GaTe, opt. Reflex. v. –-Einkrist. 7-0351; opt. Absorpt. v. –-Einkrist. 7-0352; gebundene u. ungebundene Exzitonenabsorpt. in – 40-0287; Bandstruktur v. – 29-0442; Grenzen d. Einphasenbereichs bei *16,4* Mol-% GaTe im Syst. $(GaSb)_x(GaTe)_{1-x}$ 9-0590; thermodynam. Standardeig. v. – 12-0551; Wärmeleitfähigk. v. – 43-0313.

Ga_2Te_3, Grenzen d. Einphasenbereichs bei *11* Mol-% – in Verb. $(GaSb)_{3x}(Ga_2Te_3)_{1-x}$ 9-0590; thermodynam. Standardeig. v. – 12-0551; Zustandsdiagramm: d. Schnitts GaS–Ga_2Te_3 d. tern. Syst. Ga/S/Te 14-0633; v. quasibin. Syst. $GaSe/Ga_2Te_3$ 14-0634; Substitut.-Mischkrist. im Syst. Ga_2Te_3/Ga_2Se_3 17-0602; lückenlose Mischkrist.-Reihe im pseudobin. Syst. Ga_2Se_3/Ga_2Te_3 17-0603. Umsetz v. elementarem Se u. Te mit – 35-0519.

Organische Galliumverbindungen

Erhöh. d. Empfindlichk. v. Lumineszenzrk. d. Ga-Komplexe mit organ. Reagentien beim Einfrieren v. Lsg. 24-0868.

Bldg. v. $RGaCl_2$ bei d. Rk. v. $HGaCl_2$ mit Olefinen 36-0700; Alkinylverb. v. Ga (Übersicht) 37-0715; $(CH_3)_3Ga$ (Rk. mit einigen prim. u. sek. Phosphinen u. Arsinen) 40-0704; (IR-Spektren u. Phasenumwandl. v. Dimethylaminodimethyl-Ga) 40-0705; Protonen-magnet. Resonanzunters. d. Methylgruppenaustausches zwischen $(CH_3)_3Al$ u. $(CH_3)_3\cdot Ga$ 51/52-0602.

Herst. v. linearen u. cycl. Tetraphenylbutadienyliden-(1.4)-Ga-Verb. 13-2763*; Rk. v. disubstituierten Acetylenen mit (Cyclo)-(Alkyl(bzw. Aryl)–Ga-Verb. 16-2608*; Darst.: v. Aryl–Ga-Verb. 20-0692; v. Isopren aus Propylen mit Ga-Alkyl- oder -Arylkatalysator 48-2626*.

Einfl. v. Strahl.- u. Kernrückstoßeffekten auf d. Retent.-Werte d. Ga-Phthalocyanins nach verschiedenen Kernrk. 41-0692.

Darst. v. Trimethylaminoxidkomplexen v. $GaCl_3$ 13-0782; Bldg.-Wärme v. $[Ga\cdot(Anilin)_4]^+[GaCl_4]^-$ 29-0532; relative Akzeptorstärke d. Ga(III)-Halogenide gegenüber Py. u. Triäthylamin als Donator 49/50-0676.

Quantenausb. d. Lumineszenz d. 8-Hydroxychinolinate v. Ga 17-1943; Zus. u. Stabilität v. Chelatkomplexen d. 4-(2-Pyridylazo)-resorcins mit Ga(III) 24-0576; Stabilitätskonst. u. Hydrolysekonst. v. Ga-Komplexen mit 8-Hydroxychinolin 35-0550; Bldg. u. Mol.-Struktur v. $GaX(OR)_2$ (X = Cl, Br; R = CH_3, C_2H_5) 42-0700.

Darst. u. Eig. d. Ga-Chelatsalze v. 3-Brom-8-mercaptochinolin 14-0837; Spektren im fernen IR u. Struktur einiger Ga-Trihalogenidkomplexe mit Py., $(CH_3)N$, $(C_2H_5)_3N$, $(C_2H_5)_2O$, $(CH_3)_2S$ u. $(C_2H_5)_2S$ 22-0132; IR-Spektren einiger Addit.-Verb. v. Ga-Trihalogeniden mit Tetrahydrofuran, Tetrahydrothiophen, Diäthyläther u. Dimethyl- u. Diäthylsulfid 32-0130; NMR-Unters. einiger Ga-Trihalogenidkomplexe mit Diäthyläther u. Diäthylsulfid 48-0150; relative Akzeptorstärke d. Ga(III)-Halogenide gegenüber Sauerstoff- u. S-Donatoren 49/50-0677.

σ-Punktlad.-Diagramm v. Addit.-Verb. d. GaH_3 u. GaR_3 mit R_2O, R_3N, R_2S u. R_3P 7-0117; Stabilität d. *1 : 1*-Addit.-Verb. v. $(CH_3)_3Ga$ u. $(C_2H_5)_3Ga$ mit $S(CH_3)_2$, $O(CH_3)_2$, CH_3NH_2, $P(CH_3)_3$, NH_3, $N(CH_3)_3$ u. $(CH_3)_2NH$ 9-0623; Darst.: v. Ga-organ. Deriv. v. Phosphiniminen 31-0724; v. oktaedr. Komplexen v. Ga(III) mit ditert. Arsin 39-0709; Entfern. v. Wasserstoff aus Addukten v. sek. Aminen u. Phosphinen d. GaH_3 44-0715.

Darst. v. Organo-Ga-Germoxanen (Verb. mit d. Struktureinheit Ga–O–Ge) 36-0705.

Kernmagnet. Resonanzspektren u. Leitfähigk. v. Ga-Acetylacetonat 15-0176; Bldg. extrahierbarer Ga-Komplexe mit 3-Hydroxychromon u. deren Absorpt.-Spektren 25-1705; Verschieb. d. IR-Frequenz u. Stärke v. Perinaphthenon-Komplexen d. Ga (Lewis-Säuren) 40-0116; fraktionierte Sublimat. verschiedener Ga(III)-β-Diketon-Chelate 49/50-1685; Darst. u. IR-Spektren v. $GaBr(acac)[Co(CO)_4]\cdot THF$ u. $Ga(acac)[Co(CO)_4]_2$ (Hacac = Acetylaceton) 51/52-0682.

Spektrophotometr. Unters. d. Verb. v. Ga mit Kristallviolett 22-1906; Bldg. v. assoziierten Aryliminato- bzw. Diaryloximato-organo–Ga-Verb. 42-0703.

Thermochemie d. Komplexe v. Äthylacetat u. Äthylformiat mit Ga-Halogeniden 2-0578; Komplexverb. v. Ga mit Mandelsäure 7-0746; Chelatbldg. v. Ga(III) mit 3″-Sulfo-2″.6″-dichlor-3.3′-dimethyl-4-hydroxyfuchson-5.5′-dicarbonsäure 16-1872; Koordinat. d. Ga im Rhodamin B-Komplex 19-0584; Chelatbldg. an d. Syst. Ga(III) mit NTA, ÄDTA, 1.2-Diaminocyclohexan-N.N.N′.N′-tetraessigsäure u. Triäthylentetramin-N.N.N′.N″.N‴.N‴-hexaessigsäure 19-0597; Zus. d. Komplexes v. Rhodamin B mit Ga(III) 25-1774; Komplexe d. Carminsäure mit Ga (Instabilitätskonst.) 27-0588; Bldg. eines *1 : 1*-Komplexes v. Ga mit Anthranildiessigsäure 41-1942.

Spektrophotometr. Unters. d. Lumogallion-Komplexes mit Ga 21-2108; Zus. u. Stabilität d. Chelate v. Ga^{III} mit 3.3′-Bis-[N.N′-di-(carboxymethyl)-aminomethyl]-o-kresolsulfophthalein 25-0572; spektrophotometr. Unters. d. *1 : 1*- u. *1 : 2*-Komplexe v. Ga u. Xylenolorange 26-2076; Chelatbldg. v. Ga(III) mit 1.2-Dihydroxy-3-anthrachinonsulfonsäure 38-1928; Bldg. d. farb. Ga-Komplexes mit 2.7-[2-sulfo-4-nitrophenylazo]-1.8-dihydroxynaphthalindisulfonsäure-(3.6) u. Verw. als Indikator 42-1885; IR-Spektren v. Ga-Salzen d. Polystyrol-Sulfonsäure 49/50-0135.

Bibl.: Series methods of elemento-organic chemistry. Vol. *1*: The organic compounds of boron, aluminium, gallium, indium and thallium B 51.

Gallocatechin s. unter *$C_{15}H_{14}O_7$*.

Gallochin s. unter *$C_{25}H_{33}ClN_4O$*.

Gallocyanin s. unter *$C_{15}H_{12}N_2O_5$*.

Gallotannine s. unter *Tannine.*

Gallussäure s. unter *$C_7H_6O_5$*.

Galtimycin „blau“, Zus., Mastitispräp. 26-1807; –-Ausscheid. nach Behandl. sekretionsgestörter Euterviertel 26-1808.

Galvanomagnetische, thermomagnetische Effekte und dergleichen

Hall-Effekt s. dort. Einfl. v. Magnetfeldern auf *Leitfähigkeit, elektrische,* s. dort.

Einfl. d. Temp. auf magnet. Eig. s. unter *Magnetismus.*

Direkte Mess. d. dimensionslosen Gütezahl d. *Nernst-Ettingshausen-Effektes* 1-0394; phänomenolog. Theorie d. galvanomagnet. Effekte in Halbleitern 1-0403; theoret. Analyse d. galvanomagnet. Erschein. in einem starken elektr. Feld 2-0475; longitudinaler Hall-Effekt in kub. Krist. (Halbleiterkrist.) 6-0414; Gleich. für d. Nernst-Ettingshausen-Effekt v. Halbleitern unter einaxialer Spann. 7-0436; galvanomagnet. Effekte in Halbleitern mit ungleichförm. Störstellenverteil. 10-0419; Quantentheorie d. thermomagnet. Ströme in Halbleitern u. Metallen 16-0348; galvano- u. thermomagnet. Erschein. im longitudinalen quantisierenden Magnetfeld bei Halbleitern v Typ InSb 16-0379; galvanomagnet. Mess. mit Mikrowellen an halbleitenden Pulvern 17-0436; Formeln für thermomagnet. u. galvanomagnet. kinet. Koeff. aus allg. Ausdrücken 18-0363; Quantentheorie d. galvanomagnet. Effekts bei extrem starken Magnetfeldern 19-0218; galvanomagnet. Effekte d. Ferrimagnetika nahe d. Kompensat.-Punktes 19-0448; Einfl. gemischter Leitfähigk. auf d. longitudinalen u. transversalen *Nernst-Ettingshausen-Effekt* in Halbleitern 20-0360; transversaler galvanomagnet. Effekt in ferromagnet. Filmen im geneigten Feld am Beispiel eines Permalloyfilmes 21-0415; phänomenolog. Theorie d. longitudinalen Hall-Effektes in kub. Krist. mit anisotropen Bändern 23-0402; Theorie d. galvanomagnet. Erschein. mit anisotropem Elektronenenergiespektrum u. d. Hall-Beweglichk. 24-0392; Unters. d. galvano- u. thermomagnet. Erschein. in Halbleitern mit nicht stationären Meth. 26-0396; Erzeug. opt. Phononen u. galvanomagnet. Effekte für eine Elektronenverteil. mit großer Anisotropie 39-0420; dünne magnet. Schichten mit großen magnetoopt. u. thermomagnet. Effekten für magnet. Speicher 40-0455; Theorie d. galvanomagnet. Erschein. in starken elektr. Feldern 42-0382; Quantentheorie d. thermogalvanomagnet. Phänomene in anisotropen Halbleitern 43-0412; Theorie d. galvanomagnet. Erschein. in Halbleitern bei Berücksichtig. d. „Erschöpf.-Effekts“ in starken Magnetfeldern 45-0382; galvanomagnet. u. verwandte Effekte in Supraleitern *2.* Art 45-0431; galvanomagnet. Eig. v. Werkstoffen für Tiefkühlapp. 46-0397

Elemente und Legierungen: Übergänge zwischen d. Anisotropiegesetzen d. galvanomagnet. Effekte in p-Si 17-0436; Theorie galvanomagnet. Erschein. in Metallen 5-0482; (v. Typ d. Bi) 5-0483; galvanomagnet. Effekt in bin. Leg. in Abhängigk. v. geringen Konz. d. zweiten Komponente 11-0513; Theorie d. spontanen *Ettingshausen-Effekts* in ferromagnet. Metallen 8-0398; thermomagnet. Effekte in Metallen 36-0382; Theorie d. galvanomagnet. Eig. v. Mg u. Zn 45-0419; Koeff. d. transversalen thermomagnet. Widerstandsänder., d. *Righi-Leduc*-Widerstandes u. d. adiabat. *Nernst-Ettingshausen-Effekts* eines Cd-Einkrist. 5-0485; galvanomagnet. Eig. v. In in starken Effektivfeldern 18-0412; Temp.- u. Feldabhängigk. d. galvanomagnet. Eig. v. Al u. In 35-0423; Kombinat. v. galvanomagnet. u. Feldeffekt-Mess. an Ge-Bikrist. 2-0440; longitudinaler Hall-Effekt in n-Ge 14-0462; galvanomagnet. u. thermomagnet. Effekte in verformtem n-Ge 16-0351; galvanomagnet. Effekte bei starkem Feld in n-Ge 17-0436; tensogalvanomagnet. Effekt in n-Ge 19-0422; thermomagnet. Effekte in verformtem n-Ge 46-0396; Temp.- u. Feldabhängigk. d. galvanomagnet. Eig. v. Pb u. d. Einfl. d. endl. Probendicke hierauf 35-0424; Anomalien d. galvanomagnet. Koeff. als Funkt. d. Magnetfelds v. Bi–Sb-Mischkrist. mit bis zu *15* Atom-% Sb 8-0437; galvano-thermomagnet. Erschein. in Bi; magnetothermoelektr. u. galvanomagnet. Effekte in Bi bei *80* °K 17-0436; Besonderh. d. galvanomagnet. Eig. v. Bi 24-0443; Theorie thermomagnet. Effekte in Bi 26-0383; galvanomagnet. Koeff. v. polykrist. Bi bei *80* °K im schwachen Feld 32-0439; galvanometr. Eig. v. Bi–Sb-Einkrist. (mit *3*% Sb) 32-0440; Besonderh. d. Einfl. v. Sn u. Te auf d. Anisotropie d. galvanomagnet. Eig. v. Bi 32-0441; galvanomagnet. Effekte bei geringen Feldstärken u. Bandstruktur v. Bi mit *5* u. *12* Atom-% Sb 43-0445; transversale galvanomagnet. Eig. v. verd. Bi–Sn-, Bi–Te- u. Bi–As-Leg. 45-0418; Mess. d. galvanomagnet. Erschein. an einem Einkrist. aus reinem W 18-0406; ungerade Komponente d. galvanomagnet. Effekts in d. ferrimagnet. Verb. Mn_5Ge_2 19-0447; galvanomagnet. Effekte d. Ferrimagnetika (Mn_5Ge_2) nahe d. Kompensat.-Punktes 19-0448; galvanomagnet. Δ p/p-Effekt in Fe–Ni-Filmen 21-0416; Temp.-Abhängigk.: d. thermomagnet. Effekts in Fe–Cr-Leg. 38-0413; d. *Nernst-Ettingshausen-Effektes* in Co 16-0349; ebener galvanomagnet. Effekt in dünnen ferromagnet. Filmen aus Fe bzw. Ni 6-0450; Temp.-Abhängigk. d. longitudinalen thermomagnet. Effekts in einer Leg. nahe d. Zus. Ni_3Fe mit Molybdänbeimeng. 9-0433; Anomalie d. *Righi-Leduc-Effektes* in Ni u. Ni–Cu-Leg. 12-0485; Temp.-Abhängigk. d. thermomagnet. Effekts in Leg. d. Syst. Ni/Cu 13-0435; longitudinaler thermomagnet. Effekt in Leg. d. Syst. Ni/Pd 21-0366; *Nernst-Effekt* in Permalloyfilmen 28-0378; ebener *Nernst-Effekt* in Permalloyfilmen 28-0379; Einfl. d. Ta-Konz. auf d. longitudinalen galvano- u. thermomagnet. Effekte v. Fe–Ni-Leg. nahe d. Zus. Ni_3Fe 33-0440; longitudinaler gerader thermomagnet. Effekt in Leg. d. Syst. Ni/Cu im Bereich d. Curie-Punktes 38-0414; *Righi-Leduc-Effekt* in Cu bei tiefen Temp. 27-0469; Unters. d. Feinstruktur d. galvanomagnet. Eig. im Bereich hoher Felder u. d. Fermi-Fläche v. Cu 48-0421; Temp.-Abhängigk. d. *Ettingshausen-Nernst-Effekts* v. Pd mit Ag-, Rh- u. Mo-Zusatz bei Raumtemp. 7-0493; galvanomagnet. Eig. v. H_2-beladenen Pd-Einkrist. 17-0476.

Anorganische Verbindungen: Magnetogalvan. Eig. v. unter verschiedenen Drücken hergestellten CdS-Schichten 34-0461; Abhängigk. d. galvanomagnet. Parameter v. d. magnet. Feldstärke in HgTe u. $Cd_xHg_{1-x}Te$ bei tiefen Temp. 7-0474; *Ettingshausen-Nernst*-Koeff. u. *Righi-Leduc*-Koeff. v. HgTe 20-0397; galvanomagnet. Effekte in p-AlSb 22-0413; galvano- u. thermomagnet. Koeff. in schwachen Magnetfeldern v. p-GaSb 1-0438; Mess. d. Thermo-EMK u. d. transversalen thermomagnet. *Nernst-Ettingshausen*-Koeff. v. p-GaAs 4-0402; galvanomagnet. u. thermomagnet. Eig. v. GaAs nach Cu-Diffus. 13-0456; transversaler *Nernst-Ettingshausen-Effekt* in p-GaAs 27-0449; galvano- u. thermomagnet. Erschein. im kompensierten GaAs 36-0418; transversaler *Nernst-Ettingshausen-Effekt* in InAs–CdTe- u. InAs–ZnTe-Leg. sowie reinem CdTe u. ZnTe 5-0473; nichtlinearer galvanometr. Effekt v. n-leitendem InSb in d. Quantengrenze 6-0427; thermomagnet. *Nernst-Ettingshausen-Effekt* in InAs–InP-Leg. 8-0399; Einfl. v. Mikroinhomogenitäten auf d. *Nernst-Effekt* in InSb 8-0400; Best. d. transversalen *Nernst-Ettingshausen-Effekts* in dotiertem InSb bei hohen Drücken 3-0436; galvano- u. thermomagnet. Effekte in n-InSb bei nichtelast. polarer Elektronenstreuung 9-0477; galvanomagnet. Eig. v. n-InP 14-0475; Struktur u. galvanomagnet. Eig. v. zweiphas. rekrist. InSb–In-Schichten 17-0436; *Ettingshausen-Nernst-Effekt* v. n-InP 30-0380; Einfl. d. Spins auf d. Quantenschwing. d. galvanomagnet. Koeff. v. n-InSb 38-0438; effektive Elektronenmasse in $(InSb)_x \cdot (InTe)_{1-x}$-Krist nach Mess. d. transversalen *Nernst-Ettingshausen-Effekts* 38-0439; galvanomagnet. Anisotropie v. p-leitendem InSb 41-0455; *Nernst*-Koeff. v. α-In_2Se_3 44-0443; *Nernst-Ettingshausen-Effekt* v. Ti, TiB_2, TiC u. TiN 12-0436; galvanomagnet. Effekte in einkrist. ZrB_2 30-0365; Mess. d. isotherm. Konst. Q d. transversalen *Nernst-Ettingshausen-Effekts* v. SnTe im Temp.-Bereich v. *100 – 500* °K 8-0442; galvanomagnet. Erschein. in $CdSnAs_2$ 24-0423; isothermer transversaler *Nernst-Ettingshausen-Effekt* in n-PbTe 22-0417; thermomagnet. Eig. (*Nernst-Ettingshausen-Effekt*) v. PbSe 31-0424; oszillator. thermomagnet. Effekte in Bleitellurid 51/52-0356; *Nernst-Effekt* v. nichtstöchiometr. Wismuttellurid 19-0434; galvanomagnet. Effekt v. Leg. d. Syst. $CrTe_{1-x}Se_x$, $CrTe_{1-x}S_x$ u. $CrTe_{1-x}Sb_x$ 35-0464; *Nernst-Ettingshausen-Effekt* v. polykrist. Li-Ferrit 6-0431; Anisotropie d. galvanomagnet. Effektes v. Paraprozessen in hexagonalen Ferriten d. Zus. $SrO \cdot 4{,}4\ Fe_2O_3 \cdot 1{,}6\ Cr_2O_3$ 14-0556; galvanomagnet. u. magnetokalor. Effekt bei Mn–Zn-Ferriten 21-0401; Vgl.-Unters. d. thermomagnet. Hysterese v. Mn–Mg–Zn-Ferriten in Gleich- u. Wechselfeldern 37-0504; *Nernst-Ettingshausen-Effekt* in Ferriten mit überschüss. Fe-Ionen d. Zus. $Mn_{0.74}Fe_{2.26}O_4$, $Ni_{0.69}Fe_{2.31}O_4$ u. $Co_{0.94}Fe_{2.40}O_4$ 22-0419; *Nernst-Ettingshausen-Effekt* in Cu_2S, Cu_2Se u. Cu_2Te 20-0396.

Anwend. d. ebenen galvanometr. Effekts: zur Best. d. stat. Charakteristiken ferromagnet. Filme 6-0451; für d. Unters. d. Dispers. d. Anisotropieachsen in dünnen Permalloyfilmen 6-0537; Verw. d. thermomagnet. *Nernst-Ettingshausen-Effektes* als Indikator d. Streumechanismus 16-0350; thermomagnet. Kühlanordn. mit einem Permanentmagneten 43-1745.

Galvanotechnik

Siehe auch *Elektrolyse*; *Metallüberzüge*.

Allgemeines

Entw. d. – 10-2553; (Überblick) 13-2576; Anodenbehälter für galvan. Bäder 15-2545*; Anwend. v. Ionenaustauschern in d. – (Entw. u. heut. Stand) 16-2413; Stromintegrator beim Galvanisieren 18-2085; Verw. v. Acrylonitril/Butadien/Styrol-Copolymeren bei Elektroplattier. 32-2801; physikal. Grundlagen zur Verf.-Technik d. Massengalvanisier. (Überblick) 34-2529; geschmolzene Salze in d. – (Übersicht) 37-2081; Meth. d. elektrophoret. Abscheid. v. metall. u. nichtmetall. Schutzüberzügen 45-2221.

Galvanische Behandlung von Metallen

Prinzip u. Anwend. d. elektrochem. –-Bearbeit. 10-2554; elektrochem. Metallbearbeit.-Verf. 26-2564; elektrochem. Materialbearbeit. (Übersicht) 26-2594; elektrolyt. Sägen u. Polieren zur Herst. dünner Metallfolien 26-2026.

Elektrolytisches Polieren und Glänzen

Elektrolyt. Polieren v. Metalloberflächen in KF-Lsg. 5-2555*; Lsg. zum gleichzeit. galvan. Entfetten, Beizen u. Polieren v. Metallen 13-2666*; Elektrolyt zum anod. Polieren v. Metallen 17-2491*; anod. Polieren v. Metallen 17-2490*; selbstregulierendes Bad zum anod. Polieren v. Metallen u. Leg. 18-2610*; Trenn. v. Phosphorsäure, Chromsäure u. Metallsalzen in Polierelektrolyten 26-2655*; Potentiostat für d. elektrolyt. Abtrag. 26-1972; Beschreib. eines Elektropoliergerätes 28-1921; Einfl. v. Ultraschall auf d. Wrkg. v. Elektropolierbädern 31-2380; anod. Glänzbad für Metalle mit $KHCr_2O_7$ 34-2579*; Elektropoliervorr. für vergleichende Feldionen- u. Elektronenmkr. 38-2450; Verf. zum Elektropolieren dünner Scheiben zur Transmiss.-Elektronenmikroskopie mit Hilfe v. Polystyrol-Vorsatzscheiben 40-1828.

Ag: Elektropolieren v. galvan. hergestellten Ag-Schichten mittels K_2F_2-Lsg. (Übersicht) 16-2412.

Al: Einebnungseffekt beim elektrochem. Polieren v. Al, Cu u. Ni 9-0663; Verbesser. beim anod. Glänzen v. Al (H_3PO_4-Rückgewinn. im Gegenstromspülverf.) 20-2463; anod. Verh. d. Al unter Beding. d. elektr. Polierens 29-0612; Bldg. passivierender Oxidfilme beim elektrochem. Polieren v. Al 45-2223.

Au: Anod. Polieren v. Au 17-2493*.

Bi: Elektrochem. Polieren u. Ätzen v. Bi 4-0210; Elektropolieren v. Bi in gesätt. NaCl-Lsg. 32-0600; Dünnermachen v. Bi_2Te_3-Proben durch Elektropolieren für d. Durchstrahl.-Elektronenmikroskopie 40-1825.

Cu: Unters. d. Mechanismus d. Unterdrück. d. Ätz. beim Elektropolieren v. Cu an einem Mikromodell 13-0653.

Fe: Bad zum elektrolyt. Polieren v. rostfreien Stählen 10-2631*; Elektrolyt zum Polieren v. Fe u. Fe-Leg. 19-2602*; anod. Elektropolieren v. Geräten aus rostfreiem Stahl 24-2486; elektrochem. Polieren v. Stahl mittels Wechselstrom 45-2212.

Ge: Elektrochem. Polieren v. Ge 32-0599.

Si: Elektrolyt. Polieren v. Halbleiter-Si in HF-Lsg. 14-2323; elektrolyt. Ätzen v. n-leitendem Si mit pulsierendem Gleichstrom 16-2191*; Verw. v. Se-Gleichrichter, Si-Dioden, magnet. Verstärkern u. Si-Gleichrichtern in d. Galvanotechnik 24-2484; Poliereffekt an d. p-Si-Anode in HF 40-2171.

Ta: Elektrolyt. Polieren v. Ta-Spitzen für Feldionenmikroskope 31-2195.

W: Herst. v. Nadelelektroden durch Elektropolieren v. W-Drahtanoden 27-0606.

Elektrolytisches Ätzen, Beizen, Entzundern und Reinigen

Maßgenaue Bearbeit. v. Zylinderbohr. durch gleichzeit. Galvanisieren u. Glätten 4-2428*; elektrolyt. Ätzen: d. Ventilmetallelektroden für Elektrolytkondens. 5-2556*; v. Halbleiterbauelementen 9-2393*; Prinzip u. Anwend. d. elektrochem. Metallbearbeit. 10-2554; elektrochem. Ätzen hitzebeständ. Leg. 11-2671*; poröser Körper zum elektrolyt. Ätzen v. Metallen 12-2477*; elektrolyt. Beiz- u. Entfett.-Bad mit H_2SO_4 u. äthoxyliertem Paraffin 22-2520*; *4*-Stufenätzen v. gedruckten Schalt. mit Stromunterbrech. 30-2401; kathod. Ätzen v. radioakt. Gegenständen 49/50-1972*.

Al: Elektrolyt. Vergrößer. v. Al-Oberflächen 5-2557*; elektrolyt. Ätzverf. zur Best. v. Versetz. u. Cu-Entmisch. in Al 7-2518; elektrolyt. Beizen v. Al-Folie für Elektrolytkondensatoren 16-2215*; elektrolyt. Ätzen zur Versetz.-Unters. v. Ni_3Al 26-2560; Unters. d. Ätzens v. hochreinem Al 30-2402; elektrolyt. Ätzen v. Al-Folie 33-2446*.

Cu: Elektrolyt. Regenerier. v. Cu aus H_2SO_4-Beizlsg. 18-2611*; galvan. Herst. einer körn. Oberflächenstruktur auf Cu-Folien für gedruckte Schalt. 25-2288*; elektrolyt. Ätzen v. Cu u. Cu-Leg. 38-2478.

Fe: Nachw. v. Fe_3C, Fe_3P u. Fe_4N durch elektrolyt. Ätzen in NaOH 3-2440; elektrochem. Schneiden v. C-reichem Stahl mittels Drehscheibenelektroden 11-2585; elektrolyt. Ätzverf. v. legierten Auftragsschweiß. auf Stahl für metallograph. Unters. 12-2393; Lsg. zur elektrolyt. Entfern. v. Rost u. Hammerschlag 25-2285*.

Ge: elektrolyt. Ätzen v. n-leitendem Ge mit pulsierendem Gleichstrom 16-2191*.

Ni: Elektrolyt. Ätzen v. Versetz.-Löchern in Ni 19-2465; elektrolyt. Ätzen zur Versetz.-Unters. v. Ni_3Al 26-2560.

Si: Mikrostrukturunters. d. Prozesses d. anod. Ätz. v. Si in Lsg. v. HF 16-0584.

Ti: Elektrolyt. Beizen v. Ti u. dessen Leg. 17-2494*.

Abscheidung von Metallüberzügen

Anwend. d. Tracer-Meth. zur Unters. d. galvan. Metallabscheid. (Verh. v. $Na_2S_2O_3$ in cyanid. Cu- u. Ag-Elektrolyten) 1-2531; Einfl. d. Herst.-Beding. auf physikal. u. mechan. Eig. v. galvan. abgeschiedenen Metallen 9-2604; Probleme d. komplexen Automatisier. in d. – 11-2584; galvan. Abscheid. v. hochschmelzenden Metallen (Übersicht) 12-2413; galvan. Herst. u. Eig. v. Metallüberzügen aus Verbundwerkstoffen 17-2411; Ionenaustausch durch elektrolyt. abgeschiedene Metallschichten 20-0593; Ursachen d. Porosität in elektrolyt. Ein- u. Mehrschichtenabscheid. auf Metallen 21-2607; Mess. d. elektr. Leitfähigk. galvan. Überzüge während d. Elektrolyse 24-0610; Elektroplattier. (Fortschrittsbericht) 25-1909; Elektrolyt zur galvan. Erzeug. v. Au-art. Überzügen 25-2312*; Salze für d. – (Cu-Abscheid.) 26-2595; Einfl. d. Stofftransports auf d. Struktur galvan. Nd. 30-2403; elektroplattierte weiche Magnetbänder für Speicher. auf beliebige Zeit (Übersicht) 34-2536; Herst. v. dünnen magnet. Speicherschichten (Cu-Schichten bzw. *19*% Fe u. *81* Ni) mit geschlossenem Fluß durch Elektroplattieren 37-0515; Einfl. v. Ultraschall bei d. Herst. v. galvan. Metallüberzügen 39-2259; Fluoborat-Elektrolyte in d. USA (Überblick) 39-2262.

Vorbehandlung

Entfern. feinverteilter Verunreinig. vor d. Galvanisieren 10-2551; Einfl. v. Vor-

magnet. Überzüge aus Co–Ni-Elektrolyten mit Phosphit oder Benzoat 15-2430; Herst. flexibler, magnet. registrierender Oberflächen durch Metallisieren d. Polyesterfilms Mylar mit Ni u. galvan. Abscheid. v. Co–Ni–P-Leg. 16-2416; galvan. anisotrope Überzüge aus Ni–Fe–Co-Leg. mit *74* Ni, *20* Fe u. *6* Cr 16-2505*; galvan. magnetostriktionsfreier Ni-Fe-Überzug auf dünnen Drähten 18-2614*; galvan. Herst. v. korrosionsfesten Cu–Ni-Leg.-Schichten 21-2729*; Leist. u. Struktur v. Ni-Anoden in Watts-Bädern 22-2236; Wrkg. metall. Verunreinig. in Ni-Elektrolyten u. Reinig.-Meth. 22-2462; elektrolyt. Abscheid. v. Ni-Überzügen aus Sulfamatbädern 23-2427*; Reflex.-Fähigk. u. Struktur v. elektrolyt. Ni-Nd. in dünnen Schichten 25-0596; Einfl. d. Abscheid.-Beding. auf d. inneren Spann. v. Ni-Überzügen aus d. Sulfamat-Elektrolyten 28-2466; elektronenmkr. Unters. d. Struktur v. in Ggw. v. Glanzzusätzen abgeschiedenem Ni 28-0233; Fehler d. elektrolyt. Herst. v. Glanz-Ni-Überzügen 28-2468; galvan. Herst. Fe-reicher Ni-Überzüge aus Citratelektrolyten 30-2404; Anwend. v. Ultraschall bei d. galvan. Herst. v. Ni-Überzügen 31-2383; elektrolyt. Abscheid. v. Ni-Leg. mit bis *40* In als wärmebeständ. Antifrikt.-Überzug 34-2583*; Einfl.: d. Verf.-Parameter auf d. Härte v. Ni-Überzügen aus Sulfamatbädern 36-2325; d. Parameter d. Elektroplattierens auf d. magnet. Eig. v. Ni–Co-Leg. 37-0514; Einschluß eines radioakt. Zusatzes in Glanz-Ni 37-0628; Herst. galvan. Ni–Sn-Nd. aus $K_4P_2O_7$-Lsg. 38-2480; gleichzeit. Abscheiden v. Fe, Ni u. Co im Pyrophosphatbad 39-2261; Beding. d. industriellen Schnellvernickel. 40-2369; Unters. d. Galvanisierens mit Ni-Sulfamat 40-2371; Box-Wilson-Meth. für Auswahl optimaler Beding. d. elektrolyt. Fäll. v. Ni–Fe-Leg.-Überzügen 40-2372; Wrkg. v. Thioharnstoff bei d. elektrolyt. Vernickel. 41-2294; galvan. Abscheid. magnet., nichtmagnetostriktiver Überzüge durch Zusatz v. Pd 42-2136*; Verh. v. Cu- u. Zn-Beimeng. im Vernickel.-Elektrolyt 43-2164; Entfern. störender Fe^{2+} zur elektrolyt. Vernickel. 44-2394*; Puffereig. v. Vernickel.-Elektrolyten 46-2361; Glanzvernickel. aus Elektrolyten mit gemischten Zusätzen 46-2365.

Saures, galvan. Ni-Bad mit — 1-2603*; Kondens.-Prod. aus Guanidin u. Formaldehyd als Einebn.-Mittel in galvan. Ni-Bäder 1-2604*; Bad für galvan., spannungsfreie Ni-Überzüge 3-2542*; prim. Glanzbildner für galvan. Ni-Bad 5-2561*; saures galvan. Ni-Bad: mit Phenylpropiolamid 5-2562*; mit Cumarin u. Sacharin 5-2563*; mit Glanzmittel 6-2492*; Best. v. Glanzzusätzen in Vernickel.-Bädern 7-2193; saures galvan. Ni-Bad 7-2622*; galvan. Ni-Bad mit Kondens.-Prod. v. Guanidin u. CH_2O als Einebn.-Mittel 7-2623*; Glanzmittel für galvan. Ni-Bad 7-2624*; galvan. Glanz-Ni-Bad mit 1.4-Di-(β-hydroxyäthoxy)-2-butin 8-2531; ausgleichender Ni-Elektrolyt mit Chinaldin 9-2704*; selbstregulierender Ni-Elektrolyt mit Cumarin 9-2705*; Elektrolyt für galvan. Ni/Co-Überzüge 9-2707*; Beseitig. v. Cu, Ag, Pb, Hg u. Zn aus Vernickel.-Elektrolyten 14-2655*; galvan. Ni-Bad mit Biammoniumcitrat 15-2542*; Aminoalkylacetylen-Zusatz für galvan. Ni-Bad 16-2509*; Einebn.-Zusatz für saure galvan. Ni-Bäder 17-2512*; Einebn.- u. Glanzmittel für galvan. Ni-Bäder 18-2612*; saures galvan. Ni-Bad 18-2613*; galvan. Glanz-Ni-Bad 19-2612*; Verh. v. Thioharnstoff bei d. Glanzvernickel. (Inhibier.) 21-2609; saures galvan. Ni-Bad mit m-Sulfobenzoesäure, Chloralhydrat u. Di-(β-hydroxyäthoxy)-butin-(2) 21-2731*; galvan. Ni-Bad mit Dimethylaminopropin 21-2732*; Einebn.-Mittel für galvan. Ni-Bäder durch Kondensat. v. Di- u. Polyamiden mit Oxoverb. u. phenol. Gruppen 22-2523*; Herst. v. Pyridinderiv. für Ni-Elektroplattier.-Bäder 22-2524*; galvan. Ni-Bad für anschließendes Verchromen 24-2556*; Elektrolyt für glänzende galvan. Sn–Ni-Nd. mit Triaminophenylmethan 24-2557*; Stabilität wss. $Ni(NH_2SO_3)_3$-Lsg. für d. Herst. elektrolyt. Ni-Überzüge (Anodenwrkg.-Grad) 25-2236; galvan. Glanz-Ni-Bad 25-2308*; elektrochem. Vernickel.-Bad mit Inhibitorzusatz zur Verhüt. d. Pitting-Effekts 26-2658*; Verw.: v. 2-Hydroxyalkinylsaccharinen in Ni-Elektroplatierbädern 26-2659*; v. Cystin als Glanzmittel für galvan. Ni-Bäder 28-2469; schwerlösl. organ. Verb. für galvan. Ni-Bäder 30-2462*; N-(β-Butoxyäthyl)-pyridiniumchlorid für korrosionsfeste galvan. Ni-Überzüge 30-2463*; Oxim-Deriv. für galvan. Ni-Bäder 30-2464*; saures galvan. Ni-Bad mit 2.3-Dibrom-2-buten-1.4-diol 31-2443*; galvan. Ni-Bad mit Rk.-Prod. d. Sultons mit heterocycl. N-Verb. 34-2584*; Glanzzusatz für galvan. Ni-Bad 40-2439*; organ. Glanzbildner-Kombinat. für galvan. Ni-Bäder 41-2351*; Glanzbildner für saures galvan. Ni-Bad 43-2218*; Elektrolyt zur Glanzvernickel. mit ZnO, $KHSO_4$, Polyacrylamid 48-2561*; saures Vernickel.-Bad 48-2560*.

Porositätsprüf. galvan. Ni-Überzüge auf U durch Röntgenfluoreszenz 10-2556; kontinuierl. polarograph. Betriebskontrolle v. Ni-Elektrolytbädern 20-1984; photometr. Best. v. Ni u. Co in galvan. Ni-Bädern 22-2001; amperometr. Meth. zur Überwach. u. Dosier. v. glanzbildenden Zusätzen in Vernickel.-Bädern 27-2456*; Best. v. p-Toluolsulfonamid im Ni-Bad 39-1972.

Pb: Galvan. Abscheid. v. Pb–Sn-Leg. zur Verw. als Anode 34-2532; Überwach. d. Elektrolyten für galvan. Pb–Sn-Überzüge 39-2258; Herst. galvan. Lagerelemente für Geschosse 51/52-2173*.

Elektrochem. Meth. zur Best. d. Dicke v. Pd-Überzügen 44-2329.

Pd: Galvan. Herst. v. Pd-Überzügen mit Pd(II)-Diamindichlorid 21-2735*.

Elektrolyt aus geschmolzenen Alkalihalogeniden für Pd–Ag-Überzüge 15-2559*; galvan. Pd-Bad mit N.N'-Cyclohexandiamintetraessigsäure 19-2616*; Elektrolyt zur Abscheid. glänzender Pd-Überzüge 34-2592*; galvan. Pd-Bad mit $PdCl_2$ u. Di-Na-Äthylendiamintetraessigsäure 40-2442*; Bad für galvan. Pd-Überzüge 49/50-2290*.

Pt: Herst. porenfreier galvan. Pt-Nd. auf Cu im Ultraschallfeld 1-2532; Unters. d. Abscheid. v. Pt–Rh-Leg. aus cis-Dinitrodiamin-Elektrolyten 45-2220.

Rh: Galvan. Herst. rißfreier Rh-Überzüge 10-2558; elektrolyt. Abscheid. v. Rh auf Schleifringen (mechan. Verschleiß) 21-2613; galvan. rißfreie Rh-Überzüge aus d. $Rh_2(SO_4)_3$-Bad mit $MgSO_4$ u. $CuSO_4$ 22-2527*; Unters. d. Abscheid. v. Pt–Rh-Leg. in cis-Dinitrodiamin-Elektrolyten 45-2220.

Ru: Elektrolyt. Abscheid. v. Ru auf Schleifringen (mechan. Verschleiß) 21-2613.

Sb: Cyanidfreies Ag–Sb-Bad mit SbF_3 43-2223*; Bad für galvan. Ag–Sb-Leg.-Überzügen mit Triäthanolamin 46-2426*.

Sn: Galvan. Verzinnen: poriger Sinterkörper auf Fe- oder Cu-Basis 9-2708*; v. Metallbändern 30-2465*; v. Pb–Sn-Leg. zur Verw. als Anode 34-2532; Herst. galvan. Ni–Sn-Nd. aus $K_4P_2O_7$-Lsg. 38-2480; Überwach. d. Elektrolyten für galvan. Pb–Sn-Überzüge 39-2258; Einfl. organ. Zusätze auf d. Ox.-Beständigk. in phenolsulfonsauren Verzinn.-Elektrolyten 41-2295; Ergänzen d. Sn-Verlustes galvan. Stannatbäder 41-2352*; Unters. d. Glattfähigk. v. Verzinn.-Elektrolyten 49/50-2253.

Verw. v. Crotonaldehyd als Glanzmittel in galvan. Sn-Bad 7-2628*; alkal. Elektrolyt zum Verzinnen 11-2681*; saures galvan. Sn-Bad mit $\alpha.\beta$-Naphthylamin oder -Deriv. 23-2429*; Elektrolyt für glänzende galvan. Sn–Ni-Nd. mit Triaminophenylmethan 24-2557*; Rk.-Prod. v. Acetaldehyd u. o-Toluidin, 6-Äthoxy-2.2.4-trimethyl-1.2-dihydrochinolin oder Aldol-α-naphthylamin für saure galvan. Sn-Bäder 32-2479*; Bad zur galvan. Abscheid. v. Sn-Leg. mit Bi 41-2353*; Sn-Bad mit Hydrazin 43-2222*; prim. Glanzmittel für saure galvan. Sn-Bäder aus 1-Benzol- bzw. Furan- bzw. Pyridin-2-formyl- bzw. Carboxyl- bzw. Alkyl- bzw. Hydroxyalkyl- bzw. Formylalkyläthylen 45-2263*.

Zn: Galvan. Zn-Überzüge aus Zn-Gluconatlsg. 5-2564*; Verzink. mit glanzgebundenem Polyacrylamid 18-2523; optimale Badzus. u. Arbeitsbeding. d. Verzink. in cyanlosem Elektrolyt 18-2519; cyanidfreie Verzink. (Überblick) 18-2522; Vers. zur Verhüt. d. H-Verspröd. in galvan. Zn-Überzügen 19-2501; Projektier. v. Verzink.-Anlagen (Vorbehandl.-Verf.) 21-2611; Einfl. d. Unterlage u. d. Abscheid.-Beding. auf d. innere Spann. v. elektrolyt. erzeugten Zn-Nd. 24-2235; Glanzverzinken durch Trommeln (Nachbehandl.) 24-2490; Verh. v. Cu-Beimeng. im Verzink.-Elektrolyt 43-2164; Wrkg. v. Ni-Beimeng. auf d. elektrolyt. Abscheid. dicker Zn-Schichten bei hohen Stromstärken 47-2195; Überwach. v. Verunreinig. in Zn-Elektrolysebädern 30-2240.

Galvan. Bad mit LiCN oder LiOH 7-2625*; CN-freies Glanz-Zn-Bad mit Gelatine u. Piperonal 7-2626*; Glanzverzink.-Bad für Drähte u. Bänder 15-2554*; Glanzzusatz für cyankal., galvan. Zn-Bäder durch Rk. v. Hexamethylentetramin mit Epichlorhydrin oder α-Chlorglycerol 17-2500*; galvan. Zn-Bad: mit Proteinhydrolysat 19-2613*; mit Xylose oder Mannose 19-2614*; für glänzende Überzüge 21-2733*; Elektrolyt zur Abscheid. v. Zn–Ni-Überzügen 22-2525*; Dispers.-Vermögen v. ZnO–NH_4Cl-Elektrolyten 28-2267; Elektrolyt: für glänzende Zn-Überzüge mit p-Toluolsulfonmonochloramid-Na 34-2588*; für phosphatierte Zn-Überzüge 34-2587*; cyanidfreies alkal. Glanz-Zn-Bad 43-2219*, 43-2220*; H_2SO_4-saurer Elektrolyt zur Abscheid. feinkrist. Zn-Schichten mit *0,1 – 1,5* Al 43-2221*; galvan. Zn-Bad mit Zusatz v. Ti- u. Zr–H_2O_2-Addukten 45-2260*; Best.: v. Sulfidionen in cyanid. Zn-Bädern 5-2152; v. Sulfidionen in cyanid. Zinkbädern 19-2113; v. Na-Acetat in ammoniakal. Verzink.-Elektrolyten 42-1922.

Überzüge auf speziellen Metallen

Al: Elektrolyt. Abscheid. auf Al u. seinen Leg. (Übersicht) 6-2419; Vorbehandeln v. Al vor d. Galvanisieren 12-2478*; galvan. Abscheid. v. Bi auf Al 23-2356; Verf. zur elektrolyt. Verzinken v. Al u. Al-Leg. 34-2586*; galvan. Herst. v. Cu-Überzügen auf Al-Leg. 36-2323; klass. Verf. zur Aufbring. elektrolyt. Überzüge auf Al u. Al-Leg. 39-2252.

Be: Galvan. Versilbern v. Be 8-2532*.

Cu: Herst.: porenfreier galvan. Pt-Nd. auf Cu im Ultraschallfeld 1-2532; v. katalyt. akt. Pb-Überzug auf Cu 21-2734*; Tetramethylharnstoff-Elektrolyt für galvan. Überzüge v. Zn, Cd u. Bi auf Cu 51/52-2373.

Fe: Galvan. Vernickel. v. Maraging-Stahl mit *18* Ni, H-Sprödigk. 8-2447; Elektrolyt zur Verbleiung v. Stahlerzeugnissen 11-2677*; anod. Vorbehandl. v. nichtrostendem Stahl für seidenart. matte Oberflächen 17-2488*; galvan. Verzinken v. rostfreiem Stahl im $Zn(CN)_2$-Bad 17-2514*; galvan. Glanzverzink.-Bad für Fe u. Stahl 18-2615*; erhöhte Dauerfestigk. v. Stahlelementen durch galvan. Fe-Überzüge 20-2452; Einfl. d. Grundmetalls auf innere Spann. u. Mikrorißbldg. in elektrolyt. abgeschiedenen Cr auf Stahl 21-2608; galvan. Verchrom. v. Stahlblech 21-2730*; elektrolyt. Zementier. v. Stahlstäben mit B zur Herst. v. Kontrollstäben für Kernreaktoren 22-2445; galvan. Abscheid. v. Bi auf Stahl 23-2356; Elektrolyt zur Direktverkupfer. v. Fe 30-2461*; Herst. elektrolyt. Überzüge auf martensit. aushärtenden Stählen 33-2447*; elektrolyt. Herst. v. Zn-Schutzschichten auf Fe nach vorheriger Phosphatier. aus d. gleichen Lsg. 33-2456*; elektrolyt. Verchrom. v. Guß-Fe 45-2261*; Kinetik d. Elektrodenprozesse bei d. Verstähl. v. gehärteten Stählen 46-2362; elektrolyt. Verchrom. v. Stahlband zur Verbesser. d. Korros.-Beständigk. 49/50-2286*.

Ge: Herst. eines Pb-Überzuges auf Ge (vom p-Typ) 7-2367*.

Mg: Verf. zum elektrolyt. Verzinken v. Mg u. Mg-Leg. 34-2586*.

Mo: galvan. Cu-, Au- oder Ag-Überzüge auf — 17-2518*; Herst. elektrolyt. Au-Überzüge auf Mo 40-2374.

Ni: Elektrolyt. Doppelschicht-Verchrom. v. Ni-Überzügen gegen Korros. 8-2443; galvan. Cr-Bad für korros.-beständ. Überzüge auf Ni-Überzüge mit Al_2O_3 oder TiO_2 24-2555*; galvan. Verchrom. v. Ni-Siebblechen 49/50-2287*.

Pt: elektrolyt. Abscheid. v. Ag auf Pt 27-0615.

Ti: Vorbehandl. v. Ti-Oberflächen gegen Oxidschichtbldg. 7-2616*; galvan. Überzüge auf Ti 12-2492*; elektrolyt. Bedeck. v. Ti u. Ti-Leg. mit Co–Ni-Überzügen 13-2578; galvan. Überzüge auf Ti u. Ti-Leg. 28-2463; Aufbringen galvan. Cu- u. Ag-Überzüge auf Ti 45-2214.

W: Galvan. Cu-, Au- oder Ag-Überzüge auf — 17-2518*.

Zn: Vorbehandeln v. Zn-Guß vor d. galvan. Aufbringen v. Metallüberzügen 15-2546*; Korros.-Schutz v. Preßgußstücken aus Zn-Leg. durch elektr. Ni–Cr-Überzug 27-2453.

Abscheidung von nichtmetallischen Überzügen

Siehe auch d. Abschnitt *Elektrolytisches Polieren und Glänzen*.

Elektrophoret. „Anstrich-Plattier." v. — 6-3098; anod. Passivier. v. Metallen 11-2684*; galvan. Abscheid. eines Co–Co-Phosphid-Überzuges 15-2270*; anod. Herst. v. PbO-Überzügen auf Pt-Metallen 15-2560*; Verf. zur elektrophoret. Herst. v. Alkydharzüberzügen auf leitenden Oberflächen 17-2524*; Polarisat.-Erschein. in d. Elektrolumineszenz anod. Oxidfilme 25-0342; elektrophoret. Lackier. v. Metallen 40-2936; Anfärben v. eloxierten Metallen 45-2272*; anod. Ox. v. Metallen (Wärmeabführ.) 46-2427*.

Überzüge auf speziellen Metallen

Ag: Schutz v. Ag vor d. Nachdunkeln durch galvan. BeO-Überzüge 26-2598; Verhinder. d. Anlaufens v. galvan. aufgebrachtem Ag auf Cu durch Behandl. mit K_2CrO_4 u. K_2CO_3 39-2256.

Al: Anod. Glanzbad für Al u. Al-Leg. mit *0,5 – 1,0* Al, Na_2CO_3, *15* NaOH, *4* ZnO 1-2613*; Best. d. Al- u. H_2SO_4-Geh. in Eloxalbädern 3-2094; anod. Bldg. u. Auflsg. eines Films bei d. Korros. v. Al-Elektroden in NaOH-Lsg. 5-2489, 5-2490; Fixier. v. anod. Oxidschichten auf Al 6-0650; Einfl. d. Elektrolyt-Temp. auf d. Eig. d. Films v. anod. ox. Raffinal-Al (*99,99*) 10-2561; Herst. dünnster Al-Oxidfilme durch anod. Ox. v. Al 11-2686*; Nachbehandl. v. anod. erzeugten Oxidschichten auf Al 12-2508*; anod. Ox. u. Hydratisier. zum Schutz v. Al 14-2555; Elektrolyt zum Färben v. Al-Oberflächen 16-2510*; erhöhter Korros.-Widerstand v. Al durch anod. Ox. 17-2530*; anod. Erzeug. gefärbter Oxidschichten auf Al 17-2531*; anod. Ox. v. Bändern u. Drähten aus Al im Durchzugsverf. 17-2528*; kontinuierl., anod. Ox. v. Al-Bändern 17-2529*; Entfernen d. Elektrolytreste aus d. Poren anod.-ox. – 18-2617*; anod. Ox. v. Al-Leg. *6063* in Sulfophthalsäure 20-2555*; Dekorat.- u. Schutzschichten auf Al durch Harteloxieren 21-2615; elektrolyt. Korros.-Schutzbehandl. v. Al in Glucon- u. Nikotinsäure 21-2726*; Verw. v. Torf, Braunkohle oder Lignit als Zusatz für Elektrolyte zur anod. Ox. v. Al 21-2736*; Sichtbarmach. d. Korngefüges in Al-Schliffproben durch anod. Ox. 23-2321; Charakterisier. anod. entstandener Al-Oxide (Zus. v. in sauren anod. Elektrolyten entstandenen Al_2O_3-Filmen) 24-0752; (Einfl. d. Temp. d. anod. Behandl. auf d. Überzüge v. aliphat. Dicarboxyelektrolyten) 24-0753; Unters. d. anod. Ox. v. SAP mit *1,2 – 12,7* Al_2O_3 25-2238; Bad zur anod. Ox. v. Al zur Vermeid. d. Bldg. v. Haarrissen 25-2322*; Herst. gemusterter Al-Stahlplatten mit verschiedenen Farben durch anod. Behandl. 25-2324*; Anodisier. v. Al 26-0579; Verf. zur elektrochem. Ox. v. Al im $Ca(OH)_2$-Elektrolyten 31-2388; Elektrolyt zur anod. Ox. v. Al mit 4-Sulfophthalsäure u./oder 5-Sulfoisophthalsäure 31-2446*; Elektrolyt für d. anod. Ox. v. Al u. Al-Leg. (rotbraune Oxidschicht) 32-2484*; Zus. anod. Filme auf Al-Leg. aus d. Sulfatelektrolyten 34-2541; Elektrolyt zur Herst. farbiger Oxidschichten auf Al 34-2595*; Verf. zum Hartanodisieren v. Al u. seinen Leg. 36-2331; Anodisier. v. Rein-Al u. D16-Leg. in H_2SO_4–$C_2H_2O_4$-Gemischen 44-2330; oberflächl. anod. Ox. v. Al mit Oxalsäuredihydrat 45-2269; Verf. zur anod. Ox. v. Al 49/50-2291*; Einfl. v. horizontalen Anodenquerschwing. auf d. Eloxier.-Strom bei d. anod. Ox. v. Al 51/52-2141; kontinuierl. anod. Ox. v. Bandspulen mit hoher Geschw. 51/52-2384.

Be: Schutz v. Be gegen Hochtemp.-Ox. durch anod. CrO_3-Behandl. 1-2533.

Fe: Einfl. d. Badzus. auf d. Temp. d. elektrochem. Borier. v. Stahl 19-2489; verbesserte Beständigk. v. Stahloberflächen gegen trockene Reib. durch anod. Behandl. 20-2477; verbesserte Korros.-Beständigk. v. Stahl durch anod. Behandl.: in Mineralsäure 21-2725*; in Glucon- u. Nikotinsäure 21-2726*; Herst. gemusterter Al-Stahlplatten mit verschiedenen Farben durch anod. Behandl. 25-2324*.

Mo: Meth. zur elektrolyt. Silicier. v. Mo in einer Schmelze 47-2197.

Ni: Einfl. v. Hydrazin auf d. anod. Ox. v. Ni in alkal. Lsg. 41-2297.

Ta: Teilweise anod. Ox. v. Ta 8-2538*.

Ti: Erzeug. v. dünnen Filmen mit hohem elektr. Widerstand durch anod. Ox. eines titanisierten Nichtleiters 16-2194*.

Zn: Anod. Ox.: v. Zn-Spritzgußteilen 10-2560; v. Zn 14-2645*; v. Zn u. Zn-Leg. 15-2562*, 17-2492*.

Entfernung von Überzügen

Elektrolyt. Entzinn. 5-2558*; Lsg. zum Ablösen v. galvan. Nd. auf Cu u. Cu-Leg. 7-2613*; elektrolyt. Entfernen v. Oxidschichten v. Bandstahl 32-2476*; elektrolyt. Entzundern v. nichtrostendem Stahl 35-2322*; Bad zum selektiven Ablösen v. Ni-Überzügen 39-2312*.

Abscheidungen auf Nichtmetallen

Galvan. Veredl. v. Kunststoffen 2-2480; galvan. Herst. eines Ni bzw. Co-Überzuges auf PVC 12-2234* galvan. Metallisieren: v. Kunstharz 17-2499*; v. Kunststoffen 28-2465; v. Pfropf-ABS-Polymerisaten 34-2537; v. ABS-Pfropfpolymerisaten 36-2324; Eign. v. Kunststoffen zur Galvanisier. 39-2266; Vorbehandl. v. Formteilen aus ABS-Polymerisaten für galvan. Überzüge 43-2214*; elektrolyt. Überzugsverf. für Kunststoffe 51/52-2376.

Galvanoplastik

Elektrolyt. Herst. perforierter Metallplatten 6-2486*; galvan. Herst. v. Rastern u. Masken im Photo-Resist-Verf. 7-2612*; galvanoplast. Herst.: v. Gegenständen 7-2618*; v. Siebblechen 9-2701*; Fluoborat-Elektrolyt zur galvan. Metallabscheid. 10-2555; Herst. galvan. Metallüberzüge auf Bänder aus nichtleitendem Material 12-2479*; einseit. galvan. Behandl. halbzylindr. Gegenstände 12-2480*; galvanoplast. Herstellen einer Formplatte 13-2673*; elektrolyt. Herst. v. Cr-Folien 15-2552*; Entw. u. Verw. einer hochfesten Leg. für d. Galvanoplastik 16-2415; teilweises Galvanisieren v. Metalloberflächen durch Abdecken mit härtbarem Polyesterharz in Oberflächenvertief. 17-2498*; galvanoplast. Herst. v. Gegenständen auf einer fl. Form u. anschließendem Entfernen 17-2497*; Ni-Galvanoplastik (Überblick) 18-2521; Verf. d. Elektro-Formgeb. v. Ni 21-2599; galvanoplast. Herst. v. Formen u. Preßstempeln 51/52-2371.

Abwässer

Entgiften cyanidhalt. Abwässer mit γ-Strahlen 2-2559*; Entgift. galv. Abwässer 3-2213; cyanidfreie, galvan. Bäder u. Abwasserfragen 3-2453; Reinig. v. Galvanikspülwässern mit Ionenaustauschern im Kreislauf 7-2326; $Ni(OH)_2$-Fäll. aus Abwasserkonzentraten 16-2414; Verminder. d. Geh. an komplexen Fe-Cyaniden in galvan. Abwässern 20-2451; Beseitig.: v. Cr-, Zn-, Cu- u. Pb-Spuren aus Galvanikabwässern 24-2141; v. galvan. Abwasserschlämmen (Entgift.-Verf.) 26-2269; Entgift. v. Abwässern galvan. Großbetriebe mit elektron. gesteuerten Durchlaufanlagen 26-2270; Reinig. saurer cyanid. u. Cr-halt. Abwässer nach klass.-chem. u. Ionenaustauscherverf. 34-2531; Beseitig. u. Wiederaufbereit. galvan. Abwässer 38-2479; Aufbereit. v. Galvanikspülwässern durch Ionenaustausch 42-2050; elektrolyt. Zers. v. konz. cyanidhalt. Abwässern v. Galvanisier.-Anlagen 46-2084.

Prüfung und Analyse

Siehe auch d. Abschnitte: „*Abscheidung bestimmter Metalle*" u. „*Abscheidung von nichtmetallischen Überzügen*".

Best. d. Schichtdicke v. galvan. Überzügen nach d. Ablösemeth. 3-2456; thermoelektr. Meth. zur Mess. d. Dicke galvan. Überzüge 17-2409; mechan. Meth. zur Best. v. Restspann. in im Ultraschallfeld erzeugten Elektrolytüberzügen 25-0594; Mess. d. elektr. Leitfähigk. v. galvan. Bädern 28-3084; Meth. zur Prüf. d. Haftfestigk. v. galvan. Überzügen 44-2324; Unters. d. Porosität elektrolyt. abgeschiedener Zn-Überzüge 45-2218.

Spektrometr. Schnellbest. v. Pd in galvan. Bädern mit KSCN 1-2156; Anwend. d. kernmagnet. Relaxat. für d. Analyse v. Elektrolyten galvan. Bäder 9-2169; Schnellanalyse galvan. Bäder 11-2167; Best.: v. Au in techn. Cyanidlsg. 20-1985; v. Metallen in Galvanisier. Lsg. durch Atomabsorpt.-Spektrometrie 29-2094; Analyse v. $CuSO_4$-Lsg. in galvan. Bädern durch Reflex. v. β-Strahl. 33-2104; vereinfachte genaue Best. v. Au in galvan. Bädern 39-1971; Best. v. Thioharnstoff als Ebn.- u. Glanzmittel in galvan. Bädern (Meth.) 41-2291.

Bibliographie

Taschenbuch für Galvanotechnik B 14; Handbuch der Galvanotechnik. Bd. *2*: Verfahren für die galvanische und stromlose Metallabscheidung B 71; Tabellen für die Galvanotechnik B 71.

Russ.: Handbuch der Chemie. Bd. *5*: Rohstoffe und Industrieprodukte anorganischer Stoffe. Prozesse und Apparate. Korrosion. Galvanotechnik. Chemische Stromquellen B 62; Bäder für die Herstellung der Oberfläche und des Auftragens von galvanischen, chemischen und Eloxal-Überzügen, Typen, Parameter, Bau und Ausmaße B 87.

Galvinoxyl s. unter $C_{29}H_{41}O_2$.
Gamabufotalin s. unter $C_{24}H_{34}O_5$.
Gamaquil s. unter $C_{10}H_{13}NO_2$.
Gambir, Isolier. aus Uncariagambir 16-1037.
Gammaceran s. unter $C_{30}H_{52}$.

Gammastrahlen

Compton-Effekt; *Mössbauer-Effekt*; *Strahlenschutz* s. dort. Äußere Bremsstrahl. s. unter *Röntgenstrahlen*. Paarbldg. u. Vernicht.-Strahl. s. unter *Positronen*. – bei Mesonenprozessen s. unter *Mesonen und Hyperonen*.

Singulare Lsg., d. Gesetz v. Hubble-Humason u. d. Photonenmasse 9-0041; Dosiskonst. v. γ-Strahlern 23-1879.

App. zur Härt. eines Photonenstrahls unter Verw. v. festen LiH-Stäbchen 6-1849.

Vorkommen, Erzeugung

Energieniveaus v. Kernen aus γ-Spektren s. diesen Abschnitt unter *Kernphysik*.

Winkelverteil. v. γ-Quanten bei d. multiplen Coulomb-Anreg. v. Kernen 4-0027; Erzeug. v. harten – durch Streuung v. Laser-Photonen an relativist. Elektronen 5-0035; anomale *E1*-Übergänge in deformierten ungeraden Kernen 7-0082; *E2*-Übergänge in einem deformierbaren gg-Kern 7-0083; gestörte Winkelkorrelat. d. Tripel-γ-Kaskade 7-0085; Resonanzpeak in d. gestörten γ-γ-Winkelkorrelat. 7-0086; Doppel-Bremsstrahl. 7-0201; Schalenmodell-Berechn. v. *M1*-Übergangswahrscheinlichk. in d. $2s_{1/2}1d_{3/2}$-Schale 8-0034; mögl. γ-Strahl.-Mechanismus bei Rk. mit schweren Ionen 9-0078; γ-Winkelverteil. nach Anreg. v. Kernen 10-0039; Systematik d. abs. γ-Übergangswahrscheinlichk. in deformierten Kernen ungerader Masse 10-0040; γ-Spektren aus unelast. Neutronenstreuung 11-0059; Systematik v. *M4*-Übergängen d. Typs $g_{9/2} \rightleftharpoons p_{1/2}$ 11-0066; Quasiteilchen-Beschreib. v. Multipolübergängen im Bleibereich 11-0071; Präzis.-Tests d. T-Invarianz bei elektromagnet. Übergängen 15-0089; Zweiquantenübergänge v. Atomkernen 15-0090; Einfl. v. Gitterschwing. auf γ-γ-Winkelkorrelat. 15-0091; destruktive Interferenz v. Loch- u. kollektiven E2-Übergangsamplituden 17-0068; Summenregeln für d. red. Wahrscheinlichk. v. E2-Übergängen in nichtaxialen gg-Kernen 17-0069; Effekte höherer Ordn. bei β-γ-Korrelat. unter Einfl. erlaubter β-Übergänge 17-0089; Compound-unelast. – -Winkelverteil. für Kerne gerader u. ungerader Masse 18-0045; Berechn. d. Übergangsintensitäten in deformierten Kernen unter Berücksicht. v. Beimeng. zur Quantenzahl K 19-0059; Verhältnisse v. elektromagnet. Übergangswahrscheinlichk. in tiefliegenden Zuständen v. ungerade-A-Rotat.-Kernen 19-0060; Überblick über systemat. Eig. d. nuklearen *E1*-Übergangswahrscheinlichk. 19-0061; L-Unterschalen-Verhältnisse v. E2-Übergängen in deformierten Kernen d. Seltenerdmetalle 19-0063; Tabellen u. Diagramme für d. Best. v. γ-γ-Winkelkorrelat.-Funkt. 21-0073; Winkelverteil. d. bei Abklingen d. Kernanreg. emittierten – 21-0074; Mess. d. Zirkularpolarisat. in gestörten γ-γ-Winkelkorrelat. 27-0084; *E0*-Übergänge u. β-Banden in gerade-Kernen 27-0085; Wahrscheinlichk. v. *E2*- u. *E3*-Übergängen in ungeraden deformierten Kernen 27-0086; Zweiquantenübergänge in Atomkernen; ee-Prozeß 27-0087; Einfl. v. Coriolis-Kräften auf γ-Übergangswahrscheinlichk. in Kernen 31-0085; Berechn. d. Aktivität v. γ-Strahlern zur Röntgenabsorpt.-Analyse 31-1942; *E1*-Übergänge mit $\Delta K = 0$ in deformierten Kernen ungerader Masse 33-0056; *M1*-Übergangs-Operator in phänomenolog. Modellen d. kollektiven Quadrupolanreg. in gg-Kernen 33-0057; Quantentheorie d. Winkelverteil. bei Rk. u. γ-Kaskade 33-0058; γ-Winkelverteil. v. Zuständen mit hohen Spins, bestimmt gemäß dem Kollektivmodell 33-0059; Winkelkorrelat. für *E2*- u. *E3*-Übergänge bei Coulomb-Anreg. 33-0060; Einfl. einer zufäll. orientierten kollinearen kombinierten Wechselwrkg. auf Winkelkorrelat. 33-0061; Rolle d. gestörten Winkelkorrelat. in Symmetrietests 33-0062; theoret. Unters. d. γ-Spektrums bei einer Kernrk. (Mess. mittlerer Lebensdauern) 33-0064; γ-Spektren v. Neutroneneinfang an Edelgasen 33-0071; γ-Ausb. aus Kernrk. u. Niveaudichten v. deformierten Kernen 36-0035; Konkurrenz zwischen *E2*- u. *M1*-γ-Übergängen in Kernen mit hohem Spin 36-0036; – eines Syst. angeregter Kerne im Krist. 36-0043; Teilchen-γ-Winkelkorrelat. mit Nachw. unter *180°* 36-0045; Anreg. d. photonuklearen Riesenresonanz durch (d, γ)-Rk. in leichten Kernen, speziell in ^{11}B u. ^{16}O 37-0100; Form d. paritätsgemischten γ-γ-Winkelkorrelat.-Funkt. 39-0076; elektr. Übergänge in sphär. Kernen 39-0077; mögl. Fall d. Auftretens einer gemischten Parität in elektromagnet. Übergängen 39-0078; γ-Spektren aus d. Strahl.-Einfang v. *7,4*-MeV-Neutronen 40-0064; γ-Intensitätsanomalie bei (d, pγ)-Rk.

42-0056; γ–β-Winkelkorrelat. u. β-Winkelverteil. 43-0082; Berechn. zur Elektron–Photon-Kaskade durch Elektronen in dicken Targets 44-0045; elektromagnet. Übergangswahrscheinlichk. in Kernen mit einer abgeschlossenen Schale 46-0030; Winkelverteil. v. – aus Rk. mit schweren Ionen 46-0057; Strahl.-Einfang langsamer Neutronen im therm. u. Resonanz-Bereich 47-0071; Berechn. d. mittleren Strahl.-Einfangquerschnitte für Neutronen mit *$10^3 - 10^5$* eV 47-0072.

Prompte γ-Spektren in Verb. mit Spaltfragmenten spezif. Masse 4-0083; prompte u. verzögerte – bei d. Kernspalt. (Überblick) 5-0110, 5-0111; mittlere Anzahl u. Energie d. – als Funkt. d. Fragmentmasse bei d. durch therm. Neutronen hervorgerufene Spalt. v. ^{235}U 5-0112; Winkelverteil. d. – aus d. Spalt. v. ^{235}U 5-0113; Emiss.-Zeiten v. γ-Quanten bei d. Spalt. 15-0111; – aus kurzleb. Spaltfragmentisomeren 15-0112; γ-Spektren: v. Spaltprod., beobachtet mit Li-gedrifteten Ge-Detektoren 23-0110; aus gemischten Spaltprod. mit einem Alter zwischen 2h u. *7* d 33-0112; verzögerte – bei d. Spalt. v. ^{235}U 46-0074; prompte γ-Quanten d. Spalt. 46-0075.

Umgeb.- – v. niedergeschlagenen Spaltprod. (*1960 – 1964*) 9-0820; Mess. d. γ-Emiss. v. Bodenproben aus Indiana in einem Fl.-Szintillat.-Zähler 11-0820; Auswert. d. γ-Spektren v. Weidefutterproben 11-2183; γ-Spektren d. atmosphär. Fallout 18-2244; Unters. d. natürl. – d. Unteren u. Mittleren Buntsandsteins d. thüring. Werra-Kaligebiets 28-0778; – -Spektrometerunters. v. hydrothermal veränderten Gesteinen 34-0809; Unters. d. Intensität u. Spektralverteil. d. – d. Mondes mit d. automat. Stat. Luna-*10* 35-0790; energiereiche – zur Unters. v. Strahl.-Erupt. (Flares) 35-0800; Ermittl. d. durch kontaminierte Luft in Betriebsräumen hervorgerufenen γ-Flusses 42-1792.

γ-Strahlen aus Kernumwandlungen spezieller Kerne

Strahl. - Übergangswahrscheinlichk. v. *$3/2^+$*-Zustand zum *$3/2^-$*-Zustand in ^{5}He 19-0064; Mess. d. Zirkularpolarisat. d. *478*-keV-Gammaquanten aus d. Rk. ^{6}Li(d, p)^{7}Li mit *2*-MeV-Deuteronen 14-0056; ^{7}Li(p, γ)^{8}B* 15-0103; γ-Zerfall d. *5,16*-MeV-Zustandes in ^{10}B 3-0073; relative γ-Verzweig.-Intensitäten für d. Zerfall d. Zustände v. ^{10}B bei *4,77* u. *5,16* MeV 18-0049; – v. ^{10}B + p 21-0091; Übergangsraten v. Analogniveaus in A = *10*-Kernen 39-0080; Übergänge *8,92* MeV → *0* in ^{11}B u. *6,49* MeV → *0* in ^{11}C 19-0065; angeregte Niveaus v. ^{11}C aus n–γ-Winkelkorrelat. u. γ-Verzweig.-Verhältnissen 42-0038; Best. d. Lebensdauern für Kerne mit A = *10, 11* u. *12* aus d. Doppler-Verschieb. v. – 22-0047; Winkelkorrelat. bei d. Rk. ^{13}C(^{3}He, pγ)^{15}N 1-0058, 14-0065; schwach angeregte Resonanzniveaus in ^{13}C(p, γ)^{14}N 15-0102; ^{13}C(^{3}He, $γ_0$)^{16}O im Bereich d. Dipol-Riesenresonanz 33-0091; γ-strahlende Zustände v. ^{14}C u. ^{14}N 17-0070; γ-Spektren d. Rk. ^{14}N(p, γ)^{15}O 21-0099; elektromagnet. Zerfall d. *3,95*- u. *7,03*-MeV-Niveaus v. ^{14}N 46-0032; – aus Zuständen positiver Parität in ^{15}N 34-0046; Winkelkorrelat. v. ^{16}O(^{3}He, αγ)^{15}O, ^{13}C(^{3}He, pγ)^{14}N u. ^{12}C(d, pγ)^{13}C 22-0066; elektromagnet. Übergänge im ^{16}O-Kern 24-0041; T-verbotener E*1*-Übergang in ^{16}O 39-0084; E*2*-Übergänge nahe A = *16* 46-0033; Richt.-Korrelat.-Mess. in ^{18}O(^{3}He, pγ)^{20}F 33-0093; Vgl. v. Vorzeichen v. Misch.-Verhältnissen mit Modell-Voraussagen für Übergänge in ^{18}F, ^{16}O, ^{15}N u. ^{14}N 39-0082; Winkelverteil.-Mess. v. – aus d. Rk. ^{19}F(p, γ)^{20}Ne 9-0066; Stör. d. Winkelkorrelat. d. (*1,35* MeV bis *0,198* MeV)-γ–γ-Kaskade in ^{19}F 18-0064; Einfl. d. Kernparitätsverunreinig. auf d. (*$1/2^- \to 1/2^+$*)-γ-Übergang bei *110* keV in ^{19}F 39-0085; Neutronen-γ-Korrelat. für Zustände in ^{20}Ne bei *10,33* MeV u. *11,03* MeV 9-0091; γ-Kaskaden in ^{21}Ne 3-0078; γ-Winkelkorrelat.-Mess. in ^{22}Ne 37-0092; Mess. d. Winkelverteil. d. *440*-keV- – aus d. Rk. ^{23}Na(p, p′γ)^{23}Na in d. Resonanzen E_p = *1281* keV u. E_p = *1456* keV 1-0045; γ-Zerfall v. Resonanzen in ^{23}Na 16-0041; – aus d. unelast. Streuung u. d. Strahl.-Einfang v. Protonen durch ^{26}Mg-Kerne 12-0035; Mess. d. Resonanzabsorpt. in ^{26}Mg(p, γ)^{27}Al 26-0072; – aus unelast. Protonenstreuung u. Strahl.-Einfang v. Protonen durch ^{26}Mg 42-0043; Koinzidenzen zwischen – u. gestreuten Protonen in ^{27}Al(p, p′γ) bei einer Protonenenergie v. *5,7* MeV 18-0053; Winkelverteil. v. – aus d. Neutronenbeschuß v. Al, Mg u. Si 6-0035; innere Paarbldg. d. *12,33*-MeV-Überganges in ^{28}Si 19-0066; ^{28}Si(d, pγ)^{29}Si-Winkelkorrelat. v. *4 – 6* MeV 24-0078; Rk. ^{30}Si(p, γ)^{31}P bei *1,00 – 1,53* MeV 15-0104; Winkelkorrelat.-Mess. u. d. Rk. ^{30}Si(p, γ)^{31}P 15-0105; ^{30}Si(p, γ)^{31}P-Rk. für Beschußenergien zwischen *1,53* u. *2,00* MeV 21-0100; Ausb.-Kurve d. Rk. ^{31}P(p, γ)^{32}S im Protonenenergiebereich *800 – 1160* keV 6-0066; ^{32}S(n, γ)^{33}S-Rk. 17-0108; γ–γ-Winkelkorrelat. in d. Rk. ^{32}S(n, γ)^{33}S 35-0107; γ-Verzweig.-Verhältnisse für tiefliegende Zustände v. ^{33}S 18-0054; ^{34}S(p, γ)^{35}Cl bei d. Protonenresonanzenergien *1904* u. *2008* keV 6-0067; M*1*-Übergänge bei ^{35}Cl(n, γ)^{36}Cl 19-0083; γ-Winkelkorrelat.- u. Polarisat.-Mess. in d. Rk. ^{35}Cl(p, γ)^{36}Ar 26-0073; Strahl.-Einfang eines Protons durch ^{36}S 6-0068; Auswert. v. Mess. zur Auffind. d. Koh-Anomalie im Spektrum d. inneren Bremstrahl. beim Elektroneneinfangzerfall v. ^{36}Cl 10-0048; Winkelverteil. v. – bei d. Rk. ^{40}Ar(n, n′γ)^{40}Ar 6-0036; Resonanzen in d. Rk. ^{41}K(p, γ)^{42}Ca bei *1740 – 2170* keV 9-0095; Übergangswahrscheinlichk. innerhalb d. $(f_{7/2})^3$-Konfig. v. ^{41}Ar 39-0086; β–γ-Richt.-Korrelat. beim Zerfall v. ^{42}K 14-0071; β–γ-Zirkularpolarisat.-Korrelat. in ^{46}Sc 42-0062; – beim Zerfall v. ^{48}Sc u. ^{48}V 25-0102; β–γ-Zirkularpolarisat. im Zerfall v. ^{48}Sc 33-0097; Suche nach d. Zerfall v. ^{50}V mit einem Low-Level-γ-Spektrometer 41-0099; Isobarenanalogresonanzen d. Rk. ^{51}V(p, γ)^{52}Cr 9-0096; – v. ^{51}Sc 20-0060; – beim Zerfall v. ^{51}Mn 25-0100; γ–γ-Winkelkorrelat. in d. Rk. ^{51}V(n, γ)^{52}V 44-0049; – beim Zerfall d. ^{52m}Mn 3-0094; ^{52}Cr(p, γ)^{53}Mn 15-0106; konkurrierende Gamma-Emiss. bei d. (n, 2n)-Rk. an ^{52}Cr 23-0095; Fermi- u. Coulomb-Matrixelemente aus β–γ-Zirkularpolarisat.-Korrelat.-Mess. an ^{48}V u. ^{52m}Mn 25-0099; Winkelverteil., Winkelkorrelat. u. ebene Polarisat. v. – d. Rk. ^{53}Cr(p, n)^{53}Mn 40-0078; Unters. d. ^{55}Mn(n, γ)-Rk. bei E_n = *5 – 4000* eV 5-0103; – aus d. Rk. ^{55}Mn(n, γ)^{56}Mn 11-0086; γ-Zerfall v. Protonenresonanzen in ^{54}Mn u. ^{55}Mn 34-0064; γ-Spektrum v. ^{56}Mn 1-0060; γ-Ausb. aus unelast. Streuung v. *14,1*-MeV-Neutronen an Na, Mg, Si, S, Mn u. Fe 4-0035; – beim Zerfall v. ^{56}Co 4-0052; n′–γ-Winkelkorrelat. für ^{24}Mg(n, n′γ)$_{1,36}$ u. ^{56}Fe(n, n′γ)$_{0,845}$ bei *3,3* MeV u. *3,5* MeV 6-0037; Mess. d. β–γ-Richt.-Korrelat. v. ^{22}Na u. ^{56}Co 10-0055; γ-Spektrum v. ^{56}Fe beim Elektroneneinfang u. β$^+$-Zerfall v. ^{56}Co 10-0056; Energien u. relative Intensitäten d. – nach Zerfall v. ^{56}Co zu ^{56}Fe 16-0047; Mess. d. Winkelverteil. v. – aus unelast. Streuung v. *2,5*-MeV-Neutronen an ^{54}Fe u. ^{56}Fe 21-0054; Bedeut. d. ^{56}Co-Zerfalls als Standard für Energie u. relative Intensität v. – 38-0083; – aus ^{56}Fe(n, n′γ)^{56}Fe 45-0068; Zerfallsschema v. ^{58}Ni aus p′–γ-Koinzidenzunters. bei *8,0* MeV 12-0041; γ–γ-Winkelkorrelat. u. Niveauschemata v. ^{58}Fe 42-0045; ^{59}Co(n, γ)^{60}Co 30-0070; ^{59}Co(n, γ)^{60}Co u. Niveaustruktur v. ^{60}Co 30-0071; aus β–γ(CP)-Korrelat.-Mess. im ^{59}Fe-Zerfall ermittelte Fermi-Matrixelemente 33-0101; Nachw. eines ^{113}Cd-Isomers mittels – v. ^{60}Co 4-0039; γ–γ-Winkelkorrelat. in ^{60}Ni nach Zerfall v. *23*-min-^{60}Cu 20-0062; γ-Spektrum v. ^{60}Ni 36-0072; Schemas v. γ-Übergängen in ^{59}Ni, ^{61}Ni u. ^{63}Ni 5-0104; Proton-γ-Konkurrenz in ^{63}Cu(p, 2p)^{62}Ni be) *10,5* MeV 28-0080; Strahl.-Einfang schneller Neutronen durch ^{63}Cu 30-0072; beim Einfang therm. Neutronen in Zn-Isotopen entstehendes γ-Spektrum 11-0087; – aus protoneninduzierten Rk. mit getrennten Zn-Isotopen 12-0042; Intensität d. *1,114*-MeV-γ-Überganges beim Zerfall v. ^{65}Zn in ^{65}Cu 25-0103; – aus ^{66}Ga 32-0078; γ-Energien d. ^{66}Ga-Zerfalls 32-0079; Richt.-Korrelat. d. *1700* bis *1077*-keV-Kaskade in ^{68}Zn 46-0035; – v. ^{71}Zn u. ^{71m}Zn 33-0103; Energie u. relative Intensitäten d. γ-Linien *2201, 2490* u. *2508* keV im Spektrum v. ^{72}Ga 11-0065; γ-Spektrum d. ^{74}Br-Isotops 1-0061; β–γ-Winkelkorrelat. in ^{74}As 14-0072; – aus ^{75}As(n, γ)^{76}As 5-0105; γ-Spektrum v. ^{75}Se → ^{75}As 12-0068; Winkelkorrelat. d. – v. ^{75}As 19-0067; – : v. ^{77}Ge 33-0104; v. ^{83}Br 16-0076; v. ^{85}Sr 1-0062; zwei – beim Zerfall d. *3,0*-min-^{85}Br 12-0069; β–γ-Richt.-Korrelat. im *2^-*(β) *2^+*(γ)*0^+*-Zerfall v. ^{86}Rb 4-0054; – beim Zerfall v. ^{88}Nb 20-0063; Unters. d. ^{88}Sr-Niveaustruktur durch Neutroneneinfang- – 24-0058; mögl. Anzeichen für d. Spinflip-Riesenresonanz in d. Rk. ^{89}Y(p, $γ_0$)^{90}Zr 15-0107; – beim Zerfall v. ^{91}Mo u. ^{91m}Mo 12-0070; genaue Energiebest. d. beim Zerfall v. ^{94}Nb emittierten – 12-0071; – beim Zerfall v. ^{95}Y 30-0075; γ-Spektren v. ^{95}Tc, ^{95m}Tc u. ^{96}Tc 30-0076; – beim Zerfall v. ^{98}Nb 20-0066; Unters. einiger Niveaus v. ^{99}Tc mit d. Meth. d. γ–γ-Winkelkorrelat. 19-0068.

– beim Zerfall v. ^{101}Rh-Isomeren 12-0072; γ-Mess. zum Zerfall v. ^{101}Mo 22-0075; Analyse d. γ–γ-Kaskaden durch Polarisat.- u. Richt.-Korrelat. (Zerfall v. ^{101g}Rh) 30-0077; γ-Spektrum: v. ^{104m}Ag 16-0079; v. ^{106}Rh 30-0078; v. ^{105}Tc, ^{106}Tc u. ^{107}Tc 17-0114; – beim Zerfall d. ^{109m}In(*0,21* s) 12-0073; Anisotropie d. – v. ^{109m}Ag-Kernen (Kerne in Fe bei *0,014* °K polarisiert) 46-0036; Best. d. Verhältnisses d. K-Röntgen- zur – -Intensität v. ^{113}In mittels eines Festkörperdetektors 41-0064; Coulomb-Anreg. v. elektr. Oktupolübergängen in ^{115}In-Kernen 3-0083; Winkelverteil. d. nach Coulomb-Anreg. d. Kerne ^{65}Cu, ^{93}Nb, ^{105}Pd u. ^{117}Sn emittierten – 3-0082; γ-spektroskop. Unters. hoher Auflsg. v. ^{119}Te-Isomeren 39-0090; Winkelverteil. d. – orientierter Kerne v. ^{122}Sb, ^{90}Y, ^{64}Cu u. ^{60}Co 9-0537; γ–γ-Richt.-Korrelat. in ^{123}Te 15-0093; β–γ-Zirkularpolarisat.-Mess. u. erstverbotene Matrixelemente in ^{72}Ga u. ^{124}Sb 4-0056; Richt.-Korrelat. d. γ-Kaskaden beim Zerfall v. ^{124}Sb 4-0058; γ–γ-Winkelkorrelat. in ^{124}Te 7-0087; γ-spektroskop. Unters. v. *9,7*-d-^{125}Sn 12-0076; – beim Zerfall v. ^{125}Sb 12-0077; γ–γ- u. β–γ-Richt.-Korrelat. beim ^{125}Sn → ^{125}Sb-Zerfall 30-0081; β–γ-Richt.-Korrelat. in ^{125}Sb 30-0082; – aus d. Rk. ^{127}J(n, γ)^{128}J 21-0107; γ–γ-Richt.-Korrelat.: in ^{127}J 25-0105; beim Zerfall v. ^{127}Xe 42-0064; γ-Spektrum: beim Einfang v. therm. Neutronen durch Te 23-0100; aus d. Zerfall v. ^{131}J 12-0045; γ–γ-Winkelkorrelat. in ^{131}Cs 14-0073; γ–γ-Koinzidenzunters. v. ^{131}Te 41-0105; – : v. ^{131}J 47-0090; v. ^{132}J 36-0076; γ-Spektrum v. ^{132}J 44-0030; – beim Zerfall v. ^{133}J 12-0079; Konvers.-Elektron-γ-Richt.-Korrelat. in ^{133}Cs 13-0088; ^{127}J(n, γ) u. ^{133}Cs(n, γ) 37-0108; Unters. d. – v. ^{134}Cs mit Hilfe d. äußeren Konvers. 14-0075; Zirkularpolarisat. d. – aus d. β-Zerfall v. ^{124}Sb u. ^{134}Cs 20-0070; Winkelkorrelat. d. unelast. gestreuten Ionen u. d. bei d. Coulomb-Anreg. v. ^{97}Mo, ^{105}Pd u. ^{135}Ba emittierten γ-Quanten 13-0086; Winkelabhängigk. d. Zirkularpolarisat. d. *1,6*-MeV- – nach d. *2,2*-MeV-β-Übergang v. ^{140}La 1-0063; βγ- u. γγ-Korrelat. beim Zerfall v. ^{139}Cs u. ^{140}Cs 4-0062; γ-Spektrum v. ^{140}La im Energiebereich *300 – 1610* keV 8-0080; γ-Übergänge im Zerfall ^{140}Ba → ^{140}La 32-0083; γ-Spektrum v. ^{140}La aus d. Zerfall v. *12,8*-d-^{140}Ba 32-0084; – v. ^{140}Pm 42-0067; Strahl.-Einfang v. Resonanzneutronen durch ^{141}Pr-Kerne 19-0091; – beim Zerfall v. ^{141}Nd 23-0102; Unters. d. – bei Einfang therm. Neutronen in ^{143}Nd mit d. Summen-Koinzidenzmeth. 5-0107; γ-Spektrum v. ^{143}Ce 22-0078; γ–γ-Richt.-Korrelat. in ^{143}Pr 24-0059; – v. ^{139}Pr u. ^{143}Sm 47-0091; (*54 – 80*)-keV-γ–γ-Winkelkorrelat. v. ^{144}Pr 7-0088; – v. ^{142}Eu, ^{143}Eu u. ^{144}Eu 16-0084; γ–γ-Richt.-Korrelat. in ^{145}Sm 7-0089; Analyse d. Intensitäten d. γ-Übergänge im Zerfallsschema ^{145}Eu → ^{145}Sm 12-0081; – v. ^{145}Eu 40-0083; γ-Verzweig.-Verhältnisse für ^{116}In, ^{147}Nd u. ^{141}Ce 4-0063; γ-Spektrum v. ^{147}Nd 22-0079; Richt.-Korrelat. v. – in ^{147}Sm 26-0053; β–γ-Richt.-Korrelat. beim Zerfall v. ^{148}Pm 42-0068; – beim Zerfall v. ^{149}Nd 1-0065; γ-Spektralunters. v. ^{149}Gd u. ^{149}Eu 32-0085; Koinzidenzmess. an Einfang- – v. ^{149}Sm 37-0109; γ-Spektren aus d. Einfang therm. Neutronen in ^{149}Sm u. damit verbundene Energieniveaus in ^{150}Sm 44-0054.

γ–γ-Winkelkorrelat.-Mess. d. – in ^{150}Sm durch Einfang therm. Neutronen 44-0055; – v. *12,3*-a-^{152}Eu 4-0064; β$^+$γ-Koinzidenz beim Zerfall ^{152}Tb → ^{152}Gd 20-0074; – v. ^{152}Tb 40-0084; γ-Spektrum: v. ^{154}Eu 22-0080; v. ^{155}Sm 30-0046; – v. ^{156}Eu im Energiebereich *600 – 2400* keV 8-0081; γ-Übergänge beim Zerfall v. ^{157}Dy 26-0083; – beim Zerfall: v. ^{157}Eu, ^{158}Eu u. ^{159}Eu 12-0083; v. ^{159}Eu 12-0084; β$^+$γ-Koinzidenz beim Zerfall v. ^{160}Ho* 12-0086; γ–γ-Richt.-Korrelat. in ^{160}Dy aus d. β-Zerfall v. ^{160}Tb 19-0069; Kernstruktureffekt beim *57,1*-keV-M*1*-Übergang einer Rotat.-Bande in ^{161}Dy 6-0043; γ-Übergänge im ^{161}Dy 26-0082; – niedr. Energie aus d. Einfang therm. Neutronen in Pr, Tb u. Dy 5-0108; – beim Zerfall v. ^{164}Ho 16-0087; – beim Zerfall v. Er- u. Ho-Isotopen mit Neutronendefizit 47-0092; niederenerget. Neutroneneinfang-Gammaspektrum v. ^{168}Er 10-0059; Multipolarität d. Übergänge d. inneren Bereichs K^π = *4^-* in ^{168}Er 16-0053; γ-Spektrum v. ^{168}Tm 25-0071; γ–γ-Winkelkorrelat.-Unters. v. ^{169}Tm in Lu–Fe-Granat 7-0090; γ-Spektrum beim Zerfall v. ^{169}Ho 26-0086; Multipolarität d. K-verbotenen *1094*-keV-γ-Übergangs im Zerfall v. ^{172}Lu 28-0057; spektrale Kurvenverläufe u. eine β–γ-Richt.-Korrelat. beim β-Zerfall v. ^{172}Tm(J^π = *2^-*) 42-0070; M*1*-Übergangswahrscheinlichk. in ^{171}Yb u. ^{173}Yb 41-0066; Lebensdauer d. *23/2*-Dreiteilcheniveaus d. ^{177}Hf u. sein Zerfall durch K-verbotene γ-Übergänge 30-0047; neue Übergänge u. präzise Energie- u. Intensitätsbest. beim Zerfall v. ^{177m}Lu 43-0069; Spektren hochenerget. – aus d. Neutroneneinfang in Hf-Isotopen 13-0105; – beim Zerfall v. ^{180}Os 22-0083; Suche nach Paritätsmisch.: in ^{180}Hf durch eine Mess. d. Zirkularpolarisat. d. – 28-0059; beim *501*-keV-γ-Übergang v. ^{180m}Hf 28-0060; elektromagnet. Übergänge in ^{181}Ta 34-0071; – beim Zerfall v. ^{182}Ta 19-0096; γ-Spektren v.

^{124}Te, ^{164}Dy, ^{178}Hf u. ^{183}W aus d. Strahl.-Einfang v. Neutronen bei Resonanzen 11-0089; β–γ-Koinzidenzmess. am ^{183}Ta → ^{183}W-Zerfall mit Hilfe eines eisenfreien Orangen-Beta-Spektrometers 36-0083; Mess. verzögerter $\beta\gamma$-, $\gamma\gamma$- u. Xγ-Koinzidenzen beim ^{183}Ta- u. ^{183}Re-Zerfall 36-0084; Strahl.-Einfangquerschnitte v. Re u. Ta für schnelle Neutronen 46-0071; Niveaus u. Übergänge in ^{187}Re 48-0057; $\beta^+\gamma$-Koinzidenz beim Zerfall v. ^{188}Ir 12-0087; β–γ-Zirkularpolarisat.-Korrelat. im Zerfall v. ^{188}Re(*17*h) 30-0083; Mess. d. – aus ^{188}Re durch d. Meth. d. äußeren Konvers. 30-0084; Best. d. Intensitäten d. γ-Übergänge beim Zerfall ^{189}Pt → ^{189}Ir 22-0057; γ-Spektren: verschiedener Isobare d. Massenzahl A = *189* 25-0109; u. Identifizier. v. Os-Isotopen mit Neutronendefizit 13-0106; γ-Spektrum v. ^{191}Pt 9-0103; Multipolarität d. Strahl.-Übergänge beim Zerfall. v. ^{191}Os u. ^{191}Os* 12-0078; Multipolarität d. Isomerenüberganges in ^{191}Os 43-0070; Präzis.-Mess. an d. *296*- u. *316*-keV-Übergängen in ^{192}Pt 41-0067; – d. Ir-Frakt. 47-0096; Unters. d. Kollektivniveaus v. W, Os u. Pt mit Hilfe d. Gammaspektroskopie d. (α, xn)-Rk. 44-0036; γ-Spektren aus unelast. Streuung v. Neutronen in Ta u. Au bei *5,5* u. *7,5* MeV 44-0038; – aus d. Einfang therm. u. Resonanzneutronen in Au 46-0072; (n, γ)-Querschnitt v. ^{197}Au bei Neutronenenergien v. *30* u. *64* keV 46-0073; bei d. Bestrahl. v. ^{197}Au mit α-Teilchen entstehende – 47-0086; β–γ-Winkelkorrelat. beim Zerfall v. ^{199}Au 12-0088.

γ-Spektren beim Zerfall neutronendefizitäre Os-, Pt- u. Hg-Isotope im Strahl schwerer Ionen 44-0037; innere Bremsstrahl. v. ^{204}Tl u. ^{91}Y 36-0087; γ-Spektrum aus ^{204}Pb(n, γ)·^{205}Pb 44-0058; Querschnitte für d. Erzeug. v. γ-Quanten bei unelast. Wechselwrkg. v. *14*-MeV-Neutronen mit Kernen v. C, O, Al, Fe u. Pb 6-0038; Breite d. Grundzustandsübergangs d. *7,297*-MeV-Niveaus in ^{208}Pb 16-0054; Strahl.-Übergänge in ^{207}Pb u. ^{208}Pb nach Neutronenresonanzeinfang in ^{206}Pb u. ^{207}Pb 49/50-0075; innere Bremsstrahl. v. ^{32}P u. ^{210}Bi 36-0086; γ-Spektrum v. ^{214}Po(RaC′) 2-0060; – mit Energien unterhalb *60* keV bei d. Umwandl. v. ^{227}Th (RdAc) in ^{223}Ra(AcX) 36-0089; Unters. d. γ-Übergänge im ^{235}U mit hoher Auflsg. 23-0071; – v. ^{239}Pu im Bereich *300 – 450* keV 47-0097; Präzis.-Mess. d. ^{241}Am-Gammaspektrums 27-0114; – v. ^{241}Pu 44-0075; Entkoppl.-Experiment über d. α–γ-Korrelat. in ^{243}Am 40-0091.

γ-Übergänge beim Zerfall v. ^{254}Es 7-0111.

Quellen

Vielseit. Strahl.-Quelle zur Unters. γ-initiierter Rk. 2-0733; Bau u. Anwend.-Möglichk. d. 2kCi-^{60}Co-Strahlers d. Boris-Kidrič-Instituts 10-2265; ^{60}Co-Hektocurie-Anlage für strahlenchem. Experimente 11-1995; Dosis-Buildup-Faktoren v. ebenen parallelen Barrieren für ebene monogerichtete ^{60}Co-Quelle 15-0060; Best. d. Gleichförmigk. d. Verteil. d. Aktivität über einer ebenen –-Quelle mit großer Oberfläche 15-0061; γ-Bestrahl.-Einricht. d. Frankfurter Forsch.-Reaktors 15-1940; abs. Zerfallsratenmess. an radioakt. Quellen durch Röntgen-γ-Koinzidenzzähl. 17-1955; Energie-Buildup-Faktoren für γ-Cosinus-Quellen in Fe u. Pb 25-0033; stationäre γ-Bestrahl.-Anlage 26-1961; Dosisverteil. in d. Hochleist.-γ-Bestrahl.-Anlage Argonne 28-1881; Verw. v. –-Quellen zur Best. schwerer Elemente durch Röntgenfluoreszenzanalyse 31-1944; Verw. v. ^{166}Ho u. ^{133}Xe als weiche γ-Strahler 31-2125; Gesetzmäßigk. d. Verteil. d. γ-Feldes weicher Strahler 39-0056; – einer kugelförm. Quelle mit zylindr. Kanal auf d. Symmetrieachse v. Kugel u. Zylinder 39-0057; γ–γ-Richt.-Korrelat. in einer polykrist. ^{46}Sc-Quelle 47-0087; räuml. Verteil. d. – aus einer zylindr. ^{60}Co-Quelle 48-0002.

Wechselwirkungen

Durchgang v. – durch Rohrwände 5-0037; Aufspalt. eines Photons in zwei Photonen im Coulomb-Feld eines Kerns 9-0042; Paarerzeug. in Al, Sn, Ta u. Au durch *2,62* MeV-– 9-0043; Anwend. d. invarianten Einbett. in Paraffin, Graphit, Al, Fe, Sn u. Pb auf d. Reflex.- u. Transmiss.-Problem v. – 9-0331; Suche nach d. Aufspalt. v. –-Photonen im elektr. Feld d. Kerns 23-0032; γ-Rückstreuung bei breiten Strahlenbündeln 23-0033; bei d. γ-Strahl-Materie-Wechselwrkg. entstehende nichtcharakterist. weiche Röntgenstrahl. 35-0328; Anwend. einer verbesserten doppelten P_L-Meth. auf d. γ-Transport 38-0338; Doppelbrech. v. γ-Quanten in einem polarisierten Kerntarget 39-0054; numer. Berechn. für d. Durchgang v. γ-Quanten durch Materie 45-0044; Änder. d. Felds d. langsamen Neutronen u. – in Ggw. eines Paraffinblocks 49/50-0041.

Streuung

Spektralverteil. d. Streustrahl. in d. Nähe v. Röntgen- u. ^{60}Co-Strahlenquellen 2-1936; Nachw. eines ^{113}Cd-Isomers mittels unelast. Streuung d. – v. ^{60}Co 4-0039; Mess. d. Z-Abhängigk. d. elast. Streuquerschnittes v. – 5-0036; kovariante Theorie d. elast. Photon–Deuteron-Streuung 6-0012; differentielle Dosisanteil-Mess. rückgestreuter – an Beton, Al u. Stahl 7-2308; inkohärente Streuung v. – durch Elektronen d. K-Schale 9-0044; weitere Unters. d. Kernresonanzstreuung unter Benutz. v. Neutroneneinfang-– 13-0092; allg. Formalismus einiger Streuprozesse unter Einfl. v. Photonen 15-0063; Rückwärtsstreuung niederenerget. – an Schwellen endl. Dicke 18-0020; elast. Streuung v. *0,5*-MeV-– an schweren Elementen 21-0043; Rückstreuung v. – niederer Energie an Graphit, Paraffin, Al, Fe, Zn, Cd u. Pb 21-0290; Resonanzstreuung am *202,8*-keV-Niveau im ^{127}J 22-0055; γ-Rückstreuung bei breiten Strahlenbündeln 23-0033; Photonenstreuung durch orientierte Kerne für E*1*- u. E*2*-Strahl. 25-0032; Einfl. d. Elektronenbind. auf inkohärente Streuung v. energiearmen – 26-0211; Abbrems. v. langsamen Rückstoßionen im Hinblick auf d. Resonanzstreuung v. γ-Quanten 27-0091; Spinabhängigk. d. Rayleigh-Streuung v. – 29-0037; Streuung v. ^{226}Ra- u. ^{137}Cs-– an d. Oberfläche d. Erde u. d. W. 29-0039; Photonenstreuung an Vibrat.-Kernen im Riesenresonanzbereich 36-0041; Abhängigk. d. mit ^{60}Co-– ermittelten Querschnittes für d. Kernisomerieeffekt v. d. Vers.-Beding. 36-0042; Charakteristika d. Feldes d. in Arbeitsräume rückgestreuten – 39-0055; Berechn. d. Dosisleist. gestreuter – 39-0058; Kernresonanzstreuung d. – v. ^{118}Sn u. ^{120}Sn 39-0089; unelast. Streuung: v. Eiseneinfang-– am *7,64*-MeV-Niveau v. ^{112}Cd 40-0047; v. – an ^{87}Sr-Kernen 41-0069; Z-Abhängigk. d. elast. Streuquerschnitts v. – 45-0043; unelast. Streuung v. monochromat. Photonen am *7,64*-MeV-Niveau v. ^{62}Ni 47-0064; Einfl. d. Rückstreuung beim Durchgang v. – durch Alkalimetallhalogenide auf d. Absorpt.-Koeff. 47-0316.

Absorption

Absorpt. v. γ-Quanten im ^{4}He-Kern 3-0059; Berechn.-Meth. für d. Bewert. bei d. äußerl. Kontaminat. in d. Haut absorbierten γ-Dosis 5-2011; Kernresonanzabsorpt. v. – in ^{14}N u. ^{28}Si 11-0062; Berechn. d. resorbierten Dosen v. γ-Strahlerpharmaka 18-1603; Absorpt.-Koeff. v. – in Beton 20-2137; durch – induzierte Absorpt. u. strukturelle Unters. v. Arsen–Borat-Gläsern 21-2402; Best. d. Atomvol. u. Ausdehn.-Koeff. in fl. Pb–Sn-Leg. durch Mess. d. –-Absorpt. 22-0471; nuklearer γ-Absorpt.-Querschnitt für Mg im Energiebereich v. *10 – 30* MeV 24-0046; Energieabsorpt. v. ^{60}Co-– in Makrosyst. durch Fe^{3+}-Dosimetrie in wss. Lsg. 25-0710; Best. d. absorbierten Dosis in γ-bestrahltem HCl, HBr u. SF_6 29-0173; Index d. Wirksamk. je Gew.-Einh. v. zur γ-Abschirm. benutzten Zweikomponenten-Materialien 45-0060; Mess. d. totalen Absorpt. v. *100 – 250*-MeV-Photonen in C u. Al 48-0003.

Konversionselektronen

Wrkg. d. endl. Dimens. d. Kerne u. d. Abschirmfaktoren in d. Theorie d. E*0*-Konvers. u. d. Strukturkoeff. d. inneren Konvers. 3-0089; Berechn. d. Winkelkorrelat.-Parameter für Konvers.-Elektronen 3-0090; Anomalien v. E*2*-Konvers.-Koeff. im Bereich d. deformierten Kerne 10-0042; innerer Compton-Effekt bei kleinen Winkeln 36-0040.

Prompte Elektronenspektren in Verb. mit Spaltfragmenten spezif. Masse 4-0083; innere Konvers.-Koeff. für Übergänge hoher Energie 10-0041; Problem d. Eindringeffekte bei innerer Konvers. 13-0091; Zweiquantenübergänge v. Atomkernen 15-0090; in Koinzidenz mit d. Spalt. v. ^{252}Cf emittierte Elektronen 18-0083; L-Unterschalen-Verhältnisse d. inneren Konvers. niederenerget. E*2*-Übergänge 19-0062; interne Konvers. v. γ-Übergängen u. ihre Bedeut. für d. Studium d. Kernstruktur (Vortrag) 21-0072; Konvers.-Elektronen aus (p, 2n)- u. (α, 3n)-Rk. an Vibrat.-Kernen 21-0087; Zweiquantenübergänge in Atomkernen (ee-Prozeß) 27-0087; experimenteller Beweis für anomale L/M-Konvers.-Verhältnisse d. $2^+ \rightarrow 0^+$-Übergänge in deformierten gg-Kernen 27-0088; Koeff. d. inneren Konvers. für magnet. Multipole für Z = *39* 27-0089; Ausb. d. bei d. spontanen Spalt. v. ^{252}Cf emittierten prompten Elektronen 29-0111; Winkelabhängigk. d. Konvers.-Elektronen aus einer Einkrist.-Quelle 34-0028; L-Unterschalenverhältnis reiner E*2*-Übergänge 36-0037; Analyse d. Konvers.-Elektronengruppen in d. M-Schale 36-0038; Anisotropie v. Konvers.-Elektronen aus Vibrat.- u. Rotat.-Niveaus, d. durch (p, *2*n)-Rk. angeregt wurden 36-0039; E*2*/M*1*-Misch.-Verhältnisse u. K-Konvers.-Koeff. in Rotat.-Kernen ungerader Masse 42-0032; M-Unterschalen-Konvers.-Koeff. bei Schwellenenergien 42-0033; Test v. Abschirmkorrekturen für innere Konvers.-Koeff. d. M-Unterschale 42-0034; Konvers.-Elektronen d. langleb. Isotope d. Lu-Gruppe 45-0074.

Konvers.-Koeff.: d. *12,4*-keV-Überganges in ^{45}Se 17-0072; im Zerfall v. ^{57}Co 45-0069; Spektren d. inneren Konvers.-Elektronen aus protoneninduzierten Rk. mit getrennten Zn-Isotopen 12-0042; innere Konvers. v. ^{67}Zn aus d. Zerfall v. ^{67}Ga 45-0070; Konvers.-Elektronen aus d. ^{90}Mo-Zerfall 20-0065; Spektren d. Elektronen innerer Konvers. bei (α, n)- u. (α, 2n)-Kernrk. an d. Isotopen ^{92}Mo u. ^{98}Mo 2-0056; Konvers.-Elektronenspektrum v. ^{104}Rh nach Neutroneneinfang 13-0087; Konvers.-Elektronen beim ^{106m}Rh-Zerfall 16-0081; Konvers.-Koeff. v. Übergängen in ^{111}Cd nach einer neuen Präzis.-Meth. 11-0067; innere Konvers. bei d. Rk. ^{113}Cd(n, γ)^{114}Cd 45-0071; doppelte innere Konvers. in Konkurrenz mit d. *192*-keV-E*4*-Übergang v. ^{114m}In 21-0067; Konvers.-Elektronen-Spektrum v. ^{125}Sb 12-0077; innere Konvers.-Koeff. für d. M*4*-Übergang in Te 45-0072; innere Konvers.-Elektronen v. ^{132}Te 45-0073; Konvers.-Elektron-γ-Richt.-Korrelat. in ^{133}Cs 13-0088; innerer Konvers.-Koeff.: d. *81*-keV-Übergangs in ^{133}Cs 24-0057; d. *800*-keV-Übergangs in ^{134}Ba 24-0058; d. *605*-keV-Übergangs in ^{134}Ba 39-0091; Spektren d. Konvers.-Elektronen d. Nd-Frakt. 6-0075; innere Konvers. beim Zerfall v. ^{140}La 14-0076; Best. d. abs. Koeff. d. inneren K-Konvers. einiger Übergänge in ^{140}Ce aus d. inneren u. äußeren Konvers. 21-0068; Mess. d. Koeff. d. inneren K-Schalen-Konvers. für d. *145*-keV-Übergang in ^{141}Pr 11-0068; Spektrum d. inneren Konvers.-Elektronen beim Zerfall v. ^{146}Gd 16-0085; Spektren d. Konvers.-Elektronen beim Zerfall v. ^{147}Gd u. ^{147}Eu 20-0072; Konvers.-Elektronenspektrum v. ^{150}Sm nach Neutroneneinfang 19-0092; Konvers.-Elektronen für d. Zerfälle ^{149}Gd → ^{149}Eu, ^{149}Eu → ^{149}Sm u. ^{151}Gd → ^{151}Eu 20-0073; Spektrum d. Konvers.-Elektronen v. ^{160}Er (*28,7* d) + ^{160}Ho (*5,1* h) + ^{160}Ho (*28* min) 4-0065; Spektrum d. Konvers.-Elektronen für d. sehr energiereichen Übergänge in ^{170}Yb 8-0082; Konvers.-Koeff. für Übergänge in ^{154}Gd, ^{160}Dy, ^{170}Yb, ^{171}Yb u. ^{141}Pr 13-0089; Verhältnisse d. Koeff. d. inneren Konvers. d. L- u. M-Unterschalen d. reinen E*2*-Übergangs v. *84,3* keV d. ^{170}Yb 13-0090; K-Konvers.-Koeff. d. *84,2*-keV-($2^+ - 6^+$) E*2*-Übergangs in ^{170}Yb 21-0069; Koeff. d. inneren Konvers. d. L- u. M-Unterschalen d. E*2*-Überganges v. *75,88* keV beim ^{171}Y 35-0087; Unters. d. Zerfalls v. ^{171}Er mittels einer e – γ-Koinzidenztechnik 42-0069; Konvers.-Koeff. für d. *1095*-keV-Linie v. ^{172}Yb 21-0070; Multipolmisch. d. K-verbotenen *1095*-keV-Übergangs in ^{172}Y 49/50-0073; Effekte d. dynam. Durchdring. bei d. inneren Konvers. v. E*1*-Übergängen in ^{175}Lu 35-0088; Kernstruktur-Effekte im *282*-keV-E*1*-Konvers.-Prozeß in ^{175}Lu 39-0092; Spektrum d. Konvers.-Elektronen bei d. Rk. ^{178}Hf(n, γ)^{179}Hf 21-0108; Mess. d. Elektronenspektrums d. inneren Konvers. oberhalb *5* keV in ^{182}Ta → ^{182}W 13-0107; Mess. d. Linien d. inneren Konvers. in ^{183}W mit hoher Auflsg. 39-0093; Koinzidenz v. Konvers.-Elektronen beim Zerfall v. ^{184}Re 39-0094; bei d. Rk. ^{186}W(n, γ)·^{187}W emittiertes Spektrum d. inneren Konvers.-Elektronen 11-0069; Anisotropie d. Konvers.-Elektronen aus d. Rk. ^{187}Re(p, 2n)·^{186}Os u. ^{154}Sm(α, 4n)^{154}Gd 8-0054; Konvers.-Elektronenspektrum beim Zerfall v. ^{188}Re 4-0067; K-Konvers.-Koeff. u. Übergangsintensitäten in ^{189}Ir 22-0057; ^{192}Ir-Konvers.-Linien 21-0071; Konvers.-Elektronen beim Zerfall v. ^{192}Ir 30-0085; Übergänge d. inneren Konvers. in ^{192}Pt nach Elektroneneinfang u. Positronenzerfall v. ^{192}Au 36-0085; K-Konvers.-Koeff. d. *328*-keV-E*2*-Übergangs in ^{194}Pt 6-0044; Konvers.-Verh. d. *191*-keV-Übergangs in ^{197}Au 11-0070; Konvers.-Elektronenspektrum v. ^{198}Au nach Neutroneneinfang 26-0055; experimentelle u. theoret. Teilchenparameter für L-Elektronen (Richt.-Korrelat. in ^{199}Hg) 23-0070; M*1* + E*2*-Misch. u. Durchdring.-Effekte bei d. inneren Konvers. v. *350*-keV-–

in ^{207}Tl 45-0075; Konvers.-Koeff. u. Teilchenparameter in ^{207}Pb 49/50-0074; Verzweig.-Verhältnisse u. Konvers.-Koeff. v. angeregten Zuständen d. ^{208}Tl 39-0095; Konvers. d. *238,6*-keV-γ-Linie v. ThB u. Vgl. mit d. Tabellen v. Sliv u. v. Rose 35-0089; Spektrum d. beim Zerfall v. ^{226}Ra emittierten Elektronen d. inneren Konvers. 16-0088; Spektrum d. Konvers.-Elektronen bei d. Umwandl. v. ^{227}Th(RdAc) in ^{223}Ra(AcX) (Unters. d. Strahl. oberhalb *200* keV) 32-0088; Konvers.-Elektronen d. E*1*-Übergangs v. *25,6* keV d. ^{231}Pa 31-0081; innere Konvers.-Koeff.: d. Übergänge v. *25,6* u. *84,1* keV d. Zerfalls $^{231}Th \rightarrow {}^{231}Pa$ 47-0069; v. M-, N- u. O-Unterschalen in ^{228}Th u. ^{240}Pu 25-0075; α-Zerfall v. ^{241}Am begleitende Konvers.-Elektronen 3-0088.

Abs. v/c-Mess. für Konvers.-Elektronen mit einem β-Spektrometer 27-0090; Zunahme d. photograph. Schwärz. durch Beschleunig. d. Konvers.-Elektronen nach d. Meth. d. Vor- u. Nachbeschleunig. in einem *180°*-Spektrographen 40-1835; Nachw. geringer ^{137}Cs-Spuren mit Hilfe interner Konvers.-Elektronen 46-1883.

Physikalische Wirkungen

Kernumwandlung durch – s. dort.

Einfl. v. – auf d. chem., morpholog., physikal. u. mechan. Eig. v. Kiefern- u. Buchenholz 22-3088; durch – verursachtes Entgasen v. Glas 23-2221; opt. Analogon d. Mössbauer-Effekts in n-Si nach Bestrahl. mit ^{60}Co-γ 30-0300; Wrkg. v. – auf Leder 30-3156; Einfl. v. – auf Dicht.-Mittel aus verschiedenen Kittarten 42-1958.

Thermolumineszenzspektren v. mit Er^{3+}, Tm^{3+} oder Pr^{3+} aktivierten Krist. mit Fluorit-Struktur (CaF_2, SrF_2, BaF_2) nach γ-Bestrahl. mit ^{60}Co 7-0375; Zusammenhang zwischen d. Absorpt.-Banden im Spektrum v. SiO_2–Al_2O_3-Katalysatoren bei diffuser Reflex. u. d. H_2-D_2 Austausch nach γ-Bestrahl. d. Katalysators 13-0746; ^{35}Cl-NQR an röntgen- u. γ-bestrahltem $NaClO_3$ bei *78* °K 28-0360; Absorpt.-Spektrum im Vakuum-UV-Bereich v. mit Reaktorstrahl. u. – bestrahlten LiF-Krist. 42-0337; Änder. d. Absorpt.-Spektren v. polykrist. KCl, KBr u. KJ durch γ-Bestrahl. 45-0322; universelle UV-Bande im zusätzl. Absorpt.-Spektrum v. mit Dy^{3+}, Ho^{3+}, Nd^{3+} u. Tm^{3+} dotierten CaF_2-, SrF_2- u. BaF_2-Krist. nach γ-Bestrahl. 45-0324.

Therm. Glow-Kurven kommerzieller Gläser (Borosilicat- u. Bleiborosilicatglas) nach γ-Strahlanreg. 1-0354; Verform.-Lumineszenz v. Alkalimetallhalogeniden: RbJ, KJ, RbBr, KBr, RbCl, KCl, NaCl, NaF u. LiF bei Zimmertemp. nach γ-Bestrahl. 2-0364; Sensibilisier.-Effekt d. stimulierten Thermolumineszenz in LiF durch eine wiederholte γ-Bestrahl. 2-0365; Szintillat.-Dauer v. CsJ–Tl-Einkrist. in Abhängigk. v. d. Aktivatorkonz. bei Anreg. mit γ-^{60}Co 2-0370; Szintillat.-Abklingen am $CaWO_4$ in Abhängigk. v. – -Anreg. u. strahlungslose Zentren im Krist. 3-0390; Mess. d. abs. Ausb. d. Alkalimetallhalogenidkrist. bei γ-Lumineszenz 5-0365; Kinetik d. Abnahme d. opt. D. d. wss. Lsg. v. $K_4[NO(SO_3)_2]_2$ bei *242* nm unter Wrkg. v. ^{60}Co-– 5-0763; Thermolumineszenz v. mit – bestrahltem Cyclohexan (Kinetik) 8-0870; Schwärz. natürl. Quarze durch – 12-0828; therm. Entfärb. d. durch zweiwert. Seltenerdmetalle verursachten subtraktiven Färb. v. Krist. v. Fluorittyp (^{60}Co-γ-Anreg.) 14-0384; – -Lumineszenz-Eig. v. Quarzoidgläsern 15-0406; Strahl.-Rekombinat. in Si mit γ-Bestrahl.-Defekten 16-0302; Thermolumineszenz v. γ-bestrahltem Polyäthylen (Einfl. v. O_2) 16-1097; Einfl. v. Cerbeimeng. auf Lumineszenz u. Absorpt. γ-bestrahlter CaF_2–Dy^{3+}-Krist. 27-0381; Abhängigk. d. F-Zentrenverfärb. v. d. Aufeinanderfolge d. Bestrahl.-Dosen durch ^{60}Co-– 28-0319; Thermolumineszenz v. Calcit u. Islandspat durch hohe – -Dosen 28-0347; Verfärb. v. reinen u. Ca-dotierten KCl- u. NaCl-Krist. unter d. Einw. v. – 29-0306; Einfl. v. – auf Entsteh. v. Farbzentren u. Photolumineszenz eines Krist.-Phosphors NaF : U 42-0353; induzierte Strahl. v. γ-Quanten u. Zweiphotonen-Photoeffekt 43-0076; Energieausb. d. Radiolumineszenz d. Tryptophans nach γ-Bestrahl. 45-1519; Besonderh. d. Radiolumineszenz v. Alkalimetallhalogenid-Krist.-Phosphoren durch ^{60}Co 48-0339.

Strahlenschäden in Anthracen-Krist. durch – 1-0954; Erzeug. v. anisotropen N_2-Zentren in gefärbtem LiF durch plast. Verform. nach γ-Bestrahl. 2-0349; ^{51}Cr-Ausheilkinetik v. K_2CrO_4 nach γ-Bestrahl. 6-0759; Einführ. v. Defekten in CdS durch ^{60}Co-– 7-0336; Energiespektrum v. durch γ-Bestrahl. bei tiefer Temp. entstandenen Defekten in InSb 8-0435; therm. Ausheil. paramagnet. Defekte in γ-bestrahlten Einkrist. aus $(NH_4)_2SO_4$ u. $(ND_4)_2SO_4$ (experimentelle Bestätig. d. Theorie v. Fletcher u. Brown) 9-0332; Wechselwrkg. zwischen As-Störstellen u. durch Beschuß mit – erzeugten Gitterfehlstellen in Ge 9-0463; Fehlstellenbldg. bei tiefen Temp. in Si bei Bestrahl. mit ^{60}Co-– 10-0298; Einfl. d. Adsorpt. v. H_2, D_2, CH_3OH, CO, O_2, NO, NH_3, C_2H_4 u. C_2H_2 auf d. paramagnet. Defekte in γ-bestrahltem Glas (SiO_2) 13-0361; Unters. d. durch γ-Bestrahl. in B-dotierten Si-Einkrist. erzeugten Defektstellen durch Hall-Effekt-Mess. 14-0454; durch – bewirkte Farbzentren in engl. Fluorit 28-0317; chem. Meth. zur Best. v. F-Zentren in ^{60}Co-γ-bestrahltem NaCl 40-0302; durch – induziertes Defektbleichen in einem druckverformten α-Al_2O_3-Einkrist. 43-0352; Ausheilen d. Störstellenrekombinat.-Strahl.-Bande in mit γ-Strahlen bestrahltem Si 46-0328; Wrkg. v. – (^{60}Co) auf d. Kristallinität v. Seifen 48-2837.

Frequenzverschieb. d. reinen Quadrupolresonanz u. innere Spann. v. γ-bestrahltem $NaClO_3$ 1-0358; Wrkg.: v. ^{60}Co-– auf d. innere Reib. v. synthet. Quarz 9-0334; v. – auf d. Mikrohärte v. Si 14-0355; Temp.-Abhängigk. d. Fließspann. in γ-bestrahlten NaCl-Krist. 15-0332; Einfl. wiederholter Wärmebehandl. während d. γ-Bestrahl. v. Polyäthylen auf dessen Zugeig. 27-1128; mechan. Härt. v. NaCl mit – 33-0370; Einfl. v. – auf d. mechan. Eig. v. Polyäthylenterephthalatfilm 38-2755; mechan. u. opt. Eig. γ-bestrahlter α-Al_2O_3-Kugeln unter einem Druck v. *30* kilobar (Absorpt.-Spektren) 43-0351; Auftreten stat. Versetz.-Blockier. u. Vickers-Härtemess. v. γ-bestrahltem NaCl 44-0318; gemeinsame Einw. einer Bestrahl. (Protonen, Elektronen, γ-Quanten) u. eines oberflächenakt. Mediums auf d. mechan. Eig. v. Zn-Einkrist. 51/52-0276.

Ionisier.-Ausb. v. – in Li dotierten Si- u. Ge-Detektoren 1-0416; Einfl. v. – auf d. elektr. Eig. v. mit Oxidschichten bedeckten Si-Oberflächen 1-0423; Halbleiter-Eig. v. Tetramethylammoniumpolyjodiden u. d. γ-Bestrahl.-Effekt 2-0979; Strahl.-Schäden u. Lebensdauer d. Lad.-Träger in p-leitendem Si bei Bestrahl. mit γ-^{60}Co-Strahl. 3-0449; – -induzierte elektr. Leitfähigk. v. Quarzglas 6-2263; Photoempfindlichk. (Photoleitfähigk. u. Färb.) v. MoO_3-Einkrist. nach γ-Bestrahl. 7-0463; Stromschwank. in Ge mit Strahl.-Defekten nach Bestrahl. mit γ-Strahl. 8-0424; Strahl.-Schäden bei γ-Bestrahl. v. Li-gedrifteten p–i–n-Übergängen in Si nach Kapazitätsmess. 9-0459; Unters. d. Rekombinat. v. Elektron–Loch-Paaren mit Hilfe d. Photoeffekts in Ge-p–n-Übergängen, d. mit γ-Quanten einer ^{60}Co-Quelle bestrahlt wurden 9-0461; durch – induzierte Änder. d. ferroelektr. Eig. v. Triglycinsulfat 9-0932; Elektronenspektrum in γ-bestrahltem W. u. Struktur d. absorbierten Dosis 10-0292; Bestrahl. v. InSb mit – bei *78* °K (Ausheil. d. Fehlstellen, Leitfähigk.- u. Hall-Effekt-Mess.) 10-0301; Strahl.-Schäden (^{60}Co-–) u. Tempern einer GaAs-Laserdiode 11-0414; Besonderh. d. magnet. Widerstandsänder. v. Alkalisilicatgläsern nach γ-Bestrahl. 12-0477; Verh. ungesätt. Fettsäuren u. fl. organ. Verb. im γ-Strahlenfeld (Unters. d. elektr. Leitfähigk. mit Hilfe einer speziellen Meßzelle unter Verw. v. fl. Paraffin) 13-0967; Störstellenphotoleitfähigk. u. Energieniveaus in Ge nach γ-Bestrahl. 15-0478; Einfl. v. –: auf d. Lebensdauer d. Minoritätsträger in As- u. Sb-dotierten Ge-Einkrist. 16-0369; auf d. Leitfähigk. v. gesintertem ZnO u. d. Syst. ZnO/Al_2O_3 18-0384; magnet. Widerstandsänder. u. Streuanisotropie in γ-bestrahltem n-Ge 21-0391; elektr. Leitfähigk. v. fl. NH_3 während γ-Bestrahl. 21-0745; Einfl. v. –: auf d. Entlad.-Strom in Cl unter Ozonisatoranreg. 22-0191; auf d. elektr. Eig. u. isochromes Ausheilverh. v. n- u. p-InSb 22-0412; Einfl. v. γ-Bestrahl. u. Bestrahl. mit schnellen Neutronen auf d. elektr. Eig. v. CdS-Einkrist. 23-0438; Einfl. v. Neutronen- u. γ-Bestrahl. auf d. Trägerlebensdauer u. d. Empfindlichk. v. InSb 24-0426; Einfl. einer γ-Vorbestrahl. auf elektr. Eig. v. Einkrist. 25-0457; Versetz.-Lad. in reinem u. γ-bestrahltem LiF 34-0366; Mess. d. Widerstandsänder. v. Ge u. Si während Reaktorimpulsbestrahl. mit schnellen Neutronen u. – 34-0448; IR-Lösch. d. Eigenphotoleitfähigk. v. n-Ge nach γ-Bestrahl. 34-0452; Einfl. v. – auf d. elektr. Eig. d. Oberfläche v. Polypropylenfasern 34-1149; durch γ-Bestrahl. v. Polymethylmethacrylat u. festem Paraffin verursachter Elektronenstrom 35-0652; Photoleitfähigk.-Spektren u. Terme v. mit – bestrahlten Ge-Einkrist. 36-0414; Besonderh. d. elektr. Leitfähigk. v. Alkalimetallsilicatgläsern in starken elektr. Feldern nach γ-Bestrahl. 38-0342; durch – induzierte Leitfähigk. fl. KW-Stoffe bei niedr. Spann. 43-0873; Einfl. v. ^{60}Co-– auf p-leitendes Si v. hohem Widerstand 46-0420.

ESR v. γ-bestrahlter Thiophen-2-carbonsäure 1-0860; ESR-Spektren v. $SiCl_4$ nach γ-Bestrahl. 2-0380; Temp.-Abhängigk. d. paramagnet. Relaxat. bei Punktdefekten durch *2*-MeV-– in glas. SiO_2 3-0404; ESR d. Farbzentren in γ-bestrahltem $PbCl_2$ u. PbJ_2 mit Schichtstruktur 4-0334; EPR-Unters. d. in polykrist. γ-bestrahlten $(NH_4)_6 \cdot Mo_7O_{24} \cdot 4\,H_2O$ erzeugten paramagnet. Zentren 4-0340; ESR v. γ-bestrahlten Natriumpolyphosphatgläsern 6-0381; neue Struktur im ESR-Spektrum v. γ-bestrahlten Eis-Einkrist. 10-0389; paramagnet. Spezies in γ-bestrahlten Einkrist. v. ferroelektr. $LiH_3(SeO_3)_2$ 11-0402; Lokalisier. d. paramagnet. Zentrums in γ-bestrahlten Proteinen 12-1152; Unters. d. ESR v. γ-bestrahlten SiO_2 mit großer Oberfläche (Identifizier. d. Defekte) 13-0360; paramagnet. Zentren in γ-bestrahltem Ag-Oxalat (EPR-Spektren) 14-0416; ESR eines γ-bestrahlten Einkrist. v. $CO(NH_2)_2 \cdot H_2O_2$ bei *77* °K 16-0322; ESR-Unters. an γ-bestrahlten ferroelektr. Methylammoniumalaun-Krist. $[CH_3NH_3Al(SO_4)_2 \cdot 12\,H_2O]$ 16-0337; EPR-Unters. an γ-bestrahlten $CdCl_2$: Ag- u. Cd_2Cl–Cu-Krist. 17-0396; ESR v. γ-bestrahltem $NaH_3(SeO_3)_2$ u. $NaD_3(SeO_3)_2$ 18-0338; Auffinden festgehaltener Elektronen in γ-bestrahlten glasart. neutralen wss. Elektrolytlsg. durch EPR-Unters. 21-0349; paramagnet. Relaxat. eingefangener Elektronen in γ-bestrahltem alkal. Eis 29-0373; bei d. γ-Bestrahl. v. Sauerstoffverb. d. Se entstehende paramagnet. Zentren [ESR-Spektren v. polykrist. bestrahltem $(NH_4)_2SeO_4$] 29-0382; ESR-Absorpt.-Spektrum d. AsO_3^{2-}-Mol.-Ions in γ-bestrahltem Calcit-Einkrist. 29-0384; ESR v. γ-bestrahltem Natriumpolyphosphat [$Na_2 \cdot SO_4$-dotierte $Na(PO_3)_n$-Einkrist. u. $Na(PO_3)_n$-Glas] 31-0406; Energieübertrag.-Mechanismus bei d. Radiolyse v. an Zeolithen adsorbiertem NH_3 durch EPR-Unters. bei ^{60}Co-γ-Bestrahl. 32-0702; EPR-Spektren v. mit Ge, Al u. Alkalimetallen aktiviertem Quarz nach ^{60}Co-γ- u. UV-Bestrahl. 36-0356; ESR u. paarweiser Radikaleinfang in γ-bestrahltem Na-Nitrosylprussiat 41-0422; ESR-Spektrum v. röntgen- bzw. ^{60}Co-γ-bestrahltem NH_2SO_3H mit *95%* ^{15}N, ^{1}H- u. ^{15}N-Hyperfeintensoren d. Radikals $NH_2^+SO_3^-$ 41-0687; EPR durch – erzeugter Zentren in BN 42-0370; Einfl. v. γ-Bestrahl. auf H_k u. H_c dünner Permalloyfilme 48-0480; ESR-Spektren v. γ-bestrahltem Natriumnitrosylprussiat 49/50-0371; EPR-Spektren γ-bestrahlter Zweikomponentengläser 49/50-0373.

Adsorpt. v. H an γ-Al_2O_3 unter d. Einw. v. – 25-0648; Strahl.-Stabilität komplexbildender P-organ. Harze gegenüber ^{60}Co-– 29-0650; γ-Strahl.-Stabilität stark bas. Styrol–Divinylbenzol-Anionenaustauscher 30-1123; Gasabsorpt. u. -desorpt. v. CaF_2, SrF_2 u. BaF_2 nach ^{60}Co-γ-Bestrahl. in Abhängigk. v. d. Strahlendosis 41-0691; durch – induzierte Chemisorpt. v. O an γ-Al_2O_3 51/52-0573.

– -Schädig. v. Amin-Extrakt.-Mitteln (Einfl. auf d. Extrakt.-Verh. v. Th u. Pa) 5-0608; Einfl. einer γ-Bestrahl. auf d. Extrakt.-Verh. v. U u. Th u. auf deren Belad.-Effekt 27-0708.

Chemische Wirkungen

Chemische Wirkungen von Kernprozessen, Szilard-Chalmers-Prozesse s. unter *Kernumwandlung*.

Meth. zur kontinuierl. Beobacht. v. chem. Änder. in Fl. bei γ-Bestrahl. 10-0741; ESR-Spektren v. γ-bestrahlten, polykrist. Pulvern einiger F-halt. Verb. 20-0856; γ-Radiolyse im absorbierten Zustand 32-0995; radiolyt. Ox. u. Red. v. S-Verb. durch – bzw. $(\gamma + n)$-Strahl. 36-0982; Einfl. d. DK auf d. Ausb. v. während d. γ-Radiolyse einer Fl. erzeugten freien Ionen 41-0988.

Anorganische Stoffe

Bldg. instabiler niederer Valenzzustände v. Metallkationen u. Bldg. v. Elektronen bei d. ^{60}Co-γ-Bestrahl. v. eingefrorenen Lsg. v. Metallsulfaten in H_2SO_4 5-0759; Radiolyse wss. Lsg. v. Aziden u. Nitriten mit ^{60}Co-γ-Strahlen mit u. ohne Hg-Salz-Zusätzen 12-0740; Red.-Fähigk. v. durch ^{60}Co-γ-Bestrahl. in Lsg. erzeugten H-Atomen gegenüber Co-Komplexen in wss. Lsg. 13-0724; Strahl.-Red. durch ^{60}Co-γ-Bestrahl. v. Seltenerdmetallionen in Krist. d. Fluorittyps mit

Metallhaltige organische Verbindungen

Organische Verbindungen

äther 23-0975; durch ^{60}Co-– initiierte Ox. v. n-Butanol in fl. Phase 24-0997; Einfl. d. pH-Werts auf Redoxprozesse im γ-bestrahlten Syst. Fe/H_2SO_4/Isobutylalkohol/H_2O_2/O_2 26-0708; γ-Radiolyse v. wss. Bromalhydrat-Lsg. 29-0965; Gasphasen-γ-Radiolyse v. Äthanol 32-0997; chem. Umwandl. v. Vinylchlorid/Vinylisobutyläther-Copolymeren durch – 38-2761; γ-Bestrahl.-Chemie v. Methanol-Gläsern bei tiefer Temp. 39-0962; Einfl. d. Dosis v. ^{60}Co-– auf d. Kinetik d. strahlenchem. Ox. v. Butanol in wss. Lsg. 40-0977; Reaktivität v. bei d. γ-Radiolyse v. aliphat. Alkoholen gebildeten Elektronen 41-0992; Wrkg. v. Sauerstoff auf d. Radiolyse fl. Methanols durch ^{60}Co-– 44-0970; Radiolyse d. Syst. Äthanol–Bzl. unter Einw. v. ^{60}Co-– 49/50-0869; γ-strahleninduzierte Addit. v. Äthern an Chlorfluorolefine 49/50-0875.

Eliminier. v. SO_2 bei d. γ-radiolyt. Zers. fester Diarylsulfone 18-0931; Energiewander.- u. -lokalisierungsprozesse in γ-bestrahlten, amorphen n-Alkyldisulfiden 26-1017; Zers. u. Energieübergang bei d. γ-Radiolyse v. organ. S-Verb. in Toluol 31-0932; γ-strahlungsinduzierte Rk. v. Benzylmercaptan u. p-Tolylmercaptan in organ. Lsgm. 31-0933.

Rk. v. Äthylen mit Phosgen unter γ-Strahl. 12-2521.

γ-Radiolyse: v. C_3O_2 unter Bldg. eines polymeren Kohlenstoffoxides $(C_3O_{1,93})_n$ u. v. CO 7-0705; v. p-Benzochinon u. Hydrochinon in wss. Lsg. 7-1047; durch – induzierte Isomerisier. v. Cyclohexanon zu Hexenal-(5) in fl. Phase 11-1005; γ-Radiolyse v. fl. Cyclopentanon 15-0994; Einfl. d. Strahl.-Art (UV, Elektronen, γ) auf d. strahlungsinduzierte Anlager. v. Acetaldehyd an Cyclohexen 34-1024; EPR-Unters. d. Struktur u. d. Verh. v. Radikalen, d. bei d. Einw. v. – auf Acetaldehyd u. Formaldehyd entstehen 37-0906; γ-Radiolyse v. Cyclohexanon 49/50-0885.

Elektronenausstoß u. -einfang in Dimethylglyoxim 9-0894.

Einfl. v. – auf Polyamide 1-1186; ESR d. γ-bestrahlten Thiophen-2-carbonsäure 11-0913; Einfl. v. Cu- u. Tl-Ionen auf d. Radiolyse v. Äthylendiamin, 1.2-Diaminopropan u. Glycin in wss. Lsg. 14-1061; Einfl. d. Dosisleist. d. –-induzierten Vernetz. v. Polyäthylenterephthalat 14-1229; Schädig. v. Methionin u. seinen Deriv. durch – 14-1715; γ-Strahl.-Festigk. v. aromat. u. arylaliphat. Polyamiden 15-1167; –-Polymerisat. v. Maleinsäure-N-phenylimid im festen Zustand 15-1170; γ-Radiolyse v. Norvalin in wss. Lsg. ohne oder mit O_2 19-1015; Effekt d. Dosis v. ^{60}Co-– auf d. Strahl.-Polymerisat. v. Methylmethacrylat 26-1171 ,26-1172; ESR-Unters. an einigen cycl. Oligomeren d. Caprolactams nach γ-Bestrahl. 28-0875; γ-strahleninduzierte Copolymerisat. v. Acrylamid mit Methacrylamid im festen Zustand 28-1183; γ-Bestrahl. v. Polyäthylenterephthalat 29-1133; Ox. v. Cystein zu Cystin bei Einw. v. – in An- u. Abwesenh. v. Fe in wss. Lsg. 32-0705; kinet. Unters. zur γ-Radiolyse v. 5-Bromuracil in wss. Lsg. 34-1023; γ-Bestrahl. v. Tryptophan 36-0968; Fängerwrkg. in γ-bestrahlten wss. Cysteinlsg. 36-0988; Pfropfcopolymerisat. im homogenen Polymethylmethacrylat–Styrol-Syst. nach γ-Vorbestrahl. 45-1069; ESR-Spektren v. mit – bestrahlter polykrist. Glykolsäure 47-0807; γ-Bestrahl. v. Uracil in luftfreien wss. Lsg. 48-0919; γ-Radiochemie v. Oxalatlsg. in Ggw. v. Sauerstoff über einen weiten Aziditätsbereich 49/50-0889; Photozers. u. γ-Radiolyse v. S-Alkylcysteinen 49/50-0893.

γ-strahleninduzierte Addit. v. Dialkylphosphonaten an Chlorfluorolefine 49/50-0876.

Chem. Wrkg. v. – auf wss. Lsg. v. Aldohexosen 9-1004; Einfl. – auf festes Glykogen (Abbau, Ox.) 12-1215; ^{60}Co-γ-Bestrahl. einer O_2-halt. Kohlenhydratlsg. 14-1029; Wrkg. d. γ-Bestrahl. auf d. O_2-halt. Lsg. v. Maltose 19-1017; Bldg. v. Malonaldehyd durch γ-Bestrahl. v. Galaktose bei pH 9,5 u. Veränder. d. Phänomens durch Natriumborat (Schutzeffekt durch Komplexbldg.) 24-1198; Einfl. v. aromat. Gruppen auf d. –-Stabilität v. Glykosiden 32-1001; Einw. v. – auf Glucosamin 35-1018; Abbaumechanismus v. D-Sorbit bei γ-Bestrahl. wss. Lsg. 44-0974.

γ-Radiolyse v. Isoprenoiden 21-1070.

Wrkg. v. ^{60}Co-– auf Vitamine (Krist. u. wss. Lsg. v. Riboflavin) 10-1655; Abbau d. L-Ascorbinsäure durch – in wss. Lsg. 22-0936; Einw. v. – auf Vitamin B_1 23-1551; Einw. v. ^{60}Co-– auf Substanzen d. Vitamin-B_6-Gruppe 23-1566; Wrkg. v. – auf Vitamin B_6 30-1517.

^{60}Co-γ-Radiolyse in wss. sauerstoffhalt. u. sauerstofffreien Lsg. aliphat. Dipeptide u. Tripepetide 43-0928; Verminder. d. –-Schädig. v. Aminosäuren u. Proteinen durch Selenaminosäuren 43-1489.

Durch γ-Bestrahl. in d. aufbauenden Basen d. DNS induzierte freie Radikale 6-0995; Wrkg. v. –: auf Desoxyribonucleohiston in Lsg. 13-1281; auf Pankreas-RNS (Kinetik u. opt. Eig.) 15-1285; auf Nachbestrahl.-Synth. u. -Abbau v. DNS bei E. coli *15* T^-L^- 21-1297; auf d. Zerstör. v. S–S-Bind. in Chymotrypsinogen 35-1340; auf d. H_2-Austausch bei DNS 42-1140.

Einfl. d. γ-Bestrahl. auf d. Struktur v. Epoxidharzen u. metallhalt. Epoxidharzen 2-1197; Pfropf. v. Styrol auf Cellulose durch gemeinsame bzw. Vorbestrahl. mit γ-Quelle 11-1214; γ-Strahl.-Propf. v. Vinylverb. auf Wolle 13-1245; Pfropf-Copolymerisat. v. Styrol auf Viskose durch Bestrahl. mit ^{60}Co-– 16-3016 bis 16-3018; Pfropf. v. Styrol auf Rayon unter gleichzeit. γ-Bestrahl. (Einfl. v. Kationlsg.) 16-1130; chem. Wrkg. v. γ-Bestrahl. auf Styrol–Butadien-Gummi 17-1164; Einfl. d. ^{60}Co-– auf d. Inhibitorwrkg. v. Kartoffelstärke bei d. Pb-Korros. in weichem W. 17-2421; γ-Strahl.-Beständigk. einiger monofunktioneller Anionenaustauscher 18-1125; strahl.-induzierte Pfropfcopolymerisat. v. Cellulose- u. Polyvinylalkoholfasern mit Comonomerengemischen 18-1131; Einfl. vorher. Bestrahl. mit – auf mit Zn-Salzen imprägnierte Holzkohle als Katalysator bei d. Vinylestersynth. (Erhöh. d. Aktivität) 22-2535; durch – induzierte Pfropfcopolymerisat. (v. Styrol auf Celluloseacetat) 24-1189 u. 24-1190; (Wrkg. d. Lsgm. auf d. Pfropfcopolymerisat. v. Styrol auf Celluloseacetat nach d. Vorbestrahl.-Technik) 30-1149; γ-strahleninitiierte Aufpfropf. v. Methylmethacrylat auf Butylkautschuk 38-1149.

Physiologische Wirkungen

Strahlenschutz s. dort.

Einfl.: v. – auf d. Synth. d. DNS in HeLa-Zellen 5-1260; d. Intensität d. Synth. v. Nucleinsäure u. Protein auf d. letale u. mutagene Wrkg. d. γ-Bestrahl. 5-1625; additive Zytotoxizität v. 5-Fluoruracil u. γ-Bestrahl. bei diploiden Zellstämmen 14-1314; therm. Effekte in mit ^{60}Co-– bestrahlter DNS 20-1223; mutagene Wrkg. γ-bestrahlter DNS bei Drosophila 32-1228; Drosophila-Test auf Mutat.-Bldg. durch γ-bestrahltes Medium oder γ-bestrahlte DNS 32-1229; Einfl. auf d. messenger-Eig. einiger Polyribonucleotide 36-1221.

γ-Bestrahl.-Inaktivier. (v. Kartoffelphosphorylase) 1-1300; (v. mitochondriellen Enzymen in vitro) 7-1340; –-Wrkg. auf feste Ribonuclease 8-1396; radiolyt. Inaktivier. v. Chymotrypsinogen durch ^{60}Co-– 10-1391; Inaktivier. u. Indukt. v. freien Radikalen in getrocknetem Trypsin nach γ-Bestrahl. 10-1388; Aktivität d. Lipooxydase im γ-bestrahlten Samen 11-1423; Trägerelektrophorese v. γ-bestrahltem Trypsin 13-1372; Aktivitätsänder. d. Polyphenoloxydase u. Peroxydase nach γ-Bestrahl. v. Pflanzen verschiedener Strahlenempfindlichk. 18-1400; Cholinesteraseaktivität im Hypothalamus, Thalamus, Kleinhirn u. einigen Hirnrindenbereichen d. Hundes nach akuter Strahlenkrankh. durch ^{60}Co-γ-Bestrahl. 18-1617; Vgl. d. Wrkg. einer α- u. γ-Bestrahl. auf ein Enzym 20-1264; Best. d. Inaktivier. v. Lsg. d. alkal. Phosphatase durch – 22-1201; Änder. in d. enzymat. Aktivitäten d. Flavedo u. d. Saftes v. Shamouti-Orangen nach γ-Bestrahl. 26-1400; Wrkg. auf Ribonuclease A u. Auftrenn. d. Bestrahl.-Prod. 32-1353; Ascorbinsäureoxydase u. Ascorbinsäure v. γ-bestrahlter Erdnuß während d. Keim. 33-1291; neue künstl. durch γ-Bestrahl. v. Ribonuclease A in Ggw. v. Cytidin-2'.3'-phosphat erhaltene Ribonuclease 33-1313; Verh. d. Lipaseaktivität v. mit – bestrahlten Erdnüssen während d. Keim.-Periode 35-1324; Vgl. d. Einfl. v. – auf ATP-Kreatinphosphotransferase u. Gelatine 38-1298; Lipaseaktivität im Dunkeln keimender Ricinussamen nach γ-Bestrahl. 46-1271.

Einfl. d. Bestrahl.-Beding. auf d. Strahlenindukt. d. bakteriziden Aktivität v. mit – bestrahlter halogenierter Phenollsg. gegenüber E. coli 1-1369; Rk. v. mit – in E. coli G/r erzeugten Radikalen mit Cysteamin u. mit O_2 9-1249; Abgabe v. Dipicolinsäure durch Clostridium sporogenes-Sporen nach ^{60}Co-γ-Bestrahl. 40-1375; Einfl. d. γ-Bestrahl. auf d. Diacetylbldg. durch Milchsäurestreptokokken 11-1382; physiolog. Gesichtspunkt bei E. coli-Mutanten mit Resistenz gegenüber – 14-1398; Natur d. irreversiblen Komponente bei d. Hefeschädig. durch – 26-1342; antibakterielle Wrkg. v. – im Frühstadium d. Entw. v. Bakterien 27-1365; Dynamik d. Inaktivier. d. Poliomyelitis- u. ECHO 7-Virus durch – 33-1422; Desaminier. in DNS aus E. coli durch – 36-1219; Einfl. v. Actinomycin D u. γ-Bestrahl. bei Amöben 48-1124.

Aufnahme v. γ-Strahlern durch Pflanzen aus Gebieten mit hohem Strahl.-Pegel an d. Küste v. Kerala u. Umgeb. 5-1643; quant. Gesetzmäßigk. d. Chinonbldg. im γ-bestrahlten pflanzl. Gewebe 6-1394; Einfl. d. H-Ionenkonz. auf d. –-induzierte Schädig. bei Gerste 1499; Desaminier. d. Adenins in d. DNS d. Samens unter d. Einw. v. – 11-1421; Wrkg. verschiedener –-Dosen bei Bestrahl. d. Saatgutes v. Sommerweizen 17-1410; opt. Eig. d. Chlorophylls aus Pflanzenblättern bei γ-Bestrahl. d. Samen v. Pisum sativum 17-1433; Einfl.: d. langen γ-Bestrahl. d. Pflanzen auf d. physikal.-chem. Prozesse u. d. Ertrag d. Kartoffel 18-1402; auf d. Biosynth. v. Indolen u. Gibberellinen in Gerstenpflanzen, Einw. v. Zn auf d. Restitut. d. Wuchsstoffniveaus in bestrahlten Pflanzen 19-1454; Aktivier. d. Einbaus v. ^{3}H-Thymidin in d. DNS v. Arabidopsis thaliana L. Heynh. durch – 21-1283; Einfl. auf d. Stoffwechsel v. Phenolverb. in Pflanzen 22-1309; Chlorophyllmutat. d. zweiten Generat. v. γ-bestrahlter Gerste nach d. Samenbehandl. mit Äthylenimin 26-1215; Vitamin-C-Geh. einiger kultivierter Pflanzen nach chron. u. akuter γ-Bestrahl. 26-1411; morpholog. Veränder. im mkr. Bereich durch ^{60}Co-γ-Bestrahl. v. Fagus silvatica L.-Holz 28-1455; durch γ-Bestrahl. induzierte Äthylenbldg. bei Zitronenfrüchten 31-1321; Mn u. freie Radikale in Co-60-γ-bestrahlten Erdbeeren 32-1474; Wrkg.: kleiner Dosen d. γ-Strahl. v. ^{60}Co auf einige Spezies v. Kulturpflanzen (Einfl. einer vorhergehenden Bestrahl. v. Weizen- u. Gerstenkörnern auf d. Aufnahme v. Nährstoffen durch d. Pflanzen) 35-1410; d. γ-Bestrahl. v. Saatkartoffel 45-1315; Regenerat. nach d. γ-Bestrahl. v. Samen verschiedener Feuchtigk. 45-1316; Erhöh. d. Gerstenerträge durch γ-Bestrahl. d. Saatgutes 45-1317; Abhängigk. d. zytogenen Wrkg. d. – v. d. genet. Besonderh. u. v. Phasenzustand d. Roggenpflanze 45-1320.

Biolog. Wrkg. v. ^{60}Co-– auf d. Milchsynth. bei Kühen u. Ziegen 2-1671; kombinierte Wrkg. geringer Dosen externer γ-Bestrahl. auf d. Blutbldg. d. Hundes 5-1624; Wrkg. auf d. Varo-Rasse v. Bombyx mori L. 8-3150; Verteil. v. RNS u. DNS im Rattenhoden nach d. γ-Bestrahl. mit ^{60}Co 9-1708; Einfl. v. ^{60}Co-γ-Strahl. auf d. DNS-Synth. in Hamster-Organen 10-1296; quant. Änder. d. Glucosekonz. im Blute v. mit ^{60}Co-– bestrahlten Ratten 10-1701; resorbierter Anteil u. spektrale Zus. v. Haut u. Augenlinse bei β–γ-Bestrahl. im radiochem. Labor 13-1760; Verh. d. Glykogens d. Epithels v. Vagina u. Blase bei d. Ratte nach Ganzbestrahl. mit ^{60}Co-– 15-1630; Wrkg. d. Ganzbestrahl. mit ^{60}Co-– auf d. Glykogen d. Rattenplazenta 15-1631; Nucleinsäurengeh. u. –-Empfindlichk. d. Skorpions Androctonus amoreuxi 16-1573; Empfindlichk. v. Artemia-Eiern gegen γ-Bestrahl. (Bezieh. zwischen d. Ausmaß d. biolog. Schädig. u. d. Bldg. freier Radikale in bestrahlten Eiern) 16-1574; Zustand d. Desoxyribonucleoproteids aus Mäusemilzgewebe nach γ-Bestrahl. mit hohen Dosen mit leukosogenem Effekt 17-1594; Lokalisat. d. lösl. DNS im lymphoiden Appendix während d. frühen Perioden nach totaler γ-Bestrahl. 17-1595; Veränder. d. Sorpt.-Eig. d. Zellkerne d. Thymus unmittelbar nach d. γ-Bestrahl. 17-1596; einige biochem. Kennzahlen als Merkmale d. Wrkg. v. – auf d. Organismus 18-1604; zeitl. Verteil. d. Letalität d. ^{60}Co-γ-bestrahlten Affen 18-1606; RNS-Geh. in d. Rückenmarkzellen bei γ-Bestrahl. 18-1608; Blutproteine d. Ratte bei Strahlenschäden nach ^{60}Co-γ-Bestrahl. 18-1610; Einfl. d. –-Dosis auf d. Lebensdauer v. Sitophilus granarius L. 18-1620; Mechanismus d. Schädig. d. Blutbldg.-Gewebes durch ^{60}Co-γ-Bestrahl. 18-1623; Einfl. v. bakteriellem Endotoxin auf d. Bldg. v. Milzzellkolonien bei γ-bestrahlten Mäusen 21-1680; Entsteh. freier Radikale in d. tier. Leber nach Einw. v. – u. Radiotoxinen v. Lipidnatur 21-1681; Triglycerid-Biosynth. bei γ-bestrahltem Knochenmark 21-1687; Veränder. d. Ox.-Prozesse bei Insekten nach γ-Bestrahl. 22-1564; O_2-Aufnahme u. NH_4-Freisetz. bei normalen u. γ-bestrahlten Seidenraupen (Bombyx mori)-Eiern 23-1624; Phospholipide in Mitochondrien v. Leber- u. Dünndarmzellen v. Kaninchen nach γ-Bestrahl. 23-1625; makromol. Struktur d. Desoxyribonucleoproteids d. blutbildenden Gewebes v. Mäusen nach einmal. u. wiederholter γ-Bestrahl. 26-1633; natürl. γ-Bestrahl.-Dosis für einheim. Nagetiere auf d. Morro do Ferro, Brasilien 28-1655; relative biolog. Wirksamk.

d. – bei Einw. auf d. Sperma v. Misgurnus fossilis u. auf d. DNS d. bestrahlten Spermas 29-1166; Einfl.: v. γ-Bestrahl. auf d. Eiweißsynth. in d. Zellkernen d. Rattengewebe 30-1579; einer lokalen γ-Bestrahl. auf d. proteolyt. Leukozytenaktivität bei Krebspatienten 34-1300; hoher ^{60}Co-–-Dosen auf d. Verhältnis Glutaminsäure/γ-Aminobuttersäure im Hirngewebe v. Mäusen 34-1683; d. Entfern. d. Nebennieren auf d. Ausscheid. v. Desoxycytidin bei γ-bestrahlten Ratten 37-1421; Erythrozytenumwandl. mit d. γ-Strahler ^{75}Se-Methionin 40-1533; Wrkg.: v. Endotoxin auf d. Kinetik d. hämopoiet. koloniebildenden Zellen bei ^{60}Co-γ-bestrahlten Mäusen 43-1490; d. Ganzkörper-γ-Bestrahl. auf d. Barbituratstoffwechsel bei aufeinanderfolgenden Generat. v. Mäusen 43-1553; Plasma-Ionen in mit – bestrahlten Eseln 44-1608; Dynamik d. Gefäßdurchlässigk. bei kombinierter Einw. v. – u. Verbrenn. 45-1526; Einfl. v. γ-Ganzkörperbestrahl. auf d. Chloridgeh. d. Kuhmilch 48-1513; Ascorbinsäure- u. Cholesteringeh. im Rattenhoden in verschiedenen Stadien d. Strahl.-Schäden durch – 51/52-1501; Einfl. d. Ganzkörper-γ-Bestrahl. auf d. Phospholipide im Plasma u. d. Gewebelipide d. Ratte 51/52-1503, 51/52-1504.

Wirkung auf Lebensmittel

Einfl. d. γ-Bestrahl. mit Radiokobalt in insektiziden Dosen auf d. chem. Eig. d. Mehls (chem. Veränder. d. Fettanteils v. Mehl) 21-3366; Dosisverteil. bei d. Bestrahl. v. Lebensmittelproben in d. Hochleist.-γ-Bestrahl.-Anlage Argonne 28-1881; Verlänger. d. Lagerfähigk. v. Citrusfrüchten durch γ-Bestrahl. 37-2857; Pasteurisieren v. frischen Himbeeren mit – unterschiedl. Intensität 37-2859; Einfl. v. –: auf Kartoffelstärke in Abhängigk. v. ihrem W.-Geh. 38-3189; auf d. physiko-chem. Eig. v. Baumwollsaatöl 40-3163; Abbau u. Polymerisat. v. Maisstärke durch – 40-3172.

Anwendungen

Anwend. v. – zur Behandl. v. Lebensmitteln s. d. vorst. Abschnitt *Wirkung auf Lebensmittel*. Durchführ. spezieller chem. Rk. unter γ-Bestrahl. s. d. vorst. Abschnitt *Chemische Wirkungen*. Anwend. v. –-Mess. s. d. nachst. Abschnitt *Meßverfahren und deren Anwendung*.

Verbesser. d. Beständigk. v. Cellulosetextilien gegen ionisierende Strahl. durch Vorbestrahl. mit – 1-3187*; Entgiften cyanidhalt. Abwässer durch – 2-2559*; Vgl. v. γ-Bestrahl. mit Dampf u. Methylbromid als Mittel zur Bodensterilisier. 8-3218; ^{57}Co als Röntgenfluoreszenzanreger v. U 9-2093; verbesserte Eig. v. Leg. durch –-Behandl. (Leerstellendiffus.) 14-2638*; durch therm. Neutronen u. – verursachtes Entgasen v. Glas 23-2221; Stabilisieren v. äther. Ölen durch – 38-2732*; Holzvergüt. durch – 44-2999; Einfl. einer –-Behandl. v. Temperguß auf d. Graphitisier. 45-2168.

Meßverfahren und deren Anwendung

Ergebnisse spezieller Mess. s. unter d. entsprechenden Stichwörtern.

Čerenkov-Ansprechen v. Plexiglas u. Quarz auf Photonen v. ^{60}Co mit Energien nahe d. Schwelle 5-0041; γ-Spektrometrie-Syst. hoher Empfindlichk. mit niedr. Nulleffekt (Anfangsergebnisse) 8-1935; abs. Eich. v. ^{57}Co mit einer modifizierten 4π-β–γ-Koinzidenzapp. 12-1928; Anwend. eines γ-Spektrometers für summar. Koinzidenzen zur Analyse komplexer Zerfallsschemata 13-2080; β–γ-Koinzidenz-Verf. zur Analyse komplexer γ-Spektren 15-1983; γ-Zählsonde zur radiometr. K-Best. in heißen Lsg. 15-2027*; Unters. d. energiereichen – mittels eines Paarspektrometers hoher Auflsg. 17-0083; Verw. eines geeichten γ-Spektrometers zur Aktivitätsmess. v. γ-Strahlern u. Elektroneneinfang-Nukliden 17-1954; abs. Zerfallsratenmess. an radioakt. Quellen durch Röntgen-γ-Koinzidenzzähl. 17-1955; γ-Spektrumstabilisator mit Kompensat. für d. Auswrkg. v. Änder. d. Detektortemp. 17-1964; Best. d. Aktivität v. zwei gemischten γ-Strahlern 17-1972; kombinierter Spaltkollimator zur Mess. d. Verteil. v. – aussendenden Isotopen 19-1991; Meth. zur Best. v. γ-Absorpt.-Koeff. in einer Probe aus Mess. außerhalb d. Probe 23-0023; Optimier. d. γ-Zähl. u. -Spektrometrie bei biomedizin. Tracerunters. 23-1922; β–γ-Totalabsorpt.-Koinzidenzspektrometer 24-1897; Best. v. Th-Körperbelast. mit d. in-vivo-γ-Spektrometrie 25-1702; Mess.: hoher γ-Dosen u. -Flüsse mittels Photoaktivier. isomerer Kernzustände 26-2040; v. für Routine-Energieeich. geeigneten γ-Energien 27-0083; d. Radioaktivität v. Mineralen mit Hilfe d. – (Angabe d. Arbeitsweise u. d. verwendeten Geräte) 27-0800; Summenspektrometer als Detektor linearer γ-Polarisat. 27-1964; experimentelle Best. des Wrkg.-Grades v. Analysatoren d. Zirkularpolarisat. v. – 28-1941; Mess.: abs. Photonenflüsse im Bereich v. *100* bis *300* Å 28-1945; d. Absolutaktivität nach d. 4π-$\beta\gamma$-Koinzidenzmeth. bei komplexem Zerfall 29-1976; sek. Standardisier. v. γ-Strahlern im mCi-Bereich mit Hilfe eines Au-Blatt-Elektrometers 29-1979; Mess. d. – aus ^{188}Re durch d. Meth. d. äußeren Konvers. 30-0084; „Multipolmeter" (Anwend. auf d. Unters. v. elektromagnet. Übergängen) 31-1936; Čerenkov-Ansprechen v. Plexiglas u. Quarz auf Elektronen u. Photonen mit Energien nahe d. Čerenkov-Schwelle 35-0061; Präzis.-Mess. v. γ-Standardenergien 35-0097; Einhalten d. Kirchhoffschen Gesetzes in d. γ-Spektroskopie 36-0034; quant. Best. v. *2* γ-strahlenden Isotopen nebeneinander mit einem Einkanalimpulshöhenanalysator 36-1885; Präzis.-γ-Energiemess. 42-0030; Ermittl. d. durch kontaminierte Luft in Betriebsräumen hervorgerufenen γ-Flusses 42-1792; Wrkg.-Grad d. γ-Zähl. bei $4\pi\beta$-Gaszählern 42-1824; genaue Best. einiger –-Energien mit Hilfe eines γ-Spektrometers 43-0085; Analyse eines komplexen γ-Spektrums 45-1835; γ-Spektrometrie v. Gesteinen unter d. Beding. natürl. Lagerstätten mit Hilfe eines Mehrkanal-Spaltspektrometers 45-1874; Mess. v. γ-Strahlern in Rohrleit. 46-1787; extern angewandte β–γ-Meßsonde zur Registrier. v. Radioaktivität in Gegenstromverteil.-Geräten 48-1843; γ-Spektrometrie mit Kompensat. d. Compton-Effekts 49/50-1727; Detektor für – u. Röntgenstrahl. hoher Dosis mit Mess. d. durch Compton-Streuelektronen verursachten Stromes 51/52-1793.

Aufzeichn. v. γ-Spektren auf Magnetbändern 8-1983; automat. Samml. v. Daten bei –-Meßgeräten, ihre Red. u. Analyse 46-1819; vergleichende Unters. v. Computer-Meth. zur Auflsg. zusammengesetzter γ-Spektren 46-1820; γ-Spektrometrie mit Hilfe computergespeicherter Spektren 47-1794.

Automat. Probenwechsler für d. γ-Spektrometrie 46-1821.

Einfl. d. Bremsstrahl. auf Aktivitätsmess. mit einer γ-Ionisat.-Kammer mit 4-π-Geometrie 38-1912; Anwend. v. Ionisat.-Kammern mit fl. Dielektrikum auf d. prakt. Dosimetrie v. – 42-1825.

Kontinuierl. Gasproportional-α- u. β–γ-Luftmonitor 2-1989; Korrektur infolge d. γ-Empfindlichk. d. β-Zählrohrs bei d. 4π-β–γ-Koinzidenzmeth. 28-1954; Proportionalzähler als Spektrometer für niederenerget. – u. β-Strahlen 29-1977; –-Monitor für acht Dekaden Meßbereich mit einem Geiger-Müller-Zählrohr 51/52-1794.

Szintillat.-Spektrometer zur Mess. d. Streustrahl. in d. Nähe v. Röntgen- u. ^{60}Co-Strahlenquellen 2-1936; Ganzkörper-Zählapp. mit acht Plastik-Szintillat.-Zählereinh. (γ-Leist.) 10-2009; abs. Standardisier. v. ^{60}Co mit einem NaJ(Tl)-Krist. nach d. „Summenmaximum"-Meth. 22-1885; Einfl. v. Röntgenbestrahl. auf d. Auflsg.-Vermögen eines NaJ·(Tl)-Szintillators für – 28-1958; Fl.-Szintillat.-Zähl. v. Radiojod 28-1986; Mess. v. γ-Strahlern in Rohrleit. unter Verw. eines Szintillat.-Krist. 46-1787; vergleichende Unters. d. Ausb. v. NaJ(Tl)-, Plastik- u. Fl.-Szintillatoren für d. Nachw. d. – d. ^{16}O-Isomeren 46-1818; kleine γ-Kamera (Einstell. unter Verw. eines Szintillat.-Zählers) 51/52-1795.

Photonenspektrometrie hoher Auflsg. mit Li-diffundierten Ge-Detektoren 10-2057; Möglichk. d. Verw. v. Cd-Tellurid in n–p-Detektoren für γ-Quanten 12-1921; Verbesser. d. angewandten γ-Spektrometrie durch Ge-Halbleiterdetektoren 15-1984; Darst. u. Verw. v. Ge(Li)-γ-Detektoren 15-1985; Mess. v. – hoher Energie mit Ge(Li)-Detektoren 17-1956; Halbleiter-γ-Spektroskop hoher Auflsg. für Abbrand-Best. v. Kernbrennstoff 18-2187; Best. v. γ-Energien mit einem Ge(Li)-Detektor 21-0076; Aufnahme d. ^{60}Co-Spektrums mit Hilfe eines Ge-p–i–n-Detektors 27-1962; Anwend. v. Ge-γ-Strahldetektoren 28-1951; Ge(Li)-Halbleiter-Spektrometer hoher Auflsg. u. Empfindlichk. zur Unters. v. (n, γ)-Spektren 30-1957; experimentelle Erfahr. mit einem Halbleiter-Compton-Spektrometer bei Abbrandmess. an Brennstoffelementen 31-2052; Verf. zum Auftragen v. Au auf ein dünnes Fenster für Ge-γ-Spektrometer 33-1988; Li-gedriftete Ge-Halbleiterdetektoren zur Aufnahme v. γ-Spektren 40-1858; Unters. d. Lebensdauern v. Kernniveaus durch Doppler-Verbreiter.-Schwäch. mit einem Ge(Li)-γ-Spektrometer 42-0031; Mess. d. ^{57}Co- u. ^{60}Co-– mit Ge(Li)-Detektoren 42-1823; Inbetriebsetz. u. Eich. eines Ge/Li-γ-Detektors 44-1823; –-Nachw. mit Li-gedrifteten Ge-Halbleiterdetektoren 46-1815; Li-gedriftete Ge-Detektoren für β- u. γ-Spektroskopie hoher Auflsg. 46-1816; Li-gedriftete Si-Detektoren zum Nachw. geringer ^{137}Cs-Spuren mit Hilfe interner Konvers.-Elektronen 46-1883; koaxiales Ge(Li)-γ-Strahlspektrometer 48-1840; Anwend. eines Ge-Zählers zur Registrier. v. – aus unelast. Neutronenstreuung 48-1841.

Mess.: mit einem lichtstarken γ-Spektrometer mit plast. gebogenem LiF-Kristall 1-2028; d. Wellenlänge v. – mit Doppelkrist.-Spektrometern 7-2064; präzise Mess. d. γ-Abs.-Intensität niederenerget. Übergänge bei (n, γ)-Rk. beim radioakt. Zerfall mit einem Krist.-Spektrometer 28-0071.

Bldg. u. therm. Ausheilen v. Farbzentren in γ-bestrahlten reinen $NaClO_3$-Krist. u. solchen d. Fremdionen (Mg^{2+}, Ca^{2+}, Sr^{2+}, Ni^{2+}, Co^{2+}, Zn^{2+}, Fe^{3+}, NO_3^-, Cl^-) enthalten (Anwend. zur Dosismess.) 2-0354; Nachw.-Grenze für – u. Meßgenauigk. bei d. photograph. Dosimetrie 2-1937; Filmdosimetrie v. – unter bes. Berücksichtig. d. Filteranalyse 6-1866; spektrometr. Meth. zur Mess. einer niedr. γ-Exposit.-Dosis 14-1986; Thermolumineszenz-Dosimeter als γ-empfindl. Teil eines Dosimeters für nukleare Unfälle 17-1916; Vorschlag v. Kalibrier.-Faktoren für verschiedene γ-Dosimeter bei unterschiedl. Energien 18-1934; tragbare energieselektive –-Monitoren für d. schnelle Best. v. Hochdosis-Exposit. bei Kernunfällen 22-1867; Energieabsorpt. v. ^{60}Co-– in Makrosyst. durch Fe^{3+}-Dosimetrie in wss. Lsg. 25-0710; Mess.: d. γ-Dosisleist. v. unbekannten radioakt. Substanzen 25-1734; v. hohen γ-Dosen u. -Flüssen mittels Photoaktivier. isomerer Kernzustände 26-2040; Dosimetrie intensiver – mit gefärbtem Zellglas 28-1948; energie- u. richt.-unabhäng. Mess. d. Dosis u. Dosisleist. v. – mit dem Dosimeter VA-J-*18* 28-1950; trockener T_1-Bakteriophage bei d. Mess. großer Dosen v. – 28-1952; γ-Bestrahl.-Dosimetrie mit Natriumkakodylat u. Tris 28-1953; Dosimeterglas zur Mess. d. Intensität v. – 36-2205*; Anwend. v. Ionisat.-Kammern mit fl. Dielektrikum auf d. prakt. Dosimetrie v. – 42-1825; –-Dosis-Schwellendetektor unter Verw. eines Farbstoffes 46-1817; Verw. v. CF_4 zur chem. Dosimetrie v. – u. Neutronen im Kernreaktorstrahl.-Feld 48-2113.

Prinzip u. Anwend. d. Gamma-Radiographiegeräte Typ GAMMAMAT für d. Materialprüf. 9-2200; Verw. v. ^{60}Co-Präp. in Modellanlagen zur Füllstandsmess. 15-1943; Feststell. d. Schlickerguß-Kinetik durch –-Absorpt. (Fortschrittsbericht) 20-2287; multidimensionale γ-Spektrometrie u. ihre Anwend. in d. Biologie 22-1984; γ-spektrometr. Unters. v. Oberflächen durch Scanning mit geladenen Partikeln 25-0192; γ-Spektrometrie bei zerstör.-freien Mess. an Brennelementen 25-1941; Abbrandbest. durch Gamma-Abtast. 28-1880; Best. d. Rohdichte großfläch. Betonbauteile mit – (Meßeinricht.) 28-2352; Meßgeräte zur techn. Nutz. v. Strahlern 29-2081; Wirtschaftlichk. d. Gußstückprüf. mittels γ-Defektoskopie 29-2400; mit γ-– arbeitender D.-Messer 32-1903; Anwend. v. – zur Unters. d. Wirbelschichtverf. 33-2144; Mess. v. Überführ.-Zahlen nach d. Meth. d. direkten Grenzflächenwander. mit Hilfe v. γ-Strahlern als Leitisotope (^{60}Co) 39-0582; Dickenmess. in d. Metallurgie mittels – 39-2232; γ-Strahl.-Absorpt.-Meth. zur Best. d. Korngrößenverteil. 41-1834; Unters. d. Eros.-Kinetik mit Hilfe v. harten – 43-0742; Füllstandsmess. mit γ-Streustrahl.-Sonden 45-2014; Best. d. Geschw. d. festen Teilchen in einer Wirbelschicht nach d. Tracer-Meth. unter Verw. v. ^{60}Co-– 49/50-1920; γ-Defektoskopie zur Unters. v. schmelzfl. gegossenen Feuerfestmaterialien 51/52-2227; D.-Mess. v. Zementmisch. durch – 51/52-2239.

Mess. v. ^{192}Ir-γ-Strahl. zur Best. sehr kleiner Ir-Geh. in UO_2 2-2061; α- bzw. γ-spektrometr. Best. d. Verteil. v. ^{243}Am u. ^{244}Cm auf Papierchromatogrammen 5-2101; Anwend. d. γ-Spektroskopie als Prüf- u. Analyse-Meth. in d. Kerntechnik (Symposium über die Handhab. v. Kernmaterialien, Wien *1963*) 7-2288; Benutz. d. *2,18* MeV-Aktivität v. ^{144}Pr zur zerstörungsfreien Abbrandbest. in UO_2-Brennelementen 7-2299; radiometr. K_2O-Best. in Rohsalzen d. Kaliindustrie unter Ausnutz. d. γ-Eigenstrahl. v. ^{40}K 8-2083; zerstör.-freie Aktivier.-Meth. zur Best.: v. Ag u. Sb in Bi durch $\gamma.\gamma$-Koinzidenz-Spektrometrie 9-2089; v. Co in Ni unter Verw. eines γ-Spektrometers mit Compton-Kompensat.

35-2098; Gleichgew. zwischen geschmolzenem Carbonat u. gasf. CO_2 40-0508; Löslichk.: v. CO u. CO_2 in Metallchloridschmelzen 45-0497; v. CO_2 in Na-Boratschmelzen 49/50-0534; Entfern. v. CO_2 aus Erdgas durch – mit anorgan. Absorbenten 51/52-0517.

Löslichk. v. gasf. $TiCl_4$ in d. Alkalimetallchloridschmelzen 22-0514.

–: v. Pyridinbasen aus Kokereigasen mit H_2SO_4 11-2903; v. Acetylen in $CuCl_2$-Lsg. 14-0610; Löslichk.: v. Propylen in aromat. KW-Stoffen 15-2589; v. C_2H_2, Methylacetylen, Propadien u. Diacetylen in n-Octan 15-2592; v. Cyclopropan in niederen Alkoholen 19-0935; v. Äthylen, Propylen u. Buten-(1) in wss. $PdCl_2$-Lsg. 22-0518; v. C_3H_2 in Methanol 26-2712; v. CH_3Br in 1.2.4-Trichlorbenzol u. Nitrobenzol 30-0601; v. Acetylen in Aceton bei niedr. Temp. 40-0909; –: v. Äthylen in H_3PO_4 46-0683; v. KW-Stoffgasen in Kerosin 47-2267.

Absorption spezieller Gase durch feste Stoffe

Löslichk. v. He in UO_2 11-0578; Aufnahme v. Ar, Rn, Kr u. X in mechan. bearbeitete Festkörper (Triboabsorpt.) 34-0711.

Vgl. d. Bldg. u. Zerfall d. Syst. Ni/H u. Ni/D 7-0641; Löslichk. v. H_2: in festem Nb 11-0576; im Syst. $CaO/Al_2O_3/SiO_2/FeO/MnO/MgO/Fe_2O_3/Cr_2O_3$ 11-0577; H-Absorpt.-Isothermen in Pd-Leg. (gasvolumetr. Mess.) 11-0579; – v. elektrolyt. erzeugtem H_2 (Diskuss.) 12-0622, 12-0623; Löslichk. v. H_2 in Metallen (allg. theoret. Betracht.) 14-0615; – v. H_2 in Ti-Filmen (Bldg. v. TiH_x) 16-0509; H-Aufnahme u. Hydridausscheid. v. α-Ti u. Ti-Leg. 16-2372; H-Löslichk. in Zn–Al–Cu-Druckgußleg. 20-2394; Löslichk. v. H_2 in festen Fe-Leg. 21-0550; Einfl.: d. Schmelzbeding. auf d. H-Löslichk. v. Al-Gußleg. 25-2196; d. Schlackenzus. auf d. H-Löslichk. im Syst. $CaO/Al_2O_3/SiO_2$ 30-0489; Modell d. – im Syst. Pd/H 30-0512; Einfl. d. Oxidschichtbldg. auf d. H-Aufnahme v. Zircaloy 30-2410; Berechn. d. Ostwaldschen Löslichk.-Koeff. für H-Atome in Propylen 34-0990; Einfl. v. Elementen auf d. H-Löslichk. in Mg-Leg. 36-2285; H-Löslichk. in Zr-Leg. 44-0564; Einfl.: v. W auf d. H-Löslichk. in Fe–W-Leg. 44-2240; v. Mn auf d. Löslichk. v. H_2 in Pd–Mn-Leg. 49/50-0647.

Gleichgew. bei Lsg. v. O_2 im Spinellgitter v. Ferriten 16-0547.

Löslichk. v. W.-Dampf u. H_2 in festen Oxiden 32-0548.

Löslichk.-Verschieb. v. N_2 im Fe durch Zusatzelemente 3-0607; Löslichk.-Grenzen v. N_2 in Fe (Diffus.-Vers.) 3-0608; Kinetik d. – v. NO_2 in CaO 7-3300; N-Löslichk. in α-Fe 12-2344; –: im Syst. N–Nb bei ultrahohem Vakuum u. hoher Temp. 20-0654; v. N_2 in Fe–Hf- u. Fe–Y-Leg. 22-2378; Löslichk. v. N_2 in Cr u. Ferro–Cr-Leg. (Übersicht) 23-2346; Kinetik d. Entgas.: v. Nb/N-Mischkrist. im Hochvakuum 24-0549; v. Metall–N_2-Mischkrist. 26-0650, 26-0651; – v. NH_3 durch Ionenaustauscherharze unter dynam. Beding. 39-2000; Gleichgew. zwischen Gasphase u. ihrer festen Lsg. im Metall (N_2, O_2 u. H_2O mit Nb) 40-0534; Kinetik d. Entgas. v. Metall–N_2-Mischkrist. 40-0598; Löslichk. v. N_2 im SiC-Gitter 45-0524.

– v. Cl_2 durch Ionenaustauscherharze 39-2000.

Aufnahme v. CO_2 durch mechan. bearbeitete Festkörper 34-0711.

–-Vol. v. Kohle verschiedener petrograph. Zus. für CH_4 19-2801.

Absorptionsverfahren und Absorptionsapparate

Trocknen v. Gasen durch – bei tiefen Temp. (Übersicht) 2-2792; –-Meth. zur Spurenunters. u. Mikroanalyse v. Gasen u. Dämpfen 3-1946; Intensivier. d. Stoffübergangs im Syst. Fl./Gas durch Pulsat. 6-2079; Trennen v. H_2 u. CH_4 durch – mit fl. KW-Stoffen (Verf.-Schema) 8-2611*; Entgasen v. Fl. durch Desorpt. 12-2103*; Verf. zur –-Mess. bis *100* at Druck 20-0523; App. zur Mess. d. Löslichk. v. Gasen in Fl. 23-1867; –-Meth. zur Best. d. Geschw.-Konst. mäß. schneller chem. Rk. 24-2741; –-Wirksamk. v. drei Waschflaschenarten bei geringen Konz. 25-0539; chromatograph. Best. d. Löslichk. v. Gasen u. Dämpfen 26-0929; – mit Absorbentrückführ. 30-2099; Intensivier. d. – durch Pulsat. 31-2086.

Mehrstufenabsorber mit Fl.-Umlauf 1-2207; Entw. v. Füllkörperabsorpt.-Kolonnen für NO_2 3-2148; Konstrukt. v. Gasabsorbern 5-2206; Grundlagen d. Berechn. v. –-Kolonnen (Übersicht) 9-2221; Druckverlust u. Leist.-Fähigk. v. –-Füllkörpersäulen 10-2225; Arbeitscharakteristika d. Resonanz-Blasen-Kontaktors 10-2226; rotierende Filmabsorpt.-Kolonne 14-2154; Vgl. d. Wrkg.-Grades v. Rektifikat.- u. Absorpt.-App. 15-2150; Wrkg.-Grad-Koeff. v. –-App. 17-2132; App. für d. selektive – aus Gasgemischen 26-2193; Hochgeschw.-Gleichstromzerstäuber bei d. – leichtlösl. Gase 39-2017; Berechn. v. Füllkörperkolonnen für – oder Desorpt. schwerlösl. Gase 40-2003; Steuer. v. Füllkörperabsorbern 40-2004; Anordn. zur – durch Fl. 42-1997; Optimier. einer Anlage zur absorptiven Butadiengewinn. 42-2465; Stoffaustauschkolonne zur – v. Gasen oder Dämpfen durch Fl. 44-2005*; Berechn. einer Anlage zur Isobutylen-– durch H_2SO_4 46-2036; simultane Optimier. u. Einschwingverh. v. Füllkörpersäulen zur – 51/52-1992.

Absorptionsmittel

Herst. v. N.N-disubstituierten Hydrazinen zur – 2-2664*; –-Mittel für CO_2 (Vgl. d. Wrkg.-Grade) 5-2111; Herst. v. absorbierenden Massen für saure Gase 7-2282*; Vgl. d. Absorpt.-Fähigk. v. Waschölen für Bzl. u. Toluol 8-2797; –-Patrone für Atemgeräte 15-2199*; Bewert. d. Absorpt.-Fähigk. v. Gaswaschölen 15-2768; Verw. v. Solaröl für d. – v. Benzolen 21-2931; Herst. v. teilweise ozonisierten KW-Stoffen als –-Fl. 36-2397*; –-Massen für transparente Atemfilter 39-2039*; –-Mittel für ungesätt. KW-Stoffe (einwert. Cu-Komplexe) 39-2423*; Herst.: v. Austauschmasse für Atempatronen 43-1962*; v. –-Mitteln aus Cellulosefasern 48-2080*.

Bibliographie

Gasabsorption [russ.] B 34; Physikalisch-chemische Untersuchung natürlicher Sorbenten und eine Reihe analytischer Systeme [russ.] B 94; Absorption in gas-liquid dispersions: some aspects of bubble technology B 78.

Gasanalyse

–: mit Hilfe d. Gaschromatographie s. unter *Chromatographie*; mit Hilfe d. *Massenspektroskopie* s. dort. Best. radioakt. Stoffe in Gasen s. unter *Kernumwandlung* (*Darst., Abtrennung und Analyse von radioaktiven Nukliden*); gasanalyt. Verf. bei d. *Blutanalyse* und *Elementaranalyse* s. dort.

Gasvolumetr. Best. mittels Injekt.-Spritzen (Best. v. Hypophosphit) 1-2061; Spurenunters. u. Mikroanalyse v. Gasen u. Dämpfen (Adsorpt.-, Desorpt.- u. Absorpt.-Meth.) 3-1946; Anwend. einer Thermoionenquelle für positive Li-Ionen zur Analyse einiger Gasgemische 4-1850; modifizierte Gasbürette nach Bunte 5-2027; Anwend. eines gleichzeit. mit zwei verschiedenen Trägergasen arbeitenden Katharometers 5-2028; Herst. v. Gasen zur Best. niedr. Geh. an Gasen u. Dämpfen in d. Luft 6-1886; Best. v. Schwebestoffen in Gasen 6-2716; prakt. Aspekte d. Analyse durch Wärmeleitfähigk.-Mess. 8-1949; automat. Gasanalysator 8-2111; potentiometr. Titrat. oxydabler Gase mit Luft in Festelektrolytzellen 13-0631; Mikrogasbürette 15-1942; Anwend. eines IR-–-Geräts 18-1949; Arbeitsweise d. Gow-Mac-Gasdichtewaage 25-1758; techn. Analysen durch opt. Meth. (UV-Gasanalysator ohne Dispers. u. seine Anwend. zur quant. Best. v. Spuren gift. Gase u. Dämpfe in d. Luft) 25-1862; Grubengasinterferometer GASI 29-2087; einige App. für kinet. Mess. nach d. gasometr. Meth. am Beispiel d. katalyt. H_2O_2-Zers. an $CoZnO_2$ 30-0620; Zusatz zu Photokalorimetern d. Typs FEK zur – 30-1928; Vakanzchromatographie mit Flammenionisat.-Detektor zur Best. v. Gasmikrovol. u. ihre Anwend. für d. Unters. heterogener Prozesse 33-1940; opt.-akust. Gasanalysator mit festem Skalennullpunkt 33-1955; Einricht. zur Gasunters. unter stat. Beding. 35-1929; auf therm. Modulat. d. Kontaktpotentials beruhender Detektor für polare Gase 37-1801; UV-Gasanalysator ohne Dispers. u. seine Anwend. zur quant. Best. v. Spuren tox. Gase u. Dämpfe in d. Luft 39-1858; Katharometer 41-1856; – über Vorvakuum–Öldampf-Sperren 43-1742; Radiolumineszenzanalyse (Radiolumineszenzbest. einiger Gase) 44-1801; flexible Gasküvetten für d. IR-Spektroskopie 47-1774; Entw. u. Erprob. eines opt.-akust. Miniaturgasanalysators 49/50-1701.

Analyse d. beim Abschmelzen v. kommerziellen Gläsern entstehenden Gase 14-2088; Gasprobeentnahme für d. gasgekühlten Hochtemp.-Reaktor v. BBC/Krupp 32-2064; Ermittl. d. Stoffbilanz d. HNO_3-Fabrikat. aus – (Nomogramm) 20-2192; neue Meth. zur Analyse vulkan. Gase im Feld 37-0788; gasanalyt. Unters. d. Zus. vulkan. Gase 35-0865.

Bestimmung von Gasen in anderen stoffen: Heißextrakt.-App. für d. routinemäß. Best. d. Gasgeh. in Metallen 2-2122; einige Varianten d. Anordn. zur Best. v. Gasen in Metallen über eine spektrale Unters. d. Isotopenausgleichgew. 49/50-1859; – in Stählen nach d. Vakuumheißextrakt.-Meth. 21-2188; automat. Best. v. Gasen in Stahl mit d. Exhalographen 37-1930; Best. gelöster Gase in fl. Titantetrachlorid 32-2014; Analyse v. Gasen in Stählen nach d. Vakuumheißextrakt.-Meth. (kondensierter Film auf d. Innenwand einer App. zur Vakuumheißextrakt.-–) 21-2188; Meth. zur Best. d. Gase in Cu-Guß 3-2412; Herst. eines Geräts zur – v. Al im Werk 7-2119; Best. v. Gasen in Metallen 3-1994; – in Stählen 3-2096; Analysengerät für d. routinemäß. Best. d. Gasgeh. in Metallen 2-2122; Erprob. einer Tiegelaufnahme aus pyrolyt. Bornitrid bei d. – in Metallen nach d. Trägergasverf. 10-2162.

Gase

Spezielle – s. unter d. betreffenden Stichwörtern. Gasionen s. unter *Ionen*. Siehe auch *Dämpfe*.

Industrie-– (Fortschrittsbericht) 26-2163.

Darstellung und Behandlung

Gasabsorption; *Gasreinigung*; *Gasverflüssigung* s. dort.

Trenn. v. Gasisotopen s. unter *Isotope*.

Verbessertes Verf. zur Erzeug. v. Gasatomen 49/50-0188.

Ausleg. v. Schaumkolonnen zur Trockn. v. – 4-2041; Ventil für aggressives – u. Fl. 5-1994; Umlaufpumpe hoher Leist. für –-Syst. oberhalb Atmosphärendrucks 5-1995; wartungsfrei arbeitende –-Umwälz.-Pumpe 6-1843; Herst. poröser Massen aus Zement für d. –-Speicher. 7-2286*; Erzeugen eines unter einem gewünschten Abgabedruck stehenden – 8-2152*; Trenneffekte beim Fließen zweier – mit hoher Geschw. 10-2228; poröse Massen zur –-Speicher. 12-2102*; Entgasen v. Fl. durch Entspann. u. Adsorpt. 12-2103*; Trenn. v. –-Gemischen in gekrümmter Überschallström. 13-2230; Trenn. v. –-Gemischen in gasf. u. fl. Frakt. 18-2160*; Trenn.-Ausb. bei d. Diffus. nichtisotoper –-Gemische u. Vgl. v. Kapillar- u. Granularmodell d. porösen Trennwand 19-2145; Aufbewahren v. fl., normalerweise gasf. Stoffen in einem gekühlten Vorratsbehälter 29-2163*; Abtrenn. v. – u. Feststoffen aus Fl. 32-2118*; Trenn. v. –-Gemischen 32-2209*; Herst. hochporöser Kalksandsteinmassen zur –-Speicher. 33-2176*; Verw. v. PVC-Rohren für d. Transport v. – (physikal.-mechan. Eig. d. PVC-Rohre) 36-2627; poröse Membran zur –-Trenn. 38-2111*; App. zur schnellen Entgas. v. Fl. 41-1816; Regulierventile v. Kapillartyp für –-Ströme 41-1843; Stoffaustauschkolonne zum Trennen u. Mischen v. – u. Fl. 44-2005*; Entfern. v. – aus Metallschmelzen 47-1955; Trocknen v. feuchten – durch Gegenstrombehandl. mit fl. inerten Polyglykol 49/50-1949*.

Konstruktive Fragen bei d. Feinstbegas. v. Fl. 2-2161; App. zur Sättig. eines –-Stroms mit W.-Dampf v. belieb. Partialdrücken 3-1918; Erwärm. v. – durch Indukt. bei Radiofrequenzen 24-2103; Eig. poröser keram. Werkstoffe für d. –-Wärmetechnik 24-2309; Ausleg. v. Hohlrührern zur Fl.-Begas. (erreichbarer Stoff- u. Wärmeaustausch) 37-1971.

Physikalisches und physikalisch-chemisches Verhalten

Gasabsorption s. dort.

Wechselwirkung mit Elementarteilchen

Klass. Ableit. d. effektiven differentiellen Streuquerschnitts für Neutronen in einem einatom. – 12-0015.

Optische Eigenschaften

Anwendbark. d. Stör.-Meth. zur Lös. v. Phasenrelaxat.- u. Linienformproblemen in – 11-0113; Spektroskopie v. komprimierten – mit einem Michelson-Interferometer im fernen IR 22-0127; Sättig.-Phänomene bei d. Mikrowellenspektroskopie v. – 25-0153; adiabat. Theorie d. Form d. Spektrallinien in – im Rahmen d. Modells d. starren Kugeln 30-0101; Einfl. d. Eig. d. intermediären Zustandes auf d. Raman-Spektren v. – 32-0133; halbklass. Theorie v. Spektren u. Relaxat. in mol. – 37-0136; Bedeut. d. Linienverbreiter. durch Stöße v. –-Mol. beim erzwungenen Raman-Effekt 41-0374; Raman-Streuung d. Lichtes durch – im Bereich d. Absorpt.-Bande 42-0130; Bandmodelle für nichtisotherme strahlende – 44-0112; Erzeug. v. Summen-

modynam. Bezieh. für gemischte unlösl. Monoschichten an d. Grenzfläche Fl./Gas 17-0684; Mess. d. Oberflächenpotentials v. – an aufgedampften Metallfilmen 19-0663; differentielle Adsorpt.-Wärme v. – an Zeolith d. Form CaA bei niedr. Temp. u. Drücken 23-0640; Einfl. d. – -Adsorpt. auf d. Stufenbldg. an Metallkrist. bei höheren Temp. 26-0649; Oberflächenspann. v. fl. Bi in verschiedenen – 28-0610; Wechselwrkg. zwischen – u. Festkörpern 30-0579; An- u. Abtransport v. – auf Gras u. grasähnl. Oberflächen 30-0805; aktivierte Adsorpt. u. Ionisat. v. – an Metallen 31-0604; Oberflächenschicht v. Fl. an d. Grenzfläche v. – 31-0640; Fließen in Kapillarsyst. v. Syst. Fl./Festkörper/Gas 31-0641; Theorie d. Chemisorpt. in gleichsinn. gerichteten Ström. eines – 31-0650; Massentransportkoeff. d. Chemisorpt. v. – an Tropfen mit großen Durchmessern 32-0639; Sorpt. v. H_2 u. Ne durch Schichten kondensierter fester – 37-0649; Adsorpt. v. PbS an d. Grenzfläche Fl.–Gas 38-0619; Adsorpt.-Wärme v. – an Halbleitern d. Zinkblendetyps 39-0628; Wechselwrkg. v. – mit frischen Graphitoberflächen 42-0597; Best. v. Adsorpt.-Isothermen v. Stoffen aus – -Dampf-Gemischen 43-0599; statist. Mechanik d. Transportprozesses in adsorbierten – 43-0600; – -Festkörper-Wechselwrkg. (dielektr. Verh. v. an γ-Al-Oxid adsorbierten apolaren –) 46-0869; Mikropotentiale bei d. Adsorpt. mit diskreter Lad. in – -Syst. 47-0572; Wechselwrkg. v. – mit Feststoffen 48-0599; Bldg. v. Adsorpt.-Schichten auf d. Grenzflächen Fl./Gas 49/50-0595.

Eindringen v. – in ein mit Fl. gefülltes poröses Medium 5-0684; Diffus. v. – durch füllstoffhalt. Polymere 8-1225; Permeabilität v. Polyäthylmethacrylat für – 9-1209; Lsg. u. Diffus. v. – in Siliconkautschukmembranen 9-1225; – -Diffus. durch ruhende u. belastete Membranen 9-2217; experimentelle Bestätig. für d. Theorie d. therm. Transpirat. v. – nach d. Modell eines staub. – (dusty gas) 14-0585; – -Durchlässigk. v. dichten mullitkeram. Stoffen bei hoher Temp. 16-2241; Trenn. v. – durch Zeolithe 17-0690, 17-0691; Diffus. u. Lsg. v. – in zusammengesetzten Kautschukmembranen aus Crepe-Kautschuk u. Silicon-Kautschuk 21-1242; Vgl. v. Hg- u. – -Porosimetrie zur Unters. d. Struktur poröser Elektroden 22-0605; Diffus. v. – in Polyäthylenterephthalat 22-1066; hydrodynam. Mischen v. – in einem porösen Medium mit stagnierenden Zonen 24-0642; – -Löslichk. in Polymeren 25-0657; Durchgangsström. v. – durch ein poröses Medium unter Turbulenzbeding. 26-0642; Löslichk. v. – in orientiertem Polyäthylenterephthalat 33-1171; Diffus.- v. – in unter Einw. ionisierender Strahl. stehendem Polyäthylen 34-1146; – -Transport in therm. behandeltem linearem Polyäthylen 35-1163; Zugänglichk. einer Oberfläche für in Medien mit großen Poren diffundierenden – 36-2031; Ström.-Widerstand v. – durch poröse Schichten unter nichtisothermen Beding. 39-2018.

Intensivier. d. Grenzflächenwärme- u. -stofftransports in einer – -Suspens. durch fluktuierenden Resonanzstrom 1-2221; Mechanik v. großen – -Blasen in Rohren (Blasengeschw. in ruhenden Fl.) 5-2211; (Vorhersage d. Holdup in vertikaler – -Fl.-Ström.) 5-2212; Dynamik v. – -Blasen in allg. Temp.-Feldern 6-0666; Beweg. v. – -Blasen in fluidisierten Schüttgutschichten in rechteck. Säulen 10-2231; Dynamik geschoßförm. Blasen bei vertikaler – -Fl.-Pfropfenström. 38-2059; Best. d. Phasenkontaktoberfläche in hohen Durchperlschichten 39-2002; thermodynam. Unters. d. Wärme- u. Stofftransports im ungleichmäß. – -Suspens.-Strom 40-0460; Einfl. d. Schwerkraft u. d. Viskosität auf d. Wandbeweg. einer Dampf–Gas-Blase in einer nicht komprimierbaren Fl. unter d. Einfl. v. Ultraschall 42-0490; – -Geh. d. Durchperlschicht für Syst. mit einer festen Phase 46-2018.

Kräfte an Aerosolen in – -Misch. 19-0655; Samml. v. hochdispersen Aerosolen aus einem – -Strom auf ultradünnen Zylindern 26-0632.

Löslichkeit

Partielle Entmisch. v. – - u. Isotopengemischen durch Verdicht.-Stöße 2-0559; Stromlinien-Krümm.-Effekt auf d. Misch.-Geschw. innerhalb d. Grenzschicht v. – 14-0569; Löslichk.: v. Feststoffen u. Fl. in komprimierten – 16-0505; v. natürl. – in wss. Salzlsg. 18-0488; u. Lsg.-Entropie v. – in $(C_4F_9)_3N$, CCl_2F, $CClF_2$ u. 2.2.4-$(CH_3)_3C_5H_9$ 21-0982; chromatograph. Best. d. Löslichk. u. d. Lsg.-Wärme v. – 26-0929; Entropieänder. beim Mischen zweier verschiedener idealer, ionisierter – bei gleicher Temp. u. gleichem Druck 29-0525; Löslichk.: v. – in gemischten Lsgm. 32-0539; v. – in Fl. 44-1790; Dufour-Effekt in – u. therm. Diffus.-Faktoren in bin. – -Misch. 45-0479.

Chemisches Verhalten

Chem. Umsatz v. Mehrkomponenten-Gasgemischen an porösen Katalysatoren (Diffus.-Einfl. bei Knudsen-Diffus. im Porengefüge) 4-2079; (Diffus.-Einfl. bei normaler – -Diffus. im Porengefüge) 4-2080; Unters. d. Gleichgew. einer – -Rk. u. d. Gleichgew. zwischen einem Krist. u. seinem Dampf auf d. Grundlage d. mkr. Reversibilität unter Benutz. v. quantenmechan. Matrizen 45-0478; chem. Rk. u. Diffus.-Koeff. bei d. Wärmeleitfähigk. chem. reagierender – -Misch. 46-0513; Methodik u. App. zur Unters. d. Einfl. eines elektr. Feldes auf d. Radiolyse v. – 5-0748; Druckwellenerzeug. in einem spaltenden – (Einfl. v. Dissoziat. u. Vielphasenzus.) 15-0789; thermodynam. Meth. zur Ermittl. d. Dissoziat.-Wärme v. – 21-0513; Dissoziat.-Gleichgew. realer – aus d. quantenmechan. Clusterentw. 33-0539; thermokatalyt. Zers. v. CH_4-halt. – zur Herst. v. H_2 36-2129*; katalyt. Zerfall einfacher – an Metalloberflächen bei sehr niedr. Drücken 38-0677; Kinetik d. Rk. v. – mit fl. Fe (Ox.) 6-2421; Inhibit. d. C-Abscheid. in dielektr. – durch Zusatz v. SO_2, N_2O oder NO 18-2304; einfache – -Rk. für d. Unters. d. Chemilumineszenz 26-0712; Rk. Gas/Metall bei hoher Temp. unter bes. Berücksichtig. d. Syst. Nb/Gas 40-0534; Rk.-Kinetik mit überlagerten geschwindigkeitsbestimmenden Teilschritten bei d. Red. v. Hämatit durch – 42-0633; Protonenübergang u. Neutralisat.-Rk. in bestrahlten – bei Atmosphärendruck u. *–78* bis *+25°* 51/52-0582; Gleichgew. u. Kinetik d. Rk. v. α- u. β-Ketten d. menschl. Hämoglobins mit – 45-1444; Einfl. d. – -Mediums auf d. Umsetz. v. ZrO_2 mit Ce-Oxiden 16-0529; Radiolyse in Misch. v. CH_4 mit inerten – bei verschiedenen Zus. 45-0929.

Physiologisches Verhalten

Polarograph. Unters. d. Einfl. v. – auf d. Hydrathülle d. Alkoholdehydrogenase v. Hefe 6-1247; – -Austausch d. Algen (Wrkg. v. Einw.-Dauer, Lichtintensität u. Verteil. d. Spektralenergie auf d. Quotienten d. Photosynth. bei Chlorella pyrenoidosa) 13-1545; Wrkg. auf d. Bewurzel. v. Nelken 7-1542; Strahlenschutzwrkg. v. Inert- – u. niedrigmol. Narkotika (Transportweg d. O_2 u. Lokalisat. d. Diffus.-Behinder. bei d. Bestrahl. v. Bohnenpflanzen in Ggw. v. komprimierten –) 22-1308; Vgl. d. Strahlenschutzwrkg. komprimierter – bei Bohnen 40-1407; Einfl. d. Hydrocortisons auf d. – -Umsatz 6-1498.

Verwendung

Regel. v. Schutzgasatmosphären für Aufkohl.-Öfen (Vgl. v. Ultrarot- u. Kohlewiderstandsgeräten) 36-2254; Verhinder. v. Verstopf. in Raffinerien durch Lager. unter Schutz- – 9-2925; Paraffinflotat. unter Einleiten reaktionsfäh. – 28-2756*; Verw.: v. – zur Herst. einer stabilen, komprimierbaren Schmiermitteldispers. für Ventile 47-2423*; v. inertem – zum Konservieren v. Wein in Behältern 7-3453*; Herst. v. – -Gemischen zur Erhalt. v. Lebensmitteln durch Verbrennen eines KW-Stofftreibstoffs 48-3274*.

Untersuchungsmethoden

Chromatographie; *Gasanalyse*; *Massenspektroskopie* s. dort.

Meth. zur Mess. sich schnell ändernder Temp. v. – -Ström. 1-1981; Mess. kleiner – -Mengen unter Druck in Industrierk.-Gefäßen 3-1925; Tandel, ein Gerät zur Mess. v. Wärmeleitfähigk., Druck u. Geschw. v. – 4-1839; photoelektr. Zeitnehmer zur Blasenmeßmeth. bei – -Geschw.-Mess. 5-2006; Zelle: für Kontaktpotentialdifferenzmess. durch Verfolg. d. Elektronenaustrittsarbeit bei d. Adsorpt. v. – an Katalysatoren 8-0713; zur Mess. d. DK v. – 9-2026; Impulsgeber zur Mess. d. Wärmeaustausches in einem ionisierten – -Strom 10-2011; – -Messer für sehr niedr. Ström.-Geschw. 11-2006; Mess. v. – -Geschw. nach d. Strahl.-Modulat.-Verf. 16-1821; App. zur Dosier. kleiner – -Mengen 16-1841; App. zum automat. Aufzeichnen d. Drucks eines sich entwickelnden – 17-1903; Mess. hoher – -Temp. unter Benutz. kollidierender Stoßwellen 21-0173; Anwend. v. β-Strahlen zur – -D.-Mess. 21-2040; App. zur Dampfdruckmess. v. Gemischen u. d. Löslichk. v. – in Fl. 23-1867; automat. Mess. v. Vol.-Änder. eines – 23-2088; App. zur Best. d. Thermodiffus.-Koeff. in – -Gemischen 24-0501; Mess. d. Aktivitäten v. – mittels einer sphär. Ionisat.-Kammer 26-2041; Auswert. v. Interferogrammen bei d. Unters. v. Konz.-Feldern gasf. Beimeng. 26-2224; Meth. zur Best. vermutl. Ursachen v. – -Einschlüssen in Glas 26-2401; App. zur Mess. d. spezif. Wärme C_p v. – bei Temp. v. *20* °K u. höher sowie Drücken bis *500* at 28-1967; Auswahl v. niedr. Durchlaßfiltern für Stoßröhreninstrumentat. 31-1910; Stoßröhrenindukt.-Fließmesser 31-1911; D.-Sonde unter Verw. eines Lasers zur Mess. d. D. v. – 32-0483; Meth. zur Unters. d. Thermodiffus. in einem Gemisch v. – u. Dämpfen 34-0529; Erweiter. d. Bereichs d. mit – -D.-Detektoren bestimmbaren Mol.-Massen 34-1968; App. zur Unters. d. Ionisat. v. – vor d. Durchschlag bei hohen Spann., hohen – -Drücken u. großen Elektrodenabständen 34-1990; Sorboprint als ein neues Gerät zur fortlaufenden digitalen Mess. kleiner – -Mengen 36-2057; magnet. Meth. zur Mess. d. elektr. Leitfähigk. ionisierter – 38-0201; Best. v. Gew. u. Vol. strömender – 38-2080; zuverläss. Submikrodruckanzeigen v. – mit einem Kapazitätsmanometer 41-1837; Durchflußmess. strömender – durch einen Rohrkrümmer 51/52-1732; sehr genaue Meßgeräteeich. für verschiedene – 51/52-1758.

Bibliographie

Gasdynamik B 18; Technologie der Gaserzeugung. Bd. *2*: Vergasung B 24; Nichtstationäre Probleme der Gasdynamik B 50; Gleichgewichts-Zusammensetzung von Spalt- und Vergasungs-Gasen. Berechnung mit Hilfe von Koeffizienten B 71; Berechnung thermodynamischer Stoffwerte von Gasen und Flüssigkeiten B 90.

Lagerung von verflüssigten technischen Gasen bei niedriger Temperatur [russ.] B 14; Geochemie der Gase der Erdrinde und Atmosphäre [russ.] B 67; Gaseinführung und Entgasung von Spülflüssigkeiten [russ.] B 87.

Who's who and register of the gas industry *1966* B 1; Mechanics of liquids and gases B 3; Radiative contributions to energy and momentum transport in a gas B 3; The gaseous state B 3; Theory of elementary gas reaction rates B 4; The international encyclopedia of physical chemistry and chemical physics. Vol. *1*: Theory of elementary gas reaction rates B 4; The gas industry: today and tomorrow B 7; Radiation gas dynamics B 18; The properties of gases and liquids: their estimation and correlation B 26; Gases and plasmas B 34; Gas phase reaction rate theory B 35; Electrons, neutrons and protons in engineering: a study of engineering materials and processes whose characteristics may be explained by considering the behavior of small particles when grouped into systems such as nuclei, atoms, gases, and crystals B 38; Waves in liquids and gases B 43; Handbook of generalized gas dynamics B 50; Kinetic equations of gases and plasmas B 50; Thermodynamic properties of combustion gases B 50; Theory of thermally induced gas phase reactions B 50; Introduction to electrical discharges in gases B 58; Thermal properties of matter; vol. *1*. Kinetic theory of gases B 58; Spectroscopics gas temperature measurement: pyrometry of hot gases and plasmas B 61; Handbook of compressed gases B 63; Dielectric behavior of physically adsorbed gases B 66; Who's who and register of the gas industry B 73; Ionization and breakdown in gases B 74; The solid-gas interface. Vol. *1* B 75; Rarefied gas dynamics; proceedings. 5th. *2* vols. B 82; The photochemistry of gases B 82; Gas lasers B 90; International Symposium on Rarefield Gas Dynamics. Proceedings. 5th, *1966*, Oxford University. Vol. *1*. Vol. *2* B 90; Microwave breakdown in gases B 90.

Compte rendu du *82*[e] Congrès de l'industrie du gaz, Deauville, *1964* B 31; Le guide du pétrole, gaz et chimie. Annuaire *1966* B 65.

Gasentwicklungsapparate, App. zur gleichzeit. Differentialthermo-, Gasentw.- u. massenspektroskop. Analyse 7-2079.

Gasöle, Herst. leicht abtrennbarer u. auswaschbarer Harnstoffeinschlußverb. aus – 1-2643*; Extrakt. v. KW-Stoff aus – durch Furfurol 1-2871; chromatograph. Unters. v. – -Frakt. (Unters. d. Harnstoffaddukts) 3-2754; Gewinn. v. leichtem – (Hydrokrackverf. v. Gulf) 4-2668; Verhindern d. Verschmutz. v. Rohrleit. für – 4-2685*; Gewinn. leichtschmelzender Paraffine aus Dieseldestillaten v. Dolina- u. Bitkovo-Erdölen 5-2857; Alkalibehandl. v. – (Entfern. d. sauren organ. Stoffe) 5-2887*; Selbstentzünd. v. homogenen Gemischen v. Luft u. – 7-2868; Routinebest

Gasreinigung

Gastrocknung, mechanische Reinigung, Entstaubung

Reinigung verschiedener Gase

Entfernung bestimmter Stoffe aus Gasen

Bibliographie

bei niedriger Temperatur [russ.] B 14; Verflüssigung von Kohlenwasserstoffgasen [russ.] B 95.

Gaultherin s. unter *$C_{19}H_{26}O_{12}$*.

18G2AV s. unter *Eisen, Schmiedeeisen und Stahl (Sondermarken)*.

10G2B s. unter *Eisen, Schmiedeeisen und Stahl (Sondermarken)*.

GC-1283 s. unter *$C_{10}Cl_{12}$*.

GC-3707 s. unter *$C_9H_{15}O_8P$*.

GC-4072 s. unter *$C_{12}H_{14}Cl_3O_4P$*.

GC-6506 s. unter *$C_9H_{13}O_4PS$*.

GC-6936 s. unter *$C_{20}H_{18}O_2Sn$*.

GC-8993 s. unter *$C_{18}H_{15}ClSn$*.

GC-9160 s. unter *$C_{17}H_{12}Cl_{10}O_4$*.

15GChVL s. unter *Eisen, Schmiedeeisen und Stahl (Sondermarken)*.

GD 42 s. unter *$C_8H_{21}O_3PS$*.

GDP s. unter *$C_{10}H_{15}N_5O_{11}P_2$*.

GED s. unter *$C_6H_{16}N_6S_2$*.

Gedrit, orthorhomb. — in metamorphen Rk. 21-0901.

Gedunin s. unter *$C_{28}H_{34}O_7$*.

Gefäßmittel s. unter *Arzneimittel, Herz- und Gefäßmittel*.

Gefrieren s. unter *Schmelz- und Erstarrungsvorgänge*.

Gefrierpunkt s. unter *Schmelz- und Erstarrungsvorgänge*.

Gefrierpunktserniedrigung s. unter *Kryoskopie*.

Gefrierschutzmittel s. unter *Frost- und Gefrierschutzmittel*.

Gefriertrocknung s. unter *Trocknen und Entwässern*.

Gefüge

— v. Metallen s. unter *Metallographie*.

Korngrenzen; *Kristallbaufehler* s. dort. Oberflächen- u. Schichtenstrukturen s. unter *Oberflächen-Oberflächenschichten* bzw. unter *Schichten, dünne*.

Siehe auch *Porosität*.

Modell für d. Zusammenhalt v. Mehrphasen (Domänen- u. Sinter-) Strukturen 1-0224; elektronenmkr. beobachteter Beug.-Kontrast v. kleinen Hohlräumen in einem festen Körper 4-0201; Ableit. d. Winkelverteil. v. Facetten aus Ebenen durch Schnittmeth. 4-0207; Kornwachstum in porösen Körpern 13-0667; Probenfehler bei d. Best. d. Länge v. Kornkanten 19-0223; empir.-statist. Unters. dreidimensionaler —-Diagramme bei strukturellen Analysen 33-0807; Zusammenhang zwischen Festigk. u. — 33-2392; Unters. d. Mechanismus d. Hohlraumbldg. durch Korngrenzenkriechen mittels elektronenmkr. Schattenaufzeichn. 36-0197; Gewinn. vergrößerter Röntgenreflexogramme v. d. Oberflächen eines gebogenen Krist. mit Blockstruktur 37-0234; Abschätz. d. Diederwinkels zwischen Kugelteilchen aus Mess. an Anschliffen 41-0228; Schichtstruktur mit ungewöhnl. Symmetrie 41-0279.

Mikrostruktur v. faser. S 17-0246; Strukturveränder. in Graphit beim Verschleiß 3-2478; Mikrostruktur v. pyrolyt. C-Abscheid. 17-0247; Elektronenmikroskopie v. Graphitkristalliten in Metaanthrazit 23-0795; Makroaufnahmen (photograph.) v. Graphit zur Kenntlichmach. d. eutekt. Korns 38-2441; Nachw. d. Entsteh. v. speziellen Dotier.-Inhomogenitäten in stark dotierten Si-Einkrist. durch Ätzvers. 21-0224; elektronograph. Unters. d. Blockstruktur v. Al-Kondensaten 29-0232; Mikrostruktur v. $AlZr_2$ 21-2544.

Mkr. Beobacht. v. Krist.-Blöcken aus synthet., unter Zusatz v. Cr-, Mn- oder Cu-Ionen hergestelltem Glimmer 17-0240; basale Quarzdeformat.-Lamellen durch Stoßeinw. 21-0892; d. Mikrostruktur: v. einigen Chalkogeniden u. Mischkrist. auf ihrer Grundlage 21-0203; rasch abgekühlter (K, Na) (Cl, Br)-Mischkrist. während d. Zers. 2-0227; geregeltes Magnesit-— 9-0262; Kornwachstum in Fe- oder Ti-Oxid-halt. MgO 13-0247; Mikrostruktur: v. MgO-Spaltflächen 14-0259; v. Explos.-Stoßwellen ausgesetzten MgO-Krist. 16-0242; innere Oberflächen in MgO 34-0290; — im Marmor v. Auerbach/Bergstraße 36-0844; Besonderh. d. inneren Struktur v. kollomorphem Sphalerit 41-0827; Variat. bestimmter Struktureig. v. Al_2O_3 in Abhängigk. v. d. bei d. Herst. verwendeten Netzmittel 5-0791; Zusammenhang Struktur–Eig. in Sitallen d. Syst. $SiO_2/Al_2O_3/MgO$ 7-0598; Einfl. v. Metalloxiden auf d. Oberflächenkornwachstum v. Al_2O_3 12-0240; Aktivier.-Energie d. Kornwachstums in Al_2O_3 33-0262; lamellares eutekt. — v. InSb u. Mg_3Sb_2 17-0606; Mikrostruktur: v. Ti-Diborideinkrist. 22-0241; eines Halbleiters mit ZrO_2 als Basis u. Cu_2O als Beimeng. 20-0210; metallograph. Unters. v. grenzflächenlegierten GaAs/Ge-Zellen 4-0232; Mikrostrukturen im Syst. Ta/C 31-0285; Adersubstruktur in Mo_2C-Einkrist. 48-0220; —-Unters. v. bestrahltem UO_2 mit d. Elektronenmikrosonde 3-0350; Kornwachstum in reinem u. mit TiO_2 dotiertem UO_2 12-0243; Strukturunters. v. bestrahlten UO_2-Kernbrennstoff durch Radiographiemeth. 18-2185; Einfl. v. organ. Zusätzen auf d. Säulenkornwachstum v. gesintertem UO_2 32-0228; Einfl. v. Strukturänder. bei UO_2-Kernbrennstoff auf d. Leist.-Ausstoß 32-2137; Best. d. Mikrohomogenität v. gesinterten UO_2–PuO_2-Brennstoffpellets mittels Autoradiographie 8-2175; $MgO/MgFe_2O_4$-Mikrostrukturen 6-0261; elektronenmkr. u. Mikrobeug.-Unters. opt. homogener Titanomagnetite an ultradünnen Schnitten 28-0814; natürl. Hämatit-— (plast. Verform. v. Hämatit im Korn u. —) 37-0832; Veränder. d. Mikrostruktur d. Syst. $CoO/ZnO/H_2O$ während d. Wärmebehandl. 18-0506; röntgenograph. Unters. an einem Ni-Hydrierkatalysator 1-0668; Struktur v. Koks 7-0265; metallograph. Unters. an Metall–Keramik-Schichten 11-2552; Anwend. v. Abdrücken mit Extrakt. zur Unters. d. Mikroinhomogenitäten v. Erzmineralien 16-0738; Bldg. d. Mikrostruktur v. ton. Sedimenten im Magnetfeld 16-0789; elektronenmkr. Unters. d. Struktur v. Lampenruß 20-0205; Struktur hochfeuerbeständ. Porzellans 22-2288; —-Analyse v. Disthen aus syntekton. Disthen–Quarz-Gesteinen 24-0829; Zusammenhang d. Struktur v. krist. Hochofenschlacken mit physikal. Eig. ihrer Schmelzen 29-0524; Strukturverhältnisse innerhalb d. „induktiven" graph. Pegmatite 32-0788; Kornwachstum u. Verdicht. v. Bi-halt., heißgepreßter Zirkon–Pb-Titanat-Keramik 32-2291; Anwend. d. Mikrobeug.-Meth. zur Unters. d. radial-zonalen Aufbaus v. Halloysitkristalliten 37-0265; Struktur poln. gemahlener Kreide 39-2070; spontane Bldg. v. großen Lamellen bei ox. Ruß 43-0258; Mikrostruktur: d. kohl. Chondriten Orgueil 49/50-0724; v. Alitzementstein (hydratisiertem Tricalciumsilicat) 51/52-0638.

Korn-, Kristallitgröße: Teilchengrößebest. eines Ni-Hydrierkatalysators in verschiedenen Red.-Stufen 1-0668; Wachstums- u. Schrumpfgeschw. v. Teilchen d. zweiten Phase v. verschiedenen Größenverteil. 2-0195, 2-0196; Röntgenanalyse d. Kristallitgröße in Glaskeramiken 4-2201; Kristallitgröße v. ThO_2 6-0259; Festigk.-Abhängigk. v. d. Korngröße an MgO-, Al_2O_3- u. BeO-Keramik 6-2285; Kornvergrößer. beim Sintern u. selektiver Rekristallisat. v. spektralreinem MgO mit Zusätzen v. HfO_2 8-0221; Bezieh. zwischen Korngröße u. Eig. hochreiner Ba-Titanatkeramiken 10-2425; Einfl. v. Metalloxiden auf d. Oberflächenkornwachstum v. Al-Oxid 12-0240; Kornwachstum: in reinem u. mit TiO_2 dotiertem UO_2 12-0243; in Fe- oder Ti-Oxid-halt. MgO 13-0247; in porösen Körpern 13-0667; in eine fl. Phase enthaltendem MgO 16-0177; Röntgenstrukturanalyse d. Kristallitgröße v. für Kernunters. bestimmten isotopen ungeordneten Targetschichten 16-0195; Best. v. Kristallitgrößenverteil. aus Linienprofilen v. Röntgenpulveraufnahmen 18-0204; Häufigk.-Verteil. d. Korngrößen v. Eis 21-0644; Bezieh. zwischen Korngrößenverteil. verschiedener metamorpher Minerale u. d. Keimbldg.- u. Wachstumsvorgängen 22-0762; Unsicherh. in d. aus d. Standardabweich. d. Röntgenlinien ber. Krist.-Größe (theoret. Unters.) 27-0236; Korngrößenanalyse d. Unteren u. Mittleren Buntsandsteins d. thüring. Werra-Kaligebiets 28-0778; Korngrößeneffekte in polykrist. keram. Stoffen 28-2321; Best. v. Kristallitgrößen-Parametern aus d. Röntgenlinienverbreiter. 29-0206; Vergröber.-Geschw. v. Teilchen im Syst. Metall/Oxidphase 29-0626; Kornwachstum in Al_2O_3 mit Ni-Zusätzen 33-0262; Einfl. v. Metalloxiden auf d. Oberflächenkornwachstum v. Al-Oxid 34-0251; fortgeschrittene Stadien d. spinodalen Entmisch. u. d. Beginn d. Teilchenvergröber. 34-0565; Temp.-Abhängigk. d. Korngröße v. $NbC_{0,80}$ 35-0238; Einfl. d. Korngröße u. disperser Teilchen auf d. Sprödbruch 35-0258; strahlungsinduzierte Änder. d. Kristallitgröße in pyrolyt. in einem Fließbett erzeugten Kohlenstoffen 37-0359; Abhängigk. d. Gitterkonst. v. MgO v. d. Kristallitgröße 39-0253; Abhängigk. d. Festigk. v. d. Korngröße in Polykrist. 39-0314; Krist.-Größen v. pyrolyt. C 41-0357.

Ausscheidungen, Einschlüsse: Einschlüsse in Gipsen aus d. Sahara 4-0806; Berechn. d. Leitfähigk. eines zylindr. Einschlüsse enthaltenden Mediums nach d. Meth. orthogonalisierter partikulärer Lsg. 6-0404; elektronenspiegelmkr. Beobacht. v. Verunreinig.-Ausscheid. auf einer Si-Oberfläche 7-0267; Verteil.-Koeff. verschiedener Elemente in tern. Halbleiter–Metall-Syst. 9-0607; Zus. fester Abscheid. in verschiedenen Gas–Fl.-Einschlüssen in Morion 11-0845; Versetz. u. Einschlüsse 16-0182; Krist.-Arten in entmischten u. nicht entmischten Thomas-Schlacken (Phasenzus.) 16-2331; krit. Eindringwahrscheinlichk. v. Fl. aus Reihenmeth. 17-0683; prim. Fl.-Einschlüsse in Fluoriten unter d. Elektronenmikroskop 21-0881; Ausschalt. d. streifenförm. Dotier.-Ausscheid. in InSb durch Zücht. in einem Magnetfeld 22-0228; Korngrenzenabscheid. in Oxidsyst. mit begrenzter Löslichk. 24-0226; Störstellenausscheid. in bin. Verb. 26-0255; Ausscheid.: v. P u. As in Si 27-0257; v. MgF_2 in LiF 29-0227; Möglichk. zur Koexistenz stabiler Ausscheid. v. Atomen d. gelösten Stoffs u. v. Keimen kohärenter Zentren einer neuen Phase im Feld d. elast. Spann. v. Kantenversetz. 31-0272; Ausscheid. v. Cu in Si-Einkrist. unterschiedl. Realstruktur 31-0282; Anwend. d. Elektronenbeug. bei extrem feinen Ausscheid. an d. Korngrenzen 31-2355; Einschlüsse v. Be-Oxideinkrist. 32-0224; Abhängigk. d. Menge d. krist. Phase (β-Celsian) v. d. Beding. d. Wärmebehandl. in Sitallen d. Syst. $SiO_2/Al_2O_3/BaO/TiO_2$ 32-0257; Ausscheid. an Korngrenzen u. an oxidkeram. Grenzflächen 33-0306; Verteil.-Koeff. verschiedener Elemente in Si 38-0558; Best. d. Tröpfchengröße durch Kleinwinkelröntgenstreuung bei metastabiler Entmisch. in Glas 39-0268; Verteil. v. B_2O_3, CoO, UO_3 sowie K_2O in Glasproben wechselnder Zus. 40-0226; SiO_2-Ausscheid. aus d. übersätt. Mischkrist. bei d. Versetz.-Bldg. u. -Beweg. 42-0245; durch Schraubenversetz.-Anhäuf. an starren kreiszylindr. Einschlüssen hervorgerufene Spann.-Verteil. 44-0279; Permeabilität, elektr. Leitfähigk., DK u. Wärmeleitfähigk. eines sphär. u. ellipsoidale Einschlüsse enthaltenden Mediums 45-0442; Verschieb. d. Röntgenbeug.-Reflexe v. Au-Teilchen in einer Kollodium–Amylacetat-Matrix beim Abkühlen 47-0296; Ausscheid. in MgO-Einkrist. 48-0213; Gaseinschlüsse in Schneekrist. 49/50-0229.

Mosaikkristalle: Verschlechter. d. Güte v. gezüchteten BeO-Krist. (Bldg. v. Mosaikbereichen) durch SiO_2 16-0175; Reflex. v. Röntgenstrahlen an gleichmäß. gekrümmten Mosaikkrist. 17-0224; Röntgenlinienbreite v. Polykrist. mit Mosaikstruktur 17-0225; Mosaikstruktur v. nach Verneuil gezüchteten Rubinkrist. 19-0239; Fortpflanz. v. unter Bragg-Beding. reflektierten Neutronen in abgegrenzten Mosaikkrist. 33-0236, 33-0237; Reflex. kollimierter Neutronen durch einen Mosaikkrist. 33-0238; mosaikförm. Plagioklasblockkrist. 46-0771.

Orientierung, Textur: Textur v. Se-Aufdampfschichten 4-0212; Nachw. desorientierter Kristallite in pyrolyt. Graphit durch Beug. langsamer Elektronen 4-0228; Einfl. d. Textur auf d. Lage v. Röntgenbeug.-Linien 7-0244; Darst. allg. Texturen (Orientier.-Verteil. d. Kristallite u. d. Korngrenzen eines polykrist. Materials) 8-0209; Orientier. d. Kristallite im aufgedampften CdS-Film 13-0273; „Röllchentextur" v. hohlen Chrysotilfasern 13-0859; bevorzugte Orientier. in keram. Materialien infolge d. Form.-Techniken 14-0260; Symmetrie d. Textur eines plast. verformten NaCl-Krist. 17-0260; gerichteter Einbau v. Schwermetallphasen, wie MoAs, CrAs u. VAs, in GaAs in Form v. parallel orientierten Nadeln 17-0604; Einfl. v. Variat. d. chem. Zus. glimmerähnl. Mineralien auf d. Intensitätsverteil. in Elektronogrammen v. Texturen 23-0260; Textur v. CdS-Filmen 24-0203; Parameter d. Vorzugsorientier. für pyrolyt. Kohlenstoffe 24-0216; Orientier. synthet. Korundeinkrist. 26-0216; Einfl. d. Krist.-Textur auf d. Linienbreiten in d. ESR v. synthet. Rubin 26-0371; Einfl. d. Natur d. Adsorbats auf d. Texturänder. v. Silicagelen im Verlauf d. Dampfsorpt. 32-0631; Textur u. Gefüge einer neuen Modifikat. v. U_3O_8· („p-U_3O_8") 33-0283; bevorzugte Orientier. v. durch Hydrothermalsynth. dargestellten plättchenförm. Mineralien 34-0862; Umkehr. d. Polfiguren für Materialien mit kub. Krist.-Symmetrie zur Best. d. Orientier.-Verteil. d. Kristallite 39-0236; Orientier. texturierter InAs-Schichten 39-0245; Theorie d. Teilchenorientier. in d. Massen aus phyllit. Mineralien 39-0825; Textur v. mit Ga dotiertem ZnO 41-0274; Orientier.-Grad v. pyrolyt. C 41-0357; Elektronenbeug.-Unters. d. Faserorientier. v. Einkrist. u. dünnen Schichten aus Te 49/50-0231; Orientier. d. glimmerart. Mineralien in Schiefer 49/50-0757.

Untersuchungsmethoden: Texturabb. mit Hilfe v. Einkrist.-Röntgengoniometern auf rotierendem Film 2-1971; Verf. zur Best. d. Teilchengröße u. Teilchenzahl in Trübgläsern 3-2306; photograph. Röntgen-—-Analyse 7-

2053; Anwend. d. Photometermeth. zur Best. kristallograph. Texturen v. Quarzen in metamorphen Quarziten 9-0857; Anwend. v. „Ionenätzen" zur Sichtbarmach. v. Mikroinhomogenitäten d. Minerale 9-0859; Verf. zur —-Entw. durch Interferenz-Aufdampfschichten für d. Auflichtmikroskopie 9-2579; Meth. u. Vorr. zur mkr. —-Unters. 10-2518; Anwend. d. Interferenzkontrastverf. zur —-Entw. 10-2519; röntgenograph. Meth. zur Unters. d. Substruktur im Oberflächenbereich v. Einkrist. 14-0229; Meth. zur präzisen Best. d. Orientier. aus Elektronenbeug.-Diagrammen 15-0248; quant. Meth. zur Unters. d. Orientier.-Verhältnisse zwischen Unterkörnern mit Hilfe d. Dunkelfeld-Transmiss.-Elektronenmikroskopie 24-0198; Verf. zur dreidimensionalen —-Beobacht. 41-2275; photometr. Meth. zur Best. d. bevorzugten Orientier. v. Krist.-Aggregaten in Dünnschliffen 44-1818.

Bibliographie: Mosaïques des surfaces B 34.

Gegenstromelektrolyse

Elektrolyse; *Überführung, elektrische* (*und Ionenbeweglichkeiten*) s. dort.

Einfaches Verf. für d. Gegenstromaustauschelektrolyse beim Syst. Pb/Tl 15-0657; Trenn. d. Li-Isotope durch Gegenstromaustauschelektrolyse 15-0658; elektrolyt. Isotopenanreicher.-Meth. im Elektrolyseur mit Zweiphasen-Gegenstrom 25-1962.

Konz.-Polarisat.-Effekte in einem osmot. Gegenstrom-Syst. 2-0659, 2-0660, 37-0634, 37-0635.

Gegenstromverteilung s. unter *Extraktion*.

Gehirn s. unter *Organe*.

Gehlenit, Bldg. v. —: bei d. Synth. d. Pyroxens 38-0864; bei d. Zers. v. Epidot in NaCl-Lsg. verschiedener Acidität u. Alkalinität bei *500*° u. *800* atm 42-0796; gemeinsame hydrochem. Verarbeit. v. — Dialuminat-Schlacken u. Nephelin 49/50-1980; Viskosität v. —-halt. Schlacke 29-0524; Lsg.-Wärmen v. Sr-Åkermanit u. d. festen Lsg. dieser Verb. mit Sr-— in *20,1*%ig. HF-Lsg. 3-0586; Rk.-Fähigk. v. Gläsern mit —- u. Åkermanit-Zus. 6-0776; Hydratisier. v. — 20-2314; Verh. v. —-Hydraten in gesätt. $Ca(OH)_2$-Lsg. 41-0542.

Geigy 13005 s. unter $C_6H_{11}N_2O_4PS_3$.

Gelatine

Siehe auch *Proteine*.

Unters., Beurteil. 27-3210; fluoreszierende Komponenten aus — (Isolier.) 24-1507.

Bildung, Darstellung: Darst. 19/2719*; **Einfl.:** v. Säuren auf d. Umwandl. v. Kollagen in — 36-3067; d. Hydrolyse auf d. Qualität d. aus Kollagen gewonnenen — 40-3185; Abhängigk. d. photograph. Aktivität v. — v. ihrem Herst.-Verf. 42-3150; Darst. u. Verw. 48-2985*; Verw. v. N-Sorboylaminocarbonsäuren zur Konservier. v. — 1-3390*; Schutz wss. —-Lsg. gegen Bakterienbefall durch Zusatz v. Antibiotika 3-3310*; Klär. v. —-Lsg. mit $Ca(H_2PO_4)_2$ u. $Al_2(SO_4)_3$ 9-2856*; Entfärb. u. Konservier. v. —-Lsg. mit mineral. u. synthet. Sorbentien 11-3412; Reinig. v. —-Lsg. v. Schwermetallsalzen 17-2620*; Darst. ionenarmer — mit Ionenaustauschern 24-3489; Fraktionier. v. wss. —-Lsg. mit Hilfe d. Schaummeth. 43-1754; Herst. v. —-Kapseln für Essenzen u. Aromen 48-3284*; Charakterisier. d. Abwässer aus —-Fabriken 2-2234; Kompostier. v. Abfällen d. —-Industrie 27-3148.

Physikalisches und physikalisch-chemisches Verhalten: N-endständ. Reste Acetongefällter kommerzieller — u. Änder. ihres scheinbaren Kettendurchschnittsgewichts 3-1192; Arten d. intermol. Vernetz. in — aus reifem, unlösl. Kollagen 10-1543; γ-Glutamylpeptidbind. in — 22-1089; Änder. d. Konform. d. — beim Schmelzen d. Gallerte 35-1210; Mechanismus d. Mutarotat. u. d. Gallertbldg. in —-Lsg. 38-1185; Einfl. v. — auf Krist.-Defekte elektrolyt. Cu-Nd. 47-0571; mechan. Verlust u. d. Schereig. v. — u. glasart. Gelatine–W.-Syst. 9-1231; Zugfestigk. v. verschieden behandelten —-Filmen 41-1149; Einfl.: auf d. Kinetik d. Elektrodenprozesse bei d. Auflsg. u. Abscheid. v. Cd 3-0655; auf d. Red. v. Aquopentamminchrom(III)-Ion an d. Hg-Tropfelektrode 15-0689; auf d. Anodenprozesse an d. Zn-Elektrode 21-0609; auf d. polarograph. katalyt. Effekt v. Cystin in Co(III)-Lsg. 22-0592; auf d. polarograph. Verh. eines Co/Cystein-Komplexes 22-0594; auf d. Potentiale d. Metallpulverbldg. an d. Hg-Tropfelektrode 29-0610; Polarographie v. Mn(II) in Ggw. v. — 30-0570; Einfl.: auf d. Fe-Geh. bei d. Abscheid. tern. Leg. aus dem Pyrophosphatbad Fe/Co/W 32-0603; v. mit Ultraschall behandelten —-Zusätzen auf d. Wachstum elektrolyt. Ag-Einkrist. 35-0577; auf ein Max. neuer Art in polarograph. Stromspann.-Kurven v. p-Dinitrobenzol 35-2030; auf d. polarograph. Verh. v. Ni(II)/Äthylendiamin-Komplexen 38-0611; Polarographie v. Metallion/—-Syst. 39-0606; Einfl.: auf d. Phasenstruktur elektrolyt. abgeschiedener Cu/Cd-Leg. 40-0558; auf d. polarograph. Diffus.-Grenzstrom 42-0574; auf d. polarograph., kinet. kontrollierten Ströme im Syst. Peroxodisulfat, Cu(II) u. einem Agens, d. mit d. freien Sulfatradikal reagiert 48-0584; Phasenübergang bei — 4-1180; Diffus. v. KBr durch —-Gele 11-3475; Diffus.-Koeff. v. O in Ggw. v. — 48-0576; Gleichgew. d. W. zwischen —-Lsg. u. Eis 16-1137; Einfl. auf d. Verkleister. d. Stärke 6-3226; Darst. v. koll. Au durch Behandl. v. Chlorogold(III)-säuren mit einer Misch. v. Glucose, — u. NaOH 8-0648; Bldg. v. Liesegang-Ringen durch CuS in — 9-0675; Liesegang-Ringe v. $CuCrO_4$ in —-Gel 9-0676; period. Fäll. v. HgS in — 9-0677; Verbesser. d. Flock.-Eig. v. — durch Behandl. mit Aldehyden 10-2773*; Einfl.: v. Heilstoffen auf d. Eig. v. —-Lsg. u. ihren Schäumen 18-1742; auf Formier. v. $Al(OH)_3$, Porenstruktur u. Adsorpt.-Eig. v. Al-Oxid 19-0671; Schaumbldg. in —-Lsg. 19-1780; Elektrodialyse 20-0606; Oberflächeneig. einer durch Misch. v. Casein u. — stabilisierten Öl/W.-Emuls. 20-0617; Einfl. auf d. Mitfäll. v. Cs mit KBF_4 22-0524; Bldg. v. Ultramikron-Ag-Teilchen in — 24-0636; Festigk. v. —-Gelen 25-1902; Bldg. v. —-Gel (beteiligte Bind.) 28-1198; Rigidität v. —-Glycerin-Gelen 28-1713; Erhöh. d. Viskosität v. — durch Zusatz organ. Diisocyanatdibisulfite 30-3197*; Verw. v. He bei Oberflächenspann.-Mess. wss. —-Lsg. mit Hilfe d. Blasenverf. 35-0596; Mechanismus d. Gelbldg. in —-Lsg. 35-1209; Bldg. v. Liesegang-Ringen v. $HgCrO_4$ in —-Gel in Ggw. v. HCl 38-0622; Verh. v. $CuCrO_4$ in —-Gelen 38-0623; Liesegang-Ringe im Syst. $AgNO_3/K_2CrO_4$/—-Lsg. 38-0624; Solubilisier. v. KW-Stoffen verschiedener Struktur in —-Lsg. 38-1186; Adsorpt. an Ag-Pulver 38-3250; Übergang v. Substanzen aus wss. Lsg. in —-Schichten 42-3149; Einfl. auf d. Adsorpt. v. Kolloidteilchen an d. Phasengrenzfläche Hydrosol/Festkörper 43-0594; Adsorpt. an AgBr-Mikrokrist. 44-3181; koagulierende Eig. v. 2.4-Disulfobenzaldehydpolyvinylacetal auf —-Emuls. 44-3185; Adsorpt. an suspendiertes AgBr 45-0601; Diffus.- u. Fäll.-Erschein. in fl. —-Lsg. 48-0587; Einfl.: d. pH auf d. Stabilität v. durch — stabilisierte Kerosin-Emuls. in W. 48-0590; auf d. Stabilität v. hydrophoben Ag_2S-Solen 48-0591; v. Na_2SO_4 auf d. Zustand d. Syst. —/2.4-Disulfobenzaldehydpolyvinylacetal 44-3179; v. Photo-— auf d. I-Aggregat. v. Carbocyaninen 46-3202.

Reaktionen: Deuteriumaustausch v. Peptidgruppenwasserstoffatomen während d. Übergangs v. — in d. Kollagenfalt. 14-1698; mechan. Abbau (Unters.) 2-1228; Photovernetz. in Ggw. photoreduzierender Farbstoffe 26-3572*; Einfl.: ionisierender Strahl. auf — 27-1171, 30-1717; v. γ-Strahl. auf ATP-Kreatinphosphotransferase u. — (Vgl.) 38-1298; strahlenchem. Ox. v. — im festen Zustand 10-1229; Red. v. Au(III)-Salzen durch — 5-0840; Rk. geringer Mengen v. Thiosulfat mit Photo-— 13-3600; Chlorier. (Verw.) 13-3138*; Wechselwrkg. v. Pb mit Transfus.-— (Komplexbldg. mit Assoziat.-Konst. u. ΔF) 15-0634; Kinetik d. photochem. Red. v. $K_2Cr_2O_7$ in wss. Lsg. durch — 25-0714; Umsetz.: v. Sn(II) mit Transfus.-— (Assoziat.-Konst.) 31-0590; v. Cu, Zn u. Cd mit Transfus.-— (Bind.-Verhältnisse) 39-0573; Hydrolysat v. — 49/50-1065; Härt.: mit Triazinderiv. 48-3319*; mit Aminophosphorylhalogeniden 9-3486*; Rk.: mit N-substituierten Maleimiden 5-3382*; mit einem autoxydierten Lipid 19-3233; mit N-Acetylhomocysteinthiolacton 31-1791*; Bind. d. Sulfonamide an — 38-1661; Polysaccharid-—-Komplexe 15-1443; Bind. an modifizierte Serumproteine 10-1633; Wrkg.-Mechanismus d. — als Korros.-Inhibitor für Messing in Citronensäure 17-2418.

Biochemisches und physiologisches Verhalten: Kinetik d. Trypsinhydrolyse u. Struktur d. — in freier Lsg. u. im Gelzustand 1-1318; enzymat. Abbau u. Unters. d. Peptidbruchstücke 1-1662; Abbau: durch proteolyt. Enzym aus Arthrobacter 6-1291; durch Protease in eitrigem Sputum 9-1403; Wrkg. v. Proteinase aus Pseudomonas aeruginosa auf — 14-1372; Vgl. d. Enzymwrkg. in — u. in Suspens. mit unlösl. Teilchen 20-1329; Hydrolyse durch proteolyt. Enzyme v. Aspergillus oryzae 51/52-3112; Einfl.: d. pH u. — auf d. Klär. v. Apfelsaft mit pektolyt. Enzymen v. Pilzen 7-1393; auf d. esterolyt. Aktivität v. Chymotrypsin 49/50-1212; v. Pflanzentanninen auf d. mikrobielle Zers. 25-2962; —-Verflüssig. durch Staphylokokken aus roher Milch 13-1453; Verh. v. Tabakmosaikvirus in —-Gelen 33-1424; Wechselwrkg. zwischen —-Lsg. u. Tabakmosaikvirus 49/50-1308; ^{32}P-Einbau in d. Frakt. d. säurelösl. P, Lipoid-P, Nucleinsäure-P u. Eiweiß-P d. Rattenleber bei —-Ernähr. nach einer *70*std. Einbauzeit 21-1638; Veränder. d. reakt. Hyperämie durch Infus. mit — 17-1668.

Verwendung: Verw. v. Speise-— zur Herst. v. Blutersatz 12-1733; Herst. eines —-Präp. für Diät u. therapeut. Zwecke 16-3281*; Verw. v. Thiol-— zum Abdichten v. künstl. Blutgefäßen 17-1845*; —-Kapseln (Versiegeln) 32-3232*; Konservieren v. Mikroorganismen durch Umhüll. aus gehärteter — 39-2928*; Verw. d. Rk.-Prod. aus Tannin u. —: zur Entfern. v. Schwermetallen aus wss. Lsg. 22-2173*; zur Extrakt. v. Th aus geschmolzenen Lsg. 42-2081; Verw.: in galvan. Glanz-Zn-Bad 7-2626*; bei d. Metallgewinn. durch Schmelzflußelektrolyse 15-2467*; Schutz d. Pflanzen vor Frost durch Bestäuben mit Schaum aus W. mit Netzmittel, Härter u. — 40-3065*; Granulieren v. Thomasschlacke unter Verw. v. —-Lsg. 48-3096*; Zusatz v. thiolisierter — zu Fertigkuchenmehl für Schlagteige 2-3253*; Verw.: bei d. Klär. v. Apfelsaft 5-3315; für in kaltem W. quellendes Puddingpulver 7-3452*; Stabilisier. v. Eiskrem durch — 13-3512; Verw.: v. Misch. aus — u. Polyäther-Harzen für Filme 1-3113*; v. Addukten mit Alkylenoxiden als Sensibilisatoren für photograph. Emuls. 9-3492*; als Bindemittel für Diazotypiematerialien 13-3638*; d. Rk.-Prod. v. — mit Thioformamid zur Sensibilisier. photograph. Emuls. 18-3504*; Herst. v. Sulfoniumverb. zur Verbesser. d. Eig. u. Anfärbbark. v. —-Filmen 24-3103*.

Analyse, Prüfverfahren: Ablösen v. — v. elektronenmkr. Abdrücken 3-1966; Nachw. in Yoghurt u. Quark (papierelektrophoret.) 2-2147; Best.: v. Phenol in —-Lsg. 21-2214; v. Arginin u. Lysin in — 32-1239; d. W.-Geh. v. — 33-2129; v. Cystin u. aus Cystin stammendem S in — 38-3256; d. Thiosulfatgeh. v. — 48-3309; mikrobiolog. Best. v. Vitaminen u. Aminosäuren in mit —-Tannin vorbehandelten Weinen 28-2084; Verw. zur photometr. Best.: v. Ti 5-2087; v. Bi 5-2095; Fehlerquelle bei d. Interpretat. v. Resultaten mit d. Ribonuclease- u. Desoxyribonuclease-Substrat-—-Filmmeth. 9-1381; Verw.: zur orientierten Einbett. v. biolog. Material 11-2127; v. —-Filtern im Kolorimeter 28-2062; v. — zur Best. v. Mg in Bodenextrakten 28-2076; autoradiograph. Elektrophorese v. tritiummarkierten Verb. in einer dünnen Schicht v. gepufferter photograph. — 43-1781; Verw. zur Unters. d. Perjodat-Rk. nach Schiff 36-1976; Präzipitat. v. Tabakmosaikvirus durch — (Best. d. Mol.-Vol.) 48-1300.

Gelbkörper s. unter *Drüsen, Geschlechtsdrüsen* (*Corpus luteum*).

Gelbkörperhormon s. unter $C_{21}H_{30}O_2$.

Gelborange S s. unter $C_{12}H_{10}N_2O_7S_2$.

Gele s. unter *Kolloidchemie*.

Gelee, Einfl. d. Farbstoffkomponente v. Apfelpektin-Extrakten auf d. Färb. v. — 24-3377; Verw. v. gering methoxyliertem Pektin u. a. Gelier.-Mitteln bei d. Herst. v. Obst- u. Beeren-— 26-3428; physikal. Zuckerbest. in — 49/50-1895.

Gelée Royale (Bienenköniginfuttersaft, Weiselfuttersaft), — d. Honigbiene (Nachw. d. determinierenden Prinzips) 31-1538; chem. Unters. u. Möglichk. seiner Anwend. in d. Therapie (Übersicht) 18-1660; P-halt. Verb. in — 20-1548; Gewinn. eines pharmakolog. akt. Proteins aus — 33-1791*; Herst. v. trans-9-Oxodecen-(2)-säure (Wirkstoff d. —) 15-1811*; Synth. neuer Verb. im Zusammenhang mit — 16-0971; Verw. in Arzneimitteln 45-1632*.

Gelfiltration s. unter *Chromatographie*; *Molekülsiebe*.

Gemisch G 50, Einfl. auf d. akute Fettleber infolge A. u. CCl_4 u. d. Triglycerid-Geh. im Blut infolge v. A. u. Maisöl 18-1634.

Gemmulostasin, Einfl. auf d. Gemmula-Entw. bei Spongilliden 24-1521.

Gemüse, Pflanzenschutzmittelrückstände in — 1-3376; Herbizide auf —-Kulturen 3-3140; Phosphatdüng. u. biochem. wichtige Stoffe bei Blatt- u. Zwiebel-— 12-3128; Einfl. d. Paraoxon-, Parathion- u. Malathion-Vorbehandl. auf d. Verschwinden v. Malathionrückständen auf — 14-3333; Herst. fl. Düngemittel für —-Kulturen 15-3168*; K-Düng. bei — in Irland 19-3203; Einfl. d. Mineral- oder Geflügelmist-Langzeitdüng. v. — auf d. Bodeneig. 26-3259; Meth. d. —-Düng. 26-

Geologie (einschließl. Geochemie und Geophysik)

Allgemeine Geologie, Geophysik, Geochemie

Proben 32-0793; Ni/Fe-Kügelchen in Auollouel-Glas 32-0832; therm. Stabilität v. Vergesellschaft. im Syst. Cu/Fe/S 34-0870; relative Häufigk. d. Isotops ^{40}K in terrestr. u. meteorit. Proben 36-0784; N in metamorphen Gesteinen 36-0812; Unters. d. Sn-Löslichk. in Na–K-halt. chlorid., carbonat., silicat., fluorid. u. B-reichen Lsg. 36-0815; Mechanismus d. Fäll. v. ^{231}Pa u. ^{230}Th aus ozean. Wässern 37-0809; C- u. O-Isotopenverhältnisse in diagenet. gebildeten Carbonaten aus marinen Sedimenten 38-0810; Einbau v. B in tonige Sedimente 39-0784; B-Sediment-Geochemie an Hand neuer Analysen einiger nordamerikan. Schiefer 39-0786; Sr-Isotope in Tiefseesedimenten 39-0788; Sr-Isotope u. Alkalimetall-Häufigk. in ultramaf. Gesteinen 39-0794; Geh. v. Tl u. Ga in Schichtwässern, Erdölen u. Nebengesteinen 39-0795; Geochemie v. Ga in Kies-Polymetall- u. Cu-Pyrrhotin-Lagerstättentypen 39-0796; Verh. v. Br im Sedimentat.-Prozeß 41-0785; Ti in d. Sedimenten d. Mittelmeeres 41-0786; $^{40}Ca/^{44}Ca$- u. $^{16}O/^{18}O$-Verhältnis in einigen Carbonatgesteinen 41-0795; ^{40}Ar-Isotop in U-halt. Mineralen 41-0810; Verw. v. Verteil.-Funkt. für d. Cu-, Pb- u. Zn-Geh. bei geochem. Unters. 42-0753; Seltenerdmetalle in akzessor. Mineralien 42-0755; Isotopenzus. v. Ar aus vulkan. Gasen 44-0783; Pb-halt. Tonschiefer im Zechstein 46-0774; zonale Entw. d. Sb–Hg-Mineralisat. 46-0803; Seltenerdmetalle, Y u. Th in d. Biosphäre u. in Böden 49/50-0763.

Bakteriogene S-Isotopenverhältnisse in d. Geologie (Übersicht) 8-0810; molekulare Verteil. geradkett. Fettsäuren u. Paraffine in einigen Sedimenten d. unteren Kreide 8-0816; organopetrograph. Stoffgruppen v. Sedimenten unter bes. Berücksichtig. d. KW-Stoff-Bldg. 12-2619; quant. Geh. kondensierter aromat. Kohlenwasserstoffe in organ. Materialien d. Gesteine verschiedener Herkunft 13-0852; Einfl. d. thermodynam. Beding. im Erdinnern auf d. Umwandl. disperser organ. Stoffe in Sedimenten 13-0854; Biogeochemie d. W in alten Pflanzenteilen 14-0899; Aminosäuren in Knochenresten unterschiedl. geolog. Alters 14-0900; Isoprenoid-Kohlenwasserstoffe in rezenten Sedimenten (Anwesenh. v. Pristan u. wahrscheinl. Abwesenh. v. Phytan) 18-0777; Aminosäurebestandteile in fossilen versteinerten Geweben u. d. umgebenden Gesteinen 23-0827; Bldg. gasf. KW-Stoffe in Abhängigk. v. d. Faziesbeding. d. Ablager. 24-0834; opt. Dreh. v. Fetten (extrahiert aus d. Erdboden, Sedimenten u. d. kohl. Meteoriten Orgueil) 28-0761; Ionisat.-Potentiale u. d. Bldg. v. Metall–Aminosäure-Komplexen im sedimentären Zyklus 37-0794; KW-Stoffe mit geringem Mol.-Gew. in rezenten u. fossilen Schalen 38-0873; Isotopenzus. v. organ. C aus Meeresplankton u. seine Bezieh. zu marinen Sedimenten 39-0785; biogene Co-Migrat. in W.-Becken u. d. Schlammsedimenten 41-0788; Fettsäuren mit verzweigten Ketten in Sedimenten 47-0755; mögl. Wege zur Bldg. radiogeochem. Anomalien über Erdöl- u. Gaslagerstätten 48-0769; sek. Umbldg. organ. Stoffe unter verschiedenen faziellen Beding. 49/50-0770.

Regionale Beschreibungen

Europa (ohne Rußland):

Tektit-art. Glaskörper aus d. Suevit v. Goldburghausen im Ries 2-0789; umgewandelte vulkan. Aschenlagen im Devon d, Eifel 5-0871; Best. d. Radioaktivitätsverteil. in granit. Gesteinen d. Brockenmassivs mit d. Kernemuls.-Meth. 6-0823; petrograph. Argumente zur Kalisalzgenese im Staßfurtflöz 7-0814; Geochemie d. Schichten d. Kreuznacher Gruppe im Saar-Nahegebiet 13-0837; Spurenelemente in d. Unterrotliegend-Sedimenten in d. Saar-Nahe-Senke 18-0781; mineralog. u. petrograph. Unters. an Gesteinen d. Ries 19-0831; Betracht. zur Genesis d. Rieses 19-0832; zonare Aufprallmetamorphose in krist. Gesteinen d. Nördlinger Ries-Kraters 19-0837; Br-Geh. im Steinsalz als stratigraph. u. genet. Indikator im norddeutschen Zechstein 21-0844; Erzlagerstätten d. Freiburger Randgebiete 21-0895; stratigraph., petrograph. u. geochem. Unters. im Unteren u. Mittleren Buntsandstein d. thüring. Werra-Kaligebietes 28-0778; Erzmineralisat., Petrographie, Hauptmetall- u. Spurenelementführ. d. Cu-Schiefers im SE-Harzvorland 28-0838; vergleichende Unters. über Aminosäuren in Schalenstrukturen v. Gyraulus trochiformis, Stahl aus d. Tertiär v. Steinheim, Deutschland 32-1510; S-Isotopen in d. Erzlagerstätte Rammelsberg (Deutschland) 33-0835; Vork. u. Bind.-Zustand d. Mn in typ. Thüringer Böden 37-0811; Verteil. v. Eisenmonosulfid ($FeS \cdot nH_2O$) u. organ. Substanz in d. Bodensedimenten d. Bodensees (Eutrophier. d. Bodensees) 37-0819; Coelestin im norddeutschen Zechsteinsalinar 44-0816; Beiträge zur Kenntnis seltener Arsenatmineralien unter bes. Berücksichtig. v. Vork. d. Schwarzwaldes 47-0766.

Alpid. Metamorphose an Erzlagerstätten am Ostrand d. Alpen 7-0829; Verteil. d. B im Kristallin d. SE-Saualpe (Ostkärnten) 8-0811; Mineralien aus d. Steinbruch bei Wilhelmsdorf am Stradner Kogel (südl. Gleichenberg, Steiermark) 17-0856; ein Hinweis auf Jungpräkambrium u. Altpaläozoikum in Altkristallin Kärntens 19-0807; Mineralalter granit. Gesteine aus d. österreich. Moldanubikum (Weinsberger u. Mauthausner Granit) 19-0808.

Rb/Sr-Altersbest. am alpin metamorph überprüften Aarmassiv 26-0811; progressive Metamorphose kieseliger Carbonatgesteine in d. Zentralalpen zwischen Bernina u. Simplon 47-0758.

K/Rb-Verhältnis in einigen magmat. Gesteinen d. Toscana 4-0760; Basalte v. Riu Girone (Villaputzu) (neue Erschein. v. jungem Vulkanismus an d. Ostküste v. Sardinien) 5-0873; opt. Hochtemp.-Eig. v. Feldspate d. „grünen Gesteine" d. Schichten v. Livinallongo (Dolomiten) 6-0840; kristallograph. u. chem. Unters. an auf d. Monte Saraceno u. Vulcanello auf d. Insel Vulcano (äol. Inseln) aufgefundenen Mineralien 7-0857; Jadeit in d. alpinen Metamorphose als Beispiel v. Lagerstätten d. neuen Typs am Rande v. Acceglio (Seealpen, Italien) 9-0851; Cu führende Lagerstätten v. S. Valentio di Predoi im oberen Aurinatal (Oberetsch) 16-0784; geolog.-mineralog. Bemerk. über d. Torgolatal (Provinz Brescia) 17-0870; Gesamt-β-Aktivität küstennaher Sedimente aus d. Ligurischen Meer 23-0789; geopetrograph. Unters. d. Zone v. Sarroch (Cagliari) 23-0791; chem.-mineralog. Unters. über einige Böden d. Euganeischen Hügel (mineralog. Charakteristiken) 23-0792; Sr-90 in d. oberen Schichten d. Küstensedimente d. Ligurischen Meeres u. Anteil einiger Radionuclide an d. Radioaktivität 26-0823; Vulkanismus u. Petrogenese im S. Venanzo Gebiet (Italien) 26-0837; Erzlager in Südwest-Sardinien u. ihre S-Isotope 28-0829; Chemismus u. mineralog. Natur d. für d. Ferromagnetismus d. praeaetn. Format. v. Paterno u. d. Motta San Anastasia (Sizilien) verantwortl. Elemente 31-0778; petrograph. Unters. u. Altersbest. eines granit. Gesteins bei Roccastrada (Grossoto) mit Hilfe d. K/Ar- u. Rb/Sr-Meth. 37-0799; geochem. Erforsch. d. Hg-Verteil. im Alluvium d. Toskana 38-0816; Ra, Io, Th u. U in einigen Sedimenten v. d. Küste d. Ligurischen Meeres 46-0766; B u. F in d. vulkan. Prod. d. Insel Ischia 49/50-0760; Chemismus u. mineralog. Natur d. für d. Ferromagnetismus d. Ausbruchs v. *1928* u. älterer Ausbrüche d. Ätna (Sizilien) verantwortl. Elemente 49/50-0769.

Sedimentolog. Bedeut. d. natürl. Radioaktivität d. Küsten d. Golfes v. Lyon 9-0821; kontinuierl. Entw. eines Granitmassivs u. d. Mineralfolge (Massiv v. Colettes, Echassières, Allier.) 9-0838; röntgenspektrometr. K-Best. in d. Bohrkernen v. 5 Bohr. in Quartär v. Evian 14-0867; Verteil. v. Mn im oberen Devon v. Las Cabesses (Ariège) 14-0881; Schwank. in d. Cu-, Ni-, Cr-, Co- u. V-Geh. in einigen Eruptivgesteinen v. Causses u. Vas-Languedoc 19-0806; spilit., devon. Intrusivreihe v. Bolazec u. ihre petrogenet. Bezieh. mit d. Vulkanismus d. Dinant aus d. Gegend v. Huelgoat (Nord-Finistère) 26-0835; vulkan. Oolithe in d. unteren Horizont d. „Würfelschiefer" in d. Kohlebecken v. Messeix (Auvergne) 26-0836; Einschlüsse d. Gesteins v. Libramont 26-0847; Unters. sek. U-Mineralisat. d. Mine v. Brugeaud 27-0814; petrograph. u. Erzunters. d. Schicht v. Diélette (Manche) 27-0837; mkr. Unters. d. Mineralbldg. v. Salsigne 28-0840; über d. Vulkanismus u. d. grobe Granitgeschiebe aus d. Priabonien in d. Tal v. Esteron (Alpes-Maritimes) u. ihre paläogeograph. u. orogene Bedeut. 29-0793; Geologie u. Mineralisier. d. Salsigne-Au-Mine 33-0888; Verteil. u. relative Altersbest. d. sandigen Sedimente im Golf v. Gascogne 39-0779; Verteil. d. d. Kontinentalplateau des Golfs v. Gascogne bedeckenden Sande 39-0780; Natur u. Verteil. d. Tonmineralien in d. rezenten Sedimenten des Golfs v. Gascogne 39-0781; Bezieh. zwischen d. Paläoökologie u. d. Isotopenzus. d. O_2 u. C d. Lamellibranchen d. Pariser Tertiär 43-0797; kontinuierl. Entw. eines Granitmassivs u. Mineralabfolge (Massiv d. Colettes Echassières, Allier) 49/50-0747.

Vulkano-detrit. Reihe aus d. Silur im Norden v. Celanova (Provinz Orense, Spanien) 9-0836; Vork. v. bas. u. ultrabas. metamorphen Schollen in d. Gegend v. Villalba (Lugo-Spanien) 16-0758; Beding. bei d. Metamorphose u. d. Migmatisier. d. Gesteine v. Celanova (Provinz Orense) 33-0837; opake Mineralien in d. ultrabas. Gesteinen d. Pyrenäen 37-0822.

Kaledon. Magmatismus in Nord-Wales 7-0801; isotopes Alter d. Minerale präkambr. Komplexe d. Malvern 8-0807; B-Geh. verschiedener brit. oberer Karbon-Sedimente in Bezieh. zum organ. C u. zur Paläosalinität 11-0819; Geologie, Mineralogie u. Paragenese d. Sn-Lagerstätten am Mount Pleasant 11-0866; Unters. d. Alters u. d. Sr-Isotope am vulkan. Komplex v. Garabal Hill-Glen Fyne (Schottland) 13-0824; Häufigk.-Verteil. d. Krist.-Größe bei Granaten in analysierten metamorphen Gesteinen v. Mallaig in Inverness (Schottland) 13-0862; Mineralogie einiger Proben aus d. Oberen Kreide d. Arundel-Gebiets (Sussex.) 16-0759; Chemie u. Mineralogie einiger korundart. Gesteine v. Sithean Sluaigh, Strachur (Argyllshire) 19-0822; $^{234}Th/^{234}Pa$ in Sedimenten v. d. Ribble Münd., Lancashire (England) 37-0808; strukturelle Analyse v. Erzeinschüben bei d. Greenside-Pb-Mine, Cumberland (England) 37-0857.

Petrolog. Betracht. über d. Finnmarka Eruptivkomplex d. Oslo-Gebiets (Norwegen) 2-0815; Paläomagnetismus d. Schichtsyst. in Finnland (Remanenter Magnetismus d. Olivindolerite v. Jotmian, Südwest-Finnland) 3-0837; Alkali-Flözrücken d. Alnö-Gebietes 7-0831; Fahlbänder im Präkambrium v. Südnorwegen 22-0765; Geologie u. Erze d. Ammeberg-Gebietes (Zn-Minen) (Schweden) 22-0797; Schiefer u. verwandte Intrusivgesteine d. Vieremä-Kituruvesi-Gebiets 31-0780; Mineralalter d. finn. Präkambriums 33-0849; mögl. Ursprungsarten d. caledon. Sulfiderzlagerstätte bei Bleikvassli, Nordland (Norwegen) 36-0854; Mineralogie Schwedens (Neuentdeck. v. sek. U-Mineralien) 44-0828; Pb-Isotope v. Erzen d. Britischen Inseln u. Skandinaviens 48-0768.

Chem. Zus. v. Tiefengesteinen d. České Středohoři-Gebirges 2-0806; Verbreit. v. schweren Mineralien im nördl. Teil d. České Středohoři-Gebirges 2-0840; genet. Umwandl. d. Cu-Lager in d. nördl. u. d. vorderen Sudeten 7-0826; zonale Verteil. d. Vererz. in Kerngebirgen d. Westkarpaten 8-0825; Mineralogie d. Erzgänge in Olovi u. Rotava 16-0755; Fund v. Xenolithen im tschech. Mittelgebirge 21-0849; Isotopenzus. d. Pb in einigen Erzvorkommen d. böhm. Teils d. Westsudeten 23-0787; Geologie u. Petrographie d. Gesteine d. Stod Massivs 24-0826; Wrkg. v. physikal.-chem. Faktoren auf d. Struktur v. Ergzängen in d. vorsudet. Cu-Lagerstätte 26-0860; alkal. Ganggesteine d. Westsudeten 27-0816; geochem. Typisier. vorvarist. Skarngesteine d. Böhm. Masse 29-0803; Schwerminerale des Proterozoikums im nordwestlichen Flügel d. Barrandien-Mulde 32-0812; Geochemie des Be im Becken v. Sokolov 33-0836; Mineralogie u. Geochemie d. Sb-Lagerstätten in d. Niederen Tatra 36-0851; turmalinführende Gesteine bei Cerniawa Zdrój (Westsudeten) 38-0805; Geochemische Charakteristik v. ultrabas. Gesteinen in d. Nachbarschaft v. Bielice (Östliche Sudeten) 39-0803; Ga in d. Cu-Gangart d. Sudeten-Vortiefe 42-0754; hydrothermale Mineralisat. im Liegenden d. Kreideablager. in Doubravice 42-0764; Mineralogie d. Verwitter.-Profils einer vulkan. Breccie in d. České Středohoři Mts 49/50-0741; Abhängigk. d. Konz. seltener Elemente v. d. Altersfolge d. granitoiden Gesteine d. südl. Böhmischen Masse 49/50-0749.

Geochem. Fazies d. Carbonatgesteine d. Dinargebirges 36-0822; Verteil. u. Wechselbezieh. v. Fe, Ni u. Co in Fe-halt. Sedimenten v. Mokre Gore 46-0767; experimentelle Best. d. geochem. Fazies sedimentärer Gesteine in d. Dinariden auf Grund d. Th/U-Verhältnisses 49/50-0761.

Ursprung d. Cu-Mineralisat. im Karpaten-Flysch 7-0825; Anhydritfreie Bereiche d. Profile d. Rzeszów-Vorlandes 7-0832; Vork. v. Salzsolen im Gebiet v. Kołobrzeg, ihre Genese u. Abhängigk. v. d. Tektonik 16-0742.

Chemismus, Verteil. u. wirtschaftl. Bedeut. d. Carbonatgesteine aus d. Kreide d. südl. Dobrudscha. (Gesteine aus d. Barrême d. Gegend v. Adam Clisi, Băneasa u. d. Gebiet v. Poarta Albă) 3-0828; Mineralogie d. Alkali-Gesteins-Massivs v. Ditrău (Rumänien) 4-0781; Verteil. einiger nutzbarer Elemente in d. Alkaligesteinen d. Syenitmassivs v. Ditrău (Rumänien) 4-0782; authigene Minerale u. Redoxverhältnisse bei d. Bldg. mesokänozoischer Tonsedimente d. westl. Vorkaukasus 4-0784; Besonderh. d. Kristallisat.

u. d. Autometamorphose d. Spilite d. unterkarbon. vulkanogenen Format. d. Nordkaukasus 4-0785; paläogeothermometr. Unters. an einigen Lagerstätten v. nutzbaren Mineralien d. Apuseniberge (Komplexe Sulfiderzlagerstätte Bucium-Izbita, Rumänien) 4-0820; P-Anreicher. in d. Mittelkreideschichtfolge im nördl. Bakonygebirge 9-0823; Ge in Intrusivgesteinen des Südostteils des Sewansker Rückens 32-0824; petrochem. Besonderh. d. K-Alkaligesteine v. Svidnya 33-0848; geochem. Daten über d. Mesozoikum v. Ungarn 34-0818; Gesteinsverwitter. u. primäres gediegenes Cu v. Mount Lyulin 34-0819; Gesteinsgefügeanalysen v. magmat. Gesteinen aus d. Gebiet d. karpat. tert. Vulkanismus (Rumänien) 34-0822; Geologie u. Au-Mineralisat. v. Stanita-Techereu 36-0823; geochem. Charakter d. Verteil. einiger seltener Elemente in d. Erzen d. Bassins Baia Mare 37-0804; Isotopenunters. an gewöhnl. Pb-Erzen aus Ungarn 44-0789; geolog. u. geochem. Beobacht. eines metallhalt. Ausstriches in d. Fagarasch-Bergen 44-0796; Umlager. einiger chem. Elemente während d. Hypergenese lößart. Gesteine in d. Nähe d. Sivaš-Region 49/50-0767.

Paläogeographie u. Bezieh. d. erzführenden Serien v. Laurium (Attika, Griechenland) 18-0771; Mineralgänge v. Crni Kamen bei dem Dorfe Alinci in Mazedonien 21-0852; Phosphathorizont in d. Struktur v. Kremenare 33-0842.

Rußland: Bezieh. zwischen Hg u. As, Sb, Tl, Ga sowie B in einigen Gesteinen d. Krimgebirges 4-0762; Radioaktivität einiger Vegetat.-Formen in d. Gegend v. Stadt Cluj 5-0843; Verteil. v. Ga u. anderen chem. Elementen in d. Ablager. d. Unteren Karbon d. Pripjat-Münd. 5-0854; Spurenelementverteil. in Neokomsedimenten d. großen Balkan (West-Turkmenien) 5-0859; Evolut. d. gesteinsbildenden Minerale im Bldg.-Prozeß d. Slatogorsker differenzierten Plutons (Nordkasachstan) 5-0861; Elementbeimeng. in Erzen d. Cassiterit-Quarz-Lagerstätten im Nordosten d. UdSSR 5-0898; gediegen Pb u. Zn in d. Gesteinen Armeniens 6-0847; S-Verb. in d. Sedimenten d. Sauerstoffzone d. Schwarzen Meeres 7-0819; W in d. rezenten Ablager. d. Schwarzen Meeres 7-0820; chem. Zus. d. Fe/Mn-Konkret. d. Schwarzen Meeres 7-0821; Chemismus d. Mineralneubldg. in d. kohlehalt. Konkret.-Ablager. d. Donetz-Beckens 7-0835; akzessor. Minerale d. Kokkuduktjubje-Massivs u. einige Fragen seiner Hybridisier. 7-0836; Grundzüge d. Lithologie u. Geochemie v. Fe-halt. Gesteinen u. Erzen d. Betschasyn-Plateaus (nördl. Kaukasus) 7-0837; Dekrepitat.-Temp.-Intervalle in einigen Gesteinen v. Aldan 7-0838; akzessor. Mineralien d. magmat. Gesteine d. Bereichs d. Bektauatinsker Granitmassivs (Zentralkasachstan) 7-0840; Gleichgew.-Konst. d. Komponenten v. Gaskondensatsyst. aus Lagerstätten v. Aserbaidshan 7-0882; geochem. Besonderh. d. F-Verh. in Untergrundwässern d. Moskauer Gebietes 9-0814; Hydrogeochemie d. Hg (am Beispiel d. Hg-Lagerstätten Abchasiens) 9-0817; Besonderh. d. Verteil. disperser organ. Materialien in mesokänozoischen Sedimenten d. westl. Kaukasusvorlandes 9-0819; Anwend. v. Gastests bei d. Prospektier. in diskontinuierl. Stör. d. östl. Sajan 9-0822; Analyse d. Gesteinsdichten in alten sedimentären Effusivkomplexen d. Altai 9-0834; Besonderh. d. stoffl. Zus. Ukrain. Erzfelder 9-0868; vulkanogen-sedimentäre Mn-Format. v. Sultan-Uis-Daga 9-0871; abs. Alter d. Trappgesteine d. Südostteiles d. Sibirischen Plattform 11-0815; Thermolumineszenz v. Argilliten u. Strukturzonen d. Pokutsker u. Bukowiner Karpaten 11-0824; Mn-Erzvork. d. Kertschensker Halbinsel 11-0865; Geochemie d. Ti in mittelpaläozoischen Intrus. v. Nordost-Tuva 12-0809; Altersbest. d. Gesteine d. Onotsk-Belsk- u. Prisajan-Zone d. östl. Sajans durch Anwend. d. isochronen Rb–Sr-Meth. 13-0825; chem. Zus. d. Gesteine d. Lowoserer Massivs 13-0842; Petrochemie d. präkambr. Fundamentes in d. Rostow-Region 13-0843; Verteil. akzessor. Elemente in Gesteinen d. Gebiets d. mittleren Laufs d. Teteriv-Flusses 13-0844; seltenere Elemente d. unteren terrigenen Teils präkambr. Ablager. d. Turuchan-Gebietes 13-0845; Genese d. Sole salzführender Sedimente d. Klimmeridge-Titon d. Karakumer artes. Bassins 13-0848; Geochemie d. S im Lowoserer Alkalimassiv 14-0857; Verh. d. Alkalimetalle bei einigen petrolog. Prozessen am Beispiel d. devon. Granitoide v. d. Sarysu-Teniz-Wasserscheide (Zentralkasachstans) 14-0862; Verteil. d. Alkalimetalle u. d. B in d. Gesteinen d. Burpala Massivs 14-0863; Alkali- u. Erdalkalielemente in Sedimentgesteinen d. westsibir. Nieder. 14-0866; Sr in paläozoischen Ablager. d. Sibir. Plattform 14-0869; Besonderh. d. Hg-Verteil. in Prod. d. Schlammvulkanismus d. Kertsch-Taman-Provinz 14-0870; geochem. Besonderh. d. Hg-Verteil. in Kohlenschichten d. Lisitschan-Gebietes (Donez-Bassin) 14-0871; Ti in magmat. Gesteinen d. Donezbassins 14-0873; Verteil. gleicher Komponenten in Sedimenten d. Kalilagerstätten d. oberen Kama 14-0888; Gasgeh. in Mineralien aus Lagerstätten d. Kurussaisker Erzfelds im Karamasar 14-0890; Verkiesel. aus turon. Sedimenten d. Gebietes d. Kremenets (Podolia) 16-0751; Nb-Verteil. in d. Seifen d. Issyk-Kul-Senke 17-0838; Verteil. v. U u. Th in effusiven u. intrusiven Bldg. d. Nordost-Balkasch-Vorlandes 17-0840; jadeithalt. Mandeln u. solche mit anderen Füll. in Metaeffusiv-Gesteinen v. Nordwest-Kamtschatka 24-0827; Geochemie d. Halogene, d. Ammoniums u. d. B im Bereich d. Elbrus-Vorlandes 26-0820; Be u. Rb in Gesteinen u. Mineralien d. Serendinsker u. Bulandino-Akkulsker Massive 26-0821; Verteil. v. Hg, As u. Sb in d. Gesteinen d. Gebietes v. Bokowo-Chrustalskij (Donbass) 26-0824; Verteil. v. U u. Th in d. Nephelingesteinen d. Gorjatschej-Berges u. Fragen ihrer Genese 26-0827; Erschein.-Formen d. Fe in d. Ablager. d. Ox.-Zone d. Schwarzen Meeres 27-0817; litholog.-geochem. Charakteristik d. silur. Ablager. d. Norilka-Flußbettes 27-0819; Best. d. spezif. Gew. v. Erzen d. Tekelijsker Lagerstätte nach d. Geh. v. Pb, Zn u. Fe 27-0839; Geochemie d. Gase v. Schlammvulkanen d. Südkasp. Ebene 28-0774; C-Materialien in Erzen d. polymetall. Lagerstätte v. Kurultyken (Ost-Transbaikal) 28-0822; Mn-Erzvork. in d. vulkan-sedimentären Lagerstätten d. Ordovizium im Nord-Mugodžar 28-0832; Alter metamorpher Schiefer u. „alter Granite“ des Südteils d. Armen. SSR 32-0783; absolutes Alter d. magmat. Gesteine des Alawerdsker Erzgebietes 32-0784; Altes Pb im östlichen Asov-See-Gebiet 32-0814; U-Verteil. in Tournai-Sedimenten des Westteiles d. Orenburg-Provinz 32-0815; Verbreit. d. Seltenerdmetalle in Trappgesteinen d. Sibir. Plattform 32-0817; Besonderheiten d. Konzentrat. v. Au in Böden u. Pflanzen des südlichen Teils d. Tamdynsker Gebirges 32-0821; Alter v. obermesozoischen Greisen im östlichen Transbaikal 32-0822; vulkan. Glas in Kohlen d. Muastachskogo-Lagerstätte d. südjakut. Beckens 33-0832; Mo-Verteil. in rezenten Sedimenten d. Schwarzen Meeres 33-0852; Geochemie v. B in einigen paläozoischen Gesteinskomplexen v. Tien-Shan 33-0855; Bedeut. d. West-Nordwest-Verwerfungen in d. Madan-Erzlagerstätte für d. Vererz. 34-0821; S-Isotopenzus. d. S-Lagerstätte in d. mittleren Wolga-Region in Verb. mit ihrer Genese 34-0826; Au-Vork. in d. Gängen d. Govenzhda-Lagerstätte (Distrikt Mihailovgrad) 34-0852; Vulkangase v. Kamtschatka 35-0866; geochem. Gleichgew. radioakt. Elemente im Becken d. Schwarzen u. Asowschen Meeres (U-Gleichgew.) 36-0806; C-Isotopenzus. d. CO_2 aus Böden d. Moskauer Gebietes 36-0813; Verh. d. U bei Prozessen d. progressiven Metamorphose u. Ultrametamorphose (Beispiel d. Westteils d. Aldauer Schildes) 36-0818; Se im Gebiet v. Kriwoi Rog 36-0824; Villiaumiteinschlüsse u. deren Bezieh. zu organ. Materialien in gesteinsbildenden Mineralien d. Chibiner Massivs 36-0825; Elementbeimeng. d. Goldes in einigen Gebieten d. Amur 36-0826; Zus. mineralbildender Lsg. d. Sn-Erzlagerstätten v. Mjao-Tschan nach d. Gas–Fl.-Einschlüssen 36-0856; Minerale d. sandig-aleurit. Schwerefrakt. d. antropogenen Deckablager. d. Beloruss. Polessje 39-0806; Charakteristik einiger Minerale d. Gesteine d. Belosersker magnet. Anomalie 39-0814; Mineralogie des Tutchunsker Golderzgebietes (Zentralteil des kleinen Kaukasus) 39-0817; chem.-analyt. Best. d. Ca- u. Mg-Verhältnisses in Belemnoidea Rostrum als Meth. zur Festleg. d. Temp.-Milieus in marinen kretaz. Perioden d. UdSSR 41-0781; „Isotopen-Paläotemp.“ d. oberen Kreide d. Russ. Plattform u. a. Gebiete d. UdSSR 41-0782; $^{234}U/^{238}U$-Verhältnis in W. u. Bodensedimenten d. Aralsees u. d. absolute Alter d. Bassins 41-0787; Altersgrenze d. Perm nach Angaben d. absoluten Alters d. Effusivgesteine v. Süd-Džungaria 41-0789; absolutes Alter d. Džamak-Intrus. (West-Pamir) 41-0791; Geochemie d. In u. Tl im Erzgebiet v. Karamazar (Uzbek. u. Tadshik. SSR) 41-0797; Sc in ultrabas. Gesteinen d. Kleinen Kaukasus (Azerbaidzan. SSR) 41-0798; Zr-Verteil. in Gesteinen u. Mineralen d. subalkal. Massivs v. Ulkansk 41-0800; Ge in einigen Greisengesteinen Kasachstans 41-0801; Mo-Verteil. in kambr.-ordoviz. Ablager. d. strukturell-faziellen Sary-Dzaz-Subzone 41-0802; Pb-, Zn- u. Cu-Verteil. in metasomat. veränderten magmat. Gesteinen (Adzarski-Intrus., Grusinien) 41-0803; Geochemie d. Elemente d. Pt-Gruppe im Almalyk-Erzgebiet (Uzbek. SSR) 41-0804; Geochemie v. Fe-Erzen d. Michailovsker Lagerstätte d. Kursker magnet. Anomalie 41-0831; sek. Infiltrat.-Minerale in sedimentären Fe-Erzen d. Kursker magnet. Anomalie 41-0832; Mineralien wechselnder Zus. aus d. Fe-Erzlagerstätten v. Benkalinsk u. Schagyrkulsk 41-0833; Strukturen d. Au-Erzlagerstätten d. oberen Indigir-Gebietes 41-0834; neue Daten d. abs. Alterbest. einiger geolog. Format. d. Amazar-Shilka (Ost-Transbaikal) 42-0752; Bor in devon. vulkanogenen Gesteinen d. Altai 42-0758; Epidotisier.-Prozeß in Gesteinen d. Zekar-Intrus. (West-Georgien) 42-0766; geochem. Charakteristik organ. disperser Stoffe in Gesteinen d. Kasanstufe in d. Vyatka-Dislokat.-Zone u. im Grenzteil d. Tatar-Scheitels 42-0767; sek. Dispers.-Höfe in Hg-Lagerstätten d. Erzreviers v. Nikitow 42-0786; Spurenelemente in altersverschiedenen petrograph. Komplexen d. Nordkaukasus 43-0770; Verteil. v. V, Cr, Ni u. Cu in Gesteinen d. Majkop-Suite Azerbajdshans in Abhängigk. v. d. mineralog. Zus. 43-0771; Besonderh. d. Cu-Erzverteil. in d. Kreideablager. d. südl. Hanges d. Altaigebirgszuges 43-0773; Assoziat. akzessor. Minerale in d. Kreidegesteinen d. Wischnewgebirges 43-0774; polymetall. Mineralisat. in mesozoischen Ablager. d. Kanimansur-Lagerstätte 43-0795; abs. Alter d. sibir. Trappe u. d. mit ihnen verbundenen Vererz. (Nordwestteil d. sibir. Plattform) 44-0787; Pb-Isotopenzus. d. Pb-Erze im südwestl. Teil d. Donez-Beckens 44-0790; akzessor. chem. Elemente in d. Sanden d. kontinentalen Ablager. d. Mittleren Jura d. Vjat-Kama-Senke d. russ. Plattform 46-0768; Besonderh. d. Geochemie d. Sr in d. Obertortonablager. d. Karpatenregion 46-0775; neue Daten über d. Sn-halt. krist. Gesteine d. Asowseegebietes 46-0776; Einfl. d. Zus. d. Nebengesteine auf d. Entw. d. präkambr. Au-Vererz. (Patomgebirge) 46-0777; Verteil. v. Mikroelementen in Gesteinen d. Kjurowdag-Struktur 47-0749; Pb, Zn u. Cu in Mineralien v. Intrusivgesteinen aus Adzarii 47-0751; Geh. an bewegl. Cu in bas. Bodentypen d. Sakatalsker Bereichs 47-0752; zur Verteil. d. exogenen Cu-Konz. in d. Ural-Region 48-0744; Au unterschiedl. Alters im südl. Teil d. Stanov-Gebirgskammes 48-0759; Bezieh. d. polymetall. Baryt-Vererz. zum Magmatismus d. Salair Erzfeldes 48-0761; morpholog. Besonderh. d. Erzkörper u. d. Textur d. Erze d. Chabarnin-Chromitlagerstätte 48-0762; Fayalit- u. Siderophyllit-Greisen d. oberen Kolyma-Gebietes 48-0764; Grundzüge d. Petrochemie u. Petrologie d. Zekarskoj-Intrusion 49/50-0758.

Asien (ohne Rußland): Phosphatlagerstätte in Syrien u. im Safaga-Distrikt (Ägypten) 32-0844.

Geologie u. Vererz. im Cu-Gürtel v. Khetri in d. Distrikten Jhunjhunu u. Sikar in Rajastan 4-0793; Tonmineralien einiger ind. Tabakböden 4-0895; Sr-Isotopen-Zus. u. K-Rb-Verhältnisse in einigen Gesteinen v. Réunion u. Rodriguez (Ind. Ozean) 8-0813; Nd. u. wasserlösl. B-Geh. in ind. Böden 9-0824; Bezieh. d. Bundelkhand-Gneise v. Rajasthan zu d. umgebenden Sedimenten 16-0752; d. Problem d. Alters. d. radioakt. Mineralisat. in d. Singhbhum Scherzone (Indien) 19-0810; Natur u. Bedeut. d. Nebengesteinsverwitter. in einigen hydrothermalen Erzlagerstätten v. Indien 19-0850; Alter d. Gesteine d. Vindhy-Syst. nach Glaukonit (Indien) 26-0812; Regionalmetamorphose u. Charnockitisier. im Staat Mysore (Indien) 26-0850; Daten zur Petrologie u. elektr. Leitfähigk. v. durch vulkan. Intrus. beeinflußten Kohlen in d. Umgeb. v. Pathardih, Jharia, Kohlenlagerstätte, Dhanban Distrikt, Indien 33-0834; Isotopenalter v. Charnockiten u. anderen Indischen Gesteinen 34-0803; eine statist. Näher. zur Erschließ. v. Cu in d. Singhbhum-Scherzone, Bihar, Indien 37-0823; U-Vererz. im Verwerf.-Gürtel v. Singhbhum, Bihar, Indien 38-0854; thermometr. Analyse einiger Proben v. Potwar-Bereich 42-0745.

Chem. Unters. v. Mineralien mit seltenen Elementen aus d. Fernost-Distrikten. (Yttrotitanit aus Kakksueng, Korea u. Ishikawa, Japan) 2-0838; (Pegmatitmineralien v. Shimoôno, Takahagi u. Umgeb., Ibaraki Präfektur) 13-0856; (Zirkonvarietät aus Oro Kyoto Prefecture, Japan) 17-0858; (Thalenit v. Suishoyama, Kawamata-machi, Fukushima Präfekture, Japan) 44-0826; Isotopenzus. d. Pb in vulkan. Gesteinen v. Hawaii, Iwo Jima u. Japan 14-0876; Charakteristika u.

Vererz. v. Zweistufen-Intrusiva aus d. mittleren u. unteren Yangtse-Tal 4-0794; geochem. Unters. d. kreidehalt. Ferromangansedimentärgesteine v. Timor 4-0798; Chemie d. kreidehalt. kiesel. Sedimentärgesteins v. Ost-Timor 4-0799; vertikale Verteil. v. Chlor in einem Lavastrom d. O-Sima-Vulkanes auf d. Izu-Inseln 5-0849; Scheelitlagerstätte Sangdong (Süd-Korea), ihre Genese u. ihr geolog.-tekton. Rahmen 8-0854; abs. Alter prämesozoischer Gesteine d. West- u. Zentralteiles Mittelasiens 11-0814; Pyritfärb. kleiner Trümmer in Carbonatsedimenten d. Mittleren Ostens u. v. anderen Orten 13-0840; Rolle d. Wallgesteine beim Verh. seltener Elemente in d. Ox.-Zone einiger Pb/Zn-Lagerstätten Mittelasiens 14-0889; Verteil.-Besonderh. aromat. polycycl. KW-Stoffe in Sedimentgesteinen Mittelasiens 16-0753; radioakt. Fluoritvork. u. petrograph. Unters. d. Nebengesteine im Sektor Bayindir Kaman 21-0899; Mineralrohstoffe d. Demokrat. Republik Vietnam 24-0857; S-Schlammstrom aus d. Vulkan Sibajak (Nord-Sumatra) 26-0839; Alter v. Gesteinsproben aus Franz.-Polynesien 32-0785; Zentral-Nepal (Geochronometrie d. Himalaja-Serien) 34-0802; Cl- u. F-Geh. tert. Sedimente d. Miura-Halbinsel 39-0783; Korngröße, Carbonatgeh. u. Carbonatmineralogie rezenter Sedimente d. Ind. Ozeans entlang d. Ostküste v. Somalia 44-0793; Calciumcarbonatgeh. d. Sedimente in d. Lagune v. Tahiti u. in d. Lagunen hinter d. Korallenbarrieren 44-0794; oberer paläozoischer Granit u. seine Bezieh. zur Vererz. in d. südöstl. Distrikt v. Yan-Pian 44-0801; Akkumulat. u. Ablager. v. W während d. W.-Verdampf. einiger Alkali-Seen in Mittelasien 49/50-0766.

Charakterist. Eig. d. U-Ablager. in Sedimentgesteinen Japans 2-0847; Aminosäuren in fossilen Schalen v. Glycymeris Japans 6-0833; Prospektier. u. Entw. d. U-Lagerstätten d. U-Feldes v. Ningyo-toge 11-0864; Verh. v. Mn, Ti u. P in Fumarolengas d. Mihara Vulkans (Japan) 18-0780; K–Ar-Altersbest. an d. Eruptivgesteinen Japans (Granit. Gesteine d. Abukuma Massivs) 21-0836, 21-0837; Petrologie d. Alkaligesteine d. Takakusa Yama Distrikts (Japan) 21-0859; Nebengesteinsverwitter. u. Genese v. S- u. Eisensulfid-Lagerstätten im nördl. Japan 21-0900; späte mesozoische Intrusivgesteine in d. Nähe d. Ocyama Mountains, Präfektur Kyoto, Japan 24-0832; Tonmineralien d. Bodenlagerstätten d. Ariakesees in Kyushu, Japan 24-0858; Bezieh. zwischen känozoischem Vulkanismus u. Vererz. in Nordjapan 33-0859; Veränder. v. Gesteinen durch vulkan. Gase in Japan 37-0816; Tonmineralien u. organ. Substanz in rezenten marinen Sedimenten d. Japangrabens 49/50-0731.

Afrika: Isotopenzus. d. Sr in Carbonatgesteinen v. Keshya u. Mkwisi in Zambia 2-0803; rezente Sedimente im Küstenbereich d. Halbinsel Kaloum, Guinea 3-0833; gleichzeit. Zuführ. d. Mn in Marokko in bezug auf d. Mn enthaltenden Formationen oder auf d. topograph. Oberflächen im Augenblick seiner Abscheid. 4-0795; petrograph. Unterprovinzen in d. tert. bis rezenten vulkan. Gesteinen Kenjas 4-0797; einige Lagerstätten d. Steine u. Erden in Transvaal 4-0823; kalk. Binnensee-Format. d. oberen Quartär in d. Zentralmassiv d. Sahara (Hoggar) u. ihr absolutes Alter 7-0803; Altersbest. d. Torfmoors v. Beillard nach d. ^{14}C-Meth. (Marokko) 8-0804; Mineralien u. ihre Verteil. auf d. Ilmenitlagerstätte v. Abu Ghalaga (Ägypten) 8-0852; abs. Alter einiger Gesteine v. Angola nach d. Sr-Meth. 11-0816; Übersicht über d. Metallogenese Marokkos 21-0855; Rb/Sr-Alter d. Gebietes d. Bosumtwi-Kraters (Ghana) u. d. Alter d. Tektite d. Elfenbeinküste 22-0743; Zus. d. organ. Materie im Paläoboden d. Sahara (Deut. u. Folgen für d. organ. Erbe d. Böden) 22-0771; O-Isotopen-Mess. an Tektiten v. d. Elfenbeinküste u. an Kratergläsern v. Bosumtwi-Krater in Ghana 23-0778; auf d. Suche nach Kratergläsern, Tektiten u. Meteoriten in Afrika 23-0779; erster Bericht über d. Suswa-Vulkan (Kenya) 26-0838; Rb/Sr-Mess. an Gläsern v. Bosumtwi-Krater u. an Elfenbeinküsten-Tektiten 27-0797; Mineralbestand u. Gefügebilder in Faseraggregaten v. kohl. Substanz („Thucholith") aus d. Witwatersrand-Konglomeraten 29-0815; Phosphatlagerstätten in Syrien u. im Safaga-Distrikt (Ägypten) 32-0844; Alter- u. Polarität d. Turkana-Laven (Nordwest-Kenia) 33-0860; umgewandelte pyroklast. Gesteine in einer südafrikan. Fe-Format. 33-0862; sek. Dispers. v. Mo aus d. Vererz. Sierra Leone 33-0880; rezente Dolomitisier. v. quatern. Biocalcareniten v. Fuerteventura (Kanar. Inseln) 36-0832; Geologie u. Lagerstättenkunde d. Phalaborwa-Komplexes im nördl. Transvaal (S. A. Union). 36-0855; Best. d. Alters einiger Gesteine d. „Burdistriktes" in Somalia mit Hilfe d. Rb/Sr-Meth. 37-0800; Ursprung präkambrischer Mineralablager. in Ägypten 47-0763.

Amerika: neue kanad. Mineralvork. (Eukryptit, Pollucit, Rozenit, Epsomit, Dawsonit, Fairchildit u. Bütschliit) 2-0834; Petrologie u. Mineralogie d. Mount-Rosa-Gebiets, El Paso u. Teller Counties, Colorado 3-0830; Feldbezieh. d. Matagami Sulfidmassen (Verteil. in Zeit u. Raum) 4-0774; geochem. u. Isotopenunters. im Gebiet v. Noranda u. Matagami 4-0775; Vorschlag zur Erzkontrolle in d. Coronation Mine (Saskatchewan) 4-0822; Alter d. Intrus. u. d. Metamorphose in d. nördl. Appalachen 7-0804; Petrologie d. Horn-Gebiets, Bighorn Mountains (Wyoming) 7-0841; früher K-Typ d. Wandgesteinsveränder. bei Butte (Montana) 8-0827; vorläuf. Unters. d. Ursprungs v. Pb u. Sr in tiefen geotherm. Salzseen unterhalb d. geotherm. Gebiets d. Salton-Sees 9-0818; vulkan. Gesteine v. untermeer. Berg Caryn 9-0835; Best. d. Gesamtradioaktivität v. Bodenproben aus Indiana mit einem großvolum. Fl.-Szintillat.-Zähler 11-0820; Geologie d. Wabana-Lagerstätte sowie Bemerk. zu d. bes. Prob. d. Erkund. u. Ausb. submariner Lagerstätten 11-0862; Geologie d. Adams-Grube 11-0863; westl. Mineralvork. (Euxenit aus Sappington, Montana) 12-0818; Geologie u. Mineralvork. v. Lemieux-Lesseps, Gaspe, P. Q. 13-0849; Verteil. v. Kohlenhydrat-Resten in d. mitteldevon. Onondaga-Schichten v. Pennsylvanien u. d. westl. New York 16-0754; statist. Analyse einiger Proben u. Unters. Ergebnisse v. Lagerstätten d. phosphorhalt. Format. v. Idaho 16-0783; mineralog. Charakteristik d. Sandböden Wisconsins 21-0864; kontaktmetamorphe Rk. Biotit + Quarz = Hypersthen + Kalifeldspat + W. u. Prozesse in Mt. Tallac-Gipfelresten, Sierra Nevada (Kalifornien) 21-0865; genet. Bedeut. d. S-Isotopen-Analysen aus d. Bergwerkbezirk d. Jardine-Crevasse-Berges in Südwest-Montana 22-0757; Mineralogie u. Petrologie d. metamorphosierten Fe-Format. v. Wabush (Südwest-Labrador) 22-0772; radiochem. Altersbest. (Rb/Sr; K/Ar; U/Pb) amerikan. Gesteine u. Mineralien 26-0813; vorläuf. mineralog. Unters. d. Ag-Lagerstätten d. Co-Gebietes (Ontario) 27-0840; S-Isotopenhäufigk.-Daten, Bingham Distrikt, (Utah) 28-0783; Zus. d. Trias-Format. v. Lockatung u. d. damit verbundenen Newark-Gruppe in Zentral-New-Jersey u. im benachbarten Pennsylvania 31-0782; Talk-Carbonat-Änder. einiger serpentinisierter ultramaf. Gesteine südl. v. Timmins (Ontario) 33-0869; Geochemie d. vulkan. Gesteine v. Yellowknife 33-0870; Geologie d. stabilen Isotope im U-Distrikt v. Gas Hills (Wyoming) 33-0873; Petrographie d. Devonischen Phosphate v. Indiana 33-0875; Alkaligesteine u. Carbonatite v. Arkansas-Canon, Fremont-Gebiet, Colorado (Amethyst-Carbonatite) 33-0876; hydrothermale Veränder. d. Bohrlöcher GS-3 u. GS-4, Main Terrace, Steamboat Springs (Nevada) 33-0879; Geologie u. Geothermometrie d. Marbridge-Ni-Lagerstätte, Malartic (Quebec) 33-0891; Genese d. Zn-Lagerstätten d. Ordoviziums in Ost-Tenessee 33-0893; Alter u. Anfangs-$^{87}Sr/^{86}Sr$-Verhältnis verdeckter vulkan. fossilführender unterkambr. Gesteine d. atlant. Provinzen Canadas 34-0804; chem. Zus. d. Biwabik-Eisenformat., Minnesota 34-0830; Ca-Carbonatausfäll. auf d. Bahama-Sandbänken 36-0809; Verteil. radioakt. Sediments aus d. Columbia River im Meer 36-0810; Petrologie u. Mineralogie d. Mount Rosa Areals, El Paso u. Teller Counties (Colorado) 36-0833; Genese d. Franklin-Sterling-Erzkörper (New Jersey) 36-0834; nordamerikan. massive Sulfid-Ablager. 37-0801; Isotopenzus. v. Sr in vulkan. Gesteinen v. Oahu 37-0805; Ursprung d. Bathurst-Newcastle-Sulfidlagerstätte (New Brunswick) 37-0859; Cu–Ni-Ablager. v. Timagami-Island (Ontario) 37-0860; geochem. Fluß-Sedimentprobenahmen in d. Flathead- u. Lincoln-Counties (Montana) 38-0797; Pb-Alterbest. am Gesamtgestein u. an Mineralen, Llano Uplift (Texas) 38-0814; S-Isotopen-Analysen v. Park County (Montana) 39-0792; Isotopenalter aus Südwest-Montana 39-0802; – d. Moose Mountain-Grube (Kanada) 40-2272; F-Geh. v. Mikrosaurierzähnen aus d. kohlenhalt. Gestein v. Joggins (Neuschottland) 41-0841; mitteldevon. Salzformat. d. Gebietes v. Elk Point in Alberta u. ihr Bromid-Geh. 46-0781; Cu-Geh. in Gesteinen d. Kanad. Schildes im Gebiet v. Red Lake-Lansdowne House (Nordwest Ontario) 47-0753; Uneinheitlichk. in d. Lokalisier. epigenet. Minerallagerstätten d. USA u. Kanadas 47-0764.

Tiefe Sedimentschichten eines alpinen Sees im trop. mittelpazif. Raum 38-0811; Demonstrat. d. Sedimentierens v. Olivin im Kilanea-Magma an d. Laven d. Erupt. v. *1959* 44-0800; Ausfäll. aus hydrothermalen Exhalat. d. Ost-Pazif. Rückens 47-0754.

Kontaktmetasomatose u. Erzablager. (Concepcion del Oro, Mexiko) 22-0775; Pb/Zn-Erzablager. im Licht d. Unters. über Fl.-Einschlüsse, Providencia Mine, Zacatecas, Mexico 31-0786; mineralog. Unters. v. Trümmern d. Gnome-Kernexperiments nahe Carlsbad (Neu Mexico) 34-0871; Fe-„Kügelchen" d. Umgeb. d. Canyon Diablo-Kraters 42-0738; Unters. im Providencia-Gebiet (Mexiko) (K/Ar- u. Rb/Sr-Alter d. Intrusivgesteine u. hydrothermalen Minerale) 47-0747.

Paläomagnetismus u. K-Alter einiger vulkan. Gesteine d. Galapagos-Inseln 8-0806; natürl. Glas v. Macusani (Peru) 16-0780; strukturelle Entw. u. Plutonismus in Valhalla Gneiskomplex (British Columbia) 19-0815; radiometr. Unters. an ausgewählten Punkten d. Universitätsinsel in d. Bucht v. Guanabara 21-0867; Diskordanz im Corocoro-Becken, Bolivien u. ihre Bezieh. zur Cu-Mineralisat. 27-0822; geochem. Lagerstättenprospekt. in d. Provinz Mendoza (Argentinien) 28-0764; Best. d. Isotopenhäufigk. u. Modellalter bolivian. Pb-Proben 34-0805; K/Ar-Daten d. Serra Geral-Format. 37-0802.

Isotopen- u. Alkalibest. in Bodenproben d. unterseeischen Vema-Kuppe im Südatlantik 39-0789.

Australien: Alter u. ursprüngl. $^{87}Sr/^{86}Sr$-Verhältnis d. Heemskirk-Granits (West-Tasmanien) 5-0847; Struktur u. Ausbldg. d. vulkan. Kessel, Ringkomplexe u. damit verknüpfter Granite v. Georgetown Inlier (Queensland) 8-0830; zonare Anordn. v. sek. Mineralanreicher. in Tavua Goldfield (Fiji) 8-0860; Austral. Paläotemp. d. Tertiärs 17-0874; dolomit. Sedimente u. ihre Umgeb. im Südosten v. Südaustralien 18-0774; Geochemie u. Genese d. Heemskirk-Granits (West-Tasmanien) 19-0816; veränderte pyroklast. Gesteine in d. Fe-Format. d. Hamersley Kette (Westaustralien) 21-0870; IR-Absorpt.-Unters. v. Krokydolith u. assoziierten Gesteinen v. Wittenoom Gorge 21-0871; Rückstands-Gläser v. einigen alkali-basalt. Laven v. New South Wales 21-0872; Mineralogie v. metamorphen bas. Gesteinen d. Willyama Komplexes, Distrikt Broken Hill u. Süd-Wales (Hornblenden) 21-0883; (Pyroxene, Granate, Plagioklase u. opake Oxide) 21-0884; Mineragraphie v. Stör.-Zonen-Sulfiden (Broken Hill) 22-0776; Format. gebänderten Fe bei Broken Hill u. ihre Bezieh. zu d. Pb-Zn-Erzkörpern 22-0777; neue S-Isotopenbest. in Mineralien Neuseelands 26-0817; Sulfidmineralisat. bei Mount Isa (Queensland) 32-0827; K/Ar-Alter pluton. Intrus. auf d. Halbinsel Cape Colville u. auf Cuvier Island (Neuseeland) 33-0817; Sulfidmineralisat. bei Mount Isa (Queensland) 33-0890; Geologie d. Orlando-Mine, Tennant Creek, (Australien) 34-0853; Genese d. Mount Goldsworthy-Eisenerzlager v. Nordwest-Australien 37-0858; sek.-Mineralisat. bei Mount Isa (Queensland) 44-0802.

Grönland: Hydrologie u. Sedimentologie in d. Kangerdlugssuaq (Fjord an d. Westküste v. Grönland) 27-0805.

Antarktis: kristallines Fundament d. antarkt. Plattform 2-0816; Littlewood-Nunataks 5-0848; Geochemie v. antarkt. pelag. Sedimenten 39-0790.

Methodik

Analyse v. *Erzen*; *Gesteinen*; *Mineralien* s. dort.

Röntgenfluoreszenz-Schnellbest. v. Sr-Spuren in Proben geolog. Ursprungs 1-2065; ^{14}C-Schwank. in d. Natur (Technik d. Präparier. u. Zähl.) 4-0747; elektrochem. Geothermometer (neue Meth. mit elektr. leitenden Mineralien) 4-0748; chem.-spektralanalyt. Au-Best. in geolog. Proben 4-1925; Meth. zur Best. d. Ni-Führ. in bas. u. ultrabas. Gesteinsmassiven 5-0867; Spektralanalyse kleiner Mengen geolog. Proben 6-1894; Meth. d. Phasen-Homogenisier. bei mineralog. thermometr. Analysen zwecks Best. d. zur Entsteh. v. hydrothermalen Lagerstätten erforderl. thermodynam. Beding. 7-0811; Elektronenstrahlmikrosonde u. ihre Anwend. in d. geolog. Disziplinen 7-2136; turbidimetr. Ba-Nachw. u. seine geolog. Anwend. 7-2139; Radiogeochemie (Übersicht über d. Verw. d. radiochem. Meth. zur Lsg. geochem. Probleme) 8-0796;

Gerät für d. Lumineszenzpetrographie 8-1974; method. Probleme d. geochem. Unters. v. Sedimentgesteinen 9-0832; Best. d. Red.-Vermögens v. Sedimentgesteinen nach I. A. Jurkevič in Anwend. auf d. geochem. Unters. v. Erdölmuttergesteinen 9-0833; Neutronen-Neutronen-Profilvermess. bei d. Best. v. B in natürlichen Gesteinsaufschlüssen 10-2115; Best. d. Gesamtradioaktivität v. Bodenproben aus Indiana mit einem großvol. Fl.-Szintillat.-Zähler 11-0820; Polarisationsmikroskop POLMI XX für petrograph. Unters. 11-2046; Anwend. d. Röntgenspektrofluoreszenz in d. Geochemie (Best. v. Sr in Plagioklasen) 12-1981; Benutz. v. Mineralen zur Thermometrie präkambr. Gesteine 13-0828; Anwend. d. Atomabsorpt.-Spektrophotometrie auf Unters. geochem. Charakters 13-2114; Anwend. mathemat. Modelle in d. Geochemie (Überblick u. Anwend.-Beispiele) 14-0843; atlant. Tiefsee-Stratigraphie (Erweiter. d. abs. Zeitberechn. auf *320000* Jahre) 16-0743; Unters. mit d. Elektronen-Mikrosonde an Kügelchen aus Sedimenten d. Atlantiks 23-0790; App. zur Probenahme vulkan. Gase 24-1953; Berechn. d. mineral. Zus. magmat. u. nichtmagmat. Gesteine aus d. chemischen Analyse 26-2110; diskontinuierliche Fl.–fl.-Gegenstrom-Solventextrakt. zur Best. v. Spurenbestandteilen in geolog. Material 27-2010, 27-2017; Best. v. Se in Sedimenten mit 3.3'-Diaminobenzidin 28-2006; Papierchromatographie u. γ-spektrometr. Serienbest. v. Spurenelementen in geolog. Material 31-1941; Methodik d. Unters. bituminöser Stoffe in Mineralkavernen effusiver Gesteine 32-0809; Verw. quant. mikroautoradiograph. Meth. in d. Geochemie 33-0810; γ-spektrometr. Unters. v. hydrothermal umgewandelten Gesteinen 33-0878; geochem. Faziesdiagnostik 34-0806; Gammastrahlenspektrometerunters. v. hydrothermal veränderten Gesteinen 34-0809; IR-spektroskop. Kennzeichn. v. Humussubstanzen aus verschiedenen rezenten Sedimenten 34-0812; sedimentpetrograph. u. geochem. Unters. an Carbonatgesteinen d. Zechsteins (Method. Teil) 34-0814; Analyse v. Vulkangasen 35-2022, 35-2023; Geothermometer d. hydrothermalen Fe-halt. Sphalerite 36-0793; Meth. zur Analyse v. vulkan. Gasen im Feld 37-0788; Anwend. d. Krist.-Feldtheorie auf d. Unters. d. Verteil. d. Spurenelemente in Mineralien während d. magmat. Differentiat. 37-0793; Meth. zur Trenn. d. detrit. u. nichtdetrit. Frakt. v. Spurenelementen in reduzierten Sedimenten 39-0782; direkt gemessene O-Fugazitäten in magmat. Gasen 39-0791; petrograph. Phasenanalyse v. Schmelzstäuben 39-2013; Benutz. d. Siebenkomponenten-Diagramme bei d. Analyse v. Veränder. d. Seltenerdmetall-Zus. in natürl. Syst. 41-0766; Möglichk. d. Paläothermometrie mit Hilfe d. Spuren v. U-Spalt.-Prod. in Mineralen 41-0780; Geothermometrie durch Mess. d. Thermolumineszenz v. kontaktmetamorphem Kalkstein 42-0744; Best. d. relativen u. abs. Bldg.-Temp. v. Gesteinen 42-0760; Berechn. d. Basen u. d. Normen nach d. Meth. v. Niggli aus d. chem. Analysen d. Gesteine mit Hilfe einer elektron. Rechenmaschine (Aufstell. eines Programms zur Auswert. v. Gesteinsanalysen) 43-0741; Unters. an sand. Küsten mit radioakt. u. lumineszierenden Leitstoffen 43-0742; moderne Hochdruck-Hochtemp.-Forsch. u. ihre geochem.-petrolog. Aspekte 44-0780; mit d. Computer ber. Gleichgew. u. Elementhäufigk. 46-0760; Verw. v. T-1 als geochem. Standard 46-1873; Anwend. d. pH-Potential-Diagramme zur Charakterisier. einiger Zechstein-Cu-Lagerstätten 47-0739; Anwend. d. pH-Potential-Diagramme für d. Best. v. Vorkommensweise v. Spurenelementen in einigen ökonom. Minerallagerstätten 47-0740; verbesserte Strichplatte für Punktzähl.-Analysen zur Best. v. Vol.-Anteilen d. Bestandteile petrograph. oder metallograph. Strukturen 51/52-1726.

Altersbestimmungen

Isotopeneffekt bei d. Bzl.-Synth. zur Radio-C-Altersbest. 1-2087; Radiokohlenstoff-Altersbest. durch Fl.-Szintillat.-Spektrometrie 2-0798; C-Isotopenverhältnis u. Paläosalinität d. Purbeck-Wealdon-Carbonate 3-0819; ^{14}C-Schwank. in d. Natur (Auswert. d. Meßergebnisse zur Altersbest.) 4-0747; radiogene Ar-Best. durch Neutronen-Aktivier.-Analyse (Altersbest.) 4-0756; eine Bewert. d. $^{234}U/^{238}U$-Meth. als Mittel zur Altersdatier. pelag. Sedimente 5-0845; Pb-Isotope u. d. Alter. d. Erde 8-0803; geochronolog. Daten nach d. K/Ar-Meth. 8-0805; Thermolumineszenz als Meth. zur Best. d. relativen Alters d. Gesteine u. Minerale 11-0800; Genauigk. geochronolog. Mess. (Bezieh. zwischen abs. Altersbest. u. d. Zuverlässigk. geochronolog. Interpretat.) 13-0814; Rb/Sr-Chronologie u. d. Granitologie 13-0823; Vereinfachtes Bulb-Tracer-Syst. für Ar-Analysen bei d. K/Ar-Altersbest. v. Gesteinen 13-2025; nicht im Gleichgew. befindl. U in Carbonatsedimenten u. deren Altersbest. 14-0877; serienmäß. C-14-Datier. mit d. Fl.-Szintillat.-Technik 17-0832; Histogramm-Analysen v. Isotopenaltersdaten 18-0764; Altersbest. v. schweizer. Pfahlbauten als Beispiel einer dendrochronolog. geeichten Radiokohlenstoff-Datier. 19-0863; Ausdehn. d. graph. Rechenmeth. Concordia auf Mess. d. abs. Alters mit Hilfe d. radioakt. Ungleichgew. Sek. Vererz. v. U 21-0835; Altersbest. an Tektiten u. anderen natürl. Gläsern mittels Spuren d. spontanen Spalt. d. ^{238}U („fiss.-track"-Meth.) 22-0742; K/Ar-Altersbest. durch Aktivier. mit schnellen Neutronen durch d. Rk. $^{39}K(n, p)^{39}Ar$ 23-0783; Alter d. Erde, schwerer Elemente u. Meteoriten 26-0803; $^{230}Th/^{238}U$- u. $^{234}U/^{238}U$-Alter v. Hochwasserständen im Pleistozän 27-0844; Altersbest. durch Thermolumineszenz-Unters. an Rauchquarzen 28-0823; abs. Altersbest. mit ^{14}C 28-0846; Anwend. d. ^{14}C-Best., Thermolumineszenz, K-Ar-Datier., Fissiontrack- u. ^{270}Th-Datier. u. d. Bodenwiderstandsmess. in d. Archäologie 29-0831; geolog. Altersbest. mit ^{36}Cl 33-0816; Abweich. d. Mineralalter v. granit. Gesteinen (Neuverteil. v. Rb u. Sr) 34-0800; abs. Altersbest. organ. Sedimente durch d. Ionium-Meth. 34-0801; Benutz. v. Mineralien mit hohen Gehalten an gewöhnl. Pb zur abs. Altersbest. postproterozoischer Bldg. 36-0790; Analyse d. U u. Altersbest. mittels Bahnspuren geladener Teilchen 36-0791; Berechn. d. Einfl. v. Rb u. Fe bei d. flammenphotometr. K-Best. zur K/Ar-Datier. 37-0787; Benutz. v. Sandsteinkanten u. verwitterten Basaltkrusten in d. abs. Alterschronologie 38-0813; Betracht. über d. Grenzen d. Altersbest. 39-0770; Statist. Abschätz. d. Rb/Sr-Isochronen 39-0771; Migrat. radiogenen Ar aus Sylvin unter dem Einfl. gerichteter Drücke u. d. Bedeut. für Altersbest. 39-0826; Altersbest. an Glimmern nach d. Spuren d. U-Spalt.-Prod. 41-0792; Einfl. v. ^{40}Ar auf d. Altersbest. v. U-Mineralien 41-0810; Radio-C-Datier. u. Archäologie in Nordamerika 41-0838; Isotopen-Paläotemp. (Paläotemp.-Best. nach d. Meth. v. Urey aus d. Isotopenverhältnis $^{18}O/^{16}O$) 41-0839; Pb-Isotopenzus. carbonat. Gesteine verschiedenen Alters 43-0760; Anwend. d. Gas-Chromatographie zur Best. d. abs. Alters d. Gesteine mittels d. K/Ar-Meth. 44-0779; Best. v. Alterswerten nach d. $^{176}Lu/^{176}Hf$-Meth. 47-0730; Verw. d. F/P_2O_5-Verhältnisses zur Best. d. geolog. Alters v. Quartär-Lagerstätten 48-0742; Radio-C-Datier. v. Proben neolith. Gebiete 48-0776.

Schürfung, Prospektierung

Erzführ. v. Intrusiven d. Norilsk-Typs u. Informat. bei d. Suche nach Kupfernickelerzen 8-0828; Anwend. v. Gastests bei d. Prospektier. in diskontinuierl. Stör. d. östl. Sajan 9-0822; Best. d. elektr. Potentialdifferenz zur Kieselzinkerz-Prospekt. 14-2448; Anwend. radiometr. Meth. bei d. Suche u. Erkund. v. Lagerstätten nichtradioakt. Elemente u. bei d. geolog. Kartier. 19-0847; Prospektier. v. Pb/Zn/Cu-Vork. zwischen Nil u. Rotem Meer 26-2471; Einsatz universeller elektron. Rechenmaschinen für komplexe Berechn. d. Forsch.-Ergebnisse bei U-Lagerstättenprospektier. 27-0799; geochem. Lagerstättenprospekt. in d. Provinz Mendoza (Argentinien) 28-0764; Isomorphie v. B im Prehnit, Vesuvian u. anderen Silicaten u. ihre Bedeut. für d. Prospekt. 28-0817; Meth. d. Durchschnittsbeprob. bei d. geochem. Prospekt.-Meth. 31-0773; Geochemie des Hg (Anwend. für d. Prospektier.) 33-0822; Co bei d. geochemischen Prospekt. 33-0823; Anwend. v. Hg bei d. geochem. Prospekt. auf Hg 37-0791; Co bei geochem. Prospektier. 47-0742.

Bibliographie

Die Mineralien der Schweiz B 19; Petrochemie und Geochemie der metamorphen Hornblendegesteine aus der Kleinkarpatenregion B 35; Geochemie B 75; Zahlenwerte und Funktionen aus Physik. Chemie, Astronomie, Geophysik und Technik. Bd. *4*: Technik. Teil *4*: Wärmetechnik. Bd.-T. Wärmetechnische Meßverfahren, thermodynamische Eigenschaften homogener Stoffe B 89; Die Genese der metamorphen Gesteine B 91.

Tschech.: Lithologisch-petrographische Erforschung der Konglomerate der Felsklippenzone. Petrographie des Gerölls sedimentärer Gesteine B 19; Sammelschrift der Geologischen Wissenschaften, Reihe TG-Technologie, Geochemie, Bd. *7* B 35.

Russ.: Geochemie der Erdölbegleitgase (nach Unterlagen des Wolga-Ural-Gebiets, des Kaukasus und der Südukraine) B 14; Mineralogie und Geochemie der Erzlagerstätten von Kazachstan. (Polymetalle) B 19; Mathematische Methoden geochemischer Untersuchungen (Mitteilungssammlung) B 19; Genesis mineralischer Individuen und Aggregate (Ontogenie der Minerale). (Mitteilungssammlung) B 19; Anwendung geochemischer Methoden bei metallogenetischen Untersuchungen von Erzrevieren B 19; Magmatismus, Geochemie und Metallogenese im Erzrevier des Altaj (Mitteilungssammlung) B 27; Geochemische Charakteristik des Erdöls und der Bitumina der Ukraine und Moldavau B 27; Geochemie des Zinns und seltener Elemente des Gebiets der Verchojano-Čukotskoj-Faltung B 27; Mineralogie und Geochemie der Sulfid-Lagerstätten Uzbekistans B 27; Landschaftsgeochemie B 27; Geologie und Ausbeutung von Erdöllagerstätten B 31; Geochemie, Mineralogie und genetische Typen der Fundstätten seltener Elemente. Bd. *3* B 35; Geochemie der varistischen Intrusionskomplexe im nördlichen Tjan'-Šan B 51; Geochemie von Spurenelementen. Ga, Ge, Gd, In, Tl in hydrothermalen Fundstätten B 58; Geochemie des Goldes in der Verwitterungszone und Biosphäre von Golderzlagerstätten vom Kuranachskij B 58; Geochemie des Kobalts B 58; Geochemie, Mineralogie und genetische Typen der Lagerstätten seltener Elemente. Bd. *3*. Genetische Typen der Lagerstätten seltener Elemente B 58; Petrochemie der vulkanischen Kajnozojsk-Kurilen-Kamčatka-Provinz B 63; Geochemie der seltenen Elemente in den Blei–Zink-Fundstätten von Ost-Transbajkal B 67; Fragen der Hydrogeologie und Hydrochemie B 67; Geochemie der Gase der Erdrinde und Atmosphäre B 67; Geochemie variskischer intrusiver Komplexe des nördlichen Tjan'-Šan B 67; Geochemie und Mineralogie magmatogener Gebilde B 67; Experimentelle Untersuchungen auf dem Gebiet der Mineralogie und Geochemie seltener Elemente B 75; Bildung und Geochemie der unterirdischen Wässer Sibiriens und des Fernen Ostens B 75; Geochemie und Lagerstättentypen des Urans B 75; Geochemie seltener Elemente B 83; Geochemie und Vererzung der sedimentären Schicht von Tjan'-San (Mitteilungssammlung) B 83; Geochemie des Berylliums während der Prozesse der endogenen Mineralbildung (auf Grundlage hydrothermaler Experimente) B 90.

An introduction to the rock-forming minerals B 4; Geochemistry of the ore minerals from Silesia-Krakow zinc and lead deposits B 4; The mineralogy and genesis of the vitriolic clays of the Bytom depression B 4; Radioisotope instruments in industry and geophysics. Proceedings of the symposium in Warsaw, *1965*. Vol. *1*, Vol. *2* B 12; Advances in organic geochemistry B 27; Zeolites and zeolitic reactions in sedimentary rocks B 35; X-ray emission spectrography in geology B 35; Geochemistry of beryllium, and genetic types of beryllium deposits B 43; Chemistry of the earth's crust; proceedings of the geochemical conference commemorating the centenary of academician V. I. Vernadskii's birth. Vol. *1* B 43; Research on the nature of mineral-forming solutions; with special reference to data from fluid inclusions B 51; Physics and chemistry of the earth. Vol. *7* B 58; The geochemical behaviour of sodium. With special reference to post-Algonkian sedimentation B 66; Krystalinikum. Contributions to the geology and petrology of crystalline complexes B 66; Radioisotope instruments in industry and geophysics B 69; Principles of geochemistry B 75; Fundamental aspects of petroleum geochemistry B 83; Geology of petroleum B 83; Introduction to geochemistry B 90.

Les gisements de fluorine de la Provence cristalline B 51; Corso di mineralogia con elementi di petrologia. Per allievi del corsi di laurea in scienze naturali e scienze geologiche B 75.

Geongarrit, diffrakt.- u. kristallchem. Besonderh. v. — 37-0853.
Geosmin, Isolier. aus Aktinomyzeten 20-1375.
Geranial s. unter $C_{10}H_{16}O$.
Geranin, Proteinbind. u. Ausscheid. in d. Galle d. Ratte 14-1724.
Geraniol s. unter $C_{10}H_{18}O$.
Geraniumsäure s. unter $C_{10}H_{16}O_2$.
Geranylacetat s. unter $C_{12}H_{20}O_2$.
Geranylbromid s. unter $C_{10}H_{17}Br$.
Gerbsäuren s. unter *Tannine*.

Gerbstoffe

Nd.-Bldg. in Gerbmitteln 5-3348; Einfl. auf d. Behandl. v. photograph. Kernemuls. mit Ultraschall 11-3473; Polyamide als Trägermaterial für Dünnschichtchromatographie v. — 46-1830; Best.-Verf. für — (krit. Betracht.) 7-2235; Best. v. Ca- u. Mg-Ionen in Gerbextrakten 20-2029.

Natürliche Gerbstoffe

Siehe auch *Catechine*; *Tannine*.

Myrobalan-— (Übersicht) 48-3291; Übersicht 51/52-3172; —: d. Blätter v. Catha edulis 2-1750; v. Oenothera hookeri 5-1427; Alnus glutinosa u. Alnus incana als Gerbmittel 5-3346; Geh. v. Teucrium scorodonia 7-1789; Vork. in Lamium garganicum 23-1702; lokale Pflanzen als mögl. Quellen v. — (Acacia nilotica) 30-3153; — v. Pinus khsya-Rinde 40-3218; Mimosaextrakt als Gerbmittel (chem. Zus.) 7-3467; (N-Geh.) 7-3468; saccharid. Komponenten wss. —-Auszüge 16-3288; Zus. d. — d. Kakaobohne 40-3194.

Gewinn. v. Fichtenrindeextrakt-— 9-3443; (Erhöh. d. Ausb. mit steigender Temp.) 9-3444; sulfit. Extrakt. 13-3551; Herst. aus Myrobalanenextrakten 44-3147*.

Fluoreszenz v. Gerbextrakten aus Pflanzen 38-3220; Konstit. d. — d. Weintraube u. d. Weines 20-3361; Theorie über d. Wechselwrkg. v. — mit Kollagen 5-3349.

Mechanismus d. Kombinat.-Gerb. mit Al u. — 3-3271 bis 3-3273; Unters. zur besseren Verwert. v. Myrobalan als Gerbmittel 18-3453; Qualität v. Eichenholzextrakten als — 46-3170.

Polyamid-Dünnschichtchromatographie v. —-Extrakten 5-2186; spektrophotometr. Unters. 30-3154; Nachw. in Galium mollugo 14-1779; Best. in Obstsäften u. Fruchtsirupen 15-2127.

Mineralische Gerbstoffe

Chemie u. Gerbeig. v. Kombinat.-Zr-Cr-— 34-3370; mit Schellack red. Cr-Lsg. als — 36-3094.

Synthetische Gerbstoffe

Chem. Zus. v. *Syntanen* 9-3445; Herst.: u. Konstit. 25-0969, 25-0970; eines ox. polyphenol. — (Verw. als Stabilisier.-Mittel für Bohrlochausspül.-Fl.) 9-2947*; v. Gerbmitteln durch Kondens. v. HCHO mit Na-Phenolaten aus konz. Abwässern d. Koksindustrie 9-3449*; wss. Lsg. v. Kupfer-8-hydroxychinolat als — 11-2828*; — aus Sulfitzellstoffablaugen 13-3552; Herst. fettender — durch Kondens. v. Phenolen oder Phenolmisch. mit einer Misch. v. Fettsäuren u. aliphat. KW-Stoffen 13-3561*; Mittel zum Gerben v. Leder aus Aceton-HCHO-Kondens.-Prod. 18-3462*; Herst. v. Kondens.-Prod. für Gerbzwecke durch Rk. v. Dicyandiamid mit HCHO in Ggw. v. Hexamethylentetramin u. $AlCl_3$ u. Kondens. d. Rk.-Gemisches mit einwert. Phenolen 18-3463*; gerbende Arylsulfonsäuren 24-3430; Mischpolykondens. v. Brenzcatechin mit Formaldehyd in Ggw. v. sulfonierten aromat. Verb. zur Herst. v. — 40-3219; — aus Aminoplast-Vorkondensaten 40-3220; Kondens.-Prod. aus Phenolen, N enthaltenden organ. Verb. u. Formaldehyd zur Herst. lichtechter — 40-3225*; Verw. v. β-Naphthol-Harnstoff-CH_2O-Kondens.-Prod. als — 43-2600*; Sulfitkondens. v. 4.4'-Dihydroxydiphenylsulfon mit Formaldehyd für d. Gewinn. v. — 44-2136; Methylolderiv. d. Melamins als — 44-3137; Weiß-— aus Kondens.-Prod. durch Nachbehandl. v. Sulfonsäuregruppen enthaltenden Phenol–Harnstoff-Formaldehyd-Kondensaten mit Phenolen u. Formaldehyd 44-3148*; Synth.: v. *Syntanen* 46-3171; durch gemischte Kondens. v. Phenolen im alkal. Milieu 46-3172; aus Sulfitablauge 51/52-3081; Einfl. v. Gemischen v. — auf d. Qualität v. Sohlenleder 18-3456.

Germacran s. unter $C_{15}H_{30}$.
Germacron s. unter $C_{15}H_{22}O$.
Germandiol s. unter $C_{30}H_{50}O_2$.
Germanicol s. unter $C_{30}H_{50}O$.
Germanin s. unter $C_{51}H_{40}N_6O_{23}S_6$.
Germanit, —-Lagerstätten d. Apuseniberge, Rumänien 4-0820.

Germanium

—-Mineralien 47-2023.

Vorkommen

Verteil.-Besonderh. u. Migrat.-Formen v. — in kohlensauren Wässern d. vulkan. Elbrus-Gebietes 13-0818; Akkumulat.-Beding. d. — bei hydrothermalen Erzbldg.-Prozessen 14-0874; Geh. an — in ostalpinen Graphit- u. Talkgesteinen 19-0804; Vork. in Butler (Missouri) 22-0738, 22-0739; —-Beimeng. im Sphalerit 24-0848; —-Geh. d. Zinkblenden verschiedener Pb/Zn-Vork. in d. nördl. Kalkalpen 28-0826; Erzmineralisat., Petrographie u. —-Führ. d. Kupferschiefers im SE-Harzvorland 28-0838; — in Intrusivgesteinen d. Südostteils d. Sewansker Rückens 32-0824; Vork. v. — in Willemit 34-0845; — in d. Hauptsulfiden v. Kieslagerstätten 34-0848; — in d. Thermalwässern Kasachstans 38-0798; —-Geh. in Kohlenproben d. inneren Kohlengebietes d. USA 39-2481; — in einigen Greisengesteinen Kasachstans 41-0801; Geochemie v. — in Fe-Erzen d. Michailovsker Lagerstätte d. Kursker magnet. Anomalie 41-0831; Migrat.-Form v. — bei d. Erzbldg. 43-0746.

Geh. im menschl. Serum 38-1550.

Bildung, Darstellung

Bldg. v. — bei d. therm. Zers. v. Tricyclohexylgerman 28-0715.

Herst.: v. reinstem — 4-2136*; v. — mit einer D^{25} v. *5,7—6,1* g/cm³ 8-2263*; v. einkrist. Plättchen aus — 9-2390*; Gewinn.: aus Flugasche 9-2485; aus staubfreiem Gas durch Absorpt. an Humussäure 10-2597*; Herst.: reiner —-Barren durch H_2-Red. v. $GeCl_4$ 10-2598*; v. — hoher Reinh. durch Schmelzflußelektrolyse 11-2652*; v. — mit definiert eingestellter Diffus.-Länge 13-2377*; v. Reinst-— für d. Halbleiterindustrie 18-2428; Meth. zur Auswert. u. Darst. d. Grundmaterialflusses d. mehrstuf. Herst. v. zonengeschmolzenem — 18-2479; pyrolyt. Abscheid. v. — 25-2003*; Einfl. einiger Faktoren auf d. Ausb. bei d. —-Gewinn. 28-0709; Zücht. v. —-Einkrist. aus d. Schmelze 31-2196*; elektrolyt. Gewinn. v. — aus Borat- u. Silicatschmelzen 38-0726; Gewinn. v. — aus komplexen Cu–Zn-Konzentraten 40-2275.

—-Erztrenn. im Fließbett mit Füllkörpern 32-2325; fl.–fl.-Extrakt. v. — aus Erzen mit Kerosin 39-2069; Extrakt. v. — aus d. Erzen (Argyrodit) 39-2300*; Gewinn. bei d. Aufbereit. v. Kohlen u. Verarbeit. v. Teeren mit —-Geh. 49/50-2514.

Entfern. v. Si aus —-Barren 1-2567*; Abtrenn. durch Solventextrakt. 9-2073; Extrakt. v. — aus HCl-Lsg. mit organ. Lsgm. 11-2306; Sorpt. v. — aus $CuSO_4$-Lsg. mittels „SG" 19-2208; Trenn. v. —-Isotopen in chem. Rk. 33-0545; Isolier. v. — aus einer HCl-Lsg. 44-2090; Abtrenn. d. Cd u. In v. ^{75}Ge 49/50-1765.

Verflüchtig.-Beding. v. — aus Pb–Zn-Flugstäuben im Vers.-Drehrohrofen 5-2420; Gewinn. v. Ga aus Abfällen d. —-Herst. 12-2379; Verarbeiten —-halt. Asche 13-2632*; kontinuierl. Verfolg. d. —-Dest. aus Flugasche mittels Röntgenspektralanalyse 33-2377*; Aufarbeit. v. — aus unbrauchbaren Transistorverb. 42-2254.

Herst.: v. —-Halbleiterkörpern 15-2252*; v. Scheiben aus — (für einkrist. Halbleiterbauelemente) 37-2071*.

Herst. legierter Bereiche in halbleitendem — 7-2372*; Diffus. v. p- oder n-Verunreinig. in —-Halbleitermaterial 7-2373*; Dotier.: v. p-leitendem — mit As 7-2379*; v. —-Krist. mit As, B, Ga, In oder Sb 22-2239*; Legieren v. — mit As u. Ga 25-2040; Dotier.: v. Halbleiter-Einkrist. aus — 25-2044*; v. sehr reinem — 26-2358*; v. — mit Ga 31-2200*.

Herst. v. Sb- oder Pb-Überzügen auf p-leitendem — 7-2367*; Bedampf. v. p-leitendem — mit Au 7-2380*; Bldg. v. Oxidschicht auf —-Halbleiter 8-2231*; Ätzen v. —-Halbleitern 15-2255*; gesteuertes Krist.-Wachstum auf — 15-2256*; Abscheid. v. Cd auf — bei d. Halbleiter-Herst. 15-2259*; Abscheid. v. Sulfiden, Seleniden u. Telluriden auf — bei d. Transistoren-Herst. 15-2263*; elektrolyt. Ätzen v. n-leitendem — mit pulsierendem Gleichstrom 16-2191; Herst. v. GeO_2-Überzug auf — mit tetragonaler Krist.-Struktur 23-2436*; elektrochem. Herst. v. elektr. Kontakten an n- u. p-Ge 24-2238; Ätzen v. — mit $Na_4P_2O_7 \cdot 2\,H_2O_2$ 24-2243*; Bldg. v. GeO_2-Überzügen mit tetragonaler Krist.-Struktur auf — 24-2558*; chem. Ätzen v. — 25-2043*; Aufwachsen v. — auf —-Einkrist.-Scheiben 27-2272*; Herst. v. —-Einkrist.-Schicht auf — 28-2247*; Ätzen v. —-Oberflächen durch Ionenbeschuß 29-0319; Einfl. v. $AgNO_3$ beim chem. Ätzen v. —-Einkrist. 29-2449; Ultraschallverf. zur Auftrag. v. Meßleit. auf —-Oberflächen 36-1812; Ätzen v. Halbleiter-— (Metallionenadsorpt.) 48-2292.

Physikalisches und physikalisch-chemisches Verhalten

Unters. v. —-Filmen 17-0218; Eig. v. — in In-Antimonid 17-0436; physikal. Verh. v. — bei Stoßwellenkompress. 19-0298.

Kerneigenschaften, Depolarisat. positiver μ-Mesonen in —-Halbleitermaterialien 2-0009; Energieniveaus in ^{74}Ge aus d. Rk. $^{73}Ge(n, \gamma)^{74}Ge$ 11-0088; Myoneneinfangrate in — 13-0061; Isomeren-Wrkg.-Querschnittsverhältnisse für durch *14,6*-MeV-Neutronen induzierte Rk. an ^{72}Ge 13-0101; Anreg.-Funkt. für d. (p, n)-Rk. an Targets v. ^{76}Ge 14-0026; $^{72}Ge(n, p)^{72}Ga$- u. $^{72}Ge(n, \alpha)^{69m}Zn$-Reaktorquerschnitte, Interferenz bei d. Aktivier.-Analyse v. Ga u. Zn in — durch Rk. mittels schneller Neutronen in d. Matrix 17-0110; elast. Streuung v. *24,7*-MeV-α-Teilchen an — 23-0051; Spinabschneideparameter für ^{75}Ge 23-0099; Mössbauer-Effekt v. — 28-0064; an d. McMaster-Universität gemessene Massenwerte v. —-Isotopen 29-0065; spektroskop. Faktoren v. Isobarenanalogzuständen aus Protonenanreg. v. —-Isotopen 31-0066; Wrkg.-Querschnitt d. $^{73}Ge(n, \alpha)^{70}Zn$-Rk. bei *14* MeV-Neutronen-Energie 31-0102; E *2*-Oberflächenresonanzen in — 33-0055; γ-Strahl. v. ^{77}Ge 33-0104; räuml. Verteil. v. Protonen bei Streuung an einem —-Einkrist. 34-0026; Nachw. v. solaren Neutrinos mit Hilfe d. Rk. $^{71}Ga(\nu, e^-)^{71}Ge$ 35-0732; tiefliegende Zustände in ^{70}Ge u. ^{72}Ge 40-0045; Wrkg.-Querschnitte v. $^{75}As(n, p)^{75m,g}Ge$ u. $^{76}Ge(n, 2n)^{75m,g}Ge$ 40-0065; Best. d. Temp. im Sonneninneren aus d. Größe d. Neutrinoeffekts nach $^{71}Ga(\nu, e^-)^{71}Ge$ 40-0782; Analyse d. tiefliegenden 0^+-Zustände in $^{70,72,74}Ge$ 43-0062; Abklingverh. v. Positronen in — 44-0003; Lad.-D. am Kern 48-0081; Analyse d. Daten d. Neutronen- u. Protonen-Trennenergien für ^{75}Ge 49/50-0058; Einfl. v. Verunreinig. an — auf d. Isomerenverschieb. v. metall. Sn 51/52-0052.

Optische Eigenschaften, Franz-Keldysh-Effekt oberhalb d. fundamentalen Absorpt.-Kante in — (Reflex.-Mess.) 1-0321; IR-Spektrum v. — bei Bestrahl. mit *40—60*-MeV-Elektronen 1-0322; Anreg.-Spektrum v. As-Verunreinig. in — unter einaxialer Kompress. (Auswahlregeln für d. beobachteten Übergänge) 2-0340; durch Trägerwecheslwrkg. induzierte indirekte opt. Übergänge in — 2-0363; Raman-Streuung an —-Krist. 7-0359; Absorpt.-, Emiss.- u. Anreg.-Spektren v. glasart. mit Ge^{4+} aktivierten HCl- u. HBr-Lsg. 7-0391; IR-Absorpt.-Spektren v. therm. angeregten Lad.-Trägern in — 8-0324; Einfl. d. Vollkommenh.-Grades v. — auf d. Sprung d. integralen Intensität an d. K-Absorpt.-Kante 11-0215; beobachtete Linienprofile bei gemeinsamer Anreg. v. Al, Be u. — 15-0359; K-Absorpt.-Kanten v. — in GeSe u. $GeSe_2$ (Bind.-Charakter) 18-0109; Rekombinat.-Spektren v. stark mit As dotiertem — 20-0293; Unters. zur Theorie d. Kronigschen Feinstruktur d. Röntgen-K-Absorpt.-Spektren einkrist. Folien u. kub. Krist. aus — 21-0308; KLL-Auger-Spektrum 22-0116; IR-Absorpt.- u. Raman-Spektren v. — 23-0280; IR-Transmiss.- u. Reflex.-Spektren v. —-Platten 23-0333; neue Emiss.-Banden v. — im ultraweichen Röntgengebiet 23-0359; Unters. d. Orientier.-Abhängigk. d. Röntgen-K-Absorpt.-Spektren v. —-Einkrist. unter Verw. linear polarisierter Röntgenstrahl. 23-0369; Einfl. v. — als Trägerschicht auf d. IR-Spektren v. Ag_2O 25-0325; Reflex.-Spektren u. Best. d. Bandstruktur v. —-Krist. 29-0332; Verschieb. v. Röntgenlinien auf Grund v. Temp.-Änder. 30-1949; Röntgen-K-Absorpt.-Spektren v. — in Germaniden 35-0348; chem. Effekt auf d. Feinstruktur d. Röntgenabsorpt.-Kante v. — (Diamantstruktur) 35-0350; Reflex.-Spektren v. — 36-0313; Absorpt.-Spektren v. Y–Fe-Granat-Einkrist. mit Ge^{4+}-Dotier. 36-0324; Einfl. d. Hg-Konz. auf d. Intensität d. Anreg.-Spektrums in Hg-dotiertem — 36-0330; spektrale Durchlässigk. v. SbSJ : Ge 37-0368; L-Röntgenabsorpt.-Spektren v. — in gasf. $GeCl_4$ 38-0115; Reflex.-Spektrum v. — im UV-Bereich 38-0360; Elektroreflex.-Spektren v. — 38-0367, 38-0369; opt. Absorpt. für d. Wellenlängenbereich *2300—5000* Å v. $GeCl_4/H_2/Ge$- u. $GeCl_4/He/Ge$-Syst. 42-0107; Isotopieverschieb. in Ge I 45-0115; Einfl. v. Verzerr. auf d. opt. Spektrum direkter Exzitonen in — 45-0320; Röntgen-L-Spektren im Bereich v. *2—85* Å v. — 46-0351; Natur d. langwell. „Schweifes" d. Röntgenemiss.-Spektren v. —-Krist. 46-0356; Dispers.-Korrektur für Ge-Kβ an — 47-0120; Einfl. v. einaxialer Spann. auf d. indirekte Absorpt.-Kante in — 48-0328; Anreg.-, Lumineszenz- u. Kathodenlumineszenzspektren v. $MgO \cdot B_2O_3$: Ge(Mn) 51/52-0318.

Theorie d. Absorpt. elektromagnet. Strahl. durch Elektronensprungprozesse in n-Ge 8-0358; Einfl. einer Bestrahl. mit schnellen Neutronen u. v. Verunreinig. auf d. Röntgenbeug.-Intensitäten v. —-Krist. 10-0306; Einfl. d. Elektron-Loch-Rekombinat.-Pro-

in n-leitendem — 32-0407; Best. d. Ionisat.-Grades v. Beimeng. in Halbleitern aus Diffus.-Unters. am Beispiel d. Sb-Diffus. in p-Ge 33-0450; v. Photonen unterstützte Magnetotunnel. v. Elektronen v. Valenz- zum Leitfähigk.-Band in — in parallelen u. gekreuzten Feldern 34-0449; direkte Beobacht. d. Überschußbesetz. leichter Löcher im opt. gepumpten p-Ge 36-0410; Doppel-Akzeptorzustände in — u. Si (allg. Theorie) 39-0428; (Zwei-Zentren-Integrale) 39-0429; (numer. Ergebnisse) 39-0430; Theorie d. einfach geladenen Donator-Beimeng.-Zentren in — 40-0367; Abhängigk. d. Streuungsanisotropie d. Stromträger in mit Sb-dotiertem n-Ge v. d. Beimeng.-Konz. 43-0422; Beweglichk. v. Minoritätslad.-Trägern in p-leitendem — unter einachs. Spann. 44-0427; Erschein. d. „Selbstkompensat." v. Beimeng. in — 48-0388; Photoerzeug. v. Elektron-Loch-Paaren u. Diffus.-Längen in — 51/52-0363; Temp.-Abhängigk. v. Lawinenmultiplikat. in — 51/52-0365; Elektronenimpulsverteil. in — aus d. Positronenvernicht. 51/52-0373.

Theoret. Unters. d. Bandstruktur v. — 1-0427; Energiebandstruktur v. — (nach d. k·p-Meth.) 2-0431; abgeschirmtes Störstellenpotential in — (Berechn. d. dielektr. Funkt. u. stat. DK unter Einbezieh. d. genauen Bandstruktur) 2-0432; Best. d. Deformat.-Potentials v. bestrahlungserzeugten Haftstellen in p-leitendem — durch Längenmess. 2-0433; Kompensat.-Abhängigk. d. Störstellenleit. in mit Sb dotiertem — bei Bestrahl. mit schnellen Neutronen 2-0436; Best. d. Parameter komplexer Energiebänder in — aus Unters. d. Faraday-Dreh. freier Träger, d. Voigt-Effekts u. d. Transporteig. 4-0370; Bandstruktur u. Pseudopotential-Formfaktoren für halbleitendes — 4-0371; Korrekturen zur effektiven Massentheorie flacher Störstellenzustände in — 4-0385; Störbandleit. in kompensiertem, p-leitendem — für d. Grenzfall großer Verspann. 9-0466; energet. Lagen d. Fehlstellenniveaus in Sb-dotierten —-Krist. 10-0425; Verschwinden d. Störstellenniveaus in — bei hohen Injekt.-Niveaus 15-0477; Quantentheorie d. Struktur d. Valenzbandes v. — in äußeren elektr. u. magnet. Feldern, Bandstruktur u. elektr. Leitfähigk. in amorphem —, Einfl. v. einaxialem Druck auf d. Übergänge zwischen d. Valenzbändern in — 17-0436; halbempir. Auswahl d. Parameter für d. Beschreib. d. Struktur d. Valenzbandes v. — mit Hilfe d. Meth. d. äquivalenten Orbitale 41-0439; gesamte elektron. Bandstrukturenergie für — 42-0422; Berechn. d. Niveaus v. Zwischengitterstörstellen in — 43-0409; Struktur d. Valenzbandes v. — 44-0425.

Mechanismus d. Elektroneneinfangs durch eine Versetz. in — 5-0430; Rekombinat.: v. Elektronen u. Donatoren in n-Ge 7-0451; heißer Lad.-Träger über Rekombinat.-Zentren auf —-Oberflächen 9-0460; Unters. d. Rekombinat. v. Elektron-Loch-Paaren mit Hilfe d. Photoeffekts in mit γ-Quanten einer ^{60}Co-Quelle bestrahlten Ge-p–n-Übergängen 9-0461; Wrkg.-Querschnitt für d. Locheinfang durch Hg^{2+} u. Zn^{2+} in — 16-0368; Einfl. d. γ-Bestrahl. auf d. Lebensdauer d. Minoritätsträger in As- u. Sb-dotierten —-Einkrist. 16-0369; effektive Einfangquerschnitte v. durch Ni-Atome gebildeten Rekombinat.-Zentren in p-Ge 17-0436; Best. d. Lebensdauer v. Minoritätslad.-Trägern in monopolaren Photoleitern am Beispiel v. — 18-0374; Rekombinat. heißer Elektronen an abstoßenden Störstellenzentren in — 20-0376; Einfl. verspannter Schichten auf d. Geschw. d. Oberflächenrekombinat. in — 21-0389; Einfl. d. Verunreinig.-Leit. auf d. Elektronenrekombinat. in — bei tiefen Temp. 22-0399; durch Versetz. in — bestimmte Lebensdauer u. Erzeug.-Rekombinat.-Rauschen 26-0399; Meßverf. für d. Lebensdauer v. durch Elektronenstrahlen in — induzierten Minoritätslad.-Trägern 30-0360; Einfl. d. Absorpt. v. W. auf d. Geschw. d. Oberflächenrekombinat. u. d. Oberflächenleitfähigk. v. — 36-0411; Löcherlebensdauer in — 41-0445; Lebensdauer v. Überschußlad.-Trägern in — 41-0446; Kinetik d. Oberflächenrekombinat. in — 43-0419; Lebensdauer d. Minoritätsträger in mit Hg dotiertem — 49/50-0395.

Theorie d. anisotropen, photoelektromagnet. Erschein. in —-Halbleitern 1-0415; Feldabhängigk. d. Photoansprechens in —-Doppelkrist. 1-0432; photoelektr. Energieumwandl.-Syst. mit —-Photozellen u. Radioisotopen als Strahl.-Quelle 3-0492; angeregte Zustände v. neutralen Zn, Cu, u. Hg in photoleitendem — 5-0443; Einfl. einer Oberflächen-Raumlad. auf d. photomagnetoelektr. Effekt in — 7-0452; durch Rekombinat.-Gradienten entstehende Photo-EMK in Halbleitern am Beispiel v. —-Stäben mit teilweise polierter Oberfläche 8-0412; Einfl. eines elektr. Feldes auf d. langwell. Kante d. Störstellen-Photoleitfähigk. v. mit Zn u. Hg dotiertem — 9-0468; Anisotropie d. geraden photomagnet. Effekts in p-Ge 9-0469, 9-0470; photoelektr. Effekt u. negative Photoleitfähigk. in — bei 10^{10} Hz 10-0428; Ursprung d. Kondensator-Photo-EMK in Halbleitern u. d. photoinduzierten Änder. d. Kontaktpotentials am Beispiel v. — 11-0440; durch langwell. IR-Strahl. stimulierte Photoleitfähigk. v. — im Vgl. mit Si 12-0381; Entw. einer Theorie d. anomal großen Photospann. in —-Halbleiterfilmen 12-0444; stationäre u. nichtstationäre Photoleitfähigk. in plast. verformtem — 12-0454; Kinetik d. Photoleitfähigk. in Halbleitern v. Typ n-Ge mit Oberflächen-Einfangsniveaus für Minoritätsträger 15-0466; Störstellenphotoleitfähigk. u. Energieniveaus in — nach γ-Bestrahl. 15-0478; Photoleitfähigk. in — infolge opt. Übergänge zwischen Verunreinig.-Zentren 17-0436; Spektren u. Kinetik d. Photoleitfähigk. sowie Defektniveaus u. Defektelektronen-Einfangquerschnitte v. bei *100* u. *5,2* °K mit schnellen Elektronen bestrahltem p- u. n-Ge 19-0419; Oberflächenphotoleitfähigk. v. — 20-0378; Störstellen-Photoleitfähigk.-Spektren v. p-Ge mit Ga-, Hg-, Au- u. Ni-Verunreinig. 20-0379; Einfl. d. Einfanges v. Nichtgleichgew.-Lad.-Trägern durch Oberflächendefekte auf d. Spektrum d. Photoeigenleitfähigk. einer dünnen —-Probe 22-0406; negative Photoleitfähigk. v. — mit Au-Dotier. in starken elektr. Feldern 23-0427; Photovoltaeffekt in — 26-0394; Plasmonen-Photoeffekt u. Sekundärelektronenemiss. in — 30-0339; Photoleitfähigk. v. anisotrop verformtem eigenleitendem — 30-0362; Möglichk. d. photomagnet. Effekts in „halbleichten" Löchern in — 32-0408; Natur d. photomagnet. Anomalie in — 32-0409; lineares Abklingen d. Photoleitfähigk. in — 34-0451; IR-Lösch. d. Eigenphotoleitfähigk. v. n-Ge nach γ-Bestrahl. 34-0452; Photoleitfähigk.-Spektren u. Terme v. mit γ-Quanten bestrahlten —-Einkrist. 36-0414; photoelektr. Eig. v. SbSJ : Ge 37-0368; Natur d. anomal großen Photospann. in —-Filmen 39-0422; Photoleitfähigk.-Spektren u. Defektniveau v. mit O dotierten u. mit schnellen Elektronen bestrahlten —-Krist. 39-0433; Einfl. d. Oberflächenbarrieren auf d. Photoleitfähigk. v. — 40-0370; Photoleitfähigk. in — mit Beimeng. d. III. Gruppe infolge opt. Anreg. d. Störstellenzentren 43-0420; photomagnet. Effekt, Photoleitfähigk. u. Lebensdauer d. Nichtgleichgew.-Lad.-Träger in mit — dotierten InSb-Einkrist. 43-0427; Verteil. d. Kondensator-Photo-EMK auf einer —-Oberfläche 44-0417; Einfangsquerschnitt v. Zn- u. Hg-Atomen in — für Photonen 44-0426; Spektren d. Lösch. d. Photoleitfähigk. dünner —-Proben bei *77* °K 45-0392; Störstellenphotoleitfähigk. v. mit Sb, As, B oder In dotiertem — 45-0393; Einfl. v. — auf d. photoelektr. Eig. v. As_2Se_3 45-0406; Berechn. d. Lux-Ampere-Kurven für Sprungphotoleit. in — 47-0406.

Hall-Effektmess. an mit — dotiertem n-GaP, Bind.-Energien d. Donatorzustände u. Elektronenbeweglichk. 1-0439; Abhängigk. d. elektr. Leitfähigk. v. n-Ge mit einer As-Konz. v. $4 \cdot 10^{16}$ cm^{-3} v. elektr. u. magnet. Feld bei tiefen Temp., Hall-Koeff. u. Hall-Beweglichk. 2-0438; Kombinat. v. galvanomagnet. u. Feldeffekt-Mess. an —-Bikrist., Mess. d. Hall-Beweglichk. 2-0440; Hall-Konst. u. Leitfähigk. beim Erwärmen nach Bestrahl. v. n-Ge mit schnellen Neutronen 8-0423; galvanomagnet. Effekte in n-Ge mit ungleichförm. Störstellenverteil. 10-0419; Anisotropie d. transversalen magnet. Widerstandsänder. für n-Ge bei starken magnet. Feldimpulsen 10-0427; Einfl. v. Magnetfeldern auf d. Oberflächen (Wechselstrom)-Feldeffekt v. — 11-0447; transversale magnet. Widerstandsänder. v. n-leitendem — für hohe in ⟨*111*⟩-Richt. angelegte elektr. Felder 12-0455; magnet. Widerstandsänder. v. entartetem n-Ge 14-0460; magnet. Piezowiderstandsänder. in n-Ge 14-0461; longitudinaler Halleffekt in n-Ge 14-0462; Hall-Koeff., elektr. Leitfähigk. u. Spektralcharakteristik d. Störstellenphotoleitfähigk. nach Bestrahl. v. — mit schnellen Neutronen bei niedr. Temp. 15-0479; galvanomagnet. u. thermomagnet. Effekte in verformtem n-Ge 16-0351; Hall-Effekt bei — 16-0365; transversaler Widerstand, Hall-Effekt u. Beweglichk. v. mit Ga dotiertem p-Ge in starken Magnetfeldern im Temp.-Bereich *78*–*300* °K 16-0372; Temp.-Unters. d. Einfl. d. Bestrahl. auf Hall-Effekt u. Widerstand v. im Reaktor bestrahltem p-leitendem — 17-0333; longitudinaler Widerstand v. dotiertem n-Ge in hohen Magnetfeldern, galvanomagnet. Effekte bei starkem Feld in n-Ge, Mikrowellen-Faraday-Effekt freier Lad.-Träger u. Magneto-Leitfähigk. in n-Ge, Einfl. v. einaxialem Zug auf d. Faraday-Rotat. in — 17-0436; tensogalvanomagnet. Effekt u. Hall-Effekt in n-Ge 19-0422; durch Besetz.-Änder. verursachte Anisotropie d. magnet. Widerstandsänder. in stark As-dotiertem n-leitenden — 21-0383; magnet. Widerstandsänder. u. Streuanisotropie in γ-bestrahltem n-Ge 21-0391; Hall-Beweglichk. heißer Träger u. magnet. Widerstandsänder. in n-leitendem — großer Trägerkonz. 22-0402; Mikrowellen-Faraday-Effekt in n-leitendem — 22-0405; Ausheilen metastabiler Defekte u. Mess. d. Hall-Spann. in — 30-0270; Sprungleitfähigk. u. Hall-Koeff. in —-Einkrist. mit Ga-Zusatz 39-0431; Piezo-Hall-Effekt in p-Ge 44-0428; thermomagnet. Effekte in verformtem n-Ge 46-0396.

Austrittsarbeit v. — 2-0412; Temp.-Regel. zwischen *−190* u. *+500*° für Unters. d. Exo-Elektronenemiss. bei — 6-1944; Energiestruktur in d. photoelektr. Emiss. v. Cs-bedecktem — 8-0401; Sekundärelektronenemiss. v. — unter K-Ionenbeschuß in verschiedenen kristallograph. Richt. 8-0404; Photo-Feldemiss. v. — mit hohem Widerstand 11-0429; Feldemiss. v. mit — bedeckten W-Oberflächen 12-0437; Unters. d. Emiss.-Eig. v. — auf verschiedenen Oberflächen v. W-Einkrist. 16-0354; Photoelektronenemiss. d. L-Unterschale v. — 23-0344; Elektronenaustrittsarbeit v. reinen, bzw. mit Ga oder Sb dotierten —-Proben während d. katalyt. Dehydrier. v. A. an d. Halbleitern 36-0677; Feldemiss. v. mit — bedeckten W-Oberflächen 44-0406; Exoemiss. aus polierten —-Oberflächen 49/50-0386.

Vol.-Elektronenspann.-Effekt bei Beschießen eines —-Krist. mit Elektronen u. Ableiten d. Elektronenstromes zu einer geerdeten Seite d. Krist. 2-0434; ballist. Mess. d. mittleren freien Weglänge v. heißen Elektronen in Au-Schichten auf (*111*)-Flächen v. —-Einkrist. 3-0500; Unters. d. Elektronenstreuung durch Versetz. in — mit Hilfe d. Zyklotronresonanz 6-0418; Stromschwank. in — mit Strahl.-Defekten nach Bestrahl. mit schnellen Elektronen, γ-Strahl. oder Licht 8-0424; Ionisat.-Verlust geladener Teilchen in Folge d. Polarisat. d. Mediums (Dichteeffekt) für — 11-0320; Streuung v. Elektronen in stark dotiertem — 17-0436; Temp.-Abhängigk. d. mittleren Ionisier.-Energie in — für Röntgenanreg. v. *30*–*50* keV 19-0418; Ionisier.-Energie für Elektronen in — 20-0382; Mehrfachstreuung mittelschneller Elektronen in —-Folien 21-0276; Elektronenstreuung durch neutralisierte Akzeptoren in — (Ga u. In) 21-0390; Wrkg.-Querschnitte für elast. u. unelast. Elektronenstreuung an amorphen —-Schichten 23-0230; Änder. d. Strahl.-Leitfähigk. v. — beim Beschuß mit K-Ionen 35-0407; normale u. anomale Absorpt. v. Elektronen in —-Einkrist. 37-0353; durch Elektronenstrahl. im Vol. v. —-Krist. induzierte Spann. 37-0440; anisotrope Absorpt. elektromagnet. Wellen durch heiße Träger in p-Ge 42-0396; durch energiereiche —-Atome in einem —-Gitter erzeugte Ionisier. 43-0323.

Helikon-Wellen in n-leitendem — 3-0443; Polarisat. v. Helikon-Wellen in n-leitendem — 7-0450; Erklär. d. beobachteten Oszillat. d. Feldverteil. in — mit einem Injizier.-Kontakt in konst. gekreuzten elektr. u. magnet. Feldern 8-0422; Zyklotronenresonanz heißer Elektronen in — 11-0442; Stromschwing. in kompensiertem — 11-0444; Linienverbreiter. bei d. Zyklotronenresonanz infolge Elektron-Loch-Wechselwrkg. in — 17-0436; Einfl. d. Winkels zwischen elektr. u. magnet. Feldern auf d. Stromschwing. in n-Ge-Proben als Oszillatoren 21-0392; Quanten-Effekte d. Zyklotronenresonanz v. Löchern in einachs. verspanntem — 23-0425; Geschw. v. Raumlad.-Wellen (elektr. Domänen) in mit Au u. Cu dotiertem — 24-0404; Interferometrie v. Helikonmikrowellen in Halbleiterplasmen v. n-Ge 24-0406; thermoelektr. Zyklotronresonanz in n-leitendem — mit As-Donatoren 30-0350; Schwing.-Eig. d. —-Oszillators in Abhängigk. v. d. Größe d. elektr. u. magnet. Felds 34-0454; strominduzierte Schwing. in fl. — 45-0391; durch Gradientinstabilität verursachte hochfrequente Stromschwing. in — 51/52-0366.

D.-Verteil. injizierter Plasmen längs Halbleiterstäben am Beispiel p- u. n-Ge 9-0448; Mechanismus d. Plasmastabilisier. durch hochfrequente elektromagnet. Felder in —

22-0388; Plasmaschwing. v. Elektronen in — 22-0429; spiralförm. Instabilitäten in Halbleiterplasmen in p-Ge 24-0408; elektr. Pinch in elast. verformtem — 24-0420; Theorie d. Magnetoplasmaresonanzen in — 35-0403; Plasma-Instabilitäten in — in gekreuzten elektr. u. magnet. Feldern 41-0441; Instabilität v. Elektron-Defektelektron-Plasmen in — durch Nichtlinearität d. Strom–Spann.-Charakteristik 46-0410.

Thermo-Paare aus dünnen, im Vakuum abgeschiedenen —-Schichten 4-0364; Thermokraft v. amorphen —-Schichten auf SiO_2 mit ohmschen Ag-Kontakten 25-0387; Seebeck-Koeff. v. —-Filmen als Wärmeelemente in Wärmeübertrag.-Meßgeräten 25-0388; anomale Thermo-EMK in — 40-0354; thermoelektr. Kraft in amorphem — 44-0401.

Einfl. v. einaxialem Druck: auf gewachsene Ge-p-n-Übergänge 3-0472; auf d. Strom–Spann.-Kennlinie für durch Auflegieren v. p-Ge auf n-Si hergestellte Ge–Si-Hetero-p-n-Übergänge 3-0473; Heteroübergänge zwischen amorphem — u. n-Si-Einkrist. 3-0476; Tunneln u. Einfang in mit Ni dotierten —-Tunnelübergängen 5-0444; Bldg. entarteter n-Halbleiter mit hohen Trägerkonz. bei Kreuzsubstitut. v. As in InAs durch (Ge, Te) oder (Ge, Se) 7-0456; Hysteresecharakter d. Strom–Spann.-Charakteristik eines durch Bestrahl. mit schnellen Elektronen hergestellten n–p-Übergangs in — 9-0467; mit Au dotiertes — in starken elektr. Feldern (Strom–Spann.-Charakteristiken v. n-Ge-Dioden mit einem unvollständ. gefüllten Au-Niveau) 11-0446; Einfl. lokalen Drucks auf Ge-p–n-Übergänge 11-0448; Mikrowellenschwing. aus Ge-p–n-Übergängen bei Belast. d. Dioden in Sperricht. mit Spann.-Impulsen oberhalb d. Durchbruchsspann. 11-0449; Kapazität u. Kontaktwiderstand eines Halbleiters v. Typ — in einem Elektrolyten 14-0463; Darst. durch Aufdampfen im Vakuum u. Strom–Spann.-, Kapazitäts–Vorspann.- u. Photostromkennlinien v. Ge-GaAs-Heteroübergängen 14-0487; stat. Charakteristik v. —-Spitzendioden unter Berücksichtig. d. Bildkraft u. Selbsterhitz. 15-0480; Einfl. v. lokalem Druck auf Ge-p–n- u. p–s–n-Strukturen 16-0373; Einfl. d. Modulat. d. Widerstandes d. hochohm. Basisbereichs auf d. Strom–Spann.-Charakteristik für p–i–n-Strukturen v. — 19-0414; Strominstabilitäten u. elektr. Domänen in Cu-dotiertem n-Ge mit teilweise kompensiertem oberen Niveau 20-0380; Magnetfeldabhängigk. d. direkten Zwischenbandtunneleffekts in —-Tunneldioden 22-0404; Transport heißer Elektronen in Halbleiter–Metall–Halbleiter-Strukturen mit — als Emitter bzw. als Kollektor 22-0421; Einfl.: d. Versetz.-D. auf d. 1/f-Rauschen in — 23-0426; v. einachs. Druck auf geneigte p–n-Übergänge in — 25-0401; Umkehr d. Hall-Spann. beim negativen Widerstand v. in Vorwärtsricht. gepolten p-Ge-Punktkontakt-Dioden 25-0402; thermodynam. Überleg. zur Herst. v. GaAs–Ge-Heteroübergängen im abgeschlossenem Syst. GaAs–Ge–J_2 25-0409; Darst. u. Eig. v. GaAs–Ge- u. GaP–Ge-Heteroübergängen 25-0410; Herst. einer Fünfschicht-p–n–p–n–p-Struktur v. — 26-0402; Halbleitereig. v. — (Überblick) 28-0389; Abhängigk. d. maximalen Sperrspann. eines Metall–Halbleiter-Spitzenkontaktes v. d. Beweglichk. d. Majoritätslad.-Träger am Beispiel v. n- u. p-Ge 30-0352; Unters. d. 1/f-Rauschspektren v. —-Proben 31-0445; Einfl. d. Photoeffekts auf d. Sperrschichtkapazität eines Ge-p–n-Übergangs 31-0446; Unters. an —-Halbleiterelektroden 32-2238; Photospann.-Charakteristiken v. p–n–Ge–Si- u. Ge–GaAs-Heteroübergängen 33-0462; photoelektr. Charakteristiken eines durch Diffus. v. Sb in eine Ge-p-Platte mit In als Gleichricht.-Kontakt hergestellten Vierschichtumschalters v. p–n–p–n-Typ 34-0447; Energiebandschema v. Ge–Si–n–n-Heteroübergängen 35-0406; Elektronentunnel. in Metall–n–Ge-Schwellen 36-0402; elektr. Transport in n–Ge–p–GaAs-Heteroübergängen 37-0452; kontinuierl. Mikrowellenschwing. (Mikrowellenemiss.) v. —-Dioden 34-0453; Best. d. effektiven Lebensdauer v. Minoritätsträgern aus d. Spann.-Anstiegskurven am p–n-Übergang v. Dioden aus — 36-0403; Gleichwertigk. v. durch mechan. Spann. u. durch Bestrahl. mit *2* MeV-Elektronen in —-Tunneldioden erzeugten Fehlstellen 37-0441; thermostimulierte EMK in —-Dioden nach Erzeug. v. Strahl.-Defekten durch *3* MeV-Elektronen 37-0442; durch Aufschmelzen v. ZnO auf p-Ge erzeugter Gleichricht.-Effekt 37-0457; stat. Strom–Spann.-Charakteristiken v. —-Gleichrichtern 38-0423; Umlad. tiefer Störstellenniveaus während d. Elektroneninjekt. in —-Dioden 39-0416; Darst., photoelektr. Eig. u. Oberflächenwiderstand v. Ge–ZnSe-Heteroübergängen 41-0461; Darst., Stromspann.-Charakteristik u. photoelektr. Eig. v. CdSe–Ge-Heteroübergängen 41-0462; lokalisierter Durchschlag in Ge–Mesa-Dioden durch Einschlüsse aus Si 42-0399; Domänenstruktur eines Vieltalhalbleiters beim Durchgang starker Ströme am Beispiel v. — 43-0413; Einfl. mechan. Spann. auf d. Überschuß- u. überlagerten Strom in Sb-dotierten —-Dioden 44-0431.

Magnetische Eigenschaften, Spinresonanz d. Donatorelektrons in — u. seine anisotrope Linienbreite 6-0360; EPR v. Mn-Ionen im glasförm. Syst. As/Se/Ge 11-0397; Einfl. v. —: auf Kornwachstum u. magnet. Eig. v. Fe–Ni-Leg. während d. Rekristallisat.-Behandl. 14-2512; auf d. magnet. Eig. v. Fe–Ni-Leg. 14-2513; auf d. magnet. Gleichstrom- u. Wechselstromeig. v. anisotropem *50* Ni-Permalloy 14-2514; auf d. magnet. Eig. v. Fe–Ni-Leg. bei verschiedenen Abkühl.-Geschw. 14-2515; magnet. Eig. v. Proben d. Zus. *52* (Atom-%) Ge u. *48* Mn_5Ge_3 17-0514; kernmagnet. Abschirm.-Konst. für alle positiven Ionen, neutralen Atome u. negativen Ionen v. — 18-0089; diamagnet. Suszeptibilität für alle positiven Ionen, neutralen Atome u. negativen Ionen v. — 18-0090; EPR an —-Oberflächen in Wechselwrkg. mit adsorbiertem O 32-0375; EPR-Spektren v. mit —, Al u. Alkalimetallen aktiviertem Quarz nach γ-^{60}Co- u. UV-Bestrahl. 36-0356; magnet. Streufeld über —-Filmen auf ferromagnet. Co 46-0480.

Elektrochemische Eigenschaften, Einfl. v. — auf d. Cd-Elektrolyse 1-2502; Grenzfläche Elektrolyt/Ge 4-0601; restl. Oberflächenrekombinat. auf —-Anoden nach anod. Auflsg. in wss. neutraler Elektrolytlsg. 5-0445; Einfl. v. W. auf d. Übergangsverh. d. Ge/GeO_2-Elektrode in Acetanhydrid 6-0651; Ox.-Zustände u. Elektrodenpotential v. anod. aufgelöstem — 8-0633; Oberflächenrekombinat. an d. Ge/Elektrolyt-Grenzfläche nach d. Eintauchen v. n-Ge in *0,2* nH_2SO_4 13-0453; dynam. Unters. an d. Phasengrenze Ge/Elektrolyt (spezielles Polarisat.-Verf. zur Unters. v. Halbleiterelektroden) 13-0646; Mechanismus d. elektrolyt. Red. v. H_2O_2 an — in saurer Lsg. 13-0648; Verh. v. —-Elektroden in Elektrolytzellen 16-0589; Nachw. einer intermediären Radikalstruktur d. —-Oberfläche beim Übergang zwischen Hydrid- u. Hydroxidbeleg. 17-0665; Differentialkapazität d. Grenzfläche hochdotiertes Ge/Elektrolyt 25-0614; Einfl. v. Jodidionen auf —-Elektroden 27-0607; Unters. d. Grenzfläche Ge/Methylformamid durch d. Meth. schneller Lad.-Kurven 27-0624; Einstell. d. Oberflächenpotentials v. — u. d. EMK gegenüber Kalomel mit Hilfe eines H_2O_2 enthaltenden Elektrolyten variablen pH-Wertes 30-0544; elektrolyt. Abscheid. v. Bi aus perchlorsauren Lsg. auf n- bzw. p-Ge 31-0606; Unters. d. Grenzfläche Ge/Methylformamid mit d. Meth. d. differentiellen Kapazität 32-0598; elektrochem. Polieren v. — 32-0599; polarograph. Verh. v. — 37-1857; anod. Verh. v. — in $NaAlH_4$-Lsg. in Tetrahydrofuran 47-0582.

Thermodynamische Eigenschaften, Schmelzkriterium für —-Krist. auf d. Grundlage d. anisotropen dispersiven Kontinuum-Modells 1-0253; Berechn. d. Debye-Temp. aus d. Elastizitätsmoduln eines Krist. u. d. Bezieh. v. Voigt u. Reuss für — 2-0287; Wärmeleitfähigk. v. mit schnellen Neutronen bestrahltem — bei tiefen Temp. 3-0343; F., Kp. u. Dampfdruck v. — 3-0594; therm. Transporteig., Thermo-EMK v. n-Ge bei tiefen Temp. 8-0288; Phasendiagramm d. pseudobin. Syst. Ge/GaAs 9-0593; Wärmeausdehn. v. mit P, As, Sb u. Si dotiertem — 10-0276; Einfl. v. Beimeng. auf d. Wärmeausdehn.-Koeff. v. p-Ge 14-0330; Spektren d. elast. Schwing. u. d. charakterist. Temp. v. — 15-0318; Wärmeleitfähigk. v. stark mit As u. Ga dotiertem — 15-0344; Nachw. großer Schmelzpunkterniedrig. bei dünnen Metallschichten am Beispiel v. — 15-0586; Bezieh. zwischen Diffus.-Koeff. in Hg u. D. v. — 16-0481; therm. Eig. v. — bei hohen Temp. (Wärmeinhalte, thermodynam. Daten, F., Schmelzwärme u. -Entropie) 16-0501; Einfl. v. Bestrahl. mit schnellen Neutronen auf d. therm. Leitfähigk. u. d. Thermokraft v. — bei tiefen Temp. 19-0400; thermodynam. Stabilität v. — in d. Nähe d. abs. Nullpunkts 21-0528; Schmelzentropien, Freie Bldg.-Enthalpien u. Lsg.-Wärmen v. — in Sn u. Freie Überschußenthalpie für d. fl. Leg. u. d. Freie Standardbldg.-Enthalpie bei *298* °K 21-0562; sepzif. Wärme u. therm. Ausdehn.-Koeff. v. — 23-0280; Debye-Temp. v. — 23-0285; thermodynam. Funkt. für d. lineare symm. Mol. Ge_3 26-0110; D.-Best. v. —-Einkrist. 30-0252; Ergebnisse verschiedener Autoren über d. eutekt. Zus. u. eutekt. Temp. d. pseudobin. Syst. Ge/GaAs 31-0579; Berechn. d. Soliduskurven v. bin. Syst. v. — u. Si 33-0612; Umsetz. v. — mit AlAs u. Konstrukt. d. Schmelzdiagramms 33-0613; Zustandsdiagramm: für d. Syst. Li/Ge 35-0529; für d. Syst. Cr/Ge 35-0533; pyrometr. Mess. an —-Scheiben zwischen *100* u. *700*° 36-1827; — als Beispiel für Unters. über ein neues Schmelzgesetz bei hohen Drücken 37-0563; Berechn. d. Soliduskurven für bin. Syst. mit Ge, Verteil.-Koeff. d. betreffenden Elemente in — sowie Lsg.-Enthalpie u. -Entropie 38-0558; Einfl. einer teilweisen Substitut. v. Sn gegen — auf d. therm. Eig. v. SnTe 39-0451; Näher.-Berechn. d. Debye-Temp. v. reinem — 40-0243; DTA-Unters. v. Leg. d. Syst. Ga/As/Ge (Aufstell. d. tern. Zustandsschaubilder) 40-0532; Längenänder. in mit Elektronen bestrahltem n- u. p-Ge 47-0315; Photostrikt. dünner —-Platten im Vakuum 47-1743; Abhängigk. d. thermodynam. Stabilität v. Atomgew. bei — 49/50-0274; Temp.-Leitfähigk. v. n-Ge-Einkrist. 49/50-0298.

Ultraschallerzeug. am p–n-Übergang in — als einem nicht-piezoelektr. Material 9-0296; Möglichk. d. Existenz v. Rayleigh-Wellen in —-Einkrist. 24-0281; korrigierte Werte für d. Ultraschalldiskontinuitätsentfern. in — 27-0309; schwache Stoßwellen in — 28-0264; akust. Dämpf. durch neutrale Donatorverunreinig.-Atome in — 28-0273; Theorie d. Ultraschalldämpf. durch neutrale Donatoren in — 39-0292; Ultraschalldämpf. in — als Isolator bei Raumtemp. 40-0245; numer. Berechn. für nicht-Rayleighsche Streuung elast. Wellen in — als einem elast. Medium 45-0271; Detektor zur Mess. v. Ultraschallspann.-Amplituden in —-Einkrist. 46-1797.

Grenzflächenverhalten und Löslichkeit, Felddesorpt. v. ox. —-Spitzen im Feldemiss.-Mikroskop 13-0264; Adsorpt.: v. Cu-, Ag- u. In-Ionen aus W. auf —-Oberflächen 15-0727; v. Cu-, Ag-, Au-, In-, Sb- u. Zn-Ionen aus Ätzlsg. auf Oberflächen v. — 15-0728; v. Au aus H_2O_2, KOH u. SR-*6* bei d. chem. Ätz. v. — 15-0729; v. Au aus wss. Lsg. an — beim Waschen 15-0730; d. Ionen einiger Metalle aus Elektrolyten an d. Oberfläche v. — 16-0622; v. Ag-, Fe- u. Sb-Ionen auf —-Oberflächen 16-0623; Radikalstruktur d. —-Oberfläche beim Übergang zwischen Hydrid- u. Hydroxidbeleg. 17-0665; Ionenaustausch an Ionit EDE-*10* P in Ggw. v. Diphosphationen 17-0708; Adsorpt.-Isothermen v. — aus Lsg. auf MnO_2 20-2405; Adsorpt. v. Isopropanoldämpfen an — 25-0913; Ordn.-Grad d. Substratfläche im Syst. Ge/O_2, J_2 29-0641; Einfl. eines konst. elektr. Feldes auf d. Adsorpt.-Kapazität v. — 31-0655; Adsorpt.: v. O_2 an — 39-0627; v. — aus Lsg. durch eine Aktivkohle-Wirbelschicht 47-0611.

Bestätig. d. theoret. Unters. über d. Einfl. eines gelösten Atoms auf d. Löslichk. v. H in geschmolzenem Fe durch Experimentalwerte am Fe/Ge/H-Syst. 9-0601; Mess. d. Lsg.-Wärme v. — in Sn bei *700*° mit einem Vakuumkalorimeter 12-0554; Best. d. Löslichk. v. — in Hg durch Amalgampolarographie mit Anreicher. 30-0568; Extrakt.-Koeff. v. — aus HCl- u. LiCl/*0,2* m HCl-Lsg. mit Aminen in Diäthylbenzol 35-0501; Unters. d. Extrakt. v. — aus wss. H_2SO_4 u. KBr enthaltenden Lsg. mit Hilfe v. CCl_4 47-0525.

Reaktionen

Chem. Gleichgew. in d. Syst. Ge/J u. Ge/Br 5-0602; Dissoziat.-Energien d. gasf. Polymeren v. — (Ge_2 bis Ge_7) 46-0531.

Geschw. d. chem. Rk. zwischen — u. H 2-0716; Kinetik d. Umsetz. v. — mit K_3·[$Fe(CN)_6$]-Lsg. 12-0716; Auflsg. v. — in alkal. H_2O_2-Lsg. 17-0741; Unters. d. Ox. d. (*111*)-, (*100*)- u. (*110*)-Flächen v. — in O_2 mit Zusätzen an W.-Dampf oder Ozon 18-0645; Übersicht über Verb. u. Krist.-Chemie in d. Syst. Ag/Sb/Pb/Ge/Te 24-0538; Kinetik d. Ätzrk. d. Ge-(*111*)-Fläche durch gasf. HJ 24-0712; Glasbldg. im Syst. As/Ge/Te 27-0293; Umsetz. v. — mit InSb im fl. Zustand 33-0614; Rk. mit $SbCl_3$ oder As_2O_3 35-2172*; thermochem. Anätzen v. —-Einkrist. durch gasf. J 36-0664; kinet. Übergänge bei d. Oberflächenox. v. — 39-0672; Auflsg. v. —: in ammoniakal. H_2O_2-Lsg. 43-0649; in HCl in Ggw. v. Ox.-Mitteln 46-0688.

Synth. v. Methylchlorgermanen aus — u. CH_3Cl 26-0698.

Einfl. v. — auf d. elektrolyt. Fäll. v. Mn 9-2564; Darst. v. Maleinsäureanhydrid durch katalyt. Ox. v. Buten-(2) in Ggw. v. — 20-2624*; katalyt. Eig. v. — in Ggw. v. Isopropanol u. Ameisensäuredämpfen 21-0739; Kinetik d. Zerfalls v. N_2O an --Spaltflächen 24-0726; Zusammenhang zwischen d. katalyt. Aktivität bei d. Dehydrier. v. Isopropanol u. d. elektr. Leitfähigk. d. Halbleiters – 49/50-0642; katalyt. Aktivität d. Halbleiters – bei d. Zers. wss. Ameisensäurelsg. 49/50-0643.

Technische Verwendung

Verw.: v. einkrist. – als pH-Meßelektrode 14-2195*; v. --Halbleiter als opt. Material für den Infrarotbereich 28-1908; Aufdampfen v. dielektr., dünnen Filmen aus Ge–SiO für reflexionsverringernde Schichten u. Interferenzfilter 28-1918; Verw.: zur Herst. v. Halbleiter-Dendriten 3-2267*; zur Herst. v. Halbleiterkörpern 4-2152*; zur Herst. v. Halbleitern 5-2319*, 6-2224* bis 6-2226*, 6-2229*; v. --Einkrist. zur Herst. v. p–n-Übergängen 6-2233*; v. --Einkrist. zur Herst. v. Leg.-Transistoren 6-2240*; zur Beschicht. v. halbleitendem Si 11-2376*; bei d. Dioden-Herst. 12-2211; zur Halbleiter-Herst. 12-2221*; v. --Platte zur Herst. v. Transistoren 14-2329*; --Dioden (p–n)-(l–h) (Herst.) 17-2215; Verw.: v. Si–Ge-Gemisch für thermoelektr. Anordn. 33-2308*; zum Verlöten v. W 33-2310*; für thermoelektr. Material 34-2342*; v. – zur Raffinat. v. Fe, Ni u. Co 2-2506*; v. Ge-Aufdampfschichten zur Herst. v. Kopiervorlagen 48-3340*.

Analyse, Prüfungsverfahren

Herst. v. C-Repliken v. senkrechten Querschnitten v. --Filmen 6-1901.

Best. kleiner Mengen – durch potentiometr. Titrat. d. Germanobrenzcatechinsäure 13-2104; Spurenbest. mit d. Mattauch-Herzog-Spektrographen 18-1951; photometr. Best. v. Submikrogrammengen mit Phenylfluoron 29-2026; Aktivier.-Analyse 31-1940; Best. mit Alizarinrot 32-2017; Atomabsorpt.-Spektroskopie mit Hochtemp.-Flammen 51/52-1762.

Spektralanalyt. Best. v. – in *25* Tonkrügen v. Theben 3-0849; Best. in Halbleitermaterialien durch oszillograph. Polarographie 4-1972; halbquant. spektrograph. Best. in Naturstoffen 16-1954; Hochfrequenztitrat. wss. --Lsg. in Ggw. v. Brenzcatechin oder Pyrogallol 23-1966; Best. v. – in polymetall. u. Quarz–Sulfid-Erzen ohne Extrakt. 25-1876; papierchromatograph. Trenn. v. Sn/Pb/As u. Sb 36-1892; spektrograph. Best. v. --Verunreinig. in B-Phosphid (Empfindlichk.) 38-1921; Einfl. d. Matrixzus. auf d. spektralanalyt. Best. v. – in Erzen 38-1948; Best. in den Gesteinen G-*1* u. W-*1* mit Hilfe d. Neutronenaktivier.-Analyse 41-1963; spektrograph. Best. in Al-Werkstoffen 43-1879; Schnellbest. in sulfid. polymetall. Materialien 49/50-1799; spektralanalyt. Best. in Konzentraten d. Pb–Zn-Produkt. 49/50-1866; semiquant. emissionsspektrograph. Best. in Kohlenaschen 51/52-2621.

Best. v. O_2 in – durch Vakuumschmelzen u. IR-Absorpt. 1-2074; Konzentrier. v. Verunreinig.-Spuren in hochreinem – durch Dest. 31-1978; Best. v. Ultramikromengen Bi u. Sb in – durch anod. Voltamperometrie 37-1858; Aktivier.-Analyse v. As in – 49/50-1727.

Verw. zur Best. d. Stärke einer einkrist. Schicht 43-1792*.

Dickenmess. v. epitakt. --Schichten mit einem Infrarotellipsometer 36-1823.

Nachw. v. *30*- u. *40*-MeV-Protonen durch einen Ge(Li)-Zähler mit dünnem Fenster 1-2025; Li-Drift-Ge-Zähldioden (Herst.) 1-2026; Ansprechzeiten v. Ge: Cu u. Ge: Cu: Sb-IR-Detektoren 4-0384; Nachw. v. radioakt. Strahl. mit p–i–n-Übergängen in – 9-2055; Darst. v. Li-diffundierten --Detektoren 10-0429; Photonenspektrometrie hoher Auflsg. mit Li-diffundierten --Detektoren 10-2057; Verbesser. d. angewandten γ-Spektrometrie durch --Halbleiterdetektoren 15-1984; Darst. u. Verw. v. Ge(Li)-γ-Detektoren 15-1985; Präzis.-Tieftemp.-Kalorimetrie mit --Widerstandsthermometern 24-1851; mit Ga dotierte --Tieftemp.-Thermometer 24-1852; Verw. als Monochromatorkrist. für Neutronen 26-1958; Ge-p–i–n-Detektor 27-1962; Anwend. v. Ge-γ-Strahldetektoren 28-1951; Verw. v. --Detektoren im Festkörper-Neutronenteleskop 29-1923; Umwälz. durch --Detektoren bei d. Kernstrahl.-Zähl. 29-1972; Ge(Li)-Halbleiter-Spektrometer hoher Auflös. für d. Unters. v. (n, γ)-Spektren 30-1957; Verf. zum Auftragen v. Au auf ein dünnes Fenster für Ge-γ-Spektrometer 33-1988; Widerstandsthermometer für tiefe Temp. aus Sb-dotiertem – 35-1919; Nachw.: frischer Fallout-Proben mit d. Ge(Li)-Halbleiterzähler 40-0844; v. Fallout-Nukliden mittels eines Ge(Li)-Detektors 40-0845; --Infrarotreflex.-Polarisator 40-1804; Sondenkryostat mit He-Dewargefäß u. --Widerstandsthermometer 41-1820; Temp.-Widerstand-Bezieh. für --Thermometer 41-1835; Zweikrist.-Röntgenspektrometer mit einem --Krist. als Polarisator 41-1872; Reproduzierbark. v. --Widerstandsthermometern bei *4,2*°K 42-1787; Fano-Faktor v. Ge(Li)-Detektoren 42-1823; Inbetriebsetz. u. Eich. eines Ge/Li-Gamma-Detektors 44-1823; γ-Strahlennachw. mit Li-gedrifteten --Halbleiterdetektoren 46-1815; Li-gedriftete --Detektoren für β- u. γ-Spektroskopie hoher Auflsg. 46-1816.

Bibliographie

Nebenmetalle. Cadmium, Gallium, Germanium, Indium, Selen, Tellur, Thallium, Wismut B 4; Handbuch der analytischen Chemie. Teil *3*. Quantitative Bestimmungs- und Trennungsmethoden. Bd. *4a*, *βδ*. Elemente der vierten Hauptgruppe, *2.4*. Germanium, Blei B 46; Germanium B 82; Geochemie von Spurenelementen. Ga, Ge, Gd, In, Tl in hydrothermalen Fundstätten [russ.] B 58; Silicon and germanium power rectifier technology B 23; Lithium-drifted Germanium Detectors. Proceedings of a Panel on the use of lithium-drifted germanium gamma-ray detectors for research in nuclear physics, *1966*, Vienna B 62.

Germaniumlegierungen

Allgemeines über – s. auch unter *Germanium*.

Metallchemie d. Germanide 38-0729; Atomdurchmesser, Atomvolumina u. Mischkrist.-Bldg. in Leg.-Syst. mit Ge 1-0207; Atom-Vol. v. Ge in – 21-0226; heterogene Gleichgew. zwischen fl. u. fester Phase bei d. Kristallisat. v. legiertem Ge 28-0498.

Ag: Bldg. u. Gitterparameter v. β-Ag/Ge mit *10–30* Ge im Syst. Ag/Ge 24-0259; Soliduskurve d. Ge-Mischkrist. im Syst. Ge/Ag 26-0557; Berechn. d. Soliduskurve d. bin. Syst. Ge/Ag 33-0612.

Al: Konz.-Abhängigk. d. Verteil.-Koeff. bei d. gerichteten Kristallisat. v. – 28-0201; Plasmaschwing. v. Elektronen in Al–Ge-Eutektoiden 22-0430; EMK-Unters. d. thermodynam. Eig. d. fl. Syst. Al/Ge 21-0560; Berechn. d. Soliduskurve d. bin. Syst. Ge/Al 33-0612.

Au: Nichtgleichgew.-Strukturen in – mit *6–98*% Ge 4-0273; Bldg. u. Gitterparameter v. β-Au/Ge (*10–30* Ge) u. γ-Au/Ge (*25–65* Ge) im Syst. Au/Ge 24-0259; kinet. Erschein. beim Zonenschmelzen durch Beweg. einer fl. Au/Ge-Zone 35-0199; Erstarren v. – im elektr. Feld 22-0569; Soliduskurve d. Ge-Mischkrist. im Syst. Ge/Au 26-0557; Berechn. d. Soliduskurven d. bin. Syst. Ge/Au 33-0612.

Ba: Schmelzdiagramm d. Syst. Ge/Ba 44-0565; Krist.-Struktur v. BaGe 19-0253.

Bi: Soliduskurve d. bin. Syst. Ge/Bi 33-0612.

Ca: Schmelzdiagramm d. Syst. Ge/Ca (Bldg. v. $CaGe_2$, CaGe u. Ca_2Ge) 9-0592; Entropie v. Ca_2Ge 33-0557.

Ce: Darst. u. Krist.-Struktur v. CeGe 13-0291; Krist.-Struktur v. CeGe 14-0287; AlB_2-Krist.-Struktur v. Ce(M, $Ge)_2$ mit M = Cu, Ni, Co 17-0279; magnet. Eig. u. Krist.-Struktur v. CeGe 27-0506.

Co: AlB_2-Krist.-Struktur v. Ce(Co, $Ge)_2$ 17-0279; β-Mn-Phase im Syst. Mn/Co/Ge bei *900*, *950* u. *1000*° 21-0565; Soliduskurve d. bin. Syst. Ge/Co 33-0612.

Cr: Darst. u. Eig. v. Cr_5Ge_3, $Cr_{11}Ge_8$ u. CrGe 17-0274; β-Mn-Phase im Syst. Mn/Cr/Ge bei *900*, *950* u. *1000*° 21-0565; Krist.-Struktur v. $Cr_{11}Ge_{19}$, CrGe, $Cr_{11}Ge_8$, Cr_5Ge_3 u. Cr_3Ge 35-0533; Antiferromagnetismus v. CrGe 40-0438.

Cu: Zustandsdiagramm d. tern. Syst. Cu/Ge/Sn 44-0566; Krist.-Struktur v. $LiCu_2Ge$ 2-0262; bei d. thermomechan. Behandl. v. – mit geringer Stapelfehlerenergie auftretende Versetz.-Struktur 6-0251; Gitterdefekte in neutronenbestrahlten α-Cu–Ge-Mischkrist.-Leg. 7-0343; Struktur d. tern. Laves-Phase $LiCu_{1.5}Ge_{0.5}$ 13-0306; AlB_2-Krist.-Struktur v. Ce(Cu, $Ge)_2$ 17-0279; Darst. v. Einkrist. peritekt. Phasen am Beispiel v. ζ-Cu–Ge-Einkrist. 21-0215; Größeneffekt u. Elektronen–Phononen-Wechselwrkg. bei d. Gitterleit. v. – 38-0327; Soliduskurve: v. Ge-Mischkrist. im Syst. Ge/Cu 26-0557; v. bin. Syst. Ge/Cu 33-0612.

Dy: Darst. u. Krist.-Struktur v. DyGe 13-0291; Krist.-Struktur v. DyGe 14-0287; Struktur u. Polymorphie v. DyGe 14-0288; kristallograph. u. magnet. Eig. v. – 22-0455; Struktur u. magnet. Eig. v. DyGe 27-0506.

Er: Krist.-Struktur v. ErGe 14-0287; Struktur u. Polymorphie v. ErGe 14-0288; kristallograph. Daten u. Darst. v. Er_5Ge_4 25-0255; kristallograph. u. magnet. Eig. v. – 22-0455; Struktur u. magnet. Eig. v. ErGe 27-0506.

Eu: Krist.-Struktur u. Darst. v. EuGe 13-0291; Struktur u. Polymorphie v. EuGe 14-0288.

Fe: Zustandsdiagramm d. Syst. Fe/Ge 6-0598; β-Mn-Phase d. Syst. Mn/Fe/Ge bei *900*, *950* u. *1000*° 21-0565; magnet. u. röntgenograph. Unters. d. Syst. Fe/Ge 3-0610; Unters. v. Fe_3Ge d. Struktur DO_{19} mittels Mössbauer-Effekt 9-0390; magnet. Struktur v. FeGe 9-0542; Mössbauer-Effekt v. Fe_3Ge u. Fe_5Ge_3 im Syst. Fe/Ge 19-0468; magnet. Verh. v. $FeGe_2$-Einkrist. bei Abweich. v. d. stöchiometr. Zus. 23-0496; magnet. Struktur v. $FeGe_2$ 26-0460; magnet. u. Strukturunters. v. – 31-0502; magnetokrist. Anisotropie u. Magnetostrikt. v. Fe_5Ge_3 46-0481; Mössbauer-Unters. v. FeGe 46-0483; Neutronenbeug.-Unters. d. magnet. Struktur v. FeGe 49/50-0478; Soliduskurve v. bin. Syst. Ge/Fe 33-0612.

Ga: Darst. u. Struktur v. $Ir_3Ga_3Ge_4$ u. $Ir_3Ga_4Ge_3$ 11-0261; Segregat.-Koeff. v. Ga aus Ge 14-0606; Struktur v. $Rh_{39}(Ga_{0.5}Ge_{0.5})_{58}$. $Mo(Ga_{0.3}Ge_{0.7})_2$, $Mo(Ga_{0.7}Ge_{0.3})_2$, Rh(Ga, $Ge)_{2-x}$ u. Ir(Ga, $Ge)_{2-x}$ 15-0297; Konz.-Abhängigk. d. Verteil.-Koeff. bei d. gerichteten Kristallisat. v. – 28-0201; Soliduskurve v. bin. Syst. Ge/Ga 33-0612.

Gd: Darst. u. Krist.-Struktur v. GdGe 13-0291; Krist.-Struktur v. GdGe 14-0287; Struktur u. Polymorphie v. GdGe 14-0288; kristallograph. Daten u. Darst. v. Gd_5Ge_4 25-0255; kristallograph. u. magnet. Eig. v. – 22-0455; Struktur u. magnet. Eig. v. GdGe 27-0506.

Ho: Darst. u. Krist.-Struktur v. HoGe 13-0291; Krist.-Struktur v. HoGe 14-0287; Struktur u. Polymorphie v. HoGe 14-0288; kristallograph. u. magnet. Eig. v. – 22-0455; Struktur u. magnet. Eig. v. – 27-0506.

In: Herst. v. halbleitenden --Schichtstoffen 19-2290*; Struktur u. Darst. d. neuen T_3P_7-Verb. $Ir_3In_3Ge_4$ 11-0261; Konz.-Abhängigk. d. Verteil.-Koeff. bei d. gerichteten Kristallisat. v. – 28-0201; integrale mol. Freie Exzeßenergien d. bin. Syst. Ge/In 13-0587; Soliduskurve v. bin. Syst. Ge/In 33-0612.

Ir: Struktur u. Darst. d. neuen T_3P_7-Verb. $Ir_3Ga_4Ge_3$, $Ir_3Ga_3Ge_4$ u. $Ir_3In_3Ge_4$ 11-0261.

La: Krist.-Struktur v. LaGe 14-0287; AlB_2-Krist.-Struktur v. La(Ni, $Ge)_2$ 17-0279; Struktur v. La_4Ge_3 27-0279; Darst. u. Krist.-Struktur v. $LaGe_2$, LaGe u. La_5Ge_3 38-0730; magnet. Eig. u. Krist.-Struktur v. LaGe 27-0506; therm. Zers. v. La_5Ge_3, LaGe u. $LaGe_2$ 28-0714.

Li: Zustandsdiagramm d. Syst. Li/Ge 35-0529; Krist.-Struktur v. $LiCu_2Ge$ 2-0262; Struktur d. tern. Laves-Phase $LiCu_{1.5}Ge_{0.5}$ 13-0306; Soliduskurve v. bin. Syst. Ge/Li 33-0612.

Lu: Struktur u. Polymorphie v. LuGe 14-0288.

Mg: Bldg.-Wärme v. Mg_2Ge 21-0562; Zustandsdiagramm d. Syst. Mg_2Pb/Mg_2Ge 17-0617; IR-Absorpt. in Mg_2Ge 2-0358; Reflex.-Spektren v. $Mg_2Si_{0.6}Ge_{0.4}$-Krist. 44-0349; Best. d. effektiven Leitfähigk.-Masse freier Lad.-Träger v. Mg_2Ge-p-Mg_2Ge aus Reflex.-Mess. im fernen IR 11-0436; thermodynam. Eig. v. Mg_2Ge 2-0570; Sublimat. v. Mg_2Ge 28-0499; Entropie v. Mg_2Ge 33-0557.

Mn: Abhängigk. d. Bereichsstruktur in Mn_5Ge_3 v. d. Krist.-Dicke 13-0523; β-Mn-Phase bei *900*, *950* u. *1000*° in d. Syst. Mn/Ti/Ge, Mn/V/Ge, Mn/Cr/Ge, Mn/Fe/Ge u. Mn/Co/Ge 21-0565; magnet. Eig. v. Proben d. Zus. *52* (Atom-%) Ge u. *48* Mn_5Ge_2 17-0514; Impedanz eines ferromagnet. Mn_5Ge_2-Kerns u. Anreg. magnet. Schwing. in einem starken elektr. Feld 42-0460.

Mo: Struktur v. $Mo(Ge_{0.3}Ga_{0.7})_2$ u. $Mo(Ga_{0.7}Ge_{0.3})_2$ 15-0297.

Nb: Sprungtemp. v. Supraleitern d. Syst. $Nb_3Sn/Nb_3Ge/Nb_3Al$ 51/52-0422.

Nd: Darst. u. Krist.-Struktur v. NdGe 13-0291; Krist.-Struktur v. NdGe 14-0287; AlB_2-Krist.-Struktur v. Nd(Ni, $Ge)_2$ 17-0279; kristallograph. Daten u. Darst. v. Nd_5Ge_4 25-0255; kristallograph. u. magnet. Eig. v. – 22-0455; Struktur u. magnet. Eig. v. NdGe 27-0506.

Ni: AlB_2-Krist.-Struktur v. M(Ni, $Ge)_2$ mit M = Ce, La, Pr, Nd u. Sm 17-0279; Hochtemp.-Gleichgew. im gasf. Syst. Ge/Ni

Germaniumsauerstoffsäuren

Germanium(II)-Säuren

Germanium(IV)-säuren

Germaniumverbindungen

Anorganische Germaniumverbindungen

Zers. v. GeH_4 unter Bldg. eines polymeren Prod. 28-0660; Bldg. v. Ge-Subhydriden bei d. Photolyse v. SiH_4/GeH_4- bzw. CH_3OH/GeH_4-Gemischen 28-0710; Herst.: v. $GeH_4 \cdot PCl_3$ 5-2302*; v. Si–Ge-Hydriden 28-0711; v. Germylchlorid, Germylbromid, Digermylchlorid u. Digermylbromid 37-0745; höherer Germane 40-0709; v. Isopropylgermanen 45-0691; v. Phenylmethyl- u. Phenylhalogengermanen 43-0706.

Raman- u. IR-Spektren d. Methylgermane 5-0166; Mikrowellenspektrum v. Germylacetylen 5-0173; Analyse d. Schwing.- u. KMR-Spektren v. – 24-0127; Korrelat. für chem. Verschieb. u. Koppl.-Konst. v. Organo-Ge-Hydriden 23-0177; Abhängigk. d. Schwing.-Konst. v. GeH v. d. Elektronegativität 27-0132; mittlere Schwing.-Amplituden u. Bastiansen-Morino-Schrumpfeffekte v. GeH_3 46-0093; $^4\Sigma$-Zustand v. GeH 51/52-0079; Massenspektren v. Organogermanen 23-0184; Elektronegativität d. Radikals GeH_3 47-0112; ESR freier GeH_3-Radikale in inerten Matrizen bei tiefer Temp. (Darst.) 34-0173; Best. d. energet. Eig. v. – aus Elektronenstoßvers. 41-0536.

Homolyt. Rk. v. Triäthylgerman 9-0769; therm. Zers. v. Tricyclohexylgerman 28-0715; Addit. v. Alkylhalogengermanen an konjugierte Syst. 43-0707; Einw. v. Organogermaniumhydriden u. -hydridhalogeniden auf Propargylchlorid 34-0736; Rk.: v. Organogermaniumhydriden mit Fluoracetylenen 34-0741; v. Triphenylgerman mit Diäthylaminotributylstannan 14-0817; v. Trialkylgermanen mit Trialkylstannyldialkylaminen 43-0710.

GeH_4 (German), Bldg. bei d. Polyrekombinat. v. Diphenylgerman 12-1203; Darst. v. – hoher Reinh. 9-0767.

IR-Spektren v. – 6-0134; Berechn. d. Schwing.-Spektrums v. – u. GeD_4 26-0142; IR-Spektren v. GeD_4, GeD_3H, GeH_3D u. – 33-0149; Kraftkonst. v. – u. GeD_4 13-0129; Mol.-Schwing. v. –, GeD_4 u. GeT_4 19-0126; Bind.-Energien 29-0121; Kraftkonst. v. – u. GeD_4 40-0101; Linienform d. Protonenresonanzsignale im ^1H-NMR-Spektrum v. $^{73}GeH_4$ 44-0375; NMR u. relative Acidität 48-0154; thermodynam. Eig. u. spezif. Wärme v. GeH_3D, GeH_2D_2 u. $GeHD_3$ 6-0556; Dampfdruck bin. Lsg. aus Monosilan mit – 11-0569; Berechn. d. Schwing.-Frequenzen u. Zustandssummen für – mit ^{70}Ge, ^{74}Ge bzw. ^{76}Ge 33-0545; Viskosität u. intermol. Wechselwrkg.-Potential 34-0532.

Kinetik d. therm. Zers. v. – an d. Oberfläche eines Ge-Filmes 11-0726; Zers. v. – unter Bldg. v. H_2, Ge_2H_6, Ge_3H_8, Ge_4H_{10} sowie eines polymeren Prod. 28-0660; epitakt. Abscheid. v. Ge auf CaF_2 aus –-Dampf u. H_2 10-0215; Überleiten v. – über AgCl bzw. AgBr 37-0745; Erhitzen v. CF_3J u. – im Mol-Verhältnis *1 : 2* oder auch *2 : 1* im Einschlußrohr auf *130°* 40-0710.

Verw. zur Herst. v. Halbleitersubstanz 33-2260*.

GeH_3Br, Bind.- u. Mol.-Polarisierbark. in – 40-0100; Elektronegativität 47-0112.

GeH_3Cl, Bind.- u. Mol.-Polarisierbark. in – 40-0100; Elektronegativität 47-0112.

GeH_3CN, Normalschwing. u. thermodynam. Funkt. v. GeD_3CN u. – 26-0109.

GeH_3F, Bind.- u. Mol.-Polarisierbark. in – 40-0100.

GeH_3J, Synth. v. Germyljodid 40-0710; Bind.- u. Mol.-Polarisierbark. in – 40-0100; thermodynam. Eig. u. spezif. Wärme v. GeH_3J, GeH_2DJ u. $GeHD_2J$ 6-0556.

GeH_2Br_2, IR-Spektren v. GeH_2Br_2 u. GeD_2Br_2 7-0165.

GeH_2J_2, thermodynam. Eig. u. spezif. Wärme v. GeH_2J_2, $GeHDJ_2$ u. GeD_2J_2 6-0556.

$GeHCl_3$, Bind.- u. Mol.-Polarisierbark. in – 40-0100; Anlager. v. Trichlorgerman an aromat. C–C-Doppelbind. u. anschließende Methylier. 20-0694; Rk.: mit aromat. Verb. 20-0696; mit konjugierten Dienen (Darst. u. Eig. v. 1.4-Addit.-Verb.) 28-0716; mit ungesätt. Verb. zu Ge-organ. Oligo- u. Polymeren 36-1145; Anlager. v. – an Cyclopropanderiv. 42-0946; Einw. v. – auf Propargylchlorid 34-0736; Rk. mit Alkyl-, Alkenyl- u. Alkinylhalogeniden 39-0988; Umsetz. v. – mit Keten u. Aceton 37-0746; Verw. zur Herst. v. Halbleitersubstanz 33-2260*.

$GeHJ_3$, thermodynam. Eig. u. spezif. Wärme v. $GeDJ_3$ 6-0556.

Ge_2H_6 (Digerman), Bldg. v. – bei d. Photolyse v. CH_3OH/GeH_4-Gemischen 28-0710; Zers. v. Monogerman unter Bldg. v. – 28-0660; Schwellen für d. Germylrotat. in GeH_3–GeH_3 27-0139; Normalkoordinatenbehandl. u. Berechn. v. Coriolis-Koeff. u. Grundzustands-Zentrifugalverzerr.-Konst. v. $Ge_2D_3 \cdot H_3$ u. – 31-0134; Normalschwing. u. thermodynam. Funkt. v. Ge_2D_6 u. – 26-0109; Bind.- u. Mol.-Polarisierbark. v. – 40-0100; Überleiten v. – über AgCl bzw. AgBr 37-0745.

Ge_3H_8, Zers. v. GeH_4 unter Bldg. v. – 28-0660; Rk. mit Jod 43-0705.

Ge_3H_7J, Bldg. v. – 43-0705.

Ge_4H_{10}, Zers. v. GeH_4 unter Bldg. v. – 28-0660.

Germaniumhydroxide s. *Germaniumsauerstoffsäuren.*

Germaniumjodate, Darst. v. $Ge(OH)_2(JO_3)_2$ 5-0805.

Germaniumjodide

H-halt. – s. unter *Germaniumhydride.*

Bldg. v. $(CO)_4Co \cdot GeJ_2 \cdot Co(CO)_4$ 30-0695; Darst. v. Dijodo-bis-[π-cyclopentadienyldicarbonyleisen]-german, $J_2Ge[Fe(CO)_2(\pi\text{-}C_5H_5)]_2$ 37-0747; Wachstum v. epitakt. Ge-Schichten im abgeschlossenen Jodidsyst. 10-0214; Dissoziat.-Energie v. GeJ 43-0529.

GeJ_2, Ätzen: v. Ge-(*111*)-Fläche durch gasförm. HJ unter Bldg. v. – 24-0712; v. Ge-Einkrist. durch gasförm. J unter Bldg. v. – 36-0664; Zers. v. – 1-0430; Einführ. v. – in Metall–Metall-Bind. 30-0695; Rk.: mit Hydrazinhydrat 20-0695; mit 2-Methylbutadien-(1.3) bzw. 2.3-Dimethylbutadien-(1.3) 28-0717; mit π-Cyclopentadienyldicarbonyleisen 37-0747.

GeJ_4, Ätzen: d. Ge-(*111*)-Fläche durch gasförm. HJ unter Bldg. v. – 24-0712; v. Ge-Einkrist. durch gasförm. J unter Bldg. v. – 36-0664; Fl.–Krist.-Gleichgew. in d. Syst. GeJ_4/In_2J_6, GeJ_4/Ga_2J_6 u. GeJ_4/SbJ_3 sowie Dampfdruckdaten 22-0541; Rk. mit Hydrazinhydrat 20-0695; keine Bldg. v. *1 : 1*-Addit.-Verb. v. – mit Pyridin 23-0722; Rk. mit $NaFe(CO)_2(\pi\text{-}C_5H_5)$ 37-0747; Verw. zur Herst. v. Halbleitersubstanz 33-2260*.

Germaniummolybdatokomplexe

Molybdatogermaniumsäuren:

Bldg. u. Eig. v. $[GeMo_{12}O_{32}(OH)_8] \cdot 12\ H_2O$ 28-0729.

Salze, Dünnschichtchromatographie an Oxin- u. Pyridingermanododekamolybdat 1-2046.

Germaniumnitride: Bldg.: v. Oxidnitriden d. Ge 23-0755; v. LaGeN 28-0714; Rk.-Fähigk. u. Polymorphie v. – bei hohen Temp. u. Drücken 38-0728.

Ge_3N_4, Darst.-Meth. u. Eig. v. – 23-0755.

Germaniumoxide: Felddesorpt. v. ox. Ge-Spitzen in einem Feldemiss.-Mikroskop 13-0264; Best. d. Abstände Ge^{IV}–O 40-0210; Röntgendaten d. Verb. $2\ MgO \cdot GeO_2 \cdot MgF_2$, $4\ MgO \cdot 2\ GeO_2 \cdot MgF_4$, $6\ MgO \cdot 3\ GeO_2 \cdot MgF_2$ u. $8\ MgO \cdot 4\ GeO_2 \cdot MgF_2$ im Syst. $MgO/GeO_2/MgF_2$ 40-0513; Einfl. v. – auf d. Auflsg. v. Ge 8-0633; massenspektrometr. Unters. d. Verdampf. d. – 6-0560; Rk. v. C_{3-12}-Aldehyden mit NH_3 u. O_2 in Ggw. v. – 21-2780*.

GeO, Mikrowellenrotat.-Spektrum d. – 38-0152; Analyse u. Ermittl. v. Mol.-Konst. v. – 48-0096; Potentialkurven u. Dissoziat.-Energien v. – 5-0139; Berechn. d. Schwing.-Frequenzen u. Zustandssummen für – mit ^{70}Ge, ^{74}Ge bzw. ^{76}Ge 33-0545; Dissoziat.-Energien D^0_{298} v. –, $(GeO)_2$ u. $(GeO)_3$ 6-0560.

GeO_2, Bldg.-Wärmen v. hexagonalem u. tetragonalem – 19-0536; Bldg. v. – als Oberflächenschicht auf Ge in HF/HNO_3-Ätzmittel 37-0743; Gewinn. v. – aus Erzen u. Kohle 20-2200; Herst. v. –-Überzug auf Ge mit tetragonaler Krist.-Struktur 23-2436*, 24-2558; Adsorpt. v. – aus wss. Lsg. durch A-Kohle 34-2283; Verdichten v. glas. oder oxid. Massen aus –, B_2O_3 u. SiO_2 17-2284*.

Chem. Effekt auf d. Feinstruktur d. Röntgenabsorpt.-Kante v. – 35-0350; Polymorphie, polykrist. Struktur u. IR-Absorpt. v. Schichten v. tetragonalem – auf Ge 35-0192; Struktur u. Phasenzus. v. – 38-0727; Einfl. d. Zücht.-Beding. auf d. elektr. Eig. v. $BaTiO_3$-Krist. mit –-Zusatz 5-0521; innerer paramagnet. Zustand in –-Krist. u. dessen Bezieh. zur Glasstruktur 26-2393; Elektronenstruktur v. V^{4+} in – 31-0404; paramagnet. Resonanz v. Cu^{2+} in amorphem u. polykrist. – 41-0419; Mechanismus d. anod. Bldg. v. –-Filmen 6-0651; Bldg. v. – auf Ge-Anoden in alkal. Elektrolyten 26-0594; Zustandsdiagramm d. Syst. BaO/GeO_2 12-0580; Struktur u. Eig. v. Zwischenphasen d. Syst. Al_2O_3/GeO_2 12-0581; Schmelzdiagramm d. Syst. Fe_2O_3/GeO_2 12-0587; Zustandsdiagramm d. Syst. CaO/GeO_2 16-0530; therm. Verh. v. – 22-0489; Phasengleichgew. im Syst. Nb_2O_5/GeO_2 33-0606; Berechn. d. bei d. Dissoziat. v. Al_2O_3 auftretenden Fremdteilchenzahl in Abhängigk. v. d. Konz. für d. Syst. Kryolith/GeO_2 43-0547; Bezieh. zwischen Viskosität u. Temp. in reinen Schmelzen v. – 46-0521; Adsorpt.-Eig. einer –-Oberfläche 21-0659; Hydroxylgruppen auf –-Oberflächen 39-0630.

Umsetz. v. – mit konz. HJO_3- u. $HJO_4 \cdot (H_5JO_6)$-Lsg. 5-0805; Löslich. v. – in W. 10-0577, 10-0578; Bldg. v. Verb. im Syst. $P_2O_5/GeO_2/H_2O$ 10-0762; Löslichk. v. – in HCl 11-0605; Lsg.-Wärme v. – in $HNO_3 \cdot 1{,}5\ HF \cdot 27{,}7\ H_2O$ 16-0490; Verb.-Bldg. im Syst. $GeO_2/\{K_2O, Rb_2O, Cs_2O\}$ 18-0228; therm. Abbau d. im Syst. $GeO_2/NH_3/H_2O$ gebildeten Ammoniumgermanate 18-0707; Rk. v. – mit Hydraziniumchlorid 20-0695; Unters. d. Syst. GeO_2/Ge_3N_4 (Bldg. v. Oxidnitriden) 23-0755; Umsetz. im Syst. $GeO_2/KOH/KCl/H_2O$ 25-0562; kinet. Isotopeneffekt bei d. chem. Red. v. – zu GeO 33-0545; Löslichk. v. – in W. bei *38–500°* u. *65–3000* at 37-0763; Verb.-Bldg. im Syst. $MgO/GeO_2/MgF_2$ 40-0513; Erhitzen v. H_3AsO_4–H_3PO_4-Misch. mit – zur Verb. v. Typ $H_2GeP_2O_8$ 47-0687.

Best. v. Zn- u. Cu-Spuren in – 17-2004; Konzentrier. v. Verunreinig.-Spuren in hochreinem – durch Dest. 31-1978.

Verw. als innerer Standard bei d. Best. v. Metallspuren in organ. Substanzen im Gleichstrom-Lichtbogen 46-1968.

Mischoxide, Germanate

Hydrothermalsynth. v. Germanaten mit Granatstruktur 16-0732; –-halt. IR-durchläss. Glas mit hohem Brech.-Vermögen 48-2337*.

Al: Bldg. u. Struktur v. $Al_2Ge_2O_7$ im Syst. Al_2O_3/GeO_2 12-0581; Beweglichk. v. Na^+-Ionen in Al-Germanat-Schmelzen (Mess. d. elektr. Leitfähigk.) 51/52-0544.

Alkalimetall-Al: Kristallisat.-Verh., DTA-Mess. u. Röntgendaten d. Kristallisat.-Prod. v. glas. Alkalimetall–Alumogermanatgläsern 20-0224.

B: Eig.: d. Gläser d. Syst. B_2O_3/GeO_2 13-2414; u. Struktur d. Gläser d. Syst. B_2O_3/GeO_2 8-2277.

Ba: Bldg. verschiedener Ba-Germanate im Syst. BaO/GeO_2 12-0580; Schichtebenenabstände, Brech.-Indizes u. Bldg.-Enthalpie v. Ba_3GeO_5 u. $BaGeO_3$ 16-0490.

Bi: Isomorphe Ersetz. innerhalb d. schwerschmelzbarem Syst. $Bi_4(SiO_4)_3/Bi_4 \cdot (GeO_4)_3$ 14-0897; Ultraschalleig. v. Wismut–Germanium-Oxid ($Bi_{12}GeO_{20}$) 38-0305.

Ca: Bldg.: v. Ca-Germanaten 9-0768; v. Ca-Germanaten im Syst. CaO/GeO_2 16-0530.

Cd–Al: Hydrothermalsynth. v. $Cd_3Al_2 \cdot Ge_3O_{12}$ 16-0732.

Cr–Ca: Hydrothermalsynth. v. $Ca_3Cr_2 \cdot Ge_3O_{12}$ 16-0732.

Cr–Cd: Hydrothermalsynth. v. $Cd_3Cr_2 \cdot Ge_3O_{12}$ 16-0732.

Cs: Bldg. u. Struktur: v. $Cs_2Ge_5O_{11}$ im Syst. GeO_2/Cs_2O 18-0228; v. zwischen $Cs_2O/4\ GeO_2$ u. $Cs_2O/10\ GeO_2$ liegenden Phasen 34-0296.

Cs–Al: Kristallisat.-Verh., DTA-Mess. u. Röntgendaten d. Kristallisat.-Prod. v. glas. $CsAlGeO_4$ 20-0224.

Cu: Hydrothermalsynth. v. zwei neuen Cu-Germanaten 10-0790.

Fe: Bldg. v. $2\ Fe_2O_3 \cdot 3\ GeO_2$ u. $Fe_2O_3 \cdot 4\ GeO_2$ im Syst. Fe_2O_3/GeO_2 12-0587; Struktur u. Eig. d. intermediären Phasen d. Syst. Fe_2O_3/GeO_2 5-0258; Unters. v. $GeFe_2O_4$ durch d. Mössbauer-Effekt 25-0079; Mess. d. trigonalen Feldaufspalt. v. Fe^{2+} in $GeFe_2O_4$ mit Hilfe d. Mössbauer-Effekts 25-0080; Mössbauer-Spektren v. Fe-Ionen in $GeFe_2O_4$ 39-0278.

Fe–Ca: Hydrothermalsynth. v. $Ca_3Fe_2 \cdot Ge_3O_{12}$ 16-0732.

Fe–Cd: Hydrothermalsynth. v. $Cd_3Fe_2 \cdot Ge_3O_{12}$ 16-0732.

Ga–Ca: Hydrothermalsynth. v. $Ca_3Ga_2 \cdot Ge_3O_{12}$ 16-0732.

Ga–Cd: Hydrothermalsynth. v. $Cd_3Ga_2 \cdot Ge_3O_4$ 16-0732.

K

Siehe auch *Germanium(IV)-säuren.*

IR-Absorpt. v. K_2GeO_3 26-0594; Bldg. u. Struktur v. $K_2Ge_8O_{17}$ im Syst. GeO_2/K_2O 18-0228; Abhängigk. zwischen d. chem. Stabilität d. Gläser u. d. Phasendiagramm d. Syst. K_2O/GeO_2 37-0744.

K–Al: Kristallisat.-Verh., DTA-Mess. u. Röntgendaten d. Kristallisat.-Prod. v. glas. $KAlGeO_4$ 20-0224; Krist.-Struktur v. $KAl \cdot Ge_3O_8$ 34-0861.

La: Bldg.: v. $LaO_{1,7}Ge$ bei d. therm. Zers. v. La Ge an d. Luft 28-0714; v. $LaGeO_{1,7}$ u. Verb. d. Zus. $LaGe_yO_x$ (x = *0,2–4,3* u. y = *0,6–2*) 38-0730.

Li: Bldg. v. Li-Germanaten im Syst. Li_2O/GeO_2 4-0256.

Li–Al: Phenakit–Spinell-Umwandl. v. $LiAlGeO_4$ 39-0526; Hochdruckverh. v. $LiAl \cdot GeO_4$ 3-0843.

Organische Germaniumverbindungen

beim Substituentenaustausch zwischen Dimethylsilyl- u. Dimethylgermylverb. 40-0544; Addit.-Rk. v. Triphenylgermyllithium mit Carbonsäurechloriden 40-0711; Darst. v. substituierten Vinylgermanen 40-0712; Best. d. energet. Eig. v. Alkylderiv. d. Ge aus Elektronenstoßvers. 41-0536; IR- u. KMR-spektroskop. Daten v. $[(CH_3)_2Ge]^{2+}$ 41-0562; Darst.: v. Methylgermaniumhalogeniden 41-0726; u. Spektren v. Silylgermyl- u. Digermylsubstituierten Äthylenen 41-0727; Geschw. d. SCN-Addit. an d. C–C-Doppelbind. v. Verb. d. Typs $R_3Ge-C_6H_4-CH=CH_2$ mit R = CH_3 u. C_2H_5 43-0636; Darst. v. Phenylmethyl- u. Phenylhalogengermanen 43-0706; Addit. v. Alkylhalogengermanen an konjugierte Syst. 43-0707; Rk. v. Trialkylgermanen mit Trialkylstannyldialkylaminen 43-0710; Darst.: v. Isopropylgermanen 45-0691; v. Bis-[triäthylgermyl]-sulfid u. verwandte Verb. 49/50-0693; Bind.-Struktur einiger Arylderiv. v. Ge 51/52-0096; Rk. v. Triäthylgermyllithium mit KW-Stoffen d. Äthylenreihe 51/52-0653; Vgl. d. Rk.-Fähigk. d. Verb. $(CH_3)_3GeMn(CO)_5$ u. $(CH_3)_3SnMn(CO)_5$ gegenüber Äthylenverb. 51/52-0666.

Heterocyclische Verbindungen, Einfl. v. Strahl.- u. Kernrückstoßeffekten auf d. Retent.-Werte d. Ge-Phthalocyanins nach verschiedenen Kernrk. u. Kerntransformat. 41-0692; Ringerweiter. u. -vereng. bei Rk. v. Imidazolinderiv. d. Ge 44-0701.

Halogenverbindungen, Rk. v. Li-Chlormethyldimethylsilanolat mit $(CH_3)_2(CH_2Cl)\cdot GeCl$ u. $(CH_2Cl)(CH_3)GeCl_2$ 23-0750; Übersicht über Pentafluorphenylgermaniumverb. 37-0718; Darst.: v. Diphenyl-(oktafluor-2.2′-diphenyliden)-german u. Bis-[oktafluor-2.2′-diphenyliden]-german 39-0718; u. Rk. v. (Chlormethyl)-trimethylgerman mit Äthanolat- bzw. Jodidionen (Bldg. u. Brech.-Index v. (Äthoxymethyl)- bzw. (Jodmethyl)-trimethylgerman) 43-0717; v. Oktafluorbiphenyliden-(2.2′)-Ge-Verb. durch Rk. v. Diphenyldichlorgerman mit 2.2′-Dilithiumoktafluorbiphenyl 49/50-0925.

N-Funktionen, Darst. v. $GeCl_4\cdot 4$ TMO u. $GeCl_4\cdot 2$ TMO (TMO = Trimethylaminoxid) 13-0782; Rk. v. Organoamin-Ge-Verb. mit organ. Isocyanaten u. Thioisocyanaten 19-1048; Darst. v. Komplexverb. v. Ge(IV) mit Phenyl- u. p-Nitrophenylhydrazin 34-0735; Gleichgew.-Einstell. in d. Syst. $GeCl_4/Ge[N(CH_3)_2]$ u. $Ge(OCH_3)_4/Ge[N(CH_3)_2]_4$ 34-0737; Ge-N-Valenzschwing. in Tetrakis-[dimethylamido]-german 48-0123.

O-Funktionen, Synth. u. Rk. v. Dialkoxy-di-n-butylgermanen 7-0762; Rk. v. Alkoxytrichlorgermanen mit Ketenen 9-0770; Darst. d. 2.2.2-Trifluoräthanolats v. Ge 12-0784; Rk. v. Orthogermaniumsäureestern (Rk. d. Alkylorthogermanate mit Äthanolaminen) 16-0715; Synth.: u. einige Umwandl. einwert. γ-Germaniumacetylenalkohole 18-0708; u. Eig. v. 1.1-Dialkyl-2-triäthylgermylpenten-(2)-diolen-(1.4) u. 1.1-Dialkyl-2-triäthylgermyl-4-triäthylgermoxypenten-(2)-olen-(1) 19-0760; u. Eig. v. – aus $GeHHal_3\cdot 2$ Ae. u. ungesätt. KW-Stoffen 28-0712; v. Bis-[triäthylgermyl]-alkenolen u. Triäthylgermyldienolen 28-1053; u. Umwandl. einiger Ge-organ. einwert. Äthylenalkohole 32-0748; Gleichgew.-Einstell. in d. Syst. $GeCl_4/Ge(OCH_3)_4$ u. $Ge(OCH_3)_4/Ge[N(CH_3)_2]_4$ 34-0737; Darst. u. Hydrolyse: v. Alkylalkoxygermanen 34-0738; v. Methyl-(β-chloräthoxy)-germanen 34-0739; Selbstdiffus. u. Kernspin–Gitter-Relaxat. v. $(CH_3O)_4\cdot Ge$ 39-0514; Darst.: v. α-Hydroxygermanen aus Triphenylgermyllithium u. Ketonen 40-0712; v. Verb. d. Typs $R_2Ge(OX)_2$ (R = Alkyl oder Aryl; HOX = 8-Hydroxychinolin) 41-0734; v. $RGe(OCH_2CH_2)_3N$ (Germatrane) 41-0749; CN-Valenzschwing. v. Dimethylformamid u. seinen Komplexen mit $(C_6H_4O_2)_2\cdot Ge$ 42-0124; mehrstuf. Komplexbldg. v. 4-(2-Pyridylazo)-resorcin u. 4-(2-Thiazolylazo)-resorcin mit Ge in wss. u. wss.-organ. Lsg. 42-0550; Synth. u. Umwandl. v. germaniumorgan. Alkoholen d. Diacetylenreihe 42-0945; Bldg. u. Brech.-Index v. Äthoxymethyltrimethylgerman 43-0717; Röntgen-K-Absorpt.-Spektren v. Ge in germaniumsubstituierten Diphenolen u. Salzen v. Phenolgermaniumsäuren 44-0099; Anwend. d. Ammoniakmeth. bei d. Synth. v. Diphenyl- u. Tributylalkoxygermanen 46-0747; Rk. v. Organogermaniumalkanolaten mit Carbonsäuren 46-0748; Darst. v. Butyltrialkoxygermanen 46-0749; protonenmagnet. Resonanzspektren v. Methoxyderiv. d. Ge 48-0151.

S-, As-, B-, P-, Si-Funktionen, Darst.: u. opt. Eig. v. Bis-[toluol-3.4-dithiolato]-germanium(IV) 34-0742; u. Verw. v. ω-Mercaptoalkyl(phenyl)alkylgermaniumverb. 41-2451*; protonenmagnet. Resonanzspektren einiger Methylthioderiv. d. Ge 48-0151; Darst.: v. Tris-[trimethylgermanyl]-phosphin u. -arsin 39-0717; v. Organogermaniumderiv. d. Barene (Carborane) 43-0688; Herst. v. $(CH_3)_2SiH_2\cdot GeCl_4$ 5-2302*; Rk. v. Diäthylsilyl- u. Pentaäthyldisilyläthylquecksilber mit $(C_2H_5)_3GeH$ zu Diäthylsilyl- u. Pentaäthyldisilyltriäthylgermylquecksilber 49/50-0697.

Organometallverbindungen, Mössbauer-Spektren v. $[(C_6H_5)_3Sn]_4Ge$ 12-0172; Darst. v. Tributylstannyltriphenylgerman 14-0817; Tricarbonyl-π-cyclopentadienylchrom, -molybdän u. -wolfram mit Bind. an Methyl- u. Phenylderiv. v. Ge 30-0677; Darst.: v. Organogalliumgermoxanen (Verb. mit d. Struktureinheit Ga–O–Ge) 36-0705; v. $(CH_3)_2Ge\cdot[Fe(CO)_2(\pi\text{-}C_5H_5)]_2$ u. $J_2Ge[Fe(CO)_2(\pi\text{-}C_5H_5)]_2$ 37-0747; v. Germylstannanen d. Typs $R_3Sn-GeR_3'$ 43-0710.

Carbonylverbindungen, Absorpt.-Maxima d. Carbonylgruppe im UV- u. IR-Spektrum v. $(C_6H_5)_3Ge(OCH_3)$ 10-0109; Herst. v. Ge-Chelaten v. Tropolonen 24-2622*; Chelate v. Ge(IV) mit Tropolon, Maltol, Lawson u. Trichlorhydroxy-p-benzochinon 25-0576, 25-0577; Bedeut. d. induktiven Effekte in α-Germylketonen 28-0718; Röntgen-K-Absorp.-Spektren v. Ge in Komplexverb. mit 3.4-Dihydroxybenzaldehyd 44-0099; Darst. v. Mercaptotropolonatogermanium 51/52-0685.

Carbonsäuren, protonenmagnet. Resonanz v. Verb. d. $Ge(CH_2COOH)_4$ 6-0160; IR-Spektren v. Oxalatkomplexen v. Ge(IV) 7-0171; Darst.: d. Trifluoracetate d. Ge 25-0738; v. ditallölfettsaurem Ge 27-2650*; u. Entwässer. v. $K_2[Ge(C_2O_4)_3]\cdot H_2O$ 35-0698; v. carbonsaurem Ge 42-2460*.

Sulfonsäuren, Phosphonsäuren, anion. Komplexbldg. zwischen Germaniumsäure u. Tiron in wss. Elektrolytlsg. 13-0603; photometr. Unters. d. Komplexverb. v. Ge mit Alizarinrot 32-2017; Herst. u. Verw. v. 1-Dialkylphosphinylalkoxy(organo)(halogen)germaniumverb. 37-2369*; Röntgen-K-Absorpt.-Spektren v. Ge in Komplexverb. mit 2.3-Dihydroxy-6-naphthalinsulfonsäure 44-0099; polarograph. Verh. d. Ge in Ggw. v. Alizarinrot S (Komplexbldg.) 51/52-1856.

Naturstoffe, Komplexbldg. v. Ge mit Tannin in Abhängigk. v. pH-Wert 16-0562.

Bibliographie

Organometallic compounds; methods of synthesis, physical constants and chemical reactions. Vol. *2*: Compounds of germanium, tin and lead including biological activity and commercial application B 82.

Germin s. unter $C_{27}H_{43}NO_8$.
Germisan s. unter $C_{12}H_{10}HgO_2$.
Germizide s. unter *Mikroben.*
Gerniarin, IR-Spektrum 21-0943.
Gerobriecin, mikrobielle Herst. 14-1880*.
Gersdorffit, hochtemperierte Glanzkobalt-–-Mischkrist. v. Qutokumpu/Finnland 8-0843; Vork. v. Gaspeit in Assoziat. mit – auf d. Gaspé Halbinsel, Quebec 28-0800; –-Varietät d. Berikulskojer Lagerstätte 48-0754; Vork v. – im Durbachit v. Pisek 49/50-0744; Krist.-Struktur v. – 4-0276.

Gerste

Malz s. dort.

Anbau. Einw. v. Kraftwerkflugasche auf – 2-3122; Einfl.: d. Sonnenstrahl.-Intensität auf Aufnahme u. Ausnütz. v. K_2O durch Sommer-– 6-3126; d. klimat. Beding. auf d. Bodenvorrat an pflanzenaufnehmbarem P_2O_5 bei hohen Düngemittelgaben zu – 8-3222; d. Düng. mit P u. NH_3-N auf Wachstum, Ertrag u. Zus. v. – 9-3290; v. Bodentemp. u. P auf d. Nährstoffaufnahme durch – 9-3292; Erträge v. – nach Kleegras (Einfl. d. Grasart) 12-3132; Einfl.: v. Grundgaben v. N u. P u. d. Bodenfeuchtigk. auf d. Wachstum v. – u. d. Aufnahme v. K, Ca u. Mg 13-3386; v. alkal. Phosphatdüngemitteln aus apatithalt. Calcit auf – 13-3388; v. Komposten auf d. Ertrag an –-Korn u. -Stroh 16-3123; v. N-, P-, Ca- u. Mg-Gaben auf d. Ertrag an – auf sauren Böden 17-2961; Wrkg. zusätzl. N-Düng. bei Sommer-– 19-3185; Bezieh. zwischen d. Kornertrag d. – u. d. Geh. d. Bodens an austauschbarem K 19-3204; schädigende u. wachstumfördernde Wrkg. bei – nach Verabreich. v. Aminosäuren u. Nitrat 21-3295; Qualitätskriterien u. Düng. d. Brau-– 21-3297; Überwinter. d. Winter-– in mit Chlorpikrin behandelten u. mit N gedüngten Böden 21-3298; Verwert. v. N-Düngemitteln durch Sommer-– 23-3063; kontinuierl. Anstieg d. Erträge v. – bei gestaffelten N-Gaben 24-3214; Einfl.: v. W. u. Düngemitteln auf Ertrag u. Qualität v. Betzes-– 24-3221; d. Grades d. N-Düng. auf Ertrag u. Struktur v. Frühlings-– bei period. Bodentrockenh. 26-3264; v. hohen Mineraldüngergaben in leichten Podsolböden auf d. Ertrag v. – 26-3265; v. Stalldung, Abwasserschlamm u. a. organ. Düngern auf d. Ertrag an – als Folgefrucht 26-3274; Verwert. d. anfängl. nicht austauschbaren K d. Böden durch – 28-1489; Wrkg. langjähr. Phosphatdüng. auf – 32-3067; Nachwrkg. v. Phosphatdünger bei bewässerter – 32-3072; Einfl.: v. Cholin u. Acetylcholin auf d. Keimen v. Samen u. d. Entw. v. – 33-3093; v. vorhergehender Bestrahl. v. –-Körnern auf d. Aufnahme v. Nährstoffen 35-1410; v. N-, P- u. K-Düng. auf d. Entw. d. Wurzelsyst. d. – 36-2883; v. P-Düng. zu bewirtschafteter Weide auf d. –-Ertrag nach Umbruch d. Narbe 36-2889; v. K-Dünger auf d. Ertrag an – als Fruchtfolgeglied 36-2896; d. Na-Akkumulat. auf d. Ansprechen v. *5* –-Sorten 38-3024; v. Silicat auf d. Aufnahme v. P aus Böden durch – 40-2997; v. Harnstoff auf Keim. u. frühes Wachstum v. – 40-3018; v. NPK-Düng. auf d. Ertrag an – u. ihren Geh. an Roheiweiß 40-3021; v. Wachstumsregulatoren bei Winter- u. Sommer-– 40-3031; Aktivier. d. Saatgutes durch Behandl. mit 6-Benzylaminopurin 42-2938; Wrkg. v. Feuchtigk. u. N-Düng. auf d. Erträge v. – 43-2741; Erhöh. d. –-Erträge durch γ-Bestrahl. d. Saatgutes 45-1317; Wrkg. d. Strohdüng. auf d. Ertrag an Sommer-– 45-2624; Aufnahme u. Verteil. v. NH_4- u. NO_3-N bei – 46-1402; Wrkg. v. divalenten u. a. Ionen auf d. K-Aufnahme v. –-Wurzeln 47-1341; Ansprechen v. Sommer-– auf NPK-Düng. 48-3070; Einfl. v. polymeren Bodenstrukturbildnern auf d. –-Ertrag 48-3091.

Einsatz v. Herbiziden im Brau-–-Anbau 10-3244; durch ionisierte Luft verstärkte Eisenchlorose in –-Keimpflanzen 30-1338; Wrkg. v. Herbiziden auf d. Unkräuterflora d. –-Kulturen 30-2976; Beizen: v. – zur Bekämpf. v. Flug- bzw. Hartbrand 30-2984; v. –-Saatgut mit Furfuramid 30-2986; Wrkg. v. Wuchsstoff-Herbiziden auf Sommer-– 33-3096; herbizide Wrkg. v. 2-Trifluormethylbenzimidazolen auf – 36-1450; Einfl. v. Herbiziden auf d. Geh. an Eiweiß-N im –-Korn 51/52-1303; Wirksamk. Hg-halt. Saatgutbeizmittel bei – 51/52-3037.

Physiologie. Glykolyse in keimender Sommer-– 2-1488; Wrkg. v. Gibberellsäure: auf d. P-Stoffwechsel d. keimenden – 2-1500; auf N-Metabolismus u. K-Aufnahme abgeschnittener –-Wurzeln 2-1503; Einfl.: d. H-Ionenkonz. auf d. strahleninduzierte Schädig. d. – 7-1499; v. Herbiziden auf d. Proteinsynth. bei Betze-– 8-1535; v. abgeschnittenen –-Wurzeln auf organ. Chemikalien 9-1454; Na- u. K-Aufnahme durch Sämlinge v. Hordeum vulgare 9-1498; Zn-Aufnahme abgeschnittener –-Wurzeln 9-1499; morpholog. u. physiolog. Wrkg. v. [2-Chloräthyl]-trimethylammoniumchlorid auf – 9-1503; Toxizität neuer Tenside gegen – 11-1461; Chloridresorpt. durch –-Wurzeln 13-1515; Beeinfluss. d. Chloridaufnahme v. Hordeum vulgare durch Hemmstoffe, Transpirat. u. Nährstoffzus. 13-1516; Chloridregulat. in d. Organen v. Hordeum vulgare während d. Behandl. mit NaCl 13-1517; Chlorid-, Na- u. K-Aufnahme sowie Verteil. in – während d. Ontogenese 13-1518; Akkumulat. v. Ca im Exsudat v. –-Wurzeln 13-1520; Aufnahme v. Aminosäuren u. Einbau in d. Proteine isolierter –-Embryonen 13-1535; Komplexität d. Chlorid-Absorpt.-Isotherme im Wurzelgewebe d. – 15-1423; Wrkg. v. n-Butylmethansulfonat u. verwandten Mutagenen auf – 16-1150; direkte O_2-Übertrag. durch Carotinoide bei d. Atmung u. d. Photosynth. v. – 16-1379; Wrkg. d. Lichtes beim Keimen v. – 17-1423; Kohlenhydratstoffwechsel in – (Übersicht) 17-1426; Gibberellsäure bei d. Keim. v. – 17-1436; Einfl.: d. Wachstumsbeding. auf d. radiobiolog. Wirksamk. d. Behandl. v. –-Samen mit schnellen Neutronen 18-1401; v. 2-Methyl-4-chlorphenoxyessigsäure auf d. Entw. d. samenanlagen bei Hordeum distichum 19-1452; akt. Transport v. Cholinsulfat in –-Wurzeln 21-1488; Kationenbezieh bei d. Anreicher. durch –-Wurzeln 25-1411; Wrkg. v. Myleran auf Chromosomen-Aberrat. in neutronenbestrahlten –-Samen 26-1213; Chlorophyllmutat. d. *2.* Generat. v. γ-bestrahlter – nach Samenbehandl. mit Äthylenimin 26-1215; Wrkg. v. Maleinsäurehydrazid (auf d. Kohlenhydrat-Metabolismus etiolierter –-Pflanzen) 26-1459; (auf d. N-Metabolismus etiolierter –-Blätter) 26-1460; Einfl. d. pH-Wertes auf d. Strahlenschutzwrkg. v. Mineralsalzen bei –-Körnern 27-1393; Absorpt. v. ^3H-DNS v. E. coli durch keimende – 27-1416; Einfl.: v. „Luftionen" auf d. O_2-Verbrauch v. –-Sämlingen 28-1480; v. *2* neuen Wuchsstoffen auf d. Keim. d. –

28-3282; Ionenaufnahme durch **abgeschnittene** --Wurzeln aus Kaolinitsuspens. 30-1337; Wrkg. v. Carbonylcyanidphenylhydrazon auf d. Kationenaufnahme in abgeschnittenen --Wurzeln 33-1454; Veränder. d. Feinstruktur d. Chloroplasten in --Sprossen (Einfl. v. Cs) 33-1473; Aufnahme anorgan. Ionen durch --Blätter 35-1433; blühstimulierende Wrkg. v. Gibberellin bei Winter-- 35-1447; Einfl. ionisierender Bestrahl. auf d. Stärkeabbau im --Endosperm 40-1408; Wrkg. v. 5-Bromuracil u. 2-Aminopurin in Wurzelmeristemen v. – 41-1400; Resorpt. v. Fluorid u. Chlorid durch --Wurzeln 41-1419; Regenerat. v. Protochlorophyll in etiolierten --Keimpflanzen nach unterschiedl. Lichtbehandl. 42-1324; Ca-Verlager. in – (Einfl. v. Cu u. P) 44-2943; Synth. v. langkett. Fettsäuren in Präp. aus Hordeum vulgare 46-1392; Sproßapexentw. bei Winter-- (Einfl. v. Gibberellat) 46-1410; Einfl. d. γ-Bestrahl. auf – 46-3144; Alkalikationenträger d. --Wurzeln 47-1351; Wrkg. v. Vor- u. Nachbehandl. mit AET auf d. Häufigk. v. Chromosomenaberrat. u. Chlorophyllmutat. bei – 48-1308; Einbau v. ^{239}Pu, ^{185}W u. ^{210}Pb in – in Abhängigk. v. d. Bodenart 48-1327; Biosynth. gesätt. u. ungesätt. Fettsäuren durch --Keimlingspräp. 48-1336; Einfl. d. Gibberellsäure u. ausgewählter Inhibitoren auf d. --Keim. 49/50-2851.

Zusammensetzung, Eigenschaften. Antifungale Faktoren in – (p-Cumaroylagmatin) 1-1412; Fraktionier. d. --Albumine 3-3224; Bedeut. d. --Tannoide für d. Entsteh. d. Biertrüb. 3-3242; Molgew. d. Albuminfrakt. v. – 5-1444; Wrkg. ionisierter Luft auf d. Indolyl-(3)-essigsäure-Geh. bei --Sämlingen 5-1458; B-Vitamin-Geh. v. – 5-3325; Struktur d. --β-D-Glucans 8-1408; Zus. d. --Albumine u. -Globuline 16-3241; Biosynth. in –: v. Tryptophan, Indolylauxinen u. Gibberellinen (Einfl. v. Zn) 19-1453; v. Indolen u. Gibberellinen (Einfl. v. γ-Strahl.) 19-1454; Gibberellin-ähnl. Substanzen in unreifen Samen d. – 20-1451; Eiweißstoffe v. – (immunochem. Unters.) 20-3358; Dunkelbiosynth. v. Chlorophyll b in --Keimlingen 22-1354; Einfl. d. Lichtes auf d. Tryptophansynth. in grünen --Keimlingen 23-1394; Vgl. d. Feinstruktur v. Lichenin u. --Glucan 24-1449; Biosynth. d. Gramins in – 24-1489; Konstit.-Unters. v. --Schalen-Arabinoxylanen 26-1192; Nichtstärke-Polysaccharide d. Endosperms v. nacktsam. – 27-1397; Rohfasergeh. v. 2- u. *6* zeil. – 27-3213; Bezieh. zwischen Plastoglobuli u. Thylakoidgenese in --Keimlingen 28-1228; Vorstufen d. Gibberellin (GA_3)-Biosynth. bei – 29-1420; Ubichinone in – 30-1335; polycycl. aromat. KW-Stoffe in gerösteter – 30-1500; spektrale Abhängigk. d. Biosynth. d. Tryptophans in grünen --Keimlingen 33-1458; Biotransformat. v. Gramin in Tryptophan bei --Sprößlingen 36-1432; Wrkg. v. Cycocel u. analoger Verb. auf d. Wachstum u. d. Geh. an lösl. Proteinen v. Keimlingen d. – 36-1441; Eiweißstoffe d. – (Übersicht) 38-3178; Einfl. d. Anbaubeding. auf d. Geh. in –: an Gesamt-N u. Proteinen 38-3181; an Aminosäuren 38-3182; an Vitaminen 38-3183; Mineralstoffgeh. v. – 38-3184; Isolier. u. Charakterisier. eines β-Glucans u. Arabinoxylans aus --Mehl 39-1123; Hemicellulosen, Gummis u. Pektinstoffe d. – 40-3188; Veränder. d. Chlorophylls d. – durch d. Blätter u. Blattextrakte 43-1299; Hydrolyse v. --β-Glucanen durch eine β-(1 → 4)-Glucanhydrolase 44-1339; Einfl. v. Huminstoffen aus d. Zers. v. --Wurzelpulver auf Torulopsis utilis 46-1344; Fraktionier. v. --Prolaminen auf Sephadex-Säulen 46-1381; Veränder. d. Ascorbinsäuregeh. v. Hordeum vulgare beim Keimen (Einfl. v. β- u. γ-Strahlen) 46-3120; Proteingeh. aufeinanderfolgender peripherer Schichten v. – 46-3125; Replikat. exogener DNS in keimenden --Zellen 47-1153; RNS aus --Blättern 48-1127; Veränder. d. Proteins d. – (Übersicht) 51/52-3150.

Ultrazentrifugier. v. --β-Amylasen 1-1307; Aktivitätswechsel v. Enzymen d. Glykolyse sowie d. Citrat- u. Pentosephosphatzyklus in keimender Sommer-- 2-1487; durch Gibberellsäure kontrollierte Synth. v. α-Amylase im --Endosperm 2-1502; Phytaseaktivität in --Wurzeln 3-1329; Katalase-Aktivität eines rohen Enzympräp. aus eisenchlorot. Hordeum vulgaris-Sämlingen 4-1280; mikrobielle Cellulase-Aktivität im Bereich d. engen Rhizosphäre bei Hordeum murinum 5-1326; Unters. v. --Amylasen durch immunochem. Meth. 7-1399; Hydrolyse v. Lichenin durch Enzympräp. aus – 9-1389; α-Amylasebldg. in ungekeimten --Endospermstücken nach Behandl. mit Gibberellin 11-1460; Cholinkinase u. Phosphorcholinphosphatase in – 12-1344; Wrkg. v. Kinetin auf Nucleinsäuren u. Nucleasen isolierter --Blätter 13-1259; Einfl. d. bei d. Keim. im Freiland induzierten Enzymaktivität im Korn auf d. Eig. d. – 16-3262; Hemm. v. Glucosidasen aus – durch Polyole 24-1342; Chromatographie v. --β-Amylase auf Sephadex G-*75* 29-1255; β-Amylasen in – (Molgew.) 21-1220; (Identifizier.) 31-1221; proteolyt. Enzym d. --Körner 33-1331; Phosphataseaktivität d. Wurzeln v. – (Beeinfluss. durch Mikroorganismen) 33-1452; Isolier. v. α-Amylase aus – (Eig. d. Wrkg.-Mechanismus) 34-1347; Peroxydaseaktivität im Endosperm v. mit Gibberellsäure behandelter – 36-3053; Gibberellsäure-induzierte Lipase- u. α-Amylasebldg. in --Samen 38-1465; Mikroflora u. Enzyme in d. Rhizosphäre d. – 42-1301; Allantoinasen aus – (Reinig. u. enzymat. Eig.) 43-1196; Reinig. u. Eig. v. Oxalsäureoxydase aus --Samen 44-1282; Peroxydaseaktivität v. – im Winter 47-1321.

Rheolog. Verh. v. – 2-0668.

Behandlung, Verwendung. Schwermetallionen als Schutzmittel bei Strahlenschädig. v. – 29-1373; Lager. v. mit Methylbromid begaster – (Einfl. auf d. Keimfähigk.) 46-3003; Meth. zur Gewinn. d. wasserlösl. Proteine d. – 51/52-3134.

Analytisches. Scheibenelektrophoret. Unters. über d. bas. Proteine im --Korn 13-2151; Best. in –: d. W.- u. Eiweißgeh. 19-2133; v. Se (in --Schrot) 20-2008; v. N (Mikrodiffus.-Meth. nach Conway) 20-2013; v. Eiweiß (Trüb.-Bldg. mit Sulfosalicylsäure) 20-2015; v. N (Mikrodiffus.-Meth. v. Conway) 20-2016; Analytik d. – 20-3356; Best.: v. Fettsäuren aus --Lipiden (photometr.) 27-2061; d. Quellvermögens v. Brau-- 30-3103; v. Fungiziden auf --Saat 32-2090; d. Feuchtigk. v. – 44-1950.

Geruch

Beseitigung v. – s. *Desodorierung*; s. auch *Aromastoffe; Parfümerie und Riechstoffe.*

Was ist –? 16-1571.

Erfass. v. Spurenmengen --bildender organ. Substanzen im W. 1-2272; Erzeug. d. – einiger Lebensmittel in Modellsg. 1-3389; Unters. d. Bezieh. zwischen Konstit. u. – an Alkoxy(Aryloxy)essigsäureisobornylestern 25-2666; –: v. Lebensmitteln u. seine Bedeut. (Übersicht) 32-3179; u. Konstit. 23-1106; u. Mol.-Schwing. 28-1652; Bezieh. zwischen chem. Konstit. u. – in d. Reihe d. 3-Terpenylcyclohexanole 36-1086; mögl. Beitrag v. Phenolverb. zum Eber-- 36-1600; --Bldg. beim Zellstoff-Kraftaufschluß 42-3005; – v. Furfurylsulfiden 46-0994.

Kombinierte Wrkg. v. Aceton u. Acetophenon in d. Luft auf d. --Empfind. 26-1776; --Schwellen v. Lösemitteln in d. Luft 26-2291; Theorie d. unterschiedl. --Eindrücke 37-1535.

Odorier. (Probleme) 6-2717; (v. gift. geruchlosem Brenngas) 30-2622*.

Identifizier. d. --Komponente v. nach Strecker abgebautem Prolin u. Ornithin 26-3390; Best. d. --Schwelle bei d. Luftverunreinig.-Kontrolle 30-2166; Beurteil. d. – v. W. 34-2226; Identifizier. d. Haupt--- Stoffe im Uferfiltrat d. Mittel- u. Niederrheins 48-2128.

Gesagard 10 s. unter $C_{10}H_{19}N_5S$.

Geschichte

Biographien (und Nachrufe) s. dort.
Siehe auch *Forschungsstätten.*

Überwind. vitalist. Denkweisen in d. Chemie d. *19.* Jahrhunderts 13-0025; Schreibweise chem. Formeln (geschichtl. Betracht.) 15-0004; geschichtl. Betracht. (mit eigenen Augen) 15-0005; geschichtl. Rückblick 19-0006; Chemie in d. Irischen Nationaluniversität (kurze geschichtl. Abhandl.) 19-0007; ein Vorläufer d. American chemical Society (Chandler u. d. Society of union college) 19-0008; Entw. d. heut. Chemie 25-0006; Macquer u. d. *1.* chem. Wörterbuch *1766* 29-0006; Chemie in d. *1.* Hälfte d. *19.* Jahrhunderts 29-0007; *30* Jahre Kinetik 33-0007; Cadets rauchende Fl. 37-0013; Einfl. v. Kant u. Schelling auf d. Chemie in Deutschland um d. Jahr *1800* 41-0006; v. Labor.-Seltsamk. zu wicht. Verb. 43-0012.

Gußeiserne Geschützkugel aus d. *17.* Jahrhundert 13-0027; zerstörungsfreie spektrochem. Analyse archäolog. Bronzefunde 18-1956; Beweis für frühe Pyrometallurgie im Bezirk Kerman, Iran 19-0862; Chemie d. antiken Keramik 23-0825; Bronze im Altertum 27-0019; Eisen bei d. Germanen nach Tacitus Germania (Kapitel *6*) 27-0020; Neutronenaktivier. v. Mn- u. Na-Spuren in Marmorwerkstücken d. antiken Griechenlands 29-2056; Anwend. d. Elektronenmikrosonde u. d. Röntgenanalyse zur Aufklär. d. Chemie d. antiken Keramik 34-0872; Fabrikat.-Technik v. Eisenwaffen bei d. Etruskern, Unters. einer Lanzenspitze aus d. *4.* Jahrhundert v. Chr. v. Montefiascone 39-0833; metallograph. Unters. an einem Beil aus d. Zeit d. Völkerwander. 41-0011; werkstoffkundl. Unters. an *2* fränk. Schwertern aus d. *9.* Jahrhundert 41-0012; Frühgeschichte d. Chemie im Dienste d. Archäologie 47-0012.

Unters. v. altägypt. Brot u. Bier 25-1892.

Physik und physikalische Chemie: – d. Unschärferelat. 9-0010; Hintergrund v. Daltons Atomtheorie 13-0023; Berthollet, Proust u. d. Proport. 13-0024; Entdeck. d. Edelgase u. Grundlage d. Theorie d. Atomstruktur 17-0031; Atomorbitale 17-0032; Entw. d. Balmer-Serien 17-0033; induzierte Redoxprozesse (– eines chem. Paradoxons) 17-0034; Entdeck. d. Radioaktivität v. Th 21-0006; Theoreme d. Quantenchemie 21-0007; – d. Elektrons 21-0008; Kristallographie als Forsch.-Werkzeug in d. Chemie (Vortrag) 23-0005; *50* Jahre Ultraschall in d. Physik 25-0007; die ersten *45* Jahre physikal. Chemie in Deutschland (Jahresbericht) 28-0002; Forsch.-Reise durch d. Gebiet d. Elektronenoptik (*2* Jahrzehnte Arbeit über Geometr. Elektronenoptik) 29-0010; physikal. organ. Chemie im Rückblick 31-0014; *2* Briefe v. Prof. Zygmunt Klemensiewicz bzgl. d. Glaselektrode 37-0015; – d. Daltonschen Gesetze 39-0008; kurze – d. Präfixe 41-0007; allg. Probleme d. geometr. Kristallographie 41-0008; Entw. d. Physik d. Elektrizität im *19.* Jahrhundert 41-0009; allg. Überblick über d. Koordinat.-Theorien 43-0010; Spaltultramikroskop nach Siedentopf u. Zsigmondy 43-0014; Leitfähigk.-Erschein. bei früheren Unters. am Se (technikgeschichtl. Studie aus Anlaß d. *150.* Geburtstages v. Werner Siemens) 45-0005; – d. Best. v. Dielektrizitätskonst. 45-0006; Werners Koordinat.-Theorie 49/50-0006; frühe – d. internationalen praktischen Temp.-Skala 49/50-0007.

Geologie, Mineralogie: Mineralogie u. Petrologie in d. geolog. Unters. Neuseelands v. *1865–1965* 11-0010; Begriff d. Arten u. d. Klassifikat. in d. Mineralogie u. d. Petrographie (histor. u. philosoph. Übersicht) 27-0018.

Anorganische Chemie: *4000* Jahre Schwefel 3-0009; wie alt ist Salzsäure? 9-0011; Enträtsel. d. Alchemie 15-0003; zur *100*jähr. – d. period. Syst. d. chem. Elemente 17-0030; ein poln. alchimist. Traktat aus d. XVI. Jahrhundert 17-0035; Verwirr. über d. Bezeichn. Pottasche 19-0009; Auffind. v. Y durch Gadolin 21-0005; zum *100.* Jahrestag d. Entdeck. d. H-Absorpt. v. Pd durch Thomas Graham 37-0014; Änder. d. Schwerpunkte in d. Chemie (Elektrolytlsg. *1887–1966*) 41-0010; Vorhersage d. Ekasiliziums u. d. Entdeck. d. Ge (zum *80.* Jahrestag d. an d. Bergakademie Freiberg gemachten Entdeck.) 43-0011; geschichtl. Bezieh. d. Metallurgie zu Alchemie u. Pharmazie 43-0015.

Organische Chemie, Biochemie: Wer schlug d. Dewar-Formel d. Benzols vor? 1-0009; Begründ. d. Stereochemie d. N 1-0010; heut. Bedeut. d. Benzol-Chemie 3-0010; geschichtl. Betracht. (Schilder. d. – d. opt. Aktivität in d. organ. Chemie) 7-0037, 7-0038; Benzen, Benzol oder Benzin 15-0006; histor. Skizzier. d. Elektronentheorien d. organ. Chemie 15-0007; – d. Nitrocellulose 21-0010; Ursprünge v. Wandl. d. physiolog. Denkweisen im *19.* Jahrhundert 39-0007; Ordn. oder Unordn. (geschichtl. Entw. d. Chemie d. Polymeren) 43-0013; histor. Unters. über d. Nomenklatur d. organ. Chemie (Entsteh. d. Genfer Nomenklatur *1892* u. d. Nomenklaturvorschläge v. Saint-Etienne *1897* u. d. Literatur) 43-0929.

Pharmakologie, Pharmazie: Einige Gedanken über d. Entw. d. Pharmakognosie 29-0008; pharmazeut. Eisenpräp. d. *16.* bis *19.* Jahrhunderts 29-0009; Faksimile-Druck d. Wiener Dioskurides 35-0012; geschichtl. Bezieh. d. Metallurgie zu Alchemie u. Pharmazie 43-0015.

Analyse: Histor. Hintergrund einiger Anwend. v. radioakt. Indikatoren in d. analyt. Chemie 7-0039; große Entdeck. in d. analyt. Chemie im Jahre *1866* 21-0009; – d. Tüpfelnachw. in Japan 23-0006; geschichtl. Übersicht über Analysenmeth. v. Mineralwässern 44-1876.

Geschichte der Technik

Beiträge über d. staatl. chem. Technologie im Königreich Italien (*1806–1808*) 9-0013; Bedeut. d. chem. Wissenschaft für d. chem. Industrie *1770–1870* 35-0011.

Anorganische Industrie: – d. Ammoniaksynth. 1-0007.

Keramik: Berliner Porzellan (Vorgeschichte u. Entw.) 41-0015.

Bergbau, Metallurgie, Metallverarbeitung: Bestandsaufnahme d. bronzenen Grapen d. *13.* bis *18.* Jahrhunderts u. d. ältesten mittelalterl. Gießermarken aus Norddeutschland 5-0014; Entw. u. Untergang d. Harzer Hüttenindustrie (dargestellt am Beispiel d. Hütte Mägdesprung *1646–1875*) 5-0015; engl. Bergbau während d. industriellen Revolut. 11-0011; Bergbautätigk. in Sardinien in einigen Dezennien d. *18.* u. *19.* Jahrhunderts 11-0012; Hauptprobleme d. – d. Bergbaus u. Hüttenwesens im mittelalterl. Polen 11-0013; Kleinasien, Ursprungsland d. Fe 11-0014; Entw. d. Fe-Preise im Mittelalter 11-0015; Entsteh. d. LD-Sauerstoffaufblas-Verf. 11-0016; Industrie d. Zn (– d. Lüttich-Verf.) 13-0026; fortschrittl. Tradit. d. poln. Gießereitechnik 15-0008; Galvanisier. in d. Wärme 15-0009; Probleme d. Genesis v. Produkt.-Instrumenten (dargestellt an Schwelöfen für Braunkohle) 15-0010; ursprüngl. Herst.-Meth. v. Stahl bei d. Slawen d. Mittelalters 21-0011; Beiträge zur – d. Weißblecherzeug. 25-0008; Beginn neuzeitlicher Metallkunde 27-0021; Stahlgew. in Rennfeuer. 41-0013; Siegerländer Aufwerfhammer am Beispiel d. im Jahr *1467* gegründeten Boschgotthardshütte 41-0014; geschichtl. Bezieh. d. Metallurgie zu Alchemie u. Pharmazie 43-0015; altertüml. Eisenhüttenwesen in Lysa Gora 43-0016.

Färberei, Farbstoffe: – d. Färberei 15-0011, 15-0012; Ursprung d. Indigofärberei (Pinselblau) 15-0013; (Vitriolküpe u. Zeugdruck) 37-0016.

Papier, Textilfasern: – : d. slowen. Textilindustrie (Textilarbeiten auf Fresken d. Mittelalters) 7-0040; d. künstl. Fasern 9-0014; alte japan. Papiermacherei 9-0015; v. alten Papiermacherpflanzen 9-0016.

Zuckerindustrie: Anfänge d. Rübenzuckerindustrie in Deutschland 9-0017.

Leder: Färben u. Gerben v. Leder im *16.* Jahrhundert 7-0041.

Bibliographie

Geschichte der Pharmazie B 1; Versuch einer allgemeinen Geschichte der Chemie B 17; Geschichte der Mikroskopie. Leben und Werk großer Forscher. Bd. *3*: Angewandte Naturwissenschaften und Technik B 33; Biographisch-literarisches Handwörterbuch zur Geschichte der exakten Wissenschaften. Bd. *1*: A–L. Bd. *2*: M–Z B 41; Von den gebrannten Wässern (= Veröffentlichungen der Internationalen Gesellschaft für Geschichte der Pharmazie N. F. Bd. *27*) B 41; Vierzig Jahre (Internationale) Gesellschaft für Geschichte der Pharmazie. Eine Übersicht über ihr Werden und ihre Arbeit B 65; Das Collegium pharmaceuticum Norimbergense und sein Einfluß auf das nürnbergische Medizinalwesen B 89; Die Veröffentlichungen der Internationalen Gesellschaft für Geschichte der Pharmazie *1953* bis *1965* B 89.

Thermodynamik, Geschichte und Entwicklung [russ.] B 65.

Wie die chemischen Formelzeichen entstanden [tschech.] B 81.

History of analytical chemistry B 17; Great moments in pharmacy; the stories and paintings in the series. A history of pharmacy in pictures B 25; The cautionary scientists: Priestley, Lavoisier, and the founding of modern chemistry B 33; The nature of matter; physical theory from Thales to Fermi B 33; The alchemists, fathers of practical chemistry B 33; Prelude to chemistry; an outline of alchemy, its literature and relationships B 41; Chemical study of some Indian archeological antiquities B 41; Atomism in England from Hariot to Newton B 57; A history of agricultural science in Great Britain, *1620–1954* B 57; The British iron and steel industry: a technical history B 65; Kekule centennial: a symposium at Atlantic City, *1965* B 67; The origins of chemistry B 73; Centennial; a symposium co-sponsored by the Division of Inorganic Chemistry and the Division of the History of Chemistry at New York, *1966* B 81.

Histoire brève de la chimie B 17; Oeuvres de Lavoisier; *6* vols. B 33.

La storia dell' atomo B 73.

Geschlechtshormone s. unter *Hormone*, *Sexualhormone*.

Geschlechtskrankheiten, antiluet. Wirksamk.: v. Cephaloridin 1-1733; v. 2-substituierten 5-Nitrothiophenen 22-1007.

Geschlechtsorgane s. unter *Organe*.

Geschmack

Aromastoffe s. dort.

Dulcin- u. Saccharin-– bei Seidenaffen, bei Ratten u. beim Menschen 2-1678; –-Empfind. u. d. Auftreten extrapyramidaler Symptome nach Phenothiazintranquilizern 22-1552; Abhängigk. d. relativen Süßigk. v. hydrophoben Bind. 28-1651; – gebratener Nahr.-Mittel 31-3005; extrem hohe –-Schärfe für Phenylthiocarbamid in menschl. Bevölker.-Gruppen 44-1606; Bitter-– in Milchkulturen v. Streptococcus cremoris 48-3222; „Grün-–"-Defekt in Säureweckern 48-3223; –-Rk. auf anomere Zucker 51/52-1307.

Verw. v. 5'-Nucleotiden als –-Korrigentien 27-3237*; Erziel. eines butterart. – v. Nahr.-Mitteln durch Phenylacetaldehyd 30-3128*; Verbesser. d. – durch p-Aminobenzoyldiäthylaminoäthanol 33-3171*; –-Beeinfluss. v. Citrusflavanonen durch d. in ihnen enthaltenen Disaccharide Neohesperidose bzw. Rutinose 35-1120; Wrkg. v. Cholinesteraseinhibitoren auf d. – 41-1607.

Beseitig. v. –-Stoffen aus d. W. 10-2267, 11-2269; direkte Gewinn. v. Fremd-–-Komponenten aus schaumgetrockneter Vollmilch 22-3155; Beseitig. v. –-Stoffen im Trinkwasser 51/52-2052.

Beurteil. d. – v. W. 34-2226.

Bibl.: Flavor chemistry (Symposium, Detroit *1965*) B 64.

Gesneridin s. unter $C_{15}H_{12}O_5$.

Gestagene s. unter *Hormone*, *Ovarialhormone*.

Gesteine

Spezielle – s. dort. *Geologie* (*einschl. Geochemie und Geophysik*) v. – s. dort.

Siehe auch *Erze*; *Mineralien*; *Salzgesteine*.

Hg-Porosimeter zur Unters. v. – 3-0680; effektive Diffus. in porösen – bei gleichzeit. chem. Rk. 3-0681; Berechn. d. elast. Konst. v. – aus d. Mineralzus. 5-0841; Auflsg. U-halt. – in wss. Lsg. 5-0913; Einfl. v. Sprüngen in – auf d. Poissonsche Verhältnis 7-0843; Gerät zur lumineszenzpetrograph. Unters. v. –-Dünnschnitten 8-1974; katalyt. Kristallisat. glasart. Phasen magmat. – 11-2202; Best. d. Festigk. v. – durch Einpressen v. Formkörpern 12-2295; Modellstudien zur Tränk. an wasserbenetzten Carbonat-– 14-2877; Scherapp. für Temp. v. *1000°* u. Drücke v. *50* Kilobar für – 15-1953; Festigk. einiger – bei hohen Temp. 20-2313; neue Erkenntnisse über d. Silikosegefahr bei Mineral- u. –-Stäuben 25-2128; Zählrohr-U-Tisch zur Orientier. kub. Krist. im –-Dünnschliff 26-2015; IR-Reflex.-Spektren v. Eruptiv-– im Bereich *1,5–22 μ* 31-0377; –-Analysen durch IR-Emiss.-Spektren (*8–25 μ*) 33-0809; Einfl. v. strukturell hervorgerufenen Druckgradienten auf d. Diffus. in – 36-0836; Theorie d. Löslichk. v. Phosphat-– 37-0814; Mess. d. spektralen Emiss. v. Infrarotstrahl. an – unter Verw. d. Interferometrie mit mehrfacher Abtast. 39-1919; Rolle d. chromatograph. u. elektrokinet. Erschein. bei d. Filtrat. v. Elektrolyten in – 41-0809; Transmiss.-Elektronenmikroskopie v. feinkörn. – 42-0740; Anwend. v. Plastik-Abzieh-Techniken bei d. Unters. v. Silicat-– 42-0741; Änder. d. elektr. Widerstandes v. wassergesätt. – unter Druck 44-0795.

Herst. v. mit bituminösem Bindemittel umhülltem –-Material für bituminöse Beläge auf Straßen 1-2441*; Bitumenmisch. mit verbesserter Klebkraft an – (Zusatz v. anion. u. kation. oberflächenakt. Mitteln) 3-2794*; bituminöses Bindemittel für saures – 12-2318*; Gewinn. monomineral. glaskrist. Materialien auf Pyroxenbasis aus grusin. – 16-2229; Beurteil. v. – für d. Straßenbau 18-2395; Polyester-Formmassen zum Verfestigen v. – 21-2472*; Verw. einfach gebrochener –-Körn. im bituminösen Straßenbau 22-2324; Ersatz v. Portlandzementklinkern durch Eruptiv-– oder Laterit bei d. Herst. eines hydraul. Bindemittels 22-2332*; rutschfeste u. ölbeständ. Belagmasse aus –-Material u. KW-Stoffen aus –-Splitt, Sand u. d. Dest.-Rückstand v. Rohstyrol sowie Cumaronharz 22-2340*; Verw. v. Polyesterlacken für – 24-3166*; Prüf. u. Beurteil. d. Festigk. v. –-Baustoffen für d. Straßenbau 26-2469; Anfärben v. – mit Überzügen aus Epoxyharzen u. Farbpigmenten (Verw.) 30-2932*; Sitalle mit Isolat.-Eig. auf d. Basis v. – 32-2295; Glasuren aus vulkan. – 36-2209; glanzbeständ. Anstriche aus Amino- u. Alkydharzen für – 40-2962*; Lsg. zum Härten v. – 49/50-2200*.

Laser-Mikrospektralanalysator zur Unters. v. – 2-1967; Silicat-–-Analyse auf d. Basis d. Ionenaustausches u. d. Komplexionenbldg. 3-2035; Aufschlußverf. zur Lsg.-Spektralanalyse v. Silicaten u. analogen oxid. Materialien 5-2107; (flammenphotometr. Best. v. Na u. K) 5-2108; Röntgenemiss.-Mikroanalyse v. –-bildenden Mineralen 11-0846; Programm in Fortran II für d. Umrechn. chem. –-Analysen 13-2021; Klassifizier. in einem tern. Diagramm durch Diskriminantenfunkt. (Verw. bei –-analyt. Proben) 16-0737; vollständige Analyse d. Hauptelemente v. Eruptiv-– durch weiche Röntgenstrahlspektrometrie 18-2017; Nichtproportionale, nichtlineare Ergebnisse d. Röntgenemiss.-Meth. mit schwach verdünnten –-Schmelzen 28-2004; Massenabsorpt.-Korrekturen bei d. Röntgenfluoreszenzanalyse natürlicher Eruptiv-– u. ihrer Metamorphosen 28-2005; Best. d. mineralog. Zus. d. – in Immers.-Fl. 29-2044; Papierchromatographie u. γ-spektrometr. Serienbest. v. Spurenelementen in – 31-1941; Neutronen-Aktivier.-Analyse v. Standard-– 33-0808; Prüf. d. Infrarotspektroskopie für d. quant. Analyse v. – 40-1884; Best. v. einigen weniger häufig vorkommenden Elementen in Standard-– 42-1876; Berechn. d. Basen u. d. Normen nach d. Meth. v. Niggli aus d. chem. Analysen d. – mit Hilfe einer elektron. Rechenmaschine 43-0741; γ-Spektrometrie v. – unter d. Beding. natürl. Lagerstätten 45-1874; schneller u. vollständ. Aufschluß v. – 45-1875; schnelle Trenn. d. Mineralien v. – 47-0731; Neutronenaktivier.-Analyse natürl. –-Format. durch Vielkanalspektrometrie 49/50-1795; γ-Aktivier.-Analyse v. –-Proben 49/50-1796.

Spektrochem. Best. v. Mo u. W in – 2-2024; Best. v. V in – 3-2015; maßanalyt. Schnellbest. v. SiO_2 in – 4-1922; chem.-spektralanalyt. Au-Best. in geolog. Proben 4-1925; Best. v. Nb u. Ta in – durch Neutronenaktivier. 6-1989; Neutronenaktivier.-Best. v. Pd in basalt. u. ultrabas. – 8-2023; Analysenschema für Silicat-– auf d. Grundlage d. Zers. mit HF 9-2104; Best. v. Ta in – durch Verteil.-Chromatographie u. Neutronenaktivier. 9-2108; Neutronen–Neutronen-Profilvermess. bei d. Best. v. B in natürlichen –-Aufschlüssen 10-2115; Photometr. Best. kleiner Nb- u. Ta-Mengen in – 10-2116; Meth. zur Schnellbest. v. Spurenmengen Se in – u. Böden 14-2037; manometr. Best. v. Carbonaten in – 15-2020; Best. v. Mg in Silicat-– mit Hilfe d. Atomabsorpt.-Spektroskopie 15-2022; modifizierte Best. d. Fe(II) in – 15-2025; Aktivier.-Meth. zur Best. v. K in – mit Hilfe eines magnet. β-Separators 17-2016; Best. d. Geh. an graphit. C in metamorphen – 19-2045; Best. v. Cr in Ggw. v. Mn in – 19-2046; gravimetr. Best. d. gesamten Seltenerdmetalle in – 21-2109; Feldmeth. zur Best. v. Ag in – unter Verw. v. Dithizon 21-2135; konduktometr. Endpunktsbest. bei d. Titrat. v. Fluorid u. Fluorokieselsäure in phosphathalt. – 26-2060; photometr. Best. v. Nb-Spuren in – durch Extrakt. mit Rhodanid 27-2012; Best. v. Pyrit in sedimentären – 29-2049; Verw. quant. mikroautoradiograph. Meth. unter Verw. d. fl. Kernemuls. A-*2* zur getrennten Best. v. Th u. U in – 33-0810; direkte Best. v. Cu u. Pb in d. in HCl lösl. Frakt. v. Carbonat-– 34-2090; direkte spektralphotometr. Best. v. Fe in d. in HCl lösl. Frakt. v. Carbonat-– 34-2091; Titrimetr. Best. v. Ca u. Mg in silicat. – 34-2093; flammenphotometr. Best. v. Rb u. Cs in Silicat-– 34-2094; jodometr. Best. v. anorgan. Sulfid-S in Sediment-– 35-2012; radiometr.-spektrophotometr. Best. v. Mikrogrammengen Nb in – 39-1921; Abtrenn. d. Sr v. Rb in – mit Hilfe anorgan. Ionenaustauscherkrist. 40-1864; Best.: v. Re in – durch Neutronenaktivier. 41-1956; v. Se in Standard-– mit Hilfe d. Neutronenaktivier.-Analyse 42-1874; Radioaktivier.-Meth. zur Best. d. Seltenerdmetalle in – 42-1877; Best.: v. Au in – durch Neutronenaktivier. 42-1878; v. Rb u. Sr in – durch Röntgenfluoreszenzspektrometrie 43-1812; Verw. eines Spektrographen für weiche Röntgenstrahlen u. eines Elektronensondenmikroanalysators bei d. Best. v. C bis Fe in – 44-1872; Geh. an Seltenerdmetallen in d. Standard-Eruptiv-– G-*1*, W-*1* u. G-B 44-1873; spektrometr. Best. v. F in – 45-1876; Best. v. Al in – 45-1877; zerstörungsfreie Best. d. As in – mit hohem Mn-Geh. durch d. Neutronenaktivier.-Analyse 46-1875; gravimetr. u. kolorimetr. Best. v. freiem SiO_2 in – 49/50-1797; spektrochem. Best. geringer Konz. an Rb u. Cs in – 51/52-1880.

Bibl.: Beiträge zur Mineralogie und Petrologie. Bd. *12*. Nr. *1* B 4; Petrographie (Gesteinskunde) B 90; Technische Gesteinskunde B 90.

Kristallographie und optische Mineralogie von Gesteinen [russ.] B 90; Mineral formation and structure in the electrochemical induration of weak rocks B 43; Chemical analyses of igneous rocks, metamorphic rocks and minerals, *1931–1954* B 61; Krystalinikum. Contributions to the geology and petrology of crystalline complexes B 66; Carbonate rocks: physical and chemical aspects. Part B B 66;

Contribution à l'étude de la localisation et de la distribution des éléments en traces dans les minéraux et les roches granitiques B 4.

Getchellit, — ($AsSbS_3$) v. Humboldt County, Nevada 19-0840.

Getränke

Bier; *Milch*; *Spirituosen*; ***Wein*** s. dort.

Herst.: v. kaltwasserlösl. Fumar- u. Adipinsäurepräp. für — (Zusatz v. oberflächenakt. Mitteln) 2-3260*; v. Nährgetränk aus vergorener Zuckerrübenmelasse 3-3253*; Überziehen v. Blechen für —-Dosen mit Vinylcopolymeren 4-2994*; Herst. v. Brausepulver (Zusatz v. Polyvinylpyrrolidon) 5-3336*; Stabilisier. v. mit Vitamin C angereichertem pulverisiertem Limonadenpulver durch geeignete Verpack. 7-3429; Pasteurisieren v. — in einem Wärmeaustauscher 7-3446*; Herst. v. unlösl. Polyamidharzen zur Verhüt. v. Trubbldg. in vergorenen — 8-3355*; Milchsäurebakterien zur —-Produkt. 11-1363; Herst.: v. alkohol., malzhalt. — 15-3263*; einer Würze aus 5'Mononucleotiden für — 15-3267*; Pimaricin als Fungistatikum für Fruchtsoda-— 16-3226; Beleb.-Graben für Abwässer d. —-Industrie 18-2231; Zus. u. Qualität CO_2-halt. — 18-3402; Stabilisier. v. Kakao-— durch ϰ-Carragheen 20-3370*; Herst.: v. kaltwasserlösl. Fumarsäurepräp. für — 21-3385*; v. Säurepräp. für Kalt-— 22-3195*; v. Farbstoffen für Cola-— 24-3332; Kunststoffe in d. —-Industrie 24-3379; Zus. u. Reinig. v. Abwässern d. Obst-—-Industrie 26-2282; Herst. v. schaumerzeugenden Mitteln für — (Brausepulver) 28-3305*; Ursache für Milchgerinn. im Kakaotrunk 30-3110; Herst. v. nicht hygroskop. Brausetabletten (Verw. v. SiO_2 oder Ca-Silicat) 30-3134*; Geschmacksverbesser. u. Verhüt. d. Lichtgeschmacks v. vergorenen Malz-— 30-3137*; Einfl. v. K-Sorbat, Temp. u. pH auf d. Haltbark. v. Erfrisch.-— auf Himbeersirupbasis 32-3212; Gewinn. v. p-Hydroxybenzoesäureestern als Konservier.-Mittel für — 32-3231*; Erzeug. einer kontinuierl., schnellen Gär. u. Reif. zuckerhalt. Fl. bei d. Produkt. alkoholhalt., gasender Gär.-— 32-3235*; Herst. v. Hopfenextrakt für d. Bereit. gehopfter — 33-3169*; Pyrokohlensäurediäthylester-Rk. mit —-Bestandteilen 36-3026; in kaltem W. lösl. Säurepräp. für — 37-2868*; Polymereinbrennlacke für —-Behälter 38-2952*; radiomimet. — 39-1567; unter. Verw. v. Malz hergestellte — 43-1916; Mischpolymerisatüberzug zur Herst. v. Metallbehältern für — 44-2396*; Klären v. — mittels Tierblutalbumin 46-3161*; Entfernen v. Tanninen aus Gemüsesäften für — 48-3278*; Milchsäurebakterien in d. —-Industrie 49/50-1296.

Best. d. Mg-Geh. im Viroma-Sirup 9-2191; Best.-Meth. für — aus Malz u. Brauereiprod. 14-2120; Nachw. bzw. Best. in —: v. β-Carotin u. fremden Carotinoiden 16-1983; v. Netzmitteln (in Brauselimonaden) 30-2074; v. Pyrokohlensäurediäthylester u. Diäthylcarbonat (in alkoholfreien —) 32-2098; v. A. (Mess. d. geschwächten Totalreflex. im Infrarotbereich) 33-2130; v. Saccharin (in Limonaden) 37-1959; d. Cyclamats (in alkoholfreien —) 39-1986, 39-1978, 41-2008.

Bibl.: Sulfur dioxide: applications in foods, beverages and pharmaceuticals B 15.

Getreide (Cerealien)

Spezielle —-Sorten s. unter d. betreffenden Stichwörtern.

Chem. Unters. v. —-Arten aus Nigeria 22-3164; Ursachen u. Auswrkg. d. Selbsterhitz. d. — 40-3167; Unters. über Cerealien 43-1266.

Anbau. Ca-Bedarf d. — 4-1426; Einfl. d. gleichzeit. Zufuhr v. Stalldung u. Mineraldüngern auf d. Ernteertrag bei — 5-3188; Dynamik d. Nährstoffkomponenten im Boden beim Anbau v. — 14-3218; Einfl. v. Trifolium subterreaneum-Weiden auf d. Bodenfruchtbark. für — 17-2954; Nährstoffentzug, -Verwert. u. -Verhältnis bei — (Einfl. d. Düng.) 18-3280; halmverkürzende Wrkg. u. Nachwrkg. quart. NH_4-Verb. 19-3215; Nachwrkg. d. N-Düng. bei — auf Tschernosem-braunem Waldboden 23-3062; Mehrerträge v. — durch Düng. mit gesteigerten Gaben an Phosphorsäure u. K 24-3220; Wrkg. hoher Mineraldüngerabgaben in leichten Podsolböden auf d. Ertrag v. — 26-3265; Vgl. v. Stalldung, Abwasserschlamm u. a. organ. Düngern in d. Wrkg. auf d. Ertrag an — 26-3274; Verwert. d. P aus Phosphoritmehl durch — 28-3130; Feldvers. an — mit steigenden Phosphatgaben u. unterschiedl. Streuzeit 32-3071; Düng. mit N, P_2O_5 u. K_2O + Stallmist zu — 36-2887; Ausnutz. v. Dünger-N durch — 37-2789; N-Düng. v. — auf Ton–Kalk-Böden d. Limagne u. Gebirgsgranitböden d. Auvergne 47-2784; Ansprechen v. —-Sorten auf NPK-Düng. 48-3070; Einfl.: eines ununterbrochenen —-Baues auf D., Aktivität u. Zus. d. Bakterienflora d. Bodens 49/50-2793; v. Spurenelementen auf Entw. u. Ertrag v. — 51/52-3019.

Wrkg. v. Mediben auf — 2-1513; Anwend. v. DDT auf — im Frühjahr gegen Eurygaster integriceps, Hadena basilinea 3-3151; Herbizide für — (N-Propionyl- oder N-Isobutyryl-2-aminobenzthiazol) 4-3033*; (N-Methyl-N-[methyliminomethylen]-harnstoffe) 9-3307*; (2.4-Dioxotetrahydrochinazoline) 9-3308*; Bekämpf. d. Halmbruchkrankh. d. — 11-3308; selektive Unkrautbekämpf. in — 12-3138*; Test. v. Bodeninsektiziden gegen Drahtwürmer auf —-Feldern 18-3293; halmverkürzende Wrkg. u. Nachwrkg. v. quart. NH_4-Verb. bei — 19-3215; Erhöh. d. Standfestigk. v. — 19-3216; Unkrautbekämpf. in —-Feldern mit Phytohormonen in Kombinat. mit Nitrophenolen 27-3158*; biochem. Aspekte v. Triazinherbiziden bei — 36-1452; DDT-Rückstände in — 43-2792; Bekämpf. v. —-Rost 46-2990; Toxizität v. Insektiziden gegen d. —-Blattkäfer 46-2997.

Physiologie. Einfl. v. Chemikalien auf Blütensproßansatz bei Cerealien 1-1445; enzymat. Hydrolyse v. Nucleinsäuren durch wss. Extrakte v. Wurzeln v. — 1-2765*; Wrkg. v. 4-Chlor-2-methylphenoxyessigsäure auf d. Wachstum v. bestrahltem — 3-1431; anoxysynthet. Aktivität v. —-Samen 29-1389; Trenn. u. Identifizier. d. Primärprod. d. ^{32}P-Inkorporat. in gesunde u. durch Erysiphe graminis infizierte —-Blätter 39-1360; morpholog. Veränder. bei — nach Behandl. mit Chlorcholinchlorid 41-1429; Biochemie d. Frostresistenz d. Winter-— (Peroxydaseaktivitäten) 47-1321.

Zusammensetzung, Eigenschaften. ^{54}Mn, ^{137}Cs u. ^{144}Ce in — 1-3352; enzymat. Abbau v. Cerealienproteinen 5-3267; Unters. v. —-Lipiden 6-3224; Sulfhydryl-Gruppen u. Disulfid-Bind. in Proteinen d. erwärmten — 7-3422; ^{210}Po-Analysen v. — 12-1650; Lokalisier. lösl. Glucide in d. Blättern v. — (mikroautoradiograph. Best.) 28-1465; cancerogene KW-Stoffe in — 29-1188; Aminosäurezus. v. Cerealienproteinfrakt. 31-1125; Einfl. d. Erzeug.-, Ernte- u. Lager.-Beding. auf d. biochem. Zus. v. — 38-3179 bis 39-3185; Isolier. u. Charakterisier. v. —-Gummis 39-1123; ^{90}Sr-Geh. in finn. u. importiertem — (*1963* bis *1964*) 44-1620; Glycerin–Ester-Hydrolase aus —-Keimlingen 44-1326; Stärke v. Cerealien 45-1325; chem. Zus. d. —-Lipide 46-3119; Veränder. d. Ascorbinsäuregeh. v. — beim Keimen (Einfl. v. β- u. γ-Strahlen) 46-3120; polycycl. KW-Stoffgeh. in Brot-— 47-2837; Zus. u. Futterwert v. Auswuchs-— 49/50-2857; Aminosäuren d. —-Schlempe 51/52-1215; Zus. v. —-Prod. aus Libanon 51/52-3133.

Adsorpt. v. Methanol, Cyclohexan u. Bzl. an carbonisierten —-Ähren 2-2168; Sorpt. v. Äthylendibromid, Äthylendichlorid u. CCl_4 durch —-Prod. 28-3156; Vgl. d. Eiweißnährwertes v. —-Prod. 40-3168.

Behandlung, Verwendung. Anwend. v. Phostoxin zur Begas. v. gelagerten —-Körnern 7-3319, 7-3320; Verw. v. Methallylchlorid zur Zerstör. v. Speicherschädlingen d. — 30-2994; Hitzeschäden beim Trocknen v. — (Übersicht) 33-3149; kurzzeit. luftdichte Lager. v. —-Körnern mit hohem Feuchtigk.-Geh. 42-3091; Stabilität v. —-Prod. zugesetztem Pyridoxin 46-3126; Bekämpf. d. Speicher-Kornschädlinge 51/52-3049.

Verw.: v. Kleie zur mikrobiellen Gewinn. v. Vitamin B_{12} 7-3386; v. —-Milch als Rohstoff für d. Kosmetik 19-2948; v. — zur enzymat. Herst. v. Glucosesirup 43-2804.

Analytisches. Geräte für d. Solventextrakt. v. Pestizid-Resten aus — 2-1923; Best. v. 3.4-Benzpyren in Brot-— 5-2179; chromatograph. Best. v. Imidoxon u. Imidan in — 9-2190; Dimethylsulfoxid als Lsgm. für Amino-N-Best. an —-Proteinen 10-2183; Prüf. d. Eiweißgeh. v. — 15-2126; Verw. d. Biuretrk. für —-Analysen 20-2014; Nachw. d. Insektenbefalls v. — durch Best. d. Harnsäuregeh. 21-3365; γ-spektrometr. Best. v. Fallout-Radionucliden in — 22-2018; Fallzahl nach Hagberg zur Best. d. Auswuchsgrades bei — 27-2125; radiochem. Best. v. ^{210}Pb in — 31-1979; biolog. Meth. zur Best. v. Fungiziden auf Saat-— 32-2090.

Bibliographie. Das Getreide. I. Teil: Das Getreide und seine Verarbeitung B 15; Biochemie der Kornprodukte und Technologie der Lagerung. Teil II B 15; Arbeitsgemeinschaft Getreideforschung. Bericht der Getreidechemiker-Tagung *1966* in Detmold B 88; Ergebnisse und Probleme der Getreideforschung B 96; Arbeitsgemeinschaft Getreideforschung. Tagung für Bäckerei-Technologie. *1966* B 96.

Methods of test for agricultural grain driers B 15; Advances in corn produktion: principles and practices B 64.

Getter s. unter *Vakuumtechnik*.

Gewebe s. unter *Textilstoffe*.

Gewerbeerkrankungen und Gewerbehygiene

Berufsdermatosen s. unter ***Haut***; berufsbedingte Tumoren s. unter *Tumoren*; Strahlenschäden s. unter *Photobiologie und Strahlenbiologie*; *Strahlenschutz*; *Unfallverhütung* s. dort; s. auch *Toxikologie* (*Spezieller Teil*).

Gewerbl. Vergift. durch „Eulan" 6-1676; Bezieh. zwischen CS_2-Raumluftkonz. u. CS_2-Ausscheid. im Harn bei CS_2-gefährdeten Arbeitern 6-1677; arbeitshygien. u. gutachterl. Bedeut. v. Erkrank. durch Schädlingsbekämpf.-Mittel 10-3243; berufl. Exposit. gegenüber organ. Phosphorinsektiziden u. geist. Frische 18-1653; Exposit. gegenüber Guthion bei d. Verarbeit. 18-1717; zulässige Höchstgeh. d. Luft an As u. seinen Verb. (Vergift.-Erschein.) 21-2291; maximale Arbeitsplatzkonz. an Be u. seinen Verb. (Vergift.-Erschein.) 21-2292; Begründ. d. maximalen Grenzkonz. tox. Stoffe in d. Luft v. Industrieanlagen durch Vgl. d. Arbeitsbeding. u. d. Gesundh.-Zustandes d. Arbeiter 22-1654; Arbeitsbeding. u. Gesundh.-Zustand d. Arbeiter in Metaphos herstellenden Betrieben 25-1569; kombinierte Wrkg. v. Aceton u. Acetophenon in d. Luft einer Fabrik zur Herst. v. Phenol 26-1776; Polyneuritis nach berufl. Kontakt mit DDT 26-1779; Hg-Vergift. bei Beschäftigten in stomatolog. Polikliniken 27-1760; Schutzwrkg. v. Apfelpektin gegenüber Vergift. durch Pb-Aerosol bei Arbeitern 27-1761; CS_2 in d. ausgeatmeten Luft exponierter Arbeiter 27-1762; chron. Frühintoxikat. durch organ. Lsgm. bei Metallanstreichern 27-1763; gewerbl. Vergift. durch Mevinphos 27-1764; Gefährd.-Grad unter Einw. v. mehrkern. aromat. KW-Stoffen beim Fabrikat.-Prozeß v. Ruß 28-2191; Kontrolle v. U im Harn zur Verhüt. d. gewerbl. Vergift. (statist. Beitrag) 29-1618; kombinierte Wrkg. v. Methyläthylthiophos, Metaphos u. Zwischenprod. ihrer Herst. bei Arbeitern 29-1732; Leberfunkt. bei Trichloräthylen exponierten Arbeitern 31-1683; Einfl. v. CS_2 auf d. Gesundh. v. Arbeitern in einer serb. Fabrik 31-1684; schädl. Wrkg. v. Epoxidharzen 31-1685; Wrkg. langdauernder gewerbl. Exposit. mit tox. Substanzen auf d. Serumenzyme 31-1686; Proteinurie bei chron. Cd-Vergift. v. Arbeitern d. Cd-Industrie 31-1687, 31-1688; gewerbl. Gefahren v. Rizinussamenkonzentrat 38-1653; Veränder. d. Cu-Konz. im Blut v. Bergleuten 38-1727; Herst. v. Furfurolharzen u. hygien. Maßnahmen 39-1658; Begründ. d. höchstzuläss. Methylnitrophoskonz. in d. Luft v. Arbeitsräumen 39-1659; Unters. v. unter Einw. v. Hartmetallstaub stehenden Arbeitern 41-1677; höchstzuläss. Konz.: v. Tetrachloräthylen in d. Luft v. Fabrikräumen 42-1646; v. p-Chlorphenylisocyanat in d. Luft v. Fabrikräumen 42-1647; biolog. Wrkg. v. Epichlorhydrin u. ihre hygien. Bedeut. als Faktor d. Verunreinig. d. Luft 42-1648; mögl. schädl. Wrkg. v. *2.4*-D bei landwirtschaftl. Arbeiten 42-1649; Zustand d. Augen d. bei d. Fabrikat. v. synthet. Fettsäuren u. Alkoholen beschäftigten Arbeiter u. hygien. Norm. d. Alkoholgeh. in d. Luft 43-1607; Spektren d. paramagnet. Elektronenresonanz d. Blutes v. Arbeitern nach Einw. v. Phenoldämpfen 43-1608; Gesundh.-Zustand d. Arbeiter: einer Trichloräthylenfabrik 43-1609; u. Arbeitshygiene in d. Monuronfabrik 43-1610; F-Geh. in d. Arbeitsräumen d. elektrolyt. Al-Gewinn. 48-2191.

Arbeits- u. Feuerschutz in d. Glasindustrie 10-2394; hygien. Bewert. einiger synthet. Baumaterialien 11-2453; therm. Entmerkurier. v. Arbeitsräumen 23-2089; arbeitshygien. Fragen bei d. Produkt. v. Trichloräthylen 23-2522; Staubbekämpf. in Asbestanreicher.-Fabriken 30-2167; hygien. Einschätz. erdölchem. Werke 36-2121.

Feuchtkugelthermometer zur Best. d. Arbeitsplatzklimas 2-2152; Kontrolle d. Luft in den Arbeitsräumen v. Schuhfabriken 18-2082.

Bibl.: Arbeitshygiene in der chemischen Industrie B 68; Beryllium: its industrial hygiene aspects B 21; Thorium: its industrial hygiene aspects B 60.

Silikose bei Inhalier. v. Rn 5-1790; Pathogenität d. Grubenstaubes gemischter Zus. (Pneumokoniose u. sideroseähnl. Schädig.) 11-1796; Silikose in Zementfabriken 15-2329; neue Erkenntnisse über d. Silikosegefahr bei Mineral- u. Gesteinstäuben 25-2128;

Asbestose (experimentelle Unters.) 31-1682; Silikosegefahren bei verschiedenen Herst.-Stufen d. Feuerfestmaterialien 38-2297; Kohlenhydratgeh. d. Mucoproteins silikot. Seren 1-1670; Stoffwechsel d. Ascorbinsäure in Patienten mit Silikose 3-1577; SiO_2-Geh. im Harn d. Arbeiter d. Kohlengruben v. Korapanda 22-1660; Best. d. Schädlichk. v. verschiedenem Staub am Trachealtest bei d. Ratte u. d. Schutzwrkg. gegen Quarz (Luftstaub aus Kohlenbergwerken) 32-1695.

Gewürze

Spezielle – s. unter *Pflanzen, spezielle Pflanzen.* Stabilisier. 31-3067*; Physiologie 30-1501, 30-1502; Analyse d. Oleoresine d. – (Übersicht) 43-1920.

Ghee s. unter *Butter.*

Gibberellensäure s. unter $C_{19}H_{22}O_6$.

Gibberellin A, Vork. in neuen Schossen v. Larix leptolepis 27-1433.

Gibberellin A_1 s. unter $C_{19}H_{24}O_6$.

Gibberellin A_3 s. unter $C_{19}H_{22}O_6$.

Gibberellin A_4 s. unter $C_{19}H_{24}O_5$.

Gibberellin A_5 s. unter $C_{19}H_{22}O_5$.

Gibberellin A_7 s. unter $C_{19}H_{22}O_5$.

Gibberellin A_8 s. unter $C_{19}H_{24}O_7$.

Gibberellin A_9 s. unter $C_{19}H_{24}O_4$.

Gibberellin A_{12} s. unter $C_{20}H_{28}O_4$.

Gibberellin C s. unter $C_{19}H_{24}O_6$.

Gibberelline, tabellar. Übersicht 11-1459; über – 20-1442; Bibliographie d. – -Unters. an Kulturpflanzen 26-1450.

Wrkg. d. Samenbehandl. auf d. Geh. in Buschbohnen 7-1544; – -Charakter endogener Wachstumsfaktoren bei Wedgwood-Iriszwiebeln 13-1559; Wrkg. v. schwachem Rotlicht u. Chlorcholinchlorid auf d. Geh. normaler Erbsensämlinge u. d. Ursache d. unterschiedl. Empfindlichk. v. Zwerg- u. Normalerbsensämlingen gegen ihr eigenes – 13-1574.

– v. Nicotiana tabacum 14-1530; Dynamik d. natürl. – v. kernlosen u. kernhalt. Weintraubensorten unter d. Einfl. d. Gibberellsäure 15-1434; Wechselbezieh. zwischen – -Konz., Antheridienbldg. u. physiolog. Alter d. Prothalliumzellen in Anemia phyllitidis 19-1455; – in Gametophyten v. Anemia phyllitidis 25-1417; Veränder. d. Geh. v. Salatsamen nach Belicht. 26-1442; Einfl. v. Kinetin auf d. Geh. endogener – in d. Wurzeln dekapitierter Erbsenkeimlinge 26-1446; – -ähnl. Substanzen: aus d. sich entwickelnden Bananenfrucht 26-1449; in neuen Schossen v. Larix leptolepis 27-1433; Inhibitoren d. – -induzierten Wachstums während d. Keim. u. d. frühen Wachstums d. Lärche 27-1434; Änder. in d. endogenen – in sich entwickelnden Bohnensamen 29-1421, 29-1422; Veränder.: im Geh. während d. Samenreifens bei Gräsern 31-1386; d. nativen – -art. Stoffe in mit Rindite stimulierten neuen Kartoffelknollen 31-1387; Geh. bei Pflanzen in Abhängigk. v. d. Belicht. 33-1482; – d. Zuckerrohres 39-1375; Bezieh. v. Samenbldg. u. Ringeln zur Aktivität v. – -ähnl. Verb. in d. Beeren v. Vitis vinifera 42-1331; Vork. einer Substanz v. – -Typ in d. unreifen Sorghofrucht 48-1344.

Synth. v. mit – verwandten Substanzen im „Bakanae"-Pilz 5-1461, 5-1462; Vgl. d. Wrkg. einiger Amo-*1618*-Analoge auf d. – -Produkt. v. Fusarium moniliforme u. Wachstum höherer Pflanzen 5-1464; Einfl.: v. Zn auf d. Biosynth. in Gerstenpflanzen 19-1453; v. γ-Strahl. u. Zn auf d. Biosynth. u. Restitut. v. – in Gerstenpflanzen 19-1454; Biosynth. auf Fett enthaltenden Medien 26-1443; Synth. v. – -verwandten Substanzen bei „Bakanae"-Fungus 26-1448; Abhängigk. d. – -Produkt. v. Normalerbsen v. Phytochromsyst. 27-1432; genet. Kontrolle d. – -Produkt. in Giberella fujikuroi 36-1159; Umwandl. v. Steviol in eine – -ähnl. Verb. durch Fusarium moniliforme 40-1384; bakterielle Synth. u. Wrkg. auf d. Pflanzenstoffwechsel 42-1333; Synth. v. mit – verwandten Substanzen 42-0980; Gewinn. v. krist. – aus wss. Lsg. 46-2984*; Dünnschichtelektrophorese v. – 38-1983.

Dynamik d. natürl. – bei verschiedenen photoperiod. Zyklen 21-1512; 2-Chlor-9-fluorenol-9-carbonsäure als – -Antagonist 2-1507; Einfl. auf d. Lebenstätigk. v. Saccharomyces cerevisiae 31-3038; Transport in Bohnensämlingen 5-1460; Hemm. d. durch – induzierten Verlänger. d. Reis-Blattscheide durch Auxin 2-1506; Einfl. v. – -Lsg. auf Wachstum, Entw. u. Ertrag d. Weinsorte Rosen-Korinthe 5-3309; Beeinfluss. d. Ruheperiode bei Rhabarber durch Kühlen u. – 7-1549; Rk. v. Delaware-Wein auf – 7-1551; Wrkg.: auf d. Keim. v. Tomatensamen 9-1504; auf d. Mobilisier. d. Reservennährstoffe u. deren Korrelat. zum Längenwachstum 10-1638; physiolog. Wrkg. v. Helminthosphorol in Vgl. mit – u. Auxin 13-1572; Wrkg. auf Atmung u. Katalaseaktivität in verschiedenen Organen v. Gurkensämlingen 21-1513; synergist. Wrkg. v. Sclerin u. – auf Pflanzenkeimlinge 23-1335; Regulier. d. Protein- u. Nucleinsäuresynth. durch – während d. Blattalter. 24-1498; Einfl.: auf d. Bldg. v. Kronenwurzeln 26-3261; auf d. Conchocelis-Wachstum d. eßbaren Seetangs Porphyra tenera 27-1429; auf Wachstum, Indolylessigsäuregeh. u. Aktivität d. Indolylessigsäureoxydase bei Reissämlingen 33-1487; Synth. u. Zerstör. d. Chlorophylls in d. Pflanze unter d. Einfl. v. – 33-1488; Wachstum v. Fragaria vesca-Fruchtböden in vitro in Bezieh. zur – -Hemm. bei unfruchtbaren Blütenständen 34-1462; Wrkg. auf d. Knospenentw. u. Frosthärte d. Pfirsichs 35-1446; blühstimulierende Wrkg. bei Winterweizen u. Wintergerste 35-1447; Einfl.: auf d. Entw. u. Atmung d. Blütenknospen v. Azaleen, Sorte Red Wing 37-1369; auf d. Zellwandontogenese bei Pflanzen 42-1315; Schutz vor „water spot" bei Navel-Orangen durch – 47-1359; Einfl. auf Lebens- u. Vermehr.-Fähigk. tier. Tumorzellen in vitro 42-1185.

Trenn. u. Nachw. (säulenchromatograph.) 26-2139; Beding. d. Best. unter Verw. v. Reiskeimlingen 13-1576; empfindl. biolog. Nachw. 20-1443.

Giberellin „Nicotiana γ", Vork. in Nicotiana tabacum 14-1530.

Gibberellinsäure s. unter $C_{19}H_{22}O_6$.

Gibberellsäure s. unter $C_{19}H_{22}O_6$.

Gibberellsäure GA_3 s. unter $C_{19}H_{22}O_6$.

Gibberinsäure s. unter $C_{18}H_{20}O_3$.

Gibbsit s. unter *Aluminiumhydroxide:* $Al(OH)_3$,

Gibrel s. unter $C_{19}H_{22}O_6$.

Gibrescol, Verw. zur Beschleunig. d. Blüte v. Heilpflanzensorten 22-3047; Einfl. auf d. Bldg. männl. Blüten bei d. Gurkensorte MSU *713-5* 47-1364.

Gicht s. unter *Rheumatismus* (*und ähnliche Erkrankungen*).

Giessenit, – im Dolomit d. Binnatales 7-0874.

Gießerei

Gießen v. Guß-Fe u. Stahl s. unter *Eisen*; Gießen v. *Plasten* s. dort.

Allgemeines
Gießpraxis

Gleitguß (Einfl. v. Koagulantien auf d. Gießeig. v. alkal. Gießschlicker) 2-2334; Bemerk. zur Technik d. Schmuckgusses 2-2389; Anwend.: v. Vakuum beim Druckgießverf. 4-2273; v. Ultraschall in d. – 9-2506; D. u. Gassättig. v. Druckguß 10-2467; – -Technik (Überblick) 12-2335; Anwend. elektron. Rechenanlagen in d. – -Technik 13-2489; ggw. Entw. d. Investment-Gießverf. (Überblick) 13-2495; Jahresübersicht Anschnitt- u. Speisertechnik 15-2368; druckgegossene Gußstücke als Ersatz für Stanzteile 16-2322; Entw. u. Aussichten d. Stranggießverf. 17-2344; Druckguß (Schmelzen, Gießen, Technologie, Jahresübersicht) 18-2437; Feststell. d. Schlickerguß-Kinetik durch Gammastrahlen-Absorpt. (Fortschrittsbericht) 20-2287; Fördermittel (Jahresübersicht) 20-2363; Verw. eines Fl.-Analogons zur Lös. therm. Probleme in d. – 20-2364; Stand u. Entw. in d. Gießpraxis (exotherm. Stoffe) 20-2365; – -Überwach.-Einricht. 20-2366; Grundsätze d. Blockherst. mit gelenkter Bldg. d. Eutektika (Überblick) 23-2286; Entw.: im Schmelzen u. Gießen v. NE-Metallen (Überblick) 24-2373; im Druckguß 24-2374; Feingießverf. (Übersicht) 26-2482; Vorteile u. Anwend. v. steigendem Guß bei Lukens Steel Co. 26-2489; Pfannenführ. (Überblick) 26-2492; Entw. feuerfester bas. Baustoffe für d. – 27-2390; Anschnittsyst. v. Spritzguß (Wärmefluß) 28-2377; Unters. d. Aufbaus v. Gußstücken mittels Stearin–Paraffin-Gemischen 32-2335; Schleudergießen v. Nicht-Fe-Leg. 35-2241; Niederdruck-Kokillenguß u. Warmhalteöfen 40-2283; Stranggießen bei Appleby-Frodingham 46-2264; Emulgier. in schichtbildenden metall. Schmelzen für d. Fein. v. Leg.-Strukturen mittels Niederfrequenz u. Ultraschall 46-2301.

Herst. v. Metallgegenständen mit inneren Längskanälen im Strangguß 2-2511*; Gießen gleichmäß. Leg. mittels Abschmelzelektrode 2-2520*; Verbesser. d. Qualität v. Stranggußknüppel 10-2525; Ziehen v. Profilen aus einer Schmelze 10-2526; Verw. d. Harnstoffkerne beim Gießen kompliziert geformter Hohlräume 11-2492; Zustell. v. Stopfenpfannen mit chem. härtendem Gemisch 13-2483; Anlage: zum Stranggießen kleiner Querschnitte 13-2498; zum automat. Schmelzen u. Gießen unter Schutzgas 15-2365; automat. Gießen unter Inertgas zur Herst. v. Gußstücken mit Höchstqualität 15-2366; Herst. v. Barren gleichachs. Kristallisat. mittels Elektronenstrahlen 15-2531*; Verringer. d. Metallverluste bei Leg.-Zusätzen in d. Pfanne 16-2354; Schmelzen u. Gießen höchstschmelzender, stark reakt. Stoffe im Vakuum oder Schutzgas 18-2579*; Verw. v. Kugelspeiser aus Schaumpolystyrol 19-2403; Vollformgieß-Verf. für Maschinenteile unter Verw. v. vergasbaren Schaumstoffmodellen 19-2405; Hochvakuumguß unter Aufheizen mit Elektronenbeschuß 21-2645*; Herst. gegossener Verschleißteile aus Hartleg. mit Dendritenbldg. 22-2487*; Vakuumfließvers. mit Gießspiralen für d. Gießen dünnwand. Teile 26-2484; Vakuumentgas. während d. Gießens durch zusätzl. Pumpensatz 26-2625*; Schlicker für d. Metallschlickerguß 29-2476*; Verf. zur Herst. v. Hohlsträngen mit Strangschale als kommunizierendes Gefäß 34-2514; Gießen im Vakuum-Lichtbogenofen mit geringer Schmelzbadtiefe mittels Magnetfeld 37-2194*; Vergießen hochschmelzender Metalle unter Verw. v. Vermiculit 38-2502*; Stranggießen v. Rohren in gekühlte Kokillen 38-2503*; kontinuierl. Stranggießen v. Metallen mit anschließendem Verform.-Walzen 44-2366*.

Einfl. d. Gießtemp. auf d. Erstarr. v. Rund- u. Quadratquerschnitten 1-2461; Verlauf d. Blockerstarr. beim Vakuum-Lichtbogenschmelzen 6-2347; Luftspaltbldg. u. Einfl. d. Putzens v. Metallformen auf d. Erstarrungszeit 8-2348; Anwend. v. elektr. Analogiegerät zur Best. d. Erstarr.-Vorganges in d. Gießform 9-2513; Auswrkg. d. Sekundärkühl. auf d. Wandstärkenwachstum beim Stranggießen 13-2497; Einfl. v. Schlichte u. Gasspalt. auf d. Wärmeaustausch zwischen Gußstück u. Metallform 14-2478; Best. d. Größe v. Aufgüssen bei Erstarr. d. Syst. Abguß–Aufguß 16-2321; Theorie u. Anwend. eines Digitalcomputers bei d. Vorausbest. v. Erstarr.-Modellen 26-2490; Vibrat. einer Metallschmelze bei d. Erstarr. (Gefügeausbldg.) 29-2394; Randkühl. eines Blockkopfes 30-2434*; beschleunigte, kontrollierte Erstarr. v. Metall durch Einbringen fester Phase in d. Schmelze 32-2452*; gerichtete Erstarr. als Voaussetz. für d. Herst. dichter Gußteile 49/50-2210; Anwend. eines Fl.-Analogons zur Auswert. v. Temp.-Zeit-Abkühl.-Kurven in d. – 51/52-2283; Einfl. v. Grenzflächenrk. zwischen Metall u. Formstoff auf d. Oberflächenqualität v. Feingußteilen 14-2477; therm. Verh. u. Einfl. v. Abschreckplatten auf d. Gußqualität 19-2406; Einfl.: d. Zus. u. Verdicht. v. Naßgußsanden auf d. Druck- u. Zugfestigk. v. Prüfkörpern u. Sandformen 24-2370; versch. Formüberzüge u. Formtemp. auf d. Eig. v. Grauguß 32-2340; d. Form auf Schwind.-Defekte u. Genauigk. v. Gußstücken 37-2144; v. Magnetfeldern während d. Erstarr. v. Metalleg. auf d. Gefüge 38-2379; v. Überlauftrichter, Gießsyst. u. Einspritzparameter auf d. Porosität v. Spritzguß 51/52-2284.

Verf. u. Stoffe zum Imprägnieren v. Gußstücken 11-2497; Bad zum chem. Reinigen v. Gußstücken 13-2604*; Ausbesser. v. porösen Gußstücken durch Imprägnieren 14-2482.

Exotherm. Gemisch zur Herst. hochwertig. Metallblöcke 3-2490*; Blockkopfbeheiz. mittels exothermer Aufstreumittel 10-2463; Anwend. v. Asbestit zur Blockkopfbeheiz. 13-2493; Meth. u. Materialien für d. „Hot box"-Verf. 15-2364; exotherme Misch. zur Beheiz. v. Gußblockkopfteilen 15-2474*; exotherm. Blockformaufsatz aus Al-Pulver zur Herst. v. Blockguß 19-2542*; Al-freie exotherm. Masse zum Auskleiden v. Blockformaufsätzen 23-2377*; exotherm. metallurg. Material zur Verminder. d. Ox. beim Gießen v. Metallen 45-2232*.

Vgl. v. klassierten u. handelsübl. Gießereikoksarten 11-2482.

Jahresübersicht Reinhalt. d. Luft (Staubentfern. in d. –) 16-2325; Rückgewinn. v. A. aus – -Abfällen 17-2455*; Staubverhältnisse in d. – -Industrie 24-2277.

Vergießen bestimmter Werkstoffe

Leichtmetallguß (technolog. Eig., Jahresübersicht) 9-2566; (Höchstqualität, Überblick) 12-2342; (Technologie, Jahresübersicht) 15-2388; Herst. v. Tütengußblöcken aus Leichtmetall 19-2543*; Cl-Behandl.-Einricht. in d. Leichtmetall- – 32-2344.

Al: Druckguß v. Al-Leg. (Übersicht) 8-2349; Bandgießverf. für Al-Bänder mit *2–3* Mg 12-2402; Vgl. d. Verf. u. Theorien d. Schwerkraft-, Hoch- u. Niederdruckgusses v. Al-Leg. 19-2410; lösl. Kern mit Tricalciumsilicat zum Vergießen v. Al-Leg. 19-2539*; Stranggießen v. Al-Leg. mit *18* u.

24 U 21-2504; Nomogramm d. Grundparameter für Al-Druckguß 26-2494; Unters. d. Gasaufnahme infolge d. Formstoffrk. mit fl. Al 26-2495; Entw. u. Vorteile d. Vollformgießverf. v. Al aus vergasbaren Polystyrolmodellen 27-2399; Wärmeübergang v. Schlichten für Al-Formguß in metall. Dauerformen 28-2376; Herst. v. Verbundguß aus Al u. Al-Leg. 31-2429*; autoradiograph. Unters. d. Erstarr.-Front u. Tiefe d. Liquidusphase beim halbkontinuierl. Gießen v. Al–Ca-Leg. 33-2399; Gießen v. Al-Leg. in Kokillen mit Vibrat. 38-2380; Anschnitt- u. Gießtechnik beim Al-Kokillengießverf. 51/52-2286; .

Co: Einfl. d. Verf.-Technik auf d. Oberflächenqualität v. Feingußteilen aus Co-Leg. (Grenzflächenrk.) 14-2477.

Cu: Meth. d. Stranggießens v. Cu u. Leg. 3-2384; Druckguß v. Cu-Leg. (Übersicht) 8-2349; Einfl. v. Schmier- u. Schutzmitteln auf d. Gießtechnologie v. Messingblöcken 10-2470; optimale Rotat.-Geschw. beim Schleuderguß v. Stahlbuchsen mit Bronze 11-2498; Kokillen aus Guß-Fe SC *12-28* zum Gießen v. Lagerschalen aus Bronze OCS *4-4-17* 14-2476; Beeinfluss. d. mechan. Eig. v. Bronzen CuSn *12*, (Gießbeding.) 16-2365; Möglichk. d. Stranggießens v. Cu u. Cu-Leg. 19-2409; Gießbeding. zur Gütesicher. v. Sn-Bronze- u. Rotgußerzeugnissen 23-2303; Kokillenguß v. Al-Bronze 32-2345.

Mg: Druckguß v. Mg-Leg. 8-2349; Einfl. v. Gießtemp. u. Haltezeit auf mechan. Eig. u. Zus. v. Mg-Leg. ZH *62*, QE *22* u. EZ *33* 20-2399.

Ni: Einfl. d. Verf.-Technik auf d. Oberflächenqualität v. Feingußteilen aus Ni-Leg. (Grenzflächenrk.) 14-2477; Entw.: v. Ni-Gußleg. für hohe Temp. 23-2305; v. Ni-Gußleg. für hohe Temp. 23-2304; Gießen v. hochfester Ni-Leg. MAR-M *200* mit monokrist. Erstarr. in [001]-Orientier. 32-2347.

U: Gießen v. Röhren aus U–Mo-Leg. 30-2378.

W: Schleudergießen v. W in bes. Öfen 17-2346; Lichtbogengießen v. Blechtafeln u. Stäben aus W 27-2425.

Zn: Druckguß v. Zn-Leg. (Übersicht) 8-2349; Einfl. d. Formhohlraumevakuier. auf Herst. u. Gasgeh. v. —-Druckguß ZAMMg-*4-1-0,05* 10-2468.

Modell- und Formherstellung

Verw. v. Schaum-Polystyrol zur Herst. v. —-Modellen 13-2491; Verh. v. Wachsen bei d. Herst. v. Wachsmodellen für Feinguß 13-2492; Jahresübersicht Modellbau (*2.* Folge) 14-2460; Negativverf. zur Herst. v. Modellplatten mittels Metallisier. 16-2316; Aspekte d. Modellbaus im Zusammenhang mit modernen Verf. d. Form- u. Kernherst. 18-2435; Herst. v. Epoxidharzmodellen mit eingegossenen Metallteilen 20-2374; Vgl. d. Beständigk. v. Metall- u. Kunstharzmodellen (bes. Epoxidharz) 20-2375; Verschleißbeständigk. v. Metall- u. Kunstharzmodellen 20-2376; Verw.: v. Polystyrol zur Herst. v. —-Modellen 29-2396; v. Schaumpolystyrol zur Herst. v. —-Modellen 29-2397; Modelle aus Schaumpolystyrol (Bearbeit.) 32-2339; Herst. v. Modellen aus härtbarer, poröser Masse (Polystyrolschaum) 33-2417*; vergasbares Modell aus geschäumtem Kunststoff mit flammwidrigen Zusätzen 34-2554*; Gießmodell aus geschäumtem Kunststoff mit Paraffinüberzug 34-2555*; verlorenes, vergasbares —-Modell aus Kunststoffschaum 37-2191*; Zusatz v. BF_3 als Depolymerisat.-Katalysator für verlorene —-Modelle aus Schaumstoff 37-2193*; Metallgießen mittels Schaumstoffmodell mit verbessernden Zusätzen 39-2281*.

Mechan. Eig. v. Gießformen bei d. Stauch. durch Pressen 3-2380; theoret. Grundlagen d. Hochdruckpressens v. Formen 6-2344; Jahresübersicht Formstoffe (Formstoffe u. Formstoffeig.) 12-2337; (Bindemittel, nichtbindende Zusatzstoffe, Schichten, Kerne u. Kernsande, Verf.) 12-2338; (Prüfverf.) 12-2339; Theorie d. Herst. v. Formen durch Pressen 14-2462; kombiniertes Form.-Verf. für bes. Werkstücke 14-2463; Formen v. Angüssen mit elast. Modellen 14-2475; Form zum Gießen krist.-orientierter, zylindr. oder prismat. Dauermagnete mit Kühlplatten 18-2577*; Herst.: v. Gießköpfen für Formen 19-2536*; v. Druckgußformen im Shaw-Verf. 20-2370; v. Gießformen mit verlorenem Modell (Verw. v. wss. K_2SO_4-Lsg. u. Quarzpulver) 25-2253*; moderne Verf. u. Einricht. zur Herst. v. Formen für Mittel- u. Großguß 29-2398; Herst.: v. Gießformen mit keimbildender Masse für feinkörnige Ni–Co-Leg. 44-2359*; v. SiO_2-freien Formen für d. Gießen feuerfester Leg. u. schwerschmelzender Metalle 45-2160.

Anwend. d. Formmaskenverf. bei d. Kernherst. für Schwermetallgußstücke 2-2388; Verbesser. d. Ausschlagbark. v. Kernen aus Wasserglas-Formgemischen 3-2381; Jahresübersicht Maschinen zur Form- u. Kernherst. (*3.* Folge) 14-2461; Herst. wärmehärtender Kerne in Mährischen Fe-Werken 14-2470; Kombinat. d. Maskenkerne u. -formen aus CT-Misch. für kleine, komplizierte Gußstücke 16-2318; Vermeid. v. Festbrenn. durch Zusatz v. Marshallit im Kerngemisch 18-2439; Verf. d. Hot-Box- u. No-Bake-Kernherst. 20-2369; —-Kern mit Kohlehydratbinder 22-2483*; Membran-Formverf. für Kerne 28-2374; keram. Masse für Kerne für d. Präzis.-Guß 31-2400*; Verw. v. techn. Harnstoff zur Modell- u. Kernherst. für Präzis.-Guß 35-2239; Herst. v. Sandkernen mit Wasserglas als Binder 39-2278*; kombinierte Kernmisch. mit beschleunigter Aushärt. aus Harnstoff–Formaldehyd-Harz mit Sacchariden 40-2281.

Überwach. v. Festigk. u. Gasdurchlässigk. in grünen Gießformen 9-2510; Herst.: oberflächl. getrockneter Formen aus Bentonit–Dextrin-Misch. 14-2467; v. ungeteilten kunstharzgebundenen Formen zum Gießen gratfreier Stäbe 18-2576*; Metallisieren „verlorener" Formen in d. Gießerei 27-2395; Einfl. v. Si_3N_4 auf d. Gelierzeit v. Kieselsäurelsg. beim Wachsausschmelzverf. 27-2397; harte, selbsttragende Sandform mit Zirkonitsand 29-2474*; Herst. rißfreier Genaugießformen aus Sand, Alkohol u. Äthylsilicat 34-2552*; Schalenfehler u. Rattenschwänze in Sandformen (Überblick) 35-2243; Behandl. v. Formen mit H_2SO_4 unter Verw. v. japan. Ton (Rk. v. Ton) 44-2231, 44-2232; Einbuße an Formenfestigk. zu Beginn d. Erstarr. 44-2233; Hydrolysebeding. v. Äthylsilicat zur Herst. v. Maskenformen für d. Wachsausschmelzverf. 46-2261; Hochdruckformen (Vers. über d. Einfl. v. Sandzusätzen, Grünsandeig.) 49/50-2211, 49/50-2212.

Herst. u. Anwend. v. Gießpfannenziegeln erhöhter Widerstandsfähigk. 23-2234; Erzeug. v. Keramiküberzügen für wiederholt verwendbare Präzis.-Gußformen 28-2495*; Masse für wärmeisolierende Gußformen für langsames rissefreies Erstarr. 32-2439*; feuerfeste Formkörper, bes. Gußtiegel u. Gußkerne für Metalle 34-2419*; hitzebeständige Dauerformen (selbsthärtende Formen mit Phosphat als Bindemittel) 39-2202; Einsatz niedrigfeuerfester Steine in d. — als Kanal- u. Trichtersteine 42-2255; Kalkformen (Festigk. v. Formen mit lösl. Polyacrylat als Unterbinder) 51/52-2280.

Best. d. optimalen Dicke einer Kokillenwand. (theoret. Grundlagen) 9-2511; Einfl. d. Kokillengrößenverhältnisses auf d. Wärmeverh. v. Guß-Fe-Kokillen 11-2493; Verw. v. leg. Roh-Fe aus Chalilovo zur Erhöh. d. Kokillenhaltbark. 11-2494; Stahlformen zur Verarbeit. v. thermoplast. Kunststoffen in Spritzgießmaschinen 13-2610*; therm. Verh. metall. Formen beim wiederholten Gießen 20-2377; Herst. einer Gießform aus Fe-halt., gesinterten Metallpulvern 24-2509*; erhöhte Kokillenhaltbark. durch Ferro-Ti-Zusatz in d. Einsatz d. Kupolofens 45-2161.

Anstrichlacke für Gießereimodelle (Übersicht) 2-2386; Unters. d. Gasentw. v. Trennmitteln für Druckgießformen 6-2345; Farbenrezepte zur Verminder. d. Anhaftens beim Gießen in wasserglasgebundenen Formen u. Kernen 6-2346; Masse zum Auskleiden v. Gießformen u. Wärmehauben 13-2600*; kombinierter Anstrich für Formen u. Kerne aus CT- u. schnellhärtenden Misch. 14-2471; Schwärze für —-Zwecke 15-2471*; Anwend. v. Stampfmassen aus Surazit in Gießereien 16-2305; Anstriche für CT-Misch. u. bindende Misch. für Graugußstücke (Einfl. v. Fl.) 16-2319; Auftragen v. Zirkonformschlichte auf d. Kernoberfläche 18-2436; Blockform- oder Blockformaufsatzauskleid. 18-2578*; Formschlichte mit Glycerin, Mineralöl u. Propylenglykol 19-2537*; Kokillenschlichte für d. Blockguß mit Gummi, Campher u. Naphthalin 19-2540*; Blockformauskleid. mittels exotherm. u. isolierender Schicht 19-2541*; Einfl. v. Kalk u. Fe-Oxid auf d. Korros. v. Auskleid. für Gießpfannen 20-2472; Trennmasse zur Herst. v. Sandformen für —-Zwecke 21-2644*; Schlichte zum Behandeln v. Gußformen aus *50* FeSi u. *50* SiO_2 22-2479*; Masse zum Auskleiden v. Steigern u. Eingüssen in Metallgießformen aus Perlitpulver, Sulfitablauge u. Phenolformaldehydharz 22-2484*; Schlichte für Stopfen u. Ausläufe v. Stahlgießpfannen mit Polysiloxanen u. Kohlepulver 23-2378*; Haftvermögen v. weißen Kokillenschlichten beim Gießen v. Leichtmetallen 23-2288; Modell- oder Kernkastenlack mit Sn-Stearat 24-2510*; Schlichte für Sandformen mit Zr-Pulver 29-2473*; Blockformausfütter. für rechteck. Kokillen 30-2332*; Auskleid. für d. oberen Teil einer Blockgießform 30-2433*; Formschicht für Dauergießformen 31-2398*; Schlichte für —-Sandformen: mit Glimmer, Kornmehl u. Holzmehl 33-2413*; u. Kerne mit Glimmer, Bentonit u. Al-Silicathydrat 33-2414*; Herst. v. (o.o'-Bi) Phenoxyorganopolysiloxanen (Trennmittel für Gußformen) 33-2625*; Dicht.-Masse für Formen 35-2290*; Trennmittel für Druckgußformen 35-2291*; (fl.) 35-2292*; Zusatz v. Kollodium für —-Modelle aus Kunststoffschaum 37-2192*; Verw. Cr-halt. Schlacke für schnelltrocknende Formen u. als Schlichtmittel 38-2376; Masse zum Auskleiden v. Gießformen (Blockformaufsätzen) aus Papier, Klebstoff, Asbest, Olivinsand u. Infusorienerde 40-2408*; isolierende u. feuerfeste Schlichte für Metallgießformen 40-2409*.

Modell- und Formmassen: Kunstharze „F" mit Katalysator „ESM *38*" für selbsthärtende —-Kerne 2-2387; kunstharzüberzogener Formsand für —-Zwecke 6-2441*; Einfl. d. Geh. v. Kohlestaub u. Feuchtigk. auf d. Wärmeleitfähigk. v. Formstoffen 7-2462; Darst. v. Silylphosphonsäureestern zur Verw. bei d. Herst. v. Gußformen für Metalle 7-2724*; hochbas. Formstoff für Stahl- u. Grauguß 9-2634*; Einfl. v. Wasserglasgemischen auf d. Druckfestigk. v. Sand–Ton–Formsand-Gemischen 11-2491; Al-Leg. für Formguß aus bis *1* Cu u./oder Mg, *4–9* Ni, *5–25* Si u. bes. Geh. v. Fe 11-2647*; Gießmasse mit *43–94* Mager.-Mittel u. Bentonit 13-2599*; Masse für Gießformen aus *4,5* Graphit, *5,9* Phenol-Resol-Harz, *2,9* Phenol-HCHO-Harz, *1,9* Talk, *1,45* SiO_2-Pulver, *0,38* Dextrin, Rest Gießsand 13-2602*; Mager.-Mittel für Präzis.-Gußformen u. -kerne mit keram. Überzug 13-2603*; Eig. v. Formenwerkstoffen bei hoher Temp. (Restfestigk. v. Na-Silicat gebundenem Sand) 14-2464; Herst. selbsthärtender Misch. im Schnellhärt.-Verf. 14-2465; Eig. v. Ton-Formmisch. mit Wasserglas u. Bentonit 14-2466; Unters. d. Schülpenbldg. bei Bentonitformsandmisch. 14-2468; exotherm. Formsandmisch. auf d. Basis v. Ferro-Si 14-2469; Misch. für erschmelzende Keramikformen aus *30* Braunkohle-Extrakt.-Wachs, *10* Kolophonium, *58* Paraffin u. *2* Polyäthylen 15-2473*; Cr-Magnesitmisch. zur Herst. schwerer Gußstücken 14-2474; Herst. selbsthärtender Formgießmasse 18-2574*; Formmasse für Gießformen mit wasserlösl. Polyalkylenpolyamin oder Imin 18-2575*; härtbare, durchlässige Formmasse mit H_3BO_3 19-2534*; Formmaterialien in d. alban. — 20-2368; schnellabbindende Misch. mit *120* Quarzsand, *7* Zement u. *4* Melasse für d. Zementformverf. 20-2372; schnellhärtende Kerngemische mit d. Bindemittel Monomer FA unter Zugabe v. Benzolsulfonsäure 22-2361; plast. Masse: zur Bereit. v. Gußmodellen mit Methacrylsäuremethylester, -allylester, Benzoylperoxid u. Glasfaser 22-2481*; zur Herst. v. Gießformen u. Kernen mit Chrommagnesit oder Magnesit 22-2482*; warmfeste Cu–Al–Ni-Leg. mit *9,0–11,0* Al, *1,0–2,0* Co, ggf. *0,4* bis *1,0* Fe, *13,5–16,5* Ni, Rest Cu zur Herst. v. Gießformen 24-2519*; Verw. v. Cu-Leg. als Gußformen für Glas u. Kunststoffe 28-2400; tixotrope Masse für Gießformen aus koll. Kieselsäure u. Kalk 29-2472*; ausschmelzbare Masse für d. Präzis.-Guß mit zykl. Oxymethylenäthercopolymerisat 29-2475*; Formmasse für —-Zwecke mit harzüberzogenem Sand 31-2396*; keram. Masse zur Herst. v. Metallgußformen 31-2399*; Form- u. Kernsandmisch. (Übersicht) 32-2336; Formmasse mit „Zirkonia ($ZrO_2 + CaO$)", Zr_2SiO_4, Al_2O_3, MgO u. Siliconöl 33-2415*; Masse für Gießformen mit Äthylsilicatbinder u. Überzug aus Diäthylamintriamin bzw. Rk.-Prod. aus Kokosnußöl u. 1.3-Propylendiamin 34-2550*; Fe-freies feuerfestes Pulver für Genaugießformen 34-2551*; Formmasse zur Herst. v. Schalenformen mit wärmehärtbarem Harz 34-2553*; Beschleuniger u. Moderator zur Herst. einer Formmasse aus Zement, Sand u. Magnesit 35-2289*; Hg–Tl-Leg. für ausschmelzbare Gußmodelle für d. Einbettgießtechnik 36-2352*; Form- u. Überzugsmasse für Gießereiformen 38-2500*; Chrommagnesit-Formsandmisch. in d. Gießerei (Eig.) 40-2282; Formmasse zum Überziehen verlorener Modelle aus feuerfestem Pulver u. wss. Binder 44-2360*; wasserglasgebundener Formstoff für Grünformen 44-2361*; selbst- u. schnellhärtendes Gemisch zur Herst. v. Gießformen u. Formkernen 44-2362*; selbsthärtendes Gemisch mit *83–91* Gießmager.-Mittel 44-2363*; quarzreiche Stampfmasse für Stahlgießpfannen kleiner Kapazität 46-2256.

Formsand: Verw. v. Olivinen in Formsandgemischen auf Basis Wasserglas 1-2458; Verfestig. v. Kernsandmisch. auf Basis Wasserglas 1-2459; Verw. v. ox. Stärkesorten in Kernsandmisch. u. Formsanden 1-2460; Projektier. u. Aufbau v. Sandaufbereit.-Anlagen 11-2488; Formsande Mittelasiens 12-2336; Regel. d. Feuchtigk. v. — -Formsandmisch. 14-2458; Fließbark. v. Formsandmisch. beim Pressen 14-2459; Verform.-Fähigk. v. Formsandgemischen (Berechn.-Nomogramme für Form- u. Kernfestigk.) 16-2317; selbsthärtender Sand mit Na-Silicat u. Si-Pulver für — -Formen u. -kerne 17-2343; Verdicht.-Fähigk. v. Form- u. Kernsandgemischen 18-2433; Parameter d. Abbindergeschw. v. Zementformsanden 19-2401; Unters. österreich. Sand- u. Zementsorten für d. Zementsandformverf. mit organ. Zusatzbinder 19-2402; lagerfähiger Formsand für Schalenformen mit Überzug aus Phenolformaldehydharz 19-2535*; Sande für Hochdruckformen u. Einfl. d. Preßdruckes 20-2371; Formsand für — -Zwecke aus Alkalisilicat u. Furan modifizierten Harnstofformaldehydharz 23-2375*; härtbarer Formsand für — -Zwecke durch Überzug mit warmhärtbarem Kunstharz 25-2251*; Ursachen v. Sandausdehn.-Fehlern u. Treiberschein. bei tongebundenen Formsanden (Einfl. v. Bentonit) 27-2396; Einfl. d. Feinheitszahl auf d. Eig. v. zementgebundenem Formsand 32-2337; Formsandmisch.: mit Glycerintriacetat u. Dextrin 34-2548*; mit Ca-Sulfitablauge 34-2549*; harzüberzogener Sand für d. Formmaskenverf. 37-2190*; Haltbark. v. Bentoniten für Gießereiformen (H_2O-Aufnahme) 38-2375; — -Formsand mit Octylalkohol u. NH_4-Alcoylhumat als Bindmittel 38-2499*; Formbark. v. Sand (Ton–W.-Verhältnis) 44-2234; Festigk. synth. Formsande durch Bind. im Syst. Quarz–Ton–W. 44-2235; Mechanismus d. Grünsandbind. in Abhängigk. v. Ton–Sand–W.-Verhältnis 44-2236; Bind.-Mechanismus im Bentonitsand für — 44-2237; Phenol-Formaldehydharz-Zubereit. als Überzugsmittel für Formsand 44-2365*; — -Formsand zur Verarbeit. in heißen Kernbüchsen 45-2230*; Formsand für — -Formen u. -Kerne aus einer Misch. v. Sand, Na-Wasserglas u. Si-Leg.-Pulver 45-2231*; Grüneig. bentonitgebundener Formsande 51/52-2279.

Bindemittel: Technolog. Eig. v. Äthylsilicatbinder für Keramikformen beim Feingießverf. 1-2457; Erhöh. d. Viskosität einer techn. reinen alkaliphosphatmodifizierten Stärke (Bindemittel für Gießkerne) 5-2742*; Binder: für schnellhärtende Gußformen aus Furfurylalkohol, Harnstoff u. CH_2O 6-2440*; für Sandkerne in heißen Kernbüchsen 8-2477*; Kunstharzbinder für Gußformen u. -kerne mit Phenol/CH_2O 10-2575*; Verw. v. Dextrose als Formstoffbindemittel für d. — 11-2611*; Einfl. v. $Al_2(SO_4)_3$-Zusatz in Bentonitmisch. auf d. Oberflächenqualität v. Stahlgußstücken 14-2472; Bindemittel für — -Kerne 15-2472*; Anwend. v. selbthärtenden Bindern ohne Verw. v. Furfurylalkohol (Bldg. v. „Fluid"-Sand-Verf.) 18-2434; Bindemittel für Formsand mit Alkyl-NH_4-Humat u. organophilem Ton 19-2533*; Kunstharzbinder für d. Kernherst. in heißen Kernbüchsen 19-2538*; Bindemittel für stampfbare — -Formmassen aus Hydrolysaten v. Silanen 22-2485*; Verw. v. Epoxilactampolymeren für — -Bindemittel 22-2486*; nichtgasender Binder für — -Formsand mit W.-Glas u. Al_2O_3 23-2376*; Binder für — -Formsand mit Zucker, Harnstoff 25-2252*; kalthärtender Binder für — -Sand mit synthet., trocknendem Öl 31-2397*; Harzbindemittel auf Basis Phenol–Zucker-Resol als Ersatz für Glucosebindemittel in d. — 32-2338; ölhalt. Kernsand- u. Formsandbindemittel 32-2438*; durch CO_2 härtbares Bindemittel für — -Formen u. Kerne mit Phenol–Resol, NaOH u. Saccharose 33-2416*; Bindemittel für Form- u. Überzugsmassen für — -Formen aus Silicaten alkanolsubstituierter N-Basen 38-2500*; kalthärtende Binder für — -Formen u. Kernsand aus fl. Phenolharz 39-2280*; Einfl. v. Begleitmineralien auf d. technolog. Eig. v. Bentonit 40-2280; Bindemittel: für Formmäntel zum — v. Stahl mit Lignin, Furfurol, Urotropin, Holzpech 43-2178*; durch Rk. v. CH_2O mit Harnstoff u. Furfuryllakohol (Herst.) 44-2358*; für — -Sandkerne aus fl. Phenol-Formaldehydharz u. Harnstoffverb. 44-2364*.

Prüfung und Analyse

Durchstrahl.-Meth. zur Kontrolle v. Gußstücken 5-2461; Anwend. v. Digitalrechnern zur Ermittl. krit. Verf.-Variablen in d. — 11-2495; photograph. Meth. zur Unters. d. Oberflächenstruktur v. Gußstücken 15-2408; Temp.- u. Fl.-Gradüberwach. während d. Schmelzens u. Gießens 16-2320; Sicher. d. Güte v. Gußstücken durch zersörungsfreie Prüf. mittels magnet. Teilchen u. d. Ultraschallprüf. 22-2407; Temp.-Mess. an d. Berühr.-Fläche Metall/Sandform zur Best. d. Wärmeaustausches 23-2285; Meth. zur Schnellbest. in d. — (Metallzus., Einschlüsse, Qualität d. Sandformen) 23-2287; Temp.-Mess. in Gußstücken ungleicher Wandstärke 26-2493; Verf. zum Messen d. Vol.-Schrumpf. während d. Erstarr. 27-2398; Wirtschaftlichk. d. Gußstückprüf. mittels Gammadefektoskopie 29-2400; Kontrolle v. Gußstücken mittels magnet. Pulvermeth. u. Kapillarmeth. 32-2383; Verf. zur Best. d. Quarzgeh. in d. Luft v. — durch Röntgenbeug. 33-2349; Analysengenauigk. zur Ermittl. d. statist. Struktur in d. — 38-2418; Auswert. v. Oszillogrammen bei d. Ultraschallprüf. v. Gußstücken 51/52-2336.

Verf. zur konduktometr. Feuchtigk.-Überwach. v. Formsand 10-2462; Unters. d. Verdicht. v. Formsandgemischen durch Pressen im geschlossenen Vol. 11-2489; Verform.-Zeit-Test für Sand bei steigender Erhitz. (Überblick) 17-2342; Feuchtigk.-Best. bei Formgemischen mittels Neutronenquellen 18-2432; Meth. zur Best. d. Bentonitgeh. in Formsandmisch. 44-2238.

Bibliographie

Taschenbuch der Gießerei-Praxis B 71; Gießerei-Kalender *1967* B 71.

Gußstücke aus Titanschmelzen [russ.] B 13.

The theory of technological processes in metal casting B 7.

Gifte s. *Toxikologie*.

Gillespit, Polarisat.-Spektrum v. — 24-0354; durch Druck hervorgerufene Spinpaar. in — 44-0356.

Gilsonit s. unter *Bituminöse Stoffe (Asphalte)*.

Gilutensin s. unter $C_{17}H_{19}N$.

Gindarin s. unter $C_{21}H_{25}NO_4$.

Ginkgetin s. unter $C_{32}H_{22}O_{10}$.

Ginorit, IR-Spektrum v. — 14-0381, 39-0366; Dehydratat. v. — 16-0787.

Globertit s. unter *Magnesiumcarbonate*: $MgCO_3$.

Gips s. unter *Baustoffe* bzw. *Calciumsulfate*: $CaSO_4$.

Girard-Reagens-P s. unter $C_7H_{11}N_3O_2$.

Girard-T-Reagenz s. unter $C_5H_{15}N_3O_2$.

Gismondin, — aus d. Steinbruch bei Wilhelmsdorf am Stradner Kogel, südl. Gleichenberg, Steiermark 17-0856; röntgenograph. Unterscheid. v. Si- u. Al-Punktlagen durch Verfeiner. d. atomaren Streuvermögens in — 3-0309.

Gismondit, IR-spektroskop. Unters. an ionenausgetauschtem — 12-0671.

Gitaloxigenin s. unter $C_{24}H_{34}O_6$.

Gitaloxin s. unter $C_{42}H_{64}O_{15}$.

Gitogenin s. unter $C_{27}H_{44}O_4$.

Gitonin s. unter $C_{50}H_{82}O_{23}$.

Gitoxigenin s. unter $C_{23}H_{34}O_5$.

Gitoxin s. unter $C_{41}H_{64}O_{14}$.

Gitterschwingungen

Phononenmaser s. unter *Maser und Laser*.

Unters. d. Mol.-Beweg. in festen Syst. mit Hilfe langsamer Neutronen 1-0195; Summenregel für — v. Wurtzitstrukturen 1-0255; Transformat. v. Wärmeschwing.-Tensoren auf schiefwinklige Krist.-Syst. 3-0320; Verfeiner. d. Wärmeschwing.-Tensoren d. starren Körpers 3-0321; langwell. — v. Krist. d. ZnS-Typs 5-0305; Oberflächenspann. u. Oberflächenmoden in halbunendl. Gittern 6-0290; opt. Schwing.-Arten in einer Ionenkrist.-Scheibe 6-0326; opt. Schwing. in einer Ionenkrist.-Platte unter Berücksichtig. d. Retardier. (nichtstrahlender Bereich) 6-0327; Eigenschwing. geordneter bin. Krist.-Syst. 7-0299; Schwing.-Moden v. Krist. entsprechend zu Symmetriezentren d. Brillouin-Zonen 8-0251; genaue numer. Meth. für d. Berechn. d. Phononenfrequenzverteil.-Funkt. in Festkörpern 8-0252; gleichzeit. Betracht. d. Effekte statist. Verzerr., Nahbereichsordn. u. d. atomaren Wärmeschwing. bei d. diffus. Röntgenstreuung in polykrist. festen Substitut.-Lsg. 10-0201; räuml. Dispers. langwell. opt. Gitterschwing. in polaren Halbleitern 10-0415; charakterist. Temp.-Abhängigk. v. tiefen Resonanz-Gittereigenschwing. 14-0373; Temp.-Abhängigk. v. Schwing.-Übergängen in Krist. 14-0379; Einfl. v. — auf $\gamma.\gamma$-Winkelkorrelat. 15-0091; gitterdynam. Verh. v. Krist. aus d. Sicht d. opt. Spektroskopie 15-1972; gebrochene Symmetrie, Summenregeln u. kollektive Moden in Mehrkörpersyst. (Krist.-Gitter) 16-0166; IR-Absorpt. u. -dispers. v. Krist. infolge v. — 18-0301; Gitterdynamik v. Krist. mit KH_2PO_4-Struktur 19-0286; Frequenzspektren v. kub. raumzentrierten Gittern 19-0287; zur Meth. v. Bruchreihen in d. Theorie d. Schwing.-Spektrums einer Atomkette 20-0176; Schwing.-Energie sich ordnender Syst. 20-0227; anisotropes dispersives Kontinuumsmodell für d. Gitterdynamik v. Festkörpern 21-0238; Fourier-Reihenentw.-Meth. zur Berechn. d. Frequenzverteil.-Funkt. in Krist. 22-0253; Debye-Waller-Faktor in d. dynam. Theorie v. Röntgen- u. Elektroneninterferenzen an Krist. zur Berechn. d. Interferenz bei — 23-0229; normale langwell. Schwing. v. Krist. mit KH_2PO_4-Struktur oberhalb d. Curie-Punkts 23-0281; Frequenzspektrum v. Ionenkrist. d. CsCl-Typs 24-0272; Unterschiede in d. Änder. d. mittleren Phononenfrequenz in Krist. verschiedener Symmetrie unter d. Einw. v. Scher- u. longitudinaler Verform. 26-0279; Unters. d. — auf d. Grundlage d. Modells v. Krebs 27-0298; Schwing.-Anharmonizitäten u. d. inneren Verschieb. in Krist. 28-0251; neues Modell für d. Gitterdynamik („atmendes Schalenmodell") 28-0253; Einzeloszillatormodell d. „Soft-Mode"-— in Ferroelektrika v. Perowskit-Typ 29-0344; Modell für d. Gitterdynamik v. Festkörpern als anisotrop dispergierendes Kontinuum 30-0228; Verteil. d. Punktsymmetrietypen d. Normalschwing. makroskop. Krist. 33-0316; Dämpf. v. Phononen hoher Frequenz bei tiefen Temp. 33-0321; Entw. d. Schwing.-Spektrums bei niedr. Frequenzen 34-0315; Anwend. d. Neutronenspektroskopie zur Unters. d. Krist.-Dynamik 36-0179; Festkörperschwing. in nichtorthogonalen Syst. 36-0242; Schwing. v. statist. verd. Leg. 36-0247; dynam. Eig. eines eindimensionalen „Krist." mit freien Enden 36-0243; Phononen in Filmen 38-0296; Theorie d. Gitterdynamik bin. Krist. 39-0280; kinet. Gleich. u. Quasi-Teilchen-Beschreib. für d. Normalschwing. eines anharmon. Gitters 43-0264; Reduzier. d. Phononenspektren v. Krist. über d. elast. Konst. u. krit. Punkte 43-0272; Theorie d. — dielektr. Krist. in einem äußeren elektr. Feld 43-0466; Best. d. Frequenzspektrums in festen Körpern durch d. unelast. Streuung v. kalten Neutronen 44-0269; Bezieh. zwischen Atomschwing.-Amplituden u. therm. Ausdehn. in kub. Festkörpern 45-0279; Benutz. d. röntgenograph. Bildquellenverzerr. zur Unters. v. Krist.-Verzerr. u. -schwing. 47-0219; Best. d. Krist.-Phononenspektrums durch Mess. d. spezif. Wärme 48-0276; Beitrag zur Anharmonizität d. Krist.-— zu d. nichtlinearen Krist.-Eig. 49/50-0459; 2. Schall in Festkörpern 7-0317.

Eindimensionale Dual-Transformat. der — linearer, nichtperfekter Krist. 5-0302; Meth. d. Greenschen Funkt. in d. Gitterdynamik eines Krist. mit Defekten 7-0298; Schwing.-Spektrum eines mit Isotopen fehlgeordneten Krist. 8-0318; Frequenzen lokalisierter Schwing. eines zweiatom., einfach kub. Gitters mit einem Punktfehler 13-0316; Einfl. v. Punktdefekten u. Unordn. auf — 18-0200; Gewinn. d. Frequenzspektrum-Momente v. fehlgeordneten Gittern durch einen Monte-Carlo-Prozeß 24-0271; Einfl. v. Punktfehlstellen auf d. Schwing. eines Krist.-Gitters (Leerstelle) 34-0316; Dynamik eines Krist.-Gitters mit Störstellen 39-0230; Theorie d. Gitterdynamik bin. Krist. u. Gitter mit isolierten Fremdatomen 39-0280; Frequenzspektren eindimensionaler Gitter mit belieb. verteilten Störstellen 40-0231; Stör d. Bandschwing. v. Krist. mit NaCl-Struktur durch einwert. Fremdionen 42-0264; elast. Spektren v. zweidimensional gestörten Gittern (Verunreinig., die d. Wechselwrkg. ändern) 47-0283; Schwing.-Spektrum einer eindimensionalen Kette mit willkürl. verteilten Verunreinig.-Quellen 49/50-0277.

Mol.-Modell für lokalisierte Schwing. in Zinkblendestrukturen 22-0301; lokale Eigenschwing. u. Resonanzstreuung v. Gitterwellen in Krist. 31-0323; dynam. Beweg. einer substitutionellen Störstelle in einem Krist. unter Berücksichtig. harmon. Näher. 33-0317; niedr. frequente Beweg. v. H_2O-Mol. in Krist. 34-0311; Dynamik nichtidealer Krist. u. quasimol. Modell d. Schwing. d. Störzentrums 34-0314; Einfl. d. Elektronen–Phononen-Wechselwrkg. auf d. spektrale Verteil. lokalisierter Schwing. 39-0271; Berechn. d. Frequenz v. lokalisierten — 39-0272; Formeln für d. Frequenzen eines Defektclusters in einer Dimens.

40-0232; Schwing. v. Li+-Ionen auf Zwischengitterplätzen in Si (Kraftkonst.) 40-0233; (Frequenzen lokalisierter Schwing.) 40-0234; lokalisierte Schwing. an leeren Plätzen in kub. Krist. 41-0311; Beweg.-Zustände substituierter Spezies in Gittern 43-0268; Einfl. v. einaxialem Druck u. elektr. Feldern auf lokalisierte Schwing.-Moden 47-0342; Resonanzerschein. für lokalisierte Schwing. 48-0275; Dispers.-Gesetz d. Störstellengitterschwing.-Bande 48-0326; Schwing.-Spektrum u. Kraftkonst. d. Ions WS_4^{2-} im Krist. 51/52-0309.

Spontane Emiss. v. Phononen durch Lad.-Träger in einem perfekten Gitter eines Halbleiters 3-0432; anharmon. Phononenkorrektur für tiefe Temp. 4-0469; Änder. d. Bandabstandes durch Phononenwechselwrkg. 5-0425; Ultraschallunters. v. Dreiphononenwechselwrkg. (Theorie) 12-0323; (experimentelle Ergebnisse) 12-0324; Verspann.-Wellen großer Amplitude in Isolatoren als Wechselwrkg. zwischen einer Stoßwelle u. d. Phononenspektrum 14-0297; Möglichk. phononeninduzierter Supraleit. bei Erzeug. d. Phononen mit einer Diode im Übergangsgebiet 15-0507; Relaxat. v. Elektronen u. Phononen in Halbmetallen 16-0346; nichtlineare Erzeug. v. Phononen 19-0288; Theorie d. anharmon. Phononen-Wechselwrkg. 20-0228; Dämpf. transversaler Phononen hoher Energie in paramagnet. Salzen 20-0229; Resonanz lokaler Moden durch d. Phononen d. Wirtsgitters (opt. Analogon zum Mössbauer-Effekt) 22-0285; anharmon. Zerfall opt. Phononen 22-0287; Dämpf. v. Phononen im Mikrowellenbereich in Abhängigk. v. d. Temp. 25-0267; Schallabsorpt. durch opt. Phononen in Mol.-Krist. 29-0262; Dämpf. v. Phononen hoher Frequenz bei tiefen Temp. 33-0321; Best. d. Symmetrie v. Phononen in Krist. 37-0307; Theorie d. zweiten Schalls in Halbleitern 39-0419; Erzeug. opt. Phononen für eine Elektronenverteil. mit großer Anisotropie 39-0420; Theorie d. strahlungslosen Multiphononen-Übergänge zwischen lokalen Zuständen verschiedenen Multiplettcharakters 40-0324; opt. Phononen in endl. Krist. 41-0324; Phononeninstabilitäten in Halbmetallen 43-0275; Theorie d. strahlungslosen Mehrphononenübergänge in lokalisierten paramagnet. Zentren 44-0348.

Elektronen–Phononen-Koppl. beim Problem d. Absorpt.-Banden v. Verunreinig. 2-0338; Verstärk. v. Mikrowellenphononen in einem many-valley-Halbleiter durch ihre Wechselwrkg. mit Leit.-Elektronen 3-0433; makroskop. Theorie d. Elektron-Phonon-Koppl. in piezoelektr. Halbleitern für belieb. Richt. d. Ultraschallausbreit. u. belieb. Orientier. eines elektr. Feldes konst. Größe 4-0376; ein Dreiphononenprozeß im Elektron–Phonon-Syst. 4-0377; Darst. d. zeitabhäng. Einelektronen-Green-Funkt. u. d. Green-Funkt. nach Matsubara für mit Phononen wechselwirkende Elektronen durch Wegintegrale unter Verw. feldtheoret. Meth. 5-0426; Koppl. zwischen gebundenen Elektronen u. d. Gitter u. Schwing.-Spektren 7-0357; Einfl. d. Wechselwrkg. zwischen piezoelektr. Polaronen u. Phononen auf d. Zyklotronresonanz 7-0514; phononenverbreiterte opt. Spektren (Urbach-Regel) 8-0317; durch Phononen unterstütztes Elektroabsorpt.-Spektrum 12-0366; Elektron-Phonon-Wechselwrkg. für Bloch-Elektronen 14-0434; Phonon-Drag-Effekte bei Problemen mit heißen Elektronen 17-0436; Anteile d. Streuung an akust. u. opt. Phononen an d. Spin–Gitter-Relaxat. d. Leit.-Elektronen in Halbleitern vom Typ n-InSb in Ggw. schwacher u. quantisierender Magnetfelder 19-0426; Frequenzabhängigk. d. Leitfähigk. eines Elektronen–Phononen-Syst. 19-0442; Einfl. v. Phononen auf opt. Übergänge in d. Nähe d. krit. Punkte in d. Bandstruktur eines Isolators oder Halbleiters 24-0316; Elektron–Phonon-Koppl. in Dielektrika 30-0410; Einfl. d. Konz. auf d. Lichtabsorpt. u. Dispers. durch Störstellenzentren im Fall einer schwachen Elektron–Phonon-Koppl. 39-0353.

Einfl. d. Austauschwechselwrkg. durch therm. Schwing. d. Krist.-Gitters auf d. paramagnet. Resonanz 3-0394; Spin-Magnetophononenresonanz in Halbleitern 4-0373; Einfl. d. Spin-Magnetophononen-Wechselwrkg. auf d. Lichtabsorpt. in Halbleitern 4-0374; Einfl. d. Spin-Magnetophononen-Wechselwrkg. auf d. magnet. Suszeptibilität bei Halbleitern 4-0375; Berechn. d. Koeff. d. Spin-Phononen-Hamilton-Operators u. Einfl. d. Gitteranharmonizität auf Spin–Gitter-Relaxat.-Prozesse in Festkörpern 16-0314; Oszillat.- u. Korrelat. bei d. Relaxat. eines Modellspinsyst. 18-0321; Anteile d. Streuung an akust. u. opt. Phononen an d. Spin–Gitter-Relaxat. d. Leit.-Elektronen in Halbleitern vom Typ n-InSb in Ggw. schwacher u. quantisierender Magnetfelder 19-0426; Elektronenspin-Gitter-Relaxat. durch d. Zwei-Phononen-Prozeß 20-0318; Hyperfeinstruktur d. Rayleigh-Linie im Paramagnetikum durch Spin–Phonon-Wechselwrkg. 22-0288; Spin–Magnetophononen-Resonanz in Halbleitern 26-0395; Einfl. d. Wechselwrkg. v. Spins mit hochfrequenten Phononen auf d. thermodynam. Eig. 43-0276; Theorie d. spannungsverbreiterten Linienformen d. Spinresonanz u. opt. Nullphononenlinien 48-0356; Phononenengpaß: in paramagnet. Krist. (thermodynam. Beschreib.) 2-0376; in d. paramagnet. Relaxat. bei tiefen Temp. 3-0415; u. sein Einfl. auf d. paramagnet. Relaxat. 15-0432; Einfl. d. Phononen-„Flaschenhalses" auf d. kernmagnet. Relaxat. 20-0316; Einfl. d. Wechselwrkg. v. Spins mit hochfrequenten Phononen auf d. thermodynam. Eig. v. Paramagnetika 43-0276.

Durch Phonon–Exziton-Koppl. hervorgerufene Exziton–Exziton-Wechselwrkg. 2-0176; Beweg. lokalisierter Triplett-Exzitonen für d. Exziton-Phonon-Wechselwrkg. in ion. Mol.-Krist. 11-0383; phonongekoppelte Wechselwrkg. zwischen paramagnet. Exzitonen 16-0802; Dämpf. v. Mol.-Exzitonen, d. mit Phononen u. Verunreinig. in dünnen Krist. in Wechselwrkg. stehen 20-0276; Wander. freier Exzitonen u. deren Wechselwrkg. mit Phononen 21-0320; Schwing.-Koppl. v. Exzitonen mit mol. Phononen in Mol.-Krist. 22-0286; Beweg. freier Exzitonen in Krist. u. Exziton–Phonon-Wechselwrkg. 23-0377.

Winkelabhängigk. v. Einphonon–Kernquadrupol-Wechselwrkg. 4-0319; phononinduzierte Dipol–Kernspin-Übergänge 33-0418; Quadrupol- u. Kernspinwechselwrkg. über d. virtuelle Feld opt. Phononen 37-0405.

Phononenstreuung: durch Gitterdefekte 2-0279; an einer Substitut.-Verunreinig. in kub.-raumzentrierten u. kub.-flächenzentrierten Gittern 5-0301; Verbreiter. v. Störstellen-Spektren durch Phononen 6-0436; Resonanzwechselwrkg. zwischen d. Elektronen u. Verunreinig.-Zentren u. — in Halbleitern 18-0302; Verbreiter. d. Störstellen-Spektrallinien durch Phononen 20-0275; Wechselwrkg. paramagnet. Beimeng. mit Leit.-Elektronen über d. Phononenfeld 28-0442; durch Phononenaustausch induzierte Wechselwrkg. großer Reichweite zwischen paramagnet. Ionen 29-0387; Abschätz. d. Streuung v. Phononen an stat. Gitterfehlstellen mit Hilfe d. Variat.-Prinzips 37-0318; allg. Bezieh. zwischen Elektronenhaftstellen u. Normalmoden eines Gitters 42-0335; Streuung v. Phononen an Poren in dielektr. Krist. 45-0253; Phononenstreuung: an Defektebenen im kub.-primitiven Gitter 45-0255; durch paramagnet. Ionen u. Streuung durch andere Defekte 44-0506.

Wechselwrkg. opt. Phononen mit Magnetoplasmawellen in ion. Halbleitern parallel u. senkrecht zu einem äußeren Magnetfeld 1-0399; Koppl. polarer Phononen mit Magnetoplasmaschwing. eines entarteten Halbleiters 12-0440; Wechselwrkg. v. Plasmonen u. opt. Phononen in entarteten Halbleitern 22-0387; Unters. d. Plasmastrahl. durch Photonenanreg. als Plasmon–Phonon-Streuung 44-0329.

Einfl. d. Phonon–Magnon-Koppl. auf d. IR-Absorpt. v. antiferromagnet. Stoffen 8-0320; Wärmeleitfähigk. v. Antiferromagnetika bei tiefen Temp. für d. Fall eines Magnonen–Phononen-Drag 43-0309.

Raman-Prozesse mit Wechselwrkg. über d. Phononenfeld 10-0313; Photon–Phonon-Wechselwrkg. in Halbleitern 17-0436; Raman-Streuung v. Polaritonen bestehend aus transversalen opt. Phonen u. Photonen mit starker Koppl. durch Energie u. Wellenvektor 19-0319; Magnetophononen-Oszillat. d. Lichtabsorpt.-Koeff. im Eigenabsorpt.-Bereich 19-0326; Analyse gekoppelter Schwing. d. parametr. Phonon–Photon-Rückwärtswellenoszillators beim Durchgang eines intensiven Laserstrahls durch Materie 32-0322.

Kohärente Einphononenneutronenstreuung an gewissen polykrist. Materialien 4-0278; Energieverteil. d. Einphononen-Neutronenstreuung in Krist. (Anharmonizität) 45-0254.

Einfl. d. — auf d. Absorpt.-Koeff. bei d. Elektronenbeug. 31-0225.

Debye-Waller-Faktoren v. Krist. mit NaCl-Struktur 2-0182; Tabellier. v. bei d. Unters. d. *Debye-Waller-Faktors* u. dessen Ableit. nach d. Temp. verwendeten Integralfunkt. 14-0220; *Debye-Waller-Faktoren* für ^{57}Fe-Verunreinig. — Atome 15-0312; *Debye-Waller-Faktor* in d. dynam. Theorie v. Röntgen- u. Elektroneninterferenzen an Krist. 23-0229; Analyse v. Mess. d. *Debye-Waller-Faktors* u. therm. Mössbauer-Verschieb. (allg. Theorie) 48-0272.

Anorganische Stoffe

Nichtmetallische Elemente

2. Schall in festem He 13-0339.

Direkte spektroskop. Beobacht. d. Phonon-Spektrums v. festem Ar 3-0372; theoret. Phononenspektren v. festem Ar u. Kr 21-0243; Theorie d. Wechselwrkg. zwischen d. — u. d. Rotat.-Beweg. in festem H 1-0256; Phononenenergie v. spektralreinem krist. B 7-0361; charakterist. Schwing.-Frequenzen in Diamant 8-0253; Phononenspektrum v. Graphit 25-0260; Anisotropieverhältnis für akust. Phononenstreuung u. Deformat.-Potentialkonst. v. Si 1-0418; Schwing.-Spektren v. Li–O- u. Li–B-Komplexen in Si 2-0356; IR-Unters. lokalisierter Schwing. durch B u. Li in Si 2-0357; akust.-opt. Phononenstreuung in Si 4-0396; —-Spektrum v. Si zwischen *13,7* u. *16,8* μm 5-0353; Einfl. v. Phononen auf d. Temp.-Abhängigk. d. Tunneldurchschlages in Si 9-0455; Spektren d. elast. Schwing. v. Ge u. Si 15-0318; Analyse d. krit. Punktes d. Phononenspektren v. Diamant u. Si 17-0436; Einfl. v. einachs. Druck auf d. Zwei-Phononen-Gitterabsorpt.-Banden v. Si 22-0299; Gitterdynamik v. Si u. Diamant 23-0280; Einfl. d. Phononenenergie auf Elektroabsorpt.-Effekte an d. Bandkanten v. Si 26-0321; Theorie d. Phononenkaskade in Si 30-0347.

Elektron–Phonon-Prozesse v. N-Typ in Sb bei Temp. d. fl. ^{4}He 38-0428.

Metalle und Legierungen

Singularitäten d. Phononen-Absorpt.-Koeff. in Metallen 7-0479; Einfl. d. Phononendrags auf d. spezif. elektr. Widerstand v. Metallen 7-0488; Transport-Theorie d. Elektronen–Phononen-Wechselwrkg. in Metallen 19-0441; Phononendispers.: in Metallen 27-0307; in Übergangsmetallen 40-0239; Besonderh. d. Phononenspektrums in Metallen 43-0273; Elektron–Phonon-Wechselwrkg. in Übergangsmetallen 47-0394; Gitterdynamik einiger Übergangsmetalle im Krebsschen Modell 51/52-0243; Berechn. d. Phononenspektrums v. Alkalimetallen 43-0274; phononengeförderte IR-Absorpt. in Na 25-0311; Kraftkonst. v. Na 30-0227; Schwing.-Spektrum v. K im Elektronengasmodell v. Sharma u. Joshi 13-0320; dynam. Eig. v. K-Krist. (Pseudopotentialanalyse d. Phononenstreukurven bei *9* °K) 47-0280; Berechn. d. Phononendispers.-Bezieh. in Be unter Verw. d. Pseudopotentialnäher. 46-0284; Frequenzen d. normalen Moden in Mg 34-0319; kalorimetr. Beobacht. v. Phononenzuständen virtueller gebundener Moden in verd. Mg–Pb u. Mg–Cd-Leg. 41-0325; Gitterdynamik v. Zn 8-0254; Phononeneinfl. auf d. Kernspinrelaxat. in Supraleitern (Al) 4-0442; Beitrag d. Elektron-Phonon-Wechselwrkg. zur effektiven Masse, zur Übergangstemp. d. Supraleit. u. zum Widerstand v. Al 35-0421; Normalschwing. in Al 48-0278; Dispers.-Bezieh. für Phononen in Al bei *80* u. *300* °K 48-0291; Anisotropie in d. elektron. Dämpf. longitudinaler Phononen in In 27-0308; Beweise durch Ultraschall für d. starke Koppl. v. Elektronen an transversale Phononen in einkrist. In 38-0300.

IR-— v. Mg-Stannid 17-0436; Phononenspektrum v. weißem Sn 20-0230; akust.-opt. Phononenstreuung in Ge 4-0396; Analyse d. krit. Punktes d. Phononenspektren v. Ge 17-0436; Phononenstreuung durch Elektronen in Ge–Si-Leg. 17-0436; Einfl. einer Zwillingsgrenze auf d. transmittierten Phonon-drag-Effekt in Ge 20-0377; Gitterdynamik v. Ge 23-0280; Beobacht. d. v. Phononen begleiteten indirekten Übergänge v. Ge-Proben 23-0335; Einfl. d. Phononenenergie auf Elektroabsorpt.-Effekte an d. Bandkante v. Ge 26-0321; Theorie d. Phonenkaskade v. Ge 30-0347; Beobachtung d. Mössbauer-Effektes (*Debye-Waller-Faktor*) nach d. Coulomb-Anreg. v. ^{73}Ge 34-0310; durch Mikrowellenphononen unterstützte Tunnelwrkg. in supraleitenden Al/Pb-Dioden bei *1,3* °K 1-0476; Einfl. d. Leg.-Bldg. auf d. Phononenspektrum v. Pb–In-Leg. 21-0239; Modell-Pseudopotential u. d. Kohn-Effekt in Pb 25-0433; Gitterdynamik bei ungeordneten V-Leg. 47-0281; Phononen in fehlgeordneten Ni–Mo-Leg. 2-0280; mittlere quadrat. Atomverschieb. in Leg. d. Syst. Nb–W–Mo 34-0327; Temp.-Abhängigk. d. *Debye-Waller-Faktors* für *14,4* keV-γ-Strahlen v. ^{57}Fe-Verunreinig.-Kernen in d. Krist.-Gittern v. Zn, Mo u. Sn 15-0311; kohärente Spinwellen-Phonon-Wechselwrkg. in dünnen magnet. Schichten v. Permalloy 1-0379; Berechn. d. Matrixelemente für d. Elektron-Phonon-Wechselwrkg. 5-0489; Phononendispers.-Bezieh. in Ni 8-0255; Phononen-Dispers. v. Ni, Pb u. Nb 18-0404; Berechn. d. *Debye-Waller-Faktors* für Ni 30-0229, 33-0246; Berechn. d. Phononen-Dispers.-Kurven v. Na

u. Cu 8-0256; Einfl. geringer Verform. auf d. stat. Atomverschieb. in Cu u. Mo 8-0257; – v. Cu u. Al 15-0313; Phononenspektrum v. Cu nach Bailyns effektivem Matrixelement 31-0320; Phononendispers. in Cu bei *293* °K 33-0322; Berechn. d. Gitterdynamik v. Cu mit einem Morse-Potential 36-0250; gitterdynam. Eig. v. Cu 38-0289; Elektronen–Phononen-Wechselwrkg. bei d. Gitterleit. v. Cu–Ge-Leg. 38-0327; Anteil d. „Phono-Drag" zur Thermokraft in Cu–Al- u. Cu–Si-Leg. 39-0407; Einfl. therm. Krist.-– auf d. Ionen–Elektronen-Emiss.-Koeff. v. Cu-Targets bei Bombardier. mit $^{20}Ne^{+}$-, $^{40}Ar^{+}$- u. $^{84}Kr^{+}$-Ionen 39-0412; mittlere quadrat. Verschieb. v. Fe-Fremdatomen in Cu 43-0271; Einfl. d. Temp. auf d. Schwing.-Spektren v. Al- u. Ag-Krist. 5-0303; Temp.-Abhängigk. d. mittleren quadrat. statist. Atomverschieb. in homogenen Mischkrist. d. Syst. Al–Cu, Al–Mg u. Al–Ag 5-0304; Oberflächen-Gitterdynamik v. Ag (Debye-Waller-Faktor für langsame Elektronen) 40-0237; Röntgen-Unters. willkürl. Zustände im Syst. Cu/Au (Wärmeschwing. d. Atome) 15-0626; Phononenstreuung durch Gitterleerstellen in Pt 8-0396; Berechn. d. Spin–Phonon-Koppl.-Konst. d. Fe^{2+}-Ions in einer oktaedr. Umgeb. 44-0504.

Verbindungen

– v. festem HCl bis zu *1,5* °K 17-0362; Normalschwing. in hexagonalem BN 34-0376; Berechn. d. Frequenzverschieb. d. opt. akt. – d. Tieftemp.-Phase v. isotopen CO-Mol.-Krist. 25-0324; Wechselwrkg. v. Mikrowellen-Phononen mit Bestrahl.-Zentren in Quarz (ESR-Spektrum) 13-0423; harmon. Erzeug. v. Mikrowellenphononen in Quarz 14-0523; Temp.-Abhängigk. d. Phononendichte eines zylindr. Quarzkrist. in fl. ^{4}He 45-0486.

Einfl. d. Teilchengröße u. Struktur auf d. Schwing.-Frequenzen v. Schichtsilicaten 1-0337; akust.-opt. Phononenstreuung in III – V-Verb. 4-0396; – einiger Metallcarbonate 24-0351; neue Schwing.-Niveaus u. Interpretat. lokaler Gitterschwing. v. Cyanationen in Alkalimetallhalogeniden 1-0330; anharmon. Wechselwrkg. dritter Ordn. v. IR-Phononen in Alkalimetallhalogeniden 2-0282; pseudolokalisierte Schwing. d. M^{2+}-Leerstellenkomplexes v. Alkalimetallhalogeniden 29-0280; äußere Schwing.-Moden kleiner mehratomiger, in Alkalimetallhalogeniden isolierter Ionen (NCO^-, N_3^-, BO_2^-, NO_3^-, CN^-) 32-0339; *Debye-Waller-Faktor* u. Doppler-Verschieb. *2.* Ordn. v. ^{129}J in Alkalimetalljodiden 36-0252; Temp.-Abhängigk. d. Absorpt.-Linienbreite lokaler Schwing. v. H^-- u. D^--Ionen in Alkalimetallhalogenidkrist. 39-0364; Unters. d. OH-Beweg. niedriger Frequenz in LiOH durch unelast. Neutronenstreuung 1-0257; Anw. d. Bezieh. v. Fuchs auf d. Gitterdynamik v. LiF 7-0297; Isotopenverschieb. v. Übergängen in LiF mit u. ohne Phononenkoppl. 13-0384; anharmon. Drei-Phononen-Prozesse in LiF 27-0304; *Debye-Waller-Faktor* v. ^{129}J in $Na^{129}J$ 2-0274; Phononenstreuung an groben Gitterstör. in NaCl 15-0314; – v. $NaNO_2$ zwischen *30* u. *150* *μ* in d. ferro- u. paraelektr. Phase 25-0326; Null-Phononenlinien v. Farbzentren in LiF u. NaF nach Elektronen- u. Neutronenbestrahl. 30-0291; berechneter Beitrag v. Multiphononenprozessen zur Intensität d. diffusen Röntgenstreuung v. NaCl 46-0343; Einfl. zusätzl. Störstellen auf d. lokalisierten H-Schwing. in KCl-Krist. 16-0288; Photonen- u. Phononenwechselwrkg. mit OH^- u. OD^- in KCl 34-0374; Temp.-Abhängigk. atomarer Verschieb. in KJ 41-0309; normale Translat.-Schwing. v. seignetteelektr. KH_2PO_4-Krist. 42-0265; durch Phononen an KCl : Tl-Einkrist. ausgelöste Emiss. aus verbotenen Übergängen 48-0336; durch lokale – in d. U-Bande verursachte Isotopieeffekte bei H^-- u. D^--Ionen enthaltenden KCl-, KBr u. RbCl-Krist. 15-0380; Gitterdynamik v. RbJ 41-0245; Druckabhängigk. d. transversalen akust. [*100*]-Zonengrenzen-Phononenfrequenz u. polymorpher Übergang in RbJ 43-0286; Gitterdynamik v. CsJ 16-0295; Raman-Streuung an quasilokalisierten Schwing. im Bereich v. Na-, Cs- u. Rb-Störstellen in KCl-Krist. 18-0305; *Debye-Waller-Faktoren*: v. Cs-Chlorid 25-0204; für d. Cs-Ion in d. Cs-Halogeniden aus d. Mess. d. Mössbauer-Effekts in ^{133}Cs 40-0236; Schwing.-Spektren v. CsN_3-Krist. 41-0401; durch lokale – in d. U-Bande verursachte Isotopieeffekte bei H^-- u. D^--Ionen enthaltenden KCl-, KBr -u. RbCl-Krist. 15-0380; therm. Beweg. d. NH_4^+-Ions in NH_4Br-Krist. 3-0583; Temp.-Abhängigk. d. Breite u. Verschieb. v. Nullphononabsorpt.-Linien in Gd-aktivierten Erdalkalimetallfluoriden 37-0378; – v. BeO 41-0310; Nullphononenlinien in mit Neutronen bestrahlten MgO-Krist. 30-0293; Zweiphononenübergang in MgO-Krist. mit Fe^{2+}-Geh. bei akust. paramagnet. Resonanz 33-0420; Streuung v. Phononen durch Versetz. in LiF, NaF, NaCl, KCl, KBr, KJ, NaJ u. MgO 38-0297; Beobacht. v. in paramagnet. Relaxat. erzeugten Phononen in einem Fe^{3+}-dotierten Stab aus MgO 39-0398; thermodynam. Berechn. d. *Debye-Waller-Faktoren* v. Kaliumbromid u. MgO 40-0235; Null-Phononen-Linie im opt. Absorpt.-Spektrum v. einachsig verspanntem MgO 43-0349; Phononen-begrenzte opt. Maser $MgO : Ni^{2+}$, $MgF_2 : Ni^{2+}$, $MnF_2 : Ni^{2+}$, $MgF_2 : Co^{2+}$, $ZnF_2 : Co^{2+}$, $KMgF_3 : Co^{2+}$ u. $MgF_2 : V^{2+}$ 45-0362; Lichtstreuung durch kohärent angeregte – in einem Calcit-Krist. 35-0116; IR-Schwing.-Mode v. $SrCl_2$ 8-0327.

Helikon–Phonon-Wechselwrkg. in Cd_3As_2 5-0449; Exzitonenkomplexe u. Phononenserien d. Lumineszenz v. CdS 7-0388; Erzeug. kohärenter Phononen im GHz-Bereich über isolierende CdS-Filme 8-0483; Lad.-Trägererzeug. in CdS für d. Fall d. opt. Zweiphononenanreg. durch Rubinlaserstrahl. 13-0397; durch Phononenverstärk. verursachte Stromschwing. u. Bereiche hoher Feldstärke in dunkelleitenden CdS-Krist. 15-0490; Dispers.-Kurven v. Phononen in hexagonalem CdS 17-0436; Exziton–Phonon-Wechselwrkg. in CdS u. Verschieb. d. Exzitonenmaximums 23-0376; Phononenprozesse in CdS_xSe_{1-x}-Mischkrist. 24-0348; Nullphononen-Linien u. Phononenkoppl. v. ZnSe : Mn u. CdS : Mn 30-0292; Verstärk. d. Raman-Streuquerschnittes in CdS durch Resonanzabsorpt. d. Phononen 31-0380; Streuung d. Elektronen an d. – im CdO 32-0418; Effekte höherer Ordn. bei d. Entw. v. Phononen in CdS 47-0432; Gruppen-Drift-Geschw. v. Paketen aus Elektronen u. Phononen in CdS-Krist. 48-0396; direkte $^2T_1$–^2E-Phononrelaxat. in Rubin u. ihr Einfl. auf d. R-Linienbreite 19-0391; Phonon-drag bei p-GaAs 4-0402; Elektron–Phonon-Wechselwrkg. in GaAs u. CdS 14-0478; Unters. d. Phononenstreuung in dotiertem GaAs aus d. Magnetowärmeleitfähigk. 17-0436; fundamentale IR-–-Spektren v. GaAs 17-0436; Gitterdynamik v. GaAs 23-0280; Spinanreg.-Mechanismen für d. ^{75}As-Isotop in GaAs mit Mehrphononenprozessen 23-0387; IR-Absorpt. lokalisierter Schwing. v. P in GaAs 31-0367; Beobacht. d. Wechselwrkg. v. Plasmonen mit longitudinalen opt. Phononen in GaAs 31-0451; Phononenstreuung in dotierten GaSb-Krist. 34-0346; Resonanzstreuung v. Phononen in GaAs 36-0267; –-Spektren v. $GaAs_xP_{1-x}$-Einkrist. 38-0372; Spin–flip-Wechselwrkg. v. Elektronen mit opt. Phononen in InSb 16-0360; Stör. d. Phononenverteil. durch warme Elektronen in n-InSb 17-0436; „Phonon-Drag" u. Phononen-Wechselwrkg. in n-InSb 39-0408; IR-Gitterspektren kub. Oxide d. Seltenerdmetalle im Bereich *700 – 50* cm^{-1} 31-0370; auf opt. Schwing. v. niedr. Frequenz in tetragonalem $BaTiO_3$ zurückführende diffuse Elektronen- u. Röntgenbeug.-Strichmuster 16-0189; Unters. v. $BaTiO_3$-– mit Röntgenstrahlen 34-0318; Einfl. v. Ca, Sr, Ba u. Pb auf d. Schwing. d. CO_3^{2-} in rhomb. $CaCO_3$, $SrCO_3$, $BaCO_3$ u. $PbCO_3$ 3-0375; transversale opt. Phononen in PbS 17-0436; Krist.-Dynamik v. Pb-Tellurid 23-0282; Einfl. starker Phononen auf d. Supraleiter mit hoher Übergangstemp. V_3Ga u. V_3Si 8-0470; unelast. Streuung v. kalten Neutronen an lokalisierten Moden in V-Hydridsyst. 25-0263; Auswahlregeln für d. Zwei-Phononen-Prozeß im Raman- u. IR-Effekt im vieratom. BiF_3 22-0313; IR-Spektren d. – v. α-Al_2O_3 u. Cr_2O_3 10-0349; Resonanz-Störstellen-Schwing. u. Mössbauer-Effekt für Eu-dotiertes MnF_2 30-0289; Faktorgruppenanalyse d. opt. Schwing. v. $KReO_4$ im Raman-Effekt u. im IR-Spektrum (Phononen) 16-0298; durch Mikrowellenphononen bewirkte Leitfähigk.-Änder. in CdS 31-0452.

Phononen- u. Magnonen-Widerstandseffekte v. Ferriten 11-0312; Verstärk. v. Spinwellen durch Phononenpumpen bes. in Li- u. Y-Ferriten 22-0368; Spin–Phonon-Wechselwrkg. in Yttriumferrit 37-0325; – v. Hexanitrocobaltat(III)- u. einigen Co-Hexamminkomplexen 26-0341; opt. akt. – in Ni-Fluorid 17-0436; Anreg. v. Phononen bei d. Lichtabsorpt. in antiferromagnet. NiF_2 39-0356; –-Banden v. Cu_2S 4-0415; – v. $K_2[PtCl_4]$, $K_2[PdCl_4]$ u. $K_2[PtCl_6]$ 25-0318; an Phononen gekoppelte Paarspektren v. K_2ReCl_6 in K_2PtCl_6-Einkrist. 47-0347.

Zusammengesetzte Stoffe

Durch Mikrowellenphononen unterstützte Tunnelprozesse in Supraleitern (supraleitendem Al–Al_2O_3–Pb, Al–Al_2O_3–Sn, Pb–Al_2O_3–Sn u. Pb–Al_2O_3–Pb) 3-0513; Phononenspektroskopie v. Ge–Si-Tunnel-Heteroübergängen 4-0386; durch therm. Phononen unterstütztes Tunneln in Supraleitern (Unters. an Pb–Pb-Oxid–Pb- oder Pb–Al-Oxid–Pb-Proben) 37-0484.

Metallhaltige organische Stoffe

Phonon-Engpaß im Tb-Äthylsulfat unter Verw. d. magnetoopt. Faraday-Effekts 15-0433; Anwend. d. Raumgruppentheorie auf d. Schwing.-Problem v. $[(CH_3)_4N]_2[UCl_6]$ 20-0288; Effekt d. krit. Phonon-Relaxat. in Rochelle-Salz nahe d. oberen λ-Punkt 47-0334.

Organische Stoffe

Beweg. eines Exzitons entlang eines Polymers unter d. Einfl. d. – 15-0388; Gitterdynamik v. festem Adamantan 40-0894.

Bibliographie

Phonons in perfect lattices and in lattices with point imperfections B 34; The physics of solids: ionic crystals, lattice vibrations, and imperfections B 74.

GKŽ-94 s. unter *Plaste, Si-Plaste* (*Weitere Organo-Si-Polymere*).

G 13 L s. unter *Eisen, Schmiedeeisen und Stahl* (*Sondermarken*).

15 GL s. unter *Eisen, Schmiedeeisen und Stahl* (*Sondermarken*).

Glabrin (F. 290 Zers.), Isolier. aus d. Samen v. Pongamia glabra 3-1077.

Glabrosaponin (F. 270 – 275 Zers.), Isolier. aus d. Samen v. Pongamia glabra 3-1077.

Gladkait, Entsteh. v. – 4-0772.

Glanduitrin s. unter $C_{46}H_{64}N_{12}O_{12}S_2$.

Glanzkobalt s. unter *Cobaltin.*

Glaphenine s. unter $C_{19}H_{17}ClN_2O_4$.

Glas

Natürliche (vulkan.) Gläser s. unter *Geologie*; organ. – s. unter *Plaste.* Siehe auch *Spiegel.*

Allgemeines, Geschichte, Fortschritte

–, –-Keramik u. Sinter-–-Keramik 4-2196; Präzis.-–-Verb. 18-1912; Zerfall u. Restaurier. v. – 23-0820; blanke u. geschliffene Kegelverb. 26-1942; Berichte d. VII. Internationalen –-Kongresses (Bruxelles *1965*) 26-2393 bis 26-2398; Gase u. W. im – 26-2400; Betracht. über d. auf – angewandten Grundbegriffe 37-2086; – (Fortschrittsberichte d. *7.* Konferenz für Silicatindustrie Budapest *1963*) 38-2269; Systematik v. Silicatgläsern 41-2188; Definit. d. Begriffe hochkieselsäurehalt. –, Quarz u. Quarz-– 43-2077.

Herstellung, Bearbeitung, Verwendung

Arbeits- u. Feuerschutz in d. –-Industrie 10-2394; Staubbekämpf. in d. – 10-2395; Rolle d. Diffus. bei d. Gewinn. v. –-Proben verschiedener Zus. 11-0284; Einsatz v. Pt in d. –-Industrie 18-2334; Verpack.-– auf Hochofenschlackebasis 28-2296; Verw. v. radioakt. Isotopen in d. –-Industrie 36-2194; Herst. v. –-Proben wechselnder Zus. 40-0226.

Rohstoffe

Behandl. v. –-Rohstoffen mit Verb. d. Se, S, As, Sb u. Te 6-2265*; Herst. v. W.- u. CO_2-armen –-Rohstoffen 7-2399*; Perspektiven d. –-Industrie bei Verw. v. Mg-reichen Ausgangsstoffen guter Qualität 11-2389; Reinig. v. Sanden (chem.) 11-2404*; (Flotat.) 14-2373; Aufbereit. v. –-Rohstoffen 15-2303; Hochofenschlacken als Rohmaterial in d. –-Industrie 25-2087; Aufbereit. v. –-Sanden zur Entfern. d. Fe-Hydroxid-Films 26-2412*; armen. Perlite als Rohstoffe für d. –-Industrie 28-2277; Feldspatrohstoffe für d. –-Produkt. aus leukokraten Graniten 28-2278; Pb enthaltendes Rohmaterial für d. –-Herst. 28-2279; Quarzrohstofflagerstätte für d. –-Industrie Westsibiriens 31-2233; Gangquarz als Rohstoff zur –-Herst. 38-2270; Verw. d. Tones v. Skesar Hill in d. –-Industrie 42-0781; Quarzsandvork. in Surinam 42-2171; chem. Aufbereit. v. Quarzsanden 42-2172; Rohstoffquellen d. –-Industrie (Kieselsäurelagerstätten in Assam, Madhya Pradesh u. Orissa) 44-2159; Herst. v. Ausgangsstoff für d. –-Herst. aus NaCl 48-2335*; hochwert. Feldspat aus poln. Rohstoffen für d. –-Industrie 51/52-2199.

Öfen

Feuerfeste keram. Formkörper für –-Schmelzöfen 1-2414*; Pyroxenbldg. bei d. Umwandl. feuerfester Materialien aus Cr-Magnesit in –-Öfen 5-2348; Einfl.: d. –-Komponenten auf d. Korros. v. Hafenton

Glasversätze und Schmelzverfahren

Formen, Kühlen und Härten

Oberflächenbehandlung, Überzüge auf Glas und dergleichen

Styrol-Butadien-Latex als Überzugsmittel 51/52-2976*.

Verbinden von Glas mit Metallen und anderen Werkstoffen

Verkleben mit Metall, Holz oder Kunststoffen mit Si-organ. Epoxidklebharzen 2-2905*; Verbinden mit Polyäthylen 6-2869*; Oxidbldg. u. -adhäs. an Fe–Co–Ni-Leg. zur ––Verkleb. 8-2279; Anglas. v. Co-Rohren 9-2422; Herst. v. direkten ––Metall-Dicht. 12-1859; Verschmelz. v. rostbeständ. Stahl mit Hart-– 12-2053; druckdichte Metall–––Verb. 15-1930; Klebetemp. zwischen – u. Metallen 18-2345; Spann. in bimetall. ––In–––Zus. 19-2328; Klebmittel: zum Verkleben v. – (ultrarotdurchläss.) 19-2952*; für glatte ––Flächen (durchsicht.) 21-2414*; aus Organoborpolymeren für – (hitzebeständ.) 21-3195*; Verkleben v. Kunststoffen mit – 21-3200*; vakuumdichte ––Metall-Verb. 22-1845; ––Metall-Vereinig. 23-2257*; Herst. v. durch ––Einlagen versteiften Metallkörpern 23-2402*; Einschmelzen v. Cr–Ni-Stahl in – 23-2435*; Einfl. d. Adhäs. auf d. inneren Spann. bei ––Klebverb. 24-1165; wasserfeste, dauerhafte Verb. zwischen – u. Metall 28-2301*; Metall–––Material v. guter Korros.-Beständigk. 30-2278*; Verschmelzgläser für Hart–––Gegenstände 36-2204*; Einschmelz-– für Metalle 36-2219*; Werner-Komplexe v. Cr u. Polycarbonsäuren zur Behandl. v. – zum Einschluß in Plastikplatten 36-2721*; Verschmelz-– für W 38-2279*; Einschmelz-– (leichtschmelzend) 38-2280*; (mit niedr. Wärmeausdehn.) 38-2281*; (mit hoher Wärmeausdehn.) 38-2282*; Verb. zwischen Metallteil u. Isolierteil aus – 39-2173*; Unters. v. –/Metall Syst. 40-2220; Pb–Borat-Einschmelz-– für Quarzlampen 41-2187*; konzentr. Mehrfacheinschmelz. nach d. Druck–––Prinzip 42-2181; Verchromen v. Mo zum Verschmelzen mit – 43-1983; ––Metall-Verb. unter Verw. v. Fe–Ni–Co- oder Fe–Ni-Leg. 45-2136*; Herst. v. ––überzogenem Stahl 51/52-2441*.

Anwendungen

Behältergläser (Lichtschutzwrkg.) 3-2304; Stabilisier. v. Kalk durch ––Überzüge 4-2211; Anwend. v. gesinterten Gläsern in d. Elektronik 6-2264; glas. Schutzhülle für radioakt. Abfälle 9-2327*; Verw. v. ––Pulver in Bauelementen 10-2447*; Gläser als Isolat.-Materialien für elektr. Mikrosyst. 11-2427; Haltbark. v. Salbengrundlagen in – 13-1851; Verw. v. – bei d. Herst. v. elektr. Widerständen 15-2265*; Schmiermittel für heiße Metallbearbeit. auf ––Pulverbasis 17-2679*; Verbesser. d. Zerspanbark. v. Stählen durch Zugabe v. – beim Vergießen 18-2588*; drehbarer Vakuumverschluß aus – 19-1928; Verw. v. Jenaer ––Mehl als Düngemittel mit langsamer Borfreisetz. 19-3213; Fixier. v. radioakt. Abfällen in – 22-2180; Herst. v. Cr_3C_2-Schichten mit Bindemittel aus Borsilicat-– auf Stahl 23-2357; ––halt. Paste zur Metallisier. v. Keramik 26-2445*; Verw. v. ––Pulver: zur Isolier. v. elektr. Leit. 28-2252*; zum Schmieren v. Schmiedegesenken 32-2409; ––Rohrleit. für chem. u. petrolchem. Betriebe 35-2086; Verw.: v. ––Pulver in selbstschmierendem Bremselement 37-1998*; v. feingemahlenem Fenster-– in Schmiermittel zum Heißpressen v. Metallen 45-2377*; ––enthaltende Schutzüberzüge 51/52-2972*.

Physikalische Eigenschaften und chemisches Verhalten

Eig. v. silicatfreien Gläsern s. unter *Glasiger und amorpher Zustand.* Vorgänge bei d. ––Herst. s. d. Abschnitt *Herstellung, Bearbeitung, Verwendung.* Eig. u. Verh. besonderer Gläser s. auch d. Abschnitt *Spezielle Gläser.*

Theoret. Betracht. über d. fundamentalen Eig. v. – mit Hilfe d. Konzept. d. Mikrophasentheorie 5-0293; Zusammenhang zwischen Struktur u. physikal. Eig. v. – 9-0354; Chemie u. Physik Fe-halt. Gläser 9-2421; Einfl.: d. effektiven Kernlad. d. Kationen im – auf seine Eig. 16-0219; d. Natur d. Kationen auf d. Eig. v. Alkalisilicat-Gläsern 24-0269; Eig. v. Schaumquarz-– 40-0227.

Ionenbeschuß v. – 13-2416; Dosis-Buildup-Faktoren v. ebenen parallelen Barrieren aus – für ebene monogerichtete ^{60}Co-Quelle 15-0060; durch therm. Neutronen u. γ-Strahlen verursachtes Entgasen v. – 23-2221; Einw. v. therm. Neutronen auf Borat-– 40-0014.

IR-Spektren u. Strukturbesonderh. v. Gläsern d. Syst. $Na_2O/B_2O_3/ZrO_2/SiO_2$ 4-0306; Spektraleig. v. seltenerdmetallhalt. Gläsern 5-0358; Reflex.-Spektren u. opt. Übergänge in Quarz-– 5-0359; Einfl. d. Temp. auf d. IR-Reflex.-Spektren v. Quarz-– 5-0360; IR-Absorpt.-Spektren v. Gläsern d. Syst. MgO/SiO_2 u. $Na_2O/MgO/SiO_2$ 8-0339; Absorpt.- u. Fluoreszenzspektren v. Mn^{2+} in Gläsern 10-0346; spektrale Eig. v. Fe in Silicat- u. Boratgläsern 10-0347; IR-Spektren v. glas. Na-Silicaten mit u. ohne Fluoridzusatz 10-0348; Strahl.-Lumineszenz-Eig. v. Quarzoidgläsern 15-0406; opt. Spektren d. verschiedenen Valenzzustände d. V im $Na_2O \cdot 2SiO_2$-– 19-0340; IR-Absorpt.-Spektren v. alkalifreien u. Na_2O-halt. Ca- u. Mg-Silicatgläsern 26-0342; Reflex.-Spektren v. Filter-– BG *24* 33-0389; Verteil. d. IR-Absorpt.-Banden im Bereich d. W.-Absorpt. für krist. Gläser 33-0398; Wellenlängen u. Halbwertsbreiten d. Bor–K-Linie v. W.-Absorpt. für krist. Gläser 33-0398; Wellenlängen u. Halbwertsbreiten d. Bor–K-Linie v. Pyrex 35-0331; Feinstruktur d. Röntgenabsorpt.-Kante v. Gläsern d. Syst. $CaO/Al_2O_3/GeO_2/SiO_2$ 35-0350; bei tiefer Temp. in Gläsern gebildete Absorpt.-Zentren 37-0386; Quantenübergang beim Energietransport zwischen Yb^{3+} u. Er^{3+} in – 39-0378; Absorpt.- u. Emiss.-Spektren v. Tl in Quarz-– 40-0313; zwei-Photonen-Addit. in gekoppelten Er^{3+}-Ionen in Silicat-– 45-0335.

Therm. Glowkurven v. Gläsern nach UV-, Röntgen- u. γ-Strahlanreg. 1-0354; Teildispers. v. Gläsern 2-0329; elektroopt. Effekt v. ferroelektr. Mikrokrist. in ––Matrix 6-0333; mittlerer Brech.-Index v. Kron- u. Zn-Krongläsern 7-0348; opt. u. spektrale Eig. v. Seltenerdmetalloxiden in Gläsern 8-0315; Sensibilisier. d. Lumineszenz v. Nd^{3+}-Ionen in Baryt-Kron-– durch Cr^{3+} 8-0350; opt. Konst. v. Gläsern in dünnen Schichten im IR 10-0323; Unters. v. Na-Silicatgläsern im IR an dünnen Filmen 10-0324; Lumineszenz v. Pr^{3+} in Silicatgläsern 12-0398; Einfl.: v. – auf d. Nachleuchten v. W. nach Bestrahl. 13-0392; v. hydrostat. Druck auf Brech.-Index u. Polarisierbark. v. Silicatgläsern 14-0359; therm. Verzerr. in angeregte Strahl. erzeugenden ––Proben 14-0430; Thermolumineszenz v. glas. Na-Silicat 15-0404; Strahl.-Lumineszenz-Eig. v. Quarzoidgläsern 15-0406; Kryostat für opt. Mess. v. Strahl.-Defekten in Gläsern 17-1941; opt. Konst. v. Gläsern im Vakuum-UV-Bereich 23-0336; Reflex.-Polarisat. u. Anwend. im extremen UV 28-0306; opt. Unters. v. röntgenbestrahlten Na-Silicatgläsern 28-0335; konkurrierender Haftstelleneinfang in Eu^{3+}-dotierten Na-Disilicatgläsern 28-0336; Brillouin-Streuungsspektren v. Quarz- u. Pyrex-– 29-0321; Strahl.-Absorpt. v. Filmen mit pulverisiertem – als Streuteilchen 30-0277; Phosphoreszenz v. Tb^{3+} in Ba-Kron-– 31-0393; opt. Eig. v. Au-Solen in – 31-0626; Reflex. weicher Röntgenstrahlen durch polierte Oberflächen v. Pyrex-– 35-0325; opt. Eig. v. vorgespanntem – 36-2201; Lichtreflex. durch matte ––Oberflächen 38-0353; Brech.-Indizes v. polyalkal. Silicatgläsern 39-2154; polarisat.-opt. Unters. v. Oberflächen verschiedener Schott-Gläser (Einw. v. Beglimm.) 40-0291; (Einw. v. Glühelektronenbeschuß) 40-0292; Doppelbrech. im – d. Syst. $Li_2O/Al_2O_3/SiO_2$ 40-2211; Fluoreszenz in Ba-Kron-– mit 5% Nd 41-0427; stimulierte opt. Laser-Frequenzmisch. in opt. Gläsern 44-0332; Absorpt.-Koeff. v. Gläsern im Submillimeter-Bereich 44-0345; Lumineszenz: v. mit Tb^{3+} aktivierten Gläsern 44-0373; v. in porösen Gläsern gefrorenen Cyanoplatinat-Lsg. 48-0353; durch Rekombinat.-Stellen begrenztes Konz.-Löschen d. Gd(III)-Fluoreszenz in Calibo-1-– 48-0354; opt. Durchlässigk. v. Quarz-– bei höheren Temp. 51/52-0310.

––Bldg.-Bereich u. Gleichgew.-Diagramm d. Syst. $SiO_2/Al_2O_3/Na_2O$ u. $SiO_2/Al_2O_3/CaO$ 1-2380; Mikroheterogenität, Keimbldg. u. Kristallisat. in Gläsern 1-2382; Struktur d. Natronkalkgläser 1-2383; Entmisch. u. Kristallisat. in Gläsern d. Syst. $Na_2O/TiO_2/SiO_2$ 3-2303; IR-Spektren u. Strukturbesonderh. v. Gläsern d. Syst. $Na_2O/B_2O_3/ZrO_2/SiO_2$ 4-0306; Bldg. v. ––Phasen beim Erstarren v. Schmelzen im Syst. $SiO_2/Al_2O_3/CaF_2$ 4-0546; Ultradünnschnitte zur elektronenmkr. Unters. v. Gläsern 5-2051; Kristallisat.: v. Cr_2O_3 enthaltenden Anorthit/Wollastonit-Gläsern 6-0289; d. metastabilen Phasen im Syst. $Li_2O/Al_2O_3/SiO_2/TiO_2$ (IR-spektroskop. Unters.) 7-0367; v. Gläsern im Syst. $SiO_2/Al_2O_3/BaO/TiO_2$ 7-0599; elektronenmkr. Unters. d. Feinstruktur v. – (Ultrafeinschnitte) 8-0246; Neutronenbeug. an Na-Silicat-– u. Additivität d. Intensitätsdaten 8-0247; chem. Stabilität u. Struktur d. Gläser im Syst. K_2O/SiO_2 10-2397; mögl. Ringstruktur in Quarz-– 11-0282; katalyt. Kristallisat. v. – 11-2202; Primärkristallisat. v. Gläsern d. Syst. $Na_2O/TiO_2/SiO_2$ (Bezieh. zu Entmisch.) 11-2394; Strukturvorstell. v. – (Zusammenhang mit physikal. u. chem. Eig.) 13-0312; IR-spektroskop. Unters. d. Kristallisat. komplexer Gläser 13-0313; Ausscheid.-Vorgänge bei Ti-halt. Fluorsilicat-– 14-2383; Kristallisat. v. Sb-Verb. in Gläsern 15-0304; Strukturumwandl. in Gläsern d. Syst. $SiO_2/Al_2O_3/BaO/TiO_2$ 16-0221; metastabile Entmisch. im Syst. Alkalimetalloxid/SiO_2 16-0519; ––Struktur 16-2219; prim. Phasen im klaren Flach-– 16-2221; Keimbldg. in Gläsern 16-2222; chem. Charakteristik, Polykieselsäuren u. O^{2-}-Refrakt. bei Silicatgläsern 18-0283; obere Grenzen d. ––Bldg. in d. bin. Oxidsyst. alkal. Metalle mit SiO_2 18-2335; Entglas. v. – d. Syst. Na_2O/SiO_2 18-2336; Strukturvorstell. d. anorgan. Gläser 18-2338; Kristallisat. v. BaO u. TiO_2 enthaltenden Gläsern 18-2341; kugel. Einschlüsse im Flach-– 18-2342; Kristallisat.: v. stöchiometr. SiO_2-– in H_2O-Atmosphäre 20-0223; u. Keimbldg. v. Ba-Silicatgläsern 20-2287; Einfl. v. koll. Au u. K_2O auf d. Bldg. v. Li-Metasilicatkristalliten in photoempfindl. Opalgläsern 23-0279; Kristallisat. v. Gläsern (Unters. d. Anfangsstadien mit Anwend. d. Mössbauer-Effekts) 24-0267; chem. Inhomogenität v. Borosilicatgläsern 24-0268; Kristallisat. v. Erdalkali–Alumo–Silicat-Gläsern (gesteuerte) 24-2262; Best. d. Kristallisat.-Verh. v. Gläsern 24-2264; struktureller Aufbau v. – 26-0270; induzierte Orientier.-Doppelbrech. u. Struktur v. ––Schmelzen 27-0291; Einfl. v. F u. K_2O auf d. Kristallisat.-Eig. v. Tafel-– 28-2282; nichtkrist. Mikrophasentrenn. im – 30-2255; Gesetzmäßigk. d. Kristallisat. u. Natur v. Quarz-– 32-0256; Seiger.-Natur d. chem. inhomogenen Struktur v. alkaliarmen Na-Silicatgläsern 36-0233; Kristallisat. v. Gläsern d. Syst. $SiO_2/Al_2O_3/CaO$ u. $SiO_2/Al_2O_3/MgO$ 36-0234; Entglas. v. opt. u. B-Silicatgläsern (Lichtstreuungsmess.) 36-2200; Defekte in Gläsern 38-0285; Kleinwinkel-Röntgenstreuung durch metastabile Entmisch. in – 39-0268; chem. Mikroinhomogenität v. Gläsern u. Sitallen 39-2158; Bldg. v. Viererkoordinat.-Strukturen v. Al^{3+} u. B^{3+} in Gläsern 40-0222; Eig. u. Struktur v. Gläsern d. Syst. $BaO/SiO_2/TiO_2$ 40-0224; Kristallisat. v. Fe-halt. Mehrstoffgläsern 40-0225; Kristallisat.-Vermögen d. ––Syst. Albit/Anorthit/Diopsid 40-2199; strukturelle Bezieh. d. Gläser im Syst. Li_2SiO_3/SiO_2 40-2202; Strukturunters.: v. Sr-Silicatgläsern nach d. IR-Absorpt.-Spektren 40-2209; v. krist. Gläsern mit Hilfe d. UV-Absorpt.-Spektren 40-2210; Sphärolithe in Silicatgläsern (Wachstum) 41-0292; (Bldg.) 41-0293; chem. Homogenität v. Li-Alumosilicatgläsern 41-0295; Phasenumwandl. u. Änder. d. Mikrostruktur u. mechan. Eig. bei d. Kristallisat. v. Li-Alumosilicatgläsern 41-0296; opt. u. elektronenmkr. Unters. d. Umwandl. v. $2CaO \cdot Al_2O_3 \cdot SiO_2$-– 41-0542; innere Struktur v. Borosilicat- u. Natrongläsern 41-2190; Einfl. v. Al_2O_3-Zusätzen auf chem. Stabilität u. Struktur v. K–Silicatgläsern 42-0261; Koordinat.-Verhältnisse d. Al-Ionen in $CaO \cdot Al_2O_3 \cdot SiO_2$-Gläsern 43-2075; Nachw. v. VO^{2+} in – durch ESR 45-0355; ––Phase in schmelzfl. gegossenen ––Wannensteinen 45-2117; Phasentrenn. in Gläsern 45-2120; Eig. u. Kristallisat. v. Cordierit-– 46-2213; Analyse v. statist. Netzwerk-Modellen bei Quarz-– 47-0276; statist. Netzwerkmodell für Quarz-– 48-0263; Kristallisat. d. Syst. $SiO_2/CaO/Na_2O$ u. $Li_2O \cdot 4SiO_2/Na_2O \cdot 4SiO_2/K_2O \cdot 4SiO_2$ mit CaO 48-0264; Keimbldg. u. Wachstum v. Krist. in – 48-0265; Krist.- u. ––Zustand v. Sitallen d. Syst. $Li_2O/Al_2O_3/SiO_2$ 49/50-0367; Änder. in d. Zus. v. $K_2O/SrO/SiO_2$-– während d. elektron. Mikrosondenanalyse 51/52-0227; ––Phase 51/52-2198; Kristallisat. v. $Li_2O/Al_2O_3/SiO_2$-Gläsern mit TiO_2-Zusatz 51/52-2201.

Innere Selbstzerstör. v. Nd–––Lasern 3-0422; Einfl. v. kugelförm., dispergiertem W auf d. Elastizitätsmodul v. – 4-2198; mechan. Eig. v. chem. verfestigtem – 11-2398; direkte Mess. d. Bruchenergie v. – 13-0334; dynam. Ermüd. 14-0328; durch Laserstrahl in Gläsern hervorgerufene Brüche 15-0357; neue Aspekte d. Festigk. v. – 16-2220; Temp.-Beständigk. v. ––Prod. 16-2227; Oberflächenfehler (Statistik d. Fehlerverteil.) 16-2228; Kratertiefe u. Materialfestigk. bei Hochgeschw.-Vers. an – 17-0310; Zerstör. v. Silicat-– bei Einw. starker Laserstrahl. 19-0315; Grenzflächenreib. in Bezieh. zu Oberflächendefekten v. – 19-2323; Temp.-Steiger. während d. Reibens v. Metall auf – (Verform.-Erhol. kleiner ––Teilchen) 19-2515; graph. Darst. v. Kriech- u. Relaxat.-Erschein. für – 20-2275; Spann. im – (Einfl. auf d. Bruchfestigk.) 20-2281; Ritzbark. v. Flach-– in Abhängigk. v. Herst. u. therm. Vorspann. 20-2285; Festigk.: v. Alkalimetallalumosilicatgläsern nach Ionenaustausch 22-0276; v. –

23-2218; mechan. u. elektr. Nachwrkg. in — 24-2271; mechan. Festigk. 25-0275; durch Pumpen induzierte Defekte in Ba-Kron- — : Nd^{3+}-Lasern 25-0382; Bruchfestigk. unterhalb Raumtemp. 25-2091; Berechn. d. theoret. Festigk. v. Silicat- — 26-2409; Bruchoberflächenenergie v. Natron–Kalk- — 28-2293; mechan. Eig. v. chem. verfestigten Gläsern bei hohen Temp. 30-2259; Wrkg. v. Tonerde-Dispers. auf d. Young-Modul v. — 30-2260; nicht lineare elast. Effekte an Flint- — 32-0277; Bruchtheorie einer durch Kristallitverteil. gefestigten — -Matrix 32-2285; statist. Theorie d. Festigk. 35-0266; Temp.-Wechsel- u. Hitzebeständigk. v. Silicatgläsern 39-2153; laserinduzierter Zerstör.-Beginn für verschiedene Gläser 40-0279; Zerreißen v. Gläsern unter d. Einfl. definierter Eigenspann.-Quellen 40-2212; Form u. Größe d. Bruchzonen auf Bruchoberflächen 41-0348; Ringbrüche in — 43-2078; Ionenaustausch u. Festigk.-Erhöh. v. — 44-0287; rheolog. u. elektrokinet. Eig. v. — -Gemengen 44-2160; Zerstör. v. hochfesten Gläsern 46-0310; Einfl. v. künstl. Defekten d. — -Festigk. 46-2211; Ausbldg. u. Verzweig. v. — -Brüchen 48-2334; Änder. d. inneren Reib. v. Tafel- — durch Wärmebehandl. 51/52-2204; Festigk. v. gesinterten, Hohl- — -Mikrokugeln enthaltenden Proben 51/52-2210.

Spezif. elektr. Widerstand v. geschmolzenem — 2-0468; Entladevers. an Thermozellen aus — 2-0637; NMR v. Gläsern d. Syst. PbO/SiO_2, PbO/SiO mit Fe_2O_3 4-0331; EPR-Unters. v. Cr-halt. Gläsern 8-0375, 8-0376; Kernrelaxat. für gasförm. ^3He an d. Oberfläche v. Pyrex- — 10-0147; elektr. Vol.-Leitfähigk. v. Gläsern im festen Zustand 11-0482; — -Zus. mit Elektronenleit. 11-0483; magnet. Widerstandsänder. v. Alkalisilikatgläsern nach γ-Bestrahl. u. Temper. 12-0477; Wechselwrkg. zwischen — u. Salzschmelzen 13-0619; Diffus. v. Ag in — aus Ag-Nitrat-Schmelze 13-0623; elektr. Leitfähigk. v. Na–Ca–Mg-Alumosilicat- — im geschmolzenen Zustand 19-2325; Funkt. bewegl. Ionen im — 20-2284; elektr. u. mechan. Nachwrkg. in — 24-2271; Elektrodenverh. v. Li-Borosilicatgläsern 30-0542; elektr. Leitfähigk.: v. Alkali-Silicat-Gläsern 30-2261; v. Li oder Na enthaltenden SiO_2–B_2O_3-Gläsern 30-2262; u. chem. Verschieb. d. magnet. Kernresonanz in Cs-Silicatgläsern 30-2263; Elektrolumineszenz v. Leitfähigk.- — 32-0367; Theorie d. elektr. Leitfähigk. geschmolzener Gläser 34-0605; Elektrodeneig. v. — -Membranen in geschmolzenen Salzen 34-0611; dielektr. Entspann. v. tern. Alkalioxid–Erdalkalioxid-Silicatgläsern 36-2199; Einfl. v. Pyrex- — auf d. NMR-Relaxat.-Zeit v. ^3He 37-0178; elektr. Leitfähigk. v. Alkalisilicatgläsern in starken elektr. Feldern nach γ-Bestrahl. 38-0342; ^{27}Al-NMR-Unters. an Alkali-Alumosilicat-Gläsern 38-0399; NMR-Relaxat.-Zeiten v. adsorbiertem NH_3 an porösen Silicatgläsern 38-0400; Elektrodeneig., magnet. Suszeptibilität u. Absorpt.-Spektrum v. V- u. Nb-halt. Gläsern 38-0588; Oberflächenleitfähigk. v. Borosilicat- — in wss. Lsg. 38-0617; Ionenleitfähigk. in Ca-Silicatgläsern 39-0453; Redox-Gleichgew. in geschmolzenem $Na_2O/2SiO_2$- — in Kontakt mit Cu u. Ag 40-0528; Elektronenemiss. beim Ablösen v. Kautschuken v. — im Vakuum 41-1106; symm. negativer Widerstand in p-Halbleiter- — -p-Halbleiter-Übergängen durch Valenzaustausch 42-0419; temp.-abhäng. Arrhenius-Faktor für d. Leit. durch kleine Polaronen in Gläsern 42-0420; krit. Magnetfeld u. Übergangstemp. v. supraleitendem In in porösem — 43-0453; Paramagnetismus v. Dy^{3+}- u. Gd^{3+}-Ionen in Silicatgläsern 43-0507; Einfl. d. Temp. auf d. Elektrodeneig. 43-0578; rheolog. u. elektrokinet. Eig. v. — -Gemengen 44-2160; Redoxrk. in — -Schmelzen 45-0517; Wechselwrkg. verschiedener Redoxpaare im — 46-0535; EPR-Spektren v. bestrahlten Zweikomponentengläsern 49/50-0373; Einfl. v. CdO u. ZnO auf d. elektr. Leitfähigk. geschmolzener Na-Silicatgläser 51/52-0395.

Einfl.: d. Erdalkalioxide auf Zähigk. u. Struktur v. — -Schmelzen 1-2378; d. Porosität auf d. Kompressibilität v. — 4-2197; physikal. Bedeut. d. Fulcher-Gleich. 5-0292; D. v. Gläsern im Syst. $SiO_2/Al_2O_3/MgO$ in Ggw. v. Ce u. Ti 7-0598; Austauschdiffus. v. Ca in Natronkalksilicat- — 7-2397; D. u. Lichtbrech. v. Na_2O/SiO_2-Gläsern 9-0354; US-Unters. v. Dreiphononenwechselwrkg. bei Pyrex- — 12-0323; ^{22}Na-Diffus. in — 14-0340; Flüchtigk. v. — -Komponenten bei hohen Pb-Oxidgeh. 21-2399; Transportvorgänge in glas. $Na_2O \cdot 2CaO \cdot SiO_2$ 22-2279; Einfl. d. Wärmeleitfähigk. v. — auf d. Kristallisat.-Geschw. v. unterkühltem W. 23-0239; Beschränk. d. kalorimetr. bestimmten Restentropien v. Gläsern 26-0506; Temp.-Änder. v. — unter d. Einw. eines Laserimpulses 27-0417; Temp.-Begriff u. -Mess. bei Gläsern 38-1876; Ausbreit. u. Dämpf. v. US-Wellen in heterogenem Medium aus — -Kugeln in W., A. u. Glycerin 39-0512; Viskosität bei Gläsern 40-2207; D. v. Li-Alumosilicatgläsern u. ihrer Kristallisat.-Prod. 41-0294; Bezieh. zwischen Brech.-Index u. D. v. Gläsern 41-0383; — -Sinter. 46-2209; H-Diffus. in — 47-0310; Diffus. v. ^{22}Na in $Na_2O/Al_2O_3/SiO_2$-Gläsern 47-0311; Ca-Selbstdiffus. in $Na_2O \cdot 2CaO \cdot 3SiO_2$- — 49/50-0301; Diffus. v. Na-Ionen im — 51/52-2211.

Desorpt. v. W. v. Borsilicat- — -Oberflächen 2-0682; Kationenaustausch u. Adsorpt. v. Radionukliden an — -Oberflächen 2-0684; Benetz. v. mit KW-Stoffen oder Silicon behandelten — -Oberflächen mit H_2SO_4 8-0661; durch Mess. d. DK bestimmte Adsorpt. v. CO_2 an — 9-0696; heterogene Keimbldg. v. Zn auf Pyrex- — 10-0212; Adsorpt. v. Cs-Mikromengen an — aus wss. Lsg. v. Na-Tetraphenylborat 11-0685; Ablsg. v. Luftblasen v. — -Oberflächen 14-0723; Adsorpt. v. Ionen aus verdünnten wss. Lsg. an — 14-2085; Sorpt. v. ^{110}Ag an d. fluorierten Oberfläche v. — L-*36* 15-0726; Adsorpt. v. Cs-Tetraphenylborat aus wss. Lsg. an — 18-0613; Haftfestigk. v. radioakt. Ionen an — -Oberflächen 18-2192; Adsorpt.-Thermodynamik d. Wechselwrkg. v. W. mit Quarz- — 21-0653; Ag-Sorpt.-Eig. v. — -Oberflächen 21-0656; Mehrfachschichten v. koll. Teilchen auf — -Oberflächen 22-0611; Adsorpt./Desorpt.-Prozesse an — -Pulver 22-0612; autoradiograph. Unters. v. Adsorpt.-Vorgängen an — 22-1887; krit. Oberflächenspann. v. — 23-0636; Haftmechanismus zwischen Metallen u. — 25-0632; Diffus. v. Ag- u. K-Ionen in — 25-2090; Leitisotopen-Unters. d. Mn-Adsorpt. an — 27-0672; Kationenaustauschgleichgew. im Syst. geschmolzene Salze/hochporöses — 28-0622; Kontaktwinkel an d. Ga/Hg-Grenzfläche auf — 30-0585; Ablager. v. ThB (^{212}Pb) auf — -Oberflächen 30-0805; Diffus. v. W. in Borosilicatglas 36-0269; Verweilzeit adsorbierter Teilchen auf Pyrex- — 36-0625, 36-0626; Desorpt. mol. Cs-Formen v. — 36-0635; (Einfl. v. Elektrolyten) 36-0636; therm. Akkommodat.-Koeff. für Zn an Pyrex- — 39-0637; elektrophoret. Fäll. v. — -Dispers. in A. 39-0642, 39-0643; Herst. v. sphär. — -Teilchen u. Aufteil. in Frakt. 41-0620; spezif. Wärme u. Dimens.-Änder. d. Syst. poröses —/W. 42-0598; Einfl.: v. Hydrocortison auf d. Adhäs. v. Zellen in Kultur (Stamm KB) an — 42-1388; d. Oberflächenbeschaffenh. auf d. Zweiphasen-Ström. in — -Kapillaren 46-0641; Austauschkapazität v. — 49/50-0617.

Ar-, N_2-, CO_2- u. He-Löslichk. in Gläsern 36-2197; Einfl. d. therm. Vorgeschichte auf d. Lsg.-Kinetik v. Alkalisilicatgläsern 40-2204; Leitfähigk.-Unters. d. Hydratat.-Prozesses v. Gläsern 48-0267.

Unters. v. Th-halt. Gläsern 22-1887; physikal.-chem. Unters. an Alumosilicatgläsern 24-2265; Gläser u. Schmelzen: im Syst. Na_2SiO_3/H_2O 27-2314; im Syst. B_2O_3/SiO_2 27-2315; Eig. v. Gläsern: d. Syst. $BaO/TiO_2/SiO_2$ 38-0722; im Syst $Na_2O/La_2O_3/SiO_2$ 41-0354.

Verwitter.-Prozeß an Kalk–Natron- — -Oberfläche 1-2381; Rekombinat. v. H- u. O-Atomen an Pyrex- — 6-0711; Rk.-Fähigk. v. Gläsern d. Zus. zwischen $2CaO \cdot Al_2O_3 \cdot SiO_2$ u. $2CaO \cdot MgO \cdot 2SiO_2$ 6-0776; chem. Widerstandsfähigk. u. Struktur v. Gläsern (Syst. Na_2O/SiO_2) 6-2261; (Syst. K_2O/SiO_2) 10-2397; Einfl. d. Temp. auf d. Wasserauslaug. v. Alkalien aus — 16-2226; Einw. v. geschmolzenen Hydroxiden auf — -Oberflächen 17-0740; Katalyt. Wirksamk. v. Pyrex- — für d. Rekombinat. v. N-Ionen 20-0173; chem. Beständigk. v. Industriegläsern 20-2282; Auslaug.-Prod. silicatreicher Alkalimetallsilicatgläser 21-0642; katalyt. Einfl. v. Pyrex auf d. Rekombinat. v. O- u. N-Atomen 22-0644; Verh. v. Gläsern d. Syst. $CaO/Al_2O_3/SiO_2$ in gesätt. $Ca(OH)_2$-Lsg. 27-2344; katalyt. Einfl. v. Gläsern auf d. Zers. v. Urotropin 32-0974; Verh. v. Gläsern gegenüber gesätt. Lsg. v. $Ca(OH)_2$ u. $CaSO_4$ 35-0676; Photochromie v. an porösem — absorbierter p-Phenylendiamintetraessigsäure 35-0876; durch Kontakt d. Gläser d. Syst. $CaO/Al_2O_3/SiO_2$ mit gesätt. Kalklsg. sich bildende Prod. 36-0699; Säurefestigk. d. Gläser im Syst. $Na_2O \cdot Al_2O_3 \cdot 6SiO_2/CaO \cdot Al_2O_3 \cdot 2SiO_2$ u. Struktur 40-2203; Einfl. d. Oberflächenzustandes auf d. Angreifbark. durch Soda 34-2073; — -Wandeffekte d. Gasphasenrückstoßchemie v. T 48-0648; Rekombinat. v. H-Atomen an — 49/50-0637; Alkaliangriff an — -Oberflächen durch Salzschmelzen 51/52-2203.

Spezielle Gläser

Elektrizitätsleitendes — 3-2269*; Mikro- — -Kügelchen für Kernreaktorbrennstoffe 4-2094*; Blei- — -Schicht auf SiO_2 4-2200; Tafel- — mit relativ niedr. Alkaligeh. u. guter Verarbeitbark. 6-2260; Sinter- — 6-2264; chem. u. strahlungsbeständ. alkalifreie Alumosilicat- — 6-2269*; spektrophotometr. Eig. v. Milch- — MS-*14* 7-2047; Herst. v. lumineszierenden glas. Massen durch Schmelzen v. — aus PbO, BaO u. SiO_2 u. MgO 7-2421*; alkalibeständ. Silicat- — 9-2423*; Silicat- — mit hohen elektroisolierenden Eig. 9-2424*; Elektroisolat.- — aus SiO_2, B_2O_3, Al_2O_3 u. CaO 9-2425*; Schwerst-Flinte 10-2401*; Einfl. d. therm. Behandl. marmorierter Gläser auf d. Trüb.-Grad 11-2397; gegen Alkalimetalldämpfe beständ. — 11-2406*; farbloses — für Prothesen 13-1947*; schweres Flint- — 14-2387*; wärmebeständ., nicht kristallisierendes — mit geringer Zähigk. zur Herst. grober Lichtraumprofile 15-2295*; Herst. v. festem Verzöger.-Medium für US durch Tempern v. Alkali–Blei-Silicat- — 15-2299*; radioakt. Cs- — 17-2288*; Pb–Ba-Krist.- — 19-2324; Alumophosphat- — 26-2415*; Herst. v. schwerem bis extraschwerem Kron- — durch Ersatz v. BaO durch La_2O_3 u. Be_2O_3 + SiO_2 26-2418*; — mit niedr. Schmelzpunkt aus Na-Orthosilicat, SiO_2, Borax mit H_2O 27-2343*; HC-2- — 28-2295; lumineszierendes — aus Alkalioxid, Erdalkalioxid, SiO_2 u. CeO_2 28-2298*; Tonerdesilicat- — mit geringer Wärmeausdehn. 29-2318*; säure- u. hitzebeständ. Gläser 29-2319*; thermostabiles — 35-2195*; — zur Herst. v. Elektrovakuumgeräten 35-2196*; dielektr. Gläser für d. Isolier. in Hochfrequenzanlagen 37-2065; hitzebeständ. — 38-2278*; Eig. u. Anwend. v. Sr-Gläsern 39-2155; Coelestin als Schmelzzusatz zu Sr-Gläsern 40-2201; hitzebeständ. — mit guten dielektr. Eig. aus SiO_2, Al_2O_3 u. BaO 45-2127*; —: zur Herst. v. Ampullen für injizierbare Arzneimittel 45-2128*; für stark lichtreflektierende Perlen 45-2132*; Zwischen- — für Glaselektroden aus Pb-freiem La-Silicat 45-2134*; Gipseinfl. auf d. Lichtdurchlässigk. u. Schallabsorpt. v. Opalgläsern 46-2214; temp.-unabhäng. US-Unterbrecher aus Alkali-Pb-Silicat- — 48-2339*; ionenempfindl. — zur Mess. d. pH-Wertes 49/50-2159*.

Personendosimetrie mit Hilfe opt. u. thermolumineszenter Gläser 4-1838; lichtempfindl. Gläser aus Silicat- — mit phototrop. Stoffen 12-2261*; Herst. v. photosensiblen Gläsern 14-2385; strahl.-empfindl. — aus Li_2O, Al_2O_3, Ce_2O_3 u. SiO_2 17-2287*; Einfl. v. koll. Au u. K_2O auf d. Bldg. v. Li-Metasilicatkristalliten in photoempfindl. Opalgläsern 23-0279; lichtempfindl. Silicatgläser 26-2417*; Dosimetrie intensiver γ- u. Elektronenstrahl.-Felder mit gefärbtem Zell- — 28-1948; Dosimeter auf d. Grundlage v. Gläsern mit bei Bestrahl. veränderlicher Extinkt. 28-1949; Dosimeter- — 36-2205*; Schutz- — gegen korpuskulare Strahlen 45-2130*.

Nd-halt. K-Silicat- — für Q-geschaltete Laser 4-0363; Gläser für d. Lasereffekt 7-2406*; gepulste Nd^{3+}- — -Laser aus BaO, B_2O_3, SiO_2, Nd_2O_3 28-0371; Schmelzen v. Nd- — u. Herst. v. Laserresonatoren 32-2283.

Filtrat. v. Salz durch Vycor- — 5-0695; Borosilicat- — v. hoher chem. u. therm. Resistenz (Duran 50- —) 5-2349; negative Reflex.-Koeff. verd. wss. Lsg. v. Polyäthylenglykol an Vycor- — -Fritten 8-0654; anomale Osmose v. Polyäthylenglykol an Vycor- — 8-0655; CO_2- u. N_2-Adsorpt.-Isothermen für Vycor- — 13-0665; Permeat v. N_2 u. Alkanen durch poröses Vycor- — 29-0630; Zustand v. in porösem Vycor- — abgelagertem SiO_2 u. Zn-Acetat 32-0633; Borosilicatgläser für industrielle Anwend. 42-2176; Brechzahlen v. Rasotherm- — 51/52-2198.

Herst. v. Schaum- —: aus — -Pulver u. C oder C-Träger 9-2428*; unter Verw. v. SO_3 9-2429*; spezif. Widerstand u. Temp. v. Schaum- — 11-2399; Herst. v. Schaum- —: aus SO_3-halt. — u. Aktivkohle 23-2225*; mit Zusätzen v. SO_3 u. Ruß 26-2416*; Einfl. d. Kristallisat.-Vorganges auf d. Struktur v. Schaum- — 39-2157; Konverterverf. zur Gewinn. v. Schlackenschaum- — 40-2218.

Röntgenanalyse d. Spann. u. Kristallitgröße in — -Keramiken 4-2201; halbkrist. keram. Sinterkörper aus in glas Matrix dispergierten anorgan. Krist. 5-2389*; Herst.: v. entglasten Keramikgegenständen aus Na_2O, BaO, Al_2O_3, SiO_2 u. TiO_2 5-2390*; v. — mit krist. Oberfläche 6-2268*; v. keramikart. — -Gegenständen durch Entglasen einer Schmelze aus Li_2O, ZnO, SiO_2 u. PbO 6-2270*; kristallisat.-fäh. — -Zus. für lumineszierende krist. Masse 6-2289*; Struktur u. Eig. v. Sitallen d.

Farbgläser und Gläser für optische Zwecke

Sicherheitsglas und Verbundglas

Glasfasern, Glaswolle und dergleichen

Werkstoffe 42-2239; Verw. v. —-Fiber in Schmierfetten 47-2425*.

—-Faser/Kunststoff-Kombinat. (stat. u. dynam. Eig.) 1-2192; Spann. u. Verform. v. —-faserverstärkten Plasten 4-2805; Verbesser. d. Festigkeitseig. v. —-faserverstärkten Plasten 4-2807; —-Typen zur —-Faserverstärk. v. Kunststoffen 5-3022; —-faserverstärkte Polyesterharze in d. Textilindustrie 9-3215; bor. halt. —- u. S-—-Fasern zur Verstärk. v. Kunststoff- u. Keramikteilen 11-2186; —-faserverstärkte Kunststoffe im Bauwesen 12-2307; syntakt. Schaum aus —-Kügelchen u. Epoxidharz 12-2806; Festigk. v. —-faserverstärkten Polymeren 19-1152; Vermischen v. —-Schuppen mit Kunstharz 20-3017*; —-faserverstärkte Polyesterharze als Bauelemente 21-2457; Einfl. v. Füllmitteln auf d. mechan. u. Adhäs.-Eig. v. —-faserverstärktem Polyesterharz 23-1144; Ermüd.-Charakteristik v. GFP-Fasern 26-2985; Kautschuk/—-Seidebind. 26-3083*, 26-3086*; —-Fasern zum Verstärken v. Kunststoffen 30-2876*; chem. Rk. an d. Oberfläche v. für d. Fertig. v. verstärkten Plasten verwendeten —-Fasern 33-2891; —-faserverstärkte Plaste aus nichtgewebtem orientiertem —-Fasermaterial 40-2755; Faser-— zur Versteif. v. Polyesterharzen 45-2565*.

Identifizier. v. —-Fasern 4-1994; Tors.-Meßtechnik für dünne —-Fasern 11-2402; Best. d. Haftfestigk. zwischen —-Fasern u. Polymeren 13-3010, 13-3012; zerstör.-freie Best. d. Zus. v. —-faserverstärkten Plastgeweben 48-2886; Prüf. d. Zugfestigk. u. stat. Ermüd. v. —-Fasern 51/52-2206; Ermittl. d. Feinh.-Ungleichmäßigk. v. —-Seide (stet. Mess. mit Hilfe kapazitiver Meßanordn.) 51/52-2913.

Schnellbest. v. Schwebestoffen mit —-Faserfiltern 7-2179; Anwend. v. —-Faserpapier für d. Imprägnier. mit polarem organ. Lsgm. oder für umgekehrte Phasen 32-1972; Chromatographie v. PTH-Aminosäuren auf —-Papier 33-2086.

Silicatfreie anorganische Gläser

Herst. v. Sulfat- u. Sulfatchloridgläsern 4-2199; opt. — aus Fluoriden 35-2192*; IR-durchläss. Gläser aus Ca-Aluminatgläsern mit Fe_2O_3- u. Cu_2O-Zusatz 36-2203*; chem. bestand., opt. — aus TeO_2, WO_3, Bi_2O_3, La_2O_3, Tl_2O, TiO_2 u. Nb_2O_5 42-2184*; Fluosulfatgläser mit bes. opt. Eig. ($n_d \sim 1,45$, $\gamma = 65-95$) 45-2123*; IR-durchläss. — mit hohem Brech.-Vermögen aus GeO_2, BaO, TiO_2, La_2O_3 u. ZrO_2 48-2337*; —-Platten aus bes. faserart. K-Titanat 51/52-2218*.

Hochbrechendes opt. Borat-— d. Grundsyst. B_2O_3, La_2O_3 u. Nb_2O_5 10-2402*; opt. Fluorborat-— aus B_2O_3, Erdalkalimetallfluoriden u. ThO_2 10-2403*; opt. Borat-— hoher Lichtdurchlässigk. 10-2404*; opt. Gläser d. Syst. $La_2O_3/B_2O_3/Y_2O_3$ mit hohem Brech.-Index 15-2297*; opt. Blei-— aus PbO, Al_2O_3, La_2O_3 u. B_2O_3 u. stark lichtbrechenden Oxiden 26-2419*; Herst. v. stark lichtbrechenden, farblosen Pb-Boratgläsern 35-2191*; opt. — mit $n_D = 1,67-1,83$ u. $v_D = 33-48$ aus B_2O_3, ZnO oder CdO u. WO_3 u./oder MoO_3 35-2193*; — aus Alkalimetalloxid, B_2O_3, Al_2O_3 u. Zusätzen zur Herst. v. Emails, Schmier- u. Düngemitteln 38-2186*; opt. —: mit $n_d > 1,9$ aus B_2O_3, La_2O_3, ThO_2, Ta_2O_5, TiO_2, CdO, Al_2O_3, Nb_2O_5, WO_3 u. PbO 38-2283*; mit verringerter Dispers. im blauen Bereich aus B_2O_3, La_2O_3, Al_2O_3, PbO u. As_2O_3 42-2183*; opt. Blei-— mit guter chem. Beständigk. aus PbO, Al_2O_3, La_2O_3, B_2O_3 u. stark lichtbrechenden Oxiden 42-2185*; Herst. u. Faraday-Effekt v. Gläsern d. Syst. EuO/Al_2O_3/B_2O_3 (Gläser opt. Qualität) 44-2162; Erhöh. d. Brech.-Vermögens v. — aus TiO_2, BaO, B_2O_3 u. ZnO 45-2126*.

Wärmeabsorbierendes — aus MgO/ZnO/$Al_2O_3/P_2O_5/B_2O_3$ 7-2403*; opt. —: aus $NaPO_3$, $Mg(PO_3)_2$ u. $Ca(PO_3)_2$ 7-2404*; mit geringem Fe_2- u. P-Geh. aus Me(I)F–Me(II)SiF_6–$Al(PO_3)_3$ 7-2405*; wärmeabsorbierendes — d. Syst. MgO–ZnO–Al_2O_3–P_2O_5–B_2O_3 9-2427*; Na-Phosphat-— aus Polyphosphatkette 15-2296*; Synth. u. Eig. v. — d. Syst. V_2O_5/CdO/P_2O_5 28-2294; opt. Fluorphosphat-— mit niedr. Brech. u. hoher Abbescher Zahl d. Syst. Me(I)F/Me(II)SiF_6/$Al(PO_3)_3$ 35-2194*; wärmeabsorbierendes Lichtfilter aus Phosphat-— mit FeO u. CoO 36-2206*; — aus Alkalimetalloxid, P_2O_5, Al_2O_3 u. Zusätzen zur Herst. v. Emails, Schmier- u. Düngemitteln 38-2186*; Al-freie opt. Gläser aus Alkali- u. Ca- u./oder Mg-Metaphosphat u. Zusätzen 41-2193*; UV- u. Ultrarot-Strahlen absorbierende opt. Gläser für Schweißerbrillen aus Al_2O_3, P_2O_5, Fe_2O_3, Ni_2O_3 u. CeO_2 45-2129*.

IR-durchläss. — aus As/S/Cl (bzw. Br oder J)-Verb. 14-2388*; IR-durchläss. Chalkogenidgläser zwischen *1* und *20* µm 26-2406; IR-spektroskop. Best. v. $POCl_3$ in PCl_3 mit Küvette aus As-Sulfid-— 34-2034; nichtoxid. Chalkogenidgläser als opt. IR-Materialien 37-2090; IR-durchläss. —: aus Si, Te u. As 45-2124*; aus As, Te u. J (elektr. leitfäh.) 45-2125*.

Untersuchungsmethoden und Analyse

Best. d. Mikroinhomogenität aus d. Mess. d. Brech.-Indexverteil. 1-2385; opt. Unters. d. Inhomogenitäten bei Flach-— 1-2386; Best.: d. Teilchengröße u. -zahl in Trüb-— 3-2306; d. —-Homogenität nach d. Shelyubskii-Meth. 3-2307; Herst. für elektronenmkr. Unters.: v. —-Pulver-Präp. 5-2050; v. Ultradünnschnitten 5-2051; v. —-Filmen 5-2052; Berechn. d. Zähigk.-Temp.-Kurve v. — nach d. Zweipunktverf. 5-2351; komplexe Thermoanalyse 13-2174; Best. d. spezif. Oberfläche v. —-Pulvern 13-2419; Ermittl. v. Eigenspann. an —-Gegenständen unter bes. Berücksichtig. d. Überfang-— 13-2420; Best.: d. —-Homogenität 14-2379; d. chem. Gleichartigk. v. — (opt.) 19-2115; Dickenmess. an Tafel-— u. —-Rohren mit Radioisotopen 20-2286; Identifizier. heißer Oberflächenüberzüge auf —-Körpern durch Röntgenfluoreszenz-Dickenmess. 22-2277; Unters. v. —-Oberflächen durch Erzeug. elektrostat. Lad. 23-2220; Berechn. d. Brech.-Indizes v. Gläsern im Spektralbereich v. *0,365 – 2,6* µ 25-0302; Kugelfallprüf. v. — 25-2092; polarisat.-opt. Spann.-Mess. in — nach d. Prinzip v. Sénarmont 26-2410; Eindruckviskosimeter für extrem kleine —-Körper 28-1887; App. zur Leitfähigk.-Mess. geschmolzener Gläser 28-2289; Anwend. radioakt. Indikatoren bei d. Unters. d. chem. Stabilität v. Gläsern 32-2284; spann.-opt. Rasterverf. unter Verw. eines Lasers zur Unters. v. Spann.-Zuständen in — 33-0326; Best. d. hydrolyt. Beständigk. v. — 40-2206; Berechn. d. Viskosität tern. Silicatgläser 40-2208; Prüf.: d. Mikroeindruckhärte v. — 44-2165; v. physikal. Eig. u. Betriebskontrolle mit d. Dilatometer 45-2121, 45-2122; thermomechan. Prüf. v. Gläsern 46-2215; Vorr. zur Unters. v. —-Oberflächenprozessen 51/52-1930; Best. v. Elastizität u. Poissonscher Konst. durch Mess. d. Mikroeindringhärte 51/52-2208.

Spektrograph. Analyse v. techn. u. gealterten Gläsern 6-2041; quant. lichtelektr. Emiss.-Spektralanalyse v. Gläsern 11-2035; Gemengeanalyse (Natron–Kalk–Silicat-—-Gemenge) 11-2390; (Blei-—-Gemenge) 11-2391; Mikrosonde zur Identifizier. v. —-Inhomogenitäten (A.E.I.SEM 2-Gerät) 11-2403; Kontrolle d. —-Zus. durch d. physikal. Eig. 14-2382; Best. d. Tonerde in Schlieren mit Hilfe d. Elektronenstrahlmikrosonde 18-2343; Schnellanalyse einer unter Zusätzen v. Nephelinkonzentrat hergestellten Soda-Sulfatcharge 19-2116; Analyse v. Schlieren in Kalk–Natron-Silicat-Gläsern 21-2405; Identifizier. u. Kontrolle fester Einschlüsse im — 21-2406; Verf. zur Unters. v. Schlieren u. Knoten im — 31-2236; polarograph. Analyse v. — 35-2058; Best. v. Homogenitätsfehlern durch Anwend. physikal. Analysenverf. 51/52-2209.

Schnellbest. v. B_2O_3 in — 5-2153, 5-2154; Best. in —: v. FeO u. Fe_2O_3 12-2017; v. SiO_2 durch Röntgenbeug.-Analyse 13-2175; v. 3- u. 6wert. Cr 13-2176; v. SiO_2 18-2086; v. Mn (photometr.) 20-1911; Analyse opt. Gläser auf Th-, La-, Ba-, Si u. B-Oxidgrundlage 24-1998; Best. in —: v. Erdalkalien durch Atomabsorpt.-Spektrometrie 25-1868; v. Sn u. Zn durch Rechteckpolarographie (gleichzeit.) 35-2058; v. H_2O mit Hilfe v. T-halt. W.-Dampf 48-1969; v. SiO_2 49/50-1857; indirekte komplexometr. Best. v. K in —-Hüttenrohstoffen 51/52-1929.

Bibliographie

Glas. Natur, Struktur und Eigenschaften B 39; Glasfasern B 39; Sitalle und Photositalle [russ.] B 13; Bau und mechanische Eigenschaften anorganischer Gläser [russ.] B 30; Hochfeste, orientierte, glasfaserverstärkte Plaste [russ.] B 48; Die elektrischen Eigenschaften der Silicatgläser [ungar.] B 94; Synthetic resin bonded woven glass fabric laminated sheet B 24; Structure of glass. Vol. *6* B 30; Epoxide resin pre-impregnated glass fibre fabrics B 31; The structure of glass. Vol. *7* B 47; GRP technology: handbook to the polyester/glass fibre plastics industry B 48; Woven glass fibre fabrics for plastics reinforcement. Part *1*: Loom-state fabrics B 48; Book of ASTM standards, with related materials. Part *13*: Refractories; glass; ceramic materials; manufactured carbon and graphite products B 54; Le verre B 13.

Glaselektroden
Herst. u. Theorie s. unter *Potentiale*. Anwend. zur Mess. v. Ionenkonz. s. unter *Dissoziation, elektrolytische*.

Glaserit (Aphthitalit), Bldg. v. — beim Abbinden v. Portlandzement mit hohem Alkaligeh. 32-2312; Lsg.-Wärme v. — als Funkt. d. Verdünn. 18-0496.

Glasiger und amorpher Zustand

Silicatgläser s. unter *Glas*.

Physikal. Bedeut. d. Fulcher-Gleich. 5-0292.

Glasiger Zustand

Identifizier. ungewöhnl., nichtkrist. Festkörper als Gläser (SiO_2, Al_2O_3, MgF_2, Au–Si-Leg.) 10-2399; Eig. d. Gläser d. Syst. B_2O_3–GeO_2 13-2414; nichtoxid. IV A-, V A- u. VI-A-Chalkogenid-Gläser 24-2267 bis 24-2269; Fluoridgläser (Unters. v. Schmelzsyst.) 26-2403: Hochtemp.-Verh. v. Beryllgläsern 27-0561; Tellurit-Gläser 36-2198; strukturchem. Eig. (elektr. Leitfähigk., D. u. Mikrohärte) d. Gläser $AsSe_{1,5}Ge$ 37-0302; Eig. v. Gläsern d. Syst. $BaO/TiO_2/B_2O_3$, $BaO/TiO_2/P_2O_5$ 38-0722; glas. Alkaliwolframate 49/50-0267.

Absorpt., Emiss.- u. Anreg.-Spektren glasart. mit Ge^{4+}, As^{5+}, As^{3+}, Se^{4+}, Te^{4+} aktivierten HCl- u. HBr-Lsg. 7-0391; opt. Übergänge in d. Nähe d. Absorpt.-Kante in glasart. As_2S_3 9-0367; IR-Spektren v. B_2O_3- u. Alkaliborat-Gläsern 10-0259; Absorpt.-Emiss.- u. Anreg.-Spektren glasförm. wss. Lsg. d. Syst. HCl/Se u. HBr/(LiBr)/Se 10-0358; IR-Spektren v. Fluoroberyllatgläsern 11-0356; Liniengestalt d. Elektronenabsorpt.-Banden v. bestrahlten organ. Gläsern (Literaturangaben) 16-0281; IR-Spektren v. glasart. B_2O_3 mit Rb_2O-Zusatz 22-0304; Einfl. einer Dotier. mit Ag auf d. Fundamentalabsorpt.-Kante v. glasförm. As_2S_3 24-0346; Absorpt.- u. Emiss.-Spektren v. Tl in Al-Boratglas u. Phosphatglas u. Vgl. mit Tl-dot. Alkalimetallsalzen u. -Lsg. 40-0313; Transmiss.-Spektren v. Gläsern d. Syst. $NaBeF_3/NaPO_3$ u. $KBeF_3/KPO_3$ 42-0349; IR-Spektren v. $GeO_2/P_4O_{10}/V_2O_5$-Gläsern u. ihre Bezieh. zur Struktur u. Elektronenleitfähigk. 43-0259; opt. Spektren v. Ni in Alkali-Tetraboratgläsern 45-0336.

Durch elementares P bewirkte Farbänder. v. Phosphatglas 2-3231; Lichtdurchlässigk. v. Fluoroberyllatgläsern 8-0314; IR-Absorpt.-Spektren, Absorpt.-Koeff., Reflex.-Koeff. u. Brech.-Indizes v. glas. As_2Se_3, As_2Se_5 u. $AsSe_4$ 11-0355; IR-Durchlässigk. v. Tellurit-Gläsern 13-2415; Korrelat. d. fem. Gesteinscharakteristik mit d. Brech.-Indizes ihrer künstl. Glasanteile 14-0845; Einfl. d. Gasatmosphäre beim Schmelzen v. Fluoroberyllatgläsern auf ihre Lichtdurchlässigk. im UV d. Spektrums 15-0367; Lumineszenz u. Absorpt.-Spektren v. mit Ce u. Mn aktiviertem Na-Metaphosphat-Glas 15-0405; magnetoopt. Eig. v. Eu^{2+} enthaltenden $EuO/Al_2O_3/B_2O_3$-Gläsern 16-0276; Nd^{3+}-Fluoreszenz in Alkaliboratgläsern 16-2224; Einfl. ionisierender Strahl. auf d. Kinetik d. Verfärb. u. Phosphoreszenz v. Boratglas 19-0314; Anreg.-Spektrum d. 1-µm-Fluoreszenz v. Mo^{3+} in B/Al-Phosphatglas 19-0339; Aspekte über sensibilisierte Fluoreszenz in $Ca(PO_3)_2$: Sn : Mn-glasart. Phosphoren 20-0309; UV-Lichtdurchlässigk. v. Fluoroberyllatgläsern mit geringen Zusätzen v. Seltenerdmetallfluoriden d. Ce-Gruppe 21-0301; IR-Absorpt. v. durchsicht., glasförm. AsSe-Proben 26-0338; Absorpt. u. Fluoreszenz d. Nd^{3+} in La-Boratgläsern u. Vgl. mit Silicatgläsern 29-0356; magnetoopt. Rotat. in Phosphat-Gläsern 36-0310; Polarisat. d. Photo- u. Radio–Photo-Lumineszenz eines mit Ag aktivierten Boratglases 37-0403; partielle Dispers.-Verhältnisse v. neuen Borat- u. Phosphatgläsern 37-2089; Modulat. d. Güte v. Rubinlasern durch CdSe-Gläser 38-0410; spannungsopt. Konst. v. Baryt-Krist. u. -Glas 39-0350; strahlungsinduzierte opt. Absorpt. v. Pb–Borat-Gläsern (Syst. PbO/B_2O_3) in Bezieh. zu Strukturänder. 51/52-0311.

Glasbldg.-Bereich u. -Abkühl.-Geschw. v. Schmelzen d. Glassyst. $B_2O_3/BeO/Na_2O$, $B_2O_3/BeO/BaO$, $B_2O_3/BaO/PbO$, $B_2O_3/RO/PbO$, $B_2O_3/SrO/PbO$, $B_2O_3/Bi_2O_3/PbO$, $B_2O_3/MgO/BaO$, $B_2O_3/MgO/K_2O$, $B_2O_3/TiO_2/RO$, $B_2O_3/TiO_2/BaO$, $B_2O_3/TiO_2/SrO$, $B_2O_3/WO_3/Li_2O$, $B_2O_3/R_2O/Bi_2O_3$, $B_2O_3/K_2O/Bi_2O_3$, $B_2O_3/Na_2O/Bi_2O_3$, $B_2O_3/Li_2O/Bi_2O_3$ 1-2380; Bereich. d. Glasbldg. im Syst. As/Se/Bi 6-0288; Bldg. v. Glasphasen im Syst. (*80* % TiO_2 + *20* % Al_2O_3)/CaF_2 7-0597; glas. Bereich in Syst. aus *3* Komponenten auf Sb_2O_5-Basis 7-2396; Glasbldg. in d. Syst-

Li_2F_2/B_2O_3 u. BaF_2/B_2O_3 9-0588; Peritektikum mit Eis u. mehrfache Glasbldg. als außergewöhnl. Erschein. 26-0757; Glasbldg. im Syst. As/Ge/Te 27-0293; Temp. d. Asphaltbitumens beim Übergang in d. glas. Zustand 27-2355; Bldg. v. durchsicht., gegen Feuchtigk. beständ. Be-Gläsern bei schroffer Abkühl. d. Schmelzen d. Syst. $NaBeF_3/NaPO_3$ 30-0487; Glasbldg.: im Syst. $UCl_4/HCl/H_2O$ 31-0566; in TeO_2-halt. bin. u. tern. Syst. 36-2198; im Syst. Rb_2O/B_2O_3 40-2198; Bedeut. d. Glasübergangsphänomene für Transport- u. Strukturunters. an Ionenfl. (Transporteig.) 41-0531.

Kristallisat. v. F-Richterit-Massen (Phasentrenn.) 2-2332; katalysierte Kristallisat. v. Beryllglas 6-0243; Umwandl. glas. in krist. Stoffe 19-2327; Festkörperrk. u. Kristallisat.-Verh. v. Alkalimetall-Alumogermanatgläsern 20-0224; Kristallisat.: d. Gläser im Syst. Na_2O/GeO_2 22-2278; v. glasart. Se 40-0221; Krist.-Bldg. in O-freien Sulfoselenid-Gläsern 40-2200; kontrollierte Keimbldg. v. glas. Stoffen 42-2173; gesteuerte Kristallisat. v. TiO_2 in Cabal-, Stronbal- u. Babal-Glas 43-2076.

Entglas. v. (dotierten u. nichtdotierten) durch reaktive Zerstäub. hergestellten SnO_2-Filmen 7-0296; thermodynam. Analyse d. Entglas. 18-2336; Folger. aus d. Gibbs-DiMarzio-Theorie d. Glasumwandl. 48-0266.

Gitterparameter v. glas. C nach Wärmebehandl. bei hohem Druck in einer Hochdruckamboßapp. 3-0269; Röntgenunters. v. Tl-Boratgläsern 5-0294; Viskosität u. Struktur v. Gläsern d. Syst. Se/Ge 5-0295; Zusammenhang Struktur/Eig. in Sitallen d. Syst. $SiO_2/Al_2O_3/MgO$ 7-0598; Eig. u. Struktur d. Gläser d. Syst. B_2O_3–GeO_2 8-2277; Stabilisier. d. solvatisierten Elektrons in glasförm. gefrorenen wss. Lsg. v. $NaClO_4$, $Mg(ClO_4)_2$, Na_2SO_4 u. NaH_2PO_4 9-0379; Änder. v. Struktur u. Kompressibilität v. Alkalimetallboratgläsern mit d. Änder. d. Alkalimetalloxidgeh. 11-0283; viskosimetr. Unters. d. Struktur v. Gläsern d. Syst. B_2O_3/Na_2O 16-0220; ^{11}B-NMR-Mess. an Hochdruckmodifikat. v. B_2O_3-Glas 16-0321; Glasstruktur (Kristallit- u. Netzwerk-Theorie) 16-2219; Strukturunters. d. Gläser d. Syst. $NaF/Na_2O/B_2O_3$ mit Hilfe NMR 18-0240; Strukturvorstell. d. anorgan. Gläser 18-2338; Auffinden festgehaltener Elektronen in γ-bestrahlten glasart. neutralen wss. Elektrolytlsg. durch EPR-Unters. 21-0349; Koordinat.-Zustand d. B in Li-Boratgläsern 21-0591; durch γ-Strahlen induzierte Absorpt. u. strukturelle Unters. v. As–Borat-Gläsern 21-2402; Struktur u. physikal. Eig. v. Chalkogenid- u. Oxychalkogenidgläsern 21-2403; Strukturunters. v. Fl. u. anderen nichtkrist. Phasen mittels Röntgenbeug. 22-0248; Anionenkettenlängenverteil. in Hochdruckmodifikat. v. Na-Phosphatgläsern 22-2276; Struktur v. Glasfasern 24-0296; Strukturänder. beim Hochtemp.-Verh. v. Berylischmelzen u. -gläsern 27-0561; Wert für d. B–O-Bind.-Energie in B_2O_3-Glas 29-0523; Lichtstreuung u. Glasstruktur 35-0317; Struktur u. Raman-Spektren d. Gläser d. bin. Syst. Rb_2O/TiO_2 u. Cs_2O/TiO_2 36-0237; Defekte in Gläsern 38-0285; Struktur v. mit Seltenerdmetallen aktivierten Gläsern d. Syst. Na_2O/B_2O_3: Eu 40-0312; Gleichgew. Mn(II)/Mn(III) in Alkaliborat-Gläsern 40-0523; Aufbau v. Mischalkali-Phosphat-Gläsern 44-2163; durch mechan. Spann. erzeugte Defekte in glasförm. Ca-Aluminaten 51/52-0259.

Änder. v. Struktur u. Kompressibilität v. Alkalimetallboratgläsern mit Änder. d. Alkalimetalloxidgeh. 11-0283; Elastizitätskonst. v. Se in d. glasförm. Phase 32-0279; Bruchtheorie einer durch Kristallitverteil. gefestigten Glasmatrix 32-2285; nichtlineare Elastizität orthotroper Glasplaste 40-1107; Abhängigk. d. Mikrohärte glas.-krist. Stoffe v. d. Morphologie d. krist. Phase 41-0347.

Halbleit. in Fe-Phosphatgläsern 2-0467; Zweiphotonenionisier. v. 3.4-Benzpyren in Borsäureglas 5-1010; elektr. Leitfähigk., Photoleitfähigk. u. -polarisat., Thermoelektret-Eig. u. Photoelektret-Eig. v. glasbildendem As_2S_3 6-0435; diamantähnl. Halbleiter in glasart. Zustand 8-0447; Temp.-Abhängigk. d. dynam.-mechan. u. dielektr. Relaxat.-Verh. in glasbildenden Fl. 9-1184; lokale Niveaus in glas. Halbleitern 17-0436; dielektr. Eig. v. BaO/P_2O_5-Gläsern 18-2340; elektr. Leitfähigk. u. dielektr. Relaxat. in BaO/P_2O_5-Gläsern 19-2339; Struktur, IR-Spektren, DK, Brech-Indizes u. Leit.-Mechanismus halbleitender Gläser im Syst. $GeO_2/P_4O_{10}/V_2O_5$ 20-0225; dielektr. Eig. halbleitender Fe-Phosphat-Gläser 25-0462; halbleitende feindisperse Glaskrist. auf d. Grundlage v. As- u. Sn-Selenid 40-0223; Leitfähigk. d. Be-Fluoridgläser mit *80* (Mol-%) BeF_2 u. *20* CsF 42-0421; elektr. Leitfähigk. u. Mikrohärte v. Gläsern d. Syst. As–P–Se 42-2180.

NMR v. Gläsern d. Syst. PbO–B_2O_3 u. PbO/SiO_2 4-0331; Nullfeld-Aufspalt.-Parameter d. Mn^{2+}-Ions in glasart. Medien 4-0345; ESR v. γ-bestrahlten Na-Polyphosphatgläsern 6-0381; EPR-Unters. v. Cr-halt. Gläsern $P_2O_5/Al_2O_3/ZnO/K_2O$ 8-0375; ^{11}B-NMR in Gläsern d. Syst. $EuO/B_2O_3/Al_2O_3$ 11-0389; EPR v. Mn-Ionen im glasförm. Syst. As/Se/Ge 11-0397; ^{11}B-NMR-Mess. an Hochdruckmodifikat. v. B_2O_3-Glas u. K-Boratgläsern 16-0321; EPR v. Cu^{2+} in Boratgläsern 16-2223; NMR-Unters. an Ca-Boroaluminatgläsern 27-0408; ESR v. γ-bestrahltem Na-Polyphosphatglas 31-0406; Temp.-Behandl.-Einfl. auf d. EPR-Spektren v. Chalkogenidgläsern 33-0431; EPR v. Gd^{3+}-Ionen im Chalkogenidglas Tl_2Se/As_2Se_3 44-0384; EPR-Spektren v. Co^{2+} in Gläsern d. Zus. $BeF_2/KF/AlF_3/CaF_2$ mit *0,25–1,0* CoF_2 44-0390; ESR-Spektrum γ-bestrahlter Alkalimetall- bzw. Erdalkalimetall-Phosphatgläser 45-0356.

Einw. v. Fluoridionen auf d. physikochem. Eig. d. Glaszustands in d. Syst. $AlF_3/PbO/B_2O_3$ u. B/F/O 6-2262.

Thermodynam. Existenzbereiche für d. Glaszustand bin. Syst. 7-0580; spezif. Wärme v. Na-Boratglas bei tiefen Temp. 9-0293; Wärmeleit. v. glasart. As_2S_3, As_2Se_3 u. $As_2S_3 \cdot As_2Se_3$ 10-0280; therm. Ausdehn. v. Alkaliphosphat-Gläsern 16-2225; Zweizustandsmodell für d. Freie Vol. v. glas. B_2O_3 18-0239; mol.-kinet. Theorie d. Vol.- u. Enthalpierelaxat. im Einfrierbereich organ. Gläser 19-1155; Viskosität v. Gläsern d. Syst. TeO_2/Na_2O 39-0555; Diffus. in glasart. Polymeren 39-1085, 39-1086; opt. Spektren u. D. v. glas. Chloridsalzen bei hohen $NiCl_2$-Konz. 41-0403; therm. Ausdehn. u. a. physikal. Eig. v. IR transmittierendem Se-Glas ($Ge_{28}Sb_{12}Se_{60}$) 41-2191; Prinzip d. korrespondierenden Zustände u. d. Zustandsgleich. v. polymeren Gläsern 42-1084; Viskositäts-Verh. u. Konstitut. bin. Wismutphosphatgläser u. Existenz d. Verb. $2\,Bi_2O_3 \cdot 5\,P_2O_5$ 47-0277; Adsorpt.: v. Fe in Boratgläsern 10-0347; v. PO_4^{3-} an Boratgläser 36-0634, 49/50-0611, 49/50-0612.

Photolyse v. Gläsern bei niedr. Temp. (Äthanol u. Äther bei *77* °K) 33-1034, 33-1035; Abhängigk. zwischen d. chem. Stabilität d. Gläser u. d. Phasendiagramm d. bin. Syst. K_2O/GeO_2 u. Na_2O/GeO_2 37-0744.

Amorpher Zustand

Bldg. v. amorphem Ge 11-0285.

Umwandl. v. Sb-dotiertem Krist. in amorphes Ge durch Ionenbeschuß 6-0324; Schichten aus amorphem Fe 36-0232; metastabile, amorphe dünne Aufdampfschichten v. Cu/Ag u. Co/Au-Leg. (Auftreten u. Morphologie v. Phasen) 45-0235; (Kinetik d. Umwandl.) 45-0236.

Anomale Verschieb. d. Fundamentalabsorpt.-Kante durch Einw. eines elektr. Feldes auf amorphe Se-Schichten 20-0277; Franz-Keldysh-Effekt an amorphem Se 36-0305; Elektronenabsorpt. an d. opt. Absorpt.-Kante v. amorphem Se 38-0366.

Opt. Konst. v. amorphem Se v. Röntgen- bis in d. fernen IR-Bereich 10-0316; Einfl. d. period. Struktur auf d. opt. Eig. v. amorphem Al 27-0360; Vielfachstreuung v. Röntgenstrahlen durch amorphe Proben 32-0205; Reststrahlenreflex. v. amorphem SiO_2 44-0337.

Best. v. Atomabständen aus d. Röntgenstreukurve amorpher Stoffe 2-0184; Berechn. d. röntgenograph. Verteil.-Kurven einatom. amorpher Stoffe 2-0185; Struktur v. aus amorphen Filmen kristallisierenden Sb-Sphärolithen 5-0274; Deut. d. Elektronenbeug.-Bilder v. „amorphem" B 7-0264; Ermittl. v. radialen Verteil.-Funkt. aus d. Beug.-Bild zweidimensionaler amorpher Strukturen 9-0283; Struktur v. amorphem In_2Bi 10-0260; Kristallisat. v. massivem, amorphem B u. Bezieh. zur β-Modifikat. 14-0237; Interferenzmeth. d. Best. d. Keimbldg.-Zeit dünner amorpher Filme v. Dielektriken u. Halbleitern 15-0303; transmissions-elektronenmkr. Unters. v. amorphen Bereichen in Amthyst u. Citrin 16-0191; Elektronenbeug. quasiamorpher Substanzen 17-0290; atomare Struktur v. amorphem ZrO_2 19-0279; elektronenmkr. Unters. d. amorphen Tieftemp.-Form v. Eis 23-0231; elektronograph. Unters. v. amorphem TlSe 24-0270; Strukturmerkmale v. „amorphem" B 27-0292; Einfl. v. Br-Beimeng. auf d. Kristallisat.-Kinetik v. amorphen Se 31-0310; Variat. d. Compton-Streuung v. Mo $K\alpha$-Strahl. mit Änder. d. Struktur v. amorphem Quarz 35-0354; Deut. d. Elektronenbeug.-Abb. v. „amorphem" B 36-0231; Strukturumwandl. u. Amorphisier. v. synthet. Cordierit 36-0236; Flächengitter in festem amorphem Se nach d. Fourier-Analyse 47-0274; amorphe Whisker v. Co/Au-Leg. mit *25* Atom-% Au 48-0271; Temp.-Abhängigk. d. Strahl.-Vernetz. v. Polyäthylen in krist. u. amorphen Zuständen 48-1056; Radialverteil.-Analyse: d. metastabilen Struktur dünner, amorpher, durch Aufdampfen bei tiefen Temp. erhaltener Metallschichten 51/52-0228; d. metastabilen Struktur dünner, amorpher, supraleitender Metallschichten aus Pb–Bi-Leg., gewonnen durch Aufdampfen bei tiefen Temp. 51/52-0229.

Dilatometr. Best. d. Erhärt. u. Erweich. amorpher Stoffe 6-1125.

Kristallisat. u. elektr. Leitfähigk. einer amorphen Phase in Pd/Si-Leg. 13-0314; Wrkg.-Querschnitte für elast. u. unelast. Elektronenstreuung an amorphen C- u. Ge-Schichten 23-0230.

EPR-Unters. v. amorphem B 26-0361; paramagnet. Resonanz v. Cu^{2+} in amorphem GeO_2 41-0419.

Bezieh. zwischen D. u. isothermer Kompressibilität v. amorphen Polymeren 47-1054.

Viskoelastizität v. amorphen Polymeren 42-1080; Mol.-Theorie für d. viskoelast. Verh. amorpher Polymerer 46-1063.

Bibl.: Structure of glass. Vol. *7* B 47.

Glaslaser s. unter *Maser und Laser*.

Glassport M, Verw. in d. Gaschromatographie 28-2022.

Glastextolit, s. unter *Plaste, Polyester* (*Weitere Polyester*).

Glasuren, Rohstoffe für d. —-Industrie in Jugoslawien 5-2353; Fe-— 5-2357; Farben in — 10-2408; Red.-— 24-2289; Ursachen blasenerzeugender Gase in — 26-2430; Cr als Farbstoff in — 42-2203; Engoben u. Begüsse 44-2169; Blasen in — 47-2118.

Blaue Unter-—-Farbe 1-2402; —-Masse für keram. Körper aus SiO_2, MgO u. Al_2O_3 4-2221*; Farbkörper für keram. —: aus ZrO_2 u. SiO_2 mit $CoCl_2$ oder $CoSO_4$ 5-2376*; auf Basis v. Zr-Silicaten mit färbenden Bestandteilen 5-2377*; elektr. leitende — 6-2243*; gelbe Ober-—-Farben auf Sb-Oxid-Basis 6-2279; Pb-freie Schmelz-— für keram. Werkstoffe auf Basis v. Mg-Metasilicaten 9-2455*; keram. Lasurfarben in Schnellbrenn-— 10-2409; zirkongetrübte — für bei Segerkegel *9* gebranntes Sanitärporzellan 12-2268; Glasier. v. Sanitärgegenständen durch Spritzmeth. 12-2269; —-Masse für keram. Gegenstände 12-2278*; rosa Farbkörper für keram. Massen zum Einfärben v. — 13-2438*; weiße u. gefärbte Engobe für Kacheln 14-2393; keram. —-Farbe mit grauem Farbton 19-2330*; —-Massen aus Andesitmehl 22-2296*; keram. Pigment auf Fe-Basis für — 23-2239*; keram. Farbe für — 23-2240*; Aufbringen: v. keram. — auf Be-Carbidkörper (*2* Temp.-Stufen) 23-2241*; v; glatten — auf Al_2O_3-Formkörper 25-2104*, ZnO als Mühlenzusatz 27-2326; lachsfarb., keram. Farbkörper bzw. — aus CeO_2, SiO_2, Pr_2O_3 u. Na_2SiF_6 27-2334* durchsicht. Silican-Lüster-— zur Dekorat. v. Glasgegenstände 28-2292; krist. Syenit-— für keram. Erzeugnisse 28-2307; — für sanitäre Halbporzellanerzeugnisse 28-2308; leicht schmelzende — 28-2309; Selbst-— für C-gebundene Prod. 31-2244*; gelb- bis rotgefärbte keram. — 33-2327*; keram. — mit Farbtönen v. Orange bis Rot 33-2328*; Glasieren v. Keramik unter Verw. v. Siliconzusatz 33-2329*; — aus vulkan. Gesteinen 36-2209; Herst. v. Zr/V-Farbkörpern 36-2217*; — aus Verb. v. Typ $CaO \cdot xAl_2O_3 \cdot ySiO_2$ 37-2101; niedrigschmelzende glasart. Alumoborosilicat-— 38-2294; Zr-Verb. als Trüb.-Mittel für Prozellan-— 42-2204; — für Li_2O-Keramiken 43-2085; keram. Farbkörper aus Zr-Silicat u. Cr-Verb. für — 43-2092*; Herst. v. —-Material (Schmelzen d. Rohstoffe unter Zusatz v. Li-Verb.) 47-2127*; nichtschmelzbare — auf Ca-Borat-Basis 48-2354; undurchsicht., bei *950°* gebrannte Zr-— 51/52-2225.

Entmischen v. —-Suspens. während d. Auftragens auf keram. Scherben 1-2401; Zirkontrüb. bei — 4-2208; Spann.-Verteil. im Syst. Mörtel/Scherben/— bei angelegten Wandfliesen 4-2209; Einfl. v. Gemengezusätzen auf Eig. v. Roh-— 6-2280; Einbrennverh. v. — (Einfl. d. keram. Scherbens) 12-2267; Einfl.: d. — auf d. Festigk. v. Isolatorporzellan 13-2425; d. —-Zus. auf d. durch CrO_3-Zusätze erzeugte Farbe 22-2286; Zeitabhängigk. d. Verschleißes glasierter Oberflächen 24-2273; Textur v. Zn-Opak-— 27-2327; Kristallisat. v. Sr–Zn-— 38-2292; Zus. u. Eig. v. bei niedr. Temp. schmelzbaren Zirkon-— 38-2293; Verh. d. Braunfarbkörpers in Porzellanscharffeuer-— 40-2227; Blasenbldg. in Einbrand-— v. Sanitätskeramiken 42-2205; Trüb. v. Zirkon-— 43-2084; Löslichk. v. Gasen in — 47-2118.

Polarograph. Best. v. Zn in keram. — 18-2349; Qualitätskontrolle v. —-Fritten durch Best. d. Fließverh. 24-2290; Überwach. d.

--Herst. 30-2269; Charakterisier. v. – an Hand d. Dilatometerkurven 45-2121.

Bibl.: Glasuren und ihre Farben B 39; Strontiumglasuren [russ.] B 78.

Glauberit, Krist.-Struktur v. – 6-0268.

Glaubersalz s. unter *Natriumsulfat*: Na_2SO_4.

Glaucamin s. unter $C_{21}H_{23}NO_6$.

Glaucansäure s. unter $C_{18}H_{20}O_6$.

Glaucarubin s. unter $C_{25}H_{36}O_{10}$.

Glaucarubinon s. unter $C_{25}H_{34}O_{10}$.

Glaucarubolon s. unter $C_{20}H_{28}O_8$.

Glaucentrin s. unter $C_{20}H_{23}NO_4$.

Glaucin s. unter $C_{21}H_{25}NO_4$.

Glauconin s. unter $C_{11}H_8O_6$.

Glauconsäure s. unter $C_{18}H_{20}O_7$.

Glaudin s. unter $C_{22}H_{25}NO_6$.

Glaukonit, lakustr. glaukonit. Glimmer v. Pluvial-Seerücken, Lynn u. Terry Counties, Texas 12-0819; Alter d. Gesteine d. Vindhy-Syst. (Indien) nach – 26-0812; – aus d. Subathu-Becken (Eozän) in d. Simla Hills Indiens 28-0801; Vork. v. – in Kalken v. Indiana 33-0875; Verteil. d. Mikroelemente in – d. russ. Plattform 42-0773; Seltenerdmetalle in – 42-0774; Anreicher. v. --Erzen 24-2181; Eindringen v. Ar in d. Krist.-Gitter v. – 14-0894; Red. v. – in Kertsch-Erz 7-2459; Rk.-Fähigk. v. – gegenüber d. Angriff v. Säure 41-0836.

Glaukophan, Petrogenese d. --Schiefer d. Franzisko-Format. in Kalifornien 5-0876; Ursache d. bevorzugten Verteil. v. – in orogenen Gürteln verschiedenen Alters 8-0826; Paragenese v. – u. Jadeit in Lagerstätten d. neuen Typs am Rande v. Acceglio (Seealpen, Italien) 9-0851; Vork. v. – in jadeithalt. Mandeln in Metaeffusiv-Gesteinen v. Nordwest-Kamtschatka 24-0827; Einordn. v. – in d. metamorphen Fazies 28-0763; Hornblenden in den Metamorphiten d. Typs --Jadeit 39-0811; Verw. v. – d. Südurals als säurebeständ. Mineralfüllstoff in d. Industrie 28-0802.

Glaupavin s. unter $C_{22}H_{25}NO_6$.

Glebomycin, dünnschichtchromatograph. Verh. v. --Hydrochlorid 29-1348.

Gleichgewichte, Allgemeines über – s. unter *Thermodynamik*. --Konst. u. energet. Angaben über Rk.-– s. unter *Reaktionsenergetik und -gleichgewichte. Elektrolyt*-– s. unter *Dissoziation, elektrolytische. Phasengleichgewichte* s. dort bzw. unter d. speziellen Stichwörtern wie *Dampfdruck*; *Löslichkeit*; *Polymorphie*; *Schmelz- und Erstarrungsvorgänge*; *Verteilung* . . .

Gleichrichter s. unter *Halbleitertechnologie und -Bauelemente*.

Gleitmittel s. unter *Schmiermittel*.

Gliadin s. unter *Proteine, Spezielle Proteine*.

Glimmer, Stell. v. Svitalskit in d. Reihe v. Si_4-– 26-0858; --Mineralien 47-2023.

U-Vork. in --Schiefer d. Umgeb. v. Demirtepe-Çavdar u. Osmankuyu-Kiskir (Çine-Massiv) 2-0846; --Vork. in Transvaal (Übersicht) 4-0823; Verteil. d. Seltenerdmetalle in – d. südkaliforn. Batholithen 5-0856; mögl. Ursprung v. atmosphär. NH_3 u. N_2 in Ammonium-– 5-0915; Veränder. v. – d. Sandsteine d. Khmers-Monumente (Kambodscha) 6-0851; Vork. v. – in d. Alkali-Flözrücken d. Alnö-Gebiets 7-0831; früher K-Typ d. Wandgesteinsveränder. v. – bei Butte, Montana 8-0827; --Beidellit mit regelmäß. Schichtenfolge 9-0842; lakustr. glaukonit. – v. Pluvial-Seerücken, Lynn u. Terry Gounties, Texas 12-0819; Vork.: v. bas. u. ultrabas. metamorphen Schollen in --Quarziten d. Gegend v. Villalba (Lugo-Spanien) 16-0758; v. – in Proben aus d. Oberen Kreide d. Arundel-Gebiets, Sussex 16-0759; granit. – v. Ogliastra 17-0848; geochem. Evolut. durch Abbau v. – in d. Hydrosphäre 18-0767; Fund v. Feniten u. alkal. Pyroxenit mit Übergängen zu – im tschech. Mittelgebirge 21-0849; Vork. v. Misch-– im Mergel u. Mergelton v. d. Plateau de la Défense (Hauts-de-Seine) 23-0793; Bldg. d. Krist.-Tonsteine im Žd'árek-Karbon in Nordostböhmen aus --Mineralen 24-0824; Vork.: v. Skorodit in einer Randzone mit – in einem Pegmatit im Bhilwara-Distrikt in Rajasthan, Indien 24-0846; v. – in d. Schicht v. Diélette (Manche) 27-0837; Australite, Einschlaggläser u. --reiche Sandsteine v. Henburykrater 28-0760; mkr. Unters. d. --Bldg. v. Salsigne, Aude 28-0840; Ga-Geh. in d. --Graniten d. Asow-Region 29-0794; Zn-– v. Franklin-Herd, New Jersey 32-0842; Vork. v. weißem – in d. Sandtongeröll d. Puddingsteins v. Thy (Dyle Tal) 33-0839; Mineralchemie v. – aus Tessiner Pegmatiten 33-0841; Seltenmetallmineralisat. in --führenden Pegmatiten d. Dolen-Lagerstätte, Zlatograd-Gebiet 33-0847; Phasengleichgew. v. Kali-– u. a. Mineralen im Syst. $K_2O/Na_2O/Al_2O/SiO_2/H_2O$ in ozean. Sedimenten 34-0858; radiogener Ar-Geh. in – 36-0807; Intrus.-Temp. eines --halt. Peridotitganges 36-0819; Vork.: v. --Blättchen in d. Tonen v. Alarup 37-0851; einer --Varietät (Hendricksit) in Skarnzonen 38-0831; Sr-Isotope u. Alkalimetall-Häufigk. in --Peridotiten 39-0794; durch K-Absorpt. v. Vermiculiten u. durch dessen Verlust aus – entstandene Mixed-layer-Bldg. 39-0828; Altersbest. an – nach d. Spuren d. U-Spalt.-Prod. 41-0792; Genese---führender Pegmatite Nordkareliens 41-0806; Th in – 41-0816; Rork. v. U in – 41-0817; Muskovitisier. d. Biotite als Quelle akzessor. Mineralisat. in --halt. Pegmatiten 42-0761; Zerfallspuren-Alter v. ind. – 43-0761; frühmesozoisches Alter d. --Lamprophyre d. Čuisk-Komplexes v. Altai-Gebirge 43-0762; Vork. v. – im Pb-halt. Tonschiefer im Zechstein 46-0774; eingesprengte Montmorillonit---Tone v. Unterboden d. Prärieprovinzen, West-Canada 46-0779; Zwei --Schiefer d. westl. Teils d. Kaukasus-Höhenzuges u. ihre paragenet. Analyse 47-0760; Mineralbestand u. Genesis d. Eisgarner Zwei---Granits im niederösterreich. Waldviertel 49/50-0746; Bldg. v. – im Massiv d. Colettes (Echassières, Allier) 49/50-0747.

Bldg. v. Sr-– v. Montmorillonit-Typ bei d. hydrothermalen Kristallisat. v. $SrO \cdot Al_2O_3 \cdot n\,SiO_2$ ($1 \leqq n \leqq 9$) 11-0774; Herst.: v. künstl., krist. – 4-2253*; eines neuen – ($KMg_{2,5}[Si_4O_{10}](OH)_2$) 12-0842; neue synthet. Mineralien d. --Guppe 30-2188; Flotat. v. – mit Kiefernöl u. Dodecylbenzolsulfonat 25-3013*; selektive Flotat. d. – v. Pegmatit 32-2208; Aufbringen v. Silanolüberzügen auf – 30-2924*.

Hochenergieexperimente an schweren Kernen unter Benutz. v. – als Detektor 28-1940.

IR-Spektrum v. – 40-1885; Durchlässigk. v. ind. – 1-0311; Brech.-Indizes v. – 10-0321; relative Lokalisier. d. Interferenzbanden im durchgehenden u. im reflektierten Licht bei einem versilberten --Blättchen 12-0361; Best. d. Massenschwäch.-Koeff. v. – für Röntgenstrahl. 28-1942; Reflex.-Eig. v. gebogenen --Krist. 42-0204; IR-Absorpt. v. O–H-Bind. in – 47-0355; Interferenz in dünnen --Plättchen im Schumann-Bereich 48-0322.

Sichtbarmach. v. auf Versetz. hinweisende Gitterstör. bei Röntgen-Durchstrahl.-Aufnahmen v. – 2-0233; Oberflächenstrukturen v. dehydroxylierten – bei d. Beobacht. im Phasenmikroskop 2-0832; Protonendelokalisier. in – 3-0844; systemat. Beschreib. u. Identifizier. v. polytypen – 5-0882; Elektronenbeug.-Unters. d. Struktur v. dielektr. --Filmen 7-0523; Einfl. d. Temp. d. Dampfstrahls auf d. heterogene Keimbldg. v. Zn auf – 10-0212; Tiegel zur Zücht. v. synthet. --Krist. 10-1973; heterogene Keimbldg. v. Alkalimetallhalogenid-Krist. aus d. Lsg. auf --Spaltflächen 11-0226; elektronenmkr. Beobacht. an dehydroxylierten – 11-0836; Inhalt d. Elementarzelle in – 14-0844; mkr. Beobacht. v. Krist.-Blöcken aus synthet., unter Zusatz v. Cr-, Mn- oder Cu-Ionen hergestelltem – 17-0240; Beobacht. v. Versetz. in – durch Röntgentopographie 19-0238; trioktaedr. Einschicht-–(Krist.-Struktur eines synthet. Li-F-–) 19-0278; Rekristallisat. v. – in gefältelten Schiefern 22-0763, 22-0764; epitakt. Ablager. v. CdSe auf – 23-0232; Einfl. v. Variat. d. chem. Zus. --ähnl. Mineralien auf d. Intensitätsverteil. in Elektronogrammen v. Texturen 23-0260; Angaben über – nach d. Spur d. U-Spaltfragmente (Anätzen mit HF) 28-0803; Umrechn. v. --Analysen in Strukturformeln 38-0868; kristallchem. Unters. v. verschiedenen – 38-0870; Theorie d. Teilchenorientier. v. – 39-0825; Abscheid. v. MoC-Filmen auf – aus $Mo(CO)_6$ unter Einw. eines Elektronenstrahls 42-0650; Ätzfiguren d. Spuren v. U-Spalt.-Resten in – 44-0820; Strukturen v. Spröd-– 46-0274; Beitrag d. --Schichten zu Schichtstrukturfaktoren v. Tonmineralien 47-0214; Orientier. d. --art. Mineralien in Schiefer 49/50-0755.

Einfl. d. Härteanisotropie v. lamellarem – auf Verschleiß u. Stoffübergang bei trockener Reib. mit Metallen 23-2369; Einfl. oberflächenakt. Stoffe auf Struktur u. Festigk. v. --halt. Li-Schmiermitteln 41-2527.

Energie für d. Oberflächenbeweglichk. v. dünnen diskontinuierl. Au-Filmen auf --Trägern 3-0501; Reichweiteverteil. d. ^{235}U-Spaltprod. ^{95}Zr (*97* MeV) u. ^{140}Ba (*65* MeV) in – 19-0101; elektr. Lad. v. mit *4* X-–gefüllten Epoxidharzen 21-3072; elektr. Eig. v. ind. – 25-2036*; Beständigk. v. --Isolierstoffen in stark ionisiertem Raum 26-2350; Beobacht. einer Protonen-Kanalwander. in dünnem – 34-0027; Verlauf v. Bahnen schwerer Ionen in – 40-1836.

Stoffeig. v. – bei *40–79* kbar u. *500* bis *1500°* 36-0859; therm. Eig. v. – 41-2240; authigener Kaolinit u. – als Beweis für Phasengleichgew. bei tiefen Temp. 44-0782; Dekrepitieren v. – 44-0837.

Einfl. v. Koagulantien auf d. Gießeig. v. alkal., --halt. Gießschlicker 2-2334; Fallgeschw. kleiner --Teilchen 3-0668; Adsorpt. v. W.-Dampf an d. --Oberfläche 7-0662; Abhängigk. d. ζ-Potentials v. d. Konz. zugegebener Gegenionen bei – 19-0653; Adsorpt. v. Stearinsäure auf – 31-0652; therm. Akkommodat.-Koeff. für Zn an – 39-0637; rheolog. Kurven v. thixotrop-strukturierten --Suspens. 41-0616; Strukturbldg. in Dispers. künstl. --Gemische bei ihrer Behandl. mit Ultraschall 42-0660.

Färb. v. synthet. – bei Zusatz v. Elementen d. Fe-Gruppe 21-2297; Synth. eines Schichtminerals aus – 38-0869.

Silikosegefahr bei --Stäuben 25-2128.

Verw.: in Feuerlöschpulver 6-2114*; in Trockenfeuerlöschpulver 6-2116*; v. --Pulver in selbstschmierendem Bremselement 37-1989*; v. --Schichtstoff zur Isolat. 14-2334*; zur Herst. v. elektr. Isoliermaterial 28-2254*; v. --Bändern für Hochspann.-Isolier. 48-2300*; in schalldämpfender Masse im Bauwesen 2-2371*; Zusatz v. --art. Tonmineralien zur Herst. einer Naßpreßmasse 9-2454*; Verw.: v. synthet. – zur Herst. v. Formkörpern 17-2328*; v. synthet. --Flocken zur Herst. keram. Formkörper 24-2246*; v. --Pulver in Schlichten für Gießereisandformen 33-2413*, 33-2414*; zur Schmier. bei extremen Temp. im Hochvakuum 27-2743; zur Verbesser. d. dielektr. Eig. v. Polyäthylenmisch. 12-2859*; v. --Pulver als Füllstoff in PVC-Filmen 24-2992*; in Feuerschutzfarbe 15-2197*; v. --Splittings u. --Folie für Schutzüberzüge 43-2051*; in Schutzüberzügen 51/52-2972*; als Träger u. Verdünn.-Mittel bei kaliforn. Schädlingsbekämpf.-Mitteln 22-3049.

Best. v. – in Böden durch Na-Disulfat-Schmelze 44-1874; röntgenspektrograph. Best. v. K in – 18-2018; Platten-– als nichthaftender Träger für Oberflächenkulturen v. in Epon eingebetteten Zellen 1-2119.

Glimmerschiefer, Kristallisat.-Temp. d. Disthens aus d. – v. Sebes 4-0805; granatführender – d. Passes v. Rombo (Alto Adige) 6-0842; Bldg. v. – während d. metamorphen Differentiat. in feinkörn. Schiefer 7-0818; Biotite v. – d. Tessins 7-0849; Vork. v. – mit Biotit u. Muskovit in d. vulkano-detrit. Reihe aus d. Silur im Norden v. Celanova (Provinz Orense, Spanien) 9-0836; Entw. v. – in d. Massiv v. Colettes (Echassières, Allier) 9-0838; – d. südl. Sila (Mittelkalabrien, Italien) 13-0841; Vork.: v. – in Lemieux-Lesseps, Gaspe, P.Q. 13-0849; v. Muskovit–Albit-– in d. erzführenden Serien v. Laurium (Attika, Griechenland) 18-0771; Schiefer u. – d. Vieremä-Kituruvesi-Gebiets 31-0780; Li-Geh. in Quarzen aus – Niederschlesiens 34-0816; Bielice-Granitoide in d. Sudeten u. ihr metamorpher Mantel aus –, Paragneisen u. Marmoren 38-0803; Mineralgesellschaften, Untergruppen u. Typen d. Metamorphose in d. – u. pelit. Gneisen d. Massivs v. Canigou (Ostpyrenäen) 48-0735.

Gliotoxin s. unter $C_{13}H_{14}N_2O_4S_2$.

Glipin s. unter $C_{22}H_{25}NO_3$.

Gln s. unter $C_5H_{10}N_2O_3$.

Globicin s. unter $C_{17}H_{22}O_5$.

Globine s. unter *Proteine, Spezielle Proteine*.

Globosid I s. unter $C_{46}H_{82}N_2O_{23}$.

Globoside, Struktur d. Ceramid-Hexoside d. – d. roten Blutzellen v. Säugetieren 45-1450.

Globuline s. unter *Proteine, Spezielle Proteine*.

Globuxanthon s. unter $C_{18}H_{16}O_5$.

Glomerulotrophin s. unter $C_{13}H_{16}N_2O$.

Glu s. unter $C_5H_9NO_4$.

Gluajakolphthalein s. unter $C_{22}H_{18}O_6$.

Glucamin s. unter $C_6H_{15}NO_5$.

Glucane, – als Bestandteil d. Zellwände d. Hyphen v. Phytophthora 34-1387; Bezieh. zwischen d. Anteil an β-1.3-Glucan d. Neurospora crassa-Zellwand u. Wildtyp- u. Kolonienmorphologie 22-1242; ein Glucan: aus d. Rinde d. Engelmann-Fichte 6-1399; d. hypobronchialen Mucins v. Buccinum undatum 8-1558; β-Glucan aus Getreidemehlen (Isolier., Charakterisier.) 39-1123.

Bldg.: u. Akkumulat. v. extrazellularen – durch Lactobacillusarten 7-1447; extrazellularer – durch Fleischpilze 13-1416; Ascorbinsäure u. d. Synth. v. sulfatiertem Glucosaminglucan 29-1571; Wrkg. hoher O_2 Partialdrucke auf d. Photosynth. v. Poly-– in Chlorella 33-1466; Bldg.: verzweigter – in Zuckermais 40-1292; v. Succinoglucan durch Alcaligenes faecalis var. myxogenes 41-1311; v. Poly-– bei d. Photoassimilat. v. Glucose

Glyceride

Ratten mit Gallenfistel nach Triolein-Verabreich. 36-1578; v. – in d. Lipiden v. Ceroplastes pseudoceriferus 37-1388; v. Tri-– im Serum (Wrkg. v. oralen Antikonzipientien) 38-1499; v. Tri-– im Plasma (Wrkg. v. sauren Azoproteinen) 38-1557; v. Tri-– in d. Leber unter Einfl. v. 1.3-Butandiol 39-1485; v. Tri-– in d. Lipiden v. Katzen- u. Hundenieren 39-1542; v. Tri-– in Intima, Media u. atherosklerot. Fettstreifen in d. menschl. thorakalen Aorta 40-1468; v. Tri-– in d. Lipiden d. Shinoigi-Karzinoms *115* u. d. Nakahara-Fukuoka-Sarkoms 41-1204; v. Tri-– in Plasma u. Leber nach Verabreich. v. CCl_4 41-1595; v. Tri-– in d. Nebenniere d. hypophysektomierten Ratte (Wrkg. v. Adrenocorticotropin) 42-1352; Hypertriglyceridämie infolge v. Kohlenhydraten bei ischäm. Herzkrankh. 42-1504; Vork. bzw. Geh.: v. Tri-– im Plasma (Wrkg. v. Atromid S) 42-1617; v. Tri-– in Rinderserumlipiden 43-1411; v. Tri-– in d. Aortenintima u. inneren Media u. a. Gewebefrakt. v. fetalen u. erwachsenen Rhesusaffen 44-1465; v. Tri-– in d. durchströmten Rattenleber (Wrkg. v. Wachstumshormon) 45-1365; v. Tri-– in Rattenmammakarzinomen, Milchdrüsen u. verwandten Geweben (endokrine Einfl.) 46-1210; v. Mono-, Di- u. Tri-– im Gesamtgewebe u. d. subzellularen Frakt. d. gesunden u. malignen Cervix uteri 46-1211; v. Tri-– im Plasma v. Tieren nach Behandl. mit Pyrrolidinomethyltetracyclin 49/50-1521; v. Tri-– im Serum (Einfl. v. Nicotin) 51/52-1583.

Vork. v. Phytansäure in d. Tri-– d. Plasmalipide bei Refsum-Syndrom 46-1478.

Biosynthese. Bldg. v. Tri-– während d. Fettresorpt. 1-1646; Synth.: v. – im Fettgewebe 1-1652; v. Tri-– durch Schnitte v. Geflügelleber in vitro 5-1600; Einbau v. Palmitinsäure in – bei d. Ratte 7-1721; Triglyceridakkumulat. in d. Leber 8-1690; Synth. v. Tri-– in d. Darmschleimhaut beim Hamster 9-1656; Einbau: v. Palmitinsäure in d. Milchfett-Tri-– 9-1665; v. Palmitat in Di-– in Insektenfettkörpern 12-1617; v. Fettsäuren in Tri-– durch Rattendarmschleimhaut 16-1544; Umwandl. v. α- u. β-Octadecylglyceryläthern in Alkoxymono(di)-– in d. Lymphe bei Ratten 20-1561; Biosynth.: v. Tri-– in bestrahltem Knochenmark 21-1687; v. – in Dispers. v. Rattenleberzellen 22-1545; v. Tri-– in d. Leber (Einfl. v. NH_4^+) 22-1547; Freisetz. v. Di-– bei Insekten 27-1639; Umwandl. v. Glucose in Tri-– in vivo (Wrkg. v. Nahr.-Fetten u. v. Hunger) 28-1615; Einbau: v. Fettsäuren in d. Tri-– im Rattendarm 28-1631; v. Palmitinsäure in d. Di-– d. Leber d. Hundshais 28-1632; v. Fettsäuren in – durch d. Dünndarmschleimhaut 29-1278; v. Fettsäuren in d. – v. Insektenovariolen 31-1568; Synth.: v. Tri-– in d. Fettleber d. Ratte (Einfl. v. A.) 33-1661; v. – durch Rattenlebermitochondrien (Bedarf an lösl. Protein) 36-1178; Umwandl. v. Glucose in Tri-– durch Makrophagen in vitro 39-1337; intestinale Bldg. v. Tri-– beim Menschen 39-1515; Einbau: v. Linolsäure in Leber-Tri-– 39-1526; v. Fettsäuren in Tri-– durch d. Dünndarmmucosa d. Lamms 40-1567; Bldg. v. Tri-– in larvalen u. ausgereiften Formen d. Bandwurms Spirometra mansonoids 40-1572; Einbau: v. Palmitat in Tri-– durch Frakt. d. normalen u. d. sich regenerierenden Rattenleber 40-1583; v. Phytansäure in d. Plasma-Tri-– bei Heredopathia atactica polyneuritiformis 41-1576; v. Triolein in – bei d. Ratte mit Gallenfistel 43-1445; Biosynth. v. 1.2-Di-– in menschl. Fettgewebezellen (Einfl. v. Glucose u. Palmitinsäure) 44-1190; Einbau: v. Linolsäure d. Nahr. in d. Tri-– v. bestrahltem Knochenmark 45-1528; v. Acetat in d. Fettsäuren d. Tri-– in menschl. Lymphozyten 46-1471; Biosynth.: v. – durch Spermatozoen v. Mensch u. Fisch 46-1501; v. Tri-– in d. Rattenleber (Einfl. v. Chlorphenoxyisobutyrat) 46-1555; Einbau v. Palmitat in d. Tri-– d. Leber v. mit CCl_4 vergifteten Ratten 48-1491; Bldg.: v. Tri-– aus Sorbit in Leberschnitten v. hungernden Ratten 48-1494; v. – intrazellularen KW-Stoff-Ox. durch Nocardia 49/50-1268; Abhängigk. d. Geschw. d. Triglyceridsynth. beim Moskito v. d. Wärme 49/50-1472; Einbau: v. Glucose in Tri-– im Fettgewebe v. Mensch u. Ratte 51/52-1191; v. Palmitat u. Linoleat in d. Leber-Tri-– 51/52-1480.

Darstellung, Reinigung. Darst.: v. α-Mono-– 3-2854; v. Mono- u. Di-– durch direkte Verester. in Ggw. v. p-Toluolsulfonsäure 3-2855; v. Tri-– aus Mono- bzw. Di-– u. Säureanhydriden 5-1250; u. Verw. v. Estern d. Glycerins oder substituierter Glycerine 6-2575*; v. Tri-– durch Umester. v. Triacetin mit Methylestern höherer Fettsäuren 18-0950; v. 1.2-Di-O-acylglycerinen 19-1463; v. Citronensäure-Fettsäure-Tri-– (Backhilfsmittel) 27-3231*; v. gemischten Glycerinestern 35-2369*; v. Glycerinacetaten (genießbare Schutzfolien für Nahr.-Mittel) 38-3160; v. sulfatierten Mono-– auf d. Philippinen 43-2488; v. Mono-– durch Umester. u. Glycerinolyse 44-3121; v. Trityl-, Benzyl- u. Benzyliden-– 45-0945.

Reinig. v. Mono-– mit Hilfe v. Harnstoff 1-2655; Fraktionier. v. techn. Mono-– mit Harnstoff 4-2764; Trenn.: v. Triglycerid-Gemischen durch Lsgm.-Kristallisat. 6-2583*; u. Reinig. v. α- u. β-Mono-– 21-3030; v. höherschmelzenden – durch Zentrifugieren 21-3033*; v. gesätt. u. ungesätt. – 22-3192*; v. Epoxyfettsäure-– 34-2965*.

Physikalisches und physikalisch-chemisches Verhalten. Berechn. d. Struktur v. Tri-– mit Hilfe v. elektron. Datenverarbeit.-Anlagen 4-0884; Polymorphie v. höheren Tri-– 16-0870; Feinbau d. – 20-0873, 20-0874; Löslichk. v. Cholesterin in Tri-– (Einfl. v. pflanzl. Sterinen) 51/52-1311.

Chemisches Verhalten. Therm. Stabilität v. 1-Mono-– 16-0876, 16-0877; Epox. v. Fettsäuretri-– 17-2609*; Hydrier. v. Tri-– (Kinetik) 7-3407; Umester. v. Triacetin mit Tri-– 38-3160; Rk. v. natürl. Tri-– mit Saccharose 32-2554.

Biochemisches und physiologisches Verhalten. Enzymologie. Spezifität v. Pankreaslipase gegenüber Milchtri-– 2-1337; enzymat. Hydrolyse v. Gewebe-Triglyceridemuls. durch Homogenate v. epididymalem Fettgewebe d. Ratte 10-1374; Wrkg.: v. Lipoprotein-Lipase auf d. Tri-– d. Chylomikrokügelchen u. a. Lipoproteine geringer Dichte 14-1356; v. cholataktivierter Lipase auf lang- u. kurzkett. Fettsäuretri-– 14-1357; hydrolyt. u. veresternde Wrkg. v. krist. Lipase aus Aspergillus niger auf Tri-– 18-1319; Hydrolyse v. langkett. Tri-– durch Pankreaslipase 25-1239; partielle Hydrolyse v. Milchtri-– mit Lipase 27-1453; Hydrolyse: v. 1.2-Diglyceridacetaten mit Pankreaslipase 28-1339; v. Tri-– durch bakterielles proteolyt. Enzym 29-1270; enzymat. Hydrolyse v. Reservetri-– bei Inkubat. in Ggw. v. Adrenalin 44-1323; Hydrolyse v. Mono-– durch Enzym aus Darmschleimhaut 44-1324.

Einfl. v. Plasma-Tri-– auf d. fibrinolyt. Enzymsyst. 11-1567.

Tierphysiologie. Triglycerid-Transport: durch d. Leber v. normalen u. CCl_4-vergifteten Tieren 2-1653; v. d. Leber zum Plasma 15-1627; in d. Leber (Wrkg. v. Insulin u. Alloxan-Diabetes) 17-1503; Lipämie infolge herabgesetzter Triglyceridaufnahme d. Gewebes aus d. Blut bei trächt. Ratten 32-1359; Aufnahme v. Tri-– in perfundierten Rattenherzen 34-1651; Resorpt.: v. Di- u. Tri-– durch Intestinalschnitte in vitro 35-1617; v. Tri-– bei Patienten mit Cirrhose 39-1525; Ausschütt. u. Aufnahme v. Tri-– durch d. perfundierte Leber d. normalen bzw. d. Alloxan-diabet. Ratten 43-1380; Resorpt. v. Tri-– mit mittleren u. langen Ketten 49/50-1501.

Dynamik d. Plasma-Triglycerid-Umsatzes beim Menschen 3-1599; intrazellulare Hydrolyse v. – v. flücht. Fettsäuren in Rattendarmpräp. 5-1323; Stoffwechsel v. Tri-– im Fettgewebe 10-1672; Verester. v. Cholesterin in vitro durch Rattenplasma unter Verw. v. Tri-– als Substrate 11-1350; Metabolismus v. Tri-– in d. perfundierten Leber 12-1629; Triglycerid-Stoffwechsel: im Fettgewebe v. hungernden u. wiedergefütterten Ratten (Einfl. v. Insulin) 13-1661; im Humanplasma (Kinetik) 15-1523; Langzeit-Stabilität v. Tri-– im Fettgewebe 15-1580; Umwandl. d. Triglyceridstruktur im Verdauungstrakt u. im Bereich d. Reservefettes bei Ratten nach Gaben eines Futters mit Kopraöl 16-1549; Nichtverwert. v. intrazellularen Tri-– als Energiequelle für d. Muskelkontrakt. 16-1557; Stoffwechsel v. Tri-– beim Menschen (Einfl. v. Insulin) 29-1476; Einbau v. Tri-– aus Lipoprotein durch Fettgewebe in vitro 31-1571; Glyceridumsatz bei Coronargefäßerkrank. (Wrkg. v. Kohlenhydraten in d. Nahr.) 33-1658; Stoffwechsel u. Transport v. Tri-– durch d. Rattenleber (Einfl. v. A.) 38-1630; Red. v. Serumtri-– beim Menschen bei Zugabe v. ungesätt. Fetten zur normalen Diät 39-1528; Stoffwechsel v. Chylus-Tri-– in d. Leber 41-1594; Hydrolyse v. Tri-– im Fettgewebe (Umsatzgeschw. v. Glycerin in Körperfl. als Index) 43-1453; in vivo-Einbau v. Stearinsäure u. Ölsäure in Phospholipide d. Rattendarmschleimhaut nach Aufnahme v. Stearinsäure–Ölsäure-Tri-– 44-1572; Aufnahme v. Plasma- u. Chylus-Tri-– bei d. Ratte (Rolle d. Leber) 47-1494.

Wrkg. v. Tri-– v. mittlerer Kettenlänge auf d. Lipide u. Lipoproteine d. Serums bei Hyperchylomikronämie u. Lipämie 3-1600; standardisierte Ketosis beim Menschen nach Genuß v. Tri-– v. mittlerer Kettenlänge 35-1630; Prüf. v. Saccharo-– auf Hämolyse 41-1505.

Verwendung. Verw. als Suppositoriengrundlagen 9-1707.

Verw.: in kosmet. Mitteln (oxäthylierte Mono-– v. Pflanzenölfettsäuren) 1-3004*; zum Hydrophilieren v. Ölen für Kosmetika (oxäthylierte Glycerinester v. ungesätt. Fettsäuren) 2-2900*.

Verw.: zur Plastifizier. v. PVC-Präp. (– v. Epoxysäuren) 15-3062*; zur Behandl. v. Nylonfasern (Tri-–) 48-3008*.

Verw. als Netzmittel für wss. Sprühmittel in d. Landwirtschaft (Talgfettsäuren-Zuckerester-–) 5-3208.

Verw.: für Emulgator für Mürb.-Mittel (Mono- u. Di-–) 3-3250*; als Zusätze zu Shortenings u. als Emulgatoren in Backmitteln (Lactylmono- u. -di-–) 11-3423*; beim Konservieren v. Bananen (acylierte Tri-–) 16-3274*; zur Herst. v. Kakaobutterersatzstoff (Tri-–) 19-3268*; in Beifuttermittel (Mono-, Di- u. Tri-–) 21-3391*; als Zusätze zu Stärketeigen (Einfl. auf d. Backeig.) 22-3170; zur Herst. v. antibakteriellem Überzug (acetylierte –) 24-3388*; in Emulgator für schlagfäh. Süßspeisen (Mono-– v. gesätt. Fettsäuren) 31-3062*; zur Erhöh. d. Streichfähigk. v. Käse (Mono-–) 44-3080.

Analyse. Dünnschicht- u. Säulenchromatographie v. Tri-– 1-2116; Dünnschichtchromatographie: v. Tri-– 1-2133; v. – 5-2116; Verteil.-Gaschromatographie v. Tri-– 6-2035; Dünnschichtchromatographie: v. Mono-, Di- u. Tri-– 8-2039; v. Mono-, Di- u. Tri-– 8-2073; v. Tri-– (Verw. v. Fluorescein u. Dichlorfluorescein zur Anfärb.) 15-2098; Papierchromatographie v. Tri-– 15-2112; Verteil.-Gaschromatographie 18-2098; Analyse v. Tri-– durch aufeinanderfolgende chromatograph. Verf. 18-2099; Gas/Fl.-Chromatographie v. 1.2-Diglyceridacetaten 25-1422; Kolonnen- u. Dünnschichtchromatographie v. Tri-– 33-2004; Gaschromatographie 33-2011; kolorimetr. Best. 43-1618; Best. v. Mono- u. Di-– durch IR-Spektralphotometrie 46-1890.

Best.: v. – in Lipiden (dünnschichtchromatograph.) 2-2094; v. – im Serum 5-1475; v. Tri-– im Serum 5-1544; v. Tri-– im Serum durch Glasfaser-Papierchromatographie 9-2149; v. – im menschl. Serum 11-2139; v. – in festen u. fl. Fetten 16-1958; v. – in Olivenöl 18-2100; v. Tri-– in d. Nebennieren v. Ratten (dünnschichtchromatograph.) 22-1982; v. Di- u. Tri-– im Rattenserum (dünnschichtchromatograph.) 29-1596; gaschromatograph. Trenn. v. Butteröl u. synthet. Tri-– 33-2124; Best.: v. Tri-– in Pflanzenölen (chromatograph.) 40-1961; Fettsäuretri-– im Plasma (dünnschichtchromatograph. u. kolorimetr.) 43-1852; v. Hydroxysäuretri-– in Butter 46-1983; v. – in Weizenkörnern 47-1912.

Best. v. Milchsäure in Tri-– enthaltenden Backhilfsmitteln durch Verteil.-Chromatographie 9-2190.

Glycerin s. unter $C_3H_8O_3$.
Glycerinaldehyd s. unter $C_3H_6O_3$.
Glycerindiphosphorsäure s. unter $C_3H_{10}O_9P_2$.
Glycerinmonochlorhydrin s. unter $C_3H_7ClO_2$.
Glycerinphosphat s. unter $C_3H_9O_6P$.
Glycerinphosphatide s. unter *Phosphatide*.
Glycerinphosphorsäure s. unter $C_3H_9O_6P$.
Glycerinsäure s. unter $C_3H_6O_4$.
Glycerintrinitrat s. unter $C_3H_5N_3O_9$.
Glyceroidoheptit s. unter $C_7H_{16}O_7$.
DL-Glyceroriboflavin-5'-phosphat s. unter $C_{15}H_{17}N_4O_7P$.
Glycid s. unter $C_3H_6O_2$.
Glycidaldehyd s. unter $C_3H_4O_2$.
Glycidol s. unter $C_3H_6O_2$.
Glycin [Aminoessigsäure] s. unter $C_2H_5NO_2$.
„Glycin" [p-Hydroxyphenylglycin] s. unter $C_8H_9NO_3$.
Glycine s. unter *Sojabohnen*.
Glycinkresolrot s. unter $C_{27}H_{28}N_2O_9S$.
Glycinthymolblau s. unter $C_{31}H_{36}N_2O_9S$.
Glycodiazin s. unter $C_{13}H_{15}N_3O_4S$.
Glyconsäure s. unter $C_3H_6O_4$.
Glycosmin s. unter $C_{22}H_{26}O_{10}$.
Glycozolin s. unter $C_{14}H_{13}NO$.
Glycylglycin s. unter $C_4H_8N_2O_3$.
Glycyrrhetinsäure s. unter $C_{30}H_{46}O_4$.
Glycyrrhizin s. unter $C_{42}H_{62}O_{16}$.
Glycyrrhizinsäure s. unter $C_{42}H_{62}O_{16}$.
Glykane, Konz. v. Glykosamino-– in heilenden Frakturen 21-1523; Analyse eines sulfatierten Sialofucoglucosaminogalaktomannosido-– d. Korneastroma 23-1612; Galaktosamin-– aus

Glykogen

Biochemisches und physiologisches Verhalten: Struktur u. Physiologie (Überblick) 7-1295; neue Aspekte d. Stoffwechsels 20-1569.

Enzymologie: Enzymat. Abbau durch d. Larven v. Bostrychus typographus 9-1391; Enzyme d. Stoffwechsels in weißen Blutzellen 25-1227, 25-1228; Verh. v. Muskel-Phosphorylase gegenüber — 28-1313; Einfl. v. Insulin auf d. enzymat. Regulat. d. Glykogenolyse 49/50-1396; Einfl. auf d. enzymat. Aktivität v. Phosphorylase b 8-1370; Alkylier. u. Photoox. v. Phosphorylase a u. Schutzwrkg. v. — 10-1353; Einfl. auf d. Aktivität v. Glykogenphosphorylase a bei d. Verdünn. 14-1364; Wechselwrkg. zwischen 5'-AMP u. — bei d. Phosphorylaserk. 14-1365; Einfl. v. Vorinkubat. mit — auf Struktur u. Aktivität v. Phosphorylase 19-1314.

Mikrobiologie: Stoffwechsel bei d. durch 2-Desoxy-D-glucose stimulierten endogenen Gär. in Hefe 27-1345; Hemm. d. Akkumulat. bei E. coli durch Actinomycin D u. p-Fluorphenylalanin 36-1394; Vergär. durch Bäckerhefe (Einfl. v. Benzolboronsäure) 49/50-1267.

Tierphysiologie, Pharmakologie: Wrkg. v. A. auf d. Glykogenolyse u. Steatose d. Leber 1-1692; Stoffwechsel in d. Leber während d. DAB-Karzinogenese 2-1277; in vitro-Unters. d. Stoffwechsels v. — in zirkulierenden Leukozyten v. mit Cortison behandelten Meerschweinchen 4-1498; Einfl. v. Thyroxinbehandl. u. Thyreoidektomie auf d. glykogenolyt. Wrkg. v. Adrenalin im isolierten Rattenzwerchfell 5-1511; Umsatz im Gehirn bei Adrenalinektomie 6-1609; Kaskaderk. bei glykogenolyt. Effekt v. Epinephrin 12-1423; fettlösl. Vitamine u. Stoffwechsel d. Rattenzwerchfells 12-1596; Stoffwechsel u. d. Insektenfettkörper 12-1617; Veränder. d. Stoffwechsels im Moment d. Geburt bei Ratten 12-1625; — im Stoffwechsel d. Gehirns unter Einw. verschiedener Alkoholkonz. 15-1615; Trenn. d. inotropen v. glykogenolyt. Effekt v. Epinephrin am isolierten Rattenherz 16-1476; Verstärk. d. Autolyse im Rückenmark d. Ratte nach Röntgenbestrahl. 18-1612; Einfl. v. 5-Fluoruracil auf d. Umsatz d. weißen Ratte 21-1329; Stoffwechsel d. Rattenzwerchfells in Ggw. v. schilddrüsenwirksamen Hormonen, deren Vorstufen u. Kropferzeugern 22-1418; Mechanismus d. gesteigerten glykogenolyt. Wrkg. v. Diazoxid im K-Mangel 23-1470; Unters. über d. Bezieh. zwischen Glykogenolyse u. d. durch ACTH stimulierten Steroidsynth. bei Ratten 24-1530; Zerfall d. Herzmuskel-— zu verschiedenen Zeiten d. Herzinfarktes 27-1650; Einfl. v. Adrenalin auf Glykogenolyse durch isolierte Diaphragmen hungernder u. gefütterter Ratten in Hydrogenbicarbonat- u. Phosphatpuffer 30-1409; hepat. Glykogenolyse bei Proteinfehlernähr. 34-1577; Stoffwechsel bei Ratten nach Verfütter. v. Fluorid 34-1622; Einfl.: v. Hungern u. Glucosegabe auf d. Stoffwechsel d. Saccus vasculosus u. d. Leber v. Notopterus notopterus 34-1623; v. Thalidomid auf d. —-Metabolismus d. Rattendiaphragmas 37-1601; v. Antitumor-Antibiotika u. -Antimetaboliten auf d. —-Umsatz v. Rattendiaphragmen 42-1184; glykogenolyt. Wrkg. v. Adenosin-3'.5'-monophosphat in d. Hundeleber 42-1505; Bezieh. zwischen hepat. Freisetz. v. K durch Adrenalin u. d. glykogenolyt. Wirksamk. 44-1503; Stoffwechsel: d. Herzens in vivo bei normal ernährten u. hungernden Ratten 44-1586; im Fettgewebe d. Epididymus d. mit 3.5.3'-Trijod-L-thyronin behandelten Ratte 45-1418; in Muskelhomogenaten 48-1484; bei neugeborenen Tieren unter Abkühl. 51/52-1465; Steuer. d. Herz-—-Stoffwechsels durch Schilddrüsenhormone 51-52-1469.

Bezieh. zur aeroben Glykolyse während d. Muskelkontrakt. 7-1367; Einfl. auf d. Mess. v. Adenosin-3'.5'-monophosphat in Geweben u. d. Rolle d. zykl. Nucleotids bei d. lipolyt. Rk. v. Fett gegenüber Epinephrin 12-1258; durch — erzeugte renale u. kardiovaskuläre Läs. 16-1531; Stoffwechselwrkg. v. Quindonium u. dessen Glucuronid bei normalen u. Stressmäusen unter Beteilig. v. — 47-1589.

Amylo-1.6-glucosidase-Aktivität in Leukozyten v. Patienten mit —-Speicherkrankh. 3-1338; Glucose-6-phosphatase u. Pyrophosphatase-Aktivität in Leberhomogenaten v. Patienten mit Glykogenosis 7-1381; in vitro-Unters. über d. Fettgewebestoffwechsel v. Glucose, Glycerin u. freien Fettsäuren bei d. —-Speicherkrankh. Typ *I* 10-1682; Glucose, Glycerin u. freie Fettsäuren bei —-Speicherkrankh. Typ I (Nüchtern- u. Nichtnüchternblutwerte, Wrkg. v. Glucose- u. Adrenalinverabreich.) 15-1579; Substrat für d. Auffind. d. Amylo-1.6-glucosidase u. seine Anwend. für d. Unters. d. —-Speicherkrankh. Typ III 24-1345; Aktivität v. Glykogensynthetase u. UDPG-Pyrophosphorylase im Muskel eines Patienten mit einem neuen Typ v. Muskel-Glykogenosis bei Phosphofructokinasemangel 36-1360; Mangel an α-1.4-Glucan-α-1.4-Glucan-6-glucosyl-Transferase in einem Falle v. Glykogenose, Typ IV 38-1285; α-1.4-Glucosidase-Aktivität in Leukozyten bei einem Kind mit Glykogenose 48-1238.

Analyse, Prüfmethoden: Molgew.-Best. durch Rk. d. reduzierenden Endgruppe mit tritiiertem Na-Borhydrid 1-1451; enzymat. Abbau u. Best. 7-1400; enzymat. Best. v. —-Mikromengen 11-1274; Einfl. v. Cl auf d. Rk. v. Diphenylamin mit — (Dische-Test) 13-2140; Mikrotrenn. v. — in Insektengeweben 40-1923; Korrelat. zwischen d. elektronenmkr. u. chem. Best. d. Geh. v. Leberzellen 7-1737; zytochem. Nachw. 10-2154; Formalinmeth. für Leber-— 11-2153; photometr. Best. in kleinen Gewebemengen 39-1961; Best. in Rattenleber 42-1913; Einfl. auf d. zytolog. Nachw. v. Amylophosphorylase 6-1264; enzymat. Best. v. Adenosin-3'.5'-monophosphat in Ggw. v. — 11-2119; Verw. zur Unters. d. Perjodat-Rk. nach Schiff (Spezifität, Kinetik u. Rk.-Prod.) 36-1976.

Glykokoll s. unter $C_2H_5NO_2$.
Glykol s. unter $C_2H_6O_2$.
Glykoläther
Polyäther s. unter *Plaste (Polyäther)*; s. auch *Brijverbindungen*.
— u. ihre Deriv. 5-1084, 5-1097, 13-1073, 18-0968, 24-1024, 28-1039, 28-1059.

Darst.: v. 2.2.4.4-Tetraalkyl-1.3-cyclobutandioxy-bis-propionitrilen 4-2850*; v. Alkoxymethyläthern v. 1-Chlor-3-methoxypropanol-(2) 5-1084; v. N-Alkoxymethyläthanolaminen 5-1097; v. Phenolglykolmonoäthern 5-2683*; v. Deriv. d. 4-Azido-3.6-dimethoxypyridazins 6-1235; v. 1-Naphthoxy-2-hydroxy-3-aminopropanderiv. (Mittel gegen Coronararterienerkrank.) 7-1909*; v. Trichlorbenzyloxyalkyläthern (Herbizide) 7-3325*; v. 3-substituierten-10-{3'-[4''-(ω-substituierten benzhydryloxypolyäthylenoxyäthyl) - piperazino] - propyl}-phenthiazinen (Ataraktika) 8-1795*; v. 1-Amino-2-[2'(-methyl)-3'-hydroxybutoxy-(pentoxy)]-4-hydroxyanthrachinonen (Verw. für Farbstoffe) 11-2993*; v. halogenierten Hydroxyäthern 12-2544*; v. Alkoxymethyläthern v. β-Hexamethylenimino]-äthanol 13-1073; v. Phenylglykolmonoäthern 14-2744*; v. Vinyläthern v. Di- u. Triäthylenglykolen 15-1001; v. 1-Aryloxy-3-[2-indolyl-(3)-äthylamino]-propanolen-(2) (depressive Wrkg.) 15-1653; v. Alkoxymethylmonochlorbenzyläthern v. Butandiol-(2.3) 18-0968; v. 2-Alkoxymethylen-3-äthoxypropionitrilen (Verw. bei d. Synth. v. Heterocyclen) 19-1036; v. Bis-(alkenyloxy)-alkinen 19-2675*; v. 1.4-Dialkyl-4-methoxybuten-(2)-olen-(1) 20-1051; v. Äthylenglykolalkyläthern 21-1086; v. Vinylätheralkoholen 21-3083*; v. 1-{5-[6-Methoxynaphthyl-(2)]-2- hydroxycyclopentyl} - 2 - propenen (Antibiotika) 23-1780*; v. 1-[o-Bromphenoxy]-2-hydroxy-3-aminpropanderiv. u. Salzen (Sedativa) 29-1779*; v. 9-[4-(3-Amino-2-hydroxy-3-propoxy)-benzyl]-xanthenen (Analgetika) 29-1792*; v. substituierten (Poly) 3-p-Vinylphenoxy-2-hydroxypropoxyarylen 29-2563*; v. Polyaminohydroxyäthern 31-1532*; v. Äthoxyäthinylalkoholen 32-1005; v. Na-N-[3-Alkoxy-2-hydroxypropyl] - aminocarboxylaten (Reinig.- u. Textilhilfsmittel) 34-2841; v. 2 - Hydroxy - 1(2) - methyläthoxyäthylalkyl - äthern 36-2408; v. Alkyl- u. Aryl-4-methoxybuten-(2)-olen-(1) 37-2312*; v. 2-Phenyl-1-(di-sek.-aminoalkoxyphenyl)-1 - phenyläthanolderiv. (Heilmittel) 38-1763*; v. Alkoxyäthoxyäthylchloriden 38-2563*; v. β-Aroxy-β-hydroxyalkylaminoisopropanolen 41-0958; v. 1-[1.2 - Heterocycloaryloxy] - 3 - aminopropano - len-(2) (Heilmittel) 43-1649*; v. Trichlorbenzoxy- oder Trichlorphenäthoxyalkolen (Herbizide) 45-2634*; v. 1-Alkyl(bzw. Alkenyl)-4-[γ-amino-β - hydroxypropoxy] - 1.2 - dihydro-2-chinolonen (Heilmittel) 47-1657*; v. Hydroxyalkoxydihydroxyalkanen 47-2298*; v.2.4.6-Trijodphenyl-2-hydroxy- 3 - tert. - aminoalkyläthern (Heilmittel, Röntgenkontraststoffe) 49/50-1633*; v. Phenyl- u. Thiophenylätheralkanolen 49/50-2402*; u. Rk. v. 4-Hydroxyalkinyläthyläthern 51/52-0932; v. α-Alkoxymethyl-γ-chlor-δ - hydroxy - γ - valerolactonen 51/52-0949; v. alkylsubstituierten Benzhydryloxyäthoxyäthylpiperazinen (pharmakolog. Eig.) 51/52-1546; v. 2-Alk(en)yl-4.4-bis-[ω-hydroxy - (poly)alkoxymethyl] - Δ^2 - oxazolinen 51/52-2571*.

Thermodynamik d. Micellbldg. v. n-Alkyltrioxyäthylen-, Hexaoxyäthylen- u. Nonaoxyäthylenglykolmonoäthern 21-1005; Wrkg. v. äthoxylierten Fettalkoholen auf d. Emuls.-Stabilität v. O/W- u. W/O-Emuls. 22-2745; Thermodynamik d. Mizellbldg. v. — 24-0920; Oberfläche u. Grenzflächenspann. v. homogenen p-tert.-Oktylphenoxyäthoxyäthanolen 28-0903; Wechselwrkg. v. Benzoesäure mit kurzkett. — in W. u. wss. Lsg. v. Polysorbat *80* (Solubilisier. in Micellen v. —) 44-1645.

Spalt. v. Di-— als Nebenrk. d. Umsetz. v. Alkalimetallphosphiden 1-1055; Hydrolyse: d. Vinyläther v. Äthylen-, Di- u. Triäthylenglykol (Indukt.-Periode u. Wärmeeffekt) 8-0995; v. Äthylenglykolvinylalkyläthern (Vgl. mit Di- u. Triäthylenglykoläthern) 8-2603; Rk. v. 2-Amino-4-chlor-5-methyl-6-phenylpyrimidin mit Phenoxyalkoholen u. Na 8-3254*; säurekatalysierte Umlager. v. Äthoxyäthinylcarbinolen (Nachbargruppeneffekt) 13-1000; Rk.: v. Hydroxyäthern mit Dialkylcarbodiimiden 17-1039; v. Alkoxyalkoholen mit Indolen 37-2827*; Herst. v. Mg-Ätheralkoholaten aus Mg u. einwert. Ätheralkoholen 44-2504*.

Verw.: in Emulgator für feuerfeste Hydraulikfl. (alkoxylierte aliphat. Alkohole) 1-2904*; bei d. Polymerisat. v. α-Alkylstyrolen (Dialkyläther v. Äthylen- oder Polyäthylenglykol) 1-3072*; bei d. Herst. v. hochporösen, feinpor. Formkörpern aus keram. Massen (oxäthylierte Fettalkohole) 10-2428*; beim Färben v. Polyamidfasern (Glykolmonoalkyläther) 11-2969*; in hydraul. Bremsfl. (Alkylenglykoläther) 12-2663*; zum Stabilisieren v. Dicarbonsäureesterweichmachern [Propylen-(Äthylen)glykoldialkyläther] 13-3018*; zur Imgprägnier. v. Polyesterkord (Alkandiol-(diglycidäther) 13-3142*; zur Stabilisier. v. Trichloräthylen [Alkyl(Oxyalkyl)-ω-hydroxyalkyläther] 15-2614*; als Lsgm. für injizierbare Vitamin-K_1-Lsg. (hydroxylierte Alkyläther) 19-1759*; in Mittel gegen Verwelken u. Austrocknen v. Pflanzen oder Früchten (Rk.-Prod. v. aliphat. Alkoholen mit Äthylenoxid) 34-3156*; für imprägnierende u. bindende Harze [Mono-(halogenphenyl)-alkylendioläther] 39-2632*; in Hydraulikfl. (aliphat. niedrigmol. —) 43-2425*; zur Licht- u. Wärmestabilisier. v. halogenhalt. Polymeren (α.ω-Alkandioldiglycidyläther) 46-3155*; beim Färben v. Wolle (sulfatierte Laurylalkoholdi-—) 47-2458*; als Reinig.-Mittel (3-Alkoxy-2-hydroxypropyldialkyl-tert.-aminoxide) 47-2489*.

Glykolaldehyd s. unter $C_2H_4O_2$.
Glykolcellulose s. unter *Cellulosederivate, Äthylcellulose.*

Glykole (und andere Diole)

Polykondens. bzw. Polykondens.-Prod.: mit Polyisocyanaten s. *Plaste (Polyurethane)*; mit mehrbas. Säuren s. *Plaste (Polyester)*.

Unters. an hochsubstituierten Äthylenen u. — 16-1012; Charakteristik d. sek.-tert. β-— 23-0984; Deriv. v. Acetylenalkoholen, γ-— u. mehrwert. Alkoholen 51/52-0941.

Darst.: v. sek.-tert. Alkendiolen (Sedativa) 1-1839*; v. Alkandiolen 1-2682*; v. N-Benzhydryl-N'-[2.3-dihydroxypropyl]-piperazinen (Heilmittel) 3-1812*; v. 1-p-Nitrophenyl-2-(chlor)acylamidopropandiolen-(1.3) 3-2648*; Extrakt. v. — aus wss. Lsg. 4-2462*; Darst.: v. doppelt ungesätt. α-— 7-1058; v. Alkindiolen 7-1089; Trenn. v. —-Misch. 9-2779*; Darst.: v. 2.2-Dimethyl-1.3-dihydroxy-1-arylpropanen 9-2810*, 9-2812*; v. bitert. β-Diolen (Arzneimittel) 10-1816*; v. Trifluormethylderiv. v. 1-Phenyl-1.2-dihydroxyäthanen (Heilmittel) 11-1852*; v. Bis-[hydroxymethyl]-toluolen u. Deriv. 12-1027; v. Alkindiolen (Katalysatoren) 12-2546*; Reinig. isomerer aliphat. — v. höhermol., aliphat. Alkoholen 13-2734*; Darst.: v. γ-Alkandiolen 14-2726*; v. Acetylen-— 16-0962; u. Umwandl. v. Acetylen-α-— 18-0935; v. Bis-tert.-vinyl-— (Heilmittel) 19-1782*; v. symm. Divinyl-— 19-2678*; v. 2-(Dialkyl)-methylenpropandiolen-(1.3) 20-2617*; v. Cyclohexan-1.3-diolen 21-1143; v. [ω-Phenyl-ω-thienyl-(2)-ω-hydroxyalkyl]-[ω-phenyl-ω-hydroxyalkyl]-aminen (Heilmittel) 22-1721*; v. Alkylen-— 26-2731*; v. 2.5-Dimethoxy-3.4-dihydroxytetrahydrofuranen 27-1056; v. 1-substituierten Phenyl-4-[2.3-dihydroxypropyl]-piperazinen (Hustenmittel) 27-1847*; v. 3-Alkoxy-6.7-dihydroxy-N - alkylmorphinanen (Heilmittel) 28-1770*; v. raumisomeren Diolen v. p-Menthen-(1) 28-2801; v. Carboranyldiolen 28-3357*; v. p-Acylphenyl-2-acylamino-1.3-propandiolen (Heilmittel) 29-1827*; mögl. Bldg. v. gemischten Pinakolen bei d. Photolyse v. Benzophenonmisch. 32-0998; Darst.: v. cycl. cis-Diolen aus α-Ketooxiden 32-1143; v. α.ω-— aus Polyisobutylen 32-1165; v. 2.2.4.4-Tetraalkyl-1.3-cyclobutadiolen 33-2618*; v. 1-[p-Nitrophenyl]-2-acylaminopropandiolen-(1.3) 35-1844*; v. Decahydro-bis-

[hydroxymethyl]-naphthalinen 38-2795*; v. höhermol. α.ω-Diolen 39-2380*; v. Oxamidgruppen enthaltenden Diolen 41-2756*; v. aminosubstituierten 1.3-Cyclohexandiolen 41-2757*; v. N.N'-[α.ω-Dihydroxyalkylen]-bis-[carboxamiden] 42-2493*; v. 1.3-Bis-[hydroxyalkyl]-2.2-dimethylcyclobutanen 43-0959; v. 3.4-Bis-[hydroxymethyl]-6-methylpyridin- bzw. -ätherderiv. (Zwischenprod. für Vitamin B_6) 43-1670*; v. chlorierten Pinakonen 43-2607*; v. prim.-tert. Acetylen-δ-— 44-0978; u. Umwandl. v. Acetylen-α-— 44-0984; v. 2-Jodmethyl-2-arylindandiolen-(1.3) 44-1043; v. N.N'-(1.2-Dihydroxyäthylen)-bis-carbonsäureamiden 46-2481*; u. Rk. v. [N.N-Di-(β-hydroxyäthyl)-amino-anilinomethyl]-Cu-phthalocyaninen 47-2465*; v. — aus Polyolefinen u. B-Hydriden oder B-Alkylen 48-2640*.

Dielektr. Eig. v. Diolen mit verzweigter Kette in reinem Zustand u. in Lsg. 6-0862; Bezieh. zwischen Struktur u. Antikoagulat.-Wrkg. in d. Reihe d. Deriv. v. Indandiol-(1.3) 11-1571; Konform. v. Acenaphthendiol-(1.2)-Deriv. u. ster. Wechselwrkg. v. benachbarten Nitroxygruppen 27-0886; magnetochem. Unters. 34-0882.

Rk.: mit S_2Cl_2 1-1031; v. 1.2- u. 1.3-Diolen mit SCl_2 1-1032; Carbonylier. v. Trialkylboranen in Ggw. v. — 3-1027; Ox. 4-0949; chem. Umwandl. v. Diolen u. cycl. Äthern 5-1085; Rk. v. cycl. Schwefligsäureestern v. 1.3-Dihydroxyverb. mit 1.3-Dihydroxyverb. 5-2637*; Auslsg. v. radikal. verlaufenden organ.-chem. Rk. durch 1.2-— („Pinakone") 6-2540*; Spalt. v. 2.2-Dialkyldiolen-(1.3) 7-1056; Rk. v. Diolen u. Na mit 2-Amino-5-methyl-6-phenylpyrimidin 8-3254*; Autox. v. nicht vicinalen — (Esterbldg. über cycl. Äther u. deren Peroxide) 13-1036; Red. u. Adsorpt. v. Tetraalkylbutin-(2)-diolen-(1.4) (Einfl. d. Struktur) 14-1022; Cope-Umlager. v. 1.2-Divinyläthandiolen 14-1105; Alkylier. v. Bzl. u. Toluol mit sek.-tert.-γ-Acetylen-— 15-1046; chem. Umsetz. v. Diolen u. cycl. Äthern 17-1028; Rk. v. 2wert. Alkoholen mit Dialkylcarbodiimiden 17-1039; Einw. v. Triäthyl-Ge auf asymm. γ-— in Ggw. v. Pt/Kohle u. H_2PtCl_6 19-0760; Rk.: v. Vinylalkylhalogeniden mit Alkinyldiolen 19-2675*; v. Hexachlorcyclopentadien mit Polyolen mit Hydroxygruppen an benachbarten C-Atomen 21-3327*; Einw. v. 2.5-Dimethoxytetrahydrofuranen auf — 23-1060; Dehydratisier. v. α-Glykolderiv. v. Cyclopentadienylmangantricarbonyl 25-0749; Rk. v. α-— mit Sb(V)-Acetat u. Triphenylstibinoxid (Zwischenprod. bei d. Glykolspalt.) 27-1071; Decarboxylier. v. β-Resorcylsäure in — 28-0992; Rk. v. 3.3-Dinitropentamethylendiisocyanat mit Nitrodiolen (Kinetik) 29-0943; Darst. v. cycl. Formalen v. Carboranyl-(1)-mono- bzw. Carboranylen-(1.2)-dialkandiolen 31-1103; Dehydratisier. v. α-— 33-1007; Umwandl. v. β-— d. Acetylenreihe 33-1042; Rk. v. Dimethyl-[brommethyl]-alkoxy- (bzw. chlor)silanen mit aliphat., cycloaliphat. oder aromat. Diolen 34-2710*; Herst. v. Acyl-, Aroyl- oder Alkylperoxiden v. Hexylen-— 34-2888*; Cyclisier. v. Alkandiolen-(1.4) 35-2414*; Rk.: mit Alkyl(Aryl)-phosphonigsäureamiden 35-2419*; v. Diolen mit Indolen 37-2827*; v. Alkandiolen-(α.ω) mit H_3PO_3 38-1026; v. 1.1.4.4-tetrasubstituierten Butin-(2)-diolen-(1.4) mit HJ bzw. PBr_3 38-1044; v. Diolen mit Ketonen, Acetalen oder Ketalen 45-2332*; mit Epoxyalkoholen 47-2298*; v. Alkylalkandiolen mit Alkylenoxiden 47-2331*; v. Borsäure mit Propandiolen-(1.3) 48-0933; Verester. v. reinen u. gemischten biprim. Diolen 51/52-0833.

Fungizide Wrkg. v. 2-Arylazo-2-nitropropandiolen-(1.3) 3-1674; wechselseit. Umwandl. v. cis- u. trans-Dehydrodiolen nach ihrer Verabreich. an Tiere 25-1508.

Verw.: zur Entfern. v. Ox.-Prod. aus ungesätt. aliphat. Chlor-KW-Stoffen 2-2633*; zur Gewinn. v. Äthern aus Dest.-Rückständen d. Oxoalkohole 7-2684*; zur Reinig. v. Umester.-Gemischen (aliphat. Di- oder Triolen) 11-2724*; in hydraul. Bremsfl. (Alkylen-—) 12-2663*; Einarbeit. v. Diolen in Alkydharze auf Basis v. verzweigten Carbonsäuren 14-3197; Verw.: zur Reinig. v. Methylpentenen v. Hydroperoxiden 15-2615*; als Vereis.-verhindernde Stoffe für Kraftstoffe (Oxalkylen-—) 16-2724*; zur Reinig. v. Benztriazol 19-2713*; als Vernetzer für Polyurethanelastomere (Bis-[hydroxaylkylen]-halogenbenzole) 25-2788*; als Zusätze für Polycarbonat (α.α.ω.ω-Tetrahydroperfluor-—) 31-2774*; zur Herst. v. Seifen (N-Alkyldialkylolamine) 33-2818*; in Hydraulikfl. (aliphat. niedrigmol. —) 43-2425*; in Bremsfl. 45-2022*.

Mikrobest. d. Oxyäthylengruppe in — 15-2035; Analytik v. 1.2-— u. Polyhydroxyverb. 19-2063; Imido-— als stabile polare Trennfl. in d. Gaschromatographie 20-1877; Verw. in situ-Rk. v. zur Charakterisier. v. — durch NMR 23-1982; Farbrk. 29-1753; polarograph. Best. v. Malein-, Fumar- u. Phthalsäure neben — 29-2110; dünnschichtchromatograph. Trenn. v. Polyhydroxy-— 42-1902; papierchromatograph. Nachw. v. Diolen u. Polyolen in Polyestern 43-1902.

Metallverbindungen.

Nb-Verb., Darst. aus Nb-Pentaäthylat u. Glykolen 39-0727.

Sb-Verb., Glykolderiv. v. Sb(III) 45-0675.

Sn-Verb., Darst.: v. cycl. — aus Dibutylzinnoxid u. vic.-Glykolen 44-0725; u. Eig. v. Dibutylzinnglykolaten 48-0689.

Glykolid s. unter $C_4H_4O_4$.

Glykolipoide

Cerebroside; *Ganglioside*; *Sulfatide* s. dort; s. auch *Lipoide*.

—: eines kapsellosen Stammes v. Pneumococcus I-*192 R*, ATCC *12213* 4-1367; eines Rauhstammes v. Pneumococcus Typ I 10-1424; in grampositiven Bakterien 20-1374; Vork. in Milchsäurebakterien 25-1368; Änder. d. Geh. v. Raps- u. Krampeöl während d. Samenreife 26-1412; —: d. Pflanzenreiches (Übersicht) 35-1415; v. Briza spicata-Samen 38-1440; bei d. Gaucherschen Krankh. (Isolier. u. Charakterisier.) 3-1620; in verschiedenen Stämmen v. Aszitestumorzellen in Mäusen 4-1226; d. menschl. Nieren (Isolier.) 13-1592; Organ-— (Biochemie) 14-1696; —: d. menschl. Plazenta 15-1602; in Extrakten v. Schafshirn 15-1610; Galaktolipidgeh. d. Myelins d. Zentralnervensyst. d. Meerschweinchens 18-1595; —: v. Hunde-Eingeweiden 19-1467; v. Tumoren d. zentralen Nervensyst. 22-1139; Verhältnis Cholesterin: Galaktolipide: Phosphatide im Gehirn bei metachromat. Leukodystrophie 24-1646; Lysosomen als —-Protein-Komplexe 26-1222; —: d. roten Blutzellen v. Säugetieren 45-1450; aus d. Milz v. Patienten mit Morbus Gaucher (Isolier.) 51/52-1483; spezif. Verteil. d. Fettsäuren in d. — v. Kuhmilch 13-1612; Isolier., Identifizier. u. Fettsäurezus. neutraler — d. menschl. Niere 19-1629; Natur d. Oligosaccharidbestandteils v. Phyto-— 25-1387; Zus. v. —: aus Schweinelunge 30-1559; im infantilen u. fetalen Hirn 34-1671; Hexosen v. — im reifen u. unreifen menschl. Gehirn 39-1553; Stoffwechsel d. Gehirn-—-Fettsäuren (Vortrag) 46-1542.

Synth. d. Mannolipoide aus Micrococcus lysodeikticus 8-1466; ein v. E. coli unter Lysin-begrenzenden Beding. produziertes extrazellulares — 8-1485; Synth. u. Struktur zweier — aus Pneumococcus Typ XIV 10-1425; Bldg. v. Galaktolipoiden durch Chloroplasten 20-1180; Einfl. v. 17β-Östradiol auf d. Einbau v. $C_{(1)}$- u. $C_{(6)}$ v. Glucose in — im Uterus d. Ratte 37-1414; Umwandl. v. $^{14}C_{(1)}$-Glucose in — durch Makrophagen in vitro 39-1337; Isolier. u. teilweise Kennzeichn. v. —: aus normalen menschl. Leukozyten 16-1507; aus Schweinelunge 30-1559.

Struktur v. Phyto-— 30-1323; Permethylier. 6-1477; Spezifität d. Galaktolipide in mit Cytochrom-c-Red. gekoppelten photochem. Rk. 45-1334.

Antigene Eig. eines synthet. Proteinkomplexes mit — u. verwandten Substanzen 31-1528; Suche nach d. Grundeinh. eines bakteriellen —-Antigens 37-1339.

Glykolsäure s. unter $C_2H_4O_3$.

Glykolsäurenitril s. unter C_2H_3NO.

***N*-Glykolylneuraminsäure** s. unter $C_{11}H_{19}NO_{10}$.

Glykolyse

Koordinat. v. Atmung u. — 9-1325; — bei d. thermoregulator. Entkoppl. v. Atmung u. Phosphorylier. 17-1568; Mechanismus d. Pasteur-Effekts 20-1414; Bezieh. zwischen d. Komponenten d. —-Weges 28-1402; Rolle d. Phosphofructokinase in d. pH-abhäng. Regulat. d. — 37-1257; Citrathemm. d. Phosphofructokinase u. d. Pasteur-Effekt 38-1295.

Glykolyse der Zellen: — d. diploiden menschl. Zellstamm WI-*38* 2-1240; Wrkg. sehr geringer Intensitäten v. UV-Licht auf d. Zellteil. u. — 17-1204.

Glykolyse bei Mikroorganismen: Mechanismus d. Fettsäure-Toxizität gegenüber d. — d. Hefe 1-1368; — bei Fe-reichem u. Fe-armem Staphylococcus aureus 7-1446; organ. P-Verb. als Inhibitoren d. — durch Mikroorganismen in einem Film menschl. Speichelzentrifugats 7-1783; unvollständ. glykolyt. Syst. in Veillonella 10-1439; —: bei d. Salmonellen v. Unterleibs- u. Mäusetyphus verschiedener Virulenz 11-1383; bei Trichomonas (Endprod.) 17-1353; Einbau v. D-Allose bei d. — durch Aerobacter aerogenes 29-1296.

Glykolyse bei Pflanzen: — in keimender Sommergerste 2-1487, 2-1488.

Glykolyse tierischer Organismen: Prüf. v. —-Inhibitoren auf Synergismus 7-1426; — bei chron. Heptachlorintoxikat. 17-1714; Röntgenstrahlwrkg. auf d. — in Verbind. mit Phagozytose 28-1661; regulator. Funkt. v. Phosphat bei d. — 32-1344.

Anaerobe — in d. Zahnpulpa 3-1366; —: in d. Epidermis bei Psoriasis vulgaris 3-1619; im isolierten Schafwollfollikel 12-1514; Mechanismus d. Wrkg. d. Polyenantifungusantibiotika auf d. — im tier. Gewebe 15-1678; Kontrolle d. Aufheb. d. CO_2-Inhibit. d. anaeroben — durch Rinderspermatozoen mit Sulfit 27-1307.

— in d. Leber hypothyreoidaler Ratten 1-1535; phosphorylierte Zwischenstufe d. — in Leber- u. Blutzellen bei Mitgliedern einer Familie mit Glykogenose, Typ *1* 1-1663; — in d. Leber bei kongenitaler Galaktosämie 2-1331; Regulier. d. — im Muskel 4-1576; Bezieh. d. aeroben — zu Phosphorylase a u. b u. Aldolase während d. Muskelkontrakt. 7-1367; Hemm. d. — durch Citrat im diabet. Muskel 8-1387; —-Geschw. in Schweinemuskeln 8-3317; Aktivier. d. — im Frosch-Sartoriusmuskel durch Epinephrin 11-1507; — d. Gehirns nach Zufuhr v. Serotonin 11-1540; Bezieh. d. Rattenleber-Phosphofructokinase zur Kontrolle d. — 12-1341; Kontrolle d. — in d. Nierenrinde 12-1635; glykolyt. Alternativwege im Gehirn (Vgl. zwischen d. Wrkg. künstl. Elektronenakzeptoren u. elektr. Reiz.) 14-1700; —: d. Retina 14-1701; in d. subzellularen Frakt. d. Herzmuskels d. Kaninchens bei Adrenalinmyokarditis 21-1650; Einfl. d. Wärme-Kälte-Behandl. auf d. — v. Schweinemuskeln 22-3142; Stimulier. d. — durch vorangehende Aerobiose in Rattenleberschnitten 24-1643; Bezieh. zwischen Hexokinaseaktivität u. — in Rattenleber u. Hepatomen 28-1322; anaerobe — u. O_2-Verbrauch v. Nierenkortikal- u. -medullarzonen d. Ratte nach Thyreoidektomie u. nach Zufuhr v. 3.5.3'-Trijod-L-thyronin 32-1582; Wrkg.: v. Fettsäuren, Ketonkörpern, Pyruvat, Alloxandiabetes u. Fasten auf d. — im Herzen u. Zwerchfell 32-1629; v. K auf d. — in Hirnrindenschnitten 32-1642; zentral wirksamer u. lokalanästhesierender Pharmaka auf d. stimulierte — d. Musculus sartorius v. Frosch 35-1731; v. Trichloräthylen auf d. Geh. d. Gehirns weißer Mäuse an Metaboliten d. — 38-1626; Abbauzwischenstufen im Skelettmuskel bei schneller u. langsamer postmortaler — 40-1595; anaerobe u. aerobe — sowie Atmung in Dünndarmschleimhaut, Hoden u. Leber nach Trenimon, Velbe u. Natulan 43-1153; Konz. einiger Zwischenstufen d. — im Insektenflugmuskel während d. Fluges 44-1584; Wrkg. einer Denervier. u. Immobilisier. auf d. — im ton. u. tetan. Muskel 45-1505; —: u. ihre enzymat. Regulier. während d. Muskelkontrakt. (Übersicht) 47-1488; im Myokard d. Meerschweinchens bei Kreislaufstillstand 47-1493; Hemm. d. — durch Acetat u. Pyruvat im isolierten, durchströmten Rattenherzen 48-1485; Einfl.: v. Mg-Asparaginat auf d. — im Herzen 49/50-1558; v. Alkyl-Hg-Verb. auf d. — in Hirnrindenschnitten 51/52-1499.

Wrkg. v. anorgan. J auf d. aerobe — d. Schilddrüse in vitro 31-1456.

H-Ionen-Konz. u. Erythrozyten-— 3-1536; Veränder. d. — d. Leukozyten bei akuter Leukämie im Verlaufe d. Behandl. mit 6-Mercaptopurin 17-1243; — in Leukozyten u. Thrombozyten 22-1448; begrenzende Rolle v. Adeninnucleotid bei d. — d. menschl. Erythrozyten 24-1579; thermodynam. Betracht. d. — in Erythrozyten 30-1269; Permeat. u. Hexokinase als Regulatoren d. — v. Kaninchenerythrozyten u. -retikulozyten 31-1509; Einfl. v. Thrombin, Adenosindiphosphat, Bindegewebe u. Endotoxin auf d. Blutplättchen-— 32-1604; — im Blut in vitro 33-1555; Einfl. d. —-Hemm. auf d. Abgabe biogener Amine aus Blutplättchen unter d. Einw. v. Subtilisin 37-1281; Erythrozyten-— 42-1444, 42-1445; Einfl.: v. Actinomycin D auf d. — leukäm. Humanleukozyten 44-1240; v. Methylglyoxal-bis-[guanylhydrazonhydrochlorid] auf d. anaerobe — normaler u. leukäm. Knochenmarkleukozyten 45-1171; v. Desox. v. intrazellularem Hämoglobin auf d. — d. Erythrozyten 45-1448; Förder. d. Erythrozyten-— durch Nicotinamidadenylate 46-1465; Einfl. v. Phytohämagglutinin auf d. Geschw. d. — menschl. Lymphozyten 49/50-1419.

Rolle v. anorgan. Phosphat in d. Kontrolle d. — in Aszitestumorzellen 3-1237; Wrkg.: hochgereinigter Glutamat-Pyruvat-

Gold

Vorkommen

— in d. Saale u. in ihrem Einzugsgebiet 28-0773; mkr. Unters. d. Bldg. v. gediegenem — v. Salsigne, Aude 28-0840; Vork. v. — in d. Faseraggregaten v. kohl. Substanz („Thucholith") aus d. Witwatersrand-Konglomeraten 29-0815; Besonderh. d. Konzentrat. v. — in Böden u. Pflanzen des südl. Teils d. Tamdynsker Gebirges 32-0821; Entsteh. d. Erzlagerstätten Argentiniens 33-0883; Geologie u. Mineralisier. d. — enthaltenden Lagerstätten d. Salsigne-Au-Mine, Frankreich 33-0888; Elementverteil. in einigen Sulfiden einer hydrothermalen Pyrit–Arsenopyrit–Sphalerit-—-Galenit-Lagerstätte in Abhängigk. v. d. Mikroparagenese 34-0810; —-Vork. in d. Gängen d. Govenzhda-Lagerstätte, Distrikt Mihailovgrad 34-0852; Unters. d. Cu-—-Erzkörpers in d. Orlando-Mine, Tennant Creck, Australien 34-0853; Elementbeimeng. d. — in einigen Gebieten d. Amur 36-0826; —-halt. Sande v. Legnickie Pole-Mikołajowice-Wądroże Wielkie Gebiet 38-0819; Geologie u. —-Mineralisat. v. Stanita-Techereu 36-0823; — in Graniten d. Kolyvansker (Altai) u. Changilaj-Silinsker(Transbaikal) Massive (nach Daten d. Aktivier.-Analyse) 36-0829; Vork. v. — in d. Sb-Lagerstätten in d. Niederen Tatra 36-0851; S-Isotopen-Analysen v. präkambr. —-As–W-Erzen v. Park County, Montana 39-0792; Mineralogie d. Tutchunsker Golderzgebietes (Zentralteil d. kleinen Kaukasus) 39-0817; Strukturen d. —-Erzlagerstätten d. oberen Indigir-Gebietes 41-0834; Au-Sulfidvererz. in carbonat. Gesteinen, ein neuer Typ d. Au-Erzmineralisat. in Mittelasien 42-0757; —-Antimonit- u. —-Zinnober-Assoziat. d. Hg-Lagerstätten Nord-Ost-Jakutiens 42-0787; Vork. v. Zinnober in Paragenese mit — in Lockergestein v. Dorfe Grekova (Nagol'ny-Kamm) 43-0793; Charakteristika einer Gang-—-Lagerstätte in Hpeh u. ihre Entsteh. 44-0835; Anwend. d. Neutronenaktivier.-Analyse zur Sicht. —-halt. Erze v. Witwatersrand 44-2215; Einfl. d. Zus. d. Nebengesteine auf d. Entw. d. präkambr. Au-Vererz. (Patomgebirge) 46-0777; Ursprung präkambr. —-Ablager. in Ägypten (U.A.R.) 47-0763; Uneinheitlichk. in d. Lokalisier. epigenet. —-Lagerstätten d. USA u. Kanadas 47-0764; —-Mineralien 47-2023; — unterschiedl. Alters im südl. Teil d. Stanov-Gebirgskammes 48-0759; Verh. Ti-halt. Minerale bei d. hydrothermalen Veränder. d. Amphibolite d. Darasun-Au-Erzlagerstätte (Transbaikal) 48-0760.

Intranucleare Verteil. v. koll. — in d. Amöbe Chaos chaos 37-1344.

Goldeinschlüsse in d. Niere (Licht- u. elektronenmkr. Unters.) 14-1694; Geh. im menschl. Serum 38-1550.

Bildung, Herstellung

Herst. v. —-Überzügen s. unter *Galvanotechnik*; *Metallüberzüge*.

Bldg. v. Au(I) oder metall. Au durch Red. v. Au(III)-Salzen durch Gelatine 5-0840; γ-Radiolyse d. wss. Lsg. v. Tetrachlorogold(III)-säure u. d. Eig. d. gebildeten Au-Koll. zur Strahl.-Mess. für d. Größenordn. v. 10^5r 9-0739; Mitfäll. v. — durch Te 10-0793; elektrochem. Herst. dünner —-Filme auf pyrolyt. Graphit als Standards in d. Kernphysik 11-2061.

—-Gewinn. aus Cyanidkomplexen 7-2563*; Darst. u. elektronenmkr. Best. d. Teilchengröße v. koll. — 8-0648; galvan. Abscheid. v. — 11-2593; Herst. v. —-Einkrist.-Whiskers durch Verdampfen im Vakuum 30-2435*; elektrolyt. Abscheid. v. — 31-2189; Meth. zur Herst. als analyt. Reagenzien 41-1848.

Feinstaufbereit. —-halt. Naßkonzentrate durch Elektroscheid. 3-2360; Laug. v. —-Erzen mittels Mikroorganismen 3-2521*; Sorpt.-Laug. v. Flotat.-Abgängen —-halt. Erze 10-2455; Aufbereit. v. — aus komplexem Mayflower-Erz 19-2394; —-Anreicher. in baschkir. Erzen 20-2352; Verf. zur —-Flotat. aus reinen Quarzerzen 20-2354; Aufbereit. v. —-Erzen in d. Sowjetunion mittels Ionenaustauschern 30-2359; Naßchlorierverf. zur Behandl. v. Merillschlämmen u. mechan. aufbereiteten —-Konzentraten (chem. Rk.) 44-2216; (Vers.-Anlage, Ag-Rückgewinn.) 48-2443, 48-2444.

Anreicher. v. — im Rückstand v. As-Pyriterzen nach d. As-Subl. 25-1969; Gewinn. v. —-Staub aus feinen Syst. mittels Wasserzyklon 34-2453.

Trenn. u. Reinig. v. ^{199}Au für medizin. Zwecke 2-0737; Wiedergewinn. v. — aus Pyritabbränden 9-2633*; Extrakt. v. — aus CN-Lsg. 9-2673*; Reinig. d. Abwässer v. Goldextrakt.-Fabriken durch Ionenaustausch (Stör. durch Fe u. Rhodanide) 13-2304; Trenn. d. Ir v. Au durch Verflüchtig. v. Ir 29-2042; radiochem. Trenn. v. F v. reaktorbestrahltem — u. U 32-2029; Wrkg. v. Xanthat bei d. Cyanidlaug. v. —-Mineralien 40-2277; Extrakt.: v. Au(III) mit Isooctylthioglykolat unter Komplexbldg. 41-1916; mit $\beta.\beta'$-Dichlordiäthyläther aus salzsauren Lsg. 42-0505; aus HCl-Lsg. mit Transformatorenöl 48-2553*.

Lot für — 1-2579*; Verbundwerkstoff aus Cu mit — u. Weiterverarbeit. 3-2528*; Wärmebehandl. galvan. vergoldeter Taschenuhrengehäuse 7-2540; Aufschmelzen v. —-Folie auf Ni-plattiertes Mo 8-2533*; Herst. v. Verbundmetallen aus — u. nichtrostendem Stahl 13-2646*; Koppl. zwischen einer Verzöger.-Leit. u. absorbierendem Material unter Verw. v. Krist. aus $BaTiO_3$ oder SiO_2 mit Al, Ni bzw. Ni–Cr u. — 15-2326*; Lsgm., Polymere u. andere Komponenten für fl. Polier-— 18-2526; Schwierigk. bei d. —-Verarbeit. 22-2390; Wrkg. d. Atomisier.-Beding. auf d. Aerosol-Au-Plattier. durch red. —-Salzlsg. (pneumat. Vernebel.-Meth.) 25-2200; elektrolyt. —-Plattier. zum Punktschweißen 25-2201; stromlose Vergold. v. edlen Metallen 25-2310*; Bad für d. Eintauchvergold. v. Metallen mit $KAu(CN)_2$ oder $NaAu(CN)_2$ 25-2311*; Vgl. d. Herst. v. Walzgolddoublé, „goldfilled" u. „rolled gold plate" (Eig. u. Verw.) 31-2339; Verw. v. Phenyl-, Alkylphenyl-, Aminophenyl-, Carboxyphenyl- oder Naphthyl-Au-Mercaptiden zur Herst. v. —-Verzier. 33-2458*; Mikroschweiß. v. — mit Si unter Druck 42-2336.

Grenzschmier.-Verh. organ. Filme auf —, Probekörper-Paaren bei tiefen Temp. 6-2735; Ablösen v. —-Überzügen v. NE-Metallen mittels KJ/J_2-Lsg. 16-2476*; anod. Polieren v. — 17-2493*; Beseitig. v. —-Nd. auf metall. Oberflächen 47-2227*.

Physikalisches und physikalisch-chemisches Verhalten

Isomerie d. ^{197}Au 5-0088; Berechn. d. Aktivität v. ^{198}Au bei d. Bestrahl. mit therm. Neutronen 7-0106; Mess. d. abs. Energieverlustes v. *28*-MeV-Alphateilchen in — 8-0023; Kernspin u. magnet. Dipolmoment v. *39*-min-^{190}Au 8-0036; Paarerzeug. in — durch *2,62*-MeV-γ-Strahlen 9-0043; Spin einiger in ^{197}Au durch langsame Neutronen induzierter Resonanzen 9-0074; Spektren d. γ-Strahlen aus unelast. Streuung v. *5,8*- u. *7,5*-MeV-Neutronen in — 11-0059; Konvers.-Verh. d. *191*-keV-Übergangs in ^{197}Au 11-0070; Quasiteilchen-Beschreib. v. Multipolübergängen in —-Isotopen 11-0071; Energiespektren d. bei (p, d)-Rk. an ^{197}Au emittierten Deuteronen 12-0060; $\beta-\gamma$-Winkelkorrelat. beim Zerfall v. ^{199}Au 12-0088; Verlangsam.-Spektrum d. ^{198}Au-β-Strahlen in — 14-0006; Analyse d. Streuung v. *26*-MeV-Deuteronen an — nach d. opt. Modell 14-0017; Anreg.-Funkt. für d. (p, n)-Rk. an Targets v. ^{197}Au 14-0026; mittlere Ausb. v. Neutronen aus protoneninduzierten Rk. in dicken Targets v. — 15-0096; Cd-Cutoff-Energien für — bei Aktivier.- u. Reaktivitätsmess. 16-0022; Neutronen-Resonanzabsorpt. in —-Teilchen 16-0023; Mess. v. Neutronenresonanzstreuung mit ^{6}Li-Glasdetektoren an ^{197}Au 16-1839; elast. Streuung v. Elektronen hoher Energie an —-Kernen 18-0016; Parameter d. nichtlokalen Schalenmodells für gebundene Kernzustände in ^{197}Au 18-0038; Asymmetrie d. elast. Doppelstreuung v. Deuteronen an —-Kernen 20-0012; Niveaustruktur v. ^{199}Au aus dem Zerfall v. ^{199}Pt 20-0042; Betaspektrum-Shape-Mess. an ^{198}Au mit einem *4π*-Halbleiter-Spektrometer 20-0049; elast. Streuung v. *0,5*-MeV-γ-Strahlen an — 21-0043; Mess. d. Elektron-Bremstrahl.-Wrkg.-Querschnitte v. *2,04*-MeV-Elektronen an — 21-0047; Mess. d. Bremsvermögens v. ^{208}Pb-α-Rückstoßkernen in — 21-0288; effektive Cd-Cutoff-Energien für Nicht-1/v-Detektoren für — 21-2085; Herst. v. ^{198}Hg aus neutronenbestrahlten —-Targets 21-2288; elast. Streuung v. *24,7*-MeV-α-Teilchen an — 23-0051; Kernrk. durch Deuteronen v. *52* MeV an Targets aus — 23-0076; Halbwertszeit v. ^{198}Au 25-0109; Konvers.-Elektronenspektrum v. ^{198}Au nach Neutroneneinfang 26-0055; kontinuierl. Neutronenspektren aus (p, n)-Rk. an ^{197}Au 26-0063; Beobacht. v. —-Kernen mit anomalem Erzeug.-Querschnitt bei Bestrahl. v. ^{238}U mit ^{22}Ne-Ionen 26-0089, 26-0090; Verw. v. Th(C + C') auf — als α-Quelle 26-2036; Einfl. d. Kernspins auf d. elast. Streuung v. *5*-MeV-Neutronen an — 27-0050; Präzis.-Mess. d. Bremsvermögens v. — für Protonen mit Energien zwischen *0,4* u. *6* MeV 27-0352; Mess. d. differentiellen Flußdichte an ^{197}Au 27-1965; Spalt.- u. Splitter-Ausb. im Jodbereich beim Beschuß v. — mit Protonen v. *590* MeV 28-0084; Unters. d. energiereichen Kernspalt. v. — mittels Glimmer-Detektoren 28-0085; Spallat.- u. Spalt.-Fragmente v. — beim Beschuß mit *18*-GeV-Protonen, d. mittels fester Plastikdetektoren nachgewiesen wurden 28-0086; durch Beschuß mit schnellen Neutronen herausgeschlagene —-Atome 29-0314; Mess. d. Absolutaktivität nach d. *4π-βγ*-Koinzidenzmeth. 29-1976; gleichzeit. Parameterbest. d. Core-Teilchenmodells in ^{197}Au 30-0049; Deuteronendesintegrat. im Flug unter d. Einfl. v. —-Kernen 31-0044; elast. Streuung v. MeV-Deuteronen an ^{197}Au 31-0052; Anreg.-Funkt. für d. Rk. ^{197}Au(d, p)^{198}Au 31-0105; Anwend. d. Modells schwacher Koppl. für ein Core plus mehrere Teilchen für ^{193}Au u. ^{195}Au 32-0022; Zerfall v. ^{192}Au 32-0087; α-Emiss. aus ^{197}Au d. durch Neutronen v. $E_n \approx 12-23$ MeV induziert wird 33-0073; obere Grenze d. Halbwertszeit d. ^{199m}Au-Isomers 34-0073; Ableit. d. Photoelektronenanisotropie (f-Faktor) aus Mess. mit ^{198}Au-Aktivitäten 35-0063; Einfl. d. Krist.-Abmess. auf d. rückstoßfreien Mössbauer-Anteil in ^{197}Au 35-0094; Übergänge beim Zerfall v. ^{192}Au 36-0085; $(\gamma-n)$-Wrkg.-Querschnitte für ausgewählte γ-Energien für ^{197}Au 37-0098; ^{197}Au(n, γ)^{198}Au 37-0111; γ-Spektrum aus d. β-Zerfall v. ^{196}Au 38-0043; Energieverlust u. -zerstreuung v. α-Teilchen in —-Folien 38-0349; Winkelverteil. v. ^{17}N aus d. Beschuß v. — mit ^{14}N-Ionen 39-0102; Strahl.-Einfangquerschnitt v. — bei d. Energie d. Sb–Be-Photoneutronen 39-0113; Erzeug.-Querschnitt v. ^{32}P für Targets aus ^{197}Au 40-0082; Protonenspektren aus d. durch *30,5*-MeV-α-Teilchen induzierten Rk. an ^{197}Au 41-0081; Mess. d. Bremsvermögens v. — für Protonen im Energiebereich $0,4-6,0$ MeV 42-0008; Isomer mit Spin *12* in ^{196}Au 43-0071; Interpretat. d. Isomerenverschieb. d. γ-Strahl. v. ^{197}Au-Beimeng.-Kernen in metall. festen Lsg. 43-0072; Halbwertszeit v. ^{197m}Au 43-0086; γ-Spektren aus unelast. Streuung v. Neutronen in — bei *5,5* u. *7,5* MeV 44-0038; Spin u. Resonanzparameter für ^{197}Au + n v. *10* bis *1000* eV 44-0039; Anreg.-Funkt. u. abs. Wrkg.-Querschnitte für (p, n)- u. (p, 2n)-Rk. für dünne Targets v. — 45-0083; γ-Strahlen aus d. Einfang therm. u. Resonanzneutronen in — 46-0072; (n, γ)-Querschnitt v. ^{197}Au bei Neutronenenergien v. *30* u. *64* keV 46-0073; Cd-Korrekturfaktoren für —-Folien 47-0036; Cd-Verhältnisse u. Resonanz-Selbstabschirm. für dicke —-Folien 47-0037; bei d. Bestrahl. v. ^{197}Au mit α-Teilchen entstehende γ-Strahl. 47-0086; Protonen direkter Wechselwrkg. aus Au-Targets beim Beschuß mit Protonen v. *156* MeV u. *91* MeV 48-0030; Analyse d. elast. Streuung v. *24,7*-MeV-α-Teilchen an — nach d. Achiezer-Pomerancuk-Blair-Modell 48-0038; Niveaus in ^{196}Pt aus d. Zerfall v. *6,2*-d ^{196}Au 48-0058; isomere Zustände in ^{187}Au u. ^{189}Au 51/52-0039; Neutron-Pickup-Rk. beim Beschuß v. ^{197}Au durch ^{15}N-Ionen 51/52-0073.

Nichtquadrupolarer Übergang $L_{II}M_{II}$ im L-Spektrum v. — 1-0099; theoret. Ausleg. d. dritten Spektrums v. Au (Au III) 4-0118; Verhältnisse v. Linienstärken in Au I-Dubletts 6-0123; reines Quadrupol-Spektrum v. ^{197}Au-Kern in AuCl 15-0171; chem. Effekte in Röntgenabsorpt.-Spektren v. metall. — 21-0310; IR-Absorpt. v. mit — dotiertem AsSe 26-0338; abs. Übergangswahrscheinlichk. d. Atomübergänge v. — 39-0139; Röntgen-M-Spektren im Bereich v. $2-85$ Å v. — 46-0351; Best. v. Atomabständen aus d. Feinstruktur d. Röntgenabsorpt. v. — 46-0370.

Massenabsorpt.-Koeff. v. — im Wellenlängenbereich v. $26-120$ Å 2-0332; Rekombinat.-Strahl. v. InSb : Au (Spektren) 2-0373; Einfl. d. Stoßes v. Mikroteilchen auf d. opt. Eig. (Reflex.-Grad, Sonnenlichtabsorpt.-Grad u. Wärmeausstrahl.-Vermögen) v. — 4-0298; Bremsstrahl.-Ausb. für multiple Streuung d. Elektronen an —-Targets 7-0143; opt. Eig. v. mehrwert. — u. d. Zwischenelektronen-Wechselwrkg. 7-0347; Mess. d. Reflex. einer —-Oberfläche 7-0645; effektive opt. Massen d. Leit.-Elektronen u. Absorpt.-Spektren v. — 9-0361; Fehler in d. Ellipsometer-Best. dünner dielektr. Filme infolge Vernachlässig. d. Filmabsorpt. für — 11-0333; Polarisat. v. Übergangsstrahl. durch Aufprall energiereicher Elektronen auf —-Oberflächen 19-0318; opt. Anisotropie v. Metalltexturen koll. Au-Lsg. in Polyvinylalkohol 19-0322; Thermolumineszenz d. Syst. CaO/Pr(Au) 22-0326; Bemerk. zur opt. Absorpt. sehr dünner —-Schichten in Abhängigk. v. ihrer Bldg.-Geschw. 26-0327; Elektroreflex. in — 27-0366; Elektrolumineszenz u. lichtelektr. Empfindlichk. v. Ta/Ta_2O_5/Au-Dioden 27-0392; Reflex.-Polarisat. u. Möglichk. zur Anwend. im extremen UV für Schichten aus — 28-0306; opt. u.

elektr. Verh. d. Metalle auf Grund v. Mess. an sehr dünnen, durch Aufdampfen erzeugten Schichten, opt. Absorpt. v. Au^+ (Vgl. v. Theorie u. Mess.) 31-0358; Einfl. d. Abscheid.- u. Aufheiz-Geschw. durch Verdampf. auf d. opt. Konst. v. —-Schichten auf Glasträgern 31-0360; opt. Eig. kleiner —-Teilchen 31-0626; Doppelinjekt.-Effekte u. Elektrolumineszenz v. isolierenden CdS-Krist. mit In-Kathoden u. —-Anoden 34-0393; Anwend. d. Vakuum-UV-Spektroskopie auf — 35-0324; Koinzidenzexperimente am Elementarprozeß d. Bremsstrahl.-Erzeug. unter Verw. eines —-Targets 35-0329; Quantenabsorpt. v. Licht in — 38-0356; Anwendbark. d. Theorie d. anomalen Skin-Effekts auf d. opt. Konst. v. — im IR 39-0346; Verstärk. d. mit α-Szintillat. angeregten Lumineszenz v. (Zn, Cd)S : Mn(Au) durch IR-Bestrahl. 39-0370; Brech. u. Absorpt. im IR-Bereich v. — 41-0377; Einfl. d. Temp. auf sehr dünne —-Schichten 41-0391; Lumineszenzdioden aus CdTe mit —-Kontakt 42-0359; opt. Eig. v. Goldschwarz 43-0343; Thermolumineszenz v. CaO : Au^+-Phosphoren 43-0367; Übergangsstrahl. nichtrelativist. Elektronen in dünnen —-Filmen 44-0328; opt. Eig. v. Cu u. — im Vakuum-UV 45-0303; Definit. d. Verteil.-Temp. analog zur schwarzen Temp. bei — 47-0327; farbmetr. Unters. an galvan. —-Überzügen (Einfl. d. Oberflächenrauhigk. auf d. Farbmess. durch diffuse Reflex.) 48-0308; Gleichfeld-Elektrolumineszenz in dünnen ZnS : Cu(Mn, Cl)-Filmen mit —-Elektroden 49/50-0356; Mechanismus d. Elektrolumineszenz dünner CdS-Filme mit —-Elektrode 51/52-0321.

Struktur einatom. —-Schmelzen nach Beug.-Vers. mit Röntgen-, Elektronen- u. Neutronenstrahlen sowie ihre elektr. Leitfähigk., D. u. Kristallisat. (Übersicht) 1-0248; Einfl. einer Dotier. auf d. Diffus. v. — in Ge 1-0289; Unters. d. therm. Relaxat. in Metallen durch Mess. d. Änder. d. elektr. Widerstands u. Anwend. auf d. Leerstellenrelaxat. in — 2-0199; Elektronenbeug.-Unters. d. Struktur, Zwillingsgrenzen u. Textur aufgedampfter —-Filme 2-0223; Diffus. v. — in Pb unter hydrostat. Druck 3-0340; Strukturen einiger Phasen d. Syst. Au/Mg in d. Nähe d. Zus. Au_3Mg 4-0272; Ionenüberführ. d. Eigenionen in — 5-0324; Diffus. u. Löslichk. v. — in PbSe 5-0333; Defekterzeug. in — durch *5*-MeV-α-Beschuß im Temp.-Bereich *90* bis *194* °K 5-0338; Einfl. v. Verunreinig. beim epitakt. Wachstum v. — auf NaCl 6-0241; Anwend. d. Zerstäub. bei niedr. Energien zur Darst. dünner Schichten v. — 6-0242; Erhol.-Charakteristik v. — mit $4{,}8 \cdot 10^{-3}$ Ni bzw. 10^{-4} Sb auf Grund v. Gitterleerstellen u. Komplexen Leerstelle–Verunreinig. 6-0249; Einfl. d. Drucks auf d. Diffus.-Geschw. v. — in — 7-0331; röntgenograph. Best. d. Aufspalt.-Weite v. Versetz. u. d. Stapelfehlerenergie v. — 9-0234; Diffus. v. — in Zinn-Einkrist. 9-0324; Anfangsstadien d. Bldg. v. —-Filmen auf Glasunterlagen 10-0219; Elektronenbeug.-Unters. d. ersten Stadien d. Wachstums dünner, auf NaCl abgeschiedener —-Schichten unter Berücksichtig. d. Oberflächenstruktur v. NaCl 12-0245; Festigk. u. Struktur v. dünnen, im Vakuum aufgedampften —-Filmen 12-0251; Theorie d. Löslichk. v. — auf Zwischengitterplätzen in Pb, Sn, Tl, In u. Cd 12-0253; elast. Streuung u. Polarisat. v. Elektronen an —-Atomen in zweiter Bornscher Näher. 13-0187; Entw. einer axialen Textur in — 13-0262; Gitterparameter v. reinem — als Funkt. d. Temp. 13-0308; direkte elektronenmkr. Beobacht. d. in — durch Ionenbeschuß bei tiefen Temp. erzeugten Strahlenschäden 13-0358; Stapelfehlerenergie v. — 14-0279; Weglänge relativist. Elektronen in — 14-0352; Ausscheid. v. — beim Zonenschmelzen v. Ni in einer Kapsel aus erstarrtem Cu 15-0262; Versetz.-Struktur v. Leg.-Kontakten v. Si mit — 15-0278; Mössbauer-Effekt für ^{57}Fe-Verunreinig.-Atome in — 15-0312; Kinetik d. Ausheilens v. Leerstellen u. Struktur d. Ausscheid. in abgeschrecktem — 16-0201; Leerstellenbldg.-Energie u. Debye-Temp. v. — 16-0223; Diffus. v. — in Pb-Einkrist. 16-0257; Grundprobleme d. Physik dünner Schichten, Sintern, Thermokraft u. Photoeffekt v. Au-Filmen 17-0218; Kondens., Kondens.-Koeff., Keimbldg. u. Weiterwachsen v. — auf —-Einkrist. 17-0243; Einfl. d. schrägen Auftreffens v. Ar^+ u. Xe^+ auf d. Zerstäub. v. — 17-0336; Bind.-Energie in — 18-0242; Elektronenmikroskopie v. Spaltproduktschäden bei — 18-0271; Versetz.-Dipole, d. durch Ionenbestrahl. in dünnen —-Folien erzeugt wurden 18-0276; Winkelabhängigk. d. Kanalbldg. in —-Einkrist. nach *70*-keV-^{85}Kr-Ionenbestrahl. 18-0277; Durchtritt v. Na^+-Ionen durch —-Schichten u. v. Li^+-Ionen durch —-Schichten 21-0281; Unters. v. adsorbierten Katalysatoren mit Hilfe d. Exoelektronenemiss., — auf ZnO 21-0737; diffusionsbegrenzte Steiggeschw. einer Versetz.: Einfl. d. Steigbeweg. auf d. Steiggeschw. am Beispiel v. — 22-0239; Leerstellen-Cluster in mit Ag dotiertem — 22-0244; Schwing.-Frequenzen in fl. — 22-0249; Einfl. v. koll. — auf d. Bldg. v. Li-Metasilicatkristalliten in photoempfindl. Opalgläsern 23-0279; ber. Bind.-Energien v. Au_2 24-0099; Compton-Effekt am gebundenen K-Elektron v. — 24-0154; Einfl. einer Temper. auf dünne —-Schichten 24-0237; Vgl. zwischen d. Neutronenstrahlenschädig. in ausgeheiltem u. abgeschrecktem — 24-0309; Hyperfeinstruktur v. ^{197}Au im $5d^{10}6p^2P_{3/2}$-Term 25-0143; Wander. v. Doppelposit.-Grenzen während d. Wachstums epitakt. (*111*)-—-Filme 26-0228; Materialabhängigk. bei Stößen mit Umlad. v. mit *9,7*-MeV-C-Ionen beschossenem — 26-0310; Tunneln v. *13*-keV-D^+-Ionen in —-Krist. 26-0312; kohärente Hartree-Fock-Slater-Formfaktoren für Au^+ 27-0229; unterbrochene Dampfphasenabscheid. v. epitakt., in einem Elektronenmikroskop gezüchteten —-Filmen 27-0251; Elektronenbeug.-Kontrast v. kleinen Stapelfehlertetraedern mit Anwend. auf abgeschrecktes — 27-0266; Einfl. eines Gleichstromfeldes auf d. Gitterdiffus. v. Ag-110 in — 27-0347; Beobacht. d. Bildkontrastes im Elektronenemiss.-Mikroskop in Abhängigk. v. d. Richt. d. einfallenden Primärelektronenstrahls 28-1927; feldionenmkr. Abb. bei tiefen Temp. 28-1936; Beobacht. d. Grenzfläche fest/fl. während d. Krist.-Wachstums in —-Schmelze u. Mess. d. Wachstumsgeschw. 28-0223; Bldg.-Energie u. Konz. v. Leerstellen in — 28-0225; Ordn. u. Elastizitätskonst. v. —-Filmen 28-0263; Durchgang v. schnellen Elektronen u. Positronen durch —-Krist. infolge Beug. 29-0199; Struktur u. Stabilität d. (*100*)-Fläche v. — 29-0240; Diffus. v. — in Ag, Cu u. Ni 29-0290; Temp.-Abhängigk. d. Diffus. u. Löslichk. im Bereich *300*–*900*° in einkrist. p-Pb-Selenid 29-0295; Bremsvermögen v. dünnen Folien aus — für Br- u. J-Ionen 29-0313; Energien v. Stapelfehlertetraedern in — 30-0225; Hartree-Fock-Parameter für d. —-Atom 31-0122; Mehrfachstreuung v. *5*–*30*-keV-Elektronen in aufgedampften —-Schichten (Rückstreuung u. Absorpt.) 31-0226; Intensitätsmess. eines parallel zur [*111*]-Achse v. —-Krist. einfallenden Elektronenstrahls im Elektronenmikroskop 31-0227; Entfern. v. dünnen (*20* Å) Schichten v. — durch mechan. Polieren 31-0234; Wachstum epitakt. —-Schichten auf Ge-Flächen niedr. Indizier. 31-0260; Kondens. u. Eliminier. v. durch Abschrecken entstandenen Leerstellen in reinem — 31-2365; Struktur im Energiespektrum d. bei hochenerget. Ar^+–Au-Stößen emittierten Elektronen 32-0169; elektronenmkr. Beobacht. v. Krist.-Gittern im Bereich atomarer Dimens. an Au/Au- u. Au/Cu-Doppelfilmen 32-0200; Parakristallinität u. dreidimensionale Analyse d. radialen D.-Verteil. in geschmolzenem — 32-0255; Bestrahl. v. — mit —-Ionen geringer Energie; Wander. v. Zwischengitteratomen in Stufe III 32-0315; Oberflächen- u. Korngrenzendiffus. v. Au–Cu 33-0361; Mischkrist. v. — in Sulfiden (Diskuss.) 33-0884; Keimbldg.-Geschw. v. Leerstellencluster in —-Krist. 34-0263; Anordn. paralleler Versetz. in anisotropem — 34-0265; Wirksamk. d. Versetz.-Kletterns in — 34-0287; Deut. v. Erhol.-Stadien in bestrahltem — 34-0358; Beobacht. d. (*220*)-Gitterabbldg. an einem —-Krist. 35-0185; Dekorier. v. Halbleiteroberflächen für elektronenmkr. Unters. durch Verdräng.-Ablager. v. — 35-0219; Best. v. zwischenatomaren Potentialen u. d. Bremsvermögens aus Energieverlustspektren v. Kanalleit.-Ionen (*60*-MeV-^{127}J-Ionen u. *3*-MeV-α-Teilchen in —-Einkrist.) 35-0301; Gefügeänder. bei Ionenbeschuß v. — mit O-Ionen 35-0302; Einfl. d. Probengestalt auf d. Auswahl d. prim. Gleitebene am Beispiel v. — 36-0201; Berechn. v. Diffus.-Parametern, d. Selbstdiffus. in — 36-0270; Strahl.-induzierte (schwere Teilchen) Punktdefektcluster in — 36-0289; Bldg. einkrist. —-Filme auf Alkalimetallhalogenid-Spaltflächen im Ultrahochvakuum 37-0251; Stapelfehlerdipole in — 37-0268; Bldg.-Energie u. Konz. v. Leerstellen in — 37-0316; Energieverluste u. Lad.-Zustände v. B-, N-, O- u. S-Ionen in —-Targets 37-0357; Einfl. v. —-Beimeng. auf d. Wachstum v. Si-Whiskern aus d. Gasphase 38-0237; mittleres inneres Potential unter Verw. d. Thomas-Fermi-Dirac-Modells für — 38-0291; Oberflächenselbstdiffus. v. — (Vgl. zweier Stofftransportmeth.) 38-0337; Best. d. Stapelfehlerenergie v. — aus d. Analyse d. elektronenmkr. Beug.-Kontrastes v. Stapelfehlerdipolen 39-0235; Einfl. v. Verunreinig. auf d. Erhol. v. elektronenbestrahltem — 39-0334; Stapelfehler u. Verfestig.-Koeff. v. — 40-0257; Diffus. v. Ag in polykrist. — 40-0277; Erhol.-Spitzen u. Korngröße bei hoher Temp. in — 41-0343; Zwischengitterdiffus. v. — in In 41-0362; Keimbldg. dünner —-Schichten 42-0225; Geschw. d. Wachstums v. Eis an W./Au-Grenzflächen 42-0227; Diffus.: bei einem Temp.-Gradienten u. einem elektr. Feld in — 42-0299; v. Cu in — 42-0306; Verminder. d. Strahlenschädig. durch Kanalleit. v. *51*-MeV-J-Ionen in — 42-0313; Kanalleit. v. D^-- He^+-Ionen durch —-Krist. 43-0324; Verstopf.-Effekte bei d. Kanalwander. in — 43-0325; Diffus. v. verd. festen Lsg. v. — in Pb 44-0298; Elektron-Bremsstrahl.-Wrkg.-Querschnitte v. *180*- u. *380*-keV-Elektronen mit Targets aus — 45-0111; Leist.-Fähigk. röntgengoniometr. Verf. zur Gitterdehn.-Mess. unter bes. Berücksichtig. v. Eigenspann.-Unters. an — 45-0210; epitakt. Wachstum v. — auf im Ultrahochvakuum hergestellten KCl-, NaCl-, KJ- u. KBr-Spaltflächen 45-0226; metastabile dünne Aufdampfschichten v. — (Auftreten u. Morphologie v. Phasen) 45-0235; Rekristallisat.-Temp. v. Fein-Au u. Au*99,999* 45-2183; Herst. v. trägerfreien, einkrist. —-Schichten 46-0224; epitakt. Wachstum v. verunreinigungsfreien, einkrist. —-Schichten auf NaCl- u. KCl-Spaltflächen 46-0222; Tempern v. Stapelfehlertetraedern in — 46-0252; statist. Haufenstruktur v. fl. — 46-0275; Flächengitter in geschmolzenem — nach d. Fourier-Analyse 47-0274; Verschieb. d. Röntgenbeug.-Reflexe v. Au-Teilchen in einer Kolloidium-Amylacetat-Matrix beim Abkühlen 47-0296; Strahl.-Blasenbldg., interferometr. u. mkr. Beobacht. an krist. — 47-0326; Energiespektrum v. —-Defekten in Si-Einkrist. 47-0415; Berechn. nach einer neuen empir. Formel zur Ermittl. d. Radien v. Kationen mit Edelgasschale für — 48-0088; Einfl. d. elektr. Feldes auf d. Wachstum v. dünnen —-Schichten 48-0209; Diffus. v. Cu in — 49/50-0305; Elektronenstreuung in dünnen —-Filmen 51/52-0156; Intensitätsmess. an Elektronenbeug.-Ringen v. —-Schichten mit Hilfe d. Gegenfeldfiltertechnik 51/52-0160; Einfl. v. punktförm. Fehlstellen auf d. Absorpt. hochenerget. Elektronen beim Durchgang durch —-Krist. 51/52-0161; Gitterkontrakt. in Mikrokrist. v. — 51/52-0175; Orientier.-Änder. v. —-Einkrist. beim Ziehvorgang (Vers.-Ergebnisse) 51/52-0178; Verringer. d. Fehlanpass. zwischen einkrist. Schichten v. Au/Pd, Au/Ag u. Au/Pt durch elast. Spann. u. Versetz. 51/52-0198; Best. d. Anisotropie d. Oberflächenenergie v. — 51/52-0241.

Einw. v. — in Ni-Leg. auf Kriech- u. Bruchverh. 2-2447; Kufenbldg. bei Goldmikrodraht u. mit Cu überzogenem —-Draht 9-0312; Voraussage für elast. Konst. bei dichter Kugelpack. nach d. „Valence bond"-Modell v. Bergmann für — 22-0259; Moduleffekte in — nach Tieftemp.-Elektronenbestrahl. 30-0273; Temp.-Abhängigk. d. Elastizitätskonst. v. — oberhalb d. Raumtemp. 32-0302; elast. Konst. dritter Ordn. v. — 37-0336; numer. Berechn. v. Wrkg.-Querschnitten für elast. Streuung in — 45-0271; Spann. in dünnen Metallschichten v. — auf Quarz 47-0295; beobachtbare Beweise für einen meteorit. Beschuß d. Mondes, Kraterbldg. v. kleinen Fe-Teilchen, d. auf — geschossen werden 51/52-0750.

Elektr. Eig. v. Erzeug.-Rekombinat.-Zentren v. Ladungsträgern in Si/p–n-Übergängen, wobei d. Si-Proben Au-Atome enthalten 1-0425; experimentelle Unters. d. Schottky-Schwellen v. Au/GaAs 1-0436; Leitfähigk.-Erschein. in Rutil-Einkrist. mit —-Kontakten 1-0441; Elektrodeneffekte bei Mess. d. Temp.- u. Frequenzabhängigk. d. scheinbaren parallelen spezif. Widerstandes u. d. parallelen DK an anred. n-$Ba_{0,7}Sr_{0,3}TiO_3$ unter Verw. aufgedampfter Elektroden aus — 1-0442; Thermokraft v. — in d. Umgeb. d. Schmelztemp. 2-0403; experimentelle Unters. d. Peltier-Effekts an Kontakten zwischen Ni u. — 2-0410; theoret. Unters. d. Oberflächenleitfähigk. infolge d. Metalldeffektes nach verschiedenen einfachen Modellen für dünne Filme, Vgl. mit experimentellen Mess. an — 2-0472; Druckabhängigk. d. elektr. Leitfähigk. v. hochreinen —-Drähten im Temp.-Bereich *4,2*–*297* °K 2-0476; Austrittsarbeit bei d. Thermoelektronenemiss. v. BeO, MgO, CaO, SrO u. BaO auf — als Substrat 3-0430; durch Licht induzierte impulsart. Schwing. in Si mit einem p–n-Übergang u. —-Kontakten 3-0451; negativer Widerstand in einer Au–SiO_2–Si-Struktur (MOS-Struktur) 3-0477; elektr. Felderreg. v. in niedr. Niveaus aufgedampfter Filme eingefangenen Trägern nach Strom–Spann.-Charakteristiken bei Bestrahl. v. mit Au-Schichten bedampften Si-Oxid–Si–Si-Oxid-Schichtanordn. 3-0484; Mess. v. Kontaktpotentialdifferenzen durch Umform. in elektrochem. Potentiale mit Hilfe v. Sandwich-Strukturen v. Typ d. Syst. Al/H_2O-Dampf/Au 3-0485; Unters. v. Dioden mit zwei Metallschichten, getrennt durch eine Isolatorschicht am Beispiel d. Strom–Spann.-Kurven d. Syst. Al/Al_2O_3/Au 3-0486; Photovoltaeffekt in Tunneldioden v. Typ Al/Al_2O_3/Au u. Differenz d. Elektronenaustrittsarbeiten v. – u. Al 3-0487; ballist. Mess. d. mittleren freien Weglänge v. heißen Elektronen in – -Schichten auf *(111)*-Flächen v. Ge bzw. Si-Einkrist. 3-0500; Energie für d. Oberflächenbeweglichk. v. dünnen diskontinuierl. – -Filmen auf Glimmerträgern, nach Mess. d. elektr. Widerstandes 3-0501; Zunahme d. elektr. Widerstandes v. – -Folien bei Bestrahl. mit monoenerget. Protonen variabler Energie 3-0502; Erhol. d. elektr. Widerstands neutronenbestrahlter – -Proben 3-0504; spezif. Gleichstromionenleitfähigk. v. KCl mit – als Elektrodenmaterial 4-0389; Mess. d. durch Beschuß mit α-Teilchen an Au–GaP-Kontaktschwellen (Au-Aufdampfschicht) erzeugten Potentiale 4-0406; Einfl. v. Abkühl.- u. Temperexperimenten an – in einem He-II-Kryostat auf Mess. d. elektr. Widerstandes 4-0436; dielektr. Mess. u. opt. Beobacht. an Domänen in KH_2PO_4-Plättchen mit aufgedampften – -Kontakten 4-0461; Mess. d. elektr. Durchschlags in aufgedampften, dielektr. Schichten v. Na_3AlF_6, NaCl oder LiF mit Elektroden aus – 5-0437; Mess. d. spezif. Widerstandes an aufgedampften ZnS-Schichten mit Kontakten aus – 5-0461; Mess. d. Kapazität u. d. Strom–Spann.-Kurven nach Aufdampfen v. – -Kontakten v. undotierten GaAs auf mit Te, Sn, Si oder S dotierten GaAs-Einkrist. 6-0422; verbesserte Eig. v. unter Vorspann. auf Si-Einkrist.-Flächen gewachsenen SiO_2-Schichten nach Kapazitätsmess. an d. Metall–SiO_2–Si-Strukturen nach Aufbringen v. Cr/Au-Kontakten 6-0432; negativer Widerstand in CdS mit zwei ohmschen Kontakten aus zerstäubtem – nach vorheriger IR-Bestrahl. 6-0438; V–A-Kennlinien v. durch therm. Zers. v. CH_3SiHCl_2 auf Si- oder Ge-Substraten bei *850 – 1100°* in Ar-Atmosphäre hergestellten Si–SiC- u. Ge–SiC-Heteroübergängen mit – -Elektroden 7-0477; Einfl. d. Phononendrags auf d. spezif. elektr. Widerstand v. – (aus experimentelle bestimmten Daten d. Gitterwärmeleitfähigk. u. d. Phononendrag-Komponente u. Thermokraft) 7-0488; elektr. Widerstand, Hall-Konst. u. abs. Thermokraft v. – 8-0458; Energieverlustmess. v. α-Strahlen aus ^{239}Pu, ^{210}Po, ^{244}Cm, ^{212}Bi, ^{242}Cm, ^{214}Po u. ^{212}Po in – -Folien 11-0323; Verteil. d. bei Fokussier. eines Laserstrahls auf ein festes Target aus – emittierten Elektronen u. Ionen 11-0431; mit – dotiertes Ge in starken elektr. Feldern, Strom–Spann.-Charakteristiken v. n-Ge-Dioden mit einem unvollständ. gefüllten Au-Niveau 11-0446; Energien v. Au-Oberflächensperrrschichten auf SnO_2, nach Photoempfindlichk.-, Kapazitäts–Spann.- u. Strom–Spann.-Mess. 11-0466; Strom–Spann.-Kennlinien v. HgSe-Dünnschichttransistoren mit – -Elektroden auf einen Glasträger unter n-HgSe sowie einer CaF_2- u. schließl. einer Cu- oder Cd-Elektrodenschicht 11-0476; Lad.-Zustände eines O^{4+}-Ionenbündels nach Durchgang durch – 13-0195; elektr. Eig. v. GaS mit – -Beimeng. 13-0455; Einfl. v. Beimeng. v. – auf d. Spektraleig. d. Photoleitfähigk. v: CdS-Einkrist. 13-0471; Unters. eines elektr. Äquivalentstromkreises für d. Syst. Metall/Oxid/Halbleiter durch Kapazitätsmess. an Si/SiO_2/Au-Schicht. 13-0477; durch Oberflächenzustände nach Dotieren mit – hervorgerufene Photoleitfähigk. v. Si im infraroten Spektralgebiet 14-0452; Photoleit. in mit – bzw. Zn dotiertem Si, das tiefe Terme enthält 14-0453; Oberflächenleitfähigk. v. mit – dotiertem Ge 14-0464; Eig. v. CdSb mit Au-Dotier. nach Mess. d. elektr. Leitfähigk. u. Hall-Konst. an undotiertem u. mit – dotiertem CdSb 14-0473; Leitfähigk. v. diskontinuierl. aufgedampften – -Schichten 14-0399; Hall-Koeff. in aufgedampften – -Schichten 14-0502; Mikrowellenabsorpt. in normalleitenden – -Filmen auf supraleitendem massivem Sn 14-0504; Berechn. d. Mikrowellenwiderstandes für tiefe Temp. für – -Filme auf Sn 14-0505; Mess. d. Kontaktpotentialdifferenzen für d. Kombinat. Ag–Au u. Cu–Au durch Elektroneninterferometrie 15-0453; Unters. d. Gleichstrom–Gleichricht.-Charakteristik u. d. kapazitiven Scheinwiderstands für d. elektr. Kontakt zwischen aufgedampften – -Schichten u. CdS-Einkrist. 15-0487; zusätzl. elektr. Widerstand u. effektive Lad. d. Beimeng.-Atome v. – in fl. Sn beim Durchleiten v. Gleichstrom 15-0498; Mess. d. durch Gitterleerstellen u. Stapelfehler in – bedingten elektr. Widerstandes 16-0202; Einfl. v. Licht auf d. Oberflächenleitfähigk. v. mit – dotiertem u. gut kompensiertem Ge mit reiner Oberfläche u. Energielage d. Oberflächenniveaus 16-0371; Einfl. v. hydrostat. Druck auf d. Fermi-Fläche v. – aus Mess. v. Phasenänder. in d. de Haas-van-Alpen-Oszillat. 16-0409; Unters. mit – dotiertem Ge in starken elektr. Feldern 17-0436; Oberflächenzustände, Leitfähigk.-Änder. v. gespaltenen mit – dotierten *(111)*-Si-Oberflächen 17-0444; theoret. u. experimentelle Ionisier.-Querschnitte für – 18-0184; Abhängigk. d. Lebensdauer d. Minoritätsträger in langen Dioden aus n-Si, d. mit – kompensiert wurde, v. d. Injekt.-Niveaus, nach Mess. d. VA-Übergangscharakteristiken 18-0373; Best. d. effektiven Querschnitte lokaler Zentren aus d. Störstellen-Photoleit. in mit – dotiertem Si 18-0375; Austrittsarbeit v. – 20-0349; photoelektr. Best. d. Bildkraft-Dielektrizitätskonst. heißer Elektronen in Au–n-Si-Schottky-Dioden 20-0370; Störstellen–Photoleitfähigk.-Spektren v. p-Ge mit – -Verunreinig. 20-0379; Mehrfachstreuung mittelschneller Elektronen in – -Folien 21-0276; Sekundärelektronenemiss. v. Metalloberflächen aus – unter Beschuß mit Li oder Li^+ 22-0381; Emiss. heißer Elektronen aus – -Filmen durch ein angelegtes elektr. Feld 22-0385; Transport heißer Elektronen in Halbleiter–Metall–Halbleiter-Strukturen mit – als Basismetall 22-0421; Gleichstromverh. v. aufgedampften Au-Kontakten an hochohm. n-Si u. Barrierenerhöh. durch eine dünne SiO_2-Schicht zwischen – u. Si 23-0424; negative Photoleitfähigk. v. Ge mit – -Dotier. in starken elektr. Feldern 23-0427; Desorpt. v. Hg u. Austrittsarbeit v. polykrist. Au, aus Mess. d. Strom–Spann.-Kennlinie einer Hochvakuumdiode 25-0392; Korrelat. zwischen Metall–Halbleiter-Schwellenhöhe u. Metallaustrittsarbeit nach Unters. v. auf Si, CdS, GaAs u. GaP aufgedampften – -Schichten 26-0413; Herst. u. Eig. v. Al-dotierten ZnSe-Dioden mit – als Kontakt zum p-Gebiet, In als Kontakt am n-Gebiet 27-0457; Einfl. v. O auf d. Widerstand v. – -Schichten 28-0413; Photoemiss. v. Elektronen aus – -Elektroden auf SiO_2-Schichten in d. Leit.-Band d. Oxids 29-0410; Ag- u. Au-Terme in GaAs aus d. Temp.-Abhängigk. d. Hall-Konst. u. d. Löcherkonz. 29-0419; supraleitende Sn–Au-Verbundfilme 29-0468; Strom–Spann.-Kennlinien u. photoelektr. u. kapazitive Mess. an – -Schichten auf n-GaAs 30-0368; dissipative Prozesse in anod. Ta–Ta_2O_5-Au-Schichten 30-0382; Leitfähigk. u. Hall-Koeff. v. – -dotiertem Si aus d. Lage d. Fermi-Niveaus 31-0441; Einfl. d. Leg. d. Oberflächen mit – auf d. Photoleitfähigk. v. CdS-Einkrist. 31-0453; Ionisat. 31-1879; Austrittsarbeit v. – 32-0395; Mess. v. Potentialsprüngen im Spiegelmikroskop durch Best. d. Stromstärke eines senkrecht auf d. – -Targetoberfläche gerichteten feinen Elektronenstrahlbündels 32-0398; Sperrschichtenenergien v. Au–SiO_2–Si–(MOS)-Strukturen aus Photoemiss.- u. MOS-Kapazitäts-Spann.-Mess. 32-0433; Photoemiss. v. Elektronen aus Si u. – in SiO_2 32-0434; laserinduzierte, spontane Elektronenemiss. v. d. Rückseite v. – -Folien 33-0448; Lebensdauer v. Überschußlad.-Trägern in – -dotiertem Si nach Elektronenbeschuß 33-0458; Einfl. d. Absorpt. v. – auf d. Eig. einer atomar reinen Ge-Oberfläche 34-0450; elektr. Leitfähigk. v. anod. auf Zr in wss. KOH-Lsg. gebildeten ZrO_2-Schichten mit – -Elektroden 35-0409; Energieverlustspektrum v. – u. Vgl. mit opt. Mess. 36-0298; spektrale Abhängigk. d. relativen Quantenausb. v. – -Photokathoden im Bereich v. *95 – 20* nm 36-0392; V–A-Charakteristik v. Nb-Dioden mit Oberflächenoxidfilmen u. einem Metallkontakt aus – 36-0421; durch Oberflächenionisat. bestimmte Elektronenaffinität v. – 37-0433; elektr. Leitfähigk. u. Lad.-Trägerkonz. in mit – dotierten Te-Einkrist. 37-0445; Einfl. v. Ag u. Au auf d. Parameter d. thermoelektr. Wrkg.-Grades v. CdSb 37-0453; Oberflächenimpedanz v. auf supraleitendem Sn abgeschiedenen normal leitenden – -Filmen 37-0480; K-Ionisat. in dünnen – -Folien 38-0195; Einfl. v. Strukturdefekten auf einige elektr. Eig., elektr. Widerstand u. Hall-Beweglichk. v. mit – dotiertem Ge 38-0430; Ableit. d. Dicke v. – -Schichten aus theoret. Ausdrücken für Leitfähigk. u. isothermen Hall-Effekt 38-0452; Sekundärelektronenerzeug. in – durch α-Teilchen v. ca. *1* MeV 39-0414; Strom-Spann.-Temp.-Charakteristiken v. Ta–Ta_2O_5–Au 40-0398; Mess. d. Anisotropie d. Versetz.-Widerstands in – 41-0467; Beobacht. elektr. Bereichswander. in n-Ge mit teilweise kompensiertem oberem Au-Akzeptorniveau 42-0402; photoelektr. Ausb. v. – -Photokathoden unterhalb *1000* Å 43-0404; Änder. d. photoelektr. Ausb. v. dünnen – -Schichten mit d. D., Anwend. zur Best. d. Extrakt.-Tiefe v. Elektronen 43-0407; photomagnet. Effekt, Photoleitfähigk. u. Lebensdauer d. Nichtgleichgew.-Lad.-Träger in mit – dotierten InSb-Einkrist. 43-0427; Ionenenergien im v. einem Hochleist.-Laser aus Folien aus – u. Au + Ag erzeugten Plasma 44-0404; elektr. Schwing. in mit tiefliegenden Niveaus mit – kompensiertem Si 44-0422; Nachw. d. lokalisierten Natur d. Stromoszillat. in mit – kompensiertem n-Si durch tiefliegende Niveaus 44-0423; Zusammenhang d. Austrittsarbeit mit d. Oberflächenspann. 45-0371; Störstellen-Photoleitfähigk. einer mit – dotierten Si-Oberfläche 46-0424; Photoleitfähigk. v. Si mit – -Dotier. 46-0425; Einfl. v. Ordn.-Strukturen auf elektr. Widerstand, Hall-Konst. u. Thermokraft d. α-Mischkrist.-Bereich im Syst. Cu/Au/Zn 47-0447; Feldabhängige Elektronenemiss. aus wärmebehandelten – -Elektroden in N_2 48-0378; kohärente Streuung heißer Elektronen in – -Schichten 49/50-0384; Einfl. v. – -Kontakten auf d. Kinetik d. Dunkelleitfähigk. v. CdS-Einkrist. 49/50-0403; Anisotropie d. spezif. Widerstandes v. Versetz. in – 49/50-0423; Strom–Spann.-Kurven v. CdS-Dioden mit – -Elektroden in Ggw. einer IR-Bestrahl. 51/52-0389; Streuung v. Leit.-Elektronen an einer – -Oberfläche u. an Dipolmol. d. an ihr adsorbiert sind 51/52-0406.

Best. d. Vorzeichens d. magnet. Hyperfeinfeldes an ^{57}Co in – 9-0539; EPR-Spektren v. in W., A. oder Undecan eingefangenen – -Atomen bzw. v. – in Bzl. in Abhängigk. v. d. Temp. 12-0171; kernmagnet. Abschirm.-Konst. für alle positiven Ionen, neutralen Atome u. negativen Ionen v. – 18-0089; magnet. Suszeptibilität im Bereich *6 – 300* °K 18-0437; diamagnet. Suszeptibilität v. Au^+ 24-0470; epitakt. Einfl. d. Substrats (Au-Film) auf d. Anisotropie in dünnen elektrolyt. abgeschiedenen, zylindr. Ni–Fe-Filmen mit ca. *80* % Ni 30-0442; Orientier. v. ^{54}Mn-Kernen in – 35-0462.

Best. anod. $H_2/^2H_2$-Trennfaktoren an rotierenden – -Elektroden 2-0647; kathod. Red. v. ReO_4^- an – 3-0786; O_2-Überspann. an Glanz- – 5-0660; potentiostat. Polarisat.-Unters. an Au/O_2-Elektroden 5-0661; Redoxprozeß v. Sn^{2+}/Sn^{4+} auf – 6-0656; Bldg. v. C, CO_2 u. O_2 an – -Elektroden bei d. Elektrolyse geschmolzener Carbonate 9-0653; stationärer Stofftransport d. reversiblen Redoxsyst. $FeSO_4/Fe_2(SO_4)_3$ in H_2SO_4 zwischen zwei ebenen parallelen – -Elektroden 10-0639; Rk. v. H_2O_2 an – -Elektroden 11-0650; geometr. geordnete Gasdiffus.-Elektroden als aus Au/Pt H_2-Anoden 13-0630; Startrk. d. kathod. Abscheid. v. Ni auf – 16-0591; Einfl. d. Porosität v. galvan. – -Überzügen auf d. Kontaktwiderstand 16-2420; Theorie zur kathod. Red. v. O_2 an – 17-0659; Korros.: vergoldeten Messings in wss. NaCl-Lsg.; Änder. d. Korros.-Prod. bei Änder. d. Dicke d. aufgelegten – -Schicht 18-0566; v. vergoldetem Cu, Zn u. *7–3*-Messing in wss. Alkalimetallchloridlsg. 18-0567; Abhängigk. d. Abscheid.-Potentials v. Pb an – -Elektroden v. d. Pb^{2+}-Konz. in Lsg. 19-0648; O_2-Überspann. an Glanz-Au, Glanz-Au in H_2O_2 stabilisierten sauren Lsg. 20-0595; kathod. Korros. v. – in Nitrat-Schmelzen 20-0599; Polarisat.-Kapazität u. -Widerstand verschiedener Elektrolysezellen mit – -Elektroden 20-0600; Einfl. v. – auf d. Kinetik d. Anodenprozesse in K_2CO_3-Lsg. 21-0612; Trenn. v. Au/Ge-Leg. in – u. Ge durch Elektrodiffus. 22-0569; Änder. d. Kinetik d. H_2-Entlad. an – -Elektroden in HCl in Abhängigk. v. d. Zeit 25-0615; elektrochem. Prozesse v. O_2 u. H_2O_2 an – -Elektroden in sauren Lsg. 25-0622; galvan. Effekte in im Vakuum abgeschiedenen dünnen Al/CeO_2/Au-Schichten 26-0576; Einfl. v. Oberflächenoxiden auf d. H_2O_2-Rk. an – 26-0582; Mechanismus d. anod. Oxydat. v. hypophosphoriger u. phosphoriger Säure an palladinierten – -Elektroden 26-0608; elektrochem. Verh. v. – im Cyanidbad 27-0641; Doppelschichtkapazität v. festem AgBr bei Verw. v. – -Elektroden 29-0606; Spann.-Reihe v. – in alkal. Sulfidlsg. 33-0655; Oszillopolarographie v. Sc-Ionen an – -Elektroden 33-0681; Elektrochemie d. O_2 u. d. Hyperoxid-Ions in Dimethylsulfoxid an – -Elektroden 34-0623; anod. Verh. v. – in Phosphorsäure bei höheren Temp. 36-0600; Einfl. v. Kationen auf d. Nullad.-Potential v. – -Elektroden 37-0606; anod. Ox. v. CO in KOH-Lsg. an – -Elektroden 37-0622; Mechanismus d. Auflös. v. –

in CN^--Lsg. 38-0598; thermodynam. Gesichtspunkte zum elektrochem. Auf- u. Abbau v. AuO-Schichten auf – 39-0604; Potential v. – -Elektroden in Lsg. v. ClO_2 u. ClO_2^- 40-0556; Redoxprozeß Hexacyanoferrat(III)/Hexacyanoferrat(II) an rotierenden Scheibenelektroden aus – 40-0574; elektrochem. Verh. v. Ozon an – -Elektroden in Ggw. v. Cl^- 43-0580; elektrochem. Ox. v. – im Lsgm. Essigsäureanhydrid, Essigsäure u. $NaClO_4$ 46-0620; Normalpotentiale d. Syst. $AuCl_3$/Au als Funkt. d. Temp. 47-0565; Mikrostruktur u. Mechanismus d. elektrolyt. Fäll. v. – -Pulvern bei großen Stromdichten 49/50-0569.

Schmelzkriterium für – -Krist. auf d. Grundlage d. anisotropen dispersiven Kontinuum-Modells 1-0253; Diffus. v. – in fl. Ag 1-0548; Phasenbezieh. im Syst. Au/Ag/Te u. ihre mineralog. Bedeut. 2-0854; Diffus. v. – in antiken Ag-Leg. 3-0848; elektron. Beitrag zur Ultraschalldämpf. in – 4-0280; Vers. im Syst. Au/Bi/Tl 4-0569; spezif. Wärme unterhalb *37* °K 5-0310; spezif. Wärmen u. Entropie v. – bei tiefen Temp. 6-0293; Best. d. Reib.-Konst. für fl. – unter Zuhilfenahme d. Smoluchowski-Gleich. 9-0564; Berechn. d. Geschw.-Konst. zweiter Ordn. d. Rk. v. Cd u. – in Hg 12-0619; Unters. d. Konstitut. d. Syst. v. B mit – mit d. Meth. d. therm. u. Röntgen-Analyse u. opt. Metallographie 14-0651; Bezieh. zwischen d. Wärmeausdehn. v. – u. d. Temp. 15-0339; Bezieh. zwischen d. Diffus.-Koeff. in Hg u. d. D. für – 16-0481; Abschätz. d. Phasenumwandl.-Wärme u. d. Leerstellenbldg.-Energie in einfachen Metallen unter Berücksichtig. d. Neuverteil. d. Valenzelektronen am Beispiel v. – 20-0519; Unters. d. Schwindverh. v. Drähten aus Fein- – 20-2424; Debye-Temp. 23-0285; Möglichk. d. Existenz v. Rayleigh-Wellen in Einkrist. v. – 24-0281; Übersicht über Verb. u. Krist.-Chemie in d. Syst. Ag/Au/Te u. Au/Al/Te 24-0538; Best. d. F. v. – unter Anwend. d. Planckschen Strahl.-Gesetzes 26-0003; Fortpflanz. v. Ultraschallimpulsen durch – -Filme 28-0263; Viskosität v. fl. – 28-0486; Berechn. d. Verdampf.-Wärme 28-0491; Einfl. v. Ti-Dotier. in Au u. AuFe-Leg. bei d. Mess. v. c_p 32-0266; Best. des Erstarr.-Punktes v. – nach d. Strahl.-Meth. 33-0589; Berechn. d. Soliduskurven v. bin. Syst. v. Ge u. Si sowie an Schnitten $A^{III}B^{V}$/Au 33-0612; Berechn. v. isothermen p-V-Diagrammen für – aus Stoßwellen-Daten unter Benutz. d. Zustandsgleich. v. Mie-Grüneisen 33-0813; spezif. Wärmen zwischen *2* u. *4* °K 34-0313; Berechn. d. Maximalkonz. entlang d. Soliduskurve v. Mischkrist. für – in Ge u. Si 35-0528; Zusammenhang zwischen Druck- u. Temp.-Koeff. d. Kompressibilität u. d. Wärmeausdehn. v. – 37-0346; Schwing.-Spektren u. Debye-Temp. 40-0238; Näher.-Berechn. d. Debye-Temp. 40-0243; anisotrope Ultraschallabsorpt. in – 41-0321; Bezieh. zwischen Atomschwing.-Amplituden u. therm. Ausdehn. in – 45-0279; Schmelzen v. – bei hohen Drücken 46-0541; Berechn. d. elektron. Beitrags zur Wärmeausdehn. v. – nahe *0* °K 47-0302; Abhängigk. d. thermodynam. Stabilität v. Atomgew. bei – 49/50-0274.

Benetz. durch W. 2-0678; Mess. d. Haftkoeff. v. – an SiO in einem Ultrahochvakuum 4-0633; Best. d. Oberflächenspann. v. geschmolzenem – aus d. Form eines hängenden Tropfens 7-0656; Desorpt.-Energien v. – auf einer reinen W-Fläche abgeschiedenem – 7-0664; Adsorpt.: aus Elektrolytlsg. an Quarzoberflächen 7-0669; aus KOH-Lsg. an einer Si-Oberfläche 13-0676; Röntgenunters. d. Aerosole aus in N zerstäubten – -Drähten 14-0717; Benetz.-Winkel auf W, Mo, Nb u. Ta 14-0720; Benetz. v. – durch fl. Li, Na u. K 14-0722; Adsorpt.: aus Ätzlsg. *CP-8* auf d. Si-Oberfläche 14-0736; aus Ätzlsg. auf Oberflächen v. Ge 15-0728; aus H_2O_2, KOH u. *SR-6* bei d. chem. Ätz. v. Ge, Si u. Quarz 15-0729; aus wss. Lsg. an Ge, Si u. Quarz beim Waschen 15-0730; v. ^{198}Au aus HF-, HNO_3-, KOH- u. H_2O_2-Lsg. an d. Oberfläche v. Ge, Si u. Quarz 16-0622; Adsorpt.-Mess. an d. Syst. S/Au mittels einer Ström.-Meth. 19-0646; Benetz. v. UC durch – 19-0660; Kontaktpotential zwischen TiO_2 u. einer – -Elektrode 22-0609; Wechselwrkg. zwischen – u. wss. Na-Dodecylsulfat-Lsg. 23-0644; Ausbreit. v. Loten aus Ni u. Ag auf – -Überzügen 25-2231; Adsorpt. v. Pa an – 27-0673; Best. d. Anisotropie d. Oberflächenenergie 28-0609; Adsorpt. v. ClO_4^- an – 28-0616; Ordn.-Grad d. Substratfläche im Syst. Au/Ag 29-0641; Benetzen v. – -Oberflächen durch W. 30-0586; Berechn. d. Hamaker-Konst. für – -Fäden in W. 31-0630; Adsorpt. v. Stearinsäure auf aus d. Dampfphase abgeschiedenen – -Filmen 31-0652; Kondensat.-Koeff. auf NaCl-Einkrist. 32-0649; Adsorpt. v. H, CO, C_2H_4 u. N 38-0641; Best. d. Größe v. koll. – -Teilchen 39-0611; Einfl.: v. Schleifmitteln auf d. Benetzbark. v. – -Oberflächen 42-0589; v. adsorbiertem NH_3 auf d. Absorpt. dünner – -Schichten 43-0605; Extrakt. u. Papierchromatographie v. Au(III) mit Ti-n-Octylphosphinsulfid 43-1789; Einfl. v. O auf d. Haft. v. – -Schichten an Oxidträgern 44-0622; Adsorpt. an Polyäthylen aus sehr verd. wss. Lsg. 47-0613; Trenn. v. –, Ag u. Te durch Ionenaustausch-Chromatographie 49/50-1792.

Verteil. zwischen Tetrahydrofuran/wss. HCl u. Dowex *50-X 5* 1-2079; Gesetzmäßigk. d. Extrakt.-Verteil. d. Cyanokomplexe v. Edelmetalle – u. Ag 11-0596; Lsg.-Enthalpie v. einem Gemisch v. *0,50* Au + *0,45* Cu + *0,05* Ni in fl. Sn 31-0542; Lsg.-Wärmen u. Bind. Zahl v. Au in fl. Sn-(*5 – 100* %) Bi-Leg. 31-0543; Wärmetön. bei d. Lsg. v. – in fl. Au-Sn-Leg. 31-0544; Extrakt.-Koeff. v. – aus HCl- u. LiCl/0,2 m HCl-Lsg. mit Aminen in Diäthylbenzol 35-0501; Charakteristika d. fl.-fl.-Extrakt. v. – aus mineralsaurem Medium mit CCl_4 u. Ae. 37-0568; Berechn. d. Soliduskurven für bin. Syst. mit Ge bzw. Si u. – u. Verteil.-Koeff. v. – in Si bzw. Ge sowie Lsg.-Enthalpie u. -Entropie 38-0558; Extrakt. v. – mit Acetylaceton aus Halogenwasserstoff- u. HNO_3-Lsg. u. Vgl. mit d. aus H_2SO_4-Lsg. 39-0554; Anwend. d. diskontinuierl. Gegenstromsolventextrakt. zur Unters. d. Verteil. v. Metallionen zwischen Salzsäure u. Methylisobutylketon auf – 42-0506; Unters. d. Extrakt v. – aus wss. H_2SO_4 u. KBr enthaltenden Lsg. mit Hilfe v. CCl_4 47-0525; Verbesser. d. – -Auflsg. in CN^--Lsg. in Ggw. v. Ionenaustauschern 47-2159.

Reaktionen

Korros. v. – bei zahnärztl. Verw. 9-2610; stabilisierende Wrkg. v. – auf d. Gitter v. Cd_3Sb_2 u. Förder. d. Umwandl. v. CdSb in Cd_3Sb_2 14-0800; Einfl. d. H-Ionenkonz. auf d. Lsg.-Kinetik d. – in Cyanidlsg., Vorzüge d. NH_3 als Alkalisier.-Mittel in d. Cyanidlaugerei Au-haltiger Erze gegenüber $Ca(OH)_2$, NaOH, CaO u. $Ca(CN)_2$ 16-0656; Einfl. v. Aceton, n-Butanol, Isopropanol, Diisopropyläther u. n-Octanol als oberflächenakt. Substanzen auf d. Auflsg.-Geschw. v. – in Cyanidlsg. in Ggw. v. O_2 17-0745; Verstärk. d. Auflsg.-Prozesses v. – in Cyanidlsg. mit Hilfe v. Ionenaustauschharzen 18-0739; thermodynam. u. kinet. Aspekte d. – -Raffinat. 19-2452; Red.- u. Komplexbldg.-Rk. v. Au(III), Se(IV) u. Te(IV), Umsetz. v. Au(III) mit Jodid 36-0762; Korros.-Beständigk. (u. Porosität) v. aus sauren Bädern abgeschiedenen – -Überzügen 42-2345; Rk. v. – : mit Pb-Sn-Lot bei erhöhten Temp. 44-2315; mit UC, UN u. ThC im Schmelzbogen, Bldg. u. Gitterparameter v. UAu_3 u. einer Au-Th-Verb. (wahrscheinl. $ThAu_3$) 45-0746; spektrophotometr. Unters. d. Komplexbldg. v. Au(III) mit K-Xanthogenat 20-1845.

Modifizier. d. Wrkg. d. lathyrogenen Faktors am Kollagen durch einwert. – 21-1707; katalyt. Verbrenn. v. Graphit, Einfl. v. – -Salz-Dotier. 28-0642; akt. Zentren für d. Dehydrier. v. Ameisensäure an – 35-0651; katalyt. Effekt v. – bei d. Graphitox. 41-0672; Einfl. d. Temp.-Behandl. v. – -Katalysatoren auf d. Ameisensäurezers. 43-0660; Mechanismen d. Oberflächenrekombinat. v. atomarem O_2 an – 45-0645; Dehydrier. v. Olefinen mit – -Katalysatoren 49/50-2355*.

Biochemisches und physiologisches Verhalten

Einfl. auf d. β-Glucosaminidase-Aktivität in Kniegelenk-Fl. 28-1364; Adsorpt. u. Elut. v. – im menschl. Haar 36-1461; Wrkg. auf nekrotisierenden Faktor, Haut-sensibilisierenden Antikörper u. Komplement 39-1565; Serumeiweiß- u. Blutbildveränder. bei Ratten nach i.v.-Injekt. v. ^{198}Au 3-1652.

Technische Verwendung

Verw. v. $^{195}_{79}$Au in radioakt. Quelle 5-2254*; Neutronendosimeter mit –, In u. S als Indikatoren 22-1868; sekundäre Standardisier. v. γ-Strahlern im mCi-Bereich mit Hilfe eines – -Blatt-Elektrometers 29-1979; Verw. einer Au-Antikathode zur Erzeug. v. Mischstrahl. 29-2117; Verw. v. mit – bedampften Mylarfolien als Sekundäremiss.-Monitor für Strahlstrom u. Strahllage 32-1946; Verf. zum Auftragen v. – auf ein dünnes Fenster für Ge-γ-Spektrometer 33-1988; Anwend. v. Si-Dioden mit Au-Auflage bei d. Neutronenbeug. 41-1885; Anwend. v. Oberflächensperrschichtzählern mit hochohmigem n-Si u. aufgedampfter – -Schicht 49/50-1704.

Aufbring. einer – -Schicht für Halbleiterzwecke 8-2237*; Verw. zur Beschicht. v. feuerfesten Trägern 12-2227*.

Glanz- – für – -Schichten auf keram. Gegenständen u. Glasgegenständen 4-2223*; Verw.: in Metallkeramiksinterkörper auf Al_2O_3-Basis 16-2253*; zur Herst. v. Wärmeisolierkörpern 18-2413*; in mehrschicht. Isolierkörpern 18-2414*; zur Herst. halbkrist. keram. Körper 21-2431*; Metallisier. v. Keramik unter Verw. v. Ag- – -Pt-Pd-Misch. 21-2433*; Verw. in Keramik-Metall-Verbundkörpern 23-2256*; Haft. u. Glanz v. koll. – als Glasdekor 32-2281.

Galvan. – -Bad 1-2605*; cyanid., saure u. neutrale – -Bäder für Schmuck- u. Uhrengehäuse 2-2486; Verf. d. Farb- u. Hartvergold. 2-2487; Bad zum chem. Vergolden v. Metalloberflächen 12-2506*.

Analyse, Prüfverfahren

Mikroskop. Nachw. v. Au(III) mit Acridin u. 1-Adamantanamin 10-2111.

Spektralphotometr. Best. v. – 3-2030; mikrogravimetr. Best. v. – als Dekamethonium-Tetrabromoaurat(III) 6-1985; photometr. Best. 6-1986; Best. v. koll. – durch Radioaktivier. mit therm. Neutronen 15-1794; Überblick über Meth. zur gravimetr. Best. 23-1976; Best. v. Au(III) mit organ. Reagenzien 24-1862; krit. Betracht. d. photometr. Best. 30-1998; Papier-UV-Test neuartiger mikroanalyt. – -Nachw. ohne Reagenzzusatz mit d. Papier-UV-Test 31-1996; Neutronenradiographie unter Verw. eines Krist.-Monochromators 32-1952; Dithio-β-isoindigo Spurenbest. 33-1948; spektrophotometr. Best. v. Au(III) mit γ-Säure 33-2058; unterstöchiometr. Best. v. – -Spuren durch Neutronenaktivier.-Analyse 39-1917; Best. durch Neutronenbestrahl. 40-1841; spektrophotometr. u. titrimetr. Best. mit Ferroin 41-1961; spektralphotometr. – -Best. mit 2,2′-Dipyridylketoxim 47-1873.

Best. v. – -Spuren in Reinst-Al mit d. Neutronen-Aktivier.-Analyse 2-2044; Isolier. aus Lsg. u. Nachw. v. ^{195}Au bei d. ^{235}U-Spalt. 2-2060; spektralanalyt. Best. v. – in nigerian. Bronzen 3-0847; Abtrenn. v. Spuren – aus Ga 3-2003; Anionenaustauscher zur Spurenbest. v. – in Cu 3-2031; spektrophotometr. Meth. zur Best. v. – in Cu-Konzentraten 3-2032; Komplexbldg. v. – mit 8-Mercaptochinolin u. seine gravimetr. Best. 4-1919; chem.-spektralanalyt. – -Best. in geolog. Proben 4-1925; Analysen mit d. Elektronenmikrosonde an Au-Pt-Konzentraten aus Südost-Borneo 5-0884; Vgl. d. spektrograph. u. spektrophotometr. Best.-Meth. in Kupellat.-Perlen 5-2106; Extrakt. v. Au(III) mit 2-Äthylhexanol aus wss. HCl 7-2091; Radioaktivier.-Analyse auf Basis d. quant. Isotopenverdünn.-Meth., Best. v. Spurenmengen Au in reinem Cu durch Vgl.-Meth. 8-2020; Feldnachw. in Mineralien 10-2113; Abtrenn. nach d. Ringofentechnik u. Nachw. 11-2076; Best. in techn. Cyanidlsg. 20-1985; zerstörungsfreie Aktivier.-Analyse v. antiken Au-Münzen 21-2140; Mess. v. koll. ^{198}Au in d. gleichen Probe bei vergleichenden Stoffwechselunters. 22-1994; spektrometr. Best. v. – in hochreinem Pb 24-1942; Dünnschichtchromatographie v. Au^{3+} unter Verw. organ. wss. Lsgm.-Gemische 27-1982; Spurenextrakt. aus Meerwasser 27-2017; Best. v. Goldschichten auf vergoldeten Molybdändrähten u. -bändern u. Analyse des Goldgeh. galvan. Bäder mittels Röntgenfluoreszenz 28-2069; Best. d. – -Geh. antiker Silbermünzen durch Röntgenfluoreszenzanalyse 29-0832; Neutronenabsorpt. bei d. Best. in Ag durch Neutronenaktivier. 29-1993; elektrograph. Best. v. – in Au/Ag-Leg. 31-1995; aktivierungsanalyt. Best. in hochreinem SiO_2 35-1977; papierchromatograph. Trenn. v. Cu u. Ni als Br- oder J-Komplexe 36-1892; Best.: durch komplexometr. Titrat. mit Alkylaminen in organ. Lsgm. in Ggw. v. Aminofarbstoffen 38-1953*; in Pflanzen u. Böden bei biogeochem. Unters. (titrimetr.) 38-1989; in Leg. auf In-Basis 38-2014; spektralphotometr. Best. mit Natriumdiäthyldithiocarbamat nach einer Extrakt.-Meth. 39-1916; vereinfachte genaue Best. v. – in galvan. Bädern 39-1971; spektrophotometr. Best. v. Mikromengen – in reinem Fe 48-1910; Plan. d. Aktivier.-Analyse bei hohem Neutronenfluß 49/50-1732; aktivierungsanalyt. Best. in Halbleiter-In 49/50-1771; Neutronenaktivier.-Analyse zur Best. v. koll. – in biolog. Materialien 51/52-1914.

Best. des Feingeh. v. – über den Reflex.-Koeff. im ultravioletten Spektralbereich 17-2011; Aktivier.-Analyse 31-1940; photometr. Best. v. Pd(II) in Ggw. v. Au 32-2031; Reinheitskontrolle v. zur Erzeug. v. Radioisotopen verwendeten Au-Targets 33-1937; Best.: v. ^{12}C u. ^{16}O in reinem Au durch ^{3}He-Aktivier. 40-1858; v. Spurenelementen in kommerziellen sauren Goldböden, spektrochem. Meth. für Co, Ni, Al u. B nach d. Lsg.-Meth. 43-1895; Einfl. v. Au^{3+} auf d. photometr. Best. d. Pt-Metalle mit Nitroso-R-Salz 46-1972.

Verw. einer rotierenden —-Elektrode zu komplexometr. Best. mit amperometr. Endpunktsanzeige 15-2017; alkalimetr. Titrat. mit d. —-Elektrode 26-2069; Verw.: v. Au-Folien in d. Best. v. B in Stahl durch Abschwäch. d. Neutronenaktivier. 29-2095; v. Au als Target 41-1829.

Best. d. Deckfähigk. v. spiegelbildenden —-Pigmenten auf W. 5-3158; Dickebest. v. —-Überzügen durch Ablösen d. Überzuges 8-2450; oszillograph. Unters. d. —-Anode bei elektrolyt. O_2-Entwickl. 13-2390; Porositätsprüf. v. galvan. —-Schichten in geliertem Medium 13-2583; photograph. Verf. zur Spann.-Mess. an —-Drähten bei hoher Temp. 20-2430; Best. d. Porosität v. —-Überzügen auf Ni-überzogenem Cu durch quant. Elektrographie 51/52-2381.

Großfläch. Bolometer v. aufgedampftem — 3-1927; zirkulierender Ketten-Detektor mit —-Kette für d. Fl.-Chromatographie 11-2064; Mess. des Flusses therm. Neutronen u. Best. des Flusses v. epitherm. Neutronen durch Radioaktivier. v. ^{197}Au 21-2088; Mess. d. therm. Neutronenflusses u. d. Cd-Verhältnisses durch —-Aktivier. 45-1826.

Bibliographie

Handbuch der analytischen Chemie. Teil *3*: Quantitative Bestimmungs- und Trennungsmethoden. Bd. *1*b: Elemente der ersten Nebengruppe. *2*. Silber, Gold einschl. Dokimasie B 93; Geochemie des Goldes in der Verwitterungszone und Biosphäre v. Golderzlagerstätten vom Kuranachskij [russ.] B 58.

Goldlegierungen

Galvan. —-Bad 1-2605*; Herst. v. harten, wärmebehandelten — 9-2674*; galvan. Abscheid. 11-2593; elektrolyt. Fäll. v. — mit Fe-Metallen 17-2522*; Lot für — 1-2579*; Aufwalzen v. —-Überzügen auf Metalloberflächen 33-2457*; Atomdurchmesser, Atomvolumina u. Mischkristallbldg. in — 1-0207; Struktur v. — 24-0238; Korrelat. d. Mössbauer-Isomerieverschieb. u. d. elektr. Restwiderstandes für ^{197}Au-Leg. 1-0471; De Haas-van Alphen-Effekt in verdünnten — 4-0475; Korros. v. — bei zahnärztl. Verw. 9-2610; Verw. v. — mit *30 – 80* Au für Spannbänder in Meßinstrumenten 22-2506*.

Legierungen mit speziellen Bestandteilen

Ag: Au u. *Elektrum* in d. sulfid. Erzen d. Beregow-Hügel 9-0872.

Brech.-Index u. Absorpt.-Koeff. verd. —-Mischkrist. 31-0359; gegenseitige Diffus. in — bei tiefen Temp. 1-0294; Gitterkonst. d. tern. geordneten Leg. $AgAuCd_2$ u. $AgAuZn_2$ 12-0311; Zus. u. Effekte d. Leerstellenflusses d. Tracer-Diffus. in — 14-0347; Temp.-Abhängigk. d. Gitterparameters u. d. Intensität d. regulären Röntgenreflexe für Au/Ag-Leg. mit *10*, *25*, *40*, *60*, *75* u. *90* Ag 17-0256; Röntgenunters. d. tern. Ordn. d. Edelmetalle in $AgAuZn_2$ 28-0238; Verschleißfestigk. u. elektr. Widerstand d. Au-Leg. mit *20* u. *30* Ag ggf. *10* oder *20* Cu 2-2392; Einfl. v. Ordn.-Strukturen auf elektr. Widerstand, Hall-Konst. u. Thermokraft v. α-Mischkrist. d. Syst. Au/Ag/Zn 15-0500; Auflad.-Effekt d. Elektronenzustände, Stör.-Theorie u. spezif. Wärme v. Leg. d. Syst. Ag/Au 20-0401; Thermokraft u. elektr. Widerstand v. — als Kontaktwerkstoff 40-0355; magnet. Ordn. u. deren Zusammenhang mit d. Anzahl d. Leit.-Elektronen im Syst. Gd (Cu, Ag, Au) 45-0459; Berechn. d. Änder. d. Diffus.-Koeff. mit d. Zus. d. fl. — u. Vgl. mit Vers.-Werten 5-0571; Ordn.-Grade d. Substratfläche am Syst. Au/Ag 29-0641.

Verw. v. — mit *10 – 40* Ag u. Cu, *1 – 2* Ni, Rest Au, für Schwachstromkontakte 34-2326*.

Indirekte polarograph. Best. v. Ag im Cu–Au–Ag-Leg. mit Cu-Diäthyldithiocarbamat 11-2102; Best. des Feingeh. v. Au über den Reflex.-Koeff. im ultravioletten Spektralbereich 17-2011; elektrograph. Best. v. Au u. Ag in ihren Leg. 31-1995; reflektrometr. Verf. zur Best. d. Ag-Geh. v. natürl. Au-Leg. 43-1810.

Al: stranggepreßte Gegenstände aus Al, aus fester unlösl. intermetall. Verb., u. zwar $AuAl_2$ 13-2444*; Anwend. d. Vakuum-UV-Spektroskopie auf — 35-0324; elektr. Widerstand, Hall-Konst. u. abs. Thermokraft v. α-Mischkrist.-Reihen d. Au mit *0 – 40*% Al 8-0458; negative differentielle Widerstände nach Strom–Spann.-Charakteristiken v. mit Au–Ta–Al bei *1700°* in Ar-Atmosphäre kontaktiertem p- u. n-SiC 11-0451; Erhol. d. spezif. Widerstands v. bei *80* °K protonbestrahlten verdünnten — 29-0315; De Haas-van Alphen-Effekt u. Fermi-Oberfläche d. intermetall. Verb. $AuAl_2$ 4-0476; Schmelzverh. u. Phasenänder. bei hohem Druck in $AuAl_2$ 25-0537.

B: Verw. v. — mit *1* B, Rest Au, zur Dotier. v. Si-Halbleitern 23-2176*.

Ba: Bldg. v. Halbleiterverb. v. Ba mit Au, Halbleitereig. v. Au_2Ba 17-0438.

Be: Elektronenbandensyst. d. gasf. Mol. AuBe (Rotat.-Analyse) 2-0108.

Cd: Herst. feinkörniger nichtporöser — mit *5 – 20* Cd 35-2304*; Gitterkonst. d. tern. geordneten Leg. $AgAuCd_2$ 12-0311; Anomalie d. Elast. Konst. v. AuCd 19-0300; Berechn. d. Elastizitätskonst. u. Einfl. ihrer Anisotropie auf d. martensit. Umwandl. in *3/2*-Elektronen-Verb. wie — 32-0303; elektr. Widerstand, Hall-Konst. u. abs. Thermokraft v. α-Mischkrist.-Reihen d. Au mit *0 – 40*% Cd 8-0458; chronopotentiometr. Unters. d. Kinetik d. Bldg. v. AuCd in Hg 12-0619; Verteil. v. Cd zwischen — u. $CdCl_2$ 5-0621; Unters. d. thermodynam. Eig. u. d. Phasendiagramms d. Syst. Au/Cd durch d. isopiest. Meth. 6-0610.

Ce: Unters. d. Bldg. Au-reicher Ce–Au-Mischkrist. 6-0611.

Co: Herst. u. elektr. Widerstand v. Überzügen aus Au–Co-Leg. für d. Elektronik 2-2488; metastabile dünne Aufdampfschichten v. — mit *25 – 65* Au (Auftreten u. Morphologie v. Phasen) 45-0235; (Kinetik d. Umwandl.) 45-0236; Thermokraft u. elektr. Widerstand v. — als Kontaktwerkstoff 40-0355; spezif. Wärme v. — mit *0,6 – 4* Atom-% Co 32-0469.

Cr: spezif. Wärmen u. Entropie v. Au u. verd. Au-Leg. mit Cr bei tiefen Temp. 6-0293.

Cu: Bldg. v. CuAu u. Cu_3Au bei d. martensit. Umwandl. in Fe–Ni-Leg. 3-2441.

Überstruktur mit langer Periode, Phasenumwandl., Innere Energie, Entropie u. spezif. Wärme d. Leg. CuAu 1-0232; Beobacht. v. Antiphasendomänen in Leg. (CuAu II u. Cu_3Au II) 10-0236; Gitterkonst. d. tern. geordneten Leg. $CuAuZn_2$ 12-0311; Substruktur v. Cu_3Au nach Zugverform. u. Stoßbelast. 16-0203; Aktivier.-Energie d. Selbstdiffus. in Cu_3Au-Leg. 19-0309; Elektronenbeug. v. fehlgeordnetem Cu_3Au 21-0229; Elektronenbeug.-Unters. d. Ordn. in $CuAu_3$ 21-0230; Röntgenunters. d. tern. Ordn. d. Edelmetalle in $CuAuZn_2$ 28-0238; Theorie d. Gleichgew.-Antiphase-Grenzen in geordneten Mischkrist. v. $AuCu_3$-Tpy 34-0288; Berechn. d. Ordn.-Parameter in perfekt geordnetem Cu_3Au, eine Üb. in Zahlentheorie 36-0213; Unters. d. Selbstdiffus. v. Atomen in d. oberflächennahen Schicht v. — nach Angaben über d. Kinetik d. Ausheilens v. Kratzern 36-0277; Vegards „Gesetz", Bezieh. zwischen d. Gitterkonst. v. Mischkrist. u. d. Zus. im Syst. Cu/Au 39-0241; Theorie d. Gitterdynamik bin. Krist. v. $AuCu_2$-Typ 39-0280; Stapelfehler u. Verfestig.-Koeff. in — 40-0257; Bldg. d. Überstruktur u. Änder. d. Gitterabstände in — 41-0269; Gitteränder. in — 47-0241; Antiphasen-Verschieb.-Strukturen, Atomgrößeneffekte, relative Stabilität verschiedener Lsg., Gitterparameter u. Ordn.-Unordn.-Übergänge bei — 47-0278; Reflex. v. Röntgenstrahlen v. „Anti-Phasen-Kernen" in $AuCu_3$ 51/52-0163; Leerstellen-Cluster in d. Cu_3Au-Leg. 51/52-0197; Quergleit., Antiphasendefekte u. Verfestig. in geordnetem Cu_3Au 12-0331; Sprödh. v. im Typ AB geordneten Leg. mit kub.-flächenzentriertem Gitter 40-0256; thermoelektr. Kraft verd. — 3-0427; Thermokraft u. elektr. Widerstand v. — als Kontaktwerkstoff 40-0355; elektrochem. Verh. v. —, Elektrodenrk. u. Polarisat.-Kurven 8-2388; Bezieh. zwischen thermodynam. Funkt. d. stöchiometr. Leg. $AuCu_3$ u. ihrem Fernordn.-Grad 2-0577; Best. d. Cu-Aktivitäten in — mit Hilfe oxid. Zers.-Drücke 3-0618; Berechn. d. Änder. d. Diffus.-Koeff. mit d. Zus. d. fl. — u. Vgl. mit Vers.-Werten 5-0571; Dampfdruck v. Cu über einer — 13-0566; Röntgen-Unters. willkürl. Zustände im Syst. Cu/Au (Überblick über im Syst. aufgefundenen Strukturzustände wie Fern- u. Nahordn., Größeneffekt, Wärmeschwing. d. Atome, Ungleichgew.- u. Gleichgew.-Antiphasenbldg.) 15-0626; Existenz v. Rayleigh-Wellen in Cu_3Au-Einkrist. 24-0281; kalorimetr. Mess. d. Bldg.-Enthalpie u. d. Entropie d. Überganges zur Unordn. v. $Au_{0,50}$·$Cu_{0,45}Ni_{0,05}$ bei Bldg. aus AuCu durch Substitut. 31-0542; spezif. Wärme eines geordneten u. eines ungeordneten Krist. (Beispiel $AuCu_3$) 48-0277.

Keimbldg. u. Wachstum v. CuO u. Cu_2O bei d. selektiven Ox. v. — (*1* u. *7* Atom-% Cu) 31-0690.

Verw. v. — mit *10 – 40* Ag u. Cu, *1 – 2* Ni, Rest Au, für Schwachstromkontakte 34-2326*.

Indirekte polarograph. Best. v. Ag mit Cu-Diäthyldithiocarbamat in Cu–Au–Ag-Leg. 11-2102.

Dy: elektr. Widerstand v. AuDy 40-0405; Unters. d. Bldg. Au-reicher Dy–Au-Mischkrist. 6-0611.

Er: Tieftemp.-Anomalien d. elektr. Widerstandes verd. — mit Er-Geh. v. *0,05*, *0,60* u. *1,88* Atom-% 20-0407; elektr. Widerstand v. AuEr 40-0405; Unters. d. Bldg. Au-reicher Er–Au-Mischkrist. 6-0611.

Fe: magnet. Widerstandsänder. in — 18-0415; Einfl. v. Ferromagnetismus u. lokaler Ordn. auf d. spezif. elektr. Widerstand 28-0412; magnet. Ordn. in verd. festen Lsg. v. Fe in Au, Fe-Geh. zwischen *0,8 – 8* Atom-% 21-0451; magnet. Übergänge u. Verunreinig.-Wechselwrkg. 28-0449; Thermodynamik fl. — zwischen *1000* u. *3100°* 3-0616; spezif. Wärmen u. Entropien v. Au u. verd. Au-Leg. mit Fe bei tiefen Temp. 6-0293; Beobacht. d. linearen u. d. Hyperfeinstrukturanteils zur spezif. Wärme unterhalb *1* °K an verd. — 14-0295; Einfl. v. Ti-Dotier. in — (AuTi (*3*%) Fe (*0,2*%)) bei *0,3 – 2,4* °K auf d. Wärmekapazität 32-0266.

Ga: Strukturen v. Au-Leg. mit Ga-Zusatz u. d. mittlere Atomvolumen 24-0238; elektr. Widerstand, Hall-Konst. u. abs. Thermokraft v. α-Mischkrist.-Reihen d. Au mit *0 – 40*% Ga 8-0458; Hall-Koeff., elektr. Widerstand u. Elektronenstruktur fl. — (*45* Atom-% Ga) 18-0414; De Haas-van Alphen-Effekt u. Fermi-Oberfläche d. intermetall. Verb. $AuGa_2$ 4-0476; Zustandsdiagramm d. Syst. Au/Ga 24-0575; Schmelzverh. u. Phasenänder. bei hohem Druck in $AuGa_2$ 25-0537; Verw. v. — mit *0,1 – 25* Ga, Rest *60 – 95* Au für massive elektr. Kontakte 39-2126*.

Gd: elektr. Widerstand v. AuGd 40-0405; magnet. Ordn. u. deren Zusammenhang mit d. Anzahl d. Leit.-Elektronen im Syst. Gd(Cu, Ag, Au) 45-0459; Unters. d. Bldg. Au-reicher Gd–Au-Mischkrist. 6-0611.

Ge: bin. — mit *12* Ge (Herst. u. Anwend.) 16-2496*; Aufbringen v. —-Überzügen auf Ni u. Mo u. Herauslösen v. Ge 19-2617*; Nichtgleichgew.-Strukturen in — mit *6 – 98* Ge 4-0273; Atom-Vol. v. Ge in — 21-0226; Bldg. u. Gitterparameter v. β-Au/Ge (*10* bis *30* Ge) u. γ-Au/Ge (*25 – 65* Ge) 24-0259; kinet. Erschein. beim Zonenschmelzen durch Beweg. einer fl. Au/Ge-Zone 35-0199; elektr. Widerstand, Hall-Konst. u. abs. Thermokraft v. α-Mischkrist.-Reihen d. Au mit *0 – 40*% Ge 8-0458; Erstarren v. — im elektr. Feld 22-0569; Soliduskurve d. Ge-Mischkrist. im Syst. Ge/Au 26-0557; Berechn. d. Soliduskurven v. bin. Syst. v. Ge u. Si mit Au 33-0612.

Au-Lot aus *86 – 91* Au, *7 – 10* Ge, *0,5 – 3* In u./oder *0,2 – 4* Cu zur Herst. vakuumdichter Metall–Keramik-Verb. hoher Haftfestigk. (Photoelektronenvervielfacher) 37-2221*.

Hg s. unter *Quecksilberlegierungen*: *Au*.

Ho: elektr. Widerstand v. AuHo 40-0405.

In: Stapelfehlerdichten in hexagonalen — 43-0231; elektr. Widerstand, Hall-Konst. u. abs. Thermokraft v. α-Mischkrist.-Reihen d. Au mit *0 – 40*% In 8-0458; Hall-Koeff., elektr. Widerstand u. Elektronenstruktur fl. — (*45* Atom-% In) 18-0414; Thermokraft u. elektr. Widerstand v. — als Kontaktwerkstoff 40-0355; De Haas-van Alphen-Effekt u. Fermi-Oberfläche d. intermetall. Verb. $AuIn_2$ 4-0476; Schmelzverh. u. Phasenänder. bei hohem Druck in $AuIn_2$ 25-0537.

La: Unters. d. Bldg. Au-reicher La–Au-Mischkrist. 6-0611.

Lu: Unters. d. Bldg. Au-reicher Lu–Au-Mischkrist. 6-0611.

Mg: Elektronenbandensyst. d. gasf. Mol. AuBe u. AuMg (Rotat.-Analyse) 2-0108; Strukturen einiger Phasen d. Syst. Au/Mg in d. Nähe d. Zus. Au_3Mg 4-0272; direkte Beobacht. d. Periode in — mit *28* Atom-% Mg mit langperiod. Stapelordn. 32-0238; elektr. Widerstand, Hall-Konst. u. abs. Thermokraft v. α-Mischkrist.-Reihen d. Au mit *0 – 40*% Mg 8-0458; Erhol. d. spezif. Widerstands einer bei *80* °K protonbestrahlten verd. — 29-0315.

Mn: Stapelordn.-Modulat. mit langer Periode in Au_3Mn 12-0312; Fermi-Fläche u. period. Änder. d. Schicht. in dichtest gepackten Strukturen v. — 25-0236; Stapelordn. mit Fernordn. in dichtest gepackten Strukturen v. Au/Mn-Leg. mit *20 – 28* Mn 42-0249; magnetoelast. Eig. d. antiferromagnet. Verb. $MnAu_2$ 5-0318; Neutronenbeug.-Unters. v. Au_2Mn unter Druck 19-0473; magnet. Eig. v. $MnAu_2$ unter hydrostat. Druck 25-0473; Verteil. d. Magnetisier. in MnAu 45-0457; magnet. Eig. v. Au_2Mn 47-0500; spezif. Wärmen u. Entropie v. Au u. verd. Au-Leg. mit Mn bei tiefen Temp. 6-0293; Beobacht. d. linearen u. d. Hyperfeinstrukturanteils zur spezif. Wärme unterhalb *1* °K an verd. – 14-0295.

Nd: Unters. d. Bldg. Au-reicher Nd–Au-Mischkrist. 6-0611.

Ni: Beweis für Leerstellen in Gemeinschaft mit Vorausscheid. in – 8-2412; Thermokraft u. elektr. Widerstand v. – als Kontaktwerkstoff 40-0355; Berechn. d. Änder. d. Diffus.-Koeff. mit d. Zus. d. fl. – u. Vgl. mit Vers.-Werten 5-0571; einfache Meth. zur Ermittl. d. chem. Spinodalen (Anwend. auf d. Syst. Au/Ni) 6-0583; Neubest. d. Gitterabstände u. D. v. Au–Ni-Mischkrist. 15-0341; thermodynam. Eig. v. festen – zwischen *775* u. *935* °K aus EMK-Mess. 21-0572; spezif. Wärme v. – mit *0,8 – 4* Atom-% Ni 32-0469; Phasenauflsg. im Syst. Ni/Au bei isothermen Glüh. 35-0545.

Pb: Druckabhängigk. d. Diffus. v. substituierten Fremdatomen u. Fremdatomen in Zwischengitterpositionen für – 35-0286; Abschnitt AuSn–Pb im Phasendiagramm Au–Pb–Sn 17-0630.

Pd: relative Bldg.-Wärmen fester – 1-0557; Herst. lötbarer aufgedampfter Metallfilme aus *75* Au u. *25* Pd auf Glas u. Keramiken 27-2457; geordnete Leg. im Syst. Au/Pd, Elektronenbeug.-Unters. aufgedampfter Au_3·Pd-Schichten 10-0237; Nahordn., Änder. d. Hall-Effekts u. d. elektr. Widerstands u. Verform. in einer – äquiatomarer Zus. 35-0235; geordnete Leg. d. Syst. Au/Pd; Elektronenbeug.-Unters. an aufgedampften $AuPd_3$-Filmen 48-0202; Korrelat. d. Mössbauer-Isomerieverschieb. u. d. elektr. Restwiderstandes für ^{197}Au-Leg., Korrekturen für d. s-Wellen-Pseudopotential für Pd mit Folger. für d. Isomerieverschieb. u. d. s-Band-Auffüll. d. Wirts 1-0471; Berechn. d. Änder. d. Diffus.-Koeff. mit d. Zus. d. fl. – u. Vgl. mit Vers.-Werten 5-0571.

Katalyt. Zerfall v. N_2O an Drähten aus – 12-0724; katalyt. Hydrier. u. elektrochem. Red. v. Chinon an dispersen – 21-1035; eine mikrokalorimetr. Meth. zur Schnellbest. d. Geschw., Ordn. u. scheinbaren Aktivier.-Energie v. heterogenkatalyt. Rk. am Beispiel d. CH_4-Ox. an – 42-0647.

Pt: metallograph. Unters. d. Bruchverh. v. – mit modulierter Struktur 1-2520; Korrelat. d. Mössbauer-Isomerieverschieb. u. d. elektr. Restwiderstandes für ^{197}Au-Leg., Korrekturen für d. s-Wellen-Pseudopotential für Pt mit Folger. für d. Isomerieverschieb. u. d. s-Band-Auffüll. d. Wirts 1-0471; Thermokraft u. elektr. Widerstand v. – als Kontaktwerkstoff 40-0355; elektr. Eig. v. im Vakuum u. chem. abgeschiedenen dünnen u. dicken Au–Pt-Widerstandsschichten 51/52-0405; Kinetik d. Volmer-Rk. an – in H_2SO_4 7-0640; Kapazitätsmess. an – mit $\leqq$*60* (Atom-%) Au in H_2SO_4 16-0593; Einfl. v. Pt/Au (*40* : *60*, *20* : *80*)-Mischkatalysatoren auf d. anod. Ox. v. Methanol u. Formiat 37-0613; Berechn. d. Änder. d. Diffus.-Koeff. mit d. Zus. d. fl. – u. Vgl. mit Vers.-Werten 5-0571; einfache Meth. zur Ermittl. d. chem. Spinodalen (Anwend. auf d. Syst. Au/Pt) 6-0583; Unters. d. Einführens v. Re-Pulver in d. Syst. Au–Pt durch Diffus. 7-2500.

Sb: Herst. v. halbleitenden – 6-2233*; Herst. ohmscher Au–Sb–Si-Leg.-Verb. aus n-leitendem Si 20-2252; Aufbringen v. –-Überzügen auf Li-Zwischenschichten zur Herst. d. n-Schichten in p–i–n-Detektoren 36-2164*; Lot für Mo- oder W-Teile aus – mit *0,5 – 5* Sb 19-2591*.

Sc: Unters. d. Bldg. Au-reicher Sc–Au-Mischkrist. 6-0611.

Si: Herst. v. – mit *0,1* P, *0,8* Sb, *3,15* Si, Rest Au, als Lot für Halbleiteranordn. 15-2254*; Herst. ohmscher Au–Sb–Si-Leg.-Verb. aus n-leitendem Si 20-2252; Aufbringen v. –-Überzügen auf Ni u. Mo u. Herauslösen v. Si 19-2617*; IR-Spektrum v. AuSi 6-0124; Verf. zum Wachstum epitakt. Si-Schichten bei Sublimat. durch dünne Au/Si-Leg.-Schichten 5-0273; Atom-Vol. v. Si in – 21-0226; Bldg. u. Gitterparameter v. α-Au/Si (*5 – 25* Si) u. γ-Au/Si (*25 – 45* Si) 24-0259; epitakt. Abscheid. v. Si unter Verw. d. Kristallisat. in ultradünner Au/Si-Leg.-Zone 28-0203; Verw. d. Leg. *75* Au–*25* Si in „realen“ Gläsern 10-2399.

Sm: Unters. d. Bldg. Au-reicher Sm–Au-Mischkrist. 6-0611.

Sn: γ-Resonanz an ^{119}Sn-Kernen in – 39-0088; Atom-Vol. v. Sn in – 21-0226; experimenteller Nachw. für Seiger. zu Versetz.-Dreifach-Knoten in Au/Sn-Leg. mit *0,8* bis *4,8* Atom-% Sn 23-0274; Leerstellenkonz. in – 41-0260; Stapelfehlerdichten in hexagonalen – 43-0231; elektr. Widerstand, Hall-Konst. u. abs. Thermokraft v. α-Mischkrist.-Reihen d. Au mit *0 – 40*% Sn 8-0458; Hall-Koeff., elektr. Widerstand u. Elektronenstruktur fl. – (*25*% Sn) 18-0414; Vers. einer Polynom-Darst. für d. thermochem. Misch.-Größen für d. bin. Syst. Au/Sn 2-0612; neue metastabile Phasen in – 14-0646; Abschnitt AuSn–Pb im Phasendiagramm Au–Pb–Sn 17-0630; AuSn als Beispiel einer kongruent schmelzenden Verb. in einem bin. Syst., in d. d. Liquiduslinie mit allg. thermodynam. Größen beschrieben wird 24-0520; Enthalpie u. Wärmekapazität fl. –, Wärmetön. bei d. Lsg. v. Sn bzw. Au in fl. – 31-0544; spezif. Wärmen zwischen *2* u. *4* °K 34-0313; Mess. d. Oberflächenspann. fl. – 19-0658.

Verw. v. – mit *68 – 82* Au, ggf. *5* Ag oder $\leqq$*10*, bes. *2 – 5* In, Rest Sn als Lot zur Anbring. v. Ag-Elektroden an Si-Halbleiterkörpern 33-2272*.

Ta: negative differentielle Widerstände nach Strom–Spann.-Charakteristiken v. mit Au–Ta bzw. Au–Ta–Al bei *1700°* in Ar-Atmosphäre kontaktiertem p- u. n-SiC 11-0451.

Tb: elektr. Widerstand v. AuTb 40-0405; Unters. d. Bldg. Au-reicher Tb–Au-Mischkrist. 6-0611.

Th: Rk. v. Au mit ThC im Schmelzbogen, Bldg. einer Au–Th-Verb. (wahrscheinl. $ThAu_3$) 45-0746.

Ti: Einfl. v. Ti-Dotier. in Au u. Au–Fe-Leg. (AuTi (*3*%), AuTi (*3*%) Fe (*0,2*%)) bei *0,3 – 2,4* °K auf d. Wärmekapazität 32-0266.

Tm: elektr. Widerstand v. AuTm 40-0405; Unters. d. Bldg. Au-reicher Tm–Au-Mischkrist. 6-0611.

U: Rk. v. Au mit UC im Schmelzbogen, Bldg. u. Gitterparameter v. UAu_3 45-0746.

V: spezif. Wärmen u. Entropien v. Au u. verd. Au-Leg. mit V bei tiefen Temp. 6-0293; spezif. Wärme v. – mit *0,08 – 15* Atom-% V 32-0469.

Y: Unters. d. Bldg. Au-reicher Y–Au-Mischkrist. 6-0611.

Yb: Röntgen-Unters. v. YbAu u. $YbAu_2$ 48-0257; Unters. d. Bldg. Au-reicher Yb–Au-Mischkrist. 6-0611.

Zn: durch Abschrecken erzeugte punktförm. Fehlstellen in d. β-Phase v. Au/Zn u. Änder. d. spezif. elektr. Widerstands 3-0267; Krist.-Struktur u. Phasenumwandl. einer metastabilen Phase in einer Au-Leg. mit *37,8* Zn 5-0285; Verform.-Stapelfehler in kaltverformtem β'-AuZn 7-0275; Gitterkonst. d. tern. geordneten Leg. $AgAuZn_2$ u. $CuAuZn_2$ 12-0311; Martensitumwandl. in Au/Cu/Zn-Leg. mit *20,7* Cu u. *30,9* Zn 15-0280; Röntgenunters. d. tern. Ordn. d. Edelmetalle in Ag·$AuZn_2$ u. $CuAuZn_2$ 28-0238; Maximum d. inneren Reib. bei geringer Frequenz in stöchiometr. – 17-0313; elektr. Widerstand, Hall-Konst. u. abs. Thermokraft v. α-Mischkrist.-Reihen d. Au mit *0 – 40*% Zn 8-0458; Einfl. v. Ordn.-Strukturen auf elektr. Widerstand, Hall-Konst. u. Thermokraft v. α-Mischkrist. d. Syst. Au/Zn u. Au/Ag/Zn 15-0500; Löslichk. v. Zn im fl. Syst. Zn/Au/$ZnCl_2$ (Zn–Au-Leg.) 26-0534.

Goldverbindungen

Anorganische Goldverbindungen

Bind.-Verhältnisse in Metallverb. d. Übergangsmetalle Mo, Ta, Re, Os u. Verb. d. Übergangsmetalle mit Au 18-0750; polarograph. Unters. am Syst. Gelatine–Goldsalz 26-3549; Elektrochemie v. Au-Salzen (Hydrolyse v. Chloro- u. Bromoauraten(III)) 38-0582; (Kinetik d. Austausches v. Cl^-- durch Br^-- in $AuCl_4^-$-Lsg. bei KBr-Zusatz) 47-0633; (Normalpotentiale d. Syst. Au(III)-Halogenid/Au als Funkt. d. Temp.) 47-0565.

Ox. v. Propylen oder Isobutylen in Ggw. v. – 1-2701*.

Verw.: v. Au-Salzen in xerograph. Entwicklern 7-3492*; v. mit ^{35}S markierten – zur chem. Reif. photograph. Emuls. 11-3472; zur Sensibilisier. photograph. Emuls. 28-3366.

Meth. zur Herst. v. Au-Salzen als analyt. Reagenzien 41-1848; Messen d. Umlaufs, Volumens, Ersetzens u. Mitreißens d. Säure in einem Alkylier.-Betrieb mit ^{198}Au-Verb. 2-2593.

Goldantimonide: Halbleiterverb. d. Typs Au_3InSb_2 26-0783; Härte v. AuSb 11-0305; Zusammenhang zwischen Härte u. F. v. $AuSb_2$ 37-0344; elektr. Eig. v. $AuSb_2$ 28-2237; Gleichgew.-Beding. u. Bldg. metastabiler Modifikat. in kondensierten Filmen (Anwend. auf d. Bldg. v. amorphem $AuSb_3$ aus d. Dampfphase) 40-0538.

Goldarsenide, Halbleiterverb. d. Typs Au_3InAs_2 26-0783.

Goldazide bzw. -azidokomplexe

Azidogold(I)-säure:

$H[Au(N_3)_2]$, Salze, Einw. v. THF auf $[As(C_6H_5)_4][Au(N_3)_4]$, bei Tageslicht, Bldg. v. $[As(C_6H_5)_4][Au(N_3)_2]$ 35-0730.

Azidogold(III)-säure:

$H[Au(N_3)_4]$, Salze, Darst. d. Tetraphenylarsonium- bzw. Tetraphenylphosphoniumsalze v. – 26-0790; Einw. v. THF auf $[As·(C_6H_5)_4][Au(N_3)_4]$ bei Tageslicht, Bldg. v. $[As(C_6H_5)_4][Au(N_3)_2]$ 35-0730.

Goldbromide bzw. -bromokomplexe

$AuBr_3$, Bldg. v. $AuBr_3$·Solv bei d. Extrakt. mit TBP bzw. Cyclohexanon aus –-halt. Lsg. 18-0512; charakterist. Temp. 7-0571; Verw. zur Herst. v. Goldasbest 20-1925.

Bromogold(III)-säuren: Darst. v. $H[Au·(CN)_2Br_2]·xH_2O$ 17-0822; Chromatographie anion. Bromo-Au(III)-Komplexe auf mit Tri-n-octylamin imprägniertem Papier 36-1892.

Salze s. *Kaliumbromoaurate(III)*.

$H[AuBr_4]$, Bldg. v. $H[AuBr_4]$·3 Solv bei d. Extrakt. mit TBP bzw. Cyclohexanon aus halogenidhalt. Lsg. 18-0512; Hydrolyse v. $AuBr_4^-$-Lsg. 38-0582; Red. v. – durch Gelatine 5-0840; mikrogravimetr. Best. v. Au als Dekamethonium-Tetrabromoaurat(III) 6-1985.

Salze

Kaliumbromoaurate(III) s. dort.

Red. v. – durch Gelatine 5-0840.

Goldchloride bzw. -chlorokomplexe: Lumineszenz gelöster u. gepreßter, goldhalt. Alkalimetallhalogenide (HCl-saure gefrorene LiCl/AuCl-Lsg. u. KCl/AuCl-Preßlinge 24-0357; Mechanismus d. Ersatzes heterocycl. Amine aus einigen Trichloroamingold-Komplexen durch Cl^-, N_3^- oder NO_2^- 44-0658; Zusammenhang zwischen Bind.-Energie u. Aktivität d. Einstoffkatalysators – bei d. Chlorier. v. Äthylen 39-0685.

AuCl, reines Quadrupol-Spektrum v. ^{197}Au-Kern in – 15-0171; Lumineszenz gelöster u. gepreßter, goldhalt. Alkalimetallhalogenide (HCl-saure gefrorene LiCl/AuCl-Lsg. u. –- u. KCl/AuCl-Preßlinge) 24-0357; chem. Bind. in AuJ, Vgl. mit – 47-0114.

$AuCl_3$, Bldg. v. $AuCl_3$·Solv bei d. Extrakt. mit TBP bzw. Cyclohexanon aus –-halt. Lsg. 18-0512; Einfl. d. chem. Bind. auf weiche Röntgen-K- u. -L-Emiss.-Spektren v. – 46-0352; Polarisat.-Kapazität u. -widerstand in verd. –-Lsg. 20-0600; Normalpotentiale d. Syst. $AuCl_3$/Au als Funkt. d. Temp. 47-0565; charakterist. Temp. 7-0571; Rk.: mit LiH in Ae. 26-0782; mit 1.4-Dilithiumtetraphenylbutadien 13-2763*; Verw.: bei d. Herst. gedruckter Schalt. 15-2261*; zusammen mit CH_2O zur Stabilisier. photograph. Ag-Bilder 11-3501; zur chem. Sensibilisier. photograph. Emuls. 40-3253.

Chlorogold(III)-säuren, Darst. v. koll. Au durch Behandl. v. – mit einer Misch. v. Glucose, Gelatine u. NaOH 8-0648.

Salze s. *Kaliumchloroaurate(III)*.

$H[AuCl_4]$, Bldg. v. $H[AuCl_4]$·3 Solv bei d. Extrakt. mit TBP bzw. Cyclohexanon aus halogenidhalt. Lsg. 18-0512; Darst. u. Eig. v. N.N'-Dihydro-1.10-phenanthrolinium-Salzen 43-0735; chem. Effekte in Röntgenabsorpt.-Spektren v. – 21-0310; γ-Radiolyse d. wss. Lsg. v. – u. d. Eig. d. gebildeten Au-Kolloids zur Strahl.-Mess. für d. Größenordn. v. *10*^{5} r 9-0739; Hydrolyse v. $AuCl_4^-$-Lsg. 38-0582; Kinetik d. Austausches v. Cl^-- durch Br^-- in $AuCl_4^-$-Lsg. bei KBr-Zusatz 47-0633; Red. v. – durch Gelatine 5-0840; Geschw. d. Substitut. eines Cl im Tetrachloroaurat(III)-Ion durch Amine, Einfl. v. Basizität u. ster. Hinder. auf d. Rk.-Fähigk. v. Aminen 34-0688; Einfl. v. $HAuCl_4·4\,H_2O$ auf d. Zers. v. geschmolzenem KN_3 23-0689; extraktionsfluorimetr. Best. v. $[AuCl_4]^-$ 30-1918; Verw. zum Nachw.: v. Benzammon 3-1781; v. Dilitin 17-1738.

Salze

Ammonium-, Eisen-, Kalium- u. *Natriumchloroaurate(III)* s. dort.

Red. v. – durch Gelatine 5-0840.

Goldchlorostannate(II), Darst. u. IR- bzw. röntgenograph. Unters. v. $Au[(C_6H_5)_3P]_3·[SnCl_3]$, Vgl. mit $[As(C_6H_5)_4][SnCl_3]$, $[As·(C_6H_5)_4][SnCl_3]·BF_3$, $Pt[(C_2H_5)_4N]_3[SnCl_3]_5$ 28-0720.

Goldcyanide bzw. -cyanokomplexe: Herst. v. Alkali–Au-Cyaniden 25-2010*; Eluieren v. kompl. – aus bas. Anionaustauschern 14-2274*; Verw. zum stromlosen Vergolden 25-2310*.

AuCN, Existenz d. protoniertern Cyanidkomplexe CuCN, –, AgCN, HCN in fl. Hf-Lsg. 42-0551.

IR- u. Raman-Spektren gemischter Cyanohalogenogoldkomplexe 14-0142; Verstärk. d. Auflsg.-Prozesses v. Au in Cyanidlsg. mit Hilfe v. Ionenaustauschharzen durch Cyanokomplexbldg. 18-0739.

Cyanogold(I)-säure:

$H[Au(CN)_2]$, Salze, s. *Cäsium-*, *Kalium-* u. *Natriumcyanoaurate(I)*.

Cyanogold(III)-säuren: Darst. v. $H[Au(CN)_4]\cdot 2\,H_2O$ u. $H[Au(CN)_2Br_2]\cdot x\,H_2O$ 17-0822.

Salze s. *Kaliumcyanoaurate(III)*.

$H[Au(CN)_4]$, Salze Darst. v. $(H_3O)^+\cdot[Au(CN)_4]^-\cdot H_2O$ 17-0822.

Salze s. *Kaliumcyanoaurate(III)*.

$H_2[Au(CN)_5]$, keine Bldg. v. $[Au(CN)_5]^{2-}$ aus $K[Au(CN)_2Br_2]\cdot 2\,H_2O$ 17-0822.

$H_3[Au(CN)_6]$, keine Bldg. v. $[Au(CN)_6]^{3-}$ aus $K[Au(CN)_2Br_2]\cdot 2\,H_2O$ 17-0822.

Goldfluoride: AuF_3, charakterist. Temp. 7-0571.

AuF_6, Elektronenaffinität d. Reihe ReF_6–IrF_6–$PtF_6(AuF_6)$ 12-0806.

Goldfluorophosphate(V), Darst. u. kinet. Verh. in wss. Lsg. v. $[Au(Et_4\text{-dien})X]PF_6$; Et_4-dien-H = N.N.N''.N'' - Tetraäthyldiäthylentriamin, X = Cl, Br 38-0778.

Goldhalogenide, Positronenvernicht. in – 46-0006; extrahierte – mit TBP u. Cyclohexanon 18-0512.

Goldhydride: AuH, Abhängigk. d. Schwing.-Konst. v. – v. d. Elektronegativität 27-0132; LCAO–SCF-Berechn. d. Energie d. Grundzustandes v. – 29-0114.

AuH_3, zur Frage d. Existenz eines – 26-0782.

Goldjodide: AuJ, Bldg. v. – durch Redoxrk. im Syst. Au^{3+}/J^- 36-0762; chem. Bind. in – 47-0114.

AuJ_3, Bldg. v. $AuJ_3\cdot$Solv bei d. Extrakt. mit TBP bzw. Cyclohexanon (= Solv) aus ––halt. Lsg. 18-0512; charakterist. Temp. 7-0571.

Jodogold(I)-säure:

$H_5[AuJ_6]$, Bldg. v. $[AuJ_6]^{5-}$ im Syst. Au^{3+}/J^- bei J^--Überschuß 36-0762.

Jodogold(III)-säuren: Chromatographie anion. Jodo-Au(III)-Komplexe auf mit Tri-n-octylamin imprägniertem Papier 36-1892.

Salze s. *Kaliumjodoaurate(III)*.

$H[AuJ_4]$, Bldg. v. $H[AuJ_4]\cdot 3$ Solv bei d. Extrakt. mit TBP u. Cyclohexanon (= Solv) aus halogenidhalt. Lsg. 18-0512.

Salze s. *Kaliumjodoaurate(III)*.

Goldoxide: Bldg. v. –: bei kathod. Red.-Vorgängen v. O_2 u. H_2O_2 an Au-Elektroden in sauren Lsg. 25-0622; bei d. Auflös. v. Au in CN^--Lsg. 38-0598.

AuO, elektrochem. Auf- u. Abbau v. ––Schichten auf Au 39-0604.

Au_2O_3, chem. Effekte in Röntgenabsorpt.-Spektren v. – 21-0310; O_2-Überspann. an Au/Au_2O_3-Elektroden 5-0660; potentiostat. Polarisat.-Unters. an Au/Au_2O_3-Elektroden 5-0661.

Goldphosphate (Golddiphosphate), Bldg. v. – bei d. anod. Auflsg. v. Au in Phosphorsäure bei höheren Temp. 36-0600.

Goldsulfide, Au-Sulfid-Vererz. in carbonat. Gesteinen, ein neuer Typ d. Au-Erzmineralisat. in Mittelasien 42-0757; chem. Effekte in Röntgenabsorpt.-Spektren schwarzem Au-Sulfid 21-0310; Krist.-Struktur v. β-Ag_3AuS_2 51/52-0224.

Goldtelluride, Kostovit, ein Goldkupfertellurid aus Bulgarien 13-0864; Vork.: v. – in d. Sb-Lagerstätten in d. Niederen Tatra 36-0851; v. Pyrit-, Tetraedrit-– u. Au-Limonit-Assoziat. in carbonat. Gesteinen 42-0757; Bldg. v. $AuTe_{1,75}$ bei d. Abscheid. v. Te mit frisch gefällten Au-Partikeln (Strukturvgl. mit Montbrayit, Au_2Te_3) 34-0778; Krist.-Struktur d. gemischten Tellurids u. Selenids v. Ag u. Au β-Ag_3AuTe_2/β-Ag_3AuSe_2 51/52-0225; Unters. d. Phasenbezieh. im Syst. Au/Ag/Te u. ihre mineralog. Bedeut. 2-0854; Rk. mit Soda 49/50-2205.

Goldthiocyanate bzw. -thiocyanatokomplexe: Bldg.-Konst. für Komplexe aus m-Diphenylphosphinobenzolsulfonat mit $NaAu(SCN)_2$ in *0,1* m wss. NaSCN-Lsg. 49/50-0550; Stabilitätskonst. v. in wss. Lsg. existierenden Komplexverb. zwischen Au(I)- u. Thiocyanationen 23-0585.

Thiocyanatogold(I)-säure:

$H[Au(SCN)_2]$, Salze s. *Kaliumthiocyanatoaurate(I)*.

Thiocyanatogold(III)-säure:

$H[Au(SCN)_4]$, Salze, IR-Spektren v. $[(CH_3)_4N][Au(SCN)_4]$ 41-0173.

Goldthiosulfate, Modifizier. d. Wrkg. d. lathyrogenen Faktors am Kollagen durch Na–Au-Thiosulfat 21-1707; Goldeinschlüsse in d. Niere nach s.c. Injekt. v. – 14-1694.

Thiosulfatogoldsäuren:

Salze s. *Natriumthiosulfatoaurate*.

Organische Goldverbindungen

Herst. u. Verw. v. linearen u. cycl. Tetraphenylbutadienyliden-(1.4)-Au-Verb. 13-2763*; Verw. organ. Au-Salze für ein photograph. Wärmeentwickl.-Verf. 13-3616*; Darst. einiger Au-Chelate mit Chinolinderiv. 29-0776; Rk. v. $[As(C_6H_5)_4][Au(N_3)_4]$ mit Cyclohexylisonitril, Bldg. d. entsprechenden Cyclohexyltetrazolatoaurat(III) 35-0730; Schwelle d. inneren Rotat. v. CH_3-Gruppen in festem $Au_2J_2(CH_3)_4$ aus Mess. v. IR-Bandenformen 39-0160; Raman- u. IR-Spektren v. wss. $[(CH_3)_2Au]^+$-Lsg. 41-0562; Bldg. eines 1:2-Komplexes v. Ferroin mit $[AuBr_4]^-$, analyt. Anwend. 41-1961.

Anfärben v. Glasplatten durch Überziehen mit einer Pyridin-tribrom-Au-Lsg. 27-2320*; Darst. u. kinet. Verh. in wss. Lsg. v. $[Au(Et_4\text{-dien})X]PF_6$; Et_4-dien-H = N.N.N''.N''-Tetraäthyldiäthylentriamin; X = Cl, Br 38-0778; Mechanismus d. Ersatzes heterocycl. Amine aus einigen Trichloroamingold-Komplexen durch Cl^-, N_3^- oder NO_2^- 44-0658.

Herst. v. Goldmercaptiden durch Rk. v. Au(I)-Thioätherkomplex-Verb. mit Mercaptanen 5-2748*; Darst. u. Eig. d. Au-Chelatsalze v. 5-Brom-8-mercaptochinolin 14-0837; Thermolyse d. 6-Chlor-2-methoxy-9-thiolacridin-Komplexes mit Au(III) (Thermolysekurve) 18-0747; Darst. v. $CH_3Se(CH_2)_3SeCH_3$ u. $CH_3Se(CH_2)_2\cdot SeCH_3$ u. d. Komplexen mit $AuCl_3$ 18-0748; Herst. v. Alkyl, Cycloalkyl, Aryl oder Aralkyl enthaltenden Goldmercaptiden 24-3179*; Verw. v. Pyridin-tribrom- oder Dibenzylsulfidmonobrom-Au-Lsg. zum Anfärben v. Glasplatten 27-2320*; Darst. v. $Au(Sox)Cl_2$ (HSox = 8-Mercaptochinolin) 48-0720; Bldg. v. Au(N–S)Cl durch Entmethylier. d. (N–S–CH_3)-Additions-Komplexe, NSH = 8-Mercaptochinolin 48-0721; Darst. v. $[(C_2H_5)_4N][Au(SC_6F_5)_2]$ aus C_6F_5SNa u. d. Metallsalzen 51/52-0693.

Darst. v. [Triphenylphosphinsulfid]-gold(I)-chlorid 21-0808; Darst. u. IR- bzw. röntgenograph. Unters. v. $\{Au[(C_6H_5)_3P]_3\}\cdot[SnCl_3]$, Vgl. mit $[As(C_6H_5)_4][SnCl_3$, $[As\cdot(C_6H_5)_4][SnCl_3]\cdot BF_3$, $\{Pt[(C_2H_5)_4N]_3\}[SnCl_3]_5$ 28-0720; doppelte Umsetz. v. (tert.-Phosphin)-monohalogenogold(I); Synth. u. Eig. v. (Triphenylphosphinsulfid)-monochlorogold(I) 30-0703.

Vers. zur Darst. v. $Au[Si(CH_3)_3]_3$ 29-0777.

Umsetz. v. Au(III) mit Thioharnstoff 42-0552.

C-gebundene Acetylacetonderiv. v. Au(I)-Komplexen 21-0808; Verw. d. Au-Verb. mit Deriv. v. Brenzcatechin u. Hydrochinon als Entwicklersubstanzen für photograph. Materialien 24-3511*.

Darst. einiger Au-Chelate mit Schiffschen Basen aus Salicylaldehyd 29-0776.

Darst. u. IR-Unters. d. 2-, 3- u. 4-Cyanopyridinkomplexe v. Au(I)-Perchlorat 40-0738; Red. v. $A[Au(nmt)_2]$ zu $A_2[Au(nmt)_2]$ (magnet. Eig., elektr. Leitfähigk.); H_2nmt = Dimercaptomaleinsäuredinitril, A = $(C_4H_9)_4\cdot N^+$ 44-0768; Darst. u. Charakterisier. v. $B[AuA_2]$; B = $(n\text{-}C_4H_9)_4N^+$; H_2A = 1.1-Dicyanäthylen-2.2-dithiol 48-0727.

Verw. v. Goldoleat zur Herst. für Glanzgold für Goldschichten auf keram. Gegenständen u. Glasgegenständen 4-2223*; Darst. v. Au-Dibenzyldithiooxamid-Komplexverb. 23-0774; Elektronenspektren u. Elektronenstrukturen quadrat.-planarer Dithiooxalatokomplexe v. Au(III) 29-0137.

Bldg. v. $AuX_3\cdot$TBP u. v. $H[AuX_4]\cdot 3$ TBP mit X = Cl, Br, J bei d. Extrakt. mit TBP aus halogenidhalt. Lsg. 18-0512; Einfl. v. Aurothiomalat, Na-Salz auf d. β-Glucosaminidase-Aktivität in menschl. Synovial-Fl., Blutplasma u. Leukozyten 28-1364; therapeut. Verw. v. Au(IV)-Komplex v. Trimethylamin-8-hydroxychinolin-5-sulfonat u. Antipyrinthymonucleat 34-1866*; Bldg.-Konst. für Komplexe v. Au^+ mit m-Diphenylphosphinobenzolsulfonat 49/50-0550.

Darst. v. Triphenylphosphin-[O.O-diisopropyldithiophosphato]-gold(I) 30-0703.

Durch Au-Thioglucose erzeugte Hypothalamusschädig. in Mäusen 1-1483; Verw. v. mit ^{35}S markiertem Gold(I)-Thioglucosekomplex zur Unters. d. chem. Reif. photograph. Emuls. 11-3472; Empfindlichk. v. CBA-Mäusen gegen Aurothioglucose bei Injekt. zu zwei verschiedenen Tageszeiten 24-1657; Einfl. v. Chlorpromazin auf Futterverzehr u. Glucoseverteil. bei infolge Aurothioglucose fetten Mäusen 35-1725; spontane Karzinogenese bei Mäusen nach Applikat. v. Au-Thioglucose 42-1176.

Goldschwarz s. unter *Gold*.

Gomphotin, Einfl. auf d. kolateralen Koronarblutkreislauf 26-1741.

Gonabion s. unter *Hormone, Chorionhormone* (*Choriongonadotropin*).

Gonaden s. unter *Drüsen, Geschlechtsdrüsen*.

Gonadenhormone s. unter *Hormone, Sexualhormone*.

Gonadotrope Hormone s. unter *Hormone, Hypophysenvorderlappenhormone*.

Gonadotropine s. unter *Hormone, Hypophysenvorderlappenhormone* (*Gonadotrope Hormone*).

Gonadotropin freisetzende Aktivität s. unter *Hormone, Hypophysenhinterlappenhormone*.

Gorceixit, Pandait aus Goethit–Limonit-Zonen + – d. Nb-Lagerstätte v. Mrima Hill (Kenia) 11-0848; Bldg. v. – im Massiv d. Colettes (Echassières, Allier) 49/50-0747; DTA-Unters. v. brasilian. – 12-0812.

Goslarit s. unter *Zinksulfate*: $ZnSO_4$.

Gossypol s. unter $C_{30}H_{30}O_8$.

Gossypolon s. unter $C_{30}H_{26}O_{10}$.

GOT s. unter *Enzyme, Spezielle Enzyme*.

Goudron s. unter *Bituminöse Stoffe* (*Asphalte*).

Gougerotin s. unter $C_{16}H_{25}N_7O_8$.

Gowerit, Bldg.- u. Existenzbeding. v. – 32-0728; IR-Spektrum v. – 39-0366.

GPÄ s. unter $C_5H_{14}NO_6P$.

GPG s. unter $C_6H_{15}O_8P$.

GPGP s. unter $C_6H_{16}O_{11}P_2$.

GPGPG s. unter $C_9H_{22}O_{13}P_2$.

GPT s. unter *Enzyme, Spezielle Enzyme*.

GR 62 s. unter $C_{18}H_{23}NO_3$.

Gracidin s. unter $C_{10}H_{15}NO$.

Gräser (Gramineen)

Vernichtung. v. – s. unter *Unkrautbekämpfung*.

Statist. Unters. d. Einfl. auf d. Erträge v. Feldgrasweiden 5-3189; Herst. v. schnell aufnehmbaren Düngemitteln für Grasflächen mit hohem N-Geh. 5-3200*; Sulfat-S-Konz. als Indikator d. S-Versorg. v. – d. kaliforn. Trockengebietes 8-3227; Wirksamk. v. anorgan. N als Ersatz für gemeinsam mit Futter-– angebaute Leguminosen 9-3293; Einfl. v. N auf d. jahreszeitl. Trockenmassebldg. u. N-Anreicher. durch Wiesen 9-3296; verstärkter Anbau v. Kleegras als Humusersatz 10-3235; Wrkg. v. N-, P- u. K-Düngern auf Ertrag u. N-, P- u. K-Geh. v. – 12-3131; Erträge v. Gerste nach Kleegras (Einfl. d. Grasart) 12-3132; Einfl.: d. Gründüng. mit Leguminosen-––Gemischen auf d. Actinomycetenpopulat. d. Bodens 14-3226; d. N-Düng. u. Schnitthäufigk. auf Ertrag, chem. Zus. u. Nährwert v. trop. – 15-3162; Isotopenunters. über d. Aufnahme v. N durch Weide-– 16-3116; Wrkg.: d. Düng. mit S auf d. Ertrag v. – 16-3121; d. Kalk. auf Ertrag u. Zus. stark gedüngter – 17-2960; Mineraldüng. u. Zus. v. Weideaufwuchs 18-3281; Kleegrasanbau im Bayer. Wald 18-3283; Düngungszeitenvers. mit K auf Dauerwiesen 18-3288; Einfl. d. N-Düng. auf Ertrag, Artenzus. u. Qualität v. Kleegrasmisch. 19-3196; K-Düng. bei Wiesen in Irland 19-3203; Anwend. kleiner Gaben v. Ca- u. N-halt. Düngemitteln auf bewässertem alkal. Rasen 23-3057; kontinuierl. Anstieg d. Erträge v. Weidegras bei gestaffelten N-Gaben 24-3214; Einfl. d. K- u. N-Düng. auf d. Weiden d. Ardennen 25-2967; Dynamik v. Huminsäuren in mit – bebauten Podsolböden 26-3251; Aktivitäten v. Saccharose u. Stärke hydrolysierenden Enzymen in Böden unter Weide 26-3257; Wrkg. v. N u. K auf Ertrag, botan. Zus. u. Nährstoffkonkurrenz in Luzerne-––Misch. 29-3051; Bewert. d. N-Düng. für Kleegras- u. reine ––Weiden 29-3047; Harnstoff–CH_2O-Düngemittel für Rasen 30-2964; Erhöh. d. Wiesenerträge auf versalzten Wiesen u. Weiden 30-2970; Wrkg. d. Stalldungs auf Gründland 30-2974; Mobilisier. v. nichtaustauschbarem K u. Na in kalkhalt. Boden während d. Wachstums v. – 31-2917; Düng. auf d. Wiese (K u. P) 31-2921; (K, P u. Stallmist) 31-2923; (P-Düng. u. P-Geh.) 31-2925; Wrkg.: v. N- u. P-Düngemitteln auf natürl. Grasland in West-Canada 35-2713; v. Kalk. u. NPK-Düng. auf d. Erneuer. d. Weidenarbe 35-2716; d. Düng. mit N, P_2O_5 u. K_2O + Stallmist zu Futter-– auf d. Ertrag 36-2887; v. P-Düng. zu Weide auf d. Gerstenertrag nach Umbruch d. Narbe 36-2889; d. Zeitpunktes d. N-Düng. auf Ertrag u. jahreszeitl. Ertragsfähigk. v. Grünland 36-2892; d. NPK-Düng. auf Nieder.-Dauerweiden 36-2901; d. N-Düng. u. Beregn. auf Feldgrasweiden

37-2790, 37-2791; Freisetz. v. nichtaustauschbarem K aus mit Gras bepflanzten rhodes. Böden 38-3015; Einfl.: d. Ansaatmeth. u. Düng. auf Entw. u. Erträge v. Wechsel- u. Dauergrünland 38-3027; v. Feuchtigk. u. N-Düng. auf Wachstum u. W.-Verbrauch v. – 38-3036; d. N-Düng. auf – (Vgl. zu Kleegras-Misch.) 38-3038; v. N-Düngern auf d. Geh. v. – an wasserlösl. Kohlenhydraten 38-3040; Mg-Mangel auf Weiden 38-3047; Weide-Kopfdüng. mit Se 38-3048; fl. Dünger, Düngemittel für Weiden 40-3025; N- u. P-Düng.-Vers. an mehrjähr. – 42-2911; Düng. auf natürl. Wiesen im Sofiagebiet 42-2929; Phytostatikum zur Wachstumshemm. auf Rasenflächen 44-2978*; Mo als zusätzl. Düngemittel für Gramineen 48-1342; Düng. v. Wiesen u. Weiden mit P u. Mo 48-3080; NPK-Düng. u. Beriesel. auf d. Weide 41/52-3014.

Herst. v. Trichlorbenzyläthern als Herbizide für Rasen 7-3325*; Bekämpf. v. Pilzkrankh. v. – für Sportrasen (Übersicht) 22-3050; Wrkg. v. Saatgutbehandl. auf d. Entw. v. Grassämlingen 26-3285; Empfänglichk. für d. Fe-Chlorose d. – -Spezies auf Torfböden 44-1456; lösl. Proteine v. als Parasiten an Gramineen vorkommenden Septoria-Spezies 44-1458.

Phytaseaktivität in Graswurzeln 3-1329; Strukturwechsel u. Enzymmuster am Sproßscheitel v. – 5-1302; Fallout-Radionuclide in – d. Po-Tales 8-1680; HCN-Geh. v. sauren – 9-1456; Nährwert trop. – 13-2530; N_2-Bind. bei d. Verrott. v. Wald- – -Wurzeln unter mikroaeroben Beding. (Streuzers. d. Waldböden) 18-3278; Vork. v. Tricin u. Glykolflavonen in – 19-1422; Bezieh. zwischen d. ^{90}Sr-Kontaminat. v. Boden u. Gras 22-3037; Triterpenoide aus Graminaceen 23-1379; Ablager. v. ThB(^{212}Pb) auf – 30-0805; Veränder. im Gibberellingeh. während d. Samenreifens bei – 31-1386; ^{22}Na in – 39-1564; Abbauprod. v. Simazin in Gramineen 47-1349; neue Leukanthocyane in – 48-1319; selektive Penetrat. v. Saccharose in d. Staubfäden d. Gramineen während d. Anthese 48-1324; Li in Gramineae 51/52-1268.

Einfl. v. Licht u. Phosphaten auf d. N-Umwandl. beim Kompostieren v. Gras 19-3209.

Best. v. ^{137}Cs in – 44-1893.

Graftonit, – aus East Alstead, New Hampshire 18-0785; Vork. v. – in Fe-Meteoriten u. Pallasiten 23-0777.

Grahamsches Salz s. unter *Natriumphosphate-Natriummetaphosphate.*

Gramicidin, Biosynth. im Dubos-Stamm v. Bacillus brevis (Experimente mit wachsenden Kulturen) 25-1358; Trenn. einer Misch. v. – u. Tyrocidin 5-1920*; Rolle d. Anionen bei d. Einfl. v. – auf d. Mitochondrienschwell. u. -kontrakt. 27-1190; Wrkg. auf Phospho-N-acetylmuramylpentapeptidtranslocase 32-1430; Rk. v. – mit Bakterienchromatophoren 13-1447; Einfl.: auf d. mit Elektronenübertrag. gekoppelte Phosphorylier. in Extrakten d. sulfatreduzierenden Bakteriums, Desulfovibrio gigas 21-1339; auf d. Hydrolyse v. Adenosintriphosphat durch Lebermitochondrien v. Lepomis macrochirus in Ggw. v. Mn^{2+} u. Mg^{2+} 36-1177; elektrophoret. Best. in Antibiotikagemischen 25-1606; Trenn. d. opt. Antipoden v. DL-Aminosäuren in – durch Gaschromatographie 30-2016.

Gramicidin A, Best. d. Zus. u. d. Aminosäurekonfigurat. v. – durch enzymat. u. gaschromatograph. Meth. 16-1358; strukturelle Verwandtschaft mit anderen Peptidantibiotika 33-1405.

Gramicidin C s. unter $C_{60}H_{92}N_{12}O_{10}$.

Gramicidin J_1 s. unter $C_{60}H_{92}N_{12}O_{10}$.

Gramicidin J_2 s. unter $C_{35}H_{56}N_8O_6$.

Gramicidin S s. unter $C_{60}H_{92}N_{12}O_{10}$.

Gramin s. unter $C_{11}H_{14}O_2$.

Granatanol-(3) s. unter $C_9H_{17}NO$.

Granate

Spezielle – s. unter d. entsprechenden Mineralien, Oxiden bzw. Mischoxiden.

– -Mineralien 47-2023.

– d. metamorphen Gebiete d. Massivs v. Menderes (SW-Türkei) 2-0823; Umwandl. v. Calciumferrithydrat mit Silicagel in ein Glied d. *Hydrogranat*-Reihe 3-0788; Herkunft d. akzessor. – in d. Donegal-Graniten 4-0807; Almandin- – aus d. – -führenden Glimmerschiefern d. Passes v. Rombo (Alto Adige) 6-0842; – -Bldg. während alpid. Metamorphose an Erzlagerstätten am Ostrand d. Alpen 7-0829; Vork.: v. akzessor. – im Kokkuduktjubje-Massivs 7-0836; v. – mit Xenolithen im Sakar-Granit 8-0824; – -Geh. in d. schweren Aleuritfrakt. v. Gesteinen d. Ostkarpaten 11-0825; Kontrolle d. Größe u. Zus. v. – durch d. mineralog. Umgeb. 11-0837; Vork.: v. Svabit gebunden an Pyroxen- – - u. – -Vesuvian-Skarne in kontaktmetasomat. Lagerstätten 12-0832; v. Cehalt. Vesuvian mit – in Grünstein aus Kalifornien 12-0836; Häufigk.-Verteil. d. Krist.-Größe bei – in analysierten metamorphen Gesteinen v. Mallaig in Inverness, Schottland 13-0862; Gasgeh. in – aus Lagerstätten d. Kurussaisker Erzfelds im Karamasar 14-0890; untere Temp.-Grenze d. – -Bldg. bei Skarnprozessen 14-0896; Phasengleichgew. v. Eklogit u. – -Peridotit in Kimberlit, in Basalt u. in Peridotitintrus. 16-0745; – d. Eilat-Gebietes, Süd-Israel 17-0850; Vork.: auf d. Monte Saraceno u. Vulcanello auf d. Insel Vulcano (äol. Inseln) 17-0857; im Skarn eines bestimmten Bezirks, Kiangsu 19-0825; grüner – d. Bandite-Serien, Bandihalli, Tumkur-Distrikt, Mysore State 19-0841; Vork. v. – in alluvialen Sanden d. Kabul River bei Charsadda 19-0849; gebänderte Fe-Format. in – -Quarz- u. – -Biotit–Quarz-Gesteinen in Broken Hill, Australien 19-0857; Zus. v. –: an d. Sillimanit–Kalifeldspat-Isograden in West-Maine, USA 21-0863; v. Black Hill u. Big Badland d. westl. South Dakota 21-0882; – aus metamorphen bas. Gesteinen d. Willyama-Komplexes, Distrikt Broken Hill, Neu-Süd-Wales 21-0884; Entdeck. v. Be in – in d. Mn-Lagerstätte v. Guettara (Südalgerien) 21-0898; Bezieh. zwischen Korngrößenverteil. metamorpher – u. d. Keimbldg.- u. Wachstumsvorgängen 22-0762; Almandin- – mit Zonen verschiedener Zus. in regionalmetamorphen Gesteinen 22-0767; – -Koronen-Rk. zwischen Plagioklas u. Hypersthen in Metanoriten v. Cabo Ortegal (NW-Spanien) 22-0770; – in d. Granulitfazies d. Adirondack-Hochlandes 22-0773; Format. v. Eisenerzen u. – -Quarziten bei Broken Hill, Australien 22-0777; Eklogittypen u. d. Verteil. v. Mg, – Fe u. Mn zwischen Klinopyroxen u. – 23-0788; Vork. v. Kurtschatowit mit Einlager. in einem Vesuvian- – -Skarn 23-0800; – -Einschlüsse im Gestein v. Libramont 26-0847; Vork. v. – in d. Schicht v. Diélette (Manche) 27-0837; – in d. metamorphosierten Fe-Format. v. Wabush Lake u. benachbarten Bezirken Neufundland u. Quebec 28-0834; Vork. u. Entsteh. v. – 28-0839; kontinuierl. Reihe v. Pyrop–Grossular- – in Grospiditen 29-0809; neue – -halt. Quarzrohstofflagerstätte für d. Glas- u. keram. Industrie Westsibiriens 31-2233; – diamanthalt. Eklogite 32-0786; Bldg. v. – bei Muskovit-Rk. im südöstl. Connecticut 33-0872; Zus. v. Plagioklas u. assoziiertem – in Schiefern v. Vermont, USA u. South Westland, New Zealand 34-0843; Unters. d. Anorthit-Forsterit- u. Anorthit–Enstatit-Rk. in d. dabei gebildeten Vergesellschaft. v. – 34-0860; Lamellen unbestimmten Ursprungs in Edelstein- – v. Simla Village, Jhunjhunu Distrikt, Rajasthan, Indien 36-0842; – in einem Quarzit aus d. Bialskie Bergen (Sudeten) 38-0838; Verteil. v. – in den d. Kontinentalplateau d. Golfs v. Gascogne bedeckenden Sanden 39-0780; Vork. v. – in d. krist. Schildgesteinen 39-0804; – in d. sand.-aleurit. Schwerefrakt. d. antropogenen Deckablager. d. Beloruss. Polessje 39-0806; Vork. v. Schichten v. Pyroxenit + – im Massiv v. Beni-Bouchera (Nördliches Rif, Marokko) 39-0812; – wechselnder Zus. aus d. Fe-Erzlagerstätten v. Benkalinsk u. Schagyrkulsk 41-0833; Korrelat. d. Zus. koexistenter Pyroxene u. – aus Kalkskarnen 42-0777; – aus einem Eklogiten v. Fay-de-Bretagne (Loire-Atlantique) 43-0767; Ca-Quelle bei d. – -Pyroxen-Skarnbldg. in d. Čoruch-Dayron-Lagerstätte (Tadshikische SSR) 43-0772; Rutilführender „Granat-Amphibolit" 44-0831; Vork. v. – in einem Li-Pegmatit zonaler Struktur 48-0740; Zus. v. – aus Eklogiten unter d. ultrabas. Gesteinen v. Derven 49/50-0745.

Bldg.: bei d. experimentellen Kristallisat. v. H_2O-freiem Granit bei hohen Drücken u. Temp. 7-0889; bei d. Rk. v. Plagioklas mit NaCl- u. KCl-Lsg. 29-0825; bei d. Zers. v. Epidot in NaCl-Lsg. verschiedener Acidität u. Alkalinität bei *500°* u. *800* atm 42-0796; v. *Hydrogranat* bei d. Zementhärt. 45-2151; Herst. v. – für ferromagnet. Zwecke 7-2386*; Aufbereit. v. – -Sillimanit-Gneis d. Pobužski-Fundstätte 34-2394; Einfl. v. Na_2SiF_6 bei d. Flotat. v. – 44-2093.

Physikal. Eig. v. – 43-0255; a–c-Austausch in – 39-0380; Inhalt d. Elementarzelle in – 14-0844; Ätzmittel für – 15-0253; Krist.-Feldeffekte für Ce^{3+} u. Yb^{3+} in – 18-0290; spektrophotometr. Unters. d. strukturellen Eig. v. Übergangsmetalle enthaltenden oxid. Gittern v. – -Typ 30-0294; Elementarzellenvol. v. – 36-0230; Zonenbldg. bei – (Interpretat. mit d. Fraktionier.-Modell nach Rayleigh 47-0231; Spinwellen-Linienbreite v. – 12-0423; Sorpt. v. Na-Oleat an – -Oberflächen 45-0600.

Verw. zur Herst. v. Schleifkörpern 7-2423*.

Granit, rezente Alluvien aus d. Gebiet d. – -Massivs v. Karlovy Vary 2-0812; Vork.: v. – im Finnmarka Eruptivkomplex d. Oslo-Gebietes, Norwegen 2-0815; eines Mikro- – -Quarzdolerit-Mischgangs im nördl. Distrikt (Orissa) 3-0829; – v. Mount-Rosa-Gebiet, El Paso u. Teller Counties, Colorado 3-0830; Pseudomorphose v. Muskovit auf Biotit in Mikro- – auf d. Insel Caprera 3-0842; K/Rb-Verhältnis in – d. Toscana 4-0760; Verteil. v. Sn in – d. Dalidagsker u. Mechmaninsker Massivs (Kaukasus) 4-0763; metasomat. Entsteh. granophyr. u. pyterlit. – 4-0771; Kontakt v. – zu Metadolerit bei Curran Hill, County Donegal, Irland 4-0778; Verteil. akzessor. Erzminerale in – d. Tigerek-Massivs (Altai-Gebirge) 4-0789; Vork. v. Biotit- – u. Orthoklas- – in d. Zweistufen-Intrusiva aus d. mittleren u. unteren Yangtse-Tal 4-0794; Herkunft akzessor. Granate in d. Donegal- – 4-0807; Alter u. ursprüngl. $^{87}Sr/^{86}Sr$-Verhältnis v. Heemskirk- –, West-Tasmanien 5-0847; Vork. v. zonarem Quarzitkies im Chor-Gneis- – im Himachal-Pradesh, Indien 5-0890; Best. d. Radioaktivitätsverteil. in granit. Gesteinen d. Brockenmassivs (Harz) mit d. Kernemuls.-Meth. 6-0823; Verteil. v. Th-, U- u. K-Konz. in drei Kernen aus d. Conway- –, New Hampshire, USA 6-0826; Dekrepitat.-Temp.-Intervalle in – -Pegmatiten v. Aldan 7-0838; Vork. v. ferrohastingsit. – -Gneisen im Kalar-Massiv (Olekama-Witim-Hochland) 7-0839; akzessor. Mineralien d. magmat. Gesteine d. Bereichs d. Bektauatinsker – -Massivs (Zentralkasachstan) 7-0840; Alter. v. – d. Sn-Provinz v. Indonesien 8-0808; Zonogramme veränderter argillitisierter – 8-0820; Zus. v. Xenolithen im Sakar- – 8-0824; Beweg. u. Verbreit. v. Radionucliden auf zutage liegendem – im Georgia Piemont 9-0826; Struktur u. Ausbldg. d. vulkan. Kessel, Ringkomplexe u. damit verknüpfter – v. Georgetown Inlier, Queensland 8-0830; Geochemie d. Be in zwei – -Intrus. d. Vorlandes v. Asowschen Meer 9-0825; kontinuierl. Entw. d. – -Massivs v. Colettes (Echassières, Allier) 9-0838; strukturelle Gesichtspunkte d. – -Problems 9-0839; abs. Alter v. – v. Angola nach d. Sr-Meth. 11-0816; Bezieh. d. Zr-, Hf-, U- u. Th-Geh. in akzessor. Zirkonen aus – u. *Plagiograniten* d. mittleren Dnjeprgebietes 11-0858; Erzmineralisat. in Berühr. v. – mit Serpentiniten 12-0810; Rb–Sr-Chronologie u. Granitologie 13-0823; Altersbest. d. – -Gneise d. Onotsk-Bolsk- u. Prisajan-Zone d. östl. Sajans durch Anwend. d. isochronen Rb–Sr-Meth. 13-0825; Geochemie d. Ga in komagmat. – -Intrus. 13-0831; Verh.: d. Seltenerdmetalle bei d. Bldg. v. komagmat. – Zentralarmeniens 13-0846; v. d. Elementen d. La-Reihe u. v. Y in metasomat. veränderten Alkali- – d. Ognitsk-Komplexes (Ost-Sajan) 13-0847; Unters. d. Mineralbestands einer – -Aureole, Lewis u. Clark County, Montana 13-0850; Verh. v. Sn in Sn-angereicherten u. Sn-armen – Ost-Transbaikals 14-0875; Verteil. d. U in Abhängigk. v. d. Struktur eines – -Massivs aus d. Morvan 14-0880; Verwitter. v. granit. Gesteinen 16-0747; Bedeut. granophyr. u. myrmekit. Strukturen in d. Lundy- – 16-0770; Einteil. d. – u. Bedeut. d. Sockel- – 17-0843; Best. d. Feldspate in – 17-0845; Weinsberger – im südl. österreich. Moldanubikum 17-0846; granit. Glimmer v. Ogliastra 17-0848; Li in d. jüngeren – Nordnigerias 19-0802; Mineralalter granit. Gesteine aus d. österreich. Moldanubikum (Weinsberger u. Mauthausner Granit) 19-0808; K–Ar-Mess. durch Neutronenaktivier. zur Ar-Analyse in – -Plutonen d. östl. Great Basin, Nevada u. Utah 19-0809; Geochemie u. Genese d. Heemskirk- – West-Tasmanien 19-0816; Vork. v. – in d. jurass., Au-führenden Konglomeraten in einem bestimmten Bezirk 19-0817; Sn-führende Skarne v. Nordwestrand d. Dartmoor- –, Devonshire, England 19-0826; K–Ar-Altersbest. an – Japans 21-0836, 21-0837; Mauthausner – im österreich. Moldanubikum 21-0846; Zus. d. Biotite aus – Südwest-Kareliens als ein mögl. Kriterium d. – -Genese 21-0857; granitsche Gesteine v. Haig Fras 21-0861; orthopyroxenführende – im South Savanna-Kanuku-Gebiet v. British Guiana 21-0866; Zusammenhänge zwischen Haupt- u. Spurenelementen in – Australiens u. Südafrikas 21-0873; Daviditkrist. aus kristallreichen – -Pegmatiten 21-0877; Pumpellyit in Miarolen d. – v. Königskopf bei Braunlage im Harz, Deutschland 21-0891; Bezieh. zwischen chem. Zus., Lichtbrech. u. D. v. koexistierenden Biotiten, Muskoviten u. Chloriten aus granit. Tiefengesteinen 22-0782; Phänomene d. Zerfalls v. – 23-0819; Sc-Geh. in Quarz-Fluorit-–-Pegmatiten Kasachstans 24-0828; K/Ar-Altersbest. koexistierender Mineralien in pyroxenhalt. – d. Sierra Nevada, Kalifornien 26-0814; Be u. Rb in – d. Serendinsker u. Bulandino-Akkulsker Massive 26-0821; Rb als Indikator d. Differentiat.-Prozesse granit. Magmen 26-0829; Sr/Ca-Verhältnis in Turmalinen aus – v. Südwestengland 28-0816; *Natrongranit* v. Süd-Tatanagar, Bihar, Indien 29-0792; über d. Vulkanismus u. d. grobe –-Geschiebe aus d. Priabonien im Tal v. Esteron (Alpes-Maritimes) 29-0793; Ga-Geh. in – d. Asow-Region 29-0794; Arfvedsonit in d. – d. Ingham Distrikts, Nord Queensland 29-0805; Cubanit im Bleiglanz d. – v. Chapelle-Saint-Maudé bei Baud (Morbihan) 29-0807; Alter metamorpher Schiefer u. „alter –" d. Südteils d. Armen. SSR 32-0783; Verteil. d. Alkalimetalle in porphyrit. Kali-– d. Nord-Kaukasus 32-0818; Zus. d. – u. Pegmatite sowie deren Eingliederung in d. magmat. Entw. mit zuzuordnenden Eh- u. pH-Werten 33-0820; Ta u. Nb in Muskoviten aus granit. Pegmatiten 32-0837; Bi-Minerale in –-Massiven 32-0841; Geochemie d. Be im – d. Beckens v. Sokolov 33-0836; Th-, U- u. K-Konz. in – d. Rum Jungle-Komplexes d. Northern Territory, Australien 33-0864; – u. Carbonatite v. Arkansas-Canon, Fremont-Gebiet, Colorado 33-0876; Mineralalter v. granit. Gesteinen 34-0800; – v. Honkamäki u. Otanmäki, Finnland 34-0823; Rolle v. – bei d. Mineralisat. v. Naturwässern 36-0798; Feldspate d. Rosses-–-Komplexes, Donegal, Irland 36-0820; Au in – d. Kolyvansker (Altai) u. Changilaj-Silinsker (Transbaikal) Massive 36-0829; petrograph. Unters. u. Altersbest. eines granit. Gesteins bei Roccastrada (Grosseto) mit Hilfe d. K/Ar- u. Rb/Sr-Meth. 37-0799; Zr in jüngeren – Nord-Nigerias 37-0807; turmalinführende *Leukogranite* bei Cerniawa Zdrój (Westsudeten) 38-0805; mikrograph. Texturen in Quarziten v. granitisierten Konglomeraten v. Buri-Rashicha, Ula-Ulo, Adola Distrikt, S. Ethiopia 38-0806; S-Isotopen-Analysen v. – v. Park County, Montana 39-0792; Rb–Sr-Best. an – aus dem Gebiet d. Isa-Gebirges 39-0801; Be-Verteil. in kaledon. – v. Nord-Tjan-San 41-0794; Ga-Verteil. in – d. Gebiets v. Asowschen Meer 41-0796; Zr-Verteil. in biotit. – d. subalkal. Massivs v. Ulkansk 41-0800; Isomorphie in Riebeckiten aus d. diffus.-metasomat. Zonen d. Alkali-*Apogranite* 42-0778; akzessor. Topas aus – d. Asow-Region 42-0782; abs. Alter porphyr. – d. Hissar-Grates (Süd-Tjan-Schan) 43-0763; Geochemie d. Pt in – u. – G *1* 44-0791; oberer paläozoischer – u. seine Bezieh. zur Vererz. in d. südöstl. Distrikt v. Yan-Pian 44-0801; Generat. akzessor. Zirkone in – (am Beispiel d. Korosten-Plutons d. Präkambriums d. Ukrain. SSR) 44-0830; mosaikförm. Plagioklasblockkrist. aus jungen – 46-0771; Sn-halt. krist. – d. Asowseegebietes 46-0776; Rapakivifeldspate in moldanub. – 47-0757; Kalifeldspatgneise v. Connemara u. Feldspatvgl. mit d. Golway-– 47-0759; Alter d. Martaiginsker –-Komplexes u. d. damit verbundenen Mineralisat. (Kusnetzker Alatau) 48-0736; Altersbezieh. v. Volyno-Podolia- u. Mittel-Pridneprov'je-– im Ukrain. Schild 48-0737; Bldg.-Temp. d. Săvîrşin-– 48-0738; prim. Kaoline d. Veršinsker Lagerstätte mit – 48-2348; Alter v. – 49/50-0733; Rb–Sr-Alter u. geolog. Bldg. d. Holyrood-–, Südwest-Neufundland 49/50-0734; Wrkg. v. Mineralalter-Diskordanzen auf d. Rb–Sr-Isochronen d. Gesteins d. Heemskirk-–, West-Tasmanien 49/50-0735; Mineralbestand u. Genesis d. Eisgarner – im niederösterreich. Waldviertel 49/50-0746; kontinuierl. Entw. d. –-Massivs d. Colettes (Echassières, Allier) 49/50-0747; –-Pegmatite v. Peräseinäjoki-Alavus-Gebiet (Süd-Pohjanmaa, Finnland) 49/50-0748; Abhängigk. d. Konz. seltener Elemente v. d. Altersfolge d. granit. Gesteine d. südl. Böhmischen Masse 49/50-0749.

Kristallisat.: granit. Schmelzen 4-0830; v. H_2O-freiem – bei hohen Drücken u. Temp. 7-0889; Aufbereit. v. leukokraten – 28-2278; Spatgewinn. aus –-Gesteinen durch Zerkleinern, Separat. u. Flotat. 5-2347; Gewinn. v. Feldspat aus niederschles. – für Feinkeramik 38-2291; Anstrichfarbe für –-Wände 44-2901*.

Spektrale Emiss. v. – 39-1919; IR-Reflex.-Spektrum v. – im Bereich $1{,}5-22\,\mu$ 31-0377; Änder. d. elektr. Widerstandes v. H_2O-gesätt. – unter Druck 44-0795; Berechn. d. Wärmeleitfähigk. v. – aus kleinen Gesteinsstücken u. herkömml. Proben 7-0842; Einfl. v. Druck u. aufgenommener Fl. auf d. Wärmeleitfähigk. v. massiven – 29-0788; Verb. v. W.-–-Schmelzen bei hohen Drücken 32-0803; Berechn. u. Darst. v. Liquidus-Isothermen in Mehrkomponenten-Silicatsyst. mit Hilfe eines Computers (FORTRAN-Code) u. eines CALCOMP-Digitalschreibers am Syst. Granit/W. 47-0541; Auflsg. v. – in wss. Lsg. beeinflussende Faktoren 5-0913.

Rapakiwi-– für d. Elektroporzellan- u. Schleifmittelindustrie 28-2304.

Neutronen-Aktivier.-Analyse d. Standards – G-*1* u. G-*2* 33-0808; spektrograph. Analyse v. – 42-1876; maßanalyt. Schnellbest. v. SiO_2 in – 4-1922; spektrograph. Meth. zur Analyse geringer Sn-Geh. in – 7-2140; Best.: v. Th in – durch γ-Spektrometrie u. Leitisotope 15-2024; v. Zr in südafrikan. – 18-2019; extraktionsradiometr. Best. v. Pb in – in Mikrogrammengen durch Isotopenverdünn. 35-1995; Ge-Best. in – G-*1* mit Hilfe d. Neutronenaktivier.-Analyse 41-1963; Geh. an Seltenerdmetallen in – G *1* 44-1873; Alkali- u. Ti-Oxidanalysen an Tektiten vor u. nach einer Standardisier. mit G-*1* 2-0781; prakt. Mess. d. Paläotemp. v. – nach d. Bartschen Meth. 13-0827.

Granitoide, Verteil. v. Sn in – d. Dalidagsker u. Mechmaninsker Massive (Kaukasus) 4-0763; Vork. v. Subalkali-– in d. Zweistufen-Intrusiva aus d. mittleren u. unteren Yangtse-Tal 4-0794; Altersdaten d. – d. Topar-Komplexes im Nordteil d. Dshungara-Balchasch-Geosynklinale 5-0846; Genese rhythm.-zonaler –-Körper u. ihr Zusammenhang mit d. Mo- u. W-Vererz. 7-0824; Dekrepitat.-Temp.-Intervalle in – v. Aldan 7-0838; Mo-Verteil. in paläozoischen – d. Undino-Gasimur-Gebietes (Osttransbaikalien) 9-0830; metasomat. Albit-– im Ogražden-Gebirge (Jugoslawien) 9-2437; Hf in Zirkonen aus – d. Serendinsker Massivs 11-0857; Bezieh. d. Zr-, Hf-, U- u. Th-Geh. in akzessor. Zr aus – d. mittleren Dnjeprgebietes 11-0858; devon. – v. d. Sarysu-Teniz-Wasserscheide (Zentralkasachstan) 14-0862; Metallführ. u. metallogene Besonderh. d. im Gebiet d. Sulfid-Cassiterit-Lagerstätten v. Mjao-Tschan u. Sichote-Alin ausgebildeten – 14-0892; österreich. – 21-0845; Zus. d. Biotite aus – Südwest-Kareliens als ein mögl. Kr terium d. Granitgenese 21-0857; Vork. v. Sachait in d. Kontaktzone mesozoischer – mit Dolomiten innerhalb d. Mg-Skarne 24-0844; Be u. Rb in – d. Serendinsker u. Bulandino-Akkulsker Massive 26-0821; Rb als Indikator d. Differentiat.-Prozesse in granitoiden Intrusivkomplexen 26-0829; Verteil. v. Nb u. Ta in – d. Aktausker Intrusivs (westl. Usbekistan) 28-0785; abs. Alter v. – d. Alawerdsker Erzgebietes 32-0784; Genese v. – d. Neuukrain. Massivs 32-0816; U- u. Th-Verteil. u. ihre Verhältnisse innerhalb d. Kaledon. – v. Nord-Kasachstan 32-0820; Verteil. v. Pb u. Zn in –-Intrus. d. kleinen Kaukasus 32-0819; Li-Geh. in Quarzen aus Glimmerschiefern, Gneisen u. – verschiedener Entsteh. in Niederschlesien 34-0816; Geochemie d. Sc in – v. Süd-Gissar (Tadshikistan) 36-0827; U-Verteil. in –-Intrus. d. Altai 36-0828; Verteil. v. seltenen Elementen (Li, Rb, Mo, Sn, Nb) u. F u. Cl in Biotiten d. Dzidinsker Granitoidkomplexes (West-Transbaikal) 36-0830; Kontakt zwischen – u. silicatreichen Marmoren in Zulova (Ostsudeten, Tschechoslowakei) 38-0802; Bielice-– in d. Sudeten u. ihr metamorpher Mantel 38-0803; Mineralunters. v. – 39-0809; Geochemie v. Li, Rb u. Cs in – d. Kleinen Kaukasus 39-0810; Ru u. Li in – d. Bugulmin-Komplexes (Ost-Sajan) 41-0793; Be-Verteil. in kaledon. – v. Nord-Tjań-Šan 41-0794; Ga-Verteil. in – d. Gebiets v. Asowschen Meer 41-0796; akzessor. Topas aus – d. Asow-Region 42-0782; Ordn.-Grad v. K–Na-Feldspaten aus – 46-0789; Abhängigk. d. Konz. seltener Elemente v. d. Altersfolge d. granitoiden Gesteine d. südl. Böhmischen Masse 49/50-0749; Geochemie d. seltenen Elemente in granitoiden Gesteinen 49/50-0768.

Prakt. Mess. d. Paläotemp. v. – nach d. Bartschen Meth. 13-0827.

Bibl.: Akzessorische Mineralien in den Granitoiden der UdSSR [russ.] B 90.

Granodiorit, Vork. v. – im Finnmarka Eruptivkomplex d. Oslo-Gebietes, Norwegen 2-0815; Kontakt v. – zu Metadolerit bei Curran Hill, County Donegal, Irland 4-0778; Verteil. d. Seltenerdmetalle in – d. südkaliforn. Batholithen 5-0856; Struktur u. Ausbldg. d. vulkan. Kessel, Ringkomplexe u. damit verknüpfter – v. Georgetown Inlier, Queensland 8-0830; Bezieh. d. Zr-, Hf-, U- u. Th-Geh. in akzessor. Zirkonen aus – d. mittleren Dnjeprgebietes 11-0858; Verh. d. Seltenerdmetalle bei d. Bldg. d. komagmat. – Zentralarmeniens 13-0846; Verwitter. v. – 16-0747; Feldspate mit „Rapakivi"-Struktur in d. – v. Flamanville 17-0849; Zusammenhänge zwischen Haupt- u. Spurenelementen in – Australiens u. Südafrikas 21-0873; Biotit–Amphitol-– d. Stod Massivs 24-0826; –-Gänge d. nördl. Vorladogagebiets 33-0851; Be-Verteil. in kaledon. – v. Nord-Tjań-Šan 41-0794; K/Ar- u. Rb/Sr-Alter d. –-Stöcke u. hydrothermalen Minerale im Providencia-Gebiet, Mexiko 47-0747.

Wrkg. v. Stoßdrücken aus einer nuklearen Explos. auf mechan. u. opt. Eig. v. – 32-0787.

Neutronen-Aktivier.-Analyse d. Standards GSP-*1* 33-0808; maßanalyt. Schnellbest. v. SiO_2 in – 4-1922; Best. v. U u. Th in – 25-1791.

Granophyr, metasomat. Entsteh. granophyr. u. pyterlit. Granite 4-0771; Bedeut. granophyr. u. myrmekit. Strukturen in d. Lundy-Graniten 16-0770; Petrologie d. *Leukogranophyr* u. Hornblende-– v. Guiana 29-0791.

Granosan s. unter C_2H_5ClHg.

Granosan M s. unter $C_{15}H_{17}HgNO_2S$.

Granosyenit, Verteil. d. Alkalimetalle u. d. B in – d. Burpala-Massivs 14-0863; Ga-Verteil. in – d. Gebiets v. Asowschen Meer 41-0796.

Grantianin s. unter $C_{18}H_{23}NO_7$.

Grantianinsäure s. unter $C_{10}H_{14}O_7$.

Granugenol, antagonist. Wrkg. einiger Glucocorticoide auf d. granulationsfördernde Wrkg. v. – 19-1533.

Granulieren s. unter *Körnung*. – in d. *Metallurgie* s. dort.

Granulit, –-Problem im Niederösterreich. Moldanubikum 2-0813; Vork. v. Bastit in einem – 5-0880; Wollastonit an d. Kontakten zu Orthopyroxen-braune Hornblende-– im Gebiet v. Nelson 19-0845; Serpentinite d. Moinian-– d. Nordost-Ox-Mountains, Irland 21-0860; orthopyroxenführende saure – im South Savanna-Kanuku-Gebiet v. British Guiana 21-0866; Granat in d. –-Fazies d. Adirondack-Hochlandes 22-0773; Einordn. v. – nach neueren Gesichtspunkten u. d. metamorphen Fazies 28-0876; Vork. v. Charnockit u. – in d. Salto Necuima (Sierra de Imataca-Venezuelan. Guiyana) 33-0882; neue Aufstell. d. Biotit–Cordierit–Almandin-Subfazies d. Hornblende-–-Fazies 37-0817; Zus. v. krist. – u. Fraktionier.-Vorgänge bei d. Regionalmetamorphose 39-0804; Hypersthen-– d. präkambr. Massivs v. Kokcetavsk 46-0778.

Granulozyten s. unter *Blut, Blutzellen* (*Farblose Blutzellen*).

Grapefruit s. unter *Citrus*.

Graphit

– als Bestandteil v. Fe u. Fe-Leg. s. unter *Eisen. Graphitverbindungen* s. dort.

C u. – in d. chem. Industrie (Herst., Typen u. physikal. Eig.) 19-2140; Eig. u. Anwend. neuer –-Sorten (Überblick) 46-2062; –-Mineralien (Literaturübersicht) 47-2023.

Vorkommen, Gehalt

– u. interstellare Extinkt. 20-0755; Wachstum u. Zerstör. v. Eishüllen um interstellare –-Körner 20-0757; Bldg. interstellarer –-Flocken 35-0754; Wellenlängenabhängigk. d. Polarisat. durch kleine –-Flocken (Erklär. d. interstellaren Extinkt. u. Polarisat.) 40-0774; Wellenlängenabhängigk. d. interstellaren Polarisat. durch –-Körner 40-0775; Erklär. für d. Massenausstoß Roter Riesen mit Hilfe eines –-Körnchenmodells 51/52-0722.

– im Campo del Cielo-Meteoriten 2-0786; Vork. u. Ursprung v. – in Teilen d. östl. Ghats, Südindien 5-0900; –-Lagerstätte bei Stará Město 17-0871; Vork. in Pallasiten u. Mesosideriten u. einige genet. Überleg. 18-0760; Geh. an Ge, Sn u. einigen anderen Spurenelementen in ostlapinen –-Gesteinen 19-0804; –-Troilit-Einschlüsse im Meteoriten Odessa 24-0810; Hauptvork. v. – in Vietnam 24-0857; –-Geh. diamanthalt. Eklogite 32-0786; Stabilitätsbezieh. v. – in verschiedenen Mineralvergesellschaft. 34-0864; Entsteh. v. –-Schiefern in d. westl. Tatra 38-0807; Ursprung präkambrischer –-Anlager. in Ägypten 47-0763.

Bildung, Herstellung

Bldg. v. kugelförm. –-Einschlüssen in erstarrenden Metallen u. Leg. 5-2436; Graphitier. v. Acenaphthylen u. Bifluorenyl 7-0725; Bldg.: v. krist. – beim Brennen eines elektr.

Bogens in Mineralöl 11-0222; im O_2-Aufblaskonverter 18-2424; Graphitisier.: v. Polymeren 21-1233; v. C (Wrkg. einer elektr. Funkenentlad.) 24-0218; Bldg. bei tribochem. Rk. v. Al, Mg, Fe, Ni u. Cu mit CO u. CO_2 27-0719; Auskristallisieren v. – aus Lsg. v. C in geschmolzenen Verb. wie CuCl, AgCl, Cu_2S, CdO 33-0768; Bldg. in natürl. u. experimentellen Carbonat-Syst. 34-0857; Graphitisier.: v. chlorierter Kohle 35-2426; v. C-Blöcken für Kernreaktoren 38-2092; v. verschiedenen Kunstharzen u. a. C-halt. Hochpolymeren bei niedr. Temp. durch Zusatz verschiedener Metallverb. 41-0671; Ausscheid. v. – bei d. Rk. v. Hexaboriden mit C 41-0718; Graphitisier.: C-halt. Materialien (Veränder. d. linearen Größen) 44-2083; v. C (beeinflussende Faktoren) 48-0660.

Herst.: v. ––Überzügen 12-2196*; v. Graphit *AO-2* zur Verw. in d. elektrotechn. Industrie 15-2245; v. expandiertem pyrolyt. – als Isoliermaterial 20-2259*; v. reinen ––Einkrist. bei *60000* at u. *1600°* 21-2308*; v. Elektro–– (Einfl. d. Graphitisier.-Dauer u. Temp. auf d. Aschegeh.) 22-2235; v. pyrolyt. – 23-2126*; v. hochdispersem – 29-2208; v. pyrolyt. – 36-0694.

Herst.: v. ––Körpern 5-2301*; v. ––Anode 9-2389*; v. Fe–––Verbundkörpern 9-2682*; v. porösen Lagerwerkstoffen auf d. Basis Stahlspan–– 15-2393; v. ––Carbid-Werkstoffen durch Warmbearbeit. im fl. Zustand 18-2486; v. Gußerzeugnissen aus – u. Resolharzen (Verw. zum Korros.-Schutz) 18-3257*; v. ––Gegenständen 25-1990*; v. hochschmelzenden Werkstoffen auf ––Basis zur Verw. in d. Weltraumfahrt 27-2400; v. künstl. ––Gegenständen für Brennstoffelemente in Kernreaktoren 33-2193*; v. flexiblen ––Geweben 33-2213*; v. verformbaren Ag–––Körpern durch Strangpressen 35-2310*; v. ––Formkörpern aus künstl. –, Ruß u. Bindemitteln 36-2012*; v. pulvermetallurg. Cu–––Materialien (optimale Misch.-Dauer) 38-2050; v. porösen ––Formkörpern 44-2102*.

Herst. v. gasundurchläss. ––Körpern durch Imprägnier. mit Triallylcyanurat 25-1987*; Imprägnier. v. – mit Phosphaten 25-1988*; Verf. zur Herst. v. undurchläss. ––Imprägnier. (Überblick) 34-2275; Imprägnieren v. – mit geschmolzenem Metall 36-2370*.

Isolier. v. U u. Pu aus d. – v. Tiegeln 40-2403*.

Zusätze für d. Graphitverdicht. u. zur verbesserten Stabilität gegen Neutronenbestrahl. 8-2169; Lot zum Löten v. Reaktor–– mit Metallen 8-2513*; Mahlen v. – durch Ultraschall 10-2314; Formier. v. ––Körpern 12-2193*; Pulverisieren v. – in d. Kugelmühle 17-2191*; Verstärk. v. Kohle–––Materialien mittels C durch Pyrolyse v. Naturgas 18-2253; Lötverf. für ––Teile 18-2608*; Tränk. v. – mit fl. chem.-akt. Ti 23-2311; Entasch. v. aus Natur–– geformten Körpern 28-2090*; Brennen v. Kohle–––Material im Autoklaven 29-2209; Meth. zur Verb. v. – (Schweißverf.) 34-2205; Heißbearbeit. v. – für ––Matrix-Kernbrennstoffe 36-2080; gasdichtes Verbinden v. ––Teilchen 43-1999*; Schweißlöten v. – mit Cu 45-2254*.

Erzeug. v. W-Bedampf.-Schichten auf – 6-0238; Diffus.-Metallisier. v. ––Pulvern durch pulverförm. Cr, Ti, Mo u. W oder deren Halogenverb. 9-0319; Überziehen v. – mit gehärteten Epoxyharzen 16-3099*; Herst. v. Ti- u. Zr–Carbid-Überzügen auf – 25-1967; Abscheid. v. Si auf Saphir-Trägern mit – bzw. SiC-überzogener ––Unterlage 28-0208; Herst.: v. Carbidüberzügen auf – 33-2214*, 2215*; v. Al–Nitrid-Überzügen auf – 34-2276; Überziehen v. – mit Nb–Carbid u. B-Carbonitrid 35-2128; für Kieselsäure undurchdringbare ––Artikel mit BN_3-Überzug 36-2013*; Herst. metall. Plasma- u. Diffus.-Überzüge auf – 47-2194.

Physikalisches und physikalisch-chemisches Verhalten

Einfl.: v. S auf d. Eig. v. Elektro–– 25-2039; v. Bindepech auf d. physikal. Eig. v. graphitisierter Kohle 44-2132.

Kernphysikalische Eigenschaften: Gitterphysikexperimente in aufgeheizten ––Blöcken, d. Pu–U-Brennstoff enthalten 3-0047; Neutronenthermalisier. in – 12-0023; Alter v. ^{124}Sb–Be-Neutronen in – 12-0024; Dosis-Buildup-Faktoren v. ebenen parallelen Barrieren aus – für ebene monogerichtete ^{60}Co-Quelle 15-0060; Rückwärtsstreuung niederenerget. γ-Strahl. an – 18-0020; Rückstreuung v. γ-Strahl. niederer Energie an – 21-0290; Neutronenfelder v. Po–Be, Ra–Be-, ^{235}U- u. Sb–Be-Quellen in – 22-0018; Neutronen-Diffus.-Parameter v. – 22-0020; k∞-Mess. eines Natururan–––Gitters in RB-*1* durch d. Nullreaktivitätsmeth. 22-0022; Verlangsam.-Zeit u. Thermalisier.-Zeitkonst. in – für Neutronen 27-0058; zeitabhängige Neutronenspektren in – 37-0081; Energieverlust v. *53*-MeV-Elektronen in – 39-0060; Spektren schneller Neutronen in – 44-0009; Effekte kalter Neutronen bei Diffus.-Mess. in – 49/50-0044; Bremsweg d. Neutronen einer Po–Be-Quelle in ––W.-Gittern 49/50-0046.

Spektrum und optische Eigenschaften: Röntgenbanden v. – 21-0312; Einfl. d. chem. Bind. auf weiche Röntgen-K- u. -L-Emiss.-Spektren v. C in – 46-0352.

Optik kleiner ––Kugeln 20-0758, 27-0359.

Anwend. d. invarianten Einbett. in –– auf d. Reflex.- u. Transmiss.-Problem v. γ-Strahlen 9-0331; Raman-Effekt v. Röntgenstrahlen bei – 23-0338; Einfl. d. Elektronenbind.-Energie bei d. Compton-Streuung an – 23-0342; opt. Dichte u. Dicke v. ––Lamellen 39-0345; opt. Eig. v. – im IR-Bereich 41-0392; Strahl.-Vermögen v. – bei hohen Temp. 43-1758; opt. Eig. v. – im Bereich *1100–3000* Å 45-0302; Mess. d. Reflex.-Koeff. für d. charakterist. K-Röntgenstrahl. v. – 46-0344; Lichtstreuung an mit Eis umhüllten ––Teilchen 47-0331.

Struktureigenschaften:

Allg. Form nicht kreisförm. Beug.-Ringe bei d. Beug. an polykrist. ––Blättchen 2-0186; Strukturveränder. in – beim Verschleiß 3-2478; Unters. v. pyrolyt. – durch Beug. langsamer Elektronen 4-0228; Spin–Bahn-Wechselwrkg. in – 4-0419; Berücksichtig. d. Kollimat.-Korrektur für d. Röntgenkleinwinkelstreuung an – 5-0248; Struktur v. Elektro–– auf Cu 5-2314; Stabilität prismat. Versetz.-Schleifen in – 7-0266; Leerstellen u. Versetz.-Schleifen in abgeschreckten ––Krist. 8-0230; röntgenograph. Unters. d. Graphitisier.-Grades v. C 9-0256; durch Oberflächenadsorpt. v. Verunreinig. während d. Krist.-Wachstums v. – aus geschmolzenem Ni mit *0,05* Atom-% La auftretende Lochbldg. 11-0223; Spann.-Rekristallisat. v. pyrolyt. – 11-0224; elektronenmkr. Unters. verschiedener Stadien d. Kristallisat. v. Sphärolithen u. flockenförm. Graphit in einer Ni/C-Hartleg. mit 0,6 C 14-0238; Diffus. v. U in – 14-0343; Einfl. v. hohem Druck auf d. Gitterparameter v. – 17-0314; Einfl. d. strukturellen Inhomogenität v. Koks auf d. Eig. v. künstl. – 18-2844; Große Zwischengitterschleifen in B-halt. – 19-0312; Strukturunters. d. Tieftemp.-Pyro–– 21-0223; Strukturbldg. in Fe–––Komposit. 21-2539; Ausschuß durch fehlerhafte Mikrostruktur bei Fe–––Erzeugnissen 22-2396; Unters. d. sphärolith. Wachstums v. – mit einem Abtastelektronenmikroskop 22-2418; Elektronenmikroskopie v. graphit. Kristalliten in Metaanthrazit 23-0795; Parameter d. Vorzugsorientier. für – 24-0216; elektronenmkr. u. Röntgenunters. an getempertem, B-dotiertem – 24-0217; ––Gitterdeformat. durch C-Atome auf Zwischengitterplätzen 24-0273; Verw. v. Nitrocelluloselacken zur elektronenmikroskop. Unters. v. – 24-1894; Unters. d. Intensität langsamer, an Pyro–– gebeugter Elektronen 25-0190; Phononenspektrum v. – 25-0260; Berechn. v. Atomwander.-Energien im zweidimensionalen – nach d. erweiterten Hückel-Theorie 31-0344; epitakt. Wachstum v. UO_2 auf – 32-0227; Einfl. v. hohem Druck auf d. Gitterkonst. v. – 33-0436; Normalschwing. in hexagonalem – 34-0376; Nachw. v. Kleinwinkelkorngrenzen u. Waldversetz. in ––Einkrist. durch Ätzen 35-0218; Einfl. v. Technologie u. Zus. auf Gefüge u. Eig. v. Fe–––Reibmaterialien 36-2300; therm. Verh. v. Stapelfehlern in ––Plättchen 41-0258; eine aus d. σ-Elektronenenergiekurve v. Morse-Typ erhaltene Bezieh. zwischen Bind.-Länge u. Bind.-Ordn. in – 41-0907; Korrektur d. Einfl. kleiner Absorpt.-Koeff. auf Röntgenbeug.-Profile v. – 43-0214; Diffus. v. Ba, Sr u. Ce in Reaktor–– verschiedener Güte 44-0299; Porenstruktur v. Kohle–––Materialien 45-2047; Struktur u. Kompressibilität v. – 46-0276; Autoradiographien v. pyrolyt. – 46-0318; Valenzzustand d. peripheren C-Atome an d. Oberfläche eines frischen ––Schnittes 46-0649; elektronograph. Unters. d. Gitterkonst. u. Struktur v. dünnen Filmen aus Tieftemp.-Pyro–– 49/50-0232; Leerstellen- u. Zwischengitter-Schleifen in einkrist. – 51/52-0179.

Bestrahl.-Schäden in Reaktorgraphiten *CSF*, *TSGBF*, *NC 7*, *NC 8* u. *TSX* bei hohen Temp. 1-0295; Bestrahl. v. mit Furfurylalkohol imprägniertem – 1-0296; diffuse Röntgenstreuung v. neutronenbestrahltem – 13-0355; Einw. v. Neutronen auf – 14-0351; Zerstäuben v. – unter d. Einfl. eines Beschusses mit U-Ionen 26-0307; Mechanismus d. Dimens.-Änder. in ––Krist. unter Bestrahl. mit schnellen Neutronen 27-0353; Einfl. verschiedener Parameter auf d. Struktur v. – unter Neutronenbestrahl. 31-2118; Bestrahl.-Verh. v. – 34-2204; Zweiphasenmodell für d. strahleninduzierten Dimens.-Änder. in – 35-0303; Konfigurat. v. Atomen auf Zwischengitterplätzen in bestrahltem – 35-0304; Größeneffekt strahleninduzierter dimensionaler Veränder. an – 35-0305; Einw. d. Strahl. eines Nd–Gas-Lasers auf – 37-0363; Einfl. d. Bldg. v. Leerstellen-Linien auf d. Kinetik d. Strahlenschadens v. ––Einkrist. 37-0358; Ausheilen v. Bestrahl.-Schäden in – 40-0278; bei hoher Temp. durch bestrahlten – abgegebene Energie 44-0313.

Mechanische Eigenschaften: Antifrikt.-Eig. v. – bei hohen Temp. 3-2479; Prüf. v. – auf Ermüd. bei Verbieg. mit wechselndem Vorzeichen 14-0306; Spann.-Verteil. in deformierten ––Krist. 15-0328; Reib.-Widerstand v. natürl. u. synthet. – gegenüber einer Cu-Platte 20-2746; Wrkg. d. Bestrahl. mit schnellen Neutronen auf d. C_{33}-Elastizitätsmodul v. stark orientiertem pyrolyt. – 21-0273; Dehn.-Schwind.-Verh. v. Reaktor–– unter Neutronenbestrahl. 22-2120; therm. Kriechen, nichtelast. Verh. u. D. v. synthet. – 23-0317; Einfl.: d. Härteanisotropie v. lamellarem – auf Verschleiß u. Stoffübergang bei trockener Reib. mit Metallen 23-2369; v. S auf Struktur u. physikal.-mechan. Eig. v. Elektro–– 24-2237; statist. Analyse d. mechan. Festigk. v. – 27-0315; Festigk.-Unters. an *CFW*-Graphit u. deren Folger. 27-0316; Bruchspann. v. – (Typ *EGCR*) bei Neutronenbestrahl. 29-0301; Spann.–Verform.-Eig. v. polykrist. – unter Zug- u. Druckbelast. bei Raumtemp. 41-0332; Abhängigk. d. Kriechgeschw. v. d. Orientier. d. Zugachse für stark orientierten – 42-0276; Einfl. d. Porosität u. d. Krist.-Orientier. auf d. Elastizitätsmodul v. synthet. – 42-0277; mechan. Eig. v. mit Phenolformaldehydharz imprägniertem – 42-2070; Spann.-Abhängigk. d. Kriechgeschw. v. U enthaltendem – 44-0280; Temp.-Abhängigk. d. durch Neutronenbestrahl. induzierten Kriechens v. – 44-0311; dimensionale Änder. u. Bestrahl.-Kriechen v. – bei sehr hohen Neutronendosen 44-0312; durch Bestrahl. induzierte Plastizität in – unter konst. Spann. 45-0295; Tors.-Modul v. heißverformtem pyrolyt. – 46-0287; Mechanismus d. Eros.-Zerstör. v. polykrist. – 46-0288; Dimens.-Änder. v. ––Sorten bei Neutronenbestrahl. 46-2063.

Elektrische Eigenschaften: Lorenz-Zahl v. – bei sehr tiefen Temp. 1-0287; spezif. Gleichstromionenleitfähigk. v. KCl mit *Aquadag* oder *Alkoholdag* als Elektrodenmaterial 4-0389; Halbmetall–(Elektronen-Energiebänder in Bezieh. zu d. Elektronen-Transporterschein.) 17-0436; Transporteig. in – (elektr. Leitfähigk., magnet. Widerstandsänder., Hall-Koeff. u. Thermo-EMK) 17-0467; Zyklotronenresonanz in pyrolyt. u. einkrist. – 18-0400; elektr. Leitfähigk. v. Fluidatbetten aus Koks u. Graphit bei Temp. bis *1200°* 23-2075; Best. d. Energieband-Parameter in – aus Magnetoreflex.-Experimenten u. de Haas-van Alphen-Mess. 25-0425; Temp.-Abhängigk. d. spezif. elektr. Widerstands v. weichem – unterhalb *4,2* °K 25-0426; galvanomagnet. Eig. v. – bei tiefen Temp. 31-0460; Verzöger. d. Entlad. beim elektr. Vakuumdurchschlag bei Verw. v. Graphit als Elektrodenmaterial 33-0230; spezif. Widerstand v. – 34-0469; Atomverschieb. u. elektr. Widerstandsänder. durch Elektronenbeschuß in pyrolyt. – 44-0310; Ionen–Elektronen-Emiss.-Koeff. für polykrist. – bei Bestrahl. mit He, Ne, Ar, Kr u. N-Ionen 45-0375.

Magnetische Eigenschaften: magnet. Eig. v. B-dotiertem polykrist. – 1-0534; ESR in neutronenbestrahltem u. in dotiertem polykrist. – 6-0365; diamagnet. Suszeptibilität u. lineare therm. Ausdehn. v. ––Kohlenstoffmaterialien 29-0274; ESR-Unters. d. Ausheileffekte in bestrahltem – 47-0317; De Haas-van Alphen-Effekt in pyrolyt. – u. ––Einkrist. 47-0483; ESR v. mit Neutronen bestrahltem u. v. dotiertem polykrist. – (*P 33*) 48-0367.

Elektrochemische Eigenschaften: Einfl. d. Grenzflächenspann. zwischen – u. Salzschmelze beim Anodenprozeß auf d. ––Elektrode in Chloridschmelzen 2-0639; O_2-Überspann. an PbO_2-Anoden mit ––Unterlage 4-0615; Anodenrk. in Nitratschmelzen an – 4-0616; Verw. v. Zwillingsarbeitselektroden aus Graphit/Metall zur Unters. d.

chem. Kinetik 8-0639; — -Anoden für aufgedrückte Ströme in Brack-W. (kathod. Schutz v. Rohöl-Leit.) 9-2621; elektrochem. Ox. v. Jodid u. J zum Hypojodid an — -Elektroden 11-0655; Mess. d. Feinpolarisier. einer Leitfähigk.-Zelle aus — -Elektroden 14-0680; kathod. Red. v. H_2O_2 an — -Elektroden 15-0672; Mechanismus d. Schutzwrkg. d. imprägnierten — -Anode für d. Chloralkalielektrolyse 16-2152, 16-2153; Elektrosynth. v. Dicarbonsäurendimethylester an — -Anoden 18-2665; Kinetik d. O-Entw. an — bei niedr. Anodenpotentialen 19-0635; Abscheid. v. Pb an — -Elektroden 19-0649; Theorie über d. Zerfall v. — -Elektroden 19-2283; Einfl. v. Cl_2-Blasen auf — -Elektroden 19-2284; galvanostat. kathod. Red. v. geschmolzenem NaCl an — -Elektroden 20-0583, 20-0584; Überspann. d. O_2 an — -Elektroden 20-0587; elektrolyt. Red. d. Nitrile v. Vinylessigsäure, Methacrylsäure u. Crotonsäure an — -Kathoden 21-1095; elektrochem. Ox. v. Jodid zum Jodat an — -Elektroden 22-0572; Graphit/BN-Zelle für Labor-Vers. zur elektrolyt. Red. v. Al_2O_3 24-0611; Elektrolyse v. geschmolzenen Nitraten an — -Elektroden (Kinetik d. Anodenrk.) 25-0606; Kinetik d. anod. O_2-Abscheid. an — 27-0625; Strom-Spann.-Unters. v. Re-Verb. an — -Elektroden 28-0578; Best. d. O_2-Potentials in fl. Fe/C/O-Lsg. durch Mess. d. EMK an — -Elektroden 30-0545; elektrochem. Unters. an Azobenzol/Graphit-Elektroden 30-0552; Oszillopolarographie v. Sc-Ionen an — -Elektroden 33-0681; Kinetik d. anod. Ox. v. — (Polarisat.-Kurven) 34-0626; Spann.-Abfall in d. Gasschicht an d. Oberfläche einer — -Anode bei d. Elektrolyse einer NaCl-Lsg. 35-0580; anod. „Stripping"-Voltammetrie v. Hg(II) an d. — -Elektrode 35-1985; polarograph. O_2-Red. v. paraffinierten Spektral- — -Elektroden 38-0604; anod. Verh. v. Phosphiten u. Hypophosphiten an — -Anoden 38-1922; Unters. d. katalyt. Aktivität v. Graphit/O_2-Elektroden mit Hilfe d. potentiostat. Dreieckspann.-Meth. 41-0600; Korros. einer — -Kathode bei d. Elektrolyse wss. NaCl-Lsg. in bipolaren Zellen 42-0564; anod. Auflsg. dünner Cu-Filme auf pyrolyt. — (Auflsg.-Strommaxima) 42-0570; Verschleißtheorie d. porösen — -Elektrode bei d. Chlorelektrolyse 47-0568; Voltammetrie u. verwandte Unters. v. U in Fluoridschmelzen an — -Elektroden 48-0582.

Thermodynamische Eigenschaften: Temp.-Leitfähigk. v. Kohle- — -Rohlingen 11-2303; Wärmeleitfähigk. v. pyrolyt. — 13-0340; Ableit. d. chem. Potentials v. — in Ferrit 13-0540; therm. Ausdehn. v. NbC- — -Misch. zwischen *0* u. *2600°* 18-2488; Wärmeleitfähigk. v. — -halt. feuerfesten Materialien 20-2294; wahre spezif. Wärme v. — unter Abkühl.-Beding. 21-0241; Einfl. v. Ferrosilicium auf Phasenzus. u. Eig. v. — -Schamotte-Erzeugnissen 34-2397; Bezieh. d. Akkomodat.-Faktoren zwischen d. Koeff. d. therm. Ausdehn., d. Orientier.-Verteil. u. d. Gitterausdehn. in — 45-0278; Indukt.-Erhitzen u. Wärmetransport v. pyrolyt. — 45-0280; Temp.-Verlauf vor im Sauerstoffstrom brennenden — -Oberflächen 51/52-0593.

Grenzflächenverhalten: Mess. d. Fließeig. einer — -Suspens. an einem nichtnewton. Schmieröl 3-0672; Isotopeneffekte bei d. physikal. Adsorpt. v. Ar-Atomen an graphitisierten Rußen 3-0689; Energie d. Wechselwrkg. nichtpolarer Mol. mit — -Oberflächen 3-0690; stufenförm. Adsorpt. an einer gleichförm. — -Oberfläche 11-0676; Einfl. d. Ox. auf d. Porenstruktur einiger graphitisierter Ruße 12-0650; funktionelle Gruppen an graphitisierten C-Oberflächen 12-0653; Adsorpt. u. Desorpt. v. W. an porösem — 12-0658; Kontaktwinkelmess. an W. auf — in Ggw. v. mit A. gesätt. Luft 16-0603; Benetzbark. v. — durch Zn u. Sb 16-2313; Adsorpt.-Isothermen u. -Wärmen kugelförm. Mol. an graphitisiertem Kohlenruß 19-0670; Gaschromatographie v. Molekülen verschiedener Raumstruktur an graphitisiertem Ruß 21-0665; Stabilität koll. — -Dispers. in Ggw. v. Nichtelektrolyten 23-0630; chem. Identifizier. v. Oberflächengruppen an — als katalyt. akt. Zentren (Übersicht) 23-0678; Phasenänder. bei d. Adsorpt. v. Kr u. CH_4 auf homogenen — -Oberflächen 24-0651; Einfl. v. Tensiden u. anderen Stoffen auf d. Sedimentat. v. — -Suspens. in W. 25-0640; Oberflächenspann. u. Stabilität koll. — -Dispers. 25-0641; Potentialfunkt. u. thermodynam. Eig. v. an — adsorbierten symmetr. 2atom. Mol. 29-0633; Ordn.-Grad d. Substratfläche im Syst. Graphit/J_2, Br_2, CO, W. 29-0641; Dispers.-Kraftbeiträge zu Oberflächen- u. Grenzflächenspann., Kontaktwinkeln u. Immers.-Wärmen v. KW-Stoffen an — 30-0579; Wärmekapazitäten v. Ar an einer Xe-Schicht auf graphitisiertem Ruß 32-0643; Einfl. d. Graphitier. v. Kanalruß auf d. Adsorpt. v. Polystyrol 32-1175; Ermittl. d. Oberfläche v. — aus Adsorpt.-Isothermen u. Benetz.-Wärmen 34-0649; aktivierte Adsorpt. v. Inertgasen an d. bei d. Zerkleiner. v. — gebildeten Oberfläche 35-0613; Oberflächenbest. v. Graphit *G_2G_3 9531* 35-0592; Berechn. d. Adsorpt.-Energie v. Xe u. Br an — 36-0628; Adsorpt. v. Alkylbenzolen an — aus Lsg. in n-Heptan 37-0911; Sedimentat., Aggregat., Haftenergien u. Benetz. v. — -Pulvern in polaren u. unpolaren Fl. 40-0581; nichtstationäre Beweg. einer — -Suspens. in Schmieröl zwischen rotierenden, konzentr. Zylindern 41-0617; Permeabilität v. graphit. Material 41-0619; Physisorpt. v. Xe an — 41-0626; Konfig.-Entropie d. Adsorpt. v. Ar, Kr u. Xe an — -Oberflächen 42-0595; Wechselwrkg. v. frischen — -Oberflächen mit Gasen u. Dämpfen 42-0597; Adsorpt. v. mit Gelatine sensibilisierten Kolloidteilchen an d. Phasengrenzfläche Hydrosol/Graphit 43-0594; Stabilität koll. — -Suspens. 44-2082; Valenzzustand d. peripheren C-Atome an d. Oberfläche eines frischen — -Schnittes 46-0649; Best. d. Sorpt.-Isothermen Cs/Graphit mit Hilfe einer statist. Meth. 47-0608; bevorzugte Adsorpt. normaler langkett. Paraffine in n-Heptan an — 47-0835; Einfl. d. Oberflächenspann. auf d. Mehrschichten-Gasadsorpt. v. Xe u. Ne an graphitisierten Rußen 51/52-0572; Assoziat. v. an — adsorbierten aromat. Ionen 51/52-0840.

Reaktionen

Diffus. v. Spaltprod. bei überlagerter chem. Rk. in — (mathemat. Grundlagen) 29-0292.

Einfl. d. Aktivier. auf d. Rk.-Fähigk. v. — mit Luft 4-2112; Ox. v. — (bei tiefer Temp.) 5-2292; (u. Reaktorsicherh.) 7-2294; (in Abhängigk. v. d. Temp. u. v. pO^{2-}-Wert 12-0613; Rk. v. Graphit mit CO_2–CO- u. H_2O–H_2-Gemischen 12-0708; Einfl. d. Temp. auf d. Rk.-Geschw. v. — mit atomarem O 13-0729; Ox. v. — bei *1000–1600°* 15-0761; Einfl. d. Oberflächenstruktur bei d. Vakuum-UV/CO_2-Ox. v. — 18-0643; Ox. v. *ATJ*-Graphit durch niedr. Konz. v. W.-Dampf u. CO_2 in He 22-0627; Rk.-Ordn. d. Ox. v. Reaktor- — in feuchten O–N-Misch. 22-0628; durch V_2O_5 katalysierte Ox. v. — durch $KClO_4$ im festen Zustand 22-0636; Ox. v. — durch dissoziierten O bei hoher Temp. 23-0672; Verbrenn. u. Sublimat. v. Kegeln, Kugeln u. Keilen aus — durch thermochem. Wechselwrkg. mit dissoziierter Luft bei Überschallgeschw. 25-0666; Rk. v. Reaktor- — mit W.-Dampf (Ox. v. — durch H_2O in He-Trägergas mit u. ohne Zugabe v. H_2) 27-0695; katalyt. Verbrenn. v. — (Einfl. v. Metall–Salz-Dotier.) 28-0642; beschleunigender Einfl., v. J auf d. Ox. v. nuclearreinem — durch CO_2 36-0660; Einfl.-Faktoren bei d. Rk. zwischen — u. bestrahltem CO_2 36-2079; Einfl. d. Chlorfluormethane auf d. Ox. v. — 38-0706; Ox. v. *PGA*-Graphit durch He mit erhöhtem CO_2–CO-Geh. im HTGR 38-2091; Diffus.-Effekte bei d. therm. Ox. v. — bei hohen Temp. 41-0664; komplexe Temp.-Abhängigk. d. Ox. v. pyrolyt. — durch CO_2 41-0666; katalyt. Effekt d. Hauptverunreinig. bei d. — -Ox. 41-0672; katalyt. Einfl. v. K, Na, P_2O_5 u. Verunreinig. auf d. Kinetik d. Verbrenn. v. — in strömender trockener Luft 36-0694; Ox. v. — : durch SiO_2 unter Bldg. v. CO 47-0639; durch atomaren O 48-0619, 48-0620; Eros. v. — in Festtreibstoff-Verbrenn.-Gasen (Rk. mit H_2O, CO_2, O_2, O u. OH) 48-3299; mögl. Ox. v. graphit. C in Böden durch Desulfovibrio desulfuricans 49/50-2794.

Verf. zum Schutz v. Graphit gegen Hochtemp.-Ox. 31-2386.

Reaktivität v. — mit röntgenbestrahltem, feuchtem He 27-2188; durch Laser im Syst. fester Graphit/H_2 angeregte chem. Rk. 45-0660; Fluorier. v. Graphit 2-0713; Einlager. v. SO_3 in — 8-0739; Rk. zwischen SiO_2 u. C in mit SiO_2 verstärkten — -Phenol-Kohlen 44-0697.

Kontaktwechselwrkg. v. Metallcarbiden mit — bei hohen Temp. im Vakuum 18-2487; Kontakt-Rk. v. Metallboriden u. — bei hohen Temp. u. Vakuum 22-2402; Wrkg. v. Li-Dampf auf — 7-0732; Red. v. Na_2O mit — 9-2341; Rk. mit Na bei *400°* 45-0669; Einfl. v. PbO_2-Schichten auf — -Elektroden auf d. Ox. v. NaCl zu $NaClO_3$ oder $NaClO_4$ 51/52-2110; Einw. v. K auf — -Pulver bei Temp. zwischen *170* u. *200°* 42-0669; Rk.: im Syst. Cs/Graphit 13-0775; mit CaO 13-2324; Vorliegen v. Sc_4C_3 als salzart. Carbid in d. festen Phase Sc_2C_3/Graphit 11-0778; Rk. mit Seltenerdmetallen 48-0682; Erhitzen v. Preßlingen aus Nd_2O_3 u. — 41-0720; Rk. mit Nb bei *1700–2300°* (Bldg. v. Nb_2C u. NbC) 32-0313; Red. v. Nb- u. Ta-Oxid mit — 39-2295*; Einführ. v. CrO_3 in Pyro- — -Einkrist. 10-0748; Rk.: v. Pulvergemischen aus U u. — im festen Zustand 6-0746; mit Hf(IV)- u. U(IV)-Oxid 35-0509; Red.: v. Mn_2O_3 mit — unter Ar-Atmosphäre 21-0724; v. FeO unter N_2 mit — 10-2471; kontaktfreie Red. v. Fe-Oxid durch Acheson- — 20-0663; Gaszementat. v. Cr u. Stahl mit — 28-2422.

Technische Verwendung

Kohle u. — als Werkstoffe für d. App.-Bau 9-2199; Verw. v. — -Fasern zur Verstärk. v. Kunststoff- u. Keramikteilen 11-2186; Hochtemp.-Ofen mit — -Widerstands-Heizelement 15-1934; Verw. v. poröser — -Schicht auf Pd-Diaphragmen zur Verhinder. d. Verunreinig. d. Oberfläche 18-2156*; Elektro- — für App.-Konstrukt. u. deren Einsatz 19-2139; Verw.: einer Misch. aus Ruß, Steinkohlenteer u. — zur Herst. v. Kohlekörpern 25-1989*; für Schmelztiegel 25-2171; zur Herst. eines Rohres aus Schichtwerkstoff 29-2356*; Schichtstoffe aus — -Gewebe 42-2125*; Verw. einer Misch. aus Koks, Hartpech u. — zur Herst. v. feinpor. Kohlekörpern 43-2070*; — als Schmelztiegel für Halbleiter-Si 44-0212; Geräte aus Kunstkohle u. Elektro- — 45-1990; — -Schichtstoff aus graphitisierten Celluloseschichten 51/52-1959*.

Fe- — -Gleitlager (Auswahl v. Schmierölen) 19-2810; — -Schmierstoffkombinat. für Hochtemp.-Anwend. 25-2546; Wrkg.-Dauer v. — -Schmierfilmen 27-2744; Verw. zur Schmier. bei extremen Temp., in chem. aggressiver oder radioakt. Umgeb. u. im Hochvakuum 27-2743; Li-Schmiermittel mit — 41-2527; Verw.: in Kuppl.-Schmiermitteln 43-2429*; in Schmiermittel zum Heißpressen v. Metallen 45-2377*; v. gepulvertem — für Reib.-Körper für Kuppl. u. Bremsbeläge 29-2897*.

Verw. zur Herst. v. Dispers. Al_2O_3-überzogener UO_2-Partikel als Reaktorbrennstoff 6-2150*; gepreßte — -Kugelbrennelemente für Hochtemp.-Reaktoren 22-2121.

Verw.: in Antifrikt.-Materialien 49/50-1974; zur Herst. v. Anoden zur Cl_2-Herst. 11-2319*; — -Anoden in Zellen mit Hg-Kathode zur Elektrolyse v. Alkalisalzlsg. 21-2397*; Verw.: zur Herst. v. Brennstoffelement-Elektroden 23-2203*; zur Herst. v. Elektroden 31-2230*; zur Herst. v. Kathoden für galvan. Elemente 33-2285*; zur Herst. einer elektr. leitenden Schicht 35-2173*; v. imprägnierten — -Elektroden bei d. Elektrolyse v. wss. Alkalichloridlsg. 37-2063.

Verw.: zur Herst. v. feuerfesten Porenformkörpern mit guter mechan. Festigk. u. geringer Wärmeleitfähigk. 3-2324*; v. Misch. aus Al u. — zur Herst. eines feuerfesten Materials aus Al-Nitrid 8-2303*; v. reinem — zur Verhinder. d. Entglas. v. Quarzlampen 12-2263*; feuerfester Stein hoher Flamm- u. Abschreckfestigk. aus — 19-2338*; Verw.: zur Herst. v. hitzebeständ. Materialien auf Si-Basis 20-2304*; bei d. Herst. eines Rohres aus Schichtwerkstoff 29-2356*; in feuerfestem Material 46-2220*.

Verw.: v. — -Kokillen beim Abgießen v. nichtrostendem Stahl 13-2522; zur Herst. v. Metallfasern 28-2526*; Anwend. d. Delanium- — -Wärmeaustauscher in d. Metalloberflächentechnik 39-2253.

Verw.: zur Herst. halbleitender Polyester 13-3081*; in thermoplast. Kunstharzmassen aus Äthylen u./oder Propylen 40-2774*; Herst. v. wärmeleitenden u. strahlenabsorbierenden Kunstharzgegenständen durch Einmischen v. — -Pulver 44-2797*.

Herst. v. Garnen aus — 38-2917*; — -halt. Epoxyphenolharz-Gleitlacke (Lebensdauer u. Korros.-Schutzwrkg.) 29-2653.

Analyse, Prüfverfahren

Schnellbest. d. C-Geh. v. — nach d. *β*-Rückstreuverf. 22-2004; Best. des Geh. an graphit. C in metamorphen Gesteinen 19-2045; funkenmassenspektrometr. Analyse v. — 1-2003; emissionsspektrograph. Best. v. Spuren v. Gd in hochgereinigtem — 9-2080; Mikrobest. v. ^{235}U in bestrahlten — -Brennstoffsyst. über kurzleb. J-Spalt.-Isotope 15-2013; Best. v. Verunreinig. in Reaktor- — durch Neutronenaktivier. (Best. v. Ca, Si, S u. P) 29-2080; Radioaktivier.-Analyse zur Best. v. N in aus Py. hergestelltem Pyro- — durch d. Rk. $^{14}N(P, \alpha)^{11}C$ 38-1920; Atomabsorpt.-Meth. zur Best. v. Al- u. Zn-Spuren in — 38-1927.

Analyse) 15-2116; Aktivier.-Analyse zur Identifizier. v. Menschen-- in d. forens. Chemie 29-2078; Isolier. u. Charakterisier. v. Glyceriden in menschl. Haarlipiden (Dünnschicht- u. Gaschromatographie) 35-1458; Best. v. Sr in – (Neutronenaktivier.) 41-1988; Elefanten--, Seehund-- u. Barten d. Blauwales im makroskop. u. mkr. Bilde 42-2823; Best. d. Walkfähigk. u. d. Beizgrades v. – (chem. Meth.) 45-2602; Aktivier.-Analyse v. As in menschl. – 48-1962.

Haarfärbemittel s. unter *Haarpflegemittel.*

Haarfestiger s. unter *Haarpflegemittel.*

Haarkosmetika s. unter *Haarpflegemittel.*

Haarpflegemittel, Herst. v. – (auf d. Grundlage v. Gigartina mamillosa u. Chondrus crispus) 1-1818*; (mit Geh. an oxäthylierten Monoglyceriden v. Pflanzenölfettsäuren) 1-3004*; (mit Geh. an bromierten Salicylsäureaniliden) 3-2874*; (quatern. Ammoniumverb.) 6-2860*; (aus Fettsäureestern u. Polyalkylenglykoläther) 18-2962*; (quatern. Pyridylmethylfettalkylammoniumhalogenide) 20-2651*; (aus einem Alkohol, Olefincopolymeren u. einem Ester) 21-3044*; (Zusatz mit Geh. an oxäthylierter Stärke) 22-2752*; (S-halt. Vitaminöl aus Getreidekeimöl) 24-2861; (Acrylesterpolymerisat, Pantothenylalkohol u. niedermol., aliphat. Alkohol) 25-2674*; (mit Geh. an Mineralöl u. Acrylsäure–Polyallylsaccharose-Mischpolymerisat) 27-2860*; Herst.: einer Haarpflegecreme (W. in Öl-Emuls.) 35-2499*; v. selbsttreibenden Gemischen für Haarpräp. 41-2624*; – aus A., Isopropanol u. aliphat. Chlorfluor–KW-Stoffen 44-2677*; kosmet. Wrkg. substantiver Proteine auf – 47-2498.

Wachstumsfördernde, pflegende u. Mg-Salze enthaltende – 6-2859*; Haarwuchsmittel (Hydroxy- oder Methoxy-16-benzal-17-amino-, -methylamino- oder -äthylaminoöstratrien) 27-1871*; (Na-Mononitrophenolat, Na-Mononitroguajacolat u./oder Na-Mononitroxylenolat) 44-2678*.

Formulier. v. Haarshampoo (Übersicht) 1-3003; Herst.: v. schäumendem Haarwasser (mit Geh. an Fettsäurealkylolamiden) 1-3008*; v. Haarwaschmitteln (Verw. v. oxäthylierten Fettalkoholgemischen) 1-3009*; v. Shampoon (mit Geh. an essentiellen Fettsäuren) 2-2902*; v. amphoteren Netzmitteln als Haarwaschmittel 6-2861*; v. Shampoo mit β-Diäthylaminoäthyl-3-phenylsalicylat-Zusatz (Anwend. bei Seborrhoe) 6-2862*; Best. d. Viskosität v. Shampoos 13-2968; Herst.: eines gegen Gefrieren geschützten wss. Haarwaschmittels 17-2742*; v. Haarwaschmittel (mit Geh. an quartern. NH_4-Verb.) 20-2884*; (mit Geh. an Deriv. d. Asparagins) 22-2753*; v. Schampoo auf Grundlage synthet. Fettalkohole 23-2786; v. fl. Haarwaschmittel 25-2672*; v. Haartrockenpuder aus Weizenkleie, Reismehl u. Iriswurzelpulver 29-2747*; v. fl. Haarwaschmittel (aus 1-Hydroxyäthyl-2-undecyl-2-imidazoliniumsalzen) 30-2550*; v. Reinig.-Mittel für Haare (Zusatz eines Sulfobernsteinsäurederiv.) 33-2846*; v. Trialkyl(trihydroxyalkyl)-β-hydroxy-γ-acyloxy-propylammoniumsalzen für Shampoos 37-2524*; prakt. Bewert. v. Shampoos 44-2674; Herst. v. Haarwaschmittel (aus quatern. Ammoniumcarbonsäureamiden) 47-2485*; Haarfärbemittel aus Deriv. v. Bis-pyridylaminen u./oder Pyridylaminobenzolen 14-2995*.

Nachw. u. Best. d. p-Phenylendiamins in Haarfärbemitteln 6-2053; (papierchromatograph.) 6-2054; Herst. v. vernetzten Dextranen für Gelhaarfarben 13-2967; dünnschichtchromatograph. Nachw. u. quant. Best. aromat. Diamine in Haarfärbemitteln 15-2114; Haarfärbemittel (mit Geh. an 2-Alkoxy-1.4-phenylendiaminen) 18-2963*; (mit Geh. an Wasch- oder Emulgiermitteln) 20-2885*; (mit Geh. an 2.5-Diaminophenol, Deriv. oder Salzen) 25-2675*; (auf Gelbasis unter Verw. v. vernetztem Dextran) 27-2863*; färbender Shampoo aus amphoterem Waschmittel u. bas. Farbstoff 29-2748*; Monoazofarbstoffe für Haare 33-2794*; Haarfärbemittel (auf Basis v. polymeren Säureamiden) 35-2501*; (Zusatz v. Ascorbinsäure) 37-2534*; (auf Basis eines N.N'.N'-Trialkyl(trihydroxyalkyl)-1.4-diamino-2-nitrobenzols) 37-2535*; Mittel zum gleichzeit. Reinigen u. Färben v. menschl. Haaren 41-2621*; Haarfärbemittel aus einem direkt färbenden Farbstoff u. n- oder Isopropanol 41-2622*; Eign. v. Pyridinderiv. als Ox.-Haarfarben 47-2500.

Herst. v. Mittel zur Verform. v. menschl. Haaren (mit Geh. an N.N'-Alkyl- bzw. Arylguanidinsulfit bzw. -bisulfit) 3-2875*; (mit Geh. an Guanidinhydrosulfid) 3-2876*; Kaltwellmittel aus einer gegen Verfärb. stabilisierten Thioglykolsäure-Lsg. 8-2925*; Herst.: eines Mittels zum Neutralisieren v. Kaltwell-Lsg. 17-2743*; v. Polymercaptoverb. zur dauernden Deformat. v. Haaren 29-2749*; v. Keratinase als Zusatz zu Haarwellmitteln 32-3261*; Mittel zur Formveränder. v. Haaren (Salz eines Mercaptoalkylamins mit Polymerisat einer ungesätt. monomeren Säure) 33-2849*; Dauerwellmittel (wss. Lsg. v. 2.5-Dimercaptothiodiazolin) 33-2850*; Mittel zum Glätten v. Kraushaar 33-2851*; (Bienenwachs, Glycerylmonostearat u. Thioglykolat) 37-2531*; Wrkg. v. Thiamin u. L-Cystein als Kaltwellenagens 39-1499; Haarwellmittel (Zusatz eines wasserlösl. Mercaptans u./oder Bisulfits) 41-2619*; Mittel zur Dauerverform. menschl. Haare aus Thioglykolsäure u. organ. Basen 44-2679*.

Festlegemittel für Haar aus Polyvinylalkohol u. einem Carboxyvinylpolymerisat 8-2924*; Pantothenylester für Haarfixiermittel 8-2926*; Haarsprühmittel aus einer Schellack-Lsg. 8-2927*; Tropfengrößenbest. u. Entflammbark. v. Haarlacken 14-2990; Herst.: v. Haarfestiger in versprühbarer Form (mit Geh. an NH_4-Thioglykolat) 20-2886*; v. Frisierhilfsmittel 25-2673*; v. Aerosol-Haarsprays 27-2501; v. Haar- oder Frisierwasser (mit Geh. an Hefeextrakt) 27-2861*; v. Haarfestiger (aus Salzlsg. u. bas. Monomeren aus Äthylacrylat, N-tert.-Butylacrylamid u. Diäthylaminopropylacrylamid) 27-2862*; (aus Vinylestermischpolymerisat u. Acrylsäurepolymerisat oder -mischpolymerisat) 33-2848*; (in Sprayform) 33-2852*; eines opak gemachten Haarfestigers 37-2532*; Mittel zum gleichzeit. Bleichen u. Festlegen d. Haare aus H_2O_2 u. Vinylpolymeren 41-2620*; Herst. v. filmbildenden Sprays 41-2623*; Hygroskopizität u. Härte v. Haarsprayharzen bei unterschiedl. Feuchtigk. 44-2673; Aufziehen eines Lipids aus einem Detergentiensyst. auf Humanhaar (Wrkg. v. Haarfestigern) 47-2497; Herst. v. Haarfestiger in Sprayform auf Kunstharz-Basis 51/52-2741*.

Haarpuder s. unter *Haarpflegemittel.*

Haarsprays s. unter *Haarpflegemittel.*

Haarwasser s. unter *Haarpflegemittel.*

Haarwuchsmittel s. unter *Haarpflegemittel.*

Haas(de)-van Alphen-Effekt, Elektron–Phonon-Renormalisier.-Effekte in starken magnet. Feldern; – 4-0473; Einfl. d. magnet. Übergangs in realen Krist. auf d. – 15-0499; – für eine einfache Bandstruktur 18-0360; Theorie d. – in einem Syst. gekoppelter Bahnen (Anwend. auf Mg) 22-0449; Invers. kub. de Haas-van Alphen-Werte mit Anwend. auf Pd 23-0477; magnet. Übergang (effektiver Hamilton-Operator u. –) 25-0383; De Haas-van Alphen-Oszillat. d. krit. Temp. v. Supraleitern d. II. Art 27-0476; – in Ggw. einer belieb. Verteil. v. Streuzentren 28-0445; einfache Erklär. d. „Shoenberg-Anomalien" im – 36-0481; Winkelabhängigk. d. de Haas-van Alphen-Frequenzen aus d. theoret. Fermi-Fläche 51/52-0453.

– in pyrolyt. Graphit u. Graphiteinkrist. 47-0483; gepulster – in Sb 13-0515; –: in mit Sn dotiertem Sb 24-0418; v. Sb–As-Leg. 24-0421; u. Fermi-Fläche v. Sb 49/50-0469; Einfl.: paramagnet. Beimeng. auf d. – in Metallen 34-0484; v. magnet. Wechselwrkg. zwischen d. Leit.-Elektronen eines Metalls auf seinen – 36-0482; –: v. Metallen mit Verunreinig. oder gelösten Atomen 49/50-0468; u. Fermi-Fläche v. Na 51/52-0450; nichtlinearer – u. magnet. Bereiche in Be 21-0459; --Mess. v. Zn unter hydrostat. Druck 10-0491; de Haas-van Alphen-Frequenzen durch Mess. d. Dämpf. v. Ultraschall v. *30* u. *70* MHz in Zn-Einkrist. in Abhängigk. v. d. magnet. Feldstärke 22-0450; Druckabhängigk. d. de-Haas-van Alphen-Schwing. in Zn im niedr. Frequenzbereich 51/52-0451; –: v. Cd 25-0384; in Hg 23-0478 in Ga bei hohen magnet. Gleichfeldern 51/52-0452; in Tl bei Impulsfeldern 26-0458; in Pb 16-0407; in d. Ultraschallabsorpt. in p-PbSe 22-0414; –: u. Parameter d. ellipsoidalen Bandstruktur in n-Bi_2Te_3 30-0394; v. InBi 31-0503; v. W u. Mo 45-0414; Winkelabhängigk. d. de Haas-van Alphen-Frequenz v. W aus d. Fermifläche 51/52-0453; –: bei starken Feldern in Re 34-0485; in ferromagnet. Ni 41-0489; v. Cu bei schwachen Feldern 28-0446; --Unters. an Cu 51/52-0454; Fermi-Fläche v. β-Messing aus d. – 51/52-0455; –: v. Ag im schwachen Magnetfeld 4-0474; in verd. Leg. v. Ag u. Au 4-0475; u. Fermi-Oberfläche v. $AuAl_2$, $AuGa_2$ u. $AuIn_2$ 4-0476; in Rh 51/52-0456; u. Fermi-Fläche in Pd 10-0493; Invers. kub. --Werte mit einer Anwend. auf Pd 23-0477; – in Pt 10-0492.

Temp.-Schwing.-Meth. zur Beobacht. d. de Haas-van Alphen-Schwing. u. a. magnet. Erschein. 3-0528; Einfl. v. hydrostat. Druck auf d. Fermi-Flächen v. Cu, Ag u. Au aus Mess. v. Phasenänder. in d. de Haas-van Alphen-Oszillat. 16-0409; Einfl. d. Elektron-Wechselwrkg. auf d. Bahnquantisier. nach --Mess. an geeignet geformten Be-Proben 22-0424; neues Invers.-Schema zur Ermittl. d. Radien d. Fermi-Flächen aus de Haas-van Alphen-Flächenbereichen 23-0476; Best. d. Energieband-Parameter in Graphit aus Magnetoreflex.-Experimenten u. --Mess. 25-0425; experimentelle Best. v. elektron Festkörpereig. bei starken Magnetfeldern durch Mess. d. – 49/50-0467.

Hackfrüchte, chem. Unkrautbekämpf. bei – 5-3210; Dynamik d. Nährstoffkomponenten im Boden beim Anbau v. – 14-3217; Wrkg. *30*jähr. Mineral- u. Stallmistdüng. zu – 19-3191; Mehrerträge an – durch Düng. mit gesteigerten Gaben an Phosphorsäure u. K 24-3220; Wrkg. auf –: v. Dung bei steigenden Gaben v. Mineraldünger 26-3258; v. langjähr. Phosphatdüng. 32-3067.

Hadacidin s. unter $C_3H_5NO_4$.

Hadfield s. unter *Eisen, Schmiedeeisen und Stahl (Sondermarken).*

Häm s. unter $C_{34}H_{32}FeN_4O_4$.

Häm a s. unter *Blutfarbstoffe.*

Hämagglutination s. unter *Agglutination und Agglutinine.*

Hämagglutinine s. unter *Agglutination und Agglutinine.*

Hämanthamin s. unter $C_{17}H_{19}NO_4$.

Hämanthidin s. unter $C_{17}H_{19}NO_5$.

Hämatein s. unter $C_{16}H_{12}O_6$.

Hämatin s. unter $C_{34}H_{33}FeN_4O_5$.

Hämatin a s. unter *Blutfarbstoffe.*

Hämatit s. unter *Eisenoxide*: Fe_2O_3.

Hämatohämin s. unter *Blutfarbstoffe.*

Hämatomelansäuren, Ox. in Kohle durch Kaliumpermanganat in alkal. Lsg. 40-1945.

Hämatommsäure s. unter $C_9H_8O_5$.

Hämatoporphyrin s. unter $C_{34}H_{38}N_4O_6$.

Hämatosid s. unter $C_{43}H_{76}N_2O_{21}$.

Hämatoxylin s. unter $C_{16}H_{14}O_6$.

Hämerythrin s. unter *Blutfarbstoffe, Andere respiratorische Farbstoffe.*

Hämiglobin s. unter *Blutfarbstoffe, Derivate des Hämoglobins (Methämoglobin).*

Hämiglobincyanamid s. unter *Blutfarbstoffe, Derivate des Hämoglobins (Methämoglobincyanamid).*

Hämin s. unter $C_{34}H_{32}ClFeN_4O_4$.

Hämochrome s. unter *Blutfarbstoffe, Derivate des Hämoglobins.*

Hämochromogene s. unter *Blutfarbstoffe, Derivate des Hämoglobins (Hämochrome).*

Hämocyanine s. unter *Blutfarbstoffe, Andere respiratorische Farbstoffe.*

Hämoglobin . . . s. unter *Blutfarbstoffe.*

Hämoglobincyanid s. unter *Blutfarbstoffe, Derivate des Hämoglobins.*

Hämolymphe, Insektenfettkörper als Austauschorgan für d. – 12-1617; ^{32}P-Aktivität in d. – nach Verabreich. v. ^{32}P-1.1.1-Trichlor-2-methoxyäthylphosphonsäuredimethylester bei d. ausgewachsenen Larve „Prodenia litura" 4-1633; Brenzcatechinaminkonz. d. – d. Insekten 12-1616; Amylase in d. – d. Australorbis glabratus 26-1322; Fettsäurezus. d. --Lipide bei Wachsmottenlarven 27-1269; Lipase d. Wachsmotten-- 27-1270; Veränder. d. Red.-Kapazität d. Puppen-- v. Philosamia ricini während d. Metamorphose 37-1488; Eiweißfrakt. in d. – v. Bombyx mori in Abhängigk. v. d. Entw. Phase u. v. Geschlecht 39-1382; Umsatz d. Proteine d. – v. Drosophila melanogaster 44-1559; Veränder. d. – vor d. Verpupp. v. Cerura vinula 44-1560; anorgan. Kationen d. – v. Antheraea pernyi 45-1348; --Hydrolasen in metamorphierenden Galleria mellonella 48-1219.

Hämolyse

Hämolytische Anämie s. unter *Blut, Blutbildung und Anämie*; *Hämolysine* s. dort; s. auch *Mikroben, Streptokokken.*

Hämolyse; Hämolysate: – v. Erythrozyten: in W.–Glycerin- u. W.–Propylenglykol-Lsg. 1-1573; durch antibakterielle Konservier.-Mittel 1-1574; durch Carbowax-*4000* u. Serum-Komplement 4-1533; Veränder. d. hämolyt. Resistenz d. Erythrozyten u. d. Peroxydaseaktivität d. Blutes bei akuter Vergift. durch einige organ. Peroxide 5-1535; Glycintransport bei hämolysierten u. wiederhergestellten Taubenerythrozyten 6-1532; Verh. d. globulären Lipide im Verlauf d. – in vitro 6-1535; –: menschl. Erythrozyten durch Toxine v. Seesternarten 10-1727; v. Säugetiererythrozyten durch Clostridium perfringens-α-Toxin 12-1574; Förder. d. Immun-- durch eine Wechselwrkg. zwischen Erythrozyten-sensibilisierenden Antikörpern u. γ-Globulinallotypantikörpern 15-1545; passive Immun-- 19-1593; Funkt. v. Ca bei d. mit Komplementbeteilig. verlaufenden – 20-1529; Bind. v. Hämoglobin im Plasma u.

seine Clearance beim Rhesusaffen nach hämolyt. Transfus.-Rk. 21-1570; Einleit. u. Steiger. d. Lysis v. normalen Erythrozyten u. Erythrozyten v. Patienten mit paroxysmaler Hämoglobinuria nocturna durch Aktivatoren d. ersten Komplementkomponente u. durch d. erste Esterasekomponente 22-1446; Hämoglobinabbau im Methämoglobinred.-Test bei induzierter – 23-1490; inhibierender Einfl. v. Chimylalkohol auf d. – durch Lysolecithin 23-1506; –: durch Meerschweinchen–Anti-Insulin-Antikörper in Ggw. v. Komplement 23-1527; bei Perfus. v. isolierten Rattenlebern 32-1634; Primaquin-– in vitro u. Substratbedarf für d. Schädig. d. Erythrozytenmembran 34-1550; Transaminier.-Prozesse unter Beteilig. v. Histidin in hämolysierten menschl. Erythrozyten 49/50-1413; –-Hemm. durch „Cremophor“ in Blutkonserven 16-1509.

Herst. ^{32}P-markierter Nucleotide mit Humanerythrozytenhämolysaten 23-1188; Zusammenhang zwischen d. Thiaminbedarf d. Menschen u. d. Transketolase-Aktivität im Erythrozytenhämolysat 26-1590; Nucleotidsynth. u. Kohlenhydratstoffwechsel in Hämolysaten 27-1199; begrenzende Faktoren d. Methämoglobinbldg. durch Phenylhydroxylamin in Hämolysaten verschiedener Tierarten 35-1559; Faktoren mit Einfl. auf d. Hexokinase-Aktivität in Hämolysaten 38-1393; Antikörper zum Lysat d. Autoerythrozyten d. Ratte nach chron. Einw. einiger radioakt. Bioelemente 45-1540; Enzymaktivitäten v. Erythrozytenhämolysaten 46-1309; (v. höheren Tieren) 46-1311, 46-1312; Hämostasefaktoren nach Perfus. eines Hämolysates bei Kaninchen (Einfl. v. Heparin) 48-1444.

Hämolytische Wirkung verschiedener Faktoren und Substanzen: Hämolyt. Aktivität: v. Dimethylsulfoxid 3-1658; v. hellgrünen Saponine enthaltenden Blättern v. Betula verrucosa 6-1689; hämolyt. Faktor d. Leptospira pomona-Zellen 11-1373; Einfl. v. Polyäthylenglykolen auf d. hämolyt. Wirksamk. phenol. Schutzmittel 13-1753; hämolyt. Aktivität: v. Dihydropsychosin, N-Benzoylpsychosin u. Psychosin 13-1781; v. Vitamin K_3 19-1684; d. Giftes d. Raupe Megalopyge urens 20-1538; in vivo-Bldg. v. H_2O_2 in Mäuseerythrozyten mit hämolysierenden Agentien 23-1499; physikal.-chem. Aspekte d. hämolyt. Wrkg. d. Lokalanästhetika 23-1505; hämolyt. akt. Komplement-Komponenten 23-1524; Bezieh. zwischen chem. Konstit., hämolyt. Aktivität u. therapeut. Wirksamk. v. Phenothiazinen 26-1700; hämolyt. Substanzen: in Bullensperma 27-1579, 27-1580; in Molchgiften 29-1654; latente Wrkg. hämolyt. Stoffe 33-1716; hämolyt. Wrkg.: v. Saccharoseestern u. Saccharoglyceriden 41-1505; v. oberflächenakt. Elektrolyten 43-1513; v. pilzhemmenden Filipin 48-1439; d. durch Papierelektrophorese getrennten Frakt. v. Gift d. bulgar. Viper 49/50-1347.

Untersuchungsmethoden: Automat. Registrier. d. – durch Serumkomplement u. Lysolecithin 28-1591.

Hämolysine, Einfl.: v. Furazolidon auf d. –-Titer Antibiotika-resistenter Staphylokokken 26-1384; v. Cl auf d. – v. Vibrio cholerae 28-1408; – bei Vibrionen 28-1409; v. α-Toxin verschiedenes – im Filtrat d. Kulturen v. Staphylococcus aureus, Stamm Wood *46* 36-1377; Vork. im Trimeresurus okinavensis-Gift 11-1570; Bldg. in Proteuskulturen 11-1330; β-Hämolysin-Bldg. bei Staphylokokken aus roher Milch 13-1453; Streptolysin S-Bldg. (biochem. Unters.) 14-1417; (chem. Natur) 16-1355; (durch Streptokokken mit zytostat. Wrkg. beeinflussenden Faktoren) 23-1242; Steiger. d. –-Produkt. v. Staphylokokken unter Penicillineinfl. 30-1285; Bldg. u. Charakteristika d. – v. E. coli 40-1382; Isolier. aus Schlangengiften 27-1445; Abtrenn. v. Neurotoxin bei Clostridium tetani 7-1477.

Biochem. Unters. über Streptolysin S′ (Übersicht) 9-1402; Wrkg. v. Streptolysin S u. Hämolysin d. Gruppe D auf ganze Zellen u. Sphäroplasten 18-1156; Dehydrogenaseaktivität in KB-Zellen unter Einfl. v. Staphylokokken-α-Hämolysin 12-1300; Einfl.: v. Streptolysin O auf Lysozymkörnchen in Zellkulturen 48-1237; v. Streptolysin S, auf Phospholipid/Cholesterin-Strukturen 46-1431; auf Glucose-gefüllte Phospholipid/Cholesterin-Strukturen 48-1110; – abbauender Faktor bei Vibrio cholerae 47-1249; Freisetz. v. Histamin durch α-Hämolysin aus Staphylococcus pyogenes 20-1517; antikarzinogene Wrkg. v. Streptolysin S aus mit Penicillin behandelten in Ribonuclease–Herz-Brühe kultivierten Streptococcus hämolyticus 1-1265; Hämolyse durch Streptolysin S 15-1530; neues Akutphasenprotein bei Mäusen infolge d. Einw. v. Streptolysin O 21-1590; latente Wrkg. v. Staphylokokken-β-Hämolysin 33-1716; Einfl. einer Vorbehandl. mit Streptolysin auf d. in vitro-Zerstör. v. menschl. Fibroblasten durch nicht immune Lymphoidzellen 48-1107.

Hemm. v. Streptolysin O durch Lipide 4-1531; Trenn. spezif. u. unspezif. Antistreptolysin O-Titer in menschl. Seren 31-1518; Einfl. d. Alters d. Kultur auf d. Antihämolysinbldg. gegen Hämotoxine v. Proteus 17-1389.

Hämopexin s. unter *Proteine, Spezielle Proteine.*

Hämophyrin s. unter $C_{34}H_{38}N_4O_6$.

Hämoproteide(-proteine) s. unter *Proteine, Spezielle Proteine.*

Hämorrhagin, Best. v. Cu u. Zn in – durch Aktivier.-Analyse 29-2073 .

Hämosiderin s. unter *Proteine, Spezielle Proteine.*

Hämostatika s. unter *Arzneimittel, Hämostyptika.*

Hämostyptika s. unter *Arzneimittel.*

Hämozoin, Chlorochinresistenz u. d. Natur d. Malariapigments – 28-1441.

Härte (und Härten)

Verfolg. d. Strahl.-Beeinfluss. durch Mikrohärtemess. 6-0321; Wrkg. d. Indukt.-Härt. auf d. Ermüd.-Festigk. 15-2404; Theorie d. Härt. 16-0184; Mikro-– dünner Schichten 17-0218; Versetz.-Multipole u. ihr Einfl. bei d. Spann.-Härt. 18-0247; Einfl. d. Indukt.-Härt. auf d. Ermüd.-Festigk. (Bezieh. zur Ermüd.-Rißausbreit.) 22-2410; (Einfl. d. Kernbeseitig.) 22-2411; Abhängigk. d. Mikro-– v. d. Belast. 43-0306.

Nichtmetallische Elemente

Stabilisier. d. – v. Se im Glaszustand durch Zusatz v. *5* Atom-% As 5-0438; Mikro-– v. Se-Einkrist. 6-0416; Einfl.: verschiedener Dotier.-Elemente auf d. Mikro-– v. Se 7-0445; d. Sb-Beimeng. auf d. Mikro-– v. Se 15-0343; d. –-Anisotropie v. lamellarem Graphit auf Verschleiß u. Stoffübergang bei trockener Reib. mit Metallen 23-2369; Anwend. d. IR-Polarographie für d. Unters. d. elektromechan. Effekts v. Si 9-0298; elektromechan. Effekt. in Si 14-0313; Einfl. v. γ-Strahl. auf d. Mikro-– v. Si 14-0355; Einfl. einer Zuleg. u. Belicht. auf d. Mikro-– v. Si-Einkrist. 31-0330.

Metalle und Legierungen

Erhöh. d. – v. Hartgußwalzen 16-2337; Ursachen d. Härt. v. Metallen durch Neutronenbestrahl. 18-2501; elektromechan. Effekt in Halbmetallen 21-0260; Stabilität d. gehärteten Zustandes in kub.-flächenzentrierten Metallen 29-0272; Kalthärt. in geordneten polykrist. Leg. 30-0232; Verlauf d. Vickers-– bei parallel zur Drehachse gestauchtem Be 7-0305; Abschreckhärten v. Be–Ni-Leg. 7-2531; Veränder. d. – u. Bldg. d. Phase $Mg_{17}Al_{12}$ u. ($Mg_{17}Al_{12}$) in einer bearbeiteten Mg–Ca–Al-Leg. 37-0323; Mikrohärteänder. v. abgeschrecktem Cd durch Porenbldg. an d. Korngrenzen 7-2532; Mikro-– v. Leg. d. Syst. Cd/Sn/Bi/Pb in Cd-Winkel 49/50-0284; Einfl. verzögerter Ausscheid.-Härt. v. Al-Leg. mit *1,2* Mg_2Si auf Struktur u. mechan. Eig. 2-2427; – v. drei Al–Cu–Ag-Leg. 6-0609; Abhängigk. d. Mikro-– v. d. Belast. v. polykrist. Al 14-2526; Einfl. v. Cu u. Ni auf d. Härte v. hypereutekt. Leg. Al–Si *20* 16-2369; Ausscheid.-Härt. v. Al-Leg. durch Abschreckalter. 22-2448; Einfl.: d. Zus. u. Abkühl.-Geschw. auf d. Mikro-– v. Mischkrist. einer Al–Cu-Gußleg. 26-0289; d. Preß- u. Lsg.-Glühtemp. auf Textur u. Aushärt. einer Mn-halt. AlMgSi1-Leg. 28-2437; v. Ag-Zusätzen auf d. – einer Al/Mg-Leg. 29-0237; Erhol. v. SAP-Leg. nach d. Kalthärten 32-0287; Vgl. d. Festigk.-Werte u. Brinell-– v. AlSi-Leg. 32-2346; Härten d. Al-Leg. WD *1* 34-2518; Best. d. Zerfallskinetik d. übersätt. Mischkrist. d. Leg. D-*16* an Hand v. –-Mess. 37-0269; Härt. in abgeschrecktem Al 47-0286; – v. Al-Leg. AW*000* (Einfl. v. Leg.-Elementen) 48-2435; Einfl. d. Alter. auf d. Aushärt. v. reinem, bei niedriger Temp. abgeschrecktem Al 51/52-0262.

Mikro-– d. Ce nach d. Reinig. v. Fe-, Si-, Cu- u. O_2-Beimeng. 14-0810; Temp.-Abhängigk. d. – v. La u. Nd im Bereich *77* bis *293* °K 40-0252; – v. XAl_2, (X = La, Ce, Pr, Nd, Sm, Eu, Gd, Tb, Dy, Ho, Er, Tm, Yb, Lu) 13-0283; –-Härte v. Zwischenphasen in Ti-Leg. mit Ir, Rh u. Os 33-0304; –: v. abgeschreckten Ti-Leg. mit Al u. Co 40-2324; v. intermetall. Ti–Ni-Gußverb. 44-2273; – v. Ti–O-Leg. 47-0288; – d. Diffus.-Zonen d. O in massivem oxydiertem Zr 24-0288; Vgl. v. durch Röntgenbeug. erhaltenen Polfigur-Daten mit Mikrohärtemess. an Zirkaloy 41-0338; elektromechan. Effekt (Mikrohärteerniedrig. im elektr. Felde oder beim Stromdurchgang) in Ge 14-0313; photomechan. Effekt in mit Elementen geringer Löslichk. Sb, In u. Ga dotiertem Ge 26-0287; Einfl. einer Zuleg. u. Belicht. auf d. Mikro-– v. Ge-Einkrist. 31-0330; Mikro-–: u. ihre Anisotropie v. mit Ga, As u. Sb leg. Ge-Einkrist. 34-0325; d. Ge bei Dotier. mit Mg, Ca, Sr oder Ba 48-0388; Härten v. Sn-Drähten 6-0300; Mikro-– bei quasispontaner innerer Dispergier. v. Sn in Ggw. v. fl. Ga 17-0242; Temp.- u. Dehn.-Geschw.-Abhängigk. d. Fließspann. einer lösungsgehärteten Nb-Leg. 7-0309; –: v. Nb-Krist. 11-0295; v. quatern. Nb-Leg. mit W, Mo u. Zr bei *1000* bis *1600*° 23-2307; Lsg.-Härt. bei Nb durch Ta-, V-, Zr- u. W-Zusätze 39-0303; Mikro-– v. mit Te u. Sn dotierten Bi-Einkrist. 20-0237; –-Unters. d. Cr/Ge-Verb. Cr_5Ge_3, $Cr_{11}Ge_8$ u. CrGe 17-0274; –-Best. im Syst. Ti/Cr/V 33-0617; Mikro-– v. *2*phas. Leg. v. ZrB_2 mit $MoSi_2$ 22-2403; Mikro-– v. Al-Verb. d. Übergangsmetalle (TiAl; $MeAl_3$ [Me = Ti, Zr, Hf, V, Nb, Ta, Mo]; Mo_3Al u. $MoAl_2$) 40-0404; Dauer-– v. pulvermetallurg. W 4-2325; –: v. W–LaB_6-Leg. 27-0430; v. Leg. d. Syst. Nb–W–Mo–Zr 27-2432; Erhöh. d. – in U u. dessen Leg. 3-0258; Änder. d. – bei isochronem u. isothermem Anlassen v. verformtem U 33-0329; – d. intermetall. Verb. d. Syst. Pu/Ga u. Pu/In 3-0603; Mikro-– v. Laves-Phasen in Syst. v. Re mit Seltenerdmetallen (GdRe, $TbRe_2$ u. $ErRe_2$) 3-0300; Einfl.: d. Neutronenbestrahl. auf d. Bruchspann.-Verh. bei d. durch Ausscheid. bei hohen Temp. gehärteten Leg. René *41* u. A *286* 3-0345; d. Abschrecktemp. auf d. Anlaßkinetik dreier Stähle 6-0305; einer Glüh. auf d. – d. Grenzfläche v. aufgeschwefelten Fe–Ni-Leg. mit *0,6* % Ni 7-0328; d. –-Temp. auf d. innere Reib. u. Löslichk.-Grenze v. C v. Fe–Si-Leg. 8-0282; –-Unters. in d. Syst. Cr/Fe/Mo u. Cr/Fe/W 11-0613; Einfl. d. Randox. auf d. – einsatzgehärteter Stahlproben 11-2547; Härt. durch Ausformen v. Austenit u. Martensit in Cr/Ni-Stahl 14-0274; – v. massivem Zementit aus Cr-halt. Guß-Fe 14-2523; Abhängigk. d. Mikro-– v. d. Belast. v. polykrist. Armco-Fe 14-2526; Anlaßhärt. v. Warmarbeitsstahl 15-2382; Mikro-– in Armco-Fe 15-2403; – d. metastabilen β-Leg. d. Syst. Ti–Mo–Fe–Al 17-0309; Mikrohärtemess. an einem Stahl d. Typs *316* 22-0270; Einfl. v. Erwärm.-Temp. u. Haltezeit auf d. Härte v. C-reichem Stahl mit geringem Cr-Geh. 22-2435; energet. Kennwerte beim Prozeß d. verzögerten Bruchs v. gehärtetem Stahl 23-0309; Ermittl. v. Eigenspann. v. warmbehandelten Stählen durch –-Best. 28-2412; – d. Martensit 31-0241; Mikro-– v. niedrig. leg. Stahl durch Vanadinnitride 39-0313; Einfl. v. Cu auf d. – v. ferrit.-perlit. Guß-Fe 40-2297; – v. verschleißfestem Guß-Fe mit Kugelgraphit 40-2301; Bezieh. v. Zugfestigk. u. Brinell-– für C-Gußstähle 42-2295; Einfl. einer plast. Deformat. bei nachfolgendem Anlassen auf d. – v. C-Stahl 42-2297; Sekundär-Härten in Mo–W–V-Stahl 46-2340; Einfl. v. S auf d. Mikro-– v. Guß-Fe 47-2158; Alter.-Härt. v. austenit. Stählen 48-2425; – v. Stahl *1*Ch*18*N*9*T 48-2535; –-Änder. v. Fe-Martensit durch Verform. 51/52-2320.

– v. fl. Co 11-0301; Dispers.-Härt. v. Co-Leg. durch ThO_2 24-2421; Einfl. d. kristallograph. Orientier. auf d. Mikro-– v. Ni-Einkrist. 2-0306; Auslager. u. Kriechen v. dispersionsgehärteten Ni–Al_2O_3-Leg. zwischen *800* u. *1400*° 22-0272; Korngrenzenhärt. d. intermetall. Verb. NiGa u. NiAl durch O 24-2472; – d. tern. Mischkrist. d. Syst. Ni/Fe/Mn 26-0251; Abhängigk. d. Bestrahl.-Verh. einer aushärtbaren Ni–Fe-Leg. v. Ausscheid.-Zustand 32-0296; Einfl.: d. Verf.-Parameter auf d. – v. Ni-Überzügen aus Sulfamatbädern 36-2325; einer Neutronenbestrahl. auf d. Ausscheid.-Härt. v. Cu-Leg. mit *2* Be 2-2459; –-Prüf. v. Einkrist. aus im Innern ox. Cu–Si-Leg. 12-0330; Leg.-– d. Cu–Si-Mischkrist. bei *4,2* °K 14-0322; Abhängigk. d. Mikro-– v. d. Belast. v. polykrist. Cu 14-2526; Lsg.-Härt. durch He-Gas in bestrahlten Cu–B-Leg. 18-0274; Einfl. d. absorbierten Gase auf d. Erhol. d. Oberflächen-– v. Cu 19-0301; Änder. d. Mikro-– beim Zerfall eines Mischkrist. auf Cu-Basis 25-0247; Dispers.-Härt. v. Cu-Einkrist. 30-0245; Leg.-Härt. in α-Cu–Al-Einkrist. bei tiefen Temp. 31-0335; Mikro-– v. Cu- u. Al-Filmen 37-0335; Einfl. d. Verdampf.-Verf. auf d. Mikro-– v. Al- u. Cu-Vakuumkondensaten 38-0267; Bezieh. zwischen Härte u. Spann. im plast. Bereich v. Stahl *3*, Stahl SCH *15*, Duraluminium D*1* u. Messing L*62*

38-1468; Biogenese v. Indolylessigsäure bei Avena-Koleoptilen 43-1302; Verwert. d. N später Nachdüng. auf d. Eiweißsynth. im Korn v. – 45-1342; Synth. v. langkett. Fettsäuren in – 46-1392; Wrkg. v. Auxin auf d. Zellwandsynth. v. – -Koleoptilgewebe 46-1404, 46-1405; RNS-Stoffwechsel u. Zellexpans. in – -Koleoptilen 47-1125; Stimulier. d. RNS-Synth. in subapikalen Schnitten v. Avena-Koleoptilen durch Indolyl-(3)-essigsäure 48-1136; Bldg. v. – -Kallus (Empfänglichk. für eine parasitäre Pflanzennematode) 48-1347.

Zusammensetzung, Eigenschaften. Strukturen v. aus – isolierten Antioxydantien 4-1045; chem. Zus. v. bespelztem u. nacktem – 7-3419; Identifizier. v. Sterinen in – -Samen 12-1469; Verdaulichk. v. Fettproteinen aus Avena sativa 13-1699; Vork. v. Tricin u. Glykoflavonen in Avena 19-1422; Saponine d. oberird. Teile d. – (Nuatigenin als Aglykon) 24-1460; Phenolsäuren in Rückständen v. – (Phytotoxizität) 25-1382; gebundene Indolyl-(3)-essigsäure in Avena-Koleoptilen 29-1415; Kieselsäure in – -Pflanzen (Aufnahme aus d. Boden) 34-3128; Proteine in d. Primärwänden v. Avena sativa-Koleoptilen 35-1418; U-Geh. v. – bei Verunreinig. d. Bodens 36-2876; Einfl. d. bodenbildenden Mineralien auf d. ^{90}Sr-Geh. v. – 36-2877; Peroxydaseaktivität in – -Keimen 37-1246; Einfl. d. ^{90}Sr-Gabe zum Boden bei unterschiedl. Phosphatniveau auf d. ^{90}Sr-Geh. in – 38-3025; Aminosäuregeh. v. – (Einfl. d. Anbauheding.) 38-3182; Isolier.: eines β-Glucans u. Arabinoxylans aus – -Mehl 39-1123; v. 4-Hydroxyphthalid aus – -Korn 40-1420; Lysingeh. v. – u. – -Flocken 40-3168; elektrophoret. Unters. v. Xylanen aus d. Kornoberflächen v. – 43-2793; Hydrolyse v. – -β-Glucanen durch eine β-(1 → 4)-Glucanhydrolase 44-1339; Einfl. d. Taglänge auf d. Chlorophyll–Eiweiß–Lipid-Komplex v. Avena sativa 45-1313.

Behandlung, Verwendung. Bldg. v. Carbonylverb. beim Rösten v. – -Flocken 4-3121; Verw. v. – -Prod. bei d. Herst. v. Tetracyclin durch Gär. 8-1816*; biochem. Grundlagen d. – -Präparier. (Übersicht) 33-3152; Lager. v. mit Methylbromid begastem – (Einfl. auf d. Keimfähigk.) 46-3003.

Analytisches. Best. v. Se in – -Schrot 20-2008; Mikrodiffus.-Meth. nach Conway zur N-Best. in – 20-2013; (Verw. v. Polyäthylengefäßen) 20-2016; histoautoradiograph. Lokalisier. v. Ca in – -Pflanzengewebe 36-1960.

Hafnium

– in Zirkonen aus Granitoiden d. Serendinsker Massivs 11-0857; Bezieh. d. Zr-, –, U- u. Th-Geh. in akzessor. Zirkonen aus Granitoiden d. mittleren Dnjeprgebietes 11-0858; Hf/Zr-Verhältnisse in Zr-Mineralien 13-0872; – im Spektrum v. K-Sternen 35-0837.

– -Geh. im menschl. Serum 38-1550.

Herst.: v. – -Schwamm 1-2500; aus Verunreinig. enthaltender roher $KHfOF_3$-Lsg. 4-2135*; durch Red. v. – -Oxid im Vakuum 15-2475*; durch therm. Zers. d. Jodids 21-2703*; durch Schmelzflußelektrolyse 39-2294*; aus d. Fluoridschmelze (elektrolyt.) 40-2323.

Grundlagen u. Entw. d. Verf. zur Trenn. v. Zr u. – durch Verteilen ihrer Thiocyanate 1-0571; Extrakt. v. – aus HCl-sauren Lsg. mit 8-Hydroxychinaldoxim u. Carbonsäuren 9-0614; Trenn. v. Zr u. –: durch Extrakt. mit Methylcyclohexanon 15-2390; durch fl.–fl.-Extrakt. (Übersicht) 18-2474; Raffinat. v. – durch chem. Bind. d. O_2 40-2406*; Trenn. v. Ti u. – mit Tributylphosphat u. H_2O_2 44-2377*; Extrakt. v. Zr u. – aus HCl-Lsg. mit Acetophenon 48-2205; Trenn. v. – u. Zr durch Extrakt. 48-2256*.

Agglomerieren v. – -Pulver durch Vibrat. u. Schlagverdicht. 27-2484*.

Gesetzmäßigk. d. physikal. Eig. v. – 30-0160.

Anomale *E1*-Übergänge in ^{177}Hf 7-0082; Coriolis-Kräfte- u. Paarkorrelat.-Beiträge in ^{177}Hf 9-0059; Halbwertszeiten d. ersten angeregten Zustände v. ^{174,178}Hf 10-0036; γ-Spektren v. ^{178}Hf aus d. Strahl.-Einfang v. Neutronen bei Resonanzen 11-0089; Kernspektroskopie v. Neutronendefizit-Hf-Aktivitäten 12-0048; Myoneneinfangrate in – 13-0061; Spektren hochenerget. γ-Strahlen aus d. Neutroneneinfang in – -Isotopen 13-0105; Erzeug. u. Unters. d. Isomers ^{179m}Hf 19-0095; Paar.-Korrelat. in Rotat.-Zuständen v. ^{180}Hf 20-0027; Kernrotat. u. d. Paar.-Korrelat. ^{172,176,180}Hf 20-0028; Aktivier.-Querschnitte für ^{178}Hf(n, p)^{178m,g}Lu mit *14,8*-MeV-Neutronen 20-0076; elast. Streuung v. *0,5*-MeV-γ-Strahlen an – 21-0043; Zerfallsschema v. ^{179}Hf aus (n, γ)-Rk. 21-0108; $I^2(I + 1)^2$-Korrektur zu Kernrotat.-Spektren v. – 22-0043; elast. Streuung v. *24,7*-MeV-α-Teilchen an – 23-0051; Möglichk. einer Paritätsbeimisch. im *57,6*-keV-Übergang in ^{180m}Hf 23-0069; experimenteller Beweis für anomale L/M-Konvers.-Verhältnisse d. $2^+ \rightarrow 0^+$-Übergänge in – 27-0088; Mössbauer-Unters. an d. 2^+-Rotat.-Niveaus v. ^{176,180}Hf 27-0093; Suche nach Paritätsmisch.: in ^{180}Hf durch Mess. d. Zirkularpolarisat. d. γ-Strahlen 28-0059; beim *501*-keV-γ-Übergang v. ^{180}Hf 28-0060; Lebensdauer d. *23/2*-Dreiteilchenniveaus d. ^{177}Hf u. sein Zerfall durch K-verbotene γ-Übergänge 30-0047; ^{180}Hf(d, p)^{181}Hf 31-0104; Mess. d. (n, *2*n)-Rk.-Querschnitts für ^{179}Hf bei *14,8* MeV 33-0074; durch (p, *2*n)-Rk. besetzte Vibrat.-Zustände in ^{174}Hf 34-0069; Vibrat.-Zustände in ^{177,181}Hf (Unters. d. Grenzen d. Nilsson-Modells) 34-0070; Spinverteil. v. Compoundkernen u. nachfolgenden Neutronenverdampf.-Prod. für d. Beschuß v. ^{178}Hf mit *27*-MeV-α-Teilchen u. ^{180}Hf mit *52*-MeV-α-Teilchen 36-0035; Berechn. v. Wrkg.-Querschnitten für Rk. v. Typ ^{180}Hf·(^{132}Xe, xn)$^{312-x}$*126* 37-0116; niederenerget. Niveauschema v. ^{179}Hf 38-0042; Koeff. d. inneren Konvers. v. ^{180}Hf 39-0078; gyromagnet. Verhältnisse d. 2^+-Zustände in – -Isotopen 40-0055; $K\pi = 0^+$-Banden v. ^{178}Hf 41-0107; *E2/M1*-Misch.-Verhältnisse u. K-Konvers.-Koeff. in ^{179}Hf 42-0032; Halbwertszeit v. ^{179m}Hf 43-0086; Paritätsmisch. in ^{180}Hf 44-0034; radiochem. Best. v. ^{172,175}Hf in einem Ta-Target d. Frascati-Elektronensynchrotrons 44-0044; Winkelverteil. d. γ-Strahlen aus d. Rk. ^{165}Ho(^{11}B, 4n)^{172}Hf u. ^{159}Tb(^{14}N, 5n)^{168}Hf 46-0057; Analyse d. elast. Streuung v. *24,7*-MeV-α-Teilchen an – nach d. Achiezer-Pomerancuk-Blair-Modell 48-0038; Mess. u. Analyse v. myon. Röntgenspektren in – 49/50-0033; Oberflächen-δ-Wechselwrkg. (SDI) u. kollektive Nichtrotat.-Zustände in – -Kernen 51/52-0048; Unters. an angereichertem ^{174}Hf auf natürl. α-Strahlen 51/52-0054.

Brech. u. Absorpt. im IR-Bereich v. – 41-0377; opt. Konst. v. – im IR 48-0315.

Röntgenstrukturanalyse d. Kristallit-Größe v. für Kernunters. bestimmten isotopen ungeordneten Targetschichten aus – 16-0195; Best. d. Abstandes Anion/Kation bei d. Koordinat.-Zahl *6* für Hf^{4+} 16-0211; Diffus. v. ^{181}Hf in kub.-raumzentriertem – 19-0307; Hartree-Fock-Parameter für d. – -Atome 31-0122; Aktivier.-Energie d. Diffus. v. Eindring.-Elementen in – 38-0332; röntgenograph. Unters. im Dreistoffsyst. Hf/U/B 38-0564; Diffus.-Barrieren aus – für Nb (beim Aufbringen oxydationsbeständ. Schichten) 40-0276; Wrkg. v. – -Zusätzen auf d. Gitterparameter u. d. Löslichk.-Grenzen v. α-Fe 41-0266; Berechn. nach einer neuen empir. Formel zur Ermittl. d. Radien v. Kationen mit Edelgasschale für – 48-0088.

Härt. v. durch Kathodenzerstäub. abgeschiedenem – 28-0296; Festigk. v. – (Einfl. d. Herst.-Beding.) 34-2292.

Dielektr. Durchschlag anod. Oxidschichten auf – 47-0471.

Temp.-Abhängigk. d. paramagnet. Suszeptibilität v. – 6-0498; kernmagnet. Abschirm.-Konst. für alle positiven Ionen, neutralen Atome u. negativen Ionen v. – 18-0089.

Elektrochem. Unters. v. – im geschmolzenen LiCl/KCl-Eutektikum 9-0656; Polarographie: v. Zr u. – in Acetonitril 14-0712; v. Hf(IV) in wss.-alkohol. Lsg. 33-2045.

F., Kp. u. Dampfdruck v. – 3-0594; thermodynam. Eig. v. – 7-0042; spezif. Wärme v. – 7-0302; paramagnet. Suszeptibilitäten u. d. elektron. Anteil an d. spezif. Wärme v. – 8-0502; Syst. Hf/C 20-0533; Phasengleichgew. im tern. Syst. Hf/Re/C 38-0567; Syst. Hf/Cr/C 42-0519; Wärmeleitfähigk. u. Schwärz.-Grad v. Jodid- – 46-0316; Syst. Hf/O 49/50-0539.

Selektive Ionenaustauscher für – -Ionen 13-2103; Chemisorpt. v. Cl u. HCl an – 16-0616; Sorpt. u. Trenn. v. Zr u. – an einheim. Anioniten 48-1898.

Verteil. v. Zr u. – zwischen d. Ionenaustauscher KU *2* u. wss. Komplexon-Lsg. 14-0662; Extrakt.-Koeff. v. – aus HCl- u. LiCl/*0,2* m HCl-Lsg. mit Aminen in Diäthylbenzol 35-0501.

Chemie v. Hf(IV) in wss. Lsg. 43-0538; Ox.: mit O_2 (Kinetik u. Mechanismus) 13-0731; bei hohen Temp. (Kinetik) 24-0711; Einw. v. SO_2 auf – 29-0694; Komplexbldg.: mit Tiron 13-0602; mit Xylenolorange 26-2088; mit Aminopolycarbonsäuren 35-0552; mit Ascorbinsäure 37-0594; mit Stilbazogall-I 49/50-1784; mit Stilbazogall I u. -II 51/52-1854.

Einfl. d. – -Ions auf d. Dephosphorylier. v. Phosphorsäureestern 29-1248; katalyt. Effekt v. – bei d. Graphitox. 41-0672.

Verw.: zur Halbleiter-Herst. 8-2228*; zur Herst. dichter, hitzebeständ. Sinterstoffe 5-2539*; bei d. Herst. v. Gegenständen aus SiC 16-2251*; zur Herst. krist. feuerfester Formkörper 19-2344*.

Unters. d. Farbrk. v. Hf(IV) mit Analoga v. Arsenazo III u. ihre Eign. zur spektrophotometr. Best. 38-1879; organ. Reagenzien in d. analyt. Chemie d. Zr u. – 42-1853.

Gravimetr. Best. v. – mit o-Nitrobenzoesäure 4-1898; Best. v. – mit organ. Reagenzien 24-1862; Aktivier.-Analyse v. – 31-1940; komplexometr. Best. v. – 46-1855; zerstörungsfreie – -Best. durch Aktivier.-Analyse mit kurzleb. Isotopen 48-1851; Atomabsorpt.-Spektroskopie v. – mit Hochtemp.-Flammen 51/52-1762.

Best. kleiner – -Geh. in ZrO_2-Präp. mittels Röntgenspektralanalyse 2-2047; Fäll. u. Abtrenn. durch Dekomplexier. (Analyse) 5-2015; photometr. Best. v. – in Nb u. anderen Metallen mit Brenzcatechinviolett 9-2088; Best. v. – -Spuren in Silicatgesteinen 13-2117; spektrograph. Best. v. – in Zr: nach d. Pulver-Funken-Verf. 18-2089; nach d. Spitze-Platte-Funkenverf. 18-2090; Aktivier.-Analyse v. Zr in – durch Kernphotork. 26-2087; papierchromatograph. Trenn. v. Ta, Nb u. – (Analyse) 29-2030; Best. v. –: in Nb u. anderen Metallen mit Brenzcatechinviolett 31-1976; in C-halt. Stahl 31-2058; Einfl. d. Matrixzus. auf d. spektralanalyt. Best. v. – in Erzen 38-1948; photometr. Best. v. Zr u. – mit Biazoderiv. d. Chromotropsäure 38-1955*; Neutronenaktivier. zur Best. v. – in Zr 40-1840; Best.: v. Zr u. – in metall. u. pulverisiertem Zr mit Hilfe v. Mandelsäure 41-1947; v. – in niedriglegierten Stählen durch Röntgenspektroskopie 42-1924.

Röntgenfluoreszenzspektrograph. Best. d. Mo-Geh. v. – -Targets 6-1897; Radioaktivier.-Analyse mit γ-Quanten zur Best. v. Zr in – 29-1992; Best. v. Ba u. Sr mit Dimethylsulfonazo DAL in Ggw. v. – 32-2004.

Best. v. Alterswerten nach d. ^{176}Lu/^{176}Hf-Meth. 47-0730.

Bibl.: Analysis of the new metals: titanium, zirconium, hafnium, niobium, tantalum, tungsten and their alloys B 29; Analytical chemistry of zirconium and hafnium B 46.

Hafniumlegierungen

Al: Physikal. Eig. v. $HfAl_3$ 40-0404; Struktur u. Darst. v. $Hf_6Ni_8Al_{15}$ 11-0272; Nachw. u. Gitterparameter v. Hf/X/Al (X = Rh, Pd, Os, Ir, Pt) 24-0249; Darst. u. Phasenanalyse v. Leg. d. Syst. Hf/X/Al (X = Fe, Co, Ni, Cu) 49/50-0261.

Be: Struktur u. Darst. v. $Hf_6Co_8Be_{15}$ u. $Hf_6Ni_8Be_{15}$ 11-0272; Nachw. u. Gitterparameter v. $Hf_6Pd_8Be_{15}$ 24-0249.

Cd: Strukturen im Syst. Cd/Hf 3-0288.

Co: Struktur u. Darst. v. $Hf_6Co_8Be_{15}$ 11-0272; Darst. u. Phasenanalyse v. Leg. d. Syst. Hf/Co/Al u. Hf/Co/Ga 49/50-0261.

Cu: Nachw. u. Gitterparameter v. $Hf_6 \cdot Cu_8Be_{15}$ 24-0249; Darst. u. Phasenanalyse v. Leg. d. Syst. Hf/Cu/Al u. Hf/Cu/Ga 49/50-0261.

Fe: Darst. u. Phasenanalyse v. Leg. d. Syst. Hf/Fe/Al u. Hf/Fe/Ga 49/50-0261; N-Absorpt. v. – 22-2378.

Ga: Darst. u. Phasenanalyse v. Leg. d. Syst. Hf/X/Ga (X = Fe, Co, Ni, Cu) 49/50-0261.

Ir: Nachw. u. Gitterparameter v. Hf/Ir/Al 24-0249; keine Beobacht. v. Supraleit. in d. dicht gepackten intermediären Phase Hf_2Ir oberhalb *1,5* °K 10-0474.

Nb: Thermoelektronenemiss. u. Austrittsarbeit. v. – 32-0396.

Ni: Struktur u. Darst. v. $Hf_6Ni_8Be_{15}$ u. $Hf_6Ni_8Al_{15}$ 11-0272; Darst. u. Phasenanalyse v. Leg. d. Syst. Hf/Ni/Al u. Hf/Ni/Ga 49/50-0261; magnet. Unters. v. $HfNi_5$ 31-0499.

Os: Nachw. u. Gitterparameter v. Hf/Os/Al 24-0249.

Pd: Nachw. u. Gitterparameter v. $Hf_6 \cdot Pd_8B_{15}$ u. Hf/Pd/Al 24-0249.

Pt: Nachw. u. Gitterparameter v. Hf/Pt/Al 24-0249.

Re: Thermoelektronenemiss. u. Austrittsarbeit v. – 32-0396; Phasendiagramm d. Leg.-Syst. W/Re/Hf 49/50-0540.

Physikalisches und physikalisch-chemisches Verhalten

Optische Eigenschaften

Struktureigenschaften

Elektrische Eigenschaften

Magnetische Eigenschaften

Elektrolytische Eigenschaften

Thermodynamische Eigenschaften

Oberflächeneigenschaften

Chemische Eigenschaften, Katalyse

Untersuchungsmethoden

Bibliographie

trische und optische **Eigenschaften von Halbleitern (Mitteilungssammlung) B 58; Physikalisch-chemische Grundlagen des Legierens** von Halbleitern B 71; Physikalisch-chemische Methoden der Untersuchung von Halbleitermaterialien (Mitteilungssammlung) B 78.

Electron spin resonance in semiconductors B 26; Electron radiation damage in semiconductors and metals B 34; The electronic theory of heavily doped semiconductors B 42; Solid state and semiconductor physics B 42; Organic semiconductors B 83; Semiconductors and semimetals. Vol. *1*: Physics of III – V compounds B 90; Les semiconducteurs B 82.

Halbleitertechnologie und -Bauelemente

Verwendung von Halbleitern für *Maser und Laser*; *Thermoelemente* s. dort; für photoelektr. Bauelemente s. unter *Photoelektrizität*.

Herst. u. Verw. v. Halbleitern 1-0397; Entw.-Richt. in d. Halbleitertechnik (Übersicht) 17-2212.

Herstellung von Halbleitern

Herst. v. Halbleitern 1-2347; tiegelfreies Zonenschmelzen v. Halbleitermaterial 4-2153*; Herst.: u. Verw. halbleitender Titanat-Keramik 6-2214; v. einkrist. Wafers aus d. Dampfphase unter abwechselnder Kühl. für Halbleiter 8-2236*; v. krist. Halbleitermaterial 11-2379*; v. anorgan. Halbleitern 13-2370; v. einkrist. Halbleitermaterial 13-2376*; Dichtungsmasse für Vorr. zur Herst. v. Halbleitermaterial 14-2132*; Herst. v. krist. halbleitenden Elementen 14-2330*; gesteuertes Krist.-Wachstum auf Si oder Ge bei d. Halbleiter-Herst. 15-2256*; Herst. v. sintertechn. Werkstoffen (oxid. Halbleitern) 22-2303*; Gewinn. v. Halbleitermaterialien durch chem. Transportrk. 25-2037; Verw. v. Ti-halt. Keramikfilm bei d. Halbleiterherst. 27-2277*; Herst.: eines dendrit. Krist. als Halbleitersubstanz 33-2260*; v. Halbleitermaterial auf B-Basis 34-2327*; u. Verarbeit. v. halbleitenden Verb. mit einer leichtflücht. Komponente 37-2071*; Aufarbeit. v. unbrauchbaren Transistorverbind. 42-2254; Halbleiterverb. durch Fest–Flüssig-Zwischendiffus. (SLID) 45-0388; Verf. zur Herst. v. Halbleitern 49/50-2122*.

Herst. v. halbleitendem Diamant mittels bei therm. Zers. druckerzeugender Verb. 17-2229; durch Ionenbeschuß (mit Li- u. B-Ionen) hergestellte Diamanthalbleiter 27-0460; Herst.: v. Halbleitern aus Si 2-2295*; v. Halbleitern (Si) 6-2223*, 6-2228*; v. Si-Halbleitern unter Verw. v. Na bzw. Na-Verb. 6-2239*; v. Halbleitern aus Si 7-2375*; v. Halbleitern (Si) durch Zusatz v. Donatoren u. Akzeptoren 15-2258*; v. Halbleitermaterial aus Si 27-2273*; v. Halbleitermaterial aus Si 27-2275*; Verw. v. krist. Si als Halbleiter 30-2221*; Herst.: v. Halbleitern aus Si 34-2329*; v. einkrist. Si-Halbleiter 38-2211*; v. Si für Halbleiter durch Red. d. Halogenide 41-2175*; Graphit als Schmelztiegel für Halbleiter-Si 44-0212; Material für d. Halbleitertechnik (Red. v. $SiCl_4$ u. Chlorsilanen) 45-2103*; Einsatzmöglichk. reinster Metalle in d. Halbleitertechnik 14-2483; Herst. v. Einkrist. aus Halbleitern (Rb, Cs) 10-2362*; Darst. einiger Halbleiterverb. d. Übergangs- u. Seltenerdmetalle 38-0794; Herst.: v. Halbleiter-Dendriten aus Ge 3-2267*; v. Halbleitern (Si + Ge) 6-2224*, 6-2225*; v. Halbleitern (Ge) 6-2226*; v. Halbleitern (Si + Ge) 6-2229*; v. Halbleitermaterial aus Si oder Ge unter Verw. v. therm. zersetzbarem Hydrid einer p- oder n-Verunreinig. 7-2373*; v. Halbleitern aus Si oder Ge 12-2221*; v. Halbleitern aus Ge 15-2259*; v. halbleitenden Einkrist. aus Si–Ge-Leg. 17-2227*; v. Halbleitern aus Si oder Ge 27-2272*; Herst. ohmscher Au–Sb–Si-Leg.-Verb. aus n-leitendem Si 20-2252.

Neue präparative Technik für bestimmte Sulfide u. andere halbleitende Verb. 9-0800; Herst. v. reinem SiC für Halbleiteranordn. 9-2387*; Verw. v. SiCi in Halbleitern 13-2379*; Herst.: v. halbleitenden Übergangszonen in SiC-Einkrist. 51/52-2150*; eines Halbleiters aus halbleitender Metalloxidschicht 8-2228*; v. gemischten Metalloxiden als Halbleiter 27-2279*; Darst. v. Einkrist. d. Halbleiterphase im Syst. Zn/Sb 14-0240; Herst.: v. ZnS-Einkrist. als II – VI-Verb.-Halbleiter 37-2059; v. II – VI-Halbleiterverb. (Zn oder Cd + S, Se, Te) 12-2218*; elektrolumineszierender Halbleiter aus $Zn_xCd_{1-x}S$ 15-2257*; v. Halbleitermaterial d. Zus. $Cd_{3-x}Zn_xAs_2$, bes. Cd_2ZnAs_2 24-2242*; v. Halbleitermaterial auf d. Grundlage v. CdS 31-2199*; v. Cd-Tellurid-Halbleiter 40-2179*; v. krist. Al-Phosphid durch Rk. v. P mit Al-Schmelze für Halbleiter 49/50-2121*; v. krist. GaAs 6-2221*; v. Halbleitern (Ga[$As_x \cdot P_{1-x}$] + $ZnAs_2$) 6-2222*; v. Halbleitern (GaAs + Si) 6-2227*; v. *0,5 – 10³ Ω*·cm-GaAs durch Ausscheid. d. Akzeptoren während d. Wärmebehandl. v. in O_2 gezüchteten Krist. 18-0383; v. Halbleiterverb. (GaAs) 28-2246*; Verw. v. GaP- u. GaAs-Einkrist. zur Herst. v. Halbleitern 29-2282; Herst.: v. GaP-Einkrist. für Halbleiterzwecke 33-2259*; v. Ga-Phosphid-Halbleiter 48-2299*; horizontale App. zur Zücht. v. Einkrist. aus Halbleitermaterialien wie z. B. InAs, InSe u. In_2Se_3 nach Bridgman 5-0261; InAs-Halbleiter-Krist.-Zücht. aus einer bewegten Lsg. 22-0227; Herst.: v. Halbleiter mit hoher Strombeweglichk. aus In–Sb-Leg. 26-2354*; v. halbleitenden Einkrist. aus CdTe, InAs oder InP 35-2168*.

Herst.: v. Halbleitern (Si auf SiC) 5-2320*; v. Halbleitern (Bedampf. v. Si mit SiO_2) 12-2219*; v. Halbleiterstrukturen wie InAs–In–InAs aus einer bewegten Lsg. 22-0227.

Verw. v. Furanpolymeren zur Herst. v. Halbleitern 10-3002*; Herst. v. Halbleitern durch Rk. v. aromat. KW-Stoffen u. Friedel-Crafts-Katalysatoren 21-2370*; Darst. v. Polymeren v. p-Bis-[äthinyldialkylsilyl]-benzolen mit Halbleitereig. 24-1034; Herst.: v. polymeren organ. Halbleitern 32-2247*; v. hitzebeständ. Halbleitern aus Nitrilen 32-2246*; Darst. v. Halbleiterfilmen aus Polyäthylen 36-1113; Herst. polymerer Phthalocyanine als Halbleiter 37-2072*; Darst. halbleitender organ. Polymerer aus Nitrilen 47-1076; Herst. v. Halbleiter aus Polyinschicht 51/52-2148*.

Herstellung von Halbleiterkörpern

Herst.: v. Halbleiterkörpern 4-2152*; (Si) 5-2318*; v. einkrist. Plättchen aus Si oder Ge 9-2390*; v. flachen Einkrist. aus Halbleitermaterial 9-2391*; dünner Schichten aus sprödem Material für Halbleiter ($A_{III}B_V$-Verb.) 15-2251*; v. Ge-Halbleiterkörpern 15-2252*; Ziehen bandförm. Halbleiter aus d. Schmelze 17-2232*; Herst.: anorgan. Filme mit Halbleitereig. 19-2286*; v. Halbleiter-Ge-Körpern 24-2243*; v. Si-Plättchen für Halbleiter 41-2176*; v. bandförm. Halbleitern 48-2296*; eines stabförm. Einkrist. aus halbleitendem Material 9-2392*; tiegelfreies Zonenschmelzen eines lotrecht gehalterten Halbleiterstabes 13-2378*; ringförm. Heizvorr. zum Zonenschmelzen stabförm. krist. Halbleiter 17-2230*; Herst. v. stabförm. Halbleiterkrist. 34-2325*; tiegelfreies Zonenschmelzen v. Si-Stäben für Halbleiter 37-2069*; Herst. einkrist. Si-Carbidstäbe für Halbleiter 40-2178*; tiegelfreies Zonenschmelzen eines Si-Stabes für Halbleiterzwecke 43-2045*.

Herstellung von epitaktischen Schichten

Epitakt. Wachstum v. dünnen Halbleiterschichten bei Verdampf.-Diffus. im isothermen Bereich 8-0225; Entfern. d. bei Epitaxie v. Halbleitern auf d. Heizer abgeschiedenen Halbleiterschicht 9-2388*; Herst. epitakt. Aufwachsschichten auf Halbleiterscheiben 13-2375*; Abscheid.-Kammer für epitakt. Zücht. v. Halbleiterschichten 17-0231; Herst.: v. epitaxial aufgewachsenen Schichten bei d. Halbleiterherst. (Ga) 23-2175*; v. Halbleitern aus GaAs mit epitaxialen Schichten 27-2276*; epitakt. gewachsener Halbleiterkrist. 31-2201*; epitaxiales Aufwachsen halbleitender Schichten 42-2123*; Herst. v. Einkrist. aus Ga-Phosphid u. -Arsenid in Form epitaxialer Schichten auf Substraten aus GaP bzw. GaAs für Halbleiter 49/50-2120*.

Herstellung von Halbleitern großer Reinheit

Darst. u. Reinig. v. mit Si dotiertem GaP mit Hilfe eines horizontalen Zonenschmelzverf. 5-0453; Herst.: v. Halbleiterstäben großer Reinh. 15-2253*; v. hochreinen Si-Halbleitern durch H_2-Red. v. Si-Halogenverb. 17-2228*; v. extrem reinem Si-Halbleiter durch Sintern 17-2231*; Vgl. v. Meth. zur Reinig. v. $GeCl_4$ für Halbleiter 19-2282; elektrolyt. Reinig. v. Halbleiterkrist. 19-2288*; Herst. v. hochreinem SiC aus $SiCl_4$ als Halbleiterelement 21-2369*; Reinig. v. aus Zn oder Cd u. S, Se oder Te bestehendem Halbleitermaterial 23-2178*; Herst.: v. sehr reinem Si als Halbleiter 27-2278*; v. sehr reinem GaAs als Halbleiter 28-2248*; Reinig. v. Halbleitermaterial 29-2283*; Herst.: spektroskop. reiner Co, Ni- u. Mn-Oxide für Halbleiter 32-2207; v. hochreinem Zn für Halbleiter 32-2237; v. reinem Si für Halbleiterzwecke 35-2169*; Erzeug. v. hochreinen Si-Carbid-Schichten für Halbleiterzwecke 35-2170*; Herst. v. hochreinem Si aus d. Gasphase für Halbleiter 36-2161*; Reinig. v. Si-Halbleitern durch Aufbringen v. Au 36-2162*; Herst.: v. hochreinem Si für Halbleiter 39-2123*; v. Reinst-Si für Halbleiter 40-2176*; hochreiner, halbleitender Si-Stäbe aus d. Gasphase 40-2177*; v. hochreinen SiC-Schichten für Halbleiterzwecke 43-2044*; v. hochreinem einkrist. Si als Halbleiter 44-2134*; Verw. hochreiner Si-Stäbe als Halbleiter 44-2135*.

Herstellung von Halbleitern mit bestimmter Dotierung

Lokale Diffus. v. Verunreinig. in Halbleitern (Si oder Ge) 5-2319*; Herst. v. p-dotierten Zonen in Halbleitermaterial (Si, Ga) 6-2232*; verzögerte Dotier. v. Halbleitermaterial 6-2238*; Bldg. entarteter n-Halbleiter mit hohen Trägerkonz. bei Kreuzsubstitut. in InAs durch (Ge, Te), (Sn, Te) oder (Ge, Se) 7-0456; Dotier. v. Si-Halbleitermaterial (mit Arseniden bzw. Phosphiden v. Al, Ga oder In) 7-2370*; gesteuerte Dotier. v. Halbleitermaterial durch Gasabscheid. 7-2376*; Diffus. v. B_2O_3 in Halbleiter 7-2378*; Dotier.: v. Si-Halbleiter mit B 8-2229*; v. Si-Halbleiterkörpern 11-2375*; Dotier. v. Si mit Hilfe v. niederenerget. Ionen 19-0313; Herst. v. dotiertem Halbleitermaterial 22-2239*; Dotier.: v. Si-Halbleiterkörpern mit Au–B-Leg. 23-2176*; v. Halbleitern (Si, Ge) 25-2044*; Herst.: v. niederohm., n-leitendem Halbleiterstab aus Si 27-2274*; v. dotierten Halbleiterscheiben 31-2200*; v. $BaTiO_3$-Halbleitern mit bestimmtem Nd-Geh. 32-2236; Herst. v. Störhalbleitersyst. aus p-leitendem Ge 35-2172*; Homogenisieren v. Dotier.-Material für Halbleiter-Einkrist. 36-2163*; Herst.: v. n-leitendem Si durch Verdampfen v. dotiertem $SiHCl_3$ 37-2073*; v. B-dotierten einkrist. Si-Halbleiter 38-2210*; Einbau v. definierten Störstellen in Halbleiter 39-2127*; Umwandl. v. n- in p-InSb durch Wärmebehandl. in verschiedenen Gasen 43-0430; ;Herst. v. n-dotierten Si-Einkrist. 45-2071; Dotier. v. Halbleitermaterialin d. Dampfphase 48-2298*; Parameter für d. Zücht. v. n-leitenden GaAs-Schichten nach d. H–W.-Dampf-Verf. auf N^+-GaAs-Substraten 51/52-0169.

Herstellung von Halbleitern mit bestimmten Übergängen

Kontrollierte Flächenverkleiner. v. Übergängen bei Halbleitern 1-2348*; Herst.: v. Halbleitern aus Si mit p – n-Übergang 7-2371*; v. p-leitendem Si-Halbleiter mit n-leitender Oberfläche 7-2374*; eines großfläch. p–n-Überganges in Si-Krist. 8-2235*; v. p–n-Übergang auf Si-Einkrist.-Scheibe (P-Dotier.) 12-2216*; Beseitig. v. Rückständen d. Gasphasenabscheid. v. Si-Einkrist. mit n–p–n-Übergängen 16-2190*; Herst.: v. p–n-Verbind. in SiC-Krist. 17-2213; v. halbleitenden Schichtwerkstoffen mit p – n-Übergang aus In–Ge-Leg.-Folien 19-2290*; einer Fünfschicht-p–n–p–n–p-Struktur v. Ge 26-0402; Meth. zur Herst. v. Heteroübergängen zwischen Verb.-Halbleitern durch Leg. u. Substitut.-Rk. 34-0455; Sn-Infus. in GaAs zur Erzeug. v. pn-Übergängen 35-2135; Herst.: v. kub. BN mit p–n-Übergang 46-2149*, 46-2150*; v. p–n-Übergängen in Halbleitern 51/52-2149*.

Behandlung von Halbleitern, Herstellung von Halbleiterbauelementen

Wärmebehandl.: v. einkrist. Halbleitern 6-2231*; v. halbleitenden III – V-Verb. mit S 8-2230*; kontrolliertes Abkühlen v. Halbleiterkrist. 10-2368*; automat. App. zum elektrolyt. Schneiden v. Halbleiterkrist. 21-0205; Schutz v. p–n-Übergängen mit Si-Plasten 35-2171*; therm. Behandl. v. Halbleitermaterial in einem Quarzgefäß 45-2102*.

Oberflächenbehandlung

Polierendes Abtragen v. einkrist. Halbleiterkörpern 1-2349*; neues Schleif- u. Polierverf. für Halbleiter 4-2315; polierendes Abtragen v. Halbleiterkörpern 8-2232*; Herst. v. strukturfreien Oberflächen auf Halbleitern 10-2366*; therm. Ätzen v. Halbleiter-Oberflächen mit Laserstrahlen 11-0236; Ätzen v. Halbleitermaterial mit HF u. H_2O_2 11-2374*; Anfertig. v. Halbleiterteilen (Ätzen v. Ag) 13-2373*; Reinig. v. techn. HF zum Ätzen v. Halbleiterkörpern 13-2380*; elektrolyt. Polieren v. Halbleiter-Si in HF-Lsg. 14-2323; neuer Probenhalter aus Ta für d. anod. Behandl. v. Halbleitern 15-0496; Ätzen v. Halbleitern aus Si oder Ge 15-2255*; elektrolyt. Ätzen v. n-leitendem Si oder Ge mit pulsierendem Gleichstrom 16-2191*; Halbleiteroberfläche erhöhter Reinh. durch Vakuumbehandl. 19-2287*; chem. Ätzen v. Halbleitern (Ge u. Si) 25-2043*; anod. Ox. v. Halbleiteroberflächen 34-2330*; Polieren v. einkrist. Halbleitern 39-2124*.

Beschichtung

Bldg. v. Oxidschicht auf Ge-Halbleiter 8-2231*; Beschicht.: v. halbleitendem Si mit Si oder Ge 11-2376*; v. Halbleitern mit Si 12-2215*; Herst. v. Einkrist.-Schicht auf Halbleitern 28-2247*; gut leitende durchsicht. Kontakte (durch Aufsprühen v. In_2O_3–Sn) auf ZnS 29-0434; aufgedampfte ohmsche Kontakte v. Ag auf GaAs 32-0414; Beschicht. v. BiTe-Halbleitern mit Lot 34-2328*; Passivieren dünner halbleitender SiO_2-Schichten 37-2017*; Best. d. Dicke v. SiO_2-Schutzschichten (*0,3 – 1,2* μm) auf Si-Halbleiterbauteilen mit Hilfe d. Reflex.-Spektrophotometrie 45-1790; Herst.: v. halbleitenden Filmen auf Halbleitermaterial 6-2230*; v. halbleitenden Sb–Au-Leg. auf Metallplatte 6-2233*; Aufdampfen v. Halbleiterschichten (InAs auf Glas) 6-2234*; Aufbringen einer Leg.-Schicht für Halbleiterzwecke 8-2237*; Entfern. v. Halbleitermaterial v. Trägeroberfläche (Si, SiC, Ge) 15-2260*; Herst. v. halbleitenden Massen zum Überziehen v. elektr. Leitern 30-2222*.

Herstellung von Halbleiterbauelementen

Dichtigk.-Prüfanlage für Halbleiterbauelemente 1-2343; Herst.: elektr. Bauelemente mit Leitfähigk. zwischen 10^{-2} u. $10^{-8}\,\Omega^{-1}\cdot cm^{-1}$ aus d. Syst. AsTeJ, AsTeSe, AsTlSe, VOP, VOPBa, VOPPb, AsBTiO 4-2183*; v. Kontakt zwischen Metall u. Halbleiter (Si, Al) 6-2235*; v. legierten Bereichen in Halbleitern (Ge) 7-2372*; Anlegieren v. Halbleitern durch Kapillarleiter 11-2377*; Herst.: v. Halbleiterelektroden 11-2380*; v. Si oder Ge mit definiert eingestellter Diffus.-Länge für Halbleiteranordn. 13-2377*; Dicht.-Masse für Vorr. zur Herst. v. Halbleiterbauelementen 14-2132*; Bezieh. beim Schneiden, Läppen u. Ätzen v. Ge bzw. Si bei d. Herst. v. Halbleiterbauelementen 14-2322; niederohm. Kontakte für organ. Krist. 19-0958; elektrochem. Herst.: v. elektr. Kontakten an n- u. p-Ge 24-2238; v. Kontakten an p-Si 24-2239; Verlöten v. Cu-Drähten mit Halbleiterelektroden 26-2357*; Herst.: v. monokrist. Filmen bei Halbleitereinricht. (Si auf SiO oder SiO_2) 28-2249*; v. Halbleitervorr. durch Imprägnier. v. einer Ni-Matrix mit $BaCO_3$- u. $SrCO_3$-Lsg. 28-2250*; Verw. v. geätztem GaAs-Körper für ein Halbleiterelektrodensyst. 30-2223*; Herst.: einer Verbind. zwischen einem Halbleiter u. einem Leiter 30-2225*; v. Si-Halbleiteranordn. mit angelöteter Elektrode 33-2262*; Eindiffundieren v. B in Si zur Herst. v. Halbleitervorr. 33-2263*; Herst. v. Scheiben aus monokrist. Si u./oder Ge für Halbleiterbauelemente 37-2070*; p-leitender, halogeniddotierter Mischkrist. aus *70 – 90* Bi_2Te_3 u. *30 – 10* As_2Se_3 für Halbleiteranordn. 38-2212*; Herst.: v. Halbleiterbauelementen durch Aufdampfen d. einzulegenden Materials 42-2124*; v. Halbleiteranordn. 43-2043*; sperrfreie Kontaktier. v. Ferriten 49/50-0401; Herst. v. Halbleiteranordn. mit mehreren Zonen unterschiedl. Leitfähigk.-Typs oder unterschiedl. Dotier.-Konz. 51/52-2146*.

Elektrolyt. Ätzen v. Halbleiterbauelementen (Tunneldioden) 9-2393*; Verw. v. Au–Si-Leg. als Lot für Halbleiteranordn. 15-2254*; Plattier.-Lsg. für Halbleitervorr. aus Mikroleg. 19-2289*; Herst. v. Email zum Schutz v. Si-Halbleitergeräten 22-2241*; Passivieren u. Isolieren d. Oberfläche v. Halbleitergeräten 49/50-2124*.

Verwendung von Halbleitern

Halbleitende keram. Fliesen 4-2154*; Halbleiterbauelemente in d. Strahl.-Schädenforsch. 10-0295; d. Assistor – ein Halbleiterelement mit negativem Widerstand 12-0445; opt. Modulat. mit Hilfe d. Gunn-Effekts in GaAs-Krist. 26-0404; Thermostat für Halbleiterstromelemente 27-1976; Verw. v. Halbleitern zur Stromregulier. beim spektrograph. Bogen 29-1962; Li-dotierte (gegen mäß. Bestrahl. mit *1*-MeV-Elektronen) strahlungsbeständ. Si-Solarzellen 30-0358; neuere Halbleiterbauelemente auf d. Gebiet d. Feldeffekttransistoren, d. Tunnelemiss.-Verstärker sowie d. Heißen-Elektroden-Trioden u. d. ihnen zugrunde liegenden physikal. Effekte 37-0467; Si-p–n-Übergänge als Tieftemp.-Thermometer 39-1836; Verstärker auf d. Basis d. negativen Widerstandes v. GaAs 43-0425.

Dioden

Verbesser. v. n–n-Dioden (Ge auf Si-Schicht) 12-2211; Herst.: v. Dioden (P auf Si) 12-2212; dielektr. Dioden 16-2185; v. Ge-Dioden (p–n) – (l–h) 17-2215; elektrolyt. Reinig. v. Anodenträgern in Punktkontaktdioden 19-2288*; Herst.: einer Si-Diode DS-*50* mit kurzer Umschalt.-Zeit 21-2363; v. Dioden aus neutronenbestrahltem Si 23-2175*; Legieren v. Ge mit As u. Ga für Tunneldioden 25-2040; Herst.: v. Halbleiterplatte für Tunneldioden 29-2284*; Anwend. v. Si-Dioden bei d. Neutronenbeug. 41-1885; Herst. v. p–n-Dioden aus im Vakuum aufgedampften Ge-Schichten 42-0220; v. Halbleitern für Tunneldioden mit einem scharfen Übergang 51/52-2147*.

Transistoren

Bau v. Feldtransistor unter Verw. v. HgSe 6-2215; Herst. v. Leg.-Transistoren (Ge, Al) 6-2240*; Feldeffekttransistoren (Übersicht) 7-0442; Herst.: v. Flächentransistoren für hohe Frequenzen 7-2379*; v. Transistoren für Schalter 7-2380*; v. Transistor aus einer Ge-Platte 14-2329*; v. Transistoren (Abscheid. v. Sulfiden, Seleniden u. Telluriden auf Si oder Ge) 15-2263*; v. dielektr. Trioden 17-2215; Dünnfilm-Feldeffekttransistoren (mit CdS u. CdSe) 22-0396; Herst. v. Transistoren aus neutronenbestrahltem Si 23-2175*; transistorisierter Reaktorimpulskanal mit hoher Auflsg. 35-1909.

Thermistoren

Bau eines App. zur Differentialthermometrie unter Verw. v. Thermistoren 1-2042; Herst. v. Thermistoren aus ZnO 10-2369*; thermoelektr. gekühltes Thermistorbolometer als Vers.-Zubehör 13-2017; Herst. v. Heißleitern aus MnO, PbO u./oder NiO 13-2381*; Eig. u. Anwend. v. Thermistoren in chem. Labor. u. Betrieben 15-1945; Herst. sehr dünner Thermistorelemente aus CoO–Mn_2O_3-Suspens. in PVA 17-2254; Ström.-Messer mit geheiztem Thermistor zur Stabilitätsmess. endl. Amplitude 23-1871; Übersicht über d. Entw.-Stand bei Thermistoren 26-2340; Anwend. v. Thermistoren in d. Präzis.-Kalorimetrie 40-0366, 42-1833.

Gleichrichter

Herst.: v. Halbleitergleichrichtern 6-2236*; v. Ge für Gleichrichter 8-2263*; Verw.: v. Si-Gleichrichtern in d. Galvanotechnik 24-2484; v. Formkörpern aus Mn- u./oder Fe-Oxid zur Herst. v. Gleichrichtern 25-2045; Vorbehandl. v. Trägerelektroden für Se-Gleichrichter aus Al–Mg-Leg. 32-2249*; Herst. gesinterter Halbleiterschichten aus gepulvertem NiO u. *2 – 10* Li_2O u. gepulvertem ZnO u. *1 – 5* Al_2O_3 für Gleichrichter 49/50-2123*.

Detektoren

Darst. v. Li-diffundierten Ge-Detektoren 10-0429; Umwälz. durch Halbleiter bei d. Kernstrahl.-Zähl. 29-1972; Aufbringen v. Au- oder Au–Sb-Überzügen auf Li-Zwischenschichten zur Herst. d. n-Schicht in p–i–n-Detektoren aus Si 36-2164*; Kernstrahl.-Nachw. durch Halbleiter 41-1886.

Untersuchungen an Halbleiterbauelementen

Verh. v. Halbleiteranordn (Dioden. klass. Transistoren, Feldeffekttransistoren u. Metall–Oxid–Halbleiter-Transistoren) bei Einw. v. Strahl. 5-0431; elektr. u. strukturelle Eig. v. Thermistoren aus d. Dreikomponentenoxidsyst. $MnO_2/Ni_2O_3/Co_2O_3$ u. $MnO_2/Ni_2O_3/ZnO$ 5-0458; metallograph. Unters. in d. Halbleitertechnik 6-2213; Theorie v. Halbleiterelementen bei hohen Injekt.-Niveaus 8-0415; Berechn. d. Amperesekundenkennwerte leistungsfäh. Si-Ventile 15-0476; Meth. zur Unters. d. Umschaltbeding. v. Halbleiteranordn. 16-0366; photometr. Gütefaktoren für Halbleiterlumineszenzquellen spontaner Art 19-1968; Eig. eines Thermistorström.-Messers in laminaren Ström. konst. D. 23-1870; Thermistoranaloga für viskose u. visko-elast. Modellsyst. 26-0625; Unters. an Ge-Halbleiterelektroden 32-2238; photoelektr. Charakteristiken eines durch Diffus. v. Sb in eine Ge–p-Platte mit In als Gleichricht.-Kontakt hergestellten Vierschichtumschalters v. p–n–p–n-Typ 34-0447; Rechenwerte für Resistoren in Halbleitern (in einem integrierten Halbleiterkreis) 37-0443; Darst., Temp.-Kennlinien u. Strom–Spann.-Kurven v. Mikrothermistoren aus PbS 37-0466; Einfl. v. Krist.-Defekten auf d. Bauelementcharakteristik 47-0416.

Halbleiter–Elektroden-Systeme

Elektrodeneffekte an halbleitenden Titanatkeramiken 1-0442; Einfl. d. Elektrodenart auf d. elektr. Eig. v. dünnen ZnS-Schichten 5-0461; Eig. v. rotem PbO-Einkrist. mit aufgedampften Kontakten v. Metallen 7-0462; Erklär. d. beobachteten Oszillationen d. Feldverteil. in Ge mit einem Injizier.-Kontakt 8-0422; Unters. d. elektr. Kontakts zwischen aufgedampften Au-, In- bzw. aufgeriebenen In–Ga-Leg.-Schichten u. CdS-Einkrist. 15-0487; negativer Widerstand u. Schwing.-Erzeug. an Punktkontakten v. p-InSb 17-0456; CdO-Filme als transparente Ohmsche Kontakte für photoelektr. Bauelemente 17-0459; elektr. u. Struktureig. v. Langmuir-Filmen aus Ba- u. Ca-Stearat zwischen Metallelektroden 19-0412; Schwellenhöhe eines Mo–Si-Schottky-Schwellenkontakts 26-0414; elektr. Charakteristika v. mit In ohm. kontaktierten ZnS-Einkrist. 29-0432; Abhängigk. d. maximalen Sperrspann. eines Metall–Halbleiter-Spitzenkontakts v. d. Beweglichk. d. Majoritätslad.-Träger 30-0352; Schottky-Barrieren v. Au-Schichten auf n-GaAs 30-0368; Strom–Spann.-Kennlinien v. GaAs mit aufgedampften Ohmschen Kontakten v. Ag 32-0414; Kapazitätsmess. an SiO-Schichten zwischen Al-Elektroden 34-0465; Natur d. Gleichrichtereig. d. Metall–SiC-Kontakts 37-0448; Resonanzeig. v. Ge-Proben mit Punktkontakten 48-0389; Eig. v. in Ge mit Elektronenleitfähigk. eingeschmolzenen Kontakten in starken elektr. Feldern 51/52-0374.

MOS-Strukturen u. dgl.

Negativer Widerstand in einer Au–SiO_2–Si-Struktur (MOS-Struktur) 3-0477; Einfl. v. Lad.-Wechselwrkg. auf d. Kapazität–Spann.-Kurven v. MOS-Anordn. mit n- u. p-Si u. SiO_2 3-0481; graph. Bezieh. zwischen d. Oberflächenparametern v. Si u. Kapazitätsmess. v. Metall–SiO_2–Si-Syst. (MOS) 3-0482; MOS-Leitfähigk.-Meßtechnik zur Best. d. Parameter v. Oberflächenzuständen v. SiO_2–Si–MOS-Kondensatoren 3-0483; elektr. Felderreg. v. in niedr. Niveaus aufgedampfter Filme eingefangenen Trägern bei Bestrahl. v. mit Au-Schichten bedampften SiO–Si–SiO-Schichtanordn. 3-0484; Strom–Spann.-Kurven in Abhängigk. v. Polarität, Temp. sowie Zus. u. Druck d. umgebenden Atmosphäre v. dünnen Al_2O_3-Schichten auf Al 5-0455; Kapazitätsmess. an Metall–SiO_2–Si-Strukturen nach Aufbringen v. Cr/Au-Kontakten 6-0432; Frequenzabhängigk. d. Impedanz in d. MOS-Strukturen Metall–SiO_2–Si 6-0434; Einfl. schneller Zustände mit diskreten Energieniveaus oder einem pseudokontinuierl. Energiespektrum auf d. Kapazität v. Halbleiter–dielektr. Film–Metall-Strukturen 10-0420; Oberflächensperrschichten auf SnO_2 11-0466; Unters. eines elektr. Äquivalentstromkreises für d. Syst. Metall/Oxid/Halbleiter durch Kapazitätsmess. an Si/SiO_2/Au-Schicht. 13-0477; mögl. Typ d. Strom–Spann.-Charakteristik im Syst. Halbleiter/Dielektrikum/Halbleiter (Metall) 14-0486; Schwellenerniedrig. u. Feldeindring. an d. Grenzflächen v. Si–SiO_2–Al-Strukturen 17-0440; Strom–Spann.-Kennlinien v. Al–AlN–Mg-Strukturen 23-0442; Spann.-Abhängigk. d. Barrierenhöhe: v. Al–AlN–Mg-Tunnelübergängen 23-0443; v. Al–Al_2O_3–Al-Tunnelübergängen 23-0444; Strom–Spann.-Charakteristik für Al–Al_2O_3–Al-Syst. bei fließendem Tunnelstrom 23-0445; dissipative Prozesse in anod. Schichten v. Tantaloxid (anod. Ta–Ta_2O_5–Au-Schichten) 30-0382; elektr. Tunneleffekt beim Stromübergang an Metall–Isolator–Metall-Kontakten 32-0417; Sperrschichtenenergien v. Metall–SiO_2–Si (MOS)-Strukturen (Photoemiss.- u. MOS–Kapazitäts–Spann.-Mess.) 32-0433; Mikrowellenrelaxat.-Spektren v. verschiedenen (Metall–SiO_2–Si-) Halbleiterstrukturen 33-0421; Zeitabhängigk. d. Stromstärke im Syst. In–CdS–In bei verschiedenen Spann. 37-0462; Einfl. d. Al-Elektroden u. v. gasf. H_2 während d. Temperns auf Mess. d. Kapazität v. Al–SiO_2–Si (MOS)-Strukturen 38-0440; elektronenmkr. Nachw. v. Sperrschichten in Bariumtitanat-Kaltleiterkeramiken 40-0391; Feinstruktur v. Pb–PbO–Pb-Tunnelcharakteristiken 40-0417; Einfl. d. Unterschieds v. Metall–Halbleiter-Austrittsarbeiten auf d. Berechn. v. Oberflächenlad.-Dichten d. Si–SiO_2-Grenzfläche bei MOS (Metall–SiO_2–Si)-Strukturen u. Al- u. Cr-Schichten 43-0415; Einfl. einer Röntgenbestrahl. auf d. Charakteristik v. MOS-Strukturen 16-0263.

Dioden

Durch Raumlad. bewirkte Abnahme d. Schrot-Effekts für raumladungsbegrenzte Ströme in d. dielektr. Diode 2-0420; Einfl. einer Bestrahl. mit Kernteilchen auf d. Umschaltzeit schneller Dioden 4-0382; Verh. v. Dioden bei Einw. v. Strahl. 5-0431; Übergangsprozesse in ebenen Dioden beim Durchgang eines Gleichstromimpulses 7-0440; Berechn. d. Strom–Spann.-Charakteristik langer Dioden 7-0441; Theorie d. Esaki-Dioden u. d. ihr Verh. bei sehr tiefen Temp. beherrschenden physikal. Erschein. 17-0436; Rauschen in Feldemiss.-Dioden 20-0350; Übergangsprozeß bei einer plötzl. Umschalt. einer Halbleiterdiode aus d. Durchlaß- in d. neutrale Richt. 20-0372; Endzustand d. Übergangsprozesses bei d. Belast. v. Dioden mit Rechteckimpulsen 26-0415; Analyse d. Übergangsprozesse in Halbleiterdioden mittels d. Lad.-Meth. 26-0416; Einfl. v. Haftstellen auf d. Verh. v. dielektr. Dioden bei kleinen Signalen 26-0417; Regel. d. Spann.-Empfindlichk. v. überschnellen kapazitiven Dioden durch Wachstumsprozesse aus d. Dampf 26-0418; Kleinsignaltheorie v. Lawinenlaufzeitdioden mit Multiplikat.-Rückkoppl. 26-0419; Trägerbeweg. in einer Gunn-Diode 29-0402; Übergangsprozesse beim Umschalten einer Diode mit dünner Basis 32-0404; Deut. d. Druckeinfl. auf d. Durchschlagsspann. v. Zener-Dioden 45-0385; Rauschunters. in gleichförm. Lawinendioden 46-0416; Einfl. d. Drucks auf Zener-Dioden 47-0437.

Einfl. d. Oberflächenbehandl., d. umgebenden Gases u. d. Temp. auf d. Sperrcharakteristiken v. p/n-Si-Dioden 1-0424; Stromschwing. in Vorwärtsricht. v. Si–PIN-Dioden mit B u. P in p-Si 1-0426; Mikrowellenverstärk. am p–n-Übergang in einer Si-Photodiode mit mikroplasmafreier Lawinenvervielfach. 2-0425; Einfl. d. durch einzelne Neutronen erzeugten Verschieb.-Cluster in speziellen Si-Dioden 3-0450; im Rauschen v Si-Zener-Dioden beobachtete Ionisier.-Schwelle 5-0441; innere Parameter eines Mikroplasmas in Dioden aus n-Si mit auflegiertem Al 16-0361; Einfl. d. chem. Behandl. auf d. Oberflächenstabilisier. v. Dioden aus Si-Leg. 16-2184; Hyperfrequenzverstärk. mit im Lawinenbereich polarisierten Si-Dioden 17-0447; Abhängigk. d. Lebensdauer d. Minoritätsträger in langen Dioden aus n-Si (mit Au kompensiert) v. d. Injekt.-Niveaus 18-0373; photoelektr. Best. d. Bildkraft-DK heißer Elektronen in Au–n-Si-Schottky-Dioden 20-0370; Einfl. v. während d. Wärmebehandl. bestehenden Temp.-Gradienten auf d. Diodencharakteristiken v. ox. Si 29-0411; Erzeug.-Rekombinat.-Ströme in einer Si-Mesa-Diode 30-0351; negative Widerstandserschein. v. in Durchlaßricht. belasteten Si-p–i–n-Dioden 30-0356; Tor-gesteuerte Si-p–i–n-Dioden 30-0357; Beobacht.: v. p–n-Übergängen in Si-Dioden 36-0407; v. Übergangsprozessen in Si-Dioden mit Hilfe eines stroboskop. Emiss.-Mikroskops 36-0408; Druckeinfl. auf d. Mikrowellenemiss. v. Si-Lawinendioden 36-0409; Einfl. d. Anschmelzbeding. auf d. physikal. Parameter d. Basis einer ebenen Si-Diode 39-0427; Verarm.-Schichten u. ihre Verbreiter. bei angelegter Sperrspann. in Si-Dioden 42-0397; Verbreiter. d. Verarm.-Schichten in Si–Mesa-Dioden 42-0398; lokalisierter Durchschlag in Ge-Mesa-Dioden durch Einschlüsse aus Si 42-0399; Unters. an Si-Dioden mit Hilfe eines Rasterelektronenmikroskops 49/50-1720.

Vol.-Ionisat. in Cs-Dioden 6-0205; Tunnelübergänge u. Einfangprozesse v. mit Ni dotierten Ge-Tunneldioden 5-0444; elektr. Eig. u. Eign. für MOS-Dioden v. einer Quarzschicht auf Ge 11-0225; Strom–Spann.-Charakteristiken v. n-Ge-Dioden mit einem unvollständ. gefüllten Au-Niveau 11-0446; Mikrowellenschwing. aus Ge–p–n-Übergängen (durch In-Leg.) bei Belast. d. Dioden in Sperricht. mit Spann.-Impulsen oberhalb d. Durchbruchsspann. 11-0449; stat. Charakteristik v. Ge-Spitzendioden unter Berücksichtig. d. Bildkraft u. Selbsterhitz. 15-0480; Magnetfeldabhängigk. d. direkten Zwischenbandtunneleffekts in Sb-dotierten Ge-Tunneldioden 22-0404; Umkehr d. Hall-Spann. beim negativen Widerstand v. in Vorwärtsricht. gepolten p-Ge-Punktkontaktdioden 25-0402; Durchschlag v. Ge- u. Si-Dioden im starken elektr. Feld 34-0446; kontinuierl. Mikrowellenschwing. v. Ge-Dioden 34-0453; Wrkg. v. Röntgenstrahlen auf p–n-Übergänge v. Ge-Dioden 36-0413; Gleichwertigk. v. Fehlstellen d. durch mechan. Spann. u. durch Bestrahl. mit *2*-MeV-Elektronen in Ge-Tunneldioden erzeugt werden 37-0441; thermostimulierte EMK in Ge-Dioden nach Erzeug. v. Strahl.-Defekten durch *3*-MeV-Elektronen 37-0442; Umlad. tiefer Störstellenniveaus während d. Elektroneninjekt. in Ge- u. Si-Dioden 39-0416; Einfl. mechan. Spann. auf d. Überschuß- u. überlagerten Strom in Sb-dotierten Ge-Dioden 44-0431.

Eig. (Strom–Spann.-Kurven) Zn-dotierter GaAs-Dioden zwischen *4,2* u. *300* °K 1-0435; Bandfüllstrom in stark Zn-dotierten GaAs-Dioden (Elektrolumineszenz bei *77* °K) 2-0372; Berechn. d. Spann.-Abhängigk. d. Kapazität sowie d. Abhängigk. d. Gleichspann.-Raumlad. v. Oberflächenpotential v. Metall–Oxid–Halbleiter-Dioden mit InAs, Si, GaAs u. CdS als Halbleiter 3-0479; Unters. v. Dioden mit zwei Metallschichten, getrennt durch eine Isolatorschicht am Beispiel d. Strom–Spann.-Kurven d. Syst. $Al/Al_2O_3/Au$ 3-0486; Photovoltaeffekt in Tunneldioden v. Typ $Al/Al_2O_3/Au$ 3-0487; Temp. u. Austrittsarbeit d. v. Dünnschichtdioden v. Typ $Al–Al_2O_3–Ag$ ins Vakuum emittierten Elektronen für Gleichspann. v. *4 – 10* V 10-0412; Unters. v. Dioden aus Pb–Tl-Leg., Al_2O_3- u. Al-Schichten 11-0490; Potentialschwellenparameter in Dünnfilm–Al–Al_2O_3-Metalldioden 13-0479; Injekt.-Lumineszenz v. GaAs-Dioden 15-0399; gerichtete Strahl. v. inkohärenten Elektrolumineszenz-GaAs- u. InGaAs-p–n-Schichtdioden 15-0400; Tunneleffekt in GaAs-Dioden bei tiefen Temp. 20-0384; Sperrschichtkapazität u. Diffus.-Potential v. n-GaP–Metall-Schottky-Schwellendioden 23-0431; Abhängigk. d. Kapazität v. d. angelegten Spann. v. Al-dotierten ZnSe-Dioden 27-0457; Temp.- u. Injekt.-Stromabhängigk. d. Lichtemiss. v. BAs–GaAs-Dioden 30-0367; Leckstrom in Zn-diffundierten GaAs-Dioden 30-0371; Schalten u. Durchbruch bei niedr. Feldstärken in n-GaAs-Vol.-Dioden 32-0415; Einfl. einer Wärmebehandl. auf d. Kapazitäts–Vorspann.-Kurven v. MOS (Metall–SiO_2–Si)-Dioden 32-0432; zeitl. Verlauf d. Kapazität v. GaAs-Dioden mit Schottky-Barrieren 37-0451; Strom–Spann.-Charakteristiken v. InSb-Dioden mit Ohmschen Kontakten aus Pb, In u. Sn 37-0455; Strahl.-Rekombinat. in d. Raumlad.-Schicht d. p–n-Übergangs v. SiC-Dioden 40-0365; Elektronentransportprozesse durch Ta–Ta-Oxid-Dioden 40-0398; Best. d. Energielage d. Akzeptorniveaus v. Cd in InAs aus d. Lage d. Rekombinat.-Strahl. einer InAs-Diffus.-Diode 43-0426; Besonderh. d. negativen Widerstandes in CdS-Dioden 51/52-0389.

Transistoren

Hochfrequenzanalyse d. Feldeffekttransistors mit isoliertem Tor bei kleinem Signal 1-0407; Einfl. einer Bestrahl. mit Elektronen niedr. Energie auf Si-isolierte Tor-Feldeffekttransistoren 1-0406; Bau u. Charakteristik v. diffundierten GaAs-Feldeffekttransistoren 2-0447; lokal verstärkte Diffus. in npn-Si-Transistoren 2-0430; Rauscherschein. in Transistoren (rechteckförm. Stromschwank. konst. Amplitude) 3-0488; Stromverstärk.-Verh. in durch Doppeldiffus. v. B u. P erzeugten Si-Transistoranordn. 3-0489; Mess. d. Lebensdauer v. Minoritätslad.-Trägern in Übergangstransistoren 3-0490; Berechn. d. stat. Kennlinie v. Vierschichtentrioden (Thyristoren) 3-0491; neuere Fortschritte im Verständnis d. Syst. Metall–Oxid–Silicium mit Transistorwrkg. nach Mess. d. Spann.-Abhängigk. d. Kapazität 3-0480; physikal. Beschreib. d. Wirkungsweise v. CdSe-Dünnschichttransistoren (TFT) 5-0471; Verh. v. klass. Transistoren, Feldeffekttransistoren u. Metall–Oxid–Halbleiter-Transistoren bei Einw. v. Strahl. 5-0431; Strom–Spann.-Kennlinien v. HgSe-Dünnschichttransistoren 11-0476; Unters. einer ebenen Halbleitertriode bei mittleren u. großen Injekt.-Niveaus 12-0446; Übergang heißer Elektronen durch Dünnfilm–Al–Al_2O_3-Trioden 13-0478; Abhängigk. d. krit. Frequenz d. Stromübertrag. v. Halbleitertrioden d. Typs P-*4* v. Emitterstrom 13-0480; Volt–Ampere-Charakteristika, Kurvenanstieg u. innerer Widerstand v. Analogtrioden aus dünnen dielektr. Folien 19-0413; direkte Beobacht. d. „pinch-off" eines MOS (Metall–SiO_2–Si)-Transistorkanals durch mkr. Elektronenstrahlabtast. 23-0446; negative Feldeffektbeweglichk. auf d. (*100*)-Si-Flächen v. Si-Feldeffekttransistoren 24-0415; Einfl. v. Röntgenstrahl. auf d. Lad.-Verteil. in Metall–Oxid–Si-Transistoren 32-0431; Wirkungsweise v. CdS-Dünnschichttransistoren 44-0418; Nachw. d. Zerstör.-Mechanismus v. Si-Transistoren durch Prüf. mit schrittweiser Druckbeanspruch. 44-0419.

Gleichrichter

Strom–Spann.-Kurven u. Sperrschichtphotoeffekt v. Cu–Cu_2O-Einkrist.-Gleichrichtern u. Diskuss. d. Bandstruktur 9-0482; Struktur v. Gleichrichtern auf d. Grundlage v. TiO_2 mit aufgetragener Ag-Elektrode 11-0465; Gleichrichtercharakteristik v. Ge–GaAs-Heteroübergängen 14-0488; Unters. d. Gleichstrom–Gleichricht.-Charakteristik u. d. kapazitiven Scheinwiderstandes für d. elektr. Kontakt zwischen aufgedampften Au-, In- bzw. aufgeriebenen In–Ga-Leg.-Schichten u. CdS-Einkrist. 15-0487; Gleichstromverh. v. aufgedampften Au-Kontakten an hochohm. n-Si u. Barrierenerhöh. durch eine dünne SiO_2-Schicht zwischen Au u. Si 23-0424; v. d. kristallograph. Polarität abhäng. Gleichricht. in ZnS-Einkrist. mit In–Hg-Kontakten 23-0436; Kapazitätsmess. an Se-Gleichrichtern 24-0414; [Gleichricht.-Eig. v. p-GaSe-Einkrist. aus] Strom–Spann.-Charakteristiken einer Cd–GaSe–Bi-Diodenstruktur 24-0435; Temp.-Abhängigk. d. Piezoeffekts in einer Se-Gleichrichterzelle 25-0399; Eig. v. Se-Gleichrichtern in Durchlaßricht. 27-0442; Probleme d. Grenzfläche in Gleichrichterkontakten 30-0353; Vordurchschlagsbereich v. p–n-Übergängen v. Se-Gleichrichtern 31-0438; Einfl. v. Defekten im p–n-Übergang auf d. Erschein. d. Kriechens in Se-Gleichrichtern 32-0405; Lawinendurchschlag in Se-Gleichrichtern 32-0406; Oberflächenleitfähigk. v. Cu(I)-Oxidgleichrichtern 36-0423; bedeutender Gleichricht.-Effekt an p-Halbleitern (Ge, Co_2O_3, Ni_2O_3, Se, MnO_2) beim Anschmelzen v. ZnO 37-0457; stat. Strom–Spann.-Charakteristiken v. Ge-Gleichrichtern 38-0423; Vordurchschlagzustand v. Se-Gleichrichtern 38-0424; Potentialverteil. in Gleichrichterelementen d. Syst. Al/Bi/Se-Dielektrikum–Cd–Sn-Leg. 46-0440; Einfl.: d. CdS-Leitfähigk. auf Se–CdS-Gleichrichter 47-0436; v. Ultraschall auf d. Charakteristika v. Se-Gleichrichtern 51/52-0368.

Detektoren

Strahl.-Absorpt. u. Lad.-Trenn. in Halbleiterzählern bei Beschuß mit energiereichen Teilchen 4-0383; strahlungsinduziertes Rauschen in Halbleiterzählern (Einfl. elektromagnet. Strahl. auf Si-Oberflächensperrschichtdetektoren 11-0441; Verteil. d. Störstellen u. d. elektr. Feldes im Driftbereich v. Si-p–i–n-Detektoren 19-0417; Unters. frischer Fallout-Proben mit d. Ge(Li)-Halbleiterzähler 40-0844; γ-spektrometr. Identifizier. v. Fallout-Nukliden mittels eines Ge(Li)-Detektors 40-0845; direkte Beobacht. d. Driftgeschw. in Abhängigk. v. elektr. Feld in GaAs-Photodetektoren bei Einstrahl. mit rechteck. Lichtimpulsen 43-0424; Meth. zur Mess. d. Breite d. empfindl. Bereichs v. p–i–n-Detektoren während d. Drift v. Li 46-0418.

Bibliographie

Schaltungen mit Halbleiterbauelementen. Bd. *2* B 7; Halbleiter. Bd. *2*: Lineare Verstärkung B 82; Gewinnung einheitlicher Halbleiterkristalle [russ.] B 34; Semiconductors and their circuits. Vol. *1*: Selected semiconductor theory B 3; Selected problems concerning construction and technology of semiconductor devices B 7; Refractory semiconductor materials B 13; Silicon and germanium power rectifier technology B 23; Semiconductor electronics B 26; Progress in heat transfer. Part I: Laminar boundary layer flow in transparent and gray media. Part II: Equipment for the preparation of semiconductor materials B 38; Thin-film and semiconductor integrated circuitry B 42; Semiconductor circuit design for a.f. and d.c. amplification and switching B 47; Semiconductor devices. Vol. *1* B 62; Solid-state electronics B 74; Theory of semiconductor junction devices B 74; Théorie et pratique des circuits à semiconducteurs. Tome *2*: Électronique non-linéaire B 3.

Halbleiterübergänge

Herst. u. Verw. v. bestimmten – u. v. Halbleiterbauelementen mit – s. unter *Halbleitertechnologie und -bauelemente.*

Theorie d. Photoeffekts an p–n-Übergängen bei ungleicher Lebensdauer d. Minoritäts- u. Majoritätslad.-Träger 5-0433; Theorie d. Elektronentunnel. in Halbleitern (direkte Tunnel. durch p–n-Übergänge) 10-0421; p–n-Übergänge in Halbleitern 13-0432; opt. Formieren d. p–n-Übergangs 16-0393; Theorie v. p–n-Übergängen 17-0436; Einfl. d. Modulat. d. Widerstandes d. hochohm. Basisbereichs auf d. Strom–Spann.-Charakteristik einer Dreischichtstruktur mit einem p–n-Übergang 19-0414; hohe Injekt. in einen nichtentarteten p–n-Übergang 20-0371; Kapazität v. p–n-Übergängen 22-0395; Zeit für d. Spann.-Aufbau in einem p–n-Übergang bei hohen Injekt.-Niveaus 26-0415; Leg.-Halbleiterelektroübergänge (Übersicht) 27-0434; Beobacht. v. Doppelinjekt. in langen p–i–n-Strukturen 27-0436; Auswrkg. v. mechan. Druck auf d. Charakteristika v. p–n-Übergängen 30-0351; Tunnelleitfähigk. v. Tunnelübergängen u. p–n-Übergängen 36-0400; Best. d. effektiven Lebensdauer v. Minoritätsträgern aus d. Spann.-Anstiegskurven am p–n-Übergang 36-0403; numer. Lös. d. zweidimensionalen Verunreinig.-Atomverteil. in einem ebenen p–n-Übergang 36-0404; Superfeinstruktur d. Phasengrenze d. p–n-Übergangs 37-0243; Gleichwertigk. v. Fehlstellen durch mechan. Spann. u. durch Bestrahl. in entarteten p-n-Übergängen 37-0441; Anwend. d. Ähnlichk.-Theorie auf d. Elektronenprozesse in p-n-Übergängen 45-0384; Theorie reaktiver Eig.; v. Halbleiter-p-n-n'-Strukturen 45-0386; v. Übergängen in p-n-n⁺-Strukturen bei hohen Injekt.-Niveaus 45-0387.

Ionisat.-Koeff. beim Lawinendurchschlag d. p-n-Übergangs v. Se 38-0425; elektr. Eig. v. Erzeug.-Rekombinat.-Zentren v. Lad.-Trägern in Si/p/n-Übergängen 1-0425; durch Licht induzierte impulsart. Schwing. in Si mit einem p-n-Übergang u. Au- bzw. Ni-Kontakten 3-0451; Vergift.- u. Gettereinfl. in Si-p-n-Übergängen (Diskuss.) 3-0452; Einfl. v. lokalem Druck auf Si-p-n-Übergänge (Druckabhängigk. d. Löcher- u. Elektronenstroms) 3-0474; Unters. d. p-n-Übergangs in Si mittels eines fl. elektrophotograph. Entwicklers 6-0417; Strahl.-Schäden bei γ-Bestrahl. v. Li-gedrifteten p-i-n-Übergängen in Si 9-0459; selektive Trägh. eines p-n-Übergangs an tiefen Zn-Niveaus in Si 14-0451; Relaxat. d. Ströme in Sperricht. in p-n-Übergängen v. Si 15-0474; Einfl. v. Verform. auf d. elektr. Strom v. Si-p-n-Übergängen 15-0475; Änder. d. Bandabstandes v. Si in d. elektr. Feld eines p-n-Übergangs 20-0373; Verteil. einer adsorbierten Beimeng. auf d. Oberfläche v. Si-p-n-Übergängen 20-0622; Einfl. einer Elektron-Elektron-Wechselwrkg. auf d. Emiss. heißer Elektronen aus flachen p-n-Übergängen in Si 24-0399; Doppelinjekt. in mit Li dotiertem p-i-n-Si 27-0436; Interpretat. v. Potentialsondenmess. in p-i-n-Strukturen v. Si 27-0439; zeitl. Änder. d. Ströme in Sperricht. v. Si-p-i-n-Strukturen 29-0409; Beobacht. v. Mikroplasmen in Si-p-n-Übergängen mit einer Elektronenstrahlabtast. 30-0354; Erhol.-Zeiten u. Haftstelleneinfang in Al-legierten Si-p-n-Übergängen 30-0355; Tor-gesteuerte Si-p-i-n-Strukturen 30-0357; einige Parameter u. Temp.-Abfall eines Mikroplasmas bei p-n-Übergängen v. Si 32-0400; Mechanismus d. Li-Ionendrifts im elektr. Feld eines p-n-Übergangs in Si 33-0459; Einfl. d. Bestrahl. v. P-dotiertem Si mit schnellen Neutronen auf d. elektr. Eig. eines auf seiner Basis durch Einschmelzen v. Al erzeugten Leg.-p-n-Übergangs mit d. ohm. Kontakt Au + Sb 33-0460; Verh. v. Si-p-n-Übergängen bei Beschuß mit $5-40$-keV-Elektronen 45-0399; Einfl. v. Röntgenstrahl. auf d. elektrophysikal. Eig. v. Si u. p-n-Übergänge v. Si 46-0419; Durchschlagsspann. in Stufen-p-n-Übergängen aus Si 51/52-0372.

Einfl. v. einaxialem Druck auf gewachsene Ge-p-n-Übergänge 3-0472; Energieniveaus d. Rekombinat.-Zentren v. γ-bestrahlten Ge-p-n-Übergängen 9-0461; Hysteresecharakter d. Strom-Spann.-Charakteristik eines durch Bestrahl. mit schnellen Elektronen hergestellten n-p-Übergangs in Ge 9-0467; Nachw. v. radioakt. Strahl. mit p-i-n-Übergängen in Si u. Ge 9-2055; Einfl. lokalen Drucks auf Ge-p-n-Übergänge 11-0448; Mikrowellenschwing. aus Ge-p-n-Übergängen 11-0449; Einfl. v. lokalem Druck auf Ge-p-n- u. -p-s-n-Strukturen 16-0373; Verschieb. d. Absorpt.-Kante durch d. elektr. Feld im Raumlad.-Bereich eines Ge-p-n-Übergangs 17-0436; Einfl.: d. Modulat. d. Widerstandes d. hochohm. Basisbereichs auf d. Strom-Spann.-Charakteristik für p-i-n-Strukturen v. Ge 19-0414; durch Beschuß mit B- u. Al-Ionen gebildete Invers.-Schichten auf n-Ge 22-0403; Einfl.: v. einachs. Druck auf geneigte p-n-Übergänge in Ge 25-0401; d. Photoeffekts auf d. Sperrschichtkapazität eines Ge-p-n-Übergangs 31-0446; v. mechan. Spann. auf d. Durchschlagsspann. v. Ge- u. Si-p-n-Übergängen 36-0405; v. Röntgenstrahlen auf d. elektrophysikal. Eig. v. Ge u. Ge-p-n-Übergängen 36-0412; (Wrkg. v. Röntgenstrahlen auf p-n-Übergänge v. Ge) 36-0413; Tunnelübergänge aus Bi-Sb-Leg. mit aufgedampften Metallschichten 13-0460.

Herst.-Temp. legierter Übergänge u. Elektrolumineszenz in *4* H-SiC 5-0369; Eig. d. p-n-Übergänge v. Leg. $Cd_xHg_{1-x}Te$ 2-0464; Lasereffekt in GaSb-Übergängen 5-0408; in Verbind. mit Krist.-Baufehlern stehende Lichtemiss. v. in Sperricht. vorgespannten GaP-p-n-Übergängen 8-0345; Mikroplasma bei in Sperricht. vorgespannten p-n-Übergängen in epitakt. GaAs 11-0457; langwell. Kante d. Photoeffekts u. Rekombinat.-Strahl. in p-n-Übergängen v. GaAs 16-0306; Cu-diffundierte GaAs-p-n-Übergänge 25-0408; Lad.-Vervielfach. in p-n-Übergänge v. GaP mit Te-Donatoren u. Zn-Akzeptoren 26-0408; Widerstandsmess. v. nn⁺- u. pp⁺-Epitaxialschichten aus GaAs nach d. Durchbruchsverf. 33-0452; Einfl. spannungsinduzierter Bandabstandsvergrößer. u. v. Defekten in GaAs-Übergängen 33-0466; Frequenz d. Mikrowellenschwing. in GaAs-p-n-Übergängen 37-0450; pseudo-abrupte legierte p-n-Übergänge in GaP 37-0454; Einfl. v. Sekundärtunnelprozessen auf Strom-Spann.-Kurven v. p-GaAs-Tunnelübergängen 38-0434; Herst. u. Eig. v. aus d. Lsg. gezüchteten epitakt. p-n-Übergängen in GaP mit (Zn, O)- bzw. Te-Dotier. 40-0379; Strahl.-Kombinat. in durch Be-Diffus. hergestellten GaAs-p-n-Übergängen 45-0398; Verh. v. GaP-p-n-Übergängen bei Beschuß mit $5-40$-keV-Elektronen 45-0399; elektroopt. Effekt v. in Sperricht. gepolten GaAs-p-n-Übergängen 51/52-0293; Einfl. v. Röntgen- u. Elektronenbestrahl. auf p-n-Übergänge in GaAs 51/52-0380; Oberflächeninvers. u. Akkumulat. v. eloxiertem InSb mit einer Oxidschicht aus In_2O_3 u. Sb_2O_5 2-0449; Temp.-Abhängigk. d. Intensität d. Rekombinat.-Strahl. v. p-n-Übergängen in InP 13-0461; Temp.-Einfl. auf d. Spektrum d. Rekombinat.-Strahl. für n-p-Übergänge in InP 23-0375; Strom-Spann.-Kurven u. Spektren d. Rekombinat.-Strahl. v. InP-p-n-Übergängen 46-0433.

Heteroübergänge: Einfl. v. einaxialem Druck auf d. Strom-Spann.-Kennlinie für durch Auflegieren v. p-Ge auf n-Si hergestellte Ge-Si-Hetero-p-n-Übergänge 3-0473; Heteroübergänge zwischen amorphem Ge u. n-Si-Einkrist. 3-0476; Halbleiter-Oxid-Grenzfläche als Heteroübergangszone am Beispiel v. Si-SiO_2-Grenzflächen 3-0478; Phononenspektroskopie v. Ge-Si-Tunnel-Heteroübergängen 4-0386; mehrphas. Al_2O_3-Heteroübergang 5-0456; Eig. v. Si-SiC- u. Ge-SiC-Heteroübergängen mit Au-Elektroden 7-0477; p-n-Mechanismus d. spektralen Sensibilisier. bei dünnen Schichten v. Rhodamin B oder d. Sulfats bzw. Oxalats d. Brillantgrüns auf ZnO u. TlJ 13-0446; p-n-Übergänge zwischen organ. Farbstoffen u. anorgan. Photoleitern 13-0447; elektr. Eig. eines Mehrphasen-Al_2O_3-Heteroübergangs 13-0476; Darst. u. Strom-Spann.-, Kapazitäts-Vorspann.- u. Photostromkennlinien v. Ge-GaAs-Heteroübergängen 14-0487; elektr. Eig. v. Ge-GaAs-Heteroübergängen 14-0488; thermodynam. Überleg. zur Herst. v. GaAs-Ge-Heteroübergängen im abgeschlossenen Syst. GaAs-Ge-J_2 25-0409; Darst. u. Eig. v. GaAs-GaP-, GaAs-Ge- u. GaP-Ge-Heteroübergängen 25-0410; Eig. d. Heteroübergänge v. CdS-CdSe 33-0475; Strom-Spann.-Charakteristik in Durchlaßricht. für einen Heteroübergang mit Tunnel. [Ga(P, As)-GaAs-Heteroübergänge] 34-0456; elektr. u. opt. Eig. v. Ge-Si-n-n-Heteroübergängen 35-0406; elektr. Transport in n-Ge-p-GaAs-Heteroübergängen 37-0452; Photo-EMK bei Heteroübergängen n-CdS-p-Cu_xS_y auf Mo 40-0382; Darst., photoelektr. Eig. u. Oberflächenwiderstand v. Ge-ZnSe-Heteroübergängen 41-0461; Darst., Strom-Spann.-Charakteristik u. photoelektr. Eig. v. CdSe-Ge-Heteroübergängen 41-0462; elektr. Eig. v. p-n-Heteroübergängen GaP-GaAs 46-0432; Einfl. d. Kristallisat. u. d. Oberflächenzustandes v. Se auf d. Formier. v. p-n-Kontakten bei Se-CdSe u. Se-CdS 48-0408.

Untersuchungsmethoden: Direkte Mess. einer Dickenänder. d. Verarm.-Schicht v. p-n-Übergängen bei angelegter Vorspann. mit Hilfe d. im p-n-Übergang induzierten Ströme u. d. Sekundärelektronenemiss. 2-0417; Auswert. v. *4*-Sonden-Mess. an Si-n-n⁺- u. -p-p⁺-Schichten 3-0475; Beobacht. v. p-n-Übergängen im Rasterelektronenmikroskop bei geringen period. Signalspann. 23-1912; Sichtbarmachen v. p-i-n-Strukturen in Si-Einkrist. mit elektrophotograph. Trockenentwicklern 33-0461; Unters. d. Abbild. v. p-n-Übergängen im Rastermikroskop mit Hilfe v. sek. Elektronen beim Elektronen- u. Ionenbeschuß eines Halbleiters 36-0406; Beobacht. v. p-n-Übergängen mit Hilfe eines Elektronenspiegelmikroskops 36-0407.

Halbmetalle, Phononeninstabilitäten in – u. Krist.-Verform. im Falle d. Elektron-Defektelektron-Paarbldg. 43-0275; Valenzschalenstabilität v. – 49/50-0096; Relaxat. v. Elektronen u. Phononen in – 16-0346; elektromechan. Effekt in – 21-0260; therm. Instabilität u. nicht-Ohmsches Verh. bei Leit. durch punktförm. Leitbrücken in Halbmetallen 32-0436; kollektive Anreg. in einem – 37-0429; Resonanzverstärk. gekoppelter elektromagnet. u. akust. Wellen durch Elektronendrift in – 40-0362; Quantenoszillat. d. Kernrelaxat.-Zeit in – 8-0354; Wärmeausdehn. d. – 12-0332; Ultraschallabsorpt. in – 39-0286.

Best. leichter – mit d. Funkenmassenspektrometrie 47-1763.

Halbmikroanalyse s. unter *Mikroanalyse*.
Halchinol, Pharmakologie v. – 20-1615.
Halfordin s. unter $C_{19}H_{20}N_2O_4$.
Halfordinol s. unter $C_{14}H_{10}N_2O_2$.
Halit s. unter *Natriumchloride*: *NaCl*.

Hall-Effekt

Siehe auch *Galvanomagnetische und thermomagnetische Effekte*.

Allgemeines und Theorie

Phänomenolog. Theorie d. – in Halbleitern 1-0403; Abhängigk. d. Hall-Beweglichk. v. elektr. u. magnet. Feldern 2-0475; longitudinaler – in kub. Krist. (Halbleiterkrist.) 6-0414; Leitfähigk. u. Hall-Konst. 8-0458; Experimente u. Theorie zu d. Hall-Strömen in gekreuzten elektr. u. magnet. Feldern 12-0196; Berechn. d. Hall-Konst. epitakt. Halbleiterfilme aus Ergebnissen v. Mess. mit d. Sondenmeth. 15-0470; Einfl. v. Ordn.-Strukturen auf elektr. Widerstand, Hall-Konst. u. Thermokraft 15-0500; Beobacht. d. – in Supraleitern 15-0508; –: in einem stoßbeherrschten gasf. Plasma 16-0154; v. dünnen Schichten 17-0218; Theorie d. Beweglichk. u. d. – unter Berücksichtig. d. Feldes geladener Verunreinig.-Ionen; Hall-Konst. 17-0436; Analogiebest. d. ebenen Stromverteil. in Ggw. d. – 20-0342; Theorie d. –: in elektron. Halbleitern mit geladenen Störstellen 20-0367; in Halbleitern mit linearen Versetz. 20-0368; Beschleunig. eines Plasmas durch ein elektr. Feld unter Verw. d. – 21-0183; – in einer zylindr. Plasmasäule 21-0184; Temp.-Abhängigk. d. spontanen Hall-Koeff. in Ferromagnetika (am Beispiel v. Fe_3Pt) 21-0414; Theorie d. – in Halbleitern in starken Magnetfeldern unter Berücksichtig. d. Feldes geladener Störstellenzentren 22-0392; phänomenolog. Theorie d. longitudinalen – in kub. Krist. mit anisotropen Bändern 23-0402; Hall-Koeff. d. Hubbard-Modells 23-0403; Anwend. d. Theorie d. elektr. Leitfähigk. v. Elektrolytlsg. auf d. – 23-0605; Theorie d. galvanomagnet. Erschein. mit anisotropem Elektronenenergiespektrum u. d. Hall-Beweglichk. 24-0392; –: in runden Proben 25-0397; in Zweischichtenhalbleitern 25-0398; Unters. v. isothermen Hall-Konst. in Halbleitern mit nichtstationären Meth. 26-0396; elektr. Leitfähigk., – u. Gleichrichterwrkg. als Halbleiter-analoge Eig. einer Flamme 26-0675; Abhängigk. d. Hall-Konst. v. Halbleiterproben mit niederohm. Stromelektroden v. ihren Abmess. 32-0402; Theorie d. – in ungeordneten Syst. (Störstellenbandleit.) 38-0446; – in Halbleitern mit zwei Arten v. Lad.-Trägern 39-0421; experimentelle Unters. starker – u. d. U × B-induzierten Ionisat. 40-0135; – in Supraleitern *2*. Art 40-0411; Nachw. d. Bldg. negativer Ionen bei Cl_2-Zusatz zu einer O_2-Stadtgasflamme durch Messen d. – u. d. elektr. Leitfähigk. 41-0645; Einfl. v. Ordn.-Strukturen auf d. Hall-Konst. 47-0447; – u. Photo- – v. Krist. in Verbind. mit d. Exzitonenabsorpt. 48-0384.

Anorganische Stoffe

Elemente und Legierungen: Hall-Beweglichk. positiver Ionen u. Ablenk. v. quantisierten Wirbelringen niedr. Energie in He II in einem transversalen Magnetfeld 21-0503.
– v. J 18-0377.

Einfl. v. O u. Sb auf d. Hall-Konst. v. Se hoher Reinh. 12-0447; Temp.-Abhängigk. d. Hall-Beweglichk. u. d. Hall-Konst. v. Se 29-0404; Eigenfehlordn.-Erschein. in Te auf d. Grundlage v. Überleg. zur oberen Vorzeichenumkehr d. Hall-Koeff. 18-0378; Sättig. d. Hall-Spann. v. Te 18-0379; Einfl. d. Substrattemp. auf d. Hall-Koeff. dünner Te-Schichten 35-0418; Hall-Konst. v. reinem u. v. mit J dotiertem Te 38-0427; Hochtemp.-Invers. d. Hall-Koeff. in Te 47-0411; Invers. d. Hall-Koeff. v. mit Tl legiertem Te 51/52-0369.

Temp.-Abhängigk. d. – v. B-dotiertem Graphit 1-0534; Hall-Koeff. eines mit N dotierten Kohlenstoffs 11-0480; Theorie d. Hall-Koeff. in Graphit 17-0467; Hall-Koeff.: in glas. Kohlenstoffen 31-0459; v. pyrolyt. C 31-0462; Hall-Feldelektrotransport v. C u. N in α-Fe 35-0282; – dünner, orientierter n-Si-Krist. nach Elektronenbestrahl. 1-0419; Hall-Beweglichk. u. Relaxat.-Zeit v. n-Si 10-0327; Unters.: d. Defekte in mit Sb dotiertem Si durch – -Mess. 14-0264; v. durch γ-Bestrahl. in B-dotierten Si-Einkrist. erzeugten Defektstellen durch – -Mess. 14-0454; d. Reinh. u. d. Vollkommenh. v. Si-Einkrist. durch Mess. d. – an unzerstörten Barren 14-0455; Bldg. v. Fehlstellen in Si nach Einfl. d. Elektronenenergie auf d. – -Mess. v. mit

Elektronen bestrahltem Si 17-0445; Hall-Konst.: in B-dotierten Si-Proben in Ggw. äußerer elektr. Felder 19-0416; v. epitakt., durch Vakuumsubl. erhaltenen Si-Schichten mit B- u. P-Dotier. 21-0388; —-Mess.: v. elektronenbestrahltem p-Si 22-0356; an Si auf Sapphir-Trägern 28-0208; Temp.-Abhängigk. d. Hall-Beweglichk. in Si-Krist. 29-0407; Abhängigk. d. transversalen — bei p-Si v. Magnetfeld 31-0440; Hall-Koeff. v. Au-dotiertem Si 31-0441; Hall-Beweglichk. u. Linienbreite d. ESR in P-dotiertem Si 40-0369; Hall-Koeff. v. B-, P- u. As-dotiertem Si 41-0449; Einfl. v. ^{60}Co-γ-Strahlen auf d. — v. p-Si v. hohem Widerstand 46-0420; — v. p-Si in starken, gepulsten Magnetfeldern 46-0421.

— v. Sb–As-Leg. 24-0421.

Berechn. d. — in fl. Metallen (Anwend. auf Zn, Li u. Na) 2-0477; — in Metallen 5-0482; — in ferromagnet. Metallen in d. Nähe d. Curie-Temp. 5-0484; Formen v. Spin–Bahn-Wechselwrkg. u. spontaner — bei tiefen Temp. in ferromagnet. Metallen 15-0502; ebener — in ferromagnet. Metallen 19-0446; — u. thermoelektr. Eig. einiger Metalle u. Leg. im fl. Zustand 35-0422; Theorie d. — in ferromagnet. Metallen im Anfangsbereich d. magnet. Sättig. 36-0439; Einfl. v. Verunreinig.-Streuung auf d. Hall-Koeff. mehrwert. Metalleg. 36-0442.

Temp.-Abhängigk. d. Hall-Konst. v. Na u. Li 2-0478.

Koeff. d. Hall-Widerstandes eines Cd-Einkrist. 5-0485.

Hall-Konst. v. Al-Verb. d. Übergangsmetalle [TiAl, MeAl (Me = Ti, Zr, Hf, V, Nb, Ta, Mo), Mo_3Al u. $MoAl_2$] 40-0404; opt. Best. d. Hall-Winkels in Supraleitern *1.* Art im Zwischenzustand nach Mess. an In-Proben 3-0517; Hall-Koeff.: v. In–Cd-, In–Sn-, In–Hg-, In–Tl- u. In–Pb-Leg. 5-0486; v. fl. Hg–In- u. Ga–In-Leg. 29-0455; Temp.- u. Feldabhängigk. d. Hall-Koeff. v. Al u. In 35-0423; größenabhäng. Vorzeichenwechsel d. Hall-Koeff. v. In 44-0448; Mess. d. — an In bei hohen Feldern nach d. Helikon-Resonanzmeth. 48-0419; — v. Nd u. Sm 9-0489; Anisotropie d. — in Gd 38-0449; —: in Gd u. Tb 15-0501; in Ho 23-0455.

Hall-Konst.: v. Ti 12-0436; d. β-Phase in Ti-Leg. mit *8–25* Mo bzw. *9–12* Cr 31-0469; — v. Ti-Einkrist. 45-0421; Hall-Konst.: bei Beschuß v. n-Ge mit *600*-MeV-Protonen 2-0435; u. Hall-Beweglichk. v. n-Ge mit As-Dotier. 2-0438; Hall-Beweglichk. in Ge-Bikrist. 2-0440; Unters. d. durch anod. Ätz. sichtbar gemachten Inhomogenitäten in n-Ge-Einkrist. mit unterschiedl. Widerstandsverh. u. Vgl. mit —-Mess. 5-0447; Hall-Konst. beim Erwärmen nach Bestrahl. v. n-Ge mit schnellen Neutronen 8-0423; eingefrorene Leerstellen als Akzeptoren mit mehrfachen Niveaus in Ge nach —-Mess. 9-0462; Akzeptorwrkg. v. Versetz. in p-Ge nach Mess. d. Hall-Konst. 11-0445; Hall-Koeff. fester Lsg. d. Syst. Ge/Si 14-0458; longitudinaler — in n-Ge 14-0462; Hall-Koeff. nach Bestrahl. v. Ge mit schnellen Neutronen bei niedr. Temp. 15-0479; —: bei Si u. Ge 16-0365; v. mit Ga dotiertem p-Ge in starken Magnetfeldern 16-0372; Temp.-Unters. d. Einfl. d. Bestrahl. auf — v. im Reaktor bestrahltem p-Ge 17-0333; Hall-Mess. v. auf halbisolierendes GaAs aufgedampften epitakt. Ge-Schichten 17-0454; — in n-Ge 19-0422; Hall-Beweglichk. heißer Träger in n-leitendem Ge großer Trägerkonz. 22-0402; Umkehr d. Hall-Spann. beim negativen Widerstand v. in Vorwärtsricht. gepolten p-Ge-Punktkontaktdioden 25-0402; Hall-Koeff. in plast. verformtem Ge 26-0400; Ausheilen metastabiler Defekte u. Mess. d. Hall-Spann. in Ge 30-0270; Einfl. d. Dotier. (mit As oder Sb) auf d. Verteil. v. Mn über Gitter- u. Zwischengitterplätze in Ge aus Mess. d. Temp.-Abhängigk. d. — 30-0361; Änder. d. Hall-Koeff. v. p-Ge während u. nach d. Bestrahl. mit Elektronen bei *0°* 30-0364; — v. VGe_2 u. $TiGe_2$ 35-0348; Einfl. v. Strukturdefekten auf d. Hall-Beweglichk. v. mit Au u. Sb dotiertem Ge 38-0430; Sprungleitfähigk. u. Hall-Koeff. in Ge-Einkrist. mit Ga-Zusatz 39-0431; Piezo-— in p-Ge 44-0428; Hall-Koeff.: d. fl. Metalle Hg, Ga, In, Sn u. d. Leg. In_2Bi u. Hg–Sn 43-0446; in d. Syst. Pb–Hg, Pb–In, Pb–Tl u. Pb–Bi 12-0480; v. Pb u. d. Einfl. d. endl. Probendicke hierauf 35-0424; Einfl. v. Verunreinig.-Streuung auf d. Hall-Koeff. d. Leg. Pb–Hg, Pb–In, Pb–Tl, Pb–Bi, Mg–Al, Mg–Li u. Mg–Cd 36-0442.

—: in supraleitenden Nb- u. In-Einkrist. 15-0508; in NbTa als Supraleiter *2.* Art 40-0411; Temp.-Abhängigk. d. Hall-Koeff. verd. Bi–Sn- u. Bi–Te-Leg. mit bis zu *0,079* Atom-% Sn bzw. Te 13-0482; — d. Syst. Te/As, Te/Bi u. Te/Sb bei *−183°* 14-0449; Hall-Koeff. v. polykrist. Bi bei *80* °K im schwachen Feld 32-0439; Hall-Spann. v. Bi–Sb-Einkrist. (mit *3* Sb) 32-0440; Besonderh. d. Einfl. v. Sn u. Te auf d. Anisotropie d. — v. Bi 32-0441; Änder. v. Thermo-EMK u. Hall-Koeff. v. Bi mit Pb-Beimeng. bei d. plast. Verform. 33-0439; —: u. Lad.-Trägerdichten u. Beweglichk. in mit Sn dotiertem Bi 43-0444; in abgeschreckten Filmen einer *75* Atom-% Bi–*25* Atom-% Sn-Leg. unterhalb *47* °K 43-0447; —-Mess. v. Bi–Sn-Leg. 45-0418.

Anisotropie d. — v. W 18-0406.

—: in einer antiferromagnet. Fe–Mn–Cr-Leg. 2-0481; in Fe u. $Fe_{1-x}Ni_x$ 2-0482; Einfl. d. Temp. auf d. — v. dünnen Fe-Schichten 3-0499; Magnetisier.-— v. dünnen Fe-Schichten 4-0501; — einer Fe–Al-Leg. 14-0496; Temp.-Abhängigk. d. spontanen Hall-Koeff. in Ferromagnetika am Beispiel v. Fe_3Pt 21-0414; ferromagnet. — mit Elektron–Phonon-Wechselwrkg. in Fe-Whiskern 36-0440; — in ferromagnet. Fe–Cr-Leg. 49/50-0432; Temp.-Abhängigk. d. — in Co 16-0349; — u. Magnetisier. v. FeCo im Bereich d. Ordn.-Temp. 18-0413; Abhängigk. d. — d. ε- u. γ-Phase v. Co v. d. Magnetisier. 36-0441; —: v. reinem Co 45-0197; in ferromagnet. Ni-Leg. mit ≦*5* Atom-% Mo in d. Nähe d. Curie-Temp. 5-0484; im Syst. Ni/H 6-0452; gewöhnl. u. Magnetisier.-— in Ni u. verd. Ni-Leg. mit *0,07–5,20* (Atom-%) Fe, *0,10* bis *1,01* Co bzw. *0,06–1,30* Cu 6-0453; Anwend. d. ebenen — für d. Unters. d. Rotat.-Hysterese in ferromagnet. Permalloyfilmen (*78* Ni) 23-0503; spontaner Hall-Koeff. v. reinem Ni im Bereich niedr. Temp. 26-0427; —: in Permalloyfilmen 28-0378; in Filmen aus Fe, Ni u. Fe-Leg. mit Ni 30-0402; in Ni u. Ni-Leg. 38-0453; v. dünnen Ni-Filmen 51/52-0403.

Hall-Koeff. in Cu bei tiefen Temp. 27-0469; Temp.-Abhängigk. d. Hall-Konst. bei Ordn.-Einstell. v. Leg. auf Cu-Basis 31-0296; Hall-Koeff., elektr. Widerstand u. Elektronenstruktur fl. Ag–In-Leg. 18-0414; Einfl. v. plast. Verform. auf Widerstand u. Hall-Konst. v. Ag–Pd-Leg. 23-2320; Deut. d. — in Leg. v. Cu u. Ag mit Metallen d. Gruppe B 45-0422; Hall-Konst.: v. α-Mischkrist.-Reihen v. Au mit *0–40*% Mg, Al, Zn, Ga, Ge, Cd, In u. Sn 8-0458; in aufgedampften Au-Schichten 14-0502; Einfl. v. Ordn.-Strukturen auf d. Hall-Konst. v. α-Mischkrist. d. Syst. Au/Zn u. Au/Ag/Zn 15-0500; Ableit. d. Dicke v. Au-, Ag- u. Cu-Schichten aus theoret. Ausdrücken für Leitfähigk. u. isothermen — 38-0452; Temp.-Abhängigk. d. —: v. Pd u. Ag u. ihre Beeinfluss. durch Zusatzmetalle 7-0486; in Pd–Ag 7-0493; Hall-Konst. v. H_2-beladenen Pd-Einkrist. 17-0476; Nahordn. u. Änder. d. — nach Verform. in einer Au/Pd-Leg. äquiatomarer Zus. 35-0235; Hall-Koeff. v. reinem Ni- u. Pd-Metall sowie d. Syst. Pd/H 45-0426.

Halogenide: —-Mess. v. mit SmF_3, YbF_3 u. YF_3 dotierten CdF_2–CaF_2-Krist. 41-0451.

Boride, Carbide, Silicide: Hall-Konst. v. TiB_2 u. TiC 12-0436.

— in einkrist. ZrB_2 30-0365.

Einfl. einer Bestrahl. mit schnellen Neutronen auf d. elektr. Eig. v. p- u. n-leitendem SiC nach Mess. d. elektr. Leitfähigk. u. d. — 9-0456; durch schnelle Elektronen in SiC erzeugte Strahlenschäden nach Leitfähigk.- u. —-Mess. 9-0472; Temp.-Abhängigk. d. Hall-Beweglichk. v. SiC mit Al-, C- u. Fe-Beimeng. 14-0466; Besonderh. d. Hall-Kurven u. Thermo-EMK v. n-leitendem α-SiC 28-0392; epitakt. Zücht. u. Hall-Koeff.-Mess. v. SiC 34-0248; Hall-Konst.: d. Dicarbide einiger Seltenerdmetalle 30-0366; v. Titancarbid 16-0377; Abhängigk. d. Hall-Koeff. v. Zirkoniummonocarbid v. C-Geh. 27-0445; Hall-Koeff.: v. TiC_x, ZrC_x u. HfC_x 14-0467; v. ThC_2, $ThC_{0,96}$, $ThC_{0,90}$ u. $ThC_{0,74}$ 5-0448.

Einfl. einer Neutronenbestrahl. auf d. — v. $Mg_2Ge_{0,8}Si_{0,2}$ 10-0426; — u. Feinstruktur d. Röntgen-K-Fluoreszenz- u. Absorpt.-Spektren v. V-Siliciden 46-0366; Hall-Koeff. v. FeSi 41-0433.

Arsenide, Antimonide, Phosphide, Nitride: Hall-Beweglichk. in dünnen Schichten v. $GaAs_{1-x}P_x$-Leg. auf [*100*]-orientiertem GaAs 3-0460; Einfl. d. direkt–indirekt-Übergangs auf d. — in $Ga(As_{1-x}P_x)$ 4-0404; Hall-Konst.: v. 4 InAs·InP 14-0476; für Leg. d. Syst. InSb/InTe 14-0638; Hall-Beweglichk. v. $ZnSiAs_2$, $ZnGeP_2$ u. $CdGeP_2$ 30-0381.

Hall-Koeff. v. Einkrist. aus $Zn_xCd_{3-x}As_2$-Mischkrist. 27-0448; Temp.-Abhängigk. d. Fe-Akzeptorniveaus in GaAs nach —- u. Leitfähigk.-Mess. 2-0446; —-Mess. dünner GaAs-Schichten nach Dotier. mit Zn bzw. Cu 3-0459; effektive Elektronenmasse in n-GaAs nach Mess. d. Hall-Koeff. u. d. Thermokraft 4-0403; Hall-Koeff. (im Dunkeln sowie bei d. Belicht.), Hall-Beweglichk. u. Abhängigk. d. Hall-Beweglichk. v. d. Photoleitfähigk. in GaAs 8-0429; —: in Zn-dotiertem GaAs 11-0459; v. GaAs nach Cu-Diffus. 13-0456; Einfl. v. mechan. Spann. auf d. Hall-Koeff. v. n-GaAs 18-0382; —-Mess. im Bereich *77* bis *360* °K v. n-GaAs 21-0396; Hall-Beweglichk. in p-GaAs 27-0449; — in GaAs 29-0414; Hall-Konst. v. epitakt. n-GaAs 29-0415; Temp.-Abhängigk. d. Hall-Konst. in Ag- u. Au-dotiertem GaAs 29-0419; Einfl. d. Elektronenbestrahl. auf d. Beweglichk. v. Elektronen in GaAs aus d. Mess. d. — 30-0370; — in GaAs bei Bestrahl. mit Protonen 33-0467; Hall-Koeff. in kompensiertem GaAs 36-0418; Temp.-Abhängigk. d. Photoleit.-Lebensdauer v. n-GaAs nach Photoleit.- u. —-Mess. 41-0453; Einfl. v. Elektronenbestrahl. auf d. — v. n-GaAs 51/52-0379; — v. InAs–CdTe- u. InAs–ZnTe-Leg. 5-0473; Hall-Konst. u. negative magnet. Widerstandsänder. v. n-InAs bei niedr. Temp. 14-0470; Quantenoszillat. d. Hall-Koeff. in n-InAs 20-0385; Hall-Beweglichk. v. InAs-Dünnschichttransistoren 45-0395; Hall-Konst.: u. Hall-Beweglichk. v. Sn_3As_2 6-0423; v. p-$CdSnAs_2$ 10-0435; v. $CdSnAs_2$ 23-0432.

—: v. Cu-dotierten p-ZnSb-Einkrist. 3-0456; v. Cadmiumantimonideinkrist. 8-0223; Donator- u. Akzeptorniveaus v. CdSb mit Au-Dotier. nach Mess. d. Hall-Konst. 14-0473; — u. Hall-Beweglichk. v. CdSb 25-0411; Einfl.: d. Anlassens bei niedr. Temp. auf d. Hall-Konst. v. $ZnCdSb_2$ 27-0453; v. Ag u. Au auf d. — v. CdSb 37-0453; v. Cu auf d. — v. CdSb 42-0386; Hall-Koeff. v. fl. CdSb u. ZnSb 43-0440; — für mit Te dotierte n-AlSb-Einkrist. 4-0397; Piezo-— v. n- u. p-AlSb 10-0436; — in p-AlSb 22-0413; Einfl. einer Li-Diffus. (*500°*) u. Temper. auf d. Hall-Koeff. v. mit Te dotiertem n-GaSb 4-0401; Diffus., Löslichk. u. elektr. Eig. (Akzeptorniveaus) v. ^{64}Cu in GaSb-Einkrist. nach —-Mess. 12-0464; Leit.-Band v. GaSb nach Mess. d. transversalen magnet. Widerstandsänder. u. d. — 44-0433; — bei hohen Temp. in GaSb 49/50-0396; Theorie einer Resonanzinstabilität in Ggw. eines starken elektr. Hall-Feldes (Anwend. auf n-InSb) 4-0400; Ionisat. v. Donatoratomen in n-InSb durch ein elektr. Mikrowellenfeld nach Mess. d. elektr. Leitfähigk. u. d. — 6-0424; Hall-Konst. in dotiertem InSb bei hohen Drücken 8-0436; Transporterschein. in InSb-Krist. bei höherem elektr. Feld nach gepulsten Leitfähigk.- u. —-Mess. 9-0476; —: v. InSb nach Neutronen- u. γ-Bestrahl. bei *78* °K 10-0301; an einer Halbleiteranordn. aus zwei InSb-Proben 11-0439; zweites Leit.-Band in InSb aus Vers.-Daten zum — 12-0462; Einfl. v. hydrostat. Druck auf d. Hall-Koeff. v. InSb 14-0472; InSb-Isolator mit — 16-2186; Mess. d. Photo-— in kompensierten p-InSb-Proben 20-0387; —: in stark legierten n-InSb-Krist. bei gemischtem Streuungsmechanismus 22-0411; v. hochdotiertem InSb 29-0423; in n-InSb 29-0424; u. Hall-Beweglichk. im InSb-Plasma 33-0469; Hall-Koeff. in mit Ge dotiertem InSb 38-0435; Einfl. d. Spins auf d. Quantenschwing. d. — v. n-InSb 38-0438; Anisotropie d. Hall-Koeff. in p-InSb 41-0455; Erhol.-Stufe II (Hall-Koeff. u. elektr. Leitfähigk.) in elektronenbestrahltem InSb 47-0319; — v. Bi–Sb-Mischkrist. mit bis zu *15* Atom-% Sb 8-0437; Einfl. d. Druckes auf d. Temp.-Abhängigk. d. Hall-Koeff. v. Bi–Sb-Leg. 17-0473; Hall-EMK als Funkt. d. Temp. bei Anlegen eines Magnetfeldes für $Bi_{0,95}Sb_{0,05}$ u. $Bi_{0,9}Sb_{0,1}$ 46-0397.

Hall-Konst. v. CdP_4 26-0407; —-Mess. an mit S, Te, Si u. Ge dotiertem n-GaP (Bind.-Energien d. Donatorzustände u. Elektronenbeweglichk.) 1-0439; Temp.-Abhängigk. d. Hall-Koeff. in Te-dotiertem GaP 5-0452; — u. Hall-Beweglichk. in n-leitendem, epitaxialem GaP 23-0430; Hall-Konst. v. InP 12-0465; —: u. Trägerbeweglichk. v. n-InP 14-0475; v. n-InP-Krist. bei niedr. Temp. 29-0425.

Hall-Konst. v. TiN 12-0436.

Oxide: Einfl. d. Dotier. halbleitender Oxide auf d. — am Beispiel v. Li-dotiertem NiO 42-0408; — an Protonen in Eis 49/50-0415; Hall-Beweglichk. dünner ZnO-Schichten 29-0214; Mess. d. Hall-Koeff. v. CdO in Abhängigk. v. d. Sintertemp. 11-0463; Hall-Trägerkonz. in undotierten bzw. mit Sn dotierten In_2O_3-Filmen 44-0438; Einfl. hydrostat. Drücke auf d. — in Rutil 47-0426; Halbleitereig. v. ZrO_2 mit Cu_2O-Zusatz nach Mess. d. Hall-Konst. 10-0439; —-Mess. an dünnen SnO_2- u. In_2O_3-Filmen 17-0436; —: v. Sb-dotierten SnO_2-Einkrist. 49/50-0399; v. VO_2-Pulver 51/52-0385; Hall-Koeff. v.

(elementares F_2 als Radikalspender) 47-0932; v. Ag-Salzen v. 2-Hydroxy-4.6-dialkoxybenzoesäuren 48-0947.

Bromierung: mit Dioxandibromid 5-1036; v. Kohlen mit Br_2 in Eisessig 8-2786; v. Tris - [3 - phenyl - 2.4 - pentandionato]-chrom(III) 18-0714; v. 1.3-Eningermanium-KW-Stoffen (Richt. d. Rk.) 18-0959.

Bromier.: einiger Diazaindene 6-0875; v. aromat. Verb. mit einer Misch. v. Peressigsäure u. Br_2 in Essigsäure 8-0993; v. symm. substituierten Stilben- u. Tolan-Deriv. (Vgl. d. Br_2-Addit.-Geschw.) 10-0998; v. Fluoralkanen 12-0956; v. kettenverzweigten KW-Stoffen mit N-Bromsuccinimid in fl. Phase 12-1002; v. aromat. KW-Stoffen in Lsgm.-Gemischen (Kinetik) 13-0983; v. Olefinen mit Br_2 (Kinetik) 14-1033; v. Cyclooctatetraen (Mechanismus) 15-0951; v. aliphat. Olefinen mit Br_2 (Reaktivität–Struktur-Bezieh.) 16-0928; v. Olefinen mit Br_2 (Addit.-Geschw.) 17-0717; v. Chlorbenzol 17-0986; v. 1-Phenylpyrazol-Deriv. 19-0978; v. Bzl. (Beschleunig. durch Fe-halt. Zeolithe) 23-2533; v. Olefinen mit Br_2 in wss. Lsg. (Kinetik) 28-0952; v. Propylen bei tiefen Temp. (schrittweise Addit. v. Br_2) 30-0921; v. cis- u. trans-Stilben (Lsgm.-Einfl. auf d. Stereospezifität d. Addit.) 30-0922; v. cis-1.4-Polybutadien 33-1186; v. tert. H-Atomen in alicycl. Verb. (Selektivität) 35-0972; v. Alkylbenzolen mit $CuBr_2$ (Einfl. v. W. auf d. Rk. im Kern bzw. in d. Seitenkette) 41-1000; v. Thiophen in Essigsäurelsg. (Effekte v. α-Substituenten auf d. Kinetik) 41-0962; v. 1- u. 2-Methylphenazin durch N-Bromsuccinimid 41-1066; v. 2-Aryl-(Alkyl)pyrimidazolen 44-1073; v. α-substituierten Toluolen durch N-Bromsuccinimid (Geschw.) 47-0860; v. Pyrido-[3.2.1:kl]-phenothiazinen 47-0997; v. cis-1.4-Polybutadien 51/52-1051.

Bromier.: v. Phenolaldehyden 2-1062; v. [4.5-Dimethoxyphenyl]-essigsäurehydrazidderiv. 2-1302; v. Phenolen (Einfl. d. Substituenten auf d. Geschw.) 5-1036; v. Aceton in Ggw. zugesetzter Salze (Kinetik) 6-0950; v. Oktaisopropylsilsesquioxan 8-0742; v. 2-Dialkylaminothiazolen 8-1025; v. Phenanthrachinon-(9.10)-Deriv. 10-1006; v. $3\beta.17\beta$-disubstituierten Δ^5-Androstenen (Einfl. d. 3.17-Substituenten auf d. Anlager. v. Brom) 27-1121; v. Arylidenarylhydrazonen (Kinetik) 31-0898; v. Cumarinen 32-1100; v. substituierten Anisolen (Reaktivität–Struktur-Bezieh.) 33-0988; v. Benzodihydrothiadiazindioxiden u. verwandten Verb. 33-1114; v. 1.3.5-Trimethoxybenzol mit N-Bromsuccinimid in DMF (H-Isotopeneffekt) 34-0976; in Allylstell. v. Δ^{16}-Pregnen-20-onen 45-1042; v. 1-Methylindol-2.3.4-tricarbonsäuretrimethylester 46-0926; v. aromat. Aminen (Kinetik) 48-0888; v. Alkylphenolen bzw. Alkylaryläthern 49/50-0919; v. N-(Diarylphosphinyl)-iminophosphoranen 51/52-0626; v. 2-Brom- u. 2.4-Dibrom-1.3.5-trimethoxybenzol (Einfl. benachbarter Br-Atome) 51/52-0876; d. Phenole (Mechanismus) 51/52-0877.

Jodierung: v. 20-Oxopregnanen 1-1147; v. N-Acetyltyrosin (Kinetik) 3-1003; v. Pyrazol (Kinetik u. Mechanismus) 6-0949; v. Tyrosin u. Thyreoglobulin durch Chlorperoxydase 8-1366; v. Thyreoglobulin 12-1545; v. Oxytocin 13-1616; v. normalen u. versteckten Tyrosylresten d. Lysozyms 16-1302, 20-1318; v. Resorcinderiv. 22-0937; v. Tetraorganyl-Pb-Verb. (Geschw.) 23-0668; v. aromat. Verb. durch Peroxyessigsäure u. Jod 28-1055; v. Tyrosin mit ^{125}J (Spezifität) 28-1204; v. Rattenthyroglobulin 30-1411; v. Pb mit ^{131}Jod (Kinetik) 36-0665; v. Dimethylquecksilber (Kinetik) 40-0643; v. Acetaldehyd (Kinetik) 40-0947; v. Thyroglobulin in einem zellfreien Syst. 40-1511; v. Acetonylphosphat u. Aceton (katalyt. Wrkg. v. Lysin) 45-0892; v. Proteinen durch Enzyme 45-1113.

Fluorierung: v. wss. Harnstofflsg. 1-0685; v. Graphit (Kinetik) 2-0713; v. halogenierten Olefinen mit Hilfe v. Metallfluoriden 3-1004; d. Urancarbide durch F_2 (Kinetik) 4-0663; v. organ. Verb. mit Chlortrifluorid 5-2611; v. Alkyl-, Alkenyl- oder Arylsilanen mit SbF_3, BF_3, NH_4F oder NaF 5-2671*; v. Perhalogenbenzolen mit KF in polaren Lsgm. 20-1005; v. gesätt. Halogenalkanen (AsF_3 als Fluorier.-Mittel) 21-1043; v. Cu-Oxid (Kinetik u. Mechanismus) 24-0724; d. isomeren Dichlorbenzole über CoF_3 25-1043; v. 2-Chlor-2-fluorpropan mit HF 25-2428*; v. Si mit gasförm. F_2 (Kinetik) 26-0691; v. Erdalkalimetall- u. Seltenerdmetalloxiden 26-0733; v. symm. Tetrachloräthan am Cr- oder Co-halt. Katalysator 30-2519*; v. H_2NCN mit F_2 in phosphatgepufferter wss. Lsg. 38-0704; v. Tristrichlorsilylmethan, -chlormethan sowie Tetrakis-trichlorsilylmethan 40-0686; v. Carbonylsulfid in d. Gasphase 42-0667; Fluorier.-Mechanismus 44-0929; Fluorier.: v. Methylenchlorid u. Benzalchlorid mit Kryolith 46-0912; v. U-Verb. mit dampfförm. Bromtrifluorid 47-0642; v. Perfluoralkyl-symm.-triazinen mit F_2 49/50-0899.

Hydrohalogenierung. Hydrochlorier.: v. Acetylen [Kinetik u. Mechanismus, Katalyse durch Cu(I)-Komplexe] 19-0991, 19-0992; v. Styrol (Kinetik) 24-0968; v. Acetylen in fl. Phase in Ggw. v. CuCl (Kinetik) 27-0953; v. C_2H_2 (Anfahrensmethodik eines Reaktors) 35-2342; v. Vinylisopropenylacetylen, Dimethylvinyläthinylcarbinol u. Dimethylvinyläthinylchlormethan 51/52-0936.

Hydrobromier.: v. Acetylenderiv. in Essigsäure (Kinetik) 24-0967; v. Allen (Kinetik) 33-0976; v. Acetylenverb. in Essigsäure 35-0971.

Hydrojodier. v. Acetylendicarbonsäureester (Kinetik) 1-0991, 41-0970, 41-0971.

Hydrofluorier.: v. Acetylenen mit HF (in Ggw. eines Hg-Katalysators) 7-2675*, 7-2676*; v. UO_2 durch Wirbelbettrk. 16-2068*; v. Metalloxiden (Kinetik) 24-0715; v. C_2H_2 u. seinen Homologen 32-2557*.

Halogenkautschuk s. unter *Kautschuk, Kautschukähnliche Stoffe.*

Haloperidid s. unter $C_{26}H_{30}ClFN_2O_2$.

Haloperidol s. unter $C_{21}H_{23}ClFNO_2$.

Halopropan s. unter $C_3H_3BrF_4$.

Halotestin s. unter $C_{20}H_{29}FO_3$.

Halothan(e) s. unter $C_2HBrClF_3$.

Haloxon s. unter $C_{14}H_{14}Cl_3O_6P$.

Halurgit, IR-Spektrum v. — 14-0381.

Hamamelitannin s. unter $C_{20}H_{20}O_{14}$.

Hamamelose s. unter $C_6H_{12}O_6$.

Hamaudol s. unter $C_{15}H_{16}O_5$.

Hambergit, IR-Spektrum v. — 39-0366.

Hamerfarbstoff, Verw. als Sensibilisator für elektrophotograph. ZnO-Schichten 30-3185.

Hammett-Beziehung s. unter *Konstitution.*

Hamycin, Vgl. mit Trichomycin 18-1369; Wirkungsweise 33-1395; biolog. Aktivität 37-1317; Wrkg.: v. Serum auf d. antifungale Aktivität v. — in vitro 46-1355; auf Entzünd. u. verwandte Mechanismen 33-1731; auf d. Elektrokardiogramm u. experimentelle Herzarrhythmien beim Hund 42-1559; chemotherapeut. u. tox. Aktivität v. — bei experimentellen Mykosen 5-1689; Behandl. d. experimentellen Blastomykose bei Mäusen mit — 17-1652; —-Toxizität am Hund 35-1709; biolog. Best. 33-1394.

Hancockit, Vork.: v. Zn-Glimmer in —-halt. Gesteinen v. Franklin-Herd, New Jersey 32-0842; mit Hendricksit in Skarnzonen 38-0831.

Handbücher

Siehe auch *Wörterbücher.*

In d. Sowjetunion veröffentl. Nachschlagewerke über d. thermodynam. Eig. v. Stoffen 7-0042.

Gmelins Handbuch der anorganischen Chemie. System-Nr. *57*. Nickel. Teil B. Lfg. *2*. Verbindungen bis Nickel–Polonium B 4; Rezepttaschenbuch mit ausgewählten Hinweisen auf die nicht medikamentöse Therapie B 5; Handbuch der Pflanzenernährung und Düngung. II. Bd.: Boden und Düngemittel. *1.* Hälfte. III. Bd.: Düngung der Kulturpflanzen. *1.* Hälfte, *2.* Hälfte B 8; Beilsteins Handbuch der organischen Chemie. Erg. Werk *3*, Bd. *6*, Teil *3* B 9; Handbuch der chemischen Industrie Österreichs B 12; Tabellen zur Manometrie. Technisches Handbuch für die Auswertung von Druckmessungen B 12; Das Plasticaeum. Über Kunststoffe und ihre Wegrichtung B 14; Großes Textil-Lexikon. Fachlexikon für das gesamte Textilwesen. L – Z B 14; Farben- und Lack-Adreßbuch. Adreßbuch der Farben-, Lack-, Firnis- und Kittindustrie, *1966* B 15; Zuckertechniker-Taschenbuch B 15; Handbuch der Fototechnik B 16; Hygrometrie. Ein Handbuch der Feuchtigkeitsmessung in Luft und anderen Gasen. Lfg. *1* B 22; Moderne Wasch- und Reinigungsmittel. Bd. *5/4*, Nachtragsbd. *4*. *5/4*: Fettsäurekondensationsprodukte und nichtionogene Waschrohstoffe. Nachtragsbd. *4*. Nichtionogene Waschrohstoffe B 24; Handbuch der Papier- und Pappenfabrikation (Papierlexikon). Lfg. Nr. *12*: Kegelmühlen bis Kolbenpumpen B 24; Handbuch der Mineralogie. Erg.-Bd. *3*: Neue Mineralien und neue Mineralnamen. Mit Nachtrag, Richtigstellungen und Ergänzungen. Lfg. *3* B 27; Reallexikon der Medizin und ihrer Grenzgebiete. Bd. *1*. Lfg. *2*: Aminosäureimbalance bis Arzneikräuter B 28; Handbuch der Kolorimetrie. *4* Bde. Bd. III: Kolorimetrie in der Biologie, Biochemie und Medizin. *2*. Anorganischer Teil B 29; Ullmanns Encyklopädie der technischen Chemie. Bd. *17*: Terpentinölprodukte bis Uran und -verbindungen B 29; Handbuch der metallographischen Ätzverfahren B 30; Kunststoff-Handbuch. Bd. *7*: Polyurethane. Herstellung, Eigenschaften, Verarbeitung und Anwendung B 31; Handbuch der Karton- und Pappenherstellung B 32; Chemie-Lexikon. *4* Bde. B 33; Arzneipflanzen in der Sowjetunion. Lfg. *3*: Ecballium bis Juniperus B 37; Mechanisch-technologische Textilprüfungen (= Handbuch für Textilingenieure und Textilpraktiker. Teil *14*) B 40; Biographisch-literarisches Handwörterbuch der exakten Naturwissenschaften. Bd. *7*b. Berichtszeit *1932 – 1962*. Teil *1*. Lfg. *3* B 41; Biographisch-literarisches Handwörterbuch zur Geschichte der exakten Wissenschaften. Bd. *1*: A – L. Bd. *2*: M – Z B 41; Landolt-Börnstein, Zahlenwerte und Funktionen aus Naturwissenschaften und Technik. Gruppe *2*: Atom- und Molekularphysik. Bd. *2*: Magnetische Eigenschaften der Koordinations- und metallorganischen Verbindungen der Übergangselemente B 42; Gmelins Handbuch der anorganischen Chemie. System-Nr. *21*. Natrium. Erg.-Bd. Lfg. *3*. Verbindungen mit Stickstoff bis Kohlenstoff (bis einschließlich Natriumamidocarbonat), ohne Natrium-Halogenverbindungen B 43; Gmelins Handbuch der anorganischen Chemie. System-Nr. *60*. Kupfer. Teil B. Lfg. *4*: Koordinationsverbindungen mit neutralen und innerkomplexbildenden Liganden B 43; Handbuch der Histochemie. Bd. *1*: Allgemeine Methodik. Teil *2*: Allgemeine Probleme der Histochemie, Mikroveraschung, Methoden und Ergebnisse, immunhistologische Methoden B 44; Handbuch der physikalischen Therapie. In *4* Bdn. Bd. *1*: Bedeutung der physikalischen Medizin. Physiologische Grundlagen. Elektrotherapie. Lichttherapie B 45; Handbuch der experimentellen Pharmakologie. Bd. *16*: Erzeugung von Krankheitszuständen durch das Experiment. Teil *15*: Kohlenhydratstoffwechsel, Fieber B 45; Handbuch der analytischen Chemie. Teil *3*. Quantitative Bestimmungs- und Trennungsmethoden. Bd. 4a, *βδ*. Elemente der vierten Hauptgruppe, *2.4*. Germanium, Blei B 46; Handbuch der experimentellen Pharmakologie. Bd. *16*: Erzeugung von Krankheitszuständen durch das Experiment. Teil *10*: Infektionen B 52; Elektronenstrahl-Mikroanalyse (= Handbuch der mikrochemischen Methoden. *4*.) B 53; Handbuch der experimentellen Pharmakologie. New serie. Vol. *16*: Erzeugung von Krankheitszuständen durch das Experiment; part *12*: Tumoren. Vol. *18*: Histamine and antihistaminics: part *1*. Histamine, its chemistry, metabolism and physiological and pharmacological actions. Vol. *19*: 5-Hydroxytryptamine and related indolealkylamines. Vol. *20*, part *1*: Pharmacology of fluorides. Vol. *21*: Beryllium B 53; Handbuch der Kakaoerzeugnisse B 56; Beilsteins Handbuch der organischen Chemie. Erg.-Werk *3*. Bd. *6*, Teil *4*: Systemnummer *534* bis *538*a B 59; Pflanzenbiologisches Experimentierbuch. Physiologische und bodenkundliche Versuche (Handbücher für die praktische naturwissenschaftliche Arbeit. Bd. *34*) B 60; Handbuch der experimentellen Pharmakologie. Bd. *16*: Erzeugung von Krankheitszuständen durch das Experiment. Teil *13*: Tumoren B 60; Handbuch der physiologisch- und pathologisch-chemischen Analyse für Ärzte, Biologen und Chemiker. Bd. *6*: Enzyme. Teil C B 60; Taschenbuch für die Textilindustrie *1967* B 64; Handbuch der Physik. Bd. *18*, *2*. Ferromagnetismus B 66; Gmelins Handbuch der anorganischen Chemie. System-Nr. *57*. Nickel. Teil B. Lfg. *3*. Schluß der Verbindungen B 66; Handbuch der Histochemie. Bd. *3*: Nucleinsäuren. Teil *3*: DNS in Tumoren und bei Virusinfektionen. Zellaktivität und DNS-Gehalt von Interphasekernen B 67; Beilsteins Handbuch der organischen Chemie. Erg.-Werk *3*. Bd. *6*. Teil *5*. Systemnummer *539* bis *547* B 67; Handbuch der Gas-Chromatographie B 69; Kleines Pumpenhandbuch für Chemie und Technik. Flüssigkeitspumpen, Vakuumpumpen B 70; Handbuch der Galvanotechnik. Bd. *2*: Verfahren für die galvanische und stromlose Metallabscheidung B 71; Handbuch der Papierindustrie Europas B 72; Gmelins Handbuch der anorganischen Chemie. System-Nr. *3*. Sauerstoff. Lfg. *7*. Wasserstoffperoxid B 75; Handbuch der Gas-Chromatographie B 77; Landolt-Börnstein, Zahlenwerte und Funktionen aus Naturwissenschaften und Technik. Gruppe *2*. Atom- und Molekularphysik. Bd. *3*: Lumineszenz organischer Substanzen B 81; Gmelins Handbuch der anorganischen Chemie. System-Nr. *57*. Nickel. Teil A. *1*. Geschichtliches. Vorkommen. Darstellung B 82; Gmelins Handbuch der anorganischen Chemie. System-Nr. *21*. Natrium. Erg.-Bd. Lfg. *4*. Verbindungen von Natrium und Kohlenstoff (ab Natriumcyanid) bis Natrium und Wismut B 82; Bau- und Baustoff-Handbuch B 86; Zahlenwerte und Funktionen aus Physik, Chemie, Astronomie, Geophysik und Technik. Bd. *4*: Technik. Teil *4*: Wärmetechnik. Bd.-T. Wärmetechnische Meßverfahren, thermodynamische Eigenschaften homogener Stoffe B 89; Gmelins Handbuch der anorganischen Chemie. System-Nr. *57*. Nickel. Teil A *2*. Lfg. *1*. Physikalische Eigenschaften des Elements B 90; Handbuch der analytischen Chemie. Teil *3*: Quantitative Bestimmungs- und Trennungsmethoden. Bd. *1*b: Elemente der ersten Nebengruppe. *2*. Silber, Gold einschließlich Dokimasie B 93; Handbuch der Papier- und Pappenfabrikation (Papierlexikon). Lfg. Nr. *15*: Liniierte Papiere bis Mengen-Meßanlage B 96; Handbuch der Lebensmittelchemie. Bd. *2*. Teil *2*: Analytik der Lebensmittel. Nachweis und Bestimmung von Lebensmittel-Inhaltsstoffen B 96; Handbuch der Futtermittel. In *3* Bdn. Bd. *3* B 96.

Russ.: Praktisches Handbuch der chemischen qualitativen Halbmikroanalyse B 6; Handbuch des Kokschemikers. Bd. *6*: Wirtschaftlichkeit kokschemischer Betriebe B 7; Handbuch des praktischen Studiums der biologischen Chemie B 10; Handbuch der Zytologie B 10; Handbuch der Herstellung künstlicher poröser Zuschlagstoffe B 13; Chemische Pflanzenschutzmittel. Handbuch B 15; Handbuch der Chemie. Bd. *1*: Allgemeine Kenntnisse. Struktur der Stoffe. Eigenschaften der wichtigsten Stoffe. Laboratoriumstechnik B 18; Šubnikov-Gruppen. Handbuch der Symmetrie und physikalischen Eigenschaften von Kristallstrukturen B 18; Praktisches Handbuch der analytischen Chemie der seltenen Elemente B 22; Handbuch der Säurebehandlung von Bohrlöchern B 24; Hilfsstoffe für polymere Materialien. Handbuch B 24; Handbuch für die Praxis der allgemeinen und anorganischen Chemie B 26; Bestimmung der Erzmineralien unter dem Mikroskop. Bd. *1*: Methodisches Handbuch B 27; Schutz vor ionisierenden Strahlen. Handbuch B 29; Wärmeisolation. Handbuch B 38; Produktion von Chlor und kaustischer Soda. Handbuch B 47; Erdölprodukte. Eigenschaften, Beschaffenheit, Anwendung. Handbuch B 55; Erzeugnisse der chemischen und chemisch-mechanischen Holzverarbeitung. Handbuch B 56; Handbuch der Chemie. Bd. *5*: Rohstoffe und Industrieprodukte anorganischer Stoffe. Prozesse und Apparate. Korrosion. Galvanotechnik. Chemische Stromquellen B 62; Mechanische Eigenschaften des Stahls bei niedrigen Temperaturen (Handbuch) B 63; Kurze chemische Enzyklopädie. Bd. *5*. T–Ja B 81; Physikalische Eigenschaften von in der Energetik angewendeten Stählen und Legierungen. Handbuch B 87; Theoretisches und praktisches Handbuch für Laboratoriumsarbeiten der physikalischen Chemie. Teil *2* B 89; Handbuch der plastischen Massen B 95.

Handbuch der organisch-chemischen Analyse [ungar.] B 46.

Handbook of radiology B 4; Laboratory handbook of toxic agents B 5; Technical encyclopaedia – chemistry B 6; Encyclopedia of chemical technology. Vol. *9* B 6; The radiochemical manual B 6; Encyclopedia of polymer science and technology; plastics, resins, rubbers, fibers. Vol. *4* B 8; Dictionary of organic compounds; the constitution and physical, chemical and other properties of the principal carbon compounds and their derivatives, together with relevant literature references B 9; Polymer handbook B 9; Manual for the classification and determination of the anaerobic bacteria B 10; Pharmacology of fluorides (Handbuch der experimentellen Pharmakologie. Vol. *20*, 1) B 12; Manual on industrial water and industrial waste water B 13; The plastics manual B 14; Textile handbook B 15; Paint technology manuals; part *6* B 15; Encyclopaedic dictionary of physics: general, nuclear, solid state, molecular, chemical, metal and vacuum physics, astronomy, geophysics, biophysics and related subjects. Supplementary vol. *1* B 18; The international encyclopedia of physical chemistry and chemical physics. Vol. *1*: The kinetics of free radical polymerisation (= Topic *17*: Macromolecules) B 19; Encyclopedia of industrial chemical analysis. Vol. *1*: General techniques. A–E B 22; Buyers' guide of chemicals, chemical plant, laboratory equipment. *1962*, *1966* B 22; Book of ASTM standards, with related material, *1966*. Part *5*. Part *26*. Part *27*. Part *30*. Part *31* B 25; Handbook of experimental pharmacology. Vol. *20*. Pharmacology of fluorides. Part *1* B 28; Handbook of industrial toxicology B 28; Welding handbook. Section *4*: Metals and their weldability B 30; Handbook of chemistry and physics B 33; Electron microscopy, a handbook for biologists B 38; Textile laboratory manual. Vol. *1*: Qualitative methods B 38; Chemical encyclopaedia: a digest of chemistry and its industrial applications B 38; Handbook of metal powders B 39; Small gasoline engines training manual B 39; Encyclopedia of chemistry B 41; Index Bergeyana: an annotated alphabetic listing of names of the taxa of the bacteria B 44; Manual of medical therapeutics B 45; Laboratory manual for experimental general chemistry B 45; A laboratory manual of general chemistry B 45; Laboratory manual for college chemistry. Semimicro qualitative analysis B 45; Laboratory handbook for oil and fat analysts B 46; Corrosion resistant materials handbook, *1966* B 47; Encyclopedia of chemical technology. Vol. *10*. Food additives to heterocyclic compounds B 47; A handbook of industrial toxicology B 47; Textile laboratory manual. Vol. *2*: Resins and finishes B 48; Handbook of thermionic properties; electronic work functions and Richardson constants of elements and compounds B 49; Graphic handbook of chemistry and metallurgy B 49; The radiochemical manual B 50; Handbook of generalized gas dynamics B 50; Physics laboratory manual B 53; Thin layer chromatography; a practical laboratory handbook B 53; Handbook of differential thermal analysis B 53; Encyclopedia of industrial chemical analysis; vol. *1* B 53; Manual of radioisotope production B 54; Handbook of vacuum physics; vol. *1*, parts *4*–*6* B 54; Encyclopedia of chemical technology; vol. *8* B 54; Paint technology manuals; vol. *5* B 55; Encyclopedia of polymer science and technology: plastics, resins, rubbers, fibers; vol. *3* B 55; Handbook of physical constants B 57; Foundations of chemistry: a laboratory manual B 57; The condensed chemical dictionary B 57; Encyclopedia of chemical technology. Vol. *10*: Food additives to Heterocyclic compounds B 62; Handbook of compressed gases B 63; Encyclopedia of polymer science and technology; plastics, resins, rubbers, fibers. Vol. *5*: Dielectric heating to Emulsion B 63; Laboratory Training Manual of the use of isotopes and radiation in entomology. A joint, Vienna *1966* B 64; Handbook of polyolefin fibres B 64; Encyclopedia of industrial chemical analysis. Vol. *3*. General techniques P–Z B 69; Plating ABS plastics: a practical handbook designed for electroplaters, plastics moulders and the relevant consumer industries B 72; The textiles student's manual: an outline of all textile processes, from the origin of the fibre to the finished cloth; a handbook to all branches of the textiles industries B 72; Laboratory Training Manual of the use of isotopes and radiation in animal research B 72; A handbook of lattice spacing and structures of metals and alloys. Vol. *2* B 74; Handbook of pharmacology, the actions and uses of drugs B 77; Laboratory handbook of chromatographic methods B 77; Encyclopedia of chemical technology. Vol. *11*: Hexanes to ion exchange B 78; Welding handbook. Section *3*: Special welding processes and cutting B 79; Textile laboratory manual. Vol. *3*: Detergents. Vol. *4*: Dyestuffs B 80; The international encyclopedia of physical chemistry and chemical physics. Topic *11*: The ideal crystalline state. Vol. *2*: Elementary theory of metals B 82; Gems, minerals, crystals and ores; a collector's encyclopedia B 83; Encyclopedia of industrial chemical analysis. Vol. *2*: General techniques, F–O. Vol. *3*: General techniques P–Z, index to vols. *1*–*3* B 85; The Concrete year book: handbook, new structure directory and catalogue of the concrete industry B 86; An encyclopaedia of the iron and steel industry B 87; Organic chemical process encyclopedia. *1*. Petroleum products B 87; Handbook of chemistry: a reference volume for all requiring ready acess to chemical and physical data used in laboratory work and manufacturing B 89; Handbook of ultraviolet and visible absorption spectra of organic compounds B 91; Handbook of the engineering sciences. Vol. *1*: The basic sciences B 93; Handbook for welding design. Vol. *1* B 94; An introduction to textile printing: a practical manual for use in laboratories, colleges and schools of art B 95.

Manuel de techniques bactériologiques B 36; Manuel théorique et pratique d'histologie B 76; Manuel de pharmacie appliquée. *1re* annee. Notions générales B 77.

Manuale di terapia clinica raggionata B 21; Manuale merceologico di abbigliamento. Fibre tessili, filati, tessuti, pellicce, cuoi B 24.

Håndbog i fysik og kemi B 81.

Hanes-Isherwood-Reagenz, Rk. d. Sulfations mit – 46-1840.

Hanf, Einfl. v. Cu, B u. Mn auf Ertrag u. Qualität d. – auf Torfmoorböden 1-3265; Wrkg. v. Gibberellinsäure auf – 2-3133; chem. Erforsch. v. Cannabis (Übersicht) 3-1450; Hitze u. Feuchtigk.-Einw. auf – 4-2960; Pfropfpolymerisat. v. – -Fasern mit anorgan. Salzen u. Vinylpolymeren 14-3195*; Wrkg. v. – -Stroh auf d. Ertrag an Reiskorn u. -stroh 16-3124; immunochem. Unters. d. Globuline d. Hanfsamens verschiedener Reife 33-1443; Wrkg. v. Kalidünger auf d. Ertrag einer Rotat. mit – als Fruchtfolgeglied 36-2896; Bestandteile v. Cannabis sativa 38-1444; Veränder. d. Faserstruktur bei d. Mikroverasch. v. – 41-2846; Feuchtigk.-Aufnahme v. – 43-2714; Chromatographie v. Pektinsubstanzen d. – an DEAE-Cellulosesäulen 51/52-1171; Einfl. v. NH_4Cl auf d. Ertrag an – 51/52-3015.

Hanle-Effekt, Beobacht. d. – an Ne 24-0114; Strahl.-Lebensdauer d. ersten $^2P_{3/2}$-Zustandes v. ionisiertem Ca u. Mg aus d. – 9-0160; Lebensdauer d. $6^2P_{3/2}$-Terms v. Ba^+ aus d. – 14-0126; – zur Mess. d. Lebensdauer d. $4f^7 6s6pz^6P_{5/2}$-Zustandes v. Eu 23-0150; Lebensdauer, Kohärenzvereng. u. Hyperfeinstruktur d. $(6s^2 6p7s)^3P_1^0$-Zustandes in Pb aus d. – 9-0161; Lebensdauer d. $(6s^2 6p8s)^3P_1^0$-Zustandes in Pb aus d. Unters. d. – 9-0162; Ermittl. d. Lebensdauern d. J-Niveaus v. Cr aus d. – 9-0163.

Hanléit s. *Uwarowit.*

Hanssen-Säure s. unter $C_{19}H_{22}N_2O_6$.

Haplocidin s. unter $C_{21}H_{26}N_2O_3$.

Haplocin s. unter $C_{22}H_{28}N_2O_3$.

Haplofolin s. unter $C_{14}H_{15}NO_2$.

Haplopin, Isolier. aus Haplophyllum robustum 22-1336.

Haptene s. unter *Antigene.*

Haptoglobin s. unter *Proteine, Spezielle Proteine.*

Haptoglobulin s. unter *Proteine, Spezielle Proteine.*

Hardersche Drüse s. unter *Drüsen, Tränendrüsen.*

Hardystonit, Vork. mit Hendricksit in Skarnzonen 38-0831.

Harmalan s. unter $C_{12}H_{12}N_2$.

Harmalin s. unter $C_{13}H_{14}N_2O$.

Harmalol s. unter $C_{12}H_{12}N_2O$.

Harman s. unter $C_{12}H_{10}N_2$.

Harmidin s. unter $C_{13}H_{14}N_2O$.

Harmin s. unter $C_{13}H_{12}N_2O$.

Harmol s. unter $C_{12}H_{10}N_2O$.

Harmotom, – aus d. Steinbruch bei Wilhelmsdorf am Stradner Kogel, südl. Gleichenberg, Steiermark 17-0856; ultrarotspektroskop. Unters. an ionenausgetauschtem – 12-0671.

Harn (Urin)

Diabetes (*mellitus*) u. *Harnanalyse* s. dort; s. auch *Organe, Harnblase* (*und Harnwege*); *Organe, Nieren*; *Stoffwechsel.*

Circadianphasendiagramme v. Oraltemp. u. – -Funkt. bei einem gesunden Mann 32-1568.

Verh. v. Hydroxyprolin u. Prolin im Plasma bei chron. Urämie 4-1511; gastrointestinaler Transport v. Ca bei Urämie 10-1660; Hemmwrkg. d. Serums v. Kranken mit chron. Urämie auf O_2-Verbrauch u. Kohlenhydratstoffwechsel v. Nieren- u. Hirngewebe d. Ratte 15-1589; Parathyreoidhormon im Plasma bei Urämie 44-1236.

Neuromuskulare Toxizität d. – 43-1523; Enzymbldg. im embryonalen Reisendosperm fördernde Wrkg. v. – d. Menschen 46-1286; Hemm.: d. Lipoperox. durch – 46-1493; d. Geschwürbldg. durch – -Extrakte mit Antihistaminwrkg. 51/52-1379.

Herst. v. Trinkwasser aus menschl. – 7-2314*; Gewinn. v. antiallerg. – -Extrakten 39-1681*.

Harnbildung und Diurese

Diuretika s. unter *Arzneimittel.*

Einfl.: v. Dexamethason auf – -Bldg. bei d. Ratte 38-1515; v. K-Niobat auf d. – -Bldg. 42-1536.

Diurese u. – -Konz. bei Argininmangelratten 19-1619; Wrkg.: einer einseit. Konstrikt. d. Nierenarterie auf d. tubuläre Rückresorpt. v. Na u. W. während einer osmot. Diurese 1-1666; d. osmot. Diurese auf d. Lactatkonz. im Mark d. Rattenniere 1-1669; Geh. an Glycerylphosphorylcholin u. Glycerylphosphoryläthanolamin in Rinde u. Mark v. Masugi-Nephritis-Nephrose-kranken Rattennieren während forcierter Diurese u. Durst-Antidiurese 2-1657; Einfl. v. osmot. Diurese auf d. Verteil. v. Na, K u. Harnstoff in d.

Bibliographie

Harnanalyse

Bestandteile

mikrochem. —-Analyse 17-2036; —-Unters. in d. Apotheke (Übersicht) 22-1969.

Anorganische Bestandteile: Chromatograph. Trenn. v. Kationen im — 24-1990; Chloridbest. im — durch eine modifizierte Quecksilberrhodanidmeth. 20-1968; mikroturbidimetr. Best. v. Sulfat im — 17-2062; Best. v. S im — durch Atomabsorpt.-Spektrometrie 40-1908; polarograph. Best. v. Bi im — 46-1931.

Na-Best. im — mit einer spezif. Elektrode 49/50-1833; gleichzeit. potentiometr. oder amperometr. Titrat. v. Ca u. Mg im — 16-1933; komplexometr. Best. v. Ca im — 17-2064; automat. spektrophotometr. Best. v. Mg im — 19-2103; chelatometr. oder komplexometr. Schnellbest. v. Ca im — 25-1845; Anwend. d. Farbstoffs v. Mann u. Yoe zur automat. Best. v. Mg im — 33-2095; atomabsorptionsphotometr. Best. v. Ca im — 49/50-1834; Best.-Meth. für niedr. Ca-Konz. im — 49/50-1835; atomabsorptionsphotometr. Best. v. Ca u. Mg im — 49/50-1839.

Schnellnachw. v. Pb u. Hg mit Dithizon im — 16-1934; Pb-Best. im — (durch Atomabsorpt.) 33-2096; (durch Differentialoszillopolarographie) 46-1962.

Best. v. Cu im — (mit Dithizon) 1-2143; (spektrophotometr.) 11-2144; kolorimetr. Best. v. Fe im — im Hinblick auf d. Best. während d. Therapie mit Komplexbildnern 14-2075; Best. v. Fe im — 33-2097.

Best. v. im — angereichertem U durch chromatograph. Isolier. an einer mit Tributylphosphat imprägnierten Kel/F-Kolonne u. anschließende α-Zähl. 2-2104; Abschätz. d. inneren Bestrahl.-Dosis aus —-Ausscheid.-Daten für eine Anzahl wicht. Radionuklide 11-2142; Pu-Best. im — 11-2143; Best. d. U-Geh. im — nach Extrakt. mit tert. — 16-1942; Nachw. v. Radioisotopen im — 18-2066; Best. v. Pu im — durch Anionenaustausch 18-2067; U-Best. im — durch verzögerte Neutronenzähl. 22-1973; biolog. Überwach. d. ^{241}Pu-Aktivität im — oder anderem biolog. Material 22-1974; Nachw. d. Spaltprod. ^{134}Cs u. ^{137}Cs u. v. ^{22}Na im — 22-1984; γ-spektrometr. Best. v. Fallout-Radionukliden im — 22-2018; Best. v. U u. Am–Cm im — durch Fl.-Ionenaustausch 26-2142; Kontrolle v. U im — zur Verhüt. d. gewerbl. Vergift. (statist. Beitrag) 29-1618; Feststell. d. Körpergeh. an radioakt. Sr nach Kontaminat. beim erwachsenen Menschen durch Best. d. —-Ausscheid. 32-1662; Best. d. ^{32}P-Ausscheid. im — bei d. Biobest. v. Parathyroidhormon v. Ratten 33-1552; neutronenaktivierungsanalyt. Unters. v. — auf ^{235}U u. ^{238}U 36-1966; Schnellbest. v. Pu im — (radiometr.) 36-1967; extraktionsphotometr. U-Best. im — mit Arsenazo III 47-1916.

Organische Bestandteile: Analytik v. organ. —-Inhaltsstoffen 27-2073; Ninhydrin-positive Verb. im menschl. — 46-1496.

N-Best. nach Dumas im — 25-1850; Schnellbest. v. C im — 33-2094; Best. v. NH_3, Harnstoff, Kreatinin, Kreatin, Phosphat, Harnsäure, Glucose, Chlorid, Ca u. Mg im — 17-2061.

Meßtechnik für schwache Radioaktivitäten v. organ. gebundenem J in großvolum. —-Proben 22-1972.

Best. v. Acetaldehyd in 0,5 ml-—-Proben 28-2052; Nachw. v. Phenylketonen im — 38-2006*.

Automat. Mikroanalyse v. Aldohexosen im — 10-2152; Mikrobest. v. Xylose im — 15-2090; Best. d. D-Glucose im — mit Biophan-G-Reagenzpapier 19-2100; enzymat. Best. v. Hexose im — (Überblick) 37-1233; Best. v. sauren Mucopolysacchariden im — bei Mastocytose 43-1858; Nachw. u. Best. d. — Zuckers nach d. Meth. d. Ringverdünn. 44-1907; Schnelltest für β-d-Glucose im — 46-1939; automat. Best. v. Fructose im — durch Rk. mit Thiobarbitursäure 49/50-1838.

Gaschromatographie d. Vanillylmandelsäure d. — beim Phäochromozytom 10-1559; halbquant. Test für Acetessigsäure im — 11-2145; Best.: d. im — enthaltenen Vanillylmandelsäure 12-2009; d. D-Zuckersäure im — 21-2173; d. Oxalsäure im — (Beeinfluss. durch exogene u. endogene Faktoren) 23-1534; automat. Best. v. Acetessigester im — 25-1846; Best. v. O-Glucuronid im — 35-2050; polarograph. Best. d. Oxalsäure im — als Eu-Oxalat 36-1968; papierchromatograph Unters. organ. Säuren im — 39-1956; Papierchromatographie v. Phenolsäuren im — 40-1919; Gaschromatographie v. —-Homogentisinsäure 40-1921; Lsgm. zur Papierchromatographie v. Phenolsäuren d. — 43-1857; Oxalsäurebest. im — 44-1904; vereinfachte Best. v. Phenylbrenztraubensäure im — bei experimenteller Phenylketonurie v. Mäusen 44-1906; fluorimetr. Best. v. Oxalsäure im — 46-1934; Reihentest für d. Nachw. v. Hydrindensäure im — 51/52-1474.

Best. d. Gesamtlipide im — 4-1967; mit Digitonin fällbare Steroide im normalen — v. Menschen 42-1382; chromatograph. Best. v. Sulfatiden in —-Sedimenten 15-2089.

Best.: v. Tryptamin im — mit d. Turner-Fluorimeter 9-2151; v. Aminen im menschl. — durch kombinierte Ionenaustauscher- u. Papierchromatographie 14-2076; spektrophotometr. Best. einer Misch. v. sek. u. tert. Aminen im — 51/52-1909.

Aminosäurebest. im — durch zweidimensionale Dünnschichtelektrophorese u. -chromatographie 1-2138; Abtrenn. v. Peptidkomponenten aus d. — v. Patienten mit therm. Verbrenn. durch Säulenchromatographie 5-1559; Dünnschichtchromatographie v. Aminosäuren im — 5-2145; Best.: v. Gesamthydroxyprolin im — 11-2157; v. ε-Aminocapronsäure im — 13-2164; Streifentest zur Erkenn. einer ansteigenden Exkret. v. α-Aminosäure-N im — 15-2088; Best. v. Glutamin im — 16-1931; Vorteile d. Best. v. δ-Aminolävulinsäure im — für d. frühzeit. Erkenn. v. Pb-Vergift. 19-1732; dünnschichtchromatograph. Best. v. β-Aminoisobuttersäure im menschl. — 20-1970; Best. v. Aminosäuren u. Peptiden im — 20-1971; neue hochspezif. Meth. zur Best. v. Cystin u. Cystein im — 22-1975; Vorbereit. u. Analyse v. — für d. Aminosäuren-Chromatographie 23-2013; Best. v. freiem Tryptophan im — durch Hochspann.-Elektrophorese 23-2014; Anwendbark. einer Br-Meth. zur Best. v. Histidin im — 34-1629; Best. u. Differenzier. d. Aminosäuren im — (normaler Personen) 34-1630; (zirrhot. Patienten vor u. nach portokavaler Anastomose) 34-1631; (d. normalen Hundes sowie beim Hund nach portokavaler termino-lateraler u. latero-lateraler Anastomose) 34-1632; Aminoazidurie-Nachw. durch Dünnschichthochspann.-Elektrophorese u. Chromatographie auf Mikroplatten 36-1559; Best. d. freien Aminosäuren im — gesunder Menschen 39-1475; Nachw. v. Argininosuccinat u. seinen beiden Anhydriden im — 43-1450; Trenn. d. Tryptophanmetaboliten im — mit Hilfe zweidimensionaler Dünnschichtchromatographie 46-1932; Dünnschichtchromatographie v. Aminosäuren im — 49/50-1837.

Best. d. Xanthurensäureausscheid. im — 22-1500.

Automat. Kreatininanalyse („normal"-Werte bei Kreatininämie u. Kreatinin-Clearance beim Menschen) 32-2059; Best. v. Kreatin im — bei normalen Männern u. Frauen 42-1480.

Immunelektrophoret. Analyse d. spezif. —-Proteine (Unterscheid. zwischen sexuellen u. genet. phänotyp. Variat. bei d. Ratte) 10-1552; Nachw. v. Eiweiß im — 18-2080*; Unters. v. Proteinen mit geringem Molgew. im — durch Gelfiltrat. 40-1918.

Komplexometr. Best. v. Purinverb. im — 51/52-1910; Best. v. Harnsäure im — 44-1905.

Best. v. Phorphobilinogen im — 9-1659; spektrophotometr. Best. d. Porphyrine im — als Cu-Chelate 11-2148; Best. d. totalen Bilirubingeh. im — durch eine veränderte Meth. nach Michaelson 41-1989.

Wirkstoffe: *24*-Std.-Periodik d. mit einer Immunrk. gegen menschl. Choriongonadotropin erfaßten Antigenausscheid. im — 16-1527.

Enzyme: Ausarbeit. u. Diskuss. einer neuen saccharogenen Meth. zur Best. d. Amylase im — 1-1302; Best.: v. LDH im — 13-2166, 18-1257; d. Leucinaminopeptidase d. Ratten-— unter Verw. v. L-Leucyl-β-naphthylamin u. L-Leucyl-p-nitroanilid 24-1346; Bedeut. d. Aktivitätsbest. v. Aldolase d. — bei Botkinscher Krankh. 29-1599; Best. d. fibrinolyt. Aktivität d. — 30-1467; einfache saccharogene Amylasebest. im — 31-1217; Best. d. β-Glucuronidase im — 34-1349; Inkubat.-Meth. zur Best. v. Kallikrein im — 46-1448.

Hormone: Extrakt. v. Gonadotropin aus d. — für d. Best. d. Ovulat. 2-1541; Isolier. v. Gonadotropinen aus Männer-— durch Ultrafiltrat. u. Adsorpt. an Kationen 2-1542; Trenn. v. Follikelstimulier.- u. Luteinisier.-Hormon aus Männer-— im Großmaßstab 9-1544; partielle Reinig. u. Trenn. v. Gonadotropin im — nichtschwangerer Personen 11-1494; radioimmunolog. Best. für menschl. Choriongonadotropin u. Luteinisier.-Hormon im — 22-1388; immunolog. Best. v. Hypophysengonadotropin im — 28-1540; Best.: d. Antidiuret. Hormons im — gesunder Vers.-Personen u. d. v. Patienten mit ungenügender Vasopressinsekret. 32-1527; v. Follikelstimulier.-Hormon im — d. Menschen durch d. Zuwachstest bei Mäusen 39-1396; Extrakt. v. Erythropoietin aus menschl. — 46-1468; Nachw. v. Chlorgonadotrophin im — 47-1922.

Trihydroxyindolmeth. zur Best. v. Brenzcatechinaminen im — 1-1603; Best. v. Metanephrin u. Normetanephrin im — 9-1566; kolorimetr. Nachw. v. Brenzcatechinaminen im — 11-2164*; automatisierte Trihydroxyindolmeth. für d. Differentialbest. v. Brenzcatechinaminen im — 27-1482; getrennte Best. v. Adrenalin, Noradrenalin, Dopamin, Metanephrin u. Normetanephrin im — 32-2061; Stör. d. Best. v. Methoxybrenzcatechinaminen im — durch Chlorpromazinmetaboliten 39-1957; Wiedergewinn. v. Gesamtmetanephrin aus d. — u. Best. durch Papierchromatographie 40-1920; Schnelltest zur Identifizier. d. Phäochromozytoms durch Best. v. Adrenalin u. Noradrenalin im — 43-1859; Best. v. Stoffwechselprod. aus Catecholaminen im menschl. — 45-1929; Verteil. v. Metanephrin u. Normetanephrin bei verschiedenen Tieren u. ihre Best. im — 49/50-1379.

Prüf. d. Zimmermann-Rk. bei d. Best. einiger Gruppen v. Steroiden im — v. Kindern 1-2139; Isolier. u. Identifizier. v. hochpolaren unkonjugierten Steroiden im Schwangeren-— 2-1549; neue chem. u. physikal. Meth. zur Best. d. 17-Ketosteroide d. — 7-1598; Vgl. zwischen d. Na-Metaperjodat- u. d. Na-Bismutatmeth. für d. Best. d. 17-Ketosteroide im — 9-1552; Reinig., Trenn. u. Best. v. Steroidmetaboliten im — (dünnschichtchromatograph.) 15-2091; Trenn. v. 17-Oxosteroidkonjugaten d. — durch Dünnschichtchromatographie 18-2047; gaschromatograph. Trenn. v. C_{19}- u. C_{21}-Steroiden d. menschl. — 19-1597; Best. v. einzelnen —-17-Oxosteroiden 21-1548, 21-1549; Anwend. d. Gaschromatographie auf Trenn. u. Identifizier. v. Steroiden im — 23-1446; halbautomatisierter Nachw. für 17-ketogene Steroide im — (Vgl. d. Bismutat- u. Perjodat-Ox.-Meth.) 25-1847; Drehapp. für d. Best. v. 17-Ketosteroiden im — 25-1848; Mess. v. Acetaldehyd erzeugenden Steroiden im — 28-1561; modifiziertes Verf. zur Gas–Fl.-Chromatographie v. 17-Ketosteroiden, Pregnandiol u. Pregnantriol im — Gesunder u. v. Vers.-Personen mit verschiedenen endokrinen Stör. 32-1548; Sephadexextrakt. v. —-Steroidkonjugaten 35-1502; systemat. Analyse v. —-Steroiden 36-1969; IR-Mikrospektrophotometrie v. Steroiden im — nach gaschromatograph. Trenn. 41-1990; Dünnschichtchromatographie v. 2.4-Dinitrophenylhydrazonen v. 17-Ketosteroiden im — 42-1385; Best. v. neutralen 17-Ketosteroiden u. 17-ketogenen Steroiden im — 42-1483; chromatograph. Trenn. v. 11-Desoxy- u. 11-Oxy-17-ketosteroiden im — an Al_2O_3-Säulen 47-1918; Best. d. neutralen Frakt. d. 17-Ketosteroide im — 49/50-1377.

Chem. u. physikal. Meth. zur Best. d. Corticosteroide d. — (Übersicht) 7-1597; Meth. zur dünnschichtchromatograph. Isolier. u. fluorometr. Best. v. Aldosteron im menschl. — 7-1599; papierchromatograph. Unters. d. 17-Corticosteroide im — bei Säuglingen, Kindern, Jugendl. u. Erwachsenen 10-1588; Best.: unkonjugierter 11-Hydroxycorticosteroide im — zur Funkt.-Prüf. d. Nebennierenrinde 19-1532; d. Sekret.-Rate v. Tetrahydrocorticosteron u. Werte v. Normalpersonen im — 19-1536; d. Cortisolausscheid. mit d. — durch Isotopenverdünn. 21-2175; Nachw. u. Identifizier. solvolysierter Corticosteroide im menschl. — 22-1410; Analytik v. Pregnandiol, Pregnantriol, Aldosteron, 17-Hydroxycorticosteroiden, 17-Ketosteroiden u. Östrogenen im — 22-1977; Best. v. 6β-Hydroxycortisol im — unter Verw. d. Dünnschichtchromatographie mit Fluoreszenzindikator 27-1485; gleichzeit. Best. v. 11-Desoxy- u. 11-Oxycorticosteroiden im — durch Bismutat-Ox. u. Säulenchromatographie 27-2076; fluorometr. Best. v. freiem Cortisol nach dünnschichtchromatograph. Isolier. aus d. — 35-1519; Best. d. 17-Hydroxycorticosteroide im — mit Gas–Fl.-Chromatographie 42-1386; Verw. d. Fluorometrie zur Best. v. Cortisol im — 43-1353; Modifikat. bei d. chem. Best. d. Nebennierensteroide im — 43-1354; dünnschichtchromatograph. Fraktionier.-Meth. für Corticosteroide d. — 43-1355.

Best. v. Pregnandiol im — nach Kloper, Michie u. Brown 1-1504; Pregnantriolbest. im — während d. Schwangerschaft u. Kindh. 4-1487; Best. v. Pregnandiol u. Pregnantriol im — 11-1493; klin. Anwend. d. Pregnandiolnachw. im — 15-1468; gaschromatograph. Best. v. Pregnandiol, Pregnantriol u. Pregnantriolon im — 21-1537; Analyse v. Pregnandiol im — 23-1444; dünnschicht-

Fortsetzung siehe umstehend

Autoren- und Patentregister I. Halbjahr (einzeln)	vergriffen
Autoren- und Patentregister II. Halbjahr (einzeln)	16,—
Formelregister	27,—
Sachregister	vergriffen

Sonderbände 1950—1954

Teil 1	42,—	Teil 9	50,—
Teil 2	48,—	Teil 10	41,—
Teil 3	52,—	Teil 11	32,—
Teil 4	47,—	Teil 12	36,—
Teil 5	46,—	Teil 13	38,—
Teil 6	45,—	Teil 14	36,—
Teil 7	47,—	Teil 15	42,—
Teil 8	46,—	Teil 16	40,—

Autoren- und Patentregister für den Sonderband 1950—1954, Teil 1—16	80,—
1951 Sach- und Formelregister	80,—
1952 Jahresbezugspreis einschl. Autoren- und Patentregister	320,—
Sach- und Formelregister	96,—
1953 Jahresbezugspreis einschl. Autoren- und Patentregister	320,—
Sach- und Formelregister	96,—
1954 Jahresbezugspreis einschl. Autoren- und Patentregister	370,—
Sach- und Formelregister	96,—
1955 Jahresbezugspreis einschl. Autoren- und Patentregister	370,—
Sach- und Formelregister	96,—
1956 Jahresbezugspreis einschl. Autoren-, Patent-, Sach- und Formelregister	680,—
1957 Jahresbezugspreis einschl. Autoren-, Patent-, Sach- und Formelregister	680,—
1958 Jahresbezugspreis einschl. Autoren-, Patent-, Sach- und Formelregister	680,—
1959 Jahresbezugspreis einschl. Autoren-, Patent-, Sach- und Formelregister	960,—
1960 Jahresbezugspreis einschl. Autoren-, Patent-, Sach- und Formelregister	960,—
1961 Jahresbezugspreis einschl. Autoren-, Patent-, Sach- und Formelregister	960,—
1962 Jahresbezugspreis einschl. Autoren-, Patent-, Sach- und Formelregister	1200,—
1963 Jahresbezugspreis einschl. Autoren-, Patent-, Sach- und Formelregister	1200,—
1964 Jahresbezugspreis einschl. Autoren-, Patent-, Sach- und Formelregister	1800,—
1965 Jahresbezugspreis einschl. Autoren-, Patent-, Sach- und Formelregister	2000,—
1966 Jahresbezugspreis einschl. Autoren-, Patent-, Sach- und Formelregister	2400,—
1967 Jahresbezugspreis einschl. Schnellreferatedienst, Autoren-, Patent-, Sach- und Formelregister	2400,—
1968 Jahresbezugspreis einschl. Schnellreferatedienst, Autoren-, Patent-, Sach- und Formelregister	3200,—
1969 Jahresbezugspreis einschl. Schnellreferatedienst, Autoren-, Patent-, Sach- und Formelregister	3200,—

Generalregister IX (1935 bis 1939) Teil IV: Sachregister

1. Lieferung	vergriffen	6. Lieferung	52,—
2. Lieferung	vergriffen	7. Lieferung	50,—
3. Lieferung	52,—	8. Lieferung	50,—
4. Lieferung	55,—	9. Lieferung	50,—
5. Lieferung	52,—	10. Lieferung	52,—

Generalregister X (1940 bis 1944)

Teil I: Autorenregister, 1. bis 4. Lieferung	vergriffen
5. und 7. Lieferung	je 50,—
6. Lieferung	vergriffen
Teil II: Patentregister	vergriffen

Generalregister XII (1950 bis 1954)

Teil II: Patentregister	33,—
Das System (Stand vom 1. April 1958) 95 Seiten — gr. 8°	12,—
Das System (Stand vom Juli 1965) 1966. 34 Seiten — 4°	12,—
Zeitschriftenliste 1965. 1966. 81 Seiten — 4°	19,50
Zeitschriftenliste 1966. 1967. 84 Seiten — 4°	19,50
Zeitschriftenliste 1967. 1968. 80 Seiten — 4°	19,50
Zeitschriftenliste 1968. 1969. 75 Seiten — 4°	19,50

Lieferungsmöglichkeit vorbehalten

AKADEMIE-VERLAG · BERLIN

VERLAG CHEMIE · GMBH · WEINHEIM / BERGSTR.

FSC
www.fsc.org
MIX
Papier | Fördert gute Waldnutzung
FSC® C083411

Kolibri 360 GmbH
Ferdinand-Jühlke-Straße 7
99095 Erfurt, Deutschland
produktsicherheit@kolibri360.de